VELIKI
ANGLEŠKO-SLOVENSKI
SLOVAR

English-Slovene
Dictionary

VELIKI
ANGLEŠKO-SLOVENSKI
SLOVAR

ENGLISH-SLOVENE

DICTIONARY

ANTON GRAD
RUŽENA ŠKERLJ
NADA VITOROVIČ

DZS

LJUBLJANA 1994

Slovarji DZS
Urednik: BRANKO MADŽAREVIČ

VELIKI ANGLEŠKO-SLOVENSKI SLOVAR
ANTON GRAD
RUŽENA ŠKERLJ
NADA VITOROVIČ

Knjižna oprema: RANKO NOVAK
Založila DZS, d.d.
Za založbo: Adi Rogelj
Natisnilo DELO – Tiskarna

LJUBLJANA 1994
PRINTED IN SLOVENIA

CIP – Kataložni zapis o publikaciji
Narodna in univerzitetna knjižnica, Ljubljana

802.0-3=863

GRAD, Anton
    Veliki angleško-slovenski slovar = English-Slovene Dictionary / Anton Grad, Ružena Škerlj, Nada Vitorovič. – Ljubljana : DZS, 1994. – (Slovarji DZS)

ISBN 86-341-0824-4

1. Škerlj, Ružena 2. Vitorovič, Nada
38260480

NAVODILA ZA UPORABO SLOVARJA

Glavno geslo je tiskano **polkrepko**. Prav tako idiomi. Ponovitev gesla označuje tilda (~), npr.: **love: to be in** ~ / **to fall in** ~. Zvezdica (*) na desni zgornji strani glagolov nam pove, da ima le-ta nepravilne oblike. Seznam nepravilnih glagolov je na začetku tega slovarja.

Fonetična transkripcija

Dvopičje (:) pomeni, da je samoglasnik pred njim dolg, npr.: **are**, **piece**, **caught** (a:, pi:s, kɔ:t). V večzložnih besedah je poudarek označen z ostrivcem (´) na poudarjenem samoglasniku.

æ se izgovarja kot širok **e**: **gap** [gæp];

ɔ se izgovarja kot kratek širok **o**: **not** [nɔt];

ɔ: se izgovarja kot dolg širok **o**: **lord** [lɔ:d];

ʌ se izgovarja kot zelo kratek **a**: **but** [bʌt];

ə se izgovarja kot polglasen **e**: **about** [əbáut];

ə: se izgovarja kot dolg glas med **o** in **e**: **sir** [sə:];

ɛə se izgovarja kot dolg širok **e**: **hair** [hɛə].

Dvoglasniki **ai**, **ei**, **ɔi**, **au**, **ou** so poudarjeni na prvem samoglasniku, drugi samoglasnik (**i**, **u**) pa se izgovarja kratko: **lime** [láim], **made** [méid], **toy** [tɔ́i], **how** [háu], **mow** [móu];

θ izgovarjamo tako, da položimo jezikovno konico na rob zgornjih zob in izgovarjamo nezveneči glas med našim **t** in **s**: **thin** [θin];

ð se izgovarja podobno, le zveneče, torej glas med **d** in **z**: **that** [ðæt];

ŋ je mehkonebni nosnik, ki ga imamo v slovenščini pred **k** in **g**: **thing** [θiŋ];

w izgovarjamo tako, da zaokrožimo ustnici in hitro izgovorimo glas med **u** in **w**: **was** [wɔz].

Drugi znaki fonetične transkripcije se izgovarjajo na splošno kot v slovenščini. Razlika je v izgovorjavi **h**, ki v angleščini ni oster, temveč komaj slišen. Končni **v** moramo izgovarjati kot jasno zveneč **v**. Prav tako so končni soglasniki **b**, **d**, **g** vedno zveneči. Zato jih ne smemo izgovarjati nezveneče. Natanko razlikujemo med **had** in **hat**, **slab** in **slap**, **dig** in **Dick**, **use** (glagol) − ju:z, in **use** (samostalnik) − ju:s. Po **k**, **p**, **t** slišimo v angleščini rahel pridih. Črka **r** se izgovarja v začetku besede in po soglasniku in med dvema samoglasnikoma jasno, na koncu besede in pred soglasnikom nejasno; samoglasnik, ki stoji pred njim, se s tem podaljša. Jasni **r** pa v angleščini ne zveni popolnoma tako kakor v slovenščini. Izgovarjamo ga tako, da pritisnemo prednjo ploskev jezika na nebo in izgovarjamo **r**; pri tem se jezik ne sme tresti.

Razlika v izgovorjavi iste besede v Angliji in Ameriki je navedena le pri najbolj rabljenih besedah, npr. **ask**, **answer**. Pridevnike na **-tory** izgovarjajo Amerikanci -touri, npr. **hortatory**: *E* hɔ́:təteri, *A* hɔ́:tətouri. Amerikanci dostikrat izgovarjajo u: namesto ju:, npr. **new**, **suit**: nu:, su:t. Tudi sekundarni naglas besede je v amerikanščini izrazitejši, npr. **possibility** [pɔ́sibíliti].

V pisavi so razlike v končnicah; *E* **-our**, **-re**, *A* **-or**, **-er**, npr. **colour**, **color**; **theatre**, **theater**.

Pri izpeljankah glagolov na **-l** se le-ta v angleščini podvoji, v amerikanščini pa ne: *E* traveller, travelled, travelling; *A* traveler, traveled, traveling.

Sestavljenke pišejo v angleščini bodisi z vezajem (-) ali skupaj, včasih ločeno, npr. **football** in **foot-ball**, **greenstone** in **green-stone**, **gardenplot** in **garden-plot**.

V SLOVARJU UPORABLJENE KRATICE

A	American	imp	impersonal
adj	adjective	Ind	Indian
aero	aeronautics	ind	indefinite
agr	agronomy	inf	infinitive
anat	anatomy	int	interjection
arch	archaic	Ir	Irish
archeol	archeology	ir	ironically
archit	architecture	joc	jocosely
art	article	jur	juridically
astr	astronomy		
attrib	attributive	Lat	Latin
Austral	Australian	ling	linguistics
aux	auxiliary	lit	literal, literature
		log	logic
bibl	Bible		
biol	biology	mar	marine
bot	botany	math	mathematics
		med	medicine
car	cards	mil	military
chem	chemistry	min	mineralogy
coll	colloquially	mot	motoring
com	commerce	mus	music
comp	comparative	myth	mythology
cond	conditional		
conj	conjunction	n	noun
constr	construction	naut	nautical
cont	contemptuously	num	numeral
cul	culinary		
defect	defective	obs	obsolete
dent	dentistry	opt	optics
derog	derogatory	o.s.	oneself
dial	dialectal		
		paleont	paleontology
E	British English	parl	parliament
eccl	ecclesiastic	path	pathology
econ	economy	per	person
el	electrical	phil	philosophy
eu	euphemistically	phon	phonetics
		photo	photography
fac	facetiously	phys	physics
fam	familiarly	physiol	physiology
fig	figuratively	pl	plural
		poet	poetically
geog	geography	pol	politics
geol	geology	pos	possessive
geom	geometry	pp	past participle
gram	grammar	pred	predicative
		pref	prefix
her	heraldry	prep	preposition
hist	history	pres	present
hort	horticulture	print	printing
hum	humorously	pr p	present participle
hunt	hunting	pron	pronoun
im	imperative	pros	prosody

psych	psychology	**suff**	suffix
pt	preterite	**sup**	superlative
refl	reflexive	**techn**	technical
rel	relative	**teleph**	telephony
relig	religion	**theat**	theatre
rhet	rhetorics	**theol**	theology
rly	railway		
		univ	university
		usu	usually
S Afr	South African		
Sc	Scotch	**v**	verb
sch	school	**vet**	veterinary
sg	singular	**vi**	verb intransitive
s.o.	someone	**vt**	verb transitive
sp	sport	**vulg**	vulgar
stat	statistics		
s.th.	something	**zool**	zoology

IRREGULAR VERBS
– NEPRAVILNI GLAGOLI

(Podrobneje o posameznih glagolih glej v slovarju)

Infinitive	Past Tense	Past Participle
abide [əbáid] bivati	abode [əbóud]	abode [əbóud]
arise [əráiz] nastati	arose [əróuz]	arisen [ərízn]
awake [əwéik] zbuditi se	awaked [əwéikt]	awaked [əwéikt]
	awoke [əwóuk]	awoke [əwóuk]
backbite [bǽkbait] obrekovati	backbit [bǽkbit]	backbitten [bǽkbitn]
		backbit [bǽkbit]
backslide [bæksláid] nazaj zdrkniti	backslid [bækslíd]	backslidden [bækslídn]
		backslid [bækslíd]
be [bi:] biti	was [wəz], were [wə:]	been [bi:n]
bear [béə] roditi	bore [bə:]	borne [bə:n]
		born [bə:n] rojen
beat [bi:t] tolči, biti	beat (bi:t]	beaten [bi:tn]
become [bikám] postati	became [bikéim]	become [bikám]
befall [bifɔ́:l] dogoditi se	befell [bifél]	befallen [bifɔ́:ln]
beget [bigét] zaploditi	begot [bigɔ́t]	begotten [bigɔ́tn]
begin [bigín] začeti	began[bigǽn]	begun [bigán]
behold [bihóuld]	beheld [bihéld]	beheld [bihéld]
bend [bend] ukriviti	bent [bent]	bent [bent]
bereave [birí:v] oropati, odvzeti	bereft [biréft]	bereft [biréft]
	bereaved [birí:vd]	bereaved [birí:vd]
beseech [bisí:č] rotiti	besought [bisɔ́:t]	besought [bisɔ́:t]
beset [bisét] obdati	beset [bisét]	beset [bisét]
bespeak [bispí:k] naročiti	bespoke [bispóuk]	bespoken [bispóukn]
bestride [bistráid] zajahati	bestrode [bistróud]	bestridden [bistrídn]
bet [bet] staviti	bet [bet]	bet [bet]
bethink [biθíŋk] misliti	bethought [biθɔ́:t]	bethought [biθɔ́:t]
bid [bid] veleti, ponuditi	bade [bæd, béid]	bidden [bidn]
	bid [bid]	bid [bid]
bide [báid] čakati	bode [bóud], bided [báidid]	bided [báidid]
bind [báind] vezati	bound [báund]	bound [báund]
bite [báit] gristi	bit [bit]	bitten [bitn], bit [bit]
bleed [bli:d] krvaveti	bled [bled]	bled [bled]
blend [blend] zmešati	blended [bléndid]	blended [bléndid]
	blent [blent]	blent [blent]
bless [bles] blagosloviti	blessed [blest]	blessed [blest]
	blest [blest]	blest [blest]
blow [blóu] pihati	blew [blu:]	blown [blóun]
break [bréik] zlomiti	broke [bróuk]	broken [bróukn]
breed [bri:d] gojiti, rediti	bred [bred]	bred [bred]
bring [briŋ] prinesti	brought [brɔ:t]	brought [brɔ:t]
build [bild] graditi	built [bilt]	built [bilt]
broadcast [brɔ́:dka:st] oddajati	broadcast [brɔ́:dka:st]	broadcast [brɔ́:dka:st]
		broadcasted [brɔ́:dka:stid]
browbeat [bráubi:t] mrko gledati	browbeat [bráubi:t]	browbeaten [bráubitn]
burn [bə:n] goreti	burned [bə:nd]	burned [bə:nd]
	burnt [bə:nt]	burnt [bə:nt]

Infinitive	Past Tense	Past Participle
burst [bə:st] póčiti	burst [bə:st]	burst [bə:st]
buy [bái] kupiti	bought [bɔ:t]	bought [bɔ:t]
(I) can [kæn] morem	could [kud]	
cast [ka:st] vreči	cast [ka:st]	cast [ka:st]
catch [kæč] ujeti	caught [kɔ:t]	caught [kɔ:t]
chide [čáid] karati	chid [čid]	chidden [čidn]
		chid [čid]
choose [ču:z] izbrati	chose [čóuz]	chosen [čóuzn]
cleave [kli:v] razklati	clove [klóuv]	cloven [klóuvən]
	cleft [kleft]	cleft [kleft]
cling [kliŋ] okleniti se	clung [klʌŋ]	clung [klʌŋ]
clothe [klóuð] obleči	clothed [klóuðd]	clothed [klóuðd]
	clad [klæd]	clad [klæd]
come [kʌm] priti	came [kéim]	come [kʌm]
cost [kɔst] stati, veljati	cost [kɔst]	cost [kɔst]
creep [kri:p] plaziti se	crept [krept]	crept [krept]
crow [króu] peti (o petelinu)	crowed [króud]	crowed [króud]
	crew [kru:]	crown [króun]
cut [kʌt] rezati	cut [kʌt]	cut [kʌt]
dare [déə] upati si	dared [déəd]	dared [déəd]
	durst [də:st]	
deal [di:l] deliti	dealt [delt]	dealt [delt]
dig [dig] kopâti	dug [dʌg]	dug [dʌg]
do [du:] storiti	did [did]	done [dʌn]
draw [drɔ:] vleči; risati	drew [dru:]	drawn [drɔ:n]
dream [dri:m] sanjati	dreamed [dri:md]	drèamed [dri:md]
	dreamt [dremt]	dreamt [dremt]
drink [driŋk] piti	drank [dræŋk]	drunk [drʌŋk]
		drunken [drʌŋkən]
drive [dráiv] gnati; voziti	drove [dróuv]	driven [drivn]
dwell [dwel] stanovati	dwelt [dwelt]	dwelt [dwelt]
eat [i:t] jesti	ate [et, A éit], eat [et]	eaten [i:tn]
fall [fɔ:l] pasti (padem)	fell [fel]	fallen [fɔ:ln]
feed [fi:d] hraniti	fed [fed]	fed [fed]
feel [fi:l] čutiti	felt [felt]	felt [felt]
fight [fáit] boriti se	fought [fɔ:t]	fought [fɔ:t]
find [fáind] najti	found [fáund]	found [fáund]
flee [fli:] bežati	fled [fled]	fled [fled]
fling [fliŋ] vreči	flung [flʌŋ]	flung [flʌŋ]
fly [flái] leteti	flew [flu:]	flown [flóun]
forbear [fəbéə] vzdržati se	forbore [fəbɔ́:]	forborne [fəbɔ́:n]
forbid [fəbíd] prepovedati	forbade [fəbéid]	forbidden [fəbídn]
forecast [fɔ:ká:st] napovedati	forecast [fɔ:ká:st]	forecast [fɔ:ká:st]
forego [fɔ:góu] opustiti	forewent [fɔ:wént]	foregone [fɔ:gón]
foreknow [fɔ:nóu] vnaprej vedeti	foreknew [fɔ:njú:]	foreknown [fɔ:nóun]
foresee [fɔ:sí:] slutiti	foresaw [fɔ:sɔ́:]	foreseen [fɔ:sí:n]
foretell [fɔ:tél] vnaprej povedati	foretold [fɔ:tóuld]	foretold [fɔ:tóuld]
forget [fəgét] pozabiti	forgot [fəgɔt]	forgotten [fəgɔ́tn]
forgive [fəgív] odpustiti	forgave [fəgéiv]	forgiven [fəgívn]
forsake [fəséik] zapustiti	forsook [fəsúk]	forsaken [fəséikn]
forswear [fɔ:swéə] odreči se s prisego	forswore [fɔ:swɔ́:]	forsworn [fɔ:swɔ́:n]
freeze [fri:z] zmrzniti	froze [fróuz]	frozen [fróuzn]

Infinitive	Past Tense	Past Participle
gainsay [geinséi] zanikati	gainsaid [geinséd]	gainsaid [geinséd]
get [get] dobiti	got [gɔt]	got [gɔt]
		gotten [gɔtn, A)
gild [gild] pozlatiti	gilded [gíldid]	gilded [gíldid]
		gilt [gilt]
gird [gə:d] opasati	girded [gɔ́:did]	girded [gɔ́:did]
	girt [gə:t]	girt [gə:t]
give [giv] dati	gave [géiv]	given [givn]
go [góu] iti	went [went]	gone [gɔn]
grave [gréiv] vrezati	graved [gréivd]	graved [gréivd]
		graven [gréivn]
grind [gráind] mleti	ground [gráund]	ground [gráund]
grow [gróu] rasti	grew [gru:]	grown [gróun]
hamstring [hǽmstriŋ] ohromiti	hamstringed [hǽmstriŋd]	hamstringed [hǽmstriŋd]
	hamstrung [hǽmstrʌŋ]	hamstrung [hǽmstrʌŋ]
hang [hæŋ] viseti, obesiti	hung [hʌŋ]	hung [hʌŋ]
	hanged [hæŋd]	hanged (hæŋd]
have [hæv] imeti	had [hæd]	had [hæd]
hear [híə] slišati	heard [hə:d]	heard [hə:d]
heave [hi:v] dvigniti	heaved [hi:vd]	heaved (hi:vd]
	hove [hóuv]	hove [hóuv]
hew [hju:] sekati	hewed [hju:d]	hewed [hju:d]
		hewn [hju:n]
hide [háid] skriti	hid [hid]	hidden [hidn]
hit [hit] zadeti, udariti	hit [hit]	hit [hit]
hold [hóuld] držati	held [held]	held [held]
hurt [hə:t] raniti	hurt [hə:t]	hurt [hə:t]
inlay [inléi] vdelati	inlaid [inléid]	inlaid [inléid]
keep [ki:p] (o)hraniti	kept [kept]	kept (kept]
knell [ni:l] klečati	knelt [nelt]	knelt [nelt]
knit [nit] plesti	knitted [nítid]	knitted [nítid]
	knit [nit]	knit [nit]
know [nóu] vedeti, znati	knew [nju:]	known [nóun]
lade [léid] naložiti	laded [léidid]	laden [léidn]
lay [léi] položiti	laid [léid]	laid [léid]
lead [li:d] voditi	led [led]	led [led]
lean [li:n] nasloniti se	leaned [li:nd]	leaned [li:nd]
	leant [lent]	leant [lent]
leap [li:p] skočiti	leapt [lept]	leapt [lept]
	leaped [li:pt]	leaped [li:pt]
learn [lə:n] učiti se, zvedeti	learned [lə:nd]	learned [lə:nd]
	learnt [lə:nt]	learnt [lə:nt]
leave [li:v] (za)pustiti	left [left]	left [left]
lend [lend] posoditi	lent [lent]	lent [lent]
let [let] pustiti	let [let]	let [let]
lie [lái] ležati	lay [léi]	lain [léin]
light [láit] prižgati	lit [lit]	lit [lit]
	lighted [láitid]	lighted [láitid]
lose [lu:z] izgubiti	lost [lɔst]	lost [lɔst]
make [méik] narediti	made (méid]	made [méid]
(I) may [méi] smem	might [máit]	—
mean [mi:n] (po)meniti	meant [ment]	meant [ment]
meet [mi:t] srečati	met [met]	met [met]

Infinitive	Past Tense	Past Participle
melt [melt] topiti (se)	melted [méltid]	melted [méltid]
		molten [móultən]
misdeal [misdí:l] slabo razdeliti	misdealt [misdélt]	misdealt [misdélt] —
misgive [misgív] dati zle slutnje	misgave (misgéiv]	misgiven [misgívn]
mislay [misléi] založiti	mislaid [misléid]	mislaid [misléid]
mislead [mislí:d] zvoditi	misled [misléd]	misled [misléd]
mistake [mistéik] motiti se	mistook [mistúk]	mistaken [mistéikn]
misunderstand [misʌndəstǽnd] napak razumeti	misunderstood [misʌndəstúd]	misunderstood [misʌndəstúd]
mow [móu] kosíti	mowed [móud]	mowed [móud]
		mown [móun]
(I) must [mʌst] moram	must [mʌst]	—
outbid [autbíd] več ponuditi	outbade [autbǽd, ~ béid]	outbidden [autbídn]
	outbid [autbíd]	outbid [autbíd]
outdo [autdú:] bolje napraviti	outdid [autdíd]	outdone [autdʌn]
outgo [autgóu] prehiteti	outwent [autwént]	outgone [autgón]
outgrow [autgróu] prerasti	outgrew [autgrú:]	outgrown [autgróun]
outride [autráid] jahati hitreje	outrode [autróud]	outridden [autrídn]
outrun [autrʌn] prehiteti	outran [autrǽn]	outrun [autrʌn]
outshine [autšáin] prekositi s sijajem	outshone [autšón]	outshone [autšón]
outspread [autspréd] razprostreti	outspread [autspréd]	outspread [autspréd]
outwear [autwéə] ponositi	outwore [autwó:]	outworn [autwó:n]
overbear [ouvəbéə] ugnati	overbore [ouvəbó:]	overborne [ouvəbó:n]
overcast [ouvəká:st] prekriti	overcast [ouvəká:st]	overcast [ouvəká:st]
overcome [ouvəkʌm] premagati	overcame [ouvəkéim]	overcome [ouvəkʌm]
overdo [ouvədú:] pretiravati	overdid [ouvədíd]	overdone [ouvədʌn]
overdraw [ouvədró:]	overdrew [ouvədrú:]	overdrawn [ouvədró:n],,
overeat [ouvərí:t] preveč jesti	overate [ouvərét]	overeaten [ouvərí:tn]
overfeed [ouvəfí:d] preveč krmiti	overfed [ouvəféd]	overfed [ouvəféd]
overgrow [ouvəgróu] prerasti	overgrew [ouvəgrú:]	overgrown [ouvəgróun]
overhang [ouvəhǽŋ] viseti čez	overhung [ouvəhʌŋ]	overhung [ouvəhʌŋ]
overhear [ouvəhíə] slučajno slišati	overheard [ouvəhó:d]	overheard [ouvəhó:d]
overlay [ouvəléi] obložiti	overlaid [ouvəléid]	overlaid [ouvəléid]
overleap [ouvəlí:p] preskočiti	overleapt [ouvəlépt]	overleapt [ouvəlépt]
	overleaped [ouvəlí:pt]	overleaped [ouvəlí:pt]
overlie [ouvəlái] ležati nad	overlay [ouvəléi]	overlain [ouvəléin]
override [ouvəráid] ne upoštevati	overrode [ouvəróud]	overridden [ouvərídn]
overrun [ouvərʌn] preplaviti	overran [ouvərən]	overrun [ouvərʌn]
oversee [ouvəsí:] nadzirati [	oversaw [ouvəsó:]	overseen [ouvəsí:n]
overset [ouvəsét] prevrniti	overset [ouvəsét]	overset [ouvəsét]
overshoot [ouvəšú:t] streljati čez	overshot [ouvəšót]	overshot [ouvəšót]
oversleep [ouvəslí:p] zaspati	overslept [ouvəslépt]	overslept [ouvəslépt]
overspread [ouvəspréd] pokriti	overspread [ouvəspréd]	overspread [ouvəspréd]
overtake [ouvətéik] prehiteti	overtook [ouvətúk]	overtaken [ouvətéikn]
overthrow [ouvəθróu] prevrniti	overthrew [ouvəθrú:]	overthrown [ouvəθróun]
overwear [ouvəwéə] obrabiti	overwore [ouvəwó:]	overworn [ouvəwó:n]
partake [pa:téik] biti deležen	partook [pa:túk]	partaken [pa:téikn]
pay [péi] plačati	paid [péid]	paid [péid]
pen [pen] zapreti v ogrado	penned [pend]	penned [pend]
	pent [pent]	pent [pent]
put [put] položiti	put [put]	put [put]
rap [ræp] udariti	rapped [ræpt]	rapped, rapt [ræpt]
read [ri:d] čitati, brati	read [red]	read [red]
rebuild [ri:bíld] obnoviti	rebuilt [ri:bílt]	rebuilt [ri:bílt]
recast [ri:ká:st] predelati	recast [ri:ká:st ·	recast [ri:ká:st]

Infinitive	Past tense	Past Participle
relay [ri:léi] zopet položiti	relaid [ri:léid]	relaid [ri:léid]
rend [rend] raztrgati	rent [rent]	rent [rent]
repay [ri:péi] poplačati	repaid [ri:péid]	repaid [ri:péid]
reset [ri:sét] zopet vstaviti	reset [ri:sét]	reset [ri:sét]
retell [ri:tél] zopet povedati	retold [ri:tóuld]	retold [ri:tóuld]
rid [rid] osvoboditi	rídded [ridid]	rid [rid]
	rid [rid]	
ride [ráid] jahati	rode [róud]	ridden [ridn]
ring [riŋ] zvoniti	rang [ræŋ]	rung [rʌŋ]
rise [ráiz] vstati	rose [róuz]	risen [rizn]
rive [ráiv] razklati	rived [ráivd]	riven [rivn]
		rived [ráivd]
run [rʌn] teči	ran [ræn]	run [rʌn]
saw [sɔ:] žagati	sawed [sɔ:d[	sawn [sɔ:n]
		sawed [sɔ:d]
say [séi] reči	said [sed]	said [sed]
see [si:] videti	saw [sɔ:]	seen [si:n]
seek [si:k] iskati	sought [sɔ:t]	sought [sɔ:t]
seethe [si:ð] vreti	seethed [si:ðd]	seethed [si:ðd]
	sod [sɔ:d]	sodden [sədn]
sell [sel] prodati	sold [sóuld]	sold [sóuld]
send [send] poslati	sent [sent]	sent [sent]
set [set] postaviti	set [set]	set [set]
sew [sóu] šivati	sewed [sóud]	sewn [sóun]
		sewed [sóud]
shake [šéik] tresti	shook [šuk]	shaken [šéikn]
(I) shall [šæl] moram	should [šud]	—
shear [šíə] striči	sheared [šíəd]	sheared [šíəd]
	shore [šɔ:]	shorn [šɔ:n]
shed [šed] razliti	shed [šed]	shed [šed]
shew [šóu] glej **show**		
shine [šáin] sijati	shone [šɔn]	shone [šɔn]
shoe [šu:] podkovati	shod [šɔd]	shod [šɔd]
shoot [šu:t] streljati	shot [šɔt]	shot [šɔt]
show [šóu] pokazati	showed [šóud]	shown [šóun]
		showed [šóud]
shred [šred] razrezati	shredded [šrédid]	shredded [šrédid]
	shred [šred]	shred [šred]
shrink [šriŋk] skrčiti se	shrank [šræŋk]	shrunk [šrʌŋk]
	shrunk [šrʌŋk]	shrunken [šrʌ́ŋkən]
shrive [šráiv] izpovedati	shrived [šráivd]	shrived [šráivd]
	shrove [šróuv]	shriven [šrivn]
shut [šʌt] zapreti	shut [šʌt]	shut [šʌt]
sing [siŋ] peti	sang [sæŋ]	sung [sʌŋ]
	sung [sʌŋ]	
sink [siŋk] potopiti (se)	sank [sæŋk]	sunk [sʌŋk]
	sunk [sʌŋk]	
sit [sit] sedeti	sat [sæt]	sat [sæt]
slay [sléi] ubiti	slew [slu:]	slain [sléin]
sleep [sli:p] spati	slept [slept]	slept [slept]
slide [sláid] drseti	slid [slid]	slid [slid]
sling [sliŋ] zalučati	slung [slʌŋ]	slung [slʌŋ]
slink [sliŋk] plaziti se	slunk [slʌŋk]	slunk [slʌŋk]
slit [slit] razparati	slit [slit]	slit [slit]
smell [smel] dišati	smelt [smelt]	smelt [smelt]
	smelled [smeld]	smelled [smeld]
smite [smáit] udariti	smote [smóut]	smitten [smitn]
	smit [smit]	smit [smit]
sow [sóu] sejati	sowed [sóud]	sown [sóun]
		sowed [sóud]
speak [spi:k] govoriti	spoke [spóuk]	spoken [spóukn]
speed [spi:d] hiteti	sped [sped]	sped [sped]

Infinitive	Past tense	Past Participle
spell [spel] črkovati	spelt [spelt]	spelt [spelt]
	·spelled [speld]	spelled [speld]
spend [spend] izdati	spent [spent]	spent [spent]
spill [spil] razliti	spilt [spilt]	spilt [spilt]
	spilled [spild]	spilled [spild]
spin [spin] presti	spun [spʌn]	spun [spʌn]
	span [spæn]	
spit [spit] pljuvati	spat [spæt]	spat [spæt]
	spit [spit]	spit [spit]
split [split] cepiti	split [split]	split [split]
spoil [spɔil] pokvariti	spoilt [spɔilt]	spoilt [spɔilt]
	spoiled [spɔild]	spoiled [spɔild]
spread [spred] razprostreti	spread [spred]	spread [spred]
spring [spriŋ] skočiti	sprang [spræŋ]	sprung [sprʌŋ]
stand [stænd] stati	stood [stud]	stood [stud]
stave [stéiv] napraviti luknjo	staved [stéivd]	staved [stéivd]
	stove [stóuv]	stove [stóuv]
steal [sti:l] krasti	stole [stóul]	stolen [stóulən]
stick [stik] nalepiti	stuck [stʌk]	stuck [stʌk]
sting [stiŋ] pičiti	stung [stʌŋ]	stung [stʌŋ]
stink [stiŋk] smrdeti	stank [stæŋk]	stunk [stʌŋk]
	stunk [stʌŋk]	
strew [stru:] trositi	strewed [stru:d]	strewn [stru:n]
		strewed [stru:d]
stride [stráid] stopati	strode [stróud]	stridden [stridn]
strike [stráik] udarjati	struck [strʌk]	struck [strʌk]
		stricken [strikn]
string [striŋ] napeti	strung [strʌŋ]	strung [strʌŋ]
strive [stráiv] stremeti	strove [stróuv]	striven [strivn]
sunburn [sʌ́nbə:n] opaliti na soncu	sunburned [sʌ́nbə:nd]	sunburned [sʌ́nbə:nd]
	sunburnt [sʌ́nbə:nt]	sunburnt [sʌ́nbə:nt]
swear [swéə] priseči	swore [swɔ:]	sworn [swɔ:n]
sweat [swet] potiti se	sweat [swet]	sweat [swet]
	sweated [swétid]	sweated [swétid]
sweep [swi:p] pomesti	swept [swept]	swept [swept]
swell [swel] oteči	swelled [sweld]	swollen [swóulən]
		swelled [sweld]
swim [swim] plavati	swam [swæm]	swum [swʌm]
swing [swiŋ] nihati	swung [swʌŋ]	swung [swʌŋ]
take [téik] vzeti	took [tuk]	taken [téikn]
teach [ti:č] učiti	taught [tɔ:t]	taught [tɔ:t]
tear [téə] raztrgati	tore [tɔ:]	torn [tɔ:n]
tell [tel] povedati	told [tóuld]	told [tóuld]
think [θiŋk] misliti	thought [θɔ:t]	thought [θɔ:t]
thrive [θráiv] uspevati	throve [θróuv]	thriven [θrivn]
	thrived [θráivd]	thrived [θráivd]
throw [θróu] vreči	threw [θru:]	thrown [θróun]
thrust [θrʌst] suniti	thrust [θrʌst]	thrust [θrʌst]
tread [tred] stopati	trod [trɔd]	trodden [trɔdn]
unbend [ʌnbénd] zravnati	unbent [ʌnbént]	unbent [ʌnbént]
unbind [ʌnbáind] odvezati	unbound [ʌnbáund]	unbound [ʌnbáund]
underbid [ʌndəbíd] premalo ponuditi	underbid [ʌndəbíd]	underbid [ʌndəbíd]
		underbidden [ʌndəbídn]
undergo [ʌndəgóu] podvreči se	underwent [ʌndəwént]	undergone [ʌndəgón]
undersell [ʌndəsél] prodati pod ceno	undersold [ʌndəsóuld]	undersold [ʌndəsóuld]
understand [ʌndəstǽnd] razumeti	understood [ʌndəstúd]	understood [ʌndəstúd]
undertake [ʌndətéik] lotiti se	undertook [ʌndətuk]	undertaken [ʌndətéikn]
underwrite [ʌndəráit] podpisati	underwrote [ʌndəróut]	underwritten [ʌndərítn]
undo [ʌndú:] odvezati	undid [ʌndíd]	undone [ʌndʌ́n]
upset [ʌpsét] prevrniti	upset [ʌpsét]	upset [ʌpsét]

Infinitive	Past tense	Past Participle
wake [wéik] prebuditi	woke [wóuk]	waked [wéikt]
	waked [wéikt]	woke [wóuk]
		woken [wóukn]
waylay [weiléi] prežati	waylaid [weiléid]	waylaid [weiléid]
wear [wéə] nositi	wore [wɔ:]	worn [wɔ:n]
weave [wi:v] tkati	wove [wóuv]	woven [wóuvən]
wed [wed] poročiti	wedded [wédid]	wedded [wédid]
		wed [wed]
weep [wi:p] jokati	wept [wept]	wept [wept]
wend [wend] kreniti	wended [wéndid]	wended [wéndid]
	went [went]	
wet [wet] zmočiti	wet [wet]	wet [wet]
	wetted [wétid]	wetted [wétid]
(I) will [wil] hočem	would [wud]	—
win [win] (pri)dobiti	won [wʌn]	won [wʌn]
wind [wáind] pihati, trobiti	winded [wáindid]	winded [wáindid]
	wound [wáund]	wound [wáund]
wind [wáind] viti se	wound [wáund]	wound [wáund]
withdraw [wiðdrɔ:] umakniti	withdrew [wiðdrú:]	withdrawn [wiðdrɔ́:n]
withhold [wiðhóuld] zadržati	withheld [wiðhéld]	withheld [wiðhéld]
withstand [wiðstǽnd] upirati se	withstood [wiðstúd]	withstood [wiðstúd]
work [wɔ:k] delati	worked [wɔ:kt]	worked [wɔ:kt]
	wrought [rɔ:t]	wrought [rɔ:t]
wring [riŋ] izžeti	wrung [rʌŋ]	wrung [rʌŋ]
write [ráit] pisati	wrote [róut]	written [rítən]

A

a I [ei] *n pl* a's, as (aes, eiz) črka a (*mus*) nota a; ~ **major** A-dur; ~ **minor** A-mol; ~ **flat** as; ~ **sharp** eis
a II, an [ei, ə; ən] *adj & ind art* neki, določen; eden; vsak; isti; **all of** ~ **size** vsi iste velikosti; **twice** ~ **day** dvakrat na dan; **such** ~ **one** (prav) takšen; **he is** ~ **teacher** je učitelj; **half** ~ **day** pol dneva; ~ **great deal of** veliko česa; ~ **few questions** nekaj vprašanj; ~ **little time** nekaj časa; **many** ~ **time** marsikdaj, dostikrat
a III [ə] *pref* na (npr. *aboard, ashore*); ne, brez (npr. *amorphous*)
A 1 [éiwʌn, éi nʌmbə wʌn] *adv & adj coll* odlično; prvovrsten, odličen; **he's** ~ dobro se mu godi; sijajen dečko je; **to be** ~ **at s.th.** dobro kaj znati
abaci [ǽbəsai] *pl* od **abacus**
aback [əbǽk] *adv* nazaj, zadaj; *naut* proti krmi; **taken** ~ prepadel, osupel, presenečen; **to stand** ~ **from** stati ob strani, izogibati se
abaction [əbǽkšən] *n* kraja živine
abacus [ǽbəkəs] *n* računalo, abak; plošča pod arhitravom; kredenca, servirna mizica
abaft [əbá:ft] **1.** *adv naut* na krmi, proti krmi; **2.** *prep naut* za, nazaj proti
abalienate [əbéiljəneit] *vt jur* odtujiti, prodati; ob pamet spraviti
abalienation [əbeiljənéišən] *n jur* odtujitev, zapustitev, prodaja; ostarelost, senilnost, slaboumnost
abalone [əbəlóunei] *n zool* morsko uho
abandon I [əbǽndən] *vt* (*s.th.*; *doing*) zapustiti, opustiti; odstopiti; **to** ~ **o.s. to s.th.** vdati se v kaj; **to** ~ **all hope** popolnoma obupati
abandon II [əbǽndən] *n* umik, zapuščanje, opustitev; sproščenost, neprisiljenost; **with** ~ sproščeno, neprisiljeno
abandoned [əbǽndənd] *adj* zapuščen, pozabljen; razuzdan, malopriden; zanemarjen; vdan; ~ **to despair** obupan; ~ **wreck** zapuščena ladja
abandoner [əbǽndənə] *n jur* prepustnik
abandonment [əbǽndənmənt] *n* opustitev; prepustitev; zapuščenost, zanemarjenje; samopozaba, sproščenost, vdanost; lahkomiselnost, brezskrbnost; neobvladanje
abarticulation [əba:tikjuléišən] *n anat* sklep, gleženj
abase [əbéis] *vt* znižati, ponižati; *fig* onečastiti; prenizko ceniti, podcenjevati
abasement [əbéismənt] *n* znižanje, ponižanje; padec cen

abash [əbǽš] *vt* osramotiti; zmesti, spraviti v zadrego
abashed [əbǽšt] *adj* zmeden; osramočen; **to be** (ali **stand**) ~ sramovati se (*at* česa)
abashment [əbǽšmənt] *n* osramotitev; zadrega, zmedenost
abask [əbá:sk] *adv* na soncu, v pripeki
abatable [əbéitəbl] *adj* ublažljiv, odpravljiv
abate [əbéit] **1.** *vt* zmanjšati, znižati, pocentini; odpraviti, ublažiti; **2.** *vi* popustiti; pocentini se; *jur* zgubiti veljavnost
abatement [əbéitmənt] *n* manjšanje, popuščanje; pocenitev; razveljavljenje, ukinitev; ublažitev, oslabitev; *com* **no** ~ trdne cene, brez popusta
abater [əbéitə] *n* blažilec, blažilo
abatis, abattis [ǽbətis] *n mil* zaseka
abattoir [ǽbətwa:] *n* klavnica
abature [ǽbəčə] *n* jelenova sled
abaxial [əbǽksiəl] *adj* ki leži zunaj osi
abbacy [ǽbəsi] *n* opatovstvo; opatija
abbatial [əbéišəl] *adj* opatijski; opatovski
abbé [ǽbei] *n* opat; duhovnik
abbess [ǽbis] *n* opatinja
abbey [ǽbi] *n* opatija, samostan
abbey-like [ǽbilaik] *adj* kakor opatija; opatijski, samostanski, redovniški
abbey-lubber [ǽbilʌbə] *n* lenuh; ki živi od miloščine samostana
abbey-man [ǽbimən] *n* redovnik
abbot [ǽbət] *n* opat, predstojnik samostana
abbotcy, abbotship [ǽbətsi, ǽbətšip] *n* opatstvo
abbreviate I [əbrí:vieit] *vt* (s)krajšati
abbreviate II [əbrí:viit] *adj* skrajšan, razmeroma kratek
abbreviation [əbri:viéišən] *n* skrajšaj, okrajšava, kratica; krajšanje
abbreviator [əbrí:vieitə] *n* skrajševalec; pisec izvlečkov; pisec papeževih pisem
abbreviatory [əbrí:vjətəri] *adj* skrajševalen, okrajševalen
abbreviature [əbrí:vjəčə] *n arch* kratica, okrajšava; skrajšanje; izvleček
ABC I [éibí:sí:] *n* abeceda; *fig* osnova, temelj, začetek; *E* abecedni železniški vozni red; **to be only at the** ~ **of** poznati zgolj osnove česa
ABC II [éibí:sí:] *adj* abeceden; *fig* osnoven; jasen; primitiven; **the** ~ **Powers** (ali **Republics**) Argentina, Brazilija in Čile
abdicate [ǽbdikeit] *vt & vi* (*to*) odreči se, odpovedati se, abdicirati; *jur* razdediniti; zahvaliti se

abdication [æbdikéišən] *n* odpoved, abdikacija (*of*); *jur* razdedinjenje

abdicator [æbdikeitə] *n* tisti, ki se odpove; *jur* ki razdedini

abdomen [æbdəmen, æbdóumen] *n anat* trebuh; *zool* zadek

abdominal [æbdóminəl] *adj* (~ly *adv*) *anat* trebušen; *zool* zadkov; ~ belt trebušni pas; ~ cavity trebušna votlina

abdominous [æbdóminəs] *adj* (~ly *adv*) obilen, zajeten, korpulenten, trebušast

abduce [æbdjú:s] *vt* odvračati, odmikati; iztegovati

abducent [æbdjú:sənt] *adj* iztegovalen; *anat* ~ muscle iztegovalka

abduct [æbdΛkt] *vt* odvleči, ugrabiti, nasilno odpeljati; *anat* iztegniti

abduction [æbdΛkšən] *n* odpeljava, ugrabitev; izpeljava; *anat* iztegovanje; *log* abdukcija, izpeljava

abductor [æbdΛktə] *n* ugrabitelj; *anat* iztegovalka

abeam [əbí:m] *adv naut* pravokotno na ladjo

abe(e) [əbí:] *adj coll*; to let ~ pri miru pustiti

abecedarian [eibi:si:déəriən] 1. *adj* abeceden, alfabetičen; osnoven; 2. *n* učitelj; *A* učenec, ki se uči abecede, začetnik

abecedary [eibi:sí:dəri] *adj* abeceden, alfabetičen; začetniški

abed [əbéd] *adv* v postelji, v posteljo; ~ with priklenjen na posteljo zaradi; to be brought ~ roditi

abele [əbí:l] *n bot* bela topola

aberdevine [æbədəváin] *n zool* čižek

aberrance [æbérəns] *n* odklon, odstopanje; zmota, pregrešek; blodnja

aberrancy [æbérənsi] gl. aberrance

aberration [æbəréišən] *n* odklon, odstopanje; zmota, blodnja; pregreha; čud, muhe; *astr* aberacija; ~ of the needle odklon magnetske igle; ~ of mind blaznost; *astr* crown of ~ korona okrog sonca

abet [əbét] *vt* podpirati, pomagati; dajati potuho, hujskati; to aid and ~ biti sokriv

abetment [əbétmənt] *n* hujskanje, potuha; pomoč, podpora

abettal [əbétl] gl. abetment

abetter, ~tor [əbétə] *n* hujskač, sokrivec

abeyance [əbéiəns] *n* negotovost; zastoj, odlašanje; neveljavnost; *jur* začasna ukinitev; in ~ nerešen; to fall into ~ biti nerešeno, odloženo; bills in ~ neplačani računi

abeyant [əbéiənt] *adj* nerešen, še neveljaven, odložen

abhor [əbhó:] *vt* zgroziti se; gnusiti, studiti se; sovražiti, prezirati

abhorrence [əbhórəns] *n* stud, gnus, mržnja; to hold in ~ mrziti; it is my ~ gnusi se mi, zoprno mi je

abhorrent [əbhórənt] *adj* (~ly *adv*) (*to* komu) zoprn, ostuden, odvraten, priskuten, ogaben; ~ from nezdružljiv s

abhorrer [əbhórə] *n* preziralec, zaničevalec; *hist* vzdevek angleških rojalistov za Karla II

abidance [əbáidəns] *n* bivanje; trajanje; vztrajanje; ~ by rules izpolnjevanje pravil, predpisov

abide* [əbáid] 1. *vi* ostati, vztrajati; zadrževati se, prebivati, stanovati; zadovoljiti se; nuditi po-

moč; 2. *vt* (po)čakati; prenašati; vzdržati kaj; I cannot ~ ne prenesem; to ~ the issue čakati na odločitev

abide by *vt* vztrajati na čem, ostati zvest komu

abide on *vi* pomagati, biti komu ob strani

abide with *vi* podpirati, pomagati, biti komu ob strani; zadovoljiti se s čim

abiding [əbáidiŋ] *adj* (~ly *adv*) stalen, trajen, nenehen

abiding-place [əbáidiŋpleis] *n hist* bivališče

abies [éibii:s] *n bot* jelka

abigail [æbigeil] *n bibl* spletična, hišna, sobarica

ability [əbíliti] *n* zmožnost, sposobnost, spretnost; *com* plačilna zmožnost, solventnost; abilities *pl* nadarjenost, talent; to the best of my ~ kolikor zmorem

abiogenesis [eibaioudžénisis] *n biol* abiogeneza, generatio spontanea

abiogenetic [eibaioudžinétik] *adj* (~ally *adv*) *biol* abiogenetski

abiogeny [eibaióudžəni] gl. abiogenesis

abject I [æbdžekt] *adj* (~ly *adv*) zavržen; podel, nizkoten; klečeplazen, hlapčevski; potrt; ~ in poverty v skrajni revščini; ~ in misery potrt, obupan

abject II [æbdžekt] *n* zavrženec; siromak: podlež

abjection [æbdžékšən] *n* zavrženost; prezir, ponižanje; potrtost, malodušnost; klečeplastvo, hlapčevstvo

abjectness [æbdžéktnis] gl. abjection

abjudicate [æbdžú:dikeit] *vt jur* sodno odbiti, izpodbijati

abjudication [æbdžu:dikéišən] *n jur* izpodbijanje

abjuration [əbdžuəréišən] *n* zanikanje s prisego; slovesna odpoved, preklic

abjure [əbdžúə] *vt jur* s prisego zanikati, preklicati; odreči se; *A* zapriseči se ob sprejetju državljanstva; to ~ the realm s prisego obljubiti, da zapustimo državo

ablactate [əblækteit] *vt* oddojiti, odstaviti dojenčka

ablactation [əbləktéišən] *n* odstavitev dojenčka, oddojenje

ablate [æbléit] *vt* odstraniti; *med* amputirati

ablation [æbléišən] *n* odstranitev, odvzem; *med* amputacija; *geol* odnašanje, ablacija

ablatival [æblətáivəl] *adj gram* ablativen

ablative [æblətiv] 1. *n gram* ablativ; 2. *adj* ablativen

ablaut [æblaut] *n gram* prevoj

ablaze [əbléiz] *adv* & *pred adj* v plamenih, goreč, žareč, blesteč; *fig* razburjen, ves iz sebe (*with* zaradi); to set ~ zanetiti, vžgati; to be ~ with anger biti ves iz sebe od jeze

able [éibl] *adj* (ably *adv*) zmožen, sposoben, nadarjen, spreten (*to do*); primeren, dober, *com* solventen; as one is ~ po svojih močeh; to be ~ to biti zmožen, moči; ~ seaman izučeni mornar; krmar

-able [əbl] *suff* zmožen česa, primeren za kaj (npr. *drinkable* piten)

able-bodied [éiblbódid] *adj* krepak, močan, vojaške službe zmožen

ablen [æblən] *n zool* belica

ablet [æblit] gl. ablen

ablings, ablins, aiblins [éibliŋz] *adv Sc* nemara, morda, mogoče

ablinking [əblíŋkiŋ] *adv* & *pred adj* lesketajoč se

abloom [əblú:m] *adv & pred adj* v cvetu, cvetoč
abluent [ǽbluənt] **1.** *adj med* dristilen; **2.** *n* dristilo
ablush [əblʎš] *adv & pred adj* zardel, zardevajoč
ablution [əblú:šən] *n* (obredno) umivanje, pranje; voda za obredno umivanje; *coll* **to perform one's** ~ umivati se
ablutionary [əblú:šənəri] *adj* umivalen, pralen
ably [éibli] *adv* spretno; primerno
abnegate [ǽbnigeit] *vt* odreči, odpovedati se, opustiti, zatajiti; oporekati, izpodbijati
abnegation [æbnigéišən] *n* opustitev, odpoved, oporekanje, izpodbijanje; samozatajevanje
abnegator [ǽbnigeitə] *n* spodbijalec, oporečnik
abnormal [æbnó:məl] *adj* (~ ly *adv*) nenavaden, neobičajen, izjemen, protinaraven; *med* patološki; ~ **psychology** patopsihologija
abnormality [æbnɔ:mǽliti] *n* nenavadnost, nepravilnost, popačenost, spaka; bolezenska sprememba, anomalija
abnormity [æbnó:miti] *n* gl. **abnormality**
aboard I [əbó:d] *adv* na ladjo, na ladji, na palubo, na palubi, na krov, na krovu, v letalo, na letalu; **to go** ~ vkrcati se; **to come to** ~ pristati; **to keep the land** ~ pluti ob obali; *rly A* **all** ~ **for Boston** potniki za Boston vstopite
aboard II [əbó:d] *prep* na krovu, na palubi, na krov, na palubo (česa); **to lay** ~ **of** usidrati se poleg; **to fall** ~ **(of) a ship** spopasti se z ladjo; *arch, lit* **to fall** ~ **of** (ali **with**) **s.o.** zastopiti komu pot, spreti se s kom
abode I [əbóud] *n* bivališče, dom; **to make** (ali **take up**) **one's** ~ nastaniti se, naseliti se; **without** ~ takoj, nemudoma
abode II [əbóud] *pt & pp* od **abide**
aboil [əbóil] *adv & pred adj* kipeč, vrel
abolish [əbóliš] *vt* ukiniti, odpraviti, razveljaviti; uničiti, iztrebiti
abolishable [əbólišəbl] *adj* uničljiv, odpravljiv
abolishment [əbólišmənt] *n* ukinitev, odprava, razveljavljenje, uničenje
abolition [æbəlíšən] *n* ukinitev, odprava, razveljavljenje; *A* odprava suženjstva
abolitionism [æbəlíšənizəm] *n* boj za odpravo suženjstva
abolitionist [æbəlíšənist] *n* zagovornik odprave suženjstva
abomasum [əbəméisəm] *n zool* siriščnik (prežvekovalcev)
A-bomb [éibəm] *n* atomska, nuklearna bomba
abominable [əbóminəbl] *adj* (**abominably** *adv*) gnusen, priskuten, ogaben, zoprn, ostuden
abominate I [əbómineit] *vt* mrzeti, ne marati, ne prenesti
abominate II [əbóminit] *adj poet* zoprn, mrzek, priskuten, ogaben, ostuden
abomination [əbəminéišən] *n* (*to do*) gnus, stud; priskutnost, ogabnost (*of*); **to hold in** ~ mrziti; *coll* **it is my pet** ~ posebno zoprno mi je
aboriginal [æbərídžinəl] **1.** *adj* (~ ly *adv*) prvobiten, domač, prvoten; ~ **forest** pragozd; **2.** *n* praprebivalec, domačin
aboriginally [æbərídžinəli] *adv* od pradavnih časov, kar pomnijo
aborigines [æbərídžini:z] *n pl* praprebivalci, domačini

abort [əbó:t] *vi med* splaviti; *biol* zakrneti; *fig* izjaloviti se, ponesrečiti se
aborted [əbó:ted] *adj* nerazvit, krnjav
abortion [əbó:šən] *n med* splav; *biol* zakrnitev; okrnjenec, spaček; *fig* izjalovitev, neuspeh
abortive [əbó:tiv] *adj* (~ ly *adv*) *biol* nedonošen, nezrel, predčasno rojen; *fig* neuspel; **to prove** ~ izjaloviti se
abortiveness [əbó:tivnis] *n* izjalovitev, neuspešnost
abought [əbó:t] *pt & pp* od **aby(e)**
abound [əbáund] *vi* (*in* česa) biti bogat, obilovati; (*with*) mrgoleti
abounding I [əbáundiŋ] *adj* (*in, with*) bogat, poln, obilen, ploden
abounding II [əbáundiŋ] *n* obilje, bogastvo
about I [əbáut] *adv* naokoli, naokrog, nekje v bližini; približno; **all** ~ povsod; ~ **and** ~ sem ter tja, tu pa tam; *A* zelo podobno, enako; **to be** ~ biti razširjen, prisostvovati; biti v teku; biti pokonci; biti zdrav **to be** ~ **to do s.th.** pravkar nameravati kaj storiti; **to bring** ~ povzročiti, uresničiti, dokazati; **to come** ~ pripetiti, zgoditi se; *mil A* ~ **face** poln obrat, na desno!; **to hang** ~ potepati se v bližini; *mil* **left** ~! na levo!; **a long way** ~ velik ovinek; **much** ~ več ali manj; *mil* **right** ~! na desno!; *coll* ~ **right** še kar prav; **rumours are** ~ govori se, širijo se govorice; **to send to the right** ~ zapoditi, ošteti koga; **to set** ~ **to do s.th.** lotiti se česa, začeti kaj; *mil* ~ **turn** poln obrat; na levo; *A* na desno; **what are you** ~? kaj počneš?, kaj nameravaš?; **mind what you are** ~ pazi se
about II [əbáut] *prep* okoli, okrog, o, pri; **to beat** ~ **the bush** ne priti z besedo na dan; **go** ~ **your business!** skrbi za svoje stvari!; **to go the wrong way** ~ **s.th.** lotiti se stvari z napačnega konca; **she is** ~ **the house** je nekje v hiši; **to have no money** ~ **one** ne imeti pri sebi denarja; **I looked round** ~ **me** pogledal sem naokrog; **I'll see** ~ **it** poskrbel bom za to; **it's** ~ **time** čas je že; **be quick** ~ **it!** podvizaj se!, pohiti!; **what** ~ **it?** kaj bi bilo s tem?; **to have one's wits** ~ **one** jasno misliti
about III [əbáut] *vt naut* spremeniti smer ladje
about-sledge [əbáutsledž] *n* veliko kovaško kladivo
above I [əbʌv] *prep* nad, preko; več kakor; ~ **all** predvsem; ~ **one hour** več kot eno uro; **to be** ~ **s.o.** prekašati koga; **to be** ~ **o.s.** biti domišljav; ~ **comprehension** nerazumljiv; **to speak** ~ **s.o.'s head** govoriti preučeno za koga; *com* ~ **par** nad pariteto; **he is** ~ **suspicion** ne moremo ga obdolžiti; **he is** ~ **doing it** preponosen je, da bi to storil, pod častjo mu je; **those** ~ **me** moji predstojniki
above II [əbʌv] *adv* zgoraj; nad tem; **over and** ~ vrh tega; **as mentioned** ~ kakor je bilo zgoraj omenjeno
above III [əbʌv] *n* zgornje
above-board [əbʌvbɔ:d] **1.** *adj* odkrit, pošten; **2.** *adv* odkrito, pošteno
above-cited [əbʌvsáitid] *adj* zgoraj naveden
above-ground [əbʌvgraund] *adj* živ
above-mentioned [əbʌvménšnd] *adj* zgoraj omenjen
above-named [əbʌvnéimd] *adj* zgoraj imenovan
above-quoted [əbʌvkwóutid] *adj* zgoraj naveden

above-said [əbʌvséd] *adj arch* zgoraj omenjen

above-stairs [əbʌvstéəz] *adv* pri gospodi

abracadabra [æbrəkədæbrə] *n* zaklinjanje, rotenje; sredstvo proti bolečinam; nesmisel

abrade [əbréid] *vt* odrgniti, ostrgati; jedkati; razrušiti; *fig* škodovati, uničiti

abranchial [æbrǽŋkiəl] *adj zool* brezškržen

abranchiate [æbrǽŋkiit] glej **abranchial**

abrasion [əbréižən] *n* odrgnjenost; odrga, razjeda; ostružek; *med* abrazija; *techn* brušenje

abrasive I [əbréisiv] *adj* strgalen; jedkarski, razjedljiv

abrasive II [əbréisiv] *n* brusilo, strgalo, jedkalo

abreast [əbrést] *adv* poleg, vštric; na stopnji; *naut* navpično na smer plovbe; ~ **of** (ali **with**) **the times** s časom, sodoben; **four** ~ četverostopen; *mil* **formed** ~ v bojni črti; **to keep** ~ **of** (ali **with**) iti v korak s

abridge [əbrídž] *vt* skrajšati, skrčiti, zmanjšati; (*of* za) prikrajšati; odvzeti; okrniti, okrnjevati; pristriči

abridged [əbrídžd] *adj* skrajšan, skrčen

abridg(e)ment [əbrídžmənt] *n* skrajšava, skrajšek; izvleček, kratka vsebina; omejitev

abroach [əbróuč] *adv & adj* na čepu; v teku; **to set** ~ deti na čep; **to set a mischief** ~ povzročiti zlo

abroad [əbró:d] *adv* daleč, zunaj, v tujini; zmotno; povsod; **to be all** ~ biti ves iz sebe, osupel, zbegan, zmeden; **it is all** ~ splošno znano je; **to live** ~ živeti v tujini; **to be noised** ~ postati povsod znan; **to scatter and spread** ~ širiti naokrog; **there is a rumour** ~ širijo se govorice, govori se; **to walk** ~ iti na sprehod

abrogate [æbrogeit] *vt* ukiniti razveljaviti, preklicati

abrogation [æbrogéišən] *n* prekinitev, preklic, razveljavitev

abrupt [əbrʌpt] *adj* (~ **ly** *adv*) odsekan, prekinjen: nenaden, nepričakovan; strm; osoren, surov, zadirčen

abruption [əbrʌpšən] *n arch* prekinitev; odlom, odlomek

abruptness [əbrʌptnis] *n* strmost; osornost, surovost; prekinjenost, odsekanost; naglica

abscess [æbsis, -ses] *n med* ognojek, tvor, uljé

abscind [əbsínd] *vt* odrezati

abscissa, absciss(e) [əbsís(ə)] *n math* abscisa

abscission [əbsížən] *n med* odrez, amputacija; nagla prekinitev

abscond [əbskónd] *vi* skriti se, uiti, zbežati, izginiti

absconder [əbskóndə] *n* skrivač, begunec

absence [æbsəns] *n* (*from*) odsotnost; raztresenost; pomanjkanje; ~ **of mind** raztresenost; **leave of** ~ dopust; *mil* ~ **without leave** odhod brez dovoljenja

absent [æbsənt] *adj* (-**ly** *adv*) (*from*) odsoten; ne obstoječ; *fig* zamišljen, raztresen; *mil* ~ **with leave** na dopustu

absent I [əbsént] *v refl* (*from*) ne priti, izostati, ne se javiti, ne se udeležiti; umakniti se

absentee [æbsəntí:] *n* tisti, ki je odsoten, ki ga ni bilo

absenteeism [æbsəntí:izəm] *n* izostajanje (od dela)

absent-minded [æbsəntmáindid] *adj* (~ **ly** *adv*) raztresen, zamišljen

absent-mindedness [æbsəntmáindidnis] *n* raztresenost, zamišljenost

absinth(e) [æbsinθ] *n* pelinkovec, absint

absolute I [æbsəl(j)u:t] *adj* (~ **ly** *adv*) brezpogojen; neomejen; neodvisen; *chem* čist; popoln; *jur* **decree** ~ dokončna odobritev ločitve

absolute II [æbsəl(j)u:t] *n* absolutnost, neomejenost

absolutely [æbsəl(j)u:tli] *adv* povsem, nujno

absoluteness [æbsəl(j)u:tnis] *n* brezpogojnost, neomejenost, neodvisnost

absolution [æbsəl(j)ú:šən] *n* odveza, oprostitev

absolutism [æbsəl(j)u:tizəm] *n* neomejena samovlada, absolutizem

absolutist [æbsəl(j)u:tist] *n* samovladar(ica)

absolve [əbzólv] *vt* (*from* od) odvezati, oprostiti, dati odvezo

absonant [æbsənənt] *adj* (~ **ly** *adv*) (*to, from*) protisloven; tuj; naspameten; neubran, neskladen

absorb [əbsó:b] *vt* vsrkati; zapraviti; *fig* prevzeti; zaposliti

absorbability [əbsɔ:bəbíliti] *n* vsrkljivost, vpojnost

absorbable [əbsó:bəbl] *adj* (**absorbably** *adv*) vsrkljiv, vpojen

absorbed [əbsó:bd] *adj* popolnoma prevzet; ~ **in thought** zamišljen

absorbefacient [əbsɔ:bəféišənt] *adj & n* ki povzroča vsrkavanje

absorbency [əbsó:bənsi] *n* vpojnost

absorbent [əbsó:bənt] *adj & n* ki vsrkava; vpojen; ~ (**cotton**) **wool** vata; ~ **paper** pivnik

absorber [əbsó:bə] *n techn* glušilec

absorbing I [əbsó:biŋ] *adj* (~ **ly** *adv*) ki vsrkava; *fig* privlačen, zanimiv, mikaven, očarljiv

absorbing II [əbsó:biŋ] *n* vsrkavanje, vsesavanje

absorption [əbsó:pšən] *n* vsrkavanje, vpijanje; *fig* zatopljenost, veliko zanimanje

absorptive [əbsó:ptiv] *adj* (~ **ly** *adv*) vpojen, vsrkljiv

absorptivity [əbsɔ:ptíviti] *n* vpojnost, vsrkljivost

absquatulate [əbskwætjuleit] *vi A joc* odkuriti, popihati jo

abstain [əbstéin] *vi* (*from* česa) vzdržati se, brzdati se

abstainer [əbstéinə] *n* abstinent

abstemious [æbstí:mjəs] *adj* (~ **ly** *adv*) vzdržen, varčen, skromen

abstemiousness [æbstí:mjəsnis] *n* vzdržnost; varčnost, skromnost

abstention [æbsténšən] *n* (*from*) vzdržnost, post

abstentious [æbsténšəs] *adj* (~ **ly** *adv*) vzdržen, trezen

abstergent [əbstá:džənt] **1.** *adj* čistilen; *med* dristilen, odvajalen; **2.** *n* čistilo; *med* dristilo, odvajalo, laksativ

abstergion [əbstá:džən] *n* čiščenje; *med* odvajanje

abstersive [əbstá:siv] glej **abstergent 1.**

abstinence, ~ **cy** [æbstinəns, ~ si] *n* (*from* od) vzdržnost, treznost; **day of** ~ postni dan

abstinent [æbstinənt] *adj* (*from*) vzdržen, trezen

abstract I [æbstrækt] *vt* (*from* iz, od) odvrniti, speljati; povzeti; *chem* destilirati; *coll* ukrasti, izmakniti, suniti

abstract II [æbstrækt] *adj* (~ **ly** *adv*) abstrakten, odmišljen pojmoven, težko razumljiv abstract III [ǽbstrækt] *n* abstraktnost; *gram* abstraktum; (*from* iz) izvleček, kratek pregled; in the ~ abstraktno, odmišljeno, teoretično

abstracted [æbstrǽktid] *adj* (~ly *adv*) (*from*) izločen; raztresen; oddaljen; *fig* nejasen, težko razumljiv; ~ly from neglede na

abstractedness [æbstrǽktidnis] *n* raztresenost, zamišljenost

abstraction [æbstrǽkšən] *n* odvzem; kraja; izločitev; posnetje: *fig* raztresenost; abstraktna kompozicija (slika); *chem* izločanje; destilacija; ~ of heat odvajanje toplote

abstruse [æbstrú:s] *adj* (~ly *adv*) skrit; nejasen, težko razumljiv; globokoumen

abstruseness [æbstrú:snis] *n* nejasnost, nerazumljivost

abstrusity [æbstrú:siti] *n arch* glej abstruseness

absurd [əbsə́:d] *adj* (~ly *adv*) nesmiseln, neumen, smešen, neslan

absurdity [əbsə́:diti] *n* nesmiselnost, neumnost, smešnost, neslanost

absurdness [əbsə́:dnis] glej absurdity

absurdum [əbsə́:dəm] *n* nesmisel, bedarija, absurd

abthaine [əbθéin] *n Sc* opatija

abundance [əbʌ́ndəns] *n* (*of* česa) obilje, obilica; bogastvo; in ~ na prebitek, obilo; to live in ~ živeti v obilju

abundant [əbʌ́ndənt] *adj* (~ly *adv*) (*in, with*) obilen, bogat, poln česa

aburst [əbə́:st] *pred adj* v razpoku

abuse I [əbjú:s] *n* zloraba; zmerjanje, psovanje; sramotitev, žalitev, žaljivo dejanje; obrekovanje; crying ~ surova zloraba; to heap ~ upon s.o. sramotiti koga

abuse II [əbjú:z] *vt* zlorabljati; slabo ravnati; zmerjati; obrekovati; (raz)žaliti; (o)sramotiti; izdati

abusive [əbjú:siv] *adj* (~ly *adv*) zloraben, neprimeren; zmerjalen, zmerljiv, žaljiv, obrekljiv; to be ~ zmerjati; to become ~ začeti zmerjati; ~ language zmerjanje, psovanje, psovke

abusiveness [əbjú:sivnis] *n* žaljivost, psovanje

abut [əbʌ́t] *vi* (*on, upon* na) mejiti; (*against* ob) sloneti; moleti, štrleti

abutment [əbʌ́tmənt] *n* (mostni) steber, opornik, omejitev, meja

abuttal [əbʌ́tl] *n* mejnik, meja

abutter [əbʌ́tə] *n* sosed, mejaš

abuzz [əbʌ́z] *adv* brenčé

aby(e) [əbái] *vt & vi arch* odkupiti; odrešiti (se)

abysm [əbízəm] *n poet* prepad, brezdno

abysmal [əbízməl] *adj* brezdanji, zelo globok; *fig* brezmejno neumen

abyss [əbís] *n* prepad, brezno

abyssal [əbísəl] *adj* globinski; ~ depth največja morska globina

Abyssinia [æbisínjə] *n* Abesinija

acacia [əkéišə] *n bot* akacija

academic [ækədémik] *adj* (~ally *adv*) visokošolski, akademijski; teoretičen; pikolovski; nepraktičen; *fig* hladen

academical [ækədémikəl] 1. *adj* (~ly *adv*) akademijski, univerziteten; 2. *n pl* oblačila akademikov

academician [əkædəmíšən] *n* akademik, član akademije

academics [ækədémiks] *n pl* platonizem, teoretiziranje

academy [əkǽdəmi] *n* akademija; Platonova filozofija

academy-figure [əkǽdəmifigə] *n* akt (slika) v polovici naravne velikosti

acajou [ǽkəžu:] *n bot* glej cashew; mahagoni

acaleph [ǽkəli:f] *n zool* morski klobuk, meduza

acanaceous [ækənéišəs] *adj* (~ly *adv*) *bot* trnast

acanthaceous [ækənθéišes] glej acanaceous

acanthus [əkǽnθəs] *n bot* akant

acarpous [əká:pəs] *adj bot* ki ne nosi plodov, neploden, jalov

acatalectic [ækætəléktik] *adj* polnoštevilen (verz)

acatalepsy [ækǽtələpsi] *n* nerazumljivost, nepojmljivost

acataleptic [ækætəléptik] *adj* (~ally *adv*) nerazumljiv

acaudate [əkɔ́:deit] *adj zool* ki nima repa

acaulous [əkɔ́:ləs] *adj bot* ki nima stebla

accede [æksí:d] *vi* (*to*) pristopiti; strinjati se, soglašati, privoliti; to ~ to an office nastopiti službo; to ~ to the throne zasesti prestol

accelerant [æksélərənt] 1. *adj* pospeševalen; 2. *n* pospeševalec; katalizator

accelerate [æksélereit] *vt & vi* pospešiti (se)

accelerating [æksélereitiŋ] *adj* (~ly *adv*) pospeševalen

acceleration [ækseləréišən] *n* pospeševanje, pospešitev; pospešek

accelerative [æksélereitiv] *adj* (~ly *adv*) pospeševalen

accelerator [æksélereitə] *n* pospeševalec; *techn* pospešnik, akcelerator, pedal za plin

accent I ǽksənt] *n* naglas, poudarek, akcent; *pl poet* jezik; acute ~ ostrivec; grave ~ krativec

accent II [æksént] *vt* naglasiti, naglašati, poudariti, poudarjati

accentual [ækséntjuəl] *adj* naglaševalen, poudarjalen

accentuate [ækséntjueit] glej accent II

accentuation [æksentjuéišən] *n* naglaševanje, poudarjanje, poudarek

accept [əksépt] *vt* sprejeti; dopustiti, privoliti; uvaževati, odobriti; sprijazniti se

acceptability [əkseptəbíliti] *n* sprejemljivost; zadovoljivost

acceptable [əkséptəbl] *adj* (~bly *adv*) sprejemljiv, zadovoljiv, dobrodošel, zaželen, prijeten

acceptableness [əkséptəblnis] *n* sprejemljivost, zaželenost

acceptance [əkséptəns] *n* sprejem; odobritev; prijazen sprejem (*with* pri); ~ test sprejemni izpit; to find ~, to meet with ~ biti sprejet

acceptation [əksəptéišən] *n* odobritev, sprejem; (priznani) pomen (besede)

accepted [əkséptid] *adj* priznan, odobren

accepter [əkséptə] *n* sprejemnik, ~nica, prevzemnik, ~nica

acceptor [əkséptə] *n* sprejemnik, ~nica (menice), akceptant(ka)

access [ǽkses] *n* dostop, pristop; prirastek; napad (bolezni); easy (difficult) of ~ lahko (težko) dosegljiv, dostopen; ~ board odrnik

accessary [əksésəri] **1.** *adj* postranski, dodaten; sokriv, sodeležen; **2.** *n* pomagač, sokrivec; *pl* nadrobnosti (načrta)

accessibility [æksesibíliti] *n* dostopnost, dosegljivost

accessible [æksésəbl] *adj* (*to*) dostopen, dosegljiv, pristopen; ~ **to bribery** podkupljiv

accession I [ækséšən] *n* (*to* k) dostop; pristop; prirastek, povečanje; nastop vlade ali službe; ~ **to knowledge** pridobitev znanja; *pl* nove pridobitve; ~ **to the throne** zasedba prestola; ~ **catalogue** katalog novih knjig

accession II [ækséšən] *vt A* vpisati v seznam knjig

accessional [ækséšənəl] *adj* dodaten

accessory I [æksésəri] *adj* postranski; dodaten; sokriv; ~ *phenomenon* sporeden pojav

accessory II [æksésəri] *n* pritiklina; dodatek, soudeleženec, sokrivec

accidence [æksidəns] *n gram* oblikoslovje; končnica

accident [æksidənt] *n* nezgoda, nesreča; naključje, slučaj; dodatna lastnost; postranska stvar; **by** ~ slučajno; **mere** ~ golo naključje; **a chapter of** ~ **s** vrsta nezgod; **fatal** ~ smrtna nesreča; ~ **insurance** zavarovanje proti nezgodam; **to meet with an** ~ ponesrečiti se; **quite an** ~ golo naključje; **barring** ~ **s** če ne nastane nepričakovana ovira; ~ **squad** raziskovalci nesreče

accidental I [æksidéntəl] *adj* (~ **ly** *adv*) slučajen, naključen; nebistven, postranski; ~ **death** smrtna nezgoda; ~ **sharp** *mus* višaj

accidental II [æksidéntəl] *n* naključje; nebistvena poteza; postranska reč

accidentally [æksidéntəli] *adv* po naključju, slučajno, nenamerno

accipiter [əksípitə] *n zool* ptica roparica

accipitral [əksípitrəl] *adj* roparski; *fig* ostroviden

acclaim [əkléim] **1.** *vt* odobravati, ploskati; **2.** *n poet* pohvala, odobravanje, ploskanje

acclamation [ækləméišən] *n* odobravanje, ploskanje; **carried** (ali **voted**) **by** ~ soglasno sprejeto; **with** ~ z odobravanjem

acclamatory [əklǽmətori] *adj* (**acclamatorily** *adv*) pohvalen, pritrjevalen, soglasen

acclimate [əkláimeit] glej **acclimatize**

acclimation [æklaiméišən] glej **acclimatization**

acclimatization [əklaimətaizéišən] *n* udomačitev; prilagoditev

acclimatize [əkláimətaiz] *vt & vi* (*to*) prilagoditi (se), udomačiti (se), navaditi (se); **to become** ~ **d** navaditi se

acclivity [əklíviti] *n* strmina, (strmo) pobočje

acclivitous [əklívitəs] glej **acclivous**

acclivous [əkláivəs] *adj* (~ **ly** *adv*) *adj* strm

accolade [ǽkəleid] *n* podelitev viteške časti; **to receive the** ~ postati vitez

accommodate [əkómədeit] *vt* (*to*) prilagoditi; (*with*) oskrbeti; pomiriti, spraviti; ugoditi; nastaniti, pod streho vzeti; **to** ~ **o.s.** prilagoditi se; **to be well** ~ **d** udobno stanovati

accommodating [əkómədeitiŋ] *adj* (~ **ly** *adv*) prilagodljiv; ustrežljiv, uslužen; spravljiv; **on** ~ **terms** s sprejemljivimi pogoji

accommodation [əkómədéišən] *n* prilagoditev; poravnava; ugoditev; sprava; nastanitev, prenočišče; posojilo; *pl* prostori; **to have good** ~

udobno stanovati; *naut* ~ **ladder** vzdižne stopnice, spust; **terms of** ~ sporazum; *A* ~ **train** lokalni, mešani počasen vlak

accompanier [əkámpəniə] *n* spremljevalec, ~ lka, družabnik, ~ ica

accompaniment [əkámpənimənt] *n* spremljava; pritiklina, dodatek

accompanist [əkámpənist] *n mus* spremljevalec, ~ lka

accompany [əkámpəni] *vt* spremljati; hkrati se dogajati

accompanying [əkámpəniiŋ] *adj* spremen, priložen; ~ **letter** spremno pismo

accompanyist [əkámpəniist] glej **accompanist**

accomplice [əkámplis] *n* sokrivec; ~ **in** sokrivec česa; ~ **of** (ali **with**) sokrivec koga

accomplish [əkómpliš] *vt* izvršiti, opraviti; dovršiti; izpolniti, doseči; izuriti; omikati

accomplishable [əkómplišəbl] *adj* izvršljiv; dosegljiv

accomplished [əkómplišt] *adj* izpopolnjen, popoln; izobražen, izurjen; omikan

accomplishment [əkómplišmənt] *n* dovršitev; dovršenost; *pl* spretnost, znanje, nadarjenost; **he has many** ~ **s** je mnogostransko izobražen

accord I [əkó:d] *n* soglasje; *mus* sozvočje, akord; sporazum; ubranost; **to be of** ~ ujemati se; **in** ~ **with** v skladu s, v sporazumu s; **of one's own** ~ prostovoljno, sam od sebe; **with one** ~ soglasno

accord II [əkó:d] **1.** *vt* dati, podeliti; spraviti, pobotati; **to** ~ **a hearty welcome** prisrčno sprejeti; **2.** *vi* (*with*) strinjati se, soglašati, skladati se, ujemati se

accordance [əkó:dəns] *n* soglasje, skladnost; **in** ~ **with** skladno s, ustrezno s; **to be in** ~ **with** strinjati se s

accordant [əkó:dənt] *adj* (~ **ly** *adv*) (*with*) složen, skladen, ustrezen

according [əkó:diŋ] **1.** *conj*; ~ **as** v kolikor, če; **2.** *prep* glede na, po mnenju; **he did it** ~ **to his promise** izpolnil je svojo obljubo; ~ **to law** po zakonu; ~ **to the latest intelligence** po najnovejših vesteh

accordingly [əkó:diŋli] *adv* zatorej, potemtakem, torej

accordion [əkó:diən] *n* harmonika

accordionist [əkó:diənist] *n* harmonikar(ica)

accost [əkóst] **1.** *vt* pozdraviti, ogovoriti; nadlegovati (na cesti); **2.** *n* ogovor, pozdrav

accouchement [əkú:šma:ŋ] *n med* porod

accoucheur [æku:šó:] *n* porodničar

accoucheuse [æku:šó:z] *n* babica

account I [əkáunt] *n com* račun, konto; poročilo, pripovedovanje; mnenje, sodba; važnost, korist; vzrok; ocena; likvidacijski rok; **balance of** ~ saldo; **by all** ~ **s** povsem; **to bring** (ali **call**) **to** ~ poklicati na odgovor; **to cast** ~ **s** delati proračun, kalkulirati; ~ **of charges** režijski stroški; ~ **of costs** proizvodni stroški; **current** ~ tekoči račun; **to carry to a new** ~ prenesti na nov račun; **drawing** ~ žiro račun; **to give an** ~ poročati; **to give a good** ~ **of o.s.** imeti uspeh, dobro se izkazati; **the great** ~ sodni dan; *A* **to hand in one's** ~ umreti; **to leave out of** ~ ne upoštevati; **to make an** ~ ceniti; **to make out an** ~ napisati račun; **of no** ~ nepomemben;

on no ~ nikakor ne; **on my** ~ zaradi mene; **on one's own** ~ na lastno odgovornost; **on** ~ **of** zaradi; **to overdraw one's** ~ prekoračiti svoj račun; **to settle an** ~ poravnati račun; **to settle** ~**s with** *fig* obračunati s; **of small** ~ nepomemben; **to take into** ~ upoštevati; **to turn into** ~ izkoristiti, uporabiti; **square** ~**s** poravnani računi; **on what** ~ **?** čemu?

account II [əkáunt] *vt & vi* ceniti, soditi; računati; smatrati; razložiti; **I** ~ **him a hero** smatram ga za junaka; **he** ~**s himself happy** ima se za srečnega; **account for** obračunati; razložiti, utemeljiti; ceniti; zagovarjati; usmrtiti

accountability [əkauntəbíliti] *n* odgovornost

accountable [əkáuntəbl] *adj* (*to*) odgovoren; (*for*) razložljiv

accountancy [əkáuntənsi] *n* računovodstvo, knjigovodstvo

accountant [əkáuntənt] *n* računovodja, knjigovodja, -dkinja

account-current [əkáuntkʌrənt] *n com* tekoči račun

account-day [əkáuntdei] *n* plačilni dan; zadnji dan za likvidacijo

accountant-general [əkáuntəntdžénərəl] *n* glavni računovodja

accounting [əkáuntiŋ] *n* račun, proračun, bilanca; ~ **cost** kalkulacija; **there's no** ~ **for tastes** okusi so različni

accouple [əkʌpl] *vt* spariti, v par spraviti

accoutre [əkú:tə] *vt* obleči; opremiti

accoutrement [əkú:trəmənt] *n* obleka; oprema

accredit [əkrédit] *vt* zaupati, pooblastiti, poveriti; pripisovati; **to** ~ **s.o. with s.th.** pripisovati komu kaj

accredited [əkréditid] *adj* uradno priznan, standarden; pooblaščen

accrete [ækrí:t] **1.** *vt & vi* (skupaj) zrasti; **2.** *adj bot* zraščen

accretion [ækrí:šən] *n* rast, zrast; prirastek

accretive [ækrí:tiv] *adj* naraščajoč

accrual [əkrú:əl] *n* prirastek; zrast

accrue [əkrú:] *vi* prirasti; povečati se; **to** ~ **from s.th.** nastati iz česa; ~**d interest** povečane obresti

accumulate [əkjú:mjuleit] *vt & vi* kopičiti, nabirati (se); ~**d funds** akumulacijski sklad

accumulation [əkju:mjuléišən] *n* kopičenje, zbiranje; zbirka, kup; akumulacija

accumulative [əkjú:mjulətiv] *adj* zbiralen, nabiralen, akumulacijski; pridobiten

accumulator [əkjú:mjuleitə] *n* nabiralec; *techn* akumulator, baterija

accuracy [ǽkjurəsi] *n* natančnost, vestnost; (*of time*) točnost; ~ **of fire** (ali **aim**) natančnost zadetka

accurate [ǽkjurit] *adj* (~ **ly** *adv*) točen, vesten, natančen

accurateness [ǽkjuritnis] *n* natančnost, točnost, vestnost

accursed, accurst [əkə́:sid, əkə́:st] *adj* preklet; *coll* presnet; gnusen; ubog

accusable [əkjú:zəbl] *adj* tožljiv

accusal [əkjú:zəl] *n* obtožba

accusation [ækjuzéišən] *n* obtožba; **to be under an** ~ biti obtožen; **to bring an** ~ **against s.o.** obtožiti koga

accusatival [əkju:zətáivəl] *adj gram* tožilniški, akuzativen

accusatorial [əkju:zətó:riəl] *adj* obtožilen, tožilen

accusatory [əkjú:zətəri] glej **accusatorial**

accuse [əkjú:z] *vt* tožiti, obtožiti, obdolžiti

accused [əkjú:zd] **1.** *adj* (ob)tožen, obdolžen; **2.** *n* obtoženec, ~nka

accuser [əkjú:zə] *n* tožnik, ~nica

accustom [əkʌ́stəm] *vt* (*to*) navaditi; **to** ~ **o.s. to s.th.** navaditi se

accustomed [əkʌ́stəmd] *adj* navajen; navaden; značilen; **to get** ~ **to** navaditi se česa; **to be** ~ **to do s.th.** navadno kaj početi, početjati kaj

ace I [eis] *adj* odličen

ace II [eis] *n* as; enica (na kocki); malenkost, drobec; uspešen letalec, as; **not an** ~ niti malo ne; ~ **of spades** pikov as; *joc* vdova v globoki žalosti; **within an** ~ **of** za las, skoraj

acephalous [əséfələs] *adj* brezglav; *fig* brez vodstva

acerb [əsə́:b] *adj* kisel, trpek, oster, gorjup; *fig* strog

acerbate [ǽsəbeit] *vt* okisati, zagreniti; *fig* dražiti, jeziti

acerbic [əsə́:bik] *adj* trpek

acerbity [əsə́:biti] *n* kislost, trpkost, ostrost, gorjupost; *fig* strogost, surovost, osornost

acerose [ǽsərous] *adj bot* plevast; iglast

acerous [ǽsərous] glej **acerose**

acervate [əsə́:vit, -veit] *adj* šopast

acescence [əsésəns] *n* kisanje

acescent [əsésənt] *adj* ki se kisa, kiselkast

acetable [ǽsitəbl] *n* stara votla mera 0,71 dl; *zool, bot* acetabulum

acetate [ǽsiteit] *n chem* acetat

acetification [əsitifikéišn] *n* kisanje

acetify [əsétifai] *vt & vi* (o)kisati; skisati (se)

acetone [ǽsitoun] *n chem* aceton

acetose, acetous [ǽsitous, ǽsitəs] *adj* kisel, kiselkast, kisov, skisan

acetylene [əsétili:n] *n chem* acetilen; ~ **lamp** karbidna svetilka, karbidovka

ache I [eik] bolečina; hrepenenje

ache II [eik] *vi* boleti; (*for*) hrepeneti; **my tooth** ~**s** zob me boli; **my head** ~**s** glava me boli; **my heart** ~**s for you** hrepenim po tebi

ache III [eič] *n* črka H; **to drop one's** ~**s** ne izgovarjati začetnega H

acheless [éiklis] *adj* (~ **ly** *adv*) brez bolečin; lahek (npr. porod)

achene [eikí:n] *n bot* seme košaric

achievable [əčí:vəbl] *adj* (**achievably** *adv*) izvršljiv, izvedljiv; dosegljiv

achieve [əčí:v] *vt* doseči; izvršiti, opraviti; **to** ~ **one's purpose** doseči svoj cilj

achievement [əčí:vmənt] *n* izvršitev, dovršitev, dosega, dosežek, uspeh; junaštvo; grbovni ščit

aching [éikiŋ] **1.** *adj* boleč; **2.** *n* bolečina, hrepenenje

achromatic [ækroumǽtik] *adj* brezbarven, akromatičen

achromatize [əkróumətaiz] *vt* razbarvati

acicular [əsíkjulə] *adj bot* igličast

acid I [ǽsid] *n chem* kislina; *fig* **the** ~ **test** preizkusni kamen, huda preizkušnja

acid II [ǽsid] *adj chem* kisel, jedek; *fig* zbadljiv; ~ **drops** kisli bonboni

acidhead [ǽsidhed] *n* toksikoman
acidification [əsidifikéišən] *n* kisanje
acidify [əsídifai] *vt & vi* kisati (se), v kislino (se) spremeniti
acidimeter [əsídimi:tə] *n* kislinomer
acidity [əsíditi] *n* kislost, trpkost; želodčna kislina
acidize [ǽsidaiz] glej acidify
acidosis [æsidóusis] *n med* acidoza
acidproof [ǽsidpru:f] *adj* odporen proti kislinam
acid-resisting [ǽsidrizistiŋ] glej acidproof
acidulate [əsídjuleit] *vt* okisati
acidulated, acidulent [əsídjuleitid, -lənt] *adj* zagrenjen
acidulous [əsídjuləs] *adj* (~ ly *adv*) kiselkast; *fig* čemeren; ~ water slatina
aciform [ǽsifɔ:m] *adj* igličast
ack-ack [ǽkǽk] *n* protiletalski ogenj; protiletalski top
acknowledge [əknólidž] *vt* priznati; potrditi, zahvaliti se; nagraditi, nagrajevati; I ~ the truth of it priznavam, da je res tako; to ~ the receipt of the letter potrditi prejem pisma
acknowledgement [əknólidžmənt] *n* priznanje, potrdilo, pobotnica; nagrada; under ~ potrjujoč (v pismih), v potrdilo
aclinal [əkláinəl] *adj* vodoraven
acme [ǽkmi] *n* višek, vrhunec
acne [ǽkni] *n med* ogrc, akna, mozoljavost
acock [əkók] *pred adj* po strani (klobuk); *fig* izzivalen, drzen
acolyte [ǽkəlait] *n* strežnik (v cerkvi), ministrant; novic; pomočnik
aconite [ǽkənait] *n bot* omej; *poet* smrtni strup
acoustic(al) [əkú:stik(əl)] *adj* slušen, zvočen, akustičen; ~ effect zvočni učinek, zvočnost; ~ duct sluhovod; ~ mine morska mina, ki jo sproži zvočno nihanje propelerja; ~ nerve slušni živec
acoustics [əkú:stiks] *n pl* nauk o zvoku, akustika
acquaint [əkwéint] *vt* (with s) seznaniti; sporočiti, obvestiti; to be ~ed with s.o., s.th. poznati koga, kaj; to become (ali get) ~ed seznaniti se, navaditi se
acquaintance [əkwéintəns] *n* poznanstvo; znanec, -nka; on closer ~ ko se bolje seznanimo; to cultivate the ~ of s.o. biti s kom v prijateljskih stikih; to make (ali strike) ~ of s.o. seznaniti se s kom; upon what ~? zakaj?; to have ~ with s.th. vedeti o čem
acquaintanceship [əkwéintən(s)šip] *n* poznanstvo
acquest [ǽkwést] *n* pridobljena lastnina, pridobitev
acquiesce [ǽkwiés] *vi* (in) privoliti; prenesti, vdati se, sprijazniti se
acquiescence [ǽkwiésns] *n* privolitev; sprijaznitev
acquiescent [ǽkwiésnt] *adj* (~ ly *adv*) voljan, popustljiv, pokoren
acquirable [əkwáiərəbl] *adj* dosegljiv
acquire [əkwáiə] *vt* pridobiti; doseči; priučiti se
acquirement [əkwáiəmənt] *n* pridobitev; *pl* znanje, spretnost
acquisition [ǽkwizíšən] *n* pridobitev, pridobivanje; *fig* obogatitev; to be quite an ~ to biti pridobitev za
acquisitive [əkwízitiv] *adj* pridobljiv; lakomen, grabežljiv

acquisitiveness [əkwízitivnis] *n* pridobljivost; lakomnost, grabežljivost
acquit [əkwít] *vt* (of, from) plačati (dolg); osvoboditi, izpustiti, oprostiti tožbe; to ~ o.s. znebiti se, opraviti svojo dolžnost; to ~ o.s. of a promise izpolniti obljubo; to ~ o.s. well dobro se izkazati
acquittal [əkwítl] *n* poravnanje (npr. dolga); osvoboditev; oprostitev; izpolnitev dolžnosti
acquittance [əkwítəns] *n* poravnanje; (from) oprostitev, osvoboditev; potrdilo, pobotnica
acre [éikə] *n* jutro (površinska mera 40,467 arov) *pl* premoženje; God's ~ pokopališče
acreage [éikridž] *n* površina v jutrih
acred [éikrid] *adj* premožen
acrid [ǽkrid] *adj* oster, trpek, jedek; *fig* razdražljiv, ujedljiv, piker
acridity [ǽkríditi] *n* jedkost, trpkost, ostrost; ujedljivost, pikrost
acridness [ǽkridnis] glej acridity
acrimonious [ǽkrimóunjəs] *adj* (~ ly *adv*) *fig* piker, rezek, jedek; ogorčen, ujedljiv
acrimony [ǽkriməni] *n* pikrost, jedkost, ujedljivost
acrobat [ǽkrəbæt] *n* vrvohodec, akrobat
acrobatic [ǽkrəbǽtik] 1. *adj* (~ ally *adv*) akrobatski; 2. *n pl* akrobatika
acronym [ǽkrənim] *n* akronim
acrophobia [ǽkrofóubiə] *n* strah pred višino
acropolis [əkrópəlis] *n* akropola, trdnjava
across I [əkrós] *adv* križema, pošev; with arms ~ prekrižanih rok; to put ~ uveljaviti, izpeljati; A come ~! priznaj(te)!; sezi(te) v žep!
across II [əkrós] *prep* prek, čez; to come (ali run) ~ s.th. naleteti na kaj, slučajno srečati koga; to get ~ s.o. spreti se s kom; to be ~ a horse's back jahati konja; it flashed ~ my mind domislil sem se; ~ the street from here na nasprotni strani ulice
acrostic [əkróstik] *n* akrostih
acroterion [ǽkrotíəriən] *n* zatrep; podstavek za kip
act I [ǽkt] *n* delo; dejanje; zakon, listina; svečanost; sodba; teza za disertacijo; ~ of bravery junaško dejanje; ~ and deed uradna listina, obveznost; Act of God višja sila; Act of Grace pomilostitev; ~ of hostility sovražno dejanje; in ~ v resnici, dejansko; in the (very) ~ pri (samem) dejanju (zasačen); Act of Oblivion pomilostitev; to put on an ~ zaigrati komedijo
act II [ǽkt] 1. *vt* igrati, predstavljati; hliniti; 2. *vi* delovati, služiti, vesti se; (on na) vplivati; (upon po) ravnati se; pretvarjati se; to ~ out naturalistično zaigrati; to ~ out of character zmesti se; to ~ a part imeti vlogo; to ~ upon s.o.'s advice ravnati se po nasvetu koga; to ~ up to one's reputation ravnati kakor smo pričakovali
actable [ǽktəbl] *adj* izvedljiv
acting I [ǽktiŋ] *adj* delujoč, učinkovit; začasen; ~ manager začasni ravnatelj, namestnik direktorja
acting II [ǽktiŋ] *n* delovanje, učinek; *theat* igra; igralstvo
actinic [ǽktínik] *adj* aktiničen; ki žarči; *chem* ki kemično deluje

actinism [æktinizəm] n delovanje ultravioletnih žarkov

actinium [æktínjəm] n chem aktinij

actinomycin [æktinoumáisin] n med aktinomicin

action I [ǽkšən] n dejanje, delovanjè; učinek; borba, boj; jur proces, sodni postopek; hoja (npr. konja); mehanizem; to be in ~ delovati; ~ of the bowels izpraznitev črevesa; to bring (ali enter, lay) an ~ against s.o. (ob)tožiti koga; full of ~ delaven, prizadeven; in full ~ v polnem obratu; to go into ~ iti v boj; a man of ~ mož dejanj; mode (ali line) of ~ postopek; overt ~ against odkrit nastop proti; to put out of ~ izločiti iz borbe; to take prompt ~ takoj ukrepati; to be killed (ali to fall) in ~ pasti v boju; ~s speak louder than words po delu, ne po besedah cenimo človeka; sphere of ~ delokrog; radius of ~ akcijski polmer

action II [ǽkšən] vt (ob)tožiti

actionable [ǽkšənəbl] adj (actionably adv) jur tožljiv, kazniv

action-drop [ǽkšəndrəp] n theat spustitev zastora med dejanjema

actionless [ǽkšənlis] adj (~ly adv) nepremičen, len; jur netožljiv

activate [ǽktiveit] vt aktivirati; radioaktivirati

active I [ǽktiv] adj (~ly adv) delaven, marljiv; živahen, aktiven; energičen, učinkovit; gram tvoren; com ~ capital aktiva; ~ balance aktivna bilanca; ~ commerce trgovina z lastnimi ladjami, na lastnih ladjah; ~ debts neporavnane terjatve; ~ demand živahno povpraševanje; ~ partner poslovni partner; on the ~ list redno zaposlen; mil ~ service služba na bojišču; A aktivna služba; to take an ~ part in sodelovati pri; gram ~ voice tvorni glagolski način

active II [ǽktiv] n gram tvorni glagolski način, aktiv

activeness [ǽktivnis] glej activity

activist [ǽktivist] n aktivist(ka)

activity [æktíviti] n delavnost, marljivost, spretnost; učinek; pl delovanje, delokrog; to be in full ~ delati z vso paro, na vso moč; sphere of ~ delokrog

acton [ǽktən] n hist majica, ki so jo nosili pod oklepom

actor [ǽktə] n arch storilec; theat igralec; jur tožitelj; aktivni soudeleženec; A a bad ~ nezanesljiv človek

actress [ǽktris] n theat igralka

actual [ǽktjuəl, ǽkčuəl] adj (~ly adv) dejanski, pravi; sedanji; ~ assets čisto premoženje; in ~ fact dejansko

actuality [æktjuǽliti, ækčuǽliti] n resničnost, dejstvo; važnost, nujnost; sodobnost; pl okoliščine, pogoji

actualization [æktjuəlaizéišən, -kču-] n oživitev, sprožitev

actualize [ǽktjuəlaiz, -kču-] vt oživiti, sprožiti; živo prikazati

actually [ǽktjuəli, -kču-] adv dejansko, v resnici, pravzaprav; celó; sedaj, trenutno

actuarial [æktjuǽəriəl, -kču-] adj aktuarski; pisarski, tajniški

actuary [ǽktjuəri, -kču-] n aktuar; zavarovalniški statistik

actuate [ǽktjueit, -kču-] vt aktivizirati, pognati, v tek spraviti; fig spodbosti, podžigati; vplivati

actuation [æktjuéišən, -kču-] n pogon, pobuda; učinek

actuator [ǽktjueitə, -kču-] n techn ročica, sprožilo, naprava, ki spravlja stroj v tek

acuity [əkjú(:)iti] n ostrost, ostrina

aculeate [əkjú:lieit] adj bot zool bodičast, koničast; ki ima želo

aculeus [əkjú:liəs] pl aculei [əkjú:liai] n bot zool bodica, želo

acumen [əkjú:mən] n ostroumnost, bistrina, prenikavost

acuminate I [əkjú:mineit] vt priostriti, šiliti

acuminate II [əkjú:minit] adj priostren, koničast, šilast

acumination [əkju:minéišən] n priostrenost, priostritev, zašiljenost; konica, zašilek

acuminous [əkjú:minəs] adj oster, prenicav; ~ puncture akupunktura

acupuncture [əkjupʌ́ŋkčə] n akupunktura

acushla [əkúšlə] adj Ir srčkan

acute [əkjú:t] adj (~ly adv) oster, šilast; bister; silovit; vreščav; med vnet, akuten; ~ accent ostrivec; ~ angle ostri kot; ~ disease akutna bolezen; ~ pain huda bolečina

acute angular [əkjú:tǽŋgjulə] adj ostrokoten

acuteness [əkjú:tnis] n ostrost; bistrost; vreščavost; vnetost, silovitost

ad [æd] n coll oglas, reklama (skrajšano iz advertisement)

adage [ǽdidž] n rek, pregovor

adagio [ədá:džiou] 1. adj mus počasi, mirno; 2. n počasen stavek

Adam [ǽdəm] n Adam, prvi človek; ~'s ale (ali wine) voda; ~'s apple anat Adamovo jabolko; not to know s.o. from ~ sploh koga ne poznati

adamant I [ǽdəmənt] n poet diamant; fig zelo trda snov; will of ~ trdna volja

adamant II [ǽdəmənt] adj (~ly adv) fig ko kamen trd; fig nepopustljiv; to be ~ (to) ne popustiti

adamantine [ædəmǽntain] adj diamanten; zelo trd, nezdrobljiv; fig nepopustljiv, trden; ~ lustre diamantni sijaj

adamite [ǽdəmait] n adamit, človek; nagec

adapt [ədǽpt] vt prilagoditi, prirediti, usposobiti, predelati, prikrojiti; to ~ into prirediti za; to ~ o.s. to prilagoditi se čemu

adaptability [ədæptəbíliti] n prilagodljivost; porabnost

adaptable [ədǽptəbl] adj (adaptably adv) prilagodljiv, uporaben

adaptation [ædæptéišən] n prilagoditev, prikrojitev, priredba, adaptacija

adapted [ədǽptid] adj prilagojen; prikrojen, preurejen; primeren za kaj

adapter [ədǽptə] n prilagojevalec, prikrojevalec, preurejevalec; techn kaseta (za filme); vtična cevka

adaptive [ədǽptive] adj prilagodljiv

adaptiveness [ædǽptivnis] n prilagodljivost

adawn [ədɔ́:n] adv ob zori

A-Day [éidei] n dan morebitnega napada z atomsko bombo

add [æd] *vt* & *vi* dodati, povečati; pristaviti; se-
šteti; **to ~ fuel to the fire** prilivati olje v ogenj;
to ~ insult to injury še bolj poslabšati zadevo;
to ~ the interest to the capital pripisati obresti
h kapitalu; **~ed to this** vštevši
add in *vt* všteti, vključiti
add together *vt* sešteti
add up *vt* seštevati, dodajati
add up to *vt* dodati, prištevati; pripeljati do za-
ključka
addendum, *pl* **addenda** [ədéndəm, -də] *n* dodatek,
dopolnilo, dostavek
adder I [ǽdə] *n zool* gad, modras; **flying ~** kačji
pastir
adder II [ǽdə] *n* računski stroj
adder-bolt [ǽdəboult] glej **adder-fly**
adder-fly [ǽdəflai] *n zool* kačji pastir
adder's-tongue [ǽdəztʌŋ] *n bot* kačji jezik
addible [ǽdibl] *adj* sešteven, dodaten, razmnožljiv
addict I [ədíkt] *vt* (*to* čemu) vdajati se, posvetiti se;
~ed to drink vdan pijači; **to ~ o.s.** vdajati se
addict II [ǽdikt] *n* suženj slabe navade; **drug ~**
narkoman; **cocaine ~** kokainist
addiction [ədíkšən] *n* vdajanje, nagnjenje
addictive [ədíktiv] *adj* ki povzroča, da se ga na-
vadimo (npr. alkohol)
adding-machine [ǽdiŋməši:n] *n* računski stroj
additament [ədítəmənt] *n* dodatek
addition [ədíšən] *n* dodatek, prirastek; *chem* pri-
mes; *math* seštevanje, seštevek; **in ~** poleg tega
razen tega, vrh tega; **in ~ to** razen; **with the ~
of** z dodatkom
additional [ədíšənəl] *adj* (**~ly** *adv*) dodaten, po-
znejši, dopolnilen, zvišan, naknaden; **~ charges**
dodatni stroški, doplačila; **~ duty** davčna do-
klada; **~ payment** doplačilo
addle I [ǽdl] *vt* & *vi* pokvariti; *fig* zmesti; pokvariti
se; gniti
addle II [ǽdl] *adj* votel, prazen, jalov, nagnit;
~ egg zaprtek, klopotec
addle-brained [ǽdlbreind] *adj* neumen, bedast
addled [ǽdld] *adj* gnil; zmeden
addle-headed [ǽdlhedid] glej **addle-brained**
addlement [ǽdlmənt] *n* zmeda, kolobocija
addleness [ǽdlnis] *n* jalovost, nagnitost, gniloba;
(*fig*) zbeganost
addle-pated [ǽdlpeitid] glej **addle-brained**
address I [ədrés] *vt* nasloviti, ogovoriti, nagovoriti,
obrniti se (na koga); usmeriti (žogo pri golfu);
napisati naslov; **to ~ a lady** dvoriti dami;
to ~ o.s. to obrniti se na koga; lotiti se česa
address II [ədrés] *n* naslov, ogovor, nagovor; ve-
denje, spretnost; **a man of good ~** človek lepega
vedenja; **to pay one's ~es** dvoriti komu
addressee [ədresí:] *n* naslovljenec, adresat; nago-
vorjenec
addresser [ədrésə] *n* odpošiljatelj; prosilec; nago-
varjalec; podpisani
adduce [ədjú:s] *vt* navesti, navajati (primer), citi-
rati; *anat* pritegniti, pritezati
adducible [ədjú:sibl] *adj* ki se da navesti, citirati
adduct [ədʌ́kt] *vt physiol* pritegniti; dovajati
adduction [ədʌ́kšən] *n* navajanje, citiranje; prite-
zanje; *physiol* krčenje (mišic); dovajanje
adductor [ədʌ́ktə] *n* pritezalnik; (*anat*) priteznica
ademption [ədémpšən] *n* preklic darila ali volila

adenoids [ǽdinɔidz] *n pl med* polipi v nosu
adept I [ǽdept, ədépt] *adj* (**~ly** *adv*) (*at*) spreten,
vešč, ročen, izkušen; poučén
adept II [ǽdept] *n* strokovnjak, poznavalec; alki-
mist, zlatodej; *coll* **to be an ~ at** biti strokovnjak
za, spoznati se na kaj
adequacy [ǽdikwəsi] *n* (*to*) primernost, skladnost,
ujemanje s čim; zadostnost
adequate [ǽdikwit] *adj* (**~ly** *adv*) (*to*) primeren,
ustrezen, zadosten; skladen, razmeren; kos
čemu
adequateness [ǽdikwitnis] glej **adequacy**
adequation [ædikwéišən] *n* izenačenje; pravo raz-
merje
adhere [ədhíə] *vi* (*to*) trdno se držati; prilepiti se;
vdan, zvest biti; **to ~ to an opinion** ne spre-
minjati svojega mnenja; **to ~ to orders** izpol-
njevati ukaze; **to ~ to a party** biti vdan stranki;
to ~ together biti v zvezi
adherence [ədhíərəns] *n* (*to*) vdanost, privrženost
adherent [ədhíərənt] **1.** *adj* sprijet, lepljiv; *bot* (*to*)
prirasel; *fig* (*to*) vdan, privržen; **2.** *n* privrženec,
-nka, pripadnik, -nica
adhesion [ədhí:žən] *n* sprijemnost, adhezija; *fig* (*to*)
vdanost, zvestoba, povezanost; zraslost; zlepek;
strnitev
adhesive [ədhí:siv] *adj* (**~ly** *adv*) lepljiv, sprijem-
ljiv; **~ paper** lepljivi papir; **~ plaster** obliž;
~ power lepljivost
adhesiveness [ədhí:sivnis] *n* lepljivost, sprijemlji-
vost
adhibit [ədhíbit] *vt* priložiti na kaj; pritrditi; upo-
rabiti; dati (zdravilo)
adhibition [ædhibíšən] *n* uporaba; dajanje (zdra-
vila)
ad hoc [ædhɔ́k] *adj* za to namenjen, nalašč za to
adiabatic [ədiəbǽtik] *adj phys* adiabatski
adiantum [ədiǽntəm] *n bot* Venerini laski, Marijini
laski
adieu I [ədjú:] *int* zbogom
adieu II [ədjú:] *n* slovo; **to make** (ali **take**) **one's ~**
posloviti se; **to bid** (ali **say**) **~ to** posloviti
se od
adipose [ǽdipous] **1.** *adj* masten, tolst; **~ tissue**
tolščevina; maščevina; **2.** *n* mast, tolšča
adiposeness [ǽdipousnis] glej **adiposity**
adiposity [ædipósiti] *n* debelost, tolstost, zajetnost
adit [ǽdit] *n* dostop; rov (v rudniku)
adjacency [ədžéisənsi] *n* soseščina, bližina; *pl*
(bližnja) okolica
adjacent [ədžéisənt] *adj* (*to*) soseden, blizek, me-
jaški, tik ležeč; *geom* **~ angle** sokot
adjacently [ədžéisəntli] *adv* (*to*) blizu, tik, poleg
adject [ədžékt] *vt* dodati, pridati
adjectival [ədžektáivəl] *adj* pridevniški
adjective [ǽdžektiv] **1.** *n gram* pridevnik; **2.** *adj*
dodaten; *gram* pridevniški; **~ colours** komple-
mentarne barve
adjoin [ədžɔ́in] **1.** *vt* (*to, unto*) privezati, pridejati,
pritakniti; **2.** *vi* (*s.th.*) mejiti, tik česa biti
adjoining [ədžɔ́iniŋ] *adj* soseden
adjourn [ədžə́:n] *vt* & *vi* odgoditi, odložiti
adjournment [ədžə́:nmənt] *n* odložitev, odgoditev
adjudge [ədžʌ́dž] *vt* (*to, unto*) prisoditi, prisojati;
obsoditi, obsojati
adjudg(e)ment [ədžʌ́džmənt] *n* prisodba, obsodba

adjudicate [ədžú:dikeit] **1.** *vt* (*on, upon*) prisoditi; **2.** *vi* izreči sodbo, razsoditi, sodno odločiti

adjudication [ədžudikéišən] *n* razsodba, prisoditev

adjudicator [ədžú:dikeitə] *n* razsodnik, sodnik

adjunct I [ǽdžʌŋkt] *adj* dodaten, pomožen; dodeljen; *A* ~ **professor** izredni profesor

adjunct II [ǽdžʌŋkt] *n* dodatek, postranska reč; pomočnik, pristav

adjunctive [ədžʌ́ŋktiv] *adj* dodaten; postranski

adjuration [ədžuəréišən] *n* zaklinjanje, zaprisega, rotitev

adjuratory [ədžúəretəri] *adj* zaklinjevalen; zaprisežen

adjure [ədžúə] *vt* zaklinjati se, rotiti, zapriseči

adjurement [ədžúəmənt] *n* rotitev, zaklinjanje

adjurer, adjuror [ədžúərə] *n* zaklinjalec, ~lka

adjust [ədžʌ́st] *vt* urediti; poravnati, zravnati (*to*) prilagoditi, regulirati; **to** ~ **an account** poravnati račun; **to** ~ **a measure** preizkusiti mero; **to** ~ **an average** oceniti škodo pri prometni nesreči

adjustable [ədžʌ́stəbl] *adj* prilagodljiv; premakljiv

adjuster [ədžʌ́stə] *n* ureditelj(ica); zlagatelj(ica)

adjusting [ədžʌ́stiŋ] *adj* usmerjevalen, regulacijski; ~ **shop** montažni oddelek

adjusting-balance [ədžʌ́stiŋbæləns] *n* tehtnica za preverjanje kovancev

adjusting-scale [ədžʌ́stiŋskeil] glej **adjusting-balance**

adjusting-screw [ədžʌ́stiŋskru:] *n* techn naravnalni vijak

adjustment [ədžʌ́stmənt] *n* ureditev, uravnava; zravnanje, poravnanje, poravnava; prilagoditev, regulinje; ~ **of average** ocena škode pri prometni nesreči

adjutage [ǽdžutidž] *n* techn podaljšek cevi; brizgalka

adjutancy [ǽdžutənsi] *n* adjutantura

adjutant [ǽdžutənt] **1.** *n* mil adjutant, pribočnik, pomočnik; **2.** *adj* pomožen; adjutantski, pribočniški

adjutant-bird [ǽdžutəntbɔ́:d] *n* zool marabu

adjutant-general [ǽdžutəntdžénərəl] *n* generalov pribočnik

adjutory [ǽdžutəri] *adj* pomožen

adjuvant I [ǽdžuvənt] *adj* pomagljiv, koristen

adjuvant II [ǽdžuvənt] *n* pomočnik, -nica; pripomoček, pomagalo

ad lib [ǽdlíb] **1.** *adv* po volji; **2.** *vt* improvizirati

adman [ǽdmən] *n A coll* sestavljalec oglasov in reklam

admass [ǽdmæs] *n A coll* široke množice, ki se primerno odzivajo na reklamo

admeasure [ædméžə] *vt* odmeriti; prideliti, dodeliti

admeasurement [ædméžəmənt] *n* odmera, preizkušnja; *mar* **bill of** ~ potrdilo o tonaži

adminicle [ədmínikl] *n* pomoč, opora; potrdilen dokaz

administer [ədmínistə] **1.** *vt* voditi, upravljati, oskrbovati; uporabiti; vršiti; **2.** *vi* vladati; pomagati; služiti; **to** ~ **an oath** zapriseči; **to** ~ **the law** soditi; **to** ~ **medicine** dati zdravilo; **to** ~ **a rebuke** grajati; **to** ~ **a shock** prizadeti udarec; **to** ~ **a will** izvršiti oporoko

administrable [ədmínistrəbl] *adj* upravljiv, vodljiv, izvršljiv

administrant [ədmínistrənt] *n* upravnik, vodja; vršilec

administrate [ədmínistreit] *A* glej **administer**

administration [ədministréišən] *n* uprava; upravljanje, upravništvo; podelitev; *A* vlada, ministrstvo

administrative [ədmínistrətiv] *adj* (~**ly** *adv*) upraven; izvršilen

administrator [ədmínistreitə] *n* upravnik, upravitelj, oskrbnik; izvršilec oporoke

administratorship [ədmínistreitəšip] *n* upraviteljstvo, oskrbništvo

administratrix [ədmínistreitriks] *pl* ~**es**, **administratrices** [ədmínistreitrisi:z] *n* upravnica, upraviteljica; darovalka; izvršilka oporoke

admirable [ǽdmərəbl] *adj* (**admirably** *adv*) čudovit, znamenit, izvrsten

admirableness [ǽdmərəblnis] *n* čudovitost, znamenitost, izvrstnost

admiral [ǽdmərəl] *n* admiral; *zool* vrsta metulja; ~ **of the fleet** poveljnik ladjevja; *joc* ~ **of the Blue** točaj

admiralship [ǽdmərəlšip] *n* admiralstvo, funkcija admirala

admiralty [ǽdmərəlti] *n* admiraliteta; vrhovno poveljstvo mornarice; *E* **the First Lord of the Admiralty** minister za mornarico; **High Court of Admiralty** mornariško sodišče; **Board of Admiralty** ministrstvo za mornarico

admiration [ædmiréišən] *n* (*of, for*) občudovanje; občudovanja vredna stvar; predmet občudovanja; **note of** ~ klicaj; **to be** (ali **become**) **the** ~ **of** biti občudovan; **to** ~ za čudo

admire [ədmáiə] *vt* občudovati, oboževati; ceniti; *A* ves nor biti na kaj; **I should** ~ **to know** zelo rad bi vedel

admired [ədmáiəd] *adj* čudovit

admirer [ədmáiərə] *n* občudovalec, oboževalec, -lka, ljubitelj(ica)

admiringly [ədmáiəriŋli] *adv* občudujoče, z občudovanjem

admissibility [ədmisəbíliti] *n* dopustnost, sprejemljivost

admissible [ədmísəbl] *adj* (**admissibly** *adv*) dopusten, sprejemljiv

admission [ədmíšən] *n* dostop; pripustitev; dopuščanje, priznanje; vstopnina; sprejem za člana, včlanjenje; *A* ~ **fee** vstopnina; ~ **free** vstop brezplačen, prost; **to make** ~ priznati; **ticket of** ~ vstopnica

admissive [ədmísiv] *adj* (~**ly** *adv*) dopustitven; liberalen, širokosrčen

admit [ədmít] *vt & vi* pripustiti, pripuščati, dopustiti, priznati; upoštevati; sprejeti za člana; **to** ~ **to the bar** podeliti advokaturo; **to** ~ **a claim** priznati dolg; **to** ~ **s.o. into confidence** zaupati se komu; **to** ~ **of improvement** dati se popraviti, izboljšati; **it** ~s **of no excuse** ni opravičljivo; **it** ~s **of no doubt** o tem ni dvoma: **to** ~ **as partner** sprejeti za družabnika; **this ticket** ~s **to the evening performance** ta vstopnica velja za večerno predstavo

admittable [ədmítəbl] *adj* (**admittably** *adv*) dopusten, dostopen

admittance [ədmítəns] *n* dostop; sprejem; **to apply for** ~ prositi za sprejem; **no** ~! vstop prepovedan! no ~ except on business nezaposlenim vstop prepovedan

admitted [ədmítid] *adj* dopusten, dovoljen, priznan; **to be ~ to be** veljati za ,

admittedly [ədmítidli] *adv* priznano, domnevno

admittible [ədmítəbl] glej **admittable**

admix [ədmíks] *vt & vi* primešati, zmešati, pomešati, dodati

admixture [ədmíksčə] *n* primes, dodatek

admonish [ədmóniš] *vt (of, against, for, that)* opomniti, opominjati; (po)svariti; spomniti

admonishment [ədmónišmənt] *n* opomin, svarilo, ukor; spomin

admonition [ædməníšən] glej **admonishment**

admonitive [ədmónitiv] *adj* (~ **ly** *adv*) glej **admonitory**

admonitory [ədmónitəri] *adj* (**admonitorily** *adv*) svarilen, opominjevalen

admonitor [ədmónitə] *n* svarilec, -lka, opominjevalec, -lka

adnascent [ədnéisənt] *adj bot*; ~ **plant** rastlina zajedavka

ad nauseam [æd nósiəm] *adv* tako, da se človeku želodec obrača

adnominal [ədnóminəl] *adj* pridevniški; atributiven, prilasten

adnoun [ædnaun] *n* pridevnik; prilastek

ado [ədú:] *n* hrup, trušč; trud; razburjanje; **much ~ about nothing** mnogo krika za prazen nič; **he had much ~** mnogo truda ga je stalo; **without more** (ali **further**) ~ brez nadaljnjega obotavljanja

adobe [ədóubi] *n* na soncu sušena, nežgana opeka, surova opeka

adolescence [ədolésns] *n* doraščanje, mladost

adolescency [ədolésnsi] *n* glej **adolescence**; mladina

adolescent [ədolésnt] 1. *adj* mladoleten, doraščajoč; 2. *n* mladenič, -nka; mladostnik, -nica

Adonis [ədóunis] *n* Adonis (grški bog); *fig* lepotec, gizdalin; *bot* spomladni zajčji mak

adonize [ædənaiz] 1. *vt* krasiti, polepšati; 2. *vi* lišpati (se)

adopt [ədópt] *vt* privzeti, prisvojiti, sprejeti; posinoviti, pohčeriti; **to ~ another course** spremeniti taktiko; **to ~ s.o. as a candidate** postaviti za kandidata

adoptability [ədəptəbíliti] *n* sprejemljivost

adoptable [ədóptəbl] *adj* sprejemljiv; posvojljiv

adoptee [ədəptí:] *n* posvojenec, -nka, posinovljenec, pohčerjenka, adoptiranec, ~nka

adopter [ədóptə] *n* adoptant

adoption [ədópšən] *n* prisvojitev; posvojitev, adopcija; usvojitev, privzem; izpozojenka (beseda), tujka; posinovljenje, pohčerjenje; **brother by ~** po pol brat; **country of ~** nova domovina

adoptive [ədóptiv] *adj* (~ **ly** *adv*) posvojen, adoptiven, posinovljen, pohčerjen

adorable [ədó:rəbl] *adj* (**adorably** *adv*) češčenja, oboževanja vreden; čudovit

adoration [ədə:réišən] *n (of, for)* češčenje, oboževanje, občudovanje

adore [ədó:] *vt* častiti, oboževati, občudovati; strastno ljubiti

adorer [ədó:rə] *n* častilec, -lka, občudovalec, -lka, oboževalec, -lka; *fig* ljubimec

adorn [ədó:n] *vt (with)* (o)lepšati, (o)krasiti

adornment [ədó:nmənt] *n* okrasitev, olepšava; okras, ornament

adown [ədáun] *adv & prep arch, poet* navzdol, dol

adrenal [ədrí:nəl] 1. *adj* nadledvičen; ~ **gland** nadledvična žleza; 2. *n anat* nadledvična žleza

adrenalin [ədrénəlin] *n* adrenalin

adrift [ədríft] *adv* na slepo srečo gnan; **to be all ~** biti zbegan, biti ves iz sebe; *naut* **to break ~** splavati; **to break ~ from the moorings** odtrgati se od sidra; **to cut o.s.** ~ **from** pretrgati zveze s kom; **to run** ~ potepati se brez cilja; **to set** (ali **turn**) ~ spoditi

adroit [ədróit] *adj* (~ **ly** *adv*) spreten, ročen; premeten, navihan

adroitness [ədróitnis] *n* spretnost, ročnost; premetenost, navihanost

adry [ədrái] 1. *adv* žejno; 2. *pred adj* suh, žejen

adscititious [ədsitíšəs] *adj* dodaten, dopolnilen

adscript [ædskript] 1. *adj* pripisan, pridejan; podložen, tlačanski; 2. *n* tlačan, -nka; *math* tangenta

adscription [ədskrípšən] *n* pripis

ad-smith [ædsmiθ] *n A* lastnik oglasne pisarne

adsorb [ədsó:b] *vt phys* adsorbirati, prisrkavati

adsorption [ədsó:pšən] *n phys* adsorbiranje, prisrkavanje

adulate [ædjuleit] *vt* prilizovati, laskati, dobrikati se

adulation [ədjuléišən] *n* prilizovanje, laskanje, dobrikanje, servilnost

adulator [ædjuleitə] *n* prilizovalec

adulatory [ædjuleitəri] *adj* prilizovalski, priliznjen, dobrikav, servilen

adult [ədált] 1. *adj* dorasel, odrasel, polnoleten; 2. *n* polnoletnik, odrasli

adulterant [ədáltərənt] 1. *adj* ponarejevalen; 2. *n* nadomestek, primes

adulterate I [ədáltəreit] *vt* ponarejati, ponarediti; primešati; *arch* nečistovati

adulterate II [ədáltərit] *adj* ponarejen; *arch* prešušten, nečistniški, zakonolomen

adulteration [ədáltəréišən] *n* ponareditev, ponaredek, primešavanje, falzifikacija

adulterator [ədáltəreitə] *n* ponarejevalec

adulterer [ədáltərə] *n* prešuštnik, zakonolomec

adulteress [ədáltəris] *n* prešuštnica, zakonolomka

adulterine [ədáltərain] *adj* izvenzakonski; *fig* ponarejen

adulterous [ədáltərəs] *adj* (~ **ly** *adv*) prešušten, zakonolomski, nečistniški

adultery [ədáltəri] *n* prešuštvo, nezvestoba, zakonolom, nečistovanje

adulthood [ædálthud] *n* zrelost, odraslost, polnoletnost

adultness [ədáltnis] *n* moška doba, odraslost, spolna zrelost, godnost za zakon

adumbral [ədámbrəl] *adj* senčnat

adumbrate [ædámbreit] *vt* načrtati, nakazati, naznačiti; (za)senčiti

adumbration [ədámbréišən] *n* načrtovanje, skica, nakazanje, naznačenje; senčenje, senca

adumbrative [ədámbrətiv] *adj* (~ **ly** *adv*) nakazan, naznačen, načrtan; osenčen

adust [ədást] *adj* izsušen, izpražen, izžgan; *fig* otožen, mrk ad valorem [ǽdvəlórəm] *adj* po vrednosti; ~ duty carina po vrednosti

advance I [ədvá:ns] 1. *vt* naprej pomikati, pospešiti; predlagati; dati predujem, posoditi; podražiti; 2. *vi* naprej se pomikati, napredovati; dvigati se, rasti; izjaviti; to ~ a solution for izdati odlok o čem; to ~ an opinion povedati mnenje; to ~ a claim zahtevati kaj

advance II [ədvá:ns] *n* napredovanje, napredek; zbliževanje; dvig (cen); ara, nadav, predujem, posojilo; ponudba; boljša ponudba; to be in ~ of s.o. prehiteti koga, imeti prednost pred kom; to be on the ~ dvigati se, naraščati (cene); in ~ vnaprej; spredaj; to make ~s dvoriti, skušati se sprijateljiti; payment in ~ plačilo vnaprej

advance III [ədvá:ns] *adj*; ~ guard predstraža, prednja straža; *mil* ~ party prednja četa; ~ sale predprodaja

advanced [ədvá:nst] *adj* napreden; zvišan (cene); to be ~ napredovati; ~ in years visoke starosti

advance-guard [ədvá:nsga:d] *n* prednja četa, straža, izvidnica, avantgarda

advancement [ədvá:nsmənt] *n* napredovanje, napredek; uspeh; predujem, podpora

advance-money [ədvá:nsmʌni] *n* predujem

advance-party [ədvá:nspa:ti] *A* izvidnica

advancer [ədvá:nsə] *n* podpornik

advance-sale [ədvá:nsseil] *n* predprodaja

advance-sheets [ədvá:nsši:ts] *n pl* še nevezane tiskovne pole (ki jih dobi avtor za dodatne korekture)

advantage I [ədvá:ntidž] *n* (*of*, *over*) prednost, ugodnost; korist; to gain an ~ over, to have the ~ of s.o. imeti prednost pred kom, biti močnejši od koga; you have the ~ of me žal vas ne poznam; to take ~ of s.th. izkoristiti kaj; to ~ ugoden; ugodno, koristno; to the best ~ kar se da ugodno; to take (ali make) s.o. at ~ izrabiti svojo premoč v škodo drugega; to turn to ~ izplačati se; izkoristiti

advantage II [ədvá:ntidž] *vt* pospeševati; podpirati; koristiti

advantage-ground [ədvá:ntidžgraund] *n mil* ugodnejši položaj

advantageous [ædvətéidžəs] *adj* (~ly *adv*) (*to*, *for*) ugoden, koristen

advantageousness [ædvəntéidžəsnis] *n* ugodnost, koristnost, prednost

advene [ædví:n] *vi* pridružiti, pritakniti se

advent [ǽdvənt] *n* prihod; nastop vlade; *eccl* advent

adventitious [ædvəntíšəs] *adj* (~ly *adv*) slučajen, naključen; po sreči (naključju) pridobljen; postranski; tuj

adventitiousness [ædvətíšəsnis] *n* naključje, slučajnost

adventure I [ədvénčə] *n* pripetljaj, dogodivščina, pustolovščina; naključje; špekulacija; *mar* manjši tovor, ki se prevaža zastonj; mornarska prtljaga

adventure II [ədvénčə] 1. *vt* izpostaviti (nevarnosti), na kocko postaviti; to ~ one's life postaviti življenje na kocko; 2. *vi* (*on*, *upon*) upati si,

poskusiti; (*in*, *into*) tvegati, izpostaviti se nevarnosti

adventured [ədvénčəd] *adj* tvegan

adventuresome [ədvénčəsəm] glej adventurous

adventuress [ədvénčəris] *n* pustolovka; špekulantka

adventurous [ədvénčərəs] *adj* (~ly *adv*) pustolovski, špekulantski; drzen, smel; nevaren, tvegan

adventurousness [ədvénčərəsnis] *n* pustolovstvo; smelost, drznost

adverb [ǽdvə:b] *n gram* prislov, adverbij

adverbial [ədvə́:biəl] *adj* (~ly *adv*) prisloven, adverbialen

adverbialize [ədvə́:biəlaiz] *vt* narediti (iz pridevnika) prislov

adversaria [ædvəsəriə] *n pl* komentar, razlaga

adversary [ǽdvəsəri] *n* nasprotnik, tekmec, sovražnik; The Adversary vrag, hudič, satan

adversative [ədvə́:sətiv] *adj* (~ly *adv*) *gram* protiven, adverzativen; nasproten

adverse [ǽdvə:s] *adj* (~ly *adv*) (*to* čemu) nasproten, sovražen; priskuten; škodljiv, neugoden; (*com*) ~ balance pasivna bilanca; ~ fate (ali fortune) nezgoda, smola; ~ party nasprotnik; ~ majority večina proti; to be ~ to s.th. nasprotovati čemu

adverseness [ǽdvə:snis] *n* protivnost, sovražnost

adversity [ədvə́:siti] *n* nesreča, nadloga, težava; priskutnost, neprijetnost

advert [ədvə́:t] *vi* (*to* na) opozoriti, opozarjati; omeniti, namigavati

advertence, -cy [ədvə́:təns, -nsi] *n* pažnja; pozornost, pazljivost

advertent [ədvə́:tənt] *adj* (~ly *adv*) pazljiv, pozoren

advertise [ǽdvətaiz] 1. *vt* naznaniti, opozoriti; *arch* sporočiti; objaviti; 2. *vi* delati reklamo, oglašati; to ~ for delati reklamo za

advertisement [ədvə́:tizmənt, *A* ədvətáizmənt] *n* naznanilo, opozorilo, oglašanje, oglas, reklama; ~ column oglasni del v časopisu; to put (ali insert) an ~ in a paper dati oglas v časopis

advertiser [ǽdvətaizə] *n* oglaševalec, ~lka; oglasni list

advertising [ǽdvətaiziŋ] *adj* oglasen, oglaševalen, reklamen; ~ agency oglaševalna posredovalnica

advertize glej advertise

advice [ədváis] *n* nasvet, svet; predlog; obvestilo, novica; *pl* trgovinska poročila, avizo; as per ~ of po sporočilu, navodilu; ~ boat izvidniški čoln; to follow an ~ ravnati se po nasvetu; (*com*) letter (ali note) of ~ avizo, naznanilo; to take ~ with s.o., to take s.o.'s ~ posvetovati se s kom, ravnati se po nasvetu koga; to take legal ~ posvetovati se z odvetnikom; to take medical ~ posvetovati se z zdravnikom

advisability [ədvaizebíliti] *n* priporočljivost; prikladnost, ugodnost, koristnost

advisable [ədváizəbl] *adj* (advisably *adv*) priporočljiv; prikladen, koristen; pameten

advise [ədváiz] *vt & vi* (*with*) posvetovati se, svetovati; sporočiti, obvestiti; to ~ against (ali to the contrary) odsvetovati

advised [ədváizd] *adj* (~ly *adv*) premišljen, nameren; be ~! pazi!; bodi previden!; be ~ by me poslušaj moj nasvet; **ill-~** nepremišljen; prenagljen; **well-~** dobro premišljen

advisement [ədváizmənt] *n* posvetovanje; premislek

adviser [ədváizə] *n* svetovalec; **legal** ~ pravni svetovalec; **medical** ~ zdravnik

advisory [ədváizəri] *adj* posvetovalen, svetovalen; ~ **council** sosvet

advocacy [ǽdvəkəsi] *n* odvetništvo, advokatura; zagovor; posredovanje; **in** ~ **of** v obrambo česa

advocate I [ǽdvəkit, -keit] *n* odvetnik, branilec, zagovornik, advokat; **Devil's** ~ advocatus diaboli; **Lord Advocate** državni tožilec; **to be a great** ~ **of s.th.** dosti dati na kaj

advocate II [ǽdvəkeit] *vt* braniti, zagovarjati, zavzemati se; priporočati

advocateship [ǽdvəkitšip] *n* odvetništvo, advokatura

advowson [ədváuzən] *n eccl* pravica do prebende, nadarbine

advowee [ədvauí:] *n* cerkveni pokrovitelj

adynamia [ædinéimiə] *n* slabost, oslabljenost, šibkost

adynamic [ædainǽmic] *adj med* slaboten, oslabljen, šibek

adytum *pl* **adyta** [ǽditəm, ǽditə] *n* svetišče

adze [ædz] **1.** *n* široka sekira, tesla; **2.** *vt* s široko sekiro sekati, tesati

aedile [í:dail] *n* edil, nadzornik javnih zgradb v starem Rimu; mestni nadzornik

aeger [í:džə] **1.** *adj* bolan; **2.** *n E univ* opravičilo odsotnosti zaradi bolezni

aegis [í:džis] *n* varstvo, zaščita; **under the** ~ **of s.o.** pod zaščito koga

aegrotat [igróutət] *n* bolniško spričevalo (študenta britanske univerze)

aeneus [eií:niəs] *adj* medeninast, bronast

aeolian [ióuliən] *adj* prednjeazijski; vetrn, zračen

aeolic [iólik] glej **aeolian**

aeon [í:ən] *n* vek, era; dolga doba, večnost; (v Platonovi filozofiji) moč, ki biva od nekdaj

Aepiornis [i:piórnis] *n zool* epiornis

aequoreal [i:kwóriəl] *adj* oceanski

aerate [éiəreit, éəreit] *vt* zračiti; oksidirati; s plinom prepojiti; **~d water** sodavica

aeration [eiəréišən, ɛəréišən] *n* zračenje, prepojitev s plinom

aerial I [éəriəl] *adj* zračen, eteričen; *fig* namišljen; ~ **ambulance** sanitetno letalo; ~ **gun** protiletalski top; ~ **locomotion** letalski transport; ~ **railway** (ali **ropeway, cableway**) žičnica; ~ **sickness** zračna bolezen; ~ **system** radijska mreža

aerial II [éəriəl] *n* antena; **frame** ~ okvirna antena; **outdoor** ~ zunanja antena

aerie [éəri] *n* gnezdo ali zarod ptic roparic

aeriform [éərifə:m] *adj* zračen, eteričen; *fig* neresničen

aerify [éərifai] *vt* v zrak, v nič spremeniti

aerobatics [ɛərəbǽtiks] *n pl* umetnije z letalom v zraku

aerobic [ɛəróubik] *adj zool* aeroben

aerobus [éərobʌs] *n joc* potniško letalo

aerodrome [éərədroum] letališče

aerodynamics [éəroudainǽmiks] *n pl* aerodinamika

aerodyne [éərədain] *n* letalo, ki je težje od zraka

aerogram [éərəgræm] *n* brezžični telegram

aerogun [éərəgʌn] *n* protiletalski top

aeroline [éərolain] *n* letalska proga

aerolite [éərəlait] *n* meteorit

aerolith [éərəliθ] *E* glej **aerolite**

aerology [ɛəró;lədži] *n* aerologija

aeromechanics [ɛərəmikǽniks] *n pl* aeromehanika

aerometer [ɛəró;mitə] *n* aerometer

aeronaut [éərənɔ:t] *n* zrakoplovec, aeronavt

aeronautic(al) [ɛərənó:tik(əl)] *adj* zrakoploven, aeronavtski

aeronautics [ɛərónó:tiks] *n pl* zrakoplovstvo, aeronavtika

aerophyte [éərəfait] *n bot* epifit

aeroplane [éərəplein] *n* letalo; ~ **carrier** letalonosilka; ~ **shed** hangar

aerostat [éərəstæt] *n* aerostat, balon

aerostatics [éərostǽtiks] *n pl* aerostatika

aeruginous [iərú:džinəs] *adj* z zelenim volkom pokrit

aery I [éiəri, íəri] *adj* zračen, eteričen

aery II glej **aerie**

aesthesis [i:sθí:zis] *n med* občutljivost

aesthete [í:sθi:t] *n* estet

aesthetic [i:sθétik] **1.** *adj* okusen, estetičen; **2.** *n pl* estetika

aestheticist [i:sθétisist] *n* estet(ka)

aestival [i:stáivəl] *adj* poleten

aestivate [í:stiveit] *vi zool* preživljati poletje v omrtvičenem stanju

aestivation [i:stivéišən] *n zool* estivacija, preživljanje poletja v omrtvičenem stanju; poletno spanje

aether [í:θə] glej **ether**

aetiological [i:tiəlódžikəl] *adj* etiološki, vzročen

aetiology [i:tiólədži] *n* etiologija, nauk o vzrokih

afar [əfá:] *adv* daleč; **from** ~ od daleč

afeard [əfíəd] *adj* prestrašen

affability [æfəbíliti] *n* (*to*) vljudnost, prijaznost, priljudnost

affable [ǽfəbl] *adj* (**affably** *adv*) (*to*) vljuden, priljuden, prijazen

affableness [ǽfəblnis] glej **affability**

affair [əféə] *n* stvar, zadeva, afera; posel; skrb; *mil* boj; **family** ~ družinska zadeva; **at the head of** ~s na čelu podjetja; ~ **of honour** častna zadeva, dvoboj; ~ **of love** ljubezenska zadeva, ljubimkanje; **a man of** ~s poslovni človek; **mind your own** ~s ne vmešavaj se v zadeve drugih; **minister for foreign** ~s minister za zunanje zadeve; **as** ~s **stand** kakor kaže; **state of** ~s dejanski položaj; **that's not your** ~ to ti (vam) nič mar

affect I [əfékt] *vt* vplivati; pretvarjati se, hliniti; napasti (bolezen), prizadeti; ganiti; rad imeti

affect II [əfékt] *n* čustvo, strast, emocija, afekt

affectation [æfektéišən] *n* pačenje, spakovanje, pretvarjanje

affected [əféktid] *adj* (**~ly** *adv*) ganjen, prizadet; napaden; izumetničen, popačen, nenaraven, narejen, prisiljen, afektiran; ~ **by cold** prehlajen

affection [əfékšən] *n* (*for, towards*) naklonjenost, ljubezen, vdanost, čustvo; razpoloženje; obolenje; **to have an** ~ **for s.o.** rad koga imeti; **to set one's** ~s **upon** vzljubiti koga affectionate [əfékšnit] *adj* (~ ly *adv*) vdan; ljubeč; nežen; prisrčen, ljubezniv; yours ~ ly lepo te (vas) pozdravlja (zaključek pisma)

affectionateness [əfékšnitnis] *n* vdanost; ljubezen, nežnost, prisrčnost

affective [əféktiv] *adj* (~ ly *adv*) emocionalen

affectiveness [əféktivnis] *n* emocionalnost

afferent [ǽfərənt] *adj anat* dovajalen

affiance I [əfáiəns] *vt* zaročiti (*to*); the ~ d bride zaročenka

affiance II [əfáiəns] *n* (*in, on*) zaupanje; zaroka

affiant [əfáiənt] *n* priča, ki je izjavila pod prisego

affidavit [əfidéivit] *n jur* pismena izjava pod prisego; to make (ali take, swear) an ~ izjaviti pod prisego

affiliate [əfílieit] *vt* (*to, with*) pridružiti, priključiti; včlaniti; *jur* določiti očetovstvo; *A* družiti se; ~ d church podružnična cerkev

affiliation [əfiliéišən] *n* posvojitev; sorodstvo; včlanjenje; zveza (*with*); *jur* določitev očetovstva

affinage [əfínidž] *n* rafiniranje

affined [əfáind] *adj* soroden, povezan; naklonjen

affinity [əfíniti] *n* (*with, between*) sorodnost, podobnost; privlačnost; razumevanje; (*to, for*) naklonjenost, simpatija; *chem* afiniteta; to have an ~ for biti naklonjen čemu'

affirm [əfə́:m] *vt* & *vi* potrditi, trditi, zatrditi, zatrjevati; izjaviti

affirmance [əfə́:məns] *n* potrditev (obsodbe)

affirmation [əfə:méišən] *n* trditev, zatrjevanje, izjava; potrdilo, zagotovilo

affirmative I [əfə́:mətiv] *adj* (~ ly *adv*) trdilen, afirmativen

affirmative II [əfə́:mətiv] *n* pritrditev; to answer in the ~ odgovoriti pritrdilno, reči, da je tako

affirmatory [əfə́:mətəri] *adj* pritrdilen, pozitiven

affix I [əfíks] *vt* (*to, on*) pritrditi, pripeti nalepiti, privezati; to ~ the leads zaplombirati; to ~ ridicule to s.o. osmešiti koga; to ~ one's seal zapečatiti; to ~ one's signature lastnoročno podpisati; to ~ a stamp nalepiti znamko

affix II [ǽfiks] *n* privesek, pripona; predpona; pripis

afflated [əfléitid] *adj* navdušen

afflation [əfléišən] *n* navdih; navdušenje

afflatus [əfléitəs] *n* navdih, inspiracija

afflict [əflíkt] *vt* (*with*) užalostiti, prizadeti; žaliti; okužiti

afflicted [əflíktid] *adj* (*at, by, with*) žalosten, prizadet; trpeč, bolan; to be ~ with trpeti zaradi

afflicting [əflíktiŋ] *adj* (~ ly *adv*) žalosten, bridek, boleč

affliction [əflíkšən] *n* užaloščenje; udarec; sila, beda, trpljenje, tuga, žalost; bolezen; the bread of ~ grenak kruh

affluence [ǽfluəns] *n* pritekanje; *fig* obilje, bogastvo

affluent [ǽfluənt] 1. *adj* (~ ly *adv*) obilen, premožen bogat (*in* česa); 2. *n* pritok

afflux [ǽflʌks] *n* dotok, pritok; naval

affluxion [əflʌ́kšən] glej afflux

afford [əfə́:d] *vt* dati, nuditi; premoči, privoščiti si; I cannot ~ ne morem si privoščiti, ne premorem; I cannot ~ the time ne utegnem; to ~ a basis dati osnovo, biti osnova; to ~ cover skriti; to ~ satisfaction zadovoljiti; to ~ a good view nuditi lep razgled

affordable [əfə́:dəbl] *adj* privoščljiv; preskrbljiv

affording [əfə́:diŋ] *adj* (~ ly *adv*) rodoviten; radodaren, pomagljiv

afforest [əfórist] *vt* pogozditi

afforestation [əfəristéišən] *n* pogozditev

affranchise [əfrǽnčaiz] *vt* osvoboditi; podeliti volilno pravico

affranchisement [əfrǽnčizmənt] *n* osvoboditev; svoboda, prostost

affray [əfréi] *n* prepir, pretep; *mil* praske

affreight [əfréit] *vt* natovoriti

affreightment [əfréitmənt] *n* natovoritev

affricate [ǽfrikit] *n* zliti glas, afrikata

affright [əfráit] 1. *vt arch* prestrašiti; to be ~ ed at s.th. zgroziti se nad čim; 2. *n arch* groza, strah

affront I [əfrʌ́nt] *vt* žaliti, sramotiti; dražiti, izzivati; kljubovati; konfrontirati

affront II [əfrʌ́nt] *n* žalitev, izzivanje, sramotenje; to feel an ~ občutiti kot žalitev; to offer an ~ to, to put an ~ upon (raz)žaliti koga; to swallow an ~ požreti žalitev

affronted [əfrʌ́ntid] *adj* globoko užaljen

affuse [əfjú:z] *vt* nalivati, polivati, škropiti

affusion [əfjú:žən] *n* nalivanje, polivanje, škropljenje

Afganistan [əfgǽnistən] *n* Afganistan

afield [əfí:ld] *adv* na polju, na polje; na bojišču; proč; far ~ daleč stran; to go further ~ napotiti se dalje

afire [əfáiə] *adv* & *pred adj* v plamenih, goreč; to set ~ zanetiti; *fig* navdušiti

aflame [əfléim] glej afire; *fig* bleščeč

afloat [əflóut] *adv* & *pred adj* plavajoč, poplavljen; vkrcan; nezadolžen; to bring (ali set) ~ sprožiti, uvesti; to keep ~ ne se potopiti; ne lesti v dolgove; there's a rumour ~ širijo se govorice

afoot [əfút] *adv* & *pred adj* na nogah, peš; v teku; a plot (ali mischief) is ~ nekaj se pripravlja

afore [əfó:] *adv* & *pred adj naut* spredaj; pred; *arch* prej

aforegoing [əfó:gouiŋ] *adj* prejšnji, predhoden

aforementioned [əfó:menšənd] *adj* prej omenjen

aforenamed [əfó:neimd] *adj* prej imenovan, prej omenjen

aforesaid [əfó:sed] *adj* prej omenjen, prej rečen

aforethought [əfó:θɔ:t] *adj* nameren, premišljen; *jur* with malice ~ zlonamerno

aforetime [əfó:taim] *adv* prej, poprej

a fortiori [éifə:tió:rai, á:fortiəri] *adv* tem močneje

afraid [əfréid] *pred adj* (*of*) prestrašen, boječ; zaskrbljen; to be ~ of s.th. bati se česa; to make ~ prestrašiti; *coll* I am ~ žal, na žalost, oprostite; I am ~ not žal ne

afreet, -rit, -rite [ǽfri:t, -rait] *n* demon, hudoben velikan (iz islamske mitologije)

afresh [əfréš] *adv* znova, na novo, spet

Africa [ǽfrikə] *n* Afrika

afront [əfrʌ́nt] *adv* spredaj; iz oči v oči

aft [a:ft, *A* æft] *adv naut* na krmi, proti krmi, zadaj; fore and ~ po vsej dolžini ladje

after I [á:ftə, *A* ǽftə] *adv* kasneje, nato; shortly ~ kmalu nato; the day ~ naslednji dan

after II [á:ftə, A ǽftə] adj kasnejši, naslednji; zadnji; in ~ days v bodoče; ~ ages prihodnji rodovi; ~ cabin zadnja kabina; ~ mast zadnji jambor

after III [á:ftə, A ǽftə] prep po, za; ~ all končno, navsezadnje, sicer, kljub temu; to be ~ s.th. nameravati nekaj, hrepeneti po čem, imeti nekaj za bregom; the day ~ tomorrow pojutrišnjem; ~ one's own heart pogodu; ~ hours čas po policijski uri, ko so zaprte trgovine; one ~ another drug za drugim; to look ~ čuvati, paziti; ~ this fashion takole; the girl takes ~ her mother deklica je podobna materi; to inquire (ali ask) ~ s.o. spraševati o kom; ~ you izvolite naprej; what are you ~ ? kaj želiš?

after IV [á:ftə, A ǽftə] conj potem ko; ~ having finished his work, he left ko je končal delo, je odšel

after-account [á:ftərəkaunt] n dodatni račun, terjatev

afterbirth [á:ftəbə:θ] n anat placenta, posteljica; jur rojstvo po očetovi smrti

after-care [á:ftəkeə] n skrb za odpuščenega iz bolnice ali ječe

afterclap [á:ftəklæp] n nepričakovan, dodaten udarec usode

aftercrop [á:ftəkrɔp] n druga žetev

afterdeck [á:ftədek] n naut zadnja paluba, krmni krov

after-dinner [á:ftədinə] n poobedek

after-effect [á:ftəifékt] n posledica, kasnejši rezultat

afterglow [á:ftəglou] n večerna zarja

aftergrass [á:ftəgra:s] n otava

afterguard [á:ftəgá:d] n straža na krmi ladje

after-life [á:ftəlaif] n posmrtno življenje

aftermath [á:ftəmæθ] n paberkovanje, otava; fig učinek, posledica

aftermost [á:ftəmoust, -məst] adj naut čisto zadnji, najbližji krmi

afternoon [á:ftənú:n] n popoldan; good ~! dober dan! (pozdrav popoldne); in the ~ of his life proti koncu njegovega življenja; joc ~ farmer lenuh

afterpains [á:ftəpeinz] n pl poporodne bolečine

afterpart [á:ftəpa:t] n naut zadnji del

afterpiece [á:ftəpi:s] n burka ali druga zabava po glavni gledališki igri

aftersail [á:ftəseil] n naut zadnje jadro

afterseason [á:ftəsi:zn] n mrtva sezona, posezona

aftertaste [á:ftəteist] n okus, ki ostane v ustih po jedi

afterthought [á:ftəθɔ:t] n poznejši domislek

aftertimes [á:ftətaims] n pl prihodnost

after-touch [á:ftətʌč] n retuša

after-treatment [á:ftətri:tmənt] n dodatno zdravljenje

afterward [á:ftəwəd] adv A potem, nato, kasneje

afterwards [á:ftəwədz] adv nato, potem, kasneje

afterwit [á:ftəwit] n prekasen dober domislek

afterworld [á:ftəwə:ld] n oni svet

aga, agha [á:gə] n aga

again [əgéin, əgén] adv zopet, znova, ponovno, še enkrat, poleg tega, prav tako; ~ and ~ ponovno, zopet in zopet, nenehno; to be o.s. ~ okrevati; as much (ali many) ~ dvakrat toliko;

now and ~ tu in tam, včasih; as long ~ and better več ko dvakrat tako dolg; once ~ še enkrat; time and ~ večkrat, pogosto; half ~ his size veliko večji od njega; over ~ znova, še enkrat

against I [əgéinst] prep proti, zoper; ob; za; ~ a rainy day, ~ a day of want za hude čase; fam to be up ~ it biti v stiski; it goes ~ the grain (ali collar) ni pogodu; ~ payment proti plačilu; ~ his return dokler se ne vrne; to run ~ naleteti na koga ali kaj; ~ time s polno paro; to stumble (ali knock) ~ a stone spotakniti se ob kamen; to struggle ~ boriti se proti

against II [əgéinst] conj arch preden; dokler ne; stay here ~ he comes ostani tu, preden pride

agamic [əgǽmik] adj biol nespolen, ki se množi nespolno

agape [əgéip] adv & pred adj odprtih ust, zevajoč; bolščeče; zijajoč, bolščeč; to stand (ali be) ~ zijati, prodajati zijala

agapemone [æɡəpí:məni] n neka angleška sekta

agar-agar [ǽgəǽgə] n agaragar

agaric [ǽgərik] n bot kukmak, šampinjon

agate I [ǽgət] n min ahat; A vrsta tiskarskih črk

agate II [əgéit] adv v teku; narobe; what is here ~ ? kaj se tukaj dogaja?

agave [əgéivi, ǽgeiv] n bot agava

agaze [əgéiz] adv & pred adj strmeče, začudeno; strmeč, začuden

age I [eidž] n starost; vek, era, čas; polnoletnost; sl to act (ali be) one's ~ obnašati se svoji starosti primerno; at the ~ of v starosti; at this ~ dandanes; to bear one's ~ well biti videti mlajši kot je v resnici; to come of ~ postati polnoleten; ~ of discretion doba duševne zrelosti; down the ~s cela stoletja; ~ of fishes geol devon; ~ group starostna skupina; geol the Ice Age ledena doba; Middle (ali Dark) Ages srednji vek; he is my ~ je moje starosti; of ~ polnoleten; old ~ starost; old ~ pension starostna pokojnina; over ~ prestar; tender ~ nežna starost, zgodnja mladost; under ~ mladoleten; what ~ are you? koliko si star?

age II [eidž] vt & vi starati, postarati (se); fiksirati barvo

aged [eidžd] 1. adj star, postaren; ~ ten deset let star; an ~ horse nad šest let star konj; 2. n starci, starke

ageing [éidžiŋ] n staranje, dozorevanje

ageless [éidžlis] adj ki ni star, ki se ne stara; večen

age-limit [éidžlimit] n starostna meja; to retire under the ~ predčasno se upokojiti

agelong [éidžlɔŋ] adj dolgotrajen, večen

agency [éidžənsi] n delovanje, napor; moč, učinek; posredovanje, zastopstvo; agentura, pisarna, agencija; by (ali through) the ~ of s pomočjo, po; ~ business komisijska trgovina

agenda [ədžéndə] n pl poslovanje, delo; zapisnik, dnevni red seje, beležnica, notes

agent [éidžənt] n povzročitelj(ica), zastopnik, -nica, predstavnik, -nica, posredovalec, -lka; mešetar(ka), agent(ka); delujoča sila, gibalo; forwarding ~ ekspeditor(ica); general ~ glavni zastopnik; news ~ prodajalec časopisov; physical ~s naravne sile; A road ~ pocestni ropar; A station ~ načelnik postaje agential [eidžénšəl] *adj* zastopniški, posredovalski; delujoč

age-old [éidžould] *adj* pradaven, zelo star

age-worn [éidžwɔːn] *adj* ostarel

agglomerate I [əglóməreit] *vt & vi* kopičiti, nabirati (se)

agglomerate II [əglómərit, -reit] 1. *adj* nakopičen; 2. *n* kopičenje; *geol* aglomerat

agglomeration [əglómeréišən] *n* kopičenje; kup; aglomeracija

agglomerative [əglómərətiv] *adj* stisnjen, zgoščen, nakopičen

agglutinant [əglúːtinənt] 1. *adj* sprijemljiv, zlepljiv, aglutinativen; 2. *n* aglutinativno sredstvo

agglutinate I [əglúːtineit] *vt & vi* zlepiti, sprijeti (se), aglutinirati

agglutinate II [əglúːtinit, əglúːtineit] *adj* zlepljen, sprijet

agglutination [əgluːtinéišən] *n* zlepljenje, aglutinacija; sprimek

agglutinative [əglúːtinətiv] *adj* lepljiv, sprijemljiv

aggrandize [ǽgrəndaiz] *vt & vi* (po)večati, (raz)množiti (se); poveličevati, pretiravati

aggrandizement [əgrǽndizmənt] *n* povečanje; poveličevanje, pretiravanje, porast; povišanje

aggravate [ǽgrəveit] *vt* otežiti; poslabšati, poostriti; *coll* dražiti, jeziti, vznejevoljiti

aggravated [ǽgrəveitid] *adj* poslabšan, poostren; *coll* razdražen, jezen, zlovoljen, nataknjen

aggravating [ǽgrəveiting] *adj* otežujoč; *coll* dražeč, zoprn; ~ circumstances obtežilne okoliščine

aggravation [ǽgrəvéišən] *n* otežitev, poslabšanje, poostritev; *coll* nevolja, jeza, izzivanje

aggregate I [ǽgrigit, -geit] 1. *adj* nakopičen, celoten; združen; ~ amount celotni, skupni znesek; ~ sales celotni promet; 2. *n* skupek, agregat; in the ~ v celoti

aggregate II [ǽgrigeit] *vt & vi* (na)kopičiti, spojiti (se); združiti (se)

aggregation [ǽgrigéišən] *n* kopičenje, spojitev, združitev; skupek, konglomerat

aggregative [ǽgrigətiv] *adj* skupen, kolektiven

aggress [əgrés] *vi* napasti, napadati, nadlegovati, naskočiti

aggression [əgréšən] *n* napad, naskok, agresija; war of ~ napadalna vojna

aggressive [əgrésiv] *adj* (~ly *adv*) napadalen, agresiven; prepirljiv, bojevit; vztrajen; ~ war napadalna vojna; *A coll* to assume (ali take) the ~ postati napadalen

aggressiveness [əgrésivnis] *n* napadalnost, bojevitost; prepirljivost

aggressor [əgrésə] *n* napadalec; kolovodja

aggrieve [əgríːv] *vt* (u)žalostiti, prizadeti; (u)žaliti

aggrieved [əgríːvd] *adj* žalosten, prizadet; užaljen

aghast [əgáːst] *adj* (*at* nad) prestrašen, zastrašen, prepadel, osupel; to stand ~ at biti prepaden nad, biti ves iz sebe zaradi

agile [ǽdžail] *adj* (~ly *adv*) gibčen, okreten; živahen, spreten; delaven

agility [ədžíliti] *n* spretnost; gibčnost, živahnost; delavnost

aging glej ageing

agio [éidžiou] *n* ažija, nadav; odbitek pri zamenjavi valute; borzna špekulacija; menični posel

agiotage [ǽdžətidž] *n* borzna špekulacija, ažiotaža

agist [ədžíst] *vt* dati pašo v najem

agistment [ədžístmənt] *n* oddaja paše v najem; najemnina za pašo

agitate [ǽdžiteit]·1. *vt* tresti; nihati; razburiti, pretresti, vznemiriti; pretresati, razpravljati; 2. *vi* rovariti, hujskati; (*for* za) agitirati

agitated [ǽdžiteitid] *adj* razburjen, vznemirjen

agitation [ǽdžitéišən] *n* tresenje, nihanje; razburjenje, vznemirjenost; hujskanje, rovarjenje, agitacija; *techn* mešanje; outdoor ~ agitacija zunaj parlamenta; insidious ~ podtalno rovarjenje

agitato [ədžitáːtou] *adv mus* agitato

agitator [ǽdžiteitə] *n* hujskač, agitator; *techn* mešalnik

aglare [əgléə] *pred adj & adv* žareč, slepilen, blesteč

aglet [ǽglit] *n* kovinski privesek, kovinski konec (npr. na vezalki)

agley [əgléi, əgláí] *adv Sc* poševno, postrani

aglow [əglóu] *pred adj & adv* žareč; razburjen; all ~ with delight ves navdušen

agnail [ǽgneil] *n med* zanohtnica, nohtni zadirek; *arch* kurje oko

agnate [ǽgneit] 1. *adj* soroden (z očetove strani); 2. *n* sorodnik z očetove strani

agnatic [əgnǽtik] *adj* po očetu soroden, agnatski

agnation [ǽgnéišən] *n* sorodstvo z očetove strani

agnomen [ǽgnóumən] *n* četrto ime pri starih Rimljanih; vzdevek

agnostic [ǽgnóstik] 1. *adj* (~ally *adv*) agnostičen; 2. *n* agnostik

ago [əgóu] 1. *adj* minul, nekdanji; 2. *adv* prej; two days ~ pred dvema dnevoma; long ~ davno; no longer than a year ~ šele pred enim letom; a while ~ nedavno, malo prej

agog [əgóg] *adv & pred adj* željno, poželjivo, nestrpno; ves napet; to be ~ with napeto pričakovati; all ~ on (ali upon, about, with) ves iz sebe zaradi

a-going [əgóuin] *adv* v teku; to set ~ pognati

agonic [əgónik] *adj* brezkoten

agonistic [ǽgonístik] *adj* (~ally *adv*) tekmovalen, atletski, športen; polemičen; bojen; izzivalen

agonize [ǽgənaiz] *vt & vi* mučiti, trpinčiti; hudo trpeti, strastno se boriti; biti v agoniji, umirati

agonizing [ǽgənaizin] *adj* (~ly *adv*) mučen; smrten; ~ suspense mučna negotovost

agony [ǽgəni] *n* hudo trpljenje, muka; agonija, smrtni boj; ~ column časopisni stolpec, v katerem iščejo pogrešane, prosijo za pomoč itn. to pile on (ali up) the ~ močno pretiravati; podaljšati trpljenje, trpinčiti; ~ of sorrow srčna bol; ~ of suspense mučna negotovost

agoraphobia [ǽgərəfóubiə] *n med* strah pred javnim nastopom

agouty, aguty [əgúːti] *n zool* aguti (južnoameriški glodalec)

agrarian I [əgréəriən] *adj* poljedelski, kmetijski agraren; ~ party kmečka stranka; ~ question kmečko vprašanje

agrarian II [əgréəriən] *n* poljedelec; agrarec; veleposestnik; zagovornik agrarnih reform

agree [əgríː] 1. *vi* (*to* v) privoliti; (*with* s) strinjati se, skladati se, soglašati; (*on, upon, about* o) dogovoriti, sporazumeti se; *gram* (*with*) skladati se; 2. *vt* (*to, with* s) izravnati, pomiriti, v sklad spraviti, uskladiti; **as** ~**d** kot smo se dogovorili; **to be** ~**d** sporazumeti se; ~**d!** velja!; **it doesn't** ~ **with me** tega ne prenesem; **to** ~ **like dog and cat** razumeti se kakor pes in mačka; **to** ~ **to differ** ne se več truditi, da bi prepričal drug drugega, poravnati spor

agreeable [əgríəbl] *adj* (**agreeably** *adv*) (*to*) sprejemljiv; prijeten, ustrezen, primeren, skladen; naklonjen; **I am** ~ **to it** s tem se strinjam; *fam* **I am** ~ meni je prav

agreeableness [əgríəblnis] *n* sprejemljivost; prijetnost, ustreznost, skladnost; naklonjenost

agreement [əgrí:mənt] *n* (*to, with* s) soglasnost, sloga, skladnost; sporazum; dogovor, pogodba; **to be in** ~ ujemati, skladati, razumeti se; **by** ~ po dogovoru; **to come to** (ali **make**) **an** ~ sporazumeti se; **by general** (**mutual**) ~ po splošnem (medsebojnem) dogovoru; **as per** ~ po dogovoru, sporazumno; **pooling** ~**s** skupna korist

agrestic [əgréstik] *adj* kmečki, preprost, neotesan; divji

agricultural [əgrikʌ́lčərəl] *adj* (~**ly** *adv*) poljedelski, kmetijski, poljski; ~ **engineering**, ~ **technology** agrotehnika

agriculturalist [əgrikʌ́lčərəlist] *n* poljedelec, agronom

agriculture [ǽgrikʌlčə] *n* poljedelstvo, kmetijstvo; **Board of Agriculture** ministrstvo za kmetijstvo

agriculturist [ægrikʌ́lčərist] glej **agriculturalist**

agrimony [ǽgriməni] *n bot* repik

agrimotor [ǽgrimoutə] *n* poljedelski traktor

agronomic(al) [əgrənómik(l)] *adj* agronomski, poljedelski, kmetijski

agronomics [əgrənómiks] *n pl* agronomija

agronomist [əgrónəmist] *n* agronom(ka)

agronomy [əgrónəmi] *n* agronomija, nauk o poljedelstvu

aground [əgráund] *adv & pred adj* na dnu, na tleh; na dno, na tla; nasedel; *fig* v stiski, v težavah, v zadregi; **to run** (ali **go, strike**) ~ nasesti; priti v zadrego

ague [éigju:] *n med* mrzlica

ague-cake [éigju:keik] *n med* povečanje vranice ali jeter

ague-spleen [éigju:spli:n] *n med* povečana vranica

agued [éigju:d] *adj* mrzličen, ki povzroča mrzlico

aguish [éigju:iš] *adj* (~**ly** *adv*) mrzličen, mrzličav

ah [a:] *int* ah, oh

aha [ahá:] *int* aha, oho

ahead [əhéd] *adv & pred adj* vnaprej; naprej, dalje; spredaj; **to be** ~ **of s.th., s.o.** biti pred čim, kom, prekašati, prehiteti koga; *mar* **break**ers ~ pazi, nevarnost grozi; *com* **to buy** (**sell**) ~ vnaprej nakupiti (prodati); **to get** ~ **of** prehiteti; **a danger is** ~ nevarnost grozi; *naut* **full speed** (ali **steam**) ~ s polno paro naprej; **look** ~ pazi, misli na prihodnost; **straight** ~ naravnost naprej; **he is** ~ **of his times** prekaša svoje vrstnike

aheap [əhí:p] *adv* na kupu; na kup

ahem [əhém; hm] *int* hm

ahorse(back) [əhó:s(bæk)] *pred adj* na konju jahaje

ahoy [əhói] *int naut* ahoj; **ship** ~! ladja na vidiku!

ahull [əhʌ́l] *adv naut* s spuščenimi jadri

ai [éii:] *n zool* tropski lenivec

aid I [eid] *vt* pomagati, podpirati; pospeševati; *jur* **to** ~ **and abet** pomagati, iti na roko

aid II [eid] *n* pomoč, podpora; pomagalo, pomoček, pomočnik, -nica; **by** (ali **with**) **the** ~ **of** s pomočjo; **to come to** ~ priti na pomoč; ~**s and appliances** pripomočki, materialna sredstva; **first** ~ prva pomoč; **hearing** ~ slušni aparat; **to lend** (ali **give**) ~ pomagati; *A* ~ **man** bolničar

aide-de-camp [éiddəkóŋ] *n mil* pribočnik, adjutant

aider [éidə] *n* pomočnik, -nica

aidless [éidlis] *adj* (~ **ly** *adv*) nebogljen, zapuščen

aidlessness [éidlisnis] *n* nebogljenost

aiglet [éiglit] glej **aglet**

aigrette [éigret] *n* perjanica; (*zool*) bela čaplja

aiguille [éigwil] *n* strma skala, koničast vrh

aiguillette [eigwilét] *n* glej **aglet**

ail I [eil] *vt & vi* boleti, bolehati; **what** ~**s you?** kaj vam je?; **what** ~**s you to speak in such a way?** kaj vam pride na misel, da tako govorite?

aileron [éilərən] *n* perutnička, krilce

ailing [éiliŋ] **1.** *adj* boleč, trpeč, bolehen; **2.** *n* bolehnost

ailment [éilmənt] *n* bolezen, bolečina, trpljenje, težava

aim I [eim] *n* cilj; namera, nakana, namen; **to miss one's** ~ zgrešiti svoj cilj; **to take** ~ **at s.th.** meriti na kaj

aim II [eim] *vi & vt* (*at*) meriti kam; naklepati; namigovati; **to take** ~ **at s.th.** meriti na kaj; **to** ~ **too high** preveč si prizadevati

aimless [éimlis] *adj* (~**ly** *adv*) brezciljen, breznačrten, na slepo srečo gnan

aimlessness [éimlisnis] *n* brezciljnost

ain't [eint] *v* (*vulg, dial*) nisem, nisi, ni itd.; nimam. nimaš itd.

air I [ɛə] *n* zrak, atmosfera; vetrič, prepih; videz, vedenje, obnašanje; arija, napev, melodija; **to be in the** ~ biti v nejasnem položaju; **to be** (ali **go**) **on the** ~ govoriti, oddajati se po radiu; **by** ~ po zraku, z letalom; **to beat the** ~ zaman si prizadevati, prazno slamo mlatiti; ~ **bed** pnevmatična žimnica; **castles in the** ~ gradovi v oblakih; ~ **cleaner** zračni filter; ~ **express** ekspresna avionska pošiljka; **Air Force** zračno brodovje; **to give o.s.** ~**s** šopiriti se; *A sl* **to give s.o. the** ~ odpustiti koga; **to go up in the** ~ razburiti, razjeziti se, pobesneti; **in the open** ~ na prostem; **to keep s.o. in the** ~ pustiti koga v negotovosti; **on the** ~ po radiu; **to put on** ~**s** šopiriti se; **quite in the** ~ čisto negotovo; **to take the** ~ iti na sprehod; **the matter takes** ~ zadeva prihaja na dan; **to vanish** (ali **melt**) **into thin** ~ izginiti kot kafra; **to walk** (ali **tread**) **on** ~ biti ves srečen; zibati se v sreči; ~ **waybill** avionski tovorni list

air II [ɛə] **1.** *vt* zračiti; sušiti; rešetati; ohladiti; *fig* objaviti; širokoustiti se; **2.** *vi* sprehajati se; domišljati si; **to** ~ **one's fine clothes** bahati, šopiriti se; **to** ~ **one's opinion** na dolgo in široko razlagati svoj nazor; **to** ~ **one's feelings** dati si duška; **to** ~ **o.s.** iti na sprehod, sprehoditi se

air-ball [ɛ́əbɔ:l] *n* balonček

air-baloon [ɛ́əbəlu:n] *n* balon, aerostat

air-base [ɛ́əbeis] *n* letalsko oporišče

air-bath [éəba:θ] n zračna kopel
air-bladder [éəblædə] n ribji mehur, zračni mehur
air-board [éəbɔ:d] n ministrstvo za letalstvo
air-borne [éəbɔ:n] adj leteč; to become ~ vzleteti; ~ disease bolezen, ki se prenaša po zraku; ~ survey snemanje iz zraka
air-brake [éəbreik] n zračna zavora
air-brick [éəbrik] n luknjičasta, votla opeka
air-brine [éəbrain] n z zrakom nasičena raztopina
air-carrier [éəkæriə] n transportno letalo
air-chamber [éəčeimbə] n techn zračna komora
air-condition [éəkəndišən] vt klimatizirati
air-conditioning [éəkəndišniŋ] n klimatizacija
air-cooling [éəku:liŋ] n hlajenje z zrakom
aircraft [éəkra:ft] n letalo, zrakoplov; ~ carrier matična ladja za letala, letalonosilka
air-crew [éəkru:] n posadka letala
air-cushion [éəkušən] n zračna blazina
air-door [éədɔ:] n zračilna vrata
air-drift [éədrift] n zračilno obzorje
air-drome [éədroum] A n letališče
air-engine [éəendžin] n avionski motor
air-field [éəfi:ld] n letališče
air-freighter [éəfreitə] n tovorno letalo
air-gun [éəgʌn] n zračna puška
air-hole [éəhoul] n dušnik, preduh
air-hostess [éəhoust.s] n stevardesa
airily [éəriˡi] adv brezskrbno, lahkomiselno, površno, veselo
airiness [éərinis] n zračnost; živahnost; brezskrbnost, lahkomiselnost, površnost
airing [éəriŋ] n zračenje; sprehod; to take an ~ iti na sprehod
air-jacket [éədžækit] n rešilni jopič
airless [éəlis] adj brezzračen, brezvetern; zatohel
air-lift [éəlift] n preskrba po zraku, zračni most
airline [éəlain] n A zračna črta; letalska proga
airliner [éəlainə] n potniško letalo
air-log [éəlɔg] n A višinomer
air-mail [éəmeil] n zračna pošta
airman [éəmən] n letalec
air-mechanic [éəmikænik] n mehanik na letalu
air-minded [éəmaindid] adj ki rad potuje z letalom
air-monger [éəmʌŋgə] n joc fantast
airpark [éəpa:k] n majhno letališče
air-passage [éəpæsidž] n prevoz po zraku; prepust zraka; zračna cev
air-pillow [éəpilou] glej air-cushion
airplane [éəplein] n A letalo, avion
air-pocket [éəpɔkit] n zračni žep
airport [éəpɔ:t] n letališče
airproof [éəprú:f] adj zatesnjen za zrak, hermetičen
air-protection [éəprɔtekšən] n protiletalska zaščita
air-pump [éəpʌmp] n zračna črpalka
air-raid [éəreid] n zračni napad; ~ shelter protiletalsko zaklonišče
air-route [éəru:t] n letalska proga
air-screw [éəskru:] n techn letalski propeler
air-shaft [éəša:ft] n preduh, zračilni jašek
air-shed [éəšed] n letališka lopa, hangar
airship [éəšip] n zrakoplov
air-sickness [éəsiknis] n med zračna bolezen
air-space [éəspeis] n zračni prostor; čista kubatura (sobe)
air-stop [éəstɔp] n helikopterska postaja

air-strip [éəstrip] n začasno letališče; pista
air-tight [éətait] adj nepredušen, neprepusten, hermetičen
air-threads [éəθredz] n pl babje leto
air-track [éətræk] glej airway
air-trap [éətræp] n sifon
air-truck [éətrʌk] n tovorno letalo
air-tube [éətju:b] n zračnica
air-valve [éəvælv] n ventil
air-warning [éəwɔ:niŋ] n letalski alarm
airway [éəwei] n preduh; zračilno obzorje; letalska proga
airwoman [éəwumən] n pilotka
air-worthy [éəwɔ:ði] adj sposoben za letanje (avion)
airy [éəri] adj (airily adv) zračen; lahek; visok; vesel, živahen; puhel, površen
aisle [ail] n preseka; cerkvena ladja; A hodnik v vagonu; prehod
ait [eit] n rečni otoček
aitch [eič] n črka h; to drop one's ~es ne izgovarjati začetne črke h
aitchbone [éičboun] n križna kost goveda; zunanje stegno
ajar [ədžá:] adv priprt; škripajoč; fig sprt; to set s.o.'s nerves ~ hoditi komu na živce
ajog [ədžɔ́g] adv v drobnem drncu
ajutage glej adjutage
akimbo [əkímbou] adv roke v bok
akin [əkín] pred adj (to) soroden
alabaster [ǽləba:stə] 1. n min alabaster; 2. adj alabastrn; ~ glass motno steklo
alabastrine [æləbá:strin] adj alabastrn, alabastrski
alack [əlǽk] int arch ojoj, jojmene; ~ the day, ~-a-day, alas and ~ zaboga
alacrity [əlǽkriti] n živahnost, vedrost; pripravljenost, prizadevnost
alalia [əléiljə] n onemelost
alamode [ǽləmóud] 1. adj moderen; 2. adv moderno
alar [éilə] adj krilat, krilnat; bot pazdušen
alarm I [əlá:m] n preplah, strah, nemir; budilka; to give (ali raise, sound) the ~ dati znak za alarm; to cause ~ povzročiti nemir; ~ blast sirena; to take ~ vznemiriti se; in great ~ ves iz sebe
alarm II [əlá:m] vt vznemiriti, preplašiti, razburiti; dati znak za alarm; poklicati pod orožje
alarm-bell [əlá:mbel] n zvonec na budilki; budilka
alarm-clock [əlá:mklɔk] n budilka
alarmed [əlá:md] adj preplašen, razburjen
alarming [əlá:miŋ] adj (~ly adv) vznemirljiv, razburljiv
alarmist [əlá:mist] n preplašenec, -nka, panikar
alarum [əlǽrəm] glej alarm I
alary [éiləri] glej alar
alas [əlá:s, əlǽs] int ojoj, žal
alate(d) [eiléit(id)] adj perutnat, krilnat
alb [ælb] n alba (obredno oblačilo), koretelj
albacore [ǽlbəkɔ:] n zool vrsta tuna
Albanian [ælbéinjən] 1. adj albanski; 2. n Albanec, -nka; albanščina
albatross [ǽlbətrɔs] n zool albatros, strakoš
albeit [ɔ:lbíːit] conj obs čeprav, četudi, dasi
albert [ǽlbət] n vrsta urne verižice (imenovana po princu Albertu, možu kraljice Viktorije)
albescent [ælbésənt] adj beleč, belkast

2*

albinism [ǽlbinizm] *n* beličnost, albinizem
albinistic [ælbinístik] *adi* beličen, albinističen
albino [ælbí:nou] *n* beličnik, albin
albugo [ælbjú:gou] *n med* siva mrena
album [ǽlbəm] *m* album
albumen [ǽlbjumin] *n* beljak, beljakovina
albumin [ǽlbjumin] *n chem* albumin
albuminoid [ælbjú:minəid] *adj* beljakovinast
albuminous [ælbjúminəs] *adj* beljakovinski, belja-
  kovinast
albuminuria [ælbjuminú:riə] *n med* albuminurija
alburnum [ælbə́:nəm] *n bot* mlada plast lesa (pod
  skorjo); brogovita, dobrovita
alchemic(al) [ælkémik(l)] *adj* alkimističen
alchemist [ǽlkimist] *n* alkimist
alchemize [ǽlkəmaiz] *vt* ukvarjati se z alkimijo
alchemy [ǽlkimi] *n* alkimija
alcohol [ǽlkəhɔ́l] *n* alkohol
alcoholic [ælkəhólik] **1.** *adj* alkoholičen, alkoholen;
  2. *n* alkoholik
alcoholism [ǽlkəhəlizəm] *n* alkoholizem
alcoholization [ælkəhəlaizéišən] *n* pretvarjanje v
  alkohol, alkoholizacija
alcoholize [ǽlkəhəlaiz] *vt* alkoholizirati
alcoholometer [ælkəhəlómitə] *n* alkoholometer
Alcoran [ælkərá:n] *n* koran (muslimanska verska
  knjiga)
alcove [ǽlkouv] *n* pregradek, pristenek, niša, vdol-
  bina v steni
aldehyde [ǽldihaid] *n chem* aldehid
alder [ɔ́:ldə] *n bot* jelša
alderman [ɔ́:ldəmən] *n* mestni svétnik
aldermanic [ɔ:ldəmǽnik] *adj* svétniški; starešinski;
  fig častitljiv, dostojanstven
aldermanry [ɔ́:ldəmənri] *n* oblast, položaj mestnega
  svétnika, mestno svétništvo
aldermanship [ɔ́:ldəmənšip] glej **aldermanry**
ale [eil] *n* angleško svetlo pivo; **bottled** ~ pivo
  v steklenicah; **draught** ~ točeno pivo; *joc*
  Adam's ~ voda
ale-brewer [éilbru:ə] *n* pivovar
aleak [əlí:k] *pred adj*; **the vessel is** ~ ladja ima
  razpoko
aleatory [éiliətri] *adj* od kock odvisen; naključen
alee [əlí:] *adv & pred adj naut* v zavetrju; v zavetrje
alehouse [éilhaus] *n* pivnica, krčma; ~ **keeper**
  krčmar
alegar [éiliga:] *n* kislo pivo; sladni kis
alembic [əlémbik] *n* destilator; **through the** ~ **of
  fancy** po domišljiji
alert I [əlɔ́:t] *adj* (~ **ly** *adv*) buden, čuječ, živahen
alert II [əlɔ́:t] *n* alarm; pripravljenost; **on the** ~
  v pripravljenosti, čuječ, buden, na preži; **air-
  -raid** ~ letalski alarm
alert III [əlɔ́:t] *vt* pripraviti, zbuditi, alarmirati
alertness [əlɔ́:tnis] *n* budnost, čuječnost; živahnost,
  urnost
alewife [éilwaif] *n* krčmarica, gostilničarka; *A* vrsta
  slanika
alexandrine [æligzá:ndrain] *n* aleksandrinec (verz)
alexipharmic [æléksifa:mik] **1.** *adj* protistrupen;
  2. *n* protistrup
alfalfa [ælfǽlfə] *n bot* lucerna, nemška detelja
alfresco [ælfréskou] *adv & adj* na prostem, v na-
  ravi; ~ **lunch** kosilo na prostem, piknik
alga, *pl* **algae** [ǽlgə, ǽldži:] *n bot* alga

algebra [ǽldžibrə] *n math* algebra
algebraic(al) [ældžibréiik(əl] *adj* algebraičen
algebraist [ældžibréiist] *n* strokovnjak za algebro,
  algebraik
algetic [ældžétik] *adj* bolečinski
algid [ǽldžid] *adj arch* mrzel, hladen
algidity [ældžíditi] *n* hlad, mrzlost, mrzlota
alias I [éiliəs] *adv* po domače, z drugim imenom
alias II [éiliəs] *n* privzeto ime, drugo ime; **under
  an** ~ z napačnim, privzetim imenom
alibi I [ǽlibai] *adv* drugje, ne na kraju dejanja
alibi II [ǽlibai] *n* alibi; **to establish** (ali **prove**)
  one's ~ dokazati svoj alibi; **to set up an** ~
  preskrbeti si alibi
alien I [éiliən] *adj* (*from, to*) nasproten, različen;
  tuj, nenavaden; **it is** ~ **to my purpose** nimam
  namena
alien II [éiliən] *n* tujec, tujka; ~ **s' act** zakon o pri-
  seljencih; **undesirable** ~ nezaželen tujec
alien III [éiliən] *vt poet* odtujiti
alienable [éiliənəbl] *adj* odtujiv, prodajen, pre-
  nosen, prenosljiv
alienage [éiliənidž] *n* status tujca; tuje državljan-
  stvo
alienate [éiliəneit] *vt* (*from*) odtujiti; oddati; od-
  bijati; zapleniti; odsvojiti; **to** ~ **s.o.** odtujiti se
  komu
alienation [eiliənéišən] *n* odtujitev; odsvojitev;
  zaplemba; oddaja; ~ **of mind, mental** ~ blaz-
  nost; ~ **of affections** ohlajanje čustev
alienator [éiliəneitə] *n* oseba, ki odstopa lastnino
alienee [eiliəní:] *n* oseba, na katero je lastnina
  prepisana
alien-enemy [éiliənenimi] *n* državljan sovražne de-
  žele, ki biva v deželi, ki je v vojni z njegovo
alien-friend [éiliənfrend] *n* državljan prijateljske
  dežele, ki je prisegel zvestobo drugi deželi
alienism [éiliənizm] *n* položaj tujca v tujini; psi-
  hiatrija
alienist [éiliənist] *n* psihiater, zdravnik za duševne
  bolezni
aliform [éilifɔ:m] *adj* perutast, krilnat
alight I [əláit] *vi* (*from, out of*) dol stopiti, spustiti
  se; pristati (letalo); (*at*) nastaniti se; (*upon, on*)
  naleteti na kaj, slučajno srečati
alight II [əláit] *adj* goreč, razsvetljen, prižgan; **to
  be** ~ goreti
alighting [əláiting] *n* pristajanje; ~ **gear** naprave
  za pristajanje letala; ~ **ground** doskočišče
align [əláin] *vt & vi* v vrsto (se) postaviti, uvrstiti;
  (*with*) pridružiti (se); **to** ~ **the sights** (**of rifle**)
  and bull's-eye meriti v sredino tarče; **to** ~ **the
  track** pripraviti pot
aligned [əláind] *adj* uvrščen; **non-** ~ **countries** ne-
  uvrščene dežele
aligning [əláiniŋ] glej **alignment**
alignment [əláinmənt] *n* vrsta, formacija; ravna
  črta; orientacija; uvrstitev; *techn* trasa za cesto
  ali železnico; **out of** ~ zunaj vrste, neravno
alike I [əláik] *adj* podoben, enak, prav tak; **it is**
  all ~ vseeno je
alike II [əláik] *adv* enako, prav tako, podobno;
  for you and me ~, ~ **for you and me** enako
  zate kakor zame
aliment [ǽlimənt] *n* hrana, živež, prehrana; vzdrže-
  valnina; *fig* duševna hrana

alimental [æliméntl] *adj* (~**ly** *adv*) hranilen, redilen, hranljiv, tečen

alimentary [æliméntəri] *adj* hranilen, redilen, prehramben, prehranjevalen; prebaven; ~ **products** hrana; *anat* ~ **canal** (ali **tract**) prebavni trakt, prebavila

alimentation [ælimentéišən] *n* prehrana, prehranjevanje, vzdrževanje

alimony [ǽliməni] *n* vzdrževanje, vzdrževalnina, alimenti, preživnina

aline glej **align**

alined glej **aligned**

alining glej **aligning**

alinement glej **alignment**

aliphatic [ælifǽtik] *adj chem* alifatski

alit [əlít] glej **alight II**

aliquant [ǽlikwət] *adj & n math* ki se ne deli brez ostanka; praštevilo

aliquot [ǽlikwət] *adj math* ki se deli brez ostanka

alive I [əláiv] *adv* pri življenju; (*coll*) **look** ~ pohiti!, pazi!

alive II [əláiv] *adj* živ, živahen; *el* pod napetostjo; veljaven; dovzeten; zavesten; produktiven; **are you** ~ **to what is going on?** veste, kaj se dogaja?; **to be fully** ~ **to s.th.** jasno se česa zavedati; **to be** ~ **with** mrgoleti česa; ~ **and kicking** živahen; **man** ~! človek božji!; **there's no man alive who can...** nihče na svetu ne more...; **he was** ~ **to the advantage** spoznal je korist

alizarin [əlízərin] *n chem* alizarin

alkalescent [ælkəlésnt] **1.** *adj chem* lugast, alkaličen; **2.** *n* lugasta, alkalična snov

alkali [ǽlkəlai] *n chem* alkalij, lužnina

alkalify [ǽlkəlifai] *vt chem* alkalizirati

alkaline [ǽlkəlain] *adj chem* alkaličen, lugast

alkalinity [ælkəlíniti] *n chem* alkaličnost

alkaloid [ǽlkələid] *n chem* alkaloid

all I [ɔ:l] *adj* cel, ves, celoten; ~ **the country** vsa dežela; ~ **very cushy** udoben, prijeten; ~ **day long** ves dan; **at** ~ **events** v vsakem primeru; **on** ~ **fours** po vseh štirih; **to be on** ~ **fours with s.o.** povsem se s kom strinjati; **to** ~ **intents and purposes** v vsakem pogledu; ~ **my life** vse življenje; **by** ~ **means** vsekakor; **once for** ~ enkrat za vselej; **to sit up till** ~ **hours of the night** dolgo bedeti; ~ **sorts** (ali **kinds**) **of** vse mogoče; **to turn in** ~ **standing** leči popolnoma oblečen; **not for** ~ **the world** za nič na svetu

all II [ɔ:l] *adv* popolnoma, čisto, docela, povsem; ~ **about** povsod naokrog; ~ **abroad** daleč razširjen, na široko; ~ **along** nenehno, ves čas; ~ **along of** zaradi, spričo; ~ **anyhow** nemarno, površno; ~ **around** z vseh strani; ~ **at once** nenadoma, nepričakovano; ~ **the better** tem bolje; **to be** ~ **ears** napeto poslušati; ~ **right** v redu, dobro, prav, strinjam se; ~ **round** vse naokrog; *fig* vse; ~ **the same** vseeno; ~ **of a sudden** nenadoma, nepričakovano; **taking it** ~ **round** na splošno povedano; **he is not quite** ~ **there** ni čisto pri pravi pameti; **it is** ~ **up** (ali **over**) **with him** z njim je konec

all III [ɔ:l] *n* vsi, vse, celota; **above** ~ predvsem, v prvi vrsti; **after** ~ končno, navsezadnje; ~ **along of** zaradi, spričo; **at** ~ sploh; **before** ~ predvsem, v prvi vrsti; ~ **but** skoraj, domala; **each and** ~ vsak posamezen; **first of** ~ v prvi

vrsti, predvsem; ~ **found** prosto stanovanje in hrana; ~ **the go** trenutno zelo priljubljen, moden; **for good and** ~ končnoveljavno, za vselej; **for** ~ **I know** kolikor je meni znano; ~ **in** ves izmučen, utrujen; **not at** ~ sploh ne; prosim (kot odgovor na »thank you«); **it's** ~ **my eye** to je neumnost; *A* ~ **of** prav do; **once for** ~ enkrat za vselej; ~ **one** vseeno, enako; isto; ~ **over** povsod; ~ **over o.s.** domišljav; ves srečen; ~ **over the shop** v neredu, razmetano; ~ **the same** vseeno; ~ **at sea** ves iz sebe; ~ **spruced up** zelo eleganten; **to be struck** (ali **knocked**) ~ **on a heap** biti zelo presenečen, prepaden; ~ **talk and no cider** prazne marnje, besedičenje, čenče; **she is** ~ **there** zelo je bistra; ~ **told** vse skupaj; ~ **to nothing** popolnoma; ~**'s well that ends well** konec dober, vse dobro; **when** ~ **is done** končno, na koncu koncev

all-absorbing [ɔ́:ləbsə:biŋ] *adj* ki popolnoma prevzame

all-around [ɔ́:ləraund] **1.** *n sp* mnogoboj; **2.** *adj A* vsestranski

allay [əléi] *vt* pomiriti, ublažiti, olajšati

all-clear [ɔ́:lkliə] *n* znak za konec alarma

allegation [ælegéišən] *n* trditev, izjava, navedba; domneva, pretveza; **false** ~ pretveza, izgovor

allege [əlédž] *vt* izjaviti, trditi, navesti; domnevati; **she is** ~**d to be ill** baje je bolna

allegedly [əlédžidli] *adv* baje

allegement [əlédžmənt] glej **allegation**

allegiance [əlí:džəns] *n* fevdna dolžnost; zvestoba, vdanost; prisega zvestobe

allegoric [ælegórik] *adj* alegoričen, prispodoben

allegorical [ælegórikl] *adj* (~**ly** *adv*) glej **allegoric**

allegorist [ǽligərist] *n* tisti, ki se izraža s prilikami; pisec alegorij

allegorize [ǽligəraiz] *vt & vi* alegorizirati, izražati v prispodobah

allegory [ǽligəri] *n* alegorija, prispodoba

allegretto [æligrétou] *adv mus* nekoliko živahno

allegro [ælíigrou] *adv mus* živahno, hitro

alleluia, allelujah [ælilú:jə] *n* aleluja

allergic(al) [əló:džik(əl)] *adj* (*to*) alergičen; preobčutljiv

allergy [ǽlədži] *n med* alergija

alleviate [əlí:vieit] *vt* lajšati, blažiti, manjšati

alleviation [əli:viéišn] *n* lajšanje, blažitev, manjšanje

alleviative [əlí:vieitiv] *adj* blažilen, lajšalen

alleviatory [əlí:vieitəri] glej **alleviative**

alley [ǽli] *n* sprehajališče, prehod, aleja, ozka ulica; velika frnikola; **blind** ~ slepa ulica; **skittle** ~ kegljišče; **down one's** ~ neustrezen; **up one's** ~ ustrezen

alleyway [ǽliwei] *n A* uličica, aleja, sprehajališče

all-fired [ɔ́:lfáiəd] *adj A coll* zelo velik

All Fools' Day [ɔ́:lfú:lzdei] *n* prvi april

all-hail [ɔ́:lhéil] *vt* svečano pozdraviti

All-Hallows [ɔ́:lhǽlouz] *n pl* praznik vseh svetnikov

all-heal [ɔ́:lhí:l] *n bot* baldrijan

all-honoured [ɔ́:lóned] *adj* splošno spoštovan

alliaceous [əliéišəs] *adj* česnov

alliance [əláiəns] *n* zveza, zavezništvo; koalicija; liga, pakt; zakonska zveza; sorodstvo; pobra-

tenje; **double** ~ dvozveza; **triple** ~ trozveza;
to make (ali **form, enter into**) **an** ~ združiti se
allied [əláid] *adj* (*to, with*) združen; soroden; za-
vezniški; ~ **by race** istoroden; **the** ~ **forces**
zavezniške sile
alligation [əligéišən] *n* vezanje, spoj; zmes; **the**
rule of ~ zmesni račun
alligator [æligeitə] *n zool* aligator; *techn* amfibijsko
oklopno vozilo; ~ **apple** neko zahodnoindijsko
drevo in njegov plod (*Anona palustris*); ~ **pear**
zahodnoindijsko drevo *Persea gratissima* in nje-
gov plod; ~ **wood** les zahodnoindijskega dre-
vesa *Guarea Swartzii*
all-in [ó:lín] *adj* celoten, totalen; ~ **fighting** boj
na življenje in smrt, do zadnjega diha; ~ **cost**
celotni stroški; ~ **insurance** zavarovanje proti
vsem nezgodam
alliterate [əlítəreit] *vi* aliterirati, ponoviti isti so-
glasnik
alliteration [əlitəréišən] *n* aliteracija, ponovitev
istega soglasnika
alliterative [əlítəreitiv, -rət-] *adj* (~ **ly** *adv*) alitera-
cijski
allocate [ǽlokeit] *vt* dodeliti, odkazati, napotiti;
techn razporediti
allocation [ælokéišən] *n* dodelitev, nakazilo, na-
potilo; *techn* razporeditev
allocution [ælokjú:šən] *n* slavnostni nagovor
allodial [əlóudiəl] *adj* (~ **ly** *adv*) prostolasten, alo-
dialen
allodium [əlóudiəm] *n* svobodno posestvo, alodij
allonge [əlónǯ] *n* alonža, podaljšek menice; uda-
rec, prizadet nasprotniku (pri mečevanju)
allogamy [əlógəmi] *n bot* alogamija
allopathic [ələpǽθik] *adj med* alopatičen
allopathist [əlópæθist] *n med* alopat
allopathy [əlópæθi] *n med* alopatija, način zdrav-
ljenja s sredstvi, ki delujejo nasprotno od bole-
zenskih znakov
allot [əlót] *vt* (*to*) razdeliti, odmeriti, parcelirati;
nakazati, dodeliti; **to** ~ **a task** dati nalogo;
~ **ted gardens** vrtičkarska kolonija
allotment [əlótmənt] *n* dodelitev, odmera; izžrebani
delež; srečka; usoda, sreča; parcela; *geol* po-
dročje, nahajališče; ~ **holder** vrtičkar
allotropic [əlotrópik] *adj* (~ **ally** *adv*) alotropen, ki
ima več oblik
allotropism, allotropy [əlótrəpizm, -pi] *n* alotropija,
ponavljanje iste snovi v več oblikah
allotee [əlóti:] *n* tisti, ki mu je bilo dodeljeno
all-out [ó:láut] *adj coll* skrajen, najvišji, odločen,
vsestranski, popoln; **an** ~ **attack** odločen na-
pad; **to go** ~ vsestransko se boriti
all-overish [ɔ:lóuvəriš] *adj coll*; **to feel** (ali **be**) ~
slabo se počutiti
all-overishness [ɔ:lóuvərišnis] *n coll* slabo počutje
allow [əláu] *vt* dovoliti, dopustiti, omogočiti, odo-
briti; popustiti; upoštevati; *A* (*that* da) trditi,
izjaviti; **to be** ~ **ed** sméti; **I** ~ **I was wrong**
priznam svojo zmoto; ~ **me!** dovolite!; **to**
allow for *vt* upoštevati; **allowing for** upoštevajoč,
če upoštevamo; ~ **of** *vt A coll* dopuščati; **it**
allows of no excuse neopravičljivo je
allowability [əlauəbíliti] *n* dopustnost, zakonitost
allowable [əláuəbl] *adj* (**allowably** *adv*) dopusten,
zakonit

allowance I [əláuəns] *n* dovoljenje; dopustitev, pri-
volitev, odobritev; dohodek, renta, plača, denar
za male potrebe, podpora; obrok hrane; *techn*
toleranca; odškodnina, popust, odbitek; do-
klada; **at no** ~ neomejeno; **to be put on short** ~
dobivati pičlo hrano; podražiti življenje; **child** ~
otroška doklada; **daily** ~ dnevnica; **family** (ali
dependents') ~ družinska doklada; **pocket** ~
denar za drobne potrebe; **to put upon** ~ racio-
nirati; *med* predpisati dieto
allowance II [əláuəns] *vt* redno podpirati; racio-
nirati; določiti preužitek
allowedly [əláuidli] *adv* dovoljeno, splošno pri-
znano
alloy I [əlói] *n* zmes, primes; zlitina; ~ **of gold**
zlata zlitina; **of base** ~ slabe kvalitete
alloy II [əlói] *vt* mešati, primešati; zliti; *fig* po-
slabšati; **happiness without** ~ nepokvarjeno ve-
selje; ~ **steel** legirano jeklo
all-powerful [ɔ:lpáuəful] *adj* vsemogočen
all-purpose [ó:lpó:pəs] *adj* splošen, univerzalen
all-red [ó:lréd] *adj* stoodstotno britanski (kabel,
linija)
all-right [ó:lráit] **1.** *adv & pred adj* v redu, čisto
zadovoljiv(o); **I am** ~ dobro se počutim; **2.** *int*
dobro!, strinjam se
all-round [ó:lráund] *adj* vsestranski, mnogostranski,
popoln; *com* pavšalen, povprečen; **an** ~ **game**
družabna igra; ~ **price** cena, ki vključuje tudi
dodatne stroške
all-rounder [ó:lraundə] *n coll* vsestranski športnik
All Saints' Day [ó:lséintsdei] *n* dan vseh svetih,
1. november
all-service [ó:lsə:vis] *adj* univerzalen, vsestranski,
splošno uporaben
All Souls' Day [ó:lsóulzdei] *n* vernih duš dan,
2. november
allspice [ó:lspais] *n* pimet (začimba)
all-star [ó:lsta:] *adj* od samih zvezdnikov igran
all-time [ó:ltaim] *adj*; ~ **high record** doslej najvišji
dosežek
allude [əl(j)ú:d] *vt* (*to*) meriti na kaj, namigovati
all-up [ó:lʌp] *n* teža otovorjenega letala
allure [əljúə] **1.** *vt* (*to, into*) privabljati, privlačiti;
očarati; zapeljevati; (*from*) odvračati; **2.** *n* čar,
privlačnost
allurement [əljúəmənt] *n* privabljanje; zapeljeva-
nje; čar
allurer [əljúərə] *n* zapeljivec, -vka
alluring [əljúəriŋ] *adj* (~ **ly** *adv*) vabljiv, zapeljiv,
mikaven, očarljiv
allusion [əl(j)ú:žən] *n* (*to*) cikanje, namigavanje;
in ~ **to** misleč s tem, namigavajoč na; **to make**
an ~ **to** namigovati na
allusive [əl(j)ú:siv] *adj* (~ **ly** *adv*) (*to*) namigljiv;
metaforičen, alegoričen; ~ **arms** simboličen grb
alluvia [əlú:vjə] *n pl* od aluvium
alluvial [əlú:vjəl] *adj geol* aluvialen, naplavljen,
naplaven
alluvion [əlú:vjən] *n geol* naplavina
alluvium [əlú:vjəm] *n geol* naplavina, aluvij; *fig*
ostanek
all-white [ó:lwait] *adj A* samo za belce
all-wool [ó:lwúl] *adj* stoodstotno volnen

ally I [əlái] *vt & vi* (*to, with*) združiti, zvezati; to
~ o.s. with združiti, povezati se s; *mil* the
allied forces zavezniške sile
ally II [ǽlai] *n* zaveznik, -nica; the allies *pl* za-
vezniki
ally III [ǽli] *n* velika frnikola (iz alabastra)
almagest [ǽlmədžest] *n astr* almagest, zbirka Pto-
lomejevih razprav
almanac [ó:lmənæk] *n* almanah, koledar
almightiness [ə:lmáitinis] *n* vsemogočnost
almighty [ə:lmáiti] *adj* (almightily *adv*) vsemogo-
čen; *coll* strašen, strahovit, velikanski; straho-
vito; The Almighty vsemogočni bog
almond [á:mənd] *n bot* 1. *n* mandelj, mandeljevec;
2. *adj* mandljev
almond-eyed [á:məndaid] *adj* mandeljastih oči
(zlasti Mongoli)
almond-shaped [á:məndšeipt] *adj* mandljast, man-
deljnast
almond-tree [á:məndtri:] *n bot* mandeljevec
almoner [á:mənə, ǽlmənə] *n* miloščinar
almonry [á:mənri, ǽlmənri] *n* kraj, kjer delijo
miloščino
almost [ó:lmoust, ólməst] *adv* domala, skoraj
alms [a:mz] *n* miloščina, vbogajme; to ask for
an ~ prositi vbogajme, beračiti
almsfolk [á:mzfouk] *n arch* berači
almsgiving [á:mzgiviŋ] *n* delitev miloščine
almshouse [á:mzhaus] *n* ubožnica
almsman [á:mzmən] človek, ki živi od miloščine,
berač
aloe [ǽlou] *n bot* aloa; agava; *fig* bridki doživljaji
aloetic [ǽlouétik] 1. *adj* alojev, alojast; agavin;
2. *n med* zdravilo, ki vsebuje sok aloe, agave
aloft [əlóft] *adv* visoko, v višavi; *fig* vzvišeno;
to go ~ umreti; to send ~ poslati na oni svet
alone I [əlóun] *pred adj* sam, osamljen; leave
me ~!, let me ~! daj mi mir!, pusti me pri
miru! let ~ that kje šele, da ne rečem, da
alone II [əlóun] *adv* samo, le
along I [əlóŋ] *adv* vzdolž, poleg, naprej, dalje;
s seboj; all ~ nenehno, ves čas, vedno; povsod;
as we go ~ spotoma; come ~ pojdi(te) z me-
noj; to get ~ well znajti se; razumeti se; get
~ with you! izgini(te) odtod! to go ~ with s.o.
spremljati koga, iti s kom; move ~! naprej!;
take this ~ with you! zapomni(te) si!; izgini(te)!;
A right ~ vselej, nenehno; ~ with skupaj s
along II [əlóŋ] *prep* vzdolž, preko, po; ~ the
street po cesti
alongshore [əlóŋšó:] *adv* ob obali, vzdolž obale
alongside [əlóŋsáid] *adv & prep* vzdolž, ob; *mar*
bok ob boku; ~ of vštric
aloof [əlú:f] *adv & pred adj* daleč, stran, proč;
naut stran od vetra; vzvišen, nebrižen; osam-
ljen; to keep (ali hold, stand) ~ ostati nepri-
stranski, nevtralen, ne se vmešavati
aloofness [əlú:fnis] *n* vzvišenost, nadutost; ne-
brižnost
alopecia [əloupí:siə] *n med* plešavost
aloud [əláud] *adv* glasno, na glas, slišno
alow [əlóu] *adv mar* spodaj; dol
alp [ǽlp] *n* visoka gora, planina
alpaca [ælpǽkə] *n zool* alpaka; volna ali blago
iz alpakine volne
alpenstock [ǽlpinstɔk] *n* hribolaška palica

alpha [ǽlfə] *n* prva črka grške abecede; ~ and
omega začetek in konec; *coll* ~ plus imeniten
alphabet [ǽlfəbit] *n* abeceda
alphabetic [ǽlfəbétik] *adj* (~ally *adv*) abeceden,
alfabetski; ~ index abecedni seznam; ~ally
v abecednem redu, po abecedi
Alpine [ǽlpain] *adj* alpski, planinski, zelo visok;
~ boots gojzarice; ~ plant gorska rastlina;
~ sun višinsko sonce
Alpine-climbing [ǽlpainkláimiŋ] *n* alpinizem, gor-
ništvo, planinstvo
alpinist [ǽlpinist] *n* hribolazec, gornik, planinec,
-nka
already [əlrédi] *adv* že
Alsatian [ælséišən] 1. *n* Alzačan, -nka; 2. *adj* alza-
ški; ~ dog pasma ovčarskega psa
also [ó:lsou] *adv* tudi, prav tako, poleg tega; na-
dalje; *sl* ~ ran ne med najboljšimi, med zad-
njimi; nesrečnik
alt [ælt] *n mus* alt; *fig* in ~ dobro razpoložen
altar [ó:ltə] *n* oltar; ~ boy ministrant; ~ bread
hostija; to lead to the ~ oženiti se; high ~
glavni oltar; ~ piece oltarna podoba
altarwise [ó:ltəwaiz] *adv* kot oltar
alter [ó:ltə] *vt & vi* spremeniti, spreminjati (se);
prekrojiti, prenarediti; to ~ for the better po-
boljšati (se); to ~ for the worse poslabšati (se);
to ~ one's mind premisliti se; that ~s the
case s tem se položaj spremeni; it does not ~
the fact s tem se na stvari nič ne spremeni
alterability [ó:ltərəbíliti] *n* spremenljivost, nestal-
nost
alterable [ó:ltərəbl] *adj* spremenljiv, nestalen
alterant [ó:ltərənt] *adj* spreminjevalen
alteration [ó:ltəréišən] *n* sprememba; prekrojitev,
predelava
alterative [ó:ltəreitiv] 1. *adj* (~ly *adv*) spreminje-
valen, izmeničen; 2. *n med* zdravilo, ki spre-
minja prebavne procese
altercate [ó:ltəkeit] *vi* (*with*) prepirati se
altercation [ó:ltəkéišən] *n* spor, prepir
alter ego [óltərégou] *n* drugi jaz; najboljši prijatelj
alternant [ə:ltó:nənt] 1. *adj* izmeničen; 2. *n* alter-
nativa, izbira med dvojim
alternate I [ə:ltó:nit] 1. *adj* (~ly *adv*) izmeničen,
vsak drugi; 2. *n* namestnik
alternate II [ó:ltəneit] *vt & vi* (*with*) vrstiti se,
menjati (se), izmenjavati (se)
alternating [ó:ltəneitiŋ] *adj* izmeničen; *el* ~ current
izmenični tok
alternation [ó:ltənéišən] *n* sprememba; premena,
menjava; vrstitev; *math* permutacija, *mus* iz-
menično petje
alternative I [ə:ltó:nətiv] *adj* (~ly *adv*) izmeničen,
alternativen
alternative II [ə:ltó:nətiv] *n* izbira (med dvema
možnostma); (*with*) alternativa, druga mož-
nost; there is no other ~ but... nič drugega
ne preostane, razen...; these two things are
not necessarily ~s ti dve stvari se nikakor ne
izključujeta
alternator [ó:ltəneitə] *n techn* dinamo na izme-
nični tok
alt-horn [ó:lthə:n] *n mus* rog
although [ə:lðóu] *conj* čeprav, četudi, dasi
altigraph [ǽltigra:f] *n techn* altigraf

altimeter [ǽltimitə] *n techn* višinomer, altigraf
altimetry [ǽltimitri] *n* merjenje višine
altitude [ǽltiju:d] *n* višina; globina; *fig* vzvišenost; *sl* **grabbing for** ~ besen; ~ **gauge**, ~ **measurer** višinomer
alto [ǽltou] *n mus* alt; prvi tenor; kontraalt
altogether I [ɔ:ltəgéðə] *adv* skupaj, popolnoma povsem; **a different thing** ~ nekaj čisto drugega
altogether II [ɔ:ltəgéðə] *n* celota; *coll* akt (podoba golega telesa); **for** ~ za vedno; ~ **coal** nesortiran premog
alto-relievo [ǽltourilí:vou] *n* visoki relief
altruism [ǽltruizm] *n* nesebičnost
altruist [ǽltruist] *n* nesebičnež, -nica
altruistic [æltruístik] *adj* (~ **ally** *adv*) nesebičen
alum [ǽləm] *n chem* galunovec; ~ **earth** boksit
alumina [əljú:minə] *n chem* aluminijev oksid, boksit
aluminium [æljumínjəm] *n E* aluminij
aluminious [əljú:miniəs] *adj* aluminijev, aluminijast; galunov
aluminium [əlú:minəm] *n A* aluminij
alumna, *pl* **alumnae** [əlámnə, əlámni:] *n* gojenka, študentka, absolventka
alumnus, *pl* **alumni** [əlámnəs, əlámnai] *n* gojenec, študent, absolvent
alveolar [ælvíələ, ælvíələ] *adj* jamičast; *gram* alveolaren; ~ **sound** alveolarni glas, glas, izgovorjen na zgornji dlesni
alveolate [ælvíəlit] glej **alveolar**
alveolus, *pl* **alveoli** [ælvíələs, ælvíəlai] *n anat* votlinica, jamica; alveola
alvine [ǽlvain] *adj anat* trebušen
always [ɔ́:lwəz, ɔ́:lweiz] *adv* vselej, vsakokrat, vedno, nenehno
am [æm, əm] **1.** *os.* od **to be; I** ~ **to** moram
amadou [ǽmədu:] *n bot* kresilna goba
amah [ámə] *n* dojilja, pestunja
amain [əméin] *adv arch poet* silovito, krepko
amalgam [əmǽlgəm] *n* amalgam; *fig* zmes
amalmagate I [əmǽlgəmeit] *vt & vi* (z)mešati, spojiti, spajati, zliti, zlivati (se); *fig* združiti (se)
amalgamate II əmǽlgəmeit, -mit] *adj* združen, spojen, zlit
amalgamated [əmǽlgəmeitid] *adj* združen
amalgamation [əmælgəméišən] *n* združitev, spajanje; *A* mešanje belcev in črncev; strnitev, fuzija
amanuensis, *pl* **amanuenses** [əmænjuénsis, əmænjuénsi:s] *n* pomočnik, pisar, tajnik
amaranth [ǽmərænθ] *n bot* amarant; *fig* neveneča cvetlica
amaranthine [æmərǽnθain] *adj* neveneč, neumrljiv; purpuren
amaryllis [æmərílis] *n bot* amarilis; *poet* pastirjevo dekle
amass [əmǽs] *vt* (na)kopičiti, zgrniti
amassment [əmǽsmənt] *n* kopičenje; kup; gruča
amateur [ǽmətə:, ǽmətjuə] *n* ljubitelj, amater
amateurish [æmətə́:riš, æmətjúəriš] *adj* (~ **ly** *adv*) diletantski, amaterski; **an** ~ **attempt** neroden poskus
amateurism [ǽmətə:rizəm] *n* amaterstvo, diletantstvo
amative [ǽmətiv] *adj* (~ **ly** *adv*) zaljubljiv

amatol [ǽmətəl] *n chem* vrsta močnega razstreliva
amatory [ǽmətəri] *adj* ljubezenski, erotičen
amaze [əméiz] **1.** *vt* osupiti, presenetiti, presuniti; **2.** *n poet* osuplost, presenečenje
amazed [əméizd] *adj* (~ **ly** [əméizidli] *adv*) začuden, osupel, prepaden
amazement [əméizmənt] *n* osuplost, začudenje, prepadlost
amazing [əméiziŋ] *adj* (~ **ly** *adv*) osupljiv, presenetljiv; krasen, čudovit
amazon [ǽməzən] *n* amazonka, možača
amazonite [ǽməzənait] *n min* amazonit
ambages [æmbéidži:s] *n pl fig* izvijanje, ovinki, izgovor, zavlačevanje
ambassador [æmbǽsədə] *n* veleposlanik, ambasador; **to act as director's** ~ zastopati direktorja
ambassadorial [æmbæsədó:riəl] *adj* ambasadorski, veleposlaniški
ambassadress [æmbǽsədris] *n* veleposlanica, ambasadorka; ambasadorjeva žena
amber [ǽmbə] **1.** *n* jantar; **2.** *adj* jantarjev, jantarski; jantarjast rumenkasto rjav
ambergris [ǽmbəgris] *n* ambra
ambidexter I [æmbidékstə] *adj* obojeročen, spreten; *fig* navihan, premeten
ambidexter II [ǽmbidékstə] *n* človek, ki ima obe roki enako spretni; *fig* navihanec, neodkritosrčnež
ambidexterity [æmbidekstériti] *n* obojeročnost; spretnost; *fig* neodkritost, navihanost
ambidextrous [æmbidékstrəs] *adj* (~ **ly** *adv*) glej **ambidexter I**
ambience [ǽmbiəns] *n* okolje, ambient
ambient [ǽmbiənt] **1.** *adj* obdajajoč, okoliški; **2.** *n* okolje, ambient
ambiguity [æmbigjú:iti] *n* dvoumnost, nejasnost, negotovost, dvomljivost
ambiguous [æmbígjuəs] *adj* (~ **ly** *adv*) dvoumen, nejasen, dvomljiv, negotov
ambit [ǽmbit] *n* obseg; meja; *fig* področje; **within the** ~ **of s.th.** v mejah, v področju česa
ambition [æmbíšən] *n* (*for*) častihlepnost; srčna želja; **vaulting** ~ prevelika častihlepnost
ambitious [æmbíšəs] *adj* (~ **ly** *adv*) (*of* po) častihlepen; hrepeneč, stremljiv, željan; prizadeven; **I am** ~ **to serve you** v čast mi je ustreči vam; **to be** ~ **of** hlepeti, hrepeneti po čem; ~ **of power** vladohlepen, gospodovalen
ambitiousness [æmbíšəsnis] *n* častihlepnost, prizadevnost; stremljivost
ambivalence [æmbíveiləns] *n* protislovnost, nasprotnost
ambivalent [æmbíveilənt] *adj* (~ **ly** *adv*) protisloven, nasproten
amble [ǽmbl] **1.** *vi* kljusati, korakoma jahati; **2.** *n* kljusanje, počasno jahanje; lagodna hoja
amblyopia [æmblióupiə] *n med* slabovidnost
amblyopic [æmblióupik] *adj* slaboviden
ambrosia [æmbróuzjə] *n* božanska jed, ambrozija
ambrosial [æmbróuzjəl] *adj* ambrozijski, okusen, slasten
ambry [ǽmbri] *n arch* jedilna omara; shramba; omara; *eccl* zidna vdolbina za spravljanje cerkvenih predmetov
ambs-ace [éimzeis] *n* najslabši zadetek pri kockanju; *fig* smola; nič

ambulance I [ǽmbjuləns] *n* rešilni voz; vojna bolnišnica; **motor** ~ rešilni avto

ambulance II [ǽmbjuləns] *adj* rešilen; *A* ~ **airdrome** evakuacijsko letališče; ~ **car** rešilni avto; *naut* ~ **transport** ladja za prevoz ranjencev

ambulance-man [ǽmbjulənsmən] *n* nosilec bolnikov, bolniški strežnik

ambulance-station [ǽmbjulənsstéišən] *n* postaja za prvo pomoč

ambulance-train [ǽmbjulənstrein] *n* vlak za prevoz ranjencev

ambulant [ǽmbjulənt] *adj med* ki se seli iz enega dela telesa do drugega, ambulanten

ambulatory [ǽmbjulətəri] **1.** *adj* ambulanten, premičen; *med* ambulanten; **2.** *n* ambit, arkade

ambuscade [æmbəskéid] **1.** *vt & vi* iz zasede napasti; v zasedi čakati; **2.** *n mil* zaseda

ambush I [ǽmbuš] *n* zaseda; **to lie in** ~ prežati; **to lay (ali make) an** ~ pripraviti zasedo

ambush II [ǽmbuš] glej **ambuscade 1**

ambustion [æmbʌ́sčən] *n med* opeklina

ameer [əmíə] *n* emir, arabski knez

ameliorate [əmí:ljəreit] *vt & vi* (iz)boljšati; (po)boljšati (se)

amelioration [əmi:ljəréišən] *n* izboljšanje, (po)boljšanje, izboljšava, melioracija

ameliorative [əmí:ljəreitiv] *adj* izboljševalen, poboljševalen; melioracijski

amen [á:mén, éimén] *int* amen; **to say** ~ **to** strinjati se s čim, odobriti kaj

amenability [əmi:nəbíliti] *n* (*to*) voljnost, ubogljivost, dostopnost, podložnost

amenable [əmí:nəbl] *adj* (**amenably** *adv*) voljan, dostopen, podložen, ubogljiv; ~ **to law** odgovoren

amenableness [əmí:nəblnis] glej **amenability**

amend [əménd] **1.** *vi* popraviti, poboljšati, izboljšati se; *arch* okrevati; **2.** *vt* popraviti, izboljšati, dopolniti

amendable [oméndəbl] *adj* popravljiv, izboljšljiv

amendment [əméndmənt] *n* popravek; amandma; dopolnilo, dodatek; (iz)boljšanje; *jur* **to move an** ~ predlagati spremembo zakona

amends [əméndz] *n pl* odškodnina; zadoščenje; **to make** ~ **for** nadomestiti, poravnati kaj; *fig* opravičiti se

amenity [əmí:niti] *n* ljubkost, milina; udobnost; *pl* čar, užitki, zabava; privlačnost

ament [ǽmənt] *n bot* mačica

amentaceous [æməntéišəs] *adj bot* ki nosi mačice

amentia [æménšə] *n med* slaboumnost

amentiferous [æməntífərəs] glej **amentaceous**

amentum, *pl* amenta [əméntəm, əméntə] glej **ament**

amerce [əmɔ́:s] *vt* globo naložiti; (*with*) z globo kaznovati

amercement [əmɔ́:smənt] *n* globa, denarna kazen

amerciable [əmɔ́:siəbl] *adj* z globo kazniv

American I [əmérikən] *adj* ameriški; ~ **cloth** povoščeno platno; ~ **Indian** Indijanec

American II [əmérikən] *n* Američan, -nka; ameriška angleščina

americanism [əmérikənizm] *n* amerikanizem, ameriška jezikovna posebnost

americanization [əmerikənaizéišən] *n* amerikanizacija

americanize [əmérikənaiz] *vi & vt* amerikanizirati (se)

ames-ace [éimzéis] glej **ambs-ace**

americium [əmerísiəm] *n chem* americij

amethyst [ǽmiθist] *n min* ametist

amethystine [æmiθístain] *adj* ametistov

amiability [eimjəbíliti] *n* prijaznost, ljubeznivost, družabnost, privlačnost

amiable [éimiəbl] *adj* (**amiably** *adv*) prijazen, ljubezniv, družaben, privlačen

amicability [æmikəbíliti] *n* prijateljstvo, prisrčnost; mirnost, krotkost; družabnost

amicable [ǽmikəbl] *adj* (**amicably** *adv*) prijateljski, prisrčen; miren, krotek; družaben

amice [ǽmis] *n eccl* vrsta liturgičnega oblačila; štola

amid [əmíd] *prep* sredi, med

amide [ǽmaid] *n chem* amid

amidships [əmídšips] *adv naut* v srednjem delu ladje

amidst [əmídst] glej **amid**

amine [ǽmin] *n chem* amin

amir glej **ameer**

amiss I [əmís] *adv* narobe, napak, slabo; **to come** ~ biti nezaželen; **to do (ali deal)** ~ zmotiti se; **nothing comes** ~ **to him** vse mu prija; **it would not be** ~ **for you** ne bi vam škodovalo; **to take** ~ zameriti; **nothing comes** ~ **to a hungry stomach** lačnemu vse diši; **there's something** ~ **with him** nekaj z njim ni v redu; **it turned out** ~ slabo se je končalo

amiss II [əmís] *pred adj* neprimeren, napačen, neudoben, slab

amity [ǽmiti] *n* prijateljstvo; prijateljski odnosi, sloga

ammeter [ǽmitə] *n el* ampermeter

ammo [ǽmou] *n sl* municija

ammonia [əmóunjə] *n chem* amoniak; **liquid** ~ salmiak

ammoniac [əmóunjæk] **1.** *adj* amoniakov; **2.** *n* v vodi raztopljen amoniak; **sal** ~ salmiak

ammonite [ǽmənait] *n zool* amonit

ammonium [əmóunjəm] *n chem* amonij

ammunition [æmjuníšən] *n* municija, strelivo, zaloga vojnega materiala

ammunition-boots [æmjuníšənbu:ts] *n pl* vojaški čevlji

ammunition-bread [æmjuníšənbred] *n* vojaški kruh, komis

ammunition-leg [æmjuníšənleg] *n* lesena noga, proteza

amnesia [æmní:zjə] *n med* amnezija, zguba spomina

amnesty [ǽmnisti] **1.** *n* pomilostitev, amnestija; **2.** *vt* pomilostiti, amnestirati

amoeba, *pl* amoebae [əmí:bə, əmí:bi:] *n zool* menjačica, ameba

amok [əmók, á:mou] glej **amuck**

among(st) [əmʌ́ŋ(kst)] *prep* med, izmed; **from** ~ izmed; **he is numbered** ~ **the dead** imajo ga za mrtvega; **they quarrelled** ~ **themselves** sprli so se

amoral [æmɔ́rəl] *adj* (~ **ly** *adv*) nemoralen, sprijen

amorist [ǽmərist] *n* ljubimec

amorous [ǽmərəs] *adj* (~ **ly** *adv*) ljubezenski; (*of* v) zaljubljen, ljubeč

amorousness [ǽmərəsnis] *n* (*of* v) zaljubljenost

amorphism [əmɔ́:fizəm] *n* brezličnost, amorfnost

amorphous |əmɔ́:fəs] *adj* (~ly *adv*) brezličen, amorfen; *fig* neorganiziran
amortizable [əmɔ́:tizəbl] *adj* odplačljiv
amortization [əmə:tizéišən] *n* odplačilo dolga, amortizacija
amortize [əmɔ́:taiz] *vt* odplačevati, amortizirati
amount I [əmáunt] *n* znesek, količina, vrednost; pomen; *fig* posledica; ~ of balance saldo; a fair ~ precejšen znesek, precejšnja količina; any ~ of nonsense same neumnosti; to the ~ of do zneska; what is the ~ of? koliko znaša?; with due ~ of care zelo previdno, skrbno
amount II [əmáunt] *vi* (*to*) znašati, veljati; what does the bill ~ to? koliko znaša račun?; it ~ s to the same thing to je isto; it does not ~ to much ni veliko vredno; what does it ~ to? kaj to pomeni?
amour [əmúə] *n* ljubezen; intriga
amour-propre [ə́muəprópə] *n* samoljubje
ampere [ǽmpɛə] *n el* amper
amperage [ǽmpəridž] *n el* jakost toka (v amperih)
ampersand [ǽmpəsænd] *n* znak »&«
amphibian [æmfíbiən] 1. *adj* dvoživen, amfibijski; 2. *n zool techn* dvoživka
amphibious [æmfíbiəs] *adj* dvoživen, amfibijski; *fig* neodkrit, dvoumen
amphibole [ǽmfiboul] *n min* amfibol
amphibology [æmfibólədži] *n* dvoumnost; besedna igra
amphibolous [æmfíbələs] *adj* dvoumen
amphibrach [ǽmfibræk] *n* amfibrah (metrična stopica)
amphitheatre, *A* amphitheater [ǽmfiθiətə] *n* amfiteater; *fig* gledalci
amphitheatrical [æmfiθiǽtrikəl] *adj* amfiteatrski
amphora, *pl* amphorae [ǽmforə, ǽmfəri:] *n* amfora
ample [ǽmpl] *adj* (amply *adv*) obilen, velik, prostoren, razsežen; zadosten; ~ stock velika zaloga; ~ means zadostna sredstva; it is ~ popolnoma zadostuje
ampleness [ǽmplnis] *n* obsežnost; obilje
amplification [æmplifikéišən] *n* povečanje, razširitev; ojačenje; the subject requires ~ stvar je še treba obdelati
amplificatory [ǽmplifikeitəri] *adj* ojačevalen, povečevalen
amplifier [ǽmplifaiə] *n* ojačevalec
amplify [ǽmplifai] *vt* & *vi* (po)večati, (raz)širiti; (o)jačiti; na široko razlagati
amplitude [ǽmplitju:d] *n* razsežnost; obilje; *fig* bogastvo, razkošje; *phys* amplituda
ampoule [ǽmpu:l] *n* ampula, steklenička za injekcije
ampulla [æmpúlə] *n* ampula (rimska posoda); *biol* razširjeni del votlega organa
amputate [ǽmpjuteit] *vt* odrezati, amputirati
amputation [æmpjutéišən] *n* amputacija
amtrac [ǽmtræk] *n* amfibijski traktor
amuck [əmʌ́k] *adv*; to run ~ pobesneti; to run ~ at (ali against) s.o. brezumno koga napasti
amulet [ǽmjulit] *n* svetinjica, amulet
amuse [əmjú:z] *vt* zabavati; to be ~ d at (ali by, with) zabavati se; zanimati se; you ~ me v smeh me spravljate
amused [əmjú:zd] *adj* zasmehljiv
amusement [əmjú:zmənt] *n* zabava, užitek, veselje

amusing [əmjú:ziŋ] *adj* (~ ly *adv*) zabaven, smešen
amusive [əmjú:ziv] *adj* (~ ly *adv*) glej amusing
amygdala [əmígdələ] *n arch* mandelj; *anat* žrelnica
amygdalic [æmígdəlik] *adj* mandljev
amygdaloid [æmígdələid] *adj* mandeljnast
amyl [ǽmil] *n chem* amil
amylaceous [æmiléišəs] *adj* škrobast
amyloid [ǽmiləid] *adj* škrobov; mokast
an I [æn, ən] glej a II (pred samoglasnikom)
an II [æn] *conj arch* če, ako
an- III [ən] *pref* ne-
ana [á:nə] *n* zbirka osebnih spominov in anekdot
anabaptism [ænəbǽptizem] *n* prekrščevalstvo, anabaptizem
anabaptist [ænəbǽptist] *n* prekrščevalec, anabaptist
anabaptistic(al) [ænəbæptístik(əl)] *adj* prekrščevalski, anabaptističen
anabasis [ənǽbəsis] *n* anabaza
anachronic [ənækrónik] *adj* (~ ally *adv*) zastarel, nesodoben napačno datiran
anachronism [ənǽkrənizəm] *n* časovna neskladnost, anahronizem, napačno datiranje
anachronistic [ənækrənístik] *adj* anahronističen
anacoluthon, *pl* anacolutha *n* (ænəkəlú:θon, -θə] *n* neskladnost v stavčni zvezi, anakolut
anaconda [ænəkóndə] *n zool* udav
anacreontic [ənækrióntik] *adj* anakreontski; *fig* vesel, razposajen
anacrusis [ænəkrú:sis] *n mus* anakruza
anadem [ǽnədem] *n* venec
an(a)emia [əní:mjə] *n* malokrvnost, anemija
an(a)emic [əní:mik] *adj* malokrven, anemičen
anaerobic [ænəróubik] *adj biol* anaeroben, ki živi brez kisika
an(a)esthesia [æni:sθí:ziə] *n* omrtvičenje, anestezija, neobčutljivost; to give (ali administer) ~ omrtvičiti, narkotizirati
an(a)esthetic [ænisθétik] 1. *adj* anestezijski; 2. *n* narkotikum
an(a)esthetist [æní:sθitist] *n* anestezist(ka)
an(a)esthetization [ænisθitaizéišən] *n* anesteziranje
an(a)esthetize [æní:sθitaiz] *vt* omrtvičiti, anestezirati
anagogic [ænəgódžik] *adj* (~ ally *adv*) skrivnosten, mističen, vzvišen
anagram [ǽnəgræm] *n* anagram
anagrammatic [ænəgrəmǽtik] *adj* (~ ally *adv*) anagramski
anal [éinəl] *adj anat* ritničen
analecta, analects [ǽnəlektə, ǽnəlekts] *n pl* zbirka literarnih fragmentov, antologija
analeptic [ænəléptik] 1. *adj med* krepilen, toničen; 2. *n* krepilo, tonikum
analgesia [ænældží:zjə] *n med* neobčutljivost za bolečine; lokalna anestezija
analgesic [ænældží:sik] 1. *adj* (~ ally *adv*) blažilen; 2. *n* blažilo
analogic(al) [ænəlódžik(əl)] *adj* (analogically *adv*) analogen, podoben, ustrezen, soroden
analogize [ənǽlədžaiz] *vt* & *vi* tolmačiti, sklepati po analogiji; (*with*) skladati se
analogous [ənǽləgəs] *adj* (~ ly *adv*) (*with*) analogen, podoben, ustrezen
analogue [ǽnələg] *n* podobnost, analogija, podobna stvar

analogy [ənǽlədži] *n* analogija, podobnost; **by ~ with** po analogiji s; **to bear ~ to** biti podoben čemu; **on the ~ of** analogno, po analogiji s

analphabetic [ænælfəbétik] *adj* (**~ ally** *adv*) nepismen, analfabetski; ki ni napisan s črkami

analyse [ǽnəlaiz] *vt* razkrojiti, razčleniti, analizirati

analyser [ǽnəlaizə] *n* analizator

analysis, *pl* analyses [ənǽlisis, -lisí:z] *n* razkroj, razčlemba, analiza

analyst [ǽnəlist] *n* analitik

analytic [ænəlítik] *adj* (**~ ally** *adv*) analitičen, razčlenjevalen

analytics [ænəlítiks] *n pl* analitika

anamnesis [ænəmní:sis] *n* anamneza, zbirka podatkov o bolniku

anamorphosis [ænəmó:fəsis] *n* anamorfoza, izmaličena projekcija; *biol* manjša degeneracija, postopna sprememba

ananas [əná:nəs] *n bot* ananas

anandrous [ænǽndrəs] *adj bot* ki nima prašnikov

anap(a)est [ǽnəpi:st] *n* anapest (stopica)

anap(a)estic [ænəpí:stik] *adj* anapestovski

anaphora [ənǽfərə] *n* anafora, ponavljanje iste besede na začetku vsakega verza

anaphylaxis [ænəfilǽksis] *n med* anafilaksa

anarch [ǽna:k] *n* vodja puntarjev

anarchic(al) [ænáːkik(əl)] *adj* (**anarchically** *adv*) anarhičen, anarhistovski

anarchism [ǽnəkizəm] *n* brezvladje, anarhizem

anarchist [ǽnəkist] *n* anarhist(ka), prevratnež, -nica

anarchy [ǽnəki] *n* anarhija, brezvladje, brezpravnost; nered, kaos

anastatic [ænəstǽtik] *adj* anastatičen

anathema [ənǽθimə] *n* prekletstvo, izobčitev iz cerkve; izobčenec, -nka

anathematization [ənæθimətaizéišən] *n* izobčenje iz cerkve

anathematize [ənǽθimətaiz] 1. *vt* izobčiti iz cerkve, prekleti; 2. *vi* psovati, preklinjati

anatomic(al) [ænətómik(əl)] *adj* (**anatomically** *adv*) anatomski

anatomist [ənǽtəmist] *n* anatom(ka), razteleševalec, -lka

anatomize [ənǽtəmaiz] *vt* raztelešati, secirati; *fig* analizirati

anatomy [ənǽtəmi] *n* anatomija, seciranje; *coll* okostje; analiziranje

anbury [ǽnbəri] *n vet* čir (konja, goveda)

ancestor [ǽnsistə] *n* prednik, praded, praoče; prvotni lastnik posestva

ancestral [ǽnsistrəl] *adj* predniški, podedovan

ancestress [ǽnsistris] *n* pramati, prednica; prvotna lastnica posestva

ancestry [ǽnsistri] *n* predniki; izvor; rodovnik

anchor I [ǽŋkə] *n* sidro, maček; *techn* kotva; *fig* pribežališče, rešitev, nada; **at ~** usidran; **bower ~** sidro na ladijskem kljunu; **to back the ~** zapeti sidro; **to bring to an ~** zasidrati; **buoy ~** polsidro; **to cast (ali drop) the ~** zasidrati; **to come to ~** usidrati se; **to lie (ali ride) at ~** biti zasidran; **to let go the ~** spustiti sidro; **sea (ali drift) ~** plovno sidro; **to weigh the ~** dvigniti sidro

anchor II [ǽŋkə] *vt* & *vi* zasidrati (se); **to ~ a tent to the ground** pritrditi šotor; **to ~ one's hope in** (ali on) staviti upanje v koga ali kaj

anchorage [ǽŋkəridž] *n* sidrišče; sidrnina; *fig* varno pristanišče; opora; puščavnikova celica

anchoress [ǽŋkəris] *n* puščavnica; samotarka

anchoret [ǽŋkəret] *n* puščavnik; samotar

anchoretic [æŋkərétik] *adj* (**~ ally** *adv*) puščavniški; samotarski

anchorground [ǽŋkəgraund] *n* sidrišče

anchorhold [ǽŋkəhould] glej **anchorground**

anchorite [ǽŋkərait] glej **anchoret**

anchovy [ænčóuvi] *n zool* sardela; inčun, sardon; **~ paste** sardelna pasta

ancient I [éinšənt] *adj* starodaven, starinski, nekdanji, star

ancient II [éinšənt] *n arch* starec, starka; **the Ancient of Days** Bog Oče; **the ~s** stara omikana ljudstva; klasični pisatelji

ancient [éinšənt] *n arch* znak; zastava; zastavonoša

anciently [éinšəntli] *adv* od nekdaj, davno, kar pomnijo

ancientry [éinšəntri] *n* stari rod; starinski stil

ancillary [ænsíləri] *adj* pomožen; podlóžen; postranski; *el* **~ equipment** pribor

ancipital [ænsípitl] *adj* dvorezen

ancipitous [ænsípitəs] glej **ancipital**

ancle glej **ankle**

ancon [ǽŋkən] *n anat* komolec; *archit* konzola, opornik

ancress [ǽŋkris] glej **anchoress**

and [ænd, ənd, ən] *conj* in, ter, pa tudi; **both... ~ tako ... kakor; bread ~ butter** kruh z maslom; **coffee ~ milk** bela kava; **some good ~ ten** dobrih deset; **~ so forth, ~ so on** in tako dalje; **~ how!** pa še kako!; **miles ~ miles** neskončno daleč; **nice ~ warm** prijetno toplo; **to come ~ see** obiskati

andante [ændǽnti] *adv* & *n mus* andante

andiron [ǽndaiən] *n* kovinski podstavek za polena v kaminu

androgen [ǽndrədžin] *n* moški hormon

androgynous [ændródžinəs] *adj bot* dvospolen

android [ǽndrɔid] *n* avtomat v človeški podobi

androphobia [ændrəfóubiə] *n* nenaraven strah pred moškim

anear [əníə] *prep* & *adv* blizu

anecdotal [ænekdóutl] *adj* anekdotski; *fig* nezanesljiv, nezajamčen

anecdote [ǽnikdout] *n* anekdota, zgodbica

anecdotical [ænikdótikəl] *adj* (**~ ly** *adv*) anekdotičen

anele [əní:l] *vt arch* maziliti, v olje deti

anemograph [ǽnimogra:f] *n* vetrokaz

anemometer [ænimómitə] *n* vetromer

anemone [ənémɔni] *n bot zool* vetrnica

anent [ənént] *arch* 1. *prep* glede; 2. *adv* nasproti

aneroid [ǽnərɔid] *n phys* aneroid, kovinski tlakomer

aneurism, aneurysm [ǽnjuərizəm] *n med* bolezensko razširjenje arterije, anevrizem

anew [ənjú:] *adv* znova, nanovo, še enkrat

anfractuosity [ænfræktjuósiti] *n* krivina, vijuga; zamotanost; dolgovežnost anfractuous [ænfrǽktjuəs] *adj* (~ly *adv*) vijugast, kriv, zakrivljen; zamotan; dolgovezen

angary [ǽŋgəri] *n jur* pravica vojskujoče se države do polastitve imetja nevtralne države

angel [éindžəl] *n* angel; *coll* mecen; stari britanski kovanec; ~ **cake** vrsta belega kolača; **to entertain** ~s **unawares** premalo ceniti družbo koga; **to join the** ~s priti v nebesa; **speaking of** ~s **one often sees their wings** ne kliči vraga!; **don't rush in where** ~s **fear to tread** ne vtikaj se v tuje zadeve

angel-fish [éindžəlfiš] *n zool* vrsta morskega volka, lat. *Angelus squatina*

angelic [ændžélik] *adj* (~ally *adv*) angelski

angelica [ændžélikə] *n bot* angelika

angelus [ǽndžiləs] *n eccl* avemarija

anger I [ǽŋgə] *n* (*at* zaradi) jeza, bes, nevolja; **a fit of** ~ napad besnosti

anger II [ǽŋgə] *vt* jeziti, dražiti

angina [ændžáinə] *n med* angina, vratno vnetje

anginal [ǽndžinəl] *adj* anginozen

angle I [ǽŋgl] *n* kot; *fig* gledišče; krivina; trnek; **acute, obtuse, right** ~ ostri, topi, pravi kot; **adjacent** ~ sokot; ~ **of sight, visual** ~ vidni kot; **at right** ~s **to** pravokotno na; **from a new** ~ z novega vidika

angle II [ǽŋgl] *n* trnek; vaba

angle III [ǽŋgl] *vi* (*for*) ribariti; *fig* privabljati, skušati dobiti, zapeljevati; **to** ~ **for compliments** izzivati pohvalo

angle IV [ǽŋgl] *vt* tendenčno prikazati

Angles [ǽŋglz] *n pl* Angli (germansko pleme)

angle-bar [ǽŋglba:] *n* okovje ob kotih oken

angle-iron [ǽŋglaiən] *n* kotomer

angler [ǽŋglə] *n* ribič (na trnek)

angleworm [ǽŋglwə:m] *n zool* deževnik (kot vaba)

Anglican [ǽŋglikən] 1. *n* anglikanec; 2. *adj* anglikanski

Anglicanism [ǽŋglikənizəm] *n* anglikanizem, anglikanstvo

anglice [ǽŋglisi] *adv* po angleško

anglicism [ǽŋglisizəm] *n* anglicizem, angleški izraz, posebnost angleščine; politična načela Angležev

anglicist [ǽŋglisist] *n* anglist(ka)

anglicize [ǽŋglisaiz] *vt* anglicizirati, poangležiti

angling [ǽŋgliŋ] *n* ribarjenje (na trnek)

anglomania [ǽŋglouméiniə] *n* anglomanija, pretirano navdušenje za vse, kar je angleško

anglophile [ǽŋgloufail] *n* anglofil, prijatelj Angležev

anglophobe [ǽŋgloufoub] *n* anglofob, sovražnik vsega angleškega

anglophobia [ǽŋgloufóubiə] *n* anglofobija, sovraštvo do vsega angleškega

Anglo-Saxon [ǽŋglousǽksən] 1. *adj* anglosaški; 2. *n* Anglosas; anglosaščina

angola, angora [ǽŋgóulə, ǽŋgɔ:rə] *n* angora (volna, tkanina); angorska mačka (koza)

angry [ǽŋgri] *adj* (**angrily** *adv*) (*at, with, about*) jezen, razdražen, srdit; vnet, boleč; **to be** ~ **with s.o. for s.th.** jeziti se na koga zaradi česa; **to get** (ali **become, grow**) ~ razjeziti se; **to make** ~ razjeziti, razdražiti; **to have an** ~ **look** jezno gledati; **the** ~ **sea** razburkano morje

anguiform [ǽŋgwifɔ:m] *adj* kačast

anguine [ǽŋgwin] *adj* kačast

anguish [ǽŋgwiš] *n* tesnoba, bojazen; muka, bolečina; ~ **of mind** duševno trpljenje

angular [ǽŋgjulə] *adj* (~ly *adv*) kotast, oglat; koščen; koničast; *fig* robat, neroden; prepirljiv; prisiljen, formalen; ~ **point** vrh kota

angularity [ǽŋgjulǽriti] *n* oglatost, robatost; koščenost; *fig* prepirljivost; nerodnost; formalnost, prisiljenost

angulate I [ǽŋgjulit] *adj* kotast; robat, oster

angulate II [ǽŋgjuleit] *vt* narediti kot; meriti kot

anhydride [ænháidraid] *n chem* anhidrid

anhydrite [ænháidrait] *n min* anhidrit

anhydrous [ænháidrəs] *adj* brez vode

anigh [ənái] *adv* blizu

anight [ənáit] *adv arch* ponoči

anil [ǽnil] *n* indigo, modra barva; grm, iz katerega pridobivajo indigo

anile [éinail] *adj* babji, ostarel, starikav, senilen; otročji

aniline I [ǽnilain] *n chem* anilin

aniline II [ǽnilain] *adj* anilinski; ~ **dye** anilinska, sintetična barva

anility [æníliti] *n* starikavost, senilnost; čenčanje, česnanje

animadversion [ænimədvə́:šən] *n* (*on, upon*) graja, kritika

animadversive [ænimədvə́:siv] *adj* (~ly *adv*) grajav, kritičen

animadvert [ænimədvə́:t] *vi* (*on, upon*) grajati, kritizirati

animal I [ǽniməl] *n* žival, živo bitje; *fig* poživinjenec, -nka

animal II [ǽniməl] *adj* (~ly *adv*) živalski, živinski; *fig* poltén, čuten; ~ **black** živalsko oglje; ~ **breeding** (ali **husbandry**) živinoreja; ~ **kingdom** živalstvo, favna; ~ **spirits** bujnost, vitalnost; ~ **food** mesna hrana; ~ **traction** konjska vprega

animalcular [ænimǽlkjulə] *adj* mikroskopski (živalica)

animalcule [ænimǽlkju:l] *n* mikroskopska živalica

animalism [ǽniməlizəm] *n* živalskost, animaličnost; čutnost, poltenost

animalistic [æniməlístik] *adj* (~ally *adv*) živalski

animality [ænimǽliti] *n* živalskost; živalski svet

animalize [ǽniməlaiz] *vt* poživaliti, animalizirati

animate I [ǽnimit] *adj* živ, organski; živahen; (*by, with*) navdihnjen

animate II [ǽnimeit] *vt* poživiti, razživiti; navdihniti, inspirirati; bodriti, spodbujati

animated [ǽnimeitid] *adj* (~ly *adv*) živ, živahen; (*with, by*) navdušen, navdihnjen; ~ **cartoon(s)** risanka (film)

animating [ǽnimeitiŋ] *adj* (~ly *adv*) oživljajoč, ohrabrujoč

animation [ænim9éišən] *n* poživitev; živahnost, razigranost; navdušenje; **suspended** ~ dozdevna, navidezna smrt

animator [ǽnimeitə] *n* animator, risar risank (filmov)

animism [ǽnimizəm] *n phil* animizem; vera, da imajo stvari dušo

animosity [ænimósiti] *n* sovraštvo, mržnja

animus [ǽniməs] *n* sovraštvo, mržnja; *jur* zlobna namera; **to have** (ali **feel, show**) (**an**) ~ **against s.o.** biti komu sovražen

anion [ǽnaiən] *n el* anion

anise [ǽnis] *n bot* janež
aniseed [ǽnisi:d] *n* janež (začimba)
anisette [ænizét] *n* janeževec (liker)
anker [ǽŋkə] *n arch* votla mera pribl. 8 in pol galone
ankle (ancle) [ǽŋkl] *n* gleženj; **to sprain one's ~** izpahniti si gleženj
ankle-bone [ǽŋklboun] *n anat* skočnica
ankle-deep [ǽŋkldi:p] *adv & adv* ki sega do gležnjev
anklet [ǽŋklit] *n* gleženjček; nanožni obroček; nožni okov
ankylosis [æŋkilóusis] *n med* otrdelost sklepov, ankiloza
anna [ǽnə] *n* indijski novčič (1/16 rupije); **coll** mešanec; **he has eight ~s of dark blood** je na pol mešanec
annalist [ǽnəlist] *n* letopisec, analist
annalistic [ænəlístik] *adj* letopisen analističen
annals [ǽnlz] *n pl* anali, letopisi
anneal [əní:l] *vt* razbeliti, kaliti, izžgati; *fig* strditi
annectent [ənéktənt] *adj* vezalen, spajalski
annelid [ǽnəlid] *n zool* kolobarnik
annex [ənéks] *vt (to)* pridejati, priključiti, pridružiti; prilastiti si, anektirati; *fig* zediniti
annex(e) [ǽneks] *n* privesek, dodatek; prizidek; priključek
annexation [ænekséišən] *n* priključitev; prilastitev, aneksija
annexure [ənékščə] *n* dodatek
annihilate [ənáiəleit] *vt* uničiti, zatreti; *fig* razveljaviti, anulirati
annihilation [ənaiəléišən] *n* uničenje, propad; razveljavitev
anniversary [ænivə́:səri] *n* obletnica; jubilej
Anno Domini [ǽnoudómminai] 1. *adv* v letu gospodovem; 2. *n joc* pozna starost; **~ is the trouble** to so pač starostni znaki
annotate [ǽnoteit] *vt & vi (on)* razlagati, tolmačiti, komentirati; zapisovati pripombe, beležiti
annotation [ænotéišən] *n (on)* pripomba, razlaga; beležka
annotator [ǽnoteitə] *n* razlagalec, -lka, komentator(ica)
announce [ənáuns] *vt* naznaniti, objaviti, obvestiti; **to ~ o.s.** napovedati se, zglasiti se
announcement [ənáunsmənt] *n* naznanilo, objava, obvestilo; **special ~** posebno obvestilo
announcer [ənáunsə] *n* naznanjevalec, -lka; napovedovalec, -lka (radio)
annoy I [ənói] *n arch poet* nagajanje, nadloga, muka
annoy II [ənói] *vt* dražiti, vznejevoljiti, nagajati, nadlegovati, mučiti, vznemirjati; **to be ~ed at** (ali **with**) jeziti se zaradi
annoyance [ənóiəns] *n* nagajanje, nadlegovanje; sitnost, nadloga; motnja, vznemirjenje
annoying [ənóiiŋ] *adj (~ly adv)* nadležen, neprijeten, dolgočasen, mučen; zoprn; **how ~!** kako nerodno, kako zoprno!
annual I [ǽnjuəl] *adj (~ly adv)* leten, vsakoleten, enoleten; *(com)* **~ balance** letna bilanca; **~ report** letno poročilo; **~ ring** branika, letnica; **in an ~ round** od leta do leta
annual II [ǽnjuəl] *n* letopis; *bot* enoletnica
annuitant [ənjúitənt] *n* rentnik, -nica

annuity [ənjúiti] *n* anuiteta, renta, letnina; **to settle an ~ on s.o.** določiti komu redno rento; **life ~** dosmrtna renta
annuity-bonds [ənjúitibəndz] *n pl* rentni listi, amortizacijske obveznice, obveznice na letno odplačilo
annuity-office [ənjúitiəfis] *n* banka za dosmrtne rente
annul [ənʌ́l] *vt* uničiti, prečrtati, razveljaviti, ukiniti
annular [ǽnjulə] *adj* krožčast, obročast; krožen
annulate [ǽnjuleit, -lit] *adj* iz obročkov sestavljen
annulation [ænjuléišən] *n* branik (na drevesnem deblu); letnica (na rogovju)
annulet [ǽnjulit] *n* krožec, obroček
annulment [ənʌ́lmənt] *n* razveljavitev, uničenje, anulacija
annulus [ǽnjuləs] *n bot astr* obroček
annunciate [ənʌ́nšieit] *vt* naznaniti, objaviti, razglasiti
annunciation [ənʌnsiéišən] *n* razglas, objava; *eccl* oznanjenje
annunciator [ənʌ́nsieitə] *n* naznanjevalec; oglasna deska
anode [ǽnoud] *n el* anoda, pozitivna elektroda; **~ potential** anodna napetost
anodyne [ǽnədain] 1. *adj med* blažilen; *fig* mirilen; 2. *n* blažilo
anoint [ənóint] *vt* (na)mazati; maziliti; *joc* pretepsti
anointing [ənóintiŋ] *n* maziljenje
anomalism [ənóməlizəm] *n* nepravilnost, izjemnost, anomalija
anomalous [ənóməls] *adj (~ly adv)* nenavaden, izjemen, poseben, nepravilen
anomaly [ənóməli] *n* izjemnost, nepravilnost, posebnost; *astr* kot oddaljenosti nebesnega telesa od perihelija ali perigeja
anon [ənón] *adv obs* kmalu, takoj; zopet; **ever and ~** tu in tam, včasih; **of this more ~** odslej kmalu bolj
anonym [ǽnənim] *n* anonimnik, -nica; psevdonim; neznanec, -nka
anonymity [ænəními ti] *n* anonimnost, brezimnost
anonymous [ənóniməs] *adj (~ly adv)* brezimenski, nepodpisan, neimenovan, anonimen
anonymousness [ənóniməsnis] glej **anonymity**
anopheles [ənófəli:z] *n zool* mrzličar (komar)
anorak [ǽnəræk] *n* vetrni jopič (s kapuco)
anosmia [ænósmiə] *n med* pomanjkanje voha
another [ənʌ́ðə] *pron & adj* drug, drugačen; še eden; **one after ~** drug za drugim; **~ and ~** vedno več; **he's a fool, you're ~** on je norec in ti tudi; **I'll wait ~ day or two** počakal bom še nekaj dni; **just such ~** prav takšen; **many ~** marsikateri drugi; **one ~** drug drugega, vzajemno; **that's ~ pair of shoes, that's ~ thing altogether** (ali **entirely**) to je nekaj čisto novega (drugega); **will you take ~ piece** izvoli(te) še en košček; **~ place** drugje; **one from ~, from one ~** drug od drugega; **it's one thing to promise, ~ to perform** lahko je obljubiti, težje izpolniti; **to take for one ~** zamenjati drugega z drugim; **~ time** drugič; **wait for ~ hour** počakaj še eno uro; **not ~ word!** niti besede več! **one thing with ~** drugo z drugim; **yet ~?** še eden?
anourous [ænú:rəs] *adj* brezrep, ki nima repa

anserine [ǽnsərain] adj gosji; fig neumen, topoglav
answer I [á:nsə, A ǽnsə] n (to) odgovor, odziv, reakcija, replika; rešitev (naloge); odzdrav; nasprotni udarec; to make an ~ odgovoriti; ~ in the affirmative pritrdilni odgovor; to know all the ~s biti odrezav; coll the ~ is a lemon kakšno neumno vprašanje! ~ in the negative nikalni odgovor; the favour of an ~ is requested prosimo za odgovor
answer II [á:nsə, A ǽnsə] 1. vt (to) odgovoriti, odgovarjati; ustrezati, uslišati, izpolniti (prošnjo); rešiti (vprašanje); 2. vi odgovoriti; posrečiti se; jamčiti, biti odgovoren; biti pokoren; to ~ the bell (ali door, door bell) iti odpret vrata; to ~ a bill of exchange izplačati menico; to ~ a call odgovoriti po telefonu, odzvati se klicu; to ~ a debt poravnati dolg; it doesn't ~ ni vredno; to ~ s.o.'s expectations izpolniti pričakovanja koga; to ~ in law odzvati se vabilu sodišča; money ~s all things denar vse zmore; to ~ to the name slišati na ime; to ~ a prayer uslišati molitev; to ~ the purpose ustrezati namenu; to ~ a question odgovoriti na vprašanje; to ~ a riddle rešiti uganko; to ~ a summons odzvati se vabilu; to ~ back ostro zavrniti; to ~ up hitro odgovoriti
answerable [á:sərəbl] adj (answerably adv) (to) na kar se da odgovoriti; odgovoren, ustrezen; to be ~ for biti odgovoren za, jamčiti za kaj; such a question is not ~ na tako vprašanje se ne da odgovoriti; the results were not ~ to our hopes rezultati so nas razočarali
ant [ænt] n zool mravlja; white ~ termit
an't [a:nt] v coll am not; are not; sl is not; has not, have not
antacid [æntǽsid] 1. n chem nevtralizator; 2. adj ki nevtralizira
antagonism [æntǽgənizəm] n (to, against, with) nasprotovanje, antagonizem, sovraštvo; (between) tekmovanje; to be in ~ with biti v sovraštvu s kom
antagonist [æntǽgənist] n nasprotnik, sovražnik, -nica; tekmec, tekmica; anat mišica, ki deluje v nasprotno smer od druge
antagonistic [æntægənístik] adj (~ally adv) nasproten, sovražen
antagonize [æntǽgənaiz] vt upirati se, nasprotovati; odvračati; osovražiti; izzivati; chem nevtralizirati
antalgic [æntǽldžik] 1. adj med blažilen; 2. n blažilo
antarctic [æntá:ktik] 1. adj antarktičen, na južnem tečaju ležeč; 2. n južni tečaj; dežela ob južnem tečaju; the ~ circle južni tečaj; the ~ regions dežele ob južnem tečaju
antbear [ǽntbéə] n zool veliki mravljinčar
ante- [ǽnti] pref pred-
ant-eater [ǽntí:tə] n zool mravljinčar
ante-bellum [ǽntibéləm] adj predvojen; A ki je bil pred državljansko vojno
antecede [æntɔí:d] vi (to) prej se zgoditi (kot)
antecedence [æntisí:dəns] n predhodnost; prednost, prioriteta; astr retrogradno gibanje planeta
antecedent [æntisí:dənt] 1. adj (~ ly adv) (to) predhoden, prejšen; 2. n prejšnji dogodek; prednost;

predhodnost, preteklost; gram odnosnica; pl dogodki v preteklosti
antecessor [æntisésə] n predhodnik, prednik
antechamber [ǽntičeimbə] n predsoba, veža
antechapel [ǽntičæpəl] n arch veža pred kapelo
antedate I [ǽntidéit] vt starejši datum zapisati; prej se zgoditi; slutiti
antedate II [ǽntidéit] n starejši datum, datum, napisan pred pravim
antediluvian I [ǽntidilúviən] adj predpotopen; fig zastarel, staromoden
antediluvian II [ǽntidilúviən] n predpotopna žival; fig zelo star človek; starokopitnež
antelope [ǽntiloup] n zool antilopa
antemeridian [ǽntimərídiən] adj & adv dopoldanski; dopoldne
ante meridium [ǽntimerídiəm] adv dopoldne (kratica a.m.)
antemundane [ǽntimándein] adj ki je bil pred nastankom sveta
antenatal [ǽntinéitl] adj predrojsten
antenna, pl antennae [ǽnténə, ænténi:] n zool tipalka; A antena
antenuptial [ǽntinÁpšəl] adj predzakonski, predporočen
antepenult [ǽntipinÁlt] 1. adj predpredzadnji; 2. n predpredzadnji zlog
antepenultima [ǽntipinÁltima] n predpredzadnji zlog
antepenultimate [ǽntipinÁltimit] glej antepenult
anterior [æntíəriə] adj (~ ly adv) (to) prejšnji, starejši, predhodnji; sprednji
anteriority [æntiriórriti] n prvenstvo; prvenstvo po službenih letih, starešinstvo
anteroom [ǽntiru:m] n predsoba
ant-heap [ǽnthi:p] n mravljišče
anthelmintic [ǽnθelmíntik] med 1. adj ki uničuje gliste; 2. n sredstvo zoper gliste
anthem [ǽnθəm] n hvalnica, odpevanje, koral, himna; national ~ državna himna
anther [ǽnθə] n bot prašnik
anthill [ǽnthil] n mravljišče
anthological [ǽnθəlódžikəl] adj antološki
anthologist [ǽnθólədžist] n pisec antologij
anthology [ǽnθólədži] n antologija, izbor literarnih del, cvetnik
anthracene [ǽnθrəsi:n] n antracen
anthracite [ǽnθrəsait] n antracit
anthrax [ǽnθræks] n med vraničeni prisad
anthropocentric [ǽnθroposéntrik] adj antropocentričen, s človekom kot središčem
anthropogeography [ǽnθropodžiógræfi] n antropogeografija, geografija s posebnim ozirom na človeka
anthropoid [ǽnθropəid] 1. adj človeku podoben; 2. n človečnjak
anthropological [ǽnθropolódžikəl] adj (~ ly adv) antropološki, človekosloven, človekoznanski
anthropologist [ǽnθropólədžist] n antropolog, -ginja
anthropology [ǽnθropólədži] n antropologija, nauk o človeku
anthropometric [ǽnθropométrik] adj (~ ally adv) antropometričen
anthropometry [ǽnθropómitri] n antropometrija, merjenje človeškega telesa

anthropomorphic [ænθropomɔ́:fik] adj (~ally adv) antropomorfen, človeku podoben

anthropomorphism [ænθropomɔ́:fizm] n antropomorfizem, počlovečenje

anthropomorphize [ænθropomɔ́:faiz] vt antropomorfizirati, počlovečiti

anthropomorphous [ænθropomɔ́:fəs] adj (~ly adv) antropomorfen, človeku podoben

anthropophagi [ænθropófədžai] n pl ljudožerci, kanibali

anthropophagic [ænθropófədžik] adj ljudožerski, kanibalski

anthropophagous [ænθropófəgəs] glej anthropophagic

antropophagy [ænθropófədži] n ljudožerstvo, kanibalizem

anthroposophy [ænθropósəfi] n antropozofija, človekoslovna filozofija

anti- [ǽnti] pref proti-

anti-aircraft [ǽntiéəkra:ft] 1. adj protiletalski; 2. n protiletalsko topništvo

antibilious [ǽntibíljəs] adj ki zdravi žolčne kamne

antibiotic [ǽntibaiótik] 1. adj antibiotičen; 2. n antibiotik

antibody [ǽntibədi] n physiol protitelesce

antic I [ǽntik] adj arch burkast, smešen, grotesken, bizaren, fantastičen

antic II [ǽntik] n arch šaljivec, dvorni norec; pl spakovanje, šala, burka; to play ~s uganjati norčije

antichrist [ǽntikraist] n antikrist, brezverec

antichristian [ǽntikríščən] adj protikrščanski

anticipant [æntísipənt] 1. adj pričakujoč, sluteč; 2. n tisti, ki pričakuje, sluti

anticipate [æntísipeit] vt predvidevati, napovedati, pričakovati, slutiti; vnaprej porabiti; pospešiti; preprečiti; com predčasno izplačati (menico); to ~ payment vnaprej plačati, plačati pred rokom; to ~ the pleasure of vnaprej se veseliti na; to ~ s.o.'s wishes uganiti želje koga; ~d profit pričakovani dobiček; anticipating your early answer pričakujoč, da boste kmalu odgovorili

anticipation [æntisipéišən] n pričakovanje, predvidevanje, slutnja; upanje; plačanje računa pred rokom; in ~ vnaprej; contrary to ~ proti pričakovanju

anticipative [æntisípətiv] adj (~ly adv) slutenjski; prezgoden; fig pričakovan; vnaprejšnji

anticipator [æntísipeitə] n tisti, ki sluti, pričakuje, ki plača vnaprej

anticipatory [æntísipeitəri] adj (anticipatorily adv) glej anticipative

anticlerical [ǽntiklérikəl] adj protiklerikalen

anticlimax [ǽntikláiməks] n padec, padanje; reakcija; popuščanje

anticline [ǽntiklain] n geol antiklinala, sedlo

anti-clockwise [ǽntikləkwaiz] adv proti smeri kazalcev, na levo

anticorrosive [æntikəróusiv] adj zoper rjo, antikorozijski

anticyclone [ǽntisáikloun] n anticiklon

anticyclonic [ǽntisaiklónik] adj anticiklonski

antidazzle [ǽntidæzl] adj ki preprečuje oslepitev; ~ light zasenčena luč

antidotal [ǽtidoutl] adj med protistrupen

antidote [ǽntidout] n med protistrup (against), zdravilo (for, to) za preprečitev delovanja strupa

antifascist [ǽntifǽšist] 1. adj protifašističen; 2. n protifašist(ka)

antifebrile [ǽntifí:brail] adj protivročinski

antifreeze [ǽntifrí:z] n sredstvo, ki preprečuje zmrznjenje

anti-gas [ǽntigǽs] adj protiplinski

antigropelos [ǽntigrópilouz] n pl nepremočljive golenice

antilogous [æntíləgəs] adj (~ly adv) protisloven, nasproten, kontradiktoren

antilogy [æntílədži] n protislovje, kontradikcija, ugovor

antimacassar [ǽntiməkǽsə] n okrasni ali zaščitni prtiček

antimonarchical [ǽntimoná:kikəl] adj protimonarhičen

antimonarchist [ǽntimónəkist] n nasprotnik, -nica monarhije

antimonial [ǽntimóuniəl] adj antimonski

antimony [ǽntiməni] n min antimon

antinomian [æntinóumiən] adj jur protizakonit; phil paradoksen, osupljiv

antinomy [æntínəmi] n (in, between) protizakonitost, paradoks

antipathetic [æntipəθétik] adj (~ally adv) zoprn, antipatičen; med (to, against) nasproten

antipathic [æntipǽθik] adj (~ally adv) zoprn, nesimpatičen (to); med nasprotnega učinka

antipathy [æntípəθi] n mržnja, antipatija (against, to); nesloga (between)

antiphlogistic [ǽntiflodžístik] 1. adj (~ally adv) med ki omili vnetje; 2. n sredstvo, ki omili vnetje

antiphon [ǽntifən] n mus antifona, odpev, izmenično petje dveh pevskih zborov, predglasnica; fig odmev, odgovor

antiphonal [ǽntifənl] 1. adj (~ly adv) antifonski, izmeničen; 2. n zbirka antifon, cerkvenih pesmi

antiphony [æntífəni] glej antiphon

antipodal [æntípədl] adj (of, to) popolnoma nasproten (čemu)

antipodean [æntipədíən] glej antipodal

antipodes [æntípədi:z] n pl protinožci, antipodi

antipoison [ǽntipóizn] n protistrup

antipole [ǽntipoul] n nasprotni tečaj; fig popolno nasprotje

antipope [ǽntipoup] n protipapež

antipyretic [ǽntipairétik] 1. adj (~ally adv) med ki zmanjšuje vročino; 2. n med sredstvo proti mrzlici

antipyrin [æntipáirin] n med antipirin, sredstvo zoper vročino in glavobol

antiquarian [æntikwéəriən] 1. adj starinski, starodaven; 2. n starinoslovec, arheolog; starinar

antiquary [æntikwəri] n starinoslovec, arheolog; starinar

antiquate [ǽntikwit] adj zastarel

antiquate [ǽntikweit] vt arch pustiti zastareti; odpraviti

antiquated [ǽntikweitid] adj zastarel, staromoden

antique [æntí:k] 1. adj (~ly adv) starinski, daven, antičen; staromoden; 2. n starina, antika; umetnost starega veka antique-dealer [æntí:kdi:lə] *n* starinar, prodajalec starin

antique-shop [æntí:kšəp] *n* starinarna

antiquity [æntíkwiti] *n* stari vek, starodavnost; *pl* antične umetnine

antireligious [æntirelídžəs] *adj* (~ly *adv*) protiverski

antirolling device [æntiróuliŋdiváis] *n techn* hidravlični stabilizator

antirust [æntirʌst] *adj* ki preprečuje rjo

antiscorbutic [æntiskə:bjútik] *adj med* protiskorbuten

anti-Semite [æntisí:mait] *n* antisemit, nasprotnik židov

anti-Semitic [æntisimítik] *adj* (~ally *adv*) protižidovski

anti-Semitism [æntisí:mitizəm] *n* protižidovska rasna gonja, antisemitizem

antiseptic [æntiséptik] **1.** *adj* (~ally *adv*) razkuževalen, protikužen, protiprisaden; **2.** *n* razkužilo

antiskid [æntiskid] *adj* ki ne polzi, ne drsi; ~ tyres zimske gume

antisocial [æntisóušəl] *adj* (~ly *adv*) antisocialen, netovariški; nedružaben, neprijazen

antisocialist [æntisóušəlist] *n* nasprotnik, -nica socializma

anti-submarine [æntisʌbməri:n] *adj* protipodmorničen

anti-tank [æntitæŋk] *adj* protitankovski

antithesis [əntíθisis], *pl* antitheses [æntíθisi:z] *n* (*of, between, to*) nasprotje, oporeka, protivnost, antiteza

antithetic [æntiθétik] *adj* (~ally *adv*) nasproten, antitetičen

antitoxic [æntitóksik] *adj* (~ally *adv*) *med* antitoksičen, protistrupen

antitoxin [æntitóksin] *n med* nasprotni strup, antitoksin

anti-trade [æntitréid] *mar* **1.** *adj* antipasaten; **2.** *n* antipasat

antitype [æntitaip] *n* nasprotek

antiviral [æntiváirəl] *adj med* protivirusen

antler [æntlə] *n* parožek; *pl* jelenovo, srnjakovo rogovje

ant-lion [æntlaiən] *n zool* volkec

antonym [æntənim] *n* beseda z nasprotnim pomenom

anus [éinəs] *n anat* zadnjik; *bot* odprtina

anvil [ænvil] *n* nakovalo; *anat* nakovalce; to be on the ~ biti v delu, biti obravnavan; between hammer and ~ med dvema ognjema, med Scilo in Karibdo

anxiety [æŋzáieti] *n* (*to* da) strah, bojazen, zaskrbljenost; (*for* po) hrepenenje, vroča želja; in great ~ v velikih skrbeh

anxious [ǽkšəs] *adj* (~ly *adv*) (*about* zaradi) zaskrbljen, nestrpen; (*for* za) prizadeven; *coll* željan; *obs* mučen; I am ~ to know prav rad bi (z)vedel; to be ~ about bati se za; to be on the ~ seat (ali bench) biti v hudih škripcih, sedeti kot na šivankah

anxiousness [ǽkšəsnis] *n* zaskrbljenost, strah; hrepenenje, koprnenje

any I [éni] *adj & pron* **1.** v vprašalnih in nikalnih stavkih in po »if«: neki, nekaj, nekdo; nič, nihče; **2.** v trdilnih stavkih: vsak, kdorkoli, karkoli; kakršenkoli; have you ~ money? imaš kaj denarja?; there are not ~ matches in the box v škatlici ni nobenih vžigalic; is there ~ hope? je sploh kaj upanja?; no more than one if ~ ne več kot eden, če sploh kaj; we have little time if ~ nimamo skoraj nič časa; ~ and every prav vsak; at ~ rate, in ~ case v vsakem primeru

any II [éni] *adv* nekoliko, količkaj; not ~ better prav nič bolje; not ~ more nič več

anybody I [énibədi] *pron* nekdo; vsakdo, kdorkoli; we have not met ~ nikogar nismo srečali; ~ can do that vsakdo to lahko stori; ~'s guess zapisano v zvezdah; scarcely ~ skoraj nihče

anybody II [énibədi] *n* važna oseba; nepomembnež; everybody who is ~ vsakdo, ki nekaj pomeni

anyhow I [énihau] *adv* nekako; vsekakor, v vsakem primeru; kakorkoli; površno, slabo; to feel ~ ne se dobro počutiti; he could not come ~ nikakor ni mogel priti

anyhow II [énihau] *conj* vendarle, le, kljub temu

anyone [éniwʌn] **1.** *pron* vsakdo, kdorkoli; nekdo; **2.** *n* slehernik

anything [éniθiŋ] *pron* nekaj, karkoli, vse; ~ but vse prej kot; for ~ I know kolikor je meni znano; he is a little better if ~ godi se mu malo bolje, če se sploh da govoriti o zboljšanju; not for ~ za nič na svetu; hardly (ali scarcely) ~ skoraj nič; like ~ na vso moč, kar se da

anyway [éniwei] **1.** *adv* nekako, kakorkoli; **2.** *conj* vendar, kljub temu

anywhere [éniwɛə] *adv* nekje; povsod, kjerkoli, kamorkoli; I cannot find him ~ nikjer ga ne morem najti; he meets friends ~ povsod srečuje prijatelje; scarcely (ali hardly) ~ skoraj nikjer; A ~ from ... to nekako od ... do

anywhither [éniwiðə] *adv obs* kamorkoli

anywise [éniwaiz] *adv* vsekakor; sploh

aorist [éərist] *n gram* aorist

aorta [eió:tə] *n anat* glavna telesna utripalnica, aorta

aortal [eió:təl] *adj anat* aorten

aortic [eió:tik] glej aortal

apace [əpéis] *adv* hitro, naglo; ill news comes ~ slabe novice vse prehitro zvemo; ill weeds grow ~ kopriva ne pozebe

apache [əpá:š] *n* apaš

apanage [ǽpənidž] *n* letna vzdrževalnina vladarske hiše, apanaža; letni dohodki; odvisno ozemlje; *fig* prirojene sposobnosti

apart [əpá:t] *adv* posebej, ločeno, narazen, neodvisno, zase; ~ from ne glede na; to keep ~ ločeno pustiti; jesting (ali joking) ~ brez šale; to set ~ for ločiti, prihraniti za

apartheid [əpá:teid, apá:taid] *n* segregacijska politika v Južni Afriki, apartheid

apartment [əpá:tmənt] *n* opremljena soba; *A* stanovanje; *A* ~ houses stanovanjski bloki; walk--up ~ stanovanje v hiši brez dvigala

apathetic [æpəθétik] *adj* (~ally *adv*) (*towards* do) brezbrižen, otopel, ravnodušen, brezdušen, apatičen

apathy [ǽpəθi] *n* (*towards* do) brezbrižnost, brezčutnost, otopelost, apatija

apatite [ǽpətait] *n min* apatit

ape I [eip] (višja) opica; **to play the** ~ slepo
posnemati, oponašati, neumno se vesti; **to lead**
~**s (in hell)** umreti kot stara devica
ape II [eip] *vt* oponašati, pačiti se, imi irati; **to**
~ **it** slepo posnemati, oponašati; neumno se
vesti
apeak [əpíːk] *adv & pred adj naut* na konici,
navpično
apehood [éiphud] *n* slepo posnemanje
aperçu [æpəːsjú] *n* kratka vsebina, izvleček
aperient [əpíəriənt] *med* **1.** *adj* dristilen; **2.** *n* dristilo
aperitif [əperitíf] *n* aperitiv
aperitive [əpéritiv] **1.** glej **aperient 1.**; **2.** glej **aperitif**
aperture [ǽpətju, ǽpəčə] *n* odprtina, reža, špranja
apery [éipəri] *n* slepo posnemanje; opičnjak
apetalous [æpétələs] *adj bot* ki nima cvetnih listov
apex, *pl* apices [éipeks, éipisiːz] *n* vrh, teme, vrši-
ček; konica; *fig* višek, kulminacija
aphasia [æféizjə] *n med* onemelost
aphasic [əféisik] *adj* nem, onemel
aphelion [æfíːliən] *n astr* odsončje
apheliotropic [æfiːliətrópik] *adj bot* ki se odvrača
od sonca
apheresis [æfíərisis] *n gram* afereza, opuščanje
začetnega zloga
aphesis [ǽfisis] glej **apheresis**
aphis, *pl* aphides [éifis, éifidiːz] *n zool* listna uš
aphonia [æfóunjə] *n med* popolna zguba glasu
aphonic [æfónik] *adj med* brezglasen, nem, onemel
aphony [ǽfəni] glej **aphonia**
aphorism [ǽfərizəm] *n* aforizem, kratek duhovit
izrek
aphorist [ǽfərist] *n* pisec aforizmov, aforist
aphoristic [æfərístik] *adj* (~**ally** *adv*) aforističen,
duhovit
aphrodisia [æfrodíziə] *n* močen spolni nagon
aphrodisiac [æfrodíziæk] **1.** *n* spolno dražilo; **2.** *adj*
ki spolno draži
aphrodisian [æfrodízjen] glej **aphrodisiac 2.**
aphtha, *pl* aphthae [ǽfθə, ǽfθiː] *n med* afta
aphthous [ǽfθəs] *adj* aftičen; *med* ~ **fever** slinavka
aphyllous [æfíləs] *adj bot* brezlisten
apian [éipiən] *adj* čebelji
apiarian [éipiɛəriən] **1.** *adj* čebelarski; **2.** *n* čebelar
apiarist [éipiərist] *n* čebelar
apiary [éipiəri] *n* čebelnjak
apical [ǽpikəl] *adj* (~**ly** *adv*) koničen, ki je na vrhu
apices [éipisiːz] *pl* od **apex**
apiculture [éipikʌlčə] *n* čebelarstvo
apiece [əpíːs] *adv* vsak kos, po; za vsakega, na
osebo, na glavo
apis [éipis] *n* apis, sveti bik starih Egipčanov,
simbol plodnosti
apish [éipiš] *adj* opičji; neumen
apishness [éipišnis] *n* opičje obnašanje; neumno
obnašanje
a-plenty [əplénti] *adv A* obilno, na pretek
aplomb [əplóm] *n* samozavest, gotovost samega
sebe; samozavesten nastop
apocalypse [əpókəlips] *n* apokalipsa, skrivno razo-
detje; **the four horsemen of the** ~ štirje apoka-
liptični jezdeci
apocalyptic [əpokəlíptik] *adj* (~**ally** *adv*) apoka-
liptičen, skrivnosten, zloslaten
apocopate [əpókəpeit] *vi* apokopirati, izpustiti
(zlasti zadnjo črko ali zlog)

apocope [əpókəpi] *n gram* apokopa, izpuščanje
končnega samoglasnika
apocrypha [əpókrifə] *n pl* apokrifi, nepristni, po-
narejeni, podtaknjeni spisi
apocryphal [əpókrifəl] *adj* (~**ly** *adv*) apokrifen,
ponarejen, nepravi, podtaknjen
apodal [ǽpədəl] *adj zool* ki nima nog ali trebušnih
plavuti
apodeictic [æpoudáiktik] *adj* (~**ally** *adv*) dokazan,
čisto gotov, apodiktičen
apodictic [æpoudíktik] glej **apodeictic**
apodosis [əpódəsis] *n gram* apodoza, porek
apogean [æpodžíən] *adj* apogejski; *fig* najvišji,
vrhunski, kulminacijski
apogee [ǽpodžiː] *n astr* apogej, kulmanacijska
točka; *fig* višek, vrhunec
apologetic I [əpolədžétik] *adj* (~**ally** *adv*) opravi-
čujoč (se), obramben; spravljiv; **to be** ~ opra-
vičevati (se)
apologetic II [əpolədžétik] *n* obramba, zagovor;
pohvala; *pl eccl* apologetika
apologia [əpolódžiə] *n* pismena obramba
apologist [əpólədžist] *n* branilec, zaščitnik, apologet
apologize [əpólədžaiz] *vi* (*for* za, *to* komu) opra-
vičiti, braniti se
apologue [ǽpələg] *n* basen
apology [əpólədži] *n* (*for* za, *to* komu) opravičilo,
obramba; **by way of** ~ kot opravičilo; **an** ~ **for
dinner** skromna večerja; **she wore an** ~ **for a
hat** na glavi je imela nekaj, kar naj bi bil
klobuk; **to make (ali offer) an** ~ **for** opravičiti
se zaradi
apophthegm, apothegm [ǽpoθæm] *n* jedrnata reče-
nica
apoplectic [æpəpléktik] *adj* (~**ally** *adv*) mrtvouden,
od kapi zadet
apoplexy [ǽpəpleksi] *n med* kap, mrtvoud; **to fall
into an** ~, **to be seized** (ali **struck**) **with** ~ biti
od kapi zadet
aposiopesis [æpəsaiopíːsis] *n* aposiopeza, zamolk
apostasy [əpóstəsi] *n* odpadništvo
apostate [əpóstit] **1.** *n* odpadnik; **2.** *adj* odpadniški;
fig izdajalski, lažen
apostatical [æpostætikəl] *adj* (~**ly** *adv*) glej **apos-
tate 2.**
apostatize [æpóstətaiz] *vi* (*from*) odpasti (od vere);
izneveriti se, postati nezvest
a posteriori [éipostɛríːrai] **1.** *adj* izkustven, empi-
ričen, aposterioren; **2.** *adv* po izkustvu
apostil [əpóstil] *n* obrobna pripomba
apostle [əpósl] *n* apostol, blagovestnik; *fig* vnet
zagovornik kake ideje; ~**s' creed** apostolska
vera; ~ **of temperance** zagovornik antialkoho-
lizma
apostleship [əpóslšip] *n* apostolstvo
apostolate [əpóstəlit] *n* apostolstvo, papeževo do-
stojanstvo
apostolic [æpostólik] *adj* (~**ally** *adv*) apostolski,
papeški
apostrophe [əpóstrəfi] *n* opuščaj, apostrof; kratek
nagovor
apostrophize [əpóstrəfaiz] *vt* postaviti opuščaj,
apostrofirati; nagovoriti koga
apothecary [əpóθikəri] *n arch* lekarnar; ~**'s bill**
velik račun; ~**'s shop** lekarna
apotheosis [əpoθióusis] *n* povzdigovanje, apoteoza

apotheosize [əpóθiəsaiz] *vt* povzdigovati v božanstvo, slaviti kot boga, glorificirati

appal [əpó:l] *vt* prestrašiti, ustrašiti, osupiti

appalling [əpó:liŋ] *adj* (~ ly *adv*) strašen, grozen

appanage glej **apanage**

apparatus [æpəréitəs] *n* priprava, orodje, stroj, aparat; organi (npr. prebavni), sistem; *mil* (vojna) oprema; **critical** ~, ~ **criticus** zbirka dokumentov za kritično preučevanje; **digestive** ~ prebavila; **wireless** ~ radijski sprejemnik

apparel I [əpǽrəl] *n arch* obleka, oblačilo, noša; okras; *naut* oprema; **the ship is in proper** ~ ladja je pripravljena za odplutje

apparel II [əpǽrəl] *vt* obleči; opremiti; okrasiti

apparelled [əpǽrəld] *adj* oblečen, okrašen, opremljen

apparent [əpǽrənt] *adj* (~ ly *adv*) navidezen; (*to*) jasen, viden, očiten; pravi, resničen; **to become** ~ viden se; **heir** ~ zakoniti naslednik; ~ **time** pravi čas

apparition [æpəríšən] *n* pojava; prikazen, duh, strašilo; *astr* vidnost, jasnost

apparitor [əpǽritə:, -tə] *n* sodnijski nameščenec; univerzitetni pedel

appeal I [əpí:l] **1.** *vi* (*to, against*) prizivati se, apelirati; pritožiti se; obrniti se na koga; rotiti; prositi; ugajati, tekniti; **2.** *vt jur* poklicati pred sodišče; obtožiti; **to** ~ **to arms** poklicati pod orožje; **it doesn't** ~ **to me** ne ugaja mi, ni mi pri srcu; **to** ~ **to the country** razpustiti parlament, razpisati nove volitve; **to** ~ **to reason** sklicevati se na zdravo pamet

appeal II [əpí:l] *n* (*to*) poziv, priziv; (*for*) prošnja, rotitev; privlačnost; **Court of Appeal** apelacijsko sodišče; **to dismiss the** ~ **from the judgement** zavrniti priziv; **to have** ~ biti privlačen; **to make an** ~ privlačiti; **on second** ~ v drugi instanci; **sex** ~ spolna privlačnost

appealable [əpí:ləbl] *adj* (**appealably** *adv*) priziven

appealing [əpí:liŋ] *adj* (~ ly *adv*) proseč, roteč; ganljiv; privlačen

appear [əpí:ə] *vi* pojaviti, pokazati se; prikazati se; iziti (tisk); javiti se; zdeti se, biti viden; **to** ~ **against s.o.** tožiti koga; **to** ~ **for s.o.** zastopati, braniti koga; **it** ~**s from this** iz tega se razvidi; **to** ~ **in the character of Hamlet** igrati vlogo Hamleta; **to make** ~ pokazati, dokazati; **strange as it may** ~ če se zdi še tako čudno; **it would** ~ zdi se, kaže, da

appearance [əpíərəns] *n* videz, zunanjost; pojava; prikazen; izdaja (knjige); (javen) nastop; **as far as** ~ **s go, to all** ~ po vsem videzu; **at first** ~ na prvi pogled; **to make one's** ~ pojaviti se (pred sodiščem); **there's every** ~ **of** vse kaže, da; **to put in the** ~ **of courage** delati se pogumnega; **the actor made his first** ~ igralec je prvič nastopil; ~ **s are deceptive** videz vara, ni vse zlato, kar se sveti; **to save** (ali **keep up**) ~ **s** ohraniti videz (npr. blagostanja); **to make a fine** ~ biti lepega videza; **for** ~ **'s sake, for the sake of** ~ **s** (le) na videz

appeasibility [əpi:zəbíliti] *n* spravljivost, pomirljivost

appeasable [əpí:zəbl] *adj* (**appeasably** *adv*) spravljiv, pomirljiv

appease [əpí:z] *vt* pomiriti, ublažiti; spraviti, pobotati se; zadovoljiti, utešiti

appeasement [əpí:zmənt] *n* utešitev, pomiritev, ublažitev; sprava; politika popuščanja

appellant [əpélənt] **1.** *adj jur* prizivni, obtožujoč; **2.** *n jur* prizivnik; tožitelj na višjem sodišču

appellate [əpélit] *adj* prizivni, apelacijski; *A* ~ **court** apelacijsko sodišče

appellation [æpeléišən] *n* imenovanje; naziv, ime, označenje; nomenklatura

appellee [əpelí:] *n* obtoženec

appellor [əpélə] *n* tožilec

append [əpénd] *vt* (*to*) privesiti, obesiti; pripeti; dodati; **to** ~ **one's signature** podpisati se

appendage [əpéndidž] *n* (*to*) privesek, dodatek

appendant [əpéndənt] **1.** *adj* (*to*) obešen, dodan; **2.** *n* privesek, dodatek

appendicitis [əpendisáitis] *n med* vnetje slepiča

appendix, *pl* **appendices** [əpéndiks, əpéndisi:z] *n* privesek, dodatek; *anat* (**vermiform**) ~ slepič

apperceive [æpə:sí:v] *vt* zazna(va)ti, dojeti, opaziti

apperception [æpə:sépšən] *n* zaznava, opazitev

apperceptive [æpə:séptiv] *adj* (~ ly *adv*) ki dojema, ki zaznava, doznaven, razbiralen

appertain [æpətéin] *vi* (*to*) pripadati, tikati se, nanašati se; **things** ~**ing to this life** zemeljske dobrine

appertinent glej **appurtenant**

appetence, appetency [ǽpitəns, ǽpitənsi] *n* (*of, for, after*) poželenje, pohlep; privlačnost

appetite [ǽpitait] *n* (*for*) tek, apetit; poželenje; **canine** ~ volčja lakota; **to be given to** ~ biti požrešen; **the** ~ **is concealed under the teeth**, ~ **comes with eating** šele ko začnemo jesti, dobimo tek; **to sharpen** (ali **whet**) **the** ~ povzročati, narediti tek; ~ **is the best sauce** lačnemu vse tekne

appetition [əpitíšən] *n* poželenje, hrepenenje

appetitive [əpítitiv] *adj* (~ ly *adv*) želeč, hrepeneč

appetize [ǽpitaiz] *vt* zbujati tek

appetizer [ǽpitaizə] *n* dražilo za tek, aperitiv; predjed; *A* zakuska

appetizing [ǽpitaiziŋ] *adj* (~ ly *adv*) ki zbuja tek, tečen, okusen; zaželen, privlačen

applaud [əpló:d] **1.** *vi* ploskati, odobravati, aplavdirati; **2.** *vt* hvaliti, ploskati komu

applause [əpló:z] *n* (*for* komu) ploskanje, aplavz; *fig* odobravanje

applausive [əpló:siv] *adj* (~ ly *adv*) odobravajoč

apple [ǽpl] *n* jabolko; *anat* **Adam's** ~ Adamovo jabolko; ~ **of discord** vzrok prepira; ~ **of the eye** *anat* zenica; *fig* posebno draga oseba; ~ **of love** paradižnik; **the rotten** ~ **injures its neighbours** garjava ovca okuži vso čredo

apple-brandy [ǽplbrændi] *n* jabolčno žganje

apple-cart [ǽplka:t] *n* voz, na katerem prodajajo jabolka; **to upset s.o.'s** ~ prekrižati komu račune

apple-cheese [ǽplči:z] *n* stisnjene jabolčne tropine

apple-dumpling [ǽpldʌmpliŋ] *n* jabolčni cmok

apple-eating [ǽpli:tiŋ] *adj* ki ga je lahko zapeljati

apple-jack [ǽpldžæk] *n A* jabolčno žganje

apple-john [ǽpldžon] *n* vrsta jabolka (zrelega ob kresu)

apple-pie [ǽplpai] n jaboltčna pita, jaboltčni kolač; ~ bed postelja s podvihanimi rjuhami; in ~ order v vzornem redu; coll ~ sure čisto gotovo
apple-quince [ǽplkwins] n bot kutina
apple-rose [ǽplrouz] n bot šipek
apple-sauce [ǽplsɔ́:s] n jabolčna omaka, čežana; fig neodkrito laskanje; int sl ~! neumnost!
apple-tree [ǽpltri:] n jablana
appliable [əpláiəbl] adj (for) uporaben, koristen
appliance [əpláiəns] n sredstvo, naprava, priprava, orodje, stroj; home (ali household) ~s gospodinjski aparati
applicability [æplikəbíliti] n uporabnost, primernost
applicable [ǽplikəbl] adj (applicably adv) (to za) uporaben, primeren, prikladen
applicant [ǽplikənt] n kandidat(ka); prosilec, -lka; jur tožnik, -nica
applicate [ǽplikit] adj uporaben
application [æplikéišən] n (to za) uporaba; med nameščanje, polaganje obkladkov; obkladek, obveza; sredstvo; marljivost; (for) prošnja; aplikacija, našiv; for external ~ za zunanjo uporabo; to make an ~ for potegovati se za kaj; to put in an ~ vložiti prošnjo; of general ~ vsestransko uporaben; on ~ na prošnjo (zahtevo); point of ~ torišče; ~ form formular za prošnjo; to fill in an ~ izpolniti formular
applied [əpláid] adj uporaben, praktičen
apply [əplái] 1. vt (to) položiti, priložiti; prilepiti; uporabiti; usmeriti; 2. vi posvetiti se, sklicevati se (to) obrniti se (na koga); (for) pogajati se, zaprositi za kaj; (to) prilagoditi se; tikati se; veljati; to ~ brakes zavirati; to ~ o.s. to prizadevati si; lotiti se; to ~ one's mind to study pridno se učiti; that rule applies to all to pravilo velja za vse; this applies to you to se tiče tebe (vas); ~ to Mr. X javite se pri g. X; to ~ a match to a candle prižgati svečo
appoint [əpɔ́int] vt (to) določiti, ustanoviti, ukazati; predpisati; urediti; opremiti; imenovati; zadolžiti; voditi
appointed [əpɔ́intid] adj določen; imenovan, zadolžen; opremljen; well ~ dobro opremljen, dobro oborožen
appointee [əpɔintí:] n tisti, ki je dobil službo
appointment [əpɔ́intmənt] n imenovanje, določitev; dogovor, domenek; služba, službeno mesto; mil pl oprema; A pohištvo; sestanek; plača; by ~ po dogovoru; to break an ~ ne priti na sestanek; to keep an ~ priti točno na sestanek; purveyor by ~ dvorni dobavitelj; to make an ~ domeniti se
apport [əpɔ́:t] n predmet, ki se skrivnostno pojavi (spiritizem)
apportion [əpɔ́:šən] vt (between, among) (po)razdeliti; (to) dodeliti
apportionment [əpɔ́:šənmənt] n dodelitev, (po)razdelitev
apposite [ǽpəzit] adj (~ly adv) (to za) primeren, prikladen, priličen
appositeness [ǽpəzitnis] n primernost, prikladnost
apposition [æpəzíšən] n dodatek; gram pristavek, apozicija; ~ of seal zapečatenje
appositional [æpəzíšənəl] adj (~ly adv) dodaten; gram apozicijski

appraisal [əprɔ́izəl] n (o)cenitev, ocena
appraise [əpréiz] vt (at na) (o)ceniti
appraisement [əpréizmənt] n cenitev, ocena
appraiser [əpréizə] n cenilec, -lka
appreciable [əprí:š(i)əbl] adj (appreciably adv) cenljiv; znaten, precejšen, upoštevanja vreden
appreciate [əprí:šieit] 1. vt oceniti; upoštevati, uvaževati; spoštovati, ceniti; razločiti; dvigati vrednost; 2. vi pridobivati na vrednosti, dražiti se; I ~ your difficulty vem, da vam je težko; to ~ the necessity zavedati se nujnosti; the dollar has ~d just slightly tečaj dolarja se je le neznatno dvignil
appreciation [əprí:šiéišən] n (of) ocena, cenitev; presoja, vrednotenje; uvaževanje; dvig vrednosti, podražitev; to have an ~ of art dobro se spoznati v umetnosti; ~ of capital zvišanje vrednosti kapitala
appreciative [əprí:šjətiv] adj (~ly adv) (of) spoštljiv; priznavalen, pohvalen; razumeven
appreciatory [əprí:šjətəri] adj (appreciatorily adv) glej appreciative
apprehend [æprihénd] vt prijeti, aretirati; opaziti, opazovati; razumeti, pojmiti; bati se, slutiti, pričakovati; to ~ danger bati se nevarnosti
apprehensibility [æprihensibíliti] n razumljivost; zaznatnost; dostopnost
apprehensible [æprihénsəbl] adj (apprehensibly adv) razumljiv; zaznaten; dostopen
apprehension [æprihénšən] n (of) prijetje, aretacija; pojmovanje, razumevanje; strah, zaskrbljenost, zla slutnja; according to my ~ kakor jaz stvar razumem; dull of ~ počasnih misli; quick of ~ bistroumen; to be under ~s of biti v strahu za kaj, bati se česa
apprehensive [æprihénsiv] adj (~ly adv) (of, for) zaskrbljen, boječ; dovzeten, bistroumen; občutljiv; to be ~ of bati se česa, sumiti kaj
apprehensiveness [æprihénsivnis] n dovzetnost, bistroumnost; zaskrbljenost
apprentice I [əpréntis] vt dati v uk
apprentice II [əpréntis] n vajenec; fig začetnik, novinec; to bind an ~ to a trade dati v uk kot vajenca v kako obrt
apprenticeship [əpréntisšip] n vajenstvo; to serve one's ~ biti vajenec; to be through one's ~ izučiti se
apprise [əpráiz] vt (of o) obvestiti, obveščati; naznaniti; (o)ceniti; to be ~d of s.th. vedeti o čem
apprize [əpráiz] vt arch glej apprise
appro [ǽprou] n (skrajšano za approbation, approval); on ~ na poskušnjo
approach I [əpróuč] 1. vt približati; ogovoriti koga, obrniti se na koga; predlagati; 2. vi približati se; mejiti na kaj; narediti prvi korak
approach II [əpróuč] n bližanje, dostop, pot, vhod; zbliževanje; poskus; ukrep; stališče; način obdelave; (golf) igra okoli jamice; it was his nearest ~ to crying malo je manjkalo, pa bi se bil zjokal; at the ~ of day ob jutranji zarji; easy of ~ lahko dostopen; to make the first ~ narediti prvi korak; the castle is ~ed by this road do gradu se pride po tejle cesti
approachability [əproučəbíliti] n dostopnost; prijaznost

approachable [əpróučəbl] *adj* (approachably *adv*) dostopen; dosegljiv; prijazen
approaching [əpróučiŋ] *n* (*golf*) igra okoli jamice
approbate [ǽprobeit] *vt A* odobriti; dovoliti; (*to*) privoliti
approbation [ǽprobéišən] *n* odobritev, odobravanje, privolitev; pohvala; by ~ s privolitvijo; on ~ na vpogled
approbatory [ǽprobeitəri] *adj* odobritven, aprobacijski
appropriate I [əpróupriit] *adj* (~ly *adv*) (*to, for*) primeren, namenjen; značilen
appropriate II [əpróuprieit] *vt* polastiti se, prisvojiti, lastiti si; (*to, for* čemu, za) prilagoditi, porabiti; določiti, nameniti rezervirati
appropriateness [əpróupriitnis] *n* primernost, prikladnost; koristnost; udobnost; značilnost
appropriation [əprouprიéišən] *n* polastitev, prisvojitev; prilagoditev; namemba; nadarba, beneficij; *A* dotacija
appropriative [əpróuprieitiv] *adj* (~ly *adv*) prisvajalen; prilagodljiv
appropriator [əpróuprieitə] *n* prisvojitelj; *jur* beneficiat
appropriation-in-aid [əprouprიéišəninéid] *n* dotacija, denarna podpora
approvability [əpru:vəbíliti] *n* hvalevrednost, priporočljivost
approvable [əprú:vəbl] *adj* (~ly *adv*) hvale vreden, priporočljiv, pohvalen
approval [əprú:vəl] *n* odobritev; pritrditev; presoja; on ~ na poskušnjo, na ogled; to give one's ~ to odobriti nekaj; to meet with ~ dobiti odobritev; to submit for ~ dati v presojo, v oceno; with the ~ of z odobritvijo
approve [əprú:v] 1. *vt* (*of*) odobriti; pohvaliti; potrditi, dokazati, priporočiti; izraziti priznanje; 2. *vi* izkazati se; to ~ o.s. a good worker izkazati se dobrega delavca; to ~ of odobriti, strinjati se s, priznati
approved [əprú:vd] *adj* priznan; skušen; ~ school šola za mladoletne kršilce zakona
approver [əprú:və] *n jur* kronska priča
approvingly [əprú:viŋli] *adv* pritrjevalno, odobravajoče, pohvalno
approximate I [əpróksimit] *adj* (~ly *adv*) (*to*) približen, blizek
approximate II [əpróksimeit] *vi & vt* (*to*) približevati (se); znašati približno
approximately [əpróksimitli] *adv* približno, domala, skoraj
approximation [əproksiméišən] *n* (*to*) približevanje; približnost, približna ocena; *math* približna vrednost; by ~ približno
approximative [əpróksimətiv] *adj* (~ly *adv*) približen, približujoč se
appui [æpwí:] *n mil* opora; point d'~ oporišče
appulse [æpʌls] *n* spopad; *astr* približevanje dveh nebesnih teles
appurtenance [əpə́:tinəns] *n* pritiklina, privesek, nameček; *jur* posestna pravica
appurtenant [əpə́:tinənt] 1. *adj* (*to*) pripadajoč; prikladen; 2. *n* pritiklina, privesek
apricot [éiprikɔt] *n* marelica
apricot-tree [éiprikɔttri:] *n* (*bot*) marelica (drevo)

April [éipril] *n* april, mali traven; ~ fish, ~ fool aprilska šala; to make s.o. an ~ fool potegniti koga za 1. april
April-fool-day [éiprilfú:ldei] *n* 1. april
a priori [éipraió:rai, á:prió:ri:] 1. *adv* apriorno, deduktivno; vnaprej, neutemeljeno; to reason ~ vnaprej, deduktivno sklepati; 2. *adj* aprioren, deduktiven; vnaprejšnji, neutemeljen
apriority [éipraió:riti] *n* apriornost, neutemeljenost
apron [éiprən] *n* predpasnik; zaščitna odeja (v kočiji); proscenij; zaščitno steklo; (betonska) ploščad; *mil* pokrov na ustju topa; pristajalna steza
aproned [éiprənd] *adj* ki nosi predpasnik; zaščiten
apron-man [éiprənmən] *n* delavec, obrtnik
apron-string [éiprənstriŋ] *n* trak na predpasniku; to be tied (ali pinned) to one's mother's (wife's) ~s držati se materinega (ženinega) krila, biti nesamostojen; biti pod copato
apropos I [ǽprəpou] pred *adj* primeren, stvaren
apropos II [ǽprəpou] *adv* vrh tega, mimogrede; ~ of glede; with much ~ zelo primeren; saj res!
apse, *pl* apsides [æps, æpsáidi:z] *n arch* apsida
apsidal [ǽpsidl] *adj* apsiden
apsis, *pl* apsides [ǽpsis, æpsáidi:z] *n* glej apse; *astr* apogej in perigej lune, prisončje in odsončje planeta
apt [æpt] *adj* (~ly *adv*) (*for*) zmožen, sposoben; primeren, prikladen; (*at*) vešč, spreten; I am ~ to forget verjetno bom pozabil; he is very ~ to learn hitro se uči; we are all ~ to make mistakes vsakdo se lahko zmoti; ~ to take fire vnetljiv; he is ~ to succeed verjetno bo doživel uspeh; ~ to quarrel prepirljiv; ~ to get angry jeznorit
apteral [ǽptərəl] glej apterous
apteryx [ǽptəriks] *n zool* kivi
apterous [ǽptərəs] *adj zool* brezkrilen
aptitude [ǽptitju:d] *n* (*for*) zmožnost, sposobnost; spretnost; nadarjenost
aptness [ǽptnis] *n* (*in* za) sposobnost, zmožnost; spretnost; prikladnost
apyretic [æpaiərétik] *adj med* ki nima mrzlice
apyrous [eipáirəs] *adj* nezgorljiv
aqua-fortis [ǽkwəfó:tis] *n chem* jedkovina, razjedalo
aqualung [ǽkwəlʌŋ] *n* podvodna dihalna naprava
aquamarine [ǽkwəmərí:n] 1. *n min* akvamarin; 2. *adj* akvamarinski, zelenkasto moder
aquaplane [ǽkwəplein] *n* akvaplan, vodne smuči
aqua-regia [ǽkwərí:džiə] *n* solitrna kislina
aquarelle [ǽkwərél] *n* akvarel, slika, izdelana z vodnimi barvami
aquarellist [ǽkwərélist] *n* slikar(ka) akvarelov
aquarium, *pl* ~s, aquaria [əkwéəriəm, əkwéəriə] akvarij
Aquarius [əkwéəriəs] *n astr* vodnar
aquatic [əkwætik] *adj* voden, povoden; ~ plant vodna rastlina; ~ sport vodni šport
aquatics [əkwætiks] *n pl* vodni športi
aquatint(e) [ǽkwətint] *n* akvatinta
aqua-vitae [ǽkwəváiti:] *n chem* alkohol; žganje
aqueduct [ǽkwidʌkt] *n* vodovod; *anat* kanal
aqueous [éikwiəs, ǽkwiəs] *adj* vodén, vodni; ~ rocks (vodni) sedimenti; ~ vapour vodna para
aquilegia [ǽkwilí:džiə] *n bot* orlica

aquiline [ǽkwilain] *adj* orlovski, kljukast

arab [ǽrəb] *n*; **street** ~ pocestni potepuh

Arab [ǽrəb] *n* Arabec, Arabka; arabec (konj)

arabesque [ærəbésk] **1.** *adj* arabski, mavretanski; fantastičen; **2.** *n* arabeska, okras v mavrskem slogu

Arabian [əréibjən] *adj* arabski; ~ **bird** ptič feniks; ~ **Nights** Tisoč in ena noč

Arabic [ǽrəbik] **1.** *adj* arabski; ~ **gum** gumiarabikum, arabski gumi; ~ **numerals** arabske številke; **2.** *n* arabščina

arable [ǽrəbl] **1.** *adj* oren, ploden (zemlja); **2.** *n* orna zemlja

arachnid [ərǽknid] *n zool* pajkovec

araucaria [ærɔ:kéəriə] *n bot* aravkarija, andska jelka

arbalest, arblast [á:beləst, á:bla:st] *n* vrsta samostrela

arbalester [á:belestə] *n* samostrelec

arbiter [á:bitə] *n* razsodnik; *fig* zapovedovalec, gospodar

arbitrable [á:bitrəbl] *adj* razsodljiv

arbitrage [á:bitridž] *n* razsodništvo, arbitraža; *com* izravnava denarnih vrednot

arbitral [á:bitrəl] *adj* razsodniški, arbitražen

arbitrament, arbitrement [a:bítrəmənt] *n* razsodba, arbitraža

arbitrariness [á:bitrærinis] *n* samovoljnost

arbitrary [á:bitræri] *adj* (**arbitrarily** *adv*) poljuben; samovoljen, neomejen; kontrasten (tiskarske črke); ~ **address** skrajšan naslov; ~ **prince** samovladar

arbitrate [á:bitreit] *vt & vi* (raz)soditi, poravnati, posredovati

arbitration [a:bitréišən] *n* poravnava; razsodba; arbitraža; **to submit to** ~ predložiti v poravnavo; *com* ~ **board** arbitražno sodišče; **to settle by** ~ poravnati, razsoditi

arbitrator [á:bitreitə] glej **arbiter**

arbitress [á:bitris] *n* razsodnica

arbor [á:bə] *n* drevo, deblo; vreteno, os, transmisija; *A* **Arbor Day** dan sajenja dreves (na koncu aprila ali v začetku maja)

arboraceous [a:bəréišəs] *adj* drevesast, gozdnat

arboreal [a:bó:riəl] *adj* (~ **ly** *adv*) drevesen, ki živi ali raste na drevesu

arboreous [a:bó:riəs] *adj* drevesen, drevnat, gozdnat

arborescence [a:bərésns] *n* drevje; razvejanost

arborescent [a:bərésnt] *adj* drevesast; razvejan

arboretum [a:bərí:təm] *n* drevesnica, študijski nasad, botanični vrt

arboriculture [á:bərikʌlčə] *n* gojenje drevja

arboriculturist [á:bərikʌlčərist] *n* gojitelj dreves, sadjarski strokovnjak

arborization [a:bəraizéišən] *n* drevesasta tvorba (npr. kristalov)

arbor vitae [á:bəváiti] *n bot* tuja, klek

arbour, *A* arbor [á:bə] *n* vrtna utica, latnik; **vine** ~ brajda

arc [a:k] *n geom* lok, del kroga; mavrica; ~ **lamp** obločnica

arcade [a:kéid] *n* obokan hodnik, stebrišče, arkada; pokrito sprehajališče, pasaža

arcaded [a:kéidid] *adj* obokan

Arcadian [a:kéidiən] *adj* arkadijski; idiličen, pastirski

arcane [a:kéin] *adj* skrivnosten, prikrit

arcanum, *pl* arcana [a:kéinəm, a:kéinə] *n* skrivnost, tajno sredstvo

arch I [a:č] *n archit* obok, oblok, lok; slavolok; ~ **supporters** ortopedski vložki; **triumphal** ~ slavolok

arch II [a:č] *vt & vi* obokati; bočiti se; **to** ~ **one's back** grbiti se

arch III [a:č] *adj* (~ **ly** *adv*) glaven, prvi; skrajnji; prebrisan, premeten, navihan, zvit

arch- [a:č] *pref* nad-, pra-

archaean [a:kíən] *adj* arhajski; geološko najstarejši

arch(a)eological [a:kiəlódžikəl] *adj* starinoslovski, arheološki

arch(a)eologist [a:kiólədžist] *n* starinoslovec, -vka, arheolog(inja)

arch(a)eology [a:kiólədži] *n* starinoslovje, arheologija

archaeopterix [a:kiópteriks] *n paleont* praptič

archaic [a:kéiik] *adj* starinski, zastarel; staromoden

archaism [á:keiizm] *n* zastarelost; zastarel izraz, arhaizem

archaist [á:keist] *n* navdušenec, -nka za arhaizme

archaistic [a:keístik] *adj* (~ **ally** *adv*) starinski, arhaističen

archaize [á:keiaiz] *vt & vi* staro posnemati, arhaizirati, uporabljati arhaizme

archangel [á:keindžəl] *n* nadangel; *bot* vrsta mrtve koprive; *zool* vrsta goloba

archbishop [á:čbíšəp] *n* nadškof

archbishopric [á:čbíšəprik] *n* nadškofija; nadškofijstvo

archdeacon [á:čdí:kən] *n* náddiakon

archdiocese [á:čdáiəsis] *n* nadškofija

archducal [á:čdjú:kəl] *adj* nadvojvodski

archduchess [á:čdʌ́čis] *n* nadvojvodinja

archduchy [á:čdʌ́či] *n* nadvojvodina, nadvojvodstvo

archduke [á:čdjú:k] *n* nadvojvoda

archdukedom [á:čdjú:kdəm] *n* nadvojvodstvo

arched [á:čt] *adj* obokan, oboČen

arch-enemy [á:čénimi] *n* smrtni sovražnik; satan

archeological, archeologist, archeology glej **arch(a)eo-**

archer [á:čə] *n* lokostrelec

archeress [á:čəris] *n* lokostrelka

archery [á:čəri] *n* lokostrelstvo; lokostrelci

archetype [á:kitaip] *n* pravzor, pralik, prapodoba

arch-fiend [á:čfí:nd] *n* glej **arch-enemy**

archibald [á:čibəld] *n mil sl* protiavionski top

archidiaconal [a:kidaiǽkənl] *n* naddiakonski

archidiocese [a:kidáiəsis] *n* nadškofija

archie [á:či] glej **archibald**

archiepiscopacy [á:kiepiskópəsi] *n* nadškofijstvo

archiepiscopal [á:kiepískəpəl] *adj* nadškofijski

archil [á:čil] *n* vijoličasta barva iz lišajev

archimandrite [a:kimǽndrait] *n* arhimandrit

archipelago [a:kipéligou] *n* arhipelag; otočje; morje z otoki

architect [á:kitekt] *n* arhitekt(ka), stavbenik, -nica; *fig* povzročitelj(ica), začetnik, -nica; **every man is the** ~ **of his own fortune** vsak je svoje sreče kovač; **the Great Architect of the Universe** stvarnik

architectonic [a:kitektónik] *adj* (~ **ally** *adv*) arhitektovski, arhitektonski

architectonics [a:kitektóniks] *n pl* architektonika; arhitektura; klasifikacija znanosti

architectural [a:kitékčərəl] *adj* (~ly *adv*) arhitektonski

architecture [á:kitekčə] *n* arhitektura, stavbarstvo, umetnost stavbarstva; zgradba

architrave [á:kitreiv] *n* arhitrav, prečnik

archival [a:káivəl] *adj* arhivski, arhivarski

archives [á:kaivz] *n pl* arhiv; stari dokumenti ali spisi; keeper of the ~ arhivar

archivist [á:kivist] *n* arhivar(ka)

archness [á:čnis] *n* razposajenost; prebrisanost, zvitost; spogledovanje

archon [á:kən] *n hist* arhont

archway [á:čwei] *n* obokani prehod; obok

archwise [á:čwaiz] *adv* obokano

arciform [á:sifə:m] *adj* lokast

arctic I [á:ktik] *adj* arktičen; polaren, tečajen, severen; leden, mrzel; ~ circle polarni krog; ~ expedition polarna odprava; ~ fox polarna lisica; ~ pole severni tečaj; the ~ Ocean Severno Ledeno morje; ~ regions severno po-larno ozemlje

arctic II [á:ktik] *n* polarni krog; polarni kraji; *A* snežka (obuvalo)

arcuate [á:kjuit] *adj* lokast, upognjen

arcuated [á:kjueitid] glej arcuate

arcuation [a:kjuéišən] *n* (lokasto) zvijanje, zvitje; (lokasta) zvitost

ardency [á:dənsi] *n* vročina, žar; gorečnost, vnema; iskrenost

ardent [á:dənt] *adj* (~ly *adv*) vroč, goreč, žareč; vnet, navdušen, strasten; ~ spirits opojne pijače; to be ~ for s.th. navduševati se za kaj

ardour, *A* ardor [á:də] *n* vročina; *fig* gorečnost, vnema, navdušenje, strast; to damp s.o.'s ~ potreti koga, zmanjšati mu navdušenje

arduous [á:djuəs] *adj* (~ly *adv*) težaven, naporen; *arch* strm; vztrajen, marljiv, energičen

arduousness [á:djuəsnis] *n* napornost, težavnost; *fig* vztrajnost

are I [a:] *v* si, smo, ste, so; how ~ you? kako se imaš (imate)?

are II [a:] *n* ar (površinska mera)

area [ɛəriə] *n* površina, ploskev; ograjeni prostor pred hišo; ozemlje, pokrajina; *fig* torišče, področje; residential ~ stanovanjska četrt; danger ~ nevarno področje; *mil* covered ~ obstreljevano področje; ~ steps zunanje stopnice v podpritličje; mush ~ področje slabega sprejema (radio, TV)

areal [ɛəriəl] *adj* ploščinski

areca [əríkə] *n bot* areka; ~ nut betel

arefy [ǽrifai] *vt arch* sušiti

arena [əri:nə] *n* arena; *fig* pozorišče, torišče

arenaceous [ərinéišəs] *adj* peščen, peskovit; suh, nerodoviten

aren't [a:nt] *coll* are not

areola [əríələ] *n bot* vmesni prostor med listnimi žilicami; okrogla pega; *anat* dvor (okrog prsne bradavice)

areolar [əri:ələ] *adj* mrežast, celičen; ~ tissue celično tkivo

areometer [əriómitə] *n* gostomer

arête [ǽreit] *n* gorski greben

argala [á:gələ] *n zool* marabu

argand [á:gənd] *n* svetilka s krožnim plamenom

argent [á:džənt] 1. *adj* srebrno bel, bel; 2. *n arch poet* srebro; *poet* belina

argentiferous [a:džəntifərəs] *adj* srebronosen

argentine I [á:džəntain] *adj* srebrn, srebrnkast

argentine II [á:džəntain] *n* imitacija srebra, novo srebro; *zool* rod drobnih ribic; svetleča sardina

argil [á:džil] *n* ilovica

argillaceous [a:džiléišəs] *adj* ilovnat, glinast

argilliferous [a:džilífərəs] *adj* glinat, ki vsebuje ilovico

argle-bargle [á:glba:gl] *n joc* debata

argol [á:gəl] *n* vinski kamen

argon [á:gən] *n chem* argon

argonautic [á:gənó:tik] *adj* argonautski

argonauts [á:gənə:ts] *n pl* argonavti; *A* iskalci zlata (l. 1849 v Kaliforniji)

argosy [á:gəsi] *n hist, poet* trgovska ladja

argot [á:gou] *n* žargon, rokovnjaški jezik

arguable [á:gjuəbl] *adj* sporen, izpodbiten; *fig* prav verjeten, možen

argue [á:gju:] 1. *vt* (for, against) dokazovati, pobijati; pretresati; kazati; 2. *vi* pričkati se; (from) sklepati; (about) diskutirati, razpravljati; to ~ against s.th. nastopiti proti čemu; it ~s him to be an honest man to dokazuje, da je poštenjak; to ~ for (ali in favour of) zagovarjati kaj; to ~ s.o. into pregovoriti koga (da kaj stori); to ~ s.o. out of odvrniti koga od česa; to ~ sagacity kazati bistroumnost; to ~ the point spodbijati zadevo

argufy [á:gufai] *vi A coll* rad se pričkati

argument [á:gjumənt] *n* (for, against) dokaz; (about) debata, prerekanje; téma, povzetek; vzrok; a matter of ~ sporno vprašanje; to clinch an ~ navesti nepobiten dokaz; to hold an ~ prepirati, pričkati se; mental ~ računanje na pamet

argumental [a:gjuméntəl] *adj* (~ly *adv*) dokazen

argumentation [a:gjuméntéišən] *n* dokazovanje, argumentacija, razlaga; prerekanje, spor

argumentative [a:gjuméntətiv] *adj* (~ly *adv*) dokazen; logičen; sporen; prepirljiv

argumentativeness [a:gjuméntətivnis] *n* prepirljivost

Argus [á:gəs] *n* Argus (mitološka žival s 1000 očmi); *fig* buden čuvaj, stražar

argus-eyed [á:gəsaid] *adj* bistroviden; buden

argute [á:gjut] *adj* (~ly *adv*) bister, zvit; oster, predirljiv

aria [á:riə] *n mus* arija, pesem, melodija

arid [ǽrid] *adj* (~ly *adv*) izsušen, pust, nerodoviten; nezanimiv, suhoparen; suh, mršav

aridity [ǽríditi] *n* suša, nerodovitnost; puščoba; mršavost

ariel [ɛəriəl] *n zool* vrsta arabske gazele

Aries [ɛəri:z] *n astr* Oven

aright [əráit] *adv* v redu, pravilno, natančno; to set ~ urediti, popraviti

arise* [əráiz] *vi arch* (out of) vstati, vstajati; (from) nastati, nastajati; izhajati, izvirati; *poet* od mrtvih vstati; to ~ from the dead od mrtvih vstati; the question doesn't ~ to ne prihaja v poštev

arisen [ərízən] *pp* od arise

arista, *pl* aristae [ərístə, ərísti:] *n* osina, resa

aristate [ərísteit, ərístit] *adj* osinast, resast

aristocracy [æristɔ́krəsi] *n* plemstvo, aristokracija; *fig* elita, izbranci, odličniki
aristocrat [ǽristəkræt] *n* plemič, plemkinja
aristocratic [æristəkrǽtik] *adj* (~ally *adv*) plemiški, aristokratski; imeniten, odličen
aristophanic [æristəfǽnik] *adj* aristofanski; *fig* šaljiv, vesel, veder
aristotelian [æristətíljən] *adj phil* aristotelski
arithmetic [əríθmətik] *n* računstvo, aritmetika; računanje; **mental** ~ računanje na pamet
arithmetical [əriθmétikəl] *adj* (~ly *adv*) aritmetičen; ~ **progression** aritmetična vrsta, progresija
arithmetician [əriθmətíšən] *n* aritmetik(arica)
arithmometer [əriθmómitə] *n* računski stroj
ark [a:k] *n* skrinja; barka; *fig* pribežališče; **to lay hands on** (ali **touch the**) ~ oskruniti; **Noah's** ~ Noetova barka; **Ark of the Covenant** skrinja zaveze
arles [a:lz] *n pl dial* ara, nadav
arm I [a:m] *n* zgornja okončina, laket, roka; krak, ročica; rokav; naročje; *fig* oblast; opora; močna veja; **to fly into s.o.'s** ~s vreči se komu v naročje; **to fold one's** ~ prekrižati roke; **infant in** ~s dojenček, čisto majhen otrok, otročiček; **to keep** (ali **hold**) **s.o. at** ~'s **length** varovati se koga, ne pustiti ga blizu; **to make a long** ~ seči po čem; **secular** ~ posvetna oblast; ~ **of the sea** morski rokav; **within** ~'s **reach** dosegljiv; **with open** ~s prisrčno
arm II [a:m] *n* (nav. *pl*) orožje, vojna oprema; vrsta orožja; vojaški poklic; grb; **to appeal to** ~s oborožiti se; **to bear** ~s služiti vojake; **to beat to** ~s poklicati pod orožje; **to carry** ~s služiti vojake; **cessation of** ~s premirje; **coat of** ~s grb; **fire** ~s strelno orožje; **to lay down** ~s položiti orožje; **man at** ~s vojak; **passage of** ~s (pismeni) znanstveni spor; ~s **race** tekma v oboroževanju; **to rise in** ~s upreti se; **shoulder** ~s! puško na rame!; **small** ~s lahko orožje; **stand of** ~s popolna vojaška oprema; **suspension of** ~s premirje; **to take up** ~s oborožiti se; **under** ~s pod orožjem; **up in** ~s pod orožjem; *fig* hudo jezen
arm III [a:m] **1.** *vt* (with z; *for* za, *against* proti) oborožiti; opremiti; oskrbeti; armirati; **2.** *vi* oborožiti se; oskrbeti se; *phys* **to** ~ **a magnet** nabiti magnet
armada [a:má:də] *n* veliko bojno ladjevje
armadillo [a:mədílou] *n zool* pasavec
armament [á:məmənt] *n* oborožitev; vojna oprema; vojna sila; ~ **drive** (ali **race**) tekma v oboroževanju
armature [á:mətjuə] *n* oklep; armatura; *techn* rotor, dinamo motorja
armchair [á:mčéə] *n* naslanjač; ~ **politician** kavarniški politik
armed [á:md] *adj* **1.** oborožen, opremljen; ~ **forces** oborožene sile; ~ **to teeth** do zob oborožen; ~ **at all points** pripravljen za vsak primer; **2.** ki ima roke; **short** ~ kratkih rok; kratkih rokavov; **long** ~ˑ dolgorok; **one** ~ enorok
armet [á:mit] *n hist* vrsta čelade
armful [á:mful] *n* naročje (česa), naročaj
armhole [á:mhoul] *n* odprtina za rokav
armiger [á:midžə] *n* upravičen nosilec grba

armillary [a:míləri] *adj* obročast, prstanast
arm-in-arm [á:miná:m] *adv* pod roko
arming [á:miŋ] *n* oborožitev; grbi
armipotent [a:mípətənt] *adj* močno, do zob oborožen
armistice [á:mistis] *n* premirje; **Armistice Day** 11. november
armless [á:mlis] *adj* brezrok; neoborožen, golorok
armlet [á:mlit] *n* laketni obroč; naročni trak; zalivček; rečni rokav
armorial [a:mó:riəl] **1.** *adj* grboven, heraldičen; **2.** *n* grbovnik
armorist [á:mərist] *n* heraldik
armory [á:məri] *n* grboznanstvo, heraldika
armour, *A* armor I [á:mə] *n* oklep; grb; potapljaška obleka; **to buckle one's** ~ obleči oklep; *mar* **to case in** ~ oklopiti; **suit of** ~ oklep, vojna oprema
armour, *A* armor II *vt* oklopiti; oborožiti
armour-bearer [á:məbɛərə] *n* ščitonoša
armour-clad [á:məklæd] *adj* oklopen
armoured [á:məd] *adj* oklopen, armiran; ~ **car** oklepen, blindiran avto; ~ **concrete** železobeton; *A mil sl* ~ **milk** kondenzirano mleko; ~ **train** oklopni vlak
armourer, *A* armorer [á:mərə] *n* orožar
armour-plate [á:məpleit] *n* oklep, oklop
armour-plated [á:məpleitid] *adj* oklopen; *fig* utrjen proti čemu; ~ **ship** (ladja) oklopnica
armoury, *A* armory [á:məri] *n* orožarna, arzenal; vojna oprema; dvorana za vadbo v mečevanju; heraldika, grboslovje; *A* tovarna orožja
armpit [á:mpit] *n* pazduha
arm-saw [á:msɔ:] *n* ročna žaga
arm-waver [á:mweivə] *n* taborni govornik
army [á:mi] *n* armada, armija, vojska; krdelo, roj; ~ **agent,** (ali **broker, contractor**) vojni dobavitelj; *A* ~ **exchange** vojaško skladišče; **to enter** (ali **go into, join**) **the** ~ iti služit vojake; **standing** ~ stalna vojska
army-beef [á:mibi:f] *n* mesne konserve (za vojake)
army-corps [á:mikɔ:] *n mil* korpus
army-list [á:milist] *n mil* seznam po činu; *A* ~ **and directory** službeni popis častnikov
army-school [á:misku:l] *n* vojaška strokovna šola
arnica [á:nikə] *n bot* arnika
aroint, aroynt [ərɔ́int] *int arch*; ~ **thee!** izgini!, proč od tod!
aroma [əróumə] *n* vonj(ava); dišava; vinski duh
aromatic [ərəmǽtik] *adj* (~ally *adv*) blagodišeč, dišeč, vonjav
arose [əróuz] *pt* od **arise**
around I [əráund] *adv* okoli, naokoli, približno; *A* v bližini; **all** ~ povsod naokrog, okrog in okrog; **to fool** ~ brez cilja se potepati; ~ **here** tukaj nekje; **to hang** ~ biti v bližini; **to get** (ali **come**) ~ približati se; **to get** ~ **to** lotiti se česa; *sl* **stick** ~! ostani v bližini!
around II [əráund] *prep* okrog, okoli; ~ **the clock** dan in noč, nenehno; ~ **the corner** čisto blizu
arousal [əráuzəl] *n* zbujanje, prebujenje
arouse [əráuz] *vt* zbuditi, prebuditi; razvneti, razvnemati; izzvati
arquebus [á:kwibʌs] *n hist* vrsta puške, arkebuza
arrack [ǽrək] *n* arak

arraign [əréin] *vt jur fig* poklicati pred sodišče, obtožiti

arraigner [əréinə] *n* tožitelj

arraignment [əréinmənt] *n* obtožba; (krivični) očitki

arrange [əréindž] **1.** *vt* razvrstiti, razmestiti; urediti; prilagoditi; predelati; prirediti, poravnati; določiti; pripraviti; **2.** *vi* (*for* za) pripraviti se, poskrbeti; sporazumeti se, domeniti se; **to ~ with s.o. about s.th.** dogovoriti se s kom o čem; **to ~ a quarrel** poravnati spor; **I will ~ for it** za to bom poskrbel

arrangement [əréindžmənt] *n* razvrstitev, razporeditev, ureditev; priprava, priredba; domenek, sporazum; montaža; *pl* načrti, ukrepi; **to come to an ~** pogoditi, pobotati, poravnatı se; **to enter into (ali make) an ~ with s.o.** sporazumeti, dogovoriti se s kom; **to make ~ s** ukrepati

arranger [əréindžə] *n mus* prireditelj(ica)

arrant [ǽrənt] *adj* (~ **ly** *adv*) *obs* potepuški; prekanjen, zvit; hudoben, brezbožen; skrajen; ~ **knave** skrajni hudobnež; ~ **nonsense** očitna neumnost

arras [ǽrəs] *n* stenska preproga, gobelin

array I [əréi] *vt mil* razporediti, razvrstiti; sklicati; *poet* (*in*) obleči; (*with*) krasiti; **to ~ to the panel** imenovati za člana porote; **to ~ o.s. in all one's finery** nališpati se

array II [əréi] *n* vrsta, četa; množica; vojna sila; zbirka; *poet* oblačilo, nakit; razpored; seznam porotnikov; imenovanje porotnikov; **in evil ~** v slabem stanju; **in good ~** v dobrem stanju; ~ **of flowers** cvetlični okras; **battle ~** bojni red; **in rich ~** razkošno oblečen

arrear [əríə] *n arch* zadnji del; zaostanek; dolg; **to fall into (ali be in) ~ s with** zaostajati v čem; dolgovati

arrearage [əríəridž] *n* zaostanek, zamuda; dolg, zadolženost; *pl* neplačani dolgovi

arrect [ərékt] *adj* (~ **ly** *adv*) prežeč

arrest I [ərést] *vt* ustaviti, ustavljati; zadržati, prijeti, aretirati; privlačiti; prikleniti, ovirati; preprečiti; izključiti, odklopıti; *jur* **to ~ judgement** odložiti obsodbo; **to ~ s.o.'s attention** pritegniti pozornost

arrest II [ərést] *n* ustavitev, ustavljanje; aretacija, pripor, zapor; zadržanje, oviranje, motnje; zaplemba; **to put (ali place) under ~** pripreti, zapreti koga; **to lay ~ on** zaseči kaj; **under ~** v priporu, v zaporu; zaplenjen

arrestation [əréstéišən] *n* aretacija, prijetje

arrester [əréstə] *n el* strelovod; priprava, ki preprečuje prenapetost električnih naprav; varnostna naprava, varovalo

arresting [əréstin] *adj* (~ **ly** *adv*) napet; privlačen, zanimiv; ~ **device** zadrževalna naprava; kljuka, sprožilo

arrestive [əréstiv] *glej* **arresting**

arrestment [əréstmənt] *n* ustavljanje, preprečevanje; *Sc* aretacija

arride [əráid] *vt arch* zadovoljiti, ustreči, ugajati

arris [ǽris] *n archit* oster rob, greben; ostri kot

arrival [əráivəl] *n* prihod; prišlec; prispelo blago; *coll* novorojenček; **list of ~ s** seznam tujcev

arrive [əráiv] *vi* priti, dospeti; imeti uspeh, doseči; prikazati se; **to ~ at** priti (v hišo, na postajo);

to ~ in priti (v mesto, državo); **to ~ at a conclusion** skleniti; **to ~ on the scene** nastopiti

arriviste [ərivíst] *n* stremuh, karierist

arrogance [ǽrəgəns] *n* predrznost, domišljavost, objestnost, ošabnost, oblastnost, nadutost, aroganca

arrogant [ǽrəgənt] *adj* (~ **ly** *adv*) predrzen; domišljav, ošaben, oblasten, objesten; osoren, aroganten

arrogate [ǽrəgeit] *vt* zahtevati, lastiti si; neupravičeno zahtevati, prisvajati si; *fig* prevzeti se, biti nadut

arrogation [ǽrəgéišən] *n* neupravičena zahteva, prilastitev; prevzetnost, domišljavost

arrow [ǽrou] *n* puščica; znak za smer; **an ~ left in the quiver** neizkoriščeno sredstvo, rezerva; **straight as an ~** raven ko sveča; **swift as an ~** ko strela hiter

arrow-grass [ǽrougra:s] *n bot* trirogla

arrow-head [ǽrouhed] *n* puščična ost; *bot* streluša

arrowroot [ǽrouru:t] *n bot* maranta, sago

arrowy [ǽroui] *adj* puščičast; oster; zbadljiv; hiter

arse [a:s] *vulg* zadnjica, rit; **ask my ~!** solit se pojdi!

arse-hole [á:shoul] *n anat* ritnik

arsenal [á:sinl] *n* tovarna orožja, arzenal, orožarna; *fig* velika zaloga, kup česa

arsenic [á:snik] **1.** *n chem* arzen, arzenik; **2.** *adj* arzenov

arsenious [a:síniəs] *adj* arzenast

arsis, *pl* arses [á:sis, á:si:z] *n* arza, poudarjeni zlog stopice

arson [á:sn] *n* požig

art I [a:t] *v arch, poet* (ti) si

art II [a:t] *n* umetnost; veda; veščina, spretnost, znanje; zvijačnost, prebrisanost; **applied ~** uporabna umetnost; **Bachelor of Arts** diplomiran filozof 1. stopnje; **black ~** magija; *jur* **to be (ali have) ~ and part** sokriv biti, udeležiti se česa; ~ **s and crafts** umetna obrt; **faculty of ~ (s)** filozofska fakulteta; **the fine ~ s** upodabljajoče umetnosti; ~ **gallery** umetniška zbirka; **industrial (ali mechanical, useful) ~ s** obrt, rokodelstvo; **liberal ~** svobodna umetnost; **manly ~ s boks;** ~ **master** učitelj risanja; **Master of Arts** diplomiran filozof 2. stopnje; **to practise ~** uporabiti zvijačo; **a work of ~** umetnina

artefact [á:tifækt] *n archeol* artefakt, ročni izdelek

arterial [a:tíəriəl] *adj* arterijski, arterialen, utripalničen; ~ **road** glavna prometna žila; ~ **navigation** plovba po rekah in kanalih; ~ **traffic** promet po glavnih prometnih žilah

arterialization [a:tiəriəlaizéišən] *n physiol* pretvarjanje venozne krvi v arterijsko, arterializacija

arterialize [a:tíəriəlaiz] *vt physiol* arterializirati, spreminjati venozno kri v arterialno

arteriosclerotic [a:tíəriousklerótik] *adj* arteriosklerotičen

arteriosclerosis [a:tíəriouskleróusis] *n med* arterioskleroza, zaapnenje žil

arteriotomy [á:tiəriótəmi] *n med* arteriotomija, odprtje žile

artery [á:təri] *n anat* žila odvodnica, utripalnica, arterija; prometna žila, magistrala; **main ~ of**

trade glavna prometna žila; glavna trgovinska pot

artesian [a:tízjən] *adj* arteški; ~ **well** arteški vodnjak

artful [á:tful] *adj* (~ **ly** *adv*) ostroumen, spreten; zvit, prebrisan, prekanjen, navihan, pretkan; brezbožen

artfulness [á:tfulnis] *n* zvitost, prekanjenost, navihanost; spretnost

arthritic [a:θráitik] *adj* artritičen, protinast, udničen

arthritis [a:θráitis] *n med* vnetje sklepov, protin, udnica

arthropod, *pl* **arthropoda** [á:θrəpɔd, -də] *n zool* členonožec, členar

artichoke [á:tičouk] *n bot* artičoka; **Jerusalem** ~ laška repa

article I [á:tikl] *n* člen, sklep, zgib; članek; *com* predmet, blago, potrebščina; *gram* spolnik, člen; paragraf, določba; ~**s of agreement** pogoji dogovora; ~**s of clothing** oblačila; **in the** ~ **of death** v trenutku smrti; *gram* **definite (indefinite)** ~ določni (nedoločni) člen; **leading** ~ uvodnik; *com* **what's the next** ~ **?** s čim vam še lahko postrežem?; **to serve one's** ~**s** biti v uku; **to be under** ~**s** imeti pogodbo

article II [á:tikl] **1.** *vt* dati v uk (pogodbeno); *jur* razčleniti obtožbo; obtožiti (*for* zaradi); **2.** *vi* zediniti se; **to be** ~**d to** pri kom se učiti

articular [a:tíkjulə] *adj anat* sklepen, členski

articulate I [a:tíkjulit] *adj* (~ **ly** *adv*) očlenjen, sklepen; jasen, razločen; pregleden, sistematičen; *techn* kolenast; *A* ustaven

articulate II [a:tíkjuleit] *vt & vi* s sklepom povezati; očleniti; razločno izgovarjati, artikulirati

articulateness [a:tíkjulitnis] *n* jasnost izgovarjave, artikuliranost

articulation [a:tikjuléišən] *n anat* sklep; jasna izgovarjava, izreka; govor, glas

articulator [a:tíkjuleitə] *n* artikulator; sestavljalec okostij

articulatory [a:tíkjuleitəri, -lətəri] *adj* sklepen, artikulacijski

artifact [á:tifækt] glej **artefact**

artifice [á:tifis] *n* izum; umetnija, spretnost; zvijača

artificer [á:tifisə] *n* mehanik, rokodelec; izumitelj; *fig* povzročitelj, začetnik; *mil* artilerijski tehnik; nižji mornarski častnik

artificial [a:tifíšəl] *adj* (~ **ly** *adv*) umeten, izumetničen; zlagan, hinavski, neodkrit; ~ **numbers** logaritmi; ~ **person** pravna oseba, zadruga; ~ **limb** proteza; ~ **smile** izumetničen nasmeh; ~ **tears** hlinjen jok; ~ **teeth** zobna proteza

artificiality [a:tifišiǽliti] *n* izumetničenost, nenaravnost, zlaganost

artificialness [a:tifíšiəlnis] glej **artificiality**

artificialize [a:tifíšəlaiz] *vt* umetno izdelati; izumetničiti; hliniti (se)

artillerist [a:tílərist] *n mil* topničar, artilerist

artillery [a:tíləri] *n mil* topništvo, artilerija; **under** ~ **fire** pod topniškim obstreljevanjem

artillery-man [a:tílərimən] glej **artillerist**

artisan [á:tizən, a:tizǽn] *n* obrtnik, rokodelec

artist [á:tist] *n* umetnik, -nica; *fig* poznavalec, -lka; ~**'s proof** prvi odtis grafike

artiste [a:tíst] *n* artist, akrobat; umetnik

artistic [a:tístik] *adj* (~ **ally** *adv*) umetniški; artističen

artistry [á:tistri] *n* umetnost, umetnina; umetniški čut

artless [á:tlis] *adj* (~ **ly** *adv*) naraven, preprost; nespreten, neroden; odkrit, odkritosrčen; naiven; neokusen

art-school [á:tsku:l] *n* slikarska šola, umetniška akademija; šola za umetno obrt

artsman *pl* **artsmen** [á:tsmən] *n* umetnik

art-silk [á:tsilk] *n* umetna svila

arty [á:ti] *adj coll* kičast, bohemski

arum [éərəm] *n bot* kačnik

as I [æz] *adv* kot, tako kot, prav tako; ~ **big again** še enkrat tako velik; ~ **clear** ~ **crystal** kristalno čist; ~ **good** ~ **dead** kakor če bi bil mrtev; ~ **long** ~ dokler; ~ **soon** ~ bržko; ~ **quiet** ~ **a mouse** tih ko miška; **I thought** ~ **much** to sem si mislil; ~ **well** tudi, prav tako; **just** ~ **well** prav tako; ~ **well** ~ prav tako kakor, nič manj od; ~ **yet** doslej; **not** ~ **yet** še ne; **he might just** ~ **well leave** lahko bi že odšel

as II [æz] *conj* kot; kolikor; ker; ko, medtem ko; čeprav, četudi, dasi; ~ **compared with** v primeri s; ~ **far** ~ prav do; ~ **far** ~ **I am concerned;** kar se mene tiče; ~ **far** ~ **I know** kolikor je meni znano; ~ **few** ~ samo (s *pl*); ~ **follows** kot sledi, sledeče; ~ **large** ~ **life** v naravni velikosti; ~ **like** ~ **two peas (in a pod)** ko jajce jajcu podobna; ~ **little** ~ samo (s *sg*); ~ **much** ~ **you like** po mili volji, kolikor želiš; ~ **a rule** navadno, praviloma; ~ **though,** ~ **if** kakor če bi; **be so kind** ~ **to** bodi(te) tako ljubezniv(i) in…; **try** ~ **I might** če sem se še tako potrudil; **old** ~ **I am** čeprav sem že star; ~ **usual** kot ponavadi; ~ **I went by** mimogrede; ~ **it were** nekako, tako rekoč; ~ **luck would have it** k sreči

as III [æz] *rel pron* tisti, ki, ki; takšen, da; **I am not such a fool** ~ **to believe you** nisem tako neumen, da bi ti verjel; **the same** ~ isti kot; **such** ~ kot na primer

as IV [æz] *pred predlogi; com* ~ **from** začenši s; ~ **for,** ~ **to** glede na; *com* ~ **per your letter** glede na vaše pismo

as V [æz] *n hist* rimska utežna enota; rimski bronast novec, as

asbestic [æzbéstik] glej **asbestine**

asbestine [æzbéstain] *adj* azbesten; nezgorljiv

asbestos [æzbéstəs] *n min* azbest, kameno predivo

asbestous [æzbéstəs] glej **asbestine**

ascend [əsénd] **1.** *vi* povzpeti, vzpenjati se; dvigniti, dvigati se, navzgor se peljati; **2.** *vt* zajahati; zasesti (prestol); **to** ~ **to the throne** zasesti prestol

ascendance [əséndəns] glej **ascendancy**

ascendancy, ascendency [əséndənsi] *n* (*over*) vlada, premoč; vpliv; **to rise to** ~ zavladati

ascendant, ascendent I [əséndənt] *adj* (*over*) dvigajoč se; prevladujoč; višji, superioren; vladajoč

ascendant, ascendent II [əséndənt] *n* (*over*) nadvlada, prevladovanje; prednik; horoskop; **to have an** ~ **over** prevladovati nad; *fig* **to be in the** ~ dvigati se

ascension [əsénšən] n vzpenjanje, vzpon; dviganje; Ascension Day vnebohod (praznik)
ascensional [əsénšənəl] adj vzponski, dvigajoč se, navzgornji; ~ power vzgon
ascensive [əsénsiv] glej ascensional
ascent [əsént] n vzpenjanje, vzpon; dviganje; vzpetina, holm, pobočje; rampa
ascertain [æsətéin] vt (that) prepričati se, preveriti; dognati; potrditi; določiti
ascertainable [æsətéinəbl] adj doganljiv, preverljiv; določljiv
ascertainment [æsətéinmənt] n preveritev, dognanje, odkritje; potrdilo, trditev
ascetic [əsétik] 1. adj (~ ally adv) asketski, vzdržen; 2. n asket
ascetical [əsétikəl] adj asketski, vzdržen
asceticism [əsétisizəm] n askeza
ascites [əsáitis] n med vodenica
asorbic [əskó:bik] adj askorbičen; ~ acid C vitamin
ascribability [əskraibəbíliti] n (to) pripisnost, prištevnost (čemu)
ascribable [əskráibəbl] adj (to) pripisen, prišteven
ascribe [əskráib] vt (to) pripisovati; prištevati (komu, čemu); obdolžiti (koga, kaj)
ascription [əskrípšən] n pripis, obdolžitev
asdic [æzdik] n priprava za odkrivanje podmornic
asepsis [eisépsis, əsépsis] n med asepsa, brezkužnost, brezprisadnost
aséptic [eiséptik, əséptik] 1. adj brezkužen, brezprisaden, aseptičen; 2. n razkužilo
asexual [eisékšuəl, əsékšuəl] adj (~ ly adv) biol brezspolen
asexuality [eisekšuǽliti] n brezspolnost
ash I [æš] n bot jesen, jesenovina; mountain ~ jerebika
ash II [æš] (nav. pl) pepel; posmrtni ostanki; ruševine; to lay in ~ es, to reduce to ~ es popolnoma požgati, upepeliti; pale as ~ es bel ko mrtvaški prt; Ash Wednesday pepelnična sreda; to turn into dust and ~ es upepeliti; fig izjaloviti se; to repent (ali mourn) in sack-cloth and ~ es spokoriti se; sp to bring back the ~ es maščevati se za poraz; peace be to his ~ es! naj počiva v miru!
ashamed [əšéimd] pred adj (~ ly adv) osramočen; to be (ali feel) ~ of s.o., s.th. sramovati se koga, česa; be ~ of yourself!, you ought to be ~ of yourself sram te bodi!
ash-bin [æšbin] n zaboj za smeti
ash-can [æškæn] n A (kovinski) smetnjak; mil globinska bomba
ash-coloured [æškʌləd] adj pepelnat, pepelnato siv
ashen [æšn] adj pepelnat; bled; jesenov, fig mrtvaško bled; to turn ~ prebledeti
ashet [æšət] n Sc velik ovalen krožnik
ash-fire [æšfaiə] n slab ogenj brez plamena
ash-heap [æšhi:p] n smetišče
ash-key [æški:] n bot krilato jesenovo seme
ashlar [æšlə] n tesan kamen, kvader, klesanec; archit zgradba iz klesancev
ashlaring [æšləriŋ] n zid iz klesanca
ashlar-work [æšləwə:k] glej ashlaring
ash-leaf [æšli:f] n vrsta zgodnjega krompirja
ashman, pl ashmen [æšmən] n A smetar

ashore [əšó:] adv na obali, na obalo; to get (ali go, set) ~ izkrcati se; to run (ali to be driven) ~ razbiti se (ladja ob obali)
ash-pan [æšpæn] n pepelnjak
ash-pit [æšpit] n pepelišče
ash-pot [æšpət] n pepelnik
ash-stand [æšstænd] n pepelnik
ash-tray [æštrei] n pepelnik
Ash-Wednesday [æšwénzdi] n pepelnična sreda
ashy [æši] adj pepelnat, pepelen, pepelast; fig bled
aside I [əsáid] adv vstran; od strani, po strani; proč, stran; A razen tega; theat tiho; to be ~ from nič skupnega ne imeti s čim; ~ from ne glede na, poleg, razen; to lay (ali put, set) ~ odložiti, izločiti; prihraniti; putting ~ ne glede na; to speak ~ za sebe govoriti; to turn ~ skreniti; to take s. o. ~ odpeljati koga vstran; to set ~ a verdict uničiti obsodbo
aside II [əsáid] n theat besede, ki jih igralec govori na odru in naj bi jih soigralci ne slišali
asinine [æsinain] adj oslovski; fig neumen, topoglav
asininity [əsiníniti] n topoglavost, neumnost
ask [a:sk, A æsk] 1. vt vprašati, spraševati; povabiti; (from, of) zahtevati, zaprositi; objaviti (oklice); 2. vi popraš:evati, poizvedovati; prositi; to ~ the banns oklicati poroko; to ~ in marriage zaprositi za roko; to ~ to dinner povabiti na večerjo; to ~ the time vprašati, koliko je ura; to ~ a question vprašati; to be ~ ed in church biti oklican; ~ me another! ne vem, ne sprašuj(te) me! that's ~ ing preveč si (ste) radoveden
ask down vt povabiti na deželo
ask for vt prositi; spraševati; iskati; sl ~ it izzivati; ~ trouble izzivati nevšečnosti; ~ a favour prositi za uslugo
ask in vt povabiti na dom
ask out vt povabiti na večerjo (v gostilno)
ask up vt povabiti v mesto
askance [əskǽns] adv po strani; poševno; škilasto; fig zaničevalno, sumničavo, nezaupljivo; to look (ali glance, view) ~ at s.o. po strani sumničavo, z zaničevanjem koga gledati
askant [əskǽnt] glej askance
askari [əská:ri] n askar, afriški vojak pod poveljstvom Evropejcev
asker [á:skə] n spraševalec; prosilec; tožilec
askew [əskjú:] adv po strani, poševno; to look ~ at s.o. po strani koga gledati
asking [á:skiŋ, A ǽskiŋ] n spraševanje; prošnja; oglaševanje (zaročencev); it can be had for the ~ to dobimo skoraj zastonj
aslant [əslá:nt] adv & prep arch poševno, prečno, navzkriž; preko
asleep [əslí:p] pred adj & adv speč, otrpel; omrtvičen, mrtev; to be ~ spati; to be fast ~ trdno spati; to fall ~ zaspati, fig umreti; to make (ali rock) ~ uspavati; ~ in the Lord v Gospodu zaspal
aslope [əslóup] pred adj & adv strm; poševen, nagnjen; strmo, poševno
asp I [æsp] glej aspen
asp II [æsp] n zool lefa ali rogata kača; poet gad
asparagus [əspǽrəgəs] n bot beluš

aspect [ǽspekt] *n* pogled, videz, pojava, podoba; lega; vidik, gledišče; in its true ~ v pravi luči; economic ~s gospodarske perspektive; the house has a northern ~ hiša je obrnjena proti severu; in all its ~s v vsakem pogledu, z vseh gledišč

aspen I [ǽspən] *n bot* trepetlika

aspen II [ǽspən] *adj* trepetlikov; *fig* trepetajoč, drhteč; to tremble like an ~ leaf tresti se kot trepetlika, ko šiba na vodi

asperge [əspɔ́:dž] *vt* poškropiti (z blagoslovljeno vodo)

aspergill(um) [əspɔ́:džil, æspədžíləm] *n* kropilo

asperity [æspériti] *n* raskavost, ostrost; trdota; *fig* neuglajenost, surovost; osornost

asperse [əspɔ́:s] *vt* (*with*) poškropiti; *fig* opravljati, obrekovati, (o)črniti, blatiti

asperser [əspɔ́:sə] *n* kropilo

aspersion [əspɔ́:šən] *n* poškropitev, dež; *fig* opravljanje, obrekovanje, blatenje; to cast ~ on (ali upon) s. o. (o)črniti koga

aspersorium [əspə:sɔ́:riəm] *n* kropilo

asphalt I [ǽsfəlt] *n* asfalt, zemeljska smola; ~ coat, ~ paving asfaltna plast

asphalt II [ǽsfəlt] *vt* asfaltirati

asphaltic [æsfǽltik] *adj* asfalten; Asphaltic Lake (ali Pool) Mrtvo morje

asphodel [ǽsfədel] *n bot* vrsta lilije; *fig* večno cvetoč cvet v bajeslovnem raju

asphyxia [əsfíksiə] *n med* zadušitev, dušitev

asphyxiate [əsfíksieit] *vt* dušiti, zadušiti

asphyxiation [əsfiksiéišən] *n* (za)dušitev

asphyxy [ǽsfiksi] glej asphyxia

aspic I [ǽspik] *n* hladetina, žolca, aspik

aspic II [ǽspik] *n arch* drobna strupena kača; lefa, rogata kača

aspic III [ǽspik] *n bot* sivka

aspidistra [æspidístrə] *n bot* ščitavec

aspirant I [əspáiərənt] *adj* (*after, for, to*) ki se za kaj poteguje, ki se pripravlja, ki čaka na službo; ki vdihava

aspirant II [əspáiərənt] *n* čakalec na službo, prosilec, kandidat, aspirant(ka)

aspirate I [ǽspərit] 1. *adj* pridihnjen, aspiriran; 2. *n* aspirata, glas »h«

aspirate II [ǽspəreit] *vt* aspirirati; *med* izsesavati

aspiration [æspəréišən] *n* pridih, aspiracija; *med* izsesavanje; (*for, after*) prizadevanje, težnja

aspirator [ǽspəreitə] *n* aspirator, sesalec; velnik

aspire [əspáiə] *vi* (*after, to*) prizadevati si, hrepeneti, težiti za čim; dvigati se

aspirin [ǽspərin] *n med* aspirin

aspiring [əspáiəriŋ] 1. *adj* (~ly *adv*) (*to, after*) prizadeven, častilakomen, ambiciozen; 2. *n* hrepenenje, prizadevanje, častilakomnost

asquint [æskwínt] *adv & pred adj* po strani; škilasto; na skrivaj

ass [æs] *n* osel; *fig* tepec, bedak, norec; to make an ~ of s.o. norčevati se iz koga; to make an ~ of o.s. osmešiti se, neumno se vesti; sell your ~! pusti neumnosti!; to play (ali act) the ~ počenjati neumnosti; to be an ~ for one's pains doživeti nehvaležnost za svoj trud

assagai, assegai [ǽsəgai] *n* južnoafriško kopje

assail [əséil] *vt* (*with*) napasti, napadati; lotiti se; hudo kritizirati

assailable [əséiləbl] *adj* (*with*) ki se da napasti; ranljiv, občutljiv

assailant [əséilənt] *n* napadalec; sovražnik

assailer [əséilə] *n* napadalec

assart [əsá:t] 1. *vt* izkrčiti; 2. *n* krčenje; krčevina

assassin [əsǽsin] *n* morilec, -lka (iz zasede), ubijalec, -lka; terorist(ka), atentator(ka)

assassinate [əsǽsineit] *vt* (iz zasede) umoriti; izvršiti atentat

assassination [əsəsinéišən] *n* umor; atentat; teroristično dejanje

assassinator [əsǽsineitə] glej assassin

assault I [əsɔ́:lt] *n* (*on, upon*) napad, naskok; to carry (ali take) by ~ naskočiti; to make an ~ upon s.o. napasti koga; *jur* ~ and battery pretep, huda telesna poškodba; indecent ~ poskus posilstva

assault II [əsɔ́:lt] *vt* napasti, napadati; naskočiti, naskakovati, jurišati

assaulter [əsɔ́:ltə] *n* napadalec

assay I [əséi] *n* preizkušanje žlahtne kovine, punciranje, žig; analiza; *arch* poskus

assay II [əséi] *vt & vi* preizkušati, analizirati; poskušati, truditi se

assayable [əséiəbl] *adj* ki se da preskusiti, analizirati

assayer [əséiə] *n* preskuševalec žlahtnih kovin

assaying [əséiiŋ] *n* preskuševanje, punciranje

assay-master [əséima:stə] *n* preskuševalec kovancev

assemblage [əsémblidž] *n* shod, zborovanje; zbirka, kup; montaža; ~ plant montažna delavnica

assemble [əsémbl] 1. *vt* zbrati, zbirati; sklicati; *mech* sestaviti, montirati; 2. *vi* zbrati se

assembler [əsémblə] *n* monter

assembly [əsémbli] *n* zborovanje, zbor, skupščina; sestavljanje, montaža; *mil* znak za zbor; ~ belt tekoči trak; to hold an ~ zborovati; ~ room zbornica; ~ line delo na tekočem traku; ~ shop montažna dvorana

assembly-man [əsémblimæn] *n* član zbornice, skupščine

assembly-plant [əsémblipla:nt] *n* montažni oddelek tovarne

assent I [əsént] *n* (*to*) privolitev, odobritev, sprejetje (predloga); to give one's ~ privoliti, soglašati, strinjati se, odobriti; with one ~ soglasno; to nod ~ prikimati

assent II [əsént] *vi* (*to*) soglašati, strinjati se, privoliti

assentation [əsentéišən] *n* (*to*) pokorno soglasje, navidezno soglasje; klečeplastvo

assentient [əsénšənt] *adj & n* (*to*) tisti, ki je enih misli, ki se strinja, ki odobrava

assentive [əséntiv] *adj* (~ly *adv*) (*to*) soglasen, pritrjevalen

assert [əsɔ́:t] *vt* trditi, izjaviti; braniti, zagovarjati; zahtevati; to ~ o.s. zahtevati svojo pravico, preveč zahtevati; uveljaviti se, v ospredje siliti; to ~ one's rights braniti svoje pravice

asserter [əsɔ́:tə] glej assertor

assertion [əsɔ́:šən] *n* trditev, izjava, izpoved; obramba; to make an ~ izjaviti

assertive [əsɔ́:tiv] *adj* (~ly *adv*) trdilen, izrečen, jasen; oblasten, samozavesten, nepopustljiv, dogmatičen

assertor [əsɔ́:tə] *n* zagovornik, branilec (svojih pravic)

asses [əsés] *vt jur* ceniti; (*upon s.o.*) obdavčiti; določiti (škodo); kaznovati; **he was** ~ **ed in** (ali **at**) **$ 5** moral je plačati **$ 5** davka

assessable [əsésəbl] *adj* (**assessably** *adv*) ocenljiv, obdavčljiv

assessment [əsésmənt] *n* (davčna) ocenitev; obdavčenje; davek, delež; ugotovitev

assessor [əsésə] *n* davčni ocenjevalec; prisednik

asset [ǽset] *n* pridobitev, prednost, dobiček, obogatitev, opora; *com* aktiva, premoženje; **a valuable** ~ dragocena pridobitev, ugodnost

assets [ǽsets] *n pl* premoženjsko stanje, aktiva; gotovina, čisto premoženje; ~ **and liabilities** aktiva in pasiva

asseverate [əsévəreit] *vt* zakleti, zaklinjati se, rotiti se, priduševati se; pod prisego izjaviti

asseveration [əsevəréišən] *n* slovesna izjava; zaklinjanje, pridušanje

assiduity [æsidjúiti] *n* vnema, marljivost, vztrajnost; *pl* dvorjenje, obletavanje

assiduous [əsídjuəs] *adj* (~ **ly** *adv*) vztrajen, priden, marljiv

assiduousness [əsídjuəsnis] glej **assiduity**

assign I [əsáin] *vt* (*to*) dodeliti, zakonito izročiti; pripisati, določiti; nakazati; omejiti; *jur* prenesti, odstopiti; navesti

assign II [əsáin] *n* zakoniti naslednik

assignable [əsáinəbl] *adj* (*to*) dodeljiv, izročljiv; pripisljiv

assignat [æsinjá:] *n hist* asignat, francoski novec za francoske revolucije

assignation [æsignéišən] *n* dodelitev; *jur* prenos, prepis; sestanek

assignee [æsiní:] *n* pooblaščenec, -nka; cesat, odstopljeni dolžnik; *com* ~ **in bankruptcy** stečajni upravnik

assignment [əsáinmənt] *n* nakazilo, nalog; določitev, dodelitev; odstopitev; preusmeritev; prenos; *A* naloga, pooblastilo; **deed of** ~ listina o odstopitvi; ~ **of funds** dodelitev denarja

assignor [æsinɔ́:] *n* cedent, odstopnik pravice

assimilability [əsimiləbíliti] *n* (*to*) prilagodljivost

assimilable [əsímiləbl] *adj* (**assimilably** *adv*) (*to*) prilagodljiv

assimilate [əsímileit] 1. *vt* (*to*, *with*) izenačiti; presnoviti, prebaviti, asimilirati; usvajati; 2. *vi* (*to*) prilagoditi, priličiti se

assimilation [əsimiléišən] *n* (*to*) prilagoditev, prienačenje, prisvojitev; presnova; asimilacija

assimilative [əsimiléitiv] *adj* (~ **ly** *adv*) prilagojevalen, usvojevalen, prienačevalen

assimilator [əsímileitə] *n* prilagodljivec, -vka

assise [əsí:z] *n* plast, ležišče

assist [əsíst] 1. *vt* (*in*, *at*, *with*) pomagati; podpirati; 2. *vi* (*in*, *at*) udeleževati se, prisostvovati, pomagati

assistance [əsístəns] *n* pomoč, podpora, sodelovanje; **to come to s.o.'s** ~ priti komu na pomoč; **to give** (ali **lend, render**) ~ pomagati, podpirati

assistant I [əsístənt] *adj* pomožen, namestniški; ~ **manager** namestnik upravnika; ~ **professor** docent(ka)

assistant II [əsístənt] *n* pomočnik, -ica, pomagač(ica), asistent(ka), namestnik, ica; **shop** ~ prodajalec, -lka

assize [əsáiz] *n hist* določene cene kruha, piva; *jur pl* porotno sodišče in njegova sodba; periodično zasedanje okrajnih sodnikov; porota; sodna obravnava; **the Great Assize** vrhovno sodišče

associability [əsoušiəbíliti] *n* združljivost; družabnost; *physiol* zmožnost skupnega občutenja

associable [əsóušəbl] *adj* (*with*) združljiv, povezljiv; družaben, priljuden

associate I [əsóušiit] *adj* (*with*) združen, priključen, povezan; *A* ~ **professor** izredni profesor, izredna profesorica

associate II [əsóušiit] *n* družabnik, -ica, pomagač(ica), tovariš(ica); izredni član, dopisnik; *com* družabnik; sokrivec

associate III [əsóušieit] *vt & vi* (*with*) priključiti, spojiti, (z)družiti (se); ~ **d firms** združena podjetja

associateship [əsóušiitšip] *n* združevanje; družabništvo; članstvo

association [əsousiéišən] *n* združevanje, društvo, zveza; asociacija; priključitev; *sp* nogomet; *fam pl* spomini; **articles of** ~ društvena pravila; *A* ~ **football** nogomet; *coll* **pleasant** ~ **s** prijetni spomini

associational [əsoušiéišənl] *adj* (~ **ly** *adv*) asociacijski

associative [əsóušieitiv] *adj* (~ **ly** *adv*) združevalen, povezovalen, asociativen

assoil [əsɔ́il] *vt arch* odvezati, oprostiti, razrešiti

assoilzie [əsɔ́ilji] *vt Sc* oprostiti, razrešiti

assonance [ǽsənəns] *n* sozvočje, soglasje, asonanca, ujemanje samoglasnikov navadno v zaključnih besedah verzov, samoglasniški stik

assonant [ǽsənənt] *adj* s poudarkom samo na samoglasnikih, asonančen; sozvočen

assonate [ǽsəneit] *vt* asonirati

assort [əsɔ́:t] 1. *vt* razporediti, razporejati, razvrstiti, razvrščati; (*with*) urediti, urejati; opremiti; sortirati; 2. *vi* (*with*) občevati; ujemati se; **an ill-assorted couple** nesrečen zakon

assortment [əsɔ́:tmənt] *n* razporeditev, razvrstitev, ureditev; *com* sortiment, izbira, zaloga blaga

assuade [əswéid] *vt obs* svetovati; naganjati

assuage [əswéidž] *vt* mehčati, blažiti, miriti, tešiti

assuagement [əswéidžmənt] *n* ublažitev; blažilo; olajšanje

assuasive [əswéisiv] *adj* (~ **ly** *adv*) pomirljiv, blažilen

assumable [əsjú:məbl] *adj* (**assumably** *adv*) dopusten, domneven

assume [əsjú:m] *vt* nase vzeti, prevzeti; lastiti si; domnevati; izmisliti, domišljati si; zahtevati; dopustiti, dopuščati; obleči; **to** ~ **measures** ukrepati; **to** ~ **the responsibility of** prevzeti odgovornost za; **to** ~ **a haughty air** domišljavo se držati

assumed [əsjú:md] *adj* (~ **ly** *adv*) izmišljen, domneven, lažen, nepravi; ~ **name** lažno, prevzeto ime; ~ **address** lažen naslov

assumedly [əsjú:midli] *adv* najbrž; po videzu

assuming [əsjú:miŋ] *adj* (~ **ly** *adv*) nadut, ošaben, »važen«

assumption [əsʌm(p)šən] *n* prevzem; privzem; podmena, predpostavka, domneva; nadutost, ošabnost, prevzetnost; vnebovzetje; **on the ~ that** postavimo, da, recimo, da

assumptive [əsʌm(p)tiv] *adj* (~ly *adv*) domneven, možen, dopusten; ošaben, prevzeten

assurance [əšúərəns] *n* zagotavljanje, trditev; zavarovanje, jamstvo; zaupanje, pogum, samozavest; nesramnost, predrznost; **to make ~ double sure** odstraniti tudi najmanjši sum; **~ of manner** samozavestno obnašanje; **air of ~** drzen videz

assure [əšúə] *vt* (*of*, *that*) prepričati; trditi, zatrjevati; zavarovati, jamčiti; **to ~ o.s.** prepričati se

assured [əšúəd] *adj* (~ly *adv*) zavarovan; zagotovljen; prepričan; samozavesten, predrzen

assuredly [əšúəridli] *adv* gotovo, brez dvoma

assuredness [əšúəridnis] *n* gotovost; samozavestnost; predrznost

assurer [əšúərə] *n* zavarovanec; zavarovalec

assurgent [əsə́:džənt] *adj* dvigajoč se; *fig* napadalen, vladoželjen; *bot* ki raste navzgor

assyriologist [əsiriólədžist] *n* asiriolog

assyriology [əsiriólədži] *n* asiriologija

astatic [əstétik] *adj* nestalen, nestanoviten, astatičen

aster [ǽstə] *n bot* astra, nebina

asterisk [ǽstərisk] 1. *n* zvezdica (tiskarska); 2. *vt* postaviti zvezdico

asterism [ǽstərizəm] *n astr* ozvezdje; *print* tri zvezdice

astern [əstə́:n] *adv naut* (*of*) na krmi, čisto zadaj; nazaj; **~ of** za (ladjo)

asteroid [ǽstərəid] 1. *adj* zvezdast, zvezdaste oblike; 2. *n* manjši planet, asteroid; *zool* morska zvezda

asthenia [æsθí:niə] *n med* splošna oslabelost, šibkost

asthenic [æsθénik] 1. *adj* asteničen, brezmočen; 2. *n* astenik, slabotnež

asthma [ǽsmə, ǽstmə] *n med* naduha, astma

asthmatic I [æsmǽtik] *adj* (~ally *adv*) nadušen, astmatičen

asthmatic II [æsmǽtik] *n* nadušljivec, astmatik

astigmatic [æstigmǽtik] *adj* (~ally *adv*) *phys* astigmatičen

astigmatism [æstígmətizəm] *n* astigmatizem

astir [əstə́:] *pred adj & adv* gibajoč se, premikajoč se, na nogah; (*with*) mrgoleč, razburjen; pokonci; **to be ~ with** mrgoleti česa; **~ with the news** ves iz sebe zaradi novice

astonish [əstóniš] *vt* osupiti, presenetiti, začuditi

astonished [əstóništ] *adj* (*at*) osupel, presenečen; **to be ~** čuditi se

astonishing [əstónišiŋ] *adj* (~ly *adv*) presenetljiv, nepričakovan; čudovit

astonishment [əstónišmənt] *n* osuplost, presenečenost; **to fill with ~ at** presenetiti, osupiti zaradi

astound [əstáund] *vt* osupiti, (z)begati, presenetiti, presenečati

astounding [əstáundiŋ] *adj* (~ly *adv*) presenetljiv, osupljiv; čudovit

astraddle [əstrǽdl] *adv & pred adj* jahajoč, kobal; **to be ~ of a horse** jahati na konju

astragal [ǽstrəgəl] *n* krožec na stebru ali ob ustju topa; *techn* žlebilni oblič; *pl* kocke; *anat* skočnica

astrakhan [ǽstrəkæn] *n* astrahan, perzijanec

astral [ǽstrəl] *adj* zvezden, zvezdast; *fig* jasen

astrand [əstrǽnd] *pred adj & adv* nasedel; v bedi

astray [əstréi] *pred adj & adv* bloden, blodeč, zmoten; blodno, zmotno, na napačni poti; **to go ~** zgrešiti pot; *fig* motiti se, oddaljiti se od prvotnega predmeta pogovora; **to lead ~** speljati koga, zapeljati

astrict [əstríkt] *vt* skup vleči, skup potegniti, stisniti, stiskati; (*to*) omejiti, omejevati, vezati

astriction [əstríkšən] *n* stisk; (*to*) omejitev; *med* zaprtje

astricting [əstríktiŋ] glej astrictive

astrictive [əstríktiv] *adj* (~ly *adv*) ki vleče skup, stiskalen; *med* ki stiska žile, ki preprečuje krvavitev

astriction [əstríkšən] *n* stiskanje

astride [əstráid] *adv & pred adj & prep* (*of*) kobal, razkrečenih nog; **to ride ~** jahati na moškem sedlu; **~ a horse** jahajoč na konju

astringe [əstríndž] *vt* stiskati, skup vleči; zapirati

astringency [əstríndžənsi] *n* moč, ki vleče vkup; *fig* strogost, resnoba

astringent [əstríndžənt] 1. glej astricting; 2. *n med* sredstvo za stiskanje (tkiva), za strjevanje (krvi)

astrolabe [ǽstrəleib] *n* astrološki sekstant; kotomer

astrologer [əstrólədžə] *n* astrolog, zvezdar

astrologic [əstrəlódžik] *adj* (~ally *adv*) astrološki, zvezdarski

astrology [əstrólədži] *n* astrologija, zvezdarstvo

astrometer [æstrómitə] *n* astrometer

astrometeorology [æstrəmi:tjərólədži] *n* astrometeorologija

astronaut [ǽstrənɔ:t] *n* astronavt(ka)

astronautic [æstrənɔ́:tik(əl)] *adj* (~ally *adv*) astronavtski

astronautics [æstrənɔ́:tiks] *n pl* astronavtika

astronomer [əstrónəmə] *n* astronom, zvezdoslovec

astronomic(al) [æstrənómik(əl)] *adj* (~ally *adv*) astronomski, astronomičen

astronomy [əstrónəmi] *n* zvezdoslovje, astronomija

astrophysics [ǽstroufíziks] *n pl* astrofizika

astrostatics [ǽstroustǽtiks] *n pl* astrostatika

astute [əstjú:t] *adj* (~ly *adv*) navihan, prekanjen, prebrisan, zvit; bister

astuteness [əstjú:tnis] *n* navihanost, prekanjenost, zvitost; bistrost, bistroumnost

asunder [əsʌndə] *adv* narazen; **to tear ~** raztrgati; **to cut ~** presekati; **to go ~** raziti se

aswarm [əswó:m] *adv* (*with*) mrgoleče

asylum [əsáiləm] *n* zavetišče, zatočišče, dom; bolnica; **~ for the deaf and dumb** gluhonemnica; *coll* **lunatic ~** umobolnica; **orphan ~** sirotišnica

asymmetric [æsimétrik] *adj* (~ally *adv*) nesomeren, asimetričen

asymmetry [æsímitri] *n* nesomernost, asimetrija

asymptote [ǽsim(p)tout] *n math* asimptota

asynchronous [eisíŋkrənəs] *adj* (~ly *adv*) neistočasen, asinhroničen

asyndetic [æsindétik] *adj* (~ally *adv*) brezvezen, asindetičen

asyndeton [æsíndətən] *n* brezvezje, asindeton

asyntactic [æsintǽktik] *adj* (~ ally *adv*) neskladenjski, nesintaktičen
at [æt, ət] *prep* ob, pri, zraven; proti, k, v, na; za; ~ the age of v starosti; ~ all sploh; to aim ~ s.th. meriti na kaj; all ~ once nenadoma, nepričakovano, ko strela z jasnega neba; ~ attention v pozoru; angry ~ jezen zaradi; ~ best v najboljšem primeru; to be ~ s.th. ukvarjati se s čim; ~ the bottom na dnu, spodaj; ~ all costs za vsako ceno; ~ close quarters čisto blizu; ~ court na dvoru; ~ one's disposal na razpolago komu; to drive ~ meriti na kaj; ~ first najprej; to receive s. th. ~ s. o.'s hands dobiti kaj od koga; to be hard ~ s. th. naporno delati, truditi se s čim; ~ the head of na čelu česa; ~ home doma; ~ one fell swoop na mah; ~ large na prostosti; to laugh ~ s. o. posmehovati se komu; ~ last končno; ~ least vsaj; ~ long last na koncu koncev; ~ loggerheads v sporu, sprt; ~ length končno; ~ the minute na minuto; to be ~ hand biti na voljo; ~ any moment vsak trenutek; ~ most največ, kvečjemu; near ~ hand čisto blizu; not ~ all sploh ne; prosim (kot odgovor na *thank you*); ~ night ponoči; ~ ·noon opoldne; ~ one složno, sporazumno; ~ peace v miru; ~ a pinch v stiski; to play ~ chess igrati šah; ~ any price za vsako ceno; ~ rest v miru; ~ school v šoli, pri pouku; to scoff ~ posmehovati se; ~ sight na pogled, po videzu; ~ stake v nevarnosti, na kocki; two ~ a time dva hkrati; ~ that vrh tega, poleg tega; kljub temu; to be ~ a standstill zastajati; to value ~ ceniti na; what are you ~? kaj počneš?; ~ war v vojni; ~ work pri delu
ataraxy [ǽtərəksi] *n* duševni mir, ravnodušnost, ataraksija
atavism [ǽtəvizəm] *n* atavizem
atavistic [ætəvístik] *adj* (~ ally *adv*) atavističen
ataxia, ataxy [ætǽksíə, ətǽksi] *n* nekoordiniranost gibov ataksija
ataxic [ətǽksik] *adj* (~ ally *adv*) nekoordiniran, ataksičen
ate [et, eit] *pt* od eat
atelier [ǽtəliei] *n* atelje
atheism [éiθiizəm] *n* ateizem, brezbožništvo, bogotajstvo
atheist [éiθiist] *n* brezbožnik, -nica, ateist(ka), bogotajec, jka
atheistic [eiθiístik] *adj* (~ ally *adv*) brezbožniški, ateističen
athirst [əθ ́:st] *pred adj poet* žejen; *fig* ~ for željan česa, hrepeneč po čem
athlete [ǽθli:t] *n* atlet, borec, športnik
athletic [æθlétik] *adj* (~ ally *adv*) atletski; mišičast; ~ field športno igrišče, stadion; ~ sports lahka atletika
athleticism [æθlétisizəm] *n* atletika, navdušenje za atletiko
athletics [æθlétiks] *n pl* atletika; track and ~ lahka atletika
at-home [ət(h)óum] *n* zmenek, žurfiks
athwart [əθwó:t] *adv & prep naut* preko, navzkriž, poševno, počez, nasprotno
atilt [ətílt] *adv* naprej nagnjeno; to ride (ali run) ~ naprej nagnjen (s kopjem) jahati; he runs ~ my

opinions nasprotuje mojim nazorom; to set ~ prevrniti
atimy [ǽtimi] *n* brezčastnost; zguba državljanskih pravic, narodne časti
Atlantic [ətlǽntik] 1. *adj* atlantski; The ~ Ocean Atlantski ocean; 2. *n* Atlantski ocean
atlantes [ətlǽnti:z] *n pl archit* nosilci (v obliki moške postave)
atlas [ǽtləs] *n geog anat* atlas; *archit* nosilec (v obliki moške postave); vrsta tkanine, atlas
atmosphere [ǽtməsfiə] *n* atmosfera, ozračje, zrak; *fig* okolje, vzdušje, razpoloženje; enota za merjenje zračnega pritiska
atmospheric [ætməsférik] *adj* (~ ally *adv*) atmosferski, zračen; ~ pressure zračni pritisk
atmospherics [ætməsfériks] *n pl* atmosferske motnje (radio, TV)
atoll [ətól] *n* koralni otok, atol
atom [ǽtəm] *n* atom; *fig* drobec; ~ pile reaktor; to break (ali smash) to ~ s zdrobiti na drobne koščke; not an ~ of niti senca česa
atomaniac [ǽtəmeiniæk] *n* zagovornik atomske bombe
atom-bomb [ǽtəmbəm] 1. *n* atomska bomba; 2. *vt* z atomsko bombo napasti
atomic [ətómik] *adj* (~ ally *adv*) atomski; *fig* neznaten; ~ bomb atomska bomba; Atomic Age atomska doba (od avg. 1945); ~ energy atomska energija; ~ pile reaktor; ~ weight atomska teža; ~ warfare atomska vojna; ~ theory atomska teorija
atomicity [ætəmísiti] *n chem* valenca
atomism [ǽtəmizəm] *n* atomizem
atomist [ǽtəmist] *n* atomist(ka)
atomistic [ætəmístik] *adj* (~ ally *adv*) atomističen, razdrobljen
atomization [ætəmaizéišən] *n* razpad v atome; razprševanje
atomize [ǽtəmaiz] *vt* v atome razbiti, (raz)cepiti; razpršiti
atomizer [ǽtəmaizə] *n* razprševalec
atomy I [ǽtəmi] *n* atom; pritlikavec; drobec
atomy II [ǽtəmi] *n* okostje, skelet; suhec
atonal [ətóunl] *adj* (~ ally *adv*) atonalen, breztonski
atone [ətóun] *vi & vt (for)* spokoriti, odkupiti (se); *arch* spraviti
atonement [ətóunmənt] *n* pokora, sprava; zadoščenje; to make ~ for spokoriti se za
atonic I [ətónik] *adj* (~ ally *adv*) *gram* nenaglašen; breztonski; *med* oslabljen, slaboten
atonic II [ətónik] *n* nenaglašena beseda; nenaglašen zlog; *med* zdravilo za pomiritev živcev
atony [ǽtəni] *med* atonija, slabost
atop [ətóp] 1. *adv* na vrhu; zgoraj; 2. *prep (of)* nad (čim), vrh (česa)
atrabilarian [ætrəbiléəriən] 1. *adj* otožen, melanholičen; 2. *n* hipohonder
atrabilarious [ætrəbiléəriəs] *adj* melanholičen; otožen; žolčen, hipohondričen
atrabilious [ætrəbíljəs] *adj* (~ ly *adv*) otožen, mrk, melanholičen; žolčen; sarkastičen
atrabiliousness [ætrəbíljəsnis] *n* otožnost, mrkost; melanholija; žolčnost, sarkastičnost
atrament [ǽtrəmənt] *n* črnilo, tinta
atramental [ætrəméntəl] *adj* (~ ly *adv*) črn, tinten

atramentous [ætrəméntəs] *adj* (~ly *adv*) glej
atramental
a-tremble [ətrémbl] *adv* trepetajoč
atrip [ətríp] *adv naut* odtrgan od dna (sidro)
atrium [á:triəm] *n* atrij; *anat* preddvor
atrocious [ətróušəs] *adj* (~ly *adv*) zloben, mrzek,
oduren; grd, ostuden; krut; *fam* hud, hudoben;
presnet
atrociousness [ətróušəsnis] *n* zlobnost, ostudnost,
krutost, krvoločnost
atrocity [ætrósiti] glej atrociousness
atrophic [ætrófik] *adj* atrofičen, zaostal v rasti,
krnjav
atrophied [ǽtrəfid] *adj* atrofiran, posušen, krnjav
atrophy [ǽtrəfi] 1. *n* pojemanje, hiranje, oslab-
ljenje; 2. *vt & vi* pojemati, hirati, krčiti se;
oslabiti
atropine [ǽtrəpin] *n chem* atropin
attaboy [ǽtəbɔi] *int A sl* fant od fare, vrl dečko si!,
bravo!
attach [ətǽč] 1. *vt* pritrditi, privezati, dodati, pri-
ložiti, zvezati; *fig* pridobiti koga, navezati se
na koga; pripisovati komu; *jur* aretirati, zaple-
niti; imenovati, določiti; 2. *vi* povezati se s
kom, navezati se na koga; biti združeno s čim
to be ~ed to s.o. biti vdan komu; to ~ im-
portance smatrati za važno; to ~ blame to s.o.
dolžiti koga; no blame ~es to him on ni kriv;
to ~ o.s. navezati se; to ~ a stamp nalepiti
znamko
attachable [ətǽčəbl] *adj* (attachably *adv*) povezljiv;
pripisljiv; določljiv; *jur* ki se da aretirati, za-
plenljiv; ~ unit priklopen stroj (za traktor)
attachables [ətǽčəblz] *n pl* priključki (za traktor)
attaché [ətǽšei] *n* ataše; ~ case aktovka, majhen
kovček
attached [ətǽčt] *adj* pritrjen; trden; *fig* vdan
attachment [ətǽčmənt] *n* (*to, for*) povezanost,
vdanost, zvestoba; *jur* zaplenitev, zaporno
povelje; foreign ~ zaplenitev imovine tujega
državljana
attack I [ətǽk] *n* napad, juriš; *med* izbruh (bo-
lezni); *pl* očitki, obtožbe; ~ in force silovit
napad
attack II [ətǽk] *vt* napasti; izpodjedati; učinko-
vati; s polno paro se lotiti
attackable [ətǽkəbl] *adj* ranljiv, sporen
attacker [ətǽkə] *n* napadalec
attain [ətéin] 1. *vt* doseči; izvršiti; pridobiti; 2. *vi*
dospeti; dokopati se; to ~ to power dokopati
se do oblasti; to ~ one's end doseči svoj cilj
attainability [əteinəbíliti] *n* doseglijvost
attainable [ətéinəbl] *adj* (attainably *adv*) dosegljiv
attainder [ətéində] *n* zaplemba; odvzem držav-
ljanskih pravic
attainment [ətéinmənt] *n* doseg; pridobitev;
znanje, spretnost, nadarjenost; a man of varied
~s mnogostranski človek
attaint [ətéint] 1. *vt* omadeževati, onečastiti; (o)ži-
gosati; *hist* na smrt ali na zgubo državljanskih
pravic obsoditi; *med* okužiti, napasti; 2. *n*
madež, sramota
attaintment [ətéintmənt] *n* oskrunitev; obsodba
attar [ǽtə] *n* eterično olje; ~ of roses rožno olje

attemper [ətémpə] *vt* mešati, (raz)redčiti; ublažiti,
(z)gladiti; (*to*) prilagoditi, prilagajati; kaliti
(kovino)
attemperment [ətémpəmənt] *n* mešanje, redčitev;
blažitev; prilagoditev; mešanica
attempt I [ətém(p)t] *n* poskus; napad; atentat
attempt II [ətém(p)t] *vt* poskusiti, poskušati; lotiti
se; prizadevati si; napasti; to ~ the life of s.o.
izvršiti atentat na koga; don't ~ it! ne drzni si!
attend [əténd] 1. *vt* (*to*) paziti; postreči, skrbeti;
spremljati; zdraviti; obiskovati; odgovoriti (na
pismo); izvršiti (naročilo); 2. *vi* biti prisoten,
udeležiti se; redno zahajati; paziti; zasledovati;
spremljati; uslišati; to ~ to the door (ali bell)
iti odpret vrata; it is ~ed by danger je nevarno;
to ~ to one's duties vršiti svojo dolžnost; the
house was poorly ~ed gledališče je bilo na pol
prazno; to ~ school hoditi v šolo; to ~ upon
s.o. dvoriti komu, spremljati koga, skrbeti za
koga; to ~ to s.o. paziti na koga
attendance [əténdəns] *n* pozornost; postrežba;
pripravljenost; obisk, spremstvo; občinstvo,
poslušalci, navzoči; to be in ~ at prisostvovati
čemu; medical ~ zdravljenje; to dance ~ on
s.o. vrteti se okoli koga; dvoriti komu; in ~
v službi, dežurni; hours of ~ uradne ure; ~ is
included postrežba je vračunana; lady in ~
dvorna dama; ~ list seznam navzočih
attendant I [əténdənt] *adj* spremljajoč, navzoč;
obiskujoč; (*upon*) ki streže; the ~ circumstances
spremne okolnosti
attendant II [əténdənt] *n* spremljevalec; strežnik,
služitelj; garderober(ka); obiskovalec; ~s
spremstvo, služabništvo
attender [əténdə] *n* spremljevalec
attention I [əténšən] *n* pozornost; oskrba, nega,
negovanje; *pl* dvorjenje; *mil* pozor; to call (ali
draw) ~ to opozoriti na kaj; to give (ali pay)
~ to paziti na kaj, upoštevati, uvaževati kaj;
to attract ~ pritegniti pozornost; to rivet
one's ~ to osredotočiti se na kaj; *mil* to stand
at ~ v pozoru stati; to be all ~ pazljivo po-
slušati, napenjati ušesa
attention II [əténšən] *int mil* pozor!, mirno!
attentive [əténtiv] *adj* (~ly *adv*) (*to* na) pozoren,
pazljiv; skrben, uslužen, vljuden
attentiveness [əténtivnis] *n* pozornost, pazljivost;
skrbnost
attenuant [əténjuənt] 1. *adj* razredčevalen; 2. *n*
redčilo
attenuate I [əténjueit] *vt* (s)tanjšati; (z)manjšati;
(s)hujšati; (o)slabiti; (raz)redčiti
attenuate II [əténjuit] *adj* stanjšan, tenek; zmanj-
šan; shujšan; oslabljen; razredčen
attenuation [ətenjuéišən] *n* tanjšanje; redčenje;
hujšanje; manjšanje; *geol* preperevanje
attest [ətést] 1. *vt & vi* izpričati, potrditi; zapriseči;
2. *n* spričevalo; pismeno potrdilo
attestation [ətestéišən] *n* izjava; svedočba; spriče-
valo
attested [ətéstid] *adj* potrjen (za vojaško službo)
attestor [ətéstə] *n* priča, porok
Attic [ǽtik] *adj* atiški, atenski; *fig* klasičen; pre-
finjen; ~ faith neomajna zvestoba; ~ order
štirioglati stolpi v antičnem slogu; ~ salt (ali
wit) duhovitost, domiselnost

attic [ǽtik] n podstrešnica, mansarda; pl podstrešje; **to have rats in the** ~ biti nekoliko nor, ne biti pri pravi, imeti eno kolesce preveč
atticism [ǽtisizəm] n aticizem; fig prefinjen izraz
atticize [ǽtisaiz] vi izbrano se izražati
attire [ətáiə] 1. vt obleči, (o)krasiti; 2. n obleka, noša; lišp; okras; rogovje (kot trofeja)
attire-woman [ətáiəwumən] n komornica
attitude [ǽtitju:d] n drža, vedenje, zadržanje; ~ **of mind** razpoloženje; **to strike an** ~ nenaravno se obnašati, spakovati se
attitudinal [ætitjú:dinəl] adj vedenjski
attitudinarian [ætitju:dinéəriən] n pozer
attitudinize [ætitjú:dinaiz] vi postavljati se; spakovati se
attorn [ətó:n] 1. vi jur ostati najemnik pod novim gospodarjem; 2. vt jur prenesti (npr. posestvo) na drugega (fevdnega) gospodarja
attorney [ətó:ni] n jur pravni zastopnik; odvetnik; pooblaščenec; imenovanje pravnega zastopnika, zastopanje; **Attorney General** državni tožilec; ~ **at law** odvetnik; **by** ~ po nalogu, po pooblastilu; **letter of** ~ pooblastilo; **power** (ali **warrant) of** ~ pooblastitev; **circuit** (a'i **district)** ~ javni tožilec
attorneyship [ətó:nišip] n poklic državnega tožilca, pooblaščenca, pravnega zastopnika
attract [ətrǽkt] vt privleči; fig privabiti, mikati, očarati
attractability [ətræktəbíliti] n privlačnost
attractable [ətrǽktəbl] adj (**attractably** adv) privlačen, ki se da (z magnetom) privleči
attraction [ətrǽkšən] n privlačnost, vaba, čar; atrakcija
attractive [ətrǽktiv] adj (~ **ly** adv) privlačen; vabljiv, mamljiv, zapeljiv, očarljiv, prikupen; ~ **force** natezna sila, privlačnost; ~ **prices** ugodne cene
attractiveness [ətrǽktivnis] n privlačnost; čar, zapeljivost, očarljivost
attributable [ətríbjutəbl] adj (**attributably** adv) (to) pripisen, pripisljiv, prisodljiv
attribute I [ǽtribju:t] n lastnost; označba; znak, simbol; gram prilastek
attribute II [ətríbju:t] vt (to) pripisati, pripisovati, prišteti, prištevati; prisoditi, prisojati
attribution [ætribjú:šən] n pripisovanje, pripis; oblast, funkcija
attributive [ətríbjutiv] 1. adj (~ **ly** adv) pripisovalen; prilaščevalen; gram atributiven; 2. n gram prilastek
attrite(d) [ətráit(id)] adj oguljen, ponošen; fig skrušen
attrition [ətríšən] n oguljenina, obraba; oslabitev, izčrpanost; fig obžalovanje, slaba vest; **war of** ~ vojna do popolne izčrpanosti sovražnika
attune [ətjú:n] vt (to s) uglasiti, uglašati; prilagoditi, prilagajati
atypical [eitípikəl] adj (~ **ly** adv) neznačilen, atipičen
aubade [oubá:d] n jutranje petje
aubergine [óubəži:n] n bot jajčevec, melancana
auburn [ɔ:bən] adj rdečkasto rjav, kostanjev
auction I [ɔ́:kšən] n dražba, licitacija, javna razprodaja; **Dutch** ~ dražba, na kateri postavijo najvišjo ceno in postopoma popuščajo; **to sell**

by ~ prodajati na dražbi, licitirati; **mock** ~ navidezna dražba; **to put up for** ~ ponuditi v prodajo na dražbi
auction II [ɔ́:kšən] vt dražiti, licitirati
auctioneer [ɔ:kšəníə] n dražbar(ica), dražitelj(ica)
auctioneering [ɔ:kšəníəriŋ] n prodaja na dražbi
auctorial [ɔ:któ:riəl] adj avtorski
audacious [ɔ:déišəs] adj (~ **ly** adv) drzen, smel; nesramen, predrzen
audaciousness [ɔ:déišəsnis] n pogum, smelost; predrznost
audacity [ɔ:dǽsiti] glej **audaciousness**
audibility [ɔ:dibíliti] n slišnost, razločnost, razumljivost
audible [ɔ́:dibl] adj (**audibly** adv) slišen, razločen, razumljiv
audience [ɔ́:djəns] n poslušanje; zasliševanje; avdienca; poslušalci, občinstvo, publika; **to give** ~ **to** poslušati koga; **to have** ~ **of, to have an** ~ **with** biti sprejet v avdienco; **to receive in** ~, **to give (ali grant an)** ~ **to** sprejeti v avdienco
audience-chamber [ɔ́:djənsčeimbə] n avdienčna dvorana
audience-room [ɔ́:djənsrum] n avdienčna dvorana
audiogram [ɔ́:diəgræm] n avdiogram, zapis občutljivosti sluha za glasove
audile [ɔ́:dail] adj slušen
audion [ɔ́:diən] n techn avdion, sprejemnik z eno elektronko
audio-visual [ɔ́:diouvížuəl] adj avdiovizuelen
audit I [ɔ́:dit] n pregled računov, revizija; fig sodni dan; ~ **ale** vrsta posebno močnega piva; ~ **day** dan polaganja računov; ~ **office** glavna kontrola (urad)
audit II [ɔ́:dit] vt pregledati računе, revidirati
audit-house [ɔ́:dithaus] n zakristija
audition [ɔ:díšən] 1. n sluh, poslušanje; presluška, avdicija; A izpit; 2. vt & vi poslušati na avdiciji; biti na avdiciji
auditive [ɔ́:ditiv] adj (~ **ly** adj) slušen
auditor [ɔ́:ditə] n poslušalec, učenec; preglednik računov, kontrolor; vojaški sodnik, avditor
auditorial [ɔ:dító:riəl] adj poslušalski; pregledniški, revizijski; avditorski
auditorium [ɔ:dító:riəm] n predavalnica; A dvorana; publika, poslušalci
auditory I [ɔ́:ditəri] adj (**auditorily** adv) slušen; anat ~ **nerve** slušni živec; ~ **passage** sluhovod
auditory II [ɔ́:ditəri] n dvorana, predavalnica; publika, avditorij
auditress [ɔ́:ditris] n poslušalka
audit-room [ɔ́:ditrum] glej **audit-house**
auger [ɔ́:gə] n velik sveder
aught I [ɔ́:t] n karkoli, nekaj, nič
aught II [ɔ́:t] adv arch kakorkoli, sploh; **for** ~ **I care** zavoljo mene; **for** ~ **(that) I know** kolikor je meni znano
augite [ɔ́:džait] n min avgit
augment I [ɔ:gmént] vt & vi povečati (se), narasti, naraščati
augment II [ɔ́:gmənt] n arch porast, povečanje; gram avgment, obrazilo
augmentation [ɔ́:gməntéišən] n porast, povečanje; prirastek, povišanje

augmentative [ə:gméntativ] **1.** *adj* razmnoževalen, ojačevalen; *gram* povečevalen; **2.** *n gram* obrazilo, večalna beseda

augur [ɔ́:gə] **1.** *n hist* napovedovalec usode, vedeževalec, avgur; **2.** *vi & vt* vedeževati, napovedovati

augural [ɔ́:gjurəl] *adj* vedeževalski; avgurski; zlosluten

augury [ɔ́:gjuri] *n* prerokovanje, vedeževalstvo; napoved, slutnja

august [ə:gʌ́st] *adj* (~ **ly** *adv*) vzvišen, vznesen, veličasten; plemenit

August [ɔ́:gʌst] *n* avgust; **in** ~ v avgustu, avgusta

Augustan [ə:gʌ́stən] avgustovski, iz dobe cesarja Avgusta; *fig* klasičen, cesarski

augustness [ə:gʌ́stnis] *n* vzvišenost, veličastnost

auk [ɔ:k] *n zool* njorka

aula [ɔ́:lə] *n* avla

aularian [ə:lǽriən] *n* študent(ka), član visokošolskega internata

auld lang syne [ɔ́:ldlǽŋsáin] *n Sc* stari zlati časi

aulic [ɔ́:lik] *adj* dvoren, knežji; ~ **councillor** dvorni svetnik

aumbry [ɔ́:mbri] glej **ambry**

aunt [a:nt, *A* æ:nt] *n* teta, strina, ujna; *sl* **to see one's** ~ iti na stranišče; **Aunt Sally** vrsta igre (na sejmih); **my** ~! zaboga!

auntie, aunty [á:nti] *n* tetka

aura [ɔ́:rə] *n* aroma, vonj, emanacija, sapica, pihljaj; *fig* fluid; *med* avra, znanilec božjastnega ali histeričnega napada

aural I [ɔ́:rəl] *adj* (~ **ly** *adv*) slušen, ušesen; ~ **surgeon** specialist za ušesne bolezni

aural II [ɔ́:rəl] *adj* (~ **ly** *adv*) emanacijski, aromatičen; *med* ki se tiče božjastnega ali histeričnega napada

aurally [ɔ́:rəli] *adv* po posluhu

aureate [ɔ́:riit, ɔ́:rieit] *adj poet* zlat, pozlačen

aurelia [ə:rí:ljə] *n zool* buba; uhati klobučnjak

aureole [ɔ́:riəlǝ] *n* obstret, svetniški sij; *fig* nimbus

aureole [ɔ́:rioul] glej **aureola**

aureomycin [ɔ́:rioumáisin] *n* avromicin

auric [ɔ́:rik] *adj* zlatonosen, zlat

auricle [ɔ́:rikl] *n anat* uhelj; ~ **(of the heart)** (srčni) preddvor

auricula [əríkjulə] *n bot* avrikelj, lepi jeglič; *zool* vrsta mehkužcev

auricular [ə:ríkjulə] *adj* (~ **ly** *adv*) ušesen, slušen; ~ **confession** ušesna spoved; ~ **tradition** ustno izročilo; ~ **tube** slušalo

auriculate [ə:ríkjulit] *adj* uhat; v obliki ušesa

auriferous [ə:rífərəs] *adj* zlatonosen; ~ **sand** zlatonosni pesek

auriform [ɔ́:rifɔ:m] *adj* ki ima obliko ušesa, ušesast

aurist [ɔ́:rist] *n* zdravnik za ušesne bolezni

aurochs [ɔ́:rɔks] *n zool* zober

aurora [ə:rɔ́:rə] *n* svitanje, zora; *fig* jutro; *hist* rimska boginja jutra; ~ **borealis** severni sij; ~ **australis** južni sij

auroral [ə:rɔ́:rəl] *adj* jutranji, zarjast; *fig* rožnat

auscultate [ɔ́:skʌlteit] *vt & vi med* osluškovati, avskultirati

auscultation [ɔ:skʌltéišən] *n med* avskultacija, osluškovanje

auscultator [ɔ́:skʌlteitə] *n* avskultator(ica), osluškovalec, -lka

auscultatory [ɔ:skʌ́ltətəri] *adj* (**auscultatorily** *adv*) avskultatoričen, osluškovalen

auspicate [ɔ́:spikeit] *vt & vi* inavgurirati; napovedovati

auspice [ɔ́:spis] *n* napoved; dobro znamenje; *pl* varstvo, okrilje, pokroviteljstvo; **under the** ~ **s of s.o.** pod pokroviteljstvom ali varstvom koga; **favourable** ~ s dobro znamenje

auspicial [ə:spíšəl] glej **auspicious**

auspicious [ə:spíšəs] *adj* (~ **ly** *adv*) srečen, ugoden, ki dobro kaže, nadobuden; naklonjen

austere [ə:stíə] *adj* (~ **ly** *adv*) trpek, rezek; resen, zmeren, strog, neprijazen, surov; varčen; ~ **look** strog pogled; ~ **style** preprost slog

austerity [ə:stériti] *n* trpkost; strogost, resnost; zmernost; neprijaznost, surovost; varčnost

austral [ɔ́:strəl] *adj* južen

Australian [ə:stréiljən] **1.** *adj* avstralski; **2.** *n* Avstralec, -lka

Austrian [ɔ́:striən] **1.** *adj* avstrijski; **2.** *n* Avstrijec, -jka

autarchy [ɔ́:təki] *n* samovlada

autarky [ɔ́:təki] *n* gospodarska neodvisnost, avtarkija

authentic [ə:θéntik] *adj* (~ **ally** *adv*) prvoten; pristen; verodostojen, zanesljiv, merodajen

authenticate [ə:θéntikeit] *vt jur* overiti, dokazati pristnost

authentication [ə:θentikéišən] *n jur* overovljenje, legaliziranje; dokaz pristnosti

authenticator [ə:θéntikeitə] *n* overitelj(ica)

authenticity [ə:θentísiti] *n* pravost; verodostojnost

author [ɔ́:θə] *n* avtor, pisec; početnik, povzročitelj; *fig* vzrok; **the** ~ **of my being** moj stvarnik

authoress [ɔ́:θəris] *n* avtorica, pisateljica; početnica, povzročiteljica

authorial [ə:θɔ́:riəl] *adj* avtorski, piščev, pisateljski

authoritarian [ə:θɔriːtɛ́əriən] **1.** *adj* samovoljen, diktatorski; **2.** *n* zagovornik diktature

authoritarianism [ə:θɔritɛ́əriənizəm] *n* avtoritativni režim

authoritative [ə:θɔ́riteitiv] *adj* (~ **ly** *adv*) oblasten; ugleden; veljaven; določilen

authoritativeness [ə:θɔ́ritətivnis] *n* oblastnost; pooblaščenost

authority [ə:θɔ́riti] *n* (*with*) ugled; moč, veljava, oblast; vpliv; pooblaščenje; vir poročil; ugledna oseba, strokovnjak; (nav. *pl*) oblast, urad; **to be in** ~, **to carry** ~ imeti oblast; **to be without** ~ ne imeti oblasti, nič ne veljati; **on the best** ~ iz najboljšega vira; **full** ~ pooblastilo; **he is no** ~ **on the subject** v tej zadevi ni odločilen; **set in** ~ ki ima oblast; **to give** ~ pooblastiti

authorizable [ə:θɔ́ráizəbl] *adj* (**authorizably** *adv*) ki se da odobriti, dopustljiv, overljiv

authorization [ə:θəraizéišən] *n* pooblastitev; upravičenost; odobritev

authorize [ɔ́:θəraiz] *vt* pooblastiti, dati pravico; odobriti; **the Authorized Version** odobrena izdaja prevoda sv. pisma iz l. 1611

authorship [ɔ́:θəšip] *n* avtorstvo, pisateljstvo

auto [ɔ́:tou] *n coll* avto

auto- [ɔ́:tou] *pref* samo-

autobiographer [ə:toubaiɔ́græfə] *n* avtobiograf(ka), pisec lastnega življenjepisa autobiographic [ə:toubaiəgrǽfik] *adj* (~ally *adv*) avtobiografski

autobiography [ə:toubaiógræfi] *n* lastni življenjepis

autobus [ó:toubʌs] *n A* avtobus

autocade [ó:toukeid] *n A* avtomobilsko spremstvo

autocar [ó:touka:] *n* avtomobil

autochthon [ə:tókθən] *n* domorodec, praprebivalec

autochthonal [ə:tókθənəl] glej **autochthonous**

autochthonic [ə:tókθənik] glej **autochthonous**

autochthonous [ə:tókθənəs] *adj* avtohtonski, domačinski, praprebivalski, prvoten

autoclave [ó:təkleiv] *n* avtoklav, kuhalo na paro

autocracy [ə:tókrəsi] *n* samovlada, samodrštvo, avtokracija

autocrat [ó:təkræt] *n* samovladar, samodržec, avtokrat

autocratic [ə:təkrǽtik] *adj* (~ally *adv*) samovoljen, nasilen, diktatorski, avtokratski

auto-da-fé [ə:touda:féi] *n* sodba in sežiganje krivovercev, avtodafe

autodidact [ó:tədidækt] *n* samouk

autogamous [ə:tógəməs] *adj* (~ly *adv*) *bot* samoprašilen

autogenesis [ə:toudžénisis] *n* *biol* avtogeneza, samorodnost, generatio spontanea

autogenic [ə:tədžénik] *adj* (~ally *adv*) avtogen, samoroden

autogenous [ə:tódžinəs] *adj* (~ly *adv*) samoroden, avtogen; *techn* ~ **welding** plamensko varjenje

autogiro glej **autogyro**

autograph I [ó:təgra:f, -græf] *n* lastnoročna pisava, lastnoročni podpis; avtogram, rokopis; litografiran posnetek lastnoročne pisave

autograph II [ó:təgra:f, -græf] *vt* lastnoročno pisati; podpisati se; litografirati

autographic [ə:təgrǽfik] *adj* (~ally *adv*) lastnoročen, avtografski

autography [ə:tógræfi] *n* lastnoročna pisava; izvirni rokopis; avtografski tisk, litografija

autogyro [ó:toudžáiərou] *n* avtogir, helikopter

autoist [ó:touist] *n* avtomobilist(ka)

automatic [ə:təmǽtik] **1.** *adj* (~ally *adv*) avtomatičen, samogiben, samodejen, mehaničen; podzavesten; **2.** *n* avtomatska pištola

automation [ə:təméišən] p avtomatizacija

automatism [ó:tómətizəm] *n* avtomatičnost, podzavestno dejanje

automaton, *pl* -ta, -tons [ə:tómətən, -tə, -tənz] *n* avtomat

automatous [ə:tómətəs] *adj* avtomatičen, samodejen, mehaničen

automobile I [ə:təmóubi:l] *adj* samogiben; ~ **wagon** tovornjak

automobile II [ó:təməbi:l] *n* avtomobil; ~ **body** karoserija

automobilist [ə:təmóubi:list] *n* avtomobilist(ka), voznik, -ica

automotive [ə:təmóutiv] *adj* (~ly *adv*) *A* samogiben; avtomobilski

autonomic [ə:tənómik] *adj* (~ally *adv*) glej **autonomous**

autonomist [ə:tónəmist] *n* avtonomist(ka)

autonomous [ə:tónəməs] *adj* (~ly *adv*) neodvisen, samoupraven, samovladen, avtonomen

autonomy [ə:tónəmi] *n* neodvisnost, samouprava, samovlada, avtonomija

autonym [ó:tənim] *n* pravo ime

autoptical [ə:tóptikəl] *adj* (~ally *adv*) samoviden

autopsy [ó:təpsi] **1.** *n* ogled na lastne oči; *med* mrliški ogled, obdukcija; *fig* kritična razčlemba; ~ **room** obdukcijska dvorana; ~ **table** obdukcijska miza; **2.** *vt A* raztelesiti, obducirati

autoptic [ó:təptik] *adj* (~ally *adv*) samoviden, avtoptičen

autorifle [ó:təraifl] *n A* mitraljez

auto-road [ó:təroud] *n* avtostrada

autos-da-fé [ó:touzda:féi] *pl* od **auto-da-fé**

autostrada [ə:təstrá:də] *n* avtomobilska cesta

autosuggestion [ó:tosədžéšČən] *n* avtosugestija, samoprepričevanje

autosuggestive [ó:tosədžéstiv] *adj* (~ly *adv*) samoprepričevalen

autotimer [ó:totaimə] *n* *photo* samodejno sprožilo

autotruck [ó:tətrʌk] *n* tovornjak

autotype [ó:tətaip] *n* faksimile, posnetek

autumn [ó:təm] *n* jesen

autumnal [ə:tʌmnəl] *adj* jesenski

auxanometer [ə:gzənómitə] *n* aparat za merjenje rasti rastlin

auxiliary [ə:gzíliəri] **1.** *adj* pomožen, dodaten; **2.** *n* pomočnik, -nica; *gram* pomožnik; *pl* pomožne čete

avail I [əvéil] *vt & vi* koristiti, pomagati; uporabljati; **to** ~ **o.s. of** okoristiti se s čim; **what** ~**s it?** kaj pomaga?; **to be** ~ **ed of** rabiti nekaj

avail II [əvéil] *n* korist; smisel, pomen; **of no** ~, **without** ~ brezkoristen, nesmiseln; **of what** ~ **is it?** kakšen smisel ima?; **without** ~ zaman

availability [əveiləbíliti] *n* koristnost, uporabnost; razpoložljivost; veljavnost

available [əvéiləbl] *adj* (**availably** *adv*) uporaben, koristen; primeren; veljaven; razpoložljiv; **it is not** ~ ni ga dobiti; ni veljavno

availableness [əvéiləblnis] glej **availability**

avalanche [ǽvəla:nš] *n* plaz, lavina; *fig* poplava, ploha (česa)

avant-courier [ǽva:ŋkúriə] *n* predstraža, glasnik

avant-garde [ava:ntgá:d] *n* prednja četa izvidnica

avarice [ǽvəris] *n* skopost, lakomnost, pohlep

avaricious [ævəríšəs] *adj* (~ly *adv*) skop, lakomen, pohlepen

avariciousness [ævəríšəsnis] *n* skopost, lakomnost, pohlep

avast [əvá:st] *int naut* stoj!, ustavi!, nehaj!

avatar [ævətá:] *n myth* inkarnacija božanstva

avaunt [əvó:nt] *int arch joc* izgubi se; proč!, stran!

ave [á:vi, éivi] **1.** *int* pozdravljen; zbogom; **2.** *n* avemarija; slovo

avenge [əvéndž] *vt* maščevati (se), kaznovati; **to be** ~ **d on s.o. for s.th.** maščevati se komu za kaj; **to** ~ **o.s.** maščevati se

avenger [əvéndžə] *n* maščevalec

avengeress [əvéndžəris] *n* maščevalka

avengement [əvéndžmənt] *n* maščevanje

avenging [əvéndžiŋ] *adj* (~ly *adv*) maščevalen

aventurine [əvénčərin] *n* vrsta beneškega stekla; *min* aventurin

avenue [ǽvinju:] *n* dohod, privoz; drevored; *A* široka cesta, avenija; **an** ~ **to the fame** pot do slave; **to explore every** ~, **to leave no** ~ **unexplored** na vse kriplje se truditi

aver [əvó:] *vt* trditi, zatrjevati, dokazovati

average I [ǽvəridž] *n* popreček; *math* srednja vrednost; *naut* havarija, škoda, nastala na ladji; to an ~, on (ali at) an (ali the) ~, *A* on ~ poprečno; to make ~ izračunati srednjo vrednost; above ~ nadpoprečen, nadpoprečno; rough ~ približno poprečje; to strike an ~ določiti zlato sredino

·average II [ǽvəridž] *adj* (~ly *adv*) poprečen srednji, normalen, običajen; of ~ height srednje velikosti; ~ date poprečen rok; ~ output poprečna proizvodnja; ~ price srednja cena

average III [ǽvəridž] *vt* izračunati srednjo vrednost ali popreček; porazdeliti; poprečno zaslužiti

average-account [ǽvəridžəkaunt] *n com* obračun havarije

average-adjuster [ǽvəridžədjʎstə] *n* cenitelj havarije

average-stater [ǽvəridžstéitə] *n* cenitelj havarije

averment [əvə́:mənt] *n* trditev, dokazovanje, dokaz

averrable [əvə́:rəbl] *adj* (averrably *adv*) ki se da potrditi, dokazati

averruncate [ævərʌ́ŋkeit] *vt* obrezovati drevje

averruncator [ævərʌ́ŋkeitə] *n* vrtne škarje

averse [əvə́:s] *adj* (~ly *adv*) (*to*) nenaklonjen, protiven; not ~ to good food ki rad dobro je; he is not ~ to come čisto rad pride

averseness [əvə́:snis] *n* (*to*) nenaklonjenost, protivnost

aversion [əvə́:šən] *n* (*to*, *for*) nenaklonjenost, odpor, sovraštvo; predmet sovraštva; *joc* one's pet ~ najzoprnejši komu

avert [əvə́:t] *vt* (*from*) odvračati, odvrniti (od česa), preprečiti

avertibility [əvə:təbíliti] *n* preprečljivost, odvračljivost

avertible [əvə́:təbl] *adj* preprečljiv, odvračljiv

avian [éiviən] *adj* ptičji

aviarist [éiviərist] *n* lastnik voliere

aviary [éiviəri] *n* velika ptičnica, voliera

aviate [éiviət] *vi* pilotirati, leteti

aviatics [éiviətiks] *n pl* aviatika, nauk o letalstvu

aviation [eiviéišən] *n* letalstvo, letanje, aviacija

aviator [éivieitə] *n* letalec, aviatik

aviatress, aviatrice, aviatrix [éivieitris, éivieitriks] *n* letalka

aviculture [éivikʌlčə] *n* gojenje ptičev

aviculturist [eivikʌ́ltjuərist] *n* gojitelj(ica) ptičev

avid [ǽvid] *adj* (~ly *adv*) (*of*, *for*) pohlepen, željan, lakomen, požrešen

avidity [əvíditi] *n* (*of*, *for*) pohlep, lakomnost, požrešnost

avifauna [eivifɔ́:nə] *n* ptiči (določenega območja)

aviform [éivifɔ:m] *adj* ptičje oblike, ptičji

avigate [ǽvigeit] *vt mil* pilotirati

aviso [əváizou] *n* naznanilo, sporočilo, avizo

avocado [ævoká:dou] glej alligator pear

avocation [ævəkéišən] *n arch* razvedrilo; opravek; stranski poklic

avoid [əvɔ́id] *vt* izogibati se; *jur* odpraviti, razveljaviti; she could not ~ crying morala se je zjokati

avoidable [əvɔ́idəbl] *adj* (avoidably *adv*) izogiben; *jur* odpravljiv

avoidance [əvɔ́idəns] *n* (*of*) izogib; *jur* odprava uničenje; izpraznitev službe

avoirdupois [ævədəpɔ́iz] *n* utežni sistem, veljaven v angleško govorečih državah za vse blago, razen za drage kovine in zdravila (1 funt = = 16 unč); *coll* debelost, prevelika teža (človeka)

avouch [əváuč] *vt & vi* (*for*) jamčiti; trditi, izjaviti, priznati

avouchment [əváučmənt] *n* izjava; potrdilo; jamstvo

avow [əváu] *vt* priznati, izjaviti, ne tajiti

avowal [əváuəl] *n* priznanje, izjava

avowed [əváud] *adj* priznan, neprikrit

avowedly [əváuidli] *adj* priznano, po lastnem priznanju; odkrito

avowry [əváuri] *n* priznanje

avulsion [əvʌ́lšən] *n* nasilno odtrgovanje; nasilna ločitev

avuncular [əvʌ́ŋkjulə] *adj* stričev, stričevski; *joc* ~ relation oderuh

await [əwéit] *vt* čakati, pričakovati; *com* ~ing your reply v pričakovanju vašega odgovora

awake* I [əwéik] *vt & vi* zbuditi (se); zavedati se; spodbuditi; to ~ to one's danger zavedeti se nevarnosti

awake II [əwéik] *pred adj* zbujen, buden, čuječ; (*to*) zavedajoč se (česa); prekanjen; wide ~ popolnoma buden; to be ~ to s.th. spoznati kaj, zavedati se česa

awaken [əwéikən] 1. *vt* zbuditi; vzpodbujati; 2. *vi* zbuditi, zavedati se

awakening [əwéikniŋ] *n* zbujenje, prebujenje; rude ~ hudo razočaranje

award I [əwɔ́:d] *vt* dodeliti, prisoditi; dati, podeliti; to ~ damages določiti odškodnino; to ~ a prize dati nagrado

award II [əwɔ́:d] *n* dodelitev, podelitev; nagrada, premija

aware [əwɛ́ə] *pred adj* zavesten; to be ~ of s.th. zavedati se česa; to become ~ zavedeti se česa, opaziti kaj

awareness [əwɛ́ənis] *n* zavest

awash [əwɔ́š] *adv & pred adj naut* od valov premetavan, z valovi oblivan; preplavljen

away [əwéi] *adv* (*from*) proč, stran; nenehno; ~ back pred davnim časom; to be ~ odpotovati; far ~ daleč proč; far and ~ the best daleč najboljši; fire ~! prični!; to give ~ s.o. izdati koga; to make (ali do) ~ with s.th. odpraviti nekaj; to make ~ with o.s. narediti samomor; an ~ match tekma na tujem igrišču; to pine (ali waste) ~ hirati, hujšati; right ~ takoj; to pass ~ umreti; to throw ~ odvreči; to trifle ~ zapravljati; ~ for shame! sram te bodi!; I cannot ~ with ne prenesem; to work ~ nenehno delati; ~ with you! poberi se!; whither ~? kam greš?

awe I [ɔ:] *n* (globoko) spoštovanje; strah; to stand in ~ of s.th. bati se, zgroziti se česa; to fill (ali inspire, strike) s.o. with ~ v strah koga spraviti

awe II [ɔ:] *n* lopatica mlinskega kolesa

awe III [ɔ:] *vt* zbuditi spoštovanje; oplašiti koga; to ~ s.o. into silence z ustrahovanjem prisiliti koga k molku

aweary [əwíəri] *adj poet* truden, izčrpan

aweather [əwéθə] *adv & pred adj* na vetru

awe-inspiring [ɔ́:inspaiəriŋ] *adj* ki zbuja strah, globoko spoštovanje

4*

aweless [ɔ́:lis] *adj* neustrašen; nespoštljiv

awelessness [ɔ́:lisnis] *n* neustrašenost; nespoštljivost

awesome [ɔ́:səm] *adj* (~ **ly** *adv*) strašen, grozen; ki zbuja spoštovanje

awe-stricken [ɔ́:strikən] *adj* poln spoštovanja, spoštljiv; prestrašen

awe-struck [ɔ́:strʌk] glej **awe-stricken**

awful [ɔ́:ful, ɔ́:fl] *adj* (~ **ly** *adv*) strašen, grozen; spoštljiv; *coll* ~ **ly** zelo; **thanks** ~ **ly** prav lepa hvala

awfulness [ɔ́:fulnis] *n* groza, strah; *coll* neprijetnost; slabo obnašanje

awhile [əwáil] *adv* nekaj časa

awkward [ɔ́:kwəd] *adj* (~ **ly** *adv*) okoren, neroden, nespreten; *coll* nevljuden, mučen; nevaren; **the ~ age** »telečja« leta; **to feel ~** nelagodno se počutiti; **an ~ situation** mučen položaj; **the ~ squad** še nepreoblečeni novinci, rekruti; zelenci, novinci; **an ~ question to answer** vprašanje, na katero ni lahko odgovoriti

awkwardness [ɔ́:kwədnis] *n* nerodnost, okornost, nespretnost; mučen položaj

awl [ɔ:l] *n* šilo

awn [ɔ:n] *n* resa, osina

awned [ɔ:nd] glej **awny**

awning [ɔ́:niŋ] *n* platnena streha, šotorsko krilo, ponjava, šotor; senčnik

awny [ɔ́:ni] *adj* resast, osinast

awoke [əwóuk] *pt & pp* od **awake**

awry I [ərái] *adv* postrani, poševno, narobe; **to look ~** škiliti; po strani, z nezaupanjem gledati; **to go ~** zgrešiti pot; *fig* izjaloviti se

awry II [ərái] *pred adj* poševen, kriv; napačen, narobe, ponesrečen

axe, ax I [æks] *n* sekira; *fig* obglavljenje; **to have an ~ to grind** zasledovati zasebne cilje, imeti nekaj za bregom; **to put (ali fit) the ~ in the helve** rešiti uganko, doseči cilj; **to apply the ~** znižati proračun; **to get the ~** biti odpuščen, zgubiti službo; **to hang up the ~** na klin obesiti; **to set (ali lay) the ~ to the root of** lotiti se zatiranja česa

axe, ax II [æks] *vt* s sekiro sekati; *fig* znižati, zreducirati

axe-helve [ǽkshelv] *n* toporišče

axes [ǽksi:z] *pl* od **axis**

axial [ǽksiəl] *adj* (~ **ly** *adv*) osen

axil [ǽksil] *n bot* pazduha

axile [ǽksail] *adj* osen

axilla, *pl* **axillae** [æksílə, æksíli:] *n anat* pazduha

axillary [æksíləri] *adj bot* pazdušen; *anat* podpazdušen

axiom [ǽksiəm] *n* aksiom, splošno priznana resnica, osnovno načelo

axiomatic [æksiəmǽtik] *adj* (~ **ally** *adv*) aksiomski, nedvomen

axis, *pl* **axes** [ǽksis, ǽksi:z] *n* os; **longitudinal ~** vzdolžna os; **transverse ~** prečna os; **vertical ~** *geom* višina; ~ **of the earth** zemeljska os

axle [ǽksl] *n* os (kolesa); **driving ~** gonilna gred; **independent ~** nihalna prema

axle-base [ǽkslbeis] *n techn* medosje

axle-bearing [ǽkslbɛəriŋ] *n techn* osni ležaj

axle-box [ǽkslbɔks] *n techn* pestnica

axle-pin [ǽkslpin] *n* osnik, lunek

axle-tree [ǽksltri:] *n* medkolesna os; gred

axunge [ǽksʌndž] *n* gosja mast

ay, aye I [ai] *int* da, zares, seveda

ay, aye II [ai] *n* trdilni odgovor; **the ayes and noes** glasovi za in proti; **the ayes have it** večina je za

ay, aye III [ei] *adv Sc poet* vselej, vedno, vsakokrat; **for (ever and) ~** za vselej, za vedno

azalea [əzéiljə] *n bot* azaleja

azimuth [ǽziməθ] *n astr* azimut

azimuthal [æzimjú:θəl] *adj* (~ **ly** *adv*) *astr* azimutski

azoic [əzóuik] *adj* brez sledov življenja; *geol* brez organskih ostankov; ~ **period** azoik

azote [əzóut, ǽzout] *n chem* dušik

azotic [əzótik] *adj chem* dušikov, dušičnat

azure [ǽžə] **1.** *n* modrina, sinjina; **2.** *adj* svetlo moder, azuren; **3.** *vt* modriti, modro barvati

azurite [ǽžjurait] *n min* azurit

azyme [ǽzim] *m* vrsta židovskega nekvašenega kruha

azymous [ǽziməs] *adj* nekvašen

B

b [bi:] črka b; *mus* nota H; **B-deck** krov B; **not to know a B from a bull's foot** (ali **broom-stick**) biti zelo neveden; *joc* **a B flat** stenica; ~ **minor** H mol; ~ **major** H dur; ~ **sharp** his

baa [ba:] 1. *n* beketanje, blejanje; 2. *vi* beketati, blejati

baa-lamb [bá:læm] *n* koštrunček (v otroški govorici)

babbit [bǽbit] *n* lokalni patriot

babble [bæbl] 1. *vi* (iz)blebetati; žlobudrati, gobezdati, čebljati; žuboreti; 2. *n* čebljanje, blebetanje, žlobudranje, gobezdanje; žuborenje

babblement [bǽblmənt] *n* žlobudranje, blebetanje, gobezdanje; žuborenje

babbler [bǽblə] *n* blebetavec, -vka, žlobudravec, -vka, gobezdač

babe [beib] *n poet* otročiček, dojenček; *fig* zelenec; ~ **s in the wood** Janko in Metka; ~ **s and sucklings** popolni zelenci

babel [béibəl] *n* visoka zgradba; *fig* babilon, zmešnjava; razgrajanje, krik in vik

baboo [bá:bu:] *n* indijski pisar; zaničevalno ime za anglicizirane Indijce; ~ **English** pokvečena indijska angleščina

baboon [bəbú:n] *n zool* pavian

baby I [béibi] *n* otročiček, dojenček; otročnik, otročji človek; *A* ~ **carriage** (ali **cart, coach**) otroški voziček; ~ **in arms** otročiček, ki še ni shodil; ~ **cot** otroška posteljica; ~ **elephant** slonov mladič; **to hold** (ali **carry**) **the** ~ prevzeti nezaželeno odgovornost; ~ **piano** pianino; ~ **pin** bucika; **to plead the** ~ **act** izogibati se odgovornosti, izgovarjati se na neizkušenost; **to throw out the** ~ **with the bath** prevneto si prizadevati

baby II [béibi] *adj* otročji, droben, majhen

baby-farmer [béibifa:mə] *n* oseba, ki jemlje tuje otroke v rejo, rejnik, -nica

baby-farming [béibifa:miŋ] *n* reja tujih otrok

babyhood [béibihud] *n* zgodnja otroška doba, detinstvo

babyish [béibiiš] *adj* (~ **ly** *adv*) otroški, otročji, cmerav

babyism [béibiizəm] *n* otročarija

baby-kisser [béibikisə] *n coll* politik, ki skuša pridobiti glasove z obiskom krajev svojega okraja

Babylonian [bæbilóunjən] 1. *adj* babilonski; 2. *n* Babilonec, -nka

baby-minding [béibimaindiŋ] *n* nega dojenčka

baby-nursery [béibinə:sri] *n* otroške jasli

baby-sit [béibisit] *vt* varovati otroke v odsotnosti staršev

baby-sitter [béibisitə] *n* varovalec, -lka otrok v odsotnosti staršev

baby-snatcher [béibisnæčə] *n* ugrabitelj otrok

baccalaureate [bækəló:riit] *n* bakalavreat

baccarat [bǽkəra:] *n* bakarat (igra)

baccate [bǽkeit] *adj* jagodičast

bacchanal [bǽkənl] 1. *adj* razuzdan, lahkoživ; 2. *n* razuzdanec, -nka, lahkoživec, -vka

bacchanals [bǽkənlz] *n pl* orgije

bacchant [bǽkənt] *n* Bakhov svečenik, Bakhova svečenica; bakhant(ka)

bacchante [bəkǽnti] *n* Bakhova svečenica; bakhantka

bacchic [bǽkik] *adj* (~ **ally** *adv*) bakhovski; razuzdan

baccy [bǽki] *n coll* tobak

bach [bæč] 1. *n* skrajšano iz **bachelor**; 2. *vt A sl* **to** ~ **it** živeti kot samec

bachelor [bǽčlə] *n* neporočen moški, samec; bakalar; **old** ~ star samec; ~ **girl** neporočeno samostojno dekle; **Bachelor of Arts (Science)** diplomiran filozof (naravoslovec); ~ **'s buttons** gumbi, ki jih pritrdimo brez šivanja; *bot fam* ripeča zlatica; **knight** ~ vitez najnižje stopnje

bachelordom [bǽčlədəm] *n* samsko življenje, fantovstvo; bakalarstvo

bachelorhood [bǽčləhud] glej **bachelordom**

bachelorship [bǽčləšip] glej **bachelordom**

bacillary [bǽsiləri, bəsíləri] *adj* paličast; bacilast

bacilliform [bəsílifɔ:m] *adj* paličast, bacilast

bacillus *pl* **bacilli** *n* [bəsíləs, bəsílai] bacil

back I [bæk] *n* hrbet, hrbtišče; zadnja, spodnja stran; naslonilo, hrbtnik; velik čeber, sod; *sp* branilec, zaščitnik; **at the** ~ za; **behind the** ~ **of s.o.** *fig* za hrbtom komu; **the** ~ **of beyond** zelo daleč od tod; **to break the** ~ **of s.th.** opraviti glavni del naloge; **to be cast on one's** ~ doživeti poraz; ~ **and belly** obleka in hrana; **the Backs** parki za študentskimi domovi v Cambridgeu; **to get to the** ~ izslediti vzroke; **to have s.o. on one's** ~ imeti koga na vratu; **to give** (ali **make**) **a** ~ pripogniti se; **I can make neither** ~ **nor edge of him** ne spoznam se v njem; **at the** ~ **of one's mind** podzavestno; **to be on one's** ~ ležati bolan; **to be thoroughly on one's** ~ biti popolnoma na koncu; **to put one's** ~ **into** z vso vnemo se lotiti; **to put up one's** ~ razhuditi se; **to see the** ~ **of s.o.** znebiti se koga; **to have a strong** ~ veliko prenesti; **to**

turn one's ~ upon s.o. obračati hrbet komu, zapustiti koga; to get one's ~ up trdovratno se upirati; with one's ~ to the wall v hudi stiski
back II [bæk] adj hrbten; nazadujoč, zaostal; zadnji; zastarel, nazadnjaški; ~ number stara številka (časopisa); sl nemoderen človek, starokopitnež; zastarel način; ~ rent neplačana najemnina; to take a ~ seat imeti skromno službo, ne siliti v ospredje; ~ view pogled od zadaj
back III [bæk] adv nazaj; zadaj; nekoč, prej; spet, znova; to be ~ vrniti se; ~ and forth sem in tja; to go ~ on s.o. pustiti koga na cedilu; ~ off izza; never to look ~ imeti v vsem srečo; to pay s.o. ~ (in his own coin) vrniti komu milo za drago; to keep ~ utajiti; to go ~ from (ali upon) one's word besedo snesti, preklicati; to hang ~ mečkati, omahovati; to hold (ali keep) ~ zadrževati; to talk (ali answer) ~ ugovarjati, oporekati
back IV [bæk] 1. vi nazaj stopiti, umikati se; zmuzniti se; 2. vt nazaj potisniti, nazaj gnati, nazaj voziti; podpreti, podpirati; pomagati; staviti; (o)krepiti; biti opora; biti ozadje; indosirati; I'll ~ myself against any odds stavim ne vem kaj; to ~ a horse zajahati konja; staviti na konja; to ~ the wrong horse ušteti se, staviti na napačno karto; to ~ the oars, to ~ astern nazaj veslati; to ~ and fill kolebati, ne se odločiti; to ~ on one's word besedo snesti; to ~ on s.o. izdati koga, pustiti ga na cedilu; to ~ a cheque indosirati ček; mar ~ her! vozi nazaj!; to ~ water nazaj veslati
back down vi fig umakniti se; odreči se; izmakniti se
back on vi biti na zadnji strani; (to) gledati proti zadnji strani
back out vi (of) umakniti se; izmakniti se
back up vt podpirati; opogumiti
backache [bǽkeik] n bolečine v hrbtu, lumbago
back-action [bǽkækšən] n vzvratno delovanje
backband [bǽkbænd] n nahrbtni, križni jermen
back-basket [bǽkba:skit] n naramni koš, krošnja
back-bench [bǽkbenč] n zadnja klop v skupščini
back-bencher [bǽkbenčə] n poslanec, ki sedi v zadnji klopi in ki ni član kabineta
backbit [bǽkbit] pt od backbite
backbite* [bǽkbait] vt opravljati, obrekovati, klevetati
backbiter [bǽkbaitə] n opravljavec, -vka, obrekovalec, -lka
backbiting [bǽkbaitiŋ] 1. adj obrekljiv, opravljiv; 2. n obrekovanje, opravljanje, klevetanje, kleveta
backbitten [bǽkbitn] pp od backbite
backblocks [bǽkbloks] n pl kraji, ki so bogu za hrbtom
backboard [bǽkbə:d] n hrbtna opora (deska); zadnja deska (na vozu)
backbone [bǽkboun] n anat hrbtenica; fig glavna opora; to the ~ docela, stoodstotno
backboned [bǽkbound] adj ki ima hrbtenico; fig značajen, odločen
backboneless [bǽkbounlis] adj ki nima hrbtenice; neodločen
backbreaker [bǽkbreikə] n hudo opravilo

backbreaking [bǽkbreikiŋ] adj (~ly adv) naporen, težaven
back-chat [bǽkčæt] n šegav, predrzen odgovor
back-cloth [bǽkkləθ] n kulisa, ozadje odra
back-coupling [bǽkkʌpliŋ] n vzvratni sklop
back-current [bǽkkʌrənt] n nasprotni tok
backdoor [bǽkdə:] 1. n zadnja, stranska vrata; 2. adj skrit; tajen; neodkrit, zvit
backdown [bǽkdaun] n umik, vdaja
back-drop [bǽkdrop] n zastor v ozadju odra
back-end [bǽkend] n zadnji konec; konec sezije; pozna jesen
backer [bǽkə] n pomočnik, podpornik; privrženec; indosant; stavnik (na dirkah); žirant
backfall [bǽkfə:l] n padec na hrbet
backfire [bǽkfaiə] 1. vt izpuhniti; fig izjaloviti se; 2. n prezgodnji vžig; nepričakovana eksplozija
backgammon [bǽkgæmən] n vrsta kockanja
background [bǽkgraund] n ozadje, družbeno okolje; osnovno znanje; kulturno ozračje; zvočne motnje; predpostavka; izvor; to keep in the ~ ne siliti v ospredje
backhand [bǽkhænd] n udarec z leve strani roke (tenis); udarec s hrbtno stranjo roke; poševna pisava
backhanded [bǽkhændid] adj poševen (pisava); posreden; neodkrit, nepošten; dvoumen
backhander [bǽkhændə] n udarec s hrbtom roke; posreden napad; nepričakovan očitek
back-house [bǽkhaus] n dvoriščna zgradba; stranišče
backing [bǽkiŋ] n opora, pomoč; stava; umik; vzvratna vožnja; A ~ and filling kolebanje, negotovost
back-lash [bǽklæš] n techn prazen tek (stroja); tega; polzenje vijaka
backless [bǽklis] adj (~ly adv) globoko dekoltiran (na hrbtu)
backlog [bǽklog] n poleno v zadnjem delu ognjišča; coll rezerva; ostanek (plačila)
backmost [bǽkmoust] adj najzadnejši, čisto zadnji
back-number [bǽknʌmbə] n stara številka časopisa; človek zastarelih nazorov, starokopitnež
back-out [bǽkaut] n umik, vdaja
backpage [bǽkpeidž] n leva stran knjige
back-pedal [bǽkpédl] vi fig umikati se
back-projection [bǽkprədžćkšən] n projekcija ozadja
backroom [bǽkrum] n coll tajni oddelek ali laboratorij; ~ boys zaupni sodelavci v znanstvenem laboratoriju
backrest [bǽkrest] n opora
backsheesh [bǽkši:š] n napitnina, bakšiš
backside [bǽksaid] n arch zadnja stran; anat zadnja plat, zadnjica
backsight [bǽksait] n preklopna muha (na puški); pogled nazaj
backslid [bǽkslid] pt & pp od backslide
backslide* [bǽkslaid] vi nazaj zdrkniti; znova se pregrešiti; odpasti
backslider [bǽkslaidə] n nepopravljiv grešnik; odpadnik
back-spacer (bǽkspeisə] n vzvratna tipka (na pisalnem stroju)
backstage (bǽksteidž] 1. n zakulisje; 2. adj ki je za kulisami

backstairs [bǽkstɛəz] *n pl* zadnje, skrite stopnice; ~ **influence** zakulisne spletke

backstay (bǽkstei] *n* vrv, ki drži jambor; zatega; *fig* oporišče

backstitch [bǽkstič] *n* zavbod

backstop [bǽkstəp] *n* stojalo (košarka)

backstroke [bǽkstrouk] *n* hrbtno plavanje

backsword [bǽksɔ:d] *n* širok meč

backtalk [bǽktɔ:k] *n* predrzen odgovor; ostra zavrnitev

back-tooth [bǽktu:θ] *n* kočnik

backward [bǽkwəd] *adj* (~ly *adv*) nazaj obrnjen; (*in*) zakasnel, počasen; zaostal; nerazvit; plašen, sramežljiv; ~ **course** vzvratni tek

backward(s) [bǽkwəd(z)] *adv* nazaj; nekoč, davno; ~ **and forwards** sem in tja

backwardness [bǽkwədnis] *n* zaostalost; počasnost, lenoba; sramežljivost, plašnost; nevolja, omahljivost

backwash [bǽkwəš] *n mar* ladijski valovi, vrtinčina, valovi, ki se odbijajo od obale

backwater [bǽkwɔ:tə] *n* stoječa voda; *fig* omrtvelost, zaostalost, stagnacija

backwoods [bǽkwudz] *n pl A* gozdovi ob meji naseljene dežele; *fig* odročni divji kraji; pragozdovi

backwoodsman [bǽkwudzmæn] *n A* mejaš, pionir; *fig* neotesanec, surovež, divjak; *E coll* član Zgornjega doma, ki se le redkokdaj ali sploh ne prikaže v parlamentu

backyard [bǽkjá:d] *n* dvorišče

bacon [béikən] *n* slanina; *coll* **to baste s.o.'s** ~ našeškati koga; **to bring home the** ~ priboriti si zmago; **a rasher of** ~ tenka rezina slanine; **to save one's** ~ odnesti zdravo kožo

bacony [béikəni] *adj* slaninast, zamaščen; *med* ~ **liver** zamaščena jetra

bacteria [bæktíəriə] *pl* od **bacterium**

bacterial [bæktíəriəl] *adj* bakterijski

bactericide [bæktíərisaid] *n* baktericid, razkužilo

bacteriological [bæktiəriəlódžikəl] *adj* (~ **ally** *adv*) bakteriološki

bacteriologist [bæktiəriólədžist] *n* bakteriolog(inja)

bacteriology [bæktiəriólədži] *n* bakteriologija

bacterium [bæktíəriəm] *n* bakterija

bad I [bæd] *adj* (*comp* worse, *superl* worst) slab, pokvarjen, škodljiv, ponarejen; hud, hudoben, krivičen; bolan; ~ **to beat** težko premagljiv; ~ **blood** sovraštvo, huda kri; **to be in s.o.'s** ~ **books** biti pri kom slabo zapisan; ~ **egg** (ali **hat, lot**) človek na slabem glasu; ~ **fairy** zli duh; ~ **form** neprimerno vedenje; **from** ~ **to worse** vedno slabše; **to go** ~ pokvariti se; propasti, propadati; **not half (as)** ~ čisto čedno; ~ **language** zmerjanje, psovke; ~ **luck** smola; *A* ~ **man** razbojnik, bandit; **in** ~ **odour** na slabem glasu; **not too** ~ kar dobro; **it is too** ~ škoda, prenumno; **with a** ~ **grace** nerad; ~ **ways** razuzdano življenje; ~ **woman** razuzdanka

bad II [bæd] *n* zlo; primanjkljaj, zguba, poguba; **to go to the** ~ propasti, propadati; **to take the** ~ **with the good** sprijazniti se z neprijetnim; **to be to the** ~ biti na zgubi

baddish [bǽdiš] *adj* precej slab

bade [beid] *pt* od **bid**

badge [bædž] **1.** *n* znamenje, značka, znak, simbol, kokarda; **2.** *vt* označiti

badger I [bǽdžə] *n zool* jazbec; umetna muha (za ribolov); čopič iz jazbečje dlake; *A* posmehljivo ime za prebivalca Wisconsina; **to overdraw one's** ~ prekoračiti kredit

badger II [bǽdžə] *vt* (na)hujskati, (raz)dražiti; nadlegovati

badger-baiting [bǽdžəbeitiŋ] *n* lov na jazbeca

badger-dog [bǽdžədɔg] *n* jazbečar

badger-drawing [bǽdžədrɔ:iŋ] glej **badger-baiting**

badger-legged [bǽdžəlegd] *adj* krivonog

badinage [bǽdina:ž] **1.** *n* norčevanje, roganje, šala; **2.** *vi* norčevati, rogati, šaliti se

bad-lands [bǽdlændz] *n pl A* pustinja

badly [bǽdli] *adv* (*comp* **worse**, *superl* **worst**) hudo, slabo, nezadostno; zelo, nujno; **to be** ~ **off** slabo se imeti, trpeti pomanjkanje, živeti v bedi; **I want it** ~ nujno potrebujem

badminton [bǽdmintən] *n* vrsta hladilne pijače iz črnega vina, sodavice in sladkorja; *sp* vrsta igre

badness [bǽdnis] *n* slabost; hudobnost, zloba

bad-tempered [bǽdtempəd] *adj* slabe volje, siten

baffle I [bǽfl] *n* beganje, izigravanje; prevara

baffle II [bǽfl] *vt* uničiti, pokaziti; speljati v stran; zbegati, zmesti; ovirati; izigravati, preprečiti; odbijati; **it** ~ **s all description** ne da se popisati, nepopisno je; **to be** ~ **d** ne se znajti; **to** ~ **s.o.'s designs** prekrižati komu račune

baffler [bǽflə] *n* ki bega; slepar

baffle-painting [bǽflpeintiŋ] *n* kamuflaža

baffling [bǽfliŋ] *adj* oviralen, preprečevalen; varljiv, begajoč; zapleten; ~ **wind** nestalen veter

baffy [bǽfi] *n* vrsta lesene golfske palice

bag I [bæg] *n* vreča, torba, kovček; vrečka; lovska torba; lovska trofeja; balon; vime; *pl coll* hlače; *fig* odpust; ~ **and baggage** z vsem, kar ima; **a** ~ **of bones** kost in koža; **to let the cat out of the** ~ izdati skrivnost; **to empty the** ~ povedati vso resnico; **to bear** (ali **carry**) **the** ~ razpolagati z denarjem, obvladati položaj; **to give the** ~ odpustiti iz službe; **to have s.th. in the** ~ imeti kaj v dosegu; *coll* **it is in the** ~ je skoraj gotovo; **the whole** ~ **of tricks** vsi do zadnjega; **to make a good** ~ imeti lovsko srečo; prisvojiti si kaj

bag II [bæg] **1.** *vt* deti v vrečo; ujeti; ukrasti, sestreliti (letalo); s srpom kositi; **2.** *vi* napihniti se; razvleči se; ohlapno viseti; **to** ~ **a hare** ustreliti zajca; **to** ~ **butterflies** zbirati, loviti metulje

bagasse [bəgǽs] *n* sladkorni trs kot kurivo

bagatelle [bægətél] *n* malenkost; *mus* vrsta skladbe; vrsta biljarda

bagful [bǽgful] *n* vreča (česa)

baggage [bǽgidž] *n A* prtljaga; tovor; *mil* prenosna oprema; *vulg* pocestnica; **saucy** ~ predrzna ženska; **to check the** ~ oddati prtljago

baggage-car [bǽgidžka:] *n A* vagon za prtljago

baggage-man [bǽgidžmæn] *n* nosač

baggage-smasher [bǽgidžsmǽšə] glej **baggage-man**

baggage-room [bǽgidžrum] *n A* shramba za prtljago, garderoba

bagging [bǽgiŋ] *n* vrečevina

baggy [bǽgi] *adj* (**baggily** *adv*) vrečast, napihnjen; izvešen, viseč

bagman [bǽgmən] *n* trgovski potnik
bagnio [bá:njou] *n* kopališče; temnica, ječa; javna hiša, bordel
bagpipe [bǽgpaip] *n mus* dude
bagpiper [bǽgpaipə] *n* dudaš
bag-snatcher [bǽgsnǽčə] *n* tat ženskih torbic
bah [ba:] *int* neumnost!, beži beži!
baignoire [beinwá:] *n theat* loža ob odru
bail I [beil] *n* poroštvo, zastava, jamščina, kavcija; **to go** (ali **be, become, stand**) ~ **for s.o.** jamčiti za koga; **to be out on** ~ biti na svobodi proti kavciji; **to take** (ali **give**) **leg** ~ popihati jo; **I'll go** ~ glavo stavim; **to surrender** (ali **save**) **one's** ~ javiti se na sodišču v določenem roku; **to forfeit one's** ~ ne se javiti na sodišču (in tako zgubiti kavcijo); **to put in** ~ položiti kavcijo
bail II [beil] *n* roč, obroč; *Austral* okvir, ki drži kravino glavo pri molži; pregraja (v hlevu); *hist* grajski dvoriščni zid; grajsko dvorišče
bail III [beil] *vt* jamčiti; črpati vodo iz čolna, izplati; **to** ~ **out** jamčiti za koga; osvoboditi; skočiti s padalom
bailable [béiləbl] *adj* ki lahko položi kavcijo
bail-bond [béilbɔnd] *n* kavcija
bailee [beilí:] *n* varuh, depozitar, hranilec pologa
bailer [béilə] *n* pòl, zajemalka, črpalka; oseba, ki odstranjuje vodo iz čolna
bailey [béili] *n* zunanji grajski zid, grajsko dvorišče; **Old Bailey** osrednje kazensko sodišče v Londonu
bailie [béili] *n Sc* mestni svetnik
bailiff [béilif] *n hist* kraljev predstavnik v okrožju; sodnijski sluga; oskrbnik
bailiwick [béiliwik] *n* bailiffovo okrožje, delokrog; *fig* stroka
bailment [béilmənt] *n* poroštvo, jamstvo
bailor [béilə] *n* položnik, shranitelj blaga
bailsman [béilzmæn] *n* porok (za odpuščenega kaznjenca)
bairn [bɛən] *n Sc* dete, deček, deklica
bait I [beit] *n* vaba; prigrizek; krma, klaja; *fig* **to swallow** (ali **take, jump at, rise to**) **the** ~ ujeti se, dati se opehariti
bait II [beit] **1.** *vt* nastaviti vabo; *fig* dražiti; ščuvati; mučiti; krmiti, napajati; **2.** *vi* prigrizniti, jesti; prenočiti, počivati
baiting-place [béitiŋpleis] *n* napajališče; počivališče, prenočišče, gostilna
baize [beiz] *n* debelo sukno; ~ **table** zelena miza
bake [beik] *vt & vi* peči (se); žgati (se); (na soncu) zagorevati; zoreti; **half-**~**d** *fig* nezrel, nerazvit, slaboumen
bake-house [béikhaus] *n* pekarna
bakelite [béikəlait] *n* bakelit
baker [béikə] *n* pek; vrsta umetne muhe za ribolov; ~**'s dozen** 13 kosov; ~**'s knees** noge na X; **pull devil, pull** ~ neodločen boj; ~**'s (shop)** pekarna
baker-legged [béikəlegd] *adj* z nogami na X; *fig* šepav
bakery [béikəri] *n* pekarna
baking I [béikiŋ] *n* pečenje; vsad; peka
baking II [béikiŋ] *adj* pekoč, žgoč; ~ **hot** hudo vroč
baking-plate [béikiŋpleit] *n* plošča za pečenje

baking-powder [béikiŋpaudə] *n* pecilni prašek
baking-tin [béikiŋtin] *n* pekača
baksheesh [bǽkši:š] *n* napitnina, bakšiš
balaam [béilæm] *n* material, ki je v zalogi za izpolnitev praznega prostora v časopisu
balance I [bǽləns] *n* tehtnica; ravnotežje, protiutež; nihalo; kritje; *com* bilanca; saldo; *A joc* ostanek; **to be** (ali **hang, tremble, swing**) **in the** ~ viseti na nitki, biti v kritičnem položaju; **to lay in** ~ tvegati; **off one's** ~ ves iz sebe, razburjen; ~ **of payments** plačilna bilanca; **to carry forward the** ~ prenesti ostanek na nov račun; **to keep one's** ~ ohraniti ravnotežje; **to lose one's** ~ zgubiti ravnotežje; **to strike a** ~ narediti bilanco; najti ravnotežje; *fig* izvesti posledice; ~ **of power** politično ravnotežje; **(trembling) in the** ~ neodločen; **to be weighed in the** ~ **and found wanting** ne izpolniti upov, razočarati
balance II [bǽləns] **1.** *vt* tehtati; izenačiti; (*with, against, by*) držati v ravnotežju; soočiti; **2.** *vi* (*between*) kolebati, nihati; biti, ostati v ravnotežju; **to** ~ **the accounts with** obračuna(va)ti s; **to** ~ **the ledger** zaključiti glavno knjigo; **the accounts don't** ~ računi se ne ujemajo
balance-beam [bǽlənsbi:m] *n* prečka (na tehtnici)
balance-bridge [bǽlənsbridž] *n* vzdižni most
balanced [bǽlənst] *adj* uravnovešen, harmoničen, proporcionalen; kompenziran
balancer [bǽlənsə] *n* vrvohodec, ekvilibrist
balance-sheet [bǽlənsši:t] *n* popis imovine; bilanca; **to make out the** ~ narediti bilanco
balance-wheel [bǽlənswi:l] *n* nihalo (žepne ure)
balconied [bǽlkənid] *adj* ki ima balkon, z balkonom
balcony [bǽlkəni] *n* balkon
bald [bɔ:ld] *adj* (~**ly** *adv*) plešast, gol; *fig* boren, reven; suhoparen; belolisast (konj); očiten, otipljiv; ~ **as a coot** (ali **billiard ball, an egg**) popolnoma plešast
baldachin [bɔ́:ldəkin] *n* baldahin, nebo (npr. nad posteljo)
bald-coot [bɔ́:ldku:t] *n zool* črna liska
balderdash [bɔ́:ldədæš] *n obs* godlja; neumnost, čenče, nesmisel, bedarije
bald-head [bɔ́:ldhed] *n* plešavec, plešec
bald-headed [bɔ́:ldhédid] *adj* plešast; **to go at** (ali **into, for) s.th.** ~ napeti vse sile, odločno ravnati
baldish [bɔ́:ldiš] *adj* nekoliko plešast
baldly [bɔ́:ldli] *adv* odkrito; revno; **to put it** ~ naravnost povedati
baldness [bɔ́:ldnis] *n* plešavost, golost
baldpate [bɔ́:ldpeit] *n* plešavec, plešec
baldric [bɔ́:ldrik] *n* prekoramni jermen; pas za meč
bale I [beil] *n* bala tkanine, omot, svežanj, zavoj; *pl* blago (v balah); ~ **goods** blago v balah
bale II [beil] zavijati; *coll* **to** ~ **out** skočiti s padalom
bale III [beil] *n poet, arch* nesreča, gorje, trpljenje, muka
baleen [bəlí:n] *n* ribja (kitova) kost
balefire [béilfaiə] *n* goreča grmada, kres, velik ogenj
baleful [béilful] *adj* (~**ly** *adv*) škodljiv, kvaren, poguben; nesrečen, žalosten

baler [béilə] *n* zavijalec; stroj za stiskanje bal
balk I [bɔːk, bɔːlk] *n* bruno, hlod; prekladnik; obmejek, osredek; ovira, preprečitev; kazenski prostor (biljard); **to make a ~ of good ground** zamuditi ugodno priložnost
balk II [bɔːk] 1. *vt* obiti, iti preko česa; preprečevati, ovirati; razočarati, opehariti; 2. *vi* zastati, ustaviti se; *(at)* zgroziti, plašiti, prestrašiti, zdrzniti se; **he was ~ed of his desires** njegovo upanje se je izjalovilo; **to ~ duty** izogibati se dolžnosti
balky [bɔ́ːki] *adj* (**balkily** *adv*) kujav, uporen, trmast
ball I [bɔːl] *n* žoga, klobčič, kepa; *anat* plesno, blazina; *anat* peščaj; gruda; *sp* **a good ~** dober udarec; **to catch the ~ at** (ali **on**) **the bound** spoznati priložnost, izrabiti položaj; **~ of contention** vzrok prepira; **~ of the eye** zrklo; **~ of the knee** *anat* pogačica; **~ of the foot** plesno, blazina; **to have the ~ at one's feet** obvladati položaj; **to keep the ~ rolling** (ali **up**) ohraniti stvar ali pogovor v teku; **to make ~s of s.th.** narediti zmedo iz česa; **to toss about the ~** posplošiti pogovor; **to take the ~ before the bound** prenagliti se; **to play at the ~** žogati se; **on the ~** spreten, uren; *A* **to have a lot on the ~** biti zelo sposoben; *mil* **to load with ~** ostro nabiti; **~ and socket joint** kroglasti zgib; *sp* **~ out** stranski avt; **uncle three ~s** lastnik zastavljalnice; **three (golden) ~s** znak zastavljalnice; **to strike the ~ under the line** imeti smolo; **to take up the ~** lotiti se česa; **the ~ is with you** vi ste (ti si) na vrsti (pri igri)
ball II [bɔːl] *vt & vi* zviti ali stisniti (se) v kroglo; **to ~ up** zmesti, zmešati; kepiti; **~ed up** prismuknjen
ball III [bɔːl] *n* ples, plesna zabava; **fancy dress ~** ples v maskah; **to open** (ali **lead up**) **the ~** začeti
ballad [bǽləd] *n* balada
ballad-monger [bǽlədmʌŋgə] *n* poulični pevec; slab pesnik, pesmarček, rimar; prodajalec popularnih balad
balladry [bǽlədri] *n* petje ali pisanje balad
ballast I [bǽləst] *n* obtežba, balast, gramoz (kot podlaga proge); **to have no ~** biti nestanoviten, neuravnovešen; **in ~** natovorjen (ladja); **mental ~** duševna uravnovešenost
ballast II [bǽləst] *vt* obtežiti, otovoriti; z gramozom posuti; držati v ravnotežju
ballasting [bǽləstiŋ] *n* obtež, obtežilo
ball-bearing [bɔ́ːlbɛəriŋ] *n techn* kroglični ležaj
ball-boy [bɔ́ːlbɔi] *n* pobiralec žog (tenis)
ball-cock [bɔ́ːlkɔk] *n* avtomatska pipa na kroglico
ballerina [bælríːnə] *n* baletka, balerina
ballet [bǽlei, bǽli] *n* balet
ballet-dancer [bǽlidɑːnsə] *n* baletni plesalec, baletna plesalka; baletnik, baletka
ballet-girl [bǽligəːl] *n* baletka
ballet-master [bǽlimɑːstə] *n* baletni mojster
ball-games [bɔ́ːlgeimz] *n pl* igre z žogo
ballistic [bəlístik] 1. *adj* balističen; 2. *n pl* balistika, nauk o gibanju izstrelkov
ballock [bǽlək] *n Austral vulg* jajce, modo; *pl* neumnost, traparija
ballonet [bǽlənit] *n* balonček
balloon I [bəlúːn] *n* balon; zrakoplov; velika trebušasta steklenica; *archit* krogla (vrh stolpa)

balloon II [bəlúːn] *vt & vi* napihniti (se); dvigati se; z balonom leteti; *com* umetno dvigati cene; **captive ~** privezani balon; **free ~** prost, neprivezan balon; **pilot** (ali **trial**) **~** poskusni balon; **navigable ~** vodljivi balon; **barrage ~** zaporni balon
balloon-cloth [bəlúŋklɔθ] *n* balonska svila
ballooner [bəlúːnə] *n* glej **balloonist**
balloonist [bəlúːnist] *n* tisti, ki leti z balonom; pilot balona
ballot I [bǽlət] *n* volilna kroglica; glasovnica; tajno glasovanje, volitve; žrebanje; oddani glasovi; žreb; bala (30 do 50 kg); **to take a ~**, **to elect** (ali **vote**) **by ~** glasovati; *A* **Australian ~** nevezana kandidatna lista; **single ~** soglasna izvolitev; **by ~** z glasovanjem; **second** (ali **final**) **~** ožja volitev
ballot II [bǽlət] *vi (for)* (tajno) glasovati; žrebati
ballotage [bǽlətidž] *n* glasovanje; ožji izbor med dvema kandidatoma
ballotation [bælətéišən] *n* glasovanje
ballot-box [bǽlətbɔks] *n* volilna skrinjica, žara
balloting [bǽlətiŋ] *n* glasovanje
ballot-paper [bǽlətpeipə] *n* glasovnica
ball-pen [bɔ́ːlpen] *n* kemični svinčnik, večno pero
ball-point (pen) [bɔ́ːlpoint(pen)] glej **ball-pen**
ball-proof [bɔ́ːlpruːf] *adj* oklopen
ball-room [bɔ́ːlrum] *n* plesna dvorana
bally [bǽli] 1. *adj sl* preklet, presnet, vražji; 2. *adv sl* strašno, presneto, vražje
ballyhoo [bælihúː] 1. *n A sl* kričeča reklama; razkazovanje, postavljanje; bluf, govoričenje; 2. *vt & vi sl* kričeče ponujati
ballyrag [bǽliræg] *vt & vi sl* norčevati se; grajati, hruliti, surovo se šaliti
ballyragging [bǽliragiŋ] *n* grajanje, hruljenje; neslana šala
balm I [bɑːm] *n bot* medenika; balzam, blažilo; *fig* uteha, tolažba; **to pour ~ into s.o.'s wounds** tolažiti koga
balm II [bɑːm] *vt* balzamirati; tešiti; blažiti
balm-cricket [bɑ́ːmkrikit] *n zool* cikada
balm-mint [bɑ́ːmmint] *n bot* medenika, melisa
balmoral [bælmɔ́rəl] *n* vrsta volnenega blaga; vrsta čevlja; škotska čepica
balmy [bɑ́ːmi] *adj* (**balmily** *adv*) balzamičen; blagodišeč; blažeč; zdravilen; nežen; *coll* slaboumen
balneal [bǽlniəl] *adj* (**~ ly** *adv*) balneološki
balneologist [bælniɔ́lədžist] *n* balneolog
balneology [bælniɔ́lədži] *n* balneologija, zdravljenje s kopelmi
baloney [bəlóuni] glej **boloney**
balsam [bɔ́ːlsəm] *n* glej **balm**; *bot* balzamovec
balsamic [bɔːlsǽmik] *adj* (**~ ally** *adv*) balzamičen, blagodišeč; blažeč
baluster [bǽləstə] *n* ograjni stebrič; *pl* stopniščna ograja
balustrade [bæləstréid] *n* ograja, naslon
bam [bæm] 1. *vt sl arch* prevara, slepilo; 2. *vt sl* slepiti, norčevati se
bamboo [bæmbúː] *n bot* bambus
bamboozle [bæmbúːzl] *vt sl* (pre)slepiti, (pre)varati, ukaniti koga; *fig* **to ~ o.s.** zaleteti se; **to ~ out** s prevaro vzeti; **to ~ into doing s.th.** s prevaro prisiliti, da kaj stori

bamboozlement [bæmbú:zlmənt] *n* prevara, ukana, sleparstvo

ban I [bæn] *vt* izobčiti, prekleti, prepovedati

ban II [bæn] *n* razglas; *arch* prekletstvo, izobčenje, prepoved; bojkot; ban; **to put under a** ~ prepovedati, izobčiti

banal [bəná:l, béinl] *adj* (~ **ly** *adv*) plehek, vsakdanji; navaden obrabljen

banality [bənǽliti] *n* navadnost, vsakdanjost, plehkost, banalnost

banana [bəná:nə] *n bot* bananovec; banana; **hand of** ~s svrženj banan; ~ **plug** banana (radio)

banc(o) [bǽŋk(ou)] *n* klop za sodnike; sodni dvor, sodišče; **in** ~ pri zasedanju (vrhovno sodišče)

band I [bænd] *n* vez; vrvica, trak, jermen; obrobek; obroč; spona, okovi; *techn* pogonski jermen; *pl* duhovnikov, sodnikov ovratnik

band II [bænd] *n* tolpa, četa, truma; drhal, sodrga; godba, kapela, orkester; *A* **that beats the** ~ to je višek; *coll* **when the** ~ **begins to play** ko postane položaj resen

band III [bænd] *vt* povezati, združiti, zbrati (se); **to** ~ **together** zbrati se

bandage [bǽndidž] **1.** *n* obveza, preveza, ovoj; ovijača; **2.** *vt* obvezati, obvezovati

bandage-box [bǽndidžbɔks] *n* omarica za prvo pomoč

bandaging [bǽndidžiŋ] *n* prevezovanje, obvezovanje

bandan(n)a [bændǽnə] *n* živo pisana ruta

bandbox [bǽndbɔks] *n* škatla za trakove, klobuke ipd.; **to look as if one had stepped out of a** ~ biti kakor iz škatlice

band-conveyer [bǽndkənveiə] *n techn* tekoči trak, transporter

bandeau [bǽndou] *n* trak za lase; trak na klobuku

band-iron [bǽndaiən] *n* jekleni trak, obročevina

bandit [bǽndit] *n* razbojnik, tolovaj, bandit

banditry [bǽnditri] *n* razbojništvo

banditti [bændíti] *pl* od **bandit**

band-leader [bǽndli:də] *n* kapelnik

bandmaster [bǽndma:stə] glej **band-leader**

bandog [bǽndɔg] *n* pes na verigi; pes krvoslednik, buldog

bandoleer, bandolier [bændəlíə] *n* čezramenski jermen (z žepi za naboje)

band-saw [bǽndsɔ:] *n techn* tračna žaga

bandsman [bǽndzmæn] *n* član vojaške godbe

bandstand [bǽndstænd] *n* glasbeni paviljon, podij za orkester

band-steel [bǽndsti:l] *n* jekleni trak

bandwagon [bǽndwægən] *n A coll*; **to climb on the** ~ pridružiti se večini

band-wheel [bǽndwi:l] *n techn* vztrajnik

bandy I [bǽndi] *n sp* posebna oblika tenisa; vrsta hokeja; hokejska kljukasta palica; kočija, voz (Indija)

bandy II [bǽndi] *vt* premetavati; pričkati se; spogledovati se; deliti in dobivati udarce; **to** ~ **about, to** ~ **a runour** širiti govorico; **to** ~ **words with s.o.** pričkati se s kom; **her name was freely bandied about** njeno ime je šlo od ust do ust

bandy III [bǽndi] *adj coll* krivih nog, krivonog, nog na O

bandy-legged [bǽndilegd] glej **bandy III**

bane [béin] *n* strup (samo v sestavljenkah); *fig* poguba, nesreča, smrt; vir nesreče; **rat's-**~ strup za podgane

baneful [béinful] *adj* (~ **ly** *adv*) usoden, poguben, strupen, smrten; razdiralen

banefulness [béinfulnis] *n* pogubnost, razdiralnost

banewort [béinwə:t] *n bot* strupena rastlina

bang I [bæŋ] **1.** *vt* glasno udariti; loputati, zaloputniti; tolči; bobnati; znižati cene; *sl* prekašati, presegati; **2.** *vi* razpočiti se, eksplodirati; zaloputniti se; **to** ~ **something into s.o.'s head** vtepsti komu v glavo; **to** ~ **s.o. on the head** lopniti koga po glavi; ~**ed up to the eyes** ko žolna pijan; **to** ~ **against s.th.** butniti ob kaj

bang off *vt* razstreliti; *mus* odbrenkati

bang out *vi* jezen jo odkuriti

bang to *vt* zaloputniti vrata

bang II [bæŋ] *n* udarec, pok, tresk; deška frizura; **to shut the door with a** ~ zaloputniti vrata; *coll* **to go over with a** ~ sijajno opraviti

bang III [bæŋ] *adv* nepričakovano, nenadoma; natanko; naravnost; **to go** ~ razpočiti se, eksplodirati

bang IV [bæŋ] *int* bum!, tresk!

bang V glej **bhang**

bangle [bǽŋgl] *n* zapestnica, obroček

bang-up [bǽŋʌp] *adj A coll* prvovrsten

banian [bǽniən] *n* indijski trgovec; krošnjar; agent; tajnik; domača halja (Angleža v Indiji); vrsta majice; indijski figovec; ~ **day** brezmesni, postni dan; ~ **hospital** veterinarska bolnica

banian-tree [bǽniəntri:] *n bot* indijski figovec

banish [bǽniš] *vt* spoditi, pregnati; znebiti se; *fig* pozabiti; **to** ~ **the thought of s.th.** izbiti si kaj iz glave; **to** ~ **s.o. from the country** pregnati koga iz dežele

banishment [bǽnišmənt] *n* pregnanstvo, izgon

banister [bǽnistə] *n archit* ograjni stebrič; *pl* stopniščna ograja

banjo [bǽndžou] *n mus* banjo, črnska kitara; **to play the cat and** ~ **with** narediti zmešnjavo

bank I [bæŋk] *n* nasip, breg, jarek; sipina, prodina, plitvina; ostrižišče; brežina, pobočje; *aero* krivuljni polet; umetno nagnjeno cestišče na ovinku; plast oblakov, snega; *naut* veslaška klop; tabla, deska (košarka); vrsta orgelskih tipk; delovna klop, delovni stol; baterija, serija (npr. strojev)

bank II [bæŋk] *n com* banka; **branch** ~ podružnica (banke); **to break the** ~ uničiti banko (pri hazardni igri); ~ **of circulation** žirobanka; **the Bank** angleška državna banka; ~ **for loans** posojilnica; ~ **holiday** bančni praznik; ~ **of exchange** menjalnica; ~ **of issue** emisijska banka; **savings** ~ hranilnica

bank III [bæŋk] *vt* & *vi* z nasipom obdati; nakopičiti; zajeziti; *aero* leteti z nagnjenim krilom, v krivulji

bank IV [bæŋk] *vt com* vložiti v denarni zavod; hraniti v banki; imeti banko (pri igri); vnočiti

bank on ali **upon** *vi* računati, zanašati se na kaj

bank up *vt* (na)kopičiti

bank with *vi* imeti račun pri banki, imeti poslovne stike z banko

bankable [bǽŋkəbl] *adj* ki ga banka sprejema, vnočljiv

bank-account [bǽŋkəkaunt] *n* bančni račun
bank-bill [bǽŋkbil] *n* bančna menica; bankovec
bank-book [bǽŋkbuk] *n* hranilna knjižica
bank-clerk [bǽŋkkla:k] *n* bančni uradnik
bank-credit [bǽŋkkredit] *n* bančni kredit
bank-deposit [bǽŋkdipɔzit] *n* bančna vloga
bank-clerk [bǽŋkkla:k] *n* bančni uradnik
bank-draft [bǽŋkdra:ft] *n* bančna menica
banker [bǽŋkə] *n* bankir, lastnik banke; kopač
   jarkov; vrsta ribiškega čolna; vrsta igre kart;
   konj, ki skače preko jarkov; ~'s discretion
   bančna skrivnost; ~'s order plačilni nalog
banking [bǽŋkiŋ] 1. *n* bankarstvo, bančništvo;
   zajezitev; 2. *adj* bančen;
banking-house [bǽŋkiŋhaus] *n* banka
bank-note [bǽŋknout] *n* bankovec
bank-rate [bǽŋkreit] *n* bančna obrestna mera
bankrupt I [bǽŋkrʌpt] 1. *n* bankrotnik; 2. *adj*
   nezmožen plačila, zbankrotiran; obubožan;
   to go ~ priti pod stečaj, popolnoma obubožati;
   to declare ~ razglasiti stečaj; ~'s estate ste-
   čajna masa; ~ in health hudo bolan
bankrupt II [bǽŋkrʌpt] *vt* spraviti na beraško
   palico
bankruptcy [bǽŋkrʌpsi] *n* denarni polom, stečaj,
   bankrot, konkurz; *fig* brodolom; propad; act
   of ~, declaration of ~ napoved stečaja; ~
   commissioners stečajna uprava; ~ act odločba
   o stečaju; state ~ državni bankrot, finančni
   zlom; to file one's (petition in) ~ napovedati
   stečaj
banksman [bǽŋkzmæn] *n* premogovniški paznik
   (dnevnega kopa)
bank-standard [bǽŋkstændəd] *n* bančna valuta
bank-stock [bǽŋkstɔk] *n* bančni kapital
banner I [bǽnə] *n* prapor, zastava; *fig* znak,
   simbol; naslov z velikimi črkami preko cele
   strani časopisa; to unfurl the ~ razviti zastavo;
   A joc to carry the ~ klatiti se vso noč, ne imeti
   zatočišča
banner II [bǽnə] *adj A sl* glaven; prvovrsten; viden
banner-bearer [bǽnəbɛərə] *n* zastavonoša
banneret [bǽnərit] *n* vitez, ki je vodil svoje vazale
   pod lastno zastavo; človek, ki je postal vitez
   za svoje zasluge na bojišču
bannerman [bǽnəmæn] *n* zastavonoša
bannerol(e) [bǽnəroul] *n* svilena pogrebna zastava
   (na pogrebu znamenitih oseb)
bannock [bǽnɔk] *n Sc* vrsta ovsenega ali ječme-
   novega ponvičnika
banns [bænz] *n pl* oklici; to publish (ali ask, call)
   the ~ of s.o. oklicati koga; to forbid the ~
   onemogočiti poroko; to have one's ~ called
   biti oklican
banquet [bǽŋkwit] 1. *n* pojedina, banket; 2. *vt & vi*
   gostiti (se); ~ of brine jok, solze
banqueter [bǽŋkwitə] *n* udeleženec, -nka slavnost-
   ne pojedine
banquette [bæŋkét] *n* hodnik ob robu ceste, ob-
   krajek; *A* pločnik; trdnjavski nasip; klop za
   kočijažem v poštnem vozu
banshee [bænší:] *n Ir & Sc* vila, ki napoveduje
   smrt; *coll* sirena ob letalskem napadu
bant [bænt] *vi* delati shujševalno kuro

bantam [bǽntəm] *n* liliputanka (kokoš); *fig* droben,
   bojevit človek, »petelin«; *sp* ~ weight boksar
   teže do 54 kg
banter [bǽntə] 1. *n* norčija, šala; nagajanje, dra-
   ženje; 2. *vt & vi* norčevati, šaliti se; *A* izzivati,
   dražiti
banterer [bǽntərə] *n* šaljivec; posmehljivec
ban-the-bomb [bǽnθəbɔ́m] *adj* protiatomski (de-
   monstracije)
banting [bǽntiŋ] *n* shujševalna kura
bantling [bǽntliŋ] *n* otroček, otročaj
banyan [bǽniən] glej banian
baobab [béiəbæb] *n bot* kruhovec
bap [bæp] *n Sc* vrsta kruhka
baptism [bǽptizəm] *n* krst; ~ of blood mučeništvo;
   ~ of fire ognjeni krst; certificate of ~ krstni
   list
baptismal [bǽptizməl] *adj* (~ly *adv*) krsten; ~
   certificate krstni list; ~ font krstni kamen;
   ~ service krstitev; ~ name krstno ime
baptist [bǽptist] *n* krstitelj, krstnik; baptist
baptist(e)ry [bǽptist(ə)ri] *n* krstilnica
baptize [bæptáiz] *vt* krstiti; dati ime; *fig* očistiti,
   prekaliti
bar I [ba:] *n* palica, drog, bradeljnica; *mus* črta
   taktnica; proga, kos npr. mila; tablica (čoko-
   lade); zapah; pregraja; *fig* ovira; posebni od-
   delek, pult; sipina; *fig* sodišče; odvetništvo,
   advokatura; *jur* priziv, tožba; dvorana; točil-
   nica, gostilna; *zool* grba; to be called to the ~
   postati odvetnik; to call to the ~ poklicati na
   sodišče; behind bolt and ~ za rešetkami; God's
   ~ poslednja sodba; to practise at the ~ ukvar-
   jati se z odvetništvom, biti odvetnik; prisoner
   of the ~ obtoženec; sand ~ sipina; to study
   for the ~ študirati pravo; ~ sinister prečka
   v grbu kot znak nezakonskega rojstva plemiča;
   to play a few ~s zaigrati nekaj taktov; horizon-
   tal ~ drog (telovadno orodje); parallel ~s
   bradlja
bar II [ba:] *vt* (*from*) zapahniti, zapreti; ovirati;
   prepovedati; izločiti; oddeliti; zadrževati; *sl*
   ne marati, grajati
bar in *vt* obdati, ograditi, zapreti
bar out *vt* izključiti, ne pustiti noter; izvzeti
bar up *vt* zagraditi
bar III [ba:] *prep* razen, ne glede na; ~ none brez
   razlike, vsi
barb [ba:b] *n* brčice (ribe); zazobek, kosmača; *fig*
   bodica; berberec (konj); zbadljivka; ~ed wire
   bodičasta žica; *fig* ~ed words zbadljive besede
barbarian [ba:béəriən] 1. *adj* divji, barbarski, ne-
   otesan, neolikan, neciviliziran; tuj; 2. *n* tujec,
   barbar; neolikanec, neotesanec
barbaric [ba:bǽrik] *adj* (~ally *adv*) divji, neolikan,
   surov, neciviliziran, neotesan; *fig* čuden, ne-
   navaden
barbarism [bá:bərizəm] *n* barbarstvo, surovost,
   neotesanost, divjaštvo; jezikovni barbarizem;
   popačenka
barbarity [ba:bǽriti] *n* surovost, neolikanost, bar-
   barstvo
barbarization [ba:bəraizéišən] *n* barbariziranje,
   posurovitev
barbarize [bá:bəraiz] *vt & vi* posuroviti, barbarizi-
   rati; posuroveti, podivjati

barbarous [báːbərəs] *adj* (~ly *adv*) glej **barbaric**
barbate [báːbeit] *adj* bodičast, resast, osinast
barbecue [báːbikjuː] 1. *n* raženj; na ražnju pečena žival; *A* ljudsko slavje na prostem; bife, okrepčevalnica; pražarna (kave); 2. *vt* na ražnju peči; pražiti (kavo)
barbel [báːbəl] *n zool* mrena; ribji brk
bar-bell [báːbel] *n* (težka) ročka (telovadno orodje)
barber I [báːbə] *n* brivec; *arch* surgeon ~ padar; every ~ knows it to ve vsakdo; ~'s music neubrana glasba
barber-shop [báːbəšəp] *n A* brivnica
barber(r)y [báːbəri] *n bot* češmin
barbet [báːbit] *n* koder (pes)
barbette [baːbét] *n mil* podstavek topovske cevi, lafeta
barbican [báːbikən] *n* obrambni stolp, zunanja utrdba
barbitone [báːbitoun] *n med* veronal
barbiturate [baːbítjureit] *n med* barbiturat
barcarol(l)e [báːkəroul] *n mus* pesem beneških čolnarjev, barkarola
bard [baːd] *n* narodni pevec, pesnik, bard; konjski oklep; the Bard of Avon Shakespeare
bardic [báːdik] *adj* bardovski, bardski, pesniški
bardling [báːdliŋ] *n* rimač, slab pesnik
bardolater [baːdólətə] *n* oboževalec Shakespeara
bardolatry [baːdólətri] *n* oboževanje Shakespeara
bare I [bεə] *vt* odkriti, razgaliti, sleči; to ~ one's head odkriti se; to ~ one's heart zaupati se komu
bare II [bεə] *adj* gol, slečen, nepokrit; prazen; preprost; oguljen, ponošen; oropan; plešast; neokrašen; sam; *fig* očiten; ~ boards gola tla; the ~ fact že samo dejstvo; in one's ~ skin čisto gol; as ~ as the palm of one's hand kakor bi pometel, čisto pust; under ~ poles *naut* s spuščenimi jadri
bareback [bέəbæk] *adv* brez sedla (konj)
bareback(ed) [bέəbæk(t)] *adj* neosedlan
barefaced [bέəfeist] *adj* (~ly *adv*) *fig* predrzen, nesramen; golobrad, nemaskiran; a ~ lie nesramna laž
barefacedness [bέəfeistnis] *n* nesramnost
barefoot [bέəfut] *adv* bosih nog
barefoot(ed) [bέəfut(id)] *adj* bosonog
barehanded [bέəhǽndid] *adj* gólorok; *fig* neoborožen
bareheaded [bέəhédid] *adj* gologlav
bare-legged [bέəlégd] *adj* golonog, brez nogavic
barely [bέəli] *adv* šele; samo; komaj; odkrito
bare-necked [bέənékt] *adj* izrezan, dekoltiran
bareness [bέənis] *n* golost; *fig* revščina, pomanjkanje, uboštvo
baresark [bέəsaːk] 1. *n* divji bojevnik; 2. *adj* brez oklepa, nezaščiten, nezavarovan
bargain I [báːgin] *vi* (*about* o; *with* s; *for* za) barantati, trgovati; prodajati, kupovati; računati na kaj, pričakovati; I didn't ~ for that tega nisem pričakoval, s tem nisem računal; it was more than I ~ed for tega nisem pričakoval; to ~ away poceni prodati
bargain II [báːgin] *n* (dobra) kupčija, ugodna priložnost; pogodba; razprodaja; a bad ~ nesreča, huda zadeva; by ~ po dogovoru; a chance ~

priložnostni nakup; ~ counter oddelek z blagom po znižani ceni; I got it a dead ~ skoraj zastonj sem dobil; to drive a hard ~ mnogo zahtevati; it's a ~! velja! Dutch ~ kupčija ali ugovor v enostransko korist; to make the best of a bad ~ ne obupavati; a good ~ is a pickpocket poceni blago je slabo; a ~ is a ~ kar je, je; into the ~ povrhu; ~ hunter tisti, ki išče dobro kupčijo; a losing (ali hard, bad) ~ slaba kupčija; to strike (ali make, close) a ~ napraviti kupčijo, pogoditi se, dogovoriti se; to be off one's ~ rešiti se obveznosti; switch ~ ovinkarska kupčija; wet ~ kupčija, ki se konča s popivanjem
bargaree [baːgəníː] *n jur* kupec, stranka
bargainer [báːginə] *n* barantač; kupec, stranka; prodajalec
barganor [báːginə] *n* prodajalec
bargain-hunter [báːginhʌntə] *n* tisti, ki skuša kupovati kar se da poceni
barge I [báːdž] *n* barka; izletniški čoln; tovorni čoln, vlek; admiralov, kapitanov čoln; *A* izletniški avtobus
barge II [báːdž] *vi sl* to ~ about majati, opotekati se; to ~ into zaleteti se, trčiti v kaj; to ~ in prekinjati; *coll* a ~ about slab jahač, neroda, motovilo
bargee [baːdžíː] *n* barkar, čolnar; *coll* surovež; to swear like a ~ preklinjati kot voznik; *coll* lucky ~ srečnež
barge-pole [báːdžpoul] *n* drog za odrivanje čolna; he's not fit to be touched with a ~ zaničujem ga, zoprn mi je, gnusi se mi
baric [bǽrik] *chem* barijev
baritone glej **barytone**
barium [bέəriəm] *n chem* barij
bark I [baːk] *n* skorja, lubje; skorja kininovca; *sl* koža, krzno; ~ tanning strojenje z lubjem; to come (ali go) between the ~ and the tree vmešavati se v tuje zadeve; *A* a man with the ~ on neotesanec; to take the ~ off prikazati brez olepšanja
bark II [baːk] *vt* lupiti drevesa; strojiti; *coll* luščiti kožo
bark III [baːk] *n* lajež, lajanje; regljanje (puške); his ~ is worse than his bite ni tako hud kot je videti
bark IV [baːk] *vi* (*at*) lajati, bevskati; kašljati; regljati (puška); to ~ up the wrong tree motiti se, biti na napačni sledi
bark V [baːk] *n* trojamborska jadrnica; *poet* barka
bark-bound [báːkbaund] *adj* v rasti zaostal, zakrnel (drevo)
barkeeper [báːkiːpə] *n A* gostilničar
barker [báːkə] *n* lajavec, bevskač, kričač; *fig* poveličevalec; *sl* revolver, pištola; great ~s are no biters pes, ki laja, ni nevaren
barking I [báːkiŋ] *n* lajanje, lajež
barking II [báːkiŋ] *n* lupljenje drevesne skorje
barking-iron [báːkiŋaiən] *n sl* pištola, revolver
bark-liquor [báːklikə] *n* lužilo
bark-tree [báːktriː] *n bot* kininovec
barley [báːli] *n bot* ječmen; pot (ali French, Scotch, peeled) ~ ješprenj; pearl ~ ješprenjček; to cry ~ prositi za milost, za premirje

barley-broth [bá:librəθ] *n* močno pivo; ješprenjeva juha

barleycorn [bá:likə:n] *n* ječmenovo zrno; stara dolžinska mera (pribl. $^1/_3$ cole); **John Barleycorn** whisky

barley-mow [bá:limou] *n* žetev ječmena; snop ječmena

barley-sugar [bá:lišugə] *n* ječmenov slad

barley-water [bá:liwətə] *n* ječmenov obarek

barm [ba:m] *n* droži, kvas; ~ **brack** vrsta irskega kolača iz kvašenega testa

barmaid [bá:meid] *n* natakarica, točajka

barman [bá:mæn] *n* natakar, točaj, točilec, gostilničar

barmecide [bá:misaid] *adj* fantastičen, nemogoč

barmy [bá:mi] *adj* (**barmily** *adv*) kvasen, penast; *coll* neumen, nor; *vulg* ~ **on the crumpet** topoglav, nor; **to go** ~ ponoreti

barn [ba:n] *n* skedenj; *A* (tudi) hlev; *derog* revna hiša, slaba zgradba; ~ **dance** vrsta kmečkega plesa

barnacle [bá:nəkl] *n zool* lopar; arktična gos; klešče (kot mučilno orodje); *sl pl* ščipalnik, nanosnik; *fig* človek, ki noče oditi; *coll* star izkušen mornar

barn-door [bá:ndó:] *n* skedenjska vrata; *fig* tarča, ki je ni moči zgrešiti; ~ **fowl** domača perutnina; **he cannot hit a** ~ je slab strelec; **as big as a** ~ velikanski

barn-owl [bá:naul] *n zool* čuk

barnstorm [bá:nstə:m] *vt theat A* igrati kjer nanese (o potujočem igralcu)

barnstormer [bá:nstə:mə] *n* potujoči ali povprečen igralec

barn-yard [bá:nja:d] *n* kmečko dvorišče

barograph [bǽrəgra:f] *n* barograf

barometer [bǽrəmitə] *n* barometer, tlakomer

baron [bǽrən] *n* baron; *fig* magnat; *jur* mož, soprog; ~ **of beef** dvojna pljučna pečenka

baronage [bǽrənidž] *n* baronstvo

baroness [bǽrənis] *n* baronka

baronet [bǽrənit] *n* baronet, član najnižjega plemstva

baronetage [bǽrənitidž] *n* baroneti; knjiga s seznamom baronetov

baronetcy [bǽrənetsi] *n* baronetstvo; **to confer** ~ **upon s.o.** narediti koga za baroneta

baronial [bəróuniəl] *adj* baronski; sijajen, veličasten; ~ **style** prebogata arhitektura

barony [bǽrəni] *n* baronija, baronat; velik dvorec

baroque [bərók, bəróuk] **1.** *n* barok; **2.** *adj* baročen; čuden, nenavaden, grotesken

barouche [bərú:š] *n* vrsta kočije

barque [ba:k] *n* barka

barrack I [bǽrək] *n* baraka; (nav. *pl*) vojašnica, kasarna; ~ **bread** komis; **to be confined to** ~s biti zaprt v vojašnici

barrack II [bǽrək] **1.** *vi & vt* navijati (na tekmi); **2.** *n* navijač

barrage [bǽra:ž] *n* zajezitev; *mil* zapora, baraža

barrater, barrator [bǽrətə] *n* podkupljiv sodnik; *mar* ladijski poveljnik, ki dela v škodo lastnika ladje; pravdar, spletkar, hujskač, ščuvalec

barratry [bǽrətri] *n naut* zločinsko zanemarjanje dolžnosti, sabotaža; upor na ladji; ščuvanje k prepiru; pravdanje

barred [ba:d] *adj* zapahnjen; progast

barrel I [bǽrəl] *n* sod; puškina cev; valj; trebuh (npr. konja); prostorninska mera (pribl. 147 l) *A* denar za politično kampanjo; *coll* **not enough** ~ šibkega telesa; **to have s.o. over a** ~ spraviti koga v škripce; ~ **house**, ~ **shop** krčma; ~ **pump** ročna črpalka; **to holler down a rain** ~ gobezdati

barrel II [bǽrəl] *vt* (*off*, *up*) spraviti v sode

barrelled [bǽrəld] *adj* ki ima cev, ceven; v sodu spravljen; **double-**~ dvoceven; **well** ~ močnega trupa

barrel-maker [bǽrəlmeikə] *n* sodar

barrel-organ [bǽrələ:gən] *n mus* lajna

barrel-organ-grinder [bǽrələ:gəngraində] *n* lajnar

barrel-soap [bǽrəlsoup] *n* zeleno mehko milo

barrel-vault [bǽrəlvo:lt] *n archit* sodast obok

barren I [bǽrən] *adj* (~ **ly** *adv*) (*of*) neploden, pust; suhoparen, jalov; mrtev (kapital)

barren II [bǽrən] *n* neplodna zemlja, pustinja

barrenness [bǽrənnis] *n* neplodnost, jalovost; pustota

barret [bǽrət] *n* baretka

barricade [bǽrikéid] **1.** *n* barikada, ovira; **2.** *vt* ovirati, zabarikadirati

barrier [bǽriə] **1.** *n* (*to*) ovira; ograja; pregrada; zagraja; zapornica; **2.** *vt* (*off*, *in*) ograditi, zagraditi

barring [bá:riŋ] *prep* razen, ne glede na

barrister [bǽristə] *n* odvetnik, advokat (s pravico braniti na višjem sodišču), zagovornik

barrister-at-law [bǽristərætlə:] *n* odvetnik, advokat

barristerial [bəristíəriəl] *adj* odvetniški, advokatski

barroom [bá:rru:m] *n* točilnica

barrow I [bǽrou] *n* predzgodovinska gomila

barrow II [bǽrou] *n* nosila, voziček; kastrirani prašič

barrow-boy [bǽroubəi] *n* ulični prodajalec zelenjave, sadja

barrowman [bǽroumæn] *n* vozač samokolnice

bartender [bá:tendə] *n* glej **barman**

barter I [bá:tə] **1.** *vt* (*for*, *against*) zamenjavati; **2.** *vi* trgovati; **Bartered Bride** Prodana nevesta; **to** ~ **away** pod ceno prodajati ali zamenjati; zapraviti

barter II [bá:tə] *n* zamenjalna trgovina; prodaja na drobno

barterer [bá:tərə] *n* trgovec na drobno

bartisan, bartizan [ba:tizǽn] *n* stolpič

barton [bá:tən] *n* kmečko dvorišče; kmetija

barytes [bəráiti:z] *n min* barit, težec

barytone [bǽritoun] *mus* **1.** *n* bariton, baritonist; **2.** *adj* baritonski

basal [béisl] *adj* (~ **ly** *adv*) osnoven

basalt [bǽsə:lt] *n min* bazalt

basaltic [bəsó:ltik] *adj* bazalten

basan, bazan [bǽzən] *n* ovčje usnje, strojeno v hrastovem ali macesnovem lubju

bascule [bǽskju:l] *n* dvigalni drog, navor; ~ **bridge** vzdižni most; ~ **door** vzdižna vrata

base I [beis] *n* osnova, podlaga; podstavek, temelj; noga, podnožje; osnovnica, osnovna ploskev; *chem* baza; *mil* baza, oporišče; start in cilj (pri tekmi)

base II [beis] *vt* (*on, upon*) imeti za osnovo; osnovati, ustanoviti; opirati se, zanašati se
base III [beis] *adj* (~ ly *adv*) prostaški, nizkoten; manjvreden; slab, ponarejen
baseball [béisbɔ:l] *n A* vrsta športne igre z žogo
baseboard [béisbɔ:d] *n* podstavek; *photo* pokrov
base-born [béisbɔ:n] *adj* nizkega rodu; nezakonski
base-coin [béiskɔin] *n* ponarejen kovanec
base-court [béiskɔ:t] *n* zunanje grajsko ali kmečko dvorišče
baseless [béislis] *adj* (~ ly *adv*) neutemeljen, neosnovan
basement [béismənt] *n* temelj; prizemlje; *A* klet
base-minded [béismaindid] *adj* (~ ly *adv*) nizkoten
base-mindedness [béismaindidnis] *n* nizkotnost
baseness [béisnis] *n* nizkotnost; nepristnost; *chem* bazičnost
base oil [béisɔil] *n* surova nafta
baseplate [béispleit] *n* ležajna, podložna plošča; podstavek
bases [béisi:z] *n pl* od basis
bash [bæš] *vt sl* (*in, on, against*) silovito udariti, treskniti
basher [bǽšə] *n A sl* ubijalec, morilec
bashful [bǽšful] *adj* (~ ly *adv*) sramežljiv, plašljiv, plah
bashfulness [bǽšfulnis] *n* sramežljivost, plahost
basic [béisik] *adj* (~ ally *adv*) osnoven, temeljen, ključen; *chem* bazičen; ~ English angleščina z 850 besedami
basil [bǽzl] *n bot* bažiljka; strojena ovčja koža
basilar [béisilə] *adj* (~ ly *adv*) osnoven, temeljen
basilic(al) [bəzílik(əl)] *adj* bazilikalen, baziliški
basilica [bəzílikə] *n* bazilika
basilisk [bǽzilisk] *n* bazilisk, krilati zmaj, ki ubija s svojim pogledom; *zool* tropski kuščar, legvan
basin [béisn] *n* kotanja, kotlina; porečje; majhen zaliv; posoda, umivalnik; skodela
basinet, basnet [bǽsinit, bǽsnit] *n* lahka čelada
basis, *pl* bases [béisis, béisi:z] *n fig* osnova, baza; on the ~ of s.th. na osnovi česa
bask [ba:sk] *vi* (*in* na) sončiti, greti se, uživati
basket I [bá:skit, *A* bǽskit] *n* koš, košara; posoda; as blind as a ~ čisto slep; to put (ali have) all one's eggs in one ~ staviti vse na eno karto; to be left in the ~ ne biti izbran; the pick of the ~ najboljši; to give the ~ zavrniti; *A joc* like a ~ of chips zelo ljubko, zelo prijetno
basket II [báskit, *A* bǽskit] *vt* v košaro deti; zavreči
basket-ball [bá:skitbɔ:l] *n sp* košarka; žoga za košarko
basket-dinner [bá:skitdinə] *n* piknik
basket-fish [bá:skitfiš] *n zool* vrsta morske zvezde (*Astrophyton*)
basketful [bá:skitful] *n* polna košara (česa); by ~ s na košare
basket-lunch [bá:skitlʌnč] *n* piknik
basket-maker [bá:skitmeikə] *n* košar
basketry [bá:skitri] *n* košarstvo, pletarstvo
basket-work [bá:skitwə:k] glej basketry
basket-stitch [bá:skitstič] *n* križni vbod
basque [bæsk] *n* baskovščina; baskovka; podaljšek bluze pod pas
bas(s)-relief [bǽsrili:f] *n* basrelief, ploski relief
bass I [bæs] *n zool* ostriž; luben, brancin

bass II [bæs] *n* ličje, liko
bass III [beis] *n mus* bas, basist; basovski ključ
bass IV [beis] *adj* globok, nizek (glas); ~ viol violončelo; ~ clef basovski ključ; ~ singer basist; ~ voice bas (glas)
basset I [bǽsit] *n zool* jazbečar; vrsta igre kart
basset II [bǽsit] 1. *n geol* rob plasti, ki sega do površine; 2. *vi* segati do površine
basset-horn [bǽsithɔ:n] *n mus* rog
bassinet [bəsinét] *n* otroška košara; otroški (pleteni) voziček
bassist [béisist] *n mus* basist (godec)
basso [bǽsou] *n* basist
basson [bəsú:n] *n mus* fagot, basovska piščal; double ~ kontrafagot
bassoonist [bəsú:nist] *n mus* fagotist(ka)
basso-relievo [bǽsouriliévou] *n* basrelief, ploski relief
basswood [bǽswud] *n bot* vrsta ameriške lipe
bast [bæst] *n* liko, ličje; ~ mat rogožnik, predpražnik
bastard I [bǽstəd] *n* nezakonski otrok, pankrt; bastard, križanec, mešanec; podlež, ničvrednež
bastard II [bǽstəd] *adj* nezakonski; nepravi; izmaličen, lažen, ponarejen; ~ file polgosta pila; ~ slip, ~ branch odrastek, stranska veja, divja mladika
bastardization [bǽstədaizéišən] *n* bastardizacija, proglasitev za nezakonskega; *biol* križanje, mešanje
bastardize [bǽstədaiz] *vt* proglasiti za nezakonskega; *biol* križati, mešati
bastardy [bǽstədi] *n* nezakonski izvor, nezakonsko rojstvo
baste I [beist] *vt* z velikimi šivi (začasno) sešiti, naudariti; basting thread naudarek, spenjec
baste II [beist] *vt* z maščobo politi; *coll* tolči, pretepsti; *fig* (o)zmerjati
bastille [bæstí:l] *n* trdnjava, utrdba, bastija; ječa, temnica
bastinado [bæstinéidou] 1. *n* šibanje po podplatih, bastonada; 2. *vt* šibati po podplatih
basting [béistiŋ] *n* polivanje z maščobo; šibanje po podplatih, bastonada; pretepanje, zmerjanje
bastion [bǽstiən] *n* branik
bat I [bæt] *n zool* netopir; as blind as a ~ skoraj slep, skrajno kratkoviden; he's got ~ s in the belfry čudne muhe mu rojijo po glavi, ima čudne domisleke; to go like a ~ out of the hell švigniti kakor strela; to go ~ ponoreti; to be ~ s biti prismuknjen
bat II [bæt] *n* palica za kriket, baseball ipd., lopar; gorjača, krepelce; igrač, odbijalec (kriketa;) off one's own ~ samostojen; na lastno odgovornost; brez tuje pomoči; at a rare (ali good) ~ zelo urno, hitro; right off the ~ nemudoma, takoj; *A* to come to ~ spoprijeti se s težko nalogo, lotiti se hudega problema; a good ~ dober igralec kriketa; to be on the ~ biti na vrsti za udarec; to be at ~ *fig* biti pri krmilu, imeti oblast
bat III [bæt] *vi & vt* udariti, zadeti; *A dial* mežikati; I never ~ ted an eyelid niti mežiknil nisem
bat IV [bæt] *n coll* tuj jezik; to sling the ~ govoriti tuj jezik

bat V [bæt] *n A sl* veseljačenje, popivanje; **to go on a** ~ krokati, veseljačiti

batata [bətá:tə] *n bot* batata, sladki krompir, tropsko korenje

bat-blind [bǽtblaind] *adj* domala čisto slep

batch [bæč] *n* peka, vsad; množica, serija; kup, svežen; **of the same** ~ iste vrste; **the whole** ~ **of the people** vsa ta druščina

batcher [bǽčə] *n techn* bunker; napajalnik

bate I [beit] *vt & vi* odračunati, zmanjšati, popustiti, slabeti; **to** ~ **an ace** nekoliko popustiti; **with** ~ **d breath** s pridušenim dihom

bate II [beit] *n* lugovina; *sl* razburjenje; **to get in a** ~ razburiti se

bat-eyed [bǽtaid] *adj* otopel, zabit

batfowl [bǽtfaul] *vt* loviti ptiče (z močno svetlobo)

bath I [ba:θ, *A* bæθ] *n* kopel; kad; *chem* pranje; kopališče; *pl* zdravilišče; **to have (ali take) a** ~ kopati se (v kopalnici); **hip** ~ sedežna kopel; ~ **of blood** pokol; **shower** ~ prha(nje); **steam** (ali **Turkish, vapour**) ~ parna kopel; **sun** ~ sončenje

bath II [ba:θ, *A* bæθ] *vt* kopati; umivati (se)

bath-brick [bá:θbrik] *n* loščilni kamen

bath-char [bá:θčə] *n* invalidski voziček

bathe I [beið] *vt & vi* (na prostem) se kopati, umiti, oblivati (se); **to** ~ **one's hands in blood** oskruniti si roke s krvjo

bathe II [beið] *n* kopanje na prostem

bather [béiðə] *n* kopalec, kopalka

bathetic [bəθétik] *adj* (~ **ally** *adv*) banalen, trivialen

bath-house [bá:θhaus] *n* zdraviliški dom

bathing [béiðiŋ] *n* kopanje

bathing-box [béiðiŋbəks] *n* kabina za kopalce

bathing-costume [béiðiŋkəstjum] *n* kopalna obleka, kopalke

bathing-drawers [béiðiŋdrɔ:əz] *n pl* kopalne hlačke, kopalke

bathing-dress [béiðiŋdres] glej **bathing-costume**

bathing-machine [béiðiŋməší:n] *n* prenosna kabina

bathing-pants [béiðiŋpænts] *n pl* kopalne hlačke, kopalke

bathing-place [béðiŋpleis] *n* kopališče

bathing-slips [béðiŋslips] *n pl* kopalne hlačke

bathing-wrap [béðiŋræp] *n* kopalni plašč

bathometer [bæθ́ómitə] *n* batimeter, globinomer

bathorse [bá:hɔ:s, bǽthə:s] *n mil* konj za prenos prtljage

bathrobe [bǽθroub] *n A* domača halja

bathroom [bá:θrum, *A* bǽθrum] *n* kopalnica; *eu* stranišče

bath-towel [bá:θtauəl] *n* kopalna brisača, otirača

bath-tub [bá:θtʌb] *n* kopalna kad

bathyscaphe [bǽθiskeif] *n* batiskaf

bathysphere [bǽθisfiə] *n* batisfera

batik [bǽtik] *n* malajski način barvanja blaga

bating [béitiŋ] *prep* razen, ne glede na

batiste [bætí:st] *n* batist

batman [bǽtmæn] *n* častnikov sluga

baton [bǽtən] *n* palica, taktirka; pendrek, kij, gorjača; **to pass the** ~ izročiti štafetno palico; ~ **sinister** glej **bar sinister**

batrachian [bətréikjən] *adj* žabji

batsman [bǽtsmæn] *n* odbijač, igrač (kriketa, baseballa)

battalion [bətǽljən] *n mil* bataljon

battels [bǽtlz] *n pl* račun za študentovo hrano in stanovanje (v Oxfordu)

batten I [bǽtn] **1.** *n* deska, letva; **2.** *adj* iz desk zbit

batten II [bǽtn] **1.** *vt* z deskami (letvami) zabi(ja)ti; pitati; (po)gnojiti; **2.** *vi* (*on*) uspevati, debeliti, rediti se; uživati; *naut* **to** ~ **down** z deskami zabiti (odprtine na palubi); **to** ~ **upon** pitati se s čim, živeti na račun koga

batter I [bǽtə] *vt & vi* tolči, udarjati, razbijati; obstreljevati; gnesti, mesiti; poškodovati; *archit* zoževati se proti koncu; valjati (železo); *fig* kritizirati

batter at *vi* tolči, razbijati po čem

batter down *vt* podreti (z obstreljevanjem), razdejati

batter in *vt* razbiti; vlomiti, vdreti

battered [bǽtəd] *adj* obrabljen, ponošen, oguljen; zgneten, star, izmučen

battering-charge [bǽtəriŋča:dž] *n* naboj za top

battering-ram [bǽtəriŋræm] *n mil* oblegalni oven

battering-train [bǽtəriŋtrein] *n mil* težko topništvo

battery [bǽtəri] *n jur* napad na koga, grdo ravnanje; *mil* baterija, topniška edinica; *phys* baterija, akumulator; sistem leč; *jur* **assault and** ~ telesna poškodba; **cooking** ~ kuhinjska posoda; **to turn a man's** ~ **against himself** premagati nasprotnika z njemu lastnim orožjem; **to mask one's batteries** skrivati svoje naklepe

batting [bǽtiŋ] *n* vata za prešite odeje; udarjanje (kriket)

battle I [bǽtl] *n* bitka, boj; **to do** ~ bojevati, vojskovati se; **the** ~ **of the books** znanstvena diskusija; **drawn** ~ neodločena bitka; **to give** ~ napasti; **above the** ~ nepristranski; **to have the** ~ zmagati; **that's half the** ~ to je že polovica uspeha, to je ugodno; **to come unscathed out of the** ~ izmazati se iz neprijetnosti; **to fight one's** ~s **over again** znova doživljati preteklost; **to fight s.o.'s** ~s **for him** spuščati se v prepir za drugega; ~ **royal** hud prepir, boj na življenje in smrt

battle II [bǽtl] *vi* (*for* za, *against* proti, *with* s) boriti, bojevati, vojskovati se

battle-array [bǽtlərei] *n* bojni red

battle-axe [bǽtlæks] *n* bojna sekira; helebarda; *joc* ksantipa, zmaj

battlecraft [bǽtlkra:ft] *n* vojskovanje

battle-cruiser [bǽtlkru:zə] *n* bojna križarka

battle-cry [bǽtlkrai] *n* bojni krik

battledore [bǽtldɔ:] *n* perača; lopar; *bot* ~ **barley** vrsta ječmena; ~ **and shuttlecock** vrsta igre z loparjem in operjeno žogo

battle-dress [bǽtldres] *n mil* delovna uniforma

battlefield [bǽtlfi:ld] *n* bojišče

battlefleet [bǽtlfli:t] *n* bojno ladjevje

battle-ground [bǽtlgraund] *n* glej **battlefield**; *fig* vzrok spora

battlement [bǽtlmənt] *n* trdnjavski zid s strelnimi linami

battle-order [bǽtlɔ:də] *n* bojno povelje; bojni razpored

battle-piece [bǽtlpi:s] *n* slika bitke

battle-plane [bǽtlplein] *n* lovec (letalo)

battler [bǽtlə] *n* pogumen bojevnik; pretepač

battle-ship [bǽtlšip] *n* bojna ladja

battle-tried [bǽtltraid] *adj* v boju prekaljen

battlewagon [bǽtlwægən] *n* bojna ladja; velik bombnik

battue [bætú:] *n* lovski pogon; ustreljena divjad; splošen pokol

batty [bǽti] *adj* poln netopirjev; *sl* prismuknjen

bauble [bɔ́:bl] *n* ničevost, igračka; kič; **fool's** ~ pavlihova palica

baulk [bɔ:k] glej **balk**

baulky [bɔ́:ki] glej **balky**

bauxite [bɔ́:ksait] *n min* boksit

bawbee [bɔ:bí:] *n Sc* polpenijski novec

bawd [bɔ:d] *n* zvodnik, zvodnica; kvantanje; *fig* umazanija

bawdry [bɔ́:dri] *n* opolzkost, kvantanje

bawdy [bɔ́:di] **1.** *adj* (**bawdily** *adv*) opolzek, nesramen; **2.** *n* opolzkost, kvantanje, kvante; **to talk** ~ kvantati

bawdy-house [bɔ́:dihaus] *n coll* javna hiša, bordel

bawl [bɔ:l] *vt & vi* kričati, dreti se, vreščati; zakričati; *A* kritizirati; **to** ~ **and squall** dreti se, tuliti, zavijati
  bawl at *vt* nahruliti koga
  bawl out *vt* dreti se nad kom; ~ **abuse** zmerjati

bawler [bɔ́:lə] *n* kričač

bawn [bɔ:n] *n* grajsko dvorišče

bay I [bei] *n bot* lovor; *pl fig* lovorike; *A* (tudi) magnolija, mirta; ~ **rum** vrsta toaletne vode

bay II [bei] *n* zaliv, draga; tin; jez; senik; zaprt balkon, veliko okno; oddelek; pregraja; **sick** ~ bolniški oddelek (na ladji); ~ **roof** žagasta streha; ~ **window** okno v tinu

bay III [bei] *vt & vi* zavijati, lajati; spraviti v zadrego; zajeziti; **to** ~ **at the moon** zaman si prizadevati

bay IV [bei] *n* zavijanje, lajanje; *fig* stiska; **to be** (ali **stand**) **at** ~, **to turn to** ~ biti v skrajni stiski; postaviti se po robu, biti pripravljen na najslabše; **to bring** (ali **drive**) **to** ~ spraviti v zagato, ugnati v kozji rog; **to hold** (ali **have, keep**) **at** ~ zadrževati, brzdati, držati v šahu

bay V [bei] **1.** *adj* rdečkasto rjav, kostanjeve barve; **2.** *n* rjavec

bayberry [béiberi] *n bot* lovorjev plod; vrsta zahodnoindijske mirte

bayonet I [béiənit] *n* bodalo, bajonet; **to take at the point of the** ~, **to charge with the** ~ naperiti bodalo; **the** ~(**s**) oborožena sila

bayonet II [béiənit] *vt* zabosti z bodalom; nasilno se polastiti; **to** ~ **s.o. into s.th.** prisiliti koga k čemu

bayou [báiu:] *n A* močvirnat rečni rokav

bay-salt [béisɔ:lt] *n* kristalizirana morska sol

bay-tree [béitri:] *n bot* lovor (drevo)

baywood [béiwud] *n* mahagoni

bazaar [bəzá:] *n* orientalsko tržišče, bazar; trgovina s cenenim blagom

bazooka [bəzú:kə] *n mil* protitankovska puška

bdellium [déliəm] *n bot* vrsta rastlinske smole

be [bi:] *vi & aux* biti, obstati, obstajati; eksistirati; nahajati se; veljati, stati; počutiti se; obiskati; morati; bodi; **I am better** bolje se počutim; **I am cold** (**warm, hot**) zebe me (toplo, vroče mi je); **to** ~ **hard up** biti v stiski; **here you are** izvoli(te), na(te), tu imaš (imate); **to** ~ **from the purpose** biti neprimeren, zgrešiti namen;

to ~ **right** prav imeti; **to** ~ **wrong** ne imeti prav, motiti se; **how are you?** kako se imaš (imate)?; kako se ti (vam) godi? **how much is this?** koliko stane? **if it were not for him** če bi njega ne bilo; **it is going to rain** gotovo bo deževalo, na dež kaže; **what is that to you?** kaj vam to mar?; **it is not in me** to ni v mojem značaju, nisem tak; **he lived to be 80** doživel je 80 let

be about *vt* nameravati; iti za kaj; ukvarjati se s čim

be above *vi* biti vzvišen, biti nad

be after *vi* slediti; nameravati; **what are you after?** kaj bi rad?, kaj iščeš?

be against *vi* biti proti, upirati se, ugovarjati; škodovati

be along *vi* priti

be among *vi* biti med; spadati, soditi kam

be at *vi* prisostvovati; meriti na kaj; napasti; lotiti se; nameravati

be back *vi* vrniti se

be before *vi* biti pred kom ali čim, prej se zgoditi

be behind *vi* biti zadaj, zaostajati

be down *vi* živeti v revščini; *astr* zaiti; znižati se (cene); poleči se; ležati bolan; biti slabe volje, potrt; ~ **and out** propasti; ~ **on s.o.** preganjati, ne marati koga

be for *vi* zagovarjati; odpravljati se

be from *vi*; ~ **the purpose** zgrešiti namen

be in *vi* biti znotraj, biti doma; biti v ječi; ujeti se v zanko; biti oblečen v kaj; priti pravočasno; dospeti (pošta); ~ **for** pričakovati, nadejati se; vedeti; lotiti se česa; slabo naleteti; ~ **love** biti zaljubljen

be off *vi* oditi

be on *vi* dogajati se; biti na programu; slabo naleteti; ~ **s.o.** ne marati koga; ~ **to** nenehoma grajati, sitnariti

be out *vi* biti zunaj doma; motiti se, biti na napačni poti; biti na koncu; biti brezposeln; ~ **of** ne imeti; ~ **for** skušati dobiti; nameravati; pripravljati se na kaj

be over *vi* miniti, končati se; biti gotov; biti odveč

be to *vi* morati, biti prisiljen; obiskati; tikati se; **have you ever been to London?** ste kdaj bili v Londonu?

be up *vi* biti pokonci, vsta(ja)ti; jeziti se; ~ **against** nameravati; ~ **and down** biti bolehen; ~ **to** biti enak, primeren; nameravati; ukvarjati se s čim

be with *vi* biti s kom, družiti se; spremljati; biti zaposlen pri

beach I [bi:č] *n* breg, obala, plaža, peščina, obrežje; **to be on the** ~ propasti, obubožati

beach II [bi:č] *vt* pustiti nasesti; spraviti na peščino

beach-comber [bí:čkoumə] *n* val, ki se pomika proti obali; *fig* zbiralec naplavljenega blaga; belec, ki se potepa po pacifiških otokih

beached [bí:čt] *adj* nasedel

beach-head [bí:čhed] *n mil* obalno oporišče

beach-master [bí:čma:stə] *n mil* častnik, ki nadzoruje izkrcavanje vojakov

beachy [bí:či] *adj* peščen, kamnit

beacon I [bí:kən] *n* svetlobni signal; svetilnik; znamenje; *fig* poziv, svarilo; ~ **fire,** ~ **light** signalni ogenj, signalna luč
beacon II [bí:kən] *vt* razsvetliti; signalizirati; *fig* voditi, svariti
bead I [bi:d] *n* biser, koralda; kapljica; muha (na strelnem orožju); *pl* rožni venec; **to draw a** ~ **on** meriti na kaj (s puško); **to string** ~**s** nanizati bisere; **to tell one's** ~**s** moliti rožni venec; **to pray without one's** ~**s** ušteti se, zmotiti se pri štetju
bead II [bi:d] *vt & vi* z biseri (koraldami) krasiti; nanizati
beaded [bí:did] *adj* v vrsto nabran, nanizan; bisernat
beading [bí:diŋ] *n* vezenje z biseri; *archit* okras v obliki kroglic
beadle [bí:dl] *n* birič; sodnijski sluga; vratar; cerkovnik; pedel
beadledom [bí:dldəm] *n* trapasta klečeplaznost; birokratizem
beadleship [bí:dlšip] *n* poklic vratarja, biriča, cerkovnika, pedela
beadlike [bí:dlaik] *adj* biserast, koraldast, kapljičast
bead-roll [bí:droul] *n* seznam tistih, ki naj bi jih ohranili v spominu; dolg seznam
beadsman [bí:dzmæn] *n* oseba, ki živi od miloščine, berač
beady [bí:di] *adj* bisernat, kapljičast; droben
beady-eyed [bí:diaid] *adj* majhnih oči
beagle [bí:gl] *n zool* sledni pes, angleški brak; *fig* vohun
beak [bi:k] *n* kljun; dulec; orlovski nos, ladijski nos; *sl* policijski ali sodni uradnik; *sl* šolski upravitelj, učitelj
beaked [bí:kt] *adj* ki ima kljun; kljunat; štrleč, moleč
beaker [bí:kə] *n* pokal, čaša, kupa
beaky [bí:ki] *adj* kljunast, štrleč
be-all [bí:ɔ:l] *n phil* bit, bistvo; nujna potreba, nujnost
beam I [bi:m] *n* bruno, tram, prečnik; gred; prečka; gredelnica; rogovila; rožiček; stropnik; tkalski navoj; največja širina ladje; žarek; smehljaj; radijski signal (za letala); radij delovanja; **to kick** (ali **strike**) **the** ~ biti nepomemben; **to be on one's** ~ **ends** biti pred polomom, v stiski, v slabem položaju; *naut* ležati na boku (ladja); ~ **headlight** žaromet; **a** ~ **in one's eye** velika napaka; **on the** ~ na pravi poti; *sl* točen, natančen; **to be off the** ~ zaiti, zgrešiti pot; *A vulg* **to be off one's** ~ znoreti; ~ **sea** bočni val; ~ **wind** bočni veter
beam II [bi:m] *vt & vi* žareti, sijati; (*on, upon*) smehljati se; oddajati (radio); z radarjem dognati
beaming [bí:miŋ] *adj* (~**ly** *adv*) sijoč, žareč; nasmejan, vesel; ~ **device** navijalna naprava
beamy [bí:mi] *adj* (**beamily** *adv*) sijoč, žareč; težak, širok; rogat
bean I [bi:n] *n bot* fižol; bob; *sl* glava, buča; *sl* denar; (kavino) zrno; **every** ~ **has its black** vsak ima napake, nihče ni brez napak; **broad** ~ bob; **full of** ~**s** dobre volje, bujen; energičen; *sl* **to give s.o.** ~**s** dati komu popra; **to know how**

many ~**s make five** biti zelo bister, znajti se; *sl* **old** ~ moj dragi; **not worth a** ~ niti počenega groša vreden; **French** (ali **string**) ~**s** stročji fižol; **like** ~**s** kar se da hitro, v največjem diru; *coll* **to get** ~**s** biti pretepen, izkupiti jo; *A* **a hill of** ~**s** malenkost; **to spill the** ~**s** izdati skrivnost, izblebetati; **he found the** ~ **in the cake** posrečilo se mu je
bean II [bi:n] *vt A* pripeljati komu klofuto
beanery [bí:nəri] *n A coll* okrepčevalnica, zajtrkovalnica
bean-feast [bí:nfi:st] *n sl* vsakoletna pogostitev nameščencev; pojedina
bean-fed [bí:nfed] *adj* vesel, dobre volje
beano [bí:nou] *sl* glej **bean-feast**; *A* loto
bean-pod [bí:npɔd] *n* fižolov strok
beanpole [bí:npoul] *n* prekla (tudi *fig*)
beany [bí:ni] *adj sl* živahen, bujen
bear I [bɛə] *n zool* medved; *fig* neotesanec, neroda; borzni špekulant na padec vrednot; *naut sl* metla; **a** ~ **leader** inštruktor in spremljevalec mladeniča, spremljevalec blaziranega tujca; **bridled** ~ mladenič v vzgojiteljevem spremstvu; **sell not the** ~**'s skin before you have caught the** ~ ne delaj računa brez krčmarja, ne zidaj gradov v oblakih; *astr* **Great (Little) Bear** Veliki (Mali) voz; *com* ~ **operation** borzna špekulacija na padec cen; *com* ~ **covering** nakup borznih papirjev za prikrivanje špekulacij na padec vrednosti; **to take a** ~ **by the tooth** po nepotrebnem se izpostavljati nevarnosti; **had it been a** ~ **it would have bitten you** zmotil si se; ni bilo tako strašno kot je kazalo
bear II [bɛə] *vt & vi com* špekulirati na borzi na padec cen; znižati vrednost papirjev na borzi, zbijati cene na tržišču
bear* III [bɛə] 1. *vt* nositi, nesti; prenesti, pretrpeti, prenašati; podpreti, podpirati; dopustiti, dopuščati; roditi; pridelati; občutiti; 2. *vi* zdržati; trpeti; peljati (pot); usmeriti se; biti ploden, (ob)roditi; uspeti; **to** ~ **arms** služiti vojake; **to** ~ **the blame** biti kriv, vzeti krivdo nase; **to bring to** ~ vplivati; uveljaviti, urediti; **to** ~ **the brunt** biti izpostavljen napadu; **to** ~ **the burden** peti s kom refren; **I cannot** ~ ne prenesem; **to** ~ **company** delati komu družbo; **to** ~ **evidence** (ali **witness**) pričati, dokaz(ov)ati; **to** ~ **good will** biti naklonjen; **to grin and** ~ **it** z nasmehom prenesti; **to** ~ **no grudge against s.o.** ne zameriti komu; **to** ~ **a hand** pomagati; **to** ~ **in hand** imeti v oblasti; pomagati; **to** ~ **to the left** držati se levo; **to** ~ **in mind** misliti na kaj, upoštevati; **to** ~ **o.s. well** dobro se držati; **to** ~ **the palm** zmagati; **to** ~ **a part** biti deležen; imeti vlogo; **to** ~ **a purpose** nameravati; **to** ~ **reference** sklicevati se; **to** ~ **resemblance** (ali **likeness**) biti podoben; **to** ~ **to the right** držati se desno; **to** ~ **rule** (ali **sway**) vladati; **to** ~ **one's age well** biti videti mlajši kot je v resnici
bear against *vi* opreti, opirati se; pritiskati; napasti
bear away *vt & vi* odnesti, odpeljati; oditi, zbežati; držati se stran od vetra; odjadrati, odpluti
bear back *vt* nazaj gnati

bear down *vt* & *vi* premagati; zatirati; spuščati se; zavezati komu jezik; ~ **upon** priključiti se; pluti proti

bear in *vt* postati jasen

bear off *vt* odmakniti, odmikati se; odnesti, ugrabiti

bear on *vi* obstreljevati, meriti na kaj; v zvezi biti s čim; težiti; pritiskati; vplivati, učinkovati; opirati se; usmeriti se; nanašati se

bear out *vt* braniti, opravičiti; potrditi; okrepiti, podpirati

bear through *vt* izvršiti; do konca zdržati

bear up *vt* & *vi* držati, podpirati; hrabriti; *(against)* zdržati, ostati trden; ~ **for** (ali **against)** pluti proti

bear with s.o. *vi* prenašati koga, kaj, potrpeti s kom

bearable [béərəbl] *adj* (**bearably** *adv*) znosen

bear-baiting [béəbeitiŋ] *n* lov na medveda

bear-berry [béəberi] *n bot* gornik

beard I [biəd] *n* brada; osina, resa; zobec; škrbina (na nožu); škrge (ostrige); **to laugh in one's** ~ v pest se smejati; **to speak in one's** ~ zase mrmrati; **to laugh at s.o.'s** ~ smejati se komu v brk, skušati koga naplahtati; **to pluck** (ali **take) by the** ~ odločno napasti

beard [biəd] *vt fig* po robu se postaviti, kljubovati, izzivati; **to** ~ **the lion in his den** izzivati koga, ostro komu ugovarjati

bearded [bíədid] *adj* bradat, bodičast, osinast, resast

beardless [bíədlis] *adj* golobrad; *fig* mlad

bearer [béərə] *n* nosač, nosilec; prinašalec, prinesnik; lastnik čeka ali menice; hindustanski sluga; **this tree is a good (poor)** ~ to drevo dobro (slabo) obrodi; ~ **cheque** ček na ime prinašalca

bear-garden [béəga:dn] *n* medvednjak; *fig* hrupna družba

bearing I [béəriŋ] *n* vedenje, obnašanje, ravnanje; drža; *(on, upon)* razmerje, odnos, vpliv; zveza; pomen, smisel; ležaj; grbovna slika; *archit* razpon; *naut* smer; obrod; **as** ~ **on** glede na; **ball** ~ kroglični ležaj; **beyond** ~ neznosen; ~ **box** (ali **housing)** ležajni okrov; **to consider the question in all its** ~ s vsestransko pretehtati vprašanje; **to lose one's** ~ zmesti se, priti v zadrego; **past** ~ neznosen; ki več ne obrodi; **to take one's** ~ razgledati, orientirati, znajti se; **this has no** ~ **on the question** to nima nobene zveze z vprašanjem; **the precise** ~ **of the word** natančen pomen besede; **the true** ~ **of the case** dejansko stanje; **trunnion** ~ tečajni ležaj

bearing II [béəriŋ] *adj* ki obrodi, ki nosi; ~ **capacity** nosilnost

bearing-metal [béəriŋmetl] *n* zlitina za ležaje

bearing-rein [béəriŋrein] *n* uzda, ki sili konja da drži glavo pokonci

bearish [béəriš] *adj* (~ **ly** *adv*) medvedji; *fig* okoren, štorast, godrnjav; *com* medel, ki pada (na borzi)

bearishness [béərišnis] *n* okornost, godrnjavost

bear's-ear [béəziə] *n bot* lepi jeglič

bear's-grease [béəzgri:z] *n* pomada za lase

bearskin [béəskin] *n* medvedja koža; kučma iz medvedje kože; vrsta kosmatega blaga

beast [bi:st] *n* žival, govedo, zverina; *fig* surovina, surovež; **(wild)** ~, ~ **of prey** zver; ~ **of burden** vprežna žival; **to make a** ~ **of o.s.** nesramno se vesti; **the Beast** vrag, antikrist

beastliness [bí:stlinis] *n* živalskost, surovost; požrešnost; opolzkost, ogabnost; nizkotnost

beastly I [bí:stli] *adj* živalski, surov, gnusen, grd; presnet; nizkoten, podel; *sl* ~ **shame** nesramnost; ~ **weather** slabo vreme

beastly II [bí:stli] *adv sl* vražje, presneto, zelo

beat I [bi:t] *n* udarec; bitje, utrip; nihanje (nihala); *mus* ritem, takt; korak; območje, stroka, delokrog, revir, rajon; obhodna straža; *A sl* časopisna senzacija; *A sl* lenuh, postopač; **that is not my** ~, **that is off** (ali **out of) my** ~ to ni moja stroka, s tem se ne ukvarjam, to me ne zanima; **the** ~ **of waves** pljuskanje valov; **to be on the** ~ pregledovati svoje (policijsko) območje

beat* II [bi:t] **1.** *vt* tolči; udariti, udarjati; biti; utrti, utirati; premagati, prekositi, prekašati; (o)slepariti; obleteti; zbegati; **2.** *vi* biti, utripati; mlatiti; trkati; taktirati; prebijati se; *naut* lavirati; **to** ~ **black and blue** do mrtvega pretepsti; **to** ~ **the air** zaman se truditi, prazno slamo mlatiti; **to** ~ **the breast** trkati se po prsih, obžalovati; **that** ~ **s all (the devil)** to je višek; **that** ~ **s the band** (ali **the Dutch)** to je neverjetno; **to** ~ **the bounds** zakoličiti mejo; **dead** ~ na smrt utrujen, onemogel; **to** ~ **one's head** (ali **brains)** beliti si glavo; **to** ~ **hollow** (to smithereens, sticks, nothing, all to pieces, to ribands) dodobra premagati; ~ **it!** poberi se!; **to** ~ **a proof** narediti krtačni odtis; **to** ~ **a retreat** umakniti se; **to** ~ **into shape** izoblikovati; **to** ~ **time** voditi, dirigirati, taktirati; *A sl* **can you** ~ **it?** to je nezaslišano, kakšna predrznost!; *A sl* **to** ~ **it** zbežati, popihati jo; **that** ~ **s me** tega ne razumem; **to** ~ **a wood** pretakniti gozd; *sl* **that** ~ **s everything** zdaj je pa že dovolj; **to** ~ **the wings** plahutati

beat about *vi* pluti proti vetru; iskati, truditi se; tavati, bloditi; ~ **the bush** ne priti z besedo na dan; ~ **in one's mind** tuhtati, preudarjati; ~ **for** skušati najti, iskati

beat away *vt* spoditi

beat back *vt* odbiti, odbijati

beat down *vt* & *vi* podreti; znižati, zmanjšati; zbiti (ceno); *fig* premagati, oslabiti; kolebati, biti neodločen, omahovati

beat in *vt* zabiti; zdrobiti, uničiti

beat into *vt* vbiti, vbijati; ~ **s.o.'s head** vbijati komu v glavo; ~ **a cocked hat** popolnoma uničiti, premagati

beat off *vt* & *vi* odbiti; *naut* oddaljiti se

beat on *vi fig* napadati v valovih

beat out *vt* izdolbsti, iztesati; *fig* izdelati; ~ **of** odvrniti od česa

beat to *vi* taktirati

beat up *vt* & *vi* napasti; preiskati, pretakniti; *(against) naut* jadrati proti vetru; ~ **eggs** stepati jajca; ~ **recruits** novačiti; ~ **the quarters of s.o.** nepričakovano koga obiskati

beat III [bi:t] *pt* od **beat II**; *adj* izčrpan

beataxe [bí:tæks] *n* motika

beaten [bí:tn] *pp* od **beat**; ~ **up eggs** stepena jajca; ~ **track** (ali **path**) utrta pot, običajni način; spretnost, vaja

beater [bí:tə] *n* tolkač; iztepač, šiba; gonjač

beatific [biətífik] *adj* (~ **ally** *adv*) osrečevalen; blažen

beatification [biətifikéišən] *n. eccl* razglasitev za blaženega, beatifikacija

beatify [biǽtifai] *vt* osrečiti; *eccl* za blaženega razglasiti

beating [bí:tiŋ] *n* udarci; utrip(anje); prhutanje; kazen, poraz

beatitude [biǽtitju:d] *n* blaženost

beatnik [bí:tnik] *n* mladinec, ki z obleko, frizuro itd. želi pokazati, da se ne strinja z veljavnimi družabnimi oblikami

beat-up [bí:tʌp] *adj* izrabljen, poškodovan; izčrpan

beau [bou] *n* gizdalin, ženskar; dvorilec; ljubimec; ~ **ideal** vzor; ~ **geste** dokaz velikodušnosti

beaut [bju:t] *n sl* lahko dekle, lahkoživka

beauteous [bjú:tiəs] *adj* (~ **ly** *adv*) *poet* krasen, lep

beautiful [bjú:tiful] *adj* (~ **ly** *adv*) lep, krasen

beautifier [bjú:tifaiə] *n* olepševalec, okraševalec

beautify [bjú:tifai] *vt* olepšati, okrasiti

beauty [bjú:ti] *n* lepota, krasota; lepotica; mik, dražest; *iron* lepotec; **the Sleeping Beauty** Trnuljčica; **the ~ of it is** najlepše na tem je; ~ **shop**, *A* ~ **parlor** kozmetični salon; ~ **sleep** spanje pred polnočjo; ~ **is but skin deep** videz vara; **my beauties** moji dragi; ~ **contest** lepotna tekma

beauty-spot [bjú:tispət] *n* črna nalepka na licu; lepa pokrajina

beaux [bouz] *pl* od **beau**

beaver I [bí:və] *n zool* bober; bobrovo krzno; vrsta blaga; vrsta rokavice; **eager** ~ stremuh; **to work like a** ~ biti priden kot mravlja

beaver II [bí:və] *n arch* vizir

beaver-hat [bí:vəhæt] *n* kastorec

beavery [bí:vəri] *n* bobrova farma

becalm [biká:m] *vt* (po)miriti; *naut* poleči se (veter); **to be** ~ **ed** *naut* ostati brez vetra

became [bikéim] *pt* od **become**

because [bikɔ́z] **1.** *conj* ker, zato, ker; ~ **of** zaradi; **2.** *adv arch* zato

bechamel [béšəməl] *n cul* bešamel (omaka)

bechance [bičá:ns] *vi* dogoditi, pripetiti se; doleteti

beck I [bek] *n* migljaj, namig, znak; kimanje; **to be at** ~ **and call** biti na voljo, na razpolago; **to have s.o. at one's** ~ razpolagati s kom

beck II [bek] *n* potoček

beck III [bek] *vt & vi poet* pomigniti, znak dati, pokimati

becket [békit] *n naut* pribor za vezanje ladijskih vrvi

beckon [békən] *vt & vi* pomigniti, dati znamenje, pomežikniti

becloud [bikláud] *vt* pooblačiti, zasenčiti, zatemniti

become* **I** [bikʌ́m] **1.** *vi* postati, nastati; **2.** *vt* poda(ja)ti se, spodobiti se; **what will** ~ **of it?** kaj bo iz tega?; **the hat** ~ **s you well** klobuk se vam lepo poda

become II [bikʌ́m] *pp* od **become**

becoming [bikʌ́miŋ] *adj* (~ **ly** *adv*) primeren, sposoben; ki se poda

bed I [bed] *n* postelja, ležišče; divan; žimnica; podstavek; podzidje; (jezersko, morsko) dno; rečno korito, struga; *geol* plast, ležišče; gredica; brlog; ~ **of boards** pograd; **to be brought (ali put) to** ~ roditi; **to be confined to one's** ~ biti priklenjen na posteljo; **early to** ~ **and early to rise makes a man healthy, wealthy and wise** rana ura zlata ura; **to get out of the** ~ **on the wrong side** vstati z levo nogo; **to go to** ~ iti spat; *sl* **go to** ~ molči!; **hot** ~ topla greda, gnojak; **to make the** ~ postlati posteljo; **to die in one's** ~ umreti naravne smrti; *fig* **narrow** ~ zadnje počivališče; ~ **of sickness** bolniška postelja; **as one makes one's** ~, **so one must lie** kakor si postelješ, tako boš spal; *jur* **from** ~ **and board** od mize in postelje; ~ **of roses** (ali **down, flowers**) udobno življenje, dober položaj; **to take to** ~ bolan leči; ~ **of thorns** težko življenje, neprijeten položaj; **to turn down the** ~ pripraviti posteljo za spanje; **weary** ~ bolniška postelja; **to lie in the** ~ **one has made** nositi posledice svojega ravnanja

bed II [bed] **1.** *vt poet* postlati; posaditi, vsaditi; nastlati (steljo); plastiti; *vulg* podreti; **2.** *vi coll* leči, prenočiti; zložiti se v plasti

bed down *vt* postlati posteljo (za spanje); nastlati steljo

bed in *vt* vložiti, namestiti, vsaditi; zakopati, vzidati

bed out *vt* presaditi

bedabble [bidǽbl] *vt* poškropiti; umazati

bedad [bidǽd] *int Ir* pri moji veri!

bedash [bidǽš] *vt* poškropiti

bedaub [bidɔ́:b] *vt* onesnažiti, oskruniti, zamazati; nališpati, našemiti

bed-bug [bédbʌg] *n zool* posteljna stenica

bedchamber [bédčeimbə] *n arch* spalnica

bed-carpet [bédka:pit] *n* predposteljnik

bedclothes [bédkloudž] *n pl* posteljnina

bedder [bédə] *n* posajena sadika; *sl* spalnica; sobar, ki postilja postelje za študente; *A* hlevar, ki nastilja konjem

bedding [bédiŋ] *n* posteljnina; stelja; *geol* plast

bed-down [beddáun] *n coll* čas za spanje

bedeck [bidék] *vt* (o)krasiti

bedeguar [bédiga:] *n* kuštrava srboritka (izrastek na šipku)

bedel(l) [bédel] *n* univerzitetni sluga, pedel

bedevil [bidévl] *vt* mučiti; uročiti, začarati; zmesti, zbegati

bedevilment [bidévlmənt] *n* uročenost, obsedenost; zbeganost, zmeda, zmešnjava

bedew [bidjú:] *vt* orositi, poškropiti

bedfast [bédfa:st] *adj A* na posteljo priklenjen, bolan

bedfellow [bédfelou] *n* soprenočevalec; soprog(a); **he is an awkward** (ali **a strange**) ~ z njim ni prijetno živeti, z njim ni dobro češnje zobati

bedgown [bédgaun] *n* ženska nočna srajca

bed-head [bédhed] *n* zglavje

bedight* [bidáit] **1.** *vt arch* okrasiti, ode(va)ti; *pt & pp* od **bedight**; *adj arch* okrašen, odet

bedim [bidím] *vt* zatemniti; skaliti

bedizen [bidáizən] *vt* našemiti, (na)lišpati; **to** ~ **o.s.** našemiti, nališpati se

bedlam [bédləm] *n* umobolnica, norišnica

bedlamite [bédləmait] *n* norec, norica, blaznež, blaznica

bed-lift [bédlift] *n* naprava za dviganje v postelji

bed-linen [bédlinin] *n* posteljnina

bedmaker [bédmeikə] *n* sobar(ica), ki postilja postelje študentom (Oxford, Cambridge)

bedouin [béduin] *n* beduin; *fig* cigan, nomad

bedpan [bédpæn] *n* nočna posoda (za podkladanje)

bed-plate [bédpleit] *n* temeljna plošča

bed-post [bédpoust] *n* posteljni stebriček; **between you and me and the ~** strogo zaupno, med nama povedano

bedrabbled [bidræbld] *adj* z blatom oškropljen

bedraggle [bidrægl] *vt* po blatu vleči, zamazati

bedrench [bidrénč] *vt* premočiti, namočiti

bedrid(den) [bédrid(n)] *adj* na posteljo priklenjen, hudo bolan

bedrock [bédrək] *n* trdna podlaga; živa skala; **to get down to ~** priti stvari do dna; *com* **~ price** najnižja cena

bedroom [bédru:m] *n* spalnica; **single ~** spalnica z eno posteljo; **double ~** spalnica z dvema posteljama

bedrop [bidróp] *vt* pokapljati

bedside [bédsaid] *n* okolica postelje; **~ manner** nega bolnika; **to have a good ~ manner** znati dobro ravnati z bolnikom; **to sit (ali be) at (ali by) s.o.'s ~** negovati bolnika; **~ lamp** posteljna svetilka; **~ table** posteljna mizica

bed-sitting-room [bédsítinru:m] *n* kombinirana soba; enosobno stanovanje

bedsore [bédsɔ:] *adj* preležan (bolnik)

bedspread [bédspred] *n A* posteljno pregrinjalo

bedstead [bédsted] *n* posteljnjak

bed-straw [bédstrɔ:] *n bot* lakota

bed-tick [bédtik] *n* inlet

bedtime [bédtaim] *n* ura, ko gremo spat; **it is past ~** moral(i) bi že biti v postelji

bedward [bédwəd] *adv* proti postelji

bedwarf [bidwɔ́:f] *vt* zmanjšati; pustiti zakrneti

bee [bi:] *n zool* čebela; *A* delovni krožek; **bumble ~** čmrlj; **as busy as a ~** priden ko mravlja; **~ accommodation** panj; **to swarm like ~s** rojiti kot čebele; **to have ~s in one's bonnet** imeti čudne domisleke, biti ves nor na kaj; **spelling ~** krožek tekmovalcev v pravopisu; **queen ~** čebelja matica

bee-bread [bí:bred] *n* pelod kot hrana čebeljega zaroda

beech [bi:č] *n bot* bukev; *zool* **~ marten** kuna belica; *bot* **copper ~** krvava bukev

beechen [bí:čn] *adj* bukov

beech-forest [bí:čfərist] *n* bukov gozd

beech-mast [bíčma:st] *n* žir

beech-nut [bí:čnʌt] *n bot* bukvica

bee-eater [bí:i:tə] *n zool* legat, čebelar

beef, *pl* **beeves** [bi:f, bi:vz] *n* govedina; pitano govedo; zaklana žival; *fig* debelost, zajetnost; mišice, krepkost; energija; **corned ~** konservirana govedina; **~ eater** dobro hranjen človek; **~ to the heels** predebel; **to put too much ~ into a stroke** premočno udariti (tenis, biljard); **horse ~** konjsko meso; **boiled ~** kuhana govedina

beefburger [bí:fbə:gə] *n A* z govedino obložen kruhek

beefeater [bí:fi:tə] *n* kraljev osebni stražar v Toweru

beefiness [bí:finis] *n* krepkost, mišičnost

beefing [bí:fin] *n* vrsta jabolk

beefsteak [bí:fsteik] *n* goveji zrezek, biftek

beef-tea [bí:fti:] *n* krepka goveja juha

beef-witted [bí:fwitid] *adj* neumen, trapast

beefy [bí:fi] *adj* goveji; *fig* čvrst, mišičast, krepak

beehive [bí:haiv] *n* panj; visoka pričeska

bee-keeper [bí:ki:pə] *n* čebelar(ica)

bee-line [bí:lain] *n* najkrajša razdalja; zračna črta; **to make a ~ for** po najkrajši poti iti kam

bee-martin [bí:ma:tin] *n zool* tiranček, kraljevski ptič

bee-master [bí:ma:stə] *n* čebelar

bee-mistress [bí:mistris] *n* čebelarica

been [bi:n] *pp* od **be**

beer [biə] *n* pivo; rob osnove pri tkanju; **to think no small ~ of o.s.** visoko ceniti samega sebe, biti domišljav; **~ and skittles** višek užitka; igrača (lahko delo); **small ~** slabo pivo; *fig* malenkost

beer-engine [bíərendžin] *n* črpalka za pivo

beer-fountain [bíəfauntin] *n* glej **beer-engine**

beer-glass [bíəgla:s] *n* vrček

beerhouse [bíəhaus] *n* pivnica

beer-money [bíəmʌni] *n* napitnina; dodatek k plači (namesto piva)

beer-mug [bíəmʌg] *n* vrček, maseljc

beer-pump [bíəpʌmp] glej **beer-engine**

beery [bíəri] *adj* (**beerily** *adv*) nekoliko okajen

bee-skep [bí:skep] *n* pleteni panj

bee-sting [bí:stin] *n* čebelji pik

beestings [bí:stinz] *n pl* mlezivo

beeswax, bee's wax [bí:zwæks] 1. *n* čebelni vosek; 2. *vt* (po)voščiti

beeswing [bí:zwin] *n* skorja na starem vinu; staro vino

beet [bi:t] *n* pesa; **red ~** rdeča pesa; **white ~** sladkorna pesa; **~ sugar** sladkor iz sladkorne pese

beet-field [bí:tfi:ld] *n* repišče, pesišče

beetle I [bí:tl] 1. *n* kij, tolkač, stopa; **three-man ~** velik tolkač; 2. *vt* tolči, zabijati, phati

beetle II [bí:tl] *n zool* hrošč; **black ~** ščurek; **~ blind, as blind as a ~** zelo kratkoviden, skoraj slep

beetle III [bí:tl] *vt & vi* previseti, štrleti

beetle IV [bí:tl] *adj* štrleč, previsen

beetle-brain [bí:tlbrein] *n* butec, neumnež

beetle-browed [bí:tlbraud] *adj* gostih obrvi; *fig* mrk

beetle-crusher [bí:tlkrʌšə] *n* velik čevelj

beetroot [bí:tru:t] *n* pesa; **white ~** sladkorna pesa

beeves [bí:vz] *pl* od **beef**

beezer [bí:zə] *n sl* nos

befall* [bifɔ́:l] 1. *vt* doleteti, zadeti; 2. *vi* dogoditi, pripetiti se

befallen [bifɔ́:lən] *pp* od **befall**

befell [bifél] *pt* od **befall**

befit [bifít] *vt* prilegati se, ustrezati; spodobiti se

befitting [bifítin] *adj* (**~ly** *adv*) primeren, spodoben

befog [bifóg] *vt* zamegliti, potemniti; zbegati

befool [bifú:l] *vt* za norca imeti, vleči koga; preslepiti

before I [bifɔ́:] *adv* prej, že nekoč, poprej; spredaj

before II [bifɔ́:] *prep* pred, v navzočnosti; ~ **all** predvsem; **to be** (ali go) ~ **the mast** biti navadni mornar; **to be** ~ **one's time** priti prezgodaj; biti napreden za svoje čase; **the day** ~ **yesterday** predvčerajšnjim; **to carry everything** ~ **o.s.** imeti v vsem uspeh; ~ **you can say Jack Robinson** takoj, kakor bi trenil; ~ **long** kmalu; ~ **now** že prej; **to run** ~ **the sea** veslati z valovi; **to love** ~ **o.s.** ljubiti bolj kot samega sebe; **the question** ~ **us** vprašanje, ki ga je treba rešiti; ~ **s.o.'s eyes** v prisotnosti, vpričo koga

before III [bifɔ́:] *conj* preden; rajši kot; ~ **you know where you are** naenkrat, hipoma; **not long** ~ **še** preden

beforehand [bifɔ́:hænd] *adv* vnaprej; najprej, predhodno; prezgodaj; **to be** ~ **with** prehiteti koga, prestreči koga; ~ **with the world** v dobrih razmerah, z denarjem v žepu; **thanking you** ~ zahvaljujoč se vam vnaprej (kot zaključek pisma)

before-mentioned [bifɔ́:menšnd] *adj* prej omenjen, zgornji

befoul [bifául] *vt* umazati, onesnažiti; oskruniti; **to** ~ **one's own nest** v lastno skledo pljuvati

befriend [bifrénd] *vt* pomagati, pomoči, podpreti, podpirati; zavzeti se za koga

befringe [bifríndž] *vt* obrobiti, z resicami krasiti

befuddle [bifʌ́dl] *vt* omamiti, omamljati, zmešati

befurred [bifɔ́:d] *adj* s kožuhovino podložen ali obrobljen, okrašen

beg [beg] **1.** *vt* prositi, rotiti; izprositi si; **2.** *vi* beračiti, moledovati; **I** ~ **to inform you** dovoljujem si vam sporočiti; **I** ~ **your pardon,** ~ **pardon** prosim, kaj ste rekli?; **to** ~ **the question** smatrati zadevo za rešeno; izvijati se; **to** ~ **leave to do s.th.** prositi za dovoljenje za nekaj; **I** ~ **to differ** oprostite, da se z vami ne strinjam; **to** ~ **one's life** prositi za pomilostitev; **to** ~ **one's bread** beračiti; **I** ~ **to acknowledge** v čast mi je potrditi

beg for *vt* prositi za kaj

beg of *vt* ponižno prositi; **I** ~ **you** ponižno vas prosim

beg off *vt* izprositi, prositi za milost

begad [bigǽd] *int fam* pri moji veri!

began [bigǽn] *pt* od **begin**

beget* [bigét] *vt* (za)ploditi; *fig* povzročiti

begetter [bigétə] *n* roditelj, oče; *fig* povzročitelj(ica)

beggar I [bégə] *n* berač; revež, revček; *coll* fant, možak; **set a** ~ **on horseback and he will ride to the devil** tisti, ki naglo obogatijo, so največji naduteži; **dull** ~ dolgočasnež; **stubborn** ~ trmoglavec; **little** ~**s** otročički, živalice; **lucky** ~ srečnež; **insolent** ~ nesramnež; ~**s should** (ali must) **be no choosers** reveži se morajo zadovoljiti z malim; **the** ~ **may sing before the thief** revež ne more nič zgubiti; **to know s.o.** (s.th.) **as well as a** ~ **knows his bag** dodobra koga (kaj) poznati

beggar II [bégə] *vt* spraviti na beraško palico; oropati, odvzeti; **to** ~ **o.s.** obubožati; **it** ~**s all description** ne da se popisati, nepopisno je

beggarliness [bégəlinis] *n* revščina, beraštvo

beggarly [bégəli] **1.** *adj* ubog, reven, siromašen, beraški, zaničevan; **2.** *adv* beraško, revno; proseče

beggar-my-neighbour [bégəminéibə] *n* vrsta preproste igre kart za dve osebi

beggary [bégəri] *n* uboštvo, siromaštvo, beda; **to reduce to** ~ spraviti na beraško palico

begging I [bégiŋ] *n* beračenje, moledovanje; **to go** (a-)~ iti beračit; **this situation is going** (a-)~ za to službo se nihče ne javi; **these goods go** (a-)~ to blago se slabo prodaja

begging II [bégiŋ] *adj* beraški, ki prosi, moleduje

begin* [bigín] **1.** *vt* začeti, pričeti, lotiti se; **2.** *vi* začeti, začenjati se, nastati; **to** ~ **with** predvsem; **to** ~ **the world** lotiti se česa, začeti trgovino, biti na začetku svoje kariere; *coll* ~ **to** niti malo ne

begin at *vi* začeti pri kom, čem

begin by *vi* (*doing*) začeti s tem, da

begin from *vi* začeti od

begin on, upon *vi* lotiti se česa

begin to *vi* šele začenjati

begin with *vi* pričeti s čim

beginner [bigínə] *n* začetnik, -nica, novinec, -nka

beginning I [bigíniŋ] *n* začetek, nastanek, izvor, izhodišče; **in** (ali **at**) **the** ~ spočetka; **a good** ~ **is half the battle** dober začetek je že pol zmage; **a bad** ~ **makes a bad ending** kakor boš sejal, tako boš žel; **from the very** ~ od samega začetka; **to give a** ~ **to s.th.** povzročiti kaj; **the** ~ **of the end** začetek konca

beginning II [bigíniŋ] *adj* začeten, izviren

begird* [bigɔ́:d] *vt* opasati; obkrožiti, obkrožati

begirt [bigɔ́:t] *pt & pp* od **begird**

begnaw [binɔ́:] *vt* oglodati

begoggled [bigɔ́gld] *adj* ki ima varnostne naočnike

begone [bigɔ́n] *int* izgini!, poberi se!, proč od tod!

begonia [bigóunjə] *n bot* begonija

begorra [bigɔ́rə] *int Ir* pri moji veri!

begot [bigɔ́t] *pt & pp* od **beget**

begotten [bigɔ́tn] *pp* od **beget**; **first** ~ prvorojenec

begrime [bigráim] *vt* umazati, onesnažiti, oblatiti; ~**d with dust** prašen

begrudge [bigrʌ́dž] *vt* ne privoščiti, zavidati; biti skop, nerad dati

beguile [bigáil] *vt* (*of*) (pre)slepiti, (pre)varati; (*into*) zapeljevati; zabavati, razvedriti; prijetno prebiti; (*out of*) odvračati; **to** ~ **away the time** krajšati si čas, zabavati se

beguilement [bigáilmənt] *n* prevara, slepilo; zabava, razvedrilo

beguiler [bigáilə] *n* slepar, goljuf; zapeljivec

beguiling [bigáiliŋ] *adj* (~**ly** *adv*) zapeljiv, mičen, varljiv

begum [béigəm, bí:gəm] *n* indijska mohamedanska kraljica ali plemkinja

begun [bigʌ́n] *pp* od **begin**; **well** ~ **is half done** dober začetek je že na pol opravljeno delo

behalf [bihá:f] *n* korist, prid, dobiček; **in** (ali **on**) **s.o.'s** ~ komu v prid, na ljubo; zavoljo, namesto, v imenu koga

behave [bihéiv] *vi & v refl* vesti se, obnašati se; delovati (stroj); ~ **yourself!** bodi vzgojen!; **to** ~ **towards s.o.** dobro s kom ravnati; **to** ~ **well** dobro delovati (stroj); **well-**~**d** lepega vedenja

behavio(u)ral [bihéivjərəl] *adj psych* vedenjski, behavioristčen

behavio(u)rism [bihéivjerizm] *adj psych* behaviorizem

behead [bihéd] *vt* obglaviti

beheading [bihédiŋ] *n* obglavljenje

beheld [bihéld] *pt & pp* od behold

behemoth [bihí:məθ] *n bibl* velikan, pošast

behest [bihést] *n poet* ukaz, nalog

behind I [biháind] *adv* zadaj, nazaj; prepozno, v zamudi, v zaostanku; to be (ali stay) ~ in (ali with) biti v zaostanku s, zaostajati pri; to fall ~ zaostajati; to leave ~ prehiteti; zapustiti (dediščino)

behind II [beháind] *prep* za; ~ the scenes na skrivnem; ~ time zamujen, netočen, prekasen; ~ the times starokopiten

behind III [biháind] *n vulg* zadnjica, zadek

behindhand [biháindhænd] 1. *adv* (*with*) v zaostanku v zamudi; 2. *pred adj* (*in, with*) počasen, zaostal, pozen, zamudniški, v zaostanku, nerešen

behold* [bihóuld] *vt* zagledati, zapaziti; lo and ~! in glej!

beholden [bihóuldən] *pred adj* zavezan, zadolžen, hvaležen

beholder [bihóuldə] *n* gledalec, priča, videc, opazovalec

behoof [bihú:f] *n arch* korist, prid, prednost; in (ali on, for) ~ of v prid komu, zaradi koga

behove [bihóuv] *vt* biti primeren, spodobiti se; it ~s me nujno je, da (jaz); it ~s that treba je, da

behung [biháŋ] *adj* drapiran, ovešen

beige [beiž] *n* blago iz surove volne; sivkasto rjava barva

being [bí:iŋ] *n* bitje, eksistenca, bivanje, obstoj; in ~ živ, dejanski; to call into ~, to give ~ to ustvariti, ustvarjati; to come into ~ nastati; human ~ človek; to the very roots of one's ~ dodobra, skoz in skoz; supreme ~ najvišje bitje, bog

bel [bel] *n phys* bel

belabo(u)r [biléibə] *vt* obdelati; pretepsti, premlatiti

belaid [biléid] *pt & pp* od belay

belated [biléitid] *adj* (~ ly *adv*) zakasnel, zapoznel; ki ga je noč prehitela

belaud [biló:d] *vt* poveličevati, hvaliti; to ~ to the skies na moč koga hvaliti, kovati koga v zvezde

belay [biléi] *vt naut* pritrditi, privezati; zavarovati (rudarstvo); *sl* ~ there! stoj!; dovolj!; ~ing pin klin za navijanje vrvi

belch I [belč] *n* bruhanje, kolcanje, riganje

belch II [belč] *vi & vt* bruhati, bruhniti, rigati, rigniti; izreči, ziniti; to ~ forth (ali out) bruhati (vulkan, dimnik)

belcher [bélčə] *n* živopisana ovratna ruta

beldam(e) [béldəm] *n* babura, babnica; čarovnica, coprnica

beleaguer [bilí:gə] *vt* oblegati; blokirati

beleaguerment [bilí:gəmənt] *n* obleganje; blokada

belemnite [béləmnait] *n paleont* belemnit

belfried [bélfrid] *adj* ki ima zvonik

belfry [bélfri] *n* zvonik; he's got bats in the ~ čudne muhe mu rojijo po glavi

Belgium [béldžəm] *n* Belgija

belie [biláí] *vt* nalagáti; razočarati, ne uresničiti; lažnost dokazati; na laži ujeti; opravljati

belief [bilí:f] *n* vera, zaupanje, prepričanje; mnenje, mišljenje; the Belief apostolska vera; to the best of my ~ kolikor je meni znano; easy of ~ lahkoveren; hard of ~ nezaupljiv; light of ~ lahkoveren; ready of ~ lahkoveren, zaupljiv; past all ~ neverjeten; to stagger ~ biti komaj verjeten

believable [bilí:vəbl] *adj* (believably *adv*) verjeten, možen

believe [bilí:v] 1. *vt* verjeti, zaupati (komu); 2. *vi* (*in v*) verjeti; misliti, domnevati; to make ~ hliniti, pretvarjati se, delati se; to ~ in smatrati za dobro, koristno; I ~ so zdi se, da je tako; I ~ not mislim, da ne; *A coll* you'd better ~ it lahko mi verjamete

believer [bilí:və] *n* vernik; (*in v*) tisti, ki veruje; he's a great ~ in mnogo mu je do; a true ~ pravovernik, -ica

believing [bilí:viŋ] 1. *adj* (~ly *adv*) veren; 2. *n* verovanje; seeing is ~ verjamemo samo, če se lahko na lastne oči prepričamo

belike [biláik] *adv arch* verjetno, nemara

belittle [bilítl] *vt* podcenjevati, omalovaževati; zmanjšati

belittlement [bilítlmənt] *n* podcenjevanje, omalovaževanje

bell I [bel] *n* zvon, zvonec; udarec na zvon, zvonjenje; potapljaški zvon; *bot* popek; zvočni lijak; mehurček; to answer the ~ iti odpret vrata; to bear the ~ nositi zvonec, voditi; to carry off the ~ dobiti prvo nagrado; passing ~ navček; all went merrily as a marriage ~ vse je šlo kakor po maslu; diving ~ potapljaški zvon; to curse by ~, book and candle prekleti do desetega kolena; it is ringing a ~ with me to me na nekaj spominja; as sound as a ~ zdrav ko riba; with ~s on v slovesni obleki; z navdušenjem; to ring the ~ pozvoniti; *sl* uspešno opraviti; peal (ali chime) of ~s zvončkljanje; ~ push gumb (zvonca); to ring one's own ~ sam sebe hvaliti; within the sound of Bow ~s v Londonu; ring of ~s zvonjenje; *mar* one to eight ~s štiriurna straža

bell II [bel] *vt* obesiti zvonec; poganjati popke; mehuriti se; to ~ the cat obesiti mački zvonec; kot prvi se česa lotiti; izpostaviti se nevarnosti

bell III [bel] 1. *n* rukanje jelena (v času parjenja); 2. *vi* rukati

belladonna [belədónə] *n bot* volčja češnja; *med* beladona, atropin

bell-bottomed [bélbətəmd] *adj* spodaj razširjen (hlače)

bellboy [bélbɔi] *n* hotelski sluga

bell-buoy [bélbɔi] *n* zvončeča boja

bell-button [bélbʌtn] *n* gumb za električni zvonec

bell-clapper [bélklæpə] *n* žvenkelj

belle [bel] *n* lepotica, lepa ženska, krasotica

belled [béld] *adj* z zvončki okrašen, zvončast, lijakast

belles-lettres [béllétr] *n* leposlovje, beletristika

belletrist [belétrist] *n* leposlovec, književnik, pisec leposlovnih del

belletristic [belətrístik] *adj* književen, beletristčen

bell-flower [bélflauə] *n bot* zvončnica, zvončica
bell-founder [bélfaundə] *n* zvonar
bell-foundry [bélfaundri] *n* zvonarna
bell-glass [bélgla:s] *n* stekleni zvon (pokrov)
bell-hanger [bélhʌŋə] *n* delavec, ki napeljava električne zvonce
bellhop [bélhɔp] *m A sl* hotelski sluga
bellicose [bélikous] *adj* bojevit, prepirljiv, pretepaški
bellicosity [belikósiti] *n* bojevitost, prepirljivost, pretepanje
bellied [bélid] *adj* trebušast, trebušat
belligerance, -cy [belídžərəns, -si] *n* vojskovanje, vojno stanje
belligerent [belídžərənt] **1.** *adj* (~ly *adv*) bojujoč, vojskujoč se; bojevit; with a ~ air bojevito; **2.** *n* vojskujoča se država
bellman [bélmæn] *n* javni oklicevalec; nočni čuvaj
bell-metal [bélmetl] *n* zvonovina
bell-mouth [bélmauθ] *n* zvočni lijak
bellow I [bélou] *vi & vt* rjoveti, tuliti, mukati, zavijati; **to ~ out** (ali **forth**) srdito izjaviti
bellow II [bélou] *n* rjovenje, tuljenje, mukanje
bellows [bélouz] *n pl* meh; *hum* pljuča
bell-pull [bélpul] *n* vrvica, ročaj za zvonec
bell-push [bélpuš] *n* gumb električnega zvonca
bell-ringer [bélriŋə] *n* zvonilec
bell-rope [bélroup] *n* vrv pri zvonu
bell-shaped [bélšeipt] *adj* zvončast
bell-tower [béltauə] *n* zvonik
bell-wether [bélweðə] *n* oven zvončar, oven vodnik; *fig* kolovodja
belly I [béli] *n anat* trebuh; vamp, želodec, maternica; *geol* odebelina žile; a hungry ~ has no ears lakote ne utešiš z besedami; pot ~ velik trebuh, vamp; to have fire in one's ~ biti inspiriran
belly II [béli] *vt & vi* napihniti, napeti; napeti se, nabrekniti
belly-ache [bélieik] **1.** *n* bolečina v trebuhu, kolika; **2.** *vi A sl* javkati; upirati se, robantiti, godrnjati
belly-band [bélibænd] *n* podproga (jermen pri sedlu)
bellyful [béliful] *n* poln želodec (česa); *fig* zadostna količina, obilje; to get a ~ do sitega se najesti
belly-landing [bélilændiŋ] *n* spuščanje na trup (letalo)
belly-laugh [bélila:f] *vi* krohotati se
belly-pinched [bélipinčt] *adj* sestradan
belly-timber [bélitimbə] *n joc* hrana
belly-worship [béliwə:šip] *n* požrešnost, gurmanstvo
belong [bilóŋ] *vi (to, in, with, under, among)* pripadati; spadati; tikati se; spodobiti se; *A* biti rojen; to ~ together skladati se, razumeti se
belongings [bilóŋiŋz] *n pl* lastnina; pritiklina; prtljaga; sorodstvo
beloved [bilʌ́vd, bilʌ́vid] **1.** *adj* ljubljen, drag; he was ~ by (ali of) all vsi so ga imeli radi; **2.** *n* ljubica, ljubček
below I [bilóu] *adv* spodaj, niže; down ~ v peklu; here ~ tukaj doli; na tem svetu; it will be mentioned ~ o tem bo govora kasneje
below II [bilóu] *prep* pod; ~ ground pod zemljo, pokopan; ~ the mark slabše kvalitete; ne čisto

zdrav; ~ par pod nominalno ceno; to feel ~ par ne se dobro počutiti; to speak ~ one's breath šepetati; ~ the average podpovprečen
belowstairs [belóustɛəz] *adv* v prizemlju
belt I [belt] *n* pas, jermen; področje, cona; conveyor ~ tekoči trak; A Black Belt črnske države; to hit (ali strike, tackle) below the ~ nepošteno se boriti
belt II [belt] *vt* opasati; s pasom (jermenom) pretepsti; to ~ along ucvreti jo; to ~ up molčati
beltane [béltein] *n* stari keltski prvomajniški praznik
belt-buckle [béltbʌkl] *n* pasna zaponka
belt-conveyer [béltkənvéiə] *n* tekoči trak
belt-gearing [béltgi:riŋ] *n* transmisija, transmisijski jermen
belting [béltiŋ] *n* jermenje; pogonski jermen
belt-pulley [béltpuli] *n* jermenica
belt-saw [béltsɔ:] *n* tračna žaga
bemire [bimáiə] *vt* umazati, oblatiti, oskruniti
bemoan [bimóun] *vt* objokavati, obžalovati
bemuse [bimjú:z] *vt* zbegati, zmesti
ben [ben] *n Sc* notranja soba; to live but and ~ with stanovati v nasprotnih sobah; to be far ~ with s.o. imeti ozke stike s kom
bench I [benč] *n* klop; delovna miza; sodni stol; sodišče; sodniki; *geol* terasa; *techn* skobelnik; *naut* klop za veslače; A nizek rečni breg; to sit (ali be) on the ~ soditi; the ~ and the bar sodniki in zagovorniki; to be raised to the ~ postati sodnik; the opposition ~es opozicija v parlamentu
bench II *vt* postaviti klopi; razstavljati pse
bencher [benčə] *n* višji sodnik; veslač
bench-mark [benčma:k] *n* označitev relativne višine (pri merjenju zemljišča)
bench-lands [bénčlændz] *n pl A* dolinska ravnina
bench-show [bénčšou] *n* pasja razstava
bench-warrant [bénčwɔrənt] *n* zaporno povelje
bench-warmer [bénčwɔ:mə] *n* brezposeln brezdomec
bend I [bend] **1.** *vt* upogniti, upogibati; (s)kriviti, zaviti; *naut* (pri)vezati, pritrditi; *(to* kam) usmerjati, usmeriti; napeti (lok); skloniti; *fig* podrediti, podvreči, spraviti pod svojo oblast; **2.** *vi* skloniti, sklanjati se; upogniti, upogibati se; vdati, ukloniti se; *fig* to ~ one's steps usmeriti se; to ~ one's knee poklekniti; to ~ the brow mrščiti čelo
bend II [bend] *n* pregib; zavoj, ovinek; *techn* koleno; *naut* vozel; prečna črta na grbu; goveje usnje za podplate; get a ~ on you! podvizaj(te) se!; ~ sinister prečna črta na grbu (kot znak nezakonskega rojstva); on the ~ nepošteno; to go on the ~ krokati, pijančevati
bendable [béndəbl] *adj* upogljiv, usmerljiv, pregibljiv
bended [béndid] *adj* zvit, upognjen, usločen; on ~ knees kleče
bender [béndə] *n sl* nekaj velikega; krokanje, pijančevanje; šestpenijski novec; to go on a ~ iti krokat; to be on a ~ biti pijan
bending [béndiŋ] *n* upogib, zavoj
bend-leather [béndleðə] *n* usnje za podplate, podplatovina

beneath I [biní:θ] *adv poet arch* spodaj; **on the earth** ~ na tem svetu, na zemlji

beneath II [biní:θ] *prep poet arch* pod; ~ **s.o.'s dignity** pod častjo koga; ~ **our eyes** pred našimi očmi; ~ **criticism** pod kritiko; **to marry** ~ **one** poročiti se z osebo nižjega stanu; ~ **notice** nevreden pozornosti; ~ **contempt** pod častjo

benedick [bénidik] *n* novoporočeni stari samec

Benedictine [benidíkti:n]*n* benediktinec (redovnik)

benedictine [benidíkti:n] *n* benediktinec (liker)

benediction [benidíkšən] *n* blagoslov

benedictory [benidíktəri] *adj* (**benedictorily** *adv*) blagoslovilen

benefaction [benifækšən] *n* dobrodelnost; donacija; dobro delo, dar, prostovoljni prispevek

benefactor [bénifæktə] *n* dobrotnik, darovalec, žrtvovalec

benefactress [bénifæktris] *n* dobrotnica, darovalka, žrtvovalka

benefice [bénifis] *n* nadarbina

beneficed [bénifist] *adj* nadarbinski

beneficence [binéfisns] *n* dobrodelnost, dobrotljivost, radodarnost

beneficent [binéfisnt] *adj* (~ **ly** *adv*) dobrotljiv, radodaren; dobrodejen

beneficial [benifíšəl] *adj* (~ **ly** *adv*) dobrodejen, koristen; prikladen, ugoden; *jur* ki ima dohodek iz neke posesti

beneficiary [benifíšəri] **1.** *n* beneficiat; koristnik, dedič; **2.** *adj* nadarbinski

benefit I [bénifit] *n* dobro, korist, ugodnost, prednost; podpora; nadarba; beneficij; *theat* ~ **night** benefična predstava; **to give the** ~ **of the doubt** zaradi pomanjkljivostih dokazov razložiti zadevo komu v prid; pomilostiti, odpustiti; **to the** ~ **of** v korist koga, česa; **for your (special)** ~ (samo) za vas; *A* **to take the** ~ objaviti bankrot; **unemployment** ~ podpora za brezposelne; **to derive** ~ **from** okoristiti se s čim

benefit II [bénifit] **1.** *vt* koristiti; pomagati; prijati, pomagati; **2.** *vi* okoristiti se

benevolence [binévələns] *n* dobrohotnost, dobrota, naklonjenost, radodarnost

benevolent [binévələnt] *adj* (~ **ly** *adv*) dobroten, prijazen, dobrohoten, dobrodelen, radodaren; ~ **society** podporno društvo

Bengal [bengó:l] *adj* bengalski, bengaličen

Bengali [bengó:li] **1.** *n* Bengalec; bengalščina; **2.** *adj* bengalski

benighted [bináitid] *adj* od mraka presenečen; *fig* neveden, neprosvetljen

benign [bináin] *adj* (~ **ly** *adv*) blag, mil, prijazen: *med* nenevaren, benigen

benignancy [binígnənsi] glej **benignity**; *med* nenevarnost, benignost

benignant [binígnənt] *adj* (~ **ly** *adv*) prijazen, naklonjen, uslužen

benignity [binígniti] *n* dobrota, naklonjenost, uslužnost

benison [bénizn] *n arch* blagoslov

bennet [bénit] *n bot* šaš

bent I [bent] **1.** *pt & pp* od **bend; 2.** *adj* upognjen skrivljen; **as the twing is** ~ **the tree is inclined** kar se Janezek nauči, to Janezek zna; **to be** ~ **on** imeti nagnjenje k čemu, nameravati kaj

bent II [bent] *n* naklonjenost, pregib, krivina; nagnjenje; *bot* šaš; **it is out of my** ~ tega ne zmorem; **to the top of one's** ~ kakor komu drago; do skrajnosti; **full** ~ skrajnji napor; **to take** (ali go, flee) **to the** ~ zbežati, ucvreti jo

bent-grass [béntgra:s] *n bot* šaš

benthos [bénθəs] *n biol* globinska favna in flora

benumb [binám] *vt* omrtvičiti, ohromiti, paralizirati

benzene [bénzi:n] *n chem* benzol

benzine [bénzi:n] **1.** *n chem* bencin (za čiščenje); **2.** *vt* z bencinom čistiti

benzoin [bénzouin] *n* benzoin (dišeča smola)

benzol [bénzəl] *n* glej **benzene**

benzoline [bénzəli:n] *n* glej **benzine**

beplaster [biplá:stə] *vt* zaliti z mavcem

bepowder [bipáudə] *vt* zaprašiti

bequeath [bikwí:ð] *vt* zapustiti, voliti (v oporoki)

bequeather [bikwí:ðə] *n* oporočnik, testator

bequest [bikwést] *n* zapuščina, volilo

berate [biréit] *vt A* grajati

berberry [bérberi] glej **barberry**

bereave* [birí:v] *vt* oropati, odvzeti, prikrajšati; osamiti, užalostiti

bereaved [birí:vd] *adj* užaloščen, žalujoč; osamljen, zapuščen; ovdovel

bereavement [birí:vmənt] *n* zguba ljubljene osebe; odvzetje, odvzem

bereft [biréft] *pt & pp* od **bereave**

beret [bérit, bérei] *n* baretka

berg [bə:g] *n* ledena gora

berhyme [biráim] *vt* rimati; v verzih opevati

beri-beri [beribéri] *n med* beriberi, avitaminoza

beringed [biríŋt] *adj* s prstani okrašen

berm [bə:m] *n mil* izboklina med jarkom in prsobranom

berry [béri] **1.** *n* jagoda; zrno (kave); jajčece, ikra (rib, rakov); **2.** *vt* jagode obroditi; jagode nabirati

berserk(er) [bə́:sə:k(ə)] *n* divji nordijski bojevnik; *fig* fanatik; **to go** ~ pobesneti, podivjati; ~ **rage** besnost

berth I [bə:θ] *n* sidrišče; ležišče; spavališče; primeren kraj za kaj; služba, položaj, zaposlitev; **good** ~ lahka in dobra služba; **loading** ~ nakladališče; **to give** (ali **to keep**) **a wide** ~ **of** izogibati se koga ali česa

berth II [bə:θ] *vt* usidrati; preskrbeti ležišče ali službo

bertha [bə́:θə] *n* čipkast ovratnik; **Big Bertha** debela Berta (top)

berthage [bə́:θidž] *n* sidrišče; sidrnina

berthing [bə́:θiŋ] *n* glej **berthage**; *fig* branik

beryl [béril] *n min* beril

beryllium [beríljəm] *n chem* berilij

beseech* [bisí:č] *vt* rotiti; (*for*) prositi; zaklinjati

beseechingly [bisí:čiŋli] *adv* roteče

beseem [bisí:m] *vt arch* spodobiti se; zdeti se; **it ill** ~ **s** ne spodobi se

beseeming [bisí:miŋ] *adj* primeren, všečen; spodoben

beseemingly [bisí:miŋli] *adv* na videz

beset* [bisét] *vt* oblegati; obdajati, obdati, obkrožiti; *fig* naskakovati, napadati; zasesti; posejati; **hard** ~ v hudi stiski besetment [bisétmənt] *n* obleganje, napad; zasedba; obsedenost

besetting [bisétiŋ] *adj* neustavljiv; ukoreninjen; ~ sin greh iz navade

beshadow [bišǽdou] *vt* zasenčiti

beshame [bišéim] *vt* (o)sramotiti

beshrew [bišrú:] *vt arch* preklinjati; ~ me, ~ my heart presneto!

beside [bisáid] *prep* razen, poleg, blizu, ob strani; v primeri s; to be ~ o.s. biti ves iz sebe; to be ~ the mark motiti se; this is ~ the question (ali purpose) to nima smisla; this is ~ the point to ne spada sem

besides [bísáidz] **1.** *prep* razen, poleg, ne glede na; **2.** *adv* razen tega, poleg tega, prav tako; povrhu; nobody ~ nihčc več

besiege [bisí:dž] *vt* oblegati, naskakovati, pritiskati; to ~ with requests nadlegovati s prošnjami, z zahtevami

besieger [bisí:džə] *n* oblegovalec, naskakovalec; nadlegovalec

beslaver [bislǽvə] *vt* posliniti; *fig* zoprno laskati, sliniti se, prilizovati se

beslobber, beslubber [bislóbə, bislʌ́bə] glej beslaver

besmear [bismíə] *vt* namazati; umazati

besmirch [bismə́:č] *vt* (zlasti *fig*) umazati, zamazati, oskruniti

besoil [bisóil] *vt* umazati

besom [bí:zəm] **1.** *n* metla; *arch coll* ženščina; **2.** *vt* pometati; to jump the ~ živeti v divjem zakonu

besot [bisót] *vt* poneumiti, zbebiti, omamiti

besotted [bisótid] *adj* omamljen, pijan; *fig* (on) ves nor na kaj

besought [bisó:t] *pt & pp* od beseech

bespangle [bispǽŋl] *vt* z bleščicami okrasiti; načičkati; *poet* ~d sky zvezdno nebo

bespatter [bispǽtə] *vt* poškropiti z blatom; *fig* obrekovati, očrniti, (o)blatiti

bespeak* [bispí:k] *vt* naročiti, zagotoviti si; dogovoriti se; rezervirati; ogovoriti; razodeti, pokazati; to ~ s.o.'s attention zbuditi pozornost koga; to ~ s.o.'s favour skušati koga pridobiti

bespectacled [bispéktikld] *adj* ki nosi naočnike, z naočniki

bespoke [bispóuk] *pt & pp* od bespeak; ~ work po meri narejeno delo; ~ tailor krojač, ki dela po meri

bespoken [bispóukən] *pp* od bespeak

besprent [bisprént] *adj poet* (*with*) poškropljen, posut

besprinkle [bispríŋkl] *vt* (*with*) poškropiti, posuti

best I [best] *adj* najboljši; najprimernejši; najodličnejši; to be ~ at odlikovati se v čem; he was on his ~ behaviour zelo je pazil na svoje vedenje; at the ~ hand iz prve roke; poceni; to put one's ~ foot (ali leg) foremost (ali forward) pohiteti; na moč si prizadevati; ~ maid družica; *sl* one's ~ girl ljubica; ~ man drug (pri poroki); ~ part večji del; to get ~ thrashing biti hudo tepen; ~ seller zelo uspešna knjiga; to send one's ~ regards poslati pozdrav

best II [best] *n* najboljše, najprimernejše; the ~ najodličnejši, najboljši ljudje; at the ~ v najboljšem primeru; the very ~ najboljše od vsega; to be at one's ~ biti na višku; bad is the ~ nič

dobrega ne moremo pričakovati; to do one's ~ do skrajnosti se potruditi; to get (ali have) the ~ of the bargain napraviti dobro kupčijo; make the ~ of your way home glej, da boš čimprej doma; to make the ~ of a bad bargain (ali job, business, of it) pogumno prenašati udarce usode, ne biti malodušen, ne obupati, ne zgubiti glave; to try one's ~ na vso moč se truditi; to the ~ of my power kolikor zmorem; the best is the enemy of good prevelike zahteve ovirajo napredek; with the ~ med najboljšimi; to have the ~ of both worlds izkoristiti obe možnosti; my ~, my Sunday ~ moja najboljša, praznična obleka

best III [best] *adv* najbolje, najugodneje; to give it ~ odreči se; you had ~ najbolje bi bilo, če bi; as ~ one could na vso moč

best IV [best] *vt coll* premagati, prekositi, preseči; ukaniti

bestead [bistéd] *vt & vi obs* koristiti; pomoči, pomagati

bested [bistéd] *adj arch* obdan; situiran; well ~ v dobrih prilikah, v dobrem položaju; ill (ali hard, sore) ~ v stiski, v slabem položaju

best-ever [bestévə] *adj* najboljši, kar jih je kdaj bilo

bestial [béstjəl] **1.** *adj* (~ly *adv*) živalski, zverinski, surov; **2.** *n pl Sc* živina

bestiality [bestiǽliti] *n* zverinstvo, surovost

bestialize [béstiəlaiz] *vt* posuroviti

bestiary [béstiəri] *n* srednjeveška zbirka basni

bestir [bistə́:] *v ref* zganiti se; potruditi se

bestow [bistóu] *vt* (*on, upon* komu) podariti, podeliti, dati; nastati, spraviti, položiti; to ~ in marriage dati za ženo

bestowal [bistóuəl] *n* podelitev; darilo, dar

bestowment [bistóumənt] *n* glej bestowal

bestrew* [bistrú:] *vt* (*with*) potresti, posuti; razmetati, raztrositi, razsipati

bestrewn [bistrú:n] *pp* od bestrew

bestridden [bestrídən] *pp* od bestride

bestride* [bistráid] *vt* zajahati, zasesti (konja); preko stopiti, preskočiti

bestrode [bistróud] *pt* od bestride

best-seller [béstselə] *n* najuspešnejša knjiga

bet I [bet] *vi & vt* (*on, against*) staviti; *A* misliti; *sl* you ~! to se razume!; to ~ away stavo zgubiti; to ~ one's shirt vse tvegati; I ~ you! seveda!; bodite prepričan(i); I'll ~ my life (a cookie, my boots, my hat, my bottom dollar) glavo stavim

bet II [bet] *n* stava; to make (ali lay) a ~ staviti; to take a ~ stavo sprejeti; heavy ~ visoka stava

beta [bí:tə] *n* beta, druga črka grške abecede; ~ plus drugovrsten

betake* [bitéik] *v refl* zateči, zatekati se; oditi; *obs* zgrabiti; to ~ o.s. to the heels zbežati, popihati jo

betaken [bitéikən] *pp* od betake

betatron [bí:tətron] *n* betatron

betel [bí:təl] *n bot* betel

betel-nut [bí:təlnʌt] *n bot* betelov oreh

bethink* [biθíŋk] *v refl* misliti, domisliti se, spomniti se

bethought [biθó:t] *pt & pp* od bethink

betid [bitíd] *pt & pp* od **betide**
betide* [bitáid] *vi & vt* zgoditi, pripetiti se; doleteti; **whatever** ~ naj se zgodi karkoli; **woe** ~ **you** gorje tebi
betimes [bitáimz] *adv* zgodaj, začasa, pravočasno
betoken [bitóukən] *vt* naznaniti, napovedati, naznačiti
beton [bétən] *n* beton
betony [bétəni] *n bot* navadni čistec
betook [bitúk] *pt* od **betake**
betray [bitréi] *vt* izdati, izneveriti se; zapeljati
betrayal [bitréiəl] *n* izdajstvo, verolomstvo
betrayer [bitréiə] *n* izdajalec, zapeljivec
betroth [bitróuð] *vt* zaročiti, zaobljubiti
betrothal [bitróuðəl] *n* zaroka, zaobljuba
betrothed [bitróuðd] **1.** *adj* zaročen, zaobljubljen; **2.** *n* zaročenec, -ka
better I [bétə] *n* tisti, ki stavi
better II [bétə] *adj* boljši; primernejši; ki se bolje počuti; **no** ~ **than** pravzaprav; **he is no** ~ **than he should be** nič boljšega ne moremo od njega pričakovati; **she is no** ~ **than she should be** razuzdanka je; **my** ~ **half** moja boljša polovica; ~ **part** večji del; ~ **than** več kakor; **coll the** ~ **the day the** ~ **the deed** čim večji praznik tem več dela opravimo; **upon** ~ **acquaintance** če se človek bliže seznani; **one's** ~ **angel** angel varuh; **he has seen** ~ **days** nekoč še mu je bolje godilo; **he is** ~ **than his word** naredi še več kot je obljubil; **the** ~ **hand** prednost, premoč; **the** ~ **sort** pomembni ljudje; **his** ~ **self** njegova boljša stran; **I am** ~ **as I am** raje sem tak kakor sem; **he is none the** ~ **for it** nič mu ne koristi
better III [bétə] *adv* bolje, primerneje; **to be** ~ bolje se počutiti; **to be** ~ **off** biti v boljšem položaju, biti premožnejši; **I had** ~ **start** bolje bi bilo, če bi že začel; **you had** ~ **not** bolje ne!, tega vam ne svetujem; **I know** ~ ne boste me ukanili, ne dam se potegniti za nos; *A coll* **you'd** ~ **believe it** lahko mi verjameš; **so much the** ~, **all the** ~ tem bolje; **to get** ~ okrevati; **I like it none the** ~ **for it** zato mi ni nič ljubši; **he always knows** ~ nič si ne da dopovedati; **I thought** ~ **of it** bolje sem si premislil
better IV [bétə] *n* **my** ~s moji predstojniki; **for** ~ **for worse** v vsakem primeru; **to change for the** ~ poboljšati se; **to get the** ~ **of** premagati, prekositi
better V [bétə] **1.** *vt* popraviti, izboljšati, izpopolniti, preseči; **2.** *vi* popraviti, spopolniti, poboljšati se, napredovati; **to** ~ **up** oplemenititi
betterment [bétəmənt] *n* boljšanje, izboljšava; povečanje vrednosti; melioracija
betting [bétiŋ] *n* stava
bettor [bétə] *n* tisti, ki stavi
between I [bitwí:n] *adv* **betwixt and** ~ niti eno niti drugo; **in** ~ sredi, v sredini; **few and far** ~ na redko, v velikih razdaljah; **the space** ~ vmesni prostor; **betwixt and** ~ na pol; **to stand** ~ posredovati; **far** ~ zelo redek; ~ **servant** pomožni služabnik
between II [bitwí:n] *prep* med; ~ **the devil and the deep sea**, ~ **two fires** med Scilo in Karibdo, med dvema ognjema; ~ **you and me and the bed** (ali **gate**) **post** strogo zaupno; ~ **you and me** (*coll* **I**), ~ **ourselves** med nama povedano;

~ **two stools** med dvema stoloma; **there's many a slip** ~ **the cup and the lip**, ~ **the cup and the lip a morsel may slip** ne hvali dneva pred večerom; **hit** ~ **wind and water** zadet na občutljivem mestu; ~ **whiles** (ali **times**) tu pa tam; ~ **hay and grass** ne tič ne miš, niti eno niti drugo; **they had no penny** ~ **(the two of) them** niti eden niti drugi nista imela prebite pare; ~ **stations** na odprti progi; **we have bought it** ~ **us** kupila sva to skupaj
between-decks [bitwí:ndeks] *n pl* medpalubje
betweentimes [bitwí:ntaimz] *adv A* medtem
betwixt [bitwíkst] *arch poet* glej **between**
bevel I [bévəl] *adj* poševen; topokoten; ~ **protractor** vogelnica
bevel II [bévəl] *n* poševnik, vogelnica
bevel III [bévəl] *vt & vi* poševno postaviti; poševno odrezati; zvijati, nagibati se; ~**led** prirezan
bevel-edge [bévəledž] *n techn* faseta
bevel-wheel [bévəlhwi:l] *n* stožčasti zobnik
beverage [béveridž] *n* pijača
bevy [bévi] *n* jata, krdelo; družba, gruča
bewail [biwéil] *vt & vi* objokovati; tarnati
beware [biwéə] (samo *inf* in *imp*) *vt & vi* (*of*) paziti, čuvati se; ~ **of trespassing** prepovedana pot; ~ **of dogs** pozor, hudi psi!; ~ **lest you fall** pazi, kam stopiš; ~ **how you step out** pazi pri izstopanju; ~ **of pickpockets!** pazi se pred žeparji!
bewilder [biwíldə] *vt* zmesti, zbegati, premotiti, osupiti
bewildered [biwíldəd] *adj* osupel, zmeden, prepaden, ves iz sebe
bewildering [biwílderiŋ] *adj* (~ **ly** *adv*) osupljiv
bewilderment [biwíldəmənt] *n* osuplost, prepadlost, zmeda
bewitch [biwíč] *vt* začarati, očarati; uročiti
bewitching [biwíčiŋ] *adj* (~ **ly** *adv*) očarljiv, čaroben, mikaven
bewitchment [biwíčmənt] *n* začaranje, očaranje, čar
bewray [biréi] *vt arch* odkriti, izdati
bey [bei] *n* bej, beg, turški veleposestnik
beylic [béilik] *n* bejevina, območje bega
beyond I [bijónd] *adv* na drugi strani, onstran, preko; **to pass** ~ preseliti se na drugi svet
beyond II [bijónd] *prep* več kot, razen; na oni strani, nasproti; ~ **belief** neverjeten; ~ **comprehension** nerazumljiv; **it is** ~ **my depth** tega ne razumem, ne dojamem; ~ **dispute** nespodbiten; ~ **endurance** neznosen; ~ **one's expectation** več kot smo pričakovali; ~ **expression** neizrekljiv; ~ **hope** brezupen; ~ **all praise** odličen; **it is** ~ **me** tega ne zmorem; **he is** ~ **the (human) pale** njegovo vedenje je neprimerno; ~ **measure** pretiran(o); ~ **possibility** nemogoče; **he lives** ~ **his income** živi preko svojih dohodkov; ~ **one's means** prepotratno; ~ **one's time** predolgo; ~ **recovery** neozdravljiv; ~ **the tomb** v onstranstvu; ~ **words** nepopisen; **to go** ~ **one's depth** zgubiti tla pod nogami
beyond III [bijónd] *n* onstranstvo, posmrtno življenje; **at the back of** ~ na koncu sveta, bogu za hrbtom
bezant [bézənt] *n* bizantinec, star zlat ali srebrn kovanec

bezel [bézl] *n* poševna ploskev brušenega kamna, faseta; okvir, urnjak; rezilo (dleta)
bezique [bizí:k] *n* vrsta igre kart
bhang [bæŋ] *n* posušena indijska konoplja (z omamnim učinkom)
bheesty, bhisty [bí:sti] *n* indijski nosač vode
bi- [bai] *pref* dvo-, dvakrat(en)
bias I [báiəs] *adj & adv* poševen, prečen; poševno, napošev, prečno
bias II [báiəs] *n* nagnjenost, poševnost; (*in favour of*, *towards*) pristranost; (*against*) predsodek; **to cut on the** ~ poševno odrezati, (pri)krojiti; **on the** ~ diagonalno; **without** (ali **free from**) ~ brez predsodka
bias(s)ed [báiəst] *adj* nagnjen, poševen; *fig* (*against*, *in favour of*) pristranski; *poln* predsodkov
biaxial [baiǽksiəl] *adj* (~**ly** *adv*) dvoosen
bib I [bib] *vi* popivati, srkati ga
bib II [bib] *n* slinček; zgornji del predpasnika; *coll* **in best** ~ **and tucker** praznično oblečen
bib III [bib] *n zool* vrsta trske, polenovke
bibber [bíbə] *n* pijanec
bibbing [bíbiŋ] *n* popivanje, pijančevanje
bibelot [bíblou] *n* droben umetniški predmet, spominček
Bible [báibl] *n* Sveto pismo, biblija; **upon my** ~ **oath** pri moji veri; ~ **clerk** študent, ki bere odlomke iz biblije (Oxford)
biblical [bíblikəl] *adj* (~**ly** *adv*) svetopisemski, bibličen
biblioclept [bíbliəklept] *n* tat knjig
bibliographer [bibliógræfə] *n* bibliograf
bibliography [bibliógræfi] *n* bibliografija
bibliolater [bibliólətə] *n* navdušenec za Sveto pismo
bibliolatry [bibliólətri] *n* navdušenje za Sveto pismo
bibliomaniac [bibliəméinjək] *n* knjižni molj (človek)
bibliophagist [bibliófədžist] *n* ki »požira« knjige, ki tiči v knjigah
bibliophile [bíbliəfail] *n* ljubitelj knjig, bibliofil
bibliopole [bíbliəpoul] *n* knjigarnar, prodajalec redkih knjig
bibulous [bíbjuləs] *adj* (~**ly** *adv*) gobast; ki sesa, sesalen, vpojen; *fig* pivski
bicameral [baikǽmərəl] *adj* dvodomen (parlament)
bicarbonate [baiká:bənit] *n chem* bikarbonat; ~ **of soda** jedilna soda
bice [bais] *n* svetlo modra ali zelena barva, ultramarin
bicentenary [baisentí:nəri] **1.** *adj* dvestoleten; **2.** *n* dvestoletnica
bicentennial [baisenténjəl] **1.** *adj* ki traja dvesto let, ki se pojavi vsakih dvesto let; **2.** *n* razdobje dvesto let
bicephalous [baiséfələs] *adj* dvoglav
biceps [báiseps] *n anat* dvoglava upogibalka
bicker I [bíkə] *vi* prerekati, pričkati, prepirati se; *fig* pljuskati; žuboreti; plapolati
bicker II [bíkə] *n* prepir, prerekanje, pričkanje; žuborenje, pljusk, plapolanje
bickering [bíkəriŋ] *n* prepir, spor, pričkanje
biconcave [baikóŋkeiv] *adj* bikonkaven, dvojno vbokel

biconvex [baikónveks] *adj* bikonveksen, dvojno vzbokel
bicuspid [baikáspid] *adj* dvokoničen
bicycle [báisikl] **1.** *n* kolo, bicikel; **to ride on** (ali **upon**) **a** ~ kolesariti; **2.** *vt* kolesariti
bicycling [báisikliŋ] *n* kolesarjenje
bicyclist [báisiklist] *n* kolesar(ka)
bid* I [bid] **1.** *vt* ukazovati; ponuditi; objaviti; naznaniti; *arch poet* pozvati, prositi; **2.** *vi* ponujati; **to** ~ **the banns** oklicati zaročenca v cerkvi; **to** ~ **fair** dobro kazati; **to** ~ **goodbye** (ali **farewell**) posloviti se; **to** ~ **s.o. a good speed** želeti komu mnogo uspeha, božji blagoslov; **to** ~ **joy** želeti srečo; **to** ~ **welcome** prijazno sprejeti; **to** ~ **up** več ponuditi (na dražbi); ~ **him come in** reci(te) mu, naj vstopi
bid II [bid] *n* (*for*) ponudba; *A sl* povabilo; **to make a** ~ **for** potegovati se za kaj
biddable [bídəbl] *adj* (**biddably** *adv*) ubogljiv, pokoren
bidden [bídn] *pp* od **bid**
bidder [bídə] *n* ponudnik; kupec; **the highest** (ali **best**) ~ najvišji ponudnik
bidding [bídiŋ] *n* ukaz, nalog; ponudba; povabilo; **at your** ~ na vaš ukaz
biddy [bídi] *n dial* piščanec
bide* [baid] *vt & vi arch poet* bivati; prenesti, prenašati, pretrpeti; čakati, vztrajati; *dial* ostati; sprijazniti se
bidet [bidét] *n* bidé
biding [báidiŋ] *n* bivanje; pričakovanje
biennial [baiénjəl] **1.** *adj* dveleten; **2.** *n bot* dveletnica
bier [biə] *n* pare, mrtvaški oder; *fig* gomila, grob; smrt
biestings glej **beestings**
bifer [báifə] *n bot* rastlina, ki obrodi dvakrat na leto
biff [bif] *sl* **1.** *n* udarec; **2.** *vi* natepsti, tolči, udariti
bifid [báifid] *adj* razcepljen, razdvojen
bifocal [baifóukəl] *adj* bifokalen, dvogorišćen
bifoliate [baifóulieit] *adj* dvolisten
bifurcate I [báifə:keit] *vt & vi* vilićasto (se) cepiti
bifurcate II [báifə:kit] *adj* vilićast
bifurcation [baifə:kéišən] *n* razcep, vilićenje
big I [big] *adj* velik, važen; odrasel; plemenit; bahav; *poln*; noseča; *A* izvrsten, odličen; glasen, domišljav; **Big Ben** veliki zvon na parlamentu v Londonu; **a** ~ **bug** (ali **pot, gun, noise, wig, shot**) visoka »živina«; **the** ~ **drink** (ali **pond**) velika luža (tj. Atlantski ocean); ~ **gate** dvoriščna, vhodna vrata; **to get** (ali **grow**) **too** ~ **for one's shoes** (ali **boots**) postati domišljav; *A sl* ~ **house** ječa, kaznilnica; **the** ~ **idea** namera, nakana; ~ **top** cirkuška kupola, cirkus; ~ **look** samozavestnost; *A bot* ~ **tree** sekvoja; ~ **with child** noseča; **the** ~ **toe** palec na nogi; ~ **words** bahave besede; *A sl* ~ **wheel** domišljivec; visoka »živina«
big II [big] *adv* veliko, bahavo; **to talk** ~ bahati, širokoustiti se
bigamist [bígəmist] *n* bigamist, dvoženec
bigamous [bígəməs] *adj* (~**ly** *adv*) bigamen, ki ima dve ženi
bigamy [bígəmi] *n* bigamija, dvoženstvo
big-bellied [bígbelid] *adj* trebušast; noseča

big-boned [bígbound] *adj* čokat, tršat
biggish [bígiš] *adj* precej velik, precejšen, znaten
big-head [bíghed] *n* domišljavost; domišljavec,-ka
big-headed [bíghedid] *adj* (~ ly *adv*) domišljav
big-horn [bíghɔ:n] *n zool* debeloroga ovca, muflon
big-name [bígneim] *adj A* slaven, slovit
bight [bait] *n* zanka; zavoj; zaliv
bigness [bígnis] *n* velikost; višina; *fig* oholost, nadutost
bigot [bígɔt] *n* pobožnjak(inja), fanatik
bigoted [bígɔtid] *adj* pobožnjaški; fanatičen
bigotry [bígɔtri] *n* pobožnjaštvo; fanatizem
bigwig [bígwig] *n coll* vplivna oseba; sodnik; visoka »živina«
bike [baik] 1. *n fam* kolo, bicikel; 2. *vi* kolesariti
bilabial [bailéibjel] *gram* 1. *adj* (~ ly *adv*) dvo-ustniški; 2. *n* dvoustničnik
bilateral [bailǽtǝrǝl] *adj* (~ ly *adv*) dvostranski, obojestranski, bilateralen
bilberry [bílberi] *n bot* borovnica; ~ shrub, ~ bush borovničevje
bilbo [bílbou] *n arch* meč, sablja; bilboes okovi za jetnike na ladji
bile [bail] *n* žolč; *fig* jeza, slaba volja, žolčnost, bridkost
bile-duct [báildʌkt] *n anat* žolčevod
bile-stone [báilstoun] *n med* žolčni kamen
bilge I [bildž] *n naut* najširši del (dno) ladje ali soda; kaluža; krivina; *fig coll* neumnost, malenkost
bilge II [bildž] *vt & vi* prebiti dno; puščati, teči, curljati; napenjati se
bilge-water [bildžwɔtǝ] *n* blato na ladijskem dnu
bilgy [bídži] *adj* smrdljiv, zamazan, blaten
biliary [bíliari] *adj* žolčen
bilingual [bailíŋgwǝl] *adj* (~ ly *adv*) dvojezičen
bilious [bíljǝs] *adj* (~ ly *adv*) žolčen; *fig* vročekrven, siten, čemeren, koleričen
biliousness [bíljǝsnis] *n* žolčnost; slaba volja, sitnost, koleričnost
biliteral [bailítǝrǝl] *adj* ki sestoji iz dveh črk
bilk [bilk] 1. *vi coll* prekaniti, opehariti, oslepariti, izmuzniti se ne da bi plačal; 2. *n* glej bilker
bilker [bílkǝ] *n coll* slepar goljuf (zlasti tisti, ki izgine ne da bi plačal)
bilking [bílkiŋ] *n* prevara, sleparija
bill I [bil] *n* helebarda; vrtnarski nož, kosir, sekira, sekirica; sekač
bill II [bil] 1. *n* kljun; ost, konica; *naut* krempelj (sidra); (v geogr. imenih) rt; 2. *vi* kljunčkati se; to ~ and coo dobrikati, laskati se
bill III [bil] *n* zakonski osnutek; blagajniški listek, račun, izkaz; lepak; program; seznam, inventar; menica; obtožnica; bankovec; *sl* butcher's ~ seznam padlih; ~ of carriage tovorni list; to bring in a ~ predložiti zakonski osnutek; ~ of credit kreditno pismo; ~ of entry carinska deklaracija; ~ of delivery dostavnica; ~ of exchange menica; anticipated ~ of exchange pred rokom plačana menica; ~ of fare jedilni list; to fill the ~ *A* ustrezati; health ~ zdravniško spričevalo; clean ~ of health uradno sporočilo, da so na ladji vsi zdravi; foul ~ of health uradno sporočilo, da so na ladji bolniki; ~ of indictment obtožnica; *A* to fill the ~ biti primeren za kaj; to foot the ~ plačati račun; ~ of

lading ladijski tovorni list; ~ of mortality tedenski popis umrlih; ~ of sale kupna pogodba; to pass a ~ sprejeti zakonski osnutek; Bill of Rights angleška ustava iz l. 1689; to throw out a ~ zavreči zakonski osnutek; to run up a ~ zadolžiti se; to settle a ~ poravnati račun; to post a ~ nalepiti lepak; ~ of sufferance dovoljenje za izvoz blaga brez carine; to take up a ~ izplačati menico; theatre ~ gledališki program; *fig* within the ~s of mortality v Londonu ali okolici; long ~ dolgoročna menica; short ~ kratkoročna menica; ~ of sight carinsko dovoljenje; *jur* to find a true ~ against sprejeti obtožnico kot upravičeno
bill IV [bil] *vt* objaviti, razglasiti
billboard [bílbɔ:d] *n* deska za lepake in oglase
bill-book [bílbuk] *n* menična knjiga; listnica
bill-broker [bílbroukǝ] *n* meničar; menični posrednik
billet I [bílit] 1. *n mil* nakazilo za stanovanje; dodeljeno stanovanje; listič, pisemce; *fig* služba; 2. *vt* nastaniti vojake
billet II [bílit] *n* poleno, klada; kovinska palica, cagelj
billfold [bílfould] *n* listnica
billhead [bílhed] *n* obrazec za fakturo
bill-holder [bílhouldǝ] *n* lastnik menice
billhook [bílhuk] *n* vrtnarski nož, kosir, krivec
billiard-ball [bíljǝdbɔ:l] *n* biljardna krogla
billiard-cue [bíljǝdkju:] *n* biljardna palica
billiards [bíljǝdz] *n pl* biljard
billing [bíliŋ] *n* kljunčkanje, poljubljanje
billingsgate [bíliŋzgit, -geit] *n* prostaški jezik
billion [bíljǝn] *n E* bilijon; *A* milijarda
billionaire [bíljǝnéǝ] *n A* milijarder
billon [bílǝn] *n* manjvredno zlato ali srebro
billot [bílǝt] *n* zlato ali srebro v palicah
billow [bílou] 1. *n* velik val; *poet* morje; 2. *vi* valovati
billowy [bíloui] *adj* valovit, razburkan
bill-poster [bilpoustǝ] *n* lepilec plakatov
bill-posting [bílpoustiŋ] *n* lepljenje plakatov
bill-stamp [bílstæmp] *n* kolek za menico
bill-sticker [bílstikǝ] glej bill-poster
bill-sticking [bílstikiŋ] glej bill-posting
billy [bíli] *n Austral* kotel; *A* kij, policijska gumijevka; *A* dečko, neotesanec; *techn* debeloprednica, razni drugi stroji
billyboy [bílibɔi] *n naut* obalna ali rečna barka
billycock [bílikɔk] *n obs* polcilinder
billy-goat [bíligout] *n zool* kozel
biltong [bíltʌŋ] *n* na soncu sušene mesne rezine
bimanal [baimǽnǝl] *adj* (~ ly *adv*) dvoročen, obojeročen
bimanous [baimǽnǝs] glej bimanal
bimbashi [bimbáši] *n* angleški častnik v egiptski službi
bimestrial [baiméstriǝl] *adj* (~ ly *adv*) dvomesečen
bimetallic [baimitǽlik] *adj* dvokovinski, bimetalen
bimetalism [baimétǝlizǝm] *n* bimetalizem, denarni sistem, ki temelji na dveh kovinah: zlatu in srebru
bimetalist [baimétǝlist] *n* zagovornik bimetalizma
bimonthly [báimʌnθli] 1. *adj* štirinajstdneven; dvomesečen; 2. *n* štirinajstdnevnik

bin [bin] **1.** *n* zaboj; košara; posoda; prekat; **dust-~** zaboj za smeti, smetnjak; **2.** *vt* spraviti, spravljati v posodo (zaboj, košaro, prekat)

binary [báinəri] *adj* binaren, dvojen; *mus* **~ measure** dvočetrtinski takt

binate [báineit] *adj bot* paren, v parih (listi)

binaural [bainó:rəl] *adj* (**~ly** *adv*) na obe ušesi, stereofonski

bind* I [baind] **1.** *vt* povezati, vezati; prisiliti; obrobiti, okovati; potrditi, ratificirati; *med* ustaviti (drisko); oviti, ovenčati; naložiti; **2.** *vi* strditi se; *med* ustaviti se; obvezati se; **to ~ s.o. as apprentice** dati koga v uk; **to ~ the bargain** potrditi kupčijo
bind down *vt* prisiliti
bind in *vt* ovirati
bind over *vt* naložiti dolžnost, (moralno) obvezati
bind up *vt* zavezati, zvezati; *fig* zediniti, povezati; **~ with** zaviti v kaj

bind II [baind] *n* jalovina, plast gline med slojema premoga; *mus* ligatura; vez, spoj; *bot* steblo ovijalke

binder [báində] *n* vezalec; knjigovez; obveza, preveza; *archit* tram; spojnica; poveslo

bindery [báindəri] *n* knjigoveznica

binding [báindiŋ] **1.** *adj* povezen; obvezen; **2.** *n* vezava, vez; platnice; *pl* vezi (za smuči)

bind-weed [báindwi:d] *n bot* slak

bine [bain] *n bot* vitica; steblo ovijalke; ovijalka

binge [bindž] *n sl* krokarija

bingo [bíngou] *n* loterija

binnacle [bínəkl] *n techn* kompasnik

binocle [bínəkl, báinəkl] *n* kukalo, daljnogled

binocular [binókjulə, bainókjulə] **1.** *adj* binokularen; **2.** *n pl* daljnogled

binomial [bainóumjəl] *adj* **1.** *math* binomen, dvočlenski; **2.** *n* binom

binominal [bainóminəl] *adj* dvoimenski

bint [bint] *n sl* deklica

biochemistry [baiokémistry] *n* biokemija

biogenesis [baiodžénisis] *n* biogeneza

biograph [báiəgra:f] *n obs* kinematograf

biographer [baiógrəfə] *n* življenjepisec

biographic [baiəgræfik] *adj* (**~ally** *adv*) biografski, življenjepisen

biography [baiógræfi] *n* življenjepis

biologic [baiəlódžik] *adj* (**~ally** *adv*) biološki; **~ warfare** bakteriološka vojna

biologist [baióledžist] *n* biolog(inja)

biology [baiólədži] *n* biologija

biometry [baiómitri] *n* biometrija

bionomics [baiónəmiks] *n pl* bionomija, nauk o življenjskih zakonih

biophysics [baiófiziks] *n pl* biofizika

bioplasm, bioplast [báiouplæzm, báiouplæst] *n* protoplazma

bioscope [báiəskoup] *n* kinematograf

biotic [baiótik] *adj* biotičen, življenjski

bipartisan [baipá:tizən] *adj* dvostrankarski

bipartite [baipá:tait] *adj* dvostranski

biped [báipəd] **1.** *adj* dvonožen; **2.** *n* dvonožec

bipedal [báipedl] *adj* (**~ly** *adv*) dvonožen

biplane [báiplein] *n* dvokrilec (letalo)

bipod [báipəd] *n mil* rogovila (za podprtje puške)

bipolar [baipóulə] *adj* dvopolen, bipolaren

bipolarity [baipoulǽriti] *n* dvopolnost, bipolarnost

birch [bə:č] **1.** *n* breza; brezovka; **2.** *vt* (z brezovko) (na)tepsti

birchen [bə́:čən] *adj* brezov

birchening [bə́:čəniŋ] *n* kaznovanje, kazen

bird [bə:d] *n* ptič, ptičica; *sl* deklica, dečko, oseba; *A sl* navdušenec; čudak; *fig* old **~** lisjak, zvitorepec, tič; **to do s.th. like a ~** zelo rad, z lahkoto kaj narediti; **~ of calm** vodomec; **the early ~ catches the worm** rana ura zlata ura; **cock ~** ptičji samec; **~s of a feather flock together** ene vrste ptiči skupaj letijo, Šimen Šimnu gode; **fine feathers make fine ~s** obleka dela človeka; **to give the ~** zavrniti, odkloniti, izžvižgati; **a ~ in the hand is worth two in the bush** boljši danes vrabec kakor jutri zajec, bolje drži ga kot lovi ga; **hen ~** ptičja samica; **to hit the ~ in the eye** v črno zadeti; **~ of Jove** orel; **~ of Juno** pav; **to kill two ~s with one stone** dve stvari hkrati opraviti, dve muhi naenkrat ubiti; **a little ~ told me so** nekdo (ne smem ali nočem povedati, kdo) mi je povedal; **~ of paradise** rajska ptica, rajčica; **an old ~ is not caught with chaff** star lisjak ne gre na limanice; **~ of passage** ptica selivka; **~ of prey** ptica roparica; **a queer (gay) ~** čudak (veseljak); **a wise old ~** zvitorepec

bird-cage [bə́:dkeidž] *n* ptičja kletka

bird-call [bə́:dkɔ:l] *n* ptičji klic; vabilka

bird-catcher [bə́:dkæčə] *n* glej **birder**

birder [bə́:də] *n* gojitelj, lovec ptičev

bird-fancier [bə́:dfænsiə] *n* glej **birder**; prodajalec ptičev

birdie [bə́:di] *n* ptiček, ptičica

bird-lime [bə́:dlaim] **1.** *n* ptičji lep; **2.** *vt* na limanice loviti

bird-seed [bə́:dsi:d] *n* ptičja hrana

bird's-eye [bə́:dzai] *n bot* moknati jeglič; drobno rezan tobak; **~ view** ptičja perspektiva; *fig* splošni pregled; **the mountain commands a ~ view** gora je odlična razgledna točka

bird's-foot [bə́:dzfut] *n bot* čičerika; grašica

bird's-nest [bə́:dznest] *n* ptičje gnezdo; opazovalnica, jamborni koš

bird('s)-nesting [bə́:d(z)nestiŋ] *n* nabiranje jajc iz ptičjih gnezd; **to go ~** iti nabirat ptičja gnezda, jajca

bireme [báiri:m] *n hist* dvovrstna veslača

biretta [birétə] *n* biret (pokrivalo)

biro [báirou] *n* kuli (svinčnik)

birth [bə́:θ] *n* rojstvo; porod; izvor, nastanek; plod; sorodstvo; rodovnik, vir, rod; **by ~** po izvoru; **certificate of ~** rojstni list; **~ control** kontracepcija; **to give ~** roditi; *fig* povzročiti; **new ~** regeneracija; **two at a ~** dvojčka; **a man of ~ and breeding** plemenit, uglajen človek; **monstrous ~** spaček, spovitek; **untimely ~** negodni porod

birthday [bə́:θdei] *n* rojstni dan; **in one's ~ suit** nag, gol, kakor ga je bog ustvaril; **~ cake** torta za rojstni dan

birth-mark [bə́:θma:k] *n* vrojeno znamenje

birthplace [bə́:θpleis] *n* rojstni kraj

birth-rate [bə́:θreit] *n* porodnost, nataliteta; **falling ~** nazadovanje porodnosti birthright [bɔ́:θrait] *n* pravo po rodu, po krvi; *fig* dediščina

bis [bis] *adv mus* še enkrat, bis

biscuit [bískit] *n* prepečenec, keks; *A* vrsta kolača iz kvašenega testa; enkrat žgan porcelan; *mil sl* trodelna žimnica

biscuit-throw [bískitθrou] *n naut* bližina

bisect [baisékt] *vt* razpoloviti

bisection [baisékšən] *n* razpolovitev

bisector, bisectrix [baiséktə, baiséktriks] *n* razpolovnica, središčnica

bisectrices [baiséktrisi:z] *pl* od bisectrix

bisexual [baiséksjuəl] *adj* (~ ly *adv*) *biol* dvospolen

bishop [bíšəp] *n* škof; tekač (šah); odišavljeno vino

bishopric [bíšəprik] *n* škofija

bisk [bisk] *n* krepka mesna juha

bismuth [bízməθ] *n chem* bismut

bison [báisn] *n zool* bižon

bisque [bisk] *n sp* posebna ugodnost pri igri (tenis, golf); enkrat žgan porcelan; vrsta sladoleda; juha iz ptičev ali rakov

bissextile [bisékstail] 1. *adj* prestopen; 2. *n* prestopno leto; ~ day 29. februar; ~ year prestopno leto

bistort [bístɔ:t] *n bot* kačja dresen; *med* skalpel

bistoury [bísturi] *n med* skalpel

bistre, bister [bístə] 1. *n* orehova barva; 2. *adj* orehove barve

bit I [bit] *n* košček, grižljaj; brada ključa; stružilo, rezilo; žvale; novčič, malenkost; konjsko zobovje; nadzorstvo, kontrola; by ~ s, ~ by ~ polagoma, malo po malem; to bite on the ~ siromašno živeti; the biter ~ osleparjeni slepar; kdor drugemu jamo koplje; not to care a ~ niti malo ne biti mar; centre ~ sredilnik (sveder); dainty ~ poslastica; to do one's ~ opravljati svojo dolžnost; to draw ~ (konja) zadržati, zmanjšati hitrost; every ~ polagoma; docela; to give s.o. a ~ of one's mind povedati komu svoje mnenje; not a ~ niti malo ne, sploh ne; a ~ on okajen, v rožicah; ~ s and pieces drobnarije, drobni ostanki; a short (long) ~ kovanec deset (petnajst) centov; to take the ~ between one's teeth upreti se; a tiny (ali little) ~ čisto malo; wait a ~ čakaj malo

bit II [pit] *pt & arch pp* od bite

bit III [bit] *vt* uzdati, (u)krotiti, zadrževati

bitbrace [bítbreis] *n techn* durgelj

bitch [bič] 1. *n zool* psica; *fig vulg* vlačuga; ~ fox lisica; son of a ~ pasji sin; ~ wolf volkulja; 2. *vt & vi sl* pritoževati se; šušmariti; pokvariti

bitchy [bíči] *adj* (bitchily *adv*) pasji, zoprn, neznosen

bite * I [bait] 1. *vt* gristi, odgristi, pičiti, pikati; jedkati, razjedati; *coll* oslepariti; okužiti; 2. *vi* gristi; peči, skeleti; *fig* pustiti se oslepariti; prijeti; the brake will not ~ brzda noče prijeti; to ~ the dust pasti na tla, valjati se po tleh, umreti; to ~ the hand that feeds one pokazati se nehvaležnega; to ~ one's lips krotiti, premagovati se

bite at *vi* ugrizniti, zgrabiti; to bite one's thumb at s.o. zaničljivo s kom ravnati

bite in *vt* vgrizniti, nagristi, nekoliko razjesti

bite into *vi* globoko zarezati, predreti

bite off *vt* odgristi; to ~ more than one can chew lotiti se dela, ki ga ne zmoremo; to ~ s.o.'s nose (ali head) odrezati se, nahruliti koga

bite on *vi* (ali upon) premišljevati o čem; ~ that! dobro si premisli!; to ~ granite zaman se truditi; to ~ the mind vtisniti se v spomin

bite out *vt* izgristi, odgristi

bite up *vt* razgristi

bite II [bait] *n* ugriz, pik, pekoča bolečina; grižljaj; prigrizek, hrana; *fig* zbadljivost, ostrost; jedkanje; to take two ~ s on a cherry obirati se; his bark is worse than his ~ ni tako hud kakor je videti, pes, ki laja, ne grize

biter [báitə] *n* grizljivec; ki pika; *fig* slepar

biting [báitiŋ] *adj* pekoč, jedek; oster, zbadljiv, sarkastičen; ledenomrzel

bitt [bit] 1. *n naut* klin za vezanje vrvi; 2. *vt* k stebru privezati

bitten [bítn] *pp* od bite; to be ~ biti osleparjen; once ~ twice shy kdor se opeče, je drugič previden; ~ with navdušen za, ves nor na, zaljubljen v

bitter I [bítə] *adj* (~ ly *adv*) grenek, gorjup, trpek; močen (veter); bridek, zagrenjen ogorčen, žalosten; ~ draught grenka pijača, *fig* neprijetna zadeva; to the ~ end do skrajnosti, do smrti; ~ beer svetlo pivo; *bot* ~ oak cer; ~ quarrel hud prepir; ~ enemy smrtni sovražnik; ~ blast strupeno mrzel veter

bitter II [bítə] *adv* grenko, ogorčeno; močno, zelo, strašno

bitter III [bítə] *n* grenkoba, grenkost; *pl* grenko zdravilo, grenke opojne pijače; svetlo pivo; *A joc* to get one's ~ s dobiti, kar smo zaslužili

bitterling [bítəliŋ] *n zool* grenčak (riba)

bittern [bítən] *n zool* velika bobnarica

bitterness [bítənis] *n* grenkoba, grenkost, gorjupost; strogost, zagrenjenost, bridkost

bitter-sweet [bítəswi:t] *adj* grenko sladek; 2. *n bot* grenkoslad

bitumen [bítjumin] *n min* zemeljska smola, asfalt, bitumen

bituminous [bitjú:minəs] *adj* bituminozen

bivalence, bivalency [báivéiləns(i)] *n chem* dvomočnost, bivalenca

bivalent [báivéilənt] *adj* dvomočen, bivalenten

bivalve [báilvælv] 1. *n* školjka; 2. *adj* dvolupinski, dvozaklopen

bivouac [bívuæk] 1. *vt* bivakirati, šotoriti; 2. *n* bivak, šotor

bi-weekly [báiwi:kli] 1. *adj* štirinajstdneven, dvotedenski; 2. *adv* vsakih 14 dni; 3. *n* štirinajstdnevnik

biz [biz] *n sl* posel

bizarre [bizá:] *adj* čuden, nenavaden, grotesken, fantastičen

blab [blæb] 1. *vt & vi* blebetati; to ~ out izblebetati; 2. *n* blebetač

blabber [blæbə] *n* blebetač

black I [blæk] *adj* črn; temen, mračen; jezen, srdit; obupan, žalosten; ~ art magija; ~ ball črna kroglica (volitve); to beat ~ and blue pošteno naklestiti; to be in s.o.'s ~ books biti pri kom slabo zapisan, v nemilosti; ~ death kuga; the devil is not so ~ as he is painted stvar ni tako huda kakor je videti; to have a

~ **dog on one's head** biti zelo potrt; ~ **drops** opijeve kapljice; **to get off with a** ~ **eye** poceni jo odnesti; **to be** ~ **in the face** biti besen; **as** ~ **as ink** (ali **soot, your hat**) črn ko smola; ~ **friar** dominikanec; ~ **frost** suh mraz; ~ **heart** hudobno srce; **the kettle calls the saucepan** ~ sova sinici glavana pravi; **a** ~ **letter day** nesrečni dan; delavnik; ~ **look** čemeren preteči pogled; **to get a** ~ **mark** priti na slab glas; **Black Mary** (ali **Maria**) zeleni Henrik; **Black Monday** nesrečen, kritični dan; prvi dan pouka v šoli; **the** ~ **ox has trodden on his foot** potrt, zaskrbljen je; ~ **peper** poper; **the pot calls the kettle** ~ sova sinici glavana pravi; ~ **pudding** krvavica; **Black Rod** najvišji uradnik Gornjega doma; ~ **rust** *bot* pšenična snet; **a** ~ **sheep in the family** črna ovca v družini; **Black & Tans** vzdevek britanskih čet na Irskem; **to swear the** ~ **is white** prisegati, da je črno belo; **as** ~ **as thunder** skrajno razdražen, besen; **Black Watch** 42. škotski polk

black II [blæk] *n* črna barva, črnota, črnina; črnec; loščilo; **old gentleman in** ~ vrag; **to have in** ~ **and white** imeti črno na belem; **to wear** ~ v črno se obleči

black III [blæk] *vt* počrniti; zatemniti; loščiti čevlje; **to** ~ **out** zatemniti; prikrivati pred javnostjo; zbrisati, prepovedati; ~**ed out** nezavesten

blackamoor [blǽkəmuə] *n* črnec

black-and-tan [blǽkəntǽn] **1.** *adj* črnorumen (terrier); **2.** *n pl* irski policijski odredi l. 1920

black-and-white [blǽkənwáit] *adj* črno-bel; ~ **artist** grafik; ~ **drawing** grafika

blackavised [blǽkəvaist] *adj arch* temnopolt

blackball [blǽkbɔ:l] **1.** *n* črna kroglica; **2.** *vt* glasovati proti; ne izvoliti; izključiti

blackbeetle [blǽkbi:tl] *n zool* ščurek

blackberry [blǽkberi] *n bot* robidnica; črni ribez; **as plentiful as blackberries** obilje česa, več ko dovolj

blackbird [blǽkbə:d] *n zool* kos; *A* vrsta škorca; *A* črnski suženj

blackbirding [blǽkbə:diŋ] *n A* lov na črnske sužnje; trgovina s črnimi sužnji

blackboard [blǽkbɔ:d] *n* šolska tabla

black-book [blǽkbuk] *n* seznam grešnikov

black-bottom [blǽkbɔtəm] *n* vrsta ameriškega črnskega plesa

black-browed [blǽkbraud] *adj* mrk, namrščen

blackcap [blǽkkæp] *n zool* črnoglavka; velika sinica

black-cattle [blǽkkǽtl] *n* črno govedo; *fig* zaničevanja vredni ljudje

black-coal [blǽkkoul] *n min* črni premog

black-coat [blǽkkout] *n E* uradnik; *coll* duhovnik

blackcock [blǽkkɔk] *n zool* ruševec

blackcurrant [blǽkkʌrənt] *n bot* črni ribez

black-dog [blǽkdɔg] *n coll* slaba volja

black-draught [blǽkdra:ft] *n med* odvajalo

blacken [blǽkən] **1.** *vt* počrniti, potemniti; *fig* očrniti, oklevetati; **2.** *vi* počrneti, potemneti

blacketeer [blækətíə] *n* črnoborzijanec

black-face [blǽkfeis] *n* črnoglava ovca ali druga žival; *A coll* črnec; **to appear in** ~ igrati vlogo črnca

blackfellow [blǽkfelou] *n sl* avstralski domačin

blackfish [blǽkfiš] *n zool* ime raznih vrst rib; mladi losos; vrsta kita

Black-foot [blǽkfut] *n* član indijanskega plemena

blackguard [blǽkga:d] **1.** *n* lopov, malopridnež; **2.** *adj* zoprn, mrzek; **3.** *vt* psovati, zmerjati

blackguardly [blǽkga:dli] *adj* lopovski, malopriden, prostaški, mrzek

blackhead [blǽkhed] *n zool* vrsta galeba; podkožni ogrc

black-hearted [blǽkha:tid] *adj* hudoben, zloben

blacking [blǽkiŋ] *n* loščilo za čevlje

blackish [blǽkiš] *adj* črnkast

blackjack [blǽkdžæk] **1.** *n* usnjena posoda za vino; piratska zastava; **2.** *vt A sl* pretepsti z gorjačo

black-lead [blǽkléd] *n min* grafit

blackleg [blǽkleg] **1.** *n* slepar; stavkokaz; **2.** *vi & vt* varati; biti stavkokaz

black-leg [blǽklég] *n vet* parkljevka

black-letter [blǽkletə] *n* gotica (pisava)

black-list [blǽklist] **1.** *n* črna lista, seznam grešnikov; **2.** *vt* zapisati v seznam grešnikov

blackmail [blǽkmeil] **1.** *n* izsiljevanje; **2.** *vt* izsiljevati

blackmailer [blǽkmeilə] *n* izsiljevalec, -lka

blackness [blǽknis] *n* črnina, tema; *fig* hudobnost, zloba

black-out [blǽkaut] **1.** *n* zatemnitev; namerno prikrivanje vojnega stanja; **2.** *vt* zatemniti; namerno prikrivati vojno stanje

black-pudding [blǽkpúdiŋ] *n* krvavica

blackshirt(er) [blǽkšə:t(ə)] *n* fašist

blacksmith [blǽksmiθ] *n* kovač

blackstrap [blǽkstræp] *n coll* ceneno vino; slab rum

blacktail [blǽkteil] *n zool* špar (riba)

blackthorn [blǽkθə:n] *n bot* trnulja

blacky [blǽki] **1.** *adj* črnkast; **2.** *n coll* črnec, črnka

black-water fever [blǽkwə:tə fí:və] *n med* vrsta tropske bolezni, katere značilnost je krvav urin

bladder [blǽdə] *n* mehur; *anat* sečnik; *fig* govorač, čvekač

bladdered [blǽdəd] *adj* napihnjen, nadut

bladderet [blædərét] *n* mehurček

bladder-kelp [blǽdəkelp] glej **bladder-wrack**

bladder-wort [blǽdəwə:t] *n bot* mešinka

bladder-wrack [blǽdəræk] *n bot* mehurjasta haloga

bladdery [blǽdəri] *adj* napihnjen; mehurjast

blade [bleid] *n bot* list, steblo, rezilo; platica; meč; *anat* lopatica; **a knowing** ~ navihanec; **a jolly old** ~ veseljak; **in the** ~ še brez klasja; *coll* **saucy** ~ predrznež

blade-bone [bléidboun] *n anat* lopatica

bladed [bléidid] *adj* lističast; ki ima rezilo ali lopatico

blaeberry [bléiberi] *n bot Sc* borovnica

blague [bla:g] *n* čenče

blah(-blah) [blá:(blá:)] *n coll* nesmisel, čenče

blain [blein] *n med* tvor

blamable [bléiməbl] *adj* (**blamably** *adv*) graje vreden

blame I [bleim] *vt* (*for*) grajati, oštevati; za odgovornega smatrati; **no one can** ~ **you for it** nihče vam tega ne more zameriti; **who is to** ~ ? čigava krivda je?; *coll* **they** ~**d it on us** smatrati so nas za krive; *sl* ~ **me if** naj me vrag vzame, če

blame II [bleim] *n* graja, ukor; krivda, odgovornost; **to bear the** ~ **of** biti kriv česa; **to lay (ali put, throw) the** ~ **on s.o.** (ali **at s.o.'s door**) dolžiti koga, zvračati krivdo na koga; **to take the** ~ **on o.s.** prevzeti krivdo nase; **to shift the** ~ **on s.o.** (z)valiti krivdo na koga; **it is small** ~ **to you** tega vam ni očitati

blameful [bléimful] *adj* (~ **ly** *adv*) graje vreden, kazniv

blameless [bléimlis] *adj* (~ **ly** *adv*) brezhiben; nedolžen; čednosten, kreposten

blamelessness [bléimlisnis] *n* brezhibnost; čednostnost, krepostnost; nedolžnost

blameworthiness [bléimwə:θinis] *n* grajevrednost

blameworthy [bléimwə:θi] *adj* graje vreden

blanch [bla:nč] *vt & vi* beliti; prebledeti (*with* od); mandlje lupiti, popariti; *fig* **to** ~ **over** ublažiti, polepšati, prikriti

blancher [blá:nčə] *n* belilec

blancmange [bləmónž] *n* vrsta redkega pudinga

bland [blænd] *adj* (~ **ly** *adv*) mil, blag, mehek, pohleven, nežen; vljuden, ljubezniv

blandish [blændiš] *vt* dobrikati, prilizovati, laskati se

blandishment [blændišmənt] *n* dobrikanje, prilizovanje, laskanje; *pl* dobrikave besede

blandness [blændnis] *n* pohlevnost, nežnost; milina; blagost, vljudnost

blank I [blæŋk] *adj obs* bel; prazen, nepopisan, neizpolnjen; brezizrazen; neriman; *vulg* preklet; ~ **cartridge** slepa patrona; ~ **despair** popoln obup; ~ **credit** kredit brez kritja; **point** ~ naravnost, brez ovinkov; ~ **form** formular, golica; ~ **verse** blankverz; ~ **space** predložek, neizpolnjen prostor; ~ **side** slaba stran; ~ **silence** popolna tišina; *vulg* **not a blankety** ~ **thing** niti trohica; ~ **cheque** neizpolnjen ček; *fig* prosta roka; **to look** ~ biti videti zbegan; **my mind went** ~ zgubil sem spomin, nisem se mogel spomniti; ~ **window** slepo okno; ~ **door** slepa vrata

blank II [blæŋk] *n* srečka, ki ni dobila; blanket, obrazec; praznina; **to draw a** ~ zgubiti na loteriji; *fig* imeti neuspeh; **my mind is a complete** ~ ničesar se ne spominjam; **drawn in** ~ neizpolnjen; *coll* **what the (blankety)** ~ kaj za vraga

blank III [blæŋk] *vt* zatemniti; *A* zdrobiti

blanket I [blǽŋkit] *n* odeja; prevleka; zgornja plast; **to get between the** ~ **s** iti v posteljo; **wet** ~ kvarilec zabave; črnogled, sitnež; *fig* mrzla prha; **to put a wet** ~ **on s.o.**, **to throw a wet** ~ **over s.o.** zmanjšati komu vnemo, gorečnost (kot mrzla prha); **born on the wrong side of the** ~ nezakonski otrok; **to toss in a** ~ metati kvišku z napete odeje

blanket II [blǽŋkit] *vt* z odejo pokriti; *fig* udušiti, potlačiti; metati v zrak z odeje (kot kazen); (z bombami) obsuti; *naut* vzeti veter z jader

blanketing [blǽŋkitiŋ] *n* blago za odeje

blankety [blǽŋkity] *adj coll* presnet

blankly [blǽŋkli] *adv* brezizrazno, topo; naravnost; gladko; **to refuse** ~ gladko odbiti

blankness [blǽŋknis] *n* praznota, praznina, puščoba; *fig* zbeganost, zmedenost

blare [blɛə] **1.** *vt & vi* trobiti, rjoveti, doneti; **2.** *n* trobentanje

blarney [blá:ni] *Ir coll* **1.** *n* prilizovanje, laskanje; **2.** *vt & vi* prilizovati se

blasé [blá:zei] *adj* otopel, brezčuten, blaziran

blaspheme [blæsfí:m, bla:sfí:m] *vt & vi* sramotiti, psovati; prekleti, preklinjati, hruliti

blasphemer [blæsfímə, bla:sfímə] *n* klevetnik, -nica; bogokletnik, -nica

blasphemous [blǽsfiməs, blá:sfiməs] *adj* (~ **ly** *adv*) preklinjevalski, bogokleten

blasphemy [blǽsfimi, blá:sfimi] *n* preklinjanje; bogokletstvo, bogoskrunstvo

blast I [bla:st] *n* sunek vetra, piš; pok, detonacija; trobljenje; količina razstreliva; razstrelitev; *bot* rastlinska rja, snet; *fig* poguba; **at** (ali **in**) **a full** ~ s polno paro; **to be out of** ~ stati, ne delati (plavž); *sl* **to take a** ~ kaditi pipo

blast II [bla:st] *vt* razstreliti; požgati; uničiti; prekleti; ~ **it!** presneto!; ~ **me (him)!** naj me (ga) vrag vzame; **to** ~ **off** sprožiti se, odleteti (raketa)

blasted [blá:stid] *adj vulg* preklet; ~ **hopes** razočaranje, pokopano upanje; ~ **corn** snetivo žito

blaster [blá:stə] *n* razstreljevalec, miner

blast-furnace [blá:stfə:nis] *n* plavž

blast-hole [blá:sthoul] *n techn* razstrelna navrtina

blasting [blá:stiŋ] *adj* poguben, uničujoč, kvaren, škodljiv; ki minira; ~ **oil** nitroglicerin

blasting II [blá:stiŋ] *n* kvarjenje, poguba; pihanje; razstreljevanje

blasting-cap [blá:stiŋkæp] *n techn* detonator, vžigalnik

blasting-powder [blá:stiŋpaudə] *n* razstrelni smodnik

blastoderm [blǽstədə:m] *n biol* blastoderm

blast-pipe [blá:stpaip] *n techn* izpušna cev, zračna cev

blat [blæt] glej **bleat**

blatancy [bléitənsi] *n* hrupnost, vsiljivost

blatant [bléitənt] *adj* (~ **ly** *adv*) hrupen, kričav, vreščav; vsiljiv; vulgaren; ~ **lie** očitna laž

blather [blǽðə] *vi* blebetati, čenčati

blatherskite [blǽðəskait] *n* blebetač; čenčanje, prazno govorjenje

blaze I [bleiz] *n* plamen, požar; sij, svit, blišč, blesk; izbruh, vzbuh; *pl* pekel; **in a** ~ v plamenu, goreč; **to blow to** ~ s zdrobiti v prah; **in the** ~ s **of the day** pri belem dnevu; **go to** ~ s! pojdi k vragu!; **like** ~ s kar se da, silovito, na vso moč; **what the** ~ s kaj za vraga

blaze II [bleiz] *vi* goreti; vzplamteti; svetiti se, blesteti; *fig* vzkipeti; razglasiti

blaze about (ali **abroad**) *vi* razglasiti, raztrobiti

blaze away *vi* streljati; *fig* (*at*) z navdušenjem se lotiti; **blaze away!** z besedo na dan!;

blaze out *vi fig* razvneti se

blaze up *vi* zasvetiti se; vzplameneti; *fig* razbesneti se

blaze III [bleiz] *n* bela lisa na čelu živali; bel znak na drevesnem deblu, zareza, markacija poti

blaze IV [bleiz] *vt* zarezati drevesno skorjo; označiti pot, markirati; **to** ~ **a path** (ali **trail**) zarisati, utreti pot; opravljati pionirsko delo

blazer [bléizə] *n* vrsta športnega jopiča; *sl* nesramna laž

blazing [bléiziŋ] *adj* (~ly *adv*) plameneč, sijoč; odličen (voh); neznanski; ~ **scent** sveža sled živali

blazon I [bléizn] *n* grb; zastava; opis grba; razglasitev

blazon II [bléizn] *vt* opisati, orisati; krasiti; *fig* poveličevati; **to ~ forth** (ali **out, abroad**) raztrobiti; ~**ed window** z grbi okrašeno okno

blazonment [bléiznmənt] *n* razglasitev; okrasitev

blazonry [bléiznri] *n* heraldika; grbi; *fig* okrasitev, razkošen prikaz

bleach [blí:č] **1.** *vt* beliti, pobeliti; barvo jemati; **2.** *n* belilo; beljenje

bleacher [blí:čə] *n* belilec; belilo; *A pl* nekriti sedeži na športnem igrišču, poceni sedeži

bleachery [blí:čəri] *n* belišče

bleaching [blí:čiŋ] *n* beljenje

bleaching-powder [blí:čiŋpaudə] *n* prašek za beljenje; klorovo apno

bleak I [blí:k] *adj* (~ly *adv*) pust, gol, mrzel; *fig* žalosten, potrt

bleak II [blí:k] *n zool* belica, klenič

bleakness [blí:knis] *n* puščoba; ostrost (podnebja), vetrovnost; *fig* potrtost

blear I [bliə] *adj* moten, zamegljen, nejasen

blear II [bliə] *vt* kaliti, zamegliti; **to ~ the eyes** oslepiti

blear-eyed [blíəraid] *adj* krmežljav; *fig* bedast

bleary [blíəri] *adj* nejasen, moten, nedoločen; krmežljav

bleat I [bli:t] **1.** *vi* blejati, beketati; čenčati, blebetati, žlabudrati; **2.** *vt* izblebetati, izčenčati, izčeljustati; **to ~ out** izčenčati

bleat II [blí:t] *glej* **bleating**

bleating [blí:tiŋ] *n* beketanje, blejanje; čenčanje, žlabudranje

bleb [bleb] *n* mehurček, mozoljček

bled [bled] *pt & pp* od **bleed**

bleed* [blí:d] **1.** *vi* (*for* za) krvaveti, izkrvaveti; kri prelivati; cediti se; **2.** *vt* kri puščati, cediti; *fig* izmozgati, oskubsti; **my heart ~s for you** srce me boli zaradi tebe; **it makes my heart ~** zelo me žalosti; **you will ~ for it** to boste drago plačali; **to ~ white** do kraja izčrpati; **to ~ to death** izkrvaveti

bleeder [blí:də] *n med* krvavičnik, hemofilitik; *fig* izsiljevalec, -lka

bleeding [blí:diŋ] **1.** *n* krvavitev, puščanje krvi; odtekanje drevesnega soka; **2.** *adj* krvaveč, krvav; *fig* izmozgan; sočuten; ~ **at** (ali **from**) **the nose** krvavitev iz nosu

bleedy [blí:di] *glej* **bloody**

bleep [bli:p] *vi* oddajati signale v radiu

blemish [blémiš] **1.** *vt* omadeževati; (po)pačiti, (po)kvariti; *jur* (o)klevetati; **2.** *n* madež, napaka, pomanjkljivost, hiba; moralni madež, sramota

blench [blenč] *vt & vi* trzniti; ustrašiti, zdrzniti se; izogibati se

blencorn [blénkə:n] *glej* **blendcorn**

blend* [blend] **1.** *vt & vi* (z)mešati, premešati; spojiti, (z)družiti, zli(va)ti, preli(va)ti se; **2.** *n*, zmes, mešanica

blend-corn [bléndkə:n] *n* soržica

blende [blend] *n min* cinkova svetlica, sfalerit

blender [bléndə] *n* mešalec

blennorhoea [blenəríə] *n med* sluzenje

blenny [bléni] *n zool* babica (riba)

blent [blent] *pt & pp* od **blend**

bless [bles] *vt* blagosloviti; častiti, za blaženega proglasiti; osrečiti; hvaliti, poveličevati; *eu* kleti, preklinjati; *iron* pogubiti; ~ **me**, ~ **my soul**, ~ **my** (ali **your**) **heart** glej glej!, ali je mogoče!, kdo bi si mislil!; **not to have a penny to ~ o.s. with** ne imeti prebite pare; **to ~ o.s.** srečnega se počutiti; **to ~ one's stars** biti hvaležen svoji srečni zvezdi

blessed [blést, blésid] *adj* (~ly *adv*) blagoslovljen, blažen; *vulg* presnet, preklet; ~ **Virgin** devica Marija; **of ~ memory** rajnki, pokojni; **I'm ~ if** naj me vrag vzame, če, srečen bi bil, če bi; **I am ~ if I know** res ne vem; **I am ~ if I do it** še v glavo mi ne pade, da bi to storil; **the whole ~ day** ves božji dan; ~ **with** poln česa

blessedness [blésidnis] *n* blaženstvo; **single ~** neporočeni stan, samsko življenje

blessing [blésiŋ] *n* blagoslov; molitev pred jedjo; milost; srečno naključje; kletvica, psovka; **a ~ in disguise** sreča v nesreči; *joc* **unappropriated ~** neporočena ženska, stara devica; **that is a ~** to je sreča; **to ask a ~** moliti pred jedjo

blest [blest] *poet pp & pt* od **bless**

blether [bléðə] *glej* **blather**

bletherskate [bléðəskeit] *glej* **blatherskite**

blew [blu:] *pt* od **blow**

blight I [blait] *n* rastlinska rja, snet; megla, sopara; listna uš; *fig* udarec, razočaranje, poguba

blight II [blait] *vt* uničiti, poškodovati; razočarati

blighted [bláitid] *adj* snetljiv, ovenel, uničen; razočaran; ~ **hopes** v kali zatrto upanje

blighter [bláitə] *n sl* zoprnik, -nica; zgaga; *hum* fant, dečko

Blighty [bláiti] *n E mil sl* dom, domovina, Anglija; **a ~ one** rana, zaradi katere pošljejo ranjenca domov

blimey, blimy [bláimi] *int vulg* presneto!, raca na vodi!

blimp [blimp] *n* majhen zrakoplov; *fig* nazadnjak; šovinist, nezmožen poveljnik

blind I [blaind] *adj* (~ly *adv*) (*to* za) slep, zaslepljen; neviden, neopazen; skrit, tajen; jalov; nepremišljen, prenaglen; topoglav, nepoučen; *sl* pijan; *bot* brez cveta; ~ **alley** slepa ulica; *fig* zagata; mrtvi tir; **blind-alley occupation** poklic, ki nima bodočnosti; ~ **coal** antracit; *anat* ~ **gut** slepič; ~ **(drunk),** ~ **to the world** pijan ko žolna; *fig* **to have** (ali **apply**) **the ~ eye** zatisniti oko; **to go at s.th. ~** na slepo srečo se česa lotiti; ~ **leaders of the ~** tisti, ki dajejo nasvet v stvareh, ki jih sami ne razumejo; ~ **letter** pismo brez naslova; **a ~ man may perchance hit the mark** slepa kura zrno najde; ~ **man's holiday** somrak; **as ~ as a mole** (ali **a beetle, an owl**) čisto slep; **to get on s.o.'s ~ side** izrabiti slabo stran koga; ~ **pig,** ~ **tiger** nedovoljena točilnica; ~ **shell** slepi naboj; ~ **spot** mrtva točka; **to strike ~** oslepiti; **to turn a ~ eye to s.th.** delati se slepega za kaj; **there's none so ~ as he** to ali dopovedati; **it will happen when the devil is ~** to se ne bo nikdar zgodilo; ~ **window (door)** zazidano okno (zazidana vrata); ~ **side** nezavarovana, slaba stran; ~ **cor-**

ner nepregleden ulični vogal; ~ **in an eye** na eno oko slep; ~ **to one's defects** zaslepljen

blind II [blaind] *vt & vi* oslepiti; zastreti; *fig* preslepiti, ukaniti; slepo se lotiti; *sl* **to** ~ **along** brezobzirno voziti, divjati

blind III [blaind] *n* zaslonka; plašnica; senčnik; žaluzija, roleta; **Venetian** ~s žaluzije; **roller** ~s rolete; **the** ~ slepci

blindage [bláindidž] *n* kritje

blind-alley [bláindæli] *adj* brezizhoden, brezupen

blind-beetle [bláindbi:tl] *n zool* majski hrošč

blind-coal [bláindkoul] *n* antracit

blinder [bláində] *n* zaslepljevalec; plašnica

blindfold [bláindfould] **1.** *vt* zavezati oči, oslepiti; *fig* oslepariti; **2.** *adj & adv* zavezanih oči, na slepo

blindly [bláindli] *adv* slepo; nepremišljeno

blind-man's-buff [bláinmænzbʌf] *n* slepe miši (igra)

blind-story [bláindstə:ri] *n archit* triforij gotske cerkve

blindworm [bláindwɔ:m] *n zool* slepec

blink I [bliŋk] *vt & vi* lesketati se, migljati; (*at*) mežikati; *fig* oči pred čim zapirati, zamižati, ne si priznati; prezreti; **to** ~ **the facts** ne meniti se za dejstva

blink II [bliŋk] *n* blesk, lesketanje; migljanje; trenutek; **in a** ~ ko bi mignil, v trenutku; *A sl* **on the** ~ v slabem stanju; v zadnjih izdihljajih

blinker [blíŋkə] *n* plašnica; *pl* zaščitna očala; smerni kazalec (avto); **to be** (ali **run**) **in** ~s ne vedeti, kaj se okrog nas dogaja

blinking [blíŋkiŋ] *adj coll* presnet; *A sl* poln, popoln

blirt [blə:t] **1.** *n* jok, ihtenje; nenaden sunek vetra; pljusk dežja; **2.** *vi* razjokati se

bliss [blis] *n* blaženost, sreča, slast; zavzetje, navdušenje

blissful [blísful] *adj* (~ **ly** *adv*) blažen, srečen; zavzet, navdušen

blissfulness [blísfulnis] *n* blaženost, sreča; navdušenje, zavzetost

blister I [blístə] *n* mehurček, mozolj, žulj; mehurnik; vlečnik; sitnež, -nica, zoprnik, -nica; kabina s prozorno kupolo

blister II [blístə] **1.** *vt* mehurje delati; ožuliti; *fig* hudo prizadeti, mučiti; **2.** *vi* mehuriti se; mozolje imeti

blister-beetle [blístəbi:tl] glej **blister-fly**

blistered [blístəd] *adj* poln mehurčkov

blister-fly [blístəflai] *n* španska muha

blister-steel [blístəsti:l] *n* surovo lito jeklo

blithe [blaið] *adj* (~ **ly** *adv*) *poet* vesel, dobre volje, srečen

blitheness [bláiðnis] *n* sreča, veselost

blither [blíðə] glej **blather**

blithering [blíðəriŋ] *adj* (~ **ly** *adv*) *coll* čenčav, blebetav; zaničevanja vreden

blithesome [bláiðsəm] glej **blithe**

blitz [blic] *n* bliskovit napad; hudo obstreljevanje; zračni napad

blizzard [blízəd] *n* snežni vihar, metež

bloat [blout] *vt & vi* napeti, napihniti (se), nabrekniti; prekajevati (ribe)

bloated [blóutid] *adj* napihnjen, nabrekel; nadut; prekajen

bloater [blóutə] *n* prekajeni slanik

blob [blɔb] *n* kepica, kapljica, mehurček; *sl* (cricket) nička; **on the** ~ ustno; ~ **of ink** packa

blobber-lipped [blɔ́bəlipt] *adj* nabreklih ustnic

bloc [blɔk] *n* skupina, zveza, blok

block I [blɔk] *n* klada, tnalo; kocka za tlakovanje; blokiranje; kliše; škripec; blok, skupina hiš; kepa; kalup za klobuke; beležnica; zastoj (v prometu), ovira; obstrukcija; tepec, topoglavec; taborišče; ~ **bill** tesača; **a chip of the old** ~ kakor njegov oče; ~ **calendar** listni koledar; **to cut a** ~ **with a razor** uporabljati prefina sredstva; **stumbling** ~ kamen spotike; ~ **of flats** stanovanjski blok; ~ **grant** enkratna dotacija; ~ **letters** tiskane velike črke; ~ **station** čuvajnica; **to be sent** (ali **go**) **to the** ~ iti na morišče; **the** ~ obglavljenje; **pulley** ~, ~ **and tackle** škripčevje; **road** ~ zapora ceste

block II [blɔk] *vt* zapreti, zagraditi; ovirati, blokirati

block in *vt* obdati, zapreti; surovo izdelati, zasnovati, skicirati

block out *vt* surovo skicirati, načrtovati; surovo izdelati; otesati

block up *vt* zapreti, obdati, blokirati

blockade I [blɔkéid] *n* blokada, zapora; *A* zaprtost, obstipacija; **to raise the** ~ ukiniti blokado; **to run the** ~ izmuzniti se skozi blokado; ~ **runner** ladja ali človek, ki se izmuzne skozi blokado; **paper** ~ navidezna blokada

blockade II [blɔkéid] *vt* zapreti, ovirati, blokirati; preprečiti

block-book [blɔ́kbuk] *n* knjiga, tiskana na lesenih ploščah (pred iznajdbo tiska); beležnica

block-buster [blɔ́kbʌstə] *n* velika letalska bomba

blockhead [blɔ́khed] *n* butec, tepec, neumnež; surova zasnova načrta

blockhouse [blɔ́khaus] *n* lesena koča, kladara

blockish [blɔ́kiš] *adj* (~ **ly** *adv*) kladast, štorast; topoglav, butast

blockishness [blɔ́kišnis] *n* topoglavost

block-making [blɔ́kmeikiŋ] *n* klišíranje

block-printing [blɔ́kprintiŋ] *n* ročni tisk

block-ship [blɔ́kšip] *n* privezana ladja, ki blokira pristop v pristanišče

block-system [blɔ́ksistəm] *n rly* sistem zapiranja železniške proge pred postajo

block-tin [blɔ́ktin] *n* kositer v kosih

block-work [blɔ́kwə:k] *n* neobdelano železo

bloke [blouk] *n coll* fant, možak, dečko; teleban; *mar sl* stari (ladijski poveljnik)

blond(e) [blɔnd] **1.** *adj* svetlolas, plavolas; **2.** *n* plavolasec

blonde [blɔnd] *n* plavolaska; klekljana čipka

blonde-lace [blɔ́ndleis] *n* klekljana čipka

blood I [blʌd] *n* kri; *fig* prelivanje krvi, pokol, umor; sorodstvo, rasa, rod; izvor; pogum, strast; rastlinski sok; gizdalin; ~ **bank** krvna banka; ~ **donor** krvodajalec, -lka; ~ **bespotted** okrvavljen, krvav; ~ **bath** prelivanje krvi; **cold** ~ hladnokrvnost; premišljenost; **in cold** ~ hladnokrvno; **bad** (ali **ill**) ~ sovraštvo, prepir; ~ **count** krvna slika; **full** ~ čistokrven; **hot** ~ vročekrvnost; **to make one's** ~ **boil** razjeziti koga; **to make one's** ~ **creep** grozo v kom zbuditi; **to dip one's hands in** ~ oskruniti si roke s krvjo; **one's own flesh and** ~ člani iste družine; **you cannot make ~ out of a stone** kjer nič ni, še vojska ne vzame; **~ and thunder** literature zanikrna literatura; **it runs in the ~** to je v družini; **to have s.o.'s ~ on one's head** imeti koga na vesti; **~ group** krvna skupina; **half ~** po poli (brat); **~ shed** prelivanje krvi, pokol; **~ transfusion** transfuzija krvi; **fresh ~** novi člani; **base ~** nezakonsko rojstvo; **a man of ~** surovež; **~ is thicker than water** kri ni voda; **to have (ali get) one's ~ up** razhuditi se; **to draw ~** raniti; **his ~ is up** besen je; *naut sl* Nelson's **~** rum; **~ test** krvna analiza; **~ royal** kraljevska kri; **to breed ill ~** delati razprtije; **to spill (ali shed) ~** prelivati kri; *coll* **young ~** vročekrvnež; **to let ~** kri puščati

blood II [blʌd] *vt* kri jemati, kri puščati; okrvaviti, s krvjo umazati; (psa) dresirati; *fig* navaditi
blood-brother [blʌ́dbrʌðə] *n* rodni brat
bloodcurdling [blʌ́dkə:dliŋ] *adj fig* strahoten, pošasten, grozoten
blood-donor [blʌ́ddənə] *n* krvodajalec, -lka
blooded [blʌ́did] *adj* čistokrven; krvav; *mil* oslabljen
blood-feud [blʌ́dfju:d] *n* krvna osveta
blood-guilty [blʌ́dgilti] *adj* morilski, kriv smrti
blood-heat [blʌ́dhi:t] *n* telesna toplota
bloodhorse [blʌ́dhɔ:s] *n* čistokrven konj
bloodhound [blʌ́dhaund] *n* pes krvoslednik; *fig* vohun, detektiv; *A sl* poročevalec, reporter
bloodily [blʌ́dili] *adv* krvavo, kruto
blodiness [blʌ́dinis] *n* krvavost; krvoločnost, krutost
bloodless [blʌ́dlis] *adj* (**~ ly** *adv*) nekrvav; brezkrven; uvel
blood-letting [blʌ́dletiŋ] *n* prelivanje, puščanje krvi
bloodlust [blʌ́dlʌst] *n* krvoločnost
blood-money [blʌ́dmʌni] *n* krvnina, nagrada za izsleditev zločinca
blood-poisoning [blʌ́dpoizniŋ] *n* zastrupitev krvi
blood-pressure [blʌ́dprešə] *n* krvni pritisk
blood-pudding [blʌ́dpudiŋ] *n* krvavica
blood-red [blʌ́dred] *adj* krvavo rdeč, krvav
blood-relation [blʌ́drileišən] *n* krvno sorodstvo
bloodshed(ding) [blʌ́dšed(iŋ)] *n* prelivanje krvi, pokol, vojna
bloodshot [blʌ́dšot] *adj* podplut
blood-stained [blʌ́dsteind] *adj* krvav, okrvavljen; *fig* morilski
blood-stock [blʌ́dstək] *n* čistokrvna čreda, čistokrven konj
blood-stone [blʌ́dstoun] *n min* hematit
blood-sucker [blʌ́dsʌkə] *n* krvoses; *zool* pijavka
bloodthirstiness [blʌ́dθə:stinis] *n* krvoločnost
bloodthirsty [blʌ́dθə:sti] *adj* (**bloodthirstily** *adv*) krvoločen
blood-vessel [blʌ́dvesl] *n anat* krvna žila
blood-wood [blʌ́dwud] *n bot* vrsta eukalipta; vsako drevo z rdečkastim lesom
blood-wort [blʌ́dwə:t] *n bot* krvava kislica; habat; zdravilna strašnica
bloody I [blʌ́di] *adj* (**bloodily** *adv*) krvav; krvoločen, krut, morilski; *vulg* preklet, vražji, hudičev; **~ flux** krvava griža; **not a ~ thing** prav nič; **~ Mary** cocktail iz vodke in paradižnikovega soka; **to wave the ~ shirt** obujati žalostne spo-

mine; **~ hand** grbovni znak Ulstra; grbovni znak baroneta
bloody II [blʌ́di] *adv sl* zelo, močno
bloody III [blʌ́di] *vt* okrvaviti, s krvjo omadeževati
bloody-minded [blʌ́dimaindid] *adj* krvoločen, krut; *fig vulg* uporen, neotesan
bloom I [blu:m] *n* cvet, razcvet, cvetenje; moka (npr. na slivah, grozdju); *fig* svežina, rdečica, lepota; **in full ~** v razcvetu; **to take the ~ off** s.th. pokvariti, uničiti, zatreti v razcvetu; **~ of youth** prva mladost, cvet mladosti
bloom II [blu:m] *vi & vt* cvesti, razcvesti se
bloom III [blu:m] *n* volk, gruda stopljenega železa
bloom [blu:m] *vt* skovati železo v kos, šibiko
bloomer [blú:mə] *n* vrsta tramvajskih voz; *pl arch* ženske športne hlače; *sl* napaka, spodrslaj
bloomery [blú:məri] *n* vrsta talilne peči za železo; čistilni ogenj
blooming [blú:miŋ] *adj* (**~ ly** *adv*) cvetoč, svež; *vulg* presnet, preklet
bloom-iron [blú:maiən] *n techn* očiščeno železo
bloom-steel [blú:msti:l] *n techn* očiščeno jeklo
bloomy [blú:mi] *adj* (**bloomily** *adv*) cvetoč
blossom I [blósəm] *n* cvet, cvetje; zgodnja doba rasti; **in ~** cvetoč
blossom II [blósəm] *vi* cvesti (o sadnem drevju); *hum* **to ~ into a good statesman** razvijati se v dobrega državnika; **to ~ out into** razviti se v
blossom-faced [blósəmfeist] *adj* rdeč in zabuhel
blossomless [blósəmlis] *adj* brezcveten
blossomy [blósəmi] *adj* poln cvetov, cvetoč
blot I [blɔt] *n* madež, packa; *fig* sramota, moralni madež; šibka točka; **to cast a ~ upon s.o.'s character** obrekovati, očrniti koga; **a ~ upon s.o.'s scutcheon** sramota; **a ~ on the landscape** iznakaženost pokrajine
blot II [blɔt] *vt* umazati, popackati, oskruniti; (s pivnikom) osušiti; **to ~ out** prečrtati, izbrisati; uničiti, zatreti; **to ~ out one's copy-book** pokvariti si glas
blot III [blɔt] *n* kocka na izpostavljeni točki pri igri triktrak; *fig* šibka točka v strategiji
blotch [blɔč] **1.** *n* mozolj, ogrc; packa; *sl* pivnik; **2.** *vt* umazati, popackati
blotched [blɔčt] *adj* popackan
blotchy [blóči] *adj* popackan, poln madežev
blotter [blótə] *n* pivnik
blotting-pad [blótiŋpæd] *n* pisalna mapa, pivnata podloga
blotting-paper [blótiŋpeipə] *n* pivnik
blotto [blótou] *adj sl* vinjen
blouse [blauz] *n* bluza; *A* vojaška vrhnja srajca
blow I [blou] *n* udarec; *fig* nesreča, napad; **at a ~** (ali **one, a single**) z enim zamahom, naenkrat; **to come to ~s, to exchange ~s** spopasti, stepsti se; **to deal (ali strike) a ~** udariti; **to strike a ~ for** pomagati komu, boriti se za koga; **to strike a ~ against** upreti se; **without striking a ~** brez težav, brez borbe
blow II [blou] *poet vi* cveteti, razcveteti se; *fig* razviti se
blow III [blou] *poet n* cvetenje, cvet; **in full ~** v polnem razcvetu, cvetoč
blow IV [blou] *n* pihanje; sveži zrak; *sl* obilna hrana; polaganje (mušjih) jajčec; **fly ~** mušja jajčeca

blow* V [blou] **1.** *vt* pihati, razpihavati; razstreliti; razstreljevati; *sl* oslepariti; *A sl* zapravljati; razmetavati; *sl* izdati; *çoll* poveličevati; **2.** *vi* pihati; doneti; piskati; puhati, sopsti; razpočiti se, eksplodirati; hvaliti se; *sl* **I'm** ~**ed!** ali je mogoče!, za nič na svetu! **to** ~ **great guns** močno pihati; **to** ~ **air into** z zrakom napihniti; **to** ~ **a cloud** kaditi pipo; **to** ~ **hot and cold** kolebati, nenehno spreminjati svoje prepričanje; **it is** ~**ing** veter piha; ~ **it!** presneto, vraga; **to** ~ **a kiss** poslati poljubček; **to** ~ **one's nose** usekniti se; **to** ~ **the bellows** gnati mehove; **it's an ill wind that** ~**s** nobody good vsaka nesreča h kaki sreči; **he knows which way the wind** ~**s** ve, kam pes taco moli; **to puff and** ~ sopsti, puhati, sopihati; **to** ~ **one's trumpet** (ali **horn**) hvaliti se; *naut sl* **to** ~ **the gaff** zatožiti, izdati koga; **to** ~ **the expense** pogostiti koga, plačati račun; **to** ~ **a whistle** zapiskati na piščalko
blow away *vt* odpihniti
blow about (ali **abroad**) *vt* raztrobiti
blow down *vt* podreti, na tla vreči (veter)
blow in *vi* pihati v kaj; *sl* priti nepričakovano na obisk; *A sl* zapravljati
blow off *vi & vt* oditi; ~ **steam** porabiti odvečno energijo; olajšati si srce
blow out *vt & vi* upihniti, ugasiti; napihniti; ~ **one's brains** ustreliti se v glavo; narediti samomor; ~ **one's cheeks** napihniti lica
blow over *fig* oditi, zgubiti se
blow up *vi & vt* eksplodirati; napihniti; ošteti, grajati; *sl* izdati
blow upon *vi* očrniti, izdati
blow-ball [blóubɔ:l] *n* lučka (regrata)
blower [blóuə] *n* pihač; pihalnik, pihalo, ventilator; *sl* telefon; ~ **separator** vetrnica za pleve
blow-fly [blóuflai] *n zool* mesarska muha
blow-hole [blóuhoul] *n* strčnica (kita); preduh, dušnica
blow-in [blóuin] *n* prirastek
blowing-up [blóuiŋʌp] *n* razpok, eksplozija; *sl* strog ukor
blowlamp [blóulæmp] *n techn* spajkalna svetilka, spajkalka
blown [bloun] *pp* od **blow**; *adj* izčrpan; napet; brez sape; poln mušjih jajčec; **to be** ~ **upon** zgubiti zaupanje, priti na slab glas
blow-off [blóuɔf] *n* izpust pare; domišljavec, bahač
blow-out [blóuáut] *n sl* luknja v zračnici; pojedina
blow-pipe [blóupaip] *n* pihalnik
blow-torch [blóutɔ:č] *n* spajkalka
blow-up [blóuʌp] *n* povečava
blowy [blóui] *adj coll* (**blowily** *adv*) vetren, zračen
blowzed [blauzd] glej **blowzy**
blowzy [bláuzi] *adj* (**blowzily** *adv*) rdeč, zardel, rdečeličen; zagorel; razmršen; kmečki, surov, zanikrn
blub [blʌb] *vi sl* ihteti, hlipati, cmeriti se
blubber I [blʌbə] *n* kitovo olje; *zool* morski klobuk, meduza; ihtenje, jok
blubber II [blʌbə] *adj* nabrekel; štrleč, otekel, debel
blubber III [blʌbə] *vt & vi* ihteti, dreti se, ječati; hlipati; oteči od joka
bluchers [blú:čəz] *n pl* vrsta visokih čevljev

bludgeon [blʌdžən] **1.** *n* kij, krepelec, gorjača; **2.** *vt* natepsti, naklestiti
blue I [blu:] *adj* moder, sinji; plemiški (kri); žalosten, potrt, otožen; zvest, stanoviten; mrtvaško bled; učen (ženska); *coll* nespodoben; konservativen, torijevski; ~ **blood** plemenitaški rod; ~ **coat** vojak, mornar; ~ **disease** modrikavost kože, cianoza; ~ **devils** potrtost; delirium tremens; **in a** ~ **funk** živčen, prestrašen; **to see through** ~ **glasses** črno gledati; ~ **gum** vrsta evkaliptusa; ~ **joke** nespodoben dovtip; ~ **jeans** modre delovne hlače; **to look** (ali **feel**) ~ zbegan, potrt biti; *A* ~ **laws** pretirano strogi, puritanski zakoni; **Blue Monday** zaspani ponedeljek; **once in a** ~ **moon** redkokdaj; **to cry** ~ **murder** zagnati krik in vik; ~ **pencil** cenzorjev svinčnik; **Blue Peter** modra zastava (znak za odhod ladje); **till all is** ~ neskončno dolgo; do nezavesti (se napiti); **a** ~ **note** napačen zvok; ~ **ribbon** visoko odlikovanje; red podveze; znak vzdržnosti; ~ **rock** vrsta goloba; *sl* ~ **ruin** slaba vrsta brinjevca; **true** ~ zvest; **to turn** (ali **make**) **the air** ~ kvantati, zmerjati; ~ **water** odprto morje
blue II [blu:] *n* modra barva, modrina, sinjina; modrilo; *fig* morje; nebo; modra tkanina ali obleka; *E* član visokošolske športne reprezentance; konservativec; *pl* otožnost, potrtost; **a bolt from the** ~ strela z jasnega; **to have** (a **fit of**) **the** ~**s** biti zelo potrt; **to give s.o. the** ~**s** dolgočasiti koga; **in the** ~ daleč, nedosegljiv; **out of the** ~ ko strela z jasnega; **Oxford** ~ temnomodra barva; **Cambridge** ~ svetlomodra barva; **the Blues** kraljeva konjeniška garda; **the men** (ali **gentlemen, boys**) **in** ~ policaji mornarji, vojaki ameriške federalne vojske; **navy** ~ temnomodra barva; **Prussian** ~ berlinsko modra barva; **true** ~ konservativec; **to fire into the** ~ na slepo streljati
blue III [blu:] *vt* pomodriti, plaviti; *sl* zapravljati, razmetavati
blue-beard [blú:biəd] *n* sinjebradec
bluebell [blú:bel] *n bot* zvončnica; divja modra hijacinta
blueberry [blú:beri] *n bot* borovnica
blueblack [blú:blæk] *adj* temno moder
blue-blood [blú:blʌd] *n* modra kri, plemstvo
blue-book [blú:buk] *n* modra knjiga, poročilo britanskega parlamenta; *A* seznam državnih uradnikov
bluebottle [blú:bɔtl] *n bot* plavica; *zool* mesarska muha; *coll* policaj
blue-breast [blú:brest] *n zool* modra taščica
blue-chip [blú:čip] *adj* precej varen (vrednostni papir)
blue-devils [blú:dévlz] *n pl* prividi, depresija
blue-eyed [blú:aid] *adj* modrook; *sl* priljubljen
blue-gum [blú:gʌm] *n bot* vrsta evkalipta
blueing [blú:iŋ] *n techn* brumiranje; modrenje
blue-jacket [blú:džækit] *n* mornar vojne mornarice
blue-john [blú:džɔn] *n min* fluorit
blueness [blú:nis] *n* modrina, sinjina
blue-pencil [blú:pensl] *vt* prečrtati; cenzurirati
blue-peter [blú:pí:tə] *n mar* signalna zastava
blue-pill [blú:píl] *n* vrsta odvajalne pilule

blueprint [blú:print] **1.** *n* fotografska kopija tehničnih načrtov; *fig* načrt; **2.** *vt* planirati, načrtovati

blue-ribbon [blú:ribən] *n* modri trak; red podveze; znak protialkoholikov

blues [blu:z] *n* vrsta počasnega plesa

bluestocking [blú:stəkiŋ] *n* učenjakarica

blue-stone [blú:stoun] *n chem* modra galica

bluet [blú:it] *n bot* plavica

blue-tit [blú:tit] *n zool* menišček

blue-water school [blú:wətəskú:l] *n* pristaši mnenja, da samo mornarica lahko zaščiti Anglijo

bluey [blú:i] *adj* modrikast

bluff I [blʌf] *n* strma obala ali skala; varljivo pripovedovanje, prevara, zastraševanje; bahanje; **to call s.o.** ~ ne se dati zastrašiti; *fig* prisiliti koga, da odkrije karte

bluff II [blʌf] *adj* (~ **ly** *adv*) strm; zadirčen, osoren; odkrit

bluff III [blʌf] *vt & vi* varati, zastraševati; preslepiti, nasuti peska v oči

bluffer [blʌfə] *n* goljuf; zastraševalec

bluffness [blʌfnis] *n* strmina; osornost; zastraševanje

bluing glej **blueing**

bluish [blú:iš] *adj* (~ **ly** *adv*) modrikast

blunder I [blʌndə] *n* pogreška, zmota, spodrsljaj

blunder II [blʌndə] **1.** *vi* spotikati se, spodrsniti; pogrešiti, kozla ustreliti; **2.** *vt* slabo voditi, slabo ravnati; *coll* pokvariti, uničiti

blunder about *vi* tavati

blunder along *vt* tavati; delati vedno nove napake

blunder against *vi* spotakniti se ob kaj

blunder away *vi* zapraviti, uničiti; ~ **one's chances** zapraviti ugodno priložnost

blunder out *vt & vi* izklepetati, ziniti, blekniti

blunder upon (ali **into**) *vt* slučajno na kaj naleteti

blunderbuss [blʌndəbʌs] *n mil hist* vrsta starinske kratke puške, pihalnik

blunderer [blʌndərə] *n* tepec, nerodnež

blunderhead [blʌndəhed] glej **dunderhead**

blundering [blʌndəriŋ] *adj* (~ **ly** *adv*) nepremišljen, neumen; zmoten, napačen; okoren, neroden

blunge [blʌndž] *vt* (glino) z vodo mešati

blunt I [blʌnt] *adj* (~ **ly** *adv*) top, otopel, skrhan; neotesan; osoren, žaljiv; odkrit, brezobziren; ~ **angle** topi kot

blunt II [blʌnt] *vt* otopiti, skrhati

blunt III [blʌnt] *n* kratka debela igla; *sl* kovanec, denar

bluntish [blʌntiš] *adj* (~ **ly** *adv*) precej top; neobčutljiv; surov, neolikan

bluntness [blʌntnis] *n* topost; odkritost; osornost; okornost, surovost, brezobzirnost

blunt-witted [blʌntwitid] *adj* (~ **ly** *adv*) top, topoglav, neumen

blur I [blə:] *n* madež, pega, lisa; *fig* pregreha, grehota, hiba, napaka

blur II [blə:] *vt* zabrisati, zatemniti; zamazati; *fig* omadeževati, zamegliti; očrniti; **to** ~ **out** izbrisati, zatreti

blurb [blə:b] *n A sl* knjigotržno oznanilo, reklama na ovitku knjige

blurred [blə:d] *adj* nejasen, zamegljen, razmazan

blurt [blə:t] *vt* **to** ~ **out** izblekniti

blush I [blʌš] *vi* (*at, for, with*) zardevati, sramovati se; **to** ~ **like a rose** zardeti ko kuhan rak; **to** ~ **like a blue** (ali **black**) **dog** biti nesramen

blush II [blʌš] *n* zardevanje, rdečica; rdečilo; *fig* rožnat blesk; **at (the) first** ~ na prvi pogled; **to put to the** ~ spraviti v zadrego; **spare my** ~ **es** nikar mi ne laskaj(te)

blushful [blʌšful] *adj* (~ **ly** *adv*) sramežljiv; skromen; rdeč, zardel

blushing [blʌšiŋ] **1.** *adj* glej **blushful**; **2.** *n* zardevanje

blushless [blʌšlis] *adj* (~ **ly** *adv*) nesramen, predrzen

blushlessness [blʌšlisnis] *n* nesramnost, predrznost

bluster I [blʌstə] a bučanje, hrup, hrušč; gobezdanje, bahanje, grožnja

bluster II [blʌstə] *vi & vt* (*at*) besneti, razsajati, razgrajati; hrumeti, bučati; širokoustiti se, gobezdati

bluster down *vt* podreti (vihar)

bluster out *vt* izblekniti

blusterer [blʌstərə] *n* bahač; gobezdač; razgrajač

blustering [blʌstəriŋ] *adj* (~ **ly** *adv*) buren, viharen; gobezdav; grozljiv

blusterous [blʌstərəs] glej **blustering**

blustery [blʌstəri] (**blusterily** *adj*) glej **blustering**

bo(h) [bou] *int* bav!; kš kš!; **he can't say** ~ **to a goose** ne zna niti do pet šteti, zelo je plašen

boa [bóuə] *n zool* udav; boa

boar [bə:] *n zool* prašič, merjasec; merjaščevina; **wild** ~ divji veper; ~ **'s head** svinjska glava; **young wild** ~ mlad divji veper, spomladanec

board I [bə:d] *n* deska, plošča, tablica, tabla; miza; paluba; karton; oskrba; oblast, uprava, komisija, ministrstvo; *naut* ladijski bok; *pl* oder; **above** ~ odkrito, pošteno; **bed of** ~ **s** pograd; ~ **and lodging** hrana in stanovanje; *com* **free on** ~ franko na ladjo; **to go on** ~ vkrcati se; *A* (tudi) vstopiti v vlak; **separation from bed and** ~ ločitev od postelje in mize; **to go by the** ~ poginiti; biti žrtvovan; izjaloviti se, v vodo pasti; **in** ~ **s** v zaboju; **on** ~ na krovu, vkrcan; **to be on the** ~ biti v službi; **to go on the** ~ **s** postati poklicni igralec; **groaning** ~ miza, ki se šibi; *fig* obilna hrana; **to sweep the** ~ odlikovati se, zmagati; *naut* **to make** ~ **s** križariti proti vetru; **Board of Education** ministrstvo za prosveto; **Board of Trade** ministrstvo za trgovino; **Board of Admiralty** ministrstvo za mornarico; **Road Board** ministrstvo za gradnjo in vzdrževanje cest; **chess** ~ šahovnica; **to put to** ~ dati na hrano; ~ **of examiners** izpitna komisija; **diving** ~ deska za skok v vodo

board II [bə:d] *vt* z deskami obiti; biti na hrani; vkrcati se, *A* stopiti v vlak; *coll* zdravniško pregledati; *naut* proti vetru križariti, lavirati; vzeti na hrano; s kopikami pritegniti ladjo

board in *vi* doma se hraniti

board out *vt & vi* dati na hrano; biti na hrani zunaj doma

board up *vt* z deskami zabiti, obložiti

board with *vi* biti na hrani pri

boarder [bó:də] *n* oseba, ki je na hrani, hranojemalec, penzionar, gost, abonent; internatski gojenec; ladijski potnik; nosilec protestnega plakata

boarding [bó:diŋ] *n* ogradba; opaž; pod; hrana zunaj doma; vkrcanje
boarding-house [bó:diŋhaus] *n* penzion
boarding-out [bó:diŋaut] *n* prehranjevanje zunaj doma
boarding-school [bó:diŋsku:l] *n* internat
boarding-steamer [bó:diŋstí:mə] *n* pomožna križarka
board-school [bó:dsku:l] *n arch* osnovna šola
board-wages [bó:dweidžis] *n pl* hranarina
boar-hound [bó:haund] *n* lovski pes (za lov na divje merjasce)
boarish [bó:riš] *adj* svinjski, merjaščev; čuten, krut
boar-spear [bó:spiə] *n* kopje za lov na divje prašiče
boast I [boust] *n* bahanje, ponašanje, ponos; **to make a ~ of s.th.** biti domišljav (ponosen) na kaj; **great ~ small roast** veliko hrupa za prazen nič
boast II [boust] *vi & vt* (*of, about, that*) biti ponosen, bahati se, ponašati se, širokoustiti se; imeti; hvaliti; **not much to ~ of** nič posebnega
boast III [boust] *vt* (kamen) na grobo obtesati, oklesati
boaster I [bóustə] *n* bahač, domišljavec, oholež
boaster II [bóustə] *n* široko kamnoseško dleto
boastful [bóustful] *adj* (~ **ly** *adv*) bahav, domišljav, ohol
boat I [bout] *n* čoln, barka, ladja, parnik; skledica (v obliki čolna); **to be** (ali **sail**) **in the same ~** deliti isto usodo; **to burn one's ~'s** zažgati mostove za seboj, onemogočiti si povratek; **ferry ~** brod; **to take ~** vkrcati se, odpotovati z ladjo; **~ train** vlak, ki prevzame potnike z ladje; **~ trolley** voziček za čoln; **folding ~** zložljiv čoln; **fire ~** gasilska ladja; **to have an oar in everyone's ~** vtikati se v posle vsakogar; **pulling** (ali **rowing**) **~** čoln na vesla
boat II [bout] **1.** *vi* s čolnom se peljati, veslati, čolnariti, jadrati; **2.** *vt* s čolnom peljati, v čoln naložiti, vkrcati
boatage [bóutidž] *n* čolnarina; vožnja, prevoz s čolnom
boat-bill [bóutbil] *n zool* čolnarica
boat-drill [bóutdril] *n* vaja v uporabi rešilnih čolnov
boater [bóutə] *n coll* vrsta trdega slamnika
boatful [bóutful] *n* polna ladja (česa); potniki s posadko; nabito polna ladja ali čoln
boat-hook [bóuthuk] *n* drog za privlačevanje in odrivanje čolnov, ribiški kavelj
boat-house [bóuthaus] *n* čolnarna
boating [bóutiŋ] *n* čolnarjenje, veslanje, jadranje; **to go ~** iti veslat ali jadrat
boat-line [bóutlain] *n* vezalka čolna
boatman, *pl* **boatmen** [bóutmæn, -mən] *n* čolnar izposojevalec čolnov; veslač, jadralec
boat-race [bóutreis] *n* veslaška tekma, regata
boatswain [bóusn, bóutswein] *n* poveljnik palube
boat-swing [bóutswiŋ] *n* gugalnica
boat-train [bóuttrein] glej pod **boat**
bob I [bɔb] *n* obesek, nihalo, utež na nihalu; trzaj; lasulja; šop; kratek rep; deška frizura; vaba za trnek; vrsta plesa; lahen udarec, sunek, krc; pripev; posmeh, zasmeh; *sl* šiling; poklon; trzaj; drsina; dirkalne sani; **to give s.o. the ~** oslepariti koga, naplahtati ga

bob II [bɔb] **1.** *vt* na kratko ostriči; lahno udariti, krcniti; (jegulje) loviti; **2.** *vi* bingljati, gugati se, poskakovati; počeniti; zadevati se; **to ~ one's head** z glavo se zaletavati; **to ~ a curtsy** pokloniti se
bob about *vi* poskakovati
bob against *vt* zadeti ob kaj
bob in(to) *vi* vstopiti
bob up *vi coll* nepričakovano se prikazati; **~ like a cork** ne se dati obvladovati; **~ one's head** naglo kvišku pogledati
bob III [bɔb] *n* (*Eton*) **dry (wet) ~** navdušenec za šport na suhem (na vodi); *arch* **light ~** vojak pešec
bobber [bóbə] *n* plutača, plutovinast plavač; *sl* tovariš
bobbery [bóbəri] *n* trušč, direndaj
bobbin [bóbin] *n* vretence; klekelj; navitek, tuljava; **~ lace** klekljana čipka
bobbinet [bóbinet] *n* til
bobbin-frame [bóbinfreim] *n* motovilo, vitel
bobbish [bóbiš] *adj* (~ **ly** *adv*) *sl* vesel, čil, živahen
bobby [bóbi] *n sl* londonski stražnik; **~ sock** zelo kratka nogavica (do gležnjev)
bobby-dazzler [bóbidæzlə] *n* pozornost vzbujajoča oseba ali stvar
bobby-soxer [bóbisɔksə] *n A sl* 12- do 15-letna deklica; dekle, ki nori za modnimi novotarijami, igralci, popevkarji itd.
bobilink [bóbəliŋk] *n zool* rižar
bobcat [bóbkæt] *n zool* ameriški ris
bobman [bóbmæn] *n* tekmovalec v bobu
bob-run [bóbrʌn] *n* tekmovalna proga za bob
bob-sled [bóbsled] *n* dirkalne sani
bobsleigh [bóbslei] glej **bobsled**
bobtail [bóbteil] **1.** *n* kratek rep; kratkorepa žival; **tag-rag and ~** sodrga; **2.** *adj* kratkorep, prekratek
bob-white [bóbwait] *n zool* virginijska jerebica
bob-wig [bóbwig] *n* lasulja s kratkimi kodri
boche [bɔš] *n cont* Nemec, švab
bock [bɔk] *n* črno pivo; *coll* kozarec piva
bockwurst [bókvurst] *n* safalada
bode I [boud] *vt & vi* napovedati; obetati, dati slutiti; **this ~s no good** nič dobro ne kaže; **to ~ ill** slabo kazati
bode II [boud] *pt* od **bide**
bodeful [bóudful] *adj* (~ **ly** *adv*) nič dobrega obetajoč, zlosluten
bodega [bodí:gə] *n* vinarna
bodement [bóudmənt] *n* slutnja
bodice [bódis] *n* steznik, životec
bodied [bódid] *adj* ki ima telo, utelešen; **able-~** vojaške službe zmožen; **full-~ wine** zelo močno vino
bodiless [bódilis] *adj* breztelesen
bodily [bódili] **1.** *adj* telesen, fizičen; **2.** *adv* osebno; vsi do zadnjega, korporativno
boding [bóudiŋ] **1.** *n* slutnja; **2.** *adj* (~ **ly** *adv*) zlosluten, grozeč, sluteč
bodkin [bódkin] *n* debela topa igla; šilo; *obs* bodalo; **to sit ~** sedeti stisnjen med dvema sosedoma
body I [bódi] *n* telo, truplo; trup; karoserija; oseba, človek, nekdo; bistvo, jedro, glavni del; *fig* snov, tekst; steznik, životec; skupina, zbor,

društvo, organ, korporacija; telesna straža, spremstvo; celota, večina; *astr* astralno telo; gostota, konsistenca, trdnost; retorta, prekapnica; ~ **corporate** korporacija; pravna oseba; **in the ~ of the hall** v sredini dvorane; **the ~ of people** velika množica; **in a ~** vsi skupaj; **to keep ~ and soul together** preživljati se; **one ~ is like another** vsi ljudje smo enaki; **main ~** glavnina vojske; **diplomatic ~** diplomatski zbor; **a poor ~** revež; *chem* **compound ~** spojina; ~ **politic** država; ~ **of a letter** tekst, vsebina pisma

body II [bódi] *vt* oblikovati, ponazoriti; utelesiti; oskrbeti s karoserijo

body-belt [bódibelt] *n* trebušni pas

body-builder [bódibildə] *n* izdelovalec karoserij krepilna hrana; krepilo mišic

body-cloth [bódiklɔθ] *n* konjska odeja

body-colour [bódikʌlə] *n* krovna barva

bodyguard [bódiga:d] *n* telesna straža

body-lining [bódilainiŋ] *n* podloga plašča

body-servant [bódisə:vənt] *n* komornik

body-snatcher [bódisnæčə] *n* tat, skrunilec mrličev

body-work [bódiwə:k] *n* karoserija; izdelovanje karoserij

boffin [bófin] *n sl* učenjak, raziskovalec

bog I [bɔg] *n* močvirje, barje, šotišče; *vulg* stranišče; **to go to the ~** iti na stranišče

bog II [bɔg] *vt* potopiti, vreči v močvirje; **to be ~ged** pogrezniti se v blato, močvirje, obtičati v blatu

bog-berry [bógberi] *n bot* mahovnica, brusnica

bogey [bóugi] *n* strašilo, bavbav, škrat; (golf) določeno maksimalno število udarcev

bogeyman [bóugimæn] *n* pošast, vragec, hudiček

boggard, -rt [bóga:t] *n dial* strašilo, bavbav

bogginess [bóginis] *n* močvirnatost

boggle [bógl] **1.** *vi* (*at, about, over*) plašiti se; obotavljati se; pokvariti, šušmariti; **2.** *n* plašenje; šušmarjenje; *dial* škrat, strašilo

boggy [bógi] *adj* močvirnat, šotast

boghead [bóghed] *n* bituminozni premog

bogie [bóugi] *n* glej **bogy**; vrsta nizkega voza; vrtljivi podstavek

bogland [bóglænd] *n* barje, naplavna nižina

bogle [bóugl] *n* strašilo, škrat

bog-oak [bógouk] *n bot min* fosilno hrastovo deblo, ohranjeno v močvirju

bog-trotter [bógtrɔtə] *n* prebivalec močvirja; *ꞌoc* Irec

bogus [bóugəs] *adj A* ponarejen, nepravi

bogy [bóugi] *n* škrat, strašilo

boh [bou] glej **bo**

bohea [bouhí:] *n* vrsta slabega kitajskega čaja

Bohemian I [bouhí:mjən] *adj* češki; ciganski; bohemski, razuzdan

Bohemian II [bouhí:mjən] *n* Čeh(inja); cigan(ka); bohem, lahkoživec, -vka

bohink [bóuhiŋk] glej **bohunk**

bohunk [bóuhʌŋk] *A sl* vzdevek srednjeevropskega priseljenca; tujec

boil I [bɔil] *n med* bula, ognojek, tur

boil II [bɔil] **1.** *vt* kuhati v vreli vodi, prevreti, zavreti; **2.** *vi* vreti, kipeti; *fig* vzkipeti, razburiti se; dušiti se; šumeti (morje); **to make one's blood ~** spraviti v besnost; *coll* **it ~s down**

to this iz tega sledi; **hard ~ed** v trdo kuhano **soft ~ed** v mehko kuhano; **~ed shirt** škrobljena srajca; **to feel like a ~ed rag** biti zbit

boil away *vi* izhlapeti, izkipeti

boil down *vi* izhlapeti, izkipeti, vzkipeti, zgostiti se

boil off *vt* izkuhati

boil over *vi* prekipeti

boil up *vi* kipeti, vreti, prevreti

boil II [bɔil] *n* vrelišče; vrenje, kipenje, kuhanje; **to give s.th. a ~ up** pogreti, prevreti kaj; **to bring to the ~** zavreti; **to keep on** (ali **at**) **the ~** pustiti vreti

boiler [bóilə] *n* kotel; grelec za vodo; zelenjava, ki se hitro skuha; *A sl* lokomotiva; ~ **feeder** kurjač; ~ **house**, ~ **room** kotlovnica; *A* **to burst one's ~** slabo končati, obubožati; **to burst s.o.'s ~** spraviti koga na beraško palico

boiler-iron [bóiləraiən] *n* pločevina za kotle, kotlovina

boiler-maker [bóiləmeikə] *n* kotlar

boiler-plate [bóiləpleit] glej **boiler-iron**

boilersuit [bóiləsjut] *n* kombinezon

boiler-tube [bóilətju:b] *n* kotlovna cev

boiling I [bóiliŋ] *adj* vrel, kipeč, zelo vroč; **to keep the pot ~** preživljati se; ~ **hot** vrel, zelo vroč; ~ **point** vrelišče

boiling II [bóiliŋ] *n* vretje, kuhanje; vrelišče; *sl* **the whole ~** vsi skupaj; **fast to ~** ki se težko skuha

boisterous [bóistərəs] *adj* (~ **ly** *adv*) vihrav, silovit; bučen, glasen, hrupen

boisterousness [bóistərəsnis] *n* vihravost, silovitost; bučnost, hrupnost

boko [bóukou] *n sl* nos, smrček

bold [bould] *adj* (~ **ly** *adv*) smel, drzen, srčen, neustrašen; podjeten; jasen, izrazit; strm; **to make ~** drzniti si; **as ~ as brass** predrzen; ~ **face** masten tisk; **to put a ~ face on s.th.** ne se za kaj zmeniti; **I beg** (ali **make**) ~ **to say** upam si trditi, prepričan sem

bold-faced [bóuldfeist] *adj* predrzen; ~ **type** mastne črke

boldness [bóuldnis] *n* hrabrost, pogum, srčnost, drznost; predrznost, nesramnost

bole [boul] *n* deblo, steblo; rdeča glinica

bolero [bəléərou] *n* bolero, španski ples; kratki jopič

boletus [bolí:təs] *n bot* jurček

bolide [bóulaid] *n astr* bolid, meteorski utrinek

boll [boul] *n bot* semenski mešiček; mera za žito (6 mernikov)

bollard [bóləd] *n mar* steber za vezanje ladijske vrvi, priveznik

bolo [bóulou] *n* dolg nož

bolometer [boulómitə] *n* priprava za merjenje toplotnega sevanja, bolometer

boloney [bəlóuni] *n A sl* prazne marnje; neumnost

bolshevism [bólšəvizəm] *n* boljševizem

bolshevist [bólšəvist] **1.** *n* boljševik; **2.** *adj* boljševiški

bolshy [bólši] *sl* glej **bolshevist**

bolster I [bóulstə] *n* blazina; vzglavnik; podložnik; tram, prečka; odbijač

bolster II [bóulstə] **1.** *vt* podložiti, obložiti; podpreti; zavarovati; z blazinami obmetavati; **2.** *vi* z blazinami se obmetavati

to bolster up podpreti, podpirati; braniti; dodati

bolt I [boult] *n* zapah; sornik; puščica, strela; beg; snop, svežen j; bala tkanine (30 yardov); vijak z matico; **behind ~ and bar** za zapahi, v ječi; **a ~ from the blue** strela z jasnega; **to do a ~** zbežati, popihati jo; **to make a ~ for** planiti kam; **to shoot one's ~** potruditi se kar se da

bolt II [boult] *vt & vi* zapahniti; planiti, zbežati, odkuriti jo; splašiti se (konj); *A* izstopiti iz stranke

bolt down *vt* pogoltniti

bolt in *vt* zapahniti, zapreti

bolt out *vt* izblekniti, ziniti, zagovoriti se

bolt III [boult] *adv* popolnoma, čisto; **~ upright** raven ko sveča

bolt IV [boult] **1.** *vt* sejati, rešetati; zasledovati; **to ~ the brain** preučevati; **2.** *n* sito, rešeto

bolter [bóultə] **1.** *n* sito, rešeto; plašljiv konj; ubežnik; **2.** *vt arch* zamotati, zaplesti

bolting [bóultiŋ] *n* sejanje, rešetanje

bolt-rope [bóultroup] *n mar* rob jadra

bolt-yarn [bóultja:n] *n* sukanec za šivanje jader

bolus [bóuləs] *med* velika pilula; *fig* grenka pilula

bomb [bɔm] **1.** *n* bomba, ročna granata; **2.** *vt* bombardirati

bombard [bɔmbá:d] **1.** *vt* bombardirati, obstreljevati; **2.** *n* vrsta fagota

bombardier [bɔmbədíə] *n* bombardir; artilerijski podčastnik

bombardment [bɔmbá:dmənt] *n* bombardiranje, obstreljevanje

bombardon [bɔmbá:dn] *n mus* bombardon, basovska trobenta

bombasine, bombazine [bɔmbəzí:n] *n* vrsta tkanine za žalne obleke

bombast [bɔmbǽst] *n* surov bombaž; vata; bombastičnost, napihnjenost; puhlo besedovanje

bombastic [bɔmbǽstik] *adj* (**bombastically** *adv*) bombastičen, napihnjen

bomb-disposal [bɔmdispouzəl] *n* uničenje (neeksplodiranih) bomb

bomb-dropper [bɔmdrɔpə] *n* bombaš

bombe [bɔm] *n* bomba (jed)

bomber [bóma] *n* bombnik; bombaš

bombing [bómiŋ] *n* bombardiranje, metanje bomb

bombing-raid [bómiŋreid] *n* zračni napad

bomphlet [bómflit] *n* letak vržen z letala

bombproof [bómpru:f] *adj* varen pred eksplozijami bomb

bomb-shell [bómšel] *n* bomba; *fig* veliko presenečenje

bomb-site [bómsait] *n* zbombardirati del mesta

bomb-thrower [bómθrouə] *n* bombaš

bona fide [bóunəfáidi] **1.** *adv* v dobri veri, odkritosrčno; **2.** *adj* iskren, odkrit

bonanza [bənǽnzə] *n* lepo vreme; *coll* bogata zlata žila; nepričakovano bogastvo

bon-bon [bónbən] *n* sladkorček, bonbon

bond I [bɔnd] *n* vez; okovi; dolžnost, obveznost; zadolžnica; zastavnica; prvovrsten pisemski papir; državno varstvo nad še neocarinjenim blagom; **out of ~** ocarinjen; **in ~** še neocarinjen; **his word is as good as his ~** mož beseda je

bond II [bɔnd] *vt* vezati; zastaviti; posojilo v obveznice spremeniti; shraniti v carinskem skladišču; **~ ed goods** neocarinjeno blago

bond III [bɔnd] *adj arch* podlóžen, suženjski

bondage [bóndidž] *n* suženjstvo, hlapčevstvo; jetništvo; *fig* odvisnost

bonder [bóndə] *n* lastnik blaga v carinskem skladišču; *archit* kamen ali opeka, ki veže

bond-holder [bóndhouldə] *n* lastnik zadolžnice

bondmaid [bóndmeid] *n* sužnja, služkinja, tlačanka

bondman [bóndmən] *n* suženj, vazal, tlačan

bond-note [bóndnout] *n com* carinska spremnica

bond-servant [bóndsə:vənt] *n* neplačan sluga, suženj, podložnik, tlačan

bond-slave [bóndsleiv] *n* suženj

bondsman [bóndzmən] *n* porok; *arch* suženj, podložnik, tlačan

bond(s)woman [bónd(z)wumən] *n arch* sužnja, podložnica, tlačanka

bond(s)women [bónd(z)wimin] *pl* od **bond(s)woman**

bone I [boun] *n* kost, srt, koščica; *pl* okostje; *coll pl* kocke, kockanje; kastanjete; *sl* študent, ki počasi študira; *A sl* dolar; **a bag of ~s** kost in koža, suh ko trlica; **bred in the ~** prirojen, v krvi; **to cast (in) a ~ between** povzročati nesoglasje, ščuvati; **chilled to the ~** popolnoma premražen; **~ of contention** kamen spotike; **to cut to the ~** do skrajnosti omejiti; **devil's ~s** kocke; **to feel in one's ~s** slutiti, biti prepričan; **funny (ali crazy) ~** za udarec občutljivo mesto na komolcu; **to go down on one's ~s** na kolenih prositi za odpuščanje; **to make no ~s about (ali of)** ne delati težav zaradi, odkrito priznati; **to make old ~s** doseči visoko starost; **to have a ~ to pick with s.o.** imeti s kom račune; oštel koga; **to have no ~s about** ne se pomišljati; **hard words break no ~s** strogost ne škoduje, beseda ni konj; **to have a ~ in one's arm (ali leg)** biti na smrt utrujen; **to have a ~ in one's throat** ne moči spregovoriti; **to keep the ~s green** biti dobrega zdravja; **the nearer the ~ the sweeter the flesh (ali meat)** na koncu je jed najslajša; **to the ~** maksimalno (zreducirati)

bone II [boun] *vt* obirati kosti; gnojiti s kostno moko; *sl* izmakniti, krasti; *sl* guliti se; **~d ham** zvita gnjat

bone-ash [bóunæš] *n* kostni pepel

bone-black [bóunblæk] *n* kostno oglje, spodij

bone-china [bóunčainə] *n* porcelan

bone-dry [bóundrai] *adj* izsušen, žejen; abstinenčen (od alkohola)

bone-dust [bóundʌst] *n* kostna moka

bone-glass [bóungla:s] *n* motno steklo

bone-head [bóunhed] *n sl* butec

bone-headed [bóunhedid] *adj* topoglav

bone-idle [bóunaidl] *adj* len, da smrdi

boneless [bóunlis] *adj* brezkosten; *fig* brez hrbtenice, nestalen, nezanesljiv

bone-meal [bóunmi:l] *n* kostna moka

boner [bóunə] *n sl* nerodna napaka

bone-setter [bóunsetə] *n* ranocelnik, ki uravnava izpahnjene kosti

boneshaker [bóunšeikə] *n sl* star bicikelj, »krača«

bone-spavin [bóunspǽvin] *n vet* bramor (konjska bolezen)

boneyard [bóunja:d] *n A* konjederstvo
bonfire [bónfaiə] *n* kres; **to make a ~ of s. th.** uničiti kaj
bonhomie [bónəmi:] prisrčnost, dobrodušnost, dobrohotnost
bonkers [bóŋkəz] *n pl sl* traparija, bedarija
bon mot [bóŋmóu] *n* duhovit izrek, dovtip
bonnet I [bónit] *n* klobuk, čepica, pokrivalo; pokrov (avto); *sl* pomagač, sokrivec; **to have a bee in one's ~** biti nekoliko čudaški, imeti fiksno idejo; **to fill s.o.'s ~** zavzemati mesto drugega, biti mu enakovreden; **to vail the ~** spoštljivo se odkriti
bonnet II [bónit] *vt* pokriti se; potisniti pokrivalo čez oči; pogasiti ogenj
bonneted [bónitid] *adj* s pokrito glavo
bonnet rouge [bónei rú:ž] *n* republikanec
bonny [bóni] *adj* (**bonnily** *adv*) *Sc* čeden; vesel; zdrav, krepak, čvrst, postaven
bonny-clabber [bóniklæbə] *n* kislo mleko
bonspiel [bónspi:l] *n Sc* tekma v curlingu
bonus [bóunəs] *n* premija, doklada, nagrada; **~ job** akordno delo
bonus-share [bóunəsšɛə] *n com* brezplačna delnica
bony [bóuni] *adj* (**bonily** *adv*) koščen, mršav, suh
bonze [bɔnz] *n* bonec, budistični duhovnik
bonzer [bónzə] *n Austral sl* sijajen, odličen, prvovrsten
boo [bu:] **1.** *int* fuj!, fej!; **2.** *n* mukanje; roganje, posmehovanje; **3.** *vt & vi* mukati; rogati se, izžvižgati; spoditi
boob [bu:b] *n A* tepec, teleban; najslabši igralec; *zool* beli morski vran
boobyish [bú:biiš] *adj* (**~ly** *adv*) telebanski, zagoveden
booby-prize [bú:bipraiz] *n* šaljiva nagrada zadnjemu v tekmi
booby-trap [bú:bitræp] **1.** *n* neslana šala; nastavljena ovira, mina; **2.** *vt* nastavljati ovire, mine
boodle [bú:dl] *n A sl* množica, tolpa, trop; denar (za podkupovanje politikov); vrsta igre kart
boodler [bú:dlə] *n A sl* podkupovalec
booh [bu:] glej **boo**
boohoo [bú:hú:] **1.** *n* glasen jok, tarnanje; **2.** *vi* tuliti, tarnati
book I [buk] *n* knjiga, zvezek, libreto; 6 osnovnih vzetkov pri whistu; blok vstopnic, znamk; čekovna knjižica; **the Book** Sveto pismo; **to be at one's ~s** študirati; **to be in s.o.'s good (bad, black) ~s** biti pri kom dobro (slabo) zapisan; **to bring to ~** zasluženo kaznovati; **to be deep in s.o.'s ~s** biti komu veliko dolžan; **by (the) ~** točno, natanko; **it doesn't suit my ~** to mi hodi narobe; **to get into s.o.'s ~s** zadolžiti se pri kom; **to keep ~s** knjižiti; **to kiss the Book** poljubiti Sveto pismo pri prisegi; **to know off ~** znati na pamet; **to know s.th. like a ~** dobro kaj poznati; **to take a leaf out of another's ~** slediti zgledu drugega, oponašati ga; **to take one's name off the ~s** izstopiti iz članstva; **a man of the ~** učenjak; **to read s.o. like a ~** dobro koga razumeti, dodobra ga poznati; **to swear on the Book** prisegati na Sveto pismo; **to speak by the ~** govoriti na osnovi natančnih obvestil; **to speak without the ~** govoriti na pamet; *sl* **to throw the ~ at** strogo koga kaznovati

book II [buk] *vt* v knjigo vpisati, vknjižiti, registrirati; kupiti vozovnico ali vstopnico; rezervirati (sobo, vozovnico, vstopnico); angažirati; povabiti; **I'll ~ you for Saturday** pričakujem vas v soboto; **he is ~ed for a sad end** namenjena mu je žalostna usoda; *coll* **to be ~ed to do s.th.** morati kaj narediti; **all seats are ~ed** vsi sedeži so razprodani; **I am ~ed to see him on Tuesday** zmenil sem se z njim za torek
book down *vt* zapisati
book in *vt* vknjižiti
book through *vi* vzeti si direktno vozovnico
book up *vi* rezervirati, oddati; **to be booked up** biti oddan, ne biti prost
book-account [búkəkaunt] *n com* tekoči račun
bookbinder [búkbaində] *n* knjigovez
bookbinding [búkbaindiŋ] *n* knjigoveštvo
bookcase [búkkeis] *n* knjižna omara
book-cover [búkkʌvə] *n* platnica
booked [bukt] *adj* rezerviran, naročen, obljubljen, zaseden; **to be ~** biti obsojen, smrti zapisan
booked-up [búktʌp] *adj* razprodan, rezerviran
book-ends [búkendz] *n pl* knjižne opore
book-holder [búkhouldə] *n* sufler(ka), šepetalec, -lka
book-house [búkhaus] *n* knjižna založba
bookie [búki] *n coll* glej **book-maker**
booking [búkiŋ] *n* prodaja vozovnic ali vstopnic; rezervacija sob; oddaja prtljage
booking-clerk [búkiŋkla:k] *n* blagajnik, blagajničarka
booking-office [búkiŋɔfis] *n* železniška ali gledališka blagajna; sprejemališče prtljage
bookish *adj* (**~ly** *adv*) načitan; *fig* natančen, pikolovski
bookishness [búkišnis] *n* načitanost; pikolovstvo, natančnost
book-keeper [búkki:pə] *n* knjigovodja, računovodja, -dkinja
book-keeping [búkkí:piŋ] *n* knjigovodstvo, računovodstvo
bookland [búklænd] *n hist jur* zemljišče, ki je bilo izločeno iz skupnega lastništva občine in dodeljeno po listini zasebniku
book-learned [búklə:nt] *adj* načitan; izobražen učen; *fig* natančen; nepraktičen
book-learning [búklə:niŋ] *n* načitanost, izobraženost; učenost
bookless [búklis] *adj* (**~ly** *adv*) neizobražen
booklet [búklit] *n* knjižica, brošura
book-lore [búklɔ:] *n* učenost, načitanost
book-lover [búklʌvə] *n* ljubitelj(ica) knjig, bibliofil(ka)
bookmaker [búkmeikə] *n* pisec knjig, pisun; poklicni svetovalec pri dirkah
bookmaking [búkmeikiŋ] *n* pisarjenje; poklicno svetovanje pri dirkah
bookman [búkmən] *n* učenjak; *coll* prodajalec knjig
bookmark(er) [búkma:k(ə)] *n* knjižni znak, zaznamni trak
bookmobile [búkmoubil] *n* potujoča knjižnica
bookmonger [búkmʌŋgə] *n* knjigotržec, antikvar
book-muslin [búkmʌzlin] *n* tenek muslin
book-oath [búkouθ] *n* prisega na biblijo
bookplate [búkpleit] *n* ekslibris
book-rack [búkræk] *n A* stojalo, polica za knjige

book-rest [búkrest] *n* priročno namizno stojalo za knjige
bookseller [búkselə] *n* knjigotržec
bookselling [búkseliŋ] *n* knjigotrštvo
bookshelf [búkšelf] *n* knjižna polica
bookshop [búkšəp] *n* knjigarna
bookstall [búkstə:l] *n* kiosk za prodajo knjig in časopisov
bookstand [búkstænd] *n* stojalo za knjige, knjižna polica
bookstore [búkstə:] *n A* knjigarna
book-token [búktoukən] *n* darilno nakazilo za knjigo
book-work [búkwə:k] *n* delo po knjigah (brez eksperimentov)
bookworm [búkwə:m] *n* knjižni molj, človek, ki nenehno tiči v knjigah
book-wrapper [búkræpə] *n* knjižni ovoj
boom I [bu:m] *n mar* jambor, jadrnik; vodna ovira iz klad
boom II [bu:m] **1.** *vi* brenčati, bobneti, bučati, kričati kot bobnarica; **2.** *n* bučanje, bobnenje, brenčanje; bobnaričin krik
boom III [bu:m] **1.** *vt* hvaliti, delati reklamo; razvpiti; dvigniti cene; **2.** *vi* kvišku pognati, uspevati, napredovati, narasti; postati slaven
boom IV [bu:m] *n* nenaden napredek; konjunktura, blagostanje
boomer [bú:mə] *n Austral* samec velikega kenguruja
boomerang [bú:məræŋ] *n* bumerang; *fig* dokaz, ki je v škodo tistemu, ki ga je dal
booming [bú:miŋ] **1.** *n* hrup, hrušč; **2.** *adj* hrupen, bučen; živahen; uspešen
boomster [bú:mstə] *n A sl* špekulant(ka)
boon [bu:n] **1.** *n* prošnja; ugodnost; ljubeznivost, usluga; blagodejnost; darilo; **2.** *adj* vesel, čil, živahen; blagodejen; ~ **companion** vinski bratec
boor [bu:] *n* neolikanec, teleban, kmetavz
boorish [bú:riš] *adj* (~ **ly** *adv*) neolikan, surov, kmečki
boorishness [bú:rišnis] *n* neolikanost, surovost
boost I [bu:st] *vt coll* dvigniti, poriniti; hvaliti, poveličevati; *el* povišati napetost; *A sl* kričeče oglašati; umetno cene dvigati
boost II [bu:st] *n sl* dvig, konjunktura; reklama
booster [bú:stə] *n* dodatni dinamo; radijski ojačevalec; *coll* navdušen podpornik
boot I [bu:t] **1.** *n arch* korist, prednost; **to** ~ povrh, za nameček, zraven; **to no** ~ zaman; **2.** *vt arch* koristiti; **it little** ~ **s** od tega je malo koristi
boot II [bu:t] *n* škorenj, čevelj; prtljažnik; zaščitno usnje za konjsko nogo; *sp* dober udarec (pri nogometu); španski škorenj (mučilno orodje); **I'll bet my** ~ **s** glavo stavim; **to give a good** ~ močno brcniti; *sl* **to give the** ~ odpustiti; *sl* **to get the** ~ zgubiti službo, biti odpuščen; **in** ~ **s** (v škornje) obut; **Puss in** ~ **s** obuti maček; **to die in one's** ~ **s, to die with one's** ~ **s on** umreti nasilne smrti; **to have one's heart in one's** ~ **s** biti v velikem strahu; **lazy** ~ **s** lenuh; *sl* **like old** ~ **s** energično, prizadevno; **the** ~ **is on the other leg** razmere so se spremenile; **to lick the** ~ **s** prilizovati se; **to move (ali start) one's** ~ **s** odpraviti se; **over shoes over** ~ **s**

na vrat na nos, kdor reče A, naj reče tudi B; **the order of the** ~ **s** odpust; *mil* ~ **and saddle!** zajahajte konje!, na konje!; **top** ~ **s** zavihani škornji, vihale
boot III [bu:t] *vt & vi* obuti (se); brcniti; odpustiti iz službe; **to** ~ **out** (ali **round**) spoditi, izgnati
bootblack [bú:tblæk] *n* snažilec čevljev
booted [bú:tid] *adj* obut; ~ **and spurred** na pot pripravljen
bootee [bu:tí:] *n* damski čevelj, (volnen) otroški čeveljček
booth [bu:ð] *n* koča, lopa, stojnica
bootician [bu:tíšən] *n A sl* tihotapec alkohola
bootjack [bú:tdžæk] *n* sezuvač, zajec (za sezuvanje)
bootlace [bú:tleis] *n* vezalka za čevlje
boot-last [bú:tla:st] *n* kopito za čevlje
bootleg I [bú:tleg] *n* golenica, škornjica; *techn* pokrov, tok
bootleg II [bú:tleg] **1.** *n* tihotapljen alkohol; **2.** *vt & vi A sl* tihotapiti alkohol, nezakonito ga preskrbeti; **3.** *adj A sl* tihotapski, nezakonit
bootlegger [bú:legə] *n A sl* tihotapec alkohola; *sl* prodajalec rabljenih avtomobilov
bootlegging [bú:tlegiŋ] *n A sl* tihotapstvo alkohola; *sl* prodaja rabljenih avtomobilov
bootless [bú:tlis] *adj* (~ **ly** *adv*) sezut, bos; nekoristen, brezuspešen; neraben
bootlick(er) [bú:tlikə] *n* prilizovalec, -lka
bootmaker [bú:tmeikə] *n* čevljar
bootmaking [bú:tmeikiŋ] *n* čevljarstvo
boot-polish [bú:tpəliš] *n* pasta za čevlje
boots [bu:ts] *n* hotelski snažilec čevljev; hotelski hlapec
bootstraps [bú:tstræps] *n pl* vezalke za čevlje
boot-top [bú:ttəp] *n* golenica, škornjica
boot-tree [bú:ttri:] *n* kopito za škorenj, za čevelj
booty [bú:ti] *n* plen; **to play** ~ namerno zgubljati
booze [bu:z] *vulg* **1.** *n* pijača, pijančevanje; **2.** *vi* pijančevati, zvrniti ga; **to be on the** ~ pijančevati
boozer [bú:zə] *n* pijanec
booze-up [bú:zʌp] *n* pijančevanje, krokanje
boozy [bú:zi] *adj* (**boozily** *adv*) pijanski; pijan
bo-peep [boupí:p] *n* vrsta otroške igre, skrivanje in kukanje
bora [bó:rə] *n* burja (veter)
boracic [borǽsik] *adj chem* borov
borate [bó:reit] *n chem* borat
borax [bó:ræks] *n chem* boraks
border I [bó:də] *n* rob, meja; *pl theat* krožni horizont; gredica, ozka greda; obmejek; **within** ~ **s** v mejah česa; **out of** ~ **s** zunaj mej; **on the** ~ **of** na meji česa; **the Border** meja med Anglijo in Škotsko
border II [bó:də] *vt & vi* obrobljati; mejiti, dotikati se; *fig* bližati se čemu; **to** ~ **upon** mejiti na kaj, podoben biti čemu; **she** ~ **ed on tears** komaj je zadrževala solze
bordered [bó:dəd] *adj* obrobljen; omejen
borderer [bó:dərə] *n* mejaš
borderland [bó:dəlænd] *n* obmejno ozemlje; vmesno področje
borderless [bó:dəlis] *adj* (~ **ly** *adv*) brezmejen, neomejen

borderline [bó:dəlain] 1. *n* meja, mejna črta; 2. *adj* mejen; neodločen; dvomljiv; ~ **case** mejni primer

bordure [bó:djuə] *n* obkrajek, bordura

bore I [bɔ:] *n* izvrtina, luknja; kaliber, premer cevi; durgelj, sveder; ~ **hole** razstrelna navrtina

bore II [bɔ:] 1. *vt* vrtati, prevrtati; kopati; izdolbsti; izriniti iz dirkalne steze; iztegovati glavo; 2. *vi* vrtati, dolbsti, predreti

bore III [bɔ:] 1. *n* dolgočasna, mučna zadeva; dolgočasnež, tečnež; 2. *vt* dolgočasiti, nadlegovati

bore IV [bɔ:] *n* vdor plime v ustje reke

bore V [bɔ:] *pt* od **bear**

boreal [bó:riəl] *adj* severen

borecole [bó:koul] *n bot* zeleni ohrovt

bored [bó:d] *adj* zdolgočasen; **I am** ~ dolgočasim se, sit sem vsega

boredom [bó:dəm] *n* dolgčas; *fam* morija

borehole [bó:houl] *n* vrtina

borer [bó:rə] *n techn* sveder; vrtalec; *zool* lesni kukec, živi sveder; konj, ki steguje glavo naprej

boric [bó:rik] *adj chem* borov; ~ **acid** borova kislina

boring [bó:riŋ] 1. *adj* (~ly *adv*) dolgočasen; 2. *n* vrtanje; izvrtina; *pl* izvrtki

born I [bɔ:n] *pp* od **bear**

born II [bɔ:n] *adj* rojen; po rodu; **in all my** ~ **days** odkar sem na svetu, svoj živi dan; ~ **in the purple** kraljevskega rodu; ~ **with a silver (wooden) spoon in one's mouth** rojen pod srečno (nesrečno) zvezdo; **I wasn't** ~ **yesterday** nisem tako naiven; ~ **to a large fortune** bogat dedič; ~ **of** po rodu iz; ~ **again** prerojen; ~ **fool** popolnoma neumen, nor; ~ **under lucky star** pod srečno zvezdo rojen

borne I [bɔ:n] *pp* od **bear**

borne II [bɔ:n] *adj* nošen, prenašan; *com* **all charges** ~ po odbitku stroškov; ~ **in upon** zabičen, ki je postal komu jasen

boron [bó:rən] *n chem* bor

borough [bárə] *n* trg; samoupravno mesto z zastopnikom v parlamentu; mestece; samoupravno mestno področje (London); mestni volilni okraj; ~ **council** mestni svet; ~ **councillor** mestni svétnik; **rotten** ~ volilni okraj z nezadostnim številom volilcev

borough-English [bárəingliš] *n jur* zakon, po katerem podeduje posestvo najmlajši sin

borough-reeve [bárərí:v] *n* občinski načelnik

borrow [bárou] *vt & vi* (*of, from*) izposoditi, izposojati si; prisvojiti, prisvajati si; *fig* prevzeti od koga, posnemati ga; **to** ~ **trouble** po nepotrebnem skrbeti; ~**ed plumes** *fig* tuje perje; ~**ed light** indirektna svetloba

borrower [bárouə] *n* dolžnik, izposojevalec; *fig* posnemovalec

borrowing [bárouiŋ] *n* sposojanje

borsch(t) [bərš(t)] *n* boršč (ruska juha)

bort [bɔ:t] *n* diamanten odlomek

borzoi [bórzoi] *n* ruski hrt, barzoj

bos (boss) [bɔs] 1. *n sl* slab zadetek, zgrešek, zgrešen udarec ali strel; šušmarjenje; 2. *vt & vi* zgrešiti, ne zadeti; šušmariti

boscage, boskage [bóskidž] *n* hosta, gaj, gozdiček

bosh [bɔš] 1. *n sl* neumnost, norost; 2. *int sl* neumnosti!, traparije!; 3. *vt sl* norčevati se (iz koga)

bosk [bɔsk] *n obs* grm; gaj, goščava, gozdiček

bosket [bóskit] *n* gozdiček, gaj, goščava

bosky [bóski] *adj* (**boskily** *adv*) gozdnat; košat; senčen

bo's'n [bóusn] *n* kratica za **boatswain**

bosom I [búzəm] *n* prsi, nedra; naročje; *A* naprsnik; *fig* srce, duša, notranjost; varstvo; čustvo, ljubezen, misli; ~ **friend** najljubši prijatelj; **in the** ~ **of one's family** v družinskem krogu; **the** ~ **of the sea** morska globina; **to take s.o. to one's** ~ zbližati se, poročiti se s kom

bosom II [búzəm] *vt* varovati, čuvati; objeti; *poet* **a house** ~**ed in trees** hiša, obdana z drevesi

bosquet glej **bosket**

boss I [bɔs] 1. *n* izboklina, izbočina; vulkanska vzpetina; gumb; relief; pesto; 2. *vt* z izboklinami, reliefi okrasiti

boss II [bɔs] *n sl* šef, gospodar, »stari«; *A* poklicni politik; ~ **of the shanty** gospodar

boss III [bɔs] *vt sl* gospodariti, upravljati, vladati; **to** ~ **the show** neomejeno vladati

bossed [bɔst] *adj* izbočen, z reliefom okrašen, plastičen

boss-eyed [bósaid] *adj* škilav

boss-shot [bósšɔt] *n* spodrsljaj, kiks

bossy [bósi] *adj* (**bossily** *adv*) izbočen, reliefen; oblasten, zapovedovalen

boston [bóstn] *n* vrsta plesa; vrsta igre kart

bosun [bósn] *n coll* glej **boatswain**

bot(t) [bɔt] *n zool* zoljeva ličinka; **the** ~s bolezen, ki jo povzroča zoljeva ličinka

botanic(al) [bətǽnik(l)] *adj* (**botanically** *adv*) botaničen, rastlinosloven

botanist [bótænist] *n* botanik, rastlinoslovec, -vka

botanize [bótənaiz] *vi* nabirati rastline, botanizirati

botanizer [bótənaizə] *n* nabiralec, -lka, določevalec, -lka rastlin

botany [bótəni] *n* botanika, rastlinoslovje

botch I [bɔč] *n* krpa; krparija, skrpucalo; kvar; **to make a** ~ **of a job** skaziti delo

botch II [bɔč] *vt* krpati; šušmariti; ~**ed work** krparija, skrpucalo; šušmarstvo

botcher [bóčə] *n* krpač; šušmar

botchy [bóči] *adj* (**botchily** *adv*) zakrpan; šušmarski

bot-fly [bótflai] *n zool* zolj

both I [bouθ] *adj* oba, oboje, obadva; **Jack of** ~ **sides** kdor igra za obe stranki; **to look at it** ~ **ways** ogledati si stvar z obeh strani; **to make** ~ **ends meet** živeti po svojih razmerah, prebijati se s svojimi sredstvi

both II [bouθ] *pron* oba, oboje, obadva; ~ **of us** midva oba; ~ **of you** vidva oba; ~ **of them** onadva oba

both III [bouθ] *conj* ~ ... **and** tako ... kakor; ~ **by night and by day** tako podnevi kakor ponoči, podnevi in ponoči, dan in noč; ~ **you and I** jaz in ti

bother I [bóðə] 1. *vt* mučiti, dolgočasiti, nadlegovati, motiti, vznemirjati; 2. *vi* mučiti se, skrbeti; dolgočasiti se, sitnariti; biti zaskrbljen; **to** ~ **one's head about s.th.** beliti si glavo zaradi; **don't** ~ bodi brez skrbi, nikar se ne razburjaj

bother II [bóðə] *n* nadloga, sitnost, težava, skrb

bother III [bóðə] *int* presneto!, preneumno!; ~ **him!** k vragu z njim!; ~ **the children!** presneti otroci!; *coll* ~ **it!** presneto!, vraga
botheration [bɔðəréišən] **1.** *n* skrb, nadloga; **2.** *int* presneto!, vraga!
bothering [bóðəriŋ] *adj* (~ **ly** *adv*) nadležen, tečen, siten
bothersome [bóðəsəm] *adj* nadležen, tečen, siten
bothy [bóθi] *n Sc* koča, hišica, koliba
bott glej **bot**
bottle I [bótl] *n* steklenica; močna pijača; *fig* the ~ popivanje; **to crack a** ~ popiti steklenico vina; **over a** ~ medtem ko pijemo; **to hit the** ~ pijančevati; **to bring up on the** ~ (otroka) umetno hraniti; ~ **green** temno zelen; **to know s.o. from the** ~ poznati koga od rane mladosti; **to be fond of the** ~ rad ga zvrniti; **to take to the** ~ zapiti se; *A* **black** ~ strup; **stone** ~ kamnit vrč; **hot-water** ~ termofor
bottle II [bótl] *n* otep sena ali slame; **to look for a needle in a** ~ **of hay** zaman iskati, zaman si prizadevati
bottle III [bótl] *vt* spraviti v steklenice, ustekleničiti; *sl* zasačiti
bottle off *vt* naliti
bottle up *vt* skriti, potlačiti, krotiti, premagati
bottle-baby [bótlbeibi] *n* zalivanček
bottle-brush [bótlbrʌš] *n* ščetka za steklenice; *bot* smrečica (preslica)
bottled [bótld] *adj* buteljski; *sl* pijan
bottle-glass [bótlgla:s] *n* zeleno steklo za steklenice
bottle-green [bótlgri:n] *adj* temnozelen
bottle-holder [bótlhouldə] *n* priča, sekundant pri boksu; *fig* zvest pomočnik
bottleneck [bótlnek] *n* vrat steklenice; *fig* najožje mesto; zadržek, zastanek
bottle-nosed [bótlnouzd] *adj* ki ima rdeč nos (ker rad pogleda v kozarec)
bottle-screw [bótlskru:] *n* odčepnik, odmašnjak
bottle-washer [bótlwɔšə] *n* ki pere steklenice; garač, suženj; *fig* desna roka, faktotum
bottling [bótliŋ] *n* polnjenje steklenic
bottom I [bótəm] *n* dno, tla; vznožje; nižava, dolina; podlaga, osnova; *vulg* zadnjica; sedalo; ladijsko dno, ladja; usedlina, gošča; *fig* vzrok, razlog; *coll* vztrajnost; enica (prestava v motorju); najoddaljenejši kraj; spodnje čelo mize, oseba, ki tam sedi; **at (the)** ~ dejansko, pravzaprav, v resnici; **to act (ali stand) (up) on one's own** ~ delati na svojo roko (odgovornost), biti neodvisen; **from top to** ~ od glave do pete; **to be at the** ~ **of s.th.** biti pravi vzrok česa; **the** ~ **of the business** bistvo stvari; **to be embarked in the same** ~ imeti isto usodo, udeležiti se iste stvari; **to go to the** ~ potopiti se, utoniti; **from the** ~ **of one's heart** z dna srca; **to knock the** ~ **out of** dokazati neresnico, ovreči, podminirati; ~ **leather** podplat; **to get down to rock** ~ priti stvari do dna; **to send to the** ~ potopiti; **to touch** ~ nasesti; *fig* zaiti v hude težave; **to venture all in one** ~ staviti vse na eno kocko; ~ **up!** izpij do dna!, eks!; **at the** ~ **of the street** na koncu ulice
bottom II [bótəm] *adj* najnižji; zadnji; osnoven; ~ **price** najnižja cena; *A* **to bet one's** ~ **dollar** glavo staviti; ~ **gear** prva hitrost (motor)

bottom III [bótəm] **1.** *vt* narediti dno; preiskati do dna; *fig* dognati, popolnoma razumeti; **2.** *vi* priti do dna; (*on*) temeljiti na čem
bottomed [bótəmd] *adj* ki ima dno; *fig* osnovan, utemeljen
bottoming [bótəmiŋ] *n* gramozna plast ceste
bottom-land [bótəmlænd] *n* dolina
bottomless [bótəmlis] *adj* (~ **ly** *adv*) brezdanji; brez sedala; *fig* neosnovan, neutemeljen
bottommost [bótəmmoust] *adj* najnižji
bottom-price [bótəmprais] *n* najnižja cena
bottomry [bótəmri] *n* posojilo lastniku ladje za stroške potovanja (če se ladja potopi, zgubi upnik denar)
botulism [bótjulizəm] *n med* botulizem, zastrupitev s pokvarjenim mesom (klobaso)
boudoir [bú:dwa:] *n* budoar, damska soba
bough [bau] *n* veja
bough-pot [báupɔt] *n* vaza, cvetlični lonček; šopek
bought [bɔ:t] *pt & pp* od **buy; to be** ~, **sold and done** biti uničen, propasti
bougie [bú:ži] *n* voščena sveča; *med* sonda, kateter
bouillon [bú:jɔ:ŋ] *n* bujon, čista goveja juha
boulder [bóuldə] *n* balvan, prod, prodnik; pečina
boulder-period [bóuldəpiəriəd] *n geol* ledena doba
boulevard [bú:lva:] *n* bulvar, široka ulica
boulter [bóultə] *n* vrsta trnka s številnimi kaveljčki
boun [baun] *vt & vi arch* odpraviti (se); pripraviti (se)
bounce I [bauns] **1.** *vi* poskočiti, odbi(ja)ti se, premetavati se; (*into*) pripoditi se; (*out of*) planiti iz; (*about*) poskakovati; *fig* šopiriti, bahati se; **2.** *vt* prisiliti, pripraviti koga do česa; *A sl* spoditi, odkloniti
bounce II [bauns] *n* skok; sunek; bahavost; bahanje; nesramna laž; *A sl* odpoved
bounce III [bauns] *adv* nenadoma, nepričakovano
bouncer [báunsə] *n* skakač; bahač; velik primerek; nesramna laž; *A* gledališki uslužbenec, ki meče nezaželene obiskovalce ven
bouncing [báunsiŋ] **1.** *adj* zdrav, čvrst, velik, močan; bahav, ošaben; **2.** *n* poskakovanje, poskok
bouncy [báunsi] *adj* (**bouncily** *adv*) prožen; poln elana, zanosen
bound I [baund] *n* meja; omejitev; **out of all** ~s čez mero; **to keep within** ~s ohraniti pravo mero, ne pretiravati; **to put (ali set)** ~s **to** omejiti kaj; **the shop was placed out of** ~s trgovina je bila (za dijake) prepovedana; **out of** ~s zunaj dopustne meje; vstop prepovedan; **beyond all** ~s pretirano; **within the** ~s **of possibility** v mejah možnosti
bound II [baund] *vt* omejiti, omejevati, mejiti, mejo postavljati, mejo določiti
bound III [baund] *vi* (od)skočiti, skakati; odbiti, odbijati se
bound IV [baund] *n* poskakovanje, skok; *poet* močan srčni utrip; **by leaps and** ~s skokovito, zelo hitro, naglo; **to take s.th. at the** ~ izrabiti ugodno priložnost; **at a** ~ na mah
bound V [baund] *pt & pp* od **bind;** ~ **up with s.o.** navezan na koga; **I'm (ali I will be)** ~ gotovo bom, jamčim za to; ~ **to s.o. for s.th.** hvaležen komu za kaj

bound VI [baund] *adj* pripravljen na odhod, (*for*) namenjen kam; **the ship is** ~ **for London** ladja potuje v London, njen cilj je London; **where are you** ~ **for?** kam greš (greste)?; **homeward** ~ ki se vrača domov; **outward** ~ ki potuje iz matične luke

boundary [báundəri] *n* meja, ločnica

boundary-stone [báundəristoun] *n* mejnik

bouden [báundən] **1.** *arch pp* od **bind; 2.** *adj*; **to be one's** ~ **duty** biti sveta dolžnost koga

bounder [báundə] *n sl* teleban, surovež, neolikanec

boundless [báundlis] *adj* (~ **ly** *adv*) brezmejen, neizmeren, neskončen, velikanski; neomejen

boundlessness [báundlisnis] *n* brezmejnost, neskončnost; neomejenost

bounteous [báuntiəs] *adj* (~ **ly** *adv*) radodaren, obilen

bounteousness [báuntiəsnis] *n* radodarnost, obilnost

bountiful [báuntiful] glej **bounteous**

bountifulness [báuntifulnis] glej **bounteousness**

bounty [báunti] *n* radodarnost, obilnost; nagrada, darilo, napitnina; premija; ~ **-fed industry** industrija, ki dobiva izvozne premije

bouquet [búkei] *n* šopek, buket; vonj vina; *A coll* **to hand s.o. a** ~, **to throw** ~ **s at s.o.** poveličevati koga, hvalo komu peti

bourbon [búəbən] *n A* okorel konservativec; vrsta ameriškega whiskeyja

bourdon [búədən] *n mus* bas, najgloblji register na orglah ali harmoniju

bourgeois I [búəžwa:] **1.** *n* meščan, buržuj; **2.** *adj* meščanski, buržujski

bourgeois II [bə:džóis] *n* vrsta tiskarskih črk, borgis

bourgeoisie [buəžwazí:] *n* meščanstvo, buržoazija

bourgeon glej **burgeon**

bourn(e) [buən] *n poet* meja; področje; cilj; potok

bourrée [bú:rei] *n* vrsta starofrancoskega ali španskega plesa

bourse [buəs] *n* borza (v neangleških državah)

bouse I [bu:z, bauz] **1.** *n* pijača; popivanje; *coll* slaba pijača, brozga; **2.** *vt & vi* popivati, piti, pijančevati

bouse II [baus] *vt & vi* (z žerjavom) dvigati, dvigniti

bouse III [baus] *n min* svinčena ruda

bousy [báuzi, bú:zi] *adj* (**bousily** *adv*) pijan, vinjen

bout [baut] *n* doba; trajanje; izmeničnost; napad; **it comes to my** ~ jaz sem na vrsti; **to have a** ~ **at s.th.** poskusiti kaj; **at one** ~ na mah; **this** (ali **that**) ~ tokrat; **drinking** ~ popivanje; ~ **of illness** napad bolezni

bovine [bóuvain] *adj* volovski; *fig* okoren, topoglav, butast

bow I [bou] *n* lok; *mus* godalni lok, godalo; mavrica; pentlja, obroček; roč, držaj; *pl* okvir za naočnike; *vulg* trebuh, vamp; ~ **and arrow period** obdobje uporabe loka in puščice; **to draw** (ali **pull, shoot with**) **the long** ~ pretiravati, širokoustiti se; **to draw a** ~ **at a venture** streljati ali kaj reči na slepo srečo, tja v tri dni; **to have two strings to one's** ~ imeti dve železi v ognju; **wide on the** ~ **hand** daleč od cilja; ~ **instrument** godalo; ~ **s on** z glavo naprej; ~ **s under** premagan, ki težko napreduje; *sl*

~ **window** velik trebuh, vamp; **to tie a** ~ zavezati pentljo

bow II [bou] *vt mus* gosti; usločiti

bow III [bau] *n* poklon, klanjanje; spoštovanje; **to make one's** ~ umakniti se oditi, posloviti se; **to take a** ~ priklanjati se (pred zastorom); **to make one's first** ~ prvič nastopiti

bow IV [bau] *vi & vt* pripogniti, pripogibati se; (*to, before*) pokloniti, klanjati se, spokoriti, ukloniti se; v sobo (ali iz sobe) koga peljati, vljudno odsloviti; **a** ~ **ing acquaintance** površno poznanstvo; **to** ~ **and scrape** ponižati se, biti pretirano vljuden; **to** ~ **one's assent** s priklonom izraziti svoje dovoljenje; **to** ~ **one's thanks** s priklonom se zahvaliti; **to be on** ~ **ing terms** le površno poznati

bow down *vt & vi* skloniti, pripogniti (se)

bow out *vt* vljudno koga odsloviti

bow V [bau] *n naut* ladijski nos, kljun, krn, premec; veslač, ki sedi najbliže premcu

bow-arm [bóua:m] glej **bow-hand**

bow-backed [bóubækt] *adj* grbast

bow-compasses [bóukəmpəsis] *n pl* šestilo z lokom

bow-drill [bóudril] *n* lokasti sveder

bowdlerization [báudləraizéišən] *n* prečrtavanje nemoralnih mest v knjigi

bowdlerize [báudleraiz] *vt* prečrtati nemoralna mesta v knjigi

bowel [báuəl] *n anat* črevo; *pl* črevesje, *fig* prebava; *fig* čustvo, strasti, usmiljenje; **to have the** ~ **s open** iztrebljati se; **to have no** ~ **s** biti neusmiljen; **to get one's** ~ **s in an uproar** razjeziti se

bowelless [báuəllis] *adj* brez droba; *fig* brezsrčen, brezčuten

bower I [báuə] *n* uta, senčnica, koča; *poet* soba, stanovanje

bower II [báuə] *n* sidro na ladijskem nosu

bower III [báuə] *n* fant (karta)

bower-anchor [báuəæŋkə] glej **bower II**

bowery I [báuəri] *adj* listnat, senčen, hladen; poln utic

bowery II [báuəri] *n A* pristava

bow-hand [bóuhænd] *n* desnica (za godala); levica (za lok pri streljanju)

bowhead [bóuhed] *n zool* grönlandski kit

bowie-knife [bóuiná if] *n* lovski nož; večji nož z nožnico

bow-knot [bóunət] *n* petlja, zanka

bowl I [boul] *n* skleda, posoda, čaša, vaza; *A* amfiteater; *fig* pijača, popivanje

bowl II [boul] *n* krogla, krogla za balinanje; *pl* balinanje; *pl dial* keglji; *techn* valjarček

bowl III [boul] **1.** *vt* kotaliti, (žogo) metati, lučati; **2.** *vi* balinati; kotaliti se; z vozom se peljati

bowl along *vi* kotaliti se, z vozom se peljati

bowl down *vt sl fig* podreti, prevrniti

bowl out *vt fig* premagati

bowl over *vt* prekucniti, podreti; *coll* spraviti iz ravnotežja, osupiti

bowlder [bóuldə] glej **boulder**

bow-legged [bóulegd] *adj* krivonog

bowler [bóulə] *n* balinar; ~ (**hat**) polcilinder, »melona«

bowlful [bóulful] *n* (polna) skleda, čaša (česa)

bowline [bóulain] *n naut* vrv, ki veže jadro na ladijski nos

bowling [bóuliŋ] *n* kegljanje; metanje žoge (kriket)
bowling-alley [bóuliŋæli] *n* krito kegljišče
bowling-green [bóuliŋgri:n] *n* kegljišče na prostem
bowls [boulz] *n* balinišče; keglji
bowman [bóumən] *n* lokostrelec; veslač na ladijskem nosu
bow-net [bóunet] *n* past za jastoge
bowpot [báupɔt] glej **bough-pot**
bow-saw [bóusɔ:] *n* ločna žaga
bowshot [bóušɔt] *n* streljaj loka (do 350 m)
bowsprit [bóusprit] *n naut* bruno na ladijskem nosu, poševnik
bowstring [bóustriŋ] 1. *n* tetiva; močna vrv; 2. *vt* obesiti, zadaviti
bow-tie [bóutai] *n* metuljček (pentlja)
bow-window [bóuwindou] *n* izbočeno okno; *sl* velik trebuh, vamp
bow-wow [báuwáu] 1. *int* hov-hov; 2. *n* lajež; kužek; **the big ~ strain** besedičenje, pleteničenje
bowyer [bóujə] *n* lokar; lokostrelec
box I [bɔks] *n* škatla, zaboj; skrinja; okrov; posoda, predal; kozel na kočiji; loža, predel; staja; garažni oddelek za avto, boks; uta, hišica, soba; klop; oblikovalni okvir; darilo; *A* votlina v deblu; **Christmas ~** božično darilo; **jury ~** porotniška klop; **ballot ~** volilna žara; **~ of bricks** škatla s kockami; **el junction ~** odcepna pušica; **money ~** hranilnik; **sentry ~** stražnica; **shooting ~** lovska koča; **strong ~** kaseta, železna blagajna; **to be in the same ~** deliti isto usodo; **to be in the wrong ~** motiti se; **prisoner's ~** zatožna klop; **witness ~** prostor za priče na sodišču; *sl* **~ of dominoes** klavir; *A sl* **eternity ~** grob; **to be in a (tight) ~** biti v zagati; **to be in one's thinking ~** resno premišljevati; **the whole ~ of tricks** vse skupaj
box II [bɔks] *vt* zaviti, spraviti; pregraditi; cepiti (drevesa); **to ~ the compass** končati, kjer smo začeli
  box in *vt* obdati, zapreti, omejiti
  box off *vt* pregraditi, oddeliti
  box up *vt* zapreti, obdati
box III [bɔks] *n* udarec s plosko roko; **a ~ on the ear** klofuta
box IV [bɔks] *vi & vt* boksati se; klofutati
box V [bɔks] *n bot* zelenika
box-barrage [bóksbərá:ž] *n* zaporni ogenj
box-bed [bóksbed] *n* posteljna omara, zložljiva postelja
box camera [bókskæmərə] *n* preprost fotoaparat
boxcalf [bókska:f] *n* boks (usnje)
box-car [bókska:] *n A* pokrit tovorni voz
box-cloth [bóksklɔθ] *n* vrsta gostega blaga
box-coat [bókskout] *n* kočijažev površnik; dežni plašč
boxer [bóksə] *n* boksar; član tajne kitajske organizacije; pasma psa
bow-haul [bókshɔ:l] *vt* proti vetru (ladjo) obrniti
boxing [bóksiŋ] *n* boksanje; spravljanje v škatlo, zaboj; embalaža (zaboji); gramoz med pragovi
Boxing-Day [bóksiŋdei] *n* 26. december, dan obdarovanja
boxing-glove [bóksiŋglʌv] *n* boksarska rokavica
boxing-match [bóksiŋmæč] *n* boksarska tekma
Boxing-Time [bóksiŋtaim] *n* božič
box-iron [bóksaiən] *n* vrsta likalnika

box-keeper [bókski:pə] *n* biljeter; vratar
box-lock [bókslɔk] *n* pokrita ključavnica
box-number [bóksnʌmbə] *n* poštni predal
box-office [bóksɔfis] *n* gledališka blagajna
box-pleat [bókspli:t] *n* dvojna guba (na tkanini)
box-room [bóksru:m] *n* ropotarnica
box-seat [bókssi:t] *n* sedež na kozlu kočije; ložni sedež
box-spanner [bóksspænə] *n techn* natikalni ključ
box-tree [bókstri:] *n bot* zelenika
box-up [bóksʌp] *n* kolobocija, zmeda
box-wood [bókswud] *n bot* zelenika; zelenikovina
boy [bɔi] *n* deček, fant; sluga; **~ friend** (njen) fant; **from a ~** od otroških let; *fam* **old ~** dragi prijatelj; bivši učenec šole; **the old ~** »stari«; *fam* **my ~** ljubi moj; *coll* **there's a good ~** bodi tako dober; *sl* **pansy ~** homoseksualec; *sl* **flying ~** letalec; *sl* **the ~** šampanjec; **~ scout** stezosledec, skavt
boycott [bóikət] 1. *n* bojkot(iranje); 2. *vt* bojkotirati
boyhood [bóihud] *n* deška doba
boyish [bóiiš] *adj* (**~ly** *adv*) deški, fantovski, otročji; neizkušen
boyishness [bóiišnis] *n* otročjost; neizkušenost (za fanta)
bozo [bóuzou] *n A sl* »tip«
bra [bra:] *n coll* prsnik, nedrnjak, nedrček
brabble [bræbl] 1. *n arch* glasen prepir, prerekanje; 2. *vi* prepirati, prerekati se
brace I [breis] *n* spona, vez; obveza; nosilni jermen; opornik; *pl* naramnice; *pl* oklepaj ( ); opora, proteza; vhod v jamo (rudnik); par, dvojica; **in a ~ of shakes** takoj, kakor bi trenil; **~ drill** vrtalo; *naut sl* **to splice the main ~** popivati; **~ and bit** *techn* vrtalo
brace II [breis] *vt* zvezati, speti; *fig* ojačiti, okrepiti; napeti; **to be ~d** biti srečen, dobre volje; **to ~ o.s. for** zbrati moči za; **to ~ o.s. up to** opomoči se
bracelet [bréislit] *n* zapestnica; *sl pl* okovi
bracer [bréisə] *n* zapestni ščit; *A sl* okrepčilo, žganje
bracero [brasérou] *n A* mehikanski dninar v ZDA
brach [bræč] *n arch* lovska psica
brachial [bréikiəl] *adj* (**~ly** *adv*) laketen, brahialen
brachycephalous, -lic [brækisəfǽləs, -lik] *adj* kratkoglav
brachydactylic [brækidæktílik] *adj* kratkoprst
brachylogy [brækílədži] *n* kratko izražanje, brahilogija
bracing [bréisiŋ] 1. *adj* krepilen, svežilen; 2. *n* krepitev, osvežitev
brack [bræk] 1. *n* sortiranje, izločanje slabega blaga; 2. *vt* sortirati, izločati slabo blago
bracken [brǽkən] *n bot* praprot
bracket I [brǽkit] *n* konzola, polica; nosilec, opornik; plinski gorilnik; obrnjena trojka (figura na ledu); *pl* oklepaji; ljudje z enakimi dohodki; **in ~s** v oklepajih; *fig* mimogrede povedano
bracket II [brǽkit] *vt* v oklepaj dati; izenačiti; spariti; **to ~ for the prize** enako oceniti
brackish [brǽkiš] *adj* nekoliko slan, slankast; *fig* neokusen, nepiten
brackishness [brǽkišnis] *n* slanost; *fig* neokusnost

bract [brækt] *n bot* ovršni list
bracteate [bræktiit] *adj bot* ki ima ovršne liste
brad [bræd] *n* žebelj, sekanec, tapetniški žebelj
bradawl [brædə:l] *n* sedlarsko šilo
bradbury [brædbəri] *n obs sl* bankovec enega ali pol funta
bradshaw [brædšə:] *n E* železniški vozni red
brae [brei] *n Sc* pobočje, reber, strma obala
brag I [bræg] 1. *n* bahač, bahanje; stara igra kart; 2. *vt & vi (about)* širokoustiti, bahati se
brag II [bræg] *adj arch* pogumen, hraber; bahav; *A* prvovrsten
braggadocio [brægədóučiou] *n* bahač, širokoustnež; bahaštvo
braggart [brægət] *n* 1. *n* bahač; 2. *adj* bahaški
bragging [brægiŋ] *n* hvalisanje
brahma [bráːmə] *n* zvrst domače kure
brahmapootra [bra:məpúːtrə] glej **brahma**
brahmin [bráːmin] *n* brahman, indijski duhovnik; *A* intelektualec
brahminee [bra:miníː] *n* brahmanka
brahminical [bra:mínikəl] *adj* brahmanski
brahminism [bráːminizəm] *n* brahminizem
braid I [breid] *n* kita; vrvica, trak
braid II [breid] *vt* plesti, preplesti, prepletati; s trakom obrobiti; **to ~ St. Catherine's tresses** živeti kot devica, ne se poročiti
braiding [bréidiŋ] *n* pletenje, prepletanje, obrobljanje; obrobek, rob
brail [breil] 1. *n* vrv (na spodnjem delu jadra); 2. *vt* zviti jadra
Braille [breil] *n* pisava za slepce
brain I [brein] *n* možgani; *fig* pamet, razum, glava; **to beat** (ali **cudgel, busy, puzzle, rack**) **one's ~ s** beliti si glavo; **to blow out s.o.'s ~ s** ustreliti koga v glavo; **to crack one's ~ s** zgubiti glavo, ponoreti; **~ drain** beg možganov; **to dash s.o.'s ~ out** razbiti komu lobanjo; **to have s.th. on the ~** pretirano se zanimati za kaj, noreti za čim; **to pick** (ali **suck**) **s.o.'s ~ s** izvabiti podatke od koga; **his ~ is a bit touched** ni čisto pri pameti, je nekoliko prismuknjen; **to turn s.o.'s ~ s** zbegati koga; **~ trust** skupina strokovnjakov s skupno nalogo; skupina strokovnjakov, ki odgovarja prek radia
brain II [brein] *vt* razbiti glavo, izbiti možgane
brain-fag [bréinfæg] *n* živčna izčrpanost
brain-fever [bréinfi:və] *n med* vnetje možganske opne, meningitis
brainless [bréinlis] *adj* (**~ ly** *adv*) nespameten, nepremišljen, neumen
brainlessness [bréinlisnis] *n* nepremišljenost, neumnost
brainpan [bréinpæn] *n anat* lobanja
brain-power [bréinpauə] *n* tehnična inteligenca
brain-sauce [bréinsə:s] *n* pamet, intelekt
brainsick [bréinsik] *adj* duševno bolan, blazen
brainsickness [bréinsiknis] *n* duševna bolezen, blaznost
brainstorm [bréinstə:m] *n* napad blaznosti, pomračitev uma, zmedenost
brain-tunic [bréintju:nik] *n anat* možganska opna
brainwash [bréinwɔš] *vt* levite komu brati; politično koga obdelovati
brainwave [bréinweiv] *n coll* srečna misel; *pl med* encefalogram

brain-worker [bréinwɔ:ke] *n* duševni delavec
brainy [bréini] *adj* (**brainily** *adv*) *A* pameten, bister, inteligenten
braird [breəd] *Sc* 1. *n* brstič; 2. *vi* brsteti
braise [breiz] 1. *vt* dušiti (kuha); 2. *n* dušeno meso
braize [breiz] *n* premogov prah
brake I [breik] *n bot* praprot
brake II [breik] *n* goščava, podrast, šibje
brake III [breik] *n* zavora, cokla; vrsta kočije; vagon z zavoro; oddelek za spremljevalca; *fig* **to put on** (ali **apply**) **the ~** zadrževati, zavirati; **band ~** tračna, oklepna zavora
brake IV [breik] *vt* zadrževati, zavirati
brake V [breik] 1. *n* trlica; brana; grablje; 2. *vt* treti; branati, vlačiti, grabiti
brake VI [breik] *pt* od **break**
brakeband [bréikbænd] *n* zavorni trak
brakeless [bréiklis] *adj* (**~ ly** *adv*) brez zavore; neoviran, neugnan
brake-lever [bréikli:və] *n* zavorna ročica
brake(s)man [bréik(s)mən] *n* zavirač, zaviralec; *A* sprevodnikov pomočnik
brake-van [bréikvæn] *n* vagon z zavoro
braky [bréiki] *adj* poln praproti, praproten
bramble [bræmbl] *n bot* robida
brambleberry [bræmblberi] *n bot* robidnica
brambling [bræmbliŋ] *n zool* pinoža, nikavec
brambly [bræmbli] *adj* trnast, z robidnicami poraščen
bran [bræn] *n* otrobi
brankard [bræŋkəd] *n* konjska nosilnica
branch I [bra:nč, *A* brænč] *n* veja; odrastek; podružnica; odcep, priključek; stroka, panoga; rečni rokav; krak; vzporedna proga; *archit* lok, obok, rebro oboka; **~ box** odcepna puščica; **to reform root and ~** popolnoma preosnovati
branch II [bra:nč, *A* brænč] *vi & vt* veje poganjati; *(out)* širiti se, razraščati se, razvejati se; *(away)* ločiti se; odcepiti se; *(forth)* poganjati vejevje; *(into)* preiti, zgubiti se v kaj
branchial [bræŋkiəl] *adj zool* škržen
branchiate [bræŋkiit] *adj* škrgast
branchless [bráːnčlis] *adj* brez vej, nerazvejan
branchlet [bráːnčlit] *n* vejica, mladika
branch-road [bráːnčroud] *n* stranska cesta
branchy [bráːnči] *adj* (**branchily** *adv*) košat, razraščen, razcepljen
brand I [brænd] *n* ogorek; vžgano znamenje; žig, zaščitna znamka; vrsta blaga; *poet* meč; *poet* bakla; stigma, sramota; *bot* (žitna) snet; **to snatch a ~ from the burning** rešiti koga ali kaj; **of the best ~** najboljše vrste; **a ~ from the fire** (ali **burning**) človek, ki je ušel grozeči nevarnosti; *fig* spreobrnjenec, -nka
brand II [brænd] *vt* (o)žigosati, znamenje vžgati; označiti; *fig* v spomin vtisniti
brander [brændə] *n* vžigalec znakov
brandied [brændid] *adj* v žganje namočen
branding [brændiŋ] *n* žigosanje, vžiganje znakov, označevanje
branding-iron [brændiŋaiən] *n* železo za vžiganje znamenj, vžigalo, žgalo
brandish [brændiš] *vt* mahati, vihteti
brandling [brændliŋ] *n zool* mladi losos; vrsta črva za trnkarjenje

brand-mark [brǽndma:k] *n* opeklina; vžgano znamenje

bran(d)-new [brǽn(d)nju:] *adj* čisto nov

brandy [brǽndi] *n* vinsko žganje; vinjak

brandy-ball [brǽndibɔ:l] *n* bonbon z likerjem

brandy-pawnee [brǽndipɔ:ni:] *n* žganje z vodo

brandy-snap [brǽndisnæp] *n* mali kruhek, poprnjak

branks [brǽŋks] *n pl arch* uzda za prepirljivke

brank-ursine [brǽŋkɔ́:sin] *n bot* beršč, medvedove tace

bran-pie [brǽnpái] *n* maček v vreči, vrsta srečelova

bransle [brá:nl] *n* starofrancoski ples

brant(-goose) *pl* (-geese) [brǽnt(gú:s, -gí:z)] *n zool* vrsta majhne arktične divje gosi

brash I [brǽš] 1. *n* kršje; dračje; ledene razbitine; 2. *adj* krhek; *A sl* vihrav, nesramen

brash II [brǽš] *n med* zgaga; riganje; rahla želodčna slabost

brashy [brǽši] *adj* krhek, drobljiv

braisier [bréiziə] glej **brazier**

brass I [bra:s] *n* medenina, med, bron; *coll* denar; *mus* trobila; *pl* medeninasta posoda; nagrobna plošča, spominska plošča; *A sl* častniki; *fig* nesramnost, predrznost; **as bold as ~** kar se da nesramen

brass II [bra:s] *adj* medeninast, bronast; *fig* predrzen, izzivalen, trmast; **~ band** godba na pihala; **to get down to ~ tacks** (ali **nails**) jasno se izraziti; **not worth a ~ farthing** niti počenega groša vreden; **not to care a ~ farthing** toliko se meniti kakor za lanski sneg; **to part ~ rags** spreti se; **~ works** livarna bakra

brass III [bra:s] *vt & vi* z medenino obiti, obložiti; *sl* izplačati

brassage [brá:sidž] *n* pristojbina za kovanje denarja

brassard [brəsá:d] *n* znak na rokavu

brass-bounder [brá:sbaundə] *n naut sl* kadet trgovske mornarice

brasserie [brǽsəri] *n* pivnica

brass-foil [brá:sfɔil] *n* zlati folij

brass-founder [brá:sfaundə] *n* livar brona

brass-hat [brá:shæt] *n mil sl* general, visoki štabni častnik

brassière [brǽsiɛə] *n* prsnik, nedrnjak, nedrček

brassy I [brá:si] *adj* (**brassily** *adv*) medeninast, bronast; *fig* kovinski; izzivalen, nesramen, predrzen

brassy II [brá:si] *n* vrsta palice za golf

brat [bræt] *n cont* otročaj

brattice [brǽtis] *n* opaž (v premogovniku)

brattle [brǽtl] *Sc* 1. *n* rožljanje, topot, peket; 2. *vi* rožljati, topotati, peketati

bravado [brəvá:dou] *n* izzivanje; drznost; hvaličenje

brave I [breiv] *adj* (**~ ly** *adv*) pogumen, hraber, junaški, kljubovalen; pošten, pravičen; krasen, sijajen, postaven; **none but the ~ deserve the fair** pogum zmaguje

brave II [breiv] *n* junak; *A* indijanski bojevnik

brave III [breiv] *vt* izzvati, izzivati; kljubovati; hrabro se upirati; **to ~ it out** izzivalno se vesti

bravery [bréivəri] *n* pogum, hrabrost; ugled, sijaj razkošje

bravo I [brá:vou] *n* najet morilec, bandit, razbojnik, tolovaj

bravo II [brá:vou] *int* tako je prav, dobro, bravo

bravura [brəvúərə] *n* drznost; *mus* bravura, tehnična dovršenost

braw [brɔ:] *adj Sc* načičkan; prvovrsten, odličen, prima

brawl [brɔ:l] 1. *n* pretep, prepir, zdražba; 2. *vi* prepirati se, razgrajati; žuboreti, šumeti

brawler [brɔ́:lə] *n* prepirljivec, pretepač, razgrajač

brawling [brɔ́:liŋ] *adj* (**~ ly** *adv*) prepirljiv; glasen

brawn [brɔ:n] *n* nasoljeno merjaščevo meso; svinjska hladetina; mišice; *fig* mišična moč; debela koža

brawny [brɔ́:ni] *adj* (**brawnily** *adv*) mesnat, mišičast, močan

braxy [brǽksi] *Sc* 1. *n* vranična bolezen ovac; 2. *adj* ki ima vranično bolezen

bray I [brei] *n* riganje, trobljenje; glasen protest; 2. *vt & vi* trobiti; rigati; **to ~ out** na ves glas razglasiti, raztrobiti

bray II [brei] *vt* stolči; *dial* pretepsti; tenko namazati

braze I [breiz] *vt* pobronati

braze II [breiz] *vt* variti, trdo spajkati; **brazing apparatus** spajkalce; **brazing lamp** plamenka

brazen I [bréizən] *adj* (**~ ly** *adv*) bronast; medeninast; *fig* jasen; nesramen, predrzen, izzivalen; **~ face** (ali **front**) nesramnež, -nica

brazen II [bréizən] *vt* nesramno, izzivalno se vesti; **to ~ it out** nesramno se uveljaviti, predrzno nastopiti

brazen-faced [bréizənfeist] *adj* predrzen, nesramen, izzivalen

brazier [bréiziə] *n* pasar, klepar, kotlar; žerjavnica

braziery [bréiziəri] *n* kotlarstvo

Brazil [brəzíl] *n* vrsta drevesa, ki daje rdečo barvo, fernambuk

Brazilian [brəzíljən] 1. *adj* brazilski; 2. *n* Brazilec, -lka

Brazil-nut [brəzílnʌt] *n* ameriški (brazilski) oreh

Brazil-wood [brəzílwúd] *n* fernambuk

breach I [bri:č] *n* zlom, prelom; odprtina, luknja, razpoka, vrzel; *fig* prekinitev, presledek; razdor, nesloga; prestopek, kršitev, prekršek; *mil* prodor; skok kita iz vode; *naut* valovi ob ladji; **to heal the ~** poravnati spor; **a custom more honoured in the ~ than in the observance** navada, ki jo je bolje opustiti; **~ of faith** izdajstvo; **~ of the peace** nemir, upor; **to stand in the ~** pretrpeti prvi sunek napada, *fig* biti na braniku; **~ of trust** zloraba zaupanja; **without ~ of continuity** nenehno, nepretrgano; **to step into the ~** priskočiti na pomoč; *jur* **~ of promise** neizpolnjena obljuba zakona; **~ of a covenant** kršitev dogovora

breach II [bri:č] *vt & vi* predreti, prebiti (se); iz vode skočiti (kit)

bread I [bred] *n* kruh; hrana; zaslužek; **brown ~** črni kruh; **~ buttered on both sides** velika sreča, dobičkonosen opravek; **to know on which side one's ~ is buttered** vedeti, kaj je ugodno; **~ and butter** kruh z maslom; *fig* hrana, zaslužek; **~ and butter letter** pismena zahvala za gostoljubnost; **to have one's ~ buttered for life** biti do smrti preskrbljen; **to quarrel with one's ~ ~**

and butrer pritoževati se nad delom; **to eat the** ~
of idleness živeti na tuji račun; **to take the** ~
out of s.o.'s mouth odjesti komu kruh; **to break**
~ **with s.o.** deliti s kom hrano; **to cast one's**
~ **upon the waters** biti radodaren; ~ **and cheese**
preprosta hrana; ~ **and scrape** tenko namazan
kruh; *E sl* ~ **and cow to cover** kruh z maslom;
all ~ **is not baked in one oven** ljudje so različni;
to eat s.o.'s ~ **and salt** biti pri kom v gosteh;
half a loaf is better than no ~ v sili hudič muhe
žre; **to be put on** ~ **and water** živeti ob kruhu
in vodi
bread II [bred] *vt* povaljati v drobtinah
bread-and-butter [brédənbʌtə] *adj fig* otročji, mlad,
mladeniški, nezrel; sramežljiv; vsakdanji; potre-
ben; zahvalen; ~ **girl** šolarka; ~ **letter** za-
hvalno pismo; ~ **miss** deklica
bread-and-buttery [brédəndbʌtəri] *adj* mladeniški,
mlad
bread-basket [brédba:skit] *n* košarica za kruh; *sl*
želodec, trebuh; *mil sl* rušilna bomba
bread-crumb [brédkrʌm] *n* drobtina
bread-cutter [brédkʌtə] *n* rezalni stroj za kruh
bread-fruit [brédfru:t] *n* kruhovec
bread-knife [brédnaif] *n* nož za kruh
bread-line [brédlain] *n A coll* vrsta čakajočih
brezposelnih na podporo
bread-stuffs [brédstʌfs] *n pl* žitarice, moka; kruh,
pecivo
breadth [bredθ] *n* širina, prostranost; *fig* veliko-
dušnost; drznost; **to a hair's** ~ čisto natanko,
za las; ~ **of mind** velikodušnost
breadthways [brédθweiz] *adv* na širino, po širini
breadthwise [brédθwaiz] glej **breadthways**
bread-ticket [brédtikit] *n* krušna karta
bread-winner [brédwinə] *n* krušni oče, hranilec
break* I [breik] **1.** *vt* lomiti, prelomiti, zlomiti,
odlomiti; skrhati; raztrgati, pretrgati, odtrgati;
poškodovati, (po)kvariti; odpreti, odpečatiti;
prestreči, prekiniti; odvaditi; (pre)kršiti; osla-
biti, ublažiˈi; (iz)uriti (konja v ježi); uničiti;
obzirno sporočiti; izčrpati, orati, kopati; (iz
službe) odpustiti, degradirati; **2.** *vi* zlomiti,
skrhati, razbiti, raztrgati se; razpasti, razpadati;
počiti, razpočiti se; poslabšati se (vreme); svi-
tati; ločiti se, spremeniti smer; propasti, zban-
krotirati; vlomiˈi; **to** ~ **asunder** pretrgati, pre-
lomiti; **to** ~ **an army** razpustiti vojsko; **to** ~
s.o.'s back zlomiti komu vrat, uničiti ga; *coll*
to ~ **the back of s.th.** opraviti najtežji del česa;
to ~ **the bank** izčrpati banko; **to** ~ **the blow**
prestreči udarec; **to** ~ **the bounds** prekoračiti
mejo; **to** ~ **bread** jesti; *naut* **to** ~ **bulk** začeti
raztovarjati; **to** ~ **a butterfly on the wheel**
zapravljati svojo moč, uporabiti drastična
sredstva; **to** ~ **cover** zapustiti skrivališče, iz-
kobacati se; **to** ~ **a custom** odvaditi se; **the**
day is ~**ing** svita se, dani se; **to** ~ **a drunkard**
of drinking odvaditi pijanca piti; **to** ~ **the**
engagement razdreti zaroko; **to** ~ **even** pokriti
stroške, poravnati se; **to** ~ **faith** prelomiti pri-
sego, izneveriti se; **to** ~ **a fall** zadržati padec;
to ~ **one's fast** nekaj pojesti; **to** ~ **the flax**
treti lan; **to** ~ **(new) ground** ledino orati, začeti
nov obrat; **to** ~ **hold** iztrgati se; **to** ~ **the ice**
prebiti led; **to** ~ **lance with** začeti s kom pismeno

diskusijo; **to** ~ **the law** kršiti zakon; **to** ~ **loose**
odtrgati se, zbežati; prekršiti; **to** ~ **a match**
razdreti zaroko; **to** ~ **the neck of s.th.** izvršiti
najtežji del naloge, končati kaj; **to** ~ **o.s. of**
a habit.odvaditi se česa; **to** ~ **the news** povedati
novico; **to** ~ **open** nasilno odpreti; **to** ~ **a**
promise ne izpolniti obljube; **to** ~ **s.o.'s pride**
ponižati koga; **to** ~ **to pieces** zdrobiti (se);
razpasti; **to** ~ **small** zdrobiti; **to** ~ **the thread**
prekiniti, pretrgati; **to** ~ **water** priti na površino;
who ~**s pays** sam pojej, kar si si skuhal; **to** ~
wind prdniti; **to** ~ **short** dokončati; ~ **your**
neck! veliko sreče!
break asunder *vt* pretrgati
break away *vi* zbežati; odkloniti; (*from* od)
oddaljiti se, odpasti
break down *vt & vi* porušiti, podreti; obtičati;
odpovedati, zgruditi se; analizirati, razčleniti;
porazdeliti; narazen vzeti
break forth *vi* izbruhniti
break from *vi* odvaditi se
break in *vt & vi* ukrotiti; vlomiti, vdreti; vmeša-
vati se (v pogovor), prekiniti; *fig* ~ **upon**
(ali **on**) prekiniti; planiti kam; motiti
break into *vi* vlomiti; ~ **laughter** zakrohotati se;
~ **obedience** prisiliti k ubogljivosti, ukrotiti;
~ **tears** razjokati se
break off *vt & vi* odlomiti; prekiniti; odvaditi;
prenehati; ločiti se
break out *vi* izbruhniti; zbežati; ~ **of bound**
prekoračiti dopustno mejo
break over *vi* prekršiti, prestopiti mejo
break through *vi* prikazati se; premagati težave
break up *vt & vi* odpotovati; končati, razpustiti;
hitro propadati, razpadati; prekiniti; razpršiti
(se); oslabiti; ločiti (se)
break with *vi* prekiniti, prenehati
break II [breik] *n* zlom; razpoka; prekinitev,
pavza, odmor; jasa; *mus* sprememba glasu,
mutiranje; presledek; vdolbina v zidu; pobeg
iz ječe; *A coll* slučaj, napaka; *fig* dobra prilož-
nost; **the** ~ **of day** jutranji svit, zora; **without** ~
nenehno; ~ **in the clouds** žarek upanja
break III [breik] *n* vrsta kočije, s katero se konji
navadijo voziti; širok vagon
breakability [breikəbíliti] *n* lomljivost, krhkost
breakable [bréikəbl] *adj* (**breakably** *adv*) lomljiv,
krhek, razbiten
breakables [bréikəblz] *n pl* razbitno, krhko blago
breakage [bréikidž] *n* zlom, prelom; razpoka;
razbitina; kopanje (rude); prekinitev
break-away [bréikəwei] *n* odpad; odtrgovanje;
brezglav beg; pobegla čreda
break-down [bréikdaun] *n* zlom; razčlemba;
motnja; nenadna slabost; okvara na motorju,
vrsta črnskega plesa; **nervous** ~ živčni zlom
breaker I [bréikə] *n* razbijalec, lomilec; motilec;
pl butanje valov; *techn* stikalo, prekinjalo; *techn*
drobilec; ledolom; ~**s ahead** težave, ki človeka
čakajo; pazi(te), pozor!
breaker II [bréikə] *n mar* sodček za vodo, lagvica
breakfast I [brékfəst] *n* zajtrk; **laugh before** ~
and you'll cry before supper ne hvali dneva pred
večerom
breakfast II [brékfəst] **1.** *vi* zajtrkovati; **2.** *vt*
postreči z zajtrkom

breakfast-set [brékfəstset] *n* posode za zajtrk

breaking [bréikiŋ] *n* prekinitev, prelom; *A* oranje ledine; butanje valov; začetek; izklop električnega toka; trenje (lanu)

breaking-in [bréikiŋin] *n* vlom; dresiranje (konja)

breaking-off [bréikiŋə:f] *n* prekinitev, prelom; razpust

breaking-out [bréikiŋaut] *n med* izpuščaj

breaking-up [bréikiŋʌp] *n* lomljenje; krčenje (tal); razpust

breakline [bréiklain] *n* zadnja vrsta v odstavku

break-neck [bréiknek] *adj* vratolomen, hudo nevaren

break-off [bréikə:f] *n* prekinitev

breakstone [bréikstoun] *n* gramoz, prod

break-through [bréikθru:] *n mil* preboj vojne črte; nagel dvig cen

break-up [bréikʌp] *n* razpad, razpust

breakwater [bréikwɔtə] *n* valolom; jezbica

bream I [bri:m] *vt naut* očistiti ladijski trup z ožiganjem

bream II [bri:m] *n zool* ploščič; **gilthead** ~ orada

breast I [brest] *n* prsi, dojka; *fig* vest, srce, duša; *techn* plužna deska; **to make a clean** ~ **of s.th.** odkrito priznati, po pravici kaj povedati

breast II [brest] *vt* kljubovati, boriti se proti čemu; **to** ~ **a hill** povzpeti se na grič; **to** ~ **the waves** opreti se ob valove

breast-beam [bréstbi:m] *n* prednje vratilo (na statvah)

brest-bone [bréstboun] *n anat* grodnica

breast-deep [bréstdi:p] **1.** *adj* doprsen; **2.** *adv* do prsi

breasted [bréstid] *adj* prsat; **double-**~ z dvema vrstama gumbov; **flat-**~ ploskih prsi; **narrow-**~ ozkih prsi; **single-**~ z eno vrsto gumbov

breast-fed [bréstfed] *adj* ki ga dojijo

breast-high [brésthai] glej **breast-deep**

breast-pin [bréstpin] *n* naprsna igla, broška

breast-plate [bréstpleit] *n* prsni oklep

breast-stroke [bréststrouk] *n* prsno plavanje

breastsummer [brésʌmə] *n archit* zgornji okenski tram

breast-wall [bréstwɔ:l] *n* prsobran

breast-work [bréstwə:k] *n mil* prsobran

breath [breθ] *n* dih, dihanje, sapa; sapica, pihljanje, pihljaj; vonj; *fig* življenje; odmor; *fig* sled; namig; šepet(anje); mrmranje; **above one's** ~ polglasno, komaj slišno; **to catch** (ali **bate, hold**) **one's** ~ zadržati dih; ~ **analysis** alkotest; **to gasp for** ~ sapo loviti; **to draw** ~ dihati, živeti; **to draw the first** ~ roditi se, priti na svet; **to draw one's last** ~ izdihniti, umreti; **to knock out s.o.'s** ~ presenetiti, osupiti koga; **with bated** ~ napeto (poslušati); **out of** ~ brez sape, zasopel; *coll* **keep your** ~ **to cool your porridge** prihrani nasvete zase; **that knocks the** ~ **out of me** (ali **takes my** ~ **away**) nad tem mi zastane sapa; **to spend one's** ~ **in vain** zaman se truditi; **below** (ali **under**) **one's breath** tiho, šepetaje; **the** ~ **of one's nostrils** najljubši; nujno potreben; **in the same** ~ v isti sapi, hkrati; **to save one's** ~ ne zapravljati energije; **shortness of** ~ težko dihanje, sopihanje

breathable [brí:ðəbl] *adj* ki se da dihati

breathe [bri:ð] **1.** *vi* dihati, vdihavati; živeti, biti; dišati; zastati; pihljati; **2.** *vt* vdihniti, izdihniti; izhlapevati, oddajati (vonj); šepetati, blebetati, izustiti; utruditi; do sape pustiti (konja); **a better fellow does not** ~ je najboljši človek na svetu; **to** ~ **one's last (breath)** izdihniti, umreti; **not to** ~ **a word** (ali **syllable**) ne izdati niti besede; **to** ~ **vengeance** snovati maščevanje; **to** ~ **vein** puščati kri; **to** ~ **freely** biti brez skrbi, pomirjen

breathe after *vt* težiti za čim

breathe in *vi* vdihniti

breathe out *vi* izdihniti

breathe on s.o. *vt* dahniti v koga

breathe upon *vi* blatiti (koga)

breathed [breθt, bri:d] *adj phon* brezzvočen, nezveneč, pridihnjen, aspiriran; **to be** ~ biti brez sape, zasopel

breather [brí:ðə] *n* živo bitje; dihalna vaja; respirator; naporna vaja; *fig* počivališče

breathing I [brí:ðiŋ] živ; *fig* kot živ (npr. portret); ~ **test** alkotest

breathing II [brí:ðiŋ] *n* dihanje; *phon* aspiracija; dihnjeni glas; pihljanje, vetrič, sapica; *phon* **rough** ~ znak, ki označuje, da je začetni samoglasnik aspiriran; **smooth** ~ znak, ki označuje, da je začetni samoglasnik neaspiriran

breathing-hole [brí:ðiŋhoul] *n* dušnica

breathing-pipe [brí:ðiŋpaip] *n* zračna cev (pri podmornicah)

breathing-space [brí:ðiŋspeis] *n* odmor, oddih

breathless [bréθlis] *adj* (~ **ly** *adv*) (**with** zaradi) zasopel; soparen; pridržujoč dih; *poet* mrtev

breathlessness [bréθlisnis] zasoplost; soparnost

breath-taking [bréθteikiŋ] *adj* (~ **ly** *adv*) ki zapre človeku sapo; *fig* presenetljiv

breathy [bréθi] *adj* (**breathily** *adv*) zamolkel, brezzvočen

bred [bred] *pt & pp* od **breed**; ~ **in bone** vrojen, prirojen

breccia [bréčiə, bréšiə] *n geol* breča, grušč

breech I [bri:č] *n* zadnji del, dno; ležišče topa; del hlač, ki pokriva zadnjico; *arch* zadnjica; *pl* (jahalne) hlače; kratke hlače; *fig* **to wear the** ~ **es** nositi hlače, ukazovati (žena možu); ~ **es part** moška vloga, ki jo igra ženska

breech II [bri:č] *vt* hlače (prve dečku) obleči

breech-block [brí:čblɔk] *n techn* zaklep strelnega orožja

breeched [brí:čt] *adj* ki nosi hlače, ki ima ležišče (top)

breeches-buoy [brí:čizbɔi] *n naut* reševalne hlače

breeching [brí:čiŋ] *n* podrepni jermen; vrv za privezanje topa na ladji

breechless [brí:člis] *adj* ki nima hlač; *fig* še majhen (deček)

breech-loader [brí:čloudə] *n* puška odzadnjača

breech-loading [brí:čloudiŋ] *n* polnjenje (orožja) od zadaj

breech-pin, -plug [brí:čpin, -plʌg] *n techn* zaklepna zagozda

breed I [bri:d] *n* zarod, leglo, potomstvo, pokolenje, reja; pasma, vrsta, pleme

breed* II [bri:d] **1.** *vt* roditi, ploditi, valiti; gojiti; vzgajati; *fig* povzročiti; kovati, snovati; **2.** *vi* roditi se; biti noseča; množiti se, rasti; **familia-**

rity ~**s contempt** ni dobro biti preveč zaupen; **to** ~ **ill blood** razburiti; osovražiti; **to** ~ **in and in** poročati se s krvnimi sorodniki; pariti se s krvno sorodnimi partnerji

breeder [brí:də] *n* rejec; matica čebela; plemenska žival

breeding [brí:diŋ] *n* gojenje, reja, vzgoja; vedenje; povečanje goriva v reaktorju; *biol* **cross** ~ križanje; **good** ~ olika; **sheep** ~ ovčereja; **cattle** ~ živinoreja; ~ **ground** gojišče

breeding-pond [brí:diŋpənd] *n* ribogojski ribnik

breeks [bri:ks] *n Sc* hlače

breeze I [bri:z] *n zool* obad

breeze II [bri:z] *n* vetrič; *sl* prepir, pričkanje; *fig* novica, glas; **to have (ali get) the** ~ **up** razjeziti se; prestrašiti se; *A* **to fan the** ~ čas zapravljati; *coll* **it's a** ~ to je igrača

breeze III [bri:z] *vi* pihljati, pihati; *A* prileteti v kaj; **to** ~ **up** naraščati (veter)

breeze IV [bri:z] *n* mel, premogova ali koksova žlindra, troska

breezy [brí:zi] *adj* (**breezily** *adv*) vetren, zračen; svež, hladen; *fig* živahen, vesel; predrzen

brekker [brékə] *n sl* zajtrk

brella [brélə] glej **brolly**

brent-goose [brétgú:s] glej **brant(-goose)**

bressumer [brésʌmə] glej **breastsummer**

brethren [bréðrin] *n pl* od **brother** (v duhovnem pomenu); soverci, soverniki

breton [brétən] širok ženski klobuk

breve [bri:v] *n hist* papeško pismo; znak kratkosti v prozodiji (⌣); *mus* nota celinka

brevet [brévit] **1.** *n* patent; **2.** *vt* podeliti višji položaj (brez povišanja plače)

breviary [brí:vjəri] *n* brevir, molitvenik za duhovnike

brevier [brəvíə] *n print* petit

brévity [bréviti] *n* kratkost, zgoščenost, jedrnatost

brew I [bru:] **1.** *vt* (s)kuhati, (z)variti; *fig* pripraviti, povzročiti; (s)kovati; **2.** *vi* kuhati, variti se; *fig* pripravljati se; **a mischief is** ~**ing** nesreča grozi; **a storm is** ~**ing** nevihta se pripravlja; **as you have** ~**ed, so you must drink** kakor si postelješ, tako boš spal

brew II [bru:] *n* kotel piva; kuhanje piva; kakovost pijače

brewage [brú:idž] *n* varjenje, kuhanje, kuha; zvarek; pijača

brewer [brú:ə] *n* pivovar; *fig* povzročitelj

brewery [brú:əri] *n* pivovarna

brew-house [brú:haus] *n* pivovarna

brewis [brú:is] *n arch, dial* goveja juha; v goveji juhi namočen kruh

brewster [brú:stə] *n obs* pivovarka; pivovar; **Brewster Sessions** seje za podelitev koncesij za točenje piva v drugih pijač

briar [bráiə] glej **brier**

bribability [braibəbíliti] *n* podkupljivost

bribable [bráibəbl] *adj* podkupljiv

bribe I [braib] *n* podkupovanje, podkupnina; **to offer s.o. a** ~ skušati koga podkupiti; **to take a** ~ dati se podkupiti

bribe II [braib] *vt* podkupiti, podkupovati

bribee [braibí:] *n* podkupljenec, -nka

briber [bráibə] *n* podkupovalec, -lka,

bribery [bráibəri] *n* podkupovanje; podkupljivost; **open to** ~ podkupljiv

bribetaker [bráibteikə] *n* podkupljenec, -nka

bric-à-brac [bríkəbræk] *n* starine, antikvitete; drobni spominčki, šara

brick I [brik] *n* opeka, zidak; kos (npr. mila), kocka; *sl* fant od fare; domino; **like a cat on hot** ~**s** kakor na žerjavici; **to come (ali be) down like a thousand** ~**s** hudo ošteti; **to drop a** ~ narediti nerodnost; **to have a** ~ **in one's head** biti v rožicah, pijan; *coll* **like a hundred (ali thousand) of** ~**s** na vso moč; **like a ton of** ~**s** z velikim treskom; **to swim like a** ~ plavati kot kamen; **to make** ~**s without straw** delati nekaj iz nič, lotiti se jalovega posla

brick II [brik] *adj* opečen, opečnat; **wooden** ~ lesena kocka; **to run one's head against a** ~ **wall** iti z glavo skozi zid

brick III [brik] *vt*; **to** ~ **up (ali in)** zazidati

brickbat [bríkbæt] *n* kos opeke; *fig* neprijetna pripomba, žalitev

brick-clay [bríkklei] *n* glina za opeko

brick-dust [bríkdʌst] *n* zmleta opekovina

bricken [bríkən] *adj* opekast

brick-field [bríkfi:ld] *n* opekarna

brick-kiln [bríkkil(n)] *n* opekarska peč

bricklayer [bríkleiə] *n* zidar

bricklaying [bríkleiiŋ] *n* zidanje

brickmaker [bríkmeikə] *n* opekar

brickmaking [bríkmeikiŋ] *n* izdelovanje opeke

brickwork [bríkwə:k] *n* zidanje; stavba iz opeke; *pl* opekarna

bricky [bríki] *adj* opečen, opečnat

brickyard [bríkja:d] *n* opekarna

bridal I [bráidl] *adj* (~ **ly** *adv*) nevestin, poročen, svatovski; ~ **array** nevestin nakit; ~ **wreath** nevestin, deviški venec

bridal II [bráidl] *n* poroka, svatovanje

bride I [braid] *n* nevesta; **to give the** ~ **away** biti nevestin starešina

bride II [braid] *n* zanka, ki veže vezen vzorec; vrvica za vezanje ženske čepice

bridecake [bráidkeik] *n* svatovski kolač

bride-chamber [bráidčeimbə] *n* svatovska soba

bridegroom [bráidgrum] *n* ženin

bridesmaid [bráidzmeid] *n* družica

bridesman [bráidzmən] *n* drug, priča (na poroki)

bridewell [bráidwel] *n E* poboljševalnica; prisilna delavnica; policijski zapori; ~ **bird** malopridnež, obešenjak

bridge I [bridž] *n* most, mostič; kobilica (gosli); *naut* poveljniški most; **foot-**~ brv; **draw-**~ vzdižni most; **suspension** ~ viseči most; **swivel-** ~ vrtljivi most; ~ **crane** mostni žerjav; *Bailey* ~ pontonski most; **gold (ali silver)** ~ *fig* častni umik; **temporary** ~ začasen, zasilni most

bridge II [bridž] *vt* (*over*) premostiti; most zgraditi

bridge III [bridž] *n* vrsta igre kart

bridgeable [brídžəbl] *adj* (**bridgeably** *adv*) premostljiv

bridge-head [brídžhed] *n mil* mostišče

bridge-train [brídžtrein] *n* pontonski vlak

bridgework [brídžwə:k] *n* mostiček (zobovje)

bridle [bráidl] *n* uzda; *mar* sidrna veriga; *fig* zavora, zadržek; ~ **hand** leva roka; **to bite on the** ~ s težavami se boriti; ~ **path** jezdna pot;

to put a ~ on uzdati, brzdati, zadrževati; to give a horse the ~, to lay bridle on his neck popustiti konju vajeti, dati polno svobodo
bridle-bridge [bráidlbridž] n most (tudi) za jahače
bridle-road [bráidlroud] n jahalna cesta
bridle-wise [bráidlwaiz] adj A ki se hitro navadi na uzdo (konj)
bridoon [bridú:n] n vajeti in žvale
bridoon-bit [bridú:nbit] n žvale
brief I [bri:f] adj (~ly adv) kratek, jedrnat
brief II [bri:f] n jur kratka razlaga tožbene reči; eccl papeževo pismo; kratek pregled; pl kratke hlače; to have (ali hold) a ~ for s.o. zastopati, braniti koga; to accept a ~ on behalf of jamčiti za koga; to have plenty of ~s imeti mnogo posla (odvetnik); coll to hold no ~ for ne marati koga
brief III [bri:f] vt dajati napotke, natanko poučiti; narediti izvleček; skrajšati, najeti (advokata)
brief IV [bri:f] n kratkost, jedrnatost, zgoščenost; in ~ skratka
brief-bag [bri:fbæg] n torba za spise
brief-case [bri:fkeis] n aktovka
briefing [bri:fiŋ] n navodila, dajanje napotkov
briefless [bri:flis] adj brez klientov, brezposeln (advokat)
briefness [bri:fnis] n kratkost, zgoščenost, jedrnatost
brier [bráiə] n bot šipek, divja roža; bela resa; pipa iz korenine bele rese; sweet ~ vinski šipek
briery [bráiəri] adj trnast, bodičast, bodeč
brig [brig] n vrsta dvojambornice; A sl ladijska ječa; dial most
brigade I [brigéid] n brigada; fire ~ požarna bramba; ~ foreman brigadir
brigade II [brigéid] vt uvrstiti v isto brigado
brigadier [brigədíə] n brigadni general, poveljnik brigade
brigadier-general [brígədiədžénərəl] n brigadni general
brigand [brígənd] n ropar, bandit, razbojnik
brigandage [brígəndidž] n roparstvo, razbojništvo
brigandish [brígəndiš] adj (~ly adv) razbojniški, roparski, banditski
brigandism [brígəndizəm] n razbojništvo, roparstvo, banditstvo
brigantine [brígəntain] n naut vrsta dvojambornice
bright I [brait] adj (~ly adv) jasen, svetel; lesketajoč se, žareč; bister, pameten, duhovit; živ (barva); vesel, živahen; slaven; to look on the ~ side of things biti optimist; ~ eyes žareče oči; ~ prospect ki dobro kaže
bright II [brait] adv jasno, svetlo; ~ and early navsezgodaj
brighten [bráitən] 1. vt razsvetliti, razjasniti; razveseliti; poživiti, razvedriti, razbistriti; 2. vi razjasniti se; razvedriti se; to ~ up zgladiti, loščiti; razveseliti; zvedriti se
bright-eyed [bráitaid] adj svetlook
bright-hued [bráithju:d] adj živobarven
brightish [bráitiš] adj precej jasen, veder
brightness [bráitnis] n svetlost, jasnost, sijaj; veselost; bistrost, pamet
brill [bril] n zool robec
brilliance, -cy [bríljəns, -si] n svetlost, jasnost; sijaj, krasota; fig bistrost, odličnost

brilliant I [bríljənt] adj (~ly adv) lesketajoč se, blesteč; sijajen odličen; genialen
brilliant II [bríljənt] n briljant; vrsta tiskarskih črk
brilliantine [briljəntí:n] n pomada za lase
brim I [brim] n rob; okrajec; to fill to the ~ do roba napolniti
brim II [brim] 1. vt do roba napolniti; 2. vi biti do roba poln; to ~ over prekipevati
brimful [brímful] adj do roba poln, prekipel
brimless [brímlis] adj brez roba, brez okrajca
brimmed [brimd] adj ki ima rob ali okrajec; poln
brimmer [brímə] n polna čaša; velik požirek; obs slamnik
brimstone [brímstən] n žveplo; obs vulg ~ bitch prepirljivka; ~ sermons pridige o peklenskih mukah
brimstony [brímstəni] adj žveplen
brindle [bríndl] adj pisan, črtast, lisast, progast
brindled [bríndld] glej brindle
brine [brain] 1. n slana voda, razsol, slanica; poet solze, ocean; 2. vt vložiti v razsol
brine-bath [bráinba:θ] n slana kopel
brine-gauge [bráingeidž] n solna tehtnica, solomer
brine-pan [bráinpæn] n jama (za pridobivanje soli z izhlapevanjem)
bring* [briŋ] 1. vt prinesti, pripeljati, privleči; ustvariti; zakriviti; izzvati; pregovoriti, pripraviti do česa; donašati; prepričevati, spodbuditi; 2. vi roditi, obroditi; mar ustaviti, pristati; to ~ an action against s.o. tožiti koga; to ~ to bear uveljaviti; (orožje) pomeriti; uporabiti; to ~ to book obdolžiti, kaznovati; to ~ to a close dokončati, izpeljati; to ~ to a head rešiti zadevo; to ~ the hand in izuriti se; to ~ to life obuditi; to ~ to light odkriti; to ~ s.o. low ponižati koga; to ~ to mind spomniti (se); to ~ to nothing uničiti; to ~ to pass uresničiti, izpolniti, izvršiti; to ~ into play uveljaviti; to ~ o.s. to prisiliti se k čemu; sl to ~ home the bacon imeti uspeh; to ~ to reason spraviti k pameti; to ~ into step sinhronizirati; to ~ word obvestiti; to ~ into world roditi
bring about vt izvršiti, izpeljati; povzročiti, povzročati; doseči; naut obrniti (ladjo)
bring away vt odnesti, odpeljati, odposlati, odstraniti
bring back vt vrniti; spomniti; ~ the ashes popraviti prejšnji poraz
bring down vt znižati, ponižati; oslabiti; zmanjšati; zrušiti; ukrotiti; (divjad) ustreliti; napisati; ~ upon s.o. oškodovati koga, prizadeti ga; ~ the house doživeti velik uspeh; ~ prices znižati cene; ~ fire začeti streljati; to ~ upon s.o. prizadeti koga; ~ upon o.s. nakopati si
bring forth vt roditi, skotiti; odkriti; razjasniti; povzročiti
bring forward vt pospeševati, podpirati; navesti; prenesti (na naslednjo stran); pomakniti
bring in vt donašati; preskrbeti; navesti; predložiti zakonski načrt; jur izreči sodbo; ~ s.o. guilty obsoditi koga; ~ s.th. against one dokazati komu krivdo ali zmoto
bring off vt odnesti, odpeljati; imeti uspeh; odsvetovati, odvrniti, rešiti

bring on *vt* povzročiti; nakopati (bolezen); iz-zvati

bring out *vt* odkriti, pokazati; izdati, obelodaniti, objaviti; v družbo vpeljati (mlado dekle)

bring over *vt* prenesti kam; pregovoriti, prido-biti za kaj

bring round *vt* k zavesti spraviti, ozdraviti; pre-govoriti, pridobiti

bring through *vt* ozdraviti, rešiti; prinesti skozi kaj

bring to *vt & vi* ustaviti; *med* spraviti k zavesti

bring together *vt* spraviti, pomiriti; zbrati

bring under *vt* ukrotiti, podjarmiti

bring up *vt & vi* bruhati; vzgojiti, vzgajati, (vz)rediti; obtožiti; *naut* usidrati; *fig* opozoriti; besedo dati (poslancu v parlamentu); oživiti, osvežiti (se); pohiteti, prihrumeti; ~ **the rear** ščititi umik; *fig* biti zadnji; ~ **short** naglo ustaviti; *naut* ~ **standing** usidrati se, preden so jadra spuščena; ~ **to date** naznaniti, vpeljati v stvar; modernizirati

bring upon *vt* prizadeti; ~ **s.o.** prizadeti koga; ~ **o.s.** nakopati si

bringer [bríŋə] *n* prinašalec

bringing-up [bríŋiŋáp] *n* vzgoja

brinish [bráiniš] *adj* nekoliko slan, slankast; morski

brink [briŋk] *n* rob, breg; **on the ~ of death** (ali **grave**) z eno nogo v grobu; **to stand shivering in the ~** biti v zadregi, neodločen; **on the ~ of ruin** na robu propada; **to be on the ~ of doing** pravkar nameravati kaj storiti; **to hover on the ~** biti neodločen, mečkati; obotavljati se

brinkmanship [bríŋkmənšip] *n* politika na robu vojne

briny [bráini] **1.** *adj* slan; **2.** *n sl* morje

brio [bríou] *n* živahnost

briquette [brikét] *n* briket

brise-bise [brí:zbi:z] *n* zastor na spodnjem delu okna

brisk I [brisk] *adj* (~ **ly** *adv*) čvrst; živahen, čil, uren; hladen (veter), svež, osvežujoč; peneč se (vino); ~ **sale** (ali **trade**) živahen promet

brisk II [brisk] *vt & vi* (**up**) podžgati, podžigati; pohiteti; prihrumeti; oživiti, osvežiti (se); spod-buditi; **to ~ about** švigati

brisken [briskn] glej **brisk II**

brisket [brískit] *n* prsa živali; zrezek iz prsnega dela, zarebrnica

briskness [brísknis] *n* živahnost, urnost, čilost; čvrstost; hladnost

bristle I [brísl] *n* kocina, ščetina; *pl* razdražljiva čud; **to set s.o.'s ~s** razdražiti koga; **to set up one's ~s** razjeziti, naježiti se

bristle II [brísl] *vi & vt* ježiti, namrščiti se; **to ~ up** razsrditi (se); **to ~ with dangers (difficulties, mistakes)** biti poln nevarnosti (težav, napak)

bristling [brísliŋ] *n zool* sardelica, papalina

bristly [brísli] *adj* kocinast, ščetinast, bodičast; *fig* uporen

Britannia-metal [britǽnjəmétl] *n* zlitina kositra in antimona

Britannic [britǽnik] *adj* britanski, velikobritan-ski (v naslovih: **His** ali **Her** ~ **Majesty**)

briticism [brítisizəm] *n* anglicizem

British [brítiš] *adj* britski, britanski, angleški; **the ~** Angleži, angleški vojaki

Britisher [brítišə] *n A* Britanec, Anglež

britishism [brítišizəm] *n* anglicizem

Briton [brítən] *n* Britanec; **North ~** Škot

brittle [brítl] *adj* krhek, lomljiv, drobljiv

brittleness [brítlnis] *n* krhkost, lomljivost, drob-ljivost

broach I [brouč] *n* raženj; povrtalo, sveder, šilo; vrh stolpa; predrtje, perforacija; broška

broach II [brouč] *vt* na čep dati; *fig* načeti (pogo-vor); vrtati; **to ~ a question** sprožiti vprašanje, omeniti kaj; *naut* **to ~ a ship** obrniti ladijski bok proti vetru

broad I [brɔ:d] *adj* širok, obsežen, (ob)širen, prostoren; *fig* brez predsodkov, širokogruden, svobodomiseln; glaven, osnoven; jasen; splo-šen; biten; surov, nespodoben; **in ~ daylight** pri belem dnevu; **it's as ~ as it is long** oba razloga sta enako tehtna, eno ni nič boljše od drugega; *A coll* ~ **place in the road** mestece; *E coll* ~ **mob** goljufivi krartopirci; ~ **hint** migljaj s kolom; ~ **stare** predrzen pogled; ~ **views** strpni nazori

broad II [brɔ:d] *n* širina; rečno jezero; *A sl* pro-stitutka; *pl* igralne karte

broad III [brɔ:d] *adv* široko; popolnoma; odkrito; splošno; ~ **awake** popolnoma buden

broad-ax(e) [brɔ́:dæks] *n* široka sekira, širočka, tesača

broad-bean [brɔ́:dbi:n] *n bot* bob

broad-blown [brɔ́:dbloun] *adj* razcveten

broad-brim [brɔ́:dbrim] *n* širok klobuk; *coll* Quaker

broad-brimmed [brɔ́:dbrimd] *adj* ki ima širok kra-jevec

broadcast I [brɔ́:dka:st] **1.** *adj* daleč raztresen, razširjen; ročno posejan; **2.** *adv* na široko po-sejano, raztreseno, razširjeno

broadcast II [brɔ́:dka:st] **1.** *vt* na široko posejati, raztresti, razširiti; oddajati (radio)

broadcast III [brɔ́:dka:st] *n* radijska oddaja

broadcaster [brɔ́:dka:stə] *n* oddajnik

broadcasting [brɔ́:dka:stiŋ] **1.** *adj* oddajen; **2.** *n* radijska oddaja

broadcloth [brɔ́:dklɔθ] *n* vrsta črnega sukna (pr-votno dvojne širine); *A* popelin

broaden [brɔ́:dən] *vt & vi* širiti (se), raztegniti (se)

broad-faced [brɔ́:dfeist] *adj* širokoličen

broad-gauge [brɔ́:dgeidž] *adj* širokotiren; *coll* širo-kogruden

broad-glass [brɔ́:dgla:s] *n* okensko steklo

broadish [brɔ́:diš] *adj* precej širok

broad-leafed, -leaved [brɔ́:dli:ft, -li:vd] *adj bot* širokolisten

broadly [brɔ́:dli] glej **broad III**; ~ **speaking** na splošno povedano

broad-minded [brɔ́:dmaindid] *adj* širokosrčen, tole-ranten, strpen

broad-mindedness [brɔ́:dmaindidnis] *n* širokosrč-nost, strpnost

broadness [brɔ́:dnis] *n* surovost, opolzlost

broadsheet [brɔ́:dši:t] *n* velik list papirja (samo na eni strani potiskanega); plakat, letak

broad-shouldered [brɔ́:dšouldəd] *adj* plečat

broadside I [brɔ́:dsaid] *n* ladijski bok (nad vodno površino); vsi topovi na eni strani ladje; stre-

ljanje iz vseh topov hkrati, salva; *fig* hudo prerekanje; glej **broadsheet**
broadside II [bró:dsaid] *adv naut* (*on*, *to*) bočno
broadspoken [bró:dspoukən] *adj* ki govori odkrito ali v narečju
broadsword [bró:dsɔ:d] *n* širok meč, sablja
broadtail [bró:dteil] *n zool* karakul (ovca); astrahan
broadways [bró:dweiz] *adv* po širini
broadwise [bró:dwaiz] *adv* po širini
brocade [brokeid] *n* brokat
brocaded [brokéidid] *adj* brokaten
broccoli [brókəli] *n pl* brstnati ohrovt; vrsta cvetače
broch [brɔk] *n* predzgodovinski okrogel stolp
brock [brɔk] *n zool* jazbec; *fig* umazanec, smrdljivec
brocket [brókit] *n zool* jelen v drugem letu starosti
brogue [broug] *n Ir Sc* močen surov čevelj; irska izgovorjava angleščine
broider [bróidə] *arch poet* glej **embroider**
broidery [bróidəri] glej **embroidery**
broil I [brɔil] *n* prepir, hrup
broil II [brɔil] *n* na rešetki pečeno meso
broil III [brɔil] *vt & vi* na rešetki (žaru) se peči, pražiti; *fig* **to** ~ **with impatience** biti skrajno nestrpen, sedeti ko na šivankah
broiler I [bróilə] *n* prepirljivec
broiler II [bróilə] *n* rešetka; kokoš primerna za pečenje na rešetki; vroč dan
broiling [bróiliŋ] *adj* zelo vroč, razbeljen
brokage [bróukidž] *n* mešetarina
broke I [brouk] *pt* od **break**; *arch poet pp* od **break**
broke II [brouk] *adj* preoran; zbankrotiran; **dead** (ali **stony**) ~ brez ficka
broken [bróukən] **1.** *pp* od **break**; **2.** *adj* (~ **ly** *adv*) zdrobljen, razklan, razbit; prekinjen, pretrgan; presekan; sunkovit; v ježi izurjen, ukročen; spremenljiv (vreme); ~ **bread**, **meat etc.** ostanki kruha, mesa itd.; ~ **ground** neravna tla; gričevnata pokrajina; preorana zemlja; ~ **horse** v ježi izurjen konj; ~ **man** izgubljenec; ~ **reed** nezanesljiva opora; ~ **sleep** moteno spanje; ~ **spirit** pobitost, potrtost; ~ **money** drobiž; ~ **stones** gramoz; ~ **English** slaba angleščina; ~ **iron** staro železo; ~ **fleece** odpadki volne; ~ **water** razburkano morje; ~ **wind** nadušljivost, naduha (konja); ~ **soldier** vojaški invalid; ~ **week** teden s prazniki
broken-bellied [bróukənbélid] *adj med* kilav, ki ima kilo
broken-down [bróukəndáun] *adj* bolehen, obrabljen, polomljen
broken-hearted [bróukənhá:tid] *adj* potrt, nesrečen, neutolažen
broken-kneed [bróukənni:d] *adj* šepav, hrom
brokenly [bróukənli] *adv* v prostih trenutkih, tu in tam, krčevito, trzavo
broken-winded [bróukənwindid] *adj* nadušljiv (konj)
broker [bróukə] *n* mešetar, senzal, agent, posrednik, poverjenik, komisionar, pooblaščenec; ~'s **returns** skladiščni popis
brokerage [bróukəridž] *n* mešetarstvo, maklerstvo, posredništvo; mešetarina, posredovalnina, kurtaža

broking [bróukiŋ] *n* mešetarjenje, posredovanje
brolly [bróli] *n sl* dežnik; padalo; ~ **hop** skok s padalom
bromate [bróumeit] *n chem* bromat
brome [bróum] *n bot* stoklasa
bromic [bróumik] *adj chem* bromov
bromide [bróumaid] *n chem* bromid; *A* puhloglavec; puhlost; *pl* banalnost; uspavalo
bromidic [broumídik] *adj* puhel, banalen
bromin(e) [bróumin] *n chem* brom
bronchi [brónkai] *n pl anat* bronhiji, sapnice
bronchial [brónkiəl] *adj* bronhialen
bronchitic [brənkítik] *adj* bronhialen
bronchitis [brənkáitis] *n med* bronhitis, vnetje sapnika
bronchus [brónkəs] *n anat sg* od **bronchi**
bronco [brónkou] *n* vrsta na pol divjega kalifornijskega konja; *A* ~ **buster** krotilec divjih konj na Zapadu
bronze I [brɔnz] **1.** *n* bron; **2.** *adj* bronast, bronen; *archeol* ~ **age** bronasta doba
bronze II [brɔnz] *vt & vi* pobronati; (od sonca) porjaveti, potemniti; ~**d countenance** porjavel, ogorel obraz
bronze-guilt [brónzgilt] *adj* pobronan
bronzy [brónzi] *adj* bronast, bronaste barve
brooch [brouč] *n* naprsna igla, broška, zaponka
brood I [bru:d] *n* zarod, zalega, potomci, mladiči; *vulg* hotnica, vlačuga; roj, množica
brood II [bru:d] *vi* valiti; (iz)valiti se; nastati, nastajati; *fig* (*on*, *over*) tuhtati, premišljevati; (*over*) tlačiti, težiti
brood-chamber [brú:dčeimbə] *n* plodišče (v panju)
brooder [brú:də] *n* valilec, -lka, valilnica; *fig* tuhtavec
brood-hen [brú:dhen] *n zool* koklja
brood-mare [brú:dmɛə] *n* plemenska kobila
broody [brú:di] *adj* ki koklja; *fig* tuhtav, čemeren
brook I [bruk] *n* potok
brook II [bruk] *vt* prenesti, prenašati, pretrpeti; spriazniti se; **it** ~**s no delay** neodložljivo je
brooklet [brúklit] *n* potoček
broom I [bru:m] *n bot* košeničica
broom II [bru:m] *n* metla; **to hang out the** ~ biti vdovec ob živi ženi; **new** ~**s sweep clean** nova metla dobro pometa
broom III [bru:m] *vt* pometati, pomesti
broomstick [brú:mstik] *n* metlišče; **to be married over the** ~ živeti v divjem zakonu
broom-tail [brú:mteil] *n zool A* kratkorepi poni
brose [brouz] *n Sc* ovsena kaša
broth [brɔθ] *n* (mesna) juha; *Ir* **a** ~ **of a boy** fant od fare, vrl dečko, korenjak, tič; **too many cooks spoil the** ~ preveč kuharjev pripali juho
brothel [bróθl] *n* javna hiša, bordel
brother [bráðə] *n* brat; kolega, tovariš; **Brother Jonathan** prebivalec Nove Anglije, Amerikanec; ~ **german** brat po krvi; ~ **uterine** (pol)brat po materi; **sworn** ~ pobratim
brotherhood [bráðəhud] *n* bratstvo; bratovščina
brother-in-law [bráðərinlɔ:] *n* svak
brotherless [bráðəlis] *adj* ki nima brata
brotherlike [bráðəlaik] *adj* kakor brat, bratsko
brotherliness [bráðəlinis] *n* bratski občutki
brotherly [bráðəli] **1.** *adj* bratski; **2.** *adv* bratsko, kakor brat

brougham [brú:əm, bru:m] *n* vrsta enovprežne zaprte kočije; vrsta avtomobilske karoserije

brought [brɔ:t] *pt & pp* od bring

brow I [brau] *n* obrv, čelo; izraz obraza; skalni rob, strmina; **to clear up one's** ~ razveseliti se; **to knit** (ali **bend, wrinkle, contract**) **one's** ~ gubati čelo; **by the sweat of one's** ~ v potu svojega obraza

brow II [brau] *n naut* ladijski mostič

brow-ague [bráueigju:] *n med* migrena

brow-antlers [bráuæntləz] *n pl* nadočnik (parožek na jelenovem rogovju)

browbeat* [bráubi:t] *vt* mrko gledati; nahruliti, prestrašiti

brown I [braun] *adj* rjav, zagorel, temen, mračen; ~ **bread** črn kruh; ~ **cloth** surovo, nebeljeno platno; ~ **coal** lignit; *sl* **to do** ~ slepariti, ugnati; ~ **George** lončena posoda; **in a** ~ **study** zamaknjen, zamišljen; ~ **shirt** nacist; ~ **sugar** nerafiniran sladkor; ~ **ware** kamenina

brown II [braun] *n* rjava barva, rjavost; *sl* bakren novec; jata rjavih ptic

brown III [braun] *vt & vi* porjaviti; porjaveti; *sl* ~ed off zdolgočasen, sit česa

brownie [bráuni] *n* domači škrat; vrsta fotografskega aparata

browning [bráuniŋ] *n* brovning; lošč, glazura lončarskih izdelkov

brownish [bráuniš] *adj* rjavkast

brownness [bráunnis] *n* rjava barva, rjavost

brownout [bráunaut] *n* delna zatemnitev

brownstone [bráunstoun] *n* rjavi peščenjak; ~ **district** mestna četrt bogatašev

browse I [brauz] *n* poganjki, vejice, mladike; smukanje

browse II [brauz] *vt & vi* smukati listje, pasti se; *fig* brskati, listati po knjigah, brati

bruin [brú:in] *n* medved, kosmatinec

bruise I [bru:z] *n* zmečkanina, poškodba, otolkljaj, modrica, črnavka

bruise II [bru:z] **1.** *vt* poškodovati, raniti, potolči, zmečkati, zdrobiti, zmleti; (*fig*) onesposobiti; **2.** *vi* brezobzirno jahati

bruiser [brú:zə] *n* rokoborec, boksar; orodje za brušenje optičnega stekla; žrmlja

bruising-mill [brú:ziŋmil] *n* mlin za zdrob

bruit [bru:t] *arch* **1.** *n* govorica; **2.** *vt* širiti govorice; **it is** ~ed about govoriti se, baje

brumal [brú:məl] *adj* zimski, meglen

brumby [brʌmbi] *n Austral coll* neukročeni konj

brume [brú:m] *n* megla; izhlapina, hlap

brummagen [brʌmədžəm] **1.** *n* slabo blago; **2.** *adj* ponarejen; ~ **buttons** ponarejen denar

brumous [brú:məs] *adj* zimski; meglen

brunch [brʌnč] *n sl* zajtrk in kosilo v enem

brune t [bru:nét] **1.** *adj* temnolas, temnook; **2.** *n* temnolasec

brunette [bru:nét] *n* temnolaska

brunt [brʌnt] *n* glavni sunek; najtežji del; kriza; **at a** ~ v prvem sunku; **to bear the** ~ prenesti glavni sunek

brush I [brʌš] *n* krtača, ščetka, čopič, metlica; lisičji rep; grmičje, goščava, dračje; oplaz, pretep, praska, spopad; *fig* slikar, slikarstvo; **at a** ~, **at the first** ~ v prvem zamahu; **to give s.o. a** ~ grdo s kom ravnati, tepsti ga; **tarred**

with the same ~ enak, prav tak; **to give it another** ~ še enkrat obdelati, izdelati; **to give s.o. a** ~-**down** okrtačiti koga

brush II [brʌš] **1.** *vt* (o)krtačiti, (o)ščetkati, očistiti; dotakniti se, oplaziti; naprej gnati; **2.** *vi* mimo švigniti, pohiteti

brush against *vi* rahlo zadeti, suniti

brush aside *vt* otresti se česa, odstraniti kaj; odriniti vstran; *fig* ne upoštevati, ignorirati

brush away *vt* pomesti; odriniti; *fig* ne upoštevati, ignorirati; odreti, ostrgati

brush by *vi* mimo švigniti

brush off *vt* skrtačiti; *fig* otresti se; zbežati

brush over *vt* poslikati, pobarvati; skrtačiti

brush up *vt & vi* skrtačiti, oščetkati, oprašiti; *fig* ponoviti, osvežiti spomin; znova se lotiti

brush-off [brʌšɔ́:f] *n sl* odpust; **to give s.o. the** ~ spoditi koga

brush-pencil [brʌšpensl] *n* slikarski čopič

brush-proof [brʌšpru:f] *n* krtačni odtis

brush-up [brʌšʌp] *n* ščetkanje, krtačenje; *fig* ponavljanje, osvežitev

brushwood [brʌšwud] *n* goščava, hosta, grmovje, podrast, dračje

brushwork [brʌšwə:k] *n* slikanje, slikarstvo

brushy [brʌši] *adj* ščetinast, košat; raskav; poln podrasti; bodičast

brusque I [brusk, brʌsk] *adj* (~ly *adv*) osoren, zadirčen

brusque II [brusk, brʌsk] *vt* surovo s kom ravnati, nadreti ga

brusqueness [brúsknis, brʌsk-] *n* osornost, zadirčnost

brusquerie [briskərí:] glej brusqueness

Brussels sprouts [brʌslz spráuts] *n pl* brstnati ohrovt

brutal [brútl] *adj* (~ly [brú:təli] *adv*) surov, okruten, brezobziren; *coll* zoprn; *A sl* ~ **breasting** tesen objem pri plesu

brutalism [brú:təlizəm] *n* surovost, krutost, brutalnost

brutality [bru:tǽliti] *n* surovost, krutost, brezobzirnost

brutalize [brú:təlaiz] **1.** *vt* posuroviti, poživiniti; surovo ravnati; **2.** *vi* posuroveti, podivjati

brute I [bru:t] *adj* živalski, surov, neciviliziran; neumen; brezčuten, okruten; ~ **force** surova sila

brute II [bru:t] *n* žival; surovež, okrutnež

brutification [bru:tifikéišən] *n* posurovitev

brutify [brú:tifai] *vt* posuroviti

brutish [brú:tiš] *adj* (~ly *adv*) živalski; surov, okruten, neizobražen, neomikan; polten; brezčuten, neumen

brutishness [brú:tišnis] *n* surovost, okrutnost; neomikanost; neumnost; poltenost

bry [brai] *vt coll* na ražnju peči

bryology [braiɔ́lədži] *n bot* nauk o mahovih

bryony [bráəni] *n bot* bluščec

bubble I [bʌbl] *n* mehurček; žuborenje; šumotanje; *fig* ničvredna stvar, prazne marnje; *arch* sleparstvo; ~ **gum** vrsta žvečilnega gumija; ~ **level** *techn* vodna tehtnica, libela; **to prick the** ~ odkriti sleparstvo; **this** ~ **world** ta ničev svet; ~ **company** sleparska družba

bubble II [bʌbl] 1. *vi* mehurčkati se; kipeti, vreti; žuboreti, šumljati; *arch* slepariti; 2. *vt* prevreti; oslepariti

bubble-and-squeak [bʌblənskwí:k] *n* *cul* ocvrto meso z zeljem

bubbly [bʌbli] 1. *adj* peneč se; 2. *n sl* šampanjec

bubbly-jock [bʌblidžòk] *n zool* puran

bubo [bjú:bou] *n med* dimljača, kužna bula v dimljah

bubonic [bjubónik] *adj* bubonski; ~ plague črna kuga

bubs [bʌbz] *n pl vulg* prsa, dojke, joški

buccal [bʌkəl] *adj* usten, ličen, obrazen

buccaneer I [bʌkəníə] *n* pirat, morski ropar, gusar, korsar; brezobziren pustolovec

buccaneer II [bʌkəníə] *vi* ropati po morju, gusariti

buck I [bʌk] *n* kozel, samec, srnjak, jelen; koza (telovadno orodje); gizdalin; *coll* dober prijatelj; *A sl* dolar; moški črnec ali Indijanec; pretiravanje v govoru; lug; glavni del kočije, karoserija; vrša za lov jegulj; ~ nigger črnec; to pass the ~ naprtiti odgovornost drugemu

buck II [bʌk] 1. *vi* bosti se, postavljati se na zadnje noge; upirati se; *sl* hiteti; okrepiti, razveseliti se; *sl* slepariti; 2. *vt* lužiti; okrepiti; na vso moč spodbadati (konja)

buck against *vi* upirati se

buck along *vi* peljati se z drdrajočo kočijo

buck for *vt A coll* pripraviti se na kaj

buck off *vi* otresti se (jezdeca); zbežati

buck up *vi & vt* pohiteti, poskočiti; jezdeca dol vreči; ošabno se vesti; razveseliti se; *sl* pohiteti; ojunačiti se; ~ against naleteti (na težave)

buckaroo [bʌkərú:] *n* kavboj

buck-basket [bʌkba:skit] *n arch* košara za (umazano) perilo

buck-bean [bʌkbi:n] *n bot* mrzličnik

buckboard [bʌkbɔ:d] *n A* vrsta lahkega voza

bucked-up [bʌktʌp] *adj* zelo vesel, zadovoljen, razigran

buckeen [bʌkí:n] *n Ir* gizdalin

bucker [bʌkə] *n* konj, ki se otresa jezdeca

bucket I [bʌkit] *n* vedro, čeber; črpalni bat, črpalnik; žlebič na mlinskem kolesu; to give the ~ odsloviti, odkloniti; *sl* to kick the ~ umreti; *A* ~ shop trgovina in špekulacija z delnicami; a mere drop in the ~ kapljica v morju

bucket II [bʌkit] *vi & vt* zajemati, zajeti, v vedru nositi; prehitro jahati; nespretno veslati; *sl* slepariti; to ~ about premetavati

bucketful [bʌkitful] *n* vedro, čeber (česa)

bucket-seat [bʌkitsi:t] *n* samostojen sedež v javnem prometnem sredstvu

buck-eye [bʌkai] *n* ameriški divji kostanj; *coll* prebivalec Ohia

buck-fever [bʌkfi:və] *n A* razburjenost lovca (ko zagleda divjad)

buck-horn [bʌkhɔ:n] *n* jelenov rog

buck-hound [bʌkhaund] *n* lovski pes

bucking [bʌkiŋ] *n* luženje; razdrobitev (rude)

bucking-iron [bʌkiŋaiən] *n* tolkač za razbijanje rude

bucking-ore [bʌkiŋɔ:] *n* odtolčena ruda

bucking-tub [bʌkiŋtʌb] *n* lužnjak

buckish [bʌkiš] *adj* (~ ly *adv*) po kozlu dišeč; *fig* gizdalinski; živahen

buckishness [bʌkišnis] *n* gizdalinstvo; živahnost

buck-jump [bʌkdžʌmp] *vi* ritati

buck-jumper [bʌkdžʌmpə] *n* konj, ki rita

buckle I [bʌkl] *n* zaponka; upogib; *techn* spojnica; to cut the ~ poskakovati, udariti s petami pri plesu

buckle II [bʌkl] 1. *vt* zapeti, speti, pripeti; (*on*) opasati si; 2. *vi* upogniti se; (*on*) lotiti se; to ~ down to z vnemo se lotiti

buckleather [bʌkleðə] *n* jelenova koža, jelenovina

buckler [bʌklə] *n* majhen ščit; *fig* zaščita, zaščitnik

bucko [bʌkou] *naut sl* 1. *n* bahač; 2. *adj* bahav

buck-private [bʌkpraivit] *n mil sl* novak, rekrut, novinec

bucra [bʌkrə] *negro dial* 1. *adj* za belca značilen; 2. *n* belec, gospodar

buckram I [bʌkrəm] *adj* platnen; *fig* tog, prisiljen, spakljiv; ~ men ljudje, ki jih ni

buckram II [bʌkrəm] *n* škrobljeno platno; *fig* prisiljena drža; men in ~ ljudje, ki jih ni

bucks [bʌks] *n pl A* možje

buck-saw [bʌksɔ:] *n* ročna žaga

buckshee [bʌkši:] *sl* 1. *n* doklada; 2. *adj* brezplačen; 3. *adv* zastonj

buck-shot [bʌkšət] *n* velike šibre, karteča

buckskin [bʌkskin] *n* jelenovo usnje, jelenovina; *pl* usnjene hlače; svetlo rjav konj; ameriški vojak v vojni za neodvisnost

buck-stick [bʌkstik] *n sl* bahač, širokoustnež

buckthorn [bʌkθɔ:n] *n bot* krhlika

buck-tooth [bʌktu:θ] *n* čekan

buckwheat [bʌkhwi:t] *n bot* ajda

bucolic I [bjukólik] *adj* (~ ally *adv*) pastirski, kmečki, podeželski, idiličen; ~ poetry pastirske pesmi

bucolic II [bju:kólik] *n* pastirska pesem, idila; kmetič, kmetavz

bud [bʌd] *n* popek, oko, klica, brstič; dekle, ki pride prvič v družbo, debitantka; glej buddy; in ~ brsteč, v razpoku; to nip (ali crush, check) in the ~ v kali zatreti

bud II [bʌd] 1. *vi* brsteti, kliti, poganjati; 2. *vt* cepiti

bud off *vi* znova nastati; odcepiti se

bud out *vi* razviti, razvijati se

buddhic [búdik] *adj* Budov, budistovski

buddhism [búdizəm] *n* budizem

buddhist [búdist] *n* budist

buddhistic(al) [budístik(əl)] *adj* budističen, budistovski

budding [bʌdiŋ] 1. *adj* nadobuden, mnogo obetajoč; 2. *n* cepljenje

buddle [bʌdl, búdl] *n* nečke za izpiranje zlata

buddy [bʌdi] *n A sl* tovariš, prijatelj, fant, dečko, bratec; ~ seat prikolica motocikla

bud-eye [bʌdai] *n* brst, oko

budge I [bʌdž] *vt & vi* premakniti, premikati, odmakniti, premestiti (se)

budge II [bʌdž] 1. *n* jančja koža; 2. *adj* z jančjo kožo podložen; *fig* slovesen

budgereee [bʌdžərí:] *E coll* dober, pravi

budgerigar [bʌdžriga:] *n zool* avstralski papagajček

budget I [bʌdžit] *n* (polna) vreča, zaloga, kup; proračun; a ~ of news kup novic

budget II [bʌdžit] *vi* (*for* za) delati proračun; računati s čim, upoštevati kaj

budgetary [bʌdžitəri] *adj* proračunski

budless [bʌdlis] *adj* brez popkov

budlet [bʌdlit] *n* popček

buff I [bʌf] *n* bivolska koža; mehko volovsko usnje; rjavo rumena barva; *coll* gola koža; *obs* udarec; **blind man's** ~ slepe miši (otroška igra); **in one's** ~ nag, gol; **to strip to the** ~ do golega sleči; **to say neither** ~ **nor stye** ne reči ne bev ne mev

buff II [bʌf] *adj* rjavo rumen; iz bivolje ali volovske kože

buff III [bʌf] *vt* z usnjem loščiti; (udarce) odbijati

buffalo I [bʌfəlou] *n* bivol; *A* bizon; *mil* amfibijski tank

buffalo II [bʌfəlou] *vt sl* preplašiti, ustrahovati; oslepariti

buff-coat [bʌfkout] *n hist* usnjeni oklep

buffer [bʌfə] *n rly* odbojnik, blažilec; puška, pokalica; *sl* starokopitnež; *naut sl* krmarjev pomočnik; fante; **old** ~ stari bedak; ~ **state** nevtralna državica med dvema sovražnima državama

buffet I [bʌfit] *n* udarec, klofuta, sunek; *fig* nesreča, udarec

buffet II [bʌfit] *vt & vi* boriti se; prebiti, prebijati, preriniti, prerivati se

buffet III [bʌfit] *n* kredenca; [bufet] bifé, okrepčevalnica

buffo, *pl* **buffi** [búfou, búfi] **1.** *n* komik; **2.** *adj* komičen

buffoon [bʌfú:n] **1.** *n* burkež, šaljivec; **2.** *adj* norčevski, norčav

buffoonery [bʌfú:nəri] *n* burka, šala; bedastoča

bug I [bʌg] *n zool* stenica; *A* hrošč, žuželka; *sl* norec; *coll pl* bakterije; *A sl techn* defekt, okvara; *sl* nespametna misel, norost; *arch* strašilo; **big** ~ visoka »živina«; **to go** ~**s** znoreti; *A sl* **to be** ~**s on s.th.** biti ves nor na kaj

bug II [bʌg] *vi sl* prisluškovati po skritih mikrofonih

bugaboo [bʌgəbu:] *n* strašilo

bugbear [bʌgbɛə] *n* strašilo

bug-eyed [bʌgaid] *adj* bolščečih oči

bugger I [bʌgə] *n* homoseksualec, nečistnik; *arch* falot, fante, cepec

bugger II [bʌgə] *vt* nečistovati; onečastiti; **to** ~ **off** oditi

buggery [bʌgəri] *n* homoseksualnost, sodomija, nečistovanje

buggy I [bʌgi] *adj* zasteničen; *sl* nor

buggy II [bʌgi] *n* lahka dvokolesna (*A* štirikolesna) kočija; *A coll* otroški voziček

bug-house [bʌghaus] *n A sl* norišnica

bughouse [bʌghaus] *adj A sl* nor; **to go** ~ znoreti

bug-hunter [bʌghʌntə] *n joc* entomolog

bugle I [bjú:gl] *n mus* trobenta, rog

bugle II [bjú:gl] *vi & vt* trobentati; z rogom signalizirati

bugle III [bjú:gl] *n* steklena koralda, steklen biser (črn)

bugle-call [bjú:glkə:l] *n* signal s trobento ali rogom

bugle-horn [bjú:glhɔ:n] *n mus* lovski rog; *mil* signalni rog

bugler [bjú:glə] *n* trobentač, hornist

buglet [bjú:glit] *n* majhna trobenta

bugloss [bjú:glɔs] *n bot* gadovec

buhl [bu:l] *n* intarzija

build I [bild] *n* zidava, zgradba; postava, rast; proporcija, struktura; kroj (obleke)

build* II [bild] **1.** *vt* (z)graditi, (se)zidati, tvoriti; *fig* oblikovati; temeljiti; **2.** *vi* zanašati se, računati s čim; razviti se v

build in *vt* vgraditi, obdati s stavbami

build on (ali **upon**) *vi* zanašati se na kaj, računati s čim

build up *vt & vi* zazidati; *fig* zgraditi, ojačiti, izboljšati; razvijati se; ~ **one's constitution** okrepiti si zdravje

builder [bildə] *n* stavbenik, graditelj; stvarnik; tesar; zidar

building [bildiŋ] *n* zidanje, gradnja; zgradba, poslopje; ~ **lot** (ali **land**) gradbišče; ~ **contractor** stavbenik; ~ **material** gradivo

building-lease [bildiŋli:s] *n* gradbeno dovoljenje (za stavbo na najetem zemljišču)

building-line [bildiŋlain] *n* gradbena črta

building-site [bildiŋsait] *n* stavbišče, gradbišče

building-society [bildiŋsosáiəti] *n* stavbena zadruga

building-up [bildiŋʌp] *n* graditev, zidanje; montaža strojev

build-up [bildʌp] *n sl* reklama; obširni komentarji (radio)

built [bilt] *pt & pp* od **build**; **I am not** ~ **that way** to ni po mojem okusu, to mi ne ugaja

built-in [biltín] *adj* vgrajen, vzidan

built-up [biltʌp] *adj* zgrajen, montiran, postavljen

bulb I [bʌlb] *n* čebulica, gomolj; žarnica, izboklina; *anat* zobna, lasna korenina; *anat* ~ **of the eye** zrklo

bulb II [bʌlb] *vi* nabrekniti

bulbaceous [bʌlbéišəs] glej **bulbous**

bulbed [bʌlbd] glej **bulbous**

bulbiform [bʌlbifɔ:m] glej **bulbous**

bulbose [bʌlbous] glej **bulbous**

bulbous [bʌlbəs] *adj* (~ **ly** *adv*) čebulast, gomoljast; nabrekel

bulbul [búlbul] *n zool* vrsta azijskega slavčka; *fig* pevec, pesnik

Bulgarian [bʌlgéəriən] **1.** *adj* bolgarski; **2.** *n* Bolgar(ka), bolgarščina

bulge I [bʌldž] *n* izboklina, izbočina; nabreklina; *coll* dvig cen; *A sl* premoč, prednost; **the Battle of the Bulge** zadnja nemška protiofenziva v Ardenih (dec. 1944); **to get the** ~ **on** prekašati; **to have the intellectual** ~ **on** biti umstveno na višji stopnji

bulge II [bʌldž] *vi & vt* bočiti se, nabrekniti; (na)basati; (po)pačiti, pačiti se; napihniti (se)

bulger [bʌldžə] *n* vrsta golfske palice

bulging [bʌldžiŋ] *adj* izbočen, nabrekel, napet; ~ **eyes** izbuljene oči

bulgy [bʌldži] glej **bulging**

bulimia [bjulímjə] *n med* bolezenska lakota; *fig* požrešnost, pohlep

bulimy [bjú:limi] glej **bulimia**

bulk I [bʌlk] *n* obseg, telesnina, prostornina, masa; večina, večji del; ladijski tovor; predzidje; **by the** ~ v celoti; ~ **goods** blago brez embalaže, neto; **in** ~ nepakiran; **to sell in** ~ prodajati na veliko; ~ **buying** kupovanje na debelo; ~

cargo razsuti tovor; *naut* to break ~ začeti raztovarjati

bulk II [bʌlk] 1. *vi* povečati se, strniti se, kopičiti se; *fig* biti zelo pomemben; 2. *vt* kopičiti; strniti; to ~ large imeti veliko vlogo

bulk out *vi* ven štrleti

bulk up *vi* napihniti se, narasti; precej znašati

bulkhead [bʌlkhed] *n mar* neprepustna pregrada, oddelek, prepaž; streha prizidka, prizidek, stojnica, kiosk

bulkiness [bʌlkinis] *n* obsežnost

bulk-sample [bʌlksa:mpl] *n* vzorec (vzet iz celotne pošiljke)

bulky [bʌlki] *adj* (bulkily *adv*) obsežen, debel, velik; *fig* okoren

bull II [bul] *n* bik, samec velikih sesalcev; borzni špekulant; središče tarče; *sl* nesmisel; *sl* vohun, policaj; nerodnež; like a ~ in a china shop skrajno neroden; (Irish) ~ nesmisel; John Bull utelešen značaj angleškega naroda, Anglež; to take the ~ by the horns pogumno se lotiti; A *sl* to throw (ali sling) the ~ hvalisati se, pretiravati; ~ session moška družba; *sl* ~ and cow ravs in kavs

bull II [bul] *adj* bikov, bikast, bikovski, bičji

bull III [bul] *n* bula, papeževo pismo

bull IV [bul] 1. *vi* špekulirati na dvig cen na borzi; skušati dvigniti ceno delnic; A *sl* bahati se; 2. *vt* umetno dvigati cene

bullace [búlis] *n bot* vrsta slive, cibora

bull-baiting [búlbeitiŋ] *n* pogon na bike

bull-band [búlbænd] *n* glasna podoknica v čast novoporočencema

bull-beef [búlbi:f] *n* volovsko meso

bull-bitch [búlbič] *n* samica buldoga

bull-calf [búlka:f] *n* bikec; *sl* tepec

bull-corner [búlkɔ:nə] *n* ograjeno zaklonišče proti napadu bikov

bulldog I [búldəg] *n* buldog; *sl* univerzitetni birič; revolver; ~ edition zgodnja izdaja časopisa

bulldog II [búldəg] *adj* pogumen, odločen, trmast

bulldoze [búldouz] *vt* A *sl* oplašiti, ustrahovati; prisiliti; pretepsti; razbijati; zravnati z zemljo

bulldozer [búldouzə] *n* ustrahovalec; *techn* buldozer

bullen-nail [búlinneil] *n* tapetniški žebelj

bullet [búlit] *n* krogla, svinčenka, projektil, izstrelek; to get the ~ biti odpuščen; every ~ finds its billet vsaka krogla na koncu zadene, slepa kura zrno najde

bullet-head [búlithed] *n* okrogloglavec; *fig* trmoglavec

bullet-headed [búlithedid] *adj* okrogloglav; *fig* trmast

bulletin [búlitin] *n* uradni razglas, poročilo, objava, bilten

bulletproof [búlitpru:f] *adj* neprebojen (za projektile)

bullfight [búlfait] *n* bikoborba

bullfighter [búlfaitə] *n* bikoborec

bullfinch [búlfinč] *n zool* kalin; gosta živa meja z jarkom

bullfrog [búlfrɔg] *n zool* ameriški mukavec

bullhead [búlhed] *n zool* glavač, kapelj; *fig* butec, neumnež

bull-headed [búlhedid] *adj* trmast, bikast; neumen, trapast

bullion [búljən] *n* surovo zlato ali srebro; zlato ali srebro v palicah; rese ali čipke iz zlatih ali srebrnih niti; ~ trade trgovina z denarjem po vrednosti kovine

bullionist [búljənist] *n* zagovornik kovanega denarja

bullish [búliš] *adj* volovski; *fig* neumen; to be ~ špekulirati na porast cen; ~ tendency tendenca dviganja cen

bullock [búlək] *n* vol; *obs* bikec

bull-of the-bog [búləvǒəbəg] *n zool* velika bobnarica

bull-operations [búləpəreišənz] *n pl* špekulacije na dvig cen

bull-pen [búlpen] *n* obor za bike; *sp* prostor ob baseballskem igrišču

bull-point [búlpɔint] *n* ugoden položaj

bull-pool [búlpu:l] *n* društvo špekulantov na dvig cen

bull-puncher [búlpʌnčə] *n Austral* gonjač volov

bull-pup [búlpʌp] *n* buldogov mladič

bull-ring [búlriŋ] *n* arena za bikoborbo

bullroarer [búlrɔ:rə] *n* ropotulja, ragla

bull's-eye [búlzai] *n* vzbočeno, povečevalno steklo; slepica; okroglo strešno okno; *naut* bočno okno; sredina tarče; vrsta progastih bonbonov; *sl* policaj; ~ glass vzbokla šipa

bull-terrier [búlteriə] *n zool* križanec med buldogom in jazbečarjem

bull-trout [búltraut] *n zool* morska postrv

bull-whack [búlwæk] *n* A močen bič, korobač

bully I [búli] *n* strahovalec, tiran, nasilnik, pretepač, prepirljivec; bahač; najet ubijalec; *arch* ljubček

bully II [búli] 1. *adj sl* dober, vrl, odličen; 2. *int* ~ for you! odlično!, bravo!

bully III [búli] *vt* mučiti; zatirati, ustrahovati, robantiti

bully IV [búli] *n* (nogomet) nalet, naskok

bully V [búli] *n* nasoljena govedina, govedina v konzervi

bully-beef [búlibi:f] glej bully V

bullyrag [búliræg] *vt* zmerjati, psovati, rogati se

bulwark [búlwək] *n* jez, branik; ladijska ograja; *fig* opora, zaščita

bum I [bʌm] *n vulg* zadnjica; A *sl* potepuh, delomrznež, lenuh, klatež; *sl* to give s.o. the ~'s rush vreči koga ven; *coll* on the ~ potepuški; polomljen; A *coll* ~ hunch slab pojem o čem; A *sl* ~ steer napačna informacija

bum II [bʌm] *adj* slab, polomljen, razbit

bum III [bʌm] *vi* A *sl* potepati, klatiti se; prosjačiti, živeti na tuj račun; E *sl* to ~ one's load bahati se

bum-bailiff [bʌmbeilif] *n* sodnijski sluga, birič

bumberel [bʌmbərəl] *n* A *coll* dežnik

bumble [bʌmbl] *n* E birič; domišljav uradnik, birokrat; teleban; važič

bumble-bee [bʌmblbi:] *n zool* čmrlj

bumbledom [bʌmbldəm] *n* prenapetost v uradovanju, birokratizem

bumble-puppy [bʌmblpʌpi] *n* vrsta športne igre; slaba igra (kart, tenisa)

bumbo [bʌmbou] *n* hladen punč

bumboat [bʌmbout] *n mar* oskrbovalna ladja

bum-brusher [bÁmbrʌšə] *n E sl* učitelj
bumf [bʌmf] *n vulg* toaletni papir; *joc* papirji, dokumenti; otroška igra z odrezki papirja
bummaree [bʌmərí:] *n* posrednik na ribjem trgu (*Billingsgate*)
bummel [bÁməl] *n* pohajkovanje, potep
bummer [bÁmə] *n A* potepuh, klatež, delomrznež, lenuh
bummy [bÁmi] *n A sl* zadnjica
bump I [bʌmp] *n* udarec, sunek; oteklina, bula; izbočenost, izboklina; talent, dar; *pl* zračne luknje; **not to have the ~ for s.th.** ne imeti daru za kaj; **to make a ~ for** dohiteti (čoln); **~ supper** slovesna večerja po veslaških tekmah; **the ~ of locality** smisel za orientacijo
bump II [bʌmp] **1.** *vt* udariti, treščiti, močno suniti, zadeti, raniti; prehiteti (čoln pri tekmi); *A sl* obstreljevati; **2.** *vi* (*against, on*) zaleteti se; suvati; drdrati (voz); bukati (kot bukač); (*from*) izriniti; **~ race** veslaška tekma med univerzama Oxford in Cambridge; **to ~ off** *A sl* nasilno odstraniti, ubiti
bump III [bÁmp] *adv* nenadoma, nepričakovano
bumper [bÁmpə] *n* vrč, polna čaša, pokal; odbijač, odbijalec; *sl* nekaj velikanskega; **~ crop** bogata žetev; **to drive ~ to ~** voziti v tesni koloni
bumpkin [bÁm(p)kin] *n* nerodnež, teleban
bumptious [bÁm(p)šəs] *adj* (**~ly** *adv*) domišljav, ponosen, nadut
bumptiousness [bÁm(p)šəsnis] *n* nadutost, domišljavost
bumpy [bÁmpi] *adj* kotanjast, poln jam
bumriding [bÁmraidiŋ] *n A sl* zastonjska vožnja
bun [bʌn] *n* žemlja, kruhek, pogača; figa (frizura); šop; začasna pastirska koča; *sl* **to take the ~** dobiti prvo mesto, zmagati; **a ~ worry** čajanka; *sl* **to get a ~ on** zvrniti kozarček; **~ fight** čajanka za otroke
buna [bú:nə] *n* vrsta umetnega kavčuka
bunch I [bʌnč] *n* grozd, sveženj, šop, šopek; *sl* množica, gruča, skupina; *A* čreda; **a ~ of fives** pest; **the best of the ~** najboljši od vseh; **~ of grapes** grozd; *A coll* **~ of calico** žena
bunch II [bʌnč] **1.** *vt* zvezati, združiti; **2.** *vi* združiti se, skupaj se držati; **to ~ together** strniti se; **to ~ out** nabrekniti
bunchy [bÁnči] *adj* (**bunchily** *adv*) grozdast, šopast; vzbočen, grbast
bunco [bÁŋkou] *n A sl* prevara, sleparija
buncombe [bÁŋkəm] *n coll* prazno govoričenje; slepilo
bunco-steerer [bÁŋkoustíərə] *n* goljufiv igralec
bund [bʌnd] **1.** *n* nasip, nabrežje; **2.** *vt* z nasipom zavarovati (rečni breg)
bunder [bÁndə] *n* pristan(išče), nabrežje
bundle I [bÁndl] *n* svežanj, cula, butara; zavitek, omot; *A* dva risa papirja (1000 pol); **to be a ~ of nerves** biti skrajno nemiren, živčen, občutljiv
bundle II [bÁndl] *vt & vi* zvezati, zaviti, zviti, zamotati; **bundle away** (ali **off**) *vi* izginiti ko kafra
 bundle out *vt & vi* spoditi; odkuriti jo
 bundle up *vt* zaviti
bundook [bÁndu:k] *sl* puška
bung I [bʌŋ] *n* zamašek, čep, veha; *sl* laž, prevara; *arch* žepar

bung II [bʌŋ] *vt* zamašiti, začepiti; *sl* (kamne) metati
 bung off *vi sl* izginiti kot kafra
 bung up *vt* raniti, poškodovati; začepiti; **to have one's eyes bunged up** imeti otečene oči
bung III [bʌŋ] *adj Austral sl* mrtev; zbankrotiran, bankroterski; **to go ~** umreti; doživeti denarni polom
bungalow [bÁŋgəlou] *n* pritlična letoviška hišica
bungle [bÁŋgl] **1.** *vt & vi* šušmariti, kaziti; **2.** *n* krparija; šušmarstvo
bungler [bÁŋglə] *n* šušmar
bungling [bÁŋgliŋ] **1.** *adj* šušmarski; **2.** *n* šušmarjenje
bunion [bÁnjən] *n med* vnetje, oteklina na palcu na nogi
bunk [bʌŋk] **1.** *n* pograd, ležišče; *A sl* slepilo; nesmisel, čenče; **2.** *vi* na pogradu spati; iti spat; *sl* popihati jo; **to do a ~** pobegniti
bunker I [bÁŋkə] *n* prostor za premog na ladji; grot; jama v zemlji; hram; bunker; ovira; **ash ~** jama ali posoda za pepel
bunker II [bÁŋkə] *vt* nakladati premog, kurivo; spraviti v mučen položaj; postaviti oviro
bunkum [bÁŋkəm] glej **buncombe**
bunky [bÁŋki] *n A coll* spalni tovariš, prijatelj
bunny [bÁni] *n* zajček; *A* veverica
bunt [bʌnt] *n zool* žitna snet; *naut* nabreklina jadra
bunting [bÁntiŋ] *n* blago za zastave; zastava, zastave; *zool* strnad
buoy I [bɔi] *n* boja, plovec, rešilni pas; *fig* opora; **life ~** rešilni pas
buoy II [bɔi] *vt* označiti z bojami; (*up*) držati na površini; (*out*) dvigniti na vodno gladino; *fig* biti opora; **to ~ up** podpirati, hrabriti; **~ anchor** polsidro
buoyage [bɔ́iidž] *n* oskrbovanje z bojami; boje
buoyancy [bɔ́iənsi] *n* plavanje, vzgon; *fig* zanos, vedrost, življenjska radost; dvig cen
buoyant [bɔ́iənt] *adj* (**~ly** *adv*) plavajoč, dvigajoč se, lahek; *fig* vesel, veder, čil, isker; naraščajoč, dvigajoč se (cene)
bur I [bə:] *n* bodica, bodičasta lupina; *bot* repinec; *fig* človek ki se se koga drži kot klop, vsiljivec
bur II [bə:] *vt* izluščiti; glej tudi **burr**
Burberry [bɔ́:bəri] *n* nepremočljivo blago; dežni plašč
burble [bɔ́:bl] *vi* klokotati, vrvrati; mrmrati
burbot [bɔ́:bət] *n zool* menek
burden I [bɔ́:dn] *n* breme, tovor; tonaža; *fig* gorje, tegoba; režijski stroški; *geol* jalova plast; *mus* refren, pripev, spremljava; *fig* osnovna misel, glavni motiv; jedro, bit; **to bear the ~** peti refren ali spremljati; **beast of ~** vprežna žival; **to be a ~ to s.o.** biti komu v breme; *jur* **~ of proof** obveznost, da se dokaže neutemeljenost nasprotne trditve
burden II [bɔ́:dn] *vt* (o)bremeniti, (na)tovoriti, (ob)težiti, naložiti, nakladati, naprtiti; *fig* zatirati, tlačiti; obdavčiti
burdensome [bɔ́:dnsəm] *adj* (**~ly** *adv*) težek, obremenilen; nadležen, mučen, siten
bureau [bjúərou] *n* pisalna miza; *A* predalnik; pisarna, urad; *A* oddelek ministrstva
bureaucracy [bjuərɔ́krəsi] *n* birokracija
bureaucrat [bjúərəkræt] *n* birokrat

bureaucratic [bjuərəkrǽtik] *adj* (~ **ally** *adv*) birokratski
bureaucraticism [bjuərəkrǽtisizəm] *n* birokratizem
bureaux [bjúərouz] *pl* od **bureau**
burette [bjuərét] steklena merilna cev, bireta
burg [bə:g] *n coll* mesto
burgee [bə:džī:] *n* jahtna zastavica (v obliki lastovičjega repa); droben premog (za industrijo)
burgeon [bə́:džən] **1.** *n* popek, brst, zarodek; **2.** *vi poet* brsteti, rasti
burgess [bə́:džis] *n* meščan; mestni svetnik; *hist* poslanec, član parlamenta
burgh [bʌrə] *n Sc* svobodno mesto, tržišče
burghal [bə́:gəl] *adj* mesten
burgher [bə́:gə] *n arch* meščan, tržan, državljan
burglar [bə́:glə] *n* vlomilec
burglarious [bə:glǽriəs] *adj* (~ **ly** *adv*) vlomilski
burglarize [bə́:gləraiz] *vt coll* vlomiti, vlamljati
burglary [bə́:gləri] *n* vlom
burgle [bə́:gl] **1.** *vi* vlomiti, vlamljati; **2.** *vt* izropati
burgomaster [bə́:gəma:stə] *n* župan (neangleškega mesta); *zool* vrsta arktičnega galeba (*Larus glaucus*)
burgonet [bə́:gənit] *n hist* čelada z vizirjem
burgoo [bə:gú:] *n naut sl* ovsena kaša
burgundy [bə́:gəndi] *n* burgundec
burial [bériəl] *n* pokop, pogreb
burial-ground [bériəlgraund] *n* pokopališče
burial-place [bériəlpleis] *n* grobišče
burial-mound [bériəlmaund] *n* gomila
burial-service [bériəlsə:vis] *n* pogreb, pogrebni obredi
burin [bjúərin] *n* graversko dletce
burinist [bjúərinist] *n* graver
burke [bə:k] *vt* na skrivnem umoriti, zadaviti; udušiti, preprečiti, onemogočiti
burl [bə:l] **1.** *n* vozel (v tkanini); *A* grča; **2.** *vt* odstranjati vozle (iz tkanine, volne)
burlap [bə́:læp] *n* vrečevina, surovo platno
burlesque [bə:lésk] **1.** *n* burleska, parodija; šala; **2.** *adj* smešen, šaljiv; **3.** *vt* parodirati, osmešiti
burliness [bə́:linis] *n* grčavost; zastavnost; moč
burly [bə́:li] *adj* grčav; zastaven, debel, močan, zajeten
Burman [bə́:mən] glej **Burmese**
Burmese [bə:mí:z] **1.** *adj* burmanski; **2.** *n* Burmanec, -nka
burn [bə:n] *n Sc dial poet* potoček
burn* I [bə:n] **1.** *vt* zažgati, sežgati; pražiti; vžgati, ožigosati; spaliti; **2.** *vi* goreti, smoditi se, žareti, skeleti, peči; plamteti, razplameniti, razvneti se; **to** ~ **to ashes** upepeliti; v prah zgoreti; **to** ~ **the candle at both ends** naporno delati, preveč se truditi; **to** ~ **daylight** zapravljati čas; **to** ~ **one's fingers** opeči si prste; **to** ~ **to the ground** do tal pogoreti; **to have money to** ~ imeti preveč denarja; **it** ~ **ed itself into my mind** vtisnilo se mi je v spomin; **to** ~ **out of house and home** pregnati; **to** ~ **one's boats** onemogočiti si povratek; **his money** ~ **s a hole in his pocket** zapravi ves denar; **money to** ~ več ko dovolj denarja; **to** ~ **the midnight oil** delati ponoči; *A* **to** ~ **powder** zapravljati strelivo; **the sun** ~ **s away the mist** sonce razprši meglo; **to** ~ **the water** loviti ribe pri svetilkah; **to** ~ **the**

wind (ali **earth**), *A* **to** ~ **up the road** brzeti v največjem diru
burn away *vi* zgoreti, pogoreti
burn down *vi* & *vt* požgati; pogoreti, zgoreti
burn in(to) *vt* & *vi* vžgati, vžigati; vtisniti (v spomin); narediti globok vtis
burn out *vt* & *vi* izžgati, izgoreti; z ognjem pregnati
burn through *vt* pregoreti
burn up *vt* & *vi* zgoreti; požgati; plameneti
burn II [bə:n] *n* opeklina; vžgano znamenje; požiganje; žig; **to give s.o. a** ~ ošiniti koga z uničujočim pogledom
burnable [bə́:nəbl] *adj* gorljiv, zgorljiv
burner [bə́:nə] *n* gorilec; požigalec; opekar
burnet [bə́:nit] *n bot* navadni bedrenec
burnet-saxifrage [bə́:nitsæksifridž] glej **burnet**
burning I [bə́:niŋ] *adj* goreč, vroč, žareč; *fig* vnet, ognjevit, vročekrven, strasten; ~ **oil** gorilno olje, petrolej; **my ears are** ~ v ušesih mi zvoni; **a** ~ **question** pereče vprašanje; **a** ~ **shame** v nebo vpijoče; **a** ~ **scent** sveža sled
burning II [bə́:niŋ] *n* gorenje, žganje, obžiganje; razstrelitev plasti (rudarstvo)
burning-glass [bə́:niŋgla:s] *n* lupa, prižigalno steklo
burning-test [bə́:niŋtest] *n* poskus z zgorevanjem
burnish I [bə́:niš] **1.** *vt* loščiti, gladiti, polirati; **2.** *vi* svetiti se
burnish II [bə́:niš] *n* politura, lošč; blesk, lesk, sijaj
burnisher [bə́:nišə] *n* loščilec; loščilo
burnous(e) [bə:nú:z] *n* beduinski plašč
burnsides [bə́:nsaidz] *n pl A coll* zalizki, kotleti
burnt I [bə:nt] *pt* & *pp* od **burn**
burnt II [bə:nt] *adj* zažgan, zgorel, spaljen, pogorel; ~ **claret** kuhano vino; **a** ~ **child dreads the fire, once** ~ **twice shy** kdor se opeče, je drugič previden; ~ **gas** izpušni plin; ~ **earthenware** žgana glina, terakota
burnt-ear [bə́:ntiə] *n bot* žitna snet
burnt-offering [bə́:ntəfəriŋ] *n* žgalna žrtev
burnt-sacrifice [bə́:ntsækrifais] *n* žgalna žrtev
burp [bə:p] *vi A sl* rigati; »kupček« podreti
burr [bə:] *n* kolut okrog lune; mlinski kamen, osla, brus; *anat* zunanji sluhovod; *techn* zobozdravniški sveder; pogrkovanje; glej tudi **bur**
burr II [bə:] *vi* & *vt* pogrkovati
burr-drill [bə́:dril] *n* zobozdravniški sveder
burro [bú:ro] *n* osel
burrow I [bʌrou] *n* brlog, jazbina, lisičina; črvojedina; rudniški odpadki, jalova plast, izkopana zemlja
burrow II [bʌrou] *vi* & *vt* zakopati se v zemljo; živeti v brlogu; izkopati, podkopati; **to** ~ **into s.th.** poglobiti se v kaj
bursar [bə́:sə] *n* (univerzitetni) blagajnik, kvestor; *Sc* štipendist
bursarial [bə:sǽriəl] *adj* blagajniški, kvestorski
bursary [bə́:səri] *n* blagajna; *Sc* štipendija
burse [bə:s] *n* mošnja, malha; borza; štipendija
burst* I [bə:st] **1.** *vi* (*with* zaradi) počiti, razpočiti se; (*with* s) biti prenapolnjen; (*into* v) vlomiti, vlamljati; izbruhniti; nenadoma se prikazati; *sl* bankrotirati, propasti; **2.** *vt* nasilno odpreti; (z)lomiti, zadreti, predreti; prenapolniti; uničiti; *sl* denar zapravljati; **to** ~ **into blossom** razcvesti se; **to** ~ **into flame** vzplamteti; **to** ~ **into**

laughter zakrohotati se; **to ~ into tears** razjokati se; **to ~ into view** prikazati se; **to ~ into the room** planiti v sobo; **to ~ one's way through the crowd** preriniti se skozi gnečo; **to ~ open** razpočiti se, naglo se odpreti; **to ~ one's sides with laughter** počiti od smeha; **to be ~ing** komaj čakati; **to ~ upon** s.th. naleteti na kaj; **it ~ upon my ear** nenadoma sem zaslišal; **it ~ upon my eye** nenadoma sem zagledal; **ready to ~** skrajno razburjen; **to ~ with** s.th. razpočiti se od česa; **to ~ one's buttons with food** preobjesti se; **the river ~ its banks** voda je stopila čez bregove

burst asunder *vi* razpočiti se

burst forth *vi* predreti; bruhati; izvirati, teči iz

burst in *vi* vdreti, vpasti, prekiniti, pretrgati

burst out *vi* izbruhniti, nepričakovano se prikazati; **~ laughing** zakrohotati se; **~ with** zagovoriti se, izblekniti

burst up *vi* razpočiti se, eksplodirati; doživeti neuspeh, propasti

burst II [bə:st] *n* razpoka; (raz)pok, izbruh, eksplozija *fig* prodor; popivanje, veseljačenje; *sl* **to make a ~** odvaditi se; **to be on the ~** popivati, veseljačiti, krokati; **~ of applause** viharno pritrjevanje

burster [bə́:stə] *n* razstreljen naboj

bursting [bə́:stiŋ] *n* preboj, razpok, razlet; izbruh, eksplozija

bursting-charge [bə́:stiŋča:dž] *n* eksploziven naboj

bursting-powder [bə́:stiŋpaudə] *n* smodnik za mine

burst-up [bə́:stʌp] *n* polom, bankrot

burthen [bə́:ðən] glej **burden**

burton [bə́:tən] *n* škripčevje; pivo (iz Burtona); *coll* **he has gone for a ~** odšel je in se ni vrnil, ni ga več

bury [béri] *vt* zakopati, pokopati; skriti; *fig* zatopiti se, pozabiti; **to ~ the hatchet** skleniti mir, spraviti se; **buried in thought** zamišljen; **to ~ alive** zasuti (koga); **to ~ o.s. in one's work** zakopati se v svoje delo

burying-ground [bériiŋgraund] glej **burying-place**

burying-place [bériiŋpleis] *n* pokopališče, grobišče

bus, 'bus I [bʌs] *n* avtobus; *coll* avtomobil; letalo; **~ boy** pikolo; **~ girl** pomožna natakarica; *sl* **to miss the ~** zapraviti dobro priložnost

bus, 'bus II [bʌs] *vi* z avtobusom se voziti, peljati

busby [bʌ́zbi] *n* huzarska kučma

bush I [buš] *n* grm, grmovje, goščava, divja pustinja; lisičji rep; gosti lasje; šop (las); **to beat about the ~** hoditi kakor mačka okoli vrele kaše; **good wine needs no ~** dobro blago se samo hvali; **to take to the ~** začeti se klatiti, postati razbojnik

bush II [buš] *vt* z grmovjem pokriti, porasti; divje rasti; *Austral* **~ed** zgubljen v puščavi

bush III [buš] *n techn* ležajna blazina; radijski kontakt; 2. *vt* s kovino obložiti

bushel [búšl] *n* mernik, korec (*E* 36, 3 l, *A* 35, 3 l); **to hide one's light under a ~** biti preskromen, postavljati svojo luč pod mernik; **don't measure other people's corn by your own ~** ne sodi drugih po sebi

bushelful [búšlful] *n* korec, mernik (česa)

bush-fighter [búšfaitə] *n* gverilec, partizan

bush-fighting [búšfaitiŋ] *n* gverila

bushiness [búšinis] *n* košatost

bushman [búšmən] *n* grmičar, prebivalec pragozda

bushranger [búšreindžə] *n* ropar v zasedi; tatinski klatež

bush-whacker [búšwækə] *n A* gverilec; krivec (nož) za obsekavanje grmovja

bushy [búši] *adj* (**bushily** *adv*) dlakav, kosmat, košat, grmičast

business I [bíznis] *n* posel, opravilo, poklic; kupčija; zadeva, delo; dolžnosti; podjetje, tvrdka; *arch* zaposlenost; *theat* igra, pantomima; **to ask for s.o.'s ~** vprašati, kaj si kdo želi; **to do one's ~ for s.o.** uničiti koga; **the ~ end** konec (kakršnegakoli) orodja; **to go to ~** iti na delo, v službo; **everybody's ~ is nobody's ~** za vsako delo mora biti nekdo odgovoren; **to mean ~** resno misliti; **man of ~** poslovni človek, trgovec; **one's man of ~** pravni svetovalec koga; **to go into ~** postati trgovec; **mind your own ~** ne vtikaj se v zadeve drugih; **that's no ~ of yours** to ti ni nič mar; **a roaring ~** sijajna kupčija; **to send s.o. about his** (ali **her**) **~** na kratko koga odsloviti; **to settle down** (ali **get**) **to ~** resno se lotiti dela; **I am sick of the whole ~** sit sem tega; **to speak to the ~** stvarno govoriti; **a good stroke of ~** dobra kupčija; **to attend to one's own ~** ne se vtikati v zadeve drugih; **to have no ~ to do** s.th. ne imeti pravice kaj storiti; **to make ~ of doing** s.th. veliko o čem govoriti; **to retire from ~** opustiti posel

business II glej **busyness**

business-capital [bízniskæpitəl] *n* obratni kapital

business career [bízniskæriə] *n* trgovska kariera

business-connections [bízniskənékšənz] *n pl* trgovske zveze

business-hand [bíznishænd] *n* trgovski rokopis

business-hours [bíznisaurz] *n pl* poslovne ure

businesslike [bíznislaik] 1. *adj* posloven, stvaren, praktičen, sistematičen; 2. *adv* poslovno, praktično, sistematično

businessman [bíznismən] *n* posloven človek, trgovec

business-manager [bíznismænidžə] *n* poslovodja

business-outlook [bíznisautluk] *n* konjunktura, gospodarski položaj

businesswoman [bízniswumən] *n* trgovka

busk [bʌsk] 1. *n* ribja kost (v stezniku); 2. *vt Sc* pripraviti se; opremiti, obleči se

busker [bʌ́skə] *n coll* potujoči igralec ali glasbenik

buskin [bʌ́skin] *n* visoki čevelj; koturn; drama, žalna igra; **to put on the ~s** pisati v tragičnem slogu; igrati v tragediji

busky [bʌ́ski] glej **bosky**

busman [bʌ́smən] *n* vozač avtobusa; **~'s holiday** praznik, ob katerem moramo delati

buss [bʌs] *arch* 1. *n* poljub; 2. *vt* poljubiti

bust I [bʌst] *n* doprsje, prsi, poprsje

bust II [bʌst] *A sl* 1. *vt* razbiti, prelomiti, uničiti; 2. *vi* propasti, pijančevati

bust III [bʌst] *n*; *A sl* **to go on the ~** pijančevati, krokati

bust IV [bʌst] *n A* bankrot

bustard [bʌ́stəd] *n zool* droplja

buster [bʌ́stə] *n sl* velika stvar; velika laž; krokanje; **to come a ~** pasti s konja; doživeti neuspeh

bustle I [bʌsl] **1.** *vi* sukati se, poditi se, hiteti, (*about*) sem ter tja tekati; **2.** *vt* spodbosti, gnati, poditi; **to ~ through a crowd** prerivati se

bustle II [bʌsl] *n* razgrajanje; zmešnjava, kolobocija; vrvež; delavnost, naglica

bustle III [bʌsl] *n* blazina, ki so si jo ženske vlagale zadaj pod pas

bustling [bʌsliŋ] **1.** *adj* živahen, delaven, hrupen, nemiren, vihrav; **2.** *n* vihranje, direndaj, nepotrebna prizadevnost

bust-up [bʌstʌp] *n sl* polom, bankrot; spor, prepir

busy I [bízi] *vt* (*with, at, about, in*) zaposliti (se), ukvarjati se; **to ~ one's brains** beliti si glavo

busy II [bízi] *adj* (**busily** *adv*) delaven, marljiv, priden; zaposlen; vihrav, nemiren, živahen; aktiven; vsiljiv, radoveden; **to get ~** lotiti se dela; **to be ~ in** (ali **at, with**) ukvarjati se s čim

busy III [bízi] *n sl* detektiv

busybody [bízibədi] *n* prizadeven človek; vtikljivec, kalilec, motilec, nadležnež

busyness, business [bízinis, bíznis] *n* delavnost, zaposlenost, živahnost

but I [bʌt] *conj* ampak, toda, temveč, marveč, pač pa; **not only... ~ also** ne samo..., ampak tudi; **there is no doubt ~ (that) she is ill** ni dvoma, da je bolna; **one cannot ~ hope** človek lahko samo upa; **~ then** z druge strani pa; **it is not so late ~ they may come** ni še tako pozno, da ne bi mogli še priti; **who knows ~ he may be angry?** kdo ve, če ni morda hud?; **~ that** če že ne

but II [bʌt] *prep* razen, mimo, izvzemši; **the last ~ one** predzadnji; **the last ~ two** predpredzadnji; **~ for you** če bi tebe ne bilo; **all ~ he** (ali **him**) vsi razen njega, samo on ne; **~ for all** that toda kljub vsemu temu; **nothing ~** nič razen

but III [bʌt] *adv* samo, le, šele; **all ~** skoraj, domala; **I all ~ fell** skoraj bi bil padel; **anything ~** vse prej kot; **~ yesterday** šele včeraj; **we bought nothing ~ that** (*coll* **what**) **is needed** kupili smo samo potrebno; **~ just** prav prakvar

but IV [bʌt] *n* ugovor, pomislek; **~ me no ~s!** nobenih ugovorov!

but V [bʌt] *Sc* **1.** *adj* zunanji; **2.** *n* zunanja soba, kuhinja; **~ and ben** zunanji in notranji deli stanovanja, vsa hiša

butane [bjú:tein] *n chem* butan

butcher I [búčə] *n* mesar, klavec; *fig* krvoločnež, morilec; umetna muha za lov lososov; **~'s shop, ~'s** mesarija; *coll* **~'s bill** seznam padlih; *bot* **~'s broom** božje drevce; *A* **train ~** prodajalec raznega blaga v vlaku

butcher II [búčə] *vt* klati, poklati, pobiti, zaklati; *fig* uničiti

butcher-bird [búčəbə:d] *n zool* srakoper

butcherly [búčəli] *adj* mesarski; *fig* okruten, surov, krut, morilski

butchery [búčəri] *n* mesarstvo; *fig* klanje, pokol, prelivanje krvi

butler [bʌtlə] *n* kletar, dvornik, najvišji med služabniki

butt I [bʌt] *n* sod, kad; votla mera 490,96 l

butt II [bʌt] *n* debeli konec orodja, puškino kopito; spodnji del debla; *coll* ostanek, čik; *zool* ime raznih bokoplavutaric; *fig* tarča, cilj; *fig* namen,

predmet česa; *pl* strelišče; **to be the ~ of the company** biti vsem v posmeh

butt III [bʌt] **1.** *vt* bosti, suniti; **2.** *vi* (*against*) planiti, drveti

butt in *vi* vmešavati se, vtikati se, motiti

butt into *vt* zaleteti se; srečati

butt out *vi* štrleti

butte [bjut] *n A* strm osamljen vrh

butt-end [bʌt-end] *n* puškino kopito; ostanek, debelejši konec; čik, cigaretni ogorek; *fig* najvažnejša stvar

butt-plate [bʌtpleit] *n techn* kapa, ramenjača (na puškinem kopitu)

butter I [bʌtə] *n* maslo; *fig* dobrikanje, laskanje, prilizovanje; **he looks as if ~ would not melt in his mouth** videti je, kakor da ne bi znal do pet šteti; **to quarrel with one's bread and ~** godrnjati čez svoje opravke, sam sebi škodovati; **melted ~** topljeno maslo; **rank ~** žarko, pokvarjeno maslo; **bread and ~** kruh z maslom

butter II [bʌtə] *vt* namazati, zabeliti z maslom; *fig* dobrikati, prilizovati se, laskati; **fair** (ali **fine, kind**) **words ~ no parsnips** z lepimi besedami se ne da popraviti, od lepih besed se ne da živeti; **to know on which side one's bread is ~ed** vedeti, kaj človeku koristi; *coll* **to ~ up** laskati, dobrikati se

butter-and-eggs [bʌtərndegz] *n bot* madronščica

butter-ball [bʌtəbɔ:l] *n zool* vrsta severnoameriške race; *fig* debeluh, debeluška

butter-bean [bʌtəbi:n] *n bot* maslenec (fižol)

butter-boat [bʌtəbout] *n* posodica za omako; *coll* prilizovanje

butterbump [bʌtəbʌmp] *n zool* velika bobnarica

buttercup [bʌtəkʌp] *n bot* zlatica, kalužnica

butter-dish [bʌtədiš] *n* maslenica

butter-fingered [bʌtəfiŋgəd] *adj* neroden; ki ne zna dobro ujeti (npr. žoge)

butter-fingers [bʌtəfiŋgəz] *n coll* tisti, ki mu vse pada iz rok, neroda

butterfly [bʌtəflai] *n zool* metulj; *fig* površnež, domišljavec; **to break a ~ on the wheel** zapravljati svojo moč, trošiti preveč energije; **~ stroke** metuljček (plavanje)

butterfly-nut [bʌtəflainʌt] *n techn* vijačna matica

butterfly-screw [bʌtəflaiskru:] *n techn* perutasti, uhljati vijak

butterfly-valve [bʌtəflaivælv] *n techn* dušilna loputa, dušilka

butterine [bʌtəri:n] *n* umetno maslo, margarina

buttermilk [bʌtəmilk] *n* zmetki, sirotka

butternut [bʌtənʌt] *n bot* ameriški oreh; vojak konfederacije med državljansko vojno

butter-pat [bʌtəpæt] *n* kepica, reženjček masla

butter-print [bʌtəprint] *n* kalup, forma za maslo

butterscotch [bʌtəskəč] *n* mehka maslena karamela

butterwort [bʌtəwə:t] *n bot* premenjalnolistna hermelika

buttery [bʌtəri] **1.** *adj* maslen; **2.** *n* jedilna shramba; kantina

buttery-hatch [bʌtərihæč] *n* okence za podajanje jedil iz shrambe

butt-in [bʌtín] *n coll* vsiljivec

butting [bʌtiŋ] *n* kraj, konec, meja

butt-joint [bʌtdžoint] *n techn* stik, spojitev

buttock I [bʌ́tək] *n* zadnji del (telesa); *pl* zadnjica, zadek, rit
buttock II [bʌ́tək] **1.** *vi* ritati; **2.** *vt* na tla vreči (prek glave pri rokoborbi)
button I [bʌ́tn] *n* gumb; *bot* popek; glavič; mlada gobica; **covered** ~ prevlečen gumb; **not to care a (brass)** ~ prav nič se ne meniti; *coll* **not to have all one's** ~ **s** ne biti čisto pri pameti; **the** ~ **s have come off the foils** nasprotniki v borbi pozabljajo na osnovna pravila vljudnosti; **to do up a** ~ zapeti gumb; **to undo a** ~ odpeti gumb; **a** ~ **has come undone** gumb se je odpel; **to press the** ~ pozvoniti; **(a boy in)** ~ **s** livrirani sluga; sprevodnik dvigala; **not worth a** ~ niti piškavega oreha vreden, zanič
button II [bʌ́tn] *vt* (*up*) zapeti; *fig* **to** ~ **up one's mouth** molčati, ne ziniti besede; **to** ~ **up one's purse** (ali **pockets**) skopariti
buttonball [bʌ́tnbɔ:l] *n bot* platana
buttoned [bʌ́tnd] *adj* zapet; *fig* nedostopen, zamolčljiv; ~ **up** *mil sl* v redu in pripravljenosti
button-hold [bʌ́tnhould] *vt* držati koga za gumb, zadrževati ga
buttonhole I [bʌ́tnhoul] *n* gumbnica; cvetlica v gumbnici
buttonhole II [bʌ́tnhoul] *vt* delati gumbnice; zadrževati koga (s tem, da ga držimo za gumbnico)
buttonhook [bʌ́tnhuk] *n* kavelj za zapenjanje gumbov
buttons [bʌ́tnz] *n coll* livrirani sluga, hotelski sluga
buttony [bʌ́tni] *adj* poln gumbov
buttress I [bʌ́tris] *n archit* opornik; *fig* opora; **flying** ~ ločasti opornik
buttress II [bʌ́tris] *vt* podpreti, podpirati; **to** ~ **up** okrepiti, ojačiti
butts [bʌts] *n pl* strelišče
butty [bʌ́ti] *n* preddelavec; nadzornik pri akordnem delu v rudniku; *coll* tovariš, prijatelj
butyric [bju:tírik] *adj* maslen; ~ **acid** maslena kislina
butyrine [bjú:tirin] *n* maslena maščoba
buxom [bʌ́ksəm] *adj* (~ **ly** *adv*) živahen, čil, vesel; zdrav; čeden; boder; okrogel (ženska)
buxomness [bʌ́ksəmnis] *n* živahnost, čilost, bodrost
buy* I [bai] *vt* kupiti; podkupiti; *fig* drago plačati; **to** ~ **over s.o.'s head** (po)nuditi višjo ceno; **to** ~ **a pig in a poke** kupiti mačka v vreči; *coll* **to** ~ **a white horse** razmetavati denar; **I will not** ~ **that** s tem se ne strinjam; tega ne dovolim; **to** ~ **and sell** trgovati
buy forward *vt* kupiti zaradi špekulacije
buy in *vt* nakupovati; na dražbi nazaj kupiti
buy into *vt* kupiti delnice kake družbe
buy off *vt* odkupiti; podkupiti; izplačati
buy out *vt* izplačati, odkupiti
buy over *vt* podkupiti
buy up *vt* nakupiti; podkupiti
buy II [bai] *n A* dobra kupčija
buyable [bái əbl] *adj* prodajen, na prodaj
buyer [bái ə] *n* kupovalec, -lka, kupec
buying [bái iŋ] *n* nakupovanje; ~ **power** kupna moč
buzz I [bʌz] *vi & vt* brenčati, brneti; bobneti; mrmrati; *mil sl* telegrafirati, brzojaviti; *coll* **to** ~ **the bottle** izprazniti steklenico
buzz about *vi* stikati

buzz off *vi* odkuriti jo; *coll* prekiniti telefonski pogovor
buzz out *vt* izklepetati
buzz II [bʌz] *n* brnenje, brenčanje; *A* cirkularka; *sl* govorica, šušljanje; ~ **bomb** nemška raketa V₁; **to give s.o. a** ~ telefonirati komu
buzz III [bʌz] *n zool* vrsta hrošča; umetna muha za ribolov
buzzard [bʌ́zəd] *n zool* kanja, skobec; **bald** ~ ribji orel; **honey** ~ sršenar; **moor** ~ rjavi lunj; *fig* **(blind)** ~ neumnež, ignorant, nevednež
buzz-bomb [bʌ́zbəm] *n* leteča granata
buzzer [bʌ́zə] *n* brenčalec, brenčalo; prekinjalo; *sl* telefonist(ka); *mil sl* poljski telefon; *sl* žepar
buzz-saw [bʌ́zsɔ:] *n* cirkularka; **to monkey with a** ~ igrati se z ognjem
by I [bai] *prep* blizu, pri, ob, od, do, med, po, s, poleg; ~ **the advice of** po nasvetu koga; ~ **all means** vsekakor; ~ **air** z letalom; ~ **appearance** po videzu; ~ **s.o.'s bedside** ob postelji koga; ~ **birth** po rodu; ~ **blood** po izvoru, po rodu; ~ **boat** z ladjo; ~ **the by(e)** mimogrede povedano, da ne pozabim; ~ **chance** po naključju, slučajno; ~ **day** podnevi; ~ **the day** na dan (natanko); **day** ~ **day** dan za dnevom; ~ **degrees** postopoma; ~ **my desire** po moji želji; ~ **dint of** zaradi, s pomočjo; ~ **the dozen** na ducate; ~ **experience** po izkušnji; ~ **far** veliko bolj; ~ **force** nasilno; ~ **George!** pri moji veri!; ~ **heart** na pamet; ~ **the hour** na uro; ~ **itself** samo zase; ~ **Jove!** pri moji veri!; ~ **law** po zakonu; ~ **leaps and bounds** skokoma hitro; ~ **letter** pismeno, s pismom; *A* ~ **mail** po pošti; **I have no money** ~ **me** nimam s seboj denarja; ~ **no means** nikakor ne; ~ **means of** s pomočjo, s; ~ **mistake** pomotoma; ~ **name** po imenu; ~ **nature** po naravi; ~ **next month** do prihodnjega meseca; ~ **now** sedaj, že, medtem; **one** ~ **one** drug za drugim, posamezno; ~ **o.s.** sam zase, sam od sebe; ~ **order** po naročilu; ~ **post** po pošti; ~ **profession** po poklicu; ~ **rail** z železnico; ~ **reason of** zaradi; ~ **right** po pravici; ~ **sea** po morju, z ladjo; **side** ~ **side** drug poleg drugega; ~ **stealth** kradoma, skrivaj; ~ **this time** medtem; že; ob tem času; ~ **trade** po poklicu; **to travel** ~ **London** potovati prek Londona; ~ **turns** menjaje, drug za drugim, po vrsti; **two** ~ **two**, ~ **twos** po dva; ~ **my watch** po moji uri; ~ **the way** mimogrede, približno; ~ **word of mouth** ustno; ~ **way of trial** za poskus; ~ **a year younger** leto mlajši; **two meters** ~ **six** dvakrat šest metrov površine
by II [bai] *adv* blizu, v bližini, poleg, zraven; mimo; ~ **and** ~ kmalu nato, kasneje; **close** ~ čisto zraven; **to go** ~ iti mimo; **hard** ~ čisto poleg; ~ **and large** nasploh; **to lay** ~ prihraniti; **to pass** ~ mimo iti; *fig* **to pass s.o.** ~ prezreti koga; **to put** ~ prihraniti; **to stand** ~ nič ne delati; **to set** ~ prihraniti
by, bye [bai] *adj* postranski; naključen
by-and-by [bái əndbái] **1.** *adv* kmalu, v kratkem; **2.** *n* prihodnost
by-blow [bái blou] *n* nezakonski otrok; nepredviden primer
bye [bai] *n* odvečen tekmovalec; **to draw** (ali **have**) **the** ~ ne se udeležiti igre, tekme

bye-bye [báibái] **1.** *int* zbogom, papa; **2.** *n* slovo
by-election [báiilékšən] *n* dopolnilne (delne) volitve
by-end [báiend] *n* stranski, skrivnosten cilj
bygone I [báigən] *adj* minul, pretekel, zastarel
bygone II [báigən] *n* preteklost; **let ~ s be ~ s** pozabimo, kar je bilo, odpustimo
by-lane [báilein] *n* stranska ulica, vzporedna ulica
by-law [báilə:] *n* lokalni predpis
by-name [báineim] *n* priimek; vzdevek
by-part [báipa:t] *n* stranska vloga
by-pass I [báipa:s] *n* pomožna cesta, stranska cesta; ovinek, obvoz
by-pass II [báipa:s] *vi* obiti; vnemar pustiti; ne se zmeniti
by-past [báipa:st] *n adj* minul, ki ga ni več
by-path [báipa:θ] *n* stranska pot, steza

by-pit [báipit] *n* ventilacijski jašek
by-play [báiplei] *n* stranska scena, epizoda
by-plot [báiplət] *n* postranski zaplet
by-product [báiprədʌkt] *n* stranski proizvod
byre [báiə] *n* kravji hlev
by-road [báiroud] *n* stranska cesta
bystander [báistændə] *n* gledalec, očividec, priča
by-street [báistri:t] *n* stranska ulica vzporedna ulica
byway [báiwei] *n* stranska pot, poljska pot; bližnjica; *fig* manj znano področje
byword [báiwə:d] *n* pregovor; svarilen primer; tarča posmeha; **to become a ~** postati splošno znan (v slabem pomenu)
bywork [báiwə:k] *n* stransko delo, postranski poklic
Byzantine [bizǽntain] **1.** *adj* bizantinski; **2.** *n* Bizantinec, -nka

C

c [si:] *n* črka c; *mus* nota c; C₃ malovreden, slab; *mil* trajno nesposoben; *naut* C-deck krov C; *mus* ~ flat Ces; ~ sharp Cis: ~ major C-dur; ~ minor C-mol; ~ spring vzmet v obliki C

cab I [kæb] *n* fijakar, kočija; taksi; strojna hišica na lokomotivi; to take a ~ najeti si kočijo, taksi, peljati se s kočijo, taksijem; ~ driver fijakar, kočijaž, voznik taksija; ~ stand parkirni prostor za kočije ali taksije; ~ runner, ~ tout človek, ki za nagrado pokliče taksi in pomaga naložiti vanj prtljago

cab II [kæb] *vi*; to ~ (it) peljati se v kočiji ali taksiju

cab III [kæb] *n sl* prepovedan prevod (v šoli); prepisovanje (šolske naloge)

cab IV [kæb] *vi* uporabljati prepovedan prevod; prepisovati (pri šolski nalogi)

cab V [kæb] *n* skrajšano za cabbage

cabal I [kəbǽl] *n* kovarstvo, spletkarstvo, spletke; (politična) klika; tajna združba

cabal II [kəbǽl] *vi* spletkariti, intrigirati

cabala [kəbá:lə] *n* kabala, judovski skrivnostni nauk; mistika

cabalic, cabalistic [kəbǽlik, kəbəlístik] *adj* (~ ally *adv*) kabalističen, spletkarski; skrivnosten, mističen

caballer [kəbǽlə] *n* spletkar, intrigant

cabaret [kǽbərei] *n* kabaret, zabavišče; vinarna, bar

cabas [kəbá:] *n A* torbica, mošnjica, košarica

cabbage I [kǽbidž] *n bot* zelje, kapus, ohrovt

cabbage II [kǽbidž] *vi* v glave rasti (zelje, solata)

cabbage III [kǽbidž] 1. *n* odrezki blaga; 2. *vt* krasti odrezke blaga

cabbage IV [kǽbidž] *sl* 1. *n* listek za prepisovanje pri izpitu; 2. *vt* prepisovati pri izpitu

cabbage-butterfly [kǽbidžbʌtəflai] *n zool* kapusov belin

cabbage-head [kǽbidžhed] *n* zeljnata glava; *coll* omejenec, butec, topoglavec

cabbage-lettuce [kǽbidžletis] *n bot* glavnata solata

cabbage-palm [kǽbidžpa:m] *n bot* palma areka

cabbage-rose [kǽbidžrouz] *n bot* stolistna vrtnica

cabbala [kəbá:lə] glej cabala

cabbalistic [kəbəlístik] glej cabalistic

cabby [kǽbi] *n fam* izvoščék; šofer taksija

caber [kéibə] *n Sc* bruno; metalni drog; to toss the ~ preskušati moč, metati se

cabin I [kǽbin] *n* koča, koliba; kabina; kajuta; ~ class 2. razred na ladji

cabin II [kǽbin] *vt & vi* namestiti (se) v tesen prostor; živeti v kolibi, kabini

cabin-boy [kǽbinbəi] *n* pomočnik natakarja ali sobarja na ladji

cabined [kǽbind] *adj* utesnjen, stisnjen

cabinet [kǽbinit] *n* sobica; omara; predalnik; zbirka dragocenosti; vlada, ministri; ohišje radijskega aparata; ~ council ministrski svet; ~ edition izdaja knjige povprečne velikosti, opreme, cene; ~ minister član kabineta, minister; *E* shadow ~ vodstvo glavne opozicijske stranke v angl. parlamentu

cabinet-maker [kǽbinitmeikə] *n* pohištveni mizar; *joc* ministrski predsednik

cabinet-making [kǽbinitmeikiŋ] *n* pohištveno mizarstvo

cabinet-photograph [kǽbinitfoutəgra:f] *n* fotografija kabinetnega (srednjega) formata

cabinet-pudding [kǽbinitpudiŋ] *n cul* vrsta pudinga

cabin-passenger [kǽbinpæsindžə] *n* potnik drugega razreda (na ladji)

cable I [kéibl] *n* vrv, kabel; sidrenjak, vrv za sidro; globinska mera 231 m; kablogram; ~ binding kandaharska vez; ~ crane žična tir; ~ entry (električni) dovod; ~'s length dolžinska mera (*A* 720 feet, E 606 feet [¼ milje]); his ~s parted umrl je; to slip (ali cut) one's ~ umreti; ~ way (ali car) žičnica, vzpenjača

cable II [kéibl] *vt & vi* s kablom vezati; telegrafirati, brzojaviti po kablu

cablegram [kéiblgræm] *n* kablogram, brzojavka

cablese [keiblí:z] *n* lakoničen, »telegrafski« jezik

cable-railway [kéiblreilwei] *n* vzpenjača

cable-ship [kéiblšip] *n* kablovnica, ladja za polaganje kablov

cable-way [kéiblwei] *n* vzpenjača

cabling [kéibliŋ] *n* polaganje kablov; zavijanje vrvi

cabman (kǽbmən] *n* kočijaž, izvošček

cabobs [kéibəbz] *n pl* močno začinjeni ražnjiči; pečena govedina

caboodle [kəbú:dl] *n A sl*; the whole ~ vsi (vse) skupaj; vsa ropotija

caboose [kəbú:s] *n* ladijska kuhinja; *A rly* vagon za osebje tovornega vlaka

cabotage [kǽbəta:ž] *n* obrežna plovba

cab-rank [kǽbræŋk] *n* parkirni prostor za izvoščke in taksije

cabriole [kǽbrioul] *n* mizna noga v obliki šape

cabriolet [kǽbrioulei] *n* kabriolet; dvokolesna enovprežna kočija

cabstand [kǽbstænd] glej cab-rank
ca'canny [ka:kǽni] n pasivna rezistenca, sabotaža
cacao [kɔká:ou] n bot kakaovec
cachalot [kǽšələt] n zool glavač
cache I [kæš] n skrivališče orožja, hrane (polarnih raziskovalcev); skrite zaloge (živeža, orožja); to make a ~ pripraviti si skrivališče
cache II [kæš] vt orožje, hrano skriti
cachectic [kækéktik] adj med kahektičen, shiran, oslabljen
cachet [kǽšei] n pečat; znamka; med kapsula
cachexy [kækéksi] n med hiranje, propadanje, shiranost
cachinnate [kǽkineit] vi hehetati, krohotati se
cajolement [kədžóulmənt] n dobrikanje, laskanje,
cachinnation [kækinéišən] n hehetanje, krohot
cachou [kəšú:] n sok iz neke vrste akacije; bonbon s tem sokom
cackle I [kǽkl] n gaganje, kokodakanje; klepet; cut the ~! molči(te)!
cackle II [kǽkl] vi & vt gagati, kokodakati; klepetati; to ~ out zakrohotati se; blekniti
cackler [kǽklə] n klepetulja
cacodyl [kǽkoudil] n chem smrdljiva in strupena spojina metila in arzena
cacoepy [kǽkouepi] n slaba izgovarjava
cacoethes [kækouí:θis] n grda navada, razvada; huda bolezen
cacography [kəkógrəfi] n grd rokopis
cacology [kækólədži] n slabo izražanje, slaba izgovarjava
cacophonous [kækófənəs] adj (~ly adv) neubran, kakofoničen
cacophony [kækófəni] n neubranost, slaboglasje, kakofonija
cactaceous [kæktéišəs] adj bot kaktusov; kakteji podoben
cactus, pl cacti [kǽktəs, kǽktai] n bot kakteja
cad [kæd] n pomočnik; neolikanec, potepuh, lopov
cadastral [kədǽstrəl] adj katastrski
cadastre [kədǽstə] n kataster, zemljiška knjiga
cadaver [kədéivə] n mrlič, truplo
cadaveric [kədǽvərik] adj mrliški
cadaverous [kədǽvərəs] adj (~ly adv) mrtvaški; mrtvaško bled
caddie [kǽdi] n nosač golfskih palic
caddis, caddice I [kǽdis]n serž, volnen trak
caddis, caddice II [kǽdis] n zool ličinka velike moljarice
caddis-fly [kǽdisflai] n zool velika moljarica
caddish [kǽdiš] adj (~ly adv) neolikan, neotesan, surov
caddis-worm [kǽdiswə:m] n zool ličinka velike moljarice
caddy I [kǽdi] n čajnica
caddy II [kǽdi] glej caddie; joc človek, ki se preživlja s priložnostnim delom
cadence [kéidəns] n ritem; mus intonacija; kadenca; ubranost; enakomeren korak
cadency [kéidənsi] n mlajša linija (v rodovniku)
cadent [kéidənt] adj ki pada; ki zahaja
cadenza [kədénzə] n mus kadenca
cader, E cadre [kǽdə] n mil kader
cadet [kədét] n kadet, vojaški gojenec; pripadnik ruske konstitucionalno-demokratske stranke; mlajši sin, mlajši brat; A zvodnik

cadetship [kədétšip] n čin kadeta; kadetstvo
cadge [kædž] vt & vi krošnjatiri; (for) prosjačiti; izsiljevati; živeti na tuj račun
cadger [kǽdžə] n krošnjar; berač; prisklednik
cadgy [kǽdži] adj Sc E dial vesel; malopriden; pohoten
cadi [ká:di] n sodnik
cadmic [kǽdmik] adj chem kadmijev
cadmium [kǽdmiəm] n chem kadmij
caduceus [kədjú:siəs] n glasniška palica; Merkurjeva palica (ovita z dvema gadoma)
caducity [kədjú:siti] n odpadanje; minljivost; senilnost, hiravost
caducous [kədjú:kəs] adj bot odpadljiv; veneč; minljiv
caecum [sí:kəm] n anat slepič
Caesarean, Caesarian [sizéəriən] adj cesarski; ~ birth, ~ operation med cesarski rez
caesious [sí:siəs] adj sivozelen, modrikastozelen
caesium [sí:zjəm] n chem cezij
caesura [sizjúərə] n cezura, odmor sredi stopice
café [kǽfei, káfe] n kavarna; kava; ~ ou lait (kǽfeiouléi) bela kava; ~ noir [kǽfenwá:] črna kava
cafeteria [kæfitíəriə] n samopostrežna restavracija
caffeic [kəfí:ik] adj kavin; kofeinov
caffeine [kǽfiin] n chem kofein
caftan [kǽftən] n kaftan, vrsta orientalskega oblačila
cage I [keidž] n kletka; varovalna mreža; dvigalo; coll zapor
cage II [keidž] vt v kletko, coll v ječo zapreti
cageling [kéidžliŋ] n ptiček (v kletki)
cager [kéidžə] n coll košarkar
cagey, cagy [kéidži] adj sl prebrisan, zvit; to play it ~ biti previden, omahovati
cahoot [kəhú:t] n A coll soudeležba; to go ~s enakomerno razdeliti dohodke in izdatke
caiman glej cayman
caique [kaií:k] n vrsta čolna, turška barka
Cain [kein] n Kajn: to raise ~ zagnati krik in vik
caird [kɛəd] n Sc potepuh, cigan
cairn [kɛən] n nagrobni spomenik; mejnik; kup kamenja; ~ terrier pasma škotskega terierja; to add a stone to s.o.'s ~ poveličevati koga po smrti
cairngorm [kéəngó:m] n min kamena strela
caisson [kéisən] n municijski voz, keson; zvon za podvodna dela; ~ disease kesonska bolezen potapljačev
caitiff [kéitif] 1. n lopov, malopridnež; strahopetec; 2. adj prostaški, lopovski; strahopeten
cajole [kədžóul] vt dobrikati, laskati, prilizovati se, kaditi komu; prevarati; to ~ into s.th. (z laskanjem) pridobiti za kaj; to ~ out of s.th. odvrniti od česa
cajolement [kədžóulmənt] n dobrikanje, laskanje prilizovanje
cajoler [kədžóulə] n prilizovalec, lizun
cajolery [kədžóuləri] glej cajolement
cajoling [kədžóuliŋ] adj (~ly adv) dobrikav, laskav
cake I [keik] n pecivo, pogača, kolač; kos (mila), tablica (čokolade); tropine; my ~ is dough zelo sem razočaran, ni se mi posrečilo; ~ and ale veselje, zabava; to have one's ~ baked

živeti v obilju; **you cannot eat your** ~ **and have it** ne moreš imeti eno in drugo; **I wish my** ~ **were dough again** škoda, da ni več tako kakor je bilo; **it goes like hot** ~ **s** hitro gre v denar; *fam* **to take the** ~ dobiti prvo nagrado, biti sijajen; **that takes the** ~ to presega vse
cake II [keik] **1.** *vi* strditi, zlepiti, stisniti, sesiriti, sesesti se; **2.** *vt* strditi, speči, spojiti; zlepiti
cakewalk [kéikwə:k] *n A* vrsta črnskega plesa; *coll* igrača
caky [kéiki] *adj* pogačast, kolaču podoben; *dial* topoglav
calabash [kǽləbæš] *n bot* buča, grljanka; *joc* glava; bučica (kot posoda npr. za vodo); ~ **tree** vrsta ameriškega tropskega drevesa; kruhovec
calaboose [kæləbú:s] *n A sl* ječa, zapor
calamander [kæləmǽndə] *n* vrsta trdega, ebenovini podobnega indijskega lesa
calamary [kǽləməri] *n zool* ligenj
calamine [kǽləmain] *n min* kalamina
calamint [kǽləmint] *n bot* šatraj
calamitous [kəlǽmitəs] *adj* (~ **ly** *adv*) nesrečen, razdejalen, katastrofalen
calamity [kəlǽmiti] *n* nesreča, beda, nadloga, razdejanje, katastrofa; ~ **howler** nergač, pesimist
calamus [kǽləməs] *n bot* rogoz, trst
calash [kəlǽš] *n* vrsta lahke kočije; streha kočije; vrsta ženske kapuce
calcareous [kælkɛ́əriəs] *adj* apnenčev, apnenčast
calceolaria [kælsiəlɛ́əriə] *n bot* čeveljčki
calcic [kǽlsik] *adj* apnen
calciferous [kælsífərəs] *adj* apnenčev
calcification [kælsifikéišən] *n* poapnitev
calcify [kǽlsifai] **1.** *vt* poapniti, okamniti; **2.** *vi* poapneti, okamneti
calcimine [kǽlsimain] *vt* z apnom pobeliti
calcination [kælsinéišən] *n* kalcinacija, zaapnitev; apnarjenje; upepelitev
calcine [kǽlsain] *vt & vi* kalcinirati; (apno) žgati; upepeliti
calciner [kǽlsainə] *n* apnar
calcite [kǽlsait] *n min* kalcit, apnenec
calcium [kǽlsiəm] *n chem* kalcij, apnik; ~ **oxide** žgano apno, jedko apno
calcspar [kǽlkspa:] *n min* kalcit, apnenec
calculability [kælkjuləbíliti] *n* preračunljivost; verjetnost; zanesljivost
calculable [kǽlkjuləbl] *adj* (**calculably** *adv*) preračunljiv; verjeten; zanesljiv
calculate [kǽlkjuleit] **1.** *vt* računati, izračunati, preračunati; pretehtati; (*for*) urediti; *A coll* misliti, domnevati; **2.** *vi* (*on, upon*) računati, zanašati se (na)
calculated [kǽlkjuleitid] *adj* premišljen, nameren; **to be** ~ **for** biti primeren za
calculating [kǽlkjuleitiŋ] *adj* računski; preračunljiv; ~ **machine** računski stroj
calculation [kælkjuléišən] *n* računanje, cenitev, pretehtavanje; račun; proračun, kalkulacija; **to be out in one's** ~ uračunati se
calculative [kǽlkjulətiv] *adj* (~ **ly** *adv*) računski, proračunski; preračunan
calculator [kǽlkjuleitə] *n* računar; računska tabela; računski stroj
calculi [kǽlkjulai] *n pl* od **calculus**

calculous [kǽlkjuləs] *adj med* ki ima kamenčke
calculus [kǽlkjuləs] *n* račun; *med* kamenček; **differential** ~ diferencialni račun; **integral** ~ integralni račun
caldron [kó:ldrən] glej **cauldron**
calefacient [kæliféišənt] *adj* ogrevalen, grelen
calefaction [kælifǽkšən] *n* ogrevanje, gretje
calefactory [kælifǽktəri] *adj* ogrevalen, grelen
calendar [kǽlində] **1.** *n* koledar; seznam, popis, imenik; almanah; **2.** *vt* vpisati, zapisati, registrirati, urediti
calendarer [kǽlindərə] *n* vpisnikar, registrator
calender I [kǽlində] *n* stiskalnica, kalander, monga, stroj za satiniranje
calender II [kǽlində] *vt techn* valjati, stiskati, satinirati, kalandrirati, mongati
calender III [kǽlində] *n* potujoči derviš
calendry [kǽlindri] *n* satiniranje, monganje, kalandriranje
calends [kǽlindz] *n pl* kalende; **at** (ali **on**) **the Greek** ~ nikoli
calendula [kəléndžələ] *n bot* ognjič
calenture [kǽlentjuə] *n med* tropska mrzlica
calescence [kəlésns] *n* dviganje toplote, ogrevanje
calescent [kəlésnt] *adj* ogrevan, ogrevalen
calf, *pl* **calves I** [ka:f, ka:vz] *n* tele; mladič večjih sesalcev; teletina (usnje); *fig* tepec; **to kill the fatted** ~ navdušeno koga sprejeti; ~ **love** pubertetniška ljubezen; ~'**s teeth** mlečni zobje; **in** (ali **with**) ~ breja (krava); **to eat the** ~ **in the cow's belly** delati račun brez krčmarja; **to slip her** ~ skotiti tele
calf, *pl* **calves II** [ka:f, ka:vz] *anat* meča
calfdozer [ká:fdouzə] *n techn* majhen buldozer
calfskin [ká:fskin] *n* teletina (koža)
calibrate [kǽlibreit] *vt* kalibrirati, preverjati, preveriti mere
calibration [kælibréišən] *n* kalibriranje, preverjanje mer
calibre, *A* **caliber** [kǽlibə] *n* notranji premer cevi, kaliber, premer naboja; *fig* kakovost; zmožnost, sposobnost
calico [kǽlikou] **1.** *n* kaliko (bombažna tkanina); *A* katun; **2.** *adj* kalikojev; *A* katunast; ~ **horse** konj z belimi lisami
calico-ball [kǽlikoubó:l] *n* ples, na katerem nosijo samo bombažne tkanine
calipash [kǽlipæš] *n* zdrizasto želvino meso izpod zgornjega oklepa
calipee [kǽlipi:] *n* zdrizasto meso iznad spodnjega oklepa
caliper glej **calliper**
caliph [kǽlif, kéilif, ká:lif] *n* kalif, islamski poglavar
caliphate [kǽlifeit, kéilifeit] *n* kalifat
calix, *pl* **calices** [kéiliks, kéilisi:z] *n anat* čašica; čašast organ
calk I [kɔ:k] *vt* prerisati, kopirati
calk II [kɔ:k] **1.** *n* ozobec na podkvi; *A* podkvica na peti; **2.** *vt* podkovati z ostrimi žeblji, pritrditi dereze (proti drsenju)
calk III [kɔ:k] glej **caulk**
calkin [kǽlkin] *n* dereza
call I [kɔ:l] **1.** *vt* klicati, poklicati; zbuditi, imenovati; smatrati; sklicati; *A* telefonirati; *com* terjati; *A fam* grajati; *bibl* zadeti, doleteti;

2. vi klicati, vpiti; telefonirati; (on, upon) obiskati, priti; mar (at) pristati; (at) oglasiti se pri, zaviti kam; **to ~ attention to s. th.** opozoriti na kaj; **to ~ to account** poklicati na odgovor; **what age do you ~ him?** koliko mislite, da je star?; A coll **let it ~ a day** naj bo za danes dovolj; **to ~ to mind** spomniti, priklicati v spomin; **to ~ s.o. names** (o)zmerjati koga; **to have nothing to ~ one's own** biti brez sredstev; **to ~ in question** (po)dvomiti; **to ~ a spade a spade, to ~ things by their names** reči bobu bob; **to ~ it square** (ali **quits**) smatrati za urejeno; **to ~ into being** ustvariti; **to ~ a halt** ustaviti se; **to ~ a meeting** sklicati sestanek; **not to have a moment to ~ one's own** ne imeti niti trenutka zase; **to ~ to order** posvariti, opomniti; **to ~ the banns** oklicati; **to ~ cousins with s.o.** sklicevati se na sorodstvo s kom; **to ~ into play** spraviti v tek; **to ~ to witness** poklicati za pričo; **to be ~ed** imenovati se; **to be ~ed to the bar** postati odvetnik; **to ~ the roll** mil poklicati zbor, klicati po imenih
call aside vt stran poklicati
call at vi oglasiti se; naut pristati kje
call away vt odpoklicati
call back vt nazaj poklicati, odpoklicati; preklicati
call down vt izzivati, izzvati, poklicati; grajati; znižati (ceno)
call for vt priti po kaj ali koga; zahtevati; com **called for** zahtevan; **to be (left till) called for** poštno ležeče, poste restante
call forth vt zahtevati, potrebovati; izzvati; potegniti za seboj
call in vi & vt nastopiti, vstopiti; povabiti; odpovedati; vzeti iz obtoka; priskrbeti (dokaze)
call on vi & vt oglasiti se, obiskati, zaviti kam; (for) prositi, zahtevati; sklicevati se
call out vt & vi pozvati; vzklikniti; poklicati (vojsko)
call over vt naglas prebrati (imena), klicati po imenu; **~ the coals** grajati, ozmerjati
call together vt sklicati
call up vt gor poklicati; poklicati po telefonu; mil vpoklicati; spomniti
call upon vt obrniti se (na koga); glej tudi **to call on**
call II [kɔl] n klic, poziv, sklic; zvočni signal, vabilka za ptiče; (kratek) obisk (on s.o., at a place); prihod ladje v pristanišče; vabilo; poklic; imenovanje; zahteva, prošnja; povod; nalog; telefonski klic; com opomin; povpraševanje (po blagu); **at ~** pripravljen izvršiti nalog, na razpolago; blizu, nedaleč; **~ to arms** (ali **the colours**) vpoklic; **to have no ~ to do s.th.** ne imeti povoda, ne čutiti potrebe nekaj storiti; **to have no ~ on s.o.'s time** ne imeti pravice koga zadrževati; **to pay** (ali **make**) **a ~** (on) obiskati, oglasiti se; **to have a close ~** za las uiti; **to obey the ~ of nature** iti na stran; **roll ~** klicanje imen prisotnih; **to give a ~** poklicati po telefonu; **for the ~ of** na razpolago (koga); **to take a ~** stopiti pred zastor (igralec po ploskanju); **within ~** dosegljiv; **house of ~** zatočišče; borza dela; **place of ~**

trgovska hiša; **no ~ to blush** ni se ti treba sramovati
call-bell [kɔ:lbel] n zvonec za alarm; zvonec za postrežbo
call-bird [kɔ:lbə:d] n vabič, vabnik
call-booth [kɔ:lbu:θ] glej **call-box**
call-box [kɔ:lbɔks] n telefonska celica
call-boy [kɔ:lbɔi] n tekač, mali; theat suflerjev pomočnik
call-day [kɔ:ldei] n dan imenovanja za odvetnika
caller I [kɔ:lə] n obiskovalec, -lka, klicalec, -lka; com stranka
caller II [kɔ:lə] adj Sc svež (riba, zrak)
call-girl [kɔ:lgə:l] n dekle na poziv
calligrapher [kəlígræfə] n lepopisec, kaligraf
calligraphic (kəlígræfik) adj (~ally adv) lepopisen, kaligrafski
calligraphist [kælígræfist] glej **calligrapher**
calligraphy [kəlígræfi] n lepopis, kaligrafija
calling [kɔ:liŋ] n poklic, imenovanje, vabilo
calling-card [kɔ:liŋka:d] n A vizitka, posetnica
calling-hour [kɔ:liŋauə] n govorilna ura; ordiniranje
calling-out [kɔ:liŋaut] n mil vpoklic, poziv
calliper [kælipə] **1.** n šestilo; **2.** vt s šestilom meriti
callisthenic [kælisθénik] adj ritmično gimnastičen
callisthenics [kælisθéniks] n pl telovadba, ritmična gimnastika
call-loan [kɔ:lloun] n kratkoročno posojilo na vrednostne papirje
call-meeting [kɔ:lmi:tiŋ] n izredni sestanek
call-money [kɔ:lmʌni] n glej **call-loan**
call-note [kɔ:lnout] n klic vabilke, vabiča
call-office [kɔ:ləfis] n telefonski urad
callosity [kælósiti] n otrdelost, žuljavost, žulj; fig neobčutljivost
callous [kæləs] adj (~ly adv) žuljav, otrdel; fig neobčutljiv, neusmiljen
callousness [kæləsnis] n otrdelost; fig neobčutljivost, brezčutnost, vnemarnost
callow [kælou] adj gol, negoden; fig neizkušen, nezrel; Ir nižinski, poplaven
call-up [kɔ:lʌp] n mil vpoklic
callus [kæləs] n žulj
calm I [ka:m] adj (~ly adv) miren, hladnokrven; tih; brezvetern; **to fall ~** umiriti se; poleči se
calm II [ka:m] n mir, tišina; brezvetrje; **dead ~** popolna, mrtva tišina
calm III [ka:m] **1.** vt pomiriti, umiriti, stišati; **2.** vi pomiriti se, poleči se, popustiti, ponehati; **to ~ down** pomiriti se, poleči se
calmative [kælmətiv, ká:mətiv] **1.** adj med pomirjevalen; **2.** n pomirjevalno sredstvo
calmness [ká:mnis] n tišina, mir; brezvetrje
calomel [kæləmel] n chem kalomel
calorescence [kælərésəns] n phys sprememba toplotnih žarkov v svetlobne
calor [kælə] n toplota
caloric [kəlórik] n phys toplota
caloricity [kælərísiti] n phys kalorična vrednost
calorie [kæləri] n phys kalorija; **major ~** velika kalorija; **lesser ~** mala kalorija
calorific [kælərífik] adj toploten, grelen; kaloričen; **~ value** kalorična vrednost
calorifier [kəlórifaiə] n grelec, grelnik, kurilna naprava

calorify [kəlɔ́rifai] *vt* ogrevatı
calorimeter [kəlɔ́rimitə] *n phys* kalorimeter, priprava za merjenje množine toplote
calory [kǽləri] glej calorie
calotte [kəlɔ́t] *n* duhovnikova čepica
caltrop [kǽltrəp] *n mil* železna krogla s štirimi ostrimi roglji; *bot* trnati glavinec; land ~ zobačica; water ~ zgoščeni dristavec; vodni orešek
calumet [kǽljumet] *n* indijanska pipa; simbol miru; to smoke the ~ together mir skleniti, pomiriti, spraviti se
calumniate [kəlʌ́mnieit] *vt* opravljati, obrekovati; (o)klevetati
calumniation [kəlʌmniéišən] *n* opravljanje, obrekovanje, kleveta
calumniator [kəlʌ́mnieitə] *n* opravljivec, obrekovalec
calumniatory [kəlʌ́mnieitəri] *adj* (calumniatorily *adv*) opravljiv, obrekljiv
calumnious [kəlʌ́mniəs] *adj* (~ly *adv*) opravljiv, obrekljiv
calumny [kǽlʌmni] *n* kleveta, obrekovanje
calvary [kǽlvəri] *n* kalvarija
calve [ka:v] *vi & vt* oteliti se; odvreči kose ledu (ledenik)
calves [ká:vz] *pl* od calf
Calvinism [kǽlvinizm] *n* kalvinizem, kalvinstvo
Calvinist [kǽlvinist] 1. *adj* kalvinski; 2. *n* kalvinec
calvinistic [kælvinístik] *adj* (~ally *adv*) kalvinističen
calvish [ká:viš] *adj* telečji; neumen
calyces [kéilisi:z] *pl* od calyx
calycle [kǽlikl] *n bot* čašni list
calyx, *pl* calices [kéiliks, kéilisi:z] *n bot* čaša
cam [kæm] *n techn* naperek
camarilla [kæmərílə] *n* tajna družba; klika
camber [kǽmbə] 1. *n* izboklina; naklon kolesa; 2. *vt & vi* (iz)bočiti (se)
cambered [kǽmbəd] *adj* ukrivljen, usločen
cambist [kǽmbist] *n* borznı senzaɩ, menjalec
cambium [kǽmbiəm] *n bot* kambij
cambrel [kǽmbrəl] *n* mesarskı kavelj
Cambrian I [kǽmbriən] *adj* waleški; *geol* kambrijski
Cambrian II [kǽmbrıən] *n* prebivalec, -lka Walesa
cambric [kéimbrik] *n* vrsta tenkega platna, batist; ~ tea čaj z mlekom in sladkorjem
came I [keim] *pt* od come
came II [keim] *n* steklarski svinec
camel [kǽməl] *n zool* kamela, velblod; *techn* naprava za dviganje ladij; vrsta letala; *fig* neverjetna reč; to break the ~'s back preobremeniti koga
camel-backed [kǽməlbækt] *adj* grbast
camel-driver [kǽməldraɪvə] glej cameleer
cameleer [kæməlíə] *n* gonjač kamel, kamelar
camel-hair [kǽməlhɛə] kamelja dlaka
camellia [kəmíljə] *n bot* kamelija
camelopard [kǽmiləpa:d] *n zool* žirafa
camelry [kǽməlri] *n* čete na kamelah
cameo [kǽmiou] *n* kameja
camera [kǽmərə] *n* temnica; fotografski aparat; in ~ brez navzočnosti javnosti
cameraman [kǽmərəmən] *n* fotograf, snemalec, kinooperater

camera-stand [kǽmərəstænd] *n* fotografski stativ
Cameronians [kæməróunjənz] *n pl* prvi bataljon škotskih strelcev
camion [kǽmion] *n* tovornjak, kamion
camisole [kǽmisoul] *n* jopič, telovnik, kamižola
camlet [kǽmlit] *n* lahko blago za plašče, kamelot
camomile [kǽməmail] *n bot* kamilica
camouflage [kǽmufla:ž] 1. *n* prikrivanje, kamuflaža; 2. *vt* prikrivati, kamuflirati
camp I [kæmp] *n* tabor, taborišče, šotorišče, začasno bivališče; šotorjenje; *fig* vojaško življenje; to break up (ali strike) a ~ zapustiti, pospraviti taborišče; concentration ~ koncentracijsko taborišče; ~ follower marketandar(ica); vojaška prostitutka; to pitch a ~ utaboriti se; in the same ~ enakih misli; courts and ~s dvorsko in vojaško življenje
camp II [kæmp] *vi & vt* taboriti; utaboriti (se); to ~ out spati v šotoru, na prostem, pod milim nebom
campaign I [kæmpéin] *n* bojni pohod, vojskovanje; politična gonja; electoral ~ volilni boj; on ~ v vojni službi, v službi na bojišču
campaign II [kæmpéin] *vi* udeležiti se vojnega pohoda ali politične kampanje, vojskovati se; delati propagando; ~ing life vojaško življenje
campaign-biography [kæmpéinbaiógræfi] *n A* predvolilen kandidatov življenjepis
campaign-book [kæmpéinbuk] *n A* predvolilni propagandni priročnik
campaign-emblem [kæmpéinemblem] *n A* značka stranke
campaigner [kæmpéinə] *n* borec, vojak veteran; an old ~ star vojak
campanile [kæmpəní:li] *n archit* zvonik
campanologist [kæmpənólədžıst] *n* zvonar
campanology [kæmpənólədžı] *n* zvonarstvo
campanula [kəmpǽnjulə] *n bot* zvončnica
campanulate [kəmpǽnjuleit] *adj* zvončast
camp-bed [kǽmpbed] *n* zložljiva postelja
camp-chair [kǽmpčɛə] *n* zložljiv lovski stolček
camp-colour [kǽmpkʌlə] *n* taboriščna zastava
camper [kǽmpə] *n* tabornik
campestral [kæmpéstrəl] *adj* poljski
camp-fever [kǽmpfi:və] *n med* epidemija (zlasti tifusa)
camp-fire [kǽmpfaiə] *n* taborni ogenj
camphor [kǽmfə] *n chem* kafra
camphorated [kǽmfəreitid] *adj* kafrn
camphoric· [kǽmfərik] *adj* kafrn, kafrov
camping [kǽmpiŋ] *n* taborjenje, kamping
campion [kǽmpjən] *n bot* kukavica
camp-meeting [kǽmpmi:tiŋ] *n A* cerkveni obredi na prostem
camp-shedding [kǽmpšediŋ] *n* utrditev brega ali obale (z debelimi deskami)
camp-sheeting [kǽmpši:tiŋ] glej camp-shedding
camp-shot [kǽmpšət] glej camp-shedding
camp-site [kǽmpsait] *n* taborišče
camp-stool [kǽmpstu:l] *n* zložljiv stolček
campus [kǽmpəs] *A* 1. *n* univerzitetno zemljišče; 2. *adj* univerziteten
camshaft [kǽmša:ft] *n techn* palčna gred
can* I [kæn, kən] *v defect aux;* I ~ morem, znam; I ~'t, ~not [kænt, ka:nt] ne morem, ne znam; you ~ go lahko greš; I ~ see (hear) you vidim

(slišim) te; ~ **you translate it?** znaš to prevesti?
I ~**not but wish** ne morem si kaj, da si ne bi
želel, želim si le
can II [kæn] *n* kovinska posoda, lonec, čutara,
ročka, vedro; *A* pločevinasta konserva; *A* stra-
niščna školjka; *sl* ječa; *sl pl* slušalke; **to be cup
and** ~ biti velika prijatelja; **you'll carry the** ~
za to boš še plačal
can III [kæn] *vt A* konservirati; *sl* snemati
na plošče; *sl* odpustiti, odpraviti; ~ **it!** mol-
či(te), jezik za zobe!
canaille [kanáji:, kanéil] *n* sodrga
canal I [kənǽl] *n* kanal, prekop; *anat* **alimentary** ~
prebavila
canal II [kənǽl] *vt* izkopati kanal
canalization [kænəlaizéišən] *n* kanalizacija; usme-
ritev; regulacija
canalize [kǽnəlaiz] *vt* kanalizirati; usmeriti, usmer-
jati; regulirati
canal-navigation [kənǽlnævigéišən] plovba po ka-
nalu, prekopu
canard [kæná:rd, kaná:] *n* časniška raca, lažno
poročilo
canary [kənéərı] *n zool* kanarček; *arch* kanarsko
vino; svetlo rumena -barva
canary-bird [kənéəribə:d] *n zool* kanarček; *sl* obe-
šenjak
canary-coloured [kənéərikʌləd] *adj* svetlo rumen
canary-creeper [kənéərikri:pə] *n bot* deljenolistna
kapucinka
canary-grass [kənéərigra:s] *n bot* kanarska čužka
canary-seed [kənéərisi:d] *n* ptičja hrana
canasta [kənǽstə] *n* vrsta igre kart
canaster [kənǽstə] *n* grobo zdrobljen tobak, knaster
cancel I [kǽnsəl] *n* prečrtanje; razveljavitev, ukıni-
tev, preklic; *pl* votlinske klešče
cancel II [kǽnsəl] **1.** *vt* prečrtati, zbrısatı; razve-
ljaviti, odpovedati, ukiniti, preklicati; **2.** *vi*
ukiniti se, nevtralizirati se; **until** ~**led** do
preklica; **to** ~ **an order** preklicati naročilo,
stornirati; **to** ~ **out** nevtralızırati se; *fig* spod-
bijati se
cancellate(d) [kǽnsəleit(id)] *adj biol* mrežast, poro-
zen, luknjičav
cancellation [kænsəléišən] *n* razveljavitev, ukinitev,
prečrtanje, preklic
cancellous [kǽnsələs] glej **cancellate(d)**
cancer [kǽnsə] *n med zool* rak; *astr* Rak; **tropic
of Cancer** Rakov povratnik
cancerous [kǽnsərəs] *adj* rakast
cancroid [kǽŋkrɔid] *adj* raku podoben, rakast
candela [kǽndələ] *n* sveča
candelabra glej **candelabrum**
candelabrum, *pl* **candelabra** [kændilá:brəm, kændi-
lá:brə] *n* kandelaber, velik svečnik, steber za
svetilko, ulična svetilka
candent [kǽndənt] *adj* razbeljen, žareč
candescence [kændésəns] *n* razbeljenost
candescent [kændésənt] *adj* razbeljen
candid [kǽndid] *adj* (~**ly** *adv*) čıst, pristen; od-
kritosrčen, iskren; pošten; nepristranskı; ~
camera fotografski aparat za hitre situacijske
posnetke, skrit vohunski fotoaparat; **to be** ~
odkrito povedano
candidacy [kǽndidəsı] *n* (*for*) kandidatura
candidate [kǽndıdeit, -dit] *n* (*for*) kandidat(inja)

candidature [kǽndidičə] glej **candidacy**
candidness [kǽndidnis] *n* odkritost, iskrenost, po-
štenost
candied [kǽndid] *adj* kandiran, usladkorjen; *fig*
priliznjen; *arch* ~ **tongue** sladke besede, prili-
zovanje
candle [kǽndl] *n* sveča; svetloba sveče; **to burn
the** ~ **on both ends** preveč delati; **not fit to hold
a** ~ **to s. o.** nevreden koga, ki mu ne sega niti
do kolen; **the game is not worth the** ~ ni vredno
truda in stroškov; **to hold a** ~ **to the devil**
dajati potuho; **with bell, book and** ~ kot se
spodobi; **not to hide** ~ **under bushel** rad poudar-
jati svoje zasluge; **to sell by inch of** ~ prodajati
na dražbi
candleberry [kǽndlberi] *n bot* voskovnik; njegov
plod
candle-bomb [kǽndlbəm] *n* osvetljevalna bomba
candle-ends [kǽndlendz] *n* ogorki sveč; *fig* drobne,
nepomembne stvari
candle-light [kǽndllait] *n* svetloba sveče
Candlemas [kǽndlməs] *n* svečnica, 2. februar
candlepower [kǽndlpauə] *n* sveča (kot svetlobna
mera)
candlesnuffer [kǽndlsnʌfə] *n* kajfež
candlestick [kǽndlstik] *n* svečnik
candle-wick [kǽndlwik] *n* svečni stenj
can-dock [kǽndək] *n bot* lokvanj
candour, *A* **candor** [kǽndə] *n* odkritost, iskrenost;
nepristranost
candy I [kǽndi] *n* kandis; sladkorček, bonbon
candy II [kǽndi] *vt* kandirati; s sladkorjem konser-
viratı; v sladkor kristalizirati; s sladkorjem
prevleči
candytuft [kǽnditʌft] *n bot* kobulni grenik
cane I [kein] *n bot* trst, bambus; palica, paličica,
trstikovka, šiba; **to give s. o. the** ~ pretepsti
koga; **sugar** ~ sladkorni trst; ~ **sugar** trstni
sladkor
cane II [kein] *vt* pretepstı; vtepsti; iz trstja splesti
cane-apple [kéinæpl] *n bot* jagodıčnıca
cane-brake [kéinbreik] *n bot A* trstje; trstišče;
cane-chair [kéinčəə] *n* trstni stol
canful [kǽnful] *n* (polna) ročka česa
canicular [kəníkjulə] *adj;* ~ **days** pasji dnevi
canine [kéinain, kǽnain] *adj* pasji; ~ **letter** črka *r;*
~ **madness** pasja steklina; ~ **appetite** (ali **hunger**)
volčja lakota; ~ **tooth** podočnjak
caning [kéiniŋ] *n* udarci
canister [kǽnistə] *n* pločevinasta škatla; ~ **shot**
šrapnel
canker I [kǽŋkə] *n med* rakasta tvorba, rak; *bot*
snet, rja; *fig* rakava rana, muka, hudo trpljenje,
črv
canker II [kǽŋkə] **1.** *vt* razjedati, glodati; okužiti,
zastrupiti; **2.** *vi* okužiti se, pokvariti se
cankered [kǽŋkəd] *adj* pokvarjen, razjeden; siten,
slabe volje
cankerous [kǽŋkərəs] *adj* rakast, gnojen; sneten;
trohneč; *fig* poguben, razdiralen
canker-worm [kǽŋkəwə:m] *n zool* škodljiva gose-
nica; *fig* žalost, zlo
cannabic [kǽnəbik] *adj* konopljen, konopen
cannabism [kǽnəbizəm] *n* uživanje marihuane

canned [kænd] *adj A* konserviran; *A* mehaničen, strojen; *sl* vinjen, v rožicah; ~ **music** gramofonska glasba; ~ **drama** film

cannel [kænəl] *min* bituminozen premog

canner [kænə] *n* delavec v tovarni konserv; lastnik tovarne konserv

cannery [kænəri] *n A* tovarna konserv

cannibal [kænibəl] **1.** *n* ljudožerec; žival, ki jé pripadnike svojega rodu; **2.** *adj* ljudožerski, kanibalski

cannibalism [kænibəlizəm] *n* ljudožerstvo

cannibalistic [kænibəlístik] *adj* (~ **ally** *adv*) ljudožerski, kanibalski

cannibalize [kænibəlaiz] *vt* (stroj) razstaviti in dele uporabiti za popravilo drugega

cannikin [kænikin] *n* pločevinasta škatlica, majhna ročka

cannon I [kænən] *mil* top; topovi; topništvo; votel valj

cannon II [kænən] *n* karambol, trk, trčenje; (biljard) trčenje krogel

cannon III [kænən] *vi* karambolirati; (*with*) trčiti; s topovi obstreljevati; (*against, into*) zaleteti se; **to** ~ **off** odbiti se od druge krogle (biljard)

cannonade [kænənéid] **1.** *n* topovsko streljanje, grmenje topov; **2.** *vt & vi* s topovi obstreljevati, bombardirati

cannon-ball [kænənbɔ:l] *n* topovska krogla

cannon-bit [kænənbit] *n* žvale

cannon-bone [kænənboun] *n anat* skočnica (konja)

cannon-clock [kænənklɔk] *n* top, ki se opoldne sam sproži (s pomočjo leče)

cannoneer [kænəníə] *n* topničar

cannon-fodder [kænənfɔdə] *n* hrana za topove, vojaki

cannon-proof [kænənpru:f] *adj* odporen proti topovskemu strelu

cannon-range [kænənreindž] *n* domet topniške krogle

cannonry [kænənri] *n* topništvo, artiljerija

cannon-shot [kænənšɔt] *n* topniški strel; **within** ~ v območju topniškega streljaja

cannot [kænət] glej **can't**; **I** ~ ne morem, ne znam; **I** ~ **but** moram, drugo mi ne preostaja; **I** ~ **away with this** tega ne zmorem

canny [kæni] *adj* (**cannily** *adv*) *Sc* previden, varčen, oprezen; zvit; zanesljiv; počasen, udoben; dober; miren; ~ **wife** babica, pomočnica pri porodu; ~ **moment** trenutek poroda

canoe I [kənú:] *n* kanu, drevak

canoe II [kənú:] *vi & vt* voziti (se) s kanujem; **to paddle one's own** ~ sam zase skrbeti, biti samostojen

canoeing [kənú:iŋ] *n* veslanje s prostim veslom v kanuju

canoeist [kənú:ist] *n* veslač kanuja, kanuist

canon I [kænən] *n* predpis, ukaz; norma; kriterij; zakon; cerkveni predpis; *mus* kanon; stopnja črk; ~ **law** cerkveno pravo

canon II [kænən] *n eccl* kanonik

canoness [kænənis] *n* kanonica (vrsta opatinje)

canonical [kənónikəl] *adj* (~ **ly** *adv*) *eccl* kanonski, kanoničen; standarden, predpisan

canonicals [kənónikəlz] *n pl* obredna oblačila

canonicity [kænənísiti] *n eccl* zakonitost

canonist [kænənist] *n* kanonist, poznavalec cerkvenega prava

canonistic [kænənístik] *adj* (~ **ally** *adv*) cerkvenopraven

canonization [kænənaizéišən] *n* kanonizacija, razglasitev za svetnika

canonize [kænənaiz] *vt* kanonizirati, razglasiti za svetnika

canonry [kænənri] *n* kanoništvo, kanonikat

cannoodle [kənú:dl] *vt & vi A sl* ljubkovati, srčkati (se)

can-opener [kænoupənə] *n A* odpirač konserv

canopy I [kænəpi] *n* baldahin; posteljna zavesa; napušč; *fig* ~ **(of heaven)** nebo; **under the** ~ na zemlji, na svetu

canopy II [kænəpi] *vt* z baldahinom krasiti, prekriti

canopy-bed [kænəpibed] *n* postelja z baldahinom

canorous [kənó:rəs] *adj* (~ **ly** *adv*) melodičen, peven

cant I [kænt] *n* vekanje; blebetanje; žargon, rokovnjaški jezik; besedičenje; licemerstvo; **in the** ~ **of the day** v sodobnih krilaticah

cant II [kænt] *n* naklon, poševna ploskev; trzaj, udarec; odklon

cant III [kænt] **1.** *vt* poševno prerezati; *naut* nazaj obrniti; nakloniti, nagniti; **2.** *vi* nagniti se; *naut* nazaj se obrniti; prevrniti se; **to** ~ **over** prevrniti

cant IV [kænt] *vt arch* prosjačiti; hinavsko govoriti ali se obnašati

cant V [kænt] *adj* rokovnjaški, puhel, hinavski; nagnjen

can't [ka:nt, *A* kænt] glej **cannot**

Cantab(rigian) [kæntæb, kæntəbrídžiən] *n* študent cambridgeske univerze

cantaloup(e) [kæntəlu:p] *n bot* melona

cantankerous [kæntǽŋkərəs] *adj* (~ **ly** *adv*) *coll* siten, prepirljiv, nergav, svojeglav; čemeren

cantankerousness [kæntǽŋkərəsnis] *n* prepirljivost, nergavost; čemernost

cantata [kæntá:tə] *n mus* kantata

canteen [kæntí:n] *n* krčma, kantina, menza; čutara; porcija (posoda); **dry** ~ vojaška kantina, v kateri ne prodajajo pijače; **wet** ~ vojaška kantina, v kateri prodajajo pijače; **industrial** ~ tovarniška menza

canter I [kæntə] *n* ježa v lahnem drncu; **to win in a** ~ zmagati brez težav

canter II [kæntə] **1.** *vi* jezditi v lahnem drncu; **2.** *vt* pognati (konja) v lahen drnec

canter III [kæntə] *n* hinavec, svetohlinec; ki govori v žargonu, gobezdač

canterbury [kæntəbəri] *n* stojalo za note itd.

cantharides [kænθǽridi:z] *n pl* španske muhe

cant-hook [kænthuk] *n A techn* obračalka, maček

canticle [kæntikl] *n eccl* himna, slavospev; *pl* Salomonova pesem

cantilever [kæntili:və] *n archit* nosilec, napušč, konzola

canting [kæntiŋ] *adj* (~ **ly** *adv*) hinavski, neodkrit, svetohlinski

cantle [kæntl] *n* odrezek (blaga), kos, del; zadnji del sedla

canto [kæntou] *n mus* spev; *arch* balada; tenor, sopran

canton I [kǽntən] **1.** *n* kanton, okraj; kvadrat v zgornjem delu grba; **2.** *vt* v kantone, okraje razdeliti
canton II [kæntón, kəntú:n] *vt* nastaniti vojsko
cantonal [kǽntənəl] *adj* kantonski, okrajen
cantonment [kæntú:nmənt] *n* nastanitev vojske; bivališče vojske
cantor [kǽntə:] *n* prvi pevec, cerkveni pevec
cantoris [kæntó:ris] *n* pevci na severni strani kora
Canuck [kənʌ́k] *n A sl* Kanadčan (zlasti francoskega rodu)
cantrip [kǽntrip] *n Sc* čaranje; prevara; šala
canvas I [kǽnvəs] *n* platno; jadro; jadrovina, šotorovina; ponjava; oljnata slika; *fig* šotor; **the ship is under** ~ ladja ima razpeta jadra; **the troops are under** ~ vojska tabori
canvas II [kǽnvəs] *adj* platnen
canvas-back [kǽnvəsbæk] *n zool* vrsta severnoameriške divje race
canvass I [kǽnvəs] **1.** *vt* preskušati, preisk(ov)ati, pretresati; nabirati glasove, kupce, naročila; **2.** *vi* agitirati
canvass II [kǽnvəs] *n* pretres, debata, preiskava; agitacija
canvasser [kǽnvəsə] *n A* agitator (za volitve); trgovski zastopnik, agent
canvassing [kǽnvəsiŋ] *n A* predvolilna kampanja
cany [kéini] *adj* trstov, trsten
canyon [kǽnjən] *n* kanjon, soteska
caoutchouc [káučuk] *n* guma, kavčuk
cap I [kæ] *n* čepica, kapica, klobuk, avba, pokrivalo; vrh; pokrov; vžigalna kapica; lesena čaša; ~ **acquaintance** površno poznanstvo; **to assume the black** ~ na smrt obsoditi; **a feather in one's** ~ nekaj, na kar smo lahko ponosni; **the** ~ **fits** prilega se (npr. pripomba); **to get one's** ~ postati član kluba; ~ **in hand** proseče; **his** ~ **is on one side** slabe volje je; ~ **lamp** rudarska svetilka (ki je na čelu); **night** ~ napitek pred spanjem; **to pull** ~ s prepirati se; **to put on one's considering** (ali **thinking**) ~ stvar dobro premisliti; **to send round the** ~ poslati nabiralno polo, nabirati prispevke; **she sets (up) her** ~ **at** (ali **for**) **him** trudi se, da bi ga pridobila; ~ **of maintenance** pokrivalo kot simbol položaja; **fool's** ~ čepica dvornega norca; format pisarniškega papirja; **steel** ~ čelada; ~ **and gown** akademska noša
cap II [kæp] **1.** *vt* pokriti; zapreti (npr. tubo); pozdraviti (z dvignjenjem čepice); *fig* prekositi; nasilno se polastiti; **that** ~ s **the lot** (ali **everything, the climax**) to presega vse, to je višek
capability [keipəbíliti] *n* (*of, to do*) sposobnost, zmožnost; moč; *pl* skrite sposobnosti; zmožnosti
capable [kéipəbl] *adj* (**capably** *adv*) (*of*) zmožen, sposoben; (*for*) primeren; ~ **of fulfilment** izpolnljiv; ~ **of improvement** izboljšljiv
capacious [kəpéišəs] *adj* (~ **ly** *adv*) prostran, obširen, prostoren
capaciousness [kəpéišəsnis] *n* prostranost, prostornost, velikost
capacitate [kəpǽsiteit] *vt* usposobiti, kvalificirati; *iur* pooblastiti
capacitor [kəpǽsitə:] *n* kondenzator

capacity [kəpǽsiti] *n* telesnina, kubatura, prostornost; zmožnost, sposobnost; poklic, služba, položaj; značaj; storilnost; pristojnost; **measure of** ~ votla mera; **full** (ali **filled**) **to** ~ do zadnjega kotička natrpan; **seating** ~ štcvilo sedežev; ~ **audience** (ali **house**) *A theat* polna hiša; **to work to** ~ s polno paro delati
cap-a-pie [kæpəpí:] *adv* od glave do nog; do zob (oborožen)
caparison I [kəpǽrisn] *n* okrasna podsedelna konjska odeja; svečana konjska oprema; *fig* oprema
caparison II [kəpǽrisn] *vt* (konja) pokriti, z opravo opremiti; okrasiti
cape I [keip] *n* rtič, predgorje; **to double a** ~ obpluti rtič; **The Cape** Rtič dobrega upanja; **The Cape boy** južnoafriški mešanec
cape II [keip] *n* ogrinjalo, pelerina; ovratnik
caper I [kéipə] *vt* skakljati, poskakovati; kozolce preobračati; **to** ~ **about** poskakovati
caper II [kéipə] *n* poskok, kozolec; burka; **to cut** ~ s kozolce preobračati, šale zbijati
caper III [kéipə] *n* kapra (začimba)
capercailye, capercailzie [kæpəkéilji, kæpəkéilzi] *n zool* divji petelin
caperer [kéipərə] *n* skakljač
capful [kǽpful] *n* (polna) čepica česa; malo; **a** ~ **of wind** pihljaj
capillarity [kæpilǽriti] *n phys* kapilarnost
capillary [kəpíləri] **1.** *adj* kapilaren, ko las tenek; **2.** *n anat* lasnica, kapilara
capilliform [kəpílifo:m] *adj* lasast, lasnat
capital I [kǽpitl] *adj* (~ **ly** *adv*) glaven; smrten (kazen); odličen, velik, izvrsten, nenavaden; osnoven; tehten; ~ **city** glavno mesto; ~ **fellow** fant od fare; ~ **goods** proizvodna sredstva; ~ **offence** (ali **crime**) hudodelstvo; ~ **letter** velika črka, velika začetnica; ~ **punishment** smrtna kazen; ~ **ship** bojna ladja, križarka; ~ **levy** davek iz imovine; ~ **and labour** delodajalci in delojemalci
capital II [kǽpitl] *n* glavnica, kapital; glavno mesto; velika začetnica; kapitel, glava (stebra); *fig* korist, dobiček; **circulating, floating** ~ obratni kapital, **block** ~ s velike tiskane črke; ~ **expenditure** (ali **outlays**) investicije; **to make a** ~ **out of s. th.** okoristiti se s čim; **working** (ali **operating**) ~ obratni kapital; **unproductive** ~ mrtvi kapital
capital-fund [kǽpitlfʌnd] *n* glavnica, kapital
capitalism [kǽpitəlizəm] *n* kapitalizem
capitalist [kǽpitəlist] *n* kapitalist(ka), bogataš, denarni mogotec
capitalist(ic) [kǽpitəlist(ik)] *adj* kapitalističen
capitalization [kæpitəlaizéišən] *n* kapitalizacija; pisanje, tiskanje z veliko črko
capitalize [kəpítəlaiz] *vt* kapitalizirati, v kapital spremeniti; pisati ali tiskati z veliko črko; **to** ~ **on** (ali **upon**) **s.th.** okoristiti se s čim
capitally [kǽpitli] *adv* sijajno, odlično; izredno, nenavadno; temeljito, tehtno; **to punish** ~ kaznovati s smrtno kaznijo
capital-stock [kǽpitlstɔk] *n* (delniška) glavnica; *A* delnica, delnice
capital-sum [kǽpitlsʌm] *n* kapital, gotovina
capitate(d) [kǽpiteit(id)] *adj bot* glavičast

capitation [kæpitéišən] *n* glavnina (davek); ~ grant dotacija glede na število oseb, ki izpolnjujejo pogoje

capitol [kǽpitl] *n* kapitelj; A Capitol stavba kongresa

capitolian [kæpitóuljən] *adj* kapiteljski

capitular [kəpítjulə] *adj* kapitolski

capitulate [kəpítjuleit] *vi* (*to*) vdati se, kapitulirati

capitulation [kəpitjuléišən] *n* (*to*) vdaja, kapitulacija

capon [kéipən] 1. *n* kopun; 2. *vt* skopiti, kastrirati (petelina); Norfolk ~ prekajeni slanik

caponize [kéipənaiz] *vt* skopiti, kastrirati

cap-paper [kǽppeipə] *n* ovojni papir; navadni format pisalnega papirja

capote [kəpóut] *n* plašč s kapuco; (dolg) vojaški plašč; ženski klobuk, privezan s trakovi; streha kočije, avtomobilski pokrov

capric [kǽprik] *adj* kozlovski; *chem* kapronski; ~ acid kapronska kislina

caprice [kəprí:s] *n* muhe, kaprica; spremenljivost, nestalnost

capricious [kəpríšəs] *adj* (~ ly *adv*) muhast, spremenljiv, nestalen

capriciousness [kəpríšəsnis] *n* muhavost, nestalnost, spremenljivost

capricorn [kǽprikɔ:n] *n* kozorog; tropic of Capricorn Kozorogov povratnik

caprine [kǽprain] *adj* kozji

capriole [kǽprioul] *n* skok (konja v višino)

capsicum [kǽpsikəm] *n bot* paprika

capsize [kǽpsaiz] 1. *vt & vi* prevrniti (se), prekucniti (se) (čoln); 2. *n* prevrnitev (čolna)

capstain [kǽpstən] *n naut* motovilo, vitel za dviganje sidra, jader

cap-stone [kǽpstoun] *n archit* sklepnik

capsular [kǽpsjulə] *adj bot* strokast, mošnjičast

capsule [kǽpsju:l] *n bot* strok, mešiček, peščišče; puščica, tok; glavica; ovojnica; *med* kapsula, oblat za zdravila; astronavtska kabina

captain I [kǽptɪn] *n* kapitan; načelnik; preddelavec, vodja; stotnik, poveljnik; ~ of foot pehotni kapitan; ~ of horse konjeniški kapitan; ~ of industry veleindustrijalec

captain II [kǽptin] *vt* poveljevati, voditi

captaincy [kǽptinsi] *n* poveljstvo; vodstvo; kapitanski čin

captainship [kǽptinšip] glej captaincy

captation [kæptéišən] *n* dobrikanje, prilizovanje

caption [kǽpšən] *n* overovljenje; aretacija; zaplemba; *A* napis, naslov; tekst filma; letter (ali warrant) of ~ zaporno povelje

captious [kǽpšəs] *adj* (~ ly *adv*) dlakocepski, pikolovski; prepirljiv, siten; zvijačen; varljiv

captiousness [kǽpšəsnis] *n* zvijačnost, varljivost; dlakocepstvo, pikolovstvo

captivate [kǽptiveit] *vt* prikleniti, pridobiti, očarati

captivating [kǽptiveitiŋ] *adj* (~ ly *adv*) očarljiv, privlačen

captivation [kæptivéišən] *n* očaranje; privlačnost

captive I [kǽptɪv] *adj* ujet; prevzet, očaran; ~ audience ljudje, ki so prisiljeni poslušati npr. radio; ~ baloon privezani balon; to lead ~ (od)peljati v ujetništvo; to take ~ ujeti

captive II [kǽptiv] *n* ujetnik, -nica

captivity [kæptíviti] *n* ujetništvo; ujetje; suženjstvo

captor [kǽptə] *n* lovilec, osvajalec; pirat; piratska ladja

capture I [kǽpčə] *n* zavzetje; aretacija; ujetnik; plen; *mar* ujeta, zaplenjena ladja; right of ~ pravica do zaplembe

capture II [kǽpčə] *vt* ujeti, uloviti; aretirati; zavzeti, zapleniti; to ~ attention zbuditi pozornost, privlačiti

capuchin [kǽpjušin] *n* kapucinec; ženski plašč s kapuco

capuchin-monkey [kǽpjušinmʌŋki] *n zool* kapucinka (opica)

capuchin-pigeon [kʌpjušinpidžən] *n zool* čopasti golob

car [ka:] *n* voz, avto, vagon, gondola, kabina; tramvaj; ~ jack, ~ lifter vzdigalo; hand ~ drezina

carabine [kǽrəbain] *n* karabinka

carabineer [kærəbiníə] *n* karabinjer

caracal [kǽrəkəl] *n zool* vrsta risa

caracole [kǽrəkoul] 1. *n* polobrat; poigravanje (konja); 2. *vi* poigravati se; levo, desno se obračati

caracul [kǽrəku:l] *n* vrsta perzijanca

carafe [kərá:f] *n* karafa, brušena steklenica

caramel [kǽrəmel] *n* žgani sladkor, karamela

carapace [kǽrəpeis] *n* oklep (želve, raka)

carat [kǽrət] *n* karat

caravan [kærəvǽn] *n* karavana; ciganski, cirkuški voz; hišica na kolesih

caravenserai [kærəvǽnsərai] *n* orientalsko prenočišče za karavane; *fig* velik hotel

caravansery [kærəvǽnsəri] glej caravanserai

caravel [kǽrəvəl] *n* karavela; *hist* španska brza ladja iz 15.—17. stol.

caraway [kǽrəvei] *n bot* kumina

carbide [ká:baid] *n* karbid

carbine [ká:bain] glej carabine

carbineer [ka:biníə] glej carabineer

carbo-hydrate [ká:bouháidreit] *n chem* ogljikov hidrat, ogljikovodik

carbolic [ka:bólik] *adj chem* karbolen; ~ acid karbolna kislina

carbolize [ká:bəlaiz] *vt* namočiti v karbolu; karbolizirati

carbon [ká:bən] *n chem* ogljik; kopirni papir; ~ black saje; ~ oil bencol; ~ copy kopija (z indigo papirjem); ~ dioxide ogljikov dvokis; ~ monoxide ogljikov oksid; ~ dating datiranje po razpadu izotopov ogljika

carbonaceous [ka:bənéišəs] *adj chem* ki vsebuje ogljik, ogljikov; *geol* premogov, premogast

carbonate I [ká:bəneit] *vt chem* zogleniti, karbonizirati

carbonate II [ká:bənit] *n chem* karbonat

carbonated [ká:bəneitid] *adj* z ogljikovo kislino nasičen, zoglenel

carbonic [ka:bónik] *adj chem* ogljikov; ~ acid ogljikova kislina; ~ oxide ogljikov oksid

carboniferous [ka:bónifərəs] *adj* ki vsebuje premog, premogoven

carbonization [ka:bənaizéišən] *n* oglenitev; koksanje

carbonize [ká:bənaiz] *vt* oglenitit; koksati; prevleči s tenko plastjo oglja

carbon-light [ká:bənlait] *n* obločnica

carborundum [ka:bərʌ́ndəm] *n* karborund, silicijev karbid

carboy [ká:bɔi] *n* stekleni balon, steklenica pletenka

carbuncle [ká:bʌŋkl] *n min* granat, rubin, ognjenec; *med* tvor, tur, čir; *pl* rdeče pege na obrazu

carbuncular [ka:bʌ́ŋkjulə] *adj* granatast, rubinov; tvorav, vnet

carburation [ka:buréišən] *n* uplinjenje

carburet [ká:bjuret] *vt chem* dodajati ogljik, uplinjati

carburetter, carburettor [ká:bjuretə] *n techn* uplinjač

carcajou [ká:kədžu:] *n zool* rosomah

carcass, carcase [ká:kəs] *n* okostje; mrlič, truplo, mrhovina; ogrodje; razvaline; *mil* zažigalna granata; to save one's ~ rešiti se, odnesti celo kožo

carcinogenic [ka:sinoudžénik] *adj med* rakast

carcinoma [ka:sinóumə] *n med* rak, karcinom

card I [ka:d] *n* karta, vizitka, izkaznica; lepenka; program; *A* časopisna objava; *fam* človek, dečko; čudak; compass ~ vetrovnica (na kompasu); to fling (ali throw up) one's ~s opustiti igro; to have all one's ~s in one's hand imeti vse prednosti; *fig* a house of ~s negotov položaj ali načrt; it is (ali that's) the ~ tako kaže, to je pravo, to je treba; it is on the ~ to je mogoče; a lively ~ veseljak; pack of ~s igra kart; to play at ~s kvartati; to tell fortunes upon ~s vedeževati iz kart; to play one's best ~s uporabiti svoje najboljše možnosti; to play one's ~s well (badly) biti spreten (nespreten); to speak by the ~ jasno se izražati; to throw one's ~s (on the table) vse odkrito povedati, priznati; a queer ~ čudak; trump ~ adut; to have a ~ up one's sleeve imeti nekaj za bregom; a knowing ~ navihanec; to lay one's ~s on the table igrati z odprtimi kartami; a loose ~ razuzdanec; a sure ~ zanesljiv človek; to speak by the ~ jasno se izražati; to leave ~s on s. o. obiskati koga; to make a ~ vzeti (pri kartah); visiting ~ vizitka; ration ~ živilska nakaznica

card II [ka:d] 1. *n* mikalnik; strgača; gradaše; 2. *vt* mikati, grebenati

cardamine [ka:dǽmini, ká:dəmain] *n bot* penuša

cardan [ká:dən] *adj tech* kardanski; ~ shaft kardanska gred

cardboard [ká:dbɔ:d] *n* lepenka, karton; *fig* le navidezen, neresničen

carder [ká:də] *n* mikalec, -lka, mikač; mikalnik

card-catalogue [ká:dkætələg] *n* kartoteka

card-file [ká:dfail] *n* kartoteka

cardiac [ká:diæk] 1. *adj anat* srčen; 2. *n med* zdravilo za srce

cardigan [ká:digən] *n* pletena jopica; brezrokavnik

cardinal I [ká:dinl] *adj* (~ ly *adv*) osnoven, glaven; škrlaten; ~ number glavni števnik; ~ points glavne strani neba

cardinal II [ká:dinl] *n eccl* kardinal; glavni števnik; *zool* kardinal; vrsta kratkega ženskega jopiča; *sl* kuhano vino

cardinalate [ká:dinəleit] *n* kardinalstvo; kardinali

card-index [ká:dindeks] 1. *n* kartoteka; 2. *vt* urediti kartoteko

carding [ká:diŋ] *n* grebenanje, mikanje; *techn* ~ willow rahljalni volk

carding-machine [ká:diŋməší:n] *techn* mikalnik

cardiogram [ká:diəgræm] *n med* kardiogram, grafični prikaz srčnega delovanja

cardiograph [ká:diəgræf] *n* kardiograf, priprava za merjenje srčnih utripov

cardiography [ka:dióigræfi] *n* kardiografija, grafično prikazovanje srčnih utripov

cardiology [ka:dióilədži] *n* kardiologija, nauk o srcu in srčnih boleznih

cardiometer [ka:diómitə] *n* kardiometer, priprava za merjenje dela srca

carditis [ka:dáitis] *n med* vnetje srčne mišice

cardoon [ka:dú:n] *n bot* artičoka

card-player [ká:dpleiə] *n* kvartač, kvartopirec

car-driver [ká:draivə] *n* voznik, -nica avtomobila

card-sharper [ká:dša:pə] *n* sleparski kvartač

card-thistle [ká:dθisl] *n bot* ščetica

carduus [ká:djuəs] *n bot* osat

care I [kɛə] *n* skrb, nega; zaskrbljenost, previdnost, pazljivost; marljivost, prizadevnost; to take (ali have) ~ (*of*) biti previden; to take (ali have) the ~ of poskrbeti za koga ali kaj; ~ of (kratica c/o) pri (v naslovih); Care Sunday peta postna nedelja; that shall be my ~ za to bom že jaz poskrbel; ~ killed (ali will kill) the cat pretirana skrb škoduje; with ~! pazi! previdno!

care II [kɛə] *vi* (*for, of, about*) skrbeti, negovati; marati; *A* zmoči, uspešno urediti; to ~ for rad imeti, zanimati se; much do I ~ for mar mi je, še na misel mi ne pride; I don't ~ ne ljubi se mi, ni mi mar; for aught (ali ought) I ~ zaradi mene, meni nič mar; I don't ~ if I do nimam nič proti; I don't ~ a pin (ali rap, damn, straw, cent, brass farthing, fig, feather, whoop) nič mi ni mar, vseeno mi je; what do I ~? kaj mi mar?

careen I [kərí:n] *vt & vi* nagniti (ladjo na bok); nagniti se, biti nagnjen

careen II [kərí:n] *n mar* nagnjenost; on the ~ na boku

careenage [kərí:nidž] *n* kraj, na katerem položimo ladjo na bok; plačilo za to delo

career I [kəríə] *n* tek, let; potek življenja; življenje; uspeh, razvoj; chequered ~ burna preteklost; in full ~ v največjem diru; *A* ~ man poklicni diplomat; to enter upon a ~ začeti svojo življenjsko pot

career II [kəríə] *vi* dirjati, hiteti, brzeti; leteti

careerist [kəríərist] *n* karierist, stremuh

carefree [kéəfri:] *adj* brezskrben, lahkomiseln

careful [kéəful] *adj* (~ ly *adv*) (*of*) skrben, pozoren, previden; (*for*) zaskrbljen; natančen, temeljit; be ~! pazi!

carefulness [kéəfulnis] *n* skrbnost, pozornost, previdnost; lahkomiselnost

care-laden [kéəleidən] *adj* hudo zaskrbljen

careless [kéəlis] *adj* (~ ly *adv*) (*of*) brezskrben, nemaren, nepreviden; razposajen, razuzdan; nepremišljen, lahkomiseln

carelessness [kéəlisnis] *n* brezskrbnost, nemarnost, nepremišljenost, neprevidnost; a piece of ~ nemarnost, nepremišljenost

care-lined [kéəlaind] *adj* od skrbi naguban (obraz)

caress I [kərés] *vt* ljubkovati, poljubljati, božati, objemati; dobrikati se caress II [kərés] *n* objemanje, poljubljanje, božanje, ljubkovanje; laskanje

caressing [kərésiŋ] *adj* (~ly *adv*) ljubkovalen, ljubezniv; ljubeč

caressive [kərésiv] *adj* (~ly *adv*) ljubkovalen

ϲaret [kǽrət] *n* korektorski znak pod črto za »izpuščeno«, »manjka« (ʌ)

caretaker [kǽəteikə] *n* strežaj; skrbnik, varuh; hišnik; šolski sluga; ~ government začasna vlada

care-worn [kéəwɔ:n] *adj* hudo zaskrbljen; izmozgan, izčrpan

carfax [ká:fæks] *n* križišče štirih cest

car-ferry [ká:feri] *n* trajekt

cargo [ká:gou] *n* ladijski tovor; ~ boat, ~ ship tovorna ladja; ~ tank tanker; to take in (ali load) a ~ naložiti tovor; to discharge (ali unload) a ~ razkladati tovor

cargo-vessel [ká:gouvesəl] *n* tovorna ladja

caribou, cariboo [kǽribu:] *n zool* ameriški severni jelen

caricature [kǽrikətjúə] 1. *n* karikatura; *fig* spaka, grdoba; 2. *vt* karikirati, osmešiti

caricaturist [kǽrikətjúərist[*n* karikaturist, risar karikatur

caries [kéəriiz] *n med* gnitje kosti ali zoba

carinate, carinated [kǽrineit, kǽrineitid] *adj* gredljast, gredljat; *archeol* klekast

carillon [kəríljən] *n* ubrano zvonjenje

carious [kéəriəs] *adj* gnil, razjeden (zob, kost)

carking [ká:kiŋ] *adj* nadležen, mučen, moreč

carl(e) [ka:l] *n Sc* kmetavz, možak

carline [ká:lin] *n Sc* babnica, babura; *bot* bodeča neža; *techn* bruno, ki utrjuje palubo; ~ thistle osat

carling [ká:liŋ] *n* bruno, ki utrjuje palubo; *cul* pražen grah, ki ga jedo na peto postno nedeljo

car-load [ká:loud] *n A* vagon (česa); voz, kamion (česa)

carlot [ká:lət] glej car-load

carman [ká:mən] *n* voznik, vozač; tramvajski sprevodnik

carminative [ká:minətiv] *n med* sredstvo proti vetrovom

carmine [ká:main] 1. *adj* karminsko rdeč; 2. *n* karmin

carnage [ká:nidž] *n* pokol, klanje, prelivanje krvi

carnal [ká:nl] *adj* (~ly *adv*) polten, telesen, mesen, pohoten; spolen; to have ~ intercourse with s.o. imeti spolne odnose s kom; ~ knowledge of spolno občevanje s

carnality [ka:nǽliti] *n* poltenost, pohota, čutnost

carnation I [ka:néišən] *n* rožnata barva, inkarnat; *bot* nagelj. klinček

carnation II [ka:néišən] *adj* rožnat

carnelian [kəní:ljən] *n min* karneol

carnival [ká:nivəl] *n* pust, hrupno veseljačenje, karneval; *fig* razvratno življenje; obilica česa

carnivore [ká:nivɔ:] *n* mesojedec

carnivorous [ka:nívərəs] *adj biol* mesojeden

carny, carnay [ká:ni] *vt coll* dobrikati, laskati se

carob(-tree) [kǽrəb(tri:)] *n bot* rožičevec

carob-bean [kǽrəbbi:n] *n* rožič

carol I [kǽrəl] *n* hvalospev; božična pesem; ptičje petje

carol II [kǽrəl] *vt & vi* prepevati, žvrgoleti; koledovati

carom [kǽrəm] *n A* karambol (biljard)

carotid [kərɔ́tid] *n anat* vratna utripalnica

carousal [kəráuzəl] *n* popivanje, veseljačenje

carouse [kəráuz] 1. *vi* popivati, gostiti se; 2. *n* popivanje, pirovanje

carousel [kərusél] *n* viteški turnir; vrtiljak

carouser [kəráusə] *n* veseljak

carp I [ka:p] *n zool* krap

carp II [ka:p] *vi* zbadati, zasmehovati; pričkati se, zabavljati; kritizirati

carpal [ká:pəl] *adj anat* zapesten

car-park [ká:pa:k] *n* parkirni prostor

carpel [ká:pel] *n bot* plodni list

carpenter I [ká:pintə] *n* tesar; ~'s axe tesla, vezača; ~'s bench skobeljnik; the ~ is known by his chips po delu spoznamo človeka

carpenter II [ká:pintə] *vi & vt* tesati, tesariti, sestavljati, graditi

carpenter-aunt [ká:pintəra:nt] *n zool* črna lesna mravlja

carpenter-bee [ká:pintəbi:] *n zool* lesna čebela

carpentry [ká:pintri] *n* tesarstvo, tesarsko delo

carper [ká:pə] *n* zbadljivec, zabavljač; dlakocepec

carpet I [ká:pit] *n* preproga; on the ~ na dnevnem redu; to do a ~ odsedeti kazen; to call on the ~ grajati; the question is on the ~ zadevo pretresajo; to walk the ~ dobi(va)ti ukor; bedside ~ predposteljnik

carpet II [ká:pit] *vt* s preprogami pokrivati; *coll* ošteti, grajati

carpet-bag [ká:pitbæg] *n* potna torba

carpet-bagger [ká:pitbægə] *n* potnik s potno torbo; potujoči bankir; *A* politični pustolovec; *E* politični agitator ali kandidat, ki ni iz kraja, v katerem kandidira

carpet-beater [ká:pitbi:tə] *n* iztepač

carpet-bedding [ká:pitbedin] *n* cvetlična preproga

carpeting [ká:pitiŋ] *n* blago za preproge

carpet-dance [ká:pitda:ns] *n* domači ples

carpet-knight [ká:pitnait] *n* vojak, ki se zabava v zaledju; zmuzne; gizdalin, salonski lev

carpet-runner [ká:pitrʌnə] *n* tekač (preproga)

carping I [ká:piŋ] *adj* (~ly *adv*) zbadljiv, prepirljiv, dlakocepski

carping II [ká:piŋ] *n* zbadljivost, prepirljivost, dlakocepstvo

car pooling [ká:pu:liŋ] *n A* skupen prevoz z zasebnim avtomobilom (zlasti v službo), da bi se zmanjšala gneča na cesti

car-port [ká:pɔ:t] *n* stranska, pomožna garaža

carpus, *pl* carpi [ká:pəs, ká:pai] *n anat* zapestje

carriage [kǽridž] *n* nošenje, prenos; dovoz; vozniha; voz, kočija, vagon; lafeta; šasija; vedenje, drža; izvršitev, izpolnitev; bill of ~ tovorni list; ~ and pair dvoprežna kočija; ~ and four četverovprežna kočija; to change ~s presesti; ~paid (ali free) franko

carrigeable [kǽəridžəbl] *adj* prenosen; prevozen, vozen

carriage-body [kǽəridžbədi] *n* karoserija

carriage-builder [kǽəridžbildə] *n* kolar

carriage-building [kǽəridžbildiŋ] *n* kolarstvo, kolarna

carriage-dog [kéəridždəg] n zool dalmatinec (pasma psa)
carriage-drive [kéəriddraiv] n cestišče, dovoz
carriage-entrance [kéəridžentrəns] n uvoz, uvozišče
carriage-forward [kéəridžfɔ́:wəd] n dobava na prejemnikov račun, povzetje
carriage-free [kéəridžfri:] n brezplačna dobava
carriage-horse [kéəridžhɔ:s] n vprežni konj
carriage-road [kéəridžroud] n vozna pot
carriage-way [kéəridžwei] n cestišče
carrick bend [kǽrikbend] n vrsta mornarskega vozla
carrier [kéəriə] n nosilec, nosač, špediter, sel; A pismonoša; letalonosilka; prtljažnik; med bacilonosec; common ~ javno prevozno sredstvo; ~ pigeon poštni golob; to send by Tom Long the ~ poslati po polžji pošti; air-craft ~ letalonosilka
carriole [kǽrioul] n lahek voz za eno osebo; kanadske sani
carrion I [kǽriən] n mrhovina, odpadki
carrion II [kǽriən] adj gnil, trohneč; ki se hrani z odpadki, mrhovino, mrhojed; fig gnusen
carrion-beetle [kǽriənbi:tl] n zool grobar
carrion-crow [kǽriənkrɔ:] n zool siva vrana
carronade [kærənéid] n mil vrsta kratkega mornarskega topa velikega kalibra
carrot [kǽrət] n bot korenje; sl pl rdeči lasje; rdečelasec
carroty [kǽrəti] adj rdečkast, rdeč (lasje)
carrousel glej carousel
carry I [kǽri] n streljaj, lučaj; Sc voziček; podenje oblakov
carry II [kǽri] 1. vt nositi, nesti; s seboj vzeti, peljati, prevažati; donašati, obroditi; doseči; podpirati, pospeševati; zmagati; zaslediti; izglasovati, sprejeti; 2. vi segati; aportirati, nesti; sl nadaljevati; to ~ all before one imeti velik uspeh, biti zelo priljubljen, premagati vse zapreke; to ~ coals to Newcastle zaman se truditi, vodo v morje nositi; to ~ the day zmagati; to ~ the House navdušiti, zase pridobiti parlament; to ~ into effect izvršiti; to ~ o.s. vesti, obnašati se; to ~ one's point uveljaviti svoj nazor; to ~ a thing too far iti predaleč, pretiravati; to ~ things (off) with a high hand domišljavo se vesti; to ~ too many guns biti premočen nasprotnik; to ~ weight biti vpliven, narediti vtis; to ~ in stock imeti na zalogi; to ~ a town z naskokom zavzeti mesto; to fetch and ~ prinesti, aportirati; biti pokoren, vršiti podrejeno službo; to ~ hearers (ali audience) with one navdušiti poslušalce; carried unanimously soglasno sprejeto
carry about vt s seboj nositi, prenašati, raznašati
carry along vt s seboj nositi; nadaljevati kaj; navdušiti
carry away vt odnesti, odpeljati; zapelj(ev)ati, očarati, navdušiti; to be carried away with s.th. navduševati se nad čim, ne se obvladati
carry back vt nazaj prinesti, vrniti, nazaj pripeljati
carry down vt dol prinesti ali pripeljati, sneti
carry forth vt izpeljati, sprožiti
carry forward vt prenesti (podatke na drugo stran); nadaljevati

carry in vt vnesti; vpeljati
carry off vt dobiti (nagrado); odnesti; izpeljati; to carry it off well dobro kaj izpeljati
carry · on vt & vi nadaljevati; opravljati svoje dolžnosti; vršiti, opravljati; fam slabo se obnašati; žalostiti se; razburjati se
carry out vt izvršiti, izpeljati
carry over vt prenesti; podaljšati, odložiti (za kasneje)
carry through vt izpeljati, dokončati; trajati
carry up vt gor nesti, navzgor popeljati
carry with vt imeti za posledico
carry-all [kǽriɔ́:l] n popotna torba; A vrsta voza
carry-forward [kǽrifɔ́:wəd] n com prenos
carrying [kǽriiŋ] n prevoz, transport; ~ trade prevozništvo; coll ~ s-on neolikano vedenje; ~ capacity nosilnost
carrying-agent [kǽriiŋeidžənt] n špediter, prevoznik
carry-over [kǽriouvə] n preživelost (starih običajev); prenos; podaljšanje (roka)
carsticker [ká:stikə] n nalepka na avtu
cart I [ka:t] n ciza, dvokolnica, voz; to put (ali set) the ~ before the horse delati v nasprotnem vrstnem redu; to be (put) in the ~ biti v neprilikah, težavah
cart II [ka:t] vt & vi voziti, peljati, prevažati (se) cart about s seboj nositi, vlačiti; potikati se cart off (ali away) odstraniti, odpeljati; sl z lahkoto zmagati
cartage [ká:tidž] n prevažanje; prevoznina
carte-blanche [ká:tbla:nš] n podpisan neizpolnjen obrazec; fig neomejena pooblastitev
cartel [ká:tel] n dogovor o zamenjavi ujetnikov; izzivalno pismo; kartel
carter [ká:tə] n voznik
cartful [ká:tful] n (poln) voz (česa)
Cartesian [ka:tízjən] 1. adj Descartesov; 2. n pristaš Descartesove filozofije
cart-horse [ká:thɔ:s] n vprežni konj
cartilage [ká:tilidž] n anat hrustanec
cartilaginous [ka:tilǽdžinəs] adj hrustančast
carting [ká:tiŋ] n prevoz, transport; prevoznina
cart-load [ká:tloud] glej cartful; coll velika množina; morje česa; to come down on s.o. like a ~ of bricks nahruliti koga
cartographer [ka:tɔ́grəfə] n kartograf, risar zemljevidov
cartographic [ka:təgrǽfik] adj (~ally adv) kartografski
cartography [ka:tɔ́grəfi] n kartografija, risanje zemljevidov
cartomancy [ká:təmænsi] n vedeževanje iz kart
carton [ká:tən] n beli krog v sredini tarče; karton, lepenka za škatle; škatla
cartoon I [ka:tú:n] n vzorec, načrt; patrona, šablona; karikatura; animated ~ risanka (film)
cartoon II [ka:tú:n] vt karikirati
cartouche [ka:tú:š] n mil naboj; škatla za naboje; archit okrasni okvir; napol zavit zvitek; archeol ploščica z imeni egiptskih kraljev
cartridge [ká:tridž] n naboj, patrona; varovalka; A zvitek fotografskega filma; blank ~ slepa patrona; ball ~ oster naboj
cartridge-belt [ká:tridžbelt] n pas za naboje

cartridge-paper [ká:tridžpeipə] *n* debeli papir, risarski papir
cart-rut [ká:trʌt] *n* kolovoz, kolesnica
cart-track [ká:ttræk] glej cart-rut
cartulary [ká:tjuləri] *n* kartoteka
cartwheel [ká:t(h)wi:l] *n* vozno kolo; *sl* velik novec; *pl* (bočni) kozolci; to turn (ali throw) ~ s prevračati kozolce (bočno)
cartwright (ká:trait] *n* kolar
carve [ka:v] 1. *vt* rezljati, klesati, rezbariti, izklesati; rezati, sekati; *fig* ustvariti, ukrojiti, izdelati; 2. *vi* rezbariti, klesati, rezati; everyone must ~ (out) his own fortune vsak je svoje sreče kovač
  carve out *vt* izrezati, izdelati, ustvariti; ~ a carrier for s.o. narediti kariero, napredovati v službi; ~ one's way utreti, utirati si pot
  carve up *vt* razrezati, razdeliti, razsekati
carvel [ká:vəl] *n* karavela
carven [ká:vn] *pp* od carve
carver [ká:və] *n* rezbar, kipar, tisti, ki reže pri mizi meso; razrezalnik, velik nož; to be one's own ~ biti svoje sreče kovač; a pair of ~ s velik nož in vilice
carving [ká:viŋ] *n* rezbarjenje, lesorez; rezbarija; sekanje
carving-fork [ká:viŋfə:k] *n* vilice za držanje mesa pri rezanju z razrezalnikom
carving-knife [ká:viŋnaif] *n* razrezalnik
caryatid [kæriǽtid] *n archit* kariatida, ženski kip kot steber
cascade [kæskéid] 1. *n* stopničasti slap, kaskada; 2. *vi* v kaskadah padati
case I [keis] *n* posoda, zaboj, tok, tul, kaseta; prevleka, oboj, obloga
case II [keis] *vt* vložiti v skrinjo, spraviti, zatakniti; obložiti, prevleči, pokriti
  case over *vt* odeti, prekriti
  case up *vt* spraviti v skrinjo, omaro itd.
case III [keis] *n* primer, naključje, dogodek; zadeva, vprašanje; *med* bolnik; *jur* tožba; *gram* sklon; *sl* čudak; a ~ velika ljubezen; *med* ~ history anamneza; as the ~ may be, put the ~ that kakor se vzame, recimo, da; in the ~ of v primeru, kar se tiče, glede na, če; in your ~ na vašem (tvojem) mestu; in any ~ vsekakor; just in ~ za vsak primer; to make out the ~ dokazati resnico; it has no ~ neutemeljeno je; it is not the ~ ni tako, zadeva ni takšna; a ~ in point značilen primer; in no ~ nikakor ne; to set (the) ~ domnevati; recimo, da; A to come down to ~ s preiti na zadevo; to make out a ~ for oneself sam se uspešno braniti; leading ~ prejšnji primer, precedens; in that ~ v tem primeru
case-ending [kéisendiŋ] *n gram* sklonsko obrazilo, sklonilo
case-harden [kéisha:dn] *vt* kaliti (jeklo); *fig* okoreti
case-hardened (kéisha:dnd] *adj* kaljen; okorel; brezobziren, neobčutljiv
casein [kéisiin] *n chem* mlečna beljakovina, kazein
case-knife [kéisnaif] *n* nož z nožnico
casemate [kéismeit] *n* kazemata, podzemni hodnik

casement [kéismənt] *n* oknica; ~ window okno z dvema oknicama ali več; ~ cloth platneni zastor
caseous [kéisiəs] *adj* sírov, sirast
case-record [kéisrekə:d] *n* anamneza; kartotečni listek
casern(e) (kəzə́:n] *n* kasarna, barake
case-shot [kéisšot] *n mil* šrapnel, karteča
case-stand [kéisstænd] *n* stavni regal, stavnik
case-weed [kéiswi:d] *n bot* navadni plešec
caseworker [kéiswə:kə] *n* patronažna sestra, negovalka na domu
case-worm [kéiswə:m] *n zool* ličinka velike moljarice
cash I [kæš] *n* gotovina, denar; balance of ~ gotovina v blagajni; hard ~ kovanci; to be in ~ imeti denar; ready ~ gotovina; loose ~ drobiž; to run out of ~ potrošiti ves denar; short (ali out) of ~ brez denarja; ~ payment plačilo v gotovini; ~ down denar na roko; obračunavanje v gotovini; ~ on delivery (C.O.D.) povzetje
cash II [kæš] *vt* vnovčiti, izplačati; zamenjati; izterjati; to ~ in vnovčiti, izplačati, izterjati; *sl* umreti; to ~ in on s.th. okoristiti se s čim
cash-account [kǽšəkaunt] *n* blagajniški račun
cash-and-carry (kǽšndkǽri] *n* sistem plačanja blaga v gotovini brez dobave
cash-balance [kǽšbæləns] *n* blagajniški saldo
cash-book [kǽšbuk] *n* blagajniška knjiga
cash-box [kǽšbɔks] *n* priročna blagajna
cash-desk [kǽšdesk] *n* blagajna
cashew [kæšú:] *n bot* akažu
cashier I [kæšíə] *n* blagajnik
cashier II [kæšíə] *vt* odpustiti, spoditi; vzeti službeno stopnjo, degradirati; zavreči
cash-keeper [kǽški:pə] *n* blagajnik
cashless [kǽšlis] *adj* (~ ly *adv*) brez denarja
cashmere [kæšmíə] *n* fina volna, kašmir
cash-price [kǽšprais] *n* cena za gotovino
cash-rates [kǽšreits] *n pl* efektivni tečaji
cash-system [kǽšsistəm] *n* plačanje v gotovini; on the ~ samo za gotovino
cash-transaction [kǽštrænzækšən] *n com* trgovanje za gotovino
casing [kéisiŋ] *n* nožnica, tok, obloga, opaž; prevleka, okenski podboj; plašč (na kolesu); okov, okvir; jeklena cev; *pl* črevesa za klobase
casino [kəsí:nou] *n* kazina, igralnica, klub; vrsta igre kart
cask [ka:sk] 1. *n* sod; 2. *vt* spraviti v sod
casket [ká:skit] *n* sodček; škatlica, skrinjica; *A* krsta; ~ coach mrliški voz
casque [kæsk] *n hist poet* čelada
cassation [kæséišən] *n* odprava, razveljavljenje, uničenje; court of ~ kasacijsko sodišče
casserole [kǽsəroul] *n* kozica; vrsta jedi iz mesa in zelenjave
cassia [kǽsiə] *n bot* kitajski cimetovec
cassock [kǽsək] *n* duhovniška halja, sutana; duhovniški poklic, duhovnik
cassolette [kæsəlét] *n* kadilnica (posoda)
cassowary [kǽsəwɛəri] *n zool* kazuar
cast I [ka:st] *vt & vi* vreči, metati, lučati; odvreči, zavreči; povreči, splaviti; obsoditi; bljuvati; goliti, leviti se; zgubiti, zgubljati (zobe); de-

liti vloge; izračunati; odpustiti (vojake); *jur* obsoditi na plačilo stroškov; uliti, ulivati; zviti se (les); križariti; *pt & pp* od **cast; to** ~ **anchor** usidrati se; **to** ~ **aspersion on** s.o. očrniti koga; *jur* **to be** ~ zgubiti pravdo; **to** ~ **beyond the moon** delati fantastične načrte; **to** ~ **the blame on** s.o. **for** s.th. valiti krivdo na koga zaradi česa; ~ **down** potrt; **to** ~ **dust in** s.o.**'s eyes** metati komu pesek v oči; ~ **for** s.th. primeren za kaj; **to** ~ **lots** žrebati; ~ **in the same mould** narejen po istem kalupu; *fig* ~ **in a cart** zapuščen; **to** ~ **into** s.o.**'s teeth** očitati komu; ~ **iron** lito železo, grodelj; **to** ~ **loose** odvezati (čoln); **to** ~ **a vote** glasovati; **to** ~ **the lead** meriti morsko globino; **to** ~ **spell on** s.o. ureči, začarati koga; *fig* ~ **stones at** s.o. obsojati obnašanje koga; **to** ~ **skin** leviti se; **to** ~ **into a sleep** uspavati; **to** ~ **into prison** zapreti v ječo; **the play is well** ~ igra je dobro zasedena

cast about *vi fig* premišljevati, preudarjati; *naut* križariti; premetavati

cast ashore *vt* vreči na obalo; **to be cast ashore** nasesti

cast aside *vt* odvreči, odložiti; ne upoštevati

cast away *vt* odvreči; zapraviti; **to be cast away** razbiti se, doživeti brodolom

cast back *vi* obrniti se; dobivati lastnosti prednikov; vrniti se

cast behind *vt* preteči; nazaj vreči; **to cast a look behind** nazaj pogledati

cast down *vt* potreti; podreti; povesiti (oči)

cast for *vi* iskati; *fig* domišljati se česa

cast forth *vi* bruhati (ogenj); izsevati

cast in *vt* vreči v; ~ **one's lot with** s.o. deliti usodo s kom

cast off *vt & vi* odvreči, zavreči; odgnati, spoditi; *naut* izpluti, odriniti; končati (pletenje)

cast on *vt* nasnovati zanke (pletenje)

cast out *vt* ven vreči; spoditi; izobčiti; bruhati; *dial* prepirati se

cast up *vt* gor vreči; odpreti (oči); izbljuvati; izračunati

cast II [ka:st] *n* met, metanje; litje, odlitek; vrsta, oblika; zasedba (vlog); tveganje; štetje; vzorec; izraz (obraza); prelivanje barv, odtenek; trnek z vabo; **men of our** ~ ljudje naše vrste; **to have a** ~ **in one's eye** škileti; ~ **of fortune** slučaj, naključje; **it has a green** ~ vleče na zeleno

castanets [kæstənéts] *n pl mus* kastanjete

castaway [ká:stewei] 1. *adj* odvržen, zavržen; 2. *n* zavrženec, brodolomec

caste [ka:st] *n* družabni razred, kasta; **to lose** ~ zgubiti družabni položaj

castellan [kæstələn] *n* graščinski oskrbnik, kastelan

castellated [kæstəleitid] *adj* s trdnjavskim zidom obdan; poln gradov; ~ **nut** kronasta matica

caster [ká:stə] *n* metalec; livar; kockar; sipalnik; računar; **pepper** ~ poprnica; **sugar** ~ sipnica za sladkor

caster-sugar [ká:stəšugə] *n* sladkor v prahu

cast-house [ká:sthaus] *n* livarna

castigate [kæstigeit] *vt* kaznovati, grajati; poboljševati

castigation [kæstigéišən] *n* kaznovanje, kazen, pokora; graja; huda kritika

castigator [kæstigeitə] *n* kaznovalec, grajalec

castigatory [kæstigeitəri] *adj* kazenski, grajalen

casting I [ká:stiŋ] *n* litje; odlitek; odločilni glas (volitve); zvijanje (lesovine)

casting II [ká:stiŋ] *adj* livarski

casting-box [ká:stiŋbɔks] *n* kalup

casting-form [ká:stiŋfɔ:m] *n* kalup

casting-mould [ká:stiŋmould] *n* kalup

casting-net [ká:stiŋnet] *n* metalna mreža

casting-vote [ká:stiŋvout] *n* odločilen glas

cast-iron [ká:staiən] *adj* iz surovega železa; *fig* trd, neobčutljiv; neupogljiv; strog

castle I [ká:sl, *A* kæsl] *n* grad; trdnjava (šah); *poet* velika ladja; ~ **s in the air** (ali **in the skies, in Spain**) gradovi v oblakih

castle II (ká:sl, *A* kæsl] *vt & vi* rokirati (šah)

castle-builder [ká:slbildə] *n* sanjač, fantast

cast-off [ká:stó:f] 1. *adj* zavržen, pregnan; manjvreden; 2. *n* zavrženec, -nka, pregnanec, -nka

castor I [ká:stə] *n zool* bober; bobrovina; kastorec (klobuk)

castor II [ká:stə] *n* sipalnik; stojalo za steklenice in začimbe; ~ **sugar** sladkor v prahu

castor III [ká:stə] *n med* koščen izrastek na notranji strani konjske noge

castor-oil [ká:stərɔil] *n* ricinovo olje; ~ **plant** kloščevec, ricinus

castrametation [kæstrəmetéišən] *n archeol* znanje postavljati tabore

castrate [kæstréit] *vt* skopiti, kastrirati; izločiti (dele knjige)

castration [kæstréišən] *n* sklopljenje, kastracija; izločitev (delov knjige)

cast steel [ká:ststí:l] *n* jeklena zlitina

casual I [kæžjuəl] *adj* (~ **ly** *adv*) slučajen, nepričakovan, priložnosten; nenameren, nereden, malomaren; ravnodušen; vsakdanji; negotov; športen (obleka); ~ **labourer** priložnostni delavec; ~ **poor** tisti, ki potrebuje občasno podporo; ~ **ward** zatočišče za brezdomce; ~ **acquaintance** bežno poznanstvo

casual II [kæžjuəl] *n* priložnostni delavec; začasen socialni podpiranec; *pl* udobni čevlji; *pl* ponesrečenci

casually [kæžjuəli] *adv* tu in tam

casualness [kæžjuəlnis] *n* slučajnost, naključje; površnost, nemarnost

casualty [kæžjuəlti] *n* nezgoda, smrtni primer; ranjenec, -nka, poškodovanec, -nka; *pl* izgube v vojni; *mil* **to sustain casualties** imeti izgube; ~ **insurance** nezgodno zavarovanje; **list of casualties** seznam mrtvih in ranjenih; ~ **clearing station** prehodna bolnica; ~ **ward** nezgodni oddelek

casuist [kæzjuist] *n* kazuist, sofist

casuistic [kæzjuístik] *adj* (~ **ally** *adv*) kazuističen; dvoumen

casuistry [kæzjuistri] *n* kazuistika, sofistika; dvoumnost

casuarina [kæzjuərínə] *n bot* vrsta avstralskega brezlistnega drevesa

cat I [kæt] *n* mačka, maček; bič, korobač; *coll* prepirljivka; dvojni trinožnik; **when the** ~ **'s away the mice will play** kadar mačke ni doma,

miši plešejo; **to bell the** ~ izpostavljati se nevarnosti; *A mil sl* ~ beer mleko; **to wait for the** ~ **to jump, to see how the** ~ **jumps** čakati na ugodno priložnost; **to fight like Kilkenny** ~ **s** boriti se na življenje in smrt; **before the** ~ **can lick the ear** nikoli; **when candles are out all the** ~**s are grey** ponoči je vsaka krava črna; **he lives under the** ~**'s foot** žena hlače nosi; **to grin like a Cheshire** ~ režati se, kazati zobe; **to lead** ~ **and dog life** živeti kot pes in mačka; **to let the** ~ **out of the bag** izblebetati skrivnost; **like a** ~ **on hot bricks** kakor na šivankah; **a** ~ **has nine lives** mačka je trdoživa; **enough to make a** ~ **laugh** smešen, da bi se še krave smejale; **it rains** ~**s and dogs** dežuje ko iz škafa; **to shoot the** ~ bljuvati, urha klicati; **as sick as a** ~ hudo bolan; slabe volje; **not room to swing a** ~ premalo prostora; **tom-**~ maček; **to turn a** ~ **in the pan** postati izdajalec, po vetru se obračati; izneveriti se; *sl* ~**'s whiskers** nekaj imenitnega; *sl* **not a** ~**'s chance, not a** ~ **in hell's chance** prav nič upanja; **a** ~ **may look at a king** še škofa lahko mačka gleda
cat II [kæt] *vt & vi vulg* bljuvati, urha klicati; s korobačem pretepsti; *naut* dvigniti sidro do izbočene gredi
cat III [kæt] *n A coll* traktor goseničar; *sl* ~ **skinner** traktorist
catabatic [kætəbǽtik] *adj med* ki popušča
cataclysm [kǽtəklizəm] *n* poplava, vesoljni potop; katastrofa, prevrat
cataclysmal [kætəklízməl] *adj* katastrofalen, prevratniški
cataclysmic [kætəklízmik] *glej* **cataclysmal**
catacomb [kǽtəkoum] *n* katakomba
catadioptic reflector [kætədaióptik rifléktə] *n techn* »mačje oko« na vozilih
catafalque [kǽtəfælk] *n* katafalk
Catalan [kǽtələn] **1.** *adj* katalonski; **2.** *n* Katalonec, -nka
catalectic [kætəléktik] *adj* nepopoln (vrstica)
catalepsy [kǽtələpsi] *n med* odrevenelost, omrtvičenje, katalepsija
cataleptic [kætəléptik] *adj med* omrtvičen, odrevenel
catalo [kǽtəlou] *n A zool* križanec bivola in domačega goveda
catalog [kǽtələg] *A glej* **catalogue**
catalogue I [kǽtələg] *n* imenik, seznam, cenik; *A* prospekt, program, učni načrt
catalogue II [kǽtələg] *vt* v imenik ali seznam zapisati, katalogizirati
cataloguer [kǽtələgə] *n* sestavljalec katalogov
catalysis [kətǽlisis] *n chem* kataliza, sprememba reakcijske hitrosti
catalytic [kætəlítik] *adj* (~**ally** *adv*) katalitičen
catalyst [kǽtəlist] *n chem* katalizator
catamaran [kætəmərǽn] *n* vrsta splava za krajša potovanja; *coll* prepirljivka
catamenia [kætəmí:niə] *n med* mesečna čišča
catamount [kǽtəmaunt] *n zool* divja mačka; leopard; *A* puma, kuguar, ris
catamountain [kætəmáuntin] glej **catamount;** divjak
cataphract [kǽtəfrækt] *n* oklep; oklepnik (vojak)
cataplasm [kǽtəplæzəm] *n med* vroč obkladek

catapult [kǽtəpʌlt] **1.** *n* frača, katapult; **2.** *vt* s fračo streljati; zagnati; *fig* nepričakovano spraviti v nov položaj
cataract [kǽtərækt] *n* slap; naliv; *med* očesna mrena; *techn* hidravlična zavora
catarrh [kətá:] *n med* katar, prehlad, nahod
catarrhal [kətá:rəl] *adj med* kataren, kataralen, nahoden
catastrophe [kətǽstrəfi] *n* nesreča, poguba, katastrofa; prevrat
catastrophic [kætəstrófic] *adj* (~**ally** *adv*) katastrofalen, poguben, porazen, uničujoč
catawba [kətó:bə] *n bot* vrsta ameriškega grozdja in vina
catbird [kǽtbə:d] *n zool* severnoameriški drozg
catboat [kǽtbout] *n* majhna jadrnica
cat-burglar [kǽtbə:glə] *n* vlomilec, ki vlamlja skozi okna, preko streh ipd.
catcall [kǽtkə:l] **1.** *n* piščalka za izžvižgavanje; žvižg; **2.** *vt & vi* izžvižga(va)ti
catch* I [kæč] **1.** *vt* ujeti, zgrabiti, uloviti; zasačiti; dohiteti; očarati; (*at, in* pri) presenetiti; zamrzniti; **2.** *vi* prijemati, zgrabiti; zatakniti se; vneti se (ogenj); **to** ~ **s.o. bending** zasačiti koga; **to** ~ **s.o. a blow** udariti koga; **to** ~ **one's breath** zadrževati dih; **to** ~ **one's foot** spotakniti se; **to** ~ **(a) cold** prehladiti se; **to** ~ **a crab** pregloboko z vesli udariti; **to** ~ **fire** vžgati se; **to** ~ **a glimpse of s.o.** bežno koga zagledati; **to** ~ **the idea** (ali **point**) razumeti, doumeti, zapopasti misel; **to** ~ **hold of s.th.** polastiti se česa, prijeti kaj; **to** ~ **it** biti kaznovan; ~ **me!** nikakor ne! še na misel mi ne pride; **to** ~ **s.o. napping** zasačiti koga, ko ne opravlja svojega dela; **to** ~ **the Speaker's eye** dobiti besedo (v parlamentu); **to** ~ **a Tartar** izkupiti jo; *sl* **you will** ~ **it!** ti bom že pokazal!
catch at *vi* prijemati kaj; seči po čem; *fig* ~ **straws** prijemati se vsake bilke
catch off *vi fam* zaspati
catch on *vi* popolnoma razumeti; postati zelo znan; *fig* imeti uspeh; *A* ~ **to** razumeti, doumeti
catch out *vt* zasačiti; *sp* izločiti iz igre
catch up *vt & vi* ujeti; zgrabiti; prekiniti; ~ **with** v korak iti, dohiteti; biti komu kos; ~ **on** (ali **to**) približati se
catch II [kæč] *n* plen, lov, ulov; prijem; ukana, trik, past; ugodna ženitev; zavora, kljuka, zaponka; *mus* skladba za tri ali več glasov, kanon; zastoj; *fig* težava; **the** ~ **of a door** kljuka; ~ **crop** vmesni pridelek; **no** ~ slaba kupčija; **that's the** ~ za to gre; *sl* **a great** ~ dober lov; **a splendid** ~ dobra partija (zakon)
catchable [kǽčəbl] *adj* ki se da ujeti
catchall [kæčó:l] *n* posoda, skrinja ali prostor za raznovrstne reči, ropotarnica
catch-as-catch-can [kǽčəzkǽčkæn] *n sp* borba v prostem stilu
catch-drain [kǽčdrein] *n* odvodni kanal
catcher [kǽčə] *n* lovilec; zanka; vrsta ribiške mreže
catch-fly [kǽčflai] *n bot* mesojedna rastlina
catching [kǽčiŋ] *adj med* nalezljiv, kužen; privlačen, zapeljiv; sumljiv, varljiv; ~ **bargain** oderuški posel

catchment [kǽčmənt] *n* lov; rezervoar, zajezitev; ~ **area** razvodje

catch-penny [kǽčpeni] *n* malovredna stvar, ki se dobro prodaja

catchpole, catchpoll [kǽčpoul] *n* šerifov pomočnik, birič

catchup [kǽčʌp] glej ketchup

catchword [kǽčwə:d] *n* geslo, značnica, parola; krilatica

catchy [kǽči] *adj* (catchily *adv*) privlačen, zapeljiv; varljiv, zvit; **a** ~ **tune** melodija, ki si jo lahko zapomnimo

cate [keit] *arch* (nav. *pl*) okusna jed, poslastica, delikatesa

catechesis [kætikí:zis] *n* kateheza, poučevanje po vprašanjih in odgovorih

catechetic [kætikétik] *adj* (~ **ally** *adv*) katehetičen, ki sestoji iz vprašanj in odgovorov

catechism [kǽtikizəm] *n* katekizem, verouk; **to put s.o. through his** ~ napeti jih komu

catechist [kǽtikist] *n* katehet

catechize [kǽtikaiz] *vt* učiti katekizem; *fig* izpraševati; razlagati v obliki vprašanj in odgovorov

catechizer [kǽtikaizə] *n* katehet; *fig* izpraševalec

catechu [kǽtiču:] *n* katehu, rastlinski izvleček nekih indijskih nedotik

catechumen [kætikjú:mən] *n eccl* katehumen; *fig* novinec

categorical [kætigórikəl] *adj* (~ **ly** *adv*) določen, brezpogojen; kategorijski

categorize [kǽtigəraiz] *vt* razporediti, razporejati (po kategorijah)

category [kǽtigəri] *n* kategorija, razred, vrsta

catena [kətí:nə] *n* veriga, okovi, vez, vrsta

catenarian [kætinéəriən] *adj* verižen; ~ **bridge** most na verigah

catenary [kətí:nəri] 1. verižna črta, verižnica; 2. *adj* glej catenarian

catenate [kǽtineit] *vt* (z)vezati, speti z verigo

catenation [kætinéišən] *n* vezanje, povezanost (z verigo)

cater I [kéitə] *vi* (*for*) dobaviti, preskrbeti; zadovoljiti; nabaviti, nakupiti; potruditi se

cater II [kéitə] *n* štirica (na igralni karti ali kocki)

cateran [kéitərən] *n Sc* gorski ropar

cater-cousin [kéitəkʌzn] *n* oddaljen sorodnik; odkrit prijatelj; **to be** ~ **s** biti v dobrih prijateljskih odnosih

caterer [kéitərə] *n* (*for, of*) dobavitelj(ica), oskrbovalec, -lka

catering I [kéitəriŋ] *adj* preskrbovalen; gostinski; ~ **trade** (ali **industry**) gostinstvo

catering II [kéitəriŋ] *n* preskrba; prehrana

caterpillar [kǽtəpilə] *n zool* gosenica; *fig* skopuh, požeruh; *techn* ~ **tractor** gosenačar

caterwaul [kǽtəwɔ:l] 1. *n* mijavkanje, mačji koncert; 2. *vi* mijavkati, dreti se

cates [kéits] glej cate

cat-eyed [kǽtaid] *adj* ki vidi v mraku, ki ima mačje oči

catfall [kǽtfɔ:l] *n naut* veriga za dviganje sidra

catfish [kǽtfiš] *n zool* morski zmaj

catgut [kǽtgʌt] *n* struna iz črev; *med* katgut, niti iz ovčjih črev za šivanje ran; *mus* struna iz črevesa; *fam* godalo

catharsis [kəθá:sis] *n med* čiščenje; *fig* etično čiščenje, katarza

cathartic [kəθá:tik] 1. *adj med* odvajalen; očiščevalen; 2. *n med* odvajalo

cathead [kǽthed] *n naut* izbočena gred za dviganje sidra

cathedra [kəθí:drə] *n* katedra, stolica

cathedral [kəθí:drəl] 1. *n* stolna cerkev; katedrala; 2. *adj* stolničen, katedralen

catherine-wheel [kǽθərinwi:l] *n* ognjeno kolo (pri ognjemetu); *archit* okroglo okno s križnimi špicami

catheter [kǽθitə] *n med* kateter

cathode [kǽθoud] *n el* katoda

cat-hole [kǽthoul] *n* majhna odprtina v vratih

catholic I [kǽθəlik] *adj* (~ **ally** *adv*) splošen; nepristranski; *eccl* katoliški

catholic II [kǽθəlik] *n* katoličan

catholicism [kəθólisizəm] *n* katolicizem

catholicity [kæθəlísiti] *n* splošnost; širina; katolištvo

catholicize [kəθólisaiz] *vt* pokatoličaniti

cat-ice [kǽtais] *n* tenek led

cation [kǽtaiən] *n el* kation

catkin [kǽtkin] *n bot* mačica

cat-lap [kǽtlæp] *n* slaba pijača, brozga

catlike [kǽtlaik] *adj* mačji; *fig* potuhnjen

catling [kǽtliŋ] *n zool* mucek; *med* tenek katgut; amputacijski nož

catmint [kǽtmint] *n bot* navadna mačja meta

cat-nap [kǽtnæp] *n* dremanje, rahlo spanje

cat-nip [kǽtnip] *A* glej catmint

cat-o'-mountain [kætəmáuntin] glej catamaunt(ain)

cat-o'-nine-tails [kǽtənáinteilz] *n* mornarski bič, korobač

catoptric [kætóptrik] *adj phys* odbojen

cat's-cradle [kǽtskreidl] *n* »zibka« (otroška igra z vrvico na prstih)

cat's-eye [kǽtsai] *n* mačje oko; *min* vrsta kremenjaka

cat's-foot [kǽtsfut] *n bot* majnica

cat-sleep [kǽtsli:p] glej cat-nap

cat's-meat [kǽtsmi:t] *n* konjsko meso (za mačke)

cat's-paw [kǽtspɔ:] *n* mačja šapa; mornarski vozel; *fig* človek, ki je orodje drugega; *mar* drobni površinski valovi; **to make a** ~ **of s. o.** poslati koga po kostanj v ogenj

cat's-tail [kǽtsteil] *n bot* preslica

catsup [kǽtsəp] glej ketchup

cattish [kǽtiš] glej catty

cattle [kǽtl] *n zool* živina, govedo; *sl* konji; *fig* živina (ljudje); **horned** ~, **black** ~ rogata živina; **small** ~ drobnica; **breeding** ~ živina za pleme

cattle-breeder [kǽtlbri:də] *n* živinorejec

cattle-breeding [kǽtlbri:diŋ] *n* živinorejstvo

cattle-dealer [kǽtldi:lə] *n* trgovec z živino

cattle-driver [kǽtldraivə] *n* poganjač

cattle-feeder [kǽtlfi:də] *n* naprava za krmljenje živine

cattle-food [kǽtlfud] *n* hrana za živino, krma

cattle-leader [kǽtlli:də] *n* nosni obroček (za vodenje živine)

cattle-lifter [kǽtlliftə] *n* tat živine

cattleman [kǽtlmən] *n* gonjač živine; živinorejec

cattle-pen [kǽtlpen] *n* staja za živino

cattle-plague [kǽtlpleig] *n med* živinska kuga
cattle-ranch [kǽtlra:nč] *n* živinorejska farma
cattle-range [kǽtlreindž] *n* pašnik
cattle-rustler [kǽtlrʌslə] *n A* glej cattle-lifter
cattle-shed [kǽtlšed] *n* hlev za živino
cattle-show [kǽtlšou] *n* živinska razstava
cattle-truck [kǽtltrʌk] *n* živinski tovornjak ali vagon
catty [kǽti] *adj* mačji; *fig* potuhnjen
catwalk [kǽtwɔ:k] *n* stopnice na strehi; brv
cat-whisker [kǽtwiskə] *n el* tanka spiralna žica na detektorju
Caucasian [kə:kéizjən] 1. *adj* kavkaški; 2. *n* Kavkazijec, -jka
caucus I [kɔ́:kəs] *n E* krajevni strankin odbor; *A* zbor volivcev; politična klika
caucus II [kɔ́:kəs] *vt* voditi ali vplivati s pomočjo politične klike
caudal [kɔ́:dl] *adj* (~ ly *adj*) *zool* repen; repast
caudate [kɔ́:deit] *adj zool* repat
caudle [kɔ́:dl] *n* kuhano vino; vrsta krepilne pijače za bolnike; odišavljena ovsena kaša z vinom
caught [kɔ:t] *pt & pp* od catch
caul [kɔ:l] *n anat* notranja jajčna opna; peča; lasna mrežica
cauldron [kɔ́:ldrən] *n* kotel
cauliflower [kɔ́liflauə] *n bot* cvetača; ~ cloud kopasti oblak
cauline [kɔ́:lain] *adj* steblast, steblov
caulk [kɔ:k] *vt* zasmoliti, zamašiti (špranje na ladji), zatolči, podbiti
caulker [kɔ́:kə] *n* ki zasmoli; ladjedelniški tesar; *sl* debela laž, nekaj neverjetnega
causal [kɔ́:zəl] *adj* (~ ly *adv*) vzročen
causality [kɔ:zǽliti] *n* vzročnost, kavzalnost
causation [kɔ:zéišən] *n* povzročitev
causative [kɔ́:zətiv] *adj* (~ ly *adv*) *gram* vzročen, kavzativen
cause I [kɔ:z] *vt* povzročiti, sprožiti, pripraviti koga do česa
cause II [kɔ:z] *n* (*of*) vzrok; (*for*) povod, razlog; zadeva, stvar; načelo, ideal; pravda, tožba; in the ~ of v imenu, zaradi; to make common ~ with strinjati se, delati v prid iste stvari; First ~, Cause of ~s stvarnik; to stand for a good ~ zavzeti se za dobro stvar; to show ~ navesti vzroke; final ~ končni cilj, namen; to plead s.o.'s ~ zastopati zadevo koga; to die in a good ~ žrtvovati življenje za dobro stvar
'cause [kɔ:z] glej because
causeless [kɔ́:zlis] *adj* (~ ly *adv*) brez vzroka, neosnovan, neutemeljen
causelessness [kɔ́:zlisnis] *n* neosnovanost, neutemeljenost
cause-list [kɔ́zlist] *n* seznam sodnih razprav
causer [kɔ́:zə] *n* povzročitelj(ica)
causerie [kóuzəri, kozrí] *n* kozerija, kramljanje, duhovit članek
causeway [kɔ́:zwei] *n* dvignjena pot za pešce; s protjem utrjena pot; nasip (za pot)
causey [kɔ́:zei] glej causeway
caustic I [kɔ́:stik] *adj* (~ ally *adv*) *chem* pekoč, jedek; *fig* oster, sarkastičen, satiričen; ~ soda kavstična soda, lužni kamen
caustic II [kɔ́:stik] *n med, chem* jedkalo, lužilo
causticity [kɔ:stísiti] *n* jedkost; sarkazem

cauter [kɔ́:tə] *n* izžigalo
cauterization [kɔ:təraizéišən] *n med* izžiganje
cauterize [kɔ́:təraiz] *vt med* izžigati; jedkati
cautery [kɔ́:təri] *n* izžiganje, jedkanje; izžigalo, jedkalo
cautilous [kɔ́:tiləs] *adj* (~ ly *adv*) *obs* oprezen, previden, premeten, zvit
caution I [kɔ́:šən] *n* svarilo, opomin; preprečitev, obvarovanje pred čim; (*towards*) opreznost, previdnost; poroštvo, jamstvo; *sl* nenavaden človek ali reč; by way of ~ kot opomin; ~ money kavcija
caution II [kɔ́:šən] *vt* (*against, not to do*) (po)svariti, opomniti, opominjati; opozoriti; prepre-čiti, obvarovati; odvračati
cautionary [kɔ́:šənəri] *adj* (cautionarily *adv*) svarilen, preprečevalen, obvarovalen
cautious [kɔ́:šəs] *adj* (~ ly *adv*) previden, oprezen, obvarovalen
cautiousness [kɔ́:šəsnis] *n* previdnost, opreznost
cavalcade [kævəlkéid] *n* sprevod jezdecev, kavalkada
cavalier I [kævəlíə] *n* jezdec, vitez; *hist* rojalist; ljubimec, kavalir; Cavaliers and Roundheads rojalisti in puritanci
cavalier II [kævəlíə] *adj* gosposki, ponosen, ošaben, ohol, nadut, prezirljiv, zaničljiv; *hist* rojalističen
cavalry [kævəlri] *n* konjenica, kavalerija
cavalryman [kævəlrimən] *n* konjenik, kavalerist
cave I [keiv] *n* votlina, jama; politična frakcija; *techn* strojarska kad; *A* udor, usad
cave II [keiv] 1. *vt* jamo izkopati, izdolbsti; 2. *vi* odcepiti se; to ~ in popustiti; priznati poraz; zrušiti se
cave III [kéivi] *int* pazi!, bodi previden!
caveat [kéiviæt] *n* svarilo, opomin; prošnja za ustavitev sodnega postopka; *A* prijava patenta; to enter a ~ posvariti, ugovarjati
cave-bear [kéivbɛə] *n paleont* jamski medved
cave-dweller [kéivdwelə] *n* jamski človek; *fig* primitivnež
cave-in [kéivín] *n* polom
caveman [kéivmən] glej cave-dweller
cavendish [kævəndiš] *n* v plošče stisnjen tobak
cavern [kævən] *n* votlina, luknja, jama
caverned [kævənd] *adj* poln jam; ki živi v jami
cavernous [kævənəs] *adj* votel; poln jam; luknjičast, porozen; zelo globok (glas); upadel (obraz)
caviar(e) [kævia:] *n* kaviar; it's ~ to the general tega preprosti ljudje ne razumejo, to je samo za izbrance, to je metanje biserov svinjam
cavil [kævil] *n* dlakocepstvo, zbadanje; 2. *vi* dlakocepiti; sitnariti; grajati
caviller [kævilə] *n* sitnež; zbadljivec; dlakocepec
cavity [kæviti] *n* votlina, luknja; to feel a great ~ biti zelo lačen
cavort [kəvɔ́:t] *vi A sl* skakljati, poskakovati
cavy [kéivi] *n zool* morski prašiček, budra
caw I [kɔ:] *vi* krakati; to ~ out zakrakati
caw II [kɔ:] 1. *n* krakanje, krakot; 2. *int* kra-kra
cay [kei] *n* sipina, prodina, plitvina, čer
cayenne [keién] *n* vrsta zelo ostre paprike
cayman [kéimən] *n zool* kajman, ameriški krokodil, aligator
cayuse [kaiú:s] *n zool* indijanski poni; poldivji konj

cease I [sí:z] **1.** *vi* nehati; (*from, from doing*) odnehati; **2.** *vt* ustaviti, končati
cease II [sí:z] *n* prenehanje, ustavitev; **without** ~ nenehno; **mil** ~ **fire** ustavitev ognja
ceaseless [sí:zlis] *adj* (~ **ly** *adv*) nenehen, neprestan
cecity [sí:siti] *n fig* slepota
cedar [sí:də] *n bot* cedra
cedarn [sí:dən] *adj* cedrov
cedarwood [sí:dəwud] *n* cedrovina
cede [si:d] *vt* (*to* komu) odstopiti, prepustiti, umakniti se
cee [sí:] *n* črka c
cee-spring [sí:spriŋ] *n* zmet v obliki črke C
ceil [si:l] *vt* s stropom pokriti; (strop) opažiti, ometati
ceiling [sí:liŋ] **1.** *n* strop; *fig* zgornja meja, najvišja cena ali plača; *naut* notranji opaž ladje; **2.** *adj* najvišji
celadon [séladən] *n* svetlo zelena barva
celandine [sélandain] *n bot* krvavi mleček
celebrant [sélibrənt] *n* mašnik
celebrate [sélibreit] *vt* & *vi* slaviti, proslavljati; maševati
celebrated [sélibreitid] *adj* slaven, sloveč, znamenit
celebration [selibréišən] *n* proslava, praznovanje; praznik; maša
celebrity [silébriti] *n* slava, sloves, znamenitost; slaven človek
celeriac [sélériæk] *n bot* zelena
celerity [silérití] *n* hitrost, urnost
celery [séləri] *n bot* zelena
celesta [siléstə] *n mus* celesta
celeste [silést] **1.** *n* nebesna modrina; **2.** *adj* nebesno moder
celestial I [siléstiəl] *adj* nebeški, božanski; sijajen; **Celestial Empire** Kitajska; ~ **body** nebesno telo, nebesnina
celestial II [siléstiəl] *n* nebeščan; **Celestial** Kitajec
celibacy [sélibəsi] *n* celibat, brezzakonstvo, samski stan
celibaterian [selibətéəriən] **1.** *adj* neporočen, samski; **2.** *n* samec, samica
celibate [sélibit] *glej* **celibaterian**; samski stan, celibat
cell [sel] *n* (samostanska) celica, sobica; ječa samica; *poet* grob; *biol* celica; *el* galvanski element; **condemned** ~ samica za obsojenega na smrt
cellar I [sélə] *n* klet; **to keep a good** ~ imeti dobra vina
cellar II [sélə] *vt* spraviti v klet, ukletiti
cellarage [séləridž] *n* kleti; kletarina
cellarer [sélərə] *n* kletar
cellaret [séləret] *n* omara za steklenice
cellar-flap [séləflæp] *n* kletna poklopna vrata
'cellist [čélist] *n mus* čelist(ka)
'cello [čélou] *n mus* čelo; čelist(ka)
cellophane [séləfein] *n* celofan; *fig* **wrapped in** ~ nedostopen, ohol, nadut
cellotex [séləteks] *n* celofan
cellular [séljulə] *adj biol* celičen; ~ **tissue** celičje
cellule [sélju:l] *n biol* majhna celica
celluloid [séljuləid] **1.** *n* celuloid; **2.** *adj* celuloiden

cellulose [séljulous] **1.** *n* celičnina, celuloza; **2.** *adj* celičen
celt [selt] *n archeol* predzgodovinsko dleto
Celt [selt] *n* Kelt
Celtic [séltik] **1.** *adj* keltski; **2.** *n* keltščina
cembalo [čémbəlou] *n mus* cimbale
cement I [simént] *n* cement; lepilo; malta; zamazka; ~ **works** cementarna
cement II [simént] *vt* cementirati, zlepiti, spojiti; *fig* utrditi, trdno združiti
cementation [simentéišən] *n* cementiranje; *fig* utrjevanje, trdna združitev
cemetery [sémitri] *n* pokopališče
cenobite [sí:noubait] *n* menih
cenotaph [sénəta:f] *n* kenotaf, prazna spominska grobnica
cense [sens] *vt* (s kadilom) kaditi
censer [sénsə] *n* kadilnica; kadilo
censor I [sénsə] *n* ocenjevalec, kritik, cenzor; (Oxford) nadzornik vedenja študentov
censor II [sénsə] *vt* pregledati, kritizirati, ocenjevati; cenzurirati
censorial [sensó:riəl] *adj* (~ **ly** *adv*) cenzorski; strog
censorious [sensó:riəs] *adj* (~ **ly** *adv*) (*of, towards, on*) kritičen, grajav, strog
censorship [sénsəšip] *n* cenzura; cenzorstvo
censurability [senšərəbíliti] *n* graje vrednost; kaznivost
censurable [sénšərəbl] *adj* (**censurably** *adv*) graje vreden, kazniv
censure I [sénšə] *n* graja, ukor; **vote of** ~ izraz nezaupanja (v parlamentu)
censure II [sénšə] *vt* grajati, karati, obsojati
census [sénsəs] *n* popis prebivalstva ali imovine; **to take a** ~ (iz)vršiti popis prebivalstva
census-paper [sénsəspeipə] *n* vprašalna pola za popis prebivalstva
cent [sent] *n A* cent (1/100 dolarja); **per** ~ odstotek, odstotki; ~ **per** ~ stoodstoten; oderuški; **I don't care a** ~ prav nič mi ni mar; **at 10 per** ~ za deset odstotkov
cental [séntl] *n* stot (100 funtov, 45,36 kg)
centaur [séntə:] *n* kentaver
centaury [séntə:ri] *n bot* tavžentroža, zlati grmiček, svedrc, glavinec
centenarian [sentinéəriən] **1.** *adj* stoleten; **2.** *n* stoletnik, -nica
centenary [sentí:nəri] **1.** *adj* stoleten; **2.** *n* stoletnica; stoletje
centennial [senténjəl] *glej* **centenary**
center *A glej* **centre**
centering [séntriŋ] *n* centriranje; *archit* opora, opaž
centesimal [sentésiməl] *adj* (~ **ly** *adv*) stoti, stotinski
centigrade [séntigreid] *adj* stostopinjski; ~ **thermometer** Celsijev toplomer
centigram(me) [séntigræm] *n* centigram
centilitre [séntili:tə] *n* centiliter
centimetre (centimeter) [séntimi:tə] *n* centimeter
centipede [séntipi:d] *n zool* stonoga
cento [séntou] *n* komplikacija, skrpucalo
central I [séntrəl] *adj* središčen, osrednji; glaven; ~ **heating** centralna kurjava; ~ **idea** osnovna misel; ~ **point** središče; ~ **station** glavna postaja
central II [séntrəl] *n A* telefonska centrala

centralism [séntrəlizəm] *n* centralizem
centralist [séntrəlist] *n* centralist(ka), zagovornik, -nica centralizma
centrality [sentræliti] *n* osrednja lega
centralization [sentrəlaizéišən] *n* centralizacija, osredotočenje
centralize [séntrəlaiz] *vt* & *vi* osredotočiti (se), centralizirati
centre I [séntə] *n* središče, sredina; ~ of gravity težišče; ~ of attraction središče pozornosti; storm ~ središče nevihte; *fig* žarišče nemirov; dead ~ mrtva točka; ~ of motion vrtišče
centre II [séntə] *adj* središčen, srednji, centralen
centre III [séntə] 1. *vi* biti v središču; (*in on round*) osredotočiti se; (*on*) sloneti; 2. *vt* centrirati, osredotočiti; v središče postaviti; biti središče
centre-bit [séntəbit] *n* osrednjak
centre-board [séntəbə:d] *n mar* premični gredelj
centre-forward [séntəfə:wəd] *n sp* srednji napadalec
centre-half [séntəha:f] *n sp* srednji krilec
centreing glej centering
centreless [séntəlis] *adj* ki nima središča, brezsrediščen
centremost [séntəmoust] *adj* čisto v sredini (se nahajajoč)
centre-piece [séntəpi:s] *n* okras na sredini mize
centre-rail [séntəreil] *n techn* srednja tračnica (zobate čeleznice)
centric(al) [séntrik(əl)] *adj* središčen, srednji
centricity [sentrísiti] *n* osrednji položaj
centrifugal [sentrífjugəl] *adj* (~ ly *adv*) sredobežen, centrifugalen; ~ machine, ~ wringer centrifuga
centrifugalize [sentrifjú:gelaiz] *vt* centrifugirati
centrifuge [séntrifju:dž] *n* centrifuga, lučalni stroj
centring glej centering
centripetal [sentrípitl] *adj* (~ ly *adv*) sredobežen, centripetalen
centrum, *pl* centra [séntrəm, séntrə] *n* središče, center
centuple [séntjupl] 1. *adj* stokraten; 2. *vt* postoteriti, 3. *n* stokratna količina
centuplicate I [sentjú:plikeit] *vt* postoteriti
centuplicate II [sentjú:plikit] 1. *adj* stokraten; 2. *n* stokratna vrednost ali količina; in ~ v sto izvodih
centurion [sentjúəriən] *n* poveljnik centurije
century [sénčuri] *n hist* centurija (odred 100 vojakov); stoletje; *sl* 100 funtov (denar)
cephalic [sefælik] *adj* glaven, lobanjski
cephalopod [séfəloupod] *n zool* glavonožec
ceramic I [siræmik] *adj* (~ally *adv*) lončarski, keramičen
ceramics [siræmiks] *n pl* lončarstvo, keramika
ceramist [siræmist] *n* lončar, keramik
cere [siə] *n* voščenica (na kljunu ptičev)
cereal [síəriəl] *adj* žiten, zrnat
cereals [síəriəlz] *n pl* žito, žitarice; *A* razne jedi iz žitaric
cerebellum [seribéləm] *n anat* mali možgani
cerebral [séribrəl] *adj* (~ ly *adv*) možganski
cerebration [seribréišən] *n* možgansko delovanje; *fig* zbrano premišljevanje
cerebrum, *pl* cerebra [séribrəm, séribrə] *n anat* veliki možgani
cerecloth [síəkləθ] *n* povoščeno platno

cerement [síəmənt] *n* mrtvaški prt, mrtvaško oblačilo
ceremonial I [serimóunjəl] *adj* svečan, slovesen, obreden
ceremonial II [serimóunjəl] *n* obred; obredna knjiga
ceremonialist [serimóunjəlist] *n* tisti, ki se obira, ki dela ceremonije
ceremonious [serimóunjəs] *adj* (~ ly *adv*) slovesen; pretirano vljuden
ceremony [sérimənt] *n* obred, slovesnost; formalnost, uglajenost; to make ceremonies obirati se; master of ceremonies ceremoniar; to stand (up)on biti strogo formalen; without ~ po domače, neprisiljeno
cereous [sí:riəs] *adj* voščen
cerise [sərí:z] 1. *n* češnjevo rdeča barva; 2. *adj* češnjevo rdeč
cerium [sí:riəm] *n chem* cerij
ceroplastics [síərouplæstiks] *n pl* voščena plastika
cerris [séris] *n bot* cer
cert [sə:t] *n sl* zanesljiva stvar, gotovost, dead ~ čisto gotovo
certain [só:tn] *adj* neki, določen; nedvomen; zanesljiv; to make ~ of s.th. prepričati se o čem; to be (ali feel) ~ biti prepričan; for ~ zanesljivo, gotovo
certainly [só:tnli] *adv* gotovo, brez dvoma, seveda, vsekakor, zanesljivo
certainty [só:tnti] *n* gotovost, varnost; stalnost; določenost; to (ali of, for) a ~ gotovo, zanesljivo; with ~ brez dvoma, zanesljivo
certes [só:tiz] *adv arch* seveda, gotovo
certifiable [só:tifaiəbl] *adj* ki ga je treba potrditi overiti; overljiv; *med* ki ga je treba prijaviti (duševnega bolnika); *coll* nor
certificate I [sətífikit] *n* spričevalo, izkaz, diploma, potrdilo; bolniški list; ~ of baptism krstni list; insurance ~ potrdilo o zavarovanju; ~ of issue potrdilo o izdaji; ~ of average potrdilo o havariji; ~ of damage potrdilo o poškodbi; ~ of origin spričevalo o izvoru blaga; ~ of receipt potrdilo o prejemu; ~ of registry potrdilo o vpisu; ~ of health zdravstveno spričevalo; ~ of birth rojstni list
certificate II [sətífikeit] *vt* potrditi, overiti, kvalificirati
certificated [setífikeitid] *adj* kvalificiran, diplomiran
certification [sə:tifikéišən] *n* potrdilo, overitev; higher ~ maturitetno spričevalo
certificatory [sətífikeitəri] *adj* (certificatorily *adv*) overilen, potrdilen
certify [só:tifai] *vt* glej certificate II; certified check (od banke) potrjen ček; this is to ~ that s tem potrjujemo, da; to ~ under one's hand z lastnoročnim podpisom potrditi; I do hereby ~ that s tem potrjujem, da
certitude [só:titjud] *n* gotovost, nedvomnost
cerulean [sirú:liən] *adj* svetlo moder, sinji
cerumen [sirú:mən] *n anat* ušesno maslo
cervical [só:vikəl] *adj anat* vraten
cervine [só:vain] *adj* jelenov
cervix, *pl* cervices [só:viks, só:visi:z] *n anat* vrat
cesium glej caesium

cess [ses] *n Ir, Sc* davek, davščina; out of all ~
čez mero; bad ~ to you! naj te vzame vrag!,
solit se pojdi!.

cessation [seséišən] *n* ustavitev, prenehanje, za-
stanek; without ~ nenehno; ~ of hostilities
(ali of arms, from arms) premirje

cesser [sésə] *n* prenehanje dolžnosti

cession [séšən] *n (to)* odstop, izročitev, prepustitev;
(of) odpoved

cessionary [séšənəri] 1. *n* cesionar, prevzemnik; 2.
adj ki odstopa, prepušča

cesspit [séspit] *n* gnojišče, smetišče; greznica,
kloaka

cesspool [séspu:l] glej cesspit

cestoid [séstɔid] *n zool* trakulja

cetacean [sitéišiən] *zool* 1. *adj* kitov; 2. *n* kit

chafe I [čeif] 1. *vt* odrgniti, obrabiti, oguliti; po-
greti; *fig* razburiti, dražiti; 2. *vi (on, against* ob)
drgniti se; *fig* razburjati, jeziti, vznemirjati se

chafe II [čeif] *n* oguljenina; *fig* razdraženost,
besnost; in a ~ razdražen, besen

chafer [čéifə] *n zool* majski hrošč

chaff I [ča:f] *n* pleva, rezanica; *fig* malenkost,
ničvredna stvar; draženje, nagajanje; a grain of
wheat in a bushel of ~ kapljica v morju; I am
too old a bird to be caught with ~ nisem tako
neumen, ne grem na limanice; to sort the wheat
from the ~ ločiti zrnje od plev

chaff II [ča:f] *vt* pripravljati rezanico; *fig* vleči,
potegniti koga, nagajati, posmehovati se

chaff-cutter [čá:fkʌtə] *n* slamoreznica

chaffer I [čæfə] *vt (about, for)* barantati, pogajati
se; to ~ away razprodati

chaffer II [čæfə] *n* barantanje, pogajanje

chafferer [čæfərə] *n* barantač

chaffinch [čæfinč] *n zool* ščinkavec

chaffy [čá:fi] *adj* plevast; *fig* ničvreden, zanič

chafing [čéifiŋ] *n* trenje: *med* oguljenina, odrgnina,
oguljek, sedno

chafing-dish [čéifiŋdiš] *n* žerjavnica

chagrin I [šægrin] *n* nevolja, srd, jeza

chagrin II [šægrin] *vt* žaliti, ponižati, jeziti, vznevo-
ljiti; to feel ~ed at (ali by) biti ogorčen zaradi

chain I [čein] *n* veriga, vrsta; *pl* okovi, suženjstvo;
dolžinska mera (okrog 20 m); ~ broadcasting
hkratna oddaja istega programa več radijskim
postajam; ~ gang vrsta priklenjenih ujetnikov;
~ of mountains gorska veriga; ~ reaction
verižna reakcija; ~ smoker kadilec, ki prižiga
eno cigareto za drugo; *A* ~ store podružnica
velike trgovske hiše; to put s.o. in ~s vkleniti
koga; surveyor's ~ merilna veriga

chain II [čein] *vt* prikleniti; *(up)* dati na verigo,
z verigo zvezati; *fig* prevzeti, pritegniti

chain-armour [čeiná:mə] *n* verižna srajca

chain-bridge [čéinbrídž] *n* most na verige

chain-cable [čéinkéibl] *n mar* sidrna veriga

chain-coupling [čéinkʌpliŋ] *n rly* veriga, ki veže
dva vagona

chainless [čéinlis] *adj (~ly adv) poet* brez verige;
prost, svoboden

chainlet [čéinlit] *n* verižica

chain-mail [čéinmeil] *n* verižna srajca

chain-stitch [čéinstič] *n* verižni vbod

chain-wheel [čéinwi:l] *n* kolo na verigo

chainwork [čéinwə:k] *n* vezenina z verižnim vbo-
dom

chair I [čɛə] *n* stol, sedež; *A* električni stol; stolica,
katedra; profesura; predsedstvo; *A* predsednik;
bath ~ invalidski voziček; to be (ali sit) in the ~
predsedovati; to address the ~ obrniti se na
predsedstvo (zborovanja); to take a ~ sesti;
to take the ~ prevzeti predsedstvo; *A* ~ car
najboljši razred na železnicah; easy ~ naslonjač;
~ days starost; *A* to go to the ~ biti kaznovan
s smrtjo na električnem stolu; *A* ~ warmer
lenuh; deck ~ ležalnik; to leave the ~ zaključiti
sejo; ~! ~! mir!; folding ~ sklopni stol; to
hold the ~ for English biti profesor za angleščino
(na univerzi)

chair II [čɛə] *vt* ustoličiti; na stol posaditi; *E* nositi
(zmagovalca) visoko na stolu

chair-bed [čéəbed] *n* fotelj, ki se da prirediti za
spanje

chairlift [čéəlift] *n* sedežnica, žičnica

chairman [čéəmən] *n* predsednik; lady ~ pred-
sednica

chairmanship [čéəmənšip] *n* predsedništvo

chairwoman [čéəwumən] *n* predsednica

chaise [šeiz] *n* vrsta lahke kočije

chalcedony [kælsédəni] *n* kalcedon, mlečni kamen

chalcographer [kælkógræfə] *n* bakrorezec

chalcography [kælkógræfi] *n* bakrorez

chaldron [čó:ldrən] *n* mera za premog (okrog
1100 kg)

chalet [šælei] *n* lesena hiša, koča; počitniška hišica
v švicarskem slogu; javno stranišče

chalice [čælis] *n* kelih, čaša (tudi *bot*)

chalk I [čɔ:k] *n* kreda; pastel; *coll* račun, dolg,
kredit; *sl* praska; as like as ~ and cheese, as
different as ~ from cheese kot noč in dan (raz-
lična); not by o long ~ nikakor ne; by a long
~ the best veliko boljši od vseh; *coll* to walk
a ~ line biti trezen, vesti se skrajno spodobno;
~ talk predavanje ob risbah na tabli; not to
know ~ from cheese ne imeti niti pojma, prav
nič ne razumeti; *sl* to walk (ali stump) one's ~s
ucvreti jo

chalk II [čɔ:k] *vt* kredati; s kredo pisati ali označiti

chalk out *vt* skicirati, planirati, začrtati

chalk down *vt* s kredo zapisati; *fig* dati na upanje,
kreditirati

chalk up *vt* s kredo zapisati; *fig* kreditirati, dati na
upanje; razporediti

chalk-bed [čó:kbed] *n geol* kredna formacija

chalk-cutter [čó:kkʌtə] *n* delavec v kredolomu

chalk-mark [čó:kma:k] *n* črta s kredo, označenje
s kredo

chalk-pit [čó:kpit] *n* kredolom

chalk-stone [čó:kstoun] *n arch* apnenec; *med*
protinaste odebeline na sklepih in tkivu

chalky [čó:ki] *adj (chalkily adv)* krednat; bled, bel
ko kreda; *med* protinast

challenge I [čælindž] *vt* pozivati, izzivati, kljubo-
vati, oporekati, izpodbijati; (po)dvomiti; kriti-
zirati; *jur* odkloniti (porotnika); zahtevati geslo
(straža); zalajati (lovski pes, ko izvoha plen)

challenge II [čælindž] *n* poziv; izzivanje, kljubo-
vanje, izpodbijanje, kritika; grožnja; tehničen
problem

challengeable [čælindžəbl] *adj* sporen, izpodbiten

challenger [čǽlinžə] *n* izzivalec, pozivalec, klubovalec

challis [čǽlis] *n* vrsta blaga za ženske obleke

chalybeate [kəlíbiit] *adj* železnat (voda)

chamade [šəmá:d] *n mil* umik

chamber I [čéimbə] *n* soba, komora, celica; zbornica; *pl* uradi, uradni prostori; **Chamber of Commerce** trgovinska zbornica; **sick ~** bolniška soba

chamber II [čéimbə] *adj* komoren; **~ music** komorna glasba; **~ counsel** pravni svetovalec; **~ practice** pravna posvetovalnica

chamber III [čéimbə] *vt* zapreti v sobo, celico; *geol* izvrtati, z vrtanjem razširiti

chamber-convenience [čéimbəkənvínjəns] *n* nočna posoda

chamber-counsel [čéimbəkaunsəl] *n* pravni svetovalec

chamberlain [čéimbəlin] *n* komornik; glavni dvorni upravitelj

chamberlainship [čéimbəlinšip] *n* komorništvo; služba dvornega komornika

chambermaid [čéimbəmeid] *n* sobarica

chamber-pot [čéimbəpɔt] *n* nočna posoda

chamber-stool [čéimbəstu:l] *n* potrebnjak, iztrebljevalnik

chameleon [kəmíljən] *n zool* kameleon; *fig* dvoličnež

chameleonic [kəmí:ljənik] *adj* kameleonski, ki spreminja barvo (tudi *fig*), dvoličen

chamfer I [čǽmfə] *n* posnet rob; žlebič (na stebru)

chamfer II [čǽmfə] *vt* (iz)žlebiti; posneti ostre robove

chammy [čǽmi] glej **shammy**

chamois [šǽmwa:] **1.** *n zool* divja koza, gams; irhovina; **2.** *adj* svetlo rjav

chamomile [kǽməmail] glej **camomile**

champ I [čæmp] *vt & vi* hrustati, žvečiti; *Sc* zmečkati, poteptati

champ II [čæmp] *n* žvečenje, cmokanje; *sl* tek, apetit

champagne [šæmpéin] *n* šampanjec

champaign [čæmpéin] *n* ravnina, ravan

champerty [čǽmpəti] *n jur* nezakonita kupna pogodba

champignon [čæmpínjən] *n bot* kukmak

champion I [čǽmpjən] *n* borec, prvak; *fig* branilec, zagovornik; zmagovalec, mojster; **prime ~** prvoborec

champion II [čǽmpjən] *adj coll* prvovrsten, odličen, prima

champion III [čǽmpjən] *vt* boriti, zavzeti se za kaj, braniti kaj

championship [čǽmpjənšip] *n* prvenstvo, mojstrstvo

chance I [ča:ns] *n* prilika; usoda, sreča; slučaj, naključje; priložnost, možnost, verjetnost; tveganje, upanje; **by ~** slučajno, po naključju; **on the ~ that** v primeru, da; **on the ~ of** v upanju česa; **to take one's ~** tvegati; *coll* **to have the eye (ali to look) to the main ~** biti koristoljuben; **to stand a ~** imeti upanje; *coll* **not a dog's (ali an earthly) ~**, **not a ghost of a ~** niti trohica upanja; **on the ~** na slepo srečo; **a mere ~** golo naključje; **~ of arms** bojna sreča; **the ~s are that** vse kaže, da

chance II [ča:ns] **1.** *vt coll* tvegati, upati si, predrzniti si; **2.** *vi* zgoditi se, pripetiti se, primeriti se; **to ~ upon s.o.** naleteti na koga; **he ~ d to be at home** slučajno je bil doma; **if my letter should ~ to get lost** če bi se moje pismo zgubilo

chance III [čá:ns] *adj* slučajen, naključen, nepričakovan

chance-comer [čá:nskʌmə] *n* nepričakovan obisk (gost)

chanceful [čá:nsful] *adj* (**~ ly** *adv*) poln dogodkov; *arch* tvegan, nevaren

chancel [čá:nsəl] *n* (ograjen) prostor pred oltarjem

chancellery, chancellory [čá:nsələri] *n* kanclerstvo, kanclerjev urad; urad poslaništva ali konzulata

chancellor [čá:nsələ] *n* kancler; rektor univerze; **Lord High Chancellor** vrhovni sodnik; predsednik zgornjega doma v parlamentu; *E* **Chancellor of the Exchequer** minister za finance

chancellorship [čá:nsələšip] *n* služba, čast kanclerja, kanclerstvo

chance-medley [čá:nsmédli] *n jur* uboj v samoobrambi

chancery [čá:nsəri] *n E* vrhovno sodišče; javni arhiv; **in ~** v škripcih; **bill in ~** tožba na vrhovnem sodišču; **a ward in ~** mladoletnik v skrbstvu sodišča

chancre [šǽŋkə] *n med* čankar

chancroid [šǽŋkrɔid] *n med* mehki čankar

chancy [čá:nsi] *adj* (**chancily** *adv*) negotov, tvegan, nedoločen; *coll* srečen, posrečen

chandelier [šændilíə] *n* lestenec

chandler [čá:ndlə] *n* svečar; trgovec, kramar

chandlery [čá:ndləri] *n* svečarna, trgovina; drobnjarije

change I [čeindž] *n* sprememba; menjava; borza; drobiž, prestop, prehod; *astr* mlaj; *pl* potrkavanje (z zvonovi); **for a ~** za spremembo; **~ of air** sprememba razmer; *med* **~ of life** klimakterij; **to get the ~ out of s.o.** ugnati koga; **to ring the ~s** pogosto menjati službo, ponavljati isto z drugimi besedami; **to take a ~ out of s.o.** maščevati se nad kom; kaznovati koga; **small ~** drobiž; **to take the ~ on s.o.** (pre)varati koga; **a ~ for the better** poboljšanje; **a ~ for the worse** poslabšanje

change II [čeindž] **1.** *vt* (*from* iz, *into* v) spremeniti, prenarediti; preurediti; zamenjati; *rly* prestopiti; oddojiti, odstaviti (dojenčka); **2.** *vi* spremeniti se; preobleči se; skisati se; **to ~ for the better (worse)** poboljšati (poslabšati) (se); **to ~ colour** prebledeti, zardeti; **to ~ one's condition** poročiti se; **to ~ one's name** omožiti se; *mot* **to ~ gears** menjati prestavo; **to ~ hands** spremeniti gospodarje; **to ~ horses in midstream** spremeniti načrt sredi dela; **to ~ into** preobleči se v; **to ~ one's lodging** (ali **address**) preseliti se; **to ~ one's mind** premisliti se; **to ~ out of recognition** tako se spremeniti, da ga ni moči spoznati; **to ~ one's tune** spremeniti svoje vedenje; **all ~!** vsi potniki prestopite!; *coll* **to ~ one's feet** preobuti se; **to ~ one's clothes** preobleči se

changeability [čeindžəbíliti] *n* spremenljivost, nestalnost, omahljivost, muhavost changeable [čéidžəbl] *adj* (**changeably** *adv*) spremenljiv, nestalen, nestanoviten, omahljiv, muhast

changeableness [čéindžəblnis] glej **changeability**

changeful [čéidžful] *adj* (~ ly *adv*) spremenljiv, muhast, nestalen

changeless [čéindžlis] *adj* (~ ly *adv*) nespremenjen, nespremenljiv, stalen, ustaljen

changeling [čéindžliŋ] *n* podvrženo dete; neodločnež, vetrnjak

change-over [čéindžóuvə] *n* *techn* preusmeritev, predrugačenje, reorganizacija; *fig* prehod (**from** . . . **to** od . . . k); *el* ~ **switch** komutator, menjalnik smeri električnega toka

changer [čéindžə] *n* menjalec

channel I [čǽnl] *n* kanal, prekop; morska ožina; struga; žleb, korito; zareza, utor; *fig* pot; **through diplomatic** ~ s po diplomatski poti

channel II [čǽnl] *vt* izžlebiti, (iz)kopati kanal; razorati; **to** ~ **off** raztekati, razhajati se (v razne smeri); *sl* voditi, dobavljati po posebni poti

chant I [ča:nt] *n* monotono cerkveno petje; *poet* pesem; psalm

chant II [ča:t] 1. *vt* opevati, intonirati, skandirati; odlajnati; 2. *vi* peti (enolično); *sl* **to** ~ **horses** sleparsko mešetariti s konji; **to** ~ **the praises of s.o.** hvalnice komu peti

chanter [čá:ntə] *n* (cerkveni) pevec, voditelj cerkvenega zbora; sleparski konjski mešetar

chanterelle [čǽntərél] *n* lisička (goba)

chanticleer [čǽntiklíə] *n* petelin

chantress [čá:ntris] *n* cerkvena pevka; *poet* pevka

chantry [čá:ntri] *n* pobožna ustanova za zveličanje duše; njen ustanovitelj; ustanovna kapelica, oltar itn.

chaos [kéiəs] *n* zmeda, nered, kaos

chaotic [keiótik] *adj* (~ ally *adv*) zmeden, kaotičen, neurejen

chap I [čæp] 1. *vt* & *vi* cepiti (se), (raz)pokati, popokati; 2. *n* razpoka

chap II [čæp] *n* čeljust, lice, gobec; **to lick one's** ~ s uživati, veseliti se česa

chap III [čæp] *n* *coll* fant, dečko, možak; *dial* krošnjar, kupec; 2. *vt* kupovati, trgovati

chaparajos [čǽpəra:hous] *n* *pl* kavbojke, debele usnjene hlače

chaparral [čæpərél] *n* nizka goščava (npr. iz kaktej), trnovito grmovje

chap-book [čǽpbuk] *n* popularna izdaja ljudskih povesti, balad, letak

chape [čeip] *n* zapenjača, okovje

chapel [čǽpəl] *n* kapelica, cerkev; mrliška soba; tiskarna; **to hold a** ~ zborovati (združenje tiskarniških delavcev); ~ **of ease** kapelica, postavljena med dvema občinama, podružnična cerkev; **to keep a** ~ biti pri maši

chapel-folk [čǽpəlfouk] *n* nonkomformisti

chaperon I [šǽpəroun] *n* gardedama, nadzorovalna dama

chaperon II [šǽpəroun] *vt* spremljati, nadzorovati (mlada dekleta)

chaperonage [šǽpərounidž] *n* nadzorstvo (nad dekleti)

chap-fallen [čǽpfɔ:lən] *adj* potrt, pobit

chapiter [čǽpitə] *n* glavič, nadglavje stebra

chaplain [čǽplin] *n* kaplan: duhovnik; **army** ~ vojaški duhovnik

chaplaincy [čǽplinsi] *n* kaplanovanje, kaplanstvo

chaplet [čǽplit] *n* rožni venec, molek; trak okoli glave, ogrlica

chapman [čǽpmən] *n* krošnjar

chapped [čæpt] *adj* razpokan

chappie [čǽpi] *n* *coll* svetovljan, gizdalin

chappy [čǽpi] 1. *adj* razpokan, popokan; 2. *n* glej **chappie**

chaps [čæps] glej **chaparajos**

chapter I [čǽptə] *n* poglavje; izglasovani zakon; kapitelj, zbor kanonikov; **a** ~ **of accidents** ena nesreča za drugo; **to the end of the** ~ do samega konca; **to give** ~ **and verse** natanko citirati, dokazati resničnost poročila; **enough on that** ~ ! pustimo to!

chapter II [čǽptə] *vt* razdeliti knjigo v poglavja; oštevati

chapter-house [čǽptəhaus] *n* kapitelj

char I [ča:] *n* *zool* planinska, jezerska postrv, zlatovčica

char II [ča:] *vt* & *vi* (o)žgati, (o)paliti, (z)ogleniti; (z)ogleneti, počrneti

char III [ča:] *vt* & *vi* čistiti, pospravljati; **to go out** ~ **ring** delati kot snažilka

char IV [ča:] *n* priložnostno delo; *pl* delo v gospodinjstvu; *coll* snažilka, postrežnica

char-à-banc [šǽrəbæŋ] *n* dolga kočija s prečnimi sedeži; izletniški avtobus

character I [kǽriktə] *n* znak, pisava, črka, številka; dostojanstvo, stan, položaj; značaj; oseba, igralec, -lka; dober glas; čudak; spričevalo; opis; kakovost, lastnost; **to act out of** ~ zmesti se; **to have the** ~ **for bravery (honesty)** biti na glasu kot junak (poštenjak); **to be out of** ~ ne ustrezati; **to be quite a** ~ biti nekoliko prenapet; **a public** ~ javni delavec; **to see s.th. in its true** ~ videti kaj v pravi luči; *fig* **to set the** ~ **of s.th.** vtisniti čemu pečat; **to give s.o. a good** ~ dati komu dobro spričevalo; **out of all** ~ popolnoma neprimeren; **a strange** ~ čudak

character II [kǽriktə] *vt* *poet*, *arch* opisati

characteristic I [kəriktərístik] *adj* (~ **ally** *adv*) (*of* za) značilen

characteristic II [kǽriktərístik] *n* značaj, značilnost, posebnost; karakteristika (logaritma)

characterization [kǽriktəraizéišən] *n* karakterizacija, označba; karakteristika

characterize [kǽriktəraiz] *vt* karakterizirati, označiti; biti značilen za kaj; nadrobno opisati

characterless [kǽriktəlis] *adj* (~ ly *adv*) neznačajen, neizrazit; nepreverjen

charade [šərá:d] *n* zlogovna uganka, šarada

charcoal [čá:koul] *n* oglje; motor ali pečica na oglje; risba z ogljem; **animal** (ali **bone**) ~ živalsko oglje; ~ **pile** ogljenica, kopa; ~ **drawing** risba z ogljem

charcoal-burner [čá:koulbə:nə] *n* ogljar

chard [ča:d] *n* *bot* artičoka

chare [čéə] 1. opravki v gospodinjstvu; 2. *vt* opravljati drobna dela v gospodinjstvu

charge I [ča:dž] *n* naboj; breme, obremenitev, obtežitev, tovor; naročilo, naloga, ukaz; varovanec, -nka; (*against*) tožba; *pl* stroški;

taksa; (*of* nad) nadzorstvo, skrb; (*of* do) dolžnost; (*of* za) odgovornost; napad, naskok; znak za naskok; opomin; ~ **account** mesečni kredit; **to bear** ~s nositi stroške; **I am at the** ~ **of it** to gre na moje stroške; **to be in** ~ **of** voditi, upravljati, skrbeti za kaj; **free of** ~, **no** ~ zastonj; **to give in** ~ dati zapreti (koga); **to lay to s.o.'s** ~ pripisovati komu kaj, obdolžiti koga česa; **to make a** ~ **for s.th.** zaračunati kaj; **petty** ~s drobni stroški; **to prefer a** ~ vložiti tožbo; **to return the** ~ odgovoriti na napad; **to take** ~ **of s.th.** zavzeti se za kaj, vzeti v varstvo; **to the** ~ **of s.o.** v breme koga; **heavy** ~s veliki stroški; ~s **forward** po povzetju; **to sound the** ~ dati znak za napad
charge II [ča:dž] **1.** *vt* (*with*) nabiti, napolniti; *chem* nasititi; obremeniti; natovoriti, naložiti; naprtiti, obdolžiti, obtožiti, opozoriti, napotiti, naročiti, predpisati; zaračunati, zahtevati; napasti, naskočiti; **2.** *vi* napadati, naskakovati, zakaditi se; račumati; **to** ~ **to s.o's account** zaračunati komu, v breme koga; **to** ~ **o.s. with** prevzeti skrb za; **what do you** ~? koliko stane?; **to** ~ **with murder** obtožiti umora
charge for *vt* zaračunati
charge off *vt* odračunati, odbiti
charge up *vt* zvišati ceno
charge with *vt* nabiti, napolniti; *chem* nasititi; obtožiti česa
chargeability [ča:džəbíliti] *n* obremenilnost, obtežilnost; tožljivost; odgovornost
chargeable [čá:džəbl] *adj* (**chargeably** *adv*) obremenilen; tožljiv, odgovoren; **to be** ~ **with a fault** biti odgovoren za napako; **he became** ~ **to the parish** padel je občini v breme; ~ **to the account** na račun; ~ **on s.o.** ki ga je treba pripisati komu
charger I [čá:džə] *n arch* velik pladenj
charger II [čá:džə] *n mil* častniški konj; tožitelj
charily [čǽrili] *adv* od **chary**
chariness [čǽrinis] *n* opreznost, varčnost, skrbnost
chariot [čǽriət] **1.** *n hist* bojni voz; slavnostna kočija; **2.** *vt & vi* voziti (se) v slavnostni kočiji
charioteer [čǽriətíə] *n* voznik triumfalne kočije
charism [kǽrizm] *n* božja milost; talent, nadarjenost
charismatic [kərizmǽtik] *adj* (~ **ally** *adv*) nadarjen, talentiran
charitable [čǽritəbl] *adj* (**charitably** *adv*) usmiljen, dobrodelen, radodaren, dobrohoten, popustljiv
charitableness [čǽritəblnis] *n* usmiljenost, dobrodelnost
charity [čǽriti] *n* dobrodelnost, dobrotljivost, usmiljenje; miloščina; dobrodelna ustanova; **to ask** ~ prositi miloščine; ~ **begins at home** bog je najprej sebi brado ustvaril; **as cold as** ~ hladen, brezčuten; **for** ~, **for** ~**'s sake** zastonj; **sister of** ~ usmiljena sestra
charity-boy [čǽritibɔi] *n* deček iz sirotišnice
charity-girl [čǽritigə:l] *n* deklica iz sirotišnice
charity-school [čǽritisku:l] *n* brezplačna šola
charivary [šá:rivá:ri] *n* peklenski trušč; mačja godba
char-lady [čá:leidi] *n sl* snažilka
charlatan [šá:lətən] *n* mazač, šarlatan, šušmar

charlatanic [ša:lətǽnik] *adj* (~ **ally** *adv*) šarlatanski, mazaški
charlatanism [šá:lətənizəm] *n* šarlatanstvo, mazaštvo, šušmarstvo
charlatanry [šá:lətənri] *glej* **charlatanism**
charlock [čá:lək] *n bot* njivska gorjušica
charm I [ča:m] *vt* (*with*) očarati, navdušiti; začarati, uročiti, (pre)mamiti; zvabiti; ukrotiti (gada); **to bear** (ali **have**) **a** ~ **ed life** čudežno premagati težave; *coll* **I shall be** ~ **ed** zelo me bo veselilo; **to** ~ **away** čudežno pregnati, zagovoriti (bolezen)
charm II [ča:m] *n* čar, čarovnija, uroki; privlačnost, milina; amulet, svetinja, talisman; *A sl pl* denar; **like a** ~ brezhibno; **under a** ~ uročen, začaran; **to break the** ~ čar premagati
charm III [ča:m] *n arch* žvrgolenje
charmed [čá:md] *adj* navdušen
charmer [čá:mə] *n* čarovnik, -nica, očarljivec, -vka; **snake** ~ krotilec kač
charming [čá:miŋ] *adj* (~ **ly** *adv*) očarljiv, mikaven
charnel [čá:nl] **1.** *n obs* pokopališče; mrtvašnica; **2.** *adj* mrtvaški, groben
charnel-house [čá:nlhaus] *n* mrtvašnica, kostnica, grobnica
chart I [ča:t] *n* zemljevid, karta; tabele, krivulja, diagram; skica, načrt; ~ **holder** bolnikova evidenčna kartica; ~ **room,** ~ **house** navigacijska kabina
chart II [ča:t] *vt* (zemljevid) risati; prikazati z razpredelnico; skicirati
charter I [čá:tə] *n* ustanovno pismo, listina; patent, privilegij, posebna pravica; koncesija; ~ **member** *A* ustanovni član; ~ **of incorporation** patent
charter II [čá:tə] *vt* napisati ustanovno pismo; podeliti posebno pravico; najeti, naročiti (ladjo, letalo)
chartered [čá:təd] *adj* pooblaščen; privilegiran; strokovno usposobljen; najet, naročen, poseben; ~ **accountant** zaprisežen preglednik računov; ~ **rights** zapisane pravice; ~ **plane** najeto, naročeno letalo
charterer [čá:tərə] *n* zakupnik (ladje, letala)
charter-party [čá:təpa:ti] *n* pogodba o zakupu ladje
chartism [čá:tizəm] *n hist* množičen upor angleških delavcev od 1837 do 1848, čartizem
chartist [čá:tist] *n* zagovornik čartizma, čartist
chartless [čá:tlis] *adj* brez zemljevida, ki ni na zemljevidu
chartography [ča:tógræfi] *glej* **cartography**
charwoman, *pl* **charwomen** [čá:wumən, čá:wimin] *n* snažilka, postrežnica
charwork [čá:wə:k] *n* gospodinjsko delo
chary [čǽri] *adj* (**charily** *adv*) (*of*) varčen, skop; previden; mečkav, neodločen
chase I [čeis] *n* lov, zasledovanje, preganjanje; lovišče, revir; lovski plen; preganjana ladja; **to be** (ali **have**) **in** ~, **to give** ~ zasledovati koga, gnati se za kom; **a wild-goose** ~ jalovo početje; **steeple** ~ dirka z zaprekami
chase II [čeis] *vt* loviti, zasledovati, preganjati, gnati se za kom; (*from*) izgnati; *coll* poplakniti; *A sl* **to** ~ **o.s.** oditi; **to** ~ **all fear** pregnati

ves strah, ne se več bati; *A* **go** ~ **yourself!** poberi se!

chase away *vt* spoditi, pregnati

chase down *vt* izčrpati, upehati

chase III [čeis] **1** *vt* cizelirati, gravirati, vrezovati; **2.** *n* brazda, žlebič; puškina cev; okov (dragulja)

chase IV [čeis] *n* zaprt sestavek (za matriciranje)

chaser I [čéisə] *n* lovec, zasledovalec; lovsko letalo; top na krmi ali premi; *coll* brezalkoholna pijača, ki jo popijemo po alkoholu

chaser II [čéisə] *n* graver, cizeler

chasing [čéisiŋ] *n* rezbarstvo; zasledovanje, preganjanje, gonja

chasm [kæzəm] *n* brezno, udrtina, prepad; tesen, tokava; *fig* razpoka; velika razlika

chasmy [kæzmi] *adj* prepaden, poln udrtin, razpok

chassis, *pl* **chassis** [šási, *pl* šásiz] *n* šasija, vozni podstavek

chaste [čeist] *adj* (~ **ly** *adv*) čist, sramežljiv, neomadeževan, deviški, nedolžen; preprost

chasten [čéisn] *vt* kaznovati, pograjati; *fig* ublažiti, očistiti (slog); ukrotiti

chasteness [čéistnis] *n* čistost, sramežljivost; preprostost

chastise [čæstáiz] *vt* kaznovati, krotiti, tepsti

chastisement [čæstizmənt] *n* kaznovanje, kazen; opomin

chastiser [čæstáizə] *n* kaznovalec, grajalec

chastity [čæstiti] *n* čistost, neomadeževanost, devištvo, nedolžnost; preprostost

chasuble [čæzjubl] *n eccl* mašna obleka, ornat

chat I [čæt] *vi* kramljati, klepetati, meniti se

chat II [čæt] *n* kramljanje, klepet, pomenek, pogovor; **to have a** ~ pokramljati

chat III [čæt] *n zool* penica; škorčevec

chatelain(e) [šætəlein] *n* grajska gospa; verižica za ključe na ženskem pasu

chattel [čætl] *n* premičnina; *arch* suženj; **goods and** ~ **s** vse premoženje, vsa ropotija

chatter I [čætə] *vi* čenčati, blebetati, klepetati, žlobudrati; žvrgoleti; žuboreti; šklepetati; ropotati (stroji)

chatter II [čætə] *n* klepetanje, klepet; žlobudranje; žvrgolenje; žuborenje; šklepetanje; ropot

chatterbeak [čætəbi:k] glej **chatterbox**

chatterbox [čætəbɔks] *n* klepetulja, čenča, raglja, blebetač, blebetavka; *A mil sl* strojnica, mitraljez

chatterbug [čætəbʌg] glej **chatterbox**

chatterer [čætərə] *n* blebetač, blebetavka

chattiness [čætinis] *n* blebetavost, čenčavost

chatty [čæti] *adj* (**chattily** *adv*) klepetav, čenčav; *mil sl* ušiv; *naut sl* umazan in zanemarjen

chauffer [čɔ́:fə] *n* prenosna majhna železna pečka; žerjavnica

chauffeur [šóufə, šoufɔ́:] *n* (poklicni) šofer

chauvinism [šóuvinizm] *n* šovinizem, narodnostna prenapetost

chauvinist [šóuvinist] *n* šovinist(ka), narodnostni prenapetež

chauvinistic [šóuvinistik] *adj* (~ **ally** *adv*) šovinističen

chaw I [čɔ:] *n* čik tobaka

chaw II [čɔ:] *vt vulg* hrustati, žvečiti, cmokati; **to** ~ **up** *A* popolnoma razbiti; hudo poškodovati; primerno zavrniti

chaw-bacon [čɔ́:beikn] *n* teleban, zijalo, neotesanec

cheap [či:p] *adj* (~ **ly** *adv*) cenen, poceni; slab; jalov, prazen (izgovor); **as** ~ **as dirt, dirt** ~ za smešno ceno; *coll* **to feel** ~ ne se dobro počutiti; **to get** (ali **come off**) ~ **(ly)** poceni jo odnesti; **to hold** ~ podcenjevati, zaničevati; **Cheap Jack** (ali **John**) krošnjar; **to make o.s.** ~ podcenjevati samega sebe; ~ **and nasty** samo na zunaj lep; ~ **trip** izlet ob znižanih vozovnicah

cheapen [čí:pən] *vt & vi* znižati ceno, poceniti (se); *arch* barantati

cheap-jack [čí:pdžæk] *n* krošnjar

cheapness [čí:pnis] *n* cenenost, nizka cena

cheat I [či:t] *n* goljufija, sleparija, prevara; goljuf, slepar; *sl* **topping** ~ vislice

cheat II [či:t] **1.** *vi* goljufati, varati; **2.** *vt* ogoljufati; prevarati; preživljati; **to** ~ **(out) of s.th.** z goljufijo kaj pridobiti; **to** ~ **the time** preživljati čas; *coll* **to** ~ **the worms** ozdraveti po hudi bolezni, zlizati se; **to** ~ **the gallows** rešiti se vislic

check I [ček] *int* šah!; *coll* v redu, prav

check II [ček] **1.** *vt* zadržati, ustaviti; dati šah; ukrotiti, brzdati; kontrolirati, pregledati, preveriti; grajati, posvariti; označiti; *A* oddati (prtljago); **2.** *vi* ustaviti se, zadržati se; umakniti se; strašiti se; *(at)* zameriti kaj; *A sl* umreti; *A* **to** ~ **baggage** oddati prtljago

check in *vi* prijaviti, vpisati se

check off *vt* prešteti

check out *vi A* odjaviti se

check up *vt* pregledati, preveriti (račun); ~ **on** strinjati se s čim

check III [ček] *n* ustavitev, ovira, prekinitev; *A* ček; račun; vstopnica; nalepni listek, etiketa; kupon; žeton; kontrola; *pl* kockasto blago; špranja; *A* **certified** ~ od banke overjen ček; ~ **please!** plačati, prosim; **to hand** (ali **pass**) **in one's** ~ **s** umreti; **to have a** ~ **upon s.o.** krotiti koga; **to hold** (ali **keep**) **in** ~ zadrževati koga; **to keep a** ~ **on s.th.** imeti kaj pod kontrolo

check IV [ček] glej **cheque**

check-book [čékbuk] *n* kontrolna knjiga

check-clock [čékklɔk] *n* kontrolna ura

checked [čekt] *adj* kockast

checker [čékə] *A* glej **chequer**; skladiščnik; *A sl* ovaduh, obvestitelj

checkered glej **chequered**

checkers [čékəz] *n pl* dama (igra)

checking [čékiŋ] *n* pregled, kontrola, preveritev

checking-room [čékiŋrum] glej **check-room**

check-list [čéklist] *n* kontrolni seznam

checkmate [čékmeit] **1.** *n & int* šah-mat; **2.** *vt* matirati, premagati

check-nut [čéknʌt] *n techn* protimatica

check point [čékpɔint] *n* mejnik

check-room [čékrum] *n A* garderoba

check-taker [čékteikə] *n* biljeter(ka)

check-till [čéktil] *n* blagajna v trgovini, ki registrira prejeti denar

check-up [čékʌp] *n A* (*on*) pregled, kontrola

check-valve [čékvælv] *n techn* varnostna zaklopka
cheddar [čédə] *n* vrsta sira
chee-chee [čí:čí:] *n* angleščina mešancev med Evropejci in Azijci
cheek I [či:k] *n* lice, obraz; *coll* predrznost, nesramnost; *pl techn* stranski deli raznih strojev; ~ **by jowl** tesno skupaj, zelo zaupno; **none of your** ~! ne bodi tako predrzen!; **hollow** ~ **ed** upadlih lic; **with one's tongue in one's** ~ neodkritosrčno; hudomušen; *coll* **to one's own** ~ vse samo zase
cheek II [či:k] *vt fam* predrzno se obnašati
cheek-bone [čí:kboun] *n anat* ličnica
cheek-rail [čí:kreil] *n rly* glavna tirnica
cheek-tooth [čí:ktu:] *n anat* kočnik
cheeky [čí:ki] *adj* (**cheekily** *adv*) nesramen, predrzen
cheep [či:p] **1.** *n* čivkanje, cviljenje; **2.** *vi* čivkati, cviliti
cheeper [čí:pə] *n zool* mladi ptič (zlasti jerebica)
cheer I [číə] **1.** *vt* razveseliti; podžigati, spodbujati, tolažiti; **2.** *vi* veseliti se, vzklikati, odobravati, ploskati
  cheer on *vt* (*to*) spodbujati (k)
  cheer up *vt* & *vi* opogumiti, potolažiti, razveseliti (se); ~! le pogum!
cheer II [číə] *n* razpoloženje, vedrost, veselost; odobravanje; navijanje (na tekmi); pogostitev, jed; **to be of good (bad)** ~ biti dobre (slabe) volje; **to give s.o. a** ~ nazdraviti komu; **to make good** ~ pirovati, gostiti se; **what** ~? kako se imaš?; **three** ~s **for** trikrat hura za; **to raise a** ~ vzklikati
cheerful [číəful] *adj* (~ **ly** *adv*) veder, vesel; *iron* »lep« žalosten, ubog
cheerfulness [číəfulnis] *n* vedrost, veselost
cheeriness [číərinis] *n* veselost, vedrina
cheerio [číərióu] *int coll* zdravo, hura, na vaše zdravje
cheer-leader [číəli:də] *n* vodja vzklikajočih, navijačev
cheerless [číəlis] *adj* (~ **ly** *adv*) žalosten, otožen, neutešljiv, pobit
cheerlessness [číəlisnis] *n* pobitost, otožnost
cheery [číəri] *adj* (**cheerily** *adv*) vesel, živahen; razveseljiv
cheese I [čí:z] *n* sir; *sl* prava reč; *A sl* butec; *A sl* **big** ~ važna oseba; **green** ~ mlad, nezrel sir; **that's another** ~ to je nekaj drugega; **to believe the moon is made of** ~ biti lahkoveren; *fam* **it's the** ~ to je najboljše, to je pravo; **an old rat won't eat** ~ izkušen človek ne zaupa prilizovalcu, ne gre na limanice; *sl* **he is quite a** ~! ta je pravi!; **hard** ~! kakšne nevšečnosti!
cheese II [čí:z] *vt sl* odnehati; ~ **it** nehaj! jezik za zobe!
cheeseburger [čí:zbə:gə] *n A sl* s sirom in sesekljanim zrezkom obložen kruhek
cheese-cake [čí:zkeik] *n* sirova pogača, gibanica; *coll* slike na pol nagih lepotic
cheese-cloth [čí:zkləθ] *n* koprivno platno, koprivnik
cheese-cutter [čí:zkʌtə] *n* nož za sir
cheesed [čí:zd] *adj coll* potrt; naveličan; ~ **off** do grla sit; *sl* **completely** ~ brezupno
cheesehopper [čí:zhəpə] *n* črv v siru

cheeselip, -lep [čí:zlip, -lep] *n* sirišče
cheese mite [čí:zmait] *n* črv v siru
cheesemonger [čí:zmʌngə] *n* trgovec z mlečnimi izdelki
cheese-paring [čí:zpɛəriŋ] **1.** *n* sirova skorja; *coll* ničvredna stvar; skopost; **2.** *adj* skop
cheese-plate [čí:zpleit] *n* velik pladenj za sir; velik gumb za plašč
cheese-rennet [čí:zrenit] *n bot* istranski vrednik
cheese-straws [čí:zstrɔ:z] *n pl* slane palčice
cheesy [čí:zi] *adj* (**cheesily** *adv*) sirast; *sl* eleganten, krasen, moderen
cheetah [čí:tə] *n zool* gepard, vzhodnoindijski leopard
chef [šef] *n* glavni kuhar
chef-d'oeuvre [šeidɔ́:vr] *n* mojstrovina
chela I [čéilə] *n Ind* novinec
chela II [kí:lə] *n anat* klešče
cheiromancy [káiərəmænsi] *n* vedeževanje iz dlani
chemical I [kémikəl] *adj* (~ **ly** *adv*) kemičen; ~ **works** kemična tovarna; ~ **ly pure** kemično čist; ~ **affinity** kemična sorodnost; ~ **action** kemično delovanje; ~ **warfare** kemična vojna; ~ **decomposition** kemičen razpad; ~ **conversion** kemična sprememba
chemical II [kémikəl] *n* kemični preparat; *pl* kemikalije
chemise [šimí:z] *n* ženska srajca
chemist [kémist] *n* kemik; lekarnar, drogerist; **analytical** ~ kemik; **dispensing** ~ lekarnar; ~**'s shop** lekarna
chemistry [kémistri] *n* kemija; **analytical** ~ analitična kemija; **applied** ~ tehnična kemija; ~ **of food** kemija živil
chemotherapy [keməθérəpi] *n* kemoterapija, zdravljenje s kemičnimi pripomočki
chemurgy [kémə:dži] *n* kemija v agronomski praksi
chenille [šəní:l] *n* prejica za vezenje
cheque I [ček] *n com* ček, denarna nakaznica (*on* za); **blank** ~ bianko ček; *fig* **to give a blank** ~ **to s.o.** pustiti koga, da dela, kar hoče, ne ovirati ga; **to cash a** ~ vnovčiti ček; **to draw a** ~ napisati ček
cheque II [ček] *vt*; **to** ~ **out** dobiti s čekom
cheque-account [čékəkaunt] *n com* čekovni račun
cheque-book [čékbuk] *n* čekovna knjižica
chequer I [čékə] *n* šahovnica; *pl* kockast vzorec; *A* dama (igra)
chequer II [čékə] *vt* s kockastim ali pisanim vzorcem (o)krasiti, karirati
chequered [čékəd] *adj* kockast, karirast; pester, pisan; spremenljiv; ~ **fortune** sreča opoteča; ~ **light and shade** polsenca
chequerwise [čékəwaiz] *n* v obliki kock, kockasto
cherish [čériš] *vt* varovati, negovati; skrbeti, gojiti; ceniti; ljubkovati; **to** ~ **a hope** upati, nadejati se
cheroot [šərú:t] *n* vrsta manilske cigare
cherry I [čéri] *n* češnja (plod); **to take** (ali **make**) **two bites at a** ~ obirati se, mečkati
cherry II [čéri] *adj* češnjev, rdeč
cherry-bob [čéribob] *n* dve češnji z zraslima pecljema
cherry-brandy [čéribrændi] *n* češnjev liker
cherry-pie [čéripai] *n* češnjev kolač

cherry-stone [čéristoun] n češnjeva koščica
cherry-tree [čéritri:] n češnja (drevo)
cherry-wood [čériwud] n češnjev les, češnjevina
chersonese [kə́:səni:s] n polotok
chert [čə:t] n min kresilnik, roženec, kremenjak
cherub [čérəb] n kerub, angel
cherubic [čerú:bik] adj angelski
cherubim [čérəbim] pl od cherub
chervil [čə́:vil] n bot prava krebuljica
chesil [čézil] n droben gramoz
chess [čes] n šah (igra); plast, vrsta; pl mil vzporedne deske pontonskega mostu
chessboard [čésbɔ:d] n šahovnica
chessel [čésəl] n kalup za sir
chessman [čésmæn] n šahovska figura
chess-player [čéspleiə] n šahist(ka)
chest I [čest] n skrinja, omara, zaboj; blagajna; anat prsi, prsni koš; ~ of drawers predalnik; to get off one's ~ povedati, napresti jih komu, izkašljati se; military ~ vojaška blagajna; (a) cold on the ~ kašelj; to have a weak ~ sapo loviti
chest II [čest] vt spraviti v skrinjo, omaro, zaboj
chesterfield [čéstəfi:ld] n vrsta površnika; vrsta zofe; A vrsta cigarete
chest-note [čéstnout] n globok, prsni glas
chestnut I [čésnʌt] n bot kostanj; rjavec; star dovtip; horse ~ divji kostanj; sweet (ali Spanish) ~ užitni kostanj; to pull s.o.'s ~s out of the fire biti orodje drugega; to put the ~s in the fire nakopati si lepo reč
chestnut II [čésnʌt] adj kostanjev; ~ horse rjavec
chestnut-tree [čésnʌttri:] kostanj (drevo)
chest-protector [čéstprətéktə] n prsni ščitnik (npr. iz flanele)
chest-trouble [čésttrʌbl] n bolečine v prsih
chest-voice [čéstvɔis] n globok prsni glas
chesty [čésti] adj (chestily adv) trmast, svojeglav; samozavesten, domišljav
cheval de frise, pl chevaux de frise [šəvǽl də frí:z, šəvóu də frí:z] n mil španski jezdec; ovira
cheval-glass [šəvǽlgla:s] n visoko vrtljivo ogledalo
chevalier [šəvəlíə] n kavalir, vitez; ~ of industry (ali fortune) pustolovec, slepar
chevaline [šévəlin] 1. n konjsko meso; 2. adj konjski
cheveril [šévəril] n mehek ševro
chevin [čévin] glej chub
cheviot [čéviɔt] 1. n ševiot; 2. adj ševioten, ševiotast
chevron [šévrən] n mil našiv na rokavu podčastnika; škarnice; archit ornament s cikcakasto črto
chevy I [čévi] n gonja, hajka; velik hrup
chevy II [čévi] 1. vt poditi, hajkati, komandirati; fig moriti, gnjaviti; 2. vi bežati
Chevy-chase [čévičeis] n balada o bojih iz l. 1588
chew I [čú:] vt & vi žvečiti, prežvekovati; fig (on, upon, over o) razmišljati, premišljevati, razglabljati; to ~ the cud prežvekovati; A sl to ~ the rag (ali fat) čvekati, gobezdati, česnati; to ~ up nahruliti; to bite off more than one can ~ lotiti se naloge, ki je ne zmoremo
chew II [ču:] n žvečenje; čik tobaka, žveček
chewer [čú:ə] n žvečilec, -lka
chewing-gum [čú:iŋgʌm] n žvečilni gumi

chianti [kiǽnti] n chianti, italijansko črno vino
chiasmus [kaiǽsməs] n hiazem
chibouk, chibouque [šibúk] n čibuk, turška pipa
chic [šik, ši:k] 1. adj eleganten, okusen; 2. n eleganca, dober okus
chicane [šikéin] 1. n sitnarjenje, nagajanje; varanje; 2. vt sitnariti, nagajati; varati
chicanery [šikéinəri] n varanje, lažno dokazovanje; dlakocepstvo
chick [čik] n coll pišče; golobček; otročiček; srček, ljubica
chickabiddy [číkəbídi] n piščanček, ptiček (ljubkovalno)
chickadee [číkədi:] n zool črnoglava sinica
chickaree [číkəri:] n ameriška veverica
chicken [číkin] n pišče, kokoš, kura; kuretina; otročiček; fig zelenec; strahopetec; to count one's ~s before they are hatched delati račun brez krčmarja; that's my ~ to je moja stvar; to get it where the ~ got the axe biti strogo grajan; ~ roost kurnik; no ~ ne več rosno mlad; ~ wire žična ograja
chicken-breasted [číkinbrestid] adj ozkih prsi
chicken-broth [číkinbrɔθ] n kurja juha
chickenburger [číkinbə:gə] n A sl s kuretino obložen kruhek
chicken-feed [číkinfi:d] n hrana za dojenčke; sl malenkost
chicken-hearted [číkinha:tid] adj boječ, plašen, strahopeten
chicken-livered [číkinlivəd] glej chicken-hearted
chicken-meat [číkinmi:t] n bot navadna zvezdica; endivija; rastline, ki so ptičja hrana
chicken-pecked [číkinpekt] adj ki je pod copato svojega dekleta
chicken-pox [číkinpɔks] n med norice
chicken-run [číkinrʌn] n kokošja ogradnica
chick(en)-yard [čík(in)ja:d] n A kokošje dvorišče
chicle [číkl] n drevesni sok za žvečilni gumi
chickling [číklin] n piščanček; bot grašica
chick-pea [číkpi:] n bot čičerka
chick-weed [číkwi:d] glej chicken-meat
chicory [číkəri] n bot cikorija; radič
chid [čid] pt od chide
chidden [čídn] pp od chide
chide* [čaid] vt grajati, karati; tuliti (veter)
chief I [či:f] adj osnoven, glaven, vodilen, vrhoven, najvišji
chief II [či:f] n načelnik, glavar, predstojnik, šef; commander-in-chief vrhovni poveljnik; ~ buyer glavni nabavljavec; ~ justice predsednik vrhovnega sodišča; ~ clerk načelnik pisarne; ~ salesman komercialni direktor
chief III [či:f] adv zlasti, posebno; ~ of all predvsem
chiefdom [čí:fdəm] n poglavarstvo, načelništvo
chiefess [čí:fis] n poglavarka, načelnica
chiefly [čí:fli] 1. adj načelniški, poveljniški; 2. adv glavno, predvsem
chieftain [čí:ftən] n načelnik, vodja; roparski poglavar
chieftaincy [čí:ftənsi] n načelništvo, poglavarstvo
chieftainship [čí:ftənšip] glej chieftaincy
chiff-chaff [čífčæf] n zool listnica (ptič)
chiffonier [šifəníə] n omarica, predalnik
chillblain [čílblein] n ozeblina

chilblained [čílbleind] *adj* ozebel
chilblainy [čílbleini] glej chilblained
child [čaild] *n* otrok, dete; potomec; privrženec; *fig* plod; from a ~ od otroških let; with ~ noseča; to get with ~ zanositi; the burnt ~ dreads the fire kdor se enkrat opeče, je drugič previden; *fig* ~'s play igrača; ~ murder detomor; *sl* this ~ jaz, mene
child-bearing [čáildbeariŋ] *n* porod
childbed [čáildbed] *n* porodna, otroška postelja; maternica; woman in ~ otročnica; ~ fever porodna mrzlica
childbirth [čáildbə:θ] *n* porod
childe [čaild] *n arch* mlad plemič
Childermas-day [číldəmæsdéi] *n* praznik nedolžnih otrok, 28. december
childhood [čáildhud] *n* otroštvo, detinstvo; second ~ senilnost
childish [čáildiš] *adj* (~ly *adv*) otročji, otroški, naiven
childless [čáildlis] *adj* brez otrok
childlike [čáildlaik] *adj* otroški, otročji, sinovski, hčerinji, nedolžen, prostodušen
childly [čáildli] 1. *adj poet* otroški, otročji; 2. *adv* otročje
childness [čáildnis] *n* otročarija
children [číldrən] *pl* od child; ~'s allowance otroški dodatek
children-welfare [číldrənwelfɛə] *n* otroško skrbstvo
child-wife [čáildwaif] *n* zelo mlada žena
chili, chilli [číli] *n* sušena huda paprika
chiliad [kíliæd] *n* tisočica; tisočletje
chill I [čil] *n* mraz, hlad, ohladitev; *techn* kaljenje; *techn* kalup za kovinske odlitke; *med* mrzlica, prehlad; *fig* hladnost, neprijaznost; potrtost; to take the ~ off s.th. pogreti kaj; to catch a ~ prehladiti se; to cast a ~ over (ali on) one's humour spraviti koga v slabo voljo, potreti ga; it gives me a ~ zona me spreletava; ~s and fever malarija; water with the ~ off mlačna voda
chill II [čil] 1. *vt* (o)hladiti, mraziti; kaliti; strditi; *fam* nekoliko pogreti; *fig* potreti, pogum vzeti, popariti (koga); 2. *vi* ohladiti, premraziti, prehladiti se
chill III [čil] *adj* mrzel, hladen; *fig* neprijazen, leden, brezčuten; chill-casting [čílka:stiŋ] *n techn* trdna litina
chilliness [čílinis] *n* mrzlo vreme, hlad
chilling [číliŋ] *adj* (~ly *adv*) hladen, mrazeč; *fig* neprijazen, ki jemlje pogum
chilly [číli] *adj* mrzel, hladen, zmrzljiv; suhoparen; I feel ~ zebe me, mrazi me
chime I [čaim] *n* zvonjenje, pritrkavanje; (*of* med) soglasje, harmonija, skladnost; in ~ skladno
chime II [čaim] *vt & vi* (*in, with*) skladati, ujemati se; biti (ura); *coll* to ~ in vmešavati se v pogovor; to ~ in with strinjati se s, privoliti v
chimer [čáimə] *n* zvonilec
chimera, chimaera [kaimíərə] *n* himera, blodnja, izmišljotina, privid
chimere [čimíə] *n* škofovo oblačilo
chimeric [kaimérik] *adj* (~ally *adv*) fantastičen, pošasten, slepilen
chimney [čímni] *n* dimnik, kamin; cilinder (na lampi); ognjišče; krater; *coll* strasten kadilec

chimney-corner [čímnikə:nə] *n* zapeček
chimney-flue [čímniflu:] *n* dimna cev
chimney-piece [čímnipi:s] *n* kaminski napušč
chimney-pot [čímnipət] *n* glinast podaljšek dimnika; *E sl* ~ (hat) cilinder
chimney-stack [čímnistæk] *n* skupina dimnikov; tovarniški dimnik
chimney-stalk [čímnistə:k] *n* zunanji del dimnika
chimney-sweep(er) [čímniswi:p(ə)] *n* dimnikar
chimp [čimp] *n coll* šimpanz
chimpanzee [čimpənzí:] *n* šimpanz
chin I [čin] *n* brada, obradek; to thrust the ~ into the neck bahati, postavljati se; up to the ~ do ušes; a ~ wag prijateljski pomenek; keep your ~ up! glavo pokonci
chin II [čin] *vi A sl* (*about*) klepetati; to ~ o.s. up potegniti se kvišku (z rokami)
china [čáinə] 1. *n* porcelan, glinasta posoda; to break ~ vznemiriti 2. *adj* porcelanski
china-clay [čáinəklei] *n* kaolin
china-closet [čáinəkləsit] *n* zasteklena omara za porcelan, vitrina
china-goods [čáinəgudz] *n pl* porcelan
china-ink [čáinəiŋk] *n* tuš
chinaman [čáinəmən] *n* trgovec s porcelanom; Chinaman Kitajec
china-ware [čáinəwɛə] *n* porcelan
chinch [činč] *n A* stenica
chinchila [činčílə] *n zool* činčila
chin-chin [čínčin] 1. *n* vljuden pozdrav, vljuden pogovor; 2. *int* zdravo!
chincough [čínkə:f] *n med* oslovski kašelj
chin-deep [číndi:p] *adj* ki sega do ušes
chine I [čain] *n* hrbtenica (živali); zarebrnica; sleme
chine II [čain] *n* soteska
chine III [čain] *vt* po dolžini prerezati (trebuh živali)
Chinese [čáiní:z] 1. *adj* kitajski; ~ lantern lampijon; ~ ink tuš; 2. *n* Kitajec, -jka; kitajščina; the ~ Kitajci
chink I [čiŋk] 1. *n* žvenk; *coll* cvenk, drobiž; 2. *vt & vi* žvenketati; *coll* sapo loviti
chink II [čiŋk] 1. *n* razpoka, reža, špranja; 2. *vt & vi* počiti; to ~ up zamazati, zamašiti razpoke
Chink [čiŋk] *n sl* Kitajec
chinky [číŋki] *adj* razpokan
chinook [činú:k] *n* topel in suh veter v območju Skalnatih gor
chintz [činc] *n* vrsta pisanega blaga za pohištvo, cic, katun
chip I [čip] *n* drobec, odkrušek, iver, trska; oškrbek; odpadek; igralna znamka; odkrušeno mesto; *coll* otrok; a ~ of the old block čisto tak kakor njegov oče; I don't care a ~ for it ni mi do tega; to carry a ~ on one's shoulder rad se prepirati; potato ~s tenke ocvrte krompirjeve rezine; to buy ~s hraniti denar; *A sl* to hand (ali pass in) one's ~s umreti; dry as a ~ nezanimiv, dolgočasen, suhoparen; such carpenters such ~s po delu spoznamo človeka
chip II [čip] 1. *vt* sekati, rezljati, drobiti; (od)krušiti, odlomiti; prekljuvati jajčno lupino; rezati na rezine; norčevati se iz koga; 2. *vi* odkrušiti, odlomiti, odkrhniti se

chip in *vt* & *vi* dodati, pristaviti; ~ **with** v besedo komu seči; *A* **to** ~ **to** sodelovati

chip off *vt* odščipniti

chip III [čip] **1.** *n* spreten prijem pri rokoborbi; **2.** *vt* nastaviti komu nogo, da se spotakne

chip-basket [čípba:skit] *n* lahka košarica

chip-hat [číphæt] *n* klobuk iz ličja

chipmuck [čípmʌk] glej **chipmunk**

chipmunk [čípmʌŋk] *n zool* majhna severnoameriška veverica

chipper I [čípə] *adj A sl* živahen, vesel

chipper II [čípə] cvrčati, cvrkutati; **to** ~ **up** oživiti; ohrabriti se

chippings [čípiŋz] *n pl* ostružki, skobljanci, trske

chippy I [čípi] *adj* skrhan, oškrbljen; *sl* suhoparen, nezanimiv; siten; ki ima mačka

chippy II [čípi] *n* glej **chipmunk**

chirm [čə:m] *n* šum; ščebetanje, žvrgolenje

chirograph [káiərəgra:f] *n* skrbno z roko napisan dokument

chirographer [kaiərógrəfə] *n* pisar

chirographic [kaiərəgræfik] *n* z roko napisan

chirographist [kaiərógrəfist] *n* pisar

chirography [kaiərógrəfi] *n* rokopis

chiromancer [káiərəmænsə] *n* vedeževalec, -lka iz dlani

chiromancy [káiərəmænsi] *n* vedeževanje iz dlani

chiropodist [kirópədist] *n* pediker(ka); *obs* maniker(ka)

chiropody [kirópədi] *n* pedikira; *obs* manikira

chirp I [čə:p] **1.** *vi* cvrčati, cvrlikati, čivkati, ščebetati; veseliti se; **2.** *vt* razvedriti, razveseliti, oživiti

chirp II [čə:p] *n* cvrčanje, ščebet, čivkanje

chirp III [čə:p] *adj A* živahen, vesel

chirpy [čə́:pi] *adj* (**chirpily** *adv*) živahen, veder, vesel

chirr [čə:] **1.** *vi* cvrčati, hreščati, prasketati, šušteti; **2.** *n* cvrčanje, prasketanje

chirrup I [čírəp] *vi* glej **chirp**; tleskniti, tleskati; *sl* ploskati (za plačilo)

chirrup II [čírəp] *n* cvrčanje, tleskanje, mlaskanje

chirruper [čírəpə] *n* ki ploska za plačilo (v gledališču)

chirrupy [čírəpi] glej **chirpy**

chirurgeon [kairə́:džən] *n arch* kirurg

chirurgery [kairə́:džəri] *n arch* kirurgija

chirurgic [kairə́:džik] *adj* (~**ally** *adv*) *arch* kirurški

chisel I [čízl] *n* dleto; kiparstvo; *sl* prevara

chisel II [čízl] *vt* izsekati, (iz)klesati, izdelati; *fig* (*out of* za) opehariti; *coll* **to** ~ **in** vmešavati se; **to** ~ **off** z dletom odsekati

chiselled [čízld] *adj* izklesan, izbrušen (slog); ~ **features** lepe poteze

chit I [čit] *n bot* brst, klica, kal; otrok, dekletce, otročaj, zelenec

chit II [čit] *n* pisemce, potrdilo, pobotnica

chit III [čit] *vi* kliti, brsteti

chit-chat [čítčæt] *n* kramljanje, klepet

chitin [káitin] *n* hitin

chitinous [káitinəs] *adj* hitinast

chitlings [čítliŋz] glej **chitterlings**/ *fig A* cunje, cape

chiton [káitən] *n* hiton (oblačilo)

chitterlings [čítəliŋz] *n pl* drobovina

chitty [číti] glej **chit II**

chivalric [šívəlrik] *adj* viteški, hraber, plemenit, pošten; donkihotski, smešen

chivalrous [šívəlrəs] *adj* (~**ly** *adv*) glej **chivalric**

chivalry [šívəlri] *n* viteštvo; junaštvo; vitezi

chive [čaiv] *v bot* drobnjak; strok česna; čebulica

chivied [čívid] *adj* izmučen, utrujen

chivy [čívi] glej **chevy**

chlorate [kló:rit] *n chem* klorat

chloric [kló:rik] *adj chem* klorov

chloride [kló:raid] *n chem* klorid

chlorinate [kló:rineit] *vt chem* klorirati

chlorination [klo:rinéišən] *n chem* kloriranje

chlorine [kló:ri:n] *n chem* klor

chloroform [kló:rəfo:m] **1.** *n chem* kloroform; **2.** *vt* kloroformirati

chlorophyll [kló:rəfil] *n* klorofil, listno zelenilo

chlorosis [kləróusis] *n med* kloroza, bledičnost

chlorous [kló:rəs] *adj chem* klorast

chock I [čok] *n* zagozda, klin, podložek

chock II [čok] *vt* zagozditi; **to** ~ **up** zamašiti, natrpati; zagraditi

chock III [čok] *adv* tesno, trdno

chock-a-block [čókəblók] *adj coll* natrpan

chock-full [čókful] *adj* (*of*) natrpano poln, prenatrpan

chocolate I [čókəlit] *n* čokolada; *pl* praliné, čokoladni bonboni; temno rjava barva; **a bar** (ali **cake, tablet**) **of** ~ tablica čokolade

chocolate II [čókəlit] *adj* temno rjav, čokoladen

choice I [čois] *n* izbira, izbor; alternativa; (*of*) najboljše, cvet, elita; **Hobson's** ~, ~ **of evils** nobena izbira; ~ **of everything** najboljše, kar se dobi; *A sl* **I am** ~ **of it** mnogo mi je do tega; **for** ~, **by** ~ prvenstveno, najraje; **a wide (poor)** ~ velika (majhna) izbira; **to take** (ali **make**) **one's** ~ izb(i)rati si; **I have no** ~ **but to** moram, prisiljen sem; **at your** ~ kakor želite; **the** ~ **is** (ali **lies**) **with you** ti se moraš odločiti; **a good** ~ bogata izbira

choice II [čois] *adj* izbran; po izbiri; izvrsten, odličen; izbirčen; ~ **fruit** izbrano sadje

choicely [čóisli] *adv* skrbno, razsodno; izbirčno

choiceness [čóisnis] *n* izbirčnost; izbranost; dragocenost

choir [kwáiə] **1.** *n* kor; cerkveni zbor; **2.** *vt* & *vi* v zboru peti

choir-boy [kwáiəbɔi] *n* deček, ki poje v cerkvenem zboru

choir-screen [kwáiəskri:n] *n* ograja med oltarnim prostorom in cerkveno ladjo

choke I [čouk] **1.** *vt* dušiti, daviti, mašiti; *techn* zapreti dovod zraka; *fig* ovirati, motiti; **2.** *vi* (za)dušiti se, zadaviti se

  choke down *vt* pogoltniti; zatreti; potlačiti; ~ **one's anger** premagati jezo

  choke off *vt sl* zapreti komu usta, ošteti ga, odvrniti ga od česa

  choke up *vt* zatlačiti, zamašiti, prenapolniti; ~ **a fire** pogasiti ogenj

choke II [čouk] *n* dušitev, davitev; *techn* dušilka, dušilna loputa; zračni sapnik

choke III [čouk] *n* srednji del artičoke

choke-bore [čóukbə:] *n* puškina cev, ki se proti ustju zožuje

choke-damp [čóukdæmp] *n* jamski plin; dušljiv zrak
choke-pear [čóukpɛə] *n bot* divja hruška; *fig* neprijetna, težko prebavljiva stvar
choker [čóukə] *n* dušilec, davilec; *sl* kravata; trd ovratnik
choking [čóukiŋ] *adj* (~ly *adv*) dušeč
choky I [čóuki] *adj* (chokily *adv*) dušljiv; ki lovi sapo; to feel ~ dušiti se (od čustva)
choky II [čóuki] *n sl* ječa
choler [kólə] *n* žolč; *poet* jeza srd
cholera [kólərə] *n med* kolera
choleric [kólərik] *adj* (~ally *adv*) žolčen, togoten, koleričen
cholesterol [kəléstərəl] *n* holesterol
choo-chow [čú:čau] *n A sl* (majhen in počasen) vlak
choose* [ču:z] 1. *vt* (*between*) izbrati, izbirati, izvoliti si; hoteti; raje imeti; 2. *vi* (*between*) imeti na izbiro; blagovoliti; there is not much to ~ between them oba sta enaka; I cannot ~ but nujno moram, prisiljen sem, ne morem si kaj, da ne bi; to pick and ~ skrbno izbirati
chooser [ču:zə] *n* prebiralec, -lka; beggars can't be ~s reveži ne smejo biti izbirčni, v sili hudič mušice žre
choos(e)y [ču:zi] *adj coll* izbirčen, siten
chop I [čɔp] *vt* zrezati, sekljati; cepiti; odsekati; otesati
  chop about *vt* oklestiti, obsekati
  chop at *vt* zasekati
  chop away *vt* odsekati
  chop down *vt* posekati
  chop in *vi* vmešavati se v pogovor, v besedo seči
  chop off *vt* odsekati
  chop out *vi* priti na površje
  chop up *vt* razsekati, nacepiti (drva); *geol* priti na površje
chop II [čɔp] 1. *vt* menjati, spreminjati; 2. *vi* spreminjati se; to ~ and change kolebati, omahovati
  chop about *vi* nenadoma spremeniti smer (veter)
  chop back *vi* naglo se obrniti
  chop round glej to chop about
chop III [čɔp] *n* sekanje; zareza; zarebrnica, zrezek; kratek val; *pl vulg* gobec; ustje
chop IV [čɔp] *n* sprememba, kolebanje; ~s and changes kolebanje, spremenljivost
chop V [čɔp] *n sl* žig; tovarniška znamka; first ~ prvovrsten
chop VI [čɔp] *n* glej chap
chop-chop [čɔpčɔp] *adv sl* hitro hitro
chopfallen [čɔpfɔ:lən] glej chapfallen
chop-house [čɔphaus] *n hist* (cenena) gostilna
chopin(e) [čoupí:n, čɔpin] *n* čevelj z debelim podplatom
chop-knife [čɔpnaif] *n* sekaški nož, sekač
chopper [čɔpə] *n* sekač, sekira; sekalec, drvar; *coll* preglednik v podzemeljski železnici; *techn* prekinjalo; ~ switch vzvodno stikalo
chopping I [čɔpiŋ] *n* sekanje; ~s and changings (*of*) nenehne spremembe
chopping II [čɔpiŋ] *adj* krepek, močan
chopping-block [čɔpiŋblɔk] *n* tnalo, čok
chopping-board [čɔpiŋbɔ:d] *n* deska za sekanje
chopping-knife [čɔpiŋnaif] *n* sekaški nož, sekač

choppy [čɔpi] *adj* (choppily *adv*) spremenljiv, razpokan; ~ sea razburkano morje
chopsticks [čɔpstiks] *n pl* kitajske paličice (jedilno orodje)
chop-suey [čɔpsú:i] *n* kitajska jed iz mesa, bambusovih brstičev in riža
choral [kó:rəl] *adj* (~ly *adv*) *mus* zborovski
choral(e) [kɔrá:l] *n mus* koral
chord [kɔ:d] *n* struna; *mus* akord, sozvočje; tetiva; *anat* vocal ~ glasilka; spinal ~ hrbtni mozeg; to touch the right ~ zadeti pravo struno; to strike up a familiar ~ obujati spomine; common ~ trozvok; minor ~ molov akord
chordal [kó:dəl] *adj mus* akorden, sozvočen; *geom* tetiven
chore [čɔ:] *A coll* 1. *n* drobni opravki, gospodinjska dela; 2. *vt* opravljati gospodinjska dela
chorea [kɔríə] *n med* ples sv. Vida
choreograph (kóriəgra:f] *n* baletni mojster, koreograf
choreographer [kɔriógrəfə] *n* koreograf
choreographic [kɔriəgræfik] *adj* (~ally *adv*] koreografski, plesen
choreography [kɔriógrəfi] *n* koreografija, plesna umetnost
choriamb [kóriæm(b)] *n* korjamb, vrsta stopice
choric [kórik] *adj* koren, zborov
chorine [kɔrí:n] *n A* zborovska pevka
chorist [kórist] *n* zborovski pevec, zborovska pevka
chorister [kóristə] *n* zborovski pevec; *A* zborovodja
chortle [čɔ́:tl] 1. *vi* hehetati, krohotati se; 2. *n* hehetanje, krohot
chorus I [kó:rəs] *n* zbor; pripev, refren; to swell the ~ priključiti se večini; to sing in ~ v zboru peti
chorus II [kó:rəs] *vt & vi* v zboru peti ali recitirati
chorus-girl [kó:rəsgə:l] *n* članica zbora, koristka
chose [čouz] *pt* od choose
chosen [čóuzən] *pp* od choose
chough [čʌf] *n zool* planinska kavka
chouse [čaus] *coll* 1. *vt* (*out of* za) oslepariti; 2. *n* sleparstvo
chow [čau] *n* vrsta pasje pasme; *sl* jed, hrana; *A* ~ mein vrsta ameriško kitajske jedi
chow-chow [čáučáu] *n* mešanica; vrsta kitajske začimbe, marinada; vložena mešana zelenjava
chowder [čáudə] *n A* vrsta ribje jedi; piknik na morski obali
chrestomathy [krestóməθi] *n* hrestomatija, cvetnik, izbor beril
chrism [krizm] *n* sveto olje; balzam
chrismatory [krízmətəri] *n* posoda za sveto olje
chrisom [krízəm] *n* krstno oblačilo
Christ [kraist] *n* Kristus
christen [krísn] *vt & vi* krstiti, imenovati, dati ime
Christendom [krísndəm] *n* krščanstvo; kristjani
christening [krísniŋ] krst
Christian [krístjən, kríščən] 1. *adj* krščanski; *fam* človeški; ~ era naše štetje; ~ name krstno ime; 2. *n* kristjan(ka)
Christianism [krístjənizəm] *n* krščanstvo
Christianity [kristiǽniti] *n* krščanstvo, krščanska vera
christianize [krístjənaiz] *vt* krstiti, poimenovati

Christlike [kráistlaik] *adj* Kristusu podoben, kakor Kristus

Christmas [krísməs] *n* božič; ~ **Day** 25. december; ~ **Eve** božični večer; ~ **comes but once a year** vsak dan ni nedelja; ~ **carol** božična pesem

Christmas-box (krísməsbɔks] *n* božično darilo

Christmas-card [krísməska:d] *n* božična razglednica

Christmas-tide [krísməstaid] *n* božič

Christmas-time [krísməstaim] *n* božič

Christmas-tree [krísməstri:] *n* božično drevo

chromate [króumit] *n chem* kromat, sol kromove kisline

chromatic [krəmǽtik] *adj* (~ **ally** *adv*) kromatičen, barven, pisan; ~ **printing** barvni tisk; ~ **spectrum** barvni spektrum

chromatics [krəmǽtiks] *n pl* nauk o barvah

chrome [kroum] *n* rumena barva; *chem* krom

chromic [króumik] *adj chem* kromov

chromium [króumiəm] *n chem* krom

chromium-plated [króumiəmpleitid] *adj* kromiran

chromolithography [króumoliθógrəfi] *n* barvna litografija

chromosome [króuməsoum] *n biol* kromosom

chronic [krónik] *adj* (~ **ally** *adv*) dolgotrajen, kroničen; ukoreninjen; običajen; *coll* strašen, dolgočasen; ~ **doubts** večni dvomi; ~ **complaints** večne pritožbe

chronicle I [krónikl] *n* kronika, letopis; *coll* poročilo, pripovedovanje

chronicle II [krónikl] *vt* zapis(ov)ati, zaznamovati; *coll* **to** ~ **small beer** zapisati vsako malenkost

chronicler [króniklə] *n* letopisec

chronologic [krənəlódžik] *adj* (~ **ally** *adv*) kronološki, časovno urejen

chronologist [krənólədžist] *n* kronolog

chronologize [krənólədžais] *vt* kronološko, časovno urediti

chronology [krənólədži] *n* kronologija, časovni red

chronometer [krənómitə] *n* kronometer, časomer, zelo natančna ura

chronometric [krənəmétric] *adj* (~ **ally** *adv*) kronometričen

chronometry [krənómitri] *n* kronometrija, merjenje časa

chrysalis, *pl* **chrysalides** [krísəlis, krisǽlidi:z] *n zool* buba

chrysanthemum [krisǽnθəməm] *n bot* krizantema, vsesvetnica, katarinščica

chryselephantine [krisəlifǽntain] *adj* iz zlata in slonove kosti

chrysoberyl [krísəbéril] *n min* krizoberil

chrysolite [krísəlait] *n min* krizolit

chrysoprase [krísəpreiz] *n min* krizopras

chub [čʌb] *n zool* klen

chubb [čʌb] *n techn* vrsta patentne ključavnice

chubbiness [čʌ́binis] *n* debeloličnost, zavaljenost

chubby [čʌ́bi] *adj* (**chubbily** *adv*) debel, okrogloličen, zavaljen

chuck I [čʌk] *n* kokoška, pišče; kokanje, kokodakanje; cmokanje, tlesk(anje)

chuck II [čʌk] **1.** *vi* kokati, kokodakati; cmokati, tleskati; klicati kokoši; **2.** *int* pi pi pi!

chuck III [čʌk] *n fam* srček, ljubček, ljubica

chuck IV [čʌk] *n* metanje; lahek udarec, trepljanje; *sl* zapuščanje; odpust; **to give s.o. the** ~ odpustiti, spoditi koga; pretrgati stike s kom

chuck V [čʌk] *vt* po vratu božati, (po)trepljati; *fam* ven vreči, na cedilu pustiti; **to** ~ **one's weight about** domišljavo se vesti; *sl* ~ **it!** nehaj, dovolj je tega!

chuck away *vt* zapravljati

chuck out *vt* spoditi; izločiti

chuck over *vt* na cedilu pustiti

chuck up *vt* opustiti; ~ **one's hand** (ali **the sponge**) vdati se, priznati poraz

chuck VI [čʌk] *n sl* hrana; *naut* **hard** ~ ladijski prepečenec; ~ **wagon** voziček za prevažanje hrane

chuck VII [čʌk] **1.** *n* poleno, klada; *techn* natezalna podloga, pritezalnik; **2.** *vt* pritrditi z natezalno podlogo

chucker-out [čʌ́kəráut] *n* reditelj (ki meče ven motilce)

chuck-hole [čʌ́khoul] *n A* kotanja

chuckle I [čʌkl] *vi* (*at*, *over*) veseliti se; hihitati se, smehljati se; **to** ~ **up one's sleeve** v pest se smejati

chuckle II [čʌkl] *n* hihitanje; veselje

chuckle-head [čʌ́klhed] *n* prismoda, tepec

chuckle-headed [čʌ́klhedid] *adj* prismojen, neumen; pozabljiv

chucky [čʌ́ki] *n* pišče; srček

chuff [čʌf] *n* neotesanec, teleban, neumnež

chuffed [čʌft] *adj coll* ves srečen, blažen

chuffy [čʌ́fi] *adj* debeloličen; surov

chug [čʌg] **1.** *vi* puhati, pokljati; **2.** *n* puhanje, pokljanje

chum I [čʌm] *n coll* tovariš, kolega, prijatelj; sostanovalec (v isti sobi); *Austral* nov priseljenec

chum [čʌm] *vi coll* (*with*) stanovati v isti sobi; **to** ~ **up with** (ali **together**) sprijateljiti se, biti s kom zelo zaupen

chummage [čʌ́midž] *n* namestitev dveh ali več oseb v isti sobi; pogostitev sojetnikov, ki jo priredi nov arestant

chummery [čʌ́məri] *n* sostanovalstvo v eni sobi; soba z več stanovalci

chummy [čʌ́mi] *fam adj* (**chummily** *adv*) prijateljski, zaupen, družaben, intimen

chump [čʌmp] *n* štor, klada; debeli konec; *coll* glava, buča; tepec; **off one's** ~ trapast; ~ **end** debeli konec česa

chunk I [čʌŋk] *n coll* kepa, kos, krajec (kruha); čokat človek ali konj

chunk II [čʌŋk] *vi* ropotati, brneti, bobneti; *A coll* vreči, metati; oditi, izstopiti; **to** ~ **up** naložiti (kurivo na ogenj)

chunking [čʌ́ŋkiŋ] **1.** *adj* velik, štorast, okoren, neroden; **2.** *n* ropot, trušč

chunky [čʌ́ŋki] *adj coll* močen, čokat, tršat; vozlast, kepast

church I [čə:č] *n* cerkev; verniki; duhovniki; cerkveni obredi; **to go to** ~ iti k maši; **to be at** ~ biti v cerkvi; **to attend** ~ redno hoditi v cerkev; **the Church of England** anglikanska cerkev; **to go into** (ali **enter**) **the Church** postati duhovnik; **established** ~ državna cerkev; **to ask people in** ~ oklicati (pred cerkveno poroko);

as poor as a ~ mouse reven ko cerkvena miš; **~ preferment** cerkvena nadarbina, prebenda
church II [čə:č] *vt* spraviti v varstvo cerkve
church-goer [čə́:čgouə] *n* tisti, ki hodi redno v cerkev, vernik
church-going [čə́:čgouiŋ] *adj* ki hodi v cerkev
churching [čə́:čiŋ] *n* prvi obisk cerkve otročnice po porodu
churchism [čə́:čizəm] *n* bogomoljstvo
churchman [čə́:čmən] *n* pripadnik (anglikanske) cerkve; duhovnik
church-rate [čə́:čreit] *n* cerkveni davek
church-register [čə́:čredžistə] *n* cerkvena matrika
church-service [čə́:čsə:vis] *n* služba božja
church-text [čə́:čtekst] *n* okrasna gotica
churchwarden [čə́:čwɔ:dən] *n* cerkveni starešina; *E coll* dolga glinasta pipa
churchwoman [čə́:čwumən] *n* pripadnica (anglikanske) cerkve
churchy [čə́:či] *adj* (**churchily** *adv*) *coll* cerkoven; ki ima duh po svetilnem olju; hinavsko prijazen, svetohlinski
churchyard [čə́:čja:d] *n* pokopališče; **~ cough** suh kašelj jetičnikov; *coll* **fat ~** mnogo smrtnih primerov
churl [čə:l] *n* kmetavz, neotesanec; tepec; skopuh
churlish [čə́:liš] *adj* (**~ly** *adv*) surov, neotesan; skop; nehvaležen (delo); netaljiv (kovina)
churlishness [čə́:lišnis] *n* neotesanost; skopost; netaljivost
churn I [čə:n] *n* pinja; mešalnik; velika kanta za mleko
churn II [čə:n] **1.** *vt* umesti, stepati, mešati, pinjiti, peniti; **2.** *vi* peniti se, vzkipeti; **to ~ into butter** umesti smetano v maslo
churning [čə́:niŋ] *n* pinjenje; **a ~** količina masla, pridobljena z enim pinjenjem
churn-staff [čə́:nsta:f] *n* žvrglja, metič
churr [čə:] glej **chirr**
chut [št, čʌt] *int* st, mir, tiho!
chute [šu:t] *n* nagnjeno korito, žleb; iztresišče; brzica; *A* drsalnica, drča; cev za smeti
'chute [šu:t] *n mil sl* padalo
'chutist [šú:tist] *n mil sl* padalec, -lka
chutney [čʌ́tni] *n* indijsko vloženo močno začinjeno sadje
chyle [kail] *n* želodčni sok
chyme [kaim] *n* želodčna kaša
ciborium [sibóriəm] *n eccl* ciborij (obredna posoda)
cicada [siká:də] *n zool* škržat
cicala [siká:lə] *n zool* škržat; kobilica
cicatrice [síkətris] *n* brazgotina
cicatrix, *pl* **cicatrices** [síkətriks, sikətráizi:z] glej **cicatrice**
cicatrize [síkətraiz] *vt & vi* (za)celiti (se), zarasti
cicely [sísili] *n bot* krebuljica
cicerone [čičəróuni] **1.** *n* vodič; **2.** *vt* razkazovati znamenitosti
cicisbeo [čičizbéiou] *n* ljubimec poročene žene
cider [sáidə] *n* mošt, jabolčnik; **all talk and no ~** prazno govoričenje
cider-cup [sáidəkʌp] *n* mošt z likerjem in sodavico
ciderkin [sáidəkin] *n* drugorazredni mošt
cider-press [sáidəpres] *n* stiskalnica za jabolka
cigala [sigá:lə] glej **cicada**

cigar [sigá:] *n* cigara
cigar-case [sigá:keis] *n* cigarnica
cigar-cutter [sigá:kʌtə] *n* priprava za odrezanje konice cigare
cigarette [sigərét, sígəret] *n* cigareta; **~ case** cigaretnica; **~ lighter** vžigalnik; **~ end** čik
cigarette-holder [sigəréthouldə] *n* ustnik (za cigareto)
cigarette-stub [sigərétstʌb] *n* čik
cigar-holder [sigá:houldə] *n* ustnik za cigare
cilice [sílis] *n* žimnato blago
cimex [sáimeks] *n zool* stenica
cinch I [sinč] *n* trebušni jermen (konja); *A coll* trden stisk; *A sl* varna, gotova stvar; igračka; **it's a ~** drži ko pribito
cinch II [sinč] *vt* pritrditi sedlo s trebušnim jermenom; *A sl* spraviti v škripce
cinchona [siŋkóunə] *n bot* kininovec; kininova skorja
cinchonaceous [siŋkənéišəs] *adj* kininov
cincture [síŋkčə] **1.** *n* pas; najbližja okolica; **2.** *vt* opasati
cinder I [síndə] *n* žlindra; *pl* pepel, ugaski; **live ~** žerjavica; **to burn to a ~** popolnoma zažgati (jed)
cinder II [síndə] *vi* zažgati, sežgati
Cinderella [sinderélə] *n* Pepelka; **~ dance** ples, ki traja do polnoči
cinder-box [síndəbɔks] *n* žara, posoda za pepel
cinder-path [síndəpa:θ] glej **cinder-track**
cinder-sifter [síndəsiftə] *n* sito za presejanje žerjavice od pepela
cinder-track [síndətræk] *n sp* tekališče (z žlindro posuto)
cindery [síndəri] *adj* žlindrast, poln pepela, žlindre
cine-camera [sínikæmərə] *n* filmski snemalni aparat
cinema [sínimə] *n* kino
cinemactor [sínimæktə] *n A sl* filmski igralec
cinemactress [sínimæktris] *n A sl* filmska igralka
cinema-goer [sínimɜgouə] *n* redni obiskovalec kina
cinemascope [sínimɜskoup] *n* kinemaskop, široko platno
cinematic [sinimǽtik] *adj* kinematograski, filmski
cinematograph [sinimǽtəgra:f] **1.** *n* kinematograf, kino; **2.** *vt & vi* snemati, filmati
cinematography [sinimətógræfi] *n* kinematografija
cine-projector [siniproudžéktə] *n techn* filmski projektor
cinerama [sinərá:mə] *n* filmska projekcija treh projektorjev hkrati na tri dele konkavnega platna
cineraria [sinəréəriə] *n bot* cinerarija, pepeluška, volnati grint
cinerary [sínərəri] *adj* pepelnat, za pepel; **~ urn** žara
cineration [sinəréišən] *n* upepelitev
cinereous [siní:riəs] *adj* pepelnat
cingle [síŋgl] *n* pas; trebušni pas konja
cinnabar [sínəba:] *n min* cinober; **2.** *adj* cinobrast
cinnamon [sínəmən] **1.** *n* cimet; **2.** *adj* cimetov; **~ bear** ameriški rjavi medved
cinnamon-stone [sínəmənstoun] *n min* oranžno rjav granat
cinque [siŋk] *n* petica (karte, kocke)

cinquefoil [síŋkfɔil] *n bot* plazeči prstnik; *archit* okenski okras s petimi loki

cion glej scion

cipher I [sáifə] *n* številka; šifra; tajna pisava; monogram; *fig* ničla; to be a mere ~, to stand for a ~ biti ničla, nič ne pomeniti; *coll* what's the ~ ? koliko stane?; to learn ~s učiti se računati

cipher II [sáifə] *vi & vt* šteti računati, izračunavati; šifrirati; to ~ out izračunati

cipher-code [sáifəkoud] *n* šifrirni ključ

cipher-key [sáifəki:] glej cipher-code

cipolin [sípəlin] *n* marmor z zelenimi progami

circa [sɔ́:kə] *prep, adv* okrog; približno

circle I [sɔ́:kl] *n* krog, obroč; sfera; ciklus; okrožje; krožek; obseg; stan; *theat* dress ~ prvi balkon; upper ~ drugi balkon *fig* to square the ~ skušati doseči nemogoče; zaman si prizadevati; vicious [višəs] ~ začaran krog

circle II [sɔ́:kl] 1. *vt* obkrožiti, obkoliti; 2. *vi* krožiti; to ~ in obkrožiti

circlet [sɔ́:klit] *n* obroček, krožec; diadem; ~ of flowers venček

circlewise [sɔ́:klwaiz] *adv* v krogu

circs [sə:ks] *coll* za circumstances

circuit I [sɔ́:kit] *n* okrožje; obseg; ovinek; obhod; redosled; krožno potovanje; *el* short ~ kratki stik; to make a ~ obiti; A ~ rider potujoči duhovnik; ~ of action delokrog; *techn* ~ breaker prekinjač

circuit II [sɔ́:kit] *vt & vi* obkrožiti, skleniti krog; vrteti se

circuitous [sə:kjú:itəs] *adj* (~ly *adv*) ovinkast; preveč previden; dolgovezen, obširen; ~ly kot mačka okrog vrele kaše

circuity [sə:kjú:iti] *n* ovinkanje

circular I [sɔ́:kjulə] *adj* (~ly *adv*) okrogel, krožen; ~ saw cirkularka; ~ tour krožno potovanje; ~letter okrožnica; ~note bančni akreditiv; ~ stairs polžaste stopnice

circular II [sɔ́:kjulə] *n* okrožnica, prospekt, reklama; Court Circular dvorne vesti (v časopisu)

circularity [sə:kjulǽriti] *n* krožnost, okroglost

circularize [sɔ́:kjuləraiz] *vt* razposlati okrožnice, prospekte

circulate [sɔ́:kjuleit] 1. *vi* (*in, through*) krožiti, cirkulirati; 2. *vt* naokrog pošiljati, razpečevati, širiti; biti porok na menici, žirirati

circulating [sɔ́:kjuleitiŋ] *adj* ki kroži, ki je v prometu; *math* ~ decimal periodični ulomek; ~ library izposojevalna knjižnica; ~ medium denar, plačilno sredstvo, menjalo

circulation [sə:kjuléišən] *n* kroženje; širjenje; zračenje, ventilacija; obtok; naklada; promet; ~ system krvna obtočila, ožilje; to put into ~ dati v obtok; to withdraw from ~ vzeti iz obtoka

circulative [sə:kjuléitiv] *adj* krožeč, prometen; ventilacijski

circulator [sɔ́:kjuleitə] *n* raznašalec, razpečevalec, širitelj

circulatory [sə:kjuléitəri] glej circulative; obtočilen; ~ organ obtočilo

circum- [sə:kəm, sɔ́:kʌm] *pref* okrog, okoli, obcircumambient [sə:kəmǽmbiənt] *adj* okolen, obdajajoč

circumambulate [sə:kəmǽmbjuleit] *vi & vi* obiti; okrog hoditi; *fig* ne priti z besedo na dan

circumambulation [sə:kəmǽmbjuléišən] *n* izmikanje, ovinkanje

circumambulatory [sə:kəmǽmbjulətəri] glej circuitous

circumbendibus [sə:kəmbéndibəs] *n* dolg ovinek; neskončno dolgo opisovanje preprostega dejstva

circumcise [sɔ́:kəmsaiz] *vt* obrezati; *eccl* očistiti grehov

circumcision [sə:kəmsížən] *n* obrezovanje; the people of the ~ židje

circumference [səkʌ́mfərəns] *n* obseg, obod; okolica, okoliš, periferija

circumferential [səkʌ́mfərénšəl] *adj* obroben, obkrajen, okoliški, periferen

circumflex [sɔ́:kəmfleks] 1. *n* strešica, cirkumfleks, poudarno znamenje za padajoč poudarek; 2. *vt* padajoče poudariti, cirkumflektirati

circumfluence [sə:kʌ́mfluəns] *n* obtekanje

circumfluent [sə:kʌ́mfluənt] *adj* ki teče okrog, ki obteka

circumfluous [sə:kʌ́mfluəs] *adj* od vode obdan; glej tudi circumfluent

circumfuse [sə:kəmfjú:z] *vt* (*about, round*) oblivati; (*with*) obkrožiti; (*in*) okopati

circumfusion [sə:kəmfjú:žən] *n* oblivanje

circumgyrate [sə:kəmdžáiəreit] *vi* vrteti se, krožiti, okrog potovati

circumgyration [sə:kəmdžairéišən] *n* kroženje, vrtenje

circumjacent [sə:kəmdžéisnt] *adj* obdajajoč, okrog ležeč; bližnji, okolen

circumlocution [sə:kəmləkjú:šən] *n* dolgoveznost; opis, perifraza

circumlocutionary [sə:kəmləkjú:šənəri] glej circumlocutory

circumlocutory [sə:kəmlókju:təri] *adj* (circumlocutorily *adv*) dolgovezen; opisovalen, perifrastičen

circumnavigable [sə:kəmnǽvigəbl] *adj* ki ga je moči obpluti, objadrati

circumnavigate [sə:kəmnǽvigeit] *vt* obpluti, objadrati

circumnavigation [sə:kəmnævigéišən] *n* obplutje, objadranje

circumpolar [sə:kəmpóulə] *adj* obtečajen

circumscribe [sɔ́:kəmskraib] *vt* opisati; omejiti; definirati

circumscription [sə:kəmskrípšən] *n* opis; mejitev, meja; definicija; obrobni napis na kovancu

circumscriptive [sə:kəmskríptive] *adj* prostorsko omejen

circumsolar [sə:kəmsóulə] *adj* blizek soncu, v osončju

circumspect [sɔ́:kəmspekt] *adj* (~ly *adv*) previden, oprezen, buden, pazljiv

circumspection [sə:kəmspékšən] *n* previdnost, budnost, pazljivost

circumspective [sə:kəmspéktiv] *adj* (~ly *adv*) oprezen, previden, buden

circumstance [sɔ́:kəmstəns] *n* okoliščina; *pl* položaj, stanje; nadrobnost; ceremonija; formalnost; primer, dejstvo, dogodek; A not a ~ to nič v primeri s; straightened ~s denarna stiska; under no ~s nikakor ne; without ~ brez cere-

monij, brez formalnosti; **in the** ~ **s, under the** ~ **s** v takih okoliščinah, s takimi pogoji; **extenuating** ~ **s** olajševalne okoliščine; **pomp and** ~ **s** formalnost in ceremonije, odvečno delo
circumstanced [sə́:kəmstənst] *adj* ki je v določenem položaju; ~ **as I was** v mojem položaju; **awkwardly** ~ v nerodnem, neugodnem položaju; **well** ~ v dobrih razmerah
circumstantial I [sə:kəmstǽnšəl] *adj* (~ **ly** *adv*) obširen; podroben, natančen; nevažen; slučajen; posreden, indirekten; *jur* ~ **evidence** posreden dokaz po sklepanju iz okoliščin
circumstantial II [sə:kəmstǽnšəl] *n* podrobnost; postranska okoliščina
circumstantiality [sə:kəmstænšiǽliti] *n* obširnost, nadrobnost; slučajnost; dolgoveznost
circumstantiate [sə:kəmstǽnšieit] *vt* z okoliščinami potrditi; podrobno opisati
circumvallate [sə:kəmvǽleit] *vt* z jarkom, okopom obdati, utrditi
circumvallation [sə:kəmvəléišən] *n* nasip, okop; utrditev z okopom
circumvent [sə:kəmvént] *vt* preprečiti, omrežiti; ukaniti, preslepiti, premotiti
circumvention [sə:kəmvénšən] *n* preprečitev; ukana
circumventive [sə:kəmvéntive] *adj* (~ **ly** *adv*) ukanljiv, sleparski
circumvolution [sə:kəmvəljú:šən] *n* ovijanje, zavinek, vijuga; obrat; prevrat, preobrat
circus [sə́:kəs] *n* cirkus; *E* trg zaokrožene oblike; veliko križišče
cirque [sə:k] *n poet* arena, amfiteater
cirrhosis [siróusis] *n med* ciroza
cirrus, *pl* **cirri** [sírəs, sírai] *n bot zool* vitica; mrenasti oblak
cisalpine [sisǽlpain] *adj* cisalpinski, ki leži na južni strani Alp
cisatlantic [sisətlǽntik] *adj* cisatlantski, ki leži na evropski strani Atlantika
cissy [sísi] *adj sl* pomehkužen, razvajen
cist [sist] *n archeol* predzgodovinska kamnita krsta; okrogla skrinja
cistern [sístən] *n* cisterna, vodni zbiralnik
cit [sit] *n coll* malomeščan, filister
citadel [sítədəl] *n* citadela, trdnjava; *fig* zadnje zatočišče, branik
citable [sáitəbl] *adj* ki se da navesti, omeniti, citirati
citation [saitéišən] *n* navajanje, navedek; uradna pohvala; poziv (na sodišče); *A mil* omenjanje v povelju; **to get a** ~ biti pohvalno omenjen v povelju
citatory [sáitətəri] *adj* poziven; ~ **letter** pozivnica
cither [síθə] *n arch poet mus* citre, lutnja
cithern [síθən] *glej* **cither**
citified [sítifaid] *adj* pomeščanjen
citizen [sítizən] *n* meščan(ka), občan(ka); državljan(ka); *A* civilist(ka); **fellow** ~ sodržavljan; ~ **of the world** svetovljan
citizenry [sítizənri] *n* meščani, meščanstvo
citizenship [sítiznšip] *n* državljanstvo, državljanske pravice
citole [sitóul] *n obs poet* lutnja
citrate [sítrit, sáitreit] *n chem* citrat, sol citronove kisline

citric [sítrik] *adj chem* citronov, citronast; ~ **acid** citronova kislina
citrin [sítrin] *n chem* vitamin P
citrine [sitrí:n] **1.** *n chem* citrin; **2.** *adj* citronast, limonove barve
citron [sítrən] *n bot* citrona
cits [sits] *A glej* **civvies**
city [síti] *n* mesto, velemesto; ~ **freedom** častno meščanstvo; ~ **man** prebivalec velemesta; špekulant; bankir; ~ **father** mestni oče, mestni svetnik; **The City** londonsko središče; **Holy City** Jeruzalem; **Eternal City, City of the Seven Hills** Rim; **City of God** raj; nebesa; ~ **prices** nižje cene
city-article [sítia:tikl] *n* trgovinsko, borzno poročilo
city-editor [sítieditə] *n A* glavni urednik
city-hall [sítihɔ:l] *n A* rotovž, magistrat
city-news [sítinjú:z] *n* trgovinsko poročilo
cive [saiv] *glej* **chive**
civet [sívit] *n zool* cibetovka
civic [sívik] *adj* (~ **ally** *adv*) mesten, meščanski, državljanski; civilen
civics [síviks] *n pl* državljansko pravo, državljanski posli, nauk o državi
civic-minded [sívikmaindid] *adj* ki se zaveda svojih dolžnosti
civil [sívl] *adj* (~ **ly** *adv*) meščanski, državljanski; civilen; vljuden; ~ **death** odvzem državljanskih pravic; ~ **engineer** gradbeni inženir (za mostove, ceste); ~ **engineering** stavbarstvo; **to keep a** ~ **tongue in one's head** biti vljuden; ~ **law** rimsko pravo; ~ **list** apanaža, vzdrževalnina vladarske hiše; ~ **rights** državljanske pravice; ~ **servant** državni uradnik (z izjemo vojaških in sodnijskih); ~ **war** državljanska vojna; ~ **year** koledarsko leto
civilian I [sivíljən] *adj* civilistovski; državljanski
civilian II [sivíljən] *n* civilist, meščan; državni uradnik v Indiji; *arch jur* poznavalec državljanskega prava
civility [sivíliti] *n* vljudnost, olika; *pl* vljuden pogovor
civilization [sivilaizéišən] *n* omika, civilizacija
civilize [sívilaiz] *vt* omikati, izobraziti, civilizirati
civilized [sívilaizd] *adj* omikan, izobražen, kulturen
civilizer [sívilaizə] *n* izobraževalec, prosvetitelj, civilizator
civil-service [sívilsə:vis] *n* državna upravna služba; mestna uprava
civil-tongued [síviltʌŋgd] *adj* vljuden
civvies, civies [síviz] *n pl sl* civilna obleka
civism [sívizəm] *n* načela dobrega državljanstva
clabber I [klǽbə] *vt & vi dial* zasiriti (se)
clabber II [klǽbə] *n dial* zasirjeno mleko; ~ **cheese** skuta
clachan [klǽhən] *Sc n* vasica
clack I [klæk] *vi* klopotati, šklepetati; *coll* klepetati, žlabudrati, drdrati
clack II [klæk] *n* klopot, šklepet; *coll* žlabudranje, blebetanje; zaklopka, ventil; *joc* jezik
clack-valve [klǽkvælv] *n* preklopni ventil
clad [klæd] **1.** *adj* (**in**) oblečen; z oklepom obdan; **2.** *pt & pp* od **clothe**
claim I [kleim] *vt* zahtevati, terjati, lastiti si; priti po kaj; *A* trditi, sklicevati se; ugotoviti; **to**

~ **against** zahtevati odškodnino (s tožbo); **to**
~ **attention** zaslužiti pozornost
claim II [kleim] *n* (*for*) zahteva, terjatev; reklamaci-
ja; *A* ugotovitev, trditev; (*to*) upravičenost,
pravica; dodeljena parcela; rudarska koncesija;
to lay ~ **to, to put in** (ali **enter**) **a** ~ **to** lastiti
si, zahtevati kaj; **to have no** ~ **on** s.o. ne imeti
pravice od koga kaj zahtevati; **to make good a**
~ dokazati svojo pravico; **to jump a** ~ neza-
konito se polastiti tujega zemljišča; **to stake
out a** ~ zagotoviti si pravico na kaj, lastiti si
pravico do odkritja; **to place a** ~ zahtevati
odškodnino
claimable [kléiməbl] *adj* izterljiv, ki ga lahko zahte-
va, upravičen
claimant [kléimənt] *n* tožilec, tožnik, terjalec;
rightful ~ upravičenec; **to be a** ~ **for** s.th.
lastiti si pravico do česa
claimer [kléimə] *n* zahtevnik
claimless [kléimlis] *adj* (~ **ly** *adv*) neupravičen
claimlessness [kléimlisnis] *n* neupravičenost
clairvoyance [klɛəvóiəns] *n* jasnovidnost, predirlji-
vost, bistrost
clairvoyant [klɛəvóiənt] **1.** *adj* (~ **ly** *adv*) jasnoviden,
predirljiv, bister; **2.** *n* jasnovidec, -dka
clam I [klæm] *n* užitna školjka; *A* molčeči človek;
as happy as a ~ (**at high tide**) ves srečen, blažen,
zadovoljen; *vulg* **shut your** ~! zapri gobec!
clam II [klæm] *vi* nabirati školjke; prilepiti se;
A obmolkniti
clam III [klæm] glej **clamp I**
clamant [kléimənt] *adj* (~ **ly** *adv*) kričeč, kričav;
hrupen, vpijoč; uporen; **v nebo vpijoč**; neod-
nehljiv, vztrajen
clamber [klæmbə] **1.** *vi* (up) plezati, vzpenjati se;
2. *n* plezanje, vzpenjanje, vzpon
clamminess [klæminis] *n* lepljivost, lepkost, vlaž-
nost
clammy [klæmi] *adj* (**clammily** *adv*) lepljiv, lepek,
vlažen
clamour, *A* **clamor I** [klæmə] *n* hrum, trušč, krik
clamour, *A* **clamor II** [klæmə] **1.** *vi* kričati, razgra-
jati; **2.** *vi* glasno zahtevati
clamour against *vi* upirati se, glasno protestirati
clamour down *vt* prisiliti k molku
clamour for *vi* glasno zahtevati
clamour out *vt* glasno protestirati; ~ **of** s hrupom
izgnati
clamp I [klæmp] *n* spona, ščipalka; objemka;
prižemnik; zasipnica; okov; člen verige
clamp II [klæmp] *vt* speti, pripeti; *coll* **to** ~ **down
on** s.o. trdo koga prijeti; ~ **dog** vpenjalo; ~ **ing
screw** privojni vijak, privojka
clamp III [klæmp] **1.** *n* kup, kopica; smetišče;
zasipnica (za krompir); **2.** *vt* nakopičiti; spra-
viti v zasipnico
clamp IV [klæmp] *dial* **1.** *n* cepetanje; **2.** *vt* cepetati
clan I [klæn] *n* Sc pleme, rod; *fig* svojci, klika
clan II [klæn] *vt & vi* združiti se v kliko
clandestine [klændéstin, -tain] *adj* (~ **ly** *adv*) tajen,
skrivnosten, skriven
clang I [klæŋ] *n* zvok, žvenk, cingljanje; vreščanje
(ptičev)
clang II [klæŋ] *vi & vt* žvenketati, cingljati; doneti,
odmevati; vreščati (ptiči)
clanger [klæŋə] *n coll* napaka

clangorous [klæŋgərəs] *adj* (~ **ly** *adv*) doneč, žven-
ketajoč; prediren
clangour, *A* **clangor** [klæŋgə] *n* zvok, žvenket,
cingljanje; hrumenje
clank [klæŋk] **1.** *n* rožljanje, žvenket; **2.** *vt & vi*
rožljati, žvenketati
clannish [klæniš] *adj* (~ **ly** *adv*) Sc klanski, ple-
menski; pristranski
clannishness [klænišnis] *n* Sc plemenska zavest;
pristranost
clanship [klænšip] *n* Sc pripadnost istemu plemenu;
plemenska zavest
clansman [klænzmən] *n* Sc član istega plemena;
pripadnik klana
clap I [klæp] **1.** *vi* ploskati, aplavdirati; **2.** *vt* po-
trepljati, udariti, suniti, tleskniti; v naglici kaj
narediti; **to** ~ **hands** ploskati; **to** ~ **duties on**
s.th. ocariniti kaj; **to** ~ s.o. **in** (ali **up**) zapreti
koga v ječo; **to** ~ **a seal** pritisniti pečat; **to**
~ **spurs** naglo spodbosti; **to** ~ **eyes on** s.th.
nenadoma kaj zagledati; **to** ~ **a writ on** s.o.'s
back aretirati koga; **to** ~ **a trick on** s.o. ponor-
čevati se s kom
clap on *vt* naglo kaj storiti; ~ **a hat** potisniti si
klobuk; ~ **a dress** v naglici se obleči; ~ **sails**
naglo razpeti jadra; ~ **a saddle** osedlati; ~ **to**
s.o. podtakniti komu
clap to *vt* zaloputniti
clap up *vt* v naglici kaj storiti, naglo zaključiti
clap II [klæp] *n* plosk, pok, tresk; udarec s plosko
roko; žvenkelj; **at a** ~ na mah; **to give** s.o. **a** ~
ploskati komu
clap III [klæp] *n vulg med* kapavica, gonoreja
clapboard [klæpbɔ:d] *n A* zaščitna deska na zu-
zunanji strani zidu; *archit* skodla; dogovina
clap-net [klæpnet] *n* past za ptiče (mreža)
clapper [klæpə] *n* žvenkelj; *coll* jezik, raglja
clapperclaw [klæpəklɔ:] *vt* divje napadati, hudo
kritizirati, zmerjati
claptrap [klæptræp] *coll* **1.** *n* prazno govoričenje,
teatralnost; **2.** *adj* teatralen; varljiv
claque [klæk] *n* plačan ploskač, navijač, klaker
clarence [klærəns] *n* vrsta zaprte kočije
clarendon [klærəndən] *n* mastni tisk
claret [klærət] *n* francosko črno vino; *sl* kri; *sl*
to tap s.o.'s ~ razbiti komu nos do krvi
claret-cup [klærətkʌp] *n* ohlajeno sladkano in za-
činjeno črno vino s sodo in likerjem
clarification [klærifikéišən] *n* zjasnitev, razbistri-
tev; prečiščenje
clarify [klærifai] *vt & vi* razbistriti, očistiti, raz-
jasniti (se)
clarinet [klærinét] *n mus* klarinet
clarinettist [klærinétist] *n* klarinetist(ka)
clarion I [klæriən] *n poet* trobenta; budnica; fan-
fara; vrsta orgelskega registra
clarion II [klæriən] *adj* glasen, bučeč, prediren
clarionet [klæriənét] glej **clarinet**
clarity [klæriti] *n* jasnost, prozornost, čistost
clart [kla:t] *vt Sc* umazati, zablatiti
clarty [klá:ti] *adj Sc* blaten, umazan
clary [kléəri] *n bot* kadulja
clash I [klæš] *vi & vt* žvenketati, rožljati; (*against*
ob) udariti, zadeti; (*with*) trčiti, ne se ujemati,
sovpadati, kolidirati; (*to*) zaloputniti

clash II [klæš] *n* prepir, nesoglasje, nasprotje; rožljanje, žvenket; ~ of arms oborožen spopad; ~ of opinions nesoglasje

clasp I [kla:sp] *n* zaponka, prega; kaveljček, spona; stisk (roke), objem

clasp II [kla:sp] 1. *vt* zapeti, zavozljati; objeti, okleniti, skleniti (roke); 2. *vi* priviti se, okleniti se; to ~ in one's arms objeti; to ~ hands rokovati se; to ~ one's hands lomiti roke; to ~ another's hand rokovati se s kom; to ~ in one's arms objeti; to ~ to one's bosom pritisniti na srce

clasp-knife [kláspnaif] *n* žepni nož

clasp-pin [klá:sppin] *n* varnostna zaponka

class I [kla:s, *A* klæs] *n* razred, skupina, kategorija, vrsta; letnik (študentov); predavanje, pouk, učna ura; tečaj; *mil* naborniki istega rojstnega leta; *sl* imenitnost; no ~ slab (športnik); ~ register razrednica (dnevnik); in the same ~ with iste vrste kakor, prav tak kot; in a ~ by itself edinsten; *A* first ~ mail pisma; second ~ mail priporočeni časopisi; third ~ mail tiskovine in majhni paketi (do 8 unč); fourth ~ mail večji paketi; the top of the ~ najboljši učenec v razredu; to get (ali obtain, take) a ~ končati tečaj z odliko; there's a deal of ~ about him je prvovrsten športnik

class II [kla:s, *A* klæs] *vt* razvrstiti, razporediti, urediti; oceniti, klasificirati; to ~ with postaviti poleg, smatrati za istovredno

class III [kla:s, *A* klæs] *adj* razreden; prvovrsten, eliten

class-book [klá:sbuk] *n* razrednica

class-conscious [klá:skónšəs] *adj* razredno zaveden

class-consciousness [klá:skónšəsnis] *n* razredna zavednost

class-distinction [klá:sdistíŋkšən] *n* razredna zavest; razredni kriterij

class-fellow [klá:sfelou] *n* sošolec, -lka

classic I [klǽsik] *adj* vzoren, odličen, izvrsten; klasičen

classic II [klǽsik] *n* klasik; klasično delo; ~s klasične nauke, klasična književnost; klasiki

classical [klǽsikəl] *adj* (~ ally *adv*) klasičen (grški, rimski); prvovrsten, odličen, vzoren

classicality [klǽsikǽliti] *n* klasičnost

classicalism [klǽsikəlizəm] *n* klasičnost, vzornost, popolnost

classicism [klǽsisizəm] *n* klasicizem

classicist [klǽsisist] *n* klasicist(ka)

classicize [klǽsisaiz] *vt & vi* klasicizirati, približati klasičnemu stilu, oponašati klasični stil

classifiable [klǽsifaiəbl] *adj* ki se da klasificirati, ocenljiv, razvrstljiv

classification [klǽsifikéišən] *n* klasifikacija, razvrstitev, razporeditev, razredba; *A rly* ~ yard ranžirna postaja

classificatory [klǽsifikeitəry] *adj* redovalen, razporejevalen, razvrstitven

classified [klǽsifaid] *adj A mil* zaupen, tajen; *A* ~ service posebna javna služba

classifier [klǽsifaiə] *n* razvrščevalec; redovalec

classify [klǽsifai] *vt* razvrstiti v razrede, razporediti; oceniti

classis [klǽsis] *n A* šolski razred

classless [klá:slis] *adj* brezrazreden

class-list [klá:slist] *n* popis izpitnih kandidatov

classman [klá:smən] *n* študent, ki je opravil izpit z odliko

class-mate [klá:smeit] *n* sošolec, -lka

class-room [klá:sru:m] *n* šolska soba, razred

class-struggle [klá:sstrʌgl] *n* razredni boj

class-war [klá:swɔ:] glej class-struggle

classy [klá:si] *adj* (classily *adv*) odličen; eleganten; prvovrsten

clatter I [klǽtə] 1. *vi* topotati, ropotati; rožljati; blebetati, čebljati; 2. *vt* zažvenketati, zarožljati (s čim)

clatter about *vi* cepetati, koracati naokrog

clatter along *vi* po cesti drdrati, topotati

clatter down *vi* zrušiti se

clatter II [klǽtə] *n* žvenket, ropot, topot; rožljanje; blebetanje, čebljanje

clause [klɔ:z] *n* del govora ali spisa; *gram* stavčni člen; *jur* klavzula, pridržek; principal ~ glavni stavek; subordinate ~ odvisni stavek

claustral [klɔ́:strəl] *adj* samostanski

claustration [klɔ:stréišən] *n* klavzura

claustrophobia [klɔ:strəfóubiə] *n* bolezenski strah pred zaprtim prostorom

clave [kleiv] *pt arch* od cleave II; glej tudi clove

clavichord [klǽvikɔ:d] *n mus hist* klavikord, spinet

clavicle [klǽvikl] *n anat* ključnica

clavicular [kləvíkjulə] *adj anat* ključničen

claviform [klǽvifɔ:m] *adj* kijast

clavier I [klǽviə] *n mus* klaviatura, vrsta tipk, tastatura

clavier II [kləvíə] *n mus* klavir

claw I [klɔ:] *n* krempelj; šapa; klešče, škarje, ščipalke; *derog* roka; to put out a ~ pokazati kremplje, postaviti se v bran; to draw in one's ~s umiriti se; to cut (ali clip, pare) s.o.'s ~s razorožiti koga, pristriči komu peruti; to get one's ~s into s.o. hudo koga napasti

claw II [klɔ:] *vt & vi* (o)praskati; ščipati; zgrabiti to ~ at zgrabiti kaj; ~ me and I'll ~ thee kakor ti meni, tako jaz tebi; to ~ hold of s.th. prijeti se česa; *naut* to ~ off odriniti proti smeri vetra

claw-hammer [klɔ́:hæmə] *n* kladivo z razcepom za potegovanje žebljev; *joc* frak

clay I [klei] *n* glina, ilovica; *fig* človeško telo; prah in pepel; glinasta pipa; to wet (ali moisten) one's ~ napiti se; ~ pigeon glinasti golob (kot tarča); ~ kiln lončarska peč; potter's ~ lončarska glina; ~ pipe glinasta pipa

clay II [klei] *vt* z glino zamazati

clay-brick [kléíbrik] *n* na soncu sušena opeka

clayey [kléii] *adj* glinast, ilovnat

claymore [kléimɔ:] *n* starinski škotski dvorezni meč

clay-pit [kléipit] *n* glinenica

clean I [kli:n] *adj* (~ ly *adv*) čist, snažen, očiščen, opran; nepopisan; *fig*, nedolžen; brezhiben; popoln; gladek, someren; spreten; lepe postave; *sl* to come ~ priznati, priti z besedo na dan; to make a ~ sweep odpraviti, znebiti se; *fig* to see one's way ~ ne imeti težav; to stand ~ off stati ob strani česa, ne priti v bližino; to make a ~ breast of it vse odkrito povedati; *fig* to have a ~ slate ne imeti obveznosti; ~ proof druga korektura

clean II [kli:n] *adv coll* čisto, popolnoma, dodobra; **to be ~ gone** izginiti brez sledu; **to leap ~ over** gladko preskočiti
clean III [kli:n] *vt* čistiti, loščiti; pospravljati; izpirati (zlato); izprazniti; prati
clean down *vt* temeljito očistiti; skrtačiti (konja)
clean off *vt* očistiti
clean out *vt* izprazniti, izčrpati; *sl* oskubsti; spoditi
clean up *vt* temeljito očistiti, pospraviti, urediti; opraviti delo; *A sl* dobiti veliko denarja (pri igri)
clean IV [kli:n] *n* čiščenje, pospravljanje; čistka; **to give it a ~** počistiti, pospraviti
clean-bred [klí:nbred] *adj* čistokrven
clean-cut [klí:nkʌt] *adj* določen, izrazit, jasno omejen; pošten
cleaner [klí:nə] *n* čistilec, -lka, snažilec, -lka; čistilo; **vacuum ~** sesalec za prah; **dry ~** kemični čistilec
clean-fingered [klí:nfiŋgəd] *adj fig* nepodkupljiv
clean-handed [klí:hændid] *adj fig* nedolžen; pošten
cleaning [klí:niŋ] *n* čiščenje; **dry ~** kemično čiščenje; **~ woman** snažilka; pomivalka posode v restavraciji
clean-limbed [klí:nlimd] *adj* lepo raščen
cleanliness [klénlinis] *n* čistoča, snažnost
cleanly I [klénli] *adj* (**cleanlily** *adv*) čist, snažen, čeden
cleanly II [klí:nli] *adv* čisto, snažno
cleanniss [klí:nnis] *n* čistoča, snažnost
cleanse [klenz] *vt* čistiti, prati; razkužiti; *fig (of)* (greha) očistiti; *(from)* osvoboditi, rešiti (česa)
cleanser [klénzə] *n* čistilec, -lka
cleansing [klénziŋ] *adj* čistilen; dezinfekcijski
clean-shaven [klí:nšeivən] *adj* lepo obrit
clean-up [klí:nʌp] *n coll* pospravljanje, čiščenje; *A* **~ party** pospravljači
clear I [kliə] *adj* (**~ ly** *adv*) jasen, svetel; prozoren, čist; *(of)* neoviran, prost; razumljiv, nedvomen; neobremenjen; bister; popoln, cel; *(about, on* o; *as to* glede na; *that* da) prepričan; neto; **all ~** prosta pot; *mil* sovražnik ni oborožen; konec preplaha; *(fig)* **the coast is ~** zrak je čist; **five ~ days** celih pet dni; **as ~ as crystal** jasen, prozoren; razumljiv; **as ~ as daylight** jasen ko beli dan; **as ~ as mud** nejasen, nerazumljiv, zamotan; *naut* **to be ~ of** (ali **from**) biti prost česa; **to get away ~** otresti se česa; **the ~ contrary** ravno nasprotno; **~ title** nesporna pravica
clear II [kliə] *adv* jasno; naravnost; vso pot, ves čas, popolnoma; **to get ~ off** otresti se; **to keep ~ off** izogibati se; *fig* **to see one's way ~** ne imeti težav; **to stand ~ off** stati ob strani, ne priti v bližino; **~ off**, **~ away** daleč proč
clear III [kliə] **1.** *vt* jasniti, vedriti; čistiti; *(of)* razbremeniti; razprodati; izkrčiti; pospraviti; plačati, poravnati; urediti; ocariniti; preskočiti; odstraniti; zapustiti, miniti; opravičiti; *naut* odpluti; **2.** *vi* (z)jasniti, zvedriti se; razsvetliti se; izprazniti se; *mar* rešiti se; odpluti, odjadrati; **to ~ an account** poravnati račun; **to ~ the air** pojasniti nesporazum; **to ~ the decks** pripraviti ladjo za boj; *sl* pojesti vso jed na mizi; **to ~ the gate** preskočiti vrata; **to ~ the examination paper** rešiti vse naloge; *naut* **to ~ the**

land odpluti; **to ~ o.s.** opravičiti se; **to ~ the room** zapustiti sobo; *naut* **to ~ the rope** zravnati, razviti vrv; **to ~ the table** pospraviti z mize; **to ~ one's throat** odkašljati se; **to ~ s.o.'s skirts** vrniti komu dober glas; **~ the way!** umakni(te) se! **to ~ the way** pripraviti pot (za nadaljnje delovanje); **to ~ out of the way** odstraniti; **to ~ a ship** izkrcati tovor iz ladje
clear away *vt & vi* pospraviti, odpraviti, odstraniti, izginiti
clear off *vt & vi* oditi; odpraviti, odstraniti; izginiti
clear out *vt & vi* razprodati; *sl* oditi, izginiti, zbežati; odkupiti; *sl* izropati
clear up *vt & vi* pospraviti, urediti; razložiti; razvozlati; (z)jasniti se
clear IV [kliə] *n* praznina; izpraznitev; jasnina; **to be in the ~** biti oproščen (krivde); **in ~** nešifriran
clearage [klíəridž] *n* razjasnitev; čiščenje
clearance [klíərəns] *n* čiščenje; pospravljanje; izpraznitev; prodaja; izsekanje, krčenje, poseka; carinjenje, carinski izkaz; obračun; prosti tek; *techn* rega, izrez; **to make a ~ of s.th.** znebiti se česa; **~ charges** carinske pristojbine; **~ sale** razprodaja; **to effect customs ~** opraviti carinske formalnosti
clear-cole [klíəkoul] *n* klejni podmaz
clear-cut [klíəkʌt] *adj* izrazitih potez; zgoščen; **~ departure from s.th.** radikalna prekinitev česa
clear-headed [klíəhédid] *adj* trezen, premišljen
clearing [klíriŋ] *n* čiščenje; krčenje, jasa, poseka, krčevina; odtajanje reke; razprodaja; obračun; kliring; **~ station** evakuacijska točka
clearing-off [klíəriŋó:f] *n* obračun, poravnava računov
clearing-sale [klíəriŋseil] *n* razprodaja
clearly [klíəli] *adv* jasno, očitno, brez dvoma, gotovo
clearness [klíənis] *n* jasnost; očitnost
clear-sighted [klíəsaitid] *adj* ostroviden; bister; preudaren
clearstarch [klíəsta:č] *vt* škrobiti
clearstory [klíəstəri] *n archit* najvišji del ladje gotske katedrale z vrsto oken
cleat [kli:t] **1.** *n* zagozda, klin; čep; letva; **2.** *vt* zagozditi; kliniti
cleavage [kli:vidž] *n* cepljenje; cepljivost; razkol; (raz)cepitev; plastnatost
cleave* I [kli:v] *(pt* **clove, cleft,** *pp* **cloven, cleft)** **1.** *vt (asunder, into)* cepiti; razklati; krčiti (pot); predreti; **2.** *vi* cepiti se, počiti
cleave* II [kli:v] *vi (pt* **cleaved, clave,** *pp* **cleaved)** *(to)* (pri)lepiti se, trdno se česa držati; biti zvest
cleavable [klí:vəbl] *adj* cepljiv; lepljiv
cleaver [klí:və] *n* sekač; velik mesarski nož; cepilec, -lka
cleavers [klí:vəz] *n pl bot* smolec
cleek [kli:k] *n sp* vrsta golfske palice
clef [klef] *n mus* ključ; **F clef** basovski ključ
cleft I [kleft] *n* razpoka, reža; tesen, tokava
cleft II [kleft] *pt & pp* od **cleave I;** razcepljen; *med* **~ palate** volčje žrelo; **in a ~ stick** v precepu, v obupnem položaju
cleg [kleg] *n zool* obad

clem [klem] *vt & vi dial* stradati, z lakoto mučiti; lakoto trpeti

clematis [klémətis] *n bot* srobot

clemency [klémənsi] *n* blagost, dobrotljivost, milina

clement [klémənt] *adj* blag, dobrotljiv, mil

clench I [klenč] *vt* trdno prijeti; stisniti (pest, zobe); zakovičiti; dokončno rešiti; podkrepiti

clench II [klenč] *n* trden prijem, stisk; pritrjanje z zakovicami; zakovica; prepričevalen dokaz

clencher [klénčə] glej **clincher**

clepsydra [klépsidrə] *n* vodna ura

clerestory glej **clearstory**

clergy [klɔ́:dži] *n* duhovščina, duhovniki, kler

clergyman *pl* -men [klɔ́:džimən] *n* duhovnik (zlasti anglikanski); ~'s **sore throat** vnetje glasilk

clergywoman *pl* -men [klɔ́:džiwumən, -wimin] *n* žena ali hči (anglikanskega) duhovnika

cleric [klérik] **1.** *adj* (~ **ally** *adv*) duhovniški; **2.** *n* duhovnik, far, pop

clerical I [klérikəl] *adj* duhovniški; klerikalen; pisarniški, pisarski; ~ **error** napaka v pisavi; ~ **work** pisarniško delo; ~ **staff** pisarniško osebje; ~ **duties** pisarniške dolžnosti

clerical II [klérikəl] *n* klerikalec

clericalism [klérikəlizəm] *n* klerikalizem

clericalist [klérikəlist] *n* klerikalec, -lka

clerk I [kla:k, *A* klə:k] *n arch* duhovnik, cerkvenik; učenjak; tajnik; pisar, uradnik, -nica; knjigovodja; *A* prodajalec, -lka, trgovski pomočnik; **confidential** (ali **signing**) ~ prokurist; *hum* ~ **of the weather** sv. Peter; **head** (ali **chief**) ~ glavni knjigovodja; ~ **of the works** upravitelj javnih del

clerk II [kla:k, *A* klə:k] *vt* biti uradnik, uradovati; biti pisar, trgovski pomočnik itd.

clerkdom [klɑ́:kdəm] *n* pisarniška služba; uradniki; uradniški stan

clerkess [klɑ́:kis] *n* pisarica; trgovska pomočnica

clerkly [klɑ́:kli] *adj* duhovniški, cerkven; *arch* učen; pismen; ki ima lepo pisavo, lepopisen; ~ **hand** lepa pisava

clerkship [klɑ́:kšip] *n* uradniški posel; knjigovodstvo

clever [klévə] *adj* (~ **ly** *adv*) (*at*) spreten, sposoben, domiseln; preudaren, bister, duhovit, odrezav; premeten, zvit; *A* dobrosrčen, dobrodušen

cleverish [lévəriš] *adj* (~ **ly** *adv*) precej pameten

cleverness [klévənis] *n* spretnost, sposobnost; preudarnost, bistrost; znanje

clevis [klévis] *n* kavelj v obliki črke U

clew I [klu:] *n* klopčič; *fig* vodilna nit; *naut* uzdni rogelj; **garnet** ~ vrv za spuščanje glavnega jadra; ~ **line** vrv za spuščanje manjših jader

clew II [klu:] *vt* v klobčič zviti; izslediti
  clew up *vt* (jadro) gor potegniti; končati delo
  clew down *vt* (jadro) spustiti

cliché [klí:šei] *n* kliše, šablona; fraza; *fig* puhlost, plehkost; ~ **ridden** frazerski

click I [klik] *vt* cmokniti, tleskniti; počiti; **to** ~ **the door** zaloputniti vrata; **to** ~ **the tongue** mlaskniti z jezikom; *coll* **to** ~ **for** biti določen, primeren za kaj; **to** ~ **one's heels** udariti s petami (v pozdrav)

click II [klik] *n* cmokanje, tleskanje; pok; loputanje; *techn* kljuka; sprožilo; zatikalnik; udarjanje z nogo ob nogo

click III [klik] *n sl* zapor

click-beetle [klíkbi:tl] *n zool* pokalica

clicker [klíkə] *n* mojster stavec

click-wheel [klíkwi:l] *n techn* ustavljač

client [kláiənt] *n hist* varovanec; odjemalec, stranka, klient

clientage [kláiəntidž] *n* stranke, odjemalci

clientèle [kli:a:ŋtéil] glej **clientage**

clientship [kláiəntšip] varovanci; kupci, stranke, klientela, odjemalci

cliff [klif] *n* skala, čer, kleč, pečina; strmo pobočje; *sl* ~ **hanger** zanimiva nadaljevanka po radiu; ~ **dweller** praprebivalec jugozahodnega dela Severne Amerike

cliffsman *pl* -men [klífsmən] *n* alpinist, plezalec

cliffy [klífi] *adj* skalnat, poln čeri

climacteric I [klaimæktərik] *adj* kritičen, nevaren, odločilen; *med* klimakteričen

climacteric II [klaimæktərik] *n* kritično obdobje (človeškega življenja); nevarna leta; klimakterij

climacterical [klaiməktérikəl] glej **climacteric I**

climactic [klaimæktik] *adj* vzponski, vrhunski

climatal [kláimətəl] *adj* podneben

climate [kláimit] *n* podnebje, klima; *fig* atmosfera, razpoloženje, javno mnenje

climatic [klaimǽtik] *adj* (~ **ally** *adv*) klimatičen, podneben; ~ **resort** klimatično zdravilišče

climatological [klaimətəlódžikəl] *adj* (~ **ally** *adv*) klimatološki

climatologist [klaimətólədžist] *n* klimatolog(inja)

climatology [klaimətólədži] *n* klimatologija, nauk o podnebju

climax I [kláiməks] *n* stopnjevanje; vrhunec; višek; **to find its** ~ **in** doseči vrhunec s

climax II [kláiməks] *vi & vt* doseči višek; dvigati se; pripeljati do vrhunca

climb I [klaim] *vt & vi* (*s.th.*, *to*) plezati; vzpenjati, povzpeti, dvigati se
  climb down *vt & vi* spuščati se; *fig* ukloniti se, popustiti
  climb up plezati; *fig* povzpeti se

climb II [klaim] *n* plezanje, dviganje, vzpon

climbable [kláiməbl] *adj* ki ga je moč preplezati

climb-down [kláimdáun] *n* spust; *fig* popuščanje

climber [kláimə] *n* plezalec, hribolazec; *bot* plezalka; *coll* komolčar

climbing [kláimiŋ] *n* plezanje, vzpenjanje, vzpon, hribolaštvo, planinstvo

climbing-irons [kláimiŋaiənz] *n pl* plezalne dereze, krampeži

climbing-pole [kláimiŋpoul] *n* plezalo (drog)

climbing-rope [kláimiŋroup] *n* plezalna vrv

clime [klaim] *n poet* podnebni pas; *poet* dežela, pokrajina

clinch I [klinč] *n* kljuka, zakov, držaj; *sl* objem; besedna igra

clinch [klinč] *vt* zakovati; utrditi, pritrditi; odločiti, dokončno urediti, zaključiti; **to** ~ **the matter** rešiti vprašanje, urediti zadevo

clincher [klínčə] *n* spona; *coll* primeren odgovor, zavrnitev

clinching-iron [klínčiŋaiən] *n* skoba, spona

clinch-nail [klínčneil] *n* vijak; čevljarski žebelj
cline [klain] *n* tendenca, smer
cling* [kliŋ] *vi* (*to*) držati se česa, prilepiti, pripeti, pritrditi, priviti, oprijeti se; *sl* objeti; *fig* biti zvest; **to ~ together** biti vedno skupaj, ne se ločiti
clinging [klíŋiŋ] *adj* oprijemljiv, tesen; vdan, zvest, privržen
clingstone [klíŋstoun] *n* durancija (breskev)
clingy [klíŋi] *adj* lepljiv, lepek; oprijemljiv
clinic [klínik] *n* klinika; kliničen pouk; klinični študenti
clinical [klínikǝl] *adj* (~ **ally** *adv*) kliničen; ~ **conversion** spreobrnitev na smrtni postelji; ~ **thermometer** toplomer telesne toplote
clinician [kliníšǝn] *n* klinični zdravnik
clink I [kliŋk] *n* žvenket, zven, rožljanje; *sl* ječa, luknja
clink II [kliŋk] *vt & vi* žvenketati, rožljati; **to ~ glasses** trčiti na zdravje
clinker [klíŋkǝ] *n* žlindra, strjena lava; močno žgana opeka; *E sl* sijajna stvar; fant od fare
clinker-built [klíŋkǝbilt] *adj mar* v strešni izdelavi narejen (čoln)
clinking [klíŋkiŋ] 1. *adj E sl* sijajen, tip-top; 2. *adv sl* zelo, naj-, skrajno
clip I [klip] *vt* izrezati, (pri)striči; obrezovati; *coll* lopniti, udariti, uščipniti; preščipniti; (črke) izpuščati; *sl* ropati, varati; *A coll* hitro se premikati, teči; **to ~ s.o.'s wings** pristriči komu peruti; **to ~ one's English** lomiti angleščino
clip II [klip] *n* striženje; količina ostrižene volne; *coll* udarec; *A coll* hiter korak; *fam* tempo; **at a fast ~** kaj kmalu
clip III [klip] *n* spojka, zaponka, broška; ščipalec, zatikač; *obs* objem
clip IV [klip] *vt* stisniti; pritrditi; *obs* objeti
clipper [klípǝ] *n* strigač; *sl* odlična stvar ali oseba; hitra ladja ali konj; *A* transportno letalo; *pl* škarje
clipping I [klípiŋ] *n* obrezovanje, striženje; časopisni izrezek; *pl* odrezki, odpadki
clipping II [klípiŋ] *adj* rezek; *sl* sijajen, odličen
clipt [klipt] *arch pt & pp* od clip
clique [kli:k] *n* klika, svojat
cliquish [klí:kiš] *adj* klikarski
cliqu(e)y [klí:ki] glej cliquish
clitoris [klítǝris] *n anat* ščegetalček
cloaca, *pl* cloacae [klouéikǝ, klouéiki:] *n* kanal za odvajanje umazanije, greznica; stranišče; *anat* kloaka; *fig* zbirališče nemoralnih ljudi
cloacal [klouéikǝl] *adj* straniščen, kanalizacijski, kloakalen
cloak I [klouk] *n* plašč; pokrov; *fig* (*for*) pretveza, krinka; **under the ~ of** pod pretvezo česa
cloak II [klouk] *vt* ogrniti, pokriti, zakriti; *fig* zakrinkati
cloak-and-dagger [klóukǝndǽgǝ] *adj* romantično pustolovski
cloak-room [klóukru:m] *n* garderoba, oblačilnica; shramba prtljage; *A* kuloar v parlamentu; *euph* stranišče; ~ **attendant** garderober(ka)
clobber [klóbǝ] *n* čevljarska pasta
clobberer [klóbǝrǝ] *n* krpač

cloche [klǝš] *n* stekleni zvon (za rastline); zvončast ženski klobuk
clock I [klǝk] *n* (stenska, stolpna) ura; taksimeter; **around the ~** dan in noč, nenehno; **what o'clock is it?** koliko je ura; **at five o'~** ob petih; **the ~ strikes for him** prišel je njegov čas; **to set** (ali **put**) **back the ~** zadrževati razvoj
clock II [klǝk] *vt* zaznamovati čas prihoda na delo (**in** ali **on**) in odhoda iz dela (**out** ali **off**)
clock III [klǝk] *n* vezen okras na gležnju nogavice; hrošč
clock IV [klǝk] *vi & vt* valiti jajca; kokati; ~ **ing hen** koklja
clock-case [klókkeis] *n* urni okrov
clock-dial [klókdaiǝl] *n* številčnica
clock-face [klókfeis] *n* glej clock-dial
clock-hand [klókhænd] *n* urni kazalec
clock-house [klókhaus] *n A* vratarnica (npr. tovarne)
clocklike [klóklaik] *adj* kakor ura (točen)
clockmaker [klókmeikǝ] *n* urar
clockwise [klókwaiz] 1. *adv* v smeri urnega kazalca; 2. *adj* ki se pomika v smeri urnega kazalca
clockwork [klókwǝ:k] *n* kolesje ure; **like ~** kakor ura točen, avtomatičen, mehaničen; ~ **toy** igrača za navijanje
clod I [klǝd] *n* gruda, kepa; človeško telo; *fig* tepec, butec, neotesanec; **the ~** zemlja, tla
clod II [klǝd] *vt* v kepo stisniti; s kepami obmetavati; zgručiti se
clod-crusher [klódkrʌšǝ] *n* kmetijski valjar
cloddish [klódiš] *adj* kepast; *fig* neotesan, štorast, neokreten, butast
cloddy [klódi] *adj* kepast, grudast
clod-hopper [klódhopǝ] *n coll* teleban; težek čevelj
clod-pate [klódpeit] *n* tepec, butec, teleban
clod-pole, clod-poll [klódpoul] *n* glej clod-pate
clog I [klǝg] *n* klada; cokla; *fig* ovira; breme; *techn* zamašitev (stroja)
clog II [klǝg] 1. *vt* zadržati; (*by, with*) zamašiti; *fig* obremeniti, ovirati; 2. *vi* zamašiti se; sprijemati se
clog-dance [klógda:ns] *n* vrsta plesa v coklah
cloggy [klógi] *adj* lepljiv, lepek; grudast; *fig* oviralen
cloister I [klóistǝ] *n* samostan; krita samostanska kolonada; *archit* stebrišče
cloister II [klóistǝ] *vt* zapreti v samostan; **to ~ o.s.** umakniti se v samoto
cloistered [klóistǝd] *adj* zaprt v samostanu; *fig* osamljen; *archit* s kolonado obdan
cloisterer [klóistǝrǝ] *n* menih
cloistral [klóistrǝl] *adj* samostanski; *fig* osamljen, samoten
cloistress [klóistris] *n* nuna
cloke [klouk] *arch* glej cloak
clomb [kloum] *arch pt & pp* od climb
cloning [klóuniŋ] *n biol* vegetativno (nespolno) razmnoževanje
clop [klǝp] *n* klopot, topot
cloot [klu:t] *n* kopito; **Cloots** vrag, hudič; **to take to one's ~ s** zbezljati
close I [klous] *adj* (~ **ly** *adv*) zaprt, zaklenjen; stisnjen, tesen, gost; *fig* jedrnat; soparen, zadušljiv, zatohel; molčeč, vase zaprt; blizǝk; pazljiv, natančen; skoraj enak; vztrajen, mar-

ljiv; zaupen; skop, varčen; skrit; logičen; neodločen (boj); ~ **argument** nepobiten dokaz; ~ **combat** bitka iz bližine, boj moža proti možu; ~ **confinement** strogi zapor; **in** ~ **conversation** v živahnem pogovoru; *coll* ~ **customer** molčeč človek; ~ **fight** neodločen boj; ~ **friend** zaupen prijatelj; ~ **proximity** (ali **quarters**) neposredna bližina; **to come to** ~ **quarters** spoprijeti se; ~ **season** (ali **time**) varstvena doba prepovedi lova; ~ **study** temeljit študij; *coll* ~ **thing** pičla zmaga; ~ **weather** soparno vreme; **it was a** ~ **call** (ali **shave**) za las smo ušli; ~ **translation** natančen prevod; **to keep s.th.** ~ zase kaj obdržati, ne izdati

close II [klous] *adv* blizu, pičlo; ~ **at hand**, ~ **by** čisto blizu; ~ **on** skoraj, domala; kmalu nato; **he ran me very** ~ kmalu bi me bil dohitel; **to follow** ~ **upon s.o.** biti komu za petami; **to live** ~ varčno živeti; **to sail** ~ **to the wind** jadrati tesno ob vetru; *fig* biti komaj še v mejah zakona; **I felt** ~ **to tears** na jok mi je šlo

close III [klous] *n* ograjen prostor, ograda; plot; šolsko dvorišče, igrišče; področje stolne cerkve; *Sc* prehod skozi hišo, uličica

close IV [klouz] *n* zaključek, konec; **to bring to a** ~ končati, zaključiti; **to draw to a** ~ iti h koncu

close V [klouz] **1.** *vt* zapreti; končati, zaključiti, likvidirati; ustaviti se (ob drugi ladji); **2.** *vi* zapreti se; prenehati; *(to)* bližati se, zaceliti se; **to** ~ **one's days** umreti; **to** ~ **one's eyes** na to se zapirati oči pred čim; **to** ~ **s.o.'s eye** suniti koga v oko; **to** ~ **the door on s.th.** narediti konec razpravljanju o čem; **to** ~ **with the land** približati se kopnemu; **to** ~ **with an offer** sprejeti ponudbo; **to** ~ **bargain** končati pogovor

close about *vi* obdati, zbrati se okrog koga ali česa

close in *vt* & *vi* zapreti, obdati; približati se; krajšati se (dnevi)

close out *vt* *A* vnovčiti, realizirati; preprečiti, onemogočiti

close round *vt* zapreti se okrog česa, obdati, obkoliti

close up *vi* & *vt* zapreti, zapečatiti, zakleniti; zapreti se, napolniti se; *mil* strniti vrste; zaceliti, zarasti se

close upon *vt* vsebovati (npr. škatla); zagrabiti; napasti

close with *vt* sprejeti, privoliti, približati se

close-cropped [klóuskrópt] *adj* na kratko ostrižen

closed [klouzd] *adj* zaprt; ~ **circuit television** televizija zaprtega kroga; ~ **work** podzemeljsko delo; ~ **season** doba prepovedi lova; *A* ~ **shop** delavnica, ki sme zaposliti samo člane strokovne zveze

close-down [klóuzdáun] *n* opustitev dela zaradi ukinitve podjetja; konec oddaje

close-fisted [klóusfístid] *adj* skop, skopuški

close-grained [klóusgréind] *adj* jedrnat, klen, drobnozrnat

close-hauled [klóushó:ld] *adj* *naut* privetrn

close-lipped [klóuslípt] *adj* molčečen, redkobeseden

closely [klóusli] *adv* skrbno, varčno; zgoščeno; blizu; strogo; domala, skoraj

closely-knit [klóuslinít] *adj* strnjen, enoten

close-mouthed [klóusmáuðd] *adj* glej **close-lipped**

closeness [klóusnis] *n* bližina, tesnost; gostota; zatohlost, soparnost; varčnost, skopost; molčečnost

closer [klóuzə] *n* zapiralec; ključar; *archit* sklepnik

close-out [klóusáut] *n* razprodaja

close-stool [klóusstu:l] *n* sobno stranišče, iztrebljevalnik

closet I [klózit] *n* sobica, kabinet; vzidana omara; shramba; kredenca; delovna soba; *fig* knjižno znanje; ~ **play** (ali **drama**) drama, ki ni primerna za oder; **china** ~ kredenca, vitrina; ~ **strategist** teoretski strateg; **water** ~ angleško stranišče

closet II [klózit] *vt* zapreti, spraviti; **to be** ~ **ed** imeti tajen posvet

close-tongued [klóustʌŋd] *adj* molčečen, redkobeseden

close-up [klóusʌp] *n* filmski posnetek iz bližine; pogled od blizu

closing [klóuziŋ] **1.** *n* konec, zaključek; spajanje; *el* stik; **2.** *adj* zaključen

closing-out [klóuziŋáut] *n* *A* umik

closing-price [klóuziŋprais] *n* zaključna cena; zaključni tečaj

closing-time [klóuziŋtaim] *n* čas zapiranja trgovine; konec dela; policijska ura

closure [klóužə] *n* konec, zaključek; zapiralo; **to apply the** ~ zaključiti debato

clot I [klɔt] *vi* & *vt* strditi, zasiriti (se)

clot II [klɔt] *n* kepa, strdek; *sl* butec

cloth [klɔθ] *n* sukno, tkanina, blago, cunja; prt; uniforma; duhovniška obleka; *fig* duhovščina; **bound in** ~ v platno vezan; **of the same** ~ istega poklica; **to lay the** ~ pogrniti mizo; **to remove the** ~ pospraviti mizo; **gentlemen of the** ~ duhovščina; **to cut one's coat according to the** ~ prilagoditi izdatke dohodkom; **to wear the** ~ služiti vojake

clothe* [klouð] *vt* obleči, odeti, pokriti; **to** ~ **o.s.** obleči se; **to** ~ **with authority** umestiti na službeno mesto

clothes [klouðz] *n pl* obleka, oblačila; perilo; posteljnina; plenice; **to change one's** ~ preobleči se; **to put on one's** ~ obleči se; **to take off one's** ~ sleči se; **plain** ~ civilna obleka; **plain-**~ **man** detektiv

clothes-basket [klóuðzba:skit] *n* košara za perilo

clothes-brush [klóuðzbrʌš] *n* krtača za obleko

clothes-hanger [klóuðzhæŋgə] *n* obešalnik za obleko

clothes-horse [klóuðzhɔ:s] *n* stojalo za sušenje perila

clothes-line [klóuðzlain] *n* vrv za sušenje perila

clothes-peg [klóuðzpeg] *n* ščipalka za perilo

clothes-pin [klóuðzpin] glej **clothes-peg**

clothes-press [klóuðzpres] *n* omara za perilo

clothes-wringer [klóuðzriŋgə] *n* ožemalnik

clothier [klóuðiə] *n* suknar, trgovec s suknom ali obleko

clothing [klóuðiŋ] *n* oblačilo, obleka; vojaška uniforma; *techn* opaž

clothman [klɔθmən] *n* trgovec s suknom, suknar

cloth-merchant [klɔθmə:čənt] *n* trgovec s suknom

cloth-weaver [klɔθwi:və] *n* tkalec

cloth-worker [klɔθwə:kə] *n* suknar

cloth-yard [klóθjá:d] *n* en jard; ~ shaft puščica, dolga en jard

clotted [klótid] *adj* strjen, zasirjen; ~ nonsense gola neumnost; ~ cream smetana na kuhanem mleku; ~ hair zlepljeni lasje

clotty [klóti] *adj* kepast, zasirjen

cloture [klóučə] *n* glasovanje o zadevi na koncu debate (v parlamentu)

cloud I [klaud] *n* oblak, megla, para; temna lisa, madež; motnost; *fig* mrak, tema, senca; množica, roj; nesreča; *pl* višje sfere, nebo; to drop from the ~s nepričakovano se prikazati, z neba pasti; every ~ has a silver lining vsaka nesreča h kaki sreči; under a ~ pod sumom, na slabem glasu; v težavah, brez denarja; to be (ali have one's head) in the ~s živeti v oblakih; a ~ on one's brow mrk, namrgoden; ~ seeding ustvarjanje umetnega dežja

cloud II [klaud] 1. *vt* zatemniti, z oblaki pokriti; zamegliti, skaliti, moarirati; 2. *vi* (*over*, *up*); pooblačiti se, potemneti; skaliti se, zamegliti se

cloudberry [kláudberi] *n bot* vrsta arktične robidnice z rumenimi plodovi

cloud-burst [kláudbə:st] *n* ploha, hud naliv

cloud-capped [kláudkæpt] *adj* ki je v oblakih, z oblaki pokrit

cloud-castle [kláudka:sl] *n* gradovi v oblakih, sanje, sanjarija

cloud-drift [kláuddrift] *n* od vetra gnani oblaki

clouded [kláudid] *adj* oblačen; moariran; *fig* mračen, mrk, zaskrbljen

cloudiness [kláudinis] *n* oblačnost, motnost, zamegljenost; *fig* otožnost, mračnost

cloud-kissing [kláudkisiŋ] *adj* ki seže do oblakov

cloudland [kláudlænd] *n* sanjski svet, utopija

cloudless [kláudlis] *adj* jasen, sončen, veder

cloudlessmess [kláudlisnis] *n* jasnost, vedrost

cloudlet [kláudlit] *n* oblaček

cloud-world [kláudwə:ld] glej cloud-land

cloudy [kláudi] *adj* (cloudily *adv*) oblačen, moten, zameglen, nejasen; *fig* žalosten, mrk; moariran

clough [klʌf] *n* globel, grapa, soteska, tokava

clout I [klaut] *n arch dial* krpa, zaplata; tarča, zadetek; udarec, zaušnica; *fam* a ~ on the ear klofuta, zaušnica; dish ~ kuhinjska cunja

clout II [klaut] *vt arch dial* zakrpati, (čevlje) okovati; *fam* udariti; to ~ s.o.'s ears for him oklofutati koga

clout-nail [kláutneil] *n* čevljarski žebelj

clove I [klouv] *n* nageljnova žbica, klinček; strok (česna); starinska utež (7 do 8 funtov); *A* soteska

clove II [klouv] *pt & pp* od cleave I; his tongue ~ (ali clave) to the roof of his mouth od strahu je onemel

clove-hitch [klóuvhič] *n* vrsta mornarskega vozla

cloven [klóuvən] *adj* razcepljen; *poet pp* od cleave I; *fig* the ~ hoof vrag, hudič; to show the ~ hoof pokazati se v pravi luči

cloven-footed [klóuvənfú:tid] *adj zool* s preklanim kopitom; z dvema prstoma na nogi (ptič); *fig* vražji

clover [klóuvə] *n bot* detelja; to live (ali be) in ~ imeti prijetno življenje, živeti ko ptička na veji

clover-leaf [klóuvəli:f] *n* deteljin list; križišče avtocest s krožnimi odcepi

clow [klau] *n* zatvornica

clown I [klaun] *n* neotesanec, teleban, neolikanec, kmetavz; pavliha, burkež, cirkuški klovn

clown II [klaun] *vt* ugajati bedarije, norčije; to ~ it zbijati šale

clownery [kláunəri] *n* šale, burke, norčije

clownish [kláuniš] *adj* (~ly *adv*) pavlihast; telebanski

clox [kloks] glej clock III

cloy [klɔi] *vt* (*with*) prenasititi; zagabiti, zastuditi

club [klʌb] *n* kij, palica, gorjača, gumijevka; društvo, klub; *pl* križ (na kartah), tref; *A* classification ~ klub glede na poklic članov; country ~ turistični klub

club II [klʌb] 1. *vt* s palico udariti; (*up*) zbrati denar, skupaj plačati; 2. *vi* združiti se; to ~ together (z)družiti se, skupno poravnati stroške

clubbable [klʌ́bəbl] *adj* vreden, da postane član kluba; družaben

clubbed [klʌ́bd] *adj* kijast

club-fisted [klʌ́bfistid] *adj* močnih pesti

club-foot [klʌ́bfút] *n* v stopalu pokvarjena noga, kepasta noga

club-footed [klʌ́bfútid] *adj* ki ima v stopalu pokvarjeno nogo, kepasto nogo

club-hand [klʌ́bhænd] *n* prirojeno iznakažena roka

club-haul [klʌ́bhɔ:l] *vt naut* z vržajem sidra ladjo obrniti

club-house [klʌ́bhaus] *n* klub

club-land [klʌ́blænd] *n* klubska četrt St. Jamesa v Londonu

club-law [klʌ́blɔ:] *n* nasilje, pravica močnejšega; klubski pravilnik

clubman [klʌ́bmən] *n* član kluba; *A* svetovljan

club-match [klʌ́bmæč] *n sp* klubska tekma

club-mate [klʌ́bmeit] *n* klubski tovariš

club-moss [klʌ́bmós] *n bot* lisičjak

club-room [klʌ́bru:m] *n* klubska soba

club-sandwich [klʌ́bsændwič] *n A* večplasten obložen kruhek

club-shaped [klʌ́bšeipt] *adj* kijast, paličast

club-swinging [klʌ́bswiŋiŋ] *n* vaje s kiji

club-woman [klʌ́bwumən] *n* članica, obiskovalka kluba

cluck I [klʌk] *n* kokanje, kokodakanje

cluck II [klʌk] *vi* kokati, klicati kokoši s kokanjem, kokodakati

clucking-hen [klʌ́kiŋhen] *n* koklja

clucky [klʌ́ki] *adj* ki koka, ki vali jajca

clue I [klu:] *n arch* klopčič; vodilo, opora; *fig* ključ; indicije; false ~ zgrešena sled

clue II [klu:] *vt naut* (*up*) jadro gor potegniti

clump I [klʌmp] *n* gruda, kepa; skupina dreves; dvojni podplat; topot; ~ of trees gozdiček, gaj

clump II [klʌmp] 1. *vt* v kepe stisniti, nakopičiti; debelo podplatiti; 2. *vi* krevsati, topotati

clumpish [klʌ́mpiš] *adj* (~ly *adv*) telebanast

clump-sole [klʌ́mpsoul] *n* dvojni podplat

clumpy [klʌ́mpi] *adj* grudast; težak (čevelj)

clumsiness [klʌ́mzinis] *n* okornost, zavaljenost; neobzirnost, netaktnost; nebogljenost; topost, neumnost

clumsy [klʌ́mzi] *adj* (clumsily *adv*) okoren, neroden, neokreten, štorast; zavaljen; neobziren, netakten; nebogljen, top

clunch [klʌnč] *n* teslo, štor, trap; *min* vrsta apnenca iz zgodnje kredne dobe
clung [klʌŋ] *pt & pp* od cling
cluster I [klʌ́stə] *n* grozd, čop, kup; roj, skupina; ~ of trees skupina dreves
cluster II [klʌ́stə] 1. *vt* nakopičiti, na kup dati; 2. *vi* zbirati se; rojiti; (*round*) zgrniti, zbrati se
clutch I [klʌč] 1. *vt* prijeti, zgrabiti, pograbiti; *techn* sklopiti; 2. *vi* (*at*) prijemati, držati se česa; to ~ at a straw prijeti se vsake bilke
clutch II [klʌč] *n* (*at*) prijem, stisk; *fig* krempelj, roka; *techn* sklopka; kritičen položaj, stiska; ~ bag ženska torbica brez ročaja; ~ es objem
clutch III [klʌč] *n* nasajena jajca; leglo piščancev
clutch-pedal [klʌ́čpedəl] *n techn* pedal za sklopko
clutter I [klʌ́tə] *n* nered, direndaj, zmeda; hrup, šum
clutter II [klʌ́tə] 1. *vt* razmetati, zmešati, narediti zmedo; 2. *vi* vznemiriti se; to ~ up with (pre)napolniti s
clyster [klístə] *med* 1. *n* klistir; 2. *vt* klistirati
co- [kou] *pref* skupaj, s, so-
coach I [kouč] *n* kočija, avtobus; *A* potniški vagon drugega razreda; poštna kočija; soba na krmi bojne ladje; *coll* inštruktor, trener; ~ and four kočija z dvema paroma konj; to drive a ~ and four through dokončno se prepričati, spregledati kaj; izmuzniti se; izigravati zakon; a slow ~ počasnež; hackney ~ fijakar; through ~ direktni vlak; stage ~ avtobus za dolge proge; motor ~ avtobus; to drive a ~ and six through an Act of Parliament onemogočiti parlamentarni zakon
coach II [kouč] 1. *vi* kočijažiti; peljati se v kočiji; dobivati inštrukcije; 2. *vt* peljati koga s kočijo; *coll* inštruirati, trenirati
coachbox [kóučbɔks] *n* kozel na kočiji
coach-dog [kóučdɔg] *n zool* pes dalmatinec
coacher [kóučə] *n* kočijaž; vprežni konj za kočije; *A* tisti, ki glasno spodbuja moštvo
coach-office [kóučɔfis] *n* blagajna za avtobuse za dolge proge
coach-stand [kóučstænd] *n* odkazano mesto za fijakarje
coachwork [kóučwə:k] *n* karoserija
coach-wrench [kóučrenč] *n techn* francoz
coaction [kouǽkšən] *n* sodelovanje; (*rare*) krotitev, siljenje
coactive [kouǽktiv] *adj* (~ ly *adv*) sodelujoč; prisilen
coadjutor [kouǽdžutə] *n* pomočnik, koadjutor
coadunate [kouǽdjunit] *adj phys bot* združen, zraščen
coagency [kouéidžənsi] *n* sodelovanje
coagulant [kouǽgjulənt] *n* sredstvo za strjevanje
coagulate [kouǽgjuleit] *vt & vi* strditi, sesiriti (se), sesesti se, skrniti
coagulation [kouǽgjuléišən] *n* strjevanje, sesedanje; sesedek, strdek
coagulative [kouǽgjulətiv] *adj* strjevalen, sesirjevalen
coal I [koul] *n* premog; to blow the ~ s podpihovati strasti; to carry ~ s opravljati poniňujoče ali neprijetno delo; to carry ~ s to Newcastle vlivati vodo v morje; *A* hard ~ antracit; vegetable ~ rjavi premog; to haul (ali call, rake,

drag) over the ~ s grajati, psovati; to heap ~ s of fire over s.o's head poplačati slabo z dobrim, povzročiti komu slabo vest; ~ field premogovni revir; live (ali hot, quick) ~ (s) žerjavica; to put ~ on the fire naložiti premog v peč
coal II [koul] 1. *vi* zoglenéti; 2. *vt* nalagati premog; oskrbeti s premogom
cola-bed [kóulbed] *n* premogovno ležišče
coal-bin [kóulbin[*n* zaboj za premog
coal-black [kóulblæk] *adj* črn ko smola
coal-bunker [kóulbʌŋkə] *n* skladišče premoga
coal-burner [kóulbə:nə] *n* parnik na premog
coal-cutter [kóulkʌtə] *n* avtomatični vrtalni stroj za premog
coal-dust [kóuldʌst] *n* premogov prah
coaler [kóulə] *n* ladja ali vagon za prevoz premoga; trgovec s premogom
coalesce [kouəlés] *vi* (*with*) zrasti, zraščati, zli(va)ti se; združiti, zvezati se
coalescence [kouəlésns] *n* (*with*) zrast, zlitje, združitev, zveza
coalescent [kouəlésnt] *adj* (*with*) ki se zliva, druži, koalicijski
coal-factor [kóulfæktə] *n* agent za prodajo premoga
coal-field [kóulfi:ld] *n* premogovno ležišče, nahajališče premoga
coal-fish [kóulfiš] *n zool* saj
coal-gas [kóulgæs] *n* svetilni plin
coal-heaver [kóulhi:və] *n* nakladač premoga
coal-hole [kóulhoul] *n* shramba za premog
coal-house [kóulhaus] *n* lopa za premog
coaling-plant [kóuliŋpla:nt] *n* opremišče za lokomotive
coaling-station [kóuliŋsteišən] *n* pristanišče za nakladanje premoga
coalition [kouəlíšən] *n* zveza, koalicija
coalitionist [kouəlíšənist] *n* član(ica) koalicije
coalman [kóulmən] *n obs* premogar, ogljar
coal-master [kóulma:stə] *n* lastnik premogovnika
coal-mine [kóulmain] *n* premogovnik
coal-miner [kóulmainə] *n* rudar v premogovniku
coal-mining [kóulmainiŋ] *n* kopanje premoga
coal-mouse [kóulmaus] *n zool* menišček
coal-pit [kóulpit] *n* premogovnik; *A* ogljarnica
coal-sack [kóulsæk] *n astr* temna mesta v rimski cesti
coal-scuttle [kóulskʌtl] *n* posoda za premog
coal-seam [kóulsi:m] *n* sloj premoga
coal-tar [kóulta:] *n* premogov katran
coal-tit [kóultit] *n zool* menišček
coal-whipper [kóulwipə] *n* človek ali stroj, ki dviga premog iz ladijskega skladišča
coaly [kóuli] *adj* premogast, črn
coalyard [kóulja:d] *n* skladišče premoga
coamings [kóumiŋz] *n pl naut* dvignjen okvir odprtine za nakladanje tovora
coarse [kɔ:s] *adj* (~ ly *adv*) grob, surov, raskav; robat, preprost, neuglajen
coarse-grained [kɔ́:sgreind] *adj* grobozrnat; neotesan, surov (človek)
coarsen [kɔ́:sən] 1. *vi* posuroveti; raskav, grob postati; 2. *vt* posuroviti
coarseness [kɔ́:snis] *n* surovost, grobost, raskavost, robatost, neolikanost
coast I [koust] *n* obala; breg, obrežje; *A* zasneženo pobočje; *A* sankanje; spust z ugašenim mo-

torjem ali brez pedalov; *naut* **to hug the** ~
pluti tik ob obali; **the** ~ **is clear** zrak je čist,
ni nevarnosti; **foul** ~ nevarna obala; ~ **assault
tactics** pristajalni (izkrcevalni) manevri
coast II [koust] *vt* pluti ob obali; *A* sankati se;
spuščati se z ugašenim motorjem ali brez pe-
dalov
coastal [kóustl] **1.** *adj* obalen; **2.** *n* zaščitna obalna
ladja
coaster [kóustə] *n* obalna ladja; *A* sanke; servirna
mizica na kolescih; ~ **brake** torpedo (na ko-
lesu)
coastguard [kóustga:d] *n* obalna policija, obalna
straža; *A* carinska obalna straža
coasting [kóustiŋ] *n* obalna plovba; *A* sankanje
coast-line [kóustlain] *n* obris obale
coastward [kóustwəd] *adj* proti obali usmerjen
coastward(s) [kóustwəd(z)] *adv* proti obali
coastways [kóustweiz] **1.** *adv* ob obali; **2.** *adj* obalen
coastwise [kóustwaiz] glej **coastways**
coat I [kóut] *n* suknja, površnik, plašč, jopič;
pokrov; prevleka, obloga, omet, opaž, plast,
premaz; koža, dlaka, perje; *med* mrena, opna,
kožica; ~ **of arms** grb; **to baste s.o.'s** ~ nabun-
kati, pretepsti koga; **to cut one's** ~ **according to
one's cloth** glej **pod cloth**; **to dust a** ~ **for s.o.**
pretepsti koga; **it is not the gay** ~ **that makes
the gentleman** obleka sama še ne naredi človeka;
great ~ zimski plašč; **to wear the King's** (ali
Queen's) ~ služiti vojake; ~ **of mail** železna
srajca, oklep; **near is my** ~ **but nearer is my
skin** vsak si je sebi najbližji, bog je najprej sebi
brado ustvaril; **to turn one's** ~ izneveriti se,
postati odpadnik, po vetru se obračati; **to take
off one's** ~ pripraviti se na boj; **to take off
one's** ~ **to** (**the**) **work** zavihati rokave, lotiti
se dela
coat II [kout] *vt* (*with*) pokriti, ogrniti, obložiti,
prevleči; premazati, prepleskati
coat-armour [kóuta:mə] *n* grb, ščit z grbom
coat-card [kóutka:d] *n* igralna karta s figuro
coated [kóutid] *adj* s plaščem ogrnjen, v plašč
oblečen; obložen; premazan; ~ **paper** kredni
papir
coatee [kóuti:] *n* kratka, tesno prilegajoča se jopa
coat-hanger [kóuthæŋə] *n* obešalo, obešalnik
coati [kouá:ti] *n zool* rdeči nosati medved, koati
coating [kóutiŋ] *n* blago za suknjo, plašč itd.;
prevleka, premaz, plast; **rough** ~ omet
coat-stand [kóutstænd] *n* stojalo za plašče
coax I [kouks] *vi* & *vt* laskati; dobrikati se; (pri)-
mamiti, prilizovati se; **to** ~ **s.o. into doing
s.th.** z dobrikanjem koga pripraviti, da kaj
naredi; **to** ~ **out** izmamiti
coax II [kouks] *n* laskanje, prilizovanje; glej tudi
coaxer
coaxer [kóuksə] *n* laskavec, dobrikavec, prilizo-
valec
co-axial [kouǽksiəl] *adj* (~ **ly** *adv*) soosen
coaxing [kóuksiŋ] *adj* (~ **ly** *adv*) dobrikav, laskav,
prilizovalski
cob I [kɔb] *n* mešanica gline in peska s slamo
cob II [kɔb] *n* morski galeb; pajek, majhen močen
konj; labod (samec); pomembna oseba; pečka,
koščica, velik lešnik; *A* koruzni storž; drobno-
zrnat premog; kupček, gruda

cob III [kəb] *vt* premlatiti
cobalt [kəbó:lt, kóubə:lt] *n chem* kobalt; ~ **bloom**
kobaltova moka
cobaltic [kəbó:ltik] *adj* kobaltov, kobalten
cobble [kóbl] **1.** *n* kamen za tlak, prodnik; krparija;
krpa; **2.** *vt* krpati; tlakovati
cobbler I [kóblə] *n A* vrsta hladilne pijače (iz vina,
limone, sladkorja) vrsta sadnega kolača
cobbler II [kóblə] *n* krpač, čevljar, ki samo po-
pravlja; šušmar; **the** ~ **must not go beyond his
last, the** ~ **must stick to his last** le čevlje sodi naj
kopitar; ~'**s wax** čevljarska smola
cobblestone [kóblstoun] *n* kamen za tlak
cobby [kóbi] *adj* neraven, kotanjast; čokat, močan
coble [kóubl] *n* vrsta ploskega ribiškega čolna
cob-loaf [kóblouf] *n* okrogel hlebec kruha
cobnut [kóbnʌt] *n* vrsta velikega lešnika
cobra [kóubrə] *n zool* naočarka
coburg [kóubə:g] *n* vrsta belega kruha; mešana
tkanina
cobweb [kóbweb] *n* pajčevina; tanka nit ali tkani-
na; **to blow away the** ~**s from one's brain** iti
na svež zrak, razkaditi si glavo; ~ **morning**
megleno jutro; **to have a** ~ **in one's throat**
imeti suho grlo
cobwebbed [kóbwebd] *adj* pajčevinast, pajčevnat
cobwebbery [kóbwebəri] *n* pajčevine
cobwebby [kóbwebi] glej **cobwebbed**
coca [kóukə] *n bot* koka
coca cola [kóukə kóulə] *n* koka kola
cocain(e) [kokéin] *n med* kokain
cocainism [kokéinizəm] *n* kokainizem, uživanje
kokaina
cocainist [kokéinist] *n* uživalec kokaina
cocainize [kokéinaiz] *vt* kokainizirati
coccus, *pl* **cocci** [kókəs, kóksai] *n bot* kok
coccyx [kóksis] *n anat* trtica
cochin [kóčin] *n* vrsta kokoši
cochineal [kóčini:l] *n zool* košeniljka; škrlat
cochlea, *pl* **cochleae** [kókliə, kóklii:] *n anat* polž
cock I [kók] *n* petelin, (tudi na puški); petelinje
petje; *fig* vodja; pipa, vetrnica; poševna lega
klobuka na glavi; jeziček (na tehtnici); kazalec
(na sončni uri); *naut* medkrov; pilotov sedež;
bahač, kolovodja; *vulg* spolni ud; **as the old**
~ **crows so does the young learn** jabolko ne
pade daleč od drevesa; **the red** ~ **crows** hiša
je v plamenih; **dunghill** ~ domači petelin;
every ~ **crows on his dunghill** doma se vsakdo
čuti junaka; **to be cast at the** ~ s zgubiti se;
that ~ **won't fight** tukaj nekaj ni v redu, to ne
bo držalo; **to live like a fighting** ~ živeti ko
ptička na veji; **the** ~ **of the walk** (ali **roost**)
glavna oseba, samozavestnež; **to go off at
half** ~ prezgodaj se sprožiti; *fam* **old** ~ ljubi
moj, človek božji
cock II [kɔk] **1.** *vt* (*up*) pokonci postaviti; (klobuk)
na stran pomakniti; napeti petelina na puški;
2. *vi* šopiriti se; **to** ~ **one's ears** z ušesi striči,
prisluhniti; **to** ~ **one's eye at s.o.** namigniti
komu; *A coll* **to go off half-**~ **ed** prenagliti se;
knocked into a ~**ed hat** onemel, osupel; po-
polnoma premagan; **to** ~ **one's nose** nos vihati;
to ~ **a snook** osle kazati
cock III [kɔk] **1.** *n* kopica sena; **2.** *vt* spravljati
v kopice

cockade [kəkéid] n kokarda
cock-a-doodle-(doo) [kókədú:dl(dú:)] 1. n kikiri-
kanje, petelinje petje; petelin; 2. int kikiriki
cock-a-hoop [kókəhú:p] adj zmagoslaven; do-
mišljav
cock-and-bull story [kókənbulstó:ri] n izmišljotina,
lažna zgodba
cockaigne, cockayne [kəkéin] n Indija Koromandi-
ja; London
cockalorum [kəkəló:rəm] n coll domišljav mlad
človek; petelinje petje
cockatoo [kókətu:] n zool kakadu
cockatrice [kókətrais, -tris] n bazilisk; fig zmaj
(ženska)
cock-boat [kókbout] n barčica, ladijski čoln
cock-brained [kókbreind] adj nepremišljen
cockchafer [kókčeifə] n zool majski hrošč
cock-crow(ing) [kókkrə:(iŋ)] n kikirikanje, pete-
linje petje; zora, svitanje, zgodnje jutro
cocker I [kókə] n rejec petelinov za boj; žanjec;
~ spaniel prepeličar
cocker II [kókə] vt (up) razvaditi, razvajati, dajati
potuho
cockerel [kókərəl] n petelinček
cock-eyed [kókaid] adj škilast; sl enostranski,
poševen; sl skrajno neumen; brezglav; sl vinjen
cock-fight(ing) [kókfait(iŋ)] n petelinji dvoboj;
this beats ~ to presega vse
cock-horse I [kókhə:s] n gugalni konjiček; to
ride a ~ na kolenih se pestovati (otrok)
cock-horse II [kókhə:s] adj ohol, prevzeten
cockiness [kókinis] n domišljavost, predrznost
cockish [kókiš] adj (~ly adv) domišljav, predrzen
cockle [kókl] 1. vt & vi gubati, kodrati (se); 2. n
guba
cockle II [kókl] n bot ljuljka; plevel; kokolj
cockle III [kókl] n zool školjka; volek (polž);
plitev čolnič; fig orehova lupina; to rejoice (ali
delight, warm) the ~s of one's heart razveseliti
komu srce
cockle IV [kókl] n sobna peč; sušilnica hmelja
cockle-bur [kóklbə:] n bot repinec
cockle-shell [kóklšel] n školjka; čolnič
cockloft [kóklɔft] n derog podstrešna sobica
cockney [kókni] n Londončan (nižjega stanu);
londonski dialekt; A cont meščan(ka)
cockneyish [kókniiš] adj za Londončane značilen,
londonski
cockneyism [kókniizəm] n londonski izraz, lon-
donsko narečje; londonsko vedenje
cockpit [kókpit] n petelinje bojišče; arena; mar
bolnica na krmi zgornje palube; pilotova ali
šoferjeva kabina
cockroach [kókrouč] n zool ščurek
cockscomb [kókskoum] n petelinji greben, roža;
čepica dvornega norca; domišljavec, gizdalin
cocksfoot [kóksfut] n bot mišji trn
cockshead [kókshed] n bot petelinja turška detelja
cockshy [kókšai] n metanje v tarčo; tarča
cocksorrel [kóksərəl] n bot navadna kislica
cock-sparrow [kókspærou] n zool vrabec (samec)
cock-sure [kókšuə] adj popolnoma prepričan; do-
mišljav, samozavesten
cockswain glej coxswain
cocktail I [kókteil] n nečistokrven dirkalni konj;
mešana opojna pijača; A mešano sadje v košč-

kih; raki ali ostrige s paradižnikovo mezgo;
povzpetnik, parveni; zool kratkokrilec
cocktail II [kókteil] adj nečistokrven; neuglajen
cock-up [kókʌp] n spredaj navzgcr zavihan klo-
buk; dvignjena črka v vrstici (npr. Mrs)
cocky [kóki] adj (kockily adv) domišljav, prevzeten
cocky-leeky [kókilí:ki] n škotska porova juha
coco(a) [kóukou] n kokosova palma; coll glava,
buča
cocoa [kóukou] n kakao
cocoa-bean [kóukoubi:n] n kakaovo zrno
cocoa-butter [kóukoubʌtə] n kakaovo maslo
coco(a)nut [kóukənʌt] n kokosov oreh; vulg buča,
butica; to have no milk in the ~ biti prismojen;
joc that accounts for the milk in the ~ sedaj
mi je vse jasno
cocoon [kəkú:n] 1. n zapredek, kokon; 2. vt zabu-
biti se
cocoonery [kəkú:nəri] n sviloprejnica
coco-palm [kóukəpa:m] n bot kokosova palma
cocotte [koukót] n lahkoživka, kokota
coction [kókšən] n kuhanje
cod I [kɔd] n zool trska, polenovka
cod II [kɔd] n obs vreča, strok; anat vulg modnjak;
sl surova šala
cod III [kɔd] sl 1. vt norčevati se iz koga, varati,
natvesti; 2. vi šaliti, norčevati se
codeine [kóudii:n] n med kodein
codex [kóudeks] n star rokopis, kodeks, zbirka
zakonov
cod-fish [kódfiš] n zool trska, polenovka
cod-fishery [kódfišəri] n lov na polenovke
codger [kódžə] n coll čudak
codices [kóudisi:z] pl od codex
codicil [kódisil] n dostavek k oporoki; dodatek,
dopolnilo; kodicil
codification [kədifikéišən] n zapis zakonov, kodi-
fikacija
codifier [kódifaiə] n sestavljavec zbirke zakonov,
kodifikator
codify [kódifai] vt zbrati zakonske predpise, kodi-
ficirati
codling I [kódliŋ] n zool mlada trska
codling II [kódliŋ] n bot vrsta jabolka za kuho
cod-liver-oil [kódlivəróil] n ribje olje
co-ed [kóued] n A coll učenka mešanega razreda
coeditor [kouéditə] n sourednik
co-education [kouedjukéišən] n skupna vzgoja
dečkov in deklic, koedukacija
co-educational [kouedjukéišənl] adj koedukacijski
coefficient [kouifíšənt] 1. adj sodelujoč; 2. n ko-
eficient
coeliac [sí:liæk] adj anat trebušen
coempt [kouémpt] vt pokupiti celotno zalogo
coemption [kouémpšən] n nakup celotne zaloge
coenobite [sí:nəbait] n menih, redovnik
coequal [koui:kwəl] 1. adj (~ly adv) enak; 2.
n tisti, ki je enak
coequality [koui:kwóliti] n enakost
coerce [kouə:s] vt (into) priganjati, siliti
coercible [kouə:səbl] adj ki se da prisiliti
coercion [kouə:šən] n omejitev, siljenje; nasilje
coercionist [kouə:šənist] n zagovornik, -nica na-
silja, siljenja
coercive [kouə:siv] adj (~ly adv) prisilen
coessential [kouisénšəl] adj istega bistva

coetaneous [koui:téinjəs] *adj* (~ ly *adv*) istočasen, iste starosti

coeval [kouí:vəl] 1. *adj* glej çoetaneous; 2. *n* vrstnik, -nica, sodobnik, -nica

co-executor [kóuigzékjutə] *n* soizvršilec

co-executrix [kóuigzékjutriks] *n* soizvršilka

coexist [kóuigzíst] *vi* (*with*) istočasno bivati, koeksistirati

coexistence [kóuigzístəns] *n* sobivanje, koeksistenca, sožitje, sočasen obstoj

coexistent [kóuigzístənt] *adj* sočasno bivajoč

coextend [kóuiksténd] *vi* (*with*) biti enak po obsegu ali trajanju

coextension [kouiksténšən] *n* (*with*) enak obseg, enako trajanje

coextensive [kóuiksténsiv] *adj* (~ ly *adv*) (*with*) enakega obsega ali trajanja

coffee I [kófi] 1. *n* kava; kavovec; 2. *adj* kavin

coffee II [kófi] *vi sl sp* žlabudrati, blebetati

coffee-bar [kófiba:] *n* kavni bife

coffee-bean [kófibi:n] *n* kavino zrno

coffee-berry [kófiberi] glej coffee-bean

coffe-cup [kófikʌp] *n* kavna skodelica

coffee-grinder [kófigraində] *n* kavni mlinček; *mil sl* strojnica, mitraljez

coffee-grounds [kófigraundz] *n pl* kavna gošča

coffee-house [kófihaus] *n* kavarna

coffee-mill [kófimil] *n* kavni mlinček

coffee-pot [kófipot] *n* kavna ročka

coffee-room [kófiru:m] *n* kavarna v hotelu

coffee-stall [kófistə:l] *n* kiosk za kavo

coffee-set [kófiset] *n* kavni servis

coffer [kófə] *n* nakitnica; blagajna; *pl* zakladnica; skrinja; kaseta

coffer-dam [kófədæm] *n techn* začasen nepropusten bazen, ki omogoča vodne stavbe; podvodni zvon, keson

coffin I [kófin] *n* krsta; *naut* stara ladja; papirnata vrečka; *joc* a ~ nail cigareta; to drive (ali put) a nail into s.o.'s ~ pospešiti smrt koga (npr. pijača, kajenje)

coffin II [kófin] *vt* v krsto položiti; *fig* spraviti na nedostopno mesto

coffin-bone [kófinboun] *n anat* kopitna kost (konja)

coffle [kófl] *n* vrsta skupaj zvezanih konj ali sužnjev

cog I [kog] *n techn* zobec; vrsta ribiške ladje; sleparstvo; to slip a ~ narediti napako

cog II [kog] *vt* (o)slepariti; to ~ the dice slepariti pri kockanju

cogency [kóudžənsi] *n* tehtnost, važnost, prepričevalnost, neovrgljivost, neizpodbitnost

cogent [kóudžənt] *adj* (~ ly *adv*) tehten, važen, prepričevalen, neovrgljiv, neizpodbiten

cogged [kogd] *adj* zobat, zobčast, ozobljen

cogitable [kódžitəbl] *adj* (cogitably *adv*) razumljiv, doumljiv

cogitate [kódžiteit] *vi & vt* (*on, upon* o) premišljevati, razglabljati, preudarjati; izmisliti

cogitation [kodžitéišən] *n* premišljevanje, razglabljanje, premislek

cogitative [kódžitətiv] *adj* (~ ly *adv*) miseln; misleč, razglabljajoč; zamišljen

cognac [kóunjæk] *n* konjak, vinjak

cognate [kógneit] 1. *adj* soroden, istoizvoren; analogen; 2. *n* sorodnik; istoizvorna beseda

cognation [kəgnéišən] *n* sorodstvo; istoizvornost; sorodnost, podobnost, analogija

cognition [kəgníšən] *n* poznavanje, znanje

cognitional [kəgníšənəl] *adj* (~ ly *adv*) spoznaven

cognitive [kógnitiv] *adj* (~ ly *adv*) poznavalen

cognizable [kógnizəbl] *adj* (cognizably *adv*) spoznaten, razločen; *jur* ki spada pod pristojnost sodišča

cognizance [kógnizəns] *n* spozna(va)nje, doznava; znak; pristojnost, kompetenca; to take special ~ natančno preiskati; to have ~ of s.th. vedeti o čem; within one's ~ v območju koga; to take ~ of s.th. seznaniti se s čim, vzeti na znanje

cognizant [kógnizənt] *adj* vedoč, zavedajoč se; *jur* pristojen; to be ~ of s.th. zavedati se časa, vedeti o čem; to become ~ zavedeti se

cognize [kəgnáiz] *vt* spoznati, opaziti, zanimati se

cognomen [kəgnóumən] *n* priimek, vzdevek

cognominal [kəgnóminəl] *adj* priimkov, vzdevkov

cognoscible [kəgnósəbl] *adj* spoznaten

cognoscente [kənjoušénti] *n* strokovnjak, poznavalec

cognovit [kəgnóuvit] *n jur* priznanje tožiteljevega zahtevka

cog-railway [kógreilwei] *n* vzpenjača (z zobato tračnico)

cog-wheel [kógwi:l] *n* zobato kolo, zobnik; ~ railway vzpenjača (z zobato tračnico)

cohabit [kouhǽbit] *vi* (*with*) v skupnem gospodinjstvu, »na koruzi« živeti

cohabitant [kouhǽbitənt] *n* sožitelj(ica)

cohabitation [kouhæbitéišən] *n* sožitje; skupno stanovanje; divji zakon

coheir [kóuéə] *n* sodedič

coheiress [kóuéəris] *n* sodedinja

cohere [kouhíə] *vi* (*with*) držati vkup; spajati se; biti v zvezi; skladati se

coherence, -cy [kouhíərəns, -si] *n* zveza, stik, nerazdružnost; sklad; sovisnost; jasnost (misli)

coherent [kouhíərənt] *adj* (~ ly *adv*) nepretrgan, povezan, zaporeden; skladen; razumljiv, jasen

coheritor [kóuhéritə] glej coheir

cohesion [kouhí:žən] *n* zveza, stik; *phys* vezljivost, kohezija

cohesive [kouhí:ziv] *adj* (~ ly *adv*) stikalen, vezen; vezljiv

cohesiveness [kouhí:zivnis] *n* veznost; vezljivost

cohort [kóuhə:t] *n* kohorta (1/10 rimske legije), četa; *fig* trdno povezana skupina ljudi

coif [koif] *n hist* avba, čepica

coiffeur [kwa:fó:] *n* frizer

coiffure [kwa:fjúə] *n* pričeska, frizura

coign [koin] *n archit* ogelni kamen; ~ of vantage ugodno opazovališče; *fig* ugoden položaj

coil I [koil] *vt & vi* ovi(ja)ti, na(vi)jati, za(vi)jati; to ~ up zviti (se)

coil II [koil] *n* navoj, spirala, tuljava, zvitek, zavoj; *naut* na motku navita vrv

coil III [koil] *n arch poet* razgrajanje, hrup; to keep a ~ razgrajati; this mortal ~ to bridko življenje, solzna dolina

coin I [koin] *n* kovanec; *obs* ogelni kamen; to pay s.o. in his own ~ plačati milo za drago; bad (ali counterfeit, false) ~ ponarejen novec; to spin (ali toss up) a ~ metati novec, fucati;

not to have two ~s to rub ne imeti prebite
pare
coin II [kɔin] vt kovati; skovati, izmisliti si; fig
to ~ money zaslužiti mnogo denarja
coinage [kɔ́inidž] n kovanje denarja; denar; iz-
najdba, izmišljotina, skovanka
coincide [kouinsáid] vi (with) hkrati se dogoditi,
dogajati, sovpadati; skladati se
coincidence [kouínsidəns] n (with) sovpad, hkrat-
nost; naključje; skladnost, soglasje
coincident [kouínsidənt] adj (~ly adv) (with)
hkraten, istočasen; skladen, soglasen
coincidental [kouinsidéntl] adj (~ly adv) soglasen;
naključen
coiner [kɔ́inə] n kovec; ponarejevalec denarja;
lažnivec
coinstataneous [kouinstəntéinjəs] adj (~ly adv)
hkraten, istočasen
coir [kɔ́iə] n kokosovo vlakno
coition [kouíšən] n spolno občevanje
coke [kouk] 1. n koka; A sl coca-cola; A kokain;
koks; 2. vt koksati
cokernut [kóukənʌt] n kokosov oreh
coke-fiend [kóukfi:nd] n A kokainist(ka)
coke-kiln [kóukkil(n)] n koksarna
coking [kóukiŋ] n koksanje
col [kɔl] n gorsko sedlo; barometrski minimum
cola [kóulə] n bot kola (afriško drevo)
colander [kʌ́ləndə] n cedilo, sito; naut sl ladja s pre-
bitim dnom
cold I [kould] adj (~ly adv) hladen, mrzel; (to)
ravnodušen, brezčuten, trezen; nezavesten; to
be ~ zmrzovati; I am ~ zebe me; in ~ blood
hladnokrvno; to blow hot and ~ vedno spre-
minjati svoje prepričanje; ~ comfort slaba to-
lažba; to give (ali show, turn) s.o. the ~ shoulder
prezirati koga, hladno ga sprejeti; sl ~ feet
strah, trema; to make blood run ~ prestrašiti;
as ~ as charity brezsrčen, hladen, neusmiljen;
~ pig polivanje spečega z mrzlo vodo; mrzla
prha; ~ meat narezek; to throw ~ water on
s.o. vzeti komu pogum; a ~ scent slaba sled;
A ~ snap(s) hladen val; ~ war hladna vojna;
~ wave hladna ondulacija; coll ~ without al-
kohol z vodo; ~ steel hladno orožje
cold II [kould] n mraz; med prehlad, nahod; to
catch (ali get, take) (a) ~ prehladiti se; to
have a ~ imeti nahod; to leave s.o. out in the ~
ne posvetiti komu pozornosti, pustiti ga na
cedilu; ~ in the head nahod; to be in the ~
biti osamljen; fig out in the ~ zapuščen, za-
nemarjen
cold-blooded [kóuldblʌ́did] adj (~ly adv) hladno-
krven, neobčutljiv, neusmiljen; zool mrzlo-
krven
cold-bloodedness [kóuldblʌ́didnis] n hladnokrvnost,
neobčutljivost, neusmiljenost
cold-cream [kóuldkri:m] n mastna, nočna krema
cold-drawn [kóulddrɔ:n] adj techn iztisnjen brez
ogrevanja (npr. olje)
cold-hammer [kóuldhæmə] vt kovati v hladno
(železo)
cold-hearted [kóuldhá:tid] adj (~ly adv) brezsrčen
brezčuten, neusmiljen
cold-heartedness [kóuldhá:tidnis] n brezsrčnost,
neusmiljenost

coldish [kóuldiš] adj nekoliko hladen, precej mrzel
cold-livered [kóuldlívəd] adj miren, ravnodušen
coldness [kóuldnis] n hlad; fig hladnokrvnost
cold-pack [kóuldpæk] vt zaviti v mrzle obkladke
cold-pig [kóuldpig] n fam mrzla prha (da zbudimo
spečega)
cold-proof [kóuldpru:f] adj pred mrazom zavaro-
van
cold-short [kóuldšɔ:t] adj krhek (železo, kadar ni
razbeljeno)
cold-shoulder [kóuldšouldə] vt coll prezirati, igno-
rirati; zavrniti
cold-storage [kóuldstɔ:ridž] n spravljanje v hladil-
nico; to put in ~ odložiti za nedoločen čas
cold-store [kóuldstɔ:] n hladilnica
cole [koul] n bot zelje, kapus, ohrovt
coleoptera [koliɔ́ptərə] n pl zool hrošči
cole-rape [kóulreip] n bot koleraba
cole-seed [kóulsi:d] n repno seme
cole-slaw [kóulslɔ:] n A zeljna solata
colewort [kóulwə:t] n zeleni ohrovt
colibri [kólibri] n zool kolibri
colic [kólik] n med črevesni krči, kolika
colicky [kóliki] adj ki ima krče v trebuhu
colitis [kəláitis] n med katar debelega črevesa
collaborate [kəlǽbəreit] vi (with s.o. in s.th.) sodelo-
vati; kolaborirati (s sovražnikom)
collaboration [kəlǽbəréišən] n sodelovanje; kola-
boracija; in ~ with skupaj s
collaborationist [kəlǽbəréišənist] n kolaboracio-
nist(ka)
collaborator [kəlǽbəreitə] n sodelavec
collapse I [kəlǽps] (of, from zaradi) vi zgruditi,
zrušiti, sesesti se; fig propasti; v vodo pasti
collapse II [kəlǽps] n (of) propad, razsulo, polom;
zrušitev; med kolaps, nepričakovana srčna
slabost
collapsed [kəlǽpst] adj zrušen; fig propadel
collapsible [kəlǽpsəbl] adj zrušljiv; zložljiv; ~
boat zložljivi čoln
collagen [kɔ́lədžən] n chem kolagen
collar I [kɔ́lə] n ovratnik; komat; ogrlica; (pasji)
navratnik; techn čep, mašilnik, obroč(ek), kolut,
prirobnica; ustje rova; pena (na pivu): against
the ~ težaven (opravek); ~ work težko delo;
out of a ~ brezposeln; in ~ zaposlen; to slip
the ~ izmuzniti se, uiti; up to the ~ do vratu,
do grla; to get hot under the ~ razsrditi se, po-
besneti
collar II [kɔ́lə] vt prijeti za ovratnik; pripeti
ovratnik ali ogrlico; okomotati; prijeti, zgra-
biti, ustaviti; (meso) zviti; sl krasti, suniti,
zmakniti
collar-beam [kɔ́ləbi:m] n prečni tram, prečnik
collar-bone [kɔ́ləboun] n anat ključnica
collar-button [kɔ́ləbʌtn] n A ovratni gumb
collaret(te) [kɔ́lərit] n ovratniček
collar-stud [kɔ́ləstʌd] n E ovratni gumb
collar-work [kɔ́ləwə:k] n napor
collate [kəléit] vt (with) primerjati; (tekste) pre-
gledati, kolacionirati; eccl imenovati župnika
collateral [kɔlǽtərəl] 1. adj (~ly adv) stranski,
pomožen, vzporeden; 2. n daljni sorodnik;
poroštvo
collation [kəléišən] n primerjava; dodelitev župni-
je; prigrizek

collator [kəléitə] n kolacionist
colleague [kóli:g] n tovariš(ica), kolega -gica
collect I [kəlékt] 1. vt zbrati; pobirati; vnovčiti;
iti po kaj; (na)kopičiti; (from) sklepati; to ~
o.s. umiriti, zbrati sc; 2. vi nabrati, nakopičiti se
collect II [kəlékt] adj & adv A po povzetju
collect III [kəlékt] n kratka molitev za določeno
priliko
collectanea [kəlektéiniə] n pl zbirka, zbrana dela
collected [kəléktid] adj (~ly adv) zbran; fig miren,
umirjen, zbran
collectedness [kəléktidnis] n fig zbranost, umirje-
nost, mir
collection [kəlékšən] n zbiranje, zbirka; kup; to
make (ali take up) a ~ nabirati miloščino;
prostovoljne prispevke; A ~ district carinski
okraj; (Oxford) ~s zaključni izpit; ready for
~ pripravljen za odvoz
collective I [kəléktiv] adj (~ly adv) zbran, celoten,
združen, kolektiven; gram ~ noun skupno
ime; ~ farm zadružno gospodarstvo, kolhoz
collective II [kəléktiv] n skupnost, kolektiv
collectively [kəléktivli] adv v celoti, skupaj
collectivism [kəléktivizəm] n skupno imetje, skup-
na uporaba česa, kolektivizem
collectivist [kəléktivist] n zagovornik kolektivizma
collectivity [kəlektíviti] n skupnost, občestvo
collector [kəléktə] n nabiralec, inkasant; tax ~
davkar; ticket ~ biljeter, sprevodnik
colleen [kóli:n] n Ir dekle
college [kólidž] n kolegij; višja gimnazija, akade-
mija, višja strokovna šola; univerza, visoka
šola; sl ječa; training ~ učiteljišče; military ~
kadetnica; commercial ~ trgovska akademija;
~ dues šolnina
colleger [kólidžə] n E štipendist v Etonu
college-widow [kólidžwidou] n A študentovo dekle
collegial [kəlí:džəl] adj ki pripada collegeu;
znanstven
collegian [kəlí:džən] n član collegea; sl jetnik
collegiate [kəlí:džiit] adj akademski, univerziteten,
študentski; ~ church stolna cerkev
collet [kólit] n obroč(ek); okvirček, okrov; vodo-
ravna osnovnica briljanta
collide [kəláid] vt (with) trčiti, spopasti se; navzkriž
priti; nasprotovati si; kolidirati, križati se
collie [kóli] n škotski ovčarski pes
collier [kóljə] n premogovniški rudar; ladja za pre-
voz premoga, premogarica; mar mornar na
premogarici
colliery [kóljəri] n premogovnik
colligate [kóligeit] vt zvezati; fig logično povezati,
posplošiti
colligation [kəligéišən] n povezava, zveza
collimate [kólimeit] vt vzporediti dve smeri; narav-
nati (daljnogled), vizirati
collimation [kóliméišən] n kolimacija, optična os
daljnogleda; viziranje
collimator [kólimeitə] n kolimator, naprava za
viziranje
collinear [kəlínjə] adj istosmeren (with s)
collision [kəlížən] n trčenje, karambol; fig na-
sprotje, navzkriže, spor; to come into ~ with
s.o. spreti se s kom
collocate [kóləkeit] vt razporediti, namestiti drugo
poleg drugega

collocation [kələkéišən] n namestitev, razporeditev
collocutor [kələkjú:tə] n sogovornik, -nica, so-
besednik, -nica
collodion [kəlóudjəm] n chem kolodij
collodionize [kəlóudjənaiz] vt s kolodijem pre-
mazati
collogue [kəlóug] vi zaupno se pogovarjati; kon-
spirirati; zarotiti se
colloid [kóləid] 1. n koloid; 2. adj koloiden, lepljiv
colloidal [kəlóidəl] adj koloiden
collop [kóləp] n kos, odrezek mesa; arch kožna
guba; Sc ~s zrezek s čebulo
colloquial [kəlóukwiəl] adj (~ly adv) občevalen,
pogovoren
colloquialism [kəlóukwiəlizəm] n pogovorna oblika
colloquialist [kəlóukwiəlist] n tisti, ki uporablja
pogovorne izraze
colloquist [kóləkwist] glej collocutor
colloquy [kóləkwi] 1. n pogovor, diskusija; 2. vi
pogovarjati se, diskutirati
collotype [kólətaip] n s kromovo želatino prevleče-
na tenka ploščica za neposredni tisk na kamen
ali železo, želatinski tisk
collude [kəljú:d] vi arch (with) zarotiti se, na skriv-
nem se dogovoriti
collusion [kəljú:žən] n tajni dogovor, zarota
collusive [kəljú:siv] adj (~ly adv) zarotniški,
skrivaj domenjen
colly [kóli] dial 1. vt počrniti, s sajami umazati; 2.
saje, umazanija
collywobbles [kóliwəblz] n pl coll zavijanje po
trebuhu
colon I [kóulən] n anat debelo črevo, danka
colon II [kóulən] n gram dvopičje
colonel [kə:nl] n polkovnik
colonelcy [ká:nlsi] n služba ali čin polkovnika
colonelship [ká:nlšip] glej colonelcy
colonial I [kəlóunjəl] adj kolonialen, prekmorski;
A predrevolucijski
colonial II [kəlóunjəl] n prebivalec, -lka kolonije;
naseljenec, -nka, kolonist(ka)
colonialism [kəlóunjəlizəm] n kolonializem
colonist [kólənist] n naseljenec, -nka, kolonist(ka)
colonization [kələnaizéišən] n naselitev, koloniza-
cija
colonize [kólənaiz] 1. vt naseliti, kolonizirati; A
nezakonito naseliti (v drugem volilnem okrožju,
da bi dvakrat volili); 2. vt naseliti se
colonizer [kólənaizə] n kolonizator; A volivec, ki
na dan volitev voli ilegalno na dveh krajih
colonnade [kóləneid] n stebrišče, kolonada; ~
(of trees) drevored
colony [kóləni] n naselbina, kolonija
colophon [kóləfən] n kolofon; from title page to ~
od začetka do konca (knjige)
colophony [kəlófəni] n kolofonija
coloratura [kólərətúərə] 1. n koloratura; 2. adj
koloraturen; ~ soprano koloraturka
colorcast [káləka:st] n A barvna televizija
colorific [kólərífik] adj (~ally adv) barvilen; sliko-
vit, pisan
colorimeter [kálərimi:tə] n kolorimeter, merilec za
barve
colossal [kəlósl] adj (~ly adv) velikanski, orjaški,
ogromen; coll sijajen, imeniten, čudovit

colossus, *pl* colossi [kəlósəs, kəlósai] *n* orjak, velikan, kolos

colostrum [kəlóstrəm] *n anat* mlezivo

colour, *A* color I [kʌ́lə] *n* barva, odtenek; barva kože, pigment; kolorit; rdečica; videz; *fig* pretveza, maska; *pl* zastava; ton, prizvok; to be in ~ s imeti na sebi pisano obleko; ~ bar rasna segregacija; diskriminacija; to chǎnge ~ prebledeti, zardeti; to come off with flying ~ s zmagati na vsej črti; to come out of one's true ~ pokazati svoj pravi značaj; to desert the ~ s dezertirati; to feel (ali be) off ~ slabo se počutiti; to fly false ~ s varati pod krinko poštenosti; fast ~ obstojna barva; fugitive ~ nestalna barva; to give ~ to s.th. poživiti, opravičiti kaj; dati videz resničnosti; to join the ~ s iti služit vojake; high ~ rdeča polt; to hoist the ~ s izobesiti zastavo; to lay on the ~ s too thickly pretiravati; to lend ~ to s.th. poživiti kaj; ~ line črta, ki strogo deli belce od črncev; to lose ~ prebledeti; to nail one's ~ s to the mast neomajno vztrajati pri svoji odločitvi; to paint in bright ~ s biti optimist; to put a false ~ on napačno razložiti; to see the ~ of s.o.'s money dobiti od koga denar; to see things in their true ~ videti stvari v pravi luči; to stick to one's ~ s držati se svojih načel, ravnati po svojih načelih; to strike (ali lower) one's ~ s vdati, ukloniti se; to take one's ~ from s.o. posnemati koga; to serve with the ~ s služiti v vojski; under ~ of s.th. pod krinko česa; to wear s.o.'s ~ s biti privrženec koga; to sail under false ~ s pretvarjati se, biti licemerec; man (woman) of ~ človek, ki ni belec

colour, *A* color II [kʌ́lə] 1. *vt* barvati, slikati; *fig* olepšati, pretiravati; 2. *vi* barvo dobiti, zardeti; to ~ up to the eyes zardeti do ušes

colourable [kʌ́lərəbl] *adj* (colourably *adv*) barvljiv; *fig* navidezen, dozdeven, verjeten; namišljen; varljiv

colo(u)ration [kʌləréišən] *n* barvanje, pobarvanost, barva

colour-bearer [kʌ́ləbɛərə] *n* zastavonoša

colour-blind [kʌ́ləblaind] *adj* slep za barve

colour-blindness [kʌ́ləblaindnis] *n* barvna slepota

colour-cast [kʌ́ləka:st] 1. *n* televizijska barvna oddaja; 2. *vt & vi* oddajati v barvah

coloured, *A* colored [kʌ́ləd] *adj* barvast; *fig* pretiran; *A* črnski, temnopolt

colourful [kʌ́ləful] *adj* (~ ly *adv*) slikovit, živobarven; izrazit

colouring [kʌ́lərin] *n* barvanje, kolorit; polt, celoten videz; *fig* varljivost; ~ matter barvilo

colourless [kʌ́ləlis] *adj* (~ ly *adv*) brezbarven, prozoren; moten; bled; *fig* suhoparen

colourman [kʌ́ləmən] *n* trgovec z barvami

colour-printing [kʌ́ləprintin] *n* barvni tisk

colour-process [kʌ́ləprousəs] *n* barvna reprodukcija

colour-sergeant [kʌ́ləsa:džənt] *n mil* zastavnik

colt I [koult] *n* žrebe; *fig* divjak, razposajenec; začetnik, novinec, zelenec; *mar* kos vrvi; ~ 's tooth mlečni zob; to cast one's ~ 's teeth zresniti, spametovati se

colt II [koult] *vt naut* pretepsti z vrvjo

colt III [koult] *n* ameriški vojaški revolver

colter [kóultə] *n* črtalo (pluga)

coltish [kóultiš] *adj* (~ ly *adv*) razposajen, igrav, živahen

coltsfoot [kóultsfut] *n bot* lapuh

columbine [kóləmbain] 1. *n bot* orlica; 2. *adj* golobji; krotek

column [kóləm] *n* steber, slop; stolpec, rubrika; *mil* kolona, sprevod; opora, podpora; *anat* spinal ~ hrbtenica; to dodge the ~ »špricati«; fifth ~ peta kolona

columnal [kəlʌ́mnəl] *adj* stebrast, slopen

columnar [kəlʌ́mnə] *adj* stebrast, slopast; ~ bookkeeping ameriško knjigovodstvo

columnist [kóləmnist] *n* časnikar, ki piše za določen stolpec; fifth ~ ilegalec

colza [kólzə] *n* repno seme

com- [kəm] *pref* (pred b, p, m) glej con-

coma I [kóumə] *n med* nenaraven globok spanec; otrplost, mrtvičnost

coma II [kóumə] *n bot* zlati grmiček; *astr* rep kometa

comae [kóumi:] *n pl* od coma II

comatose [kóumətouz] *adj med* mrtvičen

comb I [koum] *n* glavnik; greben; satovje; *techn* brdo, gradaše; to cut s.o.'s ~ pristriči komu peruti; to set up one's ~ napihovati, šopiriti se, domišljati si

comb II [koum] 1. *vt* česati, počesati; mikati (lan); iskati, stikati, preiskati, prečesati; grebenati; 2. *vi* lomiti se (valovi); to ~ s.o.'s hair for him ošteti koga, brati mu levite; to ~ s.o.'s hair the wrong way pripovedovati ali delati komu neprijetnosti

comb off *vt fig* odstraniti

comb out *vt* (ljudi) izbirati, rešetati; izločiti

comb III [koum] *n* soteska

combat I [kómbət] *n* boj, borba; single ~ dvoboj

combat II [kómbət] *vt & vi* (*against, with; for*) bojevati, boriti se

combatant [kómbətənt] 1. *n* bojevnik, -nica, borec, borka; non-~ neborec; 2. *adj* ki se bori, aktiven (častnik); borben; borilski

combative [kómbətiv] *adj* (~ ly *adv*) bojevit, udaren, bojen, borben

combe [ku:m] glej comb III

comber [kóumə] *n* česalec; mikalnik; visok val

comb-honey [kóumhʌni] *n med* v satovju

combinable [kəmbáinəbl] *adj* združljiv

combination [kombinéišən] *n* spajanje; zveza, kombinacija, sestava; kartel; motocikl s prikolico; *pl* majica in hlače v enem kosu; in ~ with v zvezi s

combination-room [kəmbinéišənrum] *n* zbornica (Cambridge)

combinative [kómbineitiv] *adj* kombinacijski

combine I [kəmbáin] 1. *vt* sestaviti, (z)družiti, (z)vezati, kombinirati; 2. *vi chem* vezati se; združiti se; *fig* ugibati

combine II [kómbain] *n* zveza, kartel, trust; sestavljen poljedelski stroj, kombajn

combings [kóuminz] *n pl* izčesani lasje, volna, dlaka

comb-out [kóumáut] *n* izčesavanje; *mil* izbiranje rekrutov, ki so bili spoznani za nesposobne; čistka

combustibility [kəmbʌstibílity] *n* gorljivost, vnetljivost

combustible [kəmbʌ́stəbl] **1.** *adj* gorljiv; vnetljiv; *fig* razburljiv, razdražljiv; **2.** *n pl* gorivo

combustion [kəmbʌ́sčən] *n* gorenje, izgorevanje, sežiganje; **slow-~ stove** trajno žareča peč; **internal ~** notranje izgorevanje; **spontaneous ~** samovžig

come* I [kʌm] *vi* (*to, into*; *out of, from*; *within*) priti, prihajati, dospeti; prikazati, približati se; izvirati; postati; zgoditi, pripetiti se; znašati; delati se; **to ~ and go** sem in tja hoditi; prikazovati se in izginjati; *pp* od **come**; **to ~ the artful over** oslepariti; **to ~ to be** postati; **to ~ to blows** stepsti se; *sl* **to ~ a cropper** pasti; utrpeti škodo; **to ~ down a peg** biti ponižan; *sl* **to ~ the fine gentleman** igrati odličnega gospoda; **to ~ to grief** doživeti polom; **to ~ to a head** doseči višek; *sl* **how ~s?** kako to, čemu?; **let it ~ to the worst** v najslabšem primeru; **to ~ to harm** utrpeti škodo; **to ~ to know** zvedeti; **to ~ to light** prikazati se; **to ~ to nothing** izjaloviti se; **don't ~ the old soldier over me** nikar se ne širokousti pred menoj; **to ~ to pass** zgoditi se; **to ~ it over** predrzno se vesti; **to ~ to the point** jasno se izraziti; skušati pridobiti; **to ~ to see** obiskati; **to ~ short** zamuditi; ne imeti uspeha, pogoreti; **to ~ to stay** ustaliti se; **to ~ to terms** dogovoriti, zediniti se; sprijazniti se, popustiti; **to ~** bodoč, naslednji; **in years to ~** v poznejših letih; **~ what may** naj se zgodi, kar hoče; **to ~ to the wrong shop** obrniti se na napačen naslov; **to ~ to o.s.** zavedeti se; **first ~, first served** kdor prej pride, prej melje; *coll* **he's as stupid as they ~** neumen je, kar se da; **~ now!** daj že!; **~! no!**

come about *vi* pripetiti se, zgoditi se; *mar* obrniti se (veter)

come across *vi* srečati se (s kom), naleteti (na koga); *coll* priznati; *A sl* izplačati

come after *vi* slediti za čim; priti po kaj; skušati doseči

come again *vi* znova priti, vrniti se

come along *vi* priti; približati se; strinjati se; napredovati; **come along!** pojdi z menoj!, pohiti!

come amiss *vi* biti nezaželen

come around *vi* glej **to come round**

come asunder *vi* razpasti; razbiti, raziti se

come at *vi* doseči; dobiti; napasti; zalotiti

come away *vi* odpasti, odleteti, odtrgati, odlepiti se

come back *vi* vrniti se; *coll* plačati milo za drago; *A sl* odvrniti

come before *vi* poprej se zgoditi

come behind *vi* priti za kom; zadaj priti

come between *vi* odtujiti

come by *vi* dobiti, pridobiti; mimo priti; *A sl* noter stopiti, obiskati

come down *vi* spustiti se, dol priti; biti podedovan; plačati; zboleti; *naut* **~ before the wind** po vetru pluti; **~ handsomely** velikodušno prispevati; **~ a peg** biti ponižan; **~ upon s.o.** očitati komu kaj; *A coll* **~ with** zboleti zaradi; izplačati; **~ in the world** biti ponižan, zaničevan

come for *vi* priti po (kaj)

come forth *vi* izstopiti; pokazati se, na dan priti

come forward *vi* napredovati; odlikovati se; ponuditi pomoč; javiti se

come from *vi* priti, izvirati iz

come home *vi* priti domov; **it came home to me at last** končno se mi je posvetilo

come in *vi* vstopiti; prispeti (vlak); v službo stopiti; priti v modo; priti na oblast; (do)zoreti; *sp* priti v finale; *A* ožrebiti, oteliti se; nastopiti (plima); **~ between** posredovati; **~ first** zmagati; **~ (useful)** prav priti, koristiti; **~ for** nakopati si; *coll* **where do I come in?** kaj bo pa z menoj?

come into *vi* vstopiti; podedovati, dobiti; **~ being** nastati; **~ one's own** dobiti, kar nam gre; **~ force** začeti veljati, obveljati; **~ notice** zbuditi pozornost; **~ play** priti v veljavo, obveljati; **~ sight** prikazati se; **~ a fortune** podedovati imetje

come loose *vi* zrahljati se

come near *vi* (pri)bližati se; biti podoben; skoraj doseči; **he came near dying** malo je manjkalo, pa bi bil umrl

come next *vi* slediti, biti naslednji

come of *vi* nastati iz česa; biti posledica; zgoditi se; izvirati iz česa

come off *vi* vršiti se; oditi; rešiti se; izpopolniti se; biti odstranjen; *A* prenehati; **~ with flying colours** zmagati na vsej črti; **~ duty** zapustiti službo; **~ a loser** zgubiti, biti na škodi; *sl* **come off it!** nehaj s tem!, dovolj je že!

come on *vi* napredovati; rasti; prikazati se, nastopiti; (pri)bližati se; groziti; **come on!** pridi(te) sem! daj, dajte!

come out *vi* ven priti, pokazati se; prvič nastopiti; izpadati (lasje); izginiti (madež); odlikovati se; **~ in spots** dobiti madeže; **~ on strike** začeti stavkati; **~ at the examination** odlično opraviti izpit; **~ strong** odločno zastopati (stališče); *sl* **come out of that!** pusti to! ne govori več o tem!; **~ top** priti najboljši

come over *vi* preiti; zgoditi se; spreleteti; ukaniti, opehariti

come right *vi* izpolniti se

come round *vi* oglasiti se; oddahniti se; dati se pregovoriti; prepričati se; zavedeti se; premisliti se; skušati pridobiti; *mar* obrniti se (veter)

come short of *vi* ne doseči; zamuditi, zaostati

come through *vi* uspešno končati; preboleti; **the call came through** po telefonu so javili

come to *vi* zavedeti se, okrevati, popraviti se

come true *vi* uresničiti se

come under *vi* pasti ali priti pod (oblast), biti podrejen (komu)

come undone *vi* odpeti se, odpasti, odvezati se

come unstuck *vi sl* doživeti neuspeh

come up *vi* priti gor, narasti; priti na univerzo, v London; pojaviti se, nastati (vprašanje); *bot* vzkliti; **~ against** trčiti ob kaj, nastopiti proti; **~ smiling** pogumno prenašati; **~ to** segati do; **~ to (the) scratch** biti v formi, dobro se počutiti; ne se izmuzniti, izkazati se; **~ with** dohiteti

come upon *vi* naleteti na koga ali kaj, srečati; presenetiti

come II [kʌm] **1.** *n* prihod; **2.** *int* beži beži!; glej glej!

come-and-go [kʌməndgóu] *n* tekanje sem in tja, prihod in odhod

come-at-able [kʌmǽtəbl] *adj coll* dosegljiv; dostopen

comeback [kʌ́mbæk] *n fam* povratek v nekoč izgubljen položaj; *sl* duhovita zavrnitev; *sl* vzrok za pritožbo; ugovor; povračilo, kazen

come-by-chance [kʌ́mbaičá:ns] *n* naključje; *coll* nezakonski otrok

comedian [kəmí:djən] *n* komik, igralec veseloiger; *fam* šaljivec, burkež

comedienne [kəmedién] *n* igralka komedij

comedist [kɔ́midist] *n* pisec komedij

comedo *pl* comedones [kɔ́mədou, kɔ́mədouni:z] *n med* ogrc

come-down [kʌ́mdaun] *n* spuščanje, padec; propad, poslabšanje; *fig* osramotitev; udarec; *A* odstop

comedy [kɔ́midi] *n* veseloigra, komedija; smešen dogodek; musical ~ opereta

come-hither [kʌ́mhíðə] *adj coll* prepirljiv

comeliness [kʌ́mlinis] *n* lepota, brhkost, ljubkost

comely [kʌ́mli] *adj* lep, brhek, ljubek

come-off [kʌ́mɔ́:f] *n* izgovor, pretveza; (srečen) zaključek; *A* neugodno nakopičenje okoliščin

come-on [kʌ́mən] *A sl* slepar; vaba; lahkoveren odjemalec, lahkoverna stranka

come-outer [kʌ́mautə] *n A sl* naprednjak, reformator; odpadnik

come-outism [kʌ́mautizəm] *n* radikalno odpadništvo

comer [kʌ́mə] *n* prišlec, obiskovalec, -lka

come-round [kʌ́mraund] *n* zbujenje iz nezavesti

comestible [kəméstibl] **1.** *adj* užiten, jedilen; **2.** *n pl* jedila

comet [kɔ́mit] *n* repatica, komet

cometary [kɔ́mitəri] *adj* kot komet, kometu podoben

cometic [kəmétik] glej cometary

comether [kóuməðə] *n dial* zadeva; prijateljstvo; to put the ~ on pregovarjati, prepričevati; zapeljevati

comeupance [kəmʌ́pnz] *n A sl* kazen, povračilo

comfit [kʌ́mfit] *n* sladkorček; kandirano sadje

comfort I [kʌ́mfət] *vt* tolažiti, tešiti; poživiti; poskrbeti komu za udobje

comfort II [kʌ́mfət] *n* udobnost; tolažba; okrepilo, poživilo; oddih; lagodnost; cold ~ slaba tolažba; *coll* ~ room, public ~, *A* ~ station javno stranišče; to take ~ potolažiti se; creature ~ (s) razkošje, naslada; to derive ~ from tolažiti se s čim

comfortable I [kʌ́mfətəbl] *adj* (comfortably *adv*) udoben, tolažilen; zadovoljiv, zadosten; make yourself ~! kakor doma, prosim; to be comfortably of živeti kot ptiček na veji

comfortable II [kʌ́mfətəbl] *n A* prešita odeja

comforter [kʌ́mfətə] *n* tolažilec, -lka; volnen šal; prešita odeja; *E* duda; Job's ~ slab tolažilec; the Comforter sv. Duh

comforting [kʌ́mfətiŋ] *adj* (~ly *adv*) tolažilen, olajševalen

comfortless [kʌ́mfətlis] *adj* (~ly *adv*) neudoben; neutolažen, obupan

comfrey [kʌ́mfri] *n bot* gabez

comfy [kʌ́mfi] *adj coll* udoben

comic I [kɔ́mik] *adj* smešen, komičen; šegav, šaljiv; ~ paper humorističen časopis; ~ actor igralec veseloiger, komik

comic II [kɔ́mik] *n* komik; *A pl* strip, šaljiva risanka

comical [kɔ́mikəl] *adj* (~ly *adv*) smešen, zabaven, šaljiv; čuden, nenavaden

comicality [kɔmikǽliti] *n* smešnost, komičnost, zabavnost, komika

coming I [kʌ́miŋ] *n* prihajanje, prihod; ~ of age polnoletnost

coming II [kʌ́miŋ] *adj* bodoč, pričakovan; nadobuden, mnogoobetajoč

coming-in [kʌ́miŋín] *n* prihod; uvoz; nastop, začetek

coming-on [kʌ́miŋɔ́n] *n* bližanje

coming-out [kʌ́miŋáut] *n* izstop; izvoz

comity [kɔ́miti] *n* vljudnost; prijateljski odnosi (med državama); prijateljska država

comma [kɔ́mə] *n gram* vejica; kratek premor; inverted ~ s narekovaj; ~ bacillus bacil kolere

command I [kəmá:nd] **1.** *vt* ukazovati, zapovedovati; poveljevati, odrediti, odrejati; zahtevati, naročiti; izsiljevati; obvladati, znati; (*of*) razpolagati, na voljo imeti; donašati, nuditi, dajati; **2.** *vi* biti poveljnik, ukazovati, vladati; to ~ o.s. obvladati se; to ~ in chief biti glavni poveljnik; to ~ love zbujati ljubezen; to ~ a ready sale dobro se prodajati; to ~ one's passions obvladati svoje strasti; to ~ a fine view nuditi lep razgled

command II [kəmá:nd] *n* ukaz, povelje, nalog; odredba; vlada, poveljstvo; obvladovanje; oblast; znanje; vrhovno poveljstvo; at s.o.'s ~ na razpolago komu; to be in ~ of obvladati, znati kaj; yours to ~ vam na razpolago; at ~ na razpolago; po ukazu; under ~ pod poveljstvom; ~ of language znanje jezika; to take ~ of prevzeti poveljstvo nad; second in ~ namestnik poveljnika

commandant [kəməndǽnt] *n mil* poveljnik

commandantship [kəməndǽntšip] *n* poveljništvo

commandeer [kəməndíə] *vt mil* rekvirirati; prisilno novačiti; prisvojiti, prisvajati si

commander [kəmá:ndə] *n* poveljnik; kapitan bojne ladje; komtur viteškega reda; wing ~ letalski podpolkovnik

commander-in-chief [kəmá:ndərinči:f] *n* vrhovni poveljnik

commandership [kəmá:ndəšip] *n* poveljstvo; položaj kapitana fregate

command-in-chief [kəmá:ndinči:f] *n* vrhovno poveljstvo

commanding [kəmá:ndiŋ] *adj* (~ly *adv*) gospodovalen; impozanten, dominanten; ~ point strateška točka; ~ tower sodniški stolp

commandment [kəmá:ndmənt] *n* povelje, zapoved; the ten ~ s deset božjih zapovedi

commando [kəmá:ndou] *n mil* komandos, diverzantski oddelek; diverzant

commemorable [kəmémərəbl] *adj* (commemorably *adv*) omembe vreden, znamenit

commemorate [kəméməreit] *vt* spominjati se koga

commemoration [kəmeməréišən] *n* spominska žalna slovesnost; in ~ of s.o. v počastitev spomina na koga, v spomin na koga commemorative [kəmémərətiv] *adj* komemoracijski komemorativen, spominski

commemoratory [kəméməreitəri] glej **commemorative**

commemorator [kəméməreitə] *n* govornik ob žalni slovesnosti

commence [kəméns] *vt & vi* začeti, pričeti (se); promovirati

commencement [kəménsmənt] *n* začetek, pričetek; slavje na šoli z delitvijo diplom in odlikovanj; promocija

commend [kəménd] *vt arch* priporočiti, pohvaliti; (*to*) zaupati; **to ~ o.s.** narediti dober vtis; *arch* ~ **me to your wife** pozdravi svojo ženo od mene

commendable [kəméndəbl] *adj* (**commendably** *adv*) priporočljiv, hvalevreden

commendation [kəmendéišən] *n* priporočilo; zaupanje; pohvala; *arch* ~(s) pozdrav prijatelju

commendatory [kóméndətəri] *adj* (**commendatorily** *adv*) priporočilen, pohvalen; ~ **letter** pismeno priporočilo

commensal I [kəménsəl] *adj* ki je za isto mizo; *biol* parazitski, zajedavski

commensal II [kəménsəl] *n* gost pri mizi, soobednik; *biol* parazit

commensurability [kəmenšərəbíliti] *n* primerljivost; sorazmernost

commensurable [kəménšərəbl] *adj* (**commensurably** *adv*) (*with*) primerljiv; (*to, with*) sorazmeren

commensurate [kəménšórit] *adj* (~ **ly** *adv*) (*with*) iste mere, enak; (*to, with*) primeren, sorazmeren

comment I [kóment] *vi* (*on*) razložiti, razlagati, tolmačiti, pojasniti; pripomniti, pripominjati; delati opombe

comment II [kóment] *n* (*on*) razlaga, komentar, pripomba

commentary [kóməntəri] *n* (*on*) razlaga, komentar, pripomba; **running** ~ (radijska) reportaža

commentate [kómənteit] *at* komentirati, tolmačiti (zlasti po radiu)

commentation [kómentéišən] *n* razlaga, tolmačenje

commentator [kómenteitə] *n* razlagalec, tolmač; (radijski) poročevalec

commerce [kómə:s] *n* (*with*) trgovina, blagovni promet; *arch* spolno občevanje; **Chamber of Commerce** trgovinska zbornica

commercial I [kəmó:šəl] *adj* (~ **ly** *adv*) trgovski, trgovinski; reklamen; ~ **college** trgovska akademija; ~ **law** trgovinski zakon; ~ **school** trgovska šola; ~ **traveller** trgovski potnik

commercial II [kəmó:šəl] *n* reklama po radiu ali televiziji; *fam* trgovski potnik

commercialese [kəmə:šəlí:z] *n* slog poslovnih pisem; trgovski žargon

commercialism [kəmó:šəlizəm] *n* trgovski duh, komercializem

commercialist [kəmó:šəlist] *n* komercialist(ka), trgovski izvedenec

commerciality [kəmə:šiéliti] *n* trgovski značaj

commercialize [kəmó:šəlaiz] *vt* komercializirati

commie [kómi] *n sl* komunist, komunistični agitator ali simpatizer

comminate [kómineit] *vt & vi* prekleti, preklinjati; iz cerkve izobčiti

commination [kəminéišən] *n* prekletev; izobčitev iz cerkve

comminatory [kóminətəri] *adj* (**comminatorily** *adv*) grozeč, pretilen

commingle [kəmíŋgl] *vt & vi* (z)mešati, pomešati (se)

comminute [kóminju:t] *vt* v prah zdrobiti; (raz)mrviti, (raz)meti; *med* ~ **d fracture** zdrobljena kost

comminution [kóminjú:šən] *n* (z)drobitev, (raz)mrvitev; *fig* zmanjšanje

commiserate [kəmízəreit] *vt & vi* pomilovati; (*with*) sočustvovati

commiseration [kəmizəréišən] *n* usmiljenje, pomilovanje, sočustvovanje

commiserative [kəmízərətiv] *adj* (~ **ly** *adv*) sočuten, ki sočustvuje

commissar [kəmisá:] *n* komisar, poverjenik

commissarial [kəmiséəriəl] *adj* komisarski, poverjeniški; ~ **stores** vojaške zaloge

commissariat [kəmiséəriət] *n mil* oskrba vojske z živili; intendantura; poverjeništvo, komisariat

commisary [kómisəri] *n* poverjenik, pooblaščenec, komisar; intendant

commission I [kəmíšən] *n* komisija, nalog, določba, naloga; pooblastilo; častniški čin; provizija; zagrešitev; **in** ~ pooblaščen; uporaben; za službo (plovbo) sposoben; **out of** ~ neraben, za službo nesposoben; **to sell on** ~ prodajati v komisiji; **to get a** ~ postati častnik; *mil* **to resign one's** ~ podati ostavko; **to put in** ~ dati (ladjo) v promet; **to put out of** ~ vzeti (ladjo) iz prometa; **to discharge a** ~ izvršiti nalog; **to give a** ~ **for s.th.** naročiti kaj

commission II [kəmíšən] *vt* naročiti; pooblastiti; *naut* pripraviti (ladjo) za plovbo; imenovati za poveljnika ladje; ~ **ed officer** častnik; **non -~ ed officer** podčastnik

commission-agent [kəmíšəneidžənt] *n* komisionar, poverjenik, posrednik

commissionaire [kəmišənéə] *n* postrežček; vratar; biljeter (v uniformi)

commissioner [kəmíšənə] *n* pooblaščenec, poverjenik; poslovodja

commissure [kómišjuə] *n med* stik, šiv, zrastina

commit [kəmít] *vt* (*to*) zaupati; poveriti, izročiti; zapreti v preiskovalni zapor; učiti se na pamet; naložiti dolžnost; zagrešiti, zakriviti; storiti; kompromitirati; **to** ~ **to grave** pokopati; **to** ~ **to flames** v ogenj vreči; **to** ~ **to memory** vtisniti si v spomin, zapomniti si; **to** ~ **to o.s.** obvezati se; kompromitirati se; **to** ~ **to paper** zapisati; **to** ~ **suicide** narediti samomor; **to** ~ **a crime** zagrešiti zločin; **to stand** ~ **ted** biti zadolžen; ~ **no nuisance!** onesnaževanje (tega prostora) je strogo prepovedano!

commitment [kəmítmənt] *n* obveza; (*to*) izročitev; aretacija; izvršitev, uresničenje; **to undertake a** ~ prevzeti obveznost

committable [kəmítəbl] *adj* izvršljiv, izročljiv; zagrešljiv

committal [kəmítəl] *n* izročitev; nakazilo; obveza; zagrešitev; aretacija; zapor

committee [kəmíti] *n* odbor, komité, komisija; predsedništvo; [kəmití:] varuh(inja), skrbnik, -nica; **standing** ~ stalni odbor; **select** ~ posebni odbor; **to sit on a** ~ biti član(ica) odbora; ~ **English** uradna angleščina; **to be on the** ~

biti član komisije; **to refer to a** ~ izročiti odboru, komisiji

committeeman [kəmítimən] *n* odbornik, član komisije

commix [kəmíks] *vt & vi arch poet* (po)mešati (se)

commixture [kəmíksčə] *n* mešanica, zmes

commode [kəmóud] *n* predalnik; **(night)** ~ sobno stranišče

commodious [kəmóudiəs] *adj* (~ **ly** *adv*) udoben; prostoren; *arch* primeren, spreten

commodiousness [kəmóudiəsnis] *n* udobnost; prostornost

commodity [kəmóditi] *n* koristna stvar; blago, proizvod; *arch* udobnost

commodore [kəmədɔ:] *n mar* poveljnik ladjevja; predsednik kluba jahtarjev; *A* naslov upokojenega višjega mornariškega častnika

common I [kómən] *adj* (~ **ly** *adv*) skupen, javen; navaden, poprečen, obči; prostaški, plebejski, vulgaren; **to make** ~ **cause with** podpirati kaj, delati za isto stvar; *sl* ~ **or garden** zelo vsakdanji, šablonski; *mus* ~ **chord** trozvok; *gram* ~ **gender** dvojni spol; **by** ~ **consent** soglasno; **the** ~ **herd** plebejci; ~ **noun** občno ime; **Court of** ~ **Pleas** civilnopravno sodišče; ~ **rights** človeške pravice; ~ **salt** kuhinjska sol; ~ **weal** splošna blaginja; ~ **woman** pocestnica

common II [kómən] *n* občinsko zemljišče, občinski pašnik; *jur* dohodek od zemljišča; **above** (ali **beyond, out of)** ~ nenavaden; **in** ~ skupen; **in** ~ **with** natanko tako kot; **out of the** ~ nenavaden

commonage [kómənidž] *n* pravica do uporabe občinskega pašnika; skupnost, ljudstvo

commonalty [kómənəlti] *n* skupnost, ljudstvo; zadruga

commoner [kómənə] *n* navaden človek, občan, meščan; *obs* član spodnjega doma; študent brez štipendije; **First Commoner** predsednik spodnjega doma v parlamentu

commonly [kómənli] *adv* navadno; splošno; slabo

commonness [kómənnis] *n* navadnost, vsakdanjost, banalnost

commonplace [kómənpleis] **1.** *n* vsakdanjost; vsakdanja modrost, puhlost; **2.** *adj* vsakdanji, navaden, nezanimiv, banalen

common-room [kómənrum] *n* zbornica

commons [kómənz] *n pl* ljudstvo; spodnji dom v britanskem parlamentu; vsakdanja hrana; **short** ~ pičla hrana; **House of Commons** spodnji dom v britanskem parlamentu; **to be kept on short** ~ dobivati pičlo hrano

common-sense [kómənsens] *n* zdrava pamet; *fig* treznost

common-sensible [kómənsensibl] *adj fig* trezen

commonweal [kómənwi:l] *n* splošna blaginja

commonwealth [kómənwelθ] *n* splošna blaginja; republika, država; zveza držav; **British Commonwealth of Nations** Britanska zveza držav

commorant [kómorənt] **1.** *adj* stanujoč, bivajoč; **2.** *n* prebivalec, stanovalec

commotion [kəmóušən] *n* razburjenost, pretres, zmeda, nemir, direndaj; upor, vstaja; valovanje; **to make a** ~ zbuditi pozornost

communal [kómjunl] *adj* (~ **ly** *adv*) skupen, občinski, komunalen; ~ **kitchen** ljudska kuhinja; ~ **gardens** mestni nasadi

communalism [kómjunəlizəm] *n* nauk o mestni samoupravi

communalist [kómjunəlist] *n* zagovornik mestne uprave

communalize [kəmjú:nəlaiz] *vt* dati pod mestno samoupravo

commune I [kómju:n] *n* občina, komuna; **Commune (of Paris)** pariška komuna

commune II [kəmjú:n] *vi* (**with, together**) pogovarjati, posvetovati se; občevati; *eccl A* biti obhajan; **to** ~ **with o.s.** skesati se

communicable [kəmjú:nikəbl] *adj* (**communicably** *adv*) sporočljiv; zaupljiv; *med* kužen, nalezljiv

communicant [kəmjú:nikənt] *n* obveščevalec, -lka; obhajanec, -nka

communicate [kəmjú:nikeit] **1.** *vt* (**to**) sporočiti; okužiti; **2.** *vi* (**with**) biti v zvezi, povezati se; *eccl* biti obhajan

communication [kəmju:nikéišən] *n* (**to**) sporočilo; stik, občevanje, zveza, promet, prometna zveza; *eccl* obhajilo

communication-cord [kəmju:nikéišənkɔ:d] *n rly* zavora v sili

communicative [kəmjú:nikeitiv] *adj* (~ **y** *adv*) zgovoren, odkrit; zaupen

communicativeness [kəmjú:nikeitivnis] *n* zgovornost, zaupljivost

communicator [kəmjú:nikeitə] *n* brzojavni oddajnik; *rly* zavora v sili

communion [kəmjú:njən] *n* stik; skupnost; promet, zveza; *eccl* obhajilo; **to hold** ~ **with s.o.** družiti se s kom

communion-bread [kəmjú:njənbred] *n eccl* hostija

communion-table [kəmjú:njənteibl] *n eccl* oltar

communiqué [kəmjú:nikei] *n* službeno sporočilo

communism [kómjunizm] *n* komunizem

communist [kómjunist] **1.** *n* komunist(ka); **2.** *adj* komunističen

communistic [kəmjunístik] *adj* komunističen

community [kəmjú:niti] *n* skupna last; občina; skupnost; država; občestvo; ~ **service** javna služba; *A* ~ **theater** amatersko gledališče; ~ **singing** skupno petje (na odru in občinstva)

communize [kómjunaiz] *vt* komunizirati

commutability [kəmju:təbíliti] *n* spremenljivost, zamenljivost

commutable [kəmjú:təbl] *adj* zamenljiv, spremenljiv

commutate [kómjuteit] *vt el* menjati smer toka, pretikati

commutation [kəmjutéišən] *n* (**for**) zamenjava, premena, sprememba; znižanje kazni; *el* pretikanje; *A* ~ **ticket** sezonska vozovnica

commutative [kəmjú:tətiv] *adj* (~ **ly** *adv*) (iz)menjalen; vzajemen; nadomesten

commutator [kómjuteitə] *n el* smerno pretikalo, komutator; lastnik sezonske vozovnice

commute [kəmjú:t] *vt* zamenjati; (**into**) premenjati; (**for, into**) znižati (kazen); *el* preusmeriti; *A* redno se voziti (v šolo, službo)

commuter [kəmjú:tə] *n A* tisti, ki se redno vozi v šolo ali službo, vozač; hitra motorna ladja

comose [kóumous] *adj bot* dlakav, puhast

compact I [kómpækt] *n* dogovor, pogodba; pudrnica
compact II [kəmpǽkt] 1. *vt* stisniti, stiskati, zgostiti; 2. *adj* (~ ly *adv*) goŝt, trden, jedrnat
compact-mirror [kómpæktmirə] *n* pudrnica
compactness [kəmpǽktnis] *n* trdnost, gostota, jedrnatost
compages [kəmpéidži:t] *n pl fig* sestav, sistem, zgradba
compaginate [kəmpǽdžineit] *vt* vezati, spojiti
companion I [kəmpǽnjən] *n* družabnik, -nica, tovariš(ica), spremljevalec, -lka, sopotnik, -ica; nasprotek, pendant; pripadnik nižjega viteškega reda; *naut* stopnišče s palube h kabinam; vrhnje okno kabine; ~ in adversity tovariš(ica) v nesreči; ~ in arms sobojevnik; ~ of a volume (ali book) drugi del knjige; boon ~ vinski bratec
companion II [kəmpǽnjən] 1. *vt* spremljati; 2. *vi* (*with*) družiti se
companionable [kəmpǽnjəbl] *adj* (companionably *adv*) družaben, priljuden
companionate [kəmpǽnjənit] *adj* tovariški; *A* ~ marriage poskusni zakon
companion-ladder [kəmpǽnjənlædə] *n naut* ladijske stopnice
companionless [kəmpǽnjənlis] *adj* (~ ly *adv*) osamljen, sam, zapuščen
companionship [kəmpǽnjənšip] *n* tovarištvo, društvo, druščina, tovarišija; viteštvo nižjega reda
companion-way [kəmpǽnjənwei] *n* hodnik ali stopnišče, ki pelje v nižje dele ladje
company I [kámpəni] *n* društvo, družba, druženje; spremstvo; tovarištvo; *mil* četa, kompanija; ceh; *theat* ansambel; posadka; to bear (ali keep) ~ with s.o. družiti se s kom; to part ~ with s.o. ločiti, razstati se s kom; to see no ~ samotariti; joint-stock ~ delniška družba; *E* limited liability ~ družba z omejeno zavęzo; ~ officer častnik pod činom majorja; present ~ excepted navzoči so izključeni; a man is known by the ~ povej mi s kom se družiš, in jaz ti bom rekel, kdo si; ~ checkers vohuni, ogleduhi, ovaduhi; ~ spotter ovaduh; to be a good (poor) ~ biti prijeten (dolgočasen) družabnik; *mar* ship's ~ moštvo, posadka ladje; I err in a good ~ tudi boljši od mene so naredili napako, so se zmotili
company II [kámpəni] *vi & vi arch* (*with*) spremljati; družiti se
company-keeper [kámpəniki:pə] *n* veseljak; ljubimec
comparability [kəmpərəbíliti] *n* (*to*) primerljivost
comparable [kómpərəbl] *adj* (comparably *adv*) (*to*) primerljiv
comparative I [kəmpǽrətiv] *adj* (~ ly *adv*) primerjalen, sorazmeren, relativen, pogojen
comparative II [kəmpǽrətiv] *n gram* primernik, komparativ
compare I [kəmpéə] 1. *vt* (*with*, *to*) primerjati; *gram* stopnjevati; 2. *vi* (*with*) dati se primerjati; tekmovati; *coll* to ~ notes debatirati; as ~d with (ali to) v primeri s; it cannot be ~d with (ali to) ne da se primerjati s
compare II [kəmpéə] *n poet* primerjava; beyond (ali past, without) ~ brez primere

comparison [kəmpǽrisn] *n* primerjava, prispodoba; *gram* stopnjevanje; beyond (ali past, out of) (all) ~ neprimerljiv, brezprimeren; to bear (ali stand) ~ dati se primerjati, prenesti primerjavo; to draw ~s wlth primerjati s; in ~ with v primeri s; by ~, by way of ~ primerjaje, primeroma
compart [kəmpá:t] *vt* oddeliti, predeliti, razdeliti
compartment [kəmpá:tmənt] *n* predelek, oddelek, kupé, kabina; *fig* to live in watertight ~s živeti čisto sam zase; smoking ~ oddelek za kadilce
compass I [kámpəs] *vt* obseči, obsegati; obiti; (*with*) obdati; razumeti, dojeti; zasnovati, izmisliti; doseči; naklepati; to ~ s.o.'s death streči komu po življenju
compass II [kámpəs] *n* krog, obseg, obod; *fig* torišče, območje; *mus* obseg glasu; ovinek, stranska pot; a pair of ~ es šestilo; to be within ~ biti v območju; ~ card plošča kompasa; to keep within ~ krotiti se; to set (ali cast, go, fetch) a ~ narediti ovinek; bearing ~ azimutni kompas; ~ variation odklon magnetne igle
compassable [kámpəsəbl] *adj* dosegljiv, obsegljiv; *fig* doumljiv
compassion [kəmpǽšən] *n* (*for*, *with*) usmiljenje, sočutje; to have (ali take) ~ on s.o. imeti s kom usmiljenje; in ~ to iz usmiljenja do
compassionate I [kəmpǽšənit] *adj* (~ ly *adv*) usmiljen, sočuten; dobrodelen; *mil* ~ leave izrẹden dopust iz družinskih vzrokov
compassionate II [kəmpǽšəneit] *vt* sočustvovati, čutiti usmiljenje
compassionateness [kəmpǽšənitnis] *n* usmiljenje, sočutje
compass-needle [kámpəsni:dl] *n* magnetnica
compass-saw [kámpəssɔ:] *n* rezljača, luknjičarka, koničasta žaga
compass-window [kámpəswindou] *n* okno v tinu
compatibility [kəmpætəbíliti] *n* (*with*) združljivost, spravljivost; znosnost; *TV* možnost sprejemanja barvnih oddaj na navadnem sprejemniku kot črno-bele
compatible [kəmpǽtəbl] *adj* (compatibly *adv*) (*with*) združljiv, spravljiv; znosen; *TV* ki lahko sprejema barvne oddaje na navadnem sprejemniku kot črno-bele
compatriot [kəmpǽtriət] *n* rojak(inja)
compatriotic [kəmpætriótik] *adj* rojaški
compeer [kəmpíə] *n* oseba istega položaja; tovariš(ica); to have no ~ ne imeti sebi enakega
compel [kəmpél] *vt* (*to do, into doing s.th.*) (pri)siliti; podrediti, premagati; izsiliti
compellable [kəmpéləbl] *adj* izsiljiv, prisiljiv
compelling [kəmpélin] *adj* (~ ly *adj*) nepremagljiv; *fig* očarljiv
compendious [kəmpéndiəs] *adj* (~ ly *adv*) kratek in jedrnat, strnjen
compendiousness [kəmpéndiəsnis] *n* kratkost, jedrnatost, strnjenost
compendium [kəmpéndiəm] *n* izvleček, izpisek; priročnik, učbenik
compensate [kómpenseit] *vt* (*for* za; *with* s; *to* komu) poravna(va)ti, odškodovati, plač(ev)ati; nadomestiti, nadomeščati; odtehtati; kompenzirati; *techn* spraviti v ravnotežje

compensation [kəmpenséišən] n odškodnina, nadomestilo, nadomestek; plača, mezda; A nagrada; techn kompenzacija, izravnava; as a (ali by way of, in) ~ za odškodnino; to make ~ for nadomestiti, poplačati kaj
compensational [kəmpenséišənl] adj (~ly adv) nadomesten, odškodninski, kompenzacijski
compensative [kəmpénsətiv] adj (~ly adv) odškodninski, nadomesten, kompenzacijski
compensator [kómpenseitə] n izenačevalec, izravnalec; kompenzator
compensatory [kəmpénsətəri] adj (compensatorily adv) glej compensative
compère [kompéə] n konferansjé (v radiu)
compete [kəmpí:t] vi (for za; with s) tekmovati, kosati se; potegovati se, konkurirati; not competing zunaj konkurence
compentence [kómpitəns] n (for, to do) zadostnost; pristojnost; zmožnost; sposobnost; zadovoljivi dohodki
competency [kómpitənsi] glej competence
competent [kómpitənt] adj (~ly adv) (for, to do s.th.) zadosten; primeren; merodajen; zmožen, sposoben; jur pristojen, kompetenten
competition [kómpitíšən] n (for; with) tekmovanje, tekma; konkurenca; natečaj; to enter a ~ udeležiti se tekmovanja; cut-throat ~ surova, huda tekma, tekma na življenje in smrt; to be in ~ with s.o. tekmovati s kom; unfair ~ nelojalna, nepoštena tekma, konkurenca; to put up for ~ razpisati natečaj; ~ in armaments tekma v oboroževanju
competitioner [kompetíšənə] n udeleženec tekmovanja, natečaja
competitive [kəmpétitiv] adj (~ly adv) tekmujoč, tekmovalen; konkurenčen, natečajen; ~ prices konkurenčne cene
competitor [kəmpétitə] n tekmec, -mica; konkurent(ka); (for) tekmovalec
competitory [kəmpétitəri] adj (competitorily adv) glej competitive
compilation [kəmpiléišən] n (from) skupljevanje, kompilacija, sestavljanje iz del drugih piscev; paberki
compilatory [kəmpáilətəri] adj (compilatorily adv) kompilatorski, nesamostojen
compile [kəmpáil] vt (from) skupljevati, paberkovati, sestavljati iz del drugih piscev, kompilirati
compiler [kəmpáilə] n (from) sestavljač, kompilator
complacence [kəmpléisns] n samozadovoljnost, ugodje
complacency [kəmpléisnsi] glej complacence
complacent [kəmpléisnt] adj (~ly adv) samozadovoljen
complain [kəmpléin] vi (about, of; to) pritoževati se; nergati, godrnjati
complainant [kəmpléinənt] n jur tožilec, -lka, tožnik, -nica; nergač
complainer [kəmpléinə] n pritoževalec, nergač
complaint [kəmpléint] n (about o; against proti) pritožba, tožba; kronična bolezen, duševna stiska; to make (ali lodge) a ~ vložiti tožbo; ~ book pritožna knjiga

complaisance [kəmpléizns] n všečnost; vljudnost, uslužnost, postrežljivost; popustljivost; zadovoljstvo, ugodje
complaisant [kəmpléiznt] adj (~ly adv) postrežljiv, uslužen, vljuden; popustljiv; zadovoljen
complect [kəmplékt] vt obs preplesti, prepletati
complected [kəmpléktid] adj (~ly adv) zapleten, zamotan, prepleten, kompliciran; A coll glej complexioned
complement I [kómplimənt] n dopolnilo; polno število (posadke); popolnost; a full ~ polna zasedba
complement II [kómplimént] vt dopolniti, dopolnjevati
complemental [kómpliméntl] adj (~ly adv) dopolnilen; to be ~ to dopolniti kaj
complementary [kómpliméntəri] adj dopolnilen, komplementaren; ~ angle komplementarni kot; ~ colours komplementarne barve; to be ~ to dopolnjevati se s
complete I [kəmplí:t] adj (~ly adv) ves, cel; gotov, dokončan, dovršen; fig popoln; ~ with skupaj s; to be ~ with biti opremljen s
complete II [kəmplí:t] vt dopolniti, spopolniti, dovršiti; zaključiti; to ~ one's sentence odsedeti kazen
completeness [kəmplí:tnis] n popolnost, dovršenost; spopolnitev
completion [kəmplí:šən] n dovršitev, spopolnitev, popolnost; zaključek, konec; to bring to a ~ zaključiti, končati, dovršiti
completive [kəmplí:tiv] adj dopolnilen, dovršilen; spopolnjevalen
completory [kəmplí:təri] glej completive
complex I [kómpleks] n obsežek, kompleks; fig predsodek; inferiority ~ kompleks manjvrednosti
complex II [kómpleks] adj (~ly adv) zamotan, zapleten, kompliciran; sestavljen, zložen; ~ sentence zloženi stavek
complexion [kəmplékšən] n barva polti, polt; fig videz; značaj; to put a fresh ~ on s.th. dati čemu nov videz
complexioned [kəmplékšnəd] adj ki ima barvo polti, ki ima značaj; dark-~ temnopolt; pale-~ bled; well-~ lepega videza, dobre narave
complexionless [kəmplékšənlis] adj bled, brezbarven
complexity [kəmpléksiti] n zamotanost, zapletenost; zapletena zadeva
compliance [kəmpláiəns] n privolitev, sporazum; voljnost; uslužnost, popustljivost; in ~ with po predpisih; glede na; v skladu s
compliant [kəmpláiənt] adj (~ly adv) (with) ustrežljiv, popustljiv, voljan; pohleven; skladen
complicacy [kómplikəsi] n glej complexity
complicate I [kómplikeit] vt zaplesti, zamotati; otežkočiti, komplicirati
complicate II [kómplikit] adj (rare) zamotan, zapleten
complicated [kómplikeitid] adj zamotan, zapleten, kompliciran
complication [kómplikéišən] n zaplet, težave; med komplikacija
complicative [kómplikətiv] adj ki komplicira, zapleta, otežkoča

complice [kómplis] glej accomplice
complicity [kəmplísiti] n (in pri) sokrivda
compliment I [kómplimənt] n poklon, laskanje;
(on za) pohvala; pl pozdravi; obs darilo; in ~
to na čast koga; to pay (ali make) ~s delati
poklone, laskati; with the author's ~ poklon
od pisca; to fish for ~s pričakovati poklone;
Bristol ~ danajsko darilo; ~s of the season
božične čestitke; to send ~s poslati pozdrave;
left-handed ~ ironično, sumljivo, neodkrito
laskanje; give her my ~s pozdravi jo od mene
compliment II [kómpliment, komplimént] vt hva-
liti, laskati; pozdraviti; (on k) čestitati; (with)
obdariti
complimentary [kompliméntəri] adj (complimen-
tarily adv) laskav, vljuden; poklonilen, brez-
plačen; na čast komu; ~ dinner slavnostna
večerja; ~ ticket prosta vstopnica; ~ copy
brezplačen izvod
complin(e) [kómplin] n večerna maša
complot I [kómplət] n zarota
complot II [kəmplót] vt & vi zarotiti se
comply [kəmplái] vi privoliti, popustiti, popuščati;
izpolniti; podrediti, podrejati se; ustreči, ugo-
diti; to ~ with s.o.'s orders (wishes) izpolniti
ukaz (želje) koga; to ~ with the rules ravnati se
po pravilih
compo [kómpou] n malta, omet, štuk
component [kəmpóunənt] 1. n sestavni del, sesta-
vina, element; pl podrobnosti; 2. adj sestaven;
~ part sestavina
comport [kəmpó:t] 1. vi to ~ o.s. vesti, obnašati
se; (with) strinjati, skladati, prilegati se
comportment [kəmpó:tmənt] n obnašanje, vedenje
compose [kəmpóuz] vt sestaviti, sestavljati; spi-
sati, uglasbiti; (po)miriti; pripraviti, pripravljati
se; urediti, urejati; (po)staviti (tisk); to ~ o.s.
pomiriti, sprijazniti se; to ~ one's countenance
vidno se umiriti; to ~ o.s. to sleep spraviti se
spat; to ~ one's thoughts zbrati misli; to ~ a
quarrel poravnati spor
composed [kəmpóuzd] adj (~ly [kəmpóuzidli]
adv) miren, hladnokrven, pomirjen; resnoben;
sestavljen; to be ~ of sestajati iz
composedness [kəmpóuzidnis] n mirnost, hladno-
krvnost
composer [kəmpóuzə] n sestavljalec; mus skla-
datelj; (rare) stavec
composing [kəmpóuziŋ] 1. n sestavljanje; kompo-
niranje; stavek; 2. adj pomirjevalen; ~ draught
uspavalni napitek
composing-machine [kəmpóuziŋməší:n] n techn
stavni stroj
composing-room [kəmpóuziŋru:m] n stavnica
composing-stick [kəmpóuziŋstik] n vrstomer, vr-
stičnik
composite [kómpəzit, kómpəzait] 1. adj sestavljen;
2. n sestavina; bot košarica
composition [kompəzíšən] n sestavek, spis; esej;
pesem, skladba; delo; odškodnina, porav-
nava; značaj; zmes, zlitina; sestavljanje, se-
stavina; umetna snov; dogovor; tiskarski sta-
vek; mil sporazum o premirju; kompromis;
~ book vadnica; A zvezek; to have a touch of
madness in one's ~ ne biti čisto pri pameti
compositive [kəmpózitiv] adj sintetičen, sestavljalen

compositor [kəmpózitə] n stavec
compositorial [kəmpəzitó:riəl] adj skladateljski;
stavski
compos mentis [kómpəs méntis] adj jur prišteven;
non ~ neprišteven
compost [kómpəst] 1. n zmes, mešanica; zmesni
gnoj, kompost; 2. vt gnojiti s kompostom
composure [kəmpóužə] n mirnost, ubranost; pri-
sebnost; hladnokrvnost, umirjenost
compotation [kompətéišən] n popivanje, krokanje
compotator [kompətéitə] n sopivec
compote [kómpout] n vkuhano sadje, kompot
compound I [kəmpáund] 1. vt sestaviti, sestavljati;
pomešati; poravnati, izplačati; 2. vi (with s, for
o) domeniti, dogovoriti se; jur to ~ a felony
umakniti tožbo za odškodnino
compound II [kómpaund] adj sestavljen, zložen;
med ~ fracture komplicirani zlom; ~ word
sestavljenka; ~ interest obrestne obresti; mus
~ interval interval, večji od oktave; gram ~
noun zloženka; zool ~ eye mrežasto oko; archit
~ pillar snopasti steber; ~ school srednja šola
z raznimi oddelki
compound III [kómpaund] n mešanica, zmes; gram
sestavljenka; ograjeni prostor okrog poslopja
compoundable [kəmpáundəbl] adj sestavljiv; (del-
no) plačljiv
compounder [kəmpáundə] n coll lekarnar
comprehend [komprihénd] vt vsebovati; obseči,
obsegati; vključiti, vključevati; razumeti, do-
umeti
comprehensible [komprihénsəbl] adj (comprehen-
sibly adv) (to) razumljiv, pojmljiv, doumljiv;
vključljiv
comprehension [komprihénšən] n obseg, obsežnost;
vključitev; (of) pojem, razumevanje; beyond ~
nerazumljiv, nedoumljiv
comprehensive [komprihénsiv] adj (~ly adv) ob-
širen, obsežen, izčrpen, vsestranski, splošen;
razumljiv, doumljiv
compress I [komprés] vt (into) stisniti, stiskati;
(z)gostiti; (s)tlačiti
compress II [kómpres] n med obkladek; obveza
compressed [komprést] adj stisnjen, sploščen; zgo-
ščen
compressibility [kompresibíliti] n stisljivost, zgost-
ljivost
compressible [komprésibl] adj stisljiv, zgostljiv
compression [kompréšən] n stiskanje, tlačenje,
zgostitev, zgoščenost; techn kompresija, tlak
compressive [komprésiv] adj stiskalen, zgoščevalen
compressor [komprésə] n anat stiskalka; techn
zgoščevalec; tlačni valj, kompresor
compressure [kompréšə] n stisk, zgostitev
comprisable [kompráizəbl] adj obsegljiv, vključ-
ljiv
comprisal [kompráizəl] n kratek pregled, povzetek
comprise [kompráiz] vt obsegati, vsebovati, vklju-
čevati, vase sprejeti
compromise I [kómprəmaiz] 1. vt poravnati (spor);
osramotiti, kompromitirati, ogrožati; 2. vi (on o)
sporazumeti se; ubrati srednjo pot
compromise II [kómprəmaiz] n poravnava, sredina,
kompromis
compromiser [kómprəmaizə] n spravljivec, kom-
promisar

comptometer [kəmptómitə] *n techn* računski stroj

comptroller [kəntróulə] *n* kontrolor, nadzornik, preglednik

compulsion [kəmpʌ́lšən] *n* sila, nasilje, prisiljenost, pritisk; **under** (ali **on, upon**) ~ pod pritiskom

compulsive [kəmpʌ́lsiv] *adj* (~**ly** *adv*) prisilen, obvezen

compulsory [kəmpʌ́lsəri] *adj* (**compulsorily** *adv*) obvezen, prisilen; ~ **education** splošna šolska obveznost; ~ **military service** splošna vojaška služba; ~ **labour service** delovna obveznost

compunction [kəmpʌ́ŋkšən] *n* kes, skesanost, obžalovanje; **without** ~ z mirno vestjo

compunctious [kəmpʌ́ŋkšəs] *ad* (~**ly** *adv*) skesan, skrušen, spokorniški; ki zbuja kes

compurgation [kəmpə:géišən] *n hist jur* oprostitev obtoženca na podlagi prisege več oseb

compurgator [kómpə:geitə] *n* prisežnik, zaprisežena priča

computability [kəmpju:təbíliti] *n* preračunljivost, izračunljivost; ocenljivost

computable [kəmpjú:təbl] *adj* (**computably** *adv*) preračunljiv, izračunljiv; ocenljiv

computation [kəmpju:téišən] *n* račun, proračun, cenitev

compute I [kəmpjú:t] *vt* računati, izračunati; (*at* na) oceniti

compute II [kəmpjú:t] *n* račun, cenitev; **beyond** ~ neprecenljiv

computer [kəmpjú:tə] *n* računar; *techn* računski stroj; **electronic** ~ elektronski računalnik

computerize [kəmpjú:təraiz] *vt* z računalnikom izračunati

comrade [kómrid, kómreid] *n* tovariš(ica); ~ **in arms** soborec, -rka

comradely [kómridli] *adj* tovariški

comradeship [kómridšip] *n* tovarištvo

Comptism [kóntizəm] *n phil* pozitivizem

Comptist [kóntist] *n phil* pozitivist

con I [kən] *vt* preučiti; na pamet se učiti; guliti se; **to** ~ **over** premisliti se; **to** ~ **thanks** zahvaliti se

con II [kən] *prep* proti (skrajšano iz **contra**); **the pros and cons** razlogi za in proti

con III, A conn [kən] 1. *vt* upravljati, voditi ladjo, krmariti; 2. *n* izročitev poveljstva krmarju

con IV [kən] *vt A sl* varati; ~ **man** slepar

con- [kən, kən] *pref* skupaj, s, so-

conacre [kóneikə] *n Ir* oddaja manjših obdelanih površin za eno sezono

conation [kounéišən] *n psych* prizadevanje; poželenje

conative [kóunətiv] *adj* (~**ly** *adv*) *psych* prizadeven, impulziven; poželjiv

concatenate [kənkǽtineit] *vt* (z verigo) speti; *fig* zvezati, povezati

concatenation [kənkætinéišən] *n* medsebojna zveza, povezava; spojitev, spetje; strnitev; *el* tokovod

concatervate [kənkǽtəveit] *adj* nakopičen

concave [kənkéiv] 1. *adj* vbokel, jamičast, konkaven; 2. *n* vboklina, obok; 3. *vt* bočiti

concavity [kənkǽviti] *n* vboklina, vboklost; *coll* **to feel a great** ~ biti lačen ko volk

concavo-concave [kənkéivoukónkéiv] *adj* bikonkaven

concavo-convex [kənkéivoukónvéks] *adj* vboklo izbokel

conceal [kənsí:l] *vt* (*from* pred) skri(va)ti, (za)tajiti, zamolčati, prikrivati; **to** ~ **o.s.** skriti se

concealable [kənsí:ləbl] *adj* ki se da skriti, utajiti

concealed [kənsí:ld] *adj* skrit, tajen; nepregleden (ovinek)

concealment [kənsí:lmənt] *n* (*from* pred) utajitev, prikrivanje, skrivanje, maskiranje; skrivališče; **in** ~ skrit; **place of** ~ skrivališče; *jur* ~ **of material facts and circumstances** prikrivanje bistvenih dejstev

concede [kənsí:d] *vt* priznati, dopustiti, dovoliti; podeliti, dati; *sl sp* izgubiti (igro, tekmo)

conceit I [kənsí:t] *n* misel, domislek, pojem; mnenje; domišljija; domišljavost, samoljubje; izumetničeno izražanje; **to be quick of** ~ hitro doumeti; **out of** ~ **with s. th.** nezadovoljen s čim, naveličan česa; **to put** (ali **bring**) **s.o. out of** ~ **with s.th.** vzeti komu veselje do česa; **in my own** ~ po mojem mnenju; **idle** ~**s** bedasti domisleki

conceit II [kənsí:t] *vt arch* (*of* o) domišljati, predstavljati si; vzljubiti; ustvariti, oblikovati; **to** ~ **o.s.** domišljati si

conceited [kənsí:tid] *adj* (~**ly** *adv*) (*about, of* na) domišljav, nečimrn, ohol

conceitedness [kənsí:tidnis] (*about, of* na) *n* domišljavost, nečimrnost, oholost

conceivability [kənsi:vəbíliti] *n* predstavljivost, pojmljivost; verjetnost, možnost, domnevnost

conceivable [kənsí:vəbl] *adj* (**conceivably** *adv*) razumljiv, umeven; pojmljiv, zamisljiv, domneven, verjeten, mogoč

conceive [kənsí:v] 1. *vt* izmisliti si; (*of*) predstaviti si; razumeti; začuditi; zadobiti; 2. *vi* zanositi, spočeti; brejiti; **to** ~ **an affection for** vzljubiti koga, kaj

concelebrate [kənsélibreit] *vt eccl* maševati skupaj s škofom

concent [kənsént] *n mus* sozvočje, harmonija

concentrate I [kónsentreit] 1. *vt* zbrati, združiti; osredotočiti; *fig* (*on*) usmeriti (misli); *chem* zgostiti, nasititi; 2. *vi* zbrati, združiti se; *chem* zgostiti, nasititi se

concentrate II [kónsentreit] *n* koncentrat

concentration [kónsentréišən] *n* zbiranje, združitev; osredotočenje; nasičenost, zgostitev; zbranost; *psych* vsebnost; koncentracija; ~ **camp** koncentracijsko taborišče

concentrative [kónsentreitiv] *adj* zbiralen, združevalen; zgoščevalen

concentrator [kónsentreitə] *n* zbiralec, združevalec; zgoščevalec

concentre, A concenter [kənséntə] 1. *vt* osredotočiti, združiti; 2. *vi* osredotočiti, združiti se; imeti skupno središče

concentric [kənséntrik] *adj* (~**ally** *adv*) (*with*) sosreden, istosreden, koncentričen

concentricity [kónsentrísiti] *n* sosrednost

concept [kónsept] *n phil* pojem, (za)misel, predstava

conception [kənsépšən] *n* (*of*) pojmovanje, doumevanje; pojem, predstava; (za)misel; osnova; spočetje, zanositev, brejenje; plod; **beyond** ~ nerazumljiv; **immaculate** ~ brezmadežno spo-

četje; **this passes all** ~ to je nepojmljivo
conceptional [kənsépšnəl] *adj* (~ **ly** *adv*) pojmoven
conceptive [kənséptiv] *adj* (~ **ly** *adv*) pojmoven, miseln; domiseln, iznajdljiv; ki lahko zanosi
conceptual [kənséptjuəl] *adj* (~ **ly** *adv*) pojmoven, spekulativen; shematičen
conceptualize [kənséptjuəlaiz] *vt* ustvarjati pojme za abstraktne izraze
concern I [kənsə́:n] *vt* tikati se, zadevati, v poštev priti; (*with*) ukvarjati se; (*about* za) skrbeti; (*in*) biti deležen; *jur* **to whom it may** ~ v vednost tistim, ki jih zadeva; **that does not** ~ **you** to ti nič mar
concern II [kənsə́:n] *n* zadeva, posel; (*about, for*) skrb; (*at, over* zaradi) zaskrbljenost; žalost, užaloščenje, bol; (*in* za) zanimanje; delež; *com* tvrdka, podjetje, koncern; pomembnost, važnost; *coll* stavba; **it is of no** ~ **of mine** to mi ni nič mar; **a matter of no** ~ nepomembna stvar; **to take no** ~ **in s.th.** ne se zanimati za kaj; **to have a** ~ **in** imeti delež pri čem; zanimati se za kaj; **public** ~ s javne zadeve; **thriving** ~ uspešen posel; *coll* **to give up the whole** ~ opustiti zadevo; **a paying** ~ rentabilno podjetje; **a going** ~ aktivno podjetje; **of the utmost** ~ skrajno pomemben; **to have no** ~ **with s.th.** ne imeti s čim opravka
concerned [kənsə́:nd] *adj* (~ **ly** [kənsə́:nidli] *adv*) (*in* za) ki se zanima, zavzet; (*about, for*) zaskrbljen, nemiren; prizadet; **he is not** ~ **to go ni** mu do tega, da bi šel; **to be** ~ **with** ukvarjati se s čim; **my honour is** ~ gre za mojo čast
concerning [kənsə́:niŋ] **1.** *prep* glede na, zastran; **2.** *adj* zadeven; tisti, ki
concernment [kənsə́:nmənt] *n* opravek; (*in*) udeležba; (*for*) skrb, zaskrbljenost
concert I [kənsə́:t] *vt* dogovoriti se; posvetovati se; skupno ukreniti, ukrepati; združiti (moči)
concert II [kónsət] *n* sodelovanje, sloga; sporazum, dogovor; *mus* koncert; **in** ~ **with, by** ~ sporazumno; ~ **grand** koncertni klavir; ~ **pitch** nepredvidene okolnosti; več kot navadno
concerted [kənsə́:tid] *adj* skupen; *mus* večglasen
concertina [kənsə:tí:na] *n mus* kromatična harmonika; *fig* ~ **pitch** brezhiben
concerto [kənčə́:tou] *n* koncert (skladba)
concession [kənséšən] *n* privolitev, dopustitev; popuščanje; priznanje; koncesija, dovoljenje
concessionaire [kənsešənéə] *n* lastnik koncesije, koncesionar
concessionary [kənséšənəri] *adj* koncesijski
concessive [kənsésiv] *adj* (~ **ly** *adv*) *gram* dopusten; popustljiv, spravljiv
conch [koŋk, konč] *n* školjka; *archit* polkupola; *anat* uhelj, zunanje uho; *sl* prebivalec Bahamskega otočja
concha [kóŋkə] *n anat* uhelj, zunanje uho
conchology [koŋkólədži] *n* nauk o školjkah
conchy [kónči] *E sl* glej **conscientious objector**
concierge [kə:nsió:dž] *n* hišnik, vratar
conciliar [kənsíljə] *adj eccl* posvetovalen
conciliate [kənsílieit] *vt* pomiriti, spraviti, zediniti; (*to* za) pridobiti
conciliation [kənsiliéišən] *n* pomiritev, sprava; sporazum
conciliative [kənsílieitiv] *adj* (~ **ly** *adv*) pomirljiv,

spravljiv
conciliator [kənsílieitə] *n* spravljivec, pomirjevalec
conciliatory [kənsíliətəri] *adj* (**conciliatorily** *adv*) pomirljiv, spravljiv
concinnity [kənsíniti] *n* uglajenost, žlahtnost (literarnega sloga)
concise [kənsáis] *adj* (~ **ly** *adv*) kratek, zgoščen, jedrnat, klen
conciseness [kənsáisnis] *n* zgoščenost, jedrnatost
concision [kənsížən] *n derog* obreza; razkol; glej **conciseness**
conclamation [konkləméišən] *n* sklicevanje, sklic; klicanje (več oseb hkrati)
conclave [kónkleiv] *n eccl* konklave; tajen sestanek; zaklenjena tajna soba; **to sit in** ~ imeti tajen sestanek
conclude [kənklú:d] **1.** *vt* (*from* iz; *that* da) sklepati, skleniti; zaključiti; **2.** *vi* končati, prenehati; sklepati; **to** ~ torej, potemtakem; **to be** ~ **d** končati se; **to** ~ **with** končno še
concluding [kənklú:diŋ] *adj* zaključen, dokončen; neizpodbiten
conclusion [kənklú:žən] *n* sklep, sklenitev, odločitev; izid, konec, zaključek; **foregone** ~ vnaprej narejen sklep; **in** ~ končno; **to arrive at a** ~ skleniti; **to bring to a** ~ dokončati, zaključiti; **to try** ~ s **with** meriti se s kom; **to draw the** ~ skleniti; **to jump at** (ali **to**) ~ s prenagliti se; ~ **of peace** sklenitev miru
conclusive [kənklú:siv] *adj* (~ **ly** *adv*) končen, dokončen, odločilen; prepričevalen
conclusory [kənklú:səri] glej **conclusive**
concoct [kənkókt] *vt* skuhati, zmešati; *fig* skovati, zasnovati, izmisliti si
concoction [kənkókšən] *n* kuhanje; zvarek, mešanica; *fig* izmišljanje, kovanje, snovanje
concoctive [kənkóktiv] *adj obs* izmišljen; prebaven
concomitance [kənkómitəns] *n* sobivanje. sočasen obstoj, koeksistenca
concomitancy [kənkómitənsi] glej **concomitance**
concomitant [kənkómitənt] **1.** *adj* (~ **ly** *adv*) hkraten, skupen, spremljajoč; **2.** *n* spremljajoča okoliščina
concord I [kónko:d] *n* sloga, enotnost; soglasje; dogovor; *gram* skladnost; *mus* harmonija; ~ **builds houses, discord destroys them** sloga jači, nesloga tlači
concord II [kənkó:d] *vi* skladati, strinjati se
concordance [kənkó:dəns] *n* soglasnost, skladnost; abecedna ureditev besed v knjigi z navedbo, kje se pojavljajo; **in** ~ **with** skladno s
concordant [kənkó:dənt] *adj* (~ **ly** *adv*) (*with*) soglasen, skladen; harmoničen, ubran
concordat [kənkó:dæt] *n* pogodba med cerkvijo in državo, konkordat
concourse [kóŋkə:s] *n* stekanje, kopičenje, dotok; naval, gneča, vrvež; shod; *A* glavna dvorana v železniški postaji; široka prometna žila
concrescence [kənkrésəns] *n biol* zrast
concrete I [kónkri:t] *adj* (~ **ly** *adv*) gost, kompakten, masiven, trden; stvaren, predmeten, konkreten; betonski
concrete II [kónkri:t] *n* beton; stvarnost, predmetnost; **in the** ~ dejansko, praktično; **armoured** (ali **reinforced**) ~ železobeton; **pre-stressed** ~ napeti beton

concrete III [kónkri:t] *vt* betonirati
concrete IV [kənkri:t] *vt & vi* zgostiti, strditi (se)
concretion [kənkri:šən] *n* zrast, zraščanje; zgostitev, strditev; strjena snov; zrastek, sklopek; *med* kamen
concretional [kənkri:šənəl] *adj* strjevalen, zgoščevalen
concretionary [kənkri:šənəri] glej concretional
concretive [kənkri:tiv] *adj* zgoščevalen, strjevalen
concretize [kónkri:taiz] *vt* stvarno določiti, konkretizirati
concubinage [kənkjú:binidž] *n* priležništvo, koruzništvo
concubinary [kənkjú:binəri] *adj* priležniški, koruzniški
concubine [kónkjubain] *n* priležnica
concupiscence [kənkjú:pisəns] *n* pohotnost, poželjivost, požrešnost
concupiscent [kənkjú:pisənt] *adj* poželjiv, požrešen, pohoten
concur [kənkə́:] *vi* hkrati se zgoditi, sovpadati; (*with, in*) sodelovati; strinjati se; sniti se, stikati se; (*to*) prispevati
concurrence [kənkʌ́rəns] *n* hkraten dogodek; sodelovanje, soglasje; koordiniranje; *mat* presečišče
concurrent I [kənkʌ́rənt] *adj* (~ly *adv*) (*with*) hkraten; sodelujoč, soglasen, skladen; *math* stekajoč se, konvergenten; ~ly with skupaj, hkrati s
concurrent II [kənkʌ́rənt] *n* spremljajoče okoliščine; *jur* priča pri preiskavi; konkurent(ka), tekmec, -mica
concuss [kənkʌ́s] *vt* stresti; *fig* oplašiti; z grožnjo prisiliti (*to do s.th.*)
concussion [kənkʌ́šən] *n* pretres; trčenje; *fig* zastraševanje; *med* ~ of the brain pretres možganov
concussive [kənkʌ́siv] *adj* pretresljiv
condemn [kəndém] *vt* (*of* česa) obsoditi, zavreči, izločiti; grajati; smatrati za neozdravljivega; zaseči, konfiscirati; neprepustno zamašiti; his looks ~ him oči ga izdajajo
condemnable [kəndémnəbl] *adj* obsodljiv, nevreden, graje vreden, malopriden, zavržen; kazniv
condemnation [kəndemnéišən] *n* obsodba, razsodba; graja, ukor; konfiskacija, zaplemba (ladje)
condemnatory [kəndémnətəri] *adj* (condemnatorily *adv*) obsojenski; obtožilen
condemned [kəndémd] *adj* obsojen; ~ cell celica za obsojenca na smrt
condensability [kəndensəbíliti] *n* zgostljivost
condensable [kəndénsəbl] *adj* zgostljiv
condensation [kəndenséišən] *n* zgostitev; zgoščenost; *fig* skrajšanje; jedrnatost
condense [kəndéns] *vt & vi* stisniti, zgostiti, skrajšati (se)
condenser [kəndénsə] *n* kondenzator
condescend [kəndisénd] *vi* (*to*) ponižati se, blagovoliti; popustiti; biti prijazen; to ~ upon particulars ukvarjati se s podrobnostmi
condescending [kəndiséndiŋ] *adj* (~ly *adv*) prijazen, ljubezniv, blagohoten, popustljiv
condescension [kəndisénšən] *n* blagohotnost, prijaznost, vljudnost; popustljivost

condign [kəndáin] *adj* (~ly *adv*) primeren, ustrezen; zaslužen; dostojen
condiment [kóndimənt] *n* dišava, začimba
condisciple [kəndisáipl] *n* sošolec, -lka
condite [kəndáit] *vt* odišaviti; balzamirati
condition I [kəndíšən] *n* pogoj; okoliščina; položaj, stanje, stan; *A* popravni izpit; to change one's ~ poročiti se; of humble ~ nizkega rodu; in prime ~ v odličnem stanju; to be in ~ moči, biti zmožen; on ~ that s pogojem, da; out of ~ v slabem stanju; under ~ s pogojem; under present ~s glede na današnje prilike; to be in an interesting ~ biti v drugem stanu; all sorts and ~s of men vsakovrstni ljudje; working ~s delovni pogoji
condition II [kəndíšən] *vt* pogodbeno določiti, pogojevati, staviti pogoje, pridržati si; usposobiti; trenirati; *A* delati popravni izpit; pogojno vpisati; klimatizirati
conditional I [kəndíšənəl] *adj* (~ly *adv*) (*on*) pogojen; odvisen; ~ clause pogojni stavek; ~ train izredni vlak
conditional II [kəndíšənəl] *n gram* pogojnik, kondicional
conditionality [kəndišənǽliti] *n* pogojnost; pogojenost
conditioned [kəndíšənd] *adj* pogojen; v določenem stanju; navajen; air-~ klimatiziran; ill-~ v slabem stanju; *fig* čemeren; well-~ v dobrem stanju, ki živi v dobrih razmerah
conditioning [kəndíšəniŋ] *n* treniranje, trening; klimatizacija
condolatory [kəndóulətəri] *adj* sožalen, sočuten
condole [kəndóul] *vi* sožalovati, izreči sožalje; to ~ with s.o. upon s.th. izreči komu sožalje zaradi česa
condolement [kəndóulmənt] *n* sožalje, sočustvovanje
condolence [kəndóuləns] *n* sožalje, sočutje; to express one's ~ with s.o. in s.th izraziti komu sožalje zaradi česa; to present one's ~s to s.o. izreči komu sožalje; letter of ~ sožalno pismo
condolent [kəndóulənt] *adj* (~ly *adv*) sočuten, sočustvujoč
condom [kóndəm] *n med* preservativ
condominium [kəndəmínjəm] *n* kondominij, sogospostvo
condonation [kəndounéišən] *n* odpuščanje; opravičilo
condone [kəndóun] *vt* oprostiti, opravičiti; to ~ s.th. in s.o. opravičiti kaj pri kom
condor [kóndə] *n zool* kondor
conduce [kəndjú:s] *vi* (*to* k) voditi, peljati; prispevati, služiti; imeti za posledico
conducement [kəndjú:smənt] *n* cilj, namen
conducive [kəndjú:siv] *adj* (~ly *adv*) (*to, towards*) ki ima za posledico, posledičen; pospeševalen; koristen, ugoden; to be ~ to imeti za posledico, pripeljati do česa; prispevati k čemu
conduct I [kəndʌ́kt] *vt & vi* voditi, upravljati; *mus* dirigirati; spremljati, peljati; *el* prevajati (tok); to ~ an investigation preiskovati; to ~ o.s. vesti, obnašati se; ~ed tour skupinsko potovanje z vodnikom
conduct II [kóndʌkt] *n* (*towards, to*) vedenje; vodstvo, upravljanje; postopek; to observe a line of

~ ravnati se po določenih načelih; **safe-**~ zaščitno pismo, dovolilnica; **certificate of** ~ nravstveno spričevalo

conductance [kəndΛktəns] *n phys* prevajanje, prevodnost

conductibility [kəndΛktibíliti] *n phys* prevodnost

conductible [kəndΛktəbl] *adj phys* vodljiv, prevoden

conducting [kəndΛktiŋ] *adj phys* ki vodi, prevoden; ~ **wire** električni vod, napeljava

conduction [kəndΛkšən] *n phys* vodenje, dovod, dovajanje; *phys* prevajanje (npr. toplote)

conductivity [kəndΛktíviti] *n phys* prevodnost

conductor [kəndΛktə] *n* dirigent, zborovodja; vodja; sprevodnik; *phys* prevodnik; **(lightning)** ~ strelovod

conductress [kəndΛktris] *n* dirigentka; voditeljica; sprevodnica

conduit [kóndjuit] *n* vod, vodovod, kanal; *fig* pot, kanal

conduit-pipe [kóndjuitpaip] *n* vodovodna cev

cone [koun] *n math* stožec; *bot* storž, češarek; *A* tulec (za sladoled)

cone-shaped [kóunšeipt] *adj* stožčast

coney [kóuni] glej **cony**

confab [kónfæb] **1.** *n fam* zaupen pogovor, kramljanje; **2.** *vi fam* kramljati

confabulate [kənfæbjuleit] *vi* kramljati, pogovarjati se

confabulation [kənfæbjuléišən] *n* kramljanje

confabulator [kənfæbjuleitə] *n* kramljač

confect I [kənfékt] *vt* vkuhavati s sladkorjem; osladiti; narediti; (z)mešati

confect II [kónfekt] *n obs* marmelada; slaščica

confection I [kənfékšən] *n* pripravljanje; mešanje; vkuhavanje; sladkarija; marmelada; *med* zdravilna zmes; modna kreacija, model, ženska konfekcija

confection II [kənfékšən] *vt* pripravljati; mešati; šivati ženske obleke, modele

confectionary [kənfékšnəri] *adj* slaščičarski

confectioner [kənfékšnə] *n* slaščičar; ~'s **sugar** sladkor v prahu; ~'s **shop** slaščičarna

confectionery [kənfékšnəri] *n* slaščičarna; slaščice, kompot

confederacy [kənfédərəsi] *n* zveza, liga, konfederacija; *jur* zarotniki; zarota; *A the* **Confederacy** južne države ZDA v ameriški državljanski vojni (1860—1865)

confederal [kənfédərəl] *adj* zvezen; zavezniški

confederate I [kənfédəreit] *vt & vi (with)* zvezati, (z)družiti (se)

confederate II [kənfédərit] *adj* zvezen, zavezniški **Confederate States of America** južne države Severne Amerike med l. 1860 in 1865

confederate III [kənfédərit] *n* zaveznik; sokrivec; *A* prebivalec južnih držav ZDA

confederation [kənfédəréišən] *n* zveza, združba

confederative [kənfédərətiv] *adj* zvezen

confer [kənfə́:] **1.** *vt (on, upon)* podeliti, dati; prenesti (na koga); **2.** *vi (with, together, about)* posvetovati se; **to** ~ **a favour on s.o.** izkazati komu naklonjenost; ~ glej, primerjaj

conferee [kənferí:] *n* udeleženec konference, posvetovalec; odlikovanec, dobitnik

conference [kónfərəns] *n* posvetovanje, konferenca, pretres; podelitev; **to sit in** ~ zasedati; **to hold a** ~ imeti sejo

conferential [kənfərénšəl] *adj* posvetovalen, konferenčen

conferment [kənfə́:mənt] *n* podelitev (časti)

conferable [kənfə́:rəbl] *adj* primerljiv; podeljiv

confess [kənfés] *vt & vi (to)* priznati, izpovedati; *eccl* spovedati (se)

confessant [kənfésənt] *n* spovedanec, -nka

confessed [kənfést] *adj* priznan, očiten, nesporen

confessedly [kənfésidli] *adv* priznano, po priznanju, nesporno, očitno

confession [kənféšən] *n* priznanje; *eccl* spoved; veroizpoved; **to go to** ~ iti k spovedi; **to hear** ~ spovedati; ~ **of faith** veroizpoved

confessional [kənféšənəl] **1.** *adj* spoveden; **2.** *n* spovednica

confessionary [kənféšnəri] *adj* spoveden

confessionist [kənféšənist] *n* pripadnik neke vere

confessor [kənfésə] *n* spovednik; vernik, mučenik

confetti [kənféti] *n pl* konfeti; *mil sl* naboji za strojnico

confidant [kənfidǽnt] *n* zaupnik

confidante [kənfidǽnt] *n* zaupnica

confide [kənfáid] **1.** *vt (to)* zaupati; zaupno povedati; priznati; **2.** *vi (in* na) zanesti, zanašati se; **to** ~ **in s.o. about s.th.** zaupno se s kom o čem pogovarjati

confidence [kónfidəns] *n (in)* zaupanje; zaupno sporočilo; samozavest, drznost, nesramnost; **to be in s.o.'s** ~ biti zaupnik koga; **to have every** ~ popolnoma zaupati; **in** ~ zaupno; **in strict** ~ strogo zaupno; ~ **man**, ~ **trickster** slepar; **to place (ali repose)** ~ **in s.o.** dobiti zaupanje do koga; **to take s.o. into one's** ~ zaupati se komu, zaupno komu povedati; *A* ~ **game**, *E* ~ **trick** prevara (zaupljive osebe)

confident [kónfidənt] **1.** *adj (~ly adv)* zaupljiv; *(of* o) prepričan; samozavesten, drzen; **to be** ~ **in (ali of)** zanašati se na; **2.** zaupnik

confidential [kónfidénšəl] *adj* zaupen, zaupanja vreden; ~ **clerk** prokurist; **strictly** ~ strogo zaupen

confidentially [kónfidénšəli] *adv* zaupno, med nama povedano; **strictly** ~ strogo zaupno

configurate [kənfígjureit] *(rare) vt* oblikovati, sestavljati

configuration [kənfigjuréišən] *n* zunanja podoba, oblika, obris; načrt; lega, položaj (zvezd)

configure [kənfígə] *vt* oblikovati

confine I [kónfain] *n (nav. pl)* meja; omejitev; **on the** ~s na robu

confine II [kənfáin] **1.** *vt (to* na) omejiti; zapreti, konfinirati; *arch* mejiti na kaj; **2.** *vi (with)* biti na meji; **to** ~ **o.s. to** omejiti se na kaj, držati se česa; **to be** ~d **(of a child)** roditi; **he was** ~d **to his bed** moral je ostati v postelji

confined [kənfáind] *adj* utesnjen; zaprt; *med* zapečen

confinement [kənfáinmənt] *n* omejitev; zapor, konfinacija; porod, otročja postelja; **solitary** ~ samica (zapor); **to place under** ~ zapreti v ječo; *mil* ~ **to quarters** hišni zapor

confirm [kənfə́:m] *vt* (o)jačiti, (o)krepiti; potrditi, odobriti, ratificirati; *eccl* birmati; ~ **ed bachelor**

zagrizen samec; ~ed disease kronična bolezen; ~ed drunkard nepoboljšljiv pijanec; ~ed invalid kronični bolnik; com a ~ed (letter of) credit potrjen akreditiv

confirmation [kənfə:méišən] n okrepitev, ojačitev; potrdilo; dokaz; eccl birma; in ~ of v dokaz kot potrdilo česa

confirmation-note [kənfə:méišənnout] n potrdilo o prejemu, pobotnica

confirmative [kənfó:mətiv] adj (~ly adv) potrdilen, podkrepilen

confirmatory [kənfó:mətəri] adj (confirmatorily adv) glej confirmative

confirmee [kənfə:mí:] n birmanec, -nka

confirmer [kənfó:mə] n obs potrjevalec, overitelj, priča

confiscable [kónfiskəbl] adj zasegljiv, zaplenljiv

confiscate [kónfiskeit] vt zapleniti, zaseči, konfiscirati

confiscation [kənfiskéišən] n zaplemba, zasega, konfiskacija; fam rop

confiscator [kónfiskeitə] n zaplenjevalec, konfiskator

confiscatory [kónfiskéitəri] adj zaplemben, zasežen; ki konfiscira; fam roparski

confix [kənfíks] vt pritrditi, pritrjati

confixative [kənfíksətiv] adj (rare) pritrjevalen

conflagration [kənfləgréišən] n požar; fig izbruh (vojne)

conflate [kənfléit] vt (into) zliti, stopiti, zvariti; združiti (dva teksta)

conflation [kənfléišən] n zlitje, stopitev; združitev (dveh tekstov)

conflict I [kónflikt] n boj, spor, prepir; nasprotovanje, navzkrižje; to come into ~ with s.o. priti s kom navzkriž

conflict II [kənflíkt] vi (with) boriti se; prepirati se, nasprotovati si, biti si navzkriž

conflicting [kənflíktiŋ] adj sporen, navzkrižen, nasproten

confliction [kənflíkšən] n protislovje, nasprotje

confluence [kónfluəns] n pritok, stočišče, stok, sotočje; stekanje; spajanje; gneča

confluent [kónfluənt] 1. n pritok; 2. adj biol ki zrašča, zrastel, zraščen; med zlit (mozolji)

conflux [kónflʌks] glej confluence

conform [kənfó:m] 1. vt fig (to) prilagoditi, prilagajati, spraviti v sklad; 2. vi (to) prilagoditi, podvreči, pokoriti se; ustrezati, biti v skladu; priznati veljavo anglikanski cerkvi

conformability [kənfó:məbíliti] n združljivost, skladnost, ustreznost, prilagodljivost, podobnost; pokornost, ubogljivost

conformable [kənfó:məbl] adj (to) združljiv, ustrezen, skladen, primeren; podoben; pokoren, ubogljiv; geol enakoličen, konformen

conformably [kənfó:məbli] adv; ~ to skladno s, glede na, ustrezno s

conformance [kənfó:məns] n prilagajanje; soglasje; in ~ to glede na, skladno s; in ~ with v soglasju s

conformation [kənfə:méišən] n (to) prilagoditev, skladnost; oblika, struktura, ustroj; podreditev, podrejenost, odvisnost; strinjanje, soglasnost

conformism [kənfó:mizəm] n voljna prilagodljivost, konformizem

conformist [kənfó:mist] n član(ica) anglikanske cerkve; pravovernik, -nica

conformity [kənfó:miti] n (to) podobnost; primernost, ustreznost; podrejenost; (with) soglasnost; pravovernost (glede na anglikansko cerkev); in ~ with glede na, v soglasju s

confound [kənfáund] vt (z)mešati, osupiti, zbegati, presenetiti; (with) zamenjati; osramotiti; ~ him! naj ga vrag vzame!; ~ it! hudiča!

confounded [kənfáundid] adj (at) zbegan, zmeden začuden; fam presnet, vražji; razprt

confoundedly [kənfáundidli] adv coll strašno, grozno, presneto, vražje

confoundedness [kənfáundidnis] n zmešnjava, kolobocija; uničenje; poraz

confraternity [kənfrətó:niti] n bratovščina, ceh

confrère [kónfreə] n kolega

confront [kənfrʌnt] vt (with) soočiti, iz oči v oči postaviti; primerjati; (z)begati, v zadrego spraviti; izzivati; to be ~ed with nasproti stati (komu, čemu)

confrontation [kənfrʌntéišən] n (with) soočenje; primerjava

confuse [kənfjú:z] vt zmešati, zbegati, v zadrego spraviti; zameščati, zamenjati

confused [kənfjú:zd] adj (~ly [kənfjú:zidli] adv) zbegan, zmeden; zamotan, nejasen; to become ~ priti v zadrego; not to be ~ with ne zamenjajte s; v razliko s

confusedness [kənfjú:zidnis] n zbeganost, zmeda, zmešnjava

confusion [kənfjú:žən] n zmešnjava, zmeda; zamenjava; zmedenost; zadrega; ~ worse confounded še večja zmešnjava, skrajna zmeda

confutability [kənfju:təbíliti] n ovrgljivost, spodbitnost

confutable [kənfjú:təbl] adj (confutably adv) ovrgljiv, spodbiten

confutation [kənfju:téišən] n ovržba, spodbijanje

confutative [kənfjú:tətiv] adj (~ly adv) ovržen, spodbijalen

confute [kənfjú:t] vt spodbiti, ovreči, jezik komu zavezati, sapo komu zapreti

congé [kó:nžei] n slovo; odpust; to give s.o. his ~ odpustiti koga; to get one's ~ biti odpuščen

congeal [kəndží:l] 1. vt zamrzniti, zalediniti, zmraziti; strditi; 2. vi zmrzniti, zlediniti; strditi se; to be ~ed odreveneti

congealment [kəndží:lmənt] n zmrznjenje, zmrazitev, zaledenitev; strditev; point of ~ ledišče

congee I [kóndži:] n slovo, ločitev; to make one's ~s posloviti se

congee II [kóndži:] vi posloviti se, ločiti se; prikloniti se

congelation [kəndžiléišən] n glej congealment; zmrznjena ali strjena snov; geol tvorba kapnikov

congener [kóndžinə] n sorodnik, pripadnik istega rodu ali vrste

congeneric(al) [kəndžinérik(əl)] adj soroden, istovrsten

congenerous [kəndžénərəs] adj (with); podoben; istovrsten, soroden, istoroden

congenial [kəndží:niəl] adj (~ly adv) (with) (duševno) soroden; (to) simpatičen; primeren congeniality [kəndži:niæliti] *n* duševna sorodnost, kongenialnost; (*to*) simpatija

congenital [kəndžénitl] *adj* (~ly *adv*) prirojen, vrojen; ~ly blind od rojstva slep

conger [kóŋgə] *n zool* morska jegulja

conger-eel [kóŋgəri:l] glej conger

congeries [kóndžiəri:z] *n* kup, sklad, gruča

congest [kəndžést] 1. *vi* nakopičiti, nabrati se; 2. *vt* nakopičiti, nabrati; *med* s krvjo prenapolniti, zamašiti; natrpati; (promet) ustavljati, ovirati; preobljuditi

congested [kəndžéstid] *adj* preobljuden; *med* s krvjo prenapolnjen; zamašen

congestion [kəndžésčən] *n* prenatrpanost, preobljudenost; *med* naval krvi, zamašitev; gruča, kup; ~ of population preobljudenost; ~ of traffic zastoj v prometu; *med* ~ of the brain naval krvi

congestive [kəndžéstiv] *adj* mašilen; oviralen; *med* ki povzroča naval krvi

conglobate [kóngləbeit] 1. *vt & vi* v kepo (se) stisniti; 2. *adj* kroglast, kepast

conglobation [kəngləbéišən] *n* stiskanje v kepe, kepenje

conglobe [kənglóub] glej conglobate 1.

conglomerate I [kənglómerit] *adj geol* v kepe stisnjen, kepast, grudast

conglomerate II [kənglómərit] *n geol* skupek, sprimek, konglomerat; *fig* kup, zmes, zmešnjava

conglomerate III [kənglómereit] (*into*) 1. *vt* zlepiti, stisniti, zgruditi; 2. *vi* stisniti, zlepiti, zgruditi, kepiti se

conglomeration [kəngləməréišən] *n geol* konglomerat, sprimek, skupek; mešanica; kopičenje

conglutinate I [kənglú:tineit] *vt & vi* zlepiti (se), spojiti (se); zarasti

conglutinate II [kənglú:tinit] *adj* zlepljen, spojen; zaraščen

conglutination [kənglu:tinéišən] *n* zlepek, zlepljenina; zlepitev; *fig* združitev

congratulant [kəngrǽtjulənt] *n* voščilec, -lka

congratulate [kəngrǽtjuleit] *vt* (*on, upon*) voščiti, čestitati

congratulation [kəngrǽtjuléišən] *n* (*on, upon* za) čestitanje, čestitke, voščilo

congratulator [kəngrǽtjuleitə] *n* voščilec, -lka

congratulatory [kəngrǽtjuleitəri] *adj* voščilen

congregate [kóŋgrigeit] *vt & vi* zbrati, zbirati (se)

congregation [kóŋgrigéišən] *n* shod, kongregacija, zborovanje; zbor; skupščina; *eccl* cerkvena občina; farani

congregational [kóŋgrigéišənl] *adj eccl* kongregacijski; nonkoformističen, sektaški; neodvisen

congregationalist [kóŋgrigéišnəlist] *n eccl* kongregacionalist, privrženec neodvisnosti verskih skupnosti

congress [kóŋgres] *n* zbor, shod, kongres; *A* parlament, zakonodajna skupščina; ~ boot vrsta visokega čevlja; to go into ~ zasedati

congressional [kóŋgréšənl] *adj* kongresen

congressman [kóŋgresmən] *n A* poslanec, član Kongresa

congruence [kóŋgruəns] *n* (*with, between*) soglasje; skladnost; doslednost; primernost

congruency [kóŋgruənsi] glej congruence

congruent [kóŋgruənt] *adj* (~ly *adv*) primeren; (*with*) skladen, soglasen; dosleden

congruity [kəŋgrúiti] *n* (*with*) skladnost, primernost, doslednost

congruous [kóŋgruəs] *adj* (~ly *adv*) (*to, with*) soglasen, skladen, primeren, ustrezen

conic [kónik] *adj* (~ally *adv*) stožčast; ~(al) section presek stožca; ~(al) frustum prisekani stožec

conicalness [kóniklnis] *n* stožčasta oblika

conifer [kóunifə] *n bot* iglavec, storžnjak

coniferous [kounífərəs] *adj bot* iglast, storžast

coniform [kóunifo:m] *adj* stožčast

conjecturable [kəndžékčərəbl] *adj* (conjecturably *adv*) verjeten, predstavljiv

conjectural [kəndžékčərəl] *adj* (~ly *adv*) domneven, verjeten

conjecture I [kəndžékčə] *n* domneva, podmena, ugibanje; to hazard a ~ razmišljati o raznih možnostih

conjecture II [kəndžékčə] *vt & vi* domnevati, ugibati, slutiti

conjoin [kəndžóin] *vt & vi* (z)vezati, (z)družiti (se), sodelovati

conjoint [kóndžoint] *adj* (~ly *adv*) združen, zvezan, skupen, sodelujoč

conjugal [kóndžugəl] *adj* (~ly *adv*) zakonski, ženitven

conjugality [kóndžugǽlity] *n* zakonski stan

conjugate I [kóndžugeit] 1. *vt gram* spregati; 2. *vi* spregati se; *biol* pariti, (z)družiti se

conjugate II [kóndžugit] *adj* vezan, združen, sparjen, paren; istoroden

conjugate III [kóndžugit] *n* izpeljanka iz istega korena, sorodna beseda

conjugation [kóndžugéišən] *n gram* spreganje; *biol* parjenje, druženje

conjugational [kóndžugéišənəl] *adj* (~ly *adv*) konjugacijski, spregatven

conjunct I [kəndžʌ́ŋkt] *adj* (~ly *adv*) vezan, združen, skupen; ~ axis stranska os

conjunct II [kəndžʌ́ŋkt] *n* združena oseba ali stvar

conjunction [kəndžʌ́ŋkšən] *n* zveza, združitev, spajanje, (s)parjenje; kombinacija; sovpad; križišče, razpotje; *gram* veznik; in ~ with skupaj s

conjunctional [kəndžʌ́ŋkšənəl] *adj* (~ly *adv*) vezen; *gram* vezniški

conjunctiva [kəndžʌ́ŋktáivə] *n anat* očesna veznica

conjunctive [kəndžʌ́ŋktiv] 1. *adj* (~ly *adv*) vezen, spajalen; vezniški; 2. *n gram* vezni naklon, konjunktiv

conjunctivitis [kəndžʌ́ŋktiváitis] *n med* vnetje očesne veznice

conjuncture [kəndžʌ́ŋkčə] *n* ugodna priložnost; zveza; preokret; konjunktura; kriza

conjuration [kəndžuréišən] *n* zaklinjanje, čaranje

conjure I [kəndžúə] *vt* zaklinjati, moledovati

conjure II [kʌ́ndžə] *vt & vi* čarati, klicati; žonglirati; zaklinjati, zagovarjati; v duhu si predstavljati; a name to ~ with vplivno ime

conjure away *vt* izganjati (s čarovnijami)

conjure down *vt* pričarati (dež)

conjure out *vt* s čarovnijami napraviti

conjure up *vt* priklicati (duhove)

conjurer, conjuror [kʌ́ndžərə] čarovnik, žongler, slepar; he is no ~ ne bo izumil smodnika

conk I [kɔŋk] n sl nos
conk II [kɔŋk] vt sl butniti; klofniti; to ~ out
nenadoma odpovedati, »crkniti« (motor); umreti
conkers [kóŋkəz] n pl igra s kostanji
conky [kóŋki] 1. adj sl nosat, dolgonos; 2. n sl
dolgonosec, nosan
connate [kóneit] adj prirojen, vrojen; (with) isto-
izvoren, soroden; bot zrasel
connatural [kənǽčərəl] adj (~ly adv) (to) soroden,
enak; prirojen
connect [kənékt] 1. vt (with, to) zvezati, združiti, po-
vezati; 2. vi biti v zvezi, povezovati se; to be
~ed with imeti zvezo s; biti zapleten v; to be
~ed by marriage biti v svaštvu; to think ~edly
logično misliti; distantly ~ed v daljnem so-
rodstvu; ~ed to earth uzemljen; well ~ed iz
dobre družine
connectedness [kənéktidnis] n zveza, povezanost,
sorodnost
connectible [kənéktəbl] adj (connectibly adv) (with)
povezljiv, spojljiv
connecting [kənéktiŋ] adj (with) vezen, spójen;
~ line zvezna proga; ~ passage prehod; ~ link
vezni člen; ~ piece nastavek
connecting-rod [kənéktiŋrɔd] n techn ojnica
connection [kənékšən] n (with) zveza, stik, priklju-
ček; sorodstvo, poznanstvo; spolni stik; jur
izvenzakonska zveza; povezovanje, spojitev;
odjemalci; pl (dobre) zveze; to enter into ~
navezati stik; to cut the ~ pretrgati stike;
criminal ~ izvenzakonski stik; hot water ~s
napeljava tople vode; in this ~ v tej zvezi, glede
na to; to establish a ~ navezati stik; rly to run
in ~ with imeti zvezo s
connective [kənéktiv] 1. adj vezen, stičen; anat ~
tissue vezivo; 2. n gram veznik
connector [kənéktə] n techn spojnik, vezni vijak
connexion [kənékšən] glej connection
conning-bridge [kóniŋbridž] n poveljniški most
conning-tower [kóniŋtauə] n poveljniški most bojne
ladje; stolp podmornice
conniption [kənípšən] n A sl besnost, togota, srd;
~ fit histeričen napad
connivance [kənáivəns] n (at, in) prizanašanje,
potrpljenje, spregled, popustljivost, potuha;
(with) sporazum
connive [kənáiv] vi prizanašati, spregledati, skozi
prste gledati, dajati potuho; fig (at) zatiniti oči
(pred)
connivent [kənáivənt] adj biol drug proti drugemu
nagnjen, konvergenten; anat ~ valves črevesne
gube
connoisseur [kɔnisə́:] n (in, of) poznavalec, stro-
kovnjak
connotate [kónouteit] glej connote
connotation [kɔnoutéišən] n hkratni pomen,
stranski (drug) pomen, zapopadenost
connotative [kənóutətiv] adj ki hkrati pomeni;
vključen, zápopaden
connote [kənóut] vt hkrati pomeniti, hkrati ozna-
čiti; vsebovati, vključevati
connubial [kənjú:biəl] adj (~ly adv) zakonski,
poróčen
connubiality [kənju:biǽliti] n zakonski stan; con-
nubialities zakonske nežnosti

conoid [kóunɔid] 1. adj stožčast; 2. n nepravilni
stožec, pastožec
conoidal [kounɔ́idl] adj stožčast
conquer [kóŋkə] 1. vt zavojevati, osvojiti, prema-
gati, podjarmiti, podvreči; 2. vi zmagati; to
stoop to ~ posredno zmagati
conquerable [kóŋkərəbl] adj premagljiv, ukrotljiv,
osvojljiv
conqueror [kóŋkərə] n osvojitelj, zmagovalec, za-
vojevalec; fam odločilna igra
conquest [kóŋkwest] n (over) zmaga, osvojitev,
podjarmljenje; zavojevano ozemlje; the Con-
quest osvojitev Anglije l. 1066 po Viljemu Zavo-
jevalcu; to make a ~ of s.o. pridobiti si naklo-
njenost koga
consaguine [kɔnsǽŋgwin] glej consanguineous
consanguineous [kɔnsæŋgwínjəs] adj krvno so-
roden, sorodstven, sorodniški, roden
consanguinity [kɔnsæŋgwíniti] n krvno sorodstvo;
sorodnost
conscience [kónšəns] n vest; in ~ v resnici; in all ~
gotovo; upon my ~! častna beseda!; to have
the ~ to biti tako predrzen, da; ~ money
denar, plačan, ker nas peče vest (npr. zaradi
utaje davkov); freedom of ~ svoboda verskega
prepričanja; to get off one's ~ olajšati si vest;
with a safe ~ mirne duše; his ~ smote him,
he had qualms of ~, he was ~-stricken vest
ga je pekla; out of all ~ nesramno; clear ~ (ali
good) čista vest; guilty (ali bad) ~ slaba vest;
to steel one's ~ to s.th. zatiniti oči pred čim
conscienceless [kónšənslis] adj brezvesten
conscienceproof [kónšənspru:f] adj ki ga vest ne
peče, neobčutljiv
conscience-smitten [kónšənssmitn] adj ki ga peče
vest
conscientious [kɔnšiénšəs] adj ~(ly adv) natančen,
skrben, vesten; ~ objector član sekte, ki mu
vest ne dopušča, da bi služil vojake
conscientiousness [kɔnšiénšəsnis] n skrbnost, na-
tančnost, vestnost
conscionable [kónšnəbl] adj (conscionably adv)
vesten, pravičen
conscious [kónšəs] adj (~ly adv) (of) zavedajoč se;
zavesten, zaveden; to be ~ zavedati se; with ~
superiority samozavesten
consciousness [kónšəsnis] n zavest; zavestnost, za-
vednost; to lose ~ omedleti; to regain (ali
recover) ~ ovedeti se
conscribe [kənskráib] vt (prisilno) rekrutirati, vo-
jake nabirati, novačiti, vpoklicati k vojakom
conscript I [kənskrípt] glej conscribe
conscript II [kónskript] adj regruten, naborniški,
prisilno vpoklican; hist ~ fathers rimski sena-
torji
conscript III [kónskript] n rekrut, vojaški novinec,
novak, nabornik
conscription [kənskrípšən] n vpis, registracija;
nabor, novačenje; universal ~ splošna vojaška
obveznost
consecrate [kónsikreit] (to) 1. vt posvetiti; name-
niti; blagosloviti; 2. adj posvečen, namenjen;
blagoslovljen
consecration [kɔnsikréišən] n (to) posvetitev, blago-
slovitev; posvetilo
consecrator [kónsikreitə] n posvetitelj

consecratory [kɔ́nsikrətəri] *adj* posvečevalen; blagoslovilen

consecution [kənsikjúːšən] *n* posledica; zaporednost; *gram* besedni red; sosledica časov

consecutive [kənsékjutiv] *adj* (~ ly *adv*) sledeč, zapovrsten, zaporeden, nepretrgan; posledičen; dosleden; *gram* ~ clause posledični stavek; two ~ weeks zdržema dva tedna

consecutively [kənsékjutivli] *adv* zdržema; torej

consecutiveness [kənsékjutivnis] *n* zaporednost, nepretrganost; doslednost

consenescence [kənsinésəns] *n* skupno staranje, splošen propad

consensual [kənsénšuəl] *adj* (~ ly *adv*) sporazumen

consensus [kənsénsəs] *n* soglasnost; splošno mnenje; *med* simpatija; ~ of opinion soglasno mnenje

consent I [kənsént] *vi* (*to*) privoliti, strinjati se; dopustiti, odobriti, pritrditi

consent II [kənsént] *n* (*to*) privolitev, dopustitev, odobritev; *jur* age of ~ polnoletnost; by common ~, with one ~ soglasno; mutual ~ medsebojen dogovor; silence gives ~ kdor molči, se strinja; to carry the ~ of biti odobren od; to withhold one's ~ ne odobriti; half-hearted ~ prisilna privolitev

consentaneity [kənsentəníːiti] *n* soglasje; odobritev

consentaneous [kənsentéinjəs] *adj* (~ ly *adv*) (*to*, *with* s) soglasen, enodušen

consentient [kənsénšənt] *adj* (~ ly *adv*) glej consentaneous

consequence [kɔ́nsikwəns] *n* posledica; izid; važnost, pomembnost; vpliv; it is of no ~ nič ne de; in ~ zato, torej, potemtakem; in ~ of zaradi; to take the ~ s nositi posledice; a person of ~ ugledna oseba; of no ~ to brezpomemben za

consequent I [kɔ́nsikwənt] *n* posledica; učinek, delovanje; zaključek; *math* zadnji člen

consequent II [kɔ́nsikwənt] *adj* (*on*, *upon* za) sledeč; dosleden

consequential [kɔnsikwénšəl] *adj* (~ ly *adv*) (*on*) posledičen, pomemben, važen; bahav

consequently [kɔ́nsikwənui] *conj* zato, torej; potemtakem

conservable [kənsɔ́ːvəbl] *adj* ohranljiv

conservancy [kənsɔ́ːvənsi] *n* urad, oblast za zaščito gozdov, rek itd.; ~ area zaščiteni revir

conservation [kɔnsəvéišən] *n* ohranitev, očuvanje, obvarovanje; zaščita gozdov, rek itd.; *A* zaščiteni revir; faculty of ~ (dober) spomin

conservatism [kənsɔ́ːvətizəm] *n* konservativnost, konservatizem, težnje po ohranitvi starega, nazadnjaštvo

conservative I [kənsɔ́ːvətiv] *adj* (~ ly *adv*) ohranljiv; previden; nazadnjaški; konservativen, starokopiten

conservative II [kənsɔ́ːvətiv] *n* konservativec, nazadnjak, starokopitnež

conservatoire [kənsɔ́ːvətwaː] *n mus* konservatorij

conservator [kɔ́nsəveitə] *n* konservator, kustos, varuh, skrbnik; *pl* glej conservancy

conservatory [kənsɔ́ːvətəry] 1. *adj* ohranljiv; previden, zmeren; starokopiten, staroverski, konservativen; 2. *n* rastlinjak; *A mus* konservatorij; zaščita gozdov, rek itn.

conserve [kənsɔ́ːv] 1. *n* vkuhano sadje ali zelenjava, konserva; 2. *vt* & *vi* ohraniti (se), konservirati

consider [kənsídə] 1. *vt* smatrati, imeti koga za kaj; ceniti, pretehtati, premisliti, preučiti; upoštevati; veljati, imeti se za kaj; 2. *vi* premišljevati, premišljati se; he is ~ ed a clever man imajo ga za pametnega človeka; to ~ s.th. on its merits ocenjevati vrednost česa; ~ yourself at home počutite se kakor doma; all things ~ ed če vse upoštevamo; a ~ ed action dobro premišljeno dejanje

considerable [kənsídərəbl] *adj* (considerably *adv*) znaten, precejšen, upoštevanja vreden, imeniten, pomemben; *A coll* zelo veliko (česa)

considerate [kənsídərit] *adj* (~ ly *adv*) premišljen; (*to*) obziren, pozoren, uvideven

considerateness [kənsídəritnis] *n* obzirnost, pozornost, uvidevnost

consideration [kənsídəréišən] *n* ogledovanje; uslužnost, pozornost, pažnja, pazljivost; premišljevanje, premislek; cenitev, spoštovanje; ozir, uvaževanje; nagib; odškodnina, nadomestilo, vračilo; premirje; napitnina; važnost; ugled; after due ~ po zrelem premisleku; budget ~ proračunski načrt; to give ~ to pretehtati, upoštevati; to leave out of ~ ne upoštevati; money is no ~ denar ni vprašanje; on no ~ za nič na svetu; under ~ v pretresu, ki se preučuje; in ~ of glede, zastran; in ~ of the sum za znesek; to take into ~ upoštevati; that is a ~ to je upoštevanja vredno

considering [kənsídəriŋ] *prep* glede na; če upoštevamo

consign [kənsáin] *vt* (*to*) izročiti; zaupati; *com* dostaviti, poslati; vložiti (denar), vplačati; to ~ to oblivion zbrisati iz spomina; to ~ to writing zapisati

consignable [kənsáinəbl] *adj* izročljiv, dostavljiv; vplačljiv

consignation [kənsainéišən] *n* izročitev, dostava; vplačilo zneska v banko; pošiljka blaga; konsignacija; popis blaga; to the ~ of na naslov

consignee [kənsainíː] *n* naslovnik, adresat; *com* prejemnik blaga za prodajo, konsignator

consigner, -nor [kənsáinə] *n* pošiljatelj(ica), dobavitelj(ica) blaga

consignment [kənsáinmənt] *n* dostavitev, nakazilo; tovor, pošiljka; zastavitev; izročitev; konsignacija; ~ invoice konsignacijska faktura; ~ note tovorni list; ~ stock konsignacijsko skladišče; goods in ~ blago, poslano v komisijsko prodajo

consilience [kənsíliəns] *n* hkratnost, skladnost, soglasnost

consilient [kənsíliənt] *adj* (~ ly *adv*) hkraten, skladen, soglasen

consist [kənsíst] *vi* (*of*) sestajati; (*in*) obstajati; (*with*) ujemati, skladati se; (*in*) biti bistvo česa, predstavljati

consistence [kənsístəns] *n* čvrstost, jakost; gostota, zgoščenost, strnjenost, stisnjenost; trpežnost; stanovitnost, ustaljenost

consistency [kənsístənsi] *n* glej consistence; (*with*) složnost; doslednost, konsekventnost

consistent [kənsístənt] *adj* (~ ly *adv*) čvrst, trden; dosleden; (*with*) združljiv, skladen; konsekventen; ~ **pattern** normalnost, pravilnost; **to make** ~ **with s.th.** spraviti v sklad s čim

consistorial [kənsistó:riəl] *adj eccl* konzistorijski

consistory [kənsístəri] *n eccl* konzistorij; zbor kardinalov

consociate I [kənsóušiit] **1.** *adj* pridružen, priključen; **2.** *n* družabnik

consociate II [kənsóušieit] *vt & vi* (*with*) družiti (se)

consociation [kənsoušiéišən] *n* združenje, spojitev

consolable [kənsóuləbl] *adj* utolažljiv, pomirljiv

consolation [kənsəléišən] *n* tolažba, uteha, utešitev; **sorry** ~ (ali **poor**) slaba tolažba; ~ **prize** tolažilna nagrada

consolatory [kənsólətəri] *adj* (**consolatorily** *adv*) tolažilen, utešljiv

console I [kónsoul] *n* podstavek, konzola; ~ **table** stenska mizica s podstavkom

console II [kənsóul] *vt* tolažiti, utešiti; **to** ~ **o.s. with** tolažiti se s čim

console-mirror [kənsóulmírə] *n* stoječe ogledalo

consoler [kənsóulə] *n* tolažnik, -nica; tolažilo

consolidate [kənsólideit] **1.** *vt* utrditi, ojačiti, združiti, povzemati; učvrstiti, konsolidirati; **2.** *vi* ojačiti, utrditi se; otrditi

consolidated [kənsólideitid] *adj* gost, trden, kompakten, čvrst; *E* ~ **annuities** konsolidirani državni papirji; *A* ~ **ticket office** blagajna za izdajo vozovnic za proge različnih železniških družb

consolidation [kənsəlidéišən] *n* utrditev, ojačenje; združitev; zgostitev; *geol* postopen zemeljski usad

consolidator [kənsólideitə] *n* združevalec, -lka, ojačevalec, -lka

consols [kənsólz] *n pl E* konsolidirani državni papirji (*consolidated annuities*)

consommé [kənsómei] *n* vrsta močne mesne juhe

consonance [kónsənəns] *n* ubranost, soglasnost, skladnost, harmonija; **in** ~ **with** skladno s

consonant I [kónsənənt] *adj* (~ **ly** *adv*) (*with*) soglasen, ubran, skladen, harmoničen; združljiv

consonant II [kónsənənt] *n gram* soglasnik

consonantal [kənsənǽntl] *adj* soglasniški

consonous [kónsənəs] *adj* (~ **ly** *adv*) ubran, harmoničen

consort I [kənsó:t] *vi* (*with*) družiti se, imeti stik; spremljati; ujemati se

consort II [kónsə:t] *n* soprog(a); spremljevalna ladja; **queen** ~ kraljeva žena; **king** ~ kraljičin mož

consortium, *pl* **consortia** [kənsó:šiəm, kənsó:šiə] *n* konzorcij

conspecific [kənspesífik] *adj* (~ **ally** *adv*) istovrsten

conspectus [kənspéktəs] *n* (*of*) splošen pregled, kratek izvleček

consperse [kənspó:s] *adj* posejan, poškropljen

conspicuity [kənspikjú:iti] *n* jasnost, očitnost

conspicuous [kənspíkjuəs] *adj* (~ **ly** *adv*) jasen, viden, očiten; (*for* zaradi) slaven, opozorljiv, pozornost zbujajoč, nenavaden; znaten; **to be** ~ **by absence** pozornost zbuditi zaradi odsotnosti

conspicuousness [kənspíkjuəsnis] *n* vidnost, razločnost; nenavadnost

conspiracy [kənspírəsi] *n* zarota; tajen dogovor; ~ **of silence** dogovor o zamolčanju

conspirant [kənspáiərənt] **1.** *adj* zarotniški; **2.** *n* zarotnik, -nica

conspirator [kənspírətə] *n* zarotnik

conspiratorial [kənspirató:riəl] *adj* (~ **ly** *adv*) zarotniški

conspiratress [kənspírətris] *n* zarotnica

conspire [kənspáiə] *vt & vi* (*against*) zarotiti se; imeti za bregom, kovati; spletkariti; sodelovati; **all things** ~ **to make him happy** vse mu gre po sreči

conspirer [kənspáiərə] glej **conspirator**

conspue [kənspjú:] *vt fig* opljuvati; zaničevati

constable [kónstəbl] *n* policijski uradnik, redar, stražnik, policaj; **chief** ~ upravnik policije; **special** ~ pomožni stražnik; *coll* **to overrun** (ali **outrun**) **the** ~ živeti preko svojih sredstev

constabulary [kənstǽbjuləri] **1.** *adj* policijski, stražarski, redarski; **2.** *n* policija, milica

constancy [kónstənsi] *n* trajnost, stalnost, vztrajnost, stanovitnost, neomajnost, nespremenljivost; zvestoba

constant I [kónstənt] *adj* trajen, stalen, nenehen; vztrajen, stanoviten, neomajen; (*to*) zvest

constant II [kónstənt] *n math phys* konstanta, nespremenljivka

constantly [kónstəntli] *adv* nenehno, vztrajno; pogosto

constellate [kónstəleit] *vt & vi* sestaviti, urediti; uvrstiti (se) v skupine

constellation [kónstəléišən] *n astr* sozvezdje; *fig* imenitna družba

consternate [kónstəneit] *vt* presenetiti, osupiti, potreti; (*at*) sapo komu zapreti

consternation [kónstənéišən] *n* (*at* nad) osuplost, prepadenost; zmeda; groza; **with** ~ ves iz sebe

constipate [kónstipeit] *vt med* zapirati, zapeči

constipation [kónstipéišən] *n med* zaprtje, zapeka, zaprtost

constituency [kənstítjuənsi] *n* volilno okrožje; volivci; *fam* odjemalci, klientela; bralci; **to sweep·a** ~ dobiti veliko večino glasov

constituent I [kənstítjuənt] *adj* sestaven; volilen; ustavodajen; ~ **assembly** ustavodajna skupščina; ~ **body** volivci; ~ **part** sestavni del, sestavina; **to be** ~ **of s.th.** tvoriti, sestavljati kaj

constituent II [kənstítjuənt] *n* sestavina, komponenta; volivec; naročnik, pooblastitelj

constitute [kónstitju:t] *vt* določiti, odrediti, imenovati, namestiti; ustanoviti, osnovati, utemeljiti; predstavljati

constitution [kənstitjú:šən] *n* sestav, ustroj, ustanovitev, organizacija; ustava, konstitucija; nrav, čud; organizem, telesna zgradba; **by** ~ po naravi

constitutional I [kənstitjú:šənl] *adj* zakonit, ustaven; prirojen; organski; ~ **charter** ustavna listina; ~ **disease** prirojena bolezen

constitutional II [kənstitjú:šnl] *n coll* sprehod pred jedjo ali po njej; **morning** ~ jutranji sprehod

constitutionalism [kənstitjú:šnəlizəm] *n* ustavni sistem, konstitucionalizem, parlamentarizem

constitutionalist [kənstitjú:šnəlist] *n* zagovornik konstitucionalizma

constitutionalize [kənstitjú:šnəlaiz] *vt & vi* konstitucionalizirati, dati ali prejeti ustavo; iti na sprehod (zaradi zdravja)

constitutive   176   contagion

constitutive [kənstítjutiv] adj (~ly adv) ustaven; osnoven, sestaven, bistven; to be ~ of sestavljati
constitutor [kónstitju:tə] n ustanovitelj(ica), utemeljitelj(ica)
constrain [kənstréin] vt stisniti, stiskati; (tu k) (pri)siliti; zadrževati, ovirati; (v ječo) zapreti; poet ukrotiti
constrained [kənstréind] adj (~ly [kənstréinidli] adv) prisiljen, nenaraven; omejen, stisnjen; pridušen (glas)
constraint [kənstréint] n sila, zadrega; siljenje, pritisk, napetost; zvezanost, omejenost; under (ali in) ~ pod pritiskom; to put a ~ upon s.o. nasilno koga zadržati, ovirati
constrict [kənstríkt] vt vkup vleči, stisniti, stiskati; (z)ožiti, (s)tlačiti (s)krčiti; zadrgniti
constriction [kənstríkšən] n anat krčenje, stiskanje; zožitev
constrictive [kənstríktiv] adj stiskalen, zadrgovalen
constrictor [kənstríktə] n anat pritezalka; zool boa-~ udav
constringe [kənstríndž] vt stisniti, stiskati, (s)krčiti
constringency [kənstríndžənsi] n stiskanje, krčenje, zoženje
constringent [kənstríndžənt] adj (~ly adv) zoževalen, zategovalen
construct [kənstrÁkt] vt (z)graditi, (se)zidati, sestaviti, sestavljati; napraviti; oblikovati; izumiti, izmisliti si
construction [kənstrÁkšən] n gradnja; zgradba, poslopje, stavba; ogredje; sestava, ustroj, struktura, tvorba; razlaga, tolmačenje, pojasnilo; konstrukcija; to put a favourable ~ on s.th. ugodno si kaj razlagati; A ~ laborer kopač; to put a false (the best, the worst) ~ on s.th. napačno (najugodneje, najneugodneje) si kaj razložiti; in the course of ~ med gradnjo
constructional [kənstrÁkšənl] adj (~ly adv) stavben, gradben, konstrukcijski
constructive [kənstrÁktiv] adj (~ly adv) tvoren; gradben, stavben; iznajdljiv; ustvarjalen; ki se sam po sebi razume; ~ criticism pozitivna kritika
constructor [kənstrÁktə] n konstrukter; graditelj, stavbenik
construe [kónstru:, kənstrú:] 1. vt sestaviti, analizirati; dobesedno prevesti; tolmačiti, razložiti; sklepati; 2. vi dati se razložiti, sestaviti
consubstantial [kənsəbstænšəl] adj (~ly adv) eccl istega bistva, istoroden
consubstantiate [kənsəbstænšieit] vt & vi združiti (se) v isto snov
consubstantiation [kónsəbstænšiéišən] n eccl nauk o dejanski navzočnosti Kristusovega telesa in krvi v kruhu in vinu pri obhajilu
consuetude [kónswitju:d] n običaj, navada; družabni stiki
consuetudinal [kənswitú:dinəl] adj navaden, običajen
consuetudinary [kənswitú:dinəri] 1. adj navaden, običajen; 2. n eccl obrednik, mašna knjiga
consul [kónsəl] n konzul
consular [kónsjulə] adj konzularen, konzulski
consulate [kónsjulit] n konzulat; ~ general generalni konzulat

consul-general [kónsəldžénərəl] n generalni konzul
consulship [kónsəlšip] n konzulstvo, poklic in dolžnost konzula
consult [kənsÁlt] 1. vt vprašati za nasvet, za navodila; med konzultirati; upoštevati; 2. vi (with s; about o) poizvedovati, posvetovati se; to ~ a book poiskati v knjigi; to ~ one's pillow prespati, dobro si premisliti; to ~ one's interest (ali advantage) gledati na svojo korist; to ~ a dictionary poiskati besedo v slovarju; to ~ one's watch pogledati, koliko je ura
consultant [kənsÁltənt] n svetovalec, -lka; ugleden zdravnik specialist
consultation [kənsəltéišən] n posvetovanje, konferenca; med konzultacija, konzilij; to hold a ~ posvetovati se; to ~ with o.s. po posvetu s kom
consultative [kənsÁltətiv] adj posvetovalen
consultatory [kənsÁltətəri] glej consultative
consultee [kənsÁltí:] n strokovni svetovalec
consulting [kənsÁltiŋ] adj (~ly adv) svetovalen; ~ room zdravniška ordinacija; ~ hours ordinacijske ure
consumable [kənsjú:məbl] adj porabljiv, užiten, prebavljiv; ~ fire gorljiv
consume [kənsjú:m] 1. vt porabiti, potrošiti, dati; zaužiti, požreti, požirati; uničiti; zapraviti; 2. vi iztrošiti, izrabiti se; (away) hirati; consuming desire vroča želja; ~d with s.th. poln česa; ~d with envy zavisten; ~d by fire izžgan; to be ~d with fig hirati, trpeti zaradi
consumedly [kənsjú:midli] adv coll zelo, presneto, kolosalno
consumer [kənsjú:mə] n použitnik, potrošnik, konzument; uničevalec, zapravljivec; ~ goods potrošniško blago; ~ durables (ali durable goods) blago za splošno porabo
consummate I [kónsÁmeit] vt dovršiti, izpeljati, izpolniti
consummate II [kənsÁmit] adj (~ly adv) popoln, dovršen; a ~ fool pravi norec
consummation [kənsÁméišən] n dovršitev, izpolnitev; popolnost, dovršenost; zaključek, konec
consummative [kónsÁmeitiv] adj dovrševalen, izpolnjevalen, zaključen
consummator [kónsÁmeitə] n dovrševalec, izpolnjevalec
consumption [kənsÁmpšən] n poraba, potrošnja; razdejanje; zgorevanje; med jetika; hiranje, propadanje; galloping ~ hitra jetika
consumptive [kənsÁmptiv] adj (~ly adv) uničevalen, potrošniški; jetičen, tuberkulozen; 2. n jetičnik, -nica
contact I [kóntækt] n dotik, stik, zveza; techn stikalo; A pl znanci, združenje; kurir; geom dotikališče; ~ man človek, ki preginja stranke, veza; ~ lens kontaktna leča; to be in ~ with imeti stike s; to come into ~ priti v stik, seznaniti se; to make ~ navezati stike; to break ~ pretrgati stik; ~ print kopija (foto)
contact II [kəntǽkt] vt (with) navezati stike, biti v stiku
contact-breaker [kóntæktbreikə] n techn vzvodno stikalo
contact-plug [kóntæktplÁg] n el vtikalo
contagion [kəntéidžən] n okužitev, okužba; kužna bolezen; fig kuga; fig škodljiv vpliv

contagious [kəntéidžəs] *adj* (~ ly *adv*) kužen, nalezljiv; *fig* škodljiv
contagiousness [kəntéidžəsnis] *n* kužnost, nalezljivost; *fig* škodljivost
contain [kəntéin] *vt* vsebovati, obsegati, meriti; zadrževati, brzdati, obvladovati (o.s. se)
container [kəntéinə] *n* posoda, shramba; zaboj, sod, rezervoar; embalaža
containment [kəntéinmənt] *n* vsebina; vzdržnost, obvladovanje; zadrževanje sovražnika
contaminate [kəntǽmineit] *vt* umazati, onesnažiti, oskruniti; *fig* okužiti; povzročiti radioaktivnost
contamination [kəntǽminéišən] *n* onesnaženje, oskrumba, onečaščenje; kvarjenje; okužba; radioaktivnost; sprememba prvotnega teksta; ~ meter aparat za določitev radioaktivnosti
contaminative [kəntǽminətiv] *adj* (~ ly *adv*) kužen; skrunilen, omadeževalen; ki povzroča radioaktivnost
contango [kəntǽngou] *n E* obresti za odgoditev plačila (delnic)
contemn [kəntém] *vt* zaničevati, prezirati, omalovaževati, podcenjevati; vnemar pustiti
contemplate [kóntempleit] 1. *vt* opazovati, pregledati; motriti; nameravati; pričakovati; 2. *vi* (*on, upon*) premišljevati, preudarjati
contemplation [kəntempléišən] *n* opazovanje, motrenje, ogledovanje; preudarjanje, namera; sanjarstvo; to have in ~ nameravati; to be in ~ biti v načrtu
contemplative [kóntempleitiv] *adj* (~ ly *adv*) opazovalen; preudaren; zamišljen; globokomiseln
contemplativeness [kóntempleitivnis] *n* zamišljenost; preudarnost
contemplator [kóntempleitə] *n* opazovalec, mislec
contemporaneity [kəntempərəní:iti] *n* sočasnost, sodobnost, istočasnost, hkratnost
contemporaneous [kəntempəréinjəs] *adj* (~ ly *adv*) sodoben, sočasen, istočasen, hkraten
contemporaneousness [kəntempəréinjəsnis] glej contemporaneity
contemporary [kəntémpərəri] 1. *adj* (contemporarily *adv*) sodoben, sočasen; 2. *n* sodobnik, vrstnik; časopis istega datuma
contemporize [kəntémpəraiz] *vt* (*with*) sinhronizirati, časovno vzporediti
contempt [kəntémpt] *n* (*for, of*) zaničevanje, prezir; *jur* odsotnost na sodišču; to hold (ali have) in ~, to feel ~ for podcenjevati, zaničevati; to fall into ~ zbuditi zaničevanje; ~ of court neupoštevanje poziva sodišča; beneath ~ gnusen
contemptibility [kəntemptibíliti] *n* zaničljivost, podlost; neznatnost
contemptible [kəntémptəbl] *adj* (contemptibly *adv*) zaničljiv, prezirljiv; podel; neznaten
contemptibleness [kəntémptəblnis] glej contemptibility
contemptuous [kəntémptjuəs] *adj* (~ ly *adv*) zaničevalen; (*of*) omalovažujoč, prezirljiv; ošaben; ~ of ne glede na; to be ~ of s.o. zaničevati koga
contemptuousness [kəntémptjuəsnis] *n* ošabnost; zaničevalnost, prezirljivost
contend [kənténd] *vt* (*with* s; *for* za) boriti se, tekmovati, kosati se; pričkati, prepirati se; (*that*) trditi, izjaviti; (*against*) nastopiti proti

contender [kənténdə] *n* bojevnik, tekmovalec; kandidat
contending [kənténdiŋ] *adj* nasproten
content I [kəntént] *adj* (*with*) zadovoljen, strinjajoč se, soglasen; ki glasuje za; (*to do*) pripravljen; well ~ zadovoljen; not ~ proti (v parlamentu)
content II [kəntént] *n* zadovoljstvo; to one's heart's ~ po mili volji, do sitega; *E* ~ s tisti, ki glasujejo za predlog
content III [kəntént] *vt* zadovoljiti, ustreči komu; to ~ o.s. with zadovoljiti se s
content IV [kóntent] *n* prostornina, prostornost; obseg; *pl* vsebina; table of ~ s vsebina (knjige); cubic ~ prostornina
contended [kənténdid] *adj* (~ ly *adv*) (*with*) zadovoljen; to be ~ biti zadovoljen, zadovoljiti se
contentedness [kənténtidnis] *n* zadovoljstvo
contention [kənténšən] *n* prepir, pričkanje, spor; sporna točka; trditev (*that*); tekmovanje, tekma; bone of ~ vzrok prepira, kamen spotike
contentious [kənténšəs] *adj* (~ ly *adv*) prepirljiv, siten; bojevit; sporen; ~ point sporna točka; *jur* non-~ prostovoljen
contentiousness [kənténšəsnis] *n* bojevitost, prepirljivost; spornost
contentment [kənténtmənt] *n* (*with*) zadovoljstvo; zadovoljitev
conterminal [kəntə́:minl] *adj* (*to, with*) soseden, obmejen; to be ~ with mejiti na
conterminous [kəntə́:minəs] *adj* (~ ly *adv*) (*to*) ki meji, mejen; obmejen; (*with*) ki pomeni isto kot; to be ~ with mejiti na
contest [kóntest] *n* (*over, about* o) prepir, prerekanje, spor; (*for* za) tekma, boj, borba; spodbijanje
contest [kəntést] *vt & vi* (*with, for*) prepirati se, spodbijati; boriti se, tekmovati, kosati se; kandidirati; to ~ every inch of ground boriti se za vsako ped zemlje; to ~ a seat kandidirati v volilnem okrožju; ~ ed election volitve, pri katerih nastopa več kandidatov; *A* volitve, katerih pravilnost spodbijajo
contestable [kəntéstəbl] *adj* (contestably *adv*) sporen, dvomen, izpodbiten
contestant [kəntéstənt] *n* borec, -rka, bojevnik, -nica, tekmovalec, -lka, tekmec, -mica; prepirljivec, -vka
contestation [kəntestéišən] *n* pravdanje, spor, nesoglasje; *Sc* tekmovanje, tekma; nasprotovanje; in ~ sporen
context [kóntekst] *n* zveza, skladnost; miselna zveza, povezanost, sovisnost
contextual [kəntékstjuəl] *adj* (~ ly *adv*) miselno povezan, ki je jasen iz konteksta
contexture [kəntéksčə] *n* tkivo, tkanina; zgradba, sestav, slog
contiguity [kəntigjú:iti] *n* (*with*) stik; soseščina, bližina, dotik; asociacija misli
contiguous [kəntígjuəs] *adj* (~ ly *adv*) (*to*) blizek, soseden, stičen, zraven ležeč
continence [kóntinəns] *n* vzdržnost, zmernost; čistost, nedolžnost
continency [kóntinənsi] glej continence
continent I [kóntinənt] *adj* (~ ly *adv*) vzdržen, zmeren; deviški, nedolžen

continent II [kɔ́ntinənt] *n* celina; suha zemlja; the Continent Evropa brez Velike Britanije; the Dark Continent Afrika

continental I [kɔntinéntl] *adj* (~ly *adv*) celinski; *E* nebritanski, tuj; *E* ~ travel potovanje v tujino

continental II [kɔntinéntl] *n* prebivalec celine; *A* bankovec iz 1774; I don't care a ~ nič mi ni mar

continentalism [kɔntinéntəlizəm] *n* kontinentalizem, lastnost ali naziranje prebivalcev celine

continentalize [kɔntinéntəlaiz] *vt & vi* prilagoditi (se) življenju na celini

contingency [kɔntíndžənsi] *n* naključje, slučaj; možnost; *pl* nepredvideni izdatki; contigencies of war vojna sreča

contingent I [kɔntíndžənt] *adj* (~ly *adv*) slučajen, naključen; možen, mogoč; pogojen, negotov; (*on, upon* od) odvisen od okoliščin; *phil* nebistven

contingent II [kɔntíndžənt] *n* naključje; možnost; vrsta razvrednotenega bankovca; delež, kvota, kontingent, odmerjena količina

continuable [kɔntínjuəbl] *adj* ki se lahko nadaljuje

continual [kɔntínjuəl] *adj* (~ly *adv*) pogosten, stalen, trajen, nenehen, nepretrgan

continuance [kɔntínjuəns] *n* trajnost, dolgotrajnost; nepretrganost; trajanje; vztrajanje; bivanje, obstanek; *jur* odlog, odgoditev; for a ~ za trajno; in ~ of time v preteku časa; of long ~ dolgotrajen

continuation [kɔntinjuéišən] *n* nadaljevanje, podaljšanje; trajnost; podaljšek, obnovitev; dozidava; *pl sl* ženske hlače ali nogavice; ~ school (večerna) nadaljevalna šola

continuative [kɔntínjuətiv] *adj* (~ly *adv*) nadaljevalen, trajen, stalen, nepretrgan

continue [kɔntínju:] 1. *vi* nadaljevati se; (*in*) ohraniti se; (raz)širiti se; ostati; 2. *vt* nadaljevati, vztrajati; *jur* odložiti; to be ~d nadaljevanje prihodnjič

continued [kɔntínju:d] *adj* nenehen, sovisen, povezan; ~ fraction dvojni ulomek

continuity [kɔntinjú:iti] *n* nepretrganost, stalnost; celotnost, neokrnjenost; zveza; scenarij; *fig* rdeča nit; *el* prevodnost; (radio) tekst programa

continuous [kɔntínjuəs] *adj* (~ly *adv*) nepretrgan, nenehen, trajen, dolgotrajen; sovisen; *el* ~ current istosmerni tok; ~ flight polet brez postanka; ~ brake avtomatska zavora

continuum [kɔntínjuəm] *n* nepretrgana zveza, kontinuum, nepretrgana vrsta

contort [kɔntɔ́:t] *vt* (za)sukati; zvi(ja)ti, (s)kriviti, (s)pačiti, (iz)maličiti, (s)kaziti

contortion [kɔntɔ́:šən] *n* zvitje, zvijanje; *med* zvin; krč; skrivljenost, izmaličenost, spačenost, (po)pačenje

contortionist [kɔntɔ́:šənist] *n* »človek iz gume«, »človek kača«, akrobat; človek, ki pači pomen besed

contour I [kɔ́ntuə] *n* obris, očrt; načrt, skica; *A* stanje okoliščin, razvoj dogodkov; ~ (line) vodoravna črta; ~ fighter jurišno letalo (za nizke polete); ~ ploughing plitvo oranje

contour II [kɔ́ntuə] *vt* orisati, očrtati

contra [kɔ́ntrə] 1. *prep* proti; 2. *adv* nasprotno; 3. *n* nasprotna stran; per ~ kot vračilo

contra- [kɔ́ntrə] *pref* proti-

contraband I [kɔ́ntrəbænd] *adj* prepovedan, nezakonit, tihotapski; ~ goods tihotapsko blago

contraband II [kɔ́ntrəbænd] *n* tihotapstvo; tihotapljeno blago; *A hist* pobegli črni sužnji v severne države

contrabandist [kɔ́ntrəbændist] *n* tihotapec

contrabass [kɔ́ntrəbéis] *n mus* kontrabas

contrabassist [kɔ́ntrəbéisist] *n mus* kontrabasist

contraception [kɔ́ntrəsépšən] *n* umetna preprečitev zanositve, kontracepcija

contraceptive [kɔ́ntrəséptiv] 1. *adj* kontracepcijski, preprečitven, zaščiten; 2. *n* sredstvo proti zanositvi

contraclockwise [kɔ́ntrəklɔ́kwaiz] glej counterclockwise

contract I [kɔ́ntrækt] *n* dogovor, sporazum; zaroka; sezonska karta; to mess up the ~ pokvariti kaj; ~ work akordno delo; to enter into ~ with, to make a ~ with s.o. dogovoriti, sporazumeti se s kom; ~ ticket mesečna vozovnica; marriage ~, matrimonial ~ zakonska pogodba; under ~ po pogodbi; by private ~ pod roko

contract II [kɔntrækt] 1. *vt* skrčiti, zožiti, stisniti, zgostiti; nagubati, namrščiti, grbančiti; skup potegniti, vleči, (z)manjšati; pridobiti, nalesti, 2. *vi* zmanjšati, skrčiti se; sporazumeti se; obvezati se; *techn* sprijemati se; to ~ the brow gubati čelo; to ~ a disease nakopati si bolezen; to ~ a habit navaditi se; to ~ a friendship sprijateljiti se; to ~ debts zadolžiti se; to ~ marriage poročiti se; to ~ expenses zmanjšati stroške; to ~ out znebiti se obveznosti

contractability [kɔntræktəbíliti] *n* kužnost, nalezljivost

contractable [kɔntræktəbl] *adj* kužen, nalezljiv

contracted [kɔntræktid] *adj* (~ly *adv*) skrčen, skrajšan, naguban; *fig* ozkosrčen; pridobljen; domenjen; namrščen

contractibility [kɔntræktəbíliti] *n* skrčljivost

contractible [kɔntræktəbl] *adj* (contractibly *adv*) skrčljiv; ki se da skrajšati

contractile [kɔntræktail] *adj* ki se krči, krajša, gosti

contractility [kɔntræktíliti] *n* zgostljivost, skrčljivost

contracting [kɔntræktiŋ] *adj* pogodben; ~ parties pogodbene stranke

contraction [kɔntrækšən] *n* krčenje, (z)oženje, (s)krajšanje; okužba; sklenitev (zakona); pridobitev

contractive [kɔntræktiv] *adj* ki krči, stiska

contractor [kɔntræktə] *n* pogodbenik; dobavitelj, podjetnik; *anat* mišica zapornica; army ~ vojni dobavitelj

contractual [kɔntræktjuəl] *adj* (~ly *adv*) pogodben

contracture [kɔntrækčə] *n med* skrčenje

contradict [kɔntrədíkt] *vt* (*to*) ugovarjati, ne se strinjati, nasprotovati (si); spodbijati, ovreči

contradictable [kɔntrədíktəbl] *adj* ki se da spodbijati, ovrgljiv

contradiction [kɔntrədíkšən] *n* protislovje, navzkrižnost; oporekanje, ugovor; ovržba

contradictious [kɔntrədíkšəs] *adj* (~ly *adv*) protisloven; ki rad ugovarja, prepirljiv

contradictor [kəntrədíktə] *n* oponent, nasprotnik; prepirljivec

contradictory [kəntrədíktəri] *adj* (**contradictorily** *adv*) glej **contradictive**

contradictive [kəntrədíktiv] *adj* (~ **ly** *adv*) protisloven, ovrgljiv, nedosleden; nezdružljiv; ki rad ugovarja

contradistinction [kəntrədistíŋkšən] *n* nasprotje; razlikovanje na podlagi nasprotnih lastnosti; nasprotna trditev; **in** ~ **to** (ali **from**) **s.th.** v nasprotju s čim

contradistinguish [kəntrədistíŋgwiš] *vt* (*from*) razlikovati, ločiti po nasprotnih lastnostih

contrail [kɔ́ntreil] *n* sled za reaktivnim letalom

contraindicate [kɔntrəíndikeit] *vt* ugovarjati, kontraindicirati

contraindication [kɔntrəíndikéišən] *n med* kontraindikacija, znamenje neprimernosti zdravljenja

contralto [kəntrǽltou] *n mus* kontraalt; kontraaltistka

contranatural [kɔntrənǽtjurəl] *adj* (~ **ly** *adv*) nenaraven, izumetičen

contrapose [kɔ́ntrəpóuz] *vt* nasproti postaviti

contraposition [kɔntrəpəzíšən] *n* nasprotje, antiteza

contraprop [kɔ́ntrəprɔp] *n techn* propeler z nasprotno smerjo vrtenja

contraption [kəntrǽpšən] *n coll* naprava, priprava, tehnična novost; *sl* oné; pomagalo

contrapuntal [kɔntrəpʌ́ntl] *adj* (~ **ly** *adv*) *mus* kontrapunkcijski

contrapuntist [kɔ́ntrəpʌ́ntist] *n mus* kontrapunktist

contrariant [kəntréəriənt] **1.** *adj* nasproten; **2.** *n* nasprotje

contrariety [kɔntrəráiəti] *n* nasprotje, protislovje; nezdružljivost; ovira; odpor, nasprotovanje

contrariness [kɔ́ntrərinis] *n* nasprotnost, kljubovalnost, trma, samovoljnost

contrarious [kəntréəriəs] *adj* (~ **ly** *adv*) *arch* nasproten; neugoden, zoprn

contrariwise [kɔntréəriwaiz] *adv coll* nasprotno, narobe; protismerno

contrary I [kɔ́ntrəri] *adj* (**contrarily** *adv*) (*to*) nasproten, neugoden, sovražen

contrary II [kəntréəri] *adj* (**contrarily** *adv*) trmast, prepirljiv, svojevoljen, uporen

contrary III [kɔ́ntrəri] *adv* nasprotno; ~ **to** nasproti čemu

contrary IV [kɔ́ntrəri] *n* nasprotje; **on** (ali **to**) **the** ~ nasprotno; **to speak to the** ~ ugovarjati

contrast I [kəntrǽst] **1.** *vt* (*with*) nasproti postaviti; soočiti, primerjati; **2.** *vi* biti nasprotje, razločevati se, odbijati se

contrast II [kɔ́ntræst] *n* (*to*, *between*) nasprotje, raznoličje; primerja̓va, soočenje; antiteza; odtenek; **by** ~ **with** v primerjavi s; **in** ~ **with** nasproti čemu

contrate [kɔ́ntreit] *adj techn* ~ **wheel** stopnjasto kolo

contravene [kɔntrəví:n] *vt* nasprotovati; nasprotno postopati; prelomiti, kršiti; izpodbijati, oporekati, ugovarjati

contravener [kɔntrəví:nə] *n* prestopnik, krivec

contravention [kɔntrəvénšən] *n* (*of*) nasprotovanje; kršitev, prestopek

contretemps [kɔ́ntrəta:ŋ] *n* neugoden primer, smola, neprilika, težava

contribute [kəntríbjut] *vt* (*to*) prispevati, sodelovati, pomagati; **to** ~ **to a paper** pisati članke za časopis

contribution [kəntribjú:šən] *n* (*to*) prispevek; prispevanje, sodelovanje; članek; vojni davek, davek; *fig* **to lay under** ~ izčrpati, izkoristiti; **to levy** ~(**s**) **on** obdavčiti

contributive [kəntríbjutiv] *adj* (~ **ly** *adv*) glej **contributory**

contributor [kəntríbjutə] *n* (*to*) darovalec, -lka; sodelavec,-ka

contributory [kəntríbjutəri] *adj* (**contributorily** *adv*) (*to*) prispeven; sodelujoč; ~ **stream** pritok

contrite [kɔ́ntrait] *adj* (~ **ly** *adv*) skesan, skrušen, potrt, malodušen

contriteness [kɔ́ntraitnis] glej **contrition**

contrition [kəntríšən] *n* kes, skrušenost, skesanost; **act of** ~ kesanje

contrivable [kəntráivəbl] *adj* ki se da izmisliti, izumljiv, izvršljiv

contrivance [kəntráivəns] *n* izum, naprava, aparat; domislek, bistroumnost, umetnija, iznajdljivost; zvijača; **full of** ~ **s** domiseln, iznajdljiv, spreten

contrive [kəntráiv] *vt & vi* iznajti, izmisliti, izumiti; izvršiti, urediti; delati načrte, načrtovati; znajti se, znati si pomagati; **they** ~ **d to get there** posrečilo se jim je priti tja; **to** ~ **to live, to cut and** ~ preživljati se s skromnimi sredstvi, varčno živeti

contriver [kəntráivə] *n* izumitelj; načrtovalec; **good** ~ dober gospodar

control I [kəntróul] *n* (*of*, *over*) nadzorstvo, pregled, kontrola; vodstvo, oblast; zadržanost, umirjenost, vzdržnost; ureditev; cesta, na kateri je omejena hitrost; kontrolna žival ali oseba (pri poskusih); *pl* kontrolni aparati; krmarjenje; regulator; **to be in** ~ **of** imeti nadzorstvo, oblast nad; **to grow beyond** ~ zrasti preko glave, biti neukročen; **to keep under** ~ brzdati, krotiti; **to lose** ~ **over** zgubiti oblast nad čim; **to get s.th. under** ~ obvladati kaj; **out of** ~ prost, neoviran; **remote** ~ krmarjenje na daljavo; **volume** ~ regulator jakosti zvoka (radio); **to bring under** ~ obvladati

control II [kəntróul] *vt* nadzorovati, pregledati, preveriti; voditi, upravljati; krotiti, obvladovati; zadrževati (solze); **to** ~ **o.s.** obvladovati, krotiti, premagovati se

controllable [kəntróuləbl] *adj* ki se da nadzorovati, obvladati, krotiti, ukrotljiv

controller [kəntróulə] *n* nadzornik, kontrolor, revizor, preglednik; *E* upravitelj kraljeve hiše; *el* regulator

controlling-agent [kəntróuliŋeidžənt] *n* nadzornik, kontrolor

controlment [kəntróulmənt] *n* nadzorstvo, kontrola; oblast; krotitev

controversial [kɔntrəvə́:šəl] *adj* (~ **ly** *adv*) sporen, polemičen; kljubovalen, prepirljiv

controversialism [kɔntrəvə́:šəlizəm] *n* polemičnost

controversialist [kɔntrəvə́:šəlist] *n* diskutant(ka), polemik, polemičarka

controversy [kɔ́ntrəvə:si] *n* prerekanje; spor, razpor, diskusija, polemika, oporekanje; **beyond** ~ nesporen

controvert [kɔ́ntrəvəːt] *vt* oporekati, ugovarjati, izpodbijati, prerekati se

controvertible [kɔ́ntrəvəːtəbl] *adj* (controvertibly *adv*) oporečen, izpodbiten

contumacious [kɔntjuméišəs] *adj* (~ly *adv*) kljubovalen, uporen, trmast, svojeglav

contumaciousness [kɔntjuméišəsnis] glej contumacy

contumacy [kɔ́ntjuməsi] *n* kljubovalnost, trma, nepokorščina, upornost; kontumacija, zdravstveni zapor (zaradi suma bolezni)

contumelious [kɔntjumíːliəs] *adj* (~ly *adv*) sramotilen; domišljav, predrzen

contumely [kɔ́ntjumli] *n* sramotitev, psovka, roganje, žalitev; sramota, ponižanje

contuse [kəntjúːz] *vt* (z)mečkati, raniti, ožuliti, obtolči

contusion [kəntjúːžən] *n med* zdrobitev, zmečkanina, obtolčenina, poškodba, ranitev

conundrum [kənʌ́drəm] *n* uganka z besedno igro; težko vprašanje, zagonetka

conurbation [kənəːbéišən] *n* združitev mest

convalesce [kɔnvəlés] *vi* okrevati, prebole(va)ti

convalescence [kɔnvəlésns] *n* okrevanje, prebolevanje, konvalescenca

convalescent [kɔnvəlésnt] **1.** *adj* (~ly *adv*) okrevajoč; ~ home (ali hospital) okrevališče, sanatorij; **2.** *n* prebolevnik, -nica, okrevanec, -nka, rekonvalescent(ka)

convection [kənvékšən] *n phys* konvekcija, prenašanje toplote po prelivajoči se tekočini

convector [kənvéktə] *n* grelec

convene [kənvíːn] *vt* & *vi* sklicati; *jur* (before) pozvati; zbrati se; to ~ a meeting sklicati sestanek

convener [kənvíːnə] *n* sklicatelj

convenience [kənvíːnjəns] *n* udobnost, prijetnost, prikladnost, pripravnost; korist, prid, dobiček; komfort; angleško stranišče; *arch* prevozno sredstvo; at your ~ kakor vam je prav; at your earliest ~ čimprej; to make a ~ of s.o. zlorabljati koga; marriage of ~ zakon iz preračunljivosti

convenient [kənvíːnjənt] *adj* (~ly *adv*) (for) primeren, ustrezen, pripraven, prikladen, umesten; udoben; ~ to tik, zraven; with all ~ speed po najkrajši poti, čimprej

convent [kɔ́nvent] *n* (ženski) samostan; to go into ~ postati nuna

conventicle [kənvéntikl] *n* združčina, konventikel; tajni sestanek; zgradba za sestanke nonkonformistov

convention [kənvénšən] *n* shod, zbor, sestanek; zborovanje; dogovor; *A* nominating ~ politični shod, na katerem imenujejo kandidata za prezidenta

conventional [kənvénšənəl] *adj* (~ly *adv*) navaden, običajen; dogovorjen, pogodben, določen; konvencionalen, hladno vljuden

conventionalism [kənvénšnəlizəm] *n* puhlica; konvencionalizem, vnanja vljudnost

conventionalist [kənvénšnəlist] *n* zagovornik konvencionalizma

conventionality [kənvenšənǽliti] *n* konvencionalnost, dogovorjenost, pogojnost, vnanja vljudnost, gola navada

conventionary [kənvénšnəri] **1.** *adj* dogovorjen, po dogovoru; **2.** *n* najemnik po dogovoru; najem po dogovoru

conventual [kənvéntjuəl] **1.** *adj* ~ (ly *adv*) samostanski, frančiškanski; **2.** *n* menih, zlasti frančiškanec; nuna

converge [kənvəːdž] *vi* & *vt* (on) približevati, zbiževati; stekati, primikati se, konvergirati

convergence [kənvəːdžəns] *n* usmerjenost k isti točki, zbliževanje, konvergenca

convergency [kənvəːdžənsi] glej convergence

convergent [kənvəːdžənt] *adj* (~ly *adv*) stekajoč se, primičen, konvergenten

converging [kənvəːdžiŋ] *adj* stekajoč se, primičen, osredotočen; *mil* ~ fire koncentrično streljanje; ~ lens zbiralna leča

conversability [kənvəːsəbíliti] *n* zgovornost, priljudnost, družabnost

conversable [kənvəːsəbl] *adj* (conversably *adv*) zgovoren, priljuden, družaben

conversableness [kənvəːsəblnis] glej conversability

conversance [kənvəːsəns] *n* (with) navajenost; izvedenost; zaupnost; obveščenost, poučenost

conversancy [kənvəːsənsi] glej conversance

conversant [kənvəːsənt] *adj* (~ly *adv*) (with) vešč, izveden, izkušen, seznanjen, podkovan v čem; to be ~ in a subject znati kaj

conversation [kənvəséišən] *n* (on, about) pogovor; *arch* občevanje; *pl* pogajanja; zabava; criminal ~ prešuštvo; ~ piece žanrska slika; to enter into ~ začeti pogovor; subject of ~ predmet pogovora

conversational [kənvəséišənl] *adj* (~ly *adv*) pogovoren; zgovoren, zabaven; konverzacijski

conversationalist [kənvəséišnəlist] *n* tisti, ki se rad pogovarja, prijeten sobesednik

conversazione [kɔ́nvəsæcióuni] *n* literarni ali glasbeni večer

converse I [kənvəːs] *vi* (with s; on o) pogovarjati se; zabavati se; občevati

converse II [kɔ́nvæːs] **1.** *adj* (~ly *adv*) nasproten; vzajemen; **2.** *n* (of) nasprotje, nasprotna trditev

converse III [kɔ́nvəːs] *n arch* & *poet* pogovor, zabava; občevanje

conversion [kənvəːšən] *n* zamenjava, pretvorba; preračunavanje; preureditev; *eccl* spreobrnitev, prestop; *jur* prisvojitev, prenos; preračunavanje; prevedba dolgov na nižjo obrestno mero; *math* substitucija; *techn* sprememba, preoblikovanje, adaptacija

convert I [kənvəːt] *vt* (into) spremeniti, preoblikovati, adaptirati; spreobrniti (se); prisvojiti si; ~ed steel cementirano jeklo; ~ed timber žagani les

convert II [kɔ́nvəːt] *n* spreobrnjenec, -nka, konvertit

converter [kənvəːtə] *n* spreobračevalec; *techn* transformator, konverter, retorta, pretvornik; besemerka

convertibility [kənvəːtibíliti] *n* (into) spremenljivost, zamenljivost; konvertibilnost, možnost zamenjave

convertible I [kənvəːtəbl] *adj* (convertibly *adv*) (into) spremenljiv; spreobrnljiv; (to) uporaben; ~ terms soznačnice, sinonimi; ~ husbandry rotacija (v kmetijstvu) convertible II [kənvə́:təbl] n športni avto s premično streho

convex [kónveks] adj (~ ly adv) vzbočen, izbokel, lečast

convexity [kənvéksiti] n vzbočenost; izboklina

convey [kənvéi] vt (to) poslati, prenesti, prepeljati, prevažati; izraziti, sporočiti; izročiti; to ~ compliments sporočiti pozdrave; to ~ one's meaning clearly jasno se izraziti; to ~ by water poslati z ladjo

conveyance [kənvéiəns] n pošiljanje, prevažanje, dostava; prevoz, transport; prevozno sredstvo; vod; prenos imovine; dokument o prenosu imovine; letter of ~ tovorni list; charges for ~ stroški prevoza

conveyancer [kənvéiənsə] n notar za izvršitev prenosa imovine

conveyancing [kənvéiənsiŋ] n jur prenos imovine

conveyer, conveyor [kənvéiə] n prinašalec; pošiljatelj; transportni, tekoči trak; band ~, ~ belt tekoči trak

conveying [kənvéiiŋ] adj prevozen, dostaven

convict I [kónvikt] n obsojenec, -nka, kaznjenec, -nka; ~ settlement, ~ colony kazenska kolonija

convict II [kənvíkt] vt (of) krivdo komu dokazati, obsoditi; prepričati, pregovoriti; to ~ s.o. of an error dokazati komu, da se moti; to be ~ed of murder dokazati komu, da je morilec

conviction [kənvíkšən] n dokazilo krivde; obsodba; prepričanje, prepričanost; to carry ~ prepričati; open to ~ ki se da prepričati; by ~ po prepričanju; the ~ grows on me vedno bolj sem prepričan; prior ~ poprejšnja kaznovanost

convictive [kənvíktiv] adj (~ ly adv) prepričevalen; obsojevalen

convictiveness [kənvíktivnis] n prepričevalnost

convince [kənvíns] vt (of) prepričati, pregovoriti

convincible [kənvínsəbl] adj (convincibly adv) prepričljiv

convincing [kənvínsiŋ] adj (~ ly adv) prepričevalen; to be ~ prepričati

convivial [kənvíviəl] adj (~ ly adv) prazničen, slovesen, gostoljuben, družaben, vesel, veseljaški, »v rožicah«

convivialist [kənvíviəlist] n veseljak

conviviality [kənvivíæliti] n družabnost; pirovanje; praznično razpoloženje

convocate [kónvəkeit] vt sklicati

convocation [kənvəkéišən] n sklicanje; poziv; shod, zborovanje; eccl sinoda; zakonodajna skupščina univerze (Oxford, Cambridge)

convoke [kənvóuk] vt sklicati

convolute [kónvəlu:t] adj bot zavit, zvit

convolution [kənvəlú:šən] n zvijanje, ovijanje; zavoj, guba; pregib

convolve [kənvólv] vt & vi zvi(ja)ti, zavijati, ovijati (se)

convolvulus [kənvólvjuləs] n bot slak

convoy I [kónvəi] n spremstvo ladijskih in drugih transportov, konvoj; lorry ~ vrsta tovornjakov

convoy II [kónvəi] vt spremljati transporte

convoy-carriage [kónvəikæridž] n rly tender

convulse [kənváls] vt krčevito stisniti, krčiti; pretresti, omajati; to be ~d with laughter krčevito se smejati; to be ~d with pain zvijati se v bolečinah

convulsion [kənválšən] n krč, trzavica; nemir; pretres; pl krčevit smeh, krohot; ~ of nature potres, erupcija; to go into ~s dobiti bolezenski napad krča

culvulsionary [kənválšnəri] adj krčevit

convulsive [kənválsiv] adj (~ ly adv) krčevit; fig pretresljiv

cony, coney [kóuni] n arch kunec; kunčje krzno

cony-catch [kóunikæč] vt obs varati, za nos voditi

coo [ku:] 1. vt & vi gruliti; to bill and ~ ljubkovati se; 2. n gruljenje

cook I [kuk] 1. vi kuhati, pripravljati jedila, peči, cvreti, pražiti; fig (po)pačiti, ponarediti; izumiti, izmisliti, skuhati; 2. vi kuhati, peči, cvreti se; to ~ s.o.'s goose uničiti koga; pokvariti komu načrte, obračunati s kom; to ~ up pogreti; fig izmisliti si; sl ponarediti; to ~ with gas (ali electricity, radar) imeti uspeh; coll to ~ accounts ponarediti obračun; to ~ one's own ~ uničiti samega sebe

cook II [kuk] n kuhar(ica); too many ~s spoil the broth preveč kuharjev pripali juho

cook-book [kúkbuk] n kuharska knjiga

cooker [kúkə] n kuhalnik; sadje, ki je primerno za kuhanje; poljska kuhinja; kozica

cookery [kúkəri] n kuhanje, kuharska umetnost

cookery-book [kúkəribuk] A kuharska knjiga

cook-galley [kúkgæli] n naut ladijska kuhinja

cook-house [kúkhaus] n kuhinja na prostem; ladijska kuhinja

cookie, cooky [kúki] n Sc kruhek; A drobno pecivo, keks

cooking-range [kúkiŋreindž] n kuhinjski štedilnik

cooking-stove [kúkiŋstouv] glej cooking-range

cook-maid [kúkmeid] n kuharica

cook-out [kúkaut] n kuhanje na prostem, na izletu

cook-room [kúkrum] n kuhinja (zlasti ladijska)

cook-shop [kúkšəp] n javna kuhinja, gostilna, krčma

cooky [kúki] glej cookie; fam kuharica

cook-stove [kúkstouv] n A kuhalnik

cool I [ku:l] adj (~ ly adv) hladen, svež; miren, hladnokrven; brezbrižen, neprijazen; predrzen, nesramen; coll okrogel (znesek); nejasen (sled divjačine); as ~ as cucumber hladnokrven, zbran, miren; ~ chamber hladilnica; to lose a ~ hundred zgubiti cel stotak; A ~ egg hladnokrvnež; ~ cheek predrznost; predrznež, -nica; a ~ hand (ali customer, fish) nesramnež, -nica, predrznež, -nica

cool II [ku:l] 1. vi (o)hladiti se; fig pomiriti se; 2. vt ohladiti, osvežiti; fig pomiriti; to ~ s.o.'s heels pustiti koga čakati; keep your breath to ~ your porridge molči(te); to ~ down (ali off) pomiriti, iztrezniti se; to ~ one's coppers s pijačo hladiti po pijančevanju izsušeno grlo

cool III [ku:l] n hlad, svežina; fig hladnokrvnost

coolant [kú:lənt] n ohlajevalno sredstvo; ~ water voda za ohlajevanje

cooler [kú:lə] n hladilec; hladilo; posoda za hlajenje; sl ječa

cool-headed [kú:lhédid] adj hladnokrven, trezen, miren

coolie, cooly [kú:li] n kuli (orientalski delavec)

cooling [kú:liŋ] *n* hlajenje; air ~ zračno hlajenje; ~ plant hladilna naprava; ~ room hladilnica
coolly [kú:lli] *adv* hladno, neprijazno
coolness [kú:lnis] *n* hlad; *fig* hladnokrvnost; odtujitev, ohladitev (prijateljstva); *fam* predrznost
coolth [kú:lθ] *n coll* hlad, svežina
coom [ku:m] *n Sc* premogov prah
coomb, combe [ku:m] *n* soteska, kotlina
coon [ku:n] *n A zool* rakun; *coll* črnec; *fig* premetenec, lisjak; *fam* ~'s age neskončno dolgo, cela večnost; he's gone ~ z njim je konec, po njem je; old ~ zviti lisjak; *coll* ~ song črnska pesem
coop I [ku:p] *n* kletka za perutnino, kurnik; vrša; prevesni voziček; *sl* ječa, zapor
coop II [ku:p] *vt* v kletko (kurnik) zapreti; konfinirati, zapreti; to ~ up (ali in) v ječo zapreti
co-op [kouóp] *n sl* zadruga
cooper I [kú:pə] *n* sodar; kletar; *E* mešana alkoholna pijača (*stout and porter*)
cooper II [kú:pə] *vt* sodariti; sode polniti
cooperage [kú:pəridž] *n* sodarstvo, sodarjenje; sodarska delavnica; plača za sodarsko delo
co-operate [kouópəreit] *vt* (*with s.o., in s.th.*) sodelovati; prispevati, pripomoči, pomagati; združiti, zediniti se
co-operation [kouəpəréišən] *n* sodelovanje; zadruga, konzum (potrošnikov)
co-operative I [kouópərətiv] *adj* sodelujoč; združen; ~ society konzum, zadruga; *A* ~ store zadružna prodajalna
co-operative II [kouópərətiv] *n* zadružna prodajalna, konzum
co-operator [kouópəreitə] *n* sodelavec, pomočnik; član zadruge
coopery [kú:pəri] glej cooperage
co-opt [kóuópt] *vt* kooptirati, privzeti, pritegniti (novega člana)
co-optation [kouəptéišən] *n* kooptacija, privzem
co-ordinate I [kouó:dineit] *vt* (*with*) v sklad spraviti, uskladiti, usklajati, izravna(va)ti, vzporediti, vzporejati
co-ordinate II [kouó:dnit] 1. *adj* (~ly *adv*) (*with*) vzporeden, prireden, uravnan, enak; 2. *n math* koordinata, sporednica
co-ordination [kouə:dinéišən] *n* (*with*) vzporeditev, priredje, izravnava, uskladitev
co-ordinative [kouó:dineitiv] *adj* (~ly *adv*) koordinacijski, usklajevalen, izravnavalen
coot [ku:t] *n zool* vodna kokoška; črna liska; *coll* bedak; as bald as a ~ popolnoma plešast
cootie [kú:ti] *n A sl* bela uš
cop I [kɔp] *n* šop; greben; motovilo, navitek; *sl* stražnik; a fair ~ zasačenje ob samem dejanju
cop II [kɔp] *vt sl* dobiti, ujeti; *sl* to ~ s.o. at it zasačiti koga pri samem dejanju
copal [kóupəl] *n* kopál (vrsta fosilne smole)
coparcenary [koupá:sinəri] *n* skupna dediščina
coparcener [koupá:sinə] *n* sodedič, sodedinja
copartner [koupá:tnə] *n* družabnik, soudeleženec, kompanjon
copartnership [koupá:tnəšip] *n* družabništvo; labour ~ sistem sodelovanja delavcev pri delitvi dobička
cope I [koup] 1. *vt* pokriti; obleči (v duhovniško obleko); *obs* bočiti se; 2. *n* duhovniška obleka,

koretelj; *archit* kupola, streha; nebesni obok; pokrivalo
cope II [koup] *vi* (*with*) uspešno urediti, obvladovati; meriti se s kom, kosati se
copcck [kóupek] *n* kopejka
coper [kóupə] *n* trgovec (s konji); ladja, ki oskrbuje ribiče na odprtem morju z opojnimi pijačami
coper-stone [kóupəstoun] glej coping-stone
copier [kópiə] *n* prepisovalec, -lka, kopist(ka)
copilot [kóupailət] *n* drugi, pomožni pilot
coping [kóupiŋ] *n archit* najvišja plast zidu; nadzidna strešica; zidni venec
coping-stone [kóupiŋstoun] *n archit* sklepnik; kamen vrh zidu; *fig* višek, vrhunec; zadnja poteza
copious [kóupjəs] *adj* (~ly *adv*) obilen, bogat, številen; plodovit; obširen, razvlečen, gostobeseden
copiousness [kóupjəsnis] *n* bogatost, obilnost, številnost; gostobesednost, razvlečenost
cop-lark [kópla:k] *n zool* čopasti škrjanec
copper I [kópə] *n chem* baker; bakrena posoda, kotel; bakreni denar, drobiž; spajalec; *pl* drobiž (iz bakra); hot ~s po pijančevanju izsušeno grlo, maček; to cool the hot ~s s pijačo mačka preganjati; ~ in pigs surov baker; yellow ~ med(enina)
copper II [kópə] *n sl* policaj, stražnik
copper III [kópə] *adj* bakren, bakrov; ~ Indian Indijanec, rdečekožec
copper IV [kópə] *vt* bakriti
copperas [kópərəs] *n chem* galica; blue (green, white) ~ modra (zelena, bela) galica
copper-beech [kópəbi:č] *n bot* krvava bukev
copper-bottomed [kópəbɔtmd] *adj* z bakrenim dnom; *fig* trdno zgrajen, za plovbo primeren; zdrav
copper-engraving [kópəengreiviŋ] *n* bakrorez
cooper-glance [kópəgla:ns] *n min* bakrov sijalnik
copperhead [kópəhed] *n zool* vrsta strupene ameriške kače (*Trigonocephalus contortrix*); *A med* Državljansko vojno vzdevek za severnjaka, ki je simpatiziral s secesionisti
copperize [kópəraiz] *vt* pobakriti
copper-nose [kópənouz] *n* rdeč nos (pijanca)
copperplate [kópəpleit] *n* bakrena plošča; bakrorez; to write like ~ imeti lepo pisavo
coppersmith [kópəsmiθ] *n* kotlar
copper-top [kópətɔp] *n coll* rdečelasec
coppery [kópəri] *adj* bakren
coppice [kópis] *n* goščava, grmovje; hosta
copra [kóprə] *n* kopra, posušeno jedro kokosovega oreha
copse I [kɔps] glej coppice
copse II [kɔps] *vt* posaditi ali klestiti grmovje
copsewood [kópswud] *n* grmovje, goščava
copsy [kópsi] *adj* z grmovjem poraščen
copter [kóptə] *n coll* helikopter
copulate [kópjuleit] *vi* (s)pariti se, spolno se (z)družiti
copulative [kópjulətiv] 1. *adj* (~ly *adv*) uvezen, vezalen; *biol* paritven; 2. *n gram* veznik
copulatory [kópjulətri] *adj biol* paritven
copy I [kópi] *vt & vi* (*from*) prepis(ov)ati, odtisniti; posne(ma)ti; to ~ from life slikati po naravi; to ~ out na čisto prepisati

copy II [kópi] n (from) prepis, kopija; reprodukcija, odtis; primerek, izvod; literarna snov; **carbon** ~ kopija, prepis (na pisalnem stroju); **clean** (ali **fair**) ~ čistopis; **rough** (ali **foul**) ~ koncept; **to take** (ali **make**) **a** ~ prepisati

copy-book I [kópibuk] n zvezek, beležnica; A mapa s prepisi dokumentov; **to blot one's** ~ pokvariti si dobro ime

copy-book II [kópibuk] adj navaden, vsakdanji, obrabljen

copy-cat [kópikæt] n prepisovalec, -lka (v šoli)

copyhold [kópihould] n E posest zemlje na podlagi zapisov in vezana na določeno pogoje; zakupna zemlja

copyholder [kópihouldə] n pomočnik korektorja v tiskarni; lastnik copyholda, zakupnik

copying-ink [kópiiŋiŋk] n kopirno črnilo

copying-paper [kópiiŋpéipə] n kopirni papir

copying-pencil [kópiiŋpensl] n kopirni svinčnik

copying-press [kópiiŋpres] n kopirni stroj

copyist [kópiist] n prepisovalec, -lka; posnemovalec, -lka; kopist

copy-reader [kópiri:də] n A urednik

copyright I [kópirait] 1. n (in) založniška pravica, avtorska pravica; 2. adj ki ima pravico izdati; zakonito zaščiten; ki ima avtorsko pravico; **the book is** ~ ponatis prepovedan

copyright II [kópirait] vt dati založniško pravico

copywriter [kópiraitə] n pisec reklamnih tekstov

coquet [koukét] 1. adj spogledljiv, koketen; 2. vi spogledováti, poigravati se, koketirati; čas zapravljati

coquetry [kóukitri] n spogledovanje, koketiranje

coquette [koukét] n spogledljivka, koketa

coquettish [koukétiš] adj spogledljiv, koketen

coracle [kórəkl] n vrsta primitivnega čolna iz protja in usnja

coral [kórəl] 1. n zool korala; koralda; 2. adj koralen; koralast

coral-island [kórəlailənd] n koralni otok, atol

coralline [kórəlain] 1. n koralna alga; 2. adj koralen, koralast

corallite [kórəlait] n min koralit

coral-rag [kórəlræg] n min koralni apnenec

coral-reef [kórælri:f] n geol koralni greben

corbel [kórbəl] 1. n archit nosilna podpora, konzola; 2. vt & vi s konzolami podpreti; na konzolah ležati

corbie [kórbi] n zool Sc vrana; krokar

cord I [ko:d] n vrv; rebrasta tkanina, rebrasti žamet; vez; seženj, votla mera 128 kub. čevljev; pl coll hlače iz rebraste tkanine; anat **vocal** ~ s glasilke; **spinal** ~ hrbtenjača

cord II [ko:d] vt z vrvjo zvezati, privezati

cordage [kó:didž] n vrvje, vrvi; količina v sežnjih

cordate [kó:deit] adj srčast

corded [kó:did] adj z vrvjo zvezan; rebrast, progast

cordelier [kə:dílíə] n frančiškanec; stroj za izdelovanje vrvi

cordial I [kó:diəl] adj (~ly adv) srčen, prisrčen, odkritosrčen; krepilen; A ~ly (yours) vam vdani (kot zaključek pisma)

cordial II [kó:diəl] n zdravilo za pospešitev delovanja srca; želodčni liker, krepilna pijača; fig osvežilo, okrepilo

cordiality [kə:diǽliti] n prisrčnost, iskrenost

cordite [kó:dait] n vrsta brezdimnega razstreliva, kordit

cordon I [kó:dən] n trak za redove, lenta; kordon (policija); špalir archit napušč; ~ **bleu** joc odlična kuharica; **to form a** ~ narediti špalir

cordon II [kó:dən] vt obdati, obkoliti; **to** ~ **off** s kordonom zapreti, obkoliti, cernirati

cordovan [kó:dəvən] glej **cordwain**

corduroy I [kó:durəi] n rebrast žamet; pl hlače iz rebrastega žameta; A ~ **road** cesta iz prečnih brun (za močvirnata tla)

corduroy II [kó:durəi] vt A graditi cesto iz prečnih brun

cordwain [kó:dwein] n arch·špansko usnje

cordwainer [kó:dweinə] n arch čevljar; **the Cordwainers' Company** ceh londonskih čevljarjev

core I [ko:] n jedro, peščišče; ogrizek; mozeg; stržen; bistvo; fig **hard** ~ trd oreh; fig **rotten to the** ~ do kraja pokvarjen

core II [ko:] vt izluščiti, odstraniti osemenje, pobrati koščice

corer [kó:rə] n luščilec

co-regent [kóuri:džənt] n sovladar

co-relation [kóuriléišən] glej **correlation**

co-religionist [kóurilídžənist] n sovernik, -nica

co-respondent [kóurispóndənt] n soobtoženec zakonolomstva

corf [kə:f] n ribnjača, košara za žive ribe; rudniški voziček

coriaceous [kəriéišəs] adj kožnat; žilav

coriander [kəriǽndə] n bot koriander

cork I [kə:k] n pluta; plutec, plutača, plavač; zamašek; fig **like a** ~ veder, vesel

cork II [kə:k] vt (up) zamašiti; z ožganim zamaškom črno pobarvati; **to** ~ **down** plačati; zatreti

corkage [kó:kidž] n zapiranje ali odpiranje steklenic (z zamaškom); pristojbina, plačana gostilničarju za točenje tujih pijač

corked [kó:kt] adj z zamaškom zaprt; ki ima okus po zamašku; sl vinjen

corker [kó:kə] n sl odlična stvar; debela laž; fant od fare; **that's a** ~ to je prima

corking [kó:kiŋ] adj sl pretresljiv, nenavaden, sijajen, prima

cork-jacket [kó:kdžækit] n rešilni pas iz plutovine

cork-oak [kó:kouk] n bot plutec

corkscrew I [kó:kskru:] 1. n zatičnik, odčepnik, maček; 2. vi & vt fam pomikati (se) v obliki spirale; prerivati se; **to** ~ **one's way through** previti se skozi

corkscrew II [kó:kskru:] adj spiralen, polžast; ~ **staircase** polžaste stopnice

cork-tree [kó:ktri:] n bot plutec

corkwood [kó:kwud] n plutovina

corky [kó:ki] adj (corkily adv) plutast; ki ima okus po zamašku; coll prožen, živahen, plah (konj)

cormorant [kó:mərənt] n zool kormoran; fig požeruh

corn I [ko:n] n zrno; žito; E pšenica; A koruza; Sc, Ir oves; coll whisky; sl staromodni nazori, glasba, humor; ~ **in the ear** žito v klasju; **Indian** ~ koruza; **there's** ~ **in Egypt** tam je vsega dovolj; ~ **salad** motovilec

corn II [ko:n] 1. vt nasoliti; zrnati; z zrnjem pitati; z žitom posejati; 2. vi vzkliti (žitarice) corn III [kɔ:n] *n* kurje oko; žulj; **to tread on s.o.'s** ~s dražiti, žaliti koga

cornbrash [kɔ́:nbræš] *n* apnenčasta prhka zemlja

corn-bread [kɔ́:nbred] *n A* koruzni kruh

corn-chandler [kɔ́:nčǽdlə] *n* trgovec z žitaricami

corncob [kɔ́:nkəb] *n* koruzni storž; pipa iz koruznega storža

corn-cockle [kɔ́:nkəkl] *n bot* kokolj

corn-crake [kɔ́:nkreik] *n zool* kosec, krastač

corn-cutter [kɔ́:nkʌtə] *n* kosilnica

cornea [kɔ́:niə] *n anat* roženica

cornel [kɔ́:nel] *n bot* dren; ~ **berry** drenulja; ~ **wood** drenovina

cornelian [kɔ:ní:liən] *n min* karneol

corneous [kɔ́:niəs] *adj* rožen, roženast

corner I [kɔ́:nə] *n* vogal, ogel; kot, kotiček; rob; zavoj; ovinek; *fig* stiska, zadrega, težava; *com* nakup celotne zaloge blaga; strel iz kota (nogomet); **round the** ~ čisto blizu; zunaj nevarnosti; **a tight** ~ lepa godlja; **to drive s.o. into a** ~ ugnati koga v kozji rog; **to turn the** ~ premagati težave, preboleti krizo; **hole-and-**~ sumljiv, zakoten; **to cut off** ~s iti naravnost; zmanjšati stroške; **in the (four)** ~s of the earth povsod; **hole and** ~ **transaction** tajne spletke; **to take a** ~ rezati ovinek

corner II [kɔ́:nə] *vt* ugnati v kozji rog; dvigniti cene z nakupom zalog; **to** ~ **the market** pokupiti zaloge

corner-boy [kɔ́:nəbəi] *n* potepin

cornered [kɔ́:nəd] *adj* oglat; *fig* v stiski, v težavah, v škripcih

corner-house [kɔ́:nəhaus] *n* vogalna hiša

corner-kick [kɔ́:nəkik] *n* strel iz kota (nogomet)

corner-man [kɔ́:nəmən] *n* zadnji v vrsti črnskega ansambla; ulično zijalo

cornerpiece [kɔ́:nəpi:s] *n* trirobno okovje

cornerstone [kɔ́:nəstoun] *n archit* ogelni kamen; *fig* osnova, temelj

cornerwise [kɔ́:nəwaiz] *adv* poprek, diagonalno, prekotno

cornet [kɔ́:nit] *n mus* rog; vrečka, tulec; *E arch* praporščak; trobentač; belo pokrivalo usmiljenke; zastavica za signaliziranje

cornetist [kɔ́:nitist] *n* trobentač

cornfed [kɔ́:nfed] *adj sl* kmečki, preprost

corn-field [kɔ́:nfi:ld] *n E* žitno polje; *A* koruzno polje

corn-flag [kɔ́:nflæg] *n bot* perunika

corn-flakes [kɔ́:nfleiks] *n pl* ovseni, koruzni kosmiči

corn-floor [kɔ́:nflə:] *n* gumno

corn-flour [kɔ́:nflauə] *n* koruzna moka

cornflower [kɔ́:nflauə] *n bot* plavica

corn-house [kɔ́:nhaus] *n* žitnica, kašča

corn-husk [kɔ́:nhʌsk] *n A* koruzno ličje

corn-husking [kɔ́:nhʌskiŋ] *n A* ličkanje

cornice [kɔ́:nis] *n* okrajek, napušč, svisli; karnisa, zastornica; zamet, plast snega preko brezna

cornicle [kɔ́:nikl] *n* rožiček

corn-juice [kɔ́:ndžu:s] *n A sl* whisky

corn-loft [kɔ́:nləft] *n* kašča

corn-mill [kɔ́:nmil] *n* mlin

cornopean [kənóupiən] *n mus* trobenta

corn-plaster [kɔ́:npla:stə] *n* obliž za kurje oko

corn-player [kɔ́:npleiə] *n* trobentač

cornpone [kɔ́:npoun] *n A* koruzni kruh

corn-stalk [kɔ́:nstə:k] *n* žitno ali koruzno steblo; *coll* Avstralec (belec)

cornstone [kɔ́:nstoun] *n* rdeč ali zelen apnenec

cornucopia [kɔ:njukóupiə] *n* rog obilja; *fig* obilje, izobilje

cornuted [kɔ:njú:tid] *adj* rogat

corny [kɔ́:ni] *adj* zrnat; žitoroden; ki ima kurje oko; *sl* kmečki, surov; starokopiten, sentimentalen

corolla [kərólə] *n bot* cvetni venec

corollary [kəróləri] *n (of, to)* dodatek; zaključek, pristavek, dostavek; supozicija; **as a** ~ **to this** kot posledica tega

corona, *pl* coronae [kəróunə, kəróuni:] *n astr* kolobar (npr. okrog lune); venec; *anat* zobna krona

coronach [kɔ́rənək] *n Sc, Ir* pogrebna žalostinka

coronal I [kɔ́rənl] *n poet* venec, krona

coronal II [kəróunl] *adj* venčen; kronski; *anat* ~ **bone** čelna kost

coronary [kɔ́rənəri] *adj anat* koronaren; ~ **artery** koronarka; ~ **thrombosis** koronarna tromboza

coronate [kɔ́rəneit] *vt* venčati, kronati

coronation [kɔrənéišən] *n* kronanje; venčanje

coroner [kɔ́rənə] *n* mrliški oglednik; ~'s **inquest** uradni mrliški pregled

coronership [kɔ́rənəšip] *n* služba mrliškega oglednika

coronet [kɔ́rənit] *n* kronica, venček, diadem; spone za konje

coroneted [kɔ́rənitid] *adj* ovenčan, okronan; plemiški

corporal I [kɔ́:pərəl] *adj* (~ **ly** *adv*) telesen; oseben; snoven; ~ **punishment** telesna kazen

corporal II [kɔ́:pərəl] *n* desetar; **lance-**~ poddesetnik; **the Little Corporal** Napoleon

corporal III [kɔ́:pərəl] *n* mašni prt

corporality [kɔːpərǽliti] *n* telesnost, materialnost; *pl* telesne potrebe

corporate [kɔ́:pərit] *adj* (~ **ly** *adv*) skupen, združen; korporacijski; ~ **body, body** ~ pravna oseba; korporacija

corporation [kɔːpəréišən] *n* združba, korporacija; mestni svet; zadruga, ceh; *A* delniška družba; *coll* velik trebuh, vamp

corporational [kɔːpəréišnəl] *adj* korporacijski

corporeal [kɔːpɔ́:riəl] *adj* (~ **ly** *adv*) telesen, snoven, materialen, fizičen

corporeality [kɔːpɔːriǽliti] glej **corporeity**

corporeity [kɔːpɔríəti] *n* telesnost, snovnost, materialnost

corps, *pl* corps [kɔ:, kɔ:z] *n mil* korpus; zbor; ~ **de ballet** baletni zbor; **diplomatic** ~ diplomatski zbor

corpse [kɔ:ps] *n* mrlič, truplo; *A sl* človek; **who is the** ~? kdo je to?

corpulence [kɔ́:pjuləns] *n* životnost, debelost, zajetnost

corpulency [kɔ́:pjulənsi] glej **corpulence**

corpulent [kɔ́:pjulənt] *adj* (~ **ly** *adv*) životen, debel, zajeten, tolst

corpus [kɔ́:pəs] *n* telo; zbirka dokumentov; celota; armadni zbor; *jur* ~ **delicti** predmet, ki dokazuje zagrešitev zločina; ~ **juris** zakonodavni zbor; *eccl* **Corpus Christi** telovo (praznik) corpuscle [kó:pʌsl] *n* telesce; krvnička, celica; atom; elektron

corpuscular [kə:pʌ́skjulə] *adj* krvničkin; atomski, elektronski

corpuscule [kʌ:pʌ́skju:l] glej corpuscle

corral I [kərá:l] *n* tamar, obor; sklenjena vrsta za obrambo taborišča

corral II [kərá:l] *vt* zapreti v tamar; s koli ograditi; *A sl* polastiti se; *fig* v kozji rog ugnati

correct I (kərékt) *adj* (~ ly *adv*) pravi, pravšen, pravilen; natančen; spodoben, vljuden; to be ~ prav imeti; to be ~ in saying pravilno povedati; the ~ card program športnih dogodkov; it is the ~ thing tako je prav

correct II [kərékt] *vt* popraviti, korigirati; grajati, kaznovati; *fig* ublažiti; neutralizirati, regulirati; to ~ proofs opravljati korekture; to ~ o.s. poboljšati se; to stand ~ed priznati svojo krivdo (zmoto)

correction [kərékšən] *n* poboljšanje; popravilo, poprava; grajanje, ukor, opomin; kazen; house of ~ poboljševalnica, kaznilnica; ~ (of the press) korektura; to speak under ~ govoriti z zavestjo, da nimamo čisto prav; subject to ~ brez jamstva; under ~ nemerodajno, s pomisleki

correctional [kərékšənl] *adj* poboljševalen, grajalen, kazenski

correctitude [kəréktitju:d] *n* pravilnost, spodobnost, korektnost (vedenja)

corrective [kəréktiv] 1. *adj* (~ ly *adv*) poboljševalen, popravljalen; *med* blažilen; 2. *n* (*of, to*) blažilo; izboljševalni pripomoček

correctness [kəréktnis] *n* pravilnost, natančnost, primernost; vljudnost, korektnost

corrector [kəréktə] *n* popravljavec, -vka; korektor(ica); kritik, grajalec, -lka; *med* blažilo

correlate [kórileit] 1. *vi* (*to, with*) biti soodnosen; 2. *vt* postaviti v soodnosnost, v vzajemno zvezo

correlate II [kórileit] *n* soodnosni člen, korelat

correlation [kərilé išən] *n* (*with*) soodnosnost, vzajemnost, korelacija

correlative [kórélətiv] 1. *adj* (~ ly *adv*) (*with, to*) soodnosen, vzajemen; analogen; 2. *n* korelat, soodnosni člen

correspond [kórispónd] *vi* (*with, to*) skladati, ujemati se, ustrezati; (*with*) dopisovati; predstavljati; ~ing member dopisni član; ~ing clerk korespondent(ka), dopisnik, -nica

correspondence [kórispóndəns] *n* (*with, between*) dopisovanje, pisma, korespondenca; ustreznost, skladnost; stik; to hold (ali carry on, keep up) a ~ with s.o., to be in ~ with s.o. dopisovati si s kom; ~ school dopisna šola; ~ column pisma bralcev

correspondent [kórispóndənt] 1. *n* dopisnik, dopisovalec; to be a bad ~ ne odgovarjati na pisma; 2. *adj* (~ ly *adv*) (*to*) ustrezen

corresponding [kórispóndiŋ] *adj* (~ ly *adv*) dopisen; prikladen, ustrezen

corridor [kóridə:] *n* hodnik; prehodno ozemlje, koridor

corridor-train [kóridə:trein] *n* vlak s povezanimi vagonskimi hodniki

corrie [kóri] *n Sc* dolinica v pobočju, tokava

corrigendum, *pl* corrigenda [kóridžéndəm, -də] *n* popravek, tiskovna napaka

corrigibility [kóridžibíliti] *n* popravljivost, poboljšljivost

corrigible [kóridžəbl] *adj* (corrigibly *adv*) popravljiv, poboljšljiv

corroborant [kəróbərənt] 1. *adj* krepilen; 2. *n med* krepilo; *fig* podkrepitev

corroborate [kəróbəreit] *vt* okrepiti, ojačiti; potrditi, podpreti

corroboration [kərəbəré išən] *n* okrepitev, ojačitev; potrdilo; dodaten dokaz; in ~ of v potrdilo česa

corroborative [kəróbərətiv] *adj* (~ ly *adv*) krepilen, potrdilen

corroborator [kəróbəreitə] *n* krepilec, potrjevalec

corroboratory [kəróbəreitəri] *adj* (corroboratorily *adv*) glej corroborative

corroboree [kəróbəri] *n* nočni ples in slavje avstralskih domačinov; *fig* hrupna zabava

corrode [kəróud] 1. *vt* (*with*) gristi, razjedati, razglodati; rjaviti; 2. *vi* (*into*) razpadati, razkrajati se; rjaveti

corrodent [kəróudənt] *adj* (~ ly *adv*) jedek

corrosion [kəróužən] *n* razjedanje, rjavenje, korozija; razjedenost, zarjavelost

corrosive [kəróusiv] 1. *adj* (~ ly *adv*) razjeden, razjedljiv, koroziven, jedek; 2. *n chem* jedkalo, lužilo

corrosiveness [kəróusivnis] *n* razjedljivost, korozivnost, jedkost

corrugate I [kórugeit] *vt & vi* brazdati, valoviti, grbančiti, gubati (se); mrščiti (čelo); ~d iron valovita pločevina; ~d paper valovita lepenka

corrugate II [kórugit] *adj* zgrbančen, naguban, valovit; namrščen

corrugation [kórugé išən] *n* gubanje, grbančenje; guba

corrugator [kórugeitə] *n anat* mišica, ki mršči čelo

corrupt I [kərʌ́pt] 1. *vt* pokvariti, poslabšati; razkrojiti; spačiti; podkupiti; 2. *vi* pokvariti se, zgniti, strohneti

corrupt II [kərʌ́pt] *adj* (~ ly *adv*) pokvarjen, slab, okužen; nepošten, nemoralen, podkupljiv; ~ practice podkupljivost; *jur* ~ in blood brez državljanskih pravic

corrupter [kərʌ́ptə] *n* kvarilec, -lka; podkupovalec, -lka

corruptibility [kərʌptəbíliti] *n* pokvarljivost; podkupljivost

corruptible [kərʌ́ptəbl] *adj* (~ ly *adv*) pokvarljiv; podkupljiv

corruption [kərʌ́pšən] *n* pokvarjenost; popačenost; podkupovanje; gnitje, trohnenje, razpad; ponaredek

corruptive [kərʌ́ptiv] *adj* kvaren; kužen, nalezljiv

corruptiveness [kərʌ́ptivnis] *n* kvarnost; kužnost, nalezljivost

corruptness [kərʌ́ptnis] *n* pokvarjenost, popačenost; podkupljivost

corsage [kə:sá:ž] *n* životec, steznik; *A* šopek ali cvetlica (kot okras na obleki)

corsair [kó:sɛə] *n* morski ropar, gusar; gusarska ladja

corse [kə:s] *arch poet* glej corpse

corset [kó:sit] *n* steznik

cors(e)let [kɔ́:slit] n srednjeveški oklep; zool prsni ščit

cortege [kɔ:téiž] n slovesno spremstvo; pogrebni sprevod

cortex, pl cortices [kɔ́:teks, kɔ́:tisi:z] n bot lubje, skorja; anat opna; cerebral ~ možganska opna

cortical [kɔ́:tikl] adj (~ly adv) skorjast, skorjav; anat openski

corticate [kɔ́:tikit] adj skorjav, skorjast

corundum [kərʌ́ndəm] n min korund

coruscate [kɔ́rəskeit] vi iskriti, bleščati se, sijati; fig blesteti

coruscation [kərəskéišən] n iskrenje, blišč; fig duhovitost

corvée [kɔ́:vei] n tlaka; težko delo

corves [kɔ:vz] n pl od corf

corvette [kɔ:vét] n korveta, manjša bojna ladja

corvine [kɔ́:vin, kɔ́:vain] adj vranji, krokarjev

corybantic [kəribǽntik] adj (~ally adv) razuzdan, razposajen

corymb [kɔ́rim(b)] n bot kobul

coryphaeus [kərifí:əs] n zborovodja; vodja, prvak, slavna oseba, korifeja

coryza [kəráizə] n med prehlad, nahod

cos [kɔs] 1. n bot vrsta zelene solate; 2. conj coll because

cose [kouz] vi udobno si urediti

cosecant [kóusí:kənt] n math kosekans

cosey [kóuzi] glej cosy

cosh I [kɔš] adj Sc miren; čeden

cosh II [kɔš] 1. n krepelec, oklešček; 2. vt naklestiti, pretepsti

cosher [kɔ́šə] 1. vt & vt raznežiti; klepetati; Sc gostiti se; to ~ up razvaditi, pomehkužiti; 2. n glej kosher

co-signatory [kóusígnətəri] 1. adj sopodpisen; 2. n sopodpisnik, -nica

cosily glej pod cosy

cosine [kóusain] n math kosinus

cosiness [kóuzinis] n udobnost, domačnost

cos-lettuce [kɔ́sletis] n bot vrsta zelene solate; glej cos 1.

cosmetic [kɔzmétik] 1. adj (~ally adv) lepotilen, kozmetičen; 2. n lepotilo; pl kozmetika

cosmetician [kɔzmətíšən] n kozmetik, kozmetičarka, negovalka lepote

cosmic [kɔ́zmik] adj (~ally adv) kozmičen, vesoljski; veličasten, harmoničen

cosmism [kɔ́zmizm] n teorija o nastanku vesolja

cosmogony [kɔzmógəni] n teorija o nastanku sveta

cosmographer [kɔsmógrəfə] n kozmograf

cosmographic [kɔzməgrǽ:fik] adj (~ally adv) kozmografski

cosmography [kɔzmógrəfi] n kozmografija, opis vesolja

cosmological [kɔzməlódžikəl] adj (~ally adv) kozmološki

cosmologist [kɔzmólədžist] n kozmolog

cosmology [kɔzmólədži] n kozmologija, nauk o zakonih, ki vladajo svet

cosmonaut [kɔ́smənɔ:t] n kozmonavt

cosmonautics [kɔzmənɔ́:tiks] n kozmonavtika

cosmopolitan [kɔzməpólitən] 1. adj svetovljanski; 2. n svetovljan

cosmopolite [kɔzmópəlait] glej cosmopolitan

cosmopolitical [kɔzməpəlítikəl] adj kozmopolitski, svetovljanski

cosmopolitism [kɔzməpólitizəm] n kozmopolitizem, svetovljanstvo

cosmos [kɔ́zmɔs] n vesolje, vsemirje; fig red, harmonija

cossack [kɔ́sæk] n kozak; A član protistavkovne policije; pl vrsta širokih hlač

cosset I [kɔ́sit] n razvajanec, -nka, ljubljenec, -nka

cosset II [kɔ́sit] vt razvajati, ljubkovati; to ~ up razvaditi

cost* I [kɔst] vi stati, veljati; (o)ceniti; ~ what it may za vsako ceno

cost II [kɔst] n strošek, cena, izdatek; pl sodnijski stroški; prime (ali first) ~ proizvodni stroški; to know (ali learn) s.th. at (ali to) one's own ~ na lastni koži občutiti; at all ~s za vsako ceno; ~ of living življenjski stroški; to find one's ~ repaid priti na svoj račun; ~-of-living bonus draginska doklada; net ~ lastna cena; to count ~ pretehtati vse okoliščine; to meet the ~ poravnati stroške; at a heavy ~ z velikimi žrtvami; to my ~ v mojo škodo

costal [kɔ́stl] adj anat rebrn

co-star [koustá:] vi imeti enako pomembno vlogo

costard [kɔ́stəd] n vrsta jabolka; arch glava, buča

cost-book [kɔ́stbuk] n troškovnik

coster(monger) [kɔ́stə(mʌŋgə)] n E branjevec, -vka; ulični prodajalec, -lka sadja in zelenjave

cost-free [kɔ́stfri:] adj brezplačen

costive [kɔ́stiv] adj (~ly adv) med zapečen, zaprt; fig počasen, len; varčen, rezerviran

costiveness [kɔ́stivnis] n med zapeka, zaprtje; fig počasnost, lenoba; varčnost

costless [kɔ́stlis] adj (~ly adv) brezplačen, zastonj

costliness [kɔ́stlinis] n dragocenost; visoka cena

costly [kɔ́stli] adj dragocen, drag; arch zapravljiv

costmary [kɔ́stmɛəri] n bot navadni vratič, melisa, majaron

costume I [kɔ́stju:m] n obleka, oprava, kostim, noša; ~ piece zgodovinska drama; ~ ball ples v maskah; ~ jewellery bižuterija; period ~ historična obleka

costume II [kɔ́stju:m] vt kostimirati, obleči, oblačiti

costumer [kɔ́stju:mə] n izdelovalec, -lka historičnih oblačil

costumier [kəstjú:mjə] n izdelovalec ali posojevalec oblačil; šivilja

cosy [kóuzi] 1. adj (cosily adv) udoben topel, domač; 2. n grelec čajnika; majhna gostilna

cot I [kɔt] n koča; zatočišče; koliba; poet skromno bivališče

cot II [kɔt] n posteljica, zibelka, poljska ali ladijska postelja

cotangent [kóutǽndžənt] n math kotangenta

cote I [kout] n ovčjak, tamar; dove ~ golobnjak; hen ~ kokošnjak

cote II [kout] vt v ovčjak, tamar itd. zapreti

cotemporanean [kóutəmpəréinjən] etc. glej contco-tenant [kóuténənt] n sonajemnik

coterie [kóutəri] n izbrana družba; klika

cotillion [kətíljən] n kotiljon

cottage [kɔ́tidž] n selski dvorec; vila; koliba, koča; A letoviška hiša; ~ piano pianino; A ~ cheese skuta

cottage-industry [kɔ́tidžindʌstri] *n* domača obrt
cottager [kɔ́tidžə] *n* stanovalec kolibe; *A* stanovalec vile; *E* poljedelski delavec, hlapec, dninar, kajžar
cottar, cotter [kɔ́tə] *n Sc* hlapec, dninar, poljedelski delavec; kajžar
cotter [kɔ́tə] *n techn* zatikalka; količ, razcepka
cottier [kɔ́tiə] *n* stanovalec kolibe; *Ir* kajžar; zakupnik
cotton I [kɔ́tn] **1.** *n* bombaž, bombaževina; *bot* bombaževec; nit; *pl* bombažaste tkanine; **2.** *adj* bombažast; *A* ~ **batting** vata
cotton II [kɔ́tn] *vi* (*to*) navezati, zbližati se, vzljubiti; (*together, with*) strinjati se; **to** ~ **to** rad imeti; **to** ~ **up** sprijateljiti se; *sl* **to** ~ **on** (ali **into**) dojeti, razumeti; **to** ~ **on to s.o.** vzljubiti koga
cotton-cake [kɔ́tnkeik] *n* bombaževe tropine
cotton-gin [kɔ́tndžin] *n* stroj za odstranjevanje semen iz bombaža
cotton-grass [kɔ́tngra:s] *n bot* suhopernik
cotton-grower [kɔ́tngrouə] *n* pridelovalec bombaža
cotton-lord [kɔ́tnlɔ:d] *n* tekstilni magnat
cotton-mill [kɔ́tnmil] *n* predilnica, tkalnica bombaža
cottonocracy [kɔtnɔ́kræsi] *n* tekstilni magnati
cotton-plant [kɔ́tnpla:nt] *n bot* bombaževec
cotton-seed [kɔ́tnsi:d] *n* bombaževčevo seme
cotton-spinner [kɔ́tnspinə] *n* predilec, -lka bombaža
cotton-tail [kɔ́tnteil] *n zool* belorepi kunec
cotton-waste [kɔ́tnweist] *n* odpadki bombaža
cotton-wood [kɔ́tnwud] *n* vrsta severnoameriškega topola
cotton-wool [kɔ́tnwul] *n* vata; surov bombaž, polizdelek bombaža
cotton-works [kɔ́tnwə:ks] *n pl* predilnica
cottony [kɔ́tni] *adj* bombažast; puhast, mehek
cotton-yarn [kɔ́tnja:n] *n* bombažna preja
cotyledon [kɔtilí:dn] *n bot* kalica
cotyledonous [kɔtilí:dənəs] *adj* ki ima kalico
couch I [kauč] *n* ležišče, spavališče, počivališče; zofa, kavč; plast kalečega žita; namaz
couch II [kauč] **1.** *vt* položiti; pripraviti kopje za napad; polagati papir v stiskalnico; skriti; (*in*) izraziti, spisati; *med* odstraniti očesno mreno; **2.** *vi* ležati (v brlogu); prežati v zasedi, čepeti
couch(grass) [káučgra:s] *n bot* pirnica
cougar [kú:ga:] *n zool* puma, kuguar
cough I [kɔf] *n* kašelj, kašljanje; *coll* **churchyard** ~ suh, jetičen kašelj; **whooping** ~ oslovski kašelj; **to catch a** ~ dobiti kašelj; **to give a slight** ~ rahlo zakašljati
cough II [kɔf] *vi & vt* (za)kašljati
  cough down *vt* s kašljem k molku prisiliti
  cough out *vt* izkašljati
  cough up *vt* izkašljati; *sl* izkašljati se, reči, blekniti, olajšati si jezo; *sl* izročiti; plačati
cough-drop [kɔ́fdrɔp] *n* bonbon proti kašlju; *fig* nekaj skrajno neprijetnega
cough-lozenge [kɔ́fləzindž] glej **cough-drop**
coughing [kɔ́fiŋ] *n* kašelj
could [kud] *pt & cond* od **can**
couldn't [kudnt] = **could not**
coulee [kú:li] *n* strjena lava; globel
coulisse [ku:lí:s] *n* kulisa; *techn* žlebič, zareza

couloir [kúlwa:] *n* tokava
coulomb [ku:lɔ́m] *n el* kulon, coulomb, enota elektrenine
coulter glej **colter**
coumarin [kú:mərin] *n chem* kumarin
council [káunsl] *n* svet, zbor; *eccl* koncil; zborovanje; *E* **Privi** ~ tajni državni svet; **order in** ~ sklep ministrov; **Council of State** državni svet; ~ **of war** vojni svet; **country** ~ grofijski svet
council-chamber [káunslčeimbə] *n* posvetovalnica
councillor [káunsilə] *n* svetnik, občinski odbornik; *A* odvetnik
councillorship [káunsiləšip] *n* čast ali služba svetnika, občinskega odbornika
counsel I [káunsəl] *vt* svetovati; priporočiti; opomniti; **to** ~ **for s.o.** zastopati koga pred sodiščem
counsel II [káunsəl] *n* posvetovanje; svet, nasvet; namera, načrt; odvetnik; svetovalec; ~ **is never out of date** za dober nasvet ni nikoli prepozno; ~ **of perfection** nasvet, ki se po njem ni mogoče ravnati; **to take** ~ **with s.o.** posvetovati se s kom; **to take** ~ **with one's pillow** dobro si stvar premisliti, prespati jo; ~ **for the defence** obtoženčev zagovornik; ~ **for the prosecution** tožiteljev zagovornik; **to keep one's own** ~ prikrivati svoje namene, obdržati stvar zase, tajiti
counsellor, *A* **counselor** [káunsələ] *n* svetovalec; mestni svetnik; *Ir, A* odvetnik
count I [kaunt] *n* (neangleški) grof
count II [kaunt] *n* račun, število; računanje, cenitev; glasovanje; rezultat; točka obtožnice; odlašanje; upoštevanje; ozir; **to keep** ~ **of s.th.** računati s čim; **to lose** ~ ušteti, zmotiti se pri računanju; **out of all** ~ nevšteven, neprešteven; **to take** ~ **of s.th.** prešteti, upoštevati kaj; **on other** ~**s** v drugih pogledih; ~ **of yarn** številka prejice
count III [kaunt] *vt & vi* šteti, računati, ceniti; upoštevati, smatrati, veljati; **to** ~ **one's chickens before they are hatched, to** ~ **without one's host** delati račun brez krčmarja; **that does not** ~ to ni pomembno, to ne velja; *Sc* **to** ~ **kin** biti v očitnem sorodstvu; *coll* **to** ~ **noses, to** ~ **the house** ugotoviti število prisotnih
count for *vi* veljati za, pomeniti; ~ **much (little)** veliko (malo) pomeniti
count in *vt* vračunati, všteti
count on *vi* zanašati se, računati na
count out *vt* prešteti; *A* ne upoštevati; *parl* odložiti; izločiti iz borbe; *A coll* omogočiti volitve s falzifikacijo rezultatov
count up *vt* prešteti, pošteti
countenance I [káuntinəns] *n* zadržanje; pojava, zunanjost, lice; zadržanost; opora; *fig* podpora; odobravanje, naklonjenost; duševni mir; **to change one's** ~ spremeniti izraz obraza, prebledeti; **to keep one's** ~ premagovati se, ne se smejati; **to give** (ali **lend**) ~ pomagati komu, bodriti ga; **to put out of** ~ zmesti, zbegati, osramotiti; **to keep in** ~ bodriti, podpirati; **in** ~ zbran, nemoten; **to stare out of** ~ s pogledom zbegati; **to lose** ~ vznemiriti se, izbruhniti; **the knight of woeful** ~ vitez žalostne postave
countenance II [káuntinəns] *vt* podpreti, podpirati; hrabriti; odobriti; dopuščati, trpeti, prenašati; **well** ~**d** lepe zunanjosti

counter I [káuntə] *n* računar; *techn* števec, brzinomer, računalo; žeton, igralna znamka; prodajna miza, pult, poslovalna miza; okence; figura v igri dama; **a lie nailed to the** ~ dokazano lažna trditev; **to sell over the** ~ na drobno prodajati; ~ **scale** rimska tehtnica; **to serve behind the** ~ biti prodajalec, -lka; **under the** ~ tajno, skrito

counter II [káuntə] *n* nasprotni udarec; napačna sled psa

counter III [káuntə] *vt* odvrniti; ugovarjati; nazaj udariti, kljubovati; narediti nasprotno potezo

counter IV [káuntə] *adj* nasproten; dvojen

counter V [káuntə] *adv* nasproti, nasprotno, proti; **to run** (ali **go**) ~ upirati se; iti v nasprotni smeri, po nasprotni sledi

counter VI [káuntə] *n* zakrivljeni del krme; *anat* prsna votlina konja; napetnica; vgrezni vijak

counter- [káuntə] *pref* proti-, nasproti-

counteract [kauntərǽkt] *vt* delati proti; nasprotovati; preprečiti; izenačiti, nevtralizirati

counteraction [kauntərǽkšən] nasprotni učinek, reakcija, odpor; preprečitev; nevtralizacija

counteractive [kauntərǽktiv] *adj* (~ **ly** *adv*) ki deluje v nasprotni smeri, reakcijski; ki nevtralizira

counteragent [káuntəreidžənt] *n* nasprotno delovanje; moč, ki deluje v nasprotno smer

counterattack [káuntərətæk] *n* nasprotni napad

counter-attraction [kauntərətrǽkšən] *n* nasprotna privlačnost

counterbalance I [káuntəbæləns] *n* (*to*) protiutež, izenačba, kompenzacija

counterbalance II [kauntəbǽləns] *vt* izenačiti, kompenzirati

counterbass [káuntəbeis] *n mus* kontrabas

counterblast [káuntəbla:st] *n* udarec nasprotnega vetra; *fig* (*to*) hudo nasprotovanje

counterblow [káuntəblou] *n* nasprotni udarec

counterbond [káuntəbənd] *n* revers, pismena zaveza

counterbore [káuntəbə:] *n techn* grezilo

counterchange [kauntəčéindž] *vt & vt* zamenjati, izmenjavati

countercharge I [káuntəča:dž] *n* nasprotna tožba, protinapad

countercharge II [kauntəčá:dž] *vt* vložiti protitožbo

countercheck [káuntəček] *n* (*to*) nasprotno delovanje; ovira, zadržek

counterclaim I [kauntəkléim] *vt & vi* (*against*, *for*) vložiti nasprotno terjatev

counterclaim II [káuntəkleim] *n* nasprotna terjatev

counter-clockwise [káuntəklókwaiz] *adv* proti smeri urnih kazalcev

counter-current [káuntəkʌrənt] *n* nasprotni, protismerni tok

counter-deed [káuntədi:d] *n* tajni reverz (v pogodbi)

counter-die [káuntədai] *n* matrica

counter-effect [káuntərifekt] *n* nasprotni učinek, nasprotno delovanje

counter-espionage [káuntərespiəna:ž] *n* protivohunstvo, kontrašpionaža

counterfeit I [káuntəfit] *vt* ponarejati, popačiti; ponatisniti; hliniti, oponašati

counterfeit II [káuntəfit] **1.** *adj* ponarejen, popačen, nepristen; **2.** *n* ponarejek, popačba, plagiat; slepar, licemerec, -rka

counterfeiter [káuntəfitə] *n* ponarejavalec, -lka, slepar, -rka; *fig* hinavec, -vka

counterfoil [káuntəfəil] *n* kontrolni odrezek, kupon

counterfort [káuntəfə:t] *n archit* oporni steber

counter-insurance [káuntərinšuərəns] *n* pozavarovanje, reasikuracija

counter-intelligence [káuntərintélidžəns] *n* kontrašpionaža, protivohunstvo

counter-jumper [káuntədžʌmpə] *n joc* prodajalec v trgovini, komi

counterman [káuntəmən] *n* prodajalec, trgovski pomočnik

countermand I [kauntəmá:nd] *vt* preklicati, odpovedati (naročilo); *jur* preklicati ukaz, odlok

countermand II [kauntəmá:nd] *n* preklic; protiukaz

countermarch 1. [káuntəma:č] *n* pohod v nasprotno smer; **2.** [káuntəmá:č] *vi* korakati v nasprotno smer

countermark [káuntəma:k] *n com* dodatna označitev, nasprotni vžig

countermeasure [káuntəmežə] *n* nasprotni ukrep

countermine [káuntəmain] **1.** *n* nasprotna mina; *fig* nasprotna zvijača; **2.** *vt* postaviti nasprotne mine; *fig* uporabiti nasprotno zvijačo

counter-motion [káuntəmoušən] *n parl* nasprotni predlog

counter-motive [káuntəmoutiv] *n* nasprotni nagib, razlog

countermove [káutəmu:v] **1.** *vt* nasprotno ukrepati; **2.** *n* nasprotni ukrep

counter-movement [káuntəmu:vmənt] *n* nasprotni gib, nasprotna poteza

counter-offensive [káuntərəfénsiv] *n* protiofenziva

counter-order [káuntərə:də] *n* nasprotni ukaz

counterplane [káuntəpein] *n* posteljno pregrinjalo

counterpart [káuntəpa:t] *n* nasprotek; dvojnik, duplikat

counterplea [káuntəpli:] *n* protiobtožba

counterplot [káuntəplət] *n* protizarota; *fig* protinapad

counterpoint [káuntəpəint] *n mus* kontrapunkt

counterpoise [káuntəpəiz] **1.** *n* protiutež; ravnotežje; **2.** *vt* izenačiti

counterpoison [kauntəpóizn] *n* protistrup

counterproof [káuntəpru:f] *n* grafični odtis

counter-reformation [káuntərefəmeišən] *n eccl* protireformacija

counter-revolution [káuntərevəlu:šən] *n* protirevolucija

counterrevolutionary [káuntərevəlú:šənəri] **1.** *adj* protirevolucijski; **2.** *n* kontrarevolucionar

counter-scarp [káuntəska:p] *n* zunanje pobočje jarka; nasprotni branik

countersign [káutəsain] **1.** *vt* sopodpisati, ratificirati; **2.** *n* sopodpisnik; geslo

countersignature [káuntəsignəčə] *n* sopodpis

countersink [káuntəsiŋk] glej **counterbore**

counter-slip [káuntəslip] *n* nasprotno potrdilo o prejemu

counter-stroke [káuntəstrouk] *n* nasprotni udarec

counter-ticket [káuntətikit] *n* kontrolni odrezek

countervail [káuntəveil] *vt & vi (against)* izravnati; odtehtati; zadostovati; kompenzirati

counterweigh [káuntəwei] glej **counterbalance II**

counterweight [káuntəweit] glej **counterbalance I**

counterword [káuntəwə:d] *n* beseda, ki je zaradi pogostne rabe zgubila prvotni pomen

counterwork [káuntəwə:k] **1.** *n* odpor, nasprotovanje; *mil* nasprotna trdnjava **2.** *vt & vi* delovati proti; upirati se

countess [káuntis] *n* neangleška grofica; žena earla

counting-house [káuntiŋhaus] *n* poslovalnica; računovodstvo; pisarna

countless [káuntlis] *adj* (~**ly** *adv*) brezštevilen, neštet

count-out [káuntáut] *n* odgoditev seje parlamenta zaradi premajhnega števila poslancev (pod 40); *sp* štetje do deset pred razglasitvijo knock-outa

countrified (countryfied) [kántrifaid] *adj* pokmeten, neuglajen

country I [kántri] *n* dežela, domovina, pokrajina; podeželje, vas; *fig* področje; *parl E* **to appeal to the** ~ razpustiti parlament; razpisati nove volitve; *E parl* raziti se; **in this** (ali **our**) ~ pri nas; **cross** ~ čez drn in strn; **native** ~ domovina; **old** ~ prejšnja domovina; **right or wrong my** ~ domovini se ne smemo nikdar izneveriti; **in the** ~ na deželi, na vasi; *A* **God's own** ~ ZDA; **foreign** ~ tujina; **to go up** ~ iti v notranjost dežele; **all over the** ~ povsod

country II [kántri] *adj* podeželski, pokrajinski; domovinski; ~ **cousin** *hum* podeželan, ki je ves zgubljen v mestnem vrvežu; ~ **gentleman** veleposestnik; ~ **life** življenje na deželi

country-bred [kántribred] *adj* na deželi vzgojen

countrydance [kántrida:ns] *n* kmečki narodni ples

country-folk [kántrifouk] *n* podeželani; rojaki

country-house [kántrihaus] *n* podeželska hiša, deželni dvorec; letovanjska hiša

countrylike [kántrilaik] *adj* kmečki, podeželski

countryman [kántrimən] *n* kmet, deželan, rojak

country-seat [kántrisi:t] *n* veliko posestvo; dvorec

countryside [kántrisaid] *n* podeželje, pokrajina; mestna okolica in njeno prebivalstvo

countrywide [kántriwaid] *adj* po vsej deželi razširjen

countrywoman [kántriwumən] *n* kmetica; rojakinja

countship [káuntšip] *n* grofovstvo; grofija

county [káunti] *n* grofija; okrožje, okraj; prebivalci okraja, grofije; **home counties** šest okrajev v neposredni okolici Londona; ~ **borough**, **county-corporate** glavno mesto okraja, mesto z nad 50.000 prebivalci

county-court [káuntikó:t] **1.** *n* okrajno sodišče; **2.** *vt coll* tožiti na okrajnem sodišču

county-town [káuntitaun] *n* glavno mesto grofije ali okraja

coup I [ku:] *n* udarec, sunek; uspešna poteza; ~ **d'état** [ku:deitá:] državni prevrat; ~ **de grace** [kú:deigrá:s] poslednji, smrtni udarec

coup II [kaup] **1.** *n* prevesni voziček; gnojni voz; **2.** *vt & vi* nagniti, prevrniti (se)

coup III [kaup] *Sc vt* zamenjavati; barantati

coupé [kú:pei] *n* vrsta kočije; zaprt dvosedežen avto; polkupe v vagonu

couple I [kápl] *n* par, dvojica; zakonca, zaljubljenca; povezka psov; **a** ~ **of** nekaj, par, dva; **to hunt in** ~ **s** vedno skupaj tičati

couple II [kápl] *vt & vi (with)* pariti, združiti (se); sklopiti

coupler [káplə] *n* tisti, ki veže, spaja; spoj, spojnica

couplet [káplit] *n mus* kuplet

coupling [kápliŋ] *n* sklapljanje; sklopka; *rly* spojnica; spenjača; parjenje (živali); **feed-back** ~, **reaction** ~ vzvratni sklop

coupling-box [kápliŋbɔks] *n* obojka, troba

coupling-rod [kápliŋrɔd] *n techn* spojni drog

coupon [kú:pon] *n* odrezek, kupon; **on** ~ **s** na karte, racioniran; **off** ~ **s** v prosti prodaji

coupon-bonds [kú:pənbɔndz] *n pl A* obveznice na prinašalčevo ime

coupon-free [kú:pənfri:] *adj & adv* v prosti prodaji

courage [káridž] *n* pogum, hrabrost, srčnost; **Dutch** ~ pogum pod vplivom alkohola; **to damp s.o.'s** ~ pogum komu vzeti, oplašiti ga; **my** ~ **fails me** ne upam si; **the** ~ **of one's conviction** pogum, braniti svoja načela; **to lose** ~ prestrašiti se; **to take one's** ~ **(in both hands)**, **to pluck up** (ali **muster, summon, screw up**) **one's** ~ opogumiti se

courageous [kəréidžəs] *adj* (~**ly** *adv*) pogumen, srčen, hraber, neustrašen

courageousness [kəréidžəsnis] *n* pogum, hrabrost, srčnost, neustrašenost

courant [kuránt] *adj* ki teče, tekoč

courier [kúriə] *n* kurir, sel; vodnik

course I [kə:s] *n* tek, potek, postopek; proga, pot, smer; krožek, študij, tečaj; plast; dirkališče; golfišče; korito; kariera; *pl* menstruacija; **main** ~ glavno jadro; **fore** ~ sprednje jadro; **in the** ~ **of** med, v teku; **in** ~ **of time** sčasoma; **in due** ~ v določenem času, pravočasno; **it is a matter of** ~ to se samo ob sebi razume; **of** ~ seveda, vsekakor, naravno; ~ **of law** sodni postopek; **in the** ~ **of nature** po naravnem zakonu; ~ **of action** postopek; **to follow** (ali **pursue**) **a** ~ **of action** iti za določenim ciljem; **to steer a** ~ pluti v določeni smeri; **to stay the** ~ vztrajati do konca, ne popustiti; **to take** (ali **run**) **one's own** ~ iti svojo pot; **to take a** ~ **for s.th.** ukreniti kaj; **words of** ~ navadna fraza; ~ **of treatment** zdravljenje

course II [kə:s] **1.** *vt* gnati, loviti, zasledovati (zajce s psi); **2.** *vi* teči, curljati; bežati

courser [kó:sə] *n poet* isker konj; bojni konj

coursing [kó:siŋ] *n* pogon

court I [kə:t] *n* dvorišče; slepa ulica; dvor; dvorjani; (kraljevska) vlada; uradni sprejem na dvoru; sodišče; *A* sodniki; igrišče; dvorjenje; motel; ~ **of claims** gospodarsko sodišče; **out of** ~ nevreden upoštevanja, nemerodajen; **to put o.s. out of** ~ zgubiti pravico; **at** ~ na dvoru; ~ **of justice** (ali **law**), **law** ~ sodišče; **High Court of Parliament** zbor parlamenta; *A* **General Court** zakonodajni zbor; **High Court of Justice** vrhovno sodišče; **in** ~ na sodišču; **in open** ~ na javni razpravi; ~ **of appeal** apelacijsko sodišče; **to bring into** ~ tožiti; **to put out of** ~ odbiti tožbo; ~ **of assizes** porotno sodišče;

to take a case to ~ predložiti zadevo sodišču;
to pay (ali **make**) ~ dvoriti
court II [kɔ:t] *vt* dvoriti, snubiti, potegovati se;
prilizovati se; prizadevati si; izpostavljati se;
izzivati; **to** ~ **disaster** sam zakriviti, izzivati
nesrečo
court-ball [kɔ́:tbɔ:l] *n* dvorni ples
court-card [kɔ́:tka:d] *n* karta s figuro (kralj,
kraljica)
court-fool [kɔ́:tfu:l] *n* dvorni norec
courteous [kɔ́:tjəs] *adj* (~**ly** *adv*) vljuden, spodo-
ben, spoštljiv
courteousness [kɔ́:tjəsnis] *n* vljudnost, spodobnost,
spoštljivost
courtesan [kɔ́:tizǽn] *n* ljubavnica, kurtizana
courtesy [kɔ́:tisi] *n* (*to*) vljudnost, uslužnost,
spoštljivost; *A* **by** ~ z dovoljenjem (objavljeno)
court(e)sy [kɔ́:tsi] 1. *n* poklonek, pripogibek; **to**
make (ali **drop**) **a** ~ pokloniti se; 2. *vi* pokloniti
se
courthouse [kɔ́:thaus] *n* sodnija, sodišče
courtier [kɔ́:tjə] *n* dvorjan; dvorilec
courtlike [kɔ́:tlaik] *adj* dvorjanski; olikan, vljuden
courtliness [kɔ́:tlinis] *n* vljudnost, dvorljivost; pri-
liznjenost
courtly [kɔ́:tli] *adj* vljuden, dvorljiv, priliznjen
court-martial [kɔ́:tmá:šəl] 1. *n* vojno sodišče; 2. *vt*
postaviti pred vojno sodišče
court-plaster [kɔ́:tpla:stə] *n* obliž
courtship [kɔ́:tšip] *n* dvorjenje, snubitev
courtyard [kɔ́:tja:d] *n* dvorišče
cousin [kʌzn] *n* bratranec, sestrična; daljni sorod-
nik; **first** ~, ~ **german** pravi bratranec, prava
sestrična; **second** ~ bratranec, sestrična v dru-
gem kolenu; ~ **twice removed** bratranec,
sestrična v tretjem kolenu; **to call** ~**s with** imeti
se za sorodnika; ~ **Jacky** vzdevek prebivalca
Cornwalla
cousinhood [kʌznhud] *n* sorodstvo, družina
cousinly [kʌznli] *adj* bratranski
cousinship [kʌznšip] glej **cousinhood**
cove I [kouv] 1. *n* majhen zaliv; draga; skrivališče,
zavetišče; votlina; *archit* obok; 2. *vt* obokati
cove II [kouv] *n sl* fant, dečko; **a rum** ~ čudak
coven [kʌvən] *n* shod čarovnic; *fig* zborovanje
covenant I [kʌvinənt] *n* dogovor, sporazum; za-
obljuba, zaveza; zveza; *bibl* **ark of the** ~ skrinja
zaveze; **land of the** ~ obljubljena dežela; **to**
make (ali **enter into**) **a** ~ obvezati se
covenant II [kʌvinənt] 1. *vi* (*with* s; *for* o) dogo-
voriti, sporazumeti se, zavezati, obvezati se; 2. *vt*
zagotoviti, določiti
covenanted [kʌvinəntid] *adj* dogovorjen, sklenjen,
po dogovoru
coventrate [kʌvəntreit] glej **coventrize**
coventrize [kʌvəntraiz] *vt* (z bombardiranjem) do
tal porušiti
Coventry [kʌvəntri] *n* mesto v Angliji; **to send**
s.o. to ~ **k** vragu koga poslati, bojkotirati koga
cover I [kʌvə] *vt* (*with*) pokri(va)ti, zavarovati;
obseči, obsegati; razprostreti, razprostirati (se);
fig mrgoleti; skriti, skrivati; *fig* tajiti; (*from*)
braniti, (za)ščititi; izplačati, kriti stroške; ob-
delati; prepotovati, prehoditi; premagati; za-
dostovati; (z orožjem) meriti; oploditi (žrebec);
A coll poročati **za** tisk; predvidevati; valiti;

to be ~**ed with** biti poln česa; **under** ~**ed**
friendship s hlinjeno prijaznostjo; **pray be** ~**ed**
pustite, prosim, klobuk na glavi; **to** ~ (**up**)
one's tracks zabrisati sledove; **your letter** ~**s**
po vašem pismu sodlm, da; **to** ~ **with a rifle**
nameriti strelno orožje
cover in *vt* zakriti; zasuti z zemljo
cover over *vt* prekriti, prikriti, skriti
cover up *vt* zaviti, skriti, pokriti
cover II [kʌvə] *n* pokrov; prevleka; plašč (na
kolesu); odeja; ovitek, platnica; (*from* pred)
zatočišče, skrivališče, zaklonišče; brlog; goščava;
pogrinjek; *fig* pretveza, krinka; kritje,
zaščita; poročanje, poročilo v časopisu; ~ **girl**
slika ženske na prvi strani ilustriranega časo-
pisa; **under the** ~ **of s.th.** pod pretvezo česa;
to take ~ skriti se, iti v zavetje; **under this** ~
priloženo; **to read a book from** ~ **to** ~ prebrati
knjigo od začetka do konca; **to break** ~ za
pustiti skrivališče (divjad)
coverage [kʌvəridž] *n* kritje; obseg delovanja;
bralci, abonenti
coverall(s) [kʌvərɔ́:l(z)] *n* pajac (oblačilo)
coverer [kʌvərə] *n mil* vojak v drugi liniji
covering I [kʌvəriŋ] *n* pokrivalo; prevleka, plast;
ovoj; opaž; skrivališče; kritje, zaščita; *fig* pre-
tveza
covering II [kʌvəriŋ] *adj* spremen; zaščiten; ~
letter spremno pismo; ~ **party** zaščitni oddelek;
~ **note** *com* zaznamek o kritju zavarovanja
coverlet [kʌvəlit] *n* pokrivalo; posteljno pregrinjalo
covert I [kʌvət] *adj* (~**ly** *adv*) skrit; pokrit; tajen,
prikrit; poročena; *fig* prekanjen, potuhnjen; *jur*
feme ~ poročena ženska
covert II [kʌvət] *n* zatočišče, zavetišče, skrivališče;
goščava; pretveza; ptičje krovno pero; **to draw**
a ~ preiskati goščavo (pri lovu na lisico)
covert-coat [kʌvətkout] *n* lahek kratek površnik
covert-way [kʌvətwei] *n* skrit, tajen hodnik
coverture [kʌvətjuə] *n* odeja; zaščita; zavetje; *jur*
položaj poročene žene
covet [kʌvit] *vt* hrepeneti, hlepeti; biti pohlepen
covetable [kʌvitəbl] *adj* zaželen; poželenja vreden
covetous [kʌvitəs] *adj* (~**ly** *adv*) (*of*) željan, pohle-
pen; skop; zavisten
covetousness [kʌvitəsnis] *n* pohlepnost, pohlep,
poželjivost; skopost; zavist
covey I [kʌvi] *n* zalega, zarod, mladiči enega
gnezda (zlasti jerebice); jata; *fig* družina, četa;
to spring a ~ splašiti jato
covey II [kóuvi] glej **cove II**
covin [kʌvin] *n arch* sleparstvo; *obs* tajen dogovor,
zarota
coving [kóuviŋ] *n* zalivček, draga; votlina, skriva-
lišče
cow I [kau] *n zool* krava; samica nekaterih velikih
sesalcev; *vulg* baba, babura; *Austral* **a fair** ~
traparija; **till the** ~**s come home** bogve kdaj;
joc **the** ~ **with the iron tail** vodna črpalka (iz
katere prilijejo vodo mleku)
cow II [kau] *vt* (o)plašiti, terorizirati; **to** ~ **into**
s.th. z ustrahovanjem prisiliti (da kaj stori)
cow III [kau] *n techn* pokrov (dimnika)
coward [káuəd] 1. *adj* (~**ly** *adv*) strahopeten, bo-
jazljiv, plašen; 2. *n* strahopetnež, -nica, bojazlji-
vec, -vka

cowardice [káuədis] n strahopetnost; malodušnost; plahost, boječnost

cowardliness [káuədlinis] glej cowardice

cowardly [káuədli] adj strahopeten, bojazljiv, boječ, plašen

cow-bane [káubein] n bot velika trobelika

cowbell [káubel] n kravji zvonec

cowberry [káuberi] n bot mahunica

cowboy [káubəi] n kravar, pastir goveda na konju, kavboj

cow-catcher [káukæčə] n techn A kovinska naprava na sprednjem delu lokomotive (za odstranjevanje ovir na progi)

cower [káuə] vi čepeti; počepniti, prihuliti se; ždeti; fig trepetati

cow-fish [káufiš] n zool morska krava

cow-girl [káugə:l] n kravja pastirica

cowhand [káuhænd] glej cowboy

cow-heel [káuhi:l] n goveja hladetina (iz noge)

cowherd [káuhə:d] n kravji pastir

cowhide [káuhaid] 1. n kravje usnje; bikovka; 2. vt prebičati

cow-house [káuhaus] n kravji hlev

cowish [káuiš] adj (~ly adv) štorast, okoren

cowl I [kaul] n kapuca, oglavnica; streha nad dimnikom; napa, nastrešje

cowl II [kaul] n arch velika kad za nošenje vode, čeber; ~ staff drog za nošenje čebra

cowleech [káuli:č] n sl veterinar

cowlick [káulik] n štrleč šop las, čop

cowlike [káulaik] adj kravi podoben

cowling [káuliŋ] n techn pokrov letalskega motorja

cowman [káumən] n kravar; živinorejec

co-worker [kóuwə:kə] n sodelavec, -vka

cowp glej coup III

cow-parsley [káupa:sli] n bot krebuljica

cow-parsnip [káupa:snip] n bot boršč, dežen

cow-pat [káupæt] n kravjek

cow-pox [káupəks] n med kravje ošpice

cow-puncher [káupʌnčə] glej cowboy

cowrie, cowry [káuri] n zool kavri (vrsta morskega polžka)

cowshed [káušed] n kravji hlev

cowslip [káuslip] n bot trobentica, jeglič; A kalužnica

cox [kəks] 1. n krmar, poveljnik čolna; 2. vt krmariti; ~ed four četverec s krmarjem

coxcomb [kókskoum] n pavlihova čepica; pavliha, norec; gizdalin, nadutež, domišljavec

coxcombical [kəkskóumikəl] adj (~ly adv) norčevski; gizdalinski

coxcombry [kókskoumri] n norenje; gizdavost, gizdalinstvo, nečimrnost

coxswain [kóksn, kókswein] n poveljnik čolna, krmar

coxswainless [kókswainlis] adj; ~ fours četverec brez krmarja

coxy [kóksi] adj (coxily adv) domišljav, gizdav, predrzen

coy [kəi] adj (~ly adv) plah, sramežljiv; skromen; zadržan; ~ of speech redkobeseden

coyish [kóiiš] adj (~ly adv) plah, sramežljiv

coyness [kóinis] n plahost, sramežljivost; spodobnost

coyote [kəióut] n zool zahodnoameriški prerijski volk, kojot

coypu [kóipu] n zool nutrija

coz [kʌz] n arch glej cousin

coze [kouz] 1. vi blebetati, klepetati, žlobudrati; 2. n klepet

cozen [kʌzn] vt (of, out of za) (pre)varati, slepariti, opehariti; za nos voditi; (into doing) (pre)mamiti

cozenage [kʌznidž] n prevara, sleparstvo

cozener [kʌznə] n slepar

coziness glej cosiness

cozy glej cosy

crab I [kræb] n zool rakovica; techn vitel; obs najnižji zadetek pri kockanju; coll zguba, škoda; coll godrnjač; tekalni voziček; odklon od določene smeri (raketa); astr rak; to catch a ~ preglboko udariti z vesli; vstran odskočiti; to turn out ~ s zgrešiti; ne se posrečiti

crab II [kræb] n bot divje jabolko, lesnika

crab III [kræb] vt kritizirati, negativno oceniti, »raztrgati«; coll to ~ s.o.'s scheme pokvariti komu načrt

crab IV [kræb] n (to) graja, očitek

crab-apple [kræbæpl] n divje jabolko, lesnika

crabbed [kræbid] adj (~ly adv) kisel, trpek; čemeren, siten, godrnjav; grd, nečitljiv

crabbedness [kræbidnis] n trpkost; čemernost, godrnjavost; nečitljivost

crabbiness [kræbinis] glej crabbidness

crabby [kræbi] adj (crabbily adv) coll čemeren, siten; kisel

crab-louse [kræblaus] n zool sramna uš

crab-pot [kræbpət] n vrša za lov rakovic

crabstick [kræbstik] n palica iz lesnikovine; fig sitnež, godrnjač

crabtree [kræbtri:] n bot divja jablana, lesnika

crack I [kræk] n razpoka, špranja, reža; pok, tresk, močan udarec; mutiranje; arch sl bahanje; laž; Sc dial klepetanje, pomenek; pl novice; sl vlom, vlomilec; coll trenutek; dober igralec; dober konj; sl duhovita pripomba; the ~ of doom sodni dan; coll in a ~ v trenutku, ko bi mignil

crack II [kræk] adj počen; coll odličen, izreden, prvovrsten, prima

crack III [kræk] 1. vt razcepiti, skrhati, treti, razbiti, razdreti, uničiti; 2. vi počiti, razpočiti se; mutirati; razcepiti, skrhati se; sl popustiti, kloniti; a hard nut to ~ trd oreh; sl to ~ a book lotiti se branja ali študija; sl to ~ a smile nasmehniti se; to ~ a bottle izpiti steklenico; sl to ~ a crib vlomiti v hišo; to ~ jokes zbijati šale; vulg to ~ wind prdniti; to ~ one's fingers s prsti tleskati

crak down vt coll nahruliti; zlomiti odpor

crack on vt izdati skrivnost

crack up vt & vi skrhati se; ostareti; hvaliti; strmoglaviti; sestreliti letalo; ~ to the nines čez mero hvaliti; coll he cracked up to be baje je bil

crack IV [kræk] int tresk!, bum!, plosk!

crackjack [krækədžæk] n nadarjen človek

crack-barrel [krækbærəl] n A simbol jalovih debat

crack-box [krækbəks] glej crackbarrel

crack-brained [krækbreind] adj nor, slaboumen, zmešan, blazen

cracked [krækt] adj počen, razbit; rezek; coll nor

cracker [krǽkə] n A keks; pokalica, petarda, žabica; pl klešče za orehe; sl lažnivec, širokoustnež; laž
crackerjack [krǽkədžæk] n sl zelo bister človek; odlična stvar
crackers [krǽkəz] adj sl nor, trapast
cracking [krǽkiŋ] adj coll sijajen; bliskovit
cracking-up [krǽkiŋʌp] n živčni zlom
crack-jaw [krǽkdžɔ:] adj coll težko izgovorljiv
crackle I [krǽkl] vi prasketati, pokati, šelesteti
crackle II [krǽkl] n prasket(anje), šelestenje; ~ china porcelan z drobnimi okrasnimi razpokami
crackling [krǽkliŋ] n prasketanje; pl lojevi ocvirki; hrustljava skorja pečenke
crackly [krǽkli] adj hrustljav; prasketav
cracknel [krǽknəl] n hrustljavo pecivo; presta
cracksman [krǽksmən] n sl vlomilec
cracky [krǽki] adj (crackily adv) razpokan; krhek; nor
cradle I [kréidl] n zibelka; fig rojstni kraj, otroštvo; korito za izpiranje zlata; med opornica; techn opora, ležaj; vilice za telefonske slušalke; prehodna vlagalna deska (tisk); zidarski oder; to rock the ~ zibati; from the ~ od mladih nog; to rob the ~ poročiti ali zaročiti se s premladim partnerjem; the ~ of the deep morje
cradle II [kréidl] vt v zibelko položiti, zibati, uspavati; izpirati zlato; kositi (s posebno koso)
cradle-snatching [kréidlsnæčiŋ] n rop otroka
cradlesong [kréidlsɔŋ] n uspavanka
cradling [kréidliŋ] n zibanje, uspavanje; archit ogrodje, gradbeni oder
craft [kra:ft, A kræft] n spretnost, ročnost; zvijača; obrt, rokodelstvo, umetna obrt; ceh; orodje za ribolov; ladja, ladjevje, letalo, splav; the gentle ~ ribolov; the Craft prostozidarji; small ~ drobne ladje; landing ~ izkrcevalna ladja; every man to his ~ le čevlje sodi naj kopitar
craft-brother [krá:ftbrʌðə] n tovariš rokodelec; prostozidar
craft-guild [kráftgild] n ceh delavcev iste stroke
craftiness [krá:ftinis] n zvitost, prekanjenost
craftsman [krá:ftsmən] n rokodelec, mojster; umetnik
craftsmanship [krá:ftsmənšip] n spretnost, ročnost; strokovno delo
craftsmaster [krá:ftsma:stə] n visoko kvalificiran rokodelec
crafty [krá:fti] adj (craftily adv) zvit, premeten, prekanjen
crag [kræg] n skala, čer, pečina; geol plast školjčnatega peska v Angliji
cragged [krǽgid] adj skalnat; gol
cragginess [krǽginis] n skalnatost; strmost
craggy [krǽgi] adj (craggily adv) skalnat, skalovit; strm
cragsman [krǽgzmən] n plezalec, hribolazec
crake [kreik] 1. n zool kosec, krastač; 2. vi oglašati se kot krastač; hreščati
cram I [kræm] 1. vt (with) napolniti, natrpati, natlačiti; (perjad) krmiti, pitati; (into) vtepati; vbijati (v glavo); 2. vi preobjesti se; guliti se; sl zlagati se; fam to ~ down s.o.'s throat nenehno komu pripominjati, vsiljevati
cram II [kræm] n gneča; guljenje; hrana za pitanje živali; sl neresnica, laž

crambo [krǽmbou] n rimanje (družabna igra); dumb ~ zlogovna uganka, šarada
cram-full [krǽmful] adj (of) natlačen, čisto poln
crammer [krǽmə] n gulilec, gulež; učitelj, ki pripravlja za izpit; pitalec perutnine; sl laž, neresnica
cramoisy [krǽmɔizi] 1. adj arch škrlaten; 2. n arch škrlat
cramp I [kræmp] n med krč; to be taken with a ~ dobiti krč
cramp II [kræmp] vt & vi povzročiti ali imeti krče
cramp III [kræmp] n spona, okovi; fig zapreka
cramp IV [kræmp] vt stisniti, speti; ovirati; okleniti; coll to ~ s.o.'s style v slabo voljo koga spraviti, potlačiti ga; to ~ up stisniti
cramp V [kræmp] adj skrčen; nečitljiv; težko razumljiv
cramped [kræmpt] adj krčevit; nečitljiv; utesnjen
cramp-fish [krǽmpfiš] n zool električni skat
cramp-iron [krǽmpaiən] n železna skoba, penja
crampon [krǽmpən] n kljuka, kavelj; pl dereze
crampoon [krəmpú:n] glej crampon
cran [kræn] n Sc votla mera 170 litrov (za sveže sledi)
cranage [kréinidž] n raba žerjava; plačilo zanjo
cranberry [krǽnbəri] n bot mahovnica, brusnica
crane I [krein] n zool, techn žerjav; rly feeding ~ naprava za polnjenje parnega kotla z vodo; hoisting ~ žerjav; travelling ~ tekalni žerjav; shore's ~ kopenski žerjav; floating ~ plavajoči žerjav
crane II [krein] 1. vt (for za) stegovati vrat; dvigati z dvigalom; 2. vi vrat stegovati; fig mečkati, mencati, oklevati
crane-fly [kréinflai] n zool košeninar
cranesbill [kréinzbil] n bot krvomočnica
crania [kréinjə] pl od cranium
cranial [kréinəl] adj lobanjski
craniologist [kreiniólədžist] n kraniolog(inja)
craniology [kreiniólədži] n kraniologija, nauk o človeški lobanji
craniometer [krəiniómitə] n kraniometer
craniometry [kreiniómitri] n kraniometrija, merjenje človeških lobanj
cranium [kréinjəm] n anat lobanjski svod, lobanja
crank I [kræŋk] n techn ročica, gonilka, kljuka; koleno cevi; zavoj, vijuga
crank II [kræŋk] vt viti, vrteti; (mot) to ~ up pognati ročico; to ~ off (s)filmati
crank III [kræŋk] 1. n muhavost, prismojenost, samovolja; besedna igra; čudak, posebnež; 2. adj majav, trhel, negotov; (naut) ki se lahko prevrne; prismojen
cranked [kræŋkt] adj kolenast; ki ima ročico
crank-case [krǽŋkkeis] n techn okrov motorne gredi
crank-handle [krǽŋkhændl] n techn zagonska ročica
crankiness [krǽŋkinis] n trhlost; muhavost; razmajanost; razdražljivost
crankle [krǽŋkl] 1. n zavoj, vijuga; 2. vi viti, vijugati se
crankshaft [krǽŋkša:ft] n techn ročična gred
cranky [krǽŋki] adj (crankily adv) razmajan, razrahljan, trhel; vijugast; siten, razdražljiv, čudaški

crannied [krǽnid] *adj* razpokan, popokan
crannog [krǽnəg] *n archeol Ir, Sc* stavba na koleh
cranny [krǽni] *n* raza, praska, špranja; **to search every nook and** ~ stikati po vseh kotih
crap [kræp] *n bot* ajda; usedlina; *sl* vislice; *sl* denar; *vulg* govno; *sl* ~ **shooting** hazardno kockanje
crape [kreip] **1.** *n* žalna tenčica, krep, flor; **2.** *vt* kodrati; s florom pokriti; v žalno obleko se obleči
crape-cloth [kréipkləθ] *n* volneni krep
craped [kreipt] *adj* naguban, zgrbančen
craps [kræps] *n pl* vrsta ameriške igre z dvema kockama
crapulence [krǽpjuləns] *n* požreševanje, nezmernost, pijančevanje; »maček«
crapulent [krǽpjulənt] *adj* (~ **ly** *adv*) nezmeren, požrešen; ki ima »mačka«
crapulous [krǽpjuləs] glej crapulent
crash I [kræš] **1.** *vt* podreti, razbiti, zlomiti, streti; **2.** *vi* treščiti, trčiti; razbiti se; zrušiti se; **to** ~ **a party** priti nepovabljen v družbo; **to** ~ **the gate** vriniti se v gledališče ipd. brez vstopnice
crash down *vi* zrušiti se
crash in (ali on) *vi* vriniti se
crash into (ali against) *vi* zaleteti se v kaj
crash together *vi* trčiti, spopasti se
crash II [kræš] *n* pok, tresk, hrum, trušč; zrušenje (letala); trčenje; *fig* polom, bankrot; ~ **programme** plan maksimalne proizvodnje ne glede na stroške; ~ **dive** nagla potopitev podmornice
crash III [kræš] *n* vrsta redko tkanega blaga, tronitnik; surovo platno
crash IV [kræš] *coll* presenetljiv, nepričakovan
crash-dive [krǽšdaiv] *vi* naglo se potopiti (podmornica)
crash-helmet [krǽšhelmit] *n* zaščitna čelada
crash-land [krǽšlænd] *vi* zasilno pristati
crash-landing [krǽšlændiŋ] *n* zasilni pristanek
crash-proof [krǽšpru:f] *adj* nerazbiten
crass [kræs] *adj* (~ **ly** *adv*) debel, robat, surov; skrajno neumen, zabit
crassness [krǽsnis] *n* surovost; skrajna neumnost
crassitude [krǽsitjud] glej crassness
cratch [kræč] *n* jasli
crate [kreit] *n* velika košara; letvenica, gajba; *sl* star avto ali letalo
crateful [kréitful] *n* (polna) košara česa
crater [kréitə] *n* krater, kotanja, lijak (od bombe)
craunch [kra:nč, krɔ:nč] *vt & vi* gristi, glodati, žvečiti; škrtati
cravat [krəvǽt] *n arch* kravata
crave [kreiv] *vt & vi* prositi, rotiti; (*for*) hrepeneti; nujno potrebovati
craven [krǽivn] **1.** *adj* (~ **ly** *adv*) strahopeten; **2.** *n* strahopetec; **to cry** ~ zbati se, vdati se, priznati poraz
craving [krǽviŋ] **1.** *n* (*for*) hrepenenje; **2.** *adj* (~ **ly** *adv*) pohlepen, lakomen
craw [krɔ:] *n* golša (ptičev)
crawfish [krɔ́:fiš] **1.** *n* glej crayfish; **2.** *vt A sl* nazaj se umakniti
crawk [krɔ:k] *vi* kričati, vreščati
crawl I [krɔ:l] *vi* plaziti se, laziti; gomazeti, mrgoleti; *sp* kravlati; **to** ~ **home on one's eyebrows** biti skrajno utrujen; **it makes my flesh** ~ kurja

polt me obliva; **to** ~ **with s.th.** mrgoleti česa; ~ **ing sensation** občutek mravljinčenja
crawl II [krɔ:l] *n* lazenje, plazenje; počasna hoja; *sp* kravl; *šl* lazenje od gostilne do gostilne; **to go at a** ~ komaj se pomikati, lesti kot polž
crawl III [krɔ:l] *n* ograjen prostor na plitvini za ribe ali rake
crawler [krɔ́:lə] *n* ki se plazi; taksi, ki išče ob počasni vožnji odjemalce; plavalec kravla; *techn* gosenica; počasen (pogrebni) sprevod; *fig* lizun; *pl* vrhnje oblačilo za otročička, ki se plazi
crawl-stroke [krɔ́:lstrouk] *n* kravlanje
crayfish [kréifiš] *n zool* sladkovodni rak; jastog
crayon [kréiən] **1.** *n* pastel, barvnik; slikanje s pasteli; oglje v obločnici; ~ **drawing** pastel (slika); **2.** *vt* z barvniki, pasteli risati; *fig* skicirati
craze I [kreiz] *n* norost; manija, prismojenost; (*for*) pretirano navdušenje; konjiček; velika moda; *obs* razpoka; **the latest** ~ zadnja modna norost; **to be all the** ~ biti največja moda
craze II [kreiz] *vt* noriti, ob pamet spraviti, begati; povzročiti, da popoka
crazed [kreizd] *adj* popokan; (*with*) ponorel, prismojen, ves navdušen
craziness [kréizinis] *n* norost, prismojenost
crazy [kréizi] *adj* (**crazily** *adv*) trhel, razmajan; nezdrav; blazen, ponorel, prismojen; *coll* (*about*, *with*) ves nor na kaj; **to drive** ~ spraviti ob pamet; *A* ~ **bone** za udarec občutljivo mesto na komolcu; **to go** ~ znoreti; ~ **quilt** prešita odeja iz nepravilnih ostankov blaga; ~ **pavement** tlak iz raznobarvnih kamnov
crazy-nuts [kréizinʌts] *adj* prismojen
creak [kri:k] **1.** *n* škripanje; **2.** *vi & vt* škripati; ~ **ing hinges last long** kdor dolgo kašlja, dolgo živi
creaky [krí:ki] *adj* (**creakily** *adv*) škripav
cream I [kri:m] *n* smetana; krema; motno rumena barva; *fig* cvet (česa), najboljše; jedro; ~ **of tartar** vinski kamen; **ice** ~ sladoled; **whipped** ~ stepena smetana; **clotted** ~ »koža«, smetana na kuhanem mleku; ~ **of the joke** poanta; **cold** ~ mastna, nočna krema; **vanishing** ~ suha, dnevna krema
cream II [kri:m] **1.** *vi* ustvarjati smetano; peniti se; **2.** *vt* smetano posneti (tudi *fig*); dodati smetano; umešati (rumenjake)
cream-cheese [krí:či:z] *n* smetanov sir
cream-coloured [krí:mkʌləd] *adj* svetlorumen
creamer [krí:mə] *n* posnemalnik; vrč za smetano
creamery [krí:məri] *n* mlekarna, sirarna; mlekarstvo
cream-laid [krí:mléid] *adj*; ~ **paper** rumenkast pisemski papir
cream-separator [krí:msepəreitə] *n* posnemalnik
cream-tart [krí:mta:t] *n* smetanova torta
cream-wove [krí:mwóuv] *n* rumenkast pisemski papir, ki je videti kakor da je tkan
creamy [krí:mi] *adj* (**creamily** *adv*) smetanast, masten, kremast; *fig* izbran
crease I [kri:s] *n* guba, zgib; pregib; uho (zavihan rob v knjigi); (*cricket*) **bowling** ~ črta pod vrati; **popping** ~ črta za udarec
crease II [kri:s] *vt & vi* gubati, mečkati (se)

creaseproof [krí:spru:f] *adj* ki se ne mečka
creasy [krí:si] *adj* naguban, zmečkan; ki se rad mečka
create [kriéit] **1.** *vt* ustvariti, povzročiti; zbuditi, zbujati; izzvati; imenovati; **2.** *vi sl (about)* zagnati krik in vik; ceremoniti
creation [kriéišən] *n* ustvarjanje, stvaritev, tvorba, proizvod, plod, umotvor; imenovanje; vesoljstvo, svet, stvarstvo; ustanovitev
creationism [kriéišənizəm] *n* teorija o božji ustvaritvi sveta
creationist [kriéišənist] *n* privrženec, -nka teorije o božji ustvaritvi sveta
creative [kriéitiv] *adj* (~ly *adv*) stvariteljski, ustvarjalen, stvarljiv, tvoren, ploden
creativeness [kriéitivnis] *n* stvarjalnost, tvornost, plodnost
creator [kriéitə] *n* stvarnik, ustvarjalec, tvorec, povzročitelj
creatress [kriéitris] *n* ustvarjalka, stvarnica, povzročiteljica
creature [krí:čə] *n* bitje, stvor, človek; varovanec, -nka; *fig* orodje, sužnej; **dumb** ~s živali; **fellow** ~ bližnjik; **living** ~ živo bitje, živ; *sl* **the** ~ whisky in druge žgane pijače; ~ **comforts** razkošje
crèche [kreiš] *n* otroške jasli
credence [krí:dəns] *n* vera, zaupanje; *eccl* mizica za hostije ob oltarju; *obs* poverilnica; to give ~ **to a story** verjeti, da je zgodba resnična; **letter of** ~ pismeno priporočilo, poverilnica
credential [kridénšəl] **1.** *adj* poverilen; **2.** *n pl* poverilnica, priporočilo, mandat, akreditiv
credibility [kredibíliti] *n* verodostojnost, verjetnost
credible [krédibl] *adj* (**credibly** *adv*) verodostojen, verjeten; **to be credibly informed** imeti obvestila iz zanesljivega vira
credit I [krédit] *n* dobro ime, zaupanje; kredit, up; ugled, čast, zasluga; vpliv; pomembnost, spoštovanje; spričevalo o opravljenem izpitu; *A* reklama (v oddajah); **to give** ~ **to** verjeti čemu, zaupati komu; **he is** ~ **to his family** je v čast svoji družini; **it does you** ~ čast vam dela; **to give** ~ **for** pripisovati (komu) kaj; **to add to s.o.'s** ~ povečati komu ugled; **to take** ~ **for** lastiti si zasluge za; **letter of** ~ kreditno pismo; *A* ~ **line** navedba, od kod je vzet citat; **to place** (ali **enter, put, pass, carry**) ~ **to** v dobro zapisati; **with** ~ častno, odlično
credit II [krédit] *vt* verjeti, zaupati; posoditi, kreditirati; (*with*) pripisovati, smatrati; **to** ~ **s.o. with honesty** imeti koga za poštenega
creditable [kréditəbl] *adj* (**creditably** *adv*) hvalevreden, neoporečen, spoštovanja vreden; (*to za*) sposoben, ki lahko dobi na upanje; ~ **service** delovni stažista
credit-balance [kréditbæləns] *n com* imovina
credit-note [kréditnout] *n com* vpis v dobro
creditor [kréditə] *n* upnik; ~'**s side** kreditna stran (v knjigovodstvu)
credo [krí:dou] *n* veroizpoved, kredo
credulity [kridjúliti, kredjúliti] *n* lahkovernost, zaupljivost
credulous [krédjuləs] *adj* (~ly *adv*) lahkoveren, zaupljiv
credulousness [krédjuləsnis] glej **credulity**

creed [kri:d] *n* vera, veroizpoved, prepričanje; **the Apostoles'** ~ apostolska vera
creek [kri:k] *n* draga, ozek zaliv; majhno pristanišče; *A* rečica, potok; raka; **up the** ~ v težavah
creeky [krí:ki] *adj* poln zalivov, razčlenjen
creel [kri:l] *n* košara, vrša; stojalo; *techn* natikalni okvir
creep* I [kri:p] *vi* plaziti se, lesti, laziti, polzeti; **to feel one's flesh** ~ dobiti kurjo polt; **to** ~ **into s.o.'s favour** prilizovati se komu; **it makes my flesh** ~ kurja polt me ob tem oblije
creep forward *vi* priplaziti se
creep in *vi* noter se splaziti
creep upon *vi* prilizovati se
creep up *vi* priplaziti se; dvigati se (cene)
creep with *vi* mrgoleti česa
creep II [kri:p] *n* plazenje, polzenje; nizek predor pod železniškim nasipom; nav. *pl coll* groza, odpor, stud, strah; drhtenje, mravljinčenje, kurja polt; **to give s.o. the** ~s navdajati koga z grozo, biti komu zoprn
creeper [krí:pə] *bot* plazilka, ovijalka; plazilec; *pl* dereze; trinožna ponev; *fig* prihuljenec; **Virginia** ~ *bot* divja trta, vinika
creephole [krí:phoul] *n* luknja (kot skrivališče)
creeping [krí:piŋ] *adj* (~ly *adv*) plazeč se; vsiljiv; ~ **sensation** občutek groze
crepy [krí:pi] *adj* (**creepily** *adv*) plazeč se; ki zbuja grozo, grozljiv, skrivnosten; ostuden
creepy-crawly [krí:pikrə:li] glej **creepy**
cremate [kriméit] *vt* sežigati (zlasti mrliče), upepeliti
cremation [kriméišən] *n* upepelitev, sežig, kremacija
cremationist [kriméišənist] *n* zagovornik, -nica kremacije
cremator [kriméitə] *n* sežigalec, upepeljevalec; krematorijska peč
crematoria [kremətó:riə] *pl* od **crematorium**
crematorial [kremətó:riəl] *adj* krematorijski
crematorium [kremətó:riəm] *n* sežigališče mrličev, krematorij
crematory [krémətəri] **1.** *n A* sežigališče mrličev, krematorij; **2.** *adj* sežigalen
crenate [krí:neit] *adj* nazobčan
crenated [krí:neitid] glej **crenate**
crenellated [krénileitid] *adj* ki ima strelne line, nazobčan
crenel [krénl] *n* strelna lina
crenelle [krenél] glej **crenel**
creol [krí:oul] **1.** *adj* kreolski; **2.** *n* kreol(ka)
creolian [kri:óuljən] *n* kreolski
creosote [krí:əsout] *n chem* kreozot
crêpe [kreip] *n* krep; ~ **rubber** vrsta surove gume za podplate; ~ **paper** nakodran papir
crepitant [krépitənt] *adj* prasketajoč, prasketav, pokljav
crepitate [krépiteit] *vi* prasketati, pokljati; škripati
crepitation [krepitéišən] *n* prasket, pokljanje; škripanje
crept [krept] *pt & pp* od **creep**
crepuscular [kripáskjulə] *adj* somračen, večeren
crepuscularia [kripʌskjuléəriə] *n pl zool* somračniki
crepuscule [krépəskju:l] *n* somrak
crescendo [krišéndou] *adv mus* crescendo, zmerom močneje, naraščajoče

crescent I [krésnt] *adj poet* naraščajoč, polmesečen, srpast

crescent II [krésnt] *n* polmesec, naraščajoči mesec, stari mesec; *A* rogljiček; *E* trg ali ulica polmesečne oblike; *A* Crescent City New Orleans

crescent-shaped [krésntšeipt] *adj* polmesečne oblike

cress [kres] *n bot* kreša

cresset [krésit] *n hist* bakla; žerjavnica; ponev s smolo (za razsvetljavo)

crest I [krest] *n* greben, roža, perjanica, čop, griva; *fig* pogum, ponos; **on the ~ of the wave** v najugodnejšem trenutku, na vrhuncu sreče

crest II [krest] **1.** *vt* okronati, ovenčati; prekositi; doseči vrh; **2.** *vi* grebeniti se, dvigati se (valovi)

crestfallen [kréstfɔ:lən] *adj* plašen; potrt

cretaceous [kritéišəs] *adj geol* kreden, krednat; **~ period** kreda (geološka doba)

cretin [krétin] *n* bebec, idiot

cretinism [krétinizm] *n* bebavost, kretinizem

cretinous [krétinəs] *adj* (**~ly** *adv*) bebast, slaboumen

cretone [kretón] *n* kreton (vrsta blaga)

crevasse [krivǽs] *n* razpoka, prelom; *geol* ledeniška poč; *A* predor nasipa

crevice [krévis] *n* razpoka, špranja, poč, reža

crew I [kru:] *n* posadka (ladje, letala), truma, četa moštvo, ekipa

crew II [kru:] *pt* od **crow**

crew-cut [krú:kʌt] *adj* na balin ostrižen

crewel [krú:il] *n* prejica za vezenje

crewel-work [krú:ilwə:k] *n* pisana vezenina

crew-(hair)cut [krú:(hɛə)kʌt] *n* na kratko ostriženi lasje, lasje na krtačo

crib I [krib] *n* jasli, jaslice; otroška posteljica; koliba; *sl* hiša; *A* posoda za žito, sol itd.; lesena opora (v rovu); *coll* plagiat; uporaba nedovoljenega prevoda; *sl* **to crack a ~** vlomiti v hišo

crib II [krib] *vt* zapreti; *coll* zmikati, suniti; (*from, out of*) prepisovati

cribbage [kríbidž] *n* vrsta igre kart

crib-biting [kríbbaitiŋ] *n* grizenje jasli (konjska bolezen)

cribbing [kríbiŋ] *n* glej **crib-biting**; opaž v rovu

cribble [kríbl] **1.** *n obs* sito, rešeto; **2.** *vt* sejati, rešetati

cribriform [kríbrifɔ:m] *adj anat* sitast, luknjičast

crick I [krik] *n* krč, trganje; **~ in the neck** otrpel vrat; **~ in the back** trganje v križu, lumbago

crick II [krik] *vt* povzročiti krče; **to ~ one's neck** vrat si izpahniti

cricket I [kríkit] *n zool* čriček; cvrček; bramor; cikada; škržat; **as merry** (ali **lively**) **as a ~** vesel, živahen, židane volje

cricket II [kríkit] *n sp* kriket; *A* nizek stolček, pručica; **to play ~** igrati pošteno; *coll* **not ~** nepošteno, nešportno

cricket III [kríkit] *vi sp* igrati kriket

cricketer [kríkitə] *n* igralec, -lka kriketa

cried [kraid] *pt & pp* od **cry**

crier [kráiə] *n* oklicevalec, glasnik; sodni sluga

crikey [kráiki] *int sl* zaboga!

crim.con. [krímkən] glej **criminal conversation**

crime I [kraim] *n* zločin, hudodelstvo; *coll* traparija; **a mistake worse than a ~** velika, nepo-

pravljiva napaka; **to commit a ~** zagrešiti zločin; **capital ~** zločin, ki se kaznuje s smrtjo

crime II [kraim] *vt mil* obtožiti, obsoditi

crime-sheet [kráimši:t] *n mil* zapisnik o prestopkih

criminal I [kríminəl] *adj* kazenski, zločinski; **~ code** kazenski zakonik; **~ law** kazenski zakon; **~ conversation** prešuštvo

criminal II [kríminəl] *n* zločinec, -nka, hudodelec, -lka

criminality [kriminǽliti] *n* kaznivost, kazenski primer; krivda; zločin

criminate [krímineit] *vt* obtožiti, obdolžiti; obsoditi; grajati, karati

crimination [kriminéišən] *n* obtožba; huda graja

criminative [krímineitiv] *adj* tožiteljski; razkrinkovalen

criminatory [krímineitəri] glej **criminative**

criminologist [kriminólədžist] *n* kriminolog(inja)

criminology [kriminólədži] *n* kriminologija

criminous [kríminəs] *adj* (**~ly** *adv*) *obs* zločinski, hudodelski; **~ clerk** duhovnik-hudodelec

crimp I [krimp] **1.** *n* nabiralec mornarjev ali vojakov; **2.** *vt* nasilno nabirati mornarje ali vojake

crimp II [krimp] *vt* gubati, kodrati; *cul* narezati (kožo ribe pred pečenjem)

crimp III [krimp] *n* guba, naborek; *coll* oster ovinek; ovira; *sl* **to put a ~ in** ovirati; zmešati

crimping-iron [krímpiŋaiən] *n obs* klešče za kodranje las

crimple [krímpl] *dial* **1.** *vt* grbančiti, gubati, kodrati, (z)mečkati; **2.** *n* guba, naborek

crimpy [krímpi] *adj* (**crimpily** *adv*) naguban, nakodran

crimson [krímzn] **1.** *adj* temno rdeč, škrlaten; **2.** *n* karmin, škrlat; **3.** *vt & vi* rdeče barvati; zardeti

crimson-warm [krímznwə:m] *adj* živordeč

cringe [krindž] **1.** *vi* skriviti, pripogniti, prihuliti se; (*to* pred) klečeplaziti; **2.** *n* klečeplastvo

cringer [kríndžə] *n* klečeplazec, podpihovalec

cringing [kríndžiŋ] *adj* klečeplazen; ustrežljiv

crinite [kráinait] *adj* kosmat

crinkle [kríŋkl] **1.** *n* guba; vijuga; **2.** *vt & vi* gubati, mečkati (se); nabirati, kodrati (se); **~d paper** krep papir

crinkly [kríŋkli] *adj* naguban, valovit

crinkum-crankum [kríŋkəmkrǽŋkəm] *adj coll* zvit, zavit, vijugast

crinoline [krínəli:n] *n* tkanina iz konjske žime; krinolina; *mar* zaščitna mreža okrog bojne ladje

cripes [kraips] *int vulg* **by ~!** zaboga!

cripple I [krípl] *n* pohabljenec, hromec, pokveka; *sl* šestpenijski novec

cripple II [krípl] *vt & vi* pohabiti, onesposobiti (se); ohromiti; ohrometi

crisis, *pl* **crises** [kráisis, krási:z] *n* kriza; stiska, težave; težak položaj; vrhunec bolezni

crisis-ridden [kráisisridn] *adj* od krize prizadet

crisp I [krisp] *adj* nakodran; hrustljav, drobljiv; dobro zapečen; svež; jasen, izrazit (obraz); naguban, valovit; odločen; **a ~ style** živahno izražanje

crisp II [krisp] *vt & vi* kodrati (se); hrustljavo (se) speči; hrustljati

crisp III [krisp] *n pl* bankovci; *E* tenki lističi ocvrtega krompirja

crispate [kríspeit] *adj* nakodran, valovit
crispation [krispéišən] *n* kodranje; krčenje (mišic)
crispness [kríspnis] *n* svežost; nakodranost; hrustljavost
crispy [kríspi] *adj poet* kodrast; hrustljav
criss-cross I [krískrəs] *n* križec (namesto podpisa); vrsta otroške igre; mreža črt; *arch* ~ **row** abeceda
criss-cross II [krískrəs] 1. *adj* prečrtan, križast; *fig* čemeren, neprijazen; 2. *adv* križem kražem
criss-cross III [krískrəs] *vt* & *vi* prečrtati; s križci krasiti; hoditi križem kražem
cristate [krísteit] *adj* grebenast, čopast
criteria [kraitíəriə] *pl* od **criterion**
criterion [kraitíəriən] *n* (*for*) merilo, sodilo, kriterij
critic [krítik] *n* (*of*) presojevalec, ocenjevalec, grajalec, kritik
critical [krítikəl] *adj* (~**ly** *adv*) (*of*) strog, natančen; odločilen, nevaren, mučen; kritičen
criticaster [kritiká:stə] *n* slab kritik
criticism [krítisizəm] *n* kritika, ocena, presoja; **above** ~ brezhiben; **open to** ~ izpodbiten; **textual** ~ recenzija knjige; **to make** ~ kritizirati
critizable [krítisaizəbl] *adj* graje vreden, izpodbiten
criticize [krítisaiz] *vt* kritizirati, presojati, oceniti, obirati, pograjati
critique [kriti:k] *n* ocena, kritika, recenzija
critter, crittur [krítə] *coll* glej **creature**
croak I [króuk] 1. *vi* krakati; regljati, kvakati; godrnjati, nergati; *coll* umreti; 2. *vt fig* napovedovati nesrečo; *sl* ubiti
croak II [krouk] *n* krakanje, regljanje; godrnjanje, nerganje
croaker [króukə] *n* godrnjač, nergač, pesimist
croaking [króukiŋ] glej **croaky**
croaky [króuki] *adj* (**croakily** *adv*) krakajoč, kvakav; godrnjav, nergav; hripav
Croat [króuət] *n* Hrvat
Croatian [krouéišən] 1. *adj* hrvaški; 2. *n* Hrvat(ica); hrvaščina
crochet [króušei] 1. *n* kvačkanje; 2. *vt* kvačkati
crochet-hook [króuš(e)ihuk] *n* kvačka
crochet-needle [króuš(e)ini:dl] glej **crochet-hook**
crochet-pin [króuš(e)ipin] glej **crochet-hook**
crock I [krɔk] 1. *n* prstena posoda, črepinja; *dial* saje, umazanija; **the** ~ **calling the kettle smutty** sova sinici glavana pravi; 2. *vt dial* s sajami umazati
crock II [krɔk] *n* kljusa; stara ovca; *sl* pohabljenec, reva
crock III [krɔk] *vi* & *vt coll* izčrpati, izmozgati, pohabiti se; **to up** onesposobiti (se) za delo, izmozgati (se); hirati
crock IV [krɔk] glej **crocodile**
crocked [krɔkt] *adj coll* izčrpan, izmučen, utrujen
crockery [krókəri] *n* kamenina, lončenina, glinasta posoda, porcelan; črepinje
crocket [krókit] *n archit* okrasni kamen iz listov in popkov
crocky [króki] *adj* krhek, lomljiv; *fig* bolehen
crocodile [krókədail] *n zool* krokodil; *coll* vrsta šolark v parih; ~ **tears** krokodilove solze, hlinjen jok
crocodilian [krɔkədíljən] *adj* krokodilov, krokodilski
crocus [krókəs] *n bot* žefran

croft [krɔft] *n E* majhno ograjeno polje; posestvece, ohišnica
crofter [krɔ́ftə] *n Sc* bajtar
cromlech [krómlek] *n* predzgodovinski druidski kamnit spomenik
crone [kroun] *n* baba, babnica, babura
crony [króuni] *n* star znanec, najboljši prijatelj; *A* tovariš
croodle [krú:dl] *vi* počeniti; priviti, pritisniti se
crook I [kruk] *n* kavelj, kljuka; pastirska palica; krivina, ovinek, vijuga; *sl* slepar, tat; **by hook or by** ~ nepremišljeno, na vrat na nos, tako ali tako; *sl* **to get on the** ~ nepošteno pridobiti; **a** ~ **in the back** grba; **a** ~ **in the lot** udarec usode
crook II [kruk] *vt* & *vi* upogniti, kriviti (se); s kavljem ujeti; *coll* **to** ~ **the elbow** (ali **little finger**) pijančevati
crook III [kruk] *adj* glej **crooked**; goljufiv, sleparski; *Austr* bolan, onemogel
crook-backed [krúktbækt] *adj* grbast
crooked [krúkid] *adj* (~**ly** *adv*) skrivljen, upognjen; *fig* nepošten, sprijen; ~ **dealings** nepošteni posli; ~ **ways** kriva pota
crookedness [krúkidnis] *n* skrivljenost, upognjenost; *fig* nepoštenost, sprijenost
crook-handle [krúkhændl] *n* zakrivljen ročaj (palice)
croon [kru:n] 1. *vt* & *vi* po tihem prepevati, brundati, mrmrati; 2. *n* tiho prepevanje, brundanje, mrmranje; jazzovsko petje
crooner [krú:nə] *n* jazzovski pevec
crooning [krú:niŋ] *n* jazzovsko petje, tiho petje, brundanje
crop I [krɔp] *n* ptičja golša; bičevnik; na kratko ostriženi lasje; žetev, pridelek, spravljanje pridelkov; strojena koža v celoti; kup; **under** ~ posejan, obdelan; **out of** ~ neobdelan; **in** ~ ki ga obdelujejo; **neck and** ~ docela, popolnoma
crop II [krɔp] 1. *vt* popasti, požeti; (*with*) posejati; odrezati, ostriči, obrezati; 2. *vi* pojaviti se na površini; obroditi; donašati; **to** ~ **heavily** bogato obroditi
crop forth *vi* prikazati se; pognati
crop out *vi* priti na površino (npr. rudna žila)
crop up *vi* prikazati se; pripetiti se
crop-eared [krópiəd] *adj* obrezanih ušes
cropful [krópful] *adj* sit
cropper [krópə] *n* žanjec, kosec; obrezovalec; kosilnica, žetnik; padec; *zool* golšasti golob; *A sl* zakupnik zemlje na delež pridelka; *fig* razočaranje; **to go** (ali **come**) **a** ~ pasti, propasti; **a good** (**bad**) ~ rastlina, ki dobro (slabo) obrodi
croppy [krópi] *n hist* irski upornik iz l. 1798
croquet [króukei] *sp* 1. *n* kroket (igra); ~ **green** kroketsko igrišče; 2. *vt* krokirati
croquette [króukét] *n* polpeta
crore [krɔ:] *n* deset milijonov (rupij)
crosier [króužə] *n* škofovska palica
cross I [krɔs] *n* križ, križec; križanje; krščanstvo; *biol* križanec; *fig* trpljenje, težava, nesreča; *sl* prevara; *sl* (*between*) kompromis; **each must bear one's own** ~ vsakdo ima svoje težave; **on the** ~ prečno, počez; *fig* nepošteno; **to make**

the sign of the ~ prekrižati se; **to make one's** ~ narediti križ (namesto podpisa); **no** ~ **no crown** brez dela ni jela; **Red Cross** Rdeči križ

cross II [krəs] *adj* počezen, prečen; nasproten (veter); neugoden; *coll* siten, čemeren, slabe volje; (*with* na) jezen, hud; *sl* nepošten; nepošteno pridobljen; **as** ~ **as two sticks** (ali **a bear, a Devil**) skrajno slabe volje; **to be** (ali **play**) **at** ~ **purposes** napak razumeti; ~ **questions and crooked answers** namenoma nejasni odgovori; ~ **reference** sklicevanje na drugo mesto v isti knjigi

cross III [krəs] *adv* poprek, postrani; *fig* narobe

cross IV [krəs] **1.** *vt* križati; prekrižati, narediti znak križa; prečrtati; *fig* preprečiti; onemogočiti, pokvariti komu račune; prečkati; prepeljati; zajahati (konja); **2.** *vi* poprek ležati; križati se; preiti; prepeljati se; srečati se; **to be** ~ **ed in love** biti nesrečno zaljubljen; **to** ~ **the cudgels** vdati se; **it** ~ **ed my mind** domislil sem se; **to** ~ **the palm** podkupiti, dati napitnino; *fig* **to dot the i's and** ~ **the t's** jasno se izražati; nadrobnosti navesti; loviti pičice na i; **to** ~ **s.o.'s hand with a piece of money** stisniti komu denar v roko; **to** ~ **the Styx** umreti; **to** ~ **the floor** prestopiti k drugi stranki; **to** ~ **the path of s.o.** srečati koga; *fig* zastaviti komu pot

cross off *vt* prečrtati, izbrisati

cross out *vt* glej **to cross off**

cross up *vt* izdati koga

cross-action [krɔ́sækšən] *n* protiobtožba

crossarm [krɔ́sa:m] *n techn* prečka, traverza

crossbar [krɔ́sba:] *n* prečni drog, prečnik, prečka; letva; pregrada

crossbeam [krɔ́sbi:m] *n* prečni tram, stropnik, traverza

crossbelt [krɔ́sbelt] *n* pas za naboje (od ramena do nasprotne strani pasu)

cross-bench [krɔ́sbenč] *n* sedež za tiste, ki se vzdržujejo glasovanja

crossbill [krɔ́sbil] *n zool* krivokljun

cross-birth [krɔ́sbə:θ] *n* prečna lega otroka v maternici

cross-bones [krɔ́sbounz] *n pl* prekrižani stegnenici pod lobanjo, simbol smrti, znak razbojnikov

crossbow [krɔ́sbou] *n* samostrel

crossbred [krɔ́sbred] *adj* križan, mešan; *sl* nepošteno pridobljen

crossbreed [krɔ́sbri:d] **1.** *vt & vi* križati, mešati (se); **2.** *n* križanec, mešanec, bastard

crossbreeding [krɔ́sbri:diŋ] *n biol* križanje

cross-bun [krɔ́sbʌn] *n* vrsta velikonočnega peciva (s križem)

cross-channel [krɔ́sčænl] *adj;* ~ **steamer** ladja, ki prevaža čez Kanal

cross-check [krɔ́sček] *vt* prekontrolirati

cross-country [krɔ́skʌntri] **1.** *adj & adv* čez drn in strn; **2.** *n* kros

cross-current [krɔ́skʌrənt] *n* nasprotni tok

cross-curtain [krɔ́skə:tn] *n* zgornji, prečni del zastora

crosscut I [krɔ́skʌt] *n* prečni prerez; figura pri drsanju; bližnjica; rov (v rudniku)

crosscut II [krɔ́skʌt] *adj* poprečen; ~ **saw** žaga robidnica, dvoročna žaga

crosscut III [krɔ́skʌt] *vt* prečno prerezati, presekati

cross-dyked [krɔ́sdaikt] *adj* z jarki preprežen

cross-examination [krɔ́sigzæminéišən] *n* navzkrižno zasliševanje; strogo spraševanje

cross-examine [krəsigzǽmin] *vt* navzkrižno zasliševati, strogo spraševati

cross-eyed [krɔ́said] *adj* škilast

cross-fertilization [krɔ́sfə:tilaizéišən] *n* križanje z opraševanjem

cross-fertilize [krəsfə́:tilaiz] *vt & vi* križati (se) z opraševanjem

cross-fire [krɔ́sfaiə] *n mil* križni ogenj

cross-grained [krɔ́sgreind] *adj* prečno ali nepravilno vlaknat; *fig* čemeren, trmast; ~ **wood** les s prečnimi ali nepravilnimi vlakni, marogast les

cross-entry [krɔ́sentri] *n com* preknjiženje

cross-hatch [krɔ́shæč] *vt* prečno črtkati

cross-heading [krɔ́shediŋ] *n* kratka vsebina dela časopisnega članka v stolpcu; podnaslov

crossing [krɔ́siŋ] *n* križišče; križanje; prehod, prelaz; prebroditev, vožnja preko morja; *techn* križna vez; *fig* nevolja; **level** ~ križišče ceste in železnice v isti višini

crossing-place [krɔ́siŋpleis] *n* označen prehod za pešce, zebra

crossing-sweeper [krɔ́siŋswi:pə] *n* cestni pometač

cross-jack [krɔ́sdžæk] *n naut* zadnje jadro

cross-legged [krɔ́slegd] *adj* prekrižanih nog

crosslet [krɔ́slit] *n* križec

crossly [krɔ́sli] *adv* jezno, sitno, prepirljivo

cross-matching [krɔ́smæčiŋ] *n* preizkus krvnih skupin pred transfuzijo

cross-member [krɔ́smembə] *n* nosilec, tram

crossness [krɔ́snis] *n* križanje; prečni prerez; slaba volja, trma, razdražljivost

cross-over [krɔ́sóuvə] *n* cestni nadvoz; prekrižani prednji del obleke; *biol* prehod faktorja na drugi kromozom

crosspatch [krɔ́spæč] *n coll* sitnež, -nica, prepirljivec, -vka

cross-piece [krɔ́spi:s] *n* prečka

cross-pollination [krɔ́spəlinéišən] glej **cross-fertilization**

cross-purpose [krɔ́spə:pəs] *n* nesporazum; **to be** (ali **play**) **at** ~ **s** ne se razumeti, zaradi nesporazuma delati nezavestno nasprotno

crossquestion [krɔ́skwesčən] **1.** glej **cross-examine**; **2.** glej **cross-examination**

cross-reference [krɔ́srefərəns] *n* (v knjigi) napotitev drugam

cross-stitch [krɔ́sstič] *n* križni vbod

cross-tie [krɔ́stai] *n* oporna letva; *A* železniški prag

crossway [krɔ́swei] *n* križišče, razpotje; prečna cesta

crossways [krɔ́sweiz] glej **crosswise**

cross-wind [krɔ́swind] *n* bočni, nasprotni veter

crosswise [krɔ́swaiz] *adv* križema; napačno

cross-word [krɔ́swə:d] *n;* ~ **puzzle** križanka

crotch [krɔč] *n* rogovila; vile; *anat* korak, presredek

crotchet [krɔ́čit] *n* kavelj; *mus* četrtinka; muhe, kaprica; ~ **rest** četrtinska pavza

crotcheteer [krɔčitíə] *n* fantast, sanjač, zanesenjak

crotchetiness [krɔ́čitinis] *n* muhavost

crotchety [krɔ́čiti] *adj* muhast, kapricast

croton-bug [krótənbʌg] *n zool* ščurek
croton-oil [krótənɔil] *n* ricinovo olje
crottle [krótl] *n* bobek (npr. zajčji)
crouch I [krauč] *vi* počeniti, priviti, prihuiiti se; *fig (to)* ponižati se, klečeplaziti
crouch II [krauč] *n* počep; *fig* poniževanje, kleče-plaštvo
croup [kru:p] *n med* krup
croup(e) [kru:p] *n* konjski zadek
croupier [krú:piə] *n* krupje (uslužbenec v igralnici)
croupy [krú:pi] *adj* ki ga močno boli grlo
crow* I [krou] *vi* peti, kikirikati; vriskati; gruliti; *fig* trumfirati; to ~ over s.o. ponašati se, bahati se pred kom, triumfirati
crow II [krou] *n zool* vrana; petelinje petje; vrisk(anje); *fig* zora; *techn* kljukec, odpirač, lomilo; ~'s feet gubice ob očeh; as the ~ flies, in a ~ line v zračni črti; to have a ~ to pluck with s.o. imeti s kom račune; one ~ will not pick out another ~'s sight vrana vrani oči ne izkljuje; A coll to eat the ~ ponižati se, priznati napako; white ~ velika redkost; as hoarse as a ~ čisto hripav
crow III [krou] *n* kikirikanje, petelinje petje; gruljenje
crowbar [króuba:] *n* kljukec, odpirač
crowberry [króuberi] *n bot* mahovnica
crowbill [króubil] *n med* kleščice
crowd I [kraud] *n* množica, gneča; drhal, tolpa; *coll* klika; velika množina; *coll* družba; he might pass in the ~ ni slabši od drugih; ~ of sail nenavadno veliko razpetih jader; in ~s v velikem številu
crowd II [kraud] 1. *vi* stiskati se; nakopičiti se; gnesti, prerivati se; mrgoleti; hiteti; 2. *vt (with)* napolniti, natlačiti; prenapolniti; to ~ my misfortune... da bo moja smola še večja...; to ~ sail razpeti vsa jadra
crowd in (to) *vi & vt* noter se prerivati; vriniti
crowd out *vt & vi* izriniti (se)
crowd through *vi* preriniti se
crowded [kráudid] *adj (for, of, with)* nabito poln, natlačen; prenatrpan; to be ~ for time komaj utegniti; to be ~ with mrgoleti česa
crowfoot [króufut] *n bot* sračja noga
crown I [kraun] *n* krona, venec; krošnja; oglavje, teme; vrh; vrhunec; format papirja (15 × 20 *inches*); novec 5 šilingov; from the ~ of the head to the sole of the foot od nog do glave
crown II [kraun] *vt* kronati, venčati; *(with)* okrasiti; (zob) s krono pokriti; to ~ all... kot višek vsega...; the end ~s the work konec dober, vse dobro
crowned [kraund] *adj* ovenčan, kronan; končan; ~ heads kralji, kraljice; low-~, high-~ hat klobuk z nizko, visoko štulo
crowner [kráunə] *n* tisti, ki krona; *obs* glej coroner
crown-glass [kráunglá:s] *n* steklo brez svinca
crown imperial [kráunimpíəriəl] *n* cesarska krona; *bot* vrsta vrtne lilije
crowning [kráuniŋ] 1. *n* kronanje; 2. *adj* najvišji
crown-jewels [kráundžu:əlz] *n pl* kronski dragulji
crown-locks [kráunləks] *n pl* shramba v carinskem skladišču
crown-prince [kráunpríns] *n* prestolonaslednik

crown-princess [kráunprinsés] *n* prestolonaslednikova žena
crown-wheel [kráunwí:l] *n techn* palčno kolo; greben (v uri)
crow-quill [króukwil] *n* vranje pero; tenko jekleno pero
crow's-nest [króuznest] *n* izvidniški koš na jamboru
crow-toe [króutou] *n bot* zlatica
croze [krouz] *n* utor (na sodu)
crozier glej crosier
crucial [krú:šəl] *adj* (~ly *adv*) *anat* križen, križast; kritičen, odločilen; a ~ test strog izpit
cruciate [krú:šieit] *adj zool bot* križast
crucible [krú:sibl] *n* talilni lonček, topilnik; *fig* stroga preizkušnja
crucifix [krú:sifiks] *n* križ, razpelo
crucifixion [krú:sifíkšən] *n* križanje; *fig* veliko trpljenje
cruciform [krú:sifɔ:m] *adj* križast
crucify [krú:sifai] *vt* križati, mučiti, usmrtiti; *fig* premag(ov)ati
crude [kru:d] *adj* (~ly *adv*) surov; nezrel, neprebavljen; neolikan; neobdelan; gol (dejstvo); kričeč (barva)
crudeness [krú:dnis] glej crudity
crudity [krú:diti] *n* surovost, nezrelost; neprebavljivost; surov izdelek
cruel [krúəl] *adj* (~ly *adv*) krut, neusmiljen, neizprosen, brezsrčen, nečloveški; *coll* težaven; *coll adv* zelo, hudo
cruelty [krúəlti] *n* krutost, neusmiljenost, brezsrčnost
cruet [krúit] *n* stekleničica za kis in olje
cruet-stand [krúitstænd] *n* namizni nastavek za posodice za kis in olje ter sol in poper
cruise [kru:z] 1. *vi* križariti; 2. *n mil* križarjenje; izlet po morju; to go on a ~ peljati se na izlet po morju
cruiser [krú:zə] *n* križarka; jahta; *A* policijski voz; *sl* prostitutka
cruiser-weight [krú:zəweit] *n sp* poltežka kategorija (pri boksu)
cruising-range [krú:ziŋreindž] *n* akcijski radij
crusing-speed [krú:ziŋspi:d] *n* ekonomska hitrost
cruive [kru:v] *n Sc* koča, koliba; svinjak; vrša za lov lososov
cruller [krʌlə] *n A* vrsta ocvrtega peciva
crumb, crum I [krʌm] *n* sredica; drobtina, mrvica; *fig* malenkost, trohica; to pick (ali gather) one's ~s opomoči si
crumb, crum II [krʌm] 1. *vt* drobiti; povaljati v drobtinah; 2. *vi* drobiti se
crumb-brush [krámbrʌš] *n* metlica za pometanje drobtin z mize
crumble [krámbl] 1. *vt* drobiti, stolči, krušiti, drobtiniti, drobtinčiti; 2. *vi* drobiti, krušiti, sesipati, sesuti se; *fig (into)* razpasti, propasti, propadati
crumbles [krámblz] *int* beži beži, nemogoče!
crumbly [krámbli] *adj* krhek, drobljiv, prhek; preperel
crumby [krámi] *adj* (crumbily *adv*) drobljiv, prhek; mehek

crummy [krᴧmi] *adj* (crummily *adv*) drobtinov;
mehek; *sl* debel, okrogel; *A* cenen, ogaben,
umazan, zoprn
crump [krᴧmp] 1. *vt coll* močno udariti, obstrelje-
vati; 2. *n coll* močen udarec, pok
crumpet [krᴧmpit] *n* čajno pecivo; *sl* glava, buča;
vulg ženska, dekle; off one's ~, barmy on the ~
trapast, nor, prismuknjen; a ~ face kozav obraz
crumple I [krᴧmpl] 1. *vt* mečkati, gubati, krčiti;
fig premagati, uničiti; 2. *vi* mečkati, gubati se;
to ~ up (s)krčiti, zrušiti se; popustiti; razpasti
crumple II [krᴧmpl] *n* guba
crunch [krᴧnč] 1. *vt & vi* žvečiti, hrustati, škrtati,
hreščati, škripati, treti; utirati si pot; 2. *n* škr-
tanje, hrustanje, žvečenje, škripanje, hreščanje
crunkle [krᴧnkl] *vt & vi* (na)gubati (se)
crupper [krᴧpə] *n* konjski zadek, križ; podrepni
jermen
crural [krúrəl] *adj anat* bedrn
crusade [kru:séid] 1. *n* križarska vojna, kampanja;
2. *vi* udeležiti se križarske vojne; boriti se proti
čemu
crusader [kru:séidə] *n* križar; udeleženec kampanje
cruse [kru:z] *n arch* lončena posoda, vrč; widow's ~
neizčrpen vir hrane, polni egiptovski lonci
crush I [krᴧš] 1. *vt* drobiti, mečkati, teptati (s)treti,
uničiti, potlačiti; tolči; usta komu zapreti;
2. *vi* zmečkati, zdrobiti se; prerivati se; *A sl*
ljubimkati; (into) vriniti se; to ~ a cup zvrniti
ga kozarček
crush down *vt* zatreti, potlačiti, zdrobiti; *fig* pre-
magati, podjarmiti
crush out *vt* iztisniti, ožeti, ožemati
crush up *vt* zdrobiti, sesekati; zgnesti
crush II [krᴧš] *n* drobljenje, mlinčenje; trčenje;
gneča; *fam* dobro obiskan družabni sestanek;
A sl ljubimkanje; sadni sok; *sl* to have (got) a
~ on s.th. biti ves nor na kaj
crusher [krᴧšə] *n* drobilec; stiskalnica
crush-hat [krᴧšhæt] *n* sklopni klobuk
crushing-machine [krᴧšiŋməší:n] glej crusher
crush-room [krᴧšrum] *n obs* avla, vežna dvorana
crust I [krᴧst] *n* skorja, usedlina; *med* krasta; *coll*
predrznost; *fig* to earn one's ~ služiti si kruh;
all ~ and no crumb mnogo dela, malo denarja
crust II [krᴧst] *vt & vi* s skorjo (krastami) (se)
pokriti
crustacea [krᴧstéišiə] *n pl zool* raki
crustacean [krᴧstéišiən] 1. *adj* rakov; 2. *n zool* rak
crustaceous [krᴧstéišəs] *adj* skorjast; *zool* rakast
crusted [krᴧstid] *adj* skorjast; krastav; *fig* starinski,
častitljiv; *A* nesramen; ~ snow srenast sneg
crustiness [krᴧstinis] *n* skorjavost; krastavost; *fig*
čemernost, osornost, razdražljivost
crusty [krᴧsti] *adj* (crustily *adv*) skorjast; krastav;
fig čemeren, osoren, razdražljiv
crut [krᴧt] *n* raskava površina hrastovega lubja
crutch [krᴧč] *n* bergla, hodulja; *fig* opora, pod-
pora; *naut* vilice za veslo, veslina; *anat* korak,
presredek
crux [krᴧks] *n* križ; *fig* trd oreh, zagonetka; jedro;
talilnik; *fig* osnovni problem
cry I [krai] *n* krik, vreščanje, vpitje, klicanje; jok;
lajež; tolpa psov; geslo; rotitev; to follow in
the ~ pridružiti se; in full ~ v največjem raz-
mahu; much ~ and little wool mnogo krika za

prazen nič, veliko truda in malo uspeha; a far ~
velika razdalja, velika razlika; *fig* hue and ~
krik in vik; tiralica; to have a good ~ izjokati se;
within ~ v slišaju
cry II [krai] 1. *vt* klicati, vzklikniti, jokati, tarnati,
razglasiti; izklicevati; 2. *vi* jokati, kričati, jadi-
kovati, vreščati; lajati; dreti se; to ~ for the
moon želeti si nemogoče; to ~ fie at (ali shame
against) s.th. zgražati se nad čim; to ~ halves
zahtevati svoj delež; to ~ shame upon s.o.
(o)sramotiti, grajati koga; to ~ out one's eyes
izjokati si oči; it's no good ~ing over spilt milk
kar je, je; to ~ out before one is hurt vnaprej
tarnati; to ~ wolf povzročiti prazen hrup, iz-
govarjati se na neresnično bolezen; to ~ quits
poravnati spor; to ~ to s.o. poklicati koga;
don't ~ stinking fish umazano perilo peri doma;
do not ~ till you are out of the wood ne hvali
dneva pred večerom; to ~ craven vdati se, po-
pustiti
cry away *vi* ihteti
cry after *vt* objokovati
cry against *vt* glasno se pritoževati
cry down *vt* prevpiti, obsoditi; močno kritizirati;
zmanjšati; znižati ceno
cry out *vt & vi* vzklikniti
cry up *vt* hvaliti, poveličevati
cry-baby [kráibeibi] *n* cmera, cmeravec, jokavec
crying I [kráiiŋ] *adj* v nebo vpijoč; hujskaški,
rovarski; ~ shame v nebo vpijoča krivica;
~ need nujna potreba
crying II [kráiiŋ] *n* jok, krik
cryolite [kráiəlait] *n min* kriolit
cryptic [kríptik] *adj* (~ally *adv*) skrit, skrivnosten,
nejasen
cryptogam [kríptəgæm] *n bot* kritosemenka
cryptogram, -graph [kríptəgræm, -græf] *n* tajnopis
cryptography [kriptógrəfi] *n* tajnopisje
crystal [krístl] 1. *n* kristal; *A* urno steklo; 2. *adj*
prozoren, čist, kristalen
crystal-gazing [krístlgeiziŋ] *n* prerokovanje z gle-
danjem v kristalno kroglo
crystalline [krístəlain] *adj* kristalen, prozoren;
anat ~ humour zrklovina; ~ lens očesna leča
crystallization [kristəlaizéišən] *n* kristaliziranje,
kristalizacija
crystallize [krístəlaiz] *vi & vt* kristalizirati; kandi-
rati; izkristalizirati se
crystallographer [kristəlógrəfə] *n* kristalograf
crystallography [kristəlógrəfi] *n* kristalografija
crystalloid [krístəloid] *adj* kristalast
cub I [kᴧb] *n* mladič (zlasti zveri); *fig* novinec,
začetnik; skavtski naraščajnik; unlicked ~
zelenec; ~ hunting lov na mlade lisice
cub II [kᴧb] *vt* skotiti; loviti mlade lisice
cubage [kjú:bidž] *n* kubatura; kubiranje, raču-
nanje prostornine
cubature [kjú:bəčə] *n* kubatura, prostornina, teles-
nina
cubbing [kᴧbiŋ] *n* lov na mlade lisice
cubbish [kᴧbiš] *adj* (~ly *adv*) *fig* štorast, okoren,
neroden; neumen
cubby-hole [kᴧbihoul] *n* udoben kotiček; »luknja«
cube I [kju:b] *n* kocka; kubično število; ~ root
kubični koren; ~ number kubično število; ice ~
ledena kocka

cube II [kju:b] *vt* kubirati, izračunati prostornino; s kockami tlakovati

cubhood [kʌ́bhud] *n* mladost

cubic [kjú:bik] *adj* (~ **ally** *adv*) kubičen, prostorninski, tretje stopnje; kockast

cubicle [kjú:bikl] *n* predeljeno spavališče v skupni spalnici

cubiform [kjú:bifɔ:m] *adj* kockast

cubism [kjú:bizəm] *n* kubizem

cubist [kjú:bist] *n* kubist

cubistic [kju:bístik] *adj* (~ **ally** *adv*) kubističen

cubit [kjú:bit] *n obs* vatel (mera ca 45 cm)

cuboid [kjú:bɔid] *adj* kockast; *anat* ~ **bone** skočnica

cucking-stool [kʌ́kiŋstu:l] *n hist* sramotni stol, h kateremu so privezovali nemoralne ženske in goljufive trgovce

cuckold [kʌ́kəld] 1. *n* mož nezveste žene, rogonosec; 2. *vt* moža varati; ženo drugega zapeljati

cuckoldry [kʌ́kəldri] *n* zakonolom, prešuštvo

cuckoo I [kúku:] *n zool* kukavica; kukanje; *sl* bedak, zijalo; **to sing like a** ~, **to repeat the** ~ **song** zmerom isto gosti

cuckoo II [kúku:] *adj* kukavičji; *A sl* nor, neumen, trapast; ~ **song**, ~ **note** kukanje, kukavičji klic

cuckoo III [kúku:] *vi & vt* kukati; monotono ponavljati, zmerom isto gosti

cuckoo IV [kúkú:] *int* kuku!, kukuc!

cuckoo-clock [kúku:klɔk] *n* ura s kukavico

cuckoo-flower [kúku:flauə] *n bot* kukavica; travniška penuša

cuckoo-meat [kúku:mi:t] *n bot* zajčja deteljica

cuckoo-pint [kúku:pint] *n bot* kačnik

cuckoo-spit [kúku:spit] *n* pena slinaric

cucumber [kjú:kəmbə] *n bot* kumara; **as cool as a** ~ popolnoma miren, hladen; *A* ~ **tree** vrsta magnolije

cucurbit [kju:kə́:bit] *n bot* buča; *chem* retorta

cud [kʌd] *n* prežvečena hrana, na pol prebavljena hrana prežvekovalcev; *fig* **to chew the** ~ **on** (ali **upon**, **over**) premišljevati, razglabljati o čem

cudbear [kʌ́dbɛə] *n* rdeča ali violetna barva iz lišajev

cuddle I [kʌ́dl] *n* ljubkovanje, objem, u. čkanje

cuddle II [kʌ́dl] 1. *vt* ljubkovati, objemati, uj. čkati, božati, zibati; 2. *vi* zviti se v klobčič, priviti se; **to** ~ **up** dobro se zaviti

cuddly [kʌ́dli] *adj* ki se rad ljubkuje

cuddy [kʌ́di] *mar* kabina; *hist* ladijski salon; *Sc* osel

cudgel I [kʌ́džəl] *n* gorjača, krepelce, kij; **to cross the** ~ **s** vdati se; **to take up the the** ~ **s on behalf of** (ali **for**) **s.o.** potegniti s kom

cudgel II [kʌ́džəl] *vt* tepsti, klestiti; (*for*, *about* zaradi) **to** ~ **one's brains** glavo si beliti

cudster [kʌ́dstə] *n A sl* krava

cudweed [kʌ́dwi:d] *n bot* griževec

cue I [kju:] *n* značnica, geslo; namig, migljaj; **to take the** ~ **from another** ravnati se po kom; **to take up the** ~ ravnati se po namigu, po navodilu; **to give the** ~ namigniti

cue II [kju:] *n* biljardna palica; vrsta čakajočih, rep; razpoloženje; kita

cue III [kju:] *n* črka q

cueist [kjú:ist] *n* igralec biljarda

cuff I [kʌf] *n* manšeta, zavihek; *pl* okovi, lisice; ~ **link** zapestni gumb

cuff II [kʌf] 1. *vt* suvati, udariti; **to** ~ **s.o.'s ears** pripeljati komu zaušnico; 2. *n* udarec, zaušnica, klofuta

cuffer [kʌ́fə] *n* boksar

cuirass [kwiræs] *n* oklep

cuirassier [kwirəsíə] *n* oklopnik, kirasir

cuisine [kwizí:n] *n* kuhinja (način in organizacija priprave jedi), kuharska umetnost

cuisse [kwis] *n hist* nožni oklep

cul-de-sack [kúldəsæk] *n* slepa ulica; *fig* zagata

culinary [kʌ́linəri] *adj* kuhinjski, kuharski; kulinaričen; ~ **art** kuharska umetnost; ~ **herbs** kuhinjska zelišča

cull I [kʌl] *vt* izb(i)rati, nab(i)rati, (na)trgati; škartirati, izločati

cull II [kʌl] *n* izbirek; žival, izbrana za zakol; *sl* bedak, siromak

cullender [kʌ́lində] glej **colander**

cullet [kʌ́lit] *n* odpadno steklo

cullion [kʌ́liən] *n obs* ničvrednež

cullis [kʌ́lis] *n* močna mesna juha; *archit* žleb

cully [kʌ́li] 1. *n sl* bedak; *sl* tovariš; 2. *vt* za norca imeti, prekaniti

culm [kʌlm] *n bot* travna bilka; *min* prahast premog; *geol* kulm

culminant [kʌ́lminənt] *adj* vrhunski; *astr* kulminacijski

culminate [kʌ́lmineit] *vi astr*, *fig* (*in*) doseči višek, priti do vrha, kulminirati; *fig* **culminating point** vrhunec

culmination [kʌlminéišən] *n astr* kulminacija; *fig* vrhunec, vrh, višek, najvišja stopnja

culottes [kjulɔ́ts] *n pl* hlačno krilo

culpability [kʌlpəbíliti] *n* kaznivost, krivda

culpable [kʌ́lpəbl] *adj* (**culpably** *adv*) (*of*) kazniv graje vreden, kriv, hudodelski

culprit [kʌ́lprit] *n* hudodelec, krivec, obtoženec, -nka

cult [kʌlt] *n* (*of*) češčenje, oboževanje, kult; občudovanje; strast, moda

cultivable [kʌ́ltivəbl] *adj* oren, obdelovalen

cultivatable [kʌ́ltiveitəbl] glej **cultivable**

cultivate [kʌ́ltiveit] *vt* obdelovati; gojiti, negovati; izobraževati; **to** ~ **s.o.'s friendship** družiti se s kom

cultivated [kʌ́ltiveitid] *adj* obdelan; *fig* kulturen, izobražen, razvit

cultivation [kʌltivéišən] *n* obdelovanje, gojitev; *fig* omika, izobrazba; **to bring under** ~ obdelovati zemljo

cultivator [kʌ́ltiveitə] *n* kmet, poljedelec; gojitelj; poljedelsko orodje

culturable [kʌ́lčərəbl] *adj* primeren za obdelovanje; ki se da omikati

cultural [kʌ́lčərəl] *adj* (~ **ly** *adv*) kulturen; prosveten

culture I [kʌ́lčə] *n* obdelovanje, gojitev, sajenje, saditev, poljedelstvo; nega; ~ **pearl** umetni biser; **physical** ~ telesna vzgoja; ~ **medium** umetno gojišče

culture II [kʌ́lčə] *vt* obdelovati, saditi; gojiti, negovati; omikati

cultured [kʌ́lčəd] *adj* obdelan; kultiviran, razvit, omikan

culver [kʌ́lvə] *n dial zool* divji golob
culverin [kʌ́lvərin] *n hist mil* havbica
culvert [kʌ́lvət] *n techn* preduha, prepust, kanal (pod cesto)
cumber [kʌ́mbə] **1.** *vt* ovirati, nadlegovati; **2.** *n* ovira, nadloga, breme
cumbersome [kʌ́mbəsəm] *adj* (∼ly *adv*) nadležen neudoben, neroden, okoren, oviralen, neotesan
cumbrous [kʌ́mbrəs] *adj* (∼ly *adv*) glej **cumbersome**
cumbrousness [kʌ́mbrəsnis] *n* neotesanost, nerodnost, okornost
cum(m)in [kʌ́min] *n bot* kumina
cummer [kʌ́mə] *n Sc* prijateljica; znanka; botra
cumshaw [kʌ́mšɔ:] *n dial* podkupnina, napitnina
cumulate I [kjú:mjuleit] *vt & vi* kopičiti, nabirati, (na)grmaditi (se)
cumulate II [kjú:mjulit] *adj* nakopičen, nabran, nagrmaden
cumulation [kju:mjuléišən] *n* kopičenje, nabiranje, zbiranje, kumulacija
cumulative [kjú:mjulətiv] *adj* (∼ly *adv*) zbiren; zbiralen, nabiralen; kumulativen; dodaten
cumuli [kjú:mjulai] *n pl* od **cumulus**
cumulous [kjú:mjuləs] *adj* nakopičen
cumulus [kjú:mjuləs] *n* kopast oblak
cunctation [kʌŋktéišən] *n* obotavljanje, zavlačevanje, mečkanje
cunctator [kʌŋktéitə] *n* obotavljavec, mečkač
cuneate [kjú:niit] **1.** *adj* klinast; **2.** *n* klinopis
cuneiform [kjú:niifə:m] *adj* klinast; ∼ **characters** klinopis
cunning I [kʌ́niŋ] *adj* (∼ly *adv*) prekanjen, lokav, zvit; *arch* spreten, zmožen; *A* srčkan, prikupen
cunning II [kʌ́niŋ] *n* zvijača, lokavost; *arch* spretnost
cup [kʌp] *n* skodelica, čaša, kupa, pokal; *pl* popivanje; **to be a** ∼ **too low** prenesti malo pijače; biti potrt; **in one's** ∼**s** vinjen; **to be too fond of the** ∼ pijančevati; **to join** ∼**s** trčiti (na zdravje); **there's many a slip between (the)** ∼ **and (the) lip** ne hvali dneva pred večerom; **this isn't my** ∼ **of tea** to ni po mojem okusu
cup II [kʌp] *vt med* puščati kri z rožičem; pest na pol stisniti
cupbearer [kʌ́pbɛərə] *n* dvorski točaj
cupboard [kʌ́bəd] *n* omara, kredenca; **skeleton in the** ∼ skrita žalost ali sramota v družini
cupboard-love [kʌ́bədlʌv] *n* ljubezen iz koristoljubja
cupboard-truck [kʌ́bədtrʌk] *n* krit tovorni vagon
cupful [kʌ́pful] *n* skodelica (česa)
cupidity [kjupíditi] *n* poželenje, pohlep, lakomnost, skopuštvo
cup-moss [kʌ́mpəs] *n bot* skledičar
cupola [kjú:pələ] *n* kupola; obok, svod; kupolasta streha; *techn* kupolasta talilna peč; *mil* oklopni stolp
cupping-glass [kʌ́piŋgla:s] *n med* rožič (za puščanje krvi)
cupreous [kjú:priəs] *adj* bakren, bakrast
cupric [kjú:prik] *adj* bakrov, bakren
cupriferous [kjuprífərəs] *adj* ki vsebuje baker, bakrov
cuprous [kjú:prəs] *adj* bakren
cup-tie [kʌ́ptai] *n* boj za pokal

cupule [kjú:pju:l] *n bot* skledica
cur [kə:] *n zool* cucek, ščene, mrcina; lopov
curability [kjuərəbíliti] *n* ozdravljivost
curable [kjúərəbl] *adj* ozdravljiv; primeren za prekajevanje
curacy [kjúərəsi] *n* vikarjeva pisarna; župnišče
curare, curari [kjurá:ri] *n* kurare (strup)
curate [kjúərit] *n* kurat, duhovnik, kaplan, vikar
curate-in-charge [kjúəritinča:dž] *n* vršilec dolžnosti župnika
curative [kjúərətiv] **1.** *adj* (∼ly *adv*) zdravilen, celilen; **2.** *n* zdravilo
curator [kjuréitə] *n* skrbnik, varuh; kőnservator; upravitelj (knjižnice, muzeja)
curb I [kə:b] *n* uzda; žvale; *fig* brzda, zavora; robnik; *vet* oteklina na konjski nogi
curb II [kə:b] *vt* uzdati, krotiti, (o)brzdati; upogniti, upogibati
curb-bit [kə́:bbit] *n* žvale
curbless [kə́:blis] *adj* (∼ly *adv*) razuzdan
curbmarket [kə́:bma:kit] *n A* prosto tržišče
curb-roof [kə́:bru:f] *n* mansardna streha
curbstone [kə́:bstoun] *n A* obrobni kamen, robnik
curby [kə́:bi] *adj vet* ki ima oteklino na nogi
curch [kə:č] *n Sc* naglavna ruta
curd [kə:d] **1.** *n* skuta, kravji sir; sesirjeno mleko; **2.** *vt & vi* zasiriti, strditi (se)
curdle [kə́:dl] *vt & vi* zasiriti, strditi (se); **my blood** ∼**s** zona me spreletava; **a blood-curdling story** strahotna zgodba
curdy [kə́:di] *adj* zasirjen; gost
cure I [kjuə] *n* zdravljenje; (*for*) zdravilo; prekajevanje, sušenje; *techn* vulkanizacija; **prevention is better than** ∼ bolje preprečiti kot zdraviti; **past (all)** ∼ neozdravljiv; **to be under** ∼ zdraviti se; **for every sore** zdravilo za vse bolezni; **without a** ∼ neozdravljiv, v obupnem stanju
cure II [kjuə] **1.** *vt* (*of*) zdraviti, lečiti; prekajevati sušiti, nasoliti; vulkanizirati; **2.** *vi* ozdraveti, izlečiti se; **what can't be** ∼**d must be endured** če ni zdravila, je treba potrpeti
cure III [kjuə] *n sl* čudak, prenapetež
cure-all [kjúərə:l] *n* zdravilo za vse bolezni
cureless [kjúəlis] *adj* (∼ly *adv*) neozdravljiv
curelessness [kjúəlisnis] *n* neozdravljivost
curer [kjúərə] *n* zdravnik; prekajevalec
curfew [kə́:fju:] *n* avemarija; policijska ura
curio [kjúəriou] *n* redkost, posebnost; starina
curiosity [kjuəriósiti] *n* radovednost; redkost, znamenitost, posebnost, čudo; ∼ **shop** starinarna
curious [kjúəriəs] *adj* (∼ly *adv*) radoveden; znamenit, redek; čuden, nenavaden; ličen, izbran, prefinjen; *eu* erotičen, pornografski; **I am** ∼ **to know** rad bi vedel; ∼**ly enough** čudno, presenetljivo
curiousness [kjúəriəsnis] *n* radovednost; znamenitost, redkost
curl I [kə:l] *n* koder, kodrček; spirala; obroček; šobljenje, zavijanje; **in** ∼ kodrast; **to come (ali go) out of** ∼ zgubiti kodre; ∼ **of the lip** vihanje ustnic
curl II [kə:l] **1.** *vt* kodrati, gubati; šobiti; valoviti; grbančiti; **2.** *vi* gubati, kodrati, grbančiti se; valovati; **to make one's hair** ∼ povzročiti, da se človeku lasje ježijo; ∼ **your hair with it!** solit se

pojdi!; to ~ one's lip šobiti se; to ~ up skodrati;
zviti se; *sl sp* prevrniti se, pasti
curler [kɔ́:lə] *n* navijač (za kodre)
curlew [kɔ́:lju:] *n zool* škurh
curlicue [kɔ́:likju:] *n* fantastičen kodrček
curling [kɔ́:liŋ] *n* kodranje, friziranje; *sp* popularna
škotska igra s ploskimi kamni na ledu
curling-irons [kɔ́:liŋaiənz] *n pl* kodralke (škarje)
curling-tongs [kɔ́:liŋtʌŋz] glej **curling-irons**
curling-pin [kɔ́:liŋpin] *n* navijač (za kodre)
curl-paper [kɔ́:lpeipə] *n* papilota
curly [kɔ́:li] *adj* kodrast, kodrav; vijoč se; valovit
curly-headed [kɔ́:lihédid] *adj* kodrolas
curly-pate [kɔ́:lipeit] *n* kodrolasec, kodravec
curmudgeon [kə:mʌ́džən] *n* sitnež, prepirljivec; sko-
puh, stiskač
curmudgeonly [kə:mʌ́džənli] *adj* siten, prepirljiv;
stiskaški, skop
currant [kʌ́rənt] *n* korinta, rozina; rdeče grozdičje,
ribez; **red** ~ rdeči ribez; **black** ~ črni ribez
currency [kʌ́rənsi] *n* obtok, veljava, vrednost;
tečaj, valuta; denar; **in common** ~ zelo razšir-
jen; **to give** ~ **to s.th.** dati kaj v obtok; **firm** ~
trdna valuta; ~ **notes** bankovci, ki so jih v An-
gliji izdali med svetovno vojno; **hard** ~ zdrava,
trdna valuta; **soft** ~ nestabilna valuta; **float-
ing** ~ drseča valuta
current I [kʌ́rənt] *n* tok, potek; prepih; tendenca;
to breast the ~ obrniti se proti toku (vetru);
direct ~ istosmerni tok; **alternating** ~ izme-
nični tok; ~ **transformer** tokovni transformator
current II [kʌ́rənt] *adj* tekoč, veljaven, običajen, se-
danji; ~ **coin** veljaven denar; *fig* splošno pri-
znano mnenje; ~ **account** tekoči račun; ~
issue zadnja, najnovejša številka (časopisa); **to
pass** ~ splošno veljati; **at the** ~ **exchange** po
dnevnem tečaju; **for** ~ **payment** za gotovino;
~ **price** dnevna cena
currently [kʌ́rəntli] *adv* splošno
curricle [kʌ́rikl] *n* lahek dvokolesen voz
curriculum, *pl* **curricula** [kəríkjuləm, kəríkjulə] *n*
učni načrt; ~ **vitae** [váiti] življenjepis
currier [kʌ́riə] *n* strojar
currish [kə:riš] *adj* (~ **ly** *adv*) pasji; popadljiv;
fig podel, surov; prepirljiv
curry I [kʌ́ri] *n* vrsta močno začinjene jedi (rižote);
indijska začimba
curry II [kʌ́ri] *vt* začiniti s curryjem
curry III [kʌ́ri] *vt* česati (konja); čohati, božati;
pretepsti; strojiti; **to** ~ **favour with** prilizovati
se komu; **to** ~ **acquaintance** skušati se sezna-
niti; **to** ~ **s.o.'s coat** (ali **hide**) pretepsti koga
curry-comb [kʌ́rikoum] **1.** *n* česalo, čohalo; **2.** *vt*
česati, čohati
curry-powder [kʌ́ripaudə] *n* mešana indijska začim-
ba
curse I [kə:s] *n* kletev, psovka; prekletstvo, šiba
božja, nesreča; *fam* menstruacija; **not to care
a** ~ niti malo se ne meniti; ~**s come home to
roost** kdor drugemu jamo koplje, sam vanjo
pade; ~ **of Scotland** karo devetica; **not worth
a tinker's** ~ niti piškavega oreha vreden; ~ **on
you!** naj te vrag vzame!
curse II [kə:s] **1.** *vt* preklinjati, psovati, obrekovati,
sramotiti, izobčiti; **2.** *vi* kleti; **to** ~ **by bell,
book and candle** vse po vrsti prekleti; ~ **him!**

naj ga vrag vzame! **to** ~ **with s.th.** kaznovati,
mučiti s čim
cursed [kɔ́:sid] **1.** *adj* preklet, gnusen; **2.** *adv* vraž-
je, presneto
cursedness [kɔ́:sidnis] *n* prekletstvo
cursive [kɔ́:siv] **1.** *adj* (~ **ly** *adv*) tekoč; poševen,
kursiven; **2.** *n* kurziva, ležeči tisk
cursor [kɔ́:sə] *n techn* drsnik
cursoriness [kɔ́:sərinis] *n* bežnost, površnost
cursory [kɔ́:səri] *adj* bežen, površen
curst [kə:st] *arch dial* za **cursed**
curt [kə:t] *adj* (~ **ly** *adv*) kratek, jedrnat; (*with*)
osoren, nespoštljiv, zadirčen
curtail [kə:téil] *vt* pristriči, skrajšati; (*of* za) zmanj-
šati, okrniti, prikrajšati
curtailment [kə:téilmənt] *n* prisekanje, skrajšanje,
okrnitev, zmanjšanje
curtail-step [kə:téilstep] *n* najnižja stopnica (stop-
nišča)
curtain I [kɔ́:tn] *n* zavesa, zastor, zagrinjalo; *fig*
bariera, pregraja; konec (v gledališču); **behind
the** ~ na skrivnem; **to draw a** ~ **over s.th.**
potegniti zastor preko česa; *fig* zaključiti po-
govor o čem; **to draw the** ~**s** skup potegniti
zastore; **to draw back the** ~**s** narazen potegniti
zastore; **to take the** ~ priti pred zastor (po
ploskanju); **to drop** (ali **ring down**) **the** ~ kon-
čati kaj; **to raise the** ~ otvoriti, začeti, odpreti;
iron ~ železna zavesa; **to call before the** ~
poklicati pred zastor; **to take one's last** ~ zadnjič
nastopiti
curtain II [kɔ́:tn] *vt* zavesiti, zastreti; **to** ~ **off**
z zavesami predeliti
curtain-call [kɔ́:tnkɔ:l] *n* klicanje pred zastor
curtain-fire [kɔ́:tnfaiə] *n mil* ognjena zavesa
curtain-lecture [kɔ́:tnlekčə] *n* pridiga žene možu
na samem
curtain-ledge [kɔ́:tnledž] *n* karnisa, zastornica
curtain-raiser [kɔ́:tnreizə] *n* predigra
curtilage [kɔ́:tilidž] *n* zemljišče ali dvorišče ob
stanovanjski hiši
curtness [kɔ́:tnis] *n* kratkost, jedrnatost; osornost,
zadirčnost
curtsy, curtsey I [kɔ́:tsi] *n* pripogibek, poklonek;
to drop a ~ prikloniti se; **to make one's** ~ **to
the queen** biti predstavljena na dvoru
curtsy, curtsey II [kɔ́:tsi] *vi* (*to*) prikloniti se
curvaceous [kə:véišəs] *adj coll* polnih oblik, lepe
postave
curvation [kə:véišən] *n* krivljenje, krivina
curvature [kɔ́:vəčə] *n* krivina, zavoj, ukrivljenost
curve [kə:v] **1.** *n* krivulja, krivina; ovinek, zavoj;
techn krivuljnik (naprava za risanje krivulj);
2. *vi & vt* kriviti, zavijati (se); upogniti, upogi-
bati (se)
curvesome [kɔ́:vsəm] *coll* glej **curvaceous**
curvet [kɔ́:vit] **1.** *n* vzpenjanje na zadnje noge; **2.**
vi vzpenjati se na zadnje noge (konj)
curvilinear [kə:vilíniə] *adj* (~ **ly** *adv*) krivuljast
cushat [kʌ́šət] *n zool Sc dial* grivar
cushion I [kúšən] *n* blazina, blazinica; rob biljard-
ne mize; **to miss the** ~ zgrešiti namen
cushion II [kúšən] *vt* oblaziniti, z blazinami oblo-
žiti ali okrasiti; **to** ~ **a shock** omiliti udarec
cushiony [kúšəni] *adj* blazinast; mehek
cushy [kúši] *adj sl* udoben, prijeten; lahek

cusp [kʌsp] n konica; stikališče koncev krivulj; rogelj

cuspidal [kʌspidəl] adj koničast

cuspidate(d) [kʌspideit(id)] adj bot koničast

cuspidness [kʌspidnis] n A sl kljubovalnost, prepirljivost, hudobnost

cuspidor [kʌspidə:] n A pljuvalnik

cuss I [kʌs] n A coll psovka; bitje, patron, stvor; not to care a ~ prav nič se ne meniti

cuss II [kʌs] vt A sl preklinjati

cussed [kʌsid] adj (~ly adv) coll preklet; zakrknjen

custard [kʌstəd] n jajčna krema; ~ powder vanilijin sladkor

custard-aple [kʌstedæpl] n bot zahodnoindijski plod vrste Anona

custodial [kʌstóudiəl] 1. adj varstven, skrbniški; zaporniški; 2. n skrinjica za relikvije

custodian [kʌstóudiən] n čuvaj, stražar, skrbnik, kustos

custodianship [kʌstóudiənšip] n skrbništvo

custody [kʌstədi] n nadzorstvo, varstvo, varuštvo, skrbništvo; zapor, ječa; in ~ v ječi zaprt; to take into ~ aretirati, v ječo zapreti

custom [kʌstəm] n navada, običaj; jur običajno pravo; odjemalstvo; redno nabavljanje (nakupovanje); pl carina; A ~ clothes po meri narejena obleka; ~s officer (ali official) carinik; ~ is a second nature navada je železna srajca; ~s entry carinska deklaracija; ~(s) duty carina; ~s examination carinski pregled

customable [kʌstəməbl] adj carini zavezan, carinski

customary [kʌstəməri] adj (customarily adv) običajen, navaden

custom-barrier [kʌstəmbæriə] n carinska zapora

custom-built [kʌstəmbilt] adj A po naročilu narejen

custom-free [kʌstəmfri:] adj carine prost

custom(s)-house [kʌstəm(z)haus] n carinarnica

custom-made [kʌstəmmeid] adj po naročilu narejen

customs-declaration [kʌstəmzdekləréišən] n carinska deklaracija

custom-tailored [kʌstəmteiləd] adj po meri narejen

custom-work [kʌstəmwə:k] n delo po naročilu

custos, pl custodes [kʌstəs, kʌstóudi:z] n kustos, varuh(inja); ~ rotulorum deželni arhivar

cut I [kʌt] n kroj, rez, izrez, vrez; reženj, kos, odrezek; znižanje, zmanjšanje, odtegnitev; privzdignjenje (kart); udarec (pri tenisu ipd.); ignoriranje, prezir; A predor, tunel; sl delež; kanal; grafika; gravura; A izostanek iz predavanja; a ~ above za stopnjo višji; that's a ~ above me tega ne razumem; to give s.o. the ~ pretrgati stike s kom; the ~ of one's jib (ali rig) obraz, zunanjost; ~ and thrust prerekanje; to draw ~s žrebati; fig to make a ~ in zmanjšati, zreducirati

cut* II [kʌt] 1. vt (od)rezati, (od)sekati, (pri)striči, rezbariti, (po)kositi, (po)žeti; (na)brusiti; gravirati, vrezovati; (pri)krojiti; skopiti, kastrirati; zbosti, zbadati; prizadeti; tepsti, bičati; fig izogniti, izogibati se, ne pozdraviti; zmanjšati, znižati; odložiti; izpustiti, opustiti; 2. vi rezati, sekati; zbadati; žeti, kositi; sl zbežati, ucvreti, pobrisati jo; privzdigniti (karte); to ~ after s.o. letati za kom; to ~ at s.o. udariti koga (z mečem); fig prizadeti koga; that ~s both ways

to govori za in proti; fig to ~ one's cable umreti; to ~ capers (ali didoes) prevračati kozolce; smešne uganjati, norce briti; to ~ cards privzdigniti karte; to ~ s.o.'s claws pristriči komu kremplje; to ~ and come again dvakrat si odrezati; to ~ and contrive varčno gospodariti; to ~ (dead) ne pozdraviti, ignorirati; to ~ dirt, to ~ it, to ~ one's lucky (ali stick, sticks) popihati jo; to ~ a dash zbujati pozornost; to ~ a figure (ali splash, show, flash) imeti vlogo, postavljati se na vidno mesto; to ~ it fine premalo časa si vzeti; natanko preračunati; fig to ~ one's fingers opeči se; to ~ the ground under s.o.'s feet pokvariti komu načrte; to ~ free osvoboditi; to ~ to the heart globoko prizadeti; sl to ~ no ice ne imeti vpliva; to ~ it (ali the matter) short na kratko, skratka; ~ it! molči(te)!; fig to ~ the knot odločno rešiti vprašanje; to ~ a loss odreči se, sprijazniti se z izgubo; to ~ one's profits žrtvovati svoj dobiček; to ~ the painter pretrgati stike; to ~ the record potolči rekord; to be ~ting one's teeth dobivati zobe; to ~ one's own throat samemu sebi škodovati; to ~ to usmeriti kam; to ~ one's wisdom teeth (ali eyeteeth) spametovati, izučiti se; to ~ the price znižati ceno

cut across vi iti po bližnjici

cut away vt & vi odrezati; coll ucvreti jo

cut back vt ponoviti prizor (film)

cut down vt odrezati, odsekati; zmanjšati, znižati; ponižati; streti

cut in vt & vi vmešavati se; prekiniti; v škarje voziti; po prehitevanju se znova uvrstiti

cut loose vt & vi uiti; opustiti

cut off vt odrezati, odsekati; pretrgati, prekiniti; uničiti, iztrebiti, usmrtiti; ~ one's nose to spite one's face zaradi malenkostne koristi utrpeti škodo; ~ with a shilling razdediniti; sl to be cut off umreti

cut open vt razparati

cut out vt izrezati; izločiti; A sl prenehati; izključiti (tok); izpodriniti

cut round vt obletavati, koketirati

cut short vt nenadoma prekiniti; odbiti; ponižati

cut under vi pod ceno prodajati

cut up vt & vi razrezati, razsekati; uničiti; fig podcenjevati, ostro kritizirati; ~ rough razjeziti se; ~ well zapustiti veliko premoženje

cut III [kʌt] pt & pp od cut

cut IV [kʌt] adj narezan; skrajšan, zmanjšan, zreduciran; brušen; skopljen; ostrižen; ~ and dried pripravljen; dolgočasen, šablonski; ~ (over the head) pijan; ~ out for s.th. ustvarjen za kaj; to have one's work ~ out s trudom izvršiti; imeti mnogo dela

cut-and-come-again [kʌtndkʌməgéin] n veliko stegno; fig obilje

cut-and-dry [kʌtəndrái] adj šablonski, brez fantazije

cutaneous [kjutéiniəs] adj kožen

cutaway [kʌtəwei] n sako z zaokroženimi škrici, žaket

cut-back [kʌtbæk] n ponovno projiciranje že pokazanih scen v filmu; ponovno opisovanje dogodkov v romanu; redukcija, omejitev

cutchery [kʌčéri] *n* uradno poslopje (v Indiji)
cute [kju:t] *adj* (~ly *adv*) *coll* pameten, bister, bistroumen; *A* srčkan, privlačen; navihan, premeten
cuteness [kjú:tnis] *n* bistrost; privlačnost; navihanost
cutey, cutie [kjú:ti] *n A sl* bistra deklica
cut-glass [kʌ́tgla:s] *n* kristalno steklo
cuticle [kjú:tikl] *n anat* epidermis, vrhnjica, pokožnica
cuticular [kju:tíkjulə] *adj* epidermijski, vrhnjičen
cut-in [kʌ́tín] *n* (film) razlaga med dvema slikama
cutlass [kʌ́tləs] *n* kratek zakrivljen meč
cutler [kʌ́tlə] *n* nožar
cutlery [kʌ́tləri] *n* nožarstvo; jedilno orodje; rezila
cutlet [kʌ́tlit] *n* rebrce, kotleta, zrezek
cut-off [kʌ́to:f] *n* prekinitev; *A* bližnjica; odsekanje, ustavljanje (npr. dovoda pare)
cut-out [kʌ́taout] *n* izrez, profil; *el* avtomatska varovalka; prekinjalo
cut-over [kʌ́touvə] *n* krčevina, laz
cut-price [kʌ́tprais] *n* slepa cena
cutpurse [kʌ́tpə:s] *n* žepar
cutter [kʌ́tə] *n* prikrojevalec, urezovalec, prirezovalec; lesorezec; sekalec; rudar, kopač (v rudniku); rezkalo, rezilnik, rezilo; *naut* jadralna jahta, kuter; patrolna carinska ladja
cut-throat [kʌ́tθrout] **1.** *n* zavratni morilec; *A* oderuh; **2.** *adj* morilski, krut; ~ **competition** brezobzirno tekmovanje
cutting I [kʌ́tiŋ] *adj* (~ly *adv*) oster, rezek, predirljiv
cutting II [kʌ́tiŋ] *n* rezanje; košnja, žetev; odrezek, izrezek; potaknjenec; dviganje (kart); rast zob; odpadek; **press** ~ časopisni izrezek; ~ **area** za sečnjo določen kos gozda
cuttle [kʌ́tl] *n obs* nož
cuttle(fish) kʌ́tlfiš] *n zool* sipa, ligenj
cutty I [kʌ́ti] *adj Sc* kratek, precej kratek; ~ **pipe** kratka pipa; ~ **stool** stol za amoralne ženske
cutty II [kʌ́ti] *n Sc* kratka pipa; poredna deklica
cutwater [kʌ́twɔ:tə] *n* valolom (opornega stebra); ladijski kljun
cutworm [kʌ́twə:m] *n zool* gosenica, ki objeda ozimnico, zlasti gosenica ozimne sovke
cyanic [saiǽnik] *adj chem* cianski; ~ **acid** cianova kislina
cyanide [sálənaid] *n chem* cianid; ~ **of potassium** ciankalij
cyanosis [saiənóusis] *n med* višnjevost kože, cianoza
cybernetics [saibənétiks] *n pl* kibernetika
cycad, cycas [sáikəd, sáikəs] *n* sagova palma
cyclamen [síkləmən] *n bot* ciklama
cycle I [sáikl] *n* krog, ciklus, perioda; *coll* kolo, bicikel; **four-**~ **engine** štiritakten motor
cycle II [sáikl] *vi* vrteti se, krožiti; *fam* kolesariti
cycle-car [sáiklka:] *n* avto na treh kolesih; prikolica motocikla
cycler [sáiklə] *n* kolesar(ka)
cyclic [sáiklik] *adj* (~ally *adv*) cikličen, krožen
cycling [sáikliŋ] *n* kolesarjenje
cyclist [sáiklist] *n* kolesar(ka)
cyclograph [sáikləgra:f] *n* ciklograf
cycloid [sáiklɔid] *n math* cikloida

cycloidal [saiklɔ́idl] *adj* (~ly *adv*) *math* cikloiden
cyclometer [saiklɔ́mitə] *n* ciklometer
cyclone [sáikloun] *n* ciklon
cyclone-cellar [sáiklounselə] *n A* proticiklonsko zaklonišče
cyclonic [saiklɔ́nik] *adj* ciklonski
cyclop(a)edia [saikləpí:diə] glej encyclopaedia
cyclop(a)edic [saikləpí:dik] *adj* (~ally *adv*) glej encyclopaedic
cyclopean [saikləpí:ən] *adj* kiklopski; *fig* velikanski, gigantski
cyclops, *pl* cyclopes [sáikləps, saiklóupi:z] *n* kiklop, velikan
cyclorama [saiklərá:mə] *n* krožni horizont
cyclostyle [sáikləstail] **1.** *n* ciklostil; **2.** *vt* razmnoževati na ciklostilu, ciklostilirati
cyclotron [sáiklətron] *n phys* ciklotron
cyder [sáidə] glej cider
cygnet [sígnit] *n* mladi labod
cylinder [sílində] *n geom* valj, cilinder; ~ **bore** notranji premer valja
cylindrical [silíndrikəl] *adj* (~ly *adv*) valjast, cilindričen
cylindriform [sílindrifɔ:m] *adj* valjast
cylindroid [sílindrɔid] *adj* valjast
cymar [saimá:] *n* vrsta ohlapnega ženskega oblačila; škofovo oblačilo
cymbal [símbəl] *n mus* cimbale; *pl* činele
cymbalo [símbəlou] *n mus* čembalo
cymoscope [sáiməskoup] *n* detektor (radio)
cynic [sínik] *n* cinik
cynical [sínikəl] *adj* (~ly *adv*) ciničen; nesramen, brezobziren, predrzen
cynism [sínizəm] *n* cinizem; nesramnost, brezobzirnost, predrznost
cynocephalic [sainousefǽlik] *adj* pasjeglav
cynocephalus [sainəséfələs] *n zool* pasjeglavec; *zool* pavijan
cynosure [sínəzjuə] *n astr* Mali voz; *fig* središče pozornosti; zvezda vodnica
cypher [sáifə] glej cipher
cypress [sáipris] *n bot* cipresa; vrsta tanke tkanine
Cyprian [sípriən] **1.** *adj* ciperski; razuzdan; **2.** *n* Ciprčan; razuzdanec, hotnica
Cyrillic [sirílik] *adj* cirilski; ~ **alphabet** cirilica
cyst [sist] *n* mehur, cista, vodena bula
cystitis [sistáitis] *n med* vnetje mehurja
cystoscope [sístəskoup] *n* cistoskop, priprava za preiskavo mehurja
cytology [saitólədži] *n biol* citologija, nauk o celicah
cytoplasm [sáitəplæzm] *n biol* citoplazma, celična prasnov
czar [za:] *n* (ruski) car
czarevitch [zá:rivič] *n* carevič
czarevna [zá:revna] *n* carična, carevna
czarina [za:rína] *n* carica
Czech, Czeckh [ček] **1.** *adj* češki; **2.** *n* Čeh(inja); češčina
Czecho-Slovak [čékouslóuvæk] **1.** *adj* čehoslovaški; **2.** *n* Čehoslovak(inja)
Czechoslovakian [čékouslouvǽkiən] *adj* češkoslovaški

D

d [di:] *n* črka d; *mus* nota d; **D-day** dan invazije (6. junija 1944); **D-deck** krov D; **D flat** *mus* des; **D sharp** *mus* dis

'd [d] *v coll* skrajšana oblika za **had** in **would**

dab I [dæb] *vt* dotikati se; lahno položiti, lahno udariti, potrepljati, pikljati, tipati; zapackati; (*on, over*) namazati; lahno brisati

dab II [dæb] *n* dotik, lahen udarec, pikljaj; košček; packa, lisa, madež; *coll pl* prstni odtisi

dab III [dæb] *n zool* iverka

dab IV [dæb] *n coll* mojster, strokovnjak; **to be a ~ at s.th.** biti strokovnjak v čem, dobro se v čem spoznati

dab V [dæb] *int* čof!, pljusk!

dabber [dæbə] *n* odtiskovalec; svitek (volne); mehek čep; pečatna blazinica

dabble [dæbl] **1.** *vt* omočiti, poškropiti, obrizgati; umazati, zablatiti; **2.** *vi* čofotati, brizgati; *fig* šušmariti, površno delati; **to ~ in** (ali **at**) šušmariti; **to ~ with s.o., s.th.** vmešavati se v koga, kaj

dabbler [dæblə] *n* šušmar, diletant

dabby [dæbi] *adj* (**dabbily** *adv*) vlažen, moker

dabchick [dæbčik] *n zool* mali ponirek

dabster [dæbstə] *n coll* (*at*) poznavalec, strokovnjak, mojster; vseved; pacač, nespreten delavec

dace [deis] *n zool* belica

dachshund [dækshund] *n zool* jazbečar

dacker [dækə] *n dial* potikanje, sprehod; prepir

dacoit [dəkóit] *n* indijski ali burmanski tolovaj

dacoity [dəkóiti] *n Ind* razbojništvo; razbojniški napad

dacron [déikrən] *n* vrsta sintetičnega vlakna

dactyl [dæktil] *n* daktil, stopica iz enega poudarjenega in dveh nepoudarjenih zlogov

dactylar [dæktilə] *adj* daktilski

dactylate [dæktilit] glej **dactylar**

dactylic [dæktílic] **1.** *adj* daktilski; prstast, kakor prst; **2.** *n* daktilski verz

dactylioglyph [dæktílioglif] *n* graver prstanov; v prstan gravirano ime

dactylitis [dæktiláitis] *n med* vnetje prsta

dactylogram [dæktiləgræm] prstni odtis

dactylography [dæktilógræfi] *n* govorica s prsti

dactylology [dæktilólədži] *n* govor ali sporazumevanje s prsti

dactylus [dæktiləs] glej **dactyl**

dad [dæd] *n fam* očka

dada [dædə] *n* oči, tata (v otroški govorici)

dadaism [dædəizəm] *n* dadaizem

dadaist [dædəist] **1.** *adj* dadaističen; **2.** *n* dadaist

daddle [dædl] **1.** *n dial* pest; **2.** *vi* opotekati se; pohajkovati

daddy [dædi] glej **dad**

daddy-long-legs [dædilóŋlegz] *n zool* suha južina

dado [déidou] *n archit* drugobarven spodnji del zidu; del podstavka nad temeljem, podzid; opaž; **~ing machine** žlebilnik

daedal [dí:dəl] *adj* spreten, domiseln; zmeden, zapleten; izdelan; skrivnosten

daedalian [di:déiliən] *adj* zapleten; spreten, domiseln; labirintski

daemon [dí:mən] glej **demon**

daemonic [di:mónik] glej **demonic**

daff [da:f] **1.** *vi Sc* neumno se obnašati; čenčati; **2.** *vt obs* sleči, odložiti (obleko); (*aside*) odriniti

daffadilly [dæfədili] *n bot poet* rumena narcisa

daffadowndilly [dæfədaundíli] glej **daffadilly**

daffodil [dæfədil] **1.** *n bot* rumena narcisa; **2.** *adj* svetlo rumen

daffy [dæfi] *adj* (**daffily** *adv*) *A Sc coll* prismojen, trčen, prismuknjen, blazen, nor, ponorel

daft [dæft] *adj Sc* neumen, čenčast, blazen, nor

dagger I [dægə] *n* bodalo; *print* križec; **at ~s drawn** pripravljen na boj; **~ of lath** lesen meč; **to be at ~s drawn with s.o.** živeti v sovraštvu s kom; **to look ~s at s.o.** sovražno koga gledati; **to speak ~s to s.o.** s krutimi besedami koga v živo zadeti

dagger II [dægə] *vt* zabosti; *print* s križcem označiti

daggered [dægəd] *adj* mečast; s križcem označen

daggle [dægl] **1.** *vt* zamazati, zablatiti; premočiti; **2.** *vi* po blatu broditi

daggle-tailed [dæglteild] *adj arch* zamazan, neurejen

dago [déigou] *n A sl* zaničevalno ime za Španca, Portugalca, Italijana; *sl* **~ red** ceneno rdeče vino

daguerrotype [dəgérotaip] *n* dagerotipija

dahlia [déiliə] *n bot* dalija, georgina

Dail Eireann [dáilɛərən] *n* spodnji dom irskega parlamenta

dailies [déiliz] *n pl* dnevni tisk

daily I [déili] *adj & adv* vsakdanji, dneven; vsak dan, dnevno; **~ pay** (ali **wages**) dnevnica; **~ sales** dnevni izkupiček; **one's ~ dozen, ~ bread** vsakdanji kruh

daily II [déili] *n* dnevnik, dnevni časopis; postrežnica

daintiness [déintinis] *n* rahlost, nežnost, mehkužnost, občutljivost; sladkosnednost, izbirčnost

dainty I [déinti] *adj* (daintily *adv*) izbirčen, sladko-
sneden; okusen; negovan, eleganten; rahloču-
ten; **to make** ~ obirati se; ~ **bits** slaščice, deli-
katese
dainty II [déinti] *n* slaščica, poslastica, delikatesa
dainty-mouthed [déintimauŏd] *adj* sladkosneden;
pohlepen, požrešen
daiquiri [daikíri, dǽkiri] *n* vrsta hladne pijače iz
ruma, sladkorja in limonovega soka
dairy [déəri] *n* mlekarna, sirarna; ~ **produce** mlečni
izdelki
dairy-farm [déərifa:m] *n* mlekarska farma
dairyfarming [déərifa:miŋ] glej **dairying**
dairying [déəriiŋ] *n* mlekarstvo, sirarstvo
dairymaid [déərimeid] *n* mlekarica, molznica
dairyman [déərimən] *n* mlekar
dais [déiis] *n* oder, tribuna; baldahin
daisied [déizid] *adj* poln marjetic
daisy [déizi] *n bot* marjetica; *sl* nekaj prvovrstnega,
odličnega, očarljivega; *sl* **to push up the daisies,
to be under daisies** biti mrtev, pokopan; **to turn
up one's toes to the daisies** umreti; **ox-eye** ~
krizantema
daisy-cutter [déizikʌtə] *n* konj, ki vleče noge; žoga,
ki leti nizko (cricket)
daisy-plucker [déiziplʌkə] *n joc* nadzornica nad
dekleti, gardedama
dak [da:k] *n Ind* relejna pošta; izmena vprege;
pošta
dakota [dəkóutə] *n* vojaško transportno letalo
daks [dæks] *n pl* flanelaste športne hlače
dale [deil] *n poet* dolina; **up hill and down** ~ čez
drn in strn; **to curse hill and down** ~ preklinjati
ves svet
dalesman [déilzmən] *n* prebivalec doline, dolinar
(v sev. Angliji in na Škotskem)
dalles [dælz] *n pl A* globel; brzice
dalliance [dǽliəns] *n* zavlačevanje, odlašanje; po-
igravanje, ljubkovanje; **to be at** ~, **to hold in** ~
norčije uganjati, norce briti, šaliti se
dallier [dǽliə] *n* šaljivec, navihanec, hudomušnež
dallop [dǽləp] glej **dollop**
dally [dǽli] *vi & vt* norčije uganjati, šaliti se; čas
zapravljati, zavlačevati, odlašati; poigravati se;
spogledovati se
dally away *vt* čas zapravljati; zamuditi ugodno
priložnost
dally off *vt* odlašati; izmikati se
dally *with vi* poigravati se s čim; izmikati se;
~ **an idea** z vsem srcem se predajati misli
Dalmatian [dælméišən] **1.** *n* Dalmatinec, -nka;
dalmatinec (pes); **2.** *adj* dalmatinski; ~ **dog**
dalmatinec (pes)
dalmatic [dælmǽtik] *n* dalmatika (obredno obla-
čilo
Dalmatic [dælmǽtik] *adj* dalmatski
dalt [dɔ:lt] *n Sc* posinovljenec, posvojenec, -nka,
pohčerjenka
daltonism [dɔ́:ltənizəm] *n med* daltonizem, slepota
za barve
dam I [dæm] *n* nasip, jez; valolom; zajezena voda;
fig zapreka, ovira
dam II [dæm] *vt* zajeziti, zagraditi, pregraditi
dam out *vt* odpeljati vodo (z nasipom)
dam up *vt* z nasipom utrditi, zajeziti
dam III [dæm] *n* samica četveronožcev; *fig* mati

damage I [dǽmidž] *n* (*to*) škoda, zguba; *pl* od-
škodnina, kompenzacija; vrednost, cena; *coll*
what's the ~ ? koliko stane?; **to stand the** ~
plačati; ~ **by sea** havarija, poškodba ladje;
~ **certificate** (ali **report**) spričevalo o havariji;
~ **to property** stvarna škoda; **to lay the** ~ **s at**
oceniti škodo na; **action for** ~ **s** spor za od-
škodnino; ~ **survey** zapisnik o ocenitvi škode;
to recover ~ **s** dobiti odškodnino; **to claim** ~ **s**
zahtevati odškodnino
damage II [dǽmidž] *vt* (po)škodovati, (po)kvariti;
(o)klevetati, (o)sramotiti
damageable [dǽmidžəbl] *adj* pokvarljiv, poškoden;
občutljiv
damaging [dǽmidžiŋ] *adj* (~ **ly** *adv*) škodljiv, kvar-
ljiv, kvaren, nezgoden; poguben; **a** ~ **admission**
porazno priznanje
daman [dǽmən] *n zool* daman, skalni plezavt
damascene I [dǽməsi:n] *vt* z zlatom ali srebrom
inkrustirati, damastiti
damascene II [dǽməsi:n] *n* damaščansko delo, da-
maščanka; damast; *bot* trnosel; rdečkasto modra
barva
damask [dǽməsk] **1.** *n* damast; rožnata barva; **2.**
adj inkrustiran, damaščen, rožnat
damaskeen [dǽməski:n] glej **damascene**
damask-linen [dǽməsklínin] *n* damast
damassin [dǽməsin] *n* zlat ali srebrn damast
dame [deim] *n arch poet* dama, gospa; gospodinja;
ženska, matrona; ženska oblika za *sir*; nižja
plemkinja; *Dame Nature* mati narava
dame-school [déimsku:l] *n* osnovna šola pod vod-
stvom starejše ženske
damfool [dǽmfu:l] *adj* strašno neumen
damn I [dæm] **1.** *vt* prekleti, preklinjati; grajati,
karati, zmerjati; obsoditi, obsojati; pogubiti;
2. *vi* kleti; **to** ~ **a play** izžvižgati igro; **to** ~ **s.th.
with a faint praise** previdno kaj hvaliti; **I'll be**
~ **ed if** naj me vrag vzame, če
damn II [dæm] *n* preklinjanje, kletev; malenkost;
not to care a ~ niti malo se ne zanimati, prav
nič ne marati; **I don't give a** ~ prav nič mi ni
mar; **not worth a** ~ niti piškavega oreha vreden
damnable [dǽmnəbl] *adj* (damnably *adv*) prekletve
vreden, obsodljiv; nadležen; osovražen; slab;
coll grozen, strašen; zoprn
damnation [dǽmnéišən] **1.** *n* prekletstvo, poguba;
izžvižganje, preklinjanje; stroga kritika, obsod-
ba; **may** ~ **take him!** naj bo preklet; **2.** *int*
presneto
damnatory [dǽmnətəri] *adj* preklinjevalski; obso-
jenski
damned [dæmd] *adj* obsojen, preklet; zoprn, vražji;
none of your ~ **nonsense!** ne počenjaj(te) ne-
umnosti!; **I'll be** ~ **if I know** res ne vem
damnific [dæmnífik] *adj* (~ **ally** *adv*) škodljiv, po-
guben
damnification [dæmnifikéišən] *n* povzročitev škode,
poškodovanje
damnify [dǽmnifai] *vt* (po)škodovati, raniti
damning [dǽmniŋ] *adj* obsojenski; *coll* ubijalski;
~ **evidence** jasen dokaz krivde
damosel [dǽmozel] glej **damsel**
damp I [dæmp] *adj* (~ **ly** *adv*) vlažen, moker, me-
glen

damp II [dæmp] *n* vlaga, mokrota, hlapi, para, izparina, megla; premogovniški plin; *fig* potrtost, brezup; *sl* pijača; **to cast a ~ over, to strike a ~ on one's spirits** potlačiti, potreti, razočarati koga

damp III [dæmp] **1.** *vt* ovlažiti, zmočiti, poškropiti; udušiti; *fig* potreti, potlačiti, zavirati; ublažiti; **2.** *vi* zmočiti se; trohneti; **to ~ s.o.'s spirits** (ali **ardour**) potreti koga, vzeti komu pogum; **to ~ down a fire** udušiti ogenj; **to ~ off** odpadati zaradi vlage

damp-course [dǽmpkɔ:s] *n techn* izolacijska plast proti vlagi

dampen [dǽmpən] *vt & vi* ovlažiti (se); *fig* potreti, pobiti; **to ~ down** udušiti (ogenj)

dampener [dǽmpənə] *n* vlažilo; vlažilec

damper [dǽmpə] *n* dušilo, dušilnik; *mus* sordina; *techn* amortizer, blažilnik; *fig* črnogled, sitnež; *sl* zapitek; nekvašen kruh; **to put** (ali **be, cast**) **a ~ on s.o.** vzeti komu pogum, oplašiti ga

dampish [dǽmpiš] *adj* nekoliko vlažen; zaparjen

dampness [dǽmpnis] *n* vlaga, vlažnost

damp-proof [dǽmppru:f] *adj* ki ne prepušča vlage

damp-proofing [dǽmppru:fiŋ] *n* zavarovanje pred vlago

dampy [dǽmpi] *adj* precej vlažen

damsel [dǽmzəl] *n* gospodična, spletična

damson [dǽmsən] **1.** *n* vrsta drobnih temnih sliv, trnoselj; **2.** *adj* temno moder

damson-cheese [dǽmsənči:z] *n* gosta trnoseljeva marmelada

dan [dæn] *n arch, poet* gospod

dance I [da:ns, *A* dæns] *n* ples, plesanje; **to lead s.o. a (nice) ~** pošiljati koga od Poncija do Pilata, zagosti jo komu; **no longer pipe no longer ~** brez denarja ni muzike; **St. Vitus ~** *med* ples sv. Vida

dance II [da:ns, *A* dæns] *vi & vt* plesati, skakljati, pozibavati (se); **to ~ attendance on** (ali **upon**) **s.o.** biti vsiljiv, klečeplaziti pred kom; **to ~ to another's piping** (ali **tune, whistle**) delati kakor drugi želijo, plesati kakor drugi godejo; **to ~ to another** (ali **different**) **tune** nenadoma spremeniti svoje vedenje; *sl* **to ~ on nothing** bingljati na vislicah; **to ~ o.s. into favour** pridobiti naklonjenost; **to ~ one's chance away** zamuditi priliko; **to ~ one's head off** glavo zgubiti

dance-band [dá:nsbænd, *A* dæns-] *n* plesni orkester

dance-music [dá:nsmju:zik, dæns-] *n* plesna glasba

dancer [dá:nsə, dǽnsə] *n* plesalec, -lka, baletka, baletnik; *pl sl* stopnice; **(merry) ~s** severni sij

dancing [dá:nsiŋ, *A* dæns-] **1.** *n* ples; **2.** *adj* plesen

dancing-floor [dá:nsiŋflɔ:, *A* dæns-] *n* plesišče

dancing-girl [dá:nsiŋɡə:l, *A* dæns-] *n* plesalka

dancing-hall [dá:nsiŋhɔ:l, *A* dæns-] *n* plesna dvorana

dancing-master [dá:nsiŋma:stə, *A* dæns-] *n* plesni mojster

dancing-mistress [dá:nsiŋmistris, *A* dæns-] *n* učiteljica plesa

dancing-party [dá:nsiŋpa:ti, *A* dæns-] *n* plesni venček

dancing-room [dá:nsiŋrum, *A* dæns-] *n* plesna dvorana

dancing-school [dá:nsiŋsku:l, *A* dæns-] *n* plesna šola

dandelion [dǽndilaiən] *n bot* regrat

dander I [dǽndə] *n A coll* jeza, ogorčenje; **to get one's ~ up** razjeziti, raztogotiti se; **my ~ is up** besen sem, jezim se

dander II [dǽndə] *n (rare)* prhljaj

dandiacal [dændáiəkəl] *adj* (~ **ly** *adv*) gizdalinski

dandie [dǽndi] *n zool* vrsta terierja

dandified [dǽndifaid] *adj* gizdalinski

dandify [dǽndifai] *vt* nagizdati

dandle [dǽndl] *vt* zibati, ujčkati, ljubkovati, poigravati se, razvajati

dandriff [dǽndrif] glej **dandruff**

dandruff [dǽndrʌf] *n* prhljaj

dandy I [dǽndi] *n* gizdalin; ciza; **a ~ of a boy** sijajen dečko, fant od fare, »klasa«; ~ **fever** glej **dengue**

dandy II [dǽndi] *adj* gizdalinski; *A sl* prvovrsten

dandy-brush [dǽndibrʌš] *n* konjska ščet

dandy-cart [dǽndika:t] *n* ciza

dandyish [dǽndiiš] *adj* (~ **ly** *adv*) gizdalinski; *A* odličen, čudovit

dandyism [dǽndiizəm] *n* gizdalinstvo

dandy-note [dǽndinout] *n com* carinsko izvozno potrdilo

dandy-roller [dǽndiroulə] *n techn* žični valjar

Dane [dein] *n* Danec, -ka; **great ~** doga (pes)

Danelagh [déinlɔ:] glej **Danelaw**

danegeld [déinɡeld] *n arch* danski zemljiški davek

Danelaw [déinlɔ:] *n* danski zakon, ki je veljal na ozemlju Anglije, zasedenem od Dancev; področje, na katerem je veljal

dang [dæŋ] *vt sl* ~ **it!** vraga!, presneto!

danger [déindžə] *n (to* za) nevarnost; grožnja, pretnja; **to run the ~, to run into ~** izpostaviti se nevarnosti; ~ **area** zaprto ozemlje; ~ **money** dodatek zaradi nevarnosti pri delu; ~ **signal** znamenje v sili; **to keep out of ~** izogibati se nevarnosti; **to go in ~ of one's life** biti v smrtni nevarnosti

danger-arrow [déindžərærou] *n* znak za: pazi, smrtna napetost!

dangerous [déindžərəs] *adj* (~ **ly** *adv*) *(to* za) nevaren, tvegan; **to appear ~** biti videti besen

dangerousness [déindžərəsnis] *n* nevarnost

dangle [dǽŋɡl] *vi & vt* bingljati, gugati (se), viseti; kriliti, frfrati; zapeljevati; **to ~ after** (ali **about, round**) **s.o.** letati za kom

dangler [dǽŋɡlə] *n* privesek; postopač

Danish [déiniš] **1.** *adj* danski; **2.** *n* danščina

dank [dæŋk] *adj* vlažen, zmočen, premočen

dankness [dǽŋknis] *n* vlaga, vlažnost, mokrota, premočenost

Dantean [dǽntiən] **1.** *adj* dantejevski, Dantejev; **2.** *n* dantolog

Dantesque [dæntésk] *adj* gl. **Dantean 1.**

Danubian [dænjú:biən] *adj* donavski, podonavski

dap [dæp] **1.** *vt & vi* rahlo potopiti; (žogo) odbijati od tal; odbijati se od tal; **2.** *n* odbijanje (žoge) od tal

daphne [dǽfni] *n bot* volčin

dapper [dǽpə] *adj fam* čeden, živahen, gibčen, boder, energičen; ljubek

dapple I [dǽpl] *vt & vi* opikljati; popackati, umazati (se), dobiti lise

dapple II [dǽpl] **1.** *adj* pisan, lisast, grahast, pegast; **2.** *n zool* serec

dapple-bay [dǽplbéi] *n zool* serec
dapple-black [dǽplblǽk] *n zool* vranec
dappled [dǽpld] *adj* pisan, lisast, grahast, pegast
dapple-gray [dǽplgréi] **1.** *adj* siv s temnimi pegami; **2.** *n zool* serec
darbies [dá:biz] *n pl sl* lisice, okovi
darby [dá:bi] *n* zidarsko ravnilo; lopatica
dare* I [dɛə] **1.** *vi* upati si, drzniti, osmeliti se; smeti; **2.** *vt* pozvati, izzivati, kljubovati; lotiti se; **I ~ say** kakor kaže, verjetno, mislim, da, rekel bi; **I ~ swear** prepričan sem; **he ~ not** (ali **does not ~ to**) **do it** ne upa si tega storiti
dare II [dɛə] *n* poziv, izzivanje, spodbujanje; **to give the ~** kljubovati; **to take the ~** sprejeti poziv, dati se spodbuditi
dare III [dɛə] **1.** *n* zrcalo za lov ptičev; **2.** *vt* loviti ptiče z zrcalom
dare-devil [dɛ́ədevl] **1.** *n* drznež, pustolovec; **2.** *adj* smel, drzen; pustolovski
daring [dɛ́əriŋ] **1.** *adj* (**~ly** *adv*) smel, drzen; tvegan; **2.** *n* drznost, smelost; **deed of ~** drzno dejanje
dark I [da:k] *adj* (**~ly** *adv*) temen, temnolas, temačen, mračen, mrk; žalosten, obupan; skrit, skrivnosten, nerazumljiv, nejasen; neznan; negotov; neprosvetljen; zloben, zločinski; **the ~ ages** srednji vek; **~ house** umobolnica; **a ~ horse** nepričakovan zmagovalec (v dirki); *A* malo znan kandidat za prezidenta; **the Dark Blues** študenti iz Oxforda; srednješolci iz Harrowa; **the Dark Continent** Afrika; **to keep s.th. ~** skrivati nekaj; obdržati skrivnost zase; **~ room** temnica; **to look on the ~ side of things** biti črnogled; **~ slide** kaseta; **~ lantern** slepica; *A* **~ and bloody ground** Kentucky
dark II [da:k] *n* tema, mrak; senca; *fig* negotovost, neznanje; nejasnost, skrivnostnost; **to keep s.o. in the ~** skrivati, tajiti pred kom; **in the ~ of the moon** v mlaju; v temi kot v rogu; **to be in the ~** ne vedeti, ne se znajti, ne biti poučen; **to take a leap in the ~** tvegati; *fig* **to leave s.o. in the ~** pustiti koga v negotovosti
darken [dá:kən] **1.** *vt* (za)temniti, (o)slepiti, (o)mračiti; skaliti, umazati; *fig* (z)begati; **2.** *vi* (po)temneti; zmračiti se; **to ~ s.o.'s door** prestopiti prag koga; **to ~ counsel** še bolj zbegati
darkey glej **darky**
dark-eyed [dá:kaid] *adj* temnook
darkish [dá:kiš] *adj* precej temen, črnkast
darkle [dá:kl] *vi* mračiti se, temneti; *fig* skrivati se
darkling [dá:kliŋ] **1.** *adv* v temi; na slepo, nezavestno; **2.** *adj* temen, moten
darkness [dá:knis] *n* tema; noč; *fig* slepota; nevednost; smrt; grob; **Prince of ~** vrag, satan; **deeds of ~** sramotna dela; **land of ~** grob; **powers of ~** peklenske sile
dark-skinned [dá:kskind] *adj* temnopolt
darksome [dá:ksəm] *adj poet* mračen, temen, meglen; otožen, melanholičen
darky [dá:ki] *n sl* črnec; *sl* temna svetilka; *sl* noč
darling [dá:liŋ] **1.** *n* ljubljenec, -nka; ljubček, ljubica; dragec, dragica; **you are a ~** pravi angel si; **2.** *adj* ljubljen, najljubši, zaželen; **~ hopes** veliki upi

darn I [da:n] **1.** *vt* krpati (zlasti nogavice); **2.** *n* krpa (na nogavici)
darn II [da:n] *vt sl* preklinjati
darn III [da:n] *n sl* evfemizem za psovko **damn**
darned [dá:nd] *adj* presnet
darnel [dá:nl] *n bot* omotna ljulka
darner [dá:nə] *n* krpalka; goba za krpanje nogavic
darning [dá:niŋ] *n* krpanje, krparija
darning-cotton [dá:niŋkətn] *n* krpanec
darning-needle [dá:niŋni:dl] *n* krpalka, mašilka
darning-wool [dá:niŋwul] *n* krpanec
darning-yarn [dá:niŋja:n] *n* krpanec
dart I [da:t] *n* kopje, sulica; želo; nenaden gib, met; všitek; *mil* lovsko letalo; *pl* metanje sulic v tarčo; **to make a ~ for** zakaditi se v kaj
dart II [da:t] **1.** *vt* vreči, zagnati, metati; **2.** *vi* (*out*) planiti, zagnati, zakaditi se, navaliti; **to ~ a look** (ali **glance**) ošiniti s pogledom; **to ~ down(wards)** navzdol se zagnati; *mil* pikirati (letalo), leteti strmoglav; **to ~ forth from** planiti iz
darter [dá:tə] *n* metalec kopja; *zool* kačjevratnik
dartle [dá:tl] *vt & vi* sproževati (se); obmetavati
Darwinism [dá:winizəm] *n* darvinizem
Darwinist [dá:winist] *n* darvinist(ka)
dash I [dæš] **1.** *vt* treščiti, vreči, metati; (po)škropiti; zbegati, (z)mešati; (raz)redčiti, primešati; načrtati; suniti; *sl* preklinjati; uničiti, razbiti; **2.** *vi* izbruhniti, počiti, brizgniti, pljuskniti; **to ~ s.o.'s hope** razočarati koga; **to ~ one's spirits** užalostiti, pobiti; **to ~ through thick and thin** iti čez drn in strn; **to ~ to pieces** razbiti; **~ it!**, **~ you!** vraga!, presneto!
dash about *vi* naokrog (se) poditi
dash against *vi* treščiti ob kaj
dash aside *vt* odvreči
dash at *vi* treščiti, zakaditi se v kaj
dash away from *vt* odriniti
dash by *vi* mimo švigniti
dash down *vt* v naglici napisati
dash into *vt* naskočiti; vdreti
dash off *vi* odhiteti
dash on to *vi* naskočiti, planiti, slepo zdrveti
dash out *vt* izbiti; spoditi; zbežati; **~ s.o.'s brains** razbiti ali prestreliti komu glavo
dash over *vi* čez teči, zaliti
dash through *vi* planiti skozi; prečrtati
dash upon *vi* tolči ob kaj
dash with *vt* razredčiti, pomešati s
dash II [dæš] *n* sunek, udarec; trčenje, tresk; tek na kratke proge; zanos, naval, napad, zagon; kanec, trohica; primes; *fam* sijaj, odličnost; pomišljaj; **to cut** (ali **make**) **a fine ~** zbujati pozornost; **to make a ~ for** (ali **at**) planiti kam; gnati se za čim; hitro se lotiti; **at one na mah; ~-and-dot line** pikčasta in črkasta črta (—.—.—.—); **a ~ of rain** naliv, ploha
dash III [dæš] *int* čof!, pljusk!
dashboard [dǽšbɔ:d] *n* armaturna plošča; blatnik
dasher [dǽšə] *n techn* metalo; *A* blatnik; *fam* človek, ki zbuja veliko pozornost
dashing [dǽšiŋ] *adj* (**~ly** *adv*) sijajen; eleganten; drzen, pogumen, smel; silovit, nenavaden; **he cuts a ~ figure** sijajen, eleganten je
dashpot [dǽšpɔt] *n techn* zračni ali hidravlični odbijač

dastard [dǽstəd] **1.** *adj* (~ly *adv*) strahopeten; podel; **2.** *n* strahopetec; podlež

dastardliness [dǽstədlinis] *n* strahopetnost; podlost

dastardly [dǽstədli] *adj* strahopeten; podel

data [déitə] *pl* od **datum**; novice, obvestila, podatki

datable [déitəbl] *adj* časovno določljiv

date I [deit] *n bot* dateljevec; datelj

date II [deit] *vt & vi* datirati; izvirati; domeniti se za sestanek; zastareti; **to ~ back** izvirati iz (časovno); **to ~ in advance** (ali **forward**) zapisati zgodnejši datum, antedatirati; **to ~ back** zapisati poznejši datum, postdatirati; *coll* **we've got him dated** poznamo tega tiča

date III [deit] *n* rok, datum, doba; *A* sestanek; **(down) to ~** do danes; **out of ~** zastarel, nemoderen, staromoden; **at an early ~** prav kmalu; **to bear a ~** biti datiran; **of even ~** istega datuma; *com* **~ of the bill** (of exchange) dan izdaje menice; **at long ~** dolgoročen; **at short ~** kratkoročen; **from ~** od današnjega datuma; **~ of expiration** (ali **maturity**), **due ~** datum poteka roka; *A* **without ~** odložen na nedoločen čas; **to make a ~** dogovoriti se za sestanek; **of recent ~** nov, moderen; **up to ~** sodoben, moderen

date-block [déitblək] *n* stenski koledar (z lističi za odtrganje)

dated [déitid] *adj* datiran; zastarel

dateless [déitlis] *adj* nedatiran; neskončen; pradaven; nedoločen; *A coll* neprijavljen; brez družabnih obveznosti

date-line [déitlain] *n* 180. poldnevnik od Greenwicha, datumska meja

date-palm [déitpa:m] *n bot* datljevec

dater [déitə] *n* datumski žig; tisti, ki datira

dating [déitiŋ] *n* datiranje; sestajanje

datival [dətáivəl] *adj gram* dajalniški, dativen

dative [déitiv] **1.** *n gram* dajalnik, dativ; **2.** *adj gram* dajalniški; *jur* razpoložljiv, prenosen; **executor ~** od sodišča imenovan skrbnik

datum, pl **data** [déitəm, déitə] *n* navedeno dejstvo, podatek; predpostavka; **to go upon data** opirati se na podatke; **~ line** osnova, osnovnica; **~ plane** osnovna ravnina; **~ point** osnovna točka

daub [dɔ:b] **1.** *vt & vi* (po)packati, (na)mazati; *fig* prikriti; **2.** *n* mazanje, zmazek, prevleka

dauber [dɔ́:bə] *n* ličar, pleskar; slab slikar, packač

daubster [dɔ́:bstə] glej **dauber**

dauby [dɔ́:bi] *adj* (**daubily** *adv*) nesnažen, spackan; lepek

daughter [dɔ́:tə] *n* hči; *arch* dekle

daughter-in-law [dɔ́:tərinlɔ:] *n* snaha

daughterly [dɔ́:təli] *adj* hčerinji, hčerji; ubogljiv

daunt [dɔ:nt] *vt* prestrašiti, (o)plašiti; (u)krotiti; slanike v sod natrpati; **nothing ~ed** neustrašen, brez strahu

dauntless [dɔ́:ntlis] *adj* (~ly *adv*) neustrašen, pogumen; vztrajen

dauntlessness [dɔ́:ntlisnis] *n* neustrašenost, pogum; vztrajnost

dauphin [dɔ́:fin] *n hist* francoski prestolonaslednik, dofen

dauphiness [dɔ́:finis] *n* dofenova žena

davenport [dǽvnpɔ:t] *n* vrsta pisalne mize; *A* blazinjak, zofa, divan, kavč

davit [déivit] *n* sošica za dviganje rešilnega čolna

davy [déivi] *n* varnostna svetilka; *sl* prisega; **to take one's ~** zapriseči, zakleti se; **on** (ali **upon**) **my ~**! častna beseda! **Davy Jones's locker** morsko dno; ocean, morje; **he's gone to Davy Jones's locker** utonil je

Davy-lamp [déivilæmp] *n* rudarska varnostna svetilka

daw [dɔ:] **1.** *n zool* kavka; *fig* trapa, lenuh; **2.** *vi Sc* daniti se

dawdle [dɔ́:dl] *vi & vt* čas zapravljati, pohajkovati, zijala prodajati; **to ~ away** čas zapravljati

dawdler [dɔ́:dlə] *n* zijalo, pohajkovač, lenuh, zijalo, zaspanec

dawk [dɔ:k] glej **dak**

dawn I [dɔ:n] *n* svitanje, zarja, zora

dawn II [dɔ:n] *vi & vt* svitati se, posvetiti se komu; *fig* **a glad day ~ed** začeli so se lepi časi; **it ~ed upon me** končno sem se domislil

dawning [dɔ́:niŋ] *n* jutranja zarja; *fig* **first ~** prvi začetek

day [dei] *n* dan; obletnica; **all ~, all the ~, all ~ long** ves dan; **the ~ after the fair** prepozno; **the ~ before the fair** prezgodaj; **the ~ after tomorrow** pojutrišnjem; **the ~ before yesterday** predvčerajšnjim; *A* **between two ~s** ponoči; **broad ~** beli dan; **by ~** podnevi; **by the ~** na dan (natanko); **~ by ~** dan za dnevom; *sl* **call it a ~** smatraj za opravljeno; **to carry** (ali **gain, get, win**) **the ~** zmagati; **to end one's ~s** umreti; **every dog has its ~** vsakomur je kdaj sreča naklonjena; **to give s.o. the time of the ~** povedati komu, koliko je ura; pozdraviti ga; **far in the ~** proti večeru; **first ~** nedelja; **to have one's ~** imeti srečo; **to have a ~ of it, to take a merry ~ of it** dobro se zabavati, uživati; **if a ~** natanko, nič več in nič manj od; **~ in ~ out** dan za dnevom; **in the ~s of old** nekoč, prej, **to lose the ~** zgubiti bitko; **men of the ~** znameniti ljudje; **to name on** (ali **in**) **the same ~ with** dati se primerjati s čim; **one's off ~** slab dan (v športu); **every other** (**third** etc.) **~** vsak drugi (tretji itd.) dan; **one ~ or other** pred kratkim, nedavno, oni dan; **one's out ~** uspešen dan (v športu); **the ~ of judgement** sodni dan; **in the face of ~** pri belem dnevu; **to pass the time of the ~** pogovarjati se, klepetati; **the present ~** danes; **to save up** (ali **put by**) **for a rainy ~** prihraniti za hude čase; **this ~** danes; **he has seen better ~s** nekoč se mu je bolje godilo; **one of these ~s** kmalu; **without ~** za nedoločen čas; **in the ~s of yore** nekoč; **to know the time of ~** biti buden, paziti, biti izkušen; **the Lord's ~** nedelja

day-bed [déibed] *n* divan, otomana

day-blindness [déiblaindnis] *n* kurja slepota

day-boarder [déibɔ:də] *n E* učenec, ki se hrani v internatu in spi doma

daybook [déibuk] *n com* dnevnik

day-boy [déibɔi] *n E* učenec, ki se hrani in spi doma

daybreak [déibreik] *n* svitanje, zora

daydream(ing) [déidri:miŋ] *n* sanjarenje, fantaziranje; gradovi v oblakih

daydreamer [déidri:mə] *n* sanjač, fantast
day-fly [déiflai] *n zool fig* enodnevnica; kratkotrajna stvar
day-girl [déigə:l] *n E* učenka, ki se hrani v internatu in spi doma
day-labour [déileibə] *n* dninarji
day-labourer [déileibərə] *n* dninar(ica)
daylight [déilait] *n* dnevna svetloba, razsvit, svitanje; **to burn** ∼ zapravljati čas; *sl* **to let** (ali **admit**) ∼ **into s.o.** ustreliti ali zabosti koga, *A* ∼ **saving time** poletni čas; **to see** ∼ doumeti, razumeti; rešiti vprašanje; **as clear as** ∼ jasno ko beli dan; **in broad** ∼ pri belem dnevu
day-lily [déilili] *n bot* maslenica, lilijan
daylong [déilən] *adj* celodneven
day-nursery [déinə:səri] *n* otroške jasli
day-owl [déiaul] *n zool* skobčevka
day-room [déiru:m] *n* dnevna soba; čitalnica; društveni prostor
day-school [déisku:l] *n* šola brez internata
day-shift [déišift] *n* dnevna izmena (od 7 do 14.30)
dayspring [déisprin] *n poet* svitanje, zora
day-star [déista:] *n* danica
day's-work [déizwə:k] *n* dnevno delo; *coll* **it's all in the** ∼ **to** spada zraven, tega se ne moreš izogniti
day-taler [déitelə] *n* dninar (zlasti v premogovniku)
day-ticket [déitikit] *n* povratna vozovnica (veljavna en dan)
daytime [déitaim] *n* dan (kot nasprotje noči); **in the** ∼ podnevi
daze I [deiz] **1.** *vt* oslepiti; zbegati, osupiti, presenetiti, omamiti; **2.** *vi* bleščati se
daze II [deiz] *n* zbeganost, osuplost, omamljenost
dazzle I [dæzl] *vt (with)* oslepiti, omamiti; zbegati, osupiti; kamuflirati
dazzle II [dæzl] *n* premočna luč; oslepitev; ∼ **-painting** kamuflaža; ∼ **lamps,** ∼ **lights** premočne luči
dazzling [dæzlin] *adj* (∼ **ly** *adv*) slepeč, premočen (luč), jarek
D-day [dí:dei] *n* začetek velike ofenzive, zlasti 6. VI. 1944
deacon [dí:kən] **1.** *n eccl* diakon; *A* koža novorojenega teleta; **2.** *vt A* brati naglas psalme; *A coll* razstavljati boljše primerke sadja
deaconess [dí:kənis] *n eccl* diakonesa
deaconry [dí:kənri] glej **deaconship**
deaconship [dí:kənšip] *n* diakonat
dead I [ded] *adj* mrtev, brez življenja, crknjen; nedostavljiv (pošiljka); popoln; izumrl, nevelaven; otopel, otrpel; zamolkel, moten; slep (okno); jalov (sloj); temen (noč); ugašajoč; globok (spanje); ovenel; neraben, slab, izločen; neodločen (tekma); *A coll* ∼ **above the ears** neumen, topoglav; ∼ **end** slepa ulica; *fig* zagata; ∼ **and gone** že davno mrtev; ∼ **colour** osnovna barva; ∼ **failure** popoln polom; ∼ **forms** same formalnosti; **to flog a** ∼ **horse** zaman si prizadevati; *A* ∼ **freight** nepokvarljiv tovor; *A sl* ∼ **from the neck up** trapast, butast; **a** ∼ **frost** popoln polom; *mil* ∼ **ground** ozemlje, ki je zunaj streljaja; **a** ∼ **halt** nenadna ustavitev; ∼ **heat** tekma brez zmagovalca; ∼ **hand** neprodajen; ∼ **letter** nedostavljivo pismo; izumrl običaj; zakon, ki ga ne spoštujejo; ∼ **level** *fig* enoličnost, neučinkovitost; **to make a**

∼ **set on** napasti z vso odločnostjo; truditi se, da se komu približamo; ∼ **march** žalna koračnica; *coll* ∼ **men** (ali **marines**) izpite, prazne steklenice; **as** ∼ **as a doornail** (ali **mutton, nit**) mrtev ko hlod; ∼ **nuts on** popolnoma zaverovan, navdušen za kaj; ∼ **office** pogrebni obredi, zadušnica; **perfectly** ∼ neznosen; ∼ **reckoning** *mar* približna ocena (dolžine poti); ∼ **secret** največja skrivnost; ∼ **stock** mrtvi kapital; neprodajno blago; ∼ **set** oster napad; **waiting for** ∼ **man's shoes** čakanje na dediščino; ∼ **wall** stena brez vrat in oken; ∼ **weight** lastna teža; *fig* huda ovira napredka; ∼ **wind** nasprotni veter; ∼ **wood** posušen les; izvržek, izbirek; ∼ **silence** popolna, mrtva tišina
dead II [ded] *adv* skrajno, popolnoma, docela; ∼ **against** naravnost proti; ∼ **broke** brez ficka; ∼ **ahead** naravnost naprej; **to cut s.o.** ∼ ignorirati koga, ne pozdraviti ga; ∼ **tired** na smrt utrujen; ∼ **sure** popolnoma prepričan; ∼ **set against** nepopustljivo proti; ∼ **earnest** čisto resno; ∼ **on the target** naravnost proti cilju; **to stop** ∼ nenadoma se ustaviti
dead III [ded] *n* smrtna tišina, mrtvilo; **the dead** *pl* mrtvi, pokojniki, umrli; **in the** ∼ **of the night** v najtemnejši noči; **in the** ∼ **of winter** sredi zime; *coll* **on the** ∼ odločno, resno; *pl min* jalovina; **the quick and the** ∼ živi in mrtvi
dead-account [dédəkáunt] *n com* dejanski račun
dead-alive [dédəláiv] *adj* dolgočasen, monoton; potrt; *sl* neumen; na videz mrtev
dead-beat [dédbí:t] **1.** *adj coll* na smrt utrujen, čisto izčrpan; **2.** *n A sl* delomrznež, prisklednik
dead-calm [dédka:m] *n* smrtna tišina, popolno brezvetrje
dead-centre [dédsentə] *n* mrtva točka
dead-drunk [déddrÁnk] *adj* do nezavesti pijan
dead-earnest [dédə:nist] *n*; **in** ∼ na smrt resno
deaden [dédn] **1.** *vt* omrtvičiti, zadušiti, udušiti, ublažiti; *(to* za) otopiti; **2.** *vi (to* za) otopeti
dead-eye [dédai] *n mar* preluknjana deska za napenjanje vrvi
deadfall [dédfə:l] *n* velika past
dead-gold [dédgould] *n* motno zlato
deadhead [dédhed] *n* potnik s prosto vozovnico, zastonjkar(ica); zajedavec, slabič
dead-heaps [dédhí:ps] *n pl* jalovina
dead-hearted [dédhá:tid] *adj* malodušen, boječ, plašen
dead-heat [dédhí:t] *n* neodločna tekma
dead-house [dédháus] *n* mrtvašnica; *Sc* grob
dead-letter [dédlétə] *n* glej pod **dead I;** ∼ **office** poštni oddelek za nedostavljena in nedostavljiva pisma
dead-lift [dédlíft] *n* težko breme; *fig* težaven opravek
deadlight [dédlait] *n* železni pokrov ladijskega okna
deadline [dédlain] *n* skrajna meja, skrajni rok
deadliness [dédlinis] *n* smrtnost; mrtvilo
deadlock [dédlək] *n* mrtva točka, zastoj; ključavnica, žabica; **to come to a** ∼ ustaviti se, obtičati
dead-loss [dédlós] *n* nenadomestljiva zguba
deadly I [dédli] *adj* smrten, smrtonosen; mrtvaški; umrljiv; nespravljiv; *coll* strašen, grozen; izreden, nenavaden; usoden, poguben; **perfectly**

~ neznosen; ~ **sin** smrtni greh; ~ **enemy** smrtni sovražnik **in** ~ **haste** v veliki naglici; ~ **nightshade** *bot* volčja češnja

deadly II [dédli] *adv* smrtno; mrtvaško; *coll* skrajno, grozno, izredno, na smrt; ~ **tired** na smrt utrujen; ~ **pale** mrtvaško bled

dead-man's-eye [dédmənzai] *n* strešna lina

dead-neap [dédni:p] *n* najnižja oseka

dead-nettle [dédnetl] *n bot* mrtva kopriva

dead-pan [dédpæn] *adj coll* brezizraznega obraza

dead-pull [dédpul] glej **dead-lift**

dead-shot [dédšət] *n* odličen strelec

dead-water [dédwətə] *n* čisto mirna stoječa voda; *naut* ugodni morski tok; vodni razor

dead-weight [dédweit] *n* hudo breme; mrtvi kapital; brezobrestni vrednostni papirji; tara; obtež, balast; nosilnost

dead-wind [dédwind] *n* nasprotni veter

deaf [def] *adj* (~ **ly** *adv*) gluh, naglušen; (*with*) omamljen; ~ **of** (ali **in**) **one ear** na eno uho gluh; ~ **as a post** (ali **door-nail, stone, beetle, an adder**) popolnoma gluh, gluh ko zemlja; **none so** ~ **as those who won't hear** najbolj gluhi so tisti, ki nočejo slišati; ~ **nut** prazen oreh; **to fall on** ~ **ears** ne biti uslišan; **to turn a** ~ **ear** delati se gluhega, ne uslišati

deaf-aid [défeid] *n* električna slušalka

deaf-and-dumb [défəndʌm] *adj* gluhonem; ~ - **asylum** gluhonemnica

deafen [défn] *vt* (*with*) oglušiti; pridušiti; izolirati proti ropotu

deafener [défnə] *n* glušilec

deafening [défniŋ] 1. *adj* (~ **ly** *adv*) oglušujoč, glušljiv; 2. *n* glušnik; glušilo

deaf-mute [défmjú:t] *adj* gluhonem

deafness [défnis] *n* gluhota, naglušnost

deal I [di:l] *n* množina, del; sporazum; ravnanje, poslovanje; kupčija; deljenje kart; *A* gospodarska politika določenega obdobja; **a great** (ali **good**) ~, *sl* **a** ~ veliko, mnogo, precej; **to think a great** ~ **of** precenjevati; *coll* **square** ~ pošteno ravnanje; *coll* **raw** ~ nepošteno ravnanje; **to do a** ~ **with** narediti kupčijo, dogovoriti se; **it's a** ~! velja!; **the New Deal** Roosveltov poskus reorganizacije upravnega in gospodarskega sistema

deal* II [di:l] 1. *vt* deliti; razdeliti; zadati; obravnavati; 2. *vi* trgovati; ravnati; vesti se, ukvarjati se, poslovati; **to** ~ **a blow** udariti, pripeljati komu zaušnico; **he is hard to be dealt with** z njim ni prijetno imeti opraviti

deal at *vt* kupovati pri kom

deal by *vi* ravnati (s kom)

deal in *vi* trgovati s čim

deal out *vt* deliti (karte)

deal with *vi* trgovati, poslovati; obravnavati; zanimati se, ukvarjati se

deal III [di:l] *n* jelovina, borovina; jelova, borova deska

deal-board [dí:lbɔ:d] *n* jelova ali borova deska, ploh

deal-box [dí:lbɔks] *n* zaboj iz tenkih deščic, gajba

dealer [dí:lə] *n* delilec (kart); trgovec; **plain** ~ poštenjak; **double** (ali **false**) ~ hinavec; **sharp** ~ zviti lisjak; **retail** ~ trgovec na drobno; **whole-**

sale ~ trgovec na debelo; ~ **in learning** učenjak; ~ **in wit** šaljivec

dealership [dí:ləšip] *n A* zastopstvo

dealing [dí:liŋ] *n* deljenje (kart); trgovanje; ravnanje, postopanje; stik; poslovanje; kupčija; postopek; **honest** (ali **plain**) ~ pošteno ravnanje; **crooked** ~ nepošteno ravnanje; **to have** ~ **s with s.o.** imeti opravka s kom

dealt [delt] *pt & pp* od **deal**

dean [di:n] *n* dekan; starešina, nestor; soteska, dolina

deanery [dí:nəri] *n* dekanat; dekanija

deanship [dí:nšip] *n* dekanstvo; dekanat

dear I [diə] *adj* (~ **ly** *adv*) drag, dragocen; ljubljen; očarljiv, ljubek; visok (cena); spoštovan; **Dear Sir** spoštovani gospod; **there's a** ~ **child** bodi priden; **to run for** ~ **life** na vso moč bežati; **to love** ~ **ly** zelo ljubiti; **to hate** ~ **ly** z dna srca sovražiti; ~ **est foe** najhujši sovražnik

dear II [diə] *adv* drago; zelo; *fig* **to pay** ~ **for** drago plačati; **it cost him** ~ veliko ga je stalo

dear III [diə] *n* ljubček, ljubica; očarljiva oseba; **there's a** ~ bodi tako ljubezniv in; **what** ~ **s they are!** kako so ljubki!

dear IV [diə] *int* oh ~!, ~ **me!**, ~ **heart alive!** jojmene, za božjo voljo!

dearborn [díəbən] *n A* vrsta lahke kočije

dearie, deary [díəri] *n* ljubček, ljubica, dragec, dragica

dearness [díənis] *n* draginja, visoka cena; ljubezen, vdanost, nežnost

dearth [də́:θ] *n* draginja; dragocenost; lakota, pomanjkanje

death [deθ] *n* smrt; smrtni primer; uboj, umor; konec, uničenje; kuga; **to be the** ~ **of s.o.** ubiti koga, povzročiti smrt koga; **to be in at the** ~ vzdržati do konca; **to bleed to** ~ izkrvaveti; **to catch one's** ~ **of** umreti zaradi; **to be bored to** ~ strašno se dolgočasiti; *arch* **to do to** ~ pogubiti, ubiti, uničiti; **it's a case of life and** ~ gre za biti ali ne biti; *A sl* **sudden** ~ slab whisky; **worse than** ~ zelo slab; *sl* ~ **on** ves nor na; odličen; **to put to** ~ usmrtiti; **to lie at the** ~ **'s door** umirati, biti na pragu smrti; *jur* **civil** ~ zguba državljanskih pravic; **as sure as** ~ popolnoma prepričan, čisto gotov; **Black Death** kuga; **field of** ~ bojno polje; **I am sick to** ~ **of it** do grla sem tega sit; **certificate of** ~ mrliški list; **tired to** ~ na smrt utrujen

death-adder [déθædə] *n zool* smrtna kača, trnovka

death-angel [déθeindžəl] *n bot* strupeni kukmak

death-bed [déθbed] *n* smrtna postelja; ~ **repentance** prepozen kes

death-bell [déθbel] *n* navček

death-blow [déθblou] *n* smrtni udarec

death-cup [déθkʌp] *n bot* strupeni kukmak

death-dealing [déθdi:liŋ] *adj* (~ **ly** *adv*) smrten, ubijalski, morilski

death-duties [déθdju:tiz] *n pl* zapuščinski davek; mrtvaščina

death-feud [déθfju:d] *n* krvna osveta

deathful [déθful] *adj* (~ **ly** *adv*) ubijalski, morilski; smrtonosen; strašen

death-knell [déθnel] *n* ozvanjanje, zvonjenje mrliču

deathless [déθlis] *adj* (~ **ly** *adv*) nesmrten, neumrljiv

deathlessness [déθlisnis] *n* nesmrtnost, neumrljivost
deathlike [déθlaik] *adj* kakor smrt, mrtvaško bled
deathly [déθli] **1.** *adj* smrten, mrtvaški; usoden; **2.**
adv smrtno, mrtvaško; usodno
death-mask [déθmaːsk] *n* posmrtna maska
death-penalty [déθpenəlti] *n* smrtna kazen
death-rate [déθreit] *n* umrljivost
death-rattle [déθrætl] *n* smrtno hropenje
death-ray [déθrei] *n* smrtonosni žarek
death-roll [déθroul] *n* seznam padlih, mrtvih
death-sentence [déθsentəns] *n* smrtna obsodba
death's-head [déθhed] *n* mrtvaška glava; *zool*
smrtoglavec
deathsman [déθmən] *n arch* krvnik
death-struggle [déθstragl] *n* smrtni boj, agonija
death-tax [déθtæks] *n* zapuščinski davek
death-throes [déθθrouz] *n pl* smrtni boj, agonija
death-toll [déθtoul] glej **death-roll**
death-trap [déθtræp] *n fig* smrtno nevaren kraj
death-warrant [déθwərənt] *n* smrtna obsodba; na-
log za izvršitev smrtne obsodbe
death-watch [déθwəč] *n* bedenje pri mrliču; *zool*
pikčasti trdoglav, mrtvaška ura
débâcle [de(i)báːkl] *n* premik ledu; *fig* prelom,
preplah; *com sl* stečaj
debar [dibáː] *vt* ovirati; odtegniti, odvzeti; (*of*)
prikrajšati; (*from*) izobčiti, izključiti; ~ **red from**
brez; **to ~ o.s. of s.th.** odreči se česa
debark [dibáːk] *vt & vi* izkrcati (se)
debarkation [diba:kéišən] *n* izkrca(va)nje
debarkment [dibáːkmənt] glej **debarkation**
debase [dibéis] *vt* ponižati, degradirati; znižati;
poslabšati; ponarediti; razvrednotiti; *chem* de-
naturirati
debasement [dibéismənt] *n* znižanje, ponižanje;
ponarejanje; razvrednotenje; degradacija
debasing [dibéisiŋ] *adj* (~ **ly** *adv*) poniževalen, zni-
ževalen
debatable [dibéitəbl] *adj* (**debatably** *adv*) sporen,
neodločen; ~ **ground** sporno ozemlje
debate I [dibéit] *n* razpravljanje, diskusija, debata;
spor, polemika; **beyond** ~ nesporen
debate II [dibéit] *vi & vt* (*on, upon; with*) razprav-
ljati, diskutirati; boriti se, prepirati se; **to** ~
with o.s. razmišljati o čem
debater [dibéitə] *n* razpravljavec, diskutant
debauch [dibóːč] **1.** *vt* pokvariti, izpriditi; zapelje-
vati; **2.** *vi* razuzdano živeti, popivati; **3.** *n*
razuzdano življenje, popivanje, orgije, razvrat;
razuzdanost
debauched [dibóːčt] *adj* pokvarjen, razuzdan, iz-
prijen, malopriden
debauchee [debəːčíː] *n* razuzdanec, -nka; razbrzda-
nec, -nka
debauchery [dibóːčəri] *n* nezmernost, razbrzdanost,
pijanstvo, požrešnost; razuzdano življenje; za-
konolom
debenture [dibénčə] *n* zadolžnica, obveznica; izkaz
o vrnitvi uvozne carine
debenture-bonds [dibénčəbóndz] *n pl* obveznice
debentured-goods dibénčədgúdz] *n pl* blago, ki ima
pravico na vrnitev uvozne carine
debenture-holder [dibénčəhóuldə] *n* lastnik obvez-
nice
debenture-shares [dibénčəšéəz] *n pl* obveznice

debenture-stocks [dibénčəstóks] *n pl* obveznice
(često zavarovane s hipoteko)
debile [díːbail] *adj arch* slaboten, šibek, izčrpan
debilitate [dibíliteit] *vt* (o)slabiti, izčrpa(va)ti
debilitation [debilltéišən] *n* slabitev
debility [dibíliti] *n* slabotnost, slabost, šibkost, iz-
črpanost
debit I [débit] *n* dolg, debet; **to place to s.o.'s** ~
pripisati komu v breme
debit II [débit] *vt* (*with*) obremeniti, vpisati v bre-
me; **to stand** ~ **ed for** biti zadolžen za
debit-note [débitnout] *n* zadolžnica
debonair, debonnaire [debənéə] *adj* dobrodušen,
prijazen, vljuden; vesel
debouch [dibáuč, dibúːš] *vi* izlivati se; prikazati se
debouchment [dibáučmənt, dibúːšmənt] *n* izliv,
ustje; *mil* predor; naskok
debris [débriː, déibriː] *n* razbitki, razbitine; čre-
pinje; razvaline, ruševine; mel, naplavina
debt [det] *n* dolg, obveznost; ~ **of honour** častni
dolg; ~ **of Nature** smrt; **to run** (ali get) **into** ~,
to incur ~ **s, to contract** ~ **s** zadolžiti se; **to be
in s.o.'s** ~ biti komu zadolžen, zavezan; **to
honour a** ~ plačati dolg; **to pay the** ~ **of** (ali
one's ~ **to**) **nature** umreti; **national** ~ državni
dolgovi, državno posojilo
debtless [détlis] *adj* nezadolžen
debtor [détə] *n* dolžnik, -nica
debug [diːbág] *vt sl* najti in odstraniti napako
debunk [diːbáŋk] *vt A sl* pokazati v pravi luči,
razkrinkati
debus [díːbʌs] *vt & vi sl* izkrcati iz avtobusa; izsto-
piti iz avtobusa
début [déibuː] *n* prvi nastop, prvenec; **to make
one's** ~ prvič nastopiti; prvič objaviti
débutant [débjutaːŋ] *n* debitant, prvič nastopajoči
igralec, začetnik
débutante [débjuːtaŋt] *n* debitantka, začetnica;
dekle, ki jo predstavijo na dvoru
decadal [dékədəl] *adj* dekaden, desetinski
decade [dékəd, dekéid] *n* desetka, dekada, deset-
letje
decadence [dékədəns, dikéidəns] *n* propad(anje),
slabšanje; dekadenca
decadent [dékədənt] *adj* propadajoč; dekadenten
decagon [dékəgən] *n geom* deseterokotnik
decagonal [dikǽgonəl] *adj* deseterokoten
decagramme, A -gram [dékəgræm] *n* dekagram
decahedron [dekəhíːdrən] *n geom* dekaeder
decalcify [diːkǽlsifai] *vt* dekalcinirati
decalitre, A -liter [dékəliːtə] *n* dekaliter, 10 litrov
decalogue [dékələg] *n* deset zapovedi
decamp [dikǽmp] *vi* zapustiti taborišče; popihati
jo, zbežati
decampment [dikǽmpmənt] *n* zapustitev taborišča;
pobeg
decanal [dikéinl] *adj* dekanski
decant [dikǽnt] *vt* odli(va)ti, odcediti, preliti, pre-
točiti
decantation [diːkæntéišən] *n* prelitje, odlitje
decanter [dikǽntə] *n* karafa, vinska steklenica
decapitate [dikǽpiteit] *vt* obglaviti; *A coll* naglo
odsloviti
decapitation [dikæpitéišən] *n* obglavljenje; *A coll*
nagla odslovitev
decapitator [dikǽpiteitə] *n* krvnik

decapod [dékəpəd] *n zool* deseteronožec
decarbonization [di:karbənaizéišən] *n* odvzem oglji-ka, dekarbonizacija
decartelization [di:ka:telaizéišən] *n* odprava kar-telov
decasyllabic [dekəsilǽbik] *adj* deseterozložen
decay I [dikéi] *vi* razpadati, razkrajati se, propa-dati, gniti, kvariti se; izumirati; ~ ed teeth piškavi zobje
decay II [dikéi] *n* razpad, gnitje, razkroj, kvarjenje; propad; to fall into ~ propasti, propadati
decease [disí:z] 1. *vi* umreti, poginiti; 2. *n* smrt, pogin
deceased [disí:zd] 1. *adj* mrtev, umrli, ranjki, pokojni; 2. *n* pokojnik, -nica, rajnik, -nica
decedent [disí:dənt] *n A jur* pokojnik, -nica
deceit [disí:t] *n* prevara, goljufija, sleparstvo, hlimba, varanje, iluzija
deceitful [disí:tful] *adj* (~ ly *adv*) goljufiv, slepar-ski, varljiv, lažniv; potuhnjen
deceitfulness [disí:tfulnis] *n* varanje, sleparjenje, hlimba
deceivable [disí:vəbl] *adj* (deceivably *adv*) prevarljiv, zapeljiv, varljiv
deceive [disí:v] *vt* varati, goljufati; razočarati; zapelj(ev)ati; to be ~ d, to ~ o.s. (z)motiti se
deceiver [disí:və] *n* varljivec, goljuf, slepar; zape-ljivec
deceiving [disí:viŋ] *adj* (~ ly *adv*) varljiv, zmoten, zapeljiv
decelerate [diséləreit] *vt & vi* zmanjšati hitrost, zavirati
deceleration [diseləréišən] *n* zmanjšanje hitrosti, zaviranje
December [disémbə] *n* december, gruden
decemvir, *pl* decemviri [disémvə, disémvərai] *n hist* decemvir, deseternik
decemvirate [disémvirit] *n hist* decemvirat, deseto-rica vladajočih
decency [dí:snsi] *n* spodobnost, dostojnost, vljud-nost
decennary [disénəri] 1. *adj* desetleten; 2. *n* deset-letje
decenniad [diséniæd] *n* desetletje
decennial [disénjəl] *adj* (~ ly *adv*) desetleten
decennium [diséniəm] glej decenniad
decent [dí:snt] *adj* (~ ly *adv*) spodoben; primeren, zadovoljiv; zmeren, prijeten; ljubezniv; skro-men; radodaren; *coll* čisto dober
decentralization, decentralisation [di:sentrəlaizéi-šən] *n* decentralizacija
decentralize, decentralise [di:séntrəlaiz] *vt* decen-tralizirati, uvesti samoupravo
deception [disépšən] *n* prevara, goljufija; zmota, iluzija; to practise ~ varati
deceptive [diséptiv] *adj* (~ ly *adv*) varljiv, zmoten; appearances are often ~ videz dostikrat vara
deceptiveness [diséptivnis] *n* zmotnost, varljivost
decern [disə́:n] *vt* prisoditi
decibel [désibel] *n* decibel
decidable [disáidəbl] *adj* odločljiv, rešljiv
decide [disáid] 1. *vt* odločiti, odrediti, zaključiti; 2. *vi* (on, upon) odločiti se; to ~ in favour of odločiti se za
decide against *vi* odločiti se proti
decide between *vi* odločiti se za prvo ali drugo

decide for *vt* odločiti se za
decide on *vt* odločiti se za, izbrati
decided [disáidid] *adj* (~ ly *adv*) odločen, gotov, jasen, nedvomen
decider [disáidə] *n* odločevalec, -lka; *sp* odločilna dirka
deciduous [disídjuəs] *adj biol* poletno zelen, listnat, odpadljiv; *fig* kratkotrajen, mlečen (zob); ~ tree listavec
decigramme, *A* decigram [désigræm] *n* decigram
decilitre, *A* deciliter [désilitə] *n* deciliter
decimal I [désiməl] *adj* desetinski, decimalen; ~ point decimalna pika (vejica); ~ fraction deci-malni ulomek; ~ system decimalni sistem
decimal II [désiməl] *n* decimalka, decimalni ulo-mek; recurring ~ neskončno decimalno število
decimalization [desiməlaizéišən] *n* pretvarjanje v decimalni sistem, spreminjanje v decimalne ulomke
decimalize [désiməlaiz] *vt* spremeniti, spreminjati v decimalni sistem ali decimalne ulomke
decimate [désimeit] *vt* zdesetkati, decimirati, vsa-kega desetega ustreliti; *fig* razsajati (bolezen); (po)kositi
decimation [desiméišən] *n* decimiranje; *fig* razsa-janje
decimetre, *A* decimeter [désimi:tə] *n* decimeter
decipher [disáifə] *vt* dešifrirati, razrešiti, razbrati, uganiti, razvozlati; *arch* razločevati
decipherable [disáifərəbl] *adj* razrešljiv, čitljiv
decipherment [disáifəmənt] *n* dešifriranje
decision [disížən] *n* odločitev, sklep; *jur* razsodba; odločnost; to come to a ~ odločiti se; a man of ~ odločen človek; ~ of character značajnost
decisive [disáisiv] *adj* (~ ly *adv*) odločilen, prepri-čevalen, dokončen; odločen; to be ~ of odločiti nekaj; odkloniti
decisiveness [disáisivnis] *n* odločnost, odločilnost, prepričevalnost, dokončnost
deck I [dek] *n* krov, paluba; *sl* kopno; *naut* to clear the ~ s pripraviti palubo za boj; *coll* on ~ pripravljen; a ~ of cards igra kart; *sl* to hit the ~ vstati; pripraviti se za boj; to sweep the ~ obstreljevati ladjo; sijajno zmagati (kar-te); awning (ali bridge, boat) ~ sončni krov; ~ line krovna črta; ~ plank krovna platica; flush ~ krov brez presledka; 'tween ~ med-krovje; lower ~ podkrovje; main ~ glavna paluba
deck II [dek] *vt* pokri(va)ti; ode(va)ti; (with) okrasiti, obložiti; to ~ out okrasiti
deck-cabin [dékkæbin] *n* kabina na palubi
deck-chair [dékčeə] *n* ležalnik
decked [dekt] *adj* pokrit, ki ima palubo
deck-hand [dékhænd] *n* navadni mornar
deck-house [dékhaus] *n naut* poveljniška kabina na krovu; salon na zgornji palubi
deckle-edge [dékledž] *n* razcefran rob papirja
declaim [dikléim] *vi & vt* deklamirati; javno go-voriti; to ~ against protestirati proti
declaimer [dikléimə] *n* deklamator; javni govornik
declamation [dekləméišən] *n* javen govor, dekla-macija; slavnostni govor
declamatory [diklǽmətəri] *adj* (declamatorily *adv*) deklamatorski, napihnjen, bombastičen, pate-tičen

declarable [diklέǝrǝbl] *adj* carini podvržen, carinski

declarant [diklέǝrǝnt] *n* kdor daje izjavo, deklarator

declaration [deklǝréišǝn] *n* (*of*) izjava, napoved deklaracija, objava; priznanje ljubezni; ~ of duty carinska deklaracija

declarative [diklǽrǝtiv] *adj* (~ ly *adv*) trdilen, pojasnjevalen, napovedovalen

declaratory [diklǽrǝtǝri] *adj* (declaratorily *adv*) glej declarative

declare [diklέǝ] 1. *vt* navesti, napovedati, razglasiti, izjaviti, objaviti, razodeti; ocariniti; 2. *vi* izjaviti se; odločiti se; pred koncem igre odstopiti (kriket); I ~ ! zares!; to declare war on s.o. napovedati komu vojno; well I ~ ! kaj takega!; to ~ o.s. povedati svoje mnenje; to ~ in debt tožiti zaradi dolga; have you anything to ~ ? imate kaj za cariniti?; to ~ innings closed (ali off) objaviti konec igre (kriket)
  declare against *vt* izjaviti se proti, protestirati
  declare for *vt* izjaviti se za, privoliti
  declare off *vt* odreči se, preklicati

declared [diklέǝd] *adj* (~ ly [diklέǝridli] *adv*) izrečen; odkrit, priznan

déclassé [deiklǽsei] *adj* zavržen, ponižan, deklasiran

declassify [di:klǽsifai] *vt* objaviti (zaupen dokument)

declension [diklénšǝn] *n* odklon, pojemanje; *gram* sklanjatev, deklinacija; A odklanjanje, odbijanje; in the ~ of years pod starost

declensional [diklέšǝnǝl] *adj gram* sklonski

declinable [dikláinǝbl] *adj gram* sklonljiv, ki ima sklone

declination [deklinéišǝn] *n* odklon; pojemanje, propad; *phys* deklinacija; A odklonitev

declinational [deklinéišǝnǝl] *adj phys* deklinacijski

declinatory [dikláinǝtǝri] *adj phys* deklinacijski; odklonilen

decline I [dikláin] 1. *vi* sklanjati, nagibati se; biti naklonjen; pojemati; padati (cene); nazadovati, propadati; oslabeti, obnemoči; 2. *vt* nagniti; odkloniti, odbiti; *gram* sklanjati

decline II [dikláin] *n* upadanje, pojemanje, upad, padec (cen); *med* tuberkuloza, zavratna bolezen; to be on the ~ upadati, propadati; to fall (ali go) into a ~ začeti propadati, hirati; bolehati za jetiko; ~ of day večer, mrak

declivitous [diklívitǝs] *adj* (~ ly *adv*) strm, nagnjen, položen

declivity [diklíviti] *n* pobočje, strmina, reber

declivous [dikláivǝs] glej declivitous

declutch [di:klʌ́č] *vt techn* izkljuciti, stisniti sklopko, izklopiti

decoct [dikɔ́kt] *vt* skuhati, prevreti, zvariti; izvleči

decoction [dikɔ́kšǝn] *n* izvleček, zvarek

decode [di:kóud] *vt* dešifrirati; razbrati

decollate [dikóleit, dékǝleit] *vt* obglaviti; *sl* odlomiti konico bombe

décollation [di:kǝléišǝn] *n* obglavljenje

décolletage [deikólta:ž] *n* obleka z globokim izrezom

decolorant [di:kʌ́lǝrǝnt] 1. *adj* belilen; 2. *n* belilo

decoloration [di:kʌlǝréišǝn] *n* zguba barve, pobelitev, zbleditev

decolo(u)rization [di:kʌlǝraizéišǝn] *n* beljenje

decolo(u)rize [di:kólǝraiz] *vt* odvzeti barvo, beliti

decompensation [di:kǝmpenséišǝn] *n med* neizravnanost, dekompenzacija

decomplex [di:kǝmpléks] *adj* dvojno sestavljen

decompose [di:kǝmpóuz] 1. *vt* razkrojiti, razkrajati, razstaviti, razčleniti, analizirati; 2. *vi* razgrajati se, razpadati, gniti

decomposite [di:kómpǝzit] *adj* večkratno sestavljen

decomposition [di:kɔmpǝzišǝn] *n* razkroj, razpad, gnitje; razčlemba, analiza

decompound [di:kǝmpáund] 1. *adj* iz sestavljenih delov sestavljen; 2. *vt* iz sestavljenih delov sestavljati; razstaviti v sestavne dele

decompress [di:kǝmprés] *vt* znižati pritisk

decompression [di:kǝmpréšǝn] *n* znižanje pritiska

deconsecrate [di:kónsikreit] *vt* sekularizirati, podržaviti cerkveno posest

deconsecration [di:kǝnsikréišǝn] *n* sekularizacija

deconcentrate [di:kónsǝntreit] *vt* razredčiti

deconcentration [di:kǝnsǝntréišǝn] *n* razredčenje; prenos oblasti na nižje organe, dekoncentracija; *fig* raztresenost, nezbranost

decontaminate [di:kǝntǽmineit] *vt* razkužiti; odstraniti radioaktivnost

decontamination [di:kǝntæminéišǝn] *n* razkužitev; odstranitev radioaktivnosti

decontrol [di:kǝntróul] 1. *n* oprostitev od državnega nadzorstva; 2. *vt* oprostiti od državnega nadzorstva; ukiniti omejitev hitrosti

décor [déikǝ:, dikó:] *n* okras, inscenacija

decora [dikó:rǝ] *pl* od decorum

decorate [dékǝreit] *vt* (o)krasiti, (o)lepšati, poslikati, prepleskati, obložiti s tapetami; odlikovati; ~ d style angleška gotika 14. stol.

decoration [dekǝréišǝn] *n* okras, okrasitev; red, odlikovanje; to confer a ~ on s.o. odlikovati koga; A Decoration Day 30. maj (praznik v počastitev padlih v l. 1861—66)

decorative [dékǝrǝtiv] *adj* (~ ly *adv*) okrasen

decorator [dékǝreitǝ] *n* dekorater, tapetnik, sobni slikar

decorous [dékǝrǝs] *adj* (~ ly *adv*) spodoben, vljuden

decorousness [dékǝrǝsnis] *n* spodobnost, vljudnost

decorticate [di:kó:tikeit] *vt* luščiti, lupiti, ličkati

decortication [di:kǝ:tikéišǝn] *n* lupljenje, luščenje, ličkanje

decorticator [di:kó:tikeitǝ] *n* lupilec, luščilec

decorum [dikó:rǝm] *n* spodobno vedenje, spodobnost; dostojanstvo, ugled; to keep up ~ ohraniti ugled, dostojanstvo

decoy I [dikói] *vt* mamiti, (z)vabiti, zapeljevati; to ~ away zvabiti stran

decoy II [dikói] *n* vaba, mamilo; *mil* ~ attack navidezen napad (za prevaro sovražnika)

decoy-bird [dikóibǝ:d] *n* vabnik, vabič za ptiče

decoy-duck [dikóidʌk] *n* vabnik, vabič (za lov rac, *fig* za ljudi)

decrease I [di:krís] 1. *vt* manjšati, (z)nižati; 2. *vi* manjšati se, upadati, pešati, pojemati; to ~ the velocity zmanjšati hitrost

decrease II [dí:kri:s] *n* manjšanje, upadanje, pešanje, pojemanje; on the ~ v pojemanju; ~ of prices pocenitev

decreasingly [di:krí:siŋli] *adv* vedno manj

decree I [dikrí:] n odlok, odredba, dekret, naredba, predpis, sklep; ~ of nature zakon narave; ~ of God božja volja; jur ~ nisi začasna ločitev zakona

decree II [dikrí:] vt odrediti, predpisati, skleniti, določiti

decrement [dékrimənt] n pojemanje, pešanje, upadanje

decrepit [dikrépit] adj (~ly adv) izžit, izžet, ostarel, onemogel

decrepitate [dikrépiteit] vi & vt prasketati, pokati; izžigati

decrepitation [dikrepitéišən] n prasketanje, pokanje; izžiganje

decrepitude [dikrépitjud] n onemoglost, ostarelost, izžetost

decrescent [dikrésnt] adj pojemajoč; ~ moon stari mesec

decretal [dikrí:tl] 1. adj naredben; 2. n dekret, naredba, pl dekretal, zbirka cerkvenih odredb

decretive [dikrí:tiv] adj naredben

decretory [dékrətəri] adj naredben

decrial [dikráiəl] n slab glas; javna graja

decry [dikrái] vt spraviti v slab glas, razvpiti, obrekovati, zasramovati; obsoditi; preklicati

decuman [dékjumən] adj fig lit glaven, osnoven; zelo velik

decumbence [dikámbəns] n ležanje

decumbent [dikámbənt] adj bot zool ležeč; med na posteljo priklenjen

decuple [dékjupl] 1. adj desetkraten; 2. n desetkratna vrednost; 3. vt & vi podeseteriti (se)

decussate I [dikásit] adj (~ly adv) biol križast, nasproti stoječ, prekrižan

decussate II [dikáseit] vt & vi križati, sekati (se)

decussation [dikáséišən] n sekanje, križanje; point of ~ sečišče, križišče

dedal glej daedal

dedans [dədáŋ] n odkrita tribuna na krajši strani tenisišča; gledalci teniškega turnirja

dedicate [dédikeit] vt posvetiti, posvečati, pokloniti, poklanjati; A slovesno otvoriti; nameniti

dedicatee [dedikətí:] n oseba, ki ji je kaj posvečeno

dedication [dedikéišən] n posvetitev, posvetilo; slovesna otvoritev; fig vdanost

dedicative [dédikətiv] adj posvetilen, dedikacijski

dedicator [dédikeitə] n posvečevalec

dedicatory [dédikeitəri] glej dedicative

deduce [didjú:s] vt (from) izvajati, izvesti; sklepati, razlagati (iz česa)

deducement [didjú:smənt] n dedukcija, izvajanje, izpeljava

deducible [didjú:səbl] adj (from) izpeljiv

deduct [didákt] vt odšteti, odbiti, odtegniti; sklepati, izpeljati; charge ~ed, ~ing expenses po odbitju stroškov

deductible [didáktəbl] adj (from) izpeljiv, deduktiven

deduction [didákšən] n odštevanje, odtegljaj, odbitek; sklepanje, izvajanje; no ~, without ~ brez odbitka, neto

deductive [didáktiv] adj (~ly adv) deduktiven

dee [di:] n črka D; zaponka v obliki D

deed I [di:d] n delo, posel; dejanje, postopek; junaštvo; dejstvo, resnica; listina, dokument; to take the will for the ~ že samo dobro voljo

upoštevati; in word and in ~ z besedo in dejanjem; in very ~ v resnici, dejansko; to draw up a ~ sestaviti dokument; ~ of sale kupoprodajna pogodba; ~ of conveyance dogovor o prevozu

deed II [di:d] vt A jur pravno prenesti, prepisati

deed-box [dí:dbɔks] n kaseta

deed-poll [dí:dpoul] n jur enostranski pismeni dogovor

deem [di:m] vt & vi soditi, meniti, misliti, domnevati; to ~ highly of s.o. visoko koga ceniti; to ~ s.th. right smatrati kaj za pravilno; it is ~ed sufficient smatra se za zadostno; I ~ it my duty menim, da je to moja dolžnost

deemster [dí:mstə] n izvoljen sodnik na otoku Man

deep I [di:p] adj (~ly adv) globok; temeljit; zatopljen; fig skrivnosten, skrit; nerazumljiv; temen; nizek (glas); skrajen, velik; sl zvit; in ~ water(s) v neprilikah, v težavah; ~ reader navdušen bralec; ~ drinker hud pijanec; coll to go off the ~ end razburiti se; fig zaleteti se; ~ in thought zatopljen v misli, zamišljen; ~ delight velik užitek; a ~ man zviti lisjak; ~ kneebend počep; ~ disappointment hudo razočaranje; to play ~ly igrati za velik denar; to drink ~ly pogledati globoko v kozarec; fig pridobiti si mnogo izkušenj

deep II [di:p] n globina; brezno; tema, mrak; poet morje; the ~s morske globine

deep III [di:p] adv globoko; iskreno; still waters run ~ tiha voda bregove podira; ~ laid skrit; to drink ~ globoko pogledati v kozarec; fig pridobiti si mnogo izkušenj; ~ into the night pozno v noč

deep-blue [dí:pblú:] adj temno moder

deep-brained [dí:pbréind] adj duhovit, bistroumen

deep-chested [dí:pčéstid] adj močnih prsi; močnega glasu

deep-drawn [dí:pdrɔ́:n] adj globok (vzdih)

deep-dyed [dí:pdáid] adj fig popolnoma izprijen

deepen [dí:pən] 1. vt poglobiti, znižati; potemniti; 2. vi poglobiti se; znižati se; potemneti; prizadevati se

deepening [dí:pəniŋ] n vdolbina

deep-felt [dí:pfélt] adj globoko občuten

deep-freeze [dí:pfrí:z] n globoko zmrzovanje; hladilnik za globoko zmrzovanje

deep-laid [dí:pléid] adj do potankosti izdelan (načrt)

deep-mouthed [dí:pmáuðd] adj bučen, doneč (glas)

deepness [dí:pnis] n globina; fig zvitost, bistroumnost

deep-read [dí:préd] adj načitan

deep-rooted [dí:prú:tid] adj globoko ukoreninjen

deep-sea [dí:psí:] adj globokomorski; ~ fishing lov na odprtem morju

deep-seated [dí:psí:tid] adj globok (čustvo); uporen (bolezen)

deep-set [dí:psét] adj ukoreninjen

deep-throated [dí:pθróutid] adj globokega glasu

deep-toned [dí:ptóund] adj globokega glasu

deer [diə] n zool jelen, srna; jelenjad, srnjad; fallow ~ damjak; roe ~ srnjak; red ~ jelen; small ~ drobna divjad; drobne stvari ali živali

deer-fold [dí:əfould] n obora za visoko divjad

deer-forest [díəfərist] *n* lovišče za visoko divjad
deer-hound [díəhaund] *n* véliki hrt
deer-lick [díəlik] *n* slanica, solnica (za visoko divjad)
deer-neck [díənek] *n* vitek konjski vrat
deer-park [díəpa:k] *n* obora za divjad
deer-shot [díəšət] *n* šibre za divjad
deerskin [díəskin] *n* jelenovina (usnje)
deer-stalker [díəstə:kə] *n* lovec na visoko divjad, zalaznik; vrsta visoke čepice
deerstalking [díəstə:kiŋ] *n* zalaz
deer-stealer [díəsti:lə] *n* lovski tat, divji lovec
deface [diféis] *vt* (po)pačiti, (po)kvariti, (s)kaziti, uničiti, zbrisati, prečrtati; vzeti komu ugled, osramotiti
defaceable [diféisəbl] *adj* (**defaceably** *adv*) pokvarljiv, uničljiv; zbrisljiv
defacement [diféismənt] *n* pačenje, kaženje, kvarjenje, okvara; zbris, uničenje
de facto [di:fǽktou] *adv* dejansko, stvarno
defalcate [di:fǽlkeit] *vt jur* poneveriti, defravdirati, spodmakniti
defalcation [di:fǽlkéišən] *n* poneverba, defravdacija; ∼ **s** poneverjeni denar
defalcator [dí:fǽlkeitə] *n* defravdant, poneveritelj
defamation [defəméišən] *n* kleveta, obrekovanje
defamatory [difǽmətəri] *adj* (**defamatorily** *adv*) obrekljiv, opravljiv, klevetniški
defame [diféim] *vt* psovati, opravljati, razvpiti, oklevetati, obrekovati, očrniti, onečastiti
defamer [diféimə] *n* obrekovalec, -lka, sramotilec, -lka
defatted [di:fǽtid] *adj* shujšan
default I [difó:lt] 1. *vi* ne izpolniti obveznosti, izostati (na sodišču); ustaviti plačilo (*on debt* dolga); *sp* ne se udeležiti tekmovanja; zgubiti tekmo (zaradi izostanka); 2. *vi* obsoditi zaradi izostanka
default II [difó:lt] *n* napaka, pomota, pogrešek; izostanek, odsotnost na sodišču; pomanjkanje; neplačanje dolga, insolvenca; *sp* izostanek pri tekmi; **in** ∼, **by** ∼ zaradi izostanka; **in** ∼ **of** ker ni; **in** ∼ **whereof** (ali **of which**) sicer; če ne; v nasprotnem primeru; **in payment** neplačanje; **to let go by** ∼ ne storiti česa, opustiti kaj; **to make** ∼ ne priti na sodišče, izostati; **judgement by** ∼ obsodba v odsotnosti; **to go by** ∼ biti obsojen zaradi odsotnosti; **to be in** ∼ biti v zamudi; **to be at a** ∼ zgubiti sled
defaulter [difó:ltə] *n* besedolomen človek; kršilec, -lka, delinkvent(ka); slab plačnik; bankroter; poneverljivec
default-procedure [difó:ltprəsi:džə] *n jur* sodni postopek v odsotnosti stranke
defeasance [difí:zəns] *n jur* preklic, razveljavljenje, ukinitev
defeasible [difí:zəbl] *adj jur* preklicen, razveljavitven
defeat I [difí:t] *vt* premagati, poraziti; ovreči; preprečiti; uničiti; ukiniti; odbiti (napad)
defeat II [difí:t] *n* poraz; preprečitev; neuspeh; *arch* razočaranje; ukinitev; **to inflict a** ∼ **on** premagati; **to suffer** ∼ biti premagan
defeatism [difí:tizəm] *n* malosrčnost, obupanost, defetizem

defeatist [difí:tist] 1. *n* malodušnež, -nica, obupanec, -nka, defetist(ka); 2. *adj* malodušen, obupan
defeature [difí:čə] *vt* (po)pačiti, (iz)maličiti, (s)kaziti
defecate [défikeit] 1. *vt fig* razčistiti, razbistriti; 2. *vi* opraviti potrebo, izprazniti se
defecation [defikéišən] *n fig* čiščenje, bistrenje; izpraznitev črevesa, odvajanje (blata)
defactor [défikeitə] *n* razčiščevalec, bistrilec
defect I [difékt] *n* (*in*) pomanjkanje; napaka, hiba, okvara, poškodba; *com* ∼ **in manufacture** tovarniška napaka; ∼ **in the material** napaka v blagu; **in** ∼ **of** zaradi pomanjkanja česa
defect II [difékt] *vi* zbežati, dezertirati
defective I [diféktiv] *adj* (∼ **ly** *adv*) pomanjkljiv, nepopoln, krnjav, okrnjen, popačen, okvarjen, hibav; napačen, pogrešen; **to be** ∼ **in** pogrešati kaj; ∼ **work** izvržek, škart
defective II [diféktiv] *n* duševno ali telesno manjvredna oseba; slaboumnež, -nica
defectiveness [diféktivnis] *n* manjvrednost, nezadostnost, pomanjkljivost
defence [diféns] *n* obramba, odboj napada; *pl mil* utrdba; *jur* **lawyer** (ali **counsel**) **for the** ∼ branilec, zagovornik; **art** (ali **science**) **of** ∼ boks, mečevanje; **to come to the** ∼ **of s.o.** braniti koga; **to conduct one's own** ∼ sam se braniti; *med* ∼ **mechanism** obrambni mehanizem; **witness for the** ∼ razbremenilna priča; **to make a good** ∼ dobro (se) braniti
defenceless [difénslis] *adj* (∼ **ly** *adv*) nezaščiten, nezavarovan, nebogljen, neoborožen, slaboten
defencelessness [difénslisnis] *n* nezavarovanost, nebogljenost, nezaščitenost, slabost
defence-tax [difénstæks] *n* vojni davek
defend [difénd] *vt* (*against* pred) braniti; (*from*) ščititi; zagovarjati; **to** ∼ **o.s.** braniti se; **God** ∼ ! bog obvaruj!
defendant [diféndənt] *n* obtoženec, -nka
defender [diféndə] *n* branilec, -lka
defense *A* glej **defence**
defenseless *A* glej **defenceless**
defenselessness *A* glej **defencelessness**
defensibility [difensibíliti] *n* branljivost; opravičljivost
defensible [difénsəbl] *adj* (**defensibly** *adv*) branljiv; opravičljiv
defensive I [difénsiv] *adj* (∼ **ly** *adv*) obramben, branilen; **to take** ∼ **measures**, **to assume a** ∼ **attitude** pripraviti se na nasprotnikov napad
defensive II [difénsiv] *n* obramba, defenziva; **to be** (ali **act, stand**) **on the** ∼ braniti se, biti v defenzivi
defensory [difénsəri] *adj* (**defensorily** *adv*) obramben, branilen
defer [difə:] 1. *vt* odložiti, odlašati, odgoditi; 2. *vi* (*to*) popustiti, ukloniti, pokoriti se; obotavljati se; ∼ **red rebate** dodaten odbitek; ∼ **red shares** delnice, na katere se izplačuje dividenda kasneje kot na prednostne (*preferred*); ∼ **red annuity** renta, ki se izplačuje od določene starosti; ∼ **red payment** odplačevanje, plačanje na obroke
defer(r)able [difə:rəbl] *adj* odložljiv
deference [défərəns] *n* (*to*) popustljivost, obzirnost, ustrežljivost, spoštovanje (nasveta); **in** ∼ **to**

upoštevajoč; **to pay** (ali **show**) ~ **to s.o.** spošto-
vati koga; **out of** ~ **to** glede na
deferent [défərənt] *adj anat* odvajalen; *(rare)* spošt-
ljiv
deferential [defərénšəl] *adj* (~ **ly** *adv*) *(to)* spoštljiv,
ustrežljiv; popustljiv
deferment [difə́:mənt] *n* *(of)* odlog, odgoditev,
odlašanje, zavlačevanje
defervescence [di:fəvésns] *n med* padec telesne
toplote
defiance [difáiəns] *n* kljubovanje, trma, izzivanje;
to act in ~ **of, to bear** (ali **bid**) ~ **to, to set at** ~
kljubovati, ne se zmeniti; **in** ~ **of** kljub, vzlic
čemu
defiant [difáiənt] *adj* (~ **ly** *adv*) kljubovalen, izzi-
valen, predrzen
deficiency [difíšənsi] *n* nezadostnost, pomanjkanje;
primanjkljaj, deficit, zguba; *med* ~ **disease**
avitaminoza, nedohranjenost; **to make good** (ali
up for) **a** ~ pokriti zgubo; **to supply a** ~ na-
domestiti primanjkljaj; *mar* ~ **of a ship's cargo**
havarija; **to act in** ~ **of the law** protizakonito
postopati
deficient [difíšənt] *adj* (~ **ly** *adv*) nezadosten, po-
manjkljiv, nepopoln; **to be** ~ **in s.th.** ne imeti
dovolj česa; **mentally** ~ slaboumen; ~ **in**
weight nezadostne teže, prelahek
deficit [défisit] *n* primanjkljaj, deficit
defier [difáiə] *n* izzivalec, kljubovalec, trmoglavec,
-lka
defilade I [defiléid] *n mil* zaščita utrdbe proti
ognju z boka
defilade II [defiléid] *vt mil* zaščititi utrdbo proti
ognju z boka
defile I [dí:fail] *n mil* soteska, tesen
defile II [difáil] *vi* defilirati, v sprevodu korakati
defile III [difáil] *vt* zamazati, onesnažiti; *fig* oskru-
niti, onečastiti, obrekovati, profanirati
defilement [difáilmənt] *n* oskrunitev, skrumba,
onečaščenje, profanacija, obrekovanje; *mil* za-
ščita pred bočnim ognjem
defiler [difáilə] *n* skrunilec, sramotilec, -lka, za-
peljivec, -vka
definable [difáinəbl] *adj* (**definably** *adv*) opredeljiv,
razločljiv, določljiv
define [difáin] *vt* definirati, označiti, določiti, raz-
ložiti, omejiti, karakterizirati; **a well** ~**d image**
jasna slika
definite [définit] *adj* (~ **ly** *adv*) določen, jasen,
natančen, razločen; končnoveljaven; *gram* ~
article določni člen; **to be more** ~ natančneje
povedano; ~ **ly** *coll* res; da; vsekakor
definiteness [définitnis] *n* določnost; jasnost, raz-
ločnost; končnoveljavnost
definition [definíšən] *n* opredelba, označba, raz-
mejitev, določitev, definicija; jasnost slike
definitional [definíšnəl] *adj* (~ **ly** *adv*) definicijski,
opredelitven, določitven
definitive I [difínitiv] *adj* (~ **ly** *adv*) določen, od-
ločilen, ustaljen, trajen, dokončen; nepreklicen,
končnoveljaven
definitive II [difínitiv] *n* določilnica
definitude [difínitju:d] *n* natančnost, določnost
deflagrate [défləgreit] *vt & vi* požgati; pogoreti
deflagration [defləgréišən] *n* požar, požig; vzbuh,
eksplozija

deflate [di:fléit] *vt* izpustiti zrak; upasti, upadati;
sploščiti; znižati (cene), zmanjšati inflacijo
deflation [di:fléišən] *n* izpuščanje zraka; zmanjša-
nje denarnega obtoka, deflacija
deflationary [di:fléišənəri] *adj* deflacijski
deflect [diflékt] **1.** *vt* stran speljati, odkloniti; od-
vrniti; **2.** *vi* odkloniti se; vstran zaviti
deflective [difléktiv] *adj* odklonski
deflection, deflexion [diflékšən] *n* odklon; *techn*
upogib(anje), zvijanje, pregib
deflector [difléktə] *n techn* deflektor
deflexure [diflékšə] glej **deflection**
deflorate [difló:rit] *adj bot* odcveten, odcvel
defloration [di:flə:réišən] *n* razdevičenje, defloracija
deflower [di:fláuə] *vt* potrgati cvetje; *fig* razdevičiti,
onečastiti, osramotiti
deflux [diflʌ́ks] *n* odlivanje
defluxion [di:flʌ́kšən] *n med* iztok, gnoj, katar,
vnetje
defoliate [di:fóulieit] *vt* potrgati listje, osmukati
deforest [di:fó:rist] *vt* posekati drevesa; izkrčiti,
ogoličiti
deforestation [di:fəristéišən] *n* krčenje gozdov
deform [difó:m] *vt* (s)pačiti, popačiti, (s)kaziti,
spakedrati, deformirati
deformation [di:fə:méišən] *n* popačenje, spačenje
deformed [difó:md] *adj* (~ **ly** *adv*) iznakažen, spa-
čen, grd
deformity [difó:miti] *n* ostudnost, popačenost; po-
kveka, skaza; abnormalnost, nepravilnost
defraud [difró:d] *vt* poneveriti; *(of)* opehariti,
ogoljufati; **to** ~ **the revenue** utajiti davek
defrauder [difró:də] *n* defravdant(ka), poneveri-
telj(ica), utajilec, -lka davka
defray [difréi] *vt* plačati, (stroške) kriti; **to** ~
expenses for s.o. plačati za koga
defrayal [difréiəl] *n* kritje stroškov, plačilo, po-
ravnava
defrayer [difréiə] *n* plačevalec, -lka, plačnik, -nica
defrayment [difréimənt] glej **defrayal**
defrock [dí:frók] *vt* odstaviti od duhovniškega
poklica
defrost [difróst] *vt* odmrzniti, odtajati; deblokirati
defroster [difróstə] *n techn* naprava za odmrznjenje,
grelec
deft [deft] *adj* (~ **ly** *adv*) spreten, ročen, uren
deftness [déftnis] *n* spretnost, ročnost, urnost
defunct [difʌ́nkt] **1.** *adj* pokojen, mrtev, rajnki
2. *n* pokojnik, -nica, rajnik, -nica
defunction [difʌ́nkšən] *n arch* smrt
defy [difái] *vt* izzivati; upirati se, kljubovati; **it**
defies description nepopisno je; **it defies solution**
nerešljivo je
degas [digǽs] *vt* pline izpustiti, razpliniti, dega-
zirati
degauss [dí:gáus] *vt* zaščititi pred magnetskimi
minami
degeneracy [didžénərəsi] *n* izrod, izrodek, izprije-
nost, propad, degeneracija, izpridenje
degenerate I [didžénərit] **1.** *adj* (~ **ly** *adv*) izroden,
degeneriran, izprijen; **2.** *n* izprijenec, -nka
degenerate II [didžénəreit] *vi* izroditi, izprevreči,
izpriditi se, propadati, degenerirati
degeneration [didžénəréišən] *n* izrod, izroditev, de-
generacija, izprijenost, propad

degenerative [didžénəreitiv] *adj* degeneracijski, izroden

deglutinate [diglú:tineit] *vt* odlepiti; izločiti glutin

deglutination [diglu:tinéišən] izločanje glutina

deglutition [di:glu:tíšən] *n* požiranje, goltanje

degradation [degrədéišən] *n* zmanjšanje službene stopnje, degradacija; *biol* abnormalnost, nepravilnost; *geol* preperevanje; *chem* zmanjšanje molekule, krajšanje verige; beda

degrade [digréid] **1.** *vt* degradirati, odstaviti; *fig* ponižati, osramotiti; zmanjšati; **2.** *vi* propasti, propadati, prepere(va)ti, razkrojiti, razkrajati se

degraded [digréidid] *adj* ponižan, degradiran; *biol* izprijen, izrojen; *geol* preperel

degrading [digréidiŋ] *adj* (~ ly *adv*) sramoten, ponižujoč

degree [digrí:] *n* stopnja; stopinja; stan, razred, položaj; diploma; kakovost, vrsta; by ~ s postopoma, polagoma; to a (certain) ~ tako rekoč, precej; of low (high) ~ nizkega (visokega) položaja; in some ~ nekako; to take one's ~ diplomirati, promovirati; *A sl* third ~ zaslišvanje z mučenjem; *jur* principal in the first ~ glavni krivec; doctor's ~ doktorat; to a high ~ v veliki meri; to the last ~ veliko, skrajno; in no ~ niti malo ne

degression [digréšən] *n* upadanje, zmanjševanje, davčna regresija

degressive [digrésiv] *adj* (~ ly *adv*) manjšalen, upadajoč, degresiven, postopno padajoč

dehisce [dihís] *vi bot* režati, razpočiti se

dehiscence [dihísns] *n bot* razpoka, reža

dehiscent [dihísnt] *adj bot* ki se razpoči

dehort [dihó:t] *vt* pregovoriti, pregovarjati, odvrniti, odvračati, (po)svariti, odsvetovati

dehortation [dihə:téišən] *n* svarilo, opozorilo, odvračanje

dehortative [dihó:tətiv] *adj* (~ ly *adv*) svarilen, odsvetovalen

dehortatory [dihó:tətəri] *adj* (dehortatorily *adv*) svarilen, odsvetovalen

dehumanize [dihjú:mənaiz] *vt* odvzeti človeške lastnosti, poživiniti

dehumidify [dihju:mídifai] *vt* odvzeti vlago, dehidrirati, posušiti

dehydrate [diháidreit] *chem* **1.** *vt* vzeti snovi vodo, dehidrirati, posušiti; **2.** *vi* zgubljati vodo, sušiti se

dehydration [dihaidréišən] *n chem* odvzem vode, dehidracija, posušitev

dehypnotize [dí:hípnətaiz] *vt* zbuditi iz hipnotičnega stanja

deice [di:áis] *vt* odstraniti led (z avionskih kril)

deicer [di:áisə] *n sredstvo* za preprečitev nastanka ledu

deicide [dí:isaid] *n* umor boga

deictic [dáiktik] *adj log* kazalen, deiktičen, na zgledih temelječ

deification [di:ifikéišən] *n* poboževanje, proglasitev za boga, apoteoza

deifier [dí:ifaiə] *n* poboževalec

deify [dí:ifai] *vt* poboževati, proglasiti za boga, pobožiti

deign [dein] *vi & vt* blagovoliti, dopustiti; ponižati se

deism [dí:izəm] *n* deizem

deist [dí:ist] *n* privrženec deizma, deist(ka)

deistic [di:ístik] *adj* (~ ally *adv*) deističen

deity [dí:iti] *n* božanstvo; bog

deject [didžékt] *vt* pogum vzeti, potrpeti

dejecta [didžéktə] *n pl med* iztrebki, blato

dejected [didžéktid] *adj* (~ ly *adv*) potrt, malosrčen

dejectedness [didžéktidnis] *n* potrtost, malosrčnost

dejection [didžékšən] *n* potrtost, malodušnost; *med* stolica, iztrebljanje

déjeuner [déižənei] *n* dopoldanska malica

dekko [dékou] *n sl* pogled

delaine [dəléin] *n* delen (vrsta blaga)

delate [diléit] *vt* ovaditi, prijaviti, denuncirati; *A* razglasiti, razglašati, raztrobiti, razbobnati

delation [diléišən] *n* ovadba, denunciacija

delator [diléitə] *n* ovaduh, denunciant

delay [diléi] **1.** *vt* zavlačevati, zadrževati, odložiti, odlašati; preprečiti; **2.** *vi* oklevati, čas zapravljati; ~ ing force *mil* enota, ki zadržuje sovražnika

delay II [diléi] *n* odlog, oklevanje; zastoj, zamuda; without ~ nemudoma, takoj

dele [díli] *im* prečrtaj (v korekturi)

delectable [diléktəbl] *adj* (delectably *adv*) zabaven, prijeten, nasladen, razveseljiv

delectation [delektéišən] *n* uživanje, užitek, naslada, ugodje

delectus, *pl* **delecti** [diléktəs, diléktai] *n* čitanka izbranega čtiva (zlasti rimskih in starogrških pisateljev)

delegacy [déligəsi] *n* odposlanstvo, delegacija; delegatski sistem

delegate I [déligit] *n* odposlanec, -nka, pooblaščenec, -nka, delegat(ka); *A* zastopnik, ki sme sodelovati pri debati, ne pa pri glasovanju. House of Delegates zakonodajni zbor federalnih držav Virginije, Zahodne Virginije in Marylanda

delegate II [déligeit] *vt* odposlati, pooblastiti, zaupati, poveriti; to ~ authority to s.o. pooblastiti koga

delegation [deligéišən] *n* pooblastitev, delegiranje; odposlanstvo, delegacija; *A* predstavniki kongresa federalne države

delete [dilí:t] *vt* izbrisati, prečrtati, uničiti

deleterious [delitíəriəs] *adj* (~ ly *adv*) škodljiv, strupen, kvaren

deleteriousness [delitíəriəsnis] *n* škodljivost, kvarnost

deletion [dilí:šən] *n* uničenje, prečrtanje, izbris

delf(t) [delf(t)] *n* kamenina, beloprstena posoda

deliberate I [dilíbərit] *adj* (~ ly *adv*) premišljen, preudaren, oprezen; počasen, miren; nameren

deliberate [dilíbəreit] *vt & vi* (*on*) razmišljati, tehtati, preudarjati, presojati, posvetovati se

deliberateness [dilíbəritnis] *n* premišljenost, opreznost, preudarnost

deliberation [dilibəréišən] *n* (*on*) premišljanje, preudarjanje; premislek, pretres, posvetovanje; after a long ~ po zrelem premisleku; to take into ~ pretresati

deliberative [dilíbəreitiv] *adj* (~ ly *adv*) preudaren, oprezen; posvetovalen; dvomen; ~ assembly posvetovalni zbor

deliberativeness [dilíbəreitivnis] *n* preudarnost, opreznost

delicacy [délikəsi] *n* prijeten na oko; slaščica, poslastica; nežnost, občutljivost; takt, skromnost; *fig* kočljivost; ~ of mind občutljivost, rahločutnost; ~ of health rahlo zdravje; of utmost (ali extreme) ~ zelo kočljiv

delicate [délikit] *adj* (~ ly *adv*) okusen, slasten; nežen, občutljiv; rahel; rahločuten, takten, skromen; prefinjen, izbirčen; oprezen; *fig* kočljiv; in a ~ condition noseča

delicatessen [delikətésən] *n pl* A delikatese; delikatesna trgovina

delicious [dilíšəs] *adj* (~ ly *adv*) slasten, okusen; prijeten; sijajen, ljubek

deliciousness [dilíšəsnis] *n* slastnost; krasota

delict [dí:likt] *n* prestopek, prekršek, kršitev zakona; *jur* in flagrant ~ pri samem dejanju, na gorkem, in flagranti

delight I [diláit] *n* slast, naslada; radost; veselje; zavzetost, navdušenje; *poet* mik; to take (ali have) ~ in s.th. naslajati se nad čim, veseliti se česa, rad imeti kaj; to the ~ of s.o. v zadovoljstvo (veselje) koga

delight II [diláit] 1. *vt* (*with*) razveseliti, očarati, navdušiti; 2. *vi* (*in, at*) razveseliti, navdušiti se, uživati, naslajati se; to be ~ed at (ali with) s.th. navduševati se nad čim; he was ~ed to accept (ali in accepting) navdušeno je sprejel

delightful [diláitful] *adj* (~ ly *adv*) razveseljiv; slasten; zabaven; očarljiv, krasen

delightfulness [diláitfulnis] *n* prijetnost, veselje, razkošje, ljubkost, naslada

delightsome [diláitsəm] *adj* (~ ly *adv*) *poet* glej delightful

delimit [di:límit] *vt* omejiti, razmejiti; določiti mesto

delimitate [di:límiteit] glej delimit

delimitation [dilimitéišən] *n* omejitev, razmejitev, meja

delineate [dilíniəit] *vt* načrtati, orisati, zasnovati, skicirati, upodobiti, upodabljati; opisati

delineation [dilinéišən] *n* oris, očrt, opis, skica, upodobitev; označitev; ~ of character karakterizacija, karakteristika

delineator [dilíniəitə] *n* načrtovalec, -lka; krojni vzorec, ki se da prirediti za vse velikosti

delinquency [dilíŋkwənsi] *n* hudodelstvo, prestopek, pregrešek; kaznivost

delinquent [dilíŋkwənt] 1. *adj* malovesten, hudodelen, kriv; 2. *n* hudodelec, kršilec, prestopnik, krivec

deliquesce [delikwés] *vi chem* zvodeneti; topiti, razmočiti se

deliquescence [delikwésns] *n chem* zvodenitev, topitev, razmočenje

deliquescent [delikwésnt] *adj chem* ki zvodeni, topljiv; *bot* razvejen

delirious [dilíriəs] *adj* (~ ly *adv*) zmeden, blazen; ~ with ves iz sebe zaradi; to be ~ blesti, fantazirati

delirium [dilíriəm] *n* bledež, blodnja, delirij; *fig* hudo razburjenje; ~ tremens *med* pijanska blaznost

delish [dilíš] *adj sl* prima

delitescence [delitésns] *n* skrivanje; *med* nenadno upadanje, latentnost

delitescent [delitésnt] *adj* skrit; *med* latenten

deliver [dilívə] *vt* (*from, of*) rešiti, osvoboditi razbremeniti; roditi; izročiti, dostaviti, poslati; (udarec) zadati; opustiti; izvreči; (govor) imeti; (pri porodu) pomagati; to ~ a blow udariti; to be ~ed of a child roditi; to ~ o.s. of a duty opraviti dolžnost; to ~ o.s. of an opinion (ali a subject) povedati svoje mnenje; to ~ o.s. up vdati se; stand and ~! denar ali življenje!; *fig* to ~ the goods izpolniti obveznost; to ~ over izročiti

deliverability [dilívərəbíliti] *n* izročljivost, dostavljivost

deliverable [dilívərəbl] *adj* dostavljiv, izročljiv

deliverance [dilívərəns] *n* osvoboditev, odrešitev; izjava, ugotovitev; porod; oprostitev, spregled

deliverer [dilívərə] *n* osvoboditelj, rešitelj; dostavljavec, izročnik

delivery [dilívəri] *n* osvoboditev, rešitev; (*to*) izročitev, dostava; podajanje (žoge); odtok; predavanje, govor; *jur* prenos; porod; *techn* učinek (črpalke, kompresorja); A special ~ ekspresna pošiljka; ~ at door dostava na dom; ~ note tovorni list; against ~ po izročitvi; a good ~ dober udarec (pri kriketu); telling ~ prepričevalen govor; pay on ~ po povzetju; ~ ward porodniški oddelek

delivery-cartage [dilíveriká:tidž] *n* dostava, dovoz

delivery-charges [dilívəričá:džiz] *n pl* stroški dostave

delivery-fee [dilívərifí:] *n* poštna pristojbina

delivery-pipe [dilívəripáip] *n* izpušna cev (lokomotive)

delivery-point [dilívəripóint] *n* A kraj dostave

delivery-van [dilívərivän] *n* kamion za dostavo blaga

delivery-wagon [dilívəriwægən] *n* tovorni voz, tovornjak

dell [del] *n* globel, soteska, tesen

delouse [di:láuz] *vt* razušiti, uničiti mrčes; *fig* očistiti

delousing [di:láuziŋ] *n* uničevanje mrčesa, dezinsekcija

delphinium [delfínjəm] *n bot* ostrožnik

delta [déltə] *n* delta

deltoid [déltoid] *adj* deltast; trikoten; *anat* ~ muscle ramenska mišica

delude [dilú:d] *vt* vleči koga, varati, za nos potegniti; (*into*) v zmoto zavajati; to ~ o.s. motiti se, biti v zmoti

deluge I [délju:dž] *n* poplava, potop, naliv; *fig* velika množina, morje česa: after us the ~ bodočnost nam nič mar; kar je, je

deluge II [délju:dž] *vt* (*with*) poplaviti, zaliti, preplaviti

delusion [dilú:žən] *n* zmota, prevara, zabloda, iluzija; *med* privid, halucinacija; to be (ali labour) under a ~ motiti se

delusive [dilú:siv] *adj* (~ ly *adv*) varljiv, goljufiv, slepilen; navidezen, iluzoričen

delusiveness [dilú:sivnis] *n* varljivost, lažnost, slepilo

delusory [dilú:səri] *adj* (delusorily *adv*) glej delusive

delve [delv] 1. *n* jama, jamica, guba; votlina, vdolbina; 2. *vt* kopati, prekopati, izkopavati; 3. *vi* preiskovati; *fig* zatopiti se

demagnetization [di:mægnitaizéišən] n demagneti-
zacija
demagnetize [di:mægnitaiz] vt demagnetizirati
demagogic(al) [deməgɔ́gik(əl)] adj demagoški
demagogism [démagəgizəm] n demagogija, slepljen-
je ljudi
demagogue, A demagog [démagɔg] n demagog,
politični agitator
demagogy [démagəgi] n demagogija
demand I [dimá:nd, dimǽnd] vt (from, of) zahte-
vati, potrebovati; vprašati, spraševati; zapro-
siti
demand II [dimá:nd, dimǽnd] n zahteva, prošnja;
potreba; (for) povpraševanje, poizvedba; jur
pravna zahteva (upon); ~ note opomin; in
great ~ ki je po njem veliko povpraševanje; to
meet s.o.'s ~s ugoditi zahtevam koga; on ~
na zahtevo, na prošnjo; ~ for payment opomin
demandable [dimá:ndəbl] adj ki ga moremo zahte-
vati; plačljiv
demandant [dimá:ndənt] n zahtevnik; tožilec
demander [dimá:ndə] n zahtevnik, poizvedovalec,
povpraševalec; kupec, interesent, stranka
demarcate [dí:ma:keit] vt razmejiti, omejiti
demarcation [di:ma:kéišən] n razmejitev, meja;
line of ~ meja, demarkacijska črta
demean [dimí:n] v refl obnašati se; poniž(ev)ati (se)
demeanour, A demeanor [dimí:nə] n vedenje, ob-
našanje
dement [dimént] vt obnoriti, ob pamet spraviti
demented [diméntid] adj (~ ly adv) bebav; blazen,
nor, umobolen; to drive ~ spraviti ob pamet
démenti [déima:ŋti] n preklic, zavrnitev, demanti
dementia [ménšiə] n med blaznost, norost
demerit [di:mérit] n napaka; pregrešek; krivda;
nevarnost; nedostojnost; slab red (v šoli)
demeritorious [di:meritó:riəs] adj (~ ly adv) graje
vreden
demeritoriousness [di:meritó:riəsnis] n grajevred-
nost
demesne [diméin] n dedina; posestvo; fig področje,
domena; to hold in ~ biti lastnik (svobodnega
posestva); Royal ~ kronsko posestvo; state ~
državno posestvo
demi- [démi] pref pol-
demigod [démigəd] n polbog
demijohn [démidžən] n velika pletenka, demižon
demilitarization [di:militəraizéišən] n odprava vo-
jaškega značaja
demilitarize [di:mílitəraiz] vt odpraviti vojaški
značaj, demilitarizirati
demi-lune [démilu:n] n polmesec; utrdba v obliki
polmeseca
demimondaine [démimandein] adj demimondski
demi-monde [démimand] n polsvet; ženske na sla-
bem glasu
demi-rep [démirep] n coll blodnica, hotnica
demiquaver [démikweivə] n mus osminka
demisable [dimáizəbl] adj jur ki se da vzeti v za-
kup (zemljišče), zakupljiv; prenosljiv
demise I [dimáiz] vt zapustiti, voliti; dati v zakup;
to ~ by will zapustiti v oporoki; to ~ to the
crown abdicirati, odreči se prestolu
demise II [dimáiz] n smrt (vladarja); volilo, prenos
(zemljišča)

demi-semiquaver [démisemikwéivə] n mus dvain-
tridesetinka
demission [dimíšən] n ostavka, demisija; opustitev;
odpoved, odrekanje
demit [dimít] vt & vi podati ostavko, umakniti se
demiurge [dí:miə:dž] n phil stvarilni duh, stvaritelj
demiurgic [di:miɔ́:džik] adj phil stvariteljski
demivolt [démivɔlt] n polobrat (pri jahanju)
demo [démo] n coll demonstracija, manifestacija
demob [di:mɔ́b] vt sl demobilizirati
demobee [di:məbí:] n sl demobiliziranec
demobilization [di:moubilaizéišən] n demobilizaci-
ja, odpust vojakov iz aktivne službe
demobilize [di:móubilaiz] vt demobilizirati, odpu-
stiti (vojake) iz aktivne službe
democracy [dimɔ́krəsi] n demokracija, vlada ljud-
stva; A demokratska stranka
democrat [démakræt] n demokrat(ka); A ~
(wagon) lahek odkrit večsedežen voz
democratic [deməkrǽtik] adj (~ ally adv) demo-
kratski, demokratičen
democratization [dimɔkrətaizéišən] n demokratiza-
cija
democratize [dimɔ́krətaiz] vt demokratizirati, uva-
jati demokratična načela
démodé [deimóudei] adj staromoden
demographic [di:məgrǽfik] adj (~ ally adv) demo-
grafski, ki preučuje gibanje prebivalstva
demography [di:mɔ́grəfi] n demografija, popis ljudi;
statistično preučevanje gibanja prebivalstva
demoiselle [demwazél] n gospodična, dekle; zool
vrsta žerjava (Anthropoides virgo); kačji pastir
demolish [dimɔ́liš] vt razdejati, podreti, porušiti,
uničiti; coll pojesti
demolition [deməlíšən] n razdejanje, podrtje, po-
rušenje, uničenje
demon [dí:mən] n (zli) duh, bes, vrag, demon;
hudobnež; fig vražji dečko; genij; a ~ for
work neumoren delavec
demonetization [di:mənitaizéišən] n razvrednote-
nje denarja
demonetize [di:mɔ́nitaiz] vt razvrednotiti; vzeti iz
prometa (denar)
demoniac [dimóuniæk] 1. n obsedenec, blaznež;
2. adj (~ ally adv) obseden, vražji, demonski
demonic [di:mɔ́nik] adj demonski, vražji, obseden,
prevzet
demonism [dí:mənizəm] n demonizem, vera v sa-
tanovo moč
demonize [dí:mənaiz] vt demonizirati; predstaviti
kot demona
demonolatry [di:mənɔ́lətri] n oboževanje satana
demonology [di:mənɔ́lədži] n nauk o demonih
demonstrability [dimənstrǽbiliti] n dokaznost, na-
zornost, očitnost
demonstrable [démənstrəbl] adj (demonstrably
adv) dokazen; nazoren, očiten, vidljiv, viden
demonstrant [dimɔ́nstrənt] n demonstrant(ka); de-
monstrator(ka)
demonstrate [démənstreit] 1. vt razložiti, pojasniti,
nazorno prikazati; razodeti; dokazati; 2. vi
demonstrirati, množično nastopiti; mil navi-
dezno napadati
demonstration [demənstréišən] n dokaz(ovanje);
nazorno predavanje; množični nastop, demon-
stracija; mil navidezen napad

demonstrationist [demənstréišənist] *n* demonstrant-(ka)

demonstrative I [dimónstrətiv] *adj* (~ly *adv*) kazalen; dokazilen; nazoren; *gram* demonstrativen, kazalen; odkrit; to be ~ of s.th. dokazovati kaj; ~ pronoun kazalni zaimek

demonstrative II [dimónstrətiv] *n gram* kazalni zaimek

demonstrator [démənstreitə] *n* demonstrator(ka); demonstrant(ka); *med* prosektor, razteleševalec

demoralization [dimərəlaizéišən] *n* izprijenost, moralni propad, pohujšanje, demoralizacija

demoralize [dimórəlaiz] *vt* izpriditi, pokvariti; zbegati; pohujšati; pogum vzeti

demos [dí:məs] *n* ljudske množice

demote [dimóut] *vt A* ponižati, degradirati

demotic [dimótik] *adj* ljudski

demotion [dimóušən] *n* degradacija

demount [dimáunt] *vt* razdreti, razstaviti, demontirati

dempster [démstə] glej deemster

demulcent [dimʌlsənt] 1. *adj* blažilen, mirilen; 2. *n med* blažilo, mirilo

demur I [dimə:] *n* pomislek, dvom; oklevanje, neodločnost, kolebanje; to make ~ to oklevati, imeti pomisleke proti

demur II [dimə:] *vi* obotavljati se, oklevati, imeti pomisleke, mečkati

demure [dimjúə] *adj* (~ly *adv*) nraven, spodoben, zadržan; sramežljiv, plah; nepriljuden; resen, trezen

demureness [dímjúənis] *n* spodobnost, zadržanost, resnost; sramežljivost, plahost

demurrable [dimʌrəbl] *adj* proti kateremu lahko imamo pomisleke, oporečen

demurrage [dimʌridž] *n naut* ležarina; pristojbina za zamujeno vkrcavanje in izkrcavanje, penale; plačilo za zamenjavo v čisto zlato

demurrer I [dimə:rə] *n* mečkač, obotavljavec

demurrer II [dimʌrə] *n jur* ugovor. protest

demy [dimái] *n* format papirja (22 ½ krat 17 ½ ins); štipendist Magdalen Collegea v Oxfordu

demyship [dimáišip] *n* štipendija Magdalen Collegea v Oxfordu

den I [den] *n* brlog, votlina, skrivališče, jazbina; *coll* delovna sobica; *A* ~ of thieves razbojniško gnezdo

den II [den] *vi* živeti v brlogu; to ~ up *A coll* umakniti se v brlog

denary [dí:nəri] *adj* desetinski, decimalen; desetkraten

denationalization [di:næšnəlaizéišən] *n* denacionalizacija, vrnitev premoženja prejšnjemu lastniku; raznorodovanje

denationalize [di:næšnəlaiz] *v·* denacionalizirati, vrniti nacionalizirano premoženje prejšnjemu lastniku; raznaroditi

denaturalization [di:næčrəlaizéišən] *n* sprememba narave; odvzem državljanskih pravic

denaturalize [di:næčrəlaiz] *vt* odvzeti naravne lastnosti ali državljanske pravice; to ~ o.s. odreči se državljanstva

denature [di:néičə] *vt* spremeniti naraven videz česa, denaturirati; ~d alcohol denaturirani špirit

denazification [di:nacifikéišən] *n* odprava nacizma, politična prevzgoja nacistov

dendriform [déndrifɔ:m] *adi* drevesast; razvejen

dendrite [déndrait] *n min, med* dendrit

dendrolite [déndrəlait] *n* okamenelo drevo

dendrology [dendrólədži] *n* nauk o drevesih

dendrometer [dendrómitə] *n* deblomer

dene [di:n] *n* dolinica; peščina

denegation [di:nigéišən] *n arch* zanikanje, tajitev, oporekanje

dengue [déŋgi] *n med* vrsta infekcijske tropske bolezni

deniable [dináiəbl] *adj* zatajljiv, preklicliiv, ki se da zanikati

denial [dináiəl] *n* zanikanje, tajitev; preklic, odpoved, odklonitev; demanti; to take no ~ ne se dati odpraviti; to issue a flat ~ na kratko zavrniti; to meet charge with flat ~ odločno zavrniti obtožbo; official ~ demanti

denier I [dénjə, diníə] *n* enota teže (svile, njlona); *arch* stari francoski novčič

denier II [dináiə] *n* tajivec, -vka

denigrate [dénigreit] *vt* očrniti; *fig* oklevetati, opravljati

denigration [denigréišən] *n* očrnitev; *fig* kleveta

denigrator [dénigreitə] *n* opravljivec, -vka, klevetnik, -nica

denim [dénim] *n* vrsta bombažnega blaga

denizen [dénizən] 1. *n* prebivalec: tujec, ki je dobil državljanstvo; udomačena rastlina, žival; udomačena beseda, tujka; 2. *vt* sprejeti med meščane; udomačiti

denominate [dinómineit] *vt* imenovati, označiti

denomination [dinɔminéišən] *n* ime, naziv, označba; vrednost; veroizpoved; kategorija, enota; sekta

denominational [dinɔminéišənl] *adj* (~ly *adv*) veroizpoveden, konfesionalen; ~ education vzgoja v duhu neke cerkve; ~ school konfesionalna šola

denominative [dinóminətiv] *adj* (~ly *adv*) imenski, imenovalen

denominator [dinómineitə] *n* imenovalec; *math* to bring fractions to a common ~ prevesti ulomke na skupni imenovalec

denotation [di:noutéišən] *n* označitev, znak; pomen; navodilo; *log* obseg pojma

denotative [dinóutətiv] *adj* (~ly *adv*) označevalen, imenovalen; to be ~ of s.th. označevati, napovedovati kaj

denote [dinóut] *vt* označiti, označevati; pomeniti; (po)kazati

denotement [dinóutmənt] *n* označba, označitev; znak; navodilo

dénouement [deinú:ma:ŋ] *n* razplet, rešitev

denounce [dináuns] *vt* naznaniti, ovaditi, ovajati, denuncirati; ožigosati, javno obtožiti; (pogodbo) odpovedati; napoved(ov)ati; to ~ a treaty odpovedati pogodbo

denouncement [dináunsmənt] *n* ovadba, naznanilo, denunciacija; žigosanje; odpoved (pogodbe), napoved

dense [dens] *adj* (~ly *adv*) gost, kompakten, klen, čvrst, strjen, zgoščen, jedrnat; neprediren, neprozoren; *fig* omejen, neumen, bedast; (*photo*) kontrasten, temen, preveč osvetljen

denseness [dénsnis] *n* gostota, klenost. čvrstost, zgoščenost, jedrnatost; *fig* omejenost, neumnost

densimeter [densímitə] *n* gostomer, denzimeter

density [dénsity] glej **denseness;** specifična teža
dent [dent] **1.** *n* zobec, zareza, udrtina; guba; **2.** *vt*
    zarez(ov)ati
dental [déntl] **1.** *n gram* zobnik; **2.** *adj* zoben;
    ~ **surgeon** (ali **doctor**) zobozdravnik; ~ **hospital**
    zobna klinika; ~ **engine** zobna vrtalka; ~
    technician zobni tehnik, zobar; ~ **sound** *gram*
    zobnik
dentate [dénteit] *adj bot* nazobčan, napiljen
dentation [déntcišən] *n bot* nazobčanost
dentex [dénteks] *n zool* zobatec
denticle [déntikl] *n* zobček
denticular [dentíkjulə] *adj* zobčast
denticulate [dentíkjuleit] *adj bot* zobčast, nazobčan
denticulation [dentikjuléišən] *n* nazobčanost
dentiform [déntifɔ:m] *adj* zobčast
dentifrice [déntifris] *n* sredstvo za čiščenje zob,
    zobni prah, zobna pasta, zobna voda
dentil [déntil] *n archit* zobec
dentine [déntin] *n* zobovina
dentist [déntist] *n* zobozdravnik, zobni tehnik,
    dentist
dentistry [déntistri] *n* zobozdravstvo
dentition [dentíšən] *n* rast in razvoj zob, zobljenje;
    zobovje
denture [dénčə] *n* zobna proteza, umetno zobovje
denudation [di:njudéišən] *n* razgaljenje; *geol* de-
    nudacija, ogoljenje, ogolelost tal
denude [dinjú:d] *vt* ogoliti, razgaliti, odkriti; (*of*)
    oropati, obrati
denumerant [dinjú:mərənt] *n* število možnih rešitev
denunciate [dinʌnsieit] *vt* naznaniti, ovaditi, ova-
    jati; ožigosati, javno obtožiti; (pogodbo) od-
    povedati
denunciation [dinʌnsiéišən] glej **denouncement**
denunciative [dinʌnsiətiv] *adj* (~ **ly** *adv*) ovaduški,
    denunciantski, psovalen
denunciator [dinʌnsieitə] *n* ovaduh, denunciant;
    tožnik; ogleduh
denunciatory [dinʌnsiətəri] (**denunciatorily** *adv*)
    glej **denunciative**
deny [dinái] *vt* zanikati, (u)tajiti; odreči, odrekati
    se; odbiti, pritrgati; **there's no** ~ **ing** ne da se
    zanikati, treba je priznati; **I don't** ~ **but he**
    may thought so ne trdim, da ni tako mislil;
    he will not be denied ne da se odpraviti; **to** ~
    o.s. to s.o. dati se pred kom zatajiti; **to** ~ **o.s.**
    s.th. ne si česa privoščiti; **to** ~ **on oath** s prisego
    zanikati
deodand [díoudænd] *n jur hist* posestvo, ki je
    zapadlo državi
deodorant [di:óudərənt] **1.** *adj* ki odstranjuje smrad;
    2. *n* sredstvo, ki odstranjuje neprijeten duh,
    razkužilo
deodorization [di:oudəraizéišən] *n* odstranjevanje
    smradu, razkužitev
deodorize [di:óudəraiz] *vt* odstraniti smrad; raz-
    kužiti
deodorizer [di:óudəraizə] *n* sredstvo za odstranitev
    smradu; razkužilo
deontology [di:ɔntólədži] *n* nauk o dolžnosti, etika
deoxidation [di:ɔksidéišən] *n chem* odstranitev ki-
    sika, redukcija
deoxidize [di:óksidaiz] *vt chem* odvzeti kisik, redu-
    cirati
deoxygenate [di:óksidžəneit] glej **deoxidize**

depart [dipá:t] **1.** *vi* oditi, odpotovati, odpraviti se,
    odpluti; odnehati, odreči se; (*from*) razlikovati
    se; preminiti, umretⁱ; odkloniti se; spremeniti
    se; **2.** *vt* zapustiti; **to** ~ **from one's word** (ali
    promise) besedo snesti; *arch* **to** ~ (**from**) **this**
    life zapustiti ta svet; **to** ~ **from one's plans**
    spremeniti svoje načrte
departed [dipá:tid] *adj* minul, prejšnji, daven;
    rajnki
department [dipá:tmənt] *n* oddelek; področje; ka-
    tedra, seminar; *A* ministrstvo; *A* ~ **store** vele-
    blagovnica; *A* **Department of State** ministrstvo
    za zunanje zadeve; *A* **Department of War** vojno
    ministrstvo
departmental [di:pa:tméntəl] *adj* (~ **ly** *adv*) od-
    delkov, oddelen; okrajen; ~ **store** veleblagovnica
    govnica
departure [dipá:čə] *n* odhod, odpotovanje; *poet*
    smrt; opustitev, odnehanje; odklon, razlika;
    point of ~ izhodišče; **to take one's** ~ odpoto-
    vati; **a new** ~ nova metoda, nova usmeritev,
    nov način življenja; ~ **platform** peron za odhod
    vlaka; ~ **station** oddajna postaja
depasturage [di:pá:sčəridž] *n* pašna pravica
depasture [di:pá:sčə] *vt & vi* pasti (se), gnati na
    pašo
depauperate [dipɔ́:pəreit] *vt* spraviti na beraško
    palico; izmozgati, oslabiti
depauperation [di:pɔ:pəréišən] *n* osiromašenje
depauperize [di:pɔ́:pəraiz] *vt* rešiti revščine
depend [dipénd] *vi poet* (*from*) viseti; (*on, upon*)
    zavisiti, biti odvisen; zanesti, zanašati se, raču-
    nati s čim; **a person to be** ~ **ed** (**up)on** zanesljiva
    oseba; **to have nothing to** ~ (**up)on** ničesar ne
    imeti; **that** (ali **it**) ~ **s** kakor se vzame; **it all** ~ **s**
    vse je odvisno od okoliščin, vse je relativno;
    ~ **upon it!** na to se lahko zaneseš
dependability [dipendəbíliti] glej **dependableness**
dependable [dipéndəbl] *adj* (**dependably** *adv*) za-
    nesljiv
dependableness [dipéndəblnis] *n* zanesljivost
dependant, -dent [dipéndənt] *n* služabnik, -nica;
    družinski član; podložnik, -nica; *biol* zajedavec
dependence [dipéndəns] *n* odvisnost; zaupanje, za-
    našanje; zanesljiva stvar; *jur* nerešenost, čakanje
    na rešitev; **in** ~ še nerešen
dependency [dipéndənsi] *n* glej **dependence;** nasel-
    bina, kolonija; pritiklina
dependent [dipéndənt] *adj* (*on*) odvisen; podlóžen;
    pogojen
depeople [di:pí:pl] glej **depopulate**
dephosphorize [di:fósfəraiz] *vt chem* očistiti fosforja,
    defosforizirati
depict [dipíkt] *vt* (na)slikati, (na)risati, upodobiti,
    opisati
depiction [dipíkšən] *n* slika, opis, upodobitev
depictor [dipíktə] *n* opisovalec, predstavljavec
depicture [dipíkčə] *vt* predstaviti, upodobiti, pred-
    očiti, naslikati, opisati
depilate [dépileit] *vt* odstraniti dlačice
depilation [depiléišən] *n* odprava las ali dlak
depilatory [depílətəri] **1.** *adj* ki odstranjuje dlačice;
    2. *n* sredstvo za odpravo las ali dlak
deplane [di:pléin] *vt & vi* izkrcati (se) iz letala
deplenish [di:pléniš] *vt* (iz)prazniti, (iz)črpati

deplete [diplí:t] vt izpraznitı, izčrpati; med puščati kri; izprazniti črevesje; to ~ one's resources porabiti svoja sredstva; to play to ~d houses igrati pred praznim gledališčem

depletion [diplí:šən] n izpraznitev; izčrpanost; puščanje krvi; med odvajanje, izpraznitev črevesa

depletive [diplí:tiv] 1. adj med odvajalen, dristilen; 2. n odvajalo, dristilo

depletory [diplí:təri] adj med dristilen, odvajalen

deplorable [dipló:rəbl] adj (deplorably adv) obžalovanja vreden; beden, žalosten

deploration [diplɔ:réišən] n objokovanje, obžalovanje

deplore [dipló:] vt obžalovati, objokovati; grajati

deploy I [diplói] vt & vi mil razviti (se), razvrstiti (se) (čete); na boj se pripraviti; odpreti se (padalo)

deploy II [diplói] gl. deployment

deployment [diplóimənt] n razvitje (čet)

deplume [diplú:m] vt (o)skubsti

depolarization [di:pouləraizéišən] n phys depolarizacija

depolarize [di:póuləraiz] vt phys depolarizirati; fig uničiti, zmesti; fig obrniti v nasprotno smer

depone [dipóun] vt izpričati; pod prisego izjaviti

deponent [dipóunənt] 1. adj gram deponenten, trpne oblike s tvornim pomenom; 2. n jur zaprisežena priča; izvedenec; gram deponentnik

depopulate [di:pópjuleit] 1. vt (s)krčiti število prebivalcev, razseliti; 2. vi zgubiti prebivalstvo

depopulation [di:pɔpjuléišən] n izumiranje; razselitev; zmanjšanje števila prebivalcev

deport [dipó:t] vt pregnati, prepeljati v drugo deželo; obs to ~ o.s. obnašati, vesti se

deportation [di:pə:téišən] n pregon, pregnanstvo

deportee [di:pə:tí:] n pregnanec, -nka

deportment [dipó:tmənt] n drža; vedenje, obnašanje

deposable [dipóuzəbl] adj ki se da odpustiti, odstavljiv

depose [dipóuz] vt & vi odstaviti, odpustiti; izpričati, izpovedati; prisegati

deposit I [dipózit] vt položiti, polagati; odložiti, odlagati; zaarati; nesti (jajca); odstaviti, odpustiti (iz službe); spraviti, spravljati; (v banko) vložiti; naplavljati, sedimentirati; to ~ in the earth pokopati

deposit II [dipózit] n naplavina, usedlina; (bančna) vloga; polog, ara, naplačilo; najdišče; to place money on ~ vložiti denar v banko

depositary [dipózitəri] n oseba, ki ji je kaj zaupano, depositar

deposition [di:pəzíšən] n odlaganje; odstavitev; naplavina, usedlina; izjava prič, pričevanje; vloga, vplačilo

depositor [dipózitə] n vlagatelj(ica)

depository [dipózitəri] n glej depositary; shramba, skladišče; A knjižnica državnih publikacij

deposit-rate [dipózitreit] n obrestna mera na bančne vloge

depot [dépou, A dí:pou] n skladišče; E mil vojaško skladišče; vežbališče rekrutov; glavni stan regimenta; A postajno poslopje, postaja; avtobusna garaža, remiza

depravation [deprəvéišən] n poslabšanje; kvarjenje; izprijenost; zapeljevanje

deprave [dipréiv] vt pokvariti; izpriditi; zapeljati

depraved [dipréivd] adj pokvarjen, hudoben, izprijen

depravity [dipræviti] n pokvarjenost, hudobnost; izprijenost; grešnost

deprecate [déprikeit] vt moliti za odvrnitev (nesreče, zla); ne odobravati, grajati, obsojati; odvračati; milo prositi; to ~ s.o.'s anger prositi koga, naj se ne jezi; to ~ war ne odobravati vojne

deprecating [déprikeitiŋ] adj (~ly adv) grajalen; odvračalen; odklonilen; blažilen; ~ly neodobravajoče

deprecation [deprikéišən] n prošnja za odvračanje zla; priprošnja; graja

deprecative [déprikeitiv] adj (~ly adv) grajalen, odvračalen; odklonilen; opravičevalen; prosilski

deprecatory [déprikətəri] adj (deprecatorily adv) glej deprecative

depreciate [diprí:šieit] 1. vt razvrednotiti, znižati ceno; podcenjevati, omalovaževati; 2. vi zgubljati prednost

depreciating [diprí:šieitiŋ] adj (~ly adv) omalovaževalen, prezirljiv

depreciation [dipri:šiéišən] n razvrednotenje, devalvacija; pocenjevanje, omalovaževanje; amortizacija

depreciatory [diprí:šieitəri] adj (depreciatorily adv) podcenjevalen, omalovaževalen

depredate [déprideit] vt arch (o)pleniti, razdejati, (o)pustošiti, (o)ropati

depredation [depridéišən] n razdejanje, opustošenje, plenjenje, ropanje

depredator [dépridéitə] n ropar, plenilec

depress [diprés] vt pritisniti, pritiskati; (po)tlačiti, zatreti, zatirati; fig pobiti, pogum vzeti, potreti, oplašiti; poceniti, oslabiti; (glas) znižati; (oči) povesiti

depressant [diprésənt] 1. adj med pomirjevalen, blažilen, sedativen; 2. n med pomirilo, sedativ

depressed [diprést] adj potrt, obupan, pobit; com medel, ki se slabo prodaja; ~ areas pasivni kraji

depressing [diprésiŋ] adj (~ly adv) moreč (skrb)

depression [dipréšən] n povešanje; padec, upadanje, mrtvilo, zastoj; izčrpanost; potrtost, otožnost; poniževanje; depresija; usad, vdrtina; gospodarsko pešanje

depressive [diprésiv] adj (~ly adv) ki jemlje pogum, voljo, ki deprimira, depresiven

deprival [dipráivəl] glej deprivation

deprivation [deprivéišən] n (of) prikrajšanje, oropanje, odvzem; zguba; stradanje

deprive [dipráiv] vt (of) prikrajšati; odvzeti, oropati; izločiti

depth [depθ] n globina, prepad; intenzivnost; poet morje; sredina; skrajnost; in the ~ of despair skrajno obupan; in the ~ of winter sredi zime; ~ charge (ali bomb) globinska bomba; to be out of one's ~ ne doumeti česa; I am beyond (ali out of) my ~ to presega moje moči, tega ne zmorem; moulded ~ globina prostora; in ~ v globino; to go (ali get) out of one's ~ zgubiti tla pod nogami

depurant [dépjurənt] adj čistilen

depurate [dépjureit] vt (o)čistiti (se)

depuration [depjuréišən] n čiščenje
depurative [depjúrətiv] adj čistilen, očiščevalen
deputation [depjutéišən] n odposlanstvo, deputacija
depute [dipjú:t] vt (s pooblastilom) odposlati, pooblastiti; imenovati za namestnika
deputize [dépjutaiz] 1. vt imenovati za zastopnika; A pooblastiti; 2. vi (for koga) zastopati, nadomestiti
deputy [dépjuti] n odposlanec, delegat, zastopnik, pooblaščenec; A šerifov namestnik; by ~ po zastopniku; Chamber of Deputies ljudska skupščina; ~ chairman podpredsednik; ~ consul vicekonzul; to do ~ for zastopati koga
deracinate [diræsineit] vt izkoreniniti, iztrebiti
derail [diréil] vt· & vi iztiriti, iztirjati
derailment [diréilmənt] n rly iztirjenje
derange [diréindž] vt spraviti v nered, zmešati; motiti, begati; obnoriti; razrušiti; preprečiti; to be ~d imeti duševne motnje
derangement [diréindžmənt] n nered, zmešnjava; motnja; blaznost
derate [diréit] vt znižati davke
deratization [di:rætaizéišən] n deratizacija
derby [dá:bi, dɔ́:bi] n konjske dirke; A ~ (hat) polcilinder, »melona«
derelict I [dérilikt] adj zapuščen; brez gospodarja; zavržen; malomaren; A to be ~ in one's duty zanemarjati svojo dolžnost
derelict II [dérilikt] n zapuščena ladja; zapuščena posest; pl brezdomci; človek, ki zanemarja svoje dolžnosti; izobčenec; zemlja, s katere se je umaknilo morje
dereliction [derílíkšən] n zapustitev, opustitev; zanemarjanje; izsuševanje zemlje, umik morja; morske naplavine; ~ of duty zanemarjanje dolžnosti
derequisition [di:rekwizíšən] vt vrniti zaseženo prvotnemu namenu
deride [diráid] vt zasmehovati, rogati, norčevati se
derider [diráidə] n zasmehovalec, -lka
derision [dirížən] n zasmehovanje, norčevanje, zasmeh; arch predmet posmeha; to hold in ~ posmehovati se; to bring into ~ osmešiti; to be the ~ of, to be in ~ biti v posmeh
derisive [diráisiv] adj (~ly adv) zasmehljiv, porogljiv, ironičen
derisory [dirálsəri] adj (derisorily adv) glej derisive
derivable [diráivəbl] adj (derivably adv) (from) izpeljiv, izvedljiv
derivation [derivéišən] n (from) izpeljava, derivacija, izvor (besede)
derivative I [dirívətiv] adj izpeljan; sekundaren
derivative II [dirívətiv] n gram izpeljanka; math diferencialni koeficient; chem derivat
derive [diráiv] 1. vt (from) izpeljati; dobiti; zasledovati izvor česa; 2. vi izhajati, biti po rodu, izvirati; to ~ pleasure from s.th. uživati nad čim; to ~ profit from s.th. okoristiti se s čim; to be ~d from izhajati, biti po rodu iz
derm(a) [də:m(ə)] n anat koža
dermal [dɔ́:məl] adj anat bot kožen
dermatitis [də:mətáitis] n med vnetje kože
dermatologist [də:mətɔ́ledžist] n dermatolog
dermatology [də:mətɔ́lədži] n dermatologija, nauk o kožnih boleznih

dermic [dɔ́:mik] glej dermal
derogate [dérəgeit] vt & vi (from) kratiti, (z)manjšati, (z)nižati; okrniti, okrnjati; kršiti; odvze(ma)ti, prikrajšati; to ~ from o.s. onečastiti se; to ~ from s.o. onečastiti koga
derogation [derəgéišən] n kratitev, omejevanje, znižanje, okrnitev, odvzem; slabšanje; škoda
derogatory [dirɔ́gətəri] adj (derogatorily adv) škodljiv; poniževalen; neugoden; kršilen; to be ~ to škodovati komu ali čemu; ~ to o.s. nevreden sebe
derrick [dérik] n obs vislice; soha ladijskega žerjava; vrtalni stolp za nafto
derrick-crane [dérikkréin] n soha ladijskega žerjava
derring-do [dériŋdú:] n drzen pogum, drzno dejanje; deeds of ~ drzna dejanja
derringer [dérindžə] n vrsta kratke pištole velikega kalibra
derv [də:v] n nafta za dizelske motorje
dervish [dɔ́:viš] n derviš, muslimanski menih
desalination [di:sælinéišən] n desalinacija, izločitev soli iz morske vode
desalinize [di:sǽlinaiz] vt izločiti sol, desalinizirati
descale [di:skéil] vt odstraniti kotlovec
descant I [déskænt] n hist visok ženski glas, diskant; poet pesem, napev; ptičje petje; variacija na neko temo
descant II [diskǽnt] vi peti z diskantom; drobiti glas; (upon) na široko razlagati, pretresati; opevati
descend [disénd] 1. vi spustiti, spuščati se, navzdol iti, sestopiti, padati; izhajati, biti po rodu; biti nagnjen; (upon) planiti, navaliti; podedovati; ponižati se; fig nepričakovano obiskati; astr proti jugu se pomikati (zvezde); 2. vt spuščati se; to be ~ed from izvirati, izhajati, biti po rodu iz; to ~ to s.o. dobiti kot dediščino; to ~ (up)on s.o. nepričakovano koga napasti
descendable [diséndəbl] adj deden, podedljiv
descendant [diséndənt] n potomec, potomka
descendible [diséndibl] glej descendable
descending [diséndiŋ] adj ki se spušča, ki pada; ~ letter črka, ki se piše deloma pod črto (npr. g, j)
descension [disénšən] n hoja navzdol, spust, sestop, spuščanje; padanje; ponižanje
descent [disént] n sestop, spust; izkrcanje sovražnika; pobočje, strmina; podedovanje; izvor, rod, pokolenje; to make a ~ izkrcati se, nepričakovano napasti; to acquire by ~ podedovati; ~ from the cross snemanje s križa; ~ into Hell pot v pekel
describable [diskráibəbl] adj popisen
describe [diskráib] vt popis(ov)ati, opis(ov)ati; geom (na)risati, načrtati; to ~ a circle rısati krog; to ~ o.s. as izdajati se za
description [diskrípšən] n popis, opis, oris; vrsta; stroka; to answer to the ~ biti kot so ga opisali; a scoundrel of the worst ~ lopov, da mu ni para; to defy (ali baffle, beggar) ~ biti nepopisen; past all ~ nepopisen; there was no room of any ~ prav nobenega prostora ni bilo; of every ~ vsakovrsten
descriptive [diskríptiv] adj (~ly adv) opisen; to be ~ of s.th. opisovati kaj

descry [diskrái] *vt* izslediti, odkriti; razločiti; *poet* videti, zagledati

desecrate [désikreit] *vt* (o)skruniti, onečastiti, profanirati

desecration [desikréišən] *n* oskrumba, onečaščenje, profanacija

desecrator [désikreitə] *n* skrunilec, -lka

desegregate [di:ségrigeit] *vt* ukiniti rasno diskriminacijo

desegregation [di:segrigéišən] *n* ukinitev rasne diskriminacije

desert I [dizə́:t] *vt & vi* (*from*) opustiti, opuščati, zapustiti; *mil* dezertirati; izneveriti se

desert II [dézət] 1. *adj* zapuščen, pust; 2. *n* puščava; *poet* miren kotiček; *fig* puščoba, pusta stvar

desert III [dizə́:t] *n* zasluga; nagrada, plačilo, kazen; *pl* zaslužni ljudje; **to meet with one's ~ s, to get one's ~ s** dobiti, kar smo zaslužili

deserter [dizə́:tə] *n mil mar* ubežnik, dezerter

desertion [dizə́:šən] *n* pobeg, zapustitev; osamelost, zapuščenost

deserve [dizə́:v] *vt & vi* zaslužiti, vreden biti

deservedly [dizə́:vidli] *adv* po zaslugi, pravično, zasluženo

deserving [dizə́:viŋ] *adj* (~ **ly** *adv*) zaslužen, vreden

déshabillé [deizæbí:jei] glej **dishabille**

desiccant [désikənt] *n* sušilo

dessicate [désikeit] *vt & vi* sušiti, izsuševati; (po)sušiti (se), izparevati; ~ **d milk** mleko v prahu

desiccation [desikéišən] *n* sušenje; suša

desiccative [désikətiv] 1. *adj* sušilen; 2. *n* sušilo

desiccator [désikeitə] *n* sušilnica, izparilnik

desiderate [dizídəreit] *vt* želeti si, hrepeneti; potrebovati; zahtevati; pogrešati

desideration [dizideréišən] *n* želja, pogrešanje, poželenje, hrepenenje

desiderative [dizídəreitiv] 1. *adj* želeč si, željan; zaželen; *gram* želelen; 2. *n gram* želelnik

desideratum, *pl* -ta [dizidəréitəm, -tə] *n* zaželena stvar, zaželeno

desight [disáit] *n* grda reč, neokusnost, pokveka, spaček

design I [dizáin] *n* namen, namera, cilj; načrt, skica, risba; vzorec, model, kroj; *techn* konstrukcija, sestava; **by accident or by ~** slučajno ali namerno, hote ali nehote; **to have** (ali **harbour**) ~ **s on s.o.'s pocket** nameravati koga denarno izrabiti; **protection of ~, copyright in ~** zaščita načrta, modela

design II [dizáin] *vt & vi* (na)risati; označiti; planirati, nameravati, naklepati; skleniti, sklepati, določiti, določati; **to ~ for** nameniti za

designate I [dézignit] *adj* (*as*) označen; (*for, to*) določen, imenovan, namenjen

designate II [dézigneit] *vt* (*as*) označiti, označevati; (*to, for*) določiti, imenovati, nameniti; navesti

designation [dezignéišən] *n* označba, imenovanje; določitev; ime, naslov, čílj

designator [dézigneitə] *n* določevalec, označevalec

designedly [dizáinidli] *adv* namerno, nalašč, s premislekom

designer [dizáinə] *n* risar; izumitelj, konstrukter; spletkar, intrigant

designful [dizáinful] *adj* (~ **ly** *adv*) nameren, načrten, premišljen

designing [dizáiniŋ] 1. *adj* (~ **ly** *adv*) risarski; spletkarski, zvit, hinavski; 2. *n* risanje, načrt, skiciranje; plan, namera, nakana

designless [dizáinlis] *adj* (~ **ly** *adv*) nepremišljen, nenameren

design-paper [dizáinpeipə] *n* risarski papir

desilverize [di:sílvəraiz] *vt* izločiti srebro

desinence [désinəns] *n* konec; *gram* končnica, pripona

desinsection [dizinsékšən] *n* uničevanje mrčesa, dezinsekcija

desipience [disípiəns] *n* neumnost, oslarija

desipient [disípiənt] *adj* (~ **ly** *adv*) neumen, trapast

desirability [dizaiərəbíliti] *n* zaželenost, všečnost

desirable [dizáiərəbl] *adj* (**desirably** *adv*) zaželen, všečen, ustrezen, umesten, primeren, prikladen

desirableness [dizáiərəblnis] glej **desirability**

desire I [dizáiə] *n* (*for, to do*) poželenje, hrepenenje; želja, zahteva, prošnja; zaželeno; **to have no ~ for s.th.** ne marati česa; **by ~** po želji; **to satisfy a ~** izpolniti željo; **in accordance with one's ~** po želji koga

desire II [dizáiə] *vt* želeti si, hrepeneti; prositi, zahtevati; ukazati; **to leave to be ~d** biti nezadovoljiv; **to leave nothing to be ~d** izpolniti vse želje, popolnoma zadovoljiti; **to ~ in marriage** zaprositi za roko; **as ~d** po želji; **if ~d** če želite, po želji

desirous [dizáiərəs] *adj* (~ **ly** *adv*) (*of, to do*) željan; poželjiv; **to be ~ of s.th.** želeti si kaj, hrepeneti po čem

desist [dizíst] *vi* (*from*) odnehati, prenehati, odreči se

desistance [dizístəns] *n* prenehanje, odnehanje

desk [desk] *n* pisalna miza, pisalnik, šolska klop, pult, kateder; *mus* stojalo za note; *fig* literarno, pisarniško delo; *A* uredništvo; *A ~* **copy** brezplačen izvod časopisa; *A ~* **secretary** krajevni zastopnik; **to sit at the ~** biti uradnik; **~ book** priročnik

desk-work [déskwə:k] *n* pisarniško delo

desolate I [désəleit] *vt* (o)pustošiti, izropati; v obup spraviti, užalostiti

desolate II [désəlit] *adj* (~ **ly** *adv*) opustošen, razdejan, pust, neobljuden; neutešljiv, žalosten, otožen; nesrečen, obupan, zapuščen

desolateness [désəlitnis] *n* opustošenost, puščoba, osamelost, obup

desolation [desəléišən] *n* opustošenje, razdejanje; obup, osamelost; otožnost, tuga, žalost, beda; puščoba

desolator [désəleitə] *n* uničevalec, pustošnik

despair I [dispéə] *vi* (*of*) obupavati, zgubiti upanje; **his life is ~d of** ne bo preživel

despair II [dispéə] *n* obup, brezup; **to be the ~ of s.o.** spravljati koga v obup; **to fall into ~** obupati; **to drive s.o. into ~** spraviti, spravljati koga v obup

despairing [dispéəriŋ] *adj* (~ **ly** *adv*) obupen, obupan, brezupen

despatch [dispéč] glej **dispatch**

desperado [despərá:dou] *n* obupanec; brezvesten lopov; vročekrvnež, vratolomnež

desperate [déspərit] 1. *adj* (~ **ly** *adv*) obupen; drzen, vratolomen, brezobziren, grozen, strašen; 2. *adv fam* strašno, grozno, skrajno

desperateness [déspəritnis] *n* obupnost, obup
desperation [despəréišən] *n* (*of*) obupavanje, obup;
coll togota, besnost; **to drive to** ~ spraviti v
obup, raztogotiti
despicability [despikəbíliti] *n* prezirljivost, podlost,
odvratnost, priskutnost
despicable [déspikəbl] *adj* (**despicably** *adv*) pre-
zirljiv, zaničljiv, podel; odvraten, priskuten
despicableness [déspikəblnis] glej **despicability**
despisable [dispáizəbl] glej **despicable**
despise [dispáiz] *vt* prezirati, zaničevati
despite I [dispáit] *n* nevolja, jeza; trma, lokavost;
sovraštvo; *arch* zaničevanje; (**in**) ~ **of** kljub,
navzlic, ne glede na; **in one's own** ~ proti
svoji volji
despite II [dispáit] *prep* kljub, navzlic, ne glede na
despiteful [dispáitful] *adj* (~ **ly** *adv*) krut, hudoben,
zloben
despoil [dispóil] *vt* (*of*) opleniti, oropati
despoiler [dispóilə] *n* ropar, plenilec
despoilment [dispóilmənt] *n* ropanje, rop, plenitev;
oropanost
despoliation [dispouliéišən] *n* rop, oplenitev
despond [dispónd] **1.** *vi* kloniti; obupavati; **2.** *n*
arch obup, malodušje
despondence [dispóndəns] *n* obup, potrtost, pobi-
tost, malodušnost
despondency [dispóndənsi] glej **despondence**
despondent [dispóndənt] *adj* (~ **ly** *adv*) malosrčen,
obupan, potrt, pobit
despot [déspət] *n* samovladar, trinog, tiran
despotical [despótikəl] *adj* (~ **ly** *adv*) samovladen,
trinoški, tiranski
despotism [déspətizəm] *n* samodrštvo, nasilje, tira-
nija
despumate [déspjumeit, dispjú:meit] *vt & vi* posneti,
odstraniti peno; (tekočino) očistiti
desquamate [déskwəmeit] *vt & vi med* luščiti (se)
(koža)
desquamation [deskwəméišən] *n med* luščenje kože
desquamative [deskwǽmətiv] *adj med* ki povzroča
luščenje kože
desquamatory [deskwǽmətəri] glej **desquamative**
dessert [dizə́:t] *n* poobedek, posladek, dezert
destination [destinéišən] *n* določba; namen; naslov;
cilj potovanja, namemben kraj
destine [déstin] *vt* (*for; to*) določiti, določati; na-
meniti, napotiti; zaobljubiti; **it was** ~**d to**
tako je moralo biti
destiny [déstini] *n* usoda, neogibnost; **the Destinies**
sojenice
destitute I [déstitju:t] *adj* (~ **ly** *adv*) (*of*) brez sred-
stev, reven, obubožan; nebogljen, zapuščen;
~ **of s.th.** brez česa
destitute II [déstitju:t] *n* siromak, revež
destitution [destitjú:šən] *n* revščina, beda, po-
manjkanje; zapuščenost
destrier, destrer [déstriə, déstrə] *n arch* bojni konj
destroy [distrói] *vt* uničiti, (raz)rušiti; umoriti,
pokončati
destroyable [distróiəbl] *adj* uničljiv, razrušljiv
destroyer [distróiə] *n* morilec; vandal, uničevalec;
naut rušilec
destructibility [distrʌktibíliti] *n* uničljivost, raz
rušljivost
destructible [distrʌktəbl] *adj* uničljiv, razrušljiv

destruction [distrʌ́kšən] *n* razrušitev, uničenje,
opustošenje; propad; usmrtitev; vzrok propa-
da; **to work one's own** ~ povzročiti lasten pro-
pad
destructive I [distrʌ́ktiv] *adj* (~ **ly** *adv*) (*of, to*)
uničevalen, razdiralen, poguben, škodljiv; **to
be** ~ **of s.th.** uničiti, opustošiti kaj; *chem* ~
distillation suha destilacija
destructive II [distrʌ́ktiv] *n* uničevalec, zatiralec;
sredstvo za pokončavanje
destructiveness [distrʌ́ktivnis] *n* uničevalnost, po-
gubnost, razdiralnost
destructor [distrʌ́ktə] *n* glej **destroyer;** *techn* peč
za sežiganje mrličev
desudation [di:sjudéišən] *n med* močno potenje
desuetude [déswitju:d] *n* zastaranje, nerabnost; **to
pass** (ali **fall**) **into** ~ zastareti
desulphurize [disʌ́lfəraiz] *vt* očistiti žvepla
desultoriness [désəltərinis] *n* površnost, bežnost,
nenatančnost
desultory [désəltəri] *adj* (**desultorily** *adv*) bežen, ne-
povezan, površen; nenačrten
detach [ditǽč] *vt* (*from*) ločiti, izločiti, oddeliti,
odcepiti, odvezati, odsekati
detachable [ditǽčəbl] *adj* ločljiv; prost
detached [ditǽčt] *adj* ločen, oddeljen; posamezen;
nepristranski, neodvisen; objektiven; ~ **house**
enodružinska hiša; ~ **mind** nepristransko, ob-
jektivno mišljenje
detachment [ditǽčmənt] *n* ločitev, odcepitev; od-
delek, odred; vzvišenost; objektivnost; samo-
stojnost; nezanimanje, nezainteresiranost
detail I [ditéil] *vt* nadrobno razložiti, razlagati; (za
posebno delo) izbirati, določiti, določevati
detail II [dí:teil] *n* majhna skupina; posameznost,
nadrobnost; element; droben opravek; *A* poli-
cijski odred; **in** ~ nadrobno; **to go into** ~,
to come down into ~ podrobno obdelati; **down
to the smallest** ~ do najmanjših podrobnosti;
fam **a mere** ~ postranska stvar
detailed [dí:teild] *adj* nadroben, izčrpen
detain [ditéin] *vt* zadrž(ev)ati, ustaviti, ustavljati;
ovirati; *jur* pripreti
detainee [diteiní:] *n* pripornik
detainer [ditéinə] *n* pripor; nalog za podaljšanje
pripora
detainment [ditéinmənt] glej **detention**
detect [ditékt] *vt* odkriti, najti; zalotiti, zasačiti,
razkrinkati
detectable [ditéktəbl] *adj* ki ga je moči odkriti,
najti, zasačiti, razkrinkati
detection [ditékšən] *n* odkritje, razkrinkanje; **to
escape** ~ ne biti odkrit
detective I [ditéktiv] *adj* ki odkriva, detektivski;
~ **story** detektivka; ~ **force** tajna policija
detective II [ditéktiv] *n* tajni policist, detektiv
detectophone [ditéktəfoun] *n techn* prisluškovalna
naprava
detector [ditéktə] *n* odkrivalec; radijski sprejemnik,
detektor
detent [ditént] *n techn* ustavljač, kljuka, kaveljček
(zlasti v uri)
détente [detá:nt] *n pol* popuščanje napetosti
detention [diténšən] *n* pridrževanje; pripor; za-
plemba; odlog; ~ **barracks** vojaška ječa;
house of ~ pripor; ~ **camp** (ali **center**) inter-

nacijsko taborišče; ~ **colony** kazenska kolonija; **preventive** ~ pripor; **unlawful** ~ oropanje svobode

deter [ditə́:] *vt* (*from*) odvrniti; oplašiti, ostrašiti

deterge [ditə́:dž] *vt med* (rano) očistiti

detergent [ditə́:džənt] **1.** *adj med chem* čistilen, pralen; razkuževalen; **2.** *n* čistilo, pralno sredstvo; razkuževalo

deteriorate [ditíəriəreit] *vt & vi* (po)slabšati, (po)kvariti, (s)priditi (se); izroditi, izprevreči se

deterioration [ditiəriəréišən] *n* poslabšanje, kvarjenje, izroditev

deteriorative [ditíəriəreitiv] *adj* (~ **ly** *adv*) kvaren, poslabševalen

determent [ditə́:mənt] *n* strahovanje, svarilo; **for** ~ v svarilo

determinable [ditə́:minəbl] *adj* določljiv; *jur* časovno omejen

determinant [ditə́:minənt] **1.** *adj* določilen; odločilen; **2.** *n math* določilnica, determinanta

determinate [ditə́:minit] *adj* (~ **ly** *adv*) določen; trden, ustaljen; dokončan; odločilen

determination [ditə:minéišən] *n* določba; določnost; odločnost; **to come to the** ~ odločiti se; **man of** ~ odločnež

determinative I [ditə́:mineitiv] *adj* (~ **ly** *adv*) določilen, odločilen, odločujoč; omejevalen

determinative II [ditə́:mineitiv] *n* značilnost, karakteristika; *gram* determinativum

determine [ditə́:min] **1.** *vt* določiti, odločiti, dognati; končati; povzročiti; *jur* časovno omejiti; **2.** *vi* odločiti se, prenehati, končati se; **to be** ~**d to** odločno zahtevati; **to be** ~**d by s.th.** biti določen s čim

determined [ditə́:mind] *adj* (~ **ly** *adv*) odločen, trden, neomajen

determinism [ditə́:minizəm] *n phil* determinizem

determinist [ditə́:minist] *n phil* determinist(ka)

deterministic [ditə:minístik] *adj phil* (~ **ally** *adv*) determinističen

deterrence [ditérəns] *n* zastraševanje, svarilo, plašilo

deterrent [ditérənt] **1.** *adj* (~ **ly** *adv*) svarilen, oplašilen, zastraševalen; **2.** *n* svarilo, plašilo

detersive [ditə́:siv] glej **detergent**

detest [ditést] *vt* mrzeti, sovražiti; čutiti gnus

detestability [ditestəbíliti] *n* mrzkost, ostudnost, odvratnost, odurnost

detestable [ditéstəbl] *adj* (**detestably** *adv*) gnusen, ostuden, oduren, mrzek, zaničevanja vreden

detestableness [ditéstəblnis] glej **detestability**

detestation [ditestéišən] *n* stud, gnus; mržnja; **it is my** ~ gnusi se mi; **to have** (ali **hold**) **in** ~ čutiti gnus do, zgražati se nad

dethrone [diθróun] *vt* pahniti s prestola; *fig* vzeti komu oblast

dethronement [diθróunmənt] *n* pahnitev s prestola; *fig* odvzem oblasti

detinue [détinju:] *n arch jur* nezakonita prilastitev tujega premoženja; *jur* **action of** ~ tožba za vrnitev nezakonito prisvojitev premoženja

detonate [détouneit, dí:touneit] **1.** *vi* močno počiti, razpočiti se, eksplodirati; **2.** *vt* povzročiti eksplozijo, v zrak pognati

detonation [detounéišən, di:tounéišən] *n* razpok, detonacija, eksplozija, močan pok

detonative [détouneitiv] *adj* (~ **ly** *adv*) razpočen, eksploziven

detonator [détouneitə, dí:touneitə] *n* petarda, detonator; *rly* znamenje z razpočnikom

détour, detour [déituə, ditúə] *n* ovinek; obvoz; **to make a** ~ iti po ovinku, peljati se po obvozu

detract [ditrǽkt] *vt & vi* (*from*) odmakniti, odmikati; odvzeti, odtegniti, zmanjšati; prikrajš(ev)ati; oklevetati, obrekovati; podcenjevati; **to** ~ **from s.o.'s reputation** oklevetati koga

detraction [ditrǽkšən] *n* prikrajšanje, odvzem, odtegljaj, znižanje; kleveta(nje), obrekovanje

detractive [ditrǽktiv] *adj* (~ **ly** *adv*) prikrajševalen, zniževalen; kleveten, obrekljiv

detractor [ditrǽktə] *n* obrekovalec, -lka, klevetnik, -nica; *anat* mišica odteznica

detractory [ditrǽktəri] glej **detractive**

detrain [ditréin] *vt & vi* izložiti iz vlaka; izstopiti iz vlaka

detriment [détrimənt] *n* (*to* za) škoda, zguba; *pl* drobni članski prispevki; **to the** ~ **of s.o.** v škodo koga; **without** ~ **to** brez škode za

detrimental I [detriméntəl] *adj* (~ **ly** *adv*) škodljiv, poguben; **to be** ~ **to s.th., s.o.** biti škodljiv čemu, komu

detrimental II [detriméntəl] *n sl* nezaželen človek (zlasti snubec)

detrition [ditríšən] *n* obraba, odrgnjenje; *geol* razpad, denudacija

detritus [ditráitəs] *n geol* sipec, melišče, prod

detruncate [di:trʌ́ŋkeit] *vt* odrezati, oklestiti, okrniti

detumescence [di:tjumésns] *n med* opadanje otekline

deuce I [dju:s] **1.** *n* dvojka (karte, kocke); izenačenje točk (tenis) **2.** *vt* izenačiti (tenis)

deuce II [dju:s] *n eu coll* vrag; ~ **ace** smola; **a** ~ **of a mess** lepa godlja, huda zmeda; ~ **a bit** niti malo ne; **to play the** ~ **with** uničiti, pokvariti; **it will be the** ~ **to pay** to bo vrag; **the** ~**!** vraga!; ~ **take it** naj vrag vzame; **where** (**what**) **the** ~ kje (kaj) za vraga; **the** ~ **of a fellow** vražji dečko; **go to the** ~ solit se pojdi

deuced [dju:st, djúsid] **1.** *adj* vražji, presnet; **2.** *adv* presneto, hudo, vražje

deuterium [dju:tíəriəm] *n chem* devterij

devaluate [divǽljueit] *vt* razvrednotiti, devalvirati

devaluation [divæljuéišən] *n* razvrednotenje, devalvacija

devalue [divǽlju] glej **devaluate**

devastate [dévəsteit] *vt* (o)pustošiti, (o)pleniti

devastating [dévəsteitiŋ] *adj* (~ **ly** *adv*) opustoševalen, poguben; *fig* čudovit, veličasten

devastation [devəstéišən] *n* (o)plenitev, (o)pustošenje; *jur* poneverba premoženja

devastative [dévəsteitiv] *adj* (~ **ly** *adv*) plenilen, opustoševalen

devastator [dévəsteitə] *n* plenilec, -lka

devel [dévl] *Sc* **1.** *n* omamljiv udarec; **2.** *vt* močno udariti, lopniti

develler [dévlə] *n* boksar

develop [divéləp] **1.** *vt* razvijati; izdelovati, sestavljati, pripraviti, pripravljati; natanko razložiti, odkriti; *mil* začeti napad; nakopati si; **2.** *vi* razvijati se; povečati se; (do)zoreti; na dan priti

developer [divéləpə] *n* razvijalec (*photo*)

15*

developing [divéləpiŋ] *n* razvijanje

development [divéləpmənt] *n* razvoj, razvijanje, rast; izboljšanje; posledica; dogajanje; nove okoliščine; **to bring to a full** ~ popolnoma razviti

developmental [diveləpméntəl] *adj* (~ **ly** *adv*) razvojen; posledičen; ~ **diseases** bolezni, ki se pojavljajo v rasti, v razvoju

devest [divést] *vt obs* sleči; odvzeti, razveljaviti

deviate [dí:vieit] *vi & vt* (*from*) odkloniti, oddaljiti (se), v stran kreniti; odvesti, odpeljati

deviation [di:viéišən] *n* (*from*) odklon, oddaljitev; razlika, nepravilnost

deviator [dí:vieitə] *n* tisti, ki krene vstran

device [diváis] *n* načrt; naprava, priprava, mehanizem, sredstvo; geslo; izum; ročnost, trik, zvijača; alegorična predstavitev; **left to one's own** ~ **s** sam sebi prepuščen; **full of** ~ **s** znajdljiv

devil I [dévl] *n* vrag, hudobec, zli duh; hudobnež; nesrečnež, revež; stroj za trganje krp; močno začinjena jed; **between the** ~ **and the deep sea** med dvema ognjema, med Scilo in Karibdo; ~**'s advocate** zagovornik zla, tisti, ki dela medvedjo uslugo; **barrister's** ~ advokatov pomočnik; **the** ~ **a bit** niti malo ne; **blue** ~ otožnost; ~**'s bones** igralne kocke; ~**'s books** karte, hudičeve podobice; **what comes under the** ~**'s back, goes under his belly** kar si pridobimo po krivici, nam ne prinese koristi; kar hudič prikveka, nima teka; **to hold a candle to the** ~ pomagati hudobnežu, sodelovati pri zločinu; **the** ~ **may dance in his pocket** nima niti počenega groša; *zool coll* ~**'s darning needle** kačji pastir; ~**'s delight** pretep, prepir; **to give the** ~ **his due** biti komu pravičen (čeprav nam ne ugaja); **to kick up the** ~**'s delight** povzročiti veliko zmedo; **as the** ~ **likes Holy Water** sploh ne, prav nič; **the** ~**'s own luck** vražja sreča ali smola; **lucky** ~ srečnik, -nica; **needs must when the** ~ **drives** sila kola lomi; **a** ~ **of a go** vražja stvar; **the** ~ **of a** velikanski; ogromno, neznansko; **to paint the** ~ **blacker than he is** smatrati za slabše kakor je v resnici; risati hudiča na steno; **the** ~ **to pay** velika neprijetnost, splošno razburjenje; *mil sl* ~**'s piano** strojnica; **to play the** ~ **with** nevarno poškodovati, uničiti, slabo s kom ravnati; **poor** ~ revež; **printer's** ~ tiskarski vajenec; tiskarjev kurir; **pull** ~, **pull baker** glej pod **baker**; **to raise the** ~ razgrajati; **the** ~ **rebuking sin** sova sinici glavana pravi; ~**'s smiles** sončni žarki iz oblakov; ~ **on two sticks** diabolo (otroška igrača); **the** ~ **take the hindmost** bog je najprej sebi brado ustvaril; **talk of the** ~ **and he is sure to appear** ne kliči vraga; ~**'s tatoo** bobnanje s prsti po mizi

devil II [dévl] *vi & vt* garirati, ocvreti in začiniti; opravljati podrejeno delo za drugega; garati; trgati krpe (stroj); **to** ~ **s.o.** prisiliti koga, da gara za druge

devil-dodger [dévldɔdžə] *n fam* pridigar

devil-dog [dévldɔg] *n* nemški vzdevek za mornarico ZDA

devildom [dévldəm] *n* hudičevstvo

devil-fish [dévlfiš] *n zool* velika raža; hobotnica

devilish [déviliš] **1.** *adj* (~ **ly** *adv*) vražji, peklenski; **2.** *adv coll* vražje, zelo, skrajno

devilkin [dévlkin] *n* vragec, hudiček

devil-may-care [dévlmeikéə] *adj* lahkomiseln, brezskrben, brezbrižen; drzen

devilment [dévlmənt] *n* vragolija, hudobija

devilry [dévlri] *n* vragi; vragolija, hudobija; predrznost

devious [dí:viəs] *adj* (~ **ly** *adv*) ovinkast, kriv; oddaljen; bloden; neodkrit, nepošten; ~ **paths** stranpota; ~ **step** spodrsljaj

deviousness [dí:viəsnis] *n* ovinkarstvo; neodkritost

devisable [diváizəbl] *adj* ki se da izumiti, izmisliti; ki ga je moči zapustiti, podedljiv

devise I [diváiz] *vt* izmisliti, izmišljati, izumiti; zapustiti v oporoki; nameravati

devise II [diváiz] *n* oporoka, volilo

devisee [devizí:] *n* dedič, dedinja (po oporoki)

deviser [diváizə] *n* izumitelj; avtor, početnik; zapustnik

devisor [divizó:] *n* zapustnik

devitalize [di:váitəlaiz] *vt* omrtvičiti; oslabiti

devoid [divóid] *pred adj* (*of*) prazen, oropan; ~ **of** brez; ~ **of fear** neustrašen; ~ **of all feelings** brezčuten; ~ **of understanding** neuvideven

devoir [déwva:] *n* dolžnost; *pl* vljudnost, pozornost; **to pay one's** ~ **s to s.o.** pokloniti se komu

devolute [di:vəljú:t] glej **devolve**

devolution [di:vəljú:šən] *n* potek; (*on*) *jur* prenos; *biol* postopno slabšanje, propadanje, degeneracija

devolve [divólv] **1.** *vt* (*on, upon*) prenesti, zvaliti; **2.** *vi* preiti, pripasti; **it** ~ **s on me** moja naloga je; **to** ~ **out of** razviti se iz

Devonian [devóuniən] **1.** *adj geol* devonski; **2.** *n* Devonec

devote [divóut] *vt* (*to*) posvetiti se; odrediti; žrtvovati; **to** ~ **o.s. to s.th.** ukvarjati se s čim; vdajati se čemu

devoted [divóutid] *adj* (~ **ly** *adv*) (*to*) vdan, zvest, podvržen, navdušen; obsojen; **his is a** ~ **head** obsojen je na propad

devotedness [divóutidnis] *n* vdanost, zvestoba, privrženost

devotee [devoutí:] *n* častilec, -lka, oboževatelj(ica); pobožnjak(inja)

devotion [divóušən] *n* vdanost; pobožnost; posvetitev; požrtvovalnost; *pl* molitve; **to be at one's** ~ **s** moliti

devotional [divóušənl] *adj* pobožen, bogaboječ

devour [diváuə] *vt* pogoltniti, goltati, (po)žreti, pohrustati; *fig* uničiti, pobrati; *poet* **to** ~ **the way** brzeti, hiteti

devourer [diváurə] *n* požeruh

devouring [diváuriŋ] *adj* (~ **ly** *adv*) požrešen; koprneč, goreč; ~ **curiosity** velika radovednost

devout [diváut] *adj* (~ **ly** *adv*) pobožen; resen; odkrit, iskren; prizadeven, goreč

devoutness [diváutnis] *n* pobožnost; odkritost, iskrenost; gorečnost, prizadevnost

dew I [dju:] *n* rosa, deževna kaplja; *poet* solze; *poet* svežost; ~ **of youth** cvet mladosti; *coll* **mountain** ~ (nezakonito) destiliran whisky; **the** ~ **is falling** rosi

dew II [dju:] *vt & vi* orositi (se); *poet* ovlažiti

dewberry [djú:beri] *n bot* ostrožnica

dew-claw [djú:klə:] *n* krnjav prst na nogi nekaterih živali (srne, goveda, psa)

dew-drop [djú:drɔp] *n* rosna kapljica
dew-fall [djú:fɔ:l] *n* večer (ko pada rosa)
dewiness [djú:inis] *n* rosnost, orošenost
dewlap [djú:læp] *n* kožna guba, mesnati izrastek; *fam* podbradek
dewless [djú:lis] *adj* brez rose
dew-point [djú:pɔint] *n* rosišče
dew-pond [djú:pɔnd] *n* umetno jezerce
dew-ret [djú:ret] *vt* z roso vlažiti
dew-worm [djú:wɔ:m] *n zool* deževnik (črv)
dewy [djú:i] *adj* (**dewily** *adv*) rosen, orošen; kakor rosa
dexter [dékster] *adj* desen; *obs* ugoden
dexterity [dekstériti] *n* spretnost, ročnost, urnost; desničarstvo, uporaba desne roke
dext(e)rous [dékstrəs] *adj* (~ **ly** *adv*) spreten, ročen, uren; desničarski
dext(e)rousness [dékstrəsnis] glej **dexterity**
dextral [dékstrəl] *adj* desničarski; *phys* desnosučen
dextrin(e) [dékstrin] *n chem* škrobovina, dekstrin
dextrose [dékstrous] *n chem* grozdni sladkor, dekstroza
dhow [dau] *n* vrsta arabskega čolna
di- [dai] *pref* dvo-, dvojen
diabase [dáiəbeis] *n min* diabaz
diabetes [daiəbí:ti:z] *n mèd* sladkorna bolezen
diabetic [daiəbétik] **1.** *adj* sladkoren, diabetičen; **2.** *n* sladkorni bolnik, diabetik
diablerie, diablery [diá:bləri] *n* vragolija, hudobija; čarovnija
diabolic [daiəbólik] *adj* (~ **ally** *adv*) vražji, peklenski; krut
diabolism [daiǽbəlizəm] *n* diabolizem; čaranje; surovost, zloba; obsedenost
diabolist [daiǽbəlist] *n* čarovnik, -nica
diabolize [daiǽbəlaiz] *vt* narediti koga za vraga; predstaviti kot vraga
diabolo [diá:bəlou] *n* diabolo (otroška igrača)
diaconal [daiǽkənl] *adj* diakonski
diaconate [daiǽkənit] *n* diakonat
diacritic [daiəkrítik] *n* diakritični znak
diacritical [daiəkrítikəl] *adj* (~ **ly** *adv*) razločevalen, diakritičen; ~ **marks** (ali **signs**) diakritični znaki
diadem [dáiədem] *n* načelek, krona; *fig* visočanstvo; *zool* ~ **spider** križavec
diaeresis, *pl* **diaereses** [daiíərəsis, daiíərəsi:z] *n gram* diareza
diagnose [dáiəgnouz] *vt med* spoznati bolezen, diagnosticirati
diagnosis, *pl* **diagnoses** [daiəgnóusis, daiəgnóusi:z] *n med* spoznanje bolezni, diagnoza
diagnostic I [daiəgnóstik] *adj* (~ **ally** *adv*) *med* diagnostičen
diagnostic II [daiəgnóstik] *n med* simptom; ~ **s** diagnostika
diagnosticate [daiəgnóstikeit] glej **diagnose**
diagonal [daiǽgənl] **1.** *adj* (~ **ly** *adv*) poprečen, poševen, diagonalen; **2.** *n* poprečnica, diagonala
diagram [dáiəgræm] *n* naris, oris, diagram, shema
diagrammatic [daiəgrəmǽtik] *adj* (~ **ally** *adv*) diagramski, shematičen, grafičen
diagrammatize [daiəgrǽmətaiz] *vt* prikazati z diagramom, grafično

dial I [dáiəl] *n* sončna ura; številčnica; kazalo; rudarski kompas; *sl* okrogel obraz; ~ **tone** (ali **note**) *teleph* znak, da je linija prosta
dial II [dáiəl] *vt teleph* zavrteti številko; označiti na številčnici aparata
dialect [dáiəlekt] *n* narečje
dialectal [daiəléktl] *adj* (~ **ly** *adv*) narečen
dialectic [daiəléktik] **1.** *adj* (~ **ally** *adv*) dialektičen; **2.** *n phil* ~, ~ **s** dialektika
dialectician [daiəlektíšən] *n* dialektik
dialectologist [daiəlektólədžist] *n* dialektolog(inja)
dialectology [daiəlektólədži] *n* nauk o narečjih
dialling-tone [dáiəliŋtoun] *n teleph* klicni znak
dialogic [daiəlódžik] *adj* dialogičen
dialogue (*A* tudi **dialog**) [dáiəlɔg] **1.** *n* dvogovor; **2.** *vi* pogovarjati se
dial-plate [dáiəlpleit] *n teleph* številčnica; kazalo (na uri)
dial-system [dáiəlsistəm] *n teleph* sistem avtomatskega vezanja
dial-telephone [dáiəltelifoun] *n* avtomatski telefon
dialyse [dáiəlaiz] *vt* ločiti kristale od koloidov, dializirati
dialyser [dáiəlaizə] *n* dializator
dialysis [daiǽlisis] *n* dializa
diameter [daiǽmitə] *n* premer; **in** ~ v premeru
diametral [daiǽmitrəl] *adj* (~ **ly** *adv*) poprečen
diametrical [daiəmétrikəl] *adj* (~ **ly** *adv*) premerski; nasproti ležeč; ~ **ly opposed** čisto nasproten
diamond I [dáiəmənd] *n min* diamant, demant; *math* romb; karo (karte); *print* vrsta črk; *A* baseballsko igrišče; *pl* poševno sečišče dveh prog; ~ **cut** ~, ~ **against** ~ zvijača proti zvijači, kosa na kamen; ~ **cut into angles** briljant; **cutting** ~, **glazier's** ~ steklarski demant; **English** ~ **s**, **black** ~ **s** črni premog; *fig* **rough** ~ neolikan, a pošten človek; **a small** ~ karta nizke vrednosti; ~ **of the first water** najboljše vrste
diamond II [dáiəmənd] *adj* demanten; *A* **Diamond State** Delaware
diamond III [dáiəmənd] *vt* (o)krasiti z demanti
diamond-back [dáiəməndbæk] *n zool* vrsta vešče; vrsta želve
diamond-field [dáiməndfi:ld] *n* demantno polje
diamondiferous [daiəməndífərəs] *adj* ki vsebuje demante
diamond-point [dáiəməndpɔint] *n pl* demantno rezilo za graviranje; *rly* železniško križišče
diamond-shaped [dáiəməndšeipt] *adj* rombičen
diamond-snake [dáiəməndsneik] *n zool* vrsta tasmanske in avstralske kače
diamond-wedding [dáiəməndwediŋ] *n* 60. obletnica poroke
diapason [daiəpéisn] *n mus* obseg glasu ali glasbila; *obs* harmonija; glasbene vilice ali piščalka
diaper [dáiəpə] **1.** *n* kockasto platno; plenica; vložek; **2.** *adj* vzorčast, kockast; **3.** *vt A* zaviti v plenice
diaphanous [daiǽfənəs] *adj* prozoren, prosojen
diaphoretic [daiəfɔrétik] *med* **1.** *adj* znojilen; **2.** *n* znojilo
diaphragm [dáiəfræm] *n anat* prepona; opna; *techn* zaslonka, zaslonilo
diaphragmatic [daiəfrægmǽtik] *adj med* preponski, openski

diapositive [daiəpózitiv] *n photo* diapozitiv

diarchy [dáia:ki] *n* dvovladje, diarhija

diarist [dáiərist] *n* pisec dnevnika

diarize [dáiəraiz] *vt* pisati dnevnik

dirrhoea, -hea [daiəríə] *n med* driska

diary [dáiəri] *n* dnevnik; žepni koledarček; **to keep a ~** pisati dnevnik

diaspora [daiǽspərə] *n* razsejanost po krajih, diaspora

diastase [dáiəsteis] *n chem* diastaza

diastole [daiǽstəli] *n med* diastola

diathermanous [daiəθó:mənəs] glej **diathermic**

diathermic [daiəθó:mik] *adj* (~ **ally** *adv*) diatermičen

diathermy [daiǽθə:mi] *n* diatermija

diathesis [daiǽθisis] *n med* konstitucijsko nagnjenje k bolezni, diateza

diatom [dáiətəm] *n bot* diatomeja (alga)

diatomaceous [daiətəméišəs] *adj* poln diatomej

diatomic [daiətómik] *adj chem* dvoatomski

diatonic [daiətónik] *adj* (~ **ally** *adv*) *mus* diatoničen

diatribe [dáiətraib] *n* žolčen govor, hruljenje; protest

diatribist [daiətráibist] *n* napadalen kritik

dib I [dib] *n* sadilo, sadilni klin; *sl* kovanec; *pl* denar; *pl* igra s kamenčki, s koščicami, žetoni; **to be after the ~s** biti lakomen denarja

dib II [dib] *vi* spustiti trnek v vodo

dibble [díbl] **1.** *n* sadilo, sadilni klin, klin za pikiranje; **2.** *vt* saditi; pikirati

dibbling [díbliŋ] *n* pikiranje; sajenje

dibhole [díhoul] *n* jama v rovu za odvečno vodo

dice I [dais] *n pl* (*sg* **die**) kocke; **to lose everything at ~** s kockanjem vse zgubiti; **the ~ are loaded against the poor** revežu sreča ni naklonjena; **no ~** nesmiselno, jalovo, nekoristno

dice II [dais] *vt & vi* kockati; zgubiti (pri kockanju); zrezati v kocke

dice-box [dáisbɔks] *n* čaša za metanje kock; *techn* **~ insulator** porcelanski izolator

dice-game [dáisgeim] *n* kockanje

dicing [dáisiŋ] glej **dice-game**

dicephalous [daiséfələs] *adj* dvoglav

dicer [dáisə] *n* kockar

diccy [dáisi] *adj* riskanten, tvegan, nekoliko »divji«

dichotomize [daikótəmaiz] *vt* razcepiti

dichotomy [daikótəmi] *n bot fig* cepljenje

dichromatic [daikrounmǽtik] *adj* dvobarven

dichromic [daikrómik] *adj* ki loči samo dve barvi

dick I [dik] *A sl* stražar; vohun; jahačev bič

dick II [dik] *n sl* **to take one's ~** rotiti se, zatrjevati; **up to ~** imeniten

dickens [díkinz] *n coll* vrag; **the ~!** presneto!; **what the ~** kaj za vraga; **why the ~** zakaj za vraga

dicker I [díkə] *n com* deset kosov kože; *A* menjalna trgovina; mešetarjenje

dicker II [díkə] *vi* mešetariti, barantati, zamenjavati blago za blago

dick(e)y [díki] *n coll* osel; kozel na kočiji; sedež za služabnika zadaj na kočiji; predpasnik; otroški prtiček; prsi, naprsnik (na srajci); vstavek, vložek; zložljiv sedež v avtu; **it's all ~ with him** z njim je konec

dicky [díki] *adj sl* majav; bolehen; nezanesljiv

dicky-bird [díkibə:d] *n* ptičica, tiček; *sl* uš

dictaphone [díktəfoun] *n* diktafon

dictate I [díkteit] *n* ukaz, zapoved, opomin; diktat, narek

dictate II [diktéit] *vt & vi* narekovati, diktirati; ukazovati, zapovedovati

dictation [diktéišən] *n* narek, diktat; **to write from ~** pisati po diktatu

dictator [diktéitə] *n* narekovalec; samovoljni vladar, diktator

dictatorial [diktətó:riəl] *adj* (~ **ly** *adv*) nasilen, diktatorski, tiranski

dictatory [diktéitəri] *adj* (**dictatorily** *adv*) glej **dictatorial**

dictatrix [diktéitriks] *n* diktatorka, samovoljna vladarica

diction [díkšən] *n* slog, jezik, izražanje, dikcija

dictionary [díkšənri] *n* besednjak, slovar; *fig* **living** (ali **walking**) ~ vseved

dictum, *pl* dicta [díktəm, díktə] *n* izrek, pregovor; mnenje; sodnikova izjava

did [did] *pt* od **do**

didactic [didǽktik] *adj* (~ **ally** *adv*) poučen; učiteljski

didactics [didǽktiks] *n pl* didaktika, ukoslovje

didapper [dáidæpə] *n zool* mali ponirek

didder [dídə] glej **dither**

diddle [dídl] *vi & vt coll* majati, zibati se; *sl* slepariti, varati; **to ~ s.o. out of his money** oslepariti koga za denar

didn't [didnt] *coll* za **did not**

dido [dáidou] *n coll* norčija, šala; kozolec; **to cut ~es** prevračati kozolce

didst [didst] *arch* 2. *per sg pt* od **do**

die I [dai] *vi* (*of* od, zaradi) umreti, izdihniti, poginiti; ugasniti, ugašati; umiriti se; (o)veneti; *coll* hrepeneti; **to ~ in one's boots, to ~ with the boots** (ali **shoes**) **on** umreti nasilne smrti; **to ~ in the last ditch** vzdržati do konca; **to ~ game** hrabro umreti; ostati zvest; **to ~ hard** biti trdoživ; **to ~ in harness** umreti sredi dela; **to ~ in one's bed** umreti naravne smrti; **never say ~** nikoli ne obupuj; **to be dying for s.th.** hrepeneti po čem; **to ~ by one's hand** narediti samomor; **to ~ of laughing** počiti od smeha; **a ~ wish** zadnja želja (pred smrtjo); **were I to ~ for it** četudi bi moral z življenjem poplačati

die away *vi* slabeti, zamirati; poleči se; ugasniti

die down *vi* pojemati, ugašati, slabeti, propadati

die off *vi* izumirati, izumreti, slabeti; ugašati; propadati

die out *vi* glej **to die off**

die II [dai] *n* matrica, vrezilo

die III [dai] *pl* **dice** [dai, dais] *n* igralna kocka; **the ~ is cast** kocka je padla, nazaj ni poti; **as straight as a ~** čisto raven; velik poštenjak; **upon the ~** na kocki, v nevarnosti; **to risk all on a turn** (ali **the throw**) **of a ~** vse staviti, vse prepustiti naključju; **the dice are loaded against him** nima sreče, usoda mu ni naklonjena

die-away [dáiəwei] *adj* sentimentalen, afektiran, pretiran

die-hard [dáiha:d] **1.** *adj* trdoživ, trmast, nepopustljiv; **2.** *n* nepopustljiv politik; *E* skrajen konservativec

dielectric [daiiléktrik] **1.** *adj el* izolacijski; **2.** *n el* izolator

dies [dáii:z] *n* dan; ~ **irae** [í:ri:] sodni dan; ~ **non**
dan, ko sodišče ne deluje
diesel (engine) [dí:zəl (endžin)] *n* dieselski stroj;
~ **generating set** dieselski agregat
die-sinker [dáisiŋkə] *n* graver, pečatar
die-stamper [dáistæmpə] glej **die-sinker**
diet I [dáiət] *n* predpisano hranjenje, dieta; **to be**
on ~ dietetično se hraniti; **to put on a** ~ pred-
pisati dieto; **full** ~ obilna hrana; **low** ~ pičla
hrana
diet II [dáiət] *vt & vi* predpisati dieto; dietetično
se hraniti, zmerno jesti
diet III [dáiət] *n* državni zbor, skupščina, kongres
dietary [dáiətəri] **1.** *adj* dietetičen; **2.** *n* predpisana
hrana; dnevni obrok hrane
dietetic [daiitétik] *adj* (~ **ally** *adv*) *med* dietetičen
dietician, dietitian [daiitíšən] *n* strokovnjak za
dietetiko, za pravilno prehrano
dietetics [daiitétiks] *n pl* dietetika
dietist [dáiitist] glej **dietician**
differ [dífə] *vt* (*from*) razlikovati se; pričkati, pre-
pirati se, ne se strinjati, ne privoliti; **tastes** ~
okusi so različni; **I beg to** ~ oprostite, ne stri-
njam se; **let's agree to** ~ naj ostane vsak pri
svojem mnenju
difference [dífrəns] *n* (*between*) razlika, razloček;
spor, prepir; *math* ostanek; **to split the** ~ spo-
razumeti, spraviti se; **it makes no** ~ nič ne de;
to have ~s ne se strinjati; **it makes all the** ~ **in**
the world to je zelo pametno
different [dífrənt] *adj* (~ **ly** *adv*) (*from*) različen,
drugačen, drugovrsten, nepodoben; nenavaden;
in a ~ **way** drugače; **as** ~ **as chalk from**
cheese ko noč in dan (različen)
differential I [difərénšəl] *n math* diferencial; *mot*
menjalnik
differential II [difərénšəl] *adj* diferencialen, razli-
kovalen; ~ **calculus** diferencialni račun; ~ **gear**
menjalnik, diferencial
differenciate [difərénšieit] **1.** *vt* (*between*) razliko-
vati, razločevati; **2.** *vi* (*from*) razlikovati se;
spreminjati obliko
differentiation [difərenšiéišən] *n* razlikovanje, raz-
ločevanje, diferenciacija; sprememba oblike
difficile [dífisi:l] *adj* težaven; muhast; občutljiv;
zahteven
difficult [dífikəlt] *adj* (~ **ly** *adv*) težaven, težek;
muhast, nepopustljiv; ~ **of access** težko dosto-
pen; ~ **to fulfil** ki ga je težko izpolniti
difficulty [dífikəlti] *n* težava, težavnost; zadrega;
A pl nesoglasje; **to make** (ali **raise**) **difficulties**
povzročati težave, ugovarjati; **with** ~ težko,
komaj; **to be in difficulties for money** biti v de-
narni stiski; **to throw difficulties in s.o.'s way**
delati komu težave; **to come up** (ali **experience**)
a ~ naleteti na težavo
diffidence [dífidəns] *n* nezaupanje v samega sebe,
plašnost, boječnost, skromnost
diffident [dífidənt] *adj* (~ **ly** *adv*) (*of*) plah, boječ
skromen; ki si ne zaupa; **to be** ~ **in doing s.th.**
bati se kaj storiti
difformed [difó:md] *adj* pokvečen, spačen, po-
habljen
diffluent [dífluənt] *adj* ki se razliva v razne smeri
diffract [difrækt] *vt* lomiti (žarke)
diffraction [difrǽkšən] *n* lom (žarkov)

diffractive [difrǽktiv] *adj* (~ **ly** *adv*) ki lomi, lomen
diffuse I [difjú:z] *vt & vi* razli(va)ti, raztres(a)ti,
razpršiti (se), (raz)širiti (se); mešati
diffuse II [difjú:s] *adj* (~ **ly** *adv*) razpršen, razkrop-
ljen; obširen, dolgovezen
diffusible [difjú:zəbl] *adj* razpršljiv, razširljiv
diffusion [difjú:žən] *n* razpršitev; razširjenost; dol-
goveznost
diffusive [difjú:ziv] *adj* (~ **ly** *adv*) širilen, razprši-
len; dolgovezen
dig* I [dig] *vt & vi* kopati, izkopati, (iz)dolbsti; riti;
suniti; raziskovati, preučevati; *A sl* vneto delati,
guliti se; **to** ~ **at s.o.** zbadati koga; **to** ~ **in**
the ribs suniti med rebra; **to** ~ **a pit for s.o.**
kopati komu jamo, grob; **to** ~ **one's way** krčiti
si pot
dig down *vt* zakopati pod kaj; spodkopati
dig for *vt* iskati, stikati po čem
dig in *vt & vi* zakopati; **to dig o.s. in** *mil* zakopati
se, utrditi se z okopi
dig into *vi* prodreti; *fig* posegati v kaj; *fig* zba-
dati; vneto iskati ali delati
dig out *vt* izkopa(va)ti; *fig* izbrskati
dig through *vi* predreti, prekopati, prebiti se;
fam stanovati
dig up *vt* prekopati, globoko orati, rigolati; *fig*
odkriti; *A sl* dobiti (denar)
dig II [dig] *n* kopanje; arheološko izkopavanje;
A sl garanje, guljenje; sunek; *fig* zbadanje, po-
smeh; *A sl* gulež; **to have a** ~ **at** nekaj posku-
siti; zbadljivo o kom pisati ali govoriti
digamist [dígəmist] *n* drugič poročena oseba
digamy [dígəmi] *n* drugi zakon
digenesis [daidžénisis] *n biol* zaporedno spolno ali
nespolno razmnoževanje
digest I [didžést] **1.** *vt* prebaviti, prebavljati; pre-
bole(va)ti; potrpeti; preudariti, preudarjati; na-
rediti izvleček; *chem* asimilirati, raztopiti; **2.** *vi*
raztopiti se; prebaviti se; **to** ~ **one's anger**
požreti jezo
digest II [dáidžəst] *n* izvleček, pregled; zbirka za-
konov, pandekte; zbirka kratkih izvlečkov
digester [dáidžestə] *n* urejevalec izvlečkov; Papi-
nov lonec
digestibility [daidžestəbíliti] *n* prebavljivost
digestible [daidžéstəbl] *adj* (**digestibly** *adv*) pre-
bavljiv
digestion [didžéščən] *n* prebava, prebavljanje; *chem*
presnova; kuhanje v Papinovem loncu; razpad
snovi v odpadnem kanalu; **good** ~ dober že-
lodec, dobra prebava; **hard of** ~ težko pre-
bavljiv
digestive I [didžéstiv] *adj* (~ **ly** *adv*) prebaven;
~ **organs** prebavila; ~ **biscuits** lahko prebav-
ljivi keksi
digestive II [didžéstiv] *n med* sredstvo za pospeši-
tev prebave; tampon za vsrkavanje gnoja iz
rane
digger [dígə] *n* kopač; *sl* Avstralec; lopata, motika;
grave-~ grobar; **gold-**~ zlatokop
diggings [díginz] *n pl* zlati rudnik, nahajališče
demantov; *coll* stanovanje; bajta
dight [dait] **1.** *vt arch* okrasiti; obleči, oblačiti;
(na)lišpati; **2.** *adj* okrašen
digit [dídžit] *n anat* prst; širina prsta (kot mera);
math številka od 0 do 9; enica

digital [dídžitəl] 1. *adj* prsten; 2. *n* tipka; *hum* prst
digitalis [didžitéilis] *n bot* naprstec; *med* digitalis
digitate [dídžiteit] *adj zool* ki ima prste; *bot* prstne oblike
digitigrade [dídžitigreid] *adj* ki hodi po prstih
dignified [dígnifaid] *adj* dostojanstven, veličasten, vzvišen
dignify [dígnifai] *vt* oplemenititi, počastiti; poveličevati; odlikovati
dignitary [dígnitəri] *n* dostojanstvenik; prelat
dignity [dígniti] *n* dostojanstvo; čin; visok položaj; *astr* pomemben položaj planeta; **to stand on one's** ~ kazati svojo vzvišenost; **beneath one's** ~ pod častjo koga
digraph [dáigra:f] *n gram* dve črki, ki se izgovarjata kot en glas (npr. sh, oo)
digress [daigrés] *vi* zaiti, vstran kreniti; oddaljiti se, ne ostati pri stvari, skreniti
digression [daigréšən] *n* oddaljitev, odmik, skrenitev; razpravljanje o postranskih stvareh; pregrešek
digressional [daigréšənl] *adj* (~ly *adv*) glej digressive
digressive [daigrésiv] *adj* (~ly *adv*) ki krene vstran; ki ne ostane pri stvari
digs [digz] *n pl coll* stanovanje
digue [di:g] glej dike
dike I [daik] *n* nasip, jez; jarek; *geol* žila; *fig* ovira
dike II [daik] *vt* zgraditi nasip; zajeziti
dike-reeve [dáikrí:v] *n* nadzornik nasipov, jezov
dike-rock [dáikrók] *n geol* jalovina
dilapidate [diláépideit] 1. *vt* razrahljati, pustiti propasti, razrušiti, uničiti; zapraviti; 2. *vi* razpasti, propasti, prepereti; razrahljati se
dilapidated [diláépideitid] *adj* razrušen, razdejan, razpadel, preperel; razrahljan; zanemarjen
dilapidation [diláépidéišən] *n* razpadanje, razrahljanost; propad, razsulo
dilatability [daileitəbíliti] *n* raztegljivost, rakteznost; prožnost
dilatable [dailéitəbl] *adj* raztegljiv, raztezen; prožen
dilatancy [dailéitənsi] *n* rakteznost, raztegljivost, prožnost
dilatation [daileitéišən] *n* širjenje, raztezanje
dilatative [dailéitətiv] *adj* (~ly *adv*) raztezen, raztegljiv, razvlečen
dilate [dailéit] *vt & vi* raztegniti, razširiti, razprostreti (se); *fig* (on, upon) na dolgo in široko razlagati
dilated [dailéitid] *adj* (~ly *adv*) raztegnjen; (pre)obširen
dilation [dailéišən] glej dilatation
dilative [dailéitiv] glej dilatative
dilator [dailéitə] *n* iztegovalec; *anat* (mišica) iztegovalka
dilatoriness [dílətərinis] *n* počasnost, zamuda, zakasnelost
dilatory [dílətəri] *adj* (dilatorily *adv*) počasen, zamuden, mudljiv; zakasnel
dilemma [dilémə] *n* zadrega, precep, dilema; **on the horns of** ~ v precepu, v škripcih, v hudi zadregi
dilettante, *pl* dilettanti I [dilitáénti, dilitáénti:] *n* diletant, amater, ljubitelj umetnosti; nestrokovnjak

dilettante II [dilitáénti] *adj* diletantski, amaterski, nestrokoven
dilettantish [dilitáéntiš] *adj* (~ly *adv*) diletantski, amaterski
dilettantism [dilitáéntizəm] *n* diletantizem, amaterstvo
diligence I [dílidžəns] *n* marljivost, pridnost, delavnost, prizadevnost, vztrajnost
diligence II [diližá:ns] *n* poštni voz
diligent [dílidžənt] *adj* (~ly *adv*) marljiv, priden, prizadeven, delaven, vztrajen
dill [dil] *n bot* koper
dilly-dally [dílidæli] *vi coll* tratiti čas, cincati, norčije uganjati
diluent [díljuənt] 1. *adj chem* razredčevalen; 2. *n* razredčilo
dilute I [dailjú:t] *vt* (raz)redčiti; (o)slabiti; zvodeniti; **to** ~ **labour** sprejeti v službo nekvalificirane delavce namesto kvalificiranih
dilute II [dailjú:t] *adj chem* razredčen; izpran (barva); redek; slaboten
diluted [dailjú:tid] *adj* oslabljen, razredčen, zvodenel
dilutee [dailju:tí:] *n* nekvalificiran delavec med kvalificiranimi
diluter [dailjú:tə] *n* razredčilo
dilution [dailjú:šən] *n* razredčitev, redčenje; slabitev; ~ **of labour** nadomestitev dela kvalificiranih delavcev z nekvalificiranimi
diluvial [dailú:viəl] *adj* (~ly *adv*) potopen, diluvialen
diluvian [dailú:viən] *adj geol* diluvialen
diluvium [dailú:viəm] *n geol* diluvij
dim I [dim] *vi & vt* zatemniti, zakaliti, zamegliti (se); zasenčiti luči
dim II [dim] *adj* (~ly *adv*) temen, mračen, moten, meglen, nejasen; bled; *sl* bedast; pesimističen; **to take a** ~ **view** pesimistično, skeptično gledati; **to** ~ **out** delno zatemniti
dime [daim] *n A* kovanec 10 centov; **to have dollars and** ~s biti premožen; ~ **novel** cenen, malovreden roman; **not to care a** ~ nič ne marati; *coll* **a** ~ **a dozen** skoraj zastonj
dimension [diménšən] *n* mera, obseg, razsežnost, dimenzija; *A* ~ **work** zgradba iz kamnov določene velikosti; **the three** ~s stereoskopski kino
dimensional [diménšənl] *adj* (~ly *adv*) dimenzijski, razsežen
dimerous [dímərəs] *adj* dvodelen
dimidiate I [dimídiit] *vt* razpolovljen, dvodelen; le na pol razvit
dimidiate II [dimídieit] *vt* razpoloviti
dimidiation [dimidiéišən] *n* razpolovitev, 50 odstotna redukcija
diminish [dímíniš] *vt & vi* (z)manjšati, (s)tanjšati, (z)ožiti (se); pojemati; *mus* ~ **ed interval** zmanjšani interval
diminishable [dímíniš-bl] *adj* ki se da zmanjšati, stanjšati, oslabiti
diminution [diminjú:šən] *n* manjšanje, pojemanje, tanjšanje, zožitev
diminutive [dimínjutiv] 1. *adj* majčken, droben; pomanjševalen; 2. *n gram* pomanjševalnica, deminutiv
deminutiveness [dimínjutivnis] *n* drobčkenost, majčkenost

dimity [dímiti] *n* vrsta bombažnega blaga, keper
dimmer [dímə] *n* senčnik
dimmish [dímiš] *adj* precej temen, otemnjen
dimness [dímnis] *n* tema, motnost
dimorphic [daimó:fik] *adj chem biol* dvoličen, dimorfen
dimorphism [daimó:fizəm] *n* dvoličnost, dimorfizem
dimorphous [daimó:fəs] glej dimorphic
dim-out [dímáut] *n* zatemnitev
dimple I [dímpl] *n* lična jamica; drobni valovi
dimple II [dímpl] *vi & vt* jamice tvoriti; jariti vodno površino; ~d face obraz z jamicama
dimply [dímply] *adj* jamičast
dimwit [dímwit] *n sl* tepec, butec
dimwitted [dímwitid] *adj sl* trapast, neumen
din I [din] ropot, trušč, hrup; clashing ~ rožljanje, žvenket
din II [din] *vt & vi* ropotati; oglušiti; to ~ into s.o. ears trobiti komu na ušesa
dinar [dí:na:] *n* dinar; *hist* bizantinski zlat novec
dinaric [dinǽrik] *adj* dinarski; ~ race dinarska rasa
dindle [dín(d)l] 1. *vt & vi* žvenkljati; drgetati; 2. *n* žvenkljanje; drget
dine [dain] *vi & vt* kositi, večerjati; gostiti s kosilom ali večerjo; to ~ on imeti za kosilo ali večerjo; to ~ with Duke Humphrey ne imeti nič jesti, stradati; to ~ off (ali on) cold meat imeti za kosilo (večerjo) hladno meso; to ~ with s.o. jesti pri kom; to ~ out kositi zunaj doma; *sl* iti lačen spat
diner [dáinə] *n* obednik; prisklednik; *coll* jedilni voz
diner-out [dáinəraut] *n* tisti ki redkokdaj kosi doma
ding [diŋ] *vi & vt* zvoniti, doneti, ropotati; *coll* nenehno govoriti; *coll* zabičati; to ~ into s.o.'s ears trobiti komu na ušesa
ding-dong I [diŋdóŋ] 1. *n* zvonjenje; 2. *int* bim bam
ding-dong II [díŋdóŋ] *adj* enoličen; ritmičen; oglušujoč; a ~ race neodločena tekma
ding-dong III [díŋdóŋ] *adv* enolično; oglušujoče; to go at it ~ energično se lotiti
dinge [dindž] *n A sl* ne-belec
dinghy, dingey, dingy [díŋgi] *n* čolnič, barčica, veslača
dinginess [díndžinis] *n* umazanost; oguljenost; mračnost; razvpitost
dinging [díŋiŋ] *n* surov omet
dingle [díŋgl] *n* globel, dolinica, soteska
dingle-dangle [díŋgldǽŋgl] 1. *n* guganje; 2. *adv* sem in tja
dingo [díŋgou] *n* avstralski divji pes, dingo
dingy [díŋgi] *adj* (dingily *adv*) temen, moten, mračen; umazan, oguljen; razvpit; ~ Christian mulat
dining-car [dáiniŋka:] *n rly* jedilni voz
dining-hall [dáiniŋhɔ:l] *n* jedilnica, obednica
dining-room [dáiniŋru:m] *n* jedilnica, obednica
dining-table [dáiniŋteibl] *n* jedilna miza
dinkum [díŋkəm] 1. *n sl* garanje; 2. *adj Austral* čist; ~ oil čista resnica
dinky [díŋki] *adj coll* čeden, eleganten, ličen, okusen
dinner [dínə] *n* obed, kosilo, večerja; ~ plate plitvi krožnik; public ~ banket; to have (ali take) ~ kositi, večerjati; ~ without grace spolni

odnosi pred poroko; early ~ kosilo; late ~ večerja; ~ is ready jed je na mizi
dinner-bell [dínəbel] *n* namizni zvonec
dinner-hour [dínərauə] *n* opoldanska pavza
dinner-jacket [dínədžækit] *n* smoking
dinner-party [dínəpa:ti] *n* slavnostna večerja, diné
dinner-service [dínəsə:vis] *n* namizno posodje, servis, jedilni pribor
dinner-set [dínəset] glej dinner-service
dinner-table [dínəteibl] *n* jedilna miza
dinner-time [dínətaim] *n* čas za obed
dinner-wagon [dínəwægən] *n rly* jedilni voz
dinosaur [dáinəsɔ:] *n zool* dinozaver
dinothere [dáinəθiə] *n zool* dinoterij
dint I [dint] *n arch* udarec; bunka, modrica (od udarca); zamah; *fig* moč; by ~ of s pomočjo, s, zaradi
dint II [dint] *vt* udariti (da nastane modrica); usekati, vtisniti, zarezati
diocesan [daiəsísən] 1. *adj* škofijski; 2. *n* škof
diocese [dáiəsis] *n* škofija
diode [dáioud] *n el* dioda
diopter [daióptə] *n* dioprija
dioptric [daióptrik] *n phys* dioptrija; 2. *adj* dioptrijski
diorama [daiərá:mə] *n* diorama
diorite [dáiərait] *n geol* diorit
dioxide [dáiəksaid] *n chem* dvokis, dioksid
dip I [dip] 1. *vt* (in, into) potopiti, pomočiti, pomakati; pobarvati; (from, out of) črpati, zajemati; spustiti (zastavo); 2. *vi* (in, into, under) potopiti, potapljati se; nagniti, spustiti se; zniž(ev)ati se; padati; (into) pokukati; to ~ deeply into one's purse globoko seči v žep; to ~ up zajeti; to ~ one's pen in gall žolčno pisati; to ~ into a book prelistati knjigo; to ~ headlights zasenčiti avtomobilske luči; to ~ the flag spuščati in dvigati zastavo v pozdrav
dip II [dip] *n* potopitev, potapljanje; kratka kopel; jamica; nagnjenost, pobočje, padec; sveča; bežen pogled; omaka; *sl* žepar; to have ali (take) a ~ okopati se; the ~ of the compass inklinacija magnetnice; the ~ of the horizon depresija horizonta; a ~ in price padec cen
dipartite [daipá:tait] *adj* razčlenjen, razdeljen
dip-candle [dípkændl] *n* lojena sveča, lojenka
diphase [dáifeiz] *adj el* dvofazen
diphtheria [difθíəriə] *n med* davica
diphtherial [difθíəriəl] *adj med* davičen
diphtheritic [difθərítik] glej diphtherial
diphthong [dífθəŋ] *n* dvoglasnik
diphthongization [difθəŋgaizéišən] *n* diftongiranje, sprememba v dvoglasnik
diphthongize [dífθəŋgaiz] *vt* diftongirati, spremeniti v dvoglasnik
diplegia [daiplí:džiə] *n med* obojestranska ohromitev
diplogen [díplədžen] *n chem* devterij
diploma [diplóumə] *n* diploma, spričevalo o končnih izpitih
diplomacy [diplóuməsi] *n* diplomacija; takt, spretno vedenje
diplomat [dípləmæt] *n* diplomat
diplomatic [dipləmǽtik] *adj* (~ ally *adv*) diplomatičen, oprezen, takten; ~ corps diplomatski zbor
diplomatics [dipləmǽtiks] *n pl* diplomatika

diplomatist [diplóumətist] *n* diplomat
diplomatize [diplóumətaiz] *vi* ukvarjati se z diplomatiko
dip-needle [dípni:dl] glej **dipping-needle**
dip-net [dípnet] *n* majhna ribiška mreža na dolgem drogu
dipper [dípə] *n* potapljač; *zool* ponirek; velika zajemalka; *coll* anabaptist, prekrščevalec; *astr* **Big (Little) Dipper** Veliki (Mali) voz
dipping-needle [dípiŋni:dl] *n mar* magnetnica
dippy [dípi] *adj sl* blazen, nor, trčen
dipsomania [dipsouméiniə] *n med* alkoholizem
dipsomaniac [dipsouméinjæk] *n med* alkoholik
dipt [dipt] *pt & pp* od **dip**
diptera [díptərə] *n zool* dvokrilci
dipteral [díptərəl] glej **dipterous**
dipterous [díptərəs] *adj zool* dvokrilen
diptych [díptik] *n* sklopna tablica za pisanje, diptih; dvodelna oltarna podoba
dire [dáiə] **1.** *adj* grozen; strašen; **the Dire Sisters** Furije; **2.** *n pl* **the Dires** Furije
direct I [dirékt, dairékt] *vt & vi* uravna(va)ti; (*towards, to*) usmeriti, napotiti; (*to do*) ukazovati, ukazati; (*to*) nasloviti, naslavljati; režirati; **as ~ed** po predpisu, po navodilu; **to be ~ed to** biti obrnjen proti
direct II [dirékt, dairékt] *adv* naravnost, takoj, neposredno
direct III [dirékt, dairékt] *adj* neposreden, takojšen; odkrit; raven, prem; jasen; **~ current** istosmerni tok; **~ action** stavkanje; **~ labour** delovna moč, ki jo preskrbi naročnik (stavbe); **in ~ opposition to** ravno nasprotno od; **~ taxes** neposredni davki
directing-post [diréktiŋpoust] *n* kažipot
direction [dirékšən, dairékšən] *n* smer, pravec; navodilo; vodstvo, upravljanje; uprava, ravnateljstvo; področje; naslov; *techn* **~ finder** usmerjevalna antena; **~ indicator** smerni kazalec, smernik; **~s for use** navodilo za uporabo; **in the ~ of** v smeri (česa); **~ post** kažipot; **~ of labour** dodeljevanje delovnih moči; **sense of ~** smisel za orientacijo; **according to ~s** po predpisih; **by ~ of** po odredbi (koga); **under the ~ of** pod vodstvom
directional [diréksǝnl] **1.** *adj* (**~ly** *adv*) smeren, usmerjevalen; **2.** *n* usmerjevalna antena; usmerjevalni signal
directive [diréktiv] **1.** *adj* napoten, usmerjevalen; **2.** *n* smernica, napotek, navodilo; usmerjevalec
directly [diréktli, dairéktli, drékli] **1.** *adv* naravnost; jasno, nemudoma, takoj; **2.** *conj coll* bržko
directness [diréktnis] *n* premost, neposrednost; jasnost, odkritost
director [diréktə] *n* ravnatelj, upravnik; svetovalec; filmski režiser; dirigent; *fig* kažipot; **board of ~s** upravni odbor
directorate [diréktərit] *n* ravnateljstvo, uprava
directorial [direktó:riəl] **1.** *adj* smeren, usmerjevalen; **2.** *n* usmerjevalna antena; usmerjevalni signal
directorship [diréktəšip] *n* ravnateljska služba
directory I [diréktəri] *adj* usmerjevalen, svetovalen, vodilen, upraven
directory II [diréktəri] *n* adresar, telefonski imenik; vodstveni odbor; smernica; *fig* kažipot

directress [diréktris] *n* ravnateljica, upravnica
directrix, *pl* **directrices** [diréktriks, diréktrisi:z] *n* ravnateljica; usmerjevalna črta
direful [dáiəful] *adj* (**~ly** *adv*) strašen, grozen
direfulness [dáiəfulnis] *n* strašljivost, groza
dirge [də:dž] *n* pogrebna pesem, žalostinka
dirigent [díridžənt] *adj* vodeč
dirigible [díridžəbl] **1.** *adj* vodljiv; **2.** *n* vodljivi zrakoplov
diriment [dírimənt] *adj* razveljavitven, anulacijski; **~ impediment** ovira, ki razveljavlja zakon od samega začetka
dirk [də:k] **1.** *n* vrsta bodala; **2.** *vt* zabosti
dirt [də:t] *n* nesnaga, umazanija, blato, prah; zemlja; ničvredna stvar; umazanost, nesnažnost; nespodobne besede; **as cheap as ~** skoraj zastonj; **to eat ~** požreti žalitev, biti ponižan; **to fling** (ali **throw**) **~ at s.o.** poniževati, blatiti koga; **to fling ~ about** obrekovati, opravljati; **A ~ farmer** poljedelec; **~ floor** netlakovana tla; **A ~ road** netlakovana cesta; **A min pay ~** zemlja bogata zlata; **~ roof** rušnata streha; **~ track** mehka dirkalna steza; **yellow ~** zlato; **to treat s.o. like ~** slabo s kom ravnati; **a spot of ~** madež
dirt-cheap [dó:tči:p] *adj* zelo poceni, skoraj zastonj
dirtiness [dó:tinis] *n* umazanost, nesnaga; grdobija, svinjarija
dirt-wagon [dó:twægən] *n A* smetarski voz
dirty I [də:ti] *adj* (**dirtily** *adv*) umazan, blaten; *fig* prostaški, nizkoten, podel; grd; opolzek; **to do the ~ on s.o.** izrabiti stisko koga, grdo z njim ravnati; **to wash the ~ linen in public** javno govoriti ali pisati o neprijetnih osebnih zadevah; **~ weather** deževno, slabo vreme; **~ work** umazano, neprijetno delo; lopovščina; **~ trick** surovost, prostaštvo; **~ wound** vneta rana
dirty II [dó:ti] *vi & vi* umazati (se); osramotiti
Dirty Allan [dó:tiælən] *n zool* rjava zajedavska govnačka
dis- [dis] *pref* ne-; raz-; dvo-; dvojno-
dis [dis] *adj coll*; **to go ~** priti iz reda
disability [disəbíliti] *n* nezmožnost, nesposobnost; brezpravnost; **~ pension** invalidska pokojnina
disable [diséibl] *vt* (*from doing, to do, for work*) onesposobiti, oslabiti; diskvalificirati; pohabiti
disabled [diséibld] *adj* (za vojsko ali službo) nesposoben; onesposobljen, invaliden; **~ ex-soldier** vojni invalid
disablement [diséiblmənt] *n* onesposobitev; nezmožnost; invalidnost; diskvalifikacija
disabuse [disəbjú:z] *vt* odpreti komu oči, povedati resnico; razočarati; **to ~ one's mind of s.th.** izbiti si kaj iz glave, ne misliti več na kaj; **to ~ o.s.** spoznati svojo zmoto
disaccord [disəkó:d] **1.** *n* nesoglasje, neujemanje; **2.** *vi* ne se strinjati, ne se ujemati
disaccustom [dísəkástəm] *vt* (*of*) odvaditi
disadvantage [disædvá:ntidž] *n* škoda, zguba, neugodnost, pomanjkljivost; neugoden položaj, slaba stran; ovira; **to take s.o. at a ~** izrabiti neprilike koga; **to sell at a ~** prodajati z izgubo; **to be at a ~**, **to labour under a ~** biti v slabem položaju, imeti izgubo
disadvantageous [disədva:ntéidžəs] *adj* (**~ly** *adv*) neugoden, škodljiv

disaffect [disəfékt] *vt* nezadovoljiti; odtujiti; spraviti v nered; motiti (prebavo)
disaffected [disəféktid] *adj* (~ ly *adv*) nezadovoljen; bolan; (*to, towards*) nezvest, sovražen, nelojalen; uporen
disaffection [disəfékšən] *n* nezadovoljstvo; motnja; (*to*) sovraštvo; nezvestoba
disaffirm [disəfə́:m] *vt* odbiti; oporekati, zanikati; *jur* preklicati, razveljaviti
disaffirmation [disəfə:méišən] *n* zanikanje; *jur* razveljavitev, preklic
disafforest [disəfórist] *vt* krčiti gozdove
disafforestation [disəfəristéišən] *n* krčenje gozdov
disagree [disəgrí:] *vi* (*with* s) ne se strinjati; ne privoliti; škoditi, ne ustrezati; (*about, on* o) prepirati se
disagreeable [disəgríəbl] 1. *adj* (disagreeably *adv*) (*to*) neprijeten, zoprn; siten, mrk; 2. *n* zoprnik, -nica; neprijetna zadeva; *pl* zagata, zadrega
disagreement [disəgrí:mənt] *n* nesoglasje, neskladnost, različnost; spor; in ~ from v razliko od
disallow [disəláu] *vt* odbiti, ne odobravati; grajati, prepovedati; obsoditi, obsojati; odkloniti
disallowance [disəláuəns] *n* neodobritev, zavrnitev, prepoved
disannul [disənÁl] *vt* razveljaviti, uničiti, odpraviti
disannulment [disənÁlmənt] *n* razveljavitev, odprava
disappear [disəpíə] *vi* izginiti, zgubiti se; to ~ from circulation ne biti več v obtoku
disappearance [disəpíərəns] *n* izginotje, izginitev
disappoint [disəpóint] *vt* (*in, with, at*) razočarati; pustiti na cedilu; besedo snesti; to ~ of s.th. preprečiti kaj, onemogočiti, prekrižati (načrt); vzeti komu kaj
disappointed [disəpóintid] *adj* (~ ly *adv*) (*at, in, with*) razočaran, užaloščen, potrt; agreeably ~ prijetno presenečen
disappointing [disəpóintiŋ] *adj* (~ ly *adv*) nerazveseljiv, žalosten
disappointment [disəpóintmənt] *n* razočaranje; nezadovoljstvo; človek, ki je razočaral; to meet with a ~ razočarati se; ~ in love nesrečna ljubezen
disappreciate [diəprí:šieit] *vt* podcenjevati
disapprobation [disæprəbéišən] *n* neodobravanje, graja, obsojanje; zamera
disapprobative [disəpróubətiv] *adj* (~ ly *adv*) neodobravajoč, neugoden
disapprobatory [disəpróubətəri] *adj* (disapprobatorily *adv*) glej disapprobative
disapproval [disəprú:vəl] glej disapprobation
disapprove [disəprú:v] *vt* (*of*) ne odobriti, ne odobravati; grajati, zameriti, obsojati, zavreči; izražati svojo nevoljo; to be ~d of povzročiti negodovanje
disarm [disá:m] 1. *vt & vi* razorožiti, pomiriti, spraviti (se); *fig* ublažiti, pomiriti
disarmer [disá:mə] *n* zagovornik razorožitve
disarmament [disá:məmənt] *n* razorožitev, razpust vojske
disarrange [disəréindž] *vt* spraviti v nered, zmešati
disarrangement [disəréindžmənt] *n* zmeda, nered, razkroj, dezorganizacija

disarray [dísəréi] 1. *n* nered, zmeda; malomarna obleka; 2. *vt* spraviti v nered, zmešati; *poet* sleči se
disarticulate [dísa:tíkjuleit] *vt* razdružiti, razčleniti
disarticulation [disa:tikjuléišən] *n med* amputacija v sklepu
disassimilate [disəsímileit] *vt* razkrajati in pretvarjati
disassociate [disəsóušieit] *vt* pretrgati, prekiniti, ločiti
disassociation [disəsousiéišən] *n* prekinitev, ločitev
disaster [dizá:stə] *n* nesreča, katastrofa, razdejanje; to court (ali invite) ~ sam zakriviti svojo nesrečo; to bring ~ povzročiti nesrečo
disastrous [dizá:strəs] *adj* (~ ly *adv*) nesrečen; razdejalen, katastrofalen, poguben
disavow [dísəváu] *vt* odbiti, oporekati, (u)tajiti, zanikati; ne odobriti; ne priznavati
disavowal [dísəváuəl] *n* nepriznanje, oporekanje, odbijanje, tajitev, zanikanje
disband [disbænd] 1. *vt* razpustiti (čete); odsloviti; razgnati; dezorganizirati; 2. *vi* raziti, razpršiti se
disbandment [disbændmənt] *n* razpustitev (čet); razhod
disbar [disbá:] *vt jur* vzeti pravico braniti
disbelief [dísbilí:f] *n* nevera, nezaupanje, dvom
disbelieve [dísbilí:v] *vt & vi* ne verjeti, dvomiti, biti skeptičen
disbeliever [dísbilí:və] *n* nevernik
disbench [disbénč] *vt* spoditi s klopi; *jur* vzeti komu pravico braniti
disboscation [disbəskéišən] *n* sečnja gozdov
disbody [disbódi] glej disembody
disbosom [disbúzəm] *vt* prizna(va)ti; izražati čustvo
disbranch [disbrá:nč] *vt* veje obrezati, oklestiti
disbud [disbÁd] *vt* odščipati popke, poganjke
disburden [disbə́:dən] *vt* (*of*) razbremeniti; iztovoriti; olajšati; osvoboditi; to ~ one's mind (ali heart, feelings) olajšati si srce
disburse [disbə́:s] *vt* izplačati, potrošiti
disbursement [disbə́:smənt] *n* izplačilo; predujem
disc [disk] glej disk
discalced [diskælst] *adj* bos (menih)
discant [dískənt] glej descant
discard I [diská:d] *vt* založiti (karte); odpustiti, odsloviti; odvreči, zavreči; znebiti se
discard II [díska:d] *n* založene karte, talon, založek; odložene reči, izvržek, izmeček, škart, prebirek; *A* staro železo
discarnate [diská:nit] *adj* brez mesa, breztelesen
discept [disépt] *vi* pretresati, razpravljati, debatirati
discern [disə́:n] *vt* opaziti, zapaziti, zaznati, spoznati; *arch* (*from, between*) razlikovati
discernible [disə́:nəbl] *adj* (discernibly *adv*) razločen, opazen, viden
discerning [disə́:niŋ] *adj* (~ ly *adv*) zvit, bister; uvideven
discernment [disə́:nmənt] *n* bistroumnost, razsodnost, bistrost
discerptible [disə́:ptəbl] *adj* razpolovljiv, razcepljiv
discharge I [diskÁ:dž] 1. *vt* raztovoriti, razkladati; razrešiti, odpustiti; opustiti; opraviti, opravljati; poravnati; izprazniti, (o)lajšati; *naut* sneti opremo; izločati; barvo vzeti; 2. *vi* sprožiti se (strel); počiti; izlivati se; gnojiti se; to ~ o.s. of s.th.

znebiti se česa; **to ~ one's duty** opraviti svojo dolžnost

discharge II [disčá:dž] *n* raztovarjanje, razkladanje; odpustitev; sprožitev, izštrelitev, pok; plačevanje; opravilo; izpolnitev (obveznosti); odpustnica; iztok, gnoj, izloček

discharge-pipe disčá:džpaip] *n* odpadna cev

discharger [disčá:džə] *n* raztovarjalec; *el* odvajalnik

discharging-arch [disčá:džiŋa:č] *n archit* raztežilni obok

disciform [dísifə:m] *adj* kolutast

disciple [disáipl] *n* učenec, -nka; apostol; **the ~ s** ameriški baptisti

disciplinarian [disiplinéəriən] *n* tisti, ki pazi na red, paznik; *hist* puritanec

disciplinary [dísiplinəri] *adj* disciplinski

discipline I [dísiplin] *n* stroka, veda; strogi red, disciplina; kazen; vzgojno sredstvo; **to maintain ~** držati red

discipline II [dísiplin] *vt* vzgajati, poučevati; v red spraviti, urediti; krotiti, kaznovati; *eccl* bičati

discipular [disípjulə] *adj* šolarski, dijaški

disclaim [diskléim] *vt & vi* (u)tajiti, zanikati; zavreči, odreči se; ne zahtevati

disclaimer [diskléimə] *n* tajitev, zanikanje, oporekanje, zavrnitev, odklonitev, demanti

disclose [disklóuz] *vt* odkri(va)ti; povedati, izpovedati, razkriti

disclosure [disklóužə] *n* odkritje, razkritje, razkrinkanje; sporočilo

discolo(u)r [diskΛlə] *vt & vi* barvo spremeniti, obledeti, potemniti; *fig* omadeževati; popačiti

discolo(u)ration [diskΛləréišən] *n* sprememba barve; beljenje; madež

discolo(u)rment [diskΛləmənt] glej **discolo(u)ration**

discomfit [diskΛmfit] *vt* premagati; preprečiti, preprečevati; vznemiriti, (z)begati; razočarati

discomfiture [diskΛmfičə] *n* poraz; nevolja; razočaranje; zmeda

discomfort I [diskΛmfət] *n* neugodje, nevolja, težava, nevšečnost, nemir; **abdominal ~** bolečine v trebuhu

discomfort II [diskΛmfət] *vt* vznemiriti; pogum vzeti, ustrašiti; nadlegovati; motiti, težiti

discomfortable [diskΛmfətəbl] *adj* (**discomfortably** *adv*) neudoben; nevšečen

discommend [diskəménd] *vi* ne odobriti, grajati, karati

discommode [diskəmóud] glej **discomfort II**

discommodity [diskəmóditi] *n* vznemirjenje, motenje; blago, ki je neprimerno za prodajo

discommon [diskómən] *vt* zapreti (zemljišče) za javnost

discompose [diskəmpóuz] *vt* zmešati, zbegati; jeziti, vznemiriti, nagajati

discomposure [diskəmpóužə] *n* vznemirjenje, razburjenost, nemir; zadrega

disconcert [diskənsó:t] glej **discompose**

disconcerting [diskənsó:tiŋ] *adj* (**~ ly** *adv*) vznemirljiv, neprijeten

disconnect [diskənékt] *vt* (*from*) ločiti; (*with*) prekiniti; pretrgati; izklopiti

disconnected [diskənéktid] *adj* (**~ ly** *adv*) ločen, prekinjen, pretrgan; neodvisen

disconnection, disconnexion [diskənékšən] *n* ločitev, odklopitev, nepovezanost; prekinitev

disconsider [diskənsídə] *vt* omalovaževati, vnemar pustiti

disconsolate [diskónsəlit] *adj* (**~ ly** *adv*) neutešljiv, žalosten, neutolažljiv, nesrečen

discontent [diskəntént] **1.** *n* (*at, with*) nezadovoljstvo; **2.** *adj* (*with*) (**~ ly** *adv*) nezadovoljen; **3.** *vt* ne zadovoljiti, ne ugajati

discontented [diskənténtid] *adj* (**~ ly** *adv*) (*with*) nezadovoljen, neutešen; nevoljen, čemeren

discontentedness [diskənténtidnis] *n* nezadovoljstvo, neutešenost; nevolja, čemernost

discontentment [diskənténtmənt] *n* (*at, with*) nezadovoljstvo

discontiguous [diskəntígjuəs] *adj* (**~ ly** *adv*) nepovezan, brezstičen

discontinuance [diskəntínjuəns] *n* prekinitev, ustavitev

discontinuation [diskəntinuéišən] glej **discontinuance**

discontinue [dískəntínju] **1.** *vt* prekiniti, opustiti, ustaviti, odpraviti, odstraniti, likvidirati; **2.** *vi* prenehati, ustaviti se; **to ~ a newspaper** naročilo časopisa odpovedati

discontinuity [diskəntinjúiti] *n* prekinitev, praznina, zev, »luknja«

discontinuous [diskəntínjuəs] *adj* (**~ ly** *adv*) prekinjen, pretrgan, ustavljen, odpravljen, likvidiran

discord I [diskɔ:d] neenotnost, razprtija, razpor, nesloga; neuglašenost, disharmonija; **apple of ~** vzrok prepira; **to be at ~ with s.o.** ne se s kom strinjati

discord II [diskɔ:d] *vi* (*with*) ne se strinjati; prepirati se; ne se ujemati; (*from*) razlikovati se

discordance [diskó:dəns] *n* nesoglasje, protislovje, neskladnost; ugovor; *mus* neuglašenost

discordancy [diskó:dənsi] glej **discordance**

discordant [diskó:dənt] *adj* (**~ ly** *adv*) (*with, from, to*) neskladen, nesoglasen, protisloven; neharmoničen, neubran

discount I [dískaunt] *n* popust, odbitek; rabat; skonto; **at a ~** malo cenjen, lahko dosegljiv; **~ for cash** popust pri plačilu v gotovini; **to be at a ~** *fig* ne biti priljubljen; **to sell at a ~** prodajati z izgubo

discount II [diskáunt] *vt com* odračunati, odbiti, popustiti; *fig* zmanjšati; ne čisto verjeti, dvomiti

discountable [diskáuntəbl] *adj* ki se da odračunati, odbiti, znižati

discount-broker [dískauntbroukə] *n com* menični posrednik

discountenance I [diskáuntinəns] *n* neodobravanje, nevolja, oplašitev

discountenance II [diskáuntinəns] *vt* pogum vzeti, jemati, oplašiti, ne odobravati, grajati; v zadrego spravljati, zbegati

discountenanced [diskáuntinənst] *adj fig* potlačen, poparjen, zbegan

discounting [diskáuntiŋ] *n* eskontiranje, diskontiranje, prodajanje in kupovanje menic pred zapadlostjo

discount-rate [dískauntreit] *n com* eskontna stopnja

discourage [diskΛridž] *vt* (*from*) odvrniti, skušati preprečiti; pogum vzeti, jemati, oplašiti, ostrašiti

discouragement [diskÁridžmənt] *n* (*from*) oplašitev; neodobravanje; odvračanje; malodušnost; poparjenost; težava, ovira

discouraging [diskÁridžiŋ] *adj* (~ ly *adv*) ki plaši, jemlje pogum, odvračalen, strašilen

discourse I [diskó:s] *n* razgovor; predavanje; *arch* razprava; debata; pridiga

discourse II [diskó:s] *vi* (*on, upon, of, about*) govoriti, pogovarjati se; obravnati, predavati

discourteous [diskó:tjəs] *adj* (~ ly *adv*) nevljuden, neolikan, nespoštljiv

discourtesy [diskó:tisi] *n* nevljudnost; slabo vedenje, neolikanost; nespoštljivost

discover [diskÁvə] *vt* odkriti, najti; opaziti, spoznati; *arch* izdati

discoverable [diskÁvərəbl] *adj* ki se da odkriti, najti; viden

discoverer [diskÁvərə] *n* odkrivač, odkritelj, odkrivalec; iznajditelj

discovert [diskÁvət] *adj jur* neporočena, samska, ovdovela

discovery [diskÁvəri] *n* odkritje, najdba; razkritje, razodetje

discreate [diskriéit] *vt* uničiti

discredit I [diskrédit] *vt* obrekovati, v slab glas spraviti, diskreditirati, (o)sramotiti; dvomiti, ne zaupati

discredit [diskrédit] *n* slab glas, sramota; dvom, nezaupanje, sum; to bring ~ on s.o., to bring s.o. into ~ v slab glas, ob ugled koga spraviti, diskreditirati koga; to throw ~ on s.th. v slabo luč kaj spraviti; to be to the ~ of s.o. biti komu v sramoto

discreditable [diskréditəbl] *adj* (discreditably *adv*) sramoten, nečasten, dobremu glasu škodljiv

discreet [diskrí:t] *adj* (~ ly *adv*) previden, oprezen; obziren, prizanesljiv; molčečen

discreetness [diskrí:tnis] *n* previdnost; molčečnost; obzirnost

discrepancy [diskrépənsi] *n* različnost, protislovje, nedoslednost; neskladnost; razlika

discrepant [diskrépənt] *adj* (~ ly *adv*) razlikujoč se, različen, nepodoben; neskladen; protisloven

discrete [diskrí:t] *adj* (~ ly *adv*) izločen, ločen, nepovezan; abstrakten

discretion [diskréšən] *n* preudarnost, opreznost, previdnost; takt, obzirnost; razsodnost, preudarek; molčečnost; pooblastilo, upravičenost; at (ali upon, on) ~ poljubno, po mili volji; to surrender at ~ vdati se na milost in nemilost; years of ~ odrasla doba; to use one's own ~ ravnati po lastnem preudarku; to act with ~ obzirno ravnati; to leave a wide ~ dopuščati veliko svobodo dejavnosti; ~ is the better part of valour opreznost je boljša od hrabrosti; within one's own ~ po lastni preudarnosti

discretional [diskréšnl] glej discretionary

discretionary [diskréšənəri] *adj* (discretionarily *adv*) samovoljen, neomejen; ~ powers neomejeno pooblastilo

discriminate I [diskrímineit] *vt & vi* (*between* med; *from* od) razlikovati, ločiti; (*against* proti) favorizirati, biti pristranski; to ~ in favour of favorizirati, dajati prednost; to ~ against zapostavljati

discriminate II [diskríminit] *adj* (~ ly *adv*) različen; ločilen; razločen; ki dela razliko

discriminating [diskrímineitiŋ] *adj* (~ ly *adv*) razlikujoč; neenoten; pristranski; bistroumen, bister, razsoden; občutljiv; značilen

discrimination [diskriminéišən] *n* razlikovanje, pristranost, diskriminacija; (*in favour of*) favoriziranje; občutljivost; without ~ brez razlike, enako

discriminative [diskriminéitiv] *adj* (~ ly *adv*) značilen, karakterističen; uvideven; diskriminacijski; ~ against ki zapostavlja

discriminatory [diskriminéitəri] *adj* (discriminatorily *adv*) glej discriminative

discriminator [diskrímineitə] *n* tisti, ki razlikuje, diskriminira, favorizira

discrown [diskráun] *vt* pahniti s prestola

disculpate [diskÁlpeit] *vt* opravičiti, krivde oprostiti

discumber [diskÁmbə] *vt* razbremeniti

discursion [diskó:šən] *n* potikanje, tavanje; razpravljanje, pretresanje

discursive [diskó:siv] *adj* (~ ly *adv*) ki skače od enega predmeta do drugega, ki skrene; dolgovezen; ki logično nadaljuje

discursiveness [diskó:sivnis] *n* preobširnost, dolgoveznost

discursory [diskó:səri] *adj* (discursorily *adv*) glej discursive

discus, *pl* disci [dískəs, dískai] *n* disk

discuss [diskÁs] *vt* pretresati, razpravljati; *joc* z užitkom pojesti in popiti, naslajati se

discussible [diskÁsəbl] *adj* (discussibly *adv*) sporen, negotov, sumljiv

discussion [diskÁšən] *n* razprava, pretresanje, diskusija; *joc* naslajanje, užitek; to enter into (ali upon) ~ spustiti se v pogovor

discus-throw [dískəsθrou] *n* metanje diska

disdain I [disdéin] *vt* zavračati; zaničevati, prezirati, omalovaževati, zametavati

disdain II [disdéin] *n* prezir, zaničevanje; ozlovoljenost; to hold in ~ zaničevati, prezirati, omalovaževati

disdainful [disdéinful] *adj* (~ ly *adv*) (*of*) zaničevalen, prezirljiv, omalovažujoč, ošaben

disease [dizí:z] *n* bolezen; occupational (ali industrial, trade) ~ poklicna bolezen

diseased [dizí:zd] *adj* bolan, nezdrav, obolel, okužen, bolezenski

disembark [dísimbá:k] *vt & vi* izkrca(va)ti (se)

disembarkation [disimba:kéišən] *n* izkrca(va)nje, iztovarjanje

disembarkment [disimbá:kmənt] glej disembarkation

disembarrass [dísimbǽrəs] *vt* spraviti iz zadrege; razmotati, razvozlati

disembarrassment [disimbǽrəsmənt] *n* rešitev iz neprijetnega položaja, iz zadrege

disembodiment [disimbódimənt] *n* ločitev od telesa; *mil* razpust (čete)

disembody [disimbódi] *vt* od telesa ločiti; *mil* čete razpustiti

disembogue [dísimbóug] *vt & vi* izlivati, prazniti (se)

disembosom [dísimbú:zəm] 1. *vt* povedati, odkriti, zaupati; 2. *v refl* spovedati se

disembowel [dísimbáuəl] *vt* iztrebiti, odstraniti drob, čreva

disembroil [dísimbróil] *vt* izmota(va)ti, razmota(va)ti, odpraviti zmedo

disemplane [dísimpléin] *vt & vi* izkrcati se (iz letala)

disenable [dísinéibl] *vt* onesposobiti, onesposabljati, diskvalificirati

disenchant [dísinčá:nt] *vt* razočarati; strezniti, oči komu odpreti

disenchantment [disinčá:ntmənt] *n* razočaranje; streznitev

disencumber [dísinkʌmbə] *vt (of, from)* razbremeniti; rešiti česa

disendow [dísindáu] *vt* vzeti komu nadarbino

disendowment [disindáumənt] *n* odvzem nadarbine

disenfranchise [dísinfrǽnčaiz] glej **disfranchise**

disenfranchisement [disinfrǽnčizmənt] glej **disfranchisement**

disengage [dísingéidž] 1. *vt (from)* odvezati, sprostiti, rešiti, osvoboditi, izključiti; 2. *vi* ločiti, osvoboditi, rešiti se

disengaged [dísingéidžd] *adj (from)* svoboden, prost, rešen; ločen; brezdelen

disengagement [disingéidžmənt] *n* rešitev, sprostitev, prostost; brezdelnost

disentail [dísintéil] *vt jur* razdediniti

disentangle [dísintǽngl] 1. *vt (from)* razmotati, razvozlati, odrešiti; 2. *vi* rešiti, osvoboditi se

disentanglement [disintǽnglmənt] *n (from)* rešitev, osvoboditev, odrešitev; osvoboditev; razmotavanje

disenthral(l) [dísinθró:l] *vt* rešiti suženjstva, osvoboditi

disenthralment [disinθró:lmənt] *n* osvoboditev od suženjstva

disentitle [dísintáitl] *vt* vzeti (komu) naslov ali pravico

disentomb [dísintú:m] *vt* iz groba izkopati, ekshumirati

disentrain [dísintréin] 1. *vt* izstopiti (iz vlaka); 2. *vt* izložiti iz vlaka

disequilibrium [disi:kwilíbriəm] *n* pomanjkanje ravnotežja, stabilnosti

disestablish [dísistǽbliš] *vt* odstraniti s položaja; ločiti cerkev od države

disenstablishment [disinstǽblišmənt] *n* odvzem položaja; ločitev cerkve od države

disesteem [dísistí:m] 1. *n* nespoštovanje; 2. *vt* ne spoštovati

disestimation [disistiméišən] glej **diseteem 1.**

disfavour, A disfavor I [dísféivə] *n* neodobravanje; nenaklonjenost, nemilost; **to fall into ~** zameriti se; **in ~ with s.o.** v nemilosti pri kom; **in s.o.'s ~** v škodo koga

disfavour, A disfavor II [dísféivə] *vt* ne biti naklonjen, grajati, ne marati; ne odobravati

disfeature [dísfí:čə] *vt* (s)kaziti, (po)pačiti

disfiguration [disfigjuréišən] *n* popačenje; hiba; pokveka

disfigure [disfígə] *vt* (po)pačiti, (s)kaziti, spačiti, pokvečiti; ponarediti, ponarejati

disfigurement [disfígəmənt] glej **disfiguration**

disforest [dísfórist] *vt* posekati drevesa, izkrčiti gozd

disforestation [disfəristéišən] *n* krčenje gozdov

disfranchise [dísfrǽnčaiz] *vt* vzeti volilno pravico ali državljanske pravice

disfranchisement [disfrǽnčizmənt] *n* odvzem volilne pravice ali državljanskih pravic

disfrock [disfrók] *vt* odvzeti duhovniški poklic

disgorge [disgó:dž] *vt & vi* izpljuniti; (iz)bruhati, izmetavati, (iz)prazniti (se); izli(va)ti se; *fig* povrniti

disgorgement [disgó:džmənt] *n* izpraznitev; povrnitev krivično pridobljenega

disgrace I [disgréis] *n* sramota; nemilost; **to bring ~ on** (ali **upon**) **s.o.** onečastiti, osramotiti koga; **in ~** v nemilosti; **to fall into ~ with s.o.** pasti v nemilost koga, zameriti se komu; **to be a ~ to s.o.** biti komu v sramoto

disgrace II [disgréis] *vt* onečastiti; (o)sramotiti; poniž(ev)ati; degradirati; **to be ~d** biti v nemilosti; **to ~ o.s.** osramotiti se

disgraceful [disgréisful] *adj (~ly adv)* sramoten, nečasten

disgracious [disgréišəs] *adj (~ly adv)* neprijazen, neprikupen

disgrade [disgréid] glej **degrade**

disgregate [dísgrigeit] *vi* razpasti, razkrojiti se

disgruntled [disgrʌntld] *adj (at)* nezadovoljen, razočaran, čemeren, razdražen

disguise I [disgáiz] *vt* preobleči, prikri(va)ti; hliniti; (po)pačiti; potvarjati; **to ~ o.s. as** preobleči se v; **to ~ one's feelings** skrivati svoja čustva; **to ~ the truth from s.o.** skrivati resnico pred kom; **~d in liquor** vinjen

disguise II [disgáiz] *n* preobleka; pretvara; pretveza, hlimba, krinka; **a blessing in ~** le navidezno zlo, sreča v nesreči; **in ~** pod krinko; **to throw off all ~** priti z barvo na dan; **under the ~ of** pod pretvezo; **to travel in ~** potovati pod tujim imenom, inkognito

disguisement [disgáizmənt] *n* prikritje, kamuflaža, krinka; hlimba

disguiser [disgáizə] *n* masker(ka)

disgust I [disgʌst] *n (at, for, against, towards)* gnus, stud, nevolja; **to take a ~ at s.th.** zgroziti se nad čim

disgust II [disgʌst] *vt* povzročiti stud, gabiti se, pristuditi se; **it ~s me** upira, gnusi se mi

disgusted [disgʌstid] *adj* studljiv; jezen, razočaran; **to be ~ at** (ali **with, by**) zgražati se nad čim

disgustful [disgʌstful] *adj (~ly adv)* zoprn, ogaben, gnusen, ostuden

disgusting [disgʌstiŋ] glej **disgustful**

dish I [diš] *n* skleda, krožnik; jed; *pl* posode; *arch* skodelica; *A coll* dekle; votlina, jama; **to have a hand in the ~** biti v kaj zapleten; **a ~ of chat** kramljanje; **to lay a thing in s.o.'s ~** dati komu kaj pod nos; **standing ~** običajna jed; **~ of gossip** kramljanje

dish II [diš] *vt* postreči, ponuditi, servirati; *coll* pokvariti, uničiti; *fam* ubiti, pogubiti; premag(ov)ati; *Sc* poriniti, pahniti

dish out *vt* izdolbsti; izpodriniti; ukaniti, prevarati

dish up *vt* prinesti na mizo; *fig* izmisliti si izgovor; v naglici opraviti

dishabille [disæbí:l] *n* negliže, obleka za doma

dishabituate [dishəbítjueit] *vt (from)* odvaditi

dishallow [dishǽlou] *vt* (o)skruniti, profanirati

disharmonious [disha:móunjǝs] *adj* (~ ly *adv*) nesoglasen, neubran
disharmonize [díshá:mǝnaiz] *vt* ne se strinjati; ne se ujemati
disharmony [dishá:mǝni] *n* nesoglasje; neubranost
dish-cloth [díšklǝθ] *n* kuhinjska brisača
dish-clout [díšklaut] *n arch* krpa za pranje posode; **to make a napkin of one's** ~ poročiti se z lastno kuharico
dish-cover [díšʌvǝ] *n* pokrovka
dishearten [dishá:tǝn] *vt* vzeti, jemati komu pogum, (o)plašiti, potlačiti, pobiti, v obup spraviti
disherison [dishérizn] *n arch* razdedinjenje
dishevel [dišévl] *vt* (s)kuštrati, razkuštrati, razmršiti; v nered spraviti
dishevelled [dišévǝld] *adj* razkuštran, neurejen, nepočesan
dishful [díšful] *n* polna skleda (česa)
dishonest [disónist] *adj* (~ ly *adv*) nepošten, sleparski; lažniv; površen
dishonesty [disónisti] *n* nepoštenost, sleparija, prevara, nezvestoba; površnost, malomarnost
dishonour, A dishonor I [disónǝ] *n* sramota; *com* nepriznanje veljavnosti čeka ali menice
dishonour, A dishonor II [disónǝ] *vt* onečastiti, oskruniti, posiliti; *com* ne priznati veljavnosti čeka ali menice; **to** ~ **one's promise** besedo snesti
dishono(u)rable [disónǝrǝbl] *adj* (**dishono(u)rably** *adv*) brezčasten, sramoten
dishorn [dishó:n] *vt* odstraniti, odbiti rogove
dishouse [disháuz] *vt* pregnati iz hiše
dishmat [díšmæt] *n* podloga (za posodo na mizi), pogrinjek
dish-rag [díšræg] *n A* krpa za pranje posode
dish-washer [díšwǝšǝ] *n* pomivalec, -lka posode; *zool* pastirica
dish-water [díšwǝtǝ] *n* pomije; **as dull as** ~ kar se da dolgočasen
disillusion [disilú:žǝn] **1.** *vt* razočarati, iztrezniti; odkriti resnico; **2.** *n* (*with*) razočaranje; iztreznitev
disillusionment [disilú:žǝnmǝnt] *n* razočaranje; streznitev
disimprove [disimprú:v] *vt & vi* poslabšati (se)
disinclination [disinklinéišǝn] *n* (*to, for*) nasprotstvo, nenaklonjenost, odpor
disincline [disinkláin] *vt* (*to, for*) ne marati, odklanjati, odvračati
disinclined [disinkláind] *adj* nenaklonjen
disincorporate [disinkó:pǝreit] *vt* razpustiti (društvo)
disinfect [dísinfékt] *vt* razkužiti, dezinficirati
disinfectant [disinféktǝnt] **1.** *adj* razkuževalen; **2.** *n* razkužilo
disinfection [disinfékšǝn] *n* razkužitev, dezinfekcija
disinfector [disinféktǝ] *n* razkuževalec, -lka; razkuževalnik
disinfestation [disinfestéišǝn] *n* uničevanje mrčesa, dezinsekcija
disinflation [disinfléišǝn] *n* zmanjšanje inflacije
disinflationary [disinfléišǝnǝri] *adj* ki naj bi zmanjšal inflacijo
disingenuity [disindžinjúiti] glej **disingenousness**

disingenuous [dísindžénjuǝs] *adj* (~ ly *adv*) neodkrit, varljiv, nepošten, lažen
disingenuousness [disindžénjuǝsnis] *n* nepoštenost, varljivost, neodkritost, lažnost
disinherit [dísinhérit] *vt* razdediniti
disinheritance [disinhéritǝns] razdedinjenje
disintegrate [disíntigreit] *vt & vi* razkrojiti, razkrajati (se); razdrobiti (se); razpasti, razpadati, (s)prhneti
disintegration [disintigréišǝn] *n* razpad, razkroj
disintegrator [disíntigreitǝ] *n techn* drobilec, mešalnik
disinter [dísintó:] *vt* (mrliča) izkopati, ekshumirati; *fig* odkriti
disinterested [disíntristid] *adj* (~ ly *adv*) nesebičen, nepristranski; *sl* zdolgočasen
disinterestedness [disíntristidnis] *n* nesebičnost, nepristranost; *sl* zdolgočasenost
disinterment [disintó:mǝnt] *n* izkop, ekshumacija; *fig* odkritje
disject [disdžékt] *vt* razmeta(va)ti, (raz)trositi
disjoin [disdžóin] *vt & vi* ločiti, (raz)deliti, razdružiti; razpasti
disjoint [disdžóint] *vt* izpahniti; razkosa(va)ti; razdeliti, (raz)členiti
disjointed [disdžóintid] *adj* (~ ly *adv*) izpahnjen; nepovezan, nelogičen; razčlenjen
disjunct [disdžʌ́ŋkt] *adj* ločen, osamljen, izoliran
disjunction [disdžʌ́ŋkšǝn] *n* ločitev, ločenost, osamljenost; razmikanje; *el* izklop
disjunctive [disdžʌ́ŋktiv] *adj* (~ ly *adv*) ločilen, razstaven; nezdružljiv; alternativen
disk [disk] *n* kolut, disk; gramofonska plošča; *teleph* številčnica; *sl* ~ **jockey** spiker, ki tolmači glasbo iz plošč
disleaf, disleave [dislí:f, dislí:v] *vt* (o)smukati listje
dislike I [disláik] *vt* ne ljubiti, ne trpeti, ne marati, čutiti odpor
dislike II [disláik] *n* (*for, to, of*) odpor, antipatija nenaklonjenost; **to take a** ~ **to** občutiti odpor do
disliked [disláikt] *adj* nepriljubljen, nepopularen
dislocate [díslǝkeit] *vt* odmakniti, pomakniti, odmikati, odriniti, odrivati; *med* izpahniti; pretresti; *fig* zmesti, dezorganizirati; motiti
dislocation [dislǝkéišǝn] *n med* izpah; premik, premestitev; *geol* prelom, prelomnica; *A* sprememba bivališča; *fig* motnja, zmeda, nered, dezorganizacija
dislodge [dislódž] *vt* preseliti, odstraniti, pregnati; spoditi, odgnati
dislodg(e)ment [dislódžmǝnt] *n* odstranitev, pregon
disloyal [dislóiǝl] *adj* (~ ly *adv*) nezvest, izdajalski, verolomen
disloyalty [dislóiǝlti] *n* nezvestoba, izdajalstvo, verolomnost
dismal [dízmǝl] *adj* (~ ly *adv*) temen, mračen; pust; strašen; žalosten, nesrečen, beden, potrt, turoben; **the** ~ **science** politična ekonomija
dismals [dízmǝlz] *n pl* potrtost; *A* močvirje; **in the** ~ potrt
dismalness [dízmǝlnis] *n* potrtost, turobnost, žalost, mračnost, groza
dismantle [dismǽntl] *vt* razgaliti, sleči; odstraniti; *mil* razrušiti, razdejati; podreti, demontirati
dismask [dismá:sk] *vt* razkrinkati, odkriti
dismast [dismá:st] *vt* odstraniti jambor

dismay I [disméi] *vt* pogum vzeti, oplašiti, prestrašiti; osupiti; **to be** ~ **ed** biti potrt, obupan
dismay II [disméi] *n* strah, groza, osuplost; **to strike with** ~ prestrašiti, osupiti
dismember [dismémbə] *vt* razkosa(va)ti, raztrgati; razčleniti
dismemberment [dismémbəmənt] *n* razkosa(va)nje, razkosanost; razčlemba
dismiss I [dismís] *vt* odpustiti, odsloviti, odpraviti, odposlati; opustiti; odkloniti, odbiti; otepati se; **to** ~ **the subject** opustiti predmet pogovora; **to be** ~ **ed from the army** biti odpuščen iz vojske
dismiss II [dismís] *n mil* razhod, voljno
dismissal [dismísəl] *n* odslovitev, odpust; odklonitev, opustitev
dismissible [dismísəbl] *adj* ki se da opustiti, ki ga ni treba upoštevati, nepomemben
dismission [dismíšən] glej **dismissal**
dismissive [dismísiv] *adj* (~ **ly** *adv*) odslovilen; omalovaževalen
dismissory [dismísəri] *adj* (**dismissorily** *adv*) odslovilen
dismount [dismáunt] *vt & vi* razjahati; iz sedla vreči; narazen vzeti, razstaviti, demontirati
disnatured [disnéičəd] *adj* (~ **ly** *adv*) nenaraven
disobedience [disəbí:djəns] *n* (*to*) neubogljivost, neposlušnost, nepokornost, upornost
disobedient [disəbí:djənt] *adj* (~ **ly** *adv*) (*to*) neubogljiv, nepokoren, uporen
disobey [dísəbéi] **1.** *vi* ne ubogati, upirati se, ne se pokoriti; **2.** *vt* kršiti
disoblige [disəbláidž] *vt* (**s.o.** komu) ne ustreči; biti nevljuden; delati sitnosti; (raz)jeziti
disobliging [dísəbláidžiŋ] *adj* (~ **ly** *adv*) nevljuden, neustrežljiv
disobligingness [disəbláidžiŋnis] *n* neustrežljivost, nevljudnost
disorder [disó:də] *n* nered, motnja; nezakonitost, prekršek; razuzdanost; *med* bolečina, tegoba, okvara; **mental** ~ duševna motnja
disorder II [disó:də] *vt* zmešati, zmesti; razrušiti; v nered spraviti; **my stomach is** ~ **ed** pokvaril sem si želodec
disorderliness [disó:dəlinis] *n* nered; zanikrnost; razvpitost, razuzdanost
disorderly I [disó:dəli] *adj* nereden, neurejen; zanikrn; nezakonit; zmešan; razvpit, razuzdan; spodkopan (zdravje); ~ **house** javna hiša; igralnica; ~ **conduct** izgred; ~ **person** izgrednik; ~ **behaviour** malopridno, razuzdano vedenje
disorderly II [disó:dəli] *adv* neredno, neurejeno itd.
disorganization [disə:gənaizéišən] *n* dezorganizacija, razkroj, zmešnjava, kolobocija, nered
disorganize [disó:gənaiz] *vt* razrušiti, v nered spraviti, razkrojiti
disorientate [disó:riənteit] *vt* obrniti proč od vzhoda; zmesti
disorientation [disə:riəntéišən] *n* zmeda; nepoučenost
disown [disóun] *vt* zavreči, zavračati, tajiti; ne prizna(va)ti; odreči, odrekati (se)
disownment [disóunmənt] *n* zavračanje; odrekanje; tajitev
disparage [dispǽridž] *vt* podcenjevati, omalovaževati, v nič devati; obrekovati, psovati

disparagement [dispǽridžmənt] *n* (*to, for*) podcenjevanje, omalovaževanje; sramota, psovanje, obrekovanje; **no** (ali **without**) ~ brez zamere
disparaging [dispǽridžiŋ] *adj* (~ **ly** *adv*) prezirljiv, žaljiv, sramotilen, poniževalen
disparate [dispərit] **1.** *adj* (~ **ly** *adv*) neenak, različen; nesorazmeren, neskladen, nezdružljiv; **2.** *n pl* bistveno različne stvari
disparity [dispǽriti] *n* neenakost, razlika, nesorazmernost, neskladnost
dispart I [dispá:t] *vt & vi obs* razdeliti; cepiti (se), ločiti (se)
dispart II [dispá:t] *n mil* muha (na puški)
dispassionate [dispǽšənit] *adj* (~ **ly** *adv*) brezstrasten, hladnokrven, miren; nepristranski
dispassionateness [dispǽšənitnis] *n* hladnokrvnost, brezstrastnost, mirnost; nepristranost
dispatch I [dispǽč] *vt* (raz)poslati, razpošiljati; razpeča(va)ti; (*with*) opraviti, hitro rešiti, znebiti se; *coll* pojesti; ubiti, usmrtiti
dispatch II [dispǽč] *n* (od)pošiljanje; ekspedicija; hitrost, brzina; pošiljka, pismo, vest, dopis, uradno sporočilo, depeša; ụboj; **happy** ~ harakiri; **by** ~, **with** ~ ekspres; **air** ~ **service** zračna poštna služba; **advice of** ~ sporočilo o pošiljki
dispatch-boat [dispǽčbout] *n* izvidniška ladja
dispatch-case [dispǽčkeis] *n* aktovka
dispatcher [dispǽčə] *n* odpošiljalec, odpravitelj, razpečevalec
dispatch-goods [dispǽčgudz] *n pl* brzovozno blago
dispatch-note [dispǽčnout] *n* paketna spremnica
dispatch-rider [dispǽčraidə] *n mil* glasnik, kurir (zlasti na konju)
dispatch-runner [dispǽčrʌnə] *n* brzi sel
dispel [dispél] *vt* pregnati, preganjati; razpršiti, razkropiti; razgnati, razganjati
dispensable [dispénsəbl] *adj* (*eccl*) odpustljiv; pogrešljiv; nebistven, nepotreben
dispensary [dispénsəri] *n* dispanzer; lekarna; ~ **doctor** zdravnik revežev; *A* ~ **system** prodaja alkoholnih pijač v državni režiji
dispensation [dispenséišən] *n* podelitev, razdeljevanje; izdajanje zdravil na recept; (*with* česa) spregled, odveza, oprostitev obveznosti; ukrep, uredba; *eccl* verski zakoni, predpisi; **divine** ~ božja previdnost
dispensatory [dispénsətəri] *n* lekarniška knjiga, farmakopeja
dispense [dispéns] *vt* deliti, razdajati; odpustiti, odvezati česa; pripravljati ali deliti zdravila; **to** ~ **with** ne potrebovati česa, prihraniti kaj; odpraviti, pogrešati; shajati, prebijati se brez; **dispensing chemist** lekarnar
dispenser [dispénsə] *n* razdeljevalec; lekarnar; *eccl* delitelj odpustkov
dispeople [díspí:pl] *vt* (s)krčiti prebivalstvo; razseliti, opustošiti
dispersal [dispə́:səl] *n* razkropitev; *stat* razprš
disperse [dispə́:s] *vt & vi* razpoditi, razkropiti, razpršiti; raztresti (se); raziti se
dispersedly dispə́:sidli] *adv* razkropljeno, tu in tam
dispersion [dispə́:šən] *n* razpršitev, razkropitev; razmet; *stat* razprš; **the Dispersion** Diaspora
dispersive [dispə́:siv] *adj* (~ **ly** *adv*) razpršilen, konkaven (leča)
dispersoid [dispə́:səid] *n chem* koloid

dispirit [dispírit] *vt* pogum vzeti, oplašiti; potreti, potlačiti
dispirited [dispíritid] *adj* (~ **ly** *adv*) malodušen, pobit, potrt
dispiteous [dispítiəs] *adj* (~ **ly** *adv*) neusmiljen, krut
dispitiousness [dispítiəsnis] *n* neusmiljenost, krutost
displace [displéis] *vt* premestiti, odmakniti, odstaviti; pregnati, odpustiti; preložiti; ~ **d person** begunec, brezdomec
displacement [displéismənt] *n* premestitev, premik; nadomestitev; *mar* ladijska prostornina, prostornina spodrinjene tekočine, spodriv
display I [displéi] *vt* (po)kazati, razstaviti; razode(va)ti, razkri(va)ti, razgaliti; odkri(va)ti, izda(ja)ti; košatiti, bahati se; z velikimi črkami (na)pisati
display II [displéi] *n* sijaj, razkazovanje, parada; razstava; slavnostna oprema; razvitje; debel tisk; bahanje; **to make a great** ~ **of** bahati, ponašati se s čim; **on** ~ razstavljen, na razstavi
displease [displí:z] *vt* ne ugajati; (raz)žaliti; mučiti; ne zadovoljiti, (u)jeziti; zameriti se; **to be** ~ **d with** (ali **by, at**) **s.th.** biti s čim nezadovoljen, jeziti se zaradi česa
displeasing [displí:ziŋ] *adj* (~ **ly** *adv*) neprijeten, nevšečen
displeasure I [displéžə] *n* nevšečnost, nezadovoljstvo, čemernost, nevolja, zamera, jeza; nemilost; **to incur s.o.'s** ~ ujeziti koga; **to take** ~ zameriti; **to be in** ~ **with s.o.** biti pri kom v nemilosti
displeasure II [displéžə] *vt* razjeziti, v slabo voljo spraviti; dolgočasiti
displume [displú:m] *vt poet* oskubsti; *coll* degradirati
disport [dispó:t] **1.** *n* zabava, razvedrilo; **2.** *v refl & vi* veseliti, zabavati, razvedriti se
disposable [dispóuzəbl] *adj* (**disposably** *adv*) razpoložljiv; odstranljiv; uporaben
disposal [dispóuzəl] *n* razpolaganje; razpored; odredba; odstranitev, odprava; izročitev; prodaja; moč, oblast; **at one's** ~ na razpolago, na voljo komu; ~ **in marriage** poroka
dispose [dispóuz] *vt & vi* razpolagati, ukazati, urediti, razpostaviti, razmestiti; odrediti; znebiti se, odstraniti; (z)likvidirati; ovreči; proda-(ja)ti; opraviti; **man proposes, God** ~ **s** človek obrača, Bog obrne; **to** ~ **of s.th.** razpolagati s čim; urejati kaj; uničiti; ubiti; (raz)prodati; porabiti; **to** ~ **of by will** zapustiti v oporoki; **to** ~ **of in marriage** poročiti; **to** ~ **of by auction** prodati na dražbi; **to** ~ **of once and for all** za vselej urediti; **to** ~ **of one's child to school** poslati otroka v šolo; **more than can be** ~ **d of** več kot je treba; **a thing to be** ~ **d of** stvar, ki se da dobiti ali prodati; **to** ~ **of a claim** urediti reklamacijo; **to** ~ **of goods** prodati blago
disposed [dispóuzd] *adj* (*to, for, towards*) nagnjen, naklonjen; **ill** ~ nerazpoložen, slabe volje; **well** ~ dobre volje; **ill** ~ **towards s.th.** nenaklonjen čemu
disposedly [dispóuzidli] *adv* primerno, prikladno; **high and** ~ dostojanstveno
disposition [dispəzíšən] *n* (*to*) nagnjenje, razpoloženje, volja; ureditev, razporeditev; čud; raz-

polaganje, prodaja; *pl* pripravljanje; stanje (zdravja); **at one's** ~ na razpolago komu; **to make one's** ~ **s** vse pripraviti
dispositional [dispəzíšənəl] *adj* razpoloženjski, dispozicijski
dispossess [dispəzés] *vt* (*of*) odvze(ma)ti; razlastiti, (o)ropati; pregnati, spoditi; **to** ~ **s.o. of an error** odpreti komu oči
dispossession [dispəzéšən] *n* odvzem, razlastitev; izselitev
dispraise [dispréiz] **1.** *n* graja, neodobravanje; nezadovoljstvo; **2.** *vt* grajati, ne odobravati
disprize [dispráiz] *vt arch* podcenjevati
disproof [disprú:f] *n* spodbijanje, ovržba
disproportion [disprəpó:šən] **1.** *n* nesorazmernost, nesorazmerje; neenakost; **2.** *vt* spraviti v nesorazmerje
disproportional [disprəpó:šənəl] *adj* (~ **ly** *adv*) (*to*) nesorazmeren; prekomeren
disproportionate [disprəpó:šənit] *adj* (~ **ly** *adv*) (*to*) nesorazmeren
disproportioned [disprəpó:šənd] *adj* (~ **ly** *adv*) nesorazmeren, pretiran
disprovable [disprú:vəbl] *adj* (**disprovably** *adv*) izpodbiten
disproval [disprú:vəl] *n* glej **disproof**
disprove [disprú:v] *vt* ovreči, spodbiti; dokazati lažnivost
disputable [dispjú:təbl] *adj* (**disputably** *adv*) sporen, negotov, dvomljiv
disputant [dispjú:tənt] **1.** *adj* razpravljalen, spodbijalen; **2.** *n* diskutant(ka), razpravljalec, -lka
disputation [dispju:téišən] *n* pričkanje; učen prepir, debata, diskusija
disputatious [dispjutéišəs] *adj* (~ **ly** *adv*) prepirljiv, polemičen, kljubovalen, pravdarski
disputatiousness [dispjutéišəsnis] *n* prepirljivost
disputative [dispjú:tətiv] *adj* (~ **ly** *adv*) prepirljiv, pravdarski
dispute I [dispjú:t] **1.** *vi* (*with, against* s, proti; *on, about* o) prepirati, pričkati se, razpravljati; **2.** *vt* razlagati, pretresati; pobijati; spodbijati, oporekati; braniti, boriti se; **it cannot be** ~ **d** o tem ni dvoma
dispute II [dispjú:t] *n* pretresanje, razprava; prerekanje, pričkanje, prepir, spor; **beyond** (ali **past, without**) ~ nesporen; **matter in** ~ sporna točka
disputed [dispjú:tid] *adj* (~ **ly** *adv*) sporen
disqualification [diskwəlifikéišən] *n* (*for*) nesposobnost; neusposobljenost; *sp* diskvalifikacija, prepoved nastopanja na tekmah
disqualify [diskwólifai] *vt* (*for*) onesposobiti, razglasiti za nesposobnega; *A* razkrinkati; *sp* izključiti, diskvalificirati
disquiet I [diskwáiət] *vt* vznemiriti, razburiti; (o)plašiti; zaskrbeti
disquiet II [diskwáiət] **1.** *n* nemir, zaskrbljenost, vznemirjenost; **2.** *adj* nemiren, zaskrbljen, vznemirjen
disquietude [diskwáiitju:d] *n* nemir, zaskrbljenost; strah; poplah
disquisition [diskwizíšən] *n* (*on*) (obširna) razprava, študija; *arch* poizvedovanje, povpraševanje, preiskava

disqusitional [diskwizíšənəl] *adj arch* poizvedova-
len, preiskovalen
disquisitive [diskwízitiv] *adj* (~ly *adv*) radoveden,
ki rad sprašuje
disrank [disrǽŋk] glej disrate
disrate [disréit] *vt mar* degradirati, ponižati, po-
staviti na nižjo stopnjo; dati med staro železo
(ladjo)
disregard I [dísrigá:d] *n (for, of)* omalovaževanje
neupoštevanje, prezir
disregard II [dísrigá:d] *vt* omalovaževati, ne upo-
števati, prezirati; ~ing ne glede na
disregardful [disrigá:dful] *adj* (~ly *adv*) omalova-
žujoč, zaničljiv, prezirljiv
disrelish [disréliš] 1. *vt* ne marati, ne prenašati; 2.
n (for) nenaklonjenost, odpor
disremember [disrimémbə] *vt* ne se spomniti, po-
zabiti
disrepair [disripéə] *n* slabo stanje, razdejanost,
trhlost; to be in a state of ~ podirati se, raz-
padati; to fall into ~ začeti razpadati
disreputability [disrepjutəbíliti] glej disreputable-
ness
disreputable [disrépjutəbl] *adj* (disreputably *adv*)
nečasten, prostaški, zloglasen, razvpit
disreputableness [disrépjutəblnis] *n* slab glas, zlo-
glasnost, razvpitost, sramota; prostaštvo
disreputation [disrepjutéišən] glej disrepute
disrepute [dísripjú:t] *n* slab glas, zloglasnost, raz-
vpitost; sramota; to bring into ~, to bring ~
upon s.o. spraviti koga v slab glas; *naut* deti
med staro železo (ladjo); to fall (ali sink) into ~
priti na slab glas
disrespect [dísrispékt] 1. *n (to)* nespoštljivost, pre-
zir; nevljudnost; 2. *vt* prezirati, ne spoštovati
disrespectful [disrispéktful] *adj* (~ly *adv*) nespošt-
ljiv, nevljuden; brezobziren
disrespectfulness [disrispéktfulnis] *n* podcenjeva-
nje, nespoštljivost, brezobzirnost
disrobe [disróub] *vt & vi* sleči (se); oropati; *(for
česa)* osvoboditi
disroot [disrú:t] *vt* izkoreniniti, izruvati
disrupt [disrápt] *vt* razrvati, raztrgati, razbiti, raz-
kosati; *fig* ločiti; prekiniti
disruption [disrápšən] *n* razdor, razdvojitev, pre-
lom; razkroj; prekinitev, ločitev; *eccl* the
Disruption razkol škotske cerkve l. 1843.
disruptionist [disrápšənist] *n* politični razkolnik
disruptive [disráptiv] *adj* (~ly *adv*) razdiralen, raz-
krojevalen; prebojen; prekinjevalen
dissatisfaction [díssætisfǽkšən] *n (at, over, with)*
nezadovoljstvo, nezadovoljitev
dissatisfactory [díssætisfǽktəri] *adj* (dissatisfacto-
rily *adv*) nezadovoljiv, nezadosten, neugoden
dissatisfied [díssætisfaid] *adj (at, with)* nezado-
voljen, razočaran; čemern
dissatisfy [díssætisfai] *vt* ne zadovoljiti, ne ugajati,
razočarati
dissave [dísséiv] *vt* potrošiti prihranke
dissect [disékt] *vt* (raz)klati, (raz)sekati; (raz)čle-
niti, analizirati; *anat* raztelesiti, secirati
dissecting-room [diséktiŋrum] *n* secirnica
dissection [disékšən] *n anat* raztelesenje, seciranje,
obdukcija; *com* razčlemba, analiza
dissector [diséktə] *n* razteleševalec, prosektor, ana-
tom

disseise, disseize [díssí:z] *vt jur* pregnati s posesti;
fig izriniti
disseisin, disseizin [díssi:zin] *n jur* nezakonit pre-
gon s posestva
dissemblance [disémbləns] *n* nepodobnost, različ-
nost; hlimba, pretvara
dissemble [disémbl] 1. *vt* tajiti, hliniti, prikrivati;
2. *vi* pretvarjati se, hinavščiti, simulirati
dissembler [disémblə] *n* hinavec, -vka, licemerec,
-rka, simulant(ka)
dissembling I [disémbliŋ] *n* hinavščina, licemerstvo,
hlimba
dissembling II [disémbliŋ] *adj* (~ly *adv*) hinavski,
licemerski
disseminate [disémineit] *vt* (raz)sejati, (raz)trositi
(seme); *fig* širiti, razglasiti
dissemination [diseminéišən] *n* sejanje; raztrositev;
fig širjenje, razglašanje
dissention [disénšən] *n* svaja, spor, nesporazum,
razprtija, nesloga, nesoglasje
dissent I [disént] *vt (from)* različnost mnenja, ne-
sporazum, nesoglasje; odpadništvo od anglikan-
ske vere, razkolništvo; odpadnik, nonkonfor-
mist
dissent II [disént] *vi* ne se strinjati, biti drugega
mnenja
dissenter [diséntə] *n* odpadnik, razkolnik, disident;
A član opozicije
dissentient I [disénšiənt] *adj* ki se ne strinja; od-
padniški, razkolniški, disidentski; without a ~
vote soglasno
dissentient II [disénšiənt] *n* glas proti; odpadnik,
razkolnik, disident; nezadovoljnež; without a
single ~ soglasno
dissenting [diséntiŋ] *adj* (~ly *adv*) ki se ne strinja,
ki je drugega mnenja; ~ minister nonkonfor-
mistični, disidentski duhovnik
dissentious [disénšəs] *adj* (~ly *adv*) prepirljiv
dissert [disə:t] *vi (on, upon)* pisati razpravo, raz-
pravljati
dissertate [dísəteit] glej dissert
dissertation [disətéišən] *n* razprava, disertacija
disserve [díssə:v] *vt* slabo služiti, slabo ravnati,
škodovati
disservice [díssə:vis] *n* slabo ravnanje, slaba uslu-
ga, škoda; to do s.o. a ~ škodovati komu, pri-
zadeti komu škodo
disserviceable [díssə:visəbl] *adj* (disserviceably *adj*)
škodljiv, slab
dissever [dissévə] *vt & vi* (raz)deliti, prerezati, pre-
sekati, odrezati; ločiti, odcepiti (se)
disseverance [dissévərəns] *n* ločitev, cepitev
disseverement [dissévəmənt] glej disseverance
dissidence [dísidəns] *n* neenotnost, nesloga; raz-
kolništvo
dissident [dísidənt] 1. *adj* odpadniški, razkolniški;
2. *n* odpadnik, razkolnik
dissight [disáit] *n* grd prizor
dissimilar [disímilə] *adj* (~ly *adv*) nepodoben, raz-
novrsten, različen, drugačen
dissimilarity [disimilǽriti] *n* nepodobnost, različ-
nost, raznovrstnost
dissimilate [disímileit] *vt biol* disimilirati, razkrajati
dissimilation [disimiléišən] *n biol chem* disimilacija,
razkroj, razgradnja

dissimilitude [disimílitju:d] *n* nepodobnost, različnost

dissimulate [disímjuleit] **1.** *vt* prikrivati, (za)tajiti, zamolčati, hliniti; pretvarjati, delati se nevednega

dissimulation [disimjuléišən] *n* pretvarjanje, hlimba, licemerstvo; prikrivanje

dissimulator [disímjuleitə] *n* hinavec, -vka, licemerec, -rka

dissipate [dísipeit] **1.** *vt* (raz)trositi, razgnati, razpršiti, razpoditi; zapraviti, zapravljati; tratiti, pod ceno prodajati; **2.** *vi* (po)veseljačiti; izginiti, izginevati, zgubiti, razpršiti se

dissipated [dísipeitid] *adj* razuzdan, razbrzdan, potraten, zapravljiv, veseljaški

dissipation [disipéišən] *n* zapravljanje, potrata, razuzdanost, veseljačenje; *phys* oddana energija, toplota

dissipative [disípətiv] *adj* (~ ly *adv*) potraten, zapravljiv

dissociable I [disóušiəbl] *adj* ločljiv, razdružljiv

dissociable II [disóušəbl] *adj* nedružaben, odljuden, redkobeseden

dissocial [disóušəl] *adj* (~ ly *adv*) nedružaben, odljuden

dissociate I [disóušieit] *vt* (*from*) ločiti, razdružiti, osamiti, pretrgati zvezo; *chem* razkrojiti, razkrajati; **to ~ o.s. from s.o.** pretrgati stike s kom

dissociate II [disóušieit] *vi* cepiti se; *chem* razpasti, razkrojiti se

dissociation [disoušiéišən] *n* ločitev, razdruženje, cepitev; *chem* razkroj, razpad

dissociative [dissóušjətiv] *adj* ločilen, razdruževalen; razkrojevalen

dissolubility [disəljubíliti] *n* topljivost; ločljivost

dissoluble [disóljubl] *adj* (**dissolubly** *adv*) topljiv; ločljiv

dissolute [dísəlu:t] *adj* (~ ly *adv*) samopašen, razuzdan, malopriden, razbrzdan

dissoluteness [dísəlu:tnis] *n* samopašnost, razuzdanost, malopridnost, razbrzdanost

dissolution [disəlú:šən] *n* raztopitev, razkroj; likvidacija; razpust; razveza; smrt; ločitev; ~ **of an assembly** razpust zbora; ~ **of marriage** ločitev zakona

dissolvable [disólvəbl] *adj* topljiv; razpadljiv; razrešljiv

dissolve I [dizólv] **1.** *vt* raztopiti; ločiti; razpustiti; razdreti, razvezati **2.** *vi* raztopiti se; razpasti; izginevati; (z)bledeti; ~ **d in tears** objokan; **Parlament ~ s** (ali **is ~ d**) skupščina se razpušča; **dissolving views** meglene slike

dissolve II [dizólv] *n* (kino) postopen prehod (ene slike v drugo)

dissolvent [dizólvənt] **1.** *adj* topeč; raztopljiv; **2.** *n* topilo

dissonance [dísənəns] *n* razglasje, neubranost; nesoglasje, neskladnost

dissonant [dísənənt] *adj* (~ ly *adv*) neubran, razglašen; (*from*) nesoglasen, neskladen

dissuade [diswéid] *vt* (*from*) odsvetovati, pregovoriti, odvrniti, odvračati od česa

dissuasion [diswéižən] *n* (*from*) odsvet, odsvetovanje, odvračanje

dissuasive [diswéiziv] *adj* (~ ly *adv*) odsvetovalen, odvračilen

dissyllabic, disylabic [disilǽbik] *adj* dvozložen

dissyllable, disylable [disílæbl] *n* dvozložnica

dissymmetrical [disimétrikəl] *adj* (~ ly *adv*) nesomeren; zrcalno someren

dissymmetry [disímitri] *n* nesomernost; zrcalna somernost

distaff [dísta:f] *n* preslica (del kolovrata); *fig* ženski opravki; ~ **side** ženska stran, materino sorodstvo, ženska linija

distal [dístəl] *adj* (~ ly *adv*) *anat* oddaljen od sredine, končen

distance I [dístəns] *n* daljava, razdalja; (*from*) oddaljenost, razmik; interval, obdobje; nepodobnost; *fig* opreznost, zadržanost, hladnokrvnost; **to keep one's ~** ne se vsiljevati; **to keep s.o. at a ~** ne želeti si stikov s kom; **I know my ~** vem, koliko si smem dovoliti; **from a ~** od daleč; **in the ~** v ozadju; **a good ~ off** precej daleč; **within driving ~** z avtom dosegljiv; **within easy ~** nedaleč

distance II [dístəns] *vt* oddaljiti, oddaljevati; razmestiti; narediti vtis daljave (na sliki); prekositi, prekašati

distance-controlled [dístənskəntróuld] *adj* upravljan iz daljave

distant [dístənt] *adj* (~ ly *adv*) oddaljen, daljnji; *fig* ohol, hladen

distaste [distéist] **1.** *n* (*for*) gnus, nevolja, odpor, stud; **2.** *vt* ne marati, čutiti odpor

distasteful [distéistful] *adj* (~ ly *adv*) nevšečen, neljub, neprijeten, odvraten

distemper I [distémpə] *n* nerazpoloženje; (pasja) kuga, bolehavost; nemir, upor

distemper II [distémpə] *vt arch* razburiti, razburjati, vznemiriti, vznemirjati; bolnega napraviti; ~ **ed godrnjav;** ~ **ed fancy** bolestna domišljija

distemper III [distémpə] **1.** *n* tempera (barva), vodena barva; **to paint in ~** slikati s tempero, z vodenimi barvami; **2.** *vt* slikati s tempero, z vodenimi barvami

distemperature [distémpərətjuə] *n* bolehavost; motnja; nezmernost

distend [disténd] *vt & vi* raztegniti, razširiti, napeti, napihniti, napihovati (se)

distensibility [distensibíliti] *n* razteznost, raztegljivost, elastičnost

distensible [disténsəbl] *adj* (**distensibly** *adv*) raztezen, raztegljiv, elastičen

distension [disténšən] *n* raztezanje, razširjenje, napihavanje; raztegnost, napihnjenost

distent [distént] *adj* raztegnjen, napihnjen,

distich [dístik] *n* dvostih, distih

destil(l) [distíl] **1.** *vt* prekapati, prehlapiti, destilirati; **2.** *vi* kapljati

distillate [dístilit] *n chem* prekapina, destilat

distillation [distiléišən] *n* prekap, prehlap; *arch* destilacija, sublimacija; žganjekuha; *fig* bistvo, esenca

distillatory [distílətəri] *adj* (**distillatorily** *adv*) *chem* destilacijski

destiller [distílə] *n* destilater; žganjar

distillery [distíləri] *n* žganjarija; žganjarna

distinct [distíŋkt] *adj* (~ ly *adv*) (*from*) razločen, jasen, izrazit; različen, poseben; *poet* okrašen, pisan

distinction [distíŋkšən] *n* razlika, različnost; odlika, priznanje, odlikovanje; ugled, znamenitost; **a ~ without difference** prav nobena razlika; **to draw a ~ between** razlikovati med

distinctive [distíŋktiv] *adj* (~ **ly** *adv*) razločen, razločevalen; poseben, značilen; nevsakdanji; določen

distinctivity [distiŋktíviti] glej **distinctiveness**

distinctiveness [distíŋktivnis] *n* značilnost, posebnost

distinctness [distíŋktnis] *n* različnost, posebnost; jasnost; gotovost, določnost

distinguish [distíŋgwiš] **1.** *vt* (*from*) razločiti, ločiti, razlikovati, označiti; odlikovati; **2.** *vi* razlikovati, odlikovati se; delati razliko; **to ~ o.s.** odlikovati se

distinguishable [distíŋgwišəbl] *adj* (**distinguishably** *adv*) (*from*) razločljiv, drugačen; značilen

distinguished [distíŋgwišt] *adj* (*by, for*) različen, jasen; *fig* odličen, slaven, ugleden, pomemben, znamenit; *mil* ~ **service cross** križec za zasluge

distinguishing [distíŋgwišiŋ] *adj* razlikovalen, razločevalen; značilen

distort [distó:t] *vt* zvi(ja)ti, (iz)kriviti, pohabiti, (po)pačiti, deformirati; (besede) prevračati; *med* spahniti, izviniti

distorted [distó:tid] *adj* (~ **ly** *adv*) popačen, izkrivljen, deformiran; *med* izvinjen

distortion [distó:šən] *n med* zvitje, spah; pohabljenje; prevračanje besed

distortionist [distó:šənist] *n* akrobat, »človek kača«; karikaturist

distract [distrǽkt] *vt* (*from*) odvračati, odvrniti, odtrgati; odmakniti, usmeriti; (z)motiti, zmesti, (z)begati, obnoriti; vznemiriti, vznemirjati

distracted [distrǽktid] *adj* (~ **ly** *adv*) (*at, by, with*) raztresen, zmeden, blazen; ves iz sebe; **to drive ~** razjeziti, obnoriti

distracting [distrǽktiŋ] *adj* (~ **ly** *adv*) ki obnori, ki spravi ob pamet

distraction [distrǽkšən] *n* odvračanje; zmeda, motnja; blaznost; raztresenost; zabava, razvedrilo; **to love to ~** strastno ljubiti; **to drive to ~** razjeziti, obnoriti

distractive [distrǽktiv] *adj* (~ **ly** *adv*) vznemirljiv; begav, ki obnori; razvedrilen

distrain [distréin] *vi jur* (*upon for* komu, zaradi) zapleniti, zarubiti

distrainable [distréinəbl] *adj* zarubljiv

distrainee [distreiní:] *n* tisti, ki mu je bilo zaplenjeno imetje

distrainer, distrainor [distréinə] *n jur* rubežnik, eksekutor

distrainment [distréinmənt] *n jur* zaplenitev, zaplemba

distraint [distréint] *n jur* zaplemba, zarubitev

distrait [distréit] *adj* raztresen, zamišljen, v zadregi

distraught [distró:t] *adj arch* (*with*) raztresen, zmeden, ves iz sebe, ponorel

distress I [distrés] *n* nadloga; gorje, žalost tuga; sila, beda, revščina, stiska; nevarnost; zaplemba; zaplenjeno blago; ~ **signal** znak kot prošnja za pomoč; ~ **committee** odbor za pomoč pri katastrofah; **to be in great ~ for s.th.** nujno kaj potrebovati; **to levy a ~ on** zarubiti, zapleniti; *jur* **warrant of** ~ ukaz o izvršitvi

distress II [distrés] *vt* užalostiti; spraviti v stisko; izčrpati; *jur* zapleniti; **to ~ o.s.** skrbeti, bati se

distressed [distrést] *adj* (~ **ly** *adv*) v stiski; zaskrbljen, nesrečen, obupan; ~ **for money** v denarni stiski; ~ **area** prizadeto področje

distressful [distrésful] *adj* (~ **ly** *adv*) žalosten, zaskrbljen, obupan; ki užalosti; nevaren; mučen

distress-gun [distrésgʌn] *n mar* znak za nevarnost (topovski strel)

distressing [distrésiŋ] *adj* (~ **ly** *adv*) mučen, žalosten, boleč

distress-rocket [distrésrəkit] *n mar* znak za nevarnost (raketa)

distributable [distríbjutəbl] *adj* (**distributably** *adv*) razdeljiv

distributary [distríbjutəri] *n* rečni rokav

distribute [distríbju:t] *vt* (*among*) razdeliti; (*into*) razvrstiti, zvrstiti; razporediti, razporejati; da(ja)ti; raztresati; prodajati, trgovati

distribution [distribjúšən] *n* razdelitev, razporeditev; raztresanje; prodaja; razširjenost (rastlin)

distributional [distribjú:šənl] *adj* (~ **ly** *adv*) razdeljevalen, distribucijski

distributive [distríbjutiv] *adj* (~ **ly** *adv*) razdelitven, razdelilen, razporeditven; ~ **trade** trgovina na drobno; ~ **ly** posamezno, ločeno

distributor [distríbjutə] *n* razdeljevalec -lka, porazdeljevalec, -lka; *techn* regulator

district I [dístrikt] *n* pokrajina, okoliš, predel, okraj, okrožje, področje; *A* ~ **attorney** javni tožilec; *A* **District of Columbia** samostojno ozemlje z glavnim mestom Washingtonom; **manufacturing** ~ industrijsko področje; ~ **heating** centralno ogrevanje za celo mestno četrt; ~ **visitor** župnikov pomočnik

district II [dístrikt] *vt* razdeliti v okraje, področja itd.

district-court [dístriktkə:t] *n A* okrajno sodišče

district-railway [dístriktreilwei] *n* železnica, ki veže London s predmestji

district-school [dístriktsku:l] *n A* državna šola nekega administracijskega področja

distrust [distrʌst] **1.** *n* nezaupanje, dvom, sum; **2.** *vt* ne zaupati, sumiti, dvomiti

distrustful [distrʌstful] *adj* (~ **ly** *adv*) (*of*) nezaupljiv, nezaupen, plašen

disturb [distə́:b] *vt* motiti, begati, vznemirjatl; zmesti; kršiti; **to ~ the peace** kaliti mir; **don't ~ yourself!** ne daj se motiti!

disturbance [distə́:bəns] *n* motnja, nemir, beganje, izgred; *geol* dislokacija

disturbant [distə́:bənt] **1.** *adj* (~ **ly** *adv*) motilen, kalilen, oviralen, kršilen; **2.** *n* motilec, -lka, kalilec, -lka, kršilec, -lka

disturber [distə́:bə] *n* motilec, kalilec, kršilec, -lka

disturbing [distə́:biŋ] *adj* (~ **ly** *adv*) vznemirljiv, motilen

disunion [disjú:niən] *n* razdvojitev, razdor, razkol, cepitev; nesoglasje, nesloga

disunite [disjunáit] *vt & vi* razdvojiti, ločiti, razdružiti, cepiti (se); spreti se

disunity [disjú:niti] *n* razdor, ločitev, nesloga; razdvojenost

disuse I [disjú:s] *n* neraba, odvada; **to fall into ~** ne se več uporabljati, biti zastarel disuse II [dɪs'ú:z] *vt* ne uporabljati, odvaditi; ~ d zastarel

disyllabic [dɪsilǽbik] *adj* (~ ally *adv*) dvozložen

disyllable [disíləbl] *n* dvozložnica

ditch I [dič] *n* jarek, rov, okop; *coll* Rokavski preliv, Severno morje, Atlantski ocean; to be in a dry ~ živeti ko ptiček na veji; to die in the last ~ boriti se do konca; to die in a ~ bedno poginiti; to be in the last ~ biti v težkem položaju, v neprilikah

ditch II [dič] *vi & vt* kopati jarek, obdati z jarkom; zaleteti se v jarek; iztiriti; *sl* zapustiti, znebiti se koga; *sl* prisilno pristati (letalo)

ditcher [díčə] *n* kopač jarkov

ditch-water [díčwətə] *n* stoječa voda; as dull as ~ skrajno dolgočasen; as clear as ~ nejasen, moten

dither I [díðə] *vi sl* tresti se, drgetati, trepetati; jeziti se; priti v zadrego; to ~ about biti neodločen, cincati

dither II [díðə] *n* drgetanje, trepet; to be all of a (ali in a) ~ tresti se ko šiba na vodi

dithyramb [díθiræm(b)] *n* slavospev, ditiramb

dithyrambic [diθirǽmbik] *adj* (~ ally *adv*) ditirambski; vznesen

dittany [dítəni] *n bot* jesenjak

ditto I [dítou] *n* že povedano, isto; blago iz istega materiala; to say ~ strinjati se; *fam* a suit of ~ s vsa obleka iz iste tkanine

ditto II [dítou] *vt* isto storiti; podvojiti

ditto III [dítou] *adv* prav tako, podobno

ditty [díti] *n* pesemca, rek, popevka

ditty-bag [dítibæg] *n mar* torba z orodjem

ditty-box [dítibɔks] *n mar* zabojček z orodjem

diuretic [daijuərétik] *med* 1. *adj* ki pospešuje izločanje seča, diuretičen; 2. *n* sredstvo, ki pospešuje izločanje seča

diurnal [daió:nl] 1. *adj* vsakodneven; podneven; 2. *n arch* dnevnik

diva [dívə] *n* primadona, diva, zvezdnica

divagate [dáivəgeit] *vi* oddaljiti se, zaviti s prave poti; oddaljiti se od predmeta pogovora; potepati se

divagation [daivəgéišən] *n* oddaljitev; potepanje

divalent [dáiveilənt, díveilənt] *adj chem* bivalenten, dvomočen

divan [divǽn] *n* divan, zofa; kadilna soba, posvetovalnica; turški državni svet; zbirka pesmi; ~ bed kavč

divaricate [daivǽrikeit] *vi* razcepiti, odcepiti, razdeliti se

divarication [daivərikéišən] *n* razcep, odcepitev; rogovila

dive* I [daiv] *vi* (*into*) potopiti se, v vodo skočiti; *fig* zatopiti se, poglobiti se; planiti, hitro seči; strmoglaviti, pikirati; izginiti; to ~ for dinner iti na ceneno kosilo; to ~ into the purse (ali pocket) v žep seči

dive II [daiv] *n* skok na glavo (v vodo); strmoglaven let, pikiranje; *A* beznica; restavracijska klet; to make a ~ at (ali for) s.th. zagrabiti kaj; to take a ~ skočiti na glavo (v vodo); *fig* to take a ~ into s.th. poglobiti se v kaj; a nose ~ strmoglaven let

dive-bomber [dáivbɔmə] *n* strmoglavec (letalo)

diver [dáivə] *n* potapljač, skakalec v vodo; *coll* žepar; *zool* ponirek

diverge [daivó:dž, divó:dž] *vi & vt* (*from*) razmikati, cepiti, razhajati se; drug od drugega se oddaljevati; razlikovati, odkloniti se; skreniti, zaviti

divergence [daivó:džəns, divó:džəns] *n* razmičnost, razmik, razhod, raznosmernost; razlika v mnenju

divergent [daivó:džənt, divó:džənt] *adj* (~ ly *adv*) razmičen, raznosmeren, razhoden, divergenten; različen, nesoglasen

diverging [daivó:džiŋ, divó:džiŋ] glej divergent

divers [dáivəz] *adj arch* marsikak; različen; več, številni

diverse [daivó:s, dáivə:s] *adj* (~ ly *adv*) (*from*) raznolik, mnogovrsten, neenak, drug

diversifiable [daivə:sifáiəbl] *adj* (diversifiably *adv*) razločljiv; ne čisto enoličen

diversification [daivə:sifikéišən] *n* raznoličnost, raznolikost, razlika; sprememba

diversified [daivó:sifaid] *adj* različen, raznovrsten

diversiform [daivó:sifə:m, divó:sifə:m] *adj* različen, raznolik

diversify [daivó:sifai, divó:sifai] *vt* predrugačiti, spremeniti, spreminjati; menja(va)ti; *A* vlagati (kapital) v različna podjetja

diversion [daivó:šən, divó:šən] *n* odvračanje, odklon, diverzija; zabava, razvedrilo; obvoz

diversionary [daivó:šnəri, divó:šnəri] *adj* razvraten, razvratniški

diversity [daivó:siti, divó:siti] *n* različnost, raznolikost, raznovrstnost, neenakost, pestrost

divert [daivó:t, divó:t] *vt* (*from to*) odvrniti, odvračati; zabavati, razvedriti

diverting [daivó:tiŋ, divó:tiŋ] *adj* (~ ly *adv*) zabaven, vesel

divest [daivést, divést] *vt* sleči, razgaliti; odvze(ma)ti, (o)ropati; znebiti, pripraviti ob kaj; to ~ o.s. odvaditi se česa, opustiti kaj, znebiti se česa

divestible [daivéstəbl, divéstəbl] *adj* (divestibly *adv*) prehoden, začasen; ki se da odvzeti

divestiture [daivéstičə, divéstičə] *n* slačenje, razgaljenje; rop, odvzem

divestment [daivéstmənt, divéstmənt] glej divestiture

dividable [diváidəbl] *adj* deljiv

divide I [diváid] 1. *vt* (*with*) deliti; (*in, into* v; *between, among* med) razdeliti; (*from*) ločiti; razmejiti; (*through*) krčiti pot; 2. *vi* biti deljiv (brez ostanka), (raz)deliti, cepiti se; *parl* glasovati; to ~ the Parliament (ali House) dati na glasovanje v parlamentu; glasovati

divide II [diváid] *n A* razvodje; *fig* the Great Divide smrt

divided [divádid] *adj* razdeljen, ločen; nesložen; ~ consonant *gram* likvida, jezičnik (*r*, *l*); to be ~ on the issue ne se strinjati glede spornega vprašanja

dividend [dívidend] *n math* deljenec; dividenda, delež na dobičku

dividend-warrant [dívidendwərənt] *n com* nalog za izplačilo dividende

divider [diváidə] *n* delivec, divizor, razdeljevalec; *pl* merilno šestilo dividual [divídjuəl] *adj* (~ly *adv*) ločen; ločljiv, deljiv

divination [divinéišən] *n* slutnja; prerokovanje, vedeževanje; ugibanje; napoved

divinatory [divinéitəri] *adj* (divinatorily *adv*) vedeževalski

divine I [diváin] *vt* slutiti, uganiti; prerokovati, napovedovati, vedeževati

divine II [diváin] 1. *adj* (~ly *adv*) božanski, božji; ~ service bogoslužje; 2. *n* teolog; *coll* duhovnik

diviner [diváinə] *n* vedeževalec, -lka; bajalec

diving [dáiviŋ] 1. *adj* potapljaški; 2. *n* potapljanje, skakanje, skok v vodo

diving-bell [dáiviŋbel] *n* potapljaški zvon

diving-board [dáiviŋbɔ:d] *n* skakalna deska

diving-dress [dáiviŋdres] *n* potapljaška obleka, skafander

diving-tower [dáiviŋtauə] *n* skakalni stolp

divining-rod [diváiniŋrɔd] *n* čarodejna šibica, bajalica

divinity [divínity] *n* božanstvo, bog; bogoslovstvo, teologija; ~ calf rjava teletina za vezavo knjig; Doctor of Divinity doktor teologije

divinize [dívinaiz] *vt* obožavati; razglasiti za boga

divisibility [divizíbíliti] *n* deljivost, ločljivost

divisible [dívizəbl] *adj* (divisibly *adv*) deljiv, ločljiv

division [divížən] *n* delitev, ločitev; *math* deljenje; del; *mil* divizija; oddelek; razpor, razkol, nesloga, razprtija; *parl* glasovanje; razred; *parl* ~ bell zvonec, ki poziva h glasovanju; to go into ~ začeti glasovati; ~ of labour delitev dela; to carry a ~ dobiti večino; without ~ soglasno; *parl* upon a ~ po glasovanju; ~ of shares razkosavanje; to come to a ~ priti do glasovanja

divisional [divížənl] *adj* delitven; oddelkov; *mil* divizijski

divisionary [divížnəri] glej divisional

divisor [diváizə] *n math* delivec, delitelj

divorce I [divɔ́:s] ločitev (zakona), razveza, razporoka; razdvajanje; to obtain a ~ from dati se ločiti od

divorce II [divɔ́:s] *vt & vi* (*from*) ločiti, razporočiti (se); razdvojiti (se); to ~ one's wife (husband) ločiti se od žene (moža)

divorcé [divɔ́:sei] *n* ločenec

divorcée [divɔ́:sei] *n* ločenka

divorcee [divɔ:sí:] *n* ločenec, -nka

divorcement [divɔ́:smənt] *n* ločitev zakona

divot [dívət] *n Sc* kos ruše

divulgate [daivʌ́lgeit] glej divulge

divulgation [daivʌlgéišən] *n* razglasitev, objava, širjenje

divulge [daivʌ́ldž] *vt* širiti (novice), razglasiti, raztrobiti, objaviti, izklepetati, odkriti, izdati

divulgement [daivʌ́ldžmənt] glej divulgation

divulgence [daivʌ́ldžəns] glej divulgation

divvy [dívi] *sl* dividenda (izplačana društvenikom)

dixie, dixy [díksi] *n mil sl* kotel

dizen [dáizn] *vt* (*out, up*) našemiti

dizziness [dízinis] *n* vrtoglavost, omotica; zbeganost

dizzy I [dízi] *adj* (dizzily *adv*) vrtoglav, omotičen; zbegan; to feel ~ imeti vrtoglavico

dizzy II [dízi] *vt* omamiti, omotiti, povzročiti omotico; zbegati, zmesti

do* I [du:] 1. *vt* napraviti, storiti, početi, delati, (iz)vršiti, narediti; končati, urediti, prirediti; pospraviti; uspe(va)ti; zadostovati; (s)kuhati, (s)peči; popiti; povzročiti; trgovati; *sl* varati; *theat* igrati; prehoditi; ogled(ov)ati si; prevesti; *fam* pogostiti; odsedeti (kazen); 2. *vi* delati, ravnati; postopati; ukvarjati se; počutiti se; zadovoljiti; uspevati, napredovati; to ~ battle bojevati se; to ~ better poboljšati se; to ~ one's best na vso moč se truditi; to ~ brown oslepariti; to ~ business trgovati; to ~ credit biti v čast; to ~ one's damnedest na vso moč se truditi; I have done my best potrudil sem se, kar se da; to ~ a drink piti; to ~ a favour izkazati ljubeznivost; to ~ good prijati, dobro (komu) storiti; to ~ a guy popihati jo, zbežati; to ~ one's hair počesati se; to ~ harm škodovati; to ~ one's heart good prijati komu; to ~ the heavy ošabno se vesti; to ~ the honours poskrbeti za goste; to ~ s.o. an ill turn zagosti jo komu; to ~ s.o. injustice storiti komu krivico; to ~ justice odkrito priznati; *coll* s slastjo pojesti; how ~ you ~ dober dan, pozdravljeni; to ~ like for like vrniti milo za drago; to ~ the messages iti po opravkih; to ~ a mean thing podlo ravnati; to make ~ prebijati se, shajati s svojimi sredstvi; *coll* nothing ~ing s tem ne bo nič; to ~ a part imeti vlogo; to ~ pictures iti v kino; to ~ a place ogledati si kak kraj; to ~ s.th. on the Q. T. delati kaj na skrivaj; to ~ sums reševati (računske) naloge, delati račune; *coll* to ~ the talking imeti glavno besedo; to ~ things by halves delati stvari na pol; *sl* to ~ time sedeti v ječi; to ~ s.o. a good turn narediti komu uslugo; to ~ the trick doseči namen; to ~ o.s. well privoščiti si; to ~ well dobro igrati; imeti uspeh, dobro se počutiti; well-to-do premožen, bogat; to ~ a room pospraviti sobo; ~ well and have well kdor si dobro postelje, dobro spi; that will ~ to zadostuje; that won't ~ to ne gre, to ni dovolj; one must ~ at Rome as the Romans ~ kdor se z volkovi druži, mora z njimi tuliti; it was ~ or die with him šlo mu je za življenje ali smrt; what can I ~ for you? s čim vam lahko postrežem?

do away *vt* odpraviti, ukiniti; ~ with odpraviti, odstraniti; *sl* pokončati, likvidirati

do by *vi* postopati, ravnati; do as you would be done by ne stori drugemu kar nočeš, da ti drugi prizadene

do down *vt coll* osleperiti; zatreti, premagati

do for *vi fam* voditi gospodinjstvo; skrbeti za koga; skaziti, pogubiti; ugajati, dobro deti; zadostovati

do in *vt sl* ubiti, pogubiti; preutruditi; premagati

do into *vt* prevesti; noter poriniti

do off *vt* sneti; sleči

do on *vt* obleči

do out *vt* pospraviti; pogasiti

do over *vt* predelati; premazati

do to *vi* ravnati s kom, vesti se do koga

do unto *vt* ravnati s kom, vesti se do koga

do up *vt* urediti, pospraviti; zaviti; izčrpati; naličiti se

do with vi vzdržati, prenesti; zadovoljiti se; shajati s čim; **I could** ~ some money potrebujem nekaj denarja

do without vi pogrešati, ne imeti

do II [du:] n sl sleparstvo; zabava, družba; **fair** ~'s poštena igra ali delitev

do III [dou] n mus do, nota C

doable [dú:əbl] adj možen, izvršljiv, izvedljiv

do-all [dú:ó:l] n človek za vse, faktotum, desna roka

doat [dout] glej dote

dobbin [dóbin] n konj, kljusa; majhna čaša

dobby [dóbi] n listovka; domači škrat; sl otročji starec

dobie [dóubi] glej adobe

doc [dɔk] n A sl doktor

docent [dóusənt] n univ. docent(ka)

doch-and-doris [dóhəndóris] n zadnji napitek pred razstankom

docile [dóusail] adj (~ ly adv) učljiv; pokoren, ubogljiv; prilagodljiv, popustljiv

docility [dousíliti] n dobra glava, učljivost; pokornost; prilagodljivost, popustljivost

dock I [dɔk] n dok, ladjedelnica; nabrežje; rly nakladalna rampa; **dry** ~ suhi dok; **graving** ~ ladjedelnica za popravila; **floating** ~ plavajoči dok; ~ **s** pristaniške naprave; coll **to be in dry** ~ nasesti, biti brezposeln; **wet** ~ moker dok (v ustju reke)

dock·II [dɔk] vi & vi namestiti v dok; biti v doku

dock III [dɔk] n bot kislica

dock IV [dɔk] n zatožna klop; sl vojaška bolnica; **to be in the** ~ sedeti na zatožni klopi; mil **to be in** ~ ležati v bolnici

dock V [dɔk] n mesnati del repa; odrezan rep, odrezani lasje itd.

dock VI [dɔk] vt odrezati, **pristriči**, zmanjšati, znižati

dockage I [dókidž] n pristojbina za uporabo doka

dockage II [dókidž] n pristriženje; znižanje, zmanjšanje

dock-dues [dókdju:s] glej dockage I

docker [dókə] n delavec v pristanišču ali ladjedelnici

docket I [dókit] n kratek pregled, seznam; nalepka, etiketa; potrdilo o plačani carini

docket II [dókit] vt napisati pregled, seznam; etikirati

dock-glass [dókgla:s] n velik kozarec (za pokušanje vina)

dockize [dókaiz] vt zgraditi doke (na reki)

dock-land [dóklænd] n področje ladjedelnic(e)

dock-master [dókma:stə] n mar nadzornik ladjedelnice (vojne mornarice)

dock-warrant [dókwərənt] n potrdilo za uskladiščeno blago v doku

dockyard [dókja:d] n ladjedelnica; pristaniško skladišče

doctor I [dóktə] n zdravnik, doktor; umetna ribiška muha; naut sl ladijski kuhar; sl sredstvo za ponarejanje vina; fam orodje za popravilo; ~'s **lock** patentna ključavnica; coll ~'s **stuff** zdravilo, strup; **to be under the** ~ zdraviti se; **lady** ~ zdravnica, doktorica; **to take one's** ~('s degree) promovirati

doctor II [dóktə] vt & vi promovirati; zdraviti; popravljati, krpati; pokvariti, ponarediti (jed, pijačo); oskrbljati z drogami

doctoral [dóktərəl] adj zdravniški, doktorski

doctorate [dóktərit] n doktorat

doctorship [dóktəšip] n doktorska čast

doctress [dóktris] n joc zdravnica, doktorica; namišljena modrijanka

doctrinaire [dəktrinéə] **1.** adj doktrinaren; pridigarski, šolniški; **2.** n doktrinar

doctrinal [dəktráinl] adj (~ ly adv) znanstven

doctrinarian [dəktrinéəriən] glej doctrinaire

doctrine [dóktrin] n nauk, veda, doktrina

document [dókjumənt] **1.** n listina, spis, pisan dokaz, dokument; **2.** vt dokumentirati, z listinami dokazati

documental [dɔkjuméntl] glej documentary 1.

documentary I [dɔkjuméntəri] adj dokumentaren; ~ **evidence** dokaz na osnovi dokumentov; ~ **film** dokumentaren film

documentary II [dəkjuméntəri] n dokumentaren film

documentation [dɔkjumentéišən] n dokumentacija

document-file [dókjuməntfail] n spenjalnik za akte

dod [dɔd] vt odsekati, oklestiti

dodder I [dódə] vi omahovati, opotekati se; duševno propadati; **to** ~ **along** krevljati

dodder II [dódə] n bot predenica

doddered [dódəd] adj oklešćen, brez krošnje, s posušeno krošnjo

doddery [dódəri] adj negotov na nogah, tresoč se; slaboumen

doddypoll [dódipoul] n tepec

dodge I [dódž] (about, behind, round) **1.** vi vstran skočiti, odskočiti; izogniti, izogibati se; izmikati se; izmotavati, izvijati se; **2.** vt neopazno zasledovati; lisičiti, za norca imeti, šale zbijati; **to** ~ **the issue** izogniti se posledic; **to** ~ **in and out** izmazati se

dodge II [dódž] n odskok, izogibanje; coll zvijača, spretnost; coll domiselna naprava; **capital** ~ veliko veselje; **to come the religious** ~ **over** hliniti pobožnost; **to put on the dummy** ~ delati se gluhega in slepega

dodger [dódžə] n ki se izogiblje, zmuzne; slepar, prebrisanec, premetenec; A reklamni letak; vrsta peciva iz koruzne moke; mar zaščitna stena ob ladijskem mostiču

dodgery [dódžəri] n izgovor

dodgy [dódži] adj (dodgily adv) premeten, prekanjen, bister, zvit, domiseln, spreten; nepošten; ki se izvija

dodo [dóudou] n zool dodo (izumrla ptica)

doe [dóu] n zool srna; košuta; zajklja; samica manjših sesalcev

doer [dúə] n storilec, -lka izvršitelj(ica); **evil** ~ hudodelec; **a good (bad)** ~ rastlina, ki dobro (slabo) uspeva

does [dʌz] 3. per sg od do

doeskin [dóuskin] n jelenovo ali srnje usnje, irhovina

doesn't [dʌznt] does not

doest [du:ist] arch 2. per sg od do

doff [dɔf] vt odložiti; opustiti, opuščati; znebiti se; **to** ~ **o.s.** sleči se; **to** ~ **one's hat** odkriti se

doffer [dófə] n techn snemalni valj (mikalnika)

dog I [dɔg] *n zool* pes, volk, lisjak; *pl* kovinski podstavek za polena v kaminu; *fam* ničvrednež; *sl* zagovednež, cepec, tepec; *pl sl* noge; rudniški voziček; ~ **'s age** cela večnost; **dirty** ~ nravno slab človek; **every** ~ **has its day** vsakomur je kdaj sreča naklonjena; **!o give a** ~ **a bad (ali an ill) name and hang him** zvaliti vso krivdo na človeka na slabem glasu; **barking** ~ **s never bite** pes, ki laja, ne grize; **to have a** ~ **in one's belly** biti čemeren; **between** ~ **and wolf** v mraku; ~ **in a blanket** vrsta sadnega kolača; **to blush like a** ~ ne poznati sramu; **a** ~ **'s chance** nobeno upanje; **a dead** ~ neuporaben človek ali reč; **to die a** ~ **'s death, to die like a** ~ bedno poginiti; ~ **eat** ~ brezobzirno tekmovanje; **like a** ~ **'s dinner** po zadnji modi (oblečen); ~ **s don't eat** ~ **s** vrana vrani oči ne izkljuje; *A mil sl* ~ **'s face** navadni vojak, infanterist; **a gay (ali jolly)** ~ veseljak; **to go to the** ~ **s** propasti, priti na psa, obubožati, priti k nič; **to help a lame** ~ **over a stile** pomagati komu v stiski; *A sl* **hot** ~ vroča hrenovka v žemlji; **to lead a cat and** ~ **life** vedno se prepirati, živeti ko pes in mačka; **a** ~ **in the manger** nevoščljivec; **need to see a** ~ potreba po izpraznitvi črevesa; ~ **on it!** prekleto!; *sl* **to put on** ~ šopiriti se; **it rains cats and** ~ **s** lije ko iz škafa; **to send s.th. to the** ~ **s** potratiti, zapraviti, pognati; **let sleeping** ~ **s lie** kar je bilo, naj bo pozabljeno; ~ **tag** pasja znamka; **to take a hair of the** ~ **that bit one** »mačka« z vinom preganjati; **to throw to the** ~ **s** zavreči, na klin obesiti; *fig* žrtvovati; **top** ~ najvišja oseba, visoka živina; **under** ~ podrejeni; **whose** ~ **is dead?** kaj se dogaja?, kdo je umrl?
dog II [dɔg] *vt* biti za petami, zasledovati; *techn* ujeti se v škripec
dog-ape [dɔ́geip] *n zool* pavian
dogate [dóugeit] *n* doževska čast ali oblast
dog-bane [dɔ́gbein] *n bot* svilničevka, pasjestrupovka
dog-bee [dɔ́gbi:] *n zool* trot
dogberry [dɔ́gberi] *n bot* drenulja
dog-biscuit [dɔ́gbiskit] *n* drobno pecivo za pse
dog-box [dɔ́gbɔks] *n rly* oddelek za pse
dog-brier [dɔ́gbraiə] *n* šipek
dog-cart [dɔ́gka:t] *n* gig (voz)
dog-cheap [dɔ́gči:p] *adj fam* zelo poceni, skoraj zastonj
dog-collar [dɔ́gkɔlə] *n* pasja ovratnica; *coll* visok ovratnik (anglikanskega duhovnika)
dog-days [dɔ́gdeiz] *n pl* pasji dnevi
doge [dóudž] *n* dož
dog-ear [dɔ́giə] *vi* pripogibati vogalčke (v knjigi)
dog-eared [dɔ́giəd] *adj* ki ima pripognjene vogalčke (knjiga)
dog-fancier [dɔ́gfænsiə] *n* gojitelj psov
dog-fight [dɔ́gfait] *n coll* borba med jatami letal v zraku
dog-fish [dɔ́gfiš] *n zool* ime raznovrstnih manjših zelo požrešnih morskih somov
dog-fox [dɔ́gfɔks] *n zool* lisjak
dogged [dɔ́gid] *adj* (~ **ly** *adv*) čemeren, siten; trmast, vztrajen, trdovraten
doggedness [dɔ́gidnis] *n* nepopustljivost, upornost, vztrajnost, trma

dogger [dɔ́gə] *n mar* vrsta holandske ribiške dvojambornice
doggerel [dɔ́grəl] *n* šepavi verz, slaba pesem
doggie [dɔ́gi] *n* kužek
doggish [dɔ́giš] *adj* pasji; popadljiv, renčav
doggo [dɔ́gou] *adv sl*; **to lie** ~ prežati v skrivališču, potuhniti se
doggone [dɔ́gɔn] **1.** *adj* preklet, ubog; **2.** *adv* prekleto, vražje
doggy [dɔ́gi] **1.** *adj* pasji, ki ima rad pse; eleganten; **2.** *n* kužek
dog-head [dɔ́ghed] *n techn* udarna igla; udarjač (na strelno kapico)
dog-headed [dɔ́ghedid] *adj* pasjeglav
dog-hole [dɔ́ghoul] *n* pasja hišica
dog-house [dɔ́ghaus] *n* pasja hišica, pesjak; *coll* **in the** ~ v nemilosti
dog-hutch [dɔ́ghʌč] *n* pasja hišica; *fig* luknja, jazbina
dog-kennel [dɔ́gkenl] glej **dog-house**
dog-latin [dɔ́glǽtin] *n* slaba latinščina
dog-lead [dɔ́gli:d] *n* pasji konopec
dog-licence [dɔ́glaisns] *n* davek na psa
doglike [dɔ́glaik] *adj* pasji; *fig* zvest
dogma [dɔ́gmə] *n* dogma, postavljeno načelo
dogmata [dɔ́gmətə] *n pl* od **dogma**
dogmatic [dɔgmǽtik] **1.** *adj* (~ **ally** *adv*) dogmatičen; **2.** *n pl* dogmatika
dogmatism [dɔ́gmætizəm] *n* dogmatizem
dogmatist [dɔ́gmætist] *n* dogmatik
dogmatize [dɔ́gmætaiz] *vi & vt* dogmatizirati; *fig* vztrajno trditi
dog-parsley [dɔ́gpa:sli] *n bot* divji peteršilj
dog-rose [dɔ́grouz] *n bot* šipek
dog's-ear [dɔ́gziə] glej **dog-ear**
dog-show [dɔ́gšou] *n* razstava psov
dog-skin [dɔ́gskin] *n* pasja koža; mehka koža sploh
dog-sleep [dɔ́gsli:p] *n* rahlo spanje
dog's-letter [dɔ́gzletə] *n* črka r
dog's-meat [dɔ́gzmi:t] *n* meso za psa; mrhovina, odpadki
dog's-nose [dɔ́gznouz] *n* pivo z žganjem
dog-star [dɔ́gsta:] *n* zvezda Sirius
dog's-tooth [dɔ́gztu:θ] *n bot* pasji zob
dog-tag [dɔ́gtæg] *n* pasja znamka
dog-tired [dɔ́gtaiəd] *adj* na smrt utrujen, izčrpan
dog-tooth [dɔ́gtu:θ] *n anat* podočnjak; *archit* zobčast okras
dog-trot [dɔ́gtrɔt] *n* drnec
dog-violet [dɔ́gvaiəlit] *n bot* pasja vijolica
dog-watch [dɔ́gwɔč] *n naut* nočna straža (od 4—6 ali od 18—20)
dog-wolf [dɔ́gwulf] *n zool* volk samec
dogwood [dɔ́gwud] *n bot* dren, psika, sviba
doily [dɔ́ili] *n* prtiček
doing [dúiŋ] *n* delo, posel, ravnanje, početje, delovanje, postopek; vedenje; *pl* prigodbe; *sl* oné; *coll* graja; trušč, direndaj; *iron* **fine** ~ **s these!** lepe reči!
doit [dɔit] *n* malenkost; božjak; **not to care a** ~ prav nič se ne meniti; **not worth a** ~ niti počenega groša vreden
doited [dɔ́itid] *adj* (~ **ly** *adv*) prismojen; otročji
doldrums [dɔ́ldrəmz] *n pl* pobitost, otožnost, slaba volja; *naut* brezvetrn pas ob ravniku; **to be in the** ~ **s** biti potrt

dole I [doul] *n arch* usoda; darilo, podpora, miloščina; *E* to be on the ~, to draw the ~ dobivati podporo brezposelnih
dole II [doul] *vt* deliti; (skromno) obdarovati; to ~ (out) (raz)deliti
dole III [doul] *n arch poet* tuga, žalost; to make ~ žalovati
doleful [dóulful] *adj* (~ly *adv*) žalosten, beden, otožen
dolefulness [dóulfulnis] *n* žalost, zaskrbljenost, otožnost
dolichocephalic [dólikousefǽlik] *adj* dolgoglav
doll [dɔl] 1. *n* lutka, punčka; 2. *vt & vi sl* to ~ up nališpati (se)
dollar [dɔ́lə] *n* dolar; *hist* tolar; *sl* novec pet šilingov; the ~s bogastvo, denar; the almighty ~ vsemogočni dolar, mamon
dollish [dɔ́liš] *adj* (~ly *adv*) lutkast; načičkan
dollop [dɔ́ləp] *n coll* velik kos
doll-up [dɔ́lʌp] *n* načičkanost
dolly [dɔ́li] 1. *n* lutka; *sl* lahkoživka; perača; 2. *vt* tolči s peračo; izpirati ali drobiti rudo
dolly-shop [dɔ́lišəp] *n* prodajalna za mornarje; posojilnica, zastavljalnica
dolman [dɔ́lmən] *n* vrsta plašča; dolma
dolmen [dɔ́lmən] *n* keltski nagrobnik, dolmen
dolomite [dɔ́ləmait] *n min* dolomit
dolorous [dɔ́lərəs] *adj* (~ly *adv*) *poet* žalosten, otožen, bolesten, bridek
dolose [dɔlóus] *adj jur* nameren
dolour *A* dolor [dɔ́lə] *n poet* bolečina, žalost, bridkost
dolphin [dɔ́lfin] *n zool* delfin, pliskavica; *naut* boja; privezno deblo
dolt [doult] *n* bebec, tepec, teleban
doltish [dóultiš] *adj* (~ly *adv*) neumen, zabit, bedast, zagoveden
doltishness [dóultišnis] *n* zabitost, zagovednost
domain [dəméin] *n* področje, torišče, domena; oblast, gospostvo, graščina; in the ~ na področju; *A jur* Eminent Domain vrhovna oblast
domanial [dəméinjəl] *adj* (~ly *adv*) ki pripada gospostvu, torišču, področju
dome I [doum] *n* stolna cerkev; kupola; nebesni svod; *A* izvor nafte; *sl* glava, buča
dome II [doum] *vt & vi* pokriti s kupolo; bočiti se kot kupola
domed [dóumd] *adj* s kupolo pokrit
domelike [dóumlaik] *adj* kupolast, obokan
dome-shaped [dóumšeipt] *adj* kupolast
Domesday Book [dú:mzdeibuk] *n hist* prva angleška zemljiška knjiga iz l. 1086
domestic I [dəméstik] *adj* (~ally *adv*) domač, hišen, družinski; udomačen, krotek; poselski; *A* domače novice v časopisu; ~ affairs domače zadeve, notranja politika; ~ animal domača žival; ~ appliances gospodinjski aparati; ~ cattle koristna, porabna živina; ~ consumption domača poraba; ~ drama meščanska drama; ~ policy notranja politika; ~ remedy domače zdravilo; ~ trade notranja trgovina; *A mar* ~ voyage obalna plovba
domestic II [dəméstik] *n* služabnik, -nica, posel, gospodinjska pomočnica; *pl* domači proizvodi
domesticate [dəméstikeit] *vt* udomačiti, krotiti, civilizirati; naturalizirati

domesticated [dəméstikeitid] *adj* udomačen, ukročen
domestication [dəmestikéišən] *n* udomačitev, ukrotitev
domesticator [dəméstikeitə] *n* krotitelj(ica)
domesticity [doumnəstísiti] *n* domačnost, družinsko življenje; *pl* domači opravki
domical [dóumikəl] *adj* kupolast
domicile I [dɔ́misail] *n* stanovanje, bivališče; *com* kraj izplačila menice
domicile II [dɔ́misail] 1. *vt* nastaniti, naseliti; *com* določiti kraj izplačila menice; 2. *vi* nastaniti, naseliti se; ~d stanujoč
domiciliary [dəmisíljəri] *adj* hišen, stanovanjski, domač; ~ visit hišna preiskava
domiciliate [dəmisílieit] *vt* nastaniti, naseliti
dominance [dɔ́minəns] *n* gospostvo, oblast, nadvlada
dominant I [dɔ́minənt] *adj* (~ly *adv*) vladajoč, gospodujoč, dominanten; kvišku moleč, štrleč
dominant II [dɔ́minənt] *n mus* dominanta, glavni ton
dominate [dɔ́mineit] *vt & vi* (over) vladati, obvladovati; prevladovati, dominirati; trdno držati, tlačiti; osvojiti, osvajati; dvigati se nad okolico, dominirati
dominating [dɔ́mineitiŋ] *adj* (~ly *adv*) gospodovalen
domination [dəminéišən] *n* gospostvo, oblast, prevlada, premoč
dominative [dɔ́minətiv] *adj* (~ly *adv*) gospodovalen
dominator [dɔ́mineitə] *n* vladar, gospodar
domineer [dəminíə] *vt* (over) oblastno se vesti, strahovati, tiranizirati
dominical I [dəmínikl] *adj* nedeljski; ~ day nedelja; ~ year leto gospodovo
dominical II [dəmínikl] *n A* pastor
dominican [dəmínikən] 1. *adj* dominikanski; 2. *n* dominikanec
dominie [dɔ́mini] *n Sc* učitelj, šolnik
dominion [dəmínjən] *n* gospostvo; ozemlje, področje, dominion
domino [dɔ́minou] *n* domino (maska); domina; it's ~ with s.o. (s. th.) ni več upanja za koga (kaj)
dominoes [dɔ́minouz] *n pl* domina (igra)
don I [dɔn] *vt* obleči, ogrniti, pokriti se
don II [dɔn] *n* španski plemič; univerzitetni dostojanstvenik; *sl* odličen strokovnjak
dona(h) [dóunə] *n sl* ljubica
donate [dóuneit] *vt A* podariti, darovati
donation [dounéišən] *n* darilo, daritev; prispevek za dobrodelne ustanove; podpora
donative [dóunətiv] 1. *adj* darilen; 2. *n* dar, darilo; beneficij, nadarbina
donator [dounéitə] *n* darovalec, -lka
donatory [dóunətəri] *n* obdarjenec, -nka; nadarbenik, -nica
done [dʌn] *pp* od do; opravljen, narejen, končan; ubit; izčrpan; kuhan, pečen; *sl* opeharjen, prevaran; ~! velja!; when all is (said and) ~ končno, na koncu koncev; ~ brown opeharjen; ~ for uničen, mrtev, ubit; this ~ nato; ~ to the wide (ali world) popolnoma poražen, v zadnjih vzdihljajih; it's not ~, it's not a ~ thing to je nezaslišano; that's not ~ to se ne spo-

dobi; ~ up izčrpan; obnovljen; **what's ~ cannot be undone** kar je, je; **well ~, ~ to a turn** dobro pečen ali kuhan; **well ~!** dobro!, odlično!

donee [douní:] *n* obdarovanec, -nka

donjon [dóndžən] *n* grajski stolp, stražni stolp, grajska ječa

donkey [dáŋki] *n zool* osel; *fig* bedak; **to talk the hind leg of a ~** govoriti kot dež; **~'s years** cela večnost; *coll* **to ride the black ~** biti trmast; **the ~ means one thing, the driver another** mnenja so različna; **since (ali for) ~'s years** že od nekdaj

donkey-engine [dóŋkiendžin] *n techn* pomožni ladijski parni stroj za nakladanje; dvigalo, vitel

donkey-man [dóŋkimən] *n mar* upravnik strojev

donnish [dóniš] *adj* (**~ly** *adv*) gosposki; dlakocepski, pedanten; ohol, nadut

donor [dóunə] *n* darovalec, -lka; **blood-~** krvodajalec

do-nothing [dú:nʌθiŋ] *n* lenuh, póstopač

don't I [dount] **do not;** **~!** nikar ne!, prosim ne!; **you ~ say so!** kaj ne rečete!, beži beži

don't II [dount] *n* prepoved; **dos and ~s** zapovedi in prepovedi

doodah [dú:da:] *n sl* **all of a ~** ves razburjen

doodad [dú:dəd] *n A coll* oné; igračka

doodle I [dú:dl] *n coll* butec

doodle II [dú:dl] *vt & vi arch* dudati; *sl* norčevati se; pohajkovati; čečkati

doom I [du:m] *vt* (*to*) obsoditi, obsojati

doom II [du:m] *n arch* obsoditi, obsojati; usoda, pogublje-nje, smrt; **the day of ~, the crack of ~** sodni dan

dooms [du:mz] *adv Sc* zelo, skrajno, strašno

doomsday [dú:mzdei] *n* sodni dan

Doomsday-book [dú:mzdeibuk] glej **Domesday Book**

door [də:] *n* vrata, vhod, dohod; *techn* zaklopnica, vratca; **to answer the ~** iti odpret vrata; *fig* **to close the ~** onemogočiti; **next ~** v sosednji hiši; *fig* **next ~ to** blizu, skoraj; **front ~** glavna, hišna vrata; **to darken s.o.'s ~** priti komu v hišo; **to show s.o. the ~, to turn out of ~s** spoditi koga, pokazati mu vrata; **~ to ~ canvassing** predvolilna agitacija od hiše do hiše; **to force an open ~** skušati komu dopovedati že tako jasno stvar; **to bang (ali slam) the ~ on s.th.** onemogočiti kaj; **at death's ~** na pragu smrti; **to make ~** zapreti in zapahniti vrata; **a creaking ~ bangs long** bolehni in šibki dolgo živijo; **in (ali within) ~s** doma; **to lay a charge at the ~ of s.o.** obdolžiti koga; **it lies at his ~ on** je kriv; **out of (ali without) ~s** na prostem; **to shut (ali slam) the ~ in s.o.'s face** zapreti komu vrata pred nosom; **packed to the ~s** nabito poln

door-bell [dó:bel] *n* hišni zvonec

door-case [dó:keis] *n* podboj

door-frame [dó:freim] *n* podboj

door-handle [dó:hændl] *n* kljuka

door-hinge [dó:hindž] *n* tečaj, stožer

door-keeper [dó:ki:pə] *n* vratar

doorman [dó:mən] *n* vratar

door-knob [dó:nəb] *n* gumb na vratih

door-knocker [dó:nəkə] *n* trkalo na vratih

door-mat [dó:mæt] *n* predpražnik, rogoznik; *fig* slabič, »cunja«

door-money [dó:mʌni] *n* vstopnina

door-nail [dó:neil] *n* (okrasni) žebelj na vratih; **dead as a ~** mrtev ko hlod; **deaf as a ~** gluh ko zemlja

door-plate [dó:pleit] *n* ščitek z imenom

door-post [dó:poust] *n* podboj

door-scraper [dó:skreipə] *n* strgalo za blato

door-sill [dó:sil] *n* prag

door-step [dó:step] *n* stopnica pred vrati; velik kos kruha

door-strip [dó:strip] *n* tesnilo vrat

doorway [dó:wei] *n* vratna odprtina; veža; vratca, žrelnica (v čebelnjaku)

door-yard [dó:ja:d] *n* dvorišče

dope I [doup] *n* gosto strojno olje, lak; *sl* mamilo; narkoman; *A sl* sporočilo, informacije (lažne); prevara

dope II [doup] *vt* namazati, lakirati; *coll* da(ja)ti mamilo; preslepiti; pomiriti; *sl* **to ~ out** razumeti; zadeti; odkriti, razkrinkati

dope-fiend [dóupfi:nd] *n* narkoman

dope-peddlar [dóuppedlə] *n* nezakonit poulični prodajalec mamil

dopester [dóupstə] glej **dope-fiend**

dopey [dóupi] *adj sl* osamljen; zbegan, neumen

dopy [dóupi] *adj* (**dopily** *adv*) omamljen

dor [də:] *n zool* govnač; majski hrošč; trot; sršen

dorado [dərá:dou] *n zool* zlata lokarda

dor-beetle [dó:bi:tl] glej **dor**

dorhawk [dó:hɔk] *n zool* kozodoj

dormancy [dó:mənsi] *n* dremež, dremota, zaspanost, dremavost; mir, mrtvilo

dormant [dó:mənt] *adj* speč, mirujoč; skrit; **to lie ~** spati zimsko spanje; **~ partner** tihi družabnik; **~ capital** mrtev kapital

dormer [dó:mə] *n* strešno, mansardno okno; strešna lina

dormer-window [dó:məwindou] glej **dormer**

dormice [dó:mais] *n pl* od **dormouse**

dormitory [dó:mitri] *n* (velika) spalnica; *A* študentski dom

dormouse [dó:maus] *n zool* polh

dorms [dó:mz] *n A sl* študentski domovi

dorothy bag [dórəθibæg] *n* vrsta ženske torbice

dorsal [dó:səl] *adj* (**~ly** *adv*) *biol* hrbten

dortour, dorter [dó:tə] *n* samostanska spalnica

dorty [dó:ti] *adj* (**dortily** *adv*) *Sc* čemeren, siten

dory [dó:ri] *n zool* petrica, kovač (riba); **John Dory** petrica, kovač (riba); *A* vrsta majhnega ribiškega čolna

dosage [dóusidž] *n* doziranje, odmerjanje količine

dose I [dous] *n* določena količina zdravila, vzemek, doza; *sl* spolna bolezen

dose II [dous] *vt* odmeriti količino zdravila, dozirati; mešati, krstiti vino

doss I [dɔs] *n sl* ceneno prenočišče, postelja

doss II [dɔs] *vi sl* spati, prenočiti; **to ~ down** najti prenočišče

dossal [dɔsl] *n* okrasno blago na naslonilu prestola ali naslonjača

dosser [dósə] *n* prenočevalec, -lka v slabem prenočišču

doss-house [dóshaus] *n E sl* ceneno prenočišče

dossil [dósil] *n* tampon

dossier [dósiei] *n* (sodni) spisi

dossy [dósi] *adj sl* (**dossily** *adv*) imeniten, ugleden, eleganten

dost [dʌst] *arch* 2. *os. sg pres* od do
dot I [dət] *n* pika, pičica; madež; to put ~s on
s.o. dolgočasiti, biti nadležen; off one's ~
prismuknjen; on the ~ do pičice natanko
dot II [dət] *vt* (*about, along, down, in, with*) s pi-
kami posejati; to ~ one's i's and cross one's t's
biti pretirano natančen, loviti pičice na i; to ~
a man one udariti koga; ~ ted line pikčasta črta;
dot III [dət] *n* dota, bala; dotacija, podpora
dotage [dóutidž] *n* čenče; pešanje pameti, senil-
nost; slepa ljubezen; to be in one's ~ biti seni-
len, otročji
dot-and-dash [dótəndǽš] *n*; ~ code Morsova
abeceda; ~ signals Morsevi znaki
dot-and-go-one [dótəndgóuwʌn] *n* šepanje; šepavec
dotard [dóutəd] *n* otročji starec; star zaljubljenec,
star gizdalin
dotation [doutéišən] glej dot III
dote [dout] *vi* čenčati, biti otročji; to ~ on s.o.
biti noro zaljubljen v koga
doth [dʌθ] *arch* za does
doting [dóutiŋ] *adj* (~ly *adv*) otročji; (*on*) noro
zaljubljen v
dottel [dótl] *n* do konca pokajen tobak
dott(e)rel [dótrel] *n zool* deževnik, severni dular;
dial prismoda
dotty [dóti] *adj* (dottily *adv*) pikast; *coll* opotekajoč
se, negotov; *sl* prismuknjen; (*on*) ves nor na;
~ on his legs opotekajoč se; to drive ~ spraviti
ob pamet
dot-wheel [dót(h)wi:l] *n* krojaško kolesce
douane [duán] *n* carinarnica (na evropski celini)
double I [dʌbl] *adj* (doubly *adv*) dvojen, dvakraten;
ojačen; paren, podvojen; neodkrit, dvoličen;
dvosmiseln; upognjen, preganjen; ~ with age
sključen od starosti; ~ Dutch »španska vas«;
naut ~ skull dvojec s krmarjem; ~ chin pod-
bradek; to work ~ tides biti kar se da dela-
ven
double II [dʌbl] *adv* dvakratno, dvojno; v paru,
v parih; to play ~ hliniti, biti neodkrit; to sleep
~ spati po dva v eni postelji
double II [dʌbl] *n* dvojna širina ali količina; dupli-
kat, dvojnik; vijuga (reke); (tenis) igra v parih;
hitra hoja, telovadni korak; dvojna stava; *mil*
nagli korak
double IV [dʌbl] 1. *vt* podvojiti; upogniti, upogi-
bati, zložiti, zgibati; stisniti (pest); obpluti;
ponoviti; 2. *vi* podvojiti, upogniti (se); nazaj se
obrniti, nazaj teči; sključiti se; *theat* to ~ parts
igrati dvojno vlogo; to ~ and twist sukati (nit)
double back *vi* naglo se obrniti in bežati nazaj
double down *vt* preganiti (list)
double in *vt* zložiti
double up *vi* zvijati se (od smeha, bolečine); deliti
kabino, sobo, posteljo s kom
double-acting [dʌblǽktiŋ] *adj* ki dvojno deluje
double-barrelled [dʌblbǽrəld] *adj* dvoceven; *fig*
dvosmiseln
double-bass [dʌblbéis] *n mus* kontrabas
double-bedded [dʌblbédid] *adj* z dvema posteljama,
z dvojno (zakonsko) posteljo
double-bill [dʌblbil] *n* dvojni program (v kinu)
double-breasted [dʌblbréstid] *adj* dvovrsten (suk-
njič)

double-cross [dʌblkró:s] 1. *vt sl* varati, prelisičiti;
2. *n* prevara
double-dealer [dʌbldí:lə] *n* dvoličnež, hinavec
double-dealing [dʌbldí:liŋ] 1. *n* neodkritosrčnost;
2. *adj* hinavski, neodkrit
double-decker [dʌbldékə] *n* ladja z dvojno palubo;
dvonadstropen avtobus
double-dome [dʌbldóum] *n* razumnik, intelektualec
double-dyed [dʌbldáid] *adj* dvakrat namočen v
barvo; *fig* skrajen, prenapet, zakrknjen, ne-
popravljiv
double-edged [dʌblédžd] *adj* dvorezen
double-entry [dʌbléntri] *n* dvojno knjigovodstvo
double-faced [dʌblféist] *adj* dvoličen, hinavski;
dvostranski (blago)
double-feature [dʌblfí:čə] *n* dvojni program (v
kinu)
double-first [dʌblfə́:st] *adj* odličen v klasičnih jezi-
kih in matematiki
double harness [dʌblhá:nis] *n* zakonski jarem
double-headed [dʌblhédid] *adj* dvoglav
double-header [dʌblhédə] *n* vlak z dvema lokomo-
tivama; dve zapovrstni igri basebalskega moštva
double-line [dʌbllái] *n* dvojni tir
double-lock [dʌbllók] *vt* dvakrat obrniti ključ v
ključavnici
double-meaning [dʌblmí:niŋ] *adj* (~ly *adv*) dvo-
umen
double-minded [dʌblmáindid] *adj* (~ly *adv*) ne-
odločen
doubleness [dʌblnis] *n* dvojnost
double-quick [dʌblkwík] 1. *adj* zelo hiter; 2. *adv*
zelo hitro
double-railed [dʌblréild] *adj* dvotiren
double-room [dʌblrú:m] *n* dvoposteljna soba
doublet [dʌblit] *n* dvojnica; dubleta, varianta;
ponarejen dragulj; *arch* jopič
double-time [dʌbltáim] *n* drnec
double-tongued [dʌbltʌŋd] *adj* lažniv, licemeren
double-tree [dʌbltrí:] *n* križna vez
doubling [dʌbliŋ] *n* podvojitev; guba, rob, obrobek;
obplutje; nepričakovan obrat; skok vstran; zvi-
jača; *techn* sukanje
doubloon [dʌblú:n] *n* dublon, stari španski zlatnik
doubly [dʌbli] *adv* dvojno; lažno, napačno; to deal
~ igrati na dve strani
doubt I [daut] *vi & vt* dvomiti; ne zaupati, sumni-
čiti; obotavljati se, kolebati, omahovati; *arch*
bati se
doubt II [daut] *n* dvom, negotovost, pomislek,
sum; no ~, beyond ~, out of ~, without ~
brez dvoma, gotovo; to give s.o. the benefit of
the ~ imeti o kom najboljše mnenje, dokler se
ne prepričamo o nasprotnem; oprostiti zaradi
pomanjkljivih dokazov; not a shadow of ~ niti
najmanjši sum; to make no ~ ne dvomiti, biti
prepričan; to be in ~ dvomiti; sumiti
doutable [dáutəbl] *adj* (doubtably *adv*) dvomljiv,
sumljiv
doubter [dáutə] *n* sumljivec, -vka
doubtful [dáutful] *adj* (~ly *adv*) dvomljiv, sumljiv;
dvomeč, nezaupljiv, negotov; to be ~ dvomiti
doubtfulness [dáutfulnis] *n* dvomljivost, negoto-
vost, sumljivost; nezaupljivost
doubtless [dáutlis] *adj* (~ly *adv*) brezdvomen,
gotov; *poet* pogumen, hraber

doubtlessness [dáutlisnis] *n* prepričanje, gotovost
douce [du:s] *adj Sc* umirjen, miren, trezen
douche [du:š] **1.** *n* prha; **to throw a cold ~ upon s.o.** vzeti komu pogum, oplašiti ga; **2.** *vt & vi* oprhati (se)
dough [dou] *n* testo; *A sl* denar, cvenk; **my cake is ~** moje delo je slabo, razočaran sem
doughboy [dóubəi] *n* cmok; *A sl mil* pešec, infanterist
doughface [dóufeis] *n A* slabič
doughnut [dóunʌt] *n* krof, ocvrtek; *A coll* **~s to dollars** popolnoma gotovo
doughtiness [dáutinis] *n* možatost, hrabrost, pogum
doughty [dáuti] *adj* (**doughtily** *adv*) pogumen, hraber; močan
doughy [dóui] *n* testén, na pol pečen; nezrel; popustljiv; prismuknjen
dour [duə] *adj* (**~ly** *adv*) *Sc* trdovraten, strog, resen, uporen
dourness [dúənis] *n Sc* strogost, trdovratnost
douse [daus] *vt naut* spustiti jadra; štrbunkniti v vodo; politi z vodo, pogasiti; *sl* **to ~ the glim** ugasiti luč
dove I [douv] *pt* od **dive**
dove II [dʌv] *n zool* golob, golobica; ljubček, ljubica; *fig* sveti duh; glasnik miru; *A* **morning ~** golobica
dove-coloured [dʌvkʌləd] *adj* rožnato sive barve
dove-cot [dʌvkət] *n* golobnjak; **a flutter in the ~** vznemirjenje sicer mirnih ljudi
dove-cote [dʌvkout] glej **dove-cot**
dove-like [dʌvlaik] *adj* golobji, golobu podoben
dove's-foot [dʌvzfut] *n bot* pelargonija
dovetail I [dʌvteil] *n* golobji rep; *techn* lastovičji rep, rogelj
dovetail II [dʌvteil] (*into*) **1.** *vt* zvezati z lastovičjim repom, tesno zvezati; **2.** *vi* tesno se prilegati
dowager [dáuədžə] *n E* vdova kralja ali plemiča; *coll* matrona
dowdiness [dáudinis] *n* nemarnost, malomarnost
dowdy I [dáudi] *adj* (**dowdily** *adv*) nemaren, malomaren, slabo oblečen
dowdy II [dáudi] *n* staromodno ali nemarno oblečena ženska; umazanka
dowdyish [dáudiiš] *adj* neokusen, neeleganten, neurejen
dowel [dáuəl] **1.** *n techn* moznik, klin, osnik, lunek, svornik; **2.** *vt* kliniti
dower I [dáuə] *n* dota; vdovščina; nadarjenost, talent
dower II [dáuə] *vt* dati doto; *fig* opremiti; duhovno obdariti
dowerless [dáuəlis] *adj* brez dote
dowlas [dáuləs] *n* surovo platno; vrečevina
down I [daun] *n* puh; **~ quilt** s puhom polnjena prešita odeja
down II [daun] *n* sipina; (nav. *pl*) (golo) gričevje; **sand ~** peščina
down III [daun] *adv & prep* dol, doli; spodaj, navzdol; na tleh; na tla; v postelji; do kraja; tik do; **to be ~** oslabeti; **to bear ~** pluti v zavetje; **to burn ~** pogoreti; **to die ~** poleči se; **to climb** (ali **come**) **~** spuščati se; **to drop ~ on s.o.** strogo koga grajati; **to get ~** spustiti se; pogoltniti; **to get ~ the bedrock** priti stvari do

dna; **~ to the ground** popolnoma, temeljito; **all ~ history** skozi vso zgodovino; **~ at heels (and out at elbows)** zanemarjene zunanjosti; **from king ~ to cobbler** od najvišjega do najnižjega; **to let go ~ the wind** opustiti; **to look ~ upon s.o.** zaničevati, omalovaževati koga; **money** (ali **pay**) **~** takojšnje plačilo; **~ on the nail** takoj; **~ in the mouth** potrt; **~ and out** popolnoma brez sredstev, gladujoč, sestradan; uničen; za borbo nesposoben; **one ~ the other** drug za drugim; **to put ~** zapisati; **to run s.o. ~** slabo o kom govoriti; **run ~** od dela izčrpan; **to take s.o. ~ the peg** ponižati koga; **to talk ~ to s.o.** razumljivo komu govoriti; **~ town** v mesto, v središče mesta; **~ under** pri antipodih, v Avstraliji; **to write ~** zapisati; **worn ~** ponošen; **~ the wind** z vetrom; **~ on one's luck** potrt
down IV [daun] *adj* navzdol usmerjen; ležeč; bolan, v postelji; **~ platform** peron za odhod vlakov; **~ train** vlak, ki pelje iz Londona; **to be ~ on s.o.** jeziti se na koga; **to be ~ on one's luck** imeti smolo
down V [daun] *vt coll* zrušiti; opustiti, odložiti; spustiti, spuščati se; dol vreči, zvrniti; **to ~ s.o.** pobiti, premagati koga; **to ~ tools** prenehati z delom, stavkati
down VI [daun] *n* smola, neuspeh; **the ups and ~s** sreča in nesreča; *coll* **to have a ~ on s.o.** imeti koga na piki
down VII [daun] *int* dol!; lezi! (pes); **~ with him!** dol z njim!
downcast [dáunka:st] **1.** *adj* povešenih oči; potrt, pobit, otožen; **2.** *n* ventilacijski jašek
downeastern [dáuni:stən] *n A* prebivalec vzhodnih ameriških držav
downfall [dáunfɔ:l] *n* padec; *fig* propad, polom, zrušenje, strmoglavljenje; padavine
downfallen [dáunfɔ:lən] *adj* propadel; slab, betežen
downgrade I [dáungreid] *n* padec, strmina, pobočje; **on the ~** propadajoč
downgrade II [dáungreid] **1.** *adj* nagnjen, poševen, strm; **2.** *adv* poševno, strmo; **3.** *vt* ponižati (v činu)
downhearted [dáunha:tid] *adj* (**~ly** *adv*) potrt, malodušen, obupan
downhill I [dáunhil] *adv* navzdol; *fig* vedno slabše; **to go ~** propadati
downhill II [dáunhil] *adj* navzdolnji; **~ work** lahko delo; **~ race** smuk; **~ of life** druga polovica življenja
downiness [dáuninis] *n* mehkoba; puh
downland [dáunlænd] *n* travnato gričevje
downmost [dáunməst] **1.** *adj* najspodnejši, najnižji; **2.** *adv* čisto spodaj
downpipe [dáunpaip] *n* odpadna cev
downpour [dáunpɔ:] *n* naliv, ploha
downright I [dáunrait] *adj* navpičen; *fig* odkrit, preprost, pošten; popoln, absoluten, pravcat
downright II [dáunrait] *adv* popolnoma; očitno, jasno; naravnost; odkrito, pozitivno
downrush [dáunraš] *n* valjenje navzdol, padanje
downstair [dáunstéə] *adj* spodnji, pritličen
downstairs [dáunstéəz] **1.** *adv* navzdol (po stopnicah); spodaj, v nižjem nadstropju, v pritličju; **2.** *n* spodnje nadstropje, pritličje

downstream [dáunstrí:m] **1.** *adv* navzdol po reki; **2.** *adj* nižje ležeč (ob reki)
down-to-earth [dáuntuó:θ] *adj* trezen preudaren, stvaren, realen
down-town [dáuntaun] **1.** *n* središče mesta; *A* poslovni ali zabaviščni del mesta; **2.** *adv* proti središču mesta
down-train [dáuntrein] *n* vlak ki pelje iz Londona
downtrend [dáuntrend] *n* težnja k padanju
downtrodden [dáuntródn] *adj* potrt, pobit, obupan; zatiran
downward [dáunwəd] *adj* navzdolnji; propadajoč; sestopen; ~ **tendency** težnja k padanju cen
downward(s) [dáunwəd(z)] *adv* navzdol; ~ **from Adam, from Adam** ~ od Adama, že od nekdaj
downy I [dáuni] *adj* gričast, sipinast
downy II [dáuni] *adj* (**downily** *adv*) puhast; *sl* zvit, premeten, prebrisan; **a** ~ **old bird** zvitorepec, premetenec, lisjak
downy III [dáuni] *n sl* postelja; **to do the** ~ spati
dowry [dáuri] *n* dota, bala; nadarjenost, talent
dowse I [daus] glej **douse**
dowse II [daus] *vt* iskati vodo ali rudo z bajalico
dowser [dáusə] *n* bajaličar
dowsing-rod [dáusiŋrəd] *n* bajalica, čarobna palica
doxology [dɔksólədži] *n* slavospev (bogu na čast)
doxy I [dóksi] *n arch* ljubica, deklina
doxy II [dóksi] *n fam* mnenje, teorija, nauk
doyen [dóiən] *n* starejši član, starešina
doyley [dóili] glej **doily**
doze I [douz] *n* dremanje; *A sl* spalna bolezen
doze II [douz] *vi* dremati podremavati; sanjariti
doze away *vi* prespati
doze off *vi* zadremati
dozen [dΛzn] *n* ducat, dvanajst (kosov); **by the** ~ na ducate; **baker's** (ali **devil's, long, printer's**) ~ 13 kosov; **to talk nineteen to the** ~ preveč in prehitro govoriti; ~**s of** na ducate, na kupe; **six of one and half-a-**~ **of the other** eno in isto; **three, several** ~ tri, več ducatov; **a round** ~ celi ducat; *coll* **to do daily** ~ dnevno telovaditi
dozer [dóuzə] *coll* za **bulldozer**
dozy [dóuzi] *adj* (**dozily** *adv*) zaspan, dremav; omotičen; len
drab I [dræb] **1.** *n* ženščina, vlačuga; **2.** *vi* prostituirati se
drab II [dræb] **1.** *adj* rjavosiv, umazane barve; enoličen, dolgočasen; mračen; **2.** *n* rjavosiva barva
drabbet [dræbit] *n* vrsta surovega platna
drabble [dræbl] *vt* & *vi* umazati, oškropiti (se); bresti, gaziti; loviti z obteženim trnkom
drachm [dræm] *n* drahma (grški denar); lekarniška utež 1/8 unče; 1/16 unče avoirdupois; *fig* kapljica
draconian [dreikóuniən] *adj* drakonski, strog, krut
draconic [dreikónik] *adj* (~ **ally** *adv*) glej **draconian**
draff [dræf] *n* pomije, odpadki; gošča, usedlina; umazanija, smeti
draffish [dræfiš] *adj* zanič, mizeren
draffy [dræfi] glej **draffish**
draft I [dra:ft] *n* načrt, koncept, osnutek, skica; zakonski osnutek; denarno nakazilo, menica; popust na primanjkljaj na teži; *mil* četa, odred; nabor; *A* obvezna vojaška služba; vgrez ladje; **rough** ~ skica; **to make a** ~ **on a fund** črpati iz fonda; ~ **animal** vprežna žival

draft II [dra:ft] *vt* načrtati, narediti osnutek, skicirati; vnovčiti; *mil* izbrati in poslati s posebno nalogo
draftdodger [drá:ftdədžə] *n* kdor se izmika vojaščine
draftee [dra:ftí:] *n* nabornik
drafter [drá:ftə] *n* načrtovalec; vprežni konj
drafting [drá:ftiŋ] *n* načrt; načrtovanje
draftsman [drá:ftsmən] *n* načrtovalec, risar; koncipient
draftsmanship [drá:ftsmənšip] *n* znanje risanja, načrtovanja; načrtovanje
drag I [dræg] **1.** *vt* vleči, (po)vlačiti; pretegniti; *naut* orati (o sidru); branati; preiskovati dno, bagrati; **2.** *vi* vleči se; biti dolgočasen, dolgočasiti; *A coll* **to** ~ **one's feet** namerno zavlačevati (delo); **to** ~ **at oars** naporno veslati; **to** ~ **a wretched life** životariti; **to** ~ **a river** preiskati rečno dno
drag about *vi* vleči se (od utrujenosti)
drag in *vt* noter potegniti, vleči; ~ **by the head and shoulders** brez potrebe, nasilno začeti pogovor o čem
drag on *vt* & *vi* zavlačevati
drag out *vt* razvleči
drag up *vt coll* ~ **a child** otroka surovo vzgajati
drag II [dræg] *n* vlaka; vrsta kočije; vlačnica, vlača (sani); *fig* tovor, breme; cokla, zavora, ovira; zaviranje, oviranje; bager; *fig* mučno opravilo; dolgočasno mesto (v knjigi); lov z umetno sledjo; *A sl* protekcija; potegljaj; privlačnost; **to be a** ~ **on s.o.** biti komu v breme; **to put a** ~ **upon s.th.** zavreti, zaustaviti kaj
drag-chain [drægčein] *n techn* zaviralnica, zapenjača
dragging [drægiŋ] *n* zavlačevanje
draggle [drægl] *vt* & *vi* umazati, zablatiti (se), vleči (se) po blatu
draggled [drægld] *adj* umazan, blaten, zanemarjen
draggle-tail [dræglteil] *n* umazanka; *pl* krilo, ki se vleče po blatu
draggle-tailed [dræglteild] *adj* nemaren, neurejen, umazan
drag-net [drægnet] *n* mreža vlačnica
dragoman [drægoumən] *n* vodnik, tolmač
dragon [drægən] *n* zmaj; strog človek; *zool* zvrst domačega goloba; leteča kuščarica; *techn* oklopen traktor; kratka mušketa
dragonet [drægənit] *n zool* zlati kapič, lodrin, lireš
dragon-fly [drægənflai] *n zool* kačji pastir
dragonish [drægəniš] *adj* (~ **ly** *adv*) kakor zmaj, zmaju podoben
dragonlike [drægənlaik] glej **dragonish**
dragonnade [drægənéid] **1.** *n* prisilno nastanjenje vojske; vojaška kazenska ekspedicija; *hist* preganjanje protestantov za Ludvika XIV; **2.** *vt* z vojsko preganjati
dragon's blood [drægənzblΛd] *n* smola iz drevesa zmajevca
dragon's teeth [drægənzti:θ] *n pl mil* protitankovske ovire
dragon-tree [drægəntri:] *n bot* dracena, zmajevec
dragoon [drəgú:n] **1.** *n* dragonec; *zool* zvrst goloba; *fig* surovež; **2.** *vt* zatirati, trpinčiti
drag-rope [drægroup] *n* vlečna vrv

dragsman [drǽgzmən] *n* odvažalec premoga v rudniku; voznik težke kočije; *sl* tat, ki krade v vlaku ali tovornjaku med vožnjo

drail [dreil] *n* obtežen trnek

drain I [drein] **1.** *vt* (*off*, *away*) (iz)sušiti, izčrpati, odvajati vodo, drenirati, kanalizirati; *fig* izmozgati, izčrpati; **2.** *vi* (*off*, *away*) odtekati; (*into*) kapljati; izlivati se; *fig* krvaveti; **to ~ dry, to ~ to the dregs** popiti do dna; **his life ~ed away** izkrvavel je

drain II [drein] *n* osuševalni jarek, odvodni kanal; *med* drenažna cevka; odvajanje, drenaža; *fig* napor, izčrpavanje; *coll* požirek, napitek; *sl* **to go down the ~** propadati; **a ~ on one's purse** prevelik izdatek

drainage [dréinidž] *n* sušenje, izsuševanje, drenaža, odvajanje; odtočnik; kanalizacija; odtočna voda; *fig* izpraznitev, izčrpanje; **~ system** osuševalne naprave

drainage-basin [dréinidžbeisin] *n* področje, ki napaja reko, porečje

drainage-tube [dréinidžtju:b] *n* odvodna cev

drain-cock [dréinkɔk] *n* odtočna pipa

drainer [dréinə] *n* kopač jarkov; cedilo; sušilec

draining [dréiniŋ] *n* sušenje, drenaža

draining-ditch [dréiniŋdič] *n* osuševalni jarek

draining-rack [dréiniŋræk] *n* sušilno stojalo

drain-pipe [dréinpaip] *n* odtočna cev

drake [dreik] *n zool* racak, racman; muha enodnevnica (kot vaba na trnku); vikinška vojna ladja; **to play ~s and ducks** glej pod **duck**

dram [dræm] *n* utež 1/16 unče (*avoirdupois*); 1/8 tekočinske unče; *fig* malenkost; požirek žganja; **to be fond of a ~** rad ga srkati; **not a ~** niti trohice

drama [drá:mə] *n* gledališka igra, drama; dramska umetnost

dramatic [drəmǽtik] **1.** *adj* (**~ally** *adv*) dramski, dramatičen; gledališki, igralski; **2.** *n pl* dramska književnost

dramatis personae [drǽmətis pə:sóuni:] *n pl* osebe (v gledališki igri), zasedba

dramatist [drǽmətist] *n* dramatik, pisec gledaliških iger

dramatization [drǽmətaizéišən] *n* dramatizacija, inscenacija, predelava za oder

dramatize [drǽmətaiz] *vt* dramatizirati; *fig* pretiravati

dramaturge [drǽmətə:dž] *n* dramaturg

dramaturgist [drǽmətə:džist] glej **dramaturge**

dramaturgy [drǽmətə:dži] *n* dramaturgija

dram-drinker [drǽmdriŋkə] *n* pijanec, -nka žganja

dram-shop [drǽmšɔp] *n* žganjarna

drank [dræŋk] *pt* od **drink**

drape [dreip] *vt* drapirati, (o)krasiti; v gube nabirati, nabrati; zastreti, zastirati

draper [dréipə] *n* trgovec s krojnim blagom, manufakturist, suknar

drapery [dréipəri] *n* trgovina s krojnim blagom, manufaktura; zastor, draperija

drastic [drǽstik] *adj* (**~ally** *adv*) učinkovit, drastičen, izrazit, nazoren; odločen, oster

drat [dræt] *int* presneto, prekleto

D-ration [dí:ræšən] *n A mil* železna rezerva (1800 kalorij)

dratted [drǽtid] *adj* presnet, preklet, mizeren

draught I [dra:ft] *n* poteza, vlečenje, vleka; načrt, koncept, skica; prepih; požirek; *pl* dama (igra); razburjenje, živčnost; ugrez, ponor; točenje (iz soda); *med* doza (tekočega zdravila); odmerek; novačenje; četa; ček; menica; **beast of ~** tovorna živina; **black ~** odvajalo; **beer on ~** pivo iz soda; *sl* **to feel the ~** imeti težave, na škodi biti; **to play at ~s** igrati damo (igro)

draught II [dra:ft] *vt* načrtati, koncipirati; novačiti, nabirati vojake

draught-beer [drá:ftbiə] *n* pivo iz soda, v kozarcih

draught-board [drá:ftbɔ:d] *n* deska za igro dama

draught-hole [drá:fthoul] *n* oddušek

draught-horse [dá:fthɔ:s] *n* vprežni konj

draught-marks [drá:ftma:ks] *n pl naut* vodne brazde

draughtsman [drá:ftsmən] glej **draftsman**; figura za igro dama

draughty [drá:fti] *adj* (**draughtily** *adv*) ki je na prepihu, prepišen; *fig* živčen

drave [dreiv] *arch pt* od **drive**

draw* I [drɔ:] **1.** *vt* vleči, vlačiti, potegniti; pritegniti, nategniti, napeti, nategovati; dvigniti; raztegniti; privlačiti; izvabiti; populiti, izdreti; (na)risati, upodobiti, opisati, prikazati; zasnovati, načrtati; točiti, črpati, sesati; dobiti, dobivati; (s)pačiti; *com* izdati, trasirati (menico); preiskati (lovci grmovje); (*from*) sklepati; vdihniti; (*to*, *into*) pregovoriti; (*from*) odvrniti, odvračati (od česa); *sp* neodločeno igrati; *mar* gaziti; **2.** *vi* vleči (se); bližati se, prihajati; žrebati; dihati; ugrezniti, ugrezati, pogrezati se; skrčiti, krajšati se; *sp* neodločeno igrati; **to ~ attention** opozoriti; **to ~ a bead on s.o.** nameriti na koga puško ali samokres; **to ~ cloth** pospraviti mizo (po jedi); **to ~ first blood** prvi napasti; **to ~ blood** preliti kri, raniti; **to ~ blank** ne zaslediti plena; *fig* razočarati se; **to ~ the long bow** pretiravati, izmišljati si; **to ~ breath** vdihniti, zajeti sapo; **to ~ a chicken** otrebiti piščanca; **to ~ the curtain** potegniti zastor; *fig* zaključiti pogovor, narediti konec; **to ~ to a close** (ali **an end**) bližati se koncu; **to ~ it fine** natanko odmeriti; **to ~ a deep breath** globoko vdihniti; **to ~ battle** neodločeno končati bitko; **to ~ game** neodločeno končati (igro); **to ~ the line at** zarisati ostro mejo; **to ~ lots** žrebati; **~ it mild!** ne izmišljaj si, ne pretiravaj!; **to ~ one's sword against s.o.** napasti koga; **to ~ a veil over s.th.** prikriti, zastreti kaj; **to ~ stumps** končati igro (cricket); **to ~ rein** ukrotiti; *fig* **to ~ the teeth of** onesposobiti; **to ~ interest** obrestovati se; **to ~ a conclusion from s.th.** sklepati iz česa; **to ~ a sigh** vzdihniti

draw after *vt* za seboj vleči, imeti za posledico

draw along *vt* s seboj vleči, odvleči

draw aside *vt & vi* odgrniti; izogniti se

draw away *vt* odtegniti, odmakniti; oddaljiti se; odvračati (pozornost)

draw back *vi* proč se obrniti; odpasti; umakniti (se)

draw down *vt* spustiti; pritegniti; zaklinjati

draw forth *vt* izvabiti; zbuditi; izvleči

draw in *vt* krajšati se (dan); omejiti se; izplačati menico; **~ one's horns** postati ponižen, krotiti, premagovati se

draw level with *vt* dohiteti

draw near *vi* (*poet* nigh) (pri)bližati se
draw off *vi & vt* oditi, umakniti se; odliti, natočiti; odvrniti
draw on *vt & vi* obleči, obuti; privlačiti; izmamiti; črpati; povzročiti; približati se
draw out *vt & vi* izvleči; razvleči, raztegniti; daljšati (se); *mil* v vrsto postaviti; zasnovati, začrtati, koncipirati
draw round *vi* v krog se postaviti
draw together *vt* vkup potegniti, vleči
draw up *vt & vi* sestaviti, razvrstiti; pripeljati; (*before*) ustaviti se; (*to*) dospeti; to draw o.s. up vzravnati se
draw upon *vt* nakopati (o.s. si); ~ s.o. izdati menico na ime koga
draw II [drɔ:] *n* vlečenje, potegljaj; žrebanje, žreb; *sl* privlačnost; *com* vrnitev uvozne carine; neodločna bitka ali igra; *A* spuščanje, globina
drawback [drɔ́:bæk] *n* senčna, slaba stran; škoda, zguba; *com* povračilo carine
drawbridge [drɔ́:bridž] *n* vzdižni most
drawee [drɔ:í:] *n com* menični dolžnik, trasat
drawer I [drɔ́:ə] *n* predal; risar; točaj; *pl* spodnje hlače; chest of ~s predalnik; *coll* out of the top ~ iz najboljše družine; bathing ~s kopalne hlačke
drawer II [drɔ́:ə] *n com* menični upnik, trasant
draw-in [drɔ́:ín] *adj* raztegljiv
drawing [drɔ́:iŋ] *n* vlečenje; risanje, risba; *com* izdajanje menice; out of ~ slabo narisan
drawing-account [drɔ́:iŋəkáunt] *n com* žiro račun
drawing-board [drɔ́:iŋbɔ:d] *n* risalna deska
drawing-compasses [drɔ́:iŋkɔ́mpəsiz] *n pl* zatično šestilo
draw(ing)-knife [drɔ́:(iŋ)naif] *n* rezilnik
drawing-master [drɔ́:iŋmɑ:stə] *n* učitelj risanja
drawing-paper [drɔ́:iŋpeipə] *n* risalni papir
drawing-pen [drɔ́:iŋpen] *n* črtalno pero
drawing-pin [drɔ́:iŋpin] *n E* risalni žebljiček
drawing-room [drɔ́:iŋrum] *n* risalnica; salon, sprejemnica; sprejem na dvoru; *A* luksuzni oddelek na železnicah
drawing-set [drɔ́:iŋset] *n* risalno orodje
drawl [drɔ:l] 1. *vt & vi* vleči besede, leno govoriti; 2. *n* počasno govorjenje
drawn I [drɔ:n] *pp* od draw
drawn II [drɔ:n] *adj* gol (meč); nerešen, neodločen (boj); onemogel; topljen (maslo); ~ face spačen obraz
drawn-work [drɔ́:nwə:k] *n* ažur (ročno delo)
draw-well [drɔ́:wel] *n* vodnjak (z vedrom na vrvi)
dray [drei] *n* tovorni voz, parizar, voz za razvažanje piva
drayage [dréiidž] *n* prevoznina, transportni stroški
dray-cart [dréikɑ:t] glej dray
dray-horse [dréihɔ:s] *n* tovorni konj
drayman [dréimən] *n* voznik tovornega voza
dread I [dred] *vt* bati, strašiti, plašiti se; častiti
dread II [dred] *n* (*of* pred) strah, groza; spoštovanje
dread III [dred] *adj poet* vzvišen; strahovit
dreaded [drédid] *adj* ki se ga bojijo, ki je strah in trepet
dreadful [drédful] 1. *adj* (~ly *adv*) strašen, grozen; neprijeten, slab; vzvišen; 2. *n* penny ~ cenen, razburljiv roman, srhljivka

dreadless [drédlis] *adj* (~ly *adv*) neustrašen, pogumen
dreadlessness [drédlisnis] *n* neustrašenost, pogum
dreadnaught, dreadnought [drédnɔ:t] *n* neustrašnež, neustrašljivec; močno, nepremočljivo blago; plašč iz takega blaga; velika bojna ladja
dream I [dri:m] *n* sanje, sen; sanjarjenje; ideal; a perfect ~ čudovito lep; *coll* a ~ of a dress čudovito lepa obleka; the land of ~s svet domišljije; waking ~ sanjarjenje
dream* II [dri:m] *vi & vt* sanjati, sanjariti; razmišljati, premišljevati; slutiti; I should not ~ of doing it še na misel mi ne pride, da bi to storil
dream away *vt* sanjariti; ~ one's time presanjati čas
dream up *vt* izmisliti
dreamer [drí:mə] *n* sanjač, fantast
dream-hole [drí:mhoul] *n* lina za luč, za dnevno svetlobo
dreaminess [drí:minis] *n* zasanjanost
dreamland [drí:mlænd] *n* sanjska dežela; *poet* sanje
dreamless [drí:mlis] *adj* (~ly *adv*) brezsanjski; trden (spanje)
dreamlike [drí:mlaik] *adj* pravljičen, čudovit; mamljiv, varljiv
dreamliner [drí:mlainə] *n A* vlak, ki ima samo spalnike
dream-reader [drí:mri:də] *n* razlagalec sanj
dreamt [dremt] *pt & pp* od dream
dream-world [drí:mwə:ld] *n* sanjska, pravljična dežela
dreamy [drí:mi] *adj* (dreamily *adv*) sanjav, zasanjan; pravljičen, neresničen, nejasen
drear [driə] *adj poet* pust, mrk; otožen; dolgočasen
dreariness [dríərinis] *n* otožnost, puščoba, mrkost; dolgočasnost
dreary [dríəri] *adj* (drearily *adv*) žalosten, otožen, mrk; pust, puščoben
dredge I [dredž] *n* bager, stroj za čiščenje rečnega dna; manjvredni del rude; vlačilka (mreža)
dredge II [dredž] *vi & vt* (*away, out*) bagrati; (*for*) loviti školjke in druge vodne živali z vlačilko
dredge III [dredž] *vt* potresti, posipati (z moko); panirati
dredger [drédžə] *n* plavajoči bager, čistilnik; sipalnik
dree [dri:] *vi Sc arch* trpeti, prenašati; to ~ one's weird vdati se v usodo
dreg [dreg] *n* zadnji ostanek; *pl* usedlina, gošča, kalež; tropine; *fig* sodrga; to the ~s do dna (izpiti); not a ~ prav nič
dreggy [drégi] *adj* (dreggily *adv*) poln usedline, useden, gost, moten
drench I [drenč] *vt* premočiti, zmočiti, prepojiti, preplaviti; *vet* dati zdravilno pijačo; ~ed with rain (sweat) premočen od dežja (potu)
drench II [drenč] *n* namakanje; naliv, ploha; *vet* zdravilna pijača
drencher [drénčə] *n* naprava za vlivanje zdravila živalim; *fam* naliv, ploha
dress I [dres] *n* oblačilo, (ženska) obleka; nakit; *mil* uniforma; high ~ do vratu zapeta obleka; low ~ dekoltirana obleka; full ~ svečana obleka; fancy ~ maškaradna obleka; morning ~ vsakdanja, navadna obleka; ~ rehearsal gene-

ralka, glavna skušnja; **evening** ~ večerna obleka, frak, plesna obleka; ~ **allowance** ženin prost denar

dress* II [dres] **1.** *vt* obleči, oblačiti; obuti, obuvati; pripraviti, pripravljati; obdel(ov)ati; obseči, obsegati; začiniti; (o)krasiti; (po)česati; lepotičiti; pristriči, prirezovati; oplemeniti (rudo); obvez(ov)ati (rano); strojiti; (o)brusiti; (ob)tesati, apretirati; *mil* vzravnati (vrste); oskubsti; **2.** *vi* obleči, obuti se; česati, lepotičiti se; *mil* zravnati se; **to** ~ **by the right (left)** na desno (levo) se vzravnati; **to** ~ **s.o.'s hide** pretepsti koga; ~ **ed up to the nines** kakor iz škatljice oblečen; **to** ~ **the ranks** vzravnati vrste; **to** ~ **a salad** pripraviti solato; **to** ~ **the vine** obrezati trto

dress down *vt coll* grajati

dress out *vt* okrasiti; nališpati

dress up *vt & vi* polepšati, okrasiti (se), lepo se obleči

dressage [drésa:ž] *n* dresura

dress-box [drésbóks] *n* proscenijska loža

dress-circle [dréssó:kl] *n E theat* prvi balkon

dress-coat [dréskóut] *n* frak

dress-down [drésdáun] *n coll* udarci; graja

dresser [drésə] *n* komornik, -nica; kirurgov(a) asistent(ka); *E* kuhinjska kredenca; *A* predalnik, toaletna mizica

dress-goods [drésgúdz] *n pl* blago za obleke

dress-guard [drésgá:d] *n* mreža na ženskem kolesu

dressing [drésiŋ] *n* priprava; oblačenje, oblačilo; nakit, okras; *med* obveza; *cul* omaka, nadev; *fig* udarci, graja; oplemenitev rude; apretura; strjenje (kože); ~ **station** obvezovališče

dressing-bag [drésiŋbæg] *n* torbica, vrečka za toaletne potrebščine

dressing-case [drésiŋkeis] *n* skrinjica za toaletne potrebščine, neseser

dressing-glass [drésiŋgla:s] *n* toaletno zrcalo

dressing-gown [drésiŋgaun] *n* domača halja, jutranjka

dressing-table [drésiŋteibl] *n* česalna, toaletna mizica

dressmaker [drésmeikə] *n* šivilja, damski krojač

dressmaking [drésmeikiŋ] *n* šivanje ženskih oblek

dress-parade [déspəreid] *n* modna revija

dress-preserver [désprizó:və] *n* potnica

dress-shield [désši:ld] *glej* **dress-preserver**

dress-suit [déssju:t] *n* slovesna (črna) obleka, frak

dressy [drési] *adj* (**dressily** *adv*) moden, eleganten, ličen, okusen, moderen

drest [drest] *pt & pp* od **dress**

drew [dru:] *pt* od **draw**

drey [drei] *n* veveričino gnezdo

drib [drib] *n* kapljica, trohica; **in** ~ **s and drabs** po kapljicah

dribble I [dríbl] *vi & vt* kapljati; sliniti se; *sp* preigravati žogo, driblati

dribble II [dríbl] *n* kapljica; slina; kapljanje; preigravanje žoge, driblanje

dribbler [dríblə] *n* tisti, ki preigrava, ki dribla; slinast človek

dribbling [dríbliŋ] *n sp* preigravanje, driblanje

drib(b)let [dríblit] *n* košček, malenkost; **by** ~ **s** po kapljicah

dried [draid] *pt & pp* od **dry III**

drier [dráiə] *n* sušilec; sušilo

drift I [drift] *n* naplavina, prodovina; zamet, kup, metež; tok, smer; vodoravni rov; brod; gonilna moč; namen, težnja; zanos; pomen; prebijalo; viseča ribiška mreža; pašnik; neodločnost; **to see the** ~ **of s.o.'s remark** videti, kam pes taco moli; **to catch s.o.'s** ~ razumeti, kaj ima kdo za bregom; **the policy of** ~ politika čakanja; *geol* **glacial** ~ morena

drift II [drift] **1.** *vi* biti gnan; kopičiti se; (*into*) biti potegnjen; razvijati se; **2.** *vt* gnati, nositi, nabirati, kopičiti; **to let** ~ pustiti iti svojo pot

drift apart *vi & vt* raziti se; razgnati

drift away *vi* (*from*) ločiti se (od)

driftage [dríftidž] *n naut* odklon od smeri zaradi vetra; *geol* naplavina

drift-anchor [dríftæŋkə] *n* vlečno sidro

drifter [dríftə] *n A coll* klatež, potepuh; ribiška ladja za lov z visečo mrežo

drift-ice [dríftais] *n* ledene skrli

drift-net [dríftnet] *n* viseča mreža

drift-sand [dríftsænd] *n* sviž, svižec

drift-way [dríftwei] *n* pot gnane ladje; steza za živino

drift-wood [dríftwud] *n* plavni les, plavje

drifty [drífti] *adj* poln zametov; poln naplavin; od vetra gnan

drill I [dril] *n* sveder, vrtalnik, durgelj

drill II [dril] *vt* vrtati, preluknjati; **to** ~ **a hole in s.o.** prestreliti koga

drill III [dril] *n* urjenje, mehanična vadba; brezdušno učenje; **Swedish** ~ proste vaje

drill IV [dril] *vt & vi* vaditi, uriti se; brezdušno se učiti

drill V [dril] **1.** *n* saditvena brazda; sejalnik; **2.** *vt* saditi v brazde ali vrste

drill VI [dril] *n* tronitnik; vrsta močnega platna

drill VII [dril] *n zool* vrsta paviana, mandril

drill VIII [dril] *n* potoček, rečica

drill-barrow [drílbærou] *n techn* sejalnik

drilling [dríliŋ] *n* glej **drill VI**; vrtanje; vadba; urjenje

drilling-machine [dríliŋməši:n] *n techn* vrtalni stroj

drill-master [drílma:stə] *n* vaditelj

drill-hammer [drílhæmə] *n* rudarsko kladivo

drill-plough [drílplau] *n* sejalnik

drill-sergeant [drílsa:džənt] *n* vojaški inštruktor

drily [dráili] *adv* od **dry**

drink* I [driŋk] **1.** *vt* piti, popiti, srkati; zapiti; **2.** *vi* popivati, pijančevati; nazdraviti; globoko dihati; **to** ~ **the air** vd[i]havati zrak; **to** ~ **o.s. to death** napiti se do onemoglosti; **to** ~ **hard** (ali **deep, like a fish**) piti ko žolna; **to** ~ **a toast** nazdraviti komu; **to** ~ **one's fill** napiti se, kolikor komu drago; **to** ~ **the waters** piti mineralno vodo (v zdravilišču); **to** ~ **s.o. under the table** spraviti koga pod mizo; **to** ~ **o.s. into an illness** nakopati si bolezen s pijančevanjem

drink down *vt* spraviti pod mizo

drink in *vt* vsesavati; *fig* požirati besede koga

drink off *vt* popiti, izpiti

drink to *vi* nazdraviti komu

drink up *vt* popiti

drink II [driŋk] *n* pijača, popitek, požirek; opojna pijača; pijančevanje; *sl* morje; **in** ~, **the worse for** (ali **in**) ~ pijan, vinjen; **to be meat and**

~ **to s.o.** biti komu nujno potreben; **hard** ~ opojna pijača; **soft** ~ brezalkoholna pijača; **small** ~ pivo; **to be on the** ~ popivati, pijančevati; **to have** (ali **take**) **a** ~ napiti se, pogasiti žejo; **to take to** ~ začeti piti, postati pijanec; *A joc* **the big** ~ Atlantski ocean; reka Mississippi; **long** ~ pijača iz visokega kozarca; *A coll* **long** ~ **of water** nenavadno velik človek, dolgin

drinkable [dríŋkəbl] **1.** *adj* piten; **2.** *n pl* pijače

drinker [dríŋkə] *n* pivec; pijanec; **a hard** ~ hud pijanec, pijandura

drinking [dríŋkiŋ] **1.** *n* pitje, pijančevanje; **2.** *adj* piten

drinking-bout [dríŋkiŋbaut] *n* popivanje, pijančevanje, krokanje

drinking-cup [dríŋkiŋkʌp] *n* kozarec, kupa

drinking-fountain [dríŋkiŋfauntin] *n* vodnjak s pitno vodo

drinking-glass [dríŋkiŋgla:s] *n* kozarec za vodo

drinking-place [dríŋkiŋpleis] *n* krčma

drinking-song [dríŋkiŋsɔng] *n* napitnica

drinking-trough [dríŋkiŋtrʌf] *n* napajališče

drinking-water [dríŋkiŋwətə] *n* pitna voda

drip I [drip] *vi* (*from* iz) kapljati, curljati; rositi se; (*with*) cediti se, mezeti; **2.** *vt* kapljati, nakapati

drip II [drip] *n* kapljanje, curljanje; kap; *fig* revček

drip-drop [drípdrɔp] *n* nenehno kapljanje

drip-dry [drípdrai] *vt* samo obesiti, ne likati

dripping I [drípiŋ] *adj* moker, premočen; ~ **wet** do kože moker

dripping II [drípiŋ] *n* kapljanje; *pl* sok pečenke; **goose** ~ gosja mast

dripping-pan [drípiŋpæn] *n* ponev, pekač

dripping-tube [drípiŋtju:b] *n* kapalka

dripple [drípl] *vi* kapljati, curljati

drippy [drípi] *adj* ki kaplja

drip-stone [drípstoun] *n* napušč nad oknom ali vrati; *min* kapnik

drive* I [draiv] **1.** *vt* gnati, goniti, pognati; zabiti; vreči, zagnati (žogo); vbiti; voditi, upravljati, šofirati; pregnati, spoditi; siliti; peljati; preutruditi; graditi (cesto); vrtati (predor); **2.** *vi* peljati se; hiteti; voziti se; meriti, ciljati; **to** ~ **a bargain** dobro voditi kupčijo; **to** ~ **a good** (**hard**) **bargain** dobro (slabo) opraviti; **to** ~ **a coach and four through** spregledati lažnivost pripovedovanja; **to** ~ **a nail home** popolnoma zabiti žebelj; **to** ~ **home a point** neizpodbitno dokazati; **to** ~ **a roaring trade** narediti sijajno kupčijo; **to let** ~ **at** zamahniti proti; **to** ~ **to the wall** (ali **into the corner**) pritisniti ob zid, ugnati v kozji rog; **to** ~ **one's pigs to the market** glasno hrkati; **to drive a quill** (ali **pen**) biti pisatelj(ica); **to** ~ **to one's wit's end** popolnoma koga zbegati; **to** ~ **s.o. mad** razbesniti koga; **to** ~ **s.th. into s.o.** vbiti komu kaj v glavo; **to** ~ **s.o. hard** zatirati koga; **to** ~ **s.o. to despair** spraviti koga v obup

drive at *vi fig* namigavati, meriti; *fam* misliti; **what are you driving at?** kaj pravzaprav mislite?

drive away *vt & vi* spoditi; odpeljati se

drive back *vt* nazaj gnati

drive in *vt* noter nagnati (živino); zabiti (žebelj)

drive off *vt* odpeljati se; spoditi

drive on *vt* naprej se peljati; naprej gnati

drive out *vt* izgnati, spoditi; ven, na sprehod peljati

drive over *vt* povoziti

drive up *vt* k višku gnati, naglo višati (cene)

drive II [draiv] *n* gonja; vožnja, ježa; gonilo, pogon; dovoz, vozna pot; pritisk; energija, napor; težnja; *A* nabiralna akcija; kampanja; **to go for a** ~ peljati se na sprehod; **production** ~ akcija za zvišanje produkcije; **remote** ~ pogon na daljavo; **to take for a** ~ peljati na sprehod

drive-in [dráivín] *n A* restavracija, kino, trgovina, v katero se zapeljemo z avtom

drivel I [drívl] *vi* sliniti se; čenčati, čvekati, blebetati; **to** ~ **away** čas zapravljati

drivel II [drívl] *n* slina; blebetanje, čenče, nesmisel

driveller [drívlə] *n* slinavec; čenčač, blebetač, čvekač; bebec

driven [drívn] *pp* od **drive**

driver [dráivə] *n* gonjač, poganjač; kočijaž, šofer, vozač, voznik, strojevodja; *sp* golfska palica; *techn* pogonsko kolo

driveway [dráivwei] *n A* zasebna cesta; prometna žila

driving [dráiviŋ] *n* poganjanje; vožnja; šofiranje; ~ **licence** vozniško dovoljenje

driving-belt [dráiviŋbelt] *n* gonilni jermen

driving-box [dráiviŋbɔks] *n* kozel (na kočiji)

driving-force [dráiviŋfɔ:s] *n* gonilna moč

driving-gear [dráiviŋgiə] *n* gonilo

driving-iron [dráiviŋaiən] *n* vrsta težke palice za golf

driving-licence [dráiviŋlaisəns] *n* vozniško dovoljenje

driving-mirror [dráiviŋmirə] *n* avtomobilsko zrcalce

driving-test [dráiviŋtest] *n* vozniški izpit

driving-wheel [dráiviŋ(h)wi:l] *n* gonilno kolo

drizzle [drízl] **1.** *vi* pršeti, rositi; **2.** *n* pršec

drizzly [drízli] *adj* pršljiv, vlažen, meglen

droit [drɔit] *n jur* pravica; ~**s of Admiralty** pravica britanskega ministrstva za mornarico do sovražnih ladij

droll I [droul] *n arch* šaljivec, burkež; smešen človek

droll II [droul] *adj* (~**y** *adv*) smešen, čudaški; šaljiv, burkast, zabaven

droll III [droul] *vi obs* (*with*, *at*, *on*) uganjati burke, šaliti se

drome [droum] *n coll* letališče

dromedary [drʌmədəri, drɔmədəri] *n zool* enograba kamela, dromedar

dromond [drɔmənd] *n hist* velika srednjeveška bojna ladja

drone I [droun] *vi & vt* brneti, brenčati; brundati; monotono peti ali govoriti; momljati

drone II [droun] *n* brnenje, brenčanje; brundanje; monotono petje ali govor, momljanje; basovska piščal (dude); letalo brez pilota

drone III [droun] **1.** *vt* čas zapravljati, lenobo pasti; **2.** *n zool* trot; *fig* lenuh

drone-fly [dróunflai] *n zool* mesarska muha

dronish [dróuniš] *adj* (~**ly** *adv*) len, počasen

drool [dru:l] **1.** *vi* sliniti se; čenčati; **2.** *n* sline; čenče

droop I [dru:p] **1.** *vt* povesiti, spustiti; **2.** *vi* viseti, povesiti se; veneti, upadati, hirati; žalostiti se; zgubiti pogum; *poet* zahajati; **2.** *n* povešanje (glave); padanje glasu; pobitost, potrtost

drooping [drú:piŋ] *adj* (~ **ly** *adv*) utrujen; pobit; poparjen; *bot* ~ **willow** vrba žalujka
drop I [drɔp] **1.** *vi* (*from*) kapljati, kaniti; (*with*) cediti se, teči; pasti, spustiti se; padati (cene); (*from, out of*) ven pasti, izpasti; prenehati; pasti v nezavest, zrušiti se; *fig* umreti; **2.** *vt* pokapati; prelivati; izpustiti; opustiti, prekiniti; spustiti se; splaviti, povreči; oglasiti se pri kom; namigniti; **to** ~ **an acquaintance** (ali s.o.) prekiniti stike s kom; **to** ~ **asleep** zaspati; **to** ~ **astern** zaostajati (za ladjo); **to** ~ **the anchor** usidrati se; **to** ~ **back to the old life** vrniti se k staremu načinu življenja; **to** ~ **a hint** namigniti; **to** ~ **a line** napisati par besed; **to** ~ **from sight** izginiti, zgubiti se; **to** ~ **to the rear** zaosta(ja)ti; ~ **it!** nehaj že!; **to** ~ **a bird** ustreliti ptiča; *fig* **to** ~ **a brick** narediti nerodno napako, ustreliti kozla, blekniti; **to** ~ **lamb** ojagnjiti se; **to let** ~ izpustiti; **till one** ~**s** do onemoglosti; **to** ~ **short** ne zadostovati; ne doseči cilja; **to** ~ **a bird on the wing** ustreliti ptico med poletom; **to** ~ **a curtsy** prikloniti se; *fig* **to** ~ **the curtain** narediti konec; **to** ~ **into bad habits** zabresti v slabe navade
drop across *vi* naleteti, srečati; grajati
drop away *vi* odpasti, odpadati; drug za drugim odhajati
drop behind *vi* zaostajati
drop down *vi* pasti; zrušiti se; *mar* pluti po vetru; ~ **on s.o.** napasti koga
drop in *vi* (*at* ali *on, upon*) oglasiti se, nepričakovano obiskati
drop off *vi* odpasti; upadati; zamirati
drop on *vi* naleteti; zalotiti
drop out *vi* izkapati; odtihotapiti se; *fig* prenehati sodelovati, ne končati šolanja
drop II [drɔp] *n* kaplja, kapljica; gledališki zastor; padec; poklopna vrata; obesek, uhan; bonbon; odpadlo sadje ali zrnje; špranja (za novec v avtomatu); **at the** ~ **of a hat** nemudoma, takoj; **to get the** ~ **on s.o.** izrabiti neprilike koga; **to have a** ~ **too much** nekoliko preveč ga imeti, biti v rožicah; **as like as two** ~**s of water** podobna ko jajce jajcu; *A sl* **to have a** ~ **on s.o.** imeti koga v rokah; *sl* **to have a** ~ **in one's eye** kazati, da je kdo preveč pil; **a** ~ **in the ocean** (ali **bucket**) kapljica v morje; **to take a** ~ naglo padati (vrednostni papirji)
drop-curtain [drópkə:tn] *n* gledališki zastor
drop-hammer [dróphæmə] *n techn* parno kladivo
drop-head [dróphed] *adj* zložljiv (streha na vozilu)
drop-kick [drópkik] *n sp* odskok žoge, ko pade na tla (*rugby*)
drop-leaf [drópli:f] *n* sklopna deska mize
droplet [dróplit] *n* kapljica
dropout [drópaut] *n* ki ni končal šole, osip
dropper [drópə] *n* kapalka, pipeta
drop-ring [drópriŋ] *n* kapljavec (na veslu)
dropping [drópiŋ] *n* kapljanje, padanje; *pl* odpadki, gnoj, blato
drop-scene [drópsi:n] *n* gledališki zastor; zaključni prizor
dropsical [drópsikəl] *adj med* vodeničen; otekel
dropsy [drópsi] *n med* vodenica
dropwort [drópwə:t] *n bot* gomoljasti oslad
droshky [dróški] *n* izvošček (kočija)

dross [drɔs] *n* žlindra; usedlina, nesnaga, odpadek, izmeček; *coll* pohlep po denarju
drossy [drósi] *adj* žlindrast; odpaden, slab, zanič; *fig* umazan
drought [draut] *n* suša; *poet* žeja
droughty [dráuti] *adj* (**droughtily** *adv*) suh, izsušen; sušen; *poet* žejen
drouth [drauθ] glej **drought**
drougthy [dráuθi] glej **droughty**
drove I [drouv] *pt* od **drive**
drove II [drouv] *n* krdelo, čreda, truma; vrvež; izsuševalni jarek; široko zidarsko dleto; **to stand in** ~**s** zbirati se v trumah
drover [dróuvə] *n* poganjač, gonjač; živinski trgovec
drown [draun] **1.** *vi* utoniti, utopiti, potopiti, udušiti se; **2.** *vt* potopiti, poplaviti, preplaviti; udušiti; zatreti, uničiti; **to be** (ali **get**) ~**ed** utoniti; ~**ing men catch at straws** v sili hudič mušice žre; **to** ~ **the miller** preveč krstiti pijačo; **to** ~ **one's sorrows** iskati pozabe v pijači; **as wet as a** ~**ing rat** moker ko miš; **to** ~ **s.o.'s wine** priliti komu vode v vino; ~**ed in tears** ves solzen; ~**ed in sleep** v globokem spanju; **to** ~ **out** (s poplavo) izgnati
drowse I [drauz] **1.** *vi* dremati, zadremati; biti zaspan, kinkati; **2.** *vt* uspavati; **to** ~ **away** predremati; zadremati
drowse II [drauz] *n* lahek spanec, dremavica; zaspanost
drowsy [dráuzi] *adj* (**drowsily** *adv*) zaspan, dremav; uspavalen, dolgočasen
drowsyhead [dráuzihed] *n arch* zaspanec, -nka
drub [drʌb] **1.** *vt* tepsti, premlatiti; (*into*) vtepati; **2.** *vi* topotati, štorkljati; **3.** *n* udarec
drubbing [drʌbiŋ] *n* udarci, tepež
drudge I [drʌdž] *vi* mučiti se, garati, delati ko črna živina
drudge II [drʌdž] *n* garač, suženj
drudgery [drʌdžəri] *n* težko delo, garanje
drudging [drʌdžiŋ] *adj* (~ **ly** *adv*) naporen, težek
drug I [drʌg] *n* droga, zdravilo, strup, mamilo, surovina za zdravila; blago, ki ne gre v denar; ~ **addict** (ali **taker, fiend**) narkoman; ~ **addiction** narkomanija; **a** ~ **in the market** blago, ki ne gre v denar, po katerem ni povpraševanja
drug II [drʌg] *vt & vi* pripravljati zdravila ali mamila; dajati ali jemati, zaužívati mamila; omamiti, omamljati (se)
druggery [drʌgəri] *n* droge; skladišče drog
drugget [drʌgit] *n* vrsta debelega volnenega blaga za pogrinjala
druggist [drʌgist] *n* drogist(ka); *A* lekarnar(ica); *A* lastnik, -ica drugstora
drugstore [drʌgstə:] *n A Sc* lekarna, drogerija; *A* v kateri prodajajo tudi blago široke potrošnje
druid [druid] *n* keltski duhovnik, druid; organizator eisteddfoda
druidess [drúidis] *n* keltska svečenica, druidka
druidic(al) [druídik(l)] *adj* druidski
drum I [drʌm] *n* boben; *anat* bobnič; bobnanje; bobnar; valj; del stebra; *obs* popoldanska ali večerna družba; **to beat a big** ~ delati bučno reklamo, obesiti na veliki zvon; **beat of** ~ bobnanje; **roll of** ~**s** glasno bobnanje; ~ **major**

glavni polkovni bobnar; ~ s and fifes vojaška godba

drum II [drʌm] *vt* & *vi* (*on*) bobnati; bobneti; vtepsti, vtepati; cepetati; brenkati (na klavir); to ~ into s.o.'s head vbijati komu v glavo

drum for *vt A com* delati bučno reklamo za kaj

drum out *vt* izbobnati, z ropotom spoditi; iz vojske izpustiti

drum up *vt* zbobnati; sklicati; *fam* pridobivati, novačiti

drumble [drʌmbl] **1.** *n* lenuh, trot; **2.** *vi* lenariti

drum-fire [drʌmfaiə] *n* gosto topovsko streljanje, obstreljevanje

drum-fish [drʌmfiš] *n zool* omber, črnjel

drumhead [drʌmhed] *n* bobnica; *anat* bobnič; *mil* ~ court martial vojaško naglo sodišče; *mil* ~ service maša na bojišču

drumlin [drʌmlin] *n* bobenček

drumly [drʌmli] *adj* moten; oblačen; kalen

drummer [drʌmə] *n* bobnar, tambur; *A* trgovski potnik

drumstick [drʌmstik] *n* bobnarska palička, tolkalce; (pečeno, kuhano, ocvrto) bedro perutnine

drunk I [drʌŋk] *pp* od drink

drunk II [drʌŋk] *adj* (with česa) pijan, opijanjen; as ~ as a lord (ali a fish, fiddler) pijan ko žolna; a ~ fish dolgočasnež; to get ~ opijaniti se; ever ~ ever dry čim več pijemo, tem bolj smo žejni; blind (ali dead) ~ do nezavesti pijan

drunk III [drʌŋk] *n sl* pijanec, -nka; pijanstvo; popivanje

drunkard [drʌŋkəd] *n* pijanec, -nka

drunken [drʌŋkən] *adj* (~ ly *adv*) pijan, pijanski; opojen

drunkenness [drʌŋkənnis] *n* pijanost, pijanstvo; opojnost

drupaceous [dru:péišəs] *adj* koščičast

drupe [dru:p] *n* koščičasto sadje, koščičast plod

drupel [drú:pl] *n* koščičica (maline ipd.)

drupelet [drú:plit] glej drupel

druse [dru:z] *n min* kopuča, druza

dry I [drai] *adj* (drily *adv*) suh, izsušen; žejen; suhoparen, dolgočasen; ki povzroča žejo; trpek (vino); prohibicijski; sarkastičen; ~ battery suha baterija; ~ bob igralec kriketa (Eton); as ~ as a bone čisto suh, suh ko poper; to feel ~ biti žejen; a ~ fish dolgočasnež; to go ~ vpeljati prohibicijo; ~ land kopno; ~ law zakon o prohibiciji; ~ season mrtva sezona; ~ wine nesladkano vino; ~ cow jalova krava; ~ facts gola dejstva; ~ shot slep strel; ~ spell sušna doba; he's not even ~ behind the ears mleko se ga še drži; to run ~ posušiti se; ~ death smrt na kopnem ali brez prelivanja krvi; as ~ as dust skrajno dolgočasen

dry II [drai] *n* suša; kopno; *A* prohibicionist

dry III [drai] *vt* & *vi* (o)sušiti, (o)brisati; posušiti, izsušiti se; usahniti, usihati; *coll* utihniti; ~ up! molči!; to ~ up dodobra (se) posušiti

dryad [dráiəd] *n* gozdna nimfa, driada

dry-as-dust [dráiəzdʌst] *adj* suhoparen

dry-clean [dráiklí:n] *vt* kemično čistiti

dry-cleaning [dráiklí:niŋ] *n* kemično čiščenje

dry-cleaners [dráiklí:nəz] *n pl* kemična čistilnica

dry-cupping [dráikʌpiŋ] *n med* stavljenje rožičev

dry-cure [dráikjuə] *vt* prekajevati

dry-dock [dráidək] *n* suhi dok; to go into ~ iti v popravilo (ladja)

dryer, drier [dráiə] *n* sušilec, -lka; sušilnica, sušilo

dry-eyed [dráiaid] *adj* suhih oči, ki ne joče

dry-fist [dráifist] *n arch* skopuh

dry-fly [dráiflai] *n* umetna muha (za ribolov)

dry-goods [dráigudz] *n pl* krojno blago, manufaktura

drying-plant [dráiiŋpla:nt] *n* sušilnica

dryish [dráiiš] *adj* precej suh, zasušen

dryness [dráinis] *n* suša; *fig* brezčutnost

dry-nurse [dráinə:s] **1.** *n* pestunja, strežnica; **2.** *vt* pestovati, negovati, dajati navodila

dry-point [dráipəint] *n* suha igla (grafika)

dry-rot [dráirət] *n* prhnenje; hišna goba; *fig* moralno propadanje

drysalter [dráisə:ltə] *n* prekajevalec; prodajalec konserv; *E* trgovec z barvami, laki itd.

drysaltery [dráisə:ltəri] *n* trgovina z laki, barvami; trgovina s konservami

dual I [djúəl] *adj* (~ ly *adv*) dvojen, dvodelen

dual II [djúəl] *n gram* dvojina, dual

dualin [djúəlin] *n* vrsta dinamita

dualism [djúəlizəm] *n* dualizem

dualist [djúəlist] *n* dualist, pristaš dualizma

dualistic [djuəlístik] *adj* (~ ally *adv*) dualističen

duality [djuǽliti] *n* dvojnost

dualize [djúəlaiz] *vt* & *vi* podvojiti (se)

dub I [dʌb] *vt* narediti za viteza; nasloviti; dati vzdevek; suniti; namazati; obseka(va)ti, (o)klestiti; sinhronizirati

dub II [dʌb] *n* (zlasti *Sc*) mlakužica, luža, jezerce

dub III [dʌb] *n A sl* neroda, šušmar

dubbin(g) [dʌbin] *n* mast za čevlje

dubiety [djubáiəti] *n* negotovost, dvomljivost; neodločnost, kolebanje, omahljivost

dubious [djú:biəs] *adj* (~ ly *adv*) dvomljiv, negotov, dvomeč; neodločen, omahljiv; nejasen; sumljiv

dubiousness [djú:biəsnis] *n* dvomljivost, neodločnost, omahljivost; sumljivost

dubitable [djú:bitəbl] *adj* (dubitably *adv*) negotov, dvomljiv

dubitate [djú:biteit] *vi* dvomiti; kolebati, mečkati, obotavljati se

dubitation [dju:bitéišən] *n* dvom, negotovost, kolebanje

dubitative [djú:biteitiv] *adj* (~ ly *adv*) dvomeč; omahljiv, neodločen

ducal [djú:kəl] *adj* (~ ly *adv*) vojvodski

ducat [dʌkət] *n* dukat; *pl fam* denar

duchess [dʌčis] *n* vojvodinja; velika in močna ženska; velikost pisemskega papirja; velikost skrilnatih ploščic

duchy [dʌči] *n* vojvodina

duck I [dʌk] *n zool* raca; amfibijsko vozilo; *coll* srček, ljubček; očarljiva oseba; *A mil* našiv; bankrotnik, dolžnik; invalid; *coll* nič, ničla (kriket); a lame ~ dolžnik; invalid; like a ~ in a thunderstorm potrt, otožen; zgubljen; to play (ali make) ~ s and drakes metati žabice (na vodni gladini); zapravljati; to make a ~ ne zadeti nobene točke (v kriketu); like water off a ~ 's back brez učinka, kot bob ob steno; *coll* a ~ of a očarljiv; (to take to s.th.) like a ~

to water (lotiti se česa) z veseljem, brez obotavljanja; **a fine day for young** ~ **s** deževno vreme; ~ **'s egg** *sp* nič, nobena točka (kriket)

duck II [dʌk] *vi* & *vt* počeniti, počepati; hitro glavo skloniti, ukloniti se; potapljati, potopiti (se); race loviti; *coll* prikloniti se; *sl* **to** ~ **out** popihati jo; **to** ~ **under** popustiti

duck III [dʌk] *n* nagla sklonitev, počep, potopitev

duck IV [dʌk] *n* vrsta surovega platna; *pl* hlače iz takega blaga

duck V [dʌk] *n coll* izkrcevalni čoln za amfibije

duckbill [dʌ́kbil] *n zool* kljunaš; *bot* vrsta pšenice

duckboard [dʌ́kbɔ:d] *n* deska čez mlakužo ali močvirje; *pl mil* pot iz desk čez močvirje

ducker [dʌ́kə] *n* potapljač; *zool* potapnik, ponirek; *sl* lizun

ducking [dʌ́kiŋ] *n* potapljanje; **to get a good** ~ do kože se premočiti; **to give s.o. a good** ~ poriniti koga v vodo; *hist* ~ **stool** stol za kazensko potapljanje

duckling [dʌ́kliŋ] *n zool* račka

duck-mole [dʌ́kmoul] glej **duckbill**

duck-out [dʌ́káut] *n A mil sl* dezerterstvo, pobeg od vojakov

duck's-egg [dʌ́kseg] *n* ničla (kriket); *sl* nič; zelenomodra barva

duck-shot [dʌ́kšɔt] *n* šibre za streljanje divjih gosi, račje šibre

duckweed [dʌ́kwi:d] *n bot* vodna leča

ducky [dʌ́ki] *n* račka; *coll* ljubček, srček

duct [dʌkt] *n* cev, kanal, vod

ductile [dʌ́ktail] *adj* raztezen, koven; vodljiv, voljan, ubogljiv, popustljiv

ductility [dʌktíliti] *n* voljnost, raztezност; vodljivost, popustljivost

ductless [dʌ́ktlis] *adj* brezceven; *anat* ~ **glands** endokrine žleze

dud [dʌd] *n sl* nerazpočena bomba; polomija; nepridiprav; ponaredba

dudder [dʌ́də] *vi coll* trepetati, tresti se

dude [dju:d] *n A sl* gizdalin; turist

dudgeon [dʌ́džən] *n* jeza, zamera; *arch* držaj bodala; **in high** ~ besen; **to take s.th. in** ~ zameriti kaj

dudish [djú:diš] *A adj* (~ **ly** *adv*) gizdalinski

duds [dʌdz] *n pl sl* cape, slaba oblačila

due I [dju:] *adj* plačljiv, zapadel; dolžan; primeren; predpisan, pravšen; pravočasen; pristojen; pričakovan; dospel; povzročen, pripisljiv; dolgovan; **in** ~ **time** (ali **course**) pravočasno; **to be** ~ prispeti (po voznem redu); **upon** ~ **consideration** po zrelem premisleku; ~ **to** zaradi; *com* **to become** (ali **fall**) ~ zapasti (menica); **after** ~ **consideration** po zrelem premisleku

due II [dju:] *adv* naravnost, natanko proti

due III [dju:] *n* pristojbina, taksa, članarina; *pl* carina; obveza, dolg; **to give everybody** (ali **the devil**) **his** ~ dati vsakomur, kar mu pripada, biti vsakomur pravičen; *mar* **for a full** ~ temeljito, korenito

due-bill [djú:bil] *n com* pobotnica; obveznica

due-day [djú:dei] *n com* dan plačila

duel [djúəl] **1.** *n* dvoboj; **2.** *vi* dvobojevati se

duelling [djúəliŋ] *n* dvobojevanje, dvoboj

duel(l)ist [djúəlist] *n* dvobojevnik, duelant

duet, duette [djuét] *n mus* duet, dvospev, skladba za dva izvajalca; (*on*) dvogovor, prepir; dvojica, par

duettist [djuétist] *n* tisti, ki poje ali igra v duetu

duff I [dʌf] *n dial* lojev puding; testo; kruhova sredica; premogov prah

duff II [dʌf] *vt sl* ponarejati; *Austral sl* krasti živino (in ponarejati žig); (golf) slabo igrati

duffel [dʌ́fl] *n* vrsta volnenega debelega športnega blaga; oprema za taborjenje; ~ **bag** taborniška vreča

duffer [dʌ́fə] *n arch* krošnjar; ničvredno blago, izvržek, ponaredek; slepar, šušmar

duffle [dʌ́fl] glej **duffel**

dug I [dʌg] *pt* & *pp* od **dig**

dug II [dʌg] *n anat* sesek, vime

dug-out [dʌ́gaut] *n* strelski jarek, zaklonišče; deblak, kanu; *mil sl* reaktiviran častnik

duke [dju:k] *n* vojvoda; velikost pisemskega papirja; *sl* ~ **s** tace, roke

dukedom [djú:kdəm] *n* vojvodina, vojvodstvo

dulcet [dʌ́lsit] *adj* sladek, sladkoben; blagozvočen; nežen

dulcify [dʌ́lsifai] *vt* sladkati, (o)sladiti; omehčati

dulcimer [dʌ́lsimə] *n mus* čembalo; *A* vrsta kitare

dull I [dʌl] *adj* (~ **y** *adv*) topoglav, neumen, omejen; dolgočasen; moten, medel, temen, mrk; top; zaspan, len; mrtev (sezona); okoren; neurejen; neaktiven; ~ **of hearing** naglušen; ~ **of eyes** slaboviden; **as** ~ **as ditchwater** skrajno dolgočasen; **to feel** ~ dolgočasiti se

dull II [dʌl] **1.** *vt* otopiti; ublažiti, omiliti, zmanjšati, oslabiti, skaliti; **2.** *vi* otopeti, oslabeti; poleči se (veter); **to** ~ **the edge of appetite** pokvariti tek

dullard [dʌ́ləd] *n* butec, tepec; teleban, neroda

dull-brained [dʌ́lbreind] *adj* topoglav, slaboumen, neumen, omejen

dull-eyed [dʌ́laid] *adj* slaboviden; *fig* otožen

dullish [dʌ́liš] *adj* (~ **ly** *adv*) precej neumen, precej dolgočasen

dul(l)ness [dʌ́lnis] *n* topost; medlost, motnost; lenoba, zaspanost; mračnost; stagnacija

dull-sighted [dʌ́lsaitid] *adj* (~ **ly** *adv*) kratkoviden, brljav

dull-witted [dʌ́lwitid] glej **dull-brained**

dully [dʌ́li] *adv* leno, topo

dulse [dʌls] *n bot* vrsta užitne morske alge, pahljačasta rodimenija

duly [djú:li] *adv* primerno, pravočasno, prav, točno; pristojno; **to do** ~ **for** nadomeščati kaj

dumb I [dʌm] *adj* (~ **ly** *adv*) nem, onemel, molčeč; *A fam* bedast, neumen; **to strike s.o.** ~ osupiti koga; **to be** ~ molčati ko riba; **a** ~ **dog** molčeč človek; **deaf and** ~ gluhonem; **the** ~ **millions** brezpravne mase

dumb II [dʌm] *vt* usta komu zapreti, utišati; osupiti

dumb-barge [dʌ́mba:dž] *n* barka brez jadra, brez gonilne moči

dumb-bell [dʌ́mbel] *n* ročka (telovadno orodje); *A sl* neumnost

dum(b)found [dʌ́mfaund] *vt* osupiti, ohromiti, sapo komu zapreti

dumbness [dʌ́mnis] *n* nemost, molk; *A fam* neumnost

dumb-show [dʌ́mšou] *n* pantomima

dumb-waiter [dʌ́mweitə] n servirna mizica; kuhinjsko dvigalo
dumdum [dʌ́mdʌm] n vrsta izstrelka
dummy I [dʌ́mi] fam n nema oseba; figura; statist; atrapa; pupa, lutka, maneken(ka); sleparija; butec; cucelj; ničla; slep naboj
dummy II [dʌ́mi] adj nepravi, ponarejen, podtaknjen; ~ gun lesena puška (igrača); ~ cartridge slepa patrona (naboj)
dump I [dʌmp] n smetišče; mil začasno skladišče, odlagališče; udarec; debeluh; majhen čokat človek; droben novec; pl denar; not worth a ~ niti počenega groša vreden
dump II [dʌmp] 1. vt odložiti, odlagati; zvrniti prekucniti; pod ceno izvažati; znebiti se; 2. vi zvrniti, prekucniti se; treščiti
dump-cart [dʌ́mpka:t] n prekucnik
dumper [dʌ́mpə] n prekucnik; com nelojalen konkurent
dumpiness [dʌ́mpinis] n čokatost, tršatost
dumping [dʌ́mpiŋ] n izvoz pod ceno; metanje med odpadke
dumping-ground [dʌ́mpiŋgraund] n smetišče, odlagališče odpadkov
dumpish [dʌ́mpiš] adj (~ ly adv) otožen
dumpishness [dʌ́mpišnis] n otožnost
dumpling [dʌ́mpliŋ] n cmok
dumps [dʌ́mps] n pl potrtost, otožnost; down in the ~ potrt, malodušen
dumpty [dʌ́mti] n blazina (kot sedež)
dumpy [dʌ́mpi] 1. adj čokat, tršat, debelušen; otožen; 2. n zool zvrst kratkonoge kokoši; blazina za klečanje; kratek zložljiv dežnik
dumpy-level [dʌ́mpilevl] n techn nivelacijski aparat
dun I [dʌn] 1. n sivo rjava barva; vrsta umetne muhe za ribolov; 2. adj sivo rjav; poet temen, mračen
dun II [dʌn] 1. n terjavec; terjatev; 2. vt opominjati, terjati; ~ ning letter pismeni opomin, pismena terjatev
dun III [dʌn] n grič (s trdnjavo)
dun-bird [dʌ́nbə:d] n zool potapljavka
dunce [dʌ́ns] n topoglavec, butec, omejenec
dunch [dʌnč] vt Sc suniti, suvati
dunderhead [dʌ́ndəhed] glej dunce
dunderheaded [dʌ́ndəhedid] adj neumen, omejen, butast
dune [dju:n] n sipina, peščina
dung [dʌŋ] 1. n gnoj, govno; 2. vt (po)gnojiti
dungaree [dʌŋgərí:] n močno indijsko bombažno blago; pl delovne hlače
dung-barrow [dʌ́ŋbærou] n gnojnjak
dung-beetle [dʌ́ŋbi:tl] n zool govnač, govnobrbec
dung-cart [dʌ́ŋka:t] n gnojnjak
dungeon [dʌ́ndžən] 1. n glavni grajski stolp; grajska (podzemeljska) ječa; 2. vt zapreti v ječo
dung-fork [dʌ́ŋfɔ:k] n gnojne vile
dung-hill [dʌ́ŋhil] n gnojišče, kup gnoja; ~ cock domači petelin (mešane rase)
dungy [dʌ́ŋi] adj gnojen, blaten; sl prostaški
dung-yard [dʌ́ŋja:d] n gnojišče
dunk [dʌŋk] vi & vt namočiti, potopiti (se)
dunlin [dʌ́nlin] n zool priba
dunnage [dʌ́nidž] 1. n varovalna obloga ladijskega tovora; coll osebna prtljaga; 2. vt zaščititi ladijski tovor

dunnock [dʌ́nək] n zool siva pevka
dunny [dʌ́ni] adj dial naglušen; neumen
dunt [dʌnt] n vertikalen sunek vetra (v letalo); dreganje; razpoka (v porcelanu)
duo [djú:ou] n duet, dvospev
duodenal [dju:oudí:nəl] adj anat dvanajsternikov
duodenum [dju:oudí:nəm] n anat dvanajsternik
dupability [dju:pəbíliti] n prevarljivost, lahkovernost
dupable [djú:pəbl] adj (dupably adv) prevarljiv, lahkoveren
dupe I [dju:p] 1. vt za nos potegniti, varati, opehariti; 2. n prismoda, tepec; prevaranec, opeharjenec; to be a ~ of s.o. dati se voditi za nos
dupery [djú:pəri] n prevara
duple [djú:pl] adj (duply adv) dvojen; ~ ratio razmerje 2 : 1; mus ~ time, ~ rhythm dvočetrtinski takt
duplex [djú:pleks] adj dvojen; ~ house dvostanovanjska hiša; A ~ appartment stanovanje v dveh nadstropjih
duplicate I [djú:plikeit] vt podvojiti; kopirati, reproducirati
duplicate II [djú:plikit] 1. n dvojnik; kopija; 2. adj dvojen, dvakraten; rezerven; reproduciran
duplication [dju:plikéišən] n podvojitev; ponovitev; kopija; guba
duplicator [djú:plikeitə] n kopirni aparat
duplicity [dju:plísiti] n fig dvoumnost, neodkritosrčnost, hinavstvo
durability [djuərəbíliti] n trpežnost, trdnost, stanovitnost, dolgotrajnost; trajanje
durable [djúərəbl] adj (durably adv) trpežen, trajen, stanoviten, trden, dolgotrajen
durableness [djúərəblnis] glej durability
duralumin [djuəræljumin] n chem duraluminij
durance [djúərəns] n poet zapor; konfinacija, izgnanstvo; to keep in ~ držati v ječi
duration [djuəréišən] n trajanje; of short ~ kratkotrajen; of long ~ dolgotrajen; for the ~ of dokler traja
durative [djúərətiv] 1. adj trajen; gram durativen; 2. n durativni glagol
durbar [dɔ́:ba:] n indijski dvor; svečani sprejem na indijskem dvoru, avdienca
dure [djuə] vi poet trajati, zavleči se
duress(e) [djuərés] n nasilje, pritisk; zapor; under ~ pod pritiskom; jur plea of ~ prošnja, da se razdre pogodba, ki je bila sklenjena pod pritiskom
during [djúəriŋ] prep med, za časa; ~ the night ponoči; ~ the day podnevi; ~ the evening zvečer
durn [də:n] vt sl prekleti
durst [də:st] pt od dare
dusk I [dʌsk] 1. n mrak, tema; 2. adj poet mračen, temačen, mrk
dusk II [dʌsk] vi & vt poet mračiti se, potemneti; potemniti, zasenčiti
duskiness [dʌ́skinis] n temna barva; mračnost
duskish [dʌ́skiš] adj temen, mračen
dusky [dʌ́ski] adj (duskily adv) senčen, mračen, temen, črn (koža), zagorel; fig otožen
dust I [dʌst] n prah; E smeti; bot cvetni prah; sl denar; fig zemlja; fig posmrtni ostanki; to bite the ~ zgruditi se ranjen ali mrtev, iti v krtovo

deželo; **to kick up** (ali **make, raise**) **a** ~ vzdigniti prah, razburiti; **to throw** ~ **into s.o.'s eyes** vreči komu pesek v oči, slepiti ga; **to shake the** ~ **off one's feet** jezen oditi; *A* **to give the** ~ **to s.o.** prehite(va)ti koga; *A* **to take s.o.'s** ~ zaostajati; **to lick the** ~ prilizovati se; **honoured** ~ posmrtni ostanki; **in the** ~ ponižan; **to make the** ~ **fly** švigniti, energično nastopiti; **down with the** ~! denar na roko!; **humbled in** (ali **to**) **the** ~ ponižan; **to fall to** ~ razpasti

dust II [dʌst] *vt & vi* prah brisati, omesti, oprašiti; potresti; *A sl* švigniti, zbežati, uiti; **to** ~ **s.o.'s coat** (ali **jacket**) naklestiti koga; **to** ~ **the eyes of s.o.** varati, slepiti koga; **to** ~ **one's hands of s.o.** ne želeti imeti s kom opravka

dustbin [dʌ́stbin] *n* posoda za smeti, smetnjak

dust-bowl [dʌ́stboul] *n* puščavska tla (zaradi vetrov, neracionirane obdelave in suše)

dust-brand [dʌ́stbrænd] *n* rastlinska rja

dust-cart [dʌ́stka:t] *n* smetarski voz

dust-cloth [dʌ́stklɔθ] *n* zaščitna prevleka (na pohištvu)

dust-coat [dʌ́stkout] *n* delovna halja

dust-colour [dʌ́stkʌlə] *n* medla svetlo rjava barva

dust-cover [dʌ́stkʌvə] *n* zaščitni ovoj knjige

dust-devil [dʌ́stdevl] *n* vrtinec prahu in peska

duster [dʌ́stə] *n* krpa za prah; posipalnik; *A* delovna halja

dust-guard [dʌ́stga:d] *n* ščitnik pred prahom

dusthole [dʌ́sthoul] *n* (hišno obzidano) smetišče

dust-jacket [dʌ́stdžækit] glej **dust-cover**

dustiness [dʌ́stinis] *n* prašnost, zaprašenost

dusting [dʌ́stiŋ] *n* brisanje prahu; potresanje; *sl* udarci; **to give a** ~ natepsti, naklestiti

dustman [dʌ́stmən] *n* smetar

dust-pan [dʌ́stpæn] *n* smetišnica

dust-proof [dʌ́stpru:f] *adj* nepreprašen

dust-sheet [dʌ́stši:t] *n* zaščitna prevleka na pohištvu

dust-up *on coll* vznemirjenost, pretep

dust-wrapper [dʌ́stræpə] glej **dust-cover**

dusty [dʌ́sti] *adj* (**dustily** *adv*) prašen, prahast; nezanimiv; **not so** ~ ne preslabo, kar dobro; ~ **miller** umetna muha; *bot* zlati jeglič

Dutch I [dʌč] *adj* holandski, nizozemski; *hist* nemški; ~ **auction** dražba, pri kateri ceno znižujejo, dokler predmeta ne prodajo; ~ **clover** *bot* bela detelja; ~ **courage** pogum pijanca; ~ **bargain** kupčija le v enostransko korist; ~ **cheese** skuta; ~ **comfort** slaba tolažba; ~ **treat** skupen obed, pri katerem plača vsak svoje

Dutch II [dʌč] *n* holandščina; *hist* nemščina; **double** ~ »španska vas«

Dutchman [dʌ́čmən] *n* Holandec, Nizozemec; **Flying** ~ leteči Holandec; **I'm a** ~ **if** naj me vrag vzame, če...

Dutchwoman [dʌ́čwumən] *n* Holandka, Nizozemka

duteous [djú:tiəs] *adj* (~ **ly** *adv*) vesten; ubogljiv, pokoren; spoštljiv

duteousness [djú:tiəsnis] *n* vestnost; pokornost, ubogljivost; spoštljivost

dutiable [djú:tiəbl] *adj* (**dutiably** *adv*) carini podvržen, carinski

dutiful [djú:tiful] *adj* (~ **ly** *adv*) (*to*) ubogljiv, vesten; obvezen

dutifulness [djú:tifulnis] *n* (*to*) ubogljivost, vestnost; obveznost

duty [djú:ti] *n* dolžnost, obveznost; služba, funkcija; (*on, upon*) dajatev, davek, taksa, carina; spoštovanje; *E techn* delo, proizvodnost, storilnost, produktivnost; količina vode za zalivanje jutra zemlje; **customs** ~ uvozna carina; **in** ~ **bound** po dolžnosti; **to do** ~ **for** služiti kot, biti enako dober kot; **off** ~ prost službe; **on** ~ v službi, na straži; **to go on** ~ stopiti v službo; **to lay** ~ **on** zacariniti; **liable to** ~ carinski (blago); **in** ~ **bound** dolžnosten; **to send one's** ~ **to s.o.** izraziti komu spoštovanje; **to take up one's duties** prevzeti dolžnosti; **to do one's** ~ **by s.o.** opraviti svojo dolžnost do koga; **to pay** ~ **on goods** plačati carino za blago; ~ **off** brez carine; ~ **paid** ocarinjen

duty-free [djú:tifri:] *adj* prost carine

duumvir [djuʌ́mvə] *n* eden od dveh vladajočih mož, duumvir

duumvirate [djuʌ́mvirit] *n* duumvirat, dvovladje, vlada dveh mož

dux [dʌks] *n* vodja (šolskega) razreda

dwale [dweil] *n bot* volčja češnja; temna barva

dwa(l)m [dwa:m] *n* nezavest, omedlevica

dwarf I [dwɔ:f] **1.** *n* pritlikavec, škrat; **2.** *adj* pritlikav, krnjav, nenavadno majhen

dwarf II [dwɔ:f] *vt & vi* ovirati v rasti, krniti; zaostajati v rasti, krneti; *fig* zasenčiti, prekositi

dwarfed [dwɔ:ft] *adj* krnjav, pokvečen

dwarfish [dwɔ́:fiš] *adj* (~ **ly** *adv*) pritlikav, zakrnel, nerazvit; drobčkan, majčken

dwarfishness [dwɔ́:fišnis] *n* pritlikavost, krnjavost, zakrnelost

dwell* II [dwel] *vi arch* osta(ja)ti; bivati, stanovati, zadrž(ev)ati se; ustaviti, ustavljati se; (*on*) razmišljati, premišljevati; zavlačevati; prekiniti

dwell in *vi* temeljiti

dwell on *vi* vztrajati, naglašati

dwell II [dwel] *n* redno zaustavljanje stroja

dweller [dwélə] *n* stanovalec, prebivalec

dwelling [dwéliŋ] *n* stanovanje, bivališče, dom; bivanje

dwelling-house [dwéliŋhaus] *n* stanovanjska hiša

dwelling-place [dwéliŋpleis] *n* bivališče

dwelt [dwelt] *pt & pp* od **dwell**

dwindle [dwíndl] *vi* pojemati, izginevati, izginiti; (*into*) (z)manjšati, (s)krčiti se; izroditi se, hirati, slabeti; **to** ~ **away** hirati, propadati; zgubiti se; **to** ~ **into** izroditi se v

dwindler [dwíndlə] *n* v rasti zaostal človek ali žival; hiravec

dwine [dwain] *vi arch* zaostajati, hirati

dyad [dáiæd] *n* dvojka, dvojica; *chem* dvovalentna prvina

dyarchy [dáia:ki] *n* dvovladje

dye I [dai] *n* barva, barvilo; barvanje; **fast** ~ obstojna barva; **of the deepest** ~ zelo zloben, skrajno podel; **a crime of the deepest** ~ največji zločin

dye II [dai] **1.** *vt* barvati; **2.** *vi* dati se barvati; **to** ~ **in grain** (ali **wool**) barvati v surovem stanju

dyed [daid] *adj* barvan

dye-house [dáihaus] *n* barvarna

dyed-in-grain [dáidingrein] *adj fig* zakrknjen; stano-
viten, brezkompromisen
dyed-in-wood [dáidinwud] glej **dyed-in-grain**
dyeing [dáiiŋ] *n* barvanje
dyer [dáiə] *n* barvar; *bot* ~'s **broom** košeničica;
~'s **weed** rumenkasti katanec
dye-drugs [dáidrʌgz] *n pl* barvila
dye-stuff [dáistʌf] *n* barva, barvilo
dye-vat [dáivæt] *n* barvalna kad
dye-wood [dáiwud] *n* les, iz katerega pridobivajo
barvo
dye-works [dáiwə:ks] *n pl* barvarna
dying I [dáiiŋ] *n* umiranje; smrt; ugašanje; poje-
manje
dying II [dáiiŋ] *adj* umirajoč, pojemajoč, ugašajoč;
till one's ~ **day** do svoje smrti; ~ **bed** smrtna
postelja; **his** ~ **wish** njegova zadnja želja; **his** ~
words njegove zadnje besede pred smrtjo
dyke glej **dike**
dynamic I [dainǽmic] *adj* (~ **ally** *adv*) silovit,
energičen, dinamičen, aktiven; ~ **unit** delovna
enota; **2.** *n* gibalna, gonilna sila
dynamical [dainǽmikl] *adj* (~ **ly** *adv*) dinamičen,
silovit

dynamics [dainǽmiks] *n pl* dinamika
dynamism [dáinəmizəm] *n* dinamizem
dynamist [dáinəmist] *n* dinamik; *coll* anarhist(ka);
coll diverzant(ka)
dynamite [dáinəmait] **1.** *n* dinamit; **2.** *vt* razstrcliti
z dinamitom
dynamiter [dáinəmaitə] *n* dinamitar, terorist
dynamitic [dainəmítik] *adj* dinamitski
dynamo [dáinəmou] *n el* dinamo
dynamometer [dainəmómitə] *n el* dinamometer
dynast [dínəst] *n* dinast, vladar
dynastic [dinǽstik] *adj* (~ **ally** *adv*) dinastičen,
vladarski
dynasty [dínəsti] *n* dinastija, vladarska rodovina
dyne [dain] *n phys* dina
dysenteric [disntérik] *adj* grižav
dysentery [dísəntri] *n med* griža
dysfunction [disfʌ́ŋkšən] *n med* slabo delovanje
organa, disfunkcija
dyspepsia [dispépsiə] *n med* prebavna motnja
dyspeptic [dispéptik] *med* **1.** *adj* ki ima prebavne
motnje; **2.** *n* bolnik s prebavnimi motnjami
dyspnoea [dispníə] *n med* naduha, težko dihanje

E

e [i:] črka e; *mus* nota e; *naut* drugorazredna ladja; **E sharp** eis; **E flat** es; **E major** e-dur; **E minor** e-mol

each [i:č] *pron & adj* vsak; vsakdo; ~ **other** drug drugega, vzajemno; ~ **and every,** ~ **and all** prav vsak, vsi brez razlike; ~ **time** vsakokrat; ~ **one** vsak posamezen; **they love** ~ **other** ljubita se; **one dollar** ~ po dolarju, dolar na vsakega

eager [í:gə] *adj* (~ **ly** *adv*) željan, poželjiv; oster; vnet, hlepeč, lakomen, pohlepen; (*to*) nestrpen; **an** ~ **beaver** stremuh; ~ **for** (ali **after**) **fame** slavohlepen; *arch* ~ **air** hladen zrak; *com* ~ **buying** živahen promet; ~ **about** (ali **in**) prizadeven, marljiv; ~ **after** (ali **for**) pohlepen, željan, vnet

eagerness [í:gənis] *n* vnema, gorečnost, prizadevanje, težnja; lakomnost, pohlep, željnost; nestrpnost

eagle [í:gl] *n zool* orel; *sp* vrsta zadetka pri golfu; *A* desetdolarski zlati novec; **double** ~ dvajsetdolarski novec; **half** ~ petdolarski novec; **quarter** ~ dva dolarja 50 centov; *zool* **golden** ~ planinski ali zlati orel; **bald** ~ plešec

eagle-boat [í:glbóut] *n A mar* vrsta lovske ladje na podmornice

eagle-eyed [í:gláid] *adj* bistrook; predirljiv

eagle-owl [í:glául] *n zool* velika uharica

eagle-sighted [í:glsáitid] glej **eagle-eyed**

eaglet [í:glit] *n zool* orlič

eagle-winged [í:glwíŋgd] *adj* hiter kot orel

eagre [í:gə] *n* visoka plima ob ustju reke

ear I [iə] **1.** *n* klas; **2.** *vi* pognati v klas

ear II [iə] *vt arch* orati zemljo

ear III [iə] *n* muha na puški

ear IV [iə] *n* uho; posluh; ušesce, luknjica; *fig* pozornost; **to be all** ~ **s** napeto poslušati; **to be by the** ~ **s** skočiti si v lase; **to bring the house** (ali **hornet's nest**) **about one's** ~ **s** razdražiti množico proti sebi; **my** ~ **s are burning** v ušesih mi zveni; **to fall** (ali **go**) **together by the** ~ **s** skočiti si v lase; **with a flea in the** ~ **s** strogo grajo; **to give** ~ pazljivo poslušati; **to have** (ali **earn, win**) **the** ~ **of s.o.** biti od koga uslišan; **to have itching** ~ **s** rad opravljati; **to have long** ~ **s** biti radoveden; **to have no** ~ **s** ne imeti posluha; **in at one** ~ **and out at the other** skozi eno uho noter in skozi drugo ven; **to lend** (ali **turn**) **a deaf** ~ ne poslušati; **little pitchers have long** ~ **s** stene imajo ušesa; **to play by** ~ igrati po posluhu; **to make a silk purse out of a sow's** ~ iz slabe snovi narediti dobro stvar; **an** ~ **for**

music dober posluh za glasbo; **over (head and)** ~ **s** preko ušes; **to prick up one's** ~ **s** napenjati ušesa; **quick** ~ dober sluh; **to reach the** ~ **of s.o.** priti komu na uho; **to set by the** ~ **s** povzročiti prepir, nahujskati, spreti; **to stop one's** ~ **s** zamašiti si ušesa; **up to the** ~ **s** preko ušes; **to tickle the** ~ **s** laskati; **walls have** ~ **s** stene imajo ušesa; **to win s.o.'s** ~ biti od koga uslišan; **a word in your** ~ **s** strogo zaupno, med nama povedano; **I would give my** ~ **s** glavo stavim

ear-ache [íəeik] *n med* bolečina v ušesu

ear-cap [íəkæp] *n* čepica z naušniki

ear-deafening [íədefniŋ] *adj* (~ **ly** *adv*) oglušujoč

ear-drop [íədrəp] *n* uhan; *bot* cvet fuksije

ear-drum [íədrʌm] *n anat* bobnič

ear-flaps [íəflæps] *n pl* naušniki

earful [íəful] *n coll* polna ušesa česa; važna novica; opravljanje; graja

earing [íəriŋ] *n naut* vrvica za pritrditev zgornjega dela jadra na jambor; klasenje

earl [ə:l] *n* (angleški) grof

earlap [íəlæp] *n anat* uhelj

earldom [ə́:ldəm] *n* grofovstvo; grofija

earless [íəlis] *adj* brez ušes; brez posluha; brez ročaja; brez klasja

earlet [íəlit] *n* ušesce

earlier [ə́:liə] **1.** *adv* prej; **2.** *adj* prejšnji, zgodnejši

earliness [ə́:linis] *n* zgodnost, zgodnja ura

early I [ə́:li] *adj* zgodnji; prezgodnji; prvi, prvoten, začeten; **the** ~ **bird catches** (ali **gets**) **the worm** rana ura zlata ura; **one's** ~ **days** zgodnja mladost; **to keep** ~ **hours** zgodaj leči in zgodaj vstati; **at your earliest convenience** čimprej; **at an** ~ **date** kmalu, v bližnji bodočnosti; **it is** ~ **days yet** je še prezgodaj, še ni čas; **an** ~ **riser** zgodnji vstajalec, -lka;

early II [ə́:li] *adv* zgodaj, rano; davno; **as** ~ **as in June** že junija; ~ **to bed and** ~ **to rise makes a man healthy, wealthy and wise** rana ura zlata ura; ~ **in life** v rani mladosti; **to get up** ~ zgodaj vstati; biti zvit; ~ **in the year** v začetku leta

earmark I [íəma:k] *n* znamenje, lastninski znak; lastnikov žig na ovčjem ušesu

earmark II [íəma:k] *vt* zaznamovati, označiti, določiti, nameniti; *fig* pripogibati vogalčke v knjigi; žigosati

ear-muff [íəmʌf] *n* naušnik

earn [ə:n] *vt* pridobiti, zaslužiti; **to** ~ **one's daily bread** (ali **living, livelihood**) preživljati se, kruh si služiti; **to** ~ **fame** zasloveti earnest I [ə́:nist] *adj* (~ly *adv*) resen, tehten; prepričan, iskren; **to be** ~ **with s.o.** goreče koga prositi

earnest II [ə́:nist] *n* resnost; **to be in** ~ resno misliti, ne se šaliti; **in good** (ali **full, sober, real, sad**) ~ popolnoma resno, brez šale

earnest III [ə́:nist] *n* ara, nadav; slutnja; **to give** (ali **make**) ~ zaarati

earnest-money [ə́:nistmʌni] *n* ara, nadav

earnestness [ə́:nistnis] *n* resnost; vnema, gorečnost; slovesnost

earnings [ə́:niŋz] *n pl* zaslužek, mezda, plača; *com* dobiček, iztržek, izkupiček

ear-phone [íəfoun] glej **ear-piece**

ear-piece [íəpi:s] *n* (telefonska) slušalka

ear-piercing [íəpiəsiŋ] *n adj* (~ly *adv*) prediren, oglušujoč

earring [íəriŋ] *n* uhan

earshot [íəšət] *n* slišanj; **out of** ~ predaleč, tako da ga ne moremo slišati; **within** ~ precej blizu, dovolj blizu, da ga lahko slišimo, na slišaj

ear-splitting [íəsplitiŋ] *adj* (~ly *adv*) glej **ear-piercing**

earth I [ə:θ] *n* zemlja; zemljišče; tla; prst, glina, ilovica; kopno; lisičina; ozemljitev; **to come back to** ~ opustiti sanjarjenje; začeti resno misliti; **to move heaven and** ~ prizadevati si na vse pretege; **to take** ~, **to run** (ali **go**) **to** ~ skriti se v lisičino; **to run s.o. to** ~ ugnati koga v kozji rog; zasledovati do dna; **why on** ~? zakaj zaboga?; **down to** ~ trezno misleč; **to sink into the** ~ v tla se pogrezniti (od sramu); **in the face of the** ~ na zemeljski površini; **no use on** ~ popolnoma neuporaben, zanič; **while he was on** ~ za njegovega življenja

earth II [ə:θ] 1. *vt* zakopati; pokopati, z zemljo pokriti; ozemljiti; v lisičino zapoditi; 2. *vi* v lisičino se skriti; zakopati se; **to** ~ **up** okopa-(va)ti (krompir)

earthbank [ə́:bæŋk] *n* nasip iz zemlje

earth-bath [ə́:ba:θ] *n* blatna kopel

earth-board [ə́:bə:d] *n* lemež

earth-bob [ə́:bəb] *n* glista (kot ribiška vaba)

earth-born [ə́:bə:n] *adj* na zemlji rojen; smrten; zemeljski; nizkega rodu

earthbound [ə́:baund] *adj fig* prozaičen, praktičen

earthen [ə́:θən] *adj* lončen, prsten

earthenware [ə́:θənwɛə] *n* lončena posoda, fajansa, keramika

earther [ə́:θə] *n* ozemljilo

earth-flax [ə́:θflæks] *n min* azbest

earthiness [ə́:θinis] *n* prstenost; posvetnost; surovost

earthing [ə́:θiŋ] *n* ozemljitev

earthliness [ə́:θlinis] *n* posvetnost; telesnost, materialnost; surovost

earthling [ə́:θliŋ] *n* smrtnik, posvetnik

earthly [ə́:θli] *adj* zemeljski; posveten; telesen; *coll* **no** ~ **use** prav za nobeno rabo; *sl* **not an** ~ nobena možnost, brez upanja na uspeh; **the** ~ **paradise** raj na zemlji; **he had nothing** ~ nič na svetu ni imel

earthly-minded [ə́:θlimaindid] *adj* prozaičen, ki stoji z obema nogama trdno na tleh; materialističen

earth-nut [ə́:θnʌt] *n bot* burski oreh, kikiriki; gomoljika (goba)

earthquake [ə́:θkweik] *n* potres

earth-slip [ə́:θslip] *n* zemeljski plaz

earthward(s) [ə́:θwed(z)] *adv* proti zemlji, navzdol

earthwork [ə́:θwə:k] *n* nasip; trdnjavski okop

earthworm [ə́:θwə:m] *n zool* deževnik

earthy [ə́:θi] *adj* prsten, zemeljski; hladen, surov; posveten

ear-trumpet [íətrʌmpit] *n* slušalo

earwax [íəwæks] *n* ušesno maslo

earwig [íəwig] 1. *n zool* strigalica; 2. *vt* nadlegovati; prišepetavati

ear-witness [íəwitnis] *n* priča, ki je slišala na lastna ušesa

ease I [i:z] *n* mir, počitek; udobnost; lagodnost, zadovoljstvo; neprisiljenost, lahkota, olajšanje; **at one's** ~ udobno, mirno, brez zadrege; **ill at** ~ slabega počutja; **to set at** ~ pomiriti; **at heart's** ~ po mili volji; *mil* **at** ~! voljno!; **to set** (ali **put**) **at** ~ hrabriti; zadovoljiti; **to take one's** ~ udobno si urediti; **with** ~ lahko, brez težav

ease II [i:z] 1. *vt* lajšati, miriti, blažiti; rahljati; 2. *vi* popustiti; **to** ~ **one's mind** pomiriti se, dušo si olajšati; *naut* ~ **her!** počasneje!; **to** ~ **s.o. of his purse** oskubsti koga; **to** ~ **o.s.** opraviti telesno potrebo; **to** ~ **s.o. of s.th.** ukrasti komu kaj

ease away *vt mar* popustiti vrv, jadro

ease down *vt* popustiti, popuščati

ease off *vt & vi* popustiti, zmanjšati (strogost, težave); *com* padati (delnice); odriniti ladjo od brega

ease up *vt* umiriti, zmanjšati, prenehati

easeful [í:zful] *adj* (~ly *adv*) miren; všečen; udoben, prijeten

easel [í:zl] *n* slikarsko stojalo

easeless [í:zlis] *adj* (~ly *adv*) nemiren; neudoben, neprijeten

easement [í:zmənt] *n arch* olajšanje, usluga; udobnost; *jur* pravica uporabljati nekaj, kar ni našega

easily [í:zili] *adv* lahko, brez težav, udobno; ~ **won**, ~ **run** kar hudič prikveka, nima teka

easiness [í:zinis] *n* udobnost; mirnost, prijaznost; ravnodušnost, neprisiljenost; lahkomiselnost; lahkota; ~ **of belief** lahkovernost

eassel [í:sl] *adv Sc* proti vzhodu, vzhodno

east I [i:st] *n* vzhod, Jutrovo; **Far East** Daljni vzhod; **Middle East** Srednji vzhod; **Near East** Bližnji vzhod; *A sl* **about** ~ vrlo, precej; **in the** ~ na vzhodu; **(to the)** ~ **of** vzhodno od; **East or West home is best** doma je najlepše

east II [i:st] *adj* vzhoden; **East End** londonska četrt reveržev; **East Side** vzhodna četrt New Yorka; **East Indies** Indija

east III [i:st] *adv* (*of*) vzhodno; proti vzhodu; **to look** ~ biti obrnjen proti vzhodu

Easter [í:stə] 1. *n* velika noč; 2. *adj* velikonočen; ~ **day**, ~ **Sunday** velikonočna nedelja; ~ **eggs** pirhi

easterling [í:stəliŋ] *n* vzhodnjak

easterly I [í:stəli] 1. *adj* vzhoden; 2. *n* vzhodnik; ~ **wind** vzhodnik easterly II [í:stəli] *adv* vzhodno, proti vzhodu, na vzhod, od vzhoda

eastern I [í:stən] *adj* vzhoden, vzhodnjaški, orientalski; **Eastern Church** pravoslavna cerkev

easterner [í:stənə] *n* vzhodnjak; vzhodnik

easternmost [í:stənmoust, -məst] *adj* najvzhodnejši

Eastertide [í:stətaid] *n* velikonočni teden

easting [í:stiŋ] *n mar* prepluta pot proti vzhodu; vzhodna smer

eastward [í:stwəd] *adj* proti vzhodu usmerjen

eastward(s) [í:stwəd(z)] *adv* proti vzhodu, vzhodno

easy I [í:zi] *adj* (easily *adv*) lahek, lahkoten; zlóžen; udoben; miren, popustljiv, brezskrben; lahkomiseln; gladko tekoč; premožen; ~ **of access** lahko dostopen; ~ **of belief** lahkoveren; ~ **does it!** le počasi, nikamor se ne mudi!; **as** ~ **as damm it,** *A* **as** ~ **as falling off a log** otročje lahko; **in** ~ **circumstances** v ugodnih razmerah; *sl* **on** ~ **street** v dobrih razmerah; **to make** ~ pomiriti; **an** ~ **market** tržišče, na katerem ni povpraševanja; **a lady of** ~ **virtue** pocestnica, lahkoživka; **under** ~ **sail** počasen; **on** ~ **terms** pod ugodnimi plačilnimi pogoji; *sl* ~ **on the eye** prijeten, čeden na pogled; **an** ~ **man** popustljiv, prilagodljiv človek; *sl* ~ **meat** ne preveč nevaren nasprotnik; lahek posel

easy II [í:zi] *adv* lahko, z lahkoto; udobno; **to go** (ali **take**) **things** ~ ne si preveč prizadevati, ne se preveč gnati; *mar* ~! počasi!; ~ **all!** nehajte veslati; voljno!

easy III [í:zi] *n coll* kratek premor

easy-chair [í:zičeə] *n* naslonjač

easy-going [í:zigouiŋ] *adj* lahkomiseln, brezbrižen; počasen

easy-tempered [í:zitémpəd] *adj* dobrosrčen

eat* [i:t] 1. *vt* jesti, pojesti, žreti, glodati; trošiti; *chem* razjedati, uničiti; *A* hraniti; *fig* mučiti; 2. *vi* jesti, hraniti se; *coll* imeti dober okus; **to** ~ **dirt** biti javno osramočen; **I'll** ~ **my head** glavo stavim; **to** ~ **one's head off** pojesti več kakor je vredno njegovo delo, ne se izplačati; **one cannot** ~ **one's cake and have it** človek ne more imeti eno in drugo; **to** ~ **humble pie** opravičiti se, postati ponižen; **to** ~ **s.o.'s salt** živeti na tuj račun; **to** ~ **one's terms** (ali **dinners**), **to** ~ **for the bar** učiti se za odvetnika; **to** ~ **s.o. out of house and home** spraviti koga na beraško palico; **to** ~ **one's word** besedo snesti

eat away *vt* pojesti; razjedati, glodati

eat in(to) *vi* zajedati se v kaj

eat out *vt* izjedati, izjesti

eat up *vt* pojesti, potrošiti, porabiti

eat up with *vt* popolnoma prevzeti, navdušiti

eatable [í:təbl] *adj* užiten

eatables [í:təblz] *n pl* jestvine, hrana

eaten [í:tn] *pp* od eat; **to be** ~ **up with** koprneti; biti prevzet

eater [í:tə] *n* jedec; **to be a poor** ~ ne imeti teka; **opium** ~ uživalec opija

eatery [í:təri] *n sl* gostišče

eating [í:tiŋ] *n* jelo

eating-house [í:tiŋhaus] *n* gostišče, restavracija

eatomat [í:təmæt] *n coll* avtomat, v katerem prodajajo jedila

eats [i:ts] *n pl sl* jedila

eaves [i:vz] *n pl* odtočni žleb, kapni rob, predstrešje; *joc* veke

eavesdrip [í:vzdrip] glej **eavesdrop 1.**

eavesdrop [í:vzdrəp] 1. *n* kapnica; mesto, kamor pade kapnica; 2. *vi* prisluškovati

eavesdropper [í:vzdrəpə] *n* prisluškovalec, -lka

eavesdropping [í:vzdrəpiŋ] *n* prisluškovanje

ebb I [eb] *n* oseka; *fig* propadanje, upadanje; **at an** ~, **at a low** ~ obubožan, v žalostnem položaju; ~ **and flow,** ~ **and tide** plima in oseka

ebb II [eb] *vi* upadati; umikati se, odtekati, ugašati, propadati

ebb-tide [ébtaid] *n* oseka

E-boat [í:bout] *n* sovražni hiter torpedni čoln

ebon [ébən] 1. *adj poet* ebenovinast, črn (ko ebenovina); 2. *n poet* ebenovina

ebonite [ébənait] *n* ebonit (vrsta kavčuka)

ebonize [ébənaiz] *n* počrniti, črno strojiti

ebony I [ébəni] *n* ebenovina; *coll* **a bit** (ali **piece**) **of** ~, **son of** ~ črnec

ebony II [ébəni] *adj* temen, črn, ebenovinast

ebriate [í:briit] glej **ebrious**

ebriety [i:bráiəti] *n* pijanost, vinjenost

ebrious [í:briəs] *adj* pijan; pijanski

ebullience [ibáljəns] *n* vzkip, kipenje; navdušenje, vznemirjenost

ebulliency [i:báljənsi] glej **ebullience**

ebullient [ibáljənt] *adj* (~ **ly** *adv*) kipeč, prekipevajoč; vznemirjen; togoten, jeznorit

ebullition [ebəlíšən] *n* kipenje; vzkip

ecaudate [ikó:dit] *adj* brezrep

ecbolic [ekbólik] *adj med* ki povzroča splav

Ecce Homo [eksihóumou] *n* Kristus s trnovo krono na glavi

eccentric I [ikséntrik] *n* čudak, prenapetež, *techn* izsrednik

eccentric II [ikséntrik] *adj phys* izsreden; *fig* izreden; prenapet, čudaški

eccentrical [ikséntrikəl] *adj* (~ **ly** *adv*) glej **eccentric II**

eccentricity [iksentrísiti] *n phys* ekscentričnost; *fig* prenapetost, čudaštvo

ecclesia [iklí:ziə] *n* cerkev (kot organizacija)

ecclesiast [iklíziæst] *n* (*rare*) duhovnik; član določene cerkve

ecclesiastic [ikli:ziǽstik] 1. *adj* cerkven; 2. *n* duhovnik

ecclesiology [ikli:ziólədži] *n* nauk o zidavi in okrasitvi cerkva

ecdysis [ékdisis] *n zool* levitev

echelon [éšələn] 1. *n mil* ešelon; 2. *vt & vi* stopničasto (se) razvrstiti

echidna [ekídnə] *n zool* kljunati ježek

echinate [ékinit] *adj* bodičast (kot jež)

echinoderm [ikáinədə:m] *n zool* iglokožec

echinus *pl* echini [ekáinəs, ekáinai] *n zool* morski ježek

echo I [ékou] *n* odmev; ponovitev, posnemanje; **to cheer s.o. to the** ~ navdušeno koga pozdravljati

echo II [ékou] *vt & vi* ponavljati (se), posnemati; (**with**) odmevati

echo-image [ékouimidž] *n* stereoskopski posnetek

echoless [ékoulis] *adj* brezodmeven

eclat [éikla:] *n* blišč; odobravanje; uspeh

eclectic [ekléktik] 1. *adj phil* eklektičen, izbiren, izbran; 2. *n phil* eklektik
eclecticism [ekléktisizəm] *n* eklekticizem
eclipse I [iklíps] *n* mrk, potemnitev; partial ~ delni mrk; total ~ popoln mrk; lunar ~ lunin mrk; solar ~ sončni mrk
eclipse II [iklíps] *vt* zatemniti, ʒamračiti, mrkniti; *fig* zasenčiti
ecliptic [iklíptik] 1. *n* ekliptika, pot Zemlje okoli Sonca; 2. *adj* ekliptičen
eclogue [éklɔg] *n* pastirska pesem, ekloga
ecological [ikəlɔ́džikəl] *adj* (~ ly *adv*) *biol* ekološki, življenjski
ecologist [ikɔ́lədžist] *n* ekolog(inja)
ecology [ikɔ́lədži] *n* ekologija
econ [ikən] *adj coll* glej economic
economic [i:kənɔ́mik] *adj* (~ ally *adv*) gospodarski, varčen; uporaben
economical [i:kənɔ́mikəl] *adj* (~ ly *adv*) ekonomski; rentabilen; varčen, gospodaren
economics [i:kənɔ́miks] *n pl* gospodarstvo, ekonomija
economist [i:kɔ́nəmist] *n* gospodarstvenik, -ica, ekonom(ka); varčevalec, -lka
economization [i:kɔnəmaizéišən] *n* varčevanje
economize [i:kɔ́nəmaiz] *vt & vi* (*with*) varčevati, varčno gospodariti, omejiti se
economizer [i:kɔ́nəmaizə] *n techn* grelnik, predgrejač
economy [i:kɔ́nəmi] *n* gospodarstvo; varčnost; varčevanje; ureditev, organizacija; political ~ politična ekonomija; ~ of space (labour, time) varčevanje s prostorom (delovno močjo, časom); ~ of truth delna resnica; ~ of nature organizacija narave; one's internal ~ varčevanje z lastno delovno močjo
ecru [ekrú] 1. *adj* svetlo rjav; 2. *n* barva nebeljenega platna
ecstasize [ékstəsaiz] *vt & vi* navdušiti, prevzeti (se)
ecstasy [ékstəsi] *n* (*over*) navdušenje, zanos, zamaknjenost, ekstaza
ecstatic [ekstǽtik] *adj* (~ ally *adv*) (*over*) zamaknjen, zanesen
ectoderm [éktoudə:m] *n biol* zunanja zarodna plast, ektoderm
ectoplasm [éktouplæzəm] *n biol* ektoplazma
ecumenic(al) [i:kju:ménik(əl)] *adj eccl* vesoljen, splošen, ekumenski
eczema [éksimə] *n med* izpuščaj, ekcem
edacious [idéišəs] *adj* (~ ly *adv*) požrešen; *fig* lakomen, pohlepen
edacity [idǽsiti] *n* požrešnost; *fig* lakomnost, pohlep
eddish [édiš] *n* otava; travnato strnišče
eddy [édi] 1. *n* vrtinec; 2. *vt & vi* vrtinčiti (se)
edelweiss [éidlvais] *n bot* planika, očnica
edentate [idéntit] 1. *adj* brezzob, redkozob; 2. *n zool* redkozobec
edentated [idénteitid] glej edentate 1.
edge [edž] *n* rob, greben; meja; ostrina; osornost, moč, strogost; *pl* obreza (knjige); A *coll* prednost, privilegij; to be on the very ~ pravkar nameravati; to give an ~ to, to put on an ~ ostriti; to give the ~ of one's tongue ostro komu povedati, zabrusiti jih komu; to have an ~ biti okajen; to have an ~ on s.o. imeti neznatno

prednost pred kom; (all) on ~ skrajno napet, živčen; not to put a fine ~ upon jasno se izražati, odkrito povedati; to set one's teeth on ~ skominati; to sit on the thin ~ of nothing sedeti na skrajno tesnem prostorčku; to take off the ~ otopiti; to take the ~ off one's appetite pokvariti komu tek; the thin ~ of the wedge skromen začetek; gilt ~ s zlata obreza knjige
edge II [edž] *vt* brusiti, ostriti; obrobiti; obrezati; *fig* razdražiti; to ~ one's way prerivati se; to ~ out of a crowd izriniti se
edge away *vi* odmakniti se, oditi, odtihotapiti se
edge down *vi* počasi kam pluti
edge forward *vi* prodirati, napredovati
edge in *vi* vriniti se; *mar* počasi se bližati, približevati se; ~ a word prekiniti
edge into *vi & vt* neopazno (se) vriniti
edge off *vi* odmikati se, vstran kreniti
edge on *vt* nabrusiti; podpihovati
edge out *vi* izmakniti se
edge-bone [édžboun] glej aitch-bone
edged [edžd] *adj* oster, nabrušen; to play with ~ tools z ognjem se igrati
edgeless [édžlis] *adj* top
edgelessness [édžlisnis] *n* topost
edge-tool [édžtu:l] *n* ostro nabrušeno orodje; to play (ali jest) with ~ s z ognjem se igrati
edgeways [édžweiz] *adv* po strani; ob robu; not to be able to get a word in ~ ne priti do besede
edgewise [édžwaiz] glej edgeways
edging [édžiŋ] *n* ostritev, brušenje; rob, obšiv, resa
edging-knife [édžiŋnaif] *n* obrezilnik
edging-shears [édžiŋšiəz] *n* velike vrtne škarje
edging-stone [édžiŋstoun] *n* obrobni kamen, robnik
edgy [édži] *adj* oster, robat; *fig* razdražljiv, razdražen
edibility [edibíliti] *n* užitnost
edible [édibl] *adj* užiten
edibles [édiblz] *n pl* jestvine
edict [i:dikt] *n* razglas, odredba, naredba, ukaz, dekret
edictal [idíktəl] *adj* dekretov
edification [edifikéišən] *n fig* zgradba; izobrazba, vzgajanje
edifice [édifis] *n* zgradba, poslopje, stavba
edify [édifai] *vt arch* (z)graditi; vzgojiti, vzgajati, izobraževati, poučevati; pregovarjati, prepričevati
edile [i:dail] glej aedile
edit [édit] *vt* izdajati, urejati, redigirati; (film) montirati
edition [idíšən] *n* izdaja, naklada; montaža filma; cabinet ~ srednje draga izdaja
editor [éditə] *n* izdajatelj, glavni urednik, redaktor, založnik
editorial [editó:riəl] 1. *adj* uredniški, založniški; 2. *n* uvodnik
editorship [éditəšip] *n* urejanje, uredništvo, založništvo
editress [éditris] *n* urednica
educability [edjukəbíliti] *n* vzgojnost
educable [édjukəbl] *adj* vzgojljiv
educate [édjukeit] *vt* vzgojiti, vzgajati, (iz)šolati, izobraziti, izobraževati
educated [édjukeitid] *adj* vzgojen, izšolan, izobražen

education [edjukéišən] *n* vzgoja, izobrazba, šolanje, pouk; **free** ~ brezplačen pouk; **classical** ~ klasična izobrazba; **commercial** ~ trgovska izobrazba; **general** ~ splošna izobrazba; **primary** (ali **elementary**) ~ osnovna izobrazba; **secondary** ~ srednješolska izobrazba; **trade** ~ strokovna izobrazba; **board of** ~ šolski svet

educational [edjukéišnəl] *adj* (~ **ly** *adv*) vzgojen, izobraževalen, poučen; ~ **establishment** vzgojni zavod; ~ **journey** študijsko potovanje

educationalist [edjukéišnəlist] *n* pedagog(inja) (teoretik)

educationist [edjukéišnist] glej **educationalist**

educative [édjukeitiv] *adj* (~ **ly** *adv*) vzgójen, pedagoški

educator [édjukeitə] *n* vzgojitelj(ica)

educe [idjú:s] *vt* (*from*) izvleči, izvabiti; razviti, razvijati; *chem* izločiti, izločati

educible [idjú:səbl] *adj* izločljiv

educt [í:dʌkt] *n chem* izloček, izločina

eduction [idʌkšən] *n* odvod, izliv; zaključek, sklepanje; *chem* izločanje

eduction-pipe [idʌkšənpaip] *n techn* odvodna cev

eduction-valve [idʌkšənvælv] *n techn* izpušni ventil

eductive [idʌktiv] *adj* odvoden, izpušen

edulcorate [idʌlkəreit] *vt chem* izmakati; izprati, izpirati

edulcoration [idʌlkəréišən] *n chem* čiščenje

ee [i:] *n arch* oko

eel [i:l] *n zool* jegulja; **as slippery as an** ~ spolzek ko jegulja; **to skin the** ~ **from the tail** začeti z nasprotnega konca

eel-basket [í:lba:skit] *n* vrša za lov na jegulje

eel-buck [í:lbʌk] glej **eel-basket**

eel-pot [í:lpɔt] glej **eel-basket**

eel-pout [í:lpaut] *n zool* menek

eel-spear [í:lspiə] *n* osti za lov na jegulje

eely [i:li] *adj* jeguljast, spolzek, gladek

een [i:n] *n pl* od **ee**

e'en [i:n] *poet* glej **even**

e'er [ɛə] *poet* glej **ever**

eerie [íəri] *adj* (**eerily** *adv*) plašen, boječ; skrivnosten, pošasten, grozljiv, ki zbuja strah

eeriness [íərinis] *n* skrivnostnost, grozljivost, pošastnost

eery [íəri] glej **eerie**

efface [iféis] *vt* zbrisati, zatreti, pokončati; zamegliti; *fig* podcenjevati; **to** ~ **o.s.** neopazno zginiti

effaceable [iféisəbl] *adj* (**effaceably** *adv*) zbrisljiv

effacement [iféismənt] *n* izbris, pokončanje; zameglitev; podcenjevanje; neopazen odhod

effect I [ifékt] *n* posledica, učinek, namen, cilj; uspeh; dejstvo; izvršitev, realizacija; korist; vsebina (pisma); produktivnost; *pl* vrednostni papirji, premoženje; **to bring to** ~, **to carry into** ~ izvajati, uveljaviti, uresničiti; **to give** ~ **to s.th.** uveljaviti kaj; **in** ~ dejansko, v bistvu; **of no** ~ neučinkovit, jalov; **no** ~**s** brez kritja (ček); **to the same** ~ v istem smislu; **personal** ~**s** osebne premičnine; **to take** ~ obnesti se; **to this** ~ v tem smislu; **to some** ~ še kar, precej; **colour** ~**s** kombinacija barv; **to that** ~ za to; **to good** ~ uspešno; **with telling** ~ nedvoumno, jasno, učinkovito, uspešno; **without** ~ zaman; neučinkovit

effect II [ifékt] *vt* učinkovati; izvesti, izvršiti; uveljaviti; *com* **to** ~ **an entry** vknjižiti; **to** ~ **a sale** prodati; **to** ~ **collection** inkasirati; **to** ~ **a cure** zdraviti se; **to** ~ **a junction with** priključiti se; **to** ~ **an insurance policy** zavarovati se

effectible [eféktəbl] *adj* izvršljiv, izvedljiv

effective I [iféktiv] *adj* (~ **ly** *adv*) učinkovit, uspešen; razpoložljiv; vojaške službe zmožen; *mil* ~ **range** domet

effective II [iféktiv] *n* (nav. *pl*) razpoložljiva vojska; denar, gotovina

effectiveness [iféktivnis] *n* učinkovitost, uspešnost

effectless [iféktlis] *adj* (~ **ly** *adv*) neučinkovit, neuspešen, jalov

effectual [iféktjuəl] *adj* (~ **ly** *adv*) učinkovit; veljaven; uspešen; dejaven, tvoren, priden; krepak; resen, praktičen; **to be** ~ učinkovati

effectuality [ifekčuæliti] *n* praktičnost; učinkovitost

effectuate [iféktjueit] *vt* izvršiti; uveljaviti; storiti

effectuation [ifektjuéišən] *n* izvršitev, izvršba

effeminacy [iféminəsi] *n* mehkužnost, razvajenost; homoseksualnost (moškega)

effeminate I [iféminit] *adj* (~ **ly** *adv*) mehkužen, razvajen

effeminate II [ifémineit] *vt & vi* pomehkužiti (se), razvajati (o moškem)

effemination [ifeminéišən] *n* pomehkuženje, razvajanje

effendi [eféndi] *n* efendi, turški gospod

efferent [éfərənt] *adj anat* ki vodi ven

effervesce [efəvés] *vi* vzkipeti, vreti, šumeti, peniti se; *fig* razvneti se

effervescence [efəvésns] *n* vzkip, vrenje; *fig* živahnost, razposajenost

effervescency [efəvésnsi] glej **effervescence**

effervescent [efəvésnt] *adj* (~ **ly** *adv*) kipeč, peneč se; *fig* živahen, razposajen

effervescing [efəvésiŋ] *adj* (~ **ly** *adv*) kipeč, peneč se

effete [efí:t] *adj* obrabljen, oslabljen, izčrpan; jalov, neploden

effeteness [efí:tnis] *n* oslabljenost, izčrpanost; jalovost

efficatious [efikéišəs] *adj* (~ **ly** *adv*) učinkovit, izdaten, močan

efficatiousness [efikéišəsnis] *n* učinkovitost, izdatnost

efficacity [efikæsiti] glej **efficatiousness**

efficacy [éfikəsi] glej **efficatiousness**

efficiency [ifíšənsi] *n* zmogljivost, učinkovitost, izdatnost; zmožnost, moč

efficient [ifíšənt] *adj* (~ **ly** *adv*) zmogljiv, zmožen, sposoben; učinkovit; veljaven; krepek, izdaten; *mil* izurjen

effigy [éfidži] *n* podoba, slika, portret; **in** ~ simbolično

efflation [efléišən] *n* izdih, izpuh

effloresce [eflɔ:rés] *vi* razcvesti se; (s)plesneti, prepere(va)ti; (iz)kristalizirati

efflorescence [eflɔ:résns] *n* razcvet; *chem* kristalizacija; *med* izpuščaj

efflorescent [eflɔ:résnt] *adj* cvetoč; s kristali pokrit; oprhnjen, splesnel, orošen

effluence [éfluəns] *n* iztok, iztekanje; emanacija, izžarevanje

effluent I [éfluənt] *adj* ki teče ven (iz jezera)
effluent II [éfluənt] *n* reka, ki teče iz jezera ali večje reke, iztok; odpadna voda
effluvia [eflú:viə] *pl* od **effluvium**
effluvial [eflú:viəl] *adj* poln hlapov, izparin
effluvium [eflú:viəm] *n* hlapi, para, izparina
efflux [éflʌks] *n* iztok, izliv; pretek časa
effluxion [iflʌ́kšən] glej **efflux**
effort [éfət] *n* napor, trud, boj; *techn* moč, napetost; *coll* dosežek, uspeh; **to make ~ s** napeti vse moči; *coll* **a fine ~** dober uspeh; **with an ~** naporno
effortless [éfətlis] *adj* (**~ ly** *adv*) lahek, nenaporen, neutrudljiv
effrontery [efrʌ́ntəri] *n* predrznost, nesramnost
effulge [efʌ́ldž] **1.** *vt* oddajati, izžarevati svetlobo, toploto; **2.** *vi* bleščati se, sijati
effulgence [efʌ́ldžəns] *n* sijaj, blesk, svetlikanje
effulgent [efʌ́ldžənt] *adj* (**~ ly** *adv*) žareč, blesteč
effuse I [efjú:z] **1.** *vt* izli(va)ti, pretakati, razprostreti; **2.** *vi* izlivati se, razprostirati se; vreti na dan
effuse II [efjú:s] *adj* razlit, razširjen, raztresen; *arch* obilen; *bot* razprostrt
effusion [efjú:žən] *n* izliv, iztakanje
effusive [efjú:ziv] *adj* (**~ ly** *adv*) prekipevajoč; strasten, neobrzdan, pretiran; bujen; prisrčen; zapravljiv; **~ rock** prodornina
effusiveness [ifjú:zivnis] *n* prekipevanje; pretiravanje; neobrzdanost
eft I [eft] *n zool* veliki pupek
eft II [eft] *adv arch* spet, nato
eftsoon(s) [eftsú:n(z)] *adv arch* kmalu nato, takoj
egad [igæd] *int* pri moji veri, zaboga
egalitarian [igəlitéəriən] *n* pristaš enakopravnosti
egality [igǽliti] *n* enakopravnost, enakost
egest [idžést] *vt* izločiti, izločati
egesta [idžéstə] *n pl* izločki (pot, seč)
egestion [idžéščən] *n* izločanje; izloček
egestive [idžéstiv] *adj* izločevalen
egg I [eg] *n* jajce; *sl* letalska bomba; *A sl* neotesanec, fant, dečko; **in the ~** v zarodku; *sl* **a bad ~** pokvarjenec; *sl* **a good ~** dober dečko; **like a Curate's ~** samo deloma dober, v splošnem pa slab; **to have (ali put) all one's ~ s in one basket** staviti vse na eno karto; **to teach one's grandmother to suck ~ s** pišče več od koklje ve; *sl* **goose ~** nrčla, nič; **to crush in the ~** v kali zatreti; **as full as an ~** do vrha poln; **to get ~ s for one's money** preveč plačati; **to lay ~ s** nesti jajca; *mil sl* polagati mine; **as sure as ~ s is ~ s** popolnoma gotovo; **to tread upon ~ s** hoditi zelo oprezno; **hard-boiled ~** v trdo kuhano jajce; **soft-boiled ~** v mehko kuhano jajce; **poached ~** skrknjeno jajce; **wind (ali addle) ~** gnilo jajce; **white of ~** beljak; **yolk of ~** rumenjak; **fried ~ s** pečena jajca »na oko«; **scrambled ~ s** cvrtje
egg II [eg] *vt* (*on*) spodbosti, spodbadati, siliti; z rumenjakom namazati; obmetavati z gnilimi jajci; nabirati jajca; **to ~ and crumb** povaljati v jajcu in drobtinah, panirati
egg-beater [égbi:tə] *n* stepalnik
egg-cubator [égkjubéitə] *n coll* inkubator, valilnik
egg-cup [égkʌp] *n* jajčni podstavek

egg-dance [égda:ns] *n* ples z zavezanimi očmi (med jajci); *fig* težavna naloga
egg-flip [égflip] *n* jajčni konjak
egg-head [éghed] *n coll* intelektualec
egg-nog [égnɔg] glej **egg-flip**
egg-plant [égpla:nt] *n bot* jajčevec, melancana
egg-shaped [égšeipt] *adj* jajčast
egg-shell [égšel] *n* jajčna lupina; **to walk (ali tread) upon ~ s** ravnati skrajno previdno; **~ china** zelo tenek porcelan
egg-spoon [égspu:n] *n* žlička za v mehko kuhana jajca
egg-timer [égtaimə] *n* ura za kuhanje jajc
egg-whisk [égwisk] *n* stepalnik za jajca
eglantine [égləntain] *n bot* šipek, divja roža
ego [égou] *n phil* jaz (sam)
egocentric [egouséntrik] *adj* (**~ ally** *adv*) egocentričen, samoljuben
egoism [égouizəm] *n* sebičnost, samoljubje
egoist [égouist] *n* sebičnež. -nica, samopridnež, -nica, egoist(ka)
egoistic(al) [egouístik(əl)] (*adj* **~ [al]ly**) sebičen, samoljuben, samopriden
egotism [égoutizəm] *n* poudarjanje samega sebe, egocentričnost; egoizem, sebičnost
egotist [égoutist] *n* sebičnež, -nica; tisti, ki poudarja samega sebe
egotistic [egoutístik] *adj* (**~ ally** *adv*) sebičen, samoljuben
egotize [égoutaiz] *vi* samega sebe poudarjati, samo o sebi govoriti
egregious [igrí:džəs] *adj* (**~ ly** *adv*) nezaslišan; razvpit; pretiran; *arch* znamenit, odličen; strašen
egregiousness [igrídžəsnis] *n* nezaslišanost; razvpitost
egress [í:gres] *n* izhod, izstop, iztok; pravica izhoda; *astr* konec mrka
egression [igréšən] *n* izhod, izstop
egret [í:gret] *n zool* bela čaplja; perjanica; lučka (regrata)
Egyptian [idžípšən] **1.** *adj* egiptski; **2.** *n* Egipčan; cigan
Egyptologist [idžiptɔ́lədžist] *n* egiptolog(inja)
Egyptology [idžiptɔ́lədži] *n* ę̃giptologija
eh [e, ei] *int* kaj (ste rekli)?; oh, mar ne?
eider [áidə] *n zool* gaga
eider-down [áidədaun] *n* puh; pernica
eider-duck [áidədʌk] glej **eider**
eidograph [áidəgra:f] *n* naprava za povečanje ali zmanjšanje risbe
eidolon [aidóulən] *n* privid, fantom, podoba
eight [eit] **1.** *num* osem; **2.** *n* osmica; *sp* osmerec; **the Eights** tekma osmercev med Cambridgem in Oxfordom; **to have one over the ~** biti okajen
eight-angled [éitæŋgld] *adj* osmerokoten
eighteen [éití:n] *num* osemnajst
eighteenfold [éití:nfould] *adj* osemnajstkraten
eighteenth [éití:nθ] **1.** *adj* osemnajsti; **2.** *n* osemnajstinka
eightfold [éitfould] **1.** *adj* osemkraten; **2.** *adv* osemkratno
eighth [eitθ] **1.** *adj* osmi; **2.** *n mus* osminka; oktava; osmina
eighthly [éitθli] *adj* osmič
eighties [éitiz] *n pl* osemdeseta leta

eightieth [éitiiθ] 1. adj osemdeseti; 2. n osemdesetina

eightsome [éitsəm] n vrsta škotskega plesa

eighty [éiti] adj osemdeset

eightyfold [éitifould] 1. adj osemdesetkraten; 2. adv osemdesetkratno

eirenic [airénik] adj miroven

eirenicon [airí:nikən] n cekveni predlog za spravo, za sklenitev miru

einsteinium [ainstáiniəm] n chem einsteinij

eisteddfod [aistéðvəd] n vsakoletno zborovanje in tekmovanje valiških pevcev

either I [áiðə, A í:ðə] adj oba, eden in drugi, eden od obeh; on ~ side na obeh straneh

either II [áiðə, A í:ðə] adv, conj kakorkoli; niti; not ~ tudi ne; ~ ... or bodisi... ali; ~ way tako ali tako

ejaculate [idžǽkjuleit] vt & vi krikniti, vzklikniti; zagnati; brizgniti

ejaculation [idžækjuléišən] n vzklik; vzdih; izmeček; brizg; physiol spolni izliv

ejaculator [idžékjuleitə] n brizgalec, ejektor

ejaculatory [idžǽkjuleitəri] adj (ejaculatorily adv) brizgalen; hlasten

eject I [idžékt] vt ven 'vreči, izmetati, puhati (dim); pregnati, zapoditi, izgnati, deložirati; sam po sebi soditi

eject II [idžékt] n domnevno mišljenje druge osebe

ejection [idžékšən] n izgon; izmetavanje, izmeček; ~ seat sedež, ki avtomatsko vrže pilota ven v primeru nevarnosti

ejectment [idžéktmənt] n spoditev, deložacija

ejector [idžéktə] n ki meče ven, ejektor

eke I [i:k] vt arch (out, with) podaljšati, povečati, doda(ja)ti; pretolči se; to ~ out the lion's skin with the fox's združiti moč z zvijačo; to ~ out one's livelihood, to ~ out one's salary with odd jobs preživljati se z dodatnim delom poleg rednega; to ~ out a miserable existence komaj se preživljati

eke II [i:k] adv arch prav tako, tudi, razen tega

eking-piece [í:kiŋpi:s] n podaljšek

elaborate I [ilǽbərit] adj (~ly adv) izdelan, spopolnjen, dovršen; zamotan; izčrpen, temeljit

elaborate II [i:lǽbəreit] vt izdel(ov)ati, spopolniti, izboljšati

elaborateness [ilǽbəritnis] n izdelanost, spopolnjenost, dovršenost; zamotanost

elaboration [ilæbəréišən] n izdelava, spopolnitev, obdelovanje

elaborative [ilǽbəreitiv] adj (~ly adv) izdelovalen, obdelovalen

élan [éilaŋ] n zanos, polet, elan

eland [í:lənd] n zool orjaški kozobik

elapse [ilǽps] vi miniti, minevati, poteči, potekati (čas)

elastic I [ilǽstik] adj (~ally adv) prožen, gibek, raztegljiv; fig prilagodljiv; ~ principles prilagodljiva načela; ~ band elastika; ~ conscience ne pretanka vest; ~-sided boots visoki čevlji z elastičnim všitkom

elastic II [ilǽstik] n elastika; A pl podveze

elasticity [elæstísiti] n prožnost, gibkost, raztegljivost; prilagodljivost

elate [iléit] 1. adj (with) vzvišen, vznesen, slovesen, ponosen; 2. vt (with) navdušiti, razveseliti, opogumiti, poveličevati

elater [élətə] n bot prožina; zool pokalica

elation [iléišən] n svečano razpoloženje, vznesenost; ponos, navdušenost; oholost

elbow I [élbou] n anat komolec; techn koleno; stranski naslon (pri stolu); at one's ~ pri roki; sl to lift the ~ (too often) piti več kot je pametno; out at ~ s v raztrgani obleki; reven; up to the ~ s in work zelo zaposlen; more power to your ~ s! mnogo uspeha!; to rub ~ s with s.o. družiti se s kom

elbow II [élbou] vt & vi odriniti, odrivati; preriniti, prerivati se; utreti, utirati si; to ~ one's way through the crowd preriniti se skozi gnečo; to ~ o.s. preriniti se

elbow in vi vriniti se

elbow out vt izriniti

elbow though vi preriniti se

elbow-chair [élboučéə] n naslonjač

elbow-grease [élbougri:s] n joc težaško delo

elbow-rest [élbourest] n stranski naslon (pri stolu)

elbow-room [élbourum] n dovolj prostora za kako delo; delokrog

elchee [élči] n poslanik (turško)

eld [eld] n arch visoka starost; stari časi, davna leta

elder I [éldə] adj starejši; my ~ brother is older than you moj starejši brat je starejši od tebe; ~ statesman upokojeni državnik, ki ima funkcijo svetnika

elder II [éldə] n prednik; starešina; starec, starka; ~ s and betters spoštovanja vredne osebe

elder III [éldə] n bot bezeg

elder-berry [éldəberi] n bezgova jagoda

elderly [éldəli] adj postaran, starejši

eldership [éldəšip] n starešinstvo

elder-wine [éldəwain] n bezgovo vino

eldest [éldist] adj najstarejši, prvorojen

eldest-born [éldistbə:n] adj prvorojen

eldorado [eldorá:dou] n obljubljena dežela, Indija Koromandija

eldritch [éldrič] adj Sc grozljiv, ostuden, pošasten; skrivnosten, nadnaraven

elecampane [elikæmpéin] n bot veliki oman

elect I [ilékt] vt izbrati, izbirati, (iz)voliti, (iz)glasovati; odločiti se; to ~ s.o. chairman, to ~ to the chair izvoliti za predsednika

elect II [ilékt] adj izvoljen, izbran, vnaprej določen; bride ~ zaročenka

elect III [ilékt] n izvoljenec, -nka, izbranec, -nka

election [ilékšən] n izbor, izbira, volitev; general ~ splošne volitve; to hold an ~ voliti; A special ~ dodatne volitve

electioneer [ilekšəníə] vi zbirati glasove, agitirati

electioneering [ilekšəníəriŋ] n agitacija

elective [iléktiv] adj (~ly adv) volilen, izbiren; na izbiro dan, neobvezen, fakultativen, poljuben; chem ~ affinity sorodnost; A ~ course fakultativni tečaj; ~ franchise volilna pravica

elector [iléktə] n volivec; hist nemški volilni knez

electoral [iléktərəl] adj (~ly adv) volivski; A ~ college ožji volivci prezidenta posamezne države; ~ committee volilna komisija; ~ register (ali roll) volilni imenik electorate [iléktərit] *n* volivci; *hist* čast volilnega kneza; volilno okrožje

electress [iléktris] *n* volivka; žena volilnega kneza

electric I [iléktrik] *adj* (~ ally *adv*) električen; kakor elektriziran; ~ blue lesketajoča se modra barva; ~ car tramvaj, elektrokar; ~ current električni tok; ~ chair električni stol; ~ eye fotocelica; ~ charge električni naboj; ~ fan električni ventilator; ~ machine stroj za elektriziranje; *zool* ~ eel električna jegulja; ~ light električna luč; ~ fire električna sobna peč; ~ fuse varovalka; ~ power-station elektrarna; ~ plant elektrarna; *zool* ~ ray električni skat; ~ torch žepna baterija; ~ railway električna železnica; ~ shock električni šok; ~ shaver električni brivnik; ~ sign svetlobna reklama

electric II [iléktrik] *n* slab prevodnik elektrike; *A* električni voz

electrical [iléktrikəl] *adj* (~ ly *adv*) električki; ~ engineer elektroinženir

electrician [ilektríšən] *n* električar

electricity [ilektrísiti] *n* elektrika

electrifiable [iléktrifaiəbl] *adj* ki se da elektrizirati

electrification [ilektrifikéišən] *n* elektrifikacija, napeljava električnega toka

electrify [iléktrifai] *vt* elektrizirati, elektrificirati; *fig* navdušiti

electrization [ilektrizéišən] *n* elektriziranje; *fig* navdušenje

electrize [iléktraiz] *vt* glej electrify

electrobath [iléktrouba:θ] *n* galvanska kopel

electro-biology [iléktroubaiólədži] *n* elektrobiologija

electrocardiogram [iléktrouká:diəgræm] *n* elektrokardiogram

electro-chemistry [iléktroukémistri] *n* elektrokemija

electrocute [iléktrəkju:t] *vt* usmrtiti z električno strujo

electrocution [ilektrəkjú:šən] *n* usmrtitev z električno strujo

electrode [iléktroud] *n* elektroda

electro-dynamics [iléktroudainǽmiks] *n pl* elektrodinamika

electro-engraving [iléktrouingréiviŋ] *n* rezbarjenje z električnim tokom

electrograph [iléktrougræf] *n* elektrograf; elektrogram

electro-kinetics [iléktroukainétiks] *n pl* elektrokinetika

electrolier [ilektroulíə] *n* luster

electrology [ilektrólədži] *n* elektrologija

electrolyse, -lyze [iléktrəlaiz] *vt* elektrolizirati

electrolysis [ilektrólisis] *n* elektroliza

electrolyte [iléktrəlait] *n* elektrolit

electrolytic [ilektrəlítik] *adj* (~ ally *adv*) elektrolitičen

electromagnet [ilektroumǽgnit] *n* elektromagnet

electrometallurgy [ilektroumətǽlə:dži] *n* elektrometalurgija

electrometer [iléktroumi:tə] *n* elektrometer

electromobile [iléktroumoubi:l] *n* avto na akumulatorski pogon

electromotion [iléktroumóušən] *n* električni pogon

electromotive [iléktroumoutiv] *adj* (~ ly *adv*) ki je na električni pogon

elektromotor [iléktroumóutə] *n* elektromotor

electron [iléktrən] *n* elektron

electro-negative [iléktrounégativ] *adj* (~ ly *adv*) negativno električen

electronic [ilektrónik] *adj* elektronski; ~ calculator (ali computer) elektronski računalnik

electronics [ilektróniks] *n pl* elektronika

electropathy [ilektrópəθi] *n med* zdravljenje z električnim tokom, elektropatija

electrophone [iléktrəfoun] *n* elektrofon

electroplate [iléktroupleit] 1. *vt* (z električnim postopkom) posrebriti; 2. *n* posrebren predmet

electro-positive [iléktroupozitiv] *adj* (~ ly *adv*) pozitivno električen

electroscope [iléktrəskoup] *n* elektroskop

electrostatics [iléktroustǽtiks] *n pl* elektrostatika

electrotechnis [iléktroutékniks] *n pl* elektrotehnika, nauk o tehnični uporabi elektrike

electrotherapy [iléktrouθérəpi] *n* elektroterapija, zdravljenje z elektriko

electrotherapeutics [iléktrouθərəpjú:tiks] glej electrotherapy

electrotype [iléktrətaip] 1. *vt* galvanoplastično razmnoževati; 2. *n* galvanotipija

electrum [iléktrəm] *n min* jantar; samorodno zlato s primesjo srebra

eleemosynary [elii:mósinəri] *adj* miloščinski; dobrodelen; ~ corporation dobrodelno društvo

elegance [éligəns] *n* ličnost, okusnost, prefinjenost, eleganca

elegancy [éligənsi] glej elegance

elegant [éligənt] 1. *adj* (~ ly *adv*) ličen, okusen, prefinjen, eleganten; 2. *n* elegan

elegiac [elidžáiək] 1. *adj* otožen, elegičen; 2. *n* elegični verz; *pl* elegijski distihon

elegist [élidžist] *n* pisec elegij, žalostnik

elegize (elegise) [élidžaiz] *vi & vt* otožno pisati; pisati žalostinke

elegy [élidži] *n* žalostinka, elegija

element [élimənt] *n* prvina, živelj; element, sestavni del; osnova, sestavina; *pl* osnovni pojmi; *fig* delokrog; the devouring ~ požar, ogenj; to be in one's ~ biti zadovoljen, dobro se počutiti; to be out of one's ~ nelagodno se počutiti; an ~ of truth drobec resnice

elemental [eliméntl] *adj* (~ ly *adv*) elementaren, sestaven, osnoven, prvoten

elementary [eliméntəri] *adj* (elementarily *adv*) osnoven, prvobiten, začeten; *chem* neločljiv, prvinski; biten; ~ school osnovna šola, osemletka; ~ education osnovnošolska izobrazba

elemi [élimi] *n* vrsta tropske smole

elenchus [iléŋkəs] *n log* ovržba, spodbijanje, nasprotni dokaz

elephant [élifənt] *n zool* slon; ~ bull slon samec; ~ cow slonica; ~ calf slonič; white ~ danajsko darilo, stvar, katere vzdrževanje stane več kot je vredna; ~ (paper) risalna pola 28 × 23 col; double ~ pola 40 × 26 ½ cole; *A* to see (ali get a look at) an ~ ogledati si svet

elephantic [elifǽntik] glej elephantine

elephantine [elifǽntain] *adj* slonov; *fig* neroden, okoren; velikanski

elevate [éliveit] *vt* dvigniti, dvigati; (po)višati; povzdigniti, oplemeniti; razvedriti, nekoliko opijaniti; to ~ the voice glasneje govoriti elevated [éliveitid] *adj* visok, zvišan; *fig* vzvišen; plemenit; *coll* v rožicah; ~ **railway** nadzemna železnica

elevation [elivéišən] *n* dviganje; povzdigovanje, poviševanje; vzvišenost; višina; grič; *fig* oplemenitev; velikodušnost, dostojanstvo; *coll* vinjenost

elevator [éliveitə] *n A* dvigalo, lift; višinsko krmilo; skladišče žita; *anat* mišica dvigalka; tovorno dvigalo; **freight** ~ žerjav

elevatory [éliveitəri] *adj* dvigalen; povzdigovalen

eleven [ilévn] **1.** *num* enajst; **2.** *n sp* enajsterica

elevens [ilévnz] *n pl dial* lahka zakuska okrog 11. dopoldne, malica

elevenfold [ilévnfould] **1.** *adj* enajstkraten; **2.** *adv* enajstkratno

eleventh I [ilévnθ] *adj* enajsti; **at the** ~ **hour** v zadnjem hipu

eleventh II [ilévnθ] *n* enajstinka

eleventhly [ilévnθli] *adv* enajstič

elf, *pl* elves [elf, elvz] škrat, palček; vila; nagajivec, -vka, porednež, -nica

elfin [élfin] **1.** *adj* škratov, škratast, vilinji; čaroben; poreden; **2.** *n* škrat, vila

elfish [élfiš] *adj* (~ **ly** *adv*) glej **elfin**; hudoben, poreden, nagajiv

elf-land [élflænd] dežela škratov, vil

elf-locks [élfloks] *n pl* skrotovičeni lasje

elf-struck [élfstrʌk] *adj* začaran

elicit [ilísit] *vt* (*from*) izvabiti, izsiliti; popraševati, poizvedovati

elicitation [ilisitéišən] *n* izvabljanje, izsiljevanje

elide [iláid] *vt* izpustiti (črko ali zlog); molče preiti

eligibility [elidžəbíliti] *n* izvoljivost; primernost, prikladnost; sposobnost; zadovoljivost; kvalifikacija; godnost

eligible [élidžəbl] *adj* (*for*) izvoljiv; primeren, zaželen, zadovoljiv; goden za zakon

eliminable [ilíminəbl] *adj* izločljiv, odstranljiv

eliminate [ilímineit] *vt* izločiti, odstraniti, uničiti, eliminirati

elimination [iliminéišən] *n* izločitev, odstranitev, odprava, eliminacija; ~ **of waste** izkoriščanje odpadkov

eliminator [elímineitə] *n* izločevalec, odstranjevalec; presevalni krog

eliquation [ilikwéišən] *n* topitev, talitev

elision [ilížən] *n* elizija, izpustitev (črke ali zloga)

élite [eilí:t] *n* elita, izbranci

elixate [élikseit] *vt* kuhati, variti; (v vodi) namakati

elixir [elíksə] *n* krepilna pijača, čudodelno zdravilo, eliksir

elk [elk] *n zool* los; *A* vapiti, kanadski jelen

ell [el] *n* vatel (mera 113 cm); **give s.o. an inch and he'll take an** ~ ponudi komu prst in zgrabil bo celo roko

ellipse [ilíps] *n geom, gram* elipsa; oval

ellipsis, *pl* ellipses [ilípsis, ilípsi:z] *n gram* elipsa, izpust

ellipsoid [ilípsoid] *n geom* elipsoid

ellipsoidal [elipsóidəl] *adj* elipsoiden

elliptic [ilíptik] *adj* eliptičen, elipsast, pakrožen; *gram* nepopoln

elliptical [ilíptikəl] *adj* (~ **ly** *adj*) eliptičen

elm [elm] *n bot* brest; brestovina

elm-tree [élmtri:] *n bot* brest

elmy [élmi] *adj* z bresti poraščen

elocution [eləkjú:šən] *n* izgovorjava, način izražanja; govorništvo

elocutionary [eləkjú:šənəri] *adj* (**elocutionarily** *adv*) glej **elocutive**

elocutionist [eləkjú:šənist] *n* učitelj(ica) dikcije; deklamator(ica), govornik, -nica

elocutive [elókju:tiv] *adj* (~ **ly** *adv*) dikcijski, izgovorjalen, deklamatorski, govorniški

éloge [eilóž] *n* hvalnica; nagrobni govor

eloin, eloign [ilóin] *vt* oddaljiti, odstraniti; *jur* skriti (zaplembeno blago)

elongate I [í:longeit] *vt* & *vi* podaljš(ev)ati, raztegniti, raztegovati (se)

elongate II [i:lóngit] *adj* podaljšan, raztegnjen

elongation [i:longéišən] *n* podaljševanje, raztegovanje; podaljšek; *phys* raztezek

elope [ilóup] *vi* zbežati; pobegniti (z ljubimcem), dati se ugrabiti; skriti se

elopement [ilóupmənt] *n* pobeg; ugrabitev

eloquence [éləkwəns] *n* zgovornost; govorništvo; **burst of** ~ poplava besed

eloquent [éləkwənt] *adj* (~ **ly** *adv*) zgovoren, izrazit; govorniški; **to be** ~ **of s.t.** jasno kaj izraziti

else I [els] *adv* drugje, drugače; še; razen tega; **who** ~ **?** kdo še?; **where** ~ **?** kje (kam) še?; **how** ~ **?** kako še?; **somehow** ~ nekako drugače; **anywhere** ~ kjerkoli drugje; **everywhere** ~ povsod drugje; **somewhere** ~ nekje drugje

else II [els] *adj* drugi; **somebody** ~ nekdo drugi; **anybody** ~ kdorkoli drugi; **nobody** ~ nihče drugi; **everybody** ~ vsak drugi; **something** ~ nekaj drugega; **anything** ~ še kaj; **not anything, nothing** ~ nič drugega; **everything** ~ vse drugo; **someone** ~ nekdo drugi; **anybody** ~ (ali **anyone**) kdorkoli še; **nobody** ~'**s** nikogar drugega

else III [els] *conj* sicer, če ne, drugače; **get up (or)** ~ **you'll miss the train** vstani, če ne, boš zamudil vlak

elsewhere [élswɛə] *adv* nekje drugje, drugod; drugam

elsewhither [élswiðə] *adv* nekam drugam

elucidate [ilú:sideit] *vt* pojasniti, pojasnjevati, obrazložiti, razlagati, (raz)tolmačiti

elucidation [ilu:sidéišən] *n* pojasnitev, obrazložitev, tolmačenje

elucidative [ilú:sideitiv] *adj* (~ **ly** *adv*) pojasnjevalen, razlagalen

elucidator [ilú:sideitə] *n* razlagalec, tolmač

elucidatory [ilú:sideitəri] *adj* (**elucidatorily** *adv*) elucidative

elude [ilú:d] *vt* izogniti se, uiti, izmakniti se; *jur* obiti (zakon); ne priti na misel; ne zadovoljiti; **to** ~ **observation** ne biti opazen; **it** ~ **s me** ni mi jasno

elusion [ilú:žən] *n* ogibanje; izgovor; varanje

elusive [ilú:siv] *adj* (~ **ly** *adv*) izmikajoč se; težko opredeljiv; nerazumljiv, varljiv

elusiveness [ilú:sivnis] *n* nerazumljivost, varljivost

elusory [ilú:səri] *adj* (**elusorily** *adv*) varljiv, sumljiv, nerazumljiv, težko opredeljiv

elvan [élvən] *n geol* vrsta kamenine, ki se pojavlja kot žila v granitu

elver [élvə] *n zool* mlada jegulja

elves [elvz] *pl* od elf
elvish [élviš] *adj* (~ly *adv*) čaroben; majhen; razposajen, neugnan
'em [əm] *fam* za them
emaciate [iméišieit] 1. *vt* izčrpati, izmozgati, oslabiti, opustošiti, iztrošiti; 2. *vi* shuišati, telesno propadati
emaciated [iméišieitid] *adj* shujšan, oslabljen, suh, mršav
emaciation [imeišiéišən] *n* hujšanje; izmozgavanje; mršavost, izčrpanost
emanate [émaneit] 1. *vi* (*from*) izhajati, izvirati, izhlapevati, izžarevati; nastajati; 2. *vt* izžarevati, oddajati
emanation [emənéišən] *n* izviranje, izhlapevanje, izžarevanje, emanacija; izviranje
emanative [émaneitiv] *adj* emanacijski, emanativen, izžarilen
emancipate [imǽnsipeit] *vt* osvoboditi, osamosvojiti; (pravno) izenačiti; to ~ o.s. osamosvojiti se
emancipated [imǽnsipeitid] *adj* prost, svoboden, neodvisen
emancipation [imǽnsipéišən] *n* osvoboditev, emancipacija; Emancipation Proclamation odprava suženjstva v ZDA l. 1863
emancipationist [imænsipéišənist] *n* zagovornik, -nica emancipacije
emancipator [imǽnsipeitə] *n* osvoboditelj
emancipatory [imǽnsipeitəri] *adj* osvobodilen, emancipacijski
emancipist [imǽnsipist] *n Austral* bivši kaznjenec
emasculate I [imǽskjulit] *adj* skopljen; mehkužen, oslabljen; osiromašen
emasculate II [imǽskjuleit] *vt* skopiti, kastrirati; (o)slabiti, pomehkužiti; osiromašiti
emasculation [imǽskjuléišən] *n* skopitev; oslabitev; pomehkuženost
emasculative [imǽskjuleitiv] *adj* ki skopi, (o)slabi, pomehkuži
emasculator [imǽskjuleitə] *n* tisti, ki kastrira, mehkuži
emasculatory [imǽskjuleitəri] glej emasculative
embale [imbéil] *vt* zavi(ja)ti
embalm [inbá:m] *vt* balzamirati; odišaviti; *fig* ohraniti v spominu; to be ~ed ostati v trajnem spominu
embalmment [imbá:mmənt] *n* balzamiranje; balzamiranost
embank [imbǽŋk] *vt* zajeziti, zajezovati; regulirati (reko)
embankment [imbǽŋkmənt] *n* nabrežje, nasip, brežina; the Embankment del nabrežja ob Temzi v Londonu
embargo I [embá:gou] *n* zaplemba ladij; prepoved uvoza; to lay an ~ on s.th. zapleniti kaj; under ~ zaplenjen, konfisciran
embargo II [embá:gou] *vt* zapreti pristanišče; zaseči, zapleniti, konfiscirati
embark [imbá:k] 1. *vt* vkrcati, natovoriti; 2. *vi* vkrcati se; *fig* to ~ in lotiti se; to ~ on začeti; nakladati, (na)tovoriti
embarkation (embarcation) [imba:kéišən] *n* vkrca-(va)nje, nakladanje na ladjo; vkrcano blago, tovor
embarrass [imbǽrəs] *vt* zbegati, spravljati v zadrego; ovirati, otežkočiti, otežiti; *fig* spraviti v

slab denarni položaj; zadolžiti; to be ~ed biti v zadregi, škripcih, težavah, stiski
embarrassing [imbǽrəsiŋ] *adj* (~ly *adv*) ki spravlja v zadrego, nadležen, neprijeten
embarrassment [imbǽrəsmənt] *n* zadrega; težava, ovira, zapreka; stiska, neprilika; *pl* denarne težave
embassador [imbǽsədə] *n* (vele)poslanik, ambasador
embassage [émbəsidž] *n arch* poslaništvo, ambasada
embassy [émbəsi] *n* poslaništvo, ambasada; misija, poslanstvo; on an ~ kot odposlanec
embattle [imbǽtl] *vt* za boj pripraviti; oborožiti; utrditi; oskrbeti z zobčastimi nadzidki ali strelnimi linami; ~d wall trdnjavski zid s strelnimi linami
embay [imbéi] *vt* spraviti (ladjo) v zaliv; gnati v zaliv (veter); zapreti v zaliv
embayment [imbéimənt] *n* morski zaliv
embed (imbed) [imbéd] *vt* (*in*) vložiti, vlagati; vtakniti, vtikati; vstaviti, vstavljati; zakopati; *fig* vtisniti (v spomin)
embellish [imbéliš] *vt* (po)lepšati, (o)krasiti
embellishment [imbélišmənt] *n* polepšanje, okrasitev, okras, nakit
ember [émbə] *n* ogorek; *pl* pepel, žerjavica, ogorki
Ember-days [émbədeiz] *n* kvatrni post
ember (diver, goose) [émbə(dáivə, gus)] *n zool* ledni slapnik
Ember-week [émbəwi:k] *n* kvatrni teden
embezzle [imbézl] *vt* poneveriti, poneverjati, defravdirati
embezzlement [imbézlmənt] *n* poneverba, defravdacija, utaja
embezzler [imbézlə] *n* defravdant(ka), poneverljivec, -vka
embitter [imbítə] *vt* (za)greniti, ogorčiti; (raz)dražiti, razkačiti; poostriti, poslabšati
embitterment [imbítəmənt] *n* ogorčenje; poslabšanje, poostritev
emblaze [imbléiz] *vt* priž(i)gati, netiti; *fig* okrasiti (z grbi)
emblazon [imbléizən] *vt* okrasiti z grbom; *fig* poveličevati, proslavljati
emblazonment [imbléizənmənt] *n* okrasitev; grb; *fig* poveličevanje
emblazonry [imbléizənri] *n* opisovanje, slikanje grbov, heraldika; *fig* poveličevanje
emblem I [émbləm] *n* znak, znamenje, simbol, podoba; state ~ državni grb
emblem II [émbləm] *vt* predstavljati kaj, biti znamenje česa, biti značilen za kaj
emblematic [emblimǽtik] *adj* (~ally *adv*) simboličen, značilen
emblematist [emblémətist] *n* risar znakov; pisec alegorij
emblematize [emblémətaiz] *vt* simbolizirati, simbolično izražati
emblement [émblmənt] *n* žetev, pridelek
embodiment [imbódimənt] *n* utelešenje; zedinjenje, združba; uvrstitev, vključitev
embody [imbódi] 1. *vt* utelesiti; poosebiti; uresničiti; uvrstiti, vključiti, obseči; 2. *vi* vključiti, uvrstiti, pridružiti se

embog [imbɔ́g] *vt* v močvirje pahniti; *fig* spraviti v težave

embolden [imbóuldən] *vt* (o)hrabriti, opogumiti, osmeliti

embolic [imbɔ́lik] *adj med* emboličen, začepen

embolism [émbəlizəm] *n* dodajanje dneva ali meseca za uskladitev koledarja; kratka molitev za odvrnitev zla; *med* embolija, začepitev žile

embonpoint [a:mbɔ:mpwέŋ] *n* trebušček, životnost

embosom [imbúzəm] *vt* obje(ma)ti, vzljubiti, v srcu nositi; *fig* obda(ja)ti; zapreti, zapirati; skri(va)ti, spraviti, spravljati v kaj; ~ ed with obdan od

emboss [imbɔ́s] *vt* bočiti, grbiti; z reliefi krasiti, cizelirati; bogato (o)krasiti

embossed [imbɔ́st] *adj* izbočen, reliefen; ~ leather hrapavo usnje; ~ printing tisk za slepce, vtisnjeni tisk

embossment [imbɔ́smənt] *n* izboklina; relief

embouchure [əmbušúə] *n* ustje (reke); *mus* položaj ustnic pri pihanju na pihala; ustnik (pihala)

embow [imbóu] *vt arch* upogniti, upogibati, skriviti

embowed [imbóud] *adj* upognjen, lokast

embowel [imbáuəl] *vt* (iz)trebiti, odstraniti, odstranjevati drob

embowelled [imbáuəld] *adj* iztrebljen; ograjen, obkoljen, obdan

embower [imbáuə] *vt* obdati s senčnico

embrace I [imbréis] *n* objem; spolno občevanje

embrace II [imbréis] 1. *vt* objeti, objemati; spreje(ma)ti, privze(ma)ti; vsebovati; oddajati; vključiti, vključevati; *fig* polastiti, polaščati se; lotiti, lotevati se; skušati pridobiti; podkupiti, podkupovati; 2. *vi* objemati se

embracement [imbréismənt] *n* objem; podkupovanje

embracer [imbréisə] *n* podkupovalec (zlasti porote)

embracery [imbréisəri] *n* podkupovanje, (zlasti porote), korupcija

embracive [imbréisiv] *adj* (~ ly *adv*) vseobsežen, splošen

embranchment [imbrá:nčmənt] *n* razvejitev, razcepitev

embrangle [imbrǽŋgl] *vt* zaplesti, zapletati, zmešati, narediti zmešnjavo

embranglement [imbrǽŋglmənt] *n* zmešnjava, zmeda

embrasure [imbréižə] *n* strelna lina; stena okniška ali vrat

embrocate [émbrəkeit] *vt med* z oljem ali alkoholom namazati, natreti, vtirati

embrocation [embrəkéišən] *n med* hladen obkladek; natiranje; sredstvo za natiranje

embroider [embrɔ́idə] *vt* vesti; (o)krasiti, (o)lepšati; to ~ a story dodati izmišljotine

embroiderer [embrɔ́idərə] *n* vezilja

embroidering-frame [embrɔ́idəriŋfreim] *n* vezilni okvir

embroidery [embrɔ́idəri] *n* vezenje; vezenina, okras; to do ~ vesti; openwork ~ luknjičasta vezenina; ~ cotton prejica za vezenje

embroil [imbrɔ́il] *vt* zaplesti, zapletati, zamotati, (z)mešati; delati razprtije

embroilment [imbrɔ́ilmənt] *n* zapletenost, zaplet, zmešnjava; razprtija

embrown [imbráun] *vt* rjavo barvati, potemniti

embrute [imbrú:t] *vt & vi* posuroviti; posuroveti

embryo I [émbriou] *n* zarodek, kal, zametek, zaplodek; in ~ nerazvit, ki šele nastaja

embryo II [émbriou] *adj* zarodkov; nerazvit, nedozorel

embryologist [embriɔ́lədžist] *n* embriolog(inja)

embryology [embriɔ́lədži] *n* embriologija

embryon [émbriən] *glej* embryo

embryonic [embriɔ́nik] *adj* zaroden, nerazvit, nedozorel

embus [embʌ́s] 1. *vt* vzeti, vkrcati v avtobus; 2. *vi* vstopiti, vkrcati se v avtobus

eme [i:m] *n Sc* striček, botrček

emend [iménd] *vt* popraviti, izboljšati, korigirati

emendable [iméndəbl] *adj* poboljšljiv, popravljiv

emendate [í:məndeit] *glej* emend

emendation [i:məndéišən] *n* poprava, izboljšanje, korektura

emendator [í:mendeitə] *n* popravljalec, -lka, korektor(ka)

emendatory [iméndətəri] *adj* popravljalen, izboljševalen

emerald [émərəld] *n* smaragd; vrsta tiskarskih črk; ~ green smaragdno zelen; the Emerald Isle Irska

emeraldine [émərəldi:n] *adj* smaragdne barve

emerge [imə́dž] *vi* priplavati na vrh, vzplavati; pojaviti, pojavljati, prikaz(ov)ati se, priti, prihajati na dan; nastati

emergence [imə́džəns] *n* vzplavanje na površino; pojava, prikazovanje, odkritje

emergency I [imə́džənsi] *n* sila, potreba; težaven ali nepričakovan položaj, nevarnost; in an ~, in case of ~ v sili; state of ~ stiska, beda; izredno stanje

emergency II [imə́džənsi] *adj* zasilen; ~ brake zavora v sili; ~ call klic za nujno pomoč; ~ door (ali exit) izhod v sili; ~ landing prisilni pristanek (letala); ~ ration železna rezerva, rezervni obrok

emergent [imə́džənt] *adj* (~ ly *adv*) pojavljajoč se; nepričakovan; nujen

emeritus [i:méritəs] *adj* častno upokojen

emerods [émərədz] *n pl med* zlata žila, hemoroidi

emersion [i:mə́:žən] *n* vzplavanje; pojava

emery [éməri] *n min* smirek, korund

emery-cloth [éməriklɔθ] *n* smirkovo platno

emery-paper [éməripeipə] *n* smirkov papir

emery-wheel [éməriwi:l] *n* brusilno kolo, pokrito s smirkom

emetic [imétik] 1. *adj* (~ ally *adv*) bljuven; 2. *n* bljuvalo

emiction [imíkšən] *n* seč, urin; uriniranje

emictory [imíktəri] *adj* urinski

emigrant [émigrənt] 1. *adj* izseljenski; 2. *n* izseljenec, emigrant

emigrate [émigreit] *vt & vi* izseliti (se), izseljevati (se)

emigration [emigréišən] *n* izselitev, izseljevanje, emigracija; izseljenci, emigranti

emigrational [emigréišənəl] *glej* emigratory

emigratory [émigreitəri] *adj* izseljenski, selilen

emigré [émigrei] *n* francoski emigrant, ki je zbežal pred francosko revolucijo

eminence, -cy [éminəns, -si] *n* odličnost, znamenitost; ugled, visok položaj; grič, vzpetina, višina; **Your Eminence** Vaša visokost (naslov kardinala)
eminent [éminənt] *adj* (~ **ly** *adv*) (*in, for*) odličen, znamenit; ugleden; prevzvišen
eminently [éminəntli] *adv* zlasti, predvsem, zelo
emir [émiə] *n* arabski knez, emir
emirate [emíərit] *n* emirat
emissary [émisəri] *n* poslanec; poizvedovalec, ogleduh, vohun
emission [imíšən] *n* izžarevanje, žarčenje; izločevanje; oddaja; izdaja bankovcev v promet
emissive [emísiv] *adj* oddajen, izžarevalen; **to be ~ of light** oddajati svetlobo
emit [imít] *vt* izžarevati, oddajati, izpuhtevati; da(ja)ti v promet
emitter [imítə] *n* oddajnik; oddajalec
emma gee [émədži:] *n sl* strojnica, mitraljez
emmesh [iméš] glej **enmesh**
emmet [émit] *n zool* mravlja
emollient [imóliənt] **1.** *adj* blažilen, blažeč; *fig* pomirljiv; **2.** *n med* blažilo
emolument [imóljumənt] *n* korist; prednost; plača; *pl* stranski dohodki, honorar, nagrada, plačilo, darilo
emote [imóut] *vi* vznemiriti se
emotion [imóušən] *n* razburjenje, razvnetje; ganjenost, čustvenost; čustvo
emotional [imóušənəl] *adj* (~ **ly** *adv*) čustven; razburljiv, pretresljiv
emotionalism [imóušənəlizəm] *n* emocionalizem
emotionalist [imóušənəlist] *n* čustvena oseba
emotionality [imoušənæliti] *n* čustvenost
emotionless [imóušənlis] *adj* (~ **ly** *adv*) brezčuten; miren
emotive [imóutiv] *adj* (~ **ly** *adv*) čustven; pretresljiv, vznemirljiv
emotivity [imoutíviti] *n* čustvenost; razburljivost, vznemirljivost
empale glej **impale**
empanel [impǽnl] *vt* sestaviti poroto; vključiti v seznam porotnikov
empathy [émpæθi] *n* zmožnost vživeti se v čustva drugega
empennage [émpinidž] *n* usmerjevalna naprava (na letalu)
emperor [émpərə] *n* cesar, car, imperator; ~ **state** izredno stanje; ~ **measures** izredni ukrepi; *zool* ~ **moth** nočni pavlinček; **Purple ~** veliki izpreminjevalček
empery [émpəri] *n* imperij
emphasis, *pl* **emphases** [émfəsis, émfəsi:z] *n* poudarek, izrazitost; zanos; **to lay** (ali **place**) ~ **on** poudarjati kaj; **with all the ~** zlasti, s posebnim poudarkom
emphasize [émfəsaiz] *vt* naglasiti, poudariti; *fig* podčrtati
emphatic [imfǽtik] *adj* (~ **ally** *adv*) poudarjen, značilen, izrazit; zanosen
empheticalness [emfǽtikəlnis] *n* izrazitost; poudarjenost
emphysema [emfisí:mə] *n med* napihnjenost, emfizema
empicture [empíkčə] *vt* (na)slikati, portretirati
empierce [empíəs] *vt* prebosti, prebadati

empire [émpaiə] *n* cesarstvo; država; oblast; *E* **Empire Day** 24. maj (rojstni dan kraljice Viktorije); **Empire City** mesto New York; **Empire State** država New York
empiric I [empírik] *adj* (~ **ally** *adv*) izkustven, empirijski
empiric II [empírik] *n* empirik; mazač
empirical [empírikəl] glej **empiric I**
empiricism [empírisizəm] *n phil* empirizem; šarlatanstvo, mazaštvo
empiricist [empírisist] *n* empirik
emplace [impléis] *vt* namestiti (top)
emplacement [impléismənt] *n* namestitev; položaj; ploščad (za top)
emplane [impléin] *vt* & *vi* vkrcati (se) v letalo
employ I [implói] *vt* namestiti, zaposliti; ukvarjati se; uporabiti, uporabljati; **to ~ o.s. (in, with)** zaposliti se, ukvarjati se s čim; **to be ~ed** biti zaposlen
employ II [implói] *n* uporaba; zaposlitev, služba; **in ~** zaposlen; **out of ~** brezposeln; **in the ~ of** zaposlen pri
employability [implɔiəbíliti] *n* uporabnost, možnost zaposlitve
employable [implóiəbl] *adj* uporaben, primeren za zaposlitev
employee, *A* **employe** [emplɔií:] *n* nameščenec, -nka
employer [implóiə] *n* službodajalec, -lka
employment [implóimənt] *n* posel, služba, zaposlitev; **out of ~** brezposeln; **to throw out of ~** odpustiti iz službe; ~ **exchange** (ali **bureau**) borza dela; **to be in ~** biti zaposlen
empoison [impóizn] *vt* zastrupiti, zastrupljati; *fig* zagreniti; pokvariti
emporium [empó:riəm] *n* tržišče; veleblagovnica; *coll* štacuna
empower [impáuə] *vt* pooblastiti, pooblaščati; omogočiti, omogočati; **to be ~ed to s.th.** biti usposobljen za kaj
empress [émpris] *n* cesarica, carica; *fig* vladarica
empressment [aŋpresmá:ŋ] *n* gorečnost, vnema
emprise [empráiz] *n poet, arch* dogodivščina, pustolovščina; podjetnost
emptiness [ém(p)tinis] *n* praznina; puhlost, navadnost
empty I [ém(p)ti] *adj* (**emptily** *adv*) prazen; nezaseden; brezvsebinski, puhel; *coll* lačen, trezen; **to feel ~** biti lačen; **to be ~ of s.th.** ne imeti česa; ~ **weight** lastna teža; **on an ~ stomach** na prazen želodec, tešč
empty II [ém(p)ti] *vt* & *vi* (*out of*) (iz)prazniti (se); (*into*) izli(va)ti (se); **to ~ s.o. of s.th.** odvzeti komu kaj, oropati ga česa
empty III [em(p)ti] *n* prazen zaboj, prazen vagon ali vlak; *pl* embalaža
empty-handed [ém(p)tihǽndid] *adj* praznih rok
empty-headed [ém(p)tihedid] *adj* puhloglav, brezidejen; neumen, neveden
empty-pated [ém(p)tipeitid] glej **empty-headed**
empurple [empə́:pl] *vt* pordečiti; v purpur obleči
empyema [empií:mə] *n med* empiema, gnojenje v trebušni votlini
empyreal [empairíəl] *adj* nebeški; nadoblačen; vzvišen
empyrean I [empairíən] glej **empyreal**

empyrean II [empairíəŋ] *n* nebesa, nebo, nebesni svod

emu [í:mju:] *n zool* avstralski noj, emu

emulate [émjuleit] *vt* tekmovati, kosati se **(s.o.** s kom); oponašati

emulation [emjuléišən] *n* tekma, tekmovanje, kosanje; konkurenca; **in** ~ **of** tekmujoč s

emulative [émjuleitiv] *adj* (~**ly** *adv*) tekmovalen, konkurenčen; **to be** ~ **of** zgledovati se na kom

emulator [émjuleitə] *n* tekmec

emulous [émjuləs] *adj* (~**ly** *adv*) (*of*) tekmujoč prizadevajoč si, prizadeven, ambiciozen; hrepeneč, koprneč; ljubosumen, zavisten

emulsifier [imʌ́lsifaiə] *n* emulgator, emulzor

emulsify [imʌ́lsifai] *vt chem* emulgirati

emulsion [imʌ́lšən] *n chem* emulzija

emulsionize [imʌ́lšənaiz] *vt chem* emulgirati

emulsive [imʌ́lsiv] *adj* emulziven

emunctory [imʌ́ŋktəri] *adj* ki odvaja telesne odpadke

en [en] *n* enota za preštevanje črk v vrstici

enable [inéibl] *vt* (*for*) usposobiti, usposabljati; (*to do*) omogočiti, omogočati; upravičiti, upravičevati; legalizirati; **to be** ~**d** moči

enact [inǽkt] *vt jur* odrediti, odrejati, predpis(o-v)ati, ukreniti, ukrepati; uzakoniti; igrati vlogo, uprizoriti igro; **to be** ~**ed** dogajati se; ~**ing clauses** klavzule z novimi zakonskimi predpisi

enaction [inǽkšən] *n* odredba, uzakonitev

enactive [inǽktiv] *adj* (~**ly** *adv*) ki odreja, odreden, ki ukrepa

enactment [inǽktmənt] *n* uzakonitev; zakon, naredba; uprizoritev

enamel I [inǽməl] *n* lošč, lak, sklenina, emajl, steklovina, glazura

enamel II [inǽməl] *vt* loščiti, postekliti, emajlirati; *fig* poslikati, okrasiti

enameller [inǽmələ] *n* loščilec, -lka

enamelling [inǽməliŋ] *n* loščenje, lošč, emajliranje

enamour, A enamor [inǽmə] *vt* očarati, vzbuditi ljubezen, navdušiti; **to be** ~**ed of** biti zaljubljen v

enatic [inǽtik] *adj* iste matere otrok; z materine strani soroden

encaenia [ensí:niə] *n* vsakoletna komemoracija ustanoviteljev in dobrotnikov oxfordske univerze v juniju

encage [inkéidž] *vt* zapreti v kletko; zapreti, zapirati v kaj

encamp [inkǽmp] *vt & vi* utaboriti (se); **to be** ~**ed** šotoriti

encampment [inkǽmpmənt] *n* taborišče, tabor, taborjenje

encase [inkéis] *vt* zapreti, zapirati (npr. v zaboj); obdati; vtakniti, vtikati, vložiti, vlagati

encasement [inkéismənt] *n* tok, omot, prevleka

encash [inkǽš] *vt* vnovčiti, inkasirati, realizirati

encashment [inkǽšmənt] *n* vnovč(ev)anje, inkaso

encaustic I [inkó:stik] *adj* vžgan, posteklen; ~ **brick, tile** posteklena opeka

encaustic II [inkó:stik] *n* vžiganje, slikanje na glino

enceinte I [aŋsǽnt] *adj* noseča, v drugem, blagoslovljenem stanju

enceinte II [aŋsǽnt] *n mil* utrdba, glavna obrambna črta

encephalic [ensefǽlik] *adj med* možganski

encephalitis [ensefəláitis] *n med* vnetje možganske opne

enchain [inčéin] *vt* prikleniti, priklepati; okovati; speti (z verigo); *fig* prevzeti, očarati

enchainment [inčéinmənt] *n* vklenitev, priklenitev; prevzetost

enchant [inčá:nt] *vt* očarati; začarati; **to be** ~**ed at s.th. (with s.o)** biti očaran, navdušen nad čim (kom)

enchanter [inčá:ntə] *n* očarljivec; čarovnik

enchanting [inčá:ntiŋ] *adj* (~**ly** *adv*) očarljiv

enchantment [inčá:ntmənt] *n* očaranje, začaranje, čar; navdušenje

enchantress [inčá:ntris] *n* očarljivka; čarovnica

enchase [inčéis] *vt* cizelirati, gravirati; krasiti z žlahtnimi kamni

encheiridion, enchiridion [enkaiərídiən] *n* priročnik

encircle [insə́:kl] *vt* obkrožiti, obkrožati, obda-(ja)ti; obsegati

encirclement [insə́:klmənt] *n* obkrožanje, obkrožitev

enclasp [inklá:sp] *vt* obje(ma)ti

enclave [inkléiv] *n* enklava

enclitic [inklítik] **1.** *adj* (~**ally** *adv*) *gram* enklitičen, nenaglašen; **2.** *n gram* enklitika, naslonka

enclose [inklóuz] *vt* obda(ja)ti, ograditi; obsegati; priložiti, prilagati; ~**d** priložen; ~**d please find** v prilogi si dovoljujemo poslati

enclosure [inklóužə] *n* ograja, plot; ograjen prostor; priloga; **to send as** ~ poslati kot prilogo, kot vzorec brez vrednosti; **Enclosure Act** zakon, po katerem postane občinsko zemljišče zasebno

enclothe [inklóuð] *vt* obleči, odeti

encloud [inkláud] *vt* zaviti v oblak

encomiast [enkóumiæst] *n* pisec slavospevov, poveličevalec; prilizovalec

encomiastic [enkoumiǽstik] *adj* (~**ally** *adv*) slavospeven, poveličevalen; priliznjen

encomium *pl* -ia [enkóumiəm, -iə] *n* pohvala, pohvalni govor, panegirik, slavospev, poveličevanje

encompass [inkʌ́mpəs] *vt* obdati, obkrožiti, obkoliti, vsebovati, obsegati

encompassment [inkʌ́mpəsmənt] *n* obdajanje, obkrožitev, obseganje

encore [ɔŋkó:] **1.** *int* še enkrat!, bis!; **2.** *n* dodatek, ponovitev točke; **3.** *vt* zahtevati ponovitev; ponoviti (točko)

encounter I [inkáuntə] *vt* (*with* koga) srečati, naleteti na koga; spopasti se, trčiti; *fig* ugovarjati; **to** ~ **opposition** naleteti na odpor

encounter II [inkáuntə] *n* srečanje; boj, borba

encourage [inkʌ́ridž] *vt* (o)hrabriti, podž(i)gati, bodriti, spodbuditi, spodbujati; pomagati; pospeševati

encouragement [inkʌ́ridžmənt] *n* hrabritev, spodbuda; pospeševanje; pomoč

encouraging [inkʌ́ridžiŋ] *adj* (~**ly** *adv*) hrabrilen, bodrilen; pomagljiv

encrimson [inkrímzon] *vt* temnordeče (po)barvati

encroach [inkróuč] *vi* (*on, upon*) vtikati se, posegati; kratiti komu kaj; lastiti si; zlorabiti, zlorabljati; vdreti; pritihotapiti se

encroachment [inkróučmənt] *n* (*on, upon*) poseganje, vtikanje; prilastitev; zloraba; prodiranje morja v kopno

encrust [inkrʌst] 1. *vt* s skorjo obložiti; inkrustirati, okrasiti; 2. *vi* skorjav postati
encrustment [inkrʌstmənt] *n* oskorjitev, obloga, inkrustacija
encumber [inkʌmbə] *vt* ovirati, (o)bremeniti, otežiti, oteževati; prepečiti; zamešati, zaplesti; zadolžiti
encumbrance [inkʌmbrəns] *n* ovira; breme, obremenitev; hipoteka; **without** ~ brez otrok
encumbrancer [inkʌmbrənsə] *n* zastavni upnik
encyclic [ensíklik] 1. *adj* encikličen, splošen; 2. *n* enciklika, (papeževa) okrožnica
encyclical [ensíklikəl] glej **encyclic** 1.
encyclop(a)edia [ensaikləpí:diə] *n* enciklopedija
encyclop(a)edian [ensaikləpí:diən] *adj* enciklopedičen
encyclop(a)edic [ensaikləpí:dik] *adj* (~ **ally** *adv*) enciklopedičen, vsesplošen
encyclop(a)edist [ensaikləpí:dist] *n* enciklopedist
encysted [ensístid] *adj* zamehurjen
encystation [ensistéišən] *n* zamehuritev; cista
encystment [ensístmənt] *n* zamehuritev
end I [end] *n* konec, kraj, zaključek; meja; propad, smrt; namen, cilj; izid, uspeh, posledica, korist; **East End** vzhodni del Londona; **at the far** ~ na drugem koncu; **to be at one's wits'** ~ ne vedeti, kako in kam; **up to the bitter** ~, **to the** ~ **of the chapter** do samega konca, do smrti; **to come to an** ~ končati se; **to come to the** ~ **of one's tether** doseči skrajno mejo, biti na koncu; **no** ~ **of a fellow** sijajen dečko; *coll* **to go off the deep** ~ razburiti, razjeziti se, pobesneti; **my hair stood on** ~ lasje so mi stali pokonci; **to have s.th. at one's fingers'** ~ dobro vedeti ali znati; **to get hold of the wrong** ~ **of the stick** začeti na napačnem koncu; **in the** ~ na koncu, končno; *geom* **the** ~ **of the line** krajišče; **no** ~ **of** neskončno, neizmerno; **the** ~ **justifies the means** namen posvečuje sredstva; **to keep one's** ~ **up** pretolči, prebi(ja)ti se; **the latter** ~ starost, smrt; **at a loose** ~ brez posebnega opravila; **to make both** ~ s **meet** prebi(ja)ti se z denarjem; **to no** ~ zaman; **shoemaker's** ~ dreta; **to the** ~ **that** zato, da bi; **to what** ~ **?** čemu?; **West End** zahodni del Londona; ~ **to** ~ po dolžini, drug za drugim; **at your** ~ pri vas, v vašem kraju; **to have at one's tongue's** ~ imeti na koncu jezika
end II [end] 1. *vt* (**in**, **with** s) končati, zaključiti; uničiti, ubiti, pokončati; 2. *vi* končati se, prenehati; umreti; **all's well that** ~ s **well** konec dober, vse dobro; **to** ~ **in smoke** izpuhteti, končati se brez haska, propasti; **to** ~ **by doing** končno kaj storiti; **to** ~ **in nothing** glej **to** ~ **in smoke; to** ~ **by saying** končno povedati; **to** ~ **up** (ali **off**) končati, zaključiti
endamage [indæmidž] *vt* poškodovati, okvariti
endamagement [indæmidžmənt] *n* poškodba, okvara
endanger [indéindžə] *vt* spraviti, spravljati v nevarnost, izpostaviti, izpostavljati nevarnosti, ogroziti
endear [indíə] *vt* narediti priljubljenega; **to** ~ **o.s.** prikupiti se
endearing [indíəriŋ] *adj* (~ **ly** *adv*) ljubezniv, prikupen, ljubek

endearment [indíəmənt] *n* naklonjenost, ljubezen, nežnost; mikavnost; ljubkovanje, prilizovanje
endeavour, *A* **endeavor** I [indévə] *vt & vi* (po)truditi se, prizadevati si
endeavour, *A* **endeavor** II [indévə] *n* trud, prizadevanje; **to do one's** ~ na vso moč se (po)truditi; **in the** ~ trudeč se, prizadevajoč si
endemic [endémik] 1. *adj* (~ **ally** *adv*) endemičen; 2. *n* endemična bolezen, udomačena, lokalna bolezen
endemical [endémikəl] glej **endemic** 1.
endemicity [endemísiti] *n* endemičnost
endermic [endə́:mik] *adj* (~ **ally** *adv*) podkožen
ending [éndiŋ] *n gram* končnica; konec, zaključek
endive [éndiv] *n bot* endivija
endless [éndlis] *adj* (~ **ly** *adv*) neskončen, brezmejen; nenehen; neštet; nesmotrn; ~ **band** tekoči trak
endlessness [éndlisnis] *n* neskončnost, brezmejnost; trajnost, nenehnost; nesmotrnost
endlong [éndlɔŋ] *adv* vzdolž, po dolžini; stojé, navpično; naravnost
end-man [éndmæn] *n* brezdelnež, postopač; *mus* pevec ali plesalec na enem ali drugem koncu vrste
endmost [éndmoust] *adj* najoddaljenejši, najskrajnejši
endocarditis [endouka:dáitis] *n med* vnetje srčne opne
endocardium, *pl* **endocardia** [endouká:diəm, endouká:diə] *n anat* srčna opna
endocrine [éndoukrain] 1. *adj* endokrin, ki se nanaša na notranje izločanje; 2. *n* žleza z notranjim izločanjem
endocrinology [endoukrainólədži] *n* endokrinologija, nauk o žlezah z notranjim izločanjem
endogamy [endógəmi] *n* poroke med člani istega plemena
endogenous [endódžənəs] *adj biol psych* endogen
endorse [indó:s] *vt* pisati opombe na spodnjo stran; prenesti menico na drugega; indosirati; *fig* odobriti, potrditi; **to** ~ **over** prenesti (ček, menico)
endorsee [ində:sí:] *n* indosat, na kogar je menica prenesena
endorsement [indó:smənt] *n* indosament, prenosni zaznamek na hrbtni strani menice; *fig* odobritev, potrdilo
endorser [indó:sə] *n* indosant, žirant
endow [indáu] *vt* (**with** komu) da(ja)ti, darovati, podeliti, oskrbeti; dotirati, subvencionirati; zapustiti, zapuščati; pooblastiti, pooblaščati; *fig* opremiti
endowment [indáumənt] *n* obdaritev; ustanova; nadarbina, beneficij; subvencija; nadarjenost, sposobnost, talent; lastnost; pooblastilo; ~ **policy** (ali **insurance**) življenjsko zavarovanje
end-paper [éndpeipə] *n* spojni list
end-product [éndprɔdʌkt] *n* končni izdelek
endue [indjú:] *vt arch* (**with**) obleči; opremiti; obvarovati; **to be** ~ d **with** biti opremljen s, imeti kaj
endurable [indjúərəbl] *adj* (**endurably** *adv*) znosen, vzdržljiv; trden, trpežen
endurance [indjúərəns] *n* trajanje, trajnost; vztrajanje, vztrajnost; potrpljenje; vzdržljivost; be-

yond ~, past ~ neznosen; ~ test poskus vzdrž-
ljivosti
endure [indjúə] vt & vi vztrajati; prenesti, pretrpeti;
vzdržati, potrpeti; sprijazniti se s čim; I cannot
~ ne prenesem, upira, gnusi se mi; what can-
not be cured must be ~d potrpljenje božja
mast; not to be ~d neznosen
enduring [indjúəriŋ] adj (~ly adv) trajen, dolgo-
trajen, večen; potrpežljiv, trpežen
endways [éndweiz] adv (to) naravnost; pokonci; po
dolgem
endwise [éndwaiz] glej endways
enema [énimə] n med klistir
enemy I [énimi] n sovražnik, nasprotnik; vrag;
coll how goes the ~? koliko je ura?; the (Old)
Enemy satan, vrag; to be one's own ~ sam sebi
škodovati; to kill the ~ krajšati si čas; sworn
~ smrtni sovražnik
enemy II [énimi] adj (to) sovražen; ~ alien tujec,
ki živi v državi, ki je v vojni z njegovo domovino
enemy-held [énimi held] adj okupiran
energetic [enədžétik] adj (~ally adv) odločen, ener-
gičen; podjeten
energetics [enədžétiks] n pl energetika, nauk o ener-
giji
energize [énədžaiz] vt & vi okrepiti, spodbuditi;
energično delovati
energumen [enə:gjumən] n navdušenec, -nka, ob-
sedenec, -nka, fanatik
energy [énədži] n trdna volja, odločnost, energija;
podjetnost, prizadevnost; to apply (ali devote)
one's energies to z vso vnemo se česa lotiti
enervate I [énə:veit] vt (o)slabiti, izčrpa(va)ti
enervation [enə:véišən] n oslabitev, slabost, šib-
kost, izčrpanost
enface [inféis] vt pisati ali tiskati na zgornjo stran
bankovca ali menice
enfacement [inféismənt] n tiskanje ali pisanje na
zgornjo stran bankovca ali menice
enfeeble [infí:bl] vt (o)slabiti
enfeeblement [infí:blmənt] n (o)slabitev
enfeoff [inféf] vt podeliti fevd
enfeoffment [inféfmənt] n podelitev fevda; fevd
enfetter [infétə] vt prikleniti, vkleniti; vkovati v
verige; fig podjarmiti, zasužnjiti
enfilade [enfiléid] 1. vt (mil) obstreljevati; 2. n
obstreljevanje
enfold [infóuld] vt (in) zavi(ja)ti; obseči, obsegati;
(with) objeti, objemati; plisirati, gubati
enforce [infó:s] vt uveljaviti, uveljavljati; (upon)
vsiliti, vsiljevati, izsiliti, izsiljevati; naložiti, na-
lágati (komu); izterjati (zahtevo)
enforceable [infó:səbl] adj (enforceably adv) iz-
siljiv, izterljiv
enforcement [infó:smənt] n uveljavljanje, vsilje-
vanje, siljenje; terjatev
enframe [infréim] vt uokviriti
enfranchise [infrænčaiz] vt osvoboditi, izpustiti;
dati državljanske pravice; to be ~d dobiti
državljanske pravice ali volilno pravico
enfranchisement [infrænčizmənt] n osvoboditev,
izpustitev; podelitev državljanstva ali volilne
pravice
engage [ingéidž] 1. vt zaposliti, dolžnost naložiti;
rezervirati; obljubiti, jamčiti; napeljati, pri-
tegniti; napasti; zaročiti; 2. vi (in) zaposliti se;

obvezati se; sodelovati; lotiti se; zaplesti se;
spopasti se; zaročiti se; to ~ for s.o. jamčiti za
koga; to ~ with s.o. spopasti se s kom; to ~ s.o.
in conversation začeti s kom pogovor
engaged [ingéidžd] adj zaseden, oddan; zaposlen;
zaročen; ~ in zaposlen s čim; ~ to zaročen s;
~ signal znak, da je telefon zaseden
engagement [ingéidžmənt] n delo, zaposlitev; ob-
veznost, dolžnost; obljuba; zaroka; boj, spopad;
najetje, angažma; to meet one's ~ izpolniti svojo
obveznost; close ~ spopad; under ~ zadolžen;
~ ring zaročni prstan; to break off the ~ raz-
dreti zaroko; without ~ neobvezno
engaging [ingéidžiŋ] adj (~ly adv) privlačen, pri-
kupen, mikaven, očarljiv; techn ki vključi
engarland [ingá:lənd] vt ovenčati
engender [indžéndə] vt (s)ploditi; fig povzročiti,
vzbuditi, začeti
engenderer [indžéndərə] n povzročitelj, začetnik
engine I [éndžin] n stroj, motor, lokomotiva; orod-
je, sredstvo; (fire) ~ gasilna brizgalna; steam-~
parni stroj; ~ trouble okvara stroja; marine ~
ladijski stroj; internal combustion ~ motor z
notranjim izgorevanjem
engine II [éndžin] vt s stroji ali motorji opremiti
engine-builder [éndžinbildə] n graditelj strojev
engine-driver [éndžindraivə] n strojevodja, strojnik
engineer I [endžiníə] n inženir, strojnik, tehnik,
mehanik, graditelj strojev; A strojevodja; civil ~
gradbeni inženir (za nizke zgradbe); electrical ~
elektroinženir; mechanical ~ strojni inženir;
mining ~ rudarski inženir; naut assistant ~
strojni častnik; naut chief ~ strojni upravitelj;
naval ~ ladijski tehnik
engineer II [endžiníə] 1. vt planirati, projektirati;
graditi; upravljati, manevrirati; organizirati;
coll izmisliti si, iztuhtati; 2. vi biti inženir
engineering [endžiníəriŋ] n tehnika; inženirstvo;
strojegradnja; fig mahinacija, spletka, nakana;
civil ~ nizke stavbe; electrical ~ elektrotehnika;
marine ~ ladjedelstvo; mechanical ~ strojništvo
engine-house [éndžinhaus] n prostor za stroje, stroj-
nica
engineman [éndžinmən] n strojnik
engine-plant [éndžinpla:nt] n strojna naprava
engine-room [éndžinru:m] glej engine-house
enginery [éndžinəri] n strojništvo; stroji
engine-shed [éndžinšed] n kolnica za stroje
engird* [ingó:d] vt opasati; obda(ja)ti, obkrožiti,
obkrožati
engirdle [ingó:dl] glej engird
engirt [ingó:t] pt & pp od engird
English [íŋgliš] 1. adj angleški; I am ~ sem Anglež;
2. n angleščina; Basic ~ moderna umetna
angleščina z omejenim številom besed; King's,
Queen's ~ lepa, pravilna angleščina; to abuse,
mishandle, murder the King's ~ kvariti jezik,
slabo govoriti; in plain ~ preprosto in jasno
(povedano)
english [íŋgliš] vt arch prevesti v angleščino
Englishman, pl -men [íŋglišmən] n Anglež, angleška
ladja
Englishwoman, pl -women [íŋglišwumən, -wimin] n
Angležinja
engorge [ingó:dž] vt požreti, požirati, pogoltniti,
goltati; med zamašiti; ~ed with zamašen (žila) s

engorgement [ingó:džmənt] *n* zamašitev; goltanje
engraft [ingrá:ft] *vt* (*on, into*) cepiti; ukoreniniti; vtisniti; *fig* prežeti, vcepiti
engrail [ingréil] *vt* nazobčati
engrailment [ingréilmənt] *n* nazobčan rob (v grbu)
engrain [ingréin] *vt* temno (po)barvati; *fig* vcepiti, prežeti
engrained [ingréind] *adj* zakrknjen; zastarel; ukoreninjen; nepoboljšljiv
engrave [ingréiv] *vt* (*on, upon*) vrez(ov)ati, gravirati; *fig* vtisniti (v spomin)
engraver [ingréivə] *n* vrezovalec, graver
engraving [ingréiviŋ] *n* grafika, litografija, gravura; ~ needle graverska igla, vrezovalka
engross [ingróus[*vt* (na)pisati z velikimi črkami, na čisto prepisati; *arch* pokupiti; monopolizirati; *fig* prevzeti; zase zahtevati; polastiti se; to ~ the conversation ne pustiti nikogar k besedi; to be ~ ed by biti zavzet s čim; to be ~ ed in s.th. biti zatopljen v kaj
engrosser [ingróusə] *n* prepisovalec, -lka na čisto; monopolist
engrossing [ingróusiŋ] *adj* (~ ly *adv*) ki popolnoma prevzame, zelo zanimiv, napet; ~ hand pisarniški rokopis
engrossment [ingróusmənt] *n* čistopis; prepisovanje; (*of, with*) zatopitev; pokupitev, kopičenje
engulf [ingʌlf] *vt* v prepad pahniti; pogoltniti, požreti, požirati, pogrezniti
engulfment [ingʌlfmənt] *n* padec v prepad
enhance [inhá:ns] *vt* (z)višati, stopnjevati, povečati; podražiti; poudariti
enhancement [inhá:nsmənt] *n* povečanje, zvišanje, stopnjevanje; podražitev
enigma [inígmə] *n* zagonetka, uganka
enigmatic [enigmǽtik] *adj* (~ ally *adv*) skrivnosten, nejasen, nerazumljiv
enigmatize [inígmətaiz] *vt & vi* govoriti v ugankah
enisle [ináil] *vt poet* narediti otok; dati na otok, izkrcati na otok; *fig* osamiti, izolirati
enjoin [indžóin] *vt* (*on s.o.*) ukazati, naročiti; predpisati, zabičiti; *jur* prepoved(ov)ati
enjoy [indžói] *vt & refl* uživati; naslajati, veseliti, zabavati se; imeti; to ~ good health biti zdrav; to ~ o.s. dobro se imeti, uživati, zabavati se
enjoyable [indžóiəbl] *adj* (enjoyably *adv*) razveseljiv, nasladen, prijeten
enjoyment [indžóimənt] *n* užitek, veselje, naslada; naslajanje, uživanje, ugodje; posest
enkindle [inkíndl] *vt* prižgati, zanetiti; razvneti
enlace [inléis] *vt* ovi(ja)ti, zamota(va)ti, obmota(va)ti
enlarge [inlá:dž] 1. *vt* povečati, razširiti; obširno pripovedovati; *arch A* osvoboditi, izpustiti; 2. *vi* povečati, razširiti, razprostreti se; to ~ upon s.th. nadrobno obravnavati; *com* to ~ the payment of a bill podaljšati veljavnost menice
enlarged [inlá:džd] *adj* širokosrčen, liberalen
enlargement [inlá:džmənt] *n* povečava, povečanje, razširjenje; *arch A* izpustitev, osvoboditev
enlarger [inlá:džə] *n* povečevalec
enlighten [ináitn] *vt arch* razsvetliti; pojasniti; prosvetiti, razjasniti, poučiti; ~ ed prosvetljen, brez predsodka
enlightenment [inláitnmənt] *n* prosvetitev, prosveta, omika

enlink [inlíŋk] *vt* (*to, with*) spe(nja)ti; trdno spojiti, spajati
enlist [inlíst] 1. *vt* vpoklicati, novačiti, naje(ma)ti, pridobi(va)ti; *fig* podpirati; 2. *vi* nastopiti vojaško službo; javiti se v vojsko; sodelovati, udeležiti se; ~ ed men navadni vojaki in podčastniki; to ~ s.o.'s sympathies zbuditi simpatije koga
enlistee [enlistí:] *n A mil* nabornik
enlistment [inlístmənt] *n* novačenje, nabor
enliven [inláivn] *vt* poživiti, razvedriti; navdihniti; razveseliti
enlivenment [inláivnmənt] *n* poživitev, razvedritev
enlock [inlók] *vt* zakleniti
enmesh [inméš] *vt* omrežiti; zaplesti; uloviti
enmeshment [inméšmənt] *n* omreženje; zaplet; ulovitev
enmity [énmiti] *n* sovraštvo, sovražnost; at (ali in) ~ with s.o. nasproten komu; to bear no ~ ne zameriti
ennead [éniæd] *n* deveterica
ennoble [inóubl] *vt* narediti za plemiča; *fig* oplemenititi, požlahtniti
ennoblement [inóublmənt] *n* podelitev plemstva; požlahtnitev, oplemenitev
ennui [a:nwí:] *n* dolgčas, dolgočasje, apatija
ennuied [a:nwí:d] *adj* zdolgočasen
enosis [énousis] *n* zahteva po združitvi Cipra in Grčije
enormity [inó:miti] *n* ogromnost; strahota, grozota; zločin
enormous [inó:məs] *adj* (~ ly *adv*) velikanski, nezaslišan, gromozanski, strahoten
enormousness [inó:məsnis] *n* nezaslišanost, gromozanskost
enough I [inʌf] *adj* zadosten; I have had ~ of it sit sem tega; we have time ~ (ali ~ time) dovolj časa imamo, ne mudi se nam; that is ~ for me to mi zadostuje
enough II [inʌf] *adv* dovolj, zadosti; popolnoma, povsem; it is not good ~ ne splača se, ni vredno; well ~ še kar dobro, znosno; be kind ~ and do it bodi tako prijazen in stori to; it's true ~ žal je res; sure ~ gotovo, prav zares; curiously ~ presenetljivo; likely ~ zelo verjetno
enough III [inʌf] *n* zadostnost, zadovoljivost; ~ is as good as a feast če imaš dovolj, ne potrebuješ več; ~ and to spare več ko dovolj; cry ~»~»! priznaj poraz!
enounce [ináus] *vt* izjaviti, reči, izgovoriti, izustiti
enouncement [ináunsmənt] *n* izjava
enow [ináu] *arch poet* glej enough
enplane [inpléin] *vt & vi* vkrcati (se) v letalo
enquire glej inquire
enquiry glej inquiry
enrage [inréidž] 1. *vt* razjeziti, razdražiti, raztogotiti, ogorčiti; 2. *vi* (*at*) razjeziti se, pobesneti, raztogotiti se
enraged [inréidžd] *adj* (*at*) togoten, besen
enrank [inrǽŋk] *vt* postaviti (vojake) v vrsto
enrapt [inrǽpt] *adj* (~ ly *adv*) zamaknjen, navdušen
enrapture [inrǽpčə] *vt* očarati, prevzeti, navdušiti; to be ~ d with biti navdušen nad
enravish [inrǽviš] glej enrapture
enravishment [inrǽvišmənt] *n* navdušenje, očaranje

enregiment [inrédžimənt] *vt* disciplinirati; organizirati

enregister [inrédžistə] *vt* vpisati, registrirati

enrich [inríč] *vt* obogatiti; oplemeniti; (o)krasiti; vitaminizirati

enrichment [inríčmənt] *n* obogatitev; oplemenitev; okrasitev

enrobe [inróub] *vt* (*in*) oblačiti, obleči, ogrniti

enrol(l) [inróul] *vt* & *vi* vpoklicati, novačiti; vpis(ov)ati, včlaniti (se); registrirati, protokolirati; **to ~ o.s.** vpisati, včlaniti se

enrolment [inróulmənt] *n* vpis, včlanjenje, registracija; listina; izjava o včlanjenju; vpoklic, novačenje

enroot [inrú:t] *vt* ukoreniniti, ukoreninjevati

en route [a:nrú:t] *adv* spotoma

ensample [ensá:mpl] *n arch* primerek, vzorec

ensanguine [insǽngwin] *vt* okrvaviti

ensanguined [insǽngwind] *adj* okrvavljen; krvavo rdeč

ensconce [inskóns] *vt* spraviti kam, skri(va)ti, zaščititi; **to ~ o.s.** skriti se

ensemble [a:ŋsá:mbl] **1.** *adv* skupaj; **2.** *n* ansambel; garnitura (oblačilo)

enseal [insí:l] *vt* zapečatiti

enshrine [inšráin] *vt* spraviti v skrinjo, varno spraviti; imeti za sveto

enshrinement [inšráinmənt] *n* varno spravljanje, čuvanje (svetinje)

enshroud [inšráud] *vt* pregrniti, zastreti, zaviti

ensiform [énsifə:m] *adj bot* mečast

ensign [énsain] *n* znak; zastava; zastavnik, častnik najnižje stopnje, praporščak; **to dip one's ~ to** spustiti zastavo pred; **red ~** zastava angleške trgovske mornarice; **white ~** zastava angleške vojne mornarice

ensigncy [énsainsi] *n mil* služba, položaj praporščaka

ensilage [énsilidž] **1.** *vt* v silos spraviti, silirati; **2.** *n* silaža, kisal

ensile [insáil] glej **ensilage 1.**

enslave [insléiv] *vt* zasužnjiti, podjarmiti; *fig* (*to*) prikleniti

enslavement [insléivmənt] *n* zasužnjevanje; suženjstvo

enslaver [insléivə] *n* zasužnjevalec, -lka, zapeljivka

ensnare [insnéə] *vt* v zanko ujeti; *fig* zapeljevati, (pre)slepiti

ensoul [insóul] *vt* vdihniti dušo

ensphere [insfíə] *vt poet* obkrožiti, obseči

ensue [insjú:] *vt* & *vi* slediti; (*from*) imeti za posledico

ensuing [insjú:iŋ] *adj* (~ **ly** *adv*) naslednji, sledeč, bodoč; ~ **age(s)** zanamci, potomci

ensure [inšúə] *vt* (*against, from*) zavarovati; zagotoviti, zajamčiti; preskrbeti

enswathe [inswéið] *vt* zaviti, poviti

enswathement [inswéiðmənt] *n* povijanje; povoj

entablature [entǽbləčə] *n archit* zgornji del stolpa

entablement [entéiblmənt] *n arch*; glej **entablature**; podstavek

entail I [intéil] *vt* (*on* komu) zapustiti neprenosno dediščino; naprtiti; imeti za posledico; sprožiti, zbuditi, zbujati

entail II [intéil] *n* neprenosna dediščina, dedno posestvo, fidejkomis; **to cut off the ~** razveljaviti dedno zaporednost

entailment [intéilmənt] *n* prepis posestva kot fidejkomis

entangle [intǽŋgl] *vt* zamotati, zaplesti, omrežiti; spraviti v zadrego; **to be ~d in s.th.** biti v kaj zapleten; **to become ~d with** kompromitirati se s

entaglement [intǽŋglmənt] *n* zaplet; ovira; zmeda, zamotan položaj; žična ovira; *coll* ljubimkanje

entente [á:nta:nt] *n* zveza

enter [éntə] **1.** *vi* nastopiti; lotiti se; zatopiti se; sodelovati; prijaviti se; domisliti se, razumeti; udeležiti se; **2.** *vt* vstopiti, izlivati se; postati član (društva), včlaniti se; prijaviti se; zapisati, začeti; vknjižiti; cariniti; namestiti; **to ~ an appearance** pokazati se na sestanku; **to ~ the church** postati duhovnik; **to ~ to the credit of s.o.** vknjižiti komu v dobro; **to ~ to the debit of s.o.** vknjižiti v breme koga; **to ~ one's name** vpisati se; **to ~ the goods** deklarirati blago; **to ~ one's mind** (ali **head**) priti komu na misel; **to ~ a treaty** skleniti pogodbo; **to ~ short** premalo deklarirati; **to ~ the war** začeti vojno; **to ~ inwards (outwards)** prijaviti za uvoz (izvoz)

enter into *vi* prodreti; sodelovati; lotiti se; **I ~ your feelings** razumem vas, sočustvujem z vami; **~ an arrangement** sporazumeti se; **~ a contract** skleniti pogodbo; **~ business relations** navezati poslovne stike; **~ details** spustiti se v podrobnosti; **~ a treaty** skleniti pogodbo; **~ one's mind** na misel priti; **~ correspondence with s.o.** začeti si s kom dopisovati; **~ obligations** prevzeti obveznost

enter up *vt* vknjižiti

enter (up) on *vi* začeti; prevzeti, lotiti se

enteric [entérik] *adj med* črevesen, trebušen; **~ fever** trebušni tifus

entering [éntəriŋ] *n* vstop; knjiženje

entering-clerk [éntəriŋkla:k] *n* pomožni knjigovodja

entering-door [éntəriŋdə:] *n* vhodna vrata

enteritis [entəráitis] *n med* črevesni katar

enterprise [éntəpraiz] *n* lotitev; podjetnost, pogum; iniciativa, spodbuda; podjetnost

enterprising [éntəpraiziŋ] *adj* (~ **ly** *adv*) podjeten, smel, pogumen

entertain [entətéin] *vt* vzdrževati; zabavati; vabiti, gostiti; ukvarjati se, gojiti; **to ~ o.s.** zabavati se; **to ~ an idea** razmišljati, tuhtati; **to ~ a hope** upati; **to ~ a great deal** imeti velikokrat goste; **to ~ angels unawares** nevede izkazati uslugo pomembni osebi

entertainer [entətéinə] *n* gostitelj; zabavnik

entertaining [entətéiniŋ] *adj* (~ **ly** *adv*) zabaven, zanimiv, prijeten

entertainment [entətéinmənt] *n* zabava, razvedrilo; pogostitev; sprejem, vščanost; gostoljubnost; **house of ~** gostišče, gostilna; **to afford ~ to s.o.** zabavati koga; **place of ~** zabavišče

enthral(l) [inθró:l] *vt* podjarmiti, zasužnjiti; *fig* očarati, navdušiti, prevzeti

enthralment [inθró:lmənt] *n* navdušenje, očaranje

enthrone [inθróun] *vt* ustoličiti; **to be ~d** sedeti na prestolu

enthronement [inθróunmənt] *n* ustoličenje

enthronization [enθrounaizéišən] glej enthronement
enthuse [inθjú:z] vi coll (about, over nad) navdušiti, navduševati se
enthusiasm [inθjú:ziæzm] n (for zą koga; over za kaj) navdušenje, zanos
enthusiast [inθjú:ziæst] n navdušenec, -nka, občudovalec, -lka
enthusiastic [inθju:ziæstik] adj (~ ally adv) (about, for) navdušen; zanesenjaški
entice [intáis] vt (to) privabiti, privabljati, privlačiti; zapeljevati; (from) izvabiti
enticement [intáismənt] n zapeljevanje, očaranje; vaba, skušnjava
enticing [intáisiŋ] adj (~ ly adv) vabljiv, očarljiv
entire I [intáiə] adj (~ ly adv) ves, cel, celoten, popoln; nepoškodovan; nemešan, čist; neskopljen (konj); com ~ sale edino zastopstvo; ~ wheat na grobo mleta pšenica
entire II [intáiə] n celota, popolnost; žrebec; vrsta črnega piva; in ~ v celoti
entirely [intáiəli] adv docela, popolnoma; samo, izključno
entireness [intáiənis] glej entirety
entirety [intáiəti] n celota, nedeljivost, popolnost; celoten znesek; in its ~ v celoti; jur possession by entireties nedeljiva last
entitle [intáitl] vt nasloviti, naslavljati; (to) upravičiti; dati pravico
entity [éntiti] n bistvo, bitnost, bitje
entomb [intú:m] vt pokopati; fig zakopati
entombment [intú:mmənt] n pokop, pogreb
entomic [entómik] adj žuželčji
entomological [entəmələ́džikəl] adj (~ ly adv) entomološki
entomologist [entəmólədžist] n entomolog(inja)
entomologize [entəmólədžaiz] vt ukvarjati se z entomologijo
entomology [entəmólədži] n entomologija, nauk o žuželkah
entophyte [éntəfait] n bot rastlinski parazit
entourage [a:nturá:ž] n okolica; okoliščine; spremstvo
entozoon [entouzóuon] n zool živalski parazit
entrails [éntreilz] n pl drobovje, črevesje; fig notranjost
entrain [intréin] vt & vi naložiti, vstopiti v vlak
entrammel [intrǽməl] vt zaplesti, omrežiti; motiti
entrance I [éntrəns] n (to) vstop, vhod; nastop; ustje; začetek; vpis, prijava, registracija, deklaracija; žrelnica (v panju); to make one's ~ vstopiti, nastopiti; no ~! vstop prepovedan!; to give ~ to s.o. dovoliti komu, da vstopi; to force an ~ into prodreti v
entrance II [intrá:ns] vt prevze(ma)ti, očarati, začarati, hipnotizirati; navdušiti
entrance-duty [éntrənsdju:ti] n uvozna carina
entrance-examination [éntrənsigzæminéišən] n sprejemni izpit
entrance-fee [éntrənsfi:] n vstopnina, vpisnina
entrance-form [éntrənsfə:m] n prijavnica
entrance-hall [éntrənshə:l] n veža, preddverje
entrancement [intrá:nsmənt] n očaranje, čar
entrance-money [éntrənsmʌni] n vstopnina
entrancing [intrá:nsiŋ] adj (~ ly adv) očarljiv
entrant [éntrənt] n tisti, ki vstopi; prijavljenec, -nka (za tekmo)

entrap [intrǽp] vt (into) ujeti v past; zapeljati; speljati na led, ugnati v kozji rog
entreat [intrí:t] vt milo prositi, rotiti; evil ~ slabo ravnati, mučiti
entreaty [intrí:ti] n prošnja, rotitev
entrée [óntrei] n vstop, pravica vstopa; predjed
entrench [intrénč] vt & vi obdati (se) z jarkom, utrditi (se); to ~ o.s. utrditi se; fig ustaliti se; to ~ upon (pre)kršiti, prelomiti; prisvojiti si
entrenchment [intrénčmənt] n utrdba; okop, strelni jarek; fig kršitev, prelomitev
entrepôt [óntrəpou] n skladišče (brezcarinsko); trgovsko središče za uvoz in izvoz
entrepreneur [əntrəprənə́:] n podjetnik (zlasti gledališki)
entresol [ótrəsol] n mezanin
entropy [éntropi] n phys entropija
entruck [intrʌk] vt & vi A naložiti ali vstopiti na tovorni avto
entrust [intrʌ́st] vt (to komu; with kaj) zaupati, poveriti, zadolžiti
entry [éntri] n prihod, vstop, vhod; ustje; vpis, vknjižba, protokol, prijava; začetek; carinska deklaracija; bill of ~ carinska deklaracija; credit ~ knjiženje v korist; debit ~ knjiženje v breme; duty of ~ uvozna carina; double ~ dvojno knjigovodstvo; port of ~ uvozno pristanišče; supplementary ~ dvojno knjiženje; upon ~ po sprejemu; to make an ~ (v)knjižiti, (za)beležiti; no ~! zaprto!
entry-clerk [éntrikla:k] n knjigovodja, -dkinja
entwine [intwáin] vt preplesti, prepletati; oplesti, opletati; obje(ma)ti; to ~ o.s. round ovijati se okrog
entwinement [intwáinmənt] n preplet, oplet; objem
entwist [intwíst] vt preplesti, prepletati, zamota(va)ti
enucleate [injú:klieit] vt izluščiti jedro; fig tolmačiti, pojasniti; med odstraniti, operirati (tumor, oko)
enucleation [inju:kliéišən] n izluščenje jedra; tolmačenje, razlaga
enumerable [injú:mərəbl] adj (enumerably adv) prešteven
enumerate [injú:məreit] vt šteti, naštevati, preštevati
enumeration [inju:məréišən] n preštevanje, štetje, naštevanje; seznam
enunciable [inʌ́nsiəbl] adj (enunciably adv) izgovorljiv
enunciate [inʌ́nsieit] vt izjaviti, izjavljati; izpoved(ov)ati; izreči, izgovoriti, izgovarjati
enunciation [inʌnsiéišən] n izjava, objava; izgovorjava, izreka
enunciative [inʌ́nšiətiv] adj (~ ly adv) jasen, določen
enure glej inure
enuresis [enju:rí:sis] n med mokrenje
envelop [invéləp] vt (in) zavi(ja)ti; obkoliti, obdati
envelopment [invéləpmənt] n zavijanje, ovijanje; ovoj, prevleka
envenom [invénəm] vt zastrupiti, zastrupljati, (za)greniti
envenomed [invénəmd] adj zastrupljen; fig sovražen, ogorčen; ~ tongue strupen jezik
enviable [énviəbl] adj (enviably adv) zavidanja vreden, zavidljiv

envier [énviə] *n* zavistnik, -nica
envious [énviəs] *adj* (~ ly *adv*) (*of*) zavisten, ne-
voščljiv
enviousness [énviəsnis] *n* (*of* zaradi) zavist, ne-
voščljivost
environ [inváiərən] *vt* (*by, with*) obkoliti, obdati,
obkrožiti
environment [enváiərənmənt] *n* okolje, miljé,
ambient, okolica; obdajanje, obkrožanje
environmental [envaiərənméntl] *adj* okoliški
environmentalist [envaiərənméntəlist] *n* zagovornik
varstva narave
environs [enváiərənz] *n pl* okolica, okolje, pred-
mestje
envisage [invízidž] *vt* gledati v oči; preudariti; na-
meravati (*doing*); planirati
envisagement [invízidžmənt] *n* gledanje v oči;
konfrontacija; preudarjanje
envision [invížən] *vt* v duhu si predstavljati
envoy [énvəi] *n* sel, poslanik; *arch* kitica pesmi s
posvetilom
envy I [énvi] *n* zavist, nevoščljivost; predmet za-
visti; out of ~ iz zavisti; green with ~ zelen od
zavisti; he is eaten up with ~ sama zavist ga je,
počil bo od zavisti; he is the ~ of all vsi mu za-
vidajo
envy II [énvi] *vt* zavidati, ne privoščiti; I ~ you
your success zavidam ti tvoj uspeh
enwall [inwó:l] *vt* obdati z zidom, obzidati
enwind* [inwáind] *vt* ovi(ja)ti, omota(va)ti
enwomb [inwú:m] *vt* oploditi
enwrap [inrǽp] *vt* zaviti; vsebovati
enwreathe [inri:ð] *vt* ovenčati, oviti
enzyme [énzaim] *n chem* encim
eocene [íəsi:n] *geol* 1. *n* eocen; 2. *adj* eocenski
eolith [í:ouliθ] *n archeol* predzgodovinsko kameno
orodje, eolit
eosin(e) [íəsin] *n chem* eozin (barvilo)
eozoic [iəzóuik] *adj* eozojski
epact [í:pækt] *n astr* epakta, razlika med sončnim
in luninim letom
eparch [épa:k] *n* pravoslavni škof
eparchy [épa:ki] *n* pravoslavna škofija
epaulet(te) [épə:let] *n* naramnik, epoleta; to win
one's ~ s postati častnik
epergne [ipó:n] *n* namizni podstavek
epexegesis [ipeksədží:sis] *n* dodatna razlaga
ephemera [ifémərə] *n pl* od ephemeron
ephemeral [ifémərəl] *adj* enodneven, kratkotrajen
ephemerality [ifemərǽliti] *n* kratkotrajnost, eno-
dnevnost, prehodnost
ephemerid [ifémərid] *n zool* enodnevnica
ephemeris, *pl* ephemerides [iféməris, iféməridi:z] *n*
astronomski almanah, preglednica za preraču-
navanje položaja zvezd
ephemeron [ifémərən] *n zool* enodnevnica; nekaj
kratkotrajnega
epic I [épik] *adj* epski, junaški; ~ achievements
junaška dela; ~ laughter homerski smeh
epic II [épik] *n* ep, pripovedna pesem, epopeja
epical [épikəl] *adj* (~ ly *adv*) epski, epičen, pripo-
veden
epicedium [episí:diəm] *n* žalostinka, pogrebna
pesem
epicene [épisi:n] 1. *adj gram* dvospolen; 2. *n* dvo-
spolnik, afrodit

epicentre, *A* epicenter [épisentə] *n* epicenter; ža-
rišče
epicentrum, *pl* epicentra [épisentrəm, épisentrə]
glej epicentre
epicism [épisizəm] *n* epičnost
epicist [épisist] *n* epik
epicure [épikjuə] *n* epikurejec
epicurean [epikjuríən] 1. *adj* epikurejski; 2. *n*
epikurejec
epicurism [épikjuərizəm] *n* epikurejstvo
epicycloid [épisáiklɔid] *geom n* 1. *adj* epicikloiden;
2. *n* epicikloida
epidemic [epidémik] *med* 1. *adj* (~ ally *adv*) kužen,
epidemičen; 2. *n* epidemija, množična nalezljiva
bolezen
epidemiology [epidemióledži] *n* epidemiologija
epidermal [epidó:məl] *adj* (~ ly *adv*) epidermalen,
pokožničen
epidermic [epidó:mik] *adj* (~ ally *adv*) glej epider-
mal
epidermis [epidó:mis] *n anat* povrhnjica
epidiascope [epidáiəskoup] *n* epidiaskop
epigastrium [epigǽstriəm] *n anat* del trebuha nad
želodcem
epigenesis [epidžénisis] *n biol* epigeneza
epigone [épigoun] *n* posnemalec, učenec; naslad-
nik
epigram [épigræm] *n* epigram
epigrammatic [epigrəmǽtik] *adj* (~ ally *adv*) epi-
gramski
epigrammatist [epigrǽmətist] *n* pisec epigramov
epigraph [épigra:f] *n* napis, geslo
epigrapher [epígrəfə] ·*n* raziskovalec napisov
epigraphist [epígrəfist] glej epigrapher
epigraphy [epígrəfi] *n* študij napisov
epilepsy [épilepsi] *n med* epilepsija, božjast
epileptic [epiléptik] 1. *adj* epileptičen, božjasten;
2. *n* epileptik, božjastnik, -nica
epilogist [épilədžist] *n* pisec epilogov
epilogue [épiləg] *n* sklepna beseda, epilog
epiphany [epifəni] *n* praznik treh kraljev, 6. januar
epiphyte [épifait] *n bot* rastlina, ki raste na drugi;
rastlinski parazit na živali
episcopacy [ipískəpəsi] *n* škofovstvo; škofija
episcopal [ipískəpəl] *adj* škofovski
episcopate [ipískəpit] *n* škofija
episode [épisoud] *n* vmesno dejanje, epizoda, do-
življaj
episodic [episódik] *adj* (~ ally *adv*) postranski, epi-
zoden
epistle [ipísl] *n* poslanica, pismo; *coll* dolgovezno
pismo
epistolary [ipístələri] *adj* pisemski; ~ novel roman
v pismih
epitaph [épita:f] *n* nagrobni napis
epithalamium, *pl* epithalamia [epiθəléimiəm, epi-
θəléimiə] *n* svatbena pesem
epithelium [epiθí:ljəm] *n anat* epitel, vrhnjica
epithet [épiθet] *n* okrasni pridevek, epitet
epithetic [epiθétik] *adj* (~ ally *adv*) kvalifikacijski,
označevalen
epitome [ipítəmi] *n* izleček, povzetek, kratka vse-
bina
epitomize [ipítəmaiz] *vt* skrajšati, povzeti
epizootic I [epizouótik] *adj* (~ ally *adv*) epizootski,
epidemičen (za živali)

epizootic II [epizouótik] *n* epizootija, množična kužna bolezen pri živalih

epoch [í:pɔk] *n* doba, razdobje, epoha; to mark an ~ in history biti zgodovinski mejnik

epochal [épɔkəl] *adj* epohalen

epoch-making [í:pɔkmeikiŋ] *adj* epohalen, znamenit, pomemben

eponym [épɔnim] *n* tisti ali tisto, ki daje kraju ali ustanovi ime

eponymous [ipóniməs] *adj* eponimen

epopee [épɔpi:] *n* epopeja

epos [épɔs] *n* junaška pesem, ep

epsilon [epsáilən] *n* epsilon, grški e

equability [ekwəbíliti] *n* enakomernost, enakost; ravnodušnost, mirnost

equable [ékwɔbl] *adj* (equably *adv*) enakomeren, enoten, enak, stalen; ravnodušen, miren

equal I [í:kwəl] *adj* (~ ly *adv*) (*to*) enak, enakovreden; ravnodušen, miren; primeren, sposoben; *arch* pravičen; ~ mark enačaj; to be ~ to biti kos čemu; ~ laws zakoni, ki veljajo za vsakogar; once ten is ~ to ten enkrat deset je deset; ~ fight boj med enakima nasprotnikoma; to be ~ to doing s.th. biti zmožen kaj narediti; to be ~ to the occasion biti kos čemu

equal II [í:kwəl] *n* vrstnik, -nica, bližnjik; to have no ~, to be without ~s ne imeti tekmeca; my ~s in age moji vrstniki

equal III [í:kwəl] *vt* biti enak; izenačiti, izravnati

equality [i:kwǽliti] *n* enakost, enakopravnost; on a footing of ~ enakopravno, enakovredno; sign of ~ enačaj; to be on ~ with družiti se kot s sebi enakim; ocenjevati po istem merilu

equalization [ikwəlaizéišən] *n* izenačenje, izravnava

equalize [í:kwəlaiz] *vt & vi* (*with, to*) izenačiti, izenačevati, izravna(va)ti

equalizer [í:kwəlaizə] *n techn* balanser, regulator, stabilizator; prečka na tehtnici; *sl* revolver

equally [í:kwəli] *adv* prav tako, enako; ~ with prav tako kot; ~ good prav tako dober, nič slabši

equanimity [i:kwənímiti] *n* ravnodušnost, mirnost, hladnokrvnost

equanimous [i:kwǽniməs] *adj* (~ ly *adv*) ravnodušen, miren

equate [ikwéit] *vt & vi* (*to, with*) izenačiti, izenačevati (se); uskladiti; imeti za enakega

equation [ikwéišən] *n* izenačitev; *math* enačba; sign of ~ enačaj; simple ~ enačba prve stopnje; ~ of payments srednji plačilni rok; ~ of demand and supply izenačenje med povpraševanjem in ponudbo

equator [ikwéitə] *n* ravnik, polutnik, ekvator

equatorial [ekwətó:riəl] 1. *adj* polutniški, ekvatorski; 2. *n* vrsta daljnogleda

equerry [ikweri] *n* konjušnik, konjar; pribočnik člana vladarske družine

equestrian I [ikwéstriən] *adj* jahalen, konjeniški; ~ statue kip jahalca na konju

equestrian II [ikwéstriən] *n* jezdec, jahač; akrobat na konju

equestrianism [ikwéstriənizəm] *n* jaharjenje

equestrienne [ikwestrién] *n* (cirkuška) jahalka

equiangular [i:kwiǽŋgjulə] *adj* enakokoten

equidistance [i:kwidístəns] *n* enaka razdalja

equidistant [i:kwidístənt] *adj* (~ ly *adv*) enako oddaljen, paralelen

equilateral [i:kwilǽtərəl] *adj* (~ ly *adv*) enakostraničen

equilibrate [i:kwiláibreit] *vt & vi* v ravnotežju (se) držati; izenačiti

equilibration [i:kwilaibréišən] *n* ravnotežje, ravnovesje, izenačenost

equilibrist [i:kwílibrist] *n* akrobat, vrvohodec

equilibrium [i:kwilíbriəm] *n* ravnotežje, ravnovesje, izenačenost

equimultiple [í:kwimʌltipl] *n math* število, ki ima z drugim številom isti faktor

equine [í:kwain] *adj* konjski, kakor konj

equinoctial I [i:kwinókšəl] *adj* (~ ly *adv*) ekvinokcijski; ~ line nebesni ekvator; ~ gale ekvinokcijski vihar

equinoctial II [i:kwinókšəl] *n* nebesni ekvator; *pl* ekvinokcijski vihar

equinox [í:kwinɔks] *n* ekvinokcij, enakonočje; vernal (ali spring) ~ pomladno enakonočje; autumnal ~ jesensko enakonočje

equip [ikwíp] *vt* (*with*) opremiti, oskrbeti; izšolati

equipage [ékwipidž] *n mil* oprema; oprava, bala; spremstvo; kočija

equipment [ikwípmənt] *n* opremljanje, oprema; opremljenost; vozni park; sposobnost, usposobljenost

equipoise [ékwipɔiz] 1. *n* ravnotežje; protiutež; 2. *vt* uravnovesiti

equipollence [i:kwípɔləns] *n* enakovrednost, ekvivalent

equipollent [i:kwípɔlənt] 1. *adj* enakomočen, enakovreden, ekvivalenten; 2. *n* enakovredna stvar, ekvivalent

equiponderance [i:kwipóndərəns] *n* ravnotežje, ista teža

equiponderant [i:kwipóndərənt] *adj* iste teže ali pomembnosti; uravnovešen

equiponderate [i:kwipóndəreit] *vt* izenačiti, kompenzirati

equipotential [i:kwipɔténšəl] *n phys* enakomerna napetost

equitable [ékwitəbl] *adj* (equitably *adv*) pravičen, nepristranski

equitant [ékwitənt] *adj bot* ki presega (list)

equitation [ekwitéišən] *n* jahanje,ježa

equity [ékwiti] *n* pravica, nepristranost, pravičnost; in ~ po pravici

equivalence [ikwívələns] *n* enakovrednost, ustreznost; *chem* ekvivalenca

equivalent I [ikwívələnt] *adj* (~ ly *adv*) enakovreden, ustrezen, ekvivalenten; ~ sum protivrednost, nasprotna vrednost

equivalent II [ikwívələnt] *n* enaček, istomočnica

equivocal I [ikwívəkəl] *adj* (~ ly *adv*) dvoumen, dvomljiv, negotov, nezanesljiv; sumljiv

equivocal II [ikwívəkəl] *n* dvoumna beseda

equivocality [ikwivəkǽliti] *n* dvoumnost; negotovost, nezanesljivost, sumljivost

equivocate [ikwívəkeit] *vi* dvoumno se izražati, izvijati se, lagati, izmikati se

equivocation [ikwivəkéišən] *n* dvoumno izražanje, izmikanje, izvijanje, laž

equivocator [ikwívəkeitə] *n* tisti, ki se izmika, ne pride z resnico na dan

equivoke, equivoque [ékwivouk] *n* dvosmiselna beseda; besedna igra; dvosmiselnost

era [íərə] *n* era, vek, doba, epoha
eradiate [iréidieit] *vt* izžarevati, žareti, sevati
eradiation [ireidiéišən] *n* izžarɐvanje, žarčenje, sevanje
eradicable [irædikəbl] *adj* ki se da zatreti, izkoreniniti
eradicate [irædikeit] *vt* izkoreniniti, zatreti, zatirati
eradication [irædikéišən] *n* izkoreninjenje, zatiranje
erasable [iréizəbl] *adj* iztrebljiv, uničljiv, zbrisljiv
erase [iréiz] *vt* zbrisati, izpraskati, zradirati, črtati; zatreti, uničiti, iztrebiti
eraser [iréizə] *n* brisalka, radirka
erasure [iréižə] *n* zbris, izpraskanina; popolno uničenje
erbium [ə́:biəm] *n chem* erbij
ere I [ɛə] *prep arch* pred; ∼ long kmalu; ∼ now nekoč, (že) prej, doslej; ∼ this že prej
ere II [ɛə] *conj arch* preden
erect [irékt] *adj* (∼ ly *adv*) zravnan, pokončen; *fig* neomajen; with head ∼ z dvignjeno glavo; to stand ∼ zravnano stati; to spring ∼ skočiti v višino
erect II [irékt] *adv* pokonci, zravnano
erect III [irékt] *vt* pokonci postaviti, dvigniti, (z)graditi; ustanoviti; sestaviti, montirati; to ∼ o.s. zravnati se; ∼ ing shop montažna delavnica
erectile [iréktail] *adj* ki se da pokonci postaviti ali zgraditi
erection [irékšən] *n* zidanje, postavitev; zgradba, poslopje; ustanovitev; *techn* sestavljanje, montaža; *physiol* erekcija; el ∼ conductor montažni vod;
erector [iréktə] *n* graditelj, stavbenik; utemeljitelj, ustanovitelj; monter; *anat* mišica iztegovalka
erectness [iréktnis] *n* pokončna drža, pokončnost
erelong [éələŋ] *adv poet* kmalu, v kratkem
eremite [érimait] *n* puščavnik, samotar
eremitic [erimítik] *adj* (∼ ally *adv*) puščavniški, samotarski
erenow [ɛənáu] *adv arch poet* doslej, prej, že
erewhile [ɛə(h)wáil] *adv* pravkar, nedavno
erg [ə:g] *n phys* erg
ergatocracy [ə:gətɔ́krəsi] *n* vlada delavcev
ergo [ə́:gou] *adv* zatorej, zato, potemtakem
ergot [ə́:gət] *n bot* rženi rožiček; izvleček iz rženih rožičkov
ergotin [ə́:gətin] *n chem* ergotin
ergotism [ə́:gətizəm] *n* zastrupljenje z rženimi rožički
erica [érikə] *n bot* resa
eristic [erístik] 1. *adj* prepirljiv; 2. *n* prepirljivec
erk [ə:k] *n mil sl* rekrut, vojaški novinec
ermine [ə́:min] *n zool* hermelin; s hermelinom obrobljen talar angleških sodnikov; to wear the ∼ biti sodnik (v Angliji)
erne [ə:n] *n zool* belorepec, postojna
erode [iróud] *vt* razjesti, razjedati; spodkopa(va)ti; izpirati, erodirati
erodent [iróudənt] *adj* ki razjeda
erosion [iróužən] *n geol* erozija, razjeda, izpiranje
erosive [iróuziv] *adj* eroziven
erotic [irótik] 1. *adj* ljubaven, erotičen; 2. *n* ljubavna pesem
erotical [irótikəl] *adj* (∼ ly *adv*) ljubaven, erotičen
eroticism [irótisizəm] *n* erotika

err [ə:] *vi* bloditi, motiti se, grešiti, zaiti na kriva pota; to ∼ is human vsakdo se lahko zmoti
errancy [érənsi] *n* zmotnost
errand [érənd] *n* opravek, posel; pot, naročilo, nalog; a fool's ∼ brezkoristno početje; to run (ali go) ∼ s, to go on ∼ s tekati po opravkih
errand-boy [érəndbɔi] *n* kurir, tekač
errant [érənt] *adj* (∼ ly *adv*) potepuški, bloden; pustolovski, nezanesljiv; knight ∼ vitez potepuh
errantry [érəntri] *n* načela potepuškega viteza
erratic I [irætik] *adj* (∼ ally *adv*) blodeč, bloden, brezciljen; nereden; prenapet, ekscentričen; *geol* ∼ block blodni balvan
erratic II [irætik] *n* ekscentrična oseba, prenapetež, -tnica
erratum, *pl* errata [iréitəm, iréitə] *n* tiskovna napaka
erroneous [iróunjəs] *adj* (∼ ly *adv*) zmoten, napačen; bloden
error [érə] *n* zmota, pomota: zabloda, greh; odklon; *com* ∼ s excepted za napake ne odgovarjamo; clerical ∼ napaka v pisanju; printer's ∼ tiskovna pomota; to be in ∼ motiti se; ∼ of judgement prevara, slepilo, zmotni nazori; writ of ∼ nalog za revizijo procesa
ersatz [éəzæ:c] *n* nadomestek
Erse [ə:s] 1. *adj* galsko-škotski, irski; 2. *n* galski jezik škotskih hribovcev; irska galščina
erst [ə:st] *adv arch* nekoč, davno
erstwhile [ə́:st(h)wail] *arch* 1. *adj* nekdanji; 2. *adv* nekoč
erubescence [erubésns] *n* zardevanje; sramežljivost
erubescent [erubésnt] *adj* (∼ ly *adv*) rdeč, zardel; sramežljiv
eruct [irʌkt] glej eructate
eructate [irʌkteit] *vi* kolcati, rigati; bruhati
eructation [irʌktéišən] *n* kolcanje, riganje; bruhanje (vulkana)
erudite [érudait] 1. *n* učenjak(inja); 2. *adj* (∼ ly *adv*) učen, načitan, izobražen
erudition [erudíšən] *n* izobrazba, učenost, načitanost, obširno znanje
erupt [irʌpt] *vi* izbruhniti; predreti (zob); *med* izpustiti se (mozoli)
eruption [irʌpšən] *n* izbruh; predrtje; *med* izpuščaj
eruptional [irʌpšənl] *adj* (∼ ly *adv*) eruptiven; ki predre; ki se izpusti; *fig* vzkipljiv
eruptive [irʌptiv] *adj* (∼ ly *adv*) eruptiven, vulkanski; ki prebije; ki povzroča izpuščaj; *fig* impulziven, silovit
erysipelas [erisípiləs] *n med* šen
erythema [eriθí:mə] *n* rdeči kožni madeži
escadrille [eskədríl] *n* eskadra
escalade [eskəléid] 1. *n* naskok na trdnjavo (po lestvah); 2. *vt* naskočiti trdnjavo
escalate [éskəleit] *vt & vi* stopnjevati (se)
escalation [eskəléišən] *n* eskalacija, stopnjevanje
escalator [éskəleitə] *n* pomične stopnice, eskalator
escallop [iskáləp] glej scallop
escapade [eskəpéid] *n* objestno dejanje, lahkomiselnost; pobeg iz ječe
escape I [iskéip] *n* pobeg, odrešitev, osvoboditev; iztekanje, uhajanje, izhlapevanje; izhod v sili; podivjana vrtna rastlina; to have a narrow (ali a hair-breadth) ∼ za las uiti; to make one's ∼ zbežati, rešiti se; fire ∼ požarne stopnice, po-

žarna lestev; ~ **literatura** literatura, ki omogoča umik iz realnosti
escape II [iskéip] **1.** *vi* zbežati, izpuhtevati, izhlapevati, izginiti; rešiti se; podivjati (rastlina); **2.** *vt* izogibati se komu, uiti; **your point** ~ **s me** kaj ste hoteli reči?, ne razumem vas; **to make one's** ~ zbežati; **it** ~ **s notice** nihče ni opazil; **it** ~ **s me** (ali **my memory**) ne morem se spomniti; **the name** ~ **d me** ime sem pozabil
escapee [eskeipí:] *n* begunec, pobegli kaznjenec
escapement [iskéipmənt] *n* pobeg; odrešitev, osvoboditev; iztekanje, uhajanje, izhlapevanje; kotvica (v uri)
escape-pipe [iskéippaip] *n* techn izpušna cev (za paro)
escape-valve [iskéipvælv] *n* techn varnostni ventil
escapist [iskéipist] *n* tisti, ki se izogiba vojaščine
escarp [iská:p] **1.** *n* brežina, strmina, pobočje; **2.** *vt* poševno odsekati
escarpment [iská:pmənt] *n* nagnjenost; nasip pod trdnjavskim zidom; strmina, strmo pobočje
eschalot [éšələt] *n bot* šalotka
eschar [éska:] *n med* krasta na opeklini
escharotic [eska:rótik] *adj* ki povzroča kraste; jedek, kavstičen
eschatology [eskətóledži] *n* nauk o zadnjih rečeh človeka
escheat I [isčí:t] *n* vrnitev posesti (kroni, državi); konfiskacija; zapuščina brez dedičev
escheat II [isčí:t] *vt & vi* konfiscirati, zapleniti, izročiti v posest; nazaj pripasti
eschew [isčú:] *vt* ogniti, ogibati se česa, bežati pred kom; vzdržati se česa
eschewal [isčú:əl] *n* izogib, pobeg
eschscholzia [iskólšə] *n bot* kalifornijski mak
escort I [iskó:t] *vt* spremljati; ščititi
escort II [ésko:t] *n* spremstvo, zaščita; kritje
escribe [əskráib] *vt math* opisati
escritoire [eskritwá:] *n* pisalna miza ali pult; pisalni pribor
escrow [eskrú] *n jur* garancijska listina
esculent [éskjulənt] **1.** *adj* užiten; **2.** *n* živilo
escutcheon [iskʌ́čən] *n* grbovni ščit; grb, zaščitna kovinska ploščica; prostor na krmi, na katerem je napisano ime ladje; **a blot on one's** ~ madež na časti koga
Eskimo [éskimou] *n* Eskim
esoteric I [esoutérik] *adj* (~ **ally** *adv*) zaupen; namenjen samo za določen krog, poseben, ekskluziven
esoteric II [esoutérik] *n* zaupnik, -nica
esoterical [esoutérikəl] glej **esoteric I**
espalier [ispǽljə] *n* brajda; sadno drevo ob brajdi; kordon
especial [ispéšəl] *adj* poseben, izreden, nenavaden
especially [ispéšəli] *adj* zlasti, predvsem, posebno
Esperanto [espərǽntòu] *n* esperanto
espial [ispáiəl] *n* vohunjenje, zasledovanje, špijonaža
espionage [espiəná:ž, éspiənidž] *n* vohunstvo, špijonaža
esplanade [esplənéid] *n* ploščad, promenada, sprehajališče, obrežna cesta
espousal I [ispáuzəl] *adj* poróčen

espousal II [ispáuzəl] *n fig* podpiranje, zavzemanje za kako stvar, privzem, usvojitev; *pl arch* poroka, svatba
espouse [ispáus] *vt* oženiti se; (*to*) dati komu za ženo; *fig* zavzeti se, podpirati, zagovarjati; sprejeti, usvojiti, prevzeti
esprit [esprí:[*n* duhovitost, bistrc, espri
esprit-de-corps [esprí:dəkó:] *n* občutek solidarnosti
espy [ispái] *vt* (iz)vohuniti, odkri(va)ti; zagledati, uzreti, opaziti
esquire [iskwáiə] *n* posestnik; oproda, mlad plemič, vitez; (spoštovani) gospod (v naslovih)
ess [es] *n* črka s
essay I [ései] *n* razpravica, esej; poskus, osnutek
essay II [eséi] *vt & vi* poskusiti, poskušati; preizkusiti; (po)truditi se
essayist [éseiist] *n* esejist(ka)
essence [ésns] *n* bistvo, jedro; izvleček, esenca, parfem; **in** ~ bistveno
essential I [esénšəl] *adj* (~ **ly** *adv*) bistven, nujen, tehten, važen, pomemben; *chem* eteričen; ~ **oil** eterično olje
essential II [isénšəl] *n* bistvo, osnova, glavna stvar
essentiality [isenšiǽliti] *n* bistvenost, tehtnost; bistvo, jedro
essentially [isénšəli] *adv* bistveno, pravzaprav, glavno
essentialness [isénšəlnis] glej **essentiality**
establish [istǽbliš] *vt* ustanoviti, osnovati; urediti; uvesti, uvajati, vpeljati; dognati, dokazati; utrditi, uveljavljati; priznati cerkev po zakonu; namestiti, nastaniti, pod streho spraviti, poskrbeti za koga; **to** ~ **o.s.** naseliti, nastaniti se; **the Established Church** anglikanska cerkev; **to** ~ **business connections** navezati poslovne stike; **to** ~ **a claim** postaviti zahtevo; **to** ~ **order** narediti red; ~ **ed order** veljaven red; ~ **ed laws** veljavni zakoni; **to** ~ **a record** postaviti rekord
establishment [istǽblišmənt] *n* ustanovitev, osnovanje; odobritev; dohodki; zavod, ustanova, podjetje, trgovina, tvrdka; gospodinjstvo; državna (anglikanska) cerkev; vojska; osebje, oborožene sile; uradništvo, personal; *coll* osebe v ozadju javnega življenja; **branch** ~ filiala; **the Church Establishment** zakonito priznan cerkveni sistem; **to have a separate** ~ imeti ločeno gospodinjstvo; vzdrževati si ljubico; **naval** ~ mornarica; **military** ~ oborožene sile; **to keep up a large** ~ vzdrževati veliko gospodinjstvo
estate [istéit] *n arch* stanje; posestvo, posest, zemljišče; dediščina; konkurzna masa; *coll* **fourth** ~ tisk; ~ **agent** posredovalec za nakup in prodajo zemljišč; **building** ~ parcela; ~ **car** avto s sedeži za potnike in večjim prostorom za prtljago; **personal** ~ premičnine; **real** ~ nepremičnine; **the holy** ~ **of matrimony** sveti zakonski stan; **owner of large** ~ **s** veleposestnik
estate-duty [istéitdju:ti] *n* davek na dediščino
esteem I [istí:m] *vt* spoštovati, ceniti, čislati; smatrati, meniti, soditi; *com* **your** ~ **ed letter** (ali **favour**) vaše cenjeno pismo
esteem II [istí:m] *n arch* sodba; (*for*) spoštovanje čislanje; ugled; cenitev; **to hold in high** ~ visoko ceniti; **to enjoy no great** ~ ne biti preveč v

časteh; **to be in great** ~ **with s.o.** imeti pri kom velik ugled
ester [ěstə] *n chem* ester
esthesia, esthete, esthetic glej **aesthesia, aesthete, aesthetic**
estimable [ěstiməbl] *adj* (**estimably** *adv*) spoštovanja vreden; cenljiv
estimate I [ěstimeit] *vt* (*at* na) ceniti, ocenjevati; soditi, meniti, presojati; spoštovati
estimate II [ěstimit] *n* ocena, cenitev; mnenje; *pl* proračun; **the Estimates** državni proračun; **supplementary** ~s dodatni krediti; **to form** ~ oceniti, presoditi
estimation [estiměišən] *n* spoštovanje, čislanje; cenitev, ocena, mnenje, sodba; **to hold** (ali **have) in** ~ ceniti, spoštovati; **to grow out of** ~ zgubiti ugled; **in my** ~ po moji oceni, po mojem mnenju
estimative [ěstimeitiv] *adj* (~**ly** *adv*) ocenjevalen, cenilen
estimator [ěstimeitə] *n* cenilec, -lka
estival, estivate, estivation glej **aestival, aestivate, aestivation**
estop [istóp] *vt jur* prъprečiti, prestreči, ovirati; **to** ~ **s.o. from s.th.** preprečiti komu kaj
estoppage [istópidž] *n jur* preprečitev; ovira
estrade [estrá:d] *n* estrada, oder
estrange [istréindž] *vt* (*from*) odtujiti, odtujevati; odvrniti, odvračati
estrangement [istréindžmənt] *n* (*from*) odtujitev; *fig* ohladitev
estray [istréi] *n* žival brez gospodarja
estreat [istrí:t] *vt jur* ukazati plačilo globe
estuary [ěstjuəri] *n* široko rečno ustje; morski rokav
esurience [isjúəriəns] *n* požrešnost, lakota, pohlep
esurient [isjúəriənt] *adj* (~**ly** *adv*) požrešen, pohlepen
etcetera [itsětrə] *n* in drugo; *pl* dodatki, raznovrstno blago, drobnarije
etch [eč] *vt* risati na baker, jedkati
etcher [ěčə] *n* jedkar
etching [ěčiŋ] *n* jedkanje; jedkanica, radiranka
etching-needle [ěčiŋni:dl] *n* jedkalna igla
eternal [itó:nəl] (~**ly** *adv*) večen, neskončen, nenehen, nespremenljiv; **the Eternal City** Rim; **the** ~ **triangle** zakonca in ljubavnik
eternalize [i:tó:nəlaiz] *vt* ovekovečiti
eternity [itó:niti] *n* večnost, neskončno dolga doba, stalnost, trajnost; nesmrtnost; posmrtni mir; **to launch into** ~ odpravljati se na oni svet
eternize [í:tənaiz] *vt* ovekovečiti; podaljšati za nedoločeno dobo
etesian [ití:žjən] *adj* leten, vsakoleten, periodičen; ~ **winds** pasatni vetrovi
ethane [ěθein] *n chem* etan
ether [í:θə] *n* eter; ~ **mask** maska za omamo; **to be on the** ~ oddajati (radijska postaja); **to put under** ~, **to give the** ~ narkotizirati
ethereal, etherial [iθíəriəl] *adj* (~**ly** *adv*) eteričen; lahek, nežen; nebeški, nadzemeljski
etheriality [i:θiəriælíti] *n* eteričnost, nežnost, prozornost, lahkota
etheric [i:θěrik] *adj* eteričen
etherization [i:θəraizěišən] *n* narkotiziranje z etrom
etherize [í:θəraiz] *vt* eterizirati; z etrom omamiti

ethic [ěθik] *adj* (~**ally** *adv*) nraven, moralen
ethical [ěθikəl] *adj* (~**ly** *adv*) glej **ethic**
ethics [ěθiks] *n pl* morala, etika, nravoslovje
ethnic [ěθnik] 1. *adj* (~**ally** *adv*) narodopisen; poganski; 2. *n arch* pogan
ethnical [ěθnikəl] glej **ethnic** 1.
ethnicity [eθnísiti] *n* sestav po narodnosti
ethnographer [eθnógræfə] *n* etnograf, narodopisec
ethnographic [eθnəgræfik] *adj* narodopisen, etnografski
ethnographical [eθnəgræfikəl] *adj* (~**ly** *adv*) glej **ethnographic**
ethnography [eθnógræfi] *n* narodopis, etnografija
ethnologic [eθnəlódžik] glej **ethnological**
ethnological [eθnəlódžikəl] *adj* (~**ly** *adv*) narodosloven, etnološki
ethnologist [eθnólədžist] *n* narodoslovec, etnolog
ethnology [eθnólədži] *n* narodoslovje, etnologija
ethos [í:θəs] *n* običaji, značilnosti (določene skupine ljudi)
ethyl [ěθil] *n chem* etil; ~ **alcohol** etilalkohol
ethylene [ěθili:n] *n chem* etilen
etiolate [í:tiəleit] *vt & vi bot* pustiti rasti v temi; obledeti, hirati
etiolated [í:tiəleitid] *adj* obledel
etiological, etiology glej **aetiological, aetiology**
etiquette [etikét] *n* predpisi za vedenje, etiketa, ceremonial, nepisani zakon
etna [ětnə] *n* kuhalnik na špirit
etude [eitjú:d] *n mus* etuda
etui [ětwi] *n* škatlica, tok, tulec
etymologic [etiməlódžik] glej **etymological**
etymological [etiməlódžikəl] *adj* (~**ly** *adv*) etimološki, besedotvoren
etymologicon [etiməlódžikən] *n* etimološki slovar
etymologist [etimólədžist] *n* etimolog(inja)
etymologize [etimólədžaiz] *vi* etimologizirati, ukvarjati se z etimologijo
etymology [etimólədži] *n* etimologija, nauk o izvoru besed, besedoslovje
etymon [ětimən] *n* beseda, iz katere so izpeljane druge
eucalyptus [ju:kəlíptəs] *n bot* evkaliptus
eucharist [jú:kərist] *n eccl* evharistija; zadnja večerja; obhajilo; zahvalna molitev
eucharistic [ju:kərístik] *adj* (~**ally** *adv*) evharističen; obhajilen; zahvalen
euchre [jú:kə] 1. *n* vrsta igre kart; 2. *vt* zmagati, dobiti (v tej igri); *fig* ukaniti
eugenic [ju:džěnik] 1. *adj* evgeničen; 2. *n pl* evgenika
eugenist [ju:džěnist] *n* evgenik
eulogist [jú:lədžist] *n* poveličevalec, -lka
eulogistic [ju:lədžístik] *adj* (~**ally** *adv*) poveličevalen, pohvalen
eulogize [jú:lədžaiz] *vt* poveličevati, peti komu hvalo; opevati
eulogium [ju:lóudžiəm] *n* slavospev, poveličevanje
eulogy [jú:lədži] *n* (*on*) pohvalni govor, poveličanje, slavospev; **to pronounce a** ~ **on s.o., to pronounce s.o.'s** ~ do nebes koga povzdigovati
eunuch [jú:nək] *n* skopljenec, evnuh
eupeptic [ju:péptik] *adj med* ki ima dobro prebavo; lahko prebavljiv
euphemism [jú:fimizəm] *n* milejši izraz, evfemizem

euphemistic [ju:fimístik] *adj* (~ **ally** *adv*) evfemisti-čen, umiljevalen, leporečen

euphemize [jú:fimaiz] *vi & vt* uporabljati milejše izraze

euphonic [ju:fónik] *adj* (~ **ally** *adv*) blagoglasen, ubran

euphonious [ju:fóuniəs] *adj* (~ **ly** *adv*) glej **euphonic**

euphony [jú:fəni] *n* blagoglasje, ubranost

euphorbia [ju:fóbiə] *n bot* mleček

euphoria [ju:fóriə] *n* vedro razpoloženje, ugodje; neupravičen optimizem (npr. narkomanov)

euphoric [ju:fórik] *adj* (~ **ally** *adv*) zadovoljen, veder; neupravičeno optimističen

euphrasy [jú:frəsi] *n bot* smetlika

euphuism [jú:fjuizəm] *n* afektiran način pisanja

euphuistik [ju:fjuístik] *adj* (~ **ally** *adv*) izumetničen, afektiran

eureka [juəríkə] *int* našel sem, rešeno je

eurhythmics [ju:ríθmiks] *n pl* ritmična gimnastika

europeanize [juərəpíənaiz] *vt* evropeizirati

europium [juərópiəm] *n chem* evropij

euthanasia [ju:θənéizjə] *n med* lahka smrt, evtanazija

evacuant [ivǽkjuənt] **1.** *adj med* dristilen, bljuven; **2.** *n* dristilo, bljuvalo

evacuate [ivǽkjueit] *vt* izprazniti; evakuirati; *mil* umakniti, umikati (se), zapustiti; izčrpati

evacuation [ivǽkjuéišən] *n* izpraznitev, evakuacija; umik; odhod; *med* izpraznitev črevesa, stolica

evacuative [ivǽkjueitiv] *adj med* dristilen

evacuee [ivǽkjuí:] *n* evakuiranec, -nka

evade [ivéid] *vt* uiti, uhajati; izogniti, izmuzniti se, pobegniti; izvijati, izgovarjati se; izigravati (zakon)

evader [ivéidə] *n* ki se izmuzne, ki izigrava (zakon)

evaluate [ivǽljueit] *vt* vrednotiti, preračunavati, določiti, določati

evaluation [ivəljuéišən] *n* vrednotenje, ocena, preračunavanje, določitev vrednosti

evanesce [i:vənés] *vi* zginevati, zgubljati se; porazgubiti, razkaditi se; splahneti

evanescence [i:vənésns] *n* zginevanje, porazgubitev

evanescent [i:vənésnt] *adj* (~ **ly** *adv*) zginjajoč, plahneč; neskončno majhen

evangel [ivǽndžəl] *n* dobra vest; evangelij

evangelic [i:vændžélik] **1.** *adj* evangelski; **2.** *n* evangelik

evangelical [i:vændžélikəl] *adj* (~ **ly** *adv*) evangelski

evangelist [ivǽndžilist] *n* evangelist; potujoči pridigar; patriarh mormonske cerkve

evangelistic [ivǽndžilístik] *adj* (~ **ally** *adv*) evangelističen

evangelize [ivǽndžilaiz] *vt & vi* učiti po evangeliju, širiti evangelij

evanish [ivǽniš] *vi* izginiti, izgubiti se

evanishment [ivǽnišmənt] *n* izginotje

evaporable [ivǽpərəbl] *adj* hlapljiv

evaporate [ivǽpəreit] **1.** *vi* izhlapeti, zgostiti se; *coll* izginiti, umreti; **2.** *vt* gostiti, zgoščevati, pustiti izhlapeti

evaporation [ivǽpəréišən] *n* izhlapevanje; hlapi

evaporative [ivǽpəreitiv] *adj* hlapljiv; zgoščevalen

evaporation [ivǽpəreitə] *n techn* izparilnik

evasion [ivéižən] *n* beg, izogibanje; izvijanje, izmikanje; dvoumen odgovor, pretveza

evasive [ivéisiv] *adj* (~ **ly** *adv*) neodkrit, dvoumen, izmikajoč se

evasiveness [ivéisivnis] *n* minljivost; dvoumnost; izmikanje

eve [i:v] *n* večer pred praznikom; *arch* večer; **on the** ~ **of** pred (praznikom); **Christmas Eve** božični večer; **New Year's Eve** Silvestrovo

even I [í:vən] *n poet* večer

even II [í:vən] *adj* (~ **ly** *adv*) ploščat, raven, gladek; enak, paren; pravičen; pravilen; ritmičen; enoličen, monoton; paralelen; **to come** (ali **be, get)** ~ **with** vrniti komu milo za drago, obračunati s kom; **to part** ~ **hands** enako si razdeliti, poravnati se; **of** ~ **date** istega datuma; **to meet on** ~ **ground** imeti enako upanje na uspeh; **to make** ~ **with the ground** zravnati z zemljo; **on** ~ **terms** sporazumno; ~ **number** sodo število; **to go** ~ **with** ravnati se po; *naut* **on an** ~ **keel** enakomerno obtežen

even III [í:vən] *adv* celo, nasprotno; sploh; pravkar; ~ **as** v tistem trenutku, ko; ~ **if,** ~ **though** četudi, čeprav, dasi; ~ **that** vzemimo, da; **not** ~ niti ne; ~ **more** še (veliko) več; ~ **so** vendar, če že

even IV [í:vən] *vt* izravna(va)ti, izenačiti, poravna(va)ti; **to** ~ **with the ground** zravnati z zemljo; **to** ~ **up** izenačiti

evener [í:vənə] *n* izenačevalec

evenfall [í:vənfɔ:l] *n poet* mrak

even-handed [í:vənhǽndid] *adj* (~ **ly** *adv*) pravičen, nepristranski

even-handedness [í:vənhǽndidnis] *n* nepristranost, pravičnost

evening I [í:vniŋ] *n* večer; **this** ~ drevi; **last** ~ sinoči; **the** ~ **crowns the day** konec dober, vse dobro; **to make an** ~ **of it** preživeti večer v zabavi, krokati; **yesterday** ~ sinoči

evening II [í:vniŋ] *adj* večeren; ~ **gown** večerna obleka; ~ **dress** večerna obleka, smoking, frak; ~ **star** zvezda večernica; ~ **meal** večerja

evenminded [í:vənmáindid] *adj* (~ **ly** *adv*) miren, ravnodušen, uravnovešen; nepristranski, pravičen

evenmindedness [í:vənmáindidnis] *n* mirnost, ravnodušnost, uravnovešenost; nepristranost, pravičnost

eveness [í:vənnis] *n* enakost, ravnost; nepristranost; ravnodušnost

evensong [í:vənsɔŋ] *n* večerna pesem ali molitev; večerna služba božja; *fig* večer

event [ivént] *n* dogodek, prigodba; primer; točka (športnega programa); (športna) disciplina; posledica, rezultat, uspeh; **at all** ~**s** v vsakem primeru; **in the** ~ končno; **in the** ~ **of s.th.** v primeru česa; **in either** ~ v obeh primerih; **to achieve a double** ~ zmagati v dveh točkah tekmovanja; **quite an** ~ važen dogodek; **athletic** ~**s** lahkoatletsko tekmovanje; **table of** ~**s** program slavnosti; **track** ~**s** dirkalno, štafetno tekmovanje; **no** ~**s of note** nobeni važni dogodki

eventful [ivéntful] *adj* (~ **ly** *adv*) poln dogodkov; razigran, važen, znamenit

eventide [í:vəntaid] *n arch* večer

eventual [ivéntjuəl] *adj* morebiten, slučajen; končen, definitiven

eventuality [iventjuǽliti] *n* možnost, slučajnost, možen izid
eventually [ivéntjuəli] *adv* končno, navsezadnje; sčasoma; v danem primeru
eventuate [ivéntjueit] *vi* pripetiti se; imeti za posledico; končati se
ever [évə] *adv* vedno, nenehno, vselej; večno; nekdaj, včasih, (sploh) kdaj; **as** ~ kakor hitro, bržko; ~ **afterwards,** ~ **since** odtlej; *arch* ~ **and anon** tu in tam; ~ **before** od nekdaj; **hardly** (ali **scarcely)** ~ skoraj nikoli; ~ **so long** celo večnost; *coll* ~ **so še** kako, zelo; **if** ~ **so tired** najsi še tako truden; **for** ~ **(and a day)** večno; ~ **yours** vaš (ali tvoj) vdani (kot zaključek pisma); **who (what, how, where, when)** ~ kdo (kaj, kako, kje, kam, kdaj) le, že
-ever [e:və] *suf* -koli
everglade [évəgleid] *n A* močvirje; **the Everglades** močvirnato ozemlje na Floridi
evergreen [évəgri:n] **1.** *adj* zimzelen; **2.** *n* zimzelena rastlina
everlasting I [evəlá:stiŋ] *adj* (~ **ly** *adv*) večen, nenehen, trajen, nesmrten, neuničljiv
everlasting II [evəlá:stiŋ] *n bot* molec, smilje; večnost
evermore [évəmó:] *adv* neprenehoma, večno, vedno, za vselej
eversion [ivə́:šən] *n med* zavihanje navzven (npr. očesne veke); *arch* vstaja, upor
evert [ivə́:t] *vt* (za)vihati, navzven obrniti; uničiti
every [évri] *adj* vsak; **each and** ~ prav vsak, brez izjeme; **all and** ~ vsi po vrsti; ~ **bit,** ~ **whit** popolnoma, do skrajnosti; ~ **here and there** tu in tam; ~ **so often** včasih; **on** ~ **side** na vseh straneh; ~ **man for himself!** naj se reši, kdor se more!; ~ **other day** vsak drugi dan; ~ **now and again** tu pa tam; ~ **once in a while** tu in tam, včasih, redkokdaj; ~ **right** polna, vsa pravica
everybody [évribódi] *n* vsakdo, vsi; ~ **else** vsi drugi
everyday [évridéi] *adj* vsakdanji, navaden
everyman [évrimən] *n* povprečnež; malomeščan, filister
everyone [évriwʌn] glej **everybody**
everything [évriθiŋ] *n* vse; *coll* najvažnejše; ~ **goes swimmingly** vse gre kakor po maslu; ~ **that** vse, kar
everyway [évriwei] *adv* v vsakem pogledu
everywhen [évriwen] *adv* vselej, vsakokrat
everywhere [évriwɛə] *adv* povsod; **here, there and** ~ prav povsod
evict [ivíkt] *vt jur* nasilno pregnati, razlastiti, deložirati
eviction [ivíkšən] *n jur* razlastitev, deložacija
evictor [ivíktə] *n* razlaščevalec
evidence I [évidəns] *n* očitnost, jasnost, razvidnost; (*for*) dokaz; pričanje; **to admit in** ~ priznati; **to establish by** ~ dokazati; **in** ~ jasno viden, na vidiku; **to give** (ali **bear, furnish**) ~ **of s.th.** pričati o čem, kazati znake česa; **to turn King's** (ali **Queen's, State's**) ~ izdati sokrivce in pričati proti njim, biti glavna priča; **on this** ~ zaradi tega; **to be called in** ~ biti klican za pričo; **a piece of** ~ dokaz
evidence II [évidəns] *vt* dokaz(ov)ati, izpričati

evident [évidənt] *adj* (~ **ly** *adv*) jasen, očiten; **to make** ~ dokazati
evidential [evidénšəl] *adj* (~ **ly** *adv*) (*of*) dokazen; dokazan, jasen, prepričljiv
evidentiary [evidénšəri] *adj* dokazen
evil I [í:vl] *adj* (~ **ly** *adv*) hudoben, grešen, škodljiv; nesrečen; **to fall on** ~ **days** obubožati, doživeti hude čase; **an** ~ **genius** zli duh; **the** ~ **one** hudobec, vrag; **of** ~ **repute** na slabem glasu; **an** ~ **tongue** hudoben jezik
evil II [í:vl] *n* zlo, nesreča; škoda; bolezen; greh; **king's** ~ škrofuloza; **social** ~ prostitucija; **St. John's** ~ božjast
evil III [í:vl] *adv arch* hudo, slabo; **to speak** ~ **of s.o.** opravljati, obrekovati koga
evil-affected [í:vləféktid] *adj* zloben, hudoben
evil-disposed [í:vldispóuzd] *adj* hudoben, zloben
evil-doer [í:vldúə] *n* zločinec, -nka, hudobec, grešnik, -nica
evil-eyed [í:vláid] *adj* urokljiv
evil-favoured [í:vlféivəd] *adj* grd
evil-minded [í:vlmáindid] *adj* zlohoten, hudoželen, hudoben
evilness [í:vlnis] *n* zloba, hudobnost, hudobija, pokvarjenost
evil-speaking [í:vlspí:kiŋ] *adj* klevetniški
evince [ivíns] *vt* (po)kazati, izda(ja)ti
evincible [ivínsəbl] *adj* (**evincibly** *adv*) dokazljiv
evincing [ivínsiŋ] *adj* (~ **ly** *adv*) prepričljiv
evincive [ivínsiv] *adj* (~ **ly** *adv*) dokazen, prepričljiv
evirate [í:vireit] *vt* skopiti, kastrirati; *fig* oslabiti
eviscerate [ivísəreit] *vt* odstraniti drob, iztrebiti; *fig* odvzeti značilnosti, bistvo; (ulico) razkopati
evisceration [ivisəréišən] *n* odstranitev droba; *fig* praznina
evocate [évəkeit] *vt* klicati (duhove); *jur* prizivati se
evocation [evəkéišən] *n* citiranje, obujanje spominov; klicanje duhov; izzivanje; *jur* prenos sodnijskega postopka na višje sodišče
evocative [ivóukətiv] *adj* (*of*) ki spominja na; ki poziva, kliče
evoke [ivóuk] *vt* (pri)klicati v spomin; obuditi, obujati (spomin); izzivati, pozivati; prenesti na višje sodišče
evolute [í:vəlu:t] **1.** *vt & vi* razviti (se); **2.** *n geom* evoluta
evolution [i:vəlú:šən] *n* razvoj; okret; sprostitev; manevri, manevriranje; *math* korenjenje; nastanek nebesnih teles s koncentracijo kozmične snovi; *biol* evolucija
evolutional [i:vəlú:šnəl] *adj* (~ **ly** *adv*) glej **evolutionary**
evolutionary [i:vəlú:šnəri] *adj* (**evolutionarily** *adv*) razvojen, evolucijski
evolutionism [i:vəlú:šənizəm] *n* razvojna teorija, evolucionizem
evolutionist [i:vəlú:šənist] **1.** *adj* evolucijski; **2.** *n* zagovornik, -nica razvojne teorije, evolucionist(ka)
evolutive [ivóljutiv] *adj* (~ **ly** *adv*) razvojen
evolve [ivólv] *vi & vt* razvi(ja)ti (se), nasta(ja)ti; izdelati, izdelovati; odda(ja)ti (energijo); izzvati
evulgate [ivʌlgeit] *vt* objaviti
evulgation [ivʌlgéišən] *n* objava
evulsion [ivʌlšən] *n* puljenje

ewe [ju:] *n zool* ovca (samica)
ewe-lamb [jú:læm] *n zool* jagnje; *fig* one's ~ kar je
  komu najljubše; edina dragocenost; edinček
ewe-necked [jú:nekt] *adj* ki ima tenek vrat (konj)
ewer [júə] *n* vodna ročka, vrč
ewest [jú:ist] *adv* tik, prav blizu česa
ex [eks] **1.** *prep* brez; iz; **2.** *pref* bivši, nekdanji
exacerbate [eksǽsəbeit] *vt* (po)slabšati, zaostriti;
  ogorčiti, razdražiti
exacerbation [eksǽsəbéišən] *n* ogorčenje; poslab-
  šanje (bolezni)
exact I [igzǽkt] *adj* (~ly *adv*) točen, natančen;
  vesten; ~ memory dober spomin
exact II [igzǽkt] *vt* (*from*, *of*) zahtevati, terjati
  izsiljevati
exactable [igzǽktəbl] *adj* izsiljiv, izterljiv
exacting [igzǽktiŋ] *adj* (~ly *adv*) zahteven, na-
  poren; strog, natančen; oblasten, močan; pre-
  tiran
exaction [igzǽkšən] *n* izsiljevanje, izterjevanje;
  (pretirana) zahteva; poklic na sodišče
exactitude [igzǽktitju:d] *n* točnost, natančnost;
  vestnost, skrbnost
exactly [igzǽktli] *adv* točno, natanko; čisto prav
  (imaš), res je; pravzaprav; not ~ ne ravno;
  what ~ are you doing? kaj pravzaprav počneš?
exactness [igzǽktnis] *n* glej exactitude
exactor [igzǽktə] *n* izterjevalec; izsiljevalec
exaggerate [igzǽdžəreit] *vt & vi* pretiravati, preveč
  poudarjati; poslabšati se (bolezen); močno (se)
  povečati
exaggerated [igzǽdžəreitd] *adj* pretiran; *med* po-
  večan
exaggeration [igzǽdžəréišən] *n* pretiravanje; po-
  večanje; poslabšanje
exaggerative [igzǽdžəreitiv] *adj* (~ly *adv*) ki rad
  pretirava; pretiran, prenapet
exaggerator [igzǽdžəreitə] *n* tisti, ki rad pretirava,
  prenapetež
exalt [igzɔ́:lt] *vt* dvigati, pov: ševati; poudarjati;
  navduševati; hvaliti, poveličevati; to ~ to the
  skies v nebesa povzdigovati
exaltion [egzɔ:ltéišən] *n* poveličevanje; navdušenje,
  zanos; prenapetost, razburjenost; *astr* kulmina-
  cija
exalted [igzɔ́:tid] *adj* (~ly *adv*) vzvišen; povišan;
  prenapet; ~ aims vzvišeni cilji; ~ style višji
  slog
exam [igzǽm] *n coll* glej examination
examinable [igzǽminəbl] *adj* ki se da preiskati,
  pregledati
examinant [igzǽminənt] *n* izpraševalec, -lka
examination [igzǽminéišən] *n* izpit; raziskava, pre-
  iskava, pregled; *jur* zasliševanje; **eleven plus** ~
  E sprejemni izpit za srednjo šolo;
  šolo; **board of** ~ izpitna komisija; **customs** ~
  carinski pregled; **to go in for** (ali **sit, undergo**) **an**
  ~ delati izpit; **to fail (in) an** ~ pasti pri izpitu;
  sl **to plough an** ~ cepniti pri izpitu; **to get**
  through (ali **pass**) **an** ~ narediti izpit; **to make**
  an ~ **of s.th.** ogledati si kaj; **post-mortem** ~
  obdukcija; **public** ~ javna preiskava; **compe-**
  titive ~ javni razpis; **to be under** ~ biti na pre-
  tresu; *jur* biti zaslišan
examinational [igzǽminéišnəl] *adj* izpiten; preisko-
  valen, zasliševalen

examination-paper [igzæminéišənpeipə] *n* seznam
  vprašanj za pismeni izpit, pismena naloga
examine [igzǽmin] *vt* (*in*, *on*) izpraševati; (*into*)
  preiskovati, pregledovati; (*on*) zasliševati;
  examining body izpitna komisija
examinee [igzæminí:] *n* izprašanec, -nka, kandi-
  dat(ka)
examiner [igzǽminə] *n* izpraševalec, -lka; *A* revi-
  zor, preglednik; **to satisfy the** ~ narediti izpit
  (z zadostnim uspehom)
example I [igzá:mpl] *n* vzorec, primer, zgled; sva-
  rilo, opomin; **to make an** ~ **of** drugim v zgled
  kaznovati; **as an** ~, **by way of** ~, **for** ~ na
  primer; **to set** (ali **give**) **an** ~ dajati zgled;
  to take ~ **by s.o.** posnemati koga; **without** ~
  nezaslišan, izreden; **to hold up as an** ~ **to s.o.**
  dajati komu za zgled; **let this be an** ~ **to you**
  naj vam (ti) bo v svarilo
example II [igzá:mpl] *vt* biti primer; **it has not**
  been ~d to je nezaslišano
exanimate [igzǽnimit] *adj* mrtev, brez duše; ovel;
  pobit
exanthema, *pl* exanthemata [eksanθí:mə, -mətə] *n*
  med vročičen izpuščaj, eksantema
exarch [éksa:k] *n* pravoslavni škof, eksarh
exarchate [éksa:keit] *n* eksarhat
exasperate [igzá:spəreit] *vt* (raz)jeziti, razkačiti;
  (za)greniti; *med* (po)slabšati; ~d at jezen,
  ogorčen zaradi
exasperating [igzá:spəreitiŋ] *adj* (~ly *adv*) ki raz-
  kači; *med* ki poslabša
exasperation [igza:spəréišən] *n* ogorčenje; *med*
  poslabšanje
excaudate [éksko:deit] *adj* ki nima repa, brezrep
excavate [ékskəveit] *vt* (iz)dolbsti, izkopa(va)ti
excavation [ekskəvéišən] *n* izkopavanje; poglobi-
  tev; izkopina, kotanja, jama, votlina; predor
excavator [ékskəveitə] *n* kopač; *techn* bager
exceed [iksí:d] *vt & vi* (*in*) prekoračiti, presegati,
  prekašati; pretiravati; odlikovati se
exceeding [iksí:diŋ] *adj* nenavaden, skrajen, pre-
  komeren, preobilen
exceedingly [iksí:diŋli] *adv* zelo, nenavadno,
  skrajno, izredno
excel [iksél] **1.** *vt* (*at*) prekašati, nadkriljevati;
  2. *vi* (*in*) odlikovati se
excellence [éksələns] *n* odličnost, popolnost, vrlina,
  izvrstnost
excellency [éksələnsi] *n arch* glej excellence; viso-
  kost, vzvišenost (v naslovih)
excellent [éksələnt] *adj* (~ly *adv*) odličen, izvrsten
excelsior [eksélsiə] **1.** *n* lesna volna (za embalažo);
  2. *adj* prima, najboljši
except I [iksépt] **1.** *vt* izločiti, izvzeti, izključiti; ne
  upoštevati; **2.** *vi* ugovarjati; **to** ~ **from** izločiti,
  izpustiti, opustiti; **to** ~ **against** ugovarjati;
  present company ~ed navzoči so izvzeti
except II [iksépt] **1.** *conj arch* razen če; ~ **for** ko
  bi ne bilo; **2.** *prep* razen, mimo, izvzemši
excepting [ikséptiŋ] **1.** *prep* razen, izvzemši; **2.** *conj*
  ~ **that** razen če; če ne upoštevamo; **not** ~ ne
  izvzemši, vključno
exception [ikséptšən] *n* izjema; ugovor; **to take** ~
  to (ali **at, against**) grajati, oporekati, biti uža-
  ljen, zameriti; **by way of** ~ izjemoma; **the** ~
  proves the rule izjema potrjuje pravilo; **with the**

~ of z izjemo, izvzemši, razen; to admit of no ~ ne dopuščati nobene izjeme; beyond ~ neizpodbitno, neoporečen; subject (ali liable) to ~ oporečen, izpodbiten
exceptionable [iksépšnəbl] adj (exceptionably adv) sporen, izpodbiten; neprimeren
exceptional [iksépšənl] adj (~ly adv) izjemen, nenavaden
exceptive [ikséptiv] adj (~ly adv) glej exceptional
excerpt I [éksɔ:pt] n izvleček, izpisek, citat, odlomek; separat
excerpt II [eksɔ́:pt] vt izpisati, narediti izvleček, citirati
excerption [eksɔ́:pšən] n izpisek, odlomek, citat; izpisovanje, ekscerpiranje
excess I [iksés] n prekoračenje, preobilnost, presežek; pl izgredi, nasilna dejanja; math ostanek; to carry to ~ pretiravati; in ~ of več kot, prek česa; ~ fare doplačilo na vozovnico; ~ luggage prtljaga, ki presega dopustno težo; to carry to ~ pretiravati; ~ postage doplačilo poštnine; to eat to ~ preobjesti se
excess II [iksés] vt & vi zahtevati doplačilo; plačati doplačilo
excessive [iksésiv] adj (~ly adv) prekomeren, nenavaden, pretiran
excessiveness [iksésivnis] n prekomernost, pretiranost, preobilnost
exchange I [iksčéindž] vt (for) zamenja(va)ti, menja(va)ti izmenja(va)ti; to ~ civilities pozdraviti se; to ~ blows stepsti se; to ~ words spričkati, prerekati se; to ~ shots obstreljevati drug drugega
exchange II [iksčéidž] n zamenjava, izmenjava; borza; (telefonska) centrala; menjanje; valutni tečaj; posredovalnica; ~ advice borzno poročilo; in ~ for za, namesto; bill of ~ menica; foreign ~ valuta, devize; rate of ~ (menjalni) tečaj; stock ~ borza vrednostnih papirjev; labour ~ borza dela; Royal Exchange londonska borza; central ~ hišna centrala
exchangeability [iksčeindžəbíliti] n zamenljivost, konvertibilnost
exchangeable [iksčéindžəbl] adj (for) zamenljiv, konvertibilen; techn nadomesten (del)
exchange-advice [iksčéindžədvais] n borzno poročilo
exchange-broker [iksčéindžbroukə] n borzni senzal
exchange-cap [iksčeindžkæp] n papir za menice
exchange-office [iksčéindžɔfis] n menjalnica
exchange-regulations [iksčéindžregjuleišənz] n pl devizni predpisi
exchequer [iksčékə] n zakladnica; državna blagajna; finance, denar; E ministrstvo za finance; E Chancellor of the Exchequer minister za finance
excisable [eksáizəbl] adj trošarinski, užitninski
excise I [eksáiz] vt izrezati, odstraniti; amputirati
excise II [eksáiz] n posredni davek, trošarina, užitnina; davčna uprava
excise III [eksáiz] vt obdavčiti, užitniti
exciseman [eksáizmən] n financar; pobiralec trošarine
excise-office [eksáizɔfis] n davčni urad
excision [eksížən] n med izrezovanje; izrezek; fig pokončanje

excitability [iksaitəbíliti] n razdražljivost, razburljivost
excitable [iksáitəbl] adj (excitably adv) razburljiv, razdražljiv
excitant [éksitənt] 1. adj dražeč, dražljiv; 2. n med dražilo, poživilo
excitation [eksitéišən] n razdraženje, razburjenje; phys magnetenje, indukcija
excitative [eksáitətiv] adj (~ly adv) razburljiv, razdražljiv
excitatory [eksáitətəri] adj (excitatorily adv) glej excitative
excite [iksáit] vt (raz)dražiti, razburiti; vzbuditi, povzročiti; to ~ o.s., to get ~d razburiti se
excitement [iksáitmənt] n razburjenje; dražljaj, pobuda
exciter [iksáitə] n dražilec; pobuda; techn vzbujalnik, generator
exciting [iksáitiŋ] adj (~ly adv) razburljiv, napet, zanimiv; techn vzbujevalen
exclaim [ikskléim] vi & vt vzklikniti, zakričati; to ~ at biti ves iz sebe nad; to ~ against glasno protestirati, robantiti
exclamation [eksklǝméišǝn] n vzklik; pl kričanje; ~ mark, note (ali point, sign, mark) of ~ klicaj
exclamatory [eksklǽmǝtǝri] adj vzklicen, eksklamativen
exclude [iksklú:d] vt (from) izključiti; ne priznati, ne upoštevati, ne dopuščati; prepovedati vstop; not excluding vključno
exclusion [iksklú:žǝn] n izključitev, izločitev; to the ~ of z izključitvijo, izključno
exclusionary [iksklú:žǝnǝri] adj (exclusionarily adv) izključevalen
exclusive [iksklú:siv] adj (~ly adv) izključen, izključevalen; domišljav; nedostopen, rezerviran; specializiran; odličen, prvovrsten; coll drag; ~ of ne glede na, brez; razen; to be ~ of izključevati; ~ sale monopol
exclusively [iksklú:sivli] adv samo, le, izključno, edino
exclusiveness [iksklú:sivnis] n izključenost, ekskluzivnost
excogitate [ekskódžiteit] vt izmisliti, izumiti, iztuhtati
excogitation [ekskɔdžitéišǝn] n izmislek, izum, izmišljotina
excogitator [ekskódžiteitǝ] n izmišljevalec, izumitelj
ex-combatant [ékskómbǝtǝnt] n bivši borec (iz svetovne vojne)
excommunicate I [ekskǝmjú:nikeit] vt izobčiti (iz cerkve)
excommunicate II [ekskǝmjú:mikeit, -kit] 1. adj izobčen; 2. n izobčenec
excommunication [ekskǝmju:nikéišǝn] n izobčenje, izobčitev (iz cerkve)
excommunicative [ekskǝmjú:nikǝtiv] adj izobčevalen
excommunicator [ekskǝmjú:nikeitǝ] n tisti, ki izobči, izobčevalec
excommunicatory [ekskǝmjú:nikeitǝri] glej excommunicative
excoriate [ikskɔ́rieit] vt olupiti; iz kože deti, odreti; coll ostro kritizirati

excoriation [ekskɔ:riéišən] n lupljenje; med odrgnina, odrga
excorticate [ekskɔ́:tikeit] vt (skorjo) olupiti
excortication [ekskɔ:tikéišən] n lupljenje (debel)
excrement [ékskrimənt] n izmeček, blato, gnoj, iztrebek
excremental [ekskriméntəl] adj izločevalen, nečist
excrementitious [ekskriməntíšəs] glej excremental
excrescence [ikskrésns] n izrastek, bula, grča, štrlina; razraščanje; prevelik razvoj
excrescent [ikskrésnt] adj izraščen; odvečen, nepotreben, presežen
excreta [ekskrí:tə] n pl med odpadki, blato, iztrebki, gnoj, izločki
excrete [ekskrí:t] vt izločiti, izločati, izmetavati
excretion [ekskrí:šən] n izločanje; izmeček, izloček
excretive [ekskrí:tiv] adj (~ ly adv) izločevalen
excretory [ékskri:təri] 1. adj (excretorily adv) izločevalen; 2. n izločilo
excruciate [ikskrú:šieit] vt mučiti, trpinčiti
excruciating [ikskrú:šieitiŋ] adj (~ ly adv) mučen, bolesten
excruciation [ikskru:šiéišən] n mučenje, trpljenje, muka
exculpate [ékskʌlpeit] vt (from) oprostiti krivde, opravičiti, razbremeniti
exculpation [ekskʌlpéišən] n (from) opravičilo, oprostitev, razbremenitev
exculpatory [ekskʌ́lpətəri] adj (exculpatorily adv) opravičevalen; razbremenilen
excurrent [ekskʌ́rənt] adj ki iztečc; med ki teče iz srca, arterijski; bot ki se razrašča
excurse [ikskɔ́:s] vi bloditi, tavati; oddaljiti se od predmeta; iti na izlet
excursion [ikskɔ́:šən] n izlet, kratko potovanje; odklon, amplituda; ~ ticket izletniška (znižana) vozovnica; ~ train izletniški vlak
excursionist [ikskɔ́:šənist] n izletnik, -nica
excursive [ekskɔ́:siv] adj (~ ly adv) ki se oddaljuje, skrene; klateški, bloden; brezzvezen (govor)
excursiveness [ekskɔ́:sivnis] n oddaljitev, skrenitev; brezzveznost
excursus [ekskɔ́:səs] n razpravljanje o postranskih stvareh; nadrobna razprava o določenem delu knjige
excusability [ikskju:zəbíliti] n opravičljivost
excusable [ikskjú:zəbl] adj (excusably adv) opravičljiv, oprostljiv
excusatory [ikskjú:zətəri] adj (excusatorily adv) opravičevalen, izgovarjalen
excuse I [ikskjú:z] vt (from, for) opravičiti, oprostiti, spregledati; ~ me dovolite, z dovoljenjem; opravičite me; I beg to be ~ d prosim, da me opravičite
excuse II [ikskjú:s] n opravičilo, oproščenje, spregled; in ~ of kot opravičilo; to make (ali offer) an ~ opravičiti, opravičevati se; it admits of no ~ je neopravičljivo; a lame (ali poor) ~ slabo opravičilo; there's no ~ for it neopravičljivo je
exeat [éksiət] n E dovoljenje za izhod (študentu)
execrable [éksikrəbl] adj (execrably adv) gnusen, ogaben, zoprn
execrableness [éksikrəblnis] n gnusota, ostudnost
execrate [éksikreit] 1. vt prekleti, mrzeti; 2. vi gnusiti se, sovražiti, zgražati se

execration [eksikréišən] n preklinjanje, kletvica; stud, mržnja, zgražanje
execrative [éksikreitiv] adj (~ ly adv) preklinjevalski; gnusen
execratory [éksikreitəri] adj (execratorily adv) glej execrative
executable [éksikju:təbl] adj izvršljiv
executant [igzékju:tənt] n izvrševalec, -lka; predvajalec, -lka (zlasti glasbe)
execute [éksikju:t] vt izvršiti, izdelati, izvajati; mus predvajati; jur overoviti, potrditi; zarubiti; usmrtiti
executer [éksikju:tə] n vršilec, -lka
execution [eksikjú:šən] n izvršitev, izvedba; predvajanje; izvršitev obsodbe, usmrtitev; rubežen; razdiralen učinek; to carry into ~, to put in ~ izvajati, izvršiti; to do ~ učinkovati, kvarno vplivati; to take out an ~ against s.o. dati komu zarubiti; to do great ~ to s.o. povzročiti komu veliko škodo; to make good ~ opustošiti, razdejati
executioner [eksikjú:šnə] n rabelj, krvnik
executive I [igzékjutiv] adj (~ ly adv) izvrševalen, izvršilen; (A tudi) administrativen
executive II [igzékjutiv] n izvrševalna moč, eksekutiva
executor [igzékjutə] n izvrševalec (zlasti oporoke), izvajalec, rubežnik, eksekutor
executorial [igzekjutó:riəl] adj izvrševalski, eksekutorski
executory [igzékjutəri] adj izvrševalen, izvršen, eksekucijski
executorship [igzékjutəšip] n eksekutorstvo, eksekutiva, izvršna oblast
executrix, pl executrices [igzékjutriks, igzékjutrisi:z] n izvrševalka (oporoke)
exegesis [eksidží:sis] n tolmačenje, razlaga (zlasti biblije)
exegetic [eksidžétik] adj (~ ally adv) razlagalen, ki tolmači
exemplar [igzémplə] n vzor, zgled, ideal
exemplariness [igzémplərinis] n zglednost, vzornost
exemplarity [igzemplériti] glej exemplariness
exemplary [igzémpləri] adj (exemplarily adv) zgleden, vzoren; svarilen
exemplification [igzemplifikéišən] n pojasnilo z zgledi, ponazoritev; uradni prepis
exemplify [igzémplifai] vt na zgledih pokazati, ponazoriti; narediti uradni prepis, z uradnim prepisom overiti
exemplum, pl exempla [igzémpləm, -lə] n vzor, zgled; nravstveni nauk
exempt I [igzém(p)t] adj (from) prost, izvzet, osvobojen
exempt II [igzém(p)t] n osvobojenec, koncesionar; poveljnik telesne straže
exempt III [igzém(p)t] vt (from) osvoboditi, priznasti, izvzeti
exempted [igzém(p)tid] adj (from) izvzet, prost, oproščen
exemptible [igzémptəbl] adj izključljiv
exemption [igzém(p)šən] n osvoboditev, oprostitev; imunost

exequatur [eksikwéitə] n uradno dovoljenje (konzulu, škofu), da sme vršiti službo; dovoljenje objave papeške bule

exequies [éksikwiz] n pl pogrebni obredi, pogreb

exercisable [éksəsaizəbl] adj izvedljiv, poraben

exercise I [éksəsaiz] n vaja, vežba, vadba; naloga; izvrševanje, opravljanje; božja služba; vojaško vežbanje; pl obredi, slovesnost, proslava; to take one's ~ iti na sprehod; physical ~ telesna vaja

exercise II [éksəsaiz] 1. vt opravljati, vršiti; trenirati, vaditi; skrbeti; mučiti; uporabljati; 2. vi vaditi, vežbati, gibati se; trenirati; to ~ s.o.'s patience mučiti koga; to be ~d about biti zaskrbljen, skrbeti zaradi; ~d in vešč česa

exerciser [éksəsaizə] n vaditelj(ica), trener(ka); izvrševalec, -lka

exercitation [egzə:sitéišən] n skušenost, praksa, urjenje

exert [igzó:t] vt uveljaviti, uporabiti; obs kazati, odkri(va)ti; to ~ o.s. truditi se, prizadevati si

exertion [igzó:šən] n trud, napor; napetost; uporaba; to use every ~ napeti vse sile

exes [éksiz] n pl coll stroški

exeunt [éksiənt] vi odidejo (z odra)

exfoliate [eksfóulieit] 1. vi zgubiti listje; brsteti; plastiti, cepiti, leviti, luščiti se; 2. vt luščiti, osmukati; fig razviti

exfoliation [eksfouliéišən] n luščenje, brstenje; razpadanje v plasti, plastenje

exhalation [eks(h)əléišən] n izdih, izpuh; para, hlapi; izbruh (jeze)

exhale [ekshéil] vt & vi (from, out of) izparevati, izhlapevati, izpuhtevati; izdihavati, izdihniti; med izlivati (iz ožilja)

exhaust I [igzó:st] vt izčrpati, utruditi; izprazniti; potrošiti; to ~ o.s. utruditi, izčrpati se

exhaust II [igzó:st] n izpuh, izpušni plin, izpušna para; ekshaustor; ~ muffler (ali box) glušnik; ~ pipe izpušna cev; ~ steam izpušna para; ~ tube sesalna cev; ~ valve (ali cut-out) izpušni ventil

exhausted [igzó:stid] adj izčrpan; brezzračen

exhaustible [igzó:stəbl] adj izčrpljiv

exhausting [igzó:stiŋ] adj (~ly adv) utrudljiv, težaven

exhaustion [igzó:sčən] n izčrpavanje; izčrpanost, utrujenost; razredčenje (zraka)

exhaustive [igzó:stiv] adj (~ly adv) (of) izčrpen obširen; naporen, utrudljiv; temeljit; to be ~ of a subject izčrpno kaj izdelati

exhaustiveness [igzó:stivnis] n izčrpanost, obširnost, temeljitost

exhibit I [igzíbit] n razstava; razstavljeni predmet, eksponat; jur dokazilo, dokazni material

exhibit II [igzíbit] vt razstavljati, razkazovati, kazati; predložiti; dati zdravilo; razpisati štipendije; jur vložiti tožbo

exhibition [eksibíšən] n razstava; razkazovanje; razstavljeni predmet; prizor; igra; dajanje zdravila; E štipendija; to be on public ~ biti javno razstavljen; to make an ~ of o.s. trapasto (nespodobno) se obnašati, osmešiti se

exhibitioner [eksibíšənə] n E štipendist

exhibitionism [eksibíšənizəm] n med sla po razgaljanju, ekshibicionizem

exhibitionist [ekshibíšənist] n ekshibicionist

exhibitor [igzíbitə] n razstavljalec; predložitelj, predstavljalec

exhilarant [igzílərənt] adj (~ly adv) smešen, razvedrilen

exhilarate [igzíləreit] vt razveseliti, razvedriti, poživiti

exhilarated [igzíləreitid] adj vesel, živahen

exhilarating [igzíləreitiŋ] adj (~ly adv) razveseljiv, razvedrilen

exhilaration [igziləréišən] n veselost, veselje; razvedrilo

exhilarative [igzíləreitiv] adj (~ly adv) razveseljiv, razvedrilen, vesel

exhort [igzó:t] vt (to) opominjati, opozarjati, prigovarjati spodbujati, priporočati, opogumiti; svariti

exhortation [egzə:téišən] n opomin, opozorilo, prigovarjanje, spodbujanje; svarilo

exhortative [igzó:tətiv] adj (~ly adv) opominjevalen, svarilen, spodbujevalen

exhortator [igzə:téitə] n spodbujevalec, -lka, svarilec, -lka

exhortatory [igzó:tətəri] adj (exhortatorily adv) glej exhortative

exhumation [eks(h)ju:méišən] n izkop mrliča, ekshumacija

exhume [eks(h)jú:m] vt izkopa(va)ti (zlasti mrliča)

exigence, -cy [éksidžəns, -si] n nujnost, sila, kritičen položaj, kriza

exigent [éksidžənt] adj (of) nujen; zahteven; to be ~ of s.th. nujno kaj zahtevati

exigible [éksidžəbl] adj (exigibly adv) ki se da zahtevati, izsiljiv, izterljiv

exiguity [eksigjúiti] n brezpomembnost, neznatnost, pičlost; omejenost prostora

exiguous [egzígjuəs] adj brezpomemben, neznaten, pičel

exiguousness [egzígjuəsnis] glej exiguity

exile I [éksail] n izgnanstvo; izgnanec, -nka

exile II [éksail] vt (from) izgnati, pregnati

exilian [egzíliən] adj izgnanski (Židje v Babilonu)

exilic [egzílik] glej exilian

exility [egzíliti] n drobnost, tenkost, neznatnost, nežnost

exist [igzíst] vi biti, živeti, nahajati se; trajati; životariti

existence [igzístəns] n bivanje, obstanek; življenje, obstoj; in ~ sedanji; to call into ~ uresničiti, realizirati; struggle for ~ boj za obstanek; to be in ~ biti, trajati; a wretched ~ bedno življenje

existent [igzístənt] adj obstoječ, sedanji, današnji; pričujoč; dejanski

existential [eksisténšəl] adj obstoječ, živ; sedanji, stvaren; phil eksistencialen

existentialism [egsisténšəlizəm] n phil eksistencializem

existentialist [egzisténšəlist] n phil eksistencialist(ka)

existing [igzístiŋ] glej existent

exit I [éksit] n izhod, obhod; smrt; to make one's ~ oditi; fig umreti

exit II [éksit] vi odide (z odra)

ex libris [eksláibris] n ekslibris, lastniško znamenje v knjigi

exodus [éksədəs] n (množičen) odhod, preselitev; selitev Izraelcev iz Egipta; **rural** ~ množičen beg iz vasi v mesto

exogamic [eksəgǽmik] adj (~ **ally** adv) ki se poroči z dekletom iz drugega plemena, eksogamičen

exogamous [eksógəməs] adj (~ **ly** adv) glej **exogamic**

exogamy [eksógæmi] n poroka z dekleti drugega plemena, eksogamija

exon [éksən] n častnik kraljeve garde

exonerate [igzónereit] vt (from) razbremeniti, oprostiti, osvoboditi, rešiti; rehabilitirati

exoneration [igzənəréišən] n (from) razbremenitev, oprostitev, rešitev; rehabilitacija

exonerative [igzónəreitiv] adj (~ **ly** adv) razbremenilen, osvobodilen, rešilen

exorbitance, -cy [igzó:bitəns, -si] n preobilica; pretiravanje; brezmejnost

exorbitant [igzó:bitənt] adj (~ **ly** adv) pretiran, brezmejen; ~ **price** previsoka cena

exorcise [éksə:saiz] vt (from, out of) izganjati duhove; zaklinjati

exorcism [éksə:sizəm] n zaklinjanje, izganjanje duhov, satana

exorcist [éksə:sist] n zaklinjevalec, izganjalec duhov, satana

exorcize glej **exorcise**

exordial [eksó:diəl] adj uvoden, nastopen

exordium [eksó:diəm] n uvod, uvodna beseda

exoteric [eksoutérik] adj (~ **ally** adv) zunanji; javen; razumljiv, populáren

exoterics [eksoutériks] n pl popularni spisi

exotic I [egzótik] adj (~ **ally** adv) tuj, nenavaden, eksotičen

exotic II [egzótik] n eksotična rastlina; tujka (beseda)

expand [ikspǽnd] **1.** vt (into) raztegniti, razširiti, razgrniti, razviti, razprostreti; na široko razlagati, opisovati; **2.** vi širiti, razvijati, večati se; postati zauplijv, zgovornejši; **his heart** ~ **s with joy** srce se mu širi od veselja

expanse [ikspǽns] n prostranost, razsežnost; prostranstvo; **the** ~ **of heaven** nebesni obok

expansibility [ikspænsəbíliti] n razteznost, raztegljivost

expansible [ikspǽnsəbl] adj (**expansibly** adv) raztezen, raztegljiv

expansile [ikspǽnsail] glej **expansible**

expansion [ikspǽnšən] n razprostiranje, raztezanje, širjenje; prostranost; phys napetost; ~ **of the currency** povečanje denarnega obtoka

expansionizem [ikspǽnšənizəm] n ekspanzivnost

expansive [ikspǽnsiv] adj (~ **ly** adv) razsežen; raztegljiv; zgovoren, odkrit, zauplijv; ekspanziven

expansiveness [ikspǽnsivnis] n razsežnost; zauplinost, zgovornost

expansivity [ikspænsíviti] n osvajalnost, ekspanzivnost

expatiate [ekspéišieit] vi (on, upon) natanko razložiti, razlagati, opis(ov)ati

expatiation [ekspeišiéišən] n nadrobna razlaga; dolgoveznost

expatiative [ekspéišieitiv] adj (~ **ly** adv) glej **expatiatory**

expatiatory [ekspéišieitəri] adj (**expatiatorily** adv) dolgovezen, obširen, razvlečen

expatriate I [ekspǽtrieit] vt pregnati, izseliti; **to** ~ **o.s.** emigrirati

expatriate II [ekspéitriit] n izseljenec, emigrant

expatriation [ekspeitriéišən] n izgon iz domovine; izselitev

expect [ikspékt] vt pričakovati, slutiti, upati, računati na kaj; coll misliti, domnevati

expectance [ikspéktəns] n čakanje, pričakovanje, upanje; uživanje vnaprej; verjetnost; **life** ~ pričakovana dolžina življenja

expectancy [ikspéktənsi] glej **expectance**

expectant [ikspéktənt] adj (~ **ly** adv) pričakujoč, veseleč se česa; ~ **mother** nosečnica; ~ **heir** pretendent

expectant II [ikspéktənt] n čakalec, -lka, pretendent, kandidat

expectation [ekspektéišən] n pričakovanje; upanje na dediščino; slutnja, domneva, verjetnost; **against all** ~ proti pričakovanju; **to answer (ali meet, come up to) one's** ~ **(s)** izpolniti, kar smo pričakovali; ~ **of life** pričakovana dolžina življenja; **beyond** ~ več kakor bi človek upal; **contrary to** ~ nepričakovano; **to fall short of (ali not to come up to) one's** ~ **(s)** razočarati, ne izpolniti pričakovanja; **on the tiptoe of** ~ v velikem pričakovanju

expectative [ikspéktətiv] adj jur ki lahko pričakuje dediščino

expectorant I [ekspéktərənt] adj med ki olajša izkašljevanje

expectorant II [ekspéktərənt] n med sredstvo za lažje izkašljevanje

expectorate [ekspéktəreit] vt & vi izkašljati (se), izpljuniti

expectoration [ekspektəréišən] n izkašljevanje; pljunek; A olajšanje vesti

expedience [ikspí:diəns] n prikladnost, primernost; koristnost; sebičnost, preračunljivost; ugodnost, možnost

expediency [ikspí:diənsi] glej **expedience**

expedient I [ikspí:diənt] adj (~ **ly** adv) primeren, ugoden, koristen, prikladen; sebičen, koristoljuben

expedient II [ikspí:diənt] n sredstvo, pomagalo, pomoček; iznajdba; zvijača; **to hit upon an** ~ znajti se, pomagati si; **reduced to** ~ **s** prisiljen, da si pomaga kakor ve in zna; **to go to every** ~ ne izbirati sredstev

expedite I [ékspidait] vt pospešiti, odpraviti, pohiteti s čim

expedite II [ékspidait] adj (~ **ly** adv) hiter, uren, neoviran

expedition [ekspidíšən] n odprava, odpošiljanje; vojni pohod; naglica, urnost, spretnost

expeditionary [ekspidíšənəri] adj ekspedicijski

expeditious [ekspidíšəs] adj (~ **ly** adv) spreten, uren, hiter

expeditiousness [ekspidíšəsnis] n brzina, hitrost, urnost; spretnost

expel [ikspél] vt (from) zapoditi, pregnati, izključiti

expellable [ekspéləbl] adj ki bi ga morali izgnati, nezaželen

expellee [ikspelí:] n izgnanec, -nka; izključeni član

expellent [ikspélənt] adj izganjalski, preganjalski, izključevalen

expend [ikspénd] *vt (on)* porabiti, potrošiti, zapraviti; *mar* oviti (pomožno) vrv okrog jambora
expendable [ikspéndəbl] *adj* potrošljiv; pogrešljiv; *coll* zanič
expenditure [ikspéndičə] *n* izdatek, strošek; potrošnja, poraba; potrata
expense [ikspéns] *n* potrošnja, izdatek, poraba; *pl* stroški; nadomestilo stroškov; at my ~ na moje stroške; at the ~ of za ceno (česa); free of ~ franko; to go to the ~ of trošiti denar za; to run into ~s nakopati si stroške; working ~s režija
expensive [ikspénsiv] *adj* (~ly *adv*) drag, potraten
experience I [ikspíəriəns] *n arch* poskus; skušnja, izkustvo; doživljaj; kvalifikacija; to know by (ali from) ~ vedeti po lastnih skušnjah; man of ~ skušen človek; ~ table tabela umrljivosti; my ~ moje skušnje; my ~s moji doživljaji
experience II [ikspíəriəns] *vt* izkusiti, doživeti, prestati, pretrpeti; to ~ a difficulty naleteti na težave; A to ~ religion spreobrniti se k veri
experienced [ikspíəriənst] *adj (in)* izkušen, vešč
experiential [ikspiəriénšəl] *adj phil* izkustven, empiričen
experiment I [ikspérimənt] *n (on)* poskus, poskušanje
experiment II [ikspérimənt] *vt (with, on)* delati poskuse, eksperimentirati
experimental [eksperiméntəl] *adj* (~ly *adv*) poskusen, eksperimentalen; praktičen
experimentalism [eksperiméntəlizəm] *n* eksperimentalizem
experimentalist [eksperiméntəlist] *n* eksperimentator
experimentalize [eksperiméntəlaiz] *vt (on)* delati poskuse, eksperimentirati
experimentation [eksperimentéišən] *n* eksperimentiranje, delanje poskusov
expert I [ékspə:t] *n (in, at)* strokovnjak(inja), izvedenec, -nka, veščak(inja), specialist(ka); to be an ~ in s.th. dobro se na kaj spoznati
expert II [ékspə:t] *adj* (~ly *adv*) *(in, at)* izkušen, vešč, spreten; kvalificiran
expertise [ekspə:tí:z] *n* strokovno znanje
expertness [ékspə:tnis] *n* spretnost, izkušenost, strokovno znanje
expiable [ékspiəbl] *adj* ki se zanj lahko spokori; odpustljiv
expiate [ékspieit] *vt* spokoriti se
expiation [ekspiéišən] *n* pokoritev; sprava, poravnava; spravna daritev
expiator [ékspieitə] *n* spokornik, -nica
expiatory [ékspieitəri] *adj* (expiatorily *adv*) spokorniški
expiration [ekspairéišən] *n* izdih; konec; smrt; *com* potek roka
expiratory [ikspáiərətəri] *adj* dihalen; izdihnjen
expire [ikspáiə] *vt & vi* izdihniti; umreti; poteči, miniti, končati se; *com* zapasti
expiring [ikspáiəriŋ] *adj* zadnji, smrten
expiry [ikspáiəri] *n* konec; smrt
explain [ikspléin] *vt & vi* razložiti, pojasniti, (raz)tolmačiti, navesti razloge; to ~ o.s. opravičiti se
explain away *vt* skušati opravičiti
explain down *vt* odvrniti od česa
explainable [ikspléinəbl] glej explicable

explainer [ikspléinə] *n* razlagalec, -lka
explanation [eksplənéišən] *n* razlaga, pojasnilo, tolmačenje; izvijanje; vzrok; in ~ v pojasnilo
explanatory [iksplǽnətəri] *adj* (explanatorily *adv*) razlagalen, pojasnjevalen
expletive I [ekspli:tiv] *adj* dopolnilen, mašilen, izpolnilen
expletive II [eksplí:tiv] *n* mašilo; kletvica, vzklik
explicability [eksplikəbíliti] *n* razložljivost
explicable [éksplikəbl] *adj* razložljiv
explicate [éksplikeit] *vt* odmotati, razviti; *arch* pojasniti, razložiti, tolmačiti
explication [eksplikéišən] *n* razvijanje; razlaga, pojasnitev, tolmačenje
explicative [eksplikéitiv] *adj* pojasnjevalen, razlagalen
explicatory [eksplíkətəri] glej explicative
explicit [iksplísit] *adj* (~ly *adv*) izrečen, jasen, nedvoumen, določen
explicitness [iksplísitnis] *n* izrecnost, jasnost, nedvoumnost, določnost
explode [ikspllóud] 1. *vt* v zrak spustiti; *fig* zavreči, odpraviti, uničiti; 2. *vi* razpočiti se, eksplodirati, razleteti se; izbruhniti; to ~ with laughter zakrohotati se; to ~ with fury pobesneti; ~d zastarel
exploit I [éksplɔit] *n* junaško delo, junaštvo
exploit II [ikspllóit] *vt* izrabljati, izkoriščati, izčrpavati
exploitable [ikspllóitəbl] *adj* ki se da izkoriščati
exploitation [eksplɔitéišən] *n* izrabljanje, izkoriščanje; črpanje
exploiter [ikspllóitə] *n* izkoriščevalec, -lka
exploration [eksplɔ:réišən] *n* preiskava, raziskovanje
explorative [eksplló:rətiv] *adj* raziskovalen, preiskovalen
exploratory [eksplló:rətəri] glej explorative
explore [ikspllór:] *vt* preiskovati, raziskavati
explorer [ikspllór:ə] *n* raziskovalec
explosion [ikspllóužən] *n* razpok, razlet, izbruh, eksplozija; ~ engine motor z notranjim zgorevanjem
explosive I [ikspllóusiv] *adj* (~ly *adv*) razpočen, eksploziven
explosive II [ikspllóusiv] *n* razpočna snov, razstrelivo, eksploziv; ~s factory smodnišnica
exponent I [ekspóunənt] *adj* razlagalen, pojasnjevalen, ki tolmači
exponent II [ekspóunənt] *n* razlagalec, -lka; zastopnik, -nica; *math* eksponent
exponential [ekspounénšəl] *adj math* eksponenten; razlagalen
export I [ékspə:t] *n* izvoz; izvozno blago; ~ duty izvozna carina; ~ trade izvozna trgovina; ~s celoten izvoz
export II [ekspó:t] *vt* izvoziti, izvažati
exportable [ekspó:təbl] *adj* izvozen
exportation [ekspə:téišən] *n* izvažanje, izvoz
exporter [ekspó:tə] *n* izvoznik, -nica
exposal [ikspóuzəl] *n* izpostavljanje (nevarnosti); odkrivanje, razkrinkanje, kompromitiranje
expose I [ikspóuz] *vt* izpostaviti; razstaviti; razkrinkati, odkri(va)ti; kompromitirati; *photo* osvetliti, eksponirati; to ~ o.s. pokazati svojo slabo stran

expose II [ikspóuz] *n A* poročilo, razlaga, pojasnilo
exposé [ekspóuzei] *n* poročilo, razlaga, pojasnilo; razkritje, razkrinkanje
exposed [ikspóuzd] *adj (to)* izpostavljen, nezavarovan; odkrit, razkrinkan, kompromitiran; *photo* osvetljen, eksponiran
exposition [ekspəzíšən] *n (of)* razstava; razlaga, komentar, tolmačenje; izdaja; *photo* osvetlitev
expositive [ekspózitiv] *adj* razlagalen, opisovalen
expositor [ekspózitə] *n* razlagalec, tolmač, pojasnjevalec
expository [ekspózitəri] glej expositive
expostulate [ikspóstjuleit] *vi* prepirati, pravdati se *(with s.o.; about, on s.th.)*; protestirati, ugovarjati; očitati, grajati; (po)svariti, opomniti; poklicati na odgovor
expostulation [ikspəstjuléišən] *n* očitek, graja, svarilo, opomin, protest; prepir, pravdanje
expostulative [ikspóstjuleitiv] *adj (~ ly adv)* opominjevalen, svarilen, grajalen
expostulatory [ikspóstjuleitəri] *adj* (expostulatorily *adv)* glej expostulative
exposure [ikspóužə] *n* izpostavljanje (nevarnosti); *photo* osvetlitev; odkritje, razkrinkanje; razstavljanje; odprta, nezavarovana lega kraja; *geol* denudacija; death by ~ smrt po zmrznjenju; to make an ~ povzročati hrup, zbujati pozornost; ~ meter svetlomer
expound [ikspáund] *vt* razložiti, razlagati, (raz)tolmačiti (zlasti sv. Pismo)
expounder [ikspáundə] *n* tolmač, razlagalec
express I [iksprés] *vt* iztisniti, izžeti; izjaviti, izraziti; *A* ekspresno poslati
express II [iksprés] *adv* hitro, naglo; posebno
express III [iksprés] *adj* hiter, ekspresen; določen, nameren; jasen
express IV [iksprés] *n* hitro sporočilo, ekspresna pošiljka; ekspres (vlak); hitri sel; *A* oddelek za oddajo paketov
expressage [iksprésidž] *n* pristojbina za ekspresno pošiljko
expressible [iksprésəbl] *adj* iztisljiv; izrazljiv
expression [iksprésən] *n* iztiskanje, ožemanje; izražanje, izraz; izsiljevanje; *math* formula, obrazec; beyond ~ neizrazljiv; to give ~ to s.th. izraziti kaj
expressionable [iksprésənəbl] *adj* ki se da izraziti, izrazljiv
expressional [iksprésnəl] *adj (~ ly adv)* izrazen
expressionism [iksprésənizəm] *n* ekspresionizem
expressionist [iksprésənist] *n* ekspresionist
expressionistic [iksprésənístik] *adj (~ ally adv)* ekspresionističen
expressionless [iksprésənlis] *adj (~ ly adv)* brezizrazen, medel
expressive [iksprésiv] *adj (~ ly adv)* izrazit, značilen; ~ of ki izraža; to be ~ of s.th. izražati kaj
expressiveness [iksprésivnis] *n* izrazitost, značilnost
expressly [iksprésli] *adv* izrecno, jasno; namerno, nalašč
expressman [iksprésmən] *n* hitri sel
expressway [ikspréswei] *n A* hitra cesta
exprobation [eksprəbéišən] *n* graja, ukor
expropriate [ekspróuprieit] *vt* razlastiti, razlaščati *(s.o. from s.th.)*

expropriation [eksproupriéišən] *n* razlastitev, razlaščanje
expropriator [ekspróuprieitə] *n* razlaščevalec, -lka
expulsion [ikspΛlšən] *n (from)* izgon, izključitev; *techn* izpuh; *med* odvajanje
expulsive [ikspΛlsiv] 1. *adj* izključevalen; *med* dristilen; 2. *n* dristilo
expunction [ikspΛŋkšən] *n* izbris, črtanje; uničenje, iztrebljenje
expunge [ikspΛndž] *vt (from)* izbrisati, prečrtati; zatreti
expurgate [ékspə:geit] *vt (from)* očistiti; iztrebiti; prečrtati (neprimerno v knjigi)
expurgation [ekspə:géišən] *n* črtanje, čiščenje, izločanje
expurgator [ékspə:geitə] *n* čistilec, izločevalec
expurgatorial [ekspə:gətó:riəl] *adj* čistilen, izločevalen, popravljalen
expurgatory [ekspΛ:gətəri] *adj* čistilen, izločevalen
ex quai [ékskí:] *adj, adv* franko obala
exquisite I [ékskwizit] *adj (~ ly adv)* odličen, izbran, okusen; preobčutljiv, natančen, oster; ~ pain ostra bolečina
exquisite II [ékskwizit] *n arch* gizdalin
exquisiteness [ékskwizitnis] *n* odličnost, izbranost, izrednost; ostrost
exsanguinate [ekssǽŋgwineit] *vt* puščati kri, izkrvaviti
exsanguine [ekssǽŋgwin] *adj* brezkrven, slabokrven, izkrvavel
exscind [eksínd] *vt* izrezati, izsekati
exsect [eksékt] *vt* izsekati
exsert [eksə́:t] *vt biol* izprožiti; pognati (poganjke)
exserted [eksə́:tid] *adj* štrleč
exsertion [eksə́:šən] *n biol* izproživet; poganjanje
ex-service [ékssə́:vis] *adj* bivši, doslužen, veteranski, demobiliziran
ex-serviceman [ékssə́:vismən] *n* bivši vojak, veteran
exsiccate [éksikeit] *vt* izsušiti
exsiccation [eksikéišən] *n* izsušitev
exsiccative [éksíkətiv] *adj* izsuševalen
extant [ekstǽnt] *adj* obstoječ, sedanji, razpoložljiv; veljaven
extasy glej ecstasy
extemporaneous [ekstempəréinjəs] *adj (~ ly adv)* nepripravljen, improviziran
extemporary [ikstémpərəri] *adj* (extemporarily *adv)* glej extemporaneous
extempore I [ekstémpəri] 1. *adj* nepripravljen, improviziran; 2. *adv* nepripravljeno, brez priprave, improvizirano
extempore II [ekstémpəri] *n* improviziran govor, improvizacija
extemporization [ekstempəraizéišən] *n* improvizacija
extemporize [ikstémpəraiz] *vt & vi* brez priprave pisati ali govoriti, improvizirati
extemporizer [ikstémpəraizə] *n* improvizator
extend [iksténd] 1. *vt* razširiti, raztegniti, razprostreti, podaljšati, nadaljevati, povečati; *mil* v vrste postaviti; nuditi, podeliti, nakloniti; prepisati stenogram z navadno pisavo; polastiti se; (pred zaplembo) oceniti; napeti, napenjati; 2. *vi* segati, razprostirati, širiti se; trajati; *fig* izkazati; *com* to ~ an invoice izpisati račun, specificirati; to ~ one's hand to (help) s.o. po-

nuditi komu roko (pomoč); ~ ed table raztezna miza
extendible [ikstándəbl] glej **extensible**
extensibility [ikstensibíliti] *n* razteznost, raztegljivost
extensible [ikstánsəbl] *adj* (**extensibly** *adv*) raztezen, raztegljiv, prožen
extensile [eksténsail] *adj* raztezen, raztegljiv, prožen
extension [ikstánšən] *n* podaljšanje, razširjenje; širina, obsežnost; prostranost; podaljšek; stranska proga; odgoditev, podaljšanje roka; stranski priključek; **university** ~ ljudski univerzitetni tečaji; ~ **call** medkrajevni telefonski klic; **to put an** ~ **to** podaljšati kaj
extensional [iksténšənəl] *adj* (~ **ly** *adv*) raztezen
extensive [iksténsiv] *adj* (~ **ly** *adv*) razširjen, širok; širen, prostran, obsežen, znaten
extensiveness [iksténsivnis] *n* obsežnost, obširnost, znatnost, prostranost
extensor [iksténsə] *n anat* iztegovalka (mišica)
extent [ikstént] *n* obseg, rasteg, velikost, obsežnost; stopnja, mera; domet, doseg; *jur* ocena (zemljišča); **to a certain** (ali **some**) ~ do neke mere; **to a large** (ali **great**) ~ v veliki meri; **to the utmost** ~ do skrajnosti; **to the** ~ **of** do zneska; **writ of** ~ *E* listina o zarubitvi dolžnikove posesti; *A* listina o začasnem lastništvu upnika dolžnikove posesti
extenuate [exténjueit] *vt* redčiti, slabiti; (z)manjšati; opravičiti, olepšati, pokazati v boljši luči; omiliti, ublažiti
extenuating [exténjueitiŋ] *adj* (~ **ly** *adv*) olajševalen, opravičevalen, blažilen, slabilen; ~ **circumstances** olajševalne okoliščine
extenuation [ekstenjuéišən] *n* zmanjšanje, oslabitev, omiljenje, blažitev; **to speak in** ~ **of s.o.'s guilt** skušati zmanjšati krivdo koga, zagovarjati ga
extenuator [exténjueitə] *n* blažilec, mirilec
extenuatory [exténjueitəri] *adj* (**extenuatorily** *adv*) olajševalen, slabilen, blažilen
exterior I [ikstíəriə] *adj* (~ **ly** *adv*) zunanji; dozdeven; *fig* tuj; ~ **to** zunaj (česa), od rok
exterior II [ekstíəriə] *n* zunanjost, zunanji videz; *photo* posnetek v naravi; zunanja stran
exteriority [ekstiəriórriti] *n* zunanjost
exterminable [ekstá:minəbl] *adj* ki se da zatreti, pokončati, izkoreniniti, uničljiv, iztrebljiv
exterminate [ekstá:mineit] *vt* pokončati, iztrebiti, uničiti
extermination [ekstə:minéišən] *n* pokončanje, iztrebljenje, uničenje
exterminative [ekstá:mineitiv] *adj* pokončevalen, uničevalen
exterminator [ekstá:mineitə] *n* pokončevalec, uničevalec, -lka
exterminatory [ekstá:mineitəri] glej **exterminative**
extern I [ekstá:n] *adj poet* zunanji
extern II [ekstá:n] *n* eksternist, učenec, ki ne stanuje v internatu; zdravnik, ki ne stanuje v bolnici; oseba, ki ni član (npr. stranke)
external I [ekstá:nl] *adj* (~ **ly** *adv*) zunanji; ~ **ear** zunanje uho; ~ **to** zunaj česa
external II [ekstá:nl] *n* zunanjost; *pl* nepomembne posameznosti, postranske stvari

externality [ekstə:nǽliti] *n phil* stvarnost, predmetnost
exterritorial [éksteritó:riəl] *adj* (~ **ly** *adv*) eksteritorialen, ki ni podložen oblasti države, v kateri biva
exterritoriality [éksteritə:riǽliti] *n* eksteritorialnost
extinct [ikstíŋkt] *adj* ugasel; izumrl, pokončan, mrtev; zastarel, neveljaven
extinction [ikstíŋkšən] *n* ugasitev; iztrebljenje, izumiranje; pokončanje, propad; odpis (dolga)
extinctive [ikstíŋktiv] *adj* (~ **ly** *adv*) gasilen; uničevalen, pokončevalen; razdiralen
extinguish [ikstíŋgwiš] *vt* pogasiti, utrniti; izbrisati, iztrebiti, pokončati; poplačati (dolgove); *fig* zasenčiti; jezik komu zavezati; **to take oil to** ~ **fire** prilivati olja v ogenj, še bolj razdražiti
extinguishable [ikstíŋgwišəbl] *adj* pogasljiv; uničljiv, iztrebljiv; izbrisljiv
extinguisher [ikstíŋgwišə] *n* gasilna priprava, kajfež, gasilnik
extinguishment [ikstíŋgwišmənt] *n* pogasitev; uničenje, iztrebitev; izumiranje, propad; odpis (dolga)
extirpable [ekstó:pəbl] *adj* iztrebljiv, uničljiv, ki se da pokončati
extirpate [ekstá:peit] *vt* iztrebiti, zatreti, pokončati; *med* izrezati
extirpation [ekstə:péišən] *n* iztrebljanje, zatiranje, pokončevanje; *med* izrezanje, odstranitev
extirpator [ekstə:peitə] *n* pokončevalec, uničevalec
extol [ikstól] *vt* povzdigovati, hvaliti; **to** ~ **to the skies** v zvezde kovati
extoller [ikstólə] *n* hvalitelj(ica)
extort [ikstó:t] *vt* (*from*) izsiljevati, odirati, izžemati
extortion [ikstó:šən] *n* izsiljevanje; odiranje, izžemanje, oderuštvo
extortionary [ikstó:šənəri] *adj* (**extortionarily** *adv*) oderuški, izsiljevalski
extortionate [ikstó:šnit] *adj* (~ **ly** *adv*) oderuški, pretiran; izsiljevalen
extortioner [ikstó:šnə] *n* izsiljevalec, izžemalec, oderuh
extortive [ikstó:tiv] glej **extortionate**
extra I [ékstrə] *adj* nenavaden, izreden, poseben; postranski, dodaten; ~ **charge** doplačilo
extra II [ékstrə] *adv* posebej, dodatno; posebno, izjemoma
extra III [ékstrə] *n* dodatek, izredni strošek; statist(ka) v filmu
extra- [ékstrə] *pref* zunaj, izven
extract I [ékstrækt] *n* izvleček, povzetek; citat, izpis; ekstrakt
extract II [ikstrǽkt] *vt* (*from*) izvleči, izruvati, ven potegniti; iztisniti; *chem* izločiti; narediti izvleček, povzeti; izbirati; *math* koreniti
extractable [ikstrǽktəbl] *adj* izločljiv, iztisljiv; ki se da izvleči, izruvati, koreniti
extraction [ikstrǽkšən] *n* izvleček; *chem* izločevanje; *math* korenjenje, koren; izvor, pokolenje, rod
extractive [ikstrǽktiv] **1.** *adj* ki se da izruvati, ven potegniti; izločljiv, iztisljiv; **2.** *n* izvleček, ekstrakt
extraditable [ékstrədaitəbl] *adj* izročljiv
extradite [ékstrədait] *vt* izročiti (osebo)

extradition [ekstrədíšən] n izročitev
extra-judicial [ékstrədžudíšəl] adj (~ly adv) izvensoden; neuraden, nezakonit, neupravičen
extramarital [ékstrəmǽritəl] adj (~ly adv) nezakonski
extra-mundane [ékstrəmʌndein] adj onstranski, nadčuten, transcendenten
extramural [ékstrəmjúərəl] adj ki je onstran zidu; izvenšolski (učitelj), honoraren; ~ studies izredni univerzitetni tečaji za neštudente
extraneous [ekstréinjəs] adj (to) nepomemben, nebistven; tuj, zamejski; zunanji
extraordinaries [ikstrɔ́:dnəriz] n pl posebni dodatki za vojsko
extraordinary [ikstrɔ́:dnəri] adj (extraordinarily adv) izreden, nenavaden, čuden; poseben
extra-special [ékstrəspéšəl] adj primissima
extraterritorial [ékstrətəritɔ́:riəl] adj ekstrateritorialen
extraterritoriality [ékstrətəritɔ:riǽliti] n ekstrateritorialnost
extravagance [ikstrǽvigəns] n prenapetost, objestnost, samopašnost; zapravljivost, potratnost; pretiranost; čudaštvo, nesmiselnost
extravagancy [ikstrǽvigənsi] glej extravagance
extravagant [ikstrǽvigənt] adj (~ly adv) prenapet, samopašen, objesten; zapravljiv, potraten; oderuški; pretiran; čudaški, nesmiseln
extravaganza [ekstrəvəgǽnzə] n fantastična skladba ali igra, burleska
extravagate [ikstrǽvigeit] vi pretiravati
extravasate [ekstrǽvəseit] 1. med vt iztisniti (kri); 2. vi izlivati se, prenikati (iz žil)
extravasation [ekstrævəséišən] n med izliv (krvi)
extreme I [ikstrí:m] adj (~ly adv) skrajen, zadnji; pretiran; radikalen; zelo strog, drastičen; brezkompromisen; an ~ case skrajni primer; ~ unction sveto olje; ~ penalty smrtna kazen; ~ views radikalni nazori
extreme II [ikstrí:m] n skrajnost, skrajna meja, najvišja stopnja; pretiravanje; nasprotje; to carry to ~, to go to ~ tirati do skrajnosti; the ~s meet nasprotja se privlačijo; at the other ~ na nasprotnem koncu; in the ~, to an ~ čezmerno, pretirano; to go from one ~ to the other preiti z ene skrajnosti v drugo; to run to an ~ preiti v skrajnost
extremely [ikstrí:mli] adv skrajno; coll zelo, hudo
extremism [ikstrí:mizəm] n nagnjenje k skrajnosti, ekstremizem, prenapetost
extremist [ikstrí:mist] n skrajnež, prenapetež
extremity [ikstrémiti] n skrajna meja, skrajna sila, konec; pl drastični ukrepi; anat udje, okončine; reduced to (the last) ~ skrajno obupan; to drive s.o. to ~ spraviti koga v obup
extricable [ékstrikəbl] adj ki se da izmotati, razvozlati; fig izbežen, izogiben
extricate [ékstrikeit] vt (from, out of) razmotati, izmotati, izkopati; osvoboditi, znebiti se
extrication [ekstrikéišən] n osvoboditev, izmotavanje
extrinsic [ekstrínsik] adj (~ally adv) zunanji; nebistven, postranski; ~ value nominalna vrednost
extrovert [ékstrouvə:t] n psych oseba, ki ni vase zaprta

extrude [ekstrú:d] 1. vt izriniti, izgnati, iztisniti 2. vi štrleti
extrusion [ekstrú:šən] n izrivanje, izgon
extrusive [ekstrú:siv] adj (~ly adv) ki izriva, izganja
exuberance [igzjú:bərəns] n obilje, prebitek, bogastvo; bujna rast, bujnost, živahnost; gostobesednost
exuberancy [igzjú:bərənsi] glej exuberance
exuberant [igzjú:bərənt] adj (~ly adv) obilen; plodovit; bujen, živahen; gostobeseden, bohoten (slog)
exuberate [igzjú:bəreit] vi obilovati, biti poln česa; bujno rasti
exudation [eksju:déišən] n potenje, znojenje; pot, znoj; med eksudat
exude [igzjú:d] 1. vt izločati, izpotiti; 2. vi potiti, znojiti se
exult [igzʌlt] vi (at, over) od veselja vriskati, ukati; (over) triumfirati
exultancy [igzʌltənsi] n zmagoslavje, radost
exultant [igzʌltənt] adj (~ly adv) vesel, radosten, zmagoslaven
exultation [egzʌltéišən] glej exultancy
exundate [eksʌndeit] vt preplaviti, zaliti
exuviae [igzjú:vii:] n pl luske, luskinice, (kačji) lev
exuvial [igzjú:viəl] adj luskav, luskast; fosilen
exuviate [igzjú:vieit] vi leviti se, luščiti se
exuviation [igzju:viéišən] n levitev, lev
ex works [ékswə:ks] n com franko tovarna
eyas [áiəs] n zool kraguljič, sokolič; fig zelenec, rumenokljunec, novinec; ~ thoughts nezrele misli
eye I [ai] n oko; vid; pogled; vidik; popek; ušesce (npr. šivanke); zankica; luknja (v kruhu, siru); fig namera; blesk diamanta; središče; A sl vohun; it's all my ~ vse to je neumnost; the apple of one's ~ nad vse drag; black ~ modrica, A poraz; by the ~ na oko, po videzu; to cast sheep's ~s at s.o. zaljubljeno koga gledati; to clap an ~ at s.o. zagledati koga; to catch the ~s of s.o. s pogledom koga opozoriti; to close one's ~s to s.th. zapirati oči pred čim; to come to the ~ of s.o. pojaviti se pred kom; to cry one's ~s out izjokati si oči; coll to do in the ~ oslepariti, ukaniti; easy on the ~ čeden, prijeten; to feast one's ~s z užitkom gledati; to give an ~ to pogledati, popaziti; if you had half an ~ ko bi ne bil čisto slep in gluh; to have ~s at the back of one's head imeti povsod oči, biti bister; to have in one's ~ opazovati; to have an ~ to s.th. pazti na kaj; to have an ~ to the main chance urediti sebi v prid; in the ~s of vpričo; to keep an ~ on, to keep a close (ali steady, strict) ~ on budno opazovati; to keep one's ~s skinned (ali open) budno pazti; to keep one's weather ~ open oprezovati, budno pazti; to make ~s at s.o. spogledovati se s kom; to make s.o. open his ~s hudo koga presenetiti; mind your ~ bodi previden; my ~! presneto!; in the ~ of the law po zakonu; with the naked ~s prostim očesom; quick ~ oster vid, dar opazovanja; mil ~s right! (left!, front!) desno (levo, naravnost) glej!; sl in a pig's ~ nikdar; right in the ~ of naravnost proti; do you see any green in my ~? mar res misliš, da sem tako neumen,

da bi ti verjel?; **to see with half an** ~ takoj opaziti; **to see** ~ **to** ~ **with s.o.** popolnoma se strinjati; **to set** (ali **lay**) ~**s on s.th.** zagledati kaj; **a sight for sore** ~**s** nepričakovano veselje; **to turn a blind** ~ prizanašati; **up to one's** ~**s** prek ušes; **it strikes the** ~ pade v oči; **to throw dust in the** ~**s of s.o.** vreči komu pesek v oči, slepiti ga; **with an** ~ **to** zaradi; **in the** ~**s of the world** po javnem mnenju; **in the twinkling of an** ~ kot bi trenil

eye II [ai] *vt* gledati, opazovati; **to** ~ **s.o. over, to** ~ **s.o. head to foot** premeriti koga z očmi

eyeball [áibɔ:l] *n anat* zrklo

eye-beam [áibi:m] *n* hiter pogled

eyebright [áibrait] *n bot* glej **euphrasy**

eyebrow [áibrau] *n anat* obrv; ~ **pencil** črtalo za obrvi

eyeful [áiful] *n* kolikor lahko naenkrat zagledamo; *coll* pašnja za oči; *coll* **to get an** ~ dobro si ogledati, videti nekaj zanimivega

eyeglas [áigla:s] *n* enoočnik, monokel; okular; *pl* naočniki

eyehole [áihoul] *n* očesna votlina; linica, kukalnik

eyelash [áilæš] *n* trepalnica, vejica; **without turning an** ~ brez najmanjše zadrege

eyelet [áilit] *n* luknjica; obodec, obroček

eyelid [áilid] *n anat* veka; **to hang on by the** ~**s** na nitki viseti, biti v nevarnem položaju

eyemark [áima:k] *n* prizor, pogled (na kaj)

eye-opener [áioupnə] *n coll* presenetljiva novica ali dogodek; *A sl* kozarček žganja

eye-piece [áipi:s] *n* okular; očesno steklo

eye-preservers [áiprizə:vəz] *n pl* varovalni naočniki

eye-servant [áisə:vənt] *n* lizun

eye-service [áisə:vis] *n* delo pod gospodarjevim nadzorstvom; navidezna vdanost

eyeshadow [áišædou] *n* krema za osenčenje okolice oči

eyeshot [áišət] *n* dogled, vid; **within** ~ viden, v dogledu; **out of** ~ neviden, zunaj dogleda

eyesight [áisait] *n* vid

eye-socket [áisəkit] *n* očesna votlina

eyesore [áisə:] *n med* ječmen na očesu; *fig* grd na pogled; trn v peti

eye-stopper [áistəpə] *n coll* lepotica

eye-tooth [áitu:θ] *n anat* podočnjak; **to cut one's eye-teeth** spametovati se

eye-wash [áiwəš] *n* voda za izpiranje oči; *coll* krinka, prevara, pesek v oči

eye-water [áiwətə] *n* kapljice za oči; solze; *sl* džin

eyewink [áiwiŋk] *n* trenutek

eye-winker [áiwiŋkə] *n A* trepalnica

eyewitness [áiwitnis] *n* očividec, -dka, priča

eyot [éiət] *n* rečni ali jezerski otoček, osredek

eyre [ɛə] *n hist* potovanje sodnikov po okrožju

eyrie, eyry [éθri, áiəri] *n* orlovo gnezdo

F

F, f [ef] *n* črka f; nota f; ~ **major** f dur; ~ **minor** f mol; ~ **flat** fes; ~ **sharp** fis; *joc* bolha; **f-hole** zvočnica
fab [fæb] *adj sl* fantastičen
fabaceous [fəbéišəs] *adj* grahov, grahast
Fabian [féibjən] *adj* fabianski, obotavljiv, mečkav; ~ **Society** angleško socialistično društvo iz l. 1884
fable I [féibl] *n* basen, bajka; izmišljena zgodba, izmislek, pripovedka, fabula; mit, legenda; *arch* zaplet drame; **fact and** ~ resnica in laž; **it is a mere** ~ to je izmišljotina
fable II [féibl] *vt & vi* izmišljati si, plesti zgodbo, lagati
fabled [féibld] *adj* izmišljen, pravljičen, legendaren
fabler [féiblə] *n* pisec basni, pravljičar; lažnivec, izmišljevalec
fabliau [fæbliou] *n* starofrancoska pripovedka v verzih
fabric [fæbrik] *n* zgradba, material, struktura; sistem; surova zgradba; izdelovanje, izdelek; tkanina, blago; ~ **belt** tkan pas; ~ **gloves** bombažne rokavice
fabricate [fæbrikeit] *vt* izdelovati, sestavljati; ponarejati; *fig* izmišljevati si; ~**d house** montažna hiša
fabrication [fəbrikéišən] *n* izdelovanje; izmišljanje; ponaredek; laž, izmišljotina
fabricator [fæbrikeitə] *n* izdelovalec; izmišljevalec, lažnivec; ponarejevalec
fabulist [fæbjulist] *n* basnik, basnopisec; lažnivec, -vka
fabulosity [fəbjulósiti] *n* bajnost, izmišljenost, legendarnost
fabulous [fæbjuləs] *adj* (~ **ly** *adv*) bajen, izmišljen, pravljičen, bajesloven, legendaren, basenski; *fig* neverjeten, pretiran, velikanski
fabulousness [fæbjuləsnis] glej **fabulosity**
façade [fəsá:d] *n* pročelje, fasada; *fig* zunanjost
face I [feis] *n* obraz, lice; izraz obraza, spaka, zmrda; videz; sprednja (zgornja, prava) stran; zunanji del, pogled od spredaj; fasada, površina; številčnica; *fig* predrznost, nesramnost; brušena ploskev; **before the** ~ **of** v navzočnosti, pred (kom); **to draw** (ali **pull, wear**) **a long** ~ biti videti potrt, kislo se držati; **in the** ~ **of day** ob belem dnevu; odkrito; **his** ~ **fell** nos se mu je povesil; **to fly in (to) the** ~ **of** s.o. upreti se komu, razjeziti, razžaliti ga; **to fly in the face of Providence** izzivati usodo; **you have a good** ~ zdravi ste videti; *naut* **guide** ~ drsa

zapore; **full** ~ obraz od spredaj; **half** ~ profil; **to have the** ~ **to (do** s.th.**)** upati, drzniti si (kaj storiti); **in (the)** ~ **of** vpričo, neglede na, vkljub; **I could hardly keep a straight** ~ komaj sem zadrževal smeh; **to look in the** ~ **of** s.o. drzno koga gledati; **to lose the** ~ zgubiti ugled; **to make** (ali **pull**) ~ **s at** spakovati se nad; **to make a wry** ~ **at** s.th. kislo kaj gledati; ~ **to** ~ **with** naravnost, osebno, pred, vpričo; **on the** ~ **of it** očitno, na prvi pogled; **to put a bold** (ali **good**) ~ **on** s.th. ne si gnati kaj preveč k srcu; **to put a new** ~ **on** s.th. postaviti kaj v drugo luč; **a right about** ~ popoln obrat; **to run one's** ~ dobiti kredit s predrznim nastopom; **to save one's** ~ za las uiti sramoti; **to set one's** ~ **against** s.th. upirati se čemu; **to set one's** ~ **like a flint** biti neuklonljiv; **to shut the door in one's** ~ preprečiti nadaljnje razgovore, uresničenje načrta; **to show one's** ~ priti, prikazati se; **to show a** ~ izzivalno se vesti; **to s.o.'s** ~ odkrito, v navzočnosti koga; **to tell straight to s.o.'s** ~ naravnost komu povedati; **to throw** s.th. **in s.o.'s** ~ očitati, oponašati komu kaj; ~ **value** imenska vrednost
face II [feis] **1.** *vt* kljubovati, upirati se, spoprijeti se; soočiti; sprijazniti se, prenesti; obložiti, prevleči, pokriti; ostružiti, zgladiti; **2.** *vi* biti obrnjen proti; *mil* obrniti se; *A* **to** ~ **the music** prenesti očitke, sprijazniti se, ne pokazati strahu; **to** ~ s.th. **out** sam si pomagati v težavah, premagati kaj; *mil* **left** ~ na levo; **right** ~ na desno
face about *vi* obrniti se
face down *vt* pogumno prenašati; osupniti, prestrašiti; izgladiti, poravnati
face out *vt* izpeljati
face round *vi* obrniti se
face up *vt fig* smelo v oči pogledati; obračunati (**to** s)
face-card [féiska:d] *n* karta s figuro
face-cloth [féisklə:θ] *n* pokrivalo mrličevega obraza; krpica za umivanje obraza
faced [feist] *adj* ki ima lice, številčnico; obdelan; nališpan; fasetiran, obložen; **double** ~ licemeren, neodkrit, lažniv; **bold** (ali **brazen, barc**) ~ predrzen, nesramen; **fat** ~ debeloličen; **ugly** ~ grd
face-guard [féisga:d] *n* zaščitna maska
faceless [féislis] *adj* (~ **ly** *adv*) brezizrazen, ki nima obraza, številčnice
facelessness [féislisnis] *n* brezizraznost

face-lifting [féisliftiŋ] *n* plastična operacija obraza
face-mask [féisma:sk] *n* operacijska maska; podvodna maska
face-massage [féismosá:ž] *n* masaža lica
face-pack [féispæk] *n* maska za obraz (lepotilna)
face-powder [féispaudə] *n* puder za lice
facer [féisə] *n* udarec s pestjo v obraz; *fig* nepričakovana težava
facet [fǽsit] *n* izbrušena ploskev dragulja, faseta; *zool* površina očesca žuželk
faceted [fǽsitid] *adj* brušen (drag kamen)
facetiae [fəsí:šii:] *n pl* smešnice; humoreske; pornografske knjige
facetious [fəsí:šəs] *adj* (~ly *adv*) šegav, burkast, šaljiv
facetiousness [fəsíšəsnis] *n* šegavost, šaljivost
face-value [féisvælju] *n* nominalna vrednost
facia [féišə] *n* izvesna deska (obrtnika, podjetja)
facial I [féišəl] *adj* obrazen, ličen; ~ expression izraz obraza; ~ angle obrazni kot
facial II [féišəl] *n* masaža obraza
facile [fǽsail] *adj* lahek (*to do*); površen; priljuden; lahkoveren; popustljiv, uslužen; gladek; mil, pohleven; spreten
facilitate [fəsíliteit] *vt* (o)lajšati; pospešiti
facilitation [fəsilitéišən] *n* (o)lajšanje, pomoč, podpora
facility [fəsíliti] *n* lahkota, spretnost; olajšava; pripomoček; priljudnost; brezbrižnost; *pl* (*for*) olajšave; ugodnosti; priložnosti; to give facilities omogočiti, olajšati; communication facilities prometne zveze; facilities for payment plačilne ugodnosti
facing [féisiŋ] *n* sprednja stran; *mil* obšiv, obloga, okras; *pl* obrati, okreti; to put s.o. through his ~s izprašati, preizkusiti koga; to go through one's ~s dati se preizkusiti, izprašati
facing-brick [féisiŋbrik] *n* opeka za oblaganje
facinorous [fəsínərəs] *adj arch* hudoben, zločinski
facsimile I [fæksímili] *n* posnetek, kopija, faksimile; reproduced in ~ natanko reproduciran
facsimile II [fæksímili] *vt* posneti, kopirati, reproducirati; brezžično posneti
fact [fækt] *n* dejstvo, resničnost, resnica; dejanje; ugotovitev; *jur* before the ~ pred zagrešitvijo zločina; in (point of) ~, as a matter of ~ pravzaprav, po pravici povedano, dejansko; it is a positive ~ to je čista resnica, čisto gotovo; ~s are stubborn things proti dejstvom smo brez moči; *coll* the ~s of life resnica o spolnem življenju; taken in the ~ zasačen pri samem dejanju; *jur* before the ~ pred izvršitvijo dejanja
faction [fǽkšən] *n* stranka; strankarstvo; razkol, opozicijska struja, frakcija; klika; rovarjenje
factional I [fǽkšənl] *adj* (~ly *adv*) strankarski, razkolniški, frakcionističen
factional II [fǽkšənl] *n* strankar
factionist [fǽkšənist] *n* strankar
factious [fǽkšəs] *adj* (~ly *adv*) strankarski, razkolniški, razdirljiv
factiousness [fǽkšəsnis] *n* strankarstvo; razkolništvo
factitious [fæktíšəs] *adj* (~ly *adv*) izumetničen, nepristen, ponarejen
factitiousness [fæktíšəsnis] *n* nepristnost, izumetničenost; ponaredba

factitive [fǽktitiv] *adj* (~ly *adv*) *gram* vzročen, kavzativen
factor [fǽktə] *n* činitelj; *com* posrednik, agent, poslovodja; *math* faktor, koeficient, množenec, mnóžitelj; *Sc* upravitelj posestva
factorage [fǽktəridž] *n* komisijska trgovina; komisijska provizija
factorial [fæktó:riəl] *n math* zmnožek vrste faktorjev v aritmetični progresiji
factorize [fǽktəraiz] *vt math* razstavljati v faktorje
factorship [fǽktəšip] *n* zastopstvo, posredništvo, poslovodstvo, agentura
factory [fǽktəri] *n* tovarna; agentura; manufaktura, delavnica; ~ acts zakoni o delovnem razmerju v tovarnah; *rly* ~ siding industrijski tir; ~ warranted z garancijo tovarne
factory-hand [fǽktərihænd] *n* tovarniški delavec
factory-mark [fǽktərima:k] *n* tovarniška znamka
factory-system [fǽktərisistəm] *n* sistem velike industrije, kombinat
factotum [fæktóutəm] *n* za vse spreten človek, *fig* desna roka
factual [fǽktjuəl] *adj* (~ly *adv*) dejanski, resničen
factuality [fǽktjuǽliti] *n* dejansko stanje, realnost
facture [fǽkčə] *n* tvorba; faktura, trgovski račun; tovorni list
facula, *pl* faculae [fákjulə, -li:] *n* svetla sončna pega
faculative [fǽkʌlətiv] *adj* (~ly *adv*) prost, dopusten, na izbiro dan, neobvezen; *biol* priložnosten, prilagodljiv
faculty [fǽkəlti] *n* zmožnost, sposobnost, nadarjenost; spretnost; *jur* pooblastilo, odobritev; *A* učno osebje visoke šole; *fam* zdravniki; fakulteta
fad [fæd] *n* najljubše opravilo, konjiček; kaprica, muhe, strasti; modna norost
faddiness [fǽdinis] glej faddishness
faddish [fǽdiš] *adj* (~ly *adv*) muhast, kapricast
faddishness [fǽdišnis] *n* muhavost, svojeglavost
faddism [fǽdizəm] glej faddishness
faddist [fǽdist] *n* sanjač; teoretik
faddy [fǽdi] *adj* (faddily *adv*) muhast, kapricast
fade [féid] 1. *vi* (o)veneti, odcveteti, oblede(va)ti, odumirati, pojemati; 2. *vt* slabiti
fade away *vi* propadati, izginevati, starati se
fade in *vi* prikazovati se
fade out *vi* bledeti, izginevati
fadeaway [féidəwei] *n A* izginitev
fade-in [féidín] *n* postopno prikazovanje (slike v filmu)
fadeless [féidlis] *adj* (~ly *adv*) trajen, večen, neveneč
fade-out [féidáut] *n* postopno izginevanje slike (v filmu); *fig* umik z javnosti
fadge I [fædž] *n* (velik plosek) hlebec; svežen, bala
fadge II [fædž] *vi coll* prilegati se; posrečiti se, uspevati
fading I [féidiŋ] *adj* minljiv, veneč; ki bledi, izgineva
fading II [féidiŋ] *n* izginevanje, izumiranje; pojemanje (zvoka)
faecal [fí:kəl] *adj* odpaden, gnojen, fekalen
faeces [fí:si:z] *n pl* odpadki, fekalije
faerie, -ry (féiəri] *n adj* glej fairy

fag I [fæg] *vt & vi* utruditi, izčrpati (se), garati; (*for* komu) služiti višješolcu; ~ **fag out** (*cricket*) odbiti žogo v polje; **to be** ~ **ged out** biti na smrt utrujen

fag II [fæg] *n* garanje, utrujenost; vozel v tkanini; garač; tovorni osel; *E* nižješolec, ki streže višješolcu; *sl* cigareta, čik; gulež

fag-end [fǽgénd] *n* prav zadnji konec; okrajek; čik

fagging [fǽgiŋ] *n* garanje, tlaka; služba nižješolca višješolcu

faggot, fagot I [fǽgət] *n* butara; svežanj železnih ali jeklenih palic; jetrna pečenka; *dial* ženščina; *fig* zbirka; *fig* sežig pri živem telesu; grmada; *derog* obešenjak

faggot, fagot II [fǽgət] *vt* zvezati v butare: zažgati ob živem telesu

faggot-vote [fǽgətvout] *n* pravica glasovanja na osnovi fiktivnega imenika

faggot-voter [fǽgətvoutə] *n* neupravičen glasovalec

faience [faiá:ns] *n* fajansa

fail I [feil] **1.** *vi* manjkati, ne zadostovati; prenehati, pešati, slabeti, slabšati se, ne moči; (*in*) ponesrečiti se, spodleteti, ne uspeti; pasti pri izpitu; **2.** *vt* izneveriti se, razočarati, pustiti na cedilu; pustiti pasti (pri izpitu); ne imeti; doživeti denarni polom; **to** ~ **to come** ne priti; **not to** ~ **to do it** gotovo narediti; **you cannot** ~ **to find** gotovo boste našli; **I** ~ **to see** ne morem razumeti; **to** ~ **in duty** zanemarjati svojo dolžnost; **to** ~ **in one's word** besedo snesti; **my heart has** ~ **ed me** nisem imel dovolj poguma; **his voice** ~ **ed** glas mu je odpovedal; **to** ~ **in business** propasti, bankrotirati; **the prophesy** ~ **ed** napoved se ni izpolnila

fail II [feil] *n* glej **failure**, neuspeh; napaka; nesrečnik, -nica; **without** ~ čisto gotovo

failing I [féiliŋ] *adj* (~ **ly** *adv*) nezadosten, slab, neuspešen; ~ **health** slabo zdravje, bolehnost

failing II [féiliŋ] *n* napaka, slabost, pomanjkanje; polom, neuspeh

failing III [féiliŋ] *prep* brez, če ni, če ne bo; ~ **this** (ali **which**), **which** ~ v drugem primeru, sicer; ~ **time** zaradi pomanjkanja časa

failure [féilə] *n* propadanje, razdor; neuspeh, polomija, fiasko; brodolom; manjkanje; bankrot; razočaranje; zanemarjanje; nesrečnik, -nica; ~ **of the crops** slaba letina; **to turn out a** ~, **to be a** ~ ne se obnesti; **to end in** (ali **meet with**) ~ doživeti neuspeh, ne se posrečiti; **he is a** ~ nima uspeha, ni za nič; **to be doomed to** ~ biti brezupno

fain I [fein] *obs adv* rad, z veseljem; **he would** ~ **do it** z veseljem bi to (on) storil

fain II [fein] *adj* zadovoljen, vesel; prisiljen; *coll* ~ **I!** jaz že ne!, **I was** ~ **to comply with their demands** hočeš nočeš sem moral spolniti njihove zahteve

faint I [feint] *n* omedlevica; **dead** ~ popolna nezavest; **to go off in a** ~ onesvestiti se

faint II [feint] *adj* (~ **ly** *adv*) slaboten, šibek; boječ, plašen; izčrpan, oslabel, vrtoglav; nejasen, moten, meglen; nedoločen; ~ **heart never won fair lady** brez poguma nič nedosežeš; **not the** ~ **est idea** niti pojma ne; ~ **recollection** nejasen spomin

faint III [feint] *vi arch* zgubiti pogum; slabeti, omedlevati; **to** ~ **away** onesvestiti se, omedleti

faint-heart [féintha:t] *n* malodušnež, -nica, strahopetec, -tnica

faint-hearted [féintha:tid] *adj* (~ **ly** *adv*) malodušen, plašen, bojazljiv

faint-heartedness [féintha:tidnis] *n* plašnost, malodušnost

fainting [féintiŋ] *n* omedlevica, nezavest

fainting-fit [féintiŋfit] *n* omedlevica

faintish [féintiš] *adj* (~ **ly** *adv*) nekoliko slaboten, medel

faintly [féintli] *adv* komaj

faintness [féintnis] *n* slabost, vrtoglavost; nejasnost, medlost; pobitost, potrtost, poparjenost; neznatnost

fair I [fɛə] *adj* lep; nežen; jasen, svetel; čist; svež; ugoden; svetlolas, blond; precejšen; znaten; (*with* do) pošten, pravičen; spodoben, vljuden; primeren, zadovoljiv; čitljiv; **the** ~ (**sex**) ženske; **a** ~ **amount** precejšnja količina, precej denarja; **to be a** ~ **game** biti po pravici predmet zasmehovanja; **to be in a** ~ **way** biti na najboljši poti; **a** ~ **chance** dobra priložnost; **a** ~ **copy** čistopis; **for** ~ dejansko, zares; **to give s.o. a** ~ **warning** pravočasno koga posvariti; *coll* ~ **to middling** še kar dobro; ~ **play** poštena igra, nepristranost; ~ **and soft goes far in the day** s poštenjem in dobroto veliko dosežeš; ~ **field and no favour** ista priložnost za vsakogar; ~ **and square** pošten in odkrit; naravnost; **to be in a** ~ **way** dobro kazati; **what is** ~ **for one is** ~ **for all** kar je dobro za enega, je dobro tudi za druge; ~ **wind** ugoden veter; **to write a** ~ **hand** imeti lepo pisavo; ~ **view** lep razgled; odkrito mnenje; **a** ~ **proposal** sprejemljiv predlog; **to be in a** ~ **way** dobro komu kazati

fair II [fɛə] *adv* naravnost; jasno; pošteno; pravilno; vljudno; nežno; **to bespeak s.o.** ~ dobro o kom govoriti; **to promise** (ali **bid**) ~ dobro kazati; **to copy** ~ na čisto prepisati; **the sea runs** ~ morje je mirno; **for** ~ zagotovo, nesporno; **to keep** (ali **stand**) ~ **with s.o.** dobro se s kom razumeti; **to write out** ~ na čisto prepisati; **to strike** ~ **in the face** udariti naravnost v obraz; **to speak s.o.** ~ vljudno s kom govoriti; ~ **and softly** počasi, tiho; **the wind sits** ~ veter je ugoden

fair III [fɛə] *n* sejem, veleseem; razstava; **a day after the** ~ prepozno

fair IV [fɛə] *vt & vi* (z)jasniti se; prepisovati; zgladiti

fair-dealing [féədi:liŋ] **1.** *adj* pošten; **2.** *n* poštenost

fair-haired [féəhɛəd] *adj* svetlolas, blond

fairily [féərili] *adv* kakor vila; ljubko

fairing [féəriŋ] *n* darilo s sejma; aerodinamično zaklonišče; obloga, opaž (letala); **to get one's** ~ dobiti, kar smo zaslužili

fairish [féəriš] *adj* precejšen, znosen

fairly [féəli] *adv* lepo; pošteno, pravično; precej, znosno; res; jasno; *A* brezpogojno, dejansko; **to act** ~ **by all men** biti pravičen do vseh

fair-minded [féəmaindid] *adj* (~ **ly** *adv*) pravičen, pošten, nepristranski

fair-mindedness [féəmaindidnis] *n* pravičnost, nepristranost, poštenost

fairness [féənis] *n* lepota; poštenost, nepristranost; čistost; prijaznost; plavolasost; **in** ~ pošteno, spodobno

fair-sized [féəsaizd] *adj* precejšen

fair-spoken [féəspoukən] *adj* vljuden, prijazen; prepričevalen; *A* verjeten

fairway [féəwei] *n* plovna pot; na kratko pokošena steza (*golf*)

fair-weather [féəweðə] *adj fig* samo za dobre čase primeren; ~ **friends** prijatelji samo v dobrih časih; ~ **sailor** neizkušen mornar

fairy I [féəri] *n* vila, škrat, pravljično bitje; *sl* homoseksualec

fairy II [féəri] *adj* vilinji, škratov, pravljičen, droben; ~ **cycle** otroško kolo

fairy-dance [féərida:ns] *n* rajanje vil

fairy-land [féərilænd] *n* pravljična, čudežna dežela

fairylike [féərilaik] *adj* vilinji, čaroben, kakor vila

fairy-ring [féəririŋ] *n* obroč živozelene trave, začarani krog

fairy-tale [féəriteil] *n* pravljica, bajka, izmišljotina, laž

faith [feiθ] *n* (*in*) zaupanje; zvestoba; vera, veroizpoved; dana beseda, obljuba; **bad** ~ neodkritost, nepoštenost, verolomnost; **by my** ~ pri moji veri; **to have** (ali **put**) ~ **in s.th.** zaupati v kaj; **in** ~, **upon my** ~ častna beseda, zares; **to break** ~ **with** prelomiti obljubo komu, besedo snesti; **in good** ~ v dobri veri, pošteno, častno; **to keep** ~ biti mož beseda; **to pin one's** ~ (**to** ali **on**) popolnoma se zanesti; **Punic** ~ izdajstvo; **to plight** (ali **pledge**) one's ~ dati besedo, obljubiti ; *jur* **in** ~ **whereof** v potrdilo česar

faith-cure [féiθkjuə] *n* zdravljenje z vero, z molitvijo; šarlatanstvo

faithful [féiθful] *adj* (*to*) zvest, zanesljiv, resnicoljuben; veren; **the** ~ verniki

faithfully [féiθfuli] *adv* zvesto, verno; **yours** ~, ~ **yours** z odličnim spoštovanjem (kot zaključek zlasti trgovskih pisem)

faithfulness [féiθfulnis] *n* zvestoba, zanesljivost; vernost

faith-healing [féiθhi:liŋ] glej **faith-cure**

faithless [féiθlis] *adj* (~ **ly** *adv*) nezvest, nezanesljiv, izdajalski; brezveren; lažniv

faithlessness [féiθlisnis] *n* nezvestoba, nezanesljivost; brezvernost

fake I [feik] *n sl* sleparstvo, goljufija, prevara, potegavščina, ponarejek, imitacija; časopisna raca

fake II [féik] *vt sl* (pre)varati, (u)krasti; ponarediti; improvizirati; izpeljati, storiti; **to** ~ **up** izmisliti, ponarediti, prikrojiti

fake III [feik] *adj sl* ponarejen, nepristen, lažniv

fake IV [feik] *vt mar* zviti (vrv)

fakement [féikmənt] *n* sleparstvo, prevara, laž

faker [féikə] *n* ponarejevalec, slepar; *A* krošnjar

fakir [fá:kir, fəkíə] *n* fakir

fakirism [fá:kirizəm] *n* fakirstvo

falcate [fǽlkeit] *adj* (*bot, zool*) srpast, ukrivljen, kljukast

falchion [fǽ:lšən] *n* vrsta širokega meča, palaš; kriva sablja

falciform [fǽlsifə:m] *adj anat* srpast

falcon [fɔ́:(l)kən] *n zool* sokol; *hist* majhen top, topič

falconer [fɔ́:(l)kənə] *n* sokolar, gojitelj sokolov

falconet [fɔ́:(l)kənit] *n zool* vrsta azijskega sokola; *hist* vrsta topiča

falconry [fɔ́:(l)kənri] *n* sokolarstvo, lov s sokoli

falderal [fǽldərǽl] *n* refren v starih pesmih; igračkanje, nesmisel, traparija

falderol [fǽldərɔ́l] glej **falderal**

faldstool [fɔ́:ldstu:l] *n* škofov, zložljiv stol; klečalnik

fall* I [fɔ:l] **1.** *vi* (*in, to, from*) pasti, padati; pripasti, pripadati; podreti, prevrniti, zgruditi se; popustiti, popuščati; upadati; spustiti se; *zool* roditi se; spuščati se; izlivati se; viseti; (z)manjšati, poleči se; poginiti; podleči; z vnemo se lotiti; propadati; zgoditi se; morati; **2.** *vt A, dial* sekati drevesa; **to** ~ **adoing** začeti kaj (npr. *alaughing* zasmejati se); **to** ~ **asleep** zaspati; **to** ~ **to blows** stepsti, spopasti se; **to** ~ **due** zapasti (menica); **to** ~ **dumb** onemeti; **to** ~ **from favour** pasti v nemilost; **to** ~ **flat** doživeti neuspeh; **to** ~ **foul of** spopasti se, napasti; prepirati se; **to** ~ **from grace** grešiti; **to** ~ **in love** zaljubiti se; **to** ~ **in two** razpoloviti se; **to** ~ **into habit** navaditi se; **to** ~ **into conversation with s.o.** začeti pogovor s kom; **to** ~ **a prey** (ali **victim, sacrifice**) postati žrtev; **to** ~ **into a rage** pobesneti; **to** ~ **heir to** podedovati po; **to** ~ **to pieces** razpasti; **to** ~ **on a sword** *fig* narediti samomor; **to** ~ **on one's feet** imeti srečo, izvleči se; **his face fell** kislo je pogledal; **to** ~ **to one's lot** biti komu usojeno; **to** ~ **between two stools** usesti se med dva stola; **to** ~ **into oblivion** biti pozabljen

fall aboard *vi* spopasti se, navzkriž priti, spreti se; *fig* začeti

fall abreast of *vt* držati isti korak, ne zaostajati

fall across *vi* slučajno srečati, naleteti na; sporijeti se

fall among *vi* nepričakovano se prikazati

fall astern *vi mar* zaostajati

fall asunder *vi* razpasti

fall away *vi* odpasti; propadati; popuščati; hujšati, hirati

fall back *vi* umakniti se; popustiti; besedo snesti

fall back upon *vi* zateči se kam; zadovoljiti se s čim; zanesti se na

fall behind *vi* zaostajati

fall down *vi* poklekniti; ne uspeti, imeti smolo; izjaloviti se

fall for *vi A sl* biti navdušen za, zaljubiti se v; biti očaran; biti opeharjen

fall in *vi* postaviti se v vrsto; strinjati se; upasti (lice); zapasti, poteči

fall in for *vi* podedovati

fall into *vi* izlivati se; nepričakovano priti; začeti; pritrditi komu; ~ **line with s.o.** strinjati se s kom

fall in with *vi* slučajno srečati; strinjati se; prilagoditi se

fall off *vi* odpasti; zapustiti; upadati; poslabšati se; izumreti; *naut* priti v zavetrje

fall on *vt* napasti; lotiti se; planiti; ~ **evil days** priti v nesrečo; ~ **one's feet** zlahka se rešiti neprilike

fall out *vi* začeti prepir; izstopiti; pripetiti se; biti posledica; izvleči se; napraviti izpad; ~ **well (ill)** dobro (slabo) se končati; splačati (ne splačati) se
fall over *vi* prevrniti se, pasti preko česa, spotakniti se; *A* ~ o.s. hiteti
fall short (*of*) *vi* ne doseči; zaostajati; ne zadovoljiti; zgrešiti; manjkati; **it falls short of my expectations** to me je razočaralo; ~ **of the mark** ne zadeti cilja
fall through *vi* propasti, izjaloviti, ponesrečiti se
fall to *vi* planiti; lotiti se, začeti; spoprijeti se; zapasti (plačilo); pripasti; avtomatsko se zapreti; *fig* ~ **the ground** izjaloviti se, v vodo pasti
fall under *vi* spadati med, šteti se k; ~ **censure** nakopati si grajo
fall upon glej **to fall on**
fall within *vi* spadati, šteti se med
fall II [fɔ:l] *n* padanje, padec, upadanje; padavina; pobočje, strmina, reber; spuščanje; slap; propad; poraz; smrt; *mus* kadenca; sečnja; **to have a** ~ pasti; **the** ~ **of man** izvirni greh; **to ride for a** ~ izpostavljati se nevarnosti, drveti v pogubo; **to try a** ~ **wⁱtlᵗ** boriti, meriti se s; **to sustain a** ~ pasti, padati
fall III [fɔ:l] 1. *n A* jesen; **the** ~ **of the year** (ali leaf) jesen; 2. *adj A* jesenski
fallacious [fəléišəs] *adj* (~ **ly** *adv*) varljiv, zvijačen
fallaciousness [fəléišəsnis] *n* varljivost; zvijača
fallacy [fǽləsi] *n* prevara; zmota, napačen sklep; **to fall into a** ~ zabresti v zmoto
fal-lal [fǽlǽl] *n* drobni okraski, šara
fallen [fɔ:lən] 1. *pp* od **fall**; 2. *adj* **the** ~ padli (vojaki); upadel; uničen
fall-guy [fɔ:lgai] *n sl* grešni kozel; *A sl* mlečnozobec, naivnež
fallibility [fəlibíliti] *n* zmotnost, zmotljivost, varljivost
fallible [fǽləbl] *adj* (**fallibly** *adv*) zmoten, zmotljiv, varljiv
falling [fɔ:liŋ] *n* padanje, padec
falling-away [fɔ:liŋəwéi] *n* odpadništvo, iznevera
falling-in [fɔ:liŋín] *n* propad(anje); podiranje
falling-off [fɔ:liŋɔ́f] *n* odpadanje; nazadovanje; *com* ~ **in business** upadanje prometa, trgovine
falling-out [fɔ:liŋáut] *n* prepir; *mil* napad
falling-sickness [fɔ:liŋsiknis] *n med* božjast
falling-star [fɔ:liŋsta:] *n* meteor, zvezdni utrinek
faʹl-out [fɔ:laut] *n* radioaktivne padavine; radioaktivni prah
fallow I [fǽlou] *n* ledina, neobdelan svet
fallow II [fǽlou] *adj* neposajen, neobdelan, ledinski; (duševno) zaostal; *fig* neizkoriščen; **to lie** ~ biti neobdelan
fallow III [fǽlou] *adj* rjavkastorumen
fallow IV [fǽlou] *vt* preorati, vendar ne posejati; pustiti kot ledino
fallow-deer [fǽloudiə] *n zool* damjak
fallow-doe [fǽloudou] *n* damjakinja
fallowness [fǽlounis] *n* neplodnost, neobdelanost
false I [fɔ:ls] *adj* (~ **ly** *adv*) nepravi, napačen; lažniv, varljiv, potuhnjen; nezvest, izdajalski; zmoten; neosnovan, netočen; nezakonit; umeten, ponarejen; ~ **keel** zunanji gredelj; ~ **key** kljukec, odpirač; ~ **pretences** lažne obljube;

to sail under ~ **colours** pluti pod lažno zastavo; *fig* šopiriti se s pavjim perjem; **to take a** ~ **step** spotakniti se; ~ **alarm** prazen preplah; **to be** ~ **to one's promise** ne izpolniti obljube; ~ **bottom** dvojno dno
false II [fɔ:ls] *adv* napačno, zmotno, lažnivo, nezakonito, varljivo, nezvesto; **to play s.o.** ~ nepošteno s kom ravnati. prevarati, izdati ga
false-hearted [fɔ́:lsha:tid] *adj* (~ **ly** *adv*) izdajalski, nezvest, potuhnjen, hinavski, neodkritosrčen
falsehood [fɔ́:lshud] *n* hinavstvo, nezvestoba, izdajstvo; laž, kriva vera
falseness [fɔ́:lsnis] *n* neresnica, laž; hinavščina; nezvestoba; zvijačnost
falsetto [fɔ:lsétou] *n mus* falzet; **a** ~ **tone** nenaravno visok glas
falsework [fɔ́:lswə:k] *n* opaž; zidarski oder
falsies [fɔ́:lsiz] *n pl coll* vložki za nedrček
falsification [fə:lsifikéišən] *n* ponarejanje, ponaredek; laž
falsifier [fɔ́:lsifaiə] *n* ponarejevalec, falzifikator
falsify [fɔ́:lsifai] *vt* ponarediti; prekršiti; pokvariti; na laž postaviti, dokazati kot neresnično; razočarati
falsism [fɔ́:lsizəm] *n* očitna laž
falsity [fɔ́:lsiti] *n* hinavstvo; neresnica, laž; lažnivost; napaka, zmota
falt-boat [fɔ́:ltbout] *n* zložljiv čoln
falter [fɔ́:ltə] 1. *vi* opotekati se; spotakniti se; omahovati, obotavljati se; jecljati; 2. *vt* zajecljati; **to** ~ **out** izjecljati
faltering [fɔ́:ltəriŋ] *adj* (~ **ly** *adv*) negotov, omahljiv, obotavljiv
fame I [feim] *n* slava; (dober) glas, sloves; **good** ~ dober glas; **ill** ~ slab glas; **house of ill** ~ javna hiša
fame II [feim] *vt* slaviti, slavo peti
famed [féimd] *adj* (*for* zaradi) slaven, znamenit, znan, na glasu; **ill-famed** na slabem glasu
familiar I [fəmíljə] *adj* (*with*) zaupen, domač; (*to*) znan; navaden, vsakdanji; seznanjen; intimen, familiaren; predomač, predrzen, nesramen; **to be on** ~ **terms with s.o.** biti s kom v prijateljskih stikih; ~ **spirit** hišni škrat; **to make o.s.** ~ seznaniti se; ~ **quotation** krilatica
familiar II [fəmíljə] *n* zaupni prijatelj
familiarity [fəmiliǽriti] *n* (*with*) dobro poznavanje, domačnost; zaupnost; predrznost; intimnost; *pl* ljubkovanje, prijateljski stiki; ~ **breeds contempt** prevelika zaupnost kvari ugled
familiarization [fəmiljəraizéišən] *n* (*with*) seznanjevanje s čim, navajanje na kaj
familiarize [fəmíljəraiz] *vt* (*with*) seznaniti, navaditi; udomačiti; **to** ~ **o.s. with** dobro se seznaniti s, navaditi se na
family [fǽmili] *n* družina, rodbina, rodovina, rod; družinski člani; **in the** ~ **way** noseča; **in a** ~ **way** neprisiljeno, po domače; ~ **name** priimek; ~ **tree** rodovnik; *A* **the President's official** ~ člani kabineta; ~ **man** človek z družino; ~ **planning** načrtovanje družine; ~ **likeness** družinska podobnost; ~ **allowance** družinska, otroška doklada; **of old** ~ plemenitega rodu; **to have a large** ~ imeti veliko otrok
famine [fǽmin] *n* lakota, glad, pomanjkanje; umiranje zaradi lakote; draginja zaradi po-

manjkanja; **water** ~ pomanjkanje vode; ~
prices porast cen zaradi pomanjkanja blaga
famish [fǽmiš] **1.** *vi* gladovati, lakoto trpeti, hirati,
umirati od lakote ali žeje; *fig* hrepeneti po čem;
2. *vt* z lakoto prisiliti, izgladovati
famous [féiməs] *adj* (~ **ly** *adv*) (*for* zaradi) znan,
slaven, znamenit; *coll* neznanski, odličen, ču-
dovit, famozen, razvpit
famulus *pl* **famuli** [fǽmjuləs, fǽmjulai] *n* famulus,
čarovnikov sluga, oproda, pomočnik
fan I [fæn] *n* velnica; pahljača, mahalo; ventilator;
geol vršaj
fan II [fæn] *vt* & *vi* vejati, pahljati; pihljati; *fig*
podpihovati; razprostreti se v obliki pahljače;
fig **to** ~ **the flame** podpihovati, netiti strasti
fan III [fæn] *n* *sl* navdušenec za določen šport,
film itd.; navijač; ~ **mail** pošta za oboževano
osebo
fanatic I (fənǽtik] *adj* (~ **ally** *adv*) strasten, fana-
tičen; versko blazen
fanatic II [fənǽtik] *n* navdušenec, fanatik, za-
nesenjak, slep privrženec
fanatical [fənǽtikəl] *adj* (~ **ly** *adv*) glej **fanatic I**
fanaticism [fənǽtisizəm] *n* fanatiziranje; gorečnost;
verska blaznost
fanaticize [fənǽtisaiz] *vt* & *vi* fanatizirati, navduše-
vati (se)
fancied [fǽnsid] *adj* izmišljen, priljubljen
fancier [fǽnsiə] *n* ljubitelj(ica); rejec, -jka; goji-
telj(ica); poznavalec, -lka
fanciful [fǽnsiful] *adj* (~ **ly** *adv*) sanjav; muhast,
čudaški; umišljen, fantastičen, imaginaren, bi-
zaren, nenavaden
fancifulness [fǽnsifulnis] *n* sanjavost; muhavost,
čudaštvo; umišljenost; nenavadnost, bizarnost
fancy I [fǽnsi] *n* fantazija, domišljija, predstava;
domislek; muhe; poželenje; pristranost, na-
klonjenost, nagnjenje; **a man of the** ~ športnik;
the ~ navdušenci; navijači; **to take** (ali **please,
tickle, strike**) **s.o.'s** ~ ugajati, prikupiti se
komu; **to take a** ~ **to s.th.** vzljubiti kaj; **to
have a** ~ **for** rad kaj početi; **not to have a** ~ **for**
ne marati kaj
fancy II [fǽnsi] *adj* fantastičen; neskromen; iz-
bran, razkošen, potraten, ekstravaganten, mo-
den; maškaraden; muhast; ~ **price** pretirana
cena; ~ **article** modna stvar; ~ **bazaar** dobro-
delni bazar
fancy II [fǽnsi] *vi* predstavljati si, domnevati, do-
mišljati si; rad imeti; poželeti si; (**just**) ~!,
~ **that!** pomisli(te)!, kaj takega!; **to** ~ **o.s.**
biti domišljav
fancy-articles [fǽnsia:tiklz] *n pl* modni, luksusni
predmeti
fancy-ball [fǽnsibɔ:l] *n* ples v maskah
fancy-cakes [fǽnsikeiks] *n pl* fino pecivo
fancy-cloth [fǽnsikləθ] *n* pisana tkanina
fancy-dress [fǽnsidres] *n* maškaradna obleka;
~ **ball** ples v maskah
fancy-fair [fǽnsifɛə] *n* dobrodelni bazar
fancy-free [fǽnsifrí:] *adj* nezaljubljen, nezaročen,
neporočen, samski
fancy-man [fǽnsimən] *n* ljubimec; *sl* zvodnik;
hazarder
fancy-shirt [fǽnsišə:t] *n* pisana moška srajca

fancy-shop [fǽnsišəp] *n* trgovina z galanterijo,
z modnim, luksuznim blagom
fancy-stocks [fǽnsistɔks] *n pl* špekulacijske delnice
fancy-stunt [fǽnsistʌnt] *n* izreden športni dosežek
fancy-trade [fǽnsitreid] *n* trgovina z luksuznim
blagom
fancy-type [fǽnsitaip] *n* okrasni tisk
fancy-woman [fǽnsiwumən] *n* ljubica; *A sl* prosti-
tutka
fancy-work [fǽnsiwə:k] *n* žensko ročno delo, ve-
zenina; *arch* ornamentika
fandangle [fændǽngl] *n* fantastičen okrasek; nor-
čavost, prismodarija
fandango [fændǽngou] *n* vrsta španskega plesa;
A coll ples; množični plesi
fane [fein] *n poet* svetišče, tempelj, cerkev
fanfare [fǽnfɛə] *n* fanfare
fanfaron [fǽnfərən] *n* bahač
fanfaronade [fǽnfærəná:d] *n* fanfare; hvaličenje;
junačenje
fang I [fæŋ] *n* čekan, podočnik, strupnik; zobna
korenina, rogelj; ventilacijska cev; **to fall into
s.o.'s** ~ **s** priti komu v kremplje
fang II [fæŋ] *vt* prijeti, zgrabiti z zobmi; zaliti
črpalko z vodo, spraviti jo v tek
fanged [fæŋd] *adj* ki ima čekane, strupnike
fangle [fæŋgl] *n* modna reč, modna norost
fan-heater [fǽnhi:tə] *n* kalorifer
fanlight [fǽnlait] *n* pahljačasto okence nad vrati
fanlike [fǽnlaik] **1.** *adj* pahljačast; **2.** *adv* pahljača-
sto
fanner [fǽnə] *n* velnica; ventilator
fanning-machine [fǽniŋməši:n] *n techn* vejalnica
fanny [fǽni] *n vulg* zadnjica; *vulg* žensko spolovilo
fantail [fǽnteil] *n zool* pavček (pasma goloba);
plinski gorilnik s ploskim plamenom
fantasia [fəntéiziə] *n mus* glasbena fantazija; *A*
zmes priljubljenih arij
fantast [fǽntæst] *n* zanesenec, -nka, sanjavec, -vka
fantastic [fæntǽstik] *adj* (~ **ally** *adv*) sanjarski, mu-
hast; neresničen, umišljen, smešen, grotesken
fantastical [fæntǽstikəl] *adj* (~ **ly** *adv*) glej **fantastic**
fantasticalness [fæntǽstikəlnis] *n* umišljenost; mu-
havost; sanjavost; smešnost, grotesknost
fantasy [fǽntəsi] *n* domišljija, fantazija
fanteague, fanteeg, fantigue [fəntí:g] *n* zbeganost,
zmeda, precep, zagata
fantoccini [fæntəčí:ni:] *n pl* lutke, marionete;
lutkovno gledališče
fantom glej **phantom**
faquir glej **fakir**
far I [fa:] *adj* oddaljen, daljnji; *fig* sanjav; **a** ~ **cry**
velika razlika; daleč; ~ **bank** nasprotni breg;
Far East Daljnji Vzhod; **in the** ~ **corner** v
nasprotnem kotu; **on the** ~ **side** na drugi strani
far II [fa:] *adv* daleč; zelo, znatno; davno; **as** ~
as in 18th century že v osemnajstem stoletju;
to carry it (ali **go**) **too** ~ iti prek meje, preveč
si upati, pretiravati; ~ **from it** ravno nasprotno,
niti malo ne; ~ **gone** v nevarnosti, v visoki
stopnji; **so** ~ doslej; **to go** ~ **in life** visoko se
povzpeti; **as** ~ **as** prav do; v koliko; **so** ~ **so
good** doslej je vse v redu; **in so** ~ **as** v koliko;
~ **be it from me** še na misel mi ne pride; ~ **and
near** povsod; ~ **and wide** daleč po svetu; ~ **and
away** brez dvoma, vsekakor; **few and** ~ **between**

redkokdaj; ~ **into the night** pozno v noč; ~ **up** visoko zgoraj

far III [fa:] *n* daljava; visoka stopnja; **by** ~ **the best** daleč najboljši; **from** ~ od daleč

farad [fǽrəd] *n el* farad

faradaic, faradic [fǽrədéiik, fərǽdik] *adj* faradski

far-away [fá:rəwei] *adj* oddaljen; *fig* zasanjan, duševno odsoten

far-between [fá:bitwí:n] *adj* redek

farce I [fa:s] *n* burka, šala, komedija; nesmisel

farce II [fa:s] *n* nadev

farce III [fa:s] *vt* nadevati, (na)polniti; odišaviti

farceur [fa:sə́:r] *n* burkež

farcical [fá:sikəl] *adj* (~ly *adv*) burkast, absurden, smešen

farcicality [fa:sikǽliti] *n* norčavost, smešnost

farcing [fá:siŋ] *n* nadev

farcy [fá:si] *n vet* konjska smrkavost

fardel [fá:dəl] *n arch* cula, breme

fare I [fɛə] *vi* uspevati; hraniti se, jesti in piti; počutiti se; *arch* potovati, peljati se, iti; **to go farther and** ~ **worse** priti z dežja pod kap; *coll* **how** ~**s it?** kako ti (vam) gre?; *poet* ~ **thee well** mnogo uspeha; *poet* **to** ~ **forth** kreniti na pot; **I** ~ **ill (well)** slabo (dobro) se mi godi

fare II [fɛə] *n* prevoznina, voznina; jed, hrana; potnik; ulov (ribiške barke); **bill of** ~ jedilni list; **good (bad)** ~ dobra (slaba) hrana; **any more** ~**s?** še kdo brez vozovnice?; **excess** ~ doplačilo; **poor** ~ slaba hrana

fare-indicator [fέəindikeitə] *n* cenik vozovnic; taksameter

farewell I [fέəwél] *int* zbogom; ~ **to** dovolj je bilo, nič več

farewell II [fέəwél] *n* slovo; **to bid** ~, **to make one's** ~**s** posloviti se; ~ **visit** poslovilni obisk

far-famed [fá:féimd] *adj* svetovno znan, zelo slaven

far-fetched [fá:féčt] *adj* za lase privlečen, nenaraven, neverjeten, prisiljen

far-flung [fá:flʌ́ŋ] *adj* zelo razširjen, raztresen, daleč vsaksebi

far-gone [fa:gón] *adj* ki je šel daleč; ki je zelo napredoval (bolezen); *fam* vinjen; na pol nor; na pol mrtev; zelo zadolžen

farina [fəráinə] *n* moka; *chem* škrob; *E bot* cvetni prah

farinaceous [fərinéišəs] *adj* (~ly *adv*) močnat, móčen, škrobov; ~ **food** močnate jedi

farinose [fǽrinous] *adj* mokast, moknat

farl [fa:l] *n* vrsta ovsenega peciva; četrtina okroglega kolača

farm I [fa:m] *n* posestvo, kmetija, gospodarstvo; gojišče; *A* letoviška hišica; cenene zasebne jasli za zapuščene otroke; **dairy** ~ pristava; **home** ~ ohišnica

farm II [fa:m] **1.** *vt* vzeti ali dati v zakup; obdelovati zemljo; pobirati davke in druge dajatve; vzeti otroke v rejo; **2.** *vi* kmetovati, gospodariti; **to** ~ **out** dati v zakup; **to** ~ **out children** dati otroke v rejo (na kmete)

farm-bailiff [fá:mbéilif] *n* gospodarski upravitelj

farmer [fá:mə] *n* kmet, poljedelec, farmar, rejec, zakupnik; **produce-sharing** ~ najemnik, ki si deli z gospodarjem na pol; **stock** ~ živinorejec; **tillage** ~ poljedelec

farmeress [fá:məris] *n* kmetica

farmery [fá:məri] *n* kmečka hiša z dvoriščem, kmetija

farmhold [fá:mhould] *n* zemljiška posest kmetije

farmhouse [fá:mhaus] *n* kmečka hiša

farming I [fá:miŋ] *n* kmetijstvo, poljedelstvo

farming II [fá:miŋ] *adj* poljedelski; ~ **implements** poljedelsko orodje, poljedelski stroji; ~ **crops** poljedelski pridelki

farmhand [fá:mhænd] *n* glej **farming-hand**

farming-hand [fá:miŋhænd] *n* poljedelski delavec, poljedelska delavka

farming-labourer [fá:miŋleibərə] *n* glej **farming-hand**

farm-labourer [fá:mleibərə] *n* glej **farming-hand**

farmstead [fá:msted] *n* kmetija s pritiklinami, kmečki dvorec

farmyard [fá:mja:d] *n* (kmečko) dvorišče

farness [fá:nis] *n* oddaljenost

faro [fέərou] *n* hazardna igra s kartami

far-off [fá:ó:f] *adj* oddaljen; daven

farouche [fərú:š] *adj* divji, plašljiv, nedružaben

farraginous [fəréidžinəs] *adj* zmešan, zmeden

farrago [fəréigou] *n* mešanica; zmešnjava, kolobocija, zmeda

far-reaching [fá:rí:čiŋ] *adj* daljnosežen

farrier [fǽriə] *n* podkovni kovač; *arch* živinozdravnik, veterinar; *mil* podčastnik, ki ima na skrbi konje

farriery [fǽriəri] *n* podkovstvo; *arch* živinozdravništvo

farrow I [fǽrou] *n* pokot prašičkov; *arch* prašiček, odojek; **in (ali with)** ~ breja (svinja)

farrow II [fǽrou] *vi* oprasiti se

farrow III [fǽrou] *adj* jalov (telica)

far-seeing [fá:sí:iŋ] *adj* daljnoviden; oprezen, previden, pameten, bistroumen, moder

far-sighted [fá:sáitid] *adj* glej **far-seeing**

far-sightedness [fá:sáitidnis] *n* daljnovidnost; previdnost, bistroumnost, pametnost

fart I [fa:t] *n vulg* pezdec; **to let a** ~ prdniti

fart II [fa:t] *vi vulg* pezdeti, prdeti

farther I [fá:ðə] *adj* oddaljenejši (*comp* od **far**); kasnejši; **until** ~ **notice** do nadaljnjega obvestila; **anything** ~ **?** še kaj?

farther II [fá:ðə] *adv* dalje; razen tega, še; **I'll see you** ~ **first** še na misel mi ne pride

farthermost [fá:ðəmoust] *adj* najoddaljenejši, skrajen

farthest I [fá:ðist] *adj* najoddaljenejši (*sup* od **far**)

farthest II [fá:ðist] *adv* najdalje; **at (the)** ~ v skrajnem primeru, največ

farthing [fá:ðiŋ] *n* četrtpenijski novec; **not to care a brass** ~ prav nič se ne meniti; **not worth a brass** ~ prav nič vreden, zanič

farthingale [fá:ðiŋgeil] *n* krinolina

fasces [fǽsi:z] *n pl* svežnj protja s sekiro, znak oblasti v starem Rimu

fascia [fǽšiə] *n* trak, vrvica; *archit* venec; *astr* kolobar; *anat* mišična ovojnica

fasciated [fǽšieitid] *adj bot* zrasel

fasciation [fəšiéišən] *n bot* zraslost

fascicle [fǽsikl] *n* svežnj, snopič, zvezek, del knjige, fascikel; *bot* grozd, šop

fascicule [fǽsikjul] glej **fascicle**

fascinate [fǽsineit] *vt* očarati, prevzeti, privlačiti, uročiti, omamiti

fascinating [fǽ:sineitiŋ] *adj* (~ ly *adv*) privlačen, očarljiv, omamljiv
fascination [fæsinéišən] *n* očarljivost, privlačnost, očaranje, omama
fascinator [fǽsineitə] *n* čarovnik, očarljivec, -vka; *arch* vrsta lahkega ogrinjala
fascine [fəsí:n] *n* svežanj dračja; ~ dwelling mostišče, stavba na koleh
fascism [fǽšizəm] *n* fašizem
fascist [fǽšist] 1. *n* fašist(ka); 2. *adj* fašističen
fash I [fæš] *vt Sc* mučiti, jeziti; to ~ o.s. about jeziti se, skrbeti zaradi
fash II [fæš] *n Sc* mučenje, dolgočasenje, nadlegovanje; jeza, srd
fashion I [fǽšən] *n* oblika, kroj, moda; način, navada; obnašanje, vedenje; after (ali in) a ~ kolikor toliko, ne posebno zadovoljivo; to bring into ~, to launch a ~ vpeljati v modo; after the ~ of po, kot; in (the) ~ moderen, moden; out of ~ zastarel, nemoderen; to come into ~ postati moden; to go out of ~ priti iz mode; to set a ~ vpeljati modo; to follow the ~ po modi se ravnati; in one's own ~ po svoje; to walk crab ~ iti rakovo pot; to set the ~ voditi v modi; the latest ~ zadnja moda; rank and ~ imenitniki; at the height of ~ po najnovejši modi
fashion II [fǽšən] *vt* (*into, to*) oblikovati, narediti, izvršiti; prilagoditi, prikrojiti
fashionable [fǽšnəbl] *adj* (fashionably *adv*) moden, eleganten, po modi; to dress fashionably elegantno, po modi se oblačiti
fashionableness [fǽšnəblnis] *n* modernost, eleganca; priljubljenost
fashioned [fǽšənd] *adj* oblikovan, krojen
fashioner [fǽšnə] *n* krojač(ica), modni kreator, modna kreatorka
fashion-monger [fǽšənmʌŋgə] *n* gizdalin; ženska, ki je oblečena po zadnji modi
fashion-parade [fǽšənpəréid] *n* modna revija
fashion-plate [fǽšənpleit] *n* slika modnega modela
fast I [fa:st] *adj* hiter; lahkomiseln; trden; stanoviten, zvest, stalen (barva); pritrjen, zapet; *A sl* sleparski; *A sl* ~ buck hitro zaslužen denar; ~ colour (ali dye) obstojna barva; ~ life lahkomiselno življenje; a ~ friend zvest prijatelj; a ~ girl lahkoživka; ~ train brzovlak; ~ town utrjeno mesto; a ~ man (woman) razuzdanec, (-nka); ~ watch ura, ki prehiteva; to take ~ hold of trdno kaj prijeti; ~ with illness na posteljo priklenjen zaradi bolezni; a ~ set vesela družba; to make door ~ zakleniti, zapahniti vrata
fast II [fa:st] *adv* hitro, naglo; trdno, močno; pogosto; varno; tik; zapravljivo, lahkomiselno; ~ by, ~ beside čisto poleg; ~ and furiously na vrat na nos; to go too ~ prenagliti se; to play ~ and loose biti nezanesljiv, nestalen; to be ~ asleep trdno spati; to rain ~ močno deževati; to stick ~ trdno se držati; *fig* obtičati; to make ~ pritrditi, privezati; to play ~ with money zapravljati
fast III [fa:st] 1. *n* post; 2. *vi* postiti se; 3. *adj* posten
fast-crack [fá:stkræk] *vt coll* norčevati se
fast-day [fá:stdei] *n* postni dan

fasten [fá:sn] 1. *vt* (*upon, on*) pritrditi, pričvrstiti, privezati; zavozlati; podtakniti, podtikati; 2. *vi* oprije(ma)ti, držati se; zapreti se (vrata); to ~ one's eyes (ali looks) upon s.th. upreti oči, zagledati se v kaj; to ~ a crime upon s.o. naprtiti komu zločin; to ~ a nickname upon s.o. obesiti komu vzdevek; to ~ a quarrel začeti prepir; to ~ upon a pretext izgovarjati se s čim
fastener [fá:snə] *n* zaponka, sponka, vez; *sl* zaporno povelje; patent ~ pritiskač, patentni gumb; zip (ali slide) ~ zadrga
fastening [fá:sniŋ] *n* pritrjevanje; ključavnica, zapah; zaponka, gumb
fastidious [fəstídiəs] *adj* (~ ly *adv*) izbirčen; ponosen, ohol; muhast, kapricast; občutljiv; pedanten, dlakocepski
fastidiousness [fəstídiəsnis] *n* izbirčnost; občutljivost; pedantnost
fastigiate [fəstídžiit] *adj bot zool* koničast, zašiljen
fasting I [fá:stiŋ] *n* post; to break one's ~ zajtrkovati
fasting II [fá:stiŋ] *adj* tešč; ~ day postni dan
fastness [fá:stnis] *n* hitrost; trdnost, varnost; trdnjavica; lahkoživost, razsipnost, emancipiranost
fat I [fæt] *adj* masten, tolst, debel, rejen; rodoviten, ploden, obilen, donosen; neumen, trapast; neobčutljiv; *A* smolnat; *sl* a ~ chance bore malo ali nič upanja; *sl* a ~ lot presneto malo; to cut up ~ zapustiti veliko premoženje; to cut it ~ pretiravati; živeti ko vrabec v prosu; a ~ job dobro plačano delo, to grow ~ rediti se; ~ face (printing) typé masten tisk
fat II [fæt] *n* maščoba, tolšča, mast; maža, mazilo; najboljši del; *theat* važna vloga v igri; all the ~ is in the fire vse je pokvarjeno, ogenj je na strehi; a bit of ~ nepričakovana sreča, prijetno in donosno delo; to live on the ~ of the land razkošno živeti, vse si privoščiti; ~ cat človek, ki daje denar za politične spletke; ~ fryer človek, ki dobiva denar za politične spletke
fat III [fæt] *vt & vi* pitati: rediti (se); to kill the ~ted calf for s.o. z veseljem koga sprejeti; to ~ up spitati
fatal [féitl] *adj* (~ ly *adv*) usoden, smrten, poguben, nesrečen; ~ stroke smrten udarec; ~ shears smrt; the ~ sisters sojenice, Parke; the ~ thread usojena doba življenja; ~ accident smrtna nesreča
fatalism [féitəlizəm] *n* fatalizem, vera v usodo
fatalist [féitəlist] *n* fatalist(ka)
fatalistic [feitəlístik] *adj* (~ ally *adv*) fatalističen
fatality [fətǽliti] *n* usodnost, usoda; nesreča; smrtni primer
fatalize [féitəlaiz] *vi & vt* biti fatalističen, prepustiti usodi
fat-brained [fǽtbreind] *adj* neumen, trapast
fat-chops [fǽtčɔps] *n* debeloličnik, -nica
fate [feit] *n* usoda; smrt, propad; as sure as ~ čisto gotovo; the Fates rojenice, sojenice, Parke; to meet one's ~ umreti, biti ubit; to decide (ali fix, seal) s.o.'s ~ odločiti o usodi koga
fated [féitid] *adj* usojen; usoden
fateful [féitful] *adj* (~ ly *adv*) usoden, zlovešč; odločilen; preroški

fat-guts [fǽtgʌts] *n pl* vampež, debeluh
fat-head [fǽthed] *n* butec
father I [fá:ðə] *n* oče; prednik; pater, duhovnik; starešina; utemeljitelj; senator; ~s predniki, mestni očetje; adoptive ~ očim, krušni oče; to be gathered to one's ~s zapustiti ta svet, umreti; Father of lies vrag, hudič; like ~ like son jabolko ne pade daleč od drevesa; the wish is ~ to the thought kar želimo, da bi bilo res, najraje verjamemo; from ~ to son iz roda v rod; Father Christmas dedek Mraz; Father of Waters reka Mississippi
father II [fá:ðə] *vt* sploditi, biti oče; priznati očetovstvo; posinoviti, pohčeriti; *fig* prisvojiti si; prevzeti odgovornost; skrbeti; to ~ s.th. on (ali upon) s.o. pripisovati komu kaj; to ~ a cause zavzeti se za kaj
fatherhood [fá:ðəhud] *n* očetovstvo
father-in-law, *pl* fathers-in-law [fá:ðərinlɔ:, *pl* fá:ðəzinlə:] tast
fatherland [fá:ðəlænd] *n* domovina
fatherless [fá:ðəlis] *n* brez očeta, osirotel
fatherlike [fá:ðəlaik] *adj* kakor oče, očetovski
fatherly [fá:ðəli] 1. *adj* očetovski; 2. *adv* očetovsko; 3. *n coll* učiteljevo prigovarjanje
fathom I [fǽðəm] *n mar* sežanj (ca. 183 cm); morska globina; to be ~s deep in love biti do ušes zaljubljen
fathom II [fǽðəm] *vt* (iz)meriti globino; *fig* dognati
fathomable [fǽðəməbl] *adj* (fathomably *adv*) izmerljiv; *fig* doganljiv, doumljiv
fathomless [fǽðəmlis] *adj* (~ly *adv*) brezdanji; *fig* nedoumljiv
fathom-line [fǽðəmlain] *n* grezilo
fatidical [feitídikəl] *adj* (~ly *adv*) preroški
fatigue I [fətí:g] *n* utrujenost, naporno delo, trud; *mil* ~ duty vojaška delovna služba; ~s slaba uniforma
fatigue II [fətí:g] *vt* utruditi, utrujati, izčrpa(va)ti
fatigueless [fətí:glis] *adj* (~ly *adv*) neumoren, neutrudljiv
fatigue-party [fətí:gpa:ti] *n mil* odred vojakov za delovno službo
fatiguing [fətí:giŋ] *adj* (~ly *adv*) utrudljiv
fatless [fǽtlis] *adj* nemasten, pust
fatling [fǽtliŋ] *n* pitanček
fatness [fǽtnis] *n* tolstost, mastnost, debelost
fatted [fǽtid] *adj* pitan; to kill the ~ calf pripraviti bogato pojedino za dobrodošlico
fatten [fǽtən] *vt & vi* (s)pitati, (z)rediti (se); (z)debeliti (se); pognojiti; *fig* obogatiti, obogateti
fatter [fǽtə] *n* krmilec; gnojilec
fattiness [fǽtinis] *n* mastnost, debelost, tolstost
fattish [fǽtiš] *adj* precej masten, precej debel, tolst
fatty I [fǽti] *adj* tolst, masten; *chem* ~ acid tolščna kislina; *med* ~ degeneration zamaščenost
fatty II [fǽti] *n fam* debeluh
fatuity [fətjúiti] *n* neumnost, slaboumnost, preproščina
fatuous [fǽtjuəs] *adj* (~ly *adv*) neumen, bedast, topoglav, slaboumen
fat-witted [fǽtwitid] glej fatuous
faubourg [fóubə:g] *n* predmestje (zlasti Pariza)
faucal [fó:kəl] *adj* globok, grlen (glas)

faucet [fó:sit] *n A* pipa; čep
faugh [pf, fó:] *int* fej!
fault I [fə:lt] *n* napaka, hiba, pomanjkljaj, pomota; krivda; *geol* prelomnica; *hunt* zguba sledi; *el* zguba električnega toka, slaba izolacija; *techn* motnja, defekt; to be at ~ zgubiti sled; biti v zadregi; motiti se; to find ~ with s.o. grajati koga, očitati komu kaj; for ~ of zaradi pomanjkanja; to a ~ več kakor je prav, pretirano; a ~ confessed is half redressed priznanje krivde zmanjša kazen; *geol* ~ plane dislokacija; *com* with all ~s na kupčev riziko; in ~ kriv česa; generous to a ~ preradodaren
fault II [fə:lt] *vt & vi geol* dislocirati (se); grajati; *hunt* zgubiti sled; *sp* slabo odbiti žogo
faultfinder [fó:ltfaində] *n* dlakocepec, sitnež, nezadovoljnež
faultfinding I [fó:ltfaindiŋ] *adj* (~ly *adv*) dlakocepski; siten, nergav
faultfinding II [fó:ltfaindiŋ] *n* dlakocepstvo; očitanje, sitnarjenje; *techn* odkrivanje okvar
faultiness [fó:ltinis] *n* napačnost, hiba, pomanjkljivost
faultless [fó:ltlis] *adj* (~ly *adv*) brezhiben, popoln
faultlessness [fó:ltlisnis] *n* brezhibnost, popolnost
faultman [fó:ltmən] *n* iskalec napak v telefonski napeljavi
faulty [fó:lti] *adj* (faultily *adv*) napačen, pomanjkljiv, nepopoln, hiben
faun [fə:n] *n* favn, satir
fauna, *pl* faunae [fó:nə, fó:ni:] *n* favna, živalstvo kakega ozemlja
fauteuil [fóutə:i] *n* naslonjač; *theat* parterni sedež
favour, *A* favor I [féivə] *n* ljubeznivost, naklonjenost, priljubljenost; usluga, protekcija, milost; podpora, zaščita, okrilje; prednost, prid, korist; pristranost; koncesija; *com* trgovsko pismo; videz, lepota, čar; odlikovanje; znamenje, kokarda, emblem; to be in ~ biti za, odobravati; to find ~ with (ali in the eyes of) s.o. biti priljubljen, v časteh pri kom; by ~ of, under ~ of zaradi, po; with s.o.'s ~ z blagohotnim dovoljenjem koga; your ~ vaše cenjeno pismo; I am not in ~ of it nisem za to; to curry ~ prilizovati se; to win s.o.'s ~ pridobiti si naklonjenost koga; by your ~ z vašim dovoljenjem; to be in great ~ dobro iti v promet; to do (ali bestow, confer) a ~ on s.o. izkazati komu ljubeznivost; to look with ~ on s.th. odobravati kaj; to stand high in s.o.'s ~ biti pri kom priljubljen; do me the ~ to... bodi(te) tako ljubezniv(i) in...; *com* balance in your ~ saldo vam v prid; under ~ of night pod okriljem noči
favour, *A* favor II [féivə] *vt* (with) podpreti, podpirati, pomagati; počastiti, biti naklonjen; da(ja)ti prednost, protežirati; bodriti; *coll* biti podoben; olajšati komu kaj; the wind ~s the vessel veter je ugoden; the boy ~s his father deček je podoben očetu; ~ me with an answer odgovorite mi, prosim
favo(u)rable [féivərəbl] *adj* (favo(u)rably *adv*) (to za) ugoden, koristen blagohoten, naklonjen
favo(u)rableness [féivərəblnis] *n* ugodnost, naklonjenost, koristnost
favo(u)red [féivəd] *adj* ugoden; srečen; blagodejen (podnebje); priljubljen, spoštovan; ill ~ grd;

well ~ lep; **hard** ~ surovega obraza; **most** ~ **nation** dežela z najugodnejšimi pogoji uvoza
favo(u)rite I [féivərit] *adj* (*with*) priljubljen, najljubši
favo(u)rite II [féivərit] *n* ljubljenec, -nka, protežiranec, -nka, favorit(ka)
favo(u)ritism [féivəritizəm] *n* pristranost, protekcija
fawn I [fɔ:n] *n* srnjaček, jelenček, damjaček; srnja barva; **in** ~ breja (srna, damjakinja)
fawn II [fɔ:n] *vt* skotiti (srna, damjakinja)
fawn III [fɔ:n] *adj* rumenkasto rjav
fawn IV [fɔ:n] *vi* (*on*, *upon*) prilizovati, dobrikati se, klečeplaziti; z repom mahati (pes)
fawner [fɔ́:nə] *n* prilizovalec, klečeplazec
fawning I [fɔ́:niŋ] *n* prilizovanje, dobrikanje, klečeplastvo
fawning II [fɔ́:niŋ] *adj* (~ **ly** *adv*) klečeplazen, prilizovalski, dobrikav
fay I [fei] *n* vila, škrat
fay II [fei] *n arch* vera; **by my** ~! pri moji veri!, častna beseda!
fay III [fei] *vt & vi* prilagajati se; čistiti, loščiti
faynight [féinait] *int* ne velja! (v otroških igrah)
faze [feiz] *vt A sl* motiti, begati, zastraševati, vznemirjati
fealty [fí:əlti] *n hist* (fevdna) zvestoba, lojalnost; **to do** (ali **make**) ~ biti zvest, vdan; **to swear** ~ priseči zvestobo; **to receive** ~ sprejeti prisego zvestobe
fear I [fiə] *n* (*of* pred; *for* za) strah, bojazen, groza; plašnost; zaskrbljenost, nemir; **to be in** ~ **of one's life** bati se za svoje življenje; **to put the** ~ **of god into s.o.** hudo koga grajati; **to go in** ~ **for s.o.'s life** bati se za življenje koga; **no** ~! brez skrbi!, kje neki!; **for** ~ iz strahu; **without** ~ **or favour** nepristransko; ~ **of death**, ~ **of one's life** smrtni strah
fear II [fiə] **1.** *vi* bati se; spošťovati; trepetati; **2.** *vt arch* prestrašiti; plašiti; **never** ~! nič se ne boj!, brez skrbi!
fearful [fíəful] *adj* (~ **ly** *adv*) strašen, grozen; *coll* neznanski, skrajen; *arch* (*of*) bojazljiv, boječ; **a** ~ **mess** neznanska zmešnjava
fearfulness [fíəfulnis] *n* strah, bojazljivost, zaskrbljenost
fearless [fíəlis] *adj* (~ **ly** *adv*) neustrašen, pogumen, možat
fearlessness [fíəlisnis] *n* neustrašenost, pogum
fear-monger [fíəmʌŋgə] *n* plašivec, panikar
fearnaught, fearnought [fíənɔ:t] *n* vrsta debelega blaga; osvežilna pijača
fearsome [fíəsəm] *adj* (~ **ly** *adv*) strahovit, grozen
fearsomeness [fíəsəmnis] *n* strahovitost, grozotnost
feasibility [fi:zibíliti] *n* možnost, izvedljivost, izvršljivost
feasible [fí:zəbl] *adj* (**feasibly** *adv*) mogoč, možen, izvedljiv, izvršljiv
feast I [fi:st] *n* praznik; pojedina, gostija, pir, banket; *fig* obilje; **enough is as good as a** ~ glej pod **enough;** ~ **of reason** pameten razgovor; **movable** ~ premičen praznik
feast II [fi:st] *vi & vt* (*on*, *upon*) gostiti (se), godovati; zabavati (se), uživati, naslanjati se, veseljačiti, praznovati; **to** ~ **one's eyes** gledati z užit-

kom, pasti oči; **to** ~ **away the night** preveseljačiti noč
feast-day [fí:stdei] *n* praznik
feaster [fí:stə] *n* pirovalec, -lka
feastful [fí:stful] *adj* (~ **ly** *adv*) prazničen, veseljaški
feat I [fi:t] *n* mojstrsko delo, junaško dejanje; spretnost; ~ **of arms** junaško dejanje
feat II [fi:t] *arch adj* (~ **ly** *adv*) spreten, uren, oprezen
feather I [féðə] *n* pero, perje; čopek; pena na morskem valu; vrsta; razpoloženje; **birds of a** ~ **flock together** enak se druži z enakim, ene vrste ptiči skupaj letijo; **to be in full** ~ imeti dosti denarja; **a** ~ **in one's cap** hvalevredna odlika; **to crop s.o.'s** ~s pristriči komu krila, ponižati ga; **in grand** ~ v svečani obleki, našemljen; odličnega zdravja; **in high** ~ dobre volje; dobrega zdravja; **to knock down with a** ~ močno presenetiti; **A sl** ~ **merchant** zmuzne; *mil sl* civilist; **fur and** ~ zveri in ptice; **to ruffle s.o.'s** ~ s dražiti koga; **to show the white** ~ popihati jo; biti strahopeten; **to smooth s.o.'s ruffled** ~s pomiriti koga; **a broken** ~ **in one's wing** napaka v značaju; **the vessel cuts a** ~ ladja pluje s polno paro
feather II [féðə] **1.** *vt* (o)krasiti s perjem, operiti (se); s perjem obrobiti; plosko dvigati veslo iz vode; z repom mahati; **2.** *vi* trepetati, drgetati; **to** ~ **one's nest** dobro si postlati, obogateti; **to** ~ **a bird** obstreliti ptiča
feather-bed I [féðəbed] *n* pernica; *fig* ugoden položaj
feather-bed II [féðəbed] *vt coll* zaposliti več delavcev kot je treba; *fig* razvajati
feather-bedding [féðəbediŋ] *n* zaposlitev več delavcev kot je treba (da se zmanjša brezposelnost)
feather-brain [féðəbrein] *n* nepremišljenec, -nka
feather-brained [féðəbreind] *adj* nepremišljen, lahkomiseln, neumen
feather-broom [féðəbru:m] *n* pernato omelce
feathercut [féðəkʌt] *n* tupirana pričeska
feather-duster [féðədʌstə] glej **feather-broom**
feathered [féðəd] *adj* operjen, pernat
feather-edge [féðəredʒ] *n* oster rob
feather-grass [féðəgra:s] *n bot* kovilje, peresasta bodalica
feather-head [féðəhed] glej **feather-brain**
feather-headed [féðəhedid] glej **feather-brained**
feathering [féðəriŋ] *n* perje; ptiči; *archit* konica čipkastih okraskov gotskih oken
featherless [féðəlis] *adj* neoperjen, gol (ptič)
feather-pate [féðəpeit] glej **feather-brain**
feather-pated [féðəpeitid] glej **feather-brained**
featherlet [féðəlit] *n* peresce
feather-stitch [féðəstič] *n* okrasni šiv
feather-weight [féðəweit] *n* zelo lahka oseba ali reč; *fig* nepomembna oseba ali reč
feathery [féðəri] *adj* peresen; pernat; zelo lahek
feature I [fí:čə] *n* poteza, fiziognomija; zunanja oblika; oris; značilnost, posebnost; odlika; pojava; *A* glavni film; senzacija; atrakcija; **to make a** ~ **of** posebno se skazati
feature II [fí:čə] *vt* razložiti; posebno se ukvarjati; odlikovati se; predstavljati; orisati; poudariti;

A v filmu pokazati, predvajati; **igrati glavno vlogo**; dodeliti važnejše mesto; napisati po posebnem naročilu; *coll* spominjati po fiziognomiji, biti podoben komu

featured [fí:čəd] *adj* izrazit (obraz), značilen; oblikovan; *A* ki naj bi bil posebno zanimiv (film, knjiga); **ill** ~ grd; **well** ~ lep

featureless [fí:čəlis] *adj* brezobličen, neizrazit, dolgočasen

featurette [fi:čərét] *n* kratkometražni film

febrifuge [fébrifju:dž] *n med* zdravilo proti mrzlici; hladilna pijača

febrile [fí:brail] *adj med* mrzličen, vročičen

February [fébruəri] *n* februar

fecal [fí:kl] glej **faecal**

feces [fí:si:z] glej **faeces**

feck [fek] *n Sc* moč; vrednost; količina

feckless [féklis] *adj* (~ **ly** *adv*) slaboten, medel; neodgovoren, nepremišljen

fecklessness [féklisnis] *n* slabotnost, medlost; nepremišljenost

feculence [fékjuləns] *n* motnost, umazanost, smrdljivost; blato, usedlina

feculent [fékjulənt] *adj* blaten, moten, drožen; smrdljiv

fecund [fí:kənd, fékənd] *adj* rodoviten, ploden; obilen; stvariteljski, domiseln, produktiven

fecundate [fí:kəndeit, fékəndeit] *vt* oploditi, oplajati; oplemenititi

fecundation [fi:kəndéišən, fekəndéišən] *n* oploditev; oplemenitev

fecundity [fikΛnditi] *n* rodovitnost, plodnost

fed [fed] *pt & pp* od **feed**; **to be** ~ **up with s.th.** biti česa do grla sit

federacy [fédərəsi] *n* zveza, zvezna država, federacija

federal I [fédərəl] *adj* (~ **ly** *adv*) zvezen, federalen; **Federal Bureau of Investigation** zvezni urad za preiskave

federal II [fédərəl] *n* federalist; *A hist* **the Federals** vojska severnih držav v državljanski vojni (1861—1865)

federalism [fédərəlizəm] *n* federalizem, državna ureditev po federativnih načelih

federalist [fédərəlist] *n* federalist

federalistic [fedərəlístik] *adj* (~ **ally** *adv*) federalističen, zvezen

federalization [fedərəlaizéišən] *n* federalizacija, ureditev po zveznih načelih

federalize [fédərəlaiz] *vi* urediti po federativnih načelih

federate I [fédərit] *adj* zvezen

federate II [fédəreit] *vt & vi* združiti, organizirati (se) po federativnih načelih

federation [fedəréišən] *n* zvezna država, federacija

federative [fédəreitiv] *adj* (~ **ly** *adv*) federativen, zvezen

fedora [fidó:rə] *m A* mehek klobuk

feds [fedz] *n pl coll* agenti FBI

fee I [fí:] *n* fevd, posestvo; nagrada, honorar, plača, napitnina; vstopnina; članarina; učnina; šolnina

fee II [fí:] *vt* plačati, nagraditi, honorirati; *fam* podkupiti

feeble I [fí:bl] *adj* (**feebly** *adv*) slab, slaboten, šibek; slaboumen; jalov, zanikrn

feeble II [fí:bl] *n* slabost, šibkost; *obs* slabič

feeble-minded [fí:blmaindid] *adj* (~ **ly** *adv*) slaboumen

feeble-mindednes [fí:blmaindidnis] *n* slaboumnost

feebleness [fí:blnis] *n* slabost, šibkost, oslabelost

feeblish [fí:bliš] *adj* (~ **ly** *adv*) precej šibek, slaboten

feed* I [fí:d] **1.** *vt* (**on, with**) pitati, rediti, krmiti, pasti, hraniti; vzdrževati (ogenj); oskrbovati; netiti (strasti); podajati (žogo); dolivati (vodo); *theat* prišepetavati; **2.** *vi* jesti, žreti, hraniti se; rediti se; napasti se; *coll* **to** ~ **the fishes** imeti morsko bolezen; **to** ~ **one's eyes on** z očmi kaj požirati; **to** ~ **out of s.o.'s hand** biti domač, krotek

feed down *vt* popasti (travnik)

feed on *vi* hraniti se s čim

feed up *vt* spitati, zrediti

feed II [fí:d] *n* hrana, krma; obrok, obed; hranjenje; napajanje, dovajanje pogonskih snovi; naboj; *sl* **to be off one's feed** ne imeti teka; *sl* **to put on the** ~ **bag** lotiti se jedi; ~ **grains** žitna klaja

feed-back I [fí:dbæk] *adj* regeneracijski (elektrika)

feed-back II [fí:dbæk] *n* ponovna uporaba (materiala, izdelkov)

feed-bag [fí:dbæg] *n* zobnica

feed-board [fí:dbɔ:d] *n techn* vlagalna deska

feed-door [fí:ddɔ:] *n techn* vratca za nalaganje

feeder [fí:də] *n* jedec; jasli, korito; pritok; stranska proga ali cesta; slinček; steklenica za zalivančka; **dainty** ~ izbirčen jedec; **a large** (ali **gross, greedy**) ~ velik jedec, požrešnež; ~ **service** avtobusna zveza med mestom in letališčem

feeding I [fí:diŋ] *adj* dovajalen, hranilen; *sl* siten, dolgočasen; **a** ~ **gale** (ali **storm**) vedno močnejša nevihta

feeding II [fí:diŋ] *n* pitanje, hrana; paša; **high** ~ udobno življenje; **forcible** ~ prisilno hranjenje, pitanje

feeding-bottle [fí:diŋbɔtl] *n* steklenička za zalivančka

feeding-pipe [fí:diŋpaip] *n techn* dovodni vod

feeding-stuff [fí:diŋstΛf] *n* hrana, krma, piča, klaja

feed-tank [fí:dtæŋk] *n* tank za vodo; kotel

feed-tap [fí:dtæp] *n* pipa za praznjenje in polnjenje

feed-trough [fí:dtrΛf] *n* mlinski žleb, rake

feed-water [fí:dwɔtə] *n* kotelna voda

fee-faw-fum [fí:fɔ:fΛm] *int* bav-bav

feel* I [fí:l] **1.** *vt* občutiti; potipati, dotikati se; zaznati, opaziti; zaslutiti; smatrati, misliti; **2.** *vi* tipati; počutiti se; zavedati se; imeti občutje, k srcu si gnati; **to** ~ **about** s tipanjem iskati; **to** ~ **certain** (ali **sure**) biti prepričan; **I** ~ **it in my bones** trdno sem prepričan; **to** ~ **bitter** biti grenkega okusa; **to** ~ **cheap** slabo se počutiti; **I** ~ **cold** (**warm**) zebe me (toplo mi je); **to** ~ **doubts** dvomiti; **to** ~ **one's feet** dobiti zaupanje vase; **to** ~ **like nothing on the earth, to** ~ **poorly** (ali **rotten, faint**) zelo slabo se počutiti; **to** ~ **hurt** biti užaljen; **to** ~ **small** sramovati se; **to** ~ **sorry** obžalovati; **to** ~ **the pulse** meriti utrip; **to** ~ **fit** dobro se čutiti; **I don't** ~ **like** ne ljubi se mi; **it** ~ **s like rain** na dež kaže; **to** ~ **quite o.s. again** opomoči si; **to** ~ **up to** moči; **to** ~ **one's way** previdno spraševati, sondirati; **I do not ~ up to work** ne ljubi se mi delati

feel II [fi:l] *n* tip; čut, občutek, otip, okus; tipanje, dotik; razumevanje; **soft to the ~** mehek za otip

feeler [fí:lə] *n zool* tipalka; *mil* izvidnik; *fig* poskusni balon; **to put (ali throw) out a ~** poizvedovati, pretipavati

feeling I [fí:liŋ] *adj* (~ **ly** *adv*) čuteč, občutljiv; sočuten, nežen

feeling II [fí:liŋ] *n* otip; občutek; tipanje; sočutje; vtis; mnenje; *pl* čustva; občutljivost; slutnja; razpoloženje; **good ~** prijaznost; **ill ~** sovražnost; **to hurt s.o.'s ~s** prizadeti koga; **~(s) ran high** ljudje so bili razburjeni

fee-simple [fí:símpl] *n jur* neomejeno dedno lastništvo

feet [fi:t] *n pl* noge, *pl* od **foot; to carry s.o. off his ~** spodnesti koga; zelo koga navdušiti ali razburiti; **to set s.o. on his ~** pomagati komu na noge; glej tudi pod **foot I**

fee-tail [fí:téil] *n hist* omejeni fevd

feeze I [fi:z] *dial* naglica; *A coll* razburjenost

feeze II [fi:z] *vt dial* prestrašiti; vrteti

feign [fein] **1.** *vt* hliníti; izmišljati si; ponarejati; **2.** *vi* delati, pretvarjati se; **to ~ sickness** hliniti bolezen

feigned [feind] *adj* navidezen, hlinjen

feint I [feint] *n* pretveza, zvijača, hlimba, videz; *mil* navidezen napad

feint II [feint] *vi* navidezno napadati

feint III [feint] **1.** *adj* hlinjen, nepravi; nejasen, tenek (črta); **2.** *adv* nejasno, tenko; **to rule ~** tenko načrtati

feldspar [féldspa:] *n min* živec, ortoklaz

feldspathic [feldspǽθik] *adj min* ortoklazov

felicitate [filísiteit] *vt* (*on*) čestitati, voščiti; *arch* osrečiti

felicitation [filisitéišən] *n* čestitanje; (nav. *pl*) čestitke

felicitous [filísitəs] *adj* (~ **ly** *adv*) blažen, presrečen, srečen; posrečen, primeren, prikladen

felicity [filísiti] *n* sreča, blaženost; primeren izraz, primerno izražanje; srečna najdba; *arch pl* ugodne prilike

felid [félid] *adj* mačji

feline [fí:lain] *adj* mačji; **~ amenities** zbadanje, prikrita zloba

felinity [filíniti] *n* mačja narava, neodkritost

fell I [fel] *pt* od **fall**

fell II [fel] *n E* skalnata gora, planina, strmo golo pobočje, goličava

fell III [fel] *n* koža, krzno, kožuh; šop las; izdelan rob na obleki; **~ of hair** nepočesani lasje

fell IV [fel] *vt* (po)sekati, podreti; (za)robiti

fell V [fel] *n* količina posekanih dreves

fell VI [fel] *adj arch poet* krut, hud, smrten, grozen, nevaren, nečloveški

fellah, *pl* **~s, fellaheen** [félə, *pl* féləhi:n] *n* arabski, zlasti egipčanski kmet

feller [félə] *n* drvar; stroj za zarobljanje; *sl* deček, fant

fellmonger [félmʌŋgə] *n* krznar

felloe [félou] platišče

fellow I [félou] *n* družabnik, tovariš; član; deček, fant, človek; štipendist; sodelavec, sošolec,

sotrpin; par; član znanstvenega društva; visokošolski profesor; *arch* surovež; **jolly good ~** veseljak; **a hail ~ well met** dober prijatelj; **poor ~** revež; **to play the good ~** razkošno živeti; **stone dead hath no ~** mrtvi molčijo; **the ~ of a glove (shoe)** druga rokavica (drugi čevelj) iz para; **he has not his ~s** nima sebi enakega; *coll* **let alone a ~!** daj mi mir!

fellow II [félou] *adj* istega mišljenja, istega poklica, somišljenik

fellow-citizen [félousítizən] *n* sodržavljan

fellow-commoner [féloukómənə] *n* študent, ki sme jesti pri profesorski mizi

fellow-countryman [féloukʌ́ntrimən] *n* rojak

fellow-countrywoman [féloukʌ́ntriwumən] *n* rojakinja

fellow-creature [féloukrí:čə] *n* sočlovek, bližnjik

fellow-feeling [féloufí:liŋ] *n* sočutje, simpatija

fellow-heir [félouéə] *n* sodedič

fellow-heiress [félouéəris] *n* sodedinja

fellowless [féloulis] *adj* (~ **ly** *adv*) brez prijatelja, zapuščen; *poet* ki nima para

fellow-lodger [féloulódžə] *n* sostanovalec

fellowly [félouli] **1.** *adj* prijateljski, družaben; **2.** *adv* prijateljsko

fellow-man [féloumən] *n* bližnjik

fellow-passenger [féloupǽsindžə] *n* sopotnik

fellowship [féloušip] *n* družba, občestvo, bratovščina, tovarištvo; položaj in plača visokošolskega profesorja; štipendija za znanstveno delo; *jur* sodelovanje (pri)

fellow-soldier [félousóuldžə] *n* soborec

fellow-student [féloustjúdənt] *n* sošolec

fellow-sufferer [félousʌ́fərə] *n* sotrpin(ka)

fellow-travel(l)er [féloutrǽvlə] *n* sopotnik; politični simpatizer

felly I [féli] glej **felloe**

felly II [féli] *adv arch poet* kruto; divje

felo-de-se [fí:loudi:sí:] *n jur* samomorilec; samomor

felon I [félən] **1.** *n* hudodelec; **2.** *adj* krut, hudoben

felon II [félən] *n med* zanohtnica

felonious [filóunjəs] *adj* (~ **ly** *adv*) zločinski, hudodelski, verolomen, podel, hudoben

felonry [félənri] *n* zločinci, hudodelci

felony [féləni] *n jur* zločin, hudodelstvo

felspar [félspa:] glej **feldspar**

felt I [felt] *pt & pp* od **feel; ~ want** nujna potreba

felt II [felt] **1.** *n* polst, klobučevina; **2.** *adj* polsten, klobučevinast

felt III [felt] *vt & vi* polstiti, s polstjo pokrivati; postati kot klobučevina, spolstiti se

felt-hat [félthæt] *n* klobučevinast klobuk

felting [féltiŋ] *n* klobučevina, polst

felt-maker [féltmeikə] *n* klobučevinar

felt-roofing [féltru:fiŋ] *n* strešna lepenka

felty [félti] *adj* klobučevinast

female I [fí:meil] *n* ženska, samica, matica

female II [fí:meil] *adj* samičji, ženski; *fig* nežen, občutljiv; *bot* pestičev; **~ child** deklica; **~ friend** prijateljica; **~ sapphire** svetel safir; **~ operatives** ženska delovna moč, delavke; **~ screw** matica; **~ suffrage** ženska volilna pravica; **~ tank** tank s strojnicami; **~ thread** spodnja nit na šivalnem stroju

feme [fi:m] *n jur*; ~ covert poročena ženska; ~ sole dekle; vdova; poročena ženska z lastnim premoženjem

feminality [fiminæliti] *n* ženskost

femineity [feminí:iti] *n* ženskost; *fig* mehkužnost, občutljivost

feminine I [féminin] *adj* ženski; *fig* občutljiv; ~ gender *gram* ženski spol, femininum; ~ rhyme ženska rima

feminine II [féminin] *n* ženski spol (tudi *gram*); the ~ ženske; the eternal ~ večna Eva

femininity [feminíniti] *n* ženskost; *fig* mehkužnost

feminism [féminizɔm] *n* feminizem, žensko gibanje

feminist [féminist] *n* pristaš gibanja za ženske pravice, feminist(ka)

feminize [féminaiz] *vt & vi* poženščiti, pomehkužiti (se)

femora [fémərə] *n pl* od **femur**

femoral [fémərəl] *adj anat* stegenski, bedrn

femur [fí:mə] *n anat* stegno, bedro

fen [fen] *n* močvirje, barje; ~ fire vešča

fen-berry [fénberi] *n* mahovnica

fence I [fens] *n arch* zaščita, obramba; ograja, plot; nasip; zaščitna naprava; mečevanje; *fig* spretno debatiranje; *sl* škrivač ali skrivališče ukradenega blaga; **to come down on the right side of the** ~ biti na strani zmagovalcev; **to be (ali sit, ride) on the** ~ biti nepristranski, nobenostranski, obračati se po vetru; **to look after one's** ~ pridobivati si volivce; **to put a horse at** ~ spodbosti konja, da preskoči oviro; **master of** ~ spreten mečevalec; *fig* dober diskutant

fence II [fens] **1.** *vt* braniti, ščititi; *arch* odbijati, odvračati; ograditi; preskočiti oviro; prepovedati lov ali ribolov za določeno obdobje; prodajati, skrivati ukradeno blago; **2.** *vi* braniti, zaščititi se; mečevati se; izmikati se

fence about *vt* ograditi, obkrožiti (*with*); stražiti, varovati

fence in *vt* ograditi, utrditi

fence off *vt* (z ograjo) oddeliti; odbiti; izogniti se

fence out *vt* preprečiti; z ograjo ločiti

fence round *vt* ograditi; preprečiti, zadržati

fence up *vt* ograditi; utrditi

fence with *vt* z orožjem se boriti; izogniti se; **to** ~ **a question** izmikati se odgovoru, ne odgovoriti naravnost

fenceless [fénslis] *adj* (~ **ly** *adv*) odprt; nezavarovan

fence-month [fénsmʌnθ] *n* mesec prepovedi lova

fencer [fénsə] *n* mečevalec; graditelj ograj; dober skakač (konj); spreten govornik

fence-rider [fénsraidə] *n* oportunist

fence-season [fénssi:zən] *n* doba prepovedi lova

fence-sitter [fénssitə] glej **fence-rider**

fence-time [fénstaim] glej **fence-season**

fencible I [fénsəbl] *adj Sc* branljiv

fencible II [fénsəbl] *n arch* domobranec, brambovec; the ~s milica

fencing [fénsiŋ] *n* sabljanje, mečevanje; ograja, plot

fencing-cully [fénsiŋkʌli] *n* prikrivalec ukradenega blaga ali prekupčevalec z njim; skrivališče ukradenih stvari

fencing-foil [fénsiŋfɔil] *n* floret

fencing-glove [fénsiŋglʌv] *n* rokavica za mečevanje

fencing-ken [fénsiŋken] glej **fencing-cully**

fencing-master [fénsiŋma:stə] *n* učitelj borjenja

fencing-school [fénsiŋsku:l] *n* borilnica

fencing-wire [fénsiŋwaiə] *n* žica za ograjo

fen-cricket [fénkrikit] *n zool* bramor

fend [fend] *vt & vi* braniti (se), odbijati, obvarovati; (po)skrbeti; pomagati si; **to** ~ **for o.s.** prebijati se

fend away *vt* odbijati, braniti

fend off *vt* odbiti, odklanjati

fender [féndə] *n* varovalo, branik, odbojnik, odbijač; predpečnik; *A* blatnik

fen-duck [féndʌk] *n zool* žličarka

fenestrate [finéstreit] *adj zool bot* preluknjan, luknjičav

fenestration [fenistréišən] *n archit* okras okrog okna ali okna; okna in njihova ureditev

fen-fire [fénfaiə] *n* vešča

fen-fowl [fénfaul] *n zool* močvirnik

Fenian [fí:niən] *n* Fenijec, član tajne protibritanske irske organizacije

fenland [fénlænd] *n* močvirje

fen-man [fénmən] *n* prebivalec močvirja, barjan

fennel [fénl] *n bot* janež

fenny [féni] *adj* močvirnat, blaten

fen-pole [fénpoul] *n* drog za preskakovanje jarkov

fen-reeve [fénri:v] *n* nadzornik barja

fents [fents] *n pl* ostanki blaga

fenugreek [fénjugri:k] *n bot* božja rutica, jastrebina

feoff [fef, fi:f] **1.** *n* fevd; **2.** *vt* podeliti fevd

feoffee [fefí:, fi:fi:] *n* fevdnik

feoffment [féfmənt, fí:fmənt] *n* podelitev fevda

feoffer, feoffor [féfə, fi:fə; fefɔ:] *n* podelilec fevda

feral [fíərəl] *adj* (~ **ly** *adv*) divji, neukročen; surov, podivjan; pogreben, smrten; ~ **creatures** zveri

feracious [feréišəs] *adj* (~ **ly** *adv*) ploden, rodoviten

feracity [feræsiti] *n* plodnost, rodovitnost

feretory [féritəri] *n* relikviarij; kapelica; pare

ferial [fíəriəl] *adj* vsakdanji; počitniški

ferine [fíərain] *adj* divji, zverinji; neukročen; *med* zločest, maligen

Feringhee [fəríngi] *n cont* indijsko ime za Evropejca, zlasti Portugalca

ferity [fériti] *n* divjost, neukročenost

ferment I [fé:mənt] *n* kvasilo, kvasnik, kvašenje, vrenje; *fig* razburjenje; **to be in a** ~ vreti; *fig* biti razburjen, ves iz sebe

ferment II [fəmént] *vi & vt* kisati se, vreti; *fig* razburiti, razburjati se, vzkipeti

fermentable [fəméntəbl] *adj* skipljiv; kisljiv

fermentation [fəməntéišən] *n* kvašenje, vrenje; *fig* razburjenje, vzkip

fermentative [fəméntətiv] *adj* (~ **ly** *adv*) kvasilen; *fig* podpihovalen

fern [fə:n] *n bot* praprot; **to go through heath and** ~ iti čez drn in strn

fernery [fə́:nəri] *n* praprotišče

fernlike [fə́:nlaik] *adj* praprotast

fern-owl [fə́:naul] *n zool* kozodoj

fern-seed [fə́:nsi:d] *n* praprotno seme, praprotni trosi

ferny [fə́:ni] *adj* praproten, praprotast

ferocious [fəróušəs] *adj* (~ **ly** *adv*) divji, krut, popadljiv; *coll* strašen, grozen

ferociousness [fəróušəsnis] *n* divjost, krutost, po-
padljivost
ferocity [fərósiti] glej ferociousness
ferox [féroks] *n* jezerska postrv
ferrate [féreit] *n chem* ferat, sol železne kisline
ferrel [férəl] glej ferrule
ferreous [fériəs] *adj chem* železast
ferret I [férit] *n zool* beli dihur; *fig* vohač, vohun
detektiv
ferret II [férit] *vt & vi (for)* stikati, brskati; loviti
s pomočjo belega dihurja
ferret about *vt* stikati, vohljati
ferret away *vt* izgnati iz jazbine
ferret off *vt* spoditi
ferret out *vt* izgnati iz jazbine; izvohati
ferret III [férit] *n* ozek bombažast ali svilen trak
ferret-eyed [féritaid] *adj* rdečih oči; *fig* mačjih oči
ferriage [fériidž] *n* prevažanje; prevoznina (z bro-
dom)
ferric [férik] *adj chem* železov
ferriferous [fərífərəs] *adj chem* železnat
ferro-concrete [féroukónkri:t] *n* železobeton
ferro-magnetic [férouməgnǽtik] *adj* feromagnetičen
ferrous [férəs] *adj chem* železast
ferruginous [ferú:džinəs] *adj chem* železnat; rjast
ferrule [féru:l, férəl] *n* železna konica palice,
kapica; obroček; *mil* vžigalo (v naboju)
ferruled [féru:ld] *adj* ki ima železno kapico,
obroček
ferry I [féri] *n* brod; *jur* pravica prevažati in po-
birati brodnino *arch* to take the ~, to cross the
Stygian ~ oditi na oni svet
ferry II [féri] *vt & vi* z brodom ali letalom (se)
prevažati
ferry-boat [féribout] *n* brod, trajekt
ferry-bridge [féribridž] *n* trajekt za vlak
ferryman [férimən] *n* brodnik
ferry-steamer [féristi:mə] glej ferry-boat
fertile [fə́:tail] *adj* rodoviten, ploden, obilen, bogat
česa; *fig* stvariteljski; to be ~ of (ali in) excuses
spretno se izgovarjati; ~ in resources poln na-
ravnega bogastva
fertility [fə:tíliti] *n* plodnost, rodovitnost; obilje,
bogastvo
fertilization [fə:tilaizéišən] *n* oploditev; pognojitev
fertilize [fə́:tilaiz] *vt* oploditi, pognojiti; fertilizing
agent umetno gnojilo
fertilizer [fə́:tilaizə] *n* (umetno) gnojilo; *biol* oplo-
jevalec
ferula [féru:lə] glej ferule
ferule I [féru:l] *n* šiba, palica za kaznovanje učenca;
ravnilo; *bot* komarček; *fig* šolska disciplina;
to be under the ~ biti podrejen
ferule II [féru:l] *vt* (na)tepsti
fervency [fə́:vənsi] *n* žar; *fig* vnema, gorečnost
fervent [fə́:vənt] *adj* (~ly *adv*) vnet, navdušen,
strasten, goreč
fervescent [fə:vésnt] *adj* ogrevajoč se
fervid [fə́:vid] *adj* (~ly *adv*) vroč, ognjen; *fig*
razvnet, navdušen
fervour, fervor [fə́:və] glej fervency
Fescennine [fésinain] *adj* nespodoben, nesramen
fescue [féskju:] *n* slamica, paličica; *bot* bilnica
fesse [fes] *n* vodoravna proga na grbu
festal [féstl] *adj* (~ly *adv*) prazničen, svečan; vesel,
živahen

fester I [féstə] *n med* mozolj, tvor
fester II [féstə] 1. *vi* gniti, trohneti, kvariti se;
gnojiti, vneti se; 2. *vt* povzročiti vnetje, gnojenje,
trohnenje; *fig* ogorčiti, zagreniti
festival I [féstivəl] *n* praznik, praznovanje, slavnost
festival II [féstivəl] *adj* slavnosten, prazničen
festive [féstiv] *adj* (~ly *adv*) prazničen, vesel,
veseljaški; *sl* predrzen
festivity [festíviti] *n* slavnost, veseljačenje, slavje;
zabava, veselje; *pl* slavnostno, praznično razpo-
loženje
festoon I [festú:n] *n* girlanda, cvetna kita; venec;
obesek
festoon II [festú:n] *vt* ovesiti, z girlandami krasiti;
vence plesti
festoonery [festú:nəri] *n* okrasitev z girlandami,
venci, dekoracija
fetal [fí:tl] *adj* plodov, zaroden
fetation [fi:téišən] *n biol* nastanek zametka, embrija
fetch I [feč] 1. *vt* iti po kaj, poslati koga po kaj;
prinesti; puščati (kri); izpeljati (zaključke);
dobiti, doseči; veljati; (*from*) izvleči; 2. *vi* pri-
našati (pes ustreljeno divjačino); obračati se;
menjati se (veter); dospeti na cilj; to ~ and
carry opravljati drobna nepomembna dela;
prinašati ustreljeno divjačino; to ~ a blow
udariti, prisoliti udarec; to ~ a breath vdihniti;
to ~ a scream vzklikniti, krikniti; to ~ one in
the face udariti koga po licu; to ~ a compass
iti po ovinkih; to ~ a leap skočiti; to ~ a port
pripluti v pristanišče; to ~ a sigh vzdihniti; to
~ tears spraviti v jok; to ~ a high price doseči
visoko ceno
fetch along *vt* okrepiti
fetch away *vt & vi* odnesti, osvoboditi (se),
iztrgati (se)
fetch down *vt* znižati; *fig* ponižati
fetch out *vt* spraviti na dan; izmamiti
fetch to *vt* ozdraviti
fetch up *vt & vi* vzgojiti; končati; bljuvati; na-
domestiti; ~ at dospeti kam; ~ all standing
naglo se ustaviti; ~ against spotakniti se;
A dokončati
fetch II [feč] *n* ročnost; zvito vprašanje; zvijača
fetch III [feč] *n* pojava, strašilo; dvojnik
fetching [féčiŋ] *adj* (~ly *adv*) očarljiv, prikupen,
ljubek
fête I [feit] *n* slavje, praznovanje; praznik, god;
počastitev, pogostitev
fête II [feit] *vt* praznovati, počastiti, pogostiti
fête-day [féitdei] *n* praznik; god
fetial I [fí:šl] *adj*; ~ law zakon o napovedi vojne
ali mirovnih pogajanjih
fetial II [fí:šl] *n hist* član starorimskega zbora
duhovnikov (ki so bili glasniki vojne in miru in
vodili takratne slovesnosti)
feticide [fí:tisaid] *n med* splav, abortus
fetid [fétid] *adj* (~ly *adv*) smrdljiv
fetidness [fétidnis] *n* smrad
fetish, fetiche [fí:tiš] *n* malik, fetiš
fetishism [fí:tišizəm] *n* malikovalstvo, fetišizem
fetishist [fí:tišist] *n* malikovalec, -lka, fetišist(ka)
fetishistic [fi:tišístik] *adj* (~ally *adv*) malikovalski,
fetišističen
fetlock [fétlɔk] *n* dlaka nad konjskim kopitom;
konjski gleženj; bincelj

fetor (foeter) [fí:tə] *n* smrad
fetter I [féte] *n* okovi, železje, veriga; *fig* ovira
fetter II [fétə] *vt* vkleniti; *fig* ovirati
fetterless [fétəlis] *adj* (~ ly *adv*) prost, svoboden
fetterlock [fétələk] glej fetlock; okovi za konja na paši
fettle [fétl] *n* stanje, zdravje; in good (ali fine, splendid) ~ zdrav, dobre volje, v dobri kondiciji
fettler [fétlə] *n* vzdrževalec
fetus [fí:təs] *n* plod, zarodek
feu [fju:] *Sc* 1. *n* zakupno zemljišče, zakup; 2. *vt* v zakup dati
feud [fju:d] *n* fevd; plemenski, rodbinski spor; blood ~ krvno maščevanje; at ~ with s.o. v smrtnem sovraštvu s kom
feudal [fjú:dəl] *adj* (~ ly *adv*) fevdalen
feudalism [fjú:dəlizəm] *n* fevdalizem
feudalist [fjú:dəlist] *n* fevdalec
feudalistic [fju:dəlístik] *adj* fevdalističen
feudality [fju:dǽliti] *n* fevdništvo, fevdna obveznost
feudalization [fju:dəlaizéišən] *n* fevdalizacija
feudalize [fjú:dəlaiz] *vt* fevdalizirati
feudatory [fjú:dətəri] 1. *adj* fevdalen; 2. *n* fevdnik vazal
feuilleton [fɔ:itə:ŋ] *n* podlistek
fever I [fí:ve] *n* vročica, mrzlica; *fig* huda vnema; E Channel ~ domotožje; gold (ali yellow) ~ rumena mrzlica; intermittent ~ menjajoča se mrzlica; to be in ~ imeti mrzlico; mike ~ strah pred mikrofonom; *coll* break-bone ~ visoka vročina; gripa; ~ tree evkalipt; typhoid ~ tifus; scarlet ~ škrlatinka
fever II [fí:və] *vt* povzročiti mrzlico
fevered [fí:vəd] *adj* vročičen, mrzličen; *fig* razburjen
feverfew [fí:vəfju:] *n bot* bolhač; materine drobtinice
feverish [fí:vəriš] *adj* (~ ly *adv*) vročičen, mrzličen; *fig* razburjen
feverishness [fí:vərišnis] *n* vročičnost, mrzličnost; razburjenost
feverous [fí:vərəs] glej feverish
fever-van [fí:vəvæn] *n* voz reševalne postaje, reševalnik
few I [fju:] *adj* malo (za množino), nekaj, maloštevilni, majhno število česa; *coll* a good ~, quite a ~ precejšnje število, precej; ~ and far between le redkokateri; *arch* in ~ skratka; not a ~ kar precej (jih); no ~ er than najmanj, vsaj
few II [fju:] *n* manjšina; majhno število
fewness [fjú:nis] *n* maloštevilnost, neznatnost
fey [fei] *adj Sc arch* smrti zapisan, umirajoč
fez [fez] *n* fez
fiacre [fiǽkə] *n* fijakar
fiancé [fiá:nsei] *n* zaročenec
fiancée [fiá:nsei] *n* zaročenka
fiasco [fiǽskou] *n* popoln polom, poraz, neuspeh
fiat I [fáiət] *n* ukaz, odredba; dekret, razglas; *A* ~ money denar brez zlatega kritja
fiat II [fáiət] *vt* ukazati, odrediti; odobriti
fiatist [fáiətist] *n A* zagovornik denarnega sistema brez zlate podlage

fib I [fib] 1. *n* drobna laž, potegavščina; 2. *vi* širokoustiti se, lagati
fib II [fib] 1. *n* udarec; 2. udariti (boks)
fibber [fíbə] *n* lažnivec, širokoustnež
fibre, *A* fiber [fáibə] *n* vlakno, ličje; nitka, vejica; *fig* vrsta, značaj, narava, žilavost; a man of coarse ~ žilav človek
fibreboard [fáibəbə:d] *n* plošča iz stisnjenih vlaken (npr. lesonit)
fibreless [fáibəlis] *adj* brez vlaken; *fig* šibek, oslabel
fibriform [fáibrifə:m] *adj* vlaknat
fibril [fáibril] *n* vlakence; koreninica
fibrillar(y) [fáibrilə(ri)] *adj* vlaknat
fibrillate [fáibrilət] glej fibrous
fibrillose [fáibrilous] glej fibrous
fibrin [fáibrin] *n* vlaknina, fibrin
fibroid [fáibrɔid] 1. *adj* vlaknat; 2. *n med* tumor maternice
fibroin [fáibrouin] *n chem* fibroin, osnovna snov živalskih vlaken
fibrous [fáibrəs] *adj* (~ ly *adv*) vlaknat, nitkast
fibrousness [fáibrəsnis] *n* vlaknatost
fibula, *pl* fibulae [fíbjulə, fíbjuli:] *n archeol* zaponka, broška; *anat* piščal
fibular [fíbjulə] *adj* piščalen
fickle [fíkl] *adj* nestanoviten, neodločen, omahljiv; kapricast, muhast
fickleness [fíklnis] *n* nestanovitnost, omahljivost, muhavost
fictile [fíktil] *adj* glinast, lončarski; ~ art keramika, keramična umetnost; ~ ware keramika, keramični izdelki
fiction [fíkšən] *n* izmišljanje, izmislek, izmišljotina; leposlovje, beletrija, roman; polite ~ konvencionalna laž
fictional [fíkšənl] *adj* (~ ly *adv*) izmišljen, zlagan, neresničen
fictioner [fíkšənə] glej fictionist
fictionist [fíkšənist] *n* pisec proze, romanov
fiction-monger [fíkšənmʌngə] *n* lažnivec, -vka; opravljivec, -vka
fictitious [fiktíšəs] *adj* (~ ly *adv*) izmišljen, ponarejen, zlagan, nepravi, navidezen, hlinjen
fictitiousness [fiktíšəsnis] *n* izmišljeno, lažno opisovanje
fictive [fíktiv] *adj* (~ ly *adv*) glej fictitious
fid I [fid] *n* opornik; zagozda; velik zalogaj; gruda, kepa
fid II [fid] *vt mar* zagozditi, pritrditi
fiddle I [fídl] *n* gosli, violina, godalo; nesmisel, norost; as fit as a ~ zdrav ko riba; to hang up one's ~ obesiti na klin; opustiti; to play first ~ nositi zvonec, imeti glavno vlogo; to play second ~ imeti podrejeno vlogo; there's many a good tune played on an old ~ izkušen človek v mnogem prekaša mladino, stara modrost prekaša norost; a face as long as a ~ žalosten obraz; to hang up one's ~ when one comes home biti v družbi zabaven, doma pa dolgočasen
fiddle II [fídl] *vt & vi* igrati na gosli, goslati, gosti, praskati (na violini); *coll* lenariti, čas zapravljati, norčije uganjati; (*with*) ukvarjati se; *sl* varati, goljufati
fiddle about *vi* mahati, igračkati se (*with* s čim)
fiddle away *vt* zapravljati
fiddle III [fídl] *int* neumnosti!, nesmisel!

fiddle-bow [fídlbou] *n mus* lok za gosli
fiddle-de-dee [fídldidí:] *int & n* nesmisel, neumnost, larifari
fiddle-faddle I [fídlfædl] *n* neumnosti, drobnarije; lenuh, gobezdač
fiddle-faddle II [fídlfædl] *adj* neznaten, malenkosten, droben, nepomemben
fiddle-faddle III [fídlfædl] *vi* igrati, poigravati, obirati se
fiddle-head [fídlhed] *n* izrezan okras na ladijskem nosu; prazna glava
fiddler [fídlə] *n* goslač; *zool* vrsta rakovice; Fiddler's Green namišljeni raj mornarjev
fiddlestick [fídlstik] *n* godalni lok; ~'s end ničeva stvar; the devil rides on a ~ tam imajo pravega hudiča
fiddlesticks [fídlstiks] *int* nesmisel, čenče, larifari
fiddling [fídliŋ] *adj coll* malenkosten, ničev, jalov
fidelity [fidéliti, faidéliti] *n (to)* zvestoba; natančnost, točnost, vernost; natančna reprodukcija
fidelity-bond [fidélitibənd] *n com* kavcija, jamstvo
fidelity-guarantee [fidélitigærəntí:] glej fidelity-bond
fidget I [fídžit] *n* nemir, nervoza; živčnež, nervoznež, nemirnež; to have the ~s nemirno sedeti, drencati
fidget II [fídžit] **1.** *vi (about* zaradi) biti nemiren, živčen; vznemirjati se; **2.** *vt* vznemirjati
fidgetiness [fídžitinis] *n* nemir, živčnost
fidgety [fídžiti] *adj* (fidgetily *adv*) nemiren, živčen
fiducial [fidjú:šjəl] *adj* (~ ly *adv*) *rare* izhodiščen; zaupen, zaupljiv; zanesljiv
fiduciary I [fidjú:šjəri] *adj* zaupljiv; zaupen; zanesljiv; *com* kreditiran, brez kritja; ~ currency (ali money) kreditiran denar; ~ issue emisija bankovcev brez kritja; ~ relationship trdna povezanost
fiduciary II [fidjú:šjəri] *n* zaupnik, poverjenik, -nica
fie [fai] *int* fej!; ~ on (ali upon) you! sram te (vas) bodi!
fief [fi:f] *n* fevd
fie-fie [fáifái] *adj* nespodoben, sramoten
field I [fi:ld] *n* polje, njiva; igrišče; bojišče; tekmovalci, moštvo; igralec kriketa (ki odbija napad); vojskovanje, bitka; področje, torišče, poprišče; teren; battle ~ bojišče; coal ~ sloj premoga; to leave the rival in possession of the ~ zgubiti bitko; fair ~ and no favour enaki pogoji tekmovanja; open ~ system kmetijstvo; to fight a ~ boriti se; ice ~ drsališče; ~ editor dopisnik iz dežele; A ~ study (ali survey) neposredno dognanje dejanskega stanja; A ~ strawberry gozdna jagoda; a ~ day dan važnih dogodkov; to lose the ~ biti premagan, zgubiti; to lay (ali bet) against the ~ staviti na konja; to hold the ~ ne se vdati, vztrajati; to win the ~ zmagati proti vsem drugim; to play the ~ imeti široko področje; to take the ~ začeti bojni pohod; to keep the ~ ne se vdati, ne popustiti; to be in the ~ tekmovati; in the ~ aktiven; ~ of vision, ~ of sight vidno polje
field II [fi:ld] **1.** *vi* igrati na igrišču; **2.** *vt* razporediti moštvo na igrišču; ujeti, vreči, odbiti žogo
field-allowance [fí:ldəlauəns] *n* plača častnika na bojišču

field-ambulance [fí:ldæmbjulэns] *n* poljski rešilni voz
field-artillery [fí:lda:tiləri] *n* lahka artilerija
field-ash [fí:ldæš] *n bot* tepka
field-ball [fí:ldbɔ:l] *n* rokomet
field-battery [fí:ldbætəri] *n* poljska baterija topov
field-bed [fí:ldbed] *n* poljska postelja; spanje na prostem
field-book [fí:ldbuk] *n* dnevnik geodetov na terenu
field-colours [fí:ldkлləz] *n* vojaška zastavica
field-craft [fí:ldkra:ft] *n* poljska taktika
field-day [fí:lddei] *n* manevri; parada; tekmovalni dan; dan raziskovanj na terenu; dan pomembnih dogodkov
field-dressing [fí:lddresiŋ] *n* obveze za prvo pomoč
fielder [fí:ldə] *n* odbijalec (žoge)
fieldfare [fí:ldfɛə] *n zool* brinovka
field-glass [fí:ldgla:s] *n* daljnogled
field greys [fí:ldgreiz] *n pl* nemški vojaki v vojni uniformi
field-gun [fí:ldgлn] *n mil* poljski top
field-hospital [fí:ldhɔspitl] *n* obvezovališče, poljska bolnica
field-house [fí:ldhaus] *n* garderoba za športnike
field-ice [fí:ldais] *n* ledena plošča
field-marshal [fí:ldma:šəl] *n* feldmaršal
field-mouse [fí:ldmaus] *n zool* poljska miš
field-night [fí:ldnait] *n fig* pomembna debata; važna večerna prireditev
field-officer [fí:ldɔfisə] *n* višji častnik (major, polkovnik)
field-piece [fí:ldpi:s] *n mil* poljski top
fieldsman [fí:ldzmən] glej fielder
field-sports [fí:ldspɔ:ts] *n pl* šport na prostem
field-telegraph [fí:ldtéligra:f] *n mil* poljski telegraf
field-telephone [fí:ldtélifoun] *n mil* poljski telefon
field-work [fí:ldwə:k] *n* delo na terenu; *pl* začasne utrdbe, okopi
fiend [fi:nd] *n* vrag, hudobec; okrutnež, zlobnež, bes; navdušenec, obsedenec; *sl* dope (ali drug) ~ narkoman(ka)
fiendish [fí:ndiš] *adj* (~ ly *adv*) vražji, krut, hudoben, zloben
fiendishness [fí:ndišnis] *n* hudobnost, zloba, krutost
fiendlike [fí:ndlaik] glej fiendish
fierce [fiəs] *adj* (~ ly *adv*) krut; silovit; strasten; nasilen, brutalen; A *coll* neprijeten, zoprn
fierceness [fíəsnis] *n* divjost; okrutnost, krutost, nasilnost; jeza; silovitost, naglost, jeznoritost; brutalnost
fieriness [fáiərinis] *n* ognjevitost, vnetljivost; *fig* strastnost
fiery [fáiəri] *adj* (fierily *adv*) ognjen, goreč, vnetljiv; *fig* ognjevit, plamenast, strasten, vročekrven, navdušen; ~ steed (ali horse) isker konj; ~ pit pekel; ~ ordeal preskus z ognjem; ~ temper jeznoritost; *hist Sc* ~ cross ognjeni križ (znamenje vstaje); *cricket* ~ wicket zelo trdo igrišče
fiery-red [fáiərired] *adj* razbeljen
fiesta [fiésta] *n* praznik, praznovanje
fife [faif] **1.** *n* vidalice (piščal); **2.** *vt* piskati na vidalice
fifer [fáifə] *n* piskač
fife-rail [fáifreil] *n mar* ograja okrog velikega jambora

fifteen I [fíftí:n] *n* petnajsterica; **the Fifteen** februarska vstaja l. 1715; petnajstčlanski sodni svet; rugbijsko petnajstčlansko moštvo
fifteen II [fíftí:n] *adj* petnajst
fifteenfold [fífti:nfóuld] **1.** *adj* petnajstkraten; **2.** *adv* petnajstkratno
fifteenth I [fíftí:nθ] *n* petnajstina, petnajsti del
fifteenth II [fíftí:nθ] *adj* petnajsti; *mus* za dve oktavi zvišan
fifth I [fifθ] *n* petina; *mus* kvinta
fifth II [fifθ] *adj* peti; ~ **column** peta kolona; ~ **columnist** petokolonec; ilegalec; ~ **wheel** peto kolo; rezervno kolo; **to smite under the** ~ **rib** ubiti
fifthly [fífθli] *adv* petič
fiftieth [fíftíiθ] **1.** *n* petdesetina; **2.** *adj* petdeseti
fifty I [fifti] *n* petdeset, petdeseterica; **by fifties** po petdeset; **in the fifties** v petdesetih letih starosti, stoletja
fifty II [fifti] *adj* petdeset; **to have** ~ **things to tell (do)** imeti veliko povedati (narediti)
fifty-fifty I [fíftifífti] *adj* razdeljen na dva enaka dela; **on a** ~ **basis** pol na pol
fifty-fifty II [fíftifífti] *adv* na pol; **to go** ~ **with s.o** razdeliti si na pol
fiftyfold [fíftifóuld] **1.** *adj* petdesetkraten; **2.** *adv* petdesetkrat
fig I [fig] *n* smokva; *fig* malenkost; **not to care a** ~ **prav nič ne marati; biti mar ko žabi oreha; green** ~s sveže smokve; **pulled** ~s suhe smokve
fig II [fig] *n* obleka, oblačilo; stanje, razpoloženje; *sl* **in full** ~ slovesno oblečen, načičkan, nališpan; **in good** ~ v dobri formi, kondiciji
fig III [fig] *vt*; **to** ~ **out (ali up)** nališpati, okrasiti; grajati; *sl* dati konju mamilo
fight I [fait] *n* boj, borba, bitka; spopad, dvoboj, mečevanje; prepir, pretep; tekma; bojevitost; *coll* **a dog** ~ borba v zraku; **to give (ali make) a** ~ boriti se; **to put up a good** ~ hrabro se boriti; **running** ~ borba pred umikom; **single** ~ dvoboj; **to show** ~ pokazati pripravljenost za boj, pokazati zobe; **sham** ~ manever, navidezna bitka; **to make a** ~ **of it** pogumno se boriti; **a tea** ~ velika čajanka; **hand-to-hand** ~ pretep, boj na nož; **there is no** ~ **left in him** je že od boja utrujen; **there is** ~ **in him yet** še ni premagan; **stand-up** ~ borba po vseh pravilih
fight II [fait] *vt & vi (against, about, for, with, on behalf of)* boriti, vojskovati se; odbijati; braniti (se); priboriti si; premagati; pestiti se, boksati; prepirati se; **to** ~ **one's battles over again** obnavljati spomine na razburljive dogodke v svoji preteklosti; **that cock won't** ~ to ne bo držalo; tukaj nekaj ni v redu; **to** ~ **with one's gloves off** ne izbirati sredstev za boj, ne prijemati koga z rokavicami; **to** ~ **a lone hand** boriti se sam, brez pomoči; **to** ~ **for one's own hand** boriti se za lastno korist; **to** ~ **shy of s.o.** izogibati se koga; **to** ~ **for dear life** boriti se na življenje in smrt; **to** ~ **a good** ~ hrabro se boriti; **to** ~ **one's way** prebiti se; **to** ~ **a question** prepirati se za kaj
fight back *vt* braniti, upirati se

fight down *vt* obvladati; zatreti; udušiti; izkoreniniti
fight off *vt* odbiti, obraniti
fight out *vt* izbojevati
fight up *vi* hrabro se boriti
fighter [fáitə] *n* borec, borka; pretepač; boksar; ~ *(plane)* lovsko letalo
fighting I [fáitiŋ] *adj* borben; **a** ~ **chance** malo upanja v uspeh
fighting II [fáitiŋ] *n* borba, boj, vojskovanje
fighting-cock [fáitiŋkɔk] *n* petelin za boj; prepirljivec, pretepač
fighting-force [fáitiŋfɔ:s] *n mil* bojni oddelek vojske
fighting-ground [fáitiŋgraund] *n* borišče
fighting-man [fáitiŋmən] *n* borec; vojak
fighting-services [fáitiŋsə:visiz] *n pl* oborožene sile
fighting-unit [fáitiŋjunit] *n* bojna enota
fig-leaf [fígli:f] *n* figovo pero
figment [fígmənt] *n* izmislek, bajka, plod domišljije
fig-tree [fígtri:] *n* figovec, smokvovec; **under one's vine and** ~ srečen in varen doma
figuline I [fígjulain] *n* keramika, lončarstvo (umetnost, izdelek)
figuline II [fígjulain] *adj* lončarski, keramičen
figural [fígjurəl] *adj* (~ **ly** *adv*) v podobi, prenesen nazoren
figurant [fígjurənt] *n* baletni plesalec; statist
figurante [fígjura:nt] *n* baletna plesalka; statistka
figuration [figjuréišən] *n* oblikovanje; oblika; oštevilčenje; figuralen okras; *mus* okrasni kontrapunkt
figurative (fígjurətiv] *adj* (~ **ly** *adv*) simboličen, prenesen, metaforičen; okrasen
figure I [fígə] *n* postava; slika, risba; podoba, lik, kip; videz; vzorec, diagram; številka; znesek, cena; vloga; ugled; simbol; pesniška figura; plesna figura; sijaj; osebnost; **to cut (ali make) a** ~ imeti vlogo, predstavljati, biti videti; ~ **of fun** smešna oseba; **double** ~s dvomestno število; **at a low** ~ poceni; **he is a** ~ **above me** je veliko boljši od mene; **at a high** ~ drago; **to keep one's** ~ ne se rediti; **to cut no** ~ nič ne veljati; **a man of** ~s, **clever at** ~s dober računar; **a poor hand at** ~s slab računar; **what's the** ~? koliko stane?, kakšen je račun?; **person of** ~ ugledna oseba; **a well developed** ~ lepa postava
figure II [fígə] **1.** *vt* tvoriti, predstavljati; (na)slikati, oblikovati, (na)risati; ilustrirati; z diagrami pojasniti; izračunati; **2.** *vi* računati; delati se, igrati vlogo, nastopati; delati figure (pri plesu, na ledu); krasiti; **to** ~ **o.s.** predstavljati si; **to** ~ **at (ali in) s.th.** udeležiti se česa
figure on *vt* zanašati, zanesti se; biti prepričan; računati s čim; *coll* nameravati
figure out *vt & vi* izračunati; ugibati; izmisliti si; razumeti, razbrati
figure up *vt* sešteti, seštevati; izračunati
figured [fígəd] *adj* slikovit, pisan, vzorčast; ~ **language** slikovit jezik, poln figur
figure-dance [fígədɑ:ns] *n* ples s figurami
figure-head [fígəhed] *n* glava kot okras na ladijskem nosu; *fig* izobesek; »figura«
figureless [fígəlis] *adj* brezobličen; ki nima postave

figure-skater [fígəskeitə] *n* umetnostni drsalec, umetnostna drsalka
figure-skating [fígəskeitiŋ] *n* umetnostno drsanje
figurine [fígjuri:n] *n* kipec; ·*theat* osnutek za kostim
fig-wort [fígwɔ:t] *n bot* lopatica
filament [fíləmənt] *n* vlakno; *bot* prašnikova nit
filamentary [fíləméntəri] *adj* vlaknat, vlaknen
filamentous [fíləméntəs] glej **filamentary**
filar [fílə] *adj* vlaknen, nitkast
filature [fíləčə] *n* odmotavanje; vitel; predilnica
filbert [fílbə:t] *n bot* lešnik; ~ **tree** leska; **cracked in the** ~ zabit, neumen
filch [fílč] *vt* zmakniti, ukrasti, suniti
filcher [fílčə] *n* zmikavt(ka), tat(ica)
file I [fail] *n* pila; *fig* izgotovitev, dovršitev; *sl* navihanec, premetenec; *sl* **a close** ~ velik skopuh; **to gnaw** (ali **bite**) **a** ~ zaman si prizadevati; *fig* **it needs the** ~ treba ga je še izpiliti; *sl* **old** (ali **deep**) ~ navihanec, premetenec; tovariš
file II [fail] *vt* piliti; *fig* izpiliti, popraviti
file away *vt* opiliti, ostrgati
file down *vt* opiliti, zgladiti
file III [fail] *n* kup aktov; arhiv, kartoteka, register za dokumente; urejanje aktov; **on the** ~ registriran
file IV [fail] *vt* urejati (akte, dopise), registrirati; *A* vložiti prošnjo (*with* pri); **to** ~ **away** dati v arhiv, registrirati; **filing cabinet** kartoteka
file V [fail] *n mil* vrsta, kolona; četa; **rank and** ~ podčastniki in prostaki; povprečni ljudje; **in single** (ali **Indian)** ~ v gosjem redu
file VI [fail] *vt & vi* v vrsto (se) postaviti; *mil* defilirati, korakati v gosjem redu
file away (ali **off**) *vi* odkorakati v vrsti
file out *vi* odhajati zapovrstjo
file-cabinet [fáilkæbinit] *n* registratura
file-cutter [fáilkʌtə] *n* pilar
file-leader [fáilli:də] *n* vodja kolone
filemot [fílimət] **1.** *adj* rumenkasto rjav; **2.** *n* rumenkasto rjava barva
file-punch [fáilpʌnč] *n* luknjač, perforator
filial [fíljəl] *adj* (~ **ly** *adv*) otroški, sinovski, hčerinji
filiate [fílieit] glej **affiliate**
filiation [filiéišən] *n* otroštvo; sorodstvo, izvor; dokaz očetovstva; podružnica, filiala; adoptacija, posvojitev
filibeg [fílibeg] *n* škotsko krilo
filibuster I [fílibʌstə] *n* morski ropar, gusar, pirat; *A sl* član zakonodajnega zbora, ki namerno zavlačuje delo, obstrukcionist; zavlačevanje zakonodajnega dela v parlamentu, obstrukcija
filibuster II [fílibʌstə] *vi & vt* ropati (ladje); zavlačevati delo v parlamentu
filicide [fílisaid] *n* detomor; morilec, -lka lastnega otroka
filiform [fílifɔ:m] *adj* vlaknat, nitkast
filigree [fíligri:] *n* filigran
filing [fáiliŋ] *n* registriranje, zaznamovanje; piljenje; ~ **clerk** vodja kartoteke; ~ **rack** registratura
filings [fáiliŋz] *n pl* opilki
filing-vice [fáiliŋvais] *n techn* ročni primež
fill I [fil] **1.** *vt* (*with*) (na)polniti, nasititi; prenapolniti, natrpati; napihniti; zamašiti; plombirati

(zob); zasesti, zadovoljiti, izvršiti, izpolniti; izrabiti; **2.** *vi* polniti se; nabrekniti; zamašiti se; napolniti se; **to** ~ **the bill** biti primeren; **to** ~ **one's glass** natočiti si kozarec; **to** ~ **an order** izvršiti naročilo; **to** ~ **s.o. with a story** narediti na koga vtis; *A* **to** ~ **a prescription** narediti zdravilo po predpisu; *theat* **to** ~ **a role** igrati vlogo; **to** ~ **s.o.'s place** nadomeščati koga; **to** ~ **a tooth** plombirati zob; ~ **ing at the price** dober in poceni
fill in *vt* izpolniti, vstaviti; ~ **the time** preganjati čas
fill out *vt* raztegniti, razširiti; napolniti, natočiti; *A* izpolniti (obrazec)
fill up *vt* napolniti, izpolniti, dopolniti
fill II [fil] *n* polnost, zadostnost; polnitev; nasičenost; **to eat one's** ~ do sitega se najesti; **to gaze one's** ~ nagledati se; **to weep** (ali **cry**) **one's** ~ izjokati se; **a** ~ **of tobacco** (polna) pipa tobaka; **to drink** (ali **have**) **one's** ~ napiti se, kolikor si želimo
filler [fílə] *n* mašilo, polnilo; lijak; naboj; polnilna naprava
fillet I [fílit] *n* čelna obveza, načelek; ledvična pečenka; (ribji) zrezek; letvica; rebro (stebra); rolada, zlata okrasna črta (v knjigi)
fillet II [fílit] *vt* s trakom zvezati; pripravljati ribje zrezke; krasiti z zlatimi črtami
filling [fíliŋ] *n* polnjenje, nadev; točenje; zasipavanje; vstavek (na obleki); votek (tkanje); plomba; *fig* dopolnilo; ~ **station** bencinska črpalka; ~ **room** točilnica
filling-in [fíliŋín] *n* vstavljanje; izdelava
fillip I [fílip] *vt & vi* krcniti; spodbosti; **to** ~ **s.o.'s memory** spomniti koga
fillip II [fílip] *n* krc; spodbuda; malenkost; **to give s.o. a** ~ spodbosti, bodriti koga; **not worth a** ~ niti piškavega oreha vreden
filly [fíli] *n* žrebica; *vulg* porednica
film I [film] *n* kožica, mrena; prevleka; meglenina; film; filmska predstava; **full-length** ~ glavni film; **silent** ~ nemi film; **talking** ~ zvočni film; **colour** ~ barvni film
film II [film] **1.** *vt* s kožico prevleči; filmati, snemati; **2.** *vi* s kožico, mreno se prevleči; zamegliti se (oko); biti primeren za filmanje
filmable [fíləbl] *adj* primeren za filmanje
film-actor [fílmæktə] *n* filmski igralec
film-actress [fílmæktris] *n* filmska igralka
film-fan [fílmfæn] *n* navdušen obiskovalec kina
film-goer [fílmgouə] *n* obiskovalec kina
filmic [fílmik] *adj* filmski
filmize [fílmaiz] *vt* filmati, posneti film
film-pack [fílmpæk] *n* film v skladu
film-star [fílmsta:] *n* filmski zvezdnik, filmska zvezdnica
film-studio [fílmstju:diou] *n* filmski studio
filmy [fílmi] *adj* (**filmily** *adv*) mrenast; moten (oko); prevlečen; zamegljen; tenek; orošen
filoselle [filousél] *n* surova svila
filter I [fíltə] *n* cedilo, precejalo, filter
filter II [fíltə] **1.** *vt* cediti, čistiti, filtrirati; **2.** *vi* cediti, čistiti se; prenikati; prehitevati kolono vozil na glavnih cestah po stranskih ulicah
filterable [fíltərəbl] *adj* ki se da precediti, filtrirati

filter-bed [fíltəbed] *n* plast peska, proda za čiščenje vode

filter-paper [fíltəpeipə] *n* filtrirni papir

filter-tipped [fíltətipt] *adj*; ~ **cigarette** cigareta s filtrom

filtration [filtréišən] *n* precejanje, filtriranje, prenikanje

fimbriate [fímbrieit] *vt bot, zool* obrobiti

fin [fin] *n* plavut; repno krmilo (na letalu); *sl* roka, taca; *sl* **tip us our** ~s podajmo si roke

finable [fáinəbl] *adj* (z globo) kazniv

finagle [finéigl] *vt* ogoljufati, opehariti

final I [fáinəl] *adj* (~**ly** *adv*) končen, zaključen, končnoveljaven, sklepen; *gram* nameren; ~ **clause** namerni stavek

final II [fáinəl] *n* zaključni izpit; *sp* finale; **to get into the** ~ priti v finale

finalist [fáinəlist] *n* športnik v finalu, finalist(ka)

finality [fainǽliti] *n* dokončnost; konec, zaključek; *phil* teleologija

finalization [fainəlaizéišən] *n* dokončno izoblikovanje

finalize [fáinəlaiz] *vt* dokončno izoblikovati

finally [fáinəli] *adv* končno, nazadnje; nepreklicno, dokončno; docela

finance I [finǽns, fáinəns] *n* denarno gospodarstvo, finance, denar; *pl* državni dohodki; *coll* **his** ~s **are low** ima malo denarja

finance II [finǽns, fáinəns] *vt* financirati, denarno podpirati

financial [finǽnšəl, fain-] *adj* (~**ly** *adv*) finančen; ~ **position** premoženjske razmere; ~ **year** obračunsko leto

financier I [finǽnsjə, fainǽnsjə] *n* finančnik, bančnik, kapitalist

financier II [finənsíə, fain-] *vt & vi* financirati, podpirati z denarjem, plačati; *A* sleparati; **to** ~ **s.o. out of s.th.** ogoljufati koga za kaj; **to** ~ **money away** špekulirati z denarjem

finback [fínbæk] *n zool* vrsta kita

finch [finč] *n zool* ščinkavec

find [faind] **1.** *vt* najti, nahajati, odkriti, odkrivati; spoznati, opaziti; ugotoviti, izvedeti; misliti, soditi; odločiti; nabaviti, oskrbeti, opremiti; izreči, izraziti; iti po kaj; **2.** *vi* zaslediti divjačino; *jur* odločiti, razsoditi; zdeti se; **to** ~ **amiss** grajati; **to** ~ **expression** izraziti se; **to** ~ **fault with** grajati koga ali kaj; **to** ~ **favour** imeti podporo, zaščito; *jur* **to** ~ **s.o. guilty** spoznati, da je kdo kriv; *coll* **to** ~ **one's feet** pridobiti zaupanje v samega sebe, uveljaviti se; *jur* **to** ~ **a true bill** izjaviti, da je vzrok tožbe utemeljen; **to** ~ **s.o. in s.th.** oskrbeti koga s čim; **I cannot** ~ **it in my heart** srce mi ne da; **I could** ~ **it in my heart** rad bi; **how do you** ~ **yourself?** kako se imaš?; **to** ~ **one's match** najti pravega moža ali enakovrednega nasprotnika; **the jury found for the culprit** porota je osvobodila obtoženca; **I trust this** ~s **you well** upam, da boste dobrega zdravja, ko boste dobili to pismo; **to** ~ **o.s.** sam se oskrbeti; znajti se; **to** ~ **pleasure in s.th.** imeti s čim veselje

find against *vi jur* izjaviti, da je kriv

find out *vt* odkriti, spoznati; zalotiti; ~ *about* zvedeti (o kom, čem)

find II [faind] *n* najdba; dragoceno odkritje

findable [fáindəbl] *adj* ki se da najti, odkriti

finder [fáində] *n* odkritelj, najditelj; (foto) iskalo

finding [fáindiŋ] *n* ugotovitev, razsodba; orodje; *pl* čevljarske, krojaške idr. potrebščine; ~s **are not keepings** najdeno moramo vrniti; **the** ~s **of the jury** izrek porotnikov

fine I [fain] *n* konec, cilj, zaključek; **in** ~ končno, kratkomalo, skratka

fine II [fain] *n* globa; *jur* **to make liable to** ~ naložiti globo

fine III [fain] *vt & vi* naložiti globo, kaznovati z globo; plačati globo

fine IV [fain] *adj* droben, tenek, fin; rahel, nežen; lep, sijajen, odličen; eleganten; čist; jasen; oster (nož), nabrušen; dobro razvit; bister; prevzeten; ~ **arts** lepe umetnosti; **one** ~ **day** lepega dne; **one of these** ~ **days** prej ali slej; ~ **middling** srednje dober; **to call things by** ~ **names** imenovati grdo z lepimi besedami; ~ **gold** čisto zlato; ~ **feathers make** ~ **birds** obleka dela človeka; **not to put too** ~ **point upon it** povedati naravnost in brez olepšavanja; **to say** ~ **things about s.o.** hvaliti koga; ~ **words butter no parsnips** od lepih besed se ne da živeti

fine V [fain] *adv* lepo; rahlo, nežno itn.; **to run (ali cut) it (rather)** ~ na kratko odpraviti; **that will suit me** ~ to mi je zelo prav

fine VI [fain] *n* lepo vreme; **in rain or** ~ v vsakem vremenu

fine VII [fain] *vt & vi* (z)jasniti se; čistiti se; tanjšati se; (s)hujšati; prečistiti, rafinirati

fine away *vt & vi* (ali **off**) zmanjšati, stanjšati, zbrusiti (se), izginiti

fine down *vt & vi* čistiti, bistriti (se); usesti, ustaliti se

fine-draw [fáindró:] *vt* nevidno zakrpati ali zašiti; tenko izvleči (žico)

fine-drawn [fáindró:n] *adj* zelo tenek; nevidno zakrpan; skrajno zreduciran; premeten; za lase privlečen

fine-fingered [fáinfíŋgəd] *adj* spreten, vešč

fine-grained [fáingréind] *adj* drobnozrnat

finely [fáinli] *adj* spretno, zvito, premeteno

fineness [fáinnis] *n* tančina, čistina; drobnost, rahlost; odlika, lepota; čistost; eleganca, okusnost; popolnost; zvitost, premetenost

finery [fáinəri] *n* okras, lišp; razkošje (zlasti v obleki); rafinerija

fine-spoken [fáinspóukən] *adj* sladkobeseden, frazerski

fine-spun [fáinspʌn] *adj* zelo tenek; krhek, nežen; *fig* preveč izdelan; nepraktičen

finesse I [finés] *n* spretnost, spretna manipulacija; zvijača, ukana

finesse II [finés] *vi & vt* spretno manipulirati; ukaniti

finestill [fáinstil] *vt* destilirati

fine-stuff [fáinstʌf] *n archit* zgornja plast ometa

finger I [fíŋgə] *n* prst; mera za globino ali debelost; kazalec (na uri); **to burn one's** ~s opeči si prste; **his** ~s **are all thumbs** zelo je nespreten; **by a** ~'s **breadth** komaj, za las; **to be** ~ **and glove with s.o.** biti s kom zelo zaupen; **to have a** ~ **in (the pie)** imeti svoje prste vmes; **to**

have s.th. at one's ~ tips (ali ends) imeti kaj
v malem prstu; my ~s itch komaj čakam;
to the ~ nails popolnoma; one can number
them on one's ~s človek bi jih lahko seštel
na prstih; to keep one's ~s crossed držati figo;
to lift one's little ~ preveč piti; to look through
one's ~s spregledati kaj, skozi prste gledati;
to lay (ali put) a ~ on s.th. imeti svoje prste
vmes; not to raise (ali lift) a ~ on behalf of
niti s prstom ne migniti zaradi; to snap one's ~s
biti ravnodušen do česa; to twist round one's
(little) ~ oviti si okoli prsta; one can do with
a wet ~ to je lahko narediti; within a ~'s
breadth of one's ruin na robu propada; index
(ali first) ~ kazalec; middle ~ sredinec; ring ~
prstanec; little ~ mezinec
finger II [fíŋgə] vt otipati, dotakniti se; vzeti; mus
ubirati (strune); določiti prstni red
finger-alphabet [fíŋgəælfəbit] n abeceda za gluho-
neme
finger-board [fíŋgəbɔ:d] n klaviatura; ubiralka
finger-bowl [fíŋgəboul] n skledica za pranje prstov
med jedjo
finger-breadth [fíŋgəbredθ] n širina prsta
finger-cushion [fíŋgəkušən] n prstna jagoda
fingered [fíŋgəd] adj prstast; fig spreten, dolgih
prstov, tatinski
finger-ends [fíŋgərendz] n pl prstne konice; to
arrive at one's ~ priti na beraško palico
fingerer [fíŋgərə] n vtikljivec; tatič
finger-fish [fíŋgəfiš] n zool morska zvezda
finger-flower [fíŋgəflauə] n bot naprstec
finger-glass [fíŋgəgla:s] glej finger-bowl
finger-grass [fíŋgəgra:s] n bot srakonja
finger-hole [fíŋgəhoul] n mus luknjica na pihalu
fingering [fíŋgəriŋ] n tipanje; mus prstni red;
vrsta tenke volne za nogavice
finger-language [fíŋgəlæŋgwidž] n govor s prsti
(gluhonemih)
fingerless [fíŋgəlis] adj brezprsten
fingerling [fíŋgəliŋ] n zool mladi losos, merlan
ali saj
finger-mark [fíŋgəma:k] n prstni odtis
finger-nail [fíŋgəneil] n noht
finger-plate [fíŋgəpleit] n zaščitno steklo ob kljuki
in ključavnici
finger-post [fíŋgəpoust] n kažipot
finger-print [fíŋgəprint] 1. n prstni odtis; 2. vt
narediti, vzeti prstni odtis
finger-stall [fíŋgəstɔ:l] n naprstnik, prstni ščitnik
finger-tip [fíŋgətip] n prstna konica; to the ~s
popolnoma; popoln; to have s.th. at one's-~
dobro kaj znati, imeti v malem prstu
finial [fáiniəl] n archit vrh, greben
finical [fínikəl] adj (~ally adv) ozaljšan, gizdav;
zbirčen, zahteven; prenatančen, malenkosten,
siten; afektiran
finicality [finikæliti] n gizdavost; afektiranost;
zbirčnost
finicalness [fínikəlnis] glej finicality
finiking [fínikiŋ] glej finical
finicky [fíniki] glej finical
finikin [fínikin] glej finical
fining [fáiniŋ] n čiščenje, rafiniranje; čistilo
finis [fáinis] n konec; smrt

finish [fíniš] n konec, zaključek; cilj, iztek; dovr-
šitev, spopolnitev; techn zgladitev, apretura;
to bring to the ~ dokončati; to fight to a ~
boriti se do zadnjega; to be in at the ~ priti
v zaključni del tekme
finish II [fíniš] 1. vt končati, dovršiti; izčrpati; zgla-
diti, spopolniti, apretirati; fam ubiti, pokončati;
2. vi končati se, prenehati, odnehati; sp priti
na cilj; to ~ up (ali off) dokončati; pojesti,
popiti; to have ~ed with s.th. opraviti s čim
finish III [fáiniš] adj precej tenek, fin, rahel itn.
finished [fíništ] adj dokončan, zgrajen; popoln;
~ goods končni proizvodi; a ~ gentleman
izobraženec
finisher [fíniša] n coll končni, odločilni udarec;
techn končna raztezalka; apretura; apreter
finishing I [fínišiŋ] n dovršitev; apretura
finishing II [fínišiŋ] adj končen; ~ coat zgornji
omet; ~ school višja dekliška šola; to give the
~ touch narediti zadnje poteze; to put the ~
hand (ali stroke) izdelati, izbrusiti, zgladiti,
apretirati; sp ~ point (ali post) cilj; the ~ blow
(ali stroke) zadnji, smrtni udarec; ~ process
izgotovitev; oplemenitev; apretiranje
finite [fáinait] adj (~ly adv) končen, omejen; ~
verb dokončna glagolska oblika
finiteness [fáinaitnis] n dokončnost; omejenost
finitude [fínitju:d, fáinitju:d] n končnost
fink [fiŋk] A sl stavkokaz
finless [fínlis] adj zool brezplavuten
Finn [fin] n Finec, -nka
finnan [fínən] n prekajena polenovka
finner [fínə] n zool plavutasti kit
Finnic [fínik] glej Finnish 1.
Finnish [fíniš] 1. adj finski; 2. n finščina
finnock [fínək] Sc zool bela postrv
finny [fíni] adj plavuten, plavutast: ribovit; poet
~ tribes ribe
fiord, fjord [fjɔ:d] n fjord
fir [fə:] n bot jelka, hoja
fir-apple [fə́:ræpl] n jelov storž
fir-ball [fɔ́:bɔ:l] glej fir-apple
fir-cone [fɔ́:koun] glej fir-apple
fire I [fáiə] n ogenj, plamen, požar; streljanje; fig
gorečnost, navdušenje, vnema, razburjenje; vro-
čica; pekel; smrt na grmadi; to add fuel to the ~
prilivati olje v ogenj; poslabšati; razpihovati
strasti; med St. Anthony's ~ šen; between two
~s med dvema ognjema; a burnt child dreads
the ~ kdor se opeče, je drugič previden; to
catch (ali take) ~ vneti se; ~ control stolp,
s katerega vodijo streljanje; boj proti gozdnim
požarom; ~ department požarni oddelek; to go
through ~ and water mnogo pretrpeti; to lay
a ~ pripraviti za zakurjenje; to open ~ začeti
obstreljevati; out of the frying-pan into the ~
z dežja pod kap; to pour oil on ~ prilivati olje
na ogenj, razdražiti, podpihovati; to set on ~,
to set ~ to zažgati, prižgati; mil blind ~ stre-
ljanje brez cilja, na slepo; to keep up a ~
vzdrževati ogenj; nenehno obstreljevati; to be
on ~ goreti; there's no smoke without ~ kjer je
dim, je tudi ogenj; iz nič ni nič; to set the Thames
on ~ narediti nekaj izrednega, iznajti smodnik;
to strike ~ izkresati ogenj; withering ~ uniče-

valen ogenj; **running** ~ salva strelov; zapovrstni
napadi kritike
fire II [fáiə] **1.** *vt* zanetiti, zažgati; izžigati; kuriti,
nalagati; (*at*, *upon*) streljati; rdeče barvati; *sl*
(*from*) odpustiti, spoditi; **2.** *vi* zanetiti, osmoditi,
razbeliti se; *mil* **to** ~ **salute** izstreliti salvo; *mar*
to ~ **broadside** izstreliti salvo iz vseh topov na
eni strani; **to** ~ **with s.th.** navdušiti za kaj
fire away *vi* sprožiti strelno orožje; *fig* začeti
fire off *vi* glej **to fire away**
fire out *vt sl* odpustiti iz službe
fire up *vi* razvneti, razburiti se
fire-alarm [fáiərəla:m] *n* požarni znanilnik
fire-arms [fáiəra:mz] *n pl* strelno orožje
fireback [fáiəbæk] *n zool* vrsta vzhodnoindijskega
fazana
fireball [fáiəbɔ:l] *n* meteor; *mil* zažigalna granata
fire-bird [fáiəbə:d] *n zool* baltimorski škorčevec
fire-blast [fáiəbla:st] *n bot* žitna snet
fire-blight [fáiəblait] *n bot* snet na hmelju
fire-bomb [fáiəbəm] *n* zažigalna bomba
fire-box [fáiəbɔks] *n* kurišče (na lokomotivi)
fire-brand [fáiəbrænd] *n* goreč kos lesa; bakla; *fig*
hujskač
fire-brick [fáiəbrik] *n* nepregórna, šamotna opeka
fire-brigade [fáiəbrigeid] *n* požarna obramba, ga-
silci
fire-bug [fáiəbʌg] *n A zool* kresnica; *sl* požigalec
fire-call [fáiəkɔ:l] *n* požarni znanilec
fire-clay [fáiəklei] *n* šamot
firecracker [fáiəkrækə] *n* petarda, ognjemetna
raketa
fire-damp [fáiədæmp] *n* jamski eksplozivni plin
fire-dog [fáiədɔg] *n* kovinsko stojalo za polena
v kaminu
fire-drill [fáiədril] *n* gasilske vaje
fire-eater [fáiəi:tə] *n* požiralec ognja; *fig* pretepač,
prepirljivec; bahač
fire-engine [fáiərendžin] *n* gasilna brizgalna, gasilni
voz
fire-escape [fáiəreskeip] *n* požarne stopnice,
požarna lestev
fire-extinguisher [fáiəekstiŋgwišə] *n* gasilna naprava
fire-fighter [fáiəfaitə] *n A* gasilec
fire-fighting [fáiəfaitiŋ] *n* gašenje požara; proti-
požarna obramba
fire-fly [fáiəflai] *n zool* kresnica
fire-guard [fáiəga:d] *n* zaslon (npr. pri peči); prosto-
voljni gasilec (med vojno)
fire-helmet [fáiəhelmit] *n* gasilska čelada
fire-hook [fáiəhuk] *n* grebljica
fire-hose [fáiəhouz] *n* gasilska cev
fire-hydrant [fáiəhaidrənt] *n* hidrant
fire-insurance [fáiərinšuərəns] *n* zavarovanje proti
požaru
fire-irons [fáiəraiənz] *n pl* kaminsko orodje (greb-
bljica, lopata)
fire-kiln [fáiəkil(n)] *n* peč za žganje opeke
fireless [fáiəlis] *adj* brez ognja
fire-light [fáiəlait] *n* odsev iz ognjišča
fire-lighter [fáiəlaitə] *n* gorivo za podkurjenje
fire-line [fáiəlain] *n mil* bojna črta
fire-lit [fáiəlit] *adj* od ognja osvetljen
firelock [fáiələk] *n* mušketa
fireman [fáiəmən] *n* gasilec; kurjač
fire-new [fáiənju:] *adj* popolnoma nov

fire-office [fáiərəfis] *n E* požarna zavarovalnica
fire-ordeal [fáiərə:diəl] *n hist* božja sodba z ognjem
fire-pan [fáiəpæn] *n* žerjavnica
fireplace [fáiəpleis] *n* ognjišče, kamin
fire-plug [fáiəplʌg] *n* vodovodni priključek, hidrant
fire-policy [fáiəpɔlisi] *n* polica za zavarovanje
proti požaru
fireproof [fáiəpru:f] **1.** *adj* nezgorljiv, varen proti
požaru; **2.** *vt* napraviti nezgorljivo
firer [fáiərə] *n* požigalec, prižigalec; strelec; puška;
single ~ puška, ki ima samo en naboj
fire-raising [fáiəreiziŋ] *n* požiganje
fire-screen [fáiəskri:n] *n* zaslon (pri peči)
fire-ship [fáiəšip] *n mil* zažigalna ladja
fireside [fáiəsaid] *n* ognjišče; zapeček; *fig* do-
mačnost, dom; ~ **chat** zaupni pogovor
fire-smothering-foam [fáiəsmʌθəriŋfoum] *n* pena
za gašenje požara
fire-spotter [fáiəspɔtə] glej **fire-watcher**
fire-squad [fáiəskwɔd] *n* prostovoljna gasilska četa
(med vojno)
fire-station [fáiəsteišən] *n* požarna straža
fire-step [fáiəstep] *n mil* stopnica v strelskem jarku,
s katere streljajo
fire-stone [fáiəstoun] *n min* kresilnik, kremen
fire-tongs [fáiətʌngz] *n pl* kovaške klešče
fire-trap [fáiətræp] *n* poslopje, iz katerega se le
s težavo rešimo, kadar izbruhne požar
fire-truck [fáiətrʌk] *A* glej **fire-engine**
fire-warden [fáiəwɔ:dən] *n* višji požarni inšpektor
fire-watcher [fáiəwɔčə] *n* požarna straža
fire-watching [fáiəwɔčiŋ] *n* straženje požara
firewater [fáiəwɔtə] *n* močno žganje
firewood [fáiəwud] *n* drva
fireworks [fáiəwə:ks] *n pl* umetni ogenj, ognjemet;
fig duhovitost
fire-worship [fáiəwə:šip] *n* oboževanje ognja
firing [fáiəriŋ] *n* streljanje; kurivo; kurjava; vži-
ganje; **coal** ~ kurjava s premogom; **oil** ~
kurjava s tekočim gorivom; *mil* **cease** ~!
nehaj(te) streljati!
firing-line [fáiəriŋlain] *n* območje sovražnega ognja,
bojna črta
firing-party [fáiəriŋpa:ti] *n* vojaški oddelek za
ustrelitev obsojenca; oddelek, ki oddaja salve
firing-pin [fáiəriŋpin] *n* vžigalna igla (v puški)
firing-squad [fáiəriŋskwɔ:d] glej **firing-party**
firing-step [fáiəriŋstep] *n* kraj, od koder streljajo
(v jarku)
firkin [fə́:kin] *n* sodček, vedro za maslo ali mast
(za okrog 40 litrov)
firlot [fə́:lət] *n* mera za žito (okrog 1 in pol merni-
ka)
firm I [fə:m] *adj* (~ **ly** *adv*) trden, čvrst, nespremen-
ljiv, stalen; odločen; **the offer is** ~ ponudba
velja; **the prices remain** ~ cene ostajajo ne-
spremenjene
firm II [fə:m] *adv* trdno, zanesljivo, neomajno;
to stand ~ biti neomajen
firm III [fə:m] *n* podjetje, firma, trgovska hiša;
obs ime, podpis; **long** ~ lopovska družba;
style of the ~ naslov podjetja
firm IV [fə:m] **1.** *vt* utrditi, otrditi, zgostiti; **2.** *vi*
otrdeti; zgostiti se; ustaliti se
firman [fə:má:n] *n* (sultanov) ukaz; odlok
firmament [fə́:məmənt] *n* nebo, nebesni svod

firmamental [fə:məméntəl] *adj* nebesen
firm-footed [fɔ́:mfútid] *adj* ki stoji trdno na nogah
firm-name [fɔ́:mneim] *n* ime ali podpis podjetja ali trgovca
firmness [fɔ́:mnis] *n* trdnost, čvrstost; stalnost
fir-needle [fɔ́:ni:dl] *n* jelkina iglica
firry [fɔ́:ri] *adj* jelov, hojev
first I [fə:st] *adj* (~ ly *adv*) prvi, najzgodnejši, prvovrsten; at ~ hand iz prve roke; *A* ~ board začetni tečaj; ~ cause pravzrok; First Commoner predsednik spodnjega doma parlamenta; to come ~ biti najboljši; ~ day nedelja; ~ cost proizvodna cena; ~ finger kazalec; ~ floor *E* prvo nadstropje, *A* pritličje; *A* ~, last and all the time nenehno, neomajno; First Lord of the Admiralty minister za mornarico; First Sea Lord komandant mornarice; First Lord of Treasury minister za državno zakladnico; to go ~ peljati se v prvem razredu; *A* ~ lady prezidentova žena; ~ name krstno, dano ime; ~ night premiera; *A* I could not get to the ~ base nobenega uspeha nisem imel; First International prva internacionala; ~ lieutenant nadporočnik; in the ~ place predvsem; at ~ sight na prvi pogled; ~ thing na prvem mestu; *coll* navsezgodaj; ~ refusal predkupna pravica
first II [fə:st] *adv* prvič; najprej, predvsem; prej; ~ of all predvsem; ~ and foremost na prvem mestu; ~ and last brez izjeme; ~ or last prej ali kasneje; *A* ~ off v začetku; ~ come ~ served kdor prej pride, prej melje; head ~ z glavo naprej
first III [fə:st] *n* začetek; prva stopnja; prvi; prvi razred; *mus* prvi glas; prvi v mesecu; *pl* prvovrstno blago; *rly* vagon prvega razreda; from the ~ od začetka; at (the) ~ najprej; from ~ to last od začetka do konca; to travel ~ peljati se v prvem razredu; *com* the ~ of exchange prva menica
first-aid [fɔ́:steid] *n* prva pomoč; to render ~ nuditi prvo pomoč; ~ outfit oprema za prvo pomoč; ~ post obvezovališče
first-begotten [fɔ́:stbigətn] 1. *adj* prvorojen, najstarejši; 2. *n* prvorojenec
first-born [fɔ́:stbɔ:n] glej first-begotten
first-chop [fɔ́:stčɔ́p] *n coll* prvovrstna stvar ali oseba
first-class [fɔ́:stklá:s] 1. *adj* prvovrsten, najboljši; 2. *adv* prvovrstno, odlično; to travel ~ potovati v prvem razredu
first-coat [fɔ́:stkóut] *n* prva plast barve
first-comer [fɔ́:stkʌ́mə] *n* najboljši; prvi; katerikoli
first-cost [fɔ́:stkɔ́st] *n* kupna cena
first-cousin [fɔ́:stkʌ́zn] *n* bratranec, sestrična
first-day [fɔ́:stdéi] *n* nedelja
first-fruits [fɔ́:stfrú:ts] *n pl* zgodnje sadje; *fig* prvi sadovi; prvi letni dohodki
first-grade [fɔ́:stgréid] *adj* prvovrsten
first-hand [fɔ́:sthǽnd] *adj & adv* iz prve roke, iz prvega vira, neposredno
firstling [fɔ́:stliŋ] *n* prvenec; *pl* najzgodnejše sadje ali zelenjava
firstly [fɔ́:stli] *adv* prvič, predvsem
first-night [fɔ́:stnait] *n theat* premiera

first-nighter [fɔ́:stnáitə] *n* obiskovalec premier; *sl* premiera
first-offender [fɔ́:stəféndə] *n* prestopnik, ki še ni bil kaznovan
first-rate I [fɔ́:stréit] *adj* prvovrsten, odličen, izvrsten, prima
first-rate II [fɔ́:stréit] *n mar* prvorazredna vojna ladja; *hist* vojna ladja s tremi palubami
first-string [fɔ́:ststríŋ] *n coll sp* favorit
firth [fə:θ] *n* široko rečno ustje; morska ožina, morski rokav
fir-tree [fɔ́:tri:] glej fir
fisc [fisk] *n* državna blagajna, erar
fiscal [fískəl] 1. *adj* finančen; proračunski, fiskalen; ~ stamp kolek, pristojbinska znamka; 2. *n* fiskus
fish I [fiš] *n* riba; ribe; *vulg* ženski spolni organ; all is ~ that comes to our net vse nam lahko koristi; a cool ~ hladnokrvnež; to cry stinking ~ poniževati se; to drink like a ~ piti ko žolna; drunk as a ~ pijan ko čep; dull as a ~ neumen ko nож; he eats no ~ je poštenjak; to feed the ~es imeti morsko bolezen; utoniti; to land the ~ doseči svoj cilj; neither ~, flesh or fowl ne tič ne miš; *coll* to have other ~ to fry imeti druge opravke; one must not make ~ of the one and flesh of the other ne smemo biti pristranski; a pretty kettle of ~ neprijetno presenečenje, zmešnjava, kolobocija; a loose ~ razuzdanec; there's as good ~ in the sea as ever came out of it glavo pokonci, vse se še lahko uredi; za vsakega človeka se lahko najde nadomestilo; a ~ story zlagana povest; bahavo pripovedovanje; a strange (ali odd, queer) ~ čudak; to feel like a ~ out of water počutiti se ko riba na suhem; mute as a ~ molčeč ko riba; salt-water ~ morska riba
fish II [fiš] *vi & vt* (*for*) ribariti, ribe loviti; ven potegniti; *fig* prizadevati si, gnati se za čim; to ~ for compliments izzivati poklone; to ~ in troubled waters ribariti v kalnem; to ~ out poloviti vse ribe; *fig* izmamiti; to ~ up ven potegniti
fish III [fiš] *n* spona; tirniški stik; žeton
fish IV [fiš] *vt* zvezati, speti; to ~ the anchor pričvrstiti sidro
fishable [fíšəbl] *adj* ribovit
fish-bait [fíšbeit] *n* vaba
fish-ball [fíšbɔ:l] *n A* vrsta jedi iz rib in krompirja
fish-basket [fíšba:skit] *n* vrša
fish-bone [fíšboun] *n* ribja kost, srt
fish-bowl [fíšboul] glej fish-globe
fish-cake [fíškeik] glej fish-ball
fish-carver [fíška:və] *n* nož za ribe
fish-day [fíšdei] *n* postni dan
fisher [fíšə] *n poet* ribič; ribiška ladja; žival, ki lovi ribe
fisherman [fíšəmən] *n* ribič; ribiška ladja
fisherwoman [fíšəwumən] *n* prodajalka rib
fishery [fíšəri] *n* ribištvo, ribolov; ribje lovišče; ribiška industrija
fish-fork [fíšfɔ:k] *n* (ribiške) ostve
fish-gig [fíšgig] glej fish-fork
fish-globe [fíšgloub] *n* okrogla steklena posoda za ribice
fish-glue [fíšglu:] *n* lepilo iz ribjih kosti

fish-hawk [fíšhə:k] *n zool* ribji orel
fish-hook [fíšhuk] *n* trnek
fishiness [fíšinis] *n* ribovitost; podobnost ribi; *fig* sumljivost
fishing I [fíšiŋ] *n* ribolov; ribolovna pravica; ribišče
fishing II [fíšiŋ] *n rly* spajanje, vezanje tračnic
fishing-boat [fíšiŋbout] *n* ribiška barka
fishing-boots [fíšiŋbu:ts] *n pl* ribiški škornji
fishing-gear [fíšiŋgiə] *n* ribiške priprave
fishing-line [fíšiŋlain] *n* ribiška vrvica
fishing-net [fíšiŋnet] *n* ribiška mreža
fishing-smack [fíšiŋsmæk] *n* ribiška barka
fishing-tackle [fíšiŋtækl] glej **fishing-gear**
fish-joint [fíšdžoint] *n* zveza med tračnicama
fish-kettle [fíšketl] *n* ovalna posoda za kuhanje ribe
fish-knife [fíšnaif] *n* nož za rezanje ribe
fish-ladder [fíšlædə] *n* ribja steza, ribje stopnice
fishlet [fíšlit] *n* ribica
fishlike [fíšlaik] *adj* ribi podoben, kakor riba
fish-market [fíšma:kit] *n* ribarnica
fishmonger [fíšmʌŋgə] *n* trgovec z ribami
fishplate [fíšpleit] *n* spona med tračnicama
fishpond [fíšpɔnd] *n* ribnik
fishpot [fíšpɔt] *n* vrša
fish-sauce [fíšɔ:s] *n* ribja omaka
fishskin [fíšskin] *n* ribja koža
fish-slice [fíšslais] *n* nož ali ravna žlica za ribo
fish-sound [fíšsaund] *n* ribji mehur
fish-spear [fíšspiə] *n* ostve
fish-story [fíšstɔ:ri] *n A* neverjetna zgodba
fish-tail [fíšteil] *n* ribji rep; ~ **wind** veter, ki spreminja smer
fish-torpedo [fíštɔ:pí:dou] *n* avtomatsko gnan torpedo v obliki ribe
fishwife [fíšwaif] *n* prodajalka rib; *A* surova ženska
fishwoman [fíšwumən] glej **fishwife**
fishy [fíši] *adj* (fishily *adv*) ribji, ribnat, ribovit; neizrazit; neverjeten, dvomljiv; negotov; sum.jiv; ~ **eye** topi pogled
fisk [fisk] glej **fisc**
fissile [físail, físil] *adj* cepljiv, razkolen
fissility [fisíliti] *n* cepljivost, razkolnost
fission [fíšən] *n biol* cepljenje
fissionable [fíšənəbl] *adj* ki se da cepiti, cepljiv, razkolen
fissure [fíšə] 1. *n* razpoka, reža, špranja; 2. *vt & vi* razklati, razcepiti (se)
fist I [fist] *n* pest; *coll* roka, šapa; *joc* pisava; a bad ~ grda pisava; a good ~ lepa pisava; close-fisted, tight-fisted skopuški, skop; clenched ~ stisnjena pest; ~ law pravica močnejšega; to grease s.o.'s ~ podkupovati koga; he made a better ~ of it delo mu je šlo bolje od rok he made a poor ~ of it delo se mu ni posrečilo; the mailed ~ moč, oblast; to make money hand over ~ zaslužiti veliko denarja; to shake one's ~ at s.o. groziti komu s pestjo
fist II [fist] *vt* s pestjo udariti, pestiti; zagrabiti; *mar* manipulirati z veslom, jadrom
fistful [fistful] *n* prgišče
fistic(al) [fístik(əl)] *adj coll* boksarski
fisticuff [fístikʌf] *n* udarec s pestjo; *pl* pretep
fisting [fístiŋ] *n sp* odboj (žoge) s pestjo
fist-law [fístlə:] *n* pravica močnejšega

fistula [fístjulə] *n med* fistula; *mus* piščalka
fistular [fístjulə] *adj med* fistulast; cevast
fistulose [fístjulous] glej **fistular**
fit I [fit] *n* napad, izbruh, krč; kaprica, muhavost; *coll* razpoloženje; *coll fig* to give one a ~ presenetiti, razdražiti koga; cold ~ mrzlica; by ~s (and starts) sunkovito, tu in tam; for a ~ nekaj časa; to go into ~s dobiti napad; omedleti; to give s.o. ~(s) razkačiti koga; to knock (ali bang, beat, lick) into ~s popolnoma premagati; to throw a ~ pobesneti, razsrditi se; when the ~ was on him kadar je bil dobre volje; if the ~ takes me če se mi zahoče; drunken ~ pijanost; ~ of hysterics histerični napad
fit II [fit] *n arch* del pesmi, kitica
fit III [fit] 1. *vt* prilagoditi, uravnati, urediti; opremiti, oskrbeti; (obleko) pomerjati; montirati; oborožiti; 2. *vi* ustrezati, biti pogodu; prilagoditi se; spodobiti se; prilegati se; to ~ the bill ustrezati zahtevam
fit in to *vi* prilagoditi, ujemati se
fit in with *vi* skladati, prilagoditi se
fit into *vi* prilegati se v kaj
fit out *vt* opremiti, oskrbeti; instalirati
fit up *vt* urediti, namestiti, instalirati, opremiti, oskrbeti, pripraviti
fit IV [fit] *n* prileganje, prilagoditev; to be an exact (bad) ~ dobro (slabo) se prilegati; nav. *pl* instalacija; to a ~ čisto natanko; it is a tight ~ odlično se prilega
fit V [fit] *adj* (~ly *adv*) (*for*) primeren, ustrezen, uporaben, zmožen, sposoben; zdrav; vreden; to feel (ali keep) ~ dobro se počutiti; ~ to eat užiten; I was ~ to die of shame najraje bi se bil v tla udrl od sramu; as ~ as a fiddle zdrav ko riba; more than is ~ čezmerno, pretirano; I was ~ to malo je manjkalo, da nisem; to think ~ to odločiti se; raje narediti; to run to be ~ to burst teči, dokler nam ne zmanjka sape; *coll* I laughed ~ to burst malo je manjkalo, pa bi bil počil od smeha; not to be ~ to ne moči
fitch [fič] *n* dihurjeva dlaka; čopič iz dihurjeve dlake; dihurjevo krzno
fitchet [fíčit] *n zool* dihur
fitchew [fíču:] glej **fitchet**
fitful [fitful] *adj* (~ly *adv*) sunkovit, krčevit; muhast, spremenljiv, nestalen; občasen
fitfulness [fítfulnis] *n* nerednost, nestalnost; krčevitost; muhavost
fitment [fítmənt] *n* oprema, naprava, instalacija (nav. *pl*)
fitness [fitnis] *n* sposobnost, pripravnost; zdravje; certificate of ~ zdravstveno spričevalo
fit-out [fítaut] *n coll* oprema
fitted [fítid] *adj* sposoben; zrel; opremljen
fitter [fítə] *n* prirejevalec, pomerjevalec; monter, instalater; preskrbovalec
fitting I [fítiŋ] *adj* (~ly *adv*) (*to* za) primeren, ustrezen, ki se prileže (obleka)
fitting II [fítiŋ] *n* pomerjanje (obleke); montaža; pribor, oprema; *pl el* električna napeljava; armatura
fitting-out [fítiŋaut] *n* opremljanje
fitting-up [fítiŋʌp] *n* urejanje, nameščanje

fitting-room [fítiŋru:m] *n* kabina za preoblačenje, pomerjanje; montažna delavnica
fitting-shop [fítiŋšəp] *n* montažna delavnica
fit-up [fítʌp] *n A* prenosni oder z opremo; gledališki rekviziti; ~ company potujoča igralska družina
five I [faiv] *adj* pet; ~ score sto; ~ o'clock tea čaj ob petih, popoldanska malica
five II [faiv] *n* petica, peterica, peta ura; bunch of ~ s roka, pest
five-figure [fáivfigə] *adj* petštevilčen, peteromesten
fivefold [fáivfould] 1. *adj* petkraten; 2. *adv* petkratno
fivepence [fáivpens] *n obs* petpenijski novec
fivepenny [fáivpeni] *adj* petpenijski
five-pointed [fáivpɔintid] *adj* peterokrak
fiver [fáivə] *n sl* bankovec za pet funtov; petak
fives [fáivz] *n pl* vrsta igre z žogo
fix I [fiks] 1. *vt (to, on, upon)* pritrditi, prilepiti, pripeti; usmeriti, upreti; nameriti; urediti; določiti; fiksirati, utrditi, utrjevati; organizirati; ustaliti; pripraviti, popraviti; naseliti, nastaniti; uokviriti; spraviti v zadrego; podkupiti; 2. *vi* otrdeti; nastaniti, namestiti se; odločiti se; *A* nameravati; *A* okrasiti se; to ~ in one's head (ali memory) zapomniti si; *A sl* to ~ o.s. nastaniti se; *coll* to ~ a quarrel poravnati spor
fix on *vt* (ali upon) usmeriti se; izbrati
fix up *vt & vi* urediti, domeniti se; nastaniti; ~ with preskrbeti kaj, oskrbeti s čim
fix II [fiks] *n* stiska, težava, zagata, nevaren položaj; *mil* dognan položaj (ladje, letala); *sl* injekcija narkotika; *A* out of ~ v neredu; potreben popravila
fixate [fíkseit] *vt & vi* utrditi, fiksirati; ustaliti se
fixation [fikséišən] *n* ustalitev; določitev; utrditev; *psych* kompleks
fixative [fíksətiv] 1. *adj* pritrjevalen, ustvarjalen; 2. *n* fiksativ
fixature [fíksəčə] *n* sredstvo za utrditev frizure
fixed [fikst] *adj* določen; ustaljen, stalen, nespremenljiv, trden; ~ idea uprta misel, fiksna ideja; ~ property nepremičnine; well ~ premožen; ~ star zvezda stalnica; ~ fact dognano dejstvo; ~ income redni dohodki; ~ prices trdne cene; ~ oil nehlapljivo olje
fixedly [fíksidli] *adv* trdno, nepremično, stalno
fixer [fíksə] *n photo* fiksir
fixing [fíksiŋ] *n* pritrjevanje, utrjevanje, urejanje; *photo* fiksiranje; *A pl* oprema, pribor, aparat, naprava, aparatura; okraski
fixity [fíksiti] *n* stalnost, trdnost; nepremičnost; nevnetljivost, nezgorljivost
fixture [fíksčə] *n* določitev; pritiklina; napeljava; stenska svetilka; inventar; pohištvo; vpeljano podjetje; športni dogodek ob določenem datumu; *coll* človek, ki ostane predolgo v gosteh; kratkoročno posojilo
fizgig [fízgig] *n* lahkoživka, spogledljivka; vrsta ognjemeta
fizz I [fiz] *vi* šumeti, sikati, brenčati; peniti se
fizz II [fiz] *n* sikanje, šumenje; penjenje; *sl* šampanjec; *A* sodavica
fizzer [fíz] *n* šumeča limonada; hitra žoga (*cricket*); prvovrstna stvar
fizzing [fíziŋ] *adj sl* prvovrsten, sijajen

fizzle I [fízl] *vi* sikati, prasketati, šumeti, brenčati; to ~ out slabšati se, upadati; pokvariti se; spodleteti; izjaloviti se; *sl* pasti pri izpitu
fizzle II [fízl] *n* polom, ponesrečeno početje
fizzy [fízi] *adj sl* peneč se, šumeč
fjord glej fiord
flabbergast [flæbga:st] *vt* osupiti, zbegati, presenetiti
flabbiness [flæbinis] *n* ohlapnost, mlahavost; medlost
flabby [flæbi] *adj* (flabbily *adv*) ohlapen, mlahav; šibek, medel; *fig* neznačajen
flaccid [flæksid] *adj* (~ ly *adv*) ohlapen, uvel; zanič, šibek, medel, bled
flaccidity [fləksíditi] *n* medlost: mlahavost; slabost, šibkost
flag I [flæg] *vi* mlahavo viseti; kloniti, upadati; veneti; oslabeti; obnemoči
flag II [flæg] *n bot* perunika; mečast list; sweet ~ kolmež
flag III [flæg] *n* zastava; košat pasji rep; black ~ piratsko znamenje; piratstvo; ~ of distress srajca, ki visi skozi raztrgano obleko; *fig* slab znak; to get one's ~ postati admiral; to hang out the white ~ vdati se; to hang out the red ~ pozvati na boj; to hoist the ~ izobesiti zastavo; prevzeti poveljništvo; house ~ zastava ladijske družbe; merchant ~ zastava trgovske mornarice; to strike (ali lower) the ~ spustiti zastavo, priznati poraz; ~ station postajališče (samo na znamenje); yellow ~ znamenje, da je na ladji kužna bolezen; karantena; to dip the ~ pozdravljati s spuščanjem in dviganjem zastave
flag IV [flæg] *vt* (o)krasiti z zastavami; signalizirati z zastavo; to ~ down ustaviti vozilo (z mahanjem)
flag V [flæg] *n coll* letalno pero
flag VI [flæg] 1. *n* kamen za tlak; tlak; 2. *vt* tlakovati
flag-boat [flægbout] *n sp* čoln, ki označuje cilj tekmovanja na vodi
flag-captain [flægkæptin] *n* kapitan admiralske ladje
flag-day [flægdei] *n* nabiralni dan v dobrodelne namene (s prodajo značk v obliki zastavic) v Ameriki 14. junija
flagellant [flædžilənt, flædžílənt] *n* bičar (član sekte)
flagellate [flædžileit] 1. *vt* bičati, šibati; 2. *adj* bičast, ki ima bičke
flagellation [flədžiléišən] *n* bičanje, šibanje
flagellator [flædžəleitə] *n* tisti, ki biča, šiba
flagellum, *pl* flagella [flədžéləm, flədžélə] *n zool* biček; *bot* poganjek, mladika
flageolet [flædžəlét] *n mus* flažolet, klarinet; *bot* vrsta fižola
flagging I [flægiŋ] *n* tlakovanje; tlak
flagging II [flægiŋ] *adj* mlahav; šibek; *A* veneč; ~ ears klapasta ušesa
flaggy [flægi] *adj* (~ ly *adv*) mehek, mlahav; omleden, plehek, neokusen; dolgočasen; z mečastimi listi; iz kamnitih ploščic
flagitious [flədžíšəs] *adj* (~ ly *adv*) hudoben, malopriden, zločinski, podel, nizkoten, pokvarjen
flagitiousness [flədžíšəsnis] *n* zločin, hudodelstvo; brezboštvo

flag-lieutenant [E flæglefténənt, A flæglju:ténənt] n mil admiralov adjutant

flagman [flǽgmən] n rly železniški čuvaj; sp tisti, ki daje pri tekmi znak z zastavami

flag-officer [flǽgɔfisə] n mornariški visoki častnik, kontraadmiral, viceadmiral; A poveljnik eskadre

flagon [flǽgən] n steklenica, vrč, balon, čutarica

flagpole [flǽgpoul] n zastavni drog; mil to guard the ~ biti za kazen zaprt v kasarni

flagrance [fléigrəns] glej flagrancy

flagrancy [fléigrənsi] n ostudnost, gnusoba; zloglasnost; očitnost

flagrant [fléigrənt] adj (~ly adv) ostuden, zloglasen, sramoten; očiten

flagship [flǽgšip] n admiralska ladja

flagstaff [flǽgsta:f] n zastavni drog

flag-station [flǽgsteišən] rly postajališče, na katerem se vlak ustavi samo na zahtevo

flagstone [flǽgstoun] n kamnita plošča; tlakovec; pl tlak

flagwagging [flǽgwægiŋ] n mil coll signaliziranje z zastavo; fig govoričenje, širokoustenje

flag-waver [flǽgweivə] n agitator(ka)

flail I [fleil] n cepec (orodje); ~ tank tank, ki s pometanjem z verigami uničuje mine

flail II [fleil] vt mlatiti

flair [flɛə] n voh; tenak nos, instinkt; poseben talent

flak [flæk] protiletalski ogenj; protiletalsko topništvo

flake I [fleik] n kosmič; luska; tenka plast; ~ of ice ledena plošča; oat ~s ovseni kosmiči

flake II [fleik] 1. vt oluskati; cepiti; z luskami pokriti; 2. vi v ploščice, lističe se cepiti; v kosmičih padati; to ~ off (ali away) luščiti se

flake III [fleik] n polica za spravljanje ali sušenje

flake-white [fléikwáit] n svinčeno belilo

flaky [fléiki] adj (flakily adv) kosmičast, luskast

flam I [flæm] n laž; neumnost; bajka; prevara

flam II [flæm] vt varati; to ~ off with lies nalagáti

flambeau [flǽmbou] n bakla, svečnik

flamboyance [flæmbɔ́iəns] n razkošnost; pestrost, pisanost

flamboyancy [flæmbɔ́iənsi] glej flamboyance

flamboyant I [flæmbɔ́iənt] adj (~ly adv) sijajen, bleščeč, razkošen; živobarven, pester

flamboyant II [flæmbɔ́iənt] n bot okrasno drevesce iz Afrike in Indije

flame I [fleim] n plamen, ogenj, žar; coll ljubezen; nagla jeza; strast; to set on ~ zažgati; to throw oil on ~ prilivati olje v ogenj; to burst into ~(s) vzplameneti; to commit to the ~s sežgati; to fan the ~ razplameniti; an old ~ of his njegova stara ljubezen

flame II [fleim] 1. vi vzplamteti, plapolati, žareti, goreti; razvneti, razjeziti, razburiti se; 2. vi zažgati, podkuriti, vznemiriti

flame away vi plameneti, plapolati

flame forth vi vzplameneti, vzplamteti

flame out vi vzplamteti; razpočiti se, eksplodirati; razjeziti se, pobesneti

flame up vi glej to flame out; zardeti

flame III [fleim] int vraga!, presneto!

flame-coloured [fléimkʌləd] adj ognjene barve

flameless [fléimlis] adj poet brez plamena; brez gorečnosti

flamelet [fléimlit] n plamenček

flamen [fléimən] n starorimski svečenik

flame-projector [fléimprəʒdékte] glej flame-thrower

flame-thrower [fléimθrouə] n mil metalec ognja

flaming [fléimiŋ] adj goreč, žareč, živobarven; fig ognjevit, strasten; pretiran; sl ~ onions protiletalski izstrelki

flamingo [flæmíŋgou] n zool plamenec

flamy [fléimi] adj (flamily adv) plamenast, ognjen, razbeljen

flan [flæn] n sadna torta, sadni kolač

flanch [flænč] glej flange

flaneur [flænɔ́:] n potepuh

flang [flæng] n rudarski kramp

flange [flændž] 1. n rob kolesa, flanša, prirobnica, prirobek; 2. vt robiti

flank I [flæŋk] n bok, bočna stran; mil to take the enemy in the ~ napasti sovražnika z boka; mil ~ attack napad z boka; ~ guard kritje z boka; to turn the ~ obiti bok

flank II [flæŋk] vt ob boku kriti; bok ogrožati; z boka napasti; bok napadati; to ~ s.th. obiti kaj

flanker [flǽŋkə] n mil trdnjava, ki brani z boka; pl vojaki, ki napadajo z boka

flannel I [flǽnl] n (volnena) flanela; coll krpa za umivanje, cunja; joc Valižan; pl flanelaste hlače, spodnje perilo; bela športna obleka (za tenis ali kriket); to get (ali receive) one's ~s postati član šolskega nogometnega ali kriketskega moštva; A ~ cake tenek kolaček

flannel II [flǽnl] vt zaviti v flanelo, drgniti s flanelo

flanelette [flænlét] n imitacija flanele, bombažna flanela

flanelled [flænld] adj oblečen v flanelasto obleko

flanelly [flǽnli] adj flanelast

flanning [flǽniŋ] n stena oknjišča

flap I [flæp] n zaklopnica; žepnica; loputa; ventil; oslec, zaklopec; mahedranje, prhutanje; viseča pasja ušesa; sl poplah; udarec; muhalnik (za pobijanje muh); sl lahkoživka

flap II [flæp] 1. vt & vi udariti; (away, off) preganjati (muhe); bingljati; kriliti, prhutati; ohlapno viseti; mahedrati; splašiti (se); to ~ one's mouth, to ~ about blebetati, brbljati; to ~ s.o. in the face prisoliti komu klofuto; to ~ the memory priklicati v spomin

flapdoodle [flǽpdu:dl] n neumnost, čvekanje

flap-eared [flǽpiəd] adj klapouh, z dolgimi visečimi ušesi

flapjack [flǽpdžæk] n palačinka, cvrtnjak; dial zool priba

flapper [flǽpə] n plavut; muhalnik; mlada raca; nedoraslo dekle; sl roka, zaušnica, klofuta; ropotulja za plašenje ptic, klopotec; fam pečena riba

flapper-bracket [flǽpəbrækit] n coll zadnji sedež na motociklu

flapper-vote [flǽpvout] n volilna pravica (mladih žensk)

flap-table [flǽpteibl] n sklopna miza

21*

flare I [flɛə] n plapolanje; svetlobni signal; širjenje; *fig* vzkip, prepir; *coll* bahanje; ~ **light** svetlobni signal za pristajanje; ~ **path** osvetljena pista
flare II [flɛə] *vi & vt* migljati, plapolati, plamteti; slepiti; navzdol se širiti (krilo); razprostreti; napihniti se; močno razsvetliti; bleščati se; viseti čez kaj; **to** ~ **into ashes** zgoreti v prah in pepel
flare about *vi* plamteti, svetlikati se
flare out *vt & vi* oddajati signale; razplameneti se, zažareti; *fig* pobesneti
flare up *vi* vzplameneti; začeti se; *fig* planiti
flare-bomb [flέəbɔm] n svetlobna bomba
flare-up [flέərʌp] n vzplamenitev; svetlobni signal; vzkip; kratkotrajna senzacija; hrupna zabava; *mar* svetlobni signal; širjenje; napihovanje; *fam* oholost; škandal
flaring [flέəriŋ] *adj* (~**ly** *adv*) živobarven; kričeč; blesteč; nenavaden; *mar* ki visi nad ladijskim kljunom
flash I [flæš] n blisk, vzplamenitev; izbruh; preblisk, trenutek; načičkanost, blišč; rokovnjaški jezik; zapornica; A kratka notica; *obs* lasulja; odlomek filma; **in a** ~ **v** trenutku; **a** ~ **in the pan** ponesrečen poskus; **a** ~ **of wit** domislek; **a** ~ **of hope** žarek nade; ~ **burn** opeklina od atomske bombe
flash II [flæš] *adj* ponarejen; vsiljiv, kričeč; neokusen; lažen, sleparski; ~ **language** rokovnjaški jezik
flash II [flæš] **1.** *vt* naglo osvetliti; brzojavno poročati; bliskovito razširiti; vreči (pogled); **2.** *vi* zabliskati, zableščati se; vzplapolati, zamigljati, zasvetlikati se, zažareti; švigniti, šiniti; *fig* zablesteti; razliti se (topljeno steklo); **to** ~ **a message** brzojavno poročati
flash across *vi* šiniti; ~ **one's mind** nenadoma se domisliti
flash back *vt* odbijati
flash into glej flash across
flash out *vi* bliskniti; prikazati se; izkazati se
flash through glej flash across
flash up *vi* vzplameneti; izbruhniti; *fig* prasniti; razjeziti se
flash upon *vi* šiniti
flashback [flæšbæk] n spominjanje; ponovna projekcija prizorov; opisovanje prejšnjih dogodkov
flash-house [flæšhaus] n beznica
flashiness [flæšinis] n blišč; vsiljivost, neokusnost barv; nepristnost
flashing I [flæšiŋ] *adj* sijoč, svetlikajoč se
flashing II [flæšiŋ] n blisk, lesket, svetlikanje, odsev
flash-lamp [flæšlæmp] n *phot* magnezijeva luč, bliskovnica; žepna baterija
flash-light [flæšlait] glej flash-lamp; *naut* svetilka za oddajanje signalov; svetilka v svetilniku
flash-man [flæšmən] n goljuf, lopov, tat; redni obiskovalec športnih tekem
flash-point [flæšpɔint] n plamenišče
flashy [flæši] *adj* (flashily *adv*) blesteč; neokusen, kričeč; površen
flask I [fla:sk] n ploska steklenica; čutara; pletenka; posoda za smodnik
flask II [flá:sk] n oblikovalni okvir, kalup

flasket [flá:skit] n čutarica *arch* vrsta dolge nizke košare
flat I [flæt] *adj* raven, plosek, sploščen; medel, plehek, nezanimiv, pust, enoličen; prazen; razdišan; potrt; slab (prodaja); zveneč; *mus* molovski; za pol tona znižan; napačen (petje); razglašen; onemogel, izčrpan; brezobresten; odkrit; *sl* ~ **broke** brez pare; ~ **calm** mrtva tišina; **to give a** ~ **denial** gladko odkloniti, zanikati; **a** ~ **lie** debela laž; **to meet with a** ~ **refusal** biti odločno zavrnjen; *fig* **he fell as** ~ **as a pancake** popolnoma mu je spodletelo; **to lay** ~ zravnati z zemljo; ~ **prices** nizke enotne cene; ~ **race** dirka brez ovir; **his singing is** ~ poje za pol tona prenizko; **to go into a** ~ **spin** zmesti se; **that's** ~ to je moja zadnja beseda; ~ **nonsense** popoln nesmisel; *joc* **B** ~ stenica; **to tell** ~ naravnost povedati; **A** ~ **silver** srebrn pribor
flat II [flæt] *adv* ravno, plosko; na dolgo in široko; povsem, naravnost; prenizko (peti); **to fall** ~ pasti kot dolg in širok; *fig* ne se posrečiti, spodleteti; **to go** ~ **out** na vso moč se truditi
flat III [flæt] n ravnina, ploskev; plitvina; *mus* nižaj; *theat* zadnja kulisa; *mus* črna klavirska tipka; plosek čoln; nizka košara; prazna zračnica; *fam* tepec
flat IV [flæt] *vt & vi* sploščiti (se); **A to** ~ **out** stanjšati se; *fig* izjaloviti se
flat V [flæt] n stanovanje (najeto); *Sc* nadstropje
flatbill [flætbil] n *zool* ploskokljun
flatboat [flætbout] n plosek rečni čoln
flat-bottomed [flætbɔtəmd] *adj* ki ima plosko dno; ~ **boat** brod, tovorni čoln
flatcar [flætka:] n *rly* plosek tovorni vagon
flatfish [flætfiš] n *zool* morski list; *coll* butec
flat-foot [flætfut] n ploska noga; *sl* tepec, omejenec; *sl* policaj, detektiv; *sl* mornar
flat-footed [flætfutid] *adj* ploskih nog; **A** *coll* odločen, trden; odkrit; *coll* **to catch s.o.** ~ zasačiti koga
flat-head [flæthed] n **A** Indijanec plemena Chinook; **A** *sl* butec, tepec, topoglavec
flat-iron [flætaiən] n likalnik
flatlet [flætlit] n stanovanjce; samsko stanovanje, garsonjera
flatling [flætliŋ] *adv* plosko
flatly [flætli] *adv* naravnost; odločno
flatness [flætnis] n ploskost; medlost, omlednost, neslanost; puščoba; potrtost; odločnost; *mus* znižanje note
flat-price [flætprais] n enotna cena
flat-race [flætreis] n dirka brez zaprek
flat-rate [flætreit] n enotna tarifa
flatten [flætn] **1.** *vt* sploščiti, zravnati; pogum vzeti, oplašiti; oslabiti; potreti; *mus* znižati noto; **2.** *vi* sploščiti se; umiriti se, oslabeti; postati neokusen (pivo); *mus* znižati se (nota); **to** ~ **out** izravnati se; zravnati z zemljo (naselje); razvaljati, sploščiti; **to** ~ **s.o. out** popolnoma koga premagati; *aero* **to** ~ **out the glide** zmanjšati kot spuščanja
flatter [flætə] *vt* laskati, dobrikati se, prilizovati se; zadovoljiti, ugajati, dobro deti, goditi; **to** ~ **o.s. that** domišljati si, da; **to** ~ **s.o.'s hopes** zbujati komu neosnovano upanje; **to** ~ **o.s. on** čestitati si k

flattering [flǽtəriŋ] *adj* (~ ly *adv*) dobrikav, prilizovalski, laskav
flattery [flǽtəri] *n* laskanje, dobrikanje, prilizovanje
flattish [flǽtiš] *adj* nekoliko sploščen
flattop [flǽttɔp] *n sl* letalonosilka
flatulence, -cy [flǽtjuləns, -si] *n med* vetrovi, napenjanje, napihovanje; *fig* nadutost, domišljavost
flatulent [flǽtjulənt] *adj* (~ ly *adv*) napenjajoč, napet; *fig* nadut, domišljav, ničev
flatus [flέitəs] *n* dih, sapica; *med* veter
flatware [flǽtwɛə] *n A* jedilni pribor
flatways [flǽtweiz] *adv* plosko, ravno, po dolgem
flatwise [flǽtwaiz] glej **flatways**
flaunt I [flɔ:nt] *n* šopirjenje, razkazovanje, gizdavost; okras, razkošje
flaunt II [flɔ:nt] **1.** *vi* napihovati se; šopiriti, košatiti, razkazovati se; **2.** *vt* mahedrati, mahati; razkazovati; *A* zasmehovati, zaničevalno ravnati
flaunting [flɔ́ntiŋ] *adj* (~ ly *adv*) gizdav, bahav; *A* zasmehovalen
flaunty [flɔ́:nti] *adj* (**flauntily** *adv*) bahav, razkošen; *Sc* slabe volje
flautist [flɔ́:tist] *n mus* flavtist(ka)
flavescent [fleivésənt] *adj* rumeneč, rumenkast
flavine [flέivin] *n* rumenilo
flavorous [flέivərəs] *adj* (~ ly *adv*) okusen, dišeč
flavour, *A* flavor I [flέivə] *n* vonj, aroma, okus; posebnost, priokus; *arch* dišava, začimba
flavour, *A* flavor II [flέivə] *vt* začiniti, odišaviti; *fig* močno spominjati na kaj
flavo(u)red [flέivəd] *adj* začinjen, dišeč, okusen
flavo(u)ring [flέivəriŋ] *n* začimba, dišava; okus, aroma
flavo(u)rless [flέivəlis] *adj* (~ ly *adv*) neokusen, neslan, omleden, plehek
flavo(u)rsome [flέivəsəm] *adj* okusen, začinjen
flaw I [flɔ:] *n* razpoka; madež; napaka, hiba, pomanjkljivost; škart, izvržek; *jur* formalna napaka
flaw II [flɔ:] *vt & vi* okrušiti, poškodovati, pokvariti (se); napokniti; *fig* popačiti
flaw III [flɔ:] *n* močen sunek vetra; nevihta
flawless [flɔ́:lis] *adj* (~ ly *adv*) brezhiben, popoln, čist
flawlessness [flɔ́:lisnis] *n* brezhibnost, popolnost, čistost
flawy [flɔ́:i] *adj* viharen, sunkovit (veter)
flax [flæks] *n bot* lan; platno; kodelja
flax-brake [flǽksbreik] *n* trlica za lan
flax-comb [flǽkskoum] *n* greben za lan
flax-dressing [flǽksdresiŋ] *n* grebenanje lanu
flaxen [flǽksən] *adj* lanen; svetlorumen
flaxen-haired [flǽksənhɛəd] *adj* zelo svetlolas
flax-finch [flǽksfinč] *n zool* repaljščica
flax-seed [flǽkssi:d] *n* laneno seme
flaxy [flǽksi] *adj* lanen; platnen
flay [flei] *vt* iz kože devati, odirati, odreti; (o)lupiti; *fig* hudo grajati, kritizirati; **to ~ (off)** odreti
flayer [flέiə] *n* konjederec, konjač
flay-flint [flέiflint] *n* oderuh, skopuh
flea [fli:] *n zool* bolha; **to send s.o. away with a ~ in his ear** hudo koga ošteti, brati komu

levite; **a ~ in one's ear** ostra pripomba, zavrnitev
flea-bag [flí:bæg] *n sl* spalna vreča
fleabane [flí:bein] *n bot* bolšjak
flea-bite [flí:bait] *n* bolšji pik; malenkostna ranica; *fig* trohica, malenkost; drobna nevšečnost
flea-bitten [flí:bitn] *adj* od bolh opikan; pikčast, pegast ·
fleam [fli:m] *n vet* lanceta, suličast kirurški nožič za puščanje krvi
fleck I [flek] *n* madež, pega, lisa; drobec, prašek; **~ s of sunlight** sončne pege na koži
fleck II [flek] *vt* opikljati; poškropiti
flecked [flekt] *adj* pegast; opikljan; pikčast
flecker [flékə] *vt* opikljati; pisano barvati
fleckless [fléklis] *adj* (~ ly *adv*) brezhiben, brezmadežen, čist
flection [flékšən] glej **flexion**
fled [fled] *pt & pp* od **flee**
fledge [fledž] **1.** *vt* s perjem pokriti, operiti; negovati negodne ptičke; **2.** *vi* operiti se, goden postati; dobiti perutnice; *fig* dobi(va)ti brado; **fully ~ d** goden; *fig* kvalificiran
fledgeless [flédžlis] *adj* brezkrilen (ptič)
fledg(e)ling [flédžliŋ] *n* godni ptič; *fig* otrok, zelenec
flee* [fli:] *vi & vt (from)* pobegniti, uiti, zbežati; *(before)* ogniti se; miniti, poteči; v beg pognati; *(from)* oddaljiti se
fleece I [fli:s] *n* runo; nastrižena volna (iz ene ovce); *fig* gosti lasje, »griva«; ovčica (oblak)
fleece II [fli:s] *vt* (ovce) striči; skubsti; *fig* oskubsti, oslepariti, okrasti
fleeceable [flí:səbl] *adj fig* lahkoveren, ki se da oslepariti
fleeced [fli:st] *adj* ostrižen, oskubljen; prevaran; **the sky ~ with clouds** oblačno nebo
fleecer [flí:sə] *n* oderuh, goljuf
fleece-wool [flí:swul] *n* strižena volna
fleecy [flí:si] *adj* runast, volnat, dlakav; z ovčicami (oblački) pokrit
fleer [flíə] **1.** *vi (at)* posmehovati, rogati (se); **2.** *n* posmeh, roganje
fleet I [fli:t] *vi & vt (away)* hitro miniti, minevati; poteči, potekati, brzeti; *naut* premakniti; vleči po ravnini; *obs* čas zapravljati
fleet II [fli:t] *adj* (~ ly *adv*) hiter, uren; povr šen; **~ of foot** urnih nog
fleet III [fli:t] *n* zaliv; potoček; *fig* **Fleet Street** žurnalisti; **~ marriage** tajna poroka
fleet IV [fli:t] *n* ladjevje, brodovje; mornarica; jata letal; kolona vozil
fleet V [fli:t] **1.** *adj dial* plitev (voda); **2.** *adv dial* plitvo
fleet-footed [flí:tfútid] *adj* hitrih nog
fleeting [flí:tiŋ] *adj* (~ ly *adv*) minljiv, bežen, hiter, uren
fleetness [flí:tnis] *n* hitrost, urnost; bežnost, minljivost
Fleming [flémiŋ] *n* Flamec, -mka
Flemish [flémiš] **1.** *adj* flamski; **2.** *n* flamščina
flemish [flémiš] *vi hunt* drhteti (pes, ko zavoha plen)
flench, flense [flenč, flens] *vt* odirati (tjulenja, kita) pridobivati ribjo mast

flesh I [fleš] *n* meso; človeštvo; človeška narava; mesnato oplodje sadežev; meseno poželenje, čutnost; ~ **and blood** telo; človek; človeška narava; **in** ~ dobro rejen; **in the** ~ dejanski, živ; **to feel one's** ~ **creep** dobi(va)ti kurjo polt; **one's own** ~ **and blood** lastna družina; **to go the way of all** ~ umreti; **to loose (put on, make)** ~ hujšati (rediti se); *med* **proud** ~ divje meso (na rani); ~ **and fell** z dušo in telesom; **to run to** ~ rediti se; **to become one** ~ postati duša in telo

flesh II [fleš] *vt* zbuditi poželenje po mesu; zvabiti z mesom; navaditi na meso; poriniti v meso (meč); rediti; odstraniti meso s kože, mezdriti; *fig* razdražiti, nahujskati; **to** ~ **one's sword** prvič uporabiti meč v boju; **to** ~ **one's pen** prvič uporabiti pero pri pisanju

flesh-colour [fléškʌlə] *n* barvna mesa

flesh-creeper [fléškri:pə] *n* kriminalka

flesh-eater [fléši:tə] *n* mesojedec; *zool* zver; *bot* mesojedna rastlina

flesh-eating [fléši:tiŋ] *adj* mesojeden

flesher [fléšə] *n Sc* mesar; *A* nož za odiranje

flesh-feeding [fléšfi:diŋ] glej **flesh-eating**

flesh-fly [fléšflai] *n zool* mesarska muha

flesh-hook [fléšhuk] *n* kavelj za obešanje mesa

fleshiness [fléšinis] *n* mesnatost, tolstost

fleshings [fléšiŋz] *n pl* triko barve kože

fleshless [fléšlis] *adj* suh, mršav

fleshly [fléšli] *adj* mesen; čuten, poltén; posveten; *arch* umrljiv

flesh-market [fléšma:kit] *n* trgovina z belim blagom s sužnji; prostitucija

flesh-pot [fléšpət] *n* lonec za kuhanje mesa; *pl* razkošje; **the** ~**s of Egypt** polni egiptski lonci

flesh-tights [fléštaits] glej **fleshings**

flesh-tint [fléštint] *n* glej **flesh-colour**

flesh-wound [fléšwund] *n med* rana v mišicah, površinska rana

fleshy [fléši] *adj* mesnat, masten; zemeljski; smrten

fletch [fleč] *vt* operiti (puščico)

fletcher [fléčə] *n* puščičar

flew [flu:] *pt* od **fly**

flews [flu:z] **1.** *n pl* viseče ustnice (psa)

flex [fleks] *vt* upogniti, upogibati; **2.** *n* izolirana električna žica

flexibility [fleksibíliti] *n* upogljivost; ubogljivost, voljnost

flexible [fléksəbl] *adj* **(flexibly** *adv*) upogljiv; ubogljiv; voljan, prilagodljiv; gibčen, okreten; ~ **gangway** prehodni meh med vagonoma; *photo* ~ **release** žično sprožilo

flexile [fléksil] *adj* upogljiv, elastičen; vodljiv, ubogljiv; okreten, gibčen

flexion [flékšən] *n* upogibanje, uklon; krivina; *gram* pregibanje, sklanjatev, spregatev

flexor [fléksəː] *n anat* upogibalka

flexuosity [fleksjuósiti] *n* skrivljenost, vijugavost

flexuous [fléksjuəs] *adj* (~ **ly** *adv*) skrivljen; vijugast

flexure [flékšə] *n* uklon; pregib, krivina

flibbertigibbet [flíbətidžíbit] *n* gizdalin; breszkrbnež vetrnjak; porednež; klepetulja; opravljivec, -vka

flick I [flik] *vt* švigniti, švigati, šiniti; krcniti, oplaziti; **to** ~ **away (ali off)** otresti; odbiti; prepoditi

flick II [flik] *n* udarec z bičem; krc; *sl* film; *sl pl* kinopredstava

flicker I [flíkə] *vi* migljati, migotati; (vz)plapolati; frfrati, kriliti, prhutati

flicker II [flíkə] *n* plapolanje, migotanje, frfranje; *fig* trohica

flicker III [flíkə] *n A zool* detel

flickering [flíkəriŋ] *adj* (~ **ly** *adv*) frfotav, migetav; svetlikav

flier [fláiə] *n* letalec; hitro vozilo; dirkalni konj; *techn* zamašnjak; **to take a** ~ hudo pasti

flight I [flait] *n* letenje, polet, odlet; minevanje; jata; *coll* zarod ptičev v istem letnem času; razdalja, ki se da preleteti; stopniščna rama; serija; tekmovanje v streljanju z lokom; puščica; **a** ~ **of fancy** izmišljotina; **in the first** ~ na najvišjem položaju, najboljši; **to wing one's** ~ vzleteti; **to take (ali make) a** ~ leteti; ~ **of missiles** toča izstrelkov, krogel; **blind** ~ polet brez vidljivosti; ~ **commander** poveljnik letalstva

flight II [flait] *n* pobeg, nagel umik; **to betake o.s. to** ~, **to take (to)** ~ pobrisati jo, zbežati; ~ **of capital** beg kapitala; **to put (ali turn) to** ~ spoditi

flight III [flait] *vt & vi* streljati leteče ptice; seliti se v jatah; leteti; v beg pognati, zapoditi

flight-arrow [fláitærou] *n* puščica za streljanje v veliko daljavo

flight-deck [fláitdek] *n* paluba za vzlet

flight-feather [fláitfeðə] *n* letalno pero

flightiness [fláitinis] *n obs* minljivost; vihravost, muhavost

flight-muscle [fláitmʌsl] *n anat* letalna mišica

flight-shooting [fláitšu:tiŋ] *n* streljanje na veliko daljavo

flighty [fláiti] *adj* (**flightily** *adv*) vihrav, muhav, trmast; minljiv; bedast; plašljiv (konj); raztresen

flim-flam [flímflæm] *n* neumnost, nesmisel, traparija; sleparstvo

flimsiness [flímzinis] *n* krhkost, šibkost; *fig* neznatnost; neutemeljenost; plitkost, površnost

flimsy I [flímzi] *adj* (**flimsily** *adv*) tenek, šibek; rahel, ničev; neutemeljen; neznaten, površen

flimsy II [flímzi] *n* posnemalni papir; *sl* bankovec; *sl pl* damsko perilo; *sl* telegram; izvod časopisa

flinch I [flinč] *vi* (*from*) trzniti, nazaj odskočiti, ustrašiti se; izogibati se; **without** ~ **ing** ne da bi trenil, brez pomisleka

flinch II [flinč] glej **flench**

flinders [flíndəz] *n pl* drobci, koščki, odlomki, trščice

fling* I [fliŋ] **1.** *vi* vreči, zagnati se; švigniti; lotiti se; ritniti (konj); skočiti, odbrzeti; hiteti; **2.** *vt* vreči, zalučati; (*round*) oviti; na tla vreči; *fig* uničiti, pogubiti; **to** ~ **dirt** opravljati; **to** ~ **the door open** naglo odpreti vrata; **to** ~ **the door to s.o.** zaloputniti komu vrata pred nosom; **to** ~ **o.s. at s.o.'s head** siliti v koga; **to** ~ **s.th. into s.o.'s teeth** očitati komu kaj; **to** ~ **caution to the winds** biti brezskrben, lahkomiseln; **to** ~ **o.s. into s.o's arms** vreči se komu v naročje

fling about *vt* razmetavati

fling aside *vt* zavreči

fling away *vt* zaigrati, zapraviti; odvreči; odpustiti koga

fling back *vt* jezno odgovoriti, zavrniti
fling down *vt* na tla vreči; podreti
fling o.s. into *vi fig* planiti v kaj
fling off *vt & vi* speljati na napačno pot, otresti se; odsloviti; odbrzeti
fling out *vt* jezen jo odkuriti; spoditi koga; razprostreti (roke); zagovoriti se; ritati
fling to *vt* zaloputniti
fling up *vt* gor vreči; opustiti (šolanje)
fling II [fliŋ] *n* udarec, zamah; met, lučaj; vdajanje; ritanje; pikra pripomba; živahnost; veselje, zabava, razvedrilo; *fig* posmeh; izbruh; vrsta škotskega plesa; ritanje (konja); in full ~ v polnem razmahu; at one ~ mahoma, pri priči; to have a ~ at zbijati šale na račun; to have one's ~ zabavati se po mili volji, privoščiti si, iznoreti se
flint [flint] *n* kremen, kresilni kamen; *archeol* predzgodovinsko kamnito orodje; to set one's face like a ~ odločno se upreti; to skin a ~ odirati, skopariti; to wring water from a ~ delati čudeže; ~ age kamena doba; a heart of ~ brezsrčnež
flint-glass [flíntgla:s] *n* kristalno steklo
flint-hard [flíntha:d] *adj* trd´ko kremen
flint-hearted [flíntha:tid] *adj* trdosrčen, neusmiljen, krut
flintiness [flíntinis] *n* neusmiljenost, trdosrčnost
flint-knapper [flíntnæpə] *n* obdelovalec kremena
flint-lock [flíntlɔk] *n* puška kremenjača
flint-paper [flíntpeipə] *n* smirkov papir
flint-skinning [flíntskiniŋ] *n* skopost, oderuštvo
flint-stone [flíntstoun] *n min* kremenjak
flinty [flínti] *adj* (flintily *adv*) kremenast; *fig* krut, skop
flip I [flip] *vt & vi* tleskniti; krcniti; čofniti; švigniti; sprožiti se, skočiti, odleteti; to ~ up metati novec
flip II [flip] *n* lahen udarec, krc; sunek; *coll* vožnja v letalu
flip III [flip] *n* jajčni liker
flip-flap, -flop [flípflæp, -flɔp] *n* topot, ropot; vrsta ognjemeta; kozolec, salto; *A* vrsta čajnega peciva; *A* nesmisel
flippancy [flípənsi] *n* lahkota, gibčnost; jezikavost; ujedljivost; žaljivost, predrznost; lahkomišljenost, neresnost
flippant [flípənt] *adj* (~ly *adv*) gibčen; jezikav, ujedljiv, žaljiv; predrzen; lahkomiseln
flipper [flípə] *n* plavut (razen ribjih); *sl* roka, taca
flipperty-flopperty [flípətiflɔpəti] *adj* lahkomiseln, razuzdan; razmajan; ohlapen
flirt I [flə:t] 1. *vt* vreči, močno udariti; divje mahati, kriliti; 2. *vi* (with) ljubimkati, spogledovati, šaliti se; kramljati, klepetati
flirt II [flə:t] *n* zamah; šala, frfotanje; zbadanje; ljubimkanje; spogledljivka; gizdalin
flirtation [flə:téišən] *n* ljubimkanje, spogledovanje, koketiranje; frfotanje
flirtaceous [flə:téišəs] *adj* (~ly *adv*) spogledljiv, koketen
flirtish [flɔ:tiš] *adj* (~ly *adv*) nestalen, vetrnjaški
flirty [flɔ:ti] *adj* (flirtily *adv*) spogledljiv, koketen
flit I [flit] *vi* (about, to and fro) frfrati, prhutati; smukniti; preletavati; tekati, bežati; (by) švigniti; na skrivnem se izseliti

flit II [flit] *n* letenje, selitev
flitch I [flič] *n* kos slanine ali prekajenega mesa; zrezek morskega lista; krajnik (deska)
flitch II [flič] *vt* rezati rezine
flite [flait] *vi & vt arch Sc* prepirati se; zmerjati, grajati
flitter [flítə] *vi* poletavati, prhutati
flitter-mouse [flítəmaus] *n zool* netopir
flivver [flívə] *n A sl* cenen avto ali letalo; *fig* neuspeh, ponesrečeno početje
float I [flout] 1. *vi* plavati, pluti; lebdeti, viseti v zraku; krožiti (govorice); *com* biti v obtoku; sprehajati se, bloditi, 2. *vt* sploviti, sprožiti, pognati; začeti, osnovati; dvigati; poplaviti; to ~ off odplaviti; to ~ a loan razpisati posojilo; to ~ with cement zaliti s cementom
float II [flout] *n* splav; plavač (predmet); krožna mreža; ribji mehur; tovorni voz (brez ograje), dira; plitev čoln; vrsta nizkega vozička; *pl* odrske luči, rampa; ometača; lopata na mlinskem kolesu
floatable [flóutəbl] *adj* ploven
floatage [flóutidž] *n* plavanje, plutje; naplavina, plavje; zgornji del ladje (nad gladino); plavljenje lesa; *techn* kazalec na manometru; reševalni balon; plovnost
floatation [floutéišən] *n* plavanje; plavitev; osnovanje podjetja; flotacija; emisija
float-board [flóutbɔ:d] *n* lopata (na kolesu)
float-bridge [flóutbridž] *n* splav, brod; pontonski most
floater [flóutə] *n* sezonski delavec; neupravičen volivec; plavač; *coll* vrednostni papir (izplačljiv prinosilcu); *sl* napaka; to make a ~ priti v škripce
float-gauge [flóutgeidž] *n* plovec
floating [flóutiŋ] *adj* plavajoč; ki ga nosi voda ali zrak; premičen, gibljiv; nestalen, spremenljiv; ~ bridge pontonski most; ~ capital investicijski kapital; ~ cargo ladijski tovor (ki je na morju); ~ debt nevezan dolg; ~ dock plavajoči dok; *med* ~ kidney zdrknjena, nestalna ledvica; ~ ice plavajoči led, ledene skrli; ~ light svetilniška ladja; ~ pier pontonsko pristanišče; *anat* ~ ribs neprava rebra; ~ rumour govorica, ki se hitro širi; ~ mine plavajoča mina
float-stone [flóutstoun] *n min* plovec
floaty [flóuti] *adj* plavajoč; lahek
floccose [flókous] *adj* kosmat, volnat
floccule [flókju:l] *n* kosem, kosmič
flocculent [flókjulənt] *adj* kosmičast
flocculose [flókjulous] glej flocculent
flocculous [flókjulous] glej flocculent
floccus [flókəs] *n* šop, kosem; puh
flock I [flók] *n* šop, kosem; *pl* odpadki volne ali bombaža, postrižki; *pl chem* lahke oborine
flock II [flɔk] *n* čreda, jata, množica, tolpa, krdelo; verniki, ovčice; to come in ~s zbirati se; ~s and herds ovce in živina
flock III [flɔk] 1. *vi* (about, after, into, in, out together) družiti, zgrniti se, zbirati se v jate; 2. *vt* zbirati; birds of a feather ~ together glej pod bird
flock-bed [flókbed] *n* blazina, napolnjena z ostanki volne
flockmaster [flókma:stə] *n* lastnik ali pastir čred

flockmattress [flókmætris] *n* volnena žimnica
flock-paper [flókpeipə] *n* kosmata, žametasta tapeta
flocky [flóki] *adj* kosmičast, šopast, kosmat
floe [flou] *n* plavajoči led, ledena skril
flog [flóg] (na)klestiti, šibati, bičati; **to ~ a dead horse** premlevati stare stvari, mlatiti prazno slamo, brez smotra zapravljati čas in denar; **to ~ a willing horse** preobremeniti koga z delom; **to ~ s.th. out of s.o.** izbiti komu kaj; *sl* premagati ga; *sl* **to ~ Army property** prodati last armade
flogging [flógiŋ] *n* šibanje, pretepanje, kaznovanje
flong I [flɔŋ] *n* papirna matrica
flong II [flɔŋ] *obs pt & pp* od **fling**
flood I [flʌd] *n* poplava, potop, plima, valovi, ploha; *fig* obilje; *poet* morje, reka; **the Flood** vesoljski potop; **the tide is at the ~** plima je na višku, voda narašča; **~ and field** morje in kopno; **to come in a ~** biti zelo številen; **~ of tears** potok solza; **to be in floods of tears** topiti se v solzah; **~ of words** ploha besed, puhlo besedovanje
flood II [flʌd] **1.** *vt* preplaviti, poplaviti, zaliti, namakati; **2.** *vi* navaliti, gnesti se; *med* krvaveti (v maternici); imeti iztok; **to ~ in upon** razliti se preko, poplaviti
flood-bound [flʌ́dbaund] *adj* od vode obdan
flood-gate [flʌ́dgeit] *n* zapirna vrata, zatvornica
flooding [flʌ́diŋ] *n* poplava; *med* krvavitev v maternici; *med* iztok
floodlight [flʌ́dlait] **1.** *n* reflektorska luč, žaromet; **2.** *vt* osvetliti z žarometi
floodlit [flʌ́dlit] *adj* z žarometi osvetljen
floodtide [flʌ́dtaid] *n* plima
floor I [flɔ:] *n* tla, pod, dno; nadstropje; sejna dvorana; prizorišče v filmskem ateljeju; proizvodnja filma; najnižja meja (plače, dnevnice); **to ask for the ~** oglasiti se k besedi; **the film goes on the ~** začenja se snemanje filma; **the film is on the ~** film se snema; **~ show** zabavni program, ki se predvaja med gledalci; **~ price** najnižja dopustna cena; **to get** (ali **have**, *A* **take**) **the ~** imeti besedo (v parlamentu); **to give the ~** dati besedo; **ground ~**, *A* **first ~** pritličje; **on the first** (*A* **second**) **~** v prvem nadstropju; **French ~** parket; **inlaid ~** okrasni parket; **to take the ~** plesati; *sl* **to wipe the ~ with s.o.** uničiti, popolnoma premagati koga
floor II [flɔ:] *vt* deske položiti; *coll* premagati, vreči, ugnati; zbegati; **to ~ the examiner** odgovoriti na vsa izpitna vprašanja; **to be ~ed** pasti pri izpitu; biti presenečen; *sl* **to ~ the paper** odlično narediti pismeni izpit; **to ~ a question** zadovoljivo odgovoriti na vprašanje
floor-cloth [fló:klɔθ] *n* linolej; krpa za tla
floorer [fló:rə] *n* parketar; *sl* vprašanje, ki mu ne vemo odgovora; neprijeten položaj; nekaj poraznega
flooring [fló:riŋ] *n* tla, pod; polaganje poda, parketiranje; parketne deščice
floor-lamp [fló:læmp] *n A* stoječa svetilka
floor-leader [fló:li:də] *n A* vodja stranke v parlamentu
floorless [fló:lis] *adj* brez poda
floor-polish [fló:pɔliš] *n* pasta za parket
floor-scrubber [fló:skrʌbə] *n* ribarica (za pod)
floor-walker [fló:wɔ:kə] *n A* nadzornik v veleblagovnicah
floozy, floozie [flú:zi] *n sl* ženščina, deklina, vlačuga
flop I [flɔp] *n* padec; polom; izjalovitev; razočaranje; *sl* **to go ~** doživeti polom
flop II [flɔp] *int* čof!
flop III [flɔp] **1.** *vi* (*down*) sesti, pokleknití, leči, spustiti se, čofniti; *sl* doživeti polom; *sl* odpasti; obračati se po vetru; kriliti, frfotati; premetavati se; **2.** *vt* butniti, vreči; zavihati (krajevec klobuka); razočarati
flopper [flópə] *n A* odpadnik
flophouse [flóphaus] *n A* cenen, slab hotel, prenočevalnica
floppiness [flópinis] *n coll* površnost, ohlapmost, nemarnost; lenoba
floppy [flópi] *adj* (**floppily** *adv*) *coll* nemaren, ohlapen; površen; len
flora *pl* **florae** [fló:rə, fló:ri:] *n* rastlinstvo kakega kraja
floral [fló:rəl] *adj* (**~ly** *adv*) cveten
florescence [flɔ:résns] *n* razcvet; cvetenje
florescent [flɔ:résnt] *adj* cvetoč
floret [fló:rit] *n* rožica, cvetek
floriate [fló:rieit] *vt* okrasiti z risbami cvetlic
floricultural [flɔ:rikʌ́lčərəl] *adj* (**~ly** *adv*) cvetličarski
floriculture [flɔ:rikʌ́lčə] *n* cvetličarstvo, gojenje cvetja
floriculturist [flɔ:rikʌ́lčərist] *n* cvetličar(ka), gojitelj(ica) cvetlic
florid [fló:rid] *adj* (**~ly** *adv*) cvetoč; zardel; bogato okrašen; kričeč, neokusen
floridity [flɔríditi] *n* rdečica; okrašenost; bogatost; neokusnost
floridness [fló:ridnis] glej **floridity**
floriferous [flɔrífərəs] *adj* cveten; bogato cvetoč
florin [flórin] *n hist* goldinar, zlatnik, novec dveh šilingov
florist [flórist] *n* cvetličar, -rka; botanik
floruit [fló:ruit] *n* doba življenja ali delovanja (če letnic rojstva in smrti ne vemo)
floscule [flóskjul] glej **floret**
floss [flɔs] *n* kosmata surova svila; svilni odpadki
floss-silk [flóssilk] *n* odpadna svila
flossy [flósi] *adj* (**flossily** *adv*) svilnat; kosmičast; *A sl* nesramen
flotage [flóutidž] glej **floatage**
flotant [flóutənt] *adj* plavajoč, lebdeč
flotation [floutéišən] glej **floatation**
flotilla [floutílə] *n* majhno ladjevje, flotila
flotsam [flótsəm] *n* plavajoče naplavno blago; razbitine ladje; *zool* zarod ostrig; **~ and jetsam** izmetanina, z ladje odvrženo blago; *fig* zgubljenci; **~ and jetsam of life** preproste, skromne življenjske razmere
flounce I [flauns] *vt* trzniti; premetavati se; zagnati se; (*away, out*) napadati; (*about, up*) poskakovati; (*out of*) ven planiti; cepetati; **to ~ up out of the chair** naglo se dvigniti
flounce II (flauns] *n* premetavanje, cepetanje
flounce III [flauns] **1.** *n* naborek; **2.** *vt* z naborki krasiti
flouncing [fláunsiŋ] *n* blago za naborke; naborki
flounder I [fláundə] *n zool* kambala; morski list

flounder II [fláundə] *vi* gaziti, bresti; premetavati se; opotekati se; *fig* nerodno se izražati, jecati; motiti se; **to ~ over a difficulty** brezuspešno se mučiti

flounder III [fláundə] *n* gazenje, opotekanje; nerodno izražanje

flour I [flauə] *n* (bela) moka; puder, prašek; **self-raising ~** moka s primesjo pecilnega praška

flour II [flauə] *vt A* mleti; zmleti, zdrobiti v prah; z moko potresti

flour-box [fláuəbəks] *n* sipalo za moko

flour-dredger [fláuədredžə] glej **flour-box**

flouring-mill [fláuəriŋmil] *n A* velik mlin

flourish I [flʌriš] **1.** *vi* okrepiti se, napredovati, uspevati; delovati; cvesti; sukljati se (dim); hvaličiti, širokoustiti se; slikovito se izražati; biti na višku (moči, slave); **2.** *vt* s cvetjem krasiti; (*about*) mahati (z mečem); izobesiti zastavo; **to ~ a trumpet** trobiti fanfare

flourish II [flʌriš] *n* mahanje, vihtenje, gestikuliranje; fanfare; okrasna črta, zavitina; uspeh, blaginja; *mus* pasaža; slikovito izražanje; *theat* predigra; **~ of trumpets** fanfare; **in full ~** v polnem razcvetu

flourishing [flʌrišiŋ] *adj* (**~ly** *adv*) uspešen; krepak, zdrav; srečen

flourishy [flʌriši] *adj* okrašen, razkošen, bohoten; bahav

flour-mill [fláuəmil] *n* mlin za žito

floury [fláuəri] *adj* mokast, mokav, moknat

flout I [flaut] *vt & vi* (*at*) zasmehovati, rogati se; zaničevati

flout II [flaut] *n* roganje, porog; zaničevanje

flow I [flou] *vi* (*into*) teči, pritekati; pretakati se; uliti se, privreti; plimati; valovati; potekati, minevati; *fig* (*from*) izvirati, nastajati; v gubah viseti, padati; **to ~ with s.th.** obilovati česa

flow II [flou] *n* tok, dotok; plima; ploha; poplava; izliv; obilje; količina produkcije; pridelek; **ebb and ~** plima in oseka; **~ of spirits** živahnost, vesela narava; **~ of soul** izliv čustev

flower I [fláuə] *n* cvet, cvetlica, razcvet; cvetenje; najboljše, najlepše; jedro, bistvo, bit; *pl* menstruacija; **in ~** v razcvetu; **the ~ of the flock** najpopolnejši družinski član; **no ~s by request** cvetlice se hvaležno odklanjajo

flower II [fláuə] **1.** *vi* cvesti, razcvesti se; **2.** *vt* krasiti s cvetjem

flowerage [fláuəridž] *n* cvetovi; razcvet

flowerbed [fláuəbed] *n* cvetlična greda

flowerbud [fláuəbʌd] *n* (cvetlični) popek

flower-de-luce [fláuədilú:s] *n poet A* lilija

flowered [fláuəd] *adj* s cvetovi okrašen, rožast, cvetast

flowerer [fláuərə] *n* cvetoča rastlina; cvetnica; **early ~** zgodnja cvetnica

floweret [fláuərit] *n bot* cvetka

flower-garden [fláuəga:dən] *n* cvetlični vrt

flower-girl [fláuəgə:l] *n* cvetličarka, prodajalka cvetlic

floweriness [fláuərinis] *n* razcvetenost; okrašenost

flowering [fláuəriŋ] *adj* cvetoč; **~ plant** cvetnica

flowerless [fláuəlis] *adj* brez cvetov, ki ne cvete

flower-piece [fláuəpi:s] *n* slika cvetja

flower-pot [fláuəpət] *n* cvetlični lonček

flower-show [fláuəšou] *n* razstava cvetlic

flower-stalk [fláuəstə:k] *n* cvetno steblo

flower-stand [fláuəstænd] *n* stojalo za cvetlice

flowery [fláuəri] *adj* cvetličen, cvetast, rožast, cvetoč; okrašen

flowing [flóuiŋ] *adj* (**~ly** *adv*) tekoč, gladek, nepretrgan; naguban; rastoč; (pre)poln; obilen, bogat

flown I [floun] *pp* od **fly**; **high ~** nadut, domišljav

flown II [floun] *obs pp* od **flow**; prelivajoč se (barva)

flu(e), 'flu [flu:] *n med coll* gripa

flubdub [flʌbdʌb] *A* glej **flapdoodle**

fluctuant [flʌktjuənt] *adj* (**~ly** *adv*) valovit; majav, negotov, omahljiv

fluctuate [flʌktjueit] **1.** *vi* valovati; majati se, omahovati, kolebati; *com* dvigati se in padati (cene); **2.** *vt A* razmajati

fluctuation [flʌktjuéišən] *n* valovanje, kolebanje, nestalnost; neodločnost; fluktuacija

flue I [flu:] *n* ventilacijska cev, dimnik; orgelska piščala

flue II [flu:] *n* puh, kosem

flue III [flu:] *n* ribiška mreža, vlačilka

flue IV [flu:] *vt & vi* poševno razširiti (okno, vrata); biti poševno razširjen

flue-gas [flú:gæs] *n* zgoreli plin

fluency [flú:ənsi] *n* gladkost, lahkotnost; izurjenost, spretnost; spremenljivost; zgovornost

fluent I [flú:ənt] *adj* (**~ly** *adv*) gladek, tekoč; spreten; spremenljiv; zgovoren

fluent II [flú:ənt] *n math* funkcija, spremenljiva količina

flue-pipe [flú:paip] *n* orgelska piščalka

flue-work [flú:wə:k] *n* register (orgle)

fluey [flú:i] *adj* puhast, s puhom pokrit

fluff I [flʌf] *n* puh, kosem; *theat sl* slabo naučena vloga; *sl* **a bit of ~** ženska, dekle

fluff II [flʌf] **1.** *vt* kosmatiti; *sl* skrpucati kaj; (*up, out*) našopiriti; **2.** *vi* kosmatiti se; *sl* motiti se (na odru), »plavati«; *coll* **to ~ the bloke** dodobra koga spoznati

fluffiness [flʌfinis] *n* kosmičavost, kosmatost

fluffy [flʌfi] *adj* (**fluffily** *adv*) puhast, kosmičav kosmat; *sl* pozabljiv (igralec); *sl* pijan, majav

fluid I [flú:id] *adj* tekoč; plinast; židek; *fig* spremenljiv, gibljiv, votel (mera)

fluid II [flú:id] *n* tekočina; fluid; izločina, izloček, sekrecija

fluidic [fluídik] *adj* tekočinski, fluiden

fluidify [flu:ídifai] *vt* utekočiniti; raztopiti

fluidity [flu:íditi] *n* tekoče, plinsko ali židko stanje ali snov; *fig* spremenljivost

fluidize [flú:idaiz] glej **fluidify**

fluke I [flu:k] *n zool* morski list; metljaj; vrsta krompirja

fluke II [flu:k] *n* kavelj sidra, harpune, sulice; loputa kitovega repa

fluke III [flu:k] *n* srečen udarec, zadetek; *coll* nepričakovana sreča, nenaden uspeh; **by a ~** po srečnem naključju

fluke IV [flu:k] *vt & vi* zadeti; imeti srečo, uspeh

fluke-worm [flú:kwə:m] *n zool* metljaj

flukily [flú:kili] *adv coll* k sreči

fluky I [flú:ki] *adj coll* srečen; naključen; negotov, nepreračunljiv

fluky II [flú:ki] *adj vet* metljiv

flume I [flu:m] n kanal, korito, žlebina; globel; *arch* potok, reka

flume II [flu:m] vt po kanalu dovajati

flummery [flʌ́məri] n sladka kaša; *fig coll pl* komplimenti; nesmisel, čenče

flummox [flʌ́məks] vt *sl* v zadrego spraviti; (z)begati, zmesti

flump I [flʌmp] vi & vt butniti; telebniti; štrbunkniti; (*down*) podreti

flump II [flʌmp] n padec, štrbunk

flung [flʌŋ] pt & pp od fling

flunk I [flʌŋk] A coll 1. vi pasti (pri izpitu, dobiti slabo oceno; umakniti se; biti odpuščen, odklonjen; 2. vt vreči (pri izpitu); odpustiti, odkloniti

flunk II [flʌŋk] n A coll neuspeh, slab red

flunkey [flʌ́ŋki] n livriran sluga, lakaj, hlapec; *fig* prilizovalec, klečeplazec, lizun, prisklednik; *A sl* neizkušen borzni špekulant

flunkeydom [flʌ́ŋkidəm] n coll lakaji, hlapci

flunkeyism [flʌ́ŋkiizəm] n hlapčevstvo, klečeplastvo

fluor [flúə:] n min fluorit, fluor

fluoresce [fluərés] vi svetlikati se, fluorescirati

fluorescence [fluərésns] n phys svetlikanje, fluorescenca

fluorescent [fluərésnt] adj svetlikajoč se, fluorescenten

fluoric [fluːórik] adj chem fluorov

fluoride [flúəraid] n chem fluorid

fluorine [flúəri:n] n chem fluor

fluoroscope [flúəroskoup] n fluoroskop

fluoroscopy [fluəróskəpi] n fluoroskopija

fluorite [flúərait] n min fluorit

fluor-spar [flúəspa:] glej fluorite

flurry I [flʌ́ri] n nemir, razburjenje, zmeda; sunek vetra; nenadna ploha ali metež; nevihta; pepričakovana nagla sprememba cen na borzi; smrtni boj kita; in a ~ razburjen, ves iz sebe; ~ of rain ploha; A ~ of snow metež; ~ of birds jata ptic

flurry II [flʌ́ri] vt preplašiti, prestrašiti; vznemiriti, razburiti; zmesti

flush I [flʌš] n jata preplašenih ptičev; plašenje

flush II [flʌš] 1. vi preplašiti se, odleteti; 2. vt preplašiti

flush III [flʌš] n brizg, curek; splakovanje; bujna rast; zardevanje, rdečica; razburjenost; vzkip; nenadno obilje; bogastvo; mlinski kanal, rake

flush IV [flʌš] 1. vt zaliti, preplaviti; izp(i)rati, splakniti; povzročiti, da zardi; navdušiti, razvneti, razburiti; ohrabriti; rediti (ovce); 2. vi brizgniti, štrcniti; priteči, vdreti; kliti, brsteti, rasti; zardeti

flush V [flʌš] vt poravnati, zravnati; napolniti

flush VI [flʌš] adj (with) iste višine, raven; močen; zrel; bujen; (of) poln; bogat, obilen; zapravljiv; ~ of money bogat, premožen

flush VII [flʌš] adv (with) na isti višini

flusher [flʌ́šə] n zool rjavi srakoper

flushing [flʌ́šiŋ] n splakovanje

flushing-pan [flʌ́šiŋpæn] n straniščna školjka

fluster I [flʌ́stə] n zmešnjava, zmeda, kolobocija; vznemirjenost; all in a ~ ves iz sebe, zmeden

fluster II [flʌ́stə] vt & vi begati, zmesti (se); plašiti, vznemiriti, razburiti (se); omamiti, opijaniti (se)

flustered [flʌ́stəd] adj vinjen

flustrate [flʌ́streit] vt *vulg* opijaniti; zmesti

flustration [flʌstréišən] n vznemirjenost, zmeda

flute I [flu:t] n mus flavta; flavtist(ka); žlebič, brazda; nagubanost (zavese); ozek in visok vinski kozarec; ozka dolga štruca

flute II [flu:t] vi & vt igrati na flavto; žlebiti, brazdati; gubati, plisirati

fluted [flú:tid] adj flavten; žlebičast, rebrast, razbrazdan; ~ paper valovita lepenka

flute-player [flú:tpleiə] glej fluter

fluter [flú:tə] n flavtist(ka)

fluting I [flú:tiŋ] n brazdanje, žlebitev; žlebiči (stebra)

fluting II [flú:tiŋ] adj (~ly adv) blagoglasen

flutist [flú:tist] n flavtist(ka)

flutter I [flʌ́tə] 1. vi kriliti, prhutati, mahedrati; drhteti, tresti se, vibrirati; omahovati; brazdati se (voda); 2. vt vznemiriti, zmesti, razburiti; to ~ the dove-cots vznemiriti mirne ljudi

flutter II [flʌ́tə] n kriljenje, prhutanje; tresenje, vibracija; razburjenje, nemir, vznemirjenost; drhtenje; *sl* špekulacija, hazardna igra; krok; to cause (ali make) ~ vznemiriti, razburiti; all in a ~ ves iz sebe

fluty [flú:ti] adj flavten, flavtovski; piskav

fluvial [flú:viəl] adj réčen

fluviatic [flu:viǽtik] glej fluvial

fluviatile [flú:viətail] glej fluvial

flux I [flʌks] n tok, struja, priliv, plima, iztok; med preveliko izločanje; griža; *fig* nenehna sprememba; techn. topilo; topljivost; bloody ~ krvava griža

flux II [flʌks] 1. vt taliti, topiti; med čistiti; 2. vi teči, iztekati

fluxible [flʌ́ksəbl] adj topljiv, taljiv

fluxion [flʌ́kšən] n strujanje, tok; med iztok, krvavitev; math diferencial; *fig* sprememba, kolebanje; method of ~s diferencialni račun

fluxional [flʌ́kšənəl] adj tokoven; talilen; spremenljiv; math diferencialen

fluxionary [flʌ́kšənəri] glej fluxional

fly I [flai] n zool muha; dvokrilec; umetna muha; rastlinska bolezen, povzročena od drobnih žuželk; ~ agaric, ~ anamita bot mušnica; to break (ali crush) a ~ on the wheel uporabiti premočna sredstva; preveč si prizadevati; to catch flies prodajati zijala; to be the ~ on the wheel precenjevati samega sebe; a ~ in amber redka stvar, zanimiv ostanek; a ~ in the ointment senčna stran, neprijetna zadeva; *sl* there are (ali he has) no flies on him zelo je spreten, nanj se lahko zanesete; more flies are taken with honey than with gall s prijaznostjo največ dosežemo; *sl* to rise to the ~ pustiti si natvesti

fly* II [flai] 1. vi leteti, kriliti; hiteti; bežati; planiti, zagnati se; napasti; razpočiti, razleteti se; vihrati; plapolati; 2. vt streljati; izobesiti; voditi, pilotirati; spuščati; s sokolom loviti; splašiti (ptica); preleteti; to ~ in the face of s.o. rogati, ustavljati se komu; not a feather to ~ with brez beliča; to ~ off the deep end (ali handle) razjeziti se, planiti; to ~ hawks iti na lov s sokoli; to ~ high (ali at high game) visoko letati, biti častihlepen; to ~ a kite spuščati zmaja; *sl* preizkušati javno mnenje; sposoditi na menico brez kritja; **to let ~ at** *fig* napasti; streljati, sprožiti; **to let ~ with one's fists** s pestmi napasti; **to let money ~** pognati, zapraviti denar; **to ~ low** biti skromen; **to ~ the country** zbežati iz dežele; **to ~ in pieces** razleteti se; **to ~ into a passion** (ali **rage, temper**) pobesneti; **to ~ open** na stežaj odpreti; **to ~ out at s.o.** napasti koga; **to ~ the river** loviti močvirnike

fly apart *vi* razleteti se
fly about *vi* poletavati, obletavati; razvedeti se
fly at *vt* napasti
fly away *vi* odleteti
fly back *vi* odskočiti
fly down *vi* spustiti se
fly from *vt* izogibati se
fly off *vi* odleteti, zbežati
fly on *vt* napasti, spraviti se na koga
fly open *vi* razleteti se
fly out *vi* ven planiti; **~ into a rage** pobesneti
fly over *vt* preleteti
fly round *vt* obletovati
fly up to *vi* vzleteti
fly III [flai] *n* polet; enovprežna kočija; šotorska pola; razporek; durnica; širina zastave; *pl theat* sofita; prazen list na začetku in koncu knjige, spojni papir; *techn* zamašnjak; **on the ~** bežno, v naglici
fly IV [flai] *adj sl* gibčen, okreten; bister, zvit, premeten
fly-about [fláiǝbaut] *n* nemirnež
fly-away [fláiǝwei] *adj* ohlapen, širok (oblačilo); vetrnjaški, vihrav; **~ plane** letalo, ki je odletelo brez pilota
fly-bitten [fláibitn] *adj* od muh opikan
fly-blow [fláiblou] **1.** *n* zapljunek, mušja zalega; **2.** *vt* znesti jajčeca (v meso)
flyblown [fláibloun] *adj* poln mušjih ličink ali jajčec; nečist, onesnažen; *fig* razvpit; *sl* pijan
fly-boat [fláibout] *n* hitri čoln
fly-by-night I [fláibaináit] *n* nočni sprehajalec; nočna ptica; *sl* dolžnik, ki se izmika upnikom
fly-by-night II [fláibaináit] *adj* nezanesljiv, neodgovoren
fly-catcher [fláikæčǝ] *n* muholovec, -vka; *zool* sivi muhar; *bot* mesojeda rastlina
flyer glej **flier**
fly-fish [fláifiš] *vi* loviti ribe na umetno muho
fly-flap [fláiflæp] *n* muhalnik
flying I [fláiiŋ] *n* letanje, polet
flying II [fláiiŋ] *adj* leteč, bežen, hiter; **to send s.o. ~** zapoditi koga; **~ saucer** leteči krožnik; **with ~ colours** uspešno, zmagovito; odločno; **~ fortress** leteča trdnjava; **~ visit** kratek obisk; **~ squad** leteči policijski oddelek; **~ jump** (ali **leap**) skok z zaletom
flying-artilery [fláiiŋa:tíleri] *n* lahka artilerija, lahko topništvo
flying-accident [fláiiŋæksidǝnt] *n* letalska nesreča
flying-altitude [fláiiŋæltitjud] *n* višina poleta
flying-boat [fláiiŋbout] *n* hidroavion, vodno letalo
flying-bridge [fláiiŋbridž] *n mil* začasni, pontonski most
flying-buttress [fláiiŋbʌtris] *n archit* lokasti opornik
flying-dog [fláiiŋdɔg] *n zool* leteči pes, kalong

flying-fish [fláiiŋfiš] *n zool* leteča riba
flying-formation [fláiiŋfɔ:meišǝn] *n* letalska formacija
flying-fox [fláiiŋfɔks] glej **flying-dog**
flying-machine [fláiiŋmǝši:n] *n arch* zrakoplov, avion; *theat* stroj za prikazovanje leta na odru; vrsta trapeza
flying-man [fláiiŋmǝn] *n* letalec
flying-officer [fláiiŋɔfisǝ] *n* letalski podporočnik
flying-pig [fláiiŋpig] *n mil sl* mina, vržena iz minometalca
flying-range [fláiiŋreindž] *n* dolet
flying-squirrel [fláiiŋskwirǝl] *n zool* leteča veverica
flying-wing [fláiiŋwiŋ] *n* letalo brez repa
fly-leaf [fláili:f] *n* prazen list na začetku in koncu knjige, spojni, vezni list
flyman [fláimǝn] *n theat* kulisar; fijakar, voznik lahke kočije
fly-net [fláinet] *n* lahko pokrivalo proti muham
fly-over [fláióuvǝ] *n*; **~ junction** nadvoz
fly-paper [fláipeipǝ] *n* muholovka
fly-sheet [fláiši:t] *n* okrožnica
flyswatter [fláiswɔtǝ] *n* muhalnik
fly-time [fláitaim] *n A* pomlad (ko so muhe najnadležnejše)
fly-trap [fláitræp] *n* past za muhe; *bot* muholovka
flyway [fláiwei] *n* redna pot ptic
flyweight [fláiweit] *n* boksar mušje kategorije (pod 112 funtov teže)
fly-wheel [fláiwi:l] *n techn* vztrajnik, zamašnjak
foal I [foul] *n* žrebe, osliček; **in ~**, **with ~** breja (kobila, oslica)
foal [foul] *vt & vi* ožrebiti (se)
foalfoot [fóulfut] *n bot* lapuh
foam I [foum] *vi* (s)peniti, sliniti se; upehati se (konj); **to ~ at the mouth**, **to ~ with rage** besneti
foam II [foum] *n* pena; *poet* morje; **~ rubber** penasta guma
foamy [fóumi] *n* penast, spenjen
fob I [fɔb] *vt* za norca imeti; varati; vsiliti, podtakniti komu kaj; **to ~ off** vsiliti, naprtiti
fob II [fɔb] *n* žepek (za uro); *A* trak ali verižica za uro
focal [fóukǝl] *adj* (**~ly** *adv*) žariščen, središčen, osrednji, glaven; **~ point** središče žarišča
focalization [foukǝlaizéišǝn] *n* zaostritev; združitev v žarišču
focalize [fóukǝlaiz] *vt & vi* osredotočiti (se); postaviti v žarišče, zaostriti
foci [fóusai] *pl* od **focus**
fo'c'sle [fóuksl] glej **forecastle**
focus I [fóukǝs] *n* žarišče, gorišče, kotišče; leglo; **to bring into ~** spraviti v žarišče; **in ~** v žarišču; oster, jasen (slika); **out of ~** zunaj žarišča; nejasen (slika)
focus II [fóukǝs] *vt & vi* osredotočiti (se)
focussing-screen [fóukǝsiŋskrí:n] *n phot* motnica, medlica
fodder I [fɔ́dǝ] *n* krma, klaja; *mil* **cannon ~** hrana za topove
fodder II [fɔ́dǝ] *vt* krmiti, pitati
foe [fou] *n poet* sovražnik, nasprotnik, -ica; zlonamernež, hudobnež, -nica
foehn [fǝ:n] *n* topli alpski veter, fen

foeman [fóumən] *n poet arch* sovražnik, nasprotnik; **a ~ worthy of one's steel** nevaren nasprotnik

foetal [fí:tl] glej **fetal**

foetation [fi:téišən] glej **fetation**

foeticide [fí:tisaid] glej **feticide**

foetus [fí:təs] glej **fetus**

fog I [fɔg] *n* otava, nepokošena trava; *Sc* mah

fog II [fɔg] **1.** *vt* krmiti z otavo; pustiti travo nepokošeno; **2.** *vi Sc* zarasti z mahom

fog III [fɔg] *n* megla, zameglenost, zameglitev; *fig* nejasnost, zmeda; **in a ~** zbegan, neodločen

fog IV [fɔg] **1.** *vt* zamegliti; *fig* zmesti, zbegati; **2.** *vi* zamegliti se, zmračiti se; **to ~ off** kvariti se zaradi megle; *rly* postaviti signale zaradi megle

fog-bank [fɔ́gbæŋk] *n* pas goste megle (nad morjem)

fogbound [fɔ́gbaund] *adj mar* zadržan zaradi megle

fogey glej **fogy**

fogger [fɔ́gə] *n rly* signal v gosti megli

fogginess [fɔ́ginis] *n* zamegljenost, meglenost; *fig* nejasnost, zmedenost

foggy [fɔ́gi] *adj* (**foggily** *adv*) meglen, nejasen; *fig* zmeden; *sl* vinjen

fog-horn [fɔ́ghɔ:n] *n* zvočni signal v megli

fog-lamp [fɔ́glæmp] *n* meglenka

fogle [fóugl] *n sl* svilena ruta

fog-signal [fɔ́gsignəl] glej **fogger**

fogy [fóugi] *n* čudak, starokopitnež, filister, sitnež; *mil* invalid

fogyish [fóugiiš] *adj* (**~ ly** *adv*) starokopiten, konservativen, filistrski, čudaški

fogyism [fóugiizəm] *n* starokopitnost

foh [fou] *int* fej

foible [fɔ́ibl] *n* slaba stran, šibka točka; *sp* upogljivi del meča

foil I [fɔil] *n* kovinski listič, staniol, folija; amalgamska prevleka zrcala; *arch* listast okrasek; *fig* (*for*, *to*) kontrastno ozadje; **tin ~** staniol

foil II [fɔil] *vt* pokriti s tenko kovinsko plastjo; speljati na napačno sled, prelisičiti, ukaniti; pokvariti, preprečiti; odbiti

foil III [fɔil] *n* sled zasledovane divjačine; **to run upon the ~** teči po lastni sledi; speljati lovce

foil IV [fɔil] *n* rapir, meč

foil V [fɔil] *n* poraz, neuspeh

foilable [fɔ́iləbl] *adj* (**foilably** *adv*) preprečljiv

foiling [fɔ́iliŋ] *n* sled divjačine

foison [fɔ́izn] *n arch* obilje; bogata žetev

foist [fɔist] *vt* (*in*, *into*) podriniti, podtakniti; **to ~ o.s.** vsiliti, vsiljevati se; **to ~ s.th. on s.o.** vsiliti komu kaj, opehariti koga

fold I [fould] **1.** *vt* zložiti, preganiti, zgibati, gubati; prekrižati; zaviti; oviti; objeti; *sl* doživeti polom; prisilno likvidirati; **2.** *vi* gubati se; zapreti se; zgrniti se; oviti se; **to ~ one's arms** ne se udeležiti, držati križem roke; **to ~ in one's arms** objeti; **~ ed in mist** z meglo pokrit (vrh)

fold down *vt* podviti, preganiti, zapogniti

fold in *vt* zamotati, zaviti

fold over *vt* previti; pokriti

fold up *vt* zložiti; *sl* doživeti polom, ne imeti uspeha

fold II [fould] *n* guba, pregib; plast; zavoj; krilo (vrat, okna); žlebina, globel; *geol* nagubanost

fold III [fould] *n* tamar, okol, ovčja ograda; ovčja čreda; *fig* duhovna čreda, verniki, ovčice, cerkev

fold IV [fould] *vt* zapreti v tamar

-fold [fould] *suff* -krat; -kratno

folder [fóuldə] *n* zgibalnik; mapa; brošura; fascikel; prospekt; *pl* zložljiv binokel

folderol [fɔ́ldərəl] *n* malenkost, ničevost, igračka, neumnost

folding I [fóuldiŋ] *n* zgibanje; gubanje; krilo (vrat, okna); gnoj iz tamarja; zapiranje črede v tamar

folding II [fóuldiŋ] *adj* zložljiv, zgibljiv

folding-bed [fóuldiŋbed] *n* poljska postelja

folding-boat [fóuldiŋbout] *n* zložljivi čoln

folding-chair [fóuldiŋčɛə] *n* sklopni sedež

folding-door [fóuldiŋdɔ:] *n* dvokrilna vrata

folding-hat [fóuldiŋhæt] *n* zložljiv cilinder

folding-screen [fóuldiŋskri:n] *n* španska stena, zaslon

folding-seat [fóuldiŋsi:t] *n* sklopni sedež

foliaceous [fouliéišəs] *adj bot* listnat, listast

foliage [fóuliidž] *n* listje; **~ plant** rastlina z lepotnimi listi

foliar [fóuliə] *adj bot* listen

foliate I [fóulieit] *vt* & *vi* pokriti s tenko kovinsko plastjo; oštevilčiti liste; cepiti (se) v ploščice, lističe

foliate II [fóuliit] *adj* listast, listnat

foliated [fóulieitid] *adj* listnat, listast; cepljiv v tenke ploščice; **~ gold** zlata pena

foliation [fouliéišən] *n* poganjanje, brstenje listja; listje; paginacija; *archit* gotski okras v obliki listja; obloga s folijo; *geol* plastenje

foliature [fóuliətjuə] *n* listje

folio I [fóuliou] *n* folij, knjiga velikega formata; list; paginacija; enkrat preganjena pola; **~ volume** foliant

folio II [fóuliou] *vt* paginirati

foliole [fóulioul] *n* listič

foliose [fóulious] *adj* listnat

folk [fouk] *n* ljudje, ljudstvo, narod; *A coll* **my ~ s** moji sorodniki; *coll* **just ~ s** preprost, naraven

folk-custom [fóukkʌstəm] *n* ljudski običaj

folk-dance [fóukdɑ:ns] *n* ljudski ples

folklore [fóuklɔ:] *n* narodopisje, folklora

folklorist [fóuklɔ:rist] *n* folklorist

folksong [fóuksɔŋ] *n* ljudska pesem

folksy [fóuksi] *adj A coll* preprost; družaben

folk-tale [fóukteil] *n* ljudska povest

folkways [fóukweiz] *n pl A* ljudski običaji

folkweave [fóukwi:v] *n* ročno tkano blago

follicle [fɔ́likl] *n bot anat* mešiček, zapredek

follicular [fɔlíkjulə] *adj bot* mešičkast

follow I [fɔ́lou] **1.** *vt* slediti, iti po sledi, spremljati koga; priključiti se; ubogati, pokoriti se; prizadevati si za kaj; iti za čim; (*from*) izhajati, izvirati; biti posledica; ukvarjati se, posvetiti se; preganjati; dojeti, razumeti; strinjati se; **2.** *vi* slediti, kasneje se zgoditi; **to ~ up an advantage** izkoristiti ugodnost; **to ~ s.o.'s advice** ravnati se po nasvetu koga; **to ~ home** (ali **up**) vztrajati; **to ~ the hounds** iti na lov; **to ~ one's nose** iti naravnost; **to ~ a lead**

ravnati se po navodilu; **to ~ the law** biti pravnik; **to ~ the plough** orati; **to ~ in his steps** (ali **wake**) iti za njegovimi sledovi; **to ~ the sea** biti mornar; **to ~ suit** priznati barvo; **as ~ s** kakor sledi, sledeče; **letter to ~** pismo sledi; **to ~ the fashion** ravnati se po modi; **I cannot ~ you** ne razumem vas
follow after *vi* iskati kaj; prizadevati si za kaj
follow in *vt* priti za kom, iti v sledovih koga
follow on *vi* nadaljevati
follow out *vt* dokončati, izvršiti, izpolniti
follow through *vi* nadaljevati do konca
follow up *vt* do kraja zasledovati; *sp* biti v bližini igralca, da mu lahko pomaga
follow II [fólou] *n* sledenje; udarec (biljard); *coll* dodatek k obroku hrane
follower [fólouə] *n* naslednik, -nica; posnemalec, -lka; privrženec, -nka; *coll* častilec, -lka
following I [fólouiŋ] *adj* sledeč, naslednji; istosmeren (veter); **on the ~ day** dan kasneje
following II [fólouiŋ] *n* spremstvo; privrženci
follow-my-leader [fóloumilí:də] *n* igra, pri kateri igralci oponašajo gibe vodje
follow-up [fólouʌp] **1.** *adj* sledeč, naslednji; **2.** *n* naslednje pismo, obisk itd.; nadaljnja etapa; pomoč soigralcu; *med* kontrola bolnikov po zdravljenju
follow-wind [fólouwind] *n* veter od zadaj
folly [fóli] *n* norost, neumnost, noro dejanje; fantastična, nekoristna stavba
foment [foumént] *vt med* dajati vroče obkladke; pariti; *fig* spodbujati, podpihovati, bodriti, netiti
fomentation [foumentéišən] *n med* gretje; vroči obkladek; *fig* spodbujanje, bodritev, podpihovanje
fomenter [fouméntə] *n* bodrilec, spodbujevalec; negovalec; ščuvalec
fond [fənd] *adj* (**~ ly** *adv*) arch neumen, nespameten; domišljav; ljubeč, zateleban; prizanesljiv, **to be ~ of** rad imeti
fondant [fóndənt] *n* fondan, vrsta slaščice
fondle [fóndl] *vt & vi* (*with*) ljubkovati, srčkati, razvajati
fondling [fóndliŋ] *n* ljubljenec, razvajenec
fondly [fóndli] *adv* nežno, zaljubljeno; nespametno; **to imagine ~** v glavo si vtepsti
fondness [fóndnis] *n* (*for*) nagnjenje; pretirana nežnost
font [fənt] *n* krstni kamen; *poet* izvirek; posoda za petrolej v svetilki; *A* odlitki tiskarskega stavka
fontal [fóntl] *adj* izviren; krstilen
fontanel(le) [fəntənél] *n anat* mečava
food [fu:d] *n* hrana, jedača, živila; paša, krma klaja; gradivo; **~ for powder** hrana za topove, vojaki; **~ for fishes** utopljenec; **~ for worms** mrlič; **staple ~** osnovna hrana; **~ office** urad za delitev živilskih kart
food-card [fú:dka:t] *n* živilska karta
food-controller [fu:dkəntróulə] *n* minister za prehrano (med vojno)
food-hoarder [fu:dhó:də] *n* grabežljivec, »hrček«
foodless [fú:dlis] *adj* brez hrane, stradalen; nerodoviten, pust
food-shortage [fu:dšó:tidž] *n* pomanjkanje hrane, lakota

foodstuff [fú:dstʌf] *n* živilo
food-supply [fú:dsəplai] *n* preskrba
food-value [fú:dvælju:] *n* hranilna vrednost
fool I [fu:l] *n* norec, bedak, butec, zmedenec; dvorni norec, pavliha; *fig* igračka; **All Fools' Day** 1. april; **April Fool** aprilska šala; žrtev aprilske šale; **to be no ~** biti bister; **as the ~ thinks so the bell clinks** norec veruje v to, kar si želi; **everyone has a ~ in his sleeve** vsakdo se včasih obnaša kakor norec; **a ~'s bolt is soon shot** norec je kmalu pri kraju s svojo pametjo; **a ~'s errand** brezplodno delo; **to make a ~ of s.o.** imeti koga za norca; **to be a ~ for one's pains** zaman si prizadevati; **~'s paradise** deveta dežela; **to play the ~** neumno se obnašati; **to be but a ~ to**, to be **a ~ to** ne biti nič v primeri s; **min ~'s gold** železov kršec; **he is a ~ to...** on nič ne pomeni proti...; **there's no ~ like an old ~** nič ni hujšega kakor ponoreli starec; *bot* **~'s parsley** mala trobelika
fool II [fu:l] **1.** *vi* šaliti se, norčevati se, uganjati norčije; *arch* igrati norca; **2.** *vt* za norca imeti: ukaniti, osmešiti, varati
fool about *vi* pohajkovati, lenariti, čas zapravljati
fool around *A* glej **to fool about**
fool away *vt* zapravljati
fool into *vt* prevarati koga, da kaj naredi
fool out of *vt* ogoljufati koga za
fool III [fu:l] *n* sladko kuhano sadje s smetano
fool IV [fu:l] *adj A coll* nepreudaren, nerazsoden; smešen, prešeren
foolery [fú:ləri] *n* norost, bedastoča; neumno obnašanje
foolhardiness [fú:lha:dinis] *n* nespamentna drznost, nepremišljenost
fool-hardy [fú:lha:di] *adj* (**foolhardily** *adv*) blazno smel, neumno predrzen, nepremišljen
fooling [fú:liŋ] *n* norčije, norčevanje; **stop ~!** nehaj z neumnostmi!
foolish [fú:liš] *adj* (**~ ly** *adv*) neumen, bedast, nespameten; smešen
foolishness [fú:lišnis] *n* bedarija, norost, nespametnost; smešnost
foolproof [fú:pru:f] *adj coll* popolnoma varen; otročje lahek, preprost
foolscap [fú:lzkæp] *n* norčevska čepica; format pisarniškega papirja (17 krat 13 col)
foot I [fut] *pl* **feet** *n* noga, stopalo čevelj (mera); stopica; *coll* pehota; (*pl* **foots**) gošča, usedlina; spodnja obrobnica jadra; podstavek; **at ~** na dnu; **by** (ali **on**) **~** peš; **to carry s.o. off his feet** spodnesti koga; navdušiti koga; *fig* **to find one's feet** izkazati se; **from head to ~** od nog do glave; *A sl* **to get cold feet** prestrašiti se; **to fall on one's feet** imeti srečo; **to keep one's feet** ne zdrsniti, ne pasti; **to have one's feet in the grave** biti z eno nogo v grobu; **my ~!** nesmisel!; **to put one's ~ down** odločno se lotiti; ugovarjati; **to put one's ~ in a thing** popolnoma kaj pokvariti, polomiti ga; **to set** (ali **put**) **one's best ~ forward** (ali **foremost**) pohiteti, kar se da; čim bolj se potruditi; **to set on** ~ ustanoviti; **to trample under ~** pohoditi, zatreti; *sl* **to take the length of s.o.'s ~** spoznati slabosti koga, spregledati ga; **to**

measure another's ~ by one's own last sam po sebi soditi; **something is on** ~ nekaj se pripravlja; **to show the cloven** ~ odkriti slabe namene; **under** ~ na zemlji; **to tread from one** ~ **to the other** prestopati se z noge na nogo; **to run s.o. off his feet** utruditi koga s hojo; **to get on** (ali **to**) **one's feet** dvigniti se, vstati
foot II [fut] **1.** *vi* hoditi, pešačiti; capljati; plesati; brcati; **2.** *vt* gaziti; podplesti (nogavico); *coll* plačati, poravnati račun, sešteti; *A coll* to ~ **the bill** poravnati račun; **to** ~ **it** peš hoditi, plesati; **to** ~ **up** sešteti; **to** ~ **up to** znašati
footage [fútidž] *n* dolžina filma v čevljih
foot-and-mouth disease [fətəndmáuð dizí:z] *n vet* slinavka in parkljevka
football [fútbɔ:l] *n E* nogomet; nogometna žoga; *A* (ameriški) rugby; *A* **association** ~ nogomet
footballer [fútbɔ:lə] *n* nogometaš
foot-bath [fútba:θ] *n* kopel za noge; umivanje nog
footboard [fútbɔ:d] *n* stopnica; stopalnica
footboy [fútbɔi] *n* tekač; paž, strežajček
foot-brake [fútbreik] *n techn* nožna zavora
footbridge [fútbridž] *n* brv
footer [fútə] *n* pešec; sokol, ki urno zagrabi s kremplji plen; *sl* nogomet
footfall [fútfɔ:l] *n* korak, hoja
footfault [fútfɔ:lt] *n* prestopitev črte pri servisu
footgear [fútgiə] *n* obutev; čevlji, nogavice
foot-guards [fútga:dz] *n pl mil* grenadirji
foothills [fúthilz] *n pl* obronki, predgorje
foothold [fúthould] *n* trdna tla, oporišče; *fig* trdno stališče, opora
footing [fútiŋ] *n* podlaga; hoja, ples; prostor za noge; *fig* opora, trden položaj; razmerje; celotna vsota; **to be on good** (ali **friendly**) ~ biti v prijateljskem razmerju; imeti dobre stike; **mind your** ~! pazi, kam stopiš!; ~ **of columns** seštevanje stolpcev; dobljena vsota; **to lose** (ali **miss**) **one's** ~ spodrsniti; **to pay one's** ~ plačati vstopnino ali članarino; **on equal** (ali **the same**) ~ enakopraven; **on business** ~ v poslovnih odnosih; *Sc* **first** ~ novoletni obisk; **war** ~ vojno stanje; **to get** (ali **gain**) **a** ~ ustaliti se; **to gain** (ali **obtain**) **a** ~ uveljaviti se
footle I [fú:tl] *vt & vi coll* počenjati neumnosti; čenčati, žlobudrati
footle II [fú:tl] *n* neumnosti; čenčanje; žlobudranje; otročarije
footless [fútlis] *adj* brez noge, samonog; brez nog; brez opore, brez osnove; *A* štorast, okoren
foot-lever [fútli:və] *n techn* nožni vzvod
footlights [fútlaits] *n pl* odrske luči, rampa; *fig* igralstvo; **before the** ~ na odru; *theat sl* **to get across** (ali **over**) **the** ~ doživeti uspeh (na odru)
fottling [fútliŋ] *adj sl* prismojen, neumen; čenčav
foot-locker [fútlɔkə] *n* vojaški kovček
foot-loose [fútlu:s] *adj A* prost, neoviran
footman [fútmæn] *n arch* infanterist; sluga, lakaj
footmark [fútma:k] *n* stopinja
foot-muff [fútmʌf] *n* vreča za ogrevanje nog
foot-note [fútnout] **1.** *n* opomba pod črto; **2.** *vt* pisati opombe pod črto
footpace [fútpeis] *n* navadni korak; **mind your** ~! pazi, kam stopiš!; **at (a)** ~ korakoma
footpad [fútpæd] *n* cestni razbojnik
footpage [fútpeidž] *n* tekač

foot-passenger [fútpæsindžə] *n* pešec
footpath [fútpa:θ] *n* steza; pločnik, hodnik
footpiece [fútpi:s] *n* podnožnica
foot-plate [fútpleit] *n* stopalnik; *rly* ploščad za strojnika na vlaku
foot-pound [fútpaund] *n phys* količina energije, ki je potrebna za dviganje 1 funta 1 čevelj visoko
footprint [fútprint] *n* stopinja, nožni odtis
foot-pump [fútpʌmp] *n* nožna tlačilka
foot-race [fútreis] *n sp* tekmovanje v hoji ali teku
foot-rest [fútrest] *n* stopalka, podnožnik
foot-rope [fútroup] *n mar* vrv, na kateri stoje mornarji pri zvijanju in odvijanju jader
foot-rot [fútrɔt] *n vet* šepavost ovac; vnetje parkljev
foot-rule [fútru:l] *n* 1 čevelj dolgo ravnilo
foots [futs] *n* usedlina; nerafiniran sladkor; droži
footshackles [fútšæklz] *n pl* lisice za noge
foot-slog [fútslɔg] *n mil sl* pešačenje
foot-slogger [fútslɔgə] *n sl* pešec, pešak
foot-soldier [fútsouldžə] *n* infanterist, pešak
footsore [fútsɔ:] *adj* ranjenih, bolečih nog
foot-stalk [fútstɔ:k] *n bot* pecelj
foot-step [fútstep] *n* korak; stopinja; **to follow in s.o.'s** ~ **s** posnemati koga
footstone [fútstoun] *n* temeljni kamen
footstool [fútstu:l] *n* pručica, podnožnik; *A* **God's** ~ zemlja, svet
footsure [fútšuə] *adj* trden, odporen, stanoviten
footwarmer [fútwɔ:mə] *n* grelec za noge
footway [fútwei] *n* pločnik, lestva (v rudniku)
footwear [fútweə] glej **footgear**
footworn [fútwɔ:n] *adj* od hoje utrujen; izhojen, obrabljen (stopnica)
footy [fúti] *adj sl* slab, ničvreden; ubog, nesrečen; moten, gost, blaten, poln usedline
foozle I [fú:zl] *vt & vi sl* kaziti; čas zapravljati; šušmariti
foozle II [fú:zl] *n sl* nerodnost; neroda; butec; šušmar
fop [fɔp] *n* tepec, pavliha; gizdalin, nadutež
fopling [fɔpliŋ] *n* šlapa, mevža; butec, bedak
foppery [fɔpəri] *n* slepilo; nadutost; gizdavost; neumnost
foppish [fɔpiš] *adj* (~ **ly** *adv*) gizdalinski; nadut, nečimrn
foppishness [fɔpišnis] *n* nadutost, nečimrnost, gizdavost
for I [fɔ:, fə] *prep* za; zaradi; proti; namesto; glede na; ~ **all** navzlic, kljub; **as** ~ **me** kar se mene tiče, zastran mene; *coll* **to be in** ~, **to be** ~ **it** pričakovati (sitnosti, težave); *coll* **to be out** ~ nameravati; ~ **the better** na bolje; **but** ~ ko bi ne bilo, brez; ~ **fear** iz strahu; ~ **love** iz ljubezni; ~ **the present** za zdaj; ~ **the first time** prvič; **not** ~ **love or money** za nič na svetu; **to know** ~ **certain** (ali **sure, a certainty, a fact**) z gotovostjo vedeti; **now** ~ **them!** na juriš!; ~ **good** za vedno; **there's nothing** ~ **it** nič drugega ne preostaja; **to go** ~ **a walk** iti na sprehod; *sl* **to go** ~ **a soldier** postati vojak; **to give a Roland** ~ **an Oliver** poplačati enako z enakim, vrniti milo za drago; **I am in** ~ **flu** gripa se me loteva; **he wants** ~ **nothing** nič mu ne manjka, vsega ima dovolj; **to take** ~ **granted** smatrati kot dejstvo; **it's** ~ **you do decide** ti se moraš odločiti; **it is not nice** ~ **him** ni lepo od

njega; **once** ~ **all** enkrat za vselej; ~ **as much v** koliko; ~ **all** (ali **aught**) **I know** ... kolikor je meni znano...; ~ **instance,** ~ **example** na primer; ~ **the nonce** tokrat; **I** ~ **one** jaz na primer; ~ **God's sake** za božjo voljo; **to look** ~ **s.th.** iskati kaj; **not** ~ **the life of me** za nič na svetu; ~ **shame!** sram te (vas) bodi!; **to be out** ~ **trouble** (ali **row**) iskati prepir; **she could not speak** ~ **weeping** tako se je jokala, da ni mogla govoriti; **the train** ~ **London** vlak proti Londonu; **word** ~ **word** beseda za besedo; **Mary** ~ **ever!** naj živi Marija!; ~ **the time being** za zdaj; **he's been here** ~ **an hour** je tukaj že eno uro

for II [fɔ:] *conj* kajti; ker; zato, ker; zaradi; za

forage I [fɔ́ridž] *n* krma; nabava krme, živeža; zaloga hrane

forage II [fɔ́ridž] *vt* preskrbeti krmo; iskati hrano; stikati po čem; pustošiti, ropati

forage-cap [fɔ́ridžkæp] *n mil* vojaška čepica za vsak dan

forager [fɔ́ridžə] *n* preskrbovalec hrane

foraging-party [fɔ́ridžiŋpa:ti] *n* nabava hrane; ropanje, pustošenje, roparski pohod

foramen *pl* **foramina** [fɔréimən, fɔréiminə] *n anat zool bot* odprtina

forasmuch [fərəzmʌ́č] *conj*; ~ **as** ker; v koliko; glede na

foray [fɔ́rei] **1.** *n* roparski pohod; **2.** *vt & vi* ropati, pleniti

forayer [fɔ́reiə] *n* plenilec, ropar

forbade [fəbéid] *pt* od **forbid**

forbear* **I** [fɔ:béə] *vt & vi* (*from*) opustiti; vzdržati se; ogniti, ogibati se; *arch* (*with*) potrpeti; **she could not** ~ **laughing** ni si mogla kaj, da se ne bi smejala

forbear II [fɔ́:bɛə] *n* prednik, predhodnik, -ica

forbearance [fɔ:béərəns] *n* opustitev; popuščanje, prizanašanje, obzirnost, potrpljenje; ~ **is no acquittance** s tem, da delo odložiš, še ni opravljeno

forbearing [fɔ:béəriŋ] *adj* (~ **ly** *adv*) obziren, prizanesljiv, potrpežljiv

forbid* [fəbíd] *vt* prepovedati; ne dopuščati, preprečiti; **God** ~! bog ne daj!, bog varuj!

forbiddance [fəbídəns] *n obs* prepoved

forbidden [fəbídn] *pp* od **forbid**; *adj* prepovedan, nedopusten

forbidding [fəbídiŋ] *adj* (~ **ly** *adv*) zoprn, ostuden, preteč; nevaren; strog

forbiddingness [fəbídiŋnis] *n* zoprnost, ostudnost

forbore [fɔ:bɔ́:] *pt* od **forbear**

forborne [fɔ:bɔ́:n] *pp* od **forbear**

forby(e) [fɔ:bái] *Sc arch* **1.** *prep* blizu, poleg; razen; **2.** *adv* poleg tega; da ne omenim

force I [fɔ:s] *n* moč, energija; nasilje; trdnost, jakost; uspešnost; učinek, vpliv; veljavnost, pomen; *pl* čete; vojna sila, vojska; **air** ~ letalstvo; **armed** ~ **s** oborožene sile; **land** ~ kopenska vojska; **in great** ~ močno; **by** ~ **of** s pomočjo; ~ **majeure** višja sila; **by main** ~ z vso močjo; **in** ~ veljaven, v veljavi; **to come into** ~ stopiti v veljavo; **by** ~ nasilno; **to put in** ~ uveljaviti, uzakoniti

force II [fɔ:s] *vt* siliti, izsiliti, vsiliti, prisiliti; obvladati; predreti, predirati; z naskokom vzeti; vdreti; oskruniti, posiliti; prenapenjati, forsirati; **to** ~ **s.o.'s hand** prisiliti koga; **to** ~ **open** nasilno odpreti; **to** ~ **s.th. on s.o.** vsiliti komu kaj; **to** ~ **the pace** pospešiti korak; **to** ~ **a plant** pospešiti rast rastline; **to** ~ **o.s. upon s.o.** vsiljevati se komu; **to** ~ **division** zahtevati glasovanje (v angleškem parlamentu); **to** ~ **one's way** krčiti si pot; **to** ~ **a position** z napadom zavzeti položaj

force along *vt* naprej gnati

force away *vt* odgnati, spoditi; izsiliti, nasilno vzeti

force back *vt* nazaj napoditi; odbiti

force down *vt* potisniti; dol vreči; **to be forced down** prisilno pristati (letalo)

force forward *vt* naprej gnati

force from *vt* izsiliti; izgnati

force in *vt* zagnati v kaj; vtisniti

force o.s. into *vt* vriniti se

force on *vt* poditi; pognati

force out *vt* izgnati; izsiliti

force up *vt* gor gnati; razmajati (kamenje); ~ **the market** dvigati cene

force upon *vt* vsiliti

force III [fɔ:s] *vt* (na)polniti, nadevati

force IV [fɔ:s] *n* slap

forced [fɔ́:st] *adj* (~ **ly** *adv*) prisiljen, izsiljen; nenaraven, umeten; ~ **landing** prisilno pristajanje; ~ **labour** prisilno delo

force-feed [fɔ́:sfi:d] *vt* mazati pod tlakom

forceful [fɔ́:sful] *adj* (~ **ly** *adv*) močen; učinkovit, prepričljiv; nasilen

forcefulness [fɔ́:sfulnis] *n* krepkost, moč; učinkovitost; prepričljivost; nasilje

force-land [fɔ́:slænd] *vi coll* prisilno pristati

forceless [fɔ́:slis] *adj* (~ **ly** *adv*) šibek, slaboten

forcelessness [fɔ́:slisnis] *n* slabotnost, šibkost

force-meat [fɔ́:smi:t] *n* sesekljano začinjeno meso (za nadev)

forceps [fɔ́:seps] *n med zool* klešče

force-pump [fɔ́:spʌmp] *n* tlačna črpalka

forcer [fɔ́:sə] *n* bat v tlačni sesalki; majhna ročna sesalka

forcibility [fɔ:sibíliti] *n* mogočnost, učinkovitost, tehtnost

forcible [fɔ́:sibl] *adj* močan, učinkovit, tehten; nasilen

forcing [fɔ́:siŋ] *n* pospeševanje rasti, klitja

forcing-bed [fɔ́:siŋbed] *n* topla greda

forcing-frame [fɔ́:siŋfreim] *n* pognojena gredica

forcing-house [fɔ́:siŋhaus] *n* rastlinjak

ford [fɔ:d] **1.** *n* brod, pregaz, plitvina; **2.** *vt* (pre)broditi

fordable [fɔ́:dəbl] *adj* prebroden, plitev

fordo* [fɔ:dú:] *vt arch* uničiti, pogubiti, izčrpati, izmozgati

fordone [fɔ:dʌ́n] *adj obs* izčrpan, izmozgan, izmučen

fore I [fɔ:] *prep arch* pred; ~ **God** bog mi je priča

fore II [fɔ:] *adv naut* spredaj; ~ **and aft** spredaj in zadaj na ladji, vzdolž ladje

fore III [fɔ:] **1.** *adj* sprednji; **2.** *n* sprednji del, ospredje; **to come to the** ~ prikazati se; zasloveti; **at the** ~ v ospredju, na važnem položaju

fore IV [fɔ́:] *int* pazi(te)! (pri golfu)

fore- [fɔ:] *pref* pred-

fore-and-aft [fɔ́rəndá:ft] *adj naut* dolžinski, podolžen
fore-and-aft(er) [fɔ́:əndá:ft(ə)] *n mar* trojambornica s podolžnimi jadri
forearm I [fɔ́:ra:m] *n anat* podlaket
forearm II [fɔ:rá:m] *vt mil* vnaprej ukreniti, za napad pripraviti
forebear [fɔ́:bɛə] *n* prednik
forebode [fɔ:bóud] *vt* prerokovati, napovedati; zaslutiti
foreboding [fɔ:bóudiŋ] *n* napoved, slutnja; slabo znamenje
forecabin [fɔ́:kæbin] *n* kabina 2. razreda (v sprednjem delu ladje)
forecast* I [fɔ:kást] *vt* predvidevati, napovedati
forecast II [fɔ́:ka:st] *n* premislek; napoved; weather ~ vremenska napoved
forecaster [fɔ:ká:stə] *n* napovedovalec, -lka
forecastle [fóuksl] *n mar* sprednji del zgornje palube na bojni ladji; sprednji krov, stan, kaštel; prostori za mornarje v podpalubju
foreclose [fɔ:klóuz] *vt* (*from, of*) izključiti; preprečiti; *jur* odbiti zaradi poteka roka; to ~ a mortgage izjaviti, da je hipoteka zapadla
foreclosure [fɔ:klóužə] *n* zaplenitev in prodaja upnikove nepremičnine; izključitev; preprečenje
forecourt [fɔ́:kɔ:t] *n* prostor pred hišo
foredate [fɔ́:deit] glej antedate
foredeck [fɔ́:dek] *n* sprednji krov
foredoom [fɔ́:dú:m] *vt* vnaprej obsoditi
fore-end [fɔ́:rend] *n* sprednji konec; *dial* začetek
forefather [fɔ́:fa:ðə] *n* prednik, ded; Forefathers' Day obletnica prihoda Angležev v Ameriko (22. december)
forefeeling [fɔ́:fí:liŋ] *n* slutnja
forefinger [fɔ́:fiŋgə] *n anat* kazalec
forefoot [fɔ́:fut] *n zool* sprednja noga
forefront [fɔ́:frʌnt] *n* najsprednejši del, ospredje; najvidnejši položaj; najnevarnejši kraj
foregather [fɔ́:gæðə] glej forgather
foregift [fɔ́:gift] *n* ara za obnovitev zakupa
forego* [fɔ:góu] *vt & vi* iti, hoditi pred kom; odreči se, opustiti
foregoer [fɔ:góuə] *n* predhodnik, -nica
foregoing [fɔ:góuiŋ] *adj* zgoraj, prej omenjen, prednji
foregone [fɔ:gón] 1. *pp* od forego; 2. *adj* določen, predviden; jasen, neizogiben; ~ conclusion očitnost; ~ opinion predsodek
foreground [fɔ́:graund] *n* ospredje; *fig* vidno mesto
forehand I [fɔ́:hænd] *adj* predčasen; pravočasen; sprednji; (tenis) ki odbija žogo z dlanjo, obrnjeno naprej
forehand II [fɔ́:hænd] *n* sprednji del konja; preddnost; dlan; (tenis) udarec z naprej obrnjeno dlanjo
forehanded [fɔ́:hændid] *adj* (~ ly *adv*) pravočasen, zgoden; *A* uspešen, premožen, preračunljiv, varčen; (tenis) ki odbija žogo z naprej obrnjeno dlanjo
forehead [fɔ́:rid, fɔ́:hed] *n anat* čelo; *fig arch* predrznost
fore-hold [fɔ́:hould] *n naut* sprednji del podpalubja
foreign [fɔ́rin] *adj* tuj, inozemski, zamejski; zunanji; neznan; ~ affairs zunanje zadeve; ~ currency valuta; ~ exchange devize; ~ country tujina; Foreign Legion tujska legija; Foreign Office *E* ministrstvo za zunanje zadeve; ~ secretary, secretary of state for ~ affairs minister za zunanje zadeve; ~ trade zunanja trgovina; *naut* dolga plovba; ~ attachment zaplemba tuje imovine; ~ body *anat* tujek; ~ parts tujina; ~ policy zunanja politika
foreign-plea [fɔ́rinpli:] *n jur* ugovor zoper sodnika
foreign-born [fɔ́rinbɔ:n] *adj* tujega rodu, tuj
foreigner [fɔ́rinə] *n* tujec, tujka, inozemec, -mka, zamejec, -jka, tuji državljan, tuja državljanka; tuja ladja
forejudge [fɔ:džʌ́džʌ́dž] *vt* vnaprej obsoditi, prenagljeno soditi, odločiti
forejudgement [fɔ:džʌ́džmənt] *n* predsodek
foreknew [fɔ:njú:] *pt* od foreknow
foreknow* [fɔ:nóu] *vt* predvidevati, slutiti
foreknowledge [fɔ:nɔ́lidž] *n* predvidevanje, slutnja
foreknown [fɔ:nóun] *pp* od foreknow
forel, forrel [fɔ́rəl] *n* vrsta pergamenta za platnice
foreland [fɔ́:lænd] *n* rtič; predgorje
foreleg [fɔ́:leg] *n zool* sprednja noga
forelock I [fɔ́:lɔk] *n* čop, koder na čelu; take time (ali occasion) by the ~ (for it is bald behind) izrabi priložnost, ko se ti nudi
forelock II [fɔ́:lək] 1. *n* osnik, zatič; 2. *vt* z zatičem zavarovati
foreman [fɔ́:mən] *n* paznik, delovodja, poslovodja; predsednik porotnikov
foremast [fɔ́:ma:st] *n* sprednji jambor; ~ hand (ali sailor) navadni mornar
forementioned [fɔ́:menšənd] *adj* prej omenjen
foremilk [fɔ́:milk] *n* mlezivo, prvo mleko po porodu
foremost I [fɔ́:moust] *adj* najsprednejši, najodličnejši, glaven
foremost II [fɔ́:moust] *adv* predvsem, najprej; head ~ z glavo naprej; first and ~ na prvem mestu, predvsem
forename [fɔ́:neim] *n* osebno, krstno ime
forenoon [fɔ́:nu:n] *n* dopoldan; in the ~ dopoldne
forensic [fərénsik] *adj* (~ ally *adv*) soden, sodnijski; retoričen; ~ medicine sodna medicina; ~ specialist sodni izvedenec
foreordain [fɔ́:ərdéin] *vt* vnaprej določiti
foreordinate [fɔ:rɔ́:dineit] glej foreordain
foreordination [fɔ:rədinéišən] *eccl* predestinacija
forepart [fɔ́:pa:t] *n* sprednji del
forepeak [fɔ́:pi:k] *n mar* sprednje ali zadnje podpalubje
forequarter [fɔ́:kwɔtə] *n* sprednja četrt živali
foreran [fɔ:rʌ́n] *pt* od forerun
forereach [fɔ:rí:č] *vt naut* prehiteti (jadrnico)
foreroom [fɔ:ru:m] *n* predsoba, prednja soba
forerun* [fɔ:rʌ́n] *vt arch* teči pred kom; prehiteti; najaviti
forerunner [fɔ:rʌ́nə] *n* predhodnik, znanilec; simptom
foresaid [fɔ:séd] *pt & pp* od foresay
foresail [fɔ́:seil] *n* sprednje jadro
foresaw [fɔ:sɔ́:] *pt* od foresee
foresay* [fɔ:séi] *vt* prej omeniti, prej določiti, prej ukazati
foresee [fɔ:sí:] *vt* naprej videti, slutiti, predvideti, napovedati

foreseeing [fɔ:sí:iŋ] *adj* (~ ly *adv*) sluteč; previden, oprezen
foreseen [fɔ:sí:n] *pp* od foresee
foreseer [fɔ:sí:ɔ] *n* tisti, ki sluti
foreshadow I [fɔ:šǽdou] *vt* naznačiti, očrtati, namigniti; zaslutiti
foreshadow II [fɔ:šǽdou] *n* znanilec, znak
foresheet [fɔ:ši:t] *n mar* sprednja jadrna vrv
foreshore [fɔ:šɔ:] *n* peščina, zemlja pred obalo
foreshorten [fɔ:šɔ́:tɔn] *vt* perspektivno risati
foreshow* [fɔ:šóu] *vt* napoved(ov)ati, obetati
foreshown [fɔ:šóun] *pp* od foreshow
foresight [fɔ́:sait] *n* predvidevanje; previdnost; priprava; skrb; muha (na strelnem orožju)
foresighted [fɔ́:saitid] *adj* (~ ly *adv*) previden; skrben
foreskin [fɔ́:skin] *n anat* kožica na koncu penisa
forest I [fɔ́rist] *n* (velik, naraven) gozd; pragozd; ~ fire gozdni požar
forest II [fɔ́rist] *vt* pogozditi, pogozdovati
forestal [fɔ́ristl] *adj* gozden
forestall I [fɔ:stɔ́:l] *vt hist* prehite(va)ti; preprečiti; vnaprej nakupiti
forestall II [fɔ:stɔ́:l] *n obs* prežanje; napad iz zasede; sodna oblast fevdalca nad napadalci iz zasede
forester [fɔ́ristɔ] *n* gozdar, gozdni delavec, gozdni prebivalec; *zool* gozdna vešča
forestry [fɔ́ristri] *n* gozdovi; gozdarstvo
foretaste I [fɔ́:teist] *n* okus, ki ga občutimo vnaprej; slutnja, pričakovanje
foretaste II [fɔ:téist] *vt* vnaprej občutiti okus; zaslutiti, pričakovati, veseliti se na kaj
foretell* (fɔ:tél] *vt* napovedati, naznačiti
forethought [fɔ́:θɔ:t] 1. *adj* vnaprej premišljen; 2. *n* zreli premislek, previdnost
forethoughtful [fɔ:θɔ́:tful] *adj* previden, oprezen
foretime [fɔ́:taim] *n* preteklost, stari, davni časi
foretoken I [fɔ́:toukɔn] *n* predznak, znamenje, glasnik
foretoken II [fɔ:tóukɔn] *vt* napoved(ov)ati, namigniti, namigovati
foretold [fɔ:tóld] *pt & pp* od foretell
foretooth [fɔ́:tu:θ] *n anat* sprednji zob, sekalec
foretop [fɔ́:tɔp] *n* sprednji del; *mar* vrh sprednjega jambora; jamborni koš; ~ mast sprednji jambor; ~ yard sprednji križ
foretopgallantmast [fɔ:tɔpgǽlɔntma:st] *n naut* podaljšek prednjega jambora
foretopsail [fɔ́:tɔpseil] *n naut* jadro na prednjem jamboru
forever [fɔrévɔ] *adv* večno, za vedno
forwarn [fɔ:wɔ́:n] *vt* (*of*) vnaprej (po)svariti, opozoriti, obvestiti
forewoman [fɔ́:wumɔn] *n* nadzornica, delovodkinja; predsednica ženske porote
foreword [fɔ́:wɔd] *n* predgovor, uvodna beseda
forfeit I [fɔ́:fit] *vt* zgubiti, zapraviti, zaigrati; plačati globo; zagrešiti
forfeit II [fɔ́:fit] *adj* zaplenjen, zapravljen, zgubljen
forfeit III [fɔ́:fit] *n* zguba pravice; zaplenjena last; globa; zastavnina; pokora; *obs* zločin
forfeitable [fɔ́:fitɔbl] *adj* zastavljiv, oglobljiv, zaplenljiv

forfeiture [fɔ́:fičɔ] *n* zguba; odkupnina; zaplemba; zastavnina, globa
forfend [fɔ:fénd] *vt arch* odvrniti, odvračati, ubraniti, ohraniti
forgather [fɔ:gǽðɔ] *vi* zbrati, zbirati se, sniti, shajati se; zabavati se
forgave [fɔgéiv] *pt* od forgive
forge I [fɔ:dž] *n* kovačnica, topilnica, ognjišče; vigenj; ~ bellows kovaški meh
forge II [fɔ:dž] *vi & vt* (s)kovati; ponarediti, ponarejati; izmisliti si; forging press tiskarski stroj za ponarejanje bankovcev
forge III [fɔ:dž] *vi* utirati si pot, z muko napredovati; to ~ ahead prevzeti vodstvo (pri dirki), biti na čelu
forgeable [fɔ́:džɔbl] *adj* koven; ki se da ponarediti
forger [fɔ́:džɔ] *n* kovač; ponarejevalec; iznajditelj
forgery [fɔ́:džɔri] *n* ponarejanje, ponaredek; sleparija, poneverba, prevara, laž, falzifikat
forget* [fɔgét] *vt & vi* (*about*) pozabiti, ne misliti na kaj, ne se spomniti; zanemariti, zanemarjati; I ~ ne morem se spomniti, pozabil sem; to ~ o.s. spozabiti se; to ~ about s.th. ne misliti več na kaj
forgetful [fɔgétful] *adj* (~ ly *adv*) pozabljiv, površen; to be ~ of imeti slab spomin za
forgetfulness [fɔgétfulnis] *n* pozabljivost; površnost
forget-me-not [fɔgétminɔt] *n bot* spominčica
forge-train [fɔ:džtrein] *n rly* valjarna tračnic
forgettable [fɔgétɔbl] *adj* pozabljiv; ki ga je lahko pozabiti
forgings [fɔ:džiŋz] *n pl* kovani predmeti
forgivable [fɔgívɔbl] *adj* odpustljiv
forgive* [fɔgív] *vt* odpustiti, oprostiti, prizanesti
forgiven [fɔgívn] *pp* od forgive
forgiveness [fɔgívnis] *n* odpuščanje, oprostitev
forgiving [fɔgíviŋ] *adj* (~ ly *adv*) ki rad odpušča, prizanesljiv, popustljiv; milostljiv; pomirljiv; obziren
forgo* [fɔ:góu] *vt* (*s.th.*) odreči se, vzdržati se česa, opustiti kaj
forgone [fɔ:gón] *pp* od forgo
forgot [fɔgót] *pt, poet pp* od forget
forgotten I [fɔgótn] *pp* od forget; *adj* pozabljen; never to be ~ nepozaben
forgotten II [fɔgótn] *n A coll* navadni Amerikanec; brezposelnež
forjudge [fɔ:džádž] *vt jur* sodno razlastiti
forjudgment [fɔ:džádžmɔnt] *jur n* sodna razlastitev
fork I [fɔ:k] *n* vile, vilice; rogovile, razsohe; odcep; razcep; križišče; *anat* dimlje; hlačni korak; to play a good knife and ~ s tekom jesti; tuning ~ glasbene vilice
fork II [fɔ:k] *vi* (*into*) cepiti se; mešati, brkljati; 2. *vt* nabosti; z vilami podajati; *sl* to ~ out (ali up) plačati, odriniti denar, v žep seči; to ~ in z vilami metati
forked [fɔ:kt] *adj* (~ ly *adv*) viličast, razcepljen; ~ crane kleščni žerjav; ~ halving vogalni strižni čep
forky [fɔ́:ki] *adj* (forkily *adv*) viličast, rogovilast
forlorn [fɔlɔ́:n] *adj* zgubljen, zapuščen; *poet* nesrečen, neboglien, beden, ubog; *mil* ~ hope odred, ki ima posebno nevarno nalogo; na-

padalna četa; nevarna naloga; *fig* brezupno početje

form I [fɔ:m] *n* oblika; navada; šablona, model, kalup; tiskovni sestavek; formular, obrazec; zajčji brlog; obred, ceremonija; *anat* postava; šolska klop; razred (v šoli); način, vedenje; **to be bad** ~ ne se spodobiti; **in due** ~ po predpisih; **in** ~ v kaki obliki; dobro; v kondiciji; **in great** ~ dobro razpoložen; **out of** ~ slabo; v slabi kondiciji; **good** ~ takt, obzirnost; ~ **letter** poslovno pismo, ki je v glavnem tiskano; ~ **master** razrednik; ~ **mistress** razredničarka; ~ **register** razredna knjiga, razrednica; **matter of** ~ zgolj formalnost; **requisition** ~ naročilnica

form II [fɔ:m] *vt & vi* oblikovati, tvoriti (se); sestaviti; izmisliti si; nasta(ja)ti, razvi(ja)ti se; vzgojiti, vzgajati; pridobi(va)ti; v vrsto (se) postaviti; organizirati

form into *vi* združiti (se)

form up *vi bot mil* zvrstiti, formirati (se), v vrsto se postaviti

form upon *vi & vt* oblikovati (se) po čem

formal [fɔ:məl] *adj* (~ **ly** *adv*) oblikoven; pravilen, simetričen; zunanji; svečan, formalen; določen; pedanten, strog; navidezen, dozdeven, na oko; ~ **visit** služben obisk; ~ **garden** angleški park

formaldehyde [fɔ:mældihaid] *n chem* formaldehid

formalin [fɔ:məlin] *n chem* formalin

formalism [fɔ:məlizəm] *n* formalizem

formalist [fɔ:məlist] *n* formalist(ka)

formality [fɔ:mǽliti] *n* zunanja oblika, formalnost, etiketa

formalization [fɔ:məlaizéišən] *n* prežemanje s formalizmom, delovanje po istem kopitu

formalize [fɔ:məlaiz] *vt* določno oblikovati

format [fɔ:mæt] *n* oblika, format

formation [fɔ:méišən] *n* tvorba, stvaritev; sestava, ureditev; *mil geol* formacija; red

formative [fɔ:mətiv] *adj* (~ **ly** *adv*) oblikoven; oblikosloven

forme [fɔ:m] *n* tiskovni sestavek

former I [fɔ:mə] *n* tvorec, oblikovalec, ustanovitelj, stvaritelj; črkolivec; model, kalup, šablona

former II [fɔ:mə] *adj* prejšnji, bivši, nekdanji; prvi (od dveh) **the** ~ ... **the latter** prvi ... drugi; **in** ~ **times** nekoč

formerly [fɔ:məli] *adv* prej, pred nekaj časa, nekoč

form-fool [fɔ:mfu:l] *n* najneumnejši učenec v razredu

formic [fɔ:mik] *adj* mravljinčji; *chem* ~ **acid** mravljična kislina

formica [fɔ:mikə] *n* nepregorna ploščičasta umetna masa

formicary [fɔ:mikəri] *n* mravljišče

fomicate [fɔ:mikeit] *vi* mravljinčiti se

formication [fɔ:mikéišən] *n* mravljinčenje

formidability [fɔ:midəbíliti] *n* ogromnost; groza; pomembnost, mogočnost, kolosalnost

formidable [fɔ:midəbl] *adj* (**formidably** *adv*) grozen, strašen; velikanski, neznanski, ogromen; pomemben; mogočen, kolosalen

formidableness [fɔ:midəblnis] glej **formidability**

formless [fɔ:mlis] *adj* (~ **ly** *adv*) brezobličen, brezličen, nedoločen

formlessness [fɔ:mlisnis] *n* brezobličnost, brezličnost, nedoločnost

formula [fɔ:mjulə] *n* besedilo, obrazec, formula; *med* predpis

formulae [fɔ:mjuli:] *pl* od **formula**

formularist [fɔ:mjulərist] *n* dogmatik

formularistic [fɔ:mjulərístik] *adj* (~ **ally** *adv*) dogmatičen

formularize [fɔ:mjuləraiz] glej **formulate**

formulary [fɔ:mjuləri] **1.** *n* zbirka formul; obrazec, formular; **2.** *adj* predpisan, obreden

formulate [fɔ:mjuleit] *vt* izražati; (iz)oblikovati

formulation [fɔ:mjuléišən] *n* izražanje, oblikovanje, prireditev; redakcija

fornicate [fɔ:nikeit] *vi* nečistovati, prešuštvovati; brezbožniško živeti

fornication [fɔ:nikéišən] *n* nečistništvo, prešuštvo; brezbožništvo

fornicator [fɔ:nikeitə] *n* nečistnik, prešuštnik

fornicatress [fɔ:nikeitris] *n* nečistnica, prešuštnica, brezbožnica

forpine [fɔ:páin] *vi arch* hirati

forrader [fɔ:rədə] *adv coll* dalje, naprej; **to get no** ~ nič ne napredovati

forrel glej **forel**

forsake* [fəséik] *vt* zapustiti, opustiti, odreči se, na cedilu pustiti

forsaken [fəséikən] *pp* od **forsake**; *adj* zapuščen, pust, nenaseljen

forsook [fəsúk] *pt* od **forsake**

forsooth [fəsú:θ] **1.** *adv ir* zares, brez dvoma; **2.** *int* pri moji veri!

forspent [fəspént] *adj arch* izčrpan, izmozgan

forswear* [fəswɔ́:] *vt* odreči se; zarotiti se; krivo priseči; **to** ~ **o.s.** krivo priseči

forsworn [fəswɔ́:n] *pp* od **forswear**; *adj* krivoprisežen, verolomen, nezvest

forsythia [fəsáiθjə] *n bot* forzicija

fort [fɔ:t] *n* utrdba, trdnjava; *A* trgovska postaja; **to hold the** ~ braniti se

fortalice [fɔ:təlais] *n arch poet* trdnjavica

forte I [fɔ:t] *n* dobra stran, sončna točka; del sablje od ročaja do sredine rezila; posebna sposobnost, odlika

forte II [fɔ:ti] **1.** *adj & adv mus* glasen, glasno; **2.** *n mus* forte

forth I [fɔ:θ] *adv* naprej, dalje; **to set** ~ naprej se odpraviti, odpotovati; odposlati; objaviti; **and so** ~ in tako dalje; **back and** ~ sem in tja; **to bring** ~ roditi, skotiti; **to put** ~ **leaves** ozeleneti; **so far** ~ kolikor toliko; **from this day** ~ od danes; **to cast** ~ ven vreči; **to sail** ~ izpluti

forth II [fɔ:θ] *prep arch* iz, ven iz

forthcoming I [fɔ:θkámiŋ] *adj* pojavljajoč, bližajoč se; prihodnji, bližnji; pripravljen

forthcoming II [fɔ:θkámiŋ] *n* pojava; bližanje

forthgoing [fɔ:θgóuiŋ] *adj* spravljiv; navdušen

forthright [fɔ:θráit] **1.** *adj* prem, odkritosrčen; **2.** *adv* naravnost, odločno

forthwith [fɔ:θwiθ] *adv* takoj, nemudoma

fortieth [fɔ:tiiθ] **1.** *adj* štirideseti; **2.** *n* štiridesetina

fortifiable [fɔ:tifaiəbl] *adj* ki se da utrditi

fortification [fə:tifikéišən] *n* utrjevanje, ojačevanje; utrdba
fortifier [fɔ́:tifaiə] *n* krepilo
fortify [fɔ́:tifai] *vt* ojačiti, krepiti, podpreti, podpirati; potrditi; utrjevati; **to ~ o.s. against** oborožiti, utrditi se proti
fortitude [fɔ́:titju:d] *n* trdnost; moralna moč; pogum
fortnight [fɔ́:tnait] *n* štirinajst dni; **this day ~** čez 14 dni, v štirinajstih dneh; **this ~** zadnih 14 dni
fortnightly [fɔ́:tnaitli] **1.** *adj* štirinajstdneven; **2.** *adv* štirinajstdnevno, vsak drugi teden; **3.** *n* štirinajstdnevnik
fortress I [fɔ́:tris] *n* trdnjava, utrdba
fortress II [fɔ́:tris] *vt* zavarovati s trdnjavo; *poet* ščititi, braniti
fortuitous [fə:tjúitəs] *adj* (~ly *adv*) naključen, slučajen, nenameren
fortuitousness [fə:tjúitəsnis] *n* naključje, slučaj
fortuity [fə:tjúiti] *n* slučaj, naključje, sreča
fortunate [fɔ́:čnit] **1.** *adj* srečen, ugoden; **2.** *n* srečen človek, srečnež
fortunately [fɔ́:čnitli] *adv* na srečo, k sreči
fortune I [fɔ́:čən] *vt & vi arch poet* dogoditi, dogajati se, pripetiti se; **to ~ upon s.th.** naleteti na kaj
fortune II [fɔ́:čən] *n* usoda, sreča; premoženje, imetje, bogastvo, dota; ugodna ženitev (možitev); **ill** (ali **bad**) **~** nesreča, smola; **to make one's** (ali **a**) **~** obogateti; **to marry a ~** bogato se poročiti; **every man is the architect of his ~** vsak je svoje sreče kovač; **to tell ~s** vedeževati; **to come into a ~** dedovati; *coll* **a small ~** celo premoženje, velik znesek; **soldier of ~** vojak najemnik; **to have one's ~ told** dati si vedeževati; **with good ~** če ima človek srečo
fortune-hunter [fɔ́:čənhʌntə] *n* tisti, ki išče bogato nevesto; pustolovec
fortuneless [fɔ́:čənlis] *adj* reven, siromašen
fortune-teller [fɔ́:čəntelə] *n* vedeževalec, -lka
fortune-telling [fɔ́:čənteliŋ] *n* vedeževanje
forty I [fɔ́:ti] *num adj* štirideset; *coll* **to have ~ winks** zakinkati
forty II [fɔ́:ti] *n* štirideseta leta (starosti); **she is in her forties** stara je nad štirideset let (vendar pod petdeset); **the roaring forties** viharni pas na Atlantiku (39—40° sev. širine)
forum [fɔ́:rəm] *n* pristojna oblast, pristojno mesto; sodišče
forward I [fɔ́:wəd] *adv* naprej, dalje; spredaj; **to look ~ to** veseliti se na; **to put o.s. ~** siliti v ospredje; **from this time ~** odslej; **to bring ~** opozoriti; navesti; **to put** (ali **set**) **~** trditi, izjaviti; *com* **carriage ~** plača se po dostavi
forward II [fɔ́:wəd] *adj* (~ly *adv*) sprednji; napredujoč; *fig* napreden; *fig* vsiljiv, predrzen, nesramen; pripravljen, prizadeven; prenagljen, zaletav; *com* terminski
forward III [fɔ́:wəd] *n sp* napadalec, sprednji igralec; *fig pl* pionirji; **centre ~** srednji napadalec
forward IV [fɔ́:wəd] *vt* pospešiti; pomagati, podpirati; (od)poslati, odpremiti; dostaviti
forward V [fɔ́:wəd] *int* naprej!
forwarder [fɔ́:wədə] *n* dostavljalec, odpravnik
forwarding [fɔ́:wədiŋ] *n* odpošiljanje, razpošiljanje

forwarding-agent [fɔ́:wədiŋeidžənt] *n* špediter
forwarding-firm [fɔ́:wədiŋfə:m] glej **forwarding-house**
forwarding-house [fɔ́:wədiŋhaus] *n* špediterstvo, prevozništvo
forwardingly [fɔ́:wədiŋli] *adv* predrzno, prenagljeno
forwardingliness [fɔ́:wədiŋlinis] *n* predrznost, prenagljenost
forwarding-note [fɔ́:wədiŋnout] *n* tovorni list
forward-looking [fɔ́:wədlukiŋ] *adj* perspektiven; napreden
forwardness [fɔ́:wədnis] *n* prezgodnja zrelost; prenagljenost, zaletelost; vnema; predrznost
forwards [fɔ́:wədz] *adv* naprej, dalje; **backwards and ~** naprej in nazaj
forwearied [fə:wíərid] *adj arch*, *poet* skrajno utrujen
forwent [fə:wént] *pt* od **forgo**
forwhy [fə:wái] *obs* **1.** *adv* zakaj, čemu; **2.** *conj* ker
forworn [fə:wɔ́:n] *adj arch* izčrpan, izmučen
fosse [fɔs] *n* jarek; *med* jamica, votlina
fossette [fɔsét] *n* jamica
fossick [fɔ́sik] *vt & vi coll* iskati, stikati; kopati zlato
fossicker [fɔ́sikə] *n sl* iskalec zlata, zlatokop
fossil [fɔ́sl] **1.** *adj* okamenel, predpotopen; *fig* zastarel, okorel; **2.** *n* okamnina
fossiliferous [fɔ́silifərəs] *adj geol* ki vsebuje okamnine
fossilization [fɔsilaizéišən] *n* okamenitev
fossilize [fɔ́silaiz] *vt & vi* okamniti; okamneti
foster I [fɔ́stə] *n arch* hrana
foster II [fɔ́stə] *vt* hraniti, gojiti, rediti, vzgajati; pospeševati; rad imeti; **to ~ up** vzgajati; **to ~ a desire** želeti si kaj, hrepeneti po čem
fosterage [fɔ́stəridž] *n* dajanje otrok v rejo; reja otrok
foster-brother [fɔ́stəbrʌðə] *n* sodojenec, brat po mleku
foster-child [fɔ́stəčaild] *n* rejenec, posvojenec, -nka
foster-daughter [fɔ́stədə:tə] *n* rejenka, posvojenka
fosterer [fɔ́stərə] *n* krušni oče, krušna mati
foster-father [fɔ́stəfa:ðə] *n* rednik, krušni oče
fosterling [fɔ́stəliŋ] *n* rejenček, posvojenec, -nka
foster-mother [fɔ́stəmʌðə] *n* krušna mati, rednica
foster-nurse [fɔ́stənə:s] *n* pestunja
foster-parents [fɔ́stəpɛərənts] *n pl* krušni starši
foster-sister [(fɔ́stəsistə] *n* sodojenka, sestra po mleku
foster-son [fɔ́stəsʌn] *n* rejenec
fostress [fɔ́stris] *n* negovalka, hraniteljica
fought [fɔ:t] *pt & pp* od **fight**
foughten [fɔ́:tən] *arch pp* od **fight**
foul I [faul] *adj* (~ly *adv*) umazan, smrdljiv, gnil, gnusen, pokvarjen, škodljiv, slab; grd; blaten; viharen; nepošten, protizakonit; **~ copy** koncept; **~ language** prostaško govorjenje; **the ~ fiend** vrag; **~ dealings** grdo ravnanje; **~ play** zločin, prevara; *med* **~ tongue** obložen jezik; **~ weather** slabo vreme, neurje; **~ wind** nasprotni veter; **to fall** (ali **run**) **~ of s.o.** trčiti, spreti se s kom
foul II [faul] *adv* nepošteno, nepravilno, sramotno; **to hit ~** nepošteno ravnati; **to play ~** podlo ravnati, izdati

foul III [faul] **1.** vt umazati, zasmraditi; onečastiti; zamašiti, ovirati; zamotati, zaplesti; sp udariti, slabo ravnati; **2.** vi umazati, skaliti se; zaplesti se; nasesti; **to ~ one's own nest** v lastno skledo pljuvati; **to ~ the points** na kretnici iztiriti

foul IV [faul] n slabo vreme, neurje; smola; nepravilna igra; sp nizek udarec; trčenje; **through fair and ~** v sreči in nesreči; sp **to claim a ~** zahtevati preklic nasprotnikove zmage zaradi nepoštene igre

foully [fáulli] adv umazano, zoprno; izdajalsko; kruto; prostaško

foul-mouthed [fáulmauðd] adj ki govori prostaško

foulness [fáulnis] n umazanost; pokvarjenost; smrdljivost; gniloba; škodljivost; prostaštvo; hinavščina

foul-play [fáulpléi] n nepoštena igra; nezvestoba

foul-spoken [fáulspóukn] glej **foul-mouthed**

foul-tongued [fáultʌŋd] glej **foul-mouthed**

foul-up [fáulʌp] n A coll zadrega, zagata

foumart [fú:ma:t] n zool dihur

found I [faund] vt (on, upon) osnovati, ustanoviti, ustanavljati, ustvariti, ustvarjati; biti osnovan, temeljiti; biti odvisen; **well ~** utemeljen, upravičen

found II [faund] vt vlivati, liti; topiti, taliti

found III [faund] pt & pp od **find**

foundation [faundéišən] n osnovanje, ustanovitev; temelj, osnova; ustanova; samostan; **to be on the ~** imeti štipendijo; **~ school** samostanska šola; **Old Foundation** predreformacijske katedrale; **New Foundation** poreformacijske katedrale; **~ stone** temeljni kamen; **~ garment** pas za nogavice, steznik; **~ material** škrobljeno platno

foundationer [faundéišənə] n E štipendist(ka)

foundationless [faundéišənlis] adj neutemeljen, neosnovan

founded [fáundid] adj osnovan

founder I [fáundə] n osnovalec, ustanovitelj, povzročitelj; com **~'s shares** prioritetne delnice

founder II [fáundə] n livar, topilec, talilec

founder III [fáundə] **1.** vi potopiti se; (on) nasesti, razbiti se; zagaziti; ponesrečiti se, propasti; spotakniti se; ohrometi; zrušiti se; obtičati; (golf) udariti (z žogo) ob zemljo; **2.** vt potopiti; ohromiti, uničiti (konja)

founder IV [fáundə] n vet vrsta konjske bolezni

foundery [fáundri] glej **foundry**

foundling [fáundliŋ] n najdenček, -nka

foundress [fáundris] n ustanoviteljica

foundry [fáundri] n livarna; livarstvo; plavž, topilnica; **~ crane** livni žerjav; **~ hand** livec, plavžar

fount I [faunt] n poet studenec, izvir, vir; rezervoar (olja v svetilki, črnila v nalivnem peresu)

fount II [faunt] n garnitura tiskarskih črk iste velikosti

fountain [fáuntin] n studenec, izvir; vodnjak, vodomet; točilnica; rezervoar; črnilnik

fountain-head [fáuntinhed] n studenec, izvir; praizvor; **to go to the ~** iti do dna, vprašati najvišjo avtoriteto

fountain-pen [fáuntinpen] n nalivno pero

four I [fɔ:] num adj štiri; **to be ~** biti štiri leta star; bot **~ o'clock** Mirabilis jalapa; **within**

the ~ seas v Veliki Britaniji; arch **to the ~ winds** v vse smeri; **~ corners of (the) earth** najoddaljenejša točka sveta

four II [fɔ:] n štirica; naut četverec; pl 4% vrednostni papirji; pl tekme četvercev; **on all ~s** po vseh štirih; v polnem soglasju; **a coach and ~** četverovprežnik; **coxed ~** četverec s krmarjem; **light ~**, **coxwainless ~** četverec brez krmarja

four-ale bar [fɔ:eilba:] n gostilna

four-cornered [fɔ:kɔ:nəd] adj četverokoten

four-dimensional [fɔ:dimešənl] adj štiridimenzionalen

four-engined [fɔ:éndžind] adj štirimotoren

four-flusher [fɔ:flʌšə] n goljuf

fourfold [fɔ:fould] **1.** adj štirikraten; **2.** adv štirikratno

four-footed [fɔ:fútid] adj štirinožen

fourgon [fú:gɔn] n mrliški voz

four-handed [fɔ:hændid] mus **1.** adj štiri: očen; **2.** adv štiriročno

four-horsed [fɔ:hɔ:st] adj četverovprežen

four-in-hand I [fɔ:rinhænd] **1.** adj četverovprežen; **2.** adv četverovprežno

four-in-hand II [fɔ:rihænd] n četverovprežna kočija; A kravata

four-legged [fɔ:légd] adj štirinožen

fourpence [fɔ:pəns] n štiri penije (vsota)

fourpenny I [fɔ:pəni] adj štiri penije vreden; **~ bit** hist štiripenijski kovanec

fourpenny II [fɔ:pəni] n hist kovanec štirih penijev

four-poster [fɔ:póustə] n postelja s štirimi stebri in baldahinom; mar štirijambornica, ladja s štirimi jambori

fourscore [fɔ:skɔ:] adj arch osemdeset

four-seater [fɔ:sí:tə] n štirisedežno vozilo

foursome [fɔ:səm] n (golf) igra med dvema paroma igralcev

forsquare [fɔ:skwɛə] **1.** adj kvadraten; fig neomajen, pošten; **2.** adv pošteno; popolnoma; **3.** n kvadrat

four-stroke [fɔ:strouk] adj štiritakten (motor)

fourteen [fɔ:tí:n] num adj štirinajst

fourteenth [fɔ:ti:nθ] **1.** adj štirinajst; **2.** štirinajstina

fourth I [fɔ:θ] **1.** adj četrti; coll **the ~ estate** tisk, žurnalistika; **2.** adv četrtič

fourth II [fɔ:θ] n četrtina; četrti dan v mesecu; pl blago četrte vrste; A **the Fourth (of July)** 4. julij, praznik neodvisnosti

fourthly [fɔ:θli] adv četrtič

four-wheeled [fɔ:wi:ld] adj štirikolesen

fouty [fú:ti] adj coll navaden, zaničljiv

fovea [fóuviə] n anat jamica

fowl I [faul] n zool arch ptič; kokoš, petelin, perutnina; **neither fish nor flesh or ~** ne tič ne miš

fowl II [faul] vt ptiče loviti ali streljati

fowler [fáulə] n ptičar; perutninar

fowl-house [fáulhaus] n kokošnjak

fowling [fáuliŋ] n ptičji lov

fowling-bag [fáuliŋbæg] n lovska torba

fowling-piece [fáuliŋpi:s] n puška za lov na ptice

fowl-run [fáulrʌn] n kokošje dvorišče

fox I [fɔks] n zool lisica, lisjak; fig navihanec, pretkanec, -nka; lisičje krzno; A sl študent 1. letnika, bruc

fox II [fɔks] vi & vt varati, lisičiti; skisati se (pivo); zakrpati (čevlje); porumeneti, dobiti rjave madeže (papir)
fox-brush [fɔ́ksbrʌš] n lisičji rep
fox-chase [fɔ́ksčeis] n lov na lisice
fox-earth [fɔ́ksə:θ] n lisičina
foxed [fɔkst] adj okorel; poln rjavorumenih madežev; plesniv
foxglove [fɔ́ksglʌv] n bot naprstec
fox-hole [fɔ́kshoul] n strelsko zaklonišče
foxhound [fɔ́kshaund] n pes lisičar
fox-hunt [fɔ́kshʌnt] 1. n lov na lisice; 2. vi loviti lisice
fox-hunter [fɔ́kshʌntə] n lovec lisic
fox-hunting [fɔ́kshʌntiŋ] n lov na lisice
foxiness [fɔ́ksinis] n zvitost, prekanjenost
foxtail [fɔ́ksteil] n bot lisičji rep
fox-terrier [fɔ́ksteriə] n foksterier, lisičar
foxtrot [fɔ́kstrɔt] n vrsta konjskega koraka; vrsta plesa
foxy [fɔ́ksi] adj (foxily adv) lisičji; fig zvit, prekanjen; rdečkasto rjav; skisan
foyer [fɔ́iei] n vežna dvorana, avla
frabjous [frǽbdžəs] adj (~ ly adv) sijajen, radosten
fracas [frǽka:, fréikəs] n hrup, ropot, direndaj, hrušč, glasen prepir
fraction [frǽkšən] n math ulomek; odlomek, odkrušek; chem frakcija; vulgar (decimal, proper, improper, compound) ~ navadni (decimalni, pravi, nepravi, sestavljeni) ulomek; simple ~ navadni ulomek; by a ~ of an inch za las; representative ~ merilo (na geografskih kartah)
fractional [frǽkšənl] adj ulomljen; ulomkov; chem frakcijski; coll neznaten; ~ number ulomek; ~ currency drobiž, manjše vrednosti od osnovne
fractionary [frǽkšənəri] glej fractional
fractionate [frǽkšəneit] vt chem math frakcionirati, cepiti, razstavljati
fractionation [frǽkšənéišən] n frakcioniranje, razstavljanje
fractionize [frǽkšənaiz] vt chem math razstaviti, frakcionirati
fraction-line [frǽkšənlain] n ulomkova črta
fractious [frǽkšəs] adj (~ ly adv) uporen, prepirljiv, razdražljiv, trmast, neubogljiv
fractiousness [frǽkšəsnis] n upornost; prepirljivost, razdražljivost, trma
fracture II [frǽkčə] n med zlom; min prelom, lom
fracture II [frǽkčə] vt & vi lomiti, zlomiti, (raz)drobiti (se), počiti
fragile [frǽdžail] adj (~ ly adv) krhek, razlomljiv; nežen, rahel, šibek; fig kratkotrajen, minljiv
fragility [frədžíliti] n krhkost, lomljivost, nežnost; rahlost, šibkost; fig kratkotrajnost
fragment [frǽgmənt] n odlomek, drobec, delec
fragmental [frəgméntəl] adj geol ki sestoji iz odlomkov, drobcev
fragmentary [frǽgmontəri] adj (fragmentarily adv) nepopoln, odlomkoven, nedokončan
fragmentation [frǽgməntéišən] n (raz)drobitev
fragrance [fréigrəns] n prijeten vonj, vonjava, dišava, parfum
fragrancy [fréigrənsi] glej flagrance
flagrant [fléigrənt] adj (~ ly adv) dišeč, duhteč. vonjav

frail I [freil] adj (~ ly adv) slaboten, rahlega zdravja, krhek, šibek; nravstveno omahljiv; grešen
frail II [freil] n ločje; košara iz ločja, košarica, jerbas
frailty [fréilti] n slabotnost, šibkost, krhkost; moralna pomanjkljivost; spodrsljaj
fraise [freiz] n mil horizontalna žična ovira
frame I [freim] n zgradba, sestav, sistem; postava, telo; okvir, obod; statve; stojalo; ogrodje, struktura; rastlinjak; (film) posamezen posnetek; ~ of mind razpoloženje; a man of strong ~ človek krepke postave
frame II [freim] 1. vt izmisliti, (za)snovati; stvoriti, zgraditi; izraziti; uokviriti, obda(ja)ti; prilagoditi, urediti; spletkariti, oklevetati; 2. vi izoblikovati se; napredovati; nameniti se; A sl to ~ up ponarediti; podtikati
frame-house [fréimhaus] n lesena hiša
frame-knitter [fréimnitə] n techn stroj za pletenje nogavic .
frameless [fréimlis] adj brezokviren, brezogroden
framer [fréimə] n tvorec; povzročitelj; okvirar
frame-saw [fréimsɔ:] n techn napeta žaga
frame-up [fréimʌp] n natolcevanje, podtikanje, sum; past; sleparstvo; zvijača; ~ trial lažni, insceniran proces
framework [fréimwə:k] n ogrodje, sestav, zgradba; okostje; ~ of the door oboj, podboj; in the ~ v mejah
framing [fréimiŋ] n oblikovanje, sestavljanje; okvirjenje
franc [fræŋk] n frank
franchise [frænčaiz] n svoboščina, posebna pravica, privilegij; volilna pravica, pribežališče; azil; A koncesija; članstvo v novinarskem trustu Associated Press
Franciscan [frænsískən] 1. adj frančiškanski; 2. n frančiškan
frangibility [frændžibíliti] n krhkost, lomljivost; nežnost
frangible [frændžəbl] adj krhek, lomljiv; nežen
frangipane [frándžipein] n vrsta mandljevega peciva, marcipan
Frank [fræŋk] n Frank; poet Francoz
frank I [fræŋk] adj (~ ly adv) odkrit, iskren; prostodušen
frank II [fræŋk] vt arch poslati nefrankirano pismo; plačati poštnino, frankirati; pripeljati koga brez vstopnice; plačati stroške za koga; (against, from) prizanesti komu; good brains will ~ a man through life nadarjenemu človeku so povsod odprta vrata
frank III [fræŋk] n podpis osebe, ki sme pošiljati nefrankirana pisma; pismo ali ovojnica od take osebe
frank IV [fræŋk] n coll hrenovka
frankfurter [frǽŋkfə:tə] n hrenovka
frankincense [frǽŋkinsens] n kadilo
franklin [frǽŋklin] n posestnik, svobodnik
frankness [frǽŋknis] n odkritost, iskrenost; prostodušnost
frantic [frǽntik] adj (~ ally, ~ ly adv) (with) besen, nor, divji, ves iz sebe, razburjen; fam strašen
frap [fræp] vt mar pritegniti, zategniti, pritrditi (vrv)

frappé [fræpei] *adj* hlajen, zmrznjen
frat [fræt] *vi coll* bratiti se (s premaganci)
fraternal [frətɔ́:nl] *adj* (~ly *adv*) bratski
fraternity [frətɔ́:niti] *n* bratstvo, bratovščina, združenje; *A* študentovsko društvo
fraternization [frætənaizéišən] *n* bratenje; bratovščina
fraternize [frǽtənaiz] **1.** *vi* (*with*, *together*) (po)-bratiti, zbližati se; **2.** *vt* pobratiti, zbližati
fratricidal [freitrisáidl] *adj* bratomorilski
fratricide [fréitrisaid] *n* bratomor; bratomorilec, -lka, ubijalec, -lka brata ali sestre
fraud [frɔ:d] *n* (*against*) prevara, sleparstvo; nepoštenost; *coll* slepar; **in the ~ of, to the ~ of** s sleparskim namenom; **pious ~** svetohlinstvo
fraudulence [frɔ́:djuləns] *n* sleparstvo, prevara
fraudulency [frɔ́:djulənsi] glej **fraudulence**
fraudulent [frɔ́:djulənt] *adj* (~ly *adv*) sleparski, goljufiv
fraught [frɔ:t] *pred adj poet* (*with*) natovorjen, naložen; *fig* poln; ~ **with danger** zelo nevaren; ~ **with meaning** pomemben, tehten; ~ **with mischief** zlonosen
fray I [frei] *vt & vi* odrgniti, obrabiti (se); ponositi; razrvati (živce)
fray II [frei] *vt arch poet* prestrašiti
fray III [frei] *n* pretep, prepir, spopad; **eager for the ~** bojevit
frazil [fréizil] *n* kristaliziran led; led na dnu reke, potoka
frazzle I [frǽzl] *A n* cunja, krpa; *fig* izčrpanost; *sl* **to beat to a ~** popolnoma premagati; **to work o.s. to a ~** izčrpati, izmozgati se; **worn to a ~** do skrajnosti izčrpan, izmozgan
frazzle II [frǽzl] *vt & vi* razkrojiti, razcefrati (se)
freak I [fri:k] *n* samovoljnost, muhavost, kaprica, muhe; nakaza, pošast; ~ **of nature** igra narave; spaček
freak II [fri:k] *vi* igračkati se, zbijati šale
freak III [fri:k] **1.** *vt* opikljati, umazati, poškropiti; **2.** *n* madež, proga
freakish [frí:kiš] *adj* (~ly *adv*) muhast, čudaški, čuden; grotesken
freaky [frí:ki] *adj* (**freakily** *adv*) glej **freakish**
freckle I [frékl] **1.** *n* (sončna) pega; **2.** *vt & vi* s pegami pokriti; pege dobi(va)ti
freckled [frékld] *adj* pegast, pegav; opikljan
freckly [frékli] glej **freckled**
free [fri:] *adj* (~ly *adv*) (*from*, *of*) prost; svoboden; brezplačen; prostovoljen; neomejen, neodvisen; nezaposlen, brezdelen; nezaseden, prazen; neprisiljen, neoviran; radodaren; ljubek; surov, neprijazen; *chem* nevezan; **to be ~ to ...** smeti; ~ **booze** pijača zastonj; **I am ~ to confess** rad priznavam; ~ **and easy** neformalen, nekonvencionalen, naraven; **Free Church** cerkev, ki je ločena od države; *E* neanglikanska cerkev; **to make ~ of the city** podeliti častno meščanstvo; ~ **delivered** dostava zastonj; ~ **of duty** prost carine; ~ **fight** pretep, ravs in kavs; ~ **from** (ali **of**) brez, prost česa; izven, zunaj; ~ **hand** proste roke, posebna svoboda dejanja; ~ **living** uživanje; ~ **and unencumbered** brez hipoteke; **to make s.o. ~ of one's house** dati komu na razpolago svojo hišo, povabiti koga za poljubno dobo; **to make ~ with** preveč si

dovoliti; ~ **pass** brezplačna vstopnica; ~ **in one's speech** nepreviden v govoru; ~ **wind** ugoden veter; **to set** (ali **make**) ~ osvoboditi; ~ **labour** delavstvo, ki ni včlanjeno v sindikatih; ~ **thought** svobodomiselnost; ~ **trade** prosta trgovina; tihotapstvo; ~ **on board** franko ladja; ~ **on rail** franko vagon; ~ **alongside ship** *com* prost prevoz do ladje; **to make** ~ **use of** brez oklevanja uporabljati; **post** ~ poštnina plačana vnaprej; ~ **station** franko postaja
free II [fri:] *adv* (*from*) prosto, neovirano; brezplačno, zastonj; *mot* **to run** ~ biti v prostem teku
free III [fri:] *vt* (*of*, *from*) rešiti, oprostiti, osvoboditi; izločiti; odpreti (pot)
free-and-easy [frí:əndi:zi] **1.** *adj* prijateljski, neformalen; **2.** *n* prijateljski sestanek
freebench [frí:bénč] *n hist jur* vdovščina (po smrti svobodnika)
freeboard [frí:bɔ:d] *n* nadvodni del ladijskega boka, nadvodje
freeboot [frí:bu:t] *vi* ropati po morju
freebooter [frí:bu:tə] *n* pomorski ropar, gusar, pirat
freebooting [frí:bu:tiŋ] **1.** *adj* roparski, gusarski, razbojniški; **2.** *n* ropanje, gusarstvo, razbojništvo
free-born [frí:bɔ́:n] *adj* rojen kot svobodni državljan
free-fooder [frí:fú:də] *n* nasprotnik obdavčevanja hrane
freedman [frí:dmən] *n* osvobojenec, osvobojeni suženj
freedom [frí:dəm] *n* (*from*, *of*) svoboda, neodvisnost, prostost; iskrenost; drznost; lahkota; *fig* prost dostop, prosta raba; ~ **of the city** častno meščanstvo; **to have the ~ of s.th.** imeti prost dostop do česa; ~ **of house** prosta uporaba hiše; ~ **from passion** brezstrastnost; **to take out one's ~** dobiti državljanske pravice; **to take ~s with** dovoliti si kaj, biti predomač s; ~ **of a company** mojstrska pravica
free-entry [frí:éntri] *n* oprostitev carine
free-hand [frí:hænd] **1.** *adj* prostoročen; **2.** *n* prostoročno risanje
free-handed [frí:hǽndid] *adj* (~ly *adv*) radodaren, velikodušen
free-hearted [frí:há:tid] *adj* odkrit; radodaren; prisrčen
freehold [frí:hould] *n* svobodno posestvo
freeholder [frí:houldə] *n* svobodnik
free-kick [frí:kík] *n sp* prosti strel
free-labour [frí:léibə] *n* neorganizirano delavstvo
free-lance [frí:lá:ns] **1.** *adj* neodvisen (politik, žurnalist); **2.** *n hist* plačanec; vojak najemnik; prostovoljec
free-list [frí:list] *n* seznam predmetov prostih carine
free-liver [frí:livə] *n* zapravljivec; razuzdanec
free-living [frí:liviŋ] *n* zapravljanje; razuzdano življenje
freeloader [frí:loudə] *n coll* prisklednik
freeman [frí:mən] *n* svoboden, neodvisen človek, svobodnjak; častni meščan ali član
freemartin [frí:ma:tin] *n* jalova krava

freemason [frí:meisn] *n* prostozidar
freemasonry [frí:meisnri] *n* prostozidarstvo
freer [frí:ə] *n* osvoboditelj(ica)
freespoken [frí:spóukən] *adj* odkrit, iskren, odkritosrčen
freespokenness [frí:spóukənnis] *n* odkritost, iskrenost
freestone [frí:stoun] *n* drobnozrnat peščenjak, apnenec (ki se da lahko obdelovati)
freethinker [frí:θiŋkə] *n* svobodomislec, ateist
freethinking [frí:θiŋkiŋ] 1. *adj* svobodomiseln, ateističen; 2. *n* svobodomiselstvo; ateizem
free-trade [frí:tréid] *n* svobodna trgovina; tihotapstvo
free-trader [frí:tréidə] *n* tihotapec; tihotapska ladja; zagovornik proste trgovine
freeway [frí:wei] *n* avtocesta
free-wheel [frí:wi:l] 1. *n* prosti tek; kolo s prostim tekom; 2. *vi* kolesariti v prostem teku
freewill [frí:wíl] *n* 1. *adj* prostovoljen; 2. *n* svobodna, prosta volja; **of one's own ~** prostovoljno
freeze* I [fri:z] 1. *vi* zmrzniti, zamrzniti; zledeneti; otrpniti; zebsti, zmrzovati; 2. *vt* pomraziti; paralizirati; zledeniti; blokirati; vezati (vloge); *sl* **to ~ on to** prikleniti se na koga, kaj; *A* dokončno sprejeti, določiti enotne mere, standardizirati; **to make one's blood ~** hudo prestrašiti; **to ~ to death** zmrzniti; **it ~s** zmrzuje, je pod ničlo
freeze out *vt A fig* izključiti, bojkotirati
freeze up *vt* oledeniti, povzročiti, da otrpne
freeze II [fri:z] *n* zmrzal; zaledenitev; blokiranje
freezer [frí:zə] *n* hladilnik; **deep ~** zmrzovalna skrinja
freezing [frí:ziŋ] *n* zmrzovanje; **~ machine** strojček za sladoled
freezing-mixture [frí:ziŋmiksčə] *n* zmes (ledu in soli) za zmrzovanje
freezing-point [frí:ziŋpɔint] *n* ledišče
freeze-up [frí:zʌp] *n* zamrznjenje; dolgotrajen mraz
freight I [freit] *n* tovor, naklad; tovornina; voznina; *A* **~ forward** po povzetju
freight II [freit] *vt* najeti vozilo za prevoz blaga; natovoriti; prevažati (blago); **~ed with care** poln skrbi, zaskrbljen
freightage [fréitidž] *n* tovornina, prevoznina; prevažanje
freight-boat [fréitbout] *n* tovorni vlek
freight-car [fréitka:] *n A* tovorni vlak
freight-carrier [fréitkɛəriə] *n* tovorno letalo
freight-depot [fréitdepou] *n A* tovorni kolodvor
freighter [fréitə] *n* tovorna ladja; tovorno letalo; pošiljatelj; najemnik ladje; tovornik
freight-note [fréitnout] *n* tovorni list, račun
freight-shed [fréitšed] *n* tovorno skladišče
freight-train [fréittrein] *n* tovorni vlak
freight-yard [fréitja:d] *n A* tovorni kolodvor
French I [frénč] *n* Francoz(inja); francoščina
French II [frenč] *adj* francoski; **to take ~ leave** oditi brez slovesa; **~ beans** stročji fižol; **~ bread** francoski kruh, dolga ozka štruca; **~ chalk** krojaška kreda; **~ drain** gramozni filter; **~ grey** rožnatosiva barva; **~ horn** *mus* rog; **~ polish** šelakova barva
frenchify [frénčifai] *vt* pofrancoziti

Frenchman [frénčmən] *n* Francoz
Frenchwoman [frénčwumən] *n* Francozinja
frenchy [frénči] *adj* (**frenchily** *adv*) ki je po francoski modi ali okusu; *coll* francoski
frenetic [frinétik] 1. *adj* (**~ally** *adv*) blazen, nor; 2. *n* blaznež
frenzied [frénzid] *adj* blazen, besen, razkačen, divji
frenzy [frénzi] 1. *n* blaznost, besnost, pobesnitev, divjost; 2. *vt* ponoriti
frequence [frí:kwəns] *n* pogostost, frekvenca; **~ list** seznam predmetov po pogostosti; (radio) **~ modulation** frekvenčna modulacija; **~ rank** pogostnostni rang; **high ~ (current)** visokofrekvenčen (tok); **low ~** nizka frekvenca, nizkofrekvenčen
frequency [frí:kwənsi] glej **frequence**
frequent I [frí:kwənt] *adj* (**~ly** *adv*) pogosten, navaden, vsakdanji; hiter (pulz)
frequent II [frikwént] *vt* često obiskovati, mnogo se družiti
frequentation [fri:kwentéišən] *n* (*of*) pogosten obisk; (*with*) druženje
frequentative [frikwétətiv] 1. *adj gram* ponavljalen; 2. *n* ponavljalni glagol
frequenter [frikwéntə] *n* pogosten obiskovalec; stalni gost
fresco [fréskou] 1. *n* freska; 2. *vt* slikati freske
fresh I [freš] *adj* (**~ly** *adv*) svež, osvežilen; zdrav, čil, živahen; neslan, sladek (voda); nov; naiven, neizkušen; *sl* okajen; *A sl* predrzen, nadut, domišljav; **to break ~ ground** ledino orati; **a ~ man** novinec; **a ~ hand** začetnik, neizkušen človek; **to try a ~ line** drugače poskusiti
fresh II [freš] *adv* na novo, malo prej, pravkar
fresh III [freš] *n* poplava, povodenj; somornica; zgodnja doba, začetek leta; svežina, hlad; *sl* novinec, bruc; sladka voda; ribnik, izvor
fresh-blown [fréšbloun] *adj* pravkar razcvetel
freshen [fréšən] *vt & vi* osvežiti, okrepiti, ojačiti (se)
fresher [fréšə] *sl* glej **freshman**
freshet [fréšit] *n* poplava, povodenj
freshly [fréšli] *adv* nedavno, pravkar
freshman [fréšmən] *n* novinec, bruc
freshness [fréšnis] *n* svežost, svežina, hlad; rdečeličnost; *fig* neizkušenost, novost
fresh-run [fréšrʌn] *n zool* mladi losos, ki je pravkar priplaval iz morja v reko
freshwater [fréšwətə] *adj* sladkovoden, rečen; *A* **~ college** podeželska univerza; *coll* **~ sailor** slab, neizkušen mornar
fret I [fret] 1. *vt* odrgniti, ostružiti, obrabiti; *fig* razjedati, vznemiriti, razjeziti; *arch poet* glodati, žvečiti, razjedati; jariti (vodo); 2. *vi* razburjati, mučiti se, besneti, gristi se; **to ~ into s.th.** z vnemo se česa lotiti; *fig* **to ~ away** razjedati; **to ~ and fume** besneti, rohneti; *coll* **to ~ the (ali one's) gizzard** razburjati se
fret II [fret] *n* razburjenost, vznemirjenost; skrb, zaskrbljenost, nezadovoljstvo; **to put s.o. in a ~** razjeziti, razdražiti koga; **to be on the ~** biti razdražen, jezen, besneti
fret III [fret] *n* pravokoten vzorec; rezbarija; *mus* rebro (na kitari, mandolini)
fret IV [fret] izrezljati, cizelirati

fretful [frétful] *adj* (~ly *adv*) (*at*) razdražljiv, če-
mern, nataknjen, prepirljiv
fretfulness [frétfulnis] *n* (*at*) razdražljivost, če-
mernost, nataknjenost
fretsaw [frétsɔ:] *n techn* rezljača
fretted [frétid] *adj* izrezljan; *mus* ki ima rebra
(za določen ton)
fretty [fréti] *adj* (**frettily** *adv*) rezljan; osoren, raz-
dražljiv
fretwork [frétwɔ:k] *n* rezbarstvo; rezbarija
friability [fraiəbíliti] *n* krhkost, prhkost
friable [fráiəbl] *adj* drobljiv, prhek, krhek
friableness [fráiəblnis] glej **friability**
friar [fráiə] *n* menih, redovnik; slabo odtisnjeno
mesto na strani; **Austin Friars** avguštinci;
Black Friars dominikanci; **Grey Friars** fran-
čiškani; **White Friars** karmeličani; *bot* ~'s
cowl pegasti kačnik; *bot* ~'s **cap** omej; ~'s
balsam benzojeva tinktura
friary [fráiəri] *n* moški samostan
fribble I [fríbl] *vi* zapravljati čas, igračkati se,
početi otročarije
fribble II [fríbl] **1.** *n* malenkost; igračkanje; brez-
delnež; trapec; **2.** *adj* prismojen, trapast
fribbler [fríblə] *n* brezdelnež, lenuh
fricandeau [fríkəndou] *n* telečji kotlet
fricassee [frikəsí:] *n* dušeno sekljano meso v omaki
fricative [fríkətiv] **1.** *adj gram* priporniški; **2.** *n*
gram pripornik
friction [fríkšən] *n* trenje, drgnjenje; *fig* prepir,
nesloga; *med* frotiranje; ~ **bearing** drsni ležaj;
~ **disc** torni kolut; ~ **wheel** torno kolo; *med*
~ **sound** šum
frictional [fríkšənl] *adj* (~ly *adv*) toren
friction-clutch [fríkšənklʌč] *n* torna sklopka
frictionization [frikšənaizéišən] *n* trenje
frictionize [fríkšənaiz] *vt* treti
frictionless [fríkšənlis] *adj* ki je brez trenja
friction-match [fríkšənmæč] *n* vžigalica, ki se
vžiga z drgnjenjem ob katerikoli predmet
Friday [fráidi] *n* petek; **Good** ~ veliki petek;
man ~ zvest služabnik; **black** ~ nesrečni dan;
nesreča
fridge [fridž] glej **frige**
fried [fraid] *pt & pp* od **fry**
friend I [frend] *n* prijatelj(ica), tovariš(ica), kolega,
-gica; znanec, -nka; pomočnik, podpornik,
-nica; **a** ~ **at court** vplivna oseba; **bosom** ~
pravi prijatelj; **to make** ~s skleniti prijateljstvo;
spraviti, pobotati se; **a good** ~ **is my nearest
relation** dober sosed je boljši kot deset stricev;
a ~ **in need is a** ~ **indeed** v sili spoznamo
pravega prijatelja; **Society of** ~s kvekersko
društvo
friend II [frend] *vt poet* nuditi prijateljsko pomoč;
prijateljsko ravnati
friendless [fréndlis] *adj* brez prijatelja, osamljen,
zapuščen
friendlessness [fréndlisnis] *n* osamljenost, zapu-
ščenost
friendliness [fréndlinis] *n* prijaznost, naklonje-
nost, blagohotnost
friendly I [fréndli] *adj* prijateljski, prijazen, na-
klonjen, blagohoten; **to be on** ~ **terms with**
s.o. imeti s kom prijateljske stike; **Friendly**

Society bratovska skladnica, delavsko socialno
zavarovanje
friendly II [fréndli] *adj arch* prijateljsko, tovariško
friendly III [fréndli] *n* pripadnik prijateljskega
plemena; prijateljska tekma
friendship [fréndšip] *n* prijateljstvo, tovarištvo;
naklonjenost
frieze [fri:z] *n* vrsta debele kosmate tkanine, friz;
archit friz, okrasna proga
frigate [frígit] *mar* fregata
frigate-bird [frígitbɔ:d] *n zool* burnica
frige [fridž] *n sl* hladilnik
fright I [frait] *n* strah, groza; *fam* strašilo; **in a** ~
ves iz sebe, prestrašen; **to take** ~ prestrašiti,
splašiti se; **to give s.o.** ~ prestrašiti koga; **to
look a perfect** ~ biti kot strašilo
fright II [frait] *vt poet* (pre)strašiti
frighten [fráitən] *vt* (pre)strašiti; **to** ~ **to death**
na smrt prestrašiti; **to be** ~ed **at s.th.** bati se
česa
frighten away *vt* preplašiti
frighten into *vt* z ustrahovanjem prisiliti
frighten off *vt* preplašiti
frighten out of *vt* ustrahovati; ~ **one's wits**
skrajno prestrašiti
frightened [fráitnd] *adj* (*at*, *of*) prestrašen, boječ
se
frightful [fráitful] *adj* (~ly *adv*) strašen, grozen
frightfully [fráitfuli] *adv coll* grozovito, zelo
frightfulness [fráitfulnis] *n* groza, strah
frigid [frídžid] *adj* (~ly *adv*) mrzel, leden; *fig*
brezsrčen, hladen, brezstrasten; ~ **zone** polarni
pas
frigidity [fridžíditi] *n* hlad; brezčutnost, frigid-
nost; impotenca
frigidness [frídžidnis] glej **frigidity**
frigorific [frigɔrífik] *adj* ki povzroča zmrznjenje
frill I [fril] *n* nabornica, naborek, gube; *fig* šo-
pirjenje, zmrdovanje; *coll* načičkanost; *A coll*
pl posladek, delikatesa; *fig* **to put on** ~s šo-
piriti se, domišljavo se obnašati; *sl* **to take the**
~s **out of s.o.** pristriči komu peruti
frill II [fril] **1.** *vt* nabirati, z gubami krasiti; **2.** *vi*
(na)gubati, grbančiti se
frill III [fril] *n anat* rajželc
frilled [frild] *adj* z naborki okrašen; načičkan
frillery [fríləri] *n* gube, naborki
frilling [fríliŋ] *n* nagubano blago, gube; nabiranje,
gubanje
frilly [fríli] *adj* nabran, naguban
fringe I [frindž] *n* resica; šop; rob, obšiv; deška
frizura; *fig* skrajna meja, zunanji rob; osnove
česa; **Newgate** ~ bradica; ~ **benefits** ugodnosti,
ki jih ima zaposleni poleg redne plače
fringe II [frindž] *vt* (ob)robiti; z resicami krasiti
fringy [frindži] *adj* resast
frippery [frípəri] *n* stara šara, navlaka, droben
cenen nakit; *pl* ničvredne stvari; *obs* starinar-
nica; *fig* našemljenost
frisette [frizét] *n* umetni kodrčki
frisk [frisk] **1.** *vi & vt* skakljati, poskakovati, noreti,
divjati; preganjati koga; *sl* preiskati koga; **2.** *n*
skok, ples, skakljanje
frisker [frískə] *n* razposajenec, nemirnež
frisket [frískit] *n* tiskarski okvir
friskiness [frískinis] *n* živahnost, čilost

frisky [fríski] *adj* (**friskily** *adv*) živahen, čil, poskočen, igrav
frit [frit] **1.** *n* kalcinirana zmes (za steklo); **2.** *vt* kalcinirati
frith I [friθ] glcj **firth**
frith II [friθ] *n obs* gozdnata pokrajina; goščava; dračje; živa meja
fritillary [fritíləry] *n bot* močvirski tulipan; *zool* gospica (metulj)
fritter I [frítə] *n* ocvrto. sadje v testu, cvrtnjak; košček, odpadek
fritter II [frítə] *vt* trgati, sekljati; **to ~ away** zapravljati
frivol [frívəl] *vt & vi coll* (*away*) biti razsipen, zapravljati
frivolity [frivóliti] *n* lahkomiselnost, objestnost; površnost, neresnost
frivolous [frívələs] *adj* (**~ly** *adv*) lahkomiseln, objesten; ničeven; površen, neresen
frivolousness [frívələsnis] glej **frivolity**
frizz, friz [friz] **1.** *vt & vi* kodrati (se); **2.** *n* koder
frizz [friz] **1.** *vi* cvrčati (mast); **2.** *vt* pražiti
frizzle I [frízl] **1.** *vt & vi* (*up*) drobno (se) kodrati; svedrati (se); **2.** *n* koder
frizzle II [frízl] *vt & vi* pražiti (se); sikati, cvrčati
frizzler [frízlə] *n* lasničar, frizer
frizzly [frízli] *adj* kodrast, nasvedran
frizzy [frízi] glej **frizzly**
fro [frou] *adv*; **to and ~** sem ter tja; gor in dol; naprej in nazaj
frock I [frɔk] *n* halja, obleka (ženska in otroška); vojaški plašč; kuta; *fig* duhovniški značaj; *mar* mornarska bluza
frock II [frɔk] *vt* obleči plašč, haljo; *fig* dati službo; narediti za meniha
frock-coat [frɔ́kkóut] *n* salonska suknja, žaket
frog [frɔg] *n zool* žaba; okrasni gumb s pentljo; *rly* križiščni del tira; okrasna vrvca; držalo meča; kobilica na konjskem kopitu; *coll* Francoz; *coll* **to have a ~ in one's throat** biti hripav; *A coll* **~ restaurant** francoska restavracija
frog-eater [frɔ́gi:tə] *n fam* Francoz
frog-bit [frɔ́gbit] *n bot* žabji šejek
frog-fish [frɔ́gfiš] *n* bokoplavutnica
frogged [frɔ́gd] *adj mil* z vrvcami okrašen
Froggy [frɔ́gi] *n sl* vzdevek za Francoza
froggy [frɔ́gi] **1.** *adj* poln žab; **2.** *n* žabica
frog-hopper [frɔ́ghɔpə] *n zool* slinarica
frog-in-the-throat [frɔ́ginðəθróut] *n* hripavost
frogman [frɔ́gmən] *n mil* vojak za diverzantske akcije v vodi; žabar; »človek-žaba«
frog-march [frɔ́gma:č] *n* nošenje jetnikov z obrazom navzdol za roke in noge
frog-spawn [frɔ́gspɔ:n] *n* žabja jajčeca, okrak
frolic I [frɔ́lik] **1.** *n* šala; živahnost, veselost, razposajenost, razigranost; **2.** *adj* vesel, šaljiv, razigran, razposajen
frolic II [frɔ́lik] *vi* igračkati se, zbijati šale; skakljati, poskakovati; nagajati
frolicker [frɔ́likə] *n* šaljivec, nagajivec, -vka
frolicsome [frɔ́liksəm] *adj* (**~ly** *adv*) igrav, šaljiv, nagajiv, razposajen, razigran
frolicsomeness [frɔ́liksəmnis] *n* šaljivost, nagajivost
frolicky [frɔ́liki] glej **frolicsome**

from [frəm, frɔm] *prep* od, iz, z, zaradi, po; **apart ~** neglede na; **~ the beginning** od začetka; **~ a child** od otroških let; **different ~** različen od; **~ day to day** z dneva v dan; **to defend ~** braniti pred; **to descend ~** biti po izvoru, izvirati iz; **to draw ~ nature** risati po naravi; **to die ~** umreti zaradi; **~ my own experience** iz lastne izkušnje; **far be it ~ me** še na misel mi ne pride; **~ first to last** od začetka do konca, od A do Z; **to hide s.th. ~ s.o.** skrivati kaj pred kom; **to judge ~** soditi po; **to keep s.o. ~ doing s.th.** braniti komu, da česa ne stori; **to live ~ hand to mouth** živeti iz rok v usta; **to suffer ~** trpeti zaradi; **~ time to time** tu pa tam; **where are you ~?** od kod si (ste)?; **to tell ~** razlikovati od; **~ of old** zdavnaj, davno; **~ on high** od zgoraj; **~ memory** na pamet; **~ post to pillar** od Poncija do Pilata; **six ~ nine leaves three** devet manj šest je tri; **com ~ date** od danes; **~ title to colophone** od prve do zadnje strani; **~ above** od zgoraj; **~ afar** od daleč; **~ amidst** iz sredine; **~ among** izmed; **~ before** od prej; **~ behind** od zadaj, izza; **~ below** (ali **beneath**) od spodaj; **~ between** izmed (dveh); **~ beyond** z one strani; **~ out** ven iz; **~ under** izpod; **~ without** od zunaj; **~ within** od znotraj
frond [frɔnd] *n* list (praproti, palme)
frondage [frɔ́ndidž] *n* listje
frondesce [frɔndés] *vi* (o)zeleneti, poganjati listje
frondescence [frɔndésns] *n* ozelenitev; listje
frondescent [frɔndésnt] *adj* zeleneč, zelen
frondiferous [frɔndífərəs] *adj* listnat
frondose [frɔndóus] *adj* listnat, zelen
front I [frʌnt] *n poet* čelo; sprednja stran, pročelje, fasada; *mil* fronta, bojna črta; *E* sprehajališče ob obali; prsi (na srajci); *fig* predrznost, nesramnost; **to come to the ~** priti v ospredje, prikazati se; **in ~** spredaj; **in ~ of** pred (krajevno); **to show a bold ~** biti predrzen; **~ door** glavna, vežna vrata; **to have the ~** biti tako predrzen, drzniti si
front II [frʌnt] *adj* sprednji; frontalen; **~ line** bojna črta; **~ view** pogled od spredaj
front III [frʌnt] *adv* spredaj, naprej
front IV [frʌnt] *vt & vi* (*with*) soočiti; (*to, towards*) nasproti si stati; biti obrnjen proti; naprej (se) obrniti; obložiti fasado; *mil* pripraviti bojno črto; upirati se
frontage [frʌ́ntidž] *n* pročelje; zemljišče ob cesti; *mil* dolžina bojne črte
frontager [frʌ́ntidžə] *n* lastnik zemljišča pred hišo
frontal [frʌ́ntl] **1.** *adj* čelen, frontalen; **2.** *n* nadoknjak, fasada; načelek; *anat* čelnica
front-bench [frʌ́ntbenč] *n* sprednji sedeži v britanskem parlamentu (za ministre in bivše ministre)
front-bencher [frʌ́ntbénčə] *n E* minister; bivši minister; vodja opozicije
frontier [frʌ́ntjə] **1.** *n* meja; novo področje (tehnike, znanosti); **2.** *adj* obmejen, mejen
frontiersman [frʌ́ntjəzmən] *n* prebivalec obmejnega kraja, mejaš
frontispiece [frʌ́ntispi:s] *n* prednja stran; pročelje; čelna slika; stran; *sl* obraz

frontless [frántlis] *adj* (~ly *adv*) *arch* nesramen, drzen, brezobziren

frontlessness [frántlisnis] *n arch* nesramnost

frontlet [fránlit] *n* načelek; čelo (živali)

front-page [frántpeidž] *adj* na prvi strani tiskan; *fig* pomemben, važen

front-pager [frántpeidžə] *n A* važna novica, senzacionalno obvestilo

front-piece [frántpi:s] *n theat* igra, ki se predvaja pred zastorom

front-rank [frántrænk] *adj* vodilen; prvovrsten

frontsman [frántsmən] *n E* branjevec, ki prodaja na pločniku pred trgovino

frontward [frántwə:d] *adj* naprej obrnjen

frontward(s) [frántwə:d(z)] *adv* spredaj, naprej

front-yard [frántja:d] *n A* vrt pred hišo

frore [frɔ:] *adj obs* leden, mrzel

frosh [frɔš] *n A sl* bruc; *dial* žaba

frost I [frɔst] *n* mraz, slana, zmrzal, ivje; *sl* veliko razočaranje, mrzla prha, popoln neuspeh, polomija; **Jack Frost** zima; **black** ~ mraz brez slane; **white (ali hoar)** ~ slana; **ground** ~ mrazica, suh mraz; **hard (ali sharp)** ~ hud mraz; **to turn out a** ~ biti polomija

frost II [frɔst] **1.** *vt* pomrzniti, s slano pokriti; *fig* potreti koga; s sladkorjem potresti; z ledom politi; **2.** *vi* osiveti

frost-bite [frɔ́stbait] *n* ozeblina

frost-bitten [frɔ́stbitn] *adj* ozebel

frost-bound [frɔ́stbaund] *adj* zamrzel; oviran zaradi ledu

frosted [frɔ́stid] *adj* slanast, ivnat; *fig* bel (lasje); zmrzel; *fig* hladen; potrt; ~ **cake** z ledom polit kolač; ~ **glass** mlečno brušeno steklo

frost-glass [frɔ́stgla:s] *n* mlečno steklo

frost-hardy [frɔ́stha:di] *adj* odporen proti mrazu

frostiness [frɔ́stinis] *n* mraz, zmrzal

frosting [frɔ́stiŋ] *n* led (glazura) za torte

frost-nail [frɔ́stneil] *n* zobec na podkvi

frost-nipped [frɔ́stnipt] *adj* od mraza poškodovan (rastlina)

frost-numbed [frɔ́stnʌmd] *adj* od mraza odrevenel

frostwork [frɔ́stwə:k] *n* slana, ledene rože na oknu

frosty [frɔ́sti] *adj* (~ **frostily** *adv*) ledenomrzel; *fig* hladen, brezčuten

froth I [frɔθ] *n* pena, gošča; *fig* govoričenje, gobezdanje; drobnarije

froth II [frɔθ] *vt & vi* peniti (se); vreti, kipeti; gobezdati, govoričiti; **to** ~ **up** speniti

froth-blower [frɔ́θblouə] *n coll* pivec piva

frothiness [frɔ́θinis] *n* spenjenost; *fig* površnost, ničevost, neresnost

frothy [frɔ́θi] *adj* (**frothily** *adv*) penast; *fig* ničen, neresen, površen

frou-frou [frú:fru:] *n* šuštenje (svile)

frounce [fráuns] **1.** *vt & vi* (na)gubati, (na)kodrati (se); **2.** *n arch* guba; koder; *fig* spakovanje

frousy [frauzi] glej **frowzy**

froward [frɔ́uəd] *adj* (~ly *adv*) *arch* trmast, uporen, kljubovalen; čemern

frowardness [frɔ́uədnis] *n* upornost, kljubovalnost, trma

frown I [fraun] *n* mrk pogled; gubančenje čela; neodobravanje

frown II [fraun] **1.** *vi* mrko gledati; namrščiti, namrgoditi se; **2.** *vt* z mrkim pogledom ostrašiti;

to ~ **into silence** z mrkim pogledom sapo komu zapreti

frown at *vi* mrko koga gledati

frown down *vt* preplašiti, prestrašiti

frown into *vt* z mrkim pogledom pripraviti do česa

frown on *vt* mrko koga gledati

frowning [fráuniŋ] *adj* (~ly *adv*) mrk, namrščen

frowsiness [fráuzinis] *n* zatohlost; žarkost, žaltavost; zanemarjenost

frowst [fraust] **1.** *n* zatohlost; **2.** *vi* bivati v zatohlem prostoru

frowstiness [fráustinis] *n* zatohlost, zadušljivost

frowsty [fráusti] *adj* (**frowstily** *adv*) zadušljiv, zatohel, pokvarjen, ki ima duh po plesnobi

frowsy, frowzy [fráuzi] *adj* (**frowsily, frowzily** *adv*) zatohel, neprezračen; žarek, žaltav; umazan; nepočesan

froze [frouz] *pt* od **freeze**

frozen [fróuzn] **1.** *pp* od **freeze**; **2.** *adj* zledenel; *fig* hladen, brezčuten; molčeč; potlačen; ~ **limit** meja znosnosti; ~ **over** (ali **up**) poledenel; ~ **ocean** ledeno morje

fructiferous [frʌktífərəs] *adj* plodonosen

fructification [frʌktifikéišən] *n* oploditev

fructify [frʌ́ktifai] *vt & vi* oploditi; obroditi

fructose [frʌ́ktous] *n* sadni sladkor, fruktoza

fructous [frʌ́ktjuəs] *adj* ploden, donosen

fructuousness [frʌ́ktjuəsnis] *n* plodnost, donosnost

frugal [frú:gəl] *adj* (*of*) varčen, skromen, zmeren

frugality [fru:gǽliti] *n* zmernost, skromnost, varčnost

frugalness [frú:gəlnis] glej **frugality**

fruit I [fru:t] *n* sad, sadje, sadež, plod; *fig* donos, učinek, uspeh, korist; **to reap the** ~**s of one's endeavours** uživati plodove svojih prizadevanj; **small** ~ jagode; **to bear** ~ obroditi; **stewed** ~ kompot

fruit II [fru:t] **1.** *vt* gojiti sadje; **2.** *vi* obroditi

fruitage [frú:tidž] *n* plodovi, pridelki; obrodek

fruitarian [fru:téəriən] *n* ki se hrani s sadjem

fruit-bearer [frú:tbɛərə] *n* plodonosno drevo

fruitbearing [frú:tbɛəriŋ] *adj* plodonosen

fruit-cake [frú:tkeik] *n* sadni kolač

fruiter [frú:tə] *n* sadjar; trgovec s sadjem; sadno drevo; s sadjem natovorjena ladja

fruiterer [frú:tərə] *n* trgovec, -vka s sadjem, branjevec, -vka

fruitful [frú:tful] *adj* (*of*) rodoviten, plodonosen, uspešen; *fig* bogat

fruitfulness [frú:tfulnis] *n* rodovitnost, plodnost; uspešnost; *fig* bogatost

fruit-garden [frú:tga:dən] *n* sadovnjak

fruit-gatherer [frú:tgæðərə] *n* obiralec sadja

fruit-grower [frú:tgrouə] *n* sadjar

fruit-growing [frú:tgrouiŋ] *n* sadjarstvo

fruitiness [frú:tinis] *n* sočnost

fruition [fru:íšən] *n* izpolnitev upanja; veselje; uživanje; užitek

fruitless [frú:tlis] *adj* (~ly *adv*) brezploden, brezuspešen, jalov

fruitlessness [frú:tlisnis] *n* brezplodnost, brezuspešnost, jalovost

fruit-market [frú:tma:kit] *n* sadni trg

fruit-pie [frú:tpai] *n* sadni kolač

fruit-seller [frú:tselə] *n* prodajalec sadja

fruit-stall [frú:tstə:l] *n* stojnica za sadje
fruit-sugar [frú:tšugə] *n* sadni sladkor
fruit-tree [frú:ttri:] *n* sadno drevo
fruity [frú:ti] *adj* (**fruitily** *adv*) saden, sadjast, sočen; aromatičen, dišeč; *fig* privlačen, zanimiv; ~ **voice** melodičen glas
frumentaceous [fru:mentéišəs] *adj* pšeničen, žiten
frumenty [frú:mənti] *n* pšenična kaša
frump [frʌmp] *n* staromodna ženska, babnica; sitnež, -nica
frumpish [frʌ́mpiš] *adj* (~ **ly** *adv*) staromoden; godrnjav, siten
frumpy [frʌ́mpi] *adj* (**frumpily** *adv*) glej **frumpish**
frusta [frʌ́stə] *gl* od **frustum**
frustrate I [frʌ́streit] *adj* jalov; uničen; neučinkovit; razočaran
frustrate II [frʌstréit] *vt* onemogočiti, prekrižati, spodnesti, preprečiti; zgrešiti; prizadeti, uničiti
frustration [frʌstréišən] *n* preprečitev; razočaranje; uničenje; ničevost; zgrešek
frustum [frʌ́stəm] *n geom* stožec
frutescent [fru:tésnt] *adj* grmičast
frutex [frú:teks] *n* grm
fruticose [frú:tikous] *adj* grmičast
fry [frai] *vt & vi* cvreti (se); *arch fig* vznemiriti; **to have other fish to** ~ imeti druge opravke; *A* **to** ~ **the fat out of s.o.** s političnimi objubami izsiljevati denar od koga; **fried egg** pečeno jajce, »na oko«
fry II [frai] *n* ocvrta jed, cvrtje; (ocvrta) svinjska drobovina; *coll* vznemirjenost
fry III [frai] *n* ribja zalega, roj, gruča; malenkost; potomstvo; **small** ~ otroci; nepomembni ljudje; malenkost
frying-pan [fráiiŋpæn] *n* ponev; **out of the** ~ **into the fire** z dežja pod kap
fub [fʌb] *vt* slepariti, varati
fubby, fubsey [fʌ́bi, fʌ́bzi] *adj E coll* debel, čokat
fuchsia [fjú:šə] *n bot* fuksija
fuck [fʌk] *vi & vulg* imeti spolne odnose z žensko
fucus, *pl* **fuci** [fjú:kəs, fjú:sai] *n bot* haloga; rdečilo
fud [fʌd] *n coll* zajčji rep
fuddle I [fʌ́dl] **1.** *vt* opijaniti, omamiti, poneumiti, zmesti; **2.** *vi* piti, popivati
fuddle II [fʌ́dl] *n coll* popivanje; pijanost, opojnost; zmeda, zmešnjava
fuddy-duddy [fʌ́didʌdi] *n coll* zoprn dedec
fudge I [fʌdž] *n* neumnost, nesmisel, izmišljotina; prazno govorjenje; šušmarstvo, krparija; *A* vrsta mehkih karamel; najnovejše poročilo v časopisu
fudge II [fʌdž] *int* neumnost!, nesmisel!
fudge III [fʌdž] *vt & vi* (za)krpati, zmašiti; ponarejati; izmišljati si; slabo se končati
fuel I [fjuəl] *n* kurivo, netivo, gorivo; **to add** ~ **to the flames** (ali **fire**) prilivati olje v ogenj; ~ **pump** bencinska črpalka; **compressed** ~ briket; ~ **oil** kurilno olje; ~ **gauge** merilna priprava za gorivo
fuel II [fjuəl] *vt & vi* (za)kuriti, z gorivom (se) oskrbeti, tankati
fuelling [fjúəliŋ] *n* kurivo, gorivo, netivo; preskrba z gorivom; tankanje
fuelwood [fjúəlwud] *n* drva
fug I [fʌg] *n coll* zatohlost, soparnost, neprezračenost; prah, puh, smeti

fug II [fʌg] *vi coll* bivati v zatohli sobi; posedati, lenariti
fugacious [fjugéišəs] *adj* (~ **ly** *adv*) minljiv, bežen, kratkotrajen
fugaciousness [fjugéišəsnis] glej **fugacity**
fugacity [fjugǽsiti] *n* kratkotrajnost, minljivost
fugginess [fʌ́ginis] *n* zatohlost, neprezračenost
fuggy [fʌ́gi] *adj* zatohel, neprezračen; ki rad lenari
fugitive I [fjú:džitiv] *adj* (~ **ly** *adv*) ubežen, pobegel; minljiv, bežen, kratkotrajen; ~ **colour** za svetlobo občutljiva, neobstojna barva
fugutive II [fjú:džitiv] *n* begunec, -nka, ubežnik
fugle [fjú:gl] *vi* voditi; signalizirati; (*for*) biti vzor, ideal
fugleman [fjú:glmən] *n* krilnik; vodja, kolovodja; desna roka
fugue [fju:g] *n mus* fuga
fuguist [fjú:gist] *n mus* skladatelj ali izvajalec fug
-ful [ful] *suff* poln (česa)
fulcra [fʌ́lkrə] *pl* od **fulcrum**
fulcrum [fʌ́lkrəm] *n techn* oporišče vzvoda, vrtišče; *fig* opora
fulfil [fulfíl] *vt* izpolniti, izvršiti; **to** ~ **o.s.** popolnoma se razviti
fulfilment [fulfílmənt] *n* izpolnitev, dovršitev
fulgency [fʌ́ldžənsi] *n* blišč, sijaj
fulgent [fʌ́ldžənt] *adj* (~ **ly** *adv*) *poet* blesteč, sijajen
fulgurant [fʌ́lgjurənt] *adj* (~ **ly** *adv*) bliskovit, blesteč
fulgurate [fʌ́lgjureit] *vi* bliskniti; *med* z elektriko uničiti
fuliginous [fju:lídžinəs] *adj.* sajast; *fig* temen
full I [ful] *adj* (~ **y** *adv*) poln, napolnjen, natlačen, natovorjen; popoln, ves; obilen, debelušen; sit; bogat česa; čist, pravi, močen, intenziven (svetloba); temen (barva); ~ **age** polnoletnost; ~ **of beans** (ali **guts**) poln vneme, podjeten; **of** ~ **blood** čistokrven; **in** ~ **fig** (ali **feather**) v svečani obleki, v najboljšem stanju; ~ **brother** (**sister**) rodni brat (rodna sestra); ~ **dress** svečana obleka; ~ **dress rehearsal** generalka v kostumih; ~ **dress debate** debata o pomembnem vprašanju; **at** ~ **length** obširno; ~ **length portrait** portret v naravni velikosti; ~ **force** (ali **tilt**) na vso moč; s polno paro, z največjo hitrostjo; ~ **professor** redni profesor; ~ **stop** (ali **point**) pika; ~ **sail** s polno paro; ~ **swing** poln razmah; **to be** ~ **upon** na dolgo in široko razlagati; ~ **hand** karta, ki dobiva; ~ **tide** plima; ~ **face** od spredaj, naravnost v obraz; ~ **statement** podrobno poročilo; **in** ~ **view of** ravno nasproti česa
full II [ful] *n* polnost; skrajnost; sitost; **in** ~ v celoti; **charges in** ~ celotni stroški; **at** ~ v celoti, popolnoma; **at the** ~ na vrhuncu; **to the** ~ bogato; **the** ~ **of the moon** polna luna, ščip
full III [ful] *adv arch, poet* popolnoma, zelo; ~ **well** prav dobro; ~ **many a** marsikateri; ~ **nigh** skorajda; natanko; **to hit** ~ **in the face** udariti naravnost v obraz
full IV [ful] *vt & vi* (na)polniti (se); nabirati (blago)
full V [ful] *vt* beliti blago; valjati sukno
full-aged [fúléidžd] *adj* polnoleten, odrasel

full-armed [fúlá:md] *adj* do zob oborožen
full-back [fúlbæk] *n* branilec (nogomet)
full-blooded [fúlblΛdid] *adj* polnokrven, čistokrven; možat; strasten
full-blown [fúlblóun] *adj* razcvetel; razvit; debel
full-bodied [fúlbódid] *adj* debel; močen (vino)
full-bottomed [fúlbótəmd] *adj* širokega dna; ~ wig velika lasulja (do ramen); ~ ship ladja z veliko prostornino pod vodo
full-bound [fúlbáund] *adj* v usnje vezan
fuller [fúlə] *n* suknjar, valjar (sukna); nastavno kladivo; ~'s earth suknjarska glina
full-face [fúlféis] 1. *adv* lice v lice; 2. *n print* mastni tisk
full-faced [fúlféist] *adj* polnih lic, debeloličen; *print* masten
full-fledged [fúlflédžd] *adj* odrasel (ptič); *fig* popolnoma razvit, samostojen; popolnoma opremljen; izučen
full-gorged [fúlgó:džd] *adj* prenasičen
full-grown [fúlgróun] *adj* dorasel
fulling [fúliŋ] *n* valjkanje, valjanje (sukna)
fulling-mill [fúliŋmil] *n techn* valjalnica
full-length [fúléngθ] *adj* naravne velikosti; to fall ~ pasti kakor dolg in širok
full-manned [fúlmænd] *adj* s polno paro
full-mouthed [fúlmáuðd] *adj* ki ima popolno zobovje; glasen
ful(l)ness [fúlnis] *n* polnost; obilica; nasičenost; popolnost; debelost; oteklina; in its ~ v polnem obsegu; in the ~ of time ko je čas dozorel na koncu; pravočasno
full-orbed [fúló:bd] *adj* čisto okrogel; ~ moon polna luna, ščip
full-page [fúlpéidž] *adj* ki je na celi strani
full-pelt [fúlpelt] *adj* z vso hitrostjo, s polno paro
full-rigged [fúlrígd] *adj naut* popolnoma opremljen (z jambori in jadri)
full-sized [fúlsáizd] *adj* v naravni velikosti
full-stop [fúlstóp] *n* pika; to come to a ~ prenehati
full-time job [fúltáimdžɔb] *n* zaposlitev s polnim delovnim časom
full-timer [fúltáimə] *n* polno zaposlen človek; učenec, ki se redno šola
fully [fúli] *adv* popolnoma, povsem, docela; obširno
fully-fashioned [fúlifǽšnd] *adj* popolnoma izdelan
fulmar [fúlmə] *n zool* ledeni viharnik
fulminant [fΛlminənt] *adj* (~ ly *adv*) bliskovit, ognjevit, gromovit
fulminate [fΛlmineit] 1. *vi* bliskati se, grmeti, razleteti se; (*against*) robantiti, besneti, rogoviliti; 2. *vt* prekleti; nenadoma hudo napasti (bolečina); povzročiti eksplozijo
fulminating [fΛlmineitiŋ] *adj* (~ ly *adv*) eksploziven, razpočen; besneč
fulmination [fΛlminéišən] *n* bliskanje, grmenje, tresk; rogoviljenje; prekletstvo
fulminatory [fΛlminətəri] *adj* (fulminatorily *adv*) bliskovit, gromovit, grozljiv
fulmine [fΛlmin] glej fulminate
fulminic [fΛlmínik] *adj chem* pokalen
fulminous [fΛlminəs] *adj* (~ ly *adv*) bliskovit, gromovit

fulsome [fúlsəm] *adj* (~ ly *adv*) gnusen, priskuten, ogaben, ostuden; osladen; neodkrit; klečeplazen
fulsomeness [fúlsəmnis] *n* ogabnost, ostudnost; klečeplastvo
fulvescent [fΛlvésnt] *adj* rumeneč
fulvous [fΛlvəs] *adj* rumenkastorjav
fumade [fjuméid] *n* prekajena riba (zlasti sardina)
fumarole [fjú:məroul] *n geol* fumarola
fumatoria [fju:mətó:riə] *pl* od fumatorium
fumatorium [fju:mətó:rjəm] *n* prekajevalnica; razkuževalnica
fumatory I [fjú:mətəri] *adj* kadilen, prekajevalen; razkuževalen
fumatory II [fjú:mətəri] *n* kadilna soba; prekajevalnica; razkuževalnica
fumble I [fΛmbl] 1. *vi* (*for, after*) tipati, s tipanjem iskati; otipavati, okorno prijemati; (*with*) biti štorast, šušmariti; 2. *vt* nerodno prijemati (žogo)
fumble II [fΛmbl] *n* nerodnost, nespretnost; šušmarstvo
fumbler [fΛmblə] *n* nerodnež, »štor«; topoglavec, butec; šušmar
fumbling [fΛmbliŋ] 1. *adj* štorast, neroden; 2. *n* nerodnost; tavanje
fume I [fju:m] *n* dim, hlap; oster vonj; jeza, strast, razburjenje; to be in a ~ besneti
fume II [fju:m] 1. *vt* prekajevati; 2. *vi* izhlapeti; pariti; *fig* besneti, razvneti se, vzkipeti; to ~ away izhlapeti
fumigate [fjú:migeit] *vt* prekaditi; razkužiti; odišaviti
fumigation [fju:migéišən] *n* prekajevanje; razkužitev
fumigator [fjú:migeitə] *n* prekajevalec; razkuževalec
fumigatory [fjú:migətəri] *adj* razkuževalen; prekajevalen
fuming [fjú:miŋ] *adj* besen, jezen
fumitory [fjú:mitəri] *n bot* petelinčki
fumous [fjú:məs] *adj* dimast, zakajen
fumy [fjú:mi] *adj* dimast; poln pare
fun I [fΛn] *n* šala, zabava, kratek čas, razvedrilo; zabaven človek; to make ~, to be in ~ norčevati, šaliti se; to poke ~ at s.o. osmešiti koga; for ~, in ~ za šalo; like ~ kar se da, na vso moč; živahno, močno; he's a great ~ zelo je zabaven; figure of ~ smešna oseba; to have a good ~ dobro se zabavati
fun II [fΛn] *vi* (po)šaliti se; poigrati se; pozabavati se
funambulist [fjunǽmbjulist] *n* vrvohodec
function I [fΛŋkšən] *n* delovanje; opravilo, služba, delo, poklic, urad; funkcija; namen, namera; obred; svečanost, svečana prireditev, slavnosten sprejem; *fam* družabna prireditev; *math* funkcija
function II [fΛŋkšən] *vi* delovati, delati, opravljati, vršiti dolžnost
functional [fΛŋkšənl] *adj* (~ ly *adv*) funkcionalen, vršilen; formalen, reprezentativen
functionalism [fΛŋkšənəlizəm] *n* smotrnost
functionary [fΛŋkšnəri] 1. *adj* funkcionalen, vršilen; 2. *n* uradnik, -nica; funkcionar(ka)
functionate [fΛŋkšəneit] *vi* delovati, opravljati dclo, dolžnost

functionless [fʌ́ŋkšənlis] *adj* (~ **ly** *adv*) ki ne deluje; brezdelen; *anat* rudimentaren

fund I [fʌnd] *n* osnova; sklad, fond, zaloga, glavnica, kapital, denar; *pl* državni papirji, obveznice; **consolidated** ~ **s** državni fondi na borzi; **sinking** ~ amortizacijski fond; **to be in** ~ **s** imeti denar; **to raise** ~ **s** nabirati denar, ustvarjati zaloge; **low in** ~ **s** reven, brez denarja

fund II [fʌnd] *vt* vložiti denar kot glavnico; učvrstiti, konsolidirati

fundament [fʌ́ndəmənt] *n* zadnjica; rit; ritnik

fundamental [fʌndəméntl] *adj* (~ **ly** *adv*) osnoven, temeljen, bistven, načelen

fundamentals [fʌndəméntlz] *n pl* osnove; osnovna pravila, načela

fundamentalism [fʌndəméntəlizəm] *n A* dobesedna vera v sveto pismo kot osnova protestantizma, pravoverno versko gibanje

fundamentalist [fʌndəméntəlist] *n* privrženec, -nka fundamentalizma

funded [fʌ́ndid] *adj* dolgoročen; v obveznicah investiran

fund-holder [fʌ́ndhouldə] *n* delničar

funding [fʌ́ndiŋ] *n* investiranje v državne obveznice

fundless [fʌ́ndlis] *adj* brez denarja, brez kapitala

funebrial [fjuní:briəl] pogreben, žalen; ~ **pyre** (ali **pile**) grmada za sežig mrličev

funeral I [fjú:nərəl] *adj* pogreben; ~ **urn** žara; *A* ~ **home** pogrebni zavod; ~ **rites** pogrebni obredi; ~ **director** lastnik pogrebnega zavoda; ~ **march** žalna koračnica; ~ **oration** nagrobni govor

funeral II [fjú:nərəl] *n* pogreb, pokop; **that's your own** ~ to je tvoja stvar; *sl* **none of your** ~ tebi nič mar

funerary [fjú:nərəri] *adj* pogreben

funereal [fjuníəriəl] *adj* pogreben, žalen; žalosten

fun-fair [fʌ́nfɛə] *n* lunapark

fungi [fʌ́ndžai] *pl* od **fungus**

fungible [fʌ́ndžəbl] *adj* zamenljiv, nadomestljiv

fungicide [fʌ́ndžisaid] *n* sredstvo proti plesni in gobam

fungoid [fʌ́ŋgɔid] *adj* gobast

fungous [fʌ́ŋgəs] *adj* gobast; *fig* ki se hitro širi (kot gobe po dežju)

fungus [fʌ́ŋgəs] *n bot* goba

fungusy [fʌ́ŋgəsi] *adj* gobast

funicle [fjú:nikl] *n* vlakno, vrvca

funicular [fjuníkjulə] *adj* vlaknat, vrvast; ~ **railway** žičnica, vzpenjača

funk I [fʌŋk] *n sl* strah, preplah, trema, panika; strahopetec; *arch* iskra; **in a blue** ~ v velikem strahu; **to get into** ~ prestrašiti se

funk II [fʌŋk] *vt & vi* prestrašiti; bati se; izogibati se vojaške službe

funk-hole [fʌ́ŋkhoul] *n mil sl* zaklonišče, skrivališče; *fig* zatočišče

funky [fʌ́ŋki] *adj* (**funkily** *adv*) *sl* boječ, strahopeten

funnel [fʌ́nl] *n* lijak; dimnik (na ladji, lokomotivi); ventilacijska cev

funnelled [fʌ́nld] *adj* lijakast, opremljen z lijakom, dimnikom, z ventilacijsko cevjo

funnel-shaped [fʌ́nlšeipt] *adj* lijakast

funniment [fʌ́nimənt] *n* šala, smešnica

funniness [fʌ́ninis] *n* smešnost; čudaštvo

funny I [fʌ́ni] *adj* (**funnily** *adv*) smešen, zabaven, šegav; nenavaden, čuden, čudaški; *A* noro zaljubljen, zateleban; **too** ~ **for words** da bi človek počil od smeha; **funnily enough** za čudo; **to feel** ~ ne se dobro počutiti

funny II [fʌ́ni] *E* vrsta čolniča na dve vesli

funny-bone [fʌ́niboun] *n anat* za udarec posebno občutljivo mesto na komolcu

funny-man [fʌ́nimən] *n* pavliha, komik

funster [fʌ́nstə] *n A* šaljivec

fur I [fə:] *n* kožuhovina, krzno; *med* obloga na jeziku; kotlovec; vinski kamen, bersa; *A* **to make the** ~ **fly** glasno se prepirati; ~ **and feather** kožuharji in ptiči; **to hunt** ~ loviti kožuharje

fur II [fə:] *vt & vi* s krznom podložiti ali obrobiti; obložiti, prevleči; pokriti se z oblogo, kotlovcem, vinskim kamnom

furbelow [fə́:bilou] 1. *n* naborek; 2. *vt* z naborki krasiti

fur-bearing [fə́:bɛəriŋ] *adj* ki daje krzno; ~ **animal** kožuhar

furbish [fə́:biš] *vt* čistiti, loščiti; *fig* osvežiti, obnoviti; **to** ~ **up** obnoviti

furbisher [fə́:bišə] *n* loščilec

fur-cap [fə́:kæp] *n* kučma

furcate [fə́:keit] 1. *adj* viličast, rogovilast, vejnat; 2. *vi* razvejiti, razcepiti, razrasti se

furcation [fə:kéišən] *n* razcepitev

furfur [fə́:fə:] *n* prhljaj

furfuraceous [fə:fjuréišəs] *adj* poln prhljaja, prhljajast; *bot* luskast

furibund [fjúəribʌnd] *adj* besen, nor

furiosity [fjuəriósiti] glej **furiousness**

furious [fjúəriəs] *adj* (~ **ly** *adv*) besen, divji; **fast and** ~ hrupen

furiousness [fjúərisnis] *n* besnost; silovitost

furl I [fə:l] 1. *vt* zložiti, zviti; zapreti (dežnik); 2. *vi* zviti, zapreti se; **to** ~ **away** izmuzniti se

furl II [fə:l] *n* zvijanje, zlaganje

furlong [fə́:lɔŋ] *n* dolžinska mera, 1/8 milje (201 m)

furlough [fə́:lou] *mil* 1. *n* dopust; 2. *vt* dati dopust

furmety [fə́:məti] glej **frumenty**

furnace I [fə́:nis] *n* (talilna) peč; vigenj, kovaško ognjišče; *fig* huda preiskušnja; **blast** ~ plavž; **tried in the** ~ prekaljen; **to come through the** ~ **of war** biti izkušen v borbi

furnace II [fə́:nis] *vt* oskrbeti s talilno pečjo

furnace-bar [fə́:nisba:] *n techn* rešetka

furnaceman [fə́:nismən] *n* plavžar

furnish [fə́:niš] *vt* (*with*) oskrbeti, opremiti; dobaviti; nuditi; ~ **ed room** opremljena soba

furnisher [fə́:nišə] *n* opremljevalec; dobavitelj; trgovec s pohištvom; dekorater

furnishings [fə́:nišiŋz] *n pl* oprema

furniture [fə́:ničə] *n* pohištvo, oprema, oprava; *coll* **a few sticks of** ~ ceneno pohištvo; *joc* ~ **of my pocket** kar imam v žepu, moj denar; ~ **of one's mind** pamet, inteligenca; ~ **of my shelves** moje knjige

furniture-polish [fə́:ničəpəliš] *n* lak za pohištvo

furniture-remover [fə́:ničərimu:və] *n* prevoznik pohištva, spediter

furniture-van [fə́:ničəvæn] *n* voz za pohištvo

furore [fjuəró:ri] *n* blazno navdušenje

furred [fə:d] *adj* s krznom okrašen ali podložen; *med* obložen (jezik); s kotlovcem ali vinskim kamnom pokrit

furrier [fɔ́:riə] *n* krznar

furriery [fɔ́:riəri] *n* krznarstvo; krzno, kožuhovina

furring [fɔ́:riŋ] *n* krznena podloga, krznen obšiv; oblaganje; kotlovec

furrow I [fɔ́:rou] *n* brazda; žleb; guba; *poet* zorano polje; utor, zareza; **to draw a straight ~ iti naravnost**

furrow II [fɔ́:rou] *vt* & *vi* brazdati, (raz)orati; brazditi, gubati se

furrowless [fɔ́:roulis] *adj* brez brazd, gub, gladek

furrowy [fɔ́:roui] *adj* brazdast, naguban, zgrbančen, namrščen

furry [fɔ́:ri] *adj* krznen, s krznom podložen, obrobljen; kosmat

further I [fɔ́:ðə] *adv* (*from*) dalje; nadalje, razen tega; **I'll see you ~ first** niti na misel mi ne pride; **what ~?** kaj še (želite)?; **to go ~ and fare worse** razočarati se

further II [fɔ́:ðə] *adj* nadaljnji, dodaten; najoddaljenejši; **till ~ notice** do nadaljnjega; **on the ~ side** oddaljenejši, onstran

further III [fɔ́:ðə] *vt* pomagati, podpirati, pospeševati, koristiti

furtherance [fɔ́:ðərəns] *n* pospeševanje, podpora, pomoč

furtherer [fɔ́:ðərə] *n* podpornik

furthermore [fɔ́:ðəmɔ́:] *adv* nadalje, vrhu tega, razen tega

furthermost [fɔ́:ðəmoust] **1.** *adj* najoddaljenejši; **2.** *adv* najdalje

furthersome [fɔ́:ðəsəm] *adj* pospeševalen, koristen

furthest I [fɔ́:ðist] *adj* najoddaljenejši, najkrajnejši; **at (the) ~** najkasneje, v najskrajnejšem primeru

furthest II [fɔ́:ðist] *adv* najdalje, najkasneje

furtive [fɔ́:tiv] *adj* (**~ ly** *adv*) skriven, tajen, prikrit, potuhnjen; **to cast a ~ glance** kradoma pogledati

furtiveness [fɔ́:tivnis] *n* skrivnost, tajnost; potuhnjenost

furuncle [fjúərʌŋkl] *n med* ognojek, tvor, furunkel

furuncular [fjurʌ́ŋkjulə] *adj* tvorav, turov

furunculous [fjurʌ́ŋkjuləs] glej **furuncular**

fury [fjúəri] *n* besnost, razjarjenost, pobesnelost, neučakanost; furija; **in a ~** besen; **like ~** besno; **to fly into a ~** pobesneti

furze [fɔ́:z] *n bot* uleks, košeničica, bodičevje

furzy [fɔ́:zi] *adj* poln bodičevja

fuscus [fʌ́skəs] *adj* temno rjav, temen

fuse I [fju:z] *n* varovalka; vžigalnik; **the ~ has blown** varovalka je pregorela

fuse II [fju:z] **1.** *vt* (s)taliti, (raz)topiti; zliti; **2.** *vi* zliti, stapljati se; zrasti; *el* pregoreti

fusee [fju:zi:] *n hist* mušketa; prašnica (pri topu); vrsta vžigalice; vžigalo; *rly* svetlobni signal

fuselage [fúzila:ž, fjú:zilidž] *n* trup letala

fusibility [fju:zibíliti] *n* topljivost, taljivost

fusible [fjú:zəbl] *adj* topljiv, taljiv

fusiform [fjú:zifɔ:m] *adj* vretenast

fusil [fjú:zil] *n* mušketa

fusilier [fju:zilíə] *n hist* mušketir, strelec

fusillade [fju:ziléid] **1.** *n* streljanje, salva; **2.** *vt* streljati, obstreljevati

fusing [fjú:ziŋ] *n* taljenje, topitev

fusion [fjú:žən] *n* taljenje; (*into, to*) zlitje, združitev, koalicija, spojitev; **~ welding** električno varjenje

fusionist [fjú:žənist] *n* zagovornik, -ica združitve

fuss I [fʌs] *n* prazen hrup, hrum; prevelika gorečnost; **to make a ~ about s.th.** preveč se razburjati zaradi česa, za prazen nič se razburiti, sitnariti; **to make a ~ of s.o.** plesati okrog koga; **~ and feathers** mnogo hrupa za prazen nič

fuss II [fʌs] (*about, over*) **1.** *vt* razburiti, prazen hrup povzročiti; vznemiriti; **2.** *vi* razburiti se, sitnariti; (*about, up and down*) ves razburjen tekati; **to have one's feathers ~ed** razburiti se

fussiness [fʌ́sinis] *n* živčnost, sitnost; ozaljšanost, bahavost

fuss-pot [fʌ́spɔt] *n* mečkač

fussy [fʌ́si] *adj* (**fussily** *adv*) živčen, siten; bahav, ozaljšan: **to be ~** sitnost prodajati

fust [fʌst] *n* trup stebra

fustian I [fʌ́stjən] *n* barhant; *fig* bombastično izražanje, nadutost

fustian II [fʌ́stjən] *adj* barhantast, barhantov; *fig* bombastičen; nadut

fustic [fʌ́stik] *n bot* rujevina

fustigate [fʌ́stigeit] *vt joc* (pre)tepsti, (na)bunkati, strojiti komu kožo

fustigation [fʌstigéišən] *n joc* udarci, bunkanje

fustiness [fʌ́stinis] *n* zatohlost, plesnivost; *fig* zastarelost

fusty [fʌ́sti] *adj* (**fustily** *adv*) zatohel, plesniv; *fig* zastarel

futile [fjú:tail] *adj* (**~ ly** *adv*) jalov, prazen, nepomemben, plehek, ničev

futility [fju:tíliti] *n* jalovost, brezpomembnost, plehkost, ničevost

futtock [fʌ́tək] *n mar* ladijsko rebro

future I [fjú:čə] *n* bodočnost, prihodnost; *gram* prihodnji čas, prihodnjik; **in the ~, for the ~** odslej; *com pl* terminski posli; zaloge za kasnejšo dobavo

future II [fjú:čə] *adj* bodoči, prihodnji, kasnejši; *gram* **~ tense** prihodnji čas, prihodnjik; **the ~ life** posmrtno življenje

futureless [fjú:čəlis] *adj* brez bodočnosti; brezupen

futurism [fjú:čərizm] *n* futurizem

futurist [fjú:čərist] *n* futurist(ka)

futuristic [fju:čərístik] *adj* (**~ ally** *adv*) futurističen; *coll* fantastičen; ekscentričen, pretirano moderen

futurity [fjutjúəriti] *n* prihodnost; posmrtno življenje

fuze glej **fuse**

fuzzball [fʌ́zbɔ:l] *n bot* prašnica

fuzziness [fʌ́zinis] *n* vlaknatost; nejasnost

fuzzy [fʌ́zi] *adj* (**fuzzily** *adv*) vlaknat, puhast, razcefran; zabrisan, nerazločen, meglen

fy(e) [fai] *int* fej

fyke [faik] *n* vrečasta ribiška mreža

fylfot [fílfɔt] *n* kljukasti križ

fytte [fit] *n arch* del pragermanske epične pesmi

G

G, g [dži:] *n* črka g; *mus* nota g; **G clef** violinski ključ; ~ **flat** ges; ~ **sharp** gis
gab I [gæb] *n coll* govoričenje, čenčanje; **the gift of the** ~ namazan jezik; **stop your** ~! jezik za zobe!
gab II [gæb] *vi coll* govoričiti, čenčati, jezik otresati
gab III [gæb] *n techn* zareza; kavelj; vilice
gabardine, gaberdine [gǽbədin] *n* dolga suknja, kaftan; vrsta volnenega blaga
gabber [gǽbə] *n* bahač; žlobudrač, čenčač
gabble I [gǽbl] *vt & vi* gagati; čenčati, žlobudrati; prehitro in nejasno izgovarjati ali brati
gabble II [gǽbl] *n* žlobudranje, klepetanje, čenčanje, blebetanje, nejasen ali hiter govor
gabbler [gǽblə] *n* žlobudrač, klepetulja
gabbro [gǽbrou] *n geol* gabro
gabby [gǽbi] *adj* klepetav, čenčav, gostobeseden
gabion [géibiən] *n* koš s peskom ali zemljo za obrambo pred sovražnikom ali za graditev pristanišč; keson
gabionade [geibiənéid] *n* utrjevanje ali obramba z gabioni
gable [géibl] *n* hišno čelo, zatrep; ~ **window** podstrešno okno, okno v hišnem čelu
gabled [géibld] *adj* ki tvori zatrep, ki ima hišno čelo
gable-end [géiblend] *n* bočni zid hiše s čelom
gable-roofed [géiblru:ft] glej **gabled**
gablet [géiblit] *n* podstrešna sobica
gaby [géibi] *n coll* butec, tepec
gad I [gæd] *int arch* by ~! pri moji veri!
gad II [gæd] *vi (about)* pohajkovati, potepati se; ~ **ding plant** divje rastoča rastlina
gad III [gæd] *n* potepanje, pohajkovanje, postopanje; **to be on the** ~ potepati se
gad IV [gæd] *n* kovinska palica; sulica; nastavek
gad-about [gǽdəbaut] *n* potepuh, klatež, brezdomec, postopač
gadfly [gǽdflai] *n zool* obad; *fig* gnjavež, nadležnež, -nica
gadget [gǽdžit] *n coll* predmet ali izum (navadno brez pravega imena), priprava, orodje, oné; *joc* malenkost
gadolinium [gədəlínjəm] *n chem* gadolinij
gaff I [gæf] *n* železni kavelj za ribolov; ostre osti, harpuna; *sl* **to blow the** ~ ovaditi, izdati skrivnost; *A coll* **to stand the** ~ biti vztrajen, potrpežljivo prenašati; **to give the** ~ surovo ravnati, strogo kritizirati
gaff II [gæf] *vt* s kavljem ali harpuno loviti

gaff III [gæf] *n sl* glumaška družba; gledališče najnižje vrste
gaffer [gǽfə] *n sl* očka; »stari«, delodajalec; nadzornik
gaffsail [gǽfseil] *n mar* sošno jadro, sošnica
gag I [gæg] *n* zatik, mašilo, začepek, čep, zamašek; *fig* zaviranje, obstrukcija; *theat sl* improvizacija, šala; *sl* prevara
gag II [gæg] **1.** *vt* zavezati komu usta; *sl* varati, prekaniti, preslepiti; **2.** *vi theat sl* improvizirati; daviti se
gaga [gǽga:] *adj sl* bedast, prismuknjen; senilen
gage I [geidž] *n* zastava, zastavek, jamstvo, poroštvo; poziv na boj; **to give on** ~ zastaviti; **to hold in** ~ obdržati kot jamstvo; **to throw down a** ~ izzvati, pozivati na boj
gage II [geidž] *vt* zastaviti; naložiti dolžnost
gage III glej **gauge**
gage IV [geidž] *n bot* ringlo
gage V [geidž] *n naut* lega glede na veter; **to have the weather** ~ **of** biti v privetrju; *fig* imeti prednost pred
gagger [gǽgə] *n sl* slepar
gaggle [gǽgl] **1.** *vi* gagati; **2.** *n* gaganje; **a** ~ **of geese** jata gosi
gagman [gǽgmən] *n sl* šaljivec, komik
gagster [gǽgstə] *n sl* komik igralec; pisec šal za RTV
gaiety [géiəti] *n* veselost, zabava; slavje, razkošje; veselje, dobra volja
gaily [géili] *adv* od gay
gain I [gein] **1.** *vt* dobiti, zaslužiti; pridobiti, zmagati, zavzeti, doseči; **2.** *vi* izboljšati se, pridobivati pri vrednosti; (ura) prehitevati; **to** ~ **the day** zmagati; **to** ~ **one's end** doseči cilj; **to** ~ **one's feet** pobrisati jo; **to** ~ **s.o.'s ear** biti uslišan; **to** ~ **the upper hand** zmagati; **to** ~ **strength** okrepiti, ojačiti se; **to** ~ **by force** izsiliti
to gain over *vt* pridobiti na svojo stran, premamiti
to gain (up)on *vi* približati se, dohitevati; *fig* prikupiti se
gain II [gein] *n* dobiček, korist, dobitek, pridobitev, prirastek, izboljšanje; zmaga; *pl* dohodki, zaslužek; **love of** ~ koristoljubje; **no** ~**s without pains** brez dela ni jela
gainable [géinəbl] *adj* dosegljiv
gain-control [géinkɔntroul] *n techn* regulacija jačanja (radio ipd.)
gainer [géinə] *n* dobitnik; zmagovalec

gainful [géinful] adj (~ ly adv) donosen; dobička željen; A plačan (delo)
gainings [géininz] n pl zaslužek, donos
gainless [géinlis] adj (~ ly adv) nedonosen, nekoristen
gainly [géinli] adj primeren; obziren; ljubek, prikupen, čeden
gainsay* [géinsei] vt arch zanikati, ugovarjati
gainsayer [géinseiə] n ugovarjalec, -lka
gainst, 'gainst [geinst] poet glej against
gainstand* (géinstænd] vt upirati se
gait [geit] n hoja, drža; A tempo; to gang one's own ~ delati po svoji glavi
gaiter [géitə] n dokolenica; gamaša, ovojka; vrsta škornja; ready to the last ~ button popolnoma pripravljen
gaitered [géitəd] adj ki nosi gamaše
gala [gá:lə, géilə] 1. n slovesnost, svečanost, slavje; 2. adj slovesen
galactic [gəlǽktik] adj mlečen; astr rimski
gala-dress [gá:lədres] n svečana obleka
galantine [gǽləntain] n vrsta jedi iz drobno zrezane odišavljene kuretine, teletine; žolica
galanty-show [gǽləntišou] n senčna igra
galaxy [gǽləksi] n astr rimska cesta; fig odlična, izbrana družba
gale I [geil] n mrzel veter, burja; nevihta; poet sapa, vetrič; fig strast, izbruh; razburjenost, razigranost; ~ s of laughter krohot
gale II [geil] n bot močvirska mirta
gale III [geil] n (redno) plačanje najemnine; hanging ~ neplačana najemnina
galeated [gǽlieitid] adj ki nosi čelado; čeladast
galeeny [gəli:ni] n zool pegatka
galena [gelí:nə] n min gelanit
galilee [gǽlili:] n archit preddverje stolne cerkve
galingale [gǽlingeil] n aromatična korenina nekih vzhodnoindijskih rastlin
galipot [gǽlipət] glej gallipot
gall I [gɔ:l] n anat žolč, žolčnik; fig grenkoba, ogorčenost; srd, jeza A sl predrznost, nesramnost; fig ~ and wormwood vzrok hude ogorčenosti; to dip one's pen in ~ žolčno pisati; A to have the ~ to do s.th. drzniti si kaj storiti
gall II [gɔ:l] n med sedno, odrgnina; fig muka, trpljenje
gall III [gɔ:l] vt odrgniti; fig dražiti, trpinčiti, jeziti
gall IV [gɔ:l] n bot šiška
gallant I [gǽlənt] adj arch čeden, lepo oblečen; hraber, pogumen
gallant II [gəlǽnt] 1. adj viteški, udvorljiv; ljubezniv; 2. n gizdalin, ljubimec, kavalir
gallant III [gǽlənt] 1. vt spremljati (žensko); dvoriti; (with) ljubimkati; 2. vi igrati kavalirja
gallantry [gǽləntri] n pogum, hrabrost; viteštvo; dvorjenje; vljudnost
gall-apple [gɔ́:læpl] n šiška
gall-bladder [gɔ́:lblædə] n anat žolčnik
gall-cyst [gɔ́:lsist] glej gall-bladder
galleon [gǽliən] n mar galeja
gallery [gǽləri] n galerija, balkon, kor, stebrišče, hodnik; to play to the ~ igrati, za ljudske množice, uporabljati cenene efekte
galley [gǽli] n galeja; tip lahkega čolna (na Temzi); ladijska kuhinja; krtačni odtis; odtiskovalnica

galley-proof [gǽlipru:f] n krtačni odtis
galley-slave [gǽlisleiv] n galjot, veslač na galeji fig garač
galley-worm [gǽliwə:m] n zool stonoga
gall-fly [gɔ́:lflai] n zool šiškarica
galliard [gǽlia:d] 1. adj živahen; 2. n vrsta starinskega plesa
gallic [gǽlik] adj šiškov; ~ acid šiškova kislina
gallicism [gǽlisizəm] n francoska jezikovna posebnost, galicizem
gallicize [gǽlisaiz] vt & vi francozovati
galligaskins [gǽligǽskinz] n pl (široke) hlače; sl usnjene gamaše
gallimaufry [gælimɔ́:fri] n mešanica; zmešnjava
gallinacean [gælinéišən] glej gallinaceous
gallinaceous [gælinéišəs] adj kurji
galling [gɔ́:liŋ] adj bolan; dražljiv, jedek
galliot [gǽliət] n hist vrsta hitre tovorne ali ribiške ladje
gallipot [gǽlipət] n glinast lonček za marmelado ali mazila; joc lekarnar
gallium [gǽliəm] n chem galij
gallivant [gǽlivænt] vi dvoriti; (with) ljubimkati, zabavati se; potepati se, pohajkovati
gall-nut [gɔ́:lnʌt] n šiška
gallon [gǽlən] n galona (E 4,54 l, A 3,78 l; imperial ~ 4,54 l, wine ~ 3,78 l)
galloon [gəlú:n] n okrasna vrvica, trak
gallop I [gǽləp] 1. vi teči, dirjati, hiteti, v skok jezditi; naglo se razvijati; fig (through, over) naglo prebrati; 2. vt v dir pognati; ~ ing consumption miliarna tuberkuloza
gallop II [gǽləp] n hitra ježa, dir, galop; fig velika naglica; at a ~ v diru
gallopade [gǽləpéid] n vrsta hitrega plesa
galloper [gǽləpə] n dirjač, dirjavec; glasnik; mil pribočnik; majhen polski top
galloway [gǽləwei] n pasma škotskega konjiča; konjič; drobno govedo
gallows I [gǽlouz] n pl vislice; joc ~ es naramnice; to cheat the ~ umreti naravne smrti (o zločincu); to come to the ~ biti obešen; a ~ look obešenjaški pogled; to have the ~ in one's face imeti obraz zločinca
gallows II [gǽlouz] adv sl zelo, strašno, neznansko
gallows-bird [gǽlouzbə:d] n coll obešenjak, zločinec
gallows-ripe [gǽlouzraip] adj zrel za vislice
gallows-tree [gǽlouztri:] n vislice
gall-pipe [gɔ́:lpaip] n anat žolčevod
gall-stone [gɔ́:lstoun] n med žolčni kamen
galluses [gǽləsiz] n pl coll naramnice
gally [gɔ́:li] adj žolčen, grenak; odrgnjen
galoot [gəlú:t] n A neroda, štor; zelenec
galop [gǽləp] 1. n galop (ples); 2. vi plesati galop
galore [gəlɔ́:] 1. adv obilo, mnogo; 2. n obilica; in ~ obilica (česa); beef and ale ~ jedače in pijače v obilju
galosh [gəlɔ́š] n galoša
galumph [gəlʌ́mf] vi košatiti se; skakati od veselja
galvanic [gælvǽnik] adj (~ ally adv) el galvanski; fig krčevit, nenaraven, prisiljen (nasmeh)
galvanism [gǽlvənizəm] n el galvanizem; galvanistika; med galvanoterapija
galvanization [gǽlvənaizéišən] n galvanizacija

galvanize [gǽlvənaiz] *vt* galvanizirati, pocinkati; *fig* (*to*) podnetiti, spodbuditi, navdušiti; obuditi; **to ~ into life** oživiti
galvanometer [gælvənómitə] *n* galvanometer
galvanoplastic [gǽlvənəplǽstik] *adj* (~ **ally** *adv*) galvanoplastičen
galvanoplastics [gǽlvənəplǽstiks] *n sg & pl* galvanoplastika
galvanoscope [gǽlvənəskoup] *n* galvanoskop
gam I [gæm] *n* medsebojen obisk posadk ladij na morju; krdelo kitov
gam II [gæm] *vi* medsebojno se obiskati; družiti se v krdela (kiti)
gambade [gæmbéid] glej **gambado**
gambado [gæmbéidou] *n* skok konja; kozolec; *fig* muhe, objestnost
gambit [gǽmbit] *n* začetna poteza (šah) z žrtvovanjem kmeta, gambit; *fig* začetek akcije, prvi korak
gamble I [gǽmbl] *vi* igrati za denar; špekulirati; *fig* (*with*) poigravati se; **to ~ away** zapravljati, zaigrati
gamble II [gǽmbl] *n* kockanje, tvegana igra, kartanje; špekulacija
gambler [gǽmblə] *n* hazardni igralec; kockar; *fig* hazarder
gamblesome [gǽmblsəm] *adj* kvartopirski, kockarski; hazarderski
gambling [gǽmbliŋ] *n* kartanje, hazardna igra; špekulacija
gambling-house [gǽmbliŋhaus] *n* igralnica
gamboge [gæmbú:ž] *n* gumigut
gambol [gǽmbəl] 1. *n* poskok; 2. *vi* poskakovati, skakljati
game I [geim] *adj* pogumen, hraber, junaški; pripravljen; **to die ~** umreti junaške smrti, boriti se do zadnjega diha; **he's ~ for anything** vsega je zmožen
game II [geim] *n* igra, zabava, šala; načrt, nakana, spletka; *pl* športne igre, tekma; **the ~ is afoot** začelo se je; **double** (ali **deep**) **~** dvolična igra; **drawn ~** nedoločena igra; **one's little ~** ukana, zvijača; **to make ~ of** norčevati se, osmešiti; **none of your ~** ne boš me ukanil; **to play the ~** pošteno ravnati; **two can play at the ~** to je dvorezna stvar; **round ~** družabna igra; **the ~ is up** po njem je, načrt je propadel; **the ~ is not worth the candle** ni bilo vredno tolikšnega truda; **~ of chance** hazardna igra; **to make ~ of s.o.** norčevati se iz koga; **to play a good (poor) ~** dobro (slabo) igrati; **to be on one's ~** biti v dobri kondiciji; **to give the ~ away** izdati skrivnost
game III [geim] *vi* igrati, kvartati za denar; **to ~ away** zaigrati, zakvartati
game IV [geim] *n* divjačina; lov; plen; **big ~** velika divjačina; *sl* težko dosegljiv cilj; **to fly at a higher ~** imeti višje cilje
game V [geim] *adj* ranjen, poškodovan, pohabljen hrom, šepav
game-bag [géimbæg] *n* lovska torba
game-cock [géimkɔk] *n* petelin za dvoboj
game-fish [géimfiš] *n* ribe za industrijsko predelovanje
gameful [géimful] *adj* (~ **ly** *adv*) bojevit, borben
gamekeeper [géimki:pə] *n* gozdar, logar

game-laws [géimlɔ:z] *n pl* zakoni o varstvu divjadi
game-licence [géimlaisəns] *n* lovno dovoljenje
gameness [géimnis] *n* pogum, hrabrost, odločnost
game-preserve [géimprizə:v] *n* lovski rezervat
game's master [géimzma:stə] *n* učitelj športa
game's mistress [géimzmistris] *n* učiteljica športa
gamesome [géimsəm] *adj* (~ **ly** *adv*) vesel, razposajen, živahen, šegav, razigran, igrav
gamesomeness [géimsəmnis] *n* razposajenost, razigranost
gamester [géimstə] *n* hazardni igralec
gamete [gæmí:t] *n biol* gameta
game-tenant [géimtenənt] *n* zakupnik lovišča
gamin [gamǽn] *n* pobalin
gaming [géimiŋ] *n* hazardna igra
gaming-house [géimiŋhaus] *n* igralnica
gaming-table [géimiŋteibl] *n* igralna miza; *fig* hazardna igra, kartanje
gamma [gǽmə] *n* gama (grška črka); *zool* sovka
gammer [gǽmə] *n coll* mamica, »stara«
gammon I [gǽmən] 1. *n* prekajena hamburška slanina; prekajena gnjat; 2. *vt* prekajevati
gammon II [gǽmən] 1. *n* prevara; nesmisel; 2. *int* neumnost!; lari-fari
gammon III [gǽmən] *vt & vi* varati (se); (na)tvesti; hliniti
gamp [gæmp] *n coll* (slab, velik) dežnik, marela
gamut [gǽmət] *n mus* lestvica, skala; obseg, razsežnost
gamy [géimi] *adj* poln divjadi, divjaden; z okusom po divjačini; *fig* drzen, izzivalen
gander [gǽndə] *n* gosjak; *fig* bedak; *sl* poročenec; *A* mož, ki živi ločeno od žene; **what's sauce for the goose is sauce for the ~** kar je dobro za enega, je prav tako dobro za drugega; **to see how the ~ hops** čakati na nadaljnji razvoj dogodkov
gander-month [gǽndəmʌnθ] *n* moževa prostost za ženine poporodne dobe
gander-party [gǽndəpa:ti] *n* moška družba
gang I [gæŋ] *n* krdelo, trop, skupina, banda, ekipa; *techn* garnitura orodje; *coll* družba
gang II [gæŋ] *vt & vi Sc* hoditi, iti; *A* (*with*) družiti, spoprijateljiti se; **to ~ one's own gait** glej pod **gait**; **to ~ agley** zmotiti se, polomiti ga; **to ~ up on** združiti se proti
gang-board [gǽŋbɔ:d] *n mar* deska, mostič za vkrcanje in izkrcanje
gang-drill [gǽŋdril] *n techn* globinski vrtalni stroj
ganger [gǽŋgə] *n* pešec; preddelavec; hiter konj
ganglia [gǽŋgliə] *n pl* od **ganglion**
gangliated [gǽŋglieitid] *adj* z gangliji prepleten
ganglion [gǽŋgliən] *n anat* ganglij, živčni vozel; *med* kostna nova tvorba; *fig* središče delovanja
ganglionated [gǽŋgliəneitid] *adj* ki ima ganglije
ganglionic [gǽŋgliónik] *adj* ganglijski
gang-plank [gǽŋplæŋk] *A* glej **gang-board**
gangrene I [gǽŋgri:n] *n med* gangrena, prisad, snet; *fig* razkroj
gangrene II [gǽŋgri:n] *vt & vi* razkrajati (se), odmirati, prisaditi se
gangrenous [gǽŋgrinəs] *adj med* gangrenozen, prisaden, sneten
gangster [gǽŋstə] *n A* član zločinske tolpe, gangster
gangsterdom [gǽŋstədəm] *n A* gangsterstvo

gangsterism [gǽŋstərizəm] glej gangsterdom
gangue [gæŋ] n min jalovina
gangway [gǽŋwei] n prehod; ladijski ali letalski mostič; hodnik med sedeži v dvorani; rudniški rov; to bring to the ~ privezati (mornarja) za šibanje; E to sit above the ~ zvesto glasovati s svojo stranko; E to sit below the ~ glasovati neodvisno od smernic svoje stranke
gannet [gǽnit] n zool beli morski vran
gantlet, gantlope [gá:ntlit, gǽntloup] glej gauntlet
gantry [gǽntri] n podstavek (za sode, žerjav); gantar; oder; rly signalni most
gaol [džeil] 1. n ječa, zapor, temnica, arest; 2. vt v ječo zapreti
gaol-bird [džéilbə:d] n zapornik; zločinec iz navade; tisti, ki sodi v zapor
gaol-delivery [džéildelivəri] n A množični pobeg iz zapora; nasilna osvoboditev zapornikov; pripeljava zapornikov pred sodišče
gaoler [džéilə] n ječar, temničar
gaoleress [džéiləris] n ječarka, temničarka
gaol-fever [džéilfi:və] n med tifus
gap [gæp] n odprtina, razpoka, reža, škrbina, vrzel, praznina; A soteska, globel; to stop (ali fill up, close) a ~ zamašiti luknjo, poravnati primanjkljaj; to leave a ~ in s.th. pustiti praznino v čem
gape I [geip] vi zevati, zijati; strmeti, bolščati, buljiti; zehati; biti široma odprt; to ~ at osupniti nad čim; to ~ for (ali after) hrepeneti po čem
gape II [geip] n zevanje; odprtina, škrbina; pl joc zehanje
gape-eyed [géipaid] adj bolščeč, ki nima vek
gaper [géipə] n zijalo; zool indijski špranjekljun
gape-seed [géipsi:d] n coll zijanje; to seek (ali sow, buy) ~ prodajati zijala
gapped [gæpt] adj široko odprt, razpočen
gappy [gǽpi] adj vrzelast, škrbinast
gap-toothed [gǽptu:θt] adj škrbast
garage [gǽra:ž, gǽridž] 1. n garaža; 2. vt spraviti v garažo, garažirati
garageman [gǽra:žmən] n lastnik ali paznik garaž
garb [ga:b] 1. n obleka, noša, halja; 2. vt obleči
garbage [gá:bidž] n odpadki (kuhinjski); drobovje; smeti; fig slaba knjiga, ničvredna stvar; ~ barrel, ~ can smetnjak; ~ man smetar; ~ van voz za odvoz smeti
garble [gá:bl] vt presejati, izb(i)rati; (o)klestiti; (po)pačiti
garboil [gá:bɔil] n zmešnjava, kolobocija
garden I [gá:dən] n vrt; pl park, nasadi; vrsta hiš s pogledom proti nasadom; coll to lead s.o. up the ~ path imeti koga za norca; kitchen ~ zelenjavni vrt; hanging ~ terasast vrt; nursery ~ drevesnica; the Garden Epikurova šola ali filozofija; ~ city vrtno mesto; rock ~ skalnjak
garden II [gá:dən] vt & vi vrtnariti
garden-bed [gá:dənbed] n gredica
gardened [gá:dənd] adj z vrtom obdan; kot vrt obdelan
garden-engine [gá:dənendžin] n vrtna brizgalka
gardener [gá:dənə] n vrtnar
garden-frame [gá:dənfreim] n kalilnik, prenosljiva topla greda

garden-glass [gá:dəngla:s] n steklen pokrov za pokrivanje rastlin
garden-house [gá:dənhaus] n uta, senčnica
gardenia [ga:dí:niə] n bot gardenija
gardening [gá:dəniŋ] n vrtnarstvo; A truck ~ vrtnarstvo na veliko
garden-party [gá:dənpa:ti] n vrtna zabava
garden-pests [gá:dənpests] n pl vrtni škodljivci
garden-plot [gá:dənplɔt] n kot vrt obdelano zemljišče
garden-savory [gá:dənseivəri] n bot šatraj
garden-seat [gá:dənsi:t] n vrtna klopca; sedež v zgornjem nadstropju omnibusa
garden-stuff [gá:dənstʌf] n zelenjava, povrtnina, sadje
garden-suburbs [gá:dənsʌbə:bz] n pl vilska četrt
garden-truck [gá:dəntrʌk] n A za trg gojena zelenjava
garden-white [gá:dənwait] n zool kapusov belin
garefowl [géəfaul] n zool velika njorka
garfish [gá:fiš] n zool iglica, morska igla; A ščukec
gargantuan [ga:gǽntjuən] adj velikanski, neznanski
garget [gá:git] n vet vnetje grla, vimena
gargle [gá:gl] 1. n voda za grgranje; joc pijača; 2. vi & vt grgrati, usta in grlo izpirati
gargoyle [gá:gɔil] n archit rilec, odtočen žleb (z grotesknimi podobami) na gotskih stavbah
garibaldi [gæribó:ldi] n rdeča bluza; ~ biscuit keks z rozinami
garish [gǽriš] adj neokusen, kričeč, preživ (barva); obs nadut, razposajen
garishness [gǽrišnis] n neokusnost, nenavadnost
garland I [gá:lənd] n venec, cvetna kita, girlanda; fig lovorov venec; arch antologija, zbirka pesmi
garland II [gá:lənd] vt (o)krasiti, (o)venčati
garlic [gá:lik] n bot česen; joc ~ eater Žid
garlicky [gá:liki] adj česnov, po česnu dišeč, česnu podoben
garment I [gá:mənt] n obleka, oblačilo; fig odeja; zunanji videz; joc nether ~s spodnje hlače
garment II [gá:mənt] vt poet (in) obleči; (in s) okrasiti
garner I [gá:nə] n kašča, shramba, žitnica; zaloga; zbirka, cvetnik, antologija
garner II [gá:nə] vt spraviti, shraniti, zbirati
garnet [gá:nit] n min granat
garnish I [gá:niš] vt okrasiti, obložiti; zaseči; pozvati na sodišče
garnish II [gá:niš] n okras; obloga; omaka; dodatki
garnishee [gá:niši:] n upravitelj zaseženega premoženja, sekvester
garnishment [gá:nišmənt] n okras; poziv (na sodišče); zaplemba
garnishry [gá:nišri] n okras
garniture [gá:ničə] n okras; garnitura; oprema, kostim
garotte glej garrotte
garret I [gǽrit] n podstrešje, mansarda; sl glava; to be wrong in the ~, to have one's ~ unfurnished ne biti čisto zdrave pameti
garret II [gǽrit] vt archit s kamenčki izpolniti (razpoke v zidu)
garreteer [gæritíə] n stanovalec podstrešja; fig reven pisatelj

garret-floor [gǽritflɔ:] *n* podstrešje
garrison [gárisn] 1. *n* posadka, garnizija; 2. *vt* nastaniti posadko
garron [gǽrən] *n Sc* kljuse
garrotte [gərɔ́t] 1. *n* priprava za usmrtitev z zadavitvijo; smrtna kazen z zadavitvijo; zadavitev; 2. *vt* zadaviti
garrotter [gərɔ́tə] *n* razbojnik, ki davi svoje žrtve, davilec
garrulity [gərúliti] *n* blebetavost, žlobudravost, zgovornost
garrulous [gǽruləs] *adj* (~ ly *adv*) blebetav, žlobudrav, čenčav, zgovoren; žuboreč
garter I [gá:tə] *n* podveza, podvezek; *E* **Order of the Garter** red hlačne podveze
garter II [gá:tə] *vt* s podvezo pritrditi, pripeti; podeliti red hlačne podveze
garter-blue [gá:təblu:] *adj* temno moder
garter-knee [gá:təni:] *n* levo koleno
garter-stitch [gá:təstič] *n* desna petlja (pletenje)
garth [ga:θ] *n arch* dvorišče, vrt, ograd
gas I [gæs] *n* plin; *coll fig* prazno govoričenje, besedičenje, prazen dim; *A coll* bencin; *coll* pedal za plin, pospešnik; **to light** (ali **turn on**) **the** ~ prižgati plin; **to turn down** (ali **off, out**) **the** ~ ugasiti plin; **to step on the** ~ pognati; pohiteti, podvizati se; ~ **coke** plinarski koks; ~ **welding** avtogeno varjenje; *mil* **mustard** ~ iperit; **poison** ~ strupeni plin
gas II [gæs] 1. *vt* uplinjati, s plinom zastrupiti; s plinom (*A* bencinom) oskrbeti; 2. *vt sl* čenčati, govoričiti, prazno slamo mlatiti
gasateria [gæsətíəriə] *n A coll* samopostrežna bencinska črpalka
gas-bag [gǽsbæg] *n* balon za plin; *coll* čenča, blebetač
gas-bracket [gǽsbrækit] *n* plinski priključek
gas-burner [gǽsbə:nə] *n* plinski gorilnik
gas-chamber [gǽsčeimbə] *n* plinska celica
gas-coal [gǽskoʊl] *n min* bituminozni premog
gas-cock [gǽskɔk] *n* plinska pipa
gasconade [gæskənéid] 1. *n* bahanje, širokoustenje; 2. *vt* širokoustiti, bahati se
gas-cooker [gǽskukə] *n* plinski kuhalnik
gaseity [gæsí:iti] *n* plinasto stanje; hlapljivost
gaselier [gæsəlíə] *n* plinski lestenec
gas-engine [gǽsendžin] *n* motor na plin
gaseous [géiziəs, gǽsiəs] *adj* plinast, hlapljiv
gas-fire [gǽsfaiə] *n* plinska peč
gas-fitter [gǽsfitə] *n* plinski instalater
gas-fitting [gǽsfitiŋ] *n* plinska napeljava
gas-fixture [gǽsfiksčə] *n* plinska napeljava
gash [gæš] 1. *n* vsek, zareza, brazgotina; *vulg* ženski spolni organ; 2. *vt* vsekati, globoko raniti, razparati
gas-helmet [gǽshelmit] *n* plinska čelada
gasholder [gǽshouldə] *n* plinovnik
gashouse [gǽshaus] glej **gasholder**
gasification [gæsifikéišən] *n* uplinjanje
gasiform [gǽsifɔ:m] *adj* plinast
gasify [gǽsifai] *vt & vi* upliniti, uplinjati (se)
gas-jet [gǽsdžet] *n* odprtina, skozi katero brizga plin
gasket [gǽskit] *n naut* vrv za zavezanje jadra; tesnilo, vmesna podloga, mašilnik
gas-light [gǽslait] *n* plinska luč, plinska svetilka

gas-main [gǽsmein] *n* glavna plinska cev
gas-man [gǽsmən] *n* plinarniški delavec; plinarniški inkasant
gas-mantle [gǽsmæntl] *n* plinska mrežica
gas-mask [gǽsma:sk] *n* plinska, dihalna maska
gas-meter [gǽsmitə] *n* plinomer; *coll* **he lies like a** ~ laže, da se kar kadi
gasolene, gasoline [gǽsəli:n] *n* gazolin; *A* bencin; *A* ~ **engine** bencinski motor
gasometer [gæsɔ́mitə] *n* plinovnik, plinski rezervoar
gas-oven [gǽsʌvn] *n* plinska pečica
gasp I [ga:sp] *vi* loviti sapo, sopsti, sopihati; **to** ~ **for breath** loviti sapo; **to** ~ **for life** biti v zadnjih zdihljajih; **to** ~ **one's last, to** ~ **out one's life** izdihniti, umreti
gasp II [ga:sp] *n* sopihanje; **to be at one's last** ~ biti v zadnjih zdihljajih; **to give a** ~ osupniti
gas-pedal [gǽspedl] *n* pedal za plin, akcelerator
gasper [gá:spə] *n sl* slaba cigareta
gasping [gá:spiŋ] *adj* (~ ly *adv*) zasopel, zadihan, ki lovi sapo
gas-pipe [gǽspaip] *n* plinska cev
gas-poisoning [gǽspɔizniŋ] *n* zastrupitev s plinom
gas-range [gǽsreindž] *n* plinski štedilnik
gas-ring [gǽsriŋ] *n* plinski gorilnik
gassed [gæst] *adj* uplinjen; s plinom zastrupljen
gas-shell [gǽsšel] *n mil* plinska granata
gassing [gǽsiŋ] *n coll* oblastno govorjenje, besedičenje
gas-station [gǽssteišən] *n A* bencinska črpalka
gas-tap [gǽstæp] *n* plinska pipa
gassy [gǽsi] *adj* plinast; *sl* domišljav, nadut; prazen (govoričenje)
gas-tank [gǽstæŋk] *A* glej **gasometer**
gas-tight [gǽstait] *adj* neprepusten za plin, nepredušen
gastric [gǽstrik] *adj* želodčen
gastritis [gæstráitis] *n med* želodčni katar
gastrologer [gæstrɔ́lədžə] glej **gastrologist**
gastrologist [gæstrɔ́lədžist] *n* gurman, sladokusec
gastrology [gæstrɔ́lədži] *n* kuharska umetnost
gastronome [gǽstrənoum] glej **gastronomer**
gastronomer [gæstrɔ́nəmə] *n* sladokusec, gurman
gastronomic [gæstrənɔ́mik] *adj* gurmanski
gastronomist [gæstrɔ́nəmist] glej **gastronomer**
gas-well [gǽswel] *n* izvirek zemeljskega plina
gas-works [gǽswə:ks] *n pl* plinarna
gat [gæt] *n A sl* revolver
gate I [geit] *n* vrata, brana, lesa; *rly* zapornica; uvozišče, dostop; zbrana vstopnina; gol; *E pl* ura, ko se zaklepajo vrata collegea; *sp* število gledalcev; **to get the** ~ biti odpuščen; **to give the** ~ odpustiti
gate II [geit] *vt sl* ne dovoliti izhoda po določeni uri (študentom v Oxfordu in Cambridgeu); **he was** ~ **d** ni smel zapustiti collegea
gate III [geit] *n Sc* ulica, cesta
gate-bill [géitbil] *n* zapiski o študentovi odsotnosti po določeni uri; globa zaradi odsotnosti letega
gate-crash [géitkræš] *vi sl* priti v družbo nepovabljen ali brez vstopnice
gate-crasher [géitkræšə] *n sl* nepovabljen gost
gatehouse [géithaus] *n* vratarjeva hišica; stražarnica nad mestnimi vrati

gate-keeper [géitki:pə] n vratar; rly železniški čuvaj, čuvaj pri zapornici
gate-legged [géitlegd] adj; ~ table sklopna mizica
gateman [géitmən] n peronski vratar
gate-money [géitmʌni] n vstopnina
gate-post [géitpoust] n vratni steber; coll between you and me and the ~ strogo zaupno, med nama povedano
gateway [géitwei] n uvozišče, pristop, portal
gather I [gǽðə] 1. vt zbrati, zbirati, nabirati; trgati (cvetje); (na)gubati; 2. vi zbrati se; povečati se, rasti; sklepati; zgostiti se; dozoreti; med zgnojiti se; as far as I can ~ kolikor lahko presojam; to be ~ed to one's fathers (ali people) umreti; to ~ the brows namrščiti se; to ~ ground okrepiti, ojačiti se; to ~ to a head dozoreti, zgnojiti se; to ~ strength (volume) ojačiti (povečati) se; to ~ way (ali speed, momentum) povečati hitrost; a rolling stone ~s no moss goste službe redke suknje; to ~ o.s. together zbrati se, zavedati se
gather from vi sklepati iz (česa)
gather in vi pobirati, nabirati
gather together vt zbirati, zbrati
gather up vt pobrati; zbrati, nabrati; povzeti; pritegniti
gather with vt shajati se s
gather II [gǽðə] n guba
gatherer [gǽðərə] n nabiralec, obiralec, zbiralec, -lka; žanjec, -jica
gathering [gǽðəriŋ] n zbor, shod; zbiranje, nabiranje, trganje; med gnojni tvor, ognojek, gnojenje; print zložena pola
gathering-ground [gǽðəriŋgraund] n zbirališče; napajališče vodovoda
gathers [gǽðəz] n pl naborki
gauche [gouš] adj neroden, netakten
gaucherie, gauchery [góušəri] n nerodnost, netaktnost
gaucho [gáučou] n gavčo, pastir na konju
gaud [gɔ:d] n lepotičenje, okras, cenen nakit, kič; pl bleščeče slavje
gaudy I [gó:di] adj (gaudily adv) našemljen, načičkan, kičast, neokusen; pisan, preživ, kričeč
gaudy II [gó:di] n slavnostna pojedina na čast bivšim članom univerze
gauffer glej goffer
gauge I [geidž] n zakonita mera; širina koloseka, razdalja med tračnicama; kaliber, kapaciteta, obseg; debelina pločevine; merilo; cenitev; dežemer; mar vetrna stran; to have the weather ~ of biti v privetrju, imeti ugodnost pred (kom); to take the ~ of s.th. meriti, ocenjevati kaj; broad ~ širokotiren; narrow ~ ozkotiren; pressure ~ manometer
gauge II [geidž] vt (iz)meriti, preizkusiti, preizkušati; oceniti; uskladiti
gaugeable [géidžəbl] adj izmerljiv, ocenljiv
gauge-glass [géidžglɑ:s] n merilo za določanje višine vode v parnem kotlu
gauger [géidžə] n Sc preskuševalec; nadzornik javnih mer
gauging [géidžiŋ] n preizkušanje; nadzorovanje javnih mer
gauging-rod [géidžiŋrəd] n meroizkusna palica
Gaul [gɔ:l] n hist Galec; joc Francoz

Gaulish [gó:liš] hist 1. adj galski; joc francoski; 2. n galščina
gaunt [gɔ:nt] adj (~ly adv) suh, mršav, vitek; pust, turoben, mračen, neprijeten, pošasten, grozen
gauntlet I [gó:ntlit] n hist železna rokavica; to cast (ali fling, throw) down the ~ pozvati na boj, izz(i)vati; to take (ali pick) up the ~ sprejeti poziv; prevzeti obrambo
gauntlet II [gó:ntlit] n tek skozi šibe (vojaška kazen); to run the ~ iti skozi šibe; fig biti hudo kritiziran
gauntness [gó:ntnis] n mršavost, vitkost; turobnost
gauntry [gó:ntri] glej gantry
gauze [gɔ:z] n gaza, tenčica, til; hlap, sopara
gauziness [gó:zinis] n prozornost
gauzy [gó:zi] adj (gauzily adv) tenek, prozoren; meglen
gave [geiv] pt od give
gavel [gǽvəl] n leseno kladivce (npr. dražbarja)
gavelkind [gǽvlkaind] n hist jur enakomerna delitev dediščine med vse sinove
gavial [géiviəl] n zool vrsta indijskega krokodila
gavotte [gəvót] n mus gavota
gawdy glej gaudy
gawk [gɔ:k] n tepec, topoglavec, butec, neroda, teslo
gawkiness [gó:kinis] n nerodnost, topoglavost
gawky [gó:ki] 1. adj (gawkily adv) neroden, štorast, budalast; 2. n neroda, tepec
gay [gei] adj (gaily adv) vesel, pester; lahkoživ, nemoralen, razuzdan; ~ with okrašen s; ~ lady lahkoživka
gayety [géiəti] n A veselost, živahnost
gayness [géinis] n veselost; pestrost, pisanost
gaze I [geiz] vi (on, upon, into, at) zijati, buljiti, bolščati, strmeti
gaze II [geiz] n zijanje, bolščanje; to stand at ~ zijati, zagledati se, bolščati
gazebo [gəzí:bou] n razgledni stolp; balkon; razgledna točka; A sl dečko, fant
gaze-hound [géizhaund] n hrt
gazelle [gəzél] n zool gazela
gazer [géizə] n zijalo; opazovalec; star ~ sanjač; joc zvezdoslovec
gazette [gəzét] 1. n uradni list; uradni univerzitetni poročevalec; 2. vt objaviti v uradnem listu
gazetteer [gæzitíə] n žurnalist; geografski leksikon; časopis; dopisnik uradnega lista
gazogene, gasogene [gǽzədži:n] n naprava za mešanje vode z ogljikovim dvokisom
gear I [giə] n techn prestava; naprava, orodje, mehanizem; konjska oprava; arch obleka, noša; naut ladijska oprema; in ~ v teku; out of ~ v neredu; head ~ pokrivalo; high ~ velika hitrost; low (ali bottom) ~ mot prva brzina, majhna hitrost; neutral ~ prosti tek; standing ~ nepremične vrvi; landing ~ pristajalne naprave; steering ~ krmilni mehanizem; to throw out of ~ vključiti prosti tek; skaziti, spraviti v nered; ~ drive pogon z zobatimi kolesi; all one's worldly ~ vse, kar človek ima, vsa imovina, vsa ropotija; to change ~ preklopiti; to put in ~ vklopiti; top ~ največja hitrost

gear II [giə] **1.** *vt* okomatati, vpreči; pognati, vključiti (prestavo); prilagoditi; *arch* opremiti; **2.** *vi* prilagoditi se; segati eno v drugo
gear down *vt* zmanjšati hitrost
gear into *vi* uskladiti, prirediti; prilegati se v kaj
gear to *vi* biti tesno povezan s, biti odvisen od
gear up *vt* povečati hitrost
gear with *vi* skladati se, sodelovati
gear-box [gíəbəks] *n techn* menjalnik
gear-case [gíəkeis] glej **gear-box**
gearing [gíəriŋ] *n* zobata kolesa, pogonsko kolesje; pretik, prestava
gear-wheel [gíəwi:l] *n* zobato kolo, zobnik
gecko [gékou] *n zool* gekon
gee I [dži:] **1.** *int* joj, zaboga; hi, hijo; **2.** *n fam* konj
gee II [dži:] *vi* iti, premikati se, izogniti se, na desno se obrniti; **it won't** ~ **to** ne gre
gee-gee [dží:dži:] *n coll zool* konjiček
gee-ho [dží:hóu] *int* hijo, hi
geese [gí:z] *pl* od **goose; all his** ~ **are swans** vedno pretirava
gee-up [dží:Áp] **1.** *int* hi, hijo; **2.** *vt & vi* reči hi!; pognati konja; premakniti se (konj)
gee-wo [dží:wóu] *int* hi, hijo
geezer (**geeser**) [gí:zə] *n sl* dedec, babnica
gehenna [gihénə] *n* pekel; *fig* mučilnica, ječa
Geiger counter [gáigəkáuntə] *n* Geigerjev števec
geisha [géišə] *n* gejša
gel [džel] **1.** *n* gel; želatina, aspik; **2.** *vi* želatinirati
gelatin(e) [dželətí:n] *n* želatina
gelatinize [džilǽtinaiz] *vi & vt* želatinizirati
gelatinous [džilǽtinəs] *adj* želatinski
gelation [dželéišən] *n* zmrzovanje
geld* [gelt] *vt* skopiti, kastrirati; *fig* oslabiti
gelding [géldiŋ] *n* kastracija; (konj) skopljenec; *arch* evhuh
gelid [džélid] *adj* (~ **ly** *adv*) ledeno mrzel, hladen
gelt [gelt] *pt & pp* od **geld**
gem [džem] **1.** *n* dragulj, biser, žlahtni kamen; *A* vrsta lahkega peciva; **2.** *vt* (o)krasiti z dragulji
geminate [džéminit] *adj biol* dvojen, paren
geminate [džémineit] *vt biol* podvojiti, zvrstiti v parih
gemination [džeminéišən] *n* podvojitev; rast v parih
gemini [džéminai] *int obs* jojmene!
Gemini [džéminai] *n astr* ozvezdje dvojčkov
geminous [džéminəs] *adj* (~ **ly** *adv*) dvojen, paren
gemma [džémə] *n biol* popek, brstič
gemmae [džémi:] *pl* od **gemma**
gemmate [džémeit] **1.** *vt* brsteti; **2.** *adj* popčast, brsten
gemmation [džeméišən] *n bot* brstenje; *zool* nespolno razmnoževanje z brstenjem
gemmiferous [džemífərəs] *adj bot* brsteč; *zool* ki se množi z brstenjem
gemmiparous [džemípərəs] *adj* (~ **ly** *adv*) glej **gemmiferous**
gemmule [džémju:l] *n biol* brst, popek
gemmy [džémi] *adj* (**gemmily** *adv*) kakor dragulj; blesteč
gen [džen] *n sl* obvestilo, informacija
gendarme [žá:ŋda:m] *n* orožnik, žandar
gendarmery [žá:ŋda:məri] *n* žandarmerija, orožniki

gender [džéndə] **1.** *n gram* spol; *vt poet* (s)ploditi, povzročiti
genderless [džéndəlis] *adj* nespolen, brez spola
gene [dži:n] *n biol* gen
genealogical [džiːniəlódžikəl] *adj* (~ **ly** *adv*) rodosloven, genealoški; ~ **tree** rodovnik
genealogist [dži:niǽlədžist] *n* rodoslovec, genealog
genealogize [dži:niǽlədžaiz] *vt & vi* raziskovati izvor, ukvarjati se z rodoslovjem
genealogy [dži:niǽlədži] *n* rodoslovje, genealogija; rodovnik
genera [džénərə] *pl* od **genus**
general I [džénərəl] *n mil* general; *fig* vojskovodja, strateg; *A coll* dekle za vse; *arch* občinstvo; večina; *pl arch* splošna načela
general II [džénərəl] *adj* splošen, obči, navaden; skupen; glaven; *mil* višje stopnje od polkovnika; ~ **cargo** mešan tovor; ~ **delivery** izročitev pošiljk na pošti brez dostave, poste restante; **in** ~ na splošno; **a person of** ~ **information** mnogostransko izobražen človek; ~ **post** splošna premestitev; ~ **practitioner** splošni zdravnik; ~ **servant** dekle (sluga) za vse; ~ **reader** človek ki prebere vse, kar mu pride pod roke; *E* ~ **dealer** trgovec z mešanim blagom; ~ **approbation** splošno odobravanje; ~ **hospital** splošna bolnica; ~ **order** dnevno povelje; **General Post Office** glavna pošta; ~ **staff** glavni štab; *naut* ~ **trader** tramper; **as a** ~ **rule** praviloma, na splošno, redno; ~ **attorney** državni tožilec; *mil* ~ **service** splošna vojna obveznost; ~ **elections** splošne volitve; **in a** ~ **way** na splošno; **postmaster** ~ *E* minister za pošte; **in** ~ **terms** čisto na splošno
generalcy [džénərəlsi] *n* položaj generala
generalissimo [džénərəlísimou] *n* vrhovni poveljnik
generality [džénərǽliti] *n* položaj ali čast generala; splošnost; večina; glavne točke
generalization [dženərəlaizéišən] *n* posploševanje; splošen zaključek
generalize [džénərəlaiz] **1.** *vt* posplošiti, generalizirati; **2.** *vi* (*from*) delati splošne zaključke; popularizirati
generalizer [džénərəlaizə] *n* tisti, ki dela splošne zaključke; popularizator
generally [džénərəli] *adv* na splošno, običajno, navadno, večinoma, pogosto; ~ **speaking** na splošno povedano
general-purpose [džénərəlpó:pəs] *adj* univerzalen, splošen
generalship [džénərəlšip] *n mil* čin generala; taktika, strategija, vodstvo; organizacija
generate [džénəreit] *vt* (s)ploditi, roditi; razmnožiti; *fig* povzročiti, proizvajati
generating set [džénəreitiŋset] *n el* generatorski agregat
generating-station [džénəreitiŋstéišən] *n* elektrarna
generation [dženəréišən] *n* ploditev; rod, zarod, potomstvo; generacija; doba, vek; nova varianta; izvajanje; **rising** ~ mladi rod
generative [džénəréitiv] *adj* proizvoden, proizvajalski; povzročevalen; razmnoževalen, plodilen, ploden
generator [džénəreitə] *n* povzročitelj, generator; plodilec; *fig* oče

generatrix, *pl* **generatrices** [džénəreitriks, dženəréitrisi:z] *n arch* roditeljica; povzročiteljica
generic [džinérik] *adj* (~**ally** *adv*) rodoven; splošen
generosity [dženərósiti] *n* plemenitost, radodarnost, velikodušnost
generous [dženərəs] *adj* (~**ly** *adv*) plemenit, radodaren, velikodušen; žlahten; obilen
genesis [džénisis] *n* nastanek, izvor, geneza
genet [džénit] *n zool* cibetovka; *obs* španski konjiček
genetic [džinétik] *adj* (~**ally** *adv*) izvoren, genetičen
genetics [džinétiks] *n pl biol* veda o podedovanju, genetika
geneticist [džinétisist] *n* genetik
geneva [džiní:və] *n* brinjevec, žganje
genial I [dží:njəl] *adj* (~**ly** *adv*) vesel, živahen, prikupen, spodbuden; blag, mil; prijazen, družaben; *arch* genialen
genial II [dží:njəl] *adj anat* obradkov
geniality [dži:niǽliti] *n* veselost, živahnost, prisrčnost, priljudnost; blagost; *arch* genialnost
geniculated [džiníkjuleitid] *adj bot* kolenčast
genie [dží:ni] *n* zli duh, vampir
genii [dží:niai] *pl* od **genius** in **genie**
genista [džinístə] *n bot* košeničica
genital [džénitl] *adj* spolen, razplojevalen
genitals [džénitlz] *n pl* spolovila
genitival [dženitáivəl] *adj gram* rodilnikov, genitiven
genitive [džénitiv] 1. *n gram* rodilnik, genitiv; 2. *adj* rodilnikov, genitiven
genius *pl* **geniuses, genii** [dží:njəs, džíniəsiz, dží:niai] *n* duh, demon, genij; (*for*) nadarjenost, **one's evil** ~ zli duh koga; **man of** ~ genij; **good** ~ dobri duh, angel varuh; ~ **loci** krajevno značilna atmosfera; **his** ~ **does not lie in that direction** za to nima nadarjenosti, smisla
genocide [džénəsaid] *n* iztrebljanje verske ali narodne skupnosti; množični umor, genocid; množični morilec
genotype [džénətaip] *n biol* genotip, zasnovni tip
gens [džens] *n* pleme, rod
gent [džent] *n vulg joc* gospod
genteel [dženti:l] *adj* (~**ly** *adv*) *obs* dvorljiv, uglajen; *vulg iron* gosposki, imeniten
gentian [džénšən] *n bot* svišč, encijan; grenčica
gentile I [džéntail] *adj* poganski, arijski, nežidovski; *A* nemormonski
gentile II [džéntail] *n* arijec, -jka, ki ni žid; pogan, -nka; *A* ki ni mormon, -nka
gentiledom [džéntaildəm] *n* nežidovski svet, arijci
gentility [džentíliti] *n arch* plemeniti rod, plemstvo; nav. *ir* imenitnost, noblesa; **shabby** ~ navidezna imenitnost ob dejanski revščini
gentle I [džéntl] *adj* vljuden, uglajen; blag, mil, nežen; krotek, ljubezniv; plemenit, imeniten; ~ **pace** počasen korak; **the** ~ **sex** ženski spol, ženske; ~ **art** (ali **craft**) ribolov; ~ **traffic** tihotapstvo; ~ **reader** spoštovani bralec; **of** ~ **birth** (ali **blood**) plemenitega rodu
gentle II [džéntl] *n zool* buba mesarske muhe (kot ribiška vaba); *arch* gospod
gentle III [džéntl] *vt* krotiti; povišati v plemiča
gentlefolk(s) [džéntlfouk(s)] *n* (*pl*) plemstvo, plemiči; dobro vzgojeni ljudje; gospoda

gentlehood [džéntlhud] *n* imenitnost, dobra vzgoja, uglajenost
gentleman [džéntlmən] *n* olikan moški, gospod; poštenjak; kavalir; *arch hist* plemič, dvorjan, komornik; *coll* **the old** (ali **black**) ~ vrag; ~ **of the green baize road** slepar; ~ **player** diletant; ~ **'s** ~ sluga; **single** ~ samec; ~ **in waiting** plemič v kraljevi službi; ~ **at large** človek brez določenega poklica; ~ **of the long robe** sodnik, pravnik; ~ **of the cloth** duhovnik; ~ **in black velvet** krt; ~ **of fortune** pirat; pustolovec; ~ **ranker** izobraženec, ki služi kot navadni vojak; ~ **usher** vodja ceremoniala
gentleman-at-arms [džéntlmənətá:mz] *n* član kraljeve garde
gentleman-farmer [džéntlmənfá:mə] *n* veleposestnik
gentlemanhood [džéntlmənhud] *n* gospostvo; uglednost
gentlemanlike [džéntlmənlaik] *adj* gosposki, dobro vzgojen, uglajen
gentlemanliness [džéntlmənlinis] *n* gospostvo; ugled
gentlemanly [džéntlmənli] glej **gentlemanlike**
gentlemen [džéntlmən] *pl* od **gentleman**; ~ **'s agreement** dogovor na častno besedo, prijateljski sporazum
gentleness [džéntlnis] *n* blagost, nežnost, milina, prijaznost
gentlewoman, *pl* **gentlewomen** [džéntlwumən, džéntlwimin] *n* olikana ženska, dama; komornica, spletična
gently [džéntli] *adv* blago, nežno, zmerno; ~ **boiled egg** v mehko kuhano jajce; ~ **born** plemiški, imeniten
gentry [džéntri] *n* nižje plemstvo; gospoda; *arch* potomstvo; ljudstvo
genual [dží:njuəl] *adj* kolenski
genuflect [džénjuflekt] *vi* poklekniti; klečati, upogniti koleno
genuflection, genuflexion [dženjuflékšən] *n* poklek, klečanje; *fig* (*before*) klanjanje (komu)
genuine [džénjuin] *adj* (~**ly** *adv*) naraven, pravi, pravšen, resničen, pristen, avtentičen; odkrit
genuineness [dženjuinnis] *n* resničnost, pristnost, avtentičnost; odkritost
genus, *pl* **genera** [dží:nəs, džénərə] *n biol* rod, vrsta, razred, pleme
geocentric [dži:ouséntrik] *adj* (~**ally** *adv*) geocentričen
geodesic [dži:oudésik] *adj* (~**ally** *adv*) zemljemerski, geodetski
geodesist [dži:ódesist] *n* geodet(ka), zemljemerec, -rka
godesy [dži:ódisi] *n* geodezinja, zemljemerstvo
geodetic [dži:oudétik] 1. *adj* geodetski, zemljemerski; 2. *n pl* geodezija
geographic(al) [dži:əgrǽfik(el)] *adj* (~[**al**]**ly** *adv*) geografski, zemljepisen; **geographical mile** ena stopinja geografske dolžine na ravniku, 1854,96 m
geography [dži:ógrəfi] *n* zemljepis, geografija
geoid [dží:oid] *n geom* nepravilna krogla, geoid
geologic(al) [dži:əlódžik(əl)] *adj* (~[**al**]**ly** *adv*) geološki
geologist [dži:ólədžist] *n* geolog(inja)

geologize [džiólədžaiz] *vt & vt* geološko preiskovati; študirati geologijo
geology [džiólədži] *n* geologija, zemljepisje
geometer [džiómitə] *n zool* pedic; matematik, strokovnjak za geometrijo
geometrical [džiəmétrikəl] *adj* (~ly *adv*) geometričen
geometrician [džioumetríšən] *n* geometer
geometry [džiómitri] *n* geometrija; descriptive ~ opisna geometrija; plane ~ planimetrija; solid ~ stereometrija
geophysics [džiəfíziks] *n sg constr* geofizika
geoponic [džiəpónik] *adj* kmečki
George [džo:dž] *n* Jurij; brown ~ velik kamnit vrč; by ~ presneto!
Georgian [džó:džiən] 1. *n* gruzinski; georgijski; 2. *n* Gruzinec; Georgijec
georgic [džódžik] *adj* kmečki
geostatics [džiostétiks] *n* geostatika
geotropic [dži:ɔtrópik] *adj* (~ally *adv*) geotropski
geotropism [džiótropizəm] *n* geotropizem, teženje k tlom
geranium [džiréinjəm] *n bot* krvomočnica, geranija
gerfalcon [džó:fɔ:kən] *n zool* sokol
germ I [džə:m] *n bot zool* kal, klica, zarodek, zametek, zaplodek; mikrob; *fig* zasnova; ~ warfare bakteriološka vojna; in ~ v kali; ~ carrier bacilonosec
germ II [džə:m] *vi* kliti, poganjati
German I [džó:mən] *adj* nemški; ~ Ocean Severno morje; ~ text gotica; *med* ~ measles rdečke
German II [džó:mən] *n* Nemec, Nemka, nemščina
german [džó:mən] *adj* krvno soroden; ~ brother (sister, cousin) pravi brat (sestra, bratranec, sestrična)
germander [džə:mǽndə] *n bot* navadni vrednik
germane [džəméin] *adj* (*to*) primeren; pripadajoč; ki se nanaša, ki je v zvezi
Germanic [džə:mǽnik] *adj* germanski, tevtonski
Germanism [džó:mənizəm] *n* germanizem
Germanist [džó:mənist] *n* germanistka, študent(ka) germanistike
Germanity [džə:mǽniti] *n* germanstvo
germanization [džə:mənaizéišn] *n* ponemčevanje
germanize [džó:mənaiz] *vt & vi* germanizirati, ponemčevati
germanizer [džó:mənaizə] *n* ponemčevalec
Germanophil [džə:mǽnəfil] *n* germanofil, prijatelj Nemcev
Germanophobe [džə:mǽnəfoub] *n* sovražnik Nemcev
germ-carrier [džə:mkǽriə] *n* klicenosec
germ-free [džó:mfri:] *adj* brez klic, dezinficiran
germicidal [džó:misaidəl] *adj* razkuževalen
germicide [džó:misaid] 1. *n* razkužilo; 2. *adj* razkuževalen
germinal [džó:minəl] *adj* zaroden, začeten; *fig* nerazvit, rudimentalen
germinant [džó:minənt] *adj* kaleč, klijoč
germinate [džó:mineit] 1. *vi* kaliti, kliti; 2. *vt* pospeševati kalitev
germination [džə:minéišən] *n* kalitev, klitje
germinative [džó:minativ] *adj* ki povzroča klitje, rast, kalilen
germon [džó:mən] *n zool* beli tun

gerontocracy [džerəntókræsi] *n* vlada starcev
gerontology [džerəntólədži] *n* gerontologija, nauk o starostnih pojavih
gerrymander [džérimændə] *A vt* slabo zastopati; protežirati določeno stranko; samovoljno razdeliti v okraje; falzificirati; *coll* olepševati
gerund [džérənd] *n gram* gerundij, glagolnik
gerund-grinder [džérəndgraində] *n joc* profesor latinščine; dlakocepec
gerundial [džirʌ́ndiəl] *adj* gerundski, glagolniški
gerundival [džerəndáivəl] *adj* gerundiven
gerundive [džirʌ́ndiv] *n gram* gerundiv, glagolski pridevnik
gesso [džésou] *n* mavec; mavčni omet
gestation [džestéišən] *n* brejost, nosečnost
gestatory [džéstətəri] *adj* nosečnosten
gesticulate [džestíkjuleit] *vi & vt* s kretnjami izražati, gestikulirati
gesticulation [džestikjuléišən] *n* gestikuliranje, izražanje s kretnjami
gesticulative [džestíkjuleitiv] *adj* ki se izraža z gibi rok
gesticulator [džestíkjuleitə] *n* človek, ki med pogovorom maha z rokami
gesticulatory [džestíkjuleitəri] glej gesticulative
gesture I [džésčə] *n* gib, poteza, kretnja; warlike ~ rožljanje z orožjem
gesture II [džéščə] *vt & vi* z gibi rok izražati, gestikulirati
get* I [get] 1. *vt* dobiti; pridobiti, zaslužiti; vzeti, jemati; preskrbeti, nabaviti, omisliti si, kupiti; spraviti, spravljati (pridelke); doseči; ujeti; razumeti, naučiti se, doumeti; zvedeti; dati si narediti; *A sl* razjeziti, razdražiti; 2. *vi* postati; priti, dospeti; napotiti se; navaditi se; *A sl* popihati jo; to ~ acquainted seznaniti se; to ~ to be postati; to ~ better okrevati; to ~ the better of s.o. premagati koga; to ~ the best of s.th. najbolje opraviti; to ~ one's back up razjeziti se; to ~ the bullet (ali boot, sack, mitten) biti odpuščen; to ~ clear of znebiti, otresti se; *sl* ~ cracking! loti se posla! to ~ dressed obleči se; to ~ done dati si narediti; there's no getting around nič ne pomaga; to ~ drunk opijaniti se; to ~ a glimpse of bežno zagledati; to ~ even with s.o. obračunati s kom; to ~ one's eye in navaditi se, prilagoditi se; *sl* to ~ on a fair treat zelo dobro napredovati; *sl* to ~ s.o.'s goat razjeziti, razdražiti koga; ~ you gone! proč od tod, izgini(te)!; to ~ the goods on s.o. dobiti dokaze proti komu; to ~ a grip of obvladati, premagati; *sl* to ~ a big hand zelo ugajati, doživeti velik uspeh; to ~ the hang of s.th. razumeti, doumeti kaj; to have got to (z nedoločnikom) morati, biti prisiljen; to ~ by heart naučiti se na pamet; *A sl* to ~ in Dutch with zameriti s komu; to ~ hold of polastiti se; *coll* to ~ the kick out of s.th. uživati nad čim; to ~ to know spoznati; *sl* to get left razočarati se, podleči; to ~ lost zgubiti se, to ~ to like vzljubiti; to ~ it (in the neck) biti grajan, kaznovan; to ~ a move on pohiteti, to ~ married poročiti se; to ~ on s.o.'s nerves dražiti koga; to ~ nowhere nič ne doseči; to ~ possession of s.th. polastiti se česa; to ~ a sight of zagledati; to ~ the sow (ali pig) by the tail (ali ear), to ~ the wrong

sow by the ear zmotiti se; **to ~ over** (ali **round**) s.o. pregovoriti koga; **to ~ s.o.** razumeti koga; imeti koga za norca; *sl* **to ~ the raspberry** biti zasmehovan; *sl* **to ~ rattled** zmesti se, postati živčen; **to ~ ready** pripraviti se; **to ~ rid** (ali **quit**) znebiti se; **to ~ a rise out of** s.o. razdražiti koga; **to ~ one's second wind** oddahniti si; **to ~ one's shoes soled** dati si podplatiti čevlje; **to ~ to sleep** zaspati; **to ~ a slip** pelin dobiti, biti zavrnjen; **to ~ the start of** s.o. prehiteti koga; **to ~ there** doseči uspeh; **to ~ well** ozdraveti; **to ~ the wind of** s.th. zvedeti, zavohati, zaslutiti kaj; *fig* **to ~ the wind up** prestrašiti se; **to ~ to work** lotiti se dela; **to ~ the worst of the bargain** zgubiti, biti premagan; **to get** s.o. **wrong** napačno koga razumeti; **to ~ used to doing** s. th. navaditi se česa; **to ~ the upper hand of** s.o. premagati koga

get above o.s. prevzeti se
get about *vi* krožiti, pohajati; razvedeti se
get abroad *vi* razširiti, razglasiti se
get across *vi sl* delovati, imeti uspeh, narediti vtis
get aground *vi* potopiti se
get ahead *vi* napredovati, uspevati
get along *vi & vt* napredovati; opraviti; razumeti se; (*with*) shajati; **get along with you!** poberi se!; ne govori neumnosti!
get at *vi* dobiti, doseči; vplivati; spoznati; meriti na koga; podkupiti; nezakonito vplivati; *sl* norčevati se
get away *vi & vt* oditi; (*from*) rešiti se koga ali česa; (*with*) izmuzniti se; uspešno izvršiti; **get away with you** poberi se!
get back *vi & vt* nazaj dobiti; vrniti se; **~ at** s.o. dolžiti koga; maščevati se
get behind *vi* zaostajati; *fig* zadolžiti se; *A* podpirati
get by *vi* pridobiti s čim; izmuzniti se; preživeti
get down *vi & vt* spuščati se; sleči; pogoltniti; napisati; razjahati; izstopiti; dol spraviti; **~ to** lotiti se; **~ to business** (ali **brass tacks**) resno se lotiti dela; **~ even with** obračunati s kom
get forward glej get ahead
get home *vi fig* zbuditi pozornost; zadeti v črno; **~ on** s.o. uspešno koga napasti, občutno ga prizadeti
get in *vi & vt* vstopiti, vkrcati se; spraviti pod streho; inkasirati; zmagati pri volitvah; **~ debts** zabresti v dolgove, zadolžiti se; *A sl* **~ Dutch with** zameriti se komu; **~ one's hand** naučiti, navaditi se česa; **~ with** s.o. seznaniti se s kom, prilizovati se komu
get into *vi* vstopiti; *coll* obleči; **~ a habit** navaditi se; **~ debt** zadolžiti se; **~ line with** sodelovati
get near *vi* približati se
get off *vi & vt* izstopiti; odpotovati; izogniti se; sprijazniti se; zadremati, zaspati; *coll* zaročiti se; odleteti (letalo); *sl* motiti se; **~ cheaply** poceni jo odnesti; **~ one's chest** priznati, olajšati si srce; **~ one's head** zgubiti glavo; olajšati si srce; **~ the rails** iztiriti; *coll* **~ with** navezati ljubezenske stike; izvleči se; **to get** o.s. **off** oditi

get on *vi & vt* napredovati; (*with*) razumeti se s kom; starati se; obleči, ogrniti; **~ in the world** uspešno napredovati; **~ (to) one's feet** vstati; dobiti zaupanje; **~ in years** (ali **life**) starati se; **~ to** s.th. zavedeti se česa; **it's getting on for midnight** bliža se polnoč; **get a move on!** poberi se; **how are you getting on?** kako je s tabo, kako se ti godi?
get out *vt & vi* ven potegniti, izvleči; izstopiti; **~ of one's depth** (ali **control**) zgubiti tla pod nogami; **~ of bed on the wrong side** vstati z levo nogo, biti slabe volje; **~ of sight** izginiti; **~ of hand** izogibati se nadzorstvu; končati delo; **~ of habit** odvaditi se; **~ of one's mind** izbrisati iz spomina
get over *vt & vi* premagati, preboleti; narediti konec; pridobiti, pregovoriti koga; zvito izvršiti
get round *vt & vi* pregovoriti; premagati, prebroditi; izogniti se; okrevati; zavedeti se
get through *vi* končati; preboleti, srečno prestati; biti odobren; dobiti zvezo (po telefonu)
get to *vi* lotiti se česa; doseči kaj; **~ sleep** zaspati
get together *vt* zbrati; *coll* zediniti se; sestaviti
get under *vt & vi* obvladati; pogasiti; potopiti se; *naut* **~ way** izpluti
get up *vt & vi* vstati; organizirati; študirati; dvigniti (se); naučiti; preučiti; urediti, opremiti; razvneti, razplameneti; povzpeti se; zajahati; razbesneti se; **~ steam** *fig* razvneti se; **~** s.o.'s **back** razjeziti koga; *A sl* **to get the wind up** prestrašiti, bati se
get II [get] *n* mladiči, potomci, zarod; pridobitev
get-at-able [getǽtəbl] *adj coll* dosegljiv, dostopen
get-away [gétəwéi] *n sl* pobeg; **to make one's ~** izmuzniti se, zbežati, uiti, popihati jo
get-off [gétóf] *n* odhod, pobeg; odlet
get-rich-quick [gétričkwík] *coll* 1. *adj* goljufiv; 2. *n* goljufivo podjetje
gettable [gétəbl] *adj* dosegljiv
getter [gétə] *n* roditelj; kopač v rudniku
getting [gétiŋ] *n* pridobivanje, dobiček
get-together [gétəgéðə] *n* srečanje, zbor, zborovanje
get-up [gétʌp] *n* oprema; inscenacija; *A fam* podjetnost, odločnost, energija; modni kroj
geum [džíːəm] *n bot* blažič
gew-gaw I [gjúːgɔː] *n* igračkanje, ničevost; lišp, bahaški okras, bliščava igračka
gew-gaw II [gjúːgɔː] *adj* bahav, gizdav
gey [gei] *Sc adv* znatno, zelo
geyser I [gáizə, gíːzə, géizə] *n geol* gejzir, vroč vrelec
geyser II [gíːzə] *n* grelec za vodo, bojler
gharry [gǽri] *n* indijska kočija
ghastliness [gáːstlinis] *n* bledica; groza, pošastnost, strašnost
ghastly [gáːstli] *adj & adv* bled, mrtvaški; grozen, pošasten; *coll* oduren; prisiljen (nasmeh)
gha(u)t [gɔːt] *n Ind* gorski prelaz; pristanišče
ghee [giː] *n Ind* bivolje maslo
gherkin [gə́ːkin] *n* (kisla) kumarica
ghetto [gétou] *n* židovska četrt, geto; črnska četrt
ghost [goust] *n* duh, prikazen; *fig* senca, sled; pisatelj, ki piše v imenu drugega; **not the ~**

of a chance prav nič upanja; *arch* to give up
(ali yield) the ~ izdihniti, umreti; as white as
a ~ bel ko kreda; ~ town izumrlo, zapuščeno
mesto; *theat sl* the ~ walks izplačujejo plače;
to lay a ~ preganjati duha; to raise a ~ klicati duha
ghostlike [góustlaik] glej ghostly
ghostliness [góustlinis] *n* pošastnost
ghostly [góustli] *adj* pošasten; kot duh, duhoven;
~ enemy vrag; ~ father duhovnik, spovednik;
~ hour ura duhov
ghost-word [góustwə:d] *n* beseda, ki je ni
ghostwriter [góustraitə] *n* pisec govorov za druge
ghoul [gu:l, gaul] *n* duh, ki ropa grobove in se
hrani z mrliči; vampir, volkodlak; *fig* plenilec
grobov
ghoulish [gú:liš, gáuliš] *adj* (~ly *adv*) krut, nečloveški, ogaben; vražji, demonski
ghyll [gil] *n* globel, soteska
giant [džáiənt] 1. *n* velikan, orjak; 2. *adj* velikanski,
orjaški, gigantski
giantess [džáiəntis] *n* velikanka, orjakinja
giantism [džáiəntizəm] *n* *med* gigantizem, akromegalija
giantlike [džáiəntlaik] *adj* gigantski, velikanski,
ogromen, orjaški
giant-sized [džáiəntsaizd] glej giantlike
gib I [džib] 1. *n zool* bradavica na spodnji čeljusti
lososa samca; *techn* zagozda; 2. *vt & vi* zagozditi (se)
gib II [džib] *n zool* maček skopljenec, mucek
gibber [džíbə] 1. *vi* klepetati, žlobudrati, čenčati;
2. *n* klepet, žlobudranje, čenče
gibberish [džíbəriš] *n* žlobudranje; latovščina; to
talk ~ čenčati neumnosti
gibbet I [džíbit] *n* vislice; *techn* prečka na žerjavu;
to die on the ~ umreti na vešalih
gibbet II [džíbit] *vt* obestiti koga; postaviti na
sramotni oder; *fig* javno (o)sramotiti
gibbon [gíbən] *n zool* gibon
gibbose [gíbous] *adj* grbast; izbočen
gibbosity [gibósiti] *n* grbavost, grba; izbočenost,
izboklina; obok
gibbous [gíbəs] glej gibbose
gibe I [džaib] *n* roganje, posmeh, zbadanje
gibe II [džaib] *vt & vi* (*at*) zasmehovati; posmehovati, rogati se
giber [džáibə] *n* porogljivec, posmehljivec
gibing [džáibiŋ] *adj* (~ly *adv*) posmehljiv, porogljiv
giblets [džíblits] *n pl cul* gosje drobovje
gibus [džáibəs] *n* klak (sklopljiv cilinder)
giddiness [gídinis] *n* vrtoglavost, omotica; omahljivost; lahkomiselnost, nepremišljenost; površnost, neresnost
giddy I [gídi] *adj* omotičen, vrtoglav; omahljiv;
lahkomiseln, nepremišljen; površen, neresen;
to play the ~ goat neumno se vesti
giddy II [gídi] *vt & vi* povzročati vrtoglavico; dobiti vrtoglavico (*with* zaradi)
giddy-brained [gídibreind] glej giddy
giddy-go-round [gídigouráund] *n* vrtiljak
giddy-pated [gídipeitid] glej giddy
gift I [gift] *n* darilo, dar; sposobnost, nadarjenost;
the ~ of the gab namazan jezik; to look the ~
horse into the mouth skušati darilu vrednost;

I would not have (ali take) it as a ~ tega še
zastonj ne maram; ~ of tongues dar za jezike
gift II [gift] *vt* obdariti, darovati (*to* komu; *away*)
gifted [gíftid] *adj* (*with*) nadarjen, obdarjen
giftie [gífti] *n Sc* zmožnost, sposobnost
gig I [gig] *n* gig (lahek voz na dveh kolesih);
vrsta lahkega čolna; osti, harpuna; *techn* mikalnik; to drive a ~ biti premožen
gig II [gig] *n* loviti z ostmi; premikati se sem in tja
gigantean [džaigǽntiən] glej gigantic
gigantesque [džaigǽntesk] glej gigantic
gigantic [džaigǽntik] *adj* (~ally *adv*) velikanski,
ogromen, orjaški, gigantski
gigantism [džaigǽntizəm] glej giantism
giggle [gigl] 1. *vi* hihitati, režati se; 2. *n* hihitanje,
režanje
gig-lamps [gíglæmps] *n pl joc* naočniki
gigolo [džígolou] *n* plačan plesalec
gigman [gígmæn] *n coll* nadutež, filister, malomeščan
gigmanity [gigmǽniti] *n* malomeščanstvo, filistrstvo, nadutost
gigot [džígət] *n cul* ovčje stegno
gigue [ži:g] *n mus hist* vrsta godala; vrsta starinskega plesa
gild I [gild] glej guild
gild* II [gild] *vt* pozlatiti; *fig* olepšati, omiliti;
to ~ the pill omiliti neprijetno stvar; to ~
the lily z olepšavanjem pokvariti lepo
gilded [gíldid] *adj* pozlačen; Gilded Chamber
britanski Zgornji dom; *ir* ~ youth zlata mladina
gilder [gíldə] *n* pozlačevalec
gilding [gíldiŋ] *n* pozlačevanje; pozlata, pozlačenost; *fig* olepšanje, prikrivanje napak
gill I [gil] *n zool* škrga; mesnati izrastki na glavi
nekaterih ptičev; *bot* listič (gobe); *coll* gube
pod brado; to look green about the ~s imeti
nezdrav videz, biti videti potrt; rosy about the
~s zdravega videza; stewed about the ~s pijan
ko žolna
gill II [gil] *vt* očistiti ribo; odstraniti lističe gobe
gill III [džil] *n* votla mera *E* 0,1421, *A* 0,118 litra
gill IV [gil] *n* globel, soteska; gorski potok
Gill [džil] *n* dekle, srček; every Jack has his ~
vsak fant ima dekle
gill-flirt [džílflə:t] *n obs* lahkoživka
gillie [gíli] *n Sc* gozdarjev ali ribičev pomočnik
gill-cover [gilkʌvə] *n zool* škržni pokrovec
gill-lid [gíllid] glej gill-cover
gill-slit [gílslit] *n zool* škržna raza
gillyflower [džíliflauə] *n bot* nagnoj, šeboj; nagelj;
vrsta jabolka
gilt I [gilt] *pt & pp* od gild
gilt II [gilt] *adj* pozlačen
gilt III [gilt] *n* pozlatilo; *sl* denar, zlato; *fig* lepota,
sijaj; to take the ~ off the gingerbread pokazati
(se) v pravi (tj. slabi) luči
gilt-edged [gíltedžd] *adj* z zlatim robom; *coll*
prvovrsten, zanesljiv; ~ securities pupilarni
vrednostni papirji
gimbals [džímblz] *n pl naut* kardan
gimcrack [džímkræk] 1. *n* ničvredna, neokusna
stvar, kič; 2. *adj* ničvreden, neokusen, ničev,
kičast
gimlet, gimblet [gímlit] *n* sveder; eyes like ~s
predirne oči

gimmer [gímə] *n* ovca med prvim in drugim letom; ženščina

gimmick [gímik] *n A sl* prevara, trik

gimp [gimp] *n* okrasna vrvica

gin I [džin] *n arch* stroj, naprava; vrsta žerjava; vitel; zanka, past; *fig* zvijača; stroj za odstranjevanje semen iz bombaža

gin II [džin] *vt* loviti, ujeti v past; čistiti bombaž

gin III [džin] *n* vrsta sladkanega brinovca, gin; *coll vulg* ~ **and water voice** hripav glas (pijanca); *A* ~ **sling** ledena pijača iz gina, sladkorja in sadnega soka

gin IV [gin] *vi & vt arch poet* začeti (se)

gin V [gin] *conj Sc* če, ako

ginger I [džíndžə] **1.** *n* ingver; *coll sl* energija, vnema; pogum; *sl* rdečeglavec; **to put some** ~ **in** z vnemo se lotiti; ~ **cordial** (ali **brandy**) ingverjev liker; ~ **group** posebno aktivna skupina (v parlamentu); *A* ~ **pop** z ingverjem začinjena peneča se pijača; ~ **shall be hot in the mouth** hrepenenje po užitku je večno; **2.** *adj* rdečkast (lasje)

ginger II [džíndžə] *vt* začiniti v ingverjem; *coll* **to** ~ **up** poživiti, spodbuditi

gingerade [džíndžəreid] *n A* vrsta pijače iz ingverjem

ginger-ale [džíndžəréil] *n* vrsta brezalkoholne pijače z ingverjevim okusom

ginger-beer [džíndžəbíə] glej **ginger-ale**

gingerbread [džíndžəbred] **1.** *n cul* medenjak, lect; **2.** *adj* cenen, neokusen

gingerly [džíndžəli] **1.** *adj* preobčutljiv, oprezen; **2.** *adv* oprezno, rahlo; **to go** ~ previdno se lotiti

ginger-nut [džíndžənʌt] *n cul* vrsta medenega kolačka

ginger-snap [džíndžəsnæp] glej **ginger-nut**

gingery [džíndžəri] *adj* ingverjev; pekoč, oster, začinjen; *fig* jeznorit, čemeren; rdečkast (lasje)

gingham [gíŋəm] *n* bombažno ali laneno blago iz že barvane preje; *coll* velik dežnik, marela

gingiva *pl* **gingivae** [džíndživə, džíndživi:] *n anat* dlesni

gingival [džindžáivəl] *adj anat* dlesenski

gingivitis [džindživáitis] *n med* vnetje dlesni

gink [giŋk] *A sl* fant, dečko

ginned [džind] *adj coll* pijan

ginnery [džínəri] *n* čistilnica bombaža

ginny [džíni] *adj coll* pijan, natreskan

gin-mill [džínmil] *n A* pivnica

gin-palace [džínpælis] *n E* boljša gostilna

gin-shop [džínšop] *n E* pivnica

gip I [džip] glej **gipsy**

gip II [gip] *vt* očistiti ribo

gippo [džípou] *n mil sl* juha, golaž, sok pečenke

gippy [džípi] *n mil sl* egiptski vojak

gipsy [džípsi] **1.** *n* cigan, -ka, Rom; **2.** *vi* živeti kot cigani, taboriti; **3.** *adj* ciganski

gipsydom [džípsidəm] *n* ciganstvo; ciganščina; cigani, Romi

gipsy-hat [džípsihæt] *n* širok klobuk

gipsy-van [džípsivæn] *n* ciganski voz

gipsy-wagon [džípsiwægən] glej **gipsy-van**

giraffe [džirá:f] *n zool* žirafa

girandole [džírəndoul] *n* rogovilast svečnik; vrteča se brizgalka, vrteči se ognjemet; velik uhan z manjšimi priveski

girasole [džírəsoul] *n bot* sončnica; *min* vrsta opala

gird* **I** [gə:d] *vt* obda(ja)ti; (*about, round, on*) opasati; *fig* opremiti; **to** ~ **up one's loins** pripraviti se, zavihati rokave

gird II [gə:d] **1.** *vi* (*at*) posmehovati, rogati se; pritoževati se; **2.** *n* zasmehovanje, roganje, zbadanje

girder [gə́:də] *n techn* bruno, nosilec, traverza, opornik, tram

girdle I [gə́:dl] *n* pas; obseg; *geol* tanka plast peščenjaka; **to put** (ali **cast, make**) **a** ~ **round** (**about**) iti naokrog; obkrožiti

girdle II [gə́:dl] *vt* opasati; obda(ja)ti; (*about, in, round*) obkoliti

girdle III [gə́:dl] *n E* plošča za pečenje peciva

girdler [gə́:dlə] *n* tisti, ki obdaja; izdelovalec pasov

girl [gə:l] *n* deklica, dekle; *coll* izvoljenka; *coll* dekla; dveletni srnjak; **knave** ~ **fant**; ~ **of the period** sodobno dekle; ~ **guide** skavtinja, skavtka, tabornica

girlhood [gə́:lhud] *n* deklištvo

girlie [gə́:li] *n* dekletce, punčka

girlish [gə́:liš] *adj* (~ **ly** *adv*) dekliški; *fig* mehkužen

girt I [gə:t] *pt & pp* od **gird**

girt II [gə:t] **1.** *n* obseg; **2.** *vt* (iz)meriti obseg; obseči, obsegati

girth [gə:θ] **1.** *n* obseg, obod; podprsnica; **2.** *vt* (*on, up*) pritrditi (konju) oprsnico; **3.** *vi* obsegati

gist [džist] *n* glavna točka, jedro, bistvo; *coll* grm, v katerem tiči zajec

gittern [gítən] *n mus* vrsta starinskega glasbila

give* **I** [giv] **1.** *vt* da(ja)ti, darovati; izročiti, poda(ja)ti, dodeliti, podeliti; *med* okužiti, inficirati; plačati, povrniti; proizvajati; povzročiti, povzročati, zbuditi, zbujati; dovoliti, dopustiti; opisati, naslikati; posvetiti, posvečati se; sporočiti, povedati; žrtvovati; odreči se, opustiti; izreči sodbo (*against*); donašati; *coll* izdati; **2.** *vi* dati; popustiti, popuščati, vdati se; (o cesti) peljati, voditi (*into, on, on to*); (o oknu) gledati (*on, on to, upon* na); biti prožen; **to** ~ **o.s. airs** dajati si videz, šopiriti se; **to** ~ **it against s.o.** odločiti se na škodo drugega; **to** ~ **attention to** paziti na; **to** ~ **a bird** izžvižgati; **to** ~ **birth to** roditi; *fig* povzročiti; **to** ~ **chase** zasledovati, loviti; **to** ~ **a cry** vzklikniti; **to** ~ **credit** zaupati, verjeti; **to** ~ **into custody** izročiti policiji; **to** ~ **a damn for** prav nič ne marati; **to** ~ **a decision** odločiti zadevo; **to** ~ **s.o.** **his due** dati komu, kar mu gre; **to** ~ **ear to** poslušati, uslišati; **to** ~ **evidence** pričati; **to** ~ **the gate** odpustiti iz službe; **to** ~ **the go-by** ne upoštevati, prezirati; **to** ~ **a good account of o.s.** dobro se izkazati; *A* **to** ~ **as good as one gets** poplačati enako z enakim; **to** ~ **ground** umakniti se; **to** ~ **a guess** ugibati; **to** ~ **it to s.o.** grajati, dati komu popra; **to** ~ **judgement** (ali **sentence**) izreči sodbo; **to** ~ **a jump** poskočiti; **to** ~ **to know** sporočiti; **to** ~ **a laugh** zasmejati se; *fig* **to** ~ **a lift** pomagati; *A* vzeti s seboj (v vozilo); **to** ~ **one's love** (ali **regards**)

dati koga pozdraviti; **to ~ a look** pogledati; it's **a matter of ~ and take** roka roko umiva; **to ~ o.s.** (ali **one's mind**) **to s.th.** posvetiti se čemu; **to ~ notice** sporočiti; dati odpoved (iz službe); **to ~ place** umakniti se; **to ~ one's respects to s.o.** priporočiti se komu; **to ~ a ring** poklicati po telefonu; **to ~ rise to** povzročiti; zbuditi željo; **to ~ a Roland for an Oliver** vrniti milo za drago; **to ~ the sack to s.o.** odpustiti koga; **coll to ~ the show away** izdati skrivnost; **to ~ the slip** izmuzniti se; **to ~ a start** planiti; **to ~ it straight to s.o.** naravnost komu povedati; **to ~ thanks** zahvaliti se; **to ~ the sack** (ali **boot, mitten**) odpustiti iz službe; **to ~ tit for tat** enako z enakim poplačati; **to ~ tongue** (ali **voice**) oglasiti se; zalajati; **to ~ trouble** povzročati sitnosti; **to ~ o.s. trouble** potruditi se; **to ~ s.o. to understand** dati komu razumeti; **to ~ vent** dati si duška
give away vt opustiti; vdati se, izdati se; oddati; izročiti; **~ the show** odkriti slabosti; razkrinkati; **~ for lost** smatrati za zgubljeno
give back vt vrniti, povrniti
give forth vt objaviti, naznaniti, povedati, izdati
give in vi & vt popustiti, vdati se; izročiti; A **~ one's name** navesti svoje ime, prijaviti se; **~ to** sprejeti; **~ a petition** vložiti prošnjo
give into vi & vt ukvarjati se s čim; **~ s.o.'s charge** zaupati komu kaj;
give off vt oddajati; izžarevati; objaviti
give out vt & vi objaviti; izžarevati; popustiti, biti izčrpan; razdeliti
give over vi & vt opustiti, odreči se, odstopiti, izročiti
give under vi popustiti
give up vt & vi opustiti, odreči se; prenehati; **~ the ghost** izdihniti
give upon vi stati proti, biti obrnjen proti (poslopje)
give way vi umakniti se
give II [giv] n popuščanje, popustljivost; prožnost; **~ and take** izmenjava misli; obojestransko popuščanje, kompromis
giveaway [gívəwéi] n A coll nenamerno odkritje; izdaja; pod ceno prodano blago; nagrade za pravilne odgovore na televiziji
given [gívn] pt & pp od give; dan; **~ name** rojstno, krstno ime; **~ to s.th.** vdan čemu; **at a ~ time** ob določenem času
giver [gívə] n darovalec; izdajatelj menice; com prodajalec; **~ of bill** trasant
gizzard [gízəd] n mlin (ptičji želodec); coll grlo, želodec; **to fret one's ~** beliti si glavo, jeziti se; **to stick in one's ~** biti komu neprijeten, ležati komu v želodcu
glabrous [gléibrəs] adj biol gol, plešast, gladek
glacial [gléišəl] adj (**~ ly** adv) leden, zmrznjen; ledeniški; mrzel; kristaliziran; steklen; fig neprijazen, hladen; **~ period** (ali **epoch**) ledena doba
glaciate [gléisieit] vt z ledom pokriti, ledeniti, zmrzniti; techn nagubati (kovino); **~ d** zaledenel, poledenel
glaciation [gleisiéišən] n ledenitev, poledenitev; techn gubanje kovine
glacier [glǽsjə, gléišjə] n ledenik

glacis [glǽsis] n pobočje; mil zunanje nezavarovano pobočje trdnjave
glad I [glæd] adj (of, at) vesel, radosten, zadovoljen, srečen; **I am ~** veseli me, srečen sem; **I am ~ of it** to me veseli; **to give the ~ eye** spogledati se; A sl **~ rags** (ali **clothes**) svečana obleka; A **~ hand** prisrčen sprejem
glad II [glæd] vt arch razveseliti, razvedriti
gladden [glædn] vt & vi razveseliti, razvedriti (se)
glade [gleid] n jasa; del neba brez oblaka; svetlobna maroga; A močvirje
gladiate [gléidiət] adj mečast
gladiator [glǽdieitə] n hist gladiator; fig zbadljiv debater
gladiatorial [glædiətó:riəl] adj gladiatorski
gladiolus, pl **gladioli** [glædióuləs, glædióulai] n bot gladiola, meček
gladly [glǽdli] adv z veseljem, rad
gladness [glǽdnis] n veselost, veselje, radost, zadovoljstvo
gladsome [glǽdsəm] adj (**~ ly** adv) poet vesel, radosten, srečen
Gladstone [glǽdstən] n vrsta kočije; **~ bag** plosk kovček
glagolitic [glægəlítik] 1. adj glagoljaški, glagolski; 2. n glagolica
glair [glɛə] 1. n beljak; 2. vt namazati z beljakom
glaireous [gléəriəs] adj beljakast; z beljakom namazan
glairy [gléəri] glej **glaireous**
glaive [gleiv] n arch meč; vrsta helebarde
glamorize [glǽməraiz] vt pretirano hvaliti
glamorous [glǽmərəs] adj (**~ ly** adv) očarljiv, blesteč, vabljiv, zapeljiv
glamour, A **glamor** [glǽmə] n slepilo, čar, privlačnost; zapeljiva lepota; sl **~ girl** zapeljivka, očarljivka; **to cast a ~ over** začarati, prevzeti
glamour, A **glamor** [glǽmə] vt (by) očarati, zaslepiti
glamourous glej **glamorous**
glance I [gla:ns, A glæns] 1. vi zabliskati, bleščati, iskriti se; odbijati se; 2. vt (at) bežno pogledati, oplaziti; **to ~ one's eye over** preleteti z očmi, površno prebrati
glance aside vi mimo švigniti; vstran se odbiti
glance at vi bežno pogledati, na hitro prebrati; fig kratko omeniti; namigovati, cikati na kaj; oplaziti
glance off vi odbiti se (from od)
glance over vi pogledati; bežno prebrati
glance past vi mimo švigniti
glance II [gla:ns, A glæns] n oplaz; blesk, blišč, odsev; bežen pogled; **at a ~** na prvi pogled; **to give** (ali **take**) **a ~ at** pogledati koga ali kaj; **to cast a ~** bežno pogledati; **at first ~** na prvi pogled; **to cast a forward ~** pogledati, pomisliti na prihodnost; **to steal a ~** kradoma pogledati
glance III [gla:ns, A glæns] n min sijajnik
glance IV [gla:ns, A glæns] vt loščiti (kovino)
glancing [glá:nsiŋ] adj (**~ ly** adv) sveteč se; ki se odbije (udarec)
gland [glænd] n anat žleza; techn mašilnik
gland-cure [glǽndkjuə] n med pomlajevalna kura
glanderous [glǽndərəs] adj vet smrkav
glanders [glǽndəz] n pl vet smrkavost (konj)

glandiferous [glændífərəs] *adj* ki rodi želod
glandiform [glændifɔ:m] *adj* želodast; žlezast
gladular [glændjulə] *adj* žlezav, žleznat, žlezen
glandule [glændju:l] *n anat* majhna žleza, žlezica
glare I [glɛə] *vi & vt* bliščati, lesketati se; (*at, upon*)
   srepo gledati, strmeti; **to ~ defiance** izzivalno
   gledati
glare II [glɛə] *n* blesk, sij; *fig* vidno mesto; srep
   pogled
glaring [glέərin] *adj* (~ **ly** *adv*) blesteč, slepeč;
   kričeč (barva), preživ, vsiljiv; očiten; ~ **sun**
   pripekajoče sonce
glary [glέəri] *adj* (**glarily** *adv*) blesteč, slepeč
glass I [gla:s, *A* glæs] *n* steklo; kozarec; leča;
   kukalo; tlakomer; toplomer; barometer; okno
   (kočije); zrcalo, ogledalo; *sl* vojaška ječa; topla
   greda; *pl* naočniki; **crown ~** šipa; **flint ~**
   svinčeno steklo; **looking ~** zrcalo, ogledalo;
   cut ~ brušeno steklo; **plate ~** steklo za izložbe;
   frosted (ali **ground**) ~ motno steklo; ~ **paper**
   raskavec; ~ **case** zasteklena omara; ~ **eye**
   umetno oko; **stained ~** barvasto steklo; **spun ~**
   steklena volna; **sheet ~** steklena plošča; **mag-
   nifing ~** povečevalno steklo; **the ~ is falling**
   barometer pada; **a ~ of water** kozarec vode;
   to have a ~ too much pregloboko pogledati v
   kozarec; **under ~** pod steklom, v rastlinjaku
glass II [gla:s, *A* glæs] *vt* (po)steklniti; **to ~ o.s.** in
   zrcaliti se, odsevati v
glass-bell [glá:sbel] *n* stekleni zvon, poklopec
glass-blower [glá:sblouə] *n* pihalec stekla
glass-case [glá:skeis] *n* vitrina
glass-cloth [glá:sklɔθ] *n* steklena volna
glass-culture [glá:skʌlčə] *n* gojitev rastlin v rastlin-
   jaku
glass-cutter [glá:skʌtə] *n* stekloreznik; steklorezec
glassful [glá:sful] *n* kozarec česa
glass-house [glá:shaus] *n* rastlinjak; steklarna
glassiness [glá:sinis] *n* steklenost, prozornost;
   krhkost; srepost
glassman [glá:smæn] *n* steklar
glass-painting [glá:speintiŋ] *n* slika(nje) na steklu
glass-stainer [glássteinə] *n* slikar na steklo
glassware [glá:swɛə] *n* steklena posoda
glass-work [glá:swə:k] *n* steklarsko delo; steklarski
   izdelek; *pl* steklarna
glassy [glá:si] *adj* (**glassily** *adv*) steklen, steklast;
   prozoren; krhek; srep
glaucoma [glɔ:kóumə] *n med* zelena mrena
glaucomatous [glɔ:kóumətəs] *adj* ki ima zeleno
   mreno; zeleni mreni podoben
glaucous [glɔ́:kəs] *adj* modro zelen, zelenkasto
   moder; z moko pokrit (češplja)
glaze I [gleiz] *n* lošč, glazura; loščenje; pološčena
   lončarska posoda; srep pogled; *cul* hladetina
glaze II [gleiz] **1.** *vt* pološčiti; (*in*) zastekliti; satini-
   rati; glazirati; **2.** *vi* skreneneti; stekleneti; ~ **d
   tile** ploščica za zidno oblogo
glazer [gléizə] *n* loščilec
glazier [gléiziə] *n* steklar; *joc* **is your father a ~** ?
   nisi prozoren
glaziery [gléiziəri] *n* steklarstvo; steklarsko delo
glazing [gléiziŋ] *n* zasteklitev; loščenje; okna,
   stekla
glazy [gléizi] *adj* (**glazily** *adv*) pološčen; steklen,
   steklenast; srep

gleam I [gli:m] *n* blesk, lesk, odsev, žarek; **not a ~
   of hope** niti trohica upanja
gleam II [gli:m] *vi* sijati; bleščati, iskriti, svetlikati
   se; žareti; odsevati
gleamy [glí:mi] *adj* (**gleamily** *adv*) *poet* blesteč,
   žareč, iskreč, lesketajoč, svetlikajoč se
glean I [gli:n] *vt & vi* nabirati, paberkovati;
   what did you ~ from them? kaj si od njih
   zvedel?, kaj so ti povedali?
glean II [gli:n] *n* nabiranje, paberkovanje
gleaner [glí:nə] *n* nabiralec, paberkovalec, -lka
gleaning [glí:niŋ] *n* nabiranje, paberkovanje; pa-
   berek
glebe [gli:b] *n* župnijske njive; *poet* gruda
glede [gli:d] *n zool* rjavi škarnik
glee [gli:] *n* veselje, veselost, radost; *mus* skladba
   za tri ali več solo glasov, petje v krogu; **mali-
   cious** (ali **wicked**) ~ škodoželjnost
glee-club [glí:klʌb] *n* pevsko društvo
gleeful [glí:ful] *adj* (~ **ly** *adv*) vesel, radosten,
   veder; razveseljiv, razburljiv
gleeman [glí:mæn] *n* potujoči pesnik, bard
glee-singer [glí:siŋə] glej gleeman
gleesome [glí:səm] glej gleeful
gleet [gli:t] *n med* redek gnojni izcedek
gleety [glí:ti] *adj* (**gleetily** *adv*) med gnojen
gleg [gleg] *adj Sc* hiter, vesel, živahen, srečen
glen [glen] *n* dolina, globel, soteska
glengarry [glengæri] *n Sc* vrsta čepice
glib [glib] *adj* (~ **ly** *adv*) gladek, spolzek; tekoč,
   hiter, brz; klepetav, zgovoren, gostobeseden
glibness [glíbnis] *n* zgovornost, klepetavost, jezič-
   nost; gladkost, spolzkost
glide I [glaid] *vt & vi* (*along*) drseti, polzeti; jadrati
   po zraku; **to ~ into** vtihotapiti se; komaj opazno
   prehajati v kaj; **to ~ into debts** lesti v dolgove
glide II [glaid] *n* jadranje po zraku; *mus* kroma-
   tična lestvica
glider [gláidə] *n* jadralno letalo; jadralec, -lka
gliding [gláidiŋ] *n* polzenje; jadralno letenje
gliff [glif] *Sc* **1.** *n* bežen pogled; preplah; trenutek;
   2. *vt* prestrašiti
glim [glim] *n sl* svetilka, luč; oko; *sl* **to dowse the ~**
   ugasiti svetilko
glimmer I [glímə] *n* svetlkanje; *fig* preblisk; bežen
   pogled; *min* sljuda; *pl* oči; **not a ~ of an idea**
   niti pojma ne
glimmer II [glímə] *vi* migljati, bleščati, lesketati,
   svetlikati se; **to go ~ing** propadati, iti po zlu
glimpse I [glim(p)s] *vt* bežno zagledati; (za)migljati;
   (*at*) bežno pogledati
glimpse II [glim(p)s] *n* bežen pogled; **to catch** (ali
   get) **a ~** bežno zagledati; **to afford s.o. a ~ of**
   pustiti komu, da v kaj pogleda
glint I [glint] *vi & vt* svetlikati, odbijati se; **to ~
   back** odbijati (žarke), odsevati
glint II [glint] *n* svetlkanje, lesket; *fig* bežen pogled
glisten [glísn] **1.** *vi* lesketati, iskriti, svetlikati se;
   2. *n* lesket
glister [glístə] *arch* glej glisten
glitter I [glítə] *vi* sijati, svetiti se, bleščati; **all is not
   gold that ~s** ni vse zlato, kar se sveti, videz
   vara
glitter II [glítə] *n* blišč, blesk, svetlikanje, iskrenje
gloam [gloum] *Sc* **1.** *vi* mračiti se; **2.** *n* somrak
gloaming [glóumiŋ] *n Sc* somrak

gloat I [glout] *vi* (*over, upon*) uživati ob čem; (škodoželjno) se veseliti, triumfirati

gloat II [glout] *n* uživanje, škodoželjnost, triumfiranje

gloating [glóutiŋ] *adj* (~ly *adv*) zloben, škodoželjen

global [glóubəl] *adj* kroglast; celoten, univerzalen, vesoljen

globate [glóubeit] *adj* okrogel, kroglast, obel

globe [gloub] *n* krogla, obla; globus; Zemlja; planet, zvezda; steklen pokrov za plinsko ali električno svetilko; emblem carske oblasti; ~ of the eye zrklo; the use of the ~s zastarela metoda pouka zemljepisa in astronomije

globe-flower [glóubflauə] *n bot* pogačica

globe-trotter [glóubtrotə] *n* klativitez, eleganten postopač; svetovni popotnik

globose [glóubəs] *adj* kroglast, obel; zaokrožen; izbokel

globosity [gloubósiti] *n* okroglost, oblost

globular [glóbjulə] glej globose

globule [glóbju:l] *n* kroglica, kepica, pilula

globulin [glóbjulin] *n chem* globulin

glomerate I [glóməreit] *vt* stisniti, strniti, nakopičiti

glomerate II [glóməreit] *adj* v kepo stisnjen, kepast

gloom I [glu:m] *n* polmrak, mračnost, tema; *fig* melanholija, potrtost, potlačenost, žalost; to cast ~ over s.o. užalostiti, potreti koga

gloom II [glu:m] 1. *vt* zatemniti; užalostiti; zasenčiti; 2. *vi* mračiti, oblačiti se; slutiti, nejasno videti; biti mrk, potrt, žalosten

gloominess [glú:minis] *n* tema, mrak; potrtost, otožnost, mrkost

gloomy [glú:mi] *adj* (gloomily *adv*) temen, mračen; mrk, otožen, potrt, žalosten

glorification [glə:rifikéišən] *n* slavljenje, poveličevanje, opevanje, proslavljanje

glorify [gló:rifai] *vt* okrasiti, olepšati; slaviti, poveličevati, opevati

gloriole [gló:rioul] *n* obstret, svetniški sij, nimb

glorious [gló:riəs] *adj* (~ly *adv*) krasen, sijajen, čudovit; veličasten, slaven, znamenit; *joc* v rožicah; a ~ mess (ali muddle) lepa zmešnjava

glory I [gló:ri] *n* sijaj, veličastnost; slava; blaženost; obstret; ponos; *vulg* ~ be zaboga!; to be in one's ~ biti dobre volje; to send to ~ ubiti, umoriti; to go to ~ umreti; Old Glory zastava ZDA; *bot* morning ~ slak

glory II [gló:ri] *vi* (*in*) veseliti se, uživati; ponašati se, biti ponosen na kaj

glory-hole [gló:rihoul] *n mar* shramba glavnega natakarja; *sl* ropotarnica

gloss I [glɔs] *n* blesk, sijaj; bleščeč videz

gloss II [glɔs] *vt & vi* loščiti, gladiti; olepšati; to ~ over prekriti

gloss III [glɔs] *n* glosa, opomba, razlaga; tolmačnik, glosarij

glos IV [glɔs] *vt* (po svoje) tolmačiti, razložiti; pripomniti, komentirati, kritizirati; to ~ over preiti, ne upoštevati

glossal [glósəl] *adj anat* jezičen

glossarial [glɔséəriəl] *adj* glosaričen

glossarist [glósərist] *n* glosator, razlagalec; popularizator

glossary [glósəri] *n* tolmačnik, slovar, besednjak, glosarij

glossator [glóséitə] *n* pisec opomb, glosator; *arch* komentator, razlagalec

glossed [glóst] *adj* glosiran, z opombami opremljen

glossic [glósik] *n* sistem fonetskih znakov, ki jih je izumil A. J. Ellis

glossina [glɔsáinə] *n zool* muha cece

glossiness [glósinis] *n* gladkost, blesk; politura

glossographer [glɔsógræfə] *n* komentator

glosological [glɔsoulódžikəl] *adj* (~ly *adv*) *arch* filološki

glossologist [glɔsólədžist] *n arch* filolog(inja)

glossology [glɔsólədži] *n arch* filologija

glossy [glósi] *adj* (glossily *adv*) blesteč; gladek, zglajen, loščen

glottal [glótl] *adj* golten

glottic [glótik] glej glottal

glottology [glɔtólodži] glej glossology

glout [glaut] *vi* srepo gledati; biti videti otožen

glove I [glʌv] *n* rokavica; a kid ~ affair zelo služben sprejem v svečani obleki; to be hand and ~ with s.o. biti s kom zelo zaupen; the iron hand in the velvet ~ le na videz nežen in mil; to handle without ~s (ali with the ~s off) strogo, surovo ravnati; to take up the ~ sprejeti poziv; to throw down the ~ pozvati na dvoboj; to take off the ~s pripraviti se na boj, neusmiljeno se vesti; to fit like a ~ tesno se prilegati; biti pravšen

glove II [glʌv] *vt* obleči rokavice

glove-fight [glʌvfait] *n* boksanje z rokavicami

glover [glʌvə] *n* rokavičar

glove-stretcher [glʌvstrečə] *n* raztezalnik za rokavice

glow I [glou] *vi* (*with*) žareti, bliskati se; sijati; *fig* goreti; rdeti, zardevati

glow II [glou] *n* žar; gorečnost, vnema; rdečica; to be all of a ~, to be in a ~ biti ves iz sebe, komaj čakati

glower [gláuə] 1. *vi* (*at*) srepo gledati, zijati, buljiti, bolščati; mrko gledati; 2. *n* srep pogled

glowering [gláuəriŋ] *adj* (~ly *adv*) mrk, mračen, grozljiv

glowing [glóuiŋ] *adj* (~ly *adv*) žareč; *fig* ognjevit, navdušen; živ (barva); razžarjen

glow-lamp [glóulæmp] *n el* žarnica

glow-worm [glóuwə:m] *n zool* kresnica

gloxinia [glɔksínjə] *n bot* gloksinija

gloze I [glouz] *vi* laskati, prilizovati se, klečeplaziti; 2. *vt* (*over*) blažiti, lepšati; *arch* komentirati

gloze II [glouz] *n arch* laskanje; videz

glozing [glóuziŋ] *adj* (~ly *adv*) prilizovalski, klečeplazen; olepševalen, prizanesljiv

glucinum [glu:sáinəm] *n chem* berilij

glucose [glú:kouz] *n chem* glukoza, grozdni sladkor

glue I [glu:] *vi* (*to, on, onto*) (pri)lepiti; pritisniti, trdno pritrditi; (pogled) upreti

glue II [glu:] *n* lepilo, klej; to stick like ~ nenehno spremljati, držati se kot klop

gluey [glú:i] *adj* lepljiv, klejast, lepek

gluing [glú:iŋ] *n* lepljenje

glum [glʌm] *adj* (~ly *adv*) godrnjav, siten, čemeren, nataknjen, slabe volje

glumaceous [gluméišɔs] *adj* plevast, mekinast
glume [glu:m] *n bot* pleva, mekina
glumness [glʌ́mnis] *n* čemernost, godrnjavost, nataknjenost
glumose [glumóus] glej glumaceous
glump [glʌmp] *dial* 1. *vi* biti čemeren, nataknjen, godrnjati; 2. *n* sitnež, -nica, godrnjavec, -vka; *pl* godrnjanje
glumpish [glʌ́mpiš] *dial adj* (~ ly *adv*) čemeren, nataknjen, godrnjav
glumpishness [glʌ́mpišnis] *dial n* čemernost, godrnjavost
glumpy [glʌ́mpi] *adj dial* (glumpily *adv*) glej glumpish
glut I [glʌt] *vi obs* pogoltniti, goltati; (pre)nasititi se; *fig* prenatrpati; to ~ one's eyes on nagledati se česa; to ~ one's rage on s.o. znesti se nad kom
glut II [glʌt] *n* prevelika množina, preobilje; prenasičenost; a ~ in the market preveč založen trg
gluten [glʌ́tən] *n* rastlinsko lepilo
gluteus [glutí:əs] *n anat* zadnjična mišica
glutinize [glú:tinaiz] *vt* povzročiti lepljivost
glutinosity [glu:tinósiti] *n* lepljivost
glutinous [glú:tinəs] *adj* (~ ly *adv*) lepek, klejast
glutton [glʌ́tn] *n* požeruh, lakotnik; *zool* rosomah
gluttonize [glʌ́tənaiz] *vi* preobjedati se, žreti, goltati
gluttonous [glʌ́tnəs] *adj* (~ ly *adv*) (of, for, at) požrešen, lakoten; *fig* (of) pohlepen
gluttony [glʌ́tni] *n* požrešnost, lakotnost; *fig* pohlep
glycerine [gliserí:n] *n chem* glicerin
glycogen [glíkədžən] *n chem* glikogen, živalski škrob
glyph [glif] *n archit* brazda, žlebič; *archeol* reliefna figura
glyphograph [glífəgra:f] *n print* galvanoplastično izdelana plošča za tisk, glifograf
glyptic [glíptik] 1. *adj* kamnorezen; 2. *n pl* kamnorezba
glyptograph [glíptəgra:f] *n* gema
G-man [džĩ:mæn] *n A coll* (okrajšava za Government man) član tajne policije, policijski agent
gnar(r) [na:] *vi* renčati
gnarl [na:l] 1. *vi* renčati, godrnjati; 2. *n* grča, izrastek
gnarled [ná:ld] *adj* grčav
gnarly [ná:li] glej gnarled
gnash [næš] *vi & vt* škripati, škrtati; to ~ the teeth škrtati z zobmi; *fig* besneti
gnat [næt] *n zool* komar; mušica; *fig* malenkost; to strain at a ~ biti dlakocepski
gnathic [næθik] *adj anat* čeljusten
gnaw [nɔ:] 1. *vt* (o)glodati, naglodati, preglodati; razjedati, gristi; *fig* mučiti; 2. *vi* glodati, gristi; (at, upon, into) *fig* zagristi se; to ~ away (ali off) odglodati, izglodati, odgristi
gnawer [nɔ́:ə] *n* glodalec; *fig* mučilec
gneiss [(g)nais] *n geol* gnajs, rula
gnome I [noum] *n* moder izrek, aforizem
gnome II [noum] *n* škrat; *zool* kolibri
gnomish [nóumiš] *adj* škratast
gnomon [nóumən] *n* kazalec na sončni uri; *arch joc* nos

gnosis [nóusis] *n phil* spoznanje, gnoza
gnostic [nóstik] 1. *adj* (~ ally *adv*) gnostičen; 2. *n* gnostik
gnosticism [nóstisizəm] *n* gnosticizem
gnu [nu:] *n zool* gnu
go* I [gou] *vi* hoditi, teči, bežati, peljati se, voziti se; oditi, odhajati, izginiti, izginevati; biti ukinjen; delovati; krožiti, biti; poteči; potekati; veljati; prodajati se; spadati, soditi; poda(ja)ti se; nameravati; posta(ja)ti; to be ~ ing to glej pod going; *coll* to ~ all out na vse kriplje se truditi; another day to ~ še en dan; as far as that ~ es kar se tega tiče; to let ~ izpustiti; let it ~ at that pustimo kakor je; as the story ~ es kakor pripovedujejo; as things ~ v teh okoliščinah, potemtakem; how ~ es the time? koliko je ura?; to ~ bail for jamčiti za; to ~ halves with razdeliti na polovici; to let ~ hang pustiti nerešeno; *coll* to ~ the pace hiteti; *fig* veselo, brezskrbno živeti; to ~ shares (raz)deliti; to ~ a long way towards veliko prispevati k; *coll* to ~ blind oslepeti; to ~ bad pokvariti se; *sl* to ~ broke (ali bust) doživeti polom, bankrotirati; to ~ dry A vpeljati prohibicijo; to ~ easy udobno si urediti; to ~ hungry stradati; to ~ mad znoreti; to ~ short of pogrešati; to ~ sick javiti se bolnega; to ~ steady biti previden; to ~ it strong odločno ravnati; to ~ unpunished rešiti se brez kazni, izmazati se; *sl* to ~ west iti rakom žvižgat; to ~ wrong zgrešiti pot; pokvariti se; to ~ at large biti oproščen, na svobodi; to ~ bat for pomagati komu v sili; to ~ one better prekositi, prekašati koga; ~ it! le daj!; to let ~ izpustiti; to make things ~ zabavati; to ~ the pace zapravljivo živeti; to ~ a great way with s.o. to(wards) s.th. imeti velik vpliv pri kom na kaj; to ~ the wrong way napačno začeti, biti na nepravi poti; a little of his company ~ es a long way njegove družbe je človek kmalu sit; *sl* to ~ the whole hog iti do skrajnje meje, temeljito opraviti; to ~ the way of all flesh (ali all the earth) umreti; his tongue ~ es ninetten to the dozen govori kot dež; to ~ all lengths na vse kriplje se (po)truditi
go aboard *vi* vkrcati se; A vstopiti v vlak
go about *vi* krožiti; širiti se (govorice); *naut* križariti; spremeniti smer; ~ one's business skrbeti za lastne zadeve
go abroad *vi* iti v tujino
go after *vi* iti, teči za kom; skušati dobiti, prizadevati si za kaj
go against *vi* upirati se; ~ the grain ne biti pogodu
go ahead *vi* napredovati, nadaljevati; voditi; go ahead! nadaljuj(te)
go aloft *vi mar* splezati na jambor; *sl* umreti
go along *vi* iti, dalje iti, nadaljevati svojo pot; ~ with s.o. spremljati koga; go along with you! solit se pojdi, zgini! neumnost!
go amiss *vi* spodleteti, slabo kazati
go astray *vi* zgrešiti
go asunder *vi* razpasti
go at *vi* lotiti se; napasti; ~ s.th. hammer and tongs lotiti se česa z vso vnemo; ~ large biti oproščen, na svobodi

go **back** *vi* vrniti, vračati se; slabšati se, propadati ~ **on** preklicati, opustiti; izdati; ~ **on one's promise** preklicati obljubo, ne izpolniti je; ~ **to** nazaj poseči po

go **before** *vi* imeti prednost; ~ **the mast** služiti kot navaden mornar

go **behind** *vi* zasledovati, iskati, stikati; overoviti; ~ **s.o.'s back** varati koga

go **between** *vi* posredovati

go **beyond** *vi* prekositi, prekašati; ~ **one's depth** pregloboko zabresti; ~ **o.s.** biti ves iz sebe

go **by** *vi* miniti, minevati; peljati se s čim ali preko česa; ~ **air** leteti; ~ **the instructions** ravnati se po navodilih; ~ **the name of Harry** imenovati se, biti znan pod imenom Harry

go **contrary to** *vi* iti ali ravnati proti

go **down** *vi* zaiti, zahajati (sonce); utoniti; odnehati; propasti, propadati; (s)plahneti; *coll* končati, zapustiti univerzo; ostati v spominu; (*before*) poklekniti; **it doesn't go down with me** tega ne verjamem; ne ugaja mi

go **far** *vi* iti daleč; imeti vpliv; veliko doseči; **to go farther and fare worse** opustiti nekaj v lastno škodo

go **for** *vi* iti po kaj; pomeniti; skušati doseči; veljati; *sl* napasti; ~ **a drive** peljati se na sprehod; ~ **nothing** nič ne veljati; ~ **a soldier** iti k vojakom; ~ **a walk** iti na sprehod

go **forth** *vi* biti objavljen; širiti se

go **forward** *vi* napredovati, prodirati

go **from** *vi* zapustiti, oditi; prelomiti (besedo)

go **in** *vi* vstopiti; ~ **for** gojiti, ukvarjati se, lotiti se; udeleževati se; **go in and win!** glavo pokonci! ~ **for an examination** delati izpit

go **into** *vi* vstopiti; lotiti se, ukvarjati se s čim; zasledovati kaj; preskušati kaj; ~ **court** (ob)tožiti; ~ **holes** dobiti luknje; ~ **a matter** preučevati kaj; ~ **mourning** obleči žalno obleko; ~ **partnership** združiti se

go **near** *vi* približati se; dotikati se; (za)boleti

go **off** *vi* oditi, zbežati, odpeljati se; prodajati se (blago); sprožiti se, razpočiti se; prenehati; umreti; omedleti; zaspati; *coll* popuščati; potekati; slabšati se; ~ **the deep end** razburiti, razjeziti se; ~ **one's head** ponoreti; ~ **a tangent** skočiti od enega predmeta pogovora na drugega; ~ **the hooks** ponoreti; ~ **the rails** iztiriti

go **on** *vi* nadaljevati, trajati; (*at*) planiti, navaliti; vesti se; *fam* pripovedovati; *theat* nastopiti, igrati; **to be going on** bližati se; ~ **the dole** dobivati podporo brezposelnih; ~ **horseback** jahati; ~ **one's way** iti svojo pot; ~ **the parish** pasti občini v breme; ~ **foot** iti peš; ~ **for** bližati se; ~ **one's knees** poklekniti, na kolena pasti; ~ **the stage** postati igralec

go **out** *vi* iti v družbo; poiti (ogenj); iti v pokoj; umreti; ne biti več v modi; postati znan; zrušiti se; ~ **of one's mind** razburiti se; ~ **of one's way** na moč si prizadevati; **my heart goes out to him** srce me k njemu vleče; ~ **on strike** stavkati; ~ **to service** iti v službo; ~ **of business** opustiti trgovino; ~ **of fashion** priti iz mode; ~ **of print** biti razprodan (knjiga)

go **over** *vi* pregledati; ponoviti; *coll* uspešno opraviti; narediti vtis

go **round** *vi* vrteti se; obiti; zadostovati; vrniti se; obiskati

go **through** *vi* pregledati; zapraviti; vzdržati; preboleti; ~ **with** prodreti; vztrajati do konca; končati kaj; ~ **the mill** pridobiti si izkušnje

go **to** *vi* iti k, kam; pripasti; *arch* ~! beži!, izgini!; ~ **the country** obrniti se na ljudstvo; razpustiti parlament; razpisati nove volitve; ~ **it** tvegati, lotiti se, poskusiti; ~ **the world** poročiti se; ~ **the dogs** propasti, v revščino zabresti; ~ **expense** nakopati si stroške; ~ **law** začeti pravdo; ~ **a lot of trouble** močno si prizadevati; ~ **war** začeti vojno, vojskovati se; ~ **waste** propasti; ~ **wrack and ruin** propasti, konec vzeti, na nič priti; ~ **stool** iti na stran; ~ **the wall** biti ugnan v kozji rog

go **together** *vi* ujemati, skladati se

go **under** *vi* utoniti, propasti, podleči, umreti, poginiti; ~ **the name** biti znan pod imenom

go **up** *vi* dvigniti, vzpenjati se; naraščati; razpočiti se, eksplodirati; ~ **in flames** pogoreti; ~ **in smoke** izjaloviti se; ~ **(to town)** potovati v (glavno) mesto; ~ **(to the University)** iti na univerzo

go **upon** *vi* glej go on; ravnati se po čem; opirati se na kaj

go **with** *vi* spremljati; strinjati, skladati se; ujemati se; **things go well (ill) with him** lepo (slabo) mu kaže

go **without** *vi* ne imeti, biti brez; **it goes without saying** to je samo ob sebi umevno

go **II** [gou] *n* hoja, tek; odhod; požirek; grižljaj; vrstni red; moda; dejavnost, energija; napad bolezni; *sl* izpit; **all the** ~ velika moda; **on the** ~ v teku; **a capital** ~ prijetna zadeva; **at the first** ~-**off** v samem začetku; **it was a near** ~ malo je manjkalo, za las je šlo; **is it a** ~? smo se sporazumeli?, velja?; **Great (Little)** ~ glavni (sprejemni) izpit (na univerzi); **to have a** ~ **at s.th.** lotiti se česa; **it's no** ~ tako ne gre, nima smisla; **a pretty** ~ presenetljiva zadeva; **quite the** ~ čisto navadno; **a rum (ali queer)** ~ čudna zadeva; **that's the** ~ je že tako na svetu

goad **I** [goud] *n* palica z bodico; *fig* pobuda

goad **II** [goud] *vt* (po)gnati, spodbosti, spodbadati (*into doing*; *to, into, on*); razdražiti

goaf [gouf] *n* že izkoriščen del premogovnika, zasip

go-ahead **I** [góuəhed] *adj coll* podjeten, napreden, odločen, energičen, moden

go-ahead **II** [góuəhed] *n* znak za začetek; napredovanje, napredek

go-aheadetiveness [góuəhedətivnis] *n* podjetnost

goal [goul] *n* cilj, naloga, namen; *sp* gol; vrata (nogomet); koš (košarka); ~ **area** vratarjev prostor; **to score (ali get, make) a** ~ zabiti gol

goalie [góuli] *n coll sp* vratar

goal-keeper [góulki:pə] *n sp* vratar

goal-line [góullain] *n* golova črta

goal-post [góulpoust] *n sp* vratnica

go-as-you-please [góuæsjupli:z] *adj* nenačrten, površen, prost (stil), neomejen

goat [gout] *n zool* koza, kozel; he-~, billy-~ kozel; she-~ nanny-~ koza; *coll* neumnež, -nica, trapec, -pica; pohotnež; **The Goat** *astr*

Kozorog; **to play the (giddy)** ~ neumno se vesti; **to get s.o.'s** ~ razdražiti, razjeziti koga; *sl* **to be the** ~ trpeti za grehe drugih, biti grešni kozel

goatee [goutí:] *n* kozja brada

goatherd [góuthǝ:d] *n* kozji pastir, kozar

goatish [góutiš] *adj* (~ **ly** *adv*) kozji; *fig* pohoten; smrdljiv

goatling [góutliŋ] *n* kozliček

goat's beard [góutsbiǝd] *n bot* kozja brada

goatskin [góutskin] *n* kozja koža, kozina; (vinski) meh

goat-sucker [góutsʌkǝ] *n zool* podhujka, kozodoj

goaty [góuti] *adj* kozji, kozlov, kozlovski, kozlu podoben

gob I [gɔb] *n vulg* pljunek; *sl* usta; *A sl* mornar; zasip v starem rudniku

gob II [gɔb] *vi vulg* pljuvati, izpljuniti

gobang [goubǽŋ] *n* vrsta japonske družabne igre

gobbet [góbit] *n* grižljaj; prevodni tekst za pismeni izpit

gobbing [góbiŋ] *n* zasip (v rudniku)

gobble I [góbl] *n* kavdranje; nagel zadetek v jamico pri golfu

gobble II [góbl] *vt & vi* kavdrati; hlastno goltati; **to** ~ **down** pogoltniti

gobbledygook [góblǝdiguk] *n* izumetničen uradni jezik; *coll* razvlečeno razlaganje; besedičenje

gobbler [góblǝ] *n* puran; požeruh

go-between [góubitwi:n] *n* posredovalec, -lka

goblet [góblit] *n* pokal, čaša, kupa

goblin [góblin] *n* škrat

goby [góubi] *n zool* glavoč

go-by [góubai] *n* ignoriranje; **to give the** ~ namerno prezreti, ne se zmeniti, ignorirati

go-cart [góuka:t] *n* okvir na kolesih, v katerem se uči otrok hoditi; voziček; vrsta majhnega športnega avtomobila

god I [gɔd] *n* bog, božanstvo; **to be among** ~s biti na galeriji (v gledališču); **a feast for the** ~s odlična hrana; **God knows, I don't bog ve; a sight for the** ~s prizor za bogove; ~ **of this world** satan; **for** ~**'s sake** za božjo voljo; ~ **grant!** daj bog!; ~ **forbid!** bog varuj!; ~ **willing** po božji volji; ~ **of love, blind** ~ Amor, Kupido; ~ **of heaven** Jupiter; ~ **of hell** Pluto; ~ **of the sea** Neptun; ~ **of wine** Bakhos; **house of** ~ cerkev; **God's Book** biblija, sveto pismo; **little** ~ mali tiran, paša; **act of** ~ višja sila

god II [gɔd] *vt* oboževati; **to** ~ **it** imeti se za boga

god-booster [gódbu:stǝ] *n A sl* duhovnik, pridigar

godbox [gódbɔks] *n A sl* cerkev, kapela

godchild [gódčaild] *n* kumče

goddam [gódǝm] **1.** *adj* preklet; **2.** *int* k vragu!

goddamed [gódǝmd] *adj* preklet

goddaughter [gódǝ:tǝ] *n* kumče (deklica)

goddess [gódis] *n* boginja; ~ **of corn** Ceres; ~ **of heaven** Juno; ~ **of hell** Proserpina; ~ **of love** Venera; ~ **of the moon** Diana; ~ **of wisdom** Minerva; ~ **of war** Bellona

godfather [gódfa:ðǝ] **1.** *n* boter, kum; **2.** *vt* kumovati

godfearing [gódfiǝriŋ] *adj* (~ **ly** *adv*) bogaboječ, pobožen

godforsaken [gódfǝséikǝn] *adj* zapuščen, osamljen; pust; beden; potrt, hudoben

god-given [gódgivǝn] *n adj* od boga poslan, odrešilen

godhead [gódhed] *n* božanstvo

godhood [gódhud] *n* božanstvo

godless [gódlis] *adj* (~ **ly** *adv*) brezbožen, ateističen

godlike [gódlaik] *adj* božanski, božji

godliness [gódlinis] *n* pobožnost, bogaboječnost

godly [gódli] *adj* pobožen, bogaboječ

godmother [gódmʌðǝ] *n* botra, kuma

godown [góudaun] *n* trgovsko skladišče (na Daljnem vzhodu)

godparents [gódpɛǝrǝnts] *n pl* boter in botra

godsend [gódsend] *n* božji dar, sreča, blagor, blagoslov

godship [gódšip] *n* božanstvo

godson [gódsʌn] *n* kumče (deček)

godspeed [gódspi:d] *n* uspeh, sreča; srečna pot; **to wish (ali bid)** ~ želeti srečno pot

godward [gódwǝd] *adj* proti bogu usmerjen

godwit [gódwit] *n zool* črnorepi kljunač

goer [góuǝ] *n* hodec, pešec, tekač; **theatre** ~ redni obiskovalec gledališča; **comers and** ~s mimoidoči, pasanti

gofer [góufǝ] *n cul* skladanec

goffer [gófǝ] **1.** *n* gube, naborki, plisé; **2.** *vt* gubati, kodrati, plisirati

go-getter [góugétǝ] *n sl* odločen, energičen človek; komolčar

goggle [gógl] **1.** *vi* bolščati, strmeti; **2.** *n* bolščanje, srep pogled; *pl* varovalni naočniki; debeli naočniki; plašnice; **3.** *adj* bolščeč, bolščav

goggle-box [góglbɔks] *n coll* televizor

goggle-eyed [góglaid] *adj* bolščav

goglet [góglit] *n* hladilna lončena posoda

going I [góuiŋ] *adj* idoč, gredoč, tekoč; uspešen; ~, ~, **gone** prvič, drugič, tretjič! (na dražbi); **to be** ~ **to** nameravati, hoteti; **I am** ~ **to come** nameravam priti, (gotovo) bom prišel; **a** ~ **concern** uspešni posel; **the greatest scoundrel** ~ največji lopov na svetu; **to keep** ~ ohraniti v teku; **to set** ~ spraviti v tek

going II [góuiŋ] *n* hoja, hitrost; delovni pogoji; *rly* stanje proge; **rough** ~ težava, neprilike; *pl* dogajanja, opravki; čudno obnašanje; ljubimkanje; ~ **back** povratek, upadanje; ~ **down** pripadanje; *mar* ~ **out** izplutje

goings-on [góuiŋzón] *n pl* ravnanje, vedenje, dogajanje; ljubimkanje, skok čez ojnice

goitre, A goiter [góitǝ] *n med* golša, struma

goitred [góitǝd] *adj med* golšast, golšav

goitrous [góitrǝs] *adj* glej **goitred**

gold I [gould] *n* zlato, zlatnik, zlatnina; *fig* bogastvo, dragocenost, zaklad; središče tarče (pri streljanju z lokom); **all that glitters in not** ~ ni vse zlato, kar se sveti, videz vara; **the countries on** ~ države z zlato valuto; **as good as** ~ dober, kot kruh, izredno priden; **to make a** ~ zadeti sredino tarče; **worth one's weight in** ~ neprecenljiv, nepoplačljiv

gold II [gould] *adj* zlat, iz zlata; ~ **backing on currency** zlato kritje valute; ~ **brick** prevara; **to sell a** ~ **brick** ogoljufati

gold-bearing [góuldbɛǝriŋ] *adj* zlatonosen

gold-beater [góuldbi:tə] *n* ploščilec zlata; ~'s-skin pozlatarska opna; tanka opna iz volovskega črevesa

gold-bond [góuldbənd] *n* v zlatu plačljiva obveznica

gold-bug [góuldbʌg] *n A sl* zagovornik zlate valute

gold-coin [góuldkəin] *n* zlatnik

gold-crest [góuldkrest] *n zool* ognjeglavček

gold-currency [góuldkʌrənsi] *n* zlata valuta

goldcup [góuldkʌp] *n bot* zlatica

gold-digger [góulddigə] *n* zlatokop; *sl* ženska, ki rada sprejema od moških darila in denar, izsiljevalka

gold-dust [góulddʌst] *n* zlati prah

golden [góuldən] *adj* zlatorumen, zlat, bleščeč; dragocen; ~ age zlati časi; ~ bridge častni umik; ~ balls zlate krogle (znak zastavljalnice); ~ calf zlato tele; ~ eye *zool* zimska raca; ~ fleece zlato runo; ~ mean zlata sredina; ~ hours zlati časi; ~ opportunity sijajna priložnost; ~ pheasant *zool* zlati fazan; ~ oriole kobilar, vuga; ~ wedding zlata poroka

golden-mouthed [góuldənmauðd] *adj* zlatoust

golden-rod [góuldənrəd] *n bot* zlata rozga

gold-exchange [góuldiksčeindž] *n* zlati tečaj

gold-fever [góuldfi:və] *n* zlata mrzlica

gold-field [góuldfi:ld] *n* nahajališče zlata

goldfinch [góuldfinč] *n zool* lišček; *joc* zlatnik

goldfish [góuldfiš] *n zool* zlata ribica

gold-foil [góuldfəil] *n* zlata pena

goldilocks [góuldiləks] *n* zlatolaska

gold-lace [góuldleis] *n* zlati trak

gold-leaf [góuldli:f] *n* zlat listič, zlata pena

gold-mine [góuldmain] *n* zlati rudnik; *fig* vir bogastva

gold-plate [góuldpleit] *n* zlata posoda

gold-rate [góuldreit] *n* tečaj zlata

gold-standard [góuldstændəd] *n* zlata valuta

gold-rush [góuldrʌš] *n* zlata mrzlica

goldsmith [góuldsmiθ] *n* zlatar

gold-washer [góuldwəšə] *n* izpiralec zlata

golf [golf, gof] 1. *n sp* golf; 2. *vi* igrati golf

golfer [gólfə, gófə] *n* igralec, -lka golfa

golf-links [gólfliŋks] *n pl* golfišče

Goliath [gəláiəθ] *n* Goljat, velikan, močan človek, hrust

golliwog [góliwəg] *n* groteskna črna lutka; grd človek, spaka, strašilo

golly [góli] *int coll*; by ~ zaboga

golosh [gəlóš] *n E* galoša

goluptious [gəlʌpšəs] *adj joc* čudovit, prekrasen; slasten, sladek, sočen, okusen

gombeen [gəmbí:n] *n* oderuštvo; ~ man oderuh, oderuški upnik

gomeral [gómərəl] *n* bebec, idiot

gonad [gónəd] *n anat* spolna žleza

gondola [góndələ] *n* gondola; *A* odprt vagon

gondolier [gəndəlíə] *n* gondoljer

gone [gən] 1. *pp* od go; 2. *adj* minul; zgubljen, uničen, mrtev; brezupen; in time ~ by v preteklih letih; *sl* ~ for a Burton mrtev, zgubljen; far ~ utrujen; *A sl* ~ for six zgubljen (v vojni); a ~ coon uničen, umirajoč, mrtev človek; get you ~ ! izgini!; ~ on ves nor na kaj, blazno zaljubljen v; ~ under propadel; ~ west mrtev

goneness [gónnis] *n* izčrpanost, sestradanost, onemoglost

goner [gónə] *n sl* zgubljenec, izprijenec

gonfalon [gónfələn] *n* zastava, prapor

gonfalonier [gənfələníə] *n* zastavonoša

gonfanon [gónfənən] glej gonfalon

gong [gəŋ] 1. *n* gong; 2. *vt A sl* ustaviti z zvočnim signalom (prometnik motorista)

goniometer [gouniómitə] *n* kotomer, goniometer

goniometry [gouniómitri] *n* goniometrija

gonococcus [gónoukəkəs] *n* gonokok

gonorrhoea [gənəríə] *n med* kapavica

goo [gu:] *n* lepljiva snov; *fig* pretirana sentimentalnost

good I [gud] (*comp* better, *sup* best) *adj* dober; ljubezniv; koristen, zadovoljiv, precejšen, znaten, obilen; zdrav, kreposten; zapeljiv; pravi, veljaven; svež, nepokvarjen; cel; all in ~ time vse o pravem času; as ~ as skoraj, tako rekoč; *coll* ~ and popolnoma; to be as ~ as one's word biti mož beseda; ~ at, a ~ hand at spreten, mojster v čem; ~ cheer veseljačenje, požreševanje, krokanje, popivanje; pogum; a ~ deal precej; in ~ earnest čisto resno; be ~ enough to ... bodi tako dober in...; so far so ~ doslej je še vse v redu; to feel ~ biti dobre volje; ~ for veljaven za; ~ for nothing zanič, neraben; ~ for you odlično; ~ form lepo vedenje; Good Friday veliki petek; from (ali on) ~ authority iz dobrega vira; with a ~ grace z dobro voljo; ~ gracious (ali heavens) za božjo voljo!; to hold ~ dobro se obnesti, obveljati; ~ humour dobra volja; his ~ lady njegova žena; ~ looks lepa zunanjost; to make ~ uspešno izvršiti; the ~ man of the house hišni gospodar; to have a ~ mind to do it imeti najboljši namen kaj storiti; ~ people škrati; as ~ as a play zabaven (prizor); *com* your ~ self vaša cenjena firma (v pismih); ~ speed! mnogo sreče!; that's a ~'un! ta je dobra!; to throw ~ money after bad razmetavati denar, zapravljati; to do a ~ turn izkazati ljubeznivost; ~ night! lahko noč!; ~ Lord! zaboga!; ~ for you! prav imaš; a ~ turn usluga; *coll* ~ and ready popolnoma pripravljen

good II [gud] *n* dobro, korist, ugodnost; premoženje; *pl* blago; to come to no ~ slabo se končati; for ~ (and all) za vedno, za vselej; no ~ zanič; to the ~ povrh, poleg redne plače; what's the ~ of it? kakšen smisel ima?; *A dry* ~s blago na metre (tekstil, sukanec); ~s and chattels vse premoženje; ~s guard skladiščnik; *A coll* to deliver the ~s izpolniti obljubo; ill gotten ~s nepošteno pridobljeno imetje; *A coll* the ~s ta pravo; it's no ~ nima smisla

good-bye [gudbái] 1. *n* slovo; 2. *int* zbogom; to say ~ posloviti se

good-day [guddéi] *int* dober dan!

good-evening [gudí:vniŋ] *int* dober večer

good-fellowship [gúdfeloušip] *n* družabnost, priljudnost

good-for-nothing [gúdfənʌθiŋ] 1. *n* ničvrednež, -nica; 2. *adj* ničvreden, zanič

good-hearted [gúdhá:tid] *adj* (~ly *adv*) dobrosrčen, dober

good-humo(u)red [gúdhjúməd] *adj* (~ly *adv*) dobre volje, vesel, dobrodušen

goodish [gúdiš] *adj* (~ ly *adv*) precej dober, znaten, precejšen
goodliness [gúdlinis] *n* ljubkost, lepota; odličnost
good-looker [gúdlúkə] *n A sl* lepotec, -tica
good-looking [gúdlúkiŋ] *adj* čeden, lep, prikupen
good-looks [gúdlúks] *n pl* lepa zunanjost, prikupnost
goodly [gúdli] *adj* lep, čeden, ljubek; prijeten; precejšen; *iron* čudovit
goodman [gúdmæn] *n arch* hišni oče, gospodar; mož, soprog
good-morning [pri prihodu: gudmɔ́:niŋ, pri odhodu: gúdmɔ́:niŋ] *int* dobro jutro
good-natured [gúdnéičəd] *adj* (~ ly *adv*) dobrosrčen, dobrodušen, prijazen, pomagljiv, ustrežljiv
goodness [gúdnis] *n* dobrota, uslužnost; odličnost, vrednost; ~ alive!, ~ gracious! moj bog!; ~ knows bogsigavedi; for ~ sake! za božjo voljo; I wish to ~ ko bi le bog dal
goods-agent [gúdzeidžənt] *n* odpravnik, prevoznik, spediter
good-sister [gúdsístə] *n* svakinja
good-sized [gúdsáizd] *adj* precej velik, precejšen
good-son [gúdsʌn] *n* zet
goods-shed [gúdzšed] *n* skladišče
goods-station [gúdzsteišən] *n* tovorna postaja
goods-train [gúdztrein] *n E* tovorni vlak
goods-yard [gúdzja:d] *n* tovorna postaja
good-tempered [gúdtémpəd] *adj* (~ ly *adv*) prijazen, pohvalen; uravnovešen
goodwife [gútwaif] *n arch* hišna mati, gospodinja; žena, soproga
goodwill [gúdwil] *n* (*to*, *towards*) naklonjenost, dobrohotnost
goody I [gúdi] *n arch* botra, tetka; slaščica; svetohlinec, -nka, hinavec, -vka
goody II [gúdi] *adj* (goodily *adv*) *coll* pobožnjaški, svetohlinski, hinavski; sentimentalen
goody-goody [gúdigúdi] 1. *adj coll* pobožnjaški, sentimentalen; pretirano občutljiv; 2. *int* imenitno, sijajno
gooey [gú:i] *adj A sl* lepljiv; sentimentalen
goof [gu:f] *n sl* butec, tepec; neroda
go-off [góuə:f] *n* začetek, start; at first ~ takoj, neposredno; at one ~ na mah, mahoma
goofy [gú:fi] *adj* (goofily *adv*) neumen, bedast
googly [gú:gli] *n* varljiva žoga (kriket)
gook [guk] *n A sl* Korejec
goon [gu:n] *n A* butec; zoprnik, -nica; pretepač; plačan stavkokaz; nemški stražar v koncentracijskem taborišču
goosander [gu:sǽndə] *n zool* velika žagarica
goose I, *pl* geese [gu:s, gi:s] *n* gos, goska; gosje meso; *fig* neumnež, -nica; to cook s.o.'s ~ uničiti, odstraniti koga; to get the ~ biti izžvižgan; green ~ mlada goska; it's gone ~ with him zgubljen je; to kill the ~ that lays golden eggs s pohlepom in skopostjo si uničiti vir dohodkov, zaklati kravo, ki jo molzemo; he would not say »bo« to a ~ nikomur ne bi skrivil lasu; what is sauce for the ~ is sauce for the gander kar je dobro za enega, je dobro tudi za drugega; fox and geese vrsta družabne igre; all his geese are swans vedno pretirava
goose II, *pl* gooses [gus, gusiz] *n* krojaški likalnik

gooseberry [gú:zbəri] *n bot* kosmulja; big ~ season doba kislih kumar; ~ fool vrsta sladke jedi iz kosmulj in smetane; *fig* domišljav gizdalin; to play ~ predstavljati »slona«, biti varuh zaljubljencev; to play old ~ with s.o. uničiti koga
goose-chase [gú:sčeis] *n fam* neuspeh
goose-file [gú:sfail] *n* gosji red
goose-flesh [gú:sfleš] *n* kurja polt
goose-gog [gú:zgɔg] *n bot sl* kosmulja
goose-grass [gú:sgras] *n bot* gosja trava, petoprstnik, smolenec
goose-green [gú:sgri:n] *adj* rumenkasto zelen
goose-neck [gú:snek] *n techn* koleno
goose-quill [gú:skwil] *n* gosje pero
gooser [gú:sə] *n sl* poslednji, smrtni udarec
goose-skin [gú:sskin] *n* kurja polt
goose-step [gú:sstep] *n* paradni, pruski korak
goosey [gú:si] *n fig* goska
gopher I [góufə] *n zool* ameriški hrček; kopača, kopna želva; mošnjičarka; progasta tekunica; vrsta kače; *sl* nesistematično kopanje rude; *Gopher* prebivalec Minnesote
gopher II [góufə] *vi* kopati
gopher-drift [góufədrift] *n* nesistematično kopanje rude
gore I [gɔ:] *n* (strjena) kri; 2. *vt* prebosti, predreti, nabosti
gore II [gɔ:] 1. *n* všitek, klin; 2. *vt* všiti, vstaviti, narediti klin, všitek
gorge I gɔ́:dž] *n anat* grlo, goltanec; goltanje; my ~ rises at it želodec se mi dviga nad tem, gnusi se mi, neznosno mi je
gorge II [gɔ:dž] *vt & vi* požirati, goltati; preobjesti, nažreti se; (*with*) prenatrpati;
gorge III [gɔ:dž] *n* soteska, tesen
gorgeous [gɔ́:džəs] *adj* (~ ly *adv*) krasen, sijajen, čudovit, veličasten, razkošen; bujen; izumetničen (slog)
gorgeousness [gɔ́:džəsnis] *n* krasota, sijaj, razkošje
gorget [gɔ́:džit] *n* ogrlica; ovratnik; lisa na vratu ptic; vratni del obleke
gorgon [gɔ́:gən] *n* gorgona, meduza; *fig* spaka, nakaza, grdoba
gorgonian [gə:góunjən] *adj* gorgonski; *fig* grd, ostuden, strašen
gorilla [gərílə] *n zool* gorila; *A sl* morilec, ubijalec, razbojnik
goriness [gɔ́:rinis] *n* krvavost, okrvavljenost
gormand [gɔ́:mənd] glej gourmand
gormandize [gɔ́:məndaiz] *vt & vi* goltati, žreti; preobjedati, preobjesti se
gormandizer [gɔ́:məndaizə] *n* sladokusec, požeruh
gorse [gɔ:s] *n bot* bodičevje, uleks, košeničica
gorsy [gɔ́:si] *adj* z bodičevjem porasel
gory [gɔ́:ri] *adj* (gorily *adv*) krvav, okrvavljen; škrlaten
gosh [gɔš] *A int*; by ~ presneto, vraga
goshawk [gɔ́shɔ:k] *n zool* golobičar (vrsta kragulja)
gosling [gɔ́zliŋ] *n zool* goska, gosjaček
go-slow [góuslou] *n* namerno zavlačevanje
gospel [góspel] *n* evangelij; ~ truth sveta resnica; ~ oath prisega na biblijo; to take for (ali as) ~ imeti za sveto resnico

gospeller [góspələ] *n* evangelist; potujoči pridigar; *fig* **hot ~** navdušen zagovornik

gossamer [gósəmə] **1.** *n* babje leto; zelo tenka tkanina; gaza; *A* tenek dežni plašč; **2.** *adj* lahek, tenek, pajčevinast; *fig* prazen, površen

gossamery [gósəməri] glej **gossamer 2.**

gossip I [gósip] *n* klepetanje, čenče, opravljanje; *obs* zaupen prijatelj; klepetulja, žlabudrač

gossip II [gósip] *vi* klepetati, čenčati, žlabudrati

gossiper [gósipə] *n* žlabudra, klepetulja; opravljivec, -vka

gossipry [gósipri] *n* žlabudranje, blebetanje; opravljanje

gossipy [gósipi] *adj* čenčav, klepetav, opravljiv

gossoon [gəsú:n] *n Ir* fant, sluga, lakaj

got [gɔt] *pt & pp* od **get; I have ~ to** moram; *coll* **to have ~ 'em all** biti zelo elegantno oblečen; **ill ~ ill spent** krivično pridobljeno imetje nam ne prinese sreče, kar hudič priveka, nima teka

Gotham [gótəm] *n* mesto norcev; **wise man of ~** norec

Gothic [góθik] *adj* gotski; *fig* surov, barbarski, vandalski; **~ letter** gotica

Gothicism [góθisizəm] *n* goticizem; *fig* surovost, barbarstvo, vandalizem

gothicize [góθisaiz] *vt & vi* gotizirati, dati čemu gotske oblike; dobivati gotske oblike

go-to-meeting [góutəmi:tiŋ] *adj* prazničen, nedeljski, svečan (obleka)

gotten [gótn] *pp* od **get** (*A*; *E arch*)

gouache [guá:š] *n art* gvaš, slikanje ali slika s kritimi vodnimi barvami

gouda [gáudə] *n* gavda (holandski sir)

gouge I [gaudž, gu:dž] *n* žlebasto dleto, žlebilo; *coll* slepar; prevara

gouge II [gaudž, gu:dž] *vt* klesati, žlebiti, dolbsti; *A* »navrtati« koga; *coll* slepariti; **to ~ out** izdolbsti, iztisniti; **to ~ out of** ogoljufati za; **to ~ out s.o.'s eyes** izpraskati komu oči

goulash [gú:læš] *n* golaž

gourd [guəd] *n* buča; čutara

gourdful [gúədful] *n* polna čutara česa

gourmand [gúəmənd] **1.** *n* sladkosnednež, požrešnik; **2.** *adj* sladkosneden, požrešen, pogolten

gourmandise [gúəməndaiz] glej **gormandize**

gourmet [gúəmei] *n* sladokusec, izbirčnež, gurman

gout [gaut] *n arch* kapljica, kepica; *med* protin, udnica; *bot* vrsta bolezni žita

gout-fly [gáutflai] *zool* rumena bilnica

gouty [gáuti] *adj med* protinast

gov [gʌv] *n coll* šef, stari

govern [gʌvən] *vt & vi* voditi, krmariti; vladati, upravljati; krotiti; vplivati; *gram* vezati se s čim

governable [gʌvənəbl] *adj* (**governably** *adv*) vodljiv, voljan, ubogljiv

governance [gʌvənəns] *n* (*of, over*) vladanje, vodstvo, nadzorstvo

governess [gʌvənis] *n* voditeljica, vzgojiteljica, učiteljica; upravnica

governing [gʌvəniŋ] *adj* upraven; vodilen, glaven; **~ body** upravno telo, vodstvo; **~ principle** vodilno načelo

government [gʌvəmənt] *n* (*of, over*) vodstvo, vlada; *gram* rekcija, vezanje; **~ control** dirigirano gospodarstvo; **~ bonds** državne obveznice;

~ loan državno posojilo; **~ subsidy** državna podpora; **petticoat ~** vlada žensk

governmental [gʌvənméntl] *adj* vladen, upraven, državen

governor [gʌvənə] *n* voditelj; vzgojitelj; guverner; šef, oče, stari; *techn* regulator; krmilna naprava; vrsta umetne muhe za ribolov

governor-general [gʌvənədžénərəl] *n* vrhovni guverner, kraljevi namestnik

governorship [gʌvənəšip] *n* guvernerstvo

gowan [gáuən] *n Sc bot* marjetica

gowk [gauk] *n dial zool* kukavica; tepec, butec

gown I [gaun] *n* ogrinjalo, talar, halja, plašč, ženska obleka; študentje (Oxford, Cambridge); **arms and ~** vojna in mir; **cap and ~** univerzitetna noša; **town and ~** meščani in študentje, mesto in univerza

gown II [gaun] *vt* obleči talar, haljo itn.

gownsman [gáunsmæn] *n* študent; član univerze

goy [gɔj] *pl* **goyim** [gójim] *n* židovski izraz za kristjana

grab I [græb] *vt* (*at*) zagrabiti, prijeti, prisvojiti si

grab II [græb] *n* prijem; zagrabek; prisvojitev, zagrabitev; grabilec; grabež; otroška igra s kartami; **to have** (ali **get**) **the ~ on s.o.** imeti ugodnost pred kom; **to make a ~ at s.th.** hitro po čem seči

grabber [græbə] *n* grabežljivec; *A sl* **grade ~** stremuh

grabble [græbl] *vi* tipati, tavati; prijemati, zgrabiti; hoditi po vseh štirih

grabby [græbi] *n mar sl* vojak

grace I [greis] *n* milina, dražest, privlačnost, ljubkost; okras; milost, naklonjenost, usluga; usmiljenje; molitev pred jedjo in po njej; *E* dovoljenje, odločba; vljudnost; igra z obročem; naslov vojvode ali nadškofa (*Your, His Grace*); **act of ~** zakon o amnestiji; **airs and ~s** šopirjenje; **with a bad ~** nevljudno, neprijazno; **to be in s.o.'s ~** biti v milosti pri kom; **~ to boot!** bog se nas usmili!; **with a good ~** v milosti pri kom; **in s.o.'s good ~s** v milosti pri kom; **to say ~** moliti pred jedjo ali po njej; **days of ~** dnevi odloga plačila; **the Three Graces** tri gracije; **to fall from ~** grešiti; **time of ~** doba prepovedi lova; **in the year of ~** v letu gospodovem

grace II [greis] (*with*) okrasiti; počastiti; podpreti, podpirati; obdariti; poveličati

grace-cup [gréiskʌp] *n* čaša, iz katere pijejo zdravico; zdravica za slovo

graceful [gréisful] *adj* (**~ly** *adv*) ljubek, mil, lep, privlačen, eleganten

gracefulness [gréisfulnis] *n* ljubkost, milina, privlačnost, lepota, eleganca

graceless [gréislis] *adj* (**~ly** *adv*) grd; nevljuden, nespodoben, nesramen; sprijen

gracelessness [gréislisnis] *n* grdoba; nevljudnost, nespodobnost

grace-note [gréisnout] *n mus* gostolevek

gracile [græsil] *adj* vitek, nežen, droben, gracilen

gracility [græsíliti] *n* nežnost, vitkost

gracious [gréišəs] *adj* (**~ly** *adv*) prijazen, prikupen, ljubezniv, dober; milostljiv, milosten; *arch* koristen, dobrodelen, blagovoljen; **good ~**, **goodness ~**, **~ me, my ~!** za božjo voljo!

graciousness [gréišəsnis] *n* milost; dobrota, prijaznost, prikupnost, milina
grad [græd] *n A sl* diplomirani študent
gradate [grədéit] *vt & vi (into)* stopnjevati (se); prelivati se (barve); porazdeliti po stopnjah
gradatim [grədéitim] *adv* postopoma
gradation [grədéišən] *n* stopnjevanje; postopnost; stopnja; *gram* prevoj; by ~ postopoma
gradational [grədéišənəl] *adj* (~ly *adv*) postopen
grade I [greid] *n* stopnja; vrsta; ocena; žival, ki ima enega roditelja čiste rase; nagnjenost, pobočje, strmina; *A* razred, *pl* osnovna šola; at ~ with na isti stopnji s; up to the ~ standardne kakovosti; *A* ~ school osnovna šola; *A sl* ~ grabber stremuh; *A* ~ crossing, crossing at ~ križišče ceste in železnice v isti višini; *A* ~ teacher učitelj(ica) osnovne šole; to make the ~ doseči svoj cilj; to be on the down-~ propadati; to be on the up-~ napredovati, dvigati se
grade II [greid] *vt* razvrstiti, razvrščati, po stopnjah urediti, sortirati, izravna(va)ti, splanirati, oceniti, ocenjevati; to ~ up križati z boljšo pasmo, oplemenititi; to ~ up with s.o., s.th. dati se primerjati s kom, čim
gradient I [gréidiənt] *n* pobočje, strmina, vzpon; padec; ~ board kazalnik za vzpon; ~ post kazalnik za krivino
gradient II [gréidiənt] *adj* ki hodi, ki se premika
gradin(e) [gréidin] *n* stopnica ali sedež v amfiteatru; polica za sveče za oltarjem
grading [gréidiŋ] *n* razvrstitev, sortiranje, ocena
gradual [grǽdjuəl] *adj* (~ly *adv*) postopen; zaporeden
graduate I [grǽdjueit] 1. *vi* diplomirati, promovirati; *(into)* postopoma prehajati, menjati se; vzpenjati, dvigati se; 2. *vt* razvrščati, urejati po stopnjah; podeliti akademsko čast; *chem* koncentrirati z izhlapevanjem; titrirati; (sliko) šatirati, seniti; kalibrirati; to ~ from school končati šolo
graduate II [grǽdjuit] 1. *adj* diplomiran, promoviran; *A* ~ school visoka šola za podiplomski študij; 2. *n* diplomiran študent; merica za merjenje tekočine
graduated [grǽdjueitid] *adj* diplomiran; kalibriran; to be (ali become) ~ maturirati, diplomirati
graduation [grǽdjuéišən] *n* stopnjevanje; lestvica; diplomiranje, promocija, matura
graduator [grǽdjueitə] *n* stopnjevalec; *telef* regulator; *chem* razpršilnik za velike površine
gradus [gréidəs] *n* slovar latinskih sinonimov
Gr(a)ecism [grí:sizəm] *n* grecizem, posebnost grškega jezika
graft I [gra:ft] *n* cepič, cepljenje; *med* presad, transplantacija
graft II [gra:ft] 1. *vt (into, on, together, in)* cepiti; *med* transplantirati; *fig* vcepiti
graft III [gra:ft] *n* količina zemlje, ki jo zajame lopata; globina, ki jo doseže lopata z enim zamahom; lopata za kopanje
graft IV [gra:ft] 1. *n A sl* dokupovanje, podkupnina; izsiljevanje, korupcija; 2. *vi A sl* sprejemati podkupnino, dati se podkupovati; nepošteno pridobiti
grafter [grá:ftə] *n A sl* podkupnik; cepilni nož, cepilnik; cepič

grafting-knife [grá:ftiŋnaif] *n* cepilni nož, cepilnik
grail [greil] *n* gral (legendarna mitološka posoda)
grain I [grein] *n* zrno; *A* žito; žitarica; *fig* zrnce, trohica, gran (utež); usmeritev ali porazdelitev vlaken (delcev) v materialu, struktura; granulacija; *arch* škrlat; trajna barva; vlakno; značaj, narava, razpoloženje, nagnjenje k čemu; sestav, ustroj; against the ~ proti volji, narobe, nesmiselno; to cut with the ~ rezati v smeri vlaken; to dye in the ~ barvati v surovem stanju; *fig* dyed in the ~ zakrknjen; in ~ po naravi, po značaju; to receive with a ~ of salt s pridržkom sprejeti
grain II [grein] *vt* uzrniti; marmorirati; ostrgati dlako; krišpati (usnje)
grain-crop [gréinkrɔp] *n* žetev (zlasti pšenice)
grained [greind] *adj* zrnat, vlaknat; marmoriran
grain-elevator [gréineliveitə] *n A* silo; dvigalo za žito
grainer [gréinə] *n* tisti, ki umetno marmorira; strgalec dlake s kože
graining [gréiniŋ] *n* marmoriranje
grainless [gréinlis] *adj* brez zrnc ali vlaken
grains [greinz] *n pl* harpuna, osti
grain-soap [gréinsoup] *n* visokokvalitetno milo
grainy [gréini] *adj* glej grained
graip [greip] *n Sc* vile
graith [greiθ] *Sc* 1. *n* oprema, obleka; oklep; 2. *vt* opremiti, obleči
gralloch [grǽlɔh] 1. *n* (jelenovo) drobovje; 2. *vt* (jelena) iztrebiti
gram [græm] *n* gram; *bot* čičerika
gramarye [grǽməri] *n arch* čarovništvo
grame [greim] *n arch poet* žalost, otožnost
gramercy [grəmó:si] *int arch* tisočkrat hvala!
graminaceous [greiminéišəs] *adj bot* travnat, traven, travast, žitarski, žiten
gramineous [greimínjəs] glej graminaceous
graminivorous [græminívərəs] *adj* ki se hrani s travo
grammar [grǽmə] *n* slovnica, gramatika; *fig* osnova; ~ school *E* klasična gimnazija; *A* nižja srednja šola
grammarian [grəméəriən] *n* slovničar(ka), filolog(inja), jezikoslovec, -vka
grammatic [grəmǽtik] *adj* (~ally *adv*) slovničen, slovnično pravilen
grammaticize [grəmǽtisaiz] *vt* urediti po slovničnih pravilih; razpravljati o slovničnih pravilih
gramme [græm] *n* gram
gramophone [grǽməfoun] *n* gramofon
gramophonic [græməfónik] *adj* (~ally *adv*) gramofonski
gramp [græmp] *n* dedek
grampus [grǽmpəs] *n zool* sabljarica; *coll* debeluhar; človek, ki sope; to puff (ali blow) like a ~ puhati, sopsti kakor kovaški meh
granary [grǽnəri] *n* kašča, žitnica
grand I [grænd] *adj* (~ly *adv*) velik, imeniten, sijajen, odličen, glaven; vzvišen, veličasten; to have a ~ time odlično se zabavati
grand II [grænd] *n* klavir; *A sl* tisočak; to do the ~ domišljavo se vesti; baby ~, miniature ~ kratki klavir
grandam [grǽndæm] *n arch* babica; matrona

grand-aunt [grǽnda:nt] *n* očetova ali materina teta

grandchild [grǽndčaild] *n* vnuk(inja)

gran(d)dad [grǽn(d)dæd] *n* dedek

granddaughter [grǽnddɔ:tə] *n* vnukinja

grand-duchess [grǽnddʌ́čis] *n* nadvojvodinja

grand-duke [grǽnddjú:k] *n* nadvojvoda

grandee [grændí:] *n* španski ali portugalski plemenitaš; veljak, dostojanstvenik

grandeur [grǽndžə, grǽndjə, grǽndjuə] *n* veličina, veličastnost; imenitnost

grandfather [grǽndfa:ðə] *n* stari oče, ded; ~'s clock velika stoječa ura z nihalom

grandfatherly [grǽndfa:ðəli] *adj* dedovski; *fig* prijazen, dobrohoten

grandiloquence [grændíləkwəns] *n* gobezdavost, bombastičnost, nadutost

grandiloquent [grændíləkwənt] *adj* (~ly *adv*) gobezdav, bombastičen; nadut

grandiose [grǽndious] *adj* (~ly *adv*) sijajen, veličasten, blesteč; ošaben

grandiosity [grændiósiti] *n* veličastnost; sijaj; pompoznost, ošabnost

grandma [grǽn(d)ma:] glej grandmother

grandmamma [grǽn(d)məma:] glej grandmother

grandmother [grǽn(d)mʌðə] *n* stara mama, babica; to teach one's ~ to suck eggs pišče več od koklje ve

grandmotherly [grǽn(d)mʌðəli] *adj* pretirano zaskrbljen, otročji; *fig* ozkosrčen, drobnjakarski

grandnephew [grǽn(d)nevju:] *n* nečakov ali nečakinjin sin

grandness [grǽndnis] *n* vzvišenost, veličastnost

grandniece [grǽn(d)ni:s] *n* nečakova ali nečakinjina hči

grandpa [grǽn(d)pa:] *n* dedek

grandpapa [grǽn(d)pəpa:] glej grandpa

grandparents [grǽn(d)pɛərənts] *n pl* stari starši

grandsire [grǽn(d)saiə] *n* (pra)ded, prednik; poseben način zvonjenja

grandson [grǽn(d)sʌn] *n* vnuk

grandstand [grǽn(d)stænd] 1. *n* glavna tribuna; 2. *adj A* propaganden

grand total [grǽn(d)toutl] *n* vse skupaj

grand-uncle [grǽndʌŋkl] *n* očetov ali materin stric

grange [greindž] *n* pristava, posestvo, dvorec; kašča; *A* kmetska zadruga

granger [gréindžə] *n* zadružnik, kmet; *A* paznik v narodnem parku

grangerize [gréindžəraiz] *n vt* prenatrpati knjigo z ilustracijami iz drugih knjig na škodo teksta

graniferous [grənífərəs] *adj* semenski, semenat

granite [grǽnit] *n geol* granit; as hard as ~ trd ko kamen; *fig* trmast; *fig* to bite on ~ zaman si prizadevati

granitic [grænítik] *adj* graniten, granitu podoben

grannie, granny [grǽni] *n* babica; *coll* starka; ~'s knot slabo zavezan vozel

granolithic [grænəlíθik] *adj* granoliten, iz umetnega granita

grant I [gra:nt] *n* dovoljenje, uslišanje; dar, dotacija, podpora, štipendija, subvencija; prenos premoženja; ~ in aid subvencija, podpora

grant II [gra:nt] *vt* dopustiti, dopuščati, dovoliti; zagotoviti, priznati, podeliti, odobriti, uslišati;

~ it to be true recimo, da je tako; to take for ~ed imeti za dognano, biti prepričan; to ~ a request uslišati prošnjo; to ~ an advance odobriti predujem; ~ed that recimo, vzemimo, da

grantable [grá:ntəbl] *adj* dopusten, podeljiv; *jur (to)* prenosen

grantee [gra:ntí:] *n* uživalec, -lka, užitnik

grantor [gra:ntɔ́:] *n* darovatelj(ica), podelitelj(ica)

granular [grǽnjulə] *adj* (~ly *adv*) zrnast, zrnat, zrnčast

granulary [grǽnjuləri] glej granular

granulate [grǽnjuleit] 1. *vt* uzrniti, granulirati; zrniti se, kristalizirati; hrapav postati; *med* celiti se; ~d sugar sipa (sladkor); ~d glass vrsta hrapavega stekla

granulation [grənjuléišən] *n* granulacija, uzrnitev, kristaliziranje; *med* divje meso (na rani), nastanek novega tkiva na rani

grape [greip] *n bot* grozdna jagoda, *pl* grozdje; *pl vet* vrsta konjske bolezni, podsed, mahovnica; bunch of ~s grozd; sour ~s kislo grozdje (tudi *fig*); the juice of the ~ vino

grape-brandy [gréipbrændi] *n* vinjak; tropinovec

grape-cure [gréipkjuə] *n* grozdna kura

grapefruit [gréipfru:t] *n bot* indijska citrona, grenivka

grape-gathering [gréipgæðəriŋ] *n* trgatev

grapery [gréipəri] *n* pergola iz vinske trte; rastlinjak za vinsko trto

grape-sugar [gréipšugə] *n* grozdni sladkor

grapevine [gréipvain] *n* vinska trta; *A* ilegalno poročanje, tajna pošta; vrsta figure na ledu

graph [græf, gra:f] 1. *n* grafikon, diagram; 2. *vt* kopirati, razmnoževati

graphic [grǽfik] *adj* (~ally *adv*) popisen, pismeno označen; nazoren; slikovit; ~ arts grafika

graphics [grǽfiks] *n pl* grafika

graphite [grǽfait] *n min* grafit; risalnik, svinčeni črtnik

graphologist [grǽfólədžist] *n* grafolog(inja)

graphology [græfólədži] *n* grafologija

grapnel [grǽpnəl] *n* majhno sidro, kotva; gusarski železni kavlji

grapple I [grǽpl] *vt & vi* zgrabiti, spoprijeti se; *(together)* drug drugega se okleniti; *mar* zatakniti kavelj, privleči ladjo; *fig* to ~ with resno se spoprijeti, z vso vnemo se lotiti

grapple II [grǽpl] *n* trden prijem; borba; *techn* klešče; glej grapnel

grappling [grǽpliŋ] *n* borba za nož; trden prijem

grappling-iron [grǽpliŋaiən] *n* glej grapnel

grapy [gréipi] *adj* grozdnat

grasp I [gra:sp] 1. *vt (at)* prijeti, pograbiti; *fig* razumeti, doumeti; 2. *vi* segati; *fig* prizadevati si za kaj; to ~ the nettle ugrizniti v kislo jabolko, pogumno se lotiti; to ~ at a straw prijeti se vsake bilke; to ~ the shadow and let go the substance loviti senco in ne videti dejanskega stanja; ~ all, lose all kdor hoče dobiti vse, zgubi vse

grasp II [gra:sp] *n* prijem; *fig* razumevanje; doseg; to have a perfect ~ of s.th. dobro kaj obvladati; within s.o.'s ~ v dosegu koga, razumljivo komu; beyond s.o.'s ~ zunaj dosega,

nedosegljiv; nerazumljiv; **no** ~ **of** nobeno razumevanje za; **in s.o.'s** ~ v oblasti koga
grasper [grá:spə] *n* prijemalnik; skopuh
grasping [grá:spiŋ] **1.** *adj* (~ **ly** *adv*) lakomen, skop; **2.** *n* prijem
graspingness [gráspiŋnis] *n* pohlep, lakomnost
grass [gra:s] *n* trava; pašnik, trata; ruša; *coll* beluš; *coll* pomlad; *sl* policaj, »kifeljc«; ovaduh; *sl* marihuana, mamilo; **to cut** ~ **under s.o.'s feet** spodnesti komu tla; **to let the** ~ **grow under one's feet** leno in počasi delati; **at** ~ na paši, *coll* na dopustu; **to go to** ~ iti na pašo, *coll* na dopust; **to put (ali turn out) to** ~ gnati na pašo; **out at** ~ na paši; *fig* brezposeln, na dopustu; **go to** ~! solit se pojdi!; *fig* **to send to** ~ podreti na tla; **to hear the** ~ **grow** slišati travo rasti; **as long as** ~ **grows and water runs** za večne čase; **while the** ~ **grows the steed starves** dvakrat da, kdor hitro da
grass II [gra:s] *vt* gnati na pašo; obložiti z rušo; beliti (lan) na travi; sejati travo; leči na travo; sestreliti (ptiča); uloviti ribo
grass-blade [grá:sbleid] *n* travna bilka
grass-cutter [grá:skʌtə] *n* kosec; kosilnica
grass-green [grá:sgri:n] *adj* zelen ko trava
grass-grown [grá:sgroun] *adj* s travo poraščen
grasshopper [grá:shɔpə] *n zool* kobilica; *mil* lahko izvidniško letalo
grassiness [grá:sinis] *n* travnatost
grass-land [grá:slænd] *n* pašniki
grassless [grá:slis] *adj* gol, brez trave
grass-mower [grá:smouə] *n* kosilnica za travo
grass-plot [grá:splɔt] *n* trata, travnik
grass-roots [grá:srú:ts] *adj* ljudski, narodni; **to get down to** ~ dokopati se do bistva problema
grass-snake [grá:ssneik] *n zool* belouška
grass-widow [grá:swidou] *n* vdova ob živem možu, slamnata vdova
grass-widower [grá:swidouə] *n* vdovec ob živi ženi, slamnati vdovec
grassy [grá:si] *adj* travnat, rušnat
grate I [greit] *vt & vi (against, on, upon)* praskati; škripati, škrtati; strgati; *fig* dražiti, biti zoprn; **to** ~ **on (ali upon) one's nerves** iti komu na živce; **to** ~ **one's teeth** škrtati z zobmi
grate II [greit] **1.** *vt* zamrežiti; **2.** *n* mreža, rešetka; rešeto; *fig* kamin, ognjišče
grateful [gréitful] *adj* (~ **ly** *adv*) hvaležen; prijeten, ugoden
gratefulness [gréitfulnis] *n* hvaležnost; prijetnost, ugodnost
grater [gréitə] *n* strgalnik; rašpla, praskalo
gratification [grætifikéišən] *n (at)* zadovoljitev, užitek; darilo, nagrada, napitnina; podkupnina
gratify [grǽtifai] *vt* zadovoljiti, razveseliti, ustreči; poravnati škodo; nagraditi, obdarovati; podkupiti
gratifying [grǽtifaiiŋ] *adj* (~ **ly** *adv*) razveseljiv, prijeten
grating [gréitiŋ] **1.** *n* praskanje, škrtanje; zamreževanje, mreža, rešetka; **2.** *adj* vreščav, škripajoč; rezek; neprijeten, mučen
gratis [gréitis] *adj & adv* zastonj, brezplačen; brezplačno
gratitude [grátitju:d] *n* hvaležnost

gratuitous [grətjúitəs] *adj* brezplačen, zastonj; svojevoljen, neutemeljen, neupravičen
gratuitousness [grətjúitəsnis] *n* svojevoljnost; neutemeljenost
gratuity [grətjúity] *n* častno darilo, nagrada, premija; napitnina
gratulate [grǽtjuleit] glej **congratulate**
gratulation [grǽtjuléišən] glej **congratulation**
gratulatory [grǽtjuleitəri] glej **congratulatory**
graupel [gráupəl] *n* babje pšeno
gravamen, *pl* **gravamina** [grəvéimən, grəvéiminə] *n jur* formalna pritožba; bistveni del obtožnice
grave* I [greiv] *vt arch* pokopati; *(on)* vrezovati, gravirati; vtisniti; *arch* rezbariti; **to** ~ **in the memory** vtisniti si v spomin
grave II [greiv] *n* grob; *fig* smrt; **as close (ali silent) as the** ~ tih ko riba; **enough to make s.o. turn in his** ~ dovolj hudo, da bi se človek še v grobu obrnil; **one foot in the** ~ z eno nogo v grobu; **as secret as the** ~ molčečen ko grob; **to find one's** ~, **to sink into the** ~ umreti; **s.o. is walking over my** ~ zona me spreletava
grave III [greiv] *vt* izž(i)gati in (o)čistiti ladijsko dno
grave IV [greiv] *adj* (~ **ly** *adv*) resen, važen; dostojanstven; *mus* globok; kritičen; temen
grave V [greiv] *n gram* gravis, krativec
grave-clothes [gréivklouðz] *n pl* pogrebna obleka; mrtvaški prt
grave-digger [gréivdigə] *n* grobar
gravel I [grǽvəl] *n* prod, gramoz; zlatonosen pesek; *med* pesek, kamenčki
gravel II [grǽvəl] *vt* z gramozom ali peskom posuti; *fig* spraviti v zadrego; *naut arch* nasesti; *fig* zbegati, zmesti
gravel-agitator [grǽvlædžiteitə] *n joc* vojak pešec, infanterist
gravel-blind [grǽvəlblaind] *adj* skoraj čisto slep
gravel-crusher [grǽvəlkrʌšə] glej **gravel-agitator**
graveless [gréivlis] *adj* nepokopan
gravelly [grǽvli] *adj* prodnat, peščen, gramozen
gravel-path [grǽvəlpa:θ] *n* peščena pot
gravel-pit [grǽvəlpit] *n* gramozna jama
gravel-stone [grǽvəlstoun] *n* gramozni kamenček; *med* ledvični kamen
gravel-walk [grávəlwɔ:k] *n* peščena pot
graven [gréivən] *pp* od **grave**; vrezan; ~ **image** idol, malik
graver [gréivə] *n* črkorezec; graver; dletce
graves [gréivz] glej **greaves**
gravestone [gréivstoun] *n* nagrobni kamen, spomenik
graveward [gréivwəd] **1.** *adv* blizu smrti; **2.** *adj* blizek smrti
graveyard [gréivja:d] *n* pokopal šče; *A* ~ **shift** nočna izmena
gravid [grǽvid] *adj* noseča
gravidity [grǽvíditi] *n* nosečnost
graving [gréiviŋ] *n* vrez, gravura
graving-dock [gréiviŋdɔk] *n mar* suhi dok
gravitate [grǽviteit] **1.** *vi (to, towards)* težiti, usmerjati se, gravirati; potopiti se; **2.** *vt* pustiti pasti na dno
gravitation [grǽvitéišən] *n* težnost, gravitacija; *(towards)* težnja, nagnjenje, usmerjenost, tendenca

gravitational [grævitéišǝnǝl] adj težnosten, gravitacijski

gravity [grǽviti] n teža; težnost, gravitacija, privlačnost; važnost, resnost, nevarnost, dostojanstvo; ~ suit pilotovo oblačilo za vesoljski polet; specific ~ specifična teža; force of ~ privlačnost

gravy [gréivi] n cul mesni sok, omaka

gravy-boat [gréivibout] n čolniček za omako, omačnica

gray glej grey

grayling [gréiliŋ] n zool lipan

graze I [greiz] 1. vi pasti se; 2. vt pasti; popasti; gnati (govedo) na pašo

graze II [greiz] 1. vt (against, by, past ob) oplaziti, oprasniti, odrgniti; švigniti; mil vodoravno obstreljevati; 2. n oplaz, praska, brazgotina

grazier [gréiziǝ] n živinorejec; pastir

graziery [gréiziǝri] n živinoreja

grazing [gréiziŋ] 1. n paša; pašnik; 2. adj ki oplazi, odrgne; ~ shot obstrel, oplazni, obrsni strel

grazing-land [gréiziŋlænd] n pašnik

grease I [gri:s] n loj, mast, maža, mazilo, maščoba; vet žuljnata oteklina na konjski nogi; a ~ spot podlež; poprečnež; axle ~ kolomaz; in ~, in prime (ali pride) of ~ zrel za odstrel (jelen); zrel za zakol; wool in the ~ neprana volna

grease II [gri:z] vt mazati, z maščobo umazati, podmazati; fig podkupiti; okužiti (konja) z oteklino na nogi; to ~ the wheels fig odstraniti težave; to ~ s.o.'s palm (ali fist, hand) podkupiti koga; like ~d lightning bliskovito, ko bi trenil

grease-box [grí:sbǝks] n techn oljnik, kolesna puša

grease-gun [grí:sgʌn] n techn mazalna škropilnica

grease-paint [grí:speint] n gledališko ličilo

grease-proof [grí:spru:f] adj nemasten; ~ paper pergamentni papir

greaser [grí:zǝ] n mazač (strojev); A sl cont Meksikanec, latinski Amerikanec; techn mazna naprava

greasiness [grí:zinis] n mastnost, spolzkost; fig priliznjenost

greasy [grí:zi] adj (greasily adv) (with) masten, oljnat; spolzek, gladek; vlažen (vreme); fig priliznjen, hinavsko prijazen; vet ki ima žuljnato oteklino na nogi (konj)

great I [greit] adj velik, precejšen; dolg; fig ugleden, pomemben, važen, imeniten, slaven; plemenit; pra-; arch noseča; (at, in) spreten, mojstrski, sposoben; fam sijajen, kolosalen; ~ age visoka starost; to be ~ at s.th. odlikovati se v čem; astr Great(er) Bear Veliki voz; the ~ body večina; ~ chair naslonjač; a ~ deal mnogo; ~ dozen 13; arch ~ with child noseča; ~ go diplomski izpit za B. A.; to go a ~ way with s.o. imeti velik vpliv na koga; ~ gun vplivna osebnost, »visoka živina«; ~ hundred stodvajset; ~ toe palec na nogi; coll ~ big strašno velik, neznanski; ~ Scott! zaboga! the Great Powers velesile; ~ dane zool doga; ~ letter velika črka; ~ many mnogi, številni; no ~ matter nepomembno, malenkost; ~ little man majhen, a pomemben človek; coll ~ on navdušen za; no ~ shakes ne posebno dober;

nič posebnega; the Great War prva svetovna vojna; I have a ~ mind to prav rad bi; a ~ while ago že davno; ~ hall glavna dvorana

great II [greit] n celota; pomembnost, vzvišenost, veličastnost; pl končni izpit za B. A. v Oxfordu; the ~ velika gospoda, imenitniki; A no ~ ne preveč; ~ and small veliki in majhni, bogataši in siromaki

great III [greit] adv veliko, močno, zelo

great-aunt [gréita:nt] n prateta

greatcoat [gréitkout] n plašč, površnik

greaten [gréitǝn] vt & vi arch povečati (se)

great-grandchild [gréitgrǽn(d)čaild] n pravnuk(inja)

great-granddaughter [gréitgrǽn(d)dɔ:tǝ] n pravnukinja

great-grandfather [gréitgrǽn(d)fa:ðǝ] n praded

great-grandmother [gréitgrǽn(d)mʌðǝ] n prababica

great-grandson [gréitgrǽn(d)sʌn] n pravnuk

great-hearted [gréithá:tid] adj (~ly adv) pogumen, hraber; velikodušen, plemenit

greatly [gréitli] adv zelo, močno; vzvišeno; plemenito, velikodušno

great-minded [gréitmáindid] adj (~ly adv) velikodušen, plemenit

greatness [gréitnis] n veličina, važnost; moč; sijaj; velikodušnost

great-niece [gréitní:s] n nečakova, -kinjina hči

great-uncle [gréitʌnkl] n prastric

greave [gri:v] n obnožn cı (na oklepu)

greaves [gri:vz] n pl lojni ocvirki

grebe [gri:b] n zool ponirek

Grecian [grí:šǝn] 1. adj starogrški; 2. n stari Grk, stara Grkinja; heleniziran Žid; študent stare grščine; dijak zadnjega razreda šole Christ's Hospital

greed [gri:d] n pohlep, lakomnost, poželjivost, požrešnost; ~ of gain prevelika pohlepnost

greediness [grí:dinis] n poželjivost, pohlep, požrešnost, volčja lakota

greedy [grí:di] adj (greedily adv) (of, for) lakomen, požrešen, pohlepen

greedy-guts [grí:digʌts] n sg požeruh

Greek I [gri:k] n Grk(inja); grščina; heleniziran Žid; član grške pravoslavne cerkve; fig premetenec; when ~ meets ~ kadar se spopadeta hrabra nasprotnika; that's ~ to me to mi je španska vas

Greek II [gri:k] adj grški; ~ Church grškopravoslavna cerkev; ~ gift trojanski konj, danajsko darilo; on the ~ Calends nikoli

green I [gri:n] adj zelen; svež, mlad, nov; nezrel, neizkušen; bled; fig nevoščljiv, ljubosumen; bot ~ agaric sivka; ~ Christmas božič brez snega; ~ duck okoli 9 tednov stara raca; Green Isle Irska; ~ hand novinec, zelenec; ~ light zelena luč; fig prosta pot; uradna odobritev; ~ leather nestrojeno usnje; to live to the ~ old age doživeti visoko starost ob polnih močeh; to have a ~ thumb (ali finger) biti spreten vrtnar; ~ eye zavist, ljubosumnost

green II [gri:n] n zelena barva, zelenilo; mladost, svežina, neizkušenost; igrišče (na trati); pl sveža zelenjava; do you see any ~ in my eye? mar me res imaš za tako neumnega? in the ~ v mladosti

green III [gri:n] **1.** *vi* zeleneti, pozeleneti; **2.** *vt* (po)zeleniti; *sl* prevarati, za nos potegniti, preslepiti, prekaniti
greenback [grí:nbæk] *n A* ameriški bankovec; *fam* bankovec brez kritja
green-blind [grí:nblaind] *adj* slep za zeleno barvo
green-book [grí:nbuk] *n* uradna publikacija indijske vlade
greener [grí:nə] *n sl* novinec
greenery [grí:nəri] *n* zelenje, listje; rastlinjak
green-eyed [grí:najd] *adj* zelenook; *fig* ljubosumen, zavisten; ~ **monster** ljubosumnost, zavist
greenfinch [grí:nfinč] *n zool* zelenček
greenfly [grí:nflai] *n zool* listna uš
greenfrog [grí:nfrɔg] *n zool* rega
greengage [grí:ngéidž] *n bot* vrsta slive, ringlo
greengrocer [grí:ngrousə] *n* branjevec
greengrocery [grí:ngrousəri] *n* branjarija
greenheart [grí:nha:t] *n* neko zahodnoindijsko drevo, njegov les
greenhorn [grí:nhɔ:n] *n* novinec, zelenec
greenhouse [grí:nhaus] *n* rastlinjak; *A sl* omnibus
greening [grí:niŋ] *n* vrsta zelenih jabolk
greenish [grí:niš] *adj* zelenkast
greenly [grínli] *adv* zeleno, sveže; nezrelo, neumno
greenness [grí:nnis] *n* zelenje, svežost; nezrelost, neizkušenost
green-peak [grí:npi:k] *n zool* zelena žolna
greenroom [grí:nru:m] *n* gledališka čakalnica (za igralce); govorilnica; skladišče polizdelkov
greensand [grí:nsænd] *n min* glavkonit
greensick [grí:nsik] *adj med* anemičen, slabokrven
greensickness [grí:nsiknis] *n* slabokrvnost, anemija; *fig* duševne motnje mladoletnikov
greenstick [grí:nstik] *n med* delni zlom (otroške) kosti
greenstone [grí:nstoun] *n min* nefrit; *geol* diorit, melafir, diabaz, zeleni porfir
greenstuff [grí:nstʌf] *n* zelenjava; rastlinstvo
greensward [grí:nswɔd] *n* travnik, ruša
greenth [grí:nθ] *n arch* zelenje, rastlinstvo, vegetacija
greenwood [grí:nwud] *n* zelen gozd; **to go to the** ~ biti izobčen, postati razbojnik
greeny [grí:ni] *adj* (greenily *adv*) zelenkast
greenyard [grí:nja:d] *n* tamar za blodno govedo
greet I [gri:t] *vt* (*with*) pozdraviti, ogovoriti; v oči pasti; z neodobravanjem sprejeti
greet II [gri:t] *vi & vt Sc* jokati, žalovati, objokovati
greeting [grí:tiŋ] *n* pozdrav, dobrodošlica
greffier [gréfiə] *n* vpisnikar, registrator
gregarious [gregéəriəs] *adj* (~ **ly** *adv*) čreden, družaben, priljuden; *bot* ki raste v šopih
gregariousness [gregéəriəsnis] *n* družabnost, priljudnost
gremlin [grémlin] *n sl* duh, ki moti polet letal; ki ovira vsakršno delovanje
grenade [grinéid] *n* (ročna) granata; gasilni aparat; vrsta mesne jedi
grenadier [grenədíə] *n* grenadir; *zool* kobilarski tkavec; repak (riba)
grenadine [grenədí:n] *n bot* rdeč nagelj; *cul s* slanino naperjen telečji zrezek; vrsta tenke tkanine; rdeča barva; liker iz granatnih jabolk
gressorial [gresóuriəl] *adj zool* usposobljen za hojo, ki hodi

grew [gru:] *pt* od **grow**
grey I [grei] *adj* siv, osivel, brezbarven; *fig* brezupen, mračen; star; *fig* izkušen, zrel; ~ **hairs** starost; **the** ~ **mare is the better horse** ženska hlače nosi; **Grey Frier** frančiškan; ~ **monk** cistercianec; ~ **matter** *fig* možgani; inteligenca; ~ **market** črna borza; ~ **goose** divja gos; ~ **russet** sivo surovo platno
grey II [grei] *n* siva barva, sivina; sivec; siva obleka
grey III [grei] **1.** *vi* (o)siveti; **2.** *vt* (o)siviti
greyback [gréibæk] *n zool* siva vrana
greybeard [gréibiəd] *n* starec; prsten vrč za opojne pijače; *bot* morski mah
greycing [gréisiŋ] *n* (greyhound racing) pasja dirka
grey-drake [gréidreik] *n zool* enodnevnica; umetna muha (kot vaba)
grey-eyed [gréiaid] *adj* sivook
greygoose [gréigu:s] glej **greylag**
grey-haired [gréiwækə] *adj* sivolas
grey-headed [gréihehid] glej **grey-haired**
grey-hen [gréihen] *n zool* ruševka
greyhound [gréihaund] *n zool* hrt; *A* avtobus za dolge proge; *fig* **ocean** ~ hitra čezoceanska ladja
greyish [gréiiš] *adj* sivkast
greylag [gréilæg] *n zool* divja gos
greyness [gréinis] *n* siva barva, sivina
greystone [gréistoun] *n min* vulkansko kamenje
greywacke [gréiwækə] *n geol* drobnjak, brusnik
grid [grid] *n* mreža, rešetka; omrežje; prtljažnik na strehi avta
griddle I [grídl] *n* železna plošča za pečenje; ponvica; rešetka za rudo
griddle II [grídl] *vt min* presejati
griddle-cake [grídlkeik] *n* ponvičnik
gride [graid] **1.** *n* škripanje, struganje; **2.** *vi* škripati, škrabati; (*against*) strgati
gridelin [grídelin] *adj* vijoličasto moder
gridiron [grídaiən] *n* rešetka, raženj; okvir za ladjo v suhem doku; naprava za spuščanje gledališkega zastora; vrsta vzporednih tračnic; *el* mreža napeljave visoke napetosti; *A* rugbyjsko igrišče; *techn* kompenzacijsko nihalo; *fig* **on the** ~ močno vznemirjen, kakor na žerjavici
gridleak [grídli:k] *n* (radio) mrežni upor
grief [gri:f] *n* (*at, for, of, over*) žalost, gorje, bridkost, tuga, jad, potrtost; skrb; bolečina; **to bring to** ~ uničiti koga; **to come to** ~ imeti nesrečo, odpovedati, propasti, pogoreti
grief-stricken [grí:fstrikən] *adj* hudo prizadet
grievance [grí:vəns] *n* zamera; pritožba; krivica; neprilika, stiska; **to air a** ~ razpravljati o težavi; **to cherish a** ~ zameriti; **to make a** ~ **of a matter** neupravičeno se pritoževati; **to nurse a** ~ **against s.o.** imeti koga na piki; **to redress a** ~ pomagati v nepriliki
grieve [gri:v] **1.** *vt* užalostiti; užaliti, prizadeti; **2.** *vi* (*at, over, for, about*) žalostiti se, žalovati, bolehati; **to be** ~ **d at s.th.** žalostiti se nad čim
grievous [grí:vəs] *adj* (~ **ly** *adv*) boleč, beden, bridek, žalosten; mučen, nadležen
grievousness [grí:vəsnis] *n* bolečina, žalost, muka, tegoba
griffin [grífin] *n* krilati lev; stroga gardedama; *coll* pravkar priseljen Evropejec na Daljni vzhod;

novinec; zelenec; *A* mulat; *zool* beloglavi jastreb, plešec

griffon [grífən] *n zool* vrsta ostrodlakega terierja; krilati lev

griffon-vulture [grífənvʌlčə] *n zool* plešec

grig [grig] *n zool dial* muren; mlada jegulja; kratkonoga pasma perutnine; *bot* resa; **as merry as a** ~ zelo živahen, ves srečen

grill I [gril] **1.** *vt* pražiti, na žaru peči; *A sl* zasliševati; *fig* mučiti; **2.** *vi* peči, pražiti se; ~**ed sausage** pečenica

grill II [gril] *n* rešetka, raženj; na rešetki pečena jed; glej tudi **grill-room**

grill(e) [gril] *n* rešetka na vratih; mreža, omrežje

grillage [grílidž] *n* mreža, omrežje; močen lesen podstavek za stroje, zgradbe

grill-room [grílru:m] *n* jedilnica ali restavracija, v kateri pripravljajo jedila na rešetki in z njimi postrežejo

grilse [grils] *n zool* mladi losos

grim [grim] *adj* (~ **ly** *adv*) srdit, hud, krut, neusmiljen, nepopustljiv, strog; čemeren, mračen; ostuden; **Mr. Grim** smrt; **like** ~ **death** z vso odločnostjo; ~ **humour** obešenjaški humor

grimace [griméis] **1.** *n* zmrda, spaka; **2.** *vi* pačiti, zmrdovati se

grimacer [griméisə] *n* zmrdovalec, spakovalec

grimalkin [grimǽlkin] *n* stara mačka; *fig* hudobna ženska, stara babnica

grime [graim] **1.** *n* nesnaga, umazanija, sajavost; **2.** *vt* umazati, oblatiti

griminess [gráiminis] *n* umazanost, sajavost

grimness [grímnis] *n* jeza, srd; bridkost; nepopustljivost; čemernost, mračnost; ostudnost

grim-visaged [grímvízidžd] *adj* strogega, mrkega videza

grimy [gráimi] *adj* (**grimily** *adv*) umazan, sajast

grin I [grin] *vi & vt* (*at*) (za)režati se, (po)kazati zobe, (s)pačiti se; **to** ~ **and bear** vdati se v usodo, stisniti zobe

grin II [grin] *n* režanje, pačenje

grind* I [graind] **1.** *vt* (z)mleti, (z)drobiti; brusiti, stružiti, gladiti; vrteti pogonsko ročico; *A* jeziti; (*into s.o.*) vbijati komu v glavo; *fig* zatirati, mučiti; škrtati (*z zobmi*); (*into*) vtisniti; (*on, against* ob) drgniti, treti; **2.** *vi* mleti, dati se zmleti; igrati na lajno; *fig* (*away*) mučiti se; (*at*) naporno delati; guliti se; **to** ~ **the face of s.o.** surovo s kom ravnati; **to have an axe to** ~ imeti osebne skrite namene; **to** ~ **the faces of the poor** izkoriščati reveže; **to** ~ **s.o. in grammar** vbijati komu slovnico v glavo; **to** ~ **the teeth** škrtati z zobmi; **to** ~ **to powder** zdrobiti v prah; **to** ~ **roughly** razsekati

grind down *vt & vi* razmleti, zdrobiti; *fig* izčrpati, izmučiti; dati se zmleti

grind out *vt* pomendrati; z muko izvršiti; ~ **an oath** zamrmrati kletev

grind up *vt* zdrobiti v prah; zmleti

grind II [graind] *n* mletje; brušenje; naporno delo, garanje; naporna hoja; *A sl* guljenje; gulež; **to keep one's nose to the** ~ garati brez prestanka

grinder [gráində] *n* brusač; brusilnik; *anat* kočnik; *sl* inštruktor; gulež; *fam pl* zobje

grindery [gráindəri] *n* brusilnica; *sl* garanje; *E* trgovina z usnjem in čevljarskimi potrebščinami; čevljarske potrebščine

grinding-machine [gráindiŋməší:n] *n* brusilnik, brus, brusilni stroj

grinding-mill [gráindiŋmil] *n* ročni mlin

grindstone [gráindstoun] *n* brus, osla; **to be kept (ali put, held, brought) one's nose to the** ~ delati brez prestanka, potiti krvav pot

gringo [gríŋgou] *n derog* tujec (zlasti Anglež ali Amerikanec) med Španci

grip I [grip] *n* stisk roke, prijem; krč, napad bolečine; prgišče; ročaj; *fig* (*of, on* česa) razumevanje; sposobnost zbuditi zanimanje; (*of, on* nad) oblast; *A* ročna prtljaga; **to lose one's** ~ **on** zgubiti oblast nad; **to come to** ~**s, to get at** ~**s with** spopasti se s; **in the** ~ **of** v oblasti; **v krempljih** koga, česa

grip II [grip] *vt* zgrabiti, trdno prijeti, stisniti; zbuditi pozornost, zanimanje; razumeti, dojeti; *fig* držati v napetosti

grip III [grip] *n* majhen jarek

gripe I [graip] **1.** *vt* zgrabiti, prijeti, stisniti; seči po čem; mučiti, boleti, ščipati, zavijati; *A coll* gnjaviti, jeziti, žalostiti; *mar* privezati, pritrditi; **2.** *vi* lotiti se; *A coll* godrnjati, pritoževati se; upirati se; izsiliti pozornost poslušalcev; *naut* ujeti vetrno stran; imeti črevesne krče

gripe II [graip] *n* prijem, objem; *fig* oblast; stiska, pritisk; *pl* črevesni krči, kolika; *mar* vrvi za privezanje rešilnega čolna k sošici; *A coll* godrnjanje, pritožba

griper [gráipə] *n* oderuh

griping [gráipiŋ] **1.** *adj* lakoten, skop; **2.** *n* črevesni krči, kolika

grippe [grip] *n coll med* gripa

gripper [grípə] *n techn* prijemalnik, prijemač

gripping [grípiŋ] *adj* (~ **ly** *adv*) zanimiv, pretresljiv

gripsack [grípsæk] *n A* popotna torba, kovček

griseous [gríziəs] *adj* sivkast

griskin [grískin] *n obs* prašiček; *A cul* svinjski kotlet

grisliness [grízlinis] *n* ostudnost, gnusoba; strahovitost

grisly [grízli] *adj* gnusen, ostuden; strašen, strahovit; neprijeten

grist I [grist] *n* žito, mletev; *coll* živila, zaloga; slad; *fig* korist; **that's** ~ **to his mill** to je voda na njegov mlin; **to bring** ~ **to the mill** biti vir dobička, biti zlata jama; **all is** ~ **that comes to his mill** vse zna izkoristiti, vse je voda na njegov mlin

grist II [grist] *n* debelina vrvi

gristle [grísl] *n anat* hrustanec; **in the** ~ nezrel, nerazvit

gristly [grísli] *adj* hrustančast

grist-mill [grístmil] *n* majhen mlin

grit I [grit] *n* prod, pesek; peščenjak; *fig* odločnost, pogum, energija; *fig* **to put (a little)** ~ **in the machine** ovirati delo

grit II [grit] *vt & vi* škrtati, škripati; potresti s peskom ali prodom; **to** ~ **the teeth** škrtati z zobmi

grits [grits] *n* ovseni ali pšenični zdrob

gritstone [grítstoun] *n geol* peščenjak

grittiness [grítinis] *n* zrnatost; prodnatost, peščenost
gritty [gríti] *adj* (grittily *adv*) prodnat, zrnat, peščenast; *A* pogumen, hraber, odločen; močan (veter)
grizzle I [grízl] 1. *n* sivina, siva barva; *arch* sivec; na pol žgana opeka; 2. *vt* & *vi* siviti, siveti; 3. *adj* siv, osivel
grizzle II [grízl] *vi coll* sitnariti, javkati, cmeriti se; (*at*) smehljati, režati se
grizzled [grízld] *adj* osivel, siv
grizzly I [grízli] *adj* siv, sivkast; osivel, sivolas; ~ king (ali queen) vrsta muhe za ribolov
grizzly II [grízli] *n zool* severnoameriški medved
groan I [groun] *vi* & *vt* (*under* zaradi) stokati, ječati, vzdihovati; rukati (jelen); *fig* (*for* za) močno hrepeneti, koprneti; sikati, mrmrati; to ~ down prisiliti k molku; to ~ under (ali with) šibiti se pod; to ~ inwardly biti nesrečen; ~ing board miza, ki se šibi od jedi
groan II [groun] *n* stokanje, ječanje; vzdih; sikanje, mrmranje
groat [grout] *n hist* novčič (srebrn štiripenijski); I don't care a ~ nič mi ni mar; a cracked (ali slit) ~ ničvredna stvar, počen groš
groats [grouts] *n pl* kaša, oluščen oves, zdrob; pšeno
grocer [grousə] *n* trgovec s špecerijo, špecerist; *E* ~'s shop špecerijska trgovina
grocery [gróusəri] *n* špecerija; *pl* špecerijska trgovina; *A* ~ store špecerijska trgovina
groceteria [grousetéəriə] *n A* samopostrežna delikatesna in špecerijska trgovina
grog [grɔg] *n* grog
grog-blossom [grógblɔsəm] *n coll* rdeč nos (pijanca)
groggery [grógəri] *n A* žganjarna
grogginess [gróginis] *n coll* pijanost
groggy [grógi] *adj* (groggily *adv*) *coll* pijan, opotekajoč se; zrahljan; bolehen, oslabljen
grog-shop [grógšɔp] *n* žganjarna
grogram [grógrəm] *n* vrsta močnega blaga
groin I [groin] *n anat* dimlje; *archit* presečišče navzkrižnih reber oboka, obločni kot
groin II [groin] 1. *n* lesen valolom za utrditev peščene obale; 2. *vt* utrditi z lesenim valolomom
groom I [gru:m, grum] *n arch* sluga; konjušnik; zaročenec, ženin; dvorjan; ~ of the (Great) Chamber (kraljev) komornik za spalnico; ~ of the stole komornik za spalnico; ~ in waiting kraljev komornik
groom II [gru:m, grum] *vt* oskrbovati konje; negovati; *A* pripravljati za kandidaturo; well ~ed negovan, lepo oblečen
groomsman [grúmzmæn] *n* poročni drug
groove I [gru:v] *n* brazda, žlebič, utor; *fig* običajni način, navada, rutina, šablona; to keep (ali move) in the same ~ živeti na stari način; to get into a ~ navaditi se, dobiti rutino
groove II [gru:v] *vt* (iz)dolbsti, (iz)žlebiti, brazdati; zgibati; spojiti
grooved [grú:vd] *adj* brazdast, žlebičast; ~ cardboard valovita lepenka
groovy [grú:vi] *adj* (groovily *adv*) enostranski, šablonski

grope [group] *vi* & *vt* (*for, after*) tipati, tavati; to ~ a hen otipati kokoš (če ima jajce); to ~ one's way towards pretipati se kam
gropingly [gróupiŋli] *adv* obotavljajoče, negotovo, tipaje
grosbeak [gróusbi:k] *n zool* ščinkavec, zlasti dlesk; green ~ zelenček; pine ~ veliki kalin
grosgrain [gróugrein] *n* vrsta težke svile
gross I [grous] *adj* (~ ly *adv*) debel, močen; bujen; surov, top, neobčutljiv; okoren, robat, neroden, neotesan; očiten; celoten, brez odbitka, bruto, kosmat; gost; ~ feeder velik jedec; ~ language prostaški jezik; ~ income bruto dohodek
gross II [grous] *n* celota; veliki ducat (144 kosov); great ~ 1228 kosov; in (the) ~, by the ~ v celoti, na debelo; *jur* in ~ ki se nanaša samo na osebo, neodvisen
grossly [gróusli] *adv* surovo; skrajno; v veliki meri
grossness [gróusnis] *n* debelost; okornost; robatost, surovost; vulgarnost; neumnost
grot [grɔt] *n poet* jama
grotesque [groutésk] 1. *adj* (~ ly *adv*) čuden, nenavaden, smešen, fantastičen, grotesken; 2. *n* groteska
grotesqueness [groutésknis] *n* smešnost, absurdnost, grotesknost
grotto [grótou] *n* jama
grouch [grauč] *A* 1. *n* godrnjanje; godrnjač; 2. *vi* godrnjati
ground I [graund] *pt* & *pp* od grind; ~ glass motno steklo
ground II [graund] *n* dno, globina, zemlja, tla; zemljišče, igrišče, lovišče, gradbišče; (*for*) osnova; (*for, of*) vzrok, povod; osnovna barva; ozadje; *pl* park, vrt; *pl* naselbina; *pl* gošča, usedlina; uzemljitev; above ~ živ; below ~ mrtev, pokopan; to break new (ali fresh) ~ orati ledino; to cover ~ potovati, opraviti določeno delo; ~ clearance razdalja med šasijo in zemljo; common ~ stična točka; to cut the ~ under s.o.'s feet spodnesti komu tla, vzeti mu oporo; to be dashed to the ~ propasti; *coll* down to the ~ popolnoma; to fall to the ~ propasti; on firm ~ na trdnem položaju; *fig* forbidden ~ nedovoljeno področje, prepovedana tema; to gain ~ napredovati, širiti se; to give ~ popustiti; to hold one's ~ vztrajati na svojem mestu, ne popustiti; ostati pri močeh; to meet s.o. on his own ~ razpravljati o predmetu, ki ga nasprotnik sam določi; on the ~ of zaradi; *coll* to run into the ~ pretiravati; ~ staff letališko tehniško osebje; to stand one's ~ vztrajati; to strike to the ~ vreči na tla; to suit one down to the ~ popolnoma se strinjati; to take ~ nasesti; to touch ~ dotakniti se dna; *fig* preiti na predmet pogovora; on the ~ that češ da
ground III [graund] 1. *vt* na tla položiti; osnovati, utemeljiti; podložiti; podbarvati, grundirati; ozemljiti; *aero* prisiliti, da se spusti; ne dovoliti, da vzleti; *mar mil* prisiliti (ladjo), da nasede; 2. *vi* naslanjati, opirati se, temeljiti; (*in*) nuditi osnovno znanje; *mar* nasesti; *aero* pristati; to ~ arms odložiti orožje
groundage [gráundidž] *n E* pristaniška pristojbina
ground-ash [gráundæš] *n bot* jesenova mladika
ground-bait [gráundbéit] *n* vaba, ki se meče na dno

ground-circuit [gráunsɔ́:kit] *n el* tok, ki gre delno skozi zemljo

ground-colour [gráundkʌ́lə] *n* osnovna barva

ground-connexion [gráundkənékšən] *n* ozemljitev

ground-crew [gráundkru:] *n* letališko tehnično osebje

grounded [gráundid] *adj* (~ **ly** *adv*) osnovan; ozemljen

ground-fish [gráundfiš] *n zool* riba, ki živi na dnu

groundfloor [gráundflɔ:] *n* pritličje; *coll* **to get in on the** ~ okoristiti se z dobro priložnostjo; dobiti delnice z istimi pogoji kakor ustanovitelji

ground-game [gráundgeim] *n* drobna divjačina (zajci, kunci)

ground-hog [gráundhɔg] *n zool* podzemna svinjka, severnoameriški svizec; *A coll* krt

grounding [gráundiŋ] *n* (*in*) osnova, osnovno znanje; ozemljitev; grundiranje, podbarvanje; začetni pouk; *naut* nasedanje

ground-ivy [gráundaivi] *n bot* grenkuljica

groundless [gráundlis] *adj* (~ **ly** *adv*) brezdanji; *fig* neutemeljen neosnovan

groundlessness [gráundlisnis] *n* brezdanjost; *fig* neutemeljenost, neosnovanost

groundling [gráundliŋ] *n zool* piškur; *bot* nizka rastlina; *pl* preprosto ljudstvo; *theat hist* gledalec ali bralec s slabim okusom; gledalec v pritličju

ground-man [gráundmæn] *n sp* paznik, čuvar igrišča

ground-nut [gráundnʌt] *n* burski oreh, arašid

ground-plan [gráundplæn] *n* osnovni načrt, tloris

groundplot [gráundplɔt] *n* stavbišče

ground-rent [gráundrent] *n* najemnina z zemljišča

ground-sea [gráundsi:] *n* morski valovi v brezverju, mrtvo morje

groundsel I [gráunsl] *n* osnova, podlaga; prag

groundsel II [gráunsl] *n bot* masleni grint

groundsman [gráundzmæn] glej **ground-man**

ground-swell [gráundswel] glej **ground-sea**

ground-water [gráundwɔtə] *n* (pod)talna voda

groundwork [gráundwɔ:k] *n* temelj, osnova; podstavek; železniški nasip; osnovno načelo

ground-worm [gráundwɔ:m] *n zool* navadna glista

groundy [gráundi] *adj* poln usedline, goščnat

group I [gru:p] *n* skupina, gruča, množica; *aero* jata

group II [gru:p] 1. *vt* razvrstiti, razvrščati, uvrstiti v skupine, čréditi; 2. *vi* razvrstiti se, uvrstiti se v skupine; **to** ~ **o.s. round s.o., s.th.** zbrati se okrog koga, česa

grouper [grú:pə] *n zool* ostrižnik, epinefel

grouping [grú:piŋ] *n* razvrstitev

grouse I [graus] *n zool* divja kura; **wood** ~, **great** ~ divji petelin; **hazel** ~ leščarka; **white** ~ snežni jereb

grouse II [graus, gru:s] *sl* 1. *vt* godrnjati, brundati; (*about*) pritoževati se; 2. *n* godrnjanje, brundanje

grouser [gráusə] *n* godrnjač

grout I [graut] *vt & vi* z rilcem v zemlji riti

grout II [graut] 1. *n* redka malta; 2. *vt & vi* z malto (se) vezati

grout III [graut] *n* (nav. *pl*) debela moka; usedlina

grouty [gráuti] *adj* (groutily *adv*) *A* muhast; siten

grove [grouv] *n* log, gaj, hosta, gozdiček

grovel [grávl] *vi* na tleh ležati, valjati se; *fig* (*before, to*) klečeplaziti

groveller [grávlə] *n* klečeplazec

grovelling [grávliŋ] *adj* (~ **ly** *adv*) klečeplazen; podel

grove-snail [gróuvsneil] *n zool* gozdni polž

grow* [grou] 1. *vi* rasti; (*in* na) pridobivati; uspevati; naraščati, večati se; razvijati se; višati se; postajati; (*on*) prirasti, zrasti s čim; 2. *vt* gojiti; obdelovati; pustiti rasti; **to** ~ **a beard** pustiti si rasti brado; **to** ~ **into fashion** postati moden; **to** ~ **out of fashion** priti iz mode; **to** ~ **weary** naveličati se; **to** ~ **well** ozdraveti; **to** ~ **worse** poslabšati se; **to** ~ **better** izboljšati se; **to** ~ **out of use** ne se več uporabljati; **to** ~ **less** manjšati se; **to** ~ **old** starati se

grow down (ali **downwards**) *vi* manjšati, krajšati se

grow in *vi* pridobivati več česa

grow into *vi* razvijati se v kaj, postajati

grow on *vi* (ali **upon**) prekašati; priljubiti se, postajati vedno ljubši

grow out *vi* zrasti; ~ **of** urasti, prerasti; izvirati; odvaditi se

grow together *vi* zrasti se

grow up *vi* odrasti, dorasti

growable [gróuəbl] *adj* ki se da gojiti, obdelovati

grower [gróuə] *n* saditelj, gojitelj, rejec, proizvajalec, kmet; **to be a quick** (ali **rank**) ~ hitro rasti

growing I [gróuiŋ] *adj* naraščajoč; rast pospešujoč; ~ **weather** za rast ugodno vreme

growing II [gróuiŋ] *n* rast; kultura, gojenje

growl [graul] 1. *n* bobnjenje; renčanje, godrnjanje; 2. *vi* bobneti; (*at*) godrnjati, renčati

growler [gráulə] *n* godrnjač, renčač; *sl* vrč za pivo; *zool* postrvnik, morski petelin

growling [gráuliŋ] *adj* (~ **ly** *adv*) godrnjav, renčav

growly [gráuli] *adj* godrnjav, renčav

grown [groun] *pp* od **grow**; odrasel

grown-up [gróunʌp] 1. *adj* odrasel, dorasel; 2. *n* odrasla oseba

growth [grouθ] *n* rast, razvoj; rastline; podrast; izrastek; *med* bula, oteklina, zabreklina; (*in*) napredek, uspevanje; kultura (bakterij); **fruit of foreign** ~ uvoženo sadje

groyne [grɔin] 1. *n* leseni valolom; 2. *vt* zavarovati z lesenim valolomom

grub I [grʌb] 1. *vi* kopati, riti; (*along, away, on*) garati, mučiti, guliti se; 2. *vt* prekopati, izkrčiti, opleti; **to** ~ **up** izkopati, odkriti

grub II [grʌb] *n zool* ogrc, ličinka, črvič; umazanec, -nka; *techn* ~ **screw** krilata matica

grub III [grʌb] *sl* 1. *n* hrana, priboljšek; 2. *vi & vt* hraniti (se)

grubber [grʌ́bə] *n* tisti, ki izkopava korenine idr., grebač, okopač, kultivator

grubbiness [grʌ́binis] *n* ogrčavost; umazanost, zanemarjenost

grubbing-hoe [grʌ́biŋhou] *n* kopača, rovnica

grubby [grʌ́bi] *adj* (**grubbily** *adv*) poln ogrcev, črviv; *fig* nemaren

grubstake [grʌ́bsteik] *A* 1. *n* zaloga živil, ki jih dobi rudosledec s pogojem, da bo oddal določen delež; delež, ki ga odda; 2. *vt* oskrbovati s takimi pogoji; dobivati delež

Grub-street [grÁbstri:t] *n coll* revni pisatelji; pisuni; njihova dela

grudge I [grʌdž] **1.** *vi* (*at*) rénčati, godrnjati, biti nezadovoljen; **2.** *vt* (*to*) zavidati, ne privoščiti, zameriti, imeti koga na piki; očitati; **to ~ the time** ne privoščiti si časa; **to ~ no pains** ne biti žal nobenega truda

grudge II [grʌdž] *n* nevolja, jeza, mržnja, zavist, zamera; **to bear** (ali **owe**) **s.o. a ~, to have ~ against s.o.** zameriti komu; **without ~ rad**

grudger [grÁdžə] *n* zavistnež, -nica

grudging [grÁdžiŋ] *adj* (*~ly adv*) zavisten, skop; nevljuden, nejevoljen

grue [gru:] **1.** *vi* zgražati se; trepetati; **2.** *n* zgražanje; trepetanje

gruel I [grúəl] *n* ovsena ali druga kaša; *sl* **to give s.o. his ~** kaznovati, umoriti koga; **to have** (ali **take, get**) **one's ~** biti strogo kaznovan, biti ubit, premagan, poražen, tepen

gruel II [grúəl] *vt sl* strogo kaznovati; ubiti; izčrpati, utruditi

gruelling [grúəliŋ] **1.** *adj sl* mučen, naporen; **2.** *n sl* napor; kazen; strogost

gruesome [grú:səm] *adj* (*~ly adv*) grozovit, strašen; oduren, priskuten, ogaben

gruff [grʌf] *adj* (*~ly adv*) oster; hripav; surov, robat, osoren, zadirčen; čemeren

gruffness [grÁfnis] *n* osornost, robatost, surovost

grum [grʌm] *adj dial* osoren, čemeren, siten; hripav

grumble I [grÁmbl] *n* bučanje, hrumenje, godrnjanje; pritoževanje

grumble II [grÁmbl] **1.** *vi* (*at, about, over*) godrnjati; pritoževati se; grmeti, bobneti; **2.** *vt* (*out*) zagodrnjati

grumbler [grÁmblə] *n* godrnjač, nezadovoljnež

grumbling [grÁmbliŋ] *adj* godrnjav; mučen; nenehen (bolečina)

grume [gru:m] *n med* kepica krvi, strdek

grumose [grú:mous] *adj med* strjen, kepast; *bot* grčav

grumous [grú:məs] glej **grumose**

grumpiness [grÁmpinis] *n* čemernost, godrnjavost

grumpy [grÁmpi] *adj* (**grumpily** *adv*) zlovoljen, godrnjav, čemeren, srdit; prepirljiv

Grundy [grÁndi] *n* poosebljena ozkosrčnost; **Mrs. ~** ljudje, svet; **what will Mrs. ~ say?** kaj porečejo ljudje

Grundyism [grÁndiizəm] *n* konvencionalnost, vnanja vljudnost

grunt [grʌnt] **1.** *vi* & *vt* kruliti; godrnjati; **2.** *n* kruljenje; godrnjanje; *zool* razne vrste rib, ki zakrulijo, kadar jih potegnejo iz vode

grunter [grÁntə] *n zool* prašič, svinja

gruntling [grÁntliŋ] *n* prašiček

gryphon [gráifən] glej **griffin**

g-string [dží:striŋ] *n joc* »simbolične« hlačke barske plesalke

guana [gwá:nə] *n zool* tuatera (velik kuščar)

guanaco [gwaná:ko] *n zool* andska lama, gvanako

guano [gwá:nou] *n* ptičji gnoj; umetno gnojilo

guarantee I [gæræntí:] *vt* (za)jamčiti; (*for*) biti porok; **to ~ against** zavarovati proti

guarantee II [gæræntí:] *n* jamstvo, poroštvo, garancija; porok

guarantee-fund [gærænti:fÁnd] *n* poroščina

guarantor [gærəntó:] *n* porok

guaranty [gǽrənti] **1.** *n* jamstvo, poroštvo, garancija; **2.** *vt* (za)jamčiti

guard· I [ga:d] *n* straža; pažnja, preža; zaščita; varovalna, zaščitna naprava; odbijanje udarca; *E* sprevodnik (na vlaku); zavirač; *pl* garda; budnost; skrbništvo, varstvo; **advance(d) ~** prednja straža; **~ of honour** častna straža; **to keep ~** čuvati, biti na straži; **on one's ~** oprezen, pazljiv, buden; **to mount ~** prevzeti stražo; **off one's ~** nepazljiv, nepreviden; **to relieve ~** izmenjati stražo; **to stand ~ over s.th.** biti na straži, čuvati kaj; **to put s.o. on his ~** opozoriti koga na nevarnost; **Life Guards** telesna straža; **to throw s.o. off his ~** presenetiti, zalotiti koga; **to mount ~** stražiti

guard II [ga:d] *vt* & *vi* (*from, against*) stražiti, čuvati (se), varovati (se); braniti, ščititi; straži stati; bedeti; **~ your lips** pazi na jezik

guard-boat [gá:dbout] *n* patruljni čoln

guard-chain [gá:dčein] *n* urna verižica

guard-changing [gá:dčeindžiŋ] *n* menjava straže

guarded [gá:did] *adj* (*~ly adv*) previden, oprezen, rezerviran

guardedness [gá:didnis] *n* previdnost, opreznost

guardhouse [gá:dhaus] *n* stražarnica; ječa

guardian [gá:djən] *n* varuh, čuvaj, stražnik, skrbnik; gvardian

guardian-angel [gá:djənéindžəl] *n* angel varuh

guardianship [gá:djənšip] *n* varstvo, skrbstvo

guardless [gá:dlis] *adj* (*~ly adv*) nezastražen, nezaščiten, nezavarovan

guard-lock [gá:dlɔk] *n* zatvornica

guard-rail [gá:dreil] *n* zaščitna ograja, balustrada

guard-room [gá:dru:m] *n* stražarnica; vojaška ječa

guard-ship [gá:dšip] *n* pristaniška stražna ladja

guardsman [gá:dzmæn] *n* gardist; vojak na straži

gubernator [gjú:bəneitə] *n* gubernator, guverner, vladar

gubernatorial [gju:bəneitóriəl] *adj* gubernatorski, guvernerski

gudgeon I [gÁdžən] *n zool* globoček; vaba; *fig* lahkovernež, tepček

gudgeon II [gÁdžən] *n techn* čep, tečaj

guelder-rose [géldərouz] *n bot* brogovita

guerdon [gə́:dən] **1.** *n poet* nagrada; **2.** *vt* nagraditi, nagrajevati

guernsey [gə́:nzi] *n* pasma goveda (z otoka Guernsey); debela volnena srajca

guer(r)illa [gərílə] **1.** *n* gverila, partizanstvo; gverilec, partizan; partizanski oddelek; **2.** *adj* partizanski, gverilski

guess I [ges] *vi* & *vt* ugibati; (*at*) ceniti; *arch A* misliti, domnevati, biti prepričan; **to keep s.o. ~ing** pustiti koga v negotovosti

guess II [ges] *n* domneva, ugibanje; zadetek; **to give** (ali **pay**) **~** ugibati; **at a ~, by ~** na oko, približno; **to make a ~** uganiti; **to make a ~ at s.th.** oceniti kaj

guessable [gésəbl] *adj* ki se lahko ugane, rešljiv, predstavljiv

guesswork [géswə:k] *n* dozdevanje, ugibanje, domneva

guest [gest] *n* gost; *bot zool* parazit; **paying ~** podnajemnik

guest-chamber [géstčeimbə] *n* soba za goste

guest-house [gésthaus] *n* gostišče

guest-room [géstru:m] *n* soba za goste
guest-rope [géstroup] *n* vrv za vlečenje ali privezanje čolna
guestwise [géstwaiz] *adv* kakor gost
guff [gʌf] *n sl* nesmisel, čenče
guffaw [gʌfó:] 1. *vi* krohotati se; 2. *n* krohot
guggle [gʌgl] 1. *vi* gruliti; klokotati, grgotati; 2. *n* klokotanje; *sl anat* sapnik
gugglet [gʌ́glit] *n* prstén vrč za vodo
guidable [gáidəbl] *adj* vodljiv, voljan
guidance [gáidəns] *n* vodstvo; smernica, navodilo; vodenje, ravnanje; **for your** ~ vam v navodilo
guide I [gaidj] *vt* voditi, upravljati; *fig* poučiti, pojasniti; ~ **d missile** vodljiv izstrelek
guide II [gaid] *n* vodstvo; vodnik; učbenik; *mil* izvidnik; *techn* menjalnik brzine; **girl** ~ skavtinja
guide-book [gáidbuk] *n* vodič
guidee [gaidí:] *n* letalo, ki ga vodijo brezžično
guide-post [gáidpoust] *n* kažipot
guide-rail [gáidreil] *n* vodilna tirnica, dodatna tračnica, ki prepreči iztirjanje z glavnih tračnic
guide-rope [gáidroup] *n* povodec; vrv za pritrditev bremena na dvigalu; vrv za privezanje balona ali zrakoplova
guideway [gáidwei] *n techn* žleb ali tračnica, po kateri se pomika gibljiv del stroja
guiding [gáidiŋ] *n* vodstvo
guidon [gáidən] *n* zastavica; praporščak
guild [gild] *n* ceh, bratovščina
guidhall [gíldhɔ:l] *n* cehovska dvorana; mestna hiša, rotovž
guildship [gíldšip] *n* zvijača, prevara; pretkanost
guildsman [gíldsmæn] *n* član ceha, cehovski mojster
guile [gail] *n* zvijača, prevara; pretkanost; izdajstvo
guileful [gáilful] *adj* (~ **ly** *adv*) zvit, prekanjen; izdajalski
guilefulness [gáilfulnis] *n* zvitost, prekanjenost; izdaja
guileless [gáillis] *adj* (~ **ly** *adv*) odkrit, preprost
guilelessness [gáillisnis] *n* odkritost; nedolžnost
guillemot [gílimət] *n zool* mala njorka; lumna
guillotine I [giləti:n] *n* giljotina; *med* aparat za rezanje mandljev v grlu; *coll* metoda, po kateri preprečujejo obstrukcijo v parlamentu
guillotine II [giləti:n] *vt* odsekati glavo, giljotinirati; *coll* preprečiti obstrukcijo v parlamentu
guilt [giʌt] *n* krivda, greh; kaznivost
guiltiness [gíltinis] *n* krivda; zavest krivde
guiltless [gíltlis] *adj* (~ **ly** *adv*) (*of*) nedolžen, neškodljiv; neizkušen; *coll* ki ne zna
guiltlessness [gíltlisnis] *n* nedolžnost
guilty [gílti] *adj* (**guiltily** *adv*) (*of*) kriv, pregrešen, kazniv; **to bring s.o.** ~ **in** ~ obsoditi koga; **to find s.o.** ~ izreči, da je kriv; **to plead** ~ priznati krivdo, zločin; ~ **conscience** slaba vest
guinea [gíni] *n* gvineja (angleški denar za določanje vsote, nekdanji funt in en šiling); *hist* angleški zlat novec; *A sl* italijanski priseljenec
guinea-cock [gínikɔk] *n zool* pegatka (samec)
guinea-fowl [gínifaul] *n zool* pegatka (obeh spolov)
guinea-hen [gínihen] *n zool* pegatka (samica)
guinea-pig [gínipig] *n zool* morski prašiček, budra; *fig* poskusna žival; ~ (**director**) direktor, ki kot

član upravnega sveta dobiva visok honorar zato, ker sme biti na seznamu direktorjev
guinea-worm [gíniwə:m] *zool* vrsta parazita v človeški koži (*Filaria medinensis*)
guipure [gipúə] *n* čipke
guise [gaiz] *n* pojav, zunanjost, videz; moda; obleka; krinka, pretveza; maškarada; **in the** ~ **of** preoblečen, našemljen v; **under the** ~ **of** pod krinko, pod pretvezo
guiser [gáizə] *n* mimik; *coll* **an old** ~ dedec; tepec
guising [gáiziŋ] *n* ples v maskah
guitar [gitá:] *mus* 1. *n* kitara; 2. *vt* igrati na kitaro
guitarist [gitá:rist] *n* kitarist(ka)
gulch [gʌlč] *n A* ozka globel
gules [gju:lz] *n poet* rdeča barva (v grbu)
gulf I [gʌlf] *n* zaliv; tolmun; prepad, brezno; veliko ležišče rude; diploma brez odlike; **Gulf Stream** Zalivski tok
gulf II [gʌlf] *vt* pahniti v prepad; *coll* dati najnižjo oceno
gulfy [gʌ́lfi] *adj* razčlenjen; vrtinčast
gull I [gʌl] *n zool* galeb; negoden ptič; tepec, butec, lahkovernež
gull II [gʌl] *vt* (pre)varati, (o)slepariti; (*into*) zapeljati
gull-catcher [gʌ́lkæčə] *n* slepar
gullet [gʌ́lit] *n anat* grlo, goltanec, požiralnik; *fig* globel, žleb
gullibility [gʌ'ibíliti] *n* lahkovernost, zaupljivost
gullible [gʌ́libl] *adj* (**gullibly** *adv*) lahkoveren, zaupljiv
gullish [gʌ́liš] *adj* (~ **ly** *adv*) trapast, neumen
gully I [gʌ́li] 1. *n* žleb, struga, odtočni kanal, jarek, odtok; 2. *vt* izvotliti
gully II [gʌ́li] *n* velik mesarski nož
gully-hole [gʌ́lihoul] *n* odtočna odprtina
gulosity [gjulósiti] *n* požrešnost, pohlep
gulp I [gʌlp] *n* požirek; požiranje, goltanje; **at a** ~ z enim požirkom
gulp II [gʌlp] *vt & vi* požirati, goltati; **to** ~ **down** na dušek popiti; **to** ~ **down sobs (tears)** zadrževati ihtenje (solze)
gum I [gʌm] *n anat* dlesna
gum II [gʌm] *n* drevesna smola, gumi, kavčuk; lepilo; *A pl* gumijasta obutev; **chewing** ~ žvečilni gumi; **bubble** ~ vrsta žvečilnega gumija; *vulg* **by** ~! bogme!
gum III [gʌm] 1. *vt* lepiti; (*together*) zlepiti; (*down, in, up*) zalepiti; 2. *vt* izločati smolo
gum-arabic [gʌmərǽbic] *n* gumiarabikum
gum-boil [gʌ́mbɔil] *n med* čir na dlesni
gum-boots [gʌ́mbu:ts] *n pl* gumijasti čevlji
gum-drop [gʌ́mdrəp] *n* vrsta sladkorčka
gum-elastic [gʌmilǽstik] *n* gumielastika
gumma [gʌ́mə] *n med* mehki čankar
gumminess [gʌ́minis] *n* lepljivost; oteklost
gummy [gʌ́mi] *adj* (**gummily** *adv*) lepek, lepljiv, smolnat; otekel
gump [gʌmp] *n A sl* tepec, bedak
gumption [gʌ́mpšən] *n coll* razum, zdrava pamet, znajdljivost, odrezavost; spretnost v mešanju barv; raztopilo za barve; **to have plenty of** ~ hitro se znajti
gumptious [gʌ́mpšəs] *adj* (~ **ly** *adv*) domiseln, znajdljiv, praktičen; odrezav

gumptiousness [gámpšəsnis] *n* domiselnost, znajdljivost; odrezavost

gumshoe [gámšu:] 1. *n A coli* galoša; *A sl* vohun, detektiv; 2. *vi* neopazno se priplaziti

gum-tree [gámtri:] *n bot* kavčukovec; *sl* up a ~ v hudi stiski

gun I [gʌn] *n* strelno orožje, puška, top; *A* pištola, revolver; strel; lovec (kot član lovske družine); a great (ali big) ~ vplivna oseba, velika »živina«; to stand (ali stick) to one's ~s držati se svojega prepričanja, ostati zvest, ne odnehati; as sure as a ~ čisto gotovo, tako gotovo kakor amen v očenašu; *naut, coll* to blow great ~s močno pihati, tuliti (veter); besneti, divjati; *vulg naut* son of a ~ podlež; ~ dog pes, ki se ne ustraši strela

gun II [gʌn] *vi* streljati s strelnim orožjem, iti na lov; obstreljevati; to ~ for zasledovati; to go ~ning iti na lov

gun-armed [gána:md] *adj* oborožen

gun-barrel [gánbærəl] *n* puškina, topovska cev

gunboat [gánbout] *n* majhna bojna ladja, topnjača; *A joc* ~s noge

gun-bus [gánbʌs] *n* letalo za prevoz topov

gun-carriage [gánkæridž] *n* mil lafeta

gun-case [gánkeis] *n* tok za lovsko puško; sodnikov krznen ovratnik

gun-cotton [gánkɔtn] *n* strelni bombaž

gun-fire [gánfaiə] *n* topovski strel (zjutraj in zvečer); obstreljevanje s topovi

gun-lock [gánlɔk] *n* zaklep (na strelnem orožju)

gunman [gánmən] *n* puškar; *A sl* oborožen bandit, gangster

gun-metal [gánmetl] *n* topovina

gunnage [gánidž] *n* število topov na ladji

gunnel [gánl] glej gunwale

gunner [gánə] *n* topničar; puškar; *naut* podčastnik, ki skrbi za topove in strelivo; *arch* ~'s daughter top, na katerega so vezali mornarje zaradi bičanja; *arch sl* to kiss (ali marry) the ~'s daughter biti kaznovan z bičanjem

gunnery [gánəri] *n* topništvo, izdelovanje topov, streljanje s topovi, kanonada; topovi

gunning [gániŋ] *n* streljanje, obstreljevanje

gunnite [gánait] *n* s strojem brizgan omet

gunny [gáni] *n* juta, vrečevina

gun-pit [gánpit] *n mil* topovski jarek

gunplay [gánplei] *n sl* pokanje, streljanje

gun-ports [gánpɔ:ts] *n pl* strelne line (na ladji)

gunpowder [gánpaudə] *n* smodnik; he has not invented ~ ni posebno bister; ~ tea vrsta odličnega čaja; Gunpowder Plot zarota proti kralju in parlamentu 5. novembra 1605

gun-room [gánru:m] *n* prostor za spravljanje strelnega orožja; jedilnica za mlade ladijske častnike

gun-runner [gánrʌnə] *n* tihotapec orožja

gun-running [gánrʌniŋ] *n* tihotapstvo orožja

gunshot [gánšɔt] *n mil* topovski strel; domet (topa); within ~ v dostrelu (topa)

gun-shy [gánšai] *adj* ki se boji topovskih strelov (žival)

gunsmith [gánsmiθ] *n* puškar

gun-stick [gánstik] *n* nabijalnik, basalnik za puško; šibika za čiščenje puškine cevi

gun-stock [gánstɔk] *n* puškino kopito

gunter [gántə] *n* logaritmično računalo; *A sl* according to ~ natanko, pravilno

gunwale [gánl] *n naut* zgornji rob ladje, robnica

gup [gʌp] *int* čenče, traparije, neumnosti!

gurgitation [gə:džitéišən] *n* klokotanje, klokot

gurgle [gə́:gl] 1. *vi &* *vt* klokotati, grgrati; 2. *n* žuborenje, grgotanje, klokot

gurly [gə́:li] *adj coll* viharen

gurnard [gə́:nəd] *n zool* sivi krulec, gurnard

gurnet [gə́:nit] glej gurnard

gurry [gári] *n* trdnjavica; *dial* driska; ribji odpadki

gush I [gʌš] *n* tok, struja, brizg, curek; *fig* izliv srca; izbruh; prisiljena čustvenost; *A* preobilje

gush II [gʌš] *vi &* *vt* strujiti; (*forth, out*) dreti, brizgati, prekipevati; *fig* to ~ (over) with pretirano se navduševati, prekipevati česa

gusher [gášə] *n* curek, brizg (nafte); *fig* človek, ki se pretirano navdušuje

gushing [gášiŋ] *adj* (~ ly *adv*) deroč; *fam* čezmeren, pretiran; vsiljiv

gushy [gáši] *adj* (gushily *adv*) glej gushing

gusset [gásit] *n* trikoten vstavek v obleki

gust I [gʌst] *n* sunek vetra; pljusk; izbruh

gust II [gʌst] *n arch poet* okus, užitek; to have a ~ of s.th. ceniti, pokušati

gustation [gʌstéišən] *n* pokušanje

gustative [gástətiv] *adj* pokušalen

gustatory [gástətəri] glej gustative

gusto [gástou] *n obs* okus; *fig* zadovoljstvo, naslada; (*for*) nagnjenje (k čemu)

gusty [gásti] *adj* (gustily *adv*) viharen, sunkovit; *fig* razdražljiv; *Sc* okusen

gut I [gʌt] *n anat* črevo; *pl* drobovje; *pl* trebuh; ožina; zavoj reke na veslaški progi (Oxford, Cambridge); struna; svilena struna; *sl pl* vztrajnost; odločnost; hrabrost, predrznost; učinkovitost; bistvo, vsebina; large ~ debelo črevo; little (ali small) ~ tenko črevo; fat ~s debeluh, trebušnež; more ~s than brain več sreče kot pameti; to have no ~s biti prazen, brez vsebine, brez vrednosti

gut II [gʌt] 1. *vt* (iz)trebiti, (iz)prazniti, (o)čistiti; *fig* (o)pleniti; 2. *vi vulg* goltati, žreti; to be ~ted pogoreti

gutta [gátə] *n arch* kapljica; gutaperča

gutta-percha [gátəpó:čə] *n* gutaperča

guttate [gáteit] *adj* kapljičast

gutter I [gátə] *n* žleb; obcestni jarek, kanal; *fig* ulica; revna četrt; socialno najnižji sloji; *fig* blato; *print* notranji rob tiskane strani; to rise from the ~ izhajati iz najnižjih družbenih slojev; the language of the ~ prostaški jezik; to take s.o. out of ~ rešiti koga revščine

gutter II [gátə] 1. *vt* (iz)votliti, (iz)žlebiti; 2. *vi* kapljati (sveča), cediti se

gutter-bred [gátəbred] *adj* ki je zrasel na ulici

gutter-child [gátəčaild] *n* zapuščen otrok, otrok brezdomec

gutter-man [gátəmæn] *n* krošnjar

gutter-press [gátəpres] *n* bulvarski tisk

guttersnipe [gátəsnaip] *n* cunjar, brezdomec; *A sl* mešetar, ki ni član borze

guttiferous [gʌtífərəs] *adj* ki daje smolo (drevo)

guttiform [gátifɔ:m] *adj* kapljičast

guttle [gátl] *vt &* *vi* goltati, požirati; preobjedati se

guttler [gÁtlə] *n* požeruh
guttural [gÁtərəl] **1.** *adj* mehkoneben, guturalen; grlen; **2.** *n* mehkonebnik
gutturalize [gÁtələraiz] *vt* gutularno izgovarjati
gutty [gÁti] *n sp* žoga za golf iz gutaperče
guv [gʌv] glej gov
guy I [gai] **1.** *n* jamborska vrv; povodec; žica, veriga; **2.** *vt* dvigati, usmerjati; pritrditi z vrvjo
guy II [gai] *n* groteskna lutka iz cunj (ki jo nosijo 5. novembra in sežgejo v spomin na ponesrečeno zaroto Guy Fawkesa, ko je hotel pognati v zrak angleški parlament); strašilo; *A coll* človek, fant, tovariš, dečko; **to look a regular ~** biti kot strašilo
guy III [gai] *vt* posmehovati, norčevati se
guy IV [gai] *n sl* pobeg; **to do a ~** izginiti; *sl* **to give the ~ to** odkuriti jo
guzzle [gÁzl] **1.** *vi & vt* požreševati, žreti, pijančevati, lokati; **2.** *n* pijančevanje, požreševanje, lokanje
guzzler [gÁzlə] *n* požrešnik; pivec, pijanec
gybe I [džaib] *vi & vt* premetavati jadro (na drugo stran in tako spremeniti smer vožnje)
gybe II [džaib] *n* premetavanje jadra
gyle [gail] *n* količina naenkrat zvarjenega piva; varilo
gym [džim] *n sl* telovadba; telovadnica; **~ horse** konj (telovadno orodje), **~ instructor** vaditelj; **~ squad** telovadno društvo
gymkhana [džimká:nə] *n* atletski miting
gymnasial [džimnéiziəl] *adj* telovaden; telovadniški
gymnasium [džimnéiziəm] *n* telovadnica; gimnazija (na evropskem kontinentu)
gymnast [džímnæst] *n* telovadec, -dka; telovadni učitelj, telovadna učiteljica

gymnastic [džimnǽstik] **1.** *adj* (~ ally *adv*) telovaden; **2.** *n pl* telovadba, gimnastika; **heavy ~** vaje na orodju; **light ~** proste vaje
gymnosofist [džimnósəfist] *n* indijski asket
gymnosophy [džimnósəfi] *n* nauk indijske asketske sekte
gym-shoes [džímšu:z] *n pl coll* telovadni čevlji
gynaecocracy [gainikókræsi] *n* vlada žensk
gynaecological [gainikəlódžikəl] *adj med* ginekološki
gynaecologist [gainikólədžist] *n med* ginekolog(inja)
gynaecology [gainikólədži] *n med* ginekologija
gyp I [džip] *n E sl* sluga študentov; *A sl* slepar; sleparstvo, prevara
gyp II [džip] *n sl*; **to give s.o. ~** temeljito koga kaznovati, pretepsti ga
gyps [džips] glej gypsum
gypseous [džípsiəs] *adj* sadrast, sadren, mavčast, mavčen
gypsous [džípsəs] glej gypseous
gypsum [džípsəm] *n min* sadra, mavec, gips
gypsy [džípsi] glej gipsy
gyrate I [džaiəréit] *vi* krožiti, vrteti, vrtinčiti se
gyrate II [džáiərit] *adj bot* okrogel, zvit, krožen
gyration [džaiəréišən] *n* kroženje, vrtenje; zavoj, obrat
gyratory [džáiərətəri] *adj* krožeč, vrteč se
gyre [džáiə] *poet* **1.** *n* krog; kroženje; spirala; *Sc* čarovnica; **2.** *vi* krožiti
gyromancy [džaiəroumænsi] *n* vedeževanje iz krogov
gyroscope [džáiərəskoup] *n phys* giroskop
gyrostatics [džaiərəstǽtiks] *n pl* girostatika
gyte [gait] *adj Sc* ves iz sebe
gyve [džaiv] *arch* **1.** *vt poet* prikleniti, vkovati; **2.** *n pl poet* okovi, lisice

H

H, h [eič] **1.** n (pl H's, Hs, h's, hs) črka h; predmet oblike H; **2.** adj osmi; oblike črke H; **to drop one's h's** izpuščati glas h v govoru
ha I [ha:] int ha!, aha!, kaj?
ha II [ha:] vi glej **hum**
haaf [ha:f] n morska globočina primerna za lov na globinske ribe
haar [ha:] n Sc mrzla megla
habeas corpus [héibiæskɔ́:pəs] n jur sodni nalog, da se krivec privede na sodišče
haberdasher [hǽbədæšə] n galanterist, trgovec z drobnim blagom; A lastnik trgovine z moškim modnim blagom
haberdashery [hǽbədǽšəri] n galanterija, trgovina z drobnim blagom, galanterijsko blago; A moško modno blago, trgovina z moško modo
habergeon [hǽbədžən] n hist prsni oklep
habile [hǽbil] adj spreten, zmožen, okreten
habiliment [həbílimənt] n obleka; pl službena ali slavnostna obleka; hum vsakdanja obleka
habilitate [həbíliteit] **1.** vt financirati (rudniško) podjetje; arch obleči; **2.** vi usposobiti se za kaj, kvalificirati se
habilitation [həbilitéišən] n financiranje podjetja; usposobitev
habit I [hǽbit] n navada, nagnjenje; (telesna ali duševna) lastnost; obleka (zlasti redovna; tudi uradna, poklicna); med zasvojenost, privajenost; zool način življenja; bot način rasti; ~ **of body** habitus, telesni ustroj; ~ **s of life** življenske navade; **eating** ~ **s** bonton pri mizi; **by** (ali **from**) ~ iz navade; **force of** ~ moč navade; ~ **of mind** občutje, razpoloženje, duševna lastnost; **a lady's** ~ ženska jahalna obleka; **to acquire a** ~ navaditi se; **to act from force of** ~ iz navade kaj delati; **to be in the** ~ **of doing s.th.** imeti navado kaj delati; **to break s.o. (o.s.) of a** ~ odvaditi koga (se) česa; **to fall** (ali **get**) **into a** ~ navaditi se, priti v navado; **to get out of a** ~ odvaditi se, priti iz navade; **to indulge o.s. in a** ~ vdajati se navadi; **to make a** ~ **of it** pustiti, da ti pride v navado; **it is the** ~ **with me** navajen sem
habit II [hǽbit] vt obleči; arch stanovati, prebivati
habitability [hæbitəbíliti] n primernost za stanovanje, za bivanje; pripravnost za naselitev
habitable [hǽbitəbl] adj (**habitably** adv) primeren za stanovanje, bivanje; pripraven za naselitev, naselen
habitableness [hǽbitəblinis] n glej **habitability**

habitant [hǽbitənt] n prebivalec, stanovalec; **Kanadčan** francoskega porekla
habitat [hǽbitæt] n bot, zool prirodno okolje, domovina rastline ali živali; bivališče
habitation [hæbitéišən] n stanovanje, bivališče; nastanitev
habit-forming [hǽbitfɔ́:miŋ] adj privajajoč se
habit-ridden [hǽbitrídən] adj zasužnjen neki navadi, ki je sužnej neke navade
habitual [həbítjuəl] adj (**-ly** adv) običajen, iz navade, navajen, stalen; ~ **drunkard** kroničen pijanec, pijandura
habitualness [həbítjuəlnis] n navajenost, običajnost
habituate [həbítjueit] vt navaditi (to na), privajati na; A coll pogosto obiskovati; **to** ~ **o.s. to** navaditi se na, privajati se
habituation [hæbitjuéišən] n prihajanje v navado, privajanje (to na)
habitude [hǽbitju:d] n navada; vedenje, značaj; nagnjenje; telesni ustroj
habitué [həbítjuei] n stalen gost, stalen obiskovalec
hab-nab [hǽbnæb] adv zmešano, brez reda; zlepa ali zgrda
hachure [hǽšuə] **1.** n šrafura, črtka (na zemljepisni karti); pl šrafiranje; **2.** vt šrafirati
hacienda [hæsiéndə] n hacienda, posestvo
hack I [hæk] n kramp, rovača; vsek, zarezanje, rana; sp udarec v nogo (nogomet), osebna napaka (košarka); pokašljevanje; A jecljanje, zatikanje pri govorjenju; A coll **to take a** ~ **at** poskusiti kaj
hack II [hæk] vt & vi sekati, vsekati, zasekati, razsekati; sp brcniti v nogo (nogomet); pokašljevati; A prenašati, trpeti kaj; ~ **ing cough** suh kašelj, pokašljevanje; A sl **to** ~ **around** pohajkovati; **to** ~ **and hew** tolči; **to** ~ **off** odsekati; **to** ~ **out** usekati koga; **to** ~ **to pieces** v koščke razsekati; **to** ~ **a language** tolči kakšen jezik
hack III [hæk] n sušilno stojalo (za opeko); rešetkasta vrata; deska za sokoljo hrano; pičnica; **to keep at** ~ dati sokolu delno prostost
hack IV [hæk] n najemni konj, fijakarski konj, tovorni konj; kljuse; A vozilo v najem; coll taksi; ječar; dninar, garač; sl pocestnica; ~ **writer** pisun; ~ **attorney** zakoten odvetnik
hack V [hæk] **1.** vt dajati konje v najem; obrabiti; **2.** vi E počasi jahati; hoditi po dninah; ~ **ed phrases** obrabljene fraze
hackamore [hǽkəmɔə] n povodec za krotenje konj

hackberry [hǽkberi] *n bot* koprivec (drevo); koprivnica (les); sad tega drevesa

hackery [hǽkəri] *n* indijska volovska vprega

hackie [hǽki] *n A sl* taksist

hackle I [hækl] *n* mikalnik; dolgo perje na ptičjem vratu; *pl* dolga dlaka na pasjem vratu in hrbtu; umetna muha za ribolov; **with one's** ~**s up** nasršen, jezen; **to put up one's** ~**s** nasršiti se; **a set of** ~**s** česalno polje

hackle II [hækl] *vt* mikati (lan, konopljo); razkosati (meso), sesekljati; izdelovati umetne muhe

hackle-fly [hǽklflai] *n* umetna muha za ribolov

hackly [hǽkli] *adj* razsekan, sesekan, sesekljan; hrapav, neraven, nazobčan

hackmatack [hǽkmətæk] *n bot* ameriški macesen; macesnovina

hackney I [hǽkni] *n* najemni konj, fijakarski konj, tovorni konj; dninar, sluga; ~ **carriage,** ~ **coach** fijakar (voz); ~ **coachman** fijakar (voznik)

hackney II [hǽkni] *vt fig* obrabiti (besedo, napev itd.), lajnati

hackneyed [hǽknid] *adj* vsakdanji, obrabljen, lajnarski; ~ **phrase** obrabljena fraza

hacksaw [hǽksɔ:] *n tech* kovinska žaga

hackster [hǽkstə] *n* nasilnež, najeti morilec

hackwork [hǽkwə:k] *n* priložnostno delo, dnina

had [hæd, həd, əd, d] *pt & pp* od **to have**

haddock [hǽdək] *n zool* vahnja (riba)

hade [héid] **1.** *vi geol* nagniti se; **2.** *n geol* nagnjenost plasti ali žile

hadj [hædž] *n* romanje (zlasti mohamedancev v Meko)

haem-, haemo- [hi:m, hi:mo] glej pod **hem-, hemo-**

haet [héit] *n Sc* košček

haffet [hǽfit] *n Sc* lice, sencè

haft I [ha:ft, hæft] *n* ročaj, držalo (noža, bodala, sekire); **loose in the** ~ slaboumen, nezanesljiv

haft II [ha:ft, hæft] *vt* nasaditi ročaj, držaj

hag I [hæg] *n* baba, čarovnica; *zool* zajedalka (riba)

hag II [hæg] *n Sc & dial* trdna tla v močvirju, močvirje; gozd, določen za posek

hagfish [hǽgfiš] *n zool* riba zajedalka

haggard I [hǽgəd] *adj* (**-ly** *adv*) upadel (obraz), shujšan, izžet; neudomačen, divji (sokol); ~ **look** zmeden pogled

haggard II [hǽgəd] *n* divji, neudomačen sokol

haggardness [hǽgədnis] *n* upadlost, izžetost; zmedenost

haggis [hǽgis] *n* škotska jed iz ovčje drobovine in ovsene moke

haggish [hǽgiš] *adj* starikav, ostuden, kot čarovnica

haggle I [hægl] *n* barantanje, pričkanje

haggle II [hægl] *vi & vt* barantati, pričkati se (*over, about* za)

haggler [hǽglə] *n* barantalec, -lka; prepirljivec, -vka

hagiographer [hægiógrəfə] *n* hagiograf, pisec o življenju svetnikov

hagiography [hægiógrəfi] *n* hagiografija, življenjepis svetnikov

hagiolater [hægiólətə] *n* častilec svetnikov

hagiolatry [hægiólətri] *n* čaščenje svetnikov

hagiology [hægiólədži] *n* hagiologija, nauk o življenju svetnikov; *pl* legende o življenju svetnikov.

hag-ridden [hǽgridn] *adj* ki ga tlači mora, muke poln

hag-seed [hǽgsi:d] *n* čarovničino seme, čarovničin otrok

hah [ha:] *int* ha!, ah!

ha ha [hahá:] **1.** *int* haha!; **2.** *n* krohot; **3.** *vi* krohotati se

ha-ha [hahá:] *n* pogreznjena vrtna ograja; globoko v jarek vzidana ograja

hai(c)k [háik, héik] *n* burnus, beduinski plašč

hail I [héil] *n* toča; *fig* toča (udarcev, besedi)

hail II [héil] *vi* padati (toča); *fig* deževati (udarci, besede); **it is** ~**ing** toča pada; **to** ~ **down** opljuskati s točo; *fig* zasuti s, z

hail III [héil] *n* pozdrav, klicanje (ladji); doseg (glasu); **within** ~ dovolj blizu za pozdrav; dostopen, zaupljiv

hail IV [héil] **1.** *vt* pozdraviti, klicati komu, klicati ladji; **2.** *vi* dajati znamenja, klicati (ladja); **to** ~ **a ship** signalizirati ladji

hail from *vi* prihajati iz, biti po poreklu iz; biti registriran v nekem pristanišču (ladja); **where does he** ~? od kje je?

hail-fellow-well-met [héilfelouwélmet] **1.** *adj* dostopen, zaupljiv, intimen (*with* s, z); **2.** *n* zaupen prijatelj

hailstone [héilstoun] *n* zrno toče

hailstorm [héilstɔ:m] *n* nevihta s točo

haily [héili[*adj* kot toča

hair [hɛə] *n* las, lasje, dlaka; *fig* **against the** ~ ne pogodu, kar ti ne gre v račun; **by** (ali **within**) **a** ~ za las; **to a** ~ točno, natančno; **to comb s.o.'s** ~ **for him** ozmerjati koga; **to do one's** ~ frizirati se; **to get s.o. by the short** ~**s** dobiti koga v oblast; **to get in s.o.'s** ~ (raz)dražiti koga, razjeziti; *A* **to have s.o. in one's** ~ imeti koga na vratu; **to keep one's** ~ **on** obrzdati se, ostati miren; **to let down one's** ~ olajšati si srce, postati zaupljiv; prirodno se vesti; **to lose one's** ~ izgubiti lase, postati plešast; *coll* razburiti se; **to make s.o.'s** ~ **curl** (ali **stand on end**) prestrašiti koga, da se mu lasje ježijo; prestrašiti koga, da mu gredo lasje pokonci; **to put** (ali **turn**) **up one's** ~ po žensko se počesati (dekle, ko odraste); **to split** ~**s** dlako cepiti; **to take** ~ **of the dog that bit you** klin s klinom izbijati (pijača); *fig* **to tear one's** ~ lase si puliti; **not to touch a** ~ **of s.o.'s head** tudi lasu komu ne skriviti; **not to turn a** ~ niti z očesom ne treniti, obvladati se; **without turning a** ~ ne da bi trenil

hairbreadth, hair's-breadth [hɛəbredθ, hɛəzbredθ] *n* malenkostna razdalja; *fig* za dlako, za las; **by** (ali **within**) **a** ~ za las; **to have a** ~ **escape** za las uiti

hairbrush [hɛəbrʌš] *n* ščetka za lase; lasni čopič

haircloth [hɛəkləθ] *n* žimnato platno, žimnata ruta

hair compasses [hɛəkʌmpəsiz] *n pl* drobnomerno vzmetno šestilo

haircut [hɛəkʌt] *n* striženje las; moška frizura

hair dividers [hɛədivaidəz] *n pl* glej **hair compasses**

hairdo [hɛə:du:] *n* ženska frizura

hair-drawn [héədrɔ:n] *adj* glej hair-splitting
hairdress [héədres] *n* ženska frizura
hairdresser [héədresə] *n* frizer(ka), lasuljar(ka)
hairdressing [héədresiŋ] *n* friziranje
hair-dryer [héədraiə] *n* sušilec za lase
hair-dye [héədai] *n* barva za lase
haired [hɛəd] *adj* kosmat, dlakav
hairiness [héərinis] *n* kosmatost, dlakavost
hairless [héəlis] *adj* brez las, plešast
hairlessness [héəlisnis] *n* plešavost
hairlike [héəlaik] *adj* tenek kakor las, kot las
hairline [héəlain] *n* kakor las tenka črta; tenka
    žična vrv; fino tkano grebenano blago, predivno
    lásje; *phot* križ (pri iskalu)
hair-mattress [héəmætris] *n* žimnica
hair-net [héənet] *n* mrežica za lase
hairpin [héəpin] *n* lasnica, lasna igla; *fig* suhec,
    trlica, trska; ~ bend oster ovinek, dvojni cestni
    ovinek
hair-raiser [héəreizə] *n* strahotnost, nekaj strašnega
hair-raising [héəreiziŋ] *adj* strašen, strahoten;
    zelo napet
hair-restorer [héəristə:rə] *n* sredstvo za krepitev
    las
hair-shirt [héəšə:t] *n* spokorniška srajca
hair-slide [héəslaid] *n* lasna sponka
hair-splitter [héəsplitə] *n* dlakocepec
hair-splitting [héəsplitiŋ] 1. *adj* dlakocepski; 2. *n*
    dlakocepstvo
hair-spring [héəspriŋ] *n* zelo tenka vzmet v uri
hairstreak [héəstri:k] *n zool* modrin (metulj)
hair-stroke [héəstrouk] *n* tenka črta v tisku in pi-
    savi
hair-style [héəstail] *n* frizura
hair-trigger [héətrigə] 1. *adj coll* zelo občutljiv,
    takojšen; 2. *n* sprožilec, ki se sproži pri naj-
    manjšem dotiku
hairworm [héəwə:m:,] *n zool* trihina, lasnica
hairy [héəri] *adj* kosmat, dlakav, poraščen; *A coll*
    jezen, neprijeten; to get ~ podivjati
hairy-heeled [héərihi:ld] *adj sl* brez manire, slabo
    vzgojen
hake [héik] *n zool* morska ščuka, oslič
hakim [há:kim] *n* mohamedanski zdravnik, sod-
    nik, upravnik
halation [hæléišən, hei~] *n phot* svetlobni madež
halberd, halbert [hǽlbə:d, ~bə:t] *n* helebarda
halberdier [hǽlbədíə] *n* helebardist
halcyon I [hǽlsiən] *adj* miren, tih, spokojen; ~
    days spokojni dnevi (prvotno v času zimskega
    solsticija), srečni dnevi
halcyon II [hǽlsiən] *n poet* vodomec; mitološki
    ptič; *fig* spokojnost, tišina
hale I [héil] *adj* močan, zdrav (zlasti starejši člo-
    vek); ~ and hearty čil in zdrav
hale II [héil] *vt arch* vleči s silo; to ~ before s.o.
    privleči pred koga
haleness [héilnis] *n* čilost, zdravje; varnost
half I [ha:f, haæf] *n* (*pl* halves) polovica; polletje;
    sp polčas; izenačenost (golf); *jur* stranka;
    one's better ~ boljša polovica, žena; the larger
    ~ večja polovica, večji del; too clever by ~
    prepameten; to cry halves zahtevati enak del;
    to cut into halves razpoloviti; to do s.th. by
    halves površno, na pol kaj narediti; not good
    enough by ~ še zdaleč ne dovolj dobro; to go

halves with s.o. razdeliti si s kom na pol; to go
    halves in razdeliti kaj na dva enaka dela; in ~,
    in halves razpolovljen
half II [ha:f, hæf] *adj* polovičen; površen, nepo-
    poln; at ~ the price za pol cene, po polovični
    ceni; to gain ~ the battle polovico že dobiti,
    opraviti že pol dela; to have ~ a mind to na
    pol se odločiti za kaj; ~ a loaf is better than no
    bread boljši vrabec v roki, kot golob na strehi;
    to see with ~ an eye takoj sprevideti, videti brez
    najmanjšega truda; a ~ share pol deleža; ~
    shot opit; *naut* ~ three tri in pol sežnja
half III [ha:f, hæf] *adv* pol, na pol; precej; skoraj;
    not ~ kar se da, strašno; *coll* not ~ bad precej
    dobro; not ~ big enough sploh ne, še zdaleč ne;
    not ~ good enough for še zdaleč ne dovolj dobro
    za; not ~ long enough mnogo prekratek; I
    don't ~ like it tega sploh ne maram; do you
    like whisky? Oh, not ~! imate radi viski? pa še
    kako!; ~ as much (ali many) again za polovico
    več; I ~ wish skoraj želim; he didn't ~ swear
    kar dobro je preklinjal; *naut* east ~-south
    5 5/8 stopinj jugovzhodno
half-a-crown [há:fəkráun] *n* pol krone (star angle-
    ški srebrn kovanec)
half-and-half [há:fəndhá:f] 1. *adj* polovičen; 2. *n*
    mešanica dveh stvari; *E* mešanica belega in
    črnega piva (*ale* in *porter*)
halfback [ha:fbǽk] *n sp* krilec (nogomet, hokej)
half-baked [há:fbéikt] *adj* na pol pečen; *fig* na pol
    izdelan, nezrel, neizkušen; ne čisto zdrave pa-
    meti, malo trčen
half-bend [há:fbend] *n sp* predklon
half-binding [há:fbaindiŋ] *n* vezava v polusnje
half-blood [há:fblʌd] *n* polkroven brat ali sestra;
    mešanec; brother of the ~ polbrat
half-blooded [há:fblʌdid] *adj* polkrven
half-blown [há:fbloun] *adj* na pol odprt (cvet)
half-boot [há:fbu:t] *n* visok čevelj
half-bound [há:fbaund] *adj* v polusnje vezana
    (knjiga)
half-bred [há:fbred] *adj* mešan (otrok); ne čisto-
    krven; slabo vzgojen
half-breed [há:fbri:d] *n* mešanec, polutan; *A* me-
    stic, mešanec belih in indijanskih staršev; *bot*
    križanje
half-brother [há:fbrʌðə] *n* polbrat
half-calf [há:fka:f] *n* vezava v polusnje
half-caste [há:fka:st] *n* mešanec; mešanec evrop-
    skih in azijskih staršev (Indija, Daljni Vzhod)
half-cloth [há:fklɔθ] *n* polplatno; vezava v pol-
    platno
half-cock [há:fkɔk] *n* petelin na puški, tako napet,
    da se ne more sam sprožiti; to go off ~ pre-
    nagliti se
halfcrown [há:fkraun] *n* pol krone (nekdanji
    angleški srebrn kovanec, 2,5 šil.)
half-dollar [hǽfdələ] *n* ameriški srebrnik za 50
    centov
half-eagle [hǽfi:gl] *n* ameriški zlatnik za 5 dolarjev
half-face [há:fféis] *n* obraz v profilu
half-gainer [há:fgeinə] *n sp* skok na glavo (*Auer-
    bach*)
half-hearted [há:fhá:tid] *adj* (-ly *adv*) malodušen,
    nezavzet, indiferenten, mlačen

half-heartedness [há:fhá:tidnis] *n* malodušnost, nezavzetost, mlačnost

half-holiday [há:fhǝlǝdi] *n* poldneven praznik, prost popoldan

half-hose [há:fhouz] *n* kratke nogavice

half-hourly [há:fauǝli] **1.** *adj* poluren; **2.** *adv* polurno, vsake pol ure

half-length [há:fleŋθ] **1.** *adj* doprsen; **2.** *n* doprsen portret

half-life [há:flaif] *n phys, chem* ~ **period** razpolovna doba atoma

half-line [há:flain] *n sp* srednja črta na igrišču

halfling [há:fliŋ] *n* nedorastel fant

half-mast [há:fma:st] *n* pol višine jambora; **flag at** ~ zastava na pol droga; *naut* zastava na pol jambora

half-measures [há:fmežǝz] *n pl* srednja pot, kompromis, pol poti

half-moon [há:fmu:n] *n* polmesec, oblike polmeseca

half-nelson [há:fnelsǝn] *n sp* poseben prijem pri rokoborbi; **to get a** ~ **on** dobiti v oblast

half-note [há:fnout] *n mus* polnota

half-pay [há:fpei] *n* pol plače; neaktiven častnik s pol plače v britanski vojski; **on** ~ brez službe

halfpence [héipǝns] *n E* vrednost pol penija

halfpenny [héipni] *n E* bronasti kovanec za pol penija; *sl* ~ **lick** sladoled, ki se prodaja na ulici; **to turn up again like a bad** ~ vztrajno prihajati, vztrajno se vračati

halfpennyworth, ha'p'orth [héipniwǝ:θ, héipǝθ] *n* za pol penija, zelo majhna vrednost

halfprice [há:fprais] *n* polovična cena; **at** ~ za polovično ceno

half-round file [há:fraundfáil] *n tech* polkrožna pila

half-seas-over [há:fsi:zóuvǝ] *adj* na pol poti čez morje; na pol gotov z delom; *sl* vinjen

half-sister [há:fsistǝ] *n* polsestra

half sovereign [há:fsǝvrin] *n E* nekdanji britanski zlatnik za pol funta

half-staff [há:fsta:f] *n* glej **half-mast**

half-tide [há:ftaid] *n* čas med plimo in oseko

half-timbered [há:ftimbǝd] *adj* pol lesen, pol iz kamna ali opeke (hiša)

half-time [há:ftaim] *n* poldnevno delo in plača za to delo; *sp* polčas

half-timer [há:ftaimǝ] *n* delavec s polovičnim delovnim časom; dijak, ki je pol dneva v šoli in pol dneva na poslu; izreden študent

half-title [há:ftaitl] *n* zunanji naslovni list

half-tone [há:ftoun] *n mus* polton; srednja barva, srednji barvni odtenek; ~ **block** kliše za avtotipijo; ~ **etching** avtotipija

half-track [há:ftræk] *n tech* kamion goseničar; *mil* tank goseničar

half-volley [há:fvǝli] **1.** *n sp* pol volej; **2.** *vi* igrati pol volej

half-way I [há:fwei] *adj* ki je na pol poti; polovičen, deljen, kompromisen; **a** ~ **house** gostilna na pol poti med dvema mestoma; *fig* vmesna postaja, vmesna stopnja, kompromis; *sp* ~ **line** srednja črta na igrišču

half-way II [há:fwei] *adv* na pol poti, v sredini; polovično; **to meet s.o.** ~ napraviti s kom kompromis, sporazumeti se s kom

half-wit [há:fwit] *n* tepček

half-witted [há:fwitid] *adj* omejen, duševno zaostal

half-year [há:fjǝ:] *n* pol leta, polletje

half-yearly [há:fjǝ:li] **1.** *adj* polleten; **2.** *adv* polletno, vsakega pol leta

halibut [hǽlibǝt] *n zool* morski list

halidom [hǽlidǝm] *n arch* svetišče, svetost; **by my** ~ pri vsem, kar mi je sveto

halieutic [hǽlijú:tik] **1.** *adj* ribiški; **2.** *n pl* ribištvo

halitosis [hǽlitóusis] *n med* ustni zadah

hall I [hɔ:l] *n* dvorana; vestibul, veža, predsoba, preddverje; sodna dvorana; predavalnica; magistrat; *E* dvorec, dédina; tržnica; cehovska hiša; študentovski dom, stanovanjska zgradba za študente ali predavatelje; skupna obednica univerzitetnih študentov, skupen obed v tej obednici; *A* vsako univerzitetno poslopje, inštitut; *E* **booking** ~ kolodvorska dvorana za prodajo vozovnic; **lecture** ~ predavalnica; *A* **the Hall of Fame** hram slave; **to earn o.s. a place in the Hall of Fame** postati nesmrten; ~ **of residence** študentovski dom; **servants'** ~ skupna obednica za služinčad; *E* **Town Hall**, *A* **City Hall** magistrat; **Liberty Hall** prostor, kjer vsak lahko počne kar hoče

hall II [hɔ:l] *vt* vtisniti žig zlatarskega ceha

hallelujah, halleluiah [hælilú:jǝ] **1.** *int* aleluja!; **2.** *n* hvalospev

halliard [hǽljǝd] *n* glej **halyard**

hallmark I [hó:lma:k] *n* zlatarski žig; *fig* znak pristnosti, kakovosti; znamenje, znak

hallmark II [hó:lma:k] *vt* puncirati, žigosati žlahtne kovine; *fig* zaznamovati, žigosati

hallo, halloa [hǝlóu, hǎlóu] **1.** *int* halo!; **2.** *n* klicanje, vpitje; **3.** *vi* klicati, vpiti halo

halloo I [hǝlú:] *int* hej!, drži ga! (klic za vzpodbujanje psov pri lovu)

halloo II [hǝlú:] *vi & vt* glasno klicati, vzpodbujati pse pri lovu; **do not** ~ **till you are out of the woods** ne hvali dneva pred večerom

hallow I [hǽlou] *vt* posvetiti, posvečevati, častiti kot svetnika

hallow II [hǽlou] *n arch* svetnik, -nica; ohranjeno le še v **All Hallows** Vsi sveti

hallow III [hǽlou] *vt & vi* vzpodbujati pse pri lovu; glej **halloo II**

hallowed [hǽloud] *adj* posvečen

Halloween, Hallowe'en [hǽlouí:n] *n* predvečer Vseh svetov (ameriški praznik)

Hallowmas [hǽloumæs] *n* Vsi sveti

hall-porter [hó:lpɔ:tǝ] *n* hotelski sluga

hall-room [hó:lrum] *n A* majhna spalnica na koncu hodnika

hall-stand [hó:lstænd] *n* garderobno stojalo

hall-tree [hó:ltri:] *n A* garderobno stojalo

hallucinate [hǝlú:sineit] **1.** *vi* imeti privide; **2.** *vt* komu priklicati privide

hallucination [hǝlu:sinéišǝn] *n* halucinacija, privid

hallucinatory [hǝlú:sinǝtǝri] *adj* halucinatoričen

hallucinosis [hǝlu:sinóusis] *n med* halucinoza

hallway [hó:lwei] *n A* veža, hodnik

halm [ha:m] *n* glej **haulm**

halma [hǽlmǝ] *n* halma (igra)

halo [héilou] **1.** *n* žarni venec, obstret, svetniški sij; glorija (tudi *fig*); **2.** *vt* obstreti

halogen [hǽlǝdžǝn, héi~] *n chem* halogen

halogenous [həlódžinəs] *adj chem* halogen, solotvoren

haloid [hǽloid, héi~] 1. *adj chem* haloiden; 2. *n chem* haloid

halometer [həlómitə] *n phys* solomer

halt I [hɔ:lt] *n* premor, počitek (med pohodom, na potovanju), počivališče; *fig* premirje; *E* postajališče (vlak, avtobus); *arch* šepanje; to bring to a ~ ali to call a ~ prenehati, ustaviti; to come to a ~ ali to make a ~ zaustaviti se

halt II [hɔ:lt] *vt & vi* zaustaviti (se)

halt III [hɔ:lt] *vi* oklevati, kolebati; *arch, fig* šepati; the verses ~ ti verzi šepajo; to ~ between two opinions kolebati med dvema mnenjema

halter I [hó:ltə] *n* povodec, brzda; krvnikova vrv; *fig* obešenje; *A* telovnik brez hrbtnega dela

halter II [hó:ltə] *vt* nadeti brzdo, brzdati konja (često z *up*); obesiti (človeka); *fig* brzdati

halter III [hó:ltə] *n* obotavljalec, -lka

halter-break [hó:ltəbreik] *vt* privaditi konja na brzdo

halting [hó:ltiŋ] *adj* (-ly *adv*) kolebav, oklevajoč, počasen, negotov; ~ place počivališče

halve [ha:v, hæv] *vt* razpoloviti, na pol si deliti, za polovico zmanjšati; sklopiti vezne tramove tako, da se konci tramov odrežejo za pol debeline); to ~ a match with imeti v igri enako število udarcev (golf)

halves [ha:vz, hævz] *n pl* od half

halyard [hǽljəd] *n naut* vrv za dviganje in spuščanje jadra

ham I [hæm] *n* šunka, gnjat; stegno, podkolenčni zgib; *pl* zadnjica; *sl* slab gledališki igralec, -lka; *A* salo, mast; *A* sentimentalen kič; *sl* amater (zlasti *radio-~*); *hist* mestece, vas

ham II [hæm] *vt A sl* pretiravati v igri, komedijantsko igrati

hamadryad [hæmədráiæd] *n myth* driada, drevesna nimfa; *zool* kobra, naočarka; *zool* pasjeglava opica, pavijan

hamate [héimeit] *adj anat* kljukast

hamburger [hǽmbə:gə] *n A* fаširan zrezek v žemlji

hames [héimz] *n pl* komat

ham-fisted [hǽmfistid] *adj sl* neroden

ham-handed [hǽmhændid] *adj* glej ham-fisted

hamite [hǽmait] *n* okamenel cefalopod (glavonožec) z ukrivljeno lupino, amonit

Hamitie [hæmítik] *adj* hamitski

hamlet [hǽmlit] *n* vasica

hammer I [hǽmə] *n* kladivo, bat; petelin na puški; kladivce v zvonu, kladivce v klavirju; *anat* nakovalce, slušna koščica; to be down s.o. like a ~ biti s kom zelo strog; to come (ali go) under the ~ priti pod stečaj, biti prodan na dražbi; ~ and tongs z vso močjo, silovito; to be (ali go) at it ~ and tongs močno se prepirati, živeti v napetem ozračju; *sp* throwing the ~ metanje kladiva; knight of the ~ kovač

hammer II [hǽmə] *vt & vi* zabiti, zabijati, tolči s kladivom; kovati; *coll* tolči s pestmi, potolči, poraziti; (borza) razglasiti stečaj, razglasiti nezmožnost plačevanja; razbijati (pulz)

hammer at *vi* kovati, tolči, razbijati po čem; *fig* naporno delati za kaj, truditi se s čim

hammer away *vi* vztrajno delati pri čem ali za kaj

hammer down *vt* prikovati, zakovati; *A* obdržati tečaj denarja z umetno prodajo

hammer in(to) *vt* zabiti; *fig* vbiti (komu kaj v glavo); to hammer an idea into s.o.'s head vbiti komu kaj v glavo

hammer out *vt* skovati; izbiti s kladivom; *fig* izmisliti, razbistriti; izgladiti nesoglasje; to be ~ ed out biti proglašen za nezmožnega plačila, za stečajnika

hammer-beam [hǽməbi:m] *n* napušček

hammer-blow [hǽməblou] *n* udarec s kladivom

hammer-cloth [hǽməklɔθ] *n* pregrinjalo na kočijaževem sedežu

hammered [hǽməd] *adj* skovan, kovan; nepravilno nazobčan na eni strani (steklo)

hammer-furnace [hǽməfə:nis] *n* kovaška peč

hammer-harden [hǽməha:dən] *vt* hladno kovati

hammer-head [hǽməhed] *n* glava kladiva; *sl* bedak; *zool* vrsta morskega psa, kladivnica; vrsta afriške ptice

hammering [hǽməriŋ] *n* kovanje, kov, tolčenje, udarjanje s kladivom; *mil* močan ogenj; to give a good ~ pretepsti, naklestiti

hammer-mill [hǽməmil] *n* fužina

hammer-sedge [hǽməsedž] *n bot* šašje

hammersmith [hǽməsmiθ] *n* kovač

hammer-throw [hǽməθrou] *n sp* metanje kladiva

hammer-toe [hǽmətou] *n* navzgor obrnjen prst na nogi

hammock [hǽmək] *n* viseča mreža; *A* humozen listnat gozd; ~ chair platnen ležalni stol

hamper I [hǽmpə] *n* potna košara, košarica s pokrovom (za piknik); *naut* ladijska oprema, ki vzame veliko prostora

hamper II [hǽmpə] *vt* ovirati, motiti, zastavljati komu pot; zaplesti

hamshackle [hǽmšækl] *vt* koleniti živino, privezati glavo h kolenu, spodvezovati; *fig* brzdati, krotiti

hamster [hǽmstə] *n zool* hrček

hamstring [hǽmstriŋ] 1. *n anat* kita v podkolenskem zgibu; 2. *vt* pretrgati kito v podkolenskem zgibu

hand I [hænd] *n* roka, prednja noga četveronožca, noga (sokolova), škarnik (rakov); spretnost, ročnost, izurjenost; strokovnjak, izvedenec; vodenje; izvedba, izvajanje; delo; pomoč; človek, sluga, delavec, mornar; *pl* mornarji, posadka (ladje), tovarniški delavci; postopek, način; moč, premoč, oblast, vpliv; posredovanje, posrednik; vir (podatkov); snubitev; lastnina, lastnik; kartanje, kvartač, karte v roki; urni kazalec; pisava, podpis, znak; dlan (mera, 10,16 cm); šop (banan, tobačnih listov); *theat sl* ploskanje, aplavz; stran, smer; all ~s vsa posadka, vsi delavci; on all ~s povsod, na vseh straneh; at ~ blizu, pri roki; at the ~s of s strani nekoga; bloody ~s grb grofije Ulster; a bird in the ~ nekaj gotovega (imeti v roki); a bold ~ energična pisava; with a bold ~ pogumno; by ~ ročno, na roko (narejeno); by the ~s of s posredovanjem; ~ cash gotovina pri roki; a cool ~ hladnokrvnež; *fig* clean ~s čiste roke, čista vest; on every ~ povsod okoli; even ~s izenačeno; for one's own ~ sebi v prid; from ~ to ~ iz rok v roke; from first ~ iz

prve roke; **from second** ~ iz druge roke; po-
nošen, rabljen, antikvaričen; **from good** ~ iz
dobrega vira; **the** ~ **of God** božja roka; ~ **on
heart** roko na srce; **heart and** ~s iz vsega srca;
heavy on ~ dolgočasen, mučen; **with a heavy**
~ **s** trdo roko; **with a high** ~ drzno, predrzno,
naduto; **his** ~ **is out** iz vaje je; ~ **to** ~ **(struggle)**
človek proti človeku (borba); ~ **over** ~ (ali
fist) preprijemanje (pri plezanju); *fig* na vrat
na nos, hitro, igraje; **in** ~ v roki, v delu, na
razpolago, pod nadzorstvom, skupaj, vzajemno,
roko v roki; **a legible** ~ čitljiva pisava; **on the
mending** ~ na poti k okrevanju; **near** ~ leva
stran; **near at** ~ pri roki, blizu; **a niggling** ~
nečitljiva pisava, čačka; **an old** ~ strokovnjak,
star lisjak; **off** ~ nepripravljen, brez obotavlja-
nja, desna stran; ~s **off!** roke proč!; ~s **off
policy** politika nevmešavanja; **on** ~ v roki, na
zalogi, v breme, prisoten; *A* pri roki, pri sebi;
on the one (other) ~ po eni (drugi) strani; **out
of** ~ nepripravljen, takoj, ekstempore, nenad-
zorovan, divji; ~s **up!** roke kvišku!; **a slack** ~
brezdelje, brezbrižnost; **to (one's)** ~ pri roki,
dosegljiv, pripravljen, na razpolago; **under the**
~ pod roko, skrivaj; **under the** ~ **of** podpisa-
ni...; **contract under** ~ preprosta pogodba
brez pečata; **the upper** ~ premoč, nadvlada;
with one's own ~ lastnoročno
Z glagoli: **to ask for a girl's** ~ prositi dekle za
roko, zasnubiti; **to be a good (poor)** ~ **at** biti
spreten (neroden) v čem; **to be bound** ~ **and
foot** imeti vezane roke; **to be in good** ~s biti v
dobrih rokah; **to be on s.o.'s** ~s biti komu
na vratu, skrbi; **to bear a heavy** ~ zatirati;
to bite the ~ **that feeds one** biti zelo nehva-
ležen; **to bring a baby up by** ~s hraniti do-
jenčka s stekleničko; **to come to** ~ priti v
roke, dospeti; **to change** ~s menjati lastnika,
priti v druge roke; **to do a** ~'s **turn** samo
s prstom migniti; **not to do a** ~'s **turn** ali **not
to lift (ali raise) a** ~ niti s prstom migniti;
to fall into s.o.'s ~s priti komu v roke; *fig* **to
feed out of s.o.'s** ~ komu iz rok jesti; **to get
a big** ~ dobiti velik aplavz; **to get s.o. in** ~
dobiti koga v roke; **to get one's** ~s in dela se
zares lotiti; **to get the upper** ~ dobiti premoč;
to get off one's ~s otresti se česa, znebiti se;
to get out of ~ iz rok se izmuzniti, izgubiti
oblast nad; **to give one's** ~ poročiti se s kom,
roko komu dati; **to give one's** ~ **on a bargain**
v roko si seči, skleniti kupčijo, objubiti; **to
give s.o. a free** ~ dati komu proste roke; **to
give s.o. a** ~ iti komu na roko, pomagati,
ploskati komu; **to go** ~ **in** ~ **with** *fig & lit*
v korak s kom stopati; **to have a** ~ biti
spreten, nadarjen za kaj; **to have o.s. well in** ~
dobro se obvladati; **to have a** ~ **in a matter**
imeti svoje prste vmes; **to have (ali keep) one's**
~ **in** ostati v vaji; **to have one's** ~s **full** imeti
polne roke dela; **to have time on one's** ~s ne
vedeti kam s časom, imeti mnogo prostega časa;
to hold ~s držati se za roke; **to hold one's** ~
zadržati se; **to hold a good** ~ imeti dobre karte;
to join ~s združiti se; **to keep a tight** ~ **over**
imeti koga na vajeti; **to keep one's** ~s **on**
imeti čvrsto v rokah; **to let one's temper get**

out of ~ ne obvladati se, podivjati; **to live from**
~ **to mouth** iz rok v usta živeti; **to lay** ~s **on**
vzeti, najti, roko na kaj položiti; **to lay** ~s **on
o.s.** roko nase položiti, napraviti samomor;
to lend a ~ pomagati; **to make a** ~ napraviti
dobiček; **many** ~s **make light work** v slogi je
moč; **to pass through many** ~s iti skozi mnogo
rok; **to play into the** ~s **of** nevede komu delati
v prid; **to play a good** ~ dobro igrati karte; **to
play for one's own** ~ delati sebi v prid; **to put
one's** ~ **in one's pocket** seči v žep, prispevati
v denarju; *fig* **to put one's** ~s **on** najti, spomniti
se; **to put (ali set, turn) one's** ~s **to** v roke vzeti,
poprijeti se; **to serve (ali wait on) s.o.** ~ **and
foot** komu vdano služiti; **to shake s.o. by the**
~ stisniti komu roko; **to shake** ~s **with** roko-
vati se s kom; **to show one's** ~ ali **to have a
show of** ~s *fig* odkriti svoje karte, pokazati
svoj pravi namen; **it shows a master's** ~ mojstr-
sko je, kaže na mojstra; **to strengthen the** ~s **of**
podpreti koga; **to take s.o. by the** ~ koga za
roko prijeti, *fig* vzeti koga pod svoje okrilje;
to take in ~ vzeti v roke, lotiti se; **to take a** ~
at a game sodelovati v igri; **to take s.th. off
one's** ~s kupiti kaj od koga; pomagati komu,
da se česa znebi; **to take a** ~ **in a matter** vme-
šati se v kaj; **to take one's courage in both** ~s
zbrati ves svoj pogum; **time hangs heavy on my**
~s dolgčas mi je; **to try one's** ~ **at** poskusiti
se v čem; **to throw up one's** ~s obupati nad
čim; **to vote by show of** ~s glasovati z dviga-
njem rok; *fig* **to wash one's** ~s **of** umiti si roke,
odkloniti odgovornost; **to win a girl's** ~ dobiti
dekletovo privoljenje za poroko; **to win** ~s
down z lahkoto dobiti, igraje zmagati; **to witness
the** ~ **of** overiti podpis; **to write a good** ~
imeti lepo pisavo

hand II [hænd] *vt* vročiti, podati; voditi za roko,
spremiti; podati roko v pomoč; ravnati s, z;
naut zviti jadra; *A sl* **to** ~ **it to s.o.** nekomu
povedati, komu poročati; *A sl* **you must** ~ **it
to him** to mu moraš pustiti, to mu moraš pri-
znati; **to** ~ **s.o. in (out of) the car** pomagati
komu v avto (iz avta)

hand down *vt* podati navzdol; zapustiti (v opo-
roki; *to* komu); predati potomcem (*to*); *A*
predati odločitev višjega sodišča nižjemu

hand in *vt* izročiti (*to* komu), vložiti prošnjo; pred-
očiti komu kaj; **to** ~ **one's resignation** dati pis-
meno odpoved

hand off *vt sp* nasprotnika suniti z roko, odriniti ga

hand on *vt* naprej podati, predati komu kaj, pre-
dati potomcem (*to*)

hand over *vt* predati komu kaj, odstopiti komu kaj;
mil predati poveljstvo, zaloge komu drugemu

hand round *vt* podajati naokrog

hand up *vt* podati navzgor (*to* komu); predati
(običajno po stanu višjemu od sebe)

handbag [hǽndbæg] *n* ročna torbica

handball [hǽndbɔ:l] *n* žoga; *sp* rokomet

hand-barrow [hǽndbærou] *n* samokolnica

handbell [hǽndbel] *n* ročni zvonec (tudi glasbilo)

handbill [hǽndbil] *n* reklamni listek, letak, oglas

handbook [hǽndbuk] *n* priročnik; turistični vod-
nik (*to*); knjiga za vpisovanje stav

handbreath [hǽndbredθ] *n* dlan (mera, 4 inče, 10,16 cm)
handcar [hǽndka:] *n* drezina na ročni pogon
hand-carried [hǽndkærid] *adj* ročen, prenosen
handcart [hǽndka:t] *n* ročni voziček
handclasp [hǽndkla:sp] *n* stisk rok
handcraft [hǽndkra:ft] *n* glej handicraft
handcuff [hǽndkʌf] **1.** *n* (*pl*) lisice (okovi); **2.** *vt* nadeti komu lisice
hand-drill [hǽnddril] *n tech* ročni vrtalni stroj
handfast(ing) [hǽndfa:st(iŋ)] *n Sc* ženitna pogodba, zaroka
handful [hǽndful] *n* prgišče; *coll* nadloga, nadležnež; to be a ~ for s.o. veliko truda komu prizadeti
hand-gallop [hǽndgæləp] *n* počasen galop
handglass [hǽndgla:s] *n* ročno ogledalce, operno kukalo, ročna povečevalna leča
hand-grenade [hǽndgrineid] *n mil* ročna granata
handgrip [hǽndgrip] *n* stisk roke; prijem *tech* ročaj; to come to ~s spoprijeti se
handhold [hǽndhould] *n* oprimek, držaj
handicap I [hǽndikæp] *n sp* dajanje prednosti (slabšemu nasprotniku); *fig* ovira, zapreka (*for* za); oškodba, otežitev
handicap II [hǽndikæp] *vt sp* dati prednost slabšemu nasprotniku; *fig* ovirati, prikrajšati, oškoditi, otežiti, obremeniti
handicapped [hǽndikæpt] *adj* oviran, oškodovan, prikrajšan (*with*); a socially ~ child socialno ogrožen otrok
handicraft [hǽndikra:ft] *n* spretnost; rokodelstvo, obrt (predvsem umetna); *pl* narodno ročno delo
handicraftsman [hǽndikra:ftsmən] *n* rokodelec, obrtnik
handie-talkie [hǽnditə:ki] *n A* ročni oddajnik
handily [hǽndili] *adv* pri roki; spretno
handiness [hǽndinis] *n* spretnost, ročnost; koristnost, udobnost
handiwork [hǽndiwə:k] *n* ročno delo
handkerchief [hǽŋkəčif] *n* robec, ruta; pocket ~ žepni robec; neck ~ ovratna ruta; to throw the ~ to s.o. vreči komu robec (poziv na dvoboj); *fig* pokazati komu naklonjenost
hand-knit(ted) [hǽndnit(id)] *adj* ročno pleten
handle I [hǽndl] *n* roč, ročaj; ročica, kljuka; *fig* opora, prijemališče; *fig* prilika, priložnost; *hum* ~ of the face nos; ~ to one's name naslov pred imenom; to fly off the ~ razburiti se
handle II [hǽndl] *vt* prijeti, tipati, potipati, dotakniti; rokovati, ravnati s čim; obravnavati, baviti se s čim; barantati; voditi, trenirati (boksarja), dresirati (žival); *econ* trgovati s čim; the material ~s smooth blago je gladko pod prsti (čutiš, da je gladko, če ga potiplješ)
handle-bar [hǽndlba:] *n* balansa pri kolesu
handler [hǽndlə] *n* upravljač; (boks) trener; vaditelj, dreser
handless [hǽndlis] *adj* brez rok; *fig* neroden
handling [hǽndliŋ] *n* rokovanje, postopanje, vodenje; izvedba; *econ* trgovanje; *econ* ~ charges stroški pretovarjanja
handloom [hǽndlu:m] *n* ročne statve
handmade [hǽndmeid] *adj* na roko narejen

handmaid [hǽndmeid] *n arch* služkinja, pomočnica, sobarica
hand-me-down [hǽndmidaun] **1.** *adj A coll* konfekcijski, kupljen z obešalnika; cenen; star, ponošen, rabljen; **2.** *n* podarjena obleka, poceni konfekcija
hand-operated [hǽndópəreitid] *adj* ročno upravljan
hand-organ [hǽndə:gən] *n mus* lajna
hand-out [hǽndaut] *n A sl* miloščina, vbogajme; izjava za tisk; prospekt, letak
hand-pick [hǽndpik] *vt* z rokami nabirati; *coll* skrbno izbirati
handplough [hǽndplau] *n E* vrtni plug
handplow [hǽndplau] *n A* glej handplough
handrail [hǽndreil] *n* stopniška ograja
handsaw [hǽndsə:] *n tech* lisičji rep (vrsta ročne žage)
handsel I [hǽn(d)səl] *n* novoletno darilo, darilo ob nastopu službe; jutrnja, darilce; prvi dohodek v novi trgovini; ara; predokus
handsel II [hǽn(d)səl] *vt* obdarovati; vpeljati, prvič uporabiti, preizkusiti; zaarati
handset [hǽndset] *n* telefonska slušalka
hand-set [hǽndset] *adj print* ročno stavljen
handshake [hǽndšeik] *n* rokovanje, stisk roke
handsign [hǽndsain] *vt* lastnoročno podpisati
hands-off [hǽndzəf] *adj coll pol* ~ policy politika nevmešavanja
handsome [hǽnsəm] *adj* (-ly *adv*) lep, postaven, čeden; *fig* precejšen, znaten; plemenit, velikodušen, radodaren; ~ is that ~ does plemenit je oni, ki plemenito ravna; dobrota se vidi v dejanjih; to come down ~ly izkazati se z darilom
handsomeness [hǽnsəmnis] *n* lepota, postavnost; plemenitost, radodarnost, velikodušnost
handspike [hǽndspaik] *n mil* lesen pendrek okovan z železom
handstand [hǽndstænd] *n sp* stoja
hand-tame [hǽndteim] *adj* krotek, ki jé iz roke
hand-to-mouth [hǽndtumáuθ] *adj* negotov, nezagotovljen
hand-tool [hǽndtu:l] *n* ročno orodje
handwork [hǽndwə:k] *n* ročno delo
handwriting [hǽndraitiŋ] *n* pisava; ~ expert strokovnjak za pisave; ~ on the wall znamenje nesreče, Menetekel
handy I [hǽndi] *adj* ročen, spreten, pripraven, lahek za upravljanje; pri roki, dosegljiv; ~ man za vse pripraven človek, faktotum; to have s.th. ~ imeti kaj pri roki
handly II [hǽndi] *adv* tik ob, zelo blizu; to come in ~ prav priti
handy-dandy [hǽndidǽndi] *n* ugani, kaj imam v roki (vrsta otroške igre)
hang I [hæŋ] *n* način kako tkanina (stvar) visi ali pada; način dela; padec, strmec, pobočje; kratek premor; *coll* pomen; not a ~ ni govora; I don't care a ~ mar mi je; not to give a ~ ne meniti se za kaj; to get (ali see) the ~ of a thing dojeti bistvo česa, razumeti kaj
hang II* [hæŋ] **1.** *vt* obesiti, obešati; pobesiti, pobešati (glavo); obesiti (sliko), nalepiti (tapete); **2.** *vi* viseti, biti obešen, obesiti se; nagniti se, lebdeti; obotavljati se (tudi žoga pri športu); *A jur* ovirati porotnike pri odločitvi; ~ it

(all)! naj gre k vragu!; ~ you! da bi te vrag pocitral!; **I'll be** ~**ed first!** prej se dam obesiti!; **I'll be** ~**ed if** vrag naj me vzame, če; **well, I'm** ~**ed!** kaj takega!, vrag naj me pocitra!; *A* **it was a hung jury** porotniki se niso mogli zediniti o krivdi; **to** ~ **between life and death** viseti med življenjem in smrtjo; **to** ~ **by a hair** (ali **rope, single thread**) *fig* viseti na nitki; **to** ~ **in the balance** biti dvomljivo; **to** ~ **in doubt** biti negotov, kolebati; **to** ~ **fire** prepozno (se) sprožiti (puška); *fig* biti počasen, neodločen, omahovati, obotavljati se; **to** ~ **one's head** pobesiti glavo; **to** ~ **o.s.** obesiti se; **to** ~ **a leg** vleči nogo; **to let things go** ~ pustiti, da gre vse k vragu; pustiti stvari pri miru; **to** ~ **a room with paper** nalepiti v sobi tapete; **sleep** ~**s on my eyelids** veke so mi težke, oči mi lezejo skupaj; **time** ~**s heavy on my hands** ne vem, kaj naj počnem s časom, predolgo mi traja, vleče se
hang about (ali **around**) *vi* postopati, pohajkovati
hang back *vi* zaostajati, obotavljati se
hang behind *vi* zaostajati
hang down *vi* viseti (*from* s, z), pobesiti (glavo)
hang off *vi* vzdržati se česa
hang on *vi* oklepati se, čvrsto se držati; ostati pri telefonu; **to** ~ **by ine's eyelids** komaj se držati, *fig* viseti na nitki; **to** ~ **like green death** biti vztrajen, ne popustiti; **to** ~ **by the skin of one's teeth** vztrajati
hang out *vt & vi* izobešati, izobešati (zastavo, raz-
hang over *vi* viseti nad čim, lebdeti, držati se
hang round *vi* viseti okoli česa; postopati, pohaj-kovati, zadrževati se, pomuditi se kje
hang together *vi* držati (se) skupaj; biti skladen, biti trden
hang up *vt* obesiti; odložiti neko zadevo; *A* spu-stiti slušalko, končati telefonski pogovor; **the matter is hung up** zadeva je odložena, še ni rešena; **to** ~ **one's fiddle** *fig* obesiti na klin
hang upon *vi* biti odvisen od; **to** ~ **s.o.'s words** (ali **lips**) napeto koga poslušati
hangar [hǽŋgə, hǽŋga:] *n* hangar, lopa za letala
hangdog [hǽndog] **1.** *n* obešenjak; **2.** *adj* prostaški, lopovski; zavedajoč se krivde, beden; **a** ~ **look** hinavski pogled
hanger [hǽŋə] *n* obešalnik, zankica za obešanje; zanka, pentlja, kdor obeša, tapetnik; rapir, lovski nož; *tech* obesnica, traverzni opornik; znamenje ₹; pogozden obronek; **paper** ~ tapetnik
hanger-on [hǽŋərón] *n* pristaš; *fig* prisklednik, pri-vesek, parazit
hangfire [hǽnfaiə] *n mil* kasni vžig
hanging I [hǽŋiŋ] *adj* viseč, obešen; nagnjen, v te-rasah; *tech* oporen; ~ **committee** žirija za spre-jem slik za razstavo; **a** ~ **crime** zločin, ki zasluži smrtno kazen; ~ **gardens** terasasti vr-tovi; *print* ~ **indention** umik; **a** ~ **judge** strog sodnik; **a** ~ **matter** zadeva, ki pripelje na ve-šala; ~ **wall** krovnina (v rudniku)
hanging II [hǽŋiŋ] *n* obešenje, obešanje; *pl* zastori, tapete; **execution by** ~ usmrtitev z obešenjem
hangman [hǽnmən] *n* krvnik, rabelj
hangnail [hǽnneil] *n med* nohtni zadirek, vrasel noht

hangout [hǽnaut] *n A sl* kraj sestajanja, stalni lokal
hangover [hǽnouvə] *n A* preostanek; *sl* maček (po krokanju)
hank [hæŋk] *n* klobčič, povesmo; *econ* določena dolžinska mera za predivo (bombaž 768 m, volna 512 m); *naut* železen prstan; **to catch a** ~ **on s.o.** maščevati se nad kom; **to have s.o. upon the** ~ priviti koga
hanker [hǽŋkə] *vi* hrepeneti, hlepeti (*after, for* po); želeti
hankering [hǽŋkəriŋ] *n* hrepenenje, hlepljivost (*after, for*)
hanky, hankie [hǽŋki] *n coll* robec
hanky-panky [hǽŋkipǽŋki] *n sl* trik, zvijača, ho-kus-pokus; **to be up to some** ~ snovati vragolijo
Hansard [hǽnsəd] *n E parl* uradni parlamentarni protokol
Hansardize [hǽnsədaiz] *vt E pol* primerjati prejšnje izjave (po protokolu)
Hanse [hæns] *n* Hansa, trgovska zveza mest
Hanseatic [hænsiǽtik] *adj* hanzeatski; ~ **League** srednjeveška zveza hanzeatskih mest
hansel [hǽnsəl] *n* glej **handsel**
Hansen's disease [há:nsənz] *n med* gobavost
hansom [hǽnsəm] *n* kabriolet, lahek voz na dveh kolesih
hap I [hæp] *n arch* slučaj, sreča, dobitek; **good** ~ sreča; **ill** ~ nesreča
hap II [hæp] *vi arch* pripetiti se; **if it so** ~ **če bi tako naneslo**
haphazard I [hǽphǽzəd] **1.** *adj* slučajen; **2.** *adv* slučajno
haphazard II [hǽphǽzəd] *n* slučaj; **at** (ali **by**) ~ slučajno, na slepo srečo
hapless [hǽplis] *adj* (**-ly** *adv*) nesrečen
haply [hǽpli] *adv arch* slučajno, morda
ha'p'orth [héipəθ] *n coll* **halfpennyworth**
happen [hǽpən] *vi* zgoditi se, pripetiti se (*to* komu, s čim); *coll* slučajno priti, vpasti (*in, into* v); **to** ~ **to** slučajno; **I** ~**ed to meet him** slučajno sem ga srečal; **to** ~ **across s.o.** naleteti na koga; **to** ~ (**up**)**on** slučajno na koga ali kaj naleteti; **as it** ~**s** slučajno, po naključju, v tem slučaju; **it** ~**ed that** slučajno se je pripetilo, da; ... **and nothing** ~**ed** in nič se ni zgodilo
happening [hǽpəniŋ] *n* pripetljaj, dogodek, slučaj; *theat* dogajanje, happening
happily [hǽpili] *adv* srečno, k sreči; ~ **enough** na vso srečo
happiness [hǽpinis] *n* sreča, zadovoljnost; *fig* srečna roka, dobra izbira
happy [hǽpi] *adj* (**happily** *adv*) srečen; zadovoljen, vesel (*at, about* česa); razveseljiv; ugoden; po-srečen (izraz); *coll* »v rožicah«; *sl* omamljen (od udarcev, bombe); *sl* navdušen, nor na kaj; **as** ~ **as the day is long** ali **as a king** presrečen; **a** ~ **idea** posrečena misel; **the** ~ **dispatch** harakiri; *sl* ~ **cabbage** za zabavo porabljen denar; **the** ~ **medium** (ali **mean**) zlata sredina; *sl* ~ **dust** kokain; *sl* ~ **juice** alkohol; **ski-**~ nor na smučanju; **trigger-**~ kdor rad strelja; **many** ~ **returns of the day** na mnoga leta!
happy-go-lucky [hǽpigoulʌki] *adj & adv* brez-skrben, -no, lahkomiseln, -lno
hara-kiri [hǽrəkíri] *n* harakiri, japonski način sa-momora

harangue I [hərǽŋ] *n* nagovor; ognjevit ali bombastičen govor; tirada, ploha besed
harangue II [hərǽŋ] 1. *vi* javno govoriti, imeti govor; 2. *vt* javno nagovoriti
haras [hǽrəs] *n* vzgajališče konj
harass [hǽrəs] *vt* stalno mučiti, trpinčiti, nadlegovati, vznemirjati; *mil* ~ ing fire nenehen ogenj
harassment [hǽrəsmənt] *n* trpinčenje, mučenje, nadlegovanje, vznemirjanje
harbinger [há:bin(d)žə] 1. *n* glasnik, znanilec; 2. *vt* oznaniti, naznanjati
harbo(u)r I [há:bə] *n* pristanišče; *fig* zavetje, pristan
harbo(u)r II [há:bə] 1. *vt* zasidrati v pristanišču; vzeti pod streho; skriti, varovati, dati zavetje; 2. *vi* zasidrati se v pristanišču, pristati (ladja), biti zasidran v pristanišču; to ~ ill designs snovati kaj zlega; to ~ evil thoughts zle misli nositi v srcu
harbo(u)rage [há:bəridž] *n* zavetje, pristan; pokroviteljstvo, skrivanje
harbo(u)r-bar [há:bəba:] *n* sipina pred pristaniščem
harbo(u)r-basin [há:bəbeisin] *n* del doka med pomoli
harbo(u)r-dues [há:bədju:z] *n pl* pristaniška pristojbina
harbo(u)rless [há:bəlis] *adj* brez pristanišča, brez zavetja, brezdomen
harbo(u)r-light [há:bəlait] *n* luški svetilnik
harbo(u)r-master [há:bəma:stə] *n* luški kapetan
harbo(u)r-seal [há:bəsi:l] *n zool* navadni tjulenj
hard I [ha:d] *adj* trd; trden; težak, težaven, naporen; žilav, zdržljiv, odporen; močan, silen; priden, delaven, zmožen; strog, nepopustljiv, neusmiljen; trd, mrzel, oster (podnebje); *econ* pod težkimi pogoji, oster, visok (cena); težko razumljiv, težko izvedljiv; preudaren, trd (gospodarstvenik); rezek, močen (pijača); *gram* trd (glas, soglasnik); to be ~ on s.o. biti prestrog s kom; to be ~ upon s.o. biti komu za petami; to be a ~ case biti zakrknjen; ~ of belief nejeveren; ~ to believe težko verjeten; ~ to imagine kar si kdo težko predstavlja; ~ to please ki se mu težko ugodi; a ~ blow težak udarec, silen udarec; as ~ as brick trd kakor kamen; *sp* in ~ condition v dobri formi; ~ drinking pijančevanje; ~ of digestion težko prebavljiv; to drive a ~ bargain ne popustiti pri kupčiji; ~ facts neomajna dejstva; ~ fare slaba in nezadostna hrana; ~ of hearing naglušen; ~ of heart trdosrčen; to have a ~ head preudarno razsojati; to have a ~ row to hoe imeti težko nalogo; ~ life težko življenje; ~ lines težko življenje, težko delo, zla usoda; ~ liquor močne (žgane) pijače; ~ lot trda usoda; ~ luck nesreča, »smola«; a ~ luck story jadikovanje; a ~ master strog gospodar; *fig* a ~ nut to crack trd oreh; as ~ as nails žilav, trd kakor drenov les, trd kakor kamen; ~ rain močan dež; ~ swearing kriva prisega; a ~ saying težko razumljive besede; predpis, ki ga je težko izpolnjevati; ~ times težki časi; ~ task težka naloga; to try one's ~ est pošteno se potruditi; ~ up na tesnem z denarjem; ~ work trdo, naporno delo; ~ worker priden delavec
hard II [ha:d] *adv* trdo, trdno; težko, hudo, naporno; pridno, hitro; čisto zraven, tik; ~ at

hand ali ~ by čisto zraven; ~ on ali ~ after tik za; to be ~ hit biti hudo udarjen, prizadet; to be ~ pressed ali to be ~ put to it biti v hudi stiski, biti na tesnem; to be ~ up biti v denarni stiski; to die ~ težko umreti; to drink ~ močno piti; ~ earned težko zaslužen; to follow ~ upon tesno slediti; ~ got težko pridobljen; to look ~ at nepremično koga gledati, z očmi meriti; ~ set v stiski; trmast; negiben; it will go ~ with him slabo mu kaže, trda mu prede; to run one ~ biti komu za petami; ~ upon takoj nato; to try ~ zelo se potruditi
hard III [ha:d] *n E* trda obrežna tla; *sl* prisilno delo; težava; *vulg* tudi ~ on erekcija; *pl* skrbi
hard-and-fast [há:dəndfá:st] *adj* trden, neovrgljiv
hard-a-port [há:dəpɔ:t] *adv naut* krmilo čisto na levo
hard-a-starboard [há:dəsta:bə:d] *adv naut* krmilo čisto na desno
hardback [há:dbæk] *n A* knjiga v trdi vezavi
hardbeam [há:dbi:m] *n bot* gaber
hardbitten [há:dbitn] *adj* zagrizen, trmast, močne volje; izveden, izkušen
hardboard [há:dbɔ:d] *n* lesonit
hard-boiled [há:dbɔild] *adj* trdo kuhan (jajce); *coll* zakrknjen, preračunljiv, pretkan; *coll* otrdel, prekaljen; *sl* surov, neotesan
hard-bought [há:dbɔ:t] *adj A* težko pridobljen
hard case [há:dkeis] *n A* zakrknjen zločinec
hard cash [há:dkæš] *n* kovani denar
hard cider [há:dsaidə] *n* jabolčnik
hard coal [há:dkoul] *n* antracit
hard core [há:dkɔ:] *n E* gramoz; *fig* čvrsto jedro, odločujoča manjšina
hard currency [há:dkʌrənsi] *n* trdna valuta
hard-driven [há:ddrivən] *adj* preveč zaposlen
harden [há:dən] *vt & vi* strditi (se); zakrkniti (se); utrditi (se); kaliti (jeklo); *econ & fig* okrepiti (se); rasti (cene); ~ed steel kaljeno jeklo; a ~ed criminal zakrknjen zločinec; to ~ off utrditi
hardener [há:dnə] *n* sredstvo za strjevanje, utrjevalec
hardening I [há:dniŋ] *adj* ki strjuje, utrjuje; ~ furnace kalilnica, peč za kaljenje
hardening II [há:dniŋ] *n* strjevanje, utrjevanje, utrjevalec
hard-face [há:dfeis] *vt tech* pojekliti
hard-favo(u)red [há:dfeivəd] *adj* glej hard-featured
hard-featured [há:dfi:čəd] *adj* grobih, ostrih potez na obrazu
hard-fern [há:dfə:n] *n bot* rebrasta praprot
hardfibre, hardfiber [há:dfaibə] *n tech* vulkanizacijsko vlakno
hard finish [há:dfiniš] *n archit* okrasni omet
hard-fisted [há:dfístid] *adj fig* skop; krepak, robusten
hard goods [há:dgudz] *n pl A* potrošniško blago
hard grass [há:dgra:s] *n bot* trda trava
hard-handed [há:dhǽndid] *adj* močnih rok; surov, brezobziren
hard-headed [há:dhédid] *adj* praktičen, realističen, trezen, preudaren; trmast
hard-hearted [há:dhá:tid] *adj* (-ly *adv*) trdosrčen
hard-heartedness [há:dhá:tidnis] *n* trdosrčnost
hardihood [há:dihud] *n* trajnost, trdnost, odpornost; pogum; predrznost

hardily [há:dili] *adv* pogumno, drzno; odporno; predrzno; vztrajno
hardiness [há:dinis] *n* glej hardihood
hardish [há:diš] *adj* dokaj trd
hard labo(u)r [há:dleibə] *n* prisilno delo
hard-laid [há:dleid] *adj* gosto tkan (tkanina); tesno zvit (vrv)
hardly [há:dli] *adv* komaj, le malo, s težavo, trdo, težko; ~ ever skoraj nikoli; ~ anyone skoraj nihče; I need ~ say ni mi treba reči
hard maple [há:dmeipl] *n A bot* ameriški javor
hard-mouthed [há:dmauðd] *adj* s trdim gobcem (konj); *fig* trdovraten, uporen
hardness [há:dnis] *n* trdota, trdnost; odpornost, vztrajnost; strogost, brezčutnost; trdovratnost, upornost; trpkost, reznost (pijače); težava
hard palate [há:dpælit] *n anat* trdo nebo
hard pan [há:dpæn] *n A geol* trda zemeljska plast, trda tla, trda podlaga; *fig* podlaga, jedro
hard-pressed [há:dprest] *adj* v stiski; na tesnem s čim
hard-pushed [há:dpušt] *adj* glej hard-pressed
hard-run [há:drʌn] *adj* glej hard-pressed
hards [ha:dz] *n pl* ličje (konoplje, lanu)
hard sauce [há:dsɔ:s] *n* trda krema
hard-set [há:dset] *adj* v stiski, na tesnem s čim; strog, odločen, nepopustljiv
hard-shell [há:dšel] *adj* s trdo lupino; *fig* nepopustljiv, debele kože; *A coll* staroverski, konservativen
hardship [há:dšip] *n* trdota, strogost; stiska, nadloga, muka; *jur* nepravična strogost; to work ~ on s.o. biti proti komu nepravično strog
hard-spun [há:dspʌn] *adj* močno preden
hardtack [há:dtæk] *n* mornarski prepečenec
hard-up [há:dʌp] *adj* potreben, v stiski, v pomanjkanju (denarja); *naut* smer krmila proti vetru
hardware [há:dwɛə] *n* železnina; (računalništvo) aparaturna oprema
hard-water [há:dwɔ:tə] *n chem* težka voda
hard-wearing [há:dwɛə:riŋ] *adj* odporen, močen, ki se dolgo nosi
hardwood [há:dwud] *n* trd les (zlasti listavcev)
hard-working [há:dwɔ:kiŋ] *adj* priden, delaven
hardy I [há:di] *adj* (hardily *adv*) odporen, utrjen drzen, smel, pogumen; *bot* trajen (rastlina); ~ annual *bot* trajnica; *parl* pogost predmet obravnave
hardy II [há:di] *n* utopa (v kovačnici); ~ hole predir (luknja za vstavke)
hare [hɛə] *n zool* zajec; mad as a March ~ brezglav, nor, divji; to run (ali hold) the ~ and hunt (ali run) the hounds sedeti med dvema stoloma; ~ and hounds igra, v kateri preganjani pušča sledi; first catch your ~ then cook him ne delaj računov brez krčmarja
harebell [héəbel] *n bot* zvončnica, divja hijacinta
hare-brained [héəbreind] *adj* nepremišljen, neumen; raztresen, razmišljen; vihrav, frfrast
harelip [héəlip] *n med* zajčja ustnica
harem [héərəm, há:ri:m] *n* harem
hare's-ear [héəziə] *n bot* zajčje uho
hare's foot [héəzfut] *n bot* zajčja deteljica; zajčja šapa (za šminkanje)
haricot [hǽrikou] *n cul* ovčji ragu; ~ bean bel fižolček

hark [ha:k] *vi & vt* poslušati, prisluškovati; klicati pse (lov); to ~ back vračati se na isto stvar, *hunt* vrniti se na staro sled; to ~ forward (ali on) gnati naprej; *hunt* ~ away! naprej (poziv psom)
hark-back [há:kbæk] *n* vrnitev, vračanje (*to* v, k, na)
harken [há:kən] *vi poet* prisluhniti (*to* komu, čemu); *arch* poslušati, slišati
harl [ha:l] *vi Sc* vleči, vlačiti
harl(e) [ha:l] *n* ličje, vlakno
harlequin I [há:likwin] *n* harlekin, pavliha
harlequin II [há:likwin] *adj* pisan; *zool* ~ duck severna raca s pisanim perjem, ovratničarka; ~ snake majhna ameriška strupena kača
harlequinade [ha:likwinéid] *n* harlekinada, burka
harlequinesque [ha:likwinésk] *adj* harlekinski
harlot [há:lət] 1. *adj* vlačugarski, razuzdan, pohoten; 2. *n* vlačuga; 3. *vi* vlačugati se
harlotry [há:lətri] *n* razvrat, vlačuganje
harm I [ha:m] *n* škoda, poškodba; krivica; *jur* bodily ~ telesna poškodba; to do ~ to s.o. škoditi komu; there is no ~ in ne škodi; where is the ~ in? v čem je tu kaj slabega?; he meant no ~ ni mislil nič slabega; out of ~'s way na varnem
harm II [ha:m] *vt* škoditi (*to* komu), poškodovati, raniti
harmful [há:mful] *adj* (-ly *adv*) škodljiv (*to*), kvaren
harmfulness [há:mfulnis] *n* škodljivost, kvarnost
harmless [há:mlis] *adj* (-ly *adv*) neškodljiv; nestrupen (kača); nedolžen, nič hudega sluteč; *jur, econ* to hold (ali save) s.o. ~ povrniti komu škodo
harmlessness [há:mlisnis] *n* neškodljivost
harmonic I [ha:mónik] *adj* (-ally *adv*) harmoničen, skladen; *mus* ~ minor harmonična molova lestvica; *mus* ~ tone višji ton
harmonic II [ha:mónik] *n mus* višji ton; *pl* harmonija, skladnost
harmonica [ha:mónikə] *n* orglice
harmonicon [ha:mónikən] *n* orglice; *mus* orkestrion
harmonious [ha:móuniəs] *adj* (-ly *adv*) ubran, skladen; složen, soglasen
harmoniousness [ha:móuniəsnis] *n* ubranost, skladnost; složnost, soglasnost
harmonist [há:mənist] *n* glasbenik, predavatelj harmonije; primerjalec tekstov (zlasti biblije)
harmonium [ha:móuniəm] *n mus* harmonij
harmonization [ha:mənaizéišən] *n* harmonizacija, uskladitev
harmonize [há:mənaiz] 1. *vi* skladati se, ujemati se, dodati napevu spremljavo, harmonizirati; 2. *vt* uskladiti, usklajevati, spraviti v sklad (*with*)
harmony [há:məni] *n* harmonija, skladnost, ubranost; složnost, soglasnost; nauk o harmoniji; in (out of) ~ (ne)skladno; to sing in ~ mnogoglasno peti
harness I [há:nis] *n* konjska zaprega; listno brdo pri statvah; nosilno ogrodje pri nahrbtniku; jermenje pri padalu; *hist* oklep; double ~ dvovprega, *hum* zakonski jarem; *fig* in ~ vprežen v delo; to die in ~ umreti sredi dela; to get back into ~ povrniti se na delo po dopustu; to work (ali run, mark) in double ~ delati

s partnerjem, imeti partnerja pri delu; *fig* poročiti se, biti poročen

harness II [há:nis] *vt* vpreči, okomatati; izkoristiti naravno silo (reke, slapa itd.)

harness-bull [há:nisbul] *n A* stražnik v uniformi

harness-cask [há:niska:sk] *n* posoda za soljeno meso

harness-cop [há:niskəp] *n A* glej **harness-bull**

harness-horse [há:nishə:s] *n A* vprežni konj; dirkalni konj

harness-maker [há:nismeikə] *n* jermenar, sedlar

harness-race [há:nisreis] *n A* konjska dirka

harp I [ha:p] *n mus* harfa

harp II [ha:p] *vi* igrati na harfo; **to ~ at** namigavati na kaj; **to ~ on** neprestano ponavljati; **to ~ on one string** eno goniti

harper [há:pə] *n* harfist(ka)

harpist [há:pist] *n* glej **harper**

harpoon [ha:pú:n] **1.** *n* harpuna; **2.** *vt* harpunirati, loviti s harpuno

harpooner [ha:pú:nə] *n* kdor lovi s harpuno

harpsichord [há:psikɔ:d] *n mus* čembalo

harpy [há:pi] *n myth* harpija, krilata pošast z žensko glavo in kremplji; *fig* grabežljivec, -vka, krvoses; *zool* ptica roparica

harquebus [há:kwibəs] *n hist* kremenjača (puška)

harridan [hǽridən] *n* babura, babnica; prepirljivka

harrier I [hǽriə] *n zool* zajčar (pes); *pl* trop psov zajčarjev z lovci

harrier II [hǽriə] *n zool* lunj (orel); mučitelj, uničevalec, plenilec

harrow I [hǽrou] *n* brana; **under the ~** v veliki stiski

harrow II [hǽrou] *vt* povleči z brano, branati; *fig* raniti čustva; mučiti, uničiti, pleniti

harrowing [hǽrouiŋ] *adj* (**-ly** *adv*) moreč, muke poln, strašen

harry [hǽri] *vt* pleniti, ropati, pustošiti, vznemirjati, vpadati; **to ~ hell** spustiti se v pekel (Kristus)

harsh [ha:š] *adj* (**-ly** *adv*) hrapav; oster, rezek, kisel; zoprn, odbijajoč; osoren, strog, krut; kričeč (barva)

harshness [há:šnis] *n* hrapavost; rezkost, kislost; zoprnost; osornost, strogost

harslet [há:zlit] *n* glej **haslet**

hart [ha:t] *n* jelen (posebno od 5. leta dalje); **a ~ of ten** jelen z desetimi parožki

hartal [há:ta:l] *n* dan žalovanja v Indiji (z zapiranjem trgovin v znak protesta ali bojkota)

hartbeest [há:tbi:st] *n zool* velika južnoafriška antilopa

hartshorn [há:tshɔ:n] *n* jelenov rog; **salt of ~** jelenova sol (za vdihavanje); **spirit of ~** amonijeva raztopina

hart's-tongue [há:tstʌŋ] *n bot* jelenov jezik (vrsta praproti)

harum-scarum [hέərəmskéərəm] **1.** *adj* vihrav, neugnan; lahkomiseln, raztresen, prismojen; **2.** *adv* na vrat na nos, kot neumen; **3.** *n* vihravec, neugnanec, zmedenec

harvest I [há:vist] *n* žetev, čas žetve; pridelek

harvest II [há:vist] **1.** *vt* žeti, požeti; **2.** *vi* spraviti žetev pod streho, pospraviti pridelek

harvest-bug [há:vistbʌg] *n zool* pršica, grinja

harvester [há:vistə] *n* žanjec, -njica; žetnik (stroj), vezalnik, samoveznik; **combine ~** kombajn

harvest-festival [há:vistfestivəl] *n* praznik žetve

harvest-fly [há:vistflai] *n zool* skržat

harvest-home [há:visthoum] *n* praznik žetve, obilna žetev, žetvena pesem

harvest-man [há:vistmæn] *n* žanjec; *A zool* suha južina, matija

harvest-mite [há:vistmait] *n* glej **harvest-bug**

harvest-moon [há:vistmu:n] *n* polna luna v času jesenskega enakonočja

harvest-mouse [há:vistmaus] *n zool* poljska miš, rovka

harvest-tick [há:visttik] *n zool* klop

has [hæz, həz] 3. os. *sg* od **to have**

has-been [hǽzbi:n] *n* že pozabljen človek ali stvar

hash I [hæš] *n cul* hašé, jed iz sesekljanega mesa; *fig* pogrevanje stare zgodbe; **to make a ~ of** zavoziti; **to settle s.o.'s ~** zapreti komu usta, uničiti koga

hash II [hæš] *vt* (se)sekljati meso (*up*); *fig* **to ~ up** pogrevati staro zgodbo; *A coll* **to ~ out** temeljito obravnavati; **to ~ over** pretresati, čvekati o čem

hash-house [hǽšhaus] *n A sl* zanikrna gostilna

hashish [hǽši:š] *n* hašiš, mamilo iz indijske konoplje

haslet [héizlit, hǽs~] *n* drob, drobovina (zlasti svinjska)

hasp I [ha:sp] *n* zatikalo, burnik, zanka, zaponka; vitel, motovilo; *econ* mera za prejo (ca 5683 m)

hasp II [ha:sp] *vt* zapeti, (za)zankati, zatakniti (v burnik)

hassock [hǽsək] *n* trda klečalna blazinica; šop trave; vrsta apnenca (v Kentu)

hast [hæst, həst] *arch* 2. os. sg od **to have**

hastate [hǽsteit] *adj bot* suličast (list)

haste I [héist] *n* naglica, prenagljenost; **to be in ~** zelo hiteti; **to make ~** podvizati se; **~ makes waste** v hitrici gre vse narobe; **more ~, less speed** tudi počasi se daleč pride; **post ~** ekspresno

haste II [héist] *vi poet* hiteti; **to ~ away** odhiteti

hasten [héisn] **1.** *vi* hiteti kam (*to*), podvizati se; **2.** *vt* pospešiti

hastiness [héistinis] *n* naglica, hitrica, prenagljenost; ihta, gorečnost; nestrpnost, vihravost

hasty [héisti] *adj* (**hastily** *adv*) nagel, hiter, prenagljen; ihtav, nepremišljen, vihrav, nestrpen

hasty-bridge [héistibridž] *n mil* zasilen, na hitro narejen most

hasty-pudding [héistipudiŋ] *n A* (koruzna) kaša, močnik

hat I [hæt] *n* klobuk; kardinalski klobuk; *fig* kardinalstvo; *sl* **my ~!** za vraga!; **top ~** cilinder; *E sl* **a bad ~** pokvarjenec; **as black as my ~** čisto črn; *fig* **red ~** kardinalstvo; **~ in hand** hlapčevsko, servilno; **high ~** domišljav; **~s off to him!** klobuk dol pred njim!; **under one's ~** v tajnosti, skrivoma; **A at the drop of a ~** takoj, zaradi najmanjšega povoda; **I'll eat my ~ if** naj me vrag vzame, če; **his ~ covers his family** čisto sam je, nikogar nima; **to hang up one's ~ in s.o.'s house** obnašati se v tuji hiši po domače, ugnezditi se pri kom; **to keep it under one's ~** obdržati kaj zase; **to pass** (ali

send) round the ~ for pobirati denarne prispevke za; **to raise one's** ~ odkriti se v pozdrav; **to receive the** ~ postati kardinal; **to take one's** ~ **off to s.o.** klobuk pred kom sneti; **to throw one's** ~ **in the ring** izzvati koga na boj; **to talk through one's** ~ širokoustiti se, pretiravati; **to touch one's** ~ dotakniti se klobuka v pozdrav
hat II [hæt] *vt* pokriti s klobukom; dati klobuk na; podeliti kardinalski klobuk
hatable [héitəbl] *adj* (**hatably** *adv*) sovraštva vreden, gnusen
hatband [hǽtbænd] *n* trak na klobuku, žalni trak; **as fine as Dick's** ~ kakor pest na oko
hat-block [hǽtblək] *n* kalup za klobuke
hatbox [hǽtbɔks] *n* škatla za klobuke
hatch I [hæč] *n* loputa, zaklopna vratca; *naut* jašek za nakladanje, odprtina v ladijskem krovu, pokrov jaška; okence med kuhinjo in jedilnico; branik; **under (the)** ~ **es** pod palubo, *fig* v škripcih; zaprt, neviden; *sl* mrtev
hatch II [hæč] *n* zarod, zalega; ~ **es, catches, matches & dispatches** časopisna rubrika o rojstvih, zarokah, porokah in smrti
hatch III [hæč] **1.** *vt* izvaliti, izleči; *fig* kovati (zaroto), snovati; **2.** *vi* izvaliti se, izleči se; *fig* razviti se; **to count one's chickens before they are** ~ **ed** delati račune brez krčmarja
hatch IV [hæč] **1.** *n* črtica v šrafuri; **2.** *vt* črtkati, šrafirati
hatched [hæčt] *adj* poševno, diagonalno črtkasto
hatcheck [hǽtček] *n A* ~ **girl** garderoberka
hatchel [hǽčəl] **1.** *n* mikalnik; **2.** *vt* mikati; *fig* pestiti, mučiti
hatcher [hǽčə] *n* koklja; valilna naprava; *fig* načrtovalec, -lka
hatchery [hǽčəri] *n* valilnica; ribogojnica
hatchet [hǽčit] *n* sekirica, širočka; *A* tomahavk; **to bury the** ~ zakopati bojno sekiro, skleniti mir; **to dig (ali take) up the** ~ izkopati bojno sekiro, začeti vojno; *fig* **to throw the** ~ pretiravati; **to throw the helve after the** ~ lahkomiselno zapraviti, še zadnje staviti na kocko
hatchet face [hǽčitfeis] *n* suh, izrazit obraz; obraz z ostrimi potezami
hatchet-faced [hǽčitfeist] *adj* ostrih potez (obraz)
hatching [hǽčiŋ] *n* šrafura, šrafiranje; (iz)valjenje
hatchment [hǽčmənt] *n* grbovni ščit, izvesna tablica z grbom umrlega
hatchway [hǽčwei] *n naut* odprtina v ladijskem krovu, jašek za nakladanje
hate I [héit] *n poet* sovraštvo, mržnja; *sl* **morning** ~ obstreljevanje ob zori; ~ **tunes** pesmi sovraštva
hate II [héit] *vt* sovražiti, ne prenesti, ne trpeti, nerad kaj narediti; *coll* obžalovati; **I** ~ **to do it** (ali **doing it**) zelo nerad to naredim
hateful [héitful] *adj* (**-ly** *adv*) osovražen, sovraštva vreden, odvraten
hatefulness [héitfulnis] *n* osovraženost; odvratnost
hater [héitə] *n* sovražnik; kdor sovraži; **to be a good** ~ v dno duše koga sovražiti
hatful [hǽtful] *n* poln klobuk česa
hath [hæθ, həθ] *arch* stara oblika za *has*
hatless [hǽtlis] *adj* brez klobuka, gologlav
hat-pin [hǽtpin] *n* igla za klobuk
hat-rack [hǽtræk] *n* obešalnik ali polica za klobuke

hatred [héitrid] *n* sovraštvo, mržnja (*of, against, towards*)
hat-stand [hǽtstænd] *n* stojalo za klobuke
hatter [hǽtə] *n* klobučar; **as mad as a** ~ blazen, divji na koga
hat-tree [hǽttri:] *n A* garderobno stojalo
hat-trick [hǽttrik] *n sp* trikratni zaporedni zadetek istega igralca
hauberk [hó:bə:k] *n* dolg, pleten oklep
haugh [ha:f] *n Sc* naplavina ob reki
haughtiness [hó:tinis] *n* ošabnost, oholost, nadutost
haughty [hó:ti] *adj* (**haughtily** *adv*) ošaben, nadut, ohol; *arch* plemiški
haul I [hɔ:l] *n* vlačenje, vlaka, močan poteg; ulov rib v eno mrežo; jata rib; prevoz, transport; naklad, tovor; *coll* pridobitev; **at a** ~ na eno vlako, z enim vlečenjem; **to make a fine** (ali **big, good**) ~ imeti dober ulov (policija); **a** ~ **of coal** naklad premoga
haul II [hɔ:l] **1.** *vt* vleči, vlačiti; odpraviti, transportirati; spravljati iz rudnika; izvleči z mrežo (ribe); *naut* vleči, zategniti (vrvi); **2.** *vi* vleči (*at, on* za); loviti ribe z mrežo; obrniti se (veter); *naut* spremeniti smer; **to** ~ **over the coals** ozmerjati, dati komu popra; *naut* **to** ~ **the wind** obrniti ladjo proti vetru; *naut* **to** ~ **upon the wind** pluti z vetrom
haul down *vt naut* spustiti, spuščati (jadra); **to** ~ **one's flag** (ali **colours**) spustiti zastavo, *fig* predati se
haul in *vt naut* potegniti vrv na ladjo
haul off *vi naut* oddaljiti se, umakniti se
haul round *vi* obrniti se (veter)
haul up **1.** *vt* poklicati na odgovor, vzeti koga v roke, ošteti, ozmerjati; *naut* dvigniti (jadra itd.); **2.** *vi* zaustaviti se, iti k počitku; *naut* pluti z vetrom
haulage [hó:lidž] *n* vlačenje, vlaka; odvažanje, prevoz, prevoznina; ~ **cable** kabel pri žičnici; ~ **contractor** prevoznik; ~ **road** spravilna pot; ~ **rope** dvigalna vrv
hauler [hó:lə] *n* vlačilec; prevoznik
haulier [hó:liə] *n E* glej **hauler**
ha(u)lm [hɔ:m] *n E* steblo, bilka, steblovina (graha, fižola
haunch [hɔ:nč] *n* bedro, stegno, bok, krača; *archit* bok svodnega loka pri mostu
haunt I [hɔ:nt] *n* pogosto obiskovan kraj, najljubši kraj; skrivališče; krmišče (živali); shajališče (kriminalcev)
haunt II [hɔ:nt] **1.** *vt* pogosto obiskovati (*in, about*); družiti se (*with* s, z); strašiti (duh); **2.** *vi* prikazovati se (duh); *fig* vznemirjati, mučiti, preganjati (misli, spomini itd.); **a** ~ **ed house** hiša, v kateri straši; **a** ~ **ed man** človek, ki ne najde miru
haunting [hó:ntiŋ] *adj* (**-ly** *adv*) tesnoben, ki muči, preganja; nepozaben; ~ **beauty** omamna lepota
hautboy [(h)óuboi] *n mus* oboa; *bot* velika vrtna jagoda
hauteur [outá:] *n* ošabnost, oholost
have I [hæv] *n sl* potegavščina, sleparija; **the haves and the have-nots** bogati in revni
have II* [hæv] *vt & vi* imeti; vsebovati, imeti v sebi; imeti mlade, otroka (**to** ~ **a baby**); imeti, preživljati (**to** ~ **a fine time** dobro se imeti); ob-

držati, imeti (*may I have it?*); gojiti čustva, imeti (misli itd.); dobiti (*I've had no news*); zvedeti od, slišati od (*I ~ ' it from my friend*); znati, razumeti (*she has no German*); jesti, piti kaditi (*I had a sandwich, some coffee, a cigarette*); trditi (*as Plato has it*); *sl* potegniti, prevarati koga; *z nedoločnikom:* morati (*I ~ to do it*); *z objektom in preteklim deležnikom:* dati si kaj narediti (*I had a suit made*); *z nedoločnikom brez »to«:* dovoliti, trpeti (*I won't ~ it, I won't ~ you say it*);
Z nedoločnikom brez »to«: **I had as good** ali **as well** prav tako bi lahko; **I had as lief** ali **as soon** prav tako bi rad; **I had better** ali **best** bolje bi storil, če, bilo bi pametno, če; **I had sooner** ali **rather** raje bi; **I had soonest** ali **liefest** najraje bi; Druge fraze in rabe: *sl* **you ~ been had** prevarali so te; *parl* **the Ayes ~ it** večina je za; *fig* **he had me in the argument** potolkel me je; **~ them come here** poskrbi, da pridejo; **(not) to be had** se (ne) dobi; **you ~ it coming** dobiš, kar zaslužiš; **what would you ~ me do?** kaj naj po tvojem storim?; **I won't ~ you do it** ne dovolim, da bi to naredil; **~ done!** nehaj!; **I ~ done with it** s tem sem opravil; **I ~ your idea** sedaj te razumem; **he had a leg broken** zlomil si je nogo; **he had a son born to him** rodil se mu je sin; **I won't ~ it** tega ne trpim, ne dovolim; **you ~ me, ~ you not?** ti me razumeš, kajne?; **rumour has it** govorica gre; **he will ~ it that** on trdi, da; **~ it your own way** naj bo po tvojem; **I ~ it že imam**, spomnil sem se; **I would ~ you know** rad bi, da zveš; **I had him there** na tem sem ga ujel, premagal sem ga, bil sem močnejši od njega; **you ~ it right** prav imaš, uganil si; **to ~ breakfast, lunch, dinner (supper)** zajtrkovati, kositi, večerjati; **to ~ an affair** imeti ljubezensko razmerje; **to ~ the best of** zmagati; **to ~ s.th. by heart** znati kaj na pamet; **to ~ a chat** pokramljati; **to ~ a cold** biti prehlajen; **to ~ the cheek to** predrzniti se; **to ~ a day off** imeti prost dan; **to ~ to do with** imeti kaj opraviti z; **to ~ an edge on** imeti majhno prednost, biti malo opit; **to ~ one's fill of** imeti dovolj česa; **to ~ one's fling** izdivjati se; *A jur* **to ~ and to hold** imeti v posesti, ne spustiti iz rok; **to ~ it in for s.o.** zameriti komu, komu kaj slabega želeti; **to ~ it in one** to imeti dovolj poguma za; **to ~ a heart** biti usmiljen, imeti srce; **to ~ kittens** biti razburjen; **to ~ the laugh on** zadnji se smejati; **to ~ a look at** pogledati; **to ~ a mind to** kaj nameravati; **to ~ s.th. in mind** imeti kaj v mislih; **to ~ it (all) over s.o.** biti na boljšem od koga; **to ~ it out with s.o.** razčistiti stvar s kom; **to let s.o. ~ it** kaznovati koga, odkrito komu povedati, kar mu gre; **to ~ ready** pripraviti; **to ~ a short (long) run** obdržati se malo (dolgo) časa; **to ~ the run of** imeti pravico uporabljati; **to ~ a say in** imeti pravico kaj reči k; **to ~ a good time** dobro se imeti; **to ~ a way with** znati s kom ali čim ravnati; **to ~ a shot at** poskusiti kaj narediti; **to ~ s.th. on s.o.** imeti koga v šahu; **to ~ s.o. on toast** imeti koga v rokah, prekaniti koga; **to ~ a try** poskusiti
have about *vt* imeti pri sebi, s seboj

have after *vt* slediti, goniti, hiteti za kom
have at *vi* napasti koga
have away *vt* odnesti, spraviti
have back *vt* dobiti nazaj
have in *vt* imeti koga v gosteh, pripeljati koga; vsebovati
have on *vt* imeti na sebi, nositi (obleko); *coll* **to have s.o. on** imeti koga za norca; **I have nothing on tomorrow** za jutri nimam načrtov
have up *vt* poklicati, privesti koga na sodnijo
havelock [hǽvlǝk] *n* havelok (plašč)
haven [héivn] *n* (zlasti *fig*) pristanišče, pristan; **~ of rest** zavetišče, pribežališče
have-not [hǽvnǝt] *n coll* nemanič
haver [héivǝ] *vi Sc* blebetati, govoriti neumnosti
haversack [hǽvǝsæk] *n* krušnjak, telečnjak; *E mil* **~ ration** živež med pohodom
havildar [hǽvildɑ:] *n E Ind* indijski narednik
having [hǽviŋ] *n* imetje, posest; *pl* lastnina
havoc I [hǽvǝk] *n* pustošenje, opustošenje, uničevanje; pokol; **to cause ~** napraviti zmešnjavo; **to cry ~** dati vojski znak za pustošenje; **to make ~** ali **to play ~ among** (ali **with**) pustošiti, uničiti, zrušiti
havoc II [hǽvǝk] *vt* (o)pustošiti, uničiti
haw I [hɔ:] *n bot* gloginja, jagoda gloga; *hist* živa meja
haw II [hɔ:] *vi* zatikati se (jezik), hmkati; **to hum and ~** jecljati, zatikati se
haw III [hɔ:] 1. *int* hi! (konju); 2. *vt & vi* obrniti (se) na levo
Hawaiian [ha:wáiiǝn] *adj* havajski
hawfinch [hó:finč] *n zool* dlesk, lešnikar
haw-haw [hó:hó:] 1. *int* ha! ha!; 2. *n* krohot; 3. *vi* krohotati se
hawk I [hɔ:k] *n zool* kragulj, kanja, jastreb, sokol, postovka; *fig* grabežljivec, slepar; **to know a ~ from a handsaw** ne biti neumen
hawk II [hɔ:k] *vi & vt* loviti s sokolom, pognati se kot jastreb (*at* na)
hawk III [hɔ:k] *vt* krošnjariti, prodajati po hišah; *fig* trositi (govorice, laži)
hawk IV [hɔ:k] 1. *n* odhrkavanje, hrkanje; 2. *vt & vi* odhrkniti (se), hrkati, odkašljati se; (*up*) izkašljati (pljunek)
hawk V [hɔ:k] *n* deščica za malto
hawker [hó:kǝ] *n* sokolar; krošnjar; hrkež
Hawkeye State [hó:kai] *n A* vzdevek za Iowo (ZDA)
hawk-eyed [hó:kaid] *adj* ostrook, ki ima oči ko jastreb
hawking [hó:kiŋ] *n* sokolarstvo, lov s sokoli; krošnjarjenje; hrkanje
hawkish [hó:kiš] *adj* kakor sokol, sokolji
hawk-nosed [hó:knouzd] *adj* orlovskega nosu, kljukastega nosu
hawksbill [hó:ksbil] *n zool* morska želva
hawkshaw [hó:kšɔ:] *n* detektiv
hawk-swallow [hó:kswǝlou] *n zool* hudournik (ptič)
hawk-weed [hó:kwi:d] *n bot* škržolica, kosmatica
hawse [hɔ:z] *n naut* prednji del ladje z luknjami za vrvi, sidrno ustje; **to cross s.o.'s ~** biti komu na poti, prekrižati komu pot
hawsehole [hó:zhoul] *n naut* sidrno ustje
hawser [hó:zǝ] *n naut* debela vrv za privezovanje ladij

hawthorn [hɔ́:θə:n] *n bot* glog, beli trn
hay I [héi] *n* seno; *sl* **to hit the** ~ iti spat; **to look for a needle in a bundle of** ~ zaman iskati; **to make** ~ kositi, seno obračati; **to make** ~ **of s.th.** premetati, napraviti zmešnjavo; **to make** ~ **while the sun shines** kovati železo, dokler je vroče
hay II [héi] *vt & vi* kositi, seno sušiti, s senom hraniti
hay III [héi] *n* kmečko rajanje
haybote [héibout] *n* šibje za popravilo plotov; pravica kupca za uporabo šibja
hay-box [héibɔks] *n* norveški lonec; lonec ovit s senom, v katerem se na pol kuhana jed dokuha
haycock [héikɔk] *n E* senena kopica
hay-fever [héifi:və] *n med* senena mrzlica
hay-field [héifi:ld] *n* senožet
hay-fork [héifɔ:k] *n* senene vile
hayloft [héilɔft] *n* svisli, senik
haymaker [héimeikə] *n* kosec, obračalec sena; kosilnica; *sl* kdor divje tolče (boks)
haymaking [héimeikiŋ] *n* košnja, spravljanje sena
haymow [héimou] *n* seno v seniku; senik; senena kopica
hay-rack [héiræk] *n* svisli; grablje (sena)
hayrick [héirik] *n* senena kopa, stog
hay-seed [héisi:d] *n* senen drob; *A sl* kmetavz
haystack [héistæk] *n* senena kopa
hayward [héiwəd] *n* občinski nadzornik za pregled ograj in plotov
haywire [héiwaiə] **1.** *n* vrv za vezanje snopov; **2.** *adj A sl* zmešan, nor; *sl* **to go** ~ zmešati se (pamet), ponoreti; spodleteti
hazard I [hǽzəd] *n* slučaj; tveganje, nevarnost; igra na slepo srečo; *sp* ovira, zapreka (golf); *pl* vremenske muhe; **at** ~ na srečo; **at all** ~**s** v vsakem slučaju; **at the** ~ **of life** v življenski nevarnosti; **to put to** ~ postaviti na kocko; **to run a** ~ tvegati, biti v nevarnosti; ~ **not covered** v primeru tveganja se zavarovalnina ne plača; *E* **winning** ~ zadetek (biljard); *E* **losing** ~ pogrešek (biljard)
hazard II [hǽzəd] *vt* tvegati, upati si, postaviti na kocko
hazardous [hǽzədəs] *adj* (**-ly** *adv*) tvegan, nevaren
haze I [héiz] *n* meglica, sparina; *fig* megla, nejasnost, omotica
haze II [héiz] *vt* zatemniti, zamegliti
haze III [héiz] **1.** *vt A* sitnosti delati, šikanirati, nagajati; **2.** *vi* potepati se (*around, about*)
hazel [héizl] **1.** *n bot* leska; **2.** *adj* svetlorjav
hazel-grouse [héizlgraus] *n zool* leščarka
hazel-nut [héizlnʌt] *n bot* lešnik
haziness [héizinis] *n* megličavost, soparnost, sparina; *fig* nejasnost, meglenost
hazy [héizi] *adj* (**hazily** *adv*) meglen, soparen; *fig* nejasen, meglen; okajen
H-bomb [éičbəm] *n mil* vodikova bomba
he [hi:] *pers pron* on; moški, samec živali; *coll* **a** ~ moški; ~**-goat** kozel; ~ **who** ali ~ **that** tisti ki; ~ **laughs best who laughs last** kdor se zadnji smeje, se najslajše smeje; ~ **who digs a pit for others falls in himself** kdor drugemu jamo koplje, sam vanjo pade
head I [hed] *adj* glavni, na čelu; *E* ~ **boy** najboljši dijak v razredu; ~ **cook** glavni kuhar; ~ **nurse**

glavna medicinska sestra; ~ **waiter** glavni natakar, plačilni; ~ **wind** nasprotni veter
head II [hed] *n* glava; dolžina glave (pri konjskih dirkah); pamet, razum, nadarjenost; vodja, voditelj, predstojnik; šolski direktor -ica; glava kovanca; glava, vrh, gornji del, vzglavje (strani, postelje, knjige, pisma, stopnišča itd); glava žeblja, kladiva, bucike; višek, kriza; pena na pivu, mleku; rogovje (srnjadi); oseba, komad, kos, glava (živine); stržen čira; izvir reke; zajezena voda; pritisk pare, zraka, plina, vode; predgorje, rt; *fam* plačilni, glavni natakar; streha na vozu; glavna točka (govora), poglavje (knjige), rubrika, stolpič (v časopisu); *econ* postavka (v računu, fakturi), kategorija; *sl* latrina; **above one's** ~ težko razumljivo, prepametno za koga; **at the** ~ **of** na čelu; **by** ~ **and shoulders** ali **by the** ~ **and ears** s silo, na silo; (**by**) ~ **and shoulders above** mnogo boljši od; **by a short** ~ za dolžino nosu, *fig* z majhno prednostjo; **crowned** ~**s** kronane glave; **a deer of the first** ~ petleten jelen ali srnjak; *naut* **down by the** ~ s prednjim delom ladje globoko v vodi; ~ **of the family** družinski poglavar; ~**s of state** državni voditelji; **the** ~ **and front** bistvo, *pol* glava zarote, vodja upora; **from** ~ **to foot** od nog do glave, popolnoma; ~ **first** (ali **foremost**) z glavo naprej, *fig* nepremišljeno; **a large** ~ **of game** velik trop živali; **hot** ~ vročekrvnež; **a beautiful** ~ **of hair** gosti lasje; ~ **over heels** narobe, do ušes, na vrat na nos; **old** ~ **on young shoulders** pameten mlad človek; **off one's head** ali **out of one's** ~ nor; **over one's** ~ viseč nad glavo (nevarnost); težko razumljivo; **over** ~ **and ears** ali ~ **over ears** preko glave, do ušes, popolnoma; **on this** ~ o tem predmetu; **out of one's own** ~ sam od sebe, sam, na lastnem zeljniku; **two** ~**s are better than one** kolikor glav, toliko misli; ~ **of water** vodni steber; ~**s or tails** obe strani kovanca (pri metanju); **twopence a** ~ 2 penija na osebo; *sl* **King's** (**Queen's**) ~ poštna znamka; **weak in the** ~ slaboumen; ~, **cook and bottle washer** kdor s svojim vedenjem poudarja svojo veljavo; *fig* **on your** ~ **be it!** naj gre na tvojo glavo, ti si odgovoren; **ten** ~ **of cattle** deset glav živine; Z glagoli: **to beat s.o.'s** ~ **off** prekositi koga; *coll* **to bite** (ali **snap**) **s.o.'s** ~ **off** uničiti koga; **to bring to a** ~ pripeljati do krize; *fig* **to break one's** ~ glavo si razbijati; **to carry one's** ~ **high** nositi glavo pokonci, biti ponosen; **to come to a** ~ priti do krize, zaostriti se; *med* zagnojiti se, dozoreti (čir); *sl* **to do a thing on one's** ~ igraje kaj napraviti; **to drag in by the** ~ **and ears** s silo privleči, za ušesa privleči; **to eat** (ali **cry, scream, run**) **one's** ~ **off** pretirano se razburjati; **it entered my** ~ v glavo mi je padlo; **to give s.o. his** ~ *fig* popustiti uzde; **to get s.th. through one's** ~ doumeti, razumeti kaj; **to go over s.o.'s** ~ biti pretežko za koga; **to go to s.o.'s** ~ v glavo stopiti; **this horse eats his** ~ **off** ta konj več pojé kot je vreden; **to have a good** ~ **for** biti nadarjen za; **to have a** ~ imeti »mačka«; **to have a good** ~ **on one's shoulders** biti dobre glave; **to have one's** ~ **in the clouds** *fig* živeti v oblakih, sanjariti; **to have one's** ~

screwed in the right way imeti glavo na pravem koncu; to have a ~ like a sieve imeti glavo kot rešeto, biti pozabljiv; to hit the nail on the ~ točno zadeti; to keep one's ~ ostati miren; fig to keep one's ~ above water obdržati se nad vodo, životariti; to knock s.th. on the ~ onemogočiti kaj; to lay (ali put) ~s together glave stikati, posvetovati se; to let s.o. have his ~ pustiti komu delati po svoji glavi; to lie on s.o.'s ~ biti komu v breme; to lose one's ~ izgubiti glavo; I cannot make ~ or tail of ne razumem, ne vidim ne repa ne glave; to make ~ izbiti na čelo, napredovati; to make ~ against uspešno se upirati; to be put over the ~s of other persons pri napredovanju preskočiti druge; to put s.th. into s.o.'s ~ vtepsti komu kaj v glavo; to put s.th. into one's ~ vtepsti si kaj v glavo; to put s.th. out of s.o.'s ~ izbiti komu kaj iz glave; to put s.th. out of one's ~ izbiti si kaj iz glave; to put one's ~ in the lion's mouth izpostavljati se nevarnosti; to rear one's ~ glavo dvigniti; to run in s.o.'s ~ vrteti se komu po glavi; to run one's ~ against a brick wall riniti z glavo skozi zid; to shake one's ~ odkimati; to shake one's ~ at z glavo zmajati; to suffer from swelled (ali swollen) ~ biti zelo domišljav; to take the ~ prevzeti vodstvo; to take s.th. into one's ~ v glavo si kaj vtepsti; to talk over s.o.'s ~ za koga preučeno govoriti; to talk s.o.'s ~ off utruditi koga z nenehnim govorjenjem; to talk through the back of s.o.'s ~ neprestano v koga govoriti; to throw o.s. at the ~ of obesiti se komu za vrat; to talk one's ~ off nenehno govoriti; to turn one's ~ v glavo stopiti; to turn s.o.'s ~ glavo komu zmešati; to win by a ~ zmagati za dolžino glave (konj); to work one's ~ off pretegniti se od dela, garati; ~s I win, tails you lose izgubiš v vsakem primeru

head III [hed] 1. vt voditi, biti na čelu, priti na čelo; zapovedovati; prekositi, prekašati; obiti (reko) pri izviru; dati naslov, glavo (pismu itd.); obrezati, odsekati vrh (stebla, krošnjo drevesa); upreti se, nasprotovati, postaviti se po robu; obrniti proti; sp udariti žogo z glavo; 2. vi biti obrnjen z glavo, pročeljem proti; iti, gibati se proti (for); pluti proti (for); razvijati se; A izvirati (reka); to ~ for war siliti v vojno

head back vt iti pred kom z nazaj obrnjenim obrazom; obrniti, zasukati; fig ustaviti

head for vi obrniti se proti, pluti proti (ladja)

head off vt napeljati, speljati drugam, obrniti; fig zaustaviti

head up vt fig doseči vrhunec, priti do krize

headache [hédeik] n glavobol; I have a ~ glava me boli; I have a splitting ~ glavo mi bo razneslo

headachy [hédeiki] adj ki povzroča glavobol; ki trpi za glavobolom

headband [hédbænd] n načelek, šapelj; A ornament na začetku poglavja v knjigi; platneni rob knjige, okrasni trak

head-board [hédbɔ:d] n vzglavje postelje

head-borough [hédbʌrə] n hist vaški stražnik

head-chair [hédčɛə] n stol z naslonjalom za glavo

head-cheese [hédči:z] n A cul hladetina iz svinjske glave in tac

head-dress [héddres] n okras za lase; ženska frizura

header [hédə] n tech kosilnica za klasje; zbiralna cev, vodni zbiralnik; archit veznik (v zidarstvu); fig vodja; sp coll skok na glavo

headfast [hédfɑ:st] n naut vrv za privezovanje ladje k pomolu

head-first [hédfɔ́:st] adv na glavo

head-foremost [hédfɔ́:moust] adv na glavo

headgate [hédgeit] n premična vrata na gornji zatvornici

headgear [hédgiə] n pokrivalo; komat; naprava pri vrhu rova, vrvenica

head-hunter [hédhʌntə] n lovec na človeške glave

head-hunting [hédhʌntiŋ] n lov na človeške glave

heading [hédiŋ] n naslov, napis, glava (pisma); rubrika, poglavje, tema (pogovora); sp igra z glavo; archit nazidni venec; aero smer letenja; naut smer plovbe

head-lamp [hédlæmp] n žaromet; ~ flasher svetlobni signal (avto)

headland [hédlənd] n rt, jezik v morju; neobdelana zemlja okoli njiv

headless [hédlis] adj (-ly adv) brezglav; fig brez vodje

headlight [hédlait] n prednja luč na avtu (lokomotivi), žaromet (tudi na jamboru); ~ mask pokrov, maska na žarometu

headline I [hédlain] n naslovna vrsta v časopisu; ~ news najvažnejše novice (radio); he makes the ~s on polni stolpce v časopisih

headline II [hédlain] vt nasloviti, napisati naslovno vrsto

headliner [hédlainə] n pisec naslovnih vrst v časopisu; theat glavni igralec, -lka, zvezdnik, zvezdnica

headlong [hédlɔŋ] 1. adv na glavo, z glavo naprej, strmoglavo; fig na vrat na nos, nepremišljeno; 2. adj strmoglav; fig nepremišljen, prenagljen

headman [hédmən] n vodja, načelnik, plemenski starešina, glavar; preddelavec, nadzornik; rabelj

headmaster [hédmɑ:stə] n šolski ravnatelj

headmistress [hédmistris] n šolska ravnateljica

head-money [hédmʌni] n glavarina, davek na glavo, nagrada na glavo

headmost [hédmoust] adj čelen, prvi; najbolj napreden

head-note [hédnout] n jur uvodni zapisnik

head-office [hédɔfis] n centrala, sedež podjetja

head-on [hédɔ́n] 1. adj frontalen, čelen; 2. adv glavo naprej, čelno; ~ collision čelno trčenje

headphones [hédfounz] n pl slušalke

headpiece [hédpi:s] n hist čelada; fig pametna glava, pameten človek; vzglavje postelje; čelnik (jermen); print vinjetni okras na začetku poglavja

headpin [hédpin] n kralj (kegelj)

headquarters [hédkwɔ:təz] n pl glavni stan, generalni štab; policijska centrala, delovni štab; centrala, sedež podjetja

head-race [hédreis] n zgornje dovodno korito, mlinščica; dovodna cev za parni kotel

head-rest [hédrest] n naslon za glavo

head-rope [hédroup] n naut zgornja obrobnica jadra

head-sail [hédseil] n naut prednje jadro

head-sea [hédsi:] n valovi, ki udarjajo v ladijski kljun

headset [hédset] n tech slušalka

head-shrinker [hédšriŋkə] n A sl psihiater

headsman [hédzmən] n rabelj; poglavar, predstojnik; predstojnik na kitolovcu

headspring [hédspriŋ] n pravir, glavni izvir; poreklo

headstall [hédstə:l] n komat

head-stand [hédstænd] n sp stoja na glavi

head-stock [hédstɔk] n tech vretenjak pri stroju; podstavek, ležaj gonilne naprave; ročaj orodja

headstone [hédstoun] n nagrobni kamen; ogelni kamen; temeljni kamen

headstream [hédstri:m] n vrelčnica

head-tax [hédtæks] n A davek na priseljenca

head-waiter [hédweitə] n glavni natakar, plačilni

headwaters [hédwɔ:təz] n pl izvir in gornji tok reke; pritoki v gornjem toku reke

headway [hédwei] n napredovanje, uspeh; naut plovba ladje, hitrost plovbe; archit višina oboka; E glavni rov v rudniku; časovni presledek med vlaki; to make ~ dobro napredovati

head wind [hédwind] n naut protiveter

headwork [hédwɔ:k] n duševno delo; archit okrasek na stebru oboka; tech vodna kontrolna naprava

headworker [hédwɔ:kə] n duševni delavec, intelektualec

heady [hédi] adj (headily adv) trdovraten; nepremišljen, vihrav; opojen (pijača), omamen (uspeh); omamljen (with od); A coll zvit, prekanjen

heal [hi:l] vt & vi zdraviti (se), celiti (se), pozdraviti (se), zaceliti (se); fig pomiriti se, zaceliti se; to ~ up ali over zaceliti se, zarasti

healable [hí:ləbl] adj ozdravljiv, zaceljiv

heal-all [hí:lɔ:l] n univerzalno zdravilo; naziv za več zdravilnih rastlin

healer [hí:lə] n zdravnik; zdravilo; time is a great ~ čas zaceli vse rane

healing [hí:liŋ] 1. adj (-ly adv) zdravilen; 2. n ozdravljenje, zaceljenje; ~ art medicina

health [helθ] n zdravje; zdravica; zdravstvo; bill of ~ zdravstveno spričevalo za ladijsko posadko v pristanišču; ~ certificate zdravniško potrdilo; Ministry of Health ministrstvo za zdravstvo; state of ~ zdravstveno stanje; in good (poor) ~ pri dobrem (slabem) zdravju; in the best of ~ pri najboljšem zdravju; to drink (ali pledge, propose) s.o.'s ~ nazdraviti komu; your ~! na tvoje zdravje!; here is to the ~ of the host! na zdravje gostitelju!

healthful [hélθful] adj (-ly adv) zdrav; zdravilen (to za)

healthfulness [hélθfulnis] n zdravje

healthiness [hélθinis] n zdravje

health insurance [hélθinšúərənc] n zdravstveno zavarovanje

health officer [hélθəfisə] n uslužbenec zdravstvene službe; naut pristaniški zdravnik

health-resort [hélθrizɔ:t] n zdravilišče, zdraviliški kraj

healthy [hélθi] adj (healthily adv) zdrav, zdravilen; blagodejen (vpliv); coll not ~ nevaren, »nezdrav«

healthy-minded [hélθimáindid] adj razborit, pameten

heap I [hi:p] n kup, gomila; coll množica, kup; A sl stara krača (avto); ~ of charcoals oglenica, kopa; in ~s na kupe; that's ~s to je već ko dovolj; he is ~s better neprimerno boljše se počuti; ~s of times neštetokrat; to be struck (ali knocked) all of a ~ biti zbegan, ostati brez besed

heap II [hi:p] vt kopičiti, nakopičiti, nametati (up, together); to ~ favours upon s.o. obsipati koga z dobrotami; to ~ coals of fire on s.o.'s head povrniti zlo z dobroto; to ~ insults upon s.o. obmetavati koga z žalitvami

hear* [híə] 1. vt slišati, poslušati; jur zaslišati, razpravljati, pretresati; uslišati; zvedeti (from od, of o); 2. vi slišati, dobiti vesti (about o), slišati (from od); ~, ~! da slišimo!; iron glej!, glej!; jur to ~ evidence zaslišati priče; to ~ say slišati govoriti; I've heard tell of pripovedovali so mi, povedali so mi; you will ~ of it to si boš še zapomnil; he will not ~ of it o tem neče nič slišati; let me ~ from you piši mi; to make o.s. heard obrniti pozornost nase; so I (have) heard to sem slišal; to ~ s.o. out do konca koga poslušati, pustiti koga govoriti do konca

hearable [híərəbl] adj slišen

heard [hə:d] pt & pp od to hear

hearer [híərə] n poslušalec, -lka

hearing [híəriŋ] n sluh, slišaj, poslušanje; avdienca, zaslišanje; day (ali date) of ~ rok obravnave; to fix (a day for) a ~ določiti rok za obravnavo; to gain a ~ dobiti poslušalce; to give s.o. a ~ poslušati koga; to grant a ~ sprejeti v avdienco; hard of ~ naglušen; that's good ~ to je dobra vest; within (out of) ~ se sliši, v slišaju (predaleč, da bi se slišalo)

hearing-aid [híəriŋeid] n slušna priprava

hearken [há:kən] vi poet poslušati (to, koga, kaj), prisluhniti (to)

hearsay [híəsei] n nepotrjena govorica, čenča; by ~ po govoricah; it is mere ~ to so samo govorice; jur ~ evidence pričevanje, ki se opira na govorice; jur ~ rule izključitev pričevanja, ki se opira na govorice

hearse [hə:s] n mrliški voz; hist katafalk

hearse-cloth [hɔ́:sklɔθ] n mrliški prt

heart [ha:t] n srce, srčni prekat; čud, duša; ljubezen, naklonjenost; usmiljenje, sočutje; hrabrost, srčnost; razum; jedro, središče, osrčje; srčevina, srčika (debla, rastline), srce (solate); bistvo, bit; srček, dragec, dragica; srčen, pogumen človek; predmet oblike srca; rodovitnost (zemlje); pl srčne karte; after one's own ~ po želji, kot srce poželi; at ~ v duši, v srcu, po srcu; an affair of the ~ ljubezenska zadeva; bless my ~! za boga!; by ~ na pamet; at the bottom of one's ~ na dnu srca; ~'s desire srčna želja; from one's ~ iskreno, iz srca; for one's ~ srčno rad; ~ and head navdušeno; ~ of oak srčika hrasta, fig srčen človek; leseno ladjevje; ~ and soul z dušo in telesom; a ~-to-~ talk odkrit pogovor; in good ~ v dobrem stanju; the land is in good ~ zemlja je rodovitna, ni izčrpana; in the ~ of v osrčju; in one's ~ skrivoma; in one's ~ of ~s v dnu duše, zares;

in ~ dobre volje, **light of** ~ vesel, brezbrižen; **left** ~ levi srčni prekat; **king (queen) of** ~ s srčni kralj (dama); *naut* **my** ~ s! tovariši!, pogumni fantje!; **near one's** ~ všeč, pri srcu; **the very** ~ of the matter bistvo zadeve; **out of** ~ malodušen; nerodoviten, izčrpan (zemlja); **sick at** ~ potrt, žalosten; **smoker's** ~ kadilčevo (bolno) srce; **searchings of** ~ tesnoba, sum; **to one's** ~'s **content** do mile volje, kot srce poželi; **with all one's** ~ iz vsega srca, srčno rad; **with a heavy** ~ s težkim srcem; *med* **disordered** ~ srčna nevroza; Z glagoli: **to break s.o.'s** ~ streti komu srce; **to clasp s.o. to one's** ~ prižeti koga na srce; **to cry one's** ~ **out** oči si izjokati; **to cut s.o. to the** ~ zadeti koga v srce, užaliti; **to do one's** ~ **good** dobro deti, osrečiti; **to eat one's** ~ **out** giniti od žalosti; **my** ~ **fails** pogum mi upada; **I cannot find it in my** ~ **to** ali **I don't have the** ~ **to** srce mi ne da, da bi; **to get (go) to the** ~ **of** priti (iti) stvari do dna; **to give** ~ opogumiti; **to give one's** ~ **to s.o.** dati komu srce; **to go near (ali to) one's** ~ ganiti; **my** ~ **goes out to him** sočustvujem z njim; **to grow out of** ~ postajati malodušen; izčrpavati se (zemlja); **to have a** ~ imeti (dobro) srce; **have a** ~! usmili se!; **to have no** ~ biti brez srca, neusmiljen; **to have s.th. at** ~ srčno kaj želeti; **to have one's** ~ **in one's mouth** v grlu stiskati, biti zelo prestrašen; **to have one's** ~ **in one's boots** biti zelo malodušen; **to have one's** ~ **in the right place** imeti srce na pravem mestu; **to have s.o.'s good at** ~ brigati se za dobro nekoga; **to have one's** ~ **in one's work** biti z vsem srcem pri delu; **his** ~ **leaps up** srce mu zaigra; **to lay s.th. to** ~ na srce položiti; **to lose** ~ izgubiti pogum; **to lose one's** ~ **to** zaljubiti se; **to make one's** ~ **bleed** čutiti veliko usmiljenje in žalost (srce krvavi); **to open one's** ~ **to s.o.** razkriti komu srce, biti velikodušen; **to pluck up** ~ opogumiti se; **to pour out one's** ~ srce izliti; **to put s.o. in good** ~ razveseliti, razvedriti koga; **to put one's** ~ **into s.th.** biti pri stvari z dušo in telesom; **my** ~ **sank** srce mi je padlo v hlače; **to set one's** ~ **on s.th.** iz vsega srca kaj želeti; **to set one's** ~ **at rest** umiriti se, pomiriti se; **to take s.th. to** ~ k srcu si kaj gnati, v srce si vtisniti; **to take** ~ **(of grace)** zbrati pogum, opogumiti se; **to wear one's** ~ **on one's sleeve** imeti srce na jeziku; **to win s.o.'s** ~ srce osvojiti; **what the** ~ **thinketh, the mouth speaketh** povedati, kar ti leži na srcu
heartache [há:teik] *n* srčna bolečina, bol, gorje
heart-attack [há:tətæk] *n med* srčni napad
heartbeat [há:tbi:t] *n* bitje srca, utrip; *fig* čustveno razburjenje
heart-blood [há:tblʌd] *n* srčna kri; *fig* življenje
heart-break [há:tbreik] *n* huda bolečina, srčna bol
heart-breaking [há:tbreikiŋ] *adj* ganljiv, žalosten; *coll* dolgočasen
heart-broken [há:tbroukən] *adj* strtega srca, strt
heartburn [há:tbə:n] *n med* zgaga
heart-burning [há:tbə:niŋ] *n* zavist, ljubosumnost
heart-clover [há:tklʌvə] *n bot* meteljka, lucerna
heart-complaint [há:tkəmpleint] *n* glej **heart-disease**
heart-condition [há:tkəndišən] *n* glej **heart-disease**

heart-disease [há:tdizi:s] *n med* srčna napaka, bolezen srca
-hearted [há:tid] *adj* v sestavljenkah: *sad-* ~ žalosten; *hard-* ~ trdosrčen itd.
hearten [ha:tn] *vt & vi (up, on)* osrčiti (se), ohrabriti (se); razveseliti (se)
heartening [há:tniŋ] *adj* **(-ly** *adv***)** ohrabrujoč, osrčujoč
heart-failure [há:tfeilə] *n med* srčna kap
heartfelt [há:tfelt] *adj* iskren, prisrčen, globok
heartfree [há:tfri:] *adj* svoboden, nevezan
hearth [ha:θ] *n* ognjišče; *fig* dom; *tech* talilnik; **a man's** ~ **ali** ~ **and home** dom
hearth-rug [há:θrʌg] *n* preproga pred kaminom
hearth-stone [há:θstoun] *n* kamen za kamin; *fig* dom
heartily [há:tili] *adv* prisrčno, iskreno; z velikim tekom (jesti); zelo, močno, krepko
heartiness [há:tinis] *n* prisrčnost, odkritost, iskrenost; izdatnost, čvrstost, moč
heartless [há:tlis] *adj* **(-ly** *adv***)** brezsrčen, brezčuten
heartlessness [há:tlisnis] *n* brezsrčnost, brezčutnost
heart-quake [há:tkweik] *n* srčni utrip
heart-rending [há:trendiŋ] *adj* otožen, žalosten, srce trgajoč
heart-rot [há:trət] *n* gniloba sredčevine debla
heart-sac [há:tsæk] *n anat* srčna vreča, osrčnik
heart-searching [há:tsə:čiŋ] *n fig* tesnobnost, bolečina, žalost, sumničenje
heart's-ease [há:tsi:z] *n bot* divja mačeha
heartsick [há:tsik] *adj fig* potrt, otožen
heartsickness [há:tsiknis] *n fig* potrtost, otožnost
heartsome [há:tsəm] *adj Sc* poživljajoč, vesel
heartsore [há:tsə:] 1. *n* bol; 2. *adj* otožen, potrt
heart-stirring [há:tstə:riŋ] *adj* ganljiv, presunljiv
heart-stricken [há:tstrikən] *adj* strtega srca, strt
heart-strings [há:tstriŋz] *n pl* globoko čustvo, čustvena navezanost; *arch* srčna vlakna; **to pull at s.o.'s** ~ vzbuditi čustva (ljubezni, sočutja, pomilovanja itd.), hudo prizadeti
heart-tearing [há:ttɛəriŋ] *adj* ki para srce
heart-throb [há:tθrəb] *n* utripanje srca (od strasti itd.)
heart-to-heart [há:ttəhá:t] *adj* odkrit, iskren, topel, prisrčen
heart transplant [há:ttrænspla:nt] *n med* presaditev srca
heart-whole [há:thoul] *adj* nezaljubljen, nevezan, svoboden; neustrašen; odkritosrčen
heart-wood [há:twud] *n* srčevina, stržen lesa
hearty I [há:ti] *adj* **(heartily** *adv***)** prisrčen, topel, iskren; zdrav, močen, krepek; živahen, navdušen; obilen, hranljiv; rodoviten (zemlja); zdrav, dober (tek); ~ **dislike** velik odpor do; **a** ~ **eater** dober jedec; ~ **meal** obilen obrok hrane; ~ **soil** rodovitna prst, zemlja
hearty II [há:ti] *n* tovariš, hraber človek, junak, mornar; *E sl* športnik (univerze); **my hearties!** tovariši!, junaki! (pozdrav mornarjem vojne mornarice)
heat I [hi:t] *n* vročina, toplina, toplota; žar, gorečnost, strast; silovitost; jeza, razjarjenost; višek napetosti; spolni nagon, spolna razdraženost živalskih samic; *sp* posamezen tek, krog; *pl* tekmovanje v teku; *A sl* pritisk, nasilje; *jur* **in the** ~ **of passion** v afektu; **at one** ~ na en

mah, v enem teku; **in the** ~ **of the battle** sredi največje borbe; **in** (ali **on, at**) ~ spolno razdražena (samica); **a bitch in** ~ psica, ki se goni; *sp* **a dead** ~ neodločen izid teka; *sp* **the trial** (ali **preliminary**) ~ izločilni tek; *sp* **the final** ~ finalni tek; *A sl* **to turn on** ~ ostro poseči vmes; *A sl* **to turn the** ~ **on s.o.** pritisniti na koga; *A sl* **the** ~ **is on** ostro je, nevarno je; *A sl* **the** ~ **is off** pomirilo se je, ni več nevarnosti; **prickly** ~ pršica

heat II [hi:t] **1.** *vt* segreti, segrevati, pogreti (*up, with, by*); razvneti, razburiti; **2.** *vi* segreti se, pogreti se, vneti se, razburiti se

heatable [hí:təbl] *adj* razburljiv, vnetljiv; ki se segreje, pogreje

heat-apoplexy [hí:tæpəpleksi] *n med* sončarica

heat-barrier [hí:tbæriə] *n aero* toplotni zid, toplotna meja

heated [hí:təd] *adj* (**-ly** *adv*) segret, vroč; goreč, vnet, strasten; razdražen (*with*)

heat-engine [hí:tendžin] *n tech* toplotni motor

heater [hí:tə] *n* grelec; *el* ogrevalna nitka, grelna plošča likalnika; kurjač

heath [hi:θ] *n bot* vresje; *E* goljava, pušča, ruševje

heath-bell [hí:θbel] *n bot* vresje, resa

heath-berry [hí:θbəri] *n bot* borovnica, brusnica

heath-bird [hí:θbə:d] *n zool* ruševka, divja kura

heath-cock [hí:θkɔk] *n zool* ruševec

heathen [hí:ðən] **1.** *adj* poganski, barbarski; **2.** *n* pogan(ka), barbar(ka)

heathendom [hí:ðəndəm] *n* poganstvo, poganske zemlje in prebivalci

heathenish [hí:ðəniš] *adj* (**-ly** *adv*) poganski, barbarski

heathenism [hí:ðənizəm] *n* poganstvo, barbarstvo

heathenize [hí:ðənaiz] **1.** *vt* popoganiti; **2.** *vi* postati pogan

heathenry [hí:ðənri] *n* poganstvo

heather [héðə] *n bot* vresje, resa; **to set the** ~ **on fire** povzročiti nemir, zmešnjavo; *Sc* **to take to the** ~ oditi v gozdove, postati izobčenec

heather-bell [héðəbel] *n bot* zvončasta resa

heather-mixture [héðəmiksčə] *n* pisana volnena tkanina

heathery [héðəri] *adj* resnat, poraščen z reso

heathy [hí:θi] *adj* resnat, poraščen z reso

heating [hí:tiŋ] **1.** *adj* segrevajoč, ogrevajoč; **2.** *n* ogrevanje, kurjava; segretje

heating-pad [hí:tiŋpæd] *n* ogrevalna blazinica

heat-lightning [hí:tlaitniŋ] *n* bliskavica

heat-proof [hí:tpru:f] *adj* odporen proti vročini

heat-rash [hí:træš] *n* vročinski izpuščaj

heat-seal [hí:tsi:l] *vt* zvariti umetne snovi, zlepiti, zapečatiti

heat-spot [hí:tspɔt] *n* kožni vročinski mehurček

heat-stroke [hí:tstrouk] *n med* sončarica

heat-treat [hí:ttri:t] *vt tech* oplemenititi (jeklo); pasterizirati

heat-wave [hí:tweiv] *n* vročinski val

heave I [hi:v] *n* dviganje, dvigovanje (tudi z vitlom); močan poteg; dražljaj na bruhanje; *sp* prijem, dvig nasprotnika (rokoborba); valovanje, naraščanje; širjenje (prsi); *geol* premik (sloja, žile); *pl* težka sapa pri konju; **the** ~ **of the sea** guganje ladje zaradi valov; **to give s.o. a** ~ pomagati komu na noge

heave II* [hi:v] **1.** *vt* dvigati, dvigovati, dvigniti; povleči gor; *geol* premakniti (sloj, žilo); *naut* dvigniti z vrvjo ali vitlom; *coll* vreči; nabrekniti, razširiti; ·dvigati in spuščati; **2.** *vi* dvigati se, plati, valovati; sopsti, sopihati, težko dihati; iti na bruhanje; naraščati, nabrekniti; **to** ~ **the gorge** rigati; **to** ~ **a groan** zastokati; **to** ~ **a sigh** globoko vzdihniti; *naut* ~ **ho!** dvigni sidro!; *naut* **to** ~ **ahead** povleči ladjo naprej; *naut* **to** ~ **the lead** vreči globinomer, meriti globino; *naut* **to** ~ **in sight** pojaviti se na obzorju; *naut* **to** ~ **a ship** povleči ladjo s sidrno vrvjo; *naut* **to** ~ **keel out** nagniti ladjo, da je kobilica nad vodo

heave about *vt naut* obrniti ladjo

heave down *vt naut* nagniti, prevrniti ladjo na bok (zaradi popravila)

heave forth *vi* težko dihati, sopihati

heave out *vt naut* razpeti jadra

heave to *vi naut* ustaviti, obrniti ladjo

heave-ho [hí:vhou] *n A coll* odpustnica; **to give s.o. the (old)** ~ odpustiti koga

heaven [hevn] *n* nebesa; *pl* nebesni svod, nebo, nébes; cona; podnebje; *fig* raj, blaženstvo; **Heaven; by** ~ ali **good** ~**s!** sveta nebesa!; **the Heaven of** ~**s** deveta nebesa; ~ **and earth** v nebesih in na zemlji; **to move** ~ **and earth** vse napraviti, vsak kamen obrniti; **in the seventh** ~ v devetih nebesih, blažen; **for** ~**'s sake** za božjo voljo; *fig, coll* **to** ~, **to high** nezaslišano, smrdi do neba; ~ **forbid** bog ne zadeni; **it is Heaven's will** božja volja je; **thank** ~ hvala bogu; **would to** ~ da bog da; **what in** ~**?** kaj za boga?; **it was** ~ bilo je božansko

heavenliness [hévnlinis] *n* blaženstvo, božanskost

heavenly [hévnli] *adj* nebeški, božanski (tudi *fig*); vzvišen; ~ **bodies** nebesna telesa; **Heavenly City** raj; **the Heavenly Twins** dvojčka (zvezdi)

heavenly-minded [hévnlimáinidd] *adj* pobožen

heaven-sent [hévnsent] *adj* nebeški, ki ga je nebo poslalo

heavenward(s) [hévnwəd(z)] **1.** *adj* proti nebu obrnjen; **2.** *adv* proti nebu

heaver [hí:və] *n tech* nateg(a), dvigalna naprava v pristanišču, vitel, dvigalo

heavier-than-air [héviəðənéə] *adj aero* težje od zraka (letalo)

heavily [hévili] *adv* težko, močno; okorno, zaspano, dolgočasno; ~ **loaded** težko natovorjen; **it weighs** ~ **upon me** tišči me, tlači me; **to suffer** ~ imeti težke (denarne) izgube

heaviness [hévinis] *n* teža; pritisk, breme; okornost; potrtost; zaspanost; dolgočasnost

heavy I [hévi] *adj* (**heavily** *adv*) težek; prenatovorjen, težko otovorjen, nabit; obilen, bogat (žetev); razburkan (morje); močen, silen (dež); bobneč (grom); oblačen, mračen, preteč (nebo); moreč (tišina); težek, naporen (delo); grob (poteza); težko prehoden, razmočen (cesta); znaten, velik (kupec, naročilo); težko prebavljiv (hrana); težek, težko razumljiv (knjiga); topoglav, okoren, počasen; potrt, žalosten; dolgočasen; noseča; *econ* medel, slab (trg); *print* masten (tisk); ~ **crop** obilna letina; ~ **with child** noseča; ~ **drinker** hud pivec; ~ **fate** žalostna usoda; ~ **fog** gosta megla; ~ **guns**

(ali **artillery**) težka artilerija, *fig* silovit napad, nevaren nasprotnik; ~ **in** (ali **on**) **hand** težko vodljiv (konj); ~ **industries** težka industrija; ~ **losses** težke izgube; ~ **metal** težka kovina, *fig* silen vpliv, močna osebnost; ~ **news** žalostna novica; ~ **road** težko prehodna cesta; *theat* ~ **scene** mračna scena; ~ **sea** razburkano morje; ~ **sky** preteče nebo; ~ **with sleep** omotičen od spanja; *econ* ~ **sale** slaba prodaja; ~ **taxes** visoki davki; **to lie** ~ **on** težiti koga; **to rule with a** ~ **hand** vladati s trdo roko; **time hangs** ~ (**on my hand**) čas se mi vleče

heavy II [hévi] *n theat* vloga barabe, tak igralec; *mil* top težkega kalibra; *pl* težka kavalerija; težka industrija

heavy-armed [hévia:md] *adj* težko oborožen

heavy-browed [hévibraud] *adj* mrk, mračen (obraz)

heavy current [hévikʌrənt] *n el* jaki tok

heavy-duty [hévidju:ti] *adj* trden, odporen, stanoviten; močno ocarinjen; *tech* visoko učinkovit

heavy earth [héviə:θ] *n chem* barijev oksid

heavy gymnastics [hévidžimnæstiks] *n pl* orodna telovadba

heavy-handed [hévihǽndid] *adj* neroden; *fig* nasilen, tiranski

heavy-hearted [hévihá:tid] *adj* potrt, otožen, žalosten

heavyish [héviiš] *adj* precej težek

heavy-laden [hévihéidn] *adj* težko otovorjen; *fig* obremenjen (*with*), potrt, zaskrbljen

heavy-spar [hévispa:] *n chem* težec, barit

heavy-swell [héviswel] *n coll* frakar, gizdalin

heavy type [hévitɒip] *n print* masten tisk

heavy water [héviwɔ:tə] *n chem* težka voda

heavy-weight [héviweit] **1.** *adj sp* težke kategorije; težek; **2.** *n sp* tekmovalec težke kategorije (boks, rokoborba); džokej nadpovprečne teže

hebdomad [hebdómǝd] *n* sedmica, teden

hebdomadal [hebdómǝdl] *adj* tedenski; **Hebdomadal Council** nadzorni odbor v Oxfordu, ki se sestaja enkrat tedensko

hebdomadary [hebdómǝdǝri] *adj* tedenski

Hebe [hí:bi] *n myth* Heba; *E hum* natakarica

hebephrenia [hi:bifrí:niǝ] *n physiol* hebefrenija, mladostni delirij, pubertetne motnje

hebetate [hébǝteit] *vt & vi* topeti, otopeti

hebetic [hibétik] *adj physiol* puberteten

hebetude [hébǝtju:d] *n* (duševna) otopelost

Hebraic [hibréiik] *adj* (-**ally** *adv*) hebrejski, judovski

Hebraism [hí:breiizǝm] *n* hebraizem, hebrejsko jezikoslovje

Hebraist [hí:breiist] *n* hebraist; privrženec hebrejstvu

hebraize [hí:breiaiz] **1.** *vt* pojuditi; **2.** *vi* postati Jud

Hebrew [hí:bru:] **1.** *adj* hebrejski; **2.** *n* Hebrej, Jud; hebrejščina; **it is** ~ **to me** to mi je španska vas; **written** ~-**wise** pisan z desne na levo

hecatomb [hékǝtoum, -tu:m] *n* hekatomba, žrtev sto govedi; *fig* pomor, pokol

heck I [hek] **1.** *n coll* pekel; **2.** *adv* prekleto; **a** ~ **of a row** peklenski trušč; **what the** ~ **kaj za vraga**

heck II [hek] *n* pregrada v reki (za zapiranje rib)

heckle I [hekl] *vt* grebenati (lan); *fig* vpadati govorniku v besedo, nadlegovati z vprašanji

heckle II [hekl] *n glej* **hackle**

heckler [héklǝ] *n* kdor dela (zlobne) medklice; provokator

hectic I [héktik] *adj* (-**ally** *adv*) vročičen, jetičen; *coll* divji, vročičen, strasten, razvnet; *med* ~ **fever** jetika; ~ **flush** vročična (jetična) rdečica

hectic II [héktik] *n med* vročica, jetika, jetičen bolnik; jetična rdečica

hecto- [héktə] *pref* sto

hectogram(me) [héktǝgræm] *n* hektogram

hectograph [héktǝgra:f] **1.** *n print* hektograf, razmnoževalni stroj; **2.** *vt* hektografirati

hectolitre (-liter) [héktǝli:tǝ] *n* hektoliter

hector [héktǝ] **1.** *n* bahač; nasilnež, tiran; **2.** *vi & vt* bahati se, širokoustiti se, biti nesramen; tiranizirati, silo delati, (pre)strašiti

heddle [hedl] **1.** *n* trak, rob; **2.** *vt* obrobiti

hedge I [hedž] *adj* manjvreden, zakoten; zloglasen, prostaški

hedge II [hedž] *n* živa meja, živica, seč; *fig* zapreka, pregraja; *econ* zavarovanje proti izgubi (z drugim kritjem); **dead** ~ kamnita ograja; **quickset** ~ živa meja (iz dreves, grmovja); *fig* **stone** ~ zid, pregraja; **a** ~ **of police** policijski kordon; **over** ~ **and ditch** čez drn in strn; **it doesn't grow on every** ~ ne raste na vsakem grmu, se redko najde; **to be on the wrong side of the** ~ motiti se; **to sit on the** ~ ne izreči se, biti pol ptič pol miš

hedge III [hedž] **1.** *vt* ograditi z živo mejo, zagraditi (*in, off, about*); zapreti, obdati (*off*); utesniti, ovirati (*in, up*); spraviti v zadrego (*in*); *econ* zavarovati, kriti, zavarovati se pred izgubo; **2.** *vi* izmikati se, izvijati se, previdno se izražati; *econ* zavarovati se, kriti se, skleniti zavarovalno kupčijo; napraviti živo mejo; *econ* ~**ed in by clauses** klavzuliran; **to** ~ **a bet** zavarovati se pred izgubo pri stavi; **to** ~ **on a question** izmikati se odkritemu odgovoru

hedgebote [hedžbout] *n glej* **haybote**

hedgehog [hédž(h)ǝg] *n zool* jež; *coll* godrnjavec, neprijaznež; *bot* semenski mešiček, bodičast plod

hedgehoggy [hédž(h)ǝgi] *adj* naježen; *fig* neprijazen, ves jež, godrnjav

hedgehop [hédžhɒp] *vt & vi aero* nizko leteti; skakati s predmeta na predmet

hedge-hyssop [hédžhisǝp] *n bot* božja milost

hedge-lawyer [hédžlɒ:jǝ] *n* zakoten odvetnik

hedge-marriage [hédžmæridž] *n* tajna poroka

hedger [hédžǝ] *n* kdor dela žive meje

hedgerow [hedžrou] *n* živa meja, živica, seč

hedge-school [hédžsku:l] *n hist* šola na prostem; zakotna šola

hedge-selling [hédžseliŋ] *n econ* zagotovitev prodaje z istočasnim nakupom

hedge-sparrow [hédžspærou] *n zool* siva pevka

hedge-writer [hédžraitǝ] *n* pisun

hedonic [hi:dónik] **1.** *adj* hedonističen; **2.** *n* hedonist(ka)

hedonism [hí:dǝnizǝm] *n* hedonizem, doktrina, da je zabava nadvse

hedonist [hí:dǝnist] *n* hedonist(ka)

heed I [hi:d] *n* pozornost, obzirnost, pažnja; previdnost; **to give** (ali **pay**) ~ **to** paziti na, zmeniti se za; **to take** (ali **pay**) ~ **of** paziti se, varovati se česa

heed II [hi:d] *vt & vi* paziti na, paziti se, zmeniti se, varovati (se), imeti obzir

heedful [hí:dful] *adj* (~ **ly** *adv*) pazljiv, previden, obziren

heedfulness [hí:dfulnis] *n* pazljivost, previdnost, obzirnost

heedless [hí:dlis] *adj* (~ **ly** *adv*) nepazljiv, nepreviden, nemaren, brezobziren; **to be** ~ **of** ne zmeniti se za

heedlessness [hí:dlisnis] *n* nepazljivost, neprevidnost, nemarnost, brezobzirnost

hee-haw [hí:hó:] **1.** *n* riganje (osel); *fig* krohot; **2.** *vi* rigati; *fig* krohotati se

heel I [hi:l] *n* peta, podpetnik; zadnje kopito; zadnja živalska noga; peta, ven moleč del predmeta (npr. držaj godala); spodnji del (jambora, gredi itd.); *A sl* baraba; ~ **of Achilles** Ahilova peta; **at** (ali **on, upon**) **s.o.'s** ~**s** komu za petami; **down at** (**the**) ~ ali **out at** ~**s** ponošenih pet, *fig* oguljen, strgan, v slabih razmerah; **to** ~ pri nogi (pes), *fig* ubogljivo, voljno; *fig* **under the** ~ **of** pod peto, pod oblastjo; ~**s over head** ali **head over** ~**s** na pete na glavo, na vrat na nos; **the iron** ~ *fig* trda oblast, železna peta; **by the** ~ **and toe** od vseh strani; **from head to** ~**s** od glave do pete; **neck and** ~**s** od nog do glave; *A* ~ **of the hand** peščaj

Z glagoli: **to be carried with the** ~**s foremost** biti odnesen s petami naprej, mrtev; **to bring to** ~ upogniti koga; **to come to** ~ priti k nogi (pes), *fig* zvesto slediti, ubogati; **to have s.o. by the** ~**s** imeti koga v oblasti; **to have the** ~**s of** prehiteti koga; **to kick** (ali **cool**) **one's** ~**s** dolgo čakati, *A sl* plesati; **to kick** (ali **tip, turn**) **up one's** ~**s** umreti, pete iztegniti; **not to know if one is on one's head or** ~**s** ne vedeti kje se koga glava drži; **to lay** (ali **clap**) **by the** ~**s** ujeti, zvezati, spraviti v zapor; **my heart sank into my** ~**s** srce mi je padlo v hlače; **to show a clean pair of** ~**s** pete pokazati, bežati; **to take to one's** ~**s** pete odnesti, pobegniti; **to tread on s.o.'s** ~**s** obesiti se komu na pete; **to turn on one's** ~ zasukati se na peti

heel II [hi:l] **1.** *vt* podpetiti; podplesti (nogavice); *sp* udariti žogo z držajem palice (golf), poriniti žogo s peto (rugby), nadeti petelinu ostroge (petelinji boj); *A sl* dati komu denar; **2.** *vi* stati ob nogi, hoditi ob nogi (pes); dotikati se s petami; *A sl* teči, švigniti

heel in *vt* okopati, okopavati (rastline)

heel-and-toe [hi:lóntóu] *adj sp* ~ **walk** hitra hoja

heel-ball [hí:lbɔ:l] *n* vosek za politiranje

heel-bone [hí:lboun] *n* petnica

heeled [hi:ld] *adj* podpeten; *A sl* pri denarju; oborožen

heeler [hí:lə] *n A* petoliznik, lizun

heel-plate [hí:lpleit] *n* podkovica na peti, železce

heel-tap [hí:ltæp] *n* podpetnik; ostanek pijače v kozarcu; **no** ~! izpij do dna!

heft [heft] **1.** *n A & E dial* teža; *A coll* glavnina; *fig* vpliv, pomembnost; **2.** *vt coll* dvigniti, potežkati (z roko), oceniti

hefty [héfti] **1.** *adj* (**heftily** *adv*) *coll* trden, močen, mišičast; *A sl* težek; **2.** *adv* izredno

hegemonic [hi:džimónik] *adj* hegemonski, vodilen, vladajoč

hegemony [higémɘni] *n* hegemonija, prevlada

heifer [héfə] *n* telica

heigh-ho [héihóu] *int* oh!, ah! (vzklik razočaranja, dolgočaja itd.)

height [háit] *n* višina, višek, vrh, vrhunec; vzpetina; vzvišenost; **at the** ~ **of** na višku; **to come to a** ~ priti do vrhunca; **to draw o.s. up to one's full** ~ zravnati se; **in the** ~ **of fashion** po najnovejši modi; **this is the** ~ **of folly** to je višek neumnosti; **the** ~ **of the season** višek sezone; *print* ~ **to paper** standardna višina tiska

heighten [háitn] *vt & vi* zvišati (se), dvigniti (se), stopnjevati (se)

height-finder [háitfaində] *n aero* radarska naprava za ugotavljanje višine

height-ga(u)ge [háitgeidž] *n aero* višinomer

heinous [héinəs] *adj* (~ **ly** *adv*) ostuden, gnusen, strašen

heinousness [héinəsnis] *n* ostudnost, nagnusnost, zloba

heir [ɛə] *n* dedič; **to appoint s.o. one's** ~ imenovati koga za dediča; ~ **apparent** ali ~**-at-law** ali ~ **general** zakoniti dedič; ~ **of the body** pravi dedič; ~ **collateral** dedič po stranski liniji; ~ **presumptive** morebitni dedič, domnevni dedič; ~ **in tail** nujni dedič, ~ **to the throne** prestolonaslednik

heirdom [éədəm] *n* dediščina, dedovanje

heiress [éəris] *n* dedinja

heirless [éəlis] *adj* brez dediča

heirloom [éəlu:m] *n* dedna družinska lastnina; dediščina

heirship [éəšip] *n* dediščina, dedovanje; *jur* pravica do dedovanja

heist [háist] **1.** *n sl* avtomobilski tat; **2.** *vt & vi* ukrasti avto, baviti se s krajo avtomobilov

held [held] *pt & pp* od **to hold**

heli-, helio- [hí:li(ou)] *pref* sončni

heliacal [hiláiəkəl] *adj astr* sončev

helianthus [hi:liǽnθəs] *n bot* sončnica

helibus [hélibʌs] *n aero* zračni taksi

helical [hélikəl] *adj* (~ **ly** *adv*) spiralen, spiralnost

helices [hélisi:z] *n pl* od **helix**

helicoid [hélikɔid] *adj* glej **helical**

Helicon [hélikən] *n myth* Helikon, sedež muz; *mus* **helicon** helikon (glasbilo)

helicopter [hélikɔptə] *n aero* helikopter

heliocentric [hi:liouséntrik] *adj* (~ **ally** *adv*) heliocentričen, s soncem v središču

heliochromy [hí:lioukroumi] *n* barvna fotografija

heliograph [hí:liəgra:f] **1.** *n* heliograf, signaliziranje s heliografom; **2.** *vt* signalizirati s heliografom

heliolatry [hi:liólətri] *n* čaščenje sonca

heliometer [hi:liómitə] *n* heliometer

helioscope [hí:liəskoup] *n* helioskop

heliostat [hí:lioustæt] *n* heliostat, priprava za naravnavanje sončnih žarkov

heliotherapy [hí:liəθérəpi] *n med* helioterapija, zdravljenje s sončnimi žarki

heliotrope [héliotroup] *n bot* vsaka cvetlica, ki se obrača k soncu; *pharm* valeriana (zdravilo); heliotrop (kamen), kalcedon; *mil* signaliziranje z ogledalom

heliotypy [hí:liətaipi] *n* tisk z želatine

helipilot [hélipailət] *n aero* pilot helikopterja

heliport [hélipɔ:t] *n* civilno letališče za helikopterje

heliscoop [hélisku:p] *n* reševalna mreža spuščena iz helikopterja

helium [hí:liəm] *n chem* helij

helix [hí:liks] *n* (*pl* helices) *n* spirala; *math* spiralna črta; *archit* polžast ornament; *anat* polž v ušesu

hell [hel] *n* pekel; igralnica, beznica; *A sl* krok(anje); ~! hudiča!; ~'s bells! presneto!; a ~ of a vražji, hudičev; to be in a ~ of a temper biti hudičevo besen; oh ~! prekleto!; ~ broken loose peklenski ropot, nered; *coll* to catch (ali get) ~ dobiti po betici; a ~ on earth pekel na zemlji; as much chance (ali hope) as a snow-flake in ~ niti trohice upanja; a gambling ~ igralnica; to give s.o. ~ preganjati koga; go to ~! pojdi k vragu!; to go (ride) ~ for leather teči (jahati) kakor za stavo; gone to ~ uničen, propadel; to hope (ali wish) to ~ vroče želeti; like ~ vroče, zelo, hudičevo; to move ~ truditi se na vso moč; a ~ of a noise peklenski trušč; there is ~ to pay pa imamo hudiča; to play ~ with uničiti; to raise ~ (ali ~' delight) napraviti veliko zmešnjavo; what (ali why) the ~ kaj za vraga, kako za vraga; *A* ~ on wheels razuzdano pijančevanje

hell-bender [hélbendə] *n zool* velik ameriški močerad

hell-bent [hélbent] *adj A* brezobziren, divji; pohlepen, lakomen (*for, on*)

hell-bomb [hélbɔm] *n sl* vodikova bomba

hell-broth [hélbrɔθ] *n* čarovna pijača

hell-cat [hélkæt] *n* hudobnica, babura

helldiver [héldaivə] *n zool* potapljavec (ptič)

hellebore [hélibɔ:] *n bot* teloh, kurjice; čemerika

Hellene [héli:n] *n* Grk(inja)

Hellenic [helí:nik] *adj* helenističen, grški

Hellenism [hélinizəm] *n* helenizem

Hellenist [hélinist] *n* helenist

Hellenistic [helinístik] *adj* (~ ally *adv*) helenističen, grški

Hellenize [hélinaiz] *vt & vi* helenizirati, pogrčiti (se)

hell-fire [hélfaiə] *n* peklenski ogenj

hellbag [hélhæg] *n* čarovnica, hudobnica, hudičevka

hell-hound [hélhaund] *n* zli duh; *fig* pesjan, vrag, demon

hellier [héljə] *n E* krovec

hellion [héliən] *n A coll* zdražbar, spletkar, zdrahar

hellish [héliš] *adj* (~ ly *adv*) peklenski, strašen, gnusen

hellkite [hélkait] *n* vrag, surovež, zverina

hello [hélou, hálou] 1. *int* halo!; 2. *n* pozdrav »halo«, »zdravo«; 3. *vi coll* zaklicati halo, zdravo; to say ~ pozdraviti

hell-weed [hélwi:d] *n bot* hudobika

helm I [helm] *n naut* krmilo, krmilni ročaj; *fig* vodstvo, vlada, uprava; *arch* čelada; the ~ of state državno vodstvo; to be at the ~ biti na krmilu, vladati; to take the ~ prevzeti oblast, priti na krmilo; *naut* down ~ z vetrom; *naut* up ~ proti vetru

helm II [helm] *vt* krmariti (zlasti *fig*), voditi, upravljati, vladati

helm-cloud [hélmklaud] *n* nevihten oblak

helmet [hélmit] *n* čelada (tudi zaščitna, tropska itd.); *bot* čaša

helmeted [hélmitid] *adj* ki ima čelado; *bot* ki ima čašo

helminth [hélminθ] *n zool* črevesna glista

helminthiasis [helminθáiəsis] *n med* glistavost

helmsman [hélmzmən] *n* krmar (tudi *fig*)

helot [hélət] *n hist* helot; *fig* suženj

helotism [hélətizəm] *n hist* helotizem; *fig* suženjstvo

helotry [hélətri] *n* helotstvo; heloti, sužnji

help I [help] *n* pomoč, pomočnik; *A* služkinja, hišna pomočnica, sluga, hlapec; *fam* porcija (jedi); *fig* pripomoček; by (ali with) the ~ of s pomočjo; he is a great ~ zelo pomaga, je v veliko pomoč; there is no ~ for it ni pomoči

help II [help] *vt* pomagati, podpreti, podpirati; pripomoči, prispevati; (u)blažiti; (s *can* in *neg*) ne moči se upirati, si pomagati, preprečiti, se izogniti; ponuditi, podati (pri mizi); I cannot ~ it ne morem pomagati, sem nemočen; it cannot be ~ed ni pomoči; if I can ~ it če se temu lahko izognem; don't be late if you can ~ it ne ostani delj kot je potrebno; don't do more than you can ~ napravi le tisto, kar moraš; I cannot ~ laughing moram se smejati; ne morem si kaj, da se ne bi smejal; I cannot ~ myself ne morem drugače; how could I ~ it? kaj sem jaz mogel za to; to ~ s.o. in (ali with) s.th. pomagati komu pri čem; to ~ o.s. to s.th. postreči si s čim, prisvojiti si kaj, ukrasti; to ~ s.o. to s.th. ponuditi komu kaj (pri mizi), postreči komu s čim; to ~ a lame dog over a stile ali to ~ s.o. out pomagati komu prebroditi težave; to lend a ~ing hand priskočiti v pomoč; every little ~ s vse prav pride; nothing will ~ now ni več pomoči

help along *vt* pomagati komu naprej

help down *vt* pomagati komu dol; *fig* pripomoči k propadu koga

help forward *vt* pomagati komu naprej; *fig* pripomoči k napredovanju koga

help off *vt* pomagati komu sleči plašč

help on *vt* pomagati komu obleči plašč; pomagati komu napredovati

help out *vt* pomagati komu prebroditi težave, podpreti koga

help to *vt* postreči komu s, z; ponuditi komu kaj

help up *vt* pomagati komu gor

helper [hélpə] *n* pomočnik, -ica

helpful [hélpful] *adj* (~ ly *adv*) uslužen, pripravljen pomagati; koristen (*to*)

helpfulness [hélpfulnis] *n* uslužnost; koristnost

helping [hélpiŋ] *n* pomaganje; porcija (jedi)

helpless [hélplis] *adj* (~ ly *adv*) nebogljen, nemočen, brez pomoči

helplessness [hélplisnis] *n* nebogljenost, nemoč

helpmate [hélpmeit] *n* pomočnik, -ica; mož, žena

helpmeet [hélpmi:t] *n* glej helpmate

helter-skelter [héltəskéltə] 1. *adj* zmešan, brezglav; 2. *n* zmešnjava, brezglavost; 3. *adv* na vrat na nos, brezglavo

helve I [helv] *n* ročaj, držaj (sekire, bodala); to throw the ~ after the hatchet če je šlo vse, naj gre še to

helve II [helv] *vt* nasaditi ročaj

Helvetian [helví:šən] 1. *adj* švicarski; 2. *n* Švicar(ka)

Helvetic [helvétɪk] *adj* švicarski
hem I [hem] 1. *n* rob; 2. *vt* zarobiti; **to ~ in** (ali about, round) obrobiti, obkol·ti, obkrožiti
hem II [mm, hm] 1. *int* hm!; 2. *vi* hmkati; **to ~ and haw** obotavljaje govoriti, jecljati
hemal [hí:məl] *adj* krvni, krvavo rdeč
he-man [hí:mæn] *n coll* pravi možakar
hematic [hi:mǽtik] 1. *adj* kɪvni, krvavo rdeč; poln krvi; krvotvoren; 2. *n med* krvotvorno zdravilo
hematin [hémətin, hí:~] *n* hematin; pigment, ki vsebuje železo in nastane pri razpadanju hemoglobina
hematite [hémətait] *n chem* hematit, železna ruda
hematocele [hémətosi:l] *n med* udor krvi
hematicryal [hemətókriəl] *adj* mrzlokrven
hematogenous [hemətódžənəs] *adj* krvotvoren
hematology [hemətólədži] *n med* hematologɪja, nauk o krvi
hematoid [hémətoid] *adj* kakor krɪ
hematoma [hi:mətóumə] *n med* hematom, izliv krvi pod kožo
hematosis [hi:mətóusis] *n* tvorba krvi; *physiol* pretvorba venozne krvi v arterialno; *med* oksigenacija v pljučih
hematothermal [hémətoθ·ó:məl] *adj* toplokrven
hemi- [hémi] *pref* pol-
hemicycle [hémisaikl] *n* polkrog
hemiplegia [hémipli:džiə] *n med* enostransko omrtvičenje
hemisphere [hémisfiə] *n* hemisfera, polobla; *anat* polovica velikih možgan
hemistich [hémistik] *n* polverz
hem-line [hémlain] *n* rob
hemlock [hémlək] *n bot* trobelika; njen strup
hemoglobin [hi:mouglóubin] *n* hemoglobin, krvno barvilo
hemophilia [hi:məfíliə] *n med* hemofilija, krvavičnost
hemorrhage [héməridž] *n med* hemoragija, krvavitev
hemorrhoid [hémərəid] *n med pl* hemeroidi, zlata žila
hemostat [hí:məstæt] *n med* sponka za žile; sredstvo za ustavitev krvavenja
hemp [hemp] *n bot* konoplja; vrv; *hum* rabljeva vrv; mamilo iz konoplje (zlasti hašiš); **Indian ~** indijska konoplja
hempen [hémpən] *adj* konopljen, konopen; **~ collar** rabljeva vrv; **~ widow** obešenčeva vdova
hemstitch [hémstič] 1. *n* ažur, luknjičav rob; 2. *vt* ažurirati
ben [hen] *n* kokoš; samica (ptičev); **like a ~ with one chicken** smešno malenkosten; *A sl* **there is a ~ on** »nekaj se kuha«; **~ and chickens** rastlina z mnogimi poganjki
henbane [hénbein] *n bot* črni zobnik, blen; njegov strup
hence [hens] *adv* odslej; zato, iz tega, od tod; *arch* proč; **~!** zgubi se!; **~ with him!** proč z njim; **a week ~** čez en teden, v enem tednu; **~ it follows that** iz tega sledi, da; **to go ~** umreti
henceforth [hénsfó:θ] *adv* odslej, v prihodnje
henceforward [hénsfó:wəd] *adv* odslej, v prɪhodnje
henchman [hénčmən] *n hist* paž, ščitonosec; sluga, politični privrženec, podrepnik; najemnik; ljubljenec

hen-coop [hénku:p] *n* kurnik
hendeca- [héndekə] *pref* enajst
hendecagon [hendékəgən] *n math* enajsterokotnik
hendecasyllable [héndekəsiləbl] *n* enajsterec (stih)
hendiadys [hendáiədis] *n* v retoriki opis z dvema samostalnikoma namesto s pridevnikom in samostalnikom
hen-hearted [hénha:tid] *adj* strahopeten, bojazljiv, malodušen
hen-house [hénhaus] *n* kokošnjak, kurnik
henna [hénə] *n bot* hena; rdeče barvilo za lase
hennery [hénəri] *n* kurnik, kokošnjak; kurja farma
henny [héni] *n* kokoši podoben petelin
hen-party [hénpa:ti] *n coll* ženska družba
henpeck [hénpek] *vt coll* imeti moža pod copato; **a ~ed husband** copatar
hen-roost [hénru:st] *n* gred za kokoši; kurnik
hep [hep] *adj A* **to be ~ to** dobro kaj poznati
hepatic [hipǽtik] *adj med* jetrn; barve jeter
hepatica [hipǽtikə] *n bot* jetrnik
hepatite [hépətait] *n min* jetrenec
hepatitis [hepətáitis] *n med* hepatitis, vnetje jeter
hepcat [hépkæt] *n A sl* dobro obveščen človek; ljubitelj jazza, dober jazzist
hepta- [héptə] *pref* sedem
heptad [héptæd] *n* sedmica
heptaglod [héptəgləd] *n* knjiga v sedmih jezikih
heptagon [héptəgən] *n math* sedmerokotnik
heptagonal [heptǽgənl] *adj* sedmerokoten
heptahedron [heptəhí:drən] *n math* heptaeder
heptarchy [hépta:ki] *n* vlada sedmih; sedem anglosaških kraljev v Angliji
heptasyllabic [héptəsilǽbik] *adj* sedmerozložen
her [hə:, hə, ə] 1. *pers pron* njo, jo; *coll* ona; 2. *poss adj* njen
herald [hérəld] 1. *n* glasnik, grboslovec; *hist* nadzornik pri viteških igrah; 2. *vt* najaviti, napovedati
heraldic [herǽldik] *adj* (**~ ally** *adv*) glasniški; grboven
heraldry [hérəldri] *n* grboslovje; *poet* pomp, sijaj
herb [hə:b] *n* trava, zel, zelišče, zdravilno zelišče, kuhinjska zelenjava; **medicinal ~s** zdravilna zelišča; *bot* **~ set** potaknjenec
herbaceous [hə:béišəs] *adj* zeliščen, kakor trava
herbage [hó:bidž] *n* zelišče, trava; *jur* pravica do paše
herbal [hó:bəl] 1. *adj* zeliščen, zeliščnat; 2. *n* knjiga o zeliščih
herbalist [hó:bəlist] *n* zeliščar
herbarium [hə:béəriəm] *n* herbarij, zbirka posušenih rastlin
herbary [hó:bəri] *n* zelenjavni vrt
herb-beer [hó:bbiə] *n* pijača iz zelišč
herb-bennet [hó:bbenɪt] *n bot* sretena
herbivore [hó:bivo:] *n zool* rastlinojedec
herbivorous [hə:bívərəs] *adj* rastlinojed
herborist [hó:bərist] *n* glej **herbalist**
herborize [hó:bəraiz] *vi* nabirati zelišča, botanizirati
herb-paris [hó:bpæris] *n bot* volčja jagoda
herb-peter [hó:bpi:tə] *n bot* pomladanski jeglič
herb-robert [hó:brobət] *n bot* smrdljička, škrlatna krvomočnica
herb-tea [hó:bti:] *n* zeliščni čaj
herb-trinity [hó:btriniti] *n bot* mačeha

herby [hɔ́:bi] *adj* poln zelišč, obrasel z zelišči, travnat

Herculean [hə:kjulí:ən, ~kjúliən] *adj* herkulski (moč); *fig* zelo težek (delo); zelo močan (človek)

Hercules [hɔ́:kjuli:z] *n* Herkul; ~ **powder** dinamit

herd I [hə:d] *n* čreda, krdelo, jata; pastir (zlasti v zloženkah); *cont* krdelo, množica (ljudi); **the common** (ali **vulgar**) ~ drhal; *psych* **the** ~ **instinct** čredni nagon

herd II [hə:d] **1.** *vi* biti v čredi; živeti, stanovati (*together* skupaj); družiti se (*with* s, z); **2.** *vt* združiti; pasti čredo

herd-book [hɔ́:dbuk] *n* rodovniška knjiga (za govedo, svinje)

herder [hɔ́:də] *n* (zlasti *A*) pastir

herding [hɔ́:diŋ] *n A* govedoreja

herdsman [hɔ́:dzmən] *n* (zlasti *E*) pastir

here [híə] *adv* tukaj, semkaj, sem; *fig* na tem mestu, v tem slučaju: ~ **you are!** izvolite!; ~ **below** tukaj doli, *fig* na zemlji, na tem svetu; ~ **goes!** da začnem!, da poskusim!; **look** ~! glej!, poslušaj, prosim; **that is neither** ~ **nor there** ne spada sem, ni važno; **here's to you!** na tvoje zdravje!; ~ **and there** tu in tam, semkaj, tjakaj; sem in tja (časovno); ~, **there and everywhere** povsod; ~ **today and gone tomorrow** bežno, minljivo

hereabout(s) [híərəbaut(s)] *adv* tu nekje, blizu

hereafter [hiərá:ftə] **1.** *adv* odslej, v bodoče, nato; **2.** *n* prihodnje življenje, onstranstvo, bodočnost

hereat [híərǽt] *adv arch* nato, zato

hereby [híəbái] *adv* s tem, zaradi tega; *arch* tu nekje

hereditable [hiréditəbl] *adj* deden

hereditament [heriditəmənt] *n E* dedno posestvo, dediščina nepremičnin; *A* dedno premoženje

hereditarian [hireditéəriən] *n* pristaš dedne teorije

hereditary [hiréditəri] *adj* (**hereditarily** *adv*) deden, podedljiv; ~ **disease** prirojena bolezen; ~ **monarchy** dedna monarhija; *A jur* ~ **succession** dedno nasledstvo; ~ **taint** dedna obremenjenost

hereditism [hiréditizəm] *n biol* teorija, princip dednosti, dednost

heredity [hiréditi] *n* dednost

hereform [híəfrɔ́m] *adv* iz tega

herein [híərín] *adv* v tem, tu notri

hereinabove [híərinəbʌ́v] *adv* pred tem, zgoraj (navedeno)

hereinafter [híəriná:ftə] *adv* za tem, niže, spodaj navedeno (v dokumentu)

hereinbefore [híərinbifɔ́:] *adv* pred tem, više, zgoraj navedeno (v dokumentu)

hereinto [híəríntu:] *adv* v to

hereof [híərɔ́v] *adv arch* o tem, od tega

hereon [híərɔ́n] *adv* nato, od tukaj

heresiarch [herí:zia:k] *n* začetnik krive vere

heresy [hérəsi] *n* herezija, kriva vera

heretic [hérətik] *n* heretik, krivoverec, -rka

heretical [hirétikəl] *adj* (~ **ly** *adv*) krivoverski

hereto [híətú:] *adv arch* k temu

heretofore [híətufɔ́:] *adv* do sedaj, poprej

hereunder [hiərʌ́ndə] *adv* niže, spodaj navedeno (v knjigi); *jur* po (tej pogodbi)

hereunto [híərʌ́ntu:] *adv arch* k temu

hereupon [híərəpɔ́n] *adv* nato, zato

herewith [híəwið, híəwiθ] *adv* s tem

heriot [héɪiət] *n hist jur* najboljši delež dediščine, ki je pripadel fevdnemu gospodu

heritable [héritəbl] **1.** *adj* (**heritably** *adv*) podedljiv, deden; **2.** *n pl* dedne nepremičnine

heritage [héritidž] *n* dediščina, nasledstvo; *Sc jur* posestvo; *Sc* ~ **security** hipoteka

heritance [héritəns] *n* dediščina

heritor [héritə] *n* dedič; *Sc jur* zemljiški posestnik

heritress [héritris] *n* dedinja

hermaphrodite [hə:mǽfrədait] **1.** *n biol* hermafrodit, dvospolnik; **2.** *adj* hermafroditski, dvospolen

hermeneutics [hə:mənjú:tiks] *n pl* (običajno edninska konstrukcija) hermenevtika, nauk o tolmačenju tekstov

hermetic [hə:métik] *adj* (~ **ally** *adv*) nepredušen, neprepusten; magičen, alkimističen, okulten; ~ **art** alkimija

hermit [hɔ́:mit] *n* puščavnik; *A* melasno pecivo

hermitage [hɔ́:mitidž] *n* puščavnikov dom, samota; vrsta francoskega vina

hermit-crab [hɔ́:mitkræb] *n zool* rak samotar

hernia [hɔ́:niə] *n med* kila; ~ **truss** kilni pas

herniated [hɔ́:nieitid] *adj med* ki ima kilo; ki je v kilni vreči

herniorrhaphy [hə:niɔ́rəfi] *n med* operacija kile

hero [híərou] *n* junak, polbog; glavni junak v knjižnem delu; **homes for** ~s domovi za vojne veterane

heroic I [hiróuik] *adj* (~ **ally** *adv*) junaški; zanosen (jezik); epski; nabuhel (stɪl, govor); *med* drastičen; **the** ~ **age** junaško grško obdobje; ~ **couplet** epski distih; ~ **verse** grški in latinski heksameter; angleški jambski pentameter; francoski aleksandrinec

heroic II [hiróuik] *n* junaška pesnitev; *pl* zanosen jezik, zanosnost; patos, nabuhlost

heroi-comic [hiróuikómik] *adj* junaško komičen

heroify [hiróuifai] *vt* napraviti za junaka, heroizirati

heroin [hérouin] *n pharm* heroin (mamilo)

heroine [hérouin] *n* junakinja, polboginja; glavna junakinja v knjižnem delu

heroism [hérouizəm] *n* junaštvo

heroize [hérouaiz] **1.** *vt* napraviti za junaka, heroizirati; **2.** *vi* igrati glavnega junaka

heron [hérən] *n zool* čaplja

heronry [hérənri] *n* prostor, kjer čaplje gnezdijo

hero-worship [híərouwə:šip] *n* oboževanje junakov

herpes [hɔ́:pi:z] *n med* herpes, mehurčavica; *med* ~ **zoster** pasasti izpuščaj, pasavica

herpetology [hə:pitɔ́lədži] *n* nauk o plazilcih

herring [hériŋ] *n zool* sled, slanik; **red** (ali **kippered**) ~ prekajen slanik; **to draw a red** ~ **across the path** odvrniti pozornost; **neither fish, flesh nor good red** ~ ne tič ne miš; **packed as close as** ~ **s** natlačeni kot sardine

herring-bone [hériŋboun] **1.** *n* srtast vzorec; **2.** *vt* ukrasiti s srtastim vzorcem

herring-gull [hériŋgʌl] *n zool* srebrni galeb

herring-pond [hériŋpɔnd] *n hum* Atlantik

hers [hə:z] *poss pron* njen

herse [hə:s] *n* rešetka za spuščanje na vratih utrdbe

herself [hə:sélf] *pron* ona sama; se; **(all) by** ~ čisto sama, brez pomoči; **she is not quite** ~ ni čisto zdrava, ni čisto pri sebi; **she has come**

to ~ ali **she is** ~ **again** prišla je k sebi, počuti se kot navadno

hesitance, hesitancy [hézitəns(i)] *n* obotavljanje, neodločnost, omahljivost

hesitant [hézitənt] *adj* (~ **ly** *adv*) neodločen, omahljiv; jecljav

hesitate [héziteit] *vi* obotavljati se, odlašati, omahovati, pomišljati se; zatikati se (jezik); **not to** ~ **at** ne ustrašiti se česa

hesitating [héziteitiŋ] *adj* (~ **ly** *adv*) obotavljajoč, neodločen, omahljiv

hesitation [hezitéišən] *n* obotavljanje, odlašanje, omahovanje, pomišljanje; zatikanje (govor)

hesitative [hézitətiv] *adj* (~ **ly** *adv*) glej **hesitating**

Hesperian [hespíəriən] **1.** *adj poet* zapadni, zahodni; **2.** *n* zapadnjak(inja)

Hesperus [héspərəs] *n poet* zvezda večernica

Hessian [hésiən, héšən] *n* raševina; *A* surovež, plačanec

hetaera [hitíərə] *n* hetera, ljubica

heterochromous [hetərəkróuməs] *adj* raznobarven

heteroclite [hétərəklait] **1.** *adj gram* izjemen, nepravilen; **2.** *n* heteroklit

heterodox [hétərədɔks] *adj* heterodoksen, drugoverski

heterodoxy [hétərədɔksi] *n* drugoverstvo, krivoverstvo

heterodyne [hétərədain] *adj techn* ki se nanaša na interferenco radijskih valov

heterogamous [hetərógəməs] *adj bot* heterogamen, raznospolen (cvet)

heterogamy [hetərógəmi] *n bot* heterogamija, raznospolnost cvetov

heterogeneity [hetərədžiní:iti] *n* heterogenost, raznovrstnost

heterogenesis [hetərədžénisis] *n* heterogeneza, plodilna izmena rodov

heteromorphic [hetərəmó:fik] *adj biol* heteromorfen, različnih oblik

heteronomous [hetərónəməs] *adj* heteronom, podvržen drugačnim zakonom

heteronomy [hetərónəmi] *n* heteronomija

heteronymous [hetəróniməs] *adj* heteronim, enaka pisava dveh besed različnih pomenov

heteronymy [hetərónimi] *n* heteronimija, enaka pisava dveh besed z različnim pomenom

heterozygote [hetərəzáigout] *n biol* heterozigot, križanec

heugh, heuch [hju:ks] *n Sc* globel, kleč, čer

heuristic [hjuərístik] **1.** *adj* hevrističen; dom.seln, iznajdljiv; **2.** *n* hevrıstika, znanost o metodah

hevea [hí:viə] *n bot* kavčukovec

hew* [hju:] *vt* sekati, tolči, tesati, klesati; posekati (*down*); odsekati, obtesati (*away, off*); razsekati (*asunder, up*); krčiti, utreti (pot); **to** ~ **to pieces** razsekati na koščke; **to** ~ **one's way through** ali **to** ~ **a path for o.s.** prekrčiti si pot skozi, utreti si pot; **to** ~ **out a career for o.s.** utreti si pot do poklıca, pretolčı se do poklica

hewer [hjú:ə] *n* drvar, tesar; kopač (v rudniku); ~**s of wood and drawers of water** garači

hewn [hju:n] *pp* od **to hew**

hex [heks] **1.** *n coll* čar, čarovnica; **2.** *vt* začarati, očarati; **to put the** ~ **on** začarati

hexachord [héksəkɔ:d] *n mus* heksakord

hexad [héksæd] *n* šestica

hexagon [héksəgən] *n math* šesterokotnik

hexagonal [heksǽgənəl] *adj* (~ **ly** *adv*) *math* šesterokoten

hexagram [héksəgræm] *n* heksagram; šesterokraka zvezda

hexahedron [héksəhedrən] *n math* heksaeder, kocka

hexameter [heksǽmitə] **1.** *n* heksameter, daktilski šesterec; **2.** *adj* heksametrski

hexangular [heksǽŋgjulə] *adj* šesterokoten

hexapod [héksəpɔd] *n zool* šesteronožna žival

hey [héi] *int* hej! (vzklik veselja in začudenja); ~ **for!** napotimo se v, podajmo se v; ~ **presto** hokus, pokus

heyday [héidei] *n* višek, sreča, razcvet, mladost; razvnetost; **in the** ~ **of one's power** na višku svoje moči

H-bomb [éičbəm] *n mil* vodikova bomba

H-hour [eičauə] *n mil* ura, določena za napad

hi [hái] *int E* hej!; *A* halo!, zdravo!

hiatus [haiéitəs] *n gram* hiat, zev; prekınitev, reža

hibernal [haibə́:nəl] *adj* zimski

hibernite [háibə:neit] *vi* prezimiti, zimovati, prespati zimo; *fig* brezdelno živeti, sam zase živeti

hibernation [haibə:néišən] *n* prezimovanje, zimsko spanje

Hibernia [haibə́:niə] *n* Irska (literarna raba)

Hibernian [haibə́:niən] **1.** *adj* irski; **2.** *n* Irec, Irka

Hibernicism [haibə́:nisizəm] *n* ırska jezıkovna posebnost

hibiscus [haibískəs, hi~] *n bot* ajbiš, slez

hiccup, hiccough [híkʌp] **1.** *n* kolcanje; *pl* napad kolcanja; **2.** *vi* kolcati

hick [hik] **1.** *n A sl* kmetavz; **2.** *adj* podeželski, kmečki; ~ **town** podeželsko gnezdo

hickey [híki] *n A tech* majhna tehnična priprava

hickory [híkəri] *n bot* hikori, ameriški beli oreh; hikorijev les

hid [hid] *pt* od **to hide**

hidalgo [hidǽlgou] *n* španski plemič

hidden [hidn] **1.** *pp* od **to hide**; **2.** *adj* skrit (*from by*)

hide I [haid] *n* koža (ustrojena in neustrojena); *hum* človekova koža; **to give s.o.'s** ~ **a warming** ali **to tan (ali curry, warm) s.o.'s** ~ kožo komu ustrojiti, naklestiti koga; **to save one's own** ~ odnesti zdravo kožo; **to have a thick** ~ imeti debelo kožo

hide* **II** [háid] **1.** *vt* skriti, skrıvati (*from* pred kom); prikriti, tajiti, zatajiti (*from* komu); **2.** *vi* skriti se, skrivati se; **to** ~ **one's head** skriti se od sramu; **to** ~ **one's light under a bushel** prikrivati svojo bistroumnost, biti preskromen; **to** ~ **out** skrivati se

hide III [háid] *vt* (*pt & pp hidded*) odreti (kožo); *coll* pretepsti

hide IV [háid] *n E* stara angleška površinska mera, 120 juter

hide-and-coop [háidəndkú:p] *n A* skrivalnice (igra)

hide-and-seek [háidəndsí:k] *n E* skrıvalnice (igra); **to play at** ~ igrati se skrivalnice (tudi *fig*)

hidebound [háidbaund] *adj* s tesno kožo ali skorjo; *fig* ozkosrčen, pikolovski

hideous [hídiəs] *adj* (~ **ly** *adv*) ostuden, gnusen, ogaben

hideousness [hídiəsnis] *n* ostudnost, nagnusnost, ogabnost

hide-out [háidaut] *n coll* skrivališče (zlasti kriminalcev)

hiding [háidiŋ] *n* skrivanje, skrivališče; *coll* našeškanje, pretepanje; **to be in** ~ skrivati se; **to go into** ~ skriti se; **to give a** ~ naklestiti, pretepsti

hiding-place [háidiŋpleis] *n* skrivališče

hidrosis [hidróusis] *n med* prekomerno potenje

hidrotic [hidrótik] *n med* sredstvo za potenje

hie [hái] *vi poet* pohiteti, hiteti

hierarch [háiəra:k] *n* hierarh, oblastnik, prvak

hierarchal [haiərá:kəl] *adj* hierarhičen, duhovniški

hierarchic [haiərá:kik] *adj* (~**ally** *adv*) glej **hierarchal**

hierarchy [háiəra:ki] *n* hierarhija, vladajoča duhovščina; razporeditev po stopnjah

hieratic [haiərǽtik] *adj* svečeniški; hieratičen (stil, pisava)

hiero- [haiəro-] *pref* sveto~

hierocracy [haiərókrəsi] *n* cerkvena oblast, cerkvena gospoda

hieroglyph [háiərəglif] *n* hieroglif, pisno znamenje; *pl hum* hieroglifi, nečitljiva pisava

hieroglyphic [haiərəglífik] *adj* (~**ally** *adv*) hieroglifen, simboličen, skrivnosten; nečitljiv

hierophant [háiərəfænt] *n* vrhovni svečenik v antiki

hi-fi [háifái] *n* veren, čist, natančen posnetek (*high-fidelity*)

higgle [higl] *vi* barantati, krošnjariti

higgledy-piggledy [hígldipígldi] 1. *adj* zmešan, razmetan; 2. *adv* zmešano, razmetano; 3. *n* kolobocija, zmešnjava

higgler [híglə] *n* barantač, krošnjar

higgling [hígliŋ] *n* barantanje; ~ **of the market** gibanje cen

high I [hái] *adj* visok, dvignjen; velik, važen; močan, silen; plemenit, odličen, imeniten; obilen (hrana); začinjen, pikanten (meso divjačina); daljen, star (čas); visok, prediren, rezek (glas); velike vrednosti, visoke cene, drag; skrajen, goreč, vnet (*a* ~ *Tory*); napet, razburljiv (doživljaj); veder, jasen, vesel (razpoloženje); *coll* natrkan; *sl* omamljen (od mamila); *A sl* ~ **on** nor na kaj; **of** ~ **birth** plemenitega rodu, visokega rodu; ~ **complexion** zardel obraz; *E* **higher school certificate** abiturientsko spričevalo; ~ **day** beli dan, prazničen dan; ~ **and dry** *fig* osamljen, zapuščen; *naut* nasedel, na suhem; **to leave s.o.** ~ **and dry** pustiti koga na cedilu; **in** ~ **feather** dobre volje, opit; **to fly a** ~ **game** visoko letati; **in** ~ **health** pri odličnem zdravju; **with a** ~ **hand** samovoljno, ošabno; **to carry things off with a** ~ **hand** samovoljno, predrzno ravnati; **a** ~ **kicker** lahkoživka; ~ **latitudes** pokrajine blizu zemeljskih tečajev; ~ **and low** gospoda in raja; **land is** ~ zemlja je draga; *coll* **to mount** (ali **ride**) **the** ~ **horse** biti ponosen, biti domišljav; ~ **merit** velika zasluga; ~ **and mighty** nadut, ošaben; ~ **noon** točno opoldne; ~ **praise** velika hvala; ~ **politics** visoka politika; ~ **period** obdobje največje slave (umetnika itd.); **on the** ~ **ropes** ohol, poln prezira; besen; ~ **speed** največja hitrost; ~ **society** visoka družba; **of** ~ **standing** visokega stanu, ugleden; ~ **summer** visoko poletje; ~ **spirit** razigranost, vedrost; **in** ~ **spirits** razigran, *coll* natrkan,

»v rožicah«; ~ **seas** razburkano morje; **the** ~ **seas** odprto morje; ~ **time** skrajni čas; ~ **wind** močan veter; ~ **words** ostre besede, prepir; **a** ~ **old time** ali ~ **jinks** imenitna zabava; **the Most High** bog; *sl* **how is that for** ~**?** to je pa že malo preveč

high II [hái] *adv* visoko; močno, zelo; **to fly** ~ visoko letati; **my heart beats** ~ **with** srce mi razbija od; **to hold one's head** ~ glavo visoko nositi; **to hunt** (ali **search**) ~ **and low for** povsod iskati; **to live** ~ razkošno živeti; **to pay** ~ drago plačati; **to play** ~ igrati za mnogo denarja; **to run** ~ biti razburkan (morje); *fig* biti razburjen, razburiti se

high III [hái] *n* višina; anticiklonsko področje; najvišja karta; *tech* najvišja prestava (v vozilu); *A coll* gimnazija; *A sl* omama (od mamila); **on** ~ zgoraj, visoko gor; v nebesih, v nebesa; **from on** ~ od zgoraj, z nebes; **to shift into the** ~ dati v najvišjo prestavo

high altar [háiə:ltə] *n* veliki oltar

highball [háibə:l] 1. *n A* viski s sodavico; signal za prosto vožnjo (železnica), brzovlak; 2. *vi* voziti s polno hitrostjo

high binder [háibaində] *n A* gangster (zlasti kitajski); *sl* goljuf

high-blown [háiblóun] *adj fig* napihnjen, nadut

high-born [háibə:n] *adj* visokoroden

highboy [háibəi] *n A* predstojnik

high-bred [háibred] *adj* visokoroden, lepo vzgojen

high-brow [háibrau] 1. *adj* vzvišen, zelo izobražen; 2. *n* vzvišen človek, zelo izobražen človek

high-browism [háibrauizəm] *n coll* intelektualna domišljavost

High Church [háičə:č] *n* anglikanska cerkev

High Churchman [háičə:čmən] *n* anglikanec

high-class [háikla:s] *adj* prvorazreden

high cockalorum [háikəkəló:rəm] *n E* prevračanje kozolcev; *A sl* ovaduh; *fig* velika živina

high-colo(u)red [háikʌlə:d] *adj* žive barve, zardel

high command [háikəma:nd] *n mil* vrhovno poveljstvo

high day [háidei] *n* praznik, prazničen dan; beli dan

high diving [háidaiviŋ] *n sp* skok s stolpa (v vodo)

higher education [háiəredjukéišən] *n* visokošolska izobrazba

higher [háiərʌp] *n A coll* višji uradnik, »visoka živina«

high-falutin [háifəlú:tin] *adj* nadut, nabuhel

high farming [háifa:miŋ] *n* intenzivno obdelovanje zemlje

high-fed [háifed] *adj* dobro hranjen

high-fidelity [háifidéliti, -fai-] *n* glej **hi-fi**

highflier [háiflaiə] *n* nadutež, domišljavec, častihlepnež; sanjač

highflown [háifloun] *adj* pretiran, nabuhel, bombastičen

highflying [háifiaiŋ] *adj* častihlepen

high frequency [háifrí:kwənsi] *n* ultrakratki val, UKV

high-grade [háigréid] *adj* izredno kakovosten, kvaliteten; *econ* prvorazreden; *biol* čistokrven, plemenit

high-handed [háihǽndid] *adj* samovoljen, prevzeten, nadut

high-handedness [haihǽndidnis] n samovoljnost, prevzetnost, nadutost
high hat [háihæt] n cilinder; A sl snob
high-hat [haihǽt] adj A sl snobovski, domišljav
high jinks [háidžiŋks] n razposajenost, razpoloženost
high jump [háidžʌmp] n sp skok v višino
high-keyed [háiki:d] adj čustven, občutljiv
highland [háiland] n visoka planota; pl gorata dežela; the Highlands škotsko višavje, severozapadni predel Škotske
highlander [háilandə] n gorec; vojak škotskega polka; Škot iz severozapadnega predela Škotske
high-level [háileval] adj visok, na visoki ravni; ~ bombing bombardiranje z velike višine; ~ officials visoki uradniki; ~ railway višinska železnica; po! ~ talks pogovori na visoki ravni
high life [háilaif] n razkošno življenje; gospoda
highlight [háilait] 1. n višek, sijaj, ostra svetloba; 2. vt ostro osvetliti; poudariti
high living [háiliviŋ] n udobno življenje
highly [háili] adv visoko, zelo, pohvalno; drago; ~ gifted zelo nadarjen; ~ inflammable zelo vnetljivo; ~ paid drago plačano; to speak ~ of s.o. hvaliti koga; to think ~ of s.o. imeti najboljše mnenje o kom, spoštovati
high mallow [haimǽlou] n bot divji slez
High Mass [háimæs] n peta maša
high-minded [háimáindid] adj plemenit; arch ponosen
high-mindedness [háimáindidnis] n plemenitost; arch ponos
high-muck-a-muck [haimʌ́kəmʌ́k] n A sl vpliven človek, velika živina
high-necked [háinekt] adj do vratu zapet (obleka)
highness [háinis] n višina; visokost, visočanstvo; pikantnost (jedi)
high-pitched [háipičt] adj visok (glas); strm (streha); vzvišen; nervozen, vznemirjen
high-pressure [háipréšə] 1. adj z visokim pritiskom; fig agresiven, prepričevalen; 2. vt pritiskati na kupca, da kaj kupi; ~ salesmanship agresivne prodajne metode
high pressure [háipreša] n visok pritisk
high-priced [háipráist] adj drag
high priest [háipri:st] n veliki duhoven (tudi fig)
high-principled [háiprínsiplt] adj plemenit, ponosen, načelen
high-proof [háipru:f] adj z visokim odstotkom alkohola
high-ranking [háirǽŋkiŋ] adj visokega čina (čast-nik)
highroad [háiroud] n deželna cesta, glavna cesta, magistralna cesta; the ~ success sigurna pot do uspeha
high school [háisku:l] n A gimnazija
high-seas [háisi:z] n pl odprto morje
high-seasoned [háisí:zənd] adj močno začinjen (jed)
high sign [háisain] n A opozorilni znak
high-sounding [háisaundiŋ] adj visoko zveneč (ime)
high-speed [háispi:d] adj tech ki ima veliko hitrost; zelo občutljiv (film)
high spot [háispət] n A glavna stvar, glavna točka
high-stepper [háistepə] n konj kasač, ki visoko poskakuje; fig nadutež

high-stepping [háistepiŋ] adj nadut
high street [háistrı:t] n glavna ulica
high-strung [háistrʌŋ] adj občutljiv, nervozen, prenapet
hight [háit] pp arch, poet, hum imenovan; to be ~ imenovati se
high table [háiteibl] n E skupna miza za obed univerzitetnih profesorjev
high taper [háiteipə] n bot papeževa sveča, lučnik
high tea [háiti:] n (zlasti E) mrzla večerja s čajem
high tension [háitənšən] n visoka napetost
high-test [háitest] adj ki dobro zdrži preizkus; ki zavre pri nižji temperaturi (bencin)
high tide [háitaid] n plima; fig vrhunec, vrh
high-toned [háitound] adj visok (glas); fig dostojanstven; A coll eleganten
high treason [háitri:zn] n veleizdaja
high-watermark [háiwó:təma:k] n znamenje najvišjega stanja vode; fig višek
highway [háiwei] n glavna cesta, prometna žila, avtocesta; fig prema pot do česa; ~s and byways glavne in stranske ceste; ~ code cestno prometni predpisi
highwayman [háiweimən] n cestni razbojnik
high-wrought [háirə:t] adj zelo razburjen, živčno napet
hijack [háidžæk] vt A sl prestreči in oropati tihotapski tovor (zlasti pijačo); ugrabiti letalo
hijacker [háidžækə] n A sl gangster, ki prestreže in oropa tovor drugih gangsterjev; ugrabitelj letala
hijacking [háidžækiŋ] n ugrabitev letala
hike [háik] 1. n pešačenje, izlet; A coll porast cen; 2. vi & vt pešačiti; A coll visoko priti, rasti (cene); zvišati (cene)
hiker [háikə] n popotnik, izletnik
hiking [háikiŋ] n pešačenje, izlet
hilarious [hiléəriəs] adj (~ ly adv) vesel, razpoložen
hilarity [hiléəriti] n veselost, veselje, veselo razpoloženje
Hilary term [híləritə:m] n E univ univerzitetni semester, ki začne januarja; jur termin, ki začne januarja
hill I [hil] n grič, hrib, hribček; the ~s gorsko zdravilišče v Indiji; ant-~ mravljišče; dung-~ gnojišče; mole-~ krtina; up ~ and down dale čez hrib in dol; as old as the ~s prastar; fig over the ~ čez najhujše (se prebiti); A coll not worth a ~ of beans še počenega groša ni vredno
hill II [hil] vt nakopičiti, napraviti hribčke; to ~ up okopati (krompir)
hillbilly [hílbili] n A coll hribovec; ~ climb hribovska vožnja (avto)
hilliness [hílinis] n hribovitost
hillman [hílmæn] n hribovec
hillo(a) [hilóu] int hej! (vzklik klicanja in začudenja pri srečanju)
hillock [hílək] n hribček, griček
hill-side [hílsaid] n pobočje, reber
hill-site [hílsait] n lega na vzpetini
hill-station [hílsteišən] n gorsko zdravilišče (v Indiji)
hill-top [híltəp] n vrh brega
hilly [híli] adj hribovit, gričast
hilt I [hilt] n ročaj, držaj (bodala, meča); up to the ~ popolnoma

hilt II [hilt] *vt* nasaditi ročaj, držaj
hilum [háiləm] *n anat* hilus, vboklina, prehod
him [him] *pers pron* njega, ga, njemu, mu; *coll* on
himself [himsélf] *pron* on sam; sebe, se; (all) by ~
čisto sam, brez pomoči; he is beside ~ je čisto
iz sebe; he is not quite ~ ni čisto pri sebi;
he came to ~ ali he is quite ~ again piišel je
k sebi
hind I [háind] *n zool* košuta; *E* hlapec, dnınar,
težak, kmet
hind II [háind] *adj* zadnji; ~ leg zadnja noga;
~ quarters zadnjica, zadnji del pri živini
hinder I [háində] *adj* zadnji
hinder II [háində] *vt* ovirati, zadrževati
Hindi [híndí:] *n* hindujščina
hindmost [háindmoust] *adj* najzadnji
hindrance [híndrəns] *n* ovira, zadrževanje, zapreka
(*to s.o.* za koga, komu; *to* ali *of s.th.* za kaj,
čemu)
hindsight [háindsait] *n hum* prepozen spregled,
prepozno spoznanje; ~ is easier than foresight
lahko je biti pameten, ko je že narejeno
Hindu [híndú:] *n* Hindujec
hindward [háindwɔ:d] *adv* nazaj
hinge I [hindž] *n* šarnir; tečaj, zgib (na vratih);
anat zgib, sklep; bistvena stvar; off the ~ s raz-
krojen, živčen, iz sebe
hinge II [hindž] 1. *vt* natakniti na tečaje; 2. *vi*
viseti na tečajih; *fig* biti odvisen; to ~ (up)on
biti odvisen od, obračati se po
hinny [híni] *n zool* mezeg
hint I [hint] *n* migljaj; navodilo (*on* za); namiga-
vanje, namig, aluzija (*at* na); *fig* sled (*of* česa);
to drop (ali give) a ~ namigniti; to take a ~
razumeti namig; there is a ~ of trouble videti je,
da bodo težave
hint II [hint] *vt & vi* namigniti, namigavati, aludi-
rati (*at* na); nakazati kaj, cikati na kaj; to ~
against opozoriti na
hinterland [híntəlænd] *n* notranjost (dežele); za-
ledje (tudi gospodarsko)
hip I [hip] *n anat* kolk; *archit* poševen zatrep; to
have s.o. on the ~ imeti koga v oblasti; to get
s.o. on the ~ dobiti koga v oblast, premagati;
to smite s.o. ~ and thigh neusmiljeno koga
uničiti; to take (ali catch) s.o. on the ~ izrabiti
šibko točko koga
hip II [hip] *n bot* šipek
hip III [hip] *int* klic pri vzpodbujanju: ~, ~,
Hurrah!
hip IV [hıp] 1. *n* potrtost, pobitost; 2. *vt* potreti
hip V [hip] *adj A sl* vpeljan, posvečen (v kaj);
brez iluzij
hip-bath [hípba:θ] *n* sedna kopel
hip-boot [hípbu:t] *n* ribiški visok škorenj
hipe [háip] 1. *n sp* poseben prijem v rokoborbi,
ki spravi nasprotnika na kolena; 2. *vt* spraviti
na kolena
hip-flask [hípfla:sk] *n* čutarica
hipped [hipt] *adj* ki ima kolke, z izpahnjenim kol-
kom; *E* potrt, žalosten; *A sl* udarjen na kaj (*on*)
hippie [hípi] *n A sl* hipi, »otrok cvetja«
hippish [hípiš] *adj* žalosten, potrt
hippo [hípou] *n coll* povodni konj
hippocampus [hipəkǽmpəs] *n* (*pl* ~ campi) *zool*
morski konjiček

Hippocratic [hipəkrǽtik] *adj* hipokratski; ~ oath
zdravniška zaprisega
hippodrome [hípədroum] *n* hipodrom, konjsko dir-
kališče; Hippodrome varietejsko gledališče
hippogriff [hípəgrif] *n* krilati konj
hippology [hipólədži] *n* hipologija, veda o konjih
hippophagy [hipófədži] *n* hranjenje s konjskim me-
som
hippopotamus [hipəpótəməs] *n* (*pl* ~ es, ~ tami)
zool povodni konj
hip-roof [hípru:f] *n archit* streha na zatrep
hipshot [hípšət] *adj* ki ima izpahnjen kolk; hrom;
fig neroden
hipster [hípstə] *n A sl* bitnik, boem
hirable [háirəbl] *adj* najemljiv
hircine [hə:sain] *adj* kozji, smrdljiv; pohoten
hirdie-girdie [hə:digə:di] *adv Sc & dial* vsevprek,
kražem
hire I [háiə] *n* najemnina, zakup, najem; mezda;
fig nagrada; for (ali on) ~ najemljiv, v najem;
to let on ~ dati v najem; to take on ~ najeti
hire II [háiə] *vt* najeti, dati v najem, vzeti v službo;
to ~ out dati v najem; to ~ o.s. (out) to stopiti
v službo pri; *A* to ~ in (ali on) sprejeti neko
delo, stopiti v službo; ~ ed labo(u)r mezdno delo
hireling [háiəliŋ] *n* najemnik, plačanec
hire-purchase [háiəpə:čəs] *n econ* nakup na odpla-
čilo; ~ agreement odplačilna pogodba
hirer [háiərə] *n* najemnik, kdor vzame kaj v najem
hire-service [háiəsə:vis] *n* podjetje za dajanje avto-
mobilov v najem
hire-system [háiəsistəm] *n econ* nakup na odpla-
čilo; to buy on ~ kupiti na odplačilo
hirsute [hə:sju:t] *adj* kosmat, kocinast, ščetinast
hirsuteness [hə:sju:tnis] *n* kosmatost, kocinavost,
ščetinavost
hirundine [hiərándin, ~ dain] *adj* lastavičji
his [hiz, iz] *poss adj & pron* njegov
Hispanic [hispǽnik] *adj* (-ally *adv*) španski
Hispanicism [hispǽnisizəm] *n* španska jezikovna
posebnost
Hispaniolize [hispǽniəlaiz] *vt* pošpaniti
hispid [híspid] *adj bot, zool* kosmat, kocinast, šče-
tinast
hiss I [his] *n* sikanje, izžvižganje
hiss II [his] 1. *vi* sikati; 2. *vt* izžvižgati koga; to
~ s.o. off the stage izžvižgati koga na odru
hissing [hísiŋ] *n* sikanje; ~ sound sičnik
hist [s:t, hist] *int* pst!, tiho!
histological [histəlódžikəl] *adj* (-ly *adv*) histološki
histologist [histólədžist] *n* histolog
histology [histólədži] *n med* histologija, nauk o
tkivih
histolysis [histólisis] *n biol* histoliza, razpad tkiva
histopathology [histəpæθólədži] *n med* obolelost
tkiva
historian [histó:riən] *n* zgodovinar
historiated [histó:rieitid] *adj* okrašen s slikami (za-
četna črka)
historic [histórik] *adj* zgodovinski
historical [histórikəl] 1. *adj* (-ly *adv*) zgodovinski;
2. *n A* zgodovinski film, roman ali drama
historicity [histərísiti] *n* zgodovinsko dejstvo
historied [histórid] *adj* zgodovinski, zgodovinsko
pomemben
historiette [histouriét] *n* kratka povest

historify [histó:rifai] *vt* pozgodoviniti, zapisati v zgodovino

historiographer [histə:riógrəfə] *n* historiograf, zgodovinopisec

historiography [histə:riógrəfi] *n* historiografija, zgodovinopisje

history [hístəri] *n* zgodovina; pripoved, zgodba, zgodovinski potek; zgodovinska drama; *med* anamneza, potek bolezni; **to become** (ali **make**) ~ priti v zgodovino; **ancient (medieval, modern)** ~ zgodovina starega (srednjega, novega) veka; **natural** ~ prirodopis; ~ **of art** umetnostna zgodovina; ~ **piece** zgodovinska slika; **that is all** ~ **now** to je že zdavnaj minilo

histrion [hístriən] *n derog* gledališki igralec

histrionic [histrióník] *adj* (**-ally** *adv*) gledališki; *cont* izumetničen, teatralen

histrionics [histrióníks] *n pl* gledališka predstava, igranje; *cont* izumetničenost, teatralnost

hit I [hit] *n* udarec (*at* komu); zadetek, sreča; posrečena misel, posrečena pripomba, uspel poskus; uspela knjiga, popevka, drama itd.; *A print* odtis; **to make a** ~ doživeti velik uspeh; **he was a big** ~ **with** zelo je uspel v; **a smash** ~ izredno uspela prireditev; **stage** ~ uspelo odrsko delo; **that is a** ~ **at me** to meri name

hit II* [hit] **1.** *vt* udariti, poriniti, zadeti; *fig* prizadeti; zaleteti se v; *fig* naleteti na, najti; zadeti, uganiti; *fig* ostro kritizirati, bičati (napake); doseči, uspeti; **2.** *vi* tolči (*at* po); slučajno naleteti (*on, upon* na); zadeti (*against* na); *A coll* vžgati, teči (motor); **to be hard** (ali **badly**) ~ **by** biti močno prizadet od, izgubiti veliko denarja; *A* **to** ~ **the books** guliti se; *coll* **to** ~ **the bottle** pijančevati; **to** ~ **s.o. a blow** koga močno udariti; **to** ~ **s.o. below the belt** udariti pod pasom (boks), nepošteno se boriti, nečastno ravnati; **to** ~ **a bull's eye with a vengeance** imeti predoren uspeh; **to** ~ **the ceiling** (a.i **roof**) poskočiti od jeze; *A coll* **to** ~ **on all four cylinders** dobro teči, *fig* dobro potekati; **to** ~ **s.o.'s fancy** (ali **taste**) zadeti, uganiti okus nekoga; **to** ~ **home** zadeti v živec, priti do živca; **to** ~ **s.o. home** zavrniti koga, zasoliti jo komu; ~ **hard!** močno udari!; **to** ~ **one's head against** (ali **upon**) s.th. z glavo se zaleteti v kaj; *sl* **to** ~ **the hay** (ali **sack**) spraviti se spat; **to** ~ **the jackpot** terno zadeti, priti nenadoma do denarja; *fig* **to** ~ **a man when he is down** zadati udarce človeku v nesreči; *naut* **to** ~ **a mine** zadeti na mino; **to** ~ **the nail on the head** (ali **nub**) ali **to** ~ **it** v črno zadeti; **to** ~ **oil** najti nafto; **prices** ~ **an all-time high** cene so dosegle rekordno višino; *A* **to** ~ **the numbers pool** zadeti pri lotu; **to** ~ **the right road** najti pravo cesto; **to** ~ **the road** odpraviti se na dolgo pot; *sp* **to** ~ **one's stride** priti v dobro kondicijo; **to** ~ **the spot** pravo zadeti, zadovoljiti; *A coll* **to** ~ **the town** prispeti v mesto; *coll* **to** ~ **it up** pošteno se česa lotiti

hit off *vt* pravo zadeti, uganiti, točno prikazati; **to** ~ **with** skladati, ujemati se s, z

hit out *vi* tolči (*at* po), tolči okoli sebe; ~ ! udari!

hit upon *vi* slučajno srečati, naleteti na najti

hit-and-miss [hítəndmís] *adj* opoteče sreče

hit-and-run [hítəndrʌn] *adj* ki pobegne po nesreči (voznik); ~ **accident** nesreča, ki jo povzroči pobegli voznik; ~ **driver** po nesreči pobegli voznik

hitch I [hič] *n* sunek, potegljaj; *naut* zanka, kavelj; *tech* vezni člen; zastoj, zastanek, zapreka; mrtva točka; šepanje; *A sl* čas prebit v vojski ali zaporu; **there is a** ~ **somewhere** tukaj nekaj ni v redu; **without a** ~ gladko, brez ovir; **to give one's trousers a** ~ potegniti hlače gor

hitch II [hič] **1.** *vt* sunkoma potegniti, povleči; pritrditi, privezati; **2.** *vi* premakniti se, nazaj se pomikati; šepati; spodrsniti, zaplesti se, zatakniti se; *A coll* ujemati se; *A sl* **to get** ~ **ed** poročiti se; **to** ~ **a waggon to a star** imeti visokoleteče načrte

hitch in *vt* uvrstiti, vključiti

hitch up *vt* povleči gor (hlače); *A sl* poročiti se

hitchhike [híčhaik] *vi* potovati z avtostopom

hitchhiker [híčhaikə] *n* avtostopar

hither I [híðə] *adj* bližji, ki je na tej strani; **Hither India** Prednja Indija

hither II [híðə] *adv* semkaj, tu sem; ~ **and thither** sem in tja

hithermost [híðəmóust] *adj* najbližji v tej smeri

hitherto [híðətú:] *adv* doslej

hitherward [híðəwəd] *adv* semkaj, v to smer

hit-merchandising [hítmə́:čəndaiziŋ] *n com* kratka prodaja

hit-off [hítóf] *n sl* spretno prikazovanje ali posnemanje

hit-or-miss [hítə:mís] **1.** *adj* brezskrben, narejen na slepo srečo; **2.** *adv* na slepo srečo

hit-raid [hítreid] *n mil* kratek in nenaden napad

hive I [háiv] *n* panj, roj; *fig* čebelnjak, zbirališče, množica (ljudi)

hive II [háiv] **1.** *vt* dati v panj (čebele); spravljati v panj (med); *fig* zbrati; *fig* vzeti pod streho; **2.** *vi* bivati v panju

hive off *vi fig* iti stran, odcepiti se

hive up *vt* kopičiti zaloge

hive with *vi* skupaj živeti

hives [háivz] *n pl med* izpuščaj, koprivnica; vnetje grla

ho [hóu] *int* hoj!, ho!, halo! (vzklik presenečenja, veselja, zmagoslavja); *naut* **sail** ~ ! jadrnica na obzorju!; *naut* **westward** ~ ! naprej na zapad!; ~ -~ ! ha! ha!

hoar [hə:] **1.** *adj* osivel, siv, star; s slano pokrit; **2.** *n* inje

hoard [hə:d] **1.** *n* zaloga, prihranki, zaklad; *pl* zaloge zlata (v banki); **2.** *vt & vi* kopičiti (*up*), zbirati, založiti se s hrano, blagom; tezavrirati; nositi v srcu, gojiti

hoarder [hó:də] *n* kdor si dela zaloge; skopuh, stiskač

hoarding [hó:diŋ] *n* kopičenje, zbiranje zalog, tezavriranje; *pl* prihranki; *E* ograbda stavbišča, reklamna deska

hoarfrost [hó:frɔst] *n* slana, ivje

hoariness [hó:rinis] *n* osivelost, starostna častitljivost

hoarse [hə:s] *adj* (**-ly** *adv*) hripav; **as** ~ **as a crow** popolnoma hripav

hoarsen [hó:sən] *vi* zahripeti, zahripniti

hoarseness [hó:snis] *n* hripavost

hoary [hó:ri] *adj* (hoarily *adv*) osivel, siv, častitljiv; *bot*, *zool* pokrit z belimi dlakami; ~ sinner star grešnik
hoary-headed [hó:rihédid] *adj* sivoglav
hoax [hóuks] 1. *n* potegavščina, časopisna raca; 2. *vt* potegniti koga, ponorčevati se s kom, natvesti
hob I [həb] *n* vstavek pri kaminu (za čajnik itd.); ciljni količek (pri metanju); *tech* valjčni rezkalnik
hob II [həb] *n* *dial* kmetavz, teslo; *dial* škrat; *coll* nespodobnost; to play (ali raise) ~ with grdo s kom ravnati, pometati s kom; to raise ~ zagnati hrup
hob-arbor [hóba:bə] *n* *tech* rezkalni klin
hobbadehoy [hóbədihói] *n* *glej* hobbledehoy
hobble I [həbl] *n* šepanje, krevsanje; *fig* zadrega; vrv za zvezanje konjevih nog; to get into a nice ~ priti v zadrego
hobble II [həbl] 1. *vi* šepati (tudi *fig*), krevsati; *fig* obirati se; 2. *vt* zvezati konju prednje noge
hobbledehoy [hóbldihói] *n* pubertetnik, »teliček«
hobbledehoyhood [hóbldihóihùd] *n* telečja leta
hobbler [hóblə] *n* šepavec; šušmar
hobby I [hóbi] *n* hobi, konjiček; *arch* konjiček; *hist* zgodnji tip dvokolesa; majhen sokol lovec; to ride a ~ to death pretiravati, popolnoma se posvetiti svojemu konjičku
hobby II [hóbi] *vi* *A* imeti hobi; to ~ at (ali in) s.th. imeti kaj za hobi
hobby-horse [hóbihə:s] *n* konjiček (igrača), gugalni konjiček, konjiček pri vrtiljaku; konjeva glava (krinka)
hobgoblin [hóbgəblin] *n* škrat (tudi *fig*)
hobnail [hóbneil] 1. *n* podkovanec, žbica; *fig* butec; 2. *vt* podkovati (čevlje)
hobnailed [hóbneild] *adj* podkovan (čevelj); *fig* butast
hobnob [hóbnəb] *vi* prijateljiti se (*with* s, z), skupaj popivati, pijančevati
hobo [hóubou] *n* *A* *sl* potepuh, sezonski delavec
hoboism [hóubouizəm] *n* *A* potepuštvo
Hobson's choice [hóbsnzčóis] *n* samo ena stvar na izbiro, nikakršna izbira; it is a ~ nimaš druge izbire
hock I [hək] *n* podkolenica (pri živini), skočni zgib (pri konju)
hock II [hək] *n* belo rensko vino
hock III [hək] 1. *n* *A* *sl* zastavljalnica, zapor, dolg; 2. *vt* zastaviti; in ~ zastavljen; zadolžen (*to* pri)
hockey [hóki] *n* *sp* hokej; ~ stick hokejska palica; grass ~ hokej na travi; ice ~ hokej na ledu
hock-shop [hókšəp] *n* *A* *sl* zastavljalnica
hocus [hóukəs] *vt* potegniti koga, varati; omamiti; ponarediti (vino)
hocus-pocus [hóukəspóukəs] 1. *n* zvijača, prevara, sleparija; 2. *vt* & *vi* potegniti koga, slepariti
hod [həd] *n* maltnica, korito za malto; zaboj za premog; *E* peč na oglje (v kositrarni)
hodden [hədn] *n* *Sc* grobo nebarvano volneno blago
Hodge [həʤ] *n* *E* kmet
hodge-podge [hóʤpəʤ] *n* mešanica, zmešnjava; škotska ragu juha
hodiernal [houdió:nəl] *adj* današnji

hodman [hódmən] *n* zidarski pomočnik, podajač; plačani pisec
hodometer [hədómitə] *n* potomer, priprava za štetje (merjenje) korakov
hoe I [hóu] *n* motika
hoe II [hóu] *vt* *agr* okopati, okopavati, prekopati; pleti; to ~ one's own row skrbeti za svoje lastne zadeve; a hard (ali long) row to ~ težka naloga; to ~ up prekopati, opleti
hoe-cake [hóukeik] *n* *A* koruzna pogača
hoeing [hóuiŋ] *n* okopavanje, prekopavanje
hog I [həg] *n* *zool* prašič, merjasec; *econ* svinja za zakol (preko 60 kg); *E* *dial* ovca pred prvim striženjem; *naut* metla za ribanje; papirniško mešalo; *A* papirniško stepalo; zgrešen lučaj (balinanje s kamni na ledu); *fig* umazanec, požrešnež, pohlepnež, svinja; a ~ in armour volk v ovčji koži, podel človek v lepi obleki; to bring one's ~s to a fine (wrong) market napraviti dobro (slabo) kupčijo; to go the whole ~ stvar do kraja razčistiti; a road ~ brezobziren voznik; A on the ~ bankrotiran
hog II [həg] 1. *vi* zgrbiti hrbet, zgrbiti se; *coll* voziti brezobzirno; 2. *vt* izpodrezati konju grivo; *sl* nagrabiti
hogan [hóugən] *n* *A* koča Navajo Indijancev
hogback [hógbæk] *n* grebenasto gorsko sleme
hogbacked [hógbækt] *adj* grbav
hog cholera [hógkələrə] *n* *vet* svinjska kuga
hogged [həgd] *adj* strmo padajoč na obeh straneh
hoggery [hógəri] *n* svinjak, čreda svinj
hogget [hógit] *n* leto dni stara ovca
hoggin [hógin] *n* presejan prod
hoggish [hógiš] *adj* (-ly *adv*) pohlepen, požrešen; svinjski, umazan
hoggishness [hógišnis] *n* pohlepnost, požrešnost; umazanost
hoglike [hóglaik] *adj* svinjski, kakor svinja
hogling [hógliŋ] *n* prašiček; jagenjček
hogmanay [həgmənéi] *n* *Sc* Silvestrovo, novoletno darilo, novoletna pojedina
hog-mane [hógmein] *n* postrižena konjska griva
hognut [hógnʌt] *n* *bot* hikorijev oreh (sad)
hog-pen [hógpen] *n* svinjak
hog-round [hógraund] *adj* & *adv* *A* *coll* pavšalen, po pavšalni ceni
hogshead [hógzhed] *n* sod; mera za tekočino (*A* 238 l, *E* 286 l)
hog's-pudding [hógzpudiŋ] *n* *cul* tlačenka iz svinjske glave
hog-sty [hógstai] *n* svinjak
hog-tie [hógtai] *vt* zvezati vse štiri noge (živini); *A* *coll* ohromiti (industrijo)
hog-wallow [hógwəlou] *n* svinjska mlaka, korito
hog-wash [hógwəš] *n* pomije
hog-weed [hógwi:d] *n* *bot* *E* dežen; *A* navadna ambrozija
hog-wild [hógwaild] *adj* *A* *sl* divji, prismojen
hoick [hóik] *vt* puliti, vleči; *aero* hitro dvigniti letalo
hoicks [hóiks] 1. *int* pojdi! (klic za vzpodbujanje lovskih psov); 2. *vt* vzpodbujati pse
hoiden [hóidən] *n* *glej* hoyden
hoi polloi [həipəlói] *n* *pl* drhal, sodrga
hoist I [hóist] 1. *n* dviganje, dvigalo; 2. *vt* dvigniti (jadro, zastavo); *A* *sl* zmakniti, ukrasti

hoist II [hóist] *pp* od *hoise arch*; ~ **with one's own petard** ujet v lastno zanko
hoisting [hóistiŋ] *adj* dvigalen; ~ **cage** dvigalo v rudniškem jašku; ~ **tackle** škripčevje; ~ **engine** dvigalo, nakladalni žerjav
hoity-toity [hóititóiti] **1.** *adj* lahkomiseln, objesten, prešeren; nadut; **2.** *n* lahkomiselnost, objestnost, prešernost; nadutost; **3.** *int* ohó (začudenje)
hokey-pokey [hóukipóuki] *n* zvijača; sladoled, ki se prodaja po ulicah
hokum [hóukəm] *n sl* slepilo; neslan humor v filmu ali igri
hold I [hóuld] *n naut* podpalubje, ladijsko skladišče; *aero* prostor za prtljago v letalu; **to stow the** ~ utovoriti na ladjo
hold II [hóuld] *n* prijem, opora; moč, vpliv (*on, over, of*); *A* ustavitev, zadrževanje; *arch* utrdba **to afford no** ~ ne nuditi opore; **to catch** (ali **get, lay, seize, take**) ~ **of s.th.** prijeti kaj, dobiti; **to get** ~ **of s.o.** ujeti koga, zalotiti koga; **to get** ~ **of o.s.** dobiti se v oblast, obvladati se; **to get a** ~ **on s.o.** dobiti koga v oblast; **to have a (firm)** ~ **on s.o.** imeti koga v oblasti; **to keep** ~ **of** čvrsto držati, ne izpustiti iz rok; **to miss one's** ~ zgrešiti, napak prijeti; **in politics no** ~ **s are barred** v politiki je vse dovoljeno; **to quit** (ali **let go**) **one's** ~ **of** izpustiti kaj iz rok; *A* **to put a** ~ **on s.th.** zaustaviti kaj, zadržati kaj; **to take** ~ **of one's fancy** zbuditi domišljijo
hold III* [hóuld] **1.** *vt* držati, obdržati, zadržati; omejiti, zadrževati, ovirati, krotiti; zdržati; *sp* zadržati nasprotnika; zavezati koga za kaj (*to*); imeti (npr. sestanek); imeti, posedovati (zemljo, pravice, delnice, službo); imeti koga za kaj (npr. za poštenjaka); proslavljati (praznik); obdržati (smer); prenašati (alkohol); *mil & fig* odbraniti, obdržati (položaj); *jur* odločiti, odrediti; pritegniti (pozornost); *A* zadostovati (hrana); *A* rezervirati, imeti rezervacijo (v hotelu); *A* prijeti, obdržati v zaporu; **2.** *vi* držati se, zadržati se, vztrajati (*by, to* pri, na čem); veljati, obveljati; obstati, prenehati; dogajati se, biti; ~! počakaj, ustavi se!; **to** ~ **the baby** proti svoji želji imeti odgovornost; **to** ~ **to bail** proti jamstvu izpustiti na svobodo; **to** ~ **the bag** ostati na cedilu, imeti vso odgovornost; **to** ~ **a brief for** odobravati, strinjati se; **to** ~ **one's breath** zadržati dih; **to** ~ **the boards** obdržati se na odru (igra); **to** ~ **cheap** ne ceniti; **to** ~ **in check** imeti koga v šahu, krotiti; **to** ~ **in chase** zasledovati; **to** ~ **a candle to the devil** dajati potuho; **to** ~ **in contempt** prezirati koga; **to** ~ **dear** ceniti, čislati, ljubiti; **to** ~ **fast** čvrsto držati, ne izpustiti; **to** ~ **the fort** obraniti se; **to** ~ **a good hand** imeti dobre karte; **to** ~ **good** veljati, obveljati, izkazati se; **to** ~ **one's ground** (ali **one's own**) vztrajati, ne popustiti, biti kos; **to** ~ **one's horses** potrpeti; **to** ~ **s.o. (s.th.) in the hollow of one's hand** imeti koga (kaj) v pesti; ~ **hard!** počakaj!, stoj!; **to** ~ **one's hand** vzdržati se česa; **to** ~ **one's head high** biti zelo ponosen; ~ **everything!** takoj prenehaj!; **to** ~ **at nought** omalovaževati, ne ceniti; **to** ~ **s.o. to his promise** (ali **word**) držati koga za besedo; **to** ~ **pace with** iti v koraku

s kom ali čim; **to** ~ **one's peace** (ali **tongue**) molčati, držati jezik za zobmi; **to** ~ **still** ostati miren; **to** ~ **a stock** imeti zalogo, imeti na zalogi; **to** ~ **the stage** biti v središču zanimanja (igralec na odru); **to** ~ **tight** čvrsto (se) držati; **to** ~ **true** veljati, biti res; **to** ~ **water** prenesti natančen pregled, veljati; biti vodotesen; **to** ~ **a wager** staviti; **to** ~ **watch** stražiti; **there is no** ~ **ing him** ne da se ga zadržati, nezadržen je; **neither to** ~ **nor to bind** ki se ga ne da obvladati, neukročen; **the rule** ~ **s of** (ali **in**) **all cases** pravilo velja v vsakem primeru; **the place** ~ **s many memories** kraj je poln spominov; **to eat as much as one can** ~ jesti kolikor kdo zmore
hold against *vt* očitati
hold aloof *vi* držati se ob strani, izogibati se (*from*)
hold back *vt & vi* zadržati (se), prikrivati pred kom
hold by *vi* vztrajati pri čem, držati se (npr. besede)
hold down *vt* pritisniti, potlačiti; *A sl* obdržati se (v službi), imeti (službo)
hold forth *vt & vi* na dolgo govoriti, govoričiti (*on* o); nuditi, obljubovati, dajati upanje
hold in *vt & vi* obvladati (se), zadržati (se); **to** ~ **with s.o.** držati se koga, ostati komu zvest
hold off *vt & vi* zadržati (se), odložiti, izogibati se
hold on *vt & vi* obdržati, čvrsto se česa držati (*to*), vztrajati; ostati pri telefonu; *coll* ~! počakaj!, stoj!; **to** ~ **one's way** hoditi po svoji poti
hold out *vt & vi* nuditi, roko ponuditi, obljubovati, dajati upanje; vzdržati, vztrajati, trajati; **to hold o.s. out** (*a doctor*) izdajati se za (zdravnika); **to** ~ **against s.o.** uveljaviti se proti komu; *A coll* **to** ~ **on s.o.** prikrivati komu kaj, kratiti komu kaj; **to** ~ **for** vztrajati pri čem
hold over *vt & vi* odložiti, zadržati; *econ, jur* podaljšati; ostati (na položaju) preko zakonitega roka
hold to *vi & vt* držati se koga, česa; biti zvest; *A* omejiti na
hold together *vt & vi* držati se skupaj; ostati cel
hold up *vt & vi* dvigniti, visoko držati, obdržati (se), trajati; podpreti; ovirati, zadržati, ustaviti; držati se pokonci; držati se (cene, vreme); *A* ustaviti in oropati; **to** ~ **as an example** pokazati kot primer; **to** ~ **to view** pokazati, dati na ogled; **to** ~ **to ridicule** osmešiti; **to** ~ **one's head** glavo dvigniti, ne dati se
hold with *vi* držati se koga, soglašati, odobravati
hold-all [hóuldɔ:l] *n* potna torba
hold-back [hóuldbæk] *n* ovira, zadržek
holder [hóuldə] *n* imetnik, (zemljiški) zakupnik; posoda; držalo; *jur* imetnik licence, patenta, pooblastila itd.; **cigar-**~ cigarnik; **pen-**~ peresnik
holder-up [hóuldəráp] *n tech* opornik
holdfast [hóuldfa:st] *n* sponka, kavelj, svora, skoba; prijem; *bot* oprijemalen organ
holding [hóuldiŋ] *n* posest, zakup; *econ* podružnica; *jur* sodna odločba; zaloga, skladišče, številčno stanje; *econ pl* delnice, zadolžnice; ~ **squad** gasilci, ki prestrežejo ljudi, ki skačejo iz gorečih hiš
hold-out [hóuldáut] *n A* zavlačevanje; kdor ne mara sodelovati

hold-over [hóuldóuvə] *n A* ostanek, višek; repetent, ponavljalec; podaljšanje predvajanja, podaljšanje angažmaja
hold-up [hóuldʌp] *n coll* roparski napad; zastoj v prometu; ~ **man** (cestni) ropar
hole I [hóul] *n* luknja, jama; ječa; *fig* bedno stanovanje, luknja; skrivališče; (golf) luknjica, zadetek; *sl* zadrega, škripec; **full of** ~s preluknjan, *fig* pomanjkljiv, majav; *econ* zadolžen, bankrotiran; **to be in a (devil of a)** ~ biti v hudih škripcih; **like a rat in a** ~ brez izhoda; **to live in a rotten** ~ stanovati v bedni luknji; **to make a** ~ **in** izprazniti žepe, imeti velike stroške; **to make a** ~ **in the water** skočiti v vodo (samomorilec); **money burns a** ~ **in his pocket** denar mu ne vzdrži v žepu, hitro zapravi ves denar; **to pick** ~s **in** kritizirati; **to put s.o. in a** ~ spraviti koga v škripce; **a square peg in a round** ~ **ali a round peg in a square** ~ človek, ki ni na pravem mestu
hole II [hóul] 1. *vt* preluknjati, izkopati jamo, dolbsti, izdolbsti; nagnati žival v luknjo; (golf) zadeti v luknjo; *A coll* zapreti (*up*); 2. *vi* skriti se v jamo (zlasti z *up*)
hole-and-corner [hóuləndkó:nə] *adj* tajen, skriven, zakoten; dvomljiv, nepošten
hole-in-the-wall [hóulinðəwó:l] *adj A coll* reven
hole-proof [hóulpru:f] *adj* ki se ne da preluknjati; *A fig* varen pred bombami
holey [hóuli] *adj* luknjičav
holiday I [hólədi, ~lidei] *adj* prazničen, nedeljski
holiday II [hólədi, ~lidei] *n* praznik, dan počitka; *pl* dopust, počitnice; **bank** ~ dan, ko so zaprte vse banke (praznik); **a busman's** ~ dopust, na katerem opravljamo običajno delo; **to have a** ~ imeti prost dan, imeti počitnice; **to have a** ~ **from s.th.** oddahniti se od česa; **to make (ali take) a** ~ praznovati, vzeti si prost dan; **on (a)** ~ na dopustu; **to go on** ~ iti na dopust, počitnice; ~ **with pay** plačan dopust
holiday-home [hólideihoum] *n* počitniški dom
holiday-maker [hólədimeikə] *n* turist, izletnik
holier-than-thou [hóuliəðənðáu] 1. *adj A coll* farizejski, hinavski; 2. *n* farizej, hinavec
holily [hóulili] *adv* pobožno, sveto
holiness [hóulinis] *n* svetost, pobožnost
holism [hóulizəm] *n phil* teorija o celovitosti
holistic [houlístik] *adj* celovit
holla [hólə] *int* holá!
holland [hólənd] *n* grobo nebeljeno platno; *pl* holandski brinjevec
Holland [hólənd] *n* Holandska
Hollander [hóləndə] *n* Holandec, -dka
hollo [hólou] *int* glej holla
holler [hólə] *vi & vt dial* vpiti, kričati
hollow I [hólou] *adj* votel, prazen, vdrt; lačen; votel (glas); *fig* prazen, plitek, neiskren, nepristen; **a** ~ **race** slaba dirka
hollow II [hólou] *adv* votlo; popolnoma; **to beat s.o.** ~ koga popolnoma premagati
hollow III [hólou] *n* votlina, luknja, jama; **to have s.o. in the** ~ **of one's hand** imeti koga v pesti
hollow IV [hólou] *vt* izdolbsti (*out*)
hollow-bit [hóloubit] *n tech* žlebičar
hollow-cheeked [hólouči:kt] *adj* upadlih, vdrtih lic
hollow-eyed [hólouáid] *adj* vdrtih oči

hollow-hearted [hólouhá:tid] *adj fig* neiskren, neodkritosrčen
hollowness [hólounis] *n* votlost; *fig* plitkost, neodkritosrčnost
hollow-square [hólouskwɛə] *n mil* karé
hollow-tile [hóloutail] *n* votlak, votla opeka
hollow-ware [hólouwɛə] *n* posoda, čajna posoda, bakrena posoda
holly [hóli] *n bot* božje drevce
hollyfern [hólifə:n] *n bot* suličasta podlesnica (praprot)
hollyhock [hólihɔk] *n bot* slezenovec, rožlin
hollytree [hólitri:] *n bot* avstralski slez
holm(e) [hóum] *n* rečni otok, nižina ob reki
holm-oak [hóumouk] *n bot* črnika, primorski hrast
holocaust [hóləkɔ:st] *n* žgalna žrtev; *fig* pokol, razdejanje
holograph [hóləgra:f] 1. *adj* svojeročen; 2. *n* svojeročno napisana listina; *jur* ~ **will** svojeročno napisan testament
holophrastic [hóləfrǽstik] *adj* ki obnovi celotno misel (beseda)
holophytic [hóləfítik] *adj zool* rastlinski (prehrana)
holothurian [hóləθjúriən] *n zool* morska kumara; morski brizgač
holp(en) [houlp(ən)] *pt & pp arch* od *to help*
holster [hóulstə] *n* tok za samokres
holt I [hóult] *n poet* gaj, gozd
holt II [hóult] *n A & dial* brlog (zlasti vidrin)
holus-bolus [hóuləsbóuləs] *adv coll* vse naenkrat
holy [hóuli] *adj* (**holily** *adv*) svet, posvečen; pobožen, čednosten; **Holy Alliance** sveta aliansa; ~ **bread** hostija; **Holy Communion** obhajilo; **Holy Father** sveti oče, papež; **Holy Innocents' Day** dan nedolžnih otročičev; **Holy Land** Sveta dežela, Palestina; ~ **orders** duhovniški stan; **Holy Office** inkvizicija; **Holy Roller** vernik neke ameriške sekte, ki se v ekstazi valja po tleh; **Holy Rood** križ, razpelo; **the Holy One** bog, božanstvo; **Holy Trinity** sveta trojica; **Holy Week** Veliki teden; **Holy Writ** Sveto pismo; ~ **water** blagoslovljena voda; *naut sl* ~ **Joe** pobožnjak; *sl* ~ **terror** grozen človek, nemogoč otrok
holy-grass [hóuligra:s] *n bot* šmarna trava
holy-herb [hóulihə:b] *n bot* bažiljka, železnjak
holystone [hóulistoun] 1. *n naut* peščenec za ribanje palube; 2. *vt* ribati palubo
homage [hómidž] *n* poklonitev, spoštovanje, pokornost; *hist* zaprisega fevdnemu gospodu; **to do (ali pay, render)** ~ **to** pokloniti se komu, izkazati komu čast
homager [hómidžə] *n hist* vazal
homburg [hómbə:g] *n* mehek moški klobuk
home I [hóum] *adj* domač, hišni, doma narejen; notranji; točen, odličen; primeren (opomba); ~ **affairs** notranje zadeve; **Home Counties** grofije blizu Londona; ~ **fleet** ladjevje v domačih vodah; ~ **forces** vojska na domačih tleh; **Home Guard** rezervna vojska na domačih tleh med 2. svetovno vojno; ~ **market** domače tržišče; *E* **Home Office**, *A* **Home Department** notranje ministrstvo; **Home Secretary** notranji minister; **Home Service** BBC oddaja za Veliko Britanijo
home II [hóum] *adv* doma, domov; na cilj, na cilju; v srce, točno; **to bring** ~ **the bacon** zma-

gati; **to bring a crime** ~ **to s.o.** dokazati komu zločin; **to bring s.th.** ~ **to s.o.** prepričati koga o čem, predočiti, dokazati komu; *fig* **to come** ~ **to ganiti**, občutiti, priti do srca; **curses come** ~ **to roost** kdor drugemu jemlje čast, jo sam izgubi; **till the cows come** ~ celo večnost; **to drive a nail** ~ zadeti; **to drive s.th.** ~ **to s.o.** prigovarjati, prepričevati koga; **to get** ~ uspeti zmagati; **to hit** (ali **strike**) ~ v živo zadeti, pravo zadeti; **to see s.o.** ~ spremiti koga domov; **the thrust went** ~ udarec je zadel v črno; **nothing to write** ~ **about** nič posebnega
home III [hóum] *n* dom, domačija, stanovanje; domovina; zavetišče; *fig* domača streha; *sp fig* cilj; **at** ~ doma, v domovini; **an at-**~ sprejemni dan; **at** ~ **in** (ali **on, with**) vajen česa, doma (v računstvu); ~ **for the aged** dom za upokojence; **away from** ~ odsoten, odpotoval, v tujini; **charity begins at** ~ vsakdo je samemu sebi najbližji, bog je najprej sebi brado ustvaril; **not at** ~ to ne biti doma za goste, ne sprejemati gostov; **long** (ali **last**) ~ zadnji dom, grob; **to draw to one's long** ~ bližati se koncu, umirati; **to eat s.o. out of the house and** ~ spraviti koga ob vse, živeti na tuj račun; **to feel at** ~ počutiti se kot doma; **to make o.s. at** ~ biti kakor doma, vgnezditi se pri komu; **to make s.o. feel at** ~ potruditi se, da se kdo počuti kot doma; **there is no place like** ~ doma je najlepše
home IV [hóum] *vi & vt* vrniti se domov, pripeljati domov, spraviti pod streho; voditi pristanek letala z radarjem; **to** ~ **on** (ali **in**) **a beam** avtomatsko se usmeriti k cilju (raketa)
home-body [hóumbədi] *n A coll* zapečkar
home-born [hóumbó:n] *adj* v domovini rojen, doma rojen, domačinski
homebound [hóumbáund] *adj* na poti domov, navezan na dom
home-bred [hóumbréd] *adj* doma vzgojen, domač, domačinski, preprost
home-brew [hóumbru:] *n* doma varjena pijača
home-brewed [hóumbrú:d] *adj* doma varjen (pivo)
home-coming [hóumkʌmiŋ] *n* povratek domov
home-croft [hóumkrɔft] *n econ* majhen dom z malo zemlje
home-economics [hóumi:kənómiks] *n pl A* gospodinjstvo; študij gospodinjstva
home-felt [hóumfélt] *adj* doživljen, globoko občuten
home-freezer [hóumfri:zə] *n* zamrzovalna skrinja
home-keeping [hóumkí:piŋ] *adj* ki se drži doma, zapečkarski
homeland [hóumlænd] *n* domovina
homeless [hóumlis] *adj* brez doma, brezdomen
homelife [hóumlaif] *n* domače življenje, družinsko življenje
homelike [hóumlaik] *adj* domačen, udoben, kakor doma
homeliness [hóumlinis] *n* preprostost, prirodnost, domačnost; *A* nemikavnost
homely [hóumli] *adj* (**homelily** *adv*) preprost, domač, udoben, nezahteven; *A* nemikaven, grd (obraz); **home is home, be it ever so** ~ dober je domek, čeprav ga je le za bobek
home-made [hóumméid] *adj* doma narejen, v domovini narejen; preprost

home-making [hóummeikiŋ] *n* gospodinjstvo, gospodinjenje
homer [hóumə] *n* golob pismonoša
Homeric [houmérik] *adj* homerski; ~ **laughter** krohot
home rule [hóumru:l] *n pol* samouprava, avtonomija
home ruler [hóumru:lə] *n* bojevnik za avtonomijo (zlasti v Irski)
homesick [hóumsik] *adj* domotožen, ki ima domotožje
homesickness [hóumsiknis] *n* domotožje
homespun [hóumspʌn] **1.** *adj* doma tkan; *fig* preprost, domač, grob; **2.** *n* grobo volneno blago, domače platno
homestead [hóumsted] *n* kmetija, posestvo, kmečko gospodarstvo; *A* zemlja, ki jo dobi priseljenec (160 oralov)
homesteader [hóumstedə] *n A* priseljenec, ki dobi zemljo od države (160 oralov)
home-thrust [hóumθrʌst] *n fig* zadetek v živo
home-trade [hóumtreid] *n econ* notranja trgovina
home-truth [hóumtru:θ] *n* čista resnica
home-visitor [hóumvizitə] *n* bolničar(ka), ki prihaja na dom
homeward [hóumwəd] *adj* ki gre proti domu, ki gre domov; ~ **bound** na povratku (ladja, letalo); **on a** ~ **course** na poti domov
homeward(s) [hóumwəd(z)] *adv* proti domu, domov; na povratku
homework [hóumwə:k] *n* domača naloga, domače delo
homeworker [hóumwə:kə] *n econ* domači delavec
homewrecker [hóumrekə] *n* razdiralec, -lka zakona
homey [hóumi] *adj coll* domačen, preprost
homicidal [hɔmisáidl] *adj* (~ **ly** *adv*) morilski, ubijalski; ~ **attempt** poskus umora
homicide [hómisaid] *n jur* umor; uboj; **justifiable** ~ uboj v samoobrambi; *A* ~ **by misadventure** nesreča, ki se konča s smrtjo
homiletics [hɔmilétiks] *n pl* (običajno edninska konstrukcija) homiletika, nauk o cerkvenem govorništvu
homilist [hómilist] *n* pridigar, pisec pridig
homily [hómili] *n* pridiga; moralna pridiga
homing [hóumiŋ] *adj* ki se vrača domov; ~ **pigeon** golob pismonoša
hominid [hóminid] **1.** *adj* človeški; **2.** *n* hominid
hominy [hómini] *n* koruzna kaša (kuhana), koruzna moka
homo [hóumou] *n* (*pl* **homines**) človek (kot vrsta); (*pl* **homos**) homoseksualec
homochromatic [houməkrəmætik] *adj* enobarven, istobarven
homoeo- [hóumiə] *pref* istovrsten, enoten
homoeomorphic [houmiəmó:fik] *adj min* izomorfen, enake oblike
homoeopath [hóumiəpæθ] *n med* homeopat
homoeopathic [houmiəpǽθik] *adj* (~ **ally** *adv*) homeopatski
homoeopathy [houmiópəθi] *n med* homeopatija
homoerotic [houməirótik] *adj psych* homoseksualen
homogamous [hɔmógəməs] *adj bot* homogamen, ki ima vse cvete istega spola
homogamy [hɔmógəmi] *n bot* istospolnost cvetov

homogeneity [homədžení:iti] *n* enovitost, homogenost

homogeneous [homədží:niəs] *adj* (~ly *adv*) homogen, istovrsten, enoten, enakšen

homogenous [homódžinəs] *adj biol* istega rodu, istoroden

homogeny [homódžini] *n biol* istorodnost

homograph [hóməgra:f] *n* enaka beseda z drugim pomenom in izvorom

homologate [homóləgeit] *vt* potrditi, priznati; *Sc jur* uradno potrditi, ratificirati pomanjkljivo listino; *aero* uradno potrditi sestrelitev, izginotje letala

homological [homəlódžikəl] *adj* (~ly *adv*) *math* skladen, ustrezen; *biol* ustrezen v razvoju in poreklu; *chem* podoben v sestavi

homologize [homóledžaiz] *vi* & *vt* biti ustrezen v razvoju in poreklu, uskladiti

homologous [homóləgəs] *adj* glej **homological**

homologue [hóməlog] *n* ustrezen del

homology [homólədži] *n biol* ustreznost v razvoju in poreklu

homonym [hómənim] *n* homonim, enakozvočnica

homonymic, homonymous [homənímik, homóniməs] *adj* homonimen; enakozvočen, a pomensko različen

homonymy [homónimi] *n* homonimnost, enakozvočnost

homophone [hómfoun] *n gram* (različno) znamenje za isti glas; homonim

homophonic [homəfónik] *adj* enakozvočen; *mus* enoglasen

homophonous [homófənəs] *adj gram* ki označi isti glas; *mus* enoglasen

homophony [homófəni] *n gram* enaka izgovarjava; *mus* homofonija, enoglasje

homoplastic [houməplæstik] *adj biol* skladen

homoplasy [homópləsi] *n biol* skladnost organov, podobnost organov

homosexual [hóumouséksjuəl] **1.** *adj* (~ly *adv*) homoseksualen, nagnjen k istemu spolu; **2.** *n* homoseksualec

homosexuality [hóumouseksjuǽliti] *n* homoseksualnost, nagnjenost k istemu spolu

homuncule [homʌ́ŋkjul] *n* homunkulus, človeček, pritlikavec

homunculus [homʌ́ŋkjuləs] *n* (*pl* **-culi**) umetni človeček; homunkulus

homy [hóumi] *adj* domač, preprost

hone I [hóun] **1.** *n* brus, osla; **2.** *vt* brusiti

hone II [hóun] *vi A* & *dial* hrepeneti, jadikovati

honest [ónist] *adj* (~ly *adv*) pošten, odkrit, odkritosrčen; nepokvarjen, pravi, pristen; pošteno zaslužen; *hum* vrl, pošten; *arch* neomadeževan, nedolžen (ženska); **to be quite ~ about it** po pravici povedati; da povem po pravici; **to turn** (ali **earn**) **an ~ penny** zaslužiti s poštenim delom; **to make an ~ woman of** poročiti zapeljano dekle; **~ goods** pristna roba; *A sl* & *hum* ~ **Injun** častna beseda; *coll* **~ly!** kaj res! (začudenje); **za,es!**, častna beseda!

honest-to-goodness, honest-to-God [ónistugúdnis, ~tugód] *adj A* pošten, resničen

honesty [ónisti] *n* poštenost, odkritost, odkritosrčnost; *bot* vrtna srebrenka; **~ is the best policy** s poštenostjo največ dosežeš

honey [hʌ́ni] **1.** *n* med, strd; *fig* sladkost; *fam* srček, ljubica; **2.** *adj* meden, sladek; drag, ljub; **3.** *vi A* dobrikati se

honey agaric [hʌ́niǽgərik] *n bot* panjevka, štorovka (užitna)

honey-bee [hʌ́nibi:] *n* čebela delavka

honey-buzzard [hʌ́nibʌzəd] *n zool* sršenar (ptič)

honeycomb [hʌ́nikoum] **1.** *n* satovje, sat; razpoka, napaka v kovini; satast vzorec; **2.** *vt* satasto preluknjati, napraviti satast vzorec; *fig* podkopati

honeycombed [hʌ́nikoumd] *adj* luknjičast, satast; *fig* preprežen (*with* s, z)

honeycomb-stomach [hʌ́nikoumstʌ́mək] *n* kapica pri govejem želodcu

honeydew [hʌ́nidju:] *n* medena rosa, mana; z melaso sladkan tobak

honeyed, honied [hʌ́nid] *adj* meden; *fig* laskav, sladek kot med

honeymoon [hʌ́nimu:n] **1.** *n* medeni tedni, poročno potovanje; **2.** *vi* preživljati medene tedne, iti na poročno potovanje

honeymooners [hʌ́nimu:nəz] *n pl* mladoporočenca

honeysuckle [hʌ́nisʌkl] *n bot* kovačnik

honey-sweet [hʌ́niswi:t] *adj* sladek kot med, meden

honk [hoŋk] **1.** *n* klic divje gosi; hupanje (avto); **2.** *vi* klicati, vpiti; hupati

honky-tonk [hóŋkitoŋk] *n A sl* beznica

honorarium [ənəréəriəm] *n* (*pl* ~**ria**, ~**riums**) nagrada za delo, honorar

honorary [ónərəri] *adj* časten, brezplačen; **an ~ degree** častni doktorat

honorific [ənərífik] **1.** *n* častiti gospod (naslov); **2.** *adj* častit

hono(u)r I [ónə] *n* čast, spoštovanje; dober glas, poštenost, častitost, devištvo; izkazovanje časti; *car* najmočnejša karta, slika; (golf) pravica do prvega udarca; *pl* častni naslovi; *pl* odlika pri univerzitetnem izpitu; sprejem gostov; **an affair of ~** častna zadeva, dvoboj; **to be an ~ to** biti v čast; **to be on one's ~ to** ali **to be bound in ~** biti moralno obvezan za kaj; *coll* ~ **bright!** častna beseda!, pri moji časti!; **court of ~** častno sodišče; **a debt of ~** častni dolg; **to do** (ali **give, pay**) ~ **to** izkazati komu čast; **to do s.o. the ~ of** počastiti koga s čim; **to do the ~s of** nastopati kot gostitelj; ~ **to whom** ~ **is due** čast tistemu, ki mu gre; **an** ~**s degree** posebno odlična diploma; ~**s are easy** obe strani dobita enako; **with** ~**s even** istega položaja; **guard of** ~ častna straža; **to give one's word of** ~ dati častno besedo; **to have the** ~ **of** (ali **to**) šteti si v čast, da; **in** ~ **of s.o.** ali **to s.o.'s** ~ komu na čast; **(to render) the last** (ali **funeral**) ~**s** (izkazati) poslednje časti; **man of** ~ poštenjak; **maid of** ~ dvorna dama; **military** ~**s** vojaške časti; **on** (ali **upon**) **my** ~ pri moji časti; **point of** ~ častna zadeva; **to pledge one's** ~ dati častno besedo; **to put s.o. on his** ~ sklicevati se na čast nekoga; **the** ~**s of war** vojaške časti (pri kapitulaciji); **Your Honour** vaša milost (naslavljanje sodnikov); ~ **is satisfied** časti je zadoščeno; **to be held in** ~ biti spoštovan; *econ* **to pay** (ali **do**) ~ **to** plačati v roku; *econ* **to meet due** ~ izplačati (menico); *econ* **acceptance of a bill for the** ~ **of** častno priznanje menice

hono(u)r II [ónə] *vt* spoštovati, izkazati čast, počastiti (*with*, *by* s, z); *fig* izpolniti obljubo; *econ* plačati v roku, plačati dolg, spoštovati pogodbo, priznati menico

hono(u)rable [ónərəbl] *adj* (honourably *adv*) časten, ugleden, spoštovanja vreden; plemenit, blagoroden; odličen; pošten; Honourable blagorodni, blagorodna; naziv za mlajše otroke grofov, vse otroke baronov in vikontov, dvorne dame, člane spodnjega doma, višje sodnike, župane; *A* naziv za člane kongresa, višje vladne uradnike, sodnike, župane; Right Honourable naziv za nižje plemiče, člane državnega sveta, londonskega župana; Most Honourable naziv za visoko plemstvo, člane viteškega reda *Bath*, člane državnega sveta (*Privy Council*)

hono(u)rableness [ónərəblnis] *n* čast, ugled, dostojanstvo

hono(u)r-laden [ónəléidn] *adj* slavljen

hono(u)rs-degree [ónəzdigri:] *n univ* posebno odlična diploma

hono(u)rs-list [ónəzlist] *n univ* seznam odličnjakov

hono(u)rs-man [ónəzmæn] *n univ* študent ali diplomant 3. univerzitetne stopnje

hooch [hu:č] *n A sl* alkohol (zlasti pretihotapljen ali nezakonito narejen)

hood I [hud] *n* kapuca, oglavnica; ponjava (pri otroškem vozičku); doktorski klobuk; posebna halja za različne akademske poklice; varovalni okrov, motorni zakrov, pokrov; to receive the ~ dobiti doktorski naziv, postati doktor

hood II [hud] *vt* pokriti s kapuco, streho

hooded [húdid] *adj* pokrit s kapuco, zagrnjen; *bot* kapucast, čeladast; *zool* z vratom, ki se napihuje (naočarka); ~ crow siva vrana; ~ snake naočarka

hoodless [húdlis] *adj* nepokrit, brez kapuce

hoodlum [hú:dləm] *n A* razbijač, nasilnež

hoodman-blind [húdmənbláind] *n* slepe miši (otroška igra)

hood-moulding [húdmouldiŋ] *n archit* izbočeni del arhitrava, vratni nadstrešek

hoodoo [hú:du:] 1. *n* urok; *coll* zlohoten človek, nesreča, smola; 2. *vt* uročiti; onesrečiti

hoodwink [húdwiŋk] *vt* zavezati oči; *fig* prevariti, preslepiti

hooey [hú:i] 1. *n A sl* nesmisel, bedarija; 2. *int* oslarija!, bedarija!

hoof I [hu:f] *n* kopito, parkelj; *hum* noga; on the ~ živ, nezaklan (govedo); under the ~ zatiran; to beat (ali pad) the ~ iti peš, pešačiti; cloven ~ vrag; to show the cloven ~ pokazati se v slabi luči

hoof II [hu:f] 1. *vt* udariti s kopitom, ritniti; 2. *vi coll* pešačiti; *sl* plesati; *sl* to ~ it pešačiti; *sl* to ~ s.o. out spoditi koga, odpustiti iz službe

hoof-beat [hú:fbi:t] *n* topot kopit

hoof-bound [hú:fbaund] *adj* šepav (konj)

hoofed [hu:ft] *adj zool* ki ima kopita, parklje; ~ mammal kopitar

hoofer [hú:fə] *n A sl* plesalka v zboru

hoof-pad [hú:fpæd] *n* blazinica za zaščito kopita

hoof-pick [hú:fpik] *n* priprava za izvlačenje kamenčkov med parklji

hook I [huk] *n* kavelj, kljuka; trnek; zapenec, pripenjec; oster ovinek, rečni zavoj, ovinkast rt; *sp* ločnik (udarec pri boksu); *fig* past, zanka; *pl sl* kremplji, prsti; a bill ~ zaokrožen nož; crochet-~ kvačka; fish-~ trnek; reaping-~ srp; ~ and eye zapenec in ušesce; Hook of Holland polotok in pomožno pristanišče v Rotterdamu; by ~ or by crook z lepa ali z grda; *sl* off the ~s vznemirjen, prismojen; *sl* to drop off the ~s umreti; ~, line, and sinker popolnoma; *sl* on one's own ~ na svojo pest; *sl* to take (ali sling) one's ~ zbežati, pete si brusiti; to have s.o. on one's ~ imeti koga v oblasti

hook II [huk] 1. *vt* kriviti, ukriviti; zakavljati, obesiti na kavelj; zapeti (*in* v, *on*, *up* na); uloviti na trnek (tudi *fig*); *sl* ukrasti; *sp* udariti od strani (boks); udariti kroglo v levo (golf); nabosti na rogove; 2. *vi* (u)kriviti se, viseti na kavlju; pustiti se zapeti; čvrsto se oprijeti (*to* česa, koga); *sl* to ~ it pobrisati jo

hook in *vt* zatakniti

hook off *vt* vzeti, ukrasti

hook on *vt & vi* pritrditi s kavljem, zatakniti, natakniti, oprijeti se koga, prijeti koga pod roko

hook out *vt* izmamiti

hook up *vt* zapeti; spojiti (dele neke priprave), zapreči (konje)

hookah [húkə] *n* nargila, vodna pipa za kajenje

hook-and-ladder [húkəndlædə] *adj A* ~ truck gasilski voz

hooked [hukt] *adj* kljukast, zakrivljen, ki ima kljuko; vezen z verižnim vbodom; *A sl* predan mamilom

hooker [húkə] *n* majhna ribiška ladja; *cont* stara ladja; *A sl* žepar, pocestnica, pijača

Hooke's [huks] *adj A tech* ~ joint (ali coupling) kardanski sklep

hooking [húkiŋ] *n sp* spotikanje (hokej)

hook-nose [húknouz] *n* orlovski nos

hook-up [húkʌp] *n A* omrežje radijskih postaj z istim programom; *coll* zveza, dogovor

hookworm [húkwə:m] *n zool* trakulja

hooky [húki] 1. *adj* kljukast, zakrivljen; 2. *n A sl* to play ~ potepati se, ne priti v šolo

hooligan [hú:ligən] *n* huligan, mladosten malopridnež, izgubljenec

hooliganism [hú:ligənizəm] *n* huliganstvo

hoop I [hu:p] *n* obroč, prstan; to go through the ~ mnogo hudega prestati; proglasiti konkurz; to put through the ~ strogo kaznovati, dati koga čez kolena

hoop II [hu:p] *vt* obiti z obroči (sod), obkrožiti; *sp* doseči točke (košarka)

hoop III [hu:p] 1. *n* sopenje; 2. *vi* kašljati

hooper [hú:pə] *n* sodar

hooper-swan [hú:pəswən] *n zool* labod pevec

hooping-cough [hú:piŋkəf] *n med* oslovski kašelj

hoop-iron [hú:paiən] *n* jeklen trak, železna obročevina

hoop-la [hú:pla:] *n* sejemska igra za dobitke z metanjem obroča

hoopoe [hú:pu:] *n zool* smrdokavra, vdab

hoop-petticoat [hú:ppetikout] *n* krinolina

hoop-skirt [hú:pskə:t] *n* krinolina

hoopster [hú:pstə] *n coll* košarkaš

hoosh [hu:š] *n sl* gosta ragu juha

hoosier [hú:žə] *n A* podeželski butec; **Hoosier** vzdevek za prebivalca Indiane; **Hoosier State** vzdevek za Indiano

hoot I [hu:t] *n* skovikanje; zavijanje, tuljenje (sirene); hupanje; **not to care a** ~ (ali **two** ~ **s**) ne meniti se za kaj; **I don't give a** ~ nič mi ni mar, briga me; **not worth a** ~ niti piškavega oreha vreden

hoot II [hu:t] **1.** *vi* skovikati; tuliti, zavijati (sirena); hupati; rogati se (*at* komu); **2.** *vt* izžvižgati koga **hoot down** *vt* prekričati koga **hoot off** *vt* s kričanjem pregnati, izžvižgati **hoot out** *vt* s kričanjem pregnati, izžvižgati

hoot(s) [hu:t(s)] *int dial* bedarija!

hooter [hú:tə] *n* tovarniška sirena, signalna troblja, trobilo

hoove [hu:v] *n* kolika, zvijanje v trebuhu (pri govedu)

hop I [hɔp] *n* skok, poskakovanje; ena etapa pri dolgem poletu (letalo); *coll* kratko potovanje, kratka pot, skok; *coll* ples; *A* **a bell-**~ hotelski sluga; *coll* **on the** ~ na potepu, na skok, hitro; **to catch s.o. on the** ~ uieti koga na delu, nepričakovano; *sp* ~, **step (ali skip), and jump** troskok

hop II [hɔp] **1.** *vi* skakljati, poskakovati; iti na kratek polet (letalo); *coll* plesati; **2.** *vt* preskočiti, preskakovati, odskočiti; *A* skočiti (na vlak); ~ **it!** izgini!; *coll* **to** ~ **off** odleteti (letalo); *sl* **to** ~ **the twig (ali stick)** umreti, zbežati; *sl* **to** ~ **up** spodbosti, poživiti; *sl* **to** ~ **the ocean** preleteti ocean; **cloud-hopping** leteti iz oblaka v oblak (letalo)

hop III [hɔp] **1.** *n bot* hmelj (rastlina); *pl* hmelj (plod); *A sl* mamilo (zlasti opij); **2.** *vt & vi* obirati hmelj, dodati pivu hmelj, obroditi (hmelj)

hop-back [hɔpbæk] *n* hmeljno drožje

hop-bine [hɔpbain] *n* hmeljno steblo

hope I [hóup] *n* upanje (*of* na), nada, zaupanje; **past (ali beyond) all** ~ brezupen; **forlorn** ~ brezupen poskus; **in** ~ **s** v pričakovanju; **no** ~ **s of success** nič ne kaže na uspeh; *A sl* **white** ~ bel boksar, ki ima upanje, da postane svetovni prvak

hope II [hóup] **1.** *vi* nadejati se, upati; **2.** *vt* zaupati, imeti upanje; **to** ~ **against hope** brez upa zmage upati; **to** ~ **for** upati na kaj; **the hoped--for results** pričakovan izid

hope-chest [hóupčest] *n A coll* skrinja z balo

hopeful [hóupful] **1.** *adj* (~ **ly** *adv*) poln upanja (*of*), obetajoč; **2.** *n iron* nadebuden mladenič, -nka

hopefulness [hóupfulnis] *n* upanje, pričakovanje

hopeless [hóuplis] *adj* (~ **ly** *adv*) brezupen, obupen, obupan

hopelessness [hóuplisnis] *n* brezupnost, obupanost

hop-garden [hɔpga:dn] *n* hmeljišče, hmeljski nasad

hop-kiln [hɔpkiln] *n* hmeljnica (sušilnica)

hoplite [hɔplait] *n hist* hoplit, težko oborožen pešec v stari Grčiji

hop-o'-my-thumb [hɔpəmiθʌm] *n* pritlikavec

hopped-up [hɔptʌp] *adj A sl* razvnet od mamila; *fig* razburjen, navdušen, pretiran

hopper I [hɔpə] *n* skakalec, skakač (bolha); črviček v siru; lijak, zbiralni lijak (v mlinu, rudniku);

straniščni rezervoar; *naut* barka-bager; *A coll* **it is in the** ~ stvar teče

hopper II [hɔpə] *n* obiralec, -lka hmelja

hopper car [hɔpəka:] *n* tovorni vagon za premog (pesek)

hop-picker [hɔppikə] *n* obiralec, -lka hmelja, stroj za obiranje hmelja

hop-picking [hɔppikiŋ] *n* obiranje hmelja

hopping-mad [hɔpiŋmæd] *adj* besen, divji

hopple [hɔpl] *vt* zvezati konju prednje noge, privezati konja

hop-pocket [hɔppəkit] *n econ* mera za hmelj (ca. 1,5 stota)

hop-pole [hɔppoul] *n* hmeljevka

hop-sack [hɔpsæk] *n* groba vreča za hmelj

hopscotch [hɔpskɔč] *n* risanica (otroška igra)

hop-vine [hɔpvain] *n bot* hmeljnina

horal [hóurəl] *adj* vsakouren

horary [hóurəri] *adj* uren, vsakouren, trajajoč eno uro

horde [hɔ:d] **1.** *n* horda, drhal; **2.** *vi* živeti v hordi, zbirati se v horde (*together*)

horizon [həráizn] *n* horizont, obzorje; *fig* duševni horizont

horizontal [hərizɔ́ntl] **1.** *adj* (-**ly** *adv*) horizontalen, vodoraven; **2.** *n math* vodoravnica, horizontala

horizontal bar [hərizɔ́ntlba:] *n sp* drog

horizontality [hərizntǽliti] *n* horizontalnost, vodoravnost

hormonal [hɔ:móunl] *adj biol* hormonski

hormone [hɔ:moun] *n biol* hormon

horn I [hɔ:n] *n* rog, rogovina, roževina; *mus* rog; hupa, trobilo (avto); simbol moči; zvočni lijak (pri gramofonu);˙tipalka (polž, insekt), polipova lovka; krak luninega krajca; rečni rokav, zaliv; *pl fig* rogovi (prevaranega moža); *A coll* požirek pijače; *vulg* trd penis; **the Horn** Rt Horn; *mus* **English** ~ vrsta oboe; *mus* **French** ~ vrsta trobente; **hunting** ~ lovski rog; **shoe** ~ žlica za obuvanje; **to come out at the little end of the** ~ slabo opraviti; **to draw (ali pull) in one's** ~ **s** brzdati se, postati skromnejši; **to lift (ali raise) the** ~ **s** pokazati roge, biti prevzeten; **on the** ~ **s of a dilemma** v veliki dilemi, med dvema ognjema; *Sc hist* **to put to the** ~ izgnati, izobčiti; ~ **of plenty** vodoravnica, blaga na pretek; **to show one's** ~ **s** pokazati roge, postati predrzen; **to take the bull by the** ~ **s** smelo se spoprijeti s težavami, kljubovati

horn II [hɔ:n] *vt* nabosti na rogove, udariti z rogovi; *A* **to** ~ **in** vsiliti se, vriniti se

hornbill [hɔ́:nbil] *n zool* kljunorožec (ptič)

hornblende [hɔ́:nblend] *n min* amfibol

hornbook [hɔ́:nbuk] *n hist* početnica, abecednik

horn-breakswitch [hɔ́:nbreikswič] *n el* progovno stikalo

hornbug [hɔ́:nbʌg] *n A zool* rogin (hrošč)

horned [hɔ́:n(i)d] *adj* rogat, skrivljen

horned-owl [hɔ́:ndaul] *n zool* uharica (sova)

horner [hɔ́:nə] *n* roževinar, kdor dela roževinaste predmete; *mus* kornist

hornet [hɔ́:nit] *n zool* sršen; **to bring a** ~ **s' nest about one's ears** nakopati si jezo na glavo; **to stir up a** ~ **s' nest** drezati v sršenovo gnezdo, razdražiti koga

hornful [hɔ́:nful] *n* poln rog česa

Hornie [hó:ni] *n Sc* vrag
horning [hó:niŋ] *n* rast rogov; *arch* rast lune; *Sc hist* izobčenje; postopek proti dolžniku; **letters of** ~ opomin dolžniku
hornist [hó:nist] *n mus* kornist
hornless [hó:nlis] *adj* brez rogov
horn-mad [hó:nmæd] *adj arch* besen
hornpipe [hó:npaip] *n* živahen mornarski ples; *mus* dude
horn-plate [hó:npleit] *n tech* zaščitna plošča na osi železniškega vagona
horn-rimmed [hó:nrimd] *adj* z roževinastim okvirjem
horn-shavings [hó:nšeiviŋz] *n pl* roženi ostružki
hornstone [hó:nstoun] *n min* krhek kremenovec
horn-work [hó:nwə:k] *n* roževinasti predmeti; *hist* zunanji del trdnjave
horny [hó:ni] *adj* rožen; rogat; žuljav, trd; *A vulg* pohoten
horny-handed [hó:nihǽndid] *adj* žuljavih rok
horography [hərógrəfi] *n* izdelovanje sončnih ur
horologe [hórələdž] *n* časomer, sončna ura, peščena ura
horologer [hərólədžə] *n* urar
horological [hərəlódžikəl] *adj* urarski
horologist [hərólədžist] *n* urar
horology [hərólədži] *n* nauk o časomerstvu, urarstvo
horometry [hərómitri] *n* časomerstvo
horopter [həróptə] *n phys* točka, kjer se snideta vidni osi
horoscope [hórəskoup] *n* horoskop; **to cast a** ~ postaviti horoskop
horoscopis [hərəskópik] *adj* horoskopski
horoscopist [hóróskəpist] *n* kdor postavlja horoskope; astrolog
horoscopy [həróskəpi] *n* horoskopija, nauk o napovedi usode po zvezdah
horrendous [həréndəs] *adj* strašanski, grozanski
horrent [hórənt] *adj poet* naježen (*with* od)
horrible [hórəbl] *adj* (**horribly** *adv*) strašen, grozen
horribleness [hórəblnis] *n* strahota, grozota
horrid [hórid] *adj* (**-ly** *adv*) grozen, odvraten
horridness [hóridnis] *n* grozota, odvratnost
horrific [hərífik] *adj* grozo vzbujajoč, strašen
horrify [hórifai] *vt* prestrašiti, navdati z grozo; *coll* zgledovati, pohujševati
horripilation [həripiléišən] *n physiol* kurja polt, naježenje
horror [hórə] *n* groza, stud; *med* drhtenje, trepet (znak bolezni); delirij; depresija; *pl* prividi v delirium tremensu; **Chamber of Horrors** muzej zločinov; **to my** ~ na svojo grozo; **seized with** ~ z grozo navdan; **to have a** ~ **of** bati se, izogibati se; **it gave me the** ~s navdalo me je z grozo
horror-stricken [hórəstríkn] *adj* ves prevzet od strahu, navdan z grozo
horror-struck [hórəstrák] *adj* glej **horror-stricken**
hors d'oeuvre [ə:dó:vr] *n cul* predjed
horse I [hɔːs] *n* konj, žrebec; *mil* jezdeci, konjenica; lesen trinožnik; *print* vlagalna deska; *sp* konj; *sl* prepovedan pripomoček v šoli; *coll* bankovec za 5 funtov; *A* burka, vragolija; **to breathe like a** ~ sopsti kot konj; *sp* **buck-**~ koza; **a** ~ **of another colour** nekaj čisto drugega; **clothes-**~ stojalo za sušenje obleke; **to back the wrong** ~

slabo presoditi; *fig* **a dark** ~ nepričakovan zmagovalec; **to eat like a** ~ jesti kot volk; **to flog a dead** ~ mlatiti prazno slamo; zaman se truditi; ~ **and foot** konjenica in pešadija; *fig* z vsemi sredstvi; **it is a good** ~ **that never stumbles** tudi najpametnejšemu včasih spodleti; **A hold your** ~s! le mirno!; **light** ~ lahko oborožena konjenica; **to look a gift** ~ **in the mouth** gledati podarjenemu konju na zobe; **to mount (ali ride, be on) the high** ~ prevzetno se vesti; **you may take a** ~ **to water, but you can't make him drink** s silo se ne da vsega doseči; **to play** ~ **with s.o.** grobo s kom ravnati; **to put the cart before the** ~ delati kaj narobe; **to ride the wooden** ~ za kazen jahati na lesenem konju; **to roll up** ~, **foot, and guns** popolnoma premagati; ~ **of state** paradni konj; **straight from the** ~'s **mouth** iz zanesljivega vira; **one-**~ **show** neuspela stvar; *fig* **do not spur a willing** ~ ne priganjaj ubogljivega konja; **sea-**~ morski konj, triton; *zool* morski konjiček; *zool* mrož; *mil* **to** ~! na konje!; **wild** ~s **will not drag me there** za nobeno ceno ne grem tja; **to work like a** ~ delati kakor konj; **wheel** ~ zanesljiv delavec, garač
horse II [hɔːs] **1.** *vi* jahati; **2.** *vt* zajahati, posaditi na konja; *coll* priganjati k delu; *A coll* **to** ~ **around** čas zapravljati, postopati
horse-and-buggy [hó:səndbági] *adj A* predpotopen, staromoden
horseback [hó:sbæk] *n* konjski hrbet; **on** ~ na konju; **to go (ali ride)** ~ jahati; **devils on** ~ ocvrta slanina z ostrigami
horse-bean [hó:sbi:n] *n bot* bob
horse-box [hó:sbɔks] *n* voz, vagon, prostor na ladji za prevoz konj
horse-breaker [hó:sbreikə] *n* krotilec mladih konj
horse-chestnut [hó:sčésnʌt] *n bot* divji kostanj
horse-cloth [hó:sklɔθ] *n* konjska odeja
horse-collar [hó:skɔlə] *n* komat; **to grin through a** ~ neslano se šaliti
horse-coper [hó:skoupə] *n* glej **horse-dealer**
horsed [hɔːst] *adj* na konju (človek); zapregel (voz)
horse-dealer [dó:sdi:lə] *n* trgovec s konji
horseflesh [hó:sfleš] *n* konjsko meso; konji; **a good judge of** ~ dober poznavalec konj
horse-fly [hó:sflai] *n zool* konjska muha, obad
Horse Guards [hó:sga:dz] *n pl* angleška konjeniška garda
horsehair [hó:shɛə] *n* žima
horsehide [hó:shaid] *n* konjina (koža)
horse latitudes [hó:slǽtitju:dz] *n pl naut* brezvetrni pas na Atlantiku med 30. in 35. stopinjo severne širine
horse-laugh [hó:sla:f] *n* hrupen krohot
horse-leech [hó:sli:č] *n zool* konjska pijavka; *fig* oderuh, pijavka; *arch* živinozdravnik
horseless [hó:slis] *adj* brez konja
horseman [hó:smən] *n* jezdec, konjenik
horsemanship [hó:smənšip] *n* jahanje, jahalna spretnost
horse-marines [hó:sməri:nz] *n pl* dozdeven oddelek mornariške konjenice; ljudje, ki niso na pravih mestih; **tell that to the** ~! pripoveduj to komu drugemu!

horse-master [hɔ́:sma:stə] *n* učitelj jahanja; lastnik najemnih konj
horse-mastership [hɔ́:sma:stəšip] *n* jahalna spretnost
horse-meat [hɔ́:smi:t] *n* konjska krma; konjina (meso)
horse-mint [hɔ́:smint] *n bot* konjska meta, (gozdna, vodna) meta
horse-nail [hɔ́:sneil] *n* podkovnik
horse opera [hɔ́:səpərə] *n A sl* western (film)
horseplay [hɔ́:splei] *n* neslana šala, surova šala
horse-pond [hɔ́:spɔnd] *n* napajališče za konje
horsepower [hɔ́:spauə] *n tech* konjska sila (h.p., H.P., HP)
horse-race [hɔ́:sreis] *n* konjska dirka
horse-racer [hɔ́:sreisə] *n* lastnik dirkalnih konj; jockey; športni jahač
horse-racing [hɔ́:sreisiŋ] *n* konjska dirka, konjski šport
horse-radish [hɔ́:srædiš] *n bot* hren
horse-sense [hɔ́:ssens] *n coll* zdrava pamet
horseshoe [hɔ́:sšu:] **1.** *n* podkev; **2.** *adj* ki ima obliko podkve; ~ **bend** cestni ovinek; ~ **heel protector** podkvica, petni nabitek; ~ **nail** podkovnik
horse-tail [hɔ́:steil] *n* konjski rep (tudi dekliška pričeska); *bot* preslica
horse-trade [hɔ́:streid] *n A* trgovina s konji
horse-trainer [hɔ́:streinə] *n* trener konj
horsewhip [hɔ́:s(h)wip] **1.** *n* jahalni bič; **2.** *vt* udariti z bičem, bičati
horsewoman [hɔ́:swumən] *n* jahalka, spretna jahalka
horsy [hɔ́:si] *adj* (**horsily** *adv*) ki ima rad konje, konjski, robat; *sl* konjski (obraz, postava); ~ **dress** jahalna obleka; ~ **talk** pogovor o konjih
hortative [hɔ́:tətiv] *adj* opominjajoč, bodreč
hortatory [hɔ́:tətəri] *adj* glej **hortative**
horticultural [hə:tikʌ́lčərəl] *adj* hortikulturen, vrtnarski
horticulture [hɔ́:tikʌ́lčə] *n* hortikultura, vrtnarstvo
horticulturist [hə:tikʌ́lčərist] *n* vrtnar
hortus siccus [hɔ́:təssíkəs] *n* herbarij, zbirka posušenih rastlin
hosanna [houzǽnə] *n & int* hosana, vzklik poveličevanja
hose I [hóuz] *n pl* dolge nogavice; *hist* hlače; **half-**~ kratke nogavice
hose II [hóuz] *n* gumijasta cev; **garden** ~ cev za zalivanje vrta
hose III [hóuz] *vt* zalivati z gumijasto cevjo
hose-level [hóuzlevl] *n tech* stavbno razalo
hose-pipe [hóuzpaip] *n* gumijasta cev za zalivanje
hose-reel [hóuzri:l] *n* motovilo za cev
hosier [hóužə] *n* nogavičar, trgovec s pleteninami
hosiery [hóužəri] *n* trgovina z nogavicami in pleteninami; tovarna nogavic in pletenin; *coll* pletenine
hospice [hóspis] *n* gostišče (za popotnike in siromake)
hospitable [hóspitəbl] *adj* (**hospitably** *adv*) gostoljuben; *fig* prijazen, ljubezniv; dovzeten (*to* za)
hospitableness [hóspitəblnis] *n* glej **hospitality**
hospital [hóspitl] *n* bolnišnica, klinika; *mil* lazaret, vojaška bolnišnica; *hum* popravljalnica; *E hist* hiralnica; **to walk the** ~s študirati medicino; *med* ~ **fever** pegavi tifus; ~ **nurse** bolničarka;

~ **ship** bolniška ladja; **Hospital Sunday** (**Saturday**) *E* nedelja (sobota) za zbiranje prispevkov za bolnišnice; ~ **ward** bolniška soba
hospitality [həspitǽliti] *n* gostoljubnost; *fig* dovzetnost (*to* za)
hospital(l)er [hóspitlə] *n* član dobrodelnega verskega rodu; bolničar; *E* bolniški duhoven
hospitalization [həspitəlizéišən] *n* sprejem v bolnišnico; bivanje v bolnišnici
hospitalize [hóspitəlaiz] *vt* napotiti (sprejeti) v bolnišnico
host I [hóust] *n* gostitelj; gostilničar; *biol* žival ali rastlina, na kateri živi parazit; **to reckon** (ali **count**) **without one's** ~ delati račune brez krčmarja
host II [hóust] *n* množica, roj; *arch & poet* vojska; **to be a** ~ **in o.s.** napraviti sam, kar drugače delajo mnogi; **the** ~**s of heaven** sonce, mesec in zvezde; angeli; **Lord of** ~**s** gospodar nebeške vojske
host III [hóust] *n* hostija
host IV [hóust] *vt A* gostiti; prirediti, voditi
hostage [hóstidž] *n* talec, -lka; zastavek, zalog; ~**s to fortune** žena in otrok; **to give** ~**s to fortune** obvezati se za kaj, izpostavljati se nevarnosti ali izgubiti; **to hold s.o.** ~ imeti koga za talca
hostageship [hóstidžšip] *n* poroštvo, jamstvo
hostel [hóstəl] *n* gostišče, počitniški dom za mladino; *arch* gostilna; *E* študentovski dom
hosteler [hóstələ] *n* študent, ki stanuje v študentovskem domu
hostelry [hóstəlri] *n arch* gostilna
hostess [hóustis] *n* gostiteljica; gostilničarka, hotelirka; **air** ~ stevardesa v letalu; ~ **cart** servirni voziček
hostile [hóstail, ~til] *adj* (**-ly** *adv*) sovražen (*to*, *komu*, *čemu*)
hostility [həstíliti] *n* sovražnost (*to*, *against* do); *pl* vojna, borba, sovražnosti; **to open hostilities** začeti borbo; **to suspend hostilities** prenehati z borbo; **hostilities only** le za primer vojne
hostler I [ɔ́slə] *n* hlevar, konjski hlapec
hostler II [hɔ́s(t)lə] *n* gostilničar
hot I [hɔt] *adj* (**-ly** *adv*) vroč; oster, pekoč, začinjen (jed); razgret, razvnet, strasten; *fig* oster, živ, kričeč (barva); razburjen, jezen; pohoten, vročekrven, ki se goni (žival); najnovejši (novica), svež (sled); *sl* odličen, izvrsten; opolzek (npr. gledališka igra); *coll* nevaren, neprijeten; *A sl* ukraden ali pretihotapljen; zasledovan (policijsko); radioaktiven; *el* pod električno napetostjo (žica); *mus* ognjevit, hiter; **I am** ~ vroče mi je; ~ **and** ~ zelo vroč, naravnost s štedilnika; **like a cat on** ~ **bricks** nestrpen, kakor na trnju; **in** ~ **blood** v afektu, v hudem razburjenju; **to be** ~ **for** (ali **on**) biti zagledan v kaj, goreče kaj želeti; **to be** ~ **in** (ali **on**) biti odličen (v stroki); **he is not so** ~ ni tako odličen; *coll* ~ **under the collar** besen, razjarjen; **to drop s.th. like a** ~ **potato** naglo kaj izpustiti; **a** ~ **favourite** velik favorit, verjeten zmagovalec; **to be in** ~ **water** biti v škripcih; **to get into** ~ **water for** zaiti v težave zaradi; **to get into** ~ **water with s.o.** imeti s kom opravka; *fig* ~ **water** nesreča, težava, škripec; **to get** ~ razburiti se, razvneti se; **to get too** ~ pre-

vroče (neprijetno) postati; **it goes like** ~ **cakes** gre dobro v prodajo; **you are getting** ~ si blizu cilja,»vroče« (v igri); **in** ~ **haste** v veliki naglici; **to make it** ~ **for s.o.** podkuriti komu; ~ **news** senzacionalne novice, **news** ~ **from the press** pravkar objavljena novica; **the place was getting too** ~ **for him** tla so mu postajala prevroča; **in** ~ **pursuit of** tesno za petami; **a** ~ **patriot** goreč rodoljub; ~ **spices** pekoče začimbe; **to strike while the iron is** ~ kovati železo dokler je vroče; ~ **and strong** silovit(o); *sl* ~ **stuff** odličen, izvrsten, prima; **a** ~ **scent** (ali **trail**) sveža sled; ~ **on the track of** na sveži sledi, za petami; ~ **temper** ognjevit temperament, vročekrvnost; **I went** ~ **and cold** srh me je spreletel; ~ **words** ostre besede; ~ **work** težko delo

hot II [hɔt] *adv* vroče, silno, močno; **to blow** ~ **and cold** obračati se po vetru; **to get it** ~ pošteno jo izkupiti; **to give it s.o.** ~ strogo koga kaznovati ali ozmerjati; ~ **on the heels** tesno za petami; **the sun shines** ~ sonce pripeka

hot III [hɔt] *vt* (zlasti *E*) pogreti; *A sl* pognati v tek

hot air [hɔ́tɛə] *n* vroč zrak; *sl* širokoustenje

hot artist [hɔ́ta:tist] *n coll* širokoustnež

hotbed [hɔ́tbed] *n agr* topla greda; *fig* leglo, žarišče (bolezni, greha itd.)

hot blast [hɔ́tbla:st] *n* razžarjen zrak

hot-blooded [hɔ́tblʌ́did] *adj* vročekrven, strasten; čistokrven (zlasti konj)

hot-brained [hɔ́tbreind] *adj* vročekrven

hot cell [hɔ́tsel] *n phys* zavarovan prostor za radioaktiven material

hotchpot [hɔ́čpɔt] *n jur* združitev posesti, da vsi lastniki dobijo enake dele (zlasti če starši umrejo brez oporoke)

hotchpotch [hɔ́čpɔč] *n* enolončnica, zelenjavna juha z bravino; zmešnjava, mešanica; *jur* glej **hotchpot**

hot cockles [hɔ́tkɔklz] *n pl* kdo je udaril? (igra z zavezanimi očmi)

hot dog [hɔ́tdɔg] *n A coll* hrenovka v žemlji; *sp* akrobacije na smučeh

hotel [ho(u)tél] *n* hotel, gostišče

hotel keeper [hotelkí:pə] *n* hotelir(ka)

hotfoot [hɔ́tfut] **1.** *adv* na vrat na nos, naglo; **2.** *vi A* **to** ~ **it** pobrisati jo

hothead [hɔ́thed] *n* vročekrvnež

hot-headed [hɔ́thédid] *adj* vročekrven

hot-house [hɔ́thaus] *n* rastlinjak; sušilnica; ~ **lamb** pozno jeseni rojeno jagnje

hot plate [hɔ́tpleit] *n* električni kuhalnik; topla jed (plošča)

hot-pot [hɔ́tpɔt] *n cul* bravina ali govedina s krompirjem, enolončnica

hot-press [hɔ́tpres] *vt tech* dekatirati (blago), satinirati (papir)

hot rock [hɔ́trɔk] *n A sl* drzen pilot

hot rod [hɔ́trɔd] *n A sl* star avto s prenovljenim motorjem; mladoleten voznik; motoriziran mladoletnik

hot seat [hɔ́tsi:t] *n A sl* električni stol; *fig* kočljiv položaj

hot shot [hɔ́tšɔt] *n A sl* »velika živina«, vraži fant

hot spring [hɔ́tspriŋ] *n* termalni vrelec

hotspur [hɔ́tspə:] **1.** *n* srboritež, vročekrvnež; **2.** *adj* srborit, vročekrven

hot stuff [hɔ́tstʌf] *n coll* vraži človek; vraža stvar

hot-up [hɔ́tʌp] *vt* povečati hitrost (avtomobila, ladje)

hot-water bottle [hɔ́twɔ:təbɔ́tl] *n* termofor

hot well [hɔ́twel] *n* glej **hot spring**

hot wire [hɔ́twaiə] *n el* žica z električnim nabojem; *pol* direktna (telefonska) zveza

hough [hɔk] *n* glej **hock I**

hound I [háund] *n* lovski pes; *fig* podlež; *A sl* fanatik; **to follow** (ali **ride to**) ~ **s** loviti s psi; **hare and** ~ **s** igra, pri kateri kdo pušča za seboj sledove; **the** ~ **s** ali **pack of** ~ **s** trop psov (zlasti za lov na lisice)

hound II [háund] *vt* loviti s psi, zasledovati, goniti; sčuvati, hujskati pse (*at* na); sčuvati koga (*on* k); **to** ~ **s.o.** preganjati koga; **to** ~ **out** nagnati; **to be** ~ **ed to the workhouse** priti na beraško palico; **to** ~ **s.o. to death** pognati koga v smrt

hound III [háund] *n tech pl* diagonalni oporniki (na vozilih)

houndish [háundiš] *adj* pasji, hudoben, slab

hound's-tongue [háundztʌŋ] *n bot* pasji jezik

hour [áuə] *n* ura, čas, časovna enota; *pl* delovni čas; *astr & naut* ura (15 dolžinskih stopinj); **to ask the** ~ vprašati koliko je ura; **after** ~ **s** po uradnih urah, po daljšem času; **at all** ~ **s** ob vsakem času; **by the** ~ na uro; **bad** ~ **s** pozno, pozne ure; **his** ~ **has come** (ali **struck**) njegova ura je prišla; **the** ~ **of death** smrtna ura; **at an early** ~ zgodaj; **at the eleventh** ~ zadnji čas, ob dvanajsti uri; **in an evil** ~ v nesrečnem trenutku; **for** ~ **s** (**and** ~ **s**) ure in ure, po cele ure; **good** ~ **s** zgodnje ure, zgodaj; **in a good** ~ o pravem trenutku; **to keep early** (ali **good**) ~ **s** iti zgodaj spat in zgodaj vstajati; **to keep late** ~ **s** hoditi pozno spat; **to keep regular** ~ **s** držati se rednih ur; **the hero of the** ~ junak dneva; ~ **and the man** človek, ki je o pravem trenutku na mestu; **office** ~ **s** uradne ure; **on the** ~ ob polni uri; **a bad quarter of an** ~ hudi trenutki, neprijeten kratek doživljaj; **the question of the** ~ trenutno najvažnejše vprašanje; **the small** ~ **s** zgodnje jutranje ure; **it strikes the** ~ (**the half** ~) bije polna ura (pol ure); *mil* **at 20** ~ **s** ob dvanajstih

hour-angle [áuəræŋl] *n astr* deklinacijski kot

hour-circle [áuəsə:kl] *n astr* deklinacijski krog

hour-glass [áuəgla:s] *n* peščena ura

hour-hand [áuəhænd] *n* urni kazalec

houri [húəri] *n* huriska; *fig* ženska vabljivih oblik

hourly [áuəli] **1.** *adj* vsakouren, pogost, neprestan; **2.** *adv* vsako uro, pogosto, neprestano; ~ **performance** (ali **service**) učinek na uro

hour-plate [áuəpleit] *n* številčnica ure

hour-wheel [áuə(h)wi:l] *n* kolesce v uri, ki se zavrti enkrat v 24 urah

house I [háus] *n* hiša, dom, stanovanje; bivališče (živali); hišni stanovalci; gospodinjstvo; družina, rod, dinastija; *econ* trgovska hiša, trgovsko podjetje; *theat* gledališče, občinstvo v gledališču, gledališka predstava; koledž, študentovski dom, internat; *coll* ubožnica; *coll* gostilna; *astr* dvanajsti del neba; *mil sl* loto igra za denar; zbor; **House** parlament, skupščina, narodni poslanci;

the House londonska borza; angleški parlament; koledž (zlasti *Christ Church* v Oxfordu); **the House of Windsor** angleška kraljevska dinastija Windsor; *E* **House of Commons** angleški spodnji dom; *E* **House of Lords** angleški zgornji dom; *E* **Houses of Parliament** angleški parlament; *A* **House of Representatives** spodnji dom ameriškega kongresa; **to enter the House** postati član parlamenta; **there is a House** parlament zaseda; **the House rose at 10 o'clock** parlamentarno zasedanje se je končalo ob 10ih; **to make a House** dobiti potrebno večino v parlamentu; **no House** parlament ni sklepčen; **the House of Bishops** zbor škofov anglikanske cerkve; **a full (scant)** ~ polno (slabo) zasedeno gledališče; **to bring down the** ~ navdušiti občinstvo; **the second** ~ **druga** predstava dneva; ~ **and home** dom; ~ **s and lands** domačija; **the whole** ~ **knew it** vsi hišni stanovalci so to vedeli; **to keep the** ~ držati se doma; **to keep** ~ **for** gospodinjiti komu; **to keep** ~ **with** živeti v istem gospodinjstvu; **to keep open** ~ biti zelo gostoljuben; **to keep a good** ~ dobro pogostiti; **like a** ~ **on fire** kot blisk, zelo hitro, kot bi gorelo; **to turn the** ~ **out of window** postaviti vse na glavo; **as safe as a** ~ popolnoma zanesljiv; **to bow down in the** ~ **of Rimmon** žrtvovati svoja načela za enotnost v dogmi; **on the** ~ račun plača gostilničar; **for the good of the** ~ v korist lastnika; *fig* **to put (ali set) one's** ~ **in order** urediti svoje zadeve; **an ancient** ~ stara družina; **coach** ~ remiza; ~ **of call** prenočišče, gostišče; ~ **of correction** poboljševalnica; ~ **of cards** na trhlih nogah; *jur* ~ **of detention** preiskovalni zapor; poboljševalnica za mladoletnike; **in the dog** ~ v nemilosti; ~ **of ill fame** javna hiša, bordel; ~ **of refuge** zavetišče za brezdomce; **a** ~ **of mourning** hiša žalosti za umrlim; ~ **of God** cerkev

house II [háuz] **1.** *vt* sprejeti v hišo, nastaniti, dati stanovanje; spraviti, uskladiščiti; *naut* pritrditi, pričvrstiti; **2.** *vi* stanovati, bivati

house-agent [háuseidžənt] *n E* posrednik za nakup in najem nepremičnin

house-bill [háusbil] *n econ* lastni akcept, akcept menice; *A parl* zakonski osnutek

houseboat [háusbout] *n* barka s kabino za letovanje

housebote [háusbout] *n* pravica na gozd (drva)

housebreaker [háusbreikə] *n* vlomilec; kdor se ukvarja s podiranjem starih hiš

housebreaking [háusbreikiŋ] *n* vlom; podiranje starih hiš

housebroken [háusbroukən] *adj* čist; navajen, da živi v hiši (pes)

house-carl [háuska:l] *n hist* telesni stražar

house-clerk [háuskla:k] *n econ* borzni uradnik

house-coat [háuskout] *n* domača obleka, domača halja

housecrafts [háuskra:fts] *n pl E* gospodinjstvo, gospodinjski posli

house detective [háusditéktiv] *n* hišni detektiv (v hotelu, trgovini)

house-dog [háusdɔg] *n* pes čuvaj

house-flag [háusflæg] *n naut* zastava plovbe; zastava podjetja

houseful [háusful] *n* polna hiša

household I [háushould] *adj* hišen, družinski, gospodinjski; vsakdanji; ~ **arts** gospodinjstvo, gospodinjski posli; ~ **account** gospodinjski izdatki; ~ **bread** domač kruh; ~ **effects** gospodinjske potrebščine, hišna oprava; ~ **gods** hišni bogovi, lari in penati; ~ **remedy** domače zdravilo; ~ **soap** navadno milo; **a** ~ **word** vsakdanja beseda, vsakdanji pojem v hiši

household II [háushould] *n* družina, gospodinjstvo; *pl econ* drugorazredna moka; *E* **the Household** kraljevi dvor; **Household Brigade (ali Troops)** garda, telesna straža

householder [háushouldə] *n* hišni gospodar, hišni lastnik, družinski poglavar

house-hunting [háushʌntiŋ] *n coll* lov za stanovanjem, iskanje stanovanja

housekeeper [háuski:pə] *n* gospodinja, hišna oskrbnica, hišnica

housekeeping [háuski:piŋ] *n* gospodinjstvo

house-leek [háusli:k] *n bot* netresk

houseless [háuslis] *adj* brez hiše, brez doma; nenaseljen

housemaid [háusmeid] *n* hišna pomočnica, služkinja

housemaid's knee [háusmeidzní:] *n med* vnetje kolena (od klečanja)

house-martin [háusma:tin] *n zool* hudournik (ptič), mestna lastovica

housemaster [háusma:stə] *n E* predstojnik dijaškega doma

housemate [háusmeit] *n* sostanovalec, -lka

housemistress [háusmistris] *n* predstojnica dijaškega doma

house organ [háusə:gən] *n econ* periodični vestnik podjetja

house-painter [háuspeintə] *n* soboslikar

house party [háuspa:ti] *n* družba, gostje, ki nekaj dni preživijo v podeželski hiši

house physician [háusfizíšən] *n* hišni zdravnik (bolnišnice, zavoda)

house plant [háuspla:nt] *n* sobna rastlina

house-proud [háuspraud] *adj* pretirano skrben (gospodinja)

house-raising [háusreiziŋ] *n* vzajemna graditev hiše

house-rent [háusrent] *n* najemnina, stanarina

house-room [háusrum] *n* soba; **to give s.o.** ~ sprejeti koga v hišo; **he would not give it** ~ **on** tega (darila) ne bi sprejel

house surgeon [háusə:džən] *n* hišni kirurg (ki stanuje v bolnišnici)

house tax [háustæks] *n econ* davek na hišo

house-to-house [háustuháus] *adj* od hiše do hiše

house-top [háustɔp] *n* streha, vrh hiše; **to proclaim (ali publish) from the** ~ **s** razglasiti, vsem povedati

house-warming [háuswə:miŋ] *n* zabava ob vselitvi v novo stanovanje

house-weight [háusweit] *n A* teža, ki jo označi pošiljatelj (paketa itd.)

housewife I [háuswaif] *n* gospodinja

housewife II [hʌzif] *n* šivalna košarica, šivalni pribor

housewifely [háuswaifli] *adj* gospodinjski, gospodinjin; varčen

housewifery [háuswifəri, -waif-] *n* gospodinjstvo

housework [háuswə:k] *n* gospodinjsko delo, hišno delo

housing I [háuziŋ] *n* zavetišče, zavetje, stanovanje, nastanitev; *econ* uskladiščenje, ležarina; niša; *tech* ohišje (aparata), ogrodje; lunek; *econ* ~ **charges** ležarina (pristojbina); ~ **development scheme** načrt stanovanjske izgradnje; ~ **estate** stanovanjsko naselje; *econ* ~ **note** spremni list o uskladiščenju; ~ **office** stanovanjski urad; ~ **problem** stanovanjski problem; ~ **shortage** pomanjkanje stanovanj; *E* **Minister of Housing and Local Government** minister za stanovanjsko in komunalno upravo

housing II [háuziŋ] *n* ukrasna konjska odeja pod sedlom

hove [hóuv] *pt & pp* od **to heave**

hovel [hóvəl] *n* koliba, borna koča; (stožčasta) zgradba, v kateri je peč za porcelan

hoveller [hóvlə] *n naut* čolnar ali krmar, ki se ukvarja z reševanjem; obrežna reševalna ladja

hover I [hóvə] *n* lebdenje; kolebanje, omahovanje

hover II [hóvə] *vi* lebdeti, plavati po zraku; muditi se, omahovati, kolebati; **to** ~ **around** obletavati; **to** ~ **between life and death** viseti med življenjem in smrtjo

hovercar [hóvəka:] *n* cestno vozilo na zračni blazini

hovercraft [hóvəkra:ft] *n* vozilo na zračni blazini

hover-hawk [hóvəhə:k] *n zool* postovka

hovering [hóvəriŋ] *adj* (~ **ly** *adv*) lebdeč; omahljiv, neodločen

hoverplane [hóvəplein] *n coll* helikopter

how I [háu] *adv* kako (vprašanje in vzklik); ~ **about...?** kako pa kaj s?; ~ **are you?** kako se počutiš?; ~ **do you do** dober dan (pozdrav); ~ **much?,** ~ **many?** koliko?; ~ **many times?** kolikokrat?; ~ **ever do you do it?** kako le to narediš?; ~ **so?** ali ~ **come?** kako?, kako to misliš?; ~ **the deuce** (ali **devil, dickens)?** kako za vraga?; ~ **goes it?** kako kaj gre?; ~ **in the world?** kako vendar?; ~ **is that?** odloči se že (pri kriketu); kako pa to?; ~ **now?** kako to?, kaj naj to pomeni?; **and** ~**!** in še kako!; **here's** ~**!** *coll* na zdravje (pri pitju); **that's** ~ tako, na tak način; *coll* **a nice how-do-you-do** (ali **how-do-'ye-do, how-d'ye-do)** no, lepa reč!, kakšna godlja!

how II [háu] *n* način postopka; **the** ~ **of it** način, kako se kaj naredi; **the** ~**s and whys** kako in zakaj

howbeit [háubí:it] *conj arch* čeprav; vseeno, tako ali tako

howdah [háudə] *n* sedež na slonovem hrbtu

howdie [háudi] *n Sc & dial* babica (pri porodu)

howel [háuəl] **1.** *n tech* ličnik; **2.** *vt* skobljati, gladiti

however [hauévə] *adv* kakorkoli, vendar, vseeno

howitzer [háuicə] *n mil* havbica (top)

howl I [hául] *n* zavijanje (volk, veter), rjovenje; tarnanje, lamentiranje; brnenje (radio)

howl II [hául] *vi* zavijati (volk, veter), rjuti, tuliti; tarnati, tožiti (*at, over* za); brneti (radio); **to** ~ **s.o. down** prevpiti koga

howler [háulə] *n zool* vriskač (opica); *sl* groba napaka (zlasti pri izpitu); *sl* električni brnič; *sl* **to come a** ~ doživeti hud udarec

howlet [háulit] *n* majhna ali mlada sova

howling [háuliŋ] *adj* zavijajoč, tuleč; *sl* strašen, velik; **a** ~ **success** prodoren uspeh

howsoever [hausouévə] *adv* kakorkoli, kolikorkoli

hoy I [hói] *n* barčica, tovorna ladjica

hoy II [hói] *int* hoj!

hoya [hóiə] *n bot* pepeluška

hoyden [hóidən] *n* razposajenka, neugnanka

hoydenish [hóidəniš] *adj* razposajen, neugnan

hub I [hʌb] *n techn* pesto; *fig* središče, žarišče dejavnosti; spojni del cevi; patrica za kovanje denarja; **up to the** ~ do vrha glave, popolnoma; ~ **of the universe** središče vesolja; *A* **the Hub** vzdevek za Boston

hub II [hʌb] *n coll* mož, soprog

hubba-hubba [hʌbəhʌbə] *int A sl* bravo!, prima!

hubble-bubble [hʌblbʌbl] *n* vrsta nargile; brbot, brbranje, mrmranje, šum, šumenje, pljuskanje

Hubbite [hʌbait] *n A coll* prebivalec, ~lka Bostona

hubbub [hʌbʌb] *n* brbranje, kričanje, hrup, trušč, direndaj; vstaja, upor

hubby [hʌbi] *n coll* možiček, mož, soprog

hubris [hjú:bris] *n* precenjevanje samega sebe

hubristic [hju:brístik] *adj* (**-ally** *adv*) ošaben, hudoben

huckaback [hʌkəbæk] *n* frotirno blago (tudi *huck*)

huckle [hʌkl] *n* kolk; grba

huckle-backed [hʌklbækt] *adj* grbast, grbav

huckleberry [hʌklberi] *n A bot* borovnica

hucklebone [hʌkloun] *n anat* kolčnica

huckster I [hʌkstə] *n* kramar, krošnjar, mešetar; koristolovec; *A sl* reklamar; **political** ~ propagandist

huckster II [hʌkstə] **1.** *vi* barantati; **2.** *vt* prekupčevati, krošnjariti; ponarejati

hucksteress [hʌkstəris] *n* kramarka, krošnjarka, mešetarka

hucksterism [hʌkstərizəm] *n A sl* vsiljiva reklama, propaganda

hucksteri [hʌkstəri] *n* branjarija, mešetarjenje

hud [hʌd] *n* lupina, luska

huddle I [hʌdl] *n* kolobocija, zmešnjava; *A coll* tajni posvet; *sp coll* posvetovanje med tekmo; **all in a** ~ v veliki zmešnjavi; *sp coll* **to go into a** ~ stakniti glave v posvet, posvetovati se med tekmo (tekmovalci s trenerjem)

huddle II [hʌdl] **1.** *vt* zmetati vkup (*together*); izvleči (*out* ali *of* iz); zmašiti, skrpati, površno narediti (*up* ali *through*); na hitro si obleči (*on*); *fig* prikriti, utajiti kaj; **2.** *vi* zgrbiti se (*o.s. up*); stisniti se (*to* h komu); *sp* obstopiti trenerja (posvet)

hue I [hju:] *n* barva, barvni odtenek

hue II [hju:] *n* vpitje, gonja; ~ **and cry** preganjalsko vpitje; tiralica; *arch* policijski vestnik z opisi zločincev; **to make** ~ **and cry after s.o.** zagnati krik za kom, izdati tiralico za kom; **to raise a** ~ **and cry against s.o.** zagnati krik in vik proti komu

hued [hju:d] *adj* obarvan

hueless [hjú:lis] *adj* brezbarven, siv

huff I [haf] *n* jeza, zamera, vzkip; **to get into a** ~ vzkipeti od jeze; **to give s.o. a** ~ obregniti se ob koga; **in a** ~ jezno, užaljeno; **to take (a)** ~ **at s.th.** nekaj zameriti

huff II [hʌf] **1.** *vt* razjeziti, grobo postopati s kom, žaliti, užaliti, zameriti; odvzeti nasprotniku kamenček (igra »dama«); **2.** *vi* razjeziti se, biti užaljen, kujati se; **to be ~ed with** biti jezen na; **easily ~ed** zelo zamerljiv; **to ~ s.o. into s.th.** prisiliti koga k čemu; **to ~ s.o. out of s.th.** prisiliti koga, da popusti; *A* **to ~ and puff** puhati, od jeze pihati, napihovati se

huffiness [hʌfinis] *n* zamerljivost, razdražljivost

huffish [hʌfiš] *adj* (**-ly** *adv*) zlovoljen, razdražljiv, jezen, izzivalen; domišljav; zamerljiv

huffishness [hʌfišnis] *n* zlovoljnost, jeza, izzivalnost, zamerljivost; domišljavost

huffy [hʌfi] *adj* (**huffily** *adv*) zamerljiv, užaljen, kujav

hug I [hʌg] *n* objem; *sp* prijem v rokoborbi

hug II [hʌg] *vt* objeti, priviti k sebi, držati se česa; laskati komu; **to ~ a belief** sveto verjeti; **to ~ o.s. on** (ali **for**) čestitati si za kaj, k čemu; biti zadovoljen s seboj zaradi; **to ~ the shore (bank, wall)** držati se ob obali (pri bregu, ob zidu); *fig* **to ~ one's chains** dobro se počutiti v hlapčevstvu; **the car ~s the road well** avto se dobro drži ceste

huge [hju:dž] *adj* (**-ly** *adv*) ogromen, silen

hugeness [hjú:džnis] *n* ogromnost

hugeous [hjú:džəs] *adj coll* ogromen, gromozanski

hugger-mugger [hʌgəmʌgə] **1.** *n* nered, zmešnjava; tajnost, prikrivanje; **2.** *adj* zmešan; tajanstven, tajen; **3.** *adv* zmešano; tajno, prikrito; **4.** *vt & vi* skrivati, prikrivati, tajno kaj pripravljati

hug-me-tight [hʌgmi:táit] *n* volnena ogrinjača

Huguenot [hjú:gənət] *n hist* hugenot, francoski protestant

Huguenotic [hju:gənótik] *adj* hugenotski

hulk [hʌlk] *n* trup že odslužene ladje; okorna ladja; *fig* okornež, zagovednež, klada; *hist* **the ~s** odslužena ladja, ki je služila za zapor

hulking [hʌlkiŋ] *adj* okoren, neroden, zagoveden

hulky [hʌlki] *adj* glej **hulking**

hull I [hʌl] **1.** *n bot* luščina, strok, lupina; *fig* ovoj; **2.** *vt* luščiti

hull II [hʌl] *n naut* ladijski trup; **~ down** daleč (ladja); skrit (tank)

hull III [hʌl] *vt naut* zadeti v ladijski trup (torpedo)

hullabaloo [hʌləbəlú:] *n* trušč, hrup, vpitje

huller [hʌlə] *n* luščilec (človek); *tech* luščilnik (stroj)

hull insurance [hʌlinšuərəns] *n econ* kasko zavarovanje ladje, aviona (brez tovora)

hullo(a) [hʌlóu] *int* halo!, hej!

hum I [hʌm] *n* brenčanje, brundanje, momljanje; *sl* smrad; **~s and ha's** jecljanje, obotavljanje

hum II [hʌm] **1.** *vi* brenčati, brundati, momljati; obotavljati se, oklevati; *sl* smrdeti; *coll* sukati se (pri delu); **2.** *vt* brundati pesem; **to ~ and ha** jecljati, obotavljati se (pri govorjenju); **to make things ~** ukreniti kaj

hum III [hʌm] *n sl* prevara, slepilo

hum IV [hʌm] *int* hm!

human I [hjú:mən] *adj* (**-ly** *adv*) človeški; **to err is ~** motiti se je človeško; **~ rights** človekove pravice; **~ engineering** uporabnost strojev z upoštevanjem človekove zmogljivosti; **~-interest story** ganljiva zgodba

human II [hjú:mən] *n hum* človek

humane [hju:méin] *adj* (**-ly** *adv*) human, plemenit, človečen, priljuden; **~ studies** (ali **learning**) humanistična izobrazba; *E* **Humane Society** dobrodelno društvo

humaneness [hju:méinis] *n* humanost, človečnost

humanism [hjú:mənizəm] *n* humanizem; človečnost; humanistična izobrazba

humanist [hjú:mənist] *n* humanist; poznavalec ljudi

humanistic [hju:mənístik] *adj* (**-ally** *adv*) humanističen

humanitarian [hju:mænitéəriən] **1.** *adj* človekoljuben; **2.** *n* človekoljub

humanitarianism [hju:mænitéəriənizəm] *n* humanitarizem, človekoljubnost

humanity [hju:mǽniti] *n* človeštvo; človečnost; **humanities** človekoljubna dela; **the humanities** humanistične vede, študij literature in klasike

humanization [hju:mənaizéišən] *n* počlovečenje, prosvetljenstvo

humanize [hjú:mənaiz] *vt* humanizirati, počlovečiti, prosvetliti

humankind [hjú:mənkaind] *n* človeštvo, človeški rod

humanly [hjú:mənli] *adv* humano, človeško; **~ possible** kar je v človekovi moči, kar človek zmore

humate [hjú:meit] *n chem* ester humusne kisline

humble I [hʌmbl] *adj* (**humbly** *adv*) ponižen, skromen; **to eat ~ pie** ponižno se opravičiti, ponižati se, iti v Kanoso; **my ~ self** moja malenkost

humble II [hʌmbl] *vt* ponižati

humble-bee [hʌmblbi:] *n zool* čmrlj

humbleness [hʌmblnis] *n* ponižnost, skromnost

humbug [hʌmbʌg] **1.** *n* sleparstvo, prevara, slepilo, slepar; **2.** *vt & vi* goljufati, preslepiti, slepiti se, varati (se)

humbuggery [hʌmbʌgəri] *n* pretveza, prevara, slepilo

humdinger [hʌmdíŋə] *n A sl* nekaj izrednega; vražji fant

humdrum [hʌmdrʌm] **1.** *adj* dolgočasen, enoličen; **2.** *n* dolgočasnost, enoličnost; **3.** *vi* životariti, imeti dolgočasno življenje

humeral [hjú:mərəl] *adj anat* nadlahten

humerus [hjú:mərəs] *n* (*pl* **-ri**) *anat* nadlahtnica

humid [hjú:mid] *adj* vlažen

humidifier [hju:mídifaiə] *n* vlažilec (človek), vlažilnik (priprava)

humidify [hju:mídifai] *vt* ovlažiti

humidistat [hju:mídistæt] *n tech* regulator vlage

humidity [hju:míditi] *n* vlaga

humidor [hjú:midə:] *n tech* regulator vlage v zraku

humiliate [hju:mílieit] *vt* ponižati, osramotiti

humiliating [hju:mílieitiŋ] *adj* (**-ly** *adv*) poniževalen

humiliation [hju:miliéišən] *n* ponižanje

humiliatory [hju:míliətəri] *adj* glej **humiliating**

humility [hju:míliti] *n* ponižnost, skromnost

humming [hʌmiŋ] *adj* brenčeč, brneč; *coll* zelo delaven, živahen, močan; *coll* opojen; **without ~ and hawing** brez ovinkov; **a ~ blow** močan udarec; **a ~ knock on the head** močan udarec po glavi; **~ trade** živahna trgovina

humming-bird [hʌmiŋbə:d] *n zool* kolibri

humming-top [hʌmiŋtəp] *n* vrtavka, brneč volkec

hummock [hámək] *n* griček, izboklina (na barju, ledeniku)

humoral [hjú:mərəl] *adj* ki se nanaša na telesne sokove

humoralism [hjú:mərəlizəm] *n physiol* nauk o telesnih sokovih

humoralist [hjú:mərəlist] *n* kdor se ukvarja s preučevanjem telesnih sokov

humoresque [hju:mərésk] *n mus* humoreska

humorist [hjú:mərist] *n* humorist(ka)

humoristic [hju:mərístik] *adj* (**-ally** *adv*) humorističen

humorous [hjú:mərəs] *adj* (**-ly** *adv*) šaljiv, šegav

humorousness [hjú:mərəsnis] *n* šaljivost, šegavost

humo(u)r I [hjú:mə] *n* humor, razpoloženje, temperament, šegavost; *pl* norčije, šale; *hist* telesni sok; **in the** ~ **for s.th.** razpoložen za kaj, pri volji za kaj; **good (ill)** ~ dobra (slaba) volja; **out of** ~ slabe volje, ozlovoljen; **sense of** ~ smisel za humor; **when the** ~ **takes him** kadar je pri volji; *hist* **cardinal** ~**s** glavni telesni sokovi (kri, sluz, žolč itd.); **aqueous** (ali **vitreous**) ~ steklovina v zrklu

humo(u)r II [hjú:mə] *vt* ugoditi, ustreči, prilagoditi se komu

humo(u)red [hjú:məd] *adj* razpoložen za kaj

humo(u)rless [hjú:məlis] *adj* brez humorja

humo(u)rsome [hjú:məsəm] *adj* (**-ly** *adv*) muhast, svojeglav

hump I [hʌmp] *n* grba, grbina, griček, izboklina, holmec; *E sl* slaba volja, pobitost; *A sl* tempo; *hum* **the Hump** Himalaja, Alpe; **to be over the** ~ prestati najhujše; **it gives me the** ~ to me spravlja v slabo voljo

hump II [hʌmp] *vt* zgrbiti (često z *up*); potreti, spraviti v slabo voljo; *A sl* potruditi se; *Austr* nositi na hrbtu, na ramah; **to** ~ **one's back** ujeziti se; *A sl* **to** ~ **it** ali **to** ~ **o.s.** pošteno se lotiti

humpback [hámpbæk] *n* grbavec

humpbacked [hámpbækt] *adj* grbav, skrivljen

humped [hʌmpt] *adj* grbav

humph [mm, hʌmf] **1.** *int* hm!, ha! (dvom, nezadovoljstvo); **2.** *vi* hmkati

humpty-dumpty [hám(p)tidám(p)ti] *n* debeluhar, zavaljenec; glavna figura v neki angleški otroški igri (jajce); *fig* razbiten predmet

humpy [hámpi] **1.** *adj* grbav, grbavinast (cesta); **2.** *n* avstralska koča

humus [hjú:məs] *n* humus, črnica

Hun [hʌn] *n* Hun; *fig* barbar; *sl* nemški vojak, švab

hunch I [hʌnč] *n* grba; velik kos (kruha); *A sl* slutnja, sum; *A sl* **to have a** ~ slutiti

hunch II [hʌnč] *vt* upogniti, skriviti, zgrbiti (*out*, *up*); **to** ~ **o.s. up** počepniti, upogniti se

hunchback [hánčbæk] *n* grbavec

hunchbacked [hánčbækt] *adj* grbav

hunchy [hánči] *adj* grbav

hundred [hándrəd] *adj* sto; **to have a** ~ **things to do** imeti dela čez glavo; **a** ~ **and one things** ogromno stvari

hundred II [hándrəd] *n* stotica; *hist* okraj z lastnim sodiščem; množica, veliko število; ~**s and** ~**s** na stotine; ~**s of** na stotine; ~**s and thousands**

čokoladni ali sladkorni okraski za torte; **long** (ali **great**) ~ stodvajset

hundredfold [hándrədfould] **1.** *adj* stokraten; **2.** *adv* stokratno

hundred-percent [hándrədpəsént] *adj* stoodstoten

hundred-percenter [hándrədpəséntə] *n* prenapet patriot, šovinist

hundred-percentism [hándrədpəséntizəm] *n* šovinizem

hundredth [hándrədθ] **1.** *adj* stoti; **2.** *n* stotina, stoti del

hundredweight [hándrədweit] *n* cent, stot; *E* **long** ~ stodvanajst funtov; *A* **short** ~ sto funtov; **metric** ~ 50 kg

hung [hʌŋ] *pt & pp* od **to hang**

Hungarian [hʌŋgéəriən] **1.** *adj* madžarski; **2.** *n* Madžar(ka), madžarščina

hunger I [hʌŋgə] *n* lakota, glad; *fig* hrepenenje (*for*, *after* po); ~ **is the best sauce** lačnemu vse diši; **to satisfy one's** ~ utešiti lakoto

hunger II [hʌŋgə] **1.** *vi* biti lačen, gladovati; *fig* hrepeneti (*for*, *after* po); **2.** *vt* sestradati koga (*out*); z lakoto prisiliti koga (*into* k)

hunger-march [hʌŋgəma:č] *n* protestni pohod proti lakoti

hunger-strike [hʌŋgəstraik] *n* gladovna stavka

hungry [hʌŋgri] *adj* (**hungrily** *adv*) lačen; ki povzroča lakoto; nerodoviten (zemlja); *fig* željen, hrepeneč po (*for*); **as** ~ **as a hunter** (ali **bear**) lačen ko volk; **to go** ~ stradati; **the** ~ **forties** lakota od 1840.—1846.

hungry-rice [hángrirais] *n* afriško žito podobno prosu

hunk [hʌŋk] **1.** *n* velik kos; **2.** *adj A sl* prima, bòt; **to get** ~ **on s.o.** poravnati račune s kom

hunkers [hʌŋkəz] *n pl E* stegna; **on the** ~ čepé

hunks [hʌŋks] *n* skopuh

hunky [hʌŋki] *n A sl* nekvalificiran tuj delavec (zlasti Madžar)

hunky-dory [hʌŋkidóuri] *adj A sl* odličen, prvovrsten, prima

Hunnish [hániš] *adj* hunski; *fig* barbarski

hunt I [hʌnt] *n* lov, lovljenje; lovišče, lovski revir, lovci s psi; *fig* lov, zasledovanje, hajka, gonja (*for*, *after*); *tech* nihanje, osciliranje (stroja); **the** ~ **is up** lov se je začel; **on the** ~ **for** na lovu za

hunt II [hʌnt] **1.** *vt* loviti, goniti, hajkati, zasledovati, pregnati; iskati divjad; **2.** *vi* iti na lov, loviti; *fig* prizadevati si za kaj; *tech* nihati, oscilirati (stroj); **to** ~ **s.o. to death** pognati koga v smrt; **to** ~ **the hare** (ali **slipper, squirrel**) igra »iskanje«; **to** ~ **high and low** iskati po vseh kotih, vse preiskati

hunt after *vi* biti na lovu za kom ali čim

hunt away (ali **off**) *vt* pregnati

hunt down *vt* zasledovati in ujeti

hunt for *vi* loviti, iskati; **to** ~ **a job** iskati službo

hunt from *vt* izgnati iz

hunt out *vt* pregnati, izgnati; izslediti

hunt up *vt* izvohati, izslediti, najti

hunter [hántə] *n* lovec (človek in žival); žepna ura s pokrovčkom; **fortune** ~ lovec na doto; **place** ~ lovec na službo; ~**'s moon** polna luna po prvem jesenskem ščipu

hunting [hántiŋ] *n* lov, zasledovanje

hunting-box [hʌntiŋbɔks] n lovska koča
hunting-case [hʌntiŋkeis] n vzmetni okrov ure
hunting-cat [hʌntiŋkæt] n indijski leopard, izurjen na lov
hunting-crop [hʌntiŋkrɔp] n lovski bič
hunting-ground [hʌntiŋgraund] n lovski revir lovišče; **the happy** ~ večna lovišča ameriških Indijancev
hunting-horn [hʌntiŋhɔ:n] n lovski rog
hunting-knife [hʌntiŋnaif] n lovski nož
hunting-lodge [hʌntiŋlɔdž] n lovska koča
hunting-season [hʌntiŋsi:zn] n lovna doba
huntress [hʌntris] n lovica
huntsman [hʌntsmən] n lovec; vodnik lovskih psov
huntsmanship [hʌntsmənšip] n lov(stvo)
hurdle I [hə:dl] n zapreka, ovira; fašina, butara protja, pleter, zasilen plot; *hist* voz, v katerem so vozili obsojence na morišče; *sp* **the** ~ s tek čez ovire
hurdle II [hə:dl] **1.** *vt* ograditi s pleterjo (*off*); *fig* premagati ovire; **2.** *vi sp* teči čez ovire
hurdler [hə:dlə] n kdor dela plotove in pleterje; *sp* tekač čez ovire
hurdle-race [hə:dlreis] n sp tek čez ovire; jahanje čez ovire
hurds [hə:dz] n pl otre, tulje, zadnje predivo (glej **hards)**
hurdy-gurdy [hə:digə:di] n mus lajna
hurl I [hə:l] n lučaj, met, metanje
hurl II [hə:l] **1.** *vt* zalučati, zagnati; **2.** *vi Ir sp* igrati neke vrste hokeja; **to** ~ **down** zalučati na tla; **to** ~ **o.s. on** planiti na; **to** ~ **abuse at s.o.** vreči komu žalitev v obraz
hurler [hə:lə] n metalec; *sp* igralec irskega hokeja
hurley [hə:li] n Ir vrsta hokeja; hokejska palica
hurly-burly [hə:libə:li] **1.** n vrvež, hrup; **2.** *adj* divji, zmeden
hurrah, hurray [hurá:, huréi] **1.** *int* hura!, živio!; **2.** n klic »hura«, »živio«; **3.** *vi* klicati »hura«, »živio«, sprejeti koga s klici
hurricane [hʌrikən] n orkan; *naut* ~ -**deck** (A ~ -**roof**) lahka gornja paluba; ~ -**lamp** pred vetrom zavarovana luč
hurried [hʌrid] adj (**-ly** *adv*) nagel, prenagljen
hurrier [hʌriə] n priganjač
hurry I [hʌri] n naglica, prenagljenost; **I am in a** ~ mudi se mi; **there is no** ~ nič se ne mudi; *coll* **not in a** ~ ne tako kmalu; **in a** ~ v naglici, hitro
hurry II [hʌri] **1.** *vt* hitro prinesti, hitro odposlati (*away*); pospešiti (*up*); gnati, siliti, naganjati (*into* v); **2.** *vi* pohiteti (često z *up*); odhiteti (*away, off*); hiteti (*along*); **to** ~ **over s.th.** nekaj na hitro ali površno napraviti; **to** ~ **on with s.th.** pohiteti s čim
hurry-scurry [hʌriskʌri] **1.** n naglica, prenagljenost, zmešnjava; **2.** *adv* križem, vsevprek, na vrat na nos, prenagljeno; **3.** *vi* prenagliti se
hurry-up [hʌriʌp] adj A nujen, nagel, hiter; ~ **call** klic v sili
hurst [hə:st] n hribček; peščenina (v morju, reki); gaj, log
hurt I [hə:t] n poškodba, rana (tudi *fig*), bolečina; žalitev; škoda (*to* za)
hurt II* (hə:t] **1.** *vt* poškodovati, raniti, zadajati rane (tudi *fig*); škoditi komu; užaliti koga; **2.**

vi boleti, peči; **my hand** ~ s roka me boli; **my wound** ~ s rana me peče; **that won't** ~ to nič ne škodi; **to** ~ **s.o.'s feelings** raniti komu čustva
hurt III [hə:t] n her moder krog v grbu
hurtful [hə:tful] adj (**-ly** *adv*) škodljiv (*to* za), ranljiv
hurtle I [hə:tl] n trčenje, zadetje; brnenje, šumenje, ropotanje
hurtle II [hə:tl] **1.** *vt arch* udariti, zalučati; **2.** *vi* trčiti, zadeti se (*against*); pasti, vrteti se, sukati se; ropotati, brneti, šumeti
hurtle-berry [hə:tlberi] n bot borovnica
hurtless [hə:tlis] adj neškodljiv, nepoškodovan
husband I [hʌzbənd] n soprog, mož; ~ 's **tea** slab in mrzel čaj; *naut* **ship's** ~ ladijski inšpektor
husband II [hʌzbənd] vt varčevati, varčno gospodariti; *arch* obdelovati zemljo, gojiti rastline; *hum* preskrbeti dekletu moža
husbandless [hʌzbəndlis] adj brez moža, samska
husbandly [hʌzbəndli] adj soprogov, možev, zakonski
husbandman [hʌzbəndmən] n kmet, poljedelec; gospodar
husbandry [hʌzbəndri] n poljedelstvo; varčevanje, varčno gospodarjenje; **animal** ~ živinoreja; **crop** ~ poljedelstvo
hush I [hʌš, š:] **1.** n tišina, molčečnost; **2.** *int* pst!, tiho!
hush II [hʌš] **1.** *vt* umiriti, utišati; **2.** *vi* umiriti se, obmolkniti; **to** ~ **up** potlačiti (govorice)
hushaby [hʌšəbai] **1.** *int* pst!, tiho!; **2.** *vt* uspavati otroka
hush-boat [hʌšbout] n naut navidezno trgovska ali ribiška oborožena ladja
hush-hush [hʌšhʌš] adj skrivnosten, tajinstven
hush-money [hʌšmʌni] n podkupnina za molk
husk [hʌsk] **1.** n bot strok, lupina, luščina, mekina, ličje; *fig* prazna lupina; *pl* (zlasti *fig*) pleve; *tech* okvir, obod; suh kašelj (pri govedu); A sl fant, možakar; **2.** *vt* luščiti, ličkati
husker [hʌskə] n luščilec (človek), luščilnik (stroj)
huskiness [hʌskinis] n hripavost
husking-bee [hʌskiŋbi:] n A skupinsko ličkanje (delo)
husky I [hʌski] **1.** *adj* (**huskily** *adv*) luščinast; hripav (glas); *coll* žilav, trden, postaven; **2.** n A coll korenjak
husky II [hʌski] n eskimski pes; Eskim, eskimski jezik
hussar [huzá:] n huzar, lahko oborožen konjenik
Hussite [hʌsait] n husit
hussy [hʌsi] n malopridna deklina, predrznica, nesramnica
hustings [hʌstiŋz] n pl govorniški oder, volilna kampanja; sodišče v Guildhallu v Londonu
hustle I [hʌsl] n prerivanje, suvanje, gneča; naglica; A sl donosna dejavnost; ~ **and bustle** vrvenje, vrvež
hustle II [hʌsl] **1.** *vt* suniti, suvati, dregniti; *fig* siliti, sčuvati koga (*into* k); odvrniti koga (*out of* od); **2.** *vi* prerivati se, preriniti se (*through* skozi); hiteti; A coll prizadevno delati; A sl goljufati, prosjačiti, pehati se za denarjem; **come on now!** ~ ! ne zapravljaj časa! pohiti!; **to** ~ **s.th. through** izvesti kaj

hustler [hʌslə] *n* delaven človek; *A sl* capin, vlačuga

hut [hʌt] **1.** *n* koliba, koča; *mil* baraka; **2.** *vt* & *vi* naseliti (se) v baraki

hutch I [hʌč] *n* zaboj, skrinja; staja, hlevček, kletka; nečke; *coll* koča, koliba; jamski voziček

hutch II [hʌč] *vt* izpirati rudo; spraviti (v skrinjo), prihraniti

hutment [hʌtmənt] *n* nastanitev, bivanje v baraki; barakarsko naselje

hutting [hʌtiŋ] *n* gradbeni material za vojaške barake

huzza [huzá:] **1.** *int* hura!; **2.** *n* vriskanje; **3.** *vi* & *vt* vriskati, pozdravljati

hyacinth [háiəsinθ] *n bot* hijacinta, seneta; *min* rdeči cirkonij (poldrag kamen); rdeče modra barva

hyacinthine [haiəsínθain] *adj* rdeče moder

hyaena [hai:nə] *n* glej **hyena**

hyaline [háiəlin, ~lain] **1.** *adj* steklen, prozoren; **2.** *n poet* mirno morje, vedro nebo; *med* steklovina

hyaloid [háiəlɔid] *adj* steklen, prozoren; *anat* ~ **membrane** steklovina zrkla

hyalite [háiəlait] *n* brezbarven opal

hybrid [háibrid] **1.** *adj* hibriden, mešan, križan; **2.** *n* hibrid, mešanec, križanec; iz različnih jezikov sestavljena beseda

hybridism [háibridizəm] *n* hibridnost, mešanost, križanost

hybridity [haibríditi] *n* glej **hybridism**

hybridization [haibridaizéišən] *n* križanje, mešanje vrst

hybridize [háibridaiz] *vt* & *vi* mešati (se), križati (se)

hydra [háidrə] *n myth* Hidra; *zool* sladkovodni polip; *astr* Hidra (ozvezdje); *fig* zlo, ki ga je težko izkoreniniti

hydracid [haidrǽsid] *n chem* vodikova kislina

hydrangea [haidréindžə] *n bot* hortenzija

hydrant [háidrənt] *n* hidrant, vodovodni priključek

hydrargyrism [haidrá:džirizəm] *n med* zastrupitev z živim srebrom

hydrargyrum [haidrá:džirəm] *n chem* živo srebro

hydrate [háidreit] **1.** *n chem* hidrat; **2.** *vt* hidrirati, spojiti z vodikom

hydration [haidréišən] *n chem* hidracija, spojitev z vodikom

hydraulic [haidró:lik] *adj* (**-ally** *adv*) hidravličen; ~ **press** hidravlična stiskalnica; ~ **pressure** vodni pritisk; ~ **dock** plavajoči dok

hydraulic-engineering [haidró:likendžiníəriŋ] *n* vodogradbeništvo

hydraulics [haidró:liks] *n pl* (edninska konstrukcija) hidravlika

hydric [háidrik] *adj chem* hidrogenski, vodikov; ~ **oxide** voda

hydro [háidrou] *n aero coll* hidroplan; *med coll* zavod za zdravljenje z vodo

hydroairplane [haidrǽəplein] *n* hidroavion

hydrocarbon [haidrəká:bən] *n chem* ogljikov vodik

hydrocephalic [haidrəsefǽlik] *adj med* vodenoglav

hydrocephalus [haidrəséfələs] *n med* vodenoglavost

hydrochloric [haidrəkló:rik] *adj chem* solni; ~ **acid** solna kislina

hydrocyanic [haidrəsaiǽnik] *adj chem* cianovodikov; ~ **acid** pruska kislina, cianovodikova kislina

hydrodynamic [haidrədainǽmik] *adj* (**-ally** *adv*) hidrodinamičen

hydrodynamics [haidrədainǽmiks] *n pl* (navadno edninska konstrukcija) hidrodinamika

hydroelectric [haidrəiléktrik] *adj tech* hidroelektričen; ~ **power station** elektrarna

hydroextractor [haidrəekstrǽktə] *n tech* centrifuga

hydrofoil [háidrəfɔil] *n naut, aero* drsina, drsna ploskev (gliser)

hydrogen [háidrədžən] *n chem* vodnik; ~ **bomb** vodikova bomba; ~ **peroxide** vodikov peroksid

hydrogenate [háidrədžəneit] *vt chem* hidrirati; strditi olja in maščobe

hydrogenation [haidrədžənéišən] *n chem* hidriranje

hydrogenize [háidrədžənaiz] *vt* glej **hydrogenate**

hydrogenous [haidródžənəs] *adj chem* vodikov, hidrogenski

hydrographic [haidrəgrǽfik] *adj* hidrografski, vodopisen; ~ **map** hidrografska karta, morska karta; ~ **office** pomorska meteorološka postaja

hydrography [haidrógrəfi] *n* hidrografija, vodopisje

hydrologic(al) [haidrəlódžik(əl)] *adj* hidrološki

hydrlogy [haidrólədži] *n* hidrologija, vodoznanstvo

hydrolysis [haidrólisis] *n (pl* **-ses)** *chem* hidroliza

hydrolytic [haidrəlítik] *adj* hidrolitičen

hydrolize [háidrəlaiz] *vt chem* hidrolizirati

hydromel [háidrəmel] *n* medena voda; **vinous** ~ medica

hydrometer [haidrómitə] *n phys* hidrometer

hydrometry [haidrómitri] *n phys* hidrometrija

hydropathic [haidrəpǽθik] **1.** *n E* zavod za zdravljenje z vodo; **2.** *adj* hidropatski

hydropathist [haidrópəθist] *n* hidroterapevt; pristaš zdravljenja z vodo

hydropathy [haidrópəθi] *n* hidropatija, zdravljenje z vodo

hydrophobia [haidrəfóubiə] *n med* hidrofobija, strah pred vodo

hydrophone [háidrəfoun] *n tech* podvodna slušna priprava; priprava za nadziranje vodnega pretoka v ceveh

hydrophyte [háidrəfait] *n bot* vodna rastlina

hydropic [haidrópik] *adj med* vodeničen

hydroplane [hádrəplein] *n* hidroplan, vodno letalo

hydropsy [háidrəpsi] *n med* vodenica

hydroscope [háidrəskoup] *n tech* hidroskop, podvodna vidna priprava

hydroscopic [haidrəskópik] *adj* hidroskopski

hydrosphere [háidrəsfiə] *n geog* hidrosfera, atmosferski vodni hlapi

hydrostat [háidrəstæt] *n tech* hidrostat

hydrostatic [haidrəstǽtik] *adj* (~**ally** *adv*) *phys* hidrostatičen; ~ **press** hidravlična stiskalnica; ~ **pressure** vodni pritisk

hydrostatics [haidrəstǽtiks] *n pl* (edninska konstrukcija) *phys* hidrostatika

hydrotherapeutics [haidrəθérəpju:tiks] *n pl* (edninska konstruk.) *med* hidroterapevtika, nauk o zdravljenju z vodo

hydrotherapist [haidrəθérəpist] *n med* hidroterapevt, kdor zdravi z vodo hydrotherapy [haidrəθérəpi] *n med* hidroterapija, zdravljenje z vodo

hydrous [háidrəs] *adj chem* voden, ki vsebuje vodo

hydroxide [haidróksaid] *n* hidroksid

hyena [haií:nə] *n zool* hijena; **striped** ~ progasta hijena; **spotted** ~ lisasta hijena

hyetograph [háiitəgra:f] *n geog* padavinska karta

hyetometer [haiitómitə] *n phys* dežemer

hygiene [háidži:n] *n* higiena

hygienic [haidží:nik] *adj* (~ **ally** *adv*) higienski

hygienics [haidží:niks] *n pl* (edninska konstrukcija) higiena, nauk o higieni

hygienist [haidží:nist] *n* higienik

hygrology [haigrólədži] *n* higrologija, nauk o vlagi v zraku

hygrometer [haigrómitə] *n phys* higrometer, vlagomer

hygrometric [haigrəmétrik] *adj phys* higrometrski

hygrometry [haigrómitri] *n* higrometrija, merjenje vlage v zraku

hygroscope [háigrəskoup] *n phys* higroskop, pokazatelj vlage

hygroscopic [haigrəskópik] *adj phys* higroskopski, ki pokaže vlago

hylic [háilik] *adj phil* telesen, materialen, snoven

hymen [háimən] *n anat* himen, deviška kožica; poroka; *myth* bog svatbe

hymeneal [haiməní:əl] 1. *adj* poročni, svatbeni; 2. *n* svatbena pesem

hymenoptera [haimənóptərə] *n pl zool* kožekrilci

hymn [him] 1. *n* himna, hvalnica; 2. *vt & vi* zapeti komu hvalnico, peti hvalnico

hymnal [hímnəl] 1. *n* cerkvena pesmarica; 2. *adj* himničen

hymn-book [hímbuk] *n* cerkvena pesmarica

hymnic [hímnik] *adj* himničen

hymnodist [hímnədist] *n* pesnik ali pevec himen

hymnody [hímnədi] *n* pesnjenje ali petje hvalnic; himne, hvalnice

hymnographer [himnógrəfə] *n* skladatelj hvalnic

hymnologist [himnólədžist] *n* himnolog

hymnology [himnólədži] *n* himnologija, skladanje ali preučevanje hvalnic; himne

hyoid [háiəid] 1. *adj* oblike črke U; 2. *n anat* jezična kost

hypanthium [hipǽnθiəm] *n bot* čašast cvet

hyperalgesia [haipərældží:ziə] *n med* preobčutljivost za bolečine

hyperbaton [haipé:bətən] *n* obrnjen besedni red pri poudarjanju

hyperbola [haipé:bələ] *n math* hiperbola, krivulja

hyperbole [haipé:bəli] *n rhet* pretiravanje, prispodoba

hyperbolic [haipə:bólik] *adj* (~ **ally** *adv*) *math* hiperbolski; *rhet* hiperboličen, pretiran

hyperbolism [haipé:bəlizəm] *n rhet* hiperbolika

hyperbolist [haipé:bəlist] *n* hiperbolik

hyperbolize [haipé:bəlaiz] *vt* pretiravati, izraziti v prispodobi

hyperborean [haipəbó:riən] 1. *adj* arktičen, mrzel; 2. *n* prebivalec arktike

hypercritical [haipəkrítikəl] *adj* (~ **ly** *adv*) prekritičen

hypercriticism [haipəkrítisizəm] *n* pretirana kritičnost

hypercriticize [haipəkrítisaiz] *vt & vi* pretirano kritizirati; biti prekritičen

hypermia [haipərí:miə] *n med* hiperemija, razširjenje krvnega ožilja; **active** ~ aktivna hiperemija, naval krvi; **passive** ~ pasivna hiperemija, zastoj krvi

hyperemic [haipərí:mik] *adj med* hiperemičen

hyperesthesia [haipərəsθí:ziə] *n med* hiperestezija, preobčutljivost čutov

hyperesthetic [haipərəsθétik] *adj med* ki ima hiperekstezijo, preobčutljiv

hypermetropia [haipəmitróupiə] *n med* dalekovidnost

hyperon [háipərən] *n phys* osnovni delček

hyperopia [haipəróupiə] *n med* dalekovidnost

hyperopic [haipərópik] *adj med* dalekoviden

hyperplasia [haipəpléižə] *n med* hiperplazija, bohotnost (po številu celic)

hypersensitive [haipəsénsitiv] *adj* preobčutljiv (*to* za)

hypersonic [haipəsónik] *adj phys* nadzvočen

hypertension [haipəténšən] *n med* hipertonija, povečan krvni pritisk

hypertonia [haipətóuniə] *n med* hipertonija

hypertrophic [haipətrófik] *adj biol, med* hipertrofičen, prerazvit

hypertrophy [haipé:trəfi] *n med* hipertrofija, prerazvitost, odebelitev, razširitev

hypethral [hipí:θrəl] *adj* nepokrit, brez strehe

hyphen [háifn] 1. *n gram* vezaj; 2. *vt* vezati z vezajem

hyphenate [háifəneit] *vt* vezati z vezajem; ~ **d** American Amerikanec tujega porekla (npr. *Irish--American*)

hyphenization [haifənaizéišən] *n* vezanje z vezajem

hypnogenetic [hipnədžənétik] *adj med* hipnotičen, uspavalen

hypnosis [hipnóusis] *n* hipnoza

hypnotic [hipnótik] 1. *adj* (~ **ally** *adv*) uspavalen, uspavan; 2. *n* uspavalo; hipnotiziranec, uspavanec

hypnotism [hípnətizəm] *n* hipnotika, hipnotično spanje

hypnotist [hípnətist] *n* hipnotizer

hypnotization [hipnətaizéišən] *n* hipnotiziranje

hypnotize [hípnətaiz] *vt* hipnotizirati, uspavati; *fig* prevzeti, omamiti

hypnotizer [hípnətaizə] *n* hipnotizer

hypo [háipou] *n sl* podkožna injekcija, votla igla

hypocaust [háipəkəst] *n* starorimsko centralno gretje

hypochondria [haipəkóndriə] *n med* hipohondrija, umišljanje bolezni

hypochondriac [haipəkóndriæk] 1. *adj* hipohondričen; 2. *n* hipohonder

hypochondriacal [haipəkondráiəkəl] *adj* (~ **ly** *adv*) hipohondričen

hypocoristic [haipəkourístik] *adj* hipokorističen, ljubkovalen

hypocrisy [hipókrisi] *n* hipokrizija, hinavščina

hypocrite [hípəkrit] *n* hipokrit, hinavec

hypocritical [hipəkrítikəl] *adj* (~ **ly** *adv*) hipokritski, hinavski

hypoderma [haipədó:mə] *n* hipoderma, podkožno tkivo

hypodermic [haipəd<:mik] *adj* (~ ally *adv*) podkožen; ~ needle votla igla; ~ syringe vbrizgalka; ~ injection podkožna injekcija

hypogeal, hypogean [haipədžı̄:əl, ~ dží:ən] *adj* podzemni

hypogene [háipədžı̄:n] *adj geol* hipogen

hypogenous [haipódžı̄nəs] *adj bot* ki raste na notranji strani lista

hypogeous [haipədžı̄:əs] *adj bot* ki raste pod zemljo; *zool* ki živi pod zemljo, podzemen

hypophysis [haipófisis] *n anat* hipofiza, možganski privesek

hypoplasia [haipəpléiziə] *n biol, med* hipoplazija, slaba razvitost

hypostasis [haipóstəsis] *n med* hipostaza, čezmerna količina krvi v telesnih organih; *phil* hipostaza, podlaga, osnova, bit

hypostatic(al) [haipəstǽtik(əl)] *adj* (~ ally, ~ ly *adv*) hipostatičen

hypostyle [háipoustail] *adj archit* ki ima streho na stebrih

hypotactic [haipətǽktik] *adj gram* hipotaktičen, podreden

hypotaxis [haipətǽksis] *n gram* hipotaksa, podredje

hypotenuse [haipótinju:z, -s] *n math* hipotenuza

hypothec [haipóθik] *n jur* hipoteka, zastava, poroštvo v nepremičninah

hypothecary [haipóθikəri] *adj jur* hipotečen, hipotekaren

hypothecate [haipóθikeit] *vt jur* zastaviti nepremičnine; zastaviti ladjo; *econ* lombardirati

hypothecation [haipəθikéšən] *n jur* zastava nepremičnin; *econ* lombardiranje; *econ* advances against ~ (of goods) blagovni lombard; ~ of ships dajanje ladij v zastavo

hypothesis [haipóθisis] *n* hipoteza, domneva, podmena

hypothesize [haipóθisaiz] 1. *vi* postaviti hipotezo; 2. *vt* domnevati

hypothetical [haipəθétikəl] *adj* (~ ly *adv*) hipotetičen, domneven, pogojen

hypotrophy [haipótrəfi] *n biol* hipotrofija, slaba razvitost

hypsography [hipsógrəfi] *n geog* hipsografija, nauk o zemeljinih višinah

hypsometer [hipsómitə] *n phys* hipsometer, višinomer (za drevesa itd.)

hypsometry [hipsómitri] *n geog* hipsometrija, merjenje višin

hyson [haisn] *n* zelen kitajski čaj

hy-spy [háispai] *n* skrivalnica (igra)

hyssop [hísəp] *n bot* izop, ožep

hysteralgia [histərǽldžiə] *n med* bolečina v maternici

hysterectomy [histəréktəmi] *n med* kirurška odstranitev maternice

hysteresis [histərı̄:sis] *n phys* histeza

hysteretic [histərétik] *adj phys* histerezen

hysteria [histíəriə] *n med* histerija

hysteric [histérik] 1. *n* histerik; 2. *adj* histeričen

hysterical [histérikəl] *adj* (~ ly *adv*) histeričen

hysterics [histériks] *n p!* histerija, histeričen napad; to go (off) into ~ dobiti histeričen napad. postati histeričen; laughing ~ histeričen napad smeha

hysterology [histəróiədži] *n med* histerologija, nauk o boleznih maternice

hysteron-proteron [hístərənprótərən] *n rhet* obrnitev logičnega reda

hysterotomy [histərótəmi] *n med* rezanje maternice, carski rez

hyzone [háizoun] *n chem* triatomski vodik

I, i [ai] **1.** črka i; **2.** *n math* imaginarna enota; predmet oblike I; **3.** *adj* deveti; oblike I; **to dot one's i's and cross one's t's** biti zelo natančen
I [ai] *pers pron* jaz; **the I** ego, jaz; **it is I** jaz sem; **between you and I and the lamp-post** med nama povedano
iamb [áiæmb] *n* glej **iambus**
iambic [aiǽmbik] **1.** *adj* (**-ally** *adv*) *metr* jambski; **2.** *n* jambski verz, jamb
iambus [aiǽmbəs] *n* (*pl* **-bi, -buses**) *metr* jamb
Iberian [aibíəriən] **1.** *n* Iber, iberščina; **2.** *adj* iberski
ibex [áibeks] *n* zool kozorog
ibidem [ibáidem] *adv Lat* prav tam, na isti strani, v istem delu, ibidem
ibis [áibis] *n zool* ibis, afriška štorklja; **Sacred Ibis** sveta štorklja starih Egipčanov
ice I [áis] *n* led; sladoled; sladkorni obliv; *fig* hlad (obnašanje); *A sl* diamant, podkupnina; **artificial ~** umetni led; **floating** (ali **drift, loose**) **~** plavajoči led; *fig* **to break the ~** prebiti led, začeti; **it cuts no ~ with me** ne vpliva, ne učinkuje, ne deluje name; **to have one's brains on ~** obvladati se; *fig* **on thin ~** na tenkem ledu, v nevarnosti; **to skate on thin ~** načeti kočljivo vprašanje; *A sl* **to put on ~** *fig* postaviti na hladno; **straight off the ~** popolnoma sveže
ice II [áis] **1.** *vt* (o)hladiti, zamrzniti, zamrzovati; obliti s sladkorjem, pokriti z ledom; **2.** *vi* zmrzovati, ledeneti (tudi z *up*)
ice-age [áiseidž] *n geol* ledena doba
ice-ax(e) [áisæks] *n* cepin
ice-bag [áisbæg] *n med* ledena vrečica
iceberg [áisbə:g] *n* ledena gora; *fig* ledeno mrzel človek
ice-bird [áisbə:d] *n zool* majhna potapka
ice-blink [áisbliŋk] *n* odsev ledu na nebu
ice-boat [áisbout] *n naut* jadrnica na ledu; ledolomilec
ice-boating [áisboutiŋ] *n sp* jadranje na ledu
icebound [áisbaund] *adj* zamrznjen, zaledenel (pristanišče), od ledu obdan (ladja)
ice-box [áisbɔks] *n A* hladilnik; ledenica, posoda za sladoled
ice-breaker [áisbreikə] *n naut* ledolomilec; *tech* ledosek, ledolom (pri mostu)
ice-cap [áiskæp] *n geol* ledenik; ledena odeja
ice-chest [áisčest] *n* ledenica (omara), hladilnik
ice-cold [áiskould] *adj* leden, ledeno mrzel

ice-cream [áiskri:m] *n* sladoled; **~ stall** poulična sladoledarna; *A* **~ soda** sodavica s sladoledom
ice-crusher [áiskrʌšə] *n* drobilec ledu
iced [áist] *adj* z ledom pokrit, ohlajen, zaledenel; oblit s sladkorjem
icedrome [áisdroum] *n* drsališče
ice-eliminating [áiselímineitiŋ] *n aero* razledenitev
ice-feathers [áisfeðəz] *n pl meteor* srežasto ledenje
ice-ferns [áisfə:nz] *n pl* ledene rože (na oknu)
ice-field [áisfi:ld] *n* velika ledena plošča, ledena poljana
ice-floe [áisflou] *n* ledena plošča
ice-foot [áisfut] *n* (arktični) ledeni pas
ice-fox [áisfɔks] *n zool* polarna lisica
ice-hockey [áishɔki] *n sp* hokej na ledu
ice-house [áishaus] *n* ledenica
Icelander [áisləndə] *n* Islandec, -dka
Icelandic [aislǽndik] **1.** *adj* islandski; **2.** *n* islandščina
iceman [áismæn] *n* sladoledar, prodajalec sladoleda; kdor je izkušen v hoji na ledu
ice-pack [áisˈpæk] *n* velik predel plavajočega ledu; *med* leden obkladek
ice-pail [áispeil] *n* hladilna posoda za pijače
ice-paper [áispeipə] *n* prozoren želatinski papir
Ice Patrol [áispətroul] *n* mednarodna služba za obveščanje o ledu na Atlantiku
ice-pick [áispik] *n* glej **ice-axe**
ice-ridge [áisridž] *n* ledeni greben
ice-rink [áisriŋk] *n* drsališče
ice-run [áisrʌn] *n* sankališče; drsališče
ice-sheet [áisši:t] *n geol* ledena odeja, ledenik
ice-skate [áisskeit] **1.** *n* drsalka; **2.** *vi* drsati se
ice-slope [áissloup] *n* ledena stena
ice-woman [áiswumən] *n* sladoledarka
ice-yacht [áisjɔt] *n* glej **ice-boat**
ice-yachting [áisjɔtiŋ] *n sp* jadranje na ledu
ichneumon [iknjú:mən] *n zool* afriška in maloazijska mačka, ihnevmon; **~ fly** najezdnik
ichnography [iknógrəfi] *n* tloris, risanje tlorisov
ichnolite [íknəlait] *n geol* okamenela sled noge
ichor [áikɔ:] *n med* sokrvca; gnoj (iz rane)
ichorous [áikɔrəs] *adj med* sokrvčen; gnojen
ichthyoid [íkθiɔid] **1.** *adj* kot riba; **2.** *n* ribji vretenčar
ichthyolite [íkθiəlait] *n geol* okamenela riba, ihtiolit
ichthyological [ikθiəlódžikəl] *adj* ihtiološki
ichthyologist [ikθiólədžist] *n* ihtiolog
ichthyology [ikθiólədži] *n* ihtiologija, nauk o ribah
ichthyophagous [ikθiófəgəs] *adj* ribojed

ichthyosaur(us) [íkθiəsə:(rəs)] *n* (*pl* -sauri) *zool* ihtiozaver
icicle [áisikl] *n* ledena sveča
icily [áisili] *adv* ledeno
iciness [áisinis] *n* leden mraz, ledenost, hlad (tudi *fig*)
icing [áisiŋ] *n* sladkorni obliv; *sp* prepovedan dolgi strel (hokej); *E* ~ **sugar** sladkor v prahu
ickle [ikl] *adj* majčken
icon [áikən] *n* ikona, slika, kip
iconoclasm [aikónəklæzm] *n* ikonoklazem, razbijanje ikon, borba proti praznoverju
iconoclast [aikónəklæst] *n* ikonoklast, ikonoborec, borec proti praznoverju
iconoclastic [aikənəklǽstik] *adj* ikonoklasten, ki razbija ikone, ki se bori proti praznoverju
iconographer [aikənógrəfə] *n* ikonograf, slikar in poznavalec ikon
iconographic(al) [aikənəgrǽfik(əl)] *adj* ikonografski
iconography [aikənógrəfi] *n* ikonografija, preučevanje ali zbiranje ikon
iconolater [aikənólətə] *n* častilec ikon
iconolatry [aikənólətri] *n* čaščenje ikon
iconology [aikənólədži] *n* ikonologija
iconomachy [aikənóməki] *n* borba proti čaščenju ikon
iconoscope [aikónəskoup] *n* ikonoskop
iconostasis [aikənóstəsis] *n* ikonostas, pregrada z ikonami
icosahedral [aikosəhí:drəl] *adj math* ikozaedrski
icosahedron [aikosəhédrən, ~hí:d~] *n math* ikozaeder, dvajseterec
icterus [íktərəs] *n med* ikterus, zlatenica
ictus [íktəs] *n pros* iktus, poudarek; *med* udar bolezni; *med* ~ **solis** sončarica
icy [áisi] *adj* (**icily** *adv*) leden, mrzel; *fig* hladen, brezčuten
id [id] *n psych* nagonski podnet posameznika; *biol* id, dedna enota
Idahoan [aidəhóuən] *n* prebivalec, -lka države Idaho
idea [aidíə] *n* ideja, misel, duševna predstava, pojem; zamisel, zasnova, načrt; smoter, namen; mnenje; *mus* tema; *phil* prapodoba; **the Idea** absolutna ideja, absolutnost; **in** ~ v duhu, v mislih; **the** ~ **of such a thing!** ali **the (very)** ~ **!** ali **what an** ~ **!** pomisli, kaj takega!, kakšna neumnost!; **what's the (big)** ~ **?** kaj naj to pomeni?, kakšna neumnost je spet to?; **it is my** ~ **that** moje mnenje je, da; **the** ~ **is** namen stvari je; **that's the** ~ **!** tako je!, za to gre!; **the young** ~ otroška pamet; **the** ~ **entered my mind** prišlo mi je na misel; **to from an** ~ **of** ustvariti si mnenje o, predstavljati si kaj; **to get** ~ **s into one's head** vtepsti si kaj v glavo; **to get the** ~ **of** razumeti kaj; **to have no** ~ **of** ne imeti pojma o čem; **to strike a new** ~ skreniti na drugo pot
ideaed [aidíəd] *adj* prevzet z neko idejo, poln idej, zanesen
ideal I [aidíəl] *adj* (-ly *adv*) vzoren, popoln; namišljen, zamišljen; *math* namišljen
ideal II [aidíəl] *n* vzor, ideal; *math* idealna, namišljena vrednost
idealism [aidíəlizəm] *n phil* & *fig* idealizem, idealiziranje

idealist [aidíəlist] *n* idealist(ka), zanesenjak, sanjač
idealistic [aidiəlístik] *adj* (-ally *adv*) idealističen, zanesenjaški
ideality [aidiǽliti] *n* idealnost
idealization [aidiəlaizéišən] *n* idealiziranje, olepševanje
idealize [aidíəlaiz] *vt* idealizirati, olepševati
ideally [aidíəli] *adv* idealno, popolno, vzorno
ideate [aidí:eit] **1.** *vt* predstavljati si kaj, zamisliti si kaj; **2.** *vi* misliti, imeti ideje
ideation [aidiéišən] *n* zmožnost predstav, mišljenja
idem [áidəm] *Lat pron, adj, adv* isti, -a, -o (pisec, knjiga, črka); pri istem piscu
identic(al) [aidéntik(əl)] *adj* (-allyí -ly *adv*) identičen, istoveten (*with*); popolnoma isti; ~ **twins** enojajčna dvojčka
identifiable [aidéntifaiəbl] *adj* ki se lahko istoveti, ugotovi; spoznaven
identification [aidentifikéišən] *n* identifikacija, ugotavljanje istovetnosti
identification card [aidentifikéišən ka:d] *n* glej **identity card**
identification disk [aidentifikéišən disk] *n* (*A* ~ **tag**) *mil* vojakova razpoznavna tablica
identification parade [aidentifikéišən pəreid] *n* postrojitev osumljencev pred očividci (za identifikacijo)
identify [aidéntifai] *vt* identificirati, dognati identiteto; istovetiti (*with* s, z); legitimirati; **to** ~ **o.s. with** potegniti, povleči s kom; vezati se (na politično stranko)
identity [aidéntiti] *n* identiteta, istovetnost, enakost; **mistaken** ~ zamenjava oseb zaradi velike podobnosti; **to establish s.o.'s** ~ ugotoviti identiteto koga; **to prove one's** ~ izkazati se z izkaznico, legitimirati se
identity card [aidéntiti ka:d] *n* osebna izkaznica, legitimacija
ideogram [ídiəgræm] *n* ideogram, pojmovno znamenje
ideograph [idiə:gra:f] *n* glej **ideogram**
ideographical [idiəgrǽfikəl] *adj* (-ly *adv*) ideografski
ideography [idiógrəfi] *n* ideografija, pisava s pojmovnimi znamenji
ideologic(al) [aidiəlódžik(əl)] *adj* (-allyí -ly *adv*) ideološki
ideologist [aidiíələdžist] *n* ideolog; teoretik; sanjač, zanesenjak
ideologue [áidiələg] *n* zanesenec, kdor je obseden z neko idejo
ideology [aidiólədži] *n* ideologija, miselni sestav, nazor; zanesenjaštvo, sanjaštvo
ides [áidz] *n pl* starorimske ide
id est [id est] *Lat* to je
idiocy [ídiəsi] *n* idiotizem, neumnost, nespamet, nesmisel
idiom [ídiəm] *n* idiom, posebnost govora, govor; *mus* osebni slog, svojost
idiomatic [idiomǽtik] *adj* (-ally *adv*) idiomatičen, narečen
idiomaticalness [idiomǽtikəlnis] *n* idiomatika
idiopathy [idiópəθi] *n med* idiopatija
idioplasm [ídiəplæzm] *n biol* idioplazma, dedna zasnova v semenčici in jajčecu

idiosyncrasy [idiəsíŋkrəsi] *n* značilnost, posebnost; *med* idiosinkrazija, preobčutljivost za nekatere dražljaje, odpor do česa
idiosyncratic [idiəsiŋkrǽtik] *adj* značilen, poseben; *med* idiosinkratičen
idiot [ídiət] *n* idiot, bebec, tepec, budalo
idiothermous [idiəθóː:məs] *adj zool* toplokrven
idiotic [idiótik] *adj* (**-ally** *adv*) idiotski, bebast, neumen, nespameten
idioticon [idiótikən] *n* idiotikon, besednjak krajevnih jezikovnih posebnosti
idiotism [ídiətizəm] *n* idiotizem, neumnost, nesmisel
idle I [áidl] *adj* (**idly** *adv*) brezdelen, nezaposlen, brezposeln; nedelaven, len; ničeven, prazen, nepomemben; nesmiseln, nekoristen; *econ* neproduktiven, neizrabljen, mrtev (kapital); *tech* ki stoji (stroj), v praznem teku; *agr* neobdelan; ~ **attempt** nesmiseln poskus; *econ* ~ **capital** mrtev kapital; **an** ~ **compliment** prazna pohvala; ~ **current** prazen tok; ~ **curiosity** gola radovednost; ~ **hands** brezposelni delavci; **to lie** (ali **stand**) ~ stati, ne delati (stroj); ~ **motion** prazen tek; ~ **rumour** prazna govorica; **to run** ~ v prazno teči (stroj); ~ **talk** prazen pogovor; *econ* ~ **time** zgubljen čas
idle II [áidl] **1.** *vi* lenariti, ne delati; *tech* biti v praznem teku (stroj); **2.** *vt* zapravljati čas (*away*), izgubljati (ure, čas); pustiti stroj v praznem teku
idleness [áidlnis] *n* brezdelje, lenoba; nesmiselnost, ničnost, praznota
idler [áidlə] *n* brezdelnež, lenuh; *tech* prenosno zobato kolesce; prazen vagon
idle wheel [áidl(h)wiːl] *n tech* prenosno zobato kolo
idling [áidliŋ] *n* brezdelje; *tech* prazni tek (pri stroju)
idol [áidl] *n* idol, malik; **to make an** ~ **of** napraviti koga za idola, oboževati koga
idolater [aidólətə] *n* malikovalec, oboževalec
idolatress [aidólətris] *n* malikovalka, oboževalka
idolatrous [aidólətrəs] *adj* malikovalski, oboževalski
idolatry [aidólətri] *n* malikovanje, oboževanje
idolism [áidəlizəm] *n* glej **idolatry**
idolization [aidəlaizéišən] *n* oboževanje idolov
idolize [áidəlaiz] *vt* malikovati, oboževati
idolizer [áidəlaizə] *n* častilec, oboževalec
idolum [aidóuləm] *n* (*pl* **-la**) ideja, pojem; *phil* napačen sklep
idoneus [aidóuniəs] *adj* prikladen, primeren, zdrav
idyl(l) [áidil, ídil] *n* idila, polepšana podoba mirnega življenja
idyllic [aidílik, id~] *adj* (**-ally** *adv*) idiličen
idyllist [áidilist] *n* idilik, pesnik idil
idyllize [áidilaiz] *vt* idilično opisati
if I [if] *conj* ako, če; čeprav, dasi, četudi; če, ali (v odvisnem vprašanju); v vzklikih: ~ **that is not a shame!** če to ni sramota!; **as** ~ kakor da; **even** ~ čeravno, čeprav; ~ **any** če sploh kateri; ~ **so** če je tako, v tem primeru; ~ **not** drugače, v nasprotnem primeru; **he is 50** ~ **he is a day** (ali **an hour**) star je najmanj 50 let; **it is interesting,** ~ **a little long** je zanimivo, čeprav

malo dolgo; ~ **he be ever so rich** naj bo še tako bogat
if II [if] *n* pogoj; **if** ~ **s and ands were pots and pans** če bi bilo tako; **without** ~ **s or ands** brez izgovorov
iffy [ífi] *adj A coll* nedoločen, dvomljiv
igloo [ígluː] *n* iglu, eskimska hiša
igneous [ígniəs] *adj* ognjen; *geol* vulkanski, eruptiven; ~ **rock** vulkanska kamenina
ignis fatuus [ígnis fǽtjuəs] *n* (*pl* **ignes fatui**) *Lat* vešča; *fig* slepilo, privid
ignitable [ignáitəbl] *adj* vnetljiv
ignite [ignáit] *vt* & *vi* zažgati (se), vžgati (se), vneti (se); *chem* segrevati, žariti
igniter [ignáitə] *n tech* vžigalna priprava, vžigalo
ignition [igníšən] *n* zažig, vžig(anje), prižig(anje), izgorevanje, gorenje; *chem* žarjenje; ~ **coil** vžigalna tuljava; ~ **delay** zakasnel vžig; ~ **key** zaganjač (v avtu); ~ **timing** nastavitev vžiga
ignobility [ɪgnoubíliti] *n* nizkotnost, podlost, sramota
ignoble [ignóubl] *adj* (**ignobly** *adv*) nizkega rodu; podel, nizkoten, sramoten
ignobleness [ignóublnis] *n* glej **ignobility**
ignominious [ignəmíniəs] *adj* (**-ly** *adv*) sramoten, nečasten; sramotilen
ignominy [ígnəmini] *n* sramota, sramotno dejanje
ignoramus [ignəréiməs] *n* (*pl* **-muses**) ignorant, nevednež
ignorance [ígnərəns] *n* ignoranca, nevednost, omejenost; **to be in** ~ **of s.th.** ne vedeti za kaj
ignorant [ígnərənt] *adj* (**-ly** *adv*) neveden, neumen, nešolan, nepoučen, ne zavedajoč se; **an** ~ **sin** nevede storjen greh; **to be** ~ **of s.th.** ne vedeti za kaj; **he is not** ~ **of what happened** on dobro ve kaj se je zgodilo
ignorantly [ígnərəntli] *adv* nevede, ponevedoma
ignore [ignóː] *vt* prezreti, ne meniti se za, ne vedeti, namenoma ne poznati, ignorirati; *jur* **to** ~ **a bill of indictment** zavrniti obtožbo kot neosnovano
iguana [igwáːnə] *n zool* leguan
ileum [íliəm] *n anat* črevnica
ileus [íliəs] *n med* ileus, zapora vetrov in blata
ilex [áileks] *n bot* božje drevce
iliac [íliæk] *adj anat* 'kolčen
Iliad [íliəd] *n* Iliada; **an** ~ **of woes** neprestane nesreče, neprestano trpljenje
ilium [íliəm] *n* (*pl* **-lia**) *anat* kolčnica, črevnica
ilk [ilk] *adj* isti; *Sc* vsak; **of that** ~ istega kraja, istega imena, iste vrste; **Kinloch of that** ~ Kinloch iz Kinlocha; *vulg* **that** ~ ta družina, ta druščina
ill I [il] *adj* slab, zloben, zèl; poguben, škodljiv, zlohoten; neugoden; sovražen, okruten; bolan (*of*, *with*); **to do an** ~ **turn to s.o.** škoditi komu; **to do s.o. an** ~ **service** napraviti komu medvedjo uslugo; **he is** ~ **to please** težko mu je ugoditi; **to be taken** (ali **to fall**) ~ (**of**, **with**) zboleti (za); **with an** ~ **grace** nerad, nevoljno; ~ **moment** neugoden trenutek; ~ **wind** neugoden veter; **it is an** ~ **wind that blows nobody good** v vsaki stvari je tudi kaj dobrega; ~ **weeds grow apace** kopriva ne pozebe, plevel dobro uspeva
ill II [il] *adv* slabo, hudo; težko, komaj; **it becomes you** ne spodobi se zate; **to bear s.th.** ~

težko kaj prenašati; **I can** ~ **afford** it težko si to privoščim; **to do s.o.** ~ škoditi komu; ~ **at ease** neprijeten, slab počutek; **to fall out** ~ spodleteti; **to fare** ~ ne imeti'sreče; ~ **got,** ~ **spent** kakor pridobljeno, tako izgubljeno; **he is** ~ **off** slabo mu gre; **to speak (think)** ~ **of s.o.** o nekom slabo govoriti (misliti); **to take** ~ zameriti, šteti v zlo; **to turn out** ~ ponesrečiti se, ne uspeti; **it went** ~ **with him** zanj se je slabo izteklo, izkupil jo je

ill III [il] *n* zlo, zloba; škoda, nesreča; pokvarjenost; *pl* tegobe, nesreče; **for good or** ~ v sreči in nesreči; **the** ~**s that flesh is heir to** življenjske tegobe

ill-advised [íladváizd] *adj* slabo svetovan, nepremišljen, nepreviden, zapeljan; **you would be** ~ **to do so** bilo bi nepremišljeno če bi to storil

ill-affected [íləféktid] *adj* nenaklonjen (*to* komu, čemu)

ill-assorted [i!əsó:tid] *adj* neskladen; slabo preskrbljen

illation [iléišən] *n* zaključek, sklep

illative [ílətiv, iléi~] *adj* (**-ly** *adv*) zaključen, sklepen

illaudable [ilódəbl] *adj* nevrεden hvale

ill-being [ílbí:iŋ] *n* slabo počutje

ill blood [ílblʌd] *n* sovražnost, huda kri

ill-boding [ilbóudiŋ] *adj* zlεvešč

ill-bred [ílbréd] *adj* nevzgojen, nevljuden, neotesan

ill-breeding [ílbrí:diŋ] *n* nevljudnost, nevzgojenost, neotesanost

ill-conditioned [ílkəndíšənd] *adj* slab, hudoben; pokvarjen, v slabem stanju

ill-considered [ílkənsídəd] *adj* glej **ill-advised**

ill deed [íldí:d] *n* hudodelstvo

ill-defined [íldifáind] *adj* nejasen, nerazločen

ill-disposed [íldispóuzd] *adj* nasproten, neprijateljski, nenaklonjen (*to, towards*); nerazpoložen

illegal [ilí:gəl] *adj* (**-ly** *adv*) ilegalen, nezakonit, podtalen

illegality [iligǽliti] *n* nezakonitost, ilegalnost; podtalno delovanje, ilegala

illegalize [ilí:gəlaiz] *vt* prepovedati, proglasiti za nezakonito

illegibility [iledžibíliti] *n* nečitljivost

illegible [ilédžibl] *adj* (**illegibly** *adv*) nečitljiv

illegitimacy [ilidžítiməsi] *n* nezakonitost, neveljavnost; nezakonsko rojstvo

illegitimate I [ilidžítimit] *adj* (**-ly** *adv*) nezakonit, nezakonski; napačen, nepravilen; **an** ~ **word** nepravilna beseda

illegitimate II [ilidžítimit] *n* nezakonski otrok

illegitimate III [ilidžítimeit] *vt* razveljaviti, proglasiti za neveljavno

illegitimatize [ilidžítimətaiz] *vt* glej **illegitimate III**

ill fame [ilféim] *n* slab glas, zloglasnost; **house of** ~ **fame** javna hiša

ill-fated [ilféitid] *adj* nesrečen; zlohoten

ill-favo(u)red [ilféivəd] *adj* (**-ly** *adv*) grd, neprijeten, nespodoben

ill fortune [ílfó:čən] *n* nesreča, zla sreča

ill-founded [ílfáundid] *adj* neosnovan, neutemeljen

ill-gotten [íltótn] *adj* nepošteno pridobljen; ~, **ill-spent** kakor dobljeno, tako izgubljeno

ill health [ílhélθ] *n* bolehnost, slabo zdravje

ill humo(u)r [ílhju:mə] *n* slaba volja, čemernost, zlovoljnost, zajedljivost

ill-humo(u)red [ílhjú:məd] *adj* (**-ly** *adv*) zlovoljen, čemern; prepirljiv, zajedljiv

illiberal [ilíbərəl] *adj* (**-ly** *adv*) ozkosrčen, nestrpen, neliberalen; skopuški, skop; neotesan, nevzgojen, prostaški

illiberalism [ilíbərəlizəm] *n pol* neliberalen nazor

illiberality [ilibərǽliti] *n* ozkosrčnost, nestrpnost, neliberalnost; skopost; neotesanost, prostaštvo

illicit [ilísit] *adj* (**-ly** *adv*) protizakonit, nezakonit, nedovoljen, prepovedan; ~ **trade** prepovedana trgovina, tihotapstvo; ~ **intercourse** prepovedano spolno občevanje; ~ **work** šušmarstvo

illimitability [ilimitəbíliti] *n* brezmejnost, neomejenost

illimitable [ilímitəbl] *adj* (**illimitably** *adv*) brezmejen, neomejen

illimitableness [ilímitəblnis] *n* glej **illimitability**

Illinoian, Illinois(i)an [ilinói(z)ən] **1.** *adj* iz Illinoisa; **2.** *n* prebivalec, -lka Illinoisa

illiquid [ilíkwid] *adj* A *econ* netekoč, nelikviden

illiteracy [ilítərəsi] *n* nepismenost, neznanje, nevednost

illiterate [ilítərit] **1.** *adj* (**-ly** *adv*) nepismen, neveden, neuk, neizobražen, primitiven; **2.** *n* neizobraženec, -nka, analfabet(ka), nepismen človek

ill-judged [íldžʌdžd] *adj* nepresoden, nerazumen, nepremišljen

ill-looking [íllúkiŋ] *adj* grd, zlovešč

ill-luck [íllʌk] *n* nesreča; *coll* smola

ill-mannered [ílmǽnəd] *adj* nevzgojen, nevljuden, neotesan

ill-matched [ílmǽčt] *adj* neskladen, ki se ne ujema

ill nature [ílnéičə] *n* zlovoljnost, neprijaznost

ill-natured [ílnéičəd] *adj* zlovoljen, siten, neprijazen

illnes [ílnis] *n* bolezen; ~ **frequency rate** pogostost bolezni

illogical [ilódžikəl] *adj* (**-ly** *adv*) nelogičen, nedosleden

illogicality [ilədžikǽliti] *n* nelogičnost, nedoslednost

ill omen [íloumən] *n* slabo znamenje

ill-omened [ílóumənd] *adj* zlosluten, ominozen, nesrečo napovedujoč

ill repute [ílripjú:t] *n* slab glas

ill sound [ílsáund] *n* disharmonija, neskladnost

ill-starred [ílstá:d] *adj* nesrečen, pod nesrečno zvezdo (rojen)

ill temper [íltémpə] *n* slaba volja, zlovoljnost, čemernost

ill-tempered [íltémpəd] *adj* zlovoljen, razdražljiv, čemern

ill-timed [íltáimd] *adj* neprimeren, neprikladen, o nepravem času

ill-treat [íltrí:t] *vt* grdo s kom ravnati, trpinčiti

ill-treatment [íltrí:tmənt] *n* grdo ravnanje, trpinčenje

ill-turned [íltə:nd] *adj* slabo oblikovan, slabo izdelan; nerazpoložen

illume [iljú:m] *vt poet* razsvetliti, razjasniti, pojasniti, okrasiti, iluminirati

illuminant [iljú:minənt] **1.** *adj* ki razsvetljuje, ki krasi; **2.** *n* iluminator, sredstvo za razsvetljevanje, vir svetlobe, svetlobno εelo

illuminate [iljú:mineit] vt iluminirati, razsvetliti; fig razjasniti, pojasniti, poučiti; okrasiti (knjige), obarvati (inicialke), ilustrirati
illuminated [iljú:mineitid] adj razsvetljen; ~ advertising svetlobna reklama
illuminati [ilju:miná:ti, -néitai] n pl prɔsvetljenci
illuminating [iljú:mineitiŋ] adj razsvetljujoč, svetilen; fig poučen; ~ gas svetilni plin
illumination [ilju:minéišən] n razsvetljava; okrasitev, ilustriranje, prosvetiteljstvo, poučevanje; pl svetlobna telesa
illuminative [iljú:mineitiv] adj razsvetljujoč, svetilen; poučen
illumine [iljú:min] vt razsvetliti, prosvetliti; razvedriti koga
ill-usage [íljú:zidž] n slabo ravnanje, krutost, zloraba
ill-use [íljú:z] vt slabo ravnati s kom, zlorabljati
illusion [ilú:žən] n iluzija, videz, slepilo, varanje čutov, dozdevnost; presojen til (tkanina)
illusional [ilú:žənəl] adj varljiv, navidezen, slepilen, iluzoren
illusionary [ilú:žənəri] adj iluzoren
illusionism [ilú:žənizəm] n phil iluzionizem
illusionist [ilú:žənist] n iluzionist, sanjač; žongler
illusive [ilú:siv] adj (-ly adv) varljiv, navidezen, slepilen; to be ~ varati, slepiti
illusiveness [ilú:sivnis] n varljivost, navideznost
illusory [ilú:səri] adj (illusorily adv) glej illusive
illustrate [íləstreit] vt ilustrirati, poslikati; razjasniti, ponazoriti, razložiti
illustration [íləstréišən] n ilustracija, slika; ponazoritev, razlaga; in ~ of za razlago, za pojasnitev česa
illustrative [íləstreitiv, ilʌ́strətiv] adj (~ ly adv) ponazorilen, razlagalen; to be ~ of pojasniti, razložiti; ~ material razstavljiv material
illustrator [íləstreitə] n ilustrator(ka), risar(ka); pojasnjevalec, -lka, tolmač
illustrious [ilʌ́striəs] adj (~ ly adv) slaven, sijajen, vzvišen
illustriousness [ilʌ́striəsnis] n slava, sijaj, vzvišenost
ill will [ílwíl] n sovraštvo, slaba volja, zlonamernost
ill-willed [ílwíld] adj sovražen, zloben, zlonameren
ill-wisher [ílwíšə] n kdor drugemu zlo želi, zlonamernež
illy [íli] adv A prislov od ill
Illyrian [ilíriən] 1. adj ilirski; 2. n Ilirec, -rka, ilirski jezik
image I [ímidž] n podoba, slika, kip, lik, prispodoba; pooosebljenje; predstava (o čem); he is the very (ali living) ~ of his mother on je cela mati; he is the ~ of loyalty on je pooosebljena zvestoba; to speak in ~s govoriti v prispodobah; opt virtual ~ navidezna slika, predstava
image II [ímidž] vt upodobiti, naslikati, predočiti si kaj, zrcaliti; to ~ to o.s. živo si predstavljati, predočiti si kaj
imageable [ímidžəbl] adj slikovit, predočljiv
imagery [ímidžəri] n podobe in kipi; predstave, duševne slike; prispodabljanje; metaforika, izražanje v podobah
image worship [ímidžwɔ́:šip] n čaščenje podob; fig malikovanje

imaginable [imǽdžinəbl] adj (imaginably adv) predstavljiv, mogoč
imaginary [imǽdžinəri] 1. adj (imaginarily adv) dozdeven, namišljen, navidezen, imaginaren; econ fingiran; 2. n math imaginarno število
imagination [imǽdžinéišən] n domišljija, fantazija; predstava; ustvarjalni duh; in ~ v domišljiji; pure ~ čista domišljija; stretch of the ~ iznajdljivost, domiselnost; use your ~! domisli se česa
imaginative [imǽdžinətiv] adj (~ly adv) iznajdljiv, domiseln; sanjaški; umišljen, fantastičen; cont za lase privlečen; ~ faculty (ali power) predstavna moč
imaginativeness [imǽdžinətivnis] n iznajdljivost, domiselnost
imagine [imǽdžin] 1. vt predstavljati si, (za)misliti si, umisliti si; 2. vi misliti, meniti, domišljati si; just ~! samo pomisli!; it is not to be ~d tega si ni mogoče predstavljati
imagines [iméidžini:z, imǽdž-] n pl od imago
imagism [ímidžizəm] n hist imagizem (literarna smer)
imago [iméigou] n (pl imagines) zool žuželka po končani preobrazbi; psych slika, podoba iz otroških let
imbalance [imbǽləns] n neuravnovešenost, kar ni v ravnotežju; med porušeno ravnotežje
imbecile [ímbisail] 1. adj (~ ly adv) med imbecilen, slaboumen; fig bebast; 2. n slaboumnež, bebec
imbecility [imbisíliti] n med imbecilnost, slaboumnost; slaboumno dejanje
imbed [imbéd] vt glej embed
imbibe [imbáib] vt vsrkati, vpiti (vlago); fig usvojiti si (ideje), prepojiti, vdihniti; coll srkati, piti; vulg lokati
imbibition [imbibíšən] n vsrkanje (vlage); usvajanje (idej), vdihavanje; srkanje, pitje
imbricate I [ímbrikit] adj prekrit, položen drug na drugega v obliki strešnikov ali ribjih lusk
imbricate II [ímbrikeit] vt & vi prekriti (se), prekrivati (se) v obliki strešnikov ali ribjih lusk
imbrication [imbrikéišən] n prekritje, prekrivanje v obliki strešnikov ali ribjih lusk
imbroglio [imbróuliou] n (pl -glios) zapletenost, zapleten položaj; zamotanost, komplikacija; resen nesporazum, hud spor; mus imbroglio
imbrue [imbrú:] vt okopati, napojiti, prepojiti (with s, z; in v); fig to ~ one's hands with blood umazati si roke s krvjo
imbrute [imbrú:t] 1. vt posuroviti, spraviti na stopnjo živali; 2. vi posuroveti, poživiniti, podivjati
imbue [imbjú:] vt prepojiti; fig navdihniti, prežeti (with); pobarvati, obarvati
imitability [imitəbíliti] n posnemovalnost
imitable [ímitəbl] adj (imitably adv) posnemljiv
imitate [ímiteit] vt imitirati, posnemati, oponašati; kopirati, ponarediti; biol prilagoditi se (okolju)
imitated [ímiteitid] adj posnet, nepravi, umeten
imitation [imitéišən] n imitacija, posnemanje, oponašanje, posnetek; kopiranje, ponaredba; biol prilagojevanje okolju; ~ leather umetno usnje; in ~ of po vzorcu
imitative [ímiteitiv] adj (~ly adv) imitativen, posnemajoč; ponarejen; biol prilagodljiv (okolju);

~ arts upodabljajoča umetnost, slikarstvo in kiparstvo; ~ word onomatopoetična beseda; **to be ~ of** posnemati

imitator [ímiteitə] *n* posnemovalec, -lka, imitator(ka)

immaculacy [imǽkjuləsi] *n* glej **immaculateness**

immaculate [imǽkjulit] *adj* (~ **ly** *adv*) neomadeževan, čist; brezmadežen; *fig* brezhiben; *bot*, *zool* enobarven; ~ **conception** brezmadežno spočetje

immaculateness [imǽkjulitnis] *n* neomadeževanost, čistost, brezmadežnost; *fig* brezhibnost

immanence [ímənəns] *n* imanenca, obsežonost znotraj kakšnega področja

immanent [ímənənt] *adj* (~ **ly** *adv*) v sebi obsežen, bistven, neločljiv, imanenten

immaterial [imətíəriəl] *adj* (~ **ly** *adv*) nebistven; breztelesen, brezsnoven; **it is** ~ **to me** vseeno mi je

immaterialism [imətíəriəlizəm] *n phil* nauk, ki trdi, da materije ni; spiritualizem

immateriality [imətiəriǽliti] *n* nebistvenost; *phil* breztelesnost, brezsnovnost

immaterialize [imətíəriəlaiz] *vt* poduhoviti

immature [imətjúə] *adj* (~ **ly** *adv*) nezrel, nerazvit; prenagljen

immaturity [imətjúəriti] *n* nezrelost, nerazvitost; prenagljenost

immeasurability [imežərəbíliti] *n* neizmernost, neizmerljivost

immeasurable [imǽžərəbl] *adj* (**immeasurably** *adv*) neizmeren, neizmerljiv

immeasurableness [imǽžərəblnis] *n* glej **immeasurability**

immediacy [imí:djəsi] *n* neposrednost, nemudnost, neodložljivost

immediate [imí:djət] *adj* (~ **ly** *adv*) neposreden, takojšen, direkten; bližnji, najbližji; sedanji, trenuten; neodložljiv; *phil* intuitiven, neposreden; *econ* ~ **annuity** takoj plačljiva anuiteta; ~ **constituent** (večji) stavčni člen, besedna skupina; *jur* ~ **matter** nujna zadeva; ~ **steps** takojšni ukrepi

immediately [imí:djətli] *adv* neposredno, takoj, nemudoma; **effective** ~ ki stopi v veljavo takoj

immediateness [imí:djətnis] *n* glej **immediacy**

immediatism [imí:djətizəm] *n A hist* zahteva po takojšnji odpravi suženjstva

immedicable [imédikəbl] *adj* neozdravljiv

immemorial [imimó:riəl] *adj* (~ **ly** *adv*) pradaven, prastar; **from time** ~ od nekdaj

immense [iméns] *adj* (~ **ly** *adv*) ogromen, brezmejen; *coll* silen, odličen

immensely [iménsli] *adv* ogromno, brezmejno; *coll* silno, zelo

immensiness [iménsinis] *n* glej **immensity**

immensity [iménsiti] *n* brezmejnost, neskončnost, ogromnost

immensurability [imenšurəbíliti] *n* neizmerljivost, neizmernost

immensurable [iménšurəbl] *adj* neizmerljiv, neizmeren

immerge [imó:dž] *vt & vi* potopiti (se), pogrezniti (se)

immergence [imó:džəns] *n* potopitev, pogreznitev

immerse [imó:s] **1.** *vt* potopiti, pogrezniti; **2.** *vi* (*in*) zaplesti, se (v dolgove); zatopiti se (v misli), poglobiti se; krstiti s potopitvijo v vodo

immersion [imó:šən] *n* potopitev, pogreznitev; zatopljenost (v misli), poglobljenost; *astr* vstop nebesnega telesa v senco drugega; *tech* ~ **roller** potapljalni valj; *tech* ~ **heater** električni grelec za vodo

immigrant [ímigrənt] **1.** *adj* priseljen, vseljen, priseljenski (tudi *biol*, *med*); **2.** *n* priseljenec, -nka, vseljenec, imigrant

immigrate [ímigreit] **1.** *vi* preseliti se (*into* v), imigrirati; **2.** *vt* naseliti koga

immigration [imigréišən] *n* priselitev, priseljevanje, imigracija

imminence [íminəns] *n* neizbežnost; grozeča, neposredna nevarnost

imminent [íminənt] *adj* (~ **ly** *adv*) neizbežen, grozeč, bližnji, neposreden

immingle [imíŋgl] *vt & vi* pomešati (se)

immiscibility [imisibíliti] *n* nezdružljivost

immiscible [imísibl] *adj* (**immiscibly** *adv*) nezdružljiv, ki se ne da zmešati

immitigability [imitigəbíliti] *n* nepomirljivost, neizprosnost

immitigable [imítigəbl] *adj* (**immitigably** *adv*) nepomirljiv, neizprosen; ki se ne da omiliti, olajšati

immix [immíks] *vt* vmešati (*in* v), primešati

immixture [immíksčə] *n* mešanje, vmešanje; *fig* vmešavanje

immobile [imóubail, -bil] *adj* negiben, nepremičen, tog; *fig* odločen, čvrst, trden

immobility [iməbíliti] *n* negibnost, nepremičnost, togost, nepremakljivost; *fig* odločnost, trdnost

immobilization [imoubilaizéišən] *n* imobilizacija; *econ* umaknitev denarja iz obtoka; *jur* zamenjava premičnin v nepremičnine

immobilize [imóubilaiz] *vt* imobilizirazi, spraviti v negiben položaj (tudi *med*); *econ* vzeti denar iz obtoka; *jur* zamenjati premičnine v nepremičnine

immoderacy [imódərəsi] *n* pretiranost, nezmernost

immoderate [imódərit] *adj* (~ **ly** *adv*) pretiran, nezmeren, čezmeren

immoderateness [imódəritnis] *n* glej **immoderacy**

immoderation [imədəréišən] *n* glej **immoderacy**

immodest [imódist] *adj* (~ **ly** *adv*) neskromen; prevzeten, predrzen, nespodoben, nesramen, nečist

immodesty [imódisti] *n* neskromnost, prevzetnost, predrznost, nespodobnost, nesramnost, nečistost

immolate [íməleit] *vt* žrtvovati, zaklati žrtveni dar, darovati

immolation [iməléišən] *n* žrtvovanje, žrtev, darovanje

immolator [íməleitə] *n* darovalec, -lka, žrtvovalec, -lka

immoral [imórəl] *adj* (~ **ly** *adv*) nenraven, nemoralen, razvraten, razuzdan

immorality [imərǽliti] *n* nenravnost, razvratnost, razvrat

immortal [imó:tl] **1.** *adj* (~ **ly** *adv*) nesmrten, večen, neminljiv; **2.** *n* nesmrtnik, -nica

immortality [imə:tǽliti] *n* nesmrtnost, večnost, neminljivost

immortalization [imó:təlizéišən] n ovekovečenje
immortalize [imó:təlaiz] vt ovekovečiti
immortelle [imə:tél] n bot suhocvetka, smilj
immotile [imóutail, ~ til] adj nepremičen, nepremakljiv
immovability [imu:vəbíliti] n nepremičnost; fig trdnost, neomajnost
immovable [imú:vəbl] 1. adj (immovably adv) nepremičen; fig trden, neomajen; nespremenljiv; 2. n pl jur nepremičnine
immovableness [imú:vəblnis] n glej immovability
immune I [imjú:n] adj med imun (from za); zavarovan, varen (from pred); odporen (against proti); nesprejemljiv, neobčutljiv (to za); izvzet, prost (from česa; npr. davka)
immune II [imjú:n] n imun človek
immunity [imjú:niti] n med imunost, zavarovanost pred boleznijo (from); jur prostost, izvzetost (from; npr. obvez); jur privilegij, posebna pravica; nedotakljivost
immunization [imju:naizéišən] n med imunizacija (against)
immunize [ímju:naiz] vt med imunizirati, zavarovati pred boleznijo (against); oprostiti (npr. davka)
immunogenetie [imju:nədžinétik] adj imunizacijski
immunogenetics [imju:nədžinétiks] n pl (edninska konstrukcija) med serologija, nauk o serumih
immunologist [imjunólədžist] n med imunolog
immunology [imjunólədži] n med imunologija
immure [imjúə] vt obzidati, vzidati; zapreti, zapreti v ječo; fig to ~ o.s. zapreti se vase
immutability [imju:təbíliti] n nespremenljivost, odpornost, stanovitnost
immutable [imjúitəbl] adj (immutably adv) nespremenljiv, odporen, stanoviten
imp I [imp] n vražič, škrat, premetenec, porednež; arch otrok
imp II [imp] vt okrepiti ptiču krila, da bolje leti; dodati, povečati, popraviti; vsaditi, cepıti
impact I [ímpækt] n trčenje, zadetje, udarec; mil odboj (krogle); vtis, vpliv (on na); to make an ~ on zapustiti močan vtis pri; tech ~ plate nakovalo, nabijalna plošča
impact II [impækt] vt stisniti, zagozditi; trčiti; med zadrgniti; med ~ fracture zadrgnjena kila
impaction [impækšən] n (zlasti med) zadrgnitev (črevesa, kile)
impair [impéə] vt poslabšati, oslabiti; oškodovati, škodovati; škoditi (zdravju)
impairment [impéəmənt] n poslabšanje, oslabitev; poškodba; škodljivost (zdravju)
impale [impéil] vt nabosti, nataknitı na kol (upon); ograditi s koli (with); prebosti, prebadati (tudi fig; npr. z očmi)
impalement [impéilmənt] n nataknitev na kol; ograditev s koli
impalpability [impælpəbíliti] n neotipljivost, nedotakljivost; nedojemljivost; prefinjenost
impalpable [impælpəbl] adj (impalpably adv) neotipljiv, nedotakljiv; nedojemljiv; nežen, prefinjen
impaludism [impǽlju:dizəm] n nezdravo, mrzlično počutje prebivalcev močvirnih pokrajin
impanate [impéinit] adj eccl utelešen v kruhu
impanation [impənéišən] n eccl utelešenje v kruhu

impanel [impǽnəl] vt jur sestaviti poroto, vpisati v seznam porotnikov; vpisati v seznam
imparadise [impǽrədaiz] vt spraviti v blaženost, spraviti v raj, osrečiti, napraviti raj iz česa
imparipinnate [impǽripíneit] adj bot z lihim številom pernatih listov
imparisyllabic [impǽrisilǽbik] n gram samostalnik z več zlogi v genetivu kot v nominativu
imparity [impǽriti] n neenakost, razlıčnost, nesorazmernost
impark [impá:k] vt spremeniti v park, ograditi zemljišče za park, zapreti v park (živali)
imparkation [impa:kéišən] n ograditev zemljišča za park
impart [impá:t] vt podeliti, dati (to komu); povedati, razglasiti, izjaviti (to komu); phys prenesti (to na)
impartation [impa:téišən] n podelitev; sporočilo, sporočanje
impartial [impá:šəl] adj (~ly adv) nepristranski, pravičen, brez predsodkov
impartiality [impa:šiǽliti] n nepristranost, pravičnost
impartible [impá:tibl] adj (impartibly adv) neločljiv, nedeljiv (posestvo)
impartment [impá:tmənt] n glej impartation
impassability [impa:səbíliti] n neprehodnost, nepristopnost; nepremostljivost
impassable [impá:səbl] adj (impassably adv) neprehoden, nepristopen; nepremostljiv; ki ni v obtoku (denar)
impasse [impá:s] n brezizhodnost, slepa ulica, zastoj; fig to reach an ~ zaiti v slepo ulico
impassibility [impǽsibíliti] n neobčutljivost (to za); brezčutnost, ravnodušnost
impassible [impǽsəbl] adj (impassibly adv) neobčutljiv (to za); brezčuten, ravnodušen
impassibleness [impǽsəblnis] n glej impassibility
impassion [impǽšən] vt razvneti (strast)
impassioned [impǽšənd] adj strasten, razvnet
impassive [impǽsiv] adj (~ly adv) neobčutljiv, ravnodušen, miren, veder
impassivity [impǽsíviti] n neobčutljivost, ravnodušnost; vedrost, vedrina
impaste [impéist] vt zamesiti; art slikati z gostim slojem barve, premazati z gostim namazom
impasto [impǽstou] n art slikanje z gostim slojem barve, premaz z barvo, gost namaz
impatience [impéišəns] n nestrpnost, nepotrpežljivost (of do); nemir, odpor, nevolja
impatient [impéišənt] adj (~ly adv) nestrpen, nepotrpežljiv, nemiren, nevoljen; ~ at s.th. nevoljen, razburjen zaradi česa; ~ for željan česa, pohlepen po čem; ~ of jezen na, nepotrpežljiv do, občutljiv za; to be ~ of ne trpeti, ne prenašati česa; to be ~ to do s.th. goreče želeti kaj narediti
impavid [impǽvid] adj neustrašen
impawn [impó:n] vt zastaviti; fig zastaviti besedo
impayable [impéiəbl] adj (impayably adv) coll nepopisen, neprekosljiv; drag, predrag
impeach [impí:č] vt obtožiti (of, with česa); jur javno obtožiti zlorabe položaja; jur napasti (npr. sodbo, veljavnost dokumenta, verodostojnost priče); poklicati na odgovornost, podvomiti o čem; škoditi komu, vzeti komu dober glas

impeachable [impí:čəbl] *adj* ki se ga lahko obtoži, napade; sumljiv, očitka vreden

impeacher [impí:čə] *n* tožnik

impeachment [impí:čmənt] *n* obtožba; *jur* javna obtožba; *jur* napad na, dvom o (glej *impeach*); očitek, graja; *jur* ~ of waste zakupno poroštvo za primer zmanjšanja vrednosti zakupnega zemljišča

impeccability [impekəbíliti] *n* brezgrešnost, brezhibnost, popolnost

impeccable [impékəbl] *adj* (impeccably *adv*) brez greha, brezhiben, popoln

impeccant [impékənt] *adj* brez greha

impecuniosity [impikju:niósiti] *n* siromaštvo, pomanjkanje denarja

impecunious [impikjú:niəs] *adj* (~ly *adv*) siromašen, brez denarja

impedance [impí:dəns] *n el* upor; characteristic ~ valovni upor

impede [impí:d] *vt* ovirati, preprečiti, motiti

impedient [impí:diənt] 1. *adj* ovirajoč; 2. *n* ovira, prepreka

impediment [impédimənt] *n* ovira, motnja (*to*); govorna napaka; *jur* zadržek; *pl mil* prenosna vojna oprema

impedimenta [impediméntə] *n pl mil* prtljaga, tren; navlaka

impeditive [impéditiv] *adj* (~ly *adv*) zadrževalen, ovirajoč

impel [impél] *vt* pognati, priganjati, spodbuditi, spodbadati, siliti, prisiliti (*to* k)

impellent [impélənt] 1. *adj* priganjajoč, spodbuden, spodbujajoč, spodbadajoč; 2. *n* priganjanje, spodbadanje, spodbuda; pogonska sila

impeller [impélə] *n* priganjač; *tech* pogonsko kolo

impend [impénd] *vi* viseti, lebdeti (*over* nad); *fig* groziti, pretiti, biti neizbežno

impendence, -cy [impéndens(i)] *n* grožnja, pretnja, neizbežnost

impendent [impéndənt] *adj* viseč, lebdeč; *fig* grozeč, preteč, neizbežen

impending [impéndiŋ] *adj* glej impendent

impenetrability [impenitrəbíliti] *n* nepredušnost, neprepustnost; *fig* nedoumnost nedosegljivost

impenetrable [impénitrəbl] *adj* (impenetrably *adv*) nepredušen, neprepusten (*by*); *fig* nedoumen; neobčutljiv, nedosegljiv (*to* za)

impenetrableness [impénitrəblnis] *n* glej impenetrability

impenetrate [impénitreit] *vt* globoko predreti, prežeti

impenitence [impénitəns] *n* zakrknjenost, upornost

impenitent [impénitənt] *adj* zakrknjen, uporen

imperatival [imperətáivəl] *adj gram* velelniški

imperative [impérətiv] 1. *adj* (~ly *adv*) ukazovalen, oblasten; obvezen; *gram* velelen; 2. *n gram* velelnik, imperativ; nuja, obveza

imperator [impəréitə] *n* imperator, cesar

imperatorial [imperətó:riəl] *adj* (~ly *adv*) imperatorski, cesarski; ukazovalen

imperatrix [impəréitriks] *n* cesarica

imperceptibility [impəseptəbíliti] *n* neopaznost, nezaznavnost

imperceptible [impəséptəbl] *adj* (imperceptibly *adv*) neopazen, nezaznaven (*to* za); majcen

imperception [impəsépšən] *n* pomanjkanje zaznave, pomanjkanje dojemanja

impercipient [impəsípiənt] *adj* ki ne zaznava, ki ne dojema, neobčutljiv

imperence [ímpərəns] *n vulg* predrznost, nesramnost

imperfect I [impə́:fikt] *adj* (-ly *adv*) nepopoln, nedovršen, pomanjkljiv; *jur* neiztožljiv; *math* ~ number nepopolno število; ~ rhyme nečist stih; *gram* ~ tense nedovršni čas

imperfect II [impə́:fikt] *n gram* imperfekt, nedovršni čas

imperfection [impəfékšən] *n* nepopolnost, nedovršenost, hiba; *print* poškodovana črka

imperfective [impəféktiv] 1. *adj gram* nedovršen; 2. *n gram* nedovršnik

imperforate [impə́:fərit] *adj* nepreluknjan, nepreboden; nenazobčan (znamka)

imperial I [impíəriəl] *adj* (-ly *adv*) cesarski, vladarski, državni; *fig* kraljevski, veličasten; *E* zakonit (mere in uteži); Imperial Institute državni zavod za trgovino med članicami angleškega imperija; ~ trade trgovina med članicami angleškega imperija; ~ preference sistem nižjih carin med članicami angl. imperija; Imperial Wizzard poglavar Kukluksklana v ZDA; *med* ~ section carski rez

imperial II [impíəriəl] *n* francoska brada; prtljažnik na strehi kočije; ruski carski zlatnik (15 srebrnih rubljev); format papirja (57 × 58 cm)

imperialism [impíəriəlizəm] *n* imperializem, osvajalna politika

imperialist [impíəriəlist] *n* imperialist

imperialistic [impiəriəlístik] *adj* (-ally *adv*) imperialističen, osvajalen

imperialize [impíəriəlaiz] *vt* dati pod cesarsko oblast

imperil [impéril] *vt* ogrožati, spravljati v nevarnost

imperious [impíəriəs] *adj* (-ly *adv*) ukazovalen, oblasten, gospodovalen; prevzeten; nujen

imperiousness [impíəriəsnis] *n* gospodovalnost, oblastnost; prevzetnost; nujnost

imperishable [impérišəbl] *adj* (imperishably *adv*) neminljiv, večen, nerazrušljiv

imperishableness [impérišəblnis] *n* neminljivost, večnost

imperium [impíəriəm] *n* vladarstvo, najvišja oblast

impermanence [impə́:mənəns] *n* nestalnost, začasnost

impermanent [impə́:mənənt] *adj* (-ly *adv*) nestalen, začasen

impermeability [impə:miəbíliti] *n* neprepustnost, nepremočljivost

impermeable [impə́:miəbl] *adj* (impermeably *adv*) neprepusten (*to* za), nepremočljiv

impermissible [impəmísibl] *adj* (impermissibly *adv*) nedovoljen, nedopusten

imperscriptible [impəskríptibl] *adj* nepredpisan

impersonal I [impə́:snl] *adj* (-ly *adv*) neoseben, brezoseben; *econ* ~ account stvarni račun; *gram* ~ verb brezosebni glagol

impersonal II [impə́:sənl] *n* kar je brezosebno; *gram* brezosebni glagol

impersonality [impə:sənǽliti] *n* brezosebnost

impersonalize [impə́:sənəlaiz] *vt* napraviti za brezosebno

impersonate [impɔ́:səneit] *vt* poosebiti, utelesiti; *theat* predstavljati, upodobiti, igrati koga; izdajati se za
impersonation [impə:sənéišən] *n* poosebitev, utelešenje; *theat* predstavljanje, igranje, nastopanje v vlogi koga (*of*)
impersonative [impɔ́:sənətiv] *adj* poosebitven
impersonator [impɔ́:səneitə] *n* igralec, nosilec vloge; kdor se izdaja za koga, goljuf
impersonify [impəsɔ́nifai] *vt* poosebiti, poosebljati
impertinence [impɔ́:tinəns] *n* nesramnost, predrznost, vsiljivost; brezpredmetnost, nepotrebnost
impertinent [impɔ́:tinənt] *adj* (-ly *adv*) nesramen, predrzen, nezaslišan, vsiljiv; (zlasti *jur*) brezpredmeten, nepotreben
imperturbability [impətə:bəbíliti] *n* ravnodušnost, mirnost, hladnokrvnost
imperturbable [impətɔ́:bəbl] *adj* (imperturbably *adv*) ravnodušen, miren, hladnokrven
imperturbation [impətə:béišən] *n* glej imperturbability
impervious [impɔ́:viəs] *adj* (-ly *adv*) neprepusten, neprediren, nepristopen, neprehoden; ~ to gluh za kaj
imperviousness [impɔ́:viəsnis] *n* neprepustnost, nepredirnost, nepristopnost, neprehodnost
impetiginous [impitídžinəs] *adj* *med* z gnojnimi mehurčki
impetigo [impitáigou] *n* *med* izpuščaj
impetrate [ímpətreit] *vt* izprositi, rotiti
impetration [impətréišən] *n* izprošenje, rotenje
impetuosity [impetjuɔ́siti] *n* burnost, silovitost, naglica, vihravost
impetuous [impétjuəs] *adj* (-ly *adv*) buren, silovit, nagel, vihrav
impetus [ímpitəs] *n* gonilna sila; spodbuda, zagon, podnet; to give a fresh ~ to spodbuditi
impiety [impáiəti] *n* brezbožnost; nespoštljivost
impinge [impíndž] *vi* trčiti, zadeti (on, upon, against); vtikati se (on); padati (svetloba); kršiti (zakone)
impingement [impíndžmənt] *n* trčenje, zadetje; vtikanje; pad (svetlobe); kršenje (zakonov)
impious [ímpiəs] *adj* (-ly *adv*) brezbožen; nespoštljiv, brezobziren, brez pietete
impish [ímpiš] *adj* (-ly *adv*) vražji, premeten
impishness [ímpišnis] *n* vragolija, premetenost
impiteous [impítiəs] *adj* *poet* neusmiljen, brezsrčen
implacability [implækəbíliti, -plei~] *n* nespravljivost, neizprosnost
implacable [implǽkəbl, -pléi~] *adj* (implacably *adv*) nespravljiv, neizprosen
implacental [impləséntəl] *adj* *zool* brez placente, brez posteljice
implant I [ímpla:nt] *n* *med* implantant, vsadek; radiumska igla za zdravljenje raka
implant II [implá:nt] *vt* vsaditi; *fig* vcepiti (in v)
implantation [impla:ntéišən] *n* vsaditev; *fig* vcepitev
implausibility [implɔ:zibíliti] *n* neverjetnost
implausible [implɔ́:zibl] *adj* (implausibly *adv*) neverjeten
implead [implí:d] *vt* *jur* (zlasti *A*) obtožiti, tožiti
impledge [implédž] *vt* zastaviti

implement I [ímplimənt] *n* *tech* & *fig* orodje, sredstvo; *Sc jur* izpolnitev, izvršitev (pogodbe); *pl* oprema, potrebščine
implement II [ímplimənt] *vt* izvršiti, izvesti, dopolniti, izpolniti
implementary [impliméntəri] *adj* izvršilen; ~ order izvršilni nalog
implementation [implimentéišən] *n* izvršitev, izvedba
impletion [implí:šən] *n* (iz)popolnitev, polnost
implicate I [ímplikit] 1. *adj* zapleten, vpleten, vključen; 2. *n* zaplet, zmešnjava
implicate II [ímplikeit] *vt fig* zaplesti, vplesti (in v); vključiti, spraviti v zvezo (with s, z)
implication [implikéišən] *n* zaplet, vpletenost, vključitev, udeležba; samoumevnost, (samoumevna) posledica; tesna zveza; globji pomen; nakazovanje (*of* česa); *math* implikacija; by ~ kot posledica, samoumevno; molče, brez nadaljnega; the war and all its ~s vojna in vse njene posledice
implicative [ímplikətiv] *adj* (-ly *adv*) samoumeven, posledičen
implicit [implísit] *adj* (-ly *adv*) namignjen, naznačen; vpleten; slep (vdanost); brezpogojen; *math* impliciran
implied [impláid] *adj* (-ly *adv*) naznačen, obsežen, vštet
implodent [implóudənt] *n* *gram* zapornik (glas)
imploration [impləréišən] *n* moledovanje, rotenje (*for* za)
implore [implɔ́:] *vt* moledovati, milo prositi, rotiti (*for* za)
imploring [implɔ́:riŋ] *adj* (-ly *adv*) moledujoč, proseč
imply [implái] *vt* vsebovati, obseči, obsegati; pomeniti; všteti; namigovati, namigniti; this implies iz tega sledi, to pomeni
impolder [impóuldə] *vt* iztrgati (zemljo) morju; obdati z nasipom, izsušiti
impolicy [impɔ́lisi] *n* nepolitičnost, nerazboritost, nespametnost
impolite [impəláit] *adj* (-ly *adv*) nevljuden, neolikan
impoliteness [impəláitnis] *n* nevljudnost, neolikanost
impolitic [impɔ́litik] *adj* nepolitičen, nerazborit, nespameten
imponderabilia [impɔndərəbíliə] *n pl* malenkosti, imponderabilije; nepreračunljive okoliščine
imponderability [impɔndərəbíliti] *n* nepreračunljivost, netehtljivost
imponderable [impɔ́ndərəbl] *adj* (imponderably *adv*) nepreračunljiv, netehtljiv; zelo lahek
imponent [impóunənt] *adj* odreden
import I [ímpɔ:t] *n* *econ* uvoz; *pl* uvoženo blago; pomen, smisel, važnost, tehtnost, daljnosežnost; *econ* bounty on ~s uvozna premija; ~ certificate uvozni list; ~ duty uvozna carina; ~ firm uvozno podjetje; ~ licence (ali permit) uvozno dovoljenje; non-quota ~s ne kontingirano uvozno blago; ~ trade uvozna trgovina
import II [impɔ́:t] 1. *vt econ* uvažati, uvoziti; *fig* prinesti (into v); pomeniti, naznačiti; tikati se česa, interesitati; 2. *vi* biti važen za; ~ed articles (ali commodities) uvoženo blago

importability [impɔ:təbíliti] *n* uvoznost
importable [impɔ́:təbl] *adj* importen, uvozen
importance [impɔ́:təns] *n* važnost, tehtnost, pomembnost, vplivnost; pomeznost, domišljavost; **a person of** ~ pomembna osebnost; **conscious of one's** ~ samozavesten, domišljav; **to attach** ~ **to s.th.** pripisovati čemu važnost
important [impɔ́:tənt] *adj* (**-ly** *adv*) važen, tehten, pomemben (*to* za); vpliven; pompozen, domišljav
importation [impɔ:téišən] *n econ* uvoz; *pl* uvoženo blago; *hum* priseljenec
importer [impɔ́:tə] *n* uvoznik
importunacy [impɔ́:tjunəsi] *n* nadležnost, vsiljivost
importunate [impɔ́:tjunit] *adj* (**-ly** *adv*) nadležen, vsiljiv; vztrajen, trdoživ
importunateness [impɔ́:tjunitnis] *n* glej **importunacy**
importune [impɔ́:tju:n] *vt* nadlegovati, vsiljevati; prosjačiti
importunity [impɔ:tjú:niti] *n* vsiljivost, nadlegovanje; prosjačenje
impose [impóuz] **1.** *vt* naložiti, naprtiti (davke, pokoro itd; *to* komu); vsiliti komu svoje mišljenje; natvesti, (pre)varati; vzdeti komu priimek; *print* razvrstiti rubrike, stolpce; **2.** *vi* imponirati, napraviti vtis (*on, upon* na, komu); varati; štuliti se, vsiljevati se (*on, upon* komu); *print* **to** ~ **anew** preurediti (stolpce, rubrike); *print* **to** ~ **wrong** zamešati (stolpce, rubrike); **to** ~ **upon o.s.** varati se; **to** ~ **o.s. (up)on** vsiljevati se komu; **to** ~ **upon s.o.'s good nature** zlorabiti dobroto koga; **he is easily** ~**d upon** njega je lahko prevarati; **to** ~ **law and order** napraviti red; *eccl* **to** ~ **hands** položiti roke (pri blagoslavljanju)
imposer [impóuzə] *n* vsiljevec, ukazovalec, goljuf, slepar
imposing [impóuziŋ] *adj* (**-ly** *adv*) občudovanja vreden, mogočen, pomemben, ukazovalen
imposingness [impóuziŋnis] *n* impozanten učinek
imposition [impəzíšən] *n* nalaganje (davkov), breme; vzdevanje priimkov; vsiljevanje, štuljenje; *E* kazenska šolska naloga; *eccl* polaganje rok pri blagoslovu; ~ **of taxes** obdavčenje; **it would be an** ~ **on his good nature** bilo bi zlorabljanje njegove dobrote
impossibilist [impósəbəlist] *n* kdor si prizadeva za nekaj nemogočega
impossiblility [impəsəbíliti] *n* nemožnost, nemogoča stvar
impossible [impósəbl] *adj* (**impossibly** *adv*) nemogoč, izključen, neizvedljiv; *coll* nemogoč, neznosen (človek)
impost I [impoust] *n* davek, obdavčenje, uvozna carina; *sp sl* teža, ki jo nosi dirkalni konj za izravnavo prednosti
impost II [ímpoust] *vt A econ* ocariniti uvozno blago
impost III [ímpoust] *n archit* prečni opasek pri oboku
impostor [impóstə] *n* slepar(ka); nastopač
impostrous [impóstrəs] *adj* lažen, varljiv; nastopaški
imposture [impóstčə] *n* sleparstvo, sleparija; nastopaštvo, petelinjenje
impot [ímpət] *n E coll* kazenska šolska naloga

impotence [ímpətəns] *n* nezmožnost, slabost, nebogljenost, impotenca
impotent [ímpətənt] *adj* (**-ly** *adv*) nezmožen, slaboten, nebogljen, impotenten
impound [impáund] *vt* zapreti (živino v stajo); zajeti, zajeziti (vodo); *jur* zapleniti, dati prepoved na kaj
impoverish [impóvəriš] *vt* spraviti na beraško palico, osiromašiti; izčrpati, izmozgati (zemljo); *fig* oropati koga (*of* česa)
impoverishment [impóvərišmənt] *n* osiromašenje; izčrpavanje, izčrpanost (zemlje)
imp-pole [ímppoul] *n tech* odrnik
impracticability [impræktikəbíliti] *n* neizvedljivost; neuporabnost; neubogljivost; neprehodnost (ceste); nemogočost
impracticable [impræktikəbl] *adj* (**impracticably** *adv*) neizvedljiv, nemogoč; neuporaben; neprehoden (cesta); neubogljiv
impracticableness [impræktikəblnis] *n* glej **impracticability**
impractical [impræktikəl] *adj A* nepraktičen, teoretičen, neuporaben, nesmiseln; neizkušen, nespameten
impracticality [impræktikǽliti] *n* nepraktičnost, neuporabnost
imprecate [ímprikeit] *vt* prekleti, preklinjati koga; želeti nesrečo, zlo (*upon* komu); **to** ~ **curses on s.o.** prekleti koga
imprecation [imprikéišən] *n* prekletje, kletev
imprecatory [ímprikeitəri] *adj* ki prekolne
imprecise [imprisáiz] *adj* (**-ly** *adv*) netočen
imprecision [imprisížən] *n* netočnost
impreg [ímpreg] *n A* (s smolo) impregniran les
impregnability [impregnəbíliti] *n* nepremagljivost, neosvojljivost; *fig* neomahljivost
impregnable [imprégnəbl] *adj* (**impregnably** *adv*) nepremagljiv, neosvojljiv; *fig* neomahljiv (*to*)
impregnate I [imprégnit, -neit] *adj* noseča, oplojen; prežet (*with*); *chem* nasičen, prepojen, impregniran
impregnate II [imprégneit] *vt* oploditi; prežeti (*with*); *chem* nasititi, prepojiti, impregnirati
impregnation [impregnéišən] *n* oploditev; prežetost (*with*); *chem* nasičenje, prepojitev, impregnacija
impregnator [imprégneitə] *n tech* impregnator, aparat za umetno oploditev
impresa [impréiza:] *n hist* emblem, podoba; geslo, moto
impresario [impresá:riou] *n* (*pl* **-rios**) impresarij
imprescriptible [impriskríptəbl] *adj jur* ki ne zastara
imprese [imprí:z] *n* glej **impresa**
impress I [ímpres] *n* odtis, vtisk, žig, pečat; *fig* dojem, vtis
impress II [imprés] *vt* vtisniti, pritisniti pečat; narediti vtis, vplivati (*on* na); navdati koga (*with* s, z), dojmiti; **to** ~ **a thing on s.o.** prepričati koga o čem; **to** ~ **o.s. on s.o.** vplivati na koga, dojmiti koga; **to be** ~**ed with** (ali by) biti prevzet od; **to be favourably** ~**ed by s.th.** dobiti ali imeti dober vtis o čem
impress III [imprés] *vt* na silo novačiti (v vojsko ali mornarico); rekvirirati, zaseči
impressibility [impresibíliti] *n* dovzetnost, dojetnost

impressible [imprésəbl] *adj* (**impressibly** *adv*) dovzeten, dojeten (*to* za)
impression [impréšən] *n* vtiskovanje, vtisk, žig; vtis, dojem, občutek; učinek, vpliv (*on* na); *print* odtis, natis, tiskanje, naklada; *paint* grundiranje, obarvanje z osnovno barvo; **to leave an** ~ **on** s.o. ali **to leave** s.o. **with an** ~ napraviti vtis na koga; **to be under the** ~ ali **to have an** ~ imeti občutek; *tech* ~ **cylinder** tiskalni valj
impressionable [impréšənəbl] *adj* dovzeten, občutljiv
impressionism [impréšənizəm] *n* impresionizem
impressionist [impréšənist] **1.** *adj* impresionističen; **2.** *n* impresionist
impressionistic [imprešənístik] *adj* (**-ally** *adv*) impresionističen
impressive [imprésiv] *adj* (**-ly** *adv*) impresiven, izrazit, nazoren, prepričljiv, vpliven
impressiveness [imprésivnis] *n* impresivnost, izrazitost, nazornost, prepričljivost, vplivnost
impressment [imprésmənt] *n* državna rekvizicija; *mil* nasilno novačenje
imprest [imprest] *n* predujem (zlasti za javna dela), posojilo; ~ **accountant** prejemnik predujma iz državne blagajne
imprimatur [impriméitə] *n* imprimatur, dovoljenje za natis; *fig* dovoljenje
imprimis [impráimis] *adv* predvsem
imprint I [ímprint] *n* natis, vtisk; *fig* vtis; *print* impresum, podatki o založbi in tiskarni, znamenje založbe
imprint II [imprínt] *vt* vtisniti, natisniti (*on* na); **to** ~ s.th. **on** (ali **in**) s.o.**'s memory** vtisniti komu kaj v spomin
imprison [imprízn] *vt* zapreti, zapreti v ječo
imprisonment [impríznmənt] *n* zapor, ujetništvo; *jur* zaporna kazen
improbability [improbəbíliti] *n* neverjetnost
improbable [impróbəbl] *adj* (**improbably** *adv*) neverjeten
improbity [impróubiti] *n* nepoštenost, malopridnost
impromptu [imprómptju:] **1.** *adv* brez priprave, sproti; **2.** *adj* improviziran; **3.** *n mus* impromptu, improvizacija
improper [imprópə] *adj* (**-ly** *adv*) neprimeren, nepripraven (*to* za); nepravilen, nepravi, netočen; nespodoben, nedopusten; *math* ~ **fraction** nepravi ulomek
impropriate [impróuprieit] *vt jur & eccl* prenesti cerkvene nadarbine na posvetne ljudi
impropriation [improupriéišən] *n jur & eccl* prenos nadarbine na posvetne ljudi
impropriator [impróuprieitə] *n* posvetni lastnik cerkvene nadarbine
impropriety [imprəpráiəti] *n* neprimernost, nepravilnost, netočnost; nespodobnost, nedopustnost
improvability [impru:vəbíliti] *n* popravljivost; primernost za obdelovanje (zemlja)
improvable [imprú:vəbl] *adj* (**improvably** *adv*) popravljiv, izboljševalen; *agr* primeren za obdelovanje (zemlja)
improve [imprú:v] **1.** *vt* izboljšati, popraviti, izpopolniti; (zlasti *A*) obdelati (zemljo), meliori-

rati; povečati vrednost, koristno uporabiti, izkoristiti; pomnožiti, povečati, zvišati; oplemenititi (*into*); spremeniti (*in* v); **2.** *vi* izboljšati se, popraviti se, izpopolniti se; povečati se, napredovati; *econ* rasti (cene); **to** ~ **an occasion** (ali **opportunity**) izkoristiti priložnost; **to** ~ **away** (ali **off, out**) s poskusi za izboljšanje pokvariti, poslabšati; pokvariti še tisto, kar je bilo dobrega; **to** ~ **in strength** postati močnejši; **to** ~ (**up**)**on** izpopolniti kaj; **not to be** ~**d upon** neprekosljiv; **to** ~ **the shining hour** dobro izkoristiti čas
improvement [imprú:vmənt] *n* izboljšanje, izpopolnitev, polepšanje, oplemenitenje; napredek, dobit (*in* s.th. v čem; *upon* s.th. v primerjavi s čem); izkoriščanje, koristna uporaba; *econ* porast, dvig (cen); *agr* melioracija; **there is room for** ~ moglo bi se izboljšati; *mil* **artificial** ~**s** umetno pojačenje terena
improver [imprú:və] *n* izboljševalec, izboljševalno sredstvo; volonter, praktikant
improvidence [impróvidəns] *n* neprevidnost, lahkomiselnost
improvident [impróvidənt] *adj* (**-ly** *adv*) nepreviden, lahkomiseln (*of*)
improving [imprú:viŋ] *adj* (**-ly** *adv*) izboljševalen, ki se izboljšuje; zdravilen, pospeševalen, koristen
improvisation [imprəvaizéišən] *n* improvizacija; nastop brez priprave
improvisator [ímprəvizeitə] *n* improvizator, kdor nastopi brez priprave
improvisatorial [imprəvaizətó:riəl] *adj* improviziran, narejen v naglici
improvisatory [imprəváizətəri] *adj* glej **improvisatorial**
improvise [ímprəvaiz] *vt* improvizirati, nastopiti brez priprave, narediti v naglici, stresati iz rokava
improviser [ímprəvaizə] *n* glej **improvisator**
imprudence [imprú:dəns] *n* nepremišljenost, nepreudarnost, neprevidnost
imprudent [imprú:dənt] *adj* (**-ly** *adv*) nepremišljen, nepreudaren, neprevidnost
impubic [impjú:bik] *adj med* spolno nezrel
impudence [ímpjudəns] *n* predrznost, nesramnost
impudent [ímpjudənt] *adj* (**-ly** *adv*) predrzen, nesramen
impudicity [impjudísiti] *n* glej **impudence**
impugn [impjú:n] *vt* napadati, izpodbijati, pobijati (z argumenti), ugovarjati
impugnable [impjú:nəbl] *adj* sporen
impugner [impjú:nə] *n* napadalec, nasprotnik (v debati)
impugnment [impjú:nmənt] *n* pobijanje, napadanje (z argumenti), ugovor, pridržek
impuissance [impjú:isns] *n* nezmožnost, slabost
impuissant [impjú:isnt] *adj* nezmožen, slab
impulse [ímpʌls] *n* impulz, podnet, spodbuda, nagon, nagib, gonilna sila; *math, phys* pogonska količina; *tech* sunek; *med* dražljaj; **to act on** ~ nagonsko kaj storiti; *A econ* ~ **buying** spontan nakup
impulsion [impʌ́lšən] *n* impulz, pogon, zagon, nagon

impulsive [impΛlsiv] *adj* (-ly *adv*) impulziven, gonilen, nagel, vročekrven, odločen, nagonski, strasten, spontan; *phys* ki učınkuje takoj alı nenadoma

impulsiveness [ımpΛlsivnis] *n* impulzivnost, silnost, vnema, vročekrvnost, spontanost

impunity [impjú:niti] *n* nekaznovanost; **with** ~ nekaznovano, brez kazni

impure [impjúə] *adj* (-ly *adv*) nečist, umazan, nečeden; neprečiščen; *fig* umazan, nečist (motiv); mešan (barva); neenoten (stil)

impurity [impjúəriti] *n* nečistost, umazanost, nečednost; neprečiščenost (tudi *chem*)

imputability [impju:təbíliti] *n* prištevnost, odgovornost za svoje dejanje

imputable [impjú:təbl] *adj* prišteven, odgovoren; pripisen (*to* komu)

imputation [impjutéišən] *n* pripisovanje (*to* komu), očitek, obdolžitev, graja; **to be under an** ~ biti obdolžen česa

imputative [impjú:tətiv] *adj* (-ly *adv*) očitajoč, dolžeč, grajajoč; *fig* podtaknjen

impute [impjú:t] *vt* pripisati krivdo (*to* komu, čemu), obremeniti, obdolžiti

in I [in] *prep* 1. v, na (na vprašanje kje?) ~ England v Angliji; ~ the country na deželi; ~ here (there) tu (tam) notri; ~ town v mestu (o katerem govorimo); ~ the sky na nebu; ~ the street na ulici; ~ the territory na ozemlju; 2. *fig* v, pri na; ~ the army v vojski; ~ the university na univerzi; ~ Shakespeare pri Shakespearju; blind ~ one eye na eno oko slep; 3. v (v posameznih primerih namesto *into* na vprašanje kam?); put it ~ your pocket daj to v žep; 4. (stanje, način, okoliščina); ~ arms oborožen; a cow ~ calf breja krava; ~ any case v vsakem primeru; ~ cash v gotovini; prı denarju (biti); ~ despair obupano, v obupu; ~ doubt v dvomu; ~ dozens na ducate; ~ English v angleščini; ~ good health pri dobrem zdravju, zelo zdrav; ~ groups v skupinah; ~ E major v E duru; ~ liquor pijan; ~ this manner na ta način; ~ ruins v razvalinah; ~ short na kratko (povedano); ~ tears v solzah; ~ a word z eno besedo; ~ other words z drugimi besedami; ~ writing pismeno; 5. v, pri, na (udeležba); to be ~ it biti udeležen, udeležiti se; he isn't ~ it on ne spada zraven; there is nothing ~ it ničesar (resničnega, dobrega) ni v tem, ne splača se, je čisto enostavno; je še neodločeno (dirka); 6. (dejavnost, opravilo) pri, v; ~ an accident pri nesreči, v nesreči; ~ crossing the river pri prehodu čez reko; ~ search of pri iskanju česa; 7. (moč, sposobnost); it is not ~ her to tega ona ne zmore; he has (not) got it ~ him to je (ni) pravi mož za to; 8. (časovno) ~ the beginning v začetku; ~ the day, ~ daytime podnevi; ~ the evening zvečer; ~ his flight na begu; ~ two hours v dveh urah, čez dve uri; ~ March marca; ~ one istočasno; ~ the reign of za vlade, za časa vladanja; ~ my sleep v spanju, ko sem spal; ~ time pravočasno, sčasoma, kdaj; ~ winter pozimi; ~ (the year) 1940 leta 1940.; 9. (namen, smoter) ~ answer to kot odgovor na; ~ my defence v mojo obram-

bo; 10. (vzrok, nagib) ~ contempt s prezirom; ~ his honour njemu na čast; ~ sport za šalo; ~ remembrance v spomin; 11. (razmerje, odnos, zveza) ~ as (ali so) far as do take mere; ~ that ker, kolikor; well ~ body, but ill ~ mind telesno zdrav, a duševno bolan; ~ itself samo po sebi; ~ number številčno; ~ size po velikosti; equal ~ strength enak po moči; the latest thing ~ s.th. najnovejše na nekem področju; ten feet ~ width 10 čevljev širok (po širini); 12. po ~ my opinion po mojem mnenju; ~ all probability po vsej verjetnosti; 13. (sredstvo, material) ~ boots v škornjih; a statue ~ bronze bronast kip; written ~ pencil napisano s svinčnikom; a picture ~ oils oljnata slika; dressed ~ white oblečen v belo; 14. (število, znesek) seven ~ all v celem sedem; five ~ the hundred pet od sto, 5%; one ~ ten eden od desetih; ~ twos po dva, paroma; not one ~ a hundred niti eden od stotih; a place ~ a million najbolj primeren kraj

in II [in] *adv* notri, noter, v; to be ~ biti doma, biti v hiši; *pol* biti na vladi (stranka); biti v modi; *sp* biti na vrsti za udarec; sezona za kaj (*oysters are in*); to be ~ for a thing pričakovati kaj, nameravati kaj, nadejati se česa; he is ~ for a shock to bo zanj močan pretres; she is ~ for an examination čaka jo izpit; the boy is ~ for a beating fant bo tepen; to be ~ for it iztakniti jo, biti v kaši, ne imeti drugega izhoda; ~ for a penny, ~ for a pound kdor reče a, mora reči tudi b; to be (ali keep) ~ with s.o. dobro se s kom razumeti; ~ between medtem; ~ and ~ vedno isto, vedno znova; the train is ~ vlak je prišel; spring is ~ pomlad je prišla; the ship is on the way ~ ladja pluje v pristanišče; to throw ~ pridati; A to be all ~ biti čisto izčrpan; ~ with it! prinesi, odnesi to noter; to be ~ on s.th. sodelovati pri čem, biti poučen o čem; to let s.o. ~ on s.th. pritegniti koga k čemu, poučiti koga o čem; to be ~ up to the neck biti v veliki stiski

in III [in] *adj pol* ~ party vladajoča stranka; ~ patient hospitaliziran bolnik; *sp* ~ side stran, ki je na vrsti za udarec

in IV [in] *n* (večinoma *pl*) vladajoča stranka; the ~s and outs vlada in opozicija; ovinki (ceste, poti); podrobnosti (problema)

in V [in] *vt* spraviti (žetev) pod streho

in- [in-] *pref* ne-

inability [inəbíliti] *n* nezmožnost, nesposobnost; *econ* ~ to pay insolvenca, nezmožnost plačila

inaccessibility [inæksesəbíliti] *n* nedostopnost, nedosegljivost; *fig* nepristopnost

inaccessible [inæksésəbl] *adj* (inaccessibly *adv*) nedostopen, nedosegljiv (*to* komu, za koga); *fig* nepristopen (človek)

inaccuracy [inækjurəsi] *n* nenatančnost, netočnost, zmota

inaccurate [inækjurit] *adj* (~ly *adv*) nenatančen, netočen, zmoten

inaccurateness [inækjuritnis] *n* glej inaccuracy

inaction [inækšən] *n* brezdelje, nedelavnost, neprizadevnost; mirnost; *econ* mlačnost (tržišča)

inactivate [inæktiveit] *vt med & mil* inaktivizirati

inactive [inǽktiv] *adj* (~ **ly** *adv*) brezdelen, nedelaven, neprizadeven, miren, pasiven; *econ* mlačen (tržišče); *chem* & *med* neučinkovit

inactivity [inæktíviti] *n* brezdelnost, neprizadevnost, zastoj; *chem*, *med* neučinkovitost

inadaptability [inədæptəbíliti] *n* neprilagodljivost (*to* komu, čemu); neporabnost (*to* za); neprikladnost

inadaptable [inədǽptəbl] *adj* neprilagodljiv (*to* komu, čemu); neporaben (*to* za); neprikladen

inadequacy [inǽdikwəsi] *n* nezadostnost, neprimernost, neustreznost, pomanjkljivost

inadequate [inǽdikwit] *adj* (~ **ly** *adv*) nezadosten, neprimeren, neustrezen (*to* komu, čemu); pomanjkljiv

inadhesive [inædhí:siv] *adj* nelepljiv, nesprijemljiv

inadmissibility [inədmisəbíliti] *n* nedopustnost

inadmissible [inədmísəbl] *adj* (**inadmissibly** *adv*) nedopusten

inadvertence, inadvertancy [inədvə́:təns(i)] *n* nepazljivost, zanikrnost; nenamernost; pomota, pogrešitev

inadvertent [inədvə́:tənt] *adj* (~ **ly** *adv*) nepazljiv, zanikrn; nenameren

inadvisability [inədvaizəbíliti] *n* nepriporočljivost

inadvisable [inədváizəbl] *adj* nepriporočljiv

inalienability [ineiliənəbíliti] *n* neprenosljivost (pravic)

inalienable [inéiliənəbl] *adj* (**inalienably** *adv*) neprenosen, neprenosljiv, neodtujilen; *jur* ~ **rights** neprenosne pravice

inalterability [ino:ltərəbíliti] *n* nespremenljivost

inalterable [inó:ltərəbl] *adj* (**inalterably** *adv*) nespremenljiv

in-and-in [ínəndín] *adv* & *adj* sokrven, po krvi soroden, vedno v istem rodu; ~ **breeding** istorodna plemenitev

in-and-out [ínəndáut] *adj* & *adv* noter in ven; zdaj notri, zdaj zunaj; *sp* ki zdaj dobi, zdaj izgubi

inane [inéin] **1.** *adj* (~ **ly** *adv*) prazen, ničev, nesmiseln; *fig* pléhek, pust; **2.** *n* praznina, ničevost, prazen prostor, prazno vesolje

inanimate [inǽnimit] *adj* (~ **ly** *adv*) neživ, mrtev, brezdušen, pust; *econ* mlačen, neživahen, medel

inanimation [inæniméišən] *n* neživost, mrtvilo; *econ* mlačnost, medlost, mrtvilo

inanition [inəníšən] *n* praznina; oslabelost, izčrpanost (zaradi lakote); *med* oslabelost

inanity [inǽniti] *n* praznina, ničevost, nesmiselnost, neumnost, plehkost; **inanities** prazno govoričenje, mlatenje prazne slame

inantherate [inǽnθərit] *adj bot* brez prašnic

inappeasable [inəpí:zəbl] *adj* nepomirljiv, neutešljiv, neutešen

inappellable [inəpí:ləbl] *adj jur* brezpriziven, nepreklicen

inappetence [inǽpitəns] *n* brezželjnost, slab tek; *med* neješčljivost

inappetent [inǽpitənt] *adj* brez želja, brez teka; *med* neješč

inapplicability [inæplikəbíliti] *n* neuporabnost, nerabnost, neprilagodljivost (*to*)

inapplicable [inǽplikəbl] *adj* (**inapplicably** *adv*) neuporaben, neraben, neprimeren, neprilagodljiv (*to*)

inapposite [inǽpəzit] *adj* ~ (**ly** *adv*) neumesten, neprimeren, brezpredmeten

inappreciable [inəprí:šəbl] *adj* (**inappreciably** *adv*) neznaten, neopazen, neupoštevan

inappreciation [inəpri:šiéišən] *n* neupoštevanje, ravnodušnost

inappreciative [inəprí:šiətiv] *adj* (~ **ly** *adv*) ki ne ceni, ki ne upošteva; brez smisla za kaj, ravnodušen (*of* do)

inapprehensible]inəprihénsəbl] *adj* (**inapprehensibly** *adv*) nerazumljiv, nepojmljiv

inapprehension [inəprihénšən] *n* nerazumevanje

inapprehensive [inəprihénsiv] *adj* (~ **ly** *adv*) ki ne razume, ki se ne ozira na kaj

inapproachability [inəproučəbíliti] *n* nedostopnost, nedosegljivost

inapproachable [inəpróučəbl] *adj* (**inapproachably** *adv*) nedostopen, nedosegljiv

inappropriate [inəpróupriit] *adj* (~ **ly** *adv*) neprimeren (*to* za); neumesten

inappropriateness [inəpróupriitnis] *n* neprimernost, neumestnost

inapt [inǽpt] *adj* (~ **ly** *adv*) neprimeren; nesposoben, nespreten

inaptitude [inǽptitju:d] *n* neprimernost; nesposobnost, nespretnost

inaptness [inǽptnis] *n* glej **inaptitude**

inarm [iná:m] *vt poet* objeti; *fig* obkrožiti

inarticulate [ina:tíkjulit] *adj* (~ **ly** *adv*) nerazločen, nejasen (govor); skop z besedo, vase zaprt; *zool* nečlenast; **he is** ~ on se nejasno izraža; komaj usta odpre; ~ **with rage** onemel od jeze

inarticulateness [ina:tíkjulitnis] *n* nerazločnost, nejasnost (govor)

inartificial [ina:tifíšəl] *adj* (~ **ly** *adv*) naraven, preprost, neizumetničen

inartificiallity [ina:tifišiǽliti] *n* naravnost, preprostost, neizumetničenost

inartistic [ina:tístik] *adj* (~ **ally** *adv*) neumetniški

inasmuch [inəzmʌ́č] *adv* ~ **as** ker, glede na; *arch* v kolikor

inattention [inəténšən] *n* nepazljivost, brezbrižnost (*to* do); ravnodušnost (*to* do)

inattentive [inəténtiv] *adj* (~ **ly** *adv*) nepazljiv, brezbrižen, ravnodušen (*to* do)

inattentiveness [inəténtivnis] *n* glej **inattention**

inaudibility [inə:dəbíliti] *n* neslišnost

inaudible [inó:dəbl] *adj* (**inaudibly** *adv*) neslišen

inaugural [inó:gjurəl] **1.** *adj* inavguralen, nastopen, začeten, uvoden; **2.** *n* nastopni govor

inaugurate [inó:gjureit] *vt* inavgurirati, slovesno ustoličiti, slovesno odpreti, slovesno odkriti (spomenik)

inauguration [ino:gjuréišən] *n* inavguracija, slovesno ustoličenje, slovesna otvoritev, odkritje (spomenika); *A* **Inauguration Day** 20. januar, dan ustoličenja ameriškega predsednika

inaugurator [inó:gjureitə] *n* inavgurator, kdor slovesno ustoliči, odpre, odkrije itd.

inauspicious [inə:spíšəs] *adj* (~ **ly** *adv*) zlovešči, slabo obetajoč; nesrečen, neugoden

inauspiciousness [inə:spíšəsnis] *n* usodnost; neugodnost

inbeing [inbi:iŋ] *n phil* imanenca, obseženost znotraj kakšnega območja; bitnost, bistvo

in-between [inbitwí:n] **1.** *adj* vmesen, posredovalen; **2.** *n* posrednik; *econ* prekupčevalec

inboard [ínbɔ:d] *adj & adv naut* v medkrovju, v medkrovje

inborn [ínbɔ:n] *adj* prirojen, samonikel

inbound [ínbaund] *adj* (zlasti *naut*) ki je na poti domov

inbreathe [ínbrí:ð] *vt* vdihniti, navdihniti

inbred [ínbréd] *adj* prirojen, podedovan, naraven; od sorodnih prednikov

inbreed [ínbrí:d] *vt* pariti sorodne vrste

inbreeding [ínbrí:diŋ] *n* parjenje med sorodnimi vrstami

incalculability [inkælkjuləbíliti] *n* nepreračunljivost, neprecenljivost; nezanesljivost

incalculable [inkǽlkjuləbl] *adj* (**incalculably** *adv*) nepreračunljiv, neprecenljiv, nezanesljiv

incalescence [inkəlésəns] *n* segrevanje

incalescent [inkəlésənt] *adj* segrevajoč se

incandesce [inkændés] **1.** *vi* razbeliti se, žareti; **2.** *vt* razbeliti, razžariti

incandescence [inkændésns] *n* razbeljenost, žarjenje, žar

incandescent [inkændésnt] *adj* razbeljen, žareč; ~ **lamp** žarnica

incantation [inkæntéišən] *n* zaklinjanje, čar, čarovne besede

incapability [inkeipəbíliti] *n* nesposobnost, nezmožnost

incapable [inkéipəbl] *adj* (**incapably** *adv*) nesposoben, nezmožen, ki se ne da izboljšati; **drunk and** ~ pijan kakor mavra

incapacious [inkəpéišəs] *adj* (~ **ly** *adv*) tesen, omejen

incapaciousness [inkəpéišəsnis] *n* tesnost, omejenost

incapacitate [inkəpǽsiteit] *vt* onesposobiti (*for* za); ovirati (*from* pri); *jur* onemogočiti, proglasiti koga za nesposobnega, diskvalificirati

incapacitated [inkəpǽsiteitid] *adj* nesposoben za delo (zaslužek)

incapacity [inkəpǽsiti] *n* nesposobnost, nezmožnost (*of, for* za); diskvalifikacija

incapsulate [inkǽpsjuleit] *vt* zamehuriti; *gram* vriniti (stavek)

incarcerate I [inká:sərit] *adj* zaprt v ječi

incarcerate II [inká:səreit] *vt* zapreti v ječo; *med* ~ **d hernia** priščenjena kila

incarceration [inka:səréišən] *n* zapor; *med* priščenjena kila

incarnadine [inká:nədain] **1.** *adj* barve živega mesa; *poet* rdeč; **2.** *vt poet* rdeče obarvati

incarnate I [inká:nit] *adj* utelešen; barve živega mesa; *fig* poosebljen; ~ **devil** hudič v človeški podobi; **innocence** ~ pooseobljena nedolžnost

incarnate II [ínka:neit] *vt* utelesiti, učlovečiti, pooosebiti; dati stvarno obliko, uresničiti; *eccl* **to be** ~ **d** postati meso

incarnation [inka:néišən] *n* inkarnacija, utelešenje, učlovečenje

incase [inkéis] *vt* zapreti (v omaro), zaviti

incaution [inkɔ́:šən] *n* neprevidnost, prenagljenost

incautious [inkɔ́:šəs] *adj* (~ **ly** *adv*) nepreviden, prenagljen

incendiarism [inséndjərizəm] *n* požigalništvo, požigalna strast; *fig* podpihovanje

incendiary I [inséndjəri] *adj* požigalen; povzročen od podtaknjenega požara; *fig* podpihovalen; ~ **agent** netilo; *mil* ~ **bomb** zažigalna bomba; ~ **bullet** (ali **projectile, shell**) zažigalni izstrelek

incendiary II [inséndjəri] *n* požigalec, -lka; *mil* zažigalna bomba, zažigalni izstrelek; *fig* podpihovalec, hujskač, agitator

incense I [ínsens] *n* kadilo; *fig* laskanje; *eccl* ~ **boat** (ali **burner**) kadilnica; **to burn** (ali **offer**) ~ **to** kaditi komu, laskati

incense II [ínsens] *vt* kadilo zažigati, kaditi s kadilom; *fig* kaditi komu, laskati

incense III [inséns] *vt* razjeziti, razvneti, razdražiti; ~ **d** razjarjen, divji

incensory [insénsəri] *n* kadilnica (posoda)

incenter, -centre [ínsentə] *n math* središče včrtanega kroga; ~ **of triangle** središče v trikotniku v črtanega kroga

incentive I [inséntiv] *adj* spodbuden, priganjajoč (*to* k); podpihovalen, izzivalen; *econ* ~ **bonus** nagrada za storilnost; ~ **pay (wage)** večji dohodek za večjo storilnost

incentive II [inséntiv] *n* spodbuda, priganjanje (*to* k); podpihovanje, izzivanje; *econ* spodbuda za večjo storilnost, stimulacija

incept [insépt] *vi* začeti, lotiti se; *biol* dobiti vase tuje telo; habilitirati se, usposobiti se za naslov (Oxford, Cambridge)

inception [insépšən] *n* začetek, zametek; habilitacija, promocija za M. A. (Oxford, Cambridge)

inceptive [inséptiv] **1.** *adj* začeten, uvoden; **2.** *n gram* inkohativen glagol, začetno dovršni glagol

inceptor [inséptə] *n* promoviranec v M. A. (Oxford, Cambridge)

incertitude [insə́:titju:d] *n* negotovost, neodločnost, nezanesljivost

incessancy [insésnsi] *n* nenehnost, neprekinjenost, stalnost

incessant [insésnt] *adj* (~ **ly** *adv*) nenehen, neprekinjen, stalen

incest [ínsest] *n* krvoskrunstvo

incestuous [inséstjuəs] *adj* (~ **ly** *adv*) krvoskrunski

inch I [inč] *n* palec, cola (2,54 cm); malenkost; *pl* rast, postava; **at an** ~ zelo natančno; **by** ~ **es** ali ~ **by** ~ ped za pedjo, po malem, polagoma; **an** ~ **of cold iron** vbod z bodalom; **every** ~ **a** popoln, od glave do pete; **give him an** ~ **and he will take an ell** če mu ponudiš prst, zagrabi celo roko; **a man of your** ~ **es** mož tvoje rasti; **not to yield an** ~ ne umakniti se niti za ped; **to flog s.o. within an** ~ **of his life** prebičati koga skoraj do smrti; **within an** ~ za las, skoraj

inch II [inč] *vi & vt* počasi (se) premikati; **to** ~ **along** premikati se ped za pedjo

inch III [inč] *n Sc* otoček

inch-board [ínčbɔ:d] *n* colarica, colo debela deska

inched [inčt] *adj* razdeljen na inče, palce; ki meri — palcev (npr. *four-inched*)

-incher [inčə] *n* — palcev dolga (široka) stvar; **six-incher** 6 palcev dolga (široka) stvar

inchmeal [ínčmi:l] *adv* ped za pedjo, po malem, polagoma

inchoate I [ínkoueit] *adj* (~ **ly** *adv*) začet, začeten; nerazvit, nepopoln, nedokončan

inchoate II [ínkoueit] vt & vi začeti, izvirati
inchoation [inkouéišən] n začetek, izvor
inchoative [ínkoueitiv, inkóuətiv] 1. adj gram inkohativen, začetno dovršen; 2. n inkohativen glagol
inch-rule [inčru:l] n zložljiv meter
inch-tape [inčteip] n merilni trak
incidence [ínsidəns] n nastop, pojav, vpad; učinek; pogostnost, razširjenost, obseg; phys vpadanje, padanje (upon na); phys angle of ~ vpadni kot; econ ~ of taxation davčna obremenitev
incident I [ínsidənt] adj verjeten, postranski, ki se dogaja (to pri, v); slučajen; svojski, samosvoj; phys vpaden; gram & jur odvisen
incident II [ínsidənt] n incident, pripetljaj, slučaj, vmesni dogodek, epizoda; postranska okoliščina, postranska stvar; theat vmesen prizor, epizoda; jur postranska posledica (of česa), postranska stvar, službena dolžnost
incidental I [insidéntl] adj (~ly adv) priložnosten, prigoden, vmesen, postranski, slučajen; ki spada k (to); ~ earnings postranski zaslužek; ~ expenses postranski izdatki; ~ music vmesna glasba, spremljava; it is ~ to to spada k; ~ upon kar slučajno sledi; expenses ~ thereto stroški s tem v zvezi; phys ~ images paslike
incidental II [insidéntl] n okoliščina; econ pl postranski izdatki
incidentally [insidéntli] adv slučajno, mimogrede, priložnostno, sicer
incinerate [insínəreit] vt upepeliti, sežgati
incineration [insinəréišən] n upepelitev, sežiganje
incinerator [insínəreitə] n sežigalna peč; krematorij
incipience, incipiency [insípiəns(i)] n začetek, zametek, začetna stopnja
incipient [insípiənt] adj (~ly adv) začeten, v zametku, uvoden; ~ stage začetna stopnja
incise [insáiz] vt vrezati, zarezati, gravirati
incision [insížən] n vrez, rez (tudi med); graviranje
incisive [insáisiv] adj (~ly adv) oster, prediren; zajedljiv, jedek, piker; ~ teeth sekalci (zobje); ~ bone medčeljustna kost
incisiveness [insáisivnis] n ostrina, predirnost; zajedljivost, jedkost, pikrost
incisor [insáizə] n anat sekalec (zob)
incitant [insáitənt] 1. adj spodbuden, dražeč; 2. n dražilo
incitation [insaitéišən] n spodbadanje, draženje, hujskanje
incite [insáit] vt spodbadati, dražiti, spodbujati, hujskati (to k); jur nahujskati, napeljati (to k)
incitement [insáitmənt] n glej incitation
inciter [insáitə] n spodbujevalec, hujskač
incivility [insivíliti] n nevljudnost, neotesanost
incivism [ínsivizəm] n pomanjkanje smisla za skupnost
in-clearing [ínkliəriŋ] n E econ bančni obračunski znesek
inclemency [inklémənsi] n ostrost (podnebja), viharnost; neprijaznost, grobost, neusmiljenost
inclement [inklémənt] adj (~ly adv) oster (podnebje), mrzel, viharen; neprijazen, grob, neusmiljen
inclinable [inkláinəbl] adj nagnjen, naklonjen (to k); vdan (to komu)

inclination [inklinéišən] n nagnjenost, nagnjenje, nagibanje (to k); naklonjenost, ljubezen (for do); math, phys naklon, poševnost, pad, inklinacijski kot; astr, phys inklinacija
incline I [inkláin, ín~] n pobočje; nagnjenost, naklon
incline II [inkláin] 1. vi nagniti se, nagibati se, pobesiti se, biti nagnjen (to, toward k); (koso) padati; vdreti se (rudnik); nagibati se (dan); biti naklonjen (to komu, čemu); 2. vt nagniti, nagibati (to k); pobesiti; to ~ to red vleči na rdeče; to ~ to stoutness biti nagnjen k debelosti; the roof ~s sharply streha strmo pada; to ~ one's ear to s.o. koga naklonjeno poslušati; to ~ one's head pobesiti glavo
inclined [inkláind] adj nagnjen, naklonjen (to); razpoložen (for za); kos, poseven, položen; I am ~ to nagibam se, bolj sem za; I don't feel ~ to ne ljubi se mi
inclinometer [inklinómitə] n tech inklinacijski kompas, inklinacijska igla; aero merilec nagiba
inclose [inklóuz] vt ograditi, obdati, zapreti; priložiti
inclosure [inklóužə] n ograja, ograditev, ograd; priloga
include [inklú:d] vt vključiti, vračunati, všteti (in v); vsebovati; ograditi; jur spomniti se koga (v oporoki)
included [inklú:did] adj vključen, vštet
includible [inklú:dəbl] adj všteven, vključljiv
including [inklú:diŋ] prep vključno, vštevši, inkluzivno
inclusion [inklú:žən] n vključitev, vštetje (in v); with the ~ of vštevši
inclusive [inklú:siv] adj (~ly adv) všteven, ki vključuje, ki obsega, vštet, vključen; ~ of vključno; to Friday ~ do vštetega petka; econ ~ terms pavšalna cena, vse všteto (postrežba, razsvetljava itd.)
incog [inkóg] adj, adv, n coll glej incognito
incogitable [inkódžitəbl] adj (incogitably adv) malo verjeten
incogitant [inkódžitənt] adj nepremišljen, brezsmiseln
incognito [inkógnitou] 1. adj nepoznan; 2. adv inkognito, pod tujim imenom; 3. n inkognito, neznanec; to drop one's ~ izdati se
incognizable [inkógnizəbl] adj ki se ga ne da spoznati
incognizance [inkógnizəns] n nevednost, nezavedanje
incognizant [inkógnizənt] adj nezavedajoč se, neveden, neuk; to be ~ of ne vedeti česa, ne zavedati se česa
incognoscible [inkognósibl] adj nerazločen, neznaten
incoherence [inkouhíərəns] n nepovezanost, zmedenost, neurejenost; phys inkoherenca; pl protislovje
incoherent [inkouhíərənt] adj (~ly adv) nepovezan, brez zveze, zmeden, neurejen; protisloven; phys inkoherenten
incohesive [inkouhí:siv] adj nekoheziven, brez kohezije, nevezan
incombustibility [ínkəmbʌstəbíliti] n negorljivost

incombustible [inkəmbʌ́stəbl] **1.** *adj* negorljiv; **2.** *n* negorljiva snov
income [ínkəm] *n* prihod; *econ* dohodek; **earned** ~ dohodek od dela, zaslužek; **unearned** ~ renta, dohodek od kapitala; **excess of** ~ presežek dohodka; *E* **small** ~**s relief** davčna olajšava zaradi nizkega dohodka; ~ **bond** zadolžnica z obrestovanjem odvisnim od dobička družbe; ~ **bracket** dohodninska stopnja; *A* ~ **splitting** porazdelitev dohodka za ločeno davčno odmero; *A* ~ **statement** obračun dobička in izgube; ~ **surtax** davek na presežek dohodka; ~ **tax** dohodninski davek
incomer [ínkʌmə] *n* prišlec, naseljenec, vsiljivec; *jur* novi lastnik, naseljenec
incoming I [ínkʌmiŋ] *adj* prihajajoč, nastopajoč
incoming II [ínkʌmiŋ] *n* vstop, prihod; *pl* dohodki, državni dohodki
incommensurability [ínkəmenšərəbíliti] *n math* inkomenzurabilnost; neprimerljivost, nesorazmernost, nemerljivost
incommensurable [inkəménšərəbl] *adj* (**incommensurably** *adv*) *math* inkomenzurabilen, brez skupne mere; nemerljiv, neprimerljiv, nesorazmeren; *math* **numbers** ~ **s** praštevila
incommensurate [inkəménšərit] *adj* (~ **ly** *adv*) nesorazmeren, nezadosten, neprimeren (*to* čemu); *math* ki nima skupne mere (*with* s, z)
incommensurateness [inkəménšəritnis] *n* nesorazmernost, nezadostnost, neprimernost
incommode [inkəmóud] *vt* nadlegovati, motiti, delati sitnosti komu
incommodious [inkəmóudiəs] *adj* (**-ly** *adv*) neudoben, tesen; nadležen (*to* komu)
incommodity [inkəmóditi] *n* neudobnost; nadležnost
incommunicability [inkəmju:nikəbíliti] *n* nesporočljivost, neizrazljivost
incommunicable [inkəmjú:nikəbl] *adj* (**incommunicably** *adv*) nesporočljiv, neizrazljiv; brez prometnih zvez
incommunicado [inkəmju:niká:dou] *adj* izoliran, odrezan od ljudi, osamljen; *jur* v samici; **to keep** ~ osamiti zapornika
incommunicative [inkəmjú:nikeitiv] *adj* (**-ly** *adv*) nezgovoren, malobeseden, vase zaprt
incommunicativeness [inkəmjú:nikeitivnis] *n* nezgovornost, malobesednost, zaprtost vase
incommutability [inkəmju:təbíliti] *n* nespremenljivost, nezamenljivost
incommutable [inkəmjú:təbl] *adj* (**incommutably** *adv*) nespremenljiv, nezamenljiv
incompact [inkəmpǽkt] *adj* nestrnjen, rahel, ohlapen
incompactness [inkəmpǽktnis] *n* nestrnjenost, ohlapnost
incomparability [inkəmpərəbíliti] *n* brezprimernost, edinstvenost
incomparable [inkómpərəbl] *adj* (**incomparably** *adv*) brezprimeren, edinstven; ki se ne da primerjati (*with*, *to* s, z)
incompatibility [ínkəmpætəbíliti] *n* nezdružljivost (*with* s); nestrpljivost; protislovnost, protislovje, nasprotje; *A jur* ~ **of temperament** nepremagljiv odpor (vzrok za ločitev)

incompatible [inkəmpǽtəbl] *adj* (**incompatibly** *adv*) nezdružljiv (*with* s, z); nestrpljiv; protisloven, nespravljiv, nasproten; *med* inkompatibilen (krvne skupine, zdravila itd.)
incompetence [inkómpitəns] *n* nesposobnost; nezadostnost, pomanjkljivost; *jur* nepooblaščenost, nepristojnost, nedopustnost (izjave prič)
incompetent I [inkómpitənt] *adj* (**-ly** *adv*) nesposoben, nezmožen, neprimeren; nezadosten, pomanjkljiv; *jur* nepooblaščen, nepristojen (sodišče), nedopusten (pričevanje); *A* neprišteven, nerazsoden
incompetent II [inkómpitənt] *n* nesposobnež; *A jur* kdor ni sposoben za opravljanje kakšnega poklica
incomplete [inkəmplí:t] *adj* (**-ly** *adv*) nepopoln, nekončan, pomanjkljiv; *phys* ~ **shadow** polsenca
incompleteness [inkəmplí:tnis] *n* nepopolnost, pomanjkljivost
incompletion [inkəmplí:šən] *n* nepopolnost, pomanjkljivost, nedokončanost
incomplex [inkómpleks] *adj* enostaven, preprost
incompliance [inkəmpláiəns] *n* neupogljivost
incompliant [inkəmpláiənt] *adj* neupogljiv
incomprehending [inkəmprihéndiŋ] *adj* (**-ly** *adv*) neuvideven, ne razumevajoč, ki ne razume
incomprehensibility [ínkəmprihensəbíliti] *n* nerazumljivost, nedoumljivost
incomprehensible [inkəmprihénsəbl] *adj* (**incomprehensibly** *adv*) nerazumljiv, nedoumljiv, nepojmljiv
incomprehension [inkəmprihénšən] *n* nerazumevanje, nestrpnost
incomprehensive [inkəmprihénsiv] *adj* nerazsežen, omejen; nestrpen
incomprehensiveness [inkəmprihénsivnis] *n* nerazsežnost, omejenost
incompressibility [ínkəmpresəbíliti] *n* nestisljivost
incompressible [inkəmprésəbl] *adj* nestisljiv
incomputable [inkəmpjú:təbl] *adj* nepreračunljiv, neizračunljiv
inconceivability [ínkənsi:vəbíliti] *n* nerazumljivost, nepredstavljivost, neverjetnost
inconceivable [inkənsí:vəbl] *adj* (**inconceivably** *adv*) nerazumljiv, nepredstavljiv (*to* komu, za koga), neverjeten
inconclusive [inkənklú:siv] *adj* (**-ly** *adv*) neodločilen, neprepričevalen, nedokazen; brezuspešen
inconclusiveness [ınkənklú:sivnis] *n* neodločilnost, neprepričevalnost, nedokaznost; brezuspešnost
incondensability [ínkəndensəbíliti] *n* nezgostljivost
incondensable [inkəndénsəbl] *adj* nezgostljiv
incondite [inkóndit] *adj* slabo narejen, pomanjkljiv, neizdelan; grob, surov
inconformity [inkənfó:miti] *n* nesoglasnost (*with*, *to* s, z); nepotrjenost
incongruent [inkóŋgruənt] *adj* glej **incongruous**
incongruity [inkəŋgrúiti] *n* neujemanje, nesorazmerje, neskladnost, nezdružljivost, nesmiselnost; *math* inkongruenca
incongruous [inkóŋgruəs] *adj* (**-ly** *adv*) neskladen, nesorazmeren, ki se ne ujema (*with* s, z); ki se ne poda (*to* komu, čemu); nesmiseln; *math* inkongruenten
inconsecutive [inkənsékjutiv] *adj* (**-ly** *adv*) nezaporeden, neposledičen

inconsecutiveness [inkənsékjutivnis] n nezaporednost, neposledičnost
inconsequence [inkónsikwəns] n nedoslednost, nelogičnost
inconsequent [inkónsikwənt] adj (-ly adv) nedosleden, nelogičen; neznaten, nepomemben, neznačilen
inconsequential [inkənsikwénšəl] adj (-ly adv) glej inconsequent
inconsiderable [inkənsídərəbl] adj (inconsiderably adv) neznaten, nepomemben
inconsiderableness [inkənsídərəblnis] n neznatnost, nepomembnost
inconsiderate [inkənsídərit] adj (-ly adv) nepremišljen, lahkomiseln; brezobziren (to do)
inconsideration [ínkənsídəréišən] n nepremišljenost, lahkomiselnost, brezobzirnost
inconsistency [inkənsístənsi] n protislovje, neskladnost, nedoslednost; nestalnost, nestanovitnost
inconsistent [inkənsístənt] adj (-ly adv) protisloven, neskladen (with s, z); nedosleden; nestalen, nestanoviten
inconsolability [inkənsouləbíliti] n neutolažljivost
inconsolable [inkənsóuləbl] adj (inconsolably adv) neutolažljiv
inconsonance [inkónsənəns] n nesoglasnost (with, to s, z), neubranost
inconsonant [inkónsənənt] adj (-ly adv) nesoglasen (with, to s, z), neubran
inconspicuous [inkənspíkjuəs] adj (-ly adv) neopazen, nepomemben; bot majhen zelen (cvet)
inconspicuousness [inkənspíkjuəsnis] n neopaznost, nepomembnost
inconstancy [inkónstənsi] n nestalnost, spremenljivost, nestanovitnost, omahljivost; različnost
inconstant [inkónstənt] adj (-ly adv) nestalen, spremenljiv, nestanoviten, neodločen, omahljiv; različen
inconsumable [inkənsjú:məbl] adj (inconsumably adv) neuničljiv, nezgorljiv; neužiten
incontestability [ínkəntestəbíliti] n neizpodbitnost, nespornost
incontestable [inkəntéstəbl] adj (incontestably adv) neizpodbiten, nesporen
incontinence [inkóntinəns] n neobrzdanost, nezadržnost, razuzdanost; med nesposobnost zadržati blato ali vodo; ~ of the feces nesposobnost zadržati blato; ~ of urine mokrenje; ~ of speech klepetavost
incontinent [inkóntinənt] adj (-ly adv) neobrzdan, nezadržen, razuzdan, pohoten; med ki ne more zadržati blato ali vodo; to be ~ of a secret ne moči zadržati skrivnosti zase
incontinently [inkóntinəntli] adv lit takoj, nezadržno
incontrovertibility [ínkəntrəvə:təbíliti] n nespornost, neizpodbitnost
incontrovertible [ínkəntrəvó:təbl] adj (incontrovertibly adv) nesporen, neizpodbiten
inconvenience I [inkənví:njəns] n neudobnost, nadležnost, sitnost, neprijetnost, težava; to put s.o. to ~ spraviti koga v neprijeten položaj
inconvenience II [inkənví:njəns] vt nadlegovati, motiti, vznemirjati; do not ~ yourself ne daj se motiti

inconvenient [inkənví:njənt] adj (-ly adv) neudoben (to za); nadležen, siten, neprijeten, neprikladen, neugoden
inconveniently [inkənví:njəntli] adv ob nepravem času
inconvertibility [ínkənvə:təbíliti] n nespremenljivost, nezamenljivost; econ nezamenljivost (denarja), neunovčljivost
inconvertible [inkənvə:təbl] adj (inconvertibly adv) nespremenljiv, nezamenljiv; econ nezamenljiv (denar), neunovčljiv
inconvincibility [ínkənvinsəbíliti] n neprepričljivost
inconvincible [inkənvínsəbl] adj (inconvincibly adv) neprepričljiv
incoordination [ínkouə:dinéišən] n neuskladitev, premajhno sodelovanje
incorporate I [inkó:pərit] adj vključen (into, in v), pripojen, pridružen, strnjen; econ, jur inkorporiran
incorporate II [inkó:pəreit] 1. vt združiti, vključiti (into v), pripojiti, pridružiti; jur, econ inkorporirati; tech, chem pomešati, zmešati; 2. vi združiti se, pridružiti se, strniti se (with s, z)
incorporated [inkə:pəréitid] adj econ, jur inkorporiran, uradno vpisan, registriran (korporacija); A registriran kot delniška družba; združen, priključen (in, into); ~ company A delniška družba; E pravno sposobna (trgovska) družba; A ~ bank delniška banka; A ~ society registrirana družba; ~ territories priključena ozemlja
incorporation [inkə:pəréišən] n vključitev, priključitev, združitev, inkorporacija; econ, jur ustanovitev korporacije; A ustanovitev delniške družbe; A articles of ~ ustanovna listina; certificate of ~ ustanovna listina
incorporative [inkó:pərətiv] adj priključitven, združevalen; econ inkorporacijski
incorporator [inkó:pəreitə] n A soustanovitelj; E član univerze, ki je priključena drugi
incorporeal [inkə:pó:riəl] adj (-ly adv) nesnoven, breztelesen, duhoven; jur ~ chattels zahteve, terjatve; ~ hereditaments dedne pravice; ~ rights pravice do nesnovnih dobrin (npr. patentov)
incorporeity [inkə:pərí:iti] n nesnovnost, breztelesnost, duhovnost
incorrect [inkərékt] adj (-ly adv) nepravilen, netočen, napačen, nenatančen; oporečen, neprimeren, nespodoben (vedenje)
incorrectness [inkəréktnis] n nepravilnost, netočnost, napačnost, nenatančnost; oporečnost, neprimernost, nespodobnost (vedenje)
incorrigibility [inkəridžəbíliti] n nepopravljivost, neukrotljivost, zakrknjenost
incorrigible [inkóridžəbl] adj (incorrigibly adv) nepopravljiv, neukrotljiv, zakrknjen
incorrupt [inkərápt] adj (-ly adv) nepokvarjen, nepoškodovan (predmet); fig nepokvarjen, pošten, nepodkupljiv (človek)
incorruptibility [ínkərʌptəbíliti] n nepodkupljivost, nepokvarjenost, poštenost
incorruptible [inkərʌptəbl] adj (incorruptibly adv) nepodkupljiv, nepokvarjen, pošten
incorruption [ínkərʌpšən] n nepokvarjenost, neoporečnost, nepodkupljivost, poštenost

incrassate [inkrǽsit] *adj bot, zool* odebeljen, oteklinast

increase I [ínkri:s] *n* rast, porast, povečanje, prirastek, povišanje, zvišanje; dobiček, donos, dobitek; *poet* potomstvo, potomec; on the ~ v porastu; ~ of capital povečanje kapitala; ~ of salary povišanje plače; ~ of trade razmah trgovine

increase II [inkrí:s] 1. *vi* rasti, porasti, povečati se, narasti, pomnožiti se, okrepiti se; 2. *vt* povečati, pomnožiti, okrepiti; *poet* rasti (luna); *jur* to ~ a sentence zvišati ali zaostriti kazen

increaser [inkrí:sə] *n* povečevalec; *tech* ojačevalec, regulator; power ~ regulator storilnosti

increasingly [inkrí:siŋli] *adv* bolj in bolj, vedno bolj

incredibility [inkredibíliti] *n* neverjetnost

incredible [inkrédəbl] *adj* (incredibly *adv*) neverjeten; nezaslišan

incredulity [inkridjú:liti] *n* nezaupljivost, dvom, skepsa

incredulous [inkrédjuləs] *adj* (-ly *adv*) nezaupljiv, skeptičen

incremate [ínkrimeit] *vt* glej cremate

increment [ínkrimənt] *n* porast, prirastek; *econ* povišek, dobiček, iztržek; *math* diferenca; ~ income tax davek na povečan dobiček; unearned ~ , ~ value porast vrednosti

incremental [inkriméntl] *adj* prirasten, ki poraste

increscent [inkrésənt] *adj* rastoč (luna)

incretion [inkrí:šən] *n physiol* inkrecija, notranje izločanje, notranji izloček, inkret

incriminate [inkrímineit] *vt* obtožiti, obdolžiti, inkriminirati; to ~ o.s. obtožiti se

incrimination [inkriminéišən] *n* obtožba, obdolžitev, inkriminacija

incriminator [inkrímineitə] *n* tožnik, tožilec, inkriminator

incriminatory [inkrímineitəri] *adj* obtežilen, obtoževalen

incrust [inkrʌst] *vt* obdati s skorjo, obložiti s čim, inkrustirati

incrustation [inkrʌstéišən] *n* inkrustacija, obdajanje s skorjo; *med* skorja; obloga (zidu), oblaganje; vdelava; *fig* ustaljenost (navad)

incubate [ínkjubeit] *vt* valiti (jajca), izvaliti, izleči

incubation [inkjubéišən] *n* valitev, izvalitev; *med* inkubacija; ~ period inkubacijska doba

incubative [ínkjubeitiv] *adj med* inkubacijski; valilen

incubator [ínkjubeitə] *n* valilna naprava, valilnik; *med* inkubator

incubus [íŋkjubəs] *n med* inkubus, mora; *fig* mora, tesnoba

inculcate [ínkʌlkeit] *vt* vtisniti, vbijati v glavo, zabičiti, zabičevati (upon, in *s.o.* v, komu)

inculcation [inkʌlkéišən] *n* vbijanje v glavo, zabičevanje

inculpable [inkʌlpəbl] *adj* nedolžen

inculpate [ínkʌlpeit] *vt* obdolžiti, obtožiti; grajati

inculpation [inkʌlpéišən] *n* obdolžitev, obtožba; graja, očitek

inculpatory [inkʌlpətəri] *adj jur* obremenilen, obtežilen; grajajoč, očitajoč

incult [inkʌlt] *adj* neotesan, nevzgojen, grob

incumbency [inkʌmbənsi] *n* obveznost, dolžnost (uradnega položaja); *eccl* nadarbina

incumbent I [inkʌmbənt] *adj* (-ly *adv*) obvezen, obvezilen, obligatoren; ležeč, viseč, sloneč (on, upon na); it is ~ (up)on him njegova dolžnost je; I think (ali feel) it ~ on me imam za svojo dolžnost

incumbent II [inkʌmbənt] *n* vršilec dolžnosti; *E* nadarbenik; župnik

incumber [inkʌmbə] *vt* glej encumber

incumbrance [inkʌmbrəns] *n* glej encumbrance

incunabula [inkjunǽbjulə] *n pl* inkunabula, tiskane knjige do l. 1500.; začetki, začetna stopnja

incur [inkə́:] *vt* nakopati se, naprtiti si; izpostaviti se; *econ* to ~ debts lesti v dolgove; to ~ liabilities vzeti nase dolžnosti; to ~ losses pretrpeti izgube; to ~ a danger izpostaviti se nevarnosti; to ~ a fine nakopati si globo

incurability [inkjuərəbíliti] *n* neozdravljivost; *fig* nepopravljivost

incurable [inkjúərəbl] 1. *adj* (incurably *adv*) neozdravljiv; *fig* nepopravljiv; 2. *n* neozdravljiv človek; *fig* nepopravljiv človek

incuriosity [inkjuəriósiti] *n* ravnodušnost, nebrižnost; nezanimivost

incurious [inkjúəriəs] *adj* (-ly *adv*) ravnodušen, nebrižen; nezanimiv; not ~ zanimiv

incursion [inkə́:šən] *n* vpad, vdor; kazenska ekspedicija

incursive [inkə́:siv] *adj* osvajalen, napadalen

incurvate I [inkə́:vit] *adj* upognjen, skrivljen

incurvate II [ínkə:veit] *vt* upogniti, skriviti

incurvation [inkə:véišən] *n* upognjenje, skrivljenje (tudi *med*)

incurve I [ínkə:v] *n* navznotrnja skrivljenost; *sp* navznoter zasukana žoga (baseball)

incurve II [inkə́:v] *vt* glej incurvate II

incus [íŋkəs] *n anat* nakovalce, slušna koščica

incuse I [inkjú:z] 1. *adj* vtisnjen; 2. *n* vtisk (na kovancu)

incuse II [inkjú:z] *vt* vtisniti (on na); kovati denar

indebted [indétid] *adj* dolžen, zadolžen (to komu, for za); zavezan za kaj (to komu)

indebtedness [indétidnis] *n* zadolženost, dolg; zavezanost (to komu); certificate of ~ zadolžnica; excessive ~ prezadolžitev

indecency [indí:snsi] *n* nespodobnost, nenravnost; kvanta

indecent [indí:snt] *adj* (-ly *adv*) nespodoben, nenraven; *jur* ~ exposure nedostojno razkazovanje telesa

indeciduous [indisídjuəs] *adj bot* zimzelen (drevo), neodpadljiv (listje)

indecipherable [indisáifərəbl] *adj* nerazrešljiv, nečitljiv

indecision [indisížən] *n* neodločnost, omahljivost

indecisive [indisáisiv] *adj* (-ly *adv*) neodločen, omahljiv; nejasen, negotov

indecisiveness [indisáisivnis] *n* neodločnost, omahljivost; nejasnost, negotovost

indeclinable [indikláinəbl] *adj* (indeclinably *adv*) *gram* nesklonljiv; stalen, neizbežen

indecomposable [indi:kəmpóuzəbl] *adj* nerazdeljiv, nerazstavljiv

indecorous [indékərəs] *adj* (-ly *adv*) nedostojen, nespodoben, neuglajen

indecorousness [indékərəsnis] *n* nedostojnost, nespodobnost, neuglajenost
indecorum [indikó:rəm] *n* glej **indecorousness**
indeed I [indí:d] *adv* zares, resnično; vsekakor, seveda, kajpada; **yes, ~!** vsekakor!, da, res!; **thank you very much ~!** prisrčna hvala!; **who is he, ~!** še vprašaš, kdo je; **there are ~ some difficulties** seveda je nekaj težav; **if ~ če** sploh
indeed II [indí:d] *int* zares!, kaj ne poveste!, ni mogoče!, ali res?
indefatigability [índifætigəbíliti] *n* neutrudljivost
indefatigable [indifǽtigəbl] *adj* (**indefatigably** *adv*) neutrudljiv
indefeasibility [índifi:zəbíliti] *n jur* neodvzemnost, nedotakljivost, nemožnost odtujitve
indefeasible [indifí:zəbl] *adj* (**indefeasibly** *adv*) *jur* neodvzemen, nedotakljiv, nezaplemben, neodtujitven
indefectible [indiféktəbl] *adj* brezhiben, nekvarljiv
indefective [indiféktiv] *adj* brezhiben, nepomanjkljiv
indefensibility [indifensibíliti] *n* neobranljivost, neopravičljivost
indefensibility [indifensibíliti] *n* neobranljivost, neopravičljivost
indefensible [indifénsəbl] *adj* (**indefensibly** *adv*) neobranljiv, neopravičljiv
indefinable [indifáinəbl] *adj* (**indefinably** *adv*) nerazložljiv, nedoločljiv, neopredeljiv
indefinite [indéfinit] *adj* (**-ly** *adv*) nedoločen; neomejen; nerazločen, nejasen; *gram* ~ **article** nedoločni člen; *gram* ~ **declension** krepka sklanjatev
indefiniteness [indéfinitnis] *n* nedoločnost; neomejenost; nerazločnost, nejasnost
indehiscent [indihísnt] *adj bot* ki se ne odpre (cvet)
indelibility [indelibíliti] *n* neizbrisnost, neuničljivost
indelible [indélibl] *adj* (**indelibly** *adv*) neizbrisen, neuničljiv; *fig* nepozaben; ~ **pencil** tintni svinčnik; ~ **ink** kopirno črnilo; **an ~ impression** nepozaben vtis
indelicacy [indélikəsi] *n* netaktnost, neolikanost, grobost, brezobzirnost
indelicate [indélikit] *adj* (**-ly** *adv*) netakten, neolikan, grob, brezobziren
indemnification [indemnifikéišən] *n* odškodnina, nadomestilo; *econ* zavarovanje pred izgubo; *jur* zavarovanje pred kaznijo
indemnify [indémnifai] *vt* zavarovati (*from, against*, pred, proti); odškodovati (*for* za), nadomestiti; *jur* zavarovati pred kaznijo
indemnitee [indemnití:] *n A* oškodovanec, prejemnik odškodnine
indemnitor [indémnitə] *n A* odškodovalec, kdor poravna odškodnino
indemnity [idémniti] *n* zavarovanje (pred izgubo, škodo), garancija; odškodnina, povračilo izgube; *jur* zavarovanje pred kaznijo, nekaznovanost; **contract of** ~ garancijska pogodba, garantno pismo; ~ **against liability** jamstvo izključeno; **letter of** ~ vojna odškodnina, reverz; **banker's** ~ bančna garancija; ~ **insurance** zavarovanje pred škodo

indemonstrable [indémənstrəbl] *adj* nedokazljiv, neovrgljiv
indent I [indént] *n* nazobčanje (roba), zajeda, zareza, zaseka; *econ* naročilo (blaga); *print* umik vrstice; *E mil* zasežba, rekvizicija; *jur* pogodba, pogodbena listina; *A econ hist* državna zadolžnica
indent II [indént] **1.** *vt* nazobčati, zarezati, zasekati, zajedati (morje); *print* pomakniti vrstico, napraviti nov odstavek; *econ* naročiti blago; *E mil* rekvirirati, zaseči; **2.** *vi jur arch* napraviti pogodbo; *econ* **to ~ upon** s.o. sklicevati se na koga; **to ~ upon** s.o. **for** s.th. zahtevati kaj od koga; naročiti kaj pri kom
indent III [indént] *n* uglobljenje, poglobitev
indent IV [indént] *vt* vtisniti (*in* v), poglobiti
indentation [indentéišən] *n* nazobčanje, zareza, zaseka, zajeda, cikcak, členovitost (obale)
indented [indéntid] *adj* nazobčan; *econ* s pogodbo vezan; *print* umaknjen (vrstica)
indentee [indentí:] *n econ* dobavitelj
indention [indénšən] *n print* umik, odstavek, pomaknjenje vrstice
indenture I [indénčə] *n jur* (pismena) pogodba, pogodbena listina; *econ, jur* učna pogodba; *jur* uradni popis; nazobčanje, cikcak, zareza; ~ **of lease** najemna pogodba; **to take up one's** ~**s** ali **to be out of one's** ~**s** izučiti se, postati pomočnik; **to make** ~**s** voziti barko (pijanec)
indenture II [indénčə] *vt* skleniti vajeniško pogodbo, obvezati s pogodbo
independence [indipéndəns] *n* neodvisnost (*on, of* od), samostojnost; dohodek od premoženja; *A* **Independence Day** 4. julij, dan neodvisnosti
independency [indipéndənsi] *n* neodvisnost; svobodno ozemlje, neodvisna država; neodvisnost cerkve; dohodek od premoženja
independent I [indipéndənt] *adj* (**-ly** *adv*) neodvisen (*of* od), samostojen, svoboden, nevezan, samozavesten; denarno neodvisen; svobodoljuben; *gram* neodvisen, glavni; ~ **gentleman** rentnik; ~ **means (income)** lastno premoženje; ~**ly of** ne glede na; *gram* ~ **clause** glavni stavek; *mil* ~ **fire** hitro streljanje, posamično streljanje
independent II [indipéndənt] *n* neodvisnež, -nica; kdor ne prizna cerkvene oblasti; kdor ni v nobeni politični stranki
indescribability [índiskraibəbíliti] *n* nepopisnost
indescribable [indiskráibəbl] **1.** *adj* (**indescribably** *adv*) nepopisen; **2.** *n pl coll* hlače
indestructibility [índistrʌktəbíliti] *n* neuničljivost, nerazrušljivost
indestructible [indistrʌktəbl] *adj* (**indestructibly** *adv*) neuničljiv, nerazrušljiv
indeterminable [inditə́:minəbl] *adj* (**indeterminably** *adv*) nedoločljiv, nedoločljiv
indeterminate [inditə́:minit] *adj* (**-ly** *adv*) nedoločen, neodločen, nejasen; *bot* neomejen; *gram* nenaglašen; *jur* ~ **sentence** obsodba za nedoločen čas, odvisna od zapornikovega vedenja; *gram* ~ **vowel** polglasnik; *bot* ~ **inflorescence** neomejeno cvetenje
indetermination [índitə:minéišən] *n* nedoločnost, neodločnost, kolebanje, negotovost
indeterminism [inditə́:minizəm] *n phil* indeterminizem

indeterminist [indítǝ:minist] *n phil* indeterminist
index I [índeks] *n (pl* -es, indices) kazalo, kazalec
(urni, prst), smerno kazalo; znak· *(of* česa, za);
fig namig *(to* na); merilo; *econ* indeks (cen);
print znak roke; *math* eksponent, indeksno
število; *eccl* Index indeks; ~ file kartoteka;
~card kartotečna kartica; to be the ~ of
pokazati, izkazati; ~ of general business
activity konjunkturni indeks; *E* share price ~, *A*
~ of stocks delniški indeks; ~ number stati-
stični podatki o gibanju cen
index II [índeks] *vt* dati na indeks; priložiti knjigi
seznam (kazalo); registrirati
index finger [índeksfiŋgǝ] *n* kazalec (prst)
index letter [índeksletǝ] *n* začetna črka
India [índjǝ] *n* Indija
India ink [índiǝiŋk] *n* tuš
Indiaman [índiǝmǝn] *n* trgovska ladja za promet
z Indijo
Indian [índiǝn] 1. *adj* indijski, indijanski; *A* koru-
zen; 2. *n* Indijec, -jka; indijanski jezik;
American (ali Red) ~ Indijanec, -nka
Indian agent [índiǝneidžǝnt] *n A* vladni uradnik za
zvezo z indijanskimi plemeni
Indian bread [índiǝnbred] *n* koruzni kruh
Indian club [índiǝnklʌb] *n sp* kij
Indian corn [índiǝnkɔ:n] *n* koruza
Indian cress [índiǝnkres] *n bot* kreša, kapucinka
Indian file [índiǝnfail] *n* gosji red
Indian gift [índiǝngift] *n A coll* darilo v pričako-
vanju povratnega darila
Indian giver [índiǝngivǝ] *n A coll* kdor pričakuje
bogato povratno darilo, kdor vzame darilo
nazaj
Indian hemp [índiǝnhemp] *n bot* indijska konoplja;
ameriški strup za pse
Indianian [indiǽniǝn] 1. *adj* iz Indiane; 2. *n* prebi-
valec, -lka Indiane (ZDA)
Indian ink [índiǝniŋk] *n* tuš
Indian meal [índiǝnmi:l] *n A* koruzna moka
Indian millet [índiǝnmilit] *n bot* dura, afriško proso
Indian summer [índiǝnsʌmǝ] *n* babje leto
Indian weed [índiǝnwi:d] *n* tobak
India paper [índiǝpeipǝ] *n* kitajski papir iz murvo-
vine
India proof [índiǝpru:f] *n print* bakrotisk
india-rubber [índiǝrʌbǝ] *n* kavčuk; radirka; ~
plant gumijevec
Indic [índik] *adj* (indoevropski) indijski (jezik)
indic [índik] *adj chem* indijev
indicant [índikǝnt] *adj* kazalen; ~ days odločilni
dnevi
indicate [índikeit] *vt* pokazati, namigovati, na-
potiti, naznaniti, navesti, naznačiti; *med* indi-
cirati; to be ~d biti indiciran, namignjen, po-
treben, napoten
indication [indikéišǝn] *n* naznanitev, navedba,
označba, znak; namigovanje, namig *(of* na);
med indikacija, simptom (tudi *fig*); to give ~
of s.th. pokazati kaj, naznaniti kaj; there is
every ~ (that) vse kaže na to (da)
indicative I [indíkǝtiv] *adj* (-ly *adv*) kazalen, naka-
zalen *(of*), poveden; to be ~ of s.th. kazati na
kaj
indicative II [indíkǝtiv] *n· gram* povedni naklon,
indikativ

indicator [índikeitǝ] *n* kazalo, kazalec, indikator,
kazalo na strojih; smerno kazalo, signalna luč;
chem indikator
indicatory [índikeitǝri] *adj* indikatorski, pokaza-
len; *med* simptomatičen
indices [índisi:z] *n pl* od index
indicium [indíšiǝm] *n A* natisnjen poštni franko
žig
indict [indáit] *vt jur* obtožiti *(for, of* za, česa)
indictable [indáitǝbl] *adj jur* tožljiv; spoznan za
krivega; ~ offence kaznivo dejanje
indictee [indaití:] *n jur* obtoženec, -nka
indicter [indáitǝ] *n jur* tožitelj(ica)
indiction [indíkšǝn] *n* razglas, objava; *hist* odlok
o osnovi za zemljiški davek; proračunsko ob-
dobje petnajstih let
indictment [indáitmǝnt] *n jur* obtožba, tožba;
bill of ~ obtožnica
indictor [indáitǝ] *n A* glej indicter
indifference [indífrǝns] *n* brezbrižnost, neopredelje-
nost *(to* do); nezavzetost, mlačnost, nevtralnost;
povprečnost, nevažnost, nepomembnost; it is
a matter of ~ to me to zame ni važno, vseeno
mi je
indifferent I [indífrǝnt] *adj* (-ly *adv*) brezbrižen,
neopredeljen *(to* do); nezavzet, mlačen; ne-
važen, povprečen, nepomemben; *chem, med*
phys nevtralen; very ~ slab; ~ health boleh-
nost; she is ~ to it vseeno ji je
indifferent II [indífrǝnt] *n* nevtralec, kdor ne pri-
pada nobeni stranki
indifferentism [indífrǝntizǝm] *n* mlačnost, brez-
brižnost, indiferentizem
indigence [indídžǝns] *n* revščina, pomanjkanje
indigene [índidži:n] *n* domačin, domorodec, pra-
prebivalec, avtohton (tudi žival ali rastlina)
indigenize [indídžinaiz] *vt A* udomačiti, sprejeti
med domačine, zaposliti samo domačine
indigenous [indídžinǝs] *adj* (-ly *adv*) domač, prvo-
ten, domoroden *(to* v); prirojen *(to* komu)
indigent [índidžǝnt] *adj* (-ly *adv*) reven, potreben
indigested [indidžéstid] *adj* neprebavljen (tudi *fig*);
nepremišljen, nepretehtan; neurejen, zmešan,
brezobličen
indigestibility [índidžestǝbíliti, ~dai~] *n* nepre-
bavljivost
indigestible [indidžéstǝbl, ~dai~] *adj* (indigestibly
adv) neprebavljiv, težko prebavljiv (tudi *fig*)
indigestion [indidžéščǝn, ~dai~] *n med* slaba
prebava, dispepsija; *fig* nerednost
indigestive [indidžéstiv] *adj* ki ima slabo prebavo;
fig čemeren
indignant [indígnǝnt] *adj* (-ly *adv*) užaljen, raz-
kačen, ogorčen, jezen *(with* na koga, *at* na
kaj); prizadet
indignation [indignéišǝn] *n* užaljenost, razkače-
nost, ogorčenost, jeza *(with* na koga, *at* na
kaj); prizadetost; ~ meeting protestni shod
indignity [indígniti] *n* žalitev, psovanje; ponižanje;
nedostojnost, sramota
indigo [índigou] *n* indigo, indijsko modro barvilo;
bot indigovec; ~ blue vijoličasto moder; ~
composition indigova tinktura
indigotic [indigótik] *adj* indigov, indigove barve
indirect [indirékt, ~dai~] *adj* (-ly *adv*) indirekten,
posreden; ovinkast; *fig* kriv, skrivljen, dvo-

umen, nepošten; *econ* ~ **bill** domicilna menica; *econ* ~ **expenses** splošni izdatki; *econ* ~ **labour** proračunski delavci; *gram* ~ **object** predmet v dajalniku; *gram* ~ **speech** odvisni govor; *jur* ~ **intent** dolus eventualis, zla nakana; ~ **route** ovinek; *coll* **Indirect Rule** upravljanje s pomočjo domačinov; *A pol* ~ **initiative** glasovanje na zahtevo volivcev

indirection [indirékšən, ~dai~] *n* ovinkarstvo, nepoštenje, zvijača, prevara; **by** ~ po ovinkih, nepošteno

indirectness [indiréktnis, ~dai~] *n* ovinkarstvo

indiscernible [indisə́:nəbl] *adj* (**indiscernibly** *adv*) nerazločen, neopazen, nerazdeljiv; ki se ga ne razloči (*from* od)

indiscernibleness [indisə́:nəblnis] *n* nerazločnost, neopaznost, nerazdeljivost

indiscerptibility [índisə:ptəbíliti] *n* neločljivost, nedeljivost, neopaznost

indiscerptible [indisə́:ptəbl] *adj* (**indiscerptibly** *adv*) neločljiv, nedeljiv, neopazen

indisciplinable [indísiplinəbl] *adj* neukrotljiv, nediscipliniran

indiscipline [indísiplin] *n* neposlušnost, nerednost, neddiscipliniranost

indiscoverable [indiskÁvərəbl] *adj* (**indiscoverably** *adv*) neodkrivljiv

indiscreet [indiskrí:t] *adj* (**-ly** *adv*) nepreviden, nepremišljen, brezobziren, netakten, indiskreten; klepetav, preradoveden

indiscreetness [indiskrí:tnis] *n* neprevidnost, nepremišljenost, brezobzirnost, indiskretnost; klepetavost, preradovednost

indiscrete [indiskrí:t] *adj* (**-ly** *adv*) neločen; kompakten, strnjen

indiscretion [indiskréšən] *n* neprevidnost, nepremišljenost, brezobzirnost, netaktnost, klepetavost, indiskrecija; **years of** ~ telečja leta

indiscriminate [indiskríminit] *adj* (**-ly** *adv*) brez razločkov, brez zapostavljanja; neločen, nekritičen

indiscriminately [indiskríminitli] *adv* na slepo srečo, tja v tri dni

indiscriminating [indiskrímineitiŋ] *adj* (**-ly** *adv*) ki ne dela razlik; ~ **blows** udarci iz vseh strani ali na vse strani

indiscrimination [índiskriminéišən] *n* indiskriminacija, nezapostavljanje; nekritičnost

indiscriminative [indiskríminətiv] *adj* (**-ly** *adv*) glej **indiscriminating**

indispensability [índispensəbíliti] *n* neobhodnost, nujnost; *mil* neizogibnost

indispensable [indispénsəbl] **1.** *adj* (**indispensably** *adv*) neobhoden, nujen, nujno potreben (*for, to* za); *mil* neizogiben; **2.** *n* neobhodno potreben človek ali stvar; *pl hum* hlače

indispose [indispóuz] *vt* onesposobiti (*for* za); vznejevoljiti, spraviti v slabo voljo (*towards* proti); odvrniti (*from* od)

indisposed [indispóuzd] *adj* nejevoljen, slabe volje, nerazpoložen (*to, towards, with*)

indisposition [indispəzíšən] *n* onesposobitev (*for* za); nejevoljnost, nerazpoloženje (*to, towards* do); slabo počutje; odvračanje (*from* od)

indisputability [índispju:təbíliti] *n* neizpodbitnost, nespornost, očitnost

indisputable [indispjú:təbl] *adj* (**indisputably** *adv*) neizpodbiten, nesporen, očiten

indissolubility [índisəljubíliti] *n* netopljivost, trajnost, trdnost, neuničljivost

indissoluble [indisóljubl] *adj* (**indissolubly** *adv*) netopljiv, trajen, trden, neuničljiv

indistinct [indistíŋkt] *adj* (**-ly** *adv*) nerazločen, nejasen, moten

indistinctive [indistíŋktiv] *adj* (**-ly** *adv*) ki se ne razlikuje od drugih, brez posebnosti, nerazločen, nejasen; ~ **features** brezizrazne poteze

indistinctness [indistíŋktnis] *n* nerazločnost, nejasnost, motnost

indistinguishable [indistíŋgwišəbl] *adj* (**indistinguishably** *adv*) ki se ne da razločiti ali razpoznati, nerazločen

indistributable [indistríbjutəbl] *adj* nerazdelilen, nerazdelitven

indite [indáit] *vt* spisati, sestaviti; *hum* napisati pismo; *arch* narekovati

indium [índiəm] *n chem* indij

indivertible [indivə́:təbl, ~dai~] *adj* (**indivertibly** *adv*) neodvračljiv

individual I [indivídjuəl] *adj* (**-ly** *adv*) posamezen, oseben, poedin, poseben, individualen; ~ **property** osebna last

individual II [indivídjuəl] *n* posameznik, poedinec; *vulg* individuum, tip, kreatura

individualism [indivídjuəlizəm] *n* individualizem (nazor); sebičnost, samoljubnost

individualist [indivídjuəlist] *n* individualist; samoljubnež, egoist

individualistic [indivídjuəlístik] *adj* (**-ally** *adv*) individualističen; sebičen, samoljuben

individuality [indivídjuéliti] *n* individualnost, osebnost, posebnost; *pl* osebni znaki

individualization [individjuəlaizéišən] *n* individualizacija

individualize [indivídjuəlaiz] *vt* individualizirati, dati osebni pečat, specificirati

individually [indivídjuəli] *adv* posamezno, zase, osebno

individuate [indivídjueit] *vt* individualizirati, karakterizirati; razlikovati (*from* od)

individuation [individjuéišən] *n* izoblikovanje osebne posebnosti

individuum [indivídjuəm] *n coll* človek

indivisibility [índivizibíliti] *n* nedeljivost

indivisible [indivízəbl] **1.** *adj* (**indivisibly** *adv*) nedeljiv; **2.** *n* nedeljiv delček; *math* nedeljiva količina

Indo-Aryan [índouéəriən] *n* arijski (indoevropski) Indijec

Indo-Chinese [índoučainí:z] **1.** *adj* indokitajski; **2.** *n* Indokitajec, -jka

indocile [indóusail] *adj* neposlušen; nedostopen, nenaučljiv, trdoglav

indocility [indousíliti] *n* neposlušnost; nedostopnost, nenaučljivost, trdoglavost

indoctrinate [indóktrineit] *vt* učiti, poučevati, šolati (*in* v); vtisniti, vcepiti; prežeti (*with* s, z)

indoctrinator [indóktrineitə] *n* učitelj, inštruktor

Indo-European [índoujuərəpíən] **1.** *adj* indoevropski; **2.** *n* Indoevropejec, -jka

Indo-Germanic [índoudžə:mǽnik] *adj & n* glej **Indo-European**

Indo-Iranian [índouairéinjən] **1.** *adj* indoiranski, arijski; **2.** *n* Indoiranec, Arijec

indole [índoul] *n chem* indol

indolence [índələns] *n* indolenca, brezbrižnost, nemarnost, lenoba; *med* nebolečnost, brezčutje

indolent [índələnt] *adj* (**-ly** *adv*) brezbrižen, len, nemaren, indolenten; *med* neboleč

indomitable [indómitəbl] *adj* (**indomitably** *adv*) neukrotljiv, nepopustljiv

indomitableness [indómitəblnis] *n* neukrotljivost, nepopustljivost

Indonesian [indouní:šən, ~žən] **1.** *adj* indonezijski; **2.** *n* Indonezijec, -jka

indoor [índə:] *adj* hišen, domač, notranji; *sp* v dvorani; ~ **aerial** (ali **antenna**) sobna antena; ~ **dress** domača obleka; ~ **games** družabne igre; ~ **plant** sobna rastlina; ~ **relief** oskrba v zavodih; ~ **swimming pool** pokrit bazen

indoors [indó:z] *adv* v hiši, doma, v sobi, znotraj, noter

indorse [indó:s] *vt* indorsirati, napraviti zaznamek na hrbtni strani menice

indorsee [ində:sí] *n* indosat, na kogar je menica prenesena

indorsement [indó:smənt] *n* prenosni zaznamek na hrbtni strani menice

indorser [indó:sə] *n* indosant, kdor indorsira

indraught, indraft [índra:ft] *n* vsesanje, vsrkavanje, srk; notranje strujanje zraka, vode; vsek v kopno, rečni rokav

indrawn [índró:n] *adj* povlečen; *fig* introspektiven; zadržan, zamišljen

indubitable [indjú:bitəbl] *adj* (**indubitably** *adv*) nedvomen, gotov

indubitableness [indjú:bitəblnis] *n* nedvomnost, gotovost

induce [indjú:s] *vt* prepričati, napeljati, pregovoriti; povzročiti, sprožiti; *phil* sklepati; *el, phys* inducirati

inducement [indjú:smənt] *n* povod, nagib, motiv; argument; *econ* spodbuda (*to* k)

inducer [indjú:sə] *n* povzročitelj

induct [indΛkt] *vt* vpeljati, uvesti v delo (*to, into*); *A* vpoklicati (k vojakom)

inductance [indΛktəns] *n el* indukcijski (navidezni) upor, samoinduktivnost

inductee [indΛktí:] *n A* rekrut, vpoklicanec

inductile [indΛktail, ~til] *adj* neraztegljiv, neupogljiv (kovina); *fig* nepopustljiv

inductility [indΛktíliti] *n* neraztegljivost, neupogljivost (kovine)

induction [indΛkšən] *n phil* indukcija, sklepanje iz posameznih primerov na splošnost; uvajanje v delo; uvod, začetek; *el* indukcija, navod; *A* vpoklic v vojsko

induction-coil [indΛkšənkoil] *n phys* indukcijski aparat

inductive [indΛktiv] *adj* (**-ly** *adv*) induktiven; *el* indukcijski; *med* ki povzroči reakcijo

inductivity [indΛktíviti] *n* induktivnost

inductor [indΛktə] *n* induktor (stroj); uvajalec, kdor koga uvaja v delo

indue [indjú:] *vt* obdarovati, opremiti, preskrbeti

indulge [indΛldž] **1.** *vt* popuščati komu, popustiti, ugoditi, dopustiti, razvajati (otroka); vdajati se čemu, uživati v čem; *econ* pristati na odlog

plačila, odložiti plačilo; **2.** *vi* privoščiti si (npr. dobro kapljico); **to** ~ **s.o. in s.th.** spregledati komu kaj; **to** ~ **o.s. in s.th.** privoščiti si kaj; **to** ~ **o.s. with** uživati v čem

indulgence [indΛldžəns] *n* popuščanje, prizanesljivost, razvajanje (otrok), popustljivost; privilegij, posebna pravica; vdajanje (užitkom), uživanje; *econ* odlog plačila ali dostave; *eccl* odpustek; **to ask s.o.'s** ~ prositi koga za odpuščanje, prositi za prizanesljivost; **sale of** ~s prodaja odpustkov; **self** ~ popuščanje samemu sebi

indulgenced [indΛldžənst] *adj eccl* odpusten

indulgent [indΛldžənt] *adj* (**-ly** *adv*) popustljiv, prizanesljiv (*to* do); vdan čemu

indult [indΛlt] *n eccl* papeževo pismo, ki dodeli prebendo

indumentum [indjuméntəm] *n zool* perje, operjenost; *bot* nitje, puh

indurate I [índjuərit] *adj* strjen, trd

indurate II [índjuəreit] **1.** *vt* strditi; *fig* jekleniti koga (*against, to* proti); **2.** *vi* strditi se, otrdeti; *fig* okoreti, postati trd

induration [indjuəréišən] *n* strditev, strjenje (tudi *med*); okorelost, brezčutnost

industrial I [indΛstriəl] *adj* (**-ly** *adv*) industrijski, obrten; obratni; ~ **art** umetna obrt; ~ **accident** obratna nezgoda; ~ **alcohol** denaturiran alkohol; *A* ~ **association** industrijska strokovna zveza; ~ **bonds** industrijski vrednostni papirji; ~ **court** gospodarsko razsodišče; ~ **disease** poklicna bolezen; *econ* ~ **division** industrijska veja; ~ **engineering** industrijsko organizacijsko planiranje; ~ **medicine** obratna medicina; *A econ* ~ **partnership** delež delavcev pri dobičku; *jur* ~ **property** obratna lastnina (patenti itd.); ~ **psychology** industrijska psihologija; *econ* ~ **relations** odnosi med delodajalci in delavci; *hist* ~ **revolution** industrijska revolucija; ~ **school** industrijska šola; vzgojni zavod, poboljševalnica; *A* ~ **trust** družba za financiranje industrije; *econ* ~ **union** delavski sindikat

industrial II [indΛstriəl] *n* industrijalec, -lka; *pl* industrijski vrednostni papirji; ~ **and provident society** pridobitna gospodarska družba

industrialism [indΛstriəlizəm] *n* industrializem

industrialist [indΛstriəlist] *n* industrijalec, -lka

industrialization [indΛstriəlaizéišən] *n* industrializacija

industrialize [indΛstriəlaiz] *vt* industrializirati

industrious [indΛstriəs] *adj* (**-ly** *adv*) marljiv, priden, delaven; *arch* sposoben

industriousness [indΛstriəsnis] *n* marljivost, pridnost, delavnost

industry [índəstri] *n* industrija; marljivost, delavnost, podjetnost

indwell [indwél] *vt & vi* stanovati, stalno biti v čem, imeti v sebi, okupirati (misli)

indweller [indwélə] *n poet* stanovalec, -lka

indwelling [indwélin] **1.** *adj* notranji; **2.** *n* prisotnost, bivanje, prebivanje; *fig* notranjost, srce

inearth [inə:θ] *vt poet* pokopati

inebriant [iní:briənt] **1.** *adj* opojen; **2.** *n* opojna pijača

inebriate I [iní:briit] **1.** *adj* pijan, omamljen; **2.** *n* alkoholik, kroničen pijanec, omamljenec

inebriate II [iní:brieit] *vt* opijaniti, omamiti (tudi *fig*)

inebriation [ini:briéišən] *n* pijanost, omamljenost

inebriety [ini:bráiəti] *n* pijančevanje, pijanost

inedibility [inedibíliti] *n* neužitnost

inedible [inédibl] *adj* neužiten

inedited [inéditid] *adj* neizdan, neobjavljen, neredigiran

ineffability [inefəbíliti] *n* nepopisljivost, neizrekljivost

ineffable [inéfəbl] *adj* (**ineffably** *adv*) nepopisljiv, neizrekljiv

ineffaceability [inifeisəbíliti] *n* neizbrisnost, neuničljivost

ineffaceable [iniféisəbl] *adj* (**ineffaceably** *adv*) neizbrisen, neuničljiv

ineffective I [iniféktiv] *adj* (-ly *adv*) neučinkovit, brezuspešen, nesposoben, jalov; *jur* to become ~ prenehati veljati

ineffective II [iniféktiv] *n* nesposobnež, -nica

ineffectiveness [iniféktivnis] *n* neučinkovitost, brezuspešnost, nesposobnost, jalovost

ineffectual [iniféktjuəl] *adj* (-ly *adv*) neučinkovit; brezploden, jalov

ineffectualness [iniféktjuəlnis] *n* neučinkovitost, brezplodnost, jalovost

inefficacious [inefikéišəs] *adj* (-ly *adv*) neučinkovit (zdravilo); brezploden, jalov, neuspešen

inefficacy [inéfikəsi] *n* neučinkovitost, jalovost

inefficiency [inifíšənsi] *n* neučinkovitost, neuspešnost, nezmožnost, nesposobnost

inefficient [inifíšənt] *adj* (-ly *adv*) neučinkovit, neuspešen, nezmožen, nesposoben; (zlasti *econ, tech*) neracionalen, majhne storilnosti

inelastic [inilǽstik] *adj* nerazteglijv, neprožen, tog

inelasticity [inilæstísiti] *n* nerazteglijvost, neprožnost, togost

inelegance [inéligəns] *n* neokusnost, neelegantnost, neuglajenost

inelegant [inéligənt] *adj* (-ly *adv*) neokusen, neeleganten, neuglajen

ineligibility [inelidžəbíliti] *n* neprimernost, nesposobnost (zlasti za vojsko)

ineligible I [inélidžəbl] *adj* (**ineligibly** *adv*) neprimeren, nesposoben (*for* za); nepripraden, nezaželjen; *jur* nesposoben, neusposobljen (za kakšno službo); *mil* nesposoben za vojskò; **at an ~ moment** v nepravem trenutku

ineligible II [inélidžəbl] *n* neprimerna oseba, nezaželjen snubec

ineloquence [inéləkwəns] *n* nezgovornost

ineloquent [inéləkwənt] *adj* (-ly *adv*) nezgovoren

ineluctability [inilʌktəbíliti] *n* neizbežnost

ineluctable [inilʌktəbl] *adj* (**ineluctably** *adv*) neizbežen

ineludible [inilú:dibl] *adj* (**ineludibly** *adv*) neizogiben

inept [inépt] *adj* (-ly *adv*) nesmiseln, nepripraden; nesposoben; bedast, neumen; *Sc jur* neveljaven

ineptitude [inéptitju:d] *n* nesmisel, neprikladnost; nesposobnost; bedastoča, neumnost

inequable [inékwəbl] *adj* (**inequably** *adv*) neenak, neenakomeren

inequality [inikwóliti] *n* neenakost, različnost, neenakopravnost, nesorazmernost; nezadostnost (*to* za); pristranskost; neravnost (tal); spremenljivost (podnebja); *math* neekvivalentni

števili; *astr* skrenitev nebesnega telesa s svoje poti

inequilateral [ini:kwəlǽtərəl] *adj* neenakostraničen

inequitable [inékwitəbl] *adj* (**inequitably** *adv*) nepravičen

inequity [inékwiti] *n* nepravičnost

ineradicable [inirǽdikəbl] *adj* (**ineradicably** *adv*) neizkorenljiv, neuničljiv

inerasable [iniréisəbl] *adj* (**inerasably** *adv*) neizbrisljiv

inerrability [inerəbíliti] *n* nezmotljivost

inerrable [inérəbl] *adj* (**inerrably** *adv*) nezmotljiv

inerrancy [inérənsi] *n* nezmotljivost

inerrant [inérənt] *adj* (-ly *adv*) nezmotljiv

inert [inə́:t] *adj* (-ly *adv*) *phys* inerten, vztrajen, nedelaven, len; *chem* neaktiven; *mil* ki se ne sproži, brez učinka, neučinkovit; *fig* len, nedelaven, okoren, negiben; ~ **gas** žlahten plin

inertia [inə́:šiə] *n phys* inercija, vztrajnost, lenivost; *chem* počasna reakcija; *fig* lenoba, lenobnost, nedelavnost; **law of** ~ načelo inercije; **momentum of** ~ inercijski moment

inertial [inə́:šiəl] *adj phys* inercijski

inertness [inə́:tnis] *n* nedelavnost, lenost, negibnost

inescapable [iniskéipəbl] *adj* (**inescapably** *adv*) neizbežen, neizogiben

inescutcheon [iniskʌ́čən] *n her* srčen ščit

inessential [ínisénšəl] **1.** *adj* (-ly *adv*) nebistven, nepomemben, postranski; **2.** *n* nebistvena, postranska stvar

inessentiality [inisenšiǽliti] *n* nebistvenost, nepomembnost

inestimable [inéstiməbl] *adj* (**inestimably** *adv*) neprecenljiv, neocenljiv

inevitability [inevitəbíliti] *n* neizogibnost, neizbežnost

inevitable I [inévitəbl] *adj* (**inevitably** *adv*) neizogiben, neizbežen; *iron* obligaten, obvezen; *jur* ~ **accident** neizogiben dogodek

inevitable II [inévitəbl] *n* **the** ~ nekaj neizbežnega, neizbežnost

inexact [inigzǽkt] *adj* (-ly *adv*) nenatančen, netočen, nepravilen; nemaren

inexactitude [inigzǽktitju:d] *n* nenatančnost, netočnost, nepravilnost; nemarnost

inexactness [inigzǽktnis] *n* glej **inexactitude**

inexcusability [ínikskju:zəbíliti] *n* neopravičljivost, neodpustnost

inexcusable [iniskjú:zəbl] *adj* (**inexcusably** *adv*) neopravičljiv, neodpusten

inexecutable [inigzékju:təbl] *adj* neizvedljiv

inexhaustibility [ínigzɔ:stəbíliti] *n* neizčrpnost, neutrudnost

inexhaustible [inigzɔ́:stəbl] *adj* (**inexhaustibly** *adv*) neizčrpen, neutruden

inexhaustive [inigzɔ́:stiv] *adj* (-ly *adv*) neutrudljiv, ki ne izčrpava

inexorability [ineksərəbíliti] *n* neuklonljivost, neizprosnost, nepopustljivost

inexorable [inéksərəbl] *adj* (**inexorably** *adv*) neuklonljiv, neizprosen, nepopustljiv

inexpectant [inikspéktənt] *adj* nepričakujoč

inexpediency [inikspí:diənsi] *n* neprimernost, neprikladnost, nesmotrnost

inexpedient [inikspí:diənt] *adj* (-ly *adv*) neprimeren, neprikladen, nesmotrn

inexpensive [inikspénsiv] *adj* (-ly *adv*) cenen, poceni
inexpensiveness [inikspénsivnis] *n* cenenost
inexperience [inikspíəriəns] *n* neizkušenost
inexperienced [inikspíəriənst] *adj* neizkušen
inexpert [inekspə́:t] *adj* (-ly *adv*) nevešč, neizkušen (*in* v); nestrokoven
inexpertness [inekspə́:tnis] *n* neizkušenost; nestrokovnost
inexpiable [inékspiəbl] *adj* (inexpiably *adv*) nepopravljiv; nespravljiv
inexpiableness [inékspiəblnis] *n* nepopravljivost; nespravljivost
inexplicability [ineksplikəbíliti] *n* nerazložljivost
inexplicable [inéksplikəbl] *adj* (inexplicably *adv*) nerazložljiv
inexplicit [iniksplísit] *adj* (-ly *adv*) nejasen, nedoločen, nakazan
inexplicitness [iniksplísitnis] *n* nejasnost, nedoločnost, nakazanost
inexplorable [iniksplɔ́:rəbl] *adj* neizsleden
inexplosive [ineksplóusiv] *adj* neeksploziven
inexpressibility [inikspresibíliti] *n* neizrekljivost, neizrazljivost
inexpressible [iniksprésəbl] 1. *adj* (inexpressibly *adv*) neizrekljiv, neizrazljiv; 2. *n pl hum* (spodnje) hlače
inexpressive [iniksprésiv] *adj* (-ly *adv*) brezizrazen; *fig* prazen, brez vsebine; to be ~ of s.th. ne izraziti česa
inexpressiveness [iniksprésivnis] *n* brezizraznost
inexpugnability [inikspʌgnəbíliti] *n* neosvojljivost, nepremagljivost
inexpugnable [inikspʌ́gnəbl] *adj* (inexpugnably *adv*) neosvojljiv, nepremagljiv; *fig* ki se ne da prebroditi
inextensible [iniksténsəbl] *adj* neraztegljiv
in extenso [iniksténsou] *adv Lat* v celoti, neskrajšano, podrobno
inextinguishable [inikstíŋgwišəbl] *adj* (inextinguishably *adv*) neugasljiv, neugasen
inextirpable [inikstə́:pəbl] *adj* ki se ne da zatreti, neiztrebljiv
in extremis [inikstrí:mis] *adv Lat* v skrajni sili; na smrtni postelji
inextricability [inekstrikəbíliti] *n* zapletenost, zamotanost, nerazrešljivost
inextricable [inékstrikəbl] *adj* (inextricably *adv*) zapleten, zamotan, nerazrešljiv, ki se ne da razmotati, razplesti
infall [ínfɔ:l] *n* zliv, vpad, zliv dveh rek, vpadišče dveh cest
infallibilism [infǽləbilizm] *n* dogma o papeževi nezmotljivosti
infallibilist [infǽləbilist] *n* kdor veruje v papeževo nezmotljivost
infallibility [infæləbíliti] *n* nezmotljivost, zaneslivost
infallible [infǽləbl] *adj* (infallibly *adv*) nezmotljiv, zanesljiv
infamize [ínfəmaiz] *vt* razvpiti, osramotiti
infamous [ínfəməs] *adj* (~ ly *adv*) infamen, brez časti, na slabem glasu, razvpit (*for* zaradi); sramoten, nizkoten, nesramen; *jur* brez časti, brez državljanskih pravic; kı onečašča, obrekovalen; *coll* beden, svinjski; an ~ meal beden

obrok hrane; A ~ crime zločin, ki se kaznuje z zaporom in odvzetjem državljanskih pravic
infamy [ínfəmi] *n* infamija, nizkotnost, sramota, zloglasnost, razvpitost; *jur* izguba državljanskih pravic
infancy [ínfənsi] *n* detinstvo; *jur* mladoletnost; *fig* prvi začetki; in its ~ v povojih, na začetku
infant [ínfənt] 1. *n* dete, dojenček; *jur* mladoletnik; *fig* začetnik; 2. *adj* otroški, detinski; *jur* mladoleten; *fig* začeten, v povojih; ~ school vrtec
infanta [infǽntə] *n* španska princesa, infantinja
infante [infǽntei] *n* španski princ, infant
infanticidal [infæntisáidl] *adj* detomorski
infanticide [infǽntisaid] *n* detomor; detomorilec, -lka
infanticipate [infəntísipeit] *vi A sl* pričakovati otroka
infantile [ínfəntail] *adj* otročji, nerazvit, zaostal, infantilen; *med* ~ paralysis otroška paraliza; ~ diseases otroške bolezni
infantilism [infǽntilizm] *n* otročjost; *med* infantilizem, duševna, telesna zaostalost
infantine [ínfəntain] *adj* glej infantile
infantry [ínfəntri] *n mil* infanterija, pehota
infantryman [ínfəntrimən] *n mil* infanterist, vojak pešec
infarct [ˌnfá:kt] *n med* infarkt
infarction [infá:kšən] *n med* infarkcija
infare [ínfɛə] *n Sc, A dial* slovesen prihod, gostija ob prihodu
infatuate I [infǽtjuit] 1. *adj* zaslepljen, zapeljan, zmešan; 2. *n* zaslepljenec, -nka
infatuate II [infǽtjueit] *vt* zaslepiti (*with* s, z), zapeljati, zmešati komu glavo
infatuated [infǽtjueitid] *adj* slepo zaljubljen (*with* v), zaslepljen (*with* od)
infatuation [infætjuéišən] *n* zaslepljenost, slepa zaljubljenost, zanesenost; sla (*for* po)
infect [infékt] *vt med* inficirati, okužiti (*with* s, z); *fig* pokvariti, zastrupiti, okužiti; *fig* vplivati na koga, za sabo koga potegniti; to become ~ed okužiti se prisaditi se
infection [infékšən] *n med* infekcija, okužba, infekcijska bolezen, infekcijska klica; *fig* zastrupitev, okužba, slab vpliv; to catch (ali take) an ~ okužiti se
infectious [infékšəs] *adj* (-ly *adv*) *med* infekciozen, kužen, nalezljiv; *fig* nalezljiv
infectiousness [infékšəsnis] *n med* infeccioznost, nalezljivost (tudi *fig*)
infective [inféktiv] *adj med & fig* nalezljiv; ~ agent povzročitelj infekcije
infecund [infékənd] *adj* nerodoviten, neploden, jalov
infecundity [infikʌ́nditi] *n* nerodovitnost, neplodnost, jalovost
infeed [ínfí:d] 1. *n tech* dovod, dovajanje; 2. *vt* dovajati
infelicitous [infilísitəs] *adj* nesrečen, neumesten, neprikladen, slabo izbran
infelicity [infilísiti] *n* nesrečnost, nesreča, neumestnost, neprikladnost
infelt [ínfelt] *adj* globoko občuten
infer [infə́:] *vt* izvajati, skleniti, sklepati, zaključiti, povzeti (*from* iz)

inferable [inf**ɔ́**:rəbl] *adj* sklepen, povzet, izpeljan (*from* iz)
inference [ínfərəns] *n* sklep, povzetek; **to draw an ~** skleniti; **to make ~s** sklepati
inferential [infərénšəl] *adj* (**-ly** *adv*) sklepen, povzet
inferior I [infíəriə] *adj* inferioren, podrejen (*to* komu), manjvreden, nižji, slabši (*to* od); *astr* bližje soncu kot zemlji; *print* tiskan pod črto; *jur ~* **court** nižje sodišče; **in an ~ position** v podrejenem položaju; **he is ~ to none** lahko se meri z vsakim; *anat ~* **maxilla** spodnja čeljust
inferior II [inf**í**əriə] *n* podrejeni; *print* znak pod črto; **to be s.o.'s ~ in s.th.** ne dosegati koga v čem
inferiority [infiərióriti] *n* podrejenost, manjvrednost, manjšina; **~ complex** manjvrednostni kompleks; **~ feeling** občutek manjvrednosti
infernal [inf**ɔ́**:nəl] *adj* (**-ly** *adv*) peklenski; *coll* grozen, strašen; **~ machine** peklenski stroj; **~ regions** pekel, podzemlje
infernality [infə:næliti] *n* ostudnost, infernalnost
inferno [inf**ɔ́**:nou] *n* pekel; **The Inferno** Dantejev pekel
inferoanterior [infəroæntíəriə] *adj anat & zool* ki je spodaj in spredaj, spodnji sprednji
inferobranchiate [infərobrǽŋkiit] *adj zool* ki je pod škrgami
inferrable [inf**ɔ́**:rəbl] *adj* glej **inferable**
infertile [inf**ɔ́**:tail] *adj* nerodoviten, neploden, jalov
infertility [infə:tíliti] *n* nerodovitnost, neplodnost, jalovost
infest [infést] *vt* nadlegovati, mučiti, napasti, mrgoleti (mrčes itd.); *fig* preplaviti, pustošiti, pregaziti; **~ed with** preplavljen s čim; **~ed with bugs** zasteničen
infestant [inféstənt] *n* golazen, mrčes
infestation [infestéišən] *n* napad, pustošenje; nadloga; *fig* poplava česa
infeudation [infjudéišən] *n hist* podelitev pravice do desetine; podelitev fevda; **~ of tithes** dajanje desetine posvetnim ljudem
infidel [ínfidəl] **1.** *adj* poganski, neveren; **2.** *n* pogan(ka), nevernik, -ica
infidelity [infidéliti] *n* nevera, nezvestoba, verolomnost; **conjugal ~** nezvestoba v zakonu
infield [ínfi:ld] *n* obdelana zemlja okoli hiše, orna zemlja, redno obdelana zemlja; *sp* del igrišča pri golu (kriket, baseball) igralci v tem delu
infielder [ínfi:ldə] *n sp* igralec v delu igrišča pri golu
infighting [ínfaitiŋ] *n sp* boksanje tesno skupaj
infiltrate [infíltreit] **1.** *vt* prebiti se, prebijati se, vtihotapiti se (*into* v); prepojiti, prepajati (*with* s, z); prenicati (*through* skozi); **2.** *vi* kapljati, curljati, vdirati
infiltration [infiltréišən] *n* prepojitev, prenikanje, prepajanje; *med* infiltrat, infiltracija, prepojina; **~ anaesthesia** infiltracijska anastezija
infinite I [ínfinit] *adj* (**-ly** *adv*) neskončen, neomejen, neizmeren; brezštevilen, ogromen; *gram* nedoločen
infinite II [ínfinit] *n* neskončnost; **the Infinite** bog
infiniteness [ínfinitnis] *n* neskončnost, neomejenost
infinitesimal [infinitésiməl] *adj* (**-ly** *adv*) infinitezimalen, neskončno majhen; **~ calculus** infinitezimalni račun

infinitival [infinitáivəl] *adj gram* nedoločniški, infinitiven
infinitive [infínitiv] **1.** *n gram* nedoločnik, infinitiv; **2.** *adj* nedoločen; **~ mood** nedoločni način, infinitiv
infinitude [infínitju:d] *n* neskončnost, neomejenost, neizmernost
infinity [infíniti] *n* neskončnost, brezmejnost, neizmernost; *math* število neskončno; **to ~** ad infinitum, do neskončnosti; *el ~* **plug** prvi ali zadnji zatič v reostatu
infirm [inf**ɔ́**:m] *adj* (**-ly** *adv*) slaboten; *med* bolan, betežen; *fig* nemočen, slaboten, neodločen (značaj); **~ of purpose** neodločen, nestanoviten, omahljiv
infirmary [inf**ɔ́**:məri] *n* bolnišnica; (šolska, tovarniška, vojaška) ambulanta
infirmity [inf**ɔ́**:miti] *n med* slabost, betežnost, bolezen; *fig* nemoč, neodločnost; **~ of purpose** neodločnost, omahljivost
infirmness [inf**ɔ́**:mnis] *n* glej **infirmity**
infix I [ínfiks] *n* gram infiks
infix II [infíks] *vt & vi* pritrditi, zabiti, vbiti; *fig* vtisniti, vsaditi, vcepiti (*in* v); *gram* dodati infiks
inflame [infléim] **1.** *vt* vžgati, vneti; *fig* razvneti (čustva), razdražiti, razkačiti (*with*, *by* s, z); *med* vneti; **2.** *vi* vneti se (tudi *med*); *fig* vzplamteti, zavreti (kri); **~d with love** razvnet od ljubezni; **~d with rage** razkačen
inflamed [infléimd] *adj med* vnet; *fig* razvnet; *her* okrašen s plameni
inflammability [inflæməbíliti] *n* vnetljivost; *fig* razdražljivost
inflammable [inflǽməbl] **1.** *adj* (**inflammably** *adv*) vnetljiv; *fig* razdražljiv; **2.** *n* (*pl*) vnetljive snovi
inflammation [inflæméišən] *n med* vnetje; *fig* razdraženost
inflammatory [inflǽmətəri] *adj med* vneten; *fig* podžigajoč
inflatable [infléitəbl] *adj* ki se da napihniti; **~ boat** čoln, ki se napihne
inflate [onfléit] *vt* napihniti, napihovati, napolniti (kolo); *econ* umetno zvišati cene, zvišati denarni obtok; *fig* napuhovati koga (*with* s, z); **~d with pride** napuhnjen od ponosa; **to be ~d** napuhovati se
inflater [infléitə] *n tech* zračna sesalka; *econ* kdor povečuje cene
inflation [infléišən] *n* napihnjenje, napihovanje; *econ* inflacija; *fig* napuhnjenost, nabuhlost
inflationary [infléišənəri] *adj econ* inflacijski
inflationism [infléišənizm] *n econ* inflacijska gospodarska politika
inflationist [infléišənist] *n* kdor podpira inflacijsko politiko
inflator [infléitə] *n* glej **inflater**
inflect [inflékt] *vt* upogniti, zviti, zaviti; modulirati (glas); *gram* pregibati, sklanjati, spregati
inflection [inflékšən] *n* glej **inflexion**
inflective [infléktiv] *adj gram* pregiben, ki se sklanja ali sprega
inflexibility [infleksəbíliti] *n* neupogljivost; *fig* neomajnost, neizprosnost
inflexible [infléksəbl] *adj* (**inflexibly** *adv*) neupogljiv; *fig* neomajen, neizprosen

inflexion [inflékšən] *n* upogibanje, zvijanje; modulacija (glasovna); *gram* sklanjatev, spregatev; *gram* obrazilo

inflexional [inflékšənəl] *adj* upogljiv; *gram* pregiben

inflexionless [inflékšənlis] *adj gram* nepregiben, ki nima obrazila

inflict [inflíkt] *vt* prizadeti, zadati (*on, upon* komu); naložiti kazen, globo; **to ~ o.s. upon s.o.** vsiliti se komu

inflictable [inflíktəbl] *adj* ki se more naložiti, zadati

infliction [inflíkšən] *n* prizadetje; odreditev kazni, kazen; nadloga, breme; vsiljivost

inflictor [inflíktə] *n* kaznovalec, kdor odredi kazen

inflorescence [inflɔ:résns] *n bot & fig* razcvet, razcvetje, cvetenje; *bot* socvetje

inflorescent [inflɔ:résnt] *adj bot* razcvetel, cvetoč; *fig* uspevajoč, cvetoč, v razcvetu

inflow [ínflou] *n* pritok, pritakanje, priliv; vpad; *com* uvoz, dovoz

influence I [ínfluəns] *n* vpliv (*on, upon, over* na, *with* pri); moč, ugled; vplivna osebnost; *phys* elektrostatična indukcija; *jur* undue ~ nedovoljeno vplivanje; *pol* sphere of ~ interesna sfera; **he is an ~ in politics** je vplivna oseba v politiki; **to be under the ~ of s.o.** biti pod vplivom koga; **to exercise** (ali exert) **an ~ (up)on s.o.** vplivati na koga; **~ machine** influenčni stroj

influence II [ínfluəns] *vt* vplivati, imeti vpliv; pripraviti koga do česa (*for s.th.*)

influent [ínfluənt] **1.** *adj* pritočen; **2.** *n* pritok (reka), dotok; ekološki faktor; žival ali rastlina, pomembna za ekologijo kraja

influential [influénšəl] *adj* (~ly *adv*) vpliven, ki ima vpliv (*on* na, *in* v)

influenza [influénzə] *n med* influenca, gripa

influenzal [influénzəl] *adj* gripozen

influx [ínflʌks] *n* pritok, dotok, ustje; *econ* dotok (kapitala)

infold [infóuld] *vt* glej enfold

inform [infɔ́:m] **1.** *vt* informirati, obvestiti, obveščati, poročati, sporočiti, poučiti (*of* o); prešiniti, navdati (*with* s, z); formirati, oblikovati; **2.** *vi jur* ovaditi; **to keep s.o. ~d** koga stalno obveščati; **to ~ o.s. of s.th.** informirati se o čem, povpraševati, poizvedovati o čem; **to ~ against s.o.** prijaviti, ovaditi koga

informal [infɔ́:məl] *adj* (~ly *adv*) neformalen, proti pravilom, neprisiljen, neuraden

informality [infɔ:mǽliti] *n* neformalnost, neprisiljenost, naravnost

informant [infɔ́:mənt] *n* obveščevalec, -lka, poročevalec, -lka; *jur* ovaduh

information [infəméišən] *n* informacija, informacije, obvestilo, obvestila, sporočilo, sporočila; poučevanje; poizvedovanje; vednost, poznavanje; *jur* obtožba javnega tožilca; **~ desk** okence, pri katerem se dajejo informacije; **that is not my ~** o tem nisem slišal; **for your ~** tebi (vam) v vednost; **to give ~** da(ja)ti informacije; **to gather ~** poizvedovati; **we have no ~ as to** nimamo informacij o; **to lodge ~ against s.o.** vložiti tožbo zoper koga; **a piece of ~** novica, obvestilo, informacija

informational [infəméišənəl] *adj* informacijski, ki daje obvestila

information bureau (~ **office**) *n* informacijska pisarna, informacijski urad

informative [infɔ́:mətiv] *adj* poučen, obveščevalen, informativen

informatory [infɔ́:mətəri] *adj* glej **informative, informational**

informed [infɔ́:md] *adj* poučen, obveščen, informiran (*of* o); utemeljen, neoporečen; izobražen, zelo inteligenten

informer [infɔ́:mə] *n* ovaduh, -hinja; *jur* vložnik tožbe

infra [ínfrə] *adv* spodaj, dalje (v tekstu), pod; **vide ~** glej dalje (v knjigi); *E coll* **~ dig** pod častjo

infracostal [infrəkɔ́stəl] *adj anat* podrebrn

infract [infrǽkt] *vt A* prelomiti, prekršiti (zakon)

infraction [infrǽkšən] *n* lom, prelom; prekršitev (zakona), prekršek; *med* nalom, infrakcija; **~ of faith** verolomnost, izdajalstvo

infractor [infrǽktə] *n* prestopnik, kršilec

infrangibility [infrændžibíliti] *n* nezlomljivost; *fig* neranljivost

infrangible [infrǽndžibl] *adj* nezlomljiv; *fig* neranljiv

infra-red [infrəréd] *adj* infra rdeč

infrarenal [infrərí:nl] *adj anat* podledvičen, podobisten

infrasonic [infrəsónik] *adj* podzvočen, počašnejši od zvoka

infrastructure [infrəstrʌ́kčə] *n* infrastruktura

infrequency [infrí:kwənsi] *n* redkost, nenavadnost

infrequent [infrí:kwənt] *adj* (~ly *adv*) redek, nenavaden; *fig* pomanjkljiv

infringe [infrín(d)ž] **1.** *vt* prekršiti (zakone, pogodbe), prestopiti; poseči v tuje pravice; **2.** *vi* pregrešiti se (*on, upon* nad); **to ~ a patent** prekršiti patentno pravico

infringement [infrín(d)žmənt] *n* prekršitev, prestopek

infructuous [infrʌ́ktjuəs] *adj* nerodoviten; *fig* jalov, nesmiseln

infundibular [infʌndíbjulə] *adj biol* lijakast, lijast

infuriate [infjúrieit] *vt* razjariti, razkačiti

infuriating [infjúərieitiŋ] *adj* ki razjari, razkači

infuriation [infjuəriéišən] *n* razjarjenost, razkačenost

infuse [infjú:z] *vt* vliti (*into* v), namočiti, popariti (čaj, zelišča); *fig* vliti, navdihniti (*with* s, z)

infuser [infjú:zə] *n* kdor vliva, navdihuje, navdihovalec

infusibility [infjuzibíliti] *n* netopljivost, netaljivost

infusible [infjú:zibl] *adj* netopljiv, netaljiv (zlasti *chem*)

infusion [infjú:žən] *n* vlivanje, dolivanje, naliv, nalivek, poparek (čaj); *med* injekcija

infusionism [infjú:žənizm] *n eccl* nauk o obstoju duše pred telesom

infusoria [infju:sɔ́:riə] *n pl zool* močelke, infuzorije

ingather [ingǽðə] *vt* pobirati, požeti, obirati

ingathering [ingǽðəriŋ] *n* žetev, trgatev; **feast of ~** praznik žetve

ingeminate [indžémineit] *vt* nenehno ponavljati, isto goniti; podvojiti

ingenerate [indžénərit] *adj* ki ni ustvarjen, ki je sam po sebi

ingenious [indží:njəs] *adj* (∼ly *adv*) duhovit, pameten, bistroumen, iznajdljiv, premeten, spreten
ingénue [ɛ:nžeinjú: -ni] *n theat* naivka (igralka); naivno dekle
ingenuity [indžinjú:iti] *n* duhovitost, bistroumnost, spretnost, iznajdljivost, premetenost
ingenuous [indžénjuəs] *adj* (∼ly *adv*) odkrit, odkritosrčen; pošten, preprost, nedolžen, naiven; *hist* svobodniškega rodu
ingenuousness [indžénjuəsnis] *n* odkritost; preprostost, naivnost, poštenost
ingest [indžést] *vt* zaužiti, jesti, vzeti (zdravilo)
ingesta [indžéstə] *n pl biol* zaužita hrana
ingestion [indžésčən] *n* zaužitje hrane, jemanje zdravil
ingestive [indžéstiv] *adj* užiten, hranilen
ingle [íŋgl] *n* ognjišče, kamin, ogenj
ingle-nook [íŋglnuk] *n* kotiček ob kaminu
inglorious [inglóˑriəs] *adj* sramoten, neslaven, klavern
ingloriousness [inglóˑriəsnis] *n* sramota, klavrnost
ingluvies [inglúˑviiˑz] *n zool* ptičja golša
ingoing [íngouiŋ] 1. *adj* ki prihaja, vstopa; ki nastopi (službo); *fig* temeljit; 2. *n* vstop, nastop (službe)
ingot [íŋgət] *n* ingot, šibika; ∼ caster livec; ∼ iron taljeno železo; ∼ mill valjarna; ∼ mould kokila
ingraft [ingráˑft] *vt bot* cepiti (drevje), vcepiti (*upon* na, *into* v); *fig* vcepiti (*in* komu)
ingrain I [íngréin] 1. *adj* barvan (vlakno pred tkanjem); *fig* prirojen, ukoreninjen; okorel; 2. *n A* blago z vzorcem vtkanim na obeh straneh
ingrain II [ingréin] *vt* ukoreniniti
ingrained [íngréind] *adj fig* ukoreninjen, okorel; it is deeply ∼ in him prešlo mu je v meso in kri
ingrate [ingréit] 1. *adj E arch* nehvaležen; 2. *n* nehvaležnež, -nica
ingratiate [ingréišieit] *vt* prilizniti se; to ∼ o.s. with s.o. prilizniti se, prilizovati se komu
ingratiating [ingréišieitiŋ] *adj* (∼ly *adv*) priliznjen, prilizljiv
ingratiation [ingreišiéišən] *n* priliznjenost, prilizljivost
ingratiatory [ingréišiətəri] *adj* prilizljiv, priliznjen
ingratitude [ingrǽtitjuˑd] *n* nehvaležnost
ingravescence [ingrəvésns] *n med* poslabšanje bolezni
ingravescent [ingreəvésnt] *adj med* ki se slabša (bolezen)
ingredient [ingríˑdiənt] *n* sestavina, primes; primary ∼ glavna sestavina
ingress [íngres] *n* vstop, vstopanje (*into* v); pristop, pravica do pristopa; dotok (obiskovalcev); vhod, vhodna vrata
in-group [íngruˑp] *n* vase zaprt družbeni sloj
ingrowing [íngrouiŋ] *adj* ki se vrašča; *fig* vase zaprt; ∼ nail noht, ki se vrašča v meso
ingrown [íngroun] *adj* (zlasti *med*) vraščen; *fig* vase zaprt
ingrowth [íngrouθ] *n* vraščanje, vrastek
inguinal [íŋgwinl] *adj anat* dimeljski; ∼ hernia dimeljska kila
ingurgitate [ingóˑdžiteit] *vt* pogoltniti, goltati, pohlepno piti, na dušek spiti

ingurgitation [ingəˑdžitéišən] *n* goltanje (hrane in pˈjače)
inhabit [inhǽbit] 1. *vt* nastaniti; 2. *vi* stanovati, prebivati, nastaniti se
inhabitable [inhǽbitəbl] *adj* primeren za bivanje (stanovanje)
inhabitancy [inhǽbitənsi] *n* bivanje, bivališče; pravica do bivanja
inhabitant [inhǽbitənt] *n* prebivalec, stanovalec
inhabitation [inhǽbitéišən] *n* stanovanje, bivališče
inhabitiveness [inhǽbitivnis] *n* nagon po naselitvi
inhalant [inhéilənt] 1. *adj* vdihalen; *med* inhalacijski; 2. *n med* inhalacijski aparat, inhalacijsko sredstvo
inhalation [inhəléišən] *n med* inhalacija; vdih, vdihavanje
inhale [inhéil] *vt & vi* vdihniti, vdihavati, inhalirati
inhaler [inhéilə] *n med* inhalacijski aparat; vdihovalec, -lka
inharmonic [inhaˑmónik] *adj* (∼ally *adv*) neskladen, neubran
inharmonious [inhaˑmóuniəs] *adj* (∼ly *adv*) neskladen; *fig* nesložen
inharmoniousness [inhaˑmóuniəsnis] *n* neskladnost
inhere [inhíə] *vi* biti naravno in neločljivo zvezan, bivati v čem (*in*); biti del česa
inherence [inhíərəns] *n* naravna, neločljiva zvezanost, inherenca; *gram* zvezanost atributa s subjektom
inherent [inhíərənt] *adj* (∼ly *adv*) naravno, neločljivo zvezan, inherenten; vrojen, prirojen, svojstven, pripadajoč; *gram* stoječ pred samostalnikom; it is ∼ in the blood je že v krvi; ∼ right prirojena ali naravna pravica; *econ & jur* ∼ defect notranja hiba
inherently [inhíərəntli] *adv* po naravi, po bistvu, samo po sebi
inherit [inhérit] 1. *vt* podedovati, naslediti (*of, from, through* od); 2. *vi* postati dedič, dedovati, izhajati (*from*)
inheritable [inhéritəbl] *adj* podedljiv, nasledstven, ki ima pravico do nasledstva
inheritance [inhéritəns] *n* dediščina, dedovanje, nasledstvo; ∼ tax davek na dediščino; accrual of an ∼ primer dedovanja, dediščina; by ∼ podedovan, z dediščino; right of ∼ dedna pravica; law of ∼ objektivna dedna pravica, *biol* dedna zasnova
inherited [inhéritid] *adj* podedovan, deden
inheritor [inhéritə] *n* dedič
inheritress [inhéritris] *n* dedinja
inheritrix [inhéritriks] *n* dedinja
inhesion [inhíˑžən] *n* glej inherence
inhibit [inhíbit] *vt* zadrževati, ovirati, ustaviti (*from*); *arch* prepovedati (*from doing s.th.*); an ∼ed person človek z duševnimi motnjami
inhibition [in(h)ibíšən] *n* oviranje, zadrževanje, zadržek; *jur* prepoved, ustavitev; *psych* duševna motnja
inhibitive [inhíbitiv] *adj* glej inhibitory
inhibitor [inhíbitə] *n chem* inhibitor, zaviralna snov; (oksidacijski) katalizator
inhibitory [inhíbitəri] *adj* ovirajoč, zadrževalen; prepoveden
inhospitable [inhóspitəbl] *adj* (inhospitably *adv*) negostoljuben, odljuden, neprijazen

inhospitality [ínhɔspitǽliti] n negostoljubnost, neprijaznost, odljudnost

inhuman [inhjú:mən] adj (~ly adv) nečloveški, okruten; nadčloveški

inhumane [inhjuméin] adj (~ly adv) nehuman, nečlovekoljuben

inhumanity [inhju:mǽniti] n nečlovečnost, okrutnost

inhumation [inhju:méišən] n pokop, pogreb

inhume [inhjú:m] vt pokopati

inimical [inímikəl] adj (~ly adv) neprijateljski, sovražen (to do); škodljiv, neugoden (to za)

inimicality [inimikǽliti] n neprijateljstvo, sovražnost; škodljivost, neugodnost

inimitability [inimitəbíliti] n neposnemljivost, edinstvenost

inimitable [inímitəbl] adj (inimitably adv) neposnemljiv, edinstven

iniquitous [iníkwitəs] adj (~ly adv) krivičen, nepravičen; zloben, zlonameren; pokvarjen, sprijen, podel, nizkoten

iniquity [iníkwiti] n krivica, nepravičnost; zlonamernost, zloba; pokvarjenost, sprijenost, podlost; greh

initial I [iníšəl] adj (~ly adv) začeten, prvoten; econ ~ capital začetni kapital; ~ capital expenditure ustanovni stroški; ~ dividend odbitna dividenda; ~ salary začetna plača; ~ word kratica, sestavljena iz začetnih črk (npr. UNRA)

initial II [iníšəl] n začetnica (črka), velika začetnica; pl monogram, inicialke

initial III [iníšəl] vt zaznamovati z začetnimi črkami, parafirati; napraviti monogram

initially [iníšəli] adv na začetku, uvodoma, prvotno

initiate I [iníšiit] 1. adj začeten; vpeljan, poučen o čem, sprejet (za člana); 2. n začetnik, -nica, novinec, -nka

initiate II [iníšieit] vt začeti; vpeljati (into, in v); poučiti, sprejeti za člana

initiated [iníšieitid] adj vpeljan, poučen o čem

initiation [inišiéišən] n začetek, uvod; sprejem, posvetitev (into v); ~ ceremonies slovesnosti ob sprejemu

initiative I [iníšiətiv] adj začeten, podbuden

initiative II [iníšiətiv] n pobuda, podnet, iniciativa; to take the ~ pokreniti, prevzeti vodstvo; on the ~ of s.o. na pobudo koga; on one's own ~ na lastno pobudo

initiator [iníšieitə] n pobudnik, začetnik; chem ki sproži reakcijo

initiatory [iníšiətəri] adj začeten, uvoden; sprejemen, posvetilen

initiatrix [iníšieitriks] n pobudnica, začetnica

inject [indžékt] vt med vbrizgniti, injicirati (into v); fig vcepiti komu kaj (into), vriniti v kaj; to ~ humour into a speech zabeliti govor s humorjem

injectable [indžéktəbl] adj med injekcijski, ki se da vbrizgniti

injection [indžékšən] n vbrizg; med injekcija, injicirana tekočina; ~ of money denarni dodatek, navržek; ~ syringe injekcijska igla

injector [indžéktə] n tech priprava za vbrizganje vode v kotel parnega stroja; kdor daje injekcije

injudicial [indžudíšəl] adj protipraven

injudicious [indžu(:)díšəs] adj (~ly adv) nepremišljen, nerazsoden

injudiciousness [indžu(:)díšəsnis] n nepremišljenost, nerazsodnost

Injun [índžən] n A hum Indijanec; honest ~! častna beseda!

injunct [indžÁŋkt] vt coll izrecno (sodno) prepovedati

injunction [indžÁŋkšən] n jur sodni nalog (o prepovedi), prepoved; interim ~ začasna odredba

injurant [índžərənt] n (zdravju) škodljiva snov

injure [índžə] vt storiti krivico; škoditi, poškodovati; fig raniti (čustva), žaliti

injured [índžəd] adj poškodovan, oškodovan; fig ranjen, užaljen

injurious [indžúəriəs] adj (~ly adv) škodljiv, kvaren (to komu); ranljiv, žaljiv, obrekljiv; nepravičen

injuriousness [indžúəriəsnis] n škodljivost, kvarnost; žaljivost, obrekljivost

injury [ín(d)žəri] n krivica, nepravičnost; žalitev; med rana, poškodba (to na); škoda; personal ~ telesna poškodba, osebna škoda; ~ benefit nadomestilo za poškodbo; to the ~ of na škodo koga; to add insult to ~ koga dvakrat prizadeti (oškodovati in ozmerjati)

injustice [indžÁstis] n krivica, nepravičnost; to do s.o. an ~ storiti komu krivico

ink I [iŋk] n črnilo, tiskarsko črnilo; Chinese (ali Indian) ~ tuš; printing (ali printer's) ~ tiskarsko črnilo; sl to sling ~ pisariti, slabo pisati; as black as ~ črn kot vran

ink II [iŋk] vt pisati s črnilom; prevleči, umazati s črnilom; A sl podpisati; ~ in, ~ over prevleči s črnilom

ink-blot [íŋkblɔt] n packa od črnila

inker [íŋkə] n print valjček za barvanje; telegrafski aparat, ki zapisuje s črnilom

ink-eraser [íŋkiréizə] n radirka za črnilo

inkholder [íŋkhouldə] n črnilnik

ink-horn [íŋkhɔ:n] n žepni črnilnik

inking-roller [íŋkiŋroulə] n print tiskarski valj

inkle [íŋkəl] 1. n platnen trak, koper; 2. vt E dial slutiti

inkling [íŋkliŋ] n namig, migljaj, namigovanje, šušljanje; slutnja; to get an ~ of s.th. zavohati nekaj, zaslutiti kaj; to have an ~ of s.th. slutiti kaj; not the least ~ niti najmanjšega pojma

in-knees [ínni:z] n pl noge na iks

inkpad [íŋkpæd] n pečatna blazinica

ink-pencil [íŋkpensl] n kopirnik (svinčnik), tintni svinčnik

inkpot [íŋkpɔt] n črnilnik

ink-sac [íŋksæk] n zool sipin tintni mošnjiček

ink-slinger [íŋksliŋə] n sl pisun

inkstand [íŋkstænd] n pisalno orodje na tintniku

inkwell [íŋkwel] n črnilnik v šolski klopi

ink-writer [íŋkraitə] n telegrafski aparat, ki zapisuje s črnilom

inky [íŋki] adj (inkily adv) od črnila umazan, črn kot črnilo

inky-cap [íŋkikæp] n bot tintnica (goba)

inlaid [ínleid] adj vložen, vstavljen; ~ floor parketna tla; ~ work vložno delo, intarzija

inland I [ínlənd] adj notranji, kopenski; domač; ~ bill domača menica; ~ communication notranji promet; ~ **duty** trošarina; ~ **market** domači trg; ~ **navigation** rečna plovba; ~ **trade** notranja trgovina; ~ **revenue** notranji dohodek; **Inland Revenue** finančna uprava; **Board of Inland Revenue** davčna uprava; **Inland Revenue Office** krajevna davčna uprava; ~ **sea** celinsko morje; ~ **waterways (ali waters)** kopenske plovne poti

inland II [ínlænd] *adv* v notranjost(i) dežele

inland III [ínlænd] *n* notranjost dežele

inlander [ínləndə] *n* prebivalec v notranjosti dežele

in-law [inló:] *n coll* sorodnik, -nica po moževi (ženini) strani

inlay I [ínlei] *n* vložek, intarzija, furnir, mozaik, inkrustacija; (zobna) plomba; *bot* ~ **graft** žlebičkanje (cepljenje)

inlay II* [inléi] *vt* vložiti (*in* v), napraviti intarzijo (inkrustacijo), oplatiti; furnirati (*with* s, z)

inlet I [ínlet] *n* vhod, vstop, dostop (tudi *anat*); *el* dovod; odprtina (cevi); majhen zaliv, rokav (morski), vhod v pristanišče; vložek

inlet II [inlét] *vt* vložiti, vstaviti

inlier [ínlaiə] *n geol* primes

in-line engine [ínlain éndžin] *n tech* serijski motor

inly [ínli] *adv poet* globoko v srcu

inlying [ínlaiiŋ] *adj* notranji

inmate [ínmeit] *n* sostanovalec; sojetnik; sotrpin (v bolnišnici)

inmost [ínmoust, ~məst] *adj* najnotranjejši; *fig* najglobji, najbolj skrit

inn [in] *n* gostilna, gostišče; *E* **Inns of Court** advokatske zbornice v Londonu, ki so nekoč šolale študente prava; *E* **Inns of Chancery** nekdanje stanovalske zgradbe za študente prava v Londonu

innards [ínə:dz] *n pl coll* notranjost, drob; drobovina (v kuhinji)

innate [inéit] *adj* (~ **ly** *adv*) prirojen (*in*); naraven, svojstven; *bot* vraščen

innateness [inéitnis] *n* prirojenost, naravnost

innavigable [inævigəbl] *adj* neploven

inner I [ínə] *adj* notranji; zaupen, skrit, prikrit; duhoven; **the** ~ **man** duša, *hum* želodec; *hum* **to refresh one's** ~ **man** napolniti želodec, pokrepčati se; ~ **book** sešitek (knjiga brez platnic); *anat* ~ **ear** notranje uho; *sp* ~ **lane** notranja proga; ~ **tube** zračnica, pnevmatika; *mus* ~ **part** srednji glas (alt, tenor); ~ **surface** notranja ploskev, notranja stran; ~ **square** *tech* notranji desni kot; **Inner Temple** ime poslopja v *Inns of Court*

inner II [ínə] *n* notranji krog v tarči, zadetek v tarčo

inner-directed [ínədiréktid] *adj A* kdor misli in ukrepa sam, neprilagodljiv

innermost [ínəmoust, ~məst] *adj* najnotranjejši, najglobji, najbolj skrit

innervate [ínə:veit, iná:-] *vt physiol* inervirati, povrniti živcu moč, okrepiti živec

innervation [inə:véišən] *n physiol* inervacija, okrepitev živca

innerve [iná:v] *vt* poživiti, vliti moči

innings [íniŋz] *n pl* (rabljeno kot sg) *fig* službena doba, doba vladanja; priložnost; vrsta (pri igri); izsuševanje (zemlje), morju iztrgana zemlja; žetev; **to have a good** ~ imeti srečo, do-

čakati visoko starost; **he had a long** ~ imel je mnogo priložnosti ali mnogo sreče; *sp* **to have one's** ~ biti na vrsti (pri igri)

innkeeper [ínki:pə] *n* gostilničar

innocence [ínəsns] *n* nedolžnost, neškodljivost, preprostost; *jur* nedolžnost (*of*)

innocent I [ínəsnt] *adj* (~ **ly** *adv*) nedolžen, neomadeževan, čist; neškodljiv, preprost, neizumetničen; *jur* nedolžen (*of*), dopusten, legalen, nesumljiv; *coll* bedast, naiven; ~ **air** nedolžen obraz, nedolžen videz; **an** ~ **deception** nedolžna prevara; **an** ~ **sport** neškodljiv šport; ~ **trade** legalna trgovina; ~ **goods** nesumljiva roba, nepretihotapljena roba; *coll* ~ **of** brez; ~ **of self-respect** brez samospoštovanja; **he is** ~ **of such things** še nikoli ni o teh stvareh slišal; **he is** ~ **of Latin** ne zna niti besedice latinščine

innocent II [ínəsnt] *n* nedolžnež, nedolžen otroček; bedak, naivnež, ignorant; **the massacre of the** ~ **s** pokol nedolžnih otročičkov v Betlehemu; *parl sl* skrajšanje delovnega reda zaradi časovne stiske; **Innocents' Day** 28. december, dan nedolžnih otročičkov

innocuity [inəkjú:iti] *n* neškodljivost

innocuous [inókjuəs] *adj* (~ **ly** *adv*) neškodljiv, nestrupen (kača)

innominate [inóminit] *adj* brezimen, brezimenski; *med* ~ **bone** kolk

innovate [ínəveit] *vi* vpeljati novotarije, prenoviti

innovation [inəvéišən] *n* prenovitev, novost, novotarija; *bot* mlad poganjek

innovator [ínəveitə] *n* novator(ka)

innovatory [ínəveitəri] *adj* novatorski

innoxious [inókšəs] *adj* (~ **ly** *adv*) glej **innocuous**

innoxiousness [inókšəsnis] *n* glej **innocuity**

innuendo I [inju(:)éndou] *n* namigavanje (*at* na); zbadanje, zbadljivost; obdolžitev, podtikanje; *jur* razlaga insinuacije, insinuiran pomen besed

innuendo II [inju(:)éndou] *vi* insinuirati, namigavati, podtikati

innumerable [injú:mərəbl] *adj* (**innumerably** *adv*) brezštevilen, neštet

innumerableness [injú:mərəblnis] *n* brezštevilnost

innutrition [inju(:)tríšən] *n* pomanjkanje hrane

innutritious [inju(:)tríšəs] *adj* premalo hranljiv, nehranljiv

inobservance [inəbzó:vəns] *n* nepozornost, nepazljivost, neupoštevanje, kršenje (*of* česa)

inobservant [inəbzó:vənt] *adj* nepazljiv, nepozoren, neupoštevajoč, kršilen

inoccupation [inəkjupéišən] *n* brezposelnost

inoculable [inókjuləbl] *adj med* cepljiv, vcepljiv; neimun, nezavarovan

inoculant [inókjulənt] *n med* cepivo

inoculate [inókjuleit] *vt med* cepiti, vcepiti (*on, into s.o.* koga, *for* proti); *fig* vcepiti komu kaj (*with*); *bot* okulirati, cepiti s popkom (očesom)

inoculation [inəkjuléišən] *n med* cepljenje, vcepitev, inokulacija; *bot* okulacija; **preventive** ~ preventivno cepljenje

inoculative [inókjuleitiv] *adj med* cepilen, vcepilen

inoculator [inókjuleitə] *n med* zdravnik, ki cepi

inoculum [inókjuləm] *n med* cepivo

inocyte [ínəsait] *n anat* celica veznega tkiva

inodorous [inóudərəs] *adj* brez vonja

inoffensive [inəfénsiv] *adj* (~ly *adv*) neškodljiv, nežaljiv, dobrodušen
inoffensiveness [inəfénsivnis] *n* neškodljivost, nežaljivost, dobrodušnost
inofficial [inəfíšəl] *adj* (~ly *adv*) neslužben
inofficious [inəfíšəs] *adj* proti dolžnosti; nedelaven, neučinkovit; neuslužen; *jur* ki zanemarja službene dolžnosti; ~ testament neveljaven testament (ki ne upošteva zakonitih dedičev)
inoperable [inópərəbl] *adj med* ki se ne da operirati
inoperative [inópərətiv] *adj* neučinkovit, ki se ne izvaja; *jur* neveljaven
inopportune [inópətju:n] *adj* (~ly *adv*) neprikladen, neugoden, v nepravem času
inopportuneness [inópətju:nnis] *n* neprikladnost, neprimernost
inordinacy [inó:dinəsi] *n* pretiranost, nezmernost, nerednost, nebrzdanost
inordinate [inó:dinit] *adj* (~ly *adv*) pretiran, nezmeren, nereden, nebrzdan, neukroten
inordinateness [inó:dinitnis] *n* glej **inordinacy**
inorganic [inɔ:gǽnik] *adj* (~ly *adv*) *chem* anorganski; neorganski, neorganskega porekla
inorganization [inɔ:gənaizéišən] *n* neorganiziranost
inorganized [inó:gənaizd] *adj* (~ly *adv*) neorganiziran
inornate [inə:néit] *adj* neukrašen, enostaven, preprost
inosculate [inóskjuleit] 1. *vt med* spojiti (žile), združiti (*with* s, z); *fig* združiti; 2. *vi med* spojiti se (žile), združiti se; *fig* biti v zvezi
inosculation [inɔskjuléišən] *n med* spojitev (žil), združitev; *fig* tesna zveza
in-patient [ínpeišənt] *n* hospitaliziran bolnik
inpayment [ínpeimənt] *n econ* vplačilo
inphase [ínfeiz] *adj el* istofazen
in-plant [ínpla:nt] *adj* notranji, v obratu
inpouring [ínpɔ:riŋ] *n* vlivanje, pritekanje
input [ínput] *n* količina, ki se dovaja ali vlaga; vložek; *el* napetost ali učinek dovajanega toka; *econ* vložba (industrije), produkcijska sredstva; ~ speed število obratov (stroja); ~ language vložen jezik pri strojnem prevajanju
inquest [ínkwest] *n jur* sodna preiskava; great (ali last) ~ poslednja sodba; *E* grand ~ of the nation Spodnji dom nagleškega parlamenta; grand ~ velika porota; coroner's ~ preiskava o vzroku smrti
inquietude [inkwáiitju:d] *n* nemir, tesnoba
inquiline [ínkwəlain, ~lin] *n zool* gostač (žival, ki si prisvoji tuj brlog)
inquire [inkwáiə] 1. *vt* poizvedovati, preiskovati (*into*); vprašati, povpraševati; 2. *vi* poizvedovati (*of s.o.* pri kom); raziskovati, izpraševati, pozanimati se (*after, for* za, *about, concerning* o); much ~ of after (ali for) po čemer se zelo povprašuje; ~ within povprašajte v hiši; to ~ into raziskovati, (temeljito) spraševati, izpraševati
inquirer [inkwáiərə] *n* izpraševalec, preiskovalec
inquiring [inkwáiəriŋ] *adj* (~ly *adv*) vprašujoč, raziskujoč; radoveden
inquiry [inkwáiəri] *n* povpraševanje, poizvedovanje, preiskava; *com* povpraševanje; board of ~ preiskovalno sodišče; *mil* court of ~ vojaško preiskovalno sodišče; writ of ~ sodni nalog za

preiskavo; to make inquiries of s.o. povpraševati pri kom; there is no ~ for ni povpraševanja po
inquiry agent [inkwáiəri éidžənt] *n E* privatni detektiv
inquiry office [inkwáiəri ófis] *n* informacijski urad
inquisition [inkwizíšən] *n* izpraševanje, preiskava, zasliševanje (*into*); the Inquisition ali the Holy Office srednjeveško cerkveno sodišče, inkvizicija; ~ in lunacy preiskava o duševnem stanju koga
inquisitional [inkwizíšənəl] *adj* preiskovalni, inkvizicijski, zelo strog
inquisitionist [inkwizíšənist] *n* izpraševalec, preiskovalec
inquisitive [inkwízitiv] 1. *adj* (~ly *adv*) radoveden, vedoželjen (*about*); 2. *n* radovednež, -nica
inquisitiveness [inkwízitivnis] *n* radovednost, vedoželjnost
inquisitor [inkwízitə] *n* izpraševalec, preiskovalec; *jur* preiskovalni sodnik; *hist* inkvizitor; Grand Inquisitor Veliki inkvizitor
inquisitorial [inkwizitó:riəl] *adj* (~ly *adv*) *jur* preiskovalen; inkvizitorski; nadležen, preradoveden; ~ court inkvizicijsko sodišče
in re [ínrí:] *prep Lat jur* ki se tiče stvari
inroad [ínroud] *n* napad (*on, upon* na), vpad (*in, on* v); plenilen pohod; *fig* nasilno poseganje v kaj (*on, into*), zlorabljanje; to make ~s on one's savings izčrpati prihranke
inrush [ínraš] *n* naval, prodor; dotok
insalivate [insǽliveit] *vt* s slino pomešati (hrano)
insalubrious [insəlú:briəs] *adj* nezdrav (kraj, podnebje), zdravju škodljiv
insalubrity [insəlú:briti] *n* nezdravost (kraja, podnebja)
insanable [inséinəbl] *adj* neozdravljiv
insane [inséin] *adj* (~ly *adv*) blazen, duševno bolan; *fig* nesmiseln, nor; ~ asylum norišnica
insanitary [insǽnitəri] *adj* (insanitarily *adv*) nezdrav, zdravju škodljiv, nehigijenski
insanitation [insænitéišən] *n* nezdravost, nehigijeničnost
insanity [insǽniti] *n* blaznost, duševna zmedenost; *fig* norost, nesmiselnost
insatiability [inseišiəbíliti] *n* nenasitnost
insatiable [inséišiəbl] *adj* (insatiably *adv*) nenasiten
insatiate [inséišiət] *adj* neutešen, neutešljiv, nenasiten
inscribable [inskráibəbl] *adj* ki se ne da vpisati ali napisati
inscribe [inskráib] *vt* vpisati, napisati, vnesti; posvetiti komu kaj (*to*); *econ* vknjižiti, vnesti; *E* registrirati imena kupcev (delničarjev); *fig* globoko vtisniti (*in* v); *math* včrtati (*in*); *econ* ~d shares (ali stock) vpisano posojilo
inscription [inskrípšən] *n* napis, vpis, vpisovanje, vklesek; posvetilo; *math* včrtanje; *econ pl* registrirane delnice
inscriptional [inskrípšənəl] *adj* napisen, vpisen, nasloven; posvetilen
inscriptive [inskríptiv] *adj* glej **inscriptional**
inscroll [inskróul] *vt* pisati na pergament
inscrutability [inskru:təbíliti] *n* skrivnost, zagonetnost, nedoumnost

inscrutable [inskrú:tǝbl] *adj* (**inscrutably** *adv*) skrivnosten, zagoneten, nedoumen

inscrutableness [inskrú:tǝblnis] *n* glej **inscrutability**

insect [ínsekt] *n zool* žuželka, insekt, mrčes; *fig* gnida, gadje seme (človek); ~ **powder** prašek proti mrčesu; ~ **pest** rastlinski škodljivci

insectarium [insektéǝriǝm] *n* insektarij, shramba za žive žuželke

insecticidal [insektisáidl] *adj* insekticiden, ki uničuje žuželke

insecticide [inséktisaid] *n* insekticid, sredstvo za pokončavanje mrčesa, pokončavanje mrčesa

insectifuge [inséktifju:dž] *n* sredstvo za preganjanje mrčesa

insection [insékšǝn] *n* zareza, vrez

insectivore [inséktivouǝ] *n zool* žužkojed (krt, jež); *bot* žužkojeda rastlina

insectivorous [insektívǝrǝs] *adj zool* & *bot* žužkojed

insectology [insektólǝdži] *n* insektologija, nauk o žuželkah

insecure [insikjúǝ] *adj* (~ **ly** *adv*) negotov, nezanesljiv, nevaren

insecurity [insikjúǝriti] *n* negotovost, nezanesljivost, nevarnost

inseminate [insémineit] *vt* sejati, osemenjevati, saditi; *biol* oploditi (zlasti umetno); *fig* vtisniti, vcepiti; **to** ~ **s.th. in s.o.'s mind** vcepiti komu kaj

insemination [inseminéišǝn] *n* sejanje, osemenjevanje, sajenje; *biol* oploditev; *fig* vcepitev

insensate [insénseit, ~ it] *adj* (~ **ly** *adv*) brezčuten, neobčuten, brez življenja; nesmiseln, brezumen; brutalen, trd

insensibility [insensǝbíliti] *n* neobčutljivost, brezčutnost (*to* do); *fig* brezbrižnost, otopelost, neobčutljivost; nezavest; nesmisel; **in a state of** ~ v nezavesti

insensible [insénsǝbl] *adj* (**insensibly** *adv*) neobčutljiv, brezčuten (*to* do); *fig* otopel, brezbrižen (*of, to*); nesmiseln; **to be** ~ **of s.th.** ne zavedati se česa; **to fall** ~ onesvestiti se

insensibly [insénsǝbli] *adv* neopazno

insensitive [insénsitiv] *adj* (~ **ly** *adv*) neobčutljiv, brezčuten, nedražljiv (*to* za)

insensitiveness [insénsitivnis] *n* neobučtljivost, nedražljivost, brezčutnost

insensitivity [insensitíviti] *n* glej **insensitiveness**

insentient [insénšiǝnt] *adj* brezčuten, neživ, mrtev (stvar)

inseparability [insepǝrǝbíliti] *n* neločljivost, nerazdružljivost

inseparable [insépǝrǝbl] **1.** *adj* (**inseparably** *adv*) neločljiv, nerazdružljiv (*from* od); **2.** *n pl* neločljivi prijatelji, neločljivi deli

insert I [ínsǝ:t] *n* (zlasti *A*) priloga knjigi, časopisu

insert II [insǝ́:t] *vt* vložiti, vstaviti, vriniti (*in, into* v, *between* med); *el* vključiti, priklopiti; dati v časopis, inserirati; vreči v (kovanec)

insertion [insǝ́:šǝn] *n* vstavljanje, vrinjenje, vstavek, vložek, všiv; oglas (časopisni), inserat; priloga (časopisu)

in-service [ínsǝ:vis] *adj A* medslužben

insessorial [insesóuriǝl] *adj* prilagojen stoji na gredi ali žici (ptičja noga)

inset I [ínset] *n* vložen list (v knjigi), priloga, dodatek; slika, vstavljena v večjo sliko; vložek; pritekanje plime

inset II* [insét] *vt* vložiti, vstaviti, priložiti, vključiti

inseverable [insévǝrǝbl] *adj* neločljiv, nedǝ̣ijiv

inshore [ínšǝ́:] **1.** *adj* obalni; **2.** *adv* blizu obale, k obali; ~ **of** bližje obali; ~ **of the ship** med ladjo in obalo

inshrine [inšráin] *vt* glej **enshrine**

inside I [ínsaid] *adj* notranji; *fig* notranji, zaupen, iz prvega vira, v hiši zaposlen, v hiši nareǝen; *E econ* ~ **broker** uradni senzal; ~ **diameter** notranji premer; *A* ~ **director** član uprave; ~ **dope** skrivne informacije, zaupno obvestiǝo; ~ **information** zaupno obvestilo; ~ **job** delo člana aɪi koga, ki pozna organizacijo; *A* ~ **man** vohun v organizaciji; ~ **track** *sp* notranja steza; *coll* prednost, ugoden položaj

inside II [insáid] *adv* znotraj, noter; *coll* ~ **of an hour** v teku ene ure, v manj kot uri; ~ **arm** notranji vzvod čolna

inside III [insáid] *n* notranjost, notranja stran, notranji del; *fig* bistvo, srž; *coll* notranjščina, želodec, drob; *coll* potnik v poštni kočiji; *coll* sredina; *A sl* zaupno obvestilo; *math* ploščina; **from the** ~ od znotraj; ~ **out** notranja stran navzven, obrnjen; **to turn s.th.** ~ **out** narobe obrniti, postaviti na glavo; **to know s.th.** ~ **out** znati kaj na pamet, dobro kaj poznati; *A sl* **on the** ~ poučen o čem, (so)udeležen; **to look into the** ~ **of s.th.** natančno kaj preiskati; **the** ~ **of a week** sredina tedna

inside IV [insáid] *prep* v (hiši, notranjosti)

inside cal(l)ipers [ínsaid kǽlipǝz] *n pl* votlinsko šestilo

inside left [ínsaid léft] *n sp* leva zveza (nogomet)

insider [ínsaidǝ] *n* član (društva), kdor je poučen o čem; *A coll* kdor ima prednost, kdor je soudeležen z 10 ali več procenti

inside right [ínsaid ráit] *n sp* desna zveza (nogomet)

insidious [insídiǝs] *adj* (~ **ly** *adv*) zahrbten, izdajalski, rovarski; *med* zavraten (bolezen)

insidiousness [insídiǝsnis] *n* zahrbtnost; zavratnost

insight [ínsait] *n* uvidevnost, razumevanje, sposobnost opazovanja; poznavanje, vpogled v kaj (*into*)

insignia [insígniǝ] *n pl* znamenja časti in oblasti, insignije

insignificance [insignífikǝns] *n* nepomembnost, neznatnost, brezpredmetnost

insignificant [insignífikǝnt] *adj* (~ **ly** *adv*) nepomemben, neznaten, brezpredmeten; prostaški

insincere [insinsíǝ] *adj* (~ **ly** *adv*) neodkritosrčen, hinavski, varljiv

insincerity [insinsériti] *n* neodkritosrčnost, hinavstvo, varljivost

insinuate [insínjueit] *vt* neopazno vriniti, podtakniti, podtikati, vtihotapiti (*into* v); nakazati, namigovati, cikati na kaj; **to** ~ **s.th. into the mind of s.o.** vbiti komu kaj v glavo, dopovedati komu kaj; **to** ~ **o.s. into** vriniti se, prikrasti se; **to** ~ **o.s. into the favour of s.o.** prilizniti se komu

insinuating [insínjueitiŋ] *adj* (~ly *adv*) laskav, dobrikav; prikupen, privlačen; podtikljiv
insinuation [insinjuéišən] *n* vrivanje, namigavanje, prišepetavanje; podtikanje; dobrikanje
insinuative [insínjuətiv] *adj* glej insinuating
insinuatory [insínjuətəri] *adj* laskav, dobrikav; podtikljiv
insipid [insípid] *adj* neokusen, omleden; *fig* dolgočasen, suhoparen
insipidity [insipíditi] *n* neokusnost, omlednost; *fig* dolgočasnost, suhoparnost
insipience [insípiəns] *n* neumnost, nerazumnost, norost; topoglavost
insipient [insípiənt] *adj* neumen, nerazumen, nor; topoglav
insist [insíst] *vi* vztrajati pri čem, pritiskati na kaj (*on*); insistirati (*on*, *upon*); ne popustiti, ostati pri čem (*on*); poudarjati, naglaševati (*on*)
insistence [insístəns] *n* vztrajanje, poudarjanje, insistiranje (*on*, *upon*)
insistent [insístənt] *adj* (~ly *adv*) vztrajen, trdovraten; nujen, silen, poudarjen; vsiljiv (zvok), kričeč (barva); to be ~ on s.th. vztrajati pri čem
in situ [in sáitju:] *adv Lat* v prvotni (prirodni) legi
insobriety [insəbráiəti] *n* nezmernost (zlasti v pijači); pijanstvo
insociability [insoušəbíliti] *n* nedružabnost
insociable [insóušəbl] *adj* (insociably *adv*) nedružaben
insolate [ínsəleit, ~sou~] *vt* sončiti, izpostaviti sončnim žarkom
insolation [insəléišən, ~sou~] *n* sončenje; *med* sončarica
insole [ínsoul] *n* notranjik (podplat, usnjen vložek)
insolence [ínsələns] *n* predrznost, nesramnost; nadutost
insolent [ínsələnt] *adj* (~ly *adv*) predrzen, nesramen; nadut
insolubility [insɔljubíliti] *n* netopljivost; *fig* nerešljivost, nerazrešljivost
insoluble [insóljubl] 1. *adj* (insolubly *adv*) netopljiv; *fig* nerešljiv, nerazrešljiv; 2. *n* nerešljiv problem; *chem* netopljiva snov
insolvability [insɔlvəbíliti] *n* nerazrešljivost; netopljivost; kar se ne da plačati
insolvable [insólvəbl] *adj* nerazrešljiv (problem); netopljiv; ki se ne da plačati
insolvency [insólvənsi] *n econ & jur* nezmožnost plačila, insolvenca; bankrot, prezadolženost; to declare one's ~ objaviti stečaj
insolvent [insólvənt] 1. *adj econ & jur* nezmožen plačila, insolventen; bankrotiran, prezadolžen; 2. *n* bankroter; to declare o.s. ~ ali to become ~ objaviti stečaj; ~ estate stečajna masa
insomnia [insómniə] *n med* nespečnost
insomniac [insómniæk] *n med* nespečen bolnik
insomnious [insómniəs] *adj med* nespečen
insomuch [inso(u)mʌ́č] *adv* tako, tako zelo, do take mere; ~ as kolikor; ~ that do take mere, da
insouciance [insú:siəns] *n* brezskrbnost, ravnodušnost
insouciant [insú:siənt] *adj* brezskrben, ravnodušen
inspan [inspǽn] *vt S Afr* zapreči (vola, konja)
inspect [inspékt] *vt* pregledati, nadzirati; preiskati, preiskovati

inspection [inspékšən] *n* inšpekcija, pregled, nadziranje, nadzor, nadzorstvo (*of*, *over*); *econ* for (your kind) ~ za (vaš ljubezniv) ogled; free ~ (invited) ogled brez obveznosti nakupa; to be (laid) open to ~ na ogled; *jur* committee of ~ odbor upnikov pri stečaju
inspection hole [inspékšən hóul] *n* kukalo
inspective [inspéktiv] *adj* nadzorniški, pregledniški
inspector [inspéktə] *n* nadzornik, preglednik, inšpektor; policijski inšpektor; Inspector General generalni inšpektor
inspectoral [inspéktərəl] *adj* inšpektorski, nadzorniški
inspectorate [inspéktərit] *n* inšpektorat, nadzorništvo
inspectorial [inspektó:riəl] *adj* glej inspectoral
inspectorship [inspéktəšip] *n* nadzorništvo, nadziranje (*of*)
inspectoscope [inspéktəskoup] *n* rentgenska naprava za pregled prtljage
inspectress [inspéktris] *n* nadzornica, inšpektorka
inspiration [inspəréišən] *n* vdih, vdihavanje; *fig* inspiracija, navdih, navdihnjenje, zanos, pobuda; at the ~ of s.o. na pobudo koga
inspirational [inspəréišənəl] *adj* zanosen, inspiracijski
inspirator [ínspəreitə] *n med* inhalator
inspiratory [inspáiərətəri] *adj* inspiratoričen; inspiracijski; *anat* ~ muscle pljučna mišica
inspire [inspáiə] *vt* vdihniti, vdihavati (*in*, *into* v); inspirirati, navdihniti, navdušiti (*with* s, z); zbuditi čut (*in* pri kom); to ~ confidence in s.o. zbuditi zaupanje pri kom
inspirer [inspáiərə] *n* navdihovalec, -lka, inspirator
inspiring [inspáiəriŋ] *adj* (~ly *adv*) zanosen, spodbuden, inspiracijski
inspirit [inspírit] *vt* poživiti, podžgati, podžigati, vzpodbujati (*to* k)
inspiriting [inspíritiŋ] *adj* poživljajoč, podžigajoč, bodreč
inspissate [inspíseit] *vt & vi* zgostiti (se); *fig* ~d gost, neprozoren, nepredíren
inspissation [inspiséišən] *n* zgostitev
instability [instəbíliti] *n* nestalnost, spremenljivost; nestanovitnost, omahljivost
instable [instéibl] *adj* nestalen, spremenljiv, nestanoviten, omahljiv
install [instó:l] *vt* umestiti, namestiti, postaviti (koga na službeno mesto); *tech* napeljati, namestiti, instalirati, montirati; *coll* to ~ o.s. naseliti se
installation [instəléišən] *n* umestitev, namestitev, postavitev (na službeno mesto); *tech* napeljava, instalacija, postavitev, montiranje
instal(l)ment [instó:lmənt] *n econ* obrok, plačilo na obroke; nadaljevanje (romana); umestitev; a novel in ~s roman v nadaljevanjih; by ~s na obroke; ~ buying nakup na obročno odplačilo; ~ contract odplačilna pogodba; ~ plan (ali system) kupovanje na obročno odplačilo; to buy on the ~ plan kupiti na obročno odplačilo
instance I [ínstəns] *n* primer, prilika; prošnja; *jur* instanca; in this ~ v tem primeru; for ~ na primer; at the ~ of na zahtevo; court of first (last) ~ sodišče prve (zadnje) stopnje;

in the first ~ v prvi instanci, v prvi stopnji; *fig* najprej; **in the last** ~ v zadnji instanci; *fig* na koncu
instance II [ínstəns] *vt* navesti, navajati (kot primer)
instancy [ínstənsi] *n* nujnost, takojšnost
instant I [ínstənt] *adj* nujen; neposreden, direkten; takojšen, trenuten, sedanji; **the 10th inst.** 10. tega meseca
instant II [ínstənt] *n* trenutek; **on the** ~ takoj; **the** ~ **I saw her** takoj, ko sem jo videl; **in an** ~ v trenutku, kot bi mignil
instantaneous [instəntéinjəs] *adj* (~**ly** *adv*) trenuten, nemuden; *phys* momentan; **the death was** ~ smrt je nastopila takoj
instantaneousness [instəntéinjəsnis] *n* trenutnost
instanter [instǽntə] *adv* takoj, nemudoma, brez odlašanja
instantly [ínstəntli] *adv* takoj, nemudoma
instate [instéit] *vt* umestiti, namestiti (na službeno mesto)
instauration [instɔ:réišən] *n* obnovitev, obnova, popravilo, restavriranje
instaurator [instɔ:reitə] *n* restavrator(ka), obnavljalec, -lka
instead [instéd] *adv* namesto tega; ~ **of** namesto; ~ **of going** namesto, da bi šel
instep [ínstep] *n anat* nart; **to be** (ali go) **high in the** ~ biti ošaben, ošabno se nositi
instep-raiser [ínstep réizə] *n* vložek za plosko nogo
instigate [ínstigeit] *vt* hujskati, spodbosti, ščuvati (**to** k)
instigation [instigéišən] *n* hujskanje, ščuvanje, spodbadanje (**to** k); **at the** ~ **of** na pobudo
instigator [ínstigeitə] *n* pobudnik, -nica, hujskač
instil(l) [instíl] *vt* vkapati, vliti (*into* v); *fig* vcepiti, vbiti (*into*)
instillation [instiléišən] *n* vkapanje, vlivanje; *fig* vcepljenje
instil(l)ment [instílmənt] *n* glej **instillation**
instinct I [ínstiŋkt] *adj pred* poln, prežet (*with* česa, s čim)
instinct II [ínstiŋkt] *n* nagon, gon, instinkt; **by** (ali **on**) ~ nagonsko, instinktivno; **the** ~ **of self-preservation** samoohranitveni nagon
instinctive [instíŋktiv] *adj* (-**ly** *adv*) nagonski, instinktiven
institute I [ínstitju:t] *n* zavod, ustanova, znanstveni zavod, inštitut; naredba, predpis; *pl* knjiga o osnovah prava, zbirka zakonov in predpisov; *A* višja tehnična šola, univerzitetna ustanova, seminar, ciklus predavanj; ~ **of technology** tehnična visoka šola; **textile** ~ tekstilna strokovna šola; **teachers'** ~ profesorski seminar
institute II [ínstitju:t] *vt* ustanoviti, osnovati, utemeljiti, vpeljati, začeti, sprožiti postopek (*against* proti); imenovati, namestiti (*into* v službo); poučevati
institution [institjú:šən] *n* ustanovitev, ureditev; ustanova, zavod; postava, naredba, zakon; poučevanje, vzgoja; *coll* povsod znana osebnost, ustaljena navada
institutional [institjú:šənəl] *adj* ustanoven, zavoden; naredben, zakonski, ki predpisuje
institutionalism [institjú:šənəlizm] *n* sistem, ki sloni na ustaljenih uredbah in predpisih

institutionalize [institjú:šənəlaiz] *vt* napotiti v zdravstveno ali varstveno ustanovo
institutor [ínstitju:tə] *n* ustanovitelj, osnovatelj
instruct [instrʌ́kt] *vt* poučevati, poučiti, vzgajati, šolati (*in* v čem); dajati napotke, dajati navodila, svetovati; **to** ~ **o.s.** poučiti se
instruction [instrʌ́kšən] *n* poučevanje, pouk, šolanje, izobrazba; *pl* navodila, napotki, inštrukcije, odredbe, predpisi; **according to** ~ **s** po navodilih, po predpisih; **operating** ~**s** navodila za upravljanje (stroja); ~ **s for use** navodila za uporabo
instructional [instrʌ́kšənəl] *adj* vzgojen, šolski, poučen
instructive [instrʌ́ktiv] *adj* (~**ly** *adv*) poučen
instructiveness [instrʌ́ktivnis] *n* poučnost
instructor [instrʌ́ktə] *n* predavatelj, učitelj, inštruktor; *A* univerzitetni lektor
instructress [instrʌ́ktris] *n* predavateljica, učiteljica
instrument I [ínstrumənt] *n* orodje, priprava, inštrument; *mus* glasbilo, inštrument; *jur* uradni dokument, listina; *econ* vrednostni papir, *pl* dispozicije; *fig* sredstvo, orodje; **string** ~ s godala; **wind** ~**s** pihala; **percussion** ~**s** tolkala; **brass** ~ s trobila; **to be** ~ **in** pomagati k čem, pripomoči; *econ* ~ **of payment** plačilno sredstvo; *aero* ~ **landing** slepo pristajanje; *aero* ~ **flying** slepo letenje, biti voden; ~ **board** armaturna plošča; ~ **maker** finomehanik; *el* ~ **transformer** merilni transformator
instrument II [ínstrumənt] *vt mus* uglasbiti, instrumentirati
instrumental I [instrumɛ́ntl] *adj* (-**ly** *adv*) uporaben, koristen, pomagalen; *mus* instrumentalen; *tech* ki se nanaša na inštrumente; *gram* orodniški, instrumentalen; **to be** ~ **in** pripomoči k čem; **to be** ~ **to(wards) s.th.** prispevati k čem; **an** ~ **error** napaka v inštrumentu
instrumental II [instrumɛ́ntl] *n gram* orodnik, instrumental
instrumentalist [instrumɛ́ntəlist] *n* glasbenik, godbenik
instrumentality [instrumentǽliti] *n* posredovanje, pomoč; sredstvo, koristnost; **by the** ~ **of** s pomočjo; **through his** ~ z njegovim posredovanjem
instrumentation [instrumentéišən] *n mus* instrumentacija, uglasbitev; *tech* opremljanje z inštrumenti, uporaba inštrumentov
insubordinate [insəbɔ́:dinit] *adj* nepokoren, uporen, neubogljiv; ~ **conduct** nepokorščina
insubordination [ínsəbɔ:dinéišən] *n* nepokorščina, upornost
insubstantial [insəbstǽnšəl] *adj* nebistven, nestvaren, neosnoven; *fig* rahel, krhek, majhen
insubstantiality [insəbstænšiǽliti] *n* nebistvenost, nestvarnost; *fig* bežnost, krhkost
insufferable [insʌ́fərəbl] *adj* (**insufferably** *adv*) neznosen
insufferableness [insʌ́fərəblnis] *n* neznosnost
insufficiency [insəfíšənsi] *n* nezadostnost, pomanjkljivost; nesposobnost; *med* insuficienca, nezadostna dejavnost, zmanjšana zmožnost
insufficient [insəfíšənt] *adj* (-**ly** *adv*) nezadosten, pomanjkljiv; nesposoben; *med* insuficienten, nezadostno dejaven, premalo zmožen; *econ* ~ **funds** nezadostno kritje

insufflate [ínsəfleit, insΛfleit] *vt* vpihniti, vdihniti, upihati (tudi *med*)

insufflation [insəfléišən] *n* vpihovanje, vdihavanje, upihovanje; *med* insuflacija; *eccl* izganjanje hudiča

insufflator [insəfléitə] *n med & tech* aparat za vpihovanje, insuflator

insulant [ínsjulənt] *n el* izolirni material, neprevodna snov

insular [ínsjulə] *adj* (~ly *adv*) otoški; izoliran, osamljen, ločen; *fig* ozkosrčen; (duševno) omejen

insularity [insjulǽriti] *n* otoška lega; izoliranost, ločenost, osamljenost; *fig* ozkosrčnost; (duševna) omejenost

insulate [ínsjuleit] *vt* ločiti, osamiti, izolirati; *el* izolirati

insulating [ínsjuleitiŋ] *adj el* izolacijski, izoliren; ~ board izolirna plošča; ~ compound izolirna masa; ~ joint izolirna vez; ~ switch ločilno stikalo; ~ tape izolirni trak

insulation [insjuléišən] *n* ločitev, osamitev; *el* izolacija; ~ resistance izolacijski upor

insulator [ínsjuleitə] *n el* izolator

insulin [ínsjulin, *A* ~sə ~] *n med* insulin

insulinize [ínsjulinaiz, *A* ~sə ~] *vt med* zdraviti z insulinom

insult I [ínsΛlt] *n* žalitev (*to* za koga), sramotenje, psovanje; to offer an ~ to s.o. užaliti koga; to add ~ to injury glej injury

insult II [insΛlt] *vt* užaliti, žaliti, sramotiti, psovati

insulting [insΛltiŋ] *adj* (-ly *adv*) žaljiv, sramotilen; nesramen, predrzen

insuperability [insju:pərəbíliti] *n* nepremostljivost; neprekosljivost

insuperable [insjú:pərəblj] *adj* (insuperably *adv*) nepremostljiv; neprekosljiv

insupportable [insəpó:təbl] *adj* (insupportably *adv*) neznosen, nevzdržen

insupportableness [insəpó:təblnis] *n* neznosnost, nevzdržnost

insuppressible [insəprésəbl] *adj* (insuppressibly *adv*) nepremagljiv, nezadržen

insurability [inšuərəbíliti] *n econ* možnost zavarovanja

insurable [inšúərəbl] *adj econ* ki se da zavarovati

insurance [inšúərəns] *n* zavarovanje, zavarovalnina; to buy (ali effect, take out) an ~ zavarovati se. skleniti zavarovalno pogodbo; to carry ~ biti zavarovan; ~ company zavarovalno društvo; ~ clause zavarovalna klavzula; ~ policy zavarovalna polica; ~ premium zavarovalna premija; ~ office zavarovalnica; accident ~ nezgodno zavarovanje; fire ~ požarno zavarovanje; *naut* ~ of hull zavarovanje ladje, kasko; health ~ zdravstveno zavarovanje; life ~ življenjsko zavarovanje; national ~ socialno zavarovanje; ~ of payments kreditno zavarovanje; *A* ~ trust skrbništvo življenjskega zavarovanja

insurant [inšúərənt] *n* zavarovanec, -nka

insure [inšúə] *vt* zavarovati (*against* proti, *for* za vsoto); jamčiti (*to* komu); the ~d zavarovanci; to ~ o.s. against zavarovati se proti

insuree [inšuərí:] *n* zavarovanec, -nka

insurer [inšúərə] *n* zavarovalec; the ~s zavarovalno društvo

insurgency [insó:džənsi] *n* vstaja, upor; vdor (morja)

insurgent [insó:džənt] 1. *adj* uporniški; vdiralen (morje); 2. *n* upornik, -nica

insurmountability [insəmauntəbíliti] *n* nepremagljivost, nepremostljivost

insurmountable [insəmáuntəbl] *adj* (insurmountably *adv*) nepremagljiv, nepremostljiv

insurrection [insərékšən] *n* vstaja, upor

insurrectionary [insərékšənəri] 1. *adj* uporniški; 2. *n* upornik, -nica

insurrectionist [insərékšənist] *n* upornik, -nica

insusceptibility [insəseptəbíiiti] *n* nedovzetnost, neobčutljivost (*to* za)

insusceptible [insəséptəbl] *adj* nedovzeten, neobčutljiv (*to* za); neprikladen, nesposoben (*of* za, česa); ~ of pity neusmiljen

inswept [ínswept] *adj* koničast, na koncu zožen (avionsko krilo)

intact [intǽkt] *adj* nedotaknjen, nepoškodovan, intakten, cel; *fig* nedolžen, čist

intactness [intǽktnis] *n* nedotaknjenost, nepoškodovanost, intaktnost

intagliated [intǽlieitid] *adj* vdolben, poglobljen, vsekan, urezan

intaglio I [intá:liou, ~ tǽl~] *n* globinski vrez, globinski tisk, gravura, graviran okras, intaglio

intaglio II [intá:liou] *vt* vgravirati, vrezati

intake [ínteik] *n tech* dovodna odprtina, ustje; dovod, dotok, pritekanje; vsesanje; zračen rov v rudniku; zožitev; ograjeno zemljišče; *E* rekrut, vojaški novinec; ~ valve ventil pri dovodni odprtini; ~ of breath vdih

intangibility [intændžəbíliti] *n* nedotakljivost, neotipljivost; *fig* nerazumljivost

intangible [intǽndžəbl] 1. *adj* (intangibly *adv*) nedotakljiv, neotipljiv; *fig* nerazumljiv; negotov, nedoločen, nejasen; *econ* nesnoven; 2. *n* nekaj neotipljivega; *pl econ* nesnovne aktive (patentne pravice itd.)

intarsia [intá:siə] *n* intarzija, vložno delo, vložek

integer [íntidžə] *n math* celo število, celota

integral I [íntigrəl] *adj* (-ly *adv*) celosten, nerazdelen, integralen, popoln; *tech* čvrsto vdelan; združen v celoto (*with* s, z); *math* integralen; an ~ part bistven del; an ~ whole popolna celotnost; ~ calculus integralni račun; ~ equation integralna enačba

integral II [íntigrəl] *n math* integral; celotnost

integrality [intigrǽliti] *n* celotnost, nerazdelnost, integralnost, popolnost

integrand [íntigrænd] *n math* integrand

integrant [íntəgrənt] 1. *adj* sestaven, bistven; 2. *n* sestavni del, sestavina

integrate I [íntigrət] *adj* sestavljen, cel

integrate II [íntigreit] 1. *vt* strniti, dopolniti; sestaviti, povezati (*into*, *with*); *math* integrirati; 2. *vi* strniti se

integrated [íntigreitid] *adj* enoten, strnjen; *A* ~ store podružnica (trgovine); ~ school mešana šola (za vse rase)

integrating [íntigreitiŋ] *adj math & tech* integracijski; *el* ~ device števna naprava integration [intigréišən] *n* integracija, strnjevanje, povezovanje v celoto; *math* integriranje

integrationist [intigréišənist] *n A* zagovornik rasne enakopravnosti

integrative [íntigreitiv] *adj* dopolnilen, izpopolnjevalen

integrator [íntigreitə] *n* dopolnilo, dopolnjevalec, izpopolnjevalec; *phys & tech* integrator

integrity [intégriti] *n* popolnost, neokrnjenost, celost, integriteta; *fig* poštenost, neoporečnost

integument [intégjumənt] *n* povrhnjica, koža, lupina, luskina, ovojnica

integumentary [integjuméntəri] *adj* povrhnji, kožen, lupinast, luskinast, ovojen

intellect [íntilekt] *n* um, razum, intelekt; razumnik, izobraženec; *pl* razumništvo, izobraženstvo

intellection [intilékšən] *n* razumevanje; misel, ideja

intellectual [intiléktjuəl] 1. *adj* (-ly *adv*) intelektualen, umstven, razumski; 2. *n* intelektualec, -lka; the ~ s intelektualci; ~ worker duševni delavec

intellectualism [intiléktjuəlizm] *n phil* intelektualizem

intellectualist [intiléktjuəlist] *n* intelektualec; *phil* intelektualist

intellectuality [íntilektjuǽliti] *n* intelektualnost, razumništvo

intellectualize [intiléktjuəlaiz] 1. *vt* razumsko obravnavati, razumsko dognati; poduhoviti; 2. *vi* poduhoviti se, postati razumski; modrovati

intelligence [intélidžəns] *n* inteligenca, razumnost, bistroumnost, pamet; razumevanje, znanje, poznavanje; poročilo, -la, novica, -ce; *E* Intelligence Department, *A* Intelligence Bureau vojna obveščevalna služba; *A* ~ office obveščevalni urad, borza dela; ~ officer vojni obveščevalec; ~ with the enemy izdajalski stiki s sovražnikom; ~ service obveščevalna služba; ~ quotient inteligenčni kvocient; ~ test inteligenčna preskušnja

intelligencer [intélidžənsə] *n* poročevalec; obveščevalec, vohun

intelligent [intélidžənt] *adj* (-ly *adv*) inteligenten, izobražen, bister, pameten, razumen; uvideven; izkušen, vešč; dobro obveščen

intelligential [intilidžénšəl] *adj* razumen, razumski, duhoven

intelligentsia [-zia] [intelidžénciə] *n* izobraženci, intelektualci, inteligenca

intelligibility [intelidžəbíliti] *n* razumljivost, jasnost

intelligible [intélidžəbl] *adj* (intelligibly *adv*) razumljiv, jasen

intemperance [intémpərəns] *n* nezmernost, pretiravanje, pretiranost, razuzdanost, vdajanje pijači; ostrost (podnebja)

intemperate [intémpərit] *adj* (-ly *adv*) nezmeren, pretiran, razuzdan, vdan pijači; neukroten; oster (podnebje)

intend [inténd] *vt* nameravati, kaniti, meriti na kaj; nameniti (*for* za); meniti, misliti; hoteti; was this ~ed? je bilo to namerno?; what is it ~ed for? čemu naj to služi?; he is ~ed for the navy predviden je za mornarico; what do you ~ by this? kaj misliš s tem?; it was ~ed for a compliment bilo je mišljeno kot poklon; we ~ him to go želimo, da gre

intendancy [inténdənsi] *n* uprava, intendatura

intendant [inténdənt] *n* upravnik, intendant

intended [inténdid] *adj* (-ly *adv*) nameravan, predviden, nameren, zaželjen; *coll* bodoč; *coll* my ~ moj zaročenec, moja zaročenka

intending [inténdiŋ] *adj* bodoč; voljan; ~ buyer interesent za nakup

intendment [inténdmənt] *n* namen; *jur* pravi pomen

intense [inténs] *adj* (-ly *adv*) močan, silen, hud, oster (mraz), intenziven; napet; čustven; ~ longing silno hrepenenje; ~ light slepeča svetloba; ~ cold oster mraz

intenseness [inténsnis] *n* intenzivnost, jakost; napetost; čustvenost

intensification [intensifikéišən] *n* poostritev, okrepitev, stopnjevanje

intensifier [inténsifaiə] *n photo* ojačevalec

intensify [intensifai] *vt & vi* poostriti (se), okrepiti (se), stopnjevati (se)

intension [inténšən] *n* poostritev, okrepitev; jakost; napor volje, duševni napor

intensity [inténsiti] *n* napetost, jakost, globina, intenzivnost; *phys* intenziteta

intensive [inténsiv] *adj* (-ly *adv*) intenziven, temeljit, močan, silovit; *med* zelo učinkovit; *gram* ~ word poudarna beseda

intent I [intént] *adj* (-ly *adv*) odločen, osredotočen (*on* na), zaverovan v kaj; pazljiv, napet, vnet

intent II [intént] *n* namen, nakana, naklep; cilj, smoter, načrt; *jur* criminal ~ hudodelski naklep; to all ~ s and purposes v vsakem pogledu, popolnoma; with good (evil) ~ s z dobrim (zlim) namenom

intention [inténšən] *n* namen, namera, nakana; smoter, cilj; *pl coll* ženitveni nameni; *med* zaceljenje rane; healing by first ~ zaceljenje rane brez gnojenja; healing by second ~ zaceljenje rane po gnojenju; with the best (of) ~ s z najboljšim namenom

intentional [inténšənəl] *adj* (-ly *adv*) nameren, nameravan, hoteč

intentioned [inténšənd] *adj* nameren; well-~ dobronameren; ill-~ zlonameren

intently [inténtli] *adv* pozorno, napeto

intentness [inténtnis] *n* odločnost, osredotočenost, napetost, vnema; ~ of purpose smotrnost

inter I [íntə] *prep Lat* med; ~ alia med drugim; ~ nos med nami; ~ vivos med živimi

inter II [intə:] *vt* pokopati, zakopati

inter- III [íntə] *pref* med-

interact I [íntərækt] *n theat* medigra, odmor

interact II [intərǽkt] *vi* vzajemno delovati, medsebojno vplivati

interaction [intərǽkšən] *n* vzajemno delovanje, medsebojno vplivanje

interactive [intərǽktiv] *adj* vzajemen, medsebojen

interallied [intərǽlaid] *adj mil* medzavezniški

interblend [intəblénd] *vt & vi* medsebojno (se) pomešati

interbourse [intəbúəs] *adj econ* medborzen; ~ securities mednarodni vrednostni papirji

interbreed* [intəbrí:d] *vt & vi* križati (se) (živali, rastline)

interbreeding [intəbrí:diŋ] *n biol* križanje (živali, rastlin) intercalary [intɔ́:kələri, intəkǽləri] *adj* prestopen, vrinjen (dan v koledarju); vmesen; ~ **year** prestopno leto; ~ **day** prestopni dan (29. februar)

intercalate [intɔ́:kəleit] *vt* vriniti (dan v koledar); dodati, posredovati

intercalation [intə:kəléišən] *n* vrinjenje (dneva v koledar); dodajanje

intercalative [intɔ́:kələtiv] *adj* ki se vrinja, vmesen; ~ **language** jezik, ki spreminja oblike z vmesnimi zlogi

intercede [intəsí:d] *vi* posredovati, prositi za koga, zavzeti se (*with* pri kom, *for* za koga)

interceder [intəsí:də] *n* posredovalec, -lka, prišnjik, -ica

intercellular [intəséljulə] *adj biol* medceličen

intercept I [íntəsept] *n math* del črte med dvema točkama; prestrežena radijska vest

intercept II [intəsépt] *vt* prestreči, ustaviti, prekiniti, zapreti (pot), presekati (zvezo), preprečiti, ujeti, prisluškovati; *math* potegniti črto med dvema točkama (*between*); *econ* **to** ~ **trade** ovirati kupčijo

interception [intəsépšən] *n* prestrezanje, prekinitev, zagraditev (poti), preprečitev; prisluškovanje (tel. pogovorom)

interceptive [intəséptiv] *adj* prestrezen, zadrževalen, oviralen, zapiralen

interceptor [intəséptə] *n* prestrezalo, kdor prestreza; prestrezen lovski avion

intercession [intəséšən] *n* posredovanje, priprošnja (*for* za); **to make** ~ **to s.o. for s.o.** posredovati pri kom za koga

intercessional [intəséšənəl] *adj* posredovalen, prišnjiški

intercessor [intəsésə] *n* posredovalec, -lka, prišnjik

intercessory [intəsésəri] *adj* posredovalen, prišnjiški

interchange I [íntəčeindž] *n* izmenjava, zamenjava, zamena, izmena; *econ* menjalna trgovina

interchange II [intəčéindž] **1.** *vt* izmenjati, zamenjati (*with* s, z, *for* za); **2.** *vi* izmenjati si

interchangeability [íntəčeindžəbíliti] *n* izmenljivost, zamenljivost

interchangeable [intəčéindžəbl] *adj* (**interchangeably** *adv*) izmenjalen, izmenljiv, (medsebojno) zamenljiv

interchanger [intəčéindžə] *n tech* (toplotni, zračni) izmenjalnik

intercitizenship [íntəsítiznšip] *n pol* dvojno državljanstvo

interclavicle [intəklǽvikl] *n zool* vmesna ključnica

intercollegiate [intəkəlí:džiət] *adj* medfakulteten, meduniverziteten

intercolonial [intəkəlóuniəl] *adj* medkolonialen

intercom [íntəkəm] *n* notranja telefonska zveza (v letalu, tanku)

intercommunicate [intəkəmjú:nikeit] **1.** *vi* občevati, biti v zvezi; **2.** *vt* spraviti v zvezo, medsebojno sporočati

intercommunication [íntəkəmju:nikéišən] *n* medsebojna zveza, občevanje, sporočanje

intercommunion [intəkəmjú:njən] *n* medsebojni stik, medsebojen odnos

intercommunity [intəkəmjú:niti] *n* skupna last, vzajemnost, skupni interesi

interconnect [intəkənékt] **1.** *vt* medsebojno spojiti, povezati; **2.** *vi* biti spojen, povezan

interconnected [intəkənéktid] *adj* spojen, povezan

interconnection [intəkənékšən] *n* medsebojna povezava

intercontinental [intəkəntinéntl] *adj* medcelinski

intercostal [intəkóstl] **1.** *adj anat* medrebrn; **2.** *n* medrebrna mišica

intercourse [íntəkə:s] *n* stik, druženje, občevanje, spolno občevanje (*between* med, *with* s, z); *econ* poslovna zveza, poslovni pormet

intercross I [intəkrós] *n bot* & *zool* križanje, križanec

intercross II [intəkrós] **1.** *vt* križati (živali, rastline); prepletati, sekati; **2.** *vi* križati se; prepletati se, sekati se

intercurrence [intərkárəns] *n* nastopanje, pojavljanje v istem času

intercurrent [intəkárənt] *adj* vmesen (čas); istočasen (dve bolezni), ponavljajoč se (bolezen)

interdental [intədéntl] *adj anat* & *ling* medzoben

interdepend [intədipénd] *vi* biti medsebojno odvisen

interdependence [intədipéndəns] *n* medsebojna odvisnost

interdependent [intədipéndənt] *adj* (-**ly** *adv*) medsebojno odvisen

interdict I [íntədikt] *n* prepoved; *Sc jur* sodna prepoved; *eccl* interdikt; **to put an** ~ **upon** (uradno) prepovedati; **to put** (ali **lay**) **under an** ~ izreči interdikt nad

interdict II [intədíkt] *vt* (uradno) prepovedati (*to* komu); *eccl* izreči interdikt nad kom; izključiti koga (*from* iz); **to** ~ **s.o. a thing** odtegniti komu kaj

interdiction [intədíkšən] *n* prepoved, izobčitev; *jur* postavitev pod skrbstvo

interdictory [intədíktəri] *adj* prepoveden

interdigitate [intədídžiteit] *vi* biti prepleten, prepletati se (*with* s, z)

interest I [íntrist] *n* interes, zanimanje (*in* za); udeležba; važnost, pomen; *econ* udeležba, delež, pravica do deleža (*in*); *econ* (samo *sg*) obresti; vpliv (*with* na), oblast (*with* nad); prid, korist, dobiček; *jur* pravica, zahteva (*in*); ~ **account** obrestni račun; **simple** ~ navadne obresti; **compound** ~ obrestne obresti; ~ **charged** franko obresti; ~ **due** zamudne obresti; **ex** ~, **free of** ~ brez obresti; ~ **from** (ali **on**) **capital** obresti od kapitala; **and** (ali **plus**) ~ z obrestmi; **to charge** ~ zaračunati obresti; ~ **on debit balances** debetne obresti; ~ **rate** obrestna mera; ~ **pro and contra** obresti na dolg in imetje; **to bear** (ali **carry, pay, yield**) ~ obrestovati se; **to lend out money at** ~ posojati denar z obrestmi; *fig* **to return s.th. with** ~ vrniti kaj z obrestmi; **controlling** ~ odločilna udeležba kapitala; **the banking** ~ bančni krogi; **the business** ~s poslovni svet; **the landed** ~ velepossestniki; **the shipping** ~ lastniki ladij; **the** ~s interesenti; **to be in** (ali **to**) **s.o.'s** ~ biti komu v korist; **to be of** ~ **to** biti zanimiv za, mikati koga; **of great** ~ zelo važen; **of little** ~ malopomemben; **to look after one's**

own ~s skrbeti za svojo korist; **in your** ~
vam v korist; **to study the** ~ **of** s.o. imeti korist
nekoga pred očmi; **a matter of** ~ važna zadeva;
to have an ~ **in** s.th. imeti delež v čem; **to
take an** ~ **in** s.th. zanimati se za kaj, potego-
vati se za kaj; **to make** ~ **with** s.o. vplivati
na koga; **to have** ~ **with** s.o. imeti vpliv pri
kom; **to excite** s.o.'s ~ zbuditi zanimanje
pri kom; **to obtain** s.th. **through** ~ **with** s.o.
dobiti kaj po zvezah; **to use one's** ~ **with one
for** s.o. zavzeti se za koga pri kom; *pol* **sphere
of** ~ interesna sfera
interest II [íntrist] *vt* zbuditi zanimanje (*in* za);
zanimati, zainteresirati; vplivati, privlačiti; **to**
~ o.s. **in** zanimati se za
interest-bearing [íntristbéəriŋ] *adj* obrestovalen,
obrestonosen
interested [íntristid] *adj* (**-ly** *adv*) zavzet; zaintere-
siran (*in* za), udeležen (*in* pri); sebičen; pri-
stranski (priča); **to be** ~ **in** zanimati se za kaj;
the parties ~ interesenti
interestedness [íntristidnis] *n* pristranost, sebičnost;
zanimivost
interesting [íntristiŋ, intəréstiŋ] *adj* (**-ly** *adv*) za-
nimiv; **in an** ~ **condition** v drugem stanu, no-
seča
interface [íntəfeis] *n math* vmesna ploskev; *phys*
mejna ploskev
interfacial [intəféišəl] *adj* ki je med ploskvami,
medploskoven
interfere [intəfíə] *vi* motiti, ovirati (*with* pri);
nadlegovati, preprečiti, prekiniti; vtikati se,
vmeša(va)ti se (*in v*), poseči vmes; *pol* inter-
venirati; ukvarjati se (*with* s, z); *fig* kolidirati,
nasprotovati si, priti navzkriž; *A jur* uveljaviti
prioritetno pravico (za iznajdbo); kresati se
(konj); *phys* povzročiti interferenco, sovpadati
(valovi); *sp* ovirati nasprotnika
interference [intəfíərəns] *n* kolizija, navzkrižje,
trčenje; motnja, oviranje (*with*); vmešavanje
(*in*); *pol* intervenca; kresanje (nog); prepletanje;
phys interferenca; *A* uveljavitev prioritetne
pravice; **reception** ~ motnja radijskega (TV)
sprejema; ~ **inverter** dioda za odpravljanje
motenj; ~ **suppression** odpravek motenj; *phys*
~ **colour** interferenčna barva
interferential [intəfərénšəl] *adj phys* interferenčen;
med interferenten, sovplivajoč
interfering [intəfíəriŋ] *adj* (**-ly** *adv*) ki se vmešava,
ovira, moti; **he is always** ~ vedno se vmešava
interflow I [íntəflou] *n* vlivanje drug v drugega,
pomešanje
interflow II [intəflóu] *vi* vlivati se drug v drugega,
pomešati se
interfluent [intəflúənt] *adj* vlivajoč se, ki teče
vmes, ki se meša
interfluve [íntəfluv] *n* vzpetina med dvema rečna-
tima dolinama
interfoliaceous [intəfouliéišəs] *adj bot* medlisten
interfuse [intəfjú:z] *vt & vi* zliti (se), spojiti (se),
pomešati se (*with* s, z)
interfusion [intəfjú:žən] *n* zlitje, spojitev, mešanje
interglacial [intəgléišəl] *adj geol* interglacialen,
med ledeniškimi dobami
intergradation [intəgrədéišən] *n* postopno pre-
hajanje drug v drugega

intergrade [íntəgreid] *n* vmesna stopnja
intergrowth [íntəgrouθ] *n* pomešana rast, medrast
(rastline)
interim I [íntərim] *adj* vmesen, začasen, interimen,
intermističen; *econ* ~ **balance sheet** vmesna
bilanca; *econ* ~ **certificate** interimen izkaz;
~ **credit** interimen kredit
interim II [íntərim] *n* interim, časovni presledek,
začasna rešitev; **in the** ~, **ad** ~ medtem, za-
časno; *econ* **dividend ad** ~, ~ **dividend** vmesna
dividenda
interior I [intíəriə] *adj* (**-ly** *adv*) notranji; v notra-
njosti dežele; domač; skriven; *fig* duševen;
math ~ **angle** notranji kot; ~ **design** notranja
arhitektura; ~ **decorator** notranji arhitekt
interior II [intíəriə] *n* notranjost, interier, no-
tranjščina; duša; *A* **Department of the Interior**
ministrstvo za notranje zadeve
interjacent [intədžéisənt] *adj* vmes ležeč, vmesen
interject [intədžékt] *vt* vmes vreči, vmes seči
(z besedo)
interjection [intədžékšən] *n* vzklik, medklic; *gram*
medmet, interjekcija
interjectional [intədžékšənəl] *adj* (**-ly** *adv*) med-
klicen, interjekcijski
interjector [intədžéktə] *n* kdor vpada, kdor sega
v besedo
interjectory [intədžéktəri] *adj* glej **interjectional**
interjoin [intədžɔ́in] *vt* spojiti med seboj
interknit* [intənít] *vt* preplesti, vplesti
interlabial [intəléibiəl] *adj anat* medustničen
interlace [intəléis] **1.** *vt* preplesti, pretkati (*with*
s, z); pomešati, spojiti; **2.** *vi* prepletati se
interlacement [intəléismənt] *n* prepletanje, pre-
pletenost
interlaminate [intəlǽmineit] *vt tech* vstaviti med
plasti
interlard [intəlá:d] *vt* zabeliti govor (*with*), vme-
šati tujke v govor (*into*); pretakniti (meso)
s slanino
interlay* [intəléi] *vt* (vmes) vložiti, vstavivi
interleaf [íntəli:f] *n* prazen, vmesen list v knjigi
interleave* [intəlí:v] *vt* vložiti prazne liste (v
knjigo)
interline [intəláin] *vt* pisati med vrsticami; *A*
všiti vmesno podlogo (pri obleki)
interlinear [intəlíniə] *adj* medvrstičen, interline-
aren; *print* ~ **space** razmik med vrstami
interlineation [intəliniéišən] *n* interlinearen tekst
interlingua [intəliŋgwe] *n* posredniški jezik (pri
strojnem prevajanju)
interlining [íntəláiniŋ] *n* pisanje med vrsticami;
A vmesna podloga (pri obleki)
interlink I [íntəliŋk] *n* vmesni člen
interlink II [intəliŋk] *vt* spojiti, povezati
interlock [intəlók] **1.** *vt* spojiti, trdno speti; sin-
kronizirati signalne naprave; **2.** *vi* spojiti se,
biti trdno spet
interlocution [intələkjú:šən] *n* pogovor, dialog;
jur začasna sodba, odlok
interlocutor [intələkjutə] *n* sogovornik, udeleženec
v pogovoru, sobesednik
interlocutory [intələkjutəri] *adj* pogovoren, dialo-
gičen; *jur* začasen
interlocutress [intələkjutris] *n* sogovornica, udele-
ženka v pogovoru, sobesednica

interlocutrix [intəlókjutriks] *n* glej interlocutress
interlope [intəlóup] *vi* vriniti se, vtihotapiti se, vsiliti se; *econ* na črno trgovati
interloper [íntəloupə] *n* vsiljivec; *econ* črnoborzijanec
interlude [íntəlu:d] *n theat* medigra; *hist* vmesna igra v srednjeveški drami, interludij; *mus* medigra, intermezzo; *fig* presledek, epizoda
intermarriage [intəmǽridž] *n* poroka med ljudmi različnih plemen (ras), poroka med sorodniki
intermarry [intəmǽri] *vi* med seboj se poročati, poročati se s pripadniki drugih plemen ali ras (*with*)
intermaxillary [intərmǽksiləri] 1. *adj anat* medčeljusten; ~ teeth gornji sekalci; 2. *n* medčeljustna kost
intermeddle [intəmédl] *vi* vmeša(va)ti se (*with, in*)
intermediary [intəmí:diəri] 1. *adj* vmesen, posreden; 2. *n* posrednik, -nica, posredovanje, sredstvo; prehodna stopnja
intermediate I [intəmí:djət] 1. *adj* (-ly *adv*) vmesen, posredovalen (*between*); 2. *n* posrednik; *fig* zveza
intermediate II [intəmí:dieit] *vi* posredovati (*between* med)
intermediation [intəmi:diéišən] *n* posredovanje, posredništvo
intermediator [intəmí:dieitə] *n* posrednik
intermedium [intəmí:diəm] *n* posredovalna vloga; vmesni prostor; interval
interment [intə́:mənt] *n* pokop, pogreb
intermezzo [intəmédzou] *n theat & mus* intermezzo, vmesna igra
interminable [intə́:minəbl] *adj* (interminably *adv*) neskončen, brezmejen, nedogleden; večen; *fig* razvlečen
interminableness [intə́:minəblnis] *n* neskončnost, brezmejnost, nedoglednost; večnost; *fig* razvlečenost
intermingle [intəmíŋgl] *vt & vi* pomešati (se)
interminglement [intəmíŋglmənt] *n* pomešanje
intermission [intəmíšən] *n* prekinitev, odmor, presledek; meddobje; without ~ nenehno, neprestano, brez odmora
intermissive [intəmísiv] *adj* pretrgan, v presledkih
intermit [intəmít] 1. *vt* prekiniti, pretrgati; 2. *vi* začasno prenehati
intermittence [intəmítəns] *n* prekinitev, premor; *med* intermitenca
intermittent [intəmítənt] *adj* (-ly *adv*) prenehujoč, pretrgan, v presledkih; vračajoč se (reka, jezero); *med* ~ fever intermitentna (malarična) mrzlica; ~ light utripajoča luč, svetilniška luč
intermix [intəmíks] *vt & vi* pomešati (se) (*with* s, z)
intermixture [intəmíkščə] *n* mešanica, pomešanost; zmes, primes
intern I [intə́:n] *n A* stažist v bolnišnici; *A* internist, gojenec, zavódar
intern II [intə́:n] *vt* zapreti, internirati, omejiti svobodo gibanja; zadržati ladjo s tihotapskim tovorom v pristanišču; *A* poslati robo v notranjost dežele
internal [intə́:nəl] *adj* (-ly *adv*) notranji; *fig* duhoven; domač; *pol* ~ affairs notranje zadeve; ~ combustion notranje izgorevanje; *jur* ~

evidence dokaz, ki je v zadevi sami; ~ injury notranja poškodba; ~ loan notranje posojilo; ~ medicine interna medicina; ~ revenue državni dohodki, davki; *A* Interval Revenue Office davčni urad; *med* ~ specialist internist, zdravnik za notranje bolezni; ~ trade notranja trgovina
internals [intə́:nəlz] *n pl anat* notranji organi; človekova notranjost, duhovnost
internation [intənéišən] *n* internacija; *A com* pošiljka robe v notranjost dežele
international I [intənǽšnəl] *adj* (-ly *adv*) mednaroden; *jur* ~ law mednarodno pravo; International Monetary Fund mednarodni denarni fond
international II [intənǽšnəl] *n sp* tekmovalec na mednarodnih tekmah, mednarodna tekma; *pol* International internacionala (organizacija in pesem)
Internationale [intənæšná:l] *n* internacionala
internationalism [intənǽšnəlizm] *n* internacionalizem
internationalist [intərnǽšnəlist] *n* internacionalist
internationality [intənæšənǽliti] *n* mednarodnost
internationalization [íntənæšnəlaizéišən] *n* internacionalizacija
internationalize [intənǽšnəlaiz] *vt* internacionalizirati, spraviti pod mednarodno upravo
interne [íntə:n] *n* glej intern I
internecine [intəní:sain, ~sin] *adj* medsebojno uničevalen, smrtonosen, morilski
internee [intə:ní:] *n* interniranec, -nka
internist [intə́:nist] *n* internist, zdravnik za notranje bolezni
internment [intə́:nmənt] *n* interniranje, internacija; ~ camp internacijsko taborišče
internship [íntənšip] *n* zdravniški staž
interoceanic [intəroušiǽnik] *adj* medoceanski
interocular [intərókjulə] *adj* medočesen
interosculate [intəróskjuleit] *vi* preiti drug v drugega, predreti drug v drugega; *biol* tvoriti vmesen člen
interpage [intəpéidž] *vt* vriniti med liste v knjigi
interparietal [intəpəráiətl] *adj anat* medtemeničen; ~ bone medtemenična kost
interpellant [intəpélənt] *n* interpelant
interpellate [intə́:peleit] *vt* interpelirati; seči komu v besedo z vprašanjem
interpellation [intə:peléišən] *n* interpelacija, vprašanje med razpravo; *E* poziv
interpellator [intə:peléitə] *n* glej interpellant
interpenetrate [intəpénitreit] 1. *vt* prežeti, predreti, prepojiti; 2. *vi* prepojiti se, predreti se
interpenetration [íntəpenitréišən] *n* prežemanje, prediranje, prepajanje
interpenetrative [intəpénitreitiv] *adj* prediren, prežemajoč, prepajajoč
interphone [íntəfoun] *n* glej intercom
interplanetary [intəplǽnitəri] *adj* medplaneten
interplay [íntəplei] *n* medsebojno delovanje, vzajemna igra, medsebojen vpliv
interplead [intəplí:d] *vi jur* začeti sodni proces z upniki (o upravičenosti njihovih zahtev)
interpolar [intəpóulə] *adj* (zlasti) *el* interpolaren, ki je med poloma

30*

interpolate [intɔ́:pǝleit] *vt* interpolirati, vriniti, vložiti, vstaviti (v tekst); *math* interpolirati, vstavljati vmesne vrednote v metamatično zaporedje

interpolation [intǝ:pǝléišǝn] *n* interpolacija, vložek, vstavek (v tekst); *math* interpolacija

interpolator [intɔ́:pǝleitǝ] *n* kdor interpolira

interpole [íntǝpoul] *n el* vmesni pol, vmesna elektroda

interposal [intǝpóuzl] *n* vrinjenje; posredovanje, intervencija; ugovarjanje, pripominjanje

interpose [intǝpóuz] **1.** *vt* vriniti (*between* med); poseči vmes, posredovati; pripomniti, ugovarjati; **2.** *vi* zavzeti se za koga, vmešati se, intervenirati, prekiniti se

interposition [intǝ:pǝzíšǝn] *n* vrinjenje, vmešavanje, poseganje v kaj, posredovanje

interpret [intɔ́:prit] **1.** *vt* razlagati, podajati, tolmačiti, interpretirati, prevesti; **2.** *vi* biti tolmač, tolmačiti, razlagati si

interpretable [intɔ́:pritǝbl] *adj* razlagalen, podajalen, prevajalen

interpretation [intǝ:pritéišǝn] *n* razlaga, podajanje, tolmačenje, interpretacija, prevajanje

interpretative [intɔ́:priteitiv] *adj* (**-ly** *adv*) interpretacijski, razlagalen, prevajalen; **to be ~ of** *s.th.* raztolmačiti kaj, razložiti kaj

interpreter [intɔ́:pritǝ] *n* tolmač, razlagalec, prevajalec

interpretress [intɔ́:pritris] *n* tolmačica, razlagalka, prevajalka

interpunction [intǝpʌ́ŋkšǝn] *n gram* interpunkcija, ločilo

interpunctuation [íntǝpʌŋktjuéišǝn] *n gram* postavljanje ločil

interracial [intǝréišǝl] *adj* medrasni, za različne rase

interreact [intǝri:ǽkt] *vi* vplivati drug na drugega, medsebojno reagirati

interregnum [intǝrégnǝm] *n* medvladje, interegnum; meddobje, presledek

interrelate [intǝriléit] **1.** *vt* spraviti v medsebojen odnos; **2.** *vi* biti v medsebojnem odnosu

interrelated [intǝriléitid] *adj* medsebojno vezan

interrelation [intǝriléišǝn] *n* medsebojen odnos

interrex [íntǝreks] *n* državni poglavar za časa medvladja

interrogate [intérǝgeit] *vt* povpraševati, izprašati; *jur* zasliševati

interrogation [interǝgéišǝn] *n* povpraševanje, spraševanje, vprašanje; *jur* Iasliševanje; *gram* vprašalni stavek; *gram* note (ali mark, point) of ~ vprašaj

interrogative [intǝrógǝtiv] **1.** *adj* (**-ly** *adv*) vprašalen; **2.** *n gram* vprašalnica

interrogator [intérǝgeitǝ] *n* spraševalec, -lka, *jur* zasliševalec, -lka; *pol* interpelant

interrogatory [intǝrógǝtǝri] **1.** *adj* zasliševalen; **2.** *n* vprašanje pri zasliševanju, zasliševanje

interrupt [intǝrʌ́pt] *vt* prekiniti, motiti, vpasti v besedo; ustaviti, presekati

interrupted [intǝrʌ́ptid] *adj* (**-ly** *adv*) prekinjen, pretrgan, s prekinitvami

interrupter [intǝrʌ́ptǝ] *n* motilec, prekinjalec; *el* prekinjač

interruption [intǝrʌ́pšǝn] *n* prekinitev, pretrganje, ustavitev, motnja, odmor; **without ~** neprekinjeno

interruptive [intǝrʌ́ptiv] *adj* (**-ly** *adv*) motilen, oviralen, prekinjajoč

interruptory [intǝrʌ́ptǝri] *adj* prekinjevalen, motilen, oviralen

interscholastic [intǝskǝlǽstik] *adj A* medšolski

intersect [intǝsékt] **1.** *vt* sekati, presekati, križati; **2.** *vi* sekati se, križati se

intersection [intǝsékšǝn] *n* presek, križanje, križišče (ulic, prog); *math* sečišče

intersectional [intǝsékšǝnl] *adj* križiščen, presečen

intersexual [intǝsékšuǝl] *adj* medspolen

intersidereal [intǝsaidíǝriǝl] *adj* medzvezden

interspace I [íntǝspeis] *n* presledek (v prostoru in času), razmik; medplanetaren ali medzvezden prostor

interspace II [intǝspéis] *vt* napraviti presledek, razmakniti; izpolniti prostor med vrsticami

interspatial [intǝspéišǝl] *adj* medprostoren, medčasoven

intersperse [intǝspé:s] *vt* vmes natresti, potresti, nastlati; posejati, posaditi (*between*, *among* med); posuti, pomešati (*with* s, z)

interspersion [intǝspé:šǝn] *n* potresanje, posipanje, razsipanje; sajenje vmes

interstate [intǝstéit] *adj* meddržaven (zlasti med državami ZDA)

interstellar [intǝstélǝ] *adj* glej **intersidereal**

interstice [intɔ́:stis] *n* medprostor; razmik; reža, špranja

interstitial [intǝstíšǝl] *adj* medprostoren, vmesen; špranjast

interstratify [intǝstrǽtifai] **1.** *vt* vložiti vmesne plasti; **2.** *vi* ležati med plastmi

intertangle [intǝtǽŋl] *vt & vi* splesti, zapletsi (se), skuštrati (se), zavozlati (se)

intertexture [intǝtéksčǝ] *n* vtkanje, vtkanost, prepletanje

intertie [intǝtái] **1.** *vt* povezati, zavezati, preplesti; **2.** *vi* prepletati se

intertissued [intǝtísjud] *adj* pretkan, prepleten

intertribal [intǝtráibǝl] *adj* medplemenski

intertropical [intǝtrópikǝl] *adj* (**-ly** *adv*) medtropski

intertwine [intǝtwáin] *vt & vi* preplesti (se), zaplesti (se), zamotati (se)

intertwinement [intǝtwáinmǝnt] *n* prepletanje, prepletenost, zapletenost

intertwist [intǝtwíst] *vt & vi* glej **intertwine**

interurban [intǝrǝ́:bǝn] **1.** *adj* medmesten; **2.** *n* medmesten vlak

interval [íntǝvǝl] *n* razmik, presledek, meddobje; *mus* interval; *med* svetel trenutek; **at ~s** v presledkih, tu in tam; **at regular ~s** v enakomernih presledkih; **at ~s of 50 feet** v razmiku petdesetih čevljev; **~ signal** znak za odmor (radio)

intervale [íntǝveil] *n A* (rečna) dolina, nižava

intervene [intǝví:n] *vi* posredovati, vmešati se, poseči vmes (*in*), priti vmes; zavzeti se za koga, intervenirati; razprostirati se, biti vmes (*between*); **if nothing ~s** če bo šlo vse po sreči

intervener [intǝví:nǝ] *n* posrednik, kdor intervenira

intervenient [intǝví:njǝnt] *adj* intervencijski, posredovalen; slučajen

intervention [intəvénšən] *n* intervencija, posredovanje, poseg (*in* v), pomoč; razprostiranje (*between* med)
interventionism [intəvénšənizm] *n pol* intervencionizem, poseganje v tuje zadeve
interventionist [intəvénšənist] *n* intervencionist, kdor posega v tuje zadeve
intervertebral [intəvə́:tibrəl] *adj anat* medvretenčen
interview I [íntəvju:] *n* intervju, pogovor za javnost, sestanek; **hours of** ~ s govorilne ure
interview II [íntəvju:] *vt* imeti s kom intervju, intervjuvati
interviewee [intəvju:í:] *n* intervjuvanec, kdor je intervjuvan
interviewer [íntəvju:ə] *n* kdor intervjuva
intervocalic [intəvəkǽlik] *adj* medsamoglasniški
intervolution [intəvəljú:šən] *n* zapletenost, preplet
intervolve [intəvólv] *vt* zaplesti, preplesti
inter-war [íntəwə:] *adj* ki je v obdobju med dvema vojnama
interweave* [intəwí:v] *vt* vtkati, pretkati, preplesti pomešati
interwind* [intəwáind] *vt* & *vi* prepletati (se)
interzonal [intəzóunl] *adj* medconski
intestacy [intéstəsi] *n jur* smrt brez oporoke; **succession on** ~ zakonito dedno nasledstvo; **the property goes by** ~ zapuščina pripade zakonitim dedičem
intestate [intéstit, ~ teit] 1. *adj jur* brez oporoke; 2. *n* kdor umre brez oporoke
intestinal [intéstinəl, intestáinəl] *adj anat* črevesen
intestine I [intéstin] *n anat* črevo; *pl* črevesje; **large** ~ debelo črevo; **small** ~ tenko črevo
intestine II [intéstin] *adj* notranji, domač; državljanski (vojna)
inthral(l) [inθró:l] *vt* podjarmiti, ujeti; očarati
intimacy [íntiməsi] *n* prisrčnost, domačnost, zaupnost, intimnost; *pl* spolno občevanje
intimate I [íntimit] 1. *adj* (-ly *adv*) intimen, prisrčen, zaupen, globok, domač (*with* s, z); **on** ~ **terms** v prisrčnih odnosih; 2. *n* zaupen prijatelj, intimus
intimate II [íntimeit] *vt* sporočiti, namigniti, napovedati, najaviti
intimation [intiméišən] *n* sporočilo, migljaj, namig, napoved; ~ **of gratitude** izraz hvaležnosti
intimidate [intímideit] *vt* prestrašiti, zastrašiti; *jur* primorati, prisiliti
intimidation [intimidéišən] *n* zastraševanje, zastrašenost; *jur* primoranje, prisiljenje
intimidator [intímideitə] *n* zastraševalec
intimidatory [intímideitəri] *adj* zastraševalen
intimity [intímiti] *n* notranjost, duševnost; intimnost, zaupnost, prijateljstvo
intinction [intíŋkšən] *n* pomakanje; *eccl* obhajanje s kruhom pomočenim v vino
intitule [intítju:l] *vt* glej **entitle**
into [íntu] *prep* v (na vprašanje kam?, v kaj?); **to come** ~ **fortune** podedovati; **he came** ~ **his inheritance** podedoval je; **to collect** ~ **heap** zbrati na kup; **to divide** ~ **parts** razdeliti na dele; **to flatter s.o.** ~ **s.th.** s prilizovanjem koga spraviti do česa; **to get** ~ **debt** zaiti v dolgove; **to grow** ~ **a man** postati mož; **the house looks** ~ **the garden** hiša gleda na vrt;

to marry ~ **a rich family** priženiti (primožiti) se v bogato hišo; **to pitch** ~ **s.o.** obregati se na koga; **to translate** ~ **English** prevesti v angleščino; **to turn** ~ **cash** vnovčiti; **to turn** ~ **gold** v zlato spremeniti; **far** ~ **the night** pozno v noč
intoed [íntoud] *adj* z na znotraj obrnjenimi prsti na nogah
intolerable [intólərəbl] *adj* (**intolerably** *adv*) neznosen, nevzdržen
intolerableness [intólərəblnis] *n* neznosnost, nevzdržnost
intolerance [intólərəns] *n* nestrpljivost, nestrpnost, intoleranca (*of* do), preobčutljivost (*of* za)
intolerant [intólərənt] 1. *adj* (-ly *adv*) nestrpen, nestrpljiv, netoleranten (*of* do); 2. *n* nestrpnež
intomb [intú:m] *vt* pokopati
intonate [íntouneit] *vt* glej **intone**
intonation [intounéišən] *n* začetni glas, intonacija, modulacija, pevna recitacija
intone [intóun] 1. *vt* intonirati, zapeti, dati začetni glas; 2. *vi* recitirati s pojočim glasom
intorsion [intó:šən] *n* zavoj, ovijanje (steblo rastline)
intort [intó:t] *vt* na znotraj zaviti
in toto [in tóutou] *adv Lat* v celoti, skupaj; popolnoma
intoxicant [intóksikənt] 1. *adj* opojen, omamen; 2. *n* opojna pijača, mamilo
intoxicate [intóksikeit] *vt* omamiti, opijaniti; ~ **d with** pijan od (tudi *fig*); **driving while** ~ **d** v pijanosti voziti
intoxicating [intóksikeitiŋ] *adj* opojen, omamen
intoxication [intoksikéišən] *n* pijanost, opojnost, opijanje; *med* zastrupitev
intoxicative [intóksikeitiv] *adj* opojen, omamen
intra- [intrə] *pref* znotraj česa
intracollegiate [intrəkəlí:džiit] *adj* ki je znotraj koledža, univerze
intractability [intræktəbíliti] *n* neukrotljivost, trma; nepristopnost
intractable [intrǽktəbl] *adj* (**intractably** *adv*) neukrotljiv, trmast; nepristopen
intrados [intréidəs] *n archit* notranja krivulja oboka
intramolecular [intrəməlékjulə] *adj phys* intramolekularen
intramural [íntrəmjúərəl] *adj* med zidovi (šole, mesta, zavoda)
intransigence [intrǽnsidžəns] *n* nepopustljivost, nespravljivost, nedostopnost, brezkompromisnost (zlasti v politiki)
intransigent [intrǽnsidžənt] 1. *adj* (-ly *adv*) nepopustljiv, nespravljiv, nedostopen, brezkompromisen; 2. *n* nespravljiv, brezkompromisen politik
intransitive [intrá:nsitiv, ~ træn~] 1. *adj* (-ly *adv*) neprehoden, intranzitiven; 2. *n gram* neprehoden glagol
intrant [íntrənt] *n* nov član, kdor vstopi v društvo, novinec
intraparty [intrəpá:ti] *adj pol* ki je znotraj partije
intraplant [intrəplá:nt] *adj econ* ki je znotraj obrata
intrastate [intrəstéit] *adj* v mejah države (zlasti države ZDA)

intravasation [intrævəséišən] *n physiol* vstop (tekočine) v žile

intravenous [intrəví:nəs] *adj med* intravenozen, v žilo

intreat [intrí:t] *vt & vi* glej entreat

intrench [intrénč] *vt* zagraditi, obdati z jarkom

intrenchment [intrénčmənt] *n* obrambni okop

intrepid [intrépid] *adj* (-ly *adv*) neustrašen, smel

intrepidity [intripíditi] *n* neustrašenost, smelost

intricacy [íntrikəsi] *n* zamotanost, težavnost, zapletenost, kcmplikacija

intricate [íntrikt] *adj* (-ly *adv*) zamotan, težaven, zapleten, kompliciran

intrig(u)ant [íntrigənt] *n* zdražbar, spletkar, intrigant

intrig(u)ante [intrigá:nt] *n* zdražbarka, spletkarka, intrigantka

intrigue I [intrí:g] *n* spletka, rovarstvo, intriga; skrivna ljubezen; *theat* zaplet

intrigue II [intrí:g] 1. *vi* spletkariti, rovariti, intrigirati, imeti skrivno ljubezensko razmerje (*with* s, z); 2. *vt* zbuditi komu zanimanje za kaj, zainteresirati; zbegati, zmešati koga; doseči kaj s spletkarjenjem

intriguer [intrí:gə] *n* spletkar, intrigant

intriguing [intrí:giŋ] *adj* (~ly *adv*) zanimiv, mikaven; ki zbega; spletkarski, intrigantski

intrinsic [intrínsik] *adj* (-ally *adv*) notranji, pravi, resničen, bistven; *anat* ki se nahaja v organu; ~ value of a coin prava vrednost kovanca

intrinsically [intrínsikəli] *adv* resnično, pravzaprav, samo po sebi

intro- [intro] *pref* noter, v

introduce [intrədjú:s] *vt* vpeljati, uvesti (*into* v); predstaviti (*to* komu); vpeljati koga, seznaniti koga s čim (*to*); načeti (vprašanje), začeti; zanesti (bolezen, *into* v); sprejeti zakon (v parlamentu); vstaviti; napisati knjigi uvod; to ~ a probe into vstaviti sondo

introducer [intrədjú:sə] *n* začetnik, kdor kaj uvede; kdor koga predstavi; *med* intubator

introduction [intrədʌ́kšən] *n* uvod, uvajanje, uvedba, vpeljava; predstavljanje, seznanjanje; priporočilo; predgovor, uvod; *mus* introdukcija; navodilo, učbenik; *parl* uvedba zakona; letter of ~ priporočilno pismo; an ~ to botany botanični učbenik

introductive [intrədʌ́ktiv] *adj* glej introductory

introductory [intrədʌ́ktəri] *adj* (introductorily *adv*) uvoden, začeten

introit [íntrɔit] *n eccl* uvodni psalm

intromission [intrəmíšən] *n* vpeljava; pripustitev, dopustitev (*into* k); *jur* samovoljno vmešavanje (*in* v)

intromit [intrəmít] *vt arch* pripustiti, dopustiti

intromittent [intrəmítənt] *adj zool* paritven (organ)

introrse [intrɔ́:s] *adj bot* navznoter obrnjen (prašnica)

introspect [intrəspékt] *vi* pogledati v svojo lastno notranjost

introspection [intrəspékšən] *n* pogled v lastno notranjost, introspekcija

introspectionist [intrəspékšənist] *n* introspekt, kdor gleda v svojo notranjost

introspective [intrəspéktiv] *adj* (-ly *adv*) introspektiven

introversible [intrəvɔ́:səbl] *adj* ki se lahko zapre vase, ki se lahko obrne navznoter

introversion [intrəvɔ́:šən] *n* zaprtost vase; obrnitev navznoter

introversive [intrəvɔ́:siv] *adj* obrnjen navznoter

introvert I [íntrəvə:t] *n psych* introvert, vase zaprt človek

introvert II [intrəvɔ́:t] *vt* na znotraj obrniti (misli), zamisliti se; *zool* povleči noter (tipalke)

introvertive [intrəvɔ́:tiv] *adj* vase zaprt

intrude [intrú:d] 1. *vt* vriniti (*into* v); vsiliti (*upon* komu); 2. *vi* vriniti se (*into* v); vsiliti se (*upon* komu); motiti, nadlegovati (*on, upon* koga); *geol* vdreti; to ~ s.th upon s.o. vsiliti komu kaj; to ~ o.s. upon s.o. vsiliti se komu; to ~ (up)on s.o. nadlegovati koga; am I intruding? ali motim?

intruder [intrú:də] *n* vsiljivec, -vka

intrusion [intrú:žən] *n* vrinjenje, vsiljevanje, nadlegovanje, motenje; *geol* vdor, intruzija

intrusive [intrú:siv] *adj* (-ly *adv*) vsiljiv, nadležen; *gram* vrinjen; *geol* intruziven

intrusiveness [intrú:sivnis] *n* vsiljivost, nadležnost

intrust [intrʌst] *vt* zaupati

intubation [intjubéišən] *n med* intubacija, vrinjenje cevke (v grlo itd.)

intuit [íntjuit, intjú:it] 1. *vt* intuitivno spoznati; 2. *vi* intuitivno vedeti

intuition [intjuíšən] *n* intuicija, neposredna notranja spoznava

intuitional [intjuíšənəl] *adj* intuitiven, spoznaven

intuition(al)ism [intjuíšən(əl)izm] *n phil* intuicionizem

intuitive [intjúitiv] *adj* (-ly *adv*) intuitiven, spoznaven

intuitiveness [intjúitivnis] *n* intuitivnost, neposrednost spoznanja

intumesce [intjumés] *vi* nabrekniti, napeti se; *med* oteči

intumescence [intjumésns] *n* nabreknjenost, nabreklina; *med* oteklina, otekanje

intumescent [intjumésnt] *adj* nabrekel, otekel

inunction [inʌ́ŋkšən] *n* maziljenje, vtiranje (olja v kožo)

inundant [inʌ́ndənt] *adj poet* prekipevajoč

inundate [ínʌndeit] *vt* preplaviti, poplaviti

inundation [inʌndéišən] *n* preplavljanje, poplava

inurbane [inə:béin] *adj* nevljuden, neolikan

inurbanity [inə:bǽniti] *n* nevljudnost, neolikanost

inure [injúə] 1. *vt* navaditi, privaditi, priučiti; prekaliti, utrditi; 2. *vi jur* uveljaviti se, dobiti veljavo; navaditi se, privaditi se; ~d to navajen česa, prekaljen, utrjen

inurement [injúəmənt] *n* navajenost, privajenost (*to*); utrjenost, prekaljenost

inurn [inɔ́:n] *vt* v urno dati, pokopati

inutile [injú:til] *adj* nekoristen, neraben, nedonosen; odvečen

inutility [inju:tíliti] *n* nekoristnost, nerabnost, nedonosnost; odvečnost

invade [invéid] *vt* vdreti, napasti, navaliti; prevzeti, zavzeti; prisvojiti si; *fig* kratiti; prekršiti; samovoljno posegati v kaj; fear ~d him ves je bil v strahu; the village was ~d by tourists turisti so napolnili vas; to ~ s.o.'s rights kratiti komu njegove pravice

invader [invéidə] *n* napadalec, zavojevalec; kršilec, kratilec

invalid I [invǽlid] *adj* (**-ly** *adv*) neveljaven, ničev

invalid II [ínvəli:d] **1.** *adj* (**-ly** *adv*) bolehen, bolan, nebogljen, pohabljen; *mil* nesposoben za vojaško službo; **2.** *n* invalid(ka)

invalid III [ínvəli:d] **1.** *vt* onesposobiti, pohabiti; invalidsko upokojiti; **2.** *vi* dobiti invalidsko podporo; postati invalid; **to be ~ed out of the army** biti oproščen vojaške službe zaradi invalidnosti

invalidate [invǽlideit] *vt jur* razveljaviti, ovreči

invalidation [invælidéišən] *n jur* razveljavljenje, ovržba

invalidism [ínvəlidizm] *n med* invalidnost

invalidity [invəlíditi] *n jur* neveljavnost; invalidnost, onemoglost

invaluable [invǽljuəbl] *adj* (**invaluably** *adv*) neprecenljiv, dragocen

invaluableness [invǽljuəblnis] *n* neprecenljivost, dragocenost

invariability [invɛəriəbíliti] *n* nespremenljivost, stalnost, trajnost

invariable [invɛəriəbl] **1.** *adj* (**invariably** *adv*) nespremenljiv, stalen, trajen; **2.** *n* kar se ne spreminja; *math* konstanta, stalnica

invariably [invɛəriəbli] *adv* vedno, nenehno, stalno

invariant [invɛəriənt] **1.** *adj* nespremenljiv, stalen, trajen; **2.** *n math* konstanta, stalnica

invasion [invéižən] *n* invazija (*of*), vdor, napad; *fig* poseganje (v tuje pravice), kratenje (pravic)

invasive [invéisiv] *adj* napadalen, zavojevalen, nasilen

invective [invéktiv] **1.** *adj* sramotilen, žaljiv; **2.** *n* žalitev, psovanje

inveigh [invéi] *vi* zmerjati, spraviti se nad koga, ostro napadati (z besedo), psovati (*against* koga)

inveigher [invéiə] *n* zmerjalec, psovalec

inveigle [invi:gl] *vt* zapeljati, zvoditi, zmamiti (*into* v, k)

inveiglement [invi:glmənt] *n* zapeljevanje, zvodništvo, zmamljivost

inveigler [invi:glə] *n* zapeljivec, -vka, zvodnik, -ica

invent [invént] **1.** *vt* izumiti, iznajti; **2.** *vi* izmisliti si

invention [invénšən] *n* izum, iznajdba, najdba; izmišljotina, domišljija; domiselnost, invencija; iznajdljivost, invencioznost; **it is pure ~** je čista izmišljotina

inventive [invéntiv] *adj* (**-ly** *adv*) izumiteljski, iznajdljiv, domiseln, invenciozen (*of*)

inventiveness [invéntivnis] *n* izumiteljstvo, iznajdljivost, domiselnost

inventor [invéntə] *n* izumitelj, iznajditelj

inventorial [invəntó:riəl] *adj* inventarski

inventory I [ínvəntri] *n* inventar, premično premoženje; popis imetja; *jur* popis konkurzne mase; *A econ* inventura; **to draw up** (ali **take**) **an ~** napraviti inventuro; **~ sheet** inventarski zapisnik

inventory II [ínvəntri] *vt* inventarizirati, popisati imetje, napraviti inventuro

inventress [invéntris] *n* izumiteljica

inveracity [invərǽsiti] *n* neresničnost, laž

inverness [invənés] *n* moška pelerina brez rokavov

inverse I [invɔ́:s] *adj* (**-ly** *adv*) preobrnjen, obrnjen, naroben; *math* inverzen; **~ ratio** (ali **proportion**) obratno sorazmerje; **~ly proportioned** obratno sorazmeren; *el* **~ current** protismerni tok; **~ feed-back** negativni vzvratni tok

inverse II [invɔ́:s] *n* preobrnjenost, obrnjenost, narobnost

inversion [invɔ́:šən] *n* obrnitev, obrat, inverzija; *gram* obrnjen besedni red; *med* homoseksualnost, sprevrženost; *chem* hidroliza (sladkorja); *meteor* temperaturna inverzija

inversive [invɔ́:siv] *adj* (**-ly** *adv*) inverzen, obrnjen

invert I [ínvɔ:t] **1.** *adj chem* inverten (sladkor); **2.** *n archit* obrnjen obok; *psych* homoseksualec, lezbijka, spolni sprevrženec, -nka

invert II [invɔ́:t] *vt* preobrniti, prevreči; *aero* obrniti letalo na hrbet; *gram* obrniti besedni red v stavku; *chem* invertirati

invertase [invɔ́:teis] *n biol & chem* invertaza

invertebrate [invɔ́:tibrit] **1.** *adj zool* brez vretenc, brez hrbtenice; *fig* šibek, neodločen, brez hrbtenice; **2.** *n zool* brezvretenčar; *fig* slabič, človek brez hrbtenice

inverted [invɔ́:tid] *adj* preobrnjen, obrnjen, naroben; *psych* spolno invertiran; **~ commas** narekovaji; *aero* **~ flight** hrbtno letenje

inverter [invɔ́:tə] *n el* frekvenčni menjalnik

invertible [invɔ́:tibl] *adj* ki se lahko obrne

invest [invést] **1.** *vt* obleči, odeti (*with* s, z; *in* v); ogrniti, obdati; okititi, okrasiti (*with*); *mil* obkoliti, oblegati; podeliti (službo, pooblastilo itd.); umestiti (*with*); **2.** *vi econ* investirati, vložiti denar v kaj (*in*)

investigable [invéstigəbl] *adj* izsleden

investigate [invéstigeit] *vt* raziskati, raziskovati, izslediti, preiskovati, poizvedovati (*into*)

investigation [investigéišən] *n* preiskava, poizvedovanje (*of* ali *into s.th.*); (znanstveno) raziskovanje

investigative [invéstigətiv] *adj* preiskovalen, poizvedovalen; radoveden; raziskovalen

investigator [invéstigeitə] *n* preiskovalec; raziskovalec

investigatory [invéstigətəri] *adj* glej **investigative**

investiture [invéstičə] *n* slovesna umestitev, investitura; službeno oblačilo

investment [invéstmənt] *n econ* investiranje, vlaganje, investicija, vloga, delež (družabnika); obleka, oblačenje; *biol* povrhnjica, povrhnja koža; *mil* obleganje, obkolitev; **terms of ~** investicijski pogoji; **~ bank** investicijska banka; **~ company** (ali **trust**) delniška družba; **~ credit** dolgoročno investicijsko posojilo; **~ failure** zgrešena investicija; **~ stock** vrednostni papirji

investor [invéstə] *n econ* investitor

inveteracy [invétərəsi] *n* ukoreninjenost; *med* trdovratnost

inveterate [invétərit] *adj* (**-ly** *adv*) ukoreninjen; *med* trdovraten, dolgotrajen, kroničen; zastarel

invidious [invídiəs] *adj* (**-ly** *adv*) zaviden, škodoželjen; krivičen, zloben; zavisti vreden, zavidljiv

invidiousness [invídiəsnis] *n* zavidnost, škodoželjnost; krivičnost, zloba

invigilate [invídžileit] *vi E* nadzirati študente pri izpitu
invigilation [invidžiléišən] *n E* nadzor pri izpitu
invigilator [invídžileitə] *n E* nadzornik pri izpitu
invigorant [invígərənt] *n med* krepilo, tonikum
invigorate [invígəreit] *vt* krepiti, poživiti, osvežiti
invigoration [invigəréišən] *n* okrepitev, poživitev, osvežitev
invigorative [invígəreitiv] *adj* krepilen, poživljajoč, osvežilen
invigorator [invígəreitə] *n* glej invigorant
invincibility [invinsibíliti] *n* nepremagljivost, nepremostljivost
invincible [invínsibl] *adj* (invincibly *adv*) nepremagljiv, nepremostljiv
inviolability [invaiələbíliti] *n* neranljivost, neprekršljivost; *fig* neoskrunljivost, svetost
inviolable [inváiələbl] *adj* (inviolably *adv*) neranljiv, neprekršljiv; *fig* neoskrunljiv, svet
inviolacy [inváiələsi] *n* neoskrunjenost, neonečaščenost, neprekršenost, neokrnjenost
inviolate [inváiəlit] *adj* (-ly *adv*) neoskrunjen, neonečaščen, neprekršen, neokrnjen
invisibility [invizəbíliti] *n* nevidnost, neopaznost
invisible I [invízəbl] *adj* (invisibly *adv*) neviden, neopazen; to be ~ ne sprejemati obiskov; he was ~ ni se dal videti; ~ ink nevidno črnilo; the Invisible Empire Kukluksklan; *econ* ~ exports pasivne usluge, nevidni eksporti
invisible II [invízəbl] *n* the ~ neviden, duhoven svet; bog
invitation [invitéišən] *n* vabilo, povabilo (*to s.o.*, *to dinner*); *econ* razpis; ~ card pismeno vabilo; at the ~ of na vabilo koga; ~ performance privatna predstava (na vabilo)
invitatory [inváitətəri] *adj* vabilen, vabljiv
invite I [ínvait] *n A coll* vabilo
invite II [inváit] *vt* povabiti (*to dinner* na večerjo), vabiti; vljudno pozvati, prositi za (*to do s.th*); privabiti, privlačiti, primamiti; izzvati (kritiko); izpostavljati se (kritiki); *econ* razpisati; to ~ s.o. in povabiti koga noter; to ~ applications for a post razpisati delovno mesto
inviting [inváitiŋ] *adj* (-ly *adv*) zapeljiv, vabljiv, privlačen, mamljiv
invitingness [inváitiŋnis] *n* vabljivost, privlačnost
invocation [invəkéišən] *n* prošnja, poziv, zaklinjanje; *eccl* invokacija
invocatory [invókətəri] *adj* proseč, zaklinjajoč, roteč; ~ prayer priprošnjiška molitev
invoice I [ínvois] *n econ* faktura, račun, fakturni seznam, spremni list; as per ~ po priloženi fakturi; ~ clerk fakturist
invoice II [ínvois] *vt econ* fakturirati, dati v račun, napraviti fakturni seznam; as ~ d po fakturi
invoke [invóuk] *vt* prositi, zaklinjati, klicati; *fig* moledovati, obrniti se na koga
involucre [ínvəlu:kə] *n bot & anat* ovoj, ovijalo, ovojnica
involuntarily [invóləntərili] *adv* nehote, nenamerno
involuntariness [inyóləntərinis] *n* neprostovoljnost, nenamernost
involuntary [invóləntəri] *adj* (involuntarily *adv*) neprostovoljen, nenameren; *jur* ~ manslaughter uboj iz malomarnosti; *psysiol* ~ nervous system vegetativno živčevje

involute [ínvəlu:t] *adj* zapleten, zavit; *bot* zavihnjen (list); *zool* z ozkimi zavoji (školjka)
involution [invəlú:šən] *n* zaplet, zavihanje; *bot* zavih (lista); *math* potenciranje, inovacija; *biol* degeneracija
involve [invólv] *vt* zaplesti, zamotati, zaviti, oviti (*in* v); vplesti (*in* v), spraviti v težave; obsegati, vsebovati; imeti za posledico; zahtevati, potrebovati, tikati se koga (česa); *math* potencirati; it ~ s hard work tiče se vseh zaposlenih; ~ d in a lawsuit vpleten v pravdo; to ~ o.s. with s.o. in s.th. spustiti se s kom v kaj
involved [invólvd] *adj* zapleten, vpleeten, vključen (*in s.th.* v kaj, *with s.o.* s kom); vštet, prizadet, ki se tiče koga ali česa; udeležen, zavzet pri; ·~ in debt do vratu v dolgovih; the persons ~ ljudje, ki so vpleteni v; to be ~ iti za kaj, biti prizadet: his prestige is ~ gre za njegov ugled
involvement [invólvmənt] *n* zapletanje, zapletenost, zapletena situacija; udeležba, prizadetost; denarne težave
invulnerability [invʌlnərəbíliti] *n* neranljivost; *fig* nespornost, neizpobitnost
invulnerable [invʌlnərəbl] *adj* (invulnerably *adv*) neranljiv; *fig* nesporen, neizpodbiten
inwall [inwó:l] *vt* obzidati
inward I [ínwəd] *adj* (-ly *adv*) notranji; *fig* duševni, duhovni; *fig* pravi; na poti v domovino; kopenski; domač; the ~ meaning pravi pomen; ~ bound na poti v domovino; *E* ~ duty uvozna carina; ~ trade uvozna trgovina
inward II [ínwəd] *adv* noter, v notranjost, v notranjosti
inward III [ínwəd] *n* notranjost; *pl* drobovje
inwardly [ínwədli] *adv* znotraj; tajno, v sebi; polglasno, tiho; to laugh ~ na tihem se smejati
inwardness [ínwədnis] *n* notranjost, duševnost; bit, jedro, srčika; globokost (čustva)
inwards [ínwədz] *adv* glej inward II
inweave* [inwí:v] *vt* vtkati (*in, into* v), pretkati, vplesti, prepletati
inwrap [inrǽp] *vt* zaviti, oviti
inwreathe [inrí:ð] *vt* ovenčati
inwrought [inró:t] *adj* vtkan, vdelan (*in, into* v); okrašen (*with* s, z)
iodate [áiədeit] *n chem* jodat, sol jodove kisline
iodic [aiódik] *adj chem* jodov; ~ acid jodova kislina
iodide [áiədaid] *n chem* jodid; ~ of nitrogen jodov vodik; ~ of potassium jodkalij
iodine [áiədi:n, ~dain] *n chem* jod; tincture of ~ jodova tinktura
iodism [áiədizm] *n med* zastrupitev z jodom
iodize [áiədaiz] *vt photo & med* jodirati
iodoform [aiódəfə:m] *n* jodoform
iolite [áiəlait] *n min* jolit, vodni safir
ion [áiən] *n phys* ion, naelektren delec; ~ accelerator ionski pospeševalnik
Ionia [aióunjə] *n* Jonija
Ionian [aióuniən] 1. *adj* jonski; 2. *n* Jonec, -nka
Ionic [aiónik] 1. *adj* jonski; 2. *n* jonščina, jonsko narečje; jonski verz; *print* egipčanka (pisava)

ionic [aiónik] *adj phys* ionski; ~ atmosphere ionski oblaki; ~ current ionizacijski, elektronski tok; ~ migration migracija ionov

ionization [aiənaizéišən] *n phys* ionizacija; ~ ga(u)ge ionizacijski manometer

ionize [áiənaiz] 1. *vt phys* ionizirati; 2. *vi* razpasti v ione

ionizer [áiənaizə] *n phys* ionizator

ionosphere [aiónəsfiə] *n* ionosfera, najzgornja plast ozračja

ionotherapy [aiənəθérəpi] *n med* elektroforeza

iota [aióutə] *n* jota (grška črka); *fig* drobec, malenkost; not an ~ niti malo

I O U [áioujú:] *n* (= I owe you), zadolžnica, obveznica

Iowa [áiəwe, áiouwe] *n* Iowa, država v ZDA

Iowan [áiəwən] 1. *adj* iz Iowe; 2. *n* prebivalec, -lka Iowe

ipso facto [ípsou fǽktou] *adv Lat* prav s tem dejstvom, eo ipso

ipso jure [ípsou džúri:] *adv Lat* po zakonu

Iran [iərá:n] *n* Iran, Perzija

Iranian [airéiniən] 1. *adj* iranski, perzijski; 2. *n* Iranec, -nka; iranski jezik;

Iraq [irá:k] *n* Irak

Iraqi [irá:ki] 1. *adj* iraški; 2. *n* Iračan(ka); iraški jezik

irascibility [irǽsibíliti] *n* razdražljivost, togotnost

irascible [irǽsibl] *adj* (irascibly *adv*) razdražljiv, togoten

irate [airéit, áireit] *adj* (-ly *adv*) jezen, besen, togoten, razdražen

ire [áiə] *n poet* jeza, srd, bes

ireful [áiəful] *adj* (~ ly *adv*) *poet* razsrjen, jezen, besen

Ireland [áiələnd] *n* Irska

irenic(al) [airí:nik(əl)] *adj theol* miroljuben, miren

irenicon [airí:nikən] *n eccl* pomirljiv predlog

iridaceous [airədéišəs] *adj bot* perunikin, kot perunika

iridescence [iridésns] *n* prelivanje barv, lesketanje v mavričnih barvah

iridescent [iridésnt] *adj* mavričen, barve spreminjajoč; ~ colour spreminjasta barva

iridic [airídik, ir~] *adj chem* iridijev

iridium [airídiəm, ir~] *n chem* iridij

iridize [áirədaiz, ír~] *vt* prevleči z iridijem

iris [áiəris] *n anat* šarenica; *bot* perunika; mavrica, mavrične barve; *opt* ~ diaphragm zaslonka

Irish [áiəriš] 1. *adj* irski; 2. *n* irščina; the ~ Irci; ~ bull nesmisel; ~ stew dušena bravina s krompirjem in čebulo

Irishism [áiərišizm] *n* irske jezikovne posebnosti

Irishman [áiərišmən] *n* Irec

Irishwoman [áiəriškwumən] *n* Irka

iritis [airáitis] *n med* iritis, vnetje šarenice

irk [ə:k] *vt* jeziti, utrujati, dolgočasiti; it ~ s me jezi me

irksome [ə́:ksəm] *adj* (-ly *adv*) utrudljiv, dolgočasen, neprijeten

irksomeness [ə́:ksəmnis] *n* utrudljivost, dolgočasnost, neprijetnost

iron I [áiən] *adj* železen, železov, barve železa; *fig* krepak, trden; *fig* trd, krut, okruten; *fig* nezlomljiv, neupogljiv; an ~ constitution trdno zdravje; the Iron Chancellor Bismarck, železni kancler; the Iron Duke Wellington, železni vojvoda; ~ discipline železna disciplina; ~ rations železna rezerva hrane; an ~ will železna volja

iron II [áiən] *n* železo; železen predmet (npr. vžigalo znamenja v kožo), likalnik, rezilo orodja, harpuna; *pl* okovi; *poet* meč, orožje; *pl med* železna opora za nogo; cast ~ lito železo; pig ~ surovo železo; sheet ~ pločevina; scrap ~ staro železo; wrought ~ kovno železo; *sl* shooting ~ revolver; *naut* in(to) ~ s v vetru, ki se ne da obrniti; a will of ~ železna volja; a man of ~ človek železne volje; trd, nepopustljiv človek; a heart of ~ trdo srce; the ~ entered into his soul strlo ga je (bolečina); to put in ~ s vkovati v železje; to have too many ~ s in the fire imeti preveč železa v ognju, delati preveč stvari hkrati; he is made of ~ je trdnega zdravja; to rule with a rod of ~ (ali with an ~ hand) vladati z železno roko; to strike while the ~ is hot kovati železo dokler je vroče

iron III [áiən] *vt* likati; vkleniti, vkovati, obiti z železom; *fig* (iz)gladiti; to ~ out izgladiti (prepir)

iron age [áiən eidž] *n* surovi časi, tlačenje; Iron Age železna doba

iron-bar [áiənba:] *n* železna šibika

iron-bound [áiənbaund] *adj* okovan, obit z železom; skalnat, nepristopen (obala); *fig* trd, neupogljiv

iron-casting [áiənka:stiŋ] *n* litje železa; *pl* izdelki iz litega železa

iron-cement [áiənsiment] *n* zamazka za železo

ironclad [áiənklæd] 1. *adj* oklopen; *fig* tog; 2. *n naut hist* oklopnica

iron-concrete [áiənkənkri:t] *n* železobeton

iron curtain [áiən kə:tn] *n fig* železna zavesa

iron-dross [áiəndrəs] *n* žlindra (v plavžu)

iron-dust [áiəndʌst] *n* železov prah, opilki

ironer [áiənə] *n* likalec, -lka

iron-filings [áiənfailiŋz] *n pl* železni opilki

iron-fisted [áiənfistid] *adj* železne pesti; *fig* zelo skop

iron-fittings [áiənfitiŋz] *n pl* železno orodje

iron founder [áiənfaundə] *n* železolivar

iron foundry [áiənfaundri] *n* železolivarna

irongrey [áiəngrei] *adj* železno siv; *fig* osivel

iron-handed [áiənhændid] *adj* železne roke; *fig* strog, nepopustljiv

iron-headed [áiənhedid] *adj* z železno konico (kapico); *fig* nepopustljiv

iron-hearted [áiənha:tid] *adj* trdosrčen, okruten

iron-horse [áiənhə:s] *n coll* lokomotiva, bicikel, tricikel

ironic(al) [airónik(əl)] *adj* (ironically *adv*) ironičen, posmehljiv

ironicalness [airónikəlnis] *n* ironičnost, posmehljivost

ironing [áiəniŋ] *n* likanje; ~ board likalna deska

ironist [áirənist] *n* ironik, posmehovalec

iron-knee [áiənni:] *n tech* železni kotomer

iron-like [áiənlaik] *adj* kot železo; *fig* trd kot železo

iron lung [áiənlʌŋ] *n med* železna pljuča

ironman [áiənmən] *n A sl* dolar; robot

ironmaster [áiənma:stə] *n E* lastnik železarne

iron metallurgy [áiən mətǽlədži] *n* črna metalurgija

iron-mike [áiənmaik] *n aero & naut sl* avtomatično krmilo

iron mine [áiənmain] *n* železov rudnik

ironmonger [áiənmʌŋgə] *n E* trgovec z železnino

ironmongery [áiənmʌŋgəri] *n E* železnina, železna roba, trgovina z železno robo

iron-mo(u)ld [áiənmould] *n* rjast madež

iron ore [áiənɔ:] *n* železna ruda

iron plate [áiənpleit] *n* železna plošča, predpečnik; pločevina

iron rail [áiənreil] *n* tirnica

iron-ration [áiənrǽšən] *n* vojakova železna rezerva hrane

iron-road [áiənroud] *n* železnica

iron-rod [áiənrəd] *n* železna šibika; kiparsko dleto

iron-rust [áiənrʌst] *n* rja, rjavičavost

iron-saw [áiənsɔ:] *n* pila za železo

iron-side [áiənsaid] *n* junak, silak; *pl* oklopnica; Iron-sides Oliver Cromwell, Cromwellov vojak, Cromwellova konjenica

ironsmith [áiənsmiθ] *n* kovač, železar

iron stone [áiənstoun] *n min* železovec

iron sulphate [áiən sʌlfeit] *n chem* železna galica, zelena galica

ironware [áiənwɛə] *n* železnina

ironwork [áiənwə:k] *n* železarstvo, železje; **ornamental** ~ železni okraski

ironworker [áiənwə:kə] *n* železar

ironworks [áiənwə:ks] *n* železarna

irony I [áiəni] *adj* železov, železen, kot železo

irony II [áiərəni] *n* ironija, posmeh; Socratic ~ hlinjena nevednost; **the** ~ **of** fate ironija usode; *theat* **tragic** ~ tragična ironija

irradiance [iréidiəns] *n* izžarevanje, žarenje, osoj, iradiacija

irradiant [iréidiənt] *adj* izžarevajoč, žareč, sijoč (**with** od)

irradiate [iréidieit] *vt* izžarevati, obsijati, sijati; *med* obsevati; *fig* osvetliti (vprašanje); *fig* razvedriti (obraz), razsvetliti koga

irradiation [ireidiéišən] *n* izžarevanje, osoj, žarčenje; *photo* osvetlitev; *med* obsevanje; *fig* osvetlitev (vprašanja), razvedritev (obraza), razsvetljevanje (koga); *phys* iradiacija

irradiative [iréidieitiv] *adj* izžarevajoč, sijajen, osvetljen

irrational [irǽšənəl] **1.** *adj* (-ly *adv*) nerazumen, nesmiseln, nelogičen; nespameten, brezumen; *math* iracionalen; **2.** *n math* iracionalno število

irrationalism [irǽšənəlizm] *n phil* iracionalizem

irrationality [irǽšənǽliti] *n* nerazumnost, nesmiselnost, nespametnost; *math & phil* iracionalnost

irreality [iriǽliti] *n* nerealnost, neresničnost

irrebuttable [iribʌ́təbl] *adj* neovrgljiv

irreceptive [iriséptiv] *adj* nesprejemljiv; težko dojemajoč

irreclaimability [irikleiməbíliti] *n* nepopravljivost, nenadoknadljivost

irreclaimable [irikléiməbl] *adj* (**irreclaimably** *adv*) nepopravljiv, nenadoknadljiv, nepovraten; neprimeren za obdelovanje (zemlja)

irrecognizable [irékəgnaizəbl] *adj* (**irrecognizably** *adv*) nespoznaven, neprepoznaven

irreconcilability [irekənsailəbíliti] *n* nespravljivost; nezdružljivost (*to*, *with* s, z); protislovnost

irreconcilable [irékənsailəbl] **1.** *adj* (**irreconcilably** *adv*) nespravljiv; nezdružljiv (*to*, *with* s, z), protisloven; **2.** *n* nespravljiv (politični) nasprotnik

irrecoverable [irikʌ́vərəbl] *adj* (**irrecoverably** *adv*) izgubljen, nenadomestljiv; nepopravljiv, neozdravljiv

irrecoverableness [irikʌ́vərəblnis] *n* nenadomestljivost, nepopravljivost, neozdravljivost

irrecusable [irikjú:zəbl] *adj* neodklonljiv, obvezen; nesporen

irredeemable [iridí:məbl] *adj* (**irredeemably** *adv*) neizplačljiv, neodkupljiv, neunovčljiv; *fig* nepopravljiv, brezupen; *econ* ~ **paper money** papirnat denar, ki ne sloni na zlati valuti; ~ **bond** neodpovedljiva zadolžnica

irredentism [iridéntizm] *n* iredentizem, iredenta

irredentist [iridéntist] **1.** *n* iredentist(ka); **2.** *adj* iredentističen

irreducible [iridjú:səbl] *adj* (**irreducibly** *adv*) ki se ne da zmanjšati, reducirati (*to* na); ki se ne da poenostaviti (*into*, *to*), ki se ne da skrčiti, nespremenljiv; *med* ki se ne da naravnati (zlom); *chem & math* **the** ~ **minimum** skrajni minimum

irreformable [irifɔ́:məbl] *adj* nespremenljiv, nepopravljiv

irrefragability [irefrəgəbíliti] *n* neovrgljivost, nepobitnost, nerazrušljivost

irrefragable [iréfrəgəbl] *adj* (**irrefragably** *adv*) neovrgljiv, nepobiten, nerazrušljiv

irrefrangible [irifrǽndžəbl] *adj* neprekršljiv; *phys* nelomljiv (žarki)

irrefutability [irefjutəbíliti] *n* neizpobitnost, neovrgljivost, nespornost

irrefutable [iréfjutəbl] *adj* (**irrefutably** *adv*) neizpobiten, neovrgljiv, nesporen

irregardless [irigá:dlis] *adj A coll* ~ **of** ne glede na

irregular I [irégjulə] *adj* (-ly *adv*) nepravilen; nereden; neenakomeren, neenak, neenoten (tudi *econ*); neraven; ki se ne ujema s pravili; nespodoben, razuzdan; nestalen; *gram* nepravilen; **at** ~ **intervals** v neenakomernih presledkih; ~ **terrain** neraven teren; ~ **procedure** nepravilen postopek; **an** ~ **man** nespodobnež; **an** ~ **physician** mazač, šušmar (zdravnik); *gram* ~ **verbs** nepravilni glagoli

irregular II [irégjulə] *n* (*pl*) iregularne čete, dobrovoljci

irregularity [iregjulǽriti] *n* nepravilnost; nerednost; neravnost; neenakost; kar se ne ujema s pravili; nespodobnost

irrelative [irélətiv] *adj* (-ly *adv*) brezzvezen; neodvisen (*to*), absoluten; neznaten, nevažen

irrelativeness [irélətivnis] *n* brezzveznost, neodvisnost; neznatnost, nevažnost

irrelevance [irélivəns] *n* nepomembnost, neznatnost, neznačilnost, nebistvenost

irrelevant [irélivənt] *adj* (-ly *adv*) nepomemben, neznaten, neznačilen, nebistven (*to*)

irrelievable [irilí:vəbl] *adj* neublažljiv

irreligion [irilídžən] *n* brezvernost, brezbožnost

irreligious [irilídžəs] *adj* (-ly *adv*) brezveren, brezbožen

irremeable [irémiəbl] *adj poet* nepovraten

irremediable [irimí:diəbl] *adj* (irremediably *adv*) neozdravljiv; nepopravljiv, nenadomestljiv

irremediableness [irimí:diəblnis] *n* neozdravljivost; nepopravljivost, nenadomestljivost

irremissibility [irimisibíliti] *n* neodpustljivost; obveznost, nujnost

irremissible [irimísibl] *adj* (irremissibly *adv*) neodpustljiv (prestopek); obvezen, nujen (dolžnost)

irremovability [írimu:vəbíliti] *n* neodstranljivost, stalnost

irremovable [irimú:vəbl] *adj* (irremovably *adv*) neodstranljiv, stalen; trden (sklep)

irreparability [irepərəbíliti] *n* nepopravljivost, nenadomestljivost

irreparable [irépərəbl] *adj* (irreparably *adv*) nepopravljiv, nenadomestljiv

irrepatriable [iripǽtriəbl] *adj* ki se ne more repatriirati

irreplaceable [iripléisəbl] *adj* nenadomestljiv

irrepressibility [iripresəbíliti] *n* nezadržnost, neukrotljivost

irrepressible [iriprésəbl] *adj* (irrepressibly *adv*) nezadržen, neukrotljiv

irreproachability [íriproučəbíliti] *n* brezhibnost

irreproachable [iripróúčəbl] *adj* (irreproachably *adv*) brezhiben

irresistance [irizístəns] *n* predaja, neodpornost

irresistibility [írizistəbíliti] *n* neustavljivost, nepremagljivost, nevzdržljivost

irresistible [irizístəbl] *adj* (irresistibly *adv*) neustavljiv, nepremagljiv, nevzdržljiv

irresolute [irézəlu:t] *adj* (-ly *adv*) neodločen, omahljiv

irresolution [irezəlú:šən] *n* neodločnost, omahljivost

irresolvable [irizólvəbl] *adj* nerešljiv, nerazstavljiv

irrespective [irispéktiv] *adj* (-ly *adv*) neupoštevajoč; neodvisen; ~ of ne glede na, neodvisno od, neupoštevajoč

irresponsibility [írispənsəbíliti] *n* neodgovornost

irresponsible [irispónsəbl] 1. *adj* (irresponsibly *adv*) neodgovoren (*for* za); nezanesljiv; 2. *n* neodgovoren, nezanesljiv človek

irresponsive [irispónsiv] *adj* (-ly *adv*) brez smisla (*to* za), zadržan, nepristopen (*to*), vase zaprt; to be ~ to s.th. ne odzvati se na kaj, ne reagirati

irresponsiveness [irispónsivnis] *n* zadržanost, nepristopnost

irretentive [iritɛ́ntiv] *adj* ki si ne more zapomniti, pozabljiv; ~ memory slab spomin

irretrievability [iritri:vəbíliti] *n* nenadomestljivost, nepopravljivost

irretrievable [iritrí:vəbl] *adj* (irretrievably *adv*) nenadomestljiv, nepopravljiv; za vedno zgubljen

irreverence [irévərəns] *n* nespoštljivost, omalovaževanje, prezir

irreverent [irévərənt] *adj* (-ly *adv*) nespoštljiv, omalovažujoč, prezirljiv (*towards*)

irreversibility [írivə:səbíliti] *n* nepreklicnost, nespremenljivost

irreversible [irivə́:səbl] *adj* (irreversibly *adv*) nepreklicen; nespremenljiv, ki se ne da obrniti; *tech* ki teče samo v eno smer; *el* samozapiren

irrevocability [irevəkəbíliti] *n* nepreklicnost, dokončnost

irrevocable [irévəkəbl] *adj* (irrevocably *adv*) nepreklicen, dokončen; *econ* ~ letter of credit nepreklicna poverilnica, nepreklicno akreditivno pismo

irrigable [írigəbl] *adj* ki se da namakati

irrigate [írigeit] *vt* namakati (zemljo); *med* izpirati; *fig* oploditi, hraniti

irrigation [irigéišən] *n* irigacija, namakanje (zemlje); *med* izpiranje, izplakovanje

irrigational [irigéišənəl] *adj* namakalen

irrigative [írigeitiv] *adj* glej irrigational

irrigator [írigeitə] *n* irigator, namakalna naprava; *med* priprava za izpiranje

irritability [iritəbíliti] *n* razdražljivost, preobčutljivost

irritable [íritəbl] *adj* (irritably *adv*) razdražljiv, preobčutljiv; *med* dražljiv, nervozen; ~ heart srčna nevroza

irritancy I [íritənsi] *n* razdraženost, vznemirjenje, jeza

irritancy II [íritənsi] *n jur* sodno razveljavljenje, anulacija

irritant I [íritənt] 1. *adj* dražeč, dražljiv; 2. *n* dražilo

irritant II [íritənt] *adj jur* razveljavitven, anulacijski

irritate I [íriteit] *vt* dražiti, razdražiti (*by* s čim); iritirati, vznemirjati; ~d at jezen na kaj, vznemirjen zaradi česa; ~d with jezen na koga; ~d by razdražen zaradi česa

irritate II [íriteit] *vt jur* razveljaviti, anulirati

irritating [íriteitiŋ] *adj* (-ly *adv*) (raz)dražljiv, vznemirljiv, iritabilen

irritation [iritéišən] *n* draženje, dražljaj, razdraženost, vznemirjanje, vznemirjenje; *med* vnetje

irritative [íriteitiv] *adj* iritativen, dražeč, dražljiv

irruption [irΛpšən] *n* vdor, vpad

irruptive [irΛptiv] *adj* (-ly *adv*) vdiralen

is [iz] 3. *pers sg pres* od to be je

isabella [izəbélə] *n* umazano rumena barva; *bot* izabela (trta)

isabelline [izəbélin] *adj* umazano rumen

isacoustic [aisəkú:stik] *adj* iste glasovne jakosti

isagogic [aisəgódžik] 1. *adj* uvoden; 2. *n pl* biblicistika

isallobar [aisǽləba:] *n* izalobara; črta, ki veže kraje z istimi spremembami zračnega pritiska

ischiatic [iskiǽtik] *adj anat* sedničen

ischium [ískiəm] *n anat* sednica, sedna kost

Ishmael [íšmiəl] *n fig* izobčenec

isinglass [áiziŋgla:s] *n* vodotopno steklo, želatina iz ribjih mehurjev; sljuda

Islam [ízla:m] *n* islam, muslimanstvo

Islamic [izlǽmik] *adj* islamski

Islamism [ízləmizəm] *n* islamizem

Islamite [ízləmait] *n* mohamedanec, -nka, musliman(ka)

island I [áilənd] *n* otok; prometni otok; *anat* celičje obdano z drugim tkivom; *fig* kar je ločeno, obkroženo, izolirano; *naut* zgradba s komandnim mostom na letalonosilkah; *astr*

~ **universe** rimska cesta, Galaksija; *mil* ~ **of resistance** gnezdo upora
island II [áilənd] *vt* izolirati, osamiti
islander [áiləndə] *n* otočan(ka)
isle [ail] *n* otoček, otok (poetično in v zemljepisnih imenih)
islet [áilit] *n* otoček
ism [íz(ə)m] *n* izem, nauk, miselni sistem, teorija
isn't = is not
isobar [áiso(u)ba:] *n* izobara; črta na zemljevidu, ki veže kraje z enakim zračnim pritiskom
isobaric [aisəbǽrik] *adj* enakega zračnega pritiska
isocheim [áisəkaim] *n* črta na zemljevidu, ki veže kraje z enako povprečno zimsko temperaturo
isochromatic [aisəkrəmǽtik] *adj phys* istobarven
isochronal [aisókrənəl] *adj* istočasen, hkraten
isochronism [aisókrənizəm] *n* istočasnost, hkratnost
isoclinal [aisəkláinəl] **1.** *adj* istega naklona, izoklinski; **2.** *n* izoklina, črta, ki veže kraje z enakim magnetnim odklonom
isogamy [aisógəmi] *n biol* izogamija, razplajanje z istorodnimi spolnimi celicami
isogenous [aisódžinəs] *adj biol* izogen, istoroden
isogeny [aisódžəni] *n biol* izogenija, istorodnost
isogloss [áisəglɔs] *n* črta na zemljevidu, ki veže kraje z enakimi jezikovnimi pojavi, izoglosa
isogonal [aisógənəl] **1.** *adj* enakokoten; **2.** *n* izogona, črta na zemljevidu, ki veže kraje z enakim magnetnim odklonom
isohel [áisəhel] *n* črta na zemljevidu, ki veže kraje z enakim številom sončnih dni
isohyet [aisəháiət] *n* črta na zemljevidu, ki veže kraje z enako množino dežja v določenem času
isolable [áisələbl] *ísə~*] *adj* osamljiv
isolate [áisəleit] *vt* izolirati, osamiti (*from*); izločiti; **isolating language** jezik brez vezanih oblik
isolated [áisəleitid] *adj* izoliran, osamljen; samoten, ločen
isolation [aisəléišən] *n* izolacija, osamljenost, osamljenje; ~ **hospital** bolnišnica za nalezljive bolezni
isolationism [aisəléišnizm] *n pol* izolacionizem
isolationist [aisəléišənist] *n pol* izolacionist
isolative [áisəleitiv] *adj* izoliren, osamilen
isolator [áisəleitə] *n* izolator
isomeric [aisəmérik] *adj chem* izomeren
isomerism [aisómərizəm] *n chem* izomerija
isometric [aisəmétrik] *adj* izometričen, istomeren
isometry [aisómətri] *n* izometrija, enakost mere, enakost nadmorske višine
isomorphic [aisəmó:fik] *adj* enake oblike; enak, a drugega porekla, izomorfen
isomorphism [aisəmó:fizəm] *n* izomorfija
isonomic [aisənómik] *adj* enakih političnih pravic
isonomy [aisónəmi] *n* enakost v političnih pravicah
isopod [áisəpɔd] *n zool* enakonožec
isosceles [aisósili:z] *adj math* enakokrak (trikotnik)
isoseismic [aisəsáizmik] **1.** *adj* ki ima enako potresno intenziteto; **2.** *n* črta na zemljevidu, ki veže kraje z enako potresno intenziteto
isostasy [aisóstəsi] *n* izostaza, ravnotežno stanje zemeljske skorje
isothere [áisəθiə] *n* črta na zemljevidu, ki veže kraje z enako povprečno letno temperaturo, izotera

isotherm [áisəθə:m] *n* izoterma, črta na zemljevidu, ki veže kraje z enako povprečno letno temperaturo
isothermal [aisəθə́:məl] *adj* ki ima enako temperaturo
isotope [áisətoup] *n phys* izotop
isotopic [aisətópik] *adj phys* izotopen
isotrope [áisoutroup] *n* telo, v katerem se svetloba, toplota in elektrika širijo v vse smeri hkrati
isotropic [aisoutrópik] *adj* ki ima iste fizikalne lastnosti
isotype [áisoutaip] *n* statistični diagram
Israel [ízriəl] *n* Izrael
Israeli [izréili] **1.** *adj* izraelski; **2.** *n* Izraelec, -lka
Israelite [ízriəlait] *n* Izraelec, -lka
Israelitish [ízriəlaitiš] *adj* izraelski
Issei [i:ssé:] *n* japonski priseljenec v ZDA (brez državljanskih pravic)
issuable [ísjuəbl, íšuə~] *adj* kar se sme (more) izdati (denar v promet itd.)
issuance [ísjuəns, íšuə~] *n* izdajanje (denarja v promet, znamk, itd.); *A mil* izdajanje (ukazov, obrokov)
issue I [ísju:, íšu:] *n* odtok, izhod; izdaja (knjige, znamk); zvezek, številka (časopisa), naklada; *econ* denarna emisija; posledica, rezultat, zaključek; potomec, potomci, rod, otrok, otroci; izdajanje (odredb); *econ* dohodek (od posestva); *jur* sporno vprašanje, predmet razprave, oporekanje, bistveno vprašanje; *med* izliv (krvi, gnoja); **at** ~ sporen; **at** ~ **with s.o.** v sporu s kom; **matter at** ~ sporna zadeva; **point at** ~ sporna točka; ~ **of fact** dejansko stanje stvari; ~ **of law** izpodbijanje, oporekanje; **to join** ~ **with s.o.** prepustiti rešitev sporne zadeve sodišču; **to evade the** ~ izogniti se vprašanju; **to take** ~ **with s.o.** prerekati se s kom, trditi nasprotno; **the question raises the whole** ~ **to** vprašanje popolnoma spremeni; **in the** ~ končno; **to bring s.th. to a successful** ~ kaj uspešno izpeljati; **to force an** ~ izsiliti odločitev; **to die without** ~ umreti brez potomcev; **free** ~ **and entry** prost prihod in vstop; **to face the** ~ spoprijeti se z zadevo; **to raise** ~ začeti vprašanje; **to reach the** ~ poravnati spor; **a vital** ~ problem bistvene važnosti; **a side** ~ postranski problem; *econ* ~ **of securities** izdaja vrednostnih papirjev; *econ* **bank of** ~ emisijska banka; *econ* ~ **of bill of exchange** izdaja menice v promet
issue II [ísju:, íšu:] **1.** *vi* priti ven, priti na dan, izvirati, izhajati iz (*from*); iztekati; priti v promet (knjiga), biti izdan (povelje); imeti za posledico; **2.** *vt* izdati (publikacijo); *mil* razdeliti, izdati (hrano, obleko, municijo); *econ* dati v promet (denar, vrednostne papirje), emitirati; razglasiti; *com* izpolniti menico; opremiti (*with* s, z); dobaviti
issuer [ísjuə, íšuə] *n* izdajatelj; *econ* emitent
issueless [ísju:lis, íšu:~] *adj* brez potomcev
isthmian [ísθmiən] *adj* ki se tiče zemeljske ožine
isthmus [ísməs] *n* zemeljska ožina; *anat & zool & bot* ozek spajalen organ ali del; *med* zožitev
it I [it] **1.** *pers pron* ono, to (v slovenščini se navadno ne prevaja); ~ **writes well** (svinčnik itd.) dobro piše; ~ **is John** John je; ~ **is soldiers**

(to) so vojaki; **Oh, ~ was you** ah, ti si bil;
2. subjekt brezosebnih glagolov in konstrukcij;
~ rains dežuje; **~ is cold** mrzlo je; **~ seems**
videti je; **~ says in the letter** v pismu piše;
what time is ~? koliko je ura?; **how is ~ with
your promise?** kako pa kaj s tvojo obljubo?;
~ is 6 miles to je šest milj do; **3.** poudarjena
oblika; **~ is to him that you should turn** nanj
bi se moral obrniti; **4.** za predlogi; **at ~** pri
tem; **by ~** s tem; **for ~** za to; **in ~** v tem;
of ~ od tega, iz tega; **to ~** k tem, na tem; **5.**
nedoločni objekt; **confound ~!** da bi ga vrag
pocitral; **to fight ~** boriti se; **to go ~** spustiti
se v kaj, lotiti se česa; **to foot ~** iti peš, plesati;
to cab ~ peljati se s taksijem; **to lord ~** igrati
gospoda; **to run for ~** teči po kaj, teči na varno,
teči na vlak itd.; **to keep at ~** naprej kaj delati;
we have had a fine time of ~ odlično smo se
zabavali; **I take ~ that** domnevam, da; **there
is nothing for ~ but to obey** moramo pač
ubogati; **little was left of ~** od tega je malo
ostalo; **6.** *reflex* sebe, se, sebi, si, s seboj (za
predlogi); **the war brought with ~** vojna je
prinesla s seboj

it II [it] *n coll* nekaj posebnega, vrhunec; *coll*
spolna privlačnost; *E coll* martini; **he is a perfect
~** nemogoč je; **he was ~** ni mu bilo enakega,
bil je silno privlačen; **for lying you are really ~**
v laži ti ni enakega; **that's really ~** to je tisto
pravo
Italian [itǽljən] **1.** *adj* italijanski; **2.** *n* Italijan(ka);
~ hand(-writing) kurziva; **~ warehouse** trgovina
z južnim sadjem; **~ iron** klešče za kodranje
Italianism [itǽljənizəm] *n* italianizem, jezikovna
posebnost pod italijanskim vplivom
Italianize [itǽljənaiz] **1.** *vt* italianizirati, poitali-
jančiti; **2.** *vi* poitalijančiti se
italic [itǽlik] **1.** *adj print* ležeč, poševen, kurziven;
2. *n pl* kurziva, poševna pisava
italicize [itǽlisaiz] *vt print* v kurzivi tiskati
Italicism [itǽlisizəm] *n* italianizem
itch I [ič] *n* pršica, srbečica; *fig* pohlep, hrepenenje
(*for*); **an ~ for praise** častihlepnost
itch II [ič] *vi* srbeti; *fig* hlepeti, hrepeneti (*for,
after*); **he was ~ing to come** nad vse rad bi bil
prišel; **to have ~ing ears** rad poslušati spo-
takljive zgodbe; **to have an ~ing palm** biti po-
hlepen na denar; **my fingers ~ (to do it)** prsti
me srbijo (da bi ga storil); **I ~ all over** vse me
srbi
itchiness [íčinis] *n* srbenje, srbež
itching [íčiŋ] *adj* srbeč; *fig* željan, pohlepen, po-
željiv, pohoten

itch-mite [íčmait] *n* povzročitelj srbečice
itchy [íči] *adj* srbeč; *fig* hrepeneč
item I [áitəm] *n* točka, predmet (dnevnega reda,
programa, jedilnika); postavka, knjiženje; po-
sameznost, nadrobnost, detajl; kratek članek,
notica (zlasti v lokalnem časopisu); poštna po-
šiljka; *mus & theat* komad; **an important ~**
važna stvar; **a mere ~** malenkost; *econ* **credit ~**
vpis v dobro
item II [áitəm] *adv* prav tako, nadalje
itemize [áitəmaiz] *vt A* navajati, posamezno na-
števati, podrobno popisati, detajlirati
item-man [áitəmmæn] *n A* reporter, pisec drobnih
novic
iterance [ítərəns] *n* ponavljanje
iterant [ítərənt] *adj* ponavljajoč se
iterate [ítəreit] *vt* ponoviti, ponavljati
iteration [itəréišən] *n* ponovitev, ponavljanje
iterative [ítərətiv] *adj* ponoven, ponavljalen; *gram*
iterativen
Ithuriel's-spear [iθjúriəlzspiə] *n* zanesljivo sredstvo
za ugotavljanje pristnosti (po Miltonu)
itinerancy [itínərənsi] *n* potovanje iz kraja v kraj;
službeno potovanje iz kraja v kraj
itinerant [itínərənt, aití~] **1.** *adj* (**-ly** *adv*) potujoč;
2. *n* potnik; *sp* **~ trophy** prehodna trofeja
itinerary [aitínərəri, ití~] **1.** *n* načrt za potovanje,
potopis, vodič (knjiga), itinerar; **2.** *adj* poto-
valen
itinerate [itínəreit] *vi* potovati iz kraja v kraj
its [its] *pron* njegov, njen (*neutr*), svoj, -ja, -je
it's [its] = it is
itself [itsélf] *pron* (ono) samo; *reflex* se, sebi;
by ~ samo od sebe, avtomatično; **in ~** samo
po sebi; **of ~** samo, brez vmešavanja
I've [aiv] = I have
ivied [áivid] *adj* z bršljanom obrastel
ivory I [áivəri] *adj* slonokoščen, slonokoščene
barve; *fig* **~ tower** osamljen kraj, nepristopnost,
zadržanost
ivory II [áivəri] *n* slonova kost, slonovina; *sl* zob;
pl sl zobovje; *pl* slonokoščeni predmeti, kla-
virske tipke, kocke, biljardne krogle; **black ~**
črni afriški sužnji
ivory-towered [áivəri táuəd] *adj fig* nepristopen, za-
držan; odrezan od sveta
ivy [áivi] *n bot* bršljan
iwis [iwís] *adv arch* gotovo
izard [ízəd] *n zool* pirenejski divji kozel, kozorog
izzard [ízəd] *n A coll, E arch* črka z; **from A to ~**
popolnoma, od A do Ž

J

j, J [džei] **1.** *n* črka j; **2.** *adj* deseti, -ta, -to
jab [džæb] **1.** *n* sunek, zbodljaj, pik; **2.** *vt* suniti, zbosti (*into* v, *with* s, z), prebosti, pičiti
jabber [džǽbə] **1.** *n* klepetanje, čenčanje, brbranje; **2.** *vt* & *vi* klepetati, čenčati, brbrati
jabberer [džǽbərə] *n* čenča, brbra
jabiru [džǽbiru:] *n zool* ameriška tropska štorklja
jabot [žǽbou, *A* žæbóu] *n* žabo, naprsni del obleke
jacal [ha:ká:l] *n* mehiška koča
jacinth [džǽsinθ, džéis~] *n min* hijacint (vrsta cirkonija); *bot* hijacinta
jack, Jack I [džæk] *n fam* John; priložnostni delavec, dninar, sluga, hlapec; preprostež, poprečnež; mornar, pomorščak; *E* balinec; *naut* zastavica na krmi; *mil arch* vojaški (usnjen) jopič brez rokavov; *car* fant; *el* vtičnica; dvigalo (za avtomobile), škripec; priprava za obračanje ražnja; koza za žaganje; *A* osel; *zool* samec nekaterih živali; mlada ščuka; usnjena čutarica; *A* ponev s smolo (za nočni lov in ribolov); *sl* denar; *naut* pilot's ~ pilotska zastavica; **before one could say Jack Robinson** takoj, kot bi trenil; **every man** ~ vsakdo, vsi; **Jack is as good as his master** delavec velja prav toliko kot gospodar; če je gospodar dober, je tudi delavec; **Jack and Gill** fant in dekle; **a good Jack makes a good Gill** kakršen mož, takšna žena; **car** ~ dvigalo za avtomobile; **lifting** ~ dvigalo; **roasting** ~ raženj; **steeple** ~ popravljavec zvonikov; **Union Jack** angleška zastava; **yellow** ~ rumena mrzlica; **cheap** ~ kramar, sejmar; **Jack of all trades** vseznal
jack II [džæk] *vt* (navadno z *up*) dvigniti z dvigalom, škripcem; *coll* dvigniti cene, mezde (*up*); *fig* opustiti, zavreči (*up*); *A* loviti s svetilko; **to ~ up one's job** opustiti delo, dvigniti roke od dela; **to ~ up s.o.'s morale** dvigniti komu moralo
jack III [džæk] *n bot* indijski kruhovec
jack-a-dandy [džækədǽndi] *n* gizdalin, fičfirič
jackal I [džǽkɔ:l] *n zool* šakal; *fig* oproda, strežnik, pomočnik
jackal II [džǽkɔ:l] *vi* služiti (*for* komu)
jackanapes [džǽkəneips] *n* predrznež, nagajivec; domišljavec, fičfirič; *arch zool* opica
jackass [džǽkæs] *n* osel; *fig* butec, osel; **laughing** ~ avstralski vodomec
jackboot [džǽkbu:t] *n* visok škorenj (ribiški, konjeniški)
jack-curlew [džǽkə:lju:] *n zool* modronogi škurk (ptič)

jackdaw [džǽkdɔ:] *n zool* kavka
jacket I [džǽkit] *n* jopič, suknjič; ovoj, ovojnica, ogrinjalo; knjižni ovoj, zaščitni ovoj; krzno, koža; **strait-** ~ prisilni jopič; **potatoes (boiled) in their** ~ s krompir v oblicah; **to dust s.o.'s** ~ **for him** izprašiti komu hlače, našeškati koga
jacket II [džǽkit] *vt* obleči suknjič; *coll* našeškati
jacketing [džǽkitiŋ] *n* sukno; prevleka, obloga; *coll* batina, premetavanje; **to get a** ~ biti premetavan (ladja), dobiti s palico
jacket-press [džǽkitpres] *n* stroj za likanje suknjičev
jacket-tab [džǽkittæb] *n* obešalna zanka, obešalni trakec
jack-frame [džǽkfreim] *n tech* navijalnik
Jack Frost [džækfrɔst] *n* zima
jack-hammer [džǽkhæmə] *n tech* kladivo na stisnjen zrak
Jack-in-office [džǽkinɔfis] *n* siten uradnik, domišljav birokrat
jack-in-the-box [džǽkinðəbóks] *n* figura na vzmet (ki izskoči, ko se odpre škatla); *naut* dvigalo za težek tovor
Jack-in-the-green [džǽkinðəgrí:n] *n* fant, okrašen z majskim zelenjem (angleško proslavljanje maja)
Jack Johnson [džǽkdžónsən] *n mil sl* nemška granata
Jack Ketch [džǽkkeč] *n E* rabelj
jack-knife [džǽknaif] *n* zaskočni nož, sklepač
jack-of-all-trades [džǽkəvó:ltreidz] *n* vseznal
jack-o'-lantern [džǽkələntən] *n* Elijev ogenj, fosforescenčen pojav nad močvirjem ponoči; *A* svetilka iz buče (igrača)
jack-pine [džǽkpain] *n bot* borovec
jack-plane [džǽkplein] *n tech* kosmač
jackpot [džǽkpɔt] *n sl* velik dobitek pri igri na srečo (poker, igralni avtomat); **to hit the** ~ zadeti glavni dobitek, imeti veliko srečo, dobiti mnogo denarja
jack-pudding [džǽkpúdiŋ] *n* pavliha
jack-rabbit [džǽkræbit] *n E zool* kunec; *A zool* velik severnoameriški divji zajec
jack-screw [džǽkskru:] *n tech* škripec
jack-snipe [džǽksnaip] *n zool* močvirska sloka
Jackson Day [džǽksəndei] *n* 8. januar, praznik ameriške demokratske stranke
jack-staff [džǽksta:f] *n naut* drog za zastavo na ladijskem kljunu
jack-straw [džǽkstrɔ:] *n* slamnat mož, strašilo; nepomemben človek

jack-tar [džǽkta:] *n coll* mornar, morski volk
jack-towel [džǽktauəl] *n* brisača na valju
jacky [džǽki] *n* mornar; *E sl* brinovec
Jacobean [džækəbíən] *adj* iz dobe angleškega kralja Jakoba I
Jacobin [džǽkəbin] *n* jakobinec (v francoski revoluciji); *pol* revolucionar; dominikanec
jacobin [džǽkəbin] *n* golob perjaničar
Jacobinical [džækəbínikəl] *adj hist* jakobinski; revolucionaren
Jacobinism [džǽkəbinizəm] *n* jakobinizem
Jacobite [džǽkəbait] *n* pristaš angleškega kralja Jakoba II.
Jacob's ladder [džéikəbzlǽdə] *n naut* vrvna lestev; *bot* sinje modri polemonium
Jacob's staff [džéikəbstá:f] *n* merilna palica; *bot* veliki lučnik, papeževa sveča
jacobus [džəkóubəs] *n* star angleški zlatnik
jaconet [džǽkənit] *n* bombažna podloga
Jacquard loom [džəká:d lu:m] *n tech* žakarske statve
jactation [džæktéišən] *n* bahanje; *med* vidov ples, premetavanje
jactitation [džæktitéišən] *n jur* prazna obljuba, krivo pričanje na škodo drugega; *med* vidov ples
jade I [džéid] *n min* žad, nefrit; ~ green žadasto zelen
jade II [džéid] *n* kljuse; *hum & derog* ženska, ženščina, neugnanka; lying ~ izmišljene govorice
jade III [džéid] 1. *vt* izčrpati, utrujati; osmešiti; 2. *vi* utruditi se, izčrpati se
jaded [džéidid] *adj* izčrpan, utrujen, izmozgan; nasičen, kar postane plehko, preživel
jadedness [džéididnis] *n* izčrpanost, utrujenost, izmozganost; nasičenost
jag I [džæg] 1. *n* zareza, vrez, zobec, skalni rogelj, škrba; *Sc* vbod z nožem; 2. *vt* narezati, zarezati, nazobčati
jag II [džæg] *n dial* majhen tovor; *A sl* popivanje, pijanost; *dial* krpa; to have a ~ on imeti ga pod kapo; crying ~ pijanska žalost
jagged [džǽgid] *adj* (-ly *adv*) škrbast, skrhan; nazobčan, narezan; robat, osoren (besede); *A sl* pijan kot mavra
jaggedness [džǽgidnis] *n* škrbavost, skrhanost, nazobčanost
jagger [džǽgə] *n tech* zobato kolesce; zobčalnik, priprava za zobčanje
jaggy [džǽgi] *adj* (jaggily *adv*) glej jagged
jaguar [džǽgjuə, džǽgwa:] *n zool* jaguar
Jah, Jahve(h) [džá:, já:və] *n* Jehova
jail [džéil] 1. *n* ječa, zapor; 2. *vt* zapreti v ječo
jailbait [džéilbeit] *n A sl* lovača; obešenjak
jailbird [džéilbə:d] *n coll* zapornik, bivši zapornik, kdor je pogosto v zaporu
jailbreak [džéilbreik] *n* beg iz zapora
jailbreaker [džéilbreikə] *n* ubežnik iz zapora
jail delivery [džéildilívəri] *n E* pripeljava zapornika pred sodišče; *A* nasilna osvoboditev zapornikov, množičen pobeg iz zapora
jailer, jailor [džéilə] *n* ječar
jaileress [džéilərіs] *n* ječarka
jail-fever [džéilfi:və] *n med* tifus
jake I [džéik] *n A coll* kmetavz

jake II [džéik] *adj A sl* v redu
jalap [džǽləp] *n bot* (zdravilna) večernica
jalopy [džəlópi] *n A coll* kolavta, star avto, star avion
jalousie [žǽluzi:, žæluzí:] *n* žaluzija, (med)oknica
jam I [džæm] *n* marmelada, džem; *sl* lepotičica; *fig* nekaj izvrstnega; *sl* a real ~ resničen užitek, prima; that's ~ for him to mu je igrača, to igraje naredi
jam II [džæm] *vt* napraviti marmelado, namazati z marmelado
jam III [džæm] *n* gneča, stiskanje, mečkanje, zastoj (stroja, prometa); *med* kontuzija; motenje radijskih oddaj; *sl* stiska, neprilika; *fig* in a ~ v kaši; ~ session igranje in improviziranje jazzistov za lastno zabavo; traffic ~ prometni zastoj
jam IV [džæm] 1. *vt* vtisniti (*into*), stiskati, gnesti, stlačiti (*between* med), mečkati, zamašiti; blokirati (stroj, pot), motiti (radio); *sl* improvizirati, poživiti jazz igro z improviziranjem; 2. *vi* gnesti se, ukleščiti se, zamašiti se
jam V [džæm] *adv A* povsem, popolnoma
Jamaica [džəméikə] *n* Jamajka; *bot* ~ bark kininova skorja
Jamaican [džəméikən] 1. *adj* jamajski; 2. *n* Jamajčan(ka)
jamb [džæm] *n* podboj, podporni zid; kaminski okvir; *pl* strani kamiona; *hist* golenak
jamboree [džæmbərí:] *n* (mednarodni) zbor skavtov; *A sl* popivanje, bučna zabava
jammer [džǽmə] *n* motilni radijski oddajnik
jamming [džǽmiŋ] *n* motenje radijskih oddaj, blokiranje radarja
jam-nut [džǽmnʌt] *n tech* protimatica
jam-pot [džǽmpɔt] *n* lonček za marmelado; *sl* visok, trd ovratnik
jangle I [džǽŋgl] *n* rožljanje, ropot; vreščanje; *arch* prepir
jangle II [džǽŋgl] *vt & vi* rožljati, rezko zveneti, ropotati; vreščati; *arch* prepirati se
jangler [džǽŋglə] *n arch* pravdač, prepirljivec
Janissary [džǽnisəri] *n* glej janizary
janitor [džǽnitə] *n* vratar; *A* hišnik
janitress [džǽnitris] *n* vratarica; *A* hišnica
janizary [džǽnizəri] *n* janičar
jannock [džǽnək] *adj E dial* pošten, odkrit, pristen
Jansenism [džǽnsənizəm] *n* janzenizem (verski nazor)
January [džǽnjuəri] *n* januar; in ~ januarja
Janus-faced [džéinəsfeist] *adj* varljiv, goljufiv
Jap [džæp] 1. *adj coll* japonski; 2. *n* Japonec
japan [džəpǽn] 1. *n* vrsta črnega laka; 2. *vt* lakirati s tem lakom; ~ed leather črno lakirano usnje; ~ning lakiranje pri visoki temperaturi
Japan [džəpǽn] *n* Japonska
Japanese [džæpəní:z] 1. *adj* japonski; 2. *n* Japonec, -nka; japonščina the ~ Japonci
Japanese persimmon [džæpəní:zpə:símən] *n bot* kaki (drevo in sad)
japanner [džəpǽnə] *n* kdor lakira
jape [džéip] 1. *n* burka, šala; 2. *vi* zbijati šale, posmehovati se, rogati se
japery [džéipəri] *n* posmehovanje, roganje
Japonic [džəpónik] *adj* japonski

japonica [džəpónikə] *n bot* kamelija; japonska kutnja

jar I [dža:] *n* kozarec, vrč, steklenica; *phys* Leyden ~ leidenska steklenica

jar II [dža:] *n* škripanje, šklepetanje; tresenje, pretres; prepir, neprijetno presenečenje; *mus & fig* disonanca, nesoglasje

jar III [dža:] 1. *vi* škripati, šklepetati, praskati; (s)tresti se; *mus* disonirati; iti skozi ušesa, boleti, žaliti (čut) (*on, upon*); tepsti se (barve), ne skladati se (*with* s, z), nasprotovati si; prepirati se; 2. *vt* škripati, praskati s čim (*with*); *fig* vznemirjati, pretresti; **to ~ upon one's ear** biti na ušesa; **to ~ on the nerves** iti na živce; **to ~ against** ne skladati se; **his laugh ~ s on me** njegov smeh mi gre na živce, njegov smeh mi gre skozi ušesa;

jar IV [dža:] *n coll* obrat, obračanje (samo v frazi): **on the ~** priprt (vrata)

jardinière [ža:dinjéə] *n* cvetlična skledica; s svežo zelenjavo obložena pečenka

jarfly [džá:flai] *n zool* skržat

jarful [džá:ful] *n* poln kozarec, poln vrč (mera)

jargon I [džá:gən] 1. *n* žargon, spakedran jezik; žlobudranje, cvrčanje; govor poln neobičajnih besed; 2. *vi* govoriti v žargonu, jezik lomiti; cvrketati

jargon II [džá:gən] *n chem* brezbarven (ali zadimljen) cirkonij

jargonelle [dža:gənél] *n bot* zgodnja hruška

jargonize [džá:gənaiz] 1. *vi* govoriti v žargonu, žlobudrati; 2. *vt* prenesti v žargon

jarl [ja:l] *n hist* nordijski poglavar

jarring [džá:riŋ] *adj* (-ly *adv*) neskladen, nasproten, vreščeč; ~ **tone** disonanca; ~ **opinions** nasprotna mnenja

jarvey [džá:vi] *n* fijakar (voznik)

jasmin(e) [džǽsmin, ~ǽzm~] *n bot* jasmin

jasper [džǽspə] *n min* jaspis (poldrag kamen)

jato unit [džéitou ju:nit] *n aero* startna raketa (iz *jet-assisted take-off*)

jaundice [džó:ndis] 1. *n med* zlatenica; *fig* zavist; 2. *vt* okužiti z zlatenico; *fig* prebuditi zavist (ljubosumnost)

jaundiced [džó:ndist] *adj med* zlateničen; rumen; *fig* zavisten, ljubosumen, poln predsodkov

jaunt [džə:nt] 1. *n* izlet, sprehod; 2. *vi* iti na izlet, sprehajati se, pohajkovati; **to give s.o. a ~** prepeljati koga; ~ **ing car** lahek dvokolesnik (voz)

jauntiness [džó:ntinis] *n* živahnost, objestnost; eleganca

jaunty [džó:nti] 1. *adj* (**jauntily** *adv*) živahen, objesten; eleganten; 2. *n E naut sl* ladijski policaj

Java [džá:və] *n* Java; *A sl* kava; ~ **man** *hist* javantrop, javanski človek

Javanese [dža:vəní:z, *A* džǽv~] 1. *adj* javanski; 2. *n* Javanec, -nka

javelin [džǽvlin] 1. *n* kopje (tudi *sp*); 2. *vt* zadeti s kopjem, prebosti

jaw I [džə:] *n anat* čeljust; *pl* usta, žrelo, golt; *tech* čeljust (pri stroju); grlo (kanala); *mar* vilica za vesla; *coll* jezikavost, brbljivost, čenča, zmerjanje; *coll* moralna pridiga; **lower ~** spodnja čeljust; **upper ~** zgornja čeljust; **all ~** samo govorjenje; **none of your ~!** molči!; **to hold**

one's ~ umolkniti, držati jezik za zobmi; **in the ~ s of death** v krempljih smrti, v veliki nevarnosti

jaw II [džə:] 1. *vi sl* brbljati, čenčati, jezikati; 2. *vt sl* zmerjati, psovati; *sl* pridigati (moralno)

jaw-bone [džó:boun] *n anat* čeljustnica; *A sl* kredit, posojilo; **on ~** na kredit

jaw-breaker [džó:breikə] *n coll* težko izgovorljiva beseda; *tech* drobilec (stroj)

jaw-chuck [džó:čʌk] *n tech* čeljustna patrona

jaw-clutch [džó:klʌč] *n tech* sklopka na pažlje

jaw-crusher [džó:krʌšə] *n* težko izgovorljiva beseda

jawed [džə:d] *adj* **broad-~** širokih čeljusti

jawing [džó:iŋ] *n sl* čenče, čenčanje

jay [džéi] *n zool* šoja; *fig* brbra, kvasač; butec, lahkovernež; cipica

Jayhawker [džéihɔ:kə] *n A* vzdevek za prebivalca Kansasa; *A sl* ropar, član roparske tolpe v Kansasu med državljansko vojno

jay-walk [džéiwɔ:k] *vi A coll* neoprezno prečkati cesto

jay-walker [džéiwɔ:kə] *n A coll* nepreviden pešec

jazz I [džæz] 1. *n* jazz, v slogu jazza; *sl* polet, zalet, hrup, živahnost; *A sl* spolni odnos; 2. *adj* kot jazz; kričeč (barva)

jazz II [džæz] *vt & vi* igrati jazz, plesati po jazz glasbi; *A sl* koitirati; **to ~ up** poživiti

jazz band [džǽzbænd] *n* jazz orkester

jazzy [džǽzi] *adj* (**jazzily** *adv*) *sl* jazzovski; *sl* hrupen, divji, razbijaški

jealous [džéləs] *adj* (-ly *adv*) ljubosumen (*of* na); zavisten (*of*); nezaupljiv (*of* do); prizadeven; **she is ~ of his success** zavida mu uspeh

jean [dži:n, džein] *n* močno platno; *pl* kavbojke (tudi **blue jeans**)

jeep [dži:p] *n* džip (motorno vozilo)

jeer I [džiə] 1. *n* posmeh, roganje, zbadanje; 2. *vi & vt* posmehovati se, rogati se (*at* komu), zbadati

jeer II [džiə] *n naut* (običajno *pl*) škripčevje (za dviganje in spuščanje jambora)

jeerer [džíərə] *n* zasmehovalec, zbadljivec

jeering [džíəriŋ] *adj* (-ly *adv*) posmehljiv, zbadljiv

Jehovah [džihóuvə] *n bibl* Jehova; *pl* Jehovci

jehu [dží:hju:] *n hum* vratolomen vozač; **Jehu** Jehu, jeruzalemski kralj

jejune [džidžú:n] *adj* (-ly *adv*) pičel, nezadosten (hrana); neploden (zemlja); *fig* pust, suhoparen, dolgočasen, duhomoren

jejuneness [džidžú:nnis] *n* pičlost, nezadostnost; neplodnost; *fig* suhoparnost, duhomornost

jejunum [džidžú:nəm] *n anat* tanko zgornje črevo

jell [džel] 1. *n A coll* žele, želatina; 2. *vt & vi* izoblikovati (se), urediti (posle), urediti se

jellied [džélid] *adj* želiran, želatiniran

jellify [džélifai] *vt & vi* želirati (se), želatinirati (se)

jelly I [džéli] *n* žele, želatina; **to beat s.o. into a ~** pošteno koga premlatiti

jelly II [džéli] *vt & vi* glej **jellify**

jelly-fish [džélifiš] *n zool* meduza; *fig* mehkužnež, -nica

jemimas [džimáiməz] *n pl E coll* elastične galoše

jemmy [džémi] *n* kratka železna palica (vlomilčevo orodje; pečena koštrunova glava

jennet [džénit] *n* španski poni

jenny [džéni] *n tech* vrsta predilnega stroja; premično dvigalo (zlasti za lokomotive); *zool* samica nekaterih živali

jenny ass [džéniæs] *n zool* oslica

jenny wren [džéniren] *n zool* stržek, kraljiček (samica)

jeopardize [džépədaiz] *vt* tvegati, postaviti na kocko, spraviti v nevarnost

jeopardy [džépədi] *n* tveganje, nevarnost; *jur* no one shall be put twice in ~ for the same offence nihče ne more biti sojen dvakrat za isti zločin

jerboa [džə:bóuə] *n zool* egiptovski skakač

jereed [džərí:d] *n* leseno kopje (pri igrah arabskih konjenikov)

jeremiad [džerimáiæd] *n* jeremiada, tožba, tarnanje

Jericho [džérikou] *n* Jeriho; *fam* zapor; oddaljen, zapuščen kraj; go to ~! pojdi k vragu!, poberi se!; to wish s.o. to ~ želeti, da bi bil kdo čim dlje od tebe

jerid [džərí:d] *n* glej jereed

jerk I [džə:k] *n* sunek, nenaden udarec, nagel gib, trzaj; krč, refleks (zlasti v kolenu); *A sl* tepec, budala; by ~s sunkoma; with a ~ sunkovito, nenadoma; at one ~ naenkrat, nenadoma, to give s.th. a ~ nenadoma kaj potegniti; *sl* to put a ~ in it pljuniti v roke, poprijeti se; *E sl* physical ~s telovadba, fizične vaje; to get a ~ on (with) pohiteti (s čim)

jerk II [džə:k] 1. *vt* suniti, sunkovito potegniti, zagnati, treniti, trzati; *fig* izcecljati; 2. *vi* trzniti, trzati se

jerk III [džə:k] 1. *n* na soncu posušeno meso; 2. *vt* sušiti meso na soncu

jerkin [džə:kin] *n hist* usnjen moški telovnik, usnjen naprsnik; vetrni jopič, anorak

jerkiness [džə́:kinis] *n* trzanje, poskakovanje, krčevitost

jerkwater [džə́:kwɔ:tə] 1. *n A coll* lokalen vlak; 2. *adj fig* nepomemben

jerky [džə́:ki] *adj* (jerkily *adv*) sunkovit, krčevit, nestrpen

jeroboam [džerəbóuəm] *n E* velika vinska steklenica ali kozarec

jerque [džə:k] *vt naut* pregledati ladijske dokumente ali blago; ~ note potrdilo o carinskem pregledu

jerquer [džə́:kə] *n naut* carinski preglednik, revizor (za ladje)

jerquing [džə́:kiŋ] *n naut* carinski pregled (na ladji)

Jerry I [džéri] *n E sl* Nemec, nemški vojak, Nemci

jerry II [džéri] *n E sl* nočna posoda; beznica

jerry-builder [džéribildə] *n E coll* nesoliden graditelj

jerry-built [džéribilt] *adj E coll* nesolidno grajen

jerrymander [džérimændə] 1. *n* izkrivljanje resnice; 2. *vt* izkrivljati resnico

jerry-shop [džérišɔp] *n E* pivnica, beznica

jersey [džə́:zi] *n* pletena volnena jopica ali obleka, (športna) majica; jersey blago; jersey govedo

jess [džes] 1. *n* trak, s katerim je privezana sokolova noga na lovu; 2. *vt* privezati sokola za nogo

jessamine [džésəmin] *n* glej jasmin(e)

jessant [džésənt] *adj* klijoč, brsteč; počez ležeč

Jesse window [džési wíndou] *n* poslikano okno s Kristusovim rodovnikom

jest I [džest] *n* šala, burka, dovtip, predmet posmehovanja; in ~ za šalo; to take a ~ razumeti šalo; to make a ~ of pošaliti se s; a standing ~ tarča posmeha; full of ~ poln dovtipov

jest II [džest] *vi* šaliti se, posmehovati se, norčevati se (*at* čemu, komu)

jester [džéstə] *n* burkež, posmehovalec; *hist* dvorni norec

jesting [džéstiŋ] 1. *adj* (-ly *adv*) burkast, šaljiv; navaden; 2. *n* šaljivost; trivialnost; no ~ matter ni za šalo, resna stvar

Jesuit [džézjuit] *n* jezuit; *fig* jezuitar, hinavec, slepar

Jesuitical [džezjuítikəl] *adj* (-ly *adv*) jezuitski; *fig* hinavski, spletkarski

Jesuitism [džézjuitizəm] *n* jezuitizem; *fig* dlakocepstvo (*jesuitism*)

Jesuitry [džézjuitri] *n* jezuitstvo

jet I [džet] 1. *n* curek, izliv; ustnik cevi; reaktivno letalo; 2. *vt & vi* brizgati, brizgniti

jet II [džet] 1. *n* gagat, smolnat premog; 2. *adj* črn, gagaten

jet aeroplane [džétɛərəplein] *n* reaktivno letalo

jet aircraft [džétɔkraft] *n* glej jet aeroplane

jet-black [džétblæk] *adj* smolno črn

jet engine [džétendžin] *n tech* motor na reaktivni pogon

jet jockey [džétdžɔki] *n A sl* pilot reaktivnega letala

jet plane [džétplein] *n* reaktivno letalo

jet-propelled [džétprəpéld] *adj* na reaktivni pogon

jet propulsion [džétprəpʌ́lšən] *n* reaktivni pogon

jetsam [džétsəm] *n* blago, vrženo z ladje, da se olajša tovor; naplavljeno blago; *fig* blago brez vrednosti; *fig* flotsam and ~ človeške razvaline

jettison [džétisən] 1. *n* odmetavanje blaga z ladje, ki je v nevarnosti; 2. *vt* vreči blago z ladje, da se razbremeni; *fig* odvreči (balast)

jettisonable [džétisənəbl] *adj* odvrgljiv

jetton [džétən] *n* žeton

jetty I [džéti] *n mar* pristaniški nasip, pomol, pristajališče

jetty II [džéti] *adj* smolno črn, gagaten

Jew [džu:] *n* Žid; *coll* stiskač, oderuh; unbelieving ~ nejeverni Tomaž; the Wandering ~ večni Žid; to go to the ~s sposoditi si denar od oderuhov; tell that to the ~s pripoveduj to komu drugemu; a perfect ~ skopuh; ~'s pitch asfalt; to be worth a Jew's eye biti veliko vreden

jew [džu:] *vt coll* odirati, goljufati; to ~ down (to) zbiti ceno (na)

Jew-baiter [džú:beitə] *n* preganjalec Židov

Jew-baiting [džú:beitiŋ] *n* preganjanje Židov

jewel I [džú:əl] *n* dragulj, dragotina; rubin v uri; the ~ house zakladnica (v Towerju)

jewel II [džú:əl] *vt* vstaviti dragulje, okrasiti z dragulji; vstaviti rubine v uro

jewel(l)er [džú:ələ] *n* draguljar, dragotinar

jewellery [džú:əlri] *n E* dragulji, dragotine, nakit

jewelry [džú:əlri] *n A* glej jewellery

Jewess [džú:is] *n* Židinja

Jewish [džú:iš] *adj* židovski

Jewry [džú:əri] *n* Židje, židovstvo; *hist* geto

Jew's-ear [džú:ziə] *n bot* judeževa brada (goba)

jew's-harp [džú:zha:p] *n mus* dromlja
Jew's-mallow [džú:zmælou] *n bot* juta, indijska
konoplja
Jezebel [džézəbl] *n fig* pokvarjenka, vlačuga
jib I [džib] *n naut* prednje trikotno jadro, prečka;
tech izlagač, krak žerjava; **the cut of one's ~**
zunanjost, izraz obraza
jib II [džib] *vi* plašiti se (*at*), zaustaviti se, upirati
se (konj); braniti se česa, gnusiti se nad čem (*at*)
jibber [džíbə] *n* plašljiv konj
jib-boom [dží(b)bu:m] *n naut* podaljšek poševnika;
tech izlagač, krak žerjava
jib-door [džíbdə:] *n* tajna vrata v zidu, tapecirana
vrata
jibe I [džáib] **1.** *n* roganje, zasmeh; **2.** *vi & vt*
rogati se, zasmehovati
jibe II [džáib] **1.** *n A naut* obrnitev jadra na drugo
stran; **2.** *vi & vt A naut* obrniti se (jadro),
obrniti jadro na drugo stran, spremeniti smer
jibe III [džáib] *vi A coll* strinjati se, skladati se;
it ~s with my plans to se sklada z mojimi
načrti
jiffy [džífi] *n coll* trenutek; **in a ~** kot bi mignil;
wait half a ~ trenutek počakaj
jig I [džig] *n* poskočen ples, glasba za ta ples;
A sl plesna zabava; *A sl* **the ~ is up** vsega je
konec
jig II [džig] *vi* plesati, poskakovati, skakljati,
tresti se
jig III [džig] **1.** *n tech* šablona, vzorec; vpenjalna
glava; *A* vrsta trnka; sito za rudo; **2.** *vt* delati
s šablono; sejati, izpirati rudo; loviti ribe s po-
sebno vrsto trnka
jig IV [džig] *n A sl* črnuh
jigger I [džígə] *n* plesalec jiga; izpiralec zlata;
sunkovit poteg trnka pri ribolovu; *mar* vzdolžno
jadro na zadnjem jamboru; majhen jambor,
majhno jadro na krmi čolna, barka s takim
jadrom; *mar* majhen škripec, vitel (za delo na
palubi); *mil sl* zapor; *tech* sito za separiranje
rude; lončarsko kolo; orodje za poliranje usnja
ali roba podplata; električno kazalo za cene
na borzi; *A sl* šilce, požirek; *coll* neopredeljiva
stvar; *sl* **~s!** pazi!, teci!; **what is that little ~
on the pistol?** kaj je tista stvarca na pištoli?
jigger II [džígə] *n zool* bolha peščenica
jiggered [džígəd] *adj* **I'm ~** if vrag naj me pocitra,
če
jigger-mast [džígəma:st] *n naut* zadnji jambor
jiggery-pokery [džígəri-póukəri] *n E coll* prevara,
spletka, hokus pokus
jiggle [džigl] **1.** *vt* na lahko stresati, drmati; **2.** *vi*
poskakovati, gugati se, zibati se
jigsaw [džígsə:] *n* rezbarska žaga
jigsaw-puzzle [džígsə:pʌzl] *n* na kocke zrezana
slika (za sestavljanje)
Jill [džil] *n arch* ljubica; **Jack and ~** fant in dekle
jilt [džilt] **1.** *n* spogledljivka; **2.** *vt* spogledovati se,
pustiti (fanta, dekle) na cedilu
Jim Crow [džímkróu] *n A sl* črnuh; **~ car** voz,
ali del voza, določen za črnce
Jim Crowism [džímkrouizəm] *n A sl* rasna diskri-
minacija
jim-jams [džímdžæmz] *n pl E sl* delirium tremens;
zona, kurja polt

jimmy [džími] **1.** *n A* kljukec, odpirač; **2.** *vt* s
kljukcem odpreti, vlomiti
jimp [džimp] *adj Sc* vitek, tanek, nežen; pičel,
skopuški
jimson-weed [džímsənwi:d] *n bot* kristavec
jingle I [džingl] *n* zvončkljanje, žvenket; *tech*
signalni zvonec; preproste rime; avstralski in
irski enovprežen voz na dve kolesi
jingle II [džingl] *vt & vi* zvončkljati, žvenketati;
rimati se, rime delati
jingle-jangle [džíngldžængl] *n* rožljanje
jingo I [džíngou] **1.** *n* vojni hujskač, šovinist; **2.**
adj hujskaški, šovinističen
jingo II [džíngou] *interj* **by ~!** primojduš!, grom-
ska strela
jingoism [džíngouizəm] *n* šovinizem, hujskanje na
vojno
jingoist [džíngouist] *n* šovinist, vojni hujskač
jingoistic [džíngouístik] *adj* šovinističen, hujskaški
jink [džink] **1.** *n* manevriranje z avionom (pri
izogibanju izstrelkom); *pl* (zlasti *Sc*) bučna
zabava, razposajenost; **2.** *vt & vi* odskočiti,
izogniti se
jinrikisha, jinricksha [džinríkšə] *n* rikša
jinx I [džinks] *n A coll* človek (stvar), ki prinaša
nesrečo; smola, nesreča, urok; **to break the ~**
premagati urok; **to put a ~ on** uročiti koga
jinx II [džinks] *vt* prinesti nesrečo, uročiti
jitney [džítni] *n A coll* poceni taksi, poceni avto-
bus; *sl* kovanec za 5 centov
jitter I [džítə] *n* (*pl*) *A sl* živčnost, srh, groza;
I have the ~s srh me spreletava
jitter II [džítə] *vi* biti nervozen, nasršiti se
jitterbug [džítəbʌg] **1.** *n A sl* plesalec, ki se pri
plesu zvija; *fig* živčnež; **2.** *vi* zvijati se pri plesu
jittery [džítəri] *adj A sl* živčen
jiu-jitsu [džju:džítsu] *n sp* jiu-jitsu
jive [džáiv] **1.** *n* swing glasba, swing korak; **2.** *vi*
swing igrati ali plesati
jo [džou] *n Sc* ljubica, ljubček, srček; *arch* za-
bava, veselje
job I [džəb] *n* delo, opravilo, posel; delo na akord;
naloga, dolžnost; služba, položaj; *coll* zadeva;
coll težka naloga; špekulacija, izrabljanje službe
za privaten zaslužek; *A sl* nečeden posel, kraja,
rop, zločin; *print* akcidenčni tisk; *econ* **~ card**
(ali **ticket**) seznam delavčevih delovnih ur; **~
order** naročilo za delo; **~ production** izgotovi-
tev posamičnega dela; **~ specification** opis dela;
~ analysis analiza dela, analiza zaposlenosti;
~ classification poklicna razvrstitev; **~ control**
sindikalni vpliv na kadrovsko politiko v pod-
jetju; **~ evaluation** (ali **rating**) ocenitev dela;
~ rotation rotacija na delovnem mestu; **on the ~**
training izobrazba na delovnem mestu; **odd ~s**
priložnostna dela; **bad ~** slaba stvar, težek
položaj, neuspeh; **a good ~ (too)** (res) sreča;
by the ~ na akord, od kosa plačano delo;
~ time čas za delo na akord; **~ wage** plačilo
za delo na akord; **out of a ~** brezposeln; **~**
for the boys služba za pristaše (politične stran-
ke); **bank ~** bančni rop; **what a ~!** to je obup-
no!; **it was quite a ~** bila je res težka stvar;
to make a good ~ of it delo res dobro opraviti;
to make a thorough ~ of it delo temeljito opra-
viti; **to make the best of a bad ~** popraviti,

kar se še da; molče požreti, **ne kazati nevolje;
to give it up as a bad** ~ opustiti kaj, kar je
brezupno; **to know one's** ~ razumeti stvar; **it is
your** ~ **to do it** tvoja naloga je, da to narediš;
to be on the ~ pridno delati, paziti; **this is
not everybody's** ~ to delo ni za vsakega;
to pull a ~ zagrešiti zločin; **to do s.o.'s** ~ **for
him** ali **to do a** ~ **on** s.o. uničiti koga, likvidirati
koga; **a put-up** ~ naprej dogovorjen zločin,
prevara; *A* **to lie down on the** ~ zanemarjati
delo, zabušavati; *A coll* **she is a tough** ~ ona
je žilava

job II [džɔb] **1.** *vi* delati na akord; špekulirati,
igrati na borzi, trgovati z delnicami; priložnostno delati; **2.** *vt* dati akordno delo; preprodajati, špekulirati s, z; najeti, dati v najem
(konja, voz); izrabljati službo za privaten zaslužek ali korist; uničiti koga; **to** ~ **out** dati
akordno delo; **to** ~ **s.o. into a post** vriniti koga
na položaj; **to** ~ **off goods** prodati robo pod
ceno; *A sl* **to** ~ **s.o. out of** oslepariti koga za kaj

job III [džɔb] *n* vbod, zbodljaj, sunek; potegljaj
z brzdo

job IV [džɔb] **1.** *vt* zbosti, prebosti; izbosti (*out*),
izbezati; potegniti konja za brzdo; **2.** *vi* bosti,
udariti (*at*)

Job [džɔb] *n* Job; **patience of** ~ velika potrpežljivost; **that would try the patience of** ~ to bi
privedlo vsakega do obupa; ~**'s comforter** slab
tolažnik; ~**'s news** žalostna novica; ~**'s post**
glasnik nesreče; *bot* ~**'s tears** Jobove solze,
mehiška koruzna trava

jobation [džoubéišən] *n coll* graja, pridiga

jobber [džɔbə] *n* borzni posredovalec; *A* trgovec
na debelo; verižnik, prekupčevalec; akorder,
priložnostni delavec; človek, ki izkorišča službo
v svojo korist; posojevalec konj in voz

jobbernowl [džɔbənoul] *n E coll* butec, topoglavec

jobbery [džɔbəri] *n* izkoriščanje službe v privatno
korist; špekulacija, korupcija; preprodajanje

jobbing I [džɔbiŋ] *adj* akorden, ki dela na akord;
priložnosten; ~ **tailor** krpar, šivankar; *print*
~ **work** akcidenčni tisk; ~ **man** priložnostni
delavec

jobbing II [džɔbiŋ] *n* delo na akord; priložnostno
delo; preprodajanje, špekulacija; *A* trgovina na
debelo

job-holder [džɔbhouldə] *n* delodajalec; *A* državni
uslužbenec

job-horse [džɔbhɔːs] *n* najemni konj

job-hunter [džɔbhʌntə] *n* kdor išče službo

jobless [džɔblis] *adj A* brezposeln

job-lot [džɔblɔt] *n econ* priložnostni nakup; blago,
kupljeno v špekulacijske namene; krama; **to
sell as a** ~ prodati za slepo ceno

jobmaster [džɔbmaːstə] *n E* posojevalec konj in voz

job printer [džɔbprintə] *n print* tiskar akcidence;
tiskar kart, plakatov, okrožnic

job-work [džɔbwɔːk] *n* akordno delo; *print* akcidenčni tisk

Jock I [džɔk] *n sl* vzdevek za škotskega vojaka;
coll car fant

jock II [džɔk] *n coll* jockey

jockey I [džɔki] *n* jockey, poklicni jahač; fant, pomočnik, priložnostni delavec, manjši uradnik;
slepar; *A* **elevator** ~ voznik dvigala

jockey II [džɔki] **1.** *vt* poklicno jahati (jockey);
coll oslepariti, prekaniti, prelisičiti; **2.** *vi* slepariti; **to** ~ **s.o. aside** speljati koga drugam; **to** ~
s.o. into s.th. pregovoriti koga k čemu; **to** ~ **s.o.
into a position** preskrbeti komu položaj s protekcijo; **to** ~ **s.o. out of his money** izmamiti
denar iz koga; *sp* **to** ~ **for position** poiskati si
dobro mesto

jockey-weight [džɔkiweit] *n tech* kembelj pri tehtnici

jocko [džɔkou] *n zool* šimpanz; pogost vzdevek
za vsako opico

Jock Scott [džɔkskɔt] *n* umetna muha za lov na
postrvi in lossose

jock-strap [džɔkstræp] *n* športni suspenzorij

jocose [džəkóus, džou~] *adj* (*-ly adv*) šaljiv, razposajen, hudomušen, smešen

jocosity [džəkɔ́siti, džou~] *n* šaljivost, razposajenost, hudomušnost; šala

jocular [džɔ́kjulə] *adj* (*-ly adv*) šaljiv, vesel, razpoložen

jocularity [džɔkjulǽriti] *n* šaljivost, dovtipnost,
veselost, razpoloženost; šala

jocund [džɔ́kənd] *adj* (*-ly adv*) vesel, živahen,
objesten

jocoundity [džɔkʌ́nditi] *n* veselost, živahnost, objestnost

jodhpurs [džóudpəz, džód~] *n pl* jahalne hlače;
indijske moške hlače

Joe [džóu] *n A coll* vojak; *A coll* fant; *E sl* **not
for** ~ nikakor, za nobeno ceno; *A* **a good** ~
imeniten fant; *A* ~ **College** neresen študent

Joe Miller [džóumílə] *n E* obrabljena šala

joey [džóui] *n zool* mlad kenguru, mladič

jog I [džɔg] *n* rahel sunek, krc, drezljaj; pohajkovanje, počasna hoja, zložen dir; *fig* lenobnež

jog II [džɔg] **1.** *vt* rahlo suniti, krcniti, stresti, podrezati; *fig* spomniti; pognati (stroj) za kratek
čas; **2.** *vi* udariti (*against* proti); vleči se naprej,
capljati (*on, along*); odpraviti se, nadaljevati
pot (*on*); **to** ~ **s.o.'s memory** poklicati komu
v spomin; **to** ~ **on** prebiti čas, nadaljevati;
matters ~ **along** stvari počasi napredujejo; **I
must be** ~**ging** moram se odpraviti

jog III [džɔg] *n A* neravna površina, štrlina, vzboklina, udrtina

joggle I [džɔgl] **1.** *n* stresljaj; **2.** *vt & vi* stresti (se),
opotekati se

joggle II [džɔgl] **1.** *n* spojnica, stična spojka; **2.** *vt*
spojiti s spojko

jog-trot [džɔ́gtrɔ́t] **1.** *n* počasna hoja, kasanje;
enoličnost; *fig* lenoba; **2.** *adj* enoličen; **3.** *vi*
vleči se

John Barleycorn [džɔnbáːlikɔːn] *n* viski

John Bull [džɔnbúl] *n* tipičen Anglež, Angleži

John Chinaman [džɔnčáinəmən] *n* tipičen Kitajec,
Kitajci

John Company [džɔnkʌ́mpəni] *n E hist* vzhodnoindijska družba

John Doe [džɔndóu] *n* personifikacija pravosodja;
~ **and Richard Roe** namišljene stranke (*jur*)

John Hancock [džɔnhǽnkək] *n A coll* podpis

johnny [džɔ́ni] *n E coll* gizdalin, promenadni lev,
fičfirič

johnny-cake [džɔ́nikeik] *n A* koruzna pogača

Johnny-come-lately [džónikʌmléitli] *n A coll* prišlec, novinec; zamudnik

Johnny-on-the-spot [džóniənðəspót] *n A coll* rešitelj v sili

John-o-Groat's [džónəgróuts] *n* skrajni sever Škotske; **from ~ to Land's End** preko Anglije in Škotske

John Public [džónpʌ́bʻik] *n coʻl* dnevni tisk

Johnsonese [džənsəníːz] *n* pompozen literarni stil s pogostim vpletanjem latinskih besed (po Samuelu Johnsonu)

Johnsonian [džənsóuniən] *adj* v Johnsonovem stilu; pompozen

join I [džóin] *n* stikaᶦišče, spajanje, spajalen člen; utor

join II [džóin] 1. *vt* spojiti, spajati, združiti, sestaviti, povezati, priključiti, pridružiti, srečati, dotikati; 2. *vi* priključiti se, pridružiti se, združiti se; včlaniti se; spojiti se; strinjati se (*with* s, z; *in* v, glede); mejiti, dotikati se; *mil & naut* nastopiti službo; *naut* vkrcati se; *geom* spojiti dve točki (s krivuljo ali premico); *mil* **to ~ the army** iti v vojsko; **to ~ up** iti k vojakom; **to ~ battle** spoprijeti se; **to ~ forces with** delati s skupnimi močmi; **to ~ hands (with)** skleniti roke, rokovati se, združiti se s kom; **to ~ issue with** ne strinjati se, pobijati (z argumenti); *sl* **to ~ the majority** umreti; **to ~ in marriage** poročiti; **to ~ in friendship** skleniti prijateljstvo; **to ~ prayers** skupaj moliti; **to ~ s.o. in doing s.th.** skupaj kaj delati

joinder [džóində] *n jur* združitev dveh strank pred sodiščem; **~ of action** združitev tožb; **~ of parties** sotožniki

joiner [džóinə] *n* stavbni mizar; *A* spojnica, spajalec; **~'s bench** primež; **~'s clamp** svora

joinery [džóinəri] *n* stavbno mizarstvo, mizarsko delo

joint I [džóint] *adj* (-ly *adv*) skupen, združen; spojen, sestavljen; solidaren; *econ* **~ account** skupen račun; **~ commission** mešana komisija; **~ chiefs of staff** skupna vrhovna komanda; **~ heir** sodedič; **~ liability** solidarno jamstvo; **~ ownership** solastništvo; **~ rate** skupna vozninska tarifa; **~ stock** delniški kapital; **~ -stock company** delniška družba; **~ undertaking** sodelništvo; **~ venture** združeno podjetje, priložnostna trgovska družba; *jur* **~ and several** skupen dolg; *jur* **~ and several liability** skupno poroštvo za plačilo dolga; *jur* **~ and several note** skupna obveza za plačilo dolga; **for their ~ lives** dokler oba (vsi) živita (živijo); *jur* **~ offender** sokrivec; *jur* **~ plaintiff** sotožnik

joint II [džóint] *n* stik, stikališče, vez, člen; utor; zgib, sklep (tudi *anat*); tirni stik; *E* kos mesa (mesarski), stegno; *bot* kolence; *geol* razpoka v steni; *A sl* beznica; **out of ~** izpahnjen; *fig* v neredu, v slabem stanju; **to put s.o.'s nose out of ~** spodriniti koga; **universal ~** kardanski sklep

joint III [džóint] *vt* spojiti, sestaviti; razkosati živino, razrezati, razsekati; izgladiti, zamazati sklepe (pri deskah)

jointed [džóintid] *adj* spojen (z zgibi, sklepi); **supple- ~** gibčen; **stiff- ~** negibčen, trd; **~ doll** punčka s premičnimi sklepi (igrača)

jointer [džóintə] *n tech* ličnik (oblič), stružnik; zidarska ometača (za spajanje s cementom); varilec

joint-evil [džóinti:vl] *n vet* hromost (živalska)

jointless [džóintlis] *adj* brez sklepov; trd, tog

jointly [džóintli] *adv* skupno; **~ and severally** vsi za enega, eden za vse, solidarno

jointress [džóintris] *n* vdova z dosmrtno pravico do moževe lastnine

jointure [džóinčə] *n jur* ženi zapisano posestvo; *arch* preužitek

joint-worm [džóintwə:m] *n* žitna zajedalka

joist [džóist] *n* prečni tram

joke I [džouk] *n* šala, dovtip; **the best of the ~** ost dovtipa; **to take (ali bear) a ~** razumeti šalo; **he can't see a ~** ne razume šale; **to carry the ~ too far** pretirati s šalo; **to crack (ali cut) ~ s** zbijati šale; **he is a ~** smešen je; **in ~** v šali; **it is no ~** to pa ni šala; **the ~ of the town** tarča posmeha; **to pass (ali put) a ~ upon s.o.** vleči koga za nos; **to play practical ~ s on s.o.** zagosti jo komu, neslane šale zbijati s kom; **to turn a matter into ~** obrniti kaj v šalo

joke II [džouk] 1. *vi* šaliti se, šale zbijati (*with* s, z); 2. *vt* nagajati, zbadati koga (*about* zaradi)

joker [džóukə] *n* šaljivec, dovtipnež; *car* joker (igralna karta); *A jur* skrita klavzula (v listinah); *sl* možakar

joking [džóukiŋ] *adj* (-ly *adv*) šaljiv, za šalo, v šali, dovtipen; **~ apart!** brez šale!

joky [džóuki] *adj* šaljiv, dovtipen

jollification [džolifikéišən] *n* veseljačenje, pijančevanje

jollify [džólifai] 1. *vi* veseliti se, popivati; 2. *vt* razveseliti koga; opiti

jollity [džóliti] *n* veselje, slavje, zabava; pijančevanje (tudi **jolliness**)

jolly I [džóli] *adj* (**jollily** *adv*) vesel, razposajen, razpoložen, zadovoljen; prijazen, prijeten; *E coll* sijajen, krasen; natrkan; **the ~ god** Bakhos; **he must be a ~ fool** najbrž je zelo trčen

jolly II [džóli] *adv E coll* zelo, vražje; **~ late** zelo pozno; **~ good** prima; **a ~ good fellow** vraži fant, odličen fant; **you will ~ well have to do it** hočeš nočeš, moraš to storiti; **you ~ well know** dobro veš

jolly III [džóli] *n E sl* vojak britanske mornarice

jolly IV [džóli] *vt coll* zbadati (z besedo), posmehovati se, nagajati; *A sl* razveseliti koga; laskati komu, prilizovati se (večinoma z *along*)

jolly(-boat) [džóli(bout)] *n naut* jola; majhen ladijski čoln

Jolly Roger [džóliródžə] *n* piratska zastava

jolt [džóult] 1. *n* sunek, tresljaj, tresenje, poskakovanje; *fig* šok, pretres; *A* močan udarec (boks); 2. *vt & vi* suniti, tresti (se), poskakovati (voz), drmljati; *fig* šokirati, pretresti; *A* močno udariti (boks)

jolterhead [džóultəhed] *n* butec, teslo

jolty [džóulti] *adj* (**joltily** *adv*) poskakujoč (voz), drmljajoč

Jonathan [džónəθən] *n* jonatan (jabolko); **Brother ~** tipičen Amerikanec, Amerikanci

jonquil [džóŋkwil] *n bot* narcisa; **~ yellow** svetlo rdečkasto rumen

jordan [džoː:dn] *n vulg* kahla

jorum [džɔ́:rəm, *A* džóu~] *n* velika posoda za punč, punč, bovla

joseph [džóuzif] *n* nedolžen, čist moški; *hist* dolgo žensko jahalno ogrinjalo; **not for** ~ za nič na svetu

Joseph's flower [džóuzifsflauə] *n bot* kozja brada

josh [džɔ̌š] **1.** *n A sl* zafrkacija, šala; **2.** *vt* zafrkavati, šale zbijati (*with* s, z)

joskin [džɔ́skin] *n sl* kmetavzar

joss [džɔs] *n* kitajsko božanstvo, malik; ~ **-house** kitajski tempelj; ~ **-stick** kadilo

josser [džɔ́sə] *n E sl* bedak; fant, možakar

jostle I [džɔsl] *n* prerivanje, udarec, gneča

jostle II [džɔsl] **1.** *vt* porivati, poriniti, odriniti, odrivati; **2.** *vi* zaleteti se (*with* s, z); suniti, dregniti (*against* ob); prerivati se (*for s.th.* za kaj); **to** ~ **each other** zaleteti se

jot I [džɔt] *n* pičica, malenkost; **not a** ~ še za joto ne, niti najmanj; **not to care a** ~ požvižgati se na kaj

jot II [džɔt] *vt* zapisati, zabeležiti; **to** ~ **down** zabeležiti

jotter [džɔ́tə] *n* notes

jotting [džɔ́tiŋ] *n* zabeležba, zabeleževanje

Judean [džu:díən] *adj* judejski

joule [džu:l, džaul] *n el* joul (enota za delo)

jounce [džauns] **1.** *vt* stresati, tresti, drmati, razmetavati; **2.** *vi* kolovratiti, drmastiti, tresti se

journal [džɔ́:nəl] *n* dnevnik, časopis, revija; *com* knjigovodski poslovnik; *naut* ladijski dnevnik; *tech* oselnik, del osi, ki leži na ležajih; *pl parl* zapisnik, protokol; *com* **cash** ~ blagajniška knjiga; *tech* ~ **bearing** žabica, tečajni ležaj; ~ **box** ležajna puša

journalese [džɔ́:nəlí:z] *n coll* novinarski stil pisanja

journalism [džɔ́:nəlizəm] *n* novinarstvo, časnikarstvo

journalist [džɔ́:nəlist] *n* novinar(ka); pisec dnevnika

journalistic [džə:nəlístik] *adj* (**-ally** *adv*) novinarski

journalize [džɔ́:nəlaiz] **1.** *vt* vnesti v dnevnik (poslovnik); **2.** *vi* voditi dnevnik

journey [džɔ́:ni] **1.** *n* potovanje (po kopnem); (enodnevna) bitka; **2.** *vi* potovati (po kopnem)

journeyman [džɔ́:nimən] *n* obrtniški pomočnik; *arch* dnevničar; *fig* najemnik

journey-work [džɔ́:niwə:k] *n* dnevnina; enolično, slabo plačano delo; slabo opravljeno delo

joust [džaust, džu:st] **1.** *n* dvoboj na viteškem turnirju; *pl* viteški turnir; **2.** *vi* boriti se na viteškem turnirju (s sulico na konju)

Jove [džouv] *n* Jupiter; *E* **by** ~! hudirja!, gromska strela!

jovial [džóuviəl] *adj* (**-ly** *adv*) vesel, prisrčen, priljuden, družaben

joviality [džóuviǽliti] *n* veselost, prisrčnost, priljudnost, družabnost

Jovian [džóuviən] *adj astr & myth* Jupitrov, jupitrovski

jowl [džaul] *n anat* čeljust (zlasti spodnja); lice; podbradek; *zool* podbradnik pri perutnini, kožna guba pri govedu, ribja glava; **cheek by** ~ tesno skupaj, zelo zaupno

joy I [džɔi] *n* veselje (*at* do, *in* za), sreča, radost; **for** (ali **with**) ~ od sreče; **to the** ~ **of** komu v veselje; **to give s.o. great** ~ koga zelo osrečiti;

to leap for ~ skakati od veselja; **to wish s.o.** ~ (**of**) želeti komu srečo (pri); **tears of** ~ solze sreče; **no** ~ **without annoy** pot do sreče je trnova

joy II [džɔi] **1.** *vi poet* veseliti se (*in*), razveseliti se; **2.** *vt poet* razveseliti koga

joy-bells [džɔ́ibelz] *n pl* pritrkavanje

joyful [džɔ́iful] *adj* (**-ly** *adv*) vesel, radosten, srečen; krasen; **to be** ~ veseliti se

joyfulness [džɔ́ifulnis] *n* veselje, radost

joyless [džɔ́ilis] *adj* (**-ly** *adv*) žalosten, otožen, brez veselja, brez radosti

joyous [džɔ́iəs] *adj* (**-ly** *adv*) vesel, radosten

joy-ride [džɔ́iraid] *n* vožnja za zabavo, izlet; *coll* nedovoljena vožnja z avtomobilom, brezobzirna vožnja

joystick [džɔ́istik] *n aero sl* kontrolna ročica v letalu

jubilance [džú:biləns] *n* vriskanje, navdušenje, proslavljanje

jubilant [džú:bilənt] *adj* (**-ly** *adv*) radosten, vriskajoč, navdušen

jubilate [džú:bileit] *vi* radovati se, vriskati, slaviti

jubilation [džu:biléišən] *n* slavje, vriskanje

jubilee [džú:bili:] *n* jubilej, petdesetletnica; slavje, proslava; veselje; vriskanje; *eccl* sveto leto; **silver, golden, diamond** ~ 25., 50., 60. obletnica; ~ **stamp** jubilejna znamka

Judaic [džudéiik] *adj* (**-ally** *adv*) judovski

Judaism [džú:deiizəm] *n* judovstvo, judovska vera

Judaize [džú:dəaiz] *vt & vi* pojuditi (se)

Judas, judas [džú:dəs] *n* Judež; *fig* izdajalec; kukalnik v vratih; ~ **-coloured** rdečelas; ~ **kiss** Judežev poljub

judas-tree [džú:dəstri:] *n bot* jadikovec (drevo)

judder [džʌ́də] *n mus* vibrator; *aero* vibriranje

judge I [džʌdž] *n jur* sodnik; *fig* razsodnik; izvedenec, strokovnjak, dober poznavalec česa (*of*); *mil* ~ **advocate** sodnik pri naglem sodišču; *mil* ~ **advocate general** vrhovni sodnik pri naglem sodišču; **associate** ~ sodni prisednik; **as God's my** ~! pri bogu!; **to be a** ~ **of** razumeti se na kaj; **a good** ~ **of** dober poznavalec česa; **I am no** ~ **of** it tega ne morem presoditi; **let me be the** ~ **of that** prepusti to meni; **to be** ~ **and jury in one's own cause** biti sodnik in tožitelj hkrati; **as sober as a** ~ popolnoma trezen

judge II [džʌdž] **1.** *vt* soditi, razsoditi, presoditi, odločiti (*s.th.* kaj, *that* da); sklepati (*by* po), preceniti; **2.** *vi* razsoditi, izreči sodbo; ustvariti si sodbo (*of* o, *by, from* po); domnevati, soditi, misliti; ~ **for yourself!** sam presodi!; **judging by his words** sodeč po njegovih besedah; **to** ~ **by** (ali **from**) sodeč po; **I** ~ **that** sodim, da; domnevam

judge-made [džʌ́džmeid] *adj* ~ **law** na sodišču pridobljena pravica

judgematic(al) [džʌ́džəmǽtik(əl)] *adj* (**-cally** *adv*) *coll* uvideven, razsoden

judg(e)ment [džʌ́džmənt] *n jur* sodba, obsodba, razsodba; obrazložitev sodbe; razsodnost, preudarnost, razumevanje, uvidevnost; mnenje, ocena (*on* o); **to sit in** ~ **on s.o.** soditi komu; **to deliver** (ali **give, pronounce, pass, render**) ~ **on s.o.** izreči nad kom obsodbo; ~ **reserved**

sodnikova sodba pridržana do konca procesa; ~ **respited** odlog izvršenja obsodbe; ~ **by default** obsodba v odsotnosti; **in my** ~ po moji sodbi; **to give one's** ~ **upon** povedati svoje mnenje o čem; **to form a** ~ **(up)on s.th.** ustvariti si sodbo o čem; **to give** ~ **for (against)** razsoditi v korist (proti); **error of** ~ napačen sklep, napačna sodba; **a man of sound** ~ zelo razsoden človek; **use your best** ~ ravnaj preudarno; **the Day of Judgement** sodni dan; **the Last Judgement** poslednja sodba; ~ **of God** božja sodba

judgement creditor [džʌ́džmənt kréditə] *n jur* upnik na podlagi sodbe

judgement-day [džʌ́džməntdei] *n* sodni dan

judgement debtor [džʌ́džmənt détə] *n jur* dolžnik po sodbi, obsojena tožena stranka

judgement note [džʌ́džmənt nóut] *n econ jur* listina o priznanju dolga

judgement-proof [džʌ́džməntpru:f] *adj A jur* nezmožen plačila; ki se ne more zarubiti

judgement-seat [džʌ́džmǝntsi:t] *n* sodni stol

judgeship [džʌ́džip] *n* sodništvo

judge-stand [džʌ́džstænd] *n sp* sodniški stolp

judicable [džú:dikəbl] *adj jur* pravno sposoben (človek); možen za obravnavo (primer)

judicative [džú:dikətiv] *adj* razsoden; ~ **faculty** razsodnost

judicatory [džú:dikətəri] **1.** *adj jur* soden; **2.** *n* sodišče, sodstvo

judicature [džú:dikəčə] *n jur* sodstvo, pravosodje, sodna oblast, sodišče; **the Supreme Court of Judicature** angleško in vališansko vrhovno sodišče

judicial [džu:díšəl] *adj* (-**ly** *adv*) *jur* soden, sodniški, praven; kritičen, razsoden; ~ **decision** sodni odlok; ~ **error** justična zmota; ~ **murder** justični umor; ~ **proceedings** sodna preiskava; ~ **procedure** sodni postopek; ~ **separation** sodna razveza zakona; *A* ~ **circuit** (ali **district**) sodni okraj

judiciary [džu:díšiəri] **1.** *n jur* sodstvo; **2.** *adj* sodnijski, sodniški

judicious [džu:díšəs] *adj* (-**ly** *adv*) razumen, razsoden, uvideven, pameten, bister, razborit

judiciousness [džu:díšəsnis] *n* razumnost, razsodnost, uvidevnost, razboritost

judo [džú:dou] *n sp* judo

Judy [džú:di] *n* **Punch-and-**~ **show** lutkovno gledališče; *A coll* punčka

judy [džú:di] *interj A aero sl* opažen, v redu

jug I [džʌg] *n* vrč, ročka, bokal; *A* velik lončen vrč; *sl* ječa, »luknja«; *sl* **stone-**~ ječa

jug II [džʌg] *vt* dušiti (meso), pražiti; *sl* zapreti v ječo; ~**ged hare** zajčja obara

jug III [džʌg] **1.** *vi* peti, gostoleti (slavec); **2.** *n* petje, gostolenje

jugal [džú:gəl] *adj anat* ličen; ~ **bone** ličnica, lična kost

jugate [džú:git, ~geit] *adj bot* parnopernat (list)

jugful [džʌ́gful] *n* poln vrč česa; *A sl* **not by a** ~ nikakor, za nič na svetu

juggernaut [džʌ́gənɔ:t] *n* indijsko božanstvo (Krišna); *fig* uničevalna sila; vse, kar zahteva slepo vero in žrtve

juggins [džʌ́ginz] *n sl* tepec, naivnež

juggle I [džʌgl] *n* žongliranje, žonglerstvo; sleparija, prevara, trik

juggle II [džʌgl] **1.** *vi* žonglirati, glumiti; poigravati se (*with* s, z); goljufati, izkrivljati (resnico); **2.** *vt* goljufati, slepiti, varati, prevariti, nasankati koga, opehariti koga (*out of* za); speljati koga (*into* v); **to** ~ **the accounts** ponarediti računé

juggler [džʌ́glə] *n* žongler, glumač; slepar

jugglery [džʌ́gləri] *n* žonglerstvo; sleparija

Jugoslav, Jugoslavia glej **Yugoslav, Yugoslavia**

jugular [džʌ́gjulə] **1.** *adj anat* vraten; **2.** *n* vratna žila; *zool* grlopluta (riba)

jugulate [džʌ́gjuleit] *vt* prerezati vrat, zaklati; *fig* zdraviti na drastičen način

juice I [džu:s] *n* sok; *fig* jedro, bit; moč, vitalnost; *sl* bencin, pogonsko gorivo; *A* viski; **gastric** ~ želodčni sok; **the digestive** ~**s** prebavni sokovi; *fig* **to stew in one's own** ~ pojesti, kar si skuhaš; **to step on the** ~ pritisniti na plin

juice II [džu:s] *vt A* preliti s sokom; *sl* **to** ~ **up** pognati, dati polet

juiceless [džú:slis] *adj* nesočen, brez soka; *fig* prazen, pust

juicer [džú:sə] *n* priprava za odvzemanje soka; *theat, TV A sl* razsvetljevalec

juiciness [džú:sinis] *n* sočnost; *coll* vlažnost

juicy [džú:si] *adj* (**juicily** *adv*) sočen; vlažen, deževen; *coll* zanimiv, sočen, dražljiv, pikanten; *coll* slikovit, sočne barve; *A sl* donosen, pridobiten

jujitsu [džu:džícu] *n* glej **jiujitsu**

juju [džú:džu:] *n* amulet (pri zahodnoafriških plemenih); **to put a** ~ **on s.th.** napraviti kaj za tabu

jujube [džú:džu:b] *n bot* čičimak (drevo in sad)

jujutsu [džu:džúcu] *n* glej **jiujitsu**

jukebox [džú:kbɔks] *n* avtomat z gramofonskimi ploščami

juke-joint [džú:kdžɔint] *n A sl* zanikrn plesni lokal

julep [džú:lep] *n A* sladka alkoholna pijača z mentolom

Julian [džú:ljən] *adj* julijanski; ~ **calender** julijanski koledar

July [džu:lái] *n* julij; **in** ~ julija

jumbal [džʌ́mbəl] *n* kolaček (pecivo)

jumble I [džʌmbl] *n* zmešnjava, zmeda, nered; izbirki, stara roba, ceneni predmeti; kolaček (pecivo)

jumble II [džʌmbl] **1.** *vi* tekati sem ter tja, pomešati se (*together, up*); **2.** *vt* (*together, up*) pomešati, razmetati, zmešati, zmesti

jumble-sale [džʌ́mblseil] *n E* prodaja cenenih predmetov (posebno v dobrodelne namene)

jumble-shop [džʌ́mblšəp] *n E* trgovina s cenenimi predmeti

jumbly [džʌ́mbli] *adj* razmetan, pomešan

jumbo [džʌ́mbou] **1.** *adj* kladast, velik; **2.** *n* kladast človek, žival ali stvar; uspešnež, pomembnež; slonič

jump I [džʌmp] *n* skok, preskok, skok s padalom; skok (cen itd.); nagel prehod na daljinsko snemanje (film); zdrzljaj; udarec nazaj (strelno orožje); *A coll* prednost, uspešen začetek; **the** ~**s** delirium tremens; ~ **area** padalčev doskočni cilj; *sp* **high** ~ skok v višino; *sp* **broad** (ali **long**) ~ skok v daljino; *sp* **obstacle** ~ terenski skok (pri smučanju); *sp* **oblique** ~ prečni skok (pri smučanju); *sp* **pole** ~ skok s palico; *sp* ~ **ball** met žoge med dva igralca (sodnik pri košarki); *A sl* **(always) on the** ~ (vedno) v naglici, v razburjenju; **to keep s.o. on the** ~ imeti koga na vajetih; **to give s.o. a** ~ prestrašiti koga (da se zdrzne, poskoči); **to make** (ali take) **a** ~ skočiti; *fig* **by** ~**s** skokovito; **to take the** ~ preskočiti oviro; ~ **in production** hiter porast produkcije; **to get the** ~ **on s.o.** imeti prednost pred kom, prehiteti koga; **not by a long** ~ še zdaleč ne; *A* **from the** ~ od začetka

jump II [džʌmp] **1.** *vi* skočiti (tudi cene), skakati, poskakovati, skakljati, poskočiti, odskočiti, skočiti na noge; vskočiti (*in*), skočiti mimo (*past*), priskočiti (*to*); *fig* trzniti, zdrzniti se, kviško planiti, prestrašiti se (*at*); *fig* preskočiti (*to* na), preskočiti vrsto pri branju; tresti, zibati se (*voz*); izskočiti, iztiriti se (*vlak*); *fig* razbijati (*srce*); **2.** *vt* preskočiti (*across, over*), pomagati komu skočiti, pripraviti konja k skoku; s silo vzeti, prisvojiti si; zibati, ujčkati; zviševati cene; **to** ~ **clear of s.th.** odskočiti od česa; *sl* **to** ~ **to it** z vnemo se česa lotiti; **to** ~ **for joy** poskočiti od veselja; *A* **to** ~ **channels** preskočiti službeno stopnjo; *E* **to** ~ **the queue** ne držati se vrste, zriniti se naprej; **to** ~ **one's bail** pobegniti kljub danemu poroštvu; **to** ~ **town** pobegniti iz mesta; **to** ~ **a claim** prisvojiti si tujo parcelo (zlatokopa itd.); **to** ~ **the rails** iztiriti se (vlak); **to** ~ **a child on one's knees** ujčkati otroka v naročju; **to** ~ **s.o. into s.th.** nagovoriti koga k čemu; **to** ~ **prices** cene zelo zvišati; **don't** ~ **my nerves!** ne žri mi živcev!; *A* **to** ~ **the gun** prenagliti se; **his tastes and his means do not** ~ njegov okus se ne ujema z njegovimi sredstvi

jump about *vi* skakati okrog; *fig* skakati okoli koga, obletavati

jump aside *vi* odskočiti, skočiti, stran

jump at *vt* planiti na koga; **to** ~ **the chance** zgrabiti z obema rokama, pograbiti priliko; **to** ~ **the idea** oprijeti se misli; **to** ~ (ali **to**) **con- clusions** napraviti prenagle sklepe

jump down 1. *vi* skočiti dol, doskočiti; *coll* napasti z besedo, nasilno prekiniti govor; **2.** *vt* pomagati komu doskočiti; **he** ~**ed the child down** pomagal je otroku skočiti dol; **to** ~ **s.o.'s throat** nahruliti koga

jump off *vi* odskočiti, skočiti s česa; *A coll* začeti; *A* **to** ~ **the deep end** navdušiti se, pustiti se navdušiti

jump on *vt* skočiti na (*to*); navaliti na koga, napasti, skočiti komu v lase; *coll* zmerjati koga

jump out *vi* izskočiti, skočiti ven; *A coll* nahruliti koga; **to** ~ **of one's skin** iz kože skočiti

jump over *vi* preskočiti; *A coll* **to jump all over s.o.** ošteti koga; koga v nič devati

jump up *vi* poskočiti, skočiti na; zdrzniti se, planiti kviško; ~! na konja!

jump with *vi* ujemati se, soglašati

jumpable [džʌmpəbl] *adj* preskočljiv, za preskakovanje

jumped-up [džʌmptʌp] *adj coll* (parvenijsko) napihnjen, ošaben; improviziran

jumper I [džʌmpə] *n* skakalec, -lka; skakač (ud verske sekte); *zool* skakalica (insekt); črv v siru; *tech* kamnoseški sveder; *A* vrsta sank

jumper II [džʌmpə] *n* žemper, jopica; *A* ženska obleka brez rokavov, ki se nosi z bluzo ali s televnikom; *A pl* otroške igralne hlačke

jumpiness [džʌmpinis] *n* živčnost

jumping [džʌmpiŋ] **1.** *n* skakanje; **2.** *adj* skakajoč

jumping-board [džʌmpiŋbɔ:d] *n sp* skakalna deska

jumping-jack [džʌmpiŋdžæk] *n* cepetavček (igrača)

jumping-off place [džʌmpiŋɔfpleis] *n* kraj na skrajnem robu civilizacije; končna postaja; *fig* odskočna deska

jumping-off point [džʌmpiŋɔfpɔint] *n aero* kraj vzleta

jumping-pole [džʌmpiŋpoulə] *n sp* skakalna palica

jump-off [džʌmpɔf] *n A coll* odskok, start, začetek

jump-seat [džʌmpsi:t] *n A* sklopni sedež

jump-spark [džʌmpspa:k] *n el* iskra, ki preskoči

jumpy [džʌmpi] *adj* živčen, nervozen

juncaceous [džʌŋkéišəs] *adj bot* ločkast, iz ločja

junction [džʌŋkšən] *n* stik, spoj; železniško križišče, cestno križišče; zveza, vezišče, stekališče; *math* dotikališče

junction-box [džʌŋkšənbɔks] *n el* priključna doza

junction-line [džʌŋkšənlain] *n* stranski tir (železnica)

juncture [džʌŋkčə] *n* spoj, stik, sklep, šiv; kritičen čas, kriza; konjunktura; **decisive** ~ odločilni trenutek; **at this** ~ v tem kritičnem času

June [džu:n] *n* junij; **in** ~ junija

June bug [džú:nbʌg] *n zool* skarabej, prosnica

jungle [džʌŋgl] *n* džungla, goščava; *fig* vrvež, zmešnjava; *A sl* potepuški tabor; **law of the** ~ pravica močnejšega

jungle bear [džʌŋglbɛə] *n zool* šobasti medved

jungle cat [džʌŋglkæt] *n zool* močvirski ris

jungled [džʌŋgld] *adj* obrastel z džunglo

jungle-fever [džʌŋglfi:və] *n med* džungelska mrzlica

jungle-gym [džʌŋgldžim] *n* plezala (za otroke)

jungly [džʌŋgli] *adj* džungelski, kot džungla

ungle-gym [džʌŋgldžim] *n* plezala (za otroke)

junior I [džú:njə] *adj* mlajši; podrejen, nižji po činu; *sp* juniorski; *A* mladosten, mlad; *A coll* manjši; *A* ~ **books** knjige za mladoletnike; ~ **clerk** pomožni knjigovodja; odvetniški pripravnik; *E* ~ **forms** nižji razred (šole); *A* ~ **high school** nižja gimnazija, zadnji razredi osemletke; *A a* ~ **hurricane** manjši orkan; ~ **lawyer** sodni pripravnik; *A* ~ **miss** damica, odraščajoče dekle; ~ **partner** mlajši družabnik; ~ **right** dedno nasledstvo najmlajšega sina; ~ **school** osnovna šola; ~ **service** *E* vojska, armada; ~ **soph** študent(ka) 2. letnika v Cambridgeu; *A* ~ **skin** mladostna polt; ~ **staff** podrejeni uslužbenci

junior II [džú:njə] *n* mlajši (od dveh), junior; študent tretjega letnika; mlajši uslužbenec, podrejeni; **he is my** ~ **by 2 years** ali **he is 2 years my** ~ za dve leti mlajši od mene; **my** ~**s** ljudje, mlajši od mene; *econ* ~ **bondholder** novi lastnik zadolžnic

juniority [džu:njɔriti] *n* manjša starost, manjša delovna doba; podrejen položaj

juniper [džú:nipə] *n bot* brinje, brin; ~ **berry** brinova jagoda

junk I [džʌŋk] *n* izbirki, slabše blago, stara šara, odpad (staro železo, papir itd.); *cont* ropotija, šund, plaža; *naut* staro vrvje; *naut* žilavo nasoljeno meso; kitova tolšča; *A sl* mamilo; ~ **shop** trgovina z odpadnim blagom; ~ **yard** pokopališče avtomobilov, odlagališče za staro železo

junk II [džʌŋk] *vt* odvreči (v odpad); razrezati na kose, razsekati

junk III [džʌŋk] *n* džunka, kitajska jadrnica

Junker [júŋkə] *n* junker, pruski plemič; *fig* nadutež, oblastnež

Junkerdom [júŋkədəm] *n* junkerstvo; *fig* oblastnost, nadutost

junket [džʌ́ŋkit] **1.** *n* jed iz sladkane in začinjene skute; gostija, piknik; *A* »poslovno« potovanje za zabavo; **2.** *vi E* gostiti se; *vt A* pogostiti

junketing [džʌ́ŋkitiŋ] *n* proslavljanje, gostija; ~ **party** piknik

junkman [džʌ́ŋkmən] *n A* trgovec z odpadnim blagom

Junonesque [džu:nouésk] *adj* junonski

junta [džántə] *n* zakonodajni svet v Španiji, junta

junto [džántou] *n* junta, tajno združenje, klika; zarota, spletkarjenje

jupe [žu:p] *n* krilo (žensko)

jupon [žú:pən] *n hist* tunika z grbom (nošena prek oklepa)

jural [džúərəl] *adj* zakonit, postaven, praven

Jurassic [džuəræsik] **1.** *adj geol* jurski; **2.** *n* jurska formacija; ~ **period** jura

jurat [džúəræt] *n E* mestni svetilnik (zlasti na kanalskih otokih); *A* prisežnik, prisednik

juridical [džuərídikəl] *adj* (**-ly** *adv*) juridičen, zakonit, praven

jurisconsult [džuəriskənsʌ́lt] *n* pravnik, jurist

jurisdiction [džuərisdíkšən] *n* jurisdikcija, sodna oblast, sodstvo, pravosodje; pristojnost sodne oblasti (*of*, *over*); **to come under the** ~ **of** priti pod pristojnost sodne oblasti; **to have** ~ **over** biti pristojen za; **to confer** ~ **on a court** dati pristojnost sodišču

jurisdictional [džuərisdíkšənəl] *adj* (**-ly** *adv*) ki se tiče sodne oblasti ali pristojnosti sodne oblasti

jurisprudence [džuərisprú:dəns] *n* pravna veda, pravoznanstvo; **medical** ~ sodna medicina

jurisprudent [džuərisprú:dənt] **1.** *adj* pravniški, izveden v pravu; **2.** *n* pravni izvedenec, jurist

jurisprudential [džuərispru:dénšəl] *adj* (**-ly** *adv*) praven, pravniški

jurist [džúərist] *n* pravnik, jurist; *E* študent prava; *A* odvetnik

juristic(al) [džuərístik(əl)] *adj* (**-ally** *adv*) jurist;čen, praven

juror [džúərə] *n* (zaprisežen;) porotnik; prisežnik; član žirije

jury I [džúəri] *n jur* porota; žirija; *sp* sodniki; **grand** ~ velika porota (12 do 23 porotnikov), preiskovalno sodišče; **petty** ~ porota pri procesu (12 porotnikov); **coroner's** ~ porota, ki odloča o načinu smrti; **trial by** ~ sojenje pred porotnim sodiščem; **to sit on the** ~ biti porotnik

jury II [džúəri] *adj naut* začasen, nadomesten, pomožen, zasilen

jury-box [džúəribəks] *n* porotniška klop

jury-fixing [džúərifiksiŋ] *n A coll* podkupovanje porotnikov

jury-leg [džúərileg] *n* lesena noga

jury-list [džúərilist] *n* seznam porotnikov

juryman [džúərimən] *n* porotnik

jury-mast [džúərima:st] *n naut* zasilen jambor

jury-panel [džúəripænəl] *n* glej **jury-list**

jury-woman [džúəriwumən] *n* porotnica

jus [džʌs] *n Lat* pravo, jus (*pl jura*); ~ **canonicum** kanonsko pravo; ~ **civile** civilno pravo; ~ **divinum** božje pravo

jussive [džʌ́siv] **1.** *adj gram* velelen; **2.** *n* (milejši) velelni način

just I [džʌst] *adj* (**-ly** *adv*) pravičen (*to* do); pravilen, upravičen, zaslužen, utemeljen; korekten, neoporečen, resničen; *mus* čist; **to be** ~ **to s.o.** pravično s kom ravnati; **it was only** ~ bilo je pošteno in prav; ~ **reward** zaslužena nagrada; **a** ~ **claim** utemeljena zahteva; *econ* ~ **dealings** korekten postopek

just II [džʌst] *adv* pravkar, ravno, prav; komaj, toliko da; samo, zgolj; *coll* resnično, res; pravzaprav; ~ **now** pravkar, v tem trenutku; ~ **then** prav tedaj; ~ **as** prav tako kot, ravno ko; ~ **as well** prav tako; ~ **so** točno, pravilno; **that is** ~ **it** prav to je ono; **that is** ~ **like you** to je čisto tebi podobno; **we** ~ **managed** komaj smo uspeli; **the bullet** ~ **missed him** toliko, da ga je strel zgrešil; ~ **possible** vendar mogoče; ~ **for the fun of it** samo za šalo; ~ **a moment, please!** samo trenutek, prosim!; ~ **an ordinary man** zgolj navaden možakar; ~ **tell me** samo povej mi; **he was** ~ **too late for the train** vlak mu je pred nosom ušel; ~ **wonderful** res čudovito; ~ **how many are there?** koliko jih pa pravzaprav je?

just III [džʌst] *n & vi* glej **joust**

justice [džʌ́stis] *n* pravičnost (*to* do); zakonitost, upravičenost, utemeljenost; pravica; sodišče, sodnik; **Court of Justice** sodišče, sodnija; **High Court of Justice** vrhovno sodišče; **Lord Chief of Justice** vrhovni sodnik; **Justice of the Peace** mirovni sodnik; **to administer** ~ deliti pravico, soditi; **to bring s.o. to** ~ kaznovati koga, pripeljati koga pred sodnika; **to flee from** ~ bežati pred roko pravice; **to complain with** ~ s pravico se pritožiti; **the** ~ **of a claim** upravičenost zahteve; **to do** ~ **to** izkazati komu pravico; dati polno priznanje (tudi hrani, pijači); **to do o.s.** ~ izkazati se, pokazati kaj kdo zna; **in** ~ po zakonu, po pravici; **in** ~ **to** pravici na ljubo; **in** ~ **to him** če smo pravični do njega; **in simple** ~ kot je pošteno in prav; ~ **was done** pravici je bilo zadoščeno

justiceship [džʌ́stisšip] *n* sodstvo

justiciable [džʌstíšiəbl] *adj* ki se mu lahko sodi

justiciar [džʌstíšia:] *n hist* vrhovni sodni in politični uradnik v Angliji za časa normanske monarhije

justiciary [džʌstíšiəri] **1.** *n* sodnik; **2.** *adj* sodnijski

justifiability [džʌstifaiəbíliti] *n* opravičljivost, upravičenost

justifiable [džʌ́stfaiəbl] *adj* (**justifiably** *adv*) opravičljiv, upravičen; ~ **homicide** uboj v samoobrambi

justification [džʌstfikéišən] *n* opravičilo, zagovor; *print* justiranje; **in ~ of** v opravičilo; **with ~** s polno pravico

justificative [džʌstfikeitiv] *adj* opravičilen

justificatory [džʌstfikeitəri] *adj* glej **justicative**

justifier [džʌstfaiə] *n* zagovornik, opravičevalec; *print* kdor justira

justify [džʌstfai] *vt* opravičiti (*before* ali *to* komu), zagovarjati, oprostiti; *print* justirati, uravnati; *eccl* odrešiti; **the end justifies the means** namen posvečuje sredstva; **to be justified in doing s.th.** s polno pravico kaj narediti

justle [džʌsl] *vt* & *vi* glej **jostle**

justly [džʌstli] *adv* pravično, pošteno, po pravici; pravilno, točno

justness [džʌstnis] *n* pravičnost, pravilnost, upravičenost

jut [džʌt] **1.** *n* izboklina, štrlina; **2.** *vi* moleti, štrleti (*out*)

jute [džu:t] *n* juta, jutovina

juvenescence [džu:vinésns] *n* mladostnost, pomladitev, nerazvitost, nezrelost

juvenescent [džu:vinésnt] *adj* mladosten, pomlajen, nerazvit, nezrel

juvenile I [džú:vənail] *adj* mladosten, mlad, mladoleten; nezrel, v razvoju; *cont* otročji, infantilen; *E jur* ~ **adults** mladoletniki med 16. in 21. letom; *jur* ~ **court** sodišče za mladoletnike; ~ **delinquency** mladinsko prestopništvo; ~ **delinquent** (ali **offender**) mladinski prestopnik; ~ **offence** mladinsko kaznivo dejanje

juvenile II [džú:vənail] *n* mladenič, mladinec, mladoletnik; *pl sl* mladinska literatura

juvenilia [džu:vəníliə] *n pl* mladostna dela (zlasti literarna); mladinska literatura

juvenility [džu:vəníliti] *n* mladost, mladostnost, mladostna norost; *pl* mladina, mladostna čud, otročarije

juxta- [džʌkstə] *pref* blizu, poleg

juxtapose [džʌkstəpouz] *vt* postaviti poleg; ~**d to** ki meji na

juxtaposition [džʌkstəpəzíšən] *n* postavljanje poleg, mejitev

juxtapositional [džʌkstəpəzíšənəl] *adj* drug poleg drugega; primerjalen

K

K, k [kei] **1.** *n* črka k; predmet oblike črke K; **2.** *adj* enajsti; oblike črke K
kab(b)ala [kǽbələ, kəbá:lə] *n* kabala, judovski skrivnostni nauk
kadi [ká:di, kéi~] *n* kadi, muslimanski sodnik
kail [kéil] *n* glej **kale**
kainite [kéiənait, kái~] *n min* kajnit
kaka [ká:kə] *n zool* kakadu (papiga)
kakemono [ka:kemóunou] *n* na svilo slikana japonska slika
kaki [ká:ki] *n bot* kaki
kale [kéil] *n* zeleni ohrovt; zelenjavna juha; *A sl* denar; **Scotch** ~ rdeče zelje; **to give s.o. his** ~ **through the reek** zavrniti koga
kaleidoscope [kəláidəskoup] *n* kalejdoskop
kaleidoscopic(al) [kəlaidəskópik(əl)] *adj* (**-ally** *adv*) kalejdoskopski
kalends [kǽlendz] *n pl* glej **calends**
kaleyard [kéilja:d] *n* zelenjavni vrt; ~ **school** škotska literarna smer v 19. st.
kali [kǽli, kéi~] *n bot* slanovka
kalian [ka:ljá:n] *n* vodna pipa (za tobak)
kalmia [kǽlmiə] *n bot* vresnica
kame [kéim] *n geog* dolga strma dolina
kamikaze [ka:miká:zi] *n* japonski samomorilni pilot; kamikaze letalo
Kanaka [kənǽkə, kǽnəkə] *n* domačin na otokih Južnega morja
kangaroo [kæŋgərú:] *n zool* kenguru, vrečar; *E coll* Avstralec; *pl E sl* zapadnoavstralske rudniške akcije; *E* ~ **closure** skrajšanje debate s tem, da se nekaj predlaganih točk izpusti; *A sl* ~ **court** samozvansko sodišče
Kantian [kǽntiən] **1.** *adj phil* kantovski; **2.** *n* Kantovec
Kantism [kǽntizəm] *n phil* Kantova filozofija
kaolin [kéiəlin] *n min* kaolin, porcelanka
kaolinite [kéiəlinit] *n min* kaolinit
kaput [ka:pút] *adj sl* uničen, razbit
karakul [kǽrəkəl] *n zool* perzijska ovca (za perzijance)
karat [kǽrət] *n* karat
karma [ká:mə] *n* budistična karma; *fig* usoda
kar(r)oo [kərú:] *n* suha južnoafriška planota
karst [ka:st] *n geol* kras, ozemlje s kraškimi pojavi
karyogamy [kæriógəmi] *n biol* jedrska spojitev, spojitev celic
karyokinesis [kæriəkiní:sis] *n biol* delitev celičnih jeder
karyosom [kǽriəsoum] *n biol* celično jedro; kromosom

Kashmir [kǽšmiə] *n* Kašmir
Kashmiri [kæšmíəri] *n* kašmirščina (jezik)
Kashmirian [kæšmíəriən] **1.** *adj* kašmirski; **2.** *n* Kašmirec, -rka
katabatic [kætəbǽtik] *adj meteor* pojemajoč (veter)
katabolism [kətǽbəlizm] *n* glej **catabolism**
kathode [kǽθoud] *n* glej **cathode**
kation [kǽtaiən] *n* glej **cation**
katydid [kéitidid] *n zool* velika ameriška kobilica
kayak [kaiǽk] *n* kajak, eskimski čoln
kea [kéiə] *n zool* novozelandska papiga
keat [ki:t] *n A zool* mlada pegatka
keck [kek] *vi* daviti se, iti na bruhanje, gnusiti se; **to** ~ **at** z gnusom odkloniti (hrano)
keddah [kédə] *n* past za slone
kedge [kedž] **1.** *n mar* majhno sidro; **2.** *vt & vi* povleči ladjo (s sidrom), pluti s spuščenim sidrom
kedgeree [kedžərí:] *n* riževa jed z ribami in jajci; *fig* kaša; *A sl* zmešnjava
keek [ki:k] **1.** *n Sc* kukanje; **2.** *vi* kukati; **to take a** ~ **at** pokukati kaj
keel I [ki:l] *n naut* ladijski gredelj, kobilica; *poet* ladja; šlep, rečni tovornjak na vlek; **on an even** ~ enakomerno natovorjen; *fig* mirno, enolično; **to lay down a** ~ polagati gredelj, začeti graditi ladjo
keel II [ki:l] **1.** *vt mar* prevrniti ladjo na bok zaradi čiščenja (*over*, *up*); opremiti s kobilico; *fig* prevrniti; **2.** *vi* obrniti se, prevrniti se; *fig* ležati na hrbtu; **to** ~ **over** *E* prevrniti (se); *A* omedleti
keel III [ki:l] *vt* hladiti; **to** ~ **the pot** paziti, da v loncu ne prekipi
keel IV [ki:l] *n E* mera za premog (21.54 tone)
keel V [ki:l] **1.** *n Sc* rdeča kreda; **2.** *vt* zaznamovati ovce z rdečo kredo
keelboat [kí:lbout] *n A naut* šlep, rečni tovornjak na vlek
keelhaul [kí:lhɔ:l] *vt naut* povleči mornarja pod gredljem (kazen); *fig* ukoriti
keelless [kí:llis] *adj naut* brez gredlja
keelson [kí:lsən, kelsn] *n* glej **kelson**
keen I [ki:n] **1.** *n* irska žalostinka; **2.** *vi & vt* tarnati, objokovati (*for*)
keen II [ki:n] *adj* (**-ly** *adv*) oster (rob, veter, vid, bolečina); piker, rezek, jedek, prediren (pogled); globok, močno občutan; slepeč (svetloba), močen, oster (konkurenca); prefinjen, izostren; bister, ostroumen; *coll* (*on*) goreč, vnet, željan česa, pohlepen po čem, poln zanimanja za, navdušen za; *A coll* prima, brezhiben; **to have**

a ~ **mind** biti bistroumen; **as ~ as mustard** zelo navdušen, vnet; **I am not ~ on it** ni mi za to, ne da se mi tega; *com* ~ **prices** konkurenčne cene

keen-eared [kíːniəd] *adj* ostrega sluha

keen-edged [kíːnedžd] *adj* oster (rezilo)

keener [kíːnə] *n Ir* tarnalec; narekavica

keen-eyed [kíːnaid] *adj* ostroviden

keenly [kíːnli] *adv* ostro, močno, globoko občuteno, predirno; **to look ~ at** predirno gledati

keenness [kíːnnis] *n* ostrina, jedkost; bistrost; gorečnost, pohlep; predirnost; prefinjenost, izostrenost

keen-set [kíːnset] *adj* lačen, željan česa (*for*)

keen-sighted [kíːnsaitid] *adj* glej **keen-eyed**

keen-witted [kíːnwitid] *adj* ostroumen, bister

keep I [kiːp] *n hist* osrednji grajski stolp, trdnjava, temnica; življenjske potrebščine, oskrba, stanovanje in hrana, vzdrževanje; paša, krma; *mil* utrdba, reduta; *pl* igra, pri kateri zmagovalec obdrži dobitek; **to play for** ~s igrati za dobitek; *sl* **for** ~s za vedno; **to earn one's** ~ preživljati se, zaslužiti za vsakdanji kruh

keep II* [kiːp] **1.** *vt* držati, obdržati, ohraniti, zadržati; držati se (zakona, navade); vztrajati, obdržati se; zadrževati koga; vzdrževati, čuvati, varovati, podpirati; nadzirati, na skrbi imeti, skrbeti za; imeti, voditi (trgovino), upravljati (šolo), imeti (sejo); imeti v zalogi; voditi (knjige, račune); praznovati, obhajati (praznik); imeti, gojiti (čebele, konje itd.); **2.** *vi* ostati (doma, v postelji); počutiti se (*he* ~*s well*); držati se, ne kvariti se (hrana, vreme); kar naprej kaj delati (*she* ~*s smiling*); *coll* stanovati (*where do you keep?*); **to** ~ **an appointment** držati se zmenka; *com* **we don't** ~ **this article** tega artikla nimamo v zalogi; **to** ~ **s.o. at arm's length** ne dati komu do sebe; **to** ~ **in bread and water** komaj se preživljati; **to** ~ **one's balance** obdržati ravnotežje; **to** ~ **the ball rolling** ohraniti kaj v teku; **to** ~ **body and soul together** životariti; *com* **to** ~ **books** voditi knjige; **to** ~ **cool** ostati miren; **to** ~ **one's counsel** obdržati kaj zase; **to** ~ **s.o.'s counsel** varovati tujo skrivnost; **to** ~ **a close check on** skrbno nadzirati; **to** ~ **in countenance** bodriti koga; **to** ~ **one's countenance** ostati resen, zadrževati smeh; **to** ~ **clear of** izogniti se česa, čuvati se česa; **to** ~ **s.o. company** delati komu družbo; **to** ~ **company with** skupaj hoditi, družiti se z; **to** ~ **s.th. dark** obdržati zase, ne izdati; **to** ~ **a diary** voditi dnevnik; **to** ~ **one's distance** držati se ob strani; **to** ~ **one's end up** braniti svoja načela, opravljati svoje delo; **to** ~ **an eye on** (ali **out for**) ali **to** ~ **one's eyes open** (ali **skinned**) ali **to** ~ **one's weather eye lifted** imeti odprte oči, budno paziti; **to** ~ **the field** vztrajati, ne se umakniti; **to** ~ **one's feet** obdržati se na nogah; **to** ~ **a straight face** zadrževati smeh; **to** ~ **friends** ostati v prijateljstvu; **to** ~ **guard** stražiti; **to** ~ **(a) guard over s.o.** čuvati koga; *sp* **to** ~ **(the) goal** biti vratar, čuvati gol; **God** ~ **you!** bog te varuj!; **to** ~ **s.th. going** ohraniti kaj v teku; **to** ~ **s.o. going** komu (denarno) pomagati; ohraniti koga pri življenju; **to** ~ **the game alive** ohraniti v teku; **to** ~ **one's ground** ne popustiti, vztrajati, ostati čvrst; **to** ~ **early**

(ali **good**) **hours** prihajati zgodaj domov, hoditi zgodaj spat; **to** ~ **bad** (ali **late**) **hours** prihajati pozno domov, hoditi pozno spat; **to** ~ **one's hand in** ne priti iz vaje; **to** ~ **one's head** ne izgubiti glave, ostati miren; **to** ~ **one's head above water** ne zaiti v dolgove; **to** ~ **house** vzdrževati družino, gospodinjiti; **to** ~ **open house** biti gostoljuben, sprejemati goste ob vsakem času; **to** ~ **hold of** ne puščati iz rok; **to** ~ **in good health** ostati pri dobrem zdravju; **to** ~ **a good look-out** budno opazovati, paziti; **to** ~ **s.o. for lunch** zadržati koga pri kosilu; **to** ~ **a stiff upper lip** ne izgubiti poguma; **to** ~ **the law** držati se zakona; **to** ~ **in mind** zapomniti si; **to** ~ **one's nose to the grindstone** neprestano garati; **to** ~ **pace** (ali **step**) **with** iti v korak, ne zaostajati; **to** ~ **peace between** obdržati mir med; **to** ~ **the peace** držati se reda; *A* **to** ~ **plugging along** kar naprej garati; **to** ~ **s.o. posted** (ali **advised, informed, up to date**) stalno koga obveščati; **to** ~ **the pot boiling** životariti, komaj se prebijati; **to** ~ **one's pecker up** ne izgubiti poguma in odločnosti; **to** ~ **good relations with s.o.** ostati s kom v dobrih odnosih; **to** ~ **a record of s.th.** voditi zapise o čem; **to** ~ **in good repair** ohraniti v dobrem stanju; **to** ~ **sight of** imeti kaj pred očmi, misliti na; **to** ~ **the stage** obdržati se na odru; **to** ~ **straight on** iti naravnost naprej; **to** ~ **in suspense** pustiti koga v negotovosti; *com* imeti v evidenci (nerešeno zadevo); **to** ~ **time** držati se takta; **to** ~ **good time** biti točen (ura); **to** ~ **track of** zasledovati (dogodke), biti na tekočem; **to** ~ **one's temper** zadržati se, ne razburjati se; *A* **to** ~ **tabs on** nadzirati, budno spremljati (dogodke), zapomniti si; **to** ~ **in touch with** ostati s kom v stikih; **to** ~ **together** biti složen, držati skupaj; **to** ~ **one's word** držati besedo; **to** ~ **watch (over, on)** stražiti koga, oprezovati za kom; **to** ~ **the wolf from the door** komaj se preživljati

keep at *vi* ne odnehati, vztrajati; ne pustiti koga pri miru, nadlegovati; ~ **it!** ne odnehaj!; **they** ~ **me with appeals** neprestano me nadlegujejo s prošnjami

keep away 1. *vt* držati koga ob strani, ne pustiti koga blizu; **2.** *vi* izogibati se (*from* koga, česa); držati se ob strani; *naut* držati se proč od obale, obrniti brod od vetra

keep back 1. *vt* zadržati, odvrniti koga od česa; pridržati (npr. delavčevo plačo); zamolčati (*from* komu); **2.** *vi* ostati v ozadju, zadržati se

keep by *vt com* imeti v zalogi

keep down 1. *vt* potlačiti, omejiti, utesniti; znižati, zmanjšati, omejiti (*to* na), ne pustiti povečati; **2.** *vi* ne se dvigati

keep from 1. *vt* zadržati, odvračati, ovirati, prepričati, obvarovati pred; zamolčati, prikrivati; **2.** *vi* izogniti se česa; **he keeps me from work** odvrača me od dela; **I kept him from knowing too much** poskrbel sem, da ni zvedel preveč; **he kept me from danger** obvaroval me je pred nevarnostjo; **you are keeping s.th. from me** nekaj mi prikrivaš; **he could not** ~ **laughing** ni se mogel izogniti smehu

keep in 1. *vt* zadržati, obdržati v čem; pridržati (dih); zadržati v šoli (kazen); obvladati, krotiti

(čustva); **2.** *vi* ostati v čem, ne dati se videti;
to ~ with s.o. ostati s kom v dobrih odnosih
keep off 1. *vt* zavračati, odvračati, odganjati;
zavlačevati; **2.** *vi* ne vmešavati se, izogniti se
(*from*); **~ the grass!** ne hodi po travi!
keep on 1. *vt* obdržati na sebi (plašč, klobuk),
obdržati v službi; nadaljevati; **2.** *vi* nadaljevati
se; preživljati ali hraniti se s čim; **~ doing it!**
delaj to naprej!; **he ~s ~ at her** kar naprej se
znaša nad njo; *sl* **keep you hair (ali shirt) on!**
pomiri se!, ne razburjaj se!
keep out 1. *vt* ne puščati noter, zakleniti komu
vrata; obvarovati (*from* pred); **2.** *vi* ostati
zunaj; ne mešati se, ne podajati se v kaj;
to ~ of sight skrivati se; **~ of mischief!** ne
delaj neumnosti!
keep to 1. *vi* ostati v; držati se (smeri, obljube);
vztrajati pri; **2.** *vt* pripraviti koga, da se drži
stvari; **to ~ the house** ostati doma; **to ~ bed**
ostati v postelji; **to ~ the right** voziti (hoditi)
po desni strani; **to ~ o.s.** držati se zase, ne
hoditi v družbo; **to keep s.th. to o.s.** obdržati
zase, ne praviti naprej; **I kept him to his promise**
držal sem ga z la besedo
keep under *vt* tlačiti koga; ukrotiti (ogenj)
keep up 1. *vt* nadaljevati s čim, vztrajati, ne od-
nehati; **2.** *vi* ne kloniti, ne izgubiti poguma, ne
popustiti; ostati buden; **to ~ one's spirit**
bodriti, ne kloniti; **to ~ to the mark** redno
koga obveščati; **to ~ appearances** varovati
videz; **to ~ with s.o.** ne zaostajati za kom;
A **to ~ with the Joneses** živeti prek razmer,
posnemati bogatejše; **keep it up!** ne odnehaj,
vztrajaj!; *A* **to ~ with** ostati na tekočem,
stalno se zanimati za
keep with *vi* držati s kom, biti s kom, družiti se
s kom
keeper [kí:pə] *n* varuh, čuvaj, paznik; oskrbnik;
rejec (v zloženkah npr. *beekeeper* čebelar); upra-
vitelj, kustos; lastnik (zlasti v zloženkah npr.
innkeeper gostilničar); kretničar; negovalec, bol-
ničar; *tech* varovalni obroč, protimatica; zapirač
(kavelj, kljuka); kar se ne kvari; **this apple is a
a good ~** to jabolko se dobro drži; *E* **Lord
Keeper of the Great Seal** varuh državnega pe-
čata; **Keeper of Manuscripts** vodja oddelka za
čuvanje rokopisov; **~ of the minutes** zapisnikar
keeping [kí:piŋ] *n* vzdrževanje, nega, varstvo, ču-
vanje; skladnost; **in (out of) ~ with** v skladu
(ne v skladu) z; **nothing is safe in his ~** v nje-
govih rokah ni nič varno; **for ~** za shraniti;
to have s.th. in one's ~ imeti kaj shranjeno,
imeti kaj v rokah
keeping-apples [kí:piŋæplz] *n pl* zimska jabolka;
jabolka, ki se dobro drže
keeping-room [kí:piŋrum] *n A* dnevna soba, dru-
žinska soba
keepsake [kí:pseik] *n* spomin (darilo); **as a ~**
ali **by way of ~** za spomin
keeve [ki:v] *n* čeber, sod
kef [keif] *n* opojenost (od hašiša), opoj, mamilo
(zlasti hašiš); sladko brezdelje
kefir [kéfə] *n* kefir, pijača iz kislega mleka
keg [keg] *n* sodček; *A* utežna mera za žeblje
(45,36 kg)

kelp [kelp] *n* vrsta velike rjave morske alge, haloga;
com surova soda
kelpie [kélpi] *n Sc* vodni duh v konjski podobi
kelson [kelsn] *n naut* veznica
kelt [kelt] *n Sc* losos (po drstenju); *Sc* nebarvana
volnina
kelter [keltə] *n E* red, dobro stanje; **out of ~** po-
kvarjen
Keltic [kéltik] **1.** *adj* keltski; **2.** *n* keltščina
kemp [kemp] *n* surova volna
kempy [kémpi] *adj* trd, oster
ken I [ken] *n poet* obzorje (tudi *fig*); znanje, spo-
znanje; **beyond** (ali **out of**) **one's ~** nedoumljiv;
within (a) ~ na dogled
ken II [ken] *vt Sc* spoznati, poznati; videti; *Sc jur*
priznati za dediča
ken III [ken] *n E sl* tatinski brlog
kennel I [kenl] **1.** *n* pasja hišica, pesjak; brlog;
trop psov; *fig* »luknja«, bedno stanovanje; **2.** *vi*
živeti v brlogu
kennel II [kenl] *n* obcestni jarek, odtočni jarek
kenning [kéniŋ] *n* poetično opisno ime (npr. ka-
mela — puščavska ladja)
keno [kí:nou] *n A* hazardna igra, loto
Kentish [kéntiš] *adj* kentski; **~ fire** burno odobra-
vanje, glasno negodovanje; *geol* **~ rag** temno-
siv kremenov grušč
kentledge [kéntlidž] *n naut* železna obtež
Kenya [kí:njə, kénjə] *n* Kenija
Keplerian [kep‘.íəriən] *adj* Keplerjev; **Kepler's laws**
Keplerjevi zakoni
kept [kept] *pt & pp* od **to keep**
keratin [kérətin] *n chem* keratin, roženina
keratinize [kérətinaiz] *vi* poroženeti
keratitis [kerətáitis] *n med* keratitis, vnetje rože-
nice
keratoid [kérətoid] *adj* roženast, rožen
keratol [kérətoul] *n* sintetična imitacija usnja
keratoplasty [kérətouplæsti] *n med* plastična ope-
racija roženice, keratoplastika
kerb [kə:b] *n E* robnik pri pločniku; **~ drill**
prometna vzgoja za pešce
kerb-stone [kə́:bstoun] *n E* robni kamen pločnika;
smernik; *sl* **~ broker** mešetar, ki ni član borze
kerchief [kə́:čif] *n* naglavna ruta; *poet* robec
kerchiefed [kə́:čift] *adj* pokrit z ruto
kerf [kə:f] *n* rez (z žago), zareza; krajnik poseka-
nega drevesa
kermes [kə́:mi:z] *n zool* hrastova šiškarica; rdeče
barvilo iz šiškaric; *bot* **~ oak** šiškar (hrast)
kermis [kə́:mis] *n* letni sejem s prireditvami, pro-
ščenje; *A* dobrodelna prireditev
kern(e) [kə:n] *n hist* irski pešak (vojak); vaški
tepček, potepuh
kernel [kə́:nəl] *n* jedro, seme, zrno, koščica, pečka;
fig jedro, bistvo; **he who will eat the ~, must
crack the nut** brez dela ni jela
kernel-fruit [kə́:nəlfru:t] *n* pečkato sadje
kernelled [kə́:nld] *adj* koščičast, pečkat; *fig* jedrnat
kernelless [kə́:nəl.is] *adj* brez jedra, brez pečka
kerosene [kérəsi:n] *n* kerosin, petrolej za razsvet-
ljavo; svetilno ali gorilno olje
kerry [kéri] *n A* vrsta majhne goveje živine; *E* vrsta
terierja
kersey [kə́:zi] *n* vrsta grobega volnenega blaga

kerseymere [kɔ́:zimiə] n kašmir, gosto tkana, gladka volnena tkanina; pl hlače iz te tkanine
kestrel [késtrəl] n zool postovka
ketch [keč] n mar manjša jadrnica z dvema jamboroma
ketchup [kéčəp] n pikantna paradižnikova in gobova omaka
kettle [ketl] n kotel, kotliček, čajnik; geol ledeniška vrtača, ledeniško jezerce; a pretty ~ of fish lepa kaša; the pot calling the ~ black sova, ki sinici glavana pravi
kettle-drum [kétldrʌm] n mus pavka, bobnica; coll čajanka
kettle-drummer [kétldrʌmə] n mus pavkist, bobnar
kettleful [kétlful] n poln kotliček česa
kettle-maker [kétlmeikə] n kotlar
kewpie [kjú:pi] n A celuloidna punčka (igrača)
key I [ki:] n ključ; fig ključ do česa, pojasnilo (to k); knjiga rešenih matematičnih problemov; mil ključni položaj; oblast (to nad); bot, zool klasifikacija, tabela; geslo, šifra (v inseratih): tech zagozda, zatič, svornik, privijalo (za drsalke); tipka pisalnega stroja, tipka električnega aparata; moznik, (lesen) klin; archit sklepnik; mus tipka, ključ, tonovski način; barvni odtenek; glasovna višina; mus major (minor) ~ dur (mol); mus ~ of C major (minor) C dur (mol); golden (ali silver) ~ podkupnina; master ~ ključ, ki odpira vsa vrata; skeleton ~ odpirač; House of Keys posłanski dom na otoku Man; the Keys poslanci na otoku Man; all in the same ~ v istem tonu, monotono; painted in a low ~ slikano v zamolklih barvah; to have (ali get) the ~ of tne street ne imeti hišnega ključa, biti brezdomec; to turn the ~ zakleniti; fig to be in ~ with s. h. biti v skladu s čim; eccl power of the ~s papeževa oblast
key II [ki:] adj ključen, bistven; ~ industry ključna industrija; ~ map obrisna karta
key III [ki:] vt s klinom zabiti, zagozditi (in, on); zakleniti; prilagoditi, uglasiti (to); uglasiti glasbilo; pod ključem govoriti, pod šifro oglasiti (v časopisih); (elektronika) vključiti, izključiti; fig to ~ up spodbuditi, spodbosti, podžgati; zvišati (cene)
key IV [ki:] n otoček, čer, školj
key-bit [kí:bit] n ključeva brada
keyboard [kí:bɔ:d] 1. n klaviatura, tastatura, tipke; manual, igralnik (pri orglah); 2. vi postaviti z mono- ali linotajpom
keyed [ki:d] adj mus na tipke (glasbilo); uglašen (to na); tech zagozden; na šifro
keyed-up [kí:dʌp] adj živčen, napet
keyhole [kí:houl] n ključavnična luknja; fig ~ report poročilo z intimnimi podrobnostmi
keyhole saw [kí:houlsɔ:] n tech luknjarica, koničasta žaga
keyless [kí:lis] adj brez ključa; fig nerešljiv
key-money [kí:mʌni] n E odkupnina; odstopnina (za stanovanje)
key-move [kí:mu:v] n otvoritvena poteza pri šahu
key-note [kí:nout] n mus osnovni glas; fig glavno načelo, vodilna misel, geslo; A pol smernica politične stranke; to strike the ~ zadeti v črno
key-noter [kí:noutə] n A pol ideolog, miselni vodja politične stranke

key-ring [kí:riŋ] n obroček za ključe
keystone [kí:stoun] n archit sklepnik; fig osnovno načelo, vodilna misel; Keystone State vzdevek za Pennsylvanijo
key-wey [kí:wei] n tech utor za zagozdo
key-word [kí:wə:d] n ključna beseda, uvodna beseda
khaki [ká:ki] 1. adj rumenkasto rjav, kaki; 2. n blago te barve, kaki uniforma; men in ~ angleški vojaki; ~ election volitve, ki izkoristijo vojno navdušenje
khalif(a) [ka:li:f(ə), A kéilif (kəlí:fə)] n kalif
khamsin [kǽmsin] n vroč južnoegiptovski veter
khan [ka:n, kæn] n kan; han, obpotna krčma na Bližnjem vzhodu
khanate [ká:neit, kæn~] n kanat
kibble [kibl] 1. n železna košara za dviganje rude; 2. vt drobiti
kibe [káib] n gnojna ozeblina; fig to tread on s.o.'s ~ ali to gall s.o.'s ~ raniti koga (z besedo), nadlegovati
kibei [kí:béi] n v ZDA rojen, a v Japonski vzgojen Japonec
kibitz [kíbic] vi coll komu zaplečevati, komariti
kibitzer [kíbicə] n coll zaplečkar, komar
kiblah [kíbla:] n smer, kamor se mohamedanci obrnejo pri molitvi
kibosh [káibəš, kibɔ́š] n sl nesmisel, oslarija; to put the ~ on onemogočiti kaj, napraviti konec
kick I [kik] n brca; sp strel (nogomet), A spurt; udarec, sunek, sunkovita vožnja; sunek, udarec nazaj (strelno orožje); udarna moč, odporna sila, elan, energija; A sl opojnost alkoholne pijače; dražljaj, mik; A ugovor, očitek, pritožba; E sl kovanec za 6 penijev; E najnovejša moda; A to get a ~ out of uživati v čem; sl to get the ~ biti vržen iz službe; for ~s le za šalo; that cocktail has got a ~ ta koktajl ima nekaj v sebi; he's got a ~ pijan je; to give a ~ to pognati kaj v tek; to have no ~ left biti na koncu svojih moči; to have the ~ on one's side imeti srečo; let's have one more ~! poskusimo še enkrat!; more ~s than halfpence več graje kot hvale; sp free ~ prosti strel (nogomet)
kick II [kik] 1. vi brcati, ritati; coll braniti se, upirati se (at, against); godrnjati, ugovarjati, pritoževati se (about); odskočiti, nazaj udariti (puška); visoko leteti (žoga); A sl umreti; 2. vt brcniti; streljati (na gol); nazaj udariti, poriniti; pognati, priganjati; to be ~ed out of a job biti vržen iz službe; to ~ the beam biti malo pomemben; to make s.o. ~ the beam izpodriniti koga; to ~ back vrniti milo za drago; A sl plačati podkupnino; sl to ~ the bucket umreti; sl to ~ to it umreti; to ~ s.o. downstairs koga ven vreči, vreči koga po stopnicah; to ~ s.o. upstairs odpustiti koga iz službe in dati v zameno časten naslov; to ~ down the ladder pozabiti na ljudi, ki so ti pomagali naprej; to ~ up dust dvigniti prah; to ~ one's heels nestrpno čakati, zapravljati čas z brezplodnim čakanjem; to ~ against the pricks zaman se upirati; to ~ riot (ali noise, row) razburkati duhove; to ~ over the traces iz ojnic skakati; to ~ the wind (ali clouds) biti obešen
kick about vi postopati

kick around vt A coll pogovarjati se o čem, hoditi kot mačka okrog vrele kaše

kick in vt z nogo v kaj poriniti; A sl prispevati, priložiti

kick off 1. vt s sebe pometati (obleko, čevlje); A sl spraviti v tek; **2.** vi sl umreti; A sl začeti igro (nogomet)

kick out vt izgnati, vreči ven; brcniti žogo v out

kick up vt visoko brcniti; **to ~ a dust (ali a fuss, a row)** prah dvigati, razgrajati, **to ~ one's heels** plesati, zabavati se

kick III [kik] n vdolbina na dnu steklenice

kickback [kíkbæk] n A coll odločen odgovor, močna reakcija; prisvojitev dela delavčevega zaslužka

kicker [kíkə] n ritajoč konj, brcač; E nogometaš; sp vratarjev čevelj (pri hokeju); A sl godrnjalo; mar sl pomožen motor

kick-off [kíkɔf] n sp začetni udarec (pri igri z žogo); sp ~ **circle** sredina igrišča, krog v sredini

kickshaw [kíkšɔ:] n ničevost, malenkost; nenasitljiva poslastica; **to give ~s to a hungry man** dati lačnemu človeku samo poslastico

kick-starter [kíksta:tə] n nožni zaganjač (pri motornem kolesu)

kick-up [kíkʌp] n coll hrup, sramota, škandal

kid I [kid] n kozlič, kozličevina (ševro); coll pl glazé rokavice; sl otrok; **to handle with ~ gloves** v rokavicah kaj delati, obzirno postopati; A **some ~** sijajen fant; **my ~ brother** moj bratec; **that's ~ stuff** to je za otroke

kid II [kid] vt skotiti (kozliče)

kid III [kid] **1.** n šala, nesmisel; goljufija; **2.** vt & vi sl vleči koga za nos, zafrkavati, napeljati koga (into k); govoriti neumnosti, goljufati; **no ~ding** resno, brez šale

kid IV [kid] n čebriček, lesena skleda

kiddle [kidl] n rečna brana z mrežo za ribolov

kiddy [kídi] n otročiček; sl (eleganten) tat

kid-glove [kídglʌv] **1.** adj razvajen, izbirčen; **2.** n glazé rokavica

kidling [kídliŋ] n kozliček; otročiček

kidnap [kídnæp] vt ugrabiti otroka (človeka)

kidnap(p)er [kídnæpə] n ugrabitelj ljudi (zlasti otrok)

kidnap(p)ing [kídnæpiŋ] n ugrabitelj ljudi

kidney [kídni] n anat ledvica, obist; fig vrsta, sorta, kov; **a man of that ~** mož tega kova; **he is of the right ~** je pravega kova

kidney-bean [kídnibi:n] n bot nizek fižol

kidney-ore [kídniɔ:] n min hematit ledvičaste oblike

kidney-shaped [kídnišeipt] adj ledvičast

kidney-stone [kídnistoun] n med ledvični kamen; min ledvičnik

kidney-vetch [kídniveč] n bot ranjak

kidskin [kídskin] n kozina; kozje usnje

kief [ki:f] n glej kef

kier [kiə] n velik bojler ali sod (pri destilaciji, beljenju in barvanju tekstila)

kike [káik] n A sl Žid

kilderkin [kíldəkin] n sod; votla mera (16 ali 18 galonov, 70 do 80 l)

kilerg [kílə:g] n phys kiloerg

Kilkenny cats [kilkéni kæts] n pl **to fight like ~** bojevati se na življenje in smrt

kill I [kil] n A dial kanal, potok, reka

kill II [kil] n ubijanje; ubita divjad, ulov; mil uničenje; naut potopitev ladje; **on the ~** z ubijalskim namenom, na lovu za plenom; fig **to be in at (ali for) the ~** prisostvovati koncu

kill III [kil] **1.** vt ubiti, ubijati; klati, zaklati (živino); ubiti, ustreliti (divjad); mil uničiti, potopiti (ladjo); pokončati, ugonobiti, udušiti, zatreti; fig preklicati, stornirati, razveljaviti, črtati; fig potlačiti, zadušiti (čustva), obsipati (s pretirano dobroto); olajšati, ublažiti (bolečino), nevtralizirati (barvo, hrup); odbiti preprečiti (zakonski osnutek), prekrižati (načrt); sp zaustaviti (žogo); zabiti čas; A coll popiti celo steklenico; **2.** vi povzročiti smrt; coll biti neudržljiv, biti očarljiv; **to ~ two birds with one stone** ubiti dve muhi na en mah; **to ~ the fatted calf for s.o.** z veseljem sprejeti, sprejeti kot izgubljenega sina; **the sight nearly ~ed me** ob pogledu na to sem skoraj počil od smeha; **to ~ s.o. with kindness** škoditi komu s preveliko dobroto; **to ~ time** zabijati čas; **dressed up to ~** zapeljivo oblečen, gizdavo oblečen; **to ~ by inches** počasi ubijati; **to ~ the goose that lays golden eggs** s svojo grabežljivostjo uničiti vir dohodkov; **a ~ or cure remedy** drastično zdravilo; **to dance to ~** plesati do iznemoglosti; **pigs do not ~ well at that age** v tej starosti svinje niso godne za klanje

kill off vt ubiti, pobiti, uničiti, iztrebiti

kill out vt pobi.i, iztrebiti, izkoreniniti

killable [kíləbl] adj uničljiv; goden za zakol (živina)

killdeer [kíldiə] n zool vrsta ameriškega deževnika (ptič)

killer [kílə] n ubijalec; klavec, klavna živina chem uničevalno sredstvo

killer-whale [kíləweil] n zool sabljarica (kit)

killick [kílik] n mar preprosto sidro

killing [kíliŋ] **1.** adj smrtonosen, morilski, ubijalski; utrudljiv; coll neuzdržljiv, neustavljiv, zelo šaljiv; **2.** n ubijanje, klanje; ulov; econ coll špekulantski uspeh (na borzi)

killjoy [kíldžoi] n kdor kvari zabavo in razpoloženje

kill-time [kíltaim] n opravilo za zabiti čas, zabava

kiln [kil(n)] n žgalna peč, sušilna peč, sušilnica; **brick-~** opekarna; **lime-~** apnenica

kiln-dry [kíl(n)drai] vt sušiti v sušilni peči

kilocalorie [kíləkæləri] n phys kilokalorija, kilogramska kalorija

kilocycle [kíləsaikəl] n el kilocikel

kilogram(me) [kíləgræm] n kilogram

kilogrammeter (-metre) [kíləgræmmí:tə] n kilogrammeter

kiloliter [-litre] [kíləli:tə] n kiloliter (1000 l), kubični meter

kilometer (-metre) [kiləmí:tə, kilómitə] n kilometer; **~ board** kilometerska tablica; **~ stone** kilometerski kamen

kilovolt [kíləvoult] n kilovolt (1000 voltov)

kilowatt [kíləwət] n kilovat (1000 vatov); **~ hour** kilovatna ura

kilt [kilt] **1.** n kilt, kratko krilo (škotska noša); **2.** vt zgubati, plisirati; spodrecati

kilted [kíltid] adj oblečen v kilt; plisiran, zguban; **~ regiments** škotski polki v narodni noši

kilter [kiltə] *n A dial* red, dobro stanje; **out of** ~ kar ni v redu, pokvarjen

kiltie [kílti] *n* škotski vojak v narodni noši

kilting [kíltiŋ] *n* naborki, plisé

kimono [kimóunou] *n* kimono, kimono obleka

kin I [kin] *adj* soroden (*to*), podoben, enak (*to*); **to be** ~ biti v sorodu

kin II [kin] *n* rod, (krvno) sorodstvo, družina; vrsta, rasa, veja; **of good** ~ iz dobre družine; **of** ~ **to s.o.** v sorodu s kom; **of the same** ~ iste vrste, iste veje; **near of** ~ bližnji sorodnik; **next of** ~ najbližji sorodnik

kinchin [kínčin] *n sl* dete; ~ **lay** kraja denarja otrokom na ulici

kind I [káind] *adj* (~**ly** *adv*) prijazen, ljubezniv, nežen dobrotljiv (*to* do); krotek, dober (konj); **to be as** ~ **as to** ali **to be** ~ **enough to** biti tako prijazen, da; **with** ~ **regards** s prisrčnimi pozdravi

kind II [káind] *n* vrsta; rod, razred, zvrst; kruh in vino (v evharistiji); naturalije; **all** ~**(s) of** vseh mogočih vrst; **all of a** ~ **with** iste vrste kot; **two of a** ~ dva iste vrste; **nothing of the** ~ nič takega, sploh ne; **something of the** ~ ali **this** ~ **of thing** nekaj takega; **of a** ~ neke vrste (zaničljivo); iste vrste; **we had coffee of a** ~ pili smo neko slabo kavo; ~ **of** nekako, malo; **I** ~ **of expected it** nekako sem to pričakoval; **I** ~ **of promised it** sem na pol obljubil; **to grow out of** ~ odreči se svojega rodu; **the literary** ~ kdor se bavi z literaturo; **he is** ~ **of queer** je nekam čuden; **human** ~ človeški rod; **payment in** ~ plačilo v naturalijah; **to repay in** ~ vrniti milo za drago;

kindergarten [kíndəga:tn] *n* otroški vrtec; ~ **teacher** otroška vrtnarica

kindergartner [kíndəga:tnə] *n* otroška vrtnarica; *A* otrok v otroškem vrtcu

kind-hearted [káindhá:tid] *adj* (~**ly** *adv*) dobrosrčen

kind-heartedness [káindhá:tidnis] *n* dobrosrčnost

kindle [kindl] **1.** *vt* prižgati, zažgati; *fig* podžigati, podpihovati (*to* k); navdihniti, navdihovati, prosvetiti; **2.** *vi* prižgati se, vneti se; *fig* vneti se za kaj, navdušiti se (*at*); razvneti se, ozariti se (*with*)

kindler [kíndlə] *n* požigalec; *fig* podpihovalec

kindliness [káindlinis] *n* dobrohotnost, naklonjenost, ljubeznivost

kindling [kíndliŋ] *n* prižiganje, zažiganje; *fig* podpihovanje; *pl* trske

kindly I [káindli] *adj* prijazen, dobrotljiv, dobrohoten, naklonjen; prijeten, ugoden (podnebje); *arch* domoroden; **a** ~ **soil** rodovitna tla

kindly II [káindli] *adv* prijazno, dobrotljivo, dobrohotno, naklonjeno, prisrčno; **to take** ~ **to** vzljubiti, naklonjeno sprejeti; **I would take it** ~ **of you if** bil bi ti zelo hvaležen, če; **would you** ~ **(tell me the time)** (vljudno vprašanje) bi bili tako prijazni, da; ~ **let me know** bodi tako prijazen in me obvesti; **we thank you** ~ prisrčno se vam zahvaljujemo; **would you** ~ **shut up** bi prosim utihnil

kindness [káindnis] *n* dobrota, ljubeznivost, prijaznost, naklonjenost; dobro delo; **out of** ~

iz dobrote; **to show (ali do) s.o. a** ~ kaj dobrega komu storiti

kindred [kíndrid] **1.** *n* (krvno) sorodstvo, rod; *coll* sorodniki, družina; *fig* sorodnost (duševna); **2.** *adj* soroden, v krvnem sorodstvu; *fig* soroden (po duhu), podoben, enak

kindredship [kíndridšip] *n* (krvno) sorodstvo, sorodnost

kine [kain] *n pl arch* govedo, krave

kinema [káinimə, kín~] *n* glej **cinema**

kinematic [kainimǽtik, kin~] *adj* (~**ally** *adv*) *phys* kinematičen

kinematics [kainimǽtiks, kin~] *n pl phys* kinematika, nauk o gibanju ne glede na gonilne sile

kinematograph [kainimǽtəgra:f, kin~] *n* glej **cinematograph**

kinetic [kainétik, kin~] *adj phys* kinetičen; *fig* dinamičen

kinetics [kainétiks, kin~] *n pl phys* kinetika, nauk o gibanju

kinetograph [kainí:təgra:f, kin~græf] *n photo* kinetograf

kinfolks [kínfouks] *n A coll* sorodniki

king I [kiá] *n* kralj; kralj (karte, šah); dama (igra); *fig* kralj, magnat; **King** ali ~ **of** ~**s** bog; ~ **of beasts** kralj živali, lev; ~ **of birds** orel; **King of Terrors** smrt; ~'**s peg** pijača, mešanica šampanjca in žganja; *E* **King's English** literarna angleščina; *E jur* ~'**s evidence** človek, ki priča proti svojim sokrivcem; *E* ~ **sends his carriage** marica pride po osumljenca; *E* **King's Bench** sodišče; *E* **King's Bounty** dar materi trojčkov; *E* **King's colours** angleška zastava; *E* **King's Councel (K. C.)** vrhovni državni odvetnik; *E* ~'**s weather** lepo vreme med uradno svečanostjo; *E* **King's Roll** obvezna zaposlitev vojnih veteranov; **King Baby** otrok, okoli katerega se vrti vsa hiša

king II [kiŋ] **1.** *vi* kraljevati; **2.** *vt* postaviti za kralja; **to** ~ **it** vladati, igrati kralja

kingbolt [kíŋboult] *n tech* glavni svornik

king-carp [kíŋka:p] *n zool* ogledalni krap

king-cobra [kíŋkoubrə] *n zool* kraljevska naočarka

king-crab [kíŋkræb] *n zoll* velik morski rak; morski pajek

kingcraft [kíŋkra:ft] *n* kraljevanje, državništvo

kingcup [kíŋkʌp] *n bot* zlatica; *E bot* močvirski meseček

kingdom I [kíŋdəm] *n* kraljestvo; *bot, zool* rastlinsko, živalsko stvarstvo; **United Kingdom** združeno kraljestvo (Vel. Britanija in Sev. Irska)

kingdom-come [kíŋdəmkʌm] *n* nebesa, drugi svet; *sl* **to go to** ~ umreti; *sl* **to send s.o. to** ~ pomagati komu na drugi svet

kingfern [kíŋfə:n] *n bot* peruša, velika praprot

kingfisher [kíŋfišə] *n zool* vodomec

kinghood [kíŋhud] *n* glej **kingship**

kingless [kíŋlis] *adj* brez kralja, brez vladarja

kinglet [kíŋlit] *n* nepomemben kraljič; *zool* kraljiček

kinglike [kíŋlaik] *adj* kraljevski, kot kralj, veličasten, dostojanstven

kingliness [kíŋlinis] *n* veličastnost, dostojanstvenost

kingly [kíŋli] **1.** *adj* kraljevski, dostojanstven; **2.** *adv* kraljevsko, dostojanstveno

king-maker [kíŋmeikə] *n* kdor postavi kralja (po zrušenju prejšnjega)
kingpin [kíŋpin] *n* kralj (kegelj); *tech* glavni svornik; *coll* najvažnejši človek v družbi
king-post [kíŋpoust] *n* archit slemenski podporni steber
king's evil [kíŋzi:vl] *n* med skrofuloza, bezgavčna jetika
kingship [kíŋšip] *n* kraljevsko dostojanstvo, kraljevanje
king-size [kíŋsaiz] *adj coll* večji od običajnega
kink [kiŋk] **1.** *n* zanka, pentlja, vozel; krč (posebno v vratu ali hrbtu); *fig* prismojen domislek, čudaštvo, muhavost, »muha«; **2.** *vt & vi* zankati (se), vozlati (se), kodrati se (po naravi)
kinkle [kiŋkl] *n* kodrček
kinky [kíŋki] *adj* (**kinkily** *adv*) zavozlan; skodran, volnolas; *coll* muhast
kinless [kínlis] *adj* brez sorodstva, brez družine
kino [kí:nou] *n* smola nekaterih tropskih dreves (rabi se v zdravilstvu in strojarstvu)
kinsfolk [kínzfouk] *n pl* (krvni) sorodniki, družina
kinship [kínšip] *n* (krvno) sorodstvo; *fig* sorodnost
kinsman [kínzmən] *n* (krvni) sorodnik
kinswoman [kínzwumən] *n* (krvna) sorodnica
kiosk [kí:ɔsk, kái~] *n* kiosk
kip I [kip] *n* surova koža (mlade ali majhne živali), sveženj takih kož; *A* 1000 angleških funtov (453.59 kg)
kip II [kip] **1.** *n* ceneno prenočišče; javna hiša; postelja; **2.** *vi* spati, leči v posteljo
kipper [kípə] **1.** *n* prekajen slanik; *zool* losos med drstenjem; *E sl* fant, možak; **2.** *vt* prekajevati ribe
kirk [kə:k] *n Sc* cerkev; **the Kirk** škotska cerkev
kirkman [kə́:kmən] *n* pripadnik škotske cerkve
kirn [kə:n] *n Sc* praznik žetve
kirsch(-wasser) [kíəšva:sə] *n* češnjevec
kirtle [kə:tl] *n arch* ženska obleka, krilo
kish [kiš] *n min* grafit
· kismet [kísmet, kíz~] *n* usoda, Alahova volja, kizmet
kiss I [kis] *n* poljub; rahel dotik (vetra); piškot iz beljakov, poljubček; mehurček na mleku ali čaju (otroška beseda); **treacherous ~** judežev poljub; **to blow** (ali **throw**) **a ~ to** vreči komu poljub
kiss II [kis] *vt & vi* poljubiti (se); **to ~ the book** poljubiti biblijo pri priseganju; **to ~ the dust** ponižati se; *fig* umreti; **to ~ the ground** poljubiti tla; *fig* ponižati se; **to ~ one's hand to** z roko poslati poljub; **to ~ the rod** (ali **cross**) pokorno sprejeti kazen; **to ~ away s.o.'s tears** s poljubi obrisati solze
kissable [kísəbl] *adj* poljuba vreden
kissing [kísiŋ] *n* poljubljanje
kissing-bug [kísiŋbʌg] *n zool* ameriška stenica
kissing-crust [kísiŋkrʌst] *n* mehka skorja (kjer se je kruh dotikal drugega)
kissing-gate [kísiŋgeit] *n* ozka sklopna vrata (za eno osebo)
kiss-in-the-ring [kísinðəriŋ] *n* mladinska igra s poljubljanjem
kiss-me-quick [kísmikwik] *n* kodrček pri ušesu; kapica
kiss-off [kísəf] *n A sl* konec, smrt

kiss-proof [kíspru:f] *adj* ki se pri poljubu ne zmaže
kit I [kit] *n* oprema (potovalna, lovska, jahalna, športna itd.); vojakova oprema (brez orožja); orodje; torba, vreča ali zaboj za orodje; škaf, čeber; pletena košara; *photo* kasetni vložek; *coll* druščina, sorodstvo; *coll* ropotija; **all the ~** vsi skupaj, cela družba; **the whole ~** vsa ropotija, vsa druščina
kit II [kit] *vt* (običajno z *up*) opremiti (*with* s, z)
kit III [kit] *n* mucka (krajša oblika od **kitten**)
kit-bag [kítbæg] *n* potna vreča, borša; *mil* vojaška torba, nahrbtnik
kitcat [kítkæt] *n E hist* član vigovskega kluba Kitcat; **~ portrait** doprsna slika (z rokami)
kitchen [kíčin] *n* kuhinja
kitchen-cabinet [kíčinkæbinit] *n* kuhinjska kredenca; *A coll* neuradni predsednikovi ali guvernerjevi svetovalci
kitchen-dresser [kíčindresə] *n* kuhinjska omara, kredenca
kitchener [kíčinə] *n* glavni kuhar, glavni samostanski kuhar; *E* štedilnik
kitchenette [kičinét] *n* čajna kuhinja, kuhinjica
kitchen-garden [kíčinga:dn] *n* zelenjavnik, vrt za zelenjavo
kitchen-herb [kíčinhə:b] *n* kuhinjsko zelišče
kitchen-maid [kíčinmeid] *n* kuhinjska pomočnica
kitchen-midden [kíčinmidn] *n* gomila predzgodovinskih odpadkov; smetišče
kitchen-physic [kíčinpizik] *n E* obilna hrana
kitchen-police [kíčinpəli:s] *n A mil* dežurstvo v vojaški kuhinji, dežurni v njej
kitchen-range [kíčinreindž] *n* kuhinjska peč, štedilnik
kitchen-stuff [kíčinstʌf] *n* kuhinjske potrebščine (zlasti zelenjava); kuhinjski odpadki
kitchen-unit [kíčinju:nit] *n* instalirani kuhinjski elementi
kitchen-ware [kíčinwɛə] *n* kuhinjska posoda
kite I [káit] *n* papirnat zmaj; *zool* škarjar (vrsta sokola); *fig* grabežljivec, slepar; *pl naut* najvišja jadra; *econ sl* menica brez kritja; *sl* avion; **to fly a ~** spuščati zmaja; *sl* sposoditi si denar na menico brez kritja; *fig* ocenjevati javno mnenje (s širjenjem tendencioznih novic); *sl* **go and fly a ~!** v uho me piši!
kite II [káit] **1.** *vi* leteti, vzleteti, dvigati se (kot zmaj); šiniti; *A coll* hitro se dvigniti (cene); *econ coll* goljufati z menicami; **2.** *vt* spuščati zmaja, pustiti leteti; *econ coll* izdajati menice brez kritja
kite-balloon [káitbəlu:n] *n aero* privezan balon za opazovanje
kite-flyer [káiflaiə] *n* kdor spušča zmaje; *econ* menični goljuf
kite-flying [káitflaiŋ] *n* spuščanje zmajev; ocenjevanje javnega mnenja s širjenjem tendencioznih novic; *econ coll* izdajanje menic brez kritja
kite-mark [káitma:k] *n E* znak (zmajeve oblike) za angleške standardne mere
kit-fox [kítfɔks] *n zool* prerijska lisica
kith [kiθ] *n* **~ and kin** prijatelji in sorodniki; **with ~ and kin** z vso družino
kitten [kitn] **1.** *n* mucka; **2.** *vi* skotiti se (mucke)
kittenish [kítəniš] *adj* kot mucka, igriv, objesten
kittiwake [kítiweik] *n zool* troprsti galeb

kittle [kitl] **1.** *vt* ščegetati; **2.** *adj* ščegetav, kočljiv; ~ **cattle** kočljiv, nepreračunljiv, trmoglav, trmoglavci, nepreračunljivci

kitty [kíti] *n* mucka; vložek pri kartanju (za pijačo), talon pri kartanju

kitty-wren [kítiren] *n zool* palček, kraljiček

kiwi [kí:wi] *n zool* kivi, novozelandski noj; *sl* uslužbenec na letališču; *coll* Novozelandec

klaxon [klǽksən] *n* močna električna hupa

kleenex [klí:neks] *n* papirnat robec, znamka teh robcev

kleptomania [kleptouméiniə] *n psych* kleptomanija kradljivost

kleptomaniac [kleptouméiniæk] *n psych* kleptoman, patološki tat

klieg-eyes [klí:gaiz] *n pl* vnete oči (zaradi premočne svetlobe)

klipspringer [klípspriŋə] *n zool* majhna afriška antilopa

kloof [klu:f] *n* južnoafriška soteska

knack [næk] *n* spretnost, ročnost, veščina; trik; igračka, malenkost; pokanje s prsti; **to have the** ~ **for** biti vešč česa; **to have the** ~ **of it** razumeti stvar; vedeti kako se kaj naredi; **to get into the** ~ **of** pridobiti si spretnost v čem, izpopolniti se; **to know the** ~ **of it** vedeti v katerem grmu tiči zajec

knacker [nǽkə] *n E* kupec starih ladij, hiš itd.; *E* konjederec; klešče za orehe; *mus pl* kastanjete

knackery [nǽkəri] *n E* konjedernica

knacky [nǽki] *adj* spreten, ročen, vešč

knag [næg] *n* grča, štor; klin; parobek, izrastek na jelenjem rogu

knaggy [nǽgi] *adj* grčast, robat

knap [næp] **1.** *vt* drobiti, tolči (kamen); **2.** *n dial* vrh, vrhunec; grič

knapper [nǽpə] *n* tolkača (za kamenje); drobivec (človek in priprava)

knapsack [nǽpsæk] *n* nahrbtnik, oprtnik

knapweed [nǽpwi:d] *n bot* plavica, modriš

knar [na:] *n* grča (v lesu)

knave [néiv] *n* lopov, podlež, prevarant; *car* fant; *arch* deček, fant, sluga

knavery [néivəri] *n* lopovščina, podlost, prevarljivost, prevara

knavish [néiviš] *adj* (-ly *adv*) lopovski, podel; nagajiv

knavishness [néivišnis] *n* glej **knavery**

knead [ni:d] *vt* gnesti, mesiti; masirati; *fig* oblikovati, izoblikovati (*into* v)

kneadable [ní:dəbl] *adj* gneten, gnetljiv; ki se da izoblikovati

kneader [ní:də] *n* mesiinik, mesilo

kneading-trough [ní:diŋtrəf] *n* nečke

knee I [ni:] *n* koleno; *bot* kolence, grča; *tech* lesen ali železen del kolenaste oblike, kolenast okov; **on one's (bended)** ~s kleče; **on the** ~s **of the gods** negotovo, v božjih rokah; **to bend (ali bow) the** ~s **to** pokleniti pred kom; **to bring s.o. to his** ~s spraviti koga na kolena; **to give a** ~ **to s.o.** podpreti koga; **to go on one's** ~s **to** na kolena pasti pred kom, na kolenih koga prositi

knee II [ni:] *vt* s kolenom suniti; *coll* na kolenih izbokniti (hlače); *tech* spojiti s kolenastim okovom

knee-bend(ing) [ní:bendiŋ] *n* počep

knee-breeches [ní:bričiz] *n pl* kratke hlače (do kolen)

knee-cap [ní:kæp] *n anat* pogačica; zaščitni ovoj za koleno

knee-deep [ní:di:p] *adj* do kolen; *fig* globoko v, vpleten v

knee-guard [ní:ga:d] *n* zaščitni ovoj za koleno

knee-high [ní:hai] *adj* do kolen; ~ **stockings** dokolenke

kneehole [ní:houl] *n* prostor za kolena; **a** ~ **desk** pisalna miza s prostorom za kolena

knee-jerk [ní:džə:k] *n* refleksni gib pogačice pri udarcu, patelaren refleks

knee-joint [ní:džoint] *n anat* kolenski sklep; *tech* kolenast sklep

kneel* [ni:l] *vi* klečati (*to* pred); **to** ~ **down to** pokleniti pred kom

knee-length [ní:leŋθ] *adj* do kolen (krilo)

kneeler [ní:lə] *n* klečalnik

knee-pan [ní:pæn] *n* glej **knee-guard**

knee-piece [ní:pi:s] *n* lesen ali železen kolenast okov; *com* grčav les

knee-pipe [ní:paip] *n* kolenska cev

knee-socks [ní:sɔks] *n pl A* dokolenke

knee-swell [ní:swel] *n A mus* nogalnik pri orglah (ki se poganja s kolenom)

knee-timber [ní:timbə] *n* grčav les

knell I [nel] *n* mrtvaški zvon; *fig* omen

knell II [nel] **1.** *vi* (žalostno) zvoniti; *fig* zlovešče zveneti; **2.** *vt* z zvonenjem naznanjati (smrt, nesrečo)

knelt [nelt] *pt & pp* od **to kneel**

knew [nju:] *pt* od **to know**

knickerbocker [níkəbɔkə] *n (K~)* Newyorčan; *pl* pumparice

knickers [níkəz] *n pl* pumparice, ženske spodnje hlače

knick-knack [níknæk] *n* ljubka malenkost, okrasek, okrasna stvarca, igračka

knick-knackery [níknækəri] *n* drobnarije, okrasne stvarce

knife I [náif] *n* nož, bodalo, rezilo; **before you can say** ~ nenadoma, zelo hitro; **to get a** ~ **into s.o.** napasti brez milosti, ostro kritizirati; **a good (poor)** ~ **and fork** dober (slab) jedec; **to play a good** ~ **and fork** z apetitom jesti; **war to the** ~ boj na nož, boj brez milosti; **under the** ~ pod kirurškim nožem; **to go under the** ~ biti operiran

knife II [náif] *vt* rezati, zabosti; *A sl* komu za hrbtom kaj delati, zahrbtno napasti

knife-blade [náifbleid] *n* noževa klina

knife-board [náifbɔ:d] *n* deščica za čiščenje nožev

knife-edge [náifedž] *n* noževo rezilo; jeziček na tehtnici; *fig* oster rob

knife-edged [náifedžd] *adj* oster kot nož

knife-grinder [náifgraində] *n* brusač

knife-rest [náifrest] *n* podstavek za odlaganje nož in vilic (pri mizi); *mil* španski jezdec (pregrada)

knife-switch [náifswič] *n el* nožasto stikalo

knight I [náit] *n hist* vitez; konj (šah); član angleškega nižjega plemstva; *fig* kavalir; **Knight of the Garter** vitez reda kraljičine podveze; ~ **of the post** krivoprisežna priča (poklicna); ~ **of industry** kdor živi od svoje sposobnosti; ~ **of**

shire poslanec grofije v parlamentu; *hist* ~
service služba vladarju kot povračilo za po-
sestvo; ~ **of the road** trgovski potnik; ~ **of the**
pestle lekarnar; ~ **of the pen** novinar; ~ **of the**
needle (ali **thimble**) krojač
knight II [náit] *vt* povišati v viteza; nagovoriti s
»Sir«
knightage [náitidž] *n* vitezi, viteštvo
knight-bachelor [náitbǽčələ] *n* navaden (najnižji)
vitez
knight-errant [náitérənt] *n* bloden vitez; *fig* don-
kihot, fantast
knight-errantry [náitérəntri] *n* donkihotovstvo,
blodno viteštvo
knighthood [náithud] *n* viteštvo, viteški red; *fig*
viteštvo, kavalirstvo
knightliness [náitlinis] *n* kavalirstvo, viteštvo
knightly [náitli] *adj & adv* viteški, -ko; kavalirski,
-ko
knight-templar [náittémplə] *n* vitez templjar
knit* [nit] **1.** *vt* plesti, splesti; skleniti, združiti;
povezati, sestaviti (*together*); mrščiti (čelo);
2. *vi* povezati se, združiti se; mrščiti se; ~ **two,**
purl two dve desni, dve levi (pri pletenju);
to ~ **the hands** skleniti roke; **to** ~ **one's brows**
mrščiti čelo; **a well-**~ **frame** lepa postava, lepa
rast
knit up 1. *vi* podplesti; tesno se povezati, združiti
se; zarasti se (kosti); **2.** *vt* skleniti (sporazum)
knitted [nitid] *adj* pleten, spleten
knitter [nítə] *n* pletilec, -lka; pletilni stroj
knitting [nítiŋ] *n* pletenje, pletenina
knitting-machine [nítiŋməši:n] *n tech* pletilni stroj
knitting needle [nítiŋni:dl] *n* pletilka (**igla**)
knitting-yarn [nítiŋja:n] *n* preja za strojno pletenje
knitwear [nítwɛə] *n* pletenine
knives [náivz] *n pl* od **knife**
knob I [nɔb] *n* gumb (vrata, radio, predal itd.);
izrastek, grča, grba, bradavica; košček (slad-
korja, premoga itd.); *archit* glavič, kapitel
(stebra); *sl* glava, »buča«; *A* okrogel vrh griča;
sl **with** ~ **s on** kaj vse bi še rad!
knob II [nɔb] **1.** *vt* opremiti z gumbi; **2.** *vi* biti
izbočen
knobbiness [nóbinis] *n* grčavost
knobble [nɔbl] *n* gumbič; grčica
knobby [nóbi] *adj* grčast; nabuhel; *A* poln okroglih
gričkov
knob-kerrie [nóbkeri] *n* krepelo z glavičem (orožje
južnoafriških plemen)
knob-like [nóblaik] *adj* grčast
knobstick [nóbstik] *n* palica z glavičem; *E sl* stavko-
kaz
knock I [nɔk] *n* udarec, sunek; trkanje; ropotanje
motorja; *A sl* neugodna kritika; *sl* **to take the** ~
pretrpeti hudo denarno izgubo; **there is a** ~
nekdo trka; **to give a double.** ~ dvakrat potrkati
knock II [nɔk] **1.** *vt* udariti, suniti; tolči, trkati,
potrkati (*at, on* na, po); *coll* osupniti, zapre-
pastiti, sapo vzeti; *A sl* ostro kritizirati, zmesti;
2. *vi* tolči, razbijati, trkati; trčiti, udariti
(*against, into* ob, v); ropotati (motor); *A coll*
godrnjati; **to** ~ **the bottom out of** dokazati ne-
resničnost, izpodbiti kaj; **to** ~ **cold** udariti do
nezavesti; **to** ~ **at an open door** po nepotrebnem
se truditi; **to** ~ **on the head** ubiti, udariti do

nezavesti; *fig* zadati udarec, onemogočiti kaj;
to ~ **one's head against (a brick wall)** udariti z
glavo ob zid; *fig* riniti z glavo skozi zid; **to** ~
s.th. into s.o. ali **to** ~ **s.th. into s.o.'s head**
vtepsti komu kaj v glavo; **to** ~ **all of a heap**
presenetiti, osupniti; **to** ~ **into a cocked hat**
uničiti, izmaličiti; zaprepastiti, potolči (nasprot-
nika); **to** ~ **home** dobro zabiti; *fig* vtepsti komu
kaj v glavo; **to** ~ **to pieces** razbiti na koščke;
to ~ **into shape** navaditi na red; **to** ~ **s.o. into**
the middle of next week udariti koga, da odleti;
ven vreči, nagnati; **to** ~ **sideways** vreči iz tira;
sl **what** ~ **s me** kar mi ne gre v glavo
knock about (*A* običajno **around**) **1.** *vt* grobo
ravnati s kom, grdo koga zdelati, premetavati
(ladjo); **2.** *vi* klatiti se, potikati se, neredno
živeti
knock against *vi* naleteti na, zaleteti se v
knock back *vt E sl* popiti na dušek
knock down *vt* zbiti na tla, prevrniti, potolči (tudi
fig); zabiti (žebelj); *econ* prodati na dražbi
(z udarcem kladiva); *econ coll* zbiti ceno, po-
ceniti blago; *tech* razstaviti na dele (stroj);
podreti (hišo); *mil* uničiti, sestreliti; *A sl* pone-
veriti službeni denar, oropati (banko); **to knock**
s.th. down prodati najvišjemu ponudniku
(na dražbi); **to** ~ **for a song** prodati pod ceno;
you might have knocked me down with a feather
zaprepastil sem se, osupnil sem
knock in 1. *vt* zabiti, vbiti; **2.** *vi sl* priti v študentski
dom ko so vrata že zaklenjena
knock off 1. *vt* odbiti; prenehati, prekiniti (delo);
na hitro kaj napraviti, iz rokava stresti; *econ*
odračunati od cene; *A sl* ubiti koga; **2.** *vi*
umakniti se; prenehati z delom; *sl* umreti;
to knock s.o.'s head off z lahkoto koga pre-
magati; **to knock s.o.'s block off** pošteno koga
premlatiti, strogo kaznovati; **to** ~ **work** pre-
kiniti delo; **to** ~ **one's pins** osupniti; **to knock**
spots off prekašati
knock out *vt* izbiti (s kladivom); izprazniti, iz-
tresti (pipo s trkanjem); *sp* knockoutirati; *fig*
premagati, potolči; omamiti; sporazumno
znižati ceno na dražbi; naglo napraviti (načrt)
knock over 1. *vt* prevrniti, podreti (z udarcem);
fig premagati; **2.** *vi* prevrniti se; *fig* biti pre-
magan, umreti
knock together *vt* zbiti skupaj, v naglici kaj na-
praviti; **to knock their heads together** prisiliti
jih k slogi
knock under *vi* vdati se, ukloniti se, popustiti
knock up 1. *vt* z udarci spraviti pokonci; zbuditi
s trkanjem; v naglici pripraviti; utruditi, iz-
črpati; **2.** *vi* utruditi se, izčrpati se; naleteti na
koga ali kaj (*against*); *A çoll* ogrevati se (pri
tenisu)
knockabout [nókəbaut] **1.** *adj* hrupen, glasen (pred-
stava); nemiren (popotnik); trpežen (obleka);
kabareten; **2.** *n A* majhna jadrnica; hrupna pred-
stava; večni popotnik, potepuh; trpežna obleka
knock-down I [nókdáun] *adj* silen, porazen; *econ*
najnižji (cena na dražbi); *tech* razstavljiv; *econ*
~ **price** najnižja cena
knock-down II [nókdaun] *n* močan udarec, sploščen
pretep; *econ* znižanje cen; *coll* razstavljivo po-

hištvo; *A sl* predstavitev; *A sl* **to give s.o. a ~ to s.o.** predstaviti koga komu

knocker [nókə] *n* kdor trka; tolkač, trkalo; *A coll* godrnjavec, zabavljač, sitnež; *sl* **up to the ~** dovršeno, odlično; **not to feel up to the ~** slabo se počutiti

knocker-face [nókəfeis] *n* grd obraz

knock-kneed [nókni:d] *adj* iksastih nog; **~ logic** šepava logika

knock-me-down [nókmidáun] *adj A coll* brutalen, surov, agresiven, napadalen

knock-off [nókáf] *n A coll* avtomatičen izklop, izklopilo; delopust

knock-out [nókáut] *n sp* knockout; *E* nepoštena dražba; član nepoštene družbe, ki skupno zbija ceno na dražbi; *A sl* prima (človek, stvar); **~ match** izločilna tekma; **~ air attack** uničevalen zračni napad

knoll I [nóul] *n* holm, grič

knoll II [nóul] *vt & vi arch* zvoniti (zlasti pri pogrebu); odbiti (uro)

knop [nɔp] *n arch* gumb; *poet* cvetlični popek; vozel v blagu; **~ yarn** vozlasta preja

knot I [nɔt] *n* vozel, pentlja; naramnik, epoleta, kokarda; vez, zveza; gruča, skupina; *bot* kolence, grča; *naut* morski vozel, morska milja (1853.20 m); *fig* težava, zapletenost, zamotanost; *E* svitek na ramenu nosača; **to cut the ~** preseči vozel, na kratko rešiti problem; **to cut the Gordian ~** presekati gordijski vozel, odločno rešiti problem; **marriage-~** zakonska zveza; **to tie o.s. up in ~s** zaplesti se v težave; **to make** (ali **tie**) **a ~** napraviti vozel; **to tie the ~** oženiti se, omožiti se, poročiti se

knot II [nɔt] **1.** *vt* zavozlati; grbančiti (čelo); zaplesti, zamotati; **2.** *vi* (za)vozlati se, zaplesti se, zamotati se

knotgrass [nótgra:s] *n bot* truskavec, dresen

knot-hole [nóthoul] *n* luknja v lesu (od izpadle grče)

knotted [nótid] *adj* grčav; zapleten

knotter [nótə] *n tech* stroj za vozlanje

knotty [nóti] *adj* (**knottily** *adv*) grčav; vozlast, zavozlan; *fig* težaven, zamotan, zapleten

knout [náut] **1.** *n* knuta, bič; **2.** *vt* prebičati; **the ~** bičanje

know I [nóu] *n* vednost, znanje; *coll* **to be in the ~** vedeti (zaupne stvari), spoznati se

know II* [nóu] **1.** *vt* vedeti, poznati, znati prepoznati; razpoznati, ločiti (*from*); **2.** *vi* vedeti (*of* za, o); spoznati se (*about* na); **to ~ one's bussiness** ali to ~ **a thing or two about, to ~ all about it,** to ~ **what is what, to ~ the ropes** dobro se na kaj spoznati, vedeti vse o čem, biti izkušen v čem; **to be ~n** to biti komu znan; **to be ~n as** biti znan po čem; **I ~ better than** to nisem tako neumen, da bi; **to ~ by heart** znati na pamet; **to ~ by sight** poznati na videz; **to ~ one from the other** razločiti med dvema, razpoznati; **to ~ a hawk from a handsaw** biti dovolj bister; **I don't ~ him from Adam** nimam pojma kdo je; **to get** (ali **come**) **to ~** spoznati, zvedeti; **to let s.o. ~** sporočiti komu; **to make ~n** razglasiti, oznaniti; **to make o.s. ~n** to predstaviti se komu, seznaniti se s kom; **to ~ one's own mind** vedeti kaj hočeš, ne omahovati;

not to ~ what to make of a thing ne razumeti česa, ne znati si česa razložiti; **not that I ~** ne da bi vedel, kolikor je meni znano ne; **to ~ one's place** vedeti kje je komu mesto, ne riniti se naprej; **to ~ one's way around** znajti se, spoznati se; **to ~ which side one's bread is buttered** vedeti kdo ti reže kruh, vedeti kaj ti koristi; **to ~ B from a bull's foot** znati razlikovati, znati ločiti; **before you ~ where you are** hipoma, preden se zaveš; **don't I ~ it!** pa še kako to vem!; **he wouldn't ~ (that)** težko, da bi vedel, ne more vedeti; **I would have you ~ that** rad bi ti povedal, da; rad bi ti pojasnil; **I have never ~n** him to lie kolikor jaz vem, ni nikoli lagal; **after I first knew him** potem ko sem ga spoznal; **he has ~n better days** doživel je že boljše čase; **I ~ of s.o. who** vem za nekoga, ki; *coll* **not that I ~ of** ne da bi vedel; *coll* **do** (ali **don't**) **you ~?** ali ni res?

knowable [nóuəbl] *adj* razločljiv, spoznaten; družaben, dostopen

know-all [nóuə:l] *n* vseved, vseznalec

knower [nóuə] *n* poznavalec, veščak

know-how [nóuhau] *n* izkušenost, izkustvo, sposobnost, znanje

knowing [nóuin] *adj* pretkan, prekanjen; razumen, pameten, moder; razumeven, uvideven; izkušen, vešč; nameren; *coll* eleganten; **there is no ~** nihče ne more vedeti; **a ~ one** prekanjenec

knowingly [nóuinli] *adv* namerno; prekanjeno, pretkano; spretno, izkušeno

knowingness [nóuinnis] *n* prekanjenost, pretkanost

knowledge [nólidž] *n* znanje, poznavanje, vednost, spoznanje; izkustvo, veščina; poznanstvo; obvestilo, vest; **carnal ~ of s.o.** spolno občevanje s kom; **general ~** splošna izobrazba; **it is common ~** splošno je znano, vsi vedo; **to the best of my ~ and belief** po moji najboljši vednosti in vesti; **not to my ~** ne da bi vedel; **to my certain ~** za gotovo vem, **to come to one's ~** zvedeti, priti na ušesa; **without my ~** brez moje vednosti; **it has grown out of all ~** ne da se več prepoznati

knowledgeable [nólidžəbl] *adj coll* dobro obveščen, izobražen, inteligenten

known [nóun] **1.** *pp* od **to know; 2.** *n A math* znana veličina; *chem* znana substanca

know-nothing [nóunʌθin] *n* nevednež, ignorant; agnostik

knuckle I [nʌkl] *n anat* členek, sklep (prsta); bočnik, krača; *pl* kovinski boksar; **down on the ~** v skrajni bedi; **a rap on** (ali **over**) **the ~s** ukor, opomin; *coll* **near the ~** na meji nespodobnosti, tvegan

knuckle II [nʌkl] **1.** *vt* udariti, dotakniti s členki; **2.** *vi* imeti členke ob tleh (pri frnikolanju); **to ~ down** to resno se lotiti; **to ~ under** (ali **down**) to ukloniti se, popustiti komu

knuckle-bone [nʌklboun] *n anat* kost členka na prstu; kost krače

knuckle-duster [nʌkldʌstə] *n* kovinski boksar

knur(r) [nə:] *n* vzboklina, grča, grba; lesena krogla (za igro); **~ and spell** vrsta igre z lesenimi kroglami

knurl [nə:l] *n* grča, grba, vzboklina; *tech* robnica pri pisalnem stroju

knurled [nə:ld] *adj* cizeliran (rob kovanca); grčast
knurly [nə́:li] *adj* grčast
knut [nʌt] *n* fičfirič
koala [koá:lə] *n zool* koala, avstralski medvedek
Kodachrome [kóudəkroum] *n* zaščitna znamka barvnega filma
kodak [kóudæk] **1.** *n* fotografski aparat (znamke Eastman Kodak); *coll* majhna kamera; **2.** *vt* fotografirati; *fig* slikovito opisati
kohlrabi [kóulrá:bi] *n bot* koleraba
kola [kóulə] *n bot* kola (drevo in oreh)
kolinsky [kəlínski] *n zool* sibirska kuna, njen kožuh
kolkhoz, kolkhos [kəlhó:z] *n* ruski kolhoz
Kongo [kóŋgou] *n* Kongo
konk [kɔŋk] *vi coll* pokvariti se, razbiti se
koodoo [kú:du:] *n zool* velika afriška antilopa
kookaburra [kukəbə:rə] *n zool* avstralski smejoči šakal
kop [kɔp] *n* južnoafriški grič
kope(c)k [kóupek] *n* kopejka
kopje [kópi] *n* južnoafriški griček
Korea [koríə] *n* Koreja
Korean [koríən] **1.** *adj* korejski; **2.** *n* korejščina; Korejec, -jka
korûna [kó:runa] *n* češka krona (denar)
kosher [kóušə] *adj* čist po židovskih zakonih (hrana); *A sl* pristen
kotow [kóutau] *vi* do tal se prikloniti; *fig* klečeplaziti
kotwal [kótwa:l] *n* angleško-indijski višji policijski uradnik

koulan [kú:lən] *n zool* mongolski polosel
koumiss [kú:mis] *n* glej **kumiss**
kowtow [káutau] *vi* glej **kotow**
kraal [kra:l] *n* ograjena afriška vas; ograda za živino
kraft [kræft] *n A* ~ **paper** rjav ovojni papir
krans [kra:ns] *n* južnoafriški skalni previs
kremlin [krémlin] *n* ruska trdnjava; **Kremlin** Kremelj
kris [kri:s] *n* malajsko bodalo
krone [króun] *n* danska, norveška, švedska krona (denar)
krypton [kríptən] *n chem* kripton (žlahtni plin)
kudos [kjú:dəs] *n coll* slava, sloves
Kufic [kjú:fik] *n* staroarabska pisava
Ku Klux Klan [kjú:klʌ́ksklæn] *n A* tajna organizacija v južnih državah ZDA
kukri [kúkri] *n* ukrivljeno bodalo Ghurkov
kumiss [kú:mis] *n* kislo kobilje ali kamelje mleko
kumquat [kʌ́mkwət] *n bot* vrsta majhne pomaranče
kurbash [kúrbæš] **1.** *n* korobač; **2.** *vt* prebičati
kurtosis [kə:tóusis] *n* stopnja pogostnosti (v statistiki)
Kuwait [kuwáit] *n* Kuvajt
kvass [kva s] *n* rusko rženo žganje
kyanize [káiənaiz] *vt tech* kianizirati les
kyle [káil] *n Sc* morska ožina
kymograph [káiməgra:f] *n tech* kimograf, priprava za zapis valovanja
kyphosis [kaifóusis] *n med* kifoza, grbavost hrbtenice
kyte [káit] *n Sc dial* trebuh

L

L, l [el] **1.** *n* črka L; *phys* L (samoindukcijski koeficient); predmet oblike L (zlasti lok cevi); **2.** *adj* dvanajsti; oblike L; **L iron** kotno železo, ogelnik
la [la:] *interj* poglej!, zares!
laager [lá:gə] **1.** *n* tabor (obkrožen z vozovi v juž. Afriki); *mil* parkirišče za oklopna vozila; **2.** *vt & vi* postaviti tabor obkrožen z vozovi; utaboriti se, taboriti
lab [læb] *n coll* laboratorij
labefaction [læbəfǽkšən] *n* omajevanje, pešanje, oslabitev, propad
label I [léibl] *n* etiketa, nalepka, naslovna tablica; *fig* označba, značilnost, karakteristika; *archit* venec nad oknom ali vrati
label II [léibl] *vt* etiketirati, oblepiti z etiketami; *fig* označiti, karakterizirati; **the bottle was ~(l)ed »poison«** na steklenici je bil napis »strup«; **to be ~(l)ed a criminal** imeti žig zločinca
labelum [ləbéləm] *n bot* ustna (cveta)
labia [léibiə] *n pl* od **labium**
labial [léibiəl] **1.** *adj* (-ly *adv*) labialen, ustničen; **2.** *n* labial, ustničnik
labialization [leibiəlaizéišən] *n* labializacija
labialize [léibiəlaiz] *vt* labializirati, izgovarjati z zaokroženimi ustnicami
labiate [léibⁱit, ~bieit] **1.** *n bot* ustnatica; **2.** *adj* oblike ustnic; *bot* ustnatičen
labile [léibil] *adj chem, phys* labilen, nestalen
labiodental [léibioudéntl] **1.** *adj* labiodentalen, ustničnozobni; **2.** *n* labiodental
labiovelar [léibiouví:lə] **1.** *adj* labiovelaren; **2.** *n* labiovelar
labium [léibiəm] *n anat* ustnica, sramna ustnica
labor [léibə] *n A* glej **labour**
laboratory [ləbórətri, lǽbrətri] *n* laboratorij, kabinet, delavnica; ~ **assistant** laborant(ka); *fig* ~ **of the mind** (ali **ideas**) kritična misel, možgani
laborious [ləbó:riəs] *adj* (-ly *adv*) mučen, težaven; priden, delaven; prisiljen (stil)
laboriousness [ləbó:riəsnis] *n* mučnost, težavnost; pridnost, delavnost
labo(u)r I [léibə] *n* delo, trud, muka; *econ* delavci, delavski razred; *med* porodni popadki; **Labour** britanska laburistična stranka, laburisti; **hard ~** prisilno delo; **lost ~** brezplodno delo; **skilled ~** kvalificirano delo, kvalificirani delavci; **unskilled ~** nekvalificirano delo, nekvalificirani delavci; **socialized ~** podružbljeno delo; **associated ~** združeno delo; **Labour and Capital**

delavci in delodajalci; *E* **Ministry of Labour** Ministrstvo za delo; ~ **of Hercules** naporno delo; ~ **of love** prostovoljno, neplačano delo; **shortage of ~** pomanjkanje delavcev; **his ~s are over** konec je njegovih muk, umrl je; **to be in ~** imeti porodne popadke; **to lose one's ~** zaman se truditi; **to have one's ~ for one's pains** zaman se truditi
labo(u)r II [léibə] **1.** *vi* (težko) delati (*at* pri, za); truditi se, mučiti se, boriti se (*for* za); prebijati se, z muko napredovati (*along*); težko se prebijati (*through* skozi); močno se zibati (ladja); *med* imeti porodne popadke; *arch & poet* obdelovati (zemljo); **2.** *vt* podrobno obdelati, dolgovezno razgljabljati; ~**ing man** delavec; **to ~ a point** dolgovezno razpredati; **to ~ under a delusion** napačno domnevati; **to ~ under difficulties** boriti se s težavami; **to pull (ali ply, tug) the ~ing oar** opravljati glavno delo
labo(u)rage [léibəridž] *n com* mezda
Labo(u)r Day [léibədei] *n A* praznik dela v ZDA (prvi ponedeljek v septembru); 1. maj
labo(u)r-dispute [léibədispju:t] *n* spor za mezde
labo(u)red [léibəd] *adj* mučen, težek; prisiljen (stil); skrbno izdelan
labo(u)rer [léibərə] *n* manualni delavec, težak
Labour Exchange [léibəiksčéindž] *n E* borza dela
labo(u)r-intensive [léibəinténsiv] *adj* ~ **crops** intenzivne kulture
labourist [léibərist] *n* pristaš laburistične stranke; laburist
labourite [léibərait] *n E* član laburistične stranke, laburist; pristaš laburistične stranke
labo(u)rless [léibəlis] *adj* neutrudljiv, brez truda, brezdelen, lahek
labo(u)r market [léibəma:kit] *n* borza dela
Labour Party [léibəpa:ti] *n E* laburistična stranka
labo(u)r record book *n* delavska knjižica
labo(u)r-saving [léibəseiviŋ] *adj* ki prihrani pri delu; ~ **devices** gospodinjski aparati
labo(u)r union [léibəju:niən] *n* delavski sindikat
labradorite [lǽbrədə:rait] *n min* labradorit (mineral)
labret [léibret] *n* ustničen okrasek primitivnih plemen
laburnum [ləbó:nəm] *n bot* negnoj
labyrinth [lǽbərinθ] *n* labirint, blodnjak; *fig* zmešnjava, zamotanost; *anat* notranje uho
labyrinthine [lǽbərínθain] *adj* labirintski; *fig* zamotan, zapleten, zmešan

lac I [læk] *n* smolnata snov za izdelavo šelaka, pečatnega voska, rdečila
lac II [læk] *n* 100.000 indijskih rupij
laccolith [lǽkəliθ] *n* lakolit, globinsko kamenje
lace I [leis] *n* vezalka, trak, stogla; resice (na uniformi); čipka; žganje primešano drugi pijači (zlasti kavi)
lace II [leis] **1.** *vt* (s trakom itd.) zavezati, zadrgniti, zategniti; okrasiti z resicami; obrobiti, okrasiti s čipko; potegniti trak skozi (*through*); prebičati, pretepsti; primešati žganje (zlasti kavi); **2.** *vi* zadrgniti, zategniti se; **her waist was** ~**d tight** v pasu je bila močno stisnjena; **a story** ~**d with** jokes pripoved polna šal, zabeljena s šalami ;*fig* **to** ~ **s.o.'s jacket** izprašiti komu hlače, pretepsti ga
lace-bobbin [léisbɔbin] *n* klekelj
lace-curtain [léiskə:tn] *adj A coll* imeniten, dobro situiran
laced [léist] *adj* zavezan, zadrgnjen; pisano progast; *zool* obrobljen z drugo barvo (perut); z dodatkom žganja (kava); ~ **boot** vezanka, visok čevelj
Lacedemonian [læsidimóunjən] *n* Lakedaimonec, -nka
lace-glass [léisgla:s] *n* beneško prejasto steklo
lace-maker [léismeikə] *n* čipkar(ica)
lace-paper [léispeipə] *n* čipkasti papir
lace-pillow [léispilou] *n* blazinica za klekljanje
lacerate I [lǽsərit, ~reit] *adj* raztrgan, razmesarjen; ranjen (čustva); *bot, zool* neenakomerno nazobčan
lacerate II [lǽsəreit] *vt* raztrgati, razmesariti; mučiti koga, raniti (čustva)
lacerated [lǽsəreitid] *adj* glej lacerate I
laceration [læsəréišən] *n* (raz)trganje, razmesarjenost, rana
lacertine, lacertine [ləsɔ́:tiən, ~tain] *adj* kakor kuščar, kuščarjev
lacery [léisəri] *n* čipkast vzorec; čipkarstvo; filigran
lacewing [léiswiŋ] *n zool* mrežekrilec
lacework [léiswə:k] *n* glej lacery
laches [lǽčiz] *n jur* (kazniva) zamuda; zanemarjanje, zanikrnost
lachrymal [lǽkriməl] **1.** *adj* solzen; **2.** *n pl anat* solznice; *hist* stekleni čka za zbiranje solz (v poganskih grobovih); ~ **duct (ali canal)** solzovod; ~ **gland** solznica (žleza); ~ **sac** solznik, solzna vrečica
lachrymation [lækriméišən] *n* solzenje
lachrymator [lǽkrimeitə] *n chem & mil* solzivec, solzivi plin
lachrymatory [lǽkrimətəri] **1.** *adj* solziv (plin); **2.** *n* stekleni čka za zbiranje solz v poganskih grobovih
lachrymose [lǽkrimous] *adj* (-ly *adv*) solzav, žalosten, jokav
lacing [léisiŋ] *n* zavezovanje, vezanje; jermen, vrvica, trak; batina; *tech* jermenska spona; dodatek žganja (kavi); *fig* primes
laciniate [ləsíneit] *adj bot* narezan, nazobčan (list)
lack I [læk] *n* pomanjkanje, stiska, potreba; **for** ~ **of** zaradi pomanjkanja česa; **no** ~ **of** dovolj česa, obilje česa

lack II [!æk] **1.** *vt* trpeti pomanjkanje česa; ne imeti česa; **2.** *vi* primanjkovati, manjkati; **money is** ~**ing** primanjkuje denarja; **he is** ~**ing in courage** nima dovolj poguma; **I** ~ **nothing** ničesar mi ne manjka, imam vsega dovolj; **I was** ~**ing** bil sem odsoten, manjkal sem
lackadaisical [lækədéizikəl] *adj* (~ **ly** *adv*) sentimentalen, koprneč, sanjarski
lackadaisicalness [lækədéizikəlnis] *n* sentimentalnost, sanjarstvo
lackadaisy [lækədeizi] *interj arch* ah!, gorje!
lack-all [lǽkɔ:l] *n* popoln revež. kdor nima ničesar
lacker [lǽkə] *n & vt* glej lacquer
lackey [lǽki] **1.** *n* lakaj, strežnik; *fig* klečeplazec; **2.** *vt* hlapčevsko služiti
lackland [lǽklænd] *adj* brez dežele, brez posestva
lacklustre (~ **ter**) [lǽklʌstə] *adj* moten, brez leska
laconic [ləkónik] *adj* (~ **ally** *adv*) lakoničen, kratek, jedrnat
laconism [lǽkənizəm] *n* lakonizem, jedrnatost
lacquer [lǽkə] **1.** *n* lak; **2.** *vt* lakirati
lacquerer [lǽkərə] *n* ličar
lacquering [lǽkəriŋ] *n* lakiranje; polakiranost
lacquey [lǽki] *n* glej lackey
lacrimal [lǽkriməl] *adj* glej lachrymal
lacrosse [ləkrós] *n* kanadska športna igra (podobna hokeju); ~ **stick** palica za to igro
lactase [lǽkteis] *n chem* laktaza
lactate [lǽkteit] **1.** *vi* izločati mleko, dojiti; **2.** *n chem* laktat, sol mlečne kisline
lactation [læktéišən] *n* laktacija, izločanje mleka; dojenje
lacteal [lǽktiəl] **1.** *adj* mlečen; **2.** *n anat* srkalica, črevesna mezgovnica
lacteous [!ǽktiəs] *adj* mlečen, mlečno bel
lactescent [læktésənt] *adj* mlečnat, ki izloča mleko
lactic [lǽktik] *adj chem* mlečen; ~ **acid** mlečna kislina
lactiferous [læktífərəs] *adj* ki izloča mleko, mlečen
lactobacillus [læktəbəsíləs] *n med* bacil mlečne kisline
lactoflavin [læktəfléivin] *n chem* laktoflavin, vitamin B$_2$
lactometer [læktómitə] *n* laktometer
lactoprotein [læktoupróuti:n] *n* proteinska snov v mleku
lactose [lǽktous] *n chem* laktoza, mlečni sladkor
lacuna [ləkjú:nə] *n* izpuščen del v knjigi; luknja, praznina (v znanju); votlina, luknja (v kosti, tkivu)
lacunal [ləkjú:nəl] *adj* votlinast, luknjičast
lacustrine [ləkʌ́strin] *adj* jezerski; ~ **dwelling** jezerska stavba na koleh
lacy [léisi] *adj* (**lacily** *adv*) čipkast
lad [læd] *n* fant, mladenič; *Sc* dvorilec, dragi; *coll* odločnež; **he is a bit of a** ~ je malo vetrnjaški
ladder I [lǽdə] *n* lestva; *E* spuščena zanka na nogavici; **Jacob's** ~ ali **rope** ~ vrvna lestev; **hook-on** (ali **pompier**) ~ kljukasta lestev; **motor turntable** ~ požarna vrtljiva lestev; *sp* **wall** ~ telovadne lestve; **mechanical** (ali **sliding**) ~ raztezna lestev; **he can't see a hole in a** ~ je popolnoma pijan; **to see through a** ~ videti nekaj očividnega; **he kicked down the** ~ **by which he rose** pozabil je na stare prijatelje, ki so mu pomagali do uspeha; **to get one's foot**

on the ~ začeti, storiti prvi korak; the ~ of
success pot do uspeha; *fig* **at the bottom of the** ~
na dnu
ladder II [lǽdə] *vi* imeti spuščene zanke (nogavica)
ladder-mender [lǽdəmendə] *n* igla za pobiranje zank
na nogavici
ladder-proof [lǽdəpru:f] *adj* ki ne spušča zank
(nogavica)
ladder-stich [lǽdəstič] *n* vezenje s križčki
ladder-truck [lǽdətrʌk] *n A* gasilski avto
laddie [lǽdi] *n* fant, dečko
lade [léid] *vt* natovoriti, obremeniti; črpati, za-
jemati (vodo)
laden [léidn] **1.** *pp* od **to lade; 2.** *adj* natovorjen
(*with*); *fig* obremenjen (*with*); ~ **tables** bogato
naložene mize; **germ-**~ poln bacilov; ~ **with
guilt** obremenjen s krivdo
la-di-da [lá:didá:] *n* fičfirič, bahač; bahaštvo
lading [léidiŋ] *n* tovor, tovarjenje; **bill of** ~ tovorni
list
ladle I [léidl] *n* zajemalka; *tech* livna ponev; lopa-
tica vodnega kolesa; ~ **handling crane** livni
žerjav
ladle II [léidl] *vt* zajemati, črpati; *fig* deliti, po-
deljevati (*out*); **to** ~ **out honours** obsipati s
častmi
ladleful [léidlful] *n* polna zajemalka česa
lady I [léidi] *n* gospa, dama; plemkinja; naslov za
žene angl. plemičev (nižjih od vojvod) in hčerke
vojvod, markizov in grofov; gospodarica; *poet*
ženska; *vulg & arch* žena, soproga, zaročenka,
draga, ljubljenka; za označevanje poklicev
ženskega spola (*lady-doctor* zdravnica, *lady-
-president* predsednica); *coll* **his young** ~ nje-
govo dekle; ~ **of the house** hišna gospodarica;
~ **of the manor** graščakinja; **our sovereign** ~
naša kraljica; **your good** ~ tvoja žena; *hum*
the old ~ moja »stara«: **Our Lady** Naša Gospa,
mati božja; ~ **of bedchamber** dvorna dama;
Lady Mayoress gospa županja; ~ **of easy virtue**
(ali **of pleasure**) vlačuga; **my dear** (ali **good**) ~
draga gospa; **a** ~**'s** (ali **ladies'**) **man** ljubljenec
žensk; *A* **ladies' room** javno stranišče za ženske;
the Old Lady of Threadneedle Street angleška
narodna banka; **Lady Bountiful** dobra vila
lady II [léidi] *vi* **to** ~ **it** igrati damo
ladybird [léidibə:d] *n E zool* pikapolonica
ladybug [léidibʌg] *n A zool* pikapolonica
lady-chair [léidičeə] *n* sedež iz prekrižanih rok (za
prenos ranjencev)
Lady-chapel [léidičæpəl] *n* kapela matere božje
lady-clock [léidiklɔk] *n* glej **ladybird**
lady-cow [léidikau] *n* glej **ladybird**
Lady Day [léididei] *n* Marijino oznanenje (25. ma-
rec)
ladyfied [léidifaid] *adj* uglajena, kakor dama,
damska
ladyfy [léidifai] *vt* naučiti (žensko) lepega vedenja,
ugladiti, napraviti damo iz nje
lady-help [léidihelp] *n* gospodinjska pomočnica
lady-in-waiting [léidiinwéitiŋ] *n E* dvorna dama
lady-killer [léidikilə] *n sl* donhuan, zapeljivec
ladylike [léidilaik] *adj* uglajen, damski, kakor
dama; feminilen (moški)
ladylove [léidilʌv] *n* ljubljenka, ljubljeno dekle

lady's bedstraw [léidizbedstrɔ:] *n bot* rumena
lakotnica, strdenka
lady's companion [léidizkəmpænjən] *n* potovalni
šivalni pribor
lady's delight [léidizdilait] *n bot* divja mačeha
lady's finger [léidizfiŋgə] *n bot* ranjak
ladyship [léidišip] *n* naslov ali položaj dame
(plemkinje); **your** ~ milostljiva gospa (v na-
govoru)
lady's maid [léidizmeid] *n* sobarica, komornica
lady's mantle [léidizmæntl] *n bot* travniška plahtica
lady's slipper [léidizslipə] *n bot* lepi čeveljc, ceptec
lady's smock [léidizsmɔk] *n bot* travniška penuša
lady's tresses [léidiztrésiz] *n bot* škrbica
lag I [læg] **1.** *n* zaostajanje, obotavljanje; *phys*
retardacija; **2.** *vi* zaostajati (*behind* za); obo-
tavljati se, vleči se (*behind*) —
lag II [læg] **1.** *n* kaznjenec; **2.** *vt sl* obsoditi na
zaporno kazen, zapreti, deportirati
lag III [læg] **1.** *n* doga za sode; *tech* pažnica; **2.** *vt*
obiti z dogami; *tech* obiti, opažiti; izolirati
(bojler proti vročini)
lagan [lǽgən] *n jur* (v morju) potopljeno blago
lager [lá:gə] *n* ležak (pivo)
laggard [lǽgəd] **1.** *adj* zaostajajoč, počasen, ne-
odločen, nepodjeten; **2.** *n* počasnež, mečkač
lagger [lǽgə] *n* počasnež, mečkač
lagoon [ləgú:n] *n* laguna, morska plitvina, obrežni
otoček
laic [léiik] **1.** *adj* (~**ally** *adv*) laičen, posveten;
2. *n* laik, nestrokovnjak, svetni človek
laicize [léiəsaiz] *vt* laizirati
laid [léid] *pt & pp* od **to lay I;** ~ **up with flu** bolan,
v postelji zaradi influence; ~ **paper** rebrast
papir
laigh [léih] **1.** *adj Sc* globok, nizek; **2.** *n* nižava
lain [léin] *pp* od **to lie IV**
lair [leə] **1.** *n* brlog, počivališče (živali); **2.** *vi & vt*
biti v brlogu, iti v brlog, počivati v brlogu;
peljati v počivališče, napraviti brlog
laird [leəd] *n Sc* zemljiški posestnik
laisser-aller [léiseiǽlei] *n* neomejena svoboda
laisser-faire [léiseiféə] *n econ* politika nevmeša-
vanja (v gospodarstvu)
laity [léiiti] *n* laiki, svetni ljudje, nestrokovnjaki
lake I [léik] *n* karminsko rdeče barvilo
lake II [léik] *n* jezero; **the Great Lake** Atlantik;
the Great Lakes velika jezera med Kanado in
ZDA; **the Lakes** ali **Lake District** slikovit pla-
ninski okraj z mnogimi jezeri v severozapadni
Angliji; ~ **poets** Wordsworth, Coleridge,
Southey (pesniki, ki so živeli v tem okraju)
lake dwelling [léikdweliŋ] *n* jezerska stavba na
koleh
lake-land [léiklænd] *n* jezersko področje v Angliji
lakelet [léiklit] *n* jezerce
laker [léikə] *n* glej **lake poet** pod *lake II; A* jezerski
parnik; prebivalec na področju velikih jezer
lake-trout [léiktraut] *n* jezerska postrv
lakh [læk] *n* glej **lac II**
lakist [léikist] *n* glej **lake poet** pod *lake II*
laky [léiki] *adj* jezerski, kot jezero, poln jezer;
karminsko rdeč
Lallan [lǽlən] *n* škotsko nižavsko narečje
lallation [læléišən] *n* elkanje
lam I [læm] *vt sl* tepsti, pretepsti, premlatiti

lam II [læm] 1. *n A sl* nenaden pobeg; 2. *vi* pobrisati jo, pobegniti; on the ~ na begu (pred policijo); to take it on the ~ pobrisati jo
lama [lá:mǝ] *n* lama (budistovski višji duhovnik)
Lamaism [lá:mǝizǝm] *n* lamaizem, vera budističnih Tibetancev
Lamaist [lá:mǝist] *n* lamait, pripadnik lamaizma
Lamarckism [lǝmá:kizǝm] *n* lamarkizem, nauk o dedovanju lastnosti
lamasery [lá:mǝsǝri] *n* lamaitski samostan
lamb I [læm] *n* jagnje; jagnjetina; ovčica (član verske skupnosti); you may as well be hanged for a sheep as for a ~ če že grešiš, pojdi do konca (kazen ne bo nič manjša); wolf (ali fox) in ~ 's skin volk v ovčji koži, hinavec; like a ~ ko jagnje, pohleven, krotek; in (ali with) ~ breja (ovca); the Lamb (of God) božje jagnje, Kristus
lamb II [læm] *vi* ojagniti se
lambaste [læmbéist] *vt sl* pretepsti, premlatiti
la(m)bdacism [læmdǝsizǝm] *n* glej lallation
lambency [læmbǝnsi] *n* iskrenje, lizanje (plamenov); iskrivost (duha), duhovitost
lambent [læmbǝnt] *adj* (~ly *adv*) iskreč se, lizoč (plamen); bežen (luč); lesketajoč, iskreč se (oči), sijajen; iskriv (humor), duhovit
lambkin [læmkin] *n* jagenjček, janjček; vzdevek za majhnega otroka
lamblike [læmlaik] *adj* kot jagnje, krotek, pohleven
lambrequin [læmbǝkin] *n* zastorček (nad oknom, vrati)
lamb-skin [læmskin] *n* jagnječevina (koža in usnje), runo
lamb's lettuce [læmzlétis] *n bot* motovilec
lamb's tail [læmzteil] *n bot* leskova mačica
lamb's-wool [læmzwul] *n* ovčja volna, tkanina iz take volne; začinjeno in sladkano vroče pivo
lame I [leim] *adj* (~ly *adv*) hrom, šepav; *fig* slab, nezadovoljiv (izgovor), neprepričljiv, šepav (verz); *E* a ~ duck plačila nezmožen dolžnik; *A* poslanec, ki ni ponovno izvoljen; onesposobljena ladja; hromec, šepavec; to help a ~ dog over a stile pomagati komu v težavah; ~ of (ali on) a leg hrom na eno nogo.
lame II [leim] *vt* ohromiti, onesposobiti
lame III [leim] *n* tenka kovinska ploščica
lamé [la:méi] *n* lamé (tkanina)
lamella [lǝmélǝ] *n* lamela, ploščica, platica; *bot* listič (gobe)
lamellate [læmǝleit, ~lit] *adj* lamelast, ploščičast
lameness [léimnis] *n* hromost, šepavost; neprepričljivost
lament [lǝmént] 1. *n* tožba, žalostinka, nárek; 2. *vt & vi* tožiti, objokovati, žalovati, narékati, lamentirati (*for*, *over* za, nad)
lamentable [læmǝntǝbl] *adj* (lamentably *adv*) obžalovanja vreden, žalosten; *cont* beden
lamentation [læmǝntéišn] *n* tožba, žalostinka, lamentacija; the L~s (of Jeremiah) jeremiada
lamented [lǝméntid] *adj* objokovan, obžalovan, pokojen
lamina [læminǝ] *n* tanka ploščica, tanka plast, luska, listič, prevleka
laminable [læminǝbl] *adj tech* raztegljiv, ki se da razvaljati

laminar [læminǝ] *adj* iz tankih ploščic, luskav, skrilnat
laminate I [læminit] *adj* glej laminar
laminate II [læmineit] 1. *vt tech* (raz)valjati, sploščiti; (raz)cepiti v ploščice, plastiti; pokriti s ploščicami, s folijo; 2. *vi* cepiti se v lističe, ploščice
laminated [læmineitid] *adj* ploščičast, listast; ~ spring ploščata vzmet
lamination [læminéišǝn] *n* cepitev v tanke ploščice, ploščenje, nalaganje ploščic
laminose [læminous] *adj* glej laminar
lamish [léimiš] *adj* nekoliko šepav
Lammas [læmǝs] *n* 1. avgust; *hum* at later ~ nikoli
lammergeier [læmǝgaiǝ] *n zool* bradati jastreb
lamp I [læmp] *n* svetilka, luč; *poet* nebesno telo (sonce, zvezda, luna); *pl A sl* oči; to smell of the ~ pokazati posledice utrudljivega nočnega dela; biti preučeno pisan (stil); to pass (ali hand) on the ~ razvijati znanost; kerosene (ali oil) ~ petrolejka; standard (ali floor) ~ stoječa svetilka; safety ~ varnostna svetilka; table ~ namizna svetilka
lamp II [læmp] 1. *vi* svetiti, sijati; 2. *vt* razsvetliti; *A sl* gledati
lampas [læmpǝz] *n* otekanje dlesni (bolezen konj)
lampblack [læmpblæk] *n* čad (od petroleja, plina)
lamp-chimney [læmpčimni] *n* cilinder na petrolejki
lampern [læmpǝ:n] *n zool* rečni piškur
lamp-glass [læmpgla:s] *n* glej lamp-chimney
lampion [læmpiǝn] *n* lampijon
lamplight [læmplait] *n* svetilkina luč; by ~ pri umetni svetlobi
lamplighter [læmplaitǝ] *n* prižigalec uličnih svetilk, prižigalo; like a ~ v trenutku, kot blisk
lampoon [læmpú:n] 1. *n* sramotilni spis, zabavljica, satira; 2. *vt* sramotiti v zabavljici
lampooner [læmpú:nǝ] *n* glej lampoonist
lampoonist [læmpú:nist] *n* pisec zabavljic, satir, sramotilnih spisov
lamppost [læmppoust] *n* ulični svetilnik; *coll* between you and me and the ~ med nama (povedano)
lamprey [læmpri] *n zool* piškur
lamp-shade [læmpšeid] *n* senčnik
lamp-shell [læmpšel] *n zool* brahiopod, lupinarica
lanate [léineit] *adj* volnen, volnast
Lancastrian [læŋkǽstriǝn] *n* prebivalec Lancastra; *hist* pristaš kraljevske hiše Lancaster
lance I [la:ns] *n* kopje, sulica, harpuna; kopjanik, kopjenosec; to break a ~ with s.o. znanstveno se prepirati s kom; *fig* zlomiti sulico; to break a ~ for (ali on behalf of) s.o. potegniti se za koga, braniti koga; free ~ svoboden politik, svoboden novinar; plačan vojak
lance II [la:ns] *vt* prebosti (s sulico, kopjem), napasti; *poet* vreči; *med* vrezati, razrezati z lanceto
lance-corporal [lá:nskó:pǝrǝl] *n E* desetnik, korporal
lance-jack [lá:nsdžæk] *n E mil sl* glej lance-corporal
lancelet [lá:nslit] *n zool* škrgoustka
lanceolate [lá:nsiǝlit] *adj bot* suličast
lancer [lá:nsǝ] *n* kopjanik, suličar, ulan
lancers [lá:nsǝz] *n pl* vrsta četvorke (Quadrille à la cour)

lance-sergeant [lá:nssa:džənt] *n E mil* desetar, namestnik narednika

lancet [lá:nsit] *n med* lanceta, kirurški nožič

lancet arch [lá:nsita:č] *n archit* šilast (gotski) obok

lanceted [lá:nsətid] *adj* šilast (okno); s šilastimi okni

lancet fish [lá:nsitfiš] *n zool* suličica (riba)

lancet window [lá:nsit windou] *n archit* šilasto (gotsko) okno

lance-wood [lá:nswud] *n* upogljiv les za izdelavo lokov, ribiških palic itd.

lancinate [lá:nsineit] *vt* raztrgati, prebosti

lancinating [lá:nsineitiŋ] *adj* silen, hud (bolečina)

land I [lænd] *n* kopno, zemlja; dežela; zemljišče, tla; posestvo; *fig* področje; *pl* nepremičnine; polje (del med dvema brazdama puškine cevi); **by ~** po kopnem; **by ~ and sea** po kopnem in po morju; **the ~ of dreams** kraljestvo sanj; **the ~ of the living** tostranstvo, ta svet; **the fat of the ~** obilje; **the ~ of the leal** raj; **the lay of the ~** topografska lega; **native ~** domovina; **~ of Nod** spanec; **the Holy Land** sveta dežela; **the Promised Land** obljubljena dežela; **~ of cakes** ali **~ of the thistle** Škotska; **back to the ~** nazaj na deželo; **to go on the ~** oditi v vas, postati kmetovalec; *naut* **to make the ~** zagledati kopno, pristati; **to come to ~** dospeti v pristanišče; *naut* **~ ho!** kopno na vidiku!; **to lay** (ali **shut in**) **the ~** zgubiti kopno z vidika; **to see how the ~ lies** videti od kod veter piha, videti kakšno je stanje

land II [lænd] **1.** *vt* (ljudi, robo) izkrcati (*at* v); izvleči (ribo); (potnike) pripeljati, odložiti; spraviti (koga v težave); *coll* udariti, usekati koga; *coll* ujeti, dobiti; *sp* pripeljati na cilj (konja), spraviti (žogo) v gol; **2.** *vi* pristati (ladja, avion), dospeti, izkrcati se; ujeti se (po skoku); *sp coll* priti v cilj; **the cab ~ed him at the station** taksi ga je pripeljal do postaje; **he was ~ed in the mud** pristal je v blatu; **to ~ s.o. in difficulties** spraviti koga v težave; **to ~ s.o. with s.th.** obesiti komu kaj na vrat; **to ~ o.s. in** ali **to be ~ed in** zabresti v kaj; **to ~ a husband** ujeti, dobiti moža; **to ~ a prize** dobiti nagrado; **to ~ in prison** dospeti v ječo; **he ~ed him one** usekal ga je; **to ~ on s.o.** navaliti na koga; **to ~ a blow** udariti; **to ~ on one's head** pasti na glavo; **to ~ on one's feet** doskočiti na noge; **to be nicely ~ed** biti v dobrem položaju; **to ~ s.o. in a coat that doesn't fit** spraviti koga v zadrego; **to ~ second** biti drugi v cilju

land-agency [lǽndéidžənsi] *n* realitetna pisarna; *E* upravljanje posestva

land-agent [lǽndeidžənt] *n* zemljiški posrednik; *E* upravnik posestva

landau [lǽndə:] *n* vrsta kočije; vrsta avtomobila

landbank [lǽndbæŋk] *n* hipotekarna banka

land-breeze [lǽndbri:z] *n* rahel veter s kopnega

land-carriage [lǽndkæridž] *n* kopenski prevoz

landed [lǽndid] *adj* ki ima zemljo; zemljiški; **~ proprietor** posestnik; **~ property** (ali **estate**) zemljiška posest; **the ~ interest** zemljiški posestniki

landfall [lǽndfə:l] *n* bližanje ladje kopnem (zlasti po prvem potovanju); udor zemlje; **to make a good** (**bad**) **~** dobro (slabo) pristati (ladja)

land-fish [lǽndfiš] *n* čudak

land-flood [lǽndflʌd] *n* povodenj

land-force(s) [lǽndfə:s(iz)] *n* kopenska vojska

landgirl [lǽndgə:l] *n E* prostovoljna poljska delavka (zlašti v vojnem času)

landgrabber [lǽndgræbə] *n* kdor si nezakonito prisvoji zemljo

landgrave [lǽndgreiv] *n* deželni grof (v nemškem cesarstvu)

landgraviate [lǽndgréivieit] *n* deželna grofija v nemškem cesarstvu

landgravine [lǽndgrəvi:n] *n* deželna grofica (v nemškem cesarstvu)

landholder [lǽndhouldə] *n* posestnik, zemljiški zakupnik

land-hunger [lǽndhʌŋgə] *n* vroča želja po zemlji

landing [lǽndiŋ] *n* izkrcanje, pristajanje, pristanek (ladja, avion); izkrcevališče, pristajališče; podest na stopnišču

landing-account [lǽndiŋəkaunt] *n* iztovornina

landing-craft [lǽndiŋkra:ft] *n mil* čoln za izkrcavanje

landing-field [lǽndiŋfi:ld] *n aero* letališče, pristajališče

landing-gear [lǽndiŋgiə] *n aero* avionski voz

landing-ground [lǽndiŋgraund] *n* glej **landing-field**

landing-hill [lǽndiŋhil] *n sp* doskočišče (smučarska skakalnica)

landing-party [lǽndiŋpa:ti] *n mil* četa izkrcanih vojakov

landing-place [lǽndiŋpleis] *n* izkrcevališče, pristajališče

landing-stage [lǽndiŋsteidž] *n* pristajališče, pristajalni most, navez

landing-strip [lǽndiŋstrip] *n* zasilno letališče; pista

landing-waiter [lǽndiŋweitə] *n* pristaniški carinik (ki carini na ladji)

landing-weight [lǽndiŋweit] *n* iztovorna teža

land-jobber [lǽnddžɔbə] *n E* špekulant z zemljo

landlady [lǽndleidi] *n* hišna lastnica, posestnica; gospodinja; gostilničarka, lastnica penziona

landlaw [lǽndlɔ:] *n jur* zemljiško pravo

landless [lǽndlis] *adj* brez zemlje

landline [lǽndlain] *n el* daljnovod

landlocked [lǽndlɔkt] *adj* z zemljo obdan; **~ country** kopenska država; **~ salmon** losos, ki po drstenju ostane v sladki vodi

landloper [lǽndloupə] *n* potepuh, klatež

landlord [lǽndlɔ:d] *n* hišni lastnik, posestnik, gospodar, gostilničar

landlordism [lǽndlɔ:dizm] *n* veleposestništvo

landlubber [lǽndlʌbə] *n naut* morja nevajen človek, nemornar

landman [lǽndmən] *n* zemljak, zemljan

landmark [lǽndma:k] *n* mejnik, mejno znamenje; *mil* orientacijski znak, razpoznavni znak; *fig* mejnik, preobrat

landocracy [lǽndɔ́krəsi] *n hum* veleposestniki, veleposestništvo

landocrat [lǽndəkrət] *n hum* veleposestnik

land-office [lǽndɔfis] *n* državna katastrska pisarna; *A coll* **~ business** uspešna kupčija

landowner [lǽndounə] *n* posestnik, -ica

land-poor [lǽndpuə] *adj* ki ima nerentabilno zemljo; osiromašel zaradi nerentabilne zemlje land power [lǽndpauə] *n pol* kopenska velesila; vojaška kopenska sila

land reform [lǽndrifə:m] *n* agrarna reforma

land register [lǽndredžistə] *n* kataster, zemljiška knjiga

land roller [lǽndroulə] *n* poljski valjar

land-rover [lǽndrouvə] *n* angleški terenski avtomobil

landscape [lǽndskeip] *n* pokrajina; pokrajinska slika, pejsaž; ~ architecture usklajevanje gradenj s pokrajino; ~ gardening usklajevanje nasadov s pokrajino; ~ painter krajinar (slikar)

landscapist [lǽndskeipist] *n* krajinar (slikar)

land-scrip [lǽndskrip] *n A* zemljiškoposestna listina

Land's End [lǽndzénd] *n* najzapadnejši rt v Cornwallu

land-service [lǽndsə:vis] *n* delo na polju (zlasti v vojnem času)

land-shark [lǽndšá:k] *n* goljuf, ki oskubi mornarja na kopnem; kdor si nezakonito prilasti zemljo

land-sick [lǽndsik] *adj* kopna željan; *naut* nevarno blizu obale (ladja)

landslide [lǽndslaid] *n* udor; *fig* velika volilna zmaga

landslip [lǽndslip] *n* udor, usad

landsman [lǽndzmən] *n* zemljak; *naut* mornar novinec, neizkušen mornar

land-steward [lǽndstjuəd] *n* upravnik posestva

land-surveyor [lǽndsə:veiə] *n* zemljemerec, geometer

land-tax [lǽndtæks] *n* zemljiški davek

land-tie [lǽndtai] *n archit* podporna greda

land-waiter [lǽndweitə] *n* glej landing-waiter

landward [lǽndwəd] *adj* ki je obrnjen proti kopnu, proti obali

landwards [lǽndwədz] *adv* proti kopnu, proti obali

landwind [lǽndwind] *n* veter s kopna proti morju

land worker [lǽndwə:kó] *n* poljski delavec, težak

lane [léin] *n* podeželska cesta, kolovoz, ozka ulica; špalir; redna pomorska (zračna) linija; *sp* proga za tek; it is a long ~ that has no turning nobena nesreča ne traja večno, enkrat se vse obrne; to make (ali form) a ~ napraviti špalir; *sl* red ~ grlo; Drury Lane ali the Lane znano gledališče v Londonu

-laned [léind] *adj* a two ~ road dvopasovna cesta

langrage [lǽŋgridž] *n naut hist* kartečni naboj

lang-syne [lǽŋsain] 1. *adj Sc* davno; 2. *n* davnina

language [lǽŋgwidž] *n* jezik, govor, način izražanja, slog; *sl* prostaške besede; ~ of flowers govorica cvetlic, simboličen pomen različnih vrst cvetlic; fine ~ dovršen slog; bad ~ psovke, prostaške besede; strong ~ krepki izrazi; to use bad ~ to s.o. psovati, preklinjati koga; I won't have any ~ here ne dovoljujem nobenih psovk; to speak the same ~ govoriti isti jezik; *fig* enako misliti, razumeti se; A ~ arts jezikovni pouk; ~, Sir! nobenih psovk, gospod!

languaged [lǽŋgwidžd] *adj* v sestavljenkah (npr. *many* ~ mnogojezičen, ki govori mnogo jezikov); ki dobro pozna kakšen jezik; (dobro itd.) formuliran, izražen

language-master [lǽŋgwidžmá:stə] *n E* učitelj jezikov

langued [lǽŋd] *adj her* z iztegnjenim jezikom

languid [lǽŋgwid] *adj* (~ly *adv*) medel, slab, počasen, len; brezbrižen, otopel, mlačen, nezavzet, neopredeljen; *econ* medel, nezavzet

languidness [lǽŋgwidnis] *n* medlost, mlačnost, počasnost; brezbrižnost, otopelost, neopredeljenost, nezavzetost

languish [lǽŋgwiš] *vi* pešati, medleti, onemoči; izgubljati tla, propadati (trgovina, industrija); koprneti, hrepeneti, giniti (*for* za, *under* od)

languishing [lǽŋgwišiŋ] *adj* (~ly *adv*) ki pripada; koprnēč, hrepenēč (*for* za); počasen, omahljiv; a ~ death počasna smrt; a ~ illness zahrbtna bolezen

languishment [lǽŋgwišmənt] *n* pešanje, propadanje; koprnenje, hrepenenje, ginevanje

languor [lǽŋgə] *n* mlahavost, slabost, medlost, lenivost, utrujenost; koprnenje, sanjarjenje

languorous [lǽŋgərəs] *adj* (~ly *adv*) slab, medel, mlahav, len, utrujen; koprnēč, sanjarski

laniary [lǽniəri] 1. *adj anat* sekalski (zob); 2. *n* sekalec

laniferous [leinífərəs] *adj* volnen

lank [læŋk] *adj* vitek (in visok), tanek; gladek (lasje); suh (denarnica)

lankiness [lǽŋkinis] *n* vitkost

lanky [lǽŋki] *adj* (lankily *adv*) suh, dolginski

lanner [lǽnə] *n zool* južni sokol (samica)

lanneret [lǽnərit] *n zool* južni sokol (samec)

lanolin [lǽnəlin] *n chem* lanolin

lansquenet [lǽnskənet] *n hist* lanckneht, plačan vojak

lantern [lǽntən] *n* svetilka; vrh svetilnika; *archit* kupolast nastavek na strehi; *fig* luč; Chinese ~ lampijon; dark ~ slepica (svetilka); magic ~ laterna magika; parish ~ mesec; he was a ~ of science bil je odličen znanstvenik

lantern-fly [lǽntənflai] *n zool* kresnica

lanternist [lǽntənist] *n* kdor upravlja laterno magiko

lantern-jawed [lǽntəndžɔ:d] *adj* vdrtih lic, izpitega obraza

lantern-jaws [lǽntəndžɔ:z] *n* vdrta lica, izpit obraz

lantern-lecture [lǽntənlekčə] *n* predvajanje diapozitivov

lantern-light [lǽntənlait] *n* luč svetilke; *archit* okno v vrhnji svetlini

lantern-slide [lǽntənslaid] *n* diapozitiv; ~ lecture predvajanje diapozitivov

lanthanum [lǽnθənəm] *n chem* lantan

lanuginose [lənjú:džənous] *adj physiol, zool* porasel s puhom, puhast

lanugo [lənjú:gou] *n physiol, zool* puh

lanyard [lǽnjəd] *n naut* kratka vrv; *mil* oprta (za revolver)

Laodicean [leidədísiən] 1. *adj* mlačen (človek); 2. *n* mlačnež

lap I [læp] *n* krilo, naročje; privihnjeno krilo, volan pri obleki, guba; *anat* (ušesna) mečica; in Fortune's ~ srečen, v naročju sreče; in the ~ of luxury v razkošju; to sit on s.o.'s ~ sedeti komu v naročju

lap II [læp] *n* prevesa, prevesni del; posamezen navoj (vrvi), svitek (bombaža na valju); brusilnik (za drago kamenje in kovino); *sp* krog (dirka); *sp coll* two ~s tek na 800 metrov; *sp*

bell (ali final) ~ zadnji krog; *tech* **half** ~ prekrivalen spoj

lap III [læp] **1.** *vt* zaviti, oviti, ogrniti (*about, round, in*); *fig* obsipati, obdati (*in s, z*); *fig* gojiti; prekriti, zgibati (*over*); brusiti, polirati (drago kamenje, kovino); *sp* prehiteti za en ali več krogov, preteči krog; **2.** *vi* čez viseti (*over*); prekrivati se; ~ **ped in luxury** obdan z razkošjem; **to** ~ **tiles** položiti strešno opeko (drugo preko druge); *sp* **to** ~ **the course in 6 minutes** preteči krog v šestih minutah

lap IV [læp] *n* pljuskanje (valov); tekoča pasja hrana; *sl* vodena pijača, brozga

lap V [læp] *vt & vi* pljuskati, udarjati (*at, against na, ob*); (po)lokati (*up, down*), pohlepno pogoltniti; **to** ~ **the gutter** opijaniti se do nezavesti

laparotomy [læpərótəmi] *n med* trebušni rez

lap-cotton [lǽpkɔtn] *n* otepalnikovo runo (v predilnici)

lap-dog [lǽpdɔg] *n* naročen psiček

lapel [ləpél] *n* zaslec, zavihek pri obleki, rever

lapful [lǽpful] *n* polno naročje česa

lapicide [lǽpisaid] *n* kamnosek

lapidary [lǽpidəri] **1.** *adj* kamén, vklesan; klen, jedrnat, lapidaren; **2.** *n* rezbar dragega kamenja, kamnorez, strokovnjak za drago kamenje; knjiga o dragem kamenju

lapidate [lǽpideit] *vt* kamnati

lapidation [læpidéišən] *n* kamnanje

lapidify [ləpídifai] *vt* okamniti, spremeniti v kamen

lapin [lǽpin] *n* zajec, zajčevina (koža)

lapis lazuli [læpislǽzjulai] *n min* lazurec, višnjevec, lazur; sinjina, modrina

lap-joint [lǽpdžɔint] **1.** *n tech* prekrivalni spoj; **2.** *vt* prekriti

Laplander [lǽplændə] *n* Laponec, ~nka

lappet [lǽpit] *n* volan pri obleki, škric, oslec (pri žepu), loputa; *anat* ušesna mečica; greben (ptice); zaščitna ploščica okrog ključavnice

Lappish [lǽpiš] *n* laponščina

lap-riveting [lǽprivitiŋ] *n tech* prekrivalni zakov

lap-robe [lǽproub] *n A* potna odeja

lap-roller [lǽproulə] *n tech* navijalni valj (v predilnici)

lapsable [lǽpsəbl] *adj* zastaran, zapadel (dedna pravica); spodrsljiv

lapse I [læps] *n* lapsus, spodrsljaj, spozaba, pogrešek, pomota; prestopek, oddaljevanje (od česa), spotikljaj; propad, propadanje (moralno); tok, minevanje (časa); *jur* zastaranost, zapadlost (dedne pravice); len tok (vode); ~ **of the pen** spodrsljaj v pisanju, zapisan; ~ **of justice** juridičen spodrsljaj; **moral** ~ moralno propadanje; *meteor* ~ **rate** vertikalni temperaturni gradient

lapse II [læps] *vi* potekati, minevati (čas); *jur* zastarati, zapasti; *jur* preiti na drugega, pripasti komu (*to*); pogrezniti se, pogrezati se (*into*); spodrsniti, zdrsniti, pasti (*into* v); odpasti, oddaljevati se (*from* od); **to** ~ **into silence** pogrezniti se v molk

lapse away *vi* drseti, minevati, miniti; popuščati, izginjati, izumirati

lapsus calami [lǽpsəs kǽləmi] *n Lat* spodrsljaj v pisanju

lapsus linguae [lǽpsəs líŋgwai] *n Lat* spodrsljaj v govoru

Laputan [ləpjú:tən] **1.** *adj fig* fantastičen, vizionaren, nesmiseln; **2.** *n* Laputan (v Guliverjevih potovanjih); *fig* fantast, vizionar

lapwing [lǽpwiŋ] *n zool* priba

larboard [lá:bəd, ~bɔ:d] *n naut* leva stran ladje

larcenist [lá:sinist] *n* tat

larcenous [lá:sinəs] *adj* tatinski, kradljiv

larceny [lá:sni] *n jur* kraja, tatvina; **grand** ~ velika tatvina; **petty** ~ majhna tatvina

larch [la:č] *n bot* macesen; macesnovina

lard [la:d] **1.** *n* svinjska mast; **2.** *vt* naperiti (s slanino), zamastiti; *fig* zabeliti (govor *with* s, z)

lardaceous [la:déišəs] *adj* zamaščen

larder [lá:də] *n* jedilna shramba; *fig* živež

lardo(o)n [lá:dən, la:dú:n] *n* košček slanine (za pretaknjenje)

lardy [lá:di] *adj* špehat, masten

lardy-dardy [lá:didá:di] *adj sl* nenaraven, afektiran, gizdalinski

large I [la:dž] *adj* (~ **ly** *adv*) velik; prostoren, obširen, razsežen, velik (posel, družina, dohodek, vsota itd.); *arch* velikodušen, velikopotezen; svoboden (umetnost); **by and** ~ na splošno; **as** ~ **as life** v naravni velikosti; ~ **r than life** nadnaravno velik; ~ **discretion** velika obzirnost; ~ **order** težka naloga; **on a** ~ **scale** na veliko, velikopotezno; **on the** ~ **side** nekoliko prevelik ali preobširen; ~ **of limb** velikih udov

large II [la:dž] *n* svoboda; **at** ~ na svobodi; nadrobno, obširno; na splošno; na slepo; v celoti, ves; **to set at** ~ spustiti na svobodo; **to discuss s.th. at** ~ nadrobno kaj pretresti; **the nation at** ~ ves narod; **the world at** ~ ves svet, vsi ljudje; **to talk at** ~ govoriti tja v tri dni; **gentleman at** ~ dvorjan brez posebnih dolžnosti; svoj gospodar, človek brez poklica; **in (the)** ~ na veliko, v celoti

large III [la:dž] *adv* na veliko, važno, bahavo; **to talk** ~ širokoustiti se

large-handed [lá:džhǽndid] *adj* darežljiv

large-handedness [lá:džhǽndidnis] *n* darežljivost

large-hearted [lá:džhá:tid] *adj* širokosrčen

large-heartedness [lá:džhá:tidnis] *n* širokosrčnost

largely [lá:džli] *adv* na veliko, zelo, v veliki meri, mnogo, obširno, predvsem

large-minded [lá:džmáindid] *adj* velikodušen, brez predsodkov, toleranten

large-mindedness [lá:džmáindidnis] *n* velikodušnost, tolerantnost

largen [lá:džən] *vt & vi poet* povečati (se)

largeness [lá:džnis] *n* velikost, razsežnost, prostranost; *fig* veličina; ~ **of heart** širokosrčnost; ~ **of mind** velikodušnost

large-scale [lá:džskeil] *adj* zelo obsežen, velikopotezen

largess(e) [lá:džes] *n arch* bogato darilo; *fig* velika darežljivost, velikodušnost

larghetto [la:gétou] *adv mus* largeto, precej počasi

largish [lá:džiš] *adj* precej velik; precej izdaten

largo [lá:gou] **1.** *adv mus* počasi, široko; **2.** *n* largo

lariat [lǽriət] **1.** *n* vrv z zanko, laso; **2.** *vt* ujeti z lasom

larithmics [lərîðmiks] *n pl* statistika prebivalstva

larine [lǽrin] *adj* galebji, kot galeb

lark I [la:k] *n* škrjanec; **crested (ali tufted)** ~ čopasti škrjanec; **to rise with a** ~ zgodaj vstati; **if the sky fall we shall catch** ~**s** ni tako hudo, kot se vidi

lark II [la:k] *n* burka, šala; **to have a** ~ dobro se zabavati; **for a** ~ samo za šalo; **what a** ~! kako zabavno!

lark III [la:k] *vi* zbijati šale, veseliti se, zabavati se; **to** ~ **about** objestno se zabavati

larker [lá:kə] *n* šaljivec, -vka

larksome [lá:ksəm] *adj coll* razposajen

larkspur [lá:kspə:] *n bot* ostrožnik

larky [lá:ki] *adj* (**larkily** *adv*) šaljiv, objesten

larrikin [lǽrikin] *n* pocestni pretepač, silak

larrup [lǽrəp] *vt coll* pretepsti, premlatiti

larva [lá:və] *n* buba, ličinka; *hist* prikazen, duh

larval [lá:vəl] *adj* ličinkin; *med* prikrit (bolezen)

larvate [lá:veit] *adj* zakrinkan, zakrit; ličinkin

larviform [lá:vifə:m] *adj zool* ki tvori ličinke

laryngeal [lærindží:əl] 1. *adj med* laringalen, grlen; 2. *n* grlen, ralingalen glas

laryngitis [lærindžáitis] *n med* laringitis, vnetje grla

laryngology [læriŋgólədži] *n* laringologija, nauk o grlu in njega zdravljenju

laryngoscope [ləríŋgəskoup] *n* laringoskop, ogledalce za ogledovanje grla

larynx [lǽriŋks] *n anat* larinks, grlo

lascar [lǽskə] *n* laskar, vzhodnoindijski mornar

lascivious [ləsívíəs] *adj* (~ **ly** *adv*) polten, pohoten, opolzek, lasciven

lasciviousness [ləsívíəsnis] *n* pohota, poltenost, opolzkost, lascivnost

lash I [læš] *n* jermen, priplet, pokec; udarec z bičem (*at* po), šibanje, bičanje (tudi *fig*); *fig* kar razburka (množico); trepalnica; **to be under s.o.'s** ~ biti pod oblastjo koga; **the** ~ bičanje (kazen); *fig* ostra kritika, posmeh; **the** ~ **of the rain** šibanje dežja

lash II [læš] 1. *vt* bičati, šibati (tudi *fig*), tolči ob; švrkniti; *fig* priganjati, razvneti, razvnemati, pobesniti, spraviti v bes; *fig* ostro kritizirati, bičati; 2. *vi* šibati, bičati (valovi, dež); švigati, švigniti, švrkati; udariti, napasti, bičati po (*at*); **the storm** ~ **es the sea** vihar biča morje; **to** ~ **the tail** švrkati z repom; **to** ~ **o.s. into a fury** pobesneti; **to** ~ **down** liti (dež); **to** ~ **into** planiti v, izbruhniti; **to** ~ **out** tolči okrog sebe; brcati, ritati (konj); **to** ~ **out at** šibati po kom

lash III [læš] *vt* privezati (*to, on, down*); zvezati (*together*)

lasher [lǽšə] *n* slap preko jezu, jez, odprtina v jezu, kotanja pod jezom

lashing I [lǽšiŋ] *n* šibanje, bičanje, švrkanje; *fig* bičanje, graja; *pl sl* obilica (zlasti jedi in pijače); **strawberries with** ~**s of cream** jagode z mnogo smetane

lashing II [lǽšiŋ] *n* zavezanje, pričvrščenje (vrvi); *naut* vrv

lashless [lǽšlis] *adj* brez trepalnic

laspring [lǽspriŋ] *n zool E* enoletni losos

lasque [la:sk] *n* plosek diamant

lass [ɪæs] *n* deklica, mlada žena; *poet* ljubica

lassie [lǽsi] *n* deklica, ljubica

lassitude [lǽsitju:d] *n* utrujenost, brezbrižnost, medlost

lasso [lǽsou] 1. *n* laso; 2. *vt* ujeti z lasom

last I [la:st] *adj* zadnji, poslednji; minuli, prejšnji; najnovejši, zadnji; ~ **but one** predzadnji; ~ **but not least** zadnji, vendar ne najmanj važen; **at one's** ~ **gasp** v zadnjih izdihljajih; ~ **night** sinoči; **the night before** ~ predsinoči; ~ **year** lani; **on one's** ~ **legs** na koncu svojih moči, pred polomom; **the** ~ **lap** zadnja etapa; **the** ~ **straw** višek, zvrhana mera; **of the** ~ **importance** izredno važen; ~ **day** sodni dan; **the** ~ **thing in jazz** najnovejše v jazzu; **this is the** ~ **thing to happen** kaj takega se ne more zgoditi

last II [la:st] *adv* nazadnje, končno

last III [la:st] *n* zadnji (pismo, beseda, otrok); zadnji omenjeni, najnovejši (izjava); poslednje ure, konec, smrt; **never to hear the** ~ **of it** morati vedno znova poslušati; **to breathe one's** ~ izdihniti, umreti; **at (long)** ~ končno, na koncu; **to the** ~ do konca, do smrti; **to look one's** ~ **on** zadnjič pogledati; **we shall never see the** ~ **of that man** tega moža se ne bomo znebili

last IV [la:st] *n* zdržljivost, odpornost

last V [la:st] *vi* trajati, vztrajati, zdržati; **to** ~ **out** zadostovati, zdržati, dlje zdržati; **to** ~ **well** biti zelo trpežen

last VI [la:st] *n* kopito (čevljarsko); **to stick to one's** ~ ne vtikati se, držati se svojega dela

last VII [la:st] *n* trgovska mera (za težo, votla mera, za količino); ~ **of wool** 12 žakljev volne

last-ditch [lá:stditč] *adj* obupen, neomajen; ~ **fight** borba na življenje in smrt

last-ditcher [lá:stditčə] *n* neomajnež

lasting [lá:stiŋ] 1. *adj* (-**ly** *adv*) trajen, vztrajen, zdržljiv; 2. *n* vrsta trpežne tkanine; *tech* ~ **machine** stroj za natezanje usnja

lastingness [lá:stiŋnis] *n* trajnost, zdržljivost, trpežnost

lastly [lá:stli] *adv* končno, nazadnje

latch I [ɪæč] *n* kljuka, zaskočni zapah, patentna ključavnica; **on the** ~ zapahnjen (vrata)

latch II [læč] *vt* zapreti, zapahniti (vrata); *A coll* **to** ~ **on** to prilepiti se komu; *A coll* **to** ~ **onto** razumeti kaj, dojeti

latchet [lǽčit] *n arch* stogla, vezalka (za čevlje)

latchkey [lǽčki:] *n* ključ od hišnih vrat, patentni ključ; *E hist* ~ **vote** volilna pravica podnajemnikov

latch-lock [lǽčlək] *n* patentna ključavnica

latchstring [lǽčstriŋ] *n* vrvica za dviganje zapaha (speljana skozi vrata); **the** ~ **is always out** vrata so vedno odprta, dobrodošli ste

late I [léit] *adj* pozen, kasen, zakasnel; nedaven, prejšnji; pokojni; **to be** ~ (**for**) zamuditi (kaj); **at a** ~ **hour** pozno; ~ **hours** pozne nočne (ali jutranje) ure; **at the** ~**st** najkasneje; **the** ~**st thing** najnovejša stvar, zadnji krik mode; **of** ~ nedavno, pred kratkim; **of** ~ **years** v zadnjih letih; ~ **fee** doplačilo k poštnini za kasno predano pošto; ~ **dinner** večerja; **see you** ~**r** na svidenje; *coll* **that's the** ~**st!** to je višek!

late II [léit] *adv* kasno, pozno; prej; *poet* nedavno; **as** ~ **as** vse do; **as** ~ **as last year** šele (ali še) lansko leto; **better** ~ **than never** boljše kasno, kakor nikoli; *coll* ~ **in the day** zelo pozno, prekasno: **to sit up** ~ ostati dolgo pokonci, bedeti; **early or** ~ ali **sooner or** ~**r** prej ali slej; ~ **of** prej stanujoč v, prej zaposlen pri; ~**r on** potem, kasneje

late-comer [léitkʌmə] *n* kdor pride pozno, zamudnik

lateen [lətí:n] *adj naut* ~ **sail** trikotno jadro; ~ **ship** ladja s takim jadrom

lately [léitli] *adv* nedavno, v zadnjem času

laten [léitn] *vt & vi* zavleči kaj, zakasniti

latency [léitənsi] *n* latenca, prikritost, pritajenost; *psych* ~ **period** latentna doba otrokove spolnosti

lateness [léitnis] *n* zakasnitev, zamuda

latent [léitənt] *adj* (**-ly** *adv*) latenten, skriven, prikrit, pritajen; *phys* vezan; *bot* nerazvit; *med* ~ **period** latenčna doba bolezni

lateral I [lǽtərəl] *adj* (**-ly** *adv*) stranski, obstranski; lateralen (glas); *anat* bočen; ~ **angle** obstranski kot; ~ **axis** prečna os; ~ **branch** stranska veja (v rodovniku)

lateral II [lǽtərəl] *n* (ob)stranski del; *bot* stranska veja; lateralni glas

latescent [lətésənt] *adj* ki postaja latenten

latex [léiteks] *n bot* mleček (posebno od gumijevca)

lath I [la:θ] *n* letva; ~ **and plaster** predalčje (na hiši); **as thin as** ~ sama kost in koža

lath II [la:θ] *vt* obiti z letvami

lathe [leiδ] *n* stružnica; ~**-bed** struga; ~**-tool** stružni nož; ~**-tooling** struženje; **potter's** ~ lončarski kolovrat

lather I [lá:ðə, lǽðə] *n* m lna pena, milnica; pena (konjeva); *A* **in a** ~ **about** ves iz sebe zaradi česa

lather II [lá:ðə, lǽðə] **1.** *vt* namiliti; *coll* pretepsti; **2.** *vi* peniti se

lathery [lǽðəri] *adj* penast, namiljen

lathing [lá:θiŋ] *n* obijanje z letvami, letve, opažne deske

lathy [lá:θi] *adj* kot letva, preklast

lathyrus [lǽθirəs] *n bot* grahor

latices [lǽtəsi:z] *n pl* od **latex**

laticiferous [lætisífərəs] *adj bot* ki izloča mleček

latifundium [lætifʌndiəm] *n* latifundij, veleposestvo

Latin [lǽtin] **1.** *adj* latinski; romanski; rimskokatoliški; **2.** *n* latinščina; *hist* Latinec; Roman; ~ **peoples** Romanı; **thieves'** ~ tatinska latovščina

Latine [lætáini] *adv* v latinščini, latinsko

latinism [lǽtinizəm] *n* latinizem, latinska jezikovna posebnost

latinist [lǽtinist] *n* latinist, poznavalec latinščine

latinity [lətíniti] *n* latinski slog pisanja

latinization [lætinaizéišən] *n* prevod v latinščino, latinizacija

latinize [lǽtinaiz] **1.** *vt* latiniti, prevajati v latinščino, latinčevati; pokatoličaniti; **2.** *vi* uporabljati latinske izraze

latish [léitiš] *adj* nekoliko kasen

latitude [lǽtitju:d] *n astr*, *geog* (zemljepisna) širina; *fig* širina, svoboda (mišljenja); *astr* kotna oddaljenost nebesnega telesa od sončeve orbite; **high** ~s pokrajine, oddaljene od ekvatorja; **low** ~s pokrajine blizu ekvatorja; **degree of** ~ širinska stopinja; **in** ~ **40 N.** na 40. stopinji se-

verne širine; **to allow s.o. great** ~ pustiti komu veliko svobode

latitudinal [lætitjú:dinəl] *adj geog* širinski

latitudinarian [lætitju:dinέəriən] **1.** *adj* svobodomiseln, toleranten; **2.** *n* svobodomislec, toleranten človek

latitudinous [lætitjú:dinəs] *adj fig* širok, velikopotezen

latrine [lətrí:n] *n* latrina; *mil* ~ **duty** dežurstvo za čiščenje latrine; *mil* ~ **orderly** dežurni za čiščenje latrine

latten [lǽtən] *n* ~ **brass** medenina

latter [lǽtə] *adj* drugi (omenjeni), zadnji; **the former ... the** ~ prvi ... drugi; ~ **end** smrt; *arch* ~ **grass** otava; **the** ~ **years of one's life** zadnja leta življenja; **in these** ~ **days** dandanes; **the** ~ **half of June** druga polovica junija

latter-day [lǽtədéi] *adj* današnji, sodoben, moderen; ~ **Saints** mormoni

latterly [lǽtəli] *adv* v zadnjem času, proti koncu, končno, pri kraju; dandanes

lattermost [lǽtəmoust, ~məst] *adj* zadnji

lattice [lǽtis] **1.** *n* rešetka, mreža; **2.** *vt* zamrežiti; ~ **window** zamreženo okno, rombasto okno

latticed [lǽtist] *adj* rešetkast, zamrežen; ~ **door** letvasta vrata; ~ **partition** letvasti opaž

lattice-work [lǽtiswə:k] *n* mrežasti izdelki, mreža

Latvian [lǽtviən] **1.** *adj* letonski; **2.** *n* Let; letonščina

laud [lɔ:d] **1.** *n* hvala, hvalospev; *pl* rana maša; **2.** *vt* hvaliti, poveličevati, slaviti

laudability [lɔ:dəbíliti] *n* hvalevrednost

laudable [lɔ́:dəbl] *adj* (**laudably** *adv*) hvalevreden; *med* reden (izločanje)

laudanum [lɔ́:dnəm] *n pharm* lavdanum, opijeva tinktura

laudation [lɔ:déišən] *n* hvala, hvaljenje

laudative [lɔ́:dətiv] *adj* glej **laudatory**

laudatory [lɔ́:dətəri] *adj* pohvalen, poveličevalen

lauder [lɔ́:də] *n* poveličevalec

laugh I [la:f, *A* læf] *n* smeh; **horse-laugh** porogljiv krohot; **for** ~s (samo) za šalo; **to break into a** ~ prasniti v smeh; **to have (ali get) the** ~ **of** nekomu se kot zadnji smejati, triumfirati nad kom; **to have the** ~ **on s.o** rogati se komu; **to have a good** ~ **at s.th.** prisrčno se čemu smejati; **to have the** ~ **on one's side** skupno se komu smejati; **the** ~ **is against him** smejejo se mu; **to raise a** ~ v smeh spraviti, povzročiti splošno veselost; **to join in the** ~ pridružiti se splošnemu smehu, razumeti šalo; *A* **he is a** ~ skmen je

laugh II [la:f] **1.** *vi* smejati se; **2.** *vt* s smehom povedati; **to** ~ **one's head off** umirati od smeha, zvijati se od smeha; **to make s.o.** ~ spraviti koga v smeh; **he** ~**s best who** ~**s last** kdor se zadnji smeje, se najslajše smeje; **to** ~ **on the wrong side of one's mouth** (ali **face**) kislo se smejati; **to** ~ **in one's sleeve** v pest se smejati; **he** ~**ed his thanks** s smehom se je zahvaljeval; **to** ~ **a bitter laugh** grenko se smejati; **to** ~ **in s.o.'s face** smejati se komu v obraz; **to** ~ **to scorn** rogati se

laugh at *vi* smejati se komu, posmehovati se komu

laugh away 1. *vt* s smehom pregnati (skrbi, žalost); 2. *vi* smejati se kar naprej; ~! kar smej se!

laugh down *vt* s smehom koga prisiliti k molku; s smehom kaj onemogočiti

laugh off *vt* s smehom iti preko česa, s smehom se izogniti česa

laugh out of *vt* s smehom koga česa odvaditi

laugh over *vi* smejati se čemu, s smehom o čem razpravljati

laughable [lá:fəbl] *adj* (laughably *adv*) smešen, zabaven, šaljiv

laughing [lá:fiŋ] 1. *adj* (-ly *adv*) smejoč, nasmejan, smešen; 2. *n* smeh; it is no ~ matter to ni za smeh

laughing-gas [lá:fiŋgæs] *n chem* (smejalni) plin, ki se uporablja kot anestetik v zobozdravstvu

laughing-gull [lá:fiŋgʌl] *n zool* tonovščica, galeb

laughing-jackass [lá:fiŋdžækəs] *n zool* vrsta avstralskega vodomca

laughing-stock [lá:fiŋstək] *n* tarča posmeha, predmet posmeha; to make a ~ of o.s. osmešiti se

laughter [lá:ftə] *n* smeh; to burst into ~ bruhniti v smeh; to roar with ~ krohotati se; Homeric ~ krohot

launch I [lɔ:nč] *n* splavitev (ladje); največji čoln na ladji, barkasa; izletniški parni ali motorni čoln; *fig* začetek

launch II [lɔ:nč] *vt* splaviti (ladjo), izstreliti (raketo, torpedo); vreči, zalučati (kopje); sprožiti (pogovor, kritiko); *mil* poslati čete (*against* proti); lansirati, spraviti v tek, začeti; lansirati koga, pomagati komu začeti, uvesti koga

launch out *vi* zagnati se (*into* v kaj), lotiti se; trošiti denar; kreniti (na potovanje, za novimi odkritji)

launcher [lɔ:nčə] *n* pobudnik, začetnik; *aero* katapult za letala

launching [lɔ:nčiŋ] *n* splavitev, izstrelitev, lansiranje; -crew startno moštvo; *naut* ~ ways vzdolžna drsina; ~ site izstrelitvena baza (za rakete); ~ pad rampa za izstrelitev rakete

launch vehicle [lɔ:nčvi:ikl] *n* raketa nosač

launder [lɔ:ndə] *vt & vi* prati in likati (perilo)

launderette [lɔ:ndərét] *n* ekspresna pralnica

laundress [lɔ:ndris] *n* perica; *E* postrežnica v londonski odvetniški zbornici

laundry [lɔ:ndri] *n* pralnica, (umazano) perilo, pranje; car ~ pralnica avtomobilov

laundryman [lɔ:ndrimən] *n* pralec

lauraceous [lɔ:réišəs] *adj* lovorov

laureate [lɔ:riit] 1. *adj* z lovorom ovenčan; 2. *n* lavreat, nagrajenec; *E* Poet Laureate dvorni pesnik

laureateship [lɔ:riitšip] *n* čast in položaj dvornega pesnika

laureation [lɔ:riéišən] *n hist* ovenčanje z lovorom (pri podelitvi akademskega naslova)

laurel [lɔ:rəl] *n bot* lovor; *fig pl* lovorike, slava; to look to one's ~s čuvati svojo slavo; to rest on one's ~s počivati na lovorikah; to win (ali reap) ~s pobrati lovorike, postati slaven; *A bot* great ~ rododendron, sleč

laurustinus [lɔrəstáinəs] *n bot* zimzelena brogovita

lava [lá:və] *n* lava; ~ flow reka lave

lavabo [ləvéibou] *n eccl* umivanje rok; brisača ali posoda za umivanje rok; umivalnik; *pl* stranišče

lavage [lævidž] *n* umivanje, čiščenje; *med* izpiranje želodca

lavation [ləvéišən] *n* umivanje; voda za umivanje

lavatory [lævətəri] *n* umivalnica, umivalnik; stranišče

lave [léiv] *vt poet* umivati, kopati, splakovati

lavement [léivmənt] *n med* izpiranje, injekcija v danko, dristilo, klistir

lavender [lævində] *n bot* sivka; svetlo vijoličasta barva; to lay up in ~ shraniti perilo; ~ oil sivkino olje; ~ water sivkina voda

laver I [léivə] *n poet* umivalnik; krstni kamen, krstna voda

laver II [léivə] *n bot* ločika

laverock [lævrək] *n Sc poet* škrjanček

lavish I [læviš] *adj* (-ly *adv*) radodaren; zapravljiv, potraten, razsipen (*of* z, *in* v); preteran, ekstravaganten, obilen, bogat; he is ~ of money razsipa z denarjem; he is ~ in his expenditure potraten je, mnogo troši; ~ly illustrated bogato ilustriran

lavish II [læviš] *vt* razsipati; to ~ s.th. on s.o. obsipati koga s čim

lavisher [lævišə] *n* razsipnik

lavishment [lævišmənt] *n* glej lavishness

lavishness [lævišnis] *n* razsipanje, obsipavanje (z darili), bogato obdarovanje

law I [lɔ:] *n* zakon, postava; pravo, pravoznanstvo; (*the*) pravniki, pravniški poklic, *A sl* policija; sodni postopek, sodišče; načelo, pravilo; zakonitost; *sp* prednost (dana slabšemu tekmecu); *fig* milostni rok, odlog; canon ~ kanonsko pravo; civil ~ civilno pravo; criminal (penal) ~ kazensko pravo; international ~ ali ~ of nations mednarodno pravo; martial ~ vojno pravo; naval ~ pomorsko pravo; commercial ~ trgovinsko pravo; the ~ of Moses Mojzesova postava; the ~ of the Medes and Persians nepreklicen zakon, stara navada; according to ~ ali by ~, in ~, under the ~ po zakonu; at ~ sodnijsko; to be at ~ pravdati se; to be a ~ unto o.s. biti sam sebi zakon, ravnati po lastni volji; to break the ~ prekršiti zakon; to enact a ~ uzakoniti; to follow (ali go in for) the ~ biti pravnik, študirati pravo; to give the ~ to vsiliti svojo voljo; to go to ~ with s.o. ali to have the ~ of s.o. ali to take the ~ on s.o. tožiti koga; to lay down the ~ odločati, imeti glavno besedo, samovoljno ravnati, vsiliti svojo voljo; letter of the ~ dosledno, dobesedno; to pass a ~ izglasovati zakon; to pass into ~ postati zakon; to study (ali read) ~ študirati pravo; to take the ~ in one's own hands vzeti pravico v svoje roke; necessity knows no ~ sila kola lomi; ~ and order mir in red, spoštovanje zakonov; Doctor of Laws (LL.D.) doktor prava; he has but little ~ ne ve mnogo o pravu; A to call in the ~ poklicati policijo; the ~s of the game pravila igre

law II [lɔ:] *interj E vulg* pojte no! (izraz začudenja)

law-abiding [lɔ:əbaidiŋ] *adj* poslušen (zakonu), ki spoštuje zakon, pokoren, miroljuben

law-abidingness [lɔ:əbaidiŋnis] *n* spoštovanje zakona

law-agent [lɔ́:eidžɔnt] *n Sc* pravni zastopnik, odvetnik

law-book [lɔ́:buk] *n* pravniška knjiga, zbirka zakonov in predpisov

law-breaker [lɔ́:breikǝ] *n* prestopnik

law-calf [lɔ́:ka:f] *n* fino telečje usnje (za vezavo juridičnih knjig)

law-court [lɔ́:kɔ:t] *n* sodnija

lawful [lɔ́:fu!] *adj* (**-ly** *adv*) zakonit, zakonski, postaven, veljaven; ~ **age** polnoletnost; ~ **money** veljaven denar

lawfulness [lɔ́:fulnis] *n* zakonitost, postavnost, veljavnost

lawgiver [lɔ́:givǝ] *n* zakonodajalec

lawgiving [lɔ́:giviŋ] **1.** *n* zakonodaja; **2.** *adj* zakonodaven

law-hand [lɔ́:hænd] *n E* posebna pisava v pravniških listinah

lawless [lɔ́:lis] *adj* (**-ly** *adv*) nezakonit, brez zakonov; divji, razuzdan

lawlessness [lɔ́:lisnis] *n* nezakonitost, brezzakonje; divjost, razuzdanost

law-lord [lɔ́:lɔ:d] *n* član angl. Zgornjega doma, ki se bavi z zakonodajo

lawmaker [lɔ́:meikǝ] *n* zakonodajalec

lawmaking [lɔ́:meikiŋ] *n* zakonodavstvo

law-merchant [lɔ́:mɔ́:čǝnt] *n* trgovinski zakon, trgovinsko pravo

lawn I [lɔ:n] *n* trata; *arch* jasa; **strip of** ~ nasad, zeleni pas

lawn II [lɔ:n] *n* batist; *fig* škofje, škofija; ~ **sleeves** batistni rokavi, ki jih imajo anglikanski škofje, škof

lawnchair [lɔ́:nčɛǝ] *n A* ležalni stol

lawn-fete [lɔ́:nfeit] *n* vrtna veselica

lawn-mower [lɔ́:nmouvǝ] *n* vrtna kosilnica

lawn-sprinkler [lɔ́:nspriŋklǝ] *n* deževalnik

lawn-tennis [lɔ́:ntenis] *n sp* tenis (na travi)

lawny [lɔ́:ni] *adj* travnat

law-office [lɔ́:ɔfis] *n* odvetniška pisarna, odvetniška praksa

law-officer [lɔ́:ɔfisǝ] *n* predstavnik zakona; *E* državni odvetnik ali tožilec

law-report [lɔ́:ripɔ:t] *n jur* poročilo o sǝdni odločitvi; *pl* zbirka poročil

lawsuit [lɔ́:sju:t] *n jur* proces, pravda, tožba; **to bring** (ali **make**) **a** ~ (**against**) tožiti koga, vložiti tožbo

law-term [lɔ́:tǝ:m] *n* juridičen strokoven izraz

lawyer [lɔ́:jǝ] *n* pravnik, odvetnik

lax I [læks] *adj* (**-ly** *adv*) širokcvesten, površen, popustljiv; nejasen; oh!apen, medel, s!ab; *med* driskav; *med* ~ **bowels** driska; ~ **morals** razuzdanost; ~ **ideas** nejasni pojmi; **a** ~ **rope** ohlapna vrv

lax II [læks] *n zool* švedski ali norveški losos

laxative [lǽksǝtiv] **1.** *adj med* odvajalen, čistilen; **2.** *n* odvajalo, čistilo

laxity [lǽksiti] *n* širokovestnost, površnost, popustljivost; nejasnost; ohlapnost, medlost

lay I* [lei] **1.** *vt* položiti, polagati, odložiti, odlagati, postaviti; (z)nesti jajca; pripraviti (kurjavo, mizo), prekriti, podložiti, obložiti (*with*, tla itd. s čim); nanesti (barvo); predložiti, vložiti (npr. zahtevo, *before* pri); pripisati, pripisovati (*to* komu); zasnovati (načrt); poleči (žito); pomiriti,

umiriti, ublažiti (veter, valove); *mil* nameriti (top); splesti (vrv); naložiti (kazen), naložiti jih komu; zastaviti (čast, glavo); *vulg* spolno občevati; **2.** *vi* valiti (jajca); staviti; **to** ~ **one's accounts with** računati s kom a!i čim; **to** ~ **an accusation against** obtožiti, vložiti tožbo; **to** ~ **an ambush** (ali **snare, trap**) pripraviti zasedo; **to** ~ **bare** razgaliti, odkriti; **to** ~ **bricks** polagati opeko; **to** ~ **blame on** zvaliti krivdo na koga; **to** ~ **blows** (ali **stick, it**) **on** naložiti jih komu; **to** ~ **one's bones** položiti svoje kosti, pokopati; **to** ~ **claim to** postaviti svojo zahtevo; zahtevati kaj zase; **to** ~ **a coat of paint** premazati z barvo; **to** ~ **the cloth** (ali **the table**) pogrniti, pripraviti mizo; **to** ~ **s.th. to s.o.'s charge** (ali **at s.o.'s door**) zvaliti krivdo na koga; **to** ~ **the damages at** zahtevati od koga povračilo za škodo; **to** ~ **the dust** poškropiti, da se poleže prah; **to** ~ **eyes on** zagledati, opaziti; **to** ~ **field to field** povečati posest z nakupom mejnih njiv; **to** ~ **fault to s.o.** pripisati komu krivdo; **to** ~ **the fire** podkuriti peč; **to** ~ **one's finger on** s prstom kaj pokazati, najti; **to** ~ **a finger on** položiti roko na koga, tepsti; **to** ~ **for** zalezovati, čakati v zasedi; **to** ~ **hands on** dobiti v roke, polastiti se, dvigniti roko na koga; **to** ~ **hands on o.s.** napraviti samomor; **to** ~ **(fast) by the heels** zapreti v ječo; **to** ~ **hold on** (ali **of**) zgrabiti, prijeti; *fig* ujeti se za kaj; **to** ~ **one's hopes on** veliko pričakovati od, staviti upe na; **to** ~ **heads together** stikati glave, posvetovati se; **to** ~ **s.th. to heart** gnati si kaj k srcu, položiti na srce; **to** ~ **a ghost** pregnati duha; **to** ~ **an information against** prijaviti koga; **to** ~ **low** (ali **in the dust**) podreti, pobiti na tla; *fig* ponižati; **to** ~ **lunch** pripraviti mizo za kosilo; **to** ~ **open** odkriti, razodeti; **to** ~ **o.s. open** izpostaviti se; **to** ~ **s.th. on the shelf** odložiti kakšno delo; **to** ~ **to sleep** (ali **rest**) položiti k počitku; *fig* pokopati; **to** ~ (**great, little**) **store upon** pripisovati (veliko, majhno) važnost čemu; **to** ~ **siege to** oblegati; **to** ~ **stress** (ali **weight, emphasis**) **on** dati poseben povdarek čemu; **to** ~ **one's shirt on** vse zastaviti; **the scene is laid in Paris** odigrava se v Parizu; **to** ~ **troops (on)** nastaniti čete (pri); **to** ~ **s.o. under an obligation** naložiti komu nalogo; **to** ~ **s.o. under necessity** prisiliti koga; **to** ~ **s.o. under contribution** pripraviti koga, da kaj prispeva; **to** ~ **a wager** staviti; **to** ~ **waste** opustošiti; **to** ~ **wait for** čakati koga v zasedi; **to** ~ **the whip to s.o.'s back** (pre)bičati koga; **the wind is laid** veter se je umiril

lay aboard *vt naut* pripeljati ladjo ob bok druge (za borbo)

lay about *vi* mlatiti okoli sebe; energično ukrepati

lay along *vt* razprostreti

lay aside (ali **by**) *vt* odložiti, oddati, dati na stran, štediti

lay down *vt* položiti, od!ožiti (orožje, položaj itd.); opustiti (upanje); žrtvovati (življenje); položiti, zastaviti (denar); planirati, napraviti načrt; predpisati, določiti (pravila); postaviti (pogoje); ukletiti (vino), vložiti (jajca); posejati, zasaditi (*in, to, with, under* zemljo s, z);

to ~ one's arms položiti orožje, vdati se; to ~ the law samovoljno ukazovati, odločati, imeti glavno besedo; to ~ an office odreči se službi, pustiti službo; to ~ a stock pripraviti zalogo; to ~ one's tools stavkati

lay in vt shraniti, preskrbeti si zalogo, oskrbeti se s čim, nakupiti, nabaviti; nasaditi (živo mejo, rastline); to ~ a good meal dobro se najesti

lay into vi A sl vreči se na koga, premlatiti, pretepsti

lay off 1. vt odložiti, postaviti stran; naut usmeriti ladjo proč od obale ali druge ladje; A začasno odpustiti iz službe; coll opustiti, prenehati s čim; A sl pustiti pri miru; 2. vi A nehati z delom, izpreči; A sl ~! nehaj (s tem)!

lay on 1. vt naložiti (kazen, davke); naložiti jih komu; nanesti (barvo); napeljati (vodo, plin); spustiti pse na sled; 2. vi napasti, udariti; to lay hounds on scent spustiti pse na sled; to lay it on naložiti jih komu; to lay taxes on obdavčiti kaj; to lay it on thick (ali with a trowel) laskati komu, pretiravati

lay out vt položiti ven; razprostreti, pripraviti (obleko); položiti na mrtvaški oder; (pametno) porabiti denar; zasnovati, planirati, napraviti načrt (za ureditev vrta, hiše); pripraviti; sl podreti na tla, ubiti; to lay o.s. out for potruditi se na vso moč; napeti vso svojo moč za; pripraviti se za kaj

lay over vt obložiti, prekriti, prevleči, premazati (with s, z); A odložiti, preložiti, prekiniti potovanje

lay to vt naut ustaviti ladjo, zasidrati ladjo; coll pošteno poprijeti; to ~ one's oars pošteno, krepko veslati

lay up vt nakupiti zalogo, shraniti, prihraniti, štediti; naut vzeti ladjo iz prometa; to be laid up with biti priklenjen na posteljo zaradi

lay II [lei] pt od to lie IV

lay III [lei] n (zemljepisna) lega, položaj; smer, usmerjenost; delitev ribiškega ulova; sl delo, poklic; A delež pri dobičku, zaslužek, cena, nakupni pogoji; the ~ of the land topografska lega; fig situacija, položaj; at a good ~ po primerni ceni

lay IV [lei] adj posveten, laičen; ~ brother frater; ~ judge prisednik; ~ clerk cerkveni pevec, županjski pisar; ~ lord član ang. Zgornjega doma, ki se ne bavi z zakonodajo

lay V [lei] n poet pesem, napev, balada

lay-about [léiəbaut] n coll postopač, lenuh

lay-by [léibai] n parkirišče ob avtomobilski cesti

lay-day [léidei] n dan, dovoljen za iztovarjanje in natovarjanje ladje; pl com stojnice

layer I [léiə] n ležišče, plast, sloj, sklad; premaz, namaz; bot potaknjenec, potik; polagač; nesna kokoš; gojišče ostrig; pl poleglo žito; mil topničar

layer II [lɛə] 1. vt potakniti (sadike); 2. vi poleči (žito)

layerage [léiəridž] n hort potaknitev, vegetativno razmnoževanje

layer-cake [léiəkeik] n A torta

layer-out [léiəraut] n nalagalec, -lka (denarja)

layer-up [léiərʌp] n nabiralec, -lka

layette [leiét] n novorojenčkova oprema

lay-figure [léifigə] n lutka s premičnimi udi; fig nesamostojen človek, niče

laying [léiiŋ] n polaganje; nošenje jajc; a hen past ~ kura, ki ne nosi več jajc

laylock [léilək] n bot arch španski bezeg

layman [léimən] n nestrokovnjak, laik, svetni človek

lay-off [léió:f] n začasen odpust iz službe, začasna brezposelnost, mrtva sezona

layout [léiaut] n plan, načrt, tloris, ureditev; planiranje, načrtovanje, urejevanje; sl razstava; garnitura (orodja, priprav)

layover [léiouvə] n A prekinitev potovanja, prenočnina

lay-reader [léiri:də] n posvetni človek, ki izvršuje versko službo

laystall [léistə:l] n E smetišče

lay-woman [léiwumən] n nestrokovnjakinja; svetna ženska

lazar [lǽzə, léi~] n bolan in umazan berač; arch gobavec

lazaret(to) [læzərét(ou)] n lazaret, infekcijska bolnišnica, karantenski oddelek na ladji (kopnem); skladišče v trgovski ladji

Lazarus [lǽzərəs] n berač, siromak; ~ and Dives siromaki in bogataši

laze [léiz] 1. vi & vt coll lenariti, počivati, zapravljati čas; 2. n lenarjenje, počitek

laziness [léizinis] n lenoba

lazy [léizi] 1. adj (lazily adv) len, brezdelen, počasen; ki poleni (vreme); 2. vi & vt glej laze

lazy-bed [léizibed] n E krompirjeva greda, kjer je krompir položen na vrh zemlje in zasut

lazy-bones [léizibounz] n lenuh(inja)

lazy-eight [léizieit] n aero počasna osmica (pri letenju)

lazy-pinion [léizipiniən] n tech medkolesce v zobniškem gonilu

lazy-tongs [léizitəŋz] n pl škarjaste klešče

lea I [li:] n mera za prejo (volna 80 jardov, bombaž 120 jardov)

lea II [li:] n poet travnik, loka, log, ledina

leach [li:č] 1. n luženje, lug, lužnik; 2. vt lužiti, izlužiti, ekstrahirati, izvleči (out)

leachy [lí:či] adj luknjičav, porozen

lead I [led] n chem svinec; mar grezilo, svinčnica; pl svinčene krovne ploščice, svinčena streha, svinčen okenski okvir; chem grafit, mina (za svinčnik); print medvrstnik; to cast (ali heave) the ~ meriti globino s svinčnico; E mil, naut sl to swing the ~ hliniti bolezen, simulirati; ounce of ~ krogla (iz puške); as dull as ~ zabit, neumen

lead II [led] 1. vt zaliti s svincem, obtežiti, plombirati, zapečatiti; print razmakniti vrstice; 2. vi naut meriti globino s svinčnico

lead III [li:d] n vodenje, vodstvo; sp & fig prednost, naskok; začetni udarec (boks); zgled, primer, nasvet, napotek; theat glavna vloga, glavni igralec, -lka; car prednost, prva karta; kratek izvleček iz vsebine članka, uvod k članku; el vod, dovod, prevodnik, prevodna žica; mlinščica, korito za mlin; kanal skozi ledeno polje; pasji konopec; naplavina zlata v rečni strugi; under s.o.'s ~ pod vodstvom koga,

to be in the ~ of biti na čelu, voditi; to take the ~ prevzeti vodstvo, prevzeti pobudo, sprožiti kaj; to give a ~ iti pred kom, jahati na čelu (lov); *sp* to have the ~ of voditi pred, imeti prednost (naskok) pred; *fig* to have the ~ over imeti naskok pred (konkurenco); to follow s.o.'s ~ ravnati se po nasvetu koga; to give s.o. a ~ dati komu dober zgled, svetovati; one minute's ~ ena minuta naskoka; *car* it is your ~ ti začneš, ti si na vrsti (pri kartanju); *car* to return ~ vreči karto iste barve
lead IV* [li:d] **1.** *vt* voditi, peljati, pripeljati (*to*), odpeljati (*away*); *fig* napeljati, napeljevati, nagniti koga (*to* k); voditi, dirigirati (orkester); preživljati (življenje); speljati (koga, vodo kam); začeti igro (kartanje); **2.** *vi* biti prvi, biti v vodstvu, na čelu; voditi, peljati (cesta, prehod itd); zadati prvi udarec (boks); to ~ the way pokazati pot, peljati, iti pred kom; this ~s nowhere to nikamor ne vodi; this road will ~ you to town ta cesta te bo pripeljala v mesto; all roads ~ to Rome vse poti vodijo v Rim; to ~ the dance začeti, otvoriti ples; to ~ s.o. up the garden (path) povleči koga za nos; to ~ s.o. by the nose imeti koga na vajetih, imeti popolno oblast nad kom; povleči koga za nos; to ~ into temptation spravljati koga v skušnjavo; this led me to believe to me je nagnilo k temu, da sem verjel; to ~ s.o. a (dog's) life greniti komu življenje; to ~ a dog's life po pasje živeti; to ~ s.o. a nice (ali fine, pretty, merry) life delati komu težave, pošiljati koga od Poncija do Pilata, imeti koga za norca; to ~ a double life živeti dvojno življenje; to ~ a miserable existence životariti; *fig* to ~ with the chin izzivati usodo; to ~ (a girl) to altar peljati (dekle) pred oltar, oženiti; *sp* to ~ by points voditi po točkah; *sp* to ~ with the left zadati prvi udarec z levico (boks); *A* to ~ captive peljati v ujetništvo; *Sc jur* to ~ evidence pričati; *parl* to ~ the House voditi parlamentarne zadeve; *fig* the blind ~ing the blind slepec slepca vodi; led horse rezervni konj; led captain prisklednik; he is easier led than driven lažje ga je prepričati, kakor prisiliti
lead astray *vt* speljati koga na kriva pota
lead away *vt* odpeljati, speljati; to be led away pustiti se speljati; navdušiti se
lead in *vt* pripeljati noter; grajati
lead off *vt & vi* odpeljati; začeti, otvoriti, prevzeti vodstvo
lead on *vt & vi* zapeljati, napeljati, zvabiti (*to* k); voditi dalje (*to* do)
lead up to *vi* voditi do, imeti za posledico
lead up *vi* napeljati, napeljevati (*to* k); postopoma priti (*to* do)
leadable [lí:dəbl] *adj* voljan, ki se da voditi
leaden [lednd] *adj* (-ly *adv*) svinčen, svinčeno siv; *fig* svinčen, težek, počasen, okoren; sleep's ~ sceptre omamna sila; ~ slumber globoko spanje; ~ sword top meč, nerabno orožje
leader [lí:də] *n* vodja, voditelj; *mus* vodja, dirigent, prvi solist v orkestru; *E jur* glavni zagovornik; vodilni konj; uvodnik, uvodni članek; *econ* blago, ki naj privabi kupca; *print* razpredelitvene pike ali črtice; *bot* glavni poganjek; *anat*

kita, tetiva; follow my ~ igra, v kateri mora vsak posnemati tistega, ki začne; ~ writer pisec uvodnika; *parl* Leader of the House (of Commons) vodja Spodnjega doma v parlamentu
leaderette [li:dərét] *n* kratek uvodnik v časopisu
leaderless [lí:dəlis] *adj* brez vodstva
leadership [lí:dəšip] *n* vodstvo, vodenje
lead-in [lí:dín] *n el* električni kabel (od antene do sprejemnika); *A fig* uvod, uvajanje
leading I [lédiŋ] *n* svinčenina, plombiranje, zalitje s svincem; svinčena prevleka
leading II [lí:diŋ] *adj* vodilen, glaven, prvi, najvažnejši, odločujoč; ~ article uvodnik; *econ* blago, ki naj privabi kupca; *theat* ~ business glavne vloge; *jur* ~ case precedenčni primer; *jur* ~ counsel glavni zagovornik; *theat* ~ lady (man) glavna igralka (igralec); ~ light luč v svetilniku; *coll* vodilna osebnost, *pl* modri voditelji; *naut* ~ mark smerokaz; ~ motive vodilni motiv (tudi *mus*); *mus* ~ note vodilni ton; *jur* ~ question načelno vprašanje; ~ rein uzda; ~ tone vodilni ton
leading III [lí:diŋ] *n* vodstvo
leading-string [lí:diŋstriŋ] *n pl* jermen za otroke, ki se učijo hoditi; *fig* povodec; to be in ~s biti na povodcu, dati se voditi, biti nesamostojen
lead-line [lédlain] *n* vrv svinčnice
lead-off [lí:dó:f] **1.** *n* začetek, start, začetni udarec; **2.** *adj* začeten, uvoden, prvi
lead-pencil [lédpensl] *n* (grafitni) svinčnik
lead-pipe cinch [lédpaipsinč] *n A sl* gotova stvar
lead-poisoning [lédpɔizniŋ] *n med* zastrupljenje s svincem
leads [ledz] *n pl* svinčene krovne ploščice; svinčen krov; svinčeni okvirji za okna
lead-seal [lédsi:l] *n* plomba, svinčen pečat
leadsman [lédzmən] *n naut* globinomerec
lead-wool [lédwul] *n tech* svinčena preja (za cevi)
lead-works [lédwə:ks] *n pl* topilnica svinca
leady [lédi] *adj* svinčen, svinčeno siv, kot svinec
leaf I [li:f] *n bot* list, tobačni listi; čajni listi; list v knjigi; kovinski list, tanka kovinska ploščica, listič, folija, lamela; preklopna mizna plošča; vzdižno krilo vzdižnega mostu; krilo vrat, okna; *tech* zob zobatnika; ledvično salo; ~ blade listna ploskev; ~ bud listni popek; to burst (ali come) into ~ ozeleneti; in ~ ozelenel, v listju; fall of the ~ jesen; leaves without figs prazne besede; to take a ~ out of (ali from) s.o.'s book vzeti si koga za vzgled; to turn over a ~ obrniti list, prelistavati; *fig* to turn over a new ~ poboljšati se, začeti novo življenje
leaf II [li:f] **1.** *vi* zeleneti; **2.** *vt A* listati (po knjigi) (*through*)
leaf III [li:f] *n mil sl* dopust
leafage [lí:fidž] *n* listje
leaf-bridge [lí:fbridž] *n* vzdižni most
leaf-fat [lí:ffæt] *n* ledvično salo
leaf-green [lí:fgri:n] *n* listnato zelena barva; listno zelenilo
leafiness ['í:fini:s] *n* listnatost
leafless [lí:flis] *adj* brez listja, ogolel, gol
leaflet [li:flit] *n bot* listič; letak, prospekt
leaf-metal [lí:fmetl] *m tech* kovinska pena
leaf-mould [lí:fmould] *n* kompost (gnojilo)
leaf-spring [lí:fspriŋ] *n tech* ploščata vzmet

leafstalk [lí:fstə:k] *n bot* listni pecelj
leaf-table [lí:fteibl] *n* zložljiva (raztegljiva) miza
leafy [lí:fi] *adj* listnat, ozelenel
league I [li:g] *n* liga, zveza; *sp* liga; *A coll* razred, vrsta; in ~ with v zvezi, zavezniški; *sp* ~ football ligaške nogometne tekme; *hist* League of Nations društvo narodov; *A coll* they are not in the same ~ with me niso moje vrste
league II [li:g] *vt & vi* povezati se, zvezati se, skleniti zvezo (*with* s, z)
league III [li:g] *n* stara morska milja (ca 5 km)
leaguer [lí:gə] 1. *n* član lige, ligaš; *arch* vojaški tabor, obleganje; 2. *vt* oblegati
leak I [li:k] *n* razpoka, luknja; voda (para), ki uhaja skozi razpoko; *fig* kar se razve, predre v javnost (novica); *el* izguba električnega toka zaradi slabe izolacije; odpor, ki omogoča odtekanje pozitivnega toka v cevi (radio); to spring (ali start) a ~ predreti se; *A vulg* to take a ~ scati
leak II [li:k] *vi* curljati, kapljati, puščati, biti preluknjan; teči iz česa, uhajati (*out*); teči v, predreti (*in*); secret ~s out skrivnost predre v javnost
leakage [lí:kidž] *n* prepuščanje, kapljanje, kar uhaja (kaplja); *fig* prediranje v javnost; *econ* izguba, kalo; skrivnostno izginjanje denarja (kraja); *el* ~ conductance odvod elektrike; ~ current tok, ki uhaja; ~ resistance rezistenčni upor
leaky [lí:ki] *adj* prepusten, luknjičast, razsušen; *fig* klepetav, ki vse izblebeta
leal [li:l] *adj Sc & lit* lojalen, zvest; land of the ~ nebesa, raj
lean I [li:n] *adj* (~ly *adv*) suh, vitek (človek), suh (slog); pust (meso); *fig* neploden, slab (letina, plin, premog itd.); nezadosten; ~ in (ali on) s.th na tesnem s čim
lean II [li:n] *n* pusto meso
lean III [li:n] *n* naklon, nagnjenost (*to* k)
lean IV* [li:n] 1. *vi* nagniti se, nagibati se; opirati se, nasloniti se (*on* na); *fig* zanašati se (*on* na); *fig* nagibati se k čemu, dajati prednost čemu (*to, towards*); biti prislonjen, sloneti (*against*); 2. *vt* nagniti, nasloniti (*against* ob, na); opreti, podpreti (*on, upon*); *coll* to ~ over backward(s) zelo se potruditi
lean back *vi* biti naslonjen
lean forward *vi* nagniti se naprej
lean out *vi* nagniti se ven
lean-faced [lí:nfeist] *adj* suhega obraza
leaning [lí:niŋ] *n* nagnjenost, nagibanje, naslanjanje, opiranje; *fig* tendenca, nagnjenje (*towards* k)
leanness [lí:nnis] *n* suhost, pustost, nerodovitnost (tudi *fig*)
leant [lent] zlasti *E pt & pp* od to lean IV
lean-to [lí:ntú:] 1. *n* prizidek, lopa; 2. *adj* prizidan; ~ roof streha enokapnica
leap I [li:p] *n* skok (tudi *fig*), preskok; a great ~ forward velik skok naprej; a ~ in the dark tvegan poskus, pot v neznano; by ~s and bounds skokovito, zelo hitro; with a ~ hitro, nenadoma
leap II* [li:p] 1. *vi* skočiti, skakati; poskočiti, poskakovati; odskočiti (*from*); preskočiti, preskakovati (*over*); izskočiti (*out*); vzplamteti (pla-

men), iti v glavo (kri); 2. *vt* preskočiti, preskakovati; pognati konja v skok; to ~ aside skočiti vstran; look before you ~ dobro premisli preden kaj storiš; to ~ to the eye biti v oči; ready to ~ and strike pripravljen na skok; my heart ~s for joy srce mi poskakuje od veselja; to ~ into fame postati slaven na en mah; to ~ to a conclusion napraviti prenagljen sklep; to ~ from one topic to another skakati od ene teme na drugo
leap at *vi* skočiti proti komu, čemu; pognati se na koga, kaj; *fig* pograbiti z obema rokama (priliko)
leap-day [lí:pdei] *n* prestopni dan
leapfrog [lí:pfrɔg] 1. *n* skok čez upognjen hrbet (igra); 2. *vi & vt* skakati čez upognjen hrbet, preskakovati (*over*)
leapt [lept] zlasti *E pt & pp* od to leap II
leap-year [lí:pjə:] *n* prestopno leto; ~ proposal snubitev ženina (dovoljeno samo v prehodnem letu)
learn* [lə:n] 1. *vt* (na)učiti se; zvedeti, slišati (*of* o, *from* od); 2. *vi* (iz)učiti se, navaditi se; zvedeti, slišati (*of* o); to ~ by heart (na)učiti se na pamet; to ~ by rote naučiti se z vajo, učiti se na pamet; I am (ali have) yet to ~ that ni mi še znano, da; it was ~ed yesterday včeraj se je razvedelo; I've ~ed my lesson izučilo me je
learnable [lə́:nəbl] *adj* ki se da naučiti
learned [lə́:nid] *adj* (~ly *adv*) učen; izkušen (*in* v); priučen; *E parl* my ~ friend moj učeni kolega; the ~ professions učeni poklici (teologija, pravo, medicina)
learnedness [lə́:nidnis] *n* učenost; izkušenost; priučenost
learner [lə́:nə] *n* učenec, -nka, začetnik, -nica, novinec, -nka
learning [lə́:niŋ] *n* znanje, učenost, učenje; *A* (zlasti *pl*) učna snov; *hist* the new ~ humanizem
lease I [li:s] *n* najem, zakup, dajanje v zakup (*to* komu), zakupna doba, zakupna pogodba; rok, trajanje (zakupa); by (ali on) ~ v zakupu, v najemu; to hold by (ali on) ~ imeti v najemu; to put out to ~ ali to let out on ~ dati v najem; to take on ~ ali to take a ~ of vzeti v najem; the ~ of (ali on) life življenjska doba; a new ~ of (ali on) life novo življenje, nova življenska sila
lease II [li:s] *n* navzkrižni nasnutek v tkalstvu; ~ reed snovalni greben
lease III [li:s] *vt* dati v najem (*out*); najeti
leaseback [lí:sbæk] *n* povraten zakup
leasehold [lí:should] 1. *adj* zakupen, zakupljen, najet; 2. *n* zakup, zakupljena zemlja itd.; ~ insurance zavarovanje zakupljene zemlje
leaseholder [lí:shouldə] *n* zakupnik, -nica
leaser [lí:sə] *n* zakupnik, najemnik
leash I [li:š] *n* pasji konopec; povezka (psov); *hunt* trije lovski psi (lisice itd.); *fig* to hold in ~ imeti koga na vajetih, voditi; to strain at the ~ nestrpno čakati na dovoljenje
leash II [li:š] *vt* privezati, imeti na vrvici; *fig* imeti na vajetih
leasing [lí:siŋ] *n bibl* laž, laganje

least I [li:st] *adj* (*superl* od *little*) najmanjši, najnepomembnejši; **the line of** ~ **resistance** linija najmanjšega odpora; *math* ~ **common multiple** najmanjši skupni mnogokratnik

least II [li:st] *adv* (*superl* od *little*) najmanj; ~ **of all** najmanj; **he worked** ~ on je najmanj delal; **last not** ~ končno, vendar ne manj važno; **this fact is not the** ~ **important** to dejstvo je precej važno; **this fact is not in the** ~ **important** to dejstvo sploh ni važno

least III [li:st] *n* kar je najmanjše, najnepomembnejše: **at (the)** ~, **at the very** ~ vsaj, najmanj; **not in the (very)** ~ niti najmanj; **to say the** ~ **of it** milo povedano; ~ **said soonest mended** čim manj besedi, tem bolje

leastways [líːstweiz] *adv vulg* vsaj, najmanj

leastwise [líːstwaiz] *adv coll* vsaj, najmanj

leat [li:t] *n* mlinsko korito, mlinščica

leather I [léðə] **1.** *adj* usnjen; **2.** *n* usnje, usnjen predmet, jermen; *pl* irhovice; *sl* koža; *sp sl* (nogometna) žoga; *sl* **to lose one's** ~ ožuliti se z ježo ali hojo; **nothing like** ~ bodi zadovoljen s tem, kar imaš; ~ **and prunella** razlika je samo na zunaj

leather II [léðə] *vt* obleči v usnje; *coll* tepsti z jermenom; **to** ~ **at** garati; **to** ~ **away** naprej se mučiti

leatherback [léðəbæk] *n zool* usnjača (želva)

leather-bound [léðəbaund] *adj* v usnje vezan

leather-cutter [léðəkʌtə] *n* jermenar

leather-dresser [léðədresə] *n* strojar

leatherette [leðərét] *n* imitacija usnja, umetno usnje

leather-head [léðəhed] *n* butec

leathering [léðəriŋ] *n* pretepanje z jermenom

leathern [léðən] *adj* usnjen, usnjat

leatherneck [léðənek] *n A sl* vojak ameriške mornariške pehote

leatheroid [léðəroid] *n* glej **leatherette**

leather-roll [léðəroul] *n tech* stroj za valjanje usnja

leathery [léðəri] *adj* usnjat, kakor usnje; žilav (meso)

leave I [li:v] *n* dovoljenje, privoljenje; dopust; slovo; ~ **of absence** dopust; **to ask s.o. for** ~ ali **to ask** ~ **of s.o.** prositi koga za dovoljenje; **by your** ~ z vašim dovoljenjem; ~ **off** dovoljenje za odsotnost; **to get** ~ **off** dobiti dovoljenje za odsotnost; **on** ~ na dopustu; **to go on** ~ iti na dopust; ~ **on pay** plačan dopust; **to take** ~ **to say** dovoliti si reči; **to take** ~ **of** posloviti se od; **to take one's** ~ oditi; **to take French** ~ oditi brez pozdrava; **to take** ~ **of one's senses** priti ob pamet; **ticket of** ~ pogojni dopust (kaznjenca)

leave II* [li:v] **1.** *vt* pustiti, zapustiti, prepustiti; opustiti, prenehati; pustiti, na cedilu, iti preko česa; *A* dovoliti, dopustiti; **2.** *vi* oditi, odpotovati (*for* kam); **to be left** ostati; *coll* **to get left** ostati na cedilu; **to** ~ **in the lurch** pustiti na cedilu; *coll* **it** ~**s me cold** (ali **cool**) ne zanima me, ne vznemirja me; *coll* ~ **it at that** naj ostane pri tem; **to** ~ **things as they are** pustiti stvari kot so, pustiti stvari pri miru; **6 from 8** ~**s 2** 8—6 je 2; **there is nothing left to us but to go** ne preostane nam drugega kot da gremo; **to be left till called for** poštno ležeče; **I have nothing**

left nič mi ni ostalo; **left on hand** preostalo (v zalogi); **it** ~**s much to be desired** še zdaleč ni dovolj; **to** ~ **no stone unturned** obrniti vsak kamen, vsestransko se truditi; **to** ~ **s.o. wondering whether** pustiti koga v dvomu o; **I** ~ **it to you** to prepuščam tebi; **to** ~ **to accident** (ali **chance**) prepustiti naključju; **to** ~ **s.o. to himself** (ali **to his own devices**) prepustiti koga samemu sebi; **to be well left** dobro dedovati; **to** ~ **s.o. in the dark** zamolčati komu kaj, ne povedati komu česa; **to** ~ **a place for another** oditi kam od kje; **to** ~ **hold of** spustiti kaj; *vulg* **to** ~ **go of** spustiti kaj iz rok; **to** ~ **one's mark (up)on** zapustiti neizbrisen vtis; **to** ~ **open** pustiti (vprašanje) odprto; **to** ~ **up to** prepustiti; **to** ~ **word** sporočiti, pustiti sporočilo; **to** ~ **card on s.o.** pustiti vizitko pri kom

leave about *vt* pustiti ležati

leave alone *vt* pustiti pri miru

leave behind *vt* (za)pustiti, pozabiti kaj kje

leave in *vt* pustiti izklicevalca na cedilu (bridge)

leave off 1. *vt* opustiti, prenehati s čim; odložiti (obleko); **2.** *vi* nehati; **left off** odložen, odvržen

leave on *vt* pustiti (obleko na sebi), pustiti na

leave out *vt* spregledati, pozabiti; **to leave s.o. out in the cold** zapustiti koga, ne posvečati komu pozornosti

leave over *vt* pustiti (kot ostanek, višek); **to leave a matter over** preložiti kaj, odložiti na pozneje

leave III [li:v] *vt* ozeleneti

leave-breaker [líːvbreikə] *n* mornar, ki prekorači svoj dopust

leaved [li:vd] *adj* ozelenel, listnat (zlasti v zloženkah); **three-**~ **clover** triperesna deteljica; **two-**~ **door** dvokrilna vrata

leaven [levn] **1.** *n* kvas, kvasilo, kvasina; *fig* velik vpliv; **2.** *vt* kvasiti; *fig* vplivati, prežeti (*with* s, z)

leavening [lévəniŋ] *n* kvas, kvasilo

leaves [li:vz] *n pl* od **leaf**; ~ **without figs** prazne besede, prazne obljube

leave-taking [líːvteikiŋ] *n* poslavljanje, slovo

leave-train [líːvtrein] *n* počitniški vlak

leaving [líːviŋ] *n* odhod; *pl* ostanki; ~ **certificate** odhodno spričevalo

Lebanese [lebəníːz] **1.** *adj* libanonski; **2.** *n* Libanonec, -nka

Lebanon [lébənən] *n* Libanon

lecher [léčə] *n* razuzdanec, pohotnež

lecherous [léčərəs] *adj* (~**ly** *adv*) razuzdan, pohoten

lechery [léčəri] *n* razuzdanost, pohota

lectern [léktən] *n* stojalo za brevir v protestantski cerkvi

lection [lékšən] *n* poglavje iz sv. pisma

lectionary [lékšənəri] *n* zbirka nedeljskih evangelijev in listov, lekcionar

lector [léktə:] *n* lektor, kantor (v cerkvi); *A* univerzitetni lektor

lecture I [lékčə] *n* predavanje (*on*); graja; **to give a** ~ (*on* o, *to* komu) predavati; **to read s.o. a** ~ narediti komu pridigo, grajati; **curtain** ~ domača pridiga

lecture II [lékčə] *vt & vi* predavati (*on* o); grajati, narediti komu pridigo

lecturer [lékčərə] *n* predavatelj; izredni profesor, docent, lektor; pomožni pridigar v anglikanski cerkvi

lecture-room [lékčərum] *n* predávalnica

lectureship [lékčəšip] *n* lektorat; mesto izrednega profesorja, docenta ali lektorja; mesto pomožnega pridigarja v anglikanski cerkvi

led [led] *pt & pp* od **to lead** IV

ledge [!edž] *n archit* podoknična letva, podboj, okrajek, polica; skalna polica; *min* skalnat sloj (v rudniku); prsobran

ledger [lédžə] *n econ* glavna (poslovna) knjiga; velika (nagrobna) plošča; *archit* prečni tram pri zidarskem odru

ledger-bait [lédžəbeit] *n* vaba za ribo na trnku

ledger-board [lédžəbɔ:d] *n* prijemalna letva na stopnišču

ledger-hook [lédžəhuk] *n* zakrivljen trnek

ledger-line [lédžəlain] *n* trnek z vabo; *mus* pomožna črta

lee [li:] **1.** *adj* zavetrn; **2.** *n* zavetrje; *fig* zavetje, zaščita; **under the ~ of** v zavetju pred; **on the ~** v zavetrju

lee-board [lí:bɔ:d] *n mar* (stranska) ladjarska sekira

leech I [li:č] *n zool* pijavka; *fig* oderuh, krvoses; *arch* zdravnik, ranar; **to stick like a ~ to s.o.** držati se koga kakor klop; **to apply ~es to** staviti pijavke

leech II [li:č] *vt* staviti pijavke; *arch* zdraviti

leech III [li:č] *n naut* rob jadra

leechcraft [lí:čkra:ft] *n* ljudsko zdravstvo

leek [li:k] *n bot* por; emblem Walesa; **to eat the ~** požreti žalitev; **not worth a ~** niti počenega groša vreden

leer I [líə] **1.** *n* pretkan (zloben, pohoten) pogled; **2.** *vi* škiliti na koga, (pretkano, zlobno, pohotno) gledati, oči metati (*at* na koga)

leer II [líə] *n tech* peč za hlajenje stekla

leery [líəri] *adj sl* pretkan, zvit; *A* sumničav

lees [li:z] *n pl* usedlina, usedek; *fig* dno; **to drink** (ali **drain**) **a cup to the ~** izpiti do dna, *fig* izpiti kupo do dna

lee-shore [lí:šɔ:] *n* zavetrna stran obale; *fig* **on a ~** v stiski

lee-side [lí:said] *n* zavetrje, zavetrna stran ladje

leet [li:t] *n jur hist* vsakoletno graščakovo sojenje manjših prekrškov; *Sc* volilna kandidatna lista

leeward [lí:wəd, *naut* lú:ed] **1.** *adj* v zavetrju, zavetrn; **2.** *adv* v zavetrje; **3.** *n* zavetrje; *naut* **to drive to ~** zanesti v zavetrje; **to fall to ~** obrniti se v zavetrje

leewardly [lí:wədli] *adv naut* v zavetrje, proti zavetrju

leeway [lí:wei] *n* odklon od prvotne smeri zaradi vetra (ladja, avion); *coll* zastoj v poslu; **to make ~** obrniti se od prvotne smeri zaradi vetra; **to make up (for) ~** nadoknaditi zaostanek

left I [left] **1.** *adj* levi; *pol* levičarski; **2.** *adv* na levo, z leve; *mil* **~ about!** na levo!; *sl* **over the ~ (shoulder)** neodkritosrčno (govoriti); **to marry with the ~ hand** skleniti morganatičen zakon

left II [left] *n* levica (tudi politična), leva stran; **to the ~** na levo; **to the ~ of** levo od; **to keep to the ~** držati se leve strani, voziti po levi strani; **the second turn to the ~** druga (prečna) ulica levo

left III [left] *pt & pp* od **to leave** II

left back [léftbæk] *n sp* levi branilec (nogomet)

left half [léftha:f] *n sp* levi krilec (nogomet)

left-hand [léfthænd] *adj* levi

left-handed [léfthændid] *adj* (~ **ly** *adv*) levičen; z levo roko, dvoumen, dvomljiv; neroden; morganatičen (zakon); *arch* zlovešč

left-handedness [léfthændidnis] *n* nerodnost; dvoumnost, dvomljivost

left-hander [léfthændə] *n* levičnik, kdor dela z levo roko; *sp* udarec z leve

leftism [léftizəm] *n pol* levičarstvo

leftist [léftist] *n pol* levičar

left-luggage office [léftlʌgidžɔ́fis] *n E* železniška garderoba

leftmost [léftmoust] *adj* skrajni levi

left-off [léftɔ́:f] *adj* zavržen, nerabljen, odložen

left-over [léftouvə] *n* ostanek

leftward(s) [léftwəd(z)] *adv* na levo, proti levi

left-wing [léftwiŋ] *adj pol* levičarski

leg I [leg] *n* noga, bedro, stegno; krača, bočnik; etapa (pri potovanju, letenju); hlačnica, nogavica, golenica (škornja); noga stola, mize; *naut* ena smer pri cikcak vožnji; stranica trikotnika, tangenta, krak šestila; *sp* stran igrišča desno od metalca (kriket); **to be all ~s** nogat, dolgonog; **to be off one's ~s** biti slab v nogah; **to be on one's last ~s** biti z eno nogo v grobu, biti na koncu svojih moči; **the boot is on the other ~** resnica je čisto drugačna, razmere so se spremenile; **to fall on one's ~s** postaviti se na noge, končno uspeti, imeti srečo; **to feel** (ali **find) one's ~s** shoditi (otrok); **to get a ~ in** pridobiti zaupanje; **to get one's ~s** razjeziti se, planiti kvišku; **to get on one's hind ~s** postaviti se po robu, pripraviti se k obrambi; **to give s.o. a ~ up** pomagati komu naprej; **not to have a ~ to stand on** ne imeti se na kaj opreti, ne imeti opravičila; **to have a bone in one's ~** dati šaljiv odklonilen odgovor; **to have the ~s of** biti hitrejši od koga; **to have ~s** biti zelo hiter (zlasti ladja); **to have good sea ~s** ne dobiti morske bolezni, biti pravi mornar; **to keep one's ~s** obdržati se na nogah; **~ and ~** enako stanje v igri, enako število točk; **on one's (hind) ~s** na nogah, pri dobrem zdravju; **to pull s.o.'s ~** imeti koga za norca, šaliti se s kom; **to put one's best ~ foremost** pohiteti; **to run s.o. off his ~s** nalagati komu preveč dela, obremeniti koga z delom; **to set s.o. on his ~s** pomagati komu na noge; *arch* **to make a ~** prikloniti se; **to shake a ~** *E coll* plesati, *A sl* pohiteti, podvizati se; **to shake a loose ~** razuzdano živeti; **to show a ~** vstati; **to show a clean pair of ~s** zbežati; **to stand on one's own ~s** biti samostojen, postaviti se na lastne noge; **to stretch one's ~s** iti na sprehod; **to take to one's ~s** popihati jo; **to walk s.o. off his ~s** utruditi koga s hojo; **black-leg** slepar, stavkokaz

leg II [leg] *vi coll* **to ~ it** (hitro) hoditi, teči, pobegniti

legacy [légəsi] *n* volilo, zapuščina; **~ duty** davek na zapuščino; **~ hunter** lovec na zapuščino; **a ~ of hatred** podedovano sovraštvo

legal I [lí:gəl] adj (~ly adv) zakonit, postaven, legalen; praven, pravniški; eccl ki je po Mojzesovih postavah, ki veruje v zveličavnost dobrih del; ~ adviser pravni svetovalec; ~ age polnoletnost; ~ aid pravna pomoč (za reveže); ~ capacity opravilna sposobnost; to take ~ proceedings against s.o. uvesti zakonski postopek proti komu; ~ procedure zakonski postopek; ~ holder zakoniti imetnik; ~ tender zakonito plačilno sredstvo

legalese [li:gəlí:z] n coll pravniški jezik

legalism [lí:gəlizəm] n birokracija, ozkosrčno uradniško poslovanje; eccl nauk o zveličavnosti dobrih del

legalist [lí:gəlist] n birokrat; eccl kdor veruje v zveličavnost dobrih del

legality [ligǽliti] n zakonitost, legalnost

legalization [li:gəlaizéišən] n legalizacija, uzakonitev, overitev

legalize [lí:gəlaiz] vt uzakoniti, legalizirati, overiti

legate I [légit] n papeški odposlanec, nuncij; arch poslanec, ambasador

legate II [ligéit] vt jur volilo dati, zapustiti v oporoki

legatee [legətí:] n jur legatar, kdor dobi volilo, dedič

legateship [légitšip] n nunciatura

legatine [légətain] adj arch poslaniški, legatski

legation [ligéišən] n poslaništvo, odposlanstvo, legacija, misija

legationary [ligéišənəri] adj legacijski, poslaniški

legato [legá:tou] adv mus legato, vezano

legator [ligéitə] n jur legator, kdor daje volilo

leg-bail [légbéil] n sl to give ~ pobrisati jo `

leg-bye [légbái] n sp žoga, ki se odbije od igralca predno gre v gol (kriket)

legend [lédžənd] n legenda; napotek za branje; napis, moto (na kovancu, medalji); sl volilna parola; hist zbirka življenjepisov svetnikov

legendary [lédžəndəri] 1. adj legendaren, bajesloven; 2. n življenjepis svetnikov

legendry [lédžəndri] n bajeslovje, legende

leger [lédžə] n varianta od ledger

legerdemain [lédžədəméin] n trik, zvijača, sleparija; fig sofizem, sprevračanje besed

legged [legd] adj bow-legged krivonog (na o); thick legged debelonog, itd.

leggings [légiŋz] n pl gamaše

leg-guard [légga:d] n sp ščitnik za nogo

leggy [légi] adj dolgonog, nogat; sl ki razkazuje noge

leghorn [legó:n] n vrsta kokoši; slama za klobuke, slamnik; Leghorn Livorno, mesto v Italiji

legibility [ledžibíliti] n čitljivost

legible [lédžəbl] adj (legibly adv) čitljiv

legion [lí:džən] n legija; fig množica, legijon; foreign ~ tujska legija; their name is ~ nešteto jih je, cel legijon jih je

legionary [lí:džənəri] 1. adj legijski; legionarski, mnogoštevilen; 2. n legionar

legislate [lédžisleit] 1. vi dajati zakone; 2. vt z zakonom izposlovati

legislation [ledžisléišən] n zakonodaja, legislatura: labour ~ delavska zakonodaja

legislative [lédžisleitiv, ~lət~] 1. adj (~ly adv) zakonodajen, legislativen; 2. n legislativa

legislator [lédžisleitə] n zakonodajalec, legislator

legislatorial [ledžislətó:riəl] adj legislaturen

legislatress [lédžisleitris] n zakonodajalka

legislature [lédžisleičə] n zakonodaja, zakonodajni zbor, legislatura

legist [lí:džist] n pravnik

legit [lədžít] adj sl legitimen, zakonit, pravi; on the ~ zakonito; ~ stage gledališki oder (za razliko od filma)

legitimacy [lidžítiməsi] n zakonitost, postavnost, legitimnost; veljavnost, pravilnost, upravičenost

legitimate I [lidžítimit] adj (~ly adv) zakonit, postaven, zakonski, legitimen; upravičen, pravi; ~ drama drama literarne vrednosti; sl the ~ literarna drama

legitimate II [lidžítimeit] vt uzakoniti; upravičiti

legitimation [lidžítiméišən] n uzakonitev, zakonitost; izkaznica, legitimacija

legitimatize [lidžítimətaiz] vt glej legitimate II

legitimism [lidžítimizəm] n pol legitimizem, privrženstvo legitimnemu vladarju

legitimist [lidžítimist] n pol legitimist, privrženec legitimnemu vladarju

legitimize [lidžítimaiz] vt glej legitimate II

legitimization [lidžítimaizéišən] n glej legitimation

legless [léglis] adj breznog

legman [légmən] n A terenski novinar; pomagač, kurir (for za)

leg-of-mutton [légəmʌtən] adj trioglat, oblike bedra; ~ piece pleče

leg-pull [légpul] n coll šala, potegavščina, draženje

leg-room [légrum] n prostor za noge (v avtu)

leg-show [légšou] n coll revijsko gledališče

legume [légju:m] n bot stročnica, strok, leguminoza

legumin [ligjú:min] n chem legumin, beljakovinska snov v sočivju

leguminous [legjú:minəs] adj bot stročnat, leguminozen

leg-work [legwə:k] n A tekanje; delo, pri katerem se mnogo hodi; drobno delo

lei I [léii, lei] n havajski cvetlični venec

lei II [lei] n lej, romunska denarna enota

leister [lí:stə] 1. n harpuna; 2. vt loviti s harpuno

leisure I [léžə, A lí:žə] adj lagoden, prost, brezdelen, ležeren

leisure II [léžə, A lí:žə] n prosti čas, lagodnost, brezdelje; at ~ lagodno, brez naglıce; prost, brezdelen; at one's ~ v prostem času; to wait s.o.'s ~ čakati, da ima kdo čas

leisured [léžəd, A lí:žəd] adj brezdelen, prost; the ~ classes (brezdelni) bogataši

leisureless [léžəlis] adj ki nima prostega časa

leisureliness [léžəlinis] n lagodnost, ležernost

leisurely [léžəli] adv brez naglice, lagodno, ležerno

leit-motif (-tiv) [láitmouti:f, (-v)] n mus leitmotiv, vodilni motiv

leman [lémən] n arch ljubček, ljubica

lemma [lémə] n phil premisa, prednji stavek v sklepu; pomožni teorem; tema (nakazana v predgovoru); geslo (v slovarju); moto (na sliki)

lemming [lémiŋ] n zool postrušrik, majhen artični glodalec

lemniscate [lemnískeit] n math zankasta črta

lemon [lémən] n bot limona, limonovec; citronasta barva; sl neprivlačno dekle; popoln polom;

kvarilec zabave; *coll* the answer is a ~ bedast
odgovor na bedasto vprašanje; *sl* to hand s.o.
a ~ prevarati koga, povzročiti komu neprijet-
nost
lemonade [leмənéid] *n* limonada
lemon-drop [léмəndrɔp] *n* limonov bonbon
lemon juice [léмəndžu:s] *n* limonov sok
lemon-peel [léмənpi:l] *n* citronat, kandirana limo-
nova lupina
lemon-sole [léмənsoul] *n zool* morski jezik
lemon-squash [léмənskwɔš] *n* limonov sok z mine-
ralno vodo
lemon-squeezer [léмənskwi:zə] *n* ožemalo za li-
mone
lemony [léмəni] *adj* limonast, kot limona
lemur [lí:мə] *n zool* lemurid, polopica, maki
lemures [lémjəri:z] *n pl* lemuri, rimski duhovi umr-
lih
lemuroid [lémjərɔid] 1. *adj zool* polopičji; 2. *n*
lemurid
lend* [lend] *vt* posoditi (*to* komu); dati (npr. po-
udarek čemu); prispevati; to ~ one's aid to s.th.
nuditi čemu podporo, podpreti kaj; to ~ a
blow udariti; to ~ s.o. a box on the ear prisoliti
komu zaušnico; to ~ (an) ear ali one's ears
poslušati; to ~ s.o. a (helping) hand (with)
pomagati komu (pri); to ~ o.s. to s.th. spustiti
se v kaj, odobravati, pristati na kaj; it ~s itself
to to je primerno za
lender [léndə] *n* posojevalec, upnik
lending [léndiŋ] *n* posojanje; *econ* (kreditno) po-
sojilo; ~ library posojevalnica knjig
Lend-Lease [léndlí:s] *n A* posojilo in zakup; ~
Act zakon o posojilu in zakupu (l. 1941)
length [leŋθ] *n* dolžina; oddaljenost (časovna),
trajanje; odmerjen kos (blaga, žice, vrvi itd.);
at ~ nadrobno; končno; at arm's ~ na doseg
roke; čim delj od sebe; to keep s.o. at arm's ~
ne dati komu blizu, ne biti preveč prijateljski;
to know the ~ of s.o.'s foot koga dobro poznati;
at full ~ v naravni velikosti; at great (ali some,
full) ~ na drobno, na dolgo in široko; to go
to great ~ daleč iti; zelo se potruditi; to go all
~s ali to go to any ~ iti do skrajnosti; to go to
the ~ of mnogo si dovoliti; iti tako daleč, da;
to win by a ~ zmagati za eno dolžino (konj,
čoln); when will you come our ~? kdaj vas bo
pot zanesla k nam?
lengthen [léŋθən] *vt* + *vi* podaljšati (se), raztegniti
(se), nategniti (se); krstiti (vino); the shadows ~
sence se daljšajo, večeri se; *fig* stareti; it ~s out
zavlačuje se
lengthening [léŋθəniŋ] *n* podaljšanje, zavlačevanje
lengthiness [léŋθinis] *n* dolgoveznost, zavlačevanje
lengthways [léŋθweiz] *adv* po dolžini, po dolgem,
vzdolž
lengthwise [léŋθwaiz] *adj & adv* glej lengthways
lengthy [léŋθi] *adj* (lengthily *adv*) predolg, razteg-
njen, dolgovezen; *coll* dolg, visok; a ~ fellow
dolgin
lenience [lí:niəns] *n* blagost, pohlevnost, prizanes-
ljivost, popustljivost, uvidevnost
leniency [lí:niənsi] *n* glej lenience
lenient [lí:niənt] *adj* (~ly *adv*) blag, pohleven,
prizanesljiv, popustljiv, uvideven (*to*, *towards*)

Leninism [léninizəm] *n pol* leninizem
Leninist [léninist] 1. *n* Leninist(ka); 2. *adj* Leninov,
leninski
lenition [liníšən] *n* oslabitev soglasnikov
lenitive [lénitiv] 1. *adj* (zlasti *med*) blažilen, po-
mirjevalen; blago odvajalen; 2. *n* blažilo, po-
mirjevalno sredstvo, blago odvajalno sredstvo
lenity [léniti] *n* blagost, usmiljenje, popustljivost,
uvidevnost
leno [lí:nou] *n* mrežasta tkanina (za zavese, paj-
čolane)
lens [lenz] *n phys* leča; objektiv, steklo za naočnike,
povečalo; *phot* ~ aperture zaslonka; *phot* sup-
plementary ~ dostavna leča; *phot* ~ screen
protisvetlobna zaslonka
lensed [lenzd] *adj phys* ki ima lečo ali leče
lent I [lent] *pp & pp* od to lend
Lent II [lent] *n* post (čas); *pl* spomladansko vesla-
ško prvenstvo Cambridga; ~ lily (ali rose)
narcisa; ~ term trimester med Novim letom
in Veliko nočjo
Lenten [léntən] *adj* posten; *fig* suh, mršav, pičel;
~ face žalosten obraz; ~ fare postna hrana;
~ colour vijoličasta barva
lenticular [lentíkjulə] *adj* (~ly *adv*) lečen, lečast;
phys bikonveksen
lentiform [léntifɔ:m] *adj* lečaste oblike
lentigo [lentáigou] *n med* pega
lentil [léntil] *n bot* leča
lentitude [léntitju:d] *n* počasnost, lenost
lento [léntou] *adv mus* lento, počasi
lentoid [léntɔid] *adj phys* lečaste oblike
Leo [lí:ou] *n astr* Lev (v zodiaku)
Leonid [lí:ənid] *n astr* leonid, zvezdni utrinek
leonine I [lí:ənain] *adj zool* levji
Leonine II [lí:ənain] *adj* ki se nanaša na ime Leon
(papež); ~ city del Rima z Vatikanom; ~
verse leoninski verz
leopard [lépəd] *n zool* leopard; American ~ ja-
guar; hunting ~ gepard; black ~ črni panter;
snow ~ tibetanski ali sibirski snežni panter;
~ cat bengalska mačka; *fig* can the ~ change
his spots? značaj se ne spreminja, iz svoje kože
ne moreš
leopard's-bane [lépədzbein] *n bot* divjakovec
leopardess [lépodis] *n zool* leopardinja
leotard [lí:əta:d] *n* triko za akrobate in plesalce
leper [lépə] *n* gobavec; ~ house bolnišnica za
gobavce
lepidopterist [lepidóptərist] *n* poznavalec metuljev
lepidopteron [lepidóptərən] *n* metulj
lepidote [lépidout] *adj bot* luskinast
leporine [lépərain, ~rin] *adj zool* zajčji
leprechaun [léprəkɔ:n] *n* (irski) škrat
leprosarium [leprəséəriəm] *n* bolnišnica za go-
bavce
leprose [léprous] *adj* (zlasti *bot*) luskinast, krastav
leprosy [léprəsi] *n med* gobavost; *fig* moralna po-
kvarjenost
leprous [léprəs] *adj med* gobav, leprozen; *fig* mo-
ralno pokvarjen
leptodactylous [leptədæktiləs] *adj zool* ozkoprst
lepton [léptɔn] *n phys* lepton; skupno ime za elek-
trone, pozitrone, nevtrone
leptorrhine [léptərin] *adj zool* ozkonos

Lesbian [lézbiən] **1.** *adj* lesbiški, lesbičen; **2.** *n* lesbika

Lesbianism [lézbiənizəm] *n* lesbično nagnjenje

lese-majesty [líːzmǽdžisti] *n jur* veleizdaja, žalitev veličanstva

lesion [líːžən] *n med* poškodba, rana; *jur* žalitev, škoda

less I [les] *adj* (*comp* od *little*) manjši, manj važen, manj pomemben; **in a ~ degree** v manjši meri; **of ~ value** manjše vrednosti; **in ~ time** v krajšem času; **no ~ a man than (the senator)** najmanj, vsaj, sam (senator); **may your shadow never be ~** da bi ti nikdar česa ne zmanjkalo, vse najboljše!; **your shadow hasn't grown any ~** nisi shujšal

less II [les] *adv* (*comp* od *little*) manj, manj pomembno; **a ~ known author** manj znan avtor; **~ and ~** vse manj; **still (ali much) ~** še mnogo manj, kaj šele; **the ~ so as** tem manj, ker; **none the ~** kljub temu, vseeno; **no ~ (than)** nič manj, nihče manj (od); **not the ~** nič manj; **more or ~** več ali manj

less III [les] *n* kar je manjše, manj pomembno; manjši del (število, količina itd.); **in ~ than no time** takoj, v trenutku; **to do with ~** shajati z manj (denarja itd.); **for ~** ceneje; **little ~ than robbery** že skoraj rop; **nothing ~ than** najmanj, vsaj

less IV [les] *prep* manj, minus; **~ interest** po odbitku obresti

less V [-lis] *suf* brez (npr. *childless* brez otrok)

lessee [lesíː] *n jur* zakupnik, -nica, najemnik, -nica

lessen [lesn] **1.** *vi* zmanjšati se, stanjšati se, popuščati, upadati, izgubljati se; **2.** *vt* zmanjšati, stanjšati; *fig* omalovaževati, podcenjevati, v nič devati, prikrajšati

lesser [lésə] *adj* (atributivno) manjši, manj vreden, manj pomemben; *astr* **the Lesser Bear** Mali medved; **the ~ light** luna; **the ~ of two evils** manjše zlo

lesson I [lesn] *n* lekcija, naloga; učna ura, pouk (tudi *fig*); *fig* lekcija, graja; *eccl* nauk; *pl* učenje, študij; **to give (take) ~s** dajati (jemati) učne ure; **this was a ~ to me** to me je izučilo; **let this be a ~ to you** naj ti bo to v pouk; **to teach (ali read) s.o. a ~** učiti koga kozjih molitvic; *eccl* **first ~** (brani) odlomek iz stare zaveze; *eccl* **second ~** (brani) odlomek iz nove zaveze; *eccl* **proper ~** dnevu primeren odlomek iz sv. pisma

lesson II [lesn] *vt* učiti; *fig* grajati, v strah prijemati, učiti kozjih molitvic

lessor [lesóː] *n jur* zakupodajalec, -lka

lest [lest] *conj* da ne bi; (za besedami, ki izražajo strah, nevarnost, bojazen) da bi; **there is danger ~ the plan become known** nevarnost je, da bi se načrt razvedel

let I* [let] **1.** *vt* pustiti, dovoliti; dati v najem (*to* komu, *for* za čas); dati (delo, *to* komu); pomožni glagol za tvorbo velelnika v 1. in 3. osebi; **2.** *vi* biti najet (*at, for* za); iti (dobro, slabo) v najem; **to ~ be** pustiti pri miru; **to ~ by** pustiti mimo; **to ~ bygones be bygones** odpustiti in pozabiti; **to ~ blood** kri puščati; **to ~ the cat out of the bag** izklepetati skrivnost; **to ~ drive at** (puško) nameriti na koga, zamahniti, udariti; **to ~ daylight into s.o.** koga ustreliti ali zabosti; **to ~ drop** mimogrede omeniti, nehati o čem govoriti; **to ~ fall** spustiti, mimogrede omeniti, namigniti; *math* povleči navpičnico na premico; **to ~ fly** vreči, sprožiti (puško); **to ~ go** spustiti, nehati na kaj misliti, (z besedami) napasti; **to ~ go of s.th.** spustiti kaj iz rok; **to ~ o.s. go** ne obvladati se, sprostiti se, dati si duška; **~ it go at that** naj ostane kakor je; **A to ~ George do it** pustiti, da kdo drug opravi tvoje delo; **to ~ the grass grow under one's feet** odlašati, obotavljati se; **to ~ s.o. hear** sporočiti komu; **to ~ loose** spustiti na svobodo; **to ~ pass** spregledati; **to ~ ride** pustiti po starem, spregledati; **to ~ rip** razuzdano živeti; **to ~ her rip** pustiti avto teči s polno hitrostjo; **to ~ slide** biti malomaren; **to ~ slip** izbrbljati, zamuditi dobro priliko, spustiti iz vajeti; **rooms to ~** sobe v najem; **~ me see!** da vidim!, pokaži!; *coll* počakaj, da pomislim; **he ~ himself be deceived** dal se je ogoljufati; **to ~ s.o. know** obvestiti koga, sporočiti komu; **to ~ into** pustiti koga noter, seznaniti koga s čim, vstaviti (kos blaga itd.), vložiti; **to ~ into s.o.** napasti koga

let alone *vt* pustiti pri miru; **to let well alone** ne vmešavati se

let down 1. *vt* spustiti dol; pustiti na cedilu, razočarati; zmanjšati ugled; **2.** *vi A* spuščati se, pripraviti se za pristanek; **to let s.o. down gently** biti prizanesljiv s kom; **to ~ one's hair** postati zaupljiv; **to ~ easy** vljudno odkloniti

let in *vt* spustiti noter; vstaviti; objasniti, razodeti komu, zaupati komu (*on* kaj); oslepariti (*for* za); spraviti v težave; **it would ~ all sorts of evils** to bi na stežaj odprlo vrata zlu; **to let s.o. in for s.th.** obesiti komu kaj na vrat; **to let o.s. in for s.th.** spustiti se v kaj

let off *vt* sprožiti (puško); iztresti (šalo, dovtip); pustiti koga brez kazni (ali z manjšo kaznijo); odpustiti, izpustiti; **to ~ steam** dati si duška

let on 1. *vi coll* blebetati (*that*); pretvarjati se; **2.** *vt* izdati, izblebetati (skrivnost)

let out 1. *vt* izpustiti, osvoboditi; pustiti koga uiti; izdati, izblebetati (skrivnost); podaljšati ali širiti (obleko); dati v najem; *A* oprostiti koga nadaljne odgovornosti; **2.** *vi* udariti s pestjo, tolči, napasti (*at*); *A coll* končati, prenehati; **to ~ at s.o.** napasti koga (z udarci ali besedami); **to ~ a reef** popustiti pas (po obilni jedi)

let up *vt A coll* popustiti, prenehati; *A coll* odnehati (*on*)

let II [let] *n E* najem

let III [let] **1.** *n arch* zapreka, ovira; *sp* neveljavna žoga (tenis); **2.** *vt arch* ovirati; **without ~ or hidrance** neovirano

-let [-lit] *suf* pomanjševalni sufiks (npr. *townlet* mestece)

let-alone [létəloun] *n* popuščanje, popustljivost, obzirnost; *econ* **~ principle** princip »laissez-faire«

letdown [létdaun] *n* upadanje, pojemanje; *coll* razočaranje; primanjkljaj, manko; *aero* spuščanje letala

lethal [lí:θəl] *adj* (~ly *adv*) smrten, smrtonosen, letalen; ~ **chamber** soba za evtanazijsko ubijanje živali
lethargic [leθá:džik] *adj* (~ally *adv*) otrpel, mrtvičen, zaspan, letargičen
lethargize [léθədžaiz] *vt* omrtviti
lethargy [léθədži] *n* otrplost, mrtvica, zaspanost, letargija
Lethe [lí:θi] *n* Lete (reka v podzemlju); *fig* pozaba
Lethean [liθí:ən] *adj poet* ki prinaša pozabo
let-off [létɔ:f] *n* odpust; zamujena priložnost; *coll* prireditev; *coll* osvoboditev, beg
letter I [létə] *n* črka; pismo; *pl* uradno pismo, listina; *pl* književnost, znanost; **by** ~ pismeno; **to the** ~ dobesedno, podrobno; **to keep to the** ~ vzeti dobesedno; **the** ~ **of the law** črka zakona, strogo po zakonu; **capital** ~ velika črka; **small** ~ mala črka; **black** ~s gotske črke; **block** ~s velike tiskane črke; **dead** ~ že pozabljena navada (ali zakon); *A* **bread-and-butter** ~ zahvalno pismo (po obisku); *fig* **red-letter day** praznik; **in** ~ **and spirit** po obliki in vsebini; **registered** ~ priporočeno pismo; **prepaid** ~ frankirano pismo; **unpaid** ~ nefrankirano pismo; **returned** ~ **office** urad za nedostavljiva pisma; **open** ~ odprto pismo (v časopisu); ~ **to be called for** poštno ležeče pismo; **to get one's** ~ postati član univerzitetnega moštva; ~s **of business** kraljevo polnomočje skupščini za razpravo o nekem vprašanju; **man of** ~s književnik, znanstvenik; **the profession of** ~s literarni ali znanstveni poklic; **commonwealth** (ali **republic) of** ~s pisci, literati; *econ* ~ **of acceptance** prejeta menica, akcept; *jur* ~ **of administration** sodni nalog o upravi zapuščine; *econ* ~ **of advice** spremno pismo, avizo; *jur* ~ **of allotment** sodni nalog o dodelitvi; ~ **of application** pismena prošnja; ~ **of attorney** pooblastilo, polnomočje; ~ **of bottomry** hipoteka na ladjo; ~ **of confirmation** pismeno potrdilo; *econ* ~ **of conveyance** tovorni spremni list; ~ **of credence** pismeno priporočilo, akreditivno pismo; *econ* ~ **of credit** kreditno pismo; *econ* ~ **of grace** (ali **respite)** pismena odobritev za odlog plačila; ~ **of indemnity** garantno pismo; ~ **of introduction** priporočilno pismo; ~ **of lien** zastavno pismo; ~ **of marque** dovoljenje privatniku, da zaseže tujo trgovsko ladjo; ~s **patent** *econ* patentni list; *jur* dekret, pooblastilo; *jur* ~s **testamentary** pooblastilo izvrševalcu oporoke
letter II [létə] *vt* napisati, zaznamovati s črkami, (naslov) natisniti
letter III [létə] *n* najemodajalec
letter-bag [létəbæg] *n* pisemska torba
letter-balance [létəbæləns] *n* pisemska tehtnica
letter-book [létəbuk] *n* pismovnik (za kopije)
letter-bound [létəbaund] *adj* preveč dobeseden
letter-box [létəbɔks] *n E* pisemski nabiralnik
letter-card [létəka:d] *n E* zložena karta v obliki pisma
letter-carrier [létəkæriə] *n A* pismonoša; *E* razbiralec pisem
letter-case [létəkeis] *n E* črkovnjak
lettered [létəd] *adj* (literarno) izobražen, znanstven; tiskan, ki ima natiskan naslov

letter-file [létəfail] *n* pismovnik, fascikel
letter-founder [létəfaundə] *n print* črkolivar
letter-foundry [létəfaundri] *n print* črkolivnica
lettergram [létəgræm] *n A* daljši telegram z znižano poštno tarifo, nočni brzojav
letter-head [létəhed] *n* glava pisma
lettering [létəriŋ] *n* legenda, razlaga znamenj, napis; črke
letter-lock [létəlɔk] *n* ključavnica na črke
letter-man [létəmən] *n A* študent, ki za športne zasluge lahko nosi inicialke svoje šole
letter-paper [létəpeipə] *n* pisemski papir
letter-perfect [létəpə́:fikt] *adj theat* ki popolnoma obvlada svojo vlogo; brez napake (rokopis, matrica)
letterpress [létəpres] *n print* knjižni tiskalni stroj; tisk brez slik, tekst ob ilustraciji; pisemski obtežilnik
letter-stamp [létəstæmp] *n* poštni žig
letter-weight [létəweit] *n* pisemski obtežilnik
letter-writer [létəraitə] *n* pisec pisma
letting [létiŋ] *n* dajanje v najem; najemno stanovanje
Lettish [létiš] 1. *adj* letski; 2. *n* letščina
lettuce [létis] *n bot* ličika, zelena soĺata; **cultivated** (ali **garden)** ~ zelena solata; **cabbage** ~ glavnata solata
letup [létʌp] *n coll* popuščanje, premor
leucemia [lju:sí:miə] *n med* levkemija, belokrvnost
leucocyte [ljú:kəsait] *n med* levkocit, bela krvnička
leucocytosis [lju:kəsaitóusis] *n med* levkocitoza
leucorrhoea [lju:kɔrí:ə] *n med* beli tok
leucotome [ljú:kətoum] *n med* levkotom (nož)
leucotomy [lju:kɔ́təmi] *n med* levkotomija, možganska operacija
leuk(a)emia [lju:ki:miə:] *n* glej **leucemia**
levant [livǽnt] *vi E* popihati jo ne da bi plačal
levanter [livǽntə] *n* kdor jo popiha, ne da bi plačal; močan sredozemski vzhodnik
Levantine [lévəntain] 1. *adj* levantski; 2. *n* Levantinec, ~nka
levator [livéitə] *n anat* mišica vzdigovalka (udov)
levee I [lévi] 1. *n A* obrežni nasip, rečni nasip; aluvialna naplavina; zabaviščna četrt (zlasti v Chicagu); 2. *vt A* obdati z nasipom
levee, levée II [lévi, leví:] *n E hist* jutranji sprejem na dvoru; sprejem za moške na dvoru; *A* sprejem pri predsedniku; slovesen sprejem
level I [levl] *adj* (~ly *adv*) raven, vodoraven; enak, izenačen; trezen, pameten; prediren, hladen (pogled); *phys* enake potence; *A sl* pošten, fair; *A econ* obročen; ~ **with** v isti višini z; **to make** ~ **with the ground** zravnati z zemljo; **to draw** ~ **with s.o.** dohiteti koga; **a** ~ **race** izenačena dirka; **to do one's** ~ **best** potruditi se na vso moč; **to give s.o. a** ~ **glance** predirno (hladno) koga pogledati
level II [levl] *n tech* libela, vodna tehtnica; nivelacijski instrument; ravnina, gladina; nivo, raven, stopnja; višina (vode, glasu); *min* (raven) rov; **see** ~ morska gladina; ~ **of sound** glasovna višina; *A coll* **on the** ~ pošten(o), odkrit(o); **on a** ~ **with** na isti višini s, z; **low production** ~ nizka stopnja produkcije; **to put o.s. on the** ~ **of others** izenačiti se z drugimi; **to sink to the** ~ **of** pasti na raven koga; **to find**

one's ~ najti svoje pravo mesto; **on the same ~** na isti ravni; *pol* a **conference on the highest ~** konferenca na najvišji ravni; **to rise to higher ~s** napredovati
level III [levl] *vt* (i)zravnati, izenačiti (*to, with* s, z); zbiti (koga) na tla; meriti, nameriti, naperiti, usmeriti (puško, pogled, kritiko, *at, against* na); **to ~ with the ground** zravnati z zemljo; **level down** *vt* znižati, potisniti navzdol, tiščati dol (cene, plače)
level off 1. *vt* zravnati; **2.** *vi* leteti vzporedno z zemljo (avion pred pristankom); *fig* stabilizirati se, normalizirati se (*at* pri)
level up *vt* povišati, dvigniti na višji nivo; navijati (cene)
level-crossing [lévlkrósiŋ] *n* železniški prelaz, križišče na nivoju
level-head [lévlhed] *n* trezna glava
level-headed [lévlhédid] *adj* trezne glave, razumen, zdrave pameti, razborit
level(l)er [lévlə] *n* izenačevalec; *pol* borec za enakost; faktor, ki izenačuje družbene razlike
level(l)ing [lévliŋ] *n* izravnavanje, izenačevanje; analogija (lingvistika); *A econ* normiranje dela
level-off [lévlóf] *n aero* izravnavanje letala
lever I [lí:və] *n tech* vzvod, navor; *fig* gibalna sila, gibalo; **~ of the first order** (ali **kind**) dvoramen vzvod; **~ of the second order** (ali **kind**) enoramen vzvod; **brake ~** zaviralni navor; *el* **~ key** pregibno stikalo; *el* **~ switch** vzvodno stikalo
lever II [li:və] **1.** *vi* delati z vzvodom; **2.** *vt* (z vzvodom) premikati (*along*), dvigati, dvigniti (*up*), odstraniti (*away*)
leverage [lí:vəridž] *n* premikanje z vzvodom; delovanje vzvoda, moč vzvoda; *fig* moč, vpliv
lever-bar [lí:vəba:] *n* vzvodna ročica
leveret [lévərit] *n zool* zajček (zlasti v prvem letu)
lever-release [lí:vərili:s] *n* sprožni vzvod
lever-shears [lí:vəšiəz] *n pl* kleparske škarje
leviathan [liváiəθən] *n* leviatan, biblijska morska pošast; *fig* ogromna ladja, nekaj ogromnega, pošast; zelo zmožen (močan, vpliven) človek
levigate I [lévigeit] *vt* zmleti v fin prah, zdrobiti, streti
levigate II [lévigit] *adj* (zlasti *bot*) gladek
levigation [levigéišən] *n* zmletje, zdrobljenje, strenje
levin [lévin] *n poet* blisk
levitate [léviteit] *vi & vt* lebdeti (v zraku), dvigniti (se) v zrak
levitation [levitéišən] *n* lebdenje; dviganje v zrak (spiritizem)
Levite [lí:vait] *n* Levit; *fam* Jud; *arch* ženska halja (18. stol.)
levitical [livítikəl] *adj* (~ly *adv*) levitski; ki se nanaša na postave 3. Mojzesove knjige
levity [léviti] *n* lahkomiselnost, neresnost; objestnost, frivolnost; lahkota; **with ~** lahkomiselno
levulose [lévjəlous] *n chem* sadni sladkor
levy I [lévi] *n* vojaški nabor, vojska; *econ* obdavčenje, pobiranje davkov; *jur* sodna zasega, konfiskacija; **capital ~** davek na kapital; **~ in mass** splošna mobilizacija
levy II [lévi] *vt* vpoklicati v vojsko; *econ* odmeriti davek (globo) (*on*); *jur* zaseči; **to ~ a distraint** zarubiti; **to ~ blackmail on s.o.** izsiljevati koga,

izsiliti odkupnino; **to ~ war on (upon)** stopiti v vojno; **to ~ on land** ovdavčiti zemljo
lewd [l(j)u:d] *adj* (~ly *adv*) nespodoben, ničvreden, razuzdan; pohoten, opolzek; *bibl* grešen, slab; *arch* preprost, neuk, neveden
lewdness [l(j)ú:dnis] *n* nespodobnost, ničvrednost, razuzdanost, pohota, opolzkost, prešuštvo
lewis [l(j)ú:is] *n tech* kleščna čeljust (pri bagru)
lex [leks] (*pl leges* lí:džis] *n Lat* zakon; **~ loci** krajevni zakon; **~ non scripta** nenapisan zakon
lexical [léksikəl] *adj* (~ly *adv*) slovarski, besednjaški, leksikalen
lexicographer [leksikógrəfə] *n* leksikograf, pisatelj slovarjev
lexicographical [leksikougræfikəl] *adj* (~ly *adv*) leksikografski
lexicography [leksikógrəfi] *n* leksikografija, pisanje slovarjev
lexicology [leksikólədži] *n* leksikologija
lexicon [léksikən] *n* slovar, leksikon
lexigraphy [leksígrəfi] *n* razlaga besed; pisava z znaki (npr. kitajska pisava)
ley [lei, li:] *n* prélog, praha, préložna zemlja
Leyden jar [léidndžá:] *n phys* leidenska steklenica
liability [laiəbíliti] *n econ & jur* obveznost, obveza, zavezanost, odgovornost, poroštvo, zaveza; izpostavljenost, podvrženost (*to* čemu), nagnjenost (*to* k); *pl econ* dolgovi, pasiva; **joint ~** skupen nastop; *econ* **limited ~** omejeno jamstvo; *econ* **to meet one's liabilities** plačati dolgove; **~ for military service** vojaška obveznost; **~ to penalty** kaznivost
liable [láiəbl] *adj, econ jur*, odgovoren (*for* za); ki ima nalogo, dolžan, zavezan (*to, for*); nagnjen, podvržen (*to* k); (z *inf*) predisponiran; **to be ~ for** odgovarjati za, biti porok za; **~ for military service** ki mora služiti vojsko; **~ to prosecution** kazniv; **~ to taxation** ki mora plačati davke; **~ to fits of temper** ki se hitro razburi; **~ to catch cold** ki se hitro prehladi; **difficulties are ~ to occur** treba je računati na težave; **everybody is ~ to make mistakes** vsak se lahko zmoti
liaise [liéiz] *vt* povezati se, obdržati zvezo; *mil* vzdrževati zvezo (oficir za zvezo)
liaison [li:éizən] *n* ljubezensko razmerje; *mil* zveza sodelovanje; zgoščevanje (omake); vezava končnih soglasnikov z začetnimi samoglasniki; **~ officer** oficir za zvezo
liana [liá:nə] *n bot* liana, ovijalka
liar [láiə] *n* lažnivec, -vka
lias [láiəs] *n geol* lias
liassic [laiǽsik] *adj geol* liasov
libation [laibéišən] *n hist* pitna daritev; *hum* popivanje, zdravica
libel [láibəl] **1.** *n* klevetniški spis, paskvil, kleveta, objava takega spisa ali slike, sramotenje; *jur* obtožnica; **2.** *vt* javno klevetati, objaviti klevetniški spis, obrekovati, žaliti, sramotiti; *jur* vložiti tožbo zoper koga; **it is a ~ on** niti malo ni podobno (komu, čemu)
libel(l)ant [láibələnt] *n jur* obtoževalec, tožnik
libel(l)ee [laibəlí:] *n jur* obtoženec
libel(l)er [láibələ] *n* klevetnik, pisec klevet, paskvilant
libel(l)ous [láibələs] *adj* (~ly *adv*) klevetniški

liber [láibə] *n bot* ličje, lub

liberal I [líbərəl] *adj* (~ ly *adv*) darežljiv, veliko-dušen (*of* z); nepristranski, brez predsodkov, svobodomiseln; *pol* liberalen; obilen (obrok), izdaten, bogat; nebrzdan, prenagljen; ~ arts matematična, naravoslovna, sociološka stroka; *hist* svobodna umetnost; ~ education (teme-ljita) vsestranska izobrazba; a ~ gift bogato da-rilo; ~ profession svoboden poklic; the Liberal Party liberalna stranka; to be of ~ proportions biti precej debel

liberal II [líbərəl] *n pol* liberalec, naprednjak

liberalism [líbərəlizəm] *n pol* liberalizem, svobodo-miselnost

liberalist [líbərəlist] 1. *adj pol* liberalen; 2. *n* libe-ralec

liberalistic [líbərəlístik] *adj pol* liberalen

liberality [líbərǽliti] *n* darežljivost, radodarnost, velikodušnost; liberalnost, svobodomiselnost; bogato darilo

liberalization [líbərəlaizéišən] *n econ, pol* libera-lizacija, sprostitev

liberalize [líbərəlaiz] *vt* (zlasti *econ*) liberalizirati, sprostiti; *pol* postati liberalec

liberate [líbəreit] *vt* osvoboditi (*from* od); *chem* sprostiti

liberation [libəréišən] *n* osvoboditev; *chem* spro-stitev

liberationism [libəréišənizəm] *n* načelo ločitve cerk-ve od države

liberator [líbəreitə] *n* osvoboditelj

liberatress [líbəreitris] *n* osvoboditeljica

Liberia [laibíəriə] *n* Liberija

Liberian [laibíəriən] 1. *adj* liberijski; 2. *n* Liberi-jec, -jka

libertarian [libətéəriən] *n* zagovornik svobode mišljenja; *phil* indeterminist

libertarianism [libətéərəriənizəm] *n* zagovorništvo svobodnega mišljenja; *phil* indeterminizem

liberticide [libó:tisaid] *n* rušenje (rušilec) svobode mišljenja

libertinage [líbətinidž] *n* razuzdanost, samopaš-nost; svobodomislenost

libertine [líbətain, ~tin] 1. *adj* razuzdan, samo-pašen; svobodomiseln; 2. *n* razuzdanec, -nka, samopašnež, -nica; svobodomiseln človek; char-tered ~ razuzdanec, ki ga družba ne obsoja

libertinism [líbətinizəm] *n* razuzdanost, samopaš-nost

liberty [líbəti] *n* svoboda, prostost, neodvisnost, samostojnost, svobodna izbira; *naut* dovoljenje za odhod na kopno; *pl* posebne pravice, svo-boščine, privilegiji; civil ~ državljanska svo-boda; religious ~ verska svoboda; ~ of the press svoboda tiska; at ~ svoboden, prost, nezaposlen; to be at ~ to do s.th. smeti kaj narediti; you are at ~ to go smete oditi; to set at ~ osvoboditi, pustiti na svobodo; to take the ~ of doing (ali to do) s.th. dovoliti si kaj narediti; to take liberties with dovoliti si, predrzniti si; to take liberties with s.o.'s property pregrešiti se zoper tujo imovino; to grant liberties podeliti posebne pravice

liberty-bond [líbətibənd] *n A* obveznica vojnega posojila

liberty-hall [líbətihɔ:l] *n A* hiša, v kateri gost lahko počne kar hoče

liberty-man [líbətimən] *n* mornar, ki dobi dovo-ljenje za odhod na kopno

liberty-ship [líbətišip] *n A* serijsko izdelana trgov-ska ladja med 2. svetovno vojno

libidinal [libídinl] *adj* nagonski (spolno)

libidinize [libídinaiz] *vt* povečati spolni nagon

libidinous [libídinəs] *adj* (~ ly *adv*) strasten, po-hoten

libidinousness [libídinəsnis] *n* strast, pohota

libido [libáidou, ~bí:~] *n* libido, poželenje

libra [láibrə] *n hist* funt (denar, £), funt (teža, lb); *astr* Libra Tehtnica (v zodiaku)

librarian [laibréəriən] *n* knjižničar(ka)

librarianship [laibréəriənšip] *n* knjižničarstvo

library [láibrəri] *n* knjižnica; ~ edition enkratna izdaja izjemno opremljene knjige; circulating ~ (potujoča) izposojevalnica knjig; free ~ knjiž-nica, v kateri se ne plačuje članarine; lending ~ izposojevalnica knjig; reference ~ strokovna priročna knjižnica; ~ science bibliotekarstvo; *fig* walking ~ načitan človek, knjižni molj

librate [láibreit] *vi* oscilirati, nihati, loviti ravno-težje, biti v ravnotežju

libration [laibréišən] *n astr* resnično ali navidezno nihanje (zlasti lune); nihanje

libratory [láibrətəri] *adj* oscilacijski, nihajoč, rav-notežen

librettist [librétist] *n mus* pisatelj libreta, libretist

libretto [librétou] *n mus* libreto, besedilo opere

Libya [líbiə] *n* Libija

Libyan [líbiən] 1. *adj* libijski; *poet* afriški; 2. *n* Libijec, -jka; *poet* Afričan; berberski jezik

lice [lais] *n pl* od louse

licence, ~ se [láisəns] *n* licenca, dovoljenje, pra-vica, pooblastilo, koncesija (za obrt); univerzi-tetno spričevalo; svoboda (govora, tiska); svo-boščina; samopašnost, razuzdanost; dog ~ do-voljenje imeti psa; ~ disk pasja znamka; driving ~ vozniško dovoljenje; hunting ali shooting ~ lovsko dovoljenje; off ~ dovoljenje za točenje alkohola čez cesto; on ~ dovoljenje za točenje alkohola v lokalu; ~ plate registr-ska tablica (avto); poetic ~ pesniška svobo-ščina; to take out a ~ dobiti licenco

license [láisəns] *vt* dati dovoljenje, dovoliti, odo-briti, licencirati, koncedirati

licensed [láisənst] *adj* dovoljen, odobren; ki ima licenco, koncesijo; priviligiran; ~ quarters me-stni predel, kjer je dovoljena prostitucija; ~ house (ali premises) lokal, ki ima dovoljenje za točenje alkohola

licensee (~ cee) [laisənsí:] *n* lastnik koncesije, licence

licenser (~ sor) [láisənsə] *n* izdajatelj koncesije, koncesionar; cenzor

licentiate [laisénšiit] *n* človek z univerzitetno di-plomo, licentiat

licentious [laisénšəs] *adj* (~ ly *adv*) samopašen, razuzdan, neukročen, nebrzdan

licentiousness [laisénšəsnis] *n* samopašnost, ra-zuzdanost, neukročenost, nebrzdanost

lich [lič] *n arch & Sc* mrlič

lichen [láikən] *n bot & med* lišaj

lichenology [laikənólədži] *n bot* nauk o lišajih

lichenous [láikinəs] *adj bot* lišajast
lichgate [líčgeit] *n* nadzidana vrata na pokopališče
lich-house [líčhaus] *n* mrliška vežica
lichstone [líčstoun] *n* oder za krsto pred mrliško vežo
licit [lísit] *adj* (~ly *adv*) dovoljen, zakonit
lick I [lik] *n* lizanje; lizalica, solnica za divjad; *coll* udarec, poraz; *sl* hitrost, tempo; a ~ nekaj malega, trohica; not a ~ niti trohice; he can't read a ~ sploh ne zna brati; *sl* at full (ali great) ~ zelo hitro; coll a ~ and a promise površno delo, na pol narejeno
lick II [lik] 1. *vt* lizati, polizati, oblizati; *fig* lizati kaj (plamen); *coll* pretepsti, tepsti, premagati, obvladati (problem), presegati, prekašati; 2. *vi* božati, lizati (valovi); *sl* hiteti, drveti; to ~ s.o.'s boots (ali shoes) plaziti se pred kom; to ~ into shape urediti, spraviti v red, dati čemu pravo obliko; *fig* to ~ one's wounds lizati si rane, oddahniti se; *fig* to ~ the dust biti poražen, pasti v borbi; *sl* that ~ s creation (ali everything) to presega vse meje; this ~ s me temu nisem dorastel, tega ne morem razumeti; *fig* to ~ one's lips (ali chops) oblizovati se; *sl* as hard as he could ~ kakor hitro je lahko tekel; to ~ up (ali off) polizati
licker [líkə] *n* lizač; *tech* oljnik, puša z oljem za mazanje; *sl* zmagovalec, kdor pretepa
licker-in [líkərin] *n tech* predrahljalni valj (v predilnici)
lickerish [líkəriš] *adj* (~ly *adv*) sladkosneden; požrešen, pohlepen, pohoten
lickety [líkəti] *adv A coll* lickety-brindle (ali -cut, -split) kot blisk
licking [líkiŋ] *n* lizanje; *coll* batinanje; *sp* poraz; to take a ~ biti poražen, pretrpeti poraz
lickspittle [líkspitl] *n* lizun
licorice [líkəris] *n* glej liquorice
licorous [líkərəs] *adj* glej lickerish
lictor [líktə] *n hist* liktor, služabnik starorimskih oblastnikov
lid [lid] *n* pokrov; (očesna) veka; *bot* poklopec trosnika; *zool* škržni poklopec; *A sl* klobuk; *A sl* omejitev, zapora, ustavitev; *E sl* this puts the ~ on to preseza vse meje; with the ~ off razkrinkan v vsej svoji strahoti; *sl* to blow the ~ off razkrinkati (škandal); *A sl* to clamp a ~ on prepovedati (širjenje vesti); the ~ is on (ali down) ostro se bo ukrepalo
lidded [lídid] *adj* ki ima pokrov (veke); heavy-lidded težkih vek
lidless [lídlis] *adj* brez pokrova, brez vek; *poet* buden
lido [lí:dou] *n* svetovljansko morsko kopališče
lie I [lai] *n* laž, neresnica, izmišljotina; black ~ kosmata laž; a ~ nailed to the counter dokazana laž; a ~ laid on with a trowel debela in očitna laž; white ~ nedolžna laž, laž v sili; to act a ~ slepiti koga; to tell a ~ zlagati se; to give s.o. the ~ postaviti koga na laž; to give the ~ to s.th. postaviti kaj na laž; ~ s have short wings laž ima kratke noge
lie II [lai] 1. *vi* lagati (*to* komu), nalagati; 2. *vt* z lažmi zmamiti (*into* v, k); he ~ s like a book laže, da sam sebi verjame; he ~ s like a gasmeter laže, kakor pes teče; to ~ o.s. out of

z lažmi se izvleči iz česa; hum to ~ in one's throat (ali teeth) lagati komu v obraz, predrzno lagati
lie III [lai] *n* lega, položaj; počivališče (živali, ptic, rib); *fig* the ~ of the land situacija, stanje, razmere
lie IV* [lai] *vi* ležati, počivati; nahajati se, biti v; težiti, ležati (*on* na duši, v želodcu); peljati (pot); *jur* biti dopusten, biti dovoljen, priti v poštev; *arch* prenočiti, prespati; *hunt* ne vzleteti (ptice); *mil & naut* stati, ležati (čete, ladje); to ~ around (ali about) valjati se naokoli (stvari); to ~ asleep spati; to ~ in ambush (ali wait) ležati v zasedi; to ~ close skrivati se; to ~ hid pritajiti se, skriti se; to ~ dead ležati mrtev; to ~ dying umirati; *sl* to ~ doggo negibno ležati, pritajiti se; to ~ in ruins biti v ruševinah; to ~ sick ležati bolan; it ~ s at his door za to je on odgovoren; the responsibility ~ s on you odgovornost nosiš ti; the mistake ~ s here napaka je tukaj; to find out how the land ~ s videti od kod veter piha; as far as in me ~ s po svojih najboljših močeh, kolikor le morem; to ~ on s.o.'s hands ležati pri kom brez koristi (nerabljeno, neprodano); to ~ idle biti neizkoriščen, mirovati (zemlja, stroj), lenihariti; to ~ in prison biti zaprt; to ~ in the lap of the God biti v božjih rokah; it ~ s in a nutshell je na dlani; to ~ open to biti čemu izpostavljen; to ~ heavy (up)on težiti (krivda); to ~ out of one's money biti ogoljufan za plačilo; *mil* to ~ perdu ležati v skriti izvidniški točki; to ~ at the root of imeti korenine v; to let sleeping dogs ~ ne dregati v sršenje gnezdo; to ~ in state ležati na javnem mrtvaškem odru; to ~ through peljati skozi (pot); to ~ under a charge biti obdolžen; to ~ under a mistake motiti se; to ~ under the necessity biti prisiljen; to ~ under an obligation imeti dolžnost; to ~ under a sentence of death biti na smrt obsojen; to ~ under suspicion biti osumljen; it ~ s with you to do it na tebi je, da to storiš; his talents do not ~ that way za to nima sposobnosti; to ~ waste biti neobdelan (zemlja); here ~ s tukaj počiva; *jur* the appeal ~ s to the Supreme Court dopusten je priziv na vrhovno sodišče; *jur* to ~ on s.o. biti komu obvezan; his greatness ~ s in his courage njegova veličina je v njegovem pogumu; he knows where his interest ~ s on ve kje bo imel korist; to ~ in s.o.'s way biti komu pri roki; biti komu na poti; to ~ to the oars pošteno veslati; you will ~ on the bed you have made kakor si boš postlal, tako boš ležal
lie along *vi naut* nagibati se (ladja), ležati postrani
lie back *vi* zlekniti se
lie behind *vi fig* tičati za čem (motiv itd.)
lie by *vi* mirovati, biti neizkoriščen; biti (ležati) blizu
lie down *vi* leči, zlekniti se; to ~ under an insult pogoltniti žaljivko; to ~ on the job biti malomaren, izogniti se delu; to take it lying down ne upirati se, pogoltniti (žaljivke, poraz)
lie in *vi* ležati v porodni postelji; lying- in hospital porodnišnica
lie low *vi* skrivati se, pritajiti se; biti mrtev; *fig* ležati v prahu, biti ponižan

lie off *vi naut* biti zasidran proč od obale ali druge ladje, pavzirati, počivati
lie to *vi naut* biti zasidran poleg, obrniti se proti
lie up *vi* počivati, ležati bolan; iti v pokoj; *naut* biti v doku (ladja), ne biti v prometu, odslužiti
lie-abed [láiəbed] *n* zaspané
lie-detector [láiditéktə] *n* aparat za odkrivanje laži
lief [li:f] *adv* rad, z veseljem; I had (ali would) as ~ go there as anywhere else prav tako rad bi šel tja kot kam drugam; I would (ali had) as ~ die as betray him rajši bi umrl kot da bi ga izdal; I'd ~ er (than) rajši (kot)
liege [li:dž] **1.** *adj* podložen, vazalen, zvest; **2.** *n* fevdalec, vazal; ~ lord fevdni gospod
liegeman [lí:džmæn] *n* vazal, podanik; *fig* zvest privrženec
lien I [lí:ən] *n jur* pravica do zaplembe premoženja (za plačilo dolga); to have a ~ on imeti pravico do zaplembe; to lay a ~ on sodno zapleniti
lien II [láiən] *arch pp* od to lie IV
lienal [laií:nl] *adj med* vraničen
lienor [lí:ənə:] *n jur* imetnik zaplembene pravice
lier [láiə] *n* lažnivec, -vka
lierne [lié:n] *n arch* svodno rebro, medrebro
lieu [l(j)u:] *n* in ~ of namesto (koga, česa)
lieutenancy [lefténənsi, *A* lu:tén~] *n mil* poročništvo, poročniki; namestništvo
lientenant [lefténənt, *A* lu:tén~] *n mil* poročnik; namestnik; first ~ poročnik; second ~ podporočnik; ~ colonel podpolkovnik; ~ general general poročnik; ~ commander kapitan korvete; ~ governor vice guverner, guvernerjev namestnik
life [laif] *n* življenje; človeško življenje (*lives* življenja); *fig* življivost, živahnost; življenjepis; živ model; *econ* trajanje, rok uporabe, življenjska doba (tudi stroja); življenjski zavarovanec; to amend one's ~ poboljšati se; to be in danger of one's ~ biti v življenjski nevarnosti; to be the ~ and soul of a party biti duša družbe; to bring to ~ spraviti k zavesti; change of ~ klimakterij; to come to ~ osvestiti se, roditi se; my early ~ moja mladost; early in ~ v mladih letih; to escape with ~ and limb odnesti celo kožo; expectation of ~ predvidena življenjska doba; he was given a ~ dobil je še eno priliko; for the ~ of me pri svoji najboljši volji; for ~ dosmrten, za celo življenje; to have the time of one's ~ odlično se zabavati; high ~ življenje visoke družbe; in ~ za časa življenja; as large as ~ v naravni velikosti; osebno; to lay down one's ~ žrtvovati življenje; to lead a dog's ~ pasje živeti; a new lease on ~ novo življenje, nova življenjska sila; low ~ življenje nižjih slojev; it was a matter of ~ and death šlo je za življenje ali smrt; not for the ~ of me za nič na svetu; not on your ~ za živ svet ne; nothing in ~ sploh ne; with all the pleasure in ~ z največjim veseljem; to risk one's ~ tvegati življenje; to run for dear (ali for one's) ~ bežati na žive in mrtve; to see ~ spoznati (ali uživati) življenje; to sell one's ~ dear(ly) drago prodati svoje življenje; to show (signs of) ~ kazati znake življenja; to take s.o.'s ~ ubiti koga; to take one's own ~ življenje si vzeti; to seek s.o.'s ~ streči komu po življenju; to take one's ~ in

one's hands igrati se z življenjem, postaviti svoje življenje na kocko; to the ~ zvesto, natančno (upodobiti); walk of ~ družben položaj, poklic; art still ~ tihožitje; upon my ~! pri moji duši!; pool-player has three lives igralec biljarda lahko še trikrat poskusi; to stake one's ~ on s.th. glavo staviti za kaj
life-annuity [láifənjú:iti] *n* dosmrtna renta
life-assurance [láifəšuərəns] *n* glej life-insurance
lifebelt [láifbelt] *n naut* rešilni pas
life-blood [láifblʌd] *n* kri; *fig* poživilo, duša, srce, življenjska sila; trzanje ustnice ali veke
lifeboart [láifbout] *n naut* rešilni čoln
life-breath [láifbreθ] *n* navdih, samoohranitveni nagon
lifebuoy [láifbəi] *n naut* rešilni pas ali splav; *fig* rešitev
life-car [láifka:] *n naut* rešilno vozilo med ladjo in kopnim
life-cycle [láifcaikəl] *n biol* življenjski ciklus
life-estate [láifistéit] *n jur* posestvo z dosmrtno pravico užitka
life-expectancy [láifikspéktənsi] *n* predvidena življenjska doba
life-force [láiffə:s] *n* življenjska sila
life-giving [láifgiviŋ] *adj* poživljajoč, življenjski
life-guard [láifga:d] *n mil* telesna straža; *A* poklicni reševalec v kopališču; Life Guards kraljeva konjeniška straža
life-guardsman [láifga:dzmən] *n mil* gardist
life-history [láifhistəri] *n biol, sociol* življenje, opis življenja
life-insurance [láifinšuərəns] *n* življenjsko zavarovanje
life-interest [láifintrist] *n jur* pravica do dosmrtnega užitka
life-jacket [láifdžækit] *n naut* rešilni jopič
lifeless [láiflis] *adj* (~ ly *adv*) brez življenja, mrtev; neživ (materija); *fig* medel, brez poleta (tudi *econ*)
lifelessness [láiflisnis] *n* mrtvilo, mrtvobnost
lifelike [láiflaik] *adj* življenjski, kakor živ, zvest originalu
lifeline [láiflain] *n naut* rešilna vrv; življenjska črta (na dlani); pot, po kateri se oskrbujejo odrezani kraji
lifelong [láiflɔŋ] *adj* dosmrten
lifemanship [láifmənšip] *n hum* samozavesten nastop; sposobnost, da se kdo pokaže močnejšega od drugih
life-member [láifmembə] *n* dosmrtni član
life-net [láifnet] *n* požarna rešilna mreža
life-office [láiffɔfis] *n* življenjska zavarovalnica
life-preserver [láifprizə:və] *n* branilno orožje (s svincem napolnjena palica); rešilni pas, rešilni jopič
lifer [láifə] *n sl* dosmrtni kaznjenec
life-raft [láifra:ft] *n naut* rešilni splav
life-rent [láifrent] *n* dosmrtna renta
life-saver [láifseivə] *n* kdor reši življenje
life-saving [láifseiviŋ] **1.** *adj* reševalen, rešilen; **2.** *n* reševanje (življenj)
life-sentence [láifsentəns] *n* kazen na dosmrtno ječo, dosmrtna kazen
life-size [láifsaiz] **1.** *adj* v naravni velikosti; **2.** *n* naravna velikost

life-span [láifspæn] n glej life-time
life-spring [láifspriŋ] n vir življenja
life-strings [láifstriŋz] n pl poet nit življenja; ~ are cut (ali broken) nit življenja se je pretrgala
life-table [láifteibl] n tabela umrljivosti
life-tenancy [láiftenənsi] n jur dosmrtni užitek (od posestva)
life-tenant [láiftenənt] n jur kdor ima pravico do dosmrtnega užitka (od posestva)
lifetime [láiftaim] n življenjska doba; the chance of a ~ edinstvena prilika; in one's ~ za časa življenja; once in a ~ enkrat v življenju, zelo redko
life-tired [láiftaiəd] adj sit življenja
life-weary [láifwiəri] adj glej life-tired
life-work [láifwə:k] n življenjsko delo
lift I [lift] n dviganje; (ponosna, vzravnana) drža; tech višina dviga, dvigalna sila, dvigalo, lift; vzpenjača, smučarska vlečnica, sedežnica; aero vertikalna sila zračnega pritiska na avion, ki deluje v obratnem sorazmerju s silo teže; fig pomoč, povzdiga; dviganje (cen); dodatno usnje v podpetnici; coll kraja; dead ~ nepremakljiv, pretežek predmet; heavy ~ težek tovor; a ~ in life vsestranska pomoč; to give s.o. a ~ vzeti koga v avto, fig pomagati; the proud ~ of her head ponosna drža glave
lift II [lift] 1. vt (up) dvigniti, dvigati; privzdigniti, povzdigniti, spodbuditi; coll krasti (zlasti govedo), napraviti plagiat; podreti šotor (tabor); izkopavati (krompir), izkopati (zaklad); A izplačati hipoteko; A preklicati (prepoved, embargo); sneti (off z); 2. vi dvigniti se, dvigati se (tudi megla, oblaki); pustiti se dvigniti; to ~ up a cry zagnati krik, zakričati; to ~ up one's eyes zaviti oči; A not to ~ (ali stir) a finger niti s prstom ne migniti; to ~ s.o.'s face polepšati komu obraz z operacijo; fig to ~ one's hand priseči; to ~ a hand premakniti roko, samo malo se potruditi; fig to ~ a hand against s.o. dvigniti roko na koga; to ~ one's hat privzdigniti klobuk, pozdraviti; to ~ (up) one's head dvigniti glavo, zbrati se; dvigniti se, pojaviti se, pomoliti glavo; to ~ up one's heel brcniti, ritati; fig to ~ up one's horn pokazati roge; ~ ed up with pride kipeč od ponosa; vzravnan od ponosa; to ~ a story ukrasti zgodbo, napraviti plagiat; to ~ (up) one's voice against povzdigniti glas proti, nasprotovati komu, čemu
lift-attendant [líftəténdənt] n upravljač dvigala
liftboy [líftbɔi] n liftboy
lifter [líftə] n sp dvigalec; sl tat; tech dvigalna naprava; sp weight-lifter dvigalec uteži
lifting [líftiŋ] 1. adj dvigajoč; 2. n dvig(anje); pomoč
lifting-door [líftiŋdɔ:] n vzdižna vrata
lifting-jack [líftiŋdžæk] n dvigalo za avtomobile
lift-lock [líftlɔk] n rečna zatvornica za dviganje ladij
lift-off [líftɔf] n aero vzlet
ligament [lígəmənt] n anat kita, vez (tudi fig)
ligamental [ligəméntl] adj vezen
ligamentary [ligəméntəri] adj glej ligamental
ligamentous [ligəméntəs] adj glej ligamental
ligate [láigeit] vt med podvezati (prerezano žilo); povezati

ligation [laigéišən] n med vezanje, podvežnja (žil)
ligature [lígəčuə] n med podveza, podvežnja, obveza; mus vezava; print ligatura, zveza
liger [láigə] n križanec med levom in tigrico
light I [lait] adj (~ ly adv) lahek; majhne specifične teže, pod predpisano težo; nepomemben, neznaten, lahek (bolezen, kazen, napaka, delo itd.); zabaven, lahek (glasba, knjiga); prhek, rahel (zemlja, sneg, kruh); vitek, nežen, graciozen, okreten, uren; brezskrben, veder (srce); lahkomišljen, lahkoživ, frfrast (ženska); malo otovorjen, neotovorjen; nenaglašen (zlog); ~ of belief lahkoveren; ~ coin kovanec z nezadostno količino žlahtne kovine; el ~ current šibki tok; ~ of foot (ali heel) lahkonog; ~ fingers dolgoprst (tat); held in ~ esteem malo spoštovan; to hold s.th. ~ ali to make ~ of s.th. ali to set ~ store by nalahko kaj jemati; with a ~ heart z lahkim srcem; fig a ~ hand obzirnost, takt; ~ in hand poslušen (konj), lahko vodljiv; no ~ matter to pa ni malenkost; ~ metals lahke kovine; ~ opera lahka ali komična opera; ~ traffic majhen promet; ~ woman lahka ženska; ~ weights prelahke uteži; the ship returned ~ ladja se je vrnila brez tovora; mil in ~ marching order na pohodu z malo tovora
light II [lait] adv nalahko, rahlo, lahko; ~ come, ~ go kakor pridobljeno, tako izgubljeno; to get off ~ srečno jo odnesti, biti malo kaznovan; to travel ~ potovati z malo prtljage
light III [lait] adj svetel, jasen
light IV [lait] n svetloba, luč, razsvetljava; vir svetlobe (okno, sonce, svetilka, vžigalica, sveča, ogenj); dnevna, sončna svetloba; naut svetilnik; iskrenje, sijaj (oči); poet vid, nebesno telo; fig luč, prosvetljenjstvo, jasnost, prosvetljenec, genij; ključna beseda akrostiha; pl spoznanja, nova odkritja, nova dejstva, (umske) sposobnosti, zmožnosti; pl sl oči; according to one's ~ s po svojih sposobnostih; he appears in the ~ of (a scoundrel) videti je (lopov); by the ~ of a candle pri svetlobi sveče; by the ~ of nature po naravni nadarjenosti, s prirojeno bistroumnostjo; between the ~ s v mraku; to bring to ~ odkriti, odkopati; to come to ~ priti na svetlo, biti odkrit; poet ~ of one's eyes vid; fig the ~ of my eyes punčica mojega očesa; in the ~ of these facts vpričo teh dejstev; to give ~ to razložiti, razjasniti; to give s.o. a ~ prižgati komu cigareto; to hide one's ~ under a bushel biti preskromen, skrivati svoje sposobnosti; high ~ s najsvetlejši deli slike; the ~ of s.o.'s countenance naklonjenost koga (uživati); to place s.th. in a good ~ postaviti kaj v lepo luč; to put a ~ to s.th. prižgati, zažgati kaj; I see the ~ posvetilo se mi je; to see the ~ roditi se; A spremeniti svoje stališče; relig biti prosvetljen, sprevideti; to see the ~ of day biti objavljen, biti prvič uprizorjen; to stand in s.o.'s ~ jemati komu luč, biti komu na poti, fig motiti koga; to stand in one's own ~ škodovati samemu sebi; to strike a ~ prižgati (vžigalico, vžigalnik); he is a shining ~ genij je; to throw (ali shed) ~ on s.th. razložiti, razjasniti kaj; get out of the ~! ne jemlji mi svetlobe!, ne moti!; tail-light rdeča lučka na avtomobilu; ~ and shade

svetloba in senca, nasprotja; **Ancient Lights** opozorilen napis, da se ne sme jemati luči, ki prihaja skozi okna

light V* [lait] **1.** *vt* prižgati, razsvetliti, vneti; **2.** *vi* prižgati se, vneti se, posvetiti, posijati;

light up 1. *vt* (zelo) razsvetliti, obsijati; **2.** *vi coll* prižgati si pipo (cigareto), zasijati (oči)

light VI* [lait] *vi* izstopiti, iti do! (*from, off*); pasti (*on* na); spustiti se (*on* na); naleteti (*on* na); A *sl* navaliti (*into* na); A *sl* izginiti, pobegniti (*out*); dogoditi se; **a cat always ~ s on its feet** mačka vedno pade na noge; **the bird ~ ed on a twig** ptič se je spustil na vejico

light-armed [láita:md] *adj mil* lahko oborožen

light-bob [¹láitbɔb] *n E mil sl* lahko oborožen pešak

light-cure [láitkjuɔ] *n* zdravljenje s sončnimi žarki

light-due [láitdju:] *n naut* pristojbina za vzdrževanje svetilnikov

lighten I [láitn] **1.** *vt* olajšati, lajšati, razbremeniti (tudi *fig*); *fig* ublažiti, razvedriti; **2.** *vi* olajšati si, razbremeniti se; *fig* razvedriti se

lighten II [láitn] **1.** *vt* razsvetliti, obsijati, ozariti; **2.** *vi* razsvetliti se, zjasniti se, svetiti, bliskati

lightening [láitəniŋ] *n* olajšanje; zora

lighter I [láitə] *n* vžigalnik; osvetljevalec, prižigalec

lighter II [láitə] **1.** *n naut* tovorni čoln, vlek, pristaniška ladjica za iztovarjanje ladij; **2.** *vt* prevažati z vlekom

lighterage [láitəridž] *n naut* prevoznina za iztovarjanje ladij z vlekom

lighterman [láitəmən] *n* prevoznik ladijskega tovora (z ladje)

lighter-than-air [láitəðæneɔ] *adj* lažji od zraka (avion)

light-fingered [láitfiŋgəd] *adj* dolgoprst (tat), spreten; **~ gentry** tatinska druščina

light-footed [láitfútid] *adj* lahkonog, uren

light-handed [láithændid] *adj* nežnih rok, obziren, takten; ladja, ki ima malo posadke

light-handedness [láithændidnis] *n* obzirnost, takt

light-headed [láithédid] *adj* (~ **ly** *adv*) lahkomišljen; vrtoglav, omotičen

light-headedness [láithédidnis] *n* lahkomišljenost; vrtoglavost, omotičenost

light-hearted [láithá:tid] *adj* (~ **ly** *adv*) brezskrben, vesel

light-heartedness [láithá:tidnis] *n* brezskrbnost, veselost

light-heavyweight [láithéviweit] *n sp* poltežek (kategorija)

light-heeled [láithi:ld] *adj* lahkonog, uren

light-horseman [láithó:smən] *n mil* lahko oborožen konjenik

lighthouse [láithaus] *n* svetilnik; ~-**keeper** (ali -**man**) svetilničar

light-infantry [láitínfəntri] *n mil* lahka pešadija

lighting [láitiŋ] *n* razsvetlitev, razsvetljava, osvetlitev; ~-**up time** čas, ko se prižge ulična razsvetljava

lightish [láitiš] *adj* precej svetel (barva); precej lahek

lightless [láitlis] *adj* brez luči, nerazsvetljen, temen

lightly [láitli] *adv* nalahko, lahko, brez truda; malo, mirno, potrpežljivo; lahkoživo; podcenjujoče; ~ **come**, ~ **go** kakor pridobljeno,

tako izgubljeno; **to bear s.th.** ~ mirno kaj prenašati

light-minded [láitmáindid] *adj* (~ **ly** *adv*) lahkomiseln, nestanovit

light-mindedness [láitmáindidnis] *n* lahkomiselnost, nestanovitnost

lightness [láitnis] *n* svetlost; lahkost; lahkomiselnost, površnost; urnost

lightning [láitniŋ] *n* blisk, strela; **like** ~ ali **with** ~ **speed** hitro ko blisk; ~ **struck a house** strela je udarila v neko hišo; *fig* **like (greased)** ~ kot blisk

lightning-arrester [láitniŋəréstə] *n* prenapetosten odvodnik

lightning-bug [láitniŋbʌg] *n A zool* kresnica

lightning-conductor [láitniŋkəndʌktə] *n* strelovod

lightning-rod [láitniŋrɔd] *n* strelovod

lightning-strike [láitniŋstraik] *n* nepričakovana stavka

light-o'-love [láitəlʌv] *n* razuzdanka, lahkoživka

lightproof [láitpru:f] *adj* ki ne prepušča svetlobe

lights [laits] *n pl* živalska pljuča

lightship [láitšip] *n naut* ladja svetilnik

light-skirts [láitskə:ts] *n* lahkoživka, vlačuga

lightsome [láitsəm] *adj* (~ **ly** *adv*) lahkoten; vesel, živahen, okreten; brezskrben, površen; objesten; svetel, sveteč, razsvetljen

lightsomeness [láitsəmnis] *n* lahkomiselnost, veselje, živahnost, objestnost

lights-out [láitsaut] *n mil* znak za spanje

light-spirited [láitspíritid] *adj* vesel, vobre volje, razpoložen

light-struck [láitstrʌk] *adj photo* poškodovan, temen (slika)

lightweight [láitweit] **1.** *adj* lahek; **2.** *n* boksar lahke kategorije; *coll* duševno zaostal človek, telesno nerazvit človek

lightwood [láitwud] *n A* mehek les, smolovina; trske

light-year [láitjə:] *n astr* svetlobno leto

lignaloes [lainǽlouz] *n* alojev les; aloja (v farmaciji)

ligneous [lígniəs] *adj* lesen, lesast

lignification [lignifikéišən] *n bot* olesenelost, lesenjenje

lignify [lígnifai] *vi & vt* (o)leseneti, leseneti

lignin [lígnin] *n chem* lignin, sestavina lesa

lignite [lígnait] *n* lignit, lesenec

lignivorous [lignívərəs] *adj zool* ki jé les

ligulate [lígjəlit] *adj bot* jezičast (cvet)

likable [láikəbl] *adj* prijeten, simpatičen, priljuden

likableness [láikəblnis] *n* prijetnost, simpatičnost, priljudnost

like I [laik] *adj* enak, podoben, sličen (komu, čemu); *arch* verjetno (*we are — to have war*); *vulg* **as** ~ **as not** zelo verjetno; **on this and the** ~ **problems** o tem in o sličnih problemih; **and** (ali **or**) **the** ~ in tako dalje, in temu slično; **as** ~ **as two peas** podobna kot jajce jajcu; **what is he** ~ ? kakšen je?; **a** ~ **amount** enaka vsota; ~ **r to God than man** bolj podoben bogu kakor človeku; **in** ~ **wise** (ali **manner**) na enak način

like II [laik] *adv arch* enako, slično; *vulg* tako rekoč; **very** ~ ali ~ **enough** zelo verjetno

like III [laik] *prep* kakor (*a house* ~ *yours*); približno, blizu (*something* ~ £ 100); **to look** ~

biti podoben komu, čemu; **what does he look
~ ?** kako izgleda?; **it looks ~ rain** kaže na dež;
to feel ~ s.th. biti pri volji za kaj, biti razpolo-
žen za kaj; **I feel ~ sleeping** rad bi spal, želim
si spati; **~ that** tak, tako, na tak način; **nothing
~ as bad as that** še zdaleč ne tako slab; **there
is nothing ~ that** nič ni boljšega od tega; **so-
mething ~ a day** res krasen dan; *cool* **this is
something ~!** to se lepo sliši, to je že boljše;
coll **that is more ~ it!** to se že boljše sliši; **~
father, ~ son** jabolko ne pade daleč od drevesa;
~ master, ~ man kakršen gospodar, tak sluga;
~ a shot kot bi izstrelil, brez pomisleka; *coll*
~ anything besno, noro, kot nor
like IV [laik] *conj vulg & coll* ko da bi (za popol-
nim stavkom); **he trembled ~ he was afraid**
trepetal je, ko da bi se bal
like V [laik] *n* nekaj sličnega, nekaj takega, nekaj
enakega; *sp* izenačevalen udarec (golf); **the ~**
of it nekaj takega; **and the ~** in slično, in tako
dalje; **or the ~** ali nekaj sličnega; **mix with
your ~s!** druži se s sebi enakimi; *coll* **the ~s
of me** meni enaki; *coll* **not for the ~s of me**
ne za ljudi mojega kova; **to give ~ for ~**
vrniti milo za drago; **~ attracts ~** ljudje istega
kova se privlačijo
like VI [laik] **1.** *vt* rad imeti, marati, ugajati, všeč
biti; rad (jesti, piti itd.); *coll* prijati, dobro deti;
2. *vi* hoteti, želeti; **how do you ~ it?** kako ti to
ugaja, kako se to zdi? **I'd ~ to** rad bi; **as you
~ it** kakor želiš; **I ~ that!** kaj takega!; **what
do you ~ better?** kaj imaš rajši?; **I ~ coffee,
but it does not ~ me** rad imam kavo, a ne
dene mi dobro; **much ~ d** zelo priljubljen; **(just)
as you ~** (čisto) po želji; **do as you ~** delaj,
kar hočeš; **if you ~** če hočeš, če želiš; **I am
stupid if you ~** but mogoče sem neumen, vendar
like VII [laik] *n* nagnjenje, posebna ljubezen;
~s and dislikes nagnjenja in odpor (predsodki)
-like VIII [laik] *suf* kakor, sličen (npr. *boylike*
ko deček, fantovski)
likeable [láikəbl] *adj* glej **likable**
likelihood [láiklihud] *n* verjetnost, videz; **in all ~**
zelo verjetno; **of no ~** malo verjetno; **there is
a ~ of his succeeding** verjetno bo uspel
likely I [láikli] *adj* verjeten, možen, mogoč; mnogo
obetajoč (tudi *likely-looking*); **not ~** komaj,
težko; **he is ~ to come** verjetno bo prišel;
which is his most ~ route? katero pot bo naj-
verjetnejše ubral?; **a ~ lad** mnogo obetajoč
fant; **a ~ candidate** možen kandidat; *ir* **a ~
story!** kaj malo verjetno
likely II [láikli] *adv* verjetno; **most** (ali **very**) **~**
zelo verjetno; **as ~ as not** skoraj gotovo, zelo
verjetno
like-minded [láikmáindid] *adj* istih misli (*with*
s kom)
liken [láikən] *vt* primerjati (*to* s, z); (redko) izena-
čiti (*to*)
likeness [láiknis] *n* podobnost, sličnost, enakost
(*between* med, *to* s, z); podoba, videz; slika,
portret; **to have one's ~ taken** dati se fotogra-
firati; **an enemy in the ~ of a friend** sovražnik
v podobi prijatelja; **he is the exact ~ of his
father** je prav tak kot oče

likewise [láikwaiz] *adv & conj* enako, prav tako;
tudi
liking [láikiŋ] *n* naklonjenost, simpatija, nagnjenje;
okus; **to take a ~ to** (ali **for**) vzljubiti; **it is
not to my ~** ne ugaja mi, ni po mojem okusu
lil [lil] *adj dial* za **little**
lilac [láilək] **1.** *n bot* španski bezeg; lila barva;
2. *adj* lila, bledo vijoličast
liliaceous [liliéišəs] *adj bot* lilijev, ko lilija
lilied [lílid] *adj* lilijev, bel, poln lilij
Liliputian [lilipjú:šiən] **1.** *adj* liliputanski; *fig* pri-
tlikav; **2.** *n* Liliputanec; *fig* pritlikavec
lilt I [lilt] *n* živahna pesem, ritmičen napev, ritem
v glasbi; *fig* vesel zvok; **a ~ in her voice** vesel
zvok v njenem glasu; **the ~ of her step** prožnost
njenega koraka
lilt II [lilt] *vt & vi* veselo prepevati; prožno hoditi
lily [líli] **1.** *n bot* lilija; **2.** *adj* bel ko lilija, neomade-
ževan, čist; **~ of the valley** šmarnica; **fair as a
~** lepa ko lilija; *fig* **lilies and roses** lep ten;
the lilies francoske lilije (Bourbonci)
lily-iron [líliaiən] *n* vrsta harpune
lily-livered [lílilivəd] *adj* strahopeten
lily-white [líli(h)wait] *adj* bel ko lilija
limb I [lim] *n* ud; glavna drevesna veja; krak križa;
obronek hriba; *astr* rob planeta; *bot* rob cvetne
čaše, rob mahovja; *math* kotomer; *coll* neugna-
nec, navihanec; **~ of the devil** (ali **Satan**) vražič,
porednež; **to escape with life and ~** odnesti
celo kožo; *coll* **on a ~** v nevarnem položaju;
A coll **to go out on a ~** izpostaviti se za koga;
~ of the law roka pravice, oko postave, policist,
orožnik; **~ of the sea** morski rokav
limb II [lim] *vt* trgati ude, oklestiti veje, razčleniti
limbate [límbeit] *adj bot* obrobljen z drugo barvo
limbed [limd] *adj* členast, udast
limber I [límbə] **1.** *n mil* sprednja prema topniškega
voza, topovski priklopnik za strelivo; *naut* od-
vodna luknja na dnu ladje (za vodo); **2.** *vt mil*
priklopiti premo, postaviti top na premo (*up*)
limber II [límbə] **1.** *adj* upogljiv, gibljiv, gibčen;
fig prožen; **2.** *vt* sprostiti (mišice)
limberness [límbənis] *n* gibčnost, upogljivost, prož-
nost
limbless [límlis] *adj* brez uda, invaliden, pohabljen
limbo [límbou] *n* vice; zavržen kraj, ječa; *fig* ro-
potarnica; **to go to ~** izgubiti se, izginiti;
to be laid up in ~ sedeti (v ječi); **to send to ~**
zavreči
lime I [laim] **1.** *n* apno; **2.** *vt* apniti, posuti (trav-
nik) z apnom, obdelovati (kožo) z apnom;
quick (ali **unslaked, live**) **~** živo apno; **slaked**
(ali **hydrated**) **~** gašeno apno
lime II [laim] **1.** *n* ptičji lep; **2.** *vt* namazati s ptičjim
lepom, ujeti na ptičji lep; *fig* ujeti na limanice
lime III [laim] *n bot* lipa
lime IV [laim] *n bot* citronka
lime-burner [láimbə:nə] *n* apnar, kdor apno žge
lime-cast [láimka:st] *n* apnen omet
lime-juice [láimdžu:s] *n* sok od citronke
lime-juicer [láimdžu:sə] *n A sl* angleški mornar
(ali ladja)
limekiln [láimkil(n)] *n* apnenica, peč za žganje
apna

li:nelight [láimlait] *n* magnezijeva luč; *theat* reflektor; *fig* središče zanimanja; in the ~ v središču zanimanja

limen [láimen] *n psych* meja, prag (zavesti, občutljivost;)

lime-pan [láimpæn] *n* apnica (jama)

lime-pit [láimpit] *n* lug (v usnjarni); apnica

limerick [límərik] *n* šaljiva, nesmiselna kitica s petimi vrsticami

lime-stone [límstoun] *n geol* apnenec

lime-tree [láimtri:] *n bot* lipa

lime-twig [láimtwig] *n* vejica, namazana s ptičjim lepom; *fig* zanka, past

limewash [láimwɔš] **1.** *n* apno za beljenje; **2.** *vt* beliti z apnom

lime-water [láimwɔ:tə] *n chem* apnica (apnena voda); *med* voda s kalcijem (proti želodčni kislini)

limey [láimi] *n A coll* angleški mornar, angleška ladja

limicolous [laimíkələs] *adj zool* ki živi v blatu

limit I [límit] *n* meja, višek, skrajnost; *math* limita; *econ* končna cena; *econ* **lowest** ~ skrajna zadnja cena; **superior** ~ zgornja meja, skrajni rok; **inferior** ~ spodnja meja, prvi možni rok; **there is a** ~ **to everything** vse ima svoje meje; **to the** ~ do skrajnosti, do konca; **within** ~s do gotove meje, v mejah; **without** ~ neomejeno; **to set** ~s **to** potegniti mejo; *A coll* **to go to the** ~ iti do skrajnosti; *sl* **that's the** ~! to je pa višek!; tu se vse neha!; *coll* **he is the** ~ nemogoč je; *A* **in (off)** ~s dostop dovoljen (prepovedan)

limit II [límit] *vt* omejiti, omejevati (*to* do, na); *econ* limitirati (cene)

limitable [límitəbl] *adj* ki se da omejiti

limitarian [limitéəriən] *n relig* kdor veruje v odrešenje omejenega števila ljudi

limitary [límitəri] *adj* omejitven, omejen, mejen

limitation [limitéišən] *n fig* omejitev, meja; *jur* omejitev lastninske pravice, zastaranje; *jur* **statute of** ~s zakon o zastaranju

limitative [límitətiv] *adj* omejevalen

limited [límitid] **1.** *adj* (~ **ly** *adv*) omejen; **2.** *n A* vlak ali avtobus z omejenim številom potnikov; *econ* ~ **demand** omejeno, slabo povpraševanje; *econ* ~ **(liability) company** delniška ali komanditna družba z omejeno zavezo; *econ* **public** ~ **liability company** delniška družba; *econ* ~ **partnership (with share capital)** komanditna družba; ~ **in time** časovno omejen; *pol* ~ **monarchy** ustavna monarhija

limiter [límitə] *n* kdor omejuje; omejitveni faktor

limitless [límitlis] *adj* (~ **ly** *adv*) brezmejen, neomejen

limitrophe [límitrouf] *adj* obmejen, ki meji na (*to*)

limmer [límə] *n Sc* vlačuga; *arch* lopov, ničvrednež

limn [lim] *vt arch* ilustrirati, slikati, risati; *fig* opisati

limnetic [limnétik] *adj* sladkovoden

limnology [limnólədži] *n* nauk o sladkih vodah

limonite [láimənait] *n min* limonit, rjavi železovec

limousine [límuzi:n] *n* limuzina, zaprt osebni avtomobil

limp I [limp] *adj* (~ **ly** *adv*) mehek, mlahav, ohlapen, uvel; *fig* nemočen, slab, mlačen, brez

hrbtenice; mehek (vezava knjige); **to feel** ~ slabo se počutiti; **to go** ~ oslabeti

limp II [limp] **1.** *n* šepanje (tudi *fig*); **2.** *vi* šepati (tudi *fig*); vleči se (ladja, avion); **to walk with a** ~ ščpati

limpet [límpit] *n zool* prilepek (morski polž); *fig* klop (človek); **to cling (all stick) like a** ~ držati se ko klop; *naut* ~ **mine** mina, pritrjena na dno ladje

limpid [límpid] *adj* (~ **ly** *adv*) prozoren, jasen, čist, bister; *fig* čist, jasen (stil)

limpidity [limpíditi] *n* bistrina, prozornost, jasnost, čistost

limping [límpiŋ] *adj* (~ **ly** *adv*) šepav, hrom

limpness [límpnis] *n* mlahavost, ohlapnost, uvelost

limy [láimi] *adj* apnenčast; lepljiv

linage [láinidž] *n print* število vrstic; avtorski honorar (plačan po vrstici)

linchpin [línčpin] *n tech* lunek, konec osi pri kolesu

linden [líndən] *n bot* lipa; lipovina

line I [lain] *n* črta, linija, poteza; guba, brazda (na obrazu, roki); *math* črta (zlasti premica); *geog* ekvator, poldnevnik, vzporednik; smer, pot (avtobusna, železniška) proga, tir; *pl* obris, kontura, oblika; *pl* načrt (ladje), osnutek, plan; *pl* načela, smernice, navodila; način, metoda, postopek; meja, mejna črta (tudi *fig*); vrsta, niz, rep (ljudi); soglasje; rod, veja, koleno, pokolenje; *print* vrstica; kratko sporočilo, kratko pismo; stih, pesmica (*upon s.th. to s.o.*); *pl E* latinski stihi, ki jih mora dijak prepisati za kazen, kazenska pismena naloga; *pl theat* tekst vloge, vloga; *pl coll* poročni list; *coll* poročilo, pojasnilo; *pl* usoda, stroka, področje, panoga; telefonska, telegrafska linija; *tech* vod; *econ* sortiment, blago, predmet, *pl* serijsko blago; *mil* (bojna) linija, vrsta, fronta, frontne čete, šotori ali barake v taboru; vrv, konopec; žica, kabel; **the Line** ekvator; ~ **of sight** kamor seže pogled; ~ **of vision** horizont, obzorje; *mil* vizirna črta; **hung on the** ~ (slika) obešena v višini oči; *fig* **all along the** ~ ali **down the** ~ na celi črti; **the** ~ **of least resistance** linija najmanjšega odpora; **on the dotted** ~ v vrsti, ki je namenjena za podpis; **on the** ~ na meji, *pol* na liniji; ~ **of fate (fortune, heart, life)** črta usode (sreče, srca, življenja) na roki; **to stand in** ~ stati v repu (vrsti); *E* **up (down)** ~ (vlak) v (iz) London(a); **the Southern** ~ južna železnica; **bus** ~ avtobusna proga; **double** ~ dvotirna proga; **single** ~ enotirna proga; **main** (ali **trunk**) glavna proga; **branch** ~ stranska proga; **on the** ~s **laid down by the chairman** po smernicah, ki jih je postavil predsedujoči; **along these** ~s po teh navodilih, smernicah; **along general** ~s po splošnih smernicah; ~ **of argument** dokazni postopek; **to take (ali keep to) one's own** ~ ukrepati po svoje, držati se svoje poti; **to take a strong** ~ **(with s.o.)** biti čvrst, neomajen (do koga), vztrajati; **to take the** ~ **that** zavzeti stališče, da; biti mišljenja, da; **dont' take that** ~ **with me** z menoj ne ravnaj tako; ~s **of responsibility** pristojnosti; **to take the** ~ postaviti se na stališče; **in** ~ **of duty** pri opravljanju dolžnosti; **out of** ~ iz črte, ne na črti; *fig* nesoglasen, nezdružljiv; iz ravnotežja; **that's s.th.**

out of (ali not in) my ~ to mi ne leži, ne spada v mojo stroko; to come (ali get, fall) into ~ (with) prilagoditi se (komu, čemu), ravnati se po; to overstep the ~ of good taste prekoračiti mejo dobrega okusa; to draw the ~ (at) povleči mejo (pri); I draw the ~ at that to se pri meni neha; to toe the ~ spoštovati predpise; *pol* biti na liniji; to give s.o. ~ enough popustiti uzde, pustiti komu proste roke; to go over the ~ prekoračiti mejo, mero; in ~ with skladno z; *A fig* to be in ~ for pričakovati (službo), upati na; to be in ~ with soglašati s, z; to bring s.o. into ~ (with) spraviti v sklad s, z; *pol* pridobiti koga k sodelovanju; *A coll* to go down the ~ for zavezati se za kaj (na celi črti); the male ~ moški potomci; in the direct ~ neposredni potomci; to read between the ~s brati med vrsticami; to drop s.o. a ~ napisati komu par vrstic; to get a ~ on dobiti poročilo o čem; *theat* to study one's ~s učiti se vloge; marriage ~s poročni list; *coll* hard ~s težka usoda, »smola«, nesreča; the ~ is engaged (ali busy) telefonska linija je zasedena; to hold the ~ ostati pri telefonu; *A party* ~ dvojček (telefon); on strictly commercial ~s na čisto komercialni bazi; *econ* ~ of goods vrsta blaga, naročilo zanj; *mil* ~ of fire strelska bojna vrsta; *mil* behind the enemy's ~s za sovražnikovimi vrstami; *mil* ~ of battle frontna linija; *mil* ~ of battle obrambna linija; *mil* to go up the ~ iti v frontno linijo; *mil* to draw up in ~ ali to form (wheel into) ~ stopiti v vrsto; *mil* the ~ regularne čete; *naut* ~ abreast bojna linija vzporedno postavljenih ladij; *naut* ship of the ~ linijska ladja; *phys* ~ of force magnetna silnica; in the ~ of glede na; somewhere along the ~ ob neki priliki, v gotovem trenutku; *fig* to keep to one's ~ iti premočrtno; *fig* by (rule and) ~ natančno, precizno; to get off the ~ iztiriti; hook, ~, and sinker popoln(oma); to have s.o. on a ~ pustiti koga v negotovosti

line II [lain] 1. *vt* črtati, načrtati; začrtati, skicirati, zarisati, orisati; zbrazdati, zgubati (obraz); obrobiti, nasaditi (drevje); postaviti se v vrsto; 2. *vi* postaviti se v vrste, postrojiti se

line in *vt* vrisati, včrtati
line off *vt* razmejiti (s črto)
line through *vt* prečrtati
line up 1. *vi* stopiti v vrsto, stati v vrsti, postrojiti se; stati v repu; *fig* strniti se, združiti se (against proti); 2. *vt* postaviti v vrsto; *fig* postaviti na noge

line III [lain] *vt* podložiti (obleko); *tech* (na notranji strani) prevleči, obložiti, opažiti, podložiti, zaliti; (kot za podlogo; oblepiti hrbet knjige; napolniti; *sl* to ~ one's purse (ali pocket) napolniti mošnjo, obogateti; to ~ one's stomach najesti se

line IV [lain] *vt* pariti (pse)

lineage [líniidž] *n* rod, pokoljenje, poreklo, rodovnik
lineal [líniəl] *adj* (~ly *adv*) neprekinjen, premočrten, direkten; podedovan; dolžinski; linearen; ~ descendant direkten potomec
lineament [líniəmənt] *n* obrazna poteza; *fig* karakteristična poteza v značaju, posebnost

linear [líniə] *adj* (~ly *adv*) premočrten, linearen; dolžinski; črtast; ~ measure dolžinska mera; ~ distance zračna črta; *phys* ~ accelerator linearni akcelerator; *math* ~ equation linearna enačba
lineate [líniit] *adj* počez črtkan, črtast, progast
lineation [liniéišən] *n* črtanje, liniranje; črte, linije
line-breed [láinbri:d] *vt* gojiti čisto pasmo
lined I [laind] *adj* načrtan, liniran, črtkast; obrobljen, posajen (z drevesi)
lined II [laind] *adj* podložen (obleka); prevlečen, obložen, opažen
line-drawing [láindrə:iŋ] *n* risba (z barvastimi svinčniki, peresom)
line-engraving [láiningreiviŋ] *n* linorez
line-fishing [láinfišiŋ] *n* ribolov na trnek
line-keeper [láinki:pə] *n* železniški čuvaj
lineman [láinmən] *n A* progovni delavec, telefonski in telegrafski delavec; *sp* igralec v napadalni vrsti (ameriški nogomet)
linen [línin] *n* laneno platno, perilo, posteljno perilo, lanena preja; *fig* to wash one's dirty ~ in public (at home) prati umazano perilo pred ljudmi (doma); ~ closet omara za perilo; ~ shower zabava, na kateri je nevesta obdarovana s perilom
linen-draper [línindreipə] *n E* platnar (trgovec), trgovina s perilom
line-of-battle [láinəvbætl] *n arch* bojna ladja
line-of-credit [láinəvkrédit] *n econ* odobren kredit
liner I [láinə] *n naut* prekomorska línijska ladja; linijski avion; *econ* ~ terms pogoji za prevoz blaga z linijskimi ladjami
liner II [láinə] *n tech* podloga, vstavek, vložek
linesman [láinzmən] *n E mil* vojak v prvi liniji; progovni in telegrafski delavec; *sp* stranski sodnik
line-sqall [láinskwə:l] *n meteor* vetrovna in nevihtna hladna fronta
line-up [láinap] *n A* razporeditev, razvrstitev; vrsta (policije, športnih igralcev)
liney [láini] *adj* črtast, progast, poln črt
ling [liŋ] *n bot* vresje
linga(m) [líŋgə(m)] *n* moškost; falos (simbol indijskega božanstva Sive)
linger [líŋgə] *vi* muditi se, pomuditi se (over, upon pri); zaostajati (behind za); obotavljati se, mečkati; leno hoditi, vleči se; zavlačevati; *arch* ginevati, hrepeneti (after); to ~ away (ali about) zapravljati čas; to ~ out podaljševati, zavlačevati; to ~ out one's life životariti, polagoma umirati; to ~ on životariti, prebijati se, vegetirati
lingerer [líŋgərə] *n* mečkač, obotavljač
lingerie [lǽnžəri:] *n* fino damsko perilo
lingering [líŋgəriŋ] *adj* (~ly *adv*) dolgotrajen, počasen; zahrbten (bolezen); ki se vleče, razvlečen; obotavljajoč; hrepeneč (pogled)
lingo [líŋgou] *n cont* latovščina, nerazumljiv jezik, žargon; *hum* tuj jezik
lingua franca [líŋgwəfrǽŋkə] *n* pogovorni jezik v Levanti; mešan pogovorni jezik
lingual [líŋgwəl] 1. *adj* (~ly *adv*) *anat* jezičen; jezikoven; ki se tvori z jezikom; 2. *n* jezičnik (d, l, n)

linguist [língwist] *n* lingvist, jezikoslovec, filolog; kdor govori tuje jezike

linguistic [liŋgwístik] *adj* (~ **ally** *adv*) lingvističen, jezikosloven, jezikoven; ~ **atlas** lingvistični atlas; ~ **form** lingvistična oblika (beseda, fraza, stavek); ~ **stock** prvoten jezik in iz njega izpeljani jeziki

linguistics [liŋgwístiks] *n pl* jezikoslovje, lingvistika

lingulate [língjəleit] *adj* jezičast

linguo- [liŋgwo-] sestavni del besede s pomenom »jezik«

lin-hay [líni] *n dial* gumno

liniment [línimənt] *n* mazilo

lining [láiniŋ] *n* podloga (obleke), pridatek; *tech* obloga (sklopke, zavore); *el* izolirna plast; **every cloud has a silver** ~ nobena nesreča ne traja večno

link I [liŋk] *n* člen (v verigi, tudi *fig*), vezni člen, spojka, sklep, vez; zanka (pri pletenju); enota za dolžinsko mero (7,92 inčev); *tech* ojnica; **bucket** ~ obroč vedra; **cuff-** (ali sleeve-) ~ manšetni gumb; **the missing** ~ manjkajoč vezni člen; vezni člen na prehodu med opico in človekom; *fig* **a chain is not stronger than its weakest** ~ najmanjše protislovje poruši celoto

link II [liŋk] **1.** *vt* spojiti, povezati, sestaviti (*to*, *with* s, z; *together* skupaj); **2.** *vi* spojiti se, povezati se; **to** ~ **arms (with)** prijeti se (koga) pod roko; **to** ~ **arm in** (ali **through**) **another's** prijeti koga pod roko;
link in *vi* povezati se s kom, pridružiti se komu
link on *vi* povezati se s kom, pridružiti se (*to* komu)
link up *vt & vi* povezati (se), spojiti (se), združiti (se) (*with* s, z)

link III [liŋk] *n hist* bakla

linkage [líŋkidž] *n* spojitev, spajanje, povezovanje; *tech* sklepni sestav ojnice

linkboy [líŋkbɔi] *n hist* baklonosec

linkman [líŋkmən] *n* glej **linkboy**

links [liŋks] *n pl* peščena morska obala, sipine; golfišče

link-trainer [líŋktreinə] *n aero* naprave za učenje pilotiranja (na zemlji)

link-up [líŋkʌp] *n* spojitev; vezni člen

link-verb [líŋkvə:b] *n gram* kopula; pomožni glagol

linkwork [líŋkwə:k] *n* veriga, zobatnik

linn [lin] *n Sc* slap, kotanja pod njim; prepad

linnet [línit] *n zool* repaljščica (ptica)

linoleum [linóuliəm] *n* linolej

linotype [láinətaip] *n print* linotajp, stavni stroj; ulite črke

linseed [línsi:d] laneno seme; ~ **cake** lanena pogača; ~ **oil** laneno olje; ~ **meal** moka iz lanenega semena

linsey-woolsey [línziwúlzi] **1.** *n* raševinasto polvolneno blago; *fig* slaba mešanica; **2.** *adj* polvolnen, pol bombažen; *fig* neopredeljiv

linstock [línstək] *n hist* prižigalnik pri topu

lint [lint] *n* šarpija, pukanina (za obveze)

lintel [lintl] *n archit* nadpražnik, gornje bruno (vrat, okna)

lintelled [líntid] *adj archit* ki ima nadpražnik

linty [línti] *adj* poln pukanine, puhast

liny [láini] *adj* glej **liney**

lion [láiən] *n zool* lev; *fig* junak, ugleden človek; *E pl* mestne znamenitosti; znameniti ali zloglasni ljudje; **Lion** Lev (v zodiaku); **the** ~**'s mouth** levje žrelo, *fig* tveganje, nevarnost; **to put one's head into the** ~**'s mouth** ali **to go into the** ~**'s den** podajati se v nevarnost, tvegati; **the British Lion** britanski lev, Britanci; **like a** ~ hrabro, kot lev; ~**'s share** levji delež; ~**'s skin** levja koža, *fig* junačenje; **to twist the** ~**'s tail** izzivati, žaljivo pisati o Angliji, dražiti angleškega leva; ~ **in the way** (ali **path**) nevarnost, ovira (zlasti namišljena)

lioncel [láiənsel] *n* levček

lionesque [laiənésk] *adj* levji, kot lev

lioness [láiənis] *n zool* levinja

lionet [láiənit] *n* levji mladič

lion-hearted [láiənha:tid] *adj* levjesrčen, pogumen

lion-hunter [láiənhʌntə] *n* lovec na leve; *fig* gostitelj, ki rad vabi ugledne ljudi

lionism [láiənizəm] *n* izkazovanje prevelike časti; lov za uglednimi ljudmi; *med* visok štadij gobavosti (z levjim izrazom obraza)

lionize [láiənaiz] *vt* poveličevati, izkazovati komu preveč spoštovanja; *E* pokazati mestne znamenitosti, ogledati si jih

lionlike [láiənlaik] *adj* levji, kot lev; hraber, junaški

lion-tamer [láiənteimə] *n* krotilec levov

lip I [lip] *n* ustna, ustnica; *pl* usta, šoba; *sl* predrznost, nesramnost, jezikanje; rob (jame, rane); kljun (posode); **to bite one's** ~ gristi si ustnico (v jezi), zadrževati smeh; **to carry** (ali **keep**) **a stiff upper** ~ pogumno prenašati udarce usode; **to curl one's** ~ poroglijvo se našobiti; *sl* **to give** ~ jezikati, predrzno odgovarjati, **to hang one's** ~ pobesiti nos; **to hang on s.o.'s** ~s napeto koga poslušati; **to keep a thing within one's** ~s obdržati kaj zase; **it never passed my** ~s tega nisem nikoli rekel (povedal); **we heard it from his own** ~s slišali smo ga to reči; **to lick** (ali **smack**) **one's** ~s oblizovati se; *sl* **none of your** ~! ne bodi predrzen!, ne jezikaj!; **to part with dry** ~s ločiti se brez poljuba; **there's many a slip 'twixt the cup and the** ~ do cilja je daleč; **the word escaped my** ~s beseda mi je ušla

lip II [lip] *vt* dotakniti se z usti; *poet* poljubiti; oplakovati (breg reke); mrmrati, šepetati

lip-deep [lípdi:p] *adj* neodkritosrčen, hinavski

lip-homage [líphɔmidž] *n* hinavsko laskanje

lip-language [líplæŋgwidž] *n* govorica gluhonemih

lipless [líplis] *adj* ki je brez usten

lipography [lipógrəfi] *n* izpuščanje črk ali besed (v pisavi)

lipoid [lípoid, lái~] *adj biol, chem* tolst, tolščat

lipoma [lipóumə] *n med* tolščak, bula iz tolščnega tkiva, lipom

lipomatosis [lipoumətóusis] *n med* tolščica, nagnjenje k debeljenju

lipped [lipt] *adj* ki ima ustne; ki ima kljun (posoda)

lipper [lípə] *n naut* razburkanost (morja)

lippy [lípi] *adj coll* predrzen, jezikav

lip-reading [lípri:diŋ] *n* branje z ustnic (gluhonemi)

lip-rounding [lípraundiŋ] *n* zaokroženje ustnic (črka U)

lipsalve [lípsa:v] *n* mazilo za ustnice; *fig* laskanje

lip-service [lípsə:vis] n laskanje, prazne besede (obljube, hvale)
lip-speaking [lípspi:kiŋ] n glej lip-language
lipstick [lípstik] n črtalo za ustnice
liquate [líkweit, lái~] vt čistiti rudo s taljenjem
liquation [likwéišən, lai~] n čiščenje rude s taljenjem; ~ furnace talilna peč
liquefacient [likwiféišənt] n sredstvo za utekočinjenje
liquefaction [likwifækšən] n utekočinjenje; taljenje
liquefiable [líkwifaiəbl] adj taljiv, topljiv
liquefier [líkwifaiə] n chem priprava za utekočinjenje plinov
liquefy [líkwifai] vt & vi taliti (se), topiti (se), raztopiti (se), utekočiniti (se); liquefied gas tekoči plin
liquescence [likwésəns] n taljivost, topljivost, utekočinjenje
liquescent [likwésənt] adj taljiv, topljiv, ki se da utekočiniti
liqueur [likjúə, A likɔ:] 1. n liker; 2. vt primešati šampanjcu sladkor in drugo alkoholno pijačo
liquid I [líkwid] adj (~ ly adv) tekoč, voden; prozoren (zrak), jasen (nebo), bister, vlažen (oči); čist, jasen (glas); tekoč (stih); fig nestalen, spremenljiv; econ likviden, plačila zmožen; ~ measure votla mera; ~ air mrzel in čist zrak; ~ manure gnojnica; ~ fuel tekoče gorivo; econ ~ assets obratna sredstva, obratni kapital; econ ~ debts takoj plačljivi dolgovi; econ ~ securities takoj vnovčljivi vrednostni papirji
liquid II [líkwid] n tekočina; gram likvida, jezičnik (l, r, m, n)
liquidate [líkwideit] 1. vt econ poravnati (dolg), obračunati, izplačati, saldirati (račune); likvidirati, zapreti podjetje; določiti, ugotoviti (dolžni znesek); unovčiti (vrednostne papirje); fig likvidirati, odpraviti, ubiti; 2. vi priti pod stečaj; ~d damages določena odškodnina; liquidating dividend likvidacijski delež
liquidation [likwidéišən] n econ likvidacija, ustavitev podjetja, stečaj; poravnava (dolga); ugotovitev, določitev (dolga, odškodnine); unovčitev, prodaja (vrednostnih papirjev); fig likvidacija, uboj; to go into ~ priti pod stečaj
liquidator [líkwideitə] n econ likvidator
liquidity [likwíditi] n tekoče stanje; prozornost, jasnost, čistost, bistrina; econ likvidnost, plačila zmožnost, izplačljivost
liquor I [líkə] n tekočina (zlasti alkohol), alkoholna pijača; med izcedek; izparina, voda, v kateri se je kuhala hrana; voda, ki se je uporabila pri varjenju piva; chem, pharm raztopina zdravil; in (ali disguised with ali the worse for) ~ pijan; sl to have a ~ (ali liquor-up) zvrniti ga kozarček; malt ~ sladna pijača (pivo); spirituous ~ žgana pijača; ~ traffic trgovina z žganimi pijačami
liquor II [líkə] 1. vt prepojiti usnje z oljem (maščobo), namakati slad (v pivovarni); sl popiti kozarček (up); 2. vi namakati se
liquorice [líkəris] n bot sladki koren, sladič
liquorish [líkəriš] adj pijači vdan
lira [líərə, lí:ra:] n italijanska denarna enota; turški funt
lisle [lail] n pleteno pavolnato blago (rokavice, nogavice); ~ thread pavolica

lisp [lisp] 1. n šešljanje; poet šepetanje, šumenje (vode), šuštenje (dreves); 2. vi & vt šešljati, slabo izgovarjati črko š, jecljati
lisping [líspiŋ] 1. adj (~ ly adv) šešljav, jecljajoč; 2. n šešljanje, jecljanje
lissom(e) [lísəm] adj upogljiv, gibčen, okreten
lissomeness [lísəmnis] n upogljivost, gibčnost, okretnost
lissotrichous [lisɔ́trəkəs] adj gladkolas
list I [list] n seznam, imenik; econ cenik; mil active (retired) ~ seznam aktivnih (upokojenih) častnikov; free ~ častni gostje (ki dobe brezplačne vstopnice); econ blago, ki ni carinjeno; to make (ali draw up) a ~ napraviti seznam; to strike off the ~ črtati iz seznama; econ ~ of charges popis stroškov
list II [list] 1. vt popisati, našteti, naštevati, navesti, napraviti seznam, zapisati v seznam; 2. vi econ biti naveden (at s ceno); vulg stopiti v vojsko
list III [list] 1. n (zlasti naut) nagnjenje na stran; 2. vi nagniti se na stran
list IV [list] 1. n živ rob (tkanine), obšiv, krajevina, trak; 2. vt robiti, zarobiti, tapecirati robove (vrat, oken)
list V [list] vt arch zahoteti si, želeti si; he did as him ~ napravil je po svoji volji
list VI [list] vi & vt arch & poet poslušati, slišati, prisluhniti
listen [lisn] 1. vi poslušati, prisluhniti, prisluškovati (to); 2. vt arch poslušati, prisluškovati; to ~ to reason dati se prepričati, poslušati pameten nasvet; to ~ in to (a concert) poslušati (koncert) po radiu; to ~ in on prisluškovati telefonskemu pogovoru (s pomočjo prisluškovalne naprave)
listener [lísnə] n poslušalec; prisluškovalec
listener-in [lísnərin] n poslušalec radia; prisluškovalec (telefonskemu pogovoru)
listening [lísniŋ] n poslušanje; mil ~ post prisluškovalni prostor; ~ service prisluškovalna služba
lister [lístə] n A kultivator (plug)
listing [lístiŋ] n obrobljanje, obšivanje; trak, krajevina
listless [lístlis] adj (~ ly adv) ravnodušen, brez zanimanja, apatičen
listlessness [lístlisnis] n ravnodušnost, apatičnost
list-price [lístprais] n econ katalog; A osnovna cena žita
lists [lists] n pl palisada; fig borišče, prostor za turnirje; to enter the ~ izzvati na boj; arch prijahati na borišče
lit [lit] pt & pp od to light V; sl ~ up okajen
litany [lítəni] n litanije; ~ desk klečalnik
liter [lí:tə] n A liter
literacy [lítərəsi] n pismenost, izobraženost; ~ test preizkus pismenosti (pogoj za volilno pravico)
literal I [lítərəl] adj (~ ly adv) točen, dobeseden, veren (prevod); trezen, stvaren (prikaz); prozaičen, pust, pikolovski (človek); črkoven; coll resničen, pravi; math ~ equation algebrajska enačba; the ~ truth čista resnica; a ~ flood prava povodenj
literal II [lítərəl] n print tiskarski škrat
literalism [lítərəlizəm] n veren prevod, dobesedno prevajanje; art formalizem, pretiran realizem

literalist [lítərəlist] *n* pikolovec; *art* formalist, pretiran realist

literality [litəréliti] *n* dobesednost, dobesedno tolmačenje

literalize [lítərəlaiz] *vt* dobesedno vzeti, verno prevesti

literarism [lítərərizəm] *n* slovstven izraz; knjižna raba

literary· [lítərəri] *adj* (literarily *adv*) književen, knjižen, slovstven; izobražen, učen; ~ history literarna zgodovina; ~ language knjižni jezik; ~ man književnik, leterarno izobražen človek; ~ property avtorska pravica; *cont* ~ style kosesčina

literate [lítərit] 1. *adj* pismen, (literarno) izobražen; 2. *n* pismen človek, (literarni) izobraženec; duhovnik brez univerzitetne izobrazbe (v anglikanski cerkvi)

literati [litərá:ti:, -réitai] *n pl* izobraženci, književniki, pisatelji

literatim [litəréitim] *adv Lat* dobesedno, verno

literator [lítəreitə] *n* književnik, učitelj, slovničar, izobraženec

literature [lítričə] *n* slovstvo, književnost, literature; *coll econ* tiskovine, prospekti; pisateljevanje, književniki

-lith [-liθ] *suf* kamen

litharge [líθa:dž] *n min* svinčev sijajnik

lithe [laiθ] *adj* (~ly *adv*) upogljiv, gibčen, okreten; as ~ as an eel gibčen kot jegulja

litheness [láiðnis] *n* upogljivost, gibčnost, okretnost

lithesome [láiðsəm] *adj* glej lithe

lithia (líθiə] *n chem* litijev oksid

lithic [líθik] *adj* kamnit, kameninski; *chem* litijev

lithium [líθiəm] *n chem* litij

lith(o)- [liθə] *pref* kamno-, kamen

lithochromatics [liθəkrəmætiks] *n pl* barvni tisk, litokromija

lithogenesis [liθədžénisis] *n med* litogeneza, tvorba kamnov

lithograph [líθəgra:f] 1. *n* litografija, kamnotisk; 2. *vt* litografirati

lithographer [liθógrəfə] *n* litograf

lithographic [liθəgræfik] *adj* (~ally *adv*) litografski

lithography [liθógrəfi] *n* litografija, kamnotisk

lithologist [liθólədžist] *n* litolog, proučevalec kamnov

lithology [liθólədži] *n geol* nauk o sestavi kamenin; *med* nauk o kamnih

lithophagous [liθófəgəs] *adj zool* ki jé kamenje

lithosphere [líθəsfiə] *n* litosfera, kamniti plašč zemlje

lithotomy [liθótəmi] *n med* operacija kamnov v mehurju

Lithuanian [liθjuéinjən] 1. *adj* litovski; 2. *n* litovščina; Litovec, -vka

lithy [láiði] *adj arch* glej lithe

litigable [lítigəbl] *adj jur* oporečen, sporen (tudi *fig*)

litigant [lítigənt] 1. *adj jur* pravdarski; 2. *n* pravdar

litigate [lítigeit] 1. *vi* pravdati se; 2. *vt jur* tožiti; *fig* oporekati, pobijati

litigation [litigéišən] *n jur* pravda, pravdanje, proces; *fig* spor

litigator [lítigeitə] *n jur* glej litigant 2

litigious [litídžəs] *adj* (~ly *adv*) *jur* pravdarski, ki se rad pravda; prepirljiv, sporen

litigiousness [litídžəsnis] *n* pravdarstvo, prepirljivost·

litmus [lítməs] *n chem* lakmus, modro barvilo; ~ paper lakmusov papir

litotes [lítəti:z, lái~] *n* litota, figura zanikanega nasprotja

litre [lí:tə] *n E* glej liter

litter I [lítə] *n* nosilnica; stelja (za živino); slama ali seno za pokrivanje rastlin; hlevski gnoj; odpadki, smeti, nered, razmetanost; *A* listje, odpadki na gozdnih tleh; *zool* zarod, skot; in ~ breja

litter II [lítə] 1. *vt* nastlati (živini), steljariti (*down*); pokriti rastline s slamo ali senom; nasmetiti, onesnažiti (*with*); razmetati (po sobi); ležati razmetan (*up*); *zool* skotiti; 2. *vi zool* povreči; *vulg* roditi

littery [lítəri] *adj* nastlan, razmetan, nemaren

little I [litl] *adj* majhen, neznaten; kratek; malo; slaboten (glas); malenkosten; nepomemben; omejen; *ir* reven, beden; ~ one malček; the ~ ones otročički, malčki; the ~ Browns Brownovi otroci; the ~ majhni, nepomembni ljudje; big (ali great) and ~ pomembni in nepomembni ljudje; a ~ man mali mož, *fig* niče; the ~ people palčki; the ~ finger mezinec; a ~ way kratka pot; a ~ while kratek čas, trenutek; ~ hope malo upanja; ~ minds omejenci, malenkostni ljudje; his ~ intrigues njegovo bedne spletke; *coll* ~ Mary želodec, prebava; the Little Masters skupina nemških risarjev in bakrorezcev v 16. in 17. stoletju; I know his ~ ways poznam njegove zvijače; *astr* Little Bear Mali medved; *astr* Little Dipper Mali voz; *pol hist* Little Entente mala antanta; Little Red Ridinghood Rdeča Kapica; Little Russian Malorus, Ukrajinec; ~ theater mali oder, eksperimentalno gledališče

little II [litl] *adv* malo, komaj kaj, slabo, sploh ne, redko; ~ known malo znan; he ~ knows sploh ne ve; ~ does he know nima pojma, še sanja se mu ne; I see him very ~ redko (malo) ga vidim

little III ['itl] *n* malenkost; a ~ malo, nekaj; ~ or nothing skoraj nič; not a ~ precej; for a ~ za kratek čas; ~ by ~ ali by ~ and ~ po malem, počasi; by ~s v majhnih količinah, po malem; in ~ po malem; to make ~ of podcenjevati; after a ~ čez kakšen trenutek

little-ease [lítli:z] *n hist* tesna celica (v ječi); *fig* beda

Little-Englander [lítlíŋgləndə] *n pol* nasprotnik angleške imperialistične politike

little-go [lítlgou] *n E coll* prvi diplomski izpit na univerzi v Cambridgeu

little-known [lítlnoun] *adj* malo znan

littleness [!ítlnis] *n* malenkost nepomembnost, malenkostnost

littlish [lítliš] *adj* precej majhen

littoral [lítərəl] 1. *adj* primorski, obalen, obrežen; 2. *n* primorje, obalno področje; točka na morski obali med najvišjim in najnižjim stanjem vode

liturgical [litó:džikəl] *adj* (~ly *adv*) liturgičen

liturgics [litó:džiks] *n pl* liturgika, obredoslovje

liturgy [lítədži] n liturgija, cerkveni obredi
livable [lívəbl] adj znosen (življenje); prikladen (stanovanje); družaben (človek)
live I [laiv] attrib adj živ; hum pravi; goreč, živ (ogenj, cigareta, žerjavica); fig živahen, svež, aktiven, energičen, vitalen; aktualen, pereč; coll buden; neprižgan (vžigalica), nerazstreljen (granata), oster (naboj); el nabit z elektriko (žica); direkten (radio, TV prenos); mech gonilen, ki se premika; print pripravljen za tisk; ~ axle gonilna os; ~ coal žerjavica; ~ issue aktualno vprašanje; ~ oak zimzeleni hrast; ~ transmission direkten prenos
live II [liv] 1. vi živeti, trajati, zdržati; preživeti; stanovati, živeti; 2. vt preživljati; to ~ to be old ali to ~ to a great age dočakati visoko starost, dolgo živeti; to ~ close živeti pretirano skromno; to ~ in a small way skromno živeti; to ~ in clover živeti v obilju, živeti brezskrbno; to ~ fast razuzdano živeti; to ~ a lie živeti čez svoje razmere; to ~ from hand to mouth živeti iz rok v usta; ~ and learn! učiš se vse življenje; to ~ by painting živeti od slikanja; to ~ to o.s. sam zase živeti; to ~ within o.s. povleči se vase, živeti po svoje; ~ and let ~ daj še drugim živeti, živi in pusti še druge živeti; to ~ a double life živeti dvojno življenje; the dead ~ on in our hearts mrtvi živijo dalje v naših srcih; to ~ to see doživeti; to ~ off one's capital živeti od svojega kapitala; to ~ by one's wits znajti se v življenju, živeti od sleparstva; ~ wage mezda, ki komaj zaleže za življenje
live away vi brezskrbno živeti
live down vt živeti tako, da ljudje pozabijo stare grehe
live in vi stanovati, živeti v podjetju (kjer delaš)
live out 1. vt preživeti, vzdržati; 2. vi stanovati, živeti zunaj (ne v podjetju); to ~ the night preživeti noč
live through vt preživeti, prestati kaj
live up vi izkazati se vrednega (to); sl to live it up biti razvraten
live (up)on vi živeti od česa; prehraniti se s čim; biti odvisen od koga; to ~ the fat of the land živeti v izobilju; he lives on his wife žena ga preživlja; to live on fruit (one's salary) živeti ob sadju (svoji plači); to live on air živeti od zraka
live-circuit [láivsó:kit] n el električni tokovod pod napetostjo
livelihood [láivlihud] n preživljanje, prehranitev, vsakdanji kruh; to make (ali earn, gain) a (ali one's) ~ zaslužiti za vsakdanji kruh; to pick up a scanty ~ životariti
liveliness [láivlinis] n živahnost; mil sl a certain ~ močno obstreljevanje
livelong [lívlən] adj poet ves (dan, noč itd.); the ~ day ves božji dan
lively [láivli] adj (livelily adv) živahen, živ (razprava, barva, duh itd.); močen, vitalen (čustvo); razburljiv (čas); peneč (pijača); hiter, vesel, gibčen, prožen (žoga itd.); to make things ~ for s.o. podkuriti komu; ~ hope trdno upanje
liven [láivn] vt & vi (zlasti z up) razživeti (se), prinesti življenje v kaj

liver I [lívə] n človek, stanovalec; a clean ~ krepošten človek; a good ~ sladokusec; a fast (ali loose) ~ lahkoživec, razuzdanec; town ~ meščan
liver II [lívə] n anat jetra; fig hot ~ vročekrvnost, strastnost; white (ali lily) ~ strahopetnost
live-rail [láivréil] n tračnica pod električno napetostjo
liver-complaint [lívəkəmpléint] n med bolezen jeter
livered [lívəd] adj ki ima jetra; white ~ strahopeten
liver-hearted [lívəha:tid] adj strahopeten
liveried [lívərid] adj livriran
liverish [lívəriš] adj coll bolan na jetrih; fig žolčen, siten, razdražljiv
liverless [lívəlis] adj ki je brez (zdravih) jeter
liver-oil [lívəroil] n ribje olje
Liverpudlian [livəpádliən] 1. adj hum liverpoolski; 2. n prebivalec Liverpoola
liver-wing [lívəwiŋ] n E desna perut (pripravljene perjadi); hum desna roka
liverwort [lívəwə:t] n bot jetrnik
liverwurst [lívəwə:st] n jetrna klobasa
livery I [lívəri] adj temno rdeč; E bolan na jetrih; fig žolčen, siten, razdražljiv; E lepljiv, skop (zemlja)
livery II [lívəri] n livreja; cehovska obleka; uradna uniforma; hist vazalska noša; član londonskega ceha; fig obleka, noša; oskrba konj (za plačilo); jur predaja lastništva, predajna listina; hist oskrba s hrano ali obleko; ~ servant livriran sluga; out of ~ nelivriran (sluga); in ~ livriran; animals in their winter ~ živali v zimski preobleki; ~ of woe (žalna) črnina; ~ company londonski ceh; to take up one's ~ postati član londonskega ceha; ~ fine pristopna taksa za članstvo v cehu; ~ stable konjušnica, konjski hlev; ~ and bait plačilo za oskrbo konja; to keep horses at ~ imeti konje v oskrbi (za plačilo); jur to sue for (one's) ~ sodno zahtevati prevzem lastništva; jur to receive in ~ prevzeti lastništvo
liveryman [lívərimən] n član londonskega ceha; lastnik konjskega hleva (ki jemlje konje v oskrbo)
livestock [láivstok] n živina, živ inventar; sl živad
live-weight [láivweit] n živa teža
live-wire [láivwaiə] n el z elektriko nabita žica; fig podjeten človek
livid [lívid] adj modrosiv, modrikast, bled (with); E coll ves iz sebe, jezen
lividity [lívíditi] n modrikavost, bledica
living I [líviŋ] adj živ, živeč, življenjski, živahen; veren; the ~ živi (ljudje); while ~ za časa življenja; within ~ memory odkar ljudje pomnijo; ~ death beda; ~ embers živa žerjavica; ~ portrait verna slika; ~ rock živa skala
living II [líviŋ] n življenje, preživljanje, vsakdanji kruh; eccl dohodek, nadarbina; to make (ali earn) one's ~ preživljati se; to make a ~ out of preživljati se s čim, živeti od česa
living-room [líviŋrum] n dnevna soba
living-space [líviŋspeis] n življenjski prostor
living-wage [líviŋweidž] n econ eksistenčni minimum (zaslužek)

lixiviate [liksívieit] *vt* lužiti, s filtriranjem ločiti topljivo snov od netopljive

lixiviation [liksiviéišən] *n* luženje, ločitev topljive snovi od netopljive (s filtriranjem)

lixivium [liksíviəm] *n* lug

lizard [lízəd] *n zool* kuščar; *E* the Lizard rt Lizard, najjužnejša točka Anglije

llama [lá:mə] *n zool* lama; lamja volna

llano [lá:nou] *n* lano

Lloyd's [lóidz] *n* londonska pomorska zavarovalna družba; A 1 at ~ prvovrsten, odličen; ~ register letni popis vseh ladij, zavarovanih pri Lloydu

lo [lou] *int* glej!; ~ and behold! glej!, glej!

Lo [lou] *n hum* Indijanec

loach [louč] *n zool* smrkež (riba)

load I [loud] *n* tovor; breme (tudi *fig*); naboj (električni, strelnega orožja); upor (mehanični); *archit* obremenitev, nosilnost; število delovnih ur, delovna norma; *pl coll* obilje; *A sl* dobra mera alkohola; ~ factor faktor obremenitve; cart-~ breme (sena, krompirja); ~s of na kupe, mnogo; a ~ on the mind breme na duši; to take a ~ off one's mind rešiti se skrbi, odvaliti kamen od srca; under ~ natovorjen; *A sl* get a ~ of this dobro poslušaj; *A sl* to have a ~ on biti nacejen

load II [loud] 1. *vt* naložiti, natovoriti (*up*); natlačiti, naprtiti; nabiti (puško); obsuti, obsipati (*with*; s pohvalami, delom itd.); obremeniti, napolniti (želodec); obtežiti (zlasti zaradi goljufije); ponarediti (vino); z doplačili povišati (ceno); 2. *vi* nabiti se, napolniti se; živahno kupovati na borzi; to ~ the camera dati film v kamero; to ~ dice obtežiti igralne kocke (zaradi goljufije); *fig* goljufati pri igri

load in *vt* nakladati

load up *vi* natovoriti; *coll* najesti se

load out *vt* razkladati

load-carrier [lóudkæriə] *n* majhen tovornjak, kombi

load-displacement [lóuddispléismənt] *n naut* od ladje izpodrinjena voda

loaded [lóudid] *adj* natovorjen, naložen, natlačen, obremenjen; nabit (puška); *A sl* pijan; ~ cane (ali stick) s težko kovino napolnjena palica (orožje); ~ dice obtežene igralne kocke (zaradi goljufije pri igri); *fig* the dice are ~ against him slabo mu kaže, nič dobrega se mu ne obeta; ~ wine ponarejeno vino; z omamilom pomešano vino

loader [lóudə] *n* nakladač; kdor nabija orožje; nabijalnik (priprava); *mech* priprava za nakladanje

loading [lóudiŋ] *n* nakladanje; tovor, breme; nosilnost; nabijanje (orožja); *aero, el, tech* obremenitev; *econ* posebni dodatek na zavarovalno premijo; ~ bridge nakladalni most; *naut* ~ berth navez; ~-gauge nakladalna mera; ~ plant nakladišče; ~ platform rampa, nakladališče; ~ station polnišče

load-line [lóudlain] *n naut* Plimsollova črta; črta, do katere sme potoniti natovorjena ladja

loadstar [lóudsta:] *n* glej lodestar

loadstone [lóudstoun] *n min* magnetovec; *fig* privlačna sila, magnet

load-waterline [lóudwə:təlain] *n* glej load-line

loaf I [louf] *n* hlebec, štruca; čok sladkorja; *E* glava (zeljnata, salate); *sl* buča (glava); half a ~ is better than no bread bolje malo ko nič; *fig* loaves and fishes osebni dobiček, korist (kot razlog za opravljanje javne službe ali izpoved vere)

loaf II [louf] *vi* zavijati se v glavo (zelje, salata)

loaf III [louf] *n* postopanje, pohajkovanje; to have a ~ postopati

loaf IV [louf] 1. *vi* pohajkovati, postopati, lenariti; 2. *vt* (*away*) zapravljati čas; *coll* to ~ on s.o. zapravljati čas na račun ali stroške drugega

loafer [lóufə] *n* postopač, lenuh; *A* mokasin (čevelj)

loaf-sugar [lóufšugə] *n* čok sladkorja

loam [loum] *n* ilovica, glina

loamy [lóumi] *adj* ilovnat, glinast

loan I [loun] *n* posojilo, posojanje, sposojanje; sposojenka (beseda); on ~ sposojeno, na posojo; may I have the ~ of? si lahko sposodim?; to take up a ~ on s.th. vzeti posojilo na kaj; government ~ državno posojilo; *econ* ~ on securities lombardno posojilo

loan II [loun] *vt A* posoditi (*to*)

loanable [lóunəbl] *adj* ki se da posoditi

loan-collection [lóunkəlekšən] *n* zbirka slik, ki jih lastnik posodi za razstavo

loanee [louní:] *n* dolžnik, -nica, sposojevalec, -lka

loaner [lóunə] *n* upnik, -nica, posojevalec, -lka

loan-office [lóunəfis] *n* posojevalnica, zastavljalnica, urad za vpisovanje državnega posojila

loan-holder [lóunhouldə] *n* glej loaner

loan-shark [lóunša:k] *n A coll* oderuh

loan-society [lóunsəsaiəti] *n* blagajna vzajemne pomoči

loan-word [lóunwə:d] *n* sposojenka, sposojena beseda

loath [louθ] *adj* (samo predikativen): nerad, nenaklonjen; I am ~ to trouble you nerad te vznemirjam; nothing ~ kar rad, kar pripravljen; loath-to-depart odhodnica (glasba); to be ~ for s.o. to do s.th. biti proti temu, da kdo kaj naredi

loathe [louð] *vt* mrzeti, sovražiti, gabiti se, studiti se

loathing [lóuðiŋ] *n* gnus, stud, mrzenje, odvratnost (*at* do)

loathingly [lóuðiŋli] *adv* z gnusom, s studom

loathly [lóuðli] *adj arch* glej loathsome

loathsome [lóuðsəm] *adj* (~ly *adv*) ogaben, ostuden, priskuten, zoprn, oduren

loathsomeness [lóuðsəmnis] *n* gnusoba, priskutnost, zoprnost, ostudnost, odurnost

loaves [louvz] *n pl* od loaf I

lob [ləb] 1. *n sp* visoka žoga, lob (pri tenisu); *dial* neotesanec, teslo; 2. *vt & vi sp* visoko vreči žogo; *dial* okorno se gibati (*along*)

lobar [lóubə] *adj* glej lobular

lobby I [lóbi] *n* prednja soba, preddverje, veža, predsoba, čakalnica; *parl* kuloar v skupščini; *A* kuloarski politiki; gledališki foyer

lobby II [lóbi] 1. *vi* (zlasti *A*) *parl* vplivati na poslance; spletkariti; 2. *vt* (zlasti *A*) pritiskati na poslance da sprejmejo zakon (*through*); razpravljati o čem v preddverju skupščine; to ~

against (for) vplivati na poslance proti (za) sprejetju (-je) zakona

lobbying [lóbiiŋ] *n pol* metoda političnega pritiska na zakonodajalce

lobbyism [lóbiizəm] *n pol* kuloarska politika

lobbyist [lóbiist] *n pol* kuloarski politik

lobe [loub] *n anat* ušesna mečica; *bot* mečiček; loputica, krpa (pljučna, jetrna)

lobed [loubd] *adj* krpast, loputast

lobeless [lóublis] *adj* ki nima loputice (krpe)

lobelia [loubí:ljə] *n bot* lobelija

loblolly [lóbləli] *n bot* južnoameriški bor; gosta ovsena kaša; *naut* ~ **boy** (ali **man**) pomočnik ladijskega zdravnika

lobo [lóubou] *n zool* sivi ameriški volk

lobscouse [lóbskaus] *n naut* mornarjeva menaža

lobster [lóbstə] *n zool* jastog; *arch sl* angleški vojak (v rdeči uniformi); ~ **-pot** priprava za lov na jastoge; **red as a** ~ rdeč ko kuhan rak; ~ **thermidor** jastogova jed z gobami in smetanovo omako

lobster-eyed [lóbstəraid] *adj* izbuljenih oči

lobular [lóbjulə] *adj* loputast, krpast

lobule [lóbjul] *n anat, bot, zool* krpica, mečica

lobworm [lóbwə:m] *n zool* črv, glista (za ribolov)

local I [lóukəl] *adj* (~ **ly** *adv*) lokalen, krajeven, mesten, tukajšnji; ~ **call** mestni telefonski poziv; ~ **colour** lokalni kolorit; ~ **custom** krajevni običaj; ~ **government** krajevna uprava; *econ* ~ **bill** domicil menice; ~ **rates** občinske pristojbine; ~ **train** lokalni vlak; *med* ~ **an(a)esthesia** lokalna anastezija; *A mil* ~ **aid post** vojaško obvezovališče, kraj prve pomoči

local II [lóukəl] *n* lokalni vlak; lokalna novica; *A* krajevni program (radio, TV); meščan, krajan; krajevna poštna znamka; *E coll* izpit v krajevni šoli pred univerzitetno komisijo; *A coll pl* krajevno moštvo

locale [louká:l, ~kæl] *n* prizorišče, scena

localism [lóukəlizəm] *n* lokalizem, krajevna posebnost, krajevno narečje; lokalni patriotizem; *fig* omejenost, ozkosrčnost

locality [loukæliti] *n* kraj, prostor, prizorišče; **sense of** ~ čut za orientacijo

localizable [lóukəlaizəbl] *adj* ki se da lokalizirati

localization [loukəlaizéišən] *n* lokalizacija; omejitev na en kraj; osredotočenje (*upon* na; pozornosti)

localize [lóukəlaiz] *vt* lokalizirati, omejiti na en kraj (*to*); usrediti (*upon* na)

localizer [lóukəlaizə] *n* lokalizator; *el* ~ **beam** črta prevodnica

locate [loukéit] *vt* poiskati, najti, zaslediti; *A* najti prostor (za urad), namestiti, določiti meje zemljišča; *naut* določiti lego; *mil* dognati, najti (cilj); **to be** ~ **d** ležati, nahajati se, stanovati

location [loukéišən] *n* namestitev, prostor, lokacija; prizorišče zunanjega snemanja (film); določitev prostora, položaja (tudi *mil*); *Austr* farma; *A* zemljišče; *A* rudišče; ~ **scene** scena zunanjega snemanja (film); **on** ~ pri zunanjem snemanju

locative [lókətiv] *n gram* lokativ, mestnik

locator [loukéitə] *n A* polnopraven naseljenec

loch [lək, ləh] *n Sc* jezero, ozek zaliv

lochia [lóukiə] *n med* porodna čišča

loci [lóusai] *n pl* od **locus**

lock I [lək] *n* koder, pramen (las), kosem (prediva), šop

lock II [lək] *n* ključavnica; zapiralnik, zapiralo, zapirač (pri puški); zavora, zaviralo, zastoj v prometu; zatvornica, zapornica; *sp* čvrst prijem (rokoborba); **dead** ~ popoln zastoj v prometu; **to pick a** ~ vlomiti; *fig* ~, **stock, and barrel** vse skupaj, vse povprek, popolnoma; **under** ~ **and key** pod ključem, zaklenjen; *E* **Lock Hospital** bolnišnica za spolne bolezni

lock III [lək] **1.** *vt* zakleniti, zaklepati (tudi *up*); zapreti, zakleniti (*in, into* v); zavirati (kolesa), okleniti, oklepati, obdajati (hribi), objeti (koga); stisniti (čeljusti), prekrižati (roke); tesno povezati, pričvrstiti; spraviti ladjo skozi zatvornico (*up, down* navzgor, navzdol po kanalu); **2.** *vi* zakleniti se, zaklepati se; zapreti se, zapirati se; zaplesti se; biti blokiran; dati se obračati z blokiranjem prednjih koles; pluti skozi zatvornice; **to** ~ **the door against s.o.** zakleniti se pred kom; ~ **ed** zagozden, blokiran, tesno objet; *fig* **to** ~ **horns with** spreti se s kom; **to** ~ **the stable door after the horse has been stolen** po toči zvoniti;

lock away *vt* spraviti pod ključ, zakleniti kaj

lock in *vt* zakleniti koga v sobo (hišo); obdajati

lock out *vt* zakleniti hišo pred kom; prekiniti delo (delodajalec)

lock up 1. *vt* spraviti koga pod ključ (v zapor, norišnico); **2.** *vi* zakleniti, zapreti; **to** ~ **o.s. up** zakleniti se; ~ **ed up capital** mrtev kapital

lockage [lókidž] *n* sistem rečnih zatvornic, pristojbina za plovbo skozi zatvornico

lock-box [lókbɔks] *n* kaseta s ključavnico

lock-chain [lókčein] *n* varnostna verižica na vratih

locker [lókə] *n* omarica s ključavnico; skrinja; ključar; **to go to Davy Jones's** ~ utopiti se, oditi na dno morja; **not a shot in the** ~ brez beliča v žepu

locker-plant [lókəpla:nt, ~plænt] *n* hladilnica (stavba)

locker-room [lókərum] *n* oblačilnica

locket [lókit] *n* medaljon, obesek; *mil* kovinska sponka na bajonetu (za pripenjanje na pas)

lockfast [lókfa:st, ~fæst] *adj* pod ključem, zaklenjen

lockgate [lókgeit] *n* zaporna vrata (pri zapornici)

Lockian [lókiən] *n phil* pristaš idej Johna Lockea

lockjaw [lókdžɔ:] *n med* tetanus, otrpni krč

lock-keeper [lókki:pə] *n* zaporničar

lockless [lóklis] *adj* ki je brez ključavnice

lock-nut [lóknʌt] *n* protimatica

lock-out [lókaut] *n* začasen razpust delavcev, prenehanje z delom (s strani delodajalca)

lock-saw [lóksɔ:] *n* luknjarica (žaga)

locksman [lóksmən] *n* glej **lock-keeper**

locksmith [lóksmiθ] *n* ključavničar

lock-step [lókstep] *n mil* korakanje v gosjem redu

lock-up [lókʌp] *n* zapiranje, zaklepanje; konec pouka; šolski pripor; kar se da zaklepati; *econ* vezana vloga, mrtev kapital

lock-washer [lókwɔšə] *n tech* vzmetni obroček

loco [lóukou] **1.** *adj A sl* blazen, nor; **2.** *n* ameriška strupena stročnica; okrajšava za lokomotivo

loco citato [lóukousaitéitou] *adv Lat* kakor je zgoraj navedeno

locomote [lóukəmout] *vi biol* premikati se, premakniti se

locomotion [loukəmóušən] *n* gibanje, potovanje s kraja v kraj

locomotive I [lóukəmoutiv] *adj* premičen, premikalen, gibalen; *hum* ki vedno potuje; **a ~ person** večen potnik; **~ engine** lokomotiva; **~ organs** noge, premikalni organi

locomotive II [lóukəmoutiv] *n* lokomotiva; kdor se premika (človek, žival); *pl sl* noge

locomotor [lóukəmoutə] **1.** *n* kdor ali kar se premika; **2.** *adj* premičen, gibalen, premikalen

locular [lókjulə] *adj bot* predalčast; *zool* prekaten

loculus [lókjələs] *n zool, bot, anat* celica, prekat; *bot* plodničen predal

locum-tenency [lóukəmtí:nənsi] *n* začasno nadomeščanje (zlasti duhovnika, zdravnika)

locum-tenens [lóukəmtí:nənz] *n* začasni namestnik (zlasti duhovnika, zdravnika)

locus [lóukəs] *n* mesto, kraj, prostor; **~ classicus** avtoritativen odlomek v knjigi; **~ sigili** mesto pečata; *jur* **~ standi** pravica do zaslišanja

locust [lóukəst] *n zool* kobilica; *fig* lakomnež, parazit; *bot* rožičevec, vrsta akacije

locution [ləkjú:šən] *n* izražanje, stilni izraz, frazeologija

locutory [lókjutəri] *n* soba (ali rešetka) za pogovor v samostanu

lode [loud] *n min* rudna žila; *E* odvodni kanal iz močvirja

lodestar [lóudsta:] *n* zvezda vodnica, severnica; *fig* vodilo, cilj

lodestone [lóudstoun] *n* glej loadstone

lodge I [lodž] *n* vratarjeva loža; lovska koča; koča, hišica, vrtna hišica; prostozidarska loža; skrivno društvo, njihovo shajališče; bobrov brlog, vidrina; *A* indijanski šotor, vigvam

lodge II [lodž] **1.** *vt* nastaniti, vzeti pod streho, prenočiti koga, spraviti v zapor; spraviti, uskladiščiti (*in* v, *with* pri); položiti, deponirati, shraniti, vplačati (*with* pri); predati (oblast), pooblastiti, poveriti (*with* s, z); *jur* vložiti (tožbo, pritožbo), (*with* pri); *econ* odpreti (kredit); zadeti cilj (strel), dobro zadeti (udarec); poleči (žito); **2.** *vi* stanovati, nastaniti se (zlasti začasno), prenočiti; skriti se (divjad); zatakniti se, zaustaviti se (izstrelek); **to ~ o.s.** nastaniti se, naseliti se; **~d behind bars** v zaporu, za rešetkami; **to ~ a stag** spraviti jelena v brlog; **to ~ information against** prijaviti koga; **to ~ a complaint** vložiti tožbo, tožiti

lodgement [lódžmənt] *n* glej lodgment

lodger [lódžə] *n* stanovalec, podnajemnik

lodging [lódžiŋ] *n* stanovanje, nastanitev; *pl* (opremljene) najete sobe; **board and ~** hrana in stanovanje; **night's ~** prenočevanje; **the Lodgings** službeno stanovanje predstojnika v koledžu

lodging-house [lódžiŋhaus] *n* penzion, gostišče

lodgment [lódžmənt] *n* bivanje, nastanjenje; *econ* deponiranje, vlaganje; polog; *mil* utrjevanje, oporišče, okop; *jur* vložitev (tožbe itd.); nakladanje, sloj; *mil* **~ area** kraj, kjer se izkrcajo in vkopajo čete

loess [lóuis] *n geol* rečna naplavina, aluvialna zemlja, prhlica

loft I [loft] *n* podstrešje; kašča, svisli; galerija (v cerkvi ali dvorani), mostovž; golobnjak, jata golobov; visok udarec (golf)

loft II [loft] *vt* spraviti na podstrešje, v kaščo; (golf) visoko zalučati žogo; poslati žogo čez zapreko; imeti (golobe) v golobnjaku

lofter [lóftə] *n* (golf) kdor visoko zaluča

loftiness [lóftinis] *n* višina, vzvišenost, veličastnost; nadutost, oholost, aroganca

lofty [lófti] *adj* (**loftily** *adv*) zelo visok; *fig* vzvišen, veličasten; nadut, ohol, aroganten

log I [log] *n* hlod, klada, (posekano) deblo, dolgi les; *naut* brzinomer na ladji, ladijski dnevnik; *Austr sl pl* zapor; **in the ~** neobtesan (deblo); **like a ~** kot klada; **to fall like a ~** pasti kot klada; **to sleep like a ~** spati kot polh; **King Log** nesposoben človek na visokem položaju; *pol* **roll my ~ and I'll roll yours** roka roko umiva; **A to roll a ~ for s.o.** napraviti komu uslugo; **A as easy as falling off a ~** otročje lahko; **~ of wood** seženjsko poleno; *naut* **to heave (ali throw) the ~** meriti brzino ladje

log II [log] *vt* razžagati na hlode; *naut* vpisati krivca v ladijski dnevnik, naložiti krivcu kazen; prevoziti (število vozlov) na dan

logan [lógən] *n geol* (velik) kamen, ki se lahko odkruši

loganberry [lóugənberi] *n bot* križanka med robidnico in malino

logan-stone [lógənstoun] *n* glej logan

logarithm [lógəriθm, ~ðəm] *n math* logaritem

logarithmic [logəríθmik, ~íðm~] *adj* (**~ally** *adv*) logaritmičen; **~ tables** logaritmične tablice

log-book [lógbuk] *n naut* ladijski dnevnik; šolski dnevnik; kontrolna knjiga, dnevnik podjetja; dnevnik potovanja; *aero* dnevnik letenja

log-cabin [lógkæbin] *n* kladara, brunarica

loge [lóuž] *n* gledališka loža; kočica

log-frame [lógfreim] *n tech* strojna žaga (za deske)

logged [logd] *adj* prepojen (z vodo); težek, okoren

logger [lógə] *n A* drvar, gozdni delavec; nakladalni stroj (za hlode)

loggerhead [lógəhed] *n* butec; priprava za topljenje smole; *zool* vrsta grlice; **at ~s with** v prepiru s kom; **to fall (ali get, go) to ~s** spreti se, stepsti se; **~ turtle** vrsta karete (želva); primitivna potapljaška priprava

loggia [lódžə] *n archit* polodprt obokan prostor, loggia

logging [lógiŋ] *n A* drvarsko delo

log-glass [lóggla:s, ~glæs] *n* vrsta peščene ure

log-hut [lóghʌt] *n* glej log-cabin

logic [lódžik] *n* logika; doslednost, prepričevalnost; **to chop ~** dlako cepiti

logical [lódžikəl] *adj* (**~ly** *adv*) logičen, dosleden, nujen, naraven; **~ designer** konstruktor elektronskih računalnikov

logicality [lədžikǽliti] *n* logičnost, nujnost

logician [loudžíšən] *n* logik

logistics [loudžístiks] *n pl mil* nauk o zaledni službi

logogram [lógəgræm] *n* samoznak (v stenografiji)

logogriph [lógəgrif] *n* logogrif (uganka)

logomachy [logóməki] *n* besedni prepir, dlakocepstvo

logotype [lógətaip] *n print* logotip, ulivek

logroll [lógroul] **1.** *vi* iti si na roko (politiki itd.); **2.** *vt pol* s skupnimi močmi izglasovati (zakon), poskušati pridobiti koga ali vplivati na koga

logrolling ['ógrouliŋ] *n A* politična mahinacija, korupcija, pomoč v pričakovanju protiusluge

log-wood [lógwud] *n bot* višnjeva pražiljka

logy [lóugi] *adj A* počasen, len, butast

loin [lɔin] *n anat* ledja (zlasti *pl*); ledvena pečenka; **to gird up one's ~s** pripraviti se za potovanje, *fig* pripraviti se na napor, zasukati rokave; **sprung from the ~s of** potomec koga

loin-cloth [lɔ́inklɔθ] *n* predpasnik okoli bokov (oblačilo)

loir [lɔ́iə, lwa:] *n zool* polh

loiter [lɔ́itə] *vi* postopati, pohajkovati; **to ~ along** vleči se, mečkati; **to ~ away** zapravljati čas

loiterer [lɔ́itərə] *n* postopač, lenuh

loligo [lɔláigou] *n zool* vrsta sipe, kalamar

loll [lɔl] **1.** *vt* pretezati (ude), iztegniti (jezik), povesiti glavo; **2.** *vi* pretezati se, leno poležavati, pasti lenobo; viseti (jezik, *out*); **to ~ about** postavati, postopati, vleči se

Lollard [lɔ́lə:d] *n* pristaš Wycliffa v Angliji in Škotski (14., 15. stol.)

lolling [lɔ́liŋ] *adj* (**~ly** *adv*) iztegnjen, viseč, poležavajoč

lollipop [lɔ́lipəp] *n* lizika (sladkorček)

lollop [lɔ́ləp] *vi* majavo hoditi

Lombard Street [lɔ́mbədstri:t] *n* bančno središče Londona, bankirji

Londoner [lʌ́ndənə] *n* Londončan, (-ka)

Londonism [lʌ́ndənizəm] *n* londonska (jezikovna) posebnost

lone [loun] *adj* (atributivno) sam; osamel, samoten; neporočena, samska (ženska); **to play a ~ hand** igrati karte sam proti drugim igralcem, *fig* delati brez pomoči in podpore

loneliness [lóunlinis] *n* osamelost, samota

lonely [lóunli] *adj* sam, osamel, samoten, osamljen, zapuščen; *A* **coll to be ~ for** hrepeneti po

lonesome [lóunsəm] *adj* (**~ly** *adv*) glej **lonely**

lonesomeness [lóunsəmnis] *n* glej **loneliness**

Lone-Star State *n* vzdevek za Teksas

long I [lɔŋ] *adj* dolg; dolgotrajen, dolgovezen; *jur* časovno odmaknjen; (zlasti *econ*) dolgoročen; *econ* čakajoč na zvišanje cen; **~ arm** dolga roka, oblast; **to make a ~ arm** iztegniti roko po čem; **at ~ bowls** borba na daljavo; *A* **~ bit** kovanec za 15 centov; **as broad as it is ~** vseeno; **a ~ chair** ležalnik; **by a ~ chalk** in še kako; **not by a ~ chalk** kje neki; **~ clay** dolga pipa; *econ* **a ~ date** dolg rok; **~ dozen** 13 kosov; **a ~ drink** pijača iz visokega kozarca; **~ ears** neumnost; **little pitchers have ~ ears** otroci vse slišijo; **a ~ family** mnogoštevilna družina; **the ~ finger** sredinec; **~ in the finger** tatinski, dolgoprst; **a ~ face** kisel, žalosten obraz; **a ~ figure** (ali **price**) visoka cena; **a ~ guess** negotova domneva; **~ hundred** 120 kosov; **~ hundredweight** angleški cent (50.8 kg); **to have a ~ head** biti preudaren, bister, daljnoviden; **~ home** grob; **~ haul** prevoz ali promet na veliko daljavo; *sp* **~ jump** skok v daljino; **it is a ~ lane that has no turning** nobena stvar ne traja večno, vsaki nesreči je enkrat kraj; **~ measure** dolžinska mera; **two ~ miles** dve dobri milji;

econ **to be on the ~ side of the market** ali **to be ~ of the market** špekulirati na višje cene; **to make a ~ nose** pokazati osle; **~ odds** neenaka stava; **~ in oil** bogat z oljem, z mnogo olja; **it is ~ odds that** stavim 1 proti 100; **a ~ purse** globok žep, mnogo denarja; *naut sl* **~ pig** človeško meso (hrana ljudožrcev); **gentlemen of the ~ robe** pravniki, odvetniki; **in the ~ run** končno, konec koncev; **~ sight** daljnovidnost (tudi *fig*); **of ~ standing** dolgoleten, star; **to be** (ali **take**) **a ~ time in** dolgo potrebovati za; **Long Tom** daljnosežen top; **to have a ~ tongue** imeti dolg jezik; **~ in the tooth** starejša, kakor hoče priznati; **~ vacation** letni oddih, poletne počitnice; **to have a ~ wind** imeti dobra pljuča, dobro teči, *fig* dolgovezno govoriti; **to take ~ views** misliti na posledice; **a ~ way round** velik ovinek

long II [lɔŋ] *adv* dolgo; **as** (ali **so**) **~ as** dokler, samo če; **~ after** dolgo potem; **~ ago** zdavnaj; **not ~ ago** pred kratkim; **as ~ ago as 1900** že l. 1900.; **~ before** že zdavnaj prej; **~ since** že davno; **all day ~** ves dan; **so ~!** na svidenje!; **don't be ~** ne pomudi se; **to be ~ in doing s.th.** potrebovati mnogo časa za kaj napraviti; **I won't be ~** ne bom dolgo odsoten; **he won't be ~ for this world** ne bo več dolgo živel; **no** (ali **not any**) **~er** nič več, ne delj; **to hold out ~er** dlje zdržati

long III [lɔŋ] *n* dolg čas; dolžina, dolg glas, dolg zlog; *E* velike počitnice; *pl* dolge hlače; **at (the) ~est** najdlje; **before ~** kmalu; **for ~** za dolgo časa; **to take ~** dolgo potrebovati; **the ~ and the short of it** bistvo tega, z eno besedo, na kratko

long IV [lɔŋ] *vi* hrepeneti, poželeti (*for*); **the ~ed-for rest** težko pričakovan počitek

long-ago [lɔ́ŋəgóu] *adj* zdavnaj minul, star

longanimity [lɔŋgənímiti] *n* prizanesljivost, potrpežljivost

longanimous [lɔ́ŋgǽniməs] *adj* prizanesljiv, potrpežljiv

long-bill [lɔ́ŋbil] *n zool* dolgokljuna ptica (zlasti kljunač)

longboat [lɔ́ŋbout] *n naut* največji ladijski čoln

longbow [lɔ́ŋbou] *n* dolg lok (orožje); **to draw the ~** močno pretiravati, tveziti

long-cherished [lɔ́ŋčérišt] *adj A* dolgo pričakovan

long-cloth [lɔ́ŋklɔθ] *n* fin katun

long-dated [lɔ́ŋdéitid] *adj econ* dolgoročen

long-distance [lɔ́ŋdístəns] *adj* na daljavo; **~ call** medkrajevni telefonski pogovor; **~ line** daljnovod; *sp* **~ race** tek na dolge proge; **~ transport** medkrajevni promet

long-drawn (-out) [lɔ́ŋdrɔ:n (áut)] *adj* razvlečen, dolgovezen

long-eared [lɔ́ŋgiəd] *adj fig* neumen (kot osel)

longeron [lɔ́ndžərən] *n aero* greda vzdolž avionskega trupa

longeval [lɔndží:vəl] *adj* dolgoživ

longevity [lɔndžéviti] *n* dolgoživost, dolgo življenje; **~ pay** dodatek na službena leta

longevous [lɔndží:vəs] *adj* glej **longeval**

long-field [lɔ́ŋfi:ld] *n sp* igrišče za metalcem (kriket); **~ off** položaj daleč desno od metalca; **~ on** položaj daleč levo od metalca

long-firm [lóŋfə:m] *n E econ* goljufivo podjetje
long-green [lóŋgri:n] *n A sl* papirnat denar
long-hair [lóŋhɛə] *n A coll* Indijanec; ljubitelj resne glasbe; estet, izrazit intelektualec
long-haired [lóŋhɛəd] *adj* dolgolas; *fig* odljuden; izrazito intelektualen
long-hand [lóŋhænd] *n* navadna pisava (za razliko od stenografije)
long-headed [lóŋhédid] *adj* dolihofekalen, dolgoglav; *fig* bister, daljnoviden
long-headedness [lóŋhédidnis] *n* dolihofekalnost, dolgoglavost; *fig* bistrost, daljnovidnost
longicaudate [ləndžiká:deit] *adj zool* dolgorep
longicorn [lóndžiko:n] *n zool* rogin
longing [lóŋiŋ] 1. *adj* (~ly *adv*) hrepeneč (*for*); 2. *n* hrepenenje
longipennate [ləndžipéneit] *adj zool* dolgokril
longish [lóŋiš] *adj* precej dolg
longitude [lóndžitju:d] *n geog* zemljepisna dolžina
longitudinal [ləndžitjú:dinəl] *adj* (~ly *adv*) dolžinski, podolžen; *geog* longitudinalen
long-legged [lóŋlegd] *adj* dolgonog
long-lived [lóŋlivd] *adj* dolgoživ, dolgega življenja
long-player [lóŋpleiə] *n coll* za long-playing record gramofonska mikro plošča
long-primer [lóŋpraimə] *n print* korpus
long-range [lóŋreindž] *adj* dolgoročen; daljnosežen
long-run [lóŋrʌn] *adj* dolgoročen
longship [lóŋšip] *n hist* vikinška ladja
long-shore [lóŋšə:] *adj* obalen
long-shoreman [lóŋšə:mən] *n* pristaniški delavec
long-shot [lóŋšət] *n* total (film, TV); *sp* dolg strel; drzna stava, tvegan poskus, majhna verjetnost; *sl* by a ~ nadvse, preveč
long-sighted [lóŋsáitid] *adj* daljnoviden; *fig* bistroumen
long-sightedness [lóŋsáitidnis] *n* daljnovidnost; *fig* bistroumnost
long-spun [lóŋspʌn] *adj* glej long-winded
long-standing [lóŋstǽndiŋ] *adj* star, dolgoleten
long-suffering [lóŋsʌ́fəriŋ] 1. *adj* potrpežljiv; 2. *n* velika potrpežljivost
long-tail [lóŋteil] *n* dolgorep konj
long-term [lóŋtə:m] *adj* dolgoročen
longways [lóŋweiz] *adv* po dolžini, vzdolž
long-winded [lóŋwindid] *adj* dolgovezen, dolgočasen
long-windedness [lóŋwíndidnis] *n* dolgoveznost, dolgočasnost
longwise [lóŋwaiz] *adv* glej longways
long-wool [lóŋwul] *n* dolgodlaka ovca
loo [lu:] *n* kvartanje, kjer se dolg plačuje v skupno blagajno; *coll* stranišče
looby [lú:bi] *n* tepec
look I [luk] *n* pogled (*at*); (*sg* ali *pl*) izraz (obraza), videz, podoba; good ~s lepota; to have (ali take) a ~ at s.th. pogledati kaj; to cast (ali throw) a ~ at s.o. ošiniti koga s pogledom; to give s.th. a second ~ še enkrat ali natančneje kaj pogledati; let's have a ~ round razglejmo se; to take on a severe ~ strogo pogledati; there was an ugly ~ on his face preteče je gledal; I do not like the ~ of it zadeva se mi ne dopade; to wear the ~ of izgledati kot

look II [luk] 1. *vi* gledati, pogledati, motriti, ogledovati (*at*); *coll* strmeti, čuditi se; biti videti, zdeti se; kazati (*to, towards* na kaj); *fig* obrniti, nameriti, usmeriti (pogled, pozornost; *at*); paziti (*to* na), skrbeti (*that* da) gledati (*that* da, *how* kako); upati, pričakovati; gledati na, biti obrnjen proti (*to, towards*); 2. *vt* gledati, pogledati, (s pogledom) izraziti; ~ here! poglej, poslušaj!; don't ~ like that ne glej tako, ne delaj takega obraza; ~ before you glej pred sebe; ~ and see sam poglej, sam se prepričaj; ~ you! pomisli!, pazi!, glej!; it ~s promising videti je obetajoče; things ~ bad for him slabo mu kaže; he ~s it videti je tak; it ~s as if (ali as though) videti je, ko da bi; to ~ alive podvizati se; to ~ askance po strani gledati; to ~ o.s. again popraviti se (po bolezni itd.); she does not ~ her age ne kaže svojih let; to ~ one's best pokazati se v najboljši luči; to ~ black (at s.o.) biti videti jezen (mrko koga gledati); to ~ blue biti videti otožen, nesrečen; to ~ back nazaj pogledati, pomisliti na; he ~s as if butter wouldn't melt in his mouth videti je, ko da ne bi znal do pet šteti; to ~ compassion at s.o. sočutno koga gledati; a cat may ~ at a king še mačka lahko pogleda kralja; to ~ daggers at s.o. z očmi koga prebadati; to ~ s.o. in the eyes gledati komu v oči; to ~ in the face pogledati čemu v obraz, videti kaj v pravi luči; to ~ death in the face gledati smrti v oči; to ~ a gift horse in the mouth ali to ~ a horse trade in the tushes gledati podarjenemu konju na zobe; let him ~ at home naj pometa pred svojim pragom; to ~ like biti videti kot, biti podoben; he ~s like my brother podoben je mojemu bratu; it ~s like snow kaže na sneg; he ~s like winning kaže, da bo zmagal; I ~ to live many years here pričakujem, da bom dolgo živel tukaj; to ~ one's last at s.o. zadnjič koga pogledati; ~ before you leap ne prenagli se, dobro premisli preden kaj storiš; to ~ round ogledati si; to ~ on the dark side of things biti črnogled; to ~ on the sunny side of things biti optimističen; to ~ sharp (with) pohiteti, podvizati se (s čim); to ~ small pokazati se v slabi luči, napraviti slab vtis; to stop to ~ at a fence obotavljati se (kadar te čaka kaj neprijetnega); to ~ one's thanks zahvaljevati se z očmi
look about *vi* razgledati se, ogledati si; premisliti
look after *vi* paziti na koga, skrbeti za koga, gledati za kom
look ahead *vi* gledati naprej, misliti na prihodnost
look at *vi* gledati, motriti, ogledovati; just ~ it? le poglej to!; pretty to ~ lepo za videti; to ~ him če ga pogledaš, bi mislil da; I wouldn't ~ it nečem niti slišati o tem
look down *vi* gledati dol; to ~ on ali to ~ one's nose at zviška koga gledati, zaničevati; to ~ one's nose gledati s prikrito jezo
look for *vi* iskati, pričakovati, upati na kaj; to ~ a needle in a haystack (ali in a bundle of hay) zaman iskati; not looked-for nepričakovano; to look high and low for vse preiskati, vse pretakniti
look forward *vi* veseliti se (*to* česa)

look in *vi* zglasiti se pri kom, obiskati (*on* koga)
look into *vi* preiskati, raziskati, poizvedovati
look on *vi* gledati, opazovati, motriti; to ~ with
s.o. gledati v knjigo skupaj s kom; to ~ s.o. as
imeti koga za kaj, smatrati koga za kaj
look out *vi* gledati ven; paziti, paziti se; biti pri-
pravljen na kaj, pričakovati (*for*); biti obrnjen,
gledati (*on* na)
look over *vi* pregledati; spregledati; gledati preko
look through *vi* gledati skozi, videti se skozi;
fig spregledati koga, ignorirati koga; to ~
blue (ali coloured) glasses črno videti, črno
gledati
look to *vi* paziti na kaj, kazati na kaj; ~ it that
pazi, da; glej, da; it looks to acquittal kaže
na oprostilno sodbo; to ~ s.o. for pričakovati
kaj od koga, računati na koga
look towards *vi coll* napiti, nazdraviti komu
look up 1. *vi* pogledati kvišku, pogledati gor;
econ sl popravljati se, obračati se na bolje;
2. *vt* obiskati, poiskati; poiskati v knjigi;
spoštovati, občudovati (*to*); to look s.o. up
and down premeriti koga z očmi
looker [lúkə] *n coll* lepotec, -tica; she is not much
of a ~ ni posebno lepa
looker-on [lúkərón] *n* gledalec; ~ sees most of
the game neprizadeti vidi več kot prizadeti
look-in [lúkin] *n* kratek obisk; vpogled (*on* v);
sp sl upanje na uspeh; to give s.o. a ~ obiskati
koga, zglasiti se pri kom
looking [lúkin] *adj* ki je videti (v sestavljenkah);
good- ~ lep; young- ~ mladostnega videza
looking-glass [lúkiŋgla:s, ~ glæs] *n* zrcalo, ogledalo
look-out [lúkáut] *n* straža, stražnik, patrulja; opa-
zovalnica; razgled (*over*); budnost, čuječnost;
fig upanje, pričakovanje; *coll* stvar, zadeva;
a bad ~ for s.o. slabo kaže za koga; to be on the
~ for ali to keep a good ~ for biti čuječ, biti
buden; that's his own ~ to je njegova stvar
look-see [lúksi:] *n E sl* pregled, nadziranje; to
have a ~ ogledati si stvar
loom I [lu:m] *n* statve; *mar* ročaj vesla; Dobby ~
listovka; automatic (ali power) ~ mehanične
statve
loom II [lu:m] *n* nejasen obris (zemlje z morja)
loom III [lu:m] *vi* pojaviti se v daljavi; videti se
v nadnaravni velikosti; ležati na duši, težiti;
to ~ large grozeče se dvigati
loon I [lu:n] *n zool* severni ponirek
loon II [lu:n] *n Sc & arch* pridanič, fante
loony [lú:ni] 1. *adj sl* prismojen, nor; 2. *n sl*
norec
loop I [lu:p] *n* zanka, pentlja; obešalna kljuka;
uho pri šivanki; *aero* luping; zavoj, vijuga, kri-
vina (reke, železnice, ceste); *anat* (črevesna itd.)
krivina; *el* sklenjen tokovni krog; *A* poslovna
četrt; *A sl* to knock (ali throw) for a ~ zmešati,
zmesti
loop II [lu:p] 1. *vt* zankati, zaviti, zavijati, pri-
trditi z zanko (*back*), spojiti z zanko ali pentljo
(*together*); *el* skleniti tokovni krog; 2. *vi* viti
se, zaviti se, zavijati se; grbiti se (gosenica);
aero to ~ the loop napraviti luping; *el* to ~ in
priklopiti v tokovni krog; to ~ up zavihati
(obleko), speti (lase)

looper [lú:pə] *n zool* pedic, grba (gosenica); na-
prava za zankanje (pri šivalnem stroju)
loop-hole [lú:phoul] *n* (strelna) lina; kukalnik,
linica; *fig* vrzel, izhod; a ~ in the law vrzel
v zakonu
loop-knot [lú:pnət] *n* preprosta zanka
loop-line [lú:plain] *n* odcep železniške proge (ali
telegrafske žice), ki se pozneje zopet združi z
glavno progo (linijo)
loopy [lú:pi] *adj* poln zank, zankast, poln ovinkov;
A sl prismojen, trčen
loose I [lu:s] *adj* (~ ly *adv*) svoboden, prost, rešen
(*of, from* česa); odvezan, spuščen (lasje); ohla-
pen (obleka), rahel (zemlja), razmajan (vrata),
majav (zob), mlahav (človek), redek (tkanina),
mehek (ovratnik); *chem* prost, nevezan; *coll*
prost, na razpolago; *fig* nejasen, nenatančen,
nestalen, netočen, zanikrn (prevod), neslovni-
čen; lahkomiseln, površen, nesramen, nemora-
len; ~ ends malenkosti, ki jih je treba še urediti;
at ~ ends v neredu, zanemarjen; v negotovosti;
to be at ~ ends biti brez stalne zaposlitve, ne
vedeti kaj storiti; ~ bowels driska; a ~ cri-
minal zločinec na svobodi; to break ~ po-
begniti, osvoboditi se; to come (ali get) ~ rešiti
se, osvoboditi se; odvezati se, odpeti se, zrahljati
se, odluščiti se (barva); to cut ~ from osvoboditi
se (vpliva, vezi); a ~ fish pokvarjenec; a ~
hour prosta ura; to have a ~ tongue preveč go-
voriti, vse izblebetati; to have a screw ~ ne
imeti vseh kolesc v glavi, biti malo prismojen;
there's a screw ~ somewhere nekaj je narobe,
nekaj je sumljivo, nekaj smrdi; *mil* in ~ order
v razmaknjeni vrsti (vojaki); to let ~ izbruhniti,
dati si duška, ne obvladati se; ~ make (ali
build) nerodna postava; to play fast and ~
biti lahkomišljen, neviden; to ride with a
~ rein popustiti vajeti, biti prizanesljiv; to
set ~ spustiti, osvoboditi; to work ~ zrahljati
se, razmajati se (vijak); ~ handwriting neiz-
pisana pisava; *econ* ~ cash gotovina; a ~
novel opolzek roman
loose II [lu:s] *adv* svobodno, prosto, odvezano,
spuščeno, ohlapno, majavo; *econ* nepakirano,
nezavito; to sit ~ to biti brezbrižen do česa,
ne zmeniti se za kaj; *A* to cut ~ izbruhniti, dati
si duška, ne obvladati se
loose III [lu:s] *n* dušek, neprisiljenost; to give a ~
to one's feelings dati si duška; on the ~ na
svobodi, spuščen z vajeti, *sl* divji; to live on the
~ nemoralno živeti; *sl* to go on the ~ iti kro-
kati, pijančevati
loose IV [lu:s] 1. *vt* odvezati, razvezati, zrahljati,
odpeti, odrešiti, osvoboditi; *naut* dvigniti (si-
dro); izstreliti (puščico), sprožiti (*off*, top); 2. *vi*
naut dvigniti sidro, odpluti; streljati (*at, on* na,
po); to ~ hold of s.th. popustiti; his tongue was
~d by drink alkohol mu je razvezal jezik
loose-jointed [lú:sdžóintid] *adj* zelo gibčen
loose-leaf [lú:sli:f] *adj* nevezanih listov; ~ note-
book listovnik, blok
loosen [lu:sn] 1. *vt* popustiti, zrahljati, odvezati,
razvezati (vozel, vezi, jezik); *med* omehčati
(kašelj, stolico); *fig* popustiti, ublažiti (discipli-
no); zrahljati (zemljo); spustiti, odrešiti, osvo-
boditi; 2. *vi* zrahljati se, odvezati se, odpeti se;

fig popustiti, popuščati; *med* zmehčati se (stolica), popustiti (kašelj); **to ~ one's hold on** (ali **one's grip of**) **s.th.** popustiti̯; **to ~ one's purse strings** biti radodaren

looseness [lú:snis] *n* ohlapnost, rahlost; nenatančnost, zanikrnost; malopridnost, razuzdanost, nemoralnost; **~ of the bowels** driska

loose-strife [lú:sstraif] *n bot* bela vrba; **creeping ~** vrbovec

loot [lu:t] **1.** *n* (vojni) plen, rop; nepošten zaslužek; **2.** *vt & vi* pleniti, zapleniti, (o)ropati

looter [lú:tə] *n* plenilec, ropar

lop I [lɔp] *n* oklestki, vejevje, dračje; obrezovanje; **~ and top** (ali **and crop**) okleščeno vejevje

lop II [lɔp] **1.** *vt* oklestiti, obrezati, obsekati (drevo); odsekati (*off, away*; glavo); **2.** *vi* sekati, obrezati (*at* kaj)

lop III [lɔp] **1.** *vi* mahedrati, viseti; pohajkovati (*about*); **2.** *vt* povesiti, povešati

lop IV [lɔp] **1.** *n* rahlo valovito morje; **2.** *vi* valoviti, delati kratke valove

lope [loup] **1.** *n* počasen dir, dolg korak; **2.** *vi* teči z dolgimi koraki (človek), skokoma teči (žival); **at a ~** v galopu, z dolgimi koraki

lop-eared [lópiəd] *adj* mahedravih ušes, dolgouh

lop-ears [lópiəz] *n pl* mahedrava ušesa

loppings [lópiŋz] *n pl* dračje, oklestki

loppy [lópi] *adj* mahedrav, mlahav

lop-sided [lópsáidid] *adj* povešen, nagnjen, naravnovesen; *fig* enostranski

lop-sidedness [lópsáididnis] *n* povešenost; *fig* enostranost

loquacious [lɔkwéišəs] *adj* (**~ly** *adv*) zgovoren, blebetav

loquacity [lɔkwǽsiti] *n* zgovornost, blebetavost

loquitur [lókwitə] *vi* 3 *sg pres Lat* govori...

lor [lɔ:] *int E sl* ljubi bog!

loran [ló:rən] *n aero, naut* dolga navigacija (iz *long-range navigation*)

lord I [lɔ:d] *n* gospodar, vladar (*of*); *fig* mogočnik, velikaš, magnat; *hist* fevdni gospod; *poet & hum* soprog, mož; lord (član angl. Zgornjega doma); *poet* posestnik; *astr* dominanten planet; **Lord** lord (član angl. višjega plemstva od barona do vojvode, naslov za mlajšega sina vojvode ali markiza), naslavljanje nekih angl. dostojanstvenikov; **the Lord** bog; **our Lord** Kristus; **Lord's prayer** očenaš; **Lord's supper** evharistija, zadnja večerja, obhajilo; **Lord's day** gospodov dan, nedelja; **Lord's table** oltar; zadnja večerja, obhajilo; **the ~s of creation** človeštvo; *hum* krone stvarstva, možje; **her ~ and master** (ali **mate**) njen mož; **to live like a ~** gosposko živeti; **drunk as a ~** pijan ko krava; **to act the ~** vesti se ko lord; **to swear as a ~** preklinjati ko Turek; **House of Lords** Hiša lordov, angl. Zgornji dom; **Lords Commissioners** visoki predstavniki angl. vlade; **Lord Chancellor** angl. vrhovni sodnik; **Lords of the Admiralty** ministrstvo mornarice; **Lords of the Treasury** finančno ministrstvo; **First Lord** minister; **Lord Mayor** londonski župan; **Lord Privy Seal** varuh kraljevega pečata; **~s spiritual** škofje, člani Zgornjega doma; **~s temporal** ostali lordi v Zgornjem domu; **Lord Justice** sodnik prizivnega sodišča;

Lord Protector lord protektor, vzdevek Oliverja Cromwella

lord II [lɔ:d] *vt* povišati v lorda; zapovedovati, vladati; **to ~ it** igrati velikega gospoda; **to ~ it over** vesti se gospodovalno, hoteti komu zapovedovati

lordlike [ló:dlaik] *adj* odličen, imeniten, ponosen, oblasten, gospodovalen

lordliness [ló:dlinis] *n* visokost, ošabnost, gospodovalnost

lordling [ló:dliŋ] *n* gospodič, lordič

lordly [ló:dli] **1.** *adj* glej **lordlike**/ **2.** *adv* gospodovalno, ponosno, arogantno

lords-and-ladies [ló:dzəndléidiz] *n bot* kačnik

lordship [ló:dšip] *n* lordstvo, oblast (*of, over* nad); **your ~** vaša milost

lore I [lɔ:] *n arch* znanje ,poznavanje, znanost, nauk; izročilo

lore II [lɔ:] *n zool* del ptičje glave med očesoma in zgornjo čeljustjo; del kačje glave

lorgnette [lɔ:njét] *n* lornjeta, naočniki z držajem

lorgnon [lɔ:njón] *n* lornjon, naočnik z držajem

loricate [lórikeit] *adj zool* lupinjast, ki ima lupinje

lorikeet [lóriki:t] *n zool* živobarven polinezijski papagajček

lorimer [lórimə] *n arch* pasar

loriot [lóriət] *n zool* kobilar

lorn [lɔ:n] *adj arch & poet* osamljen, zapuščen

lorry [lóri] *n E* odprt tovorni vagon; tovornjak, kamion; *A* voziček (tovarniški, rudniški)

lorry-hop [lórihɔp] *vi E coll* potovati z avtostopom (zlasti na tovornjaku)

lory [ló:ri] *n zool* malajski papagajček

losable [lú:zəbl] *adj* ki se lahko izgubi

lose* [lu:z] **1.** *vt* izgubiti, založiti (kam), zapraviti (čas), zatratiti; rešiti se česa; zgrešiti, izgubiti spred oči; zamuditi (vlak, priliko); zaostajati (ura); izgube stati; **2.** *vi* imeti izgubo (*by* s, *on* pri); izgubiti (*in*; npr. *in weight* shujšati); izgubiti, biti premagan, podleči (*to*; npr. *to another team*); **to ~ one's balance** izgubiti ravnotežje; **to ~ caste** izgubiti družabni položaj; **to ~ face** izgubiti ugled; **to ~ ground** umikati se, nazadovati, propadati; *fig* **to ~ one's head** izgubiti glavo; **to ~ heart** izgubiti pogum; **to ~ one's heart to** zaljubiti se; **to ~ o.s.** ali **to ~ one's way** zaiti, izgubiti se; **to ~ o.s. in** zatopiti se v kaj, izgubiti se v čem; *A* **to ~ out** to izgubiti v korist drugega; **to ~ one's reason** (ali **mind**) znoreti, pobesneti; *A* **to ~ one's shirt** vse izgubiti; **to ~ sight of** izgubiti spred oči, pozabiti; **to ~ patience** (ali **one's temper**) izgubiti živce, razjeziti se; **to ~ the thread** izgubiti nit (predavanja itd.); **to ~ track of** izgubiti sled za kom ali čim; **this will ~ you your position** to te bo stalo položaja, zaradi tega boš izgubil svoj položaj

loser [lú:zə] *n* ki izgubi, premaganec; **to be a good (bad) ~** dobro (slabo) prenašati poraz; **to be a ~ by** imeti izgubo ali škodo pri; **to come off a ~** biti premagan, izgubiti

losing [lú:ziŋ] **1.** *adj* izgubljajoč, ki prinaša izgubo; izgubljen, brezupen; **2.** *n pl* izgube; **to play a ~ game** truditi se zaman

loss [lɔs] *n* izguba, izgubljanje; škoda, neuspeh, potrata; *econ* **at a ~** z izgubo (delati, prodajati);

to be at a ~ biti v zadregi, ne vedeti kako; **to
be at a** ~ **for words** ne najti besed; **to cut a** ~
zmanjšati izgubo; **dead** ~ popolna izguba;
to stand the ~ plačati izgubo (zavarovalnica);
A **to throw s.o. for a** ~ potlačiti, pobiti koga
loss-leader [lósli:də] *n A* trgovsko blago, ki se
prodaja z izgubo v propagandne svrhe
lost [ləst] *pt & pp* od **to lose**; izgubljen; ~ **property
office** urad za izgubljene in najdene predmete;
~ **souls** izgubljene duše; *tech* ~ **motion** mrtvi
tek; **to be** ~ **in** biti zatopljen v kaj; **to be** ~ **to**
biti izgubljen za, ne imeti čuta za, biti brez
česa; **to be** ~ **upon** biti brez pomena, biti stran
vrženo; **to give up for** ~ imeti za izgubljeno
lot I [lət] *n* žreb, usoda; del, delež; *A* parcela,
zemljišče, gradbišče; *econ* del, partija, gotova
količina blaga; (posamičen) predmet na dražbi;
coll velika množina, kup; skupina, družba, vsi
skupaj; *coll* človek, stvar; **a** ~ **ali** ~**s and** ~**s**
ali ~**s** veliko, mnogo; **a** ~ **you care!** v mar ti
je!; *econ* **in** ~**s** vsa partija, vse blago skupaj;
a bad ~ neznačajnež, razvpit človek; **a buildig**
~ gradbena parcela; **by** ~ z žrebom; **to cast**
(ali **draw**) ~**s for** vreči žreb, žrebati za; **to cast**
(ali **throw**) **in one's** ~ **with** deliti s kom usodo;
the ~ **came to** (ali **fell upon**) **him** žreb ga je
določil; **to fall to s.o.'s** ~ pripasti komu kot
delež; **to have no part nor** ~ **in** ne biti udeležen
pri čem; **my** ~ moja usoda; *coll* **the** ~ vsi;
vse; **that's the** ~ to je vse; **scot and** ~ do zad-
nje pare
lot II [lət] *vt* razdeliti (zemljo) na parcele (*out*);
žrebati, z žrebom določiti, razdeliti
loth [louθ] *adj* glej **loath**
Lothario [louθá:riou] *n* ženskar (zlasti gay ~)
lotion [lóušən] *n* kozmetična ali farmecevtska
tekočina; *sl* pijača
lottery [lótəri] *n* loterija (tudi *fig*); ~ **ticket** lo-
terijska srečka; ~ **wheel** kolo sreče, loterijski
boben; *econ* ~ **loan** posojilo na premijo
lotto [lótou] *n* tombola, loto
lotus [lóutəs] *n bot* lotos, lokvanj; *bot* medena
detelja
lotus-eater [lóutəsi:tə] *n fig* sanjač, uživač
lotus-land [lóutəslænd] *n fig* nirvana, dežela slad-
kega brezdelja
loud I [laud] *adj* (~ly *adv*) glasen, hrupen; vsiljiv,
kričeč (barva); načičkan (obleka); prostaški
loud II [laud] *adv* glasno, hrupno
loud-hailer [láudheilə] *n* zvočnik
loudish [láudiš] *adj* precej glasen
loud-mouthed [láudmauðd] *adj* glasen
loudness [láudnis] *n* glasnost, hrupnost; načička-
nost
loud-speaker [láudspi:kə] *n* zvočnik
lough [lək, ləh] *n Ir* jezero, morski zaliv
lounge I [laun(d)ž] *n* zofa, klubski naslanjač;
foyer, hotelska veža, dnevna soba (v klubu);
aero salon, čakalnica; lenarjenje, poležavanje,
postopanje
lounge II [laun(d)ž] *vi* lenariti, poležavati, posto-
pati; **to** ~ **about** glej geslo; **to** ~ **away** (ali **out**)
the time čas presti
lounge-car [láun(d)žka:] *n A* salon (vagon), sa-
lonski voz
lounge-chair [láun(d)žčeə] *n* naslanjač

lounge-jacket [láun(d)ždžækit] *n* domači jopič
lounge-lizard [láun(d)žlizəd] *n E sl* poklicen ple-
salec (v lokalu); salonski lev
lounger [láun(d)žə] *n* lenuh, postopač
lounge-suit [láun(d)žsju:t] *n E* moška dnevna
obleka
lour [láuə] **1.** *n* mrk pogled; temačnost (neba); **2.** *vi*
mrko gledati; biti grozeč (nebo)
louse I [laus] *n zool* uš; *A coll* gnida, usrane
louse II [lauz] *vt* trebiti uši; *A sl* **to** ~ **up** zasvinjati
lousewort [láuswə:t] *n bot* ušnik
lousiness [láuzinis] *n* ušivost; *sl* gnusoba
lousy [láuzi] *adj* (**lousily** *adv*) ušiv; *sl* gnusen, uma-
zan; ~ **with** vse živo česa, poln; *sl* ~ **with
money** pri denarju
lout I [laut] *n* teslo, trap, štor
lout II [laut] *vi arch & poet* prikloniti se
loutish [láutiš] *adj* (~**ly** *adv*) štorast, trapast,
neotesan
loutishness [láutišnis] *n* štoravost, surovost, neote-
sanost
louver [lú:və] *n hist archit* stolpič na srednjeveških
hišah z linami za ventilacijo; škržna špranja
louvered [lú:vəd] *adj archit* stolpičast; poševno
postavljen
lovable [lávəbl] *adj* (**lovably** *adv*) ljubezniv, ljubek,
ljubezni vreden
lovableness [lávəblnis] *n* ljubeznivost, ljubkost
lovage [lávidž] *n bot* luštrk
love I [lav] *n* ljubezen (*of, for, to, towards* za);
ljubica, ljubček; *coll* ljubka stvar; *sp* brez
zadetka, brez gola; **to be in** ~ **with** biti zaljub-
ljen v; **to fall in** ~ **with** zaljubiti se v; **for**
~ za šalo, zastonj, iz ljubezni; **to play for** ~
igrati samo zaradi igre (ne za dobiček); **for the**
~ **of** iz ljubezni do; **for the** ~ **of God** za božjo
voljo; **not for** ~ **or money** za nič na svetu, za
noben denar; **to give** (ali **send**) ~ **to** poslati
prisrčne pozdrave; **there's no** ~ **lost between
them** ne moreta se trpeti; **to make** ~ **to** dvoriti,
ljubimkati, spolno občevati; **all's fair in** ~ **and
war** v ljubezni in vojni je vse dovoljeno; ~ **in a
cottage** poroka iz ljubezni, poroka brez denarja;
cupboard ~ ljubezen iz koristoljubja; ~ **game**
igra v kateri ostane premaganec brez zadetka;
sp ~ **all** brez zadetka; *sp* **the score is 2** ~ ra-
zultat je 2 proti nič; **a** ~ **of a tea cup** ljubka
čajna skodelica
love II [lav] **1.** *vt* ljubiti, rad imeti; **2.** *vi* ljubiti, biti
zaljubljen; ~ **me,** ~ **my dog** če ljubiš mene,
ljubi tudi moje prijatelje; **Lord** ~ **you!** za božjo
voljo! (presenečenje); **to** ~ **to do s.th.** zelo rad
kaj delati
love-affair [lávəfεə] *n* ljubezensko razmerje
love-apple [lávæpl] *n bot* paradižnik
love-begotten [lávbigətn] *adj* v ljubezni spočet,
nezakonski
lovebird [lávbə:d] *n zool* nerazdružljiva pritlikava
papiga
love-child [lávčaild] *n* otrok ljubezni, nezakonski
otrok
love-crossed [lávkrɔ:st] *adj* nesrečno zaljubljen
love-feast [lávfi:st] *n* bratski obed, skupen obed
prvih kristjanov; verski obed metodistov
love-in-a-mist [lávinəmíst] *n bot* zamorska kumina
love-in-idleness [lávináidlnis] *n bot* divja mačeha

love-knot [lʌ́vnət] *n* znak ljubezni (na poseben način zavezan trak)

Lovelace [lʌ́vleis] *n fig* razuzdanec, samopašnež

loveless [lʌ́vlis] *adj* (~ ly *adv*) brez ljubezni, neljubljen, hladen

love-lies-bleeding [lʌ́vlaizblíːdiŋ] *n bot* rdeči ščir

loveliness [lʌ́vlinis] *n* ljubkost, milina

love-lock [lʌ́vlək] *n* koder na čelu ali sencu

love-lorn [lʌ́vlɔːn] *adj* nesrečno zaljubljen, koprneč, ki je izgubil svojo ljubico

lovely [lʌ́vli] *adj* (**lovelily** *adv*) ljubek, očarljiv; *coll* sijajen, »zlat«, »sladek«

love-making [lʌ́vmeikiŋ] *n* dvorjenje, ljubimkanje, spolni odnos

love-match [lʌ́vmæč] *n* poroka iz ljubezni

love-philter (-philtre) [lʌ́vfiltə] *n* glej **love-potion**

love-potion [lʌ́vpoušən] *n* ljubavni napoj

lover [lʌ́və] *n* zaljubljenec, ljubimec; ljubitelj (*of* česa); *pl* zaljubljenca

loverly [lʌ́vəli] *adj & adv* nežno udvorljiv(o)

love-seat [lʌ́vsiːt] *n* majhna zofa za dve osebi

love-sick [lʌ́vsik] *adj* gineč od ljubezni, hrepeneč po ljubezni, zaljubljen

love-sickness [lʌ́vsiknis] *n* ljubavno hrepenenje, zaljubljenost

love-token [lʌ́vtoukən] *n* dokaz ljubezni, darilce

loveworthy [lʌ́vwəː ði] *adj* ljubezni vreden

loving [lʌ́viŋ] *adj* (~ ly *adv*) ljubeč, nežen; zvest (podložnik)

loving-cup [lʌ́viŋkʌp] *n* vrč, iz katerega pijejo vsi gostje

loving-kindness [lʌ́viŋkáindnis] *n* usmiljenost, srčna dobrota

lovingness [lʌ́viŋnis] *n* ljubezen, nežnost

low I [lou] *adj* nizek; globok (poklon, izrez obleke); tih, globok (glas); plitev (voda); majhen (hitrost); nizko ležeč; skoraj prazen (posoda); komaj zadosten (zaloga), neizdaten (hrana); podhranjen; slab, slaboten (pulz); razmeroma nov ali mlad; potrt; prezirljiv (mnenje); manj vreden; preprost, primitiven; vulgaren, prostaški (značaj); **in** ~ **spirits** potrt: **at the** ~ **est** najmanj, minimalno, po najnižji ceni; *fig* **at a** ~ **ebb** izčrpan (sredstva); **of** ~ **birth** nizkega rodu; ~ **in cash** skoraj brez denarja; ~ **diet** proprosta ali neizdatna hrana; **to belong to a** ~ **er date** biti novejšega datuma; ~ **dress** globoko izrezana obleka; ~ **forms of life** nižje oblike življenja; **the glass is** ~ nizek tlak; ~ **gear** prva prestava (avto); **high and** ~ vsakdo; ~ **latitudes** blizu ekvatorja; ~ **life** življenje nižjih slojev; **Low Mass** tiha maša; ~ **pulse** slab pulz; ~ **race** primitivna rasa; ~ **relief** basrelief; ~ **voice** nizek glas, globok glas; *fig* **in** ~ **water** brez denarja, v škripcu; ~ **shoe** polčevelj; **Low Sunday** bela nedelja; **Low Week** teden po beli nedelji

low II [lou] *adv* nizko, globoko, tiho; *econ* poceni; borno, ubožno, ponižno; prostaško; **to bring s.o.** ~ ponižati, oslabiti, potlačiti koga; **to burn** ~ dogorevati; **to feel** ~ biti potrt; **to lay** ~ podreti, ubiti; **to lie** ~ biti ponižan, *sl* skrivati se, pritajiti se; **to live** ~ borno živeti; **to play** ~ igrati za malo denarja; **to play it** ~ ravnati nizkotno s kom; **to run** ~ zmanjkovati; **to sell** ~

poceni prodati; *fig* **the sands are running** ~ čas je skoraj potekel, konec se bliža

low III [lou] *n* prva prestava (avto); *meteor* nizek zračni pritisk, depresija; *A* najnižje stanje, minimum

low IV [lou] 1. *n* mukanje; 2. *vi* mukati

low-born [lóubɔ́ːn] *adj* nizkega rodu

lowboy [lóubɔi] *n A* nizek predalnik

low-bred [lóubréd] *adj* neoˌikan, prostaški, neuglajen

lowbrow [lóubrau] 1. *adj coll* preprost, neizobražen; 2. *n* preprost, neizobražen človek

low-browed [lóubraud] *adj* nizkega čela; preprost; štrleč (skala); mračen (hiša), z nizkim vhodom

low-budget [lóubʌdžit] *adj* poceni, vreden cene

low-ceilinged [lóusiːliŋd] *adj* nizek (soba)

low-church [lóučəːč] *adj* ki pripada sekti v anglikanski cerkvi, ki je proti sijaju pri obredih

low comedy [lóukəmidi] *n* situacijska komedija

Low Countries [lóukʌntriz] *n pl* Nizozemska, Belgija, Luksemburg

low-down [lóudaun] 1. *adj* podel, nizkoten; 2. *n A sl* dejstva; *A* **to get the** ~ **on** poizvedeti po dejstvih, informirati se o; **to play it** ~ **on** ali **to play a** ~ **trick on** ravnati s kom zelo podlo

low-downer [loudáunə] *n A coll* belec, ki pride na nič

lower I [láuə] *n & vi* glej **lour**

lower II [lóuə] 1. *vt* spustiti, spuščati, znižati, zmanjšati; *naut* spustiti čoˌn v vodo, spustiti jadra; *fig* ponižati; 2. *vi* spustiti se, spuščati se; slabeti, pojemati; **to** ~ **o.s.** ponižati se; oslabeti, popustiti

lower-case [lóuəkeis] 1. *adj print* majhen, z majhnimi črkami; 2. *vt* tiskati z majhnimi črkami

lower-class [lóuəklaːs] *adj* nižjega stanu; drugorazreden

lower-classman [lóuəklǽsmən] *n A* študent 2. ali 1. letnika

lower-deck [lóuədék] *n naut* spodnji krov; *E* **the** ~ podoficirji in mornarji

Lower Empire [lóuəémpaiə] *n hist* vzhodnorimsko cesarstvo

Lower House [lóuəháus] *n parl* spodnji dom

lowering [láuəriŋ] *adj* (~ ly *adv*) temen, mračen, preteč, mrk

lowermost [lóuəmoust] *adj & adv* najnižji, najglloblji; najnižje, najgloblje

lower world [lóuəwɔ́ːld] *n* zemlja; podzemlje, pekel

low-grade [lóugreid] *adj* slabe kvalitete, slab; lahek (mrzlica)

low-heeled [lóuhiːld] *adj* z nizko peto

lowland [lóulənd] 1. *n* nižava; 2. *adj* nižinski; **the Lowlands** škotsko nižavje

lowlander [lóuləndə] *n* prebivalec nižave

low-level [lóulevl] *adj* nizkega čina, nizke stopnje, nizek; *aero* z majhne višine (bombardiranje)

lowliness [lóulinis] *n* ponižnost, skromnost; siromaštvo

low-lived [lóulivd] *adj* siromašen, preprost; podel

lowly [lóuli] 1. *adj* (**lowlily** *adv*) ponižen, skromen; 2. *adv* ponižno, skromno

low-minded [lóumáindid] *adj* prostaški, nizkoten

low-mindedness [lóumáindidnis] *n* prostaštvo, nizkotnost

low-necked [lóunekt] *adj* dekoltiran, globoko izrezan (obleka)

lowness [lóunis] *n* nizkost, globokost (poklona, glasu); pičlost; potrtost; manjvrednost; preprostost; prostaštvo

low-pitched [lóupičt] *adj* nizek (glas, streha); tih, pridušen, potišan (glas)

low-pressure [lóupréšə] *adj tech* pod normalnim pritiskom; *meteor* z nizkim tlakom

low-priced [lóupraist] *adj* poceni

low-rated [lóuréitid] *adj* nizko ocenjen, nespoštovan

low-spirited [lóuspíritid] *adj* (~ **ly** *adv*) potrt

low-test [lóutest] *adj chem* z visokim vreliščem (bencin)

low-tide [lóutaid] *n* oseka; *fig* dno

low-voiced [lóuvɔist] *adj* tih, globok (glas)

low water [lóuwɔ:tə] *n naut* najnižja oseka; *fig* **to be in** ~ biti v stiski

lox [lɔks] *n tech* tekoč kisik (tudi *loxigen*)

loxodromics [lɔksədrómiks] *n pl naut* poševno jadranje

loyal [lɔ́iəl] *adj* (~ **ly** *adv*) lojalen, zvest, vdan (*to* komu); zanesljiv, pošten

loyalism [lɔ́iəlizəm] *n* lojalizem, podložniška zvestoba

loyalist [lɔ́iəlist] *n* lojalist, zvest podložnik

loyalty [lɔ́iəlti] *n* lojalnost, zvestoba, vdanost; zanesljivost, poštenost

lozenge [lózindž] *n math* romb; *pharm* pastila; rombasto okno; *her* romboiden ščit (z grbom neomožene ženske ali vdove)

lozenged [lózindžd] *adj* rombast

lozengy [lózindži] *adj her* romboiden

lubber [lʌ́bə] *n* tepec, teslo; neroden mornar

Lubberland [lʌ́bəlænd] *n* Indija Koromandija

lubberly [lʌ́bəli] *adj & adv* štorast(o)

lube [lu:b] *n tech* mazno olje (tudi *lube oil* za *lubricating oil*)

lubra [lú:brə] *n* avstralska domačinka

lubricant [lú:brikənt] **1.** *adj* mazivast; **2.** *n* mazivo (za stroje)

lubricate [lú:brikeit] *vt* podmazati, namazati, naoljiti (tudi *fig*)

lubricating [lú:brikeitiŋ] *adj* maziven; ~ **grease** mazivo (mast); ~ **oil** mazno olje

lubrication [lu:brikéišən] *n tech* podmazanje, namazanje, naoljenje

lubricator [lú:brikeitə] *n tech* maznica, puša za mazanje

lubricious [l(j)u:bríšəs] *adj* razuzdan; opolzek

lubricity [l(j)u:brísiti] *n* spolzkost, opolzkost; *fig* izmikanje, nestalnost, omahljivost; *fig* pohotnost, poltenost

lubricous [l(j)ú:brikəs] *adj* spolzek, opolzek; *fig* izmikajoč, nestalen, omahljiv

luce [lu:s] *n zool* odrasla ščuka

lucency [l(j)ú:snsi] *n* sijaj, blesk; prozornost

lucent [l(j)ú:snt] *adj* sijajen, bleščeč, svetel, prozoren

lucerne [l(j)u:sə́:n] *n bot* lucerna, nemška detelja

lucid [l(j)ú:sid] *adj* (~ **ly** *adv*) *fig* jasen, razločen, lahko razumljiv (stil), svetel (misel); sijajen, prozoren; *bot & zool* gladek in svetlikav; ~ **intervals** svetli trenutki

lucidity [l(j)u:síditi] *n* svetlost, jasnost, prozornost; *fig* razumljivost

lucifer [lú:sifə] *n arch* vžigalica; **Lucifer** Lucifer; *astr & poet* zvezda Danica, Venera; **as proud as Lucifer** zelo ošaben

luciferous [lu:sífərəs] *adj* osvetljujoč; *fig* svetel, poln svetlobe

lucifugous [lu:sífju:gəs] *adj* ki se izogiba dnevni svetlobi

uck [lʌk] *n* srečno naključje, sreča, usoda; **good** ~! srečno!; **bad** (ali **ill, hard**) ~ smola, nesreča; **bad** ~ **to him!** bes ga plentaj!; **to be down on one's** ~ imeti smolo; **to be in** ~'**s way** ali **to be in** ~ imeti srečo; **the devil's own** ~ vražja sreča ali smola; **for** ~ za srečo; **he has a run of** ~ sreča mu je naklonjena; **in** ~ srečen, ki ima srečo; **just my** ~! kakšna smola!; **out of** ~ nesrečen, ki nima sreče; **pure** ~ slepa sreča, golo naključje; ~ **in sieve** kratkotrajna sreča; **streak of** ~ žarek sreče; **to take pot** ~ sprejeti karkoli je pripravljeno za obed; **to try one's** ~ **at** poskusiti srečo pri; **as** ~ **would have it** k sreči, po nesreči (po vsebini); **worse** ~ na žalost, k nesreči; **worst** ~ velika smola

luckily [lʌ́kili] *adv* k sreči, po srečnem naključju; ~ **for me** na mojo srečo

luckiness [lʌ́kinis] *n* sreča

luckless [lʌ́klis] *adj* (~ **ly** *adv*) nesrečen, brez sreče, ki ima smolo

lucklessness [lʌ́klisnis] *n* nesreča, smola

lucky I [lʌ́ki] *adj* (**luckily** *adv*) srečen, ki prinaša srečo; **to be** ~ imeti srečo; **to be a** ~ **dog** imeti vražjo srečo

lucky II [lʌ́ki] *n sl* **to cut** (ali **make**) **one's** ~ pobegniti; **to strike** ~ imeti srečo

lucky-bag [lʌ́kibæg] *n* maček v vreči

lucky-tub [lʌ́kitʌb] *n* glej **lucky-bag**

lucrative [l(j)ú:krətiv] *adj* (~ **ly** *adv*) donosen, pridobiten, lukrativen

lucrativeness [l(j)ú:krətivnis] *n* donosnost, pridobitnost, lukrativnost

lucre [l(j)ú:kə] *n* pohlep po denarju, grabežljivost, lakomnost; zaslužek, korist, profit; **for** ~ iz čistega pohlepa; **filthy** ~ umazan profit

lucubrate [l(j)ú:kjubreit] *vi* delati (pisati, študirati) ponoči; pisati dolge in učene članke

lucubration [l(j)u:kjubréišən] *n* nočno delo, pedantno napisano delo; *pl* literarni napor

luculent [lú:kjulənt] *adj* (~ **ly** *adv*) jasen, razločen; prepričevalen

Lucullan [lu:kʌ́lən] *adj* lukulski, lukuličen

ludicrous [lú:dikrəs] *adj* (~ **ly** *adv*) smešen, komičen; norčav, skurilen; nesmiseln

ludicrousness [lú:dikrəsnis] *n* smešnost, komičnost, nesmiselnost; norčavost

ludo [lú:dou] *n* človek ne jezi se (igra)

lues [lú:i:z] *n med* sifilis

luetic [lu:étik] *n med* sifilitičen

luff I [lʌf] **1.** *n* privetrje, notranja obrobnica jadra; **2.** *vt & vi* obrniti (se) v veter (tudi *up*); **to** ~ **away** prestreči jadrnici veter

luff II [lʌf] *n mil sl* poročnik

lug I [lʌg] *n* vlačenje, vlek, potegljaj; *A* košara ali zaboj za prevoz sadja; *A sl* **to put the** ~ **on s.o.** pritiskati na koga

lug II [lʌg] **1.** *vt* vleči, vlačiti (*along* za seboj, *about* okoli); **2.** *vi* potegniti (*at* za kaj); **to** ~ **at one's oars** naporno veslati; *fig* **to** ~ **in(to)** za lase privleči, neumestno kaj uvesti v razgovor
lug III [lʌg] *n Sc* uho; *tech* ročaj, uho, držaj, motoroga; *sl* tepec
luge [lu:ž] **1.** *n* (švicarske) sani; **2.** *vi* sankati se
luggage [lʌ́gidž] *n E* prtljaga
luggage-boot [lʌ́gidžbu:t] *n* prtljažnik v avtu
luggage-carrier [lʌ́gidžkæriə] *n* prtljažnik na kolesu
luggage-compartment [lʌ́gidžkəmpá:tmənt] *n aero* prostor za prtljago v letalu
luggage-locker [lʌ́gidžləkə] *n* omarica za prtljago na postaji
luggage-office [lʌ́gidžófis] *n* sprejemališče prtljage
luggage-rack [lʌ́gidžræk] *n* mreža ali polica za prtljago (v vagonu)
luggage-tag [lʌ́gidžtæg] *n* naslovna tablica na kovčku
luggage-ticket [lʌ́gidžtikit] *n* prtljažnica (listek)
luggage-van [lʌgidžvæn] *n* prtljažni vagon, voz
lugger [lʌ́gə] *n naut* loger, ribiška ladja za lov na slanike
lugsail [lʌ́gseil, ~ sl] *n naut* četverooglato jadro
lugubrious [lu:gjú:briəs] *adj* (~ **ly** *adv*) žalosten, turoben; otožen
lugubriousness [lu:gjú:briəsnis] *n* žalost, turobnost; otožnost
lukewarm [lú:kwɔ:m] **1.** *adj* (~ **ly** *adv*) mlačen (tudi *fig*); **2.** *n* mlačnež
lukewarmness [lú:kwɔ:mnis] *n* mlačnost (tudi *fig*)
lull I [lʌl] *n* zatišje, brezvetrje, tišina; mrtvilo; (kratka) prekinitev, premor; **business** ~ mrtvilo v trgovini; *fig* **the** ~ **before the storm** zatišje pred viharjem
lull II [lʌl] **1.** *vt* uspavati; *fig* potolažiti, pomiriti koga (zlasti s sleparijo); umiriti, utišati (zlasti pasivno); **2.** *vi* umiriti se, popustiti, poleči se; **to** ~ **to sleep** uspavati; **to** ~ **s.o.'s fears** pomiriti koga; **to** ~ **s.o.'s suspicions** razpršiti komu sumnje; **to** ~ **s.o. into a false sense of security** uspavati koga, da se počuti varen; **the sea was** ~ **ed** morje se je umirilo
lullaby [lʌ́ləbai] **1.** *n* uspavanka; **2.** *vt* uspavati (z uspavanko)
lumbaginous [lʌmbǽdžinəs] *adj med* ki trga v križu
lumbago [lʌmbéigou] *n med* lumbago, trganje v križu
lumbar [lʌ́mbə] **1.** *adj anat* ledven; **2.** *n anat* ledveno vretence, ledvena odvodnica ali dovodnica
lumber I [lʌ́mbə] *n A* stavbni les; krama, navlaka, ropotija; odvečna maščoba; *A* ~ **carrier** ladja za prevoz lesa
lumber II [lʌ́mbə] **1.** *vt A* sekati drevje in žagati debla; nametati (*up*); natrpati, napolniti z ropotijo (*with*); **2.** *vi* biti nametan, razmetan
lumber III [lʌ́mbə] *vi* okorno se premikati, štorkljati; ropotati, drdrati (*along*)
lumberer [lʌ́mbərə] *n A* drvar, gozdni delavec
lumbering I [lʌ́mbəriŋ] *adj* (~ **ly** *adv*) štorkljast, štorkljav; drdrav
lumbering II [lʌ́mbəriŋ] *n A* trgovina s stavbnim lesom; sečnja
lumberjack [lʌ́mbədžæk] *n* drvar, gozdni delavec; kanadski jopič iz kockaste volnene tkanine

lumberman [lʌ́mbəmən] *n A* drvar, žagar, gozdni delavec; lesni trgovec
lumbermill [lʌ́mbəmil] *n A* žaga (podjetje)
lumber-room [lʌ́mbərum] *n* ropotarnica
lumbersome [lʌ́mbəsəm] *adj* glej **lumbering I**
lumber-trade [lʌ́mbətreid] *n A* trgovina s stavbnim lesom
lumberyard [lʌ́mbəja:d] *n A* skladišče za les
lumbricoid [lʌ́mbrikəid] **1.** *adj zool* črvast, glistast; **2.** *n* glista
lumen [lú:min] *n phys* lumen, enota svetilnega toka; *anat* zev, svetlina
luminant [l(j)ú:minənt] **1.** *adj* svetilen; **2.** *n* svetilo
luminarist [l(j)ú:minərist] *n art* luminarist, mojster za svetlobne efekte
luminary [l(j)ú:minəri] *n astr* svetleče nebesno telo (sonce, luna); *fig* velik duh, luč
luminesce [l(j)u:minés] *vi* svetlikati se
luminescence [l(j)u:minésəns] *n* svetlikanje
luminescent [l(j)u:minésənt] *adj* svetlikajoč, svetleč
luminiferous [l(j)u:minifərəs] *adj* ki oddaja svetlobo, ki tvori svetlobo
luminosity [l(j)u:minósiti] *n* sij, sijaj, blesk, svetlost; *fig* jasnost, razumljivost; *phys* jakost osvetlitve
luminous [l(j)ú:minəs] *adj* (~ **ly** *adv*) bleščeč, sveteč, svetlikav, žareč; *fig* sijajen; *fig* jasen, razumljiv; ~ **dial** svetlikava številčnica; *phys* ~ **energy** svetlobna energija, luč; *phys* ~ **flux** svetilni tok; **a** ~ **future** sijajna prihodnost; ~ **ideas** jasne zamisli
lumme [lʌ́mi] *int E vulg* gromska strela!
lummox [lʌ́məks] *n A coll* butec, neroda, štor
lump I [lʌmp] *n* gruda, kepa, kos; kup, gmota; bula, oteklina; kocka (sladkorja); plošča (ledena); *coll* neroda, butec, štor; **all of** (ali **in**) **a** ~ vse naenkrat, vse skupaj; **in the** ~ v celoti, na debelo, en gros; ~ **coal** kosovec (premog); ~ **sugar** sladkor v kockah; ~ **sum** okrogla vsota, pavšal; **to have a** ~ **in one's throat** stiskati v grlu, iti na jok; **he is a** ~ **of selfishness** je popoln sebičnež
lump II [lʌmp] **1.** *vt* narediti kepo, nakopičiti, dati na kup, zmetati v en koš (*together*); staviti ves denar (*on* na); *fig* premetati, pomešati, zmešati (*with* s, z); zbrati (*in(to)* v, *under* pod); **2.** *vi* kepiti, nakopičiti se; okorno se premikati, štorkljati (*along*); sesesti se (*down*); **if you don't like it you can** (ali **may**) ~ **it** če nečeš, pa pusti; *sl* **to** ~ **it** sprijazniti se s čim, iti k vragu, pogoltniti kaj
lumper [lʌ́mpə] *n* pristaniški delavec; kdor zmeče vse v en koš; podjetnik, ki prevzame vsako delo in ga razdeli med svoje sodelavce
lumpfish [lʌ́mpfiš] *n zool* morski okun
lumpiness [lʌ́mpinis] *n* gručavost, kepavost
lumping [lʌ́mpiŋ] *adj coll* velik, obilen, okoren
lumpish [lʌ́mpiš] *adj* (~ **ly** *adv*) okoren, neroden, težek, butast
lumpishness [lʌ́mpišnis] *n* okornost, nerodnost, neumnost
lumpy [lʌ́mpi] *adj* (**lumpily** *adv*) gručav, grudast, kepast; razburkan, nemiren (morje); *fig* štorast; *sl* pijan

lunacy [l(j)ú:nǝsi] *n med* blaznost (tudi *fig*); *E jur* Master in ~ sodni izvedenec za ugotavljanje obtoženčevega duševnega stanja

lunar [l(j)ú:nǝ] *adj* mesečev, lunin; lunast; srebrn, bled (luč); *anat* ~ bone lunica (kost v zapestju); ~ caustic lapis; ~ module lunarni modul

lunarian [l(j)u:néǝriǝn] *n* selenograf; umišljen prebivalec lune

lunate [l(j)ú:nit] *adj* oblike luninega krajca

lunatic [lú:nǝtik] 1. *adj med* blazen (tudi *fig*); 2. *n* blaznež, lunatik; ~ asylum umobolnica, norišnica; *coll* ~ fringe ekstremisti

lunation [l(j)u:néišǝn] *n astr* lunacija, lunaren mesec (razdobje med dvema mlajema)

lunch [lʌnč] 1. *n* obed, kosilo, drugi zajtrk, malica; 2. *vi & vt* obedovati, kositi, malicati; pogostiti s kosilom; ~ break odmor za kosilo

luncheon [lʌ́nčǝn] 1. *n* formalen, svečan lunch; 2. *vi* kositi, obedovati

luncheonette [lʌnčǝnét] *n A* restavracija, okrepčevalnica z lažjimi obroki

luncher [lʌ́nčǝ] *n* kdor obeduje, kosi, malica

lunchroom [lʌ́nčrum] *n* glej luncheonette

lune [l(j)u:n] *n* predmet srpaste ali polmesečeve oblike

lunette [l(j)u:nét] *n archit* luneta, stenska slika oblike polmeseca ali krajca; obočno okno; plosko steklo za uro; luknja za glavo pri giljotini; plašnice, naočnice (pri konju)

lung [lʌŋ] *n anat* pljučno krilo; *pl* pljuča; *fig* mestni nasadi in parki; *med* ~ fever pljučnica; ~ power jakost glasu; to shout at the top of one's ~ s kričati na vse grlo

lunge I [lʌndž] *n* sunek, zamah

lunge II [lʌndž] *vi* suniti, zamahniti, napasti, navaliti (*at* na); planiti, skočiti naprej; ritniti, ritati (*out*); to ~ out at navaliti na koga (mečevanje)

lunge (longe) [lʌndž] 1. *n* vrv za urjenje konj, krožna pot za urjenje konj; 2. *vt* uriti konje z vrvjo ali po krožni poti

lunger [lʌ́ŋgǝ] *n A sl* jetičen bolnik

lungfish [lʌ́ŋfiš] *n zool* dvodihavka, pljučarica (riba)

lungwort [lʌ́ŋwǝ:t] *n bot* pljučnik

lunkhead [lʌ́ŋkhed] *n A coll* butec, tepec

lunula [l(j)ú:njulǝ] *n* lunica (pri nohtu)

luny [lú:ni] *adj & n* glej loony

lupine I [lú:pain] *adj* volčji; divji, požrešen

lupin(e) II [lú:pin] *n bot* volčji zob

lupus [lú:pǝs] *n med* lupus, kožna tuberkuloza

lurch I [lǝ:č] 1. *n* nagnjenje na stran; opotekanje; *A* nagnjenje (*towards* do); 2. *vi* nagniti se na stran; opotekati se, opoteči se

lurch II [lǝ:č] *n arch* kritična stopnja igre; to leave s.o. in the ~ pustiti koga na cedilu

lurcher [lǝ́:čǝ] *n* tat, goljuf; vohljač, vohun; divji lovec; lovski pes (križanec)

lure I [l(j)úǝ] *n* vaba (*to* za); *fig* čar, mik; *fig* past, zanka; vaba za sokole (šop peres z vabo na dolgi vrvi)

lure II [l(j)úǝ] *vt* zvabiti (*away* stran, *into* v)

lurid [l(j)úǝrid] *adj* (~ ly *adv*) prsten, bled; pošasten, grozljiv, mračen, temen, strašen; krvavo rdeč (nebo); kričeč, živ (barva); *bot* umazano rumeno rjav; to cast (ali throw) a ~ light on prikazati kaj v mračni luči

lurid boletus [l(j)úǝrid boulí:tǝs] *n bot* svinjski goban

luridness [l(j)úǝridnis] *n* mračnost, temačnost, grozljivost

lurk [lǝ:k] 1. *vi* prežati, skrivati se, pritajiti se; biti v podzavesti; 2. *n* zaseda, prežanje; skrivališče; on the ~ v zasedi

lurker [lǝ́:kǝ] *n* prežalec, kdor je v zasedi

lurking [lǝ́:kiŋ] *adj* skrit, skriven, prikrit; prežeč

lurking-place [lǝ́:kiŋpleis] *n* skrivališče

Lusatian [lu:séišǝn] 1. *adj* lužiški; 2. *n* Lužičan(ka)

luscious [lʌ́šǝs] *adj* (~ ly *adv*) slasten, sočen, presladek; osladen; *fig* bujen, natrpan (slog); čuten, pohoten

lusciousness [lʌ́šǝsnis] *n* slastnost, sladkost, sočnost; osladnost; bujnost, natrpanost

lush I [lʌš] *adj* (~ ly *adv*) bujen, bohoten, sočen; *A fig* bogat, uspešen, luksuzen; ~ vegetation bujna vegetacija

lush II [lʌš] 1. *n sl* žganje, pijača; 2. *vt & vi* opijaniti, pijančevati

lushness [lʌšnis] *n* bujnost, bohotnost, sočnost

lushy [lʌši] *adj sl* pijan, nakresan

lust I [lʌst] *n* poželenje, sla, pohota (*for, of* po); ~ for life sla po življenju; ~ of power sla po moči, oblasti

lust II [lʌst] *vi* poželeti, hrepeneti (*after, for* po)

luster [lʌstǝ] *n A* glej lustre

lustful [lʌ́stful] *adj* (~ ly *adv*) strasten, pohoten, polten, čuten

lustfulness [lʌ́stfulnis] *n* pohotnost, čutnost, poltenost

lustihood [lʌ́stihud] *n* glej lustfulness

lustily [lʌ́stili] *adv* močno, krepko, čvrsto, energično, živahno

lustiness [lʌ́stinis] *n* moč, čvrstost, energija, živahnost

lustral [lʌ́strǝl] *adj eccl* očiščevalen; ki se ponavlja vsakih pet let

lustrate [lʌ́streit] *vt eccl* očiščevati (obredno)

lustration [lʌstréišǝn] *n eccl* očiščevanje; *hum* umivanje

lustre I [lʌstǝ] *n E* sij, lesk, svetlikanje; *fig* sijaj, ugled; lestenec; lister (polvolneno blago); svetlikava volna; to add ~ to a name dati imenu ugled, povečati slavo; to throw (ali shed) ~ on dati (čemu) lesk; slaviti koga

lustre II [lʌstǝ] *vt* dati lesk (blagu, lončarskim proizvodom)

lustre III [lʌstǝ] *n* glej lustrum

lustreless [lʌ́strǝlis] *adj* brez leska, moten, zamegljen

lustreware [lʌ́strǝwɛǝ] *n* svetlikavi stekleni ali pološčeni lončarski izdelki

lustrine [lʌ́strin] *n* svetlikav taft (blago)

lustrous [lʌ́strǝs] *adj* svetlikav, lesketajoč, sijajen

lustrum [lʌ́strǝm] *n* čas petih let, petletje

lusty [lʌ́sti] *adj* (lustily *adv*) močan, krepak, čvrst, zdrav, energičen, živahen; bujen, močen, mogočen, korpulenten

lutanist [l(j)ú:tǝnist] *n mus* plunkar, igralec na plunko

lute I [l(j)u:t] 1. *n mus* plunka, lutnja; 2. *vi* plunkati, igrati na plunko; *fig* rift within the ~ na videz nepomembna stvar, ki pa lahko razdre srečo, slogo itd.

lute II [l(j)u:t] **1.** *n* zamazek, lepilo, kit; gumijast obroček za steklenice; **2.** *vt* zamazati, zalepiti, zakitati

lutecium [lutí:šiəm] *n chem* lutecij

lutein [l(j)ú:tiin] *n chem* barvilo jajčnega rumenjaka

luteous [lú:tiəs] *adj* rdečkasto ali oranžno rumen, zlato rumen

Lutetian [l(j)u:tí:šən] **1.** *adj* pariški; **2.** *n* Parižan, -(ka)

Lutheran [lú:θərən] **1.** *adj* luteranski; **2.** *n* Luteranec, -nka

Lutheranism [lú:θərənizəm] *n* luteranstvo

luthern [lú:θə:n] *n* podstrešno okno

lutist [l(j)ú:tist] *n* plunkar, igralec na plunko, izdelovalec plunk

lux [lʌks] *n phys* luks, enota za jakost osvetlitve

luxate [lʌkseit] *vt med* izpahniti, zviniti, pretegniti

luxation [lʌkséišən] *n med* izpah, zvin

luxuriance [lʌgzjúəriəns, -žuə-, -šuə-] *n* bujnost, bohotnost, bujna rast, obilje, razkošje

luxuriant [lʌgzjúəriənt, -žuə-, -šuə-] *adj* (~ **ly** *adv*) bujen, bohoten, obilen, razkošen

luxuriate [lʌgzjúərieit, -žuə-, -šuə-] *vi* razkošno živeti, uživati (*on, in* v), bohotati; naslajati se, uživati (*on, in* v)

luxurious [lʌgzjúəriəs, -žuə-, -šuə-] *adj* (~ **ly** *adv*) razkošen, luksuzen, bujen, preobilen; potraten

luxury [lʌ́kšəri] *n* razkošje, luksuz; potrata; *econ* luksuzen predmet; *fig* naslada; **to live in** ~ razkošno živeti; **to permit o.s. the** ~ **of** privoščiti si razkošje v čem

lyam-hound [láiəmhaund] *n hist* krvosleden pes

lycanthropy [laikǽnθrəpi] *n* volkodlaštvo

lyceum [laisíəm] *n* licej, predavalnica; *A* prosvetni klub, matica

lych [lič] *n* glej **lich**

lychnis [líknis] *n bot* lučica

lycopod(ium) [laikəpóudiəm] *n bot* lisičjak

lyddite [lídait] *n chem* lidit (eksploziv)

lye [lai] **1.** *n chem* lug; **2.** *vt* lužiti

lying I [láiiŋ] **1.** *adj* lažniv; **2.** *n* laganje

lying II [láiiŋ] **1.** *adj* ležeč; **2.** *n* ležanje

lying-in [láiiŋín] *n* otroška postelja, porod; ~ **hospital** porodnišnica

lyke-wake [láikweik] *n E* bedenje pri mrliču

yme-grass [láimgra:s] *n* sipinska trava

ymph [limf] *n* limfa, mezga, sokrvca; *med* serum, cepivo; *poet* studenčnica

lymphatic [limfǽtik] **1.** *adj* (~ **ally** *adv*) limfatičen, limfen; brezkrven, ohlapen (mišica); **2.** *n* limfna žleza

lymphous [límfəs] *adj* limfen

lyncean [linsí:ən] *adj* ostroviden, ki vidi kot ris

lynch [linč] **1.** *vt* linčati; **2.** *n* linčanje (tudi ~ *law, Judge Lynch*)

lynx [liŋks] *n zool* ris

lynx-eyed [líŋksaid] *adj* ostroviden, ki vidi kot ris

lyonnaise [laiənéiz] *adj* pripravljen s čebulo (hrana)

lyrate [láiərit, ~ reit] *adj* lirast, podoben liri (glasbilu)

lyre [láiə] *n mus* lira

lyre-bird [láiəbə:d] *n zool* lirorepec

lyric [lírik] **1.** *adj* (~ **ally** *adv*) liričen, lirski; **2.** *n* lirska pesem; *pl* jirika; *pl mus* tekst pesmi

lyrical [lírikəl] *adj* (~ **ly** *adv*) liričen; čustven

lyricism [lírisizəm] *n* liričnost; čustvenost

lyrism [láiərizm] *n* lirizem, lirski zanos

lyrist I [lírist] *n* lirik, lirski pesnik

lyrist II [láiərist] *n mus* igralec na liro

lyse [láis] *vt & vi chem, med* razkrojiti (se)

lysis [láisis] *n med* počasno boljšanje; *physiol* razpad (tkiva, celic)

lysol [láisəl] *n chem* lizol

lyssophobia [lisəfóubiə] *n med* bolesten strah pred duševnim oboljenjem

M

M, m [em] **1.** *n* (*pl* M's, Ms, m's, ms) črka M; predmet oblike črke M; **2.** *adj* trinajsti; oblike črke M

ma [ma:] *n coll* mama, mati

ma'am [mæm, məm] *n coll* gospa

mac [mæk] *n E coll* za **mackintosh**

Mac [mæk] *pref* v škotskih in irskih imenih; *coll* Škot, Irec

macabre [məká:br] *adj* pošasten, grozen, mračen; **danse** ~ smrtni ples

macaco [məkéikou] *n zool* maki, lemurid (polopica)

macadam [məkǽdəm] **1.** *adj* makadamski; **2.** *n* makadam

macadamization [məkædəmaizéišən] *n* makadamiziranje

macadamize [məkǽdəmaiz] *vt* makadamizirati

macaque [məká:k] *n zool* makako (opica)

macaroni [mækəróuni] *n sg & pl* makaroni; *E hist* gizdalin, ki oponaša tuje navade

macaronic [mækərónik] *adj* makaronski; ~ **poetry** makaronska poezija

macaronics [mækəróniks] *n pl* makaronščina, s tujkami pomešan jezik; *fig* mešanica

macaroon [mækərú:n] *n* mandljevo pecivo (iz beljakov)

macassar [məkǽsə] *n* vrsta olja za lase

macaw [məkó:] *n zool* makao (papiga); *bot* vrsta ameriške palme

mace I [méis] *n hist* kij, buzdovan; žezlo, (dolga) službena palica (zlasti v britanskem Spodnjem domu)

mace II [méis] *n* muškatov cvet (začimba)

mace-bearer [méisbɛərə] *n* žezlonosec

macédoine [mæsidwá:n] *n* zelenjavna solata; želirana zelenjava ali sadje

Macedonian [mæsidóunjən] **1.** *adj* makedonski; **2.** *n* makedonščina; Makedonec, -nka

macer [méisə] *n* glej **mace-bearer**

macerate [mǽsəreit] **1.** *vt* macerirati, razmehčati s tekočino, namakati; izčrpati, izmozgati, oslabiti; trpinčiti, mučiti (srce); **2.** *vi* razmehčati se, omehčati se; oslabeti, izčrpati se, hirati

maceration [mæsəréišən] *n* maceracija, razmehčanje (s tekočino), namakanje; trpinčenje (svojega telesa), izčrpavanje, hiranje

machan [məčá:n] *n E hunt* obršnjak, visoka preža

machete [ma:čéitei, məšét] *n* mačeta (širok in dolg nož)

Machiavellian [mækiəvéliən] **1.** *adj* makiavelističen, Machiavellijev; *pol* brezobziren; **2.** *n* makiavelist, brezobziren intrigant

Machiavellism [mækiəvélizəm] *n* makiavelizem

machicolate [mæčíkəleit] *vt mil hist* napraviti odprtine v trdnjavi za metanje kamna itd.

machicolation [məčikəléišən] *n mil hist* odprtina v podu parapeta (za metanje kamna ali zlivanje vrelega svinca)

machinate [mǽkineit] *vi* spletkariti, naplesti, nakaniti

machination [mækinéišən] *n* spletka, nakana, mahinacija

machinator [mǽkineitə] *n* spletkar(ka)

machine I [məší:n] *n tech* stroj, priprava, mehanizem; *coll* bicikel, motorno kolo, avto, letalo itd.; *fig* stroj (človek); *A pol* državna mašinerija, politična organizacija; *sl* vojska; **the God from the** ~ deus ex machina; nepričakovan razplet

machine II [məší:n] *vt tech* strojno izdelati; šivati na šivalni stroj

machine-fitter [məší:nfitə] *n* strojni ključavničar

machine-gun [məší:ngʌn] **1.** *n mil* strojnica, mitraljez; **2.** *vt* streljati s strojnico

machine-gunner [məší:ngʌnə] *n mil* mitraljezec

machine-made [məší:nmeid] *adj* strojno izdelan, tovarniški; *fig* stereotipen, ustaljen

machinery [məší:nəri] *n* stroji, mehanizem; *fig* ustroj, mašinerija

machine-room [məší:nrum] *n* strojnica, prostor za stroje

machine-shop [məší:nšɔp] *n* strojna delavnica

machine-time [məší:ntaim] *n tech* delovna doba stroja

machine-tool [məší:ntu:l] *n* obdelovalni stroj

machine-translation [məší:ntrænsléišən] *n* strojno prevajanje

machine-twist [məší:ntwist] *n* strojna preja

machinist [məší:nist] *n* strojnik; šivalec, -lka na stroj; *naut* pomočnik ladijskega strojnika

machinize [məší:naiz] *vt* strojno izdelovati

Mach-number [móknʌmbə] *n aero* Machovo število (ki pokaže razmerje med hitrostjo letala in hitrostjo zvoka v določeni višini)

machometer [məkómitə] *n phys* instrument za merjenje hitrosti letala (v machih)

mack [mæk] *n coll* za **mackintosh**

mackerel [mǽkrəl] *n zool* makrela, skuša, lokarda; ~ **sky** nebo prekrito z ovčicami

Mackinaw [mǽkinə:] *n A* debela volnena odeja; kratko volneno ogrinjalo

mackintosh [mǽkintɔš] *n* nepremočljiv gumiran plašč; gumirana tkanina

mackle [mækl] *n print* zabrisan tisk, makulatura

macle [mækl] *n min* kristal dvojček; madež v rudnini

maconochie [məkónəkⁱ] *n E mil* konservirana mesna in zelenjavna enolončnica

macrobiote [mækrəbáiout] *n* kdor dolgo živi

macrobiotics [mækrəbaióutiks] *n pl* makrobiotika, nauk o podaljšanju življenja

macrocephalic [mækrəsefǽlik] *adj biol* debeloglav, makrokefalen

macrocephaly [mækrəséfəli] *n biol* debeloglavost, makrokefalija

macrocosm [mǽkrəkɔzəm] *n* makrokozmos, vesoljstvo, svetovje

macrocosmic [mækrəkózmik] *adj* makrokozmičen

macron [mǽkrɔn] *n* znak za dolžino samoglasnika (npr. ā)

macropterous [məkróptərəs] *adj zool* dolgokril (ptič, insekt), ki ima dolge plavuti (riba)

macroscopic [mækrəskópik] *adj* (~ ally *adv*) makroskopičen, viden s prostim očesom

macrurous [məkrúərəs] *adj zool* dolgorep

macula [mǽkjulə] *n* madež, lisa (na mineralu); *astr* sončna pega; *med* kožni madež

macular [mǽkjulə] *adj* lisast, pegast

maculate I [mǽkjulit] *adj* zamazan, lisast, pegast, omadeževan

maculate II [mǽkjuleit] *vt* zamazati, omadeževati

maculation [mækjuléišən] *n* zamazanje, zamazanost, pegavost

macule [mǽkju:l] *n print* glej mackle

mad I [mæd] *adj* (~ ly *adv*) nor, blazen; nor na kaj (*after, about, for, on*); *coll* jezen, besen, hud (*at* na, *with* zaradi); stekel (žival); ~ as a hatter (ali as a March hare) popolnoma prismuknjen, popolnoma nor; they are having a ~ time divje se zabavajo; to drive s.o. ~ spraviti koga ob pamet, v bes; it is enough to drive one ~ to te lahko spravi ob pamet; to run ~ after ponoreti za čem (kom); like ~ noro, kot nor, divje; to run like ~ teči na vso sapo; to go (ali run) ~ znoreti, ponoreti

mad II [mæd] 1. *vt* spraviti koga v bes, spraviti koga ob pamet; 2. *vi* noreti

madam [mǽdəm] *n* gospa (v nagovoru)

madame [mǽdəm] *n* gospa

madbrained [mǽdbreind] *adj* prismojen, prismuknjen

madcap [mǽdkæp] 1. *adj* nepremišljen, divji, vročekrven; 2. *n* vročekrvnež, -nica, divjak

madden [mǽdn] 1. *vt* razbesneti, razdražiti, spraviti ob pamet; 2. *vi* pobesneti, razdražiti se

maddening [mǽdniŋ] *adj* (~ ly *adv*) dražeč, ki spravlja ob pamet, v bes

madder [mǽdə] *n bot* broč; bročevo barvilo

madding [mǽdiŋ] *adj poet* nor, pobesnel

mad-doctor [mǽddɔktə] *n coll* zdravnik za duševne bolezni

made [méid] 1. *pt & pp* od to make II; 2. *adj* (umetno) narejen; izmišljen; gotov, ki je uspel; izučen (vojak); (dobro) grajen (človek); *coll* določen, mišljen; ~ dish iz več pridatkov narejena jed; ~ gravy umetno narejena mesna omaka; ~ road utrjena cesta; English-~ narejeno v Angliji; ~ of wood lesen; ~ from narejen iz česa; a ~ story izmišljena zgodba; a ~ man človek, ki je uspel; a well-~ man dobro

grajen človek; it is ~ for this purpose mišljeno je za ta namen

mademoiselle [mædəmzél] *n* gospodična

made-to-measure [méidtuméžə] *adj econ* narejen po meri

made-to-order [méidtuɔ:də] *adj econ* narejen po naročilu

made-up [méidʌp] *adj* izmišljen; našminkan; narejen, izdelan, tovarniški; *fig* izumetničen; ~ clothes konfekcija (obleka); a ~ story izmišljena zgodba

madhouse [mǽdhaus] *n* norišnica (tudi *fig*)

madly [mǽdli] *adv* noro, besno, divje, neumno; ~ in love noro zaljubljen

madman [mǽdmən] *n* norec, blaznež

madness [mǽdnis] *n* norost, blaznost (tudi *fig*); besnilo, bes (*at* na); zamaknjenost, zanos

madrepore [mǽdripɔ:] *n bot* luknjičava korala

madrigal [mǽdrigəl] *n* madrigal, pastirska pesem

madrigalian [mædrigéiliən] *adj* madrigalski

madrigalist [mǽdrigəlist] *n* madrigalist

madwoman [mǽdwumən] *n* nora ženska, blaznica

Maecenas [mi:sí:nəs] *n* mecen

maelstrom [méilstroum] *n* vrtinec (tudi *fig*); ~ of traffic prometna gneča; the ~ of war vojna vihra

maenad [mí:næd] *n* menada, bakhantka

maenadic [mi:nǽdik] *adj* bakhantski, divji

maestoso [ma:estóuzou] *adv mus* veličastno

maestro [máistrou] *n* mojster (umetnik)

Mae West [méiwest] *n aero sl* rešilni jopič

maffia [má:fia:] *n* mafija

maffic [mǽfik] *vi E* bučno prosljavljati

mag [mæg] *n E sl* pol penija; *fig* belič, para; *tech sl* za *magneto*

magazine [mægəzí:n] *n* revija, ilustriran zabavnik; *mil* vojaško skladišče, magazin (v strelnem (orožju), skladišče razstreliva; magazin, skladišče

magazinist [mægəzí:nist] *n* skladiščnik

magdalen [mǽgdəlin] *n fig* spokornica

mage [méidž] *n arch* čarovnik, mag; modrijan, učenjak

magenta [mədžéntə] *n* fuksin (barvilo); škrlatna barva

maggie's drawers [mǽgi:zdrɔ:əz] *n pl A mil* znamenje z zastavo za zgrešen strel

maggot [mǽgət] *n zool* ličinka, zapljunek, črviček (zlasti v hrani), mušica; *fig* muhe; to have a ~ in one's head biti muhast, biti čudaški

maggoty [mǽgəti] *adj* črviv (hrana); *fig* muhast, čudaški

Magi [méidžai] *n pl* magi, sv. trije kralji

magian [méidžiən] *n* čarovnik, mag

magic I [mǽdžik] *adj* (~ ally *adv*) čaroven, magičen; čaroben, pravljičen; ~ carpet leteča preproga; el ~ eye magično oko; ~ lamp čarobna svetilka; ~ lantern laterna magika; ~ square magični kvadrat

magic II [mǽdžik] *n* čarodejstvo, magija; čar, čudo; to act like ~ čudežno delovati; it works like ~ je prava čarovnija; black ~ črna magija, klicanje hudiča; white ~ bela magija, klicanje angelov

magical [mǽdžikəl] *adj* (~ ly *adv*) glej magic I

magician [mədžíšən] *n* čarovnik, mag

magisterial [mædžistíəriəl] *adj* (~ ly *adv*) sodniški; uraden, pristojen; gospodovalen, ukazovalen, avtoritativen

magistracy [mædžistrəsi] *n* sodnijska praksa, sodna pristojnost, sodniki; uprava

magistral [mədžístrəl] *adj* pripravljen (zdravilo); učiteljski (zbor)

magistrate [mædžistrit, ~ treit] *n* sodnik, mirovni sodnik; sodnoupravni uradnik; *A* chief (ali first) ~ guverner am. zvezne države

magistrature [mædžístrətjuə] *n* glej magistracy

magma [mǽgmə] *n geol* magma; gnetljiva gmota; *pharm* emulzija

magnalium [mægnéiliəm] *n chem* zlitina magnezija in aluminija

magnanimity [mægnənímiti] *n* velikodušnost, plemenitost

magnanimous [mægnǽniməs] *adj* (~ ly *adv*) velikodušen, plemenit

magnate [mǽgneit] *n* magnat, mogočnik, velikaš

magnesia [mægní:šə] *n chem* magnezija, lojevica; sulphate of ~ grenka sol

magnesian [mægní:šən] *adj* magnezijev; magneziten

magnesite [mǽgnisait] *n chem* magnezit, lojevec

magnesium [mægní:ziəm] *n chem* magnezij; ~ light magnezijeva luč

magnet [mǽgnit] *n* magnet (tudi *fig*)

magnetic [mægnétik] *adj* (~ ally *adv*) magneten, magnetski; *fig* privlačen; ~ field magnetno polje; ~ induction magnetna indukcija; ~ needle magnetna igla; ~ pole magnetni tečaj; ~ mine magnetska mina; ~ tape magnetofonski trak

magnetics [mægnétiks] *n pl* nauk o magnetizmu

magnetism [mǽgnitizəm] *n phys* magnetizem; *fig* privlačnost; terrestrial ~ zemeljski magnetizem

magnetite [mǽgnitait] *n min* magnetovec

magnetization [mægnitaizéišən] *n* magnetiziranje

magnetize [mǽgnitaiz] *vt* magnetizirati; *fig* privlačiti

magnetizer [mǽgnitaizə] *n med* magnetizer

magneto [mægní:tou] *n* magnetnik (stroj); magnet-noelektrična naprava za vžig (motorja z notranjim izgorevanjem); *el* ~ alternator generator (zlasti za izmenični tok); *el* ~ dynamo magnet-noelektričen dinamo; *el* ~ -electric magnetnoelektričen; *phys* ~ motive z magnetnim pogonom

magnific(al) [mægnífik(əl)] *adj arch* sijajen, zvišen, krasen

magnification [mægnifikéišən] *n* povečanje, povečava; poveličevanje; *el* ojačenje

magnificence [mægnífisəns] *n* krasota, sijaj, veličastje

magnificent [mægnífisənt] *adj* (~ ly *adv*) krasen, sijajen, veličasten

magnifico [mægnífikou] *n* velikaš (zlasti beneški); visok dostojanstvenik

magnifier [mǽgnifaiə] *n* povečevalno steklo, lupa; *el* ojačevalec

magnify [mǽgnifai] *vt* povečati; *fig* pretiravati; *arch* poveličevati, slaviti; ~ ing glass povečevalno steklo

magniloquence [mægnílǝkwəns] *n* bahaštvo; besedičenje, frazarjenje, nabuhlost

magniloquent [mægnílǝkwənt] *adj* (~ ly *adv*) bahav; frazerski, nabuhel

magnitude [mǽgnitju:d] *n* velikost, veličina; *fig* važnost, obseg; of the first ~ bistvene važnosti; the ~ of the catast. ophe obseg nesreče

magnolia [mægnóuliə] *n bot* magnolija; *A* Magnolia State vzdevek za državo Mississippi

magnoliaceous [mægnouliéišəs] *adj bot* magnolijin, magnolijev

magnum [mǽgnəm] *n* dvolterska steklenica

magnum-bonum [mǽgnəmbóunəm] *n ěon* velika in dobra sorta; *bot* vrsta velike rumene slive; vrsta krompirja

magpie [mǽgpai] *n zool* sraka; *fig* blebetač; *sl* predzadnji krog v tarči, zadetek vanj

magus [méigəs] *n* mag (duhovnik starih Medov in Perzov); čarovnik, vrač; the (three) Magi sveti trije kralji

maharaja(h) [ma:hərá:džə] *n* maharadža

maharanee [ma:hərá:ni:] *n* maharani, maharadževa žena

mah-jong(g) [má:džŋ] *n* kitajska družabna igra (podobna dominu)

mahl-stick [mó:lstik] *n* glej maulstick

mahogany [məhógəni] 1. *n bot* mahagonovec (drevo), mahagonovina (les); mahagonijeva barva; obedna miza; 2. *adj* mahagonijev, rdečkasto rjav; to be under the ~ ležati pijan pod mizo; to have one's knees under s.o.'s ~ jesti pri kom, biti gost pri kom

mahout [məháut] *n* indijski gonjač slonov

maid [méid] *n* deklica; *poet* devica; služkinja; house-~ sobarica; kitchen-~ kuhinjska pomočnica; ~ of all work služkinja za vse delo; old ~ stara devica; the Maid devica orleanska; ~ of honour dvorna dama, *A* družica pri poroki

maiden I [méidn] *adj* (~ ly *adv*) dekliški; deviški; *fig* čist, svež, nov, nepreizkušen, neizkušen; samska; ki zraste iz semena; ~ assize porotno sodišče, ki nima komu soditi; ~ aunt samska teta; ~ name dekliški priimek; ~ race dirka, v kateri nastopajo tudi neizkušeni konji; ~ speech nastopni govor v pailamentu; ~ voyage krstno potovanje nove ladje

maiden II [méidn] *n* deklica, devica; konj, ki še ni zmagal v nobeni dirki; *Sc hist* vrsta giljotine

maidenhair [méidnhɛə] *n bot* vrsta praproti

maidenhead [méidnhed] *n* devištvo; *anat* himen

maidenhood [méidnhud] *n* devištvo, deklištvo

maidenish [méidniš] *adj* dekliški, čeden, sramežljiv, skromen

maidenlike [méidnlaik] *adj* glej maidenish

maidenliness [méidnlinis] *n* dekliška čednost, skromnost, sramežljivost

maidenly [méidnli] *adj* glej maidenish

maidish [méidiš] *adj* dekliški, kot dekla

maidservant [méidsə:vənt] *n* služkinja

maieutic [məjú:tik] *adj phil* majeutski, izpraševalen

maigre [méigə] *adj* posten

mail I [méil] 1. *n* oklep, verižna srajca; *zool* oklep; 2. *vt* oklopiti, obdati z oklepom

mail II [méil] *n* pošta; poštna pošiljka; poštna torba; poštna služba; air ~ zračna pošta; by return of ~ s povratno pošto

mail III [méil] *vt* poslati po pošti, oddati na pošti

mailable [méiləbl] *adj* ki se lahko pošlje po pošti

mail-bag [méilbæg] *n* poštna torba
mail-boat [méilbout] *n* poštna ladja
mailbox [méilbɔks] *n A* poštni nabiralnik
mail-cart [méilka:t] *n* poštni (ročni) voziček
mailclad [méilklæd] *adj* obdan z oklepom
mail-clerk [méilklə:k] *n A* poštni uslužbenec
mail-coach [méilkouč] *n* poštna kočija
maildrop [méildrɔp] *n* reža v poštnem nabiralniku
mailed [méild] *adj* oklopen (tudi *zool*); **the ~ fist** železna pest, surova sila
mailer [méilə] *n A* adresirni stroj; avtomat za frankiranje; adresar
mailguard [méilga:d] *n* spremljevalec poštnih pošiljk, stražar
mailman [méilmən] *n A* poštar
mail-order [méilɔ:də] *n* naročilo po pošti; **~ house** (ali **firm**) trgovsko podjetje, ki prodaja samo preko pošte
mail-train [méiltrein] *n* poštni vlak
mail-van [méilvæn] *n* poštni vagon, poštni avto za dostavljanje pošiljk
maim [méim] *vt* pohabiti, ohromiti (tudi *fig*)
main I [méin] *adj* (*~ly adv*) glaven, najvažnejši, bistven, največji; **by ~** (ali **sheer**) **force** z golo močjo; **the ~ thing** glavna stvar; **to have an eye to the ~ chance** delati v svojo korist, dobro poskrbeti zase
main II [méin] *n* (zlasti *pl*) glavni vod napeljave (vodovodne, odtočne, plinske, električne), omrežje; glavni vod, glavna cev, glavni kabel; *A* glavna železniška proga; *arch* moč, sila; glavna, bistvena stvar; *poet* odprto morje; kopno; **operating on the ~s** s priključkom na omrežje; **~s aerial** omrežna antena; **~s voltage** omrežna napetost; **in the ~** v glavnem, večinoma; **to turn on the ~** razjokati se; **with might and ~** na vso moč
main III [méin] *n* petelinov boj; prvi met kocke (pri kockanju)
main-bang [méinbæŋ] *n* sprožilni impulz (radar)
main-brace [méinbreis] *n naut* glavna jadrna vrv; *sl* **to splice the ~** dati mornarjem pijačo, piti
main clause [méinklɔ:z] *n gram* glavni stavek
main-deck [méindek] *n naut* gornja paluba, glavni krov
main-drain [méindrein] *n* glavni odtočni kanal
main-feeder [méinfi:də] *n el* glavni napajalni vod
mainland [méinlənd] *n* celina, kopno
main line [méinlain] *n* glavna železniška proga; *mil* glavna bojna linija; *A sl* prominentni ljudje; *A sl* intravenozna injekcija mamila; *mil* **~ of resistance** glavna obrambna črta
mainly [méinli] *adv* v glavnem, zlasti
mainmast [méinma:st, *naut* ~məst] *n naut* veliki jambor
mainsail [méinseil] *n naut* veliko jadro
mainspring [méinspriŋ] *n* glavno pero v uri; *fig* pobuda, vodilni motiv
mainstay [méinstei] *n naut* glavna letva na kateri stoji jambor; *fig* glavna opora
maintain [meintéin] *vt* obdržati, obvarovati, ohraniti (stanje, dober glas itd.); vzdrževati, streči, skrbeti za (stroj, družino itd.); trditi (*that* da); braniti, podpirati (koga, mnenje, pravico); vztrajati (na zahtevi); *jur* začeti tožbo; koga protizakonito podpirati; *econ* obdržati ceno

(blagu); **to ~ one's ground** vztrajati na svojem stališču
maintainable [meintéinəbl] *adj* vzdržljiv, branljiv, opravičljiv
maintainer [meintéinə] *n* vzdrževalec, podpornik, branilec
maintenance [méintinəns] *n* vzdrževanje (tudi *tech*), strega; obvarovanje, ohranitev; trditev; podpora, zagovarjanje; *jur* protizakonita podpora na sodišču; **~ grant** (ali **allowance**) vzdrževalnina; **~ order** odlok za plačevanje vzdrževalnine; *hist* **cap of ~** kapa ali klobuk odličnika (kraljeva, londonskega župana); *aero* **~ check** preizkus radijskih naprav v letalu; **~ and service** motorcar servisni avto
maisonette [meizənét] *n E* hišica; garsonjera
maître d'hôtel [mɛ:trdotél] *n hist* majordom; glavni natakar
maize [méiz] *n E bot* koruza
maizena [meizí:nə] *n E* majzena, industrijsko predelana koruzna moka
majestic [mədžéstik] *adj* (*~ally adv*) veličasten, dostojanstven, majestetičen
majesty [mædžisti] *n* veličanstvo, dostojanstvenost; **Your (His, Her) Majesty** Vaše (Njegovo, Njeno) Veličanstvo
majolica [məjólikə, ~džó~] *n* majolika
major I [méidžə] *adj* večji, važnejši; starejši, polnoleten; **the ~ part** večina; *mus* **~ scale** durova skala; **the ~ premise** prva stavek, prva premisa; *math* **~ axis** glavna os; **~ illness** težka bolezen; **~ suit** višja barva, srce ali pik (bridge)
major II [méidžə] *n* polnoletnik, -nica; *mus* dur
major III [méidžə] *n mil* major
major IV [méidžə] **1.** *n A* glavni predmet na univerzi; **2.** *vi* **to ~ in** imeti za glavni predmet
major-domo [méidžədóumou] *n* majordom; hišni upravitelj
major-general [méidžədžénərəl] *n mil* general major
majority [mədžɔ́riti] *n* večina; polnoletnost; *mil* majorska stopnja; **to reach** (ali **attain**) **one's ~** postati polnoleten; **to join the (great) ~** umreti; *pol* **~ party** večinska stranka; *A parl* **~ leader** vodja večinske stranke; **~ of votes** glasovna večina
majorship [méidžəšip] *n mil* majorska stopnja
majuscule [mədžʎskju:l] *n* majuskula, velika črka
make I [méik] *n* delo, izdelovanje; *econ* izdelek, fabrikat, proizvod, (tovarniška) znamka; kroj, fasona; *tech* vrsta, oblika, tip, proizvodnja; postava, stas; zgradba (zgodbe); *el* spoj, kontakt; napoved aduta (bridge), mešanje kart; **our own ~** naš izdelek; **of best English ~** najboljše angl. kvalitete; **is this your own ~?** si to sam naredil?; *el* **to be at ~** biti spojen; *sl* **to be on the ~** biti na lovu za denarjem, za dobičkom; vzpenjati se (družbeno); *E naut* **~ and mend** prost čas za mornarje
make II* [méik] **1.** *vt* delati, napraviti; izdelati, izdelovati (*from, of, out of* iz); predelati, predelovati, tvoriti, oblikovati (*to, into* v); pripraviti (kavo, čaj); uvesti (pravila, zakone), sestaviti, spisati (pesem); zbrati (glasove); ustvariti; *fig* napraviti kaj iz koga (*to ~ a doctor of s.o.*); povzročiti, prinašati (zadovoljstvo); pokazati se, postaviti, biti (*she ~s him a good*

wife); znesti, znašati; imenovati za (*he was made a general*); (z nedoločnikom brez »to« v aktivu, s »to« v pasivu) pripraviti koga do česa (*they made him talk, he was made to talk*); meniti, misliti, predstavljati si (*what do you ~ of it*); *coll* imeti koga za kaj (*I ~ him an honest man*); zaslužiti, ustvariti dobiček; doseči (hitrost), premeriti (pot); *sl* zapeljati, posiliti; prispeti (ladja v pristanišče), doseči; *naut* zagledati (kopno); *E* jesti; imeti (govor); mešati karte; *el* spojiti *A sl* identificirati koga; **2.** *vi* nameniti se, poskusiti, napotiti se, peljati (pot) razprostirati se, teči (reka) (*to*); nastopiti (plima), naraščati (voda), *fig* povzročiti, pripeljati do; **to ~ no advances** truditi se koga pridobiti; **to ~ no account of** ne ozirati se na kaj; **to ~ allowance for** upoštevati, biti uvideven; **to ~ amends for** odškodovati, oddolžiti se za kaj; **to ~ angry** zjeziti; **to ~ an appointment** dogovoriti se za sestanek; **to ~ as if** (ali **as though**) pretvarjati se, hliniti; **as you ~ your bed so you must lie upon it** kakor boš postlal, tako boš ležal; **to ~ a bag** imeti dober lov; **to ~ the bed** postlati; **to ~ believe** pretvarjati se, hliniti; **to ~ a bid for** truditi se za, potegovati se za kaj; **to ~ bold** drzniti si, upati si; **to ~ no bones about** povedati odkrito brez strahu, požvižgati se na kaj; **to ~ one's bread** vzdrževati se sam; *sl* **to ~ book** ilegalno sklepati stave na konjskih dirkah; **this book ~s good reading** ta knjiga se dobro bere; **to ~ or break s.o.** pripeljati koga do uspeha ali poloma; **to ~ a clean breast of** priznati, olajšati si srce; **to ~ bricks without straw** delati nekaj neizvedljivega; **to ~ the best of** izkoristiti kar najbolje, napraviti kar se le da, sprijazniti se s čim; **to ~ cards** mešati karte; **to ~ certain** prepričati se; **to ~ clear** objasniti, razložiti; **to ~ the door upon s.o.** zapreti komu vrata; **to ~ a difference** to biti važno, spremeniti stvar; **to ~ s.th. do** ali **to ~ do with s.th.** zadovoljiti se s čim; **to ~ no doubt** ne dvomiti; **to ~ both ends meet** shajati s svojimi sredstvi, prilagoditi izdatke dohodkom; **to ~ eyes at** spogledovati se, zaljubljeno koga gledati; **to ~ an effort** potruditi se; **to ~ excuses** opravičevati se, izgovarjati se, izvijati se; **to ~ an example of** eksemplarično kaznovati; **to ~ an exhibition of o.s.** spozabiti se; **to ~ faces at** pačiti se komu; **to ~ a face** nakremžiti se; **to ~ a figure** zgledati smešen; **to ~ a fire** zakuriti; **you are made for this job** si kot ustvarjen za to delo; **to ~ one's fortune** obogateti; **to ~ a fool of o.s.** biti za norca; **to ~ a fool of s.o.** imeti koga za norca; **to ~ free with** brez zadrege uporabljati, razpolagati s čim; **to ~ friends with** sprijateljiti se s kom; **to ~ fun** (ali **game**) **of** zasmehovati koga, zafrkavati; **to ~ a go of** uspeti v čem; **to ~ good** uspeti; **to ~ s.th. good** povrniti, kriti, nadoknaditi; **to ~ a hash of** pokvariti, zavozlati (zgodbo); **to ~ a habit of it** priti v navado; **to ~ haste** pohiteti; **to ~ hay** pospraviti seno; **to ~ hay of** napraviti zmešnjavo; **to ~ hay while the sun shines** kovati železo dokler je vroče; **to ~ head(way)** napredovati; **to ~ headway against** premagati (težave); **not to ~ head or tail of** ne razumeti; *A* **to ~ a hit**

postati popularen; **to ~ o.s. at home** biti kakor doma; *A* **to ~ it** uspeti; *naut* **to ~ it** so izvršiti nalog; **to ~ it hot for s.o.** naščuvati javnost proti komu, preganjati koga; **to ~ things hum** gladko izpeljati (da teče kot po maslu); *A* **to ~ a killing** nenadoma zaslužiti ali priti do denarja; **to ~ known** sporočiti, objaviti; **to ~ land** zagledati kopno, pripluti v pristanišče; **to ~ light** (ali **little**) **of** podcenjevati, nalahko jemati; *sl* **to ~ like** posnemati; **to ~ a living** preživljati se; **to ~ one's own life** živeti svoje življenje, hoditi svojo pot; **to ~ love to** ljubimkati, spolno občevati s kom; **to ~ one's mark** napraviti karijero, izkazati se; **to ~ one's mark on** vtisniti svoj pečat; **to ~ or mar** pripeljati do uspeha ali poloma; **to ~ a match** dobro se omožiti (oženiti); **to ~ a good meal** dobro jesti; **to ~ merry** hrupno proslavljati, bučno se veseliti; **to ~ mincemeat of** izpodbiti, popolnoma premagati; **to ~ a monkey out of** osmešiti koga; **to ~ money** dobro zaslužiti, obogateti; **to ~ the most of** čim bolj izrabiti; **to ~ a mountain out of a molehill** napraviti iz muhe slona; **to ~ mouths at** pačiti se komu; **to ~ s.o.'s mouth water** vzbuditi zavist ali željo; **to ~ move** lotiti se česa, odpraviti se, kreniti; **to ~ much of** ceniti, pripisovati važnost čemu, imeti od česa veliko koristi; **to ~ a name for o.s.** napraviti si ime; **to ~ a night of it** prekrokati vso noč; **to ~ a noise in the world** postati slaven, zasloveti; **to ~ nothing of** ne razumeti, biti zmeden; **to ~ of** tolmačiti, razlagati si; **to ~ one of** priključiti se; **to ~ the pace** voditi, diktirati tempo; **to ~ passes at** objemati, ljubkovati, dvoriti; **to ~ peace** skleniti mir; **to ~ one's pile** obogateti, spraviti denar na kup; **to ~ a play for** poskušati pridobiti; **to ~ a plunge** lotiti se brez pomisleka, visoko staviti; *naut* **to ~ port** pripluti v pristanišče; **to ~ a point of** vztrajati pri čem, predvsem se potruditi; **to ~ a price** nastaviti ceno; **to ~ a practice of** imeti navado, navaditi se; **to ~ a racket** biti zelo hrupen, razgrajati; **to ~ ready** pripraviti; **to ~ the rounds** obhoditi (stražar); **to ~ sail** odpluti, odjadrati; **to ~ o.s. scarce** izginiti; **to ~ a scene** napraviti komu neprijetno sceno; **to ~ no secret of** ne prikrivati, odkrito pokazati ali povedati; **to ~ shift with** pomagati si, nekako urediti; **to ~ s.o. sit up** koga zelo presenetiti; **to ~ a good (poor) showing** dobro (slabo) se izkazati; **to ~ it snappy** podvizati se; **to ~ s.o. sore** razjeziti koga; **to ~ a splash** napraviti senzacijo; **to ~ a speech** imeti govor; **to ~ great strides** hitro napredovati; **to ~ a stab at** poskusiti kaj narediti; *naut* **to ~ sternway** ritensko pluti, zaostajati, nazadovati; **to ~ a stand** zaustaviti se, postaviti se v bran (vojska); **to ~ sure** prepričati se; **to ~ a clean sweep of** dobro pomesti, vse odstraniti; **to ~ tick** pripraviti do dela; **to ~ good time** hitro napredovati; **this ~s the 10th time** to je že deseti; **to ~ a good thing of** obrniti v svojo korist; **to ~ a touch** sposoditi, poskušati si sposoditi; **to ~ tracks for** odpraviti se kam, napotiti se; *A* **to ~ the team** biti sprejet v moštvo; **to ~ a train** ujeti

vlak; **to ~ a trial of** poskusiti, preizkusiti kaj; **to ~ o.s. understood** jasno se izraziti; **to ~ use of** uporabiti kaj; **to ~ way** utreti si pot, napredovati; **to ~ one's way in the world** uspeti v življenju; **to ~ one's way out** oditi; **to ~ way for** umakniti se komu; **to ~ s.o. out of his wits** spraviti koga ob pamet; **to ~ war upon** vojskovati se s kom; *naut* **to ~ heavy weather** prebijati se po razburkanem morju; **to ~ short work of** hitro kaj končati; **to ~ water** scati
make after *vi arch* zasledovati, goniti, loviti koga
make against *vi* biti proti, škodovati
make at *vi* zagnati se proti komu, planiti na koga
make away *vi* pobegniti; **to ~ with** pobegniti (z denarjem); uničiti, ubiti koga; zapraviti (denar); znebiti se; **to ~ with o.s.** napraviti samomor
make for *vi* kreniti, odpraviti se kam; napasti, planiti na koga; *naut* pluti proti; pripomoči k čem; **the aerial makes for better reception** antena zboljša sprejem
make forth *vi arch* (hitro) oditi, odkuriti jo
make from *vi* zbežati, pobrisati jo
make into *vt* predelati v
make off *vi* pobegniti, pobrisati jo (*with* s, z)
make out 1. *vt* izpisati, izpolniti (ček); napisati (dokument), sestaviti, napraviti (seznam); razločiti, prepoznati (človeka v daljavi); razumeti, razlagati si, razbrati; trditi, dokazati; prikazati koga za kaj; *A* izgotoviti, izpopolniti; **2.** *vi coll* uspeti (*as* kot); delati se, hliniti; *A coll* pomagati si (*with* s, z)
make over *vt* predati, zapustiti, voliti komu kaj (*to* komu); *A* predelati (obleko), prenoviti (hišo)
make up 1. *vt* sestaviti (spis, seznam); pripraviti, prirediti; naličiti, našminkati; opremiti (sobo); izmisliti si (zgodbo); zamotati, napraviti (paket); izdelati, sešiti (obleko); izpopolniti; nadoknaditi; izravnati, poravnati (račun); *print* prelomiti (stavek); nazaj dobiti (izgubljeno ozemlje); **2.** *vi* naličiti se, našminkati se; nadomestiti (*for*); nadoknaditi (*for*); *A* bližati se (*to*); *coll* dvoriti (*to*); spraviti se (*with*); **to be made up of** sestavljen iz; **to ~ one's mind** odločiti se; **to make it up with** spraviti se s kom; **to ~ a face** namrdniti se; **to ~ one's face** naličiti se; **to ~ a lip** našobiti se; **to ~ for lost time** nadoknaditi izgubljen čas; **the story is made up** zgodba je izmišljena; **to ~ to s.o. for s.th.** poravnati komu škodo za kaj
make-and-break [méikəndbréik] *adj el* prekinjevalen, ki samodejno prekinja
make-believe [méikbili:v] **1.** *adj* navidezen, lažen; **2.** *n* pretveza, navideznost; *fig* igralec, pretendent
make-do [méikdu:] *adj & n* glej **makeshift**
makefast [méikfa:st] *n naut* priveznik, boja
makepeace [méikpi:s] *n* pomirjevalec, kdor miri
maker [méikə] *n* izdelovalec, tovarnar; *jur* izdajatelj (zadolžnice); **the Maker** stvarnik
make-ready [méikredi] *n print* zravnava
makeshift [méikšift] **1.** *adj* pomožen, začasen, provizoren; **2.** *n* mašilo, začasno nadomestilo, provizorij

make-up [méikʌp] *n* lepotičenje, lepotilo, šminkanje, šminka; *theat* maskiranje, maska; *print* lomljenje; *A coll* popravni izpit; izmišljotina; sestava, struktura, ustroj; oprema; *fig* orodje, pribor; *fig* poza, drža
makeweight [méikweit] *n* privaga, priklada, dodatek, privesek; protiutež; *fig* mašilo, nadomestek
making [méikiŋ] *n* izdelava, izdelek, izdelovanje; sestava, ustroj; *pl* zaslužek; *pl* bistvene lastnosti; *pl* vse surovine in dodatki potrebni za kaj; **to be in the ~** biti v delu; **a ~ of bread** peka kruha; **to be the ~ of** biti vzrok uspeha; **misfortune was the ~ of him** nesreča ga je napravila za moža; **to have the ~s of** imeti vse lastnosti potrebne za kaj
making-up [méikiŋʌp] *n E econ* **~ day** drugi dan obračuna, drugi dan likvidacijskega roka; *E econ* **~ price** likvidacijska cena (vrednost)
mal- [mæl] *pref* slab
malaceous [məléišəs] *adj bot* ki pripada družini rosacej
malachite [mǽləkait] *n min* malahit, zelen okrasni kamen
malacoderm [mǽləkədə:m] *n zool* mehkužec
malacology [mæləkólədži] *n* malakologija, nauk o mehkužcih
malacopterygian [mæləkɔptərídžiən] *n zool* mehkopluta
malacostracan [mæləkóstrəkən] *n zool* rak koščak
maladdress [mælədrés] *n* slabo obnašanje
maladjusted [mælədžʌstid] *adj* neprilagojen, slabo prilagod!jiv
maladjustment [mælədžʌstmənt] *n* neprilagojenost, slaba prilagodljivost; *tech* slaba nastava
maladminister [mælədmínistə] *vt* slabo upravljati, slabo voditi
maladministration [mælədministréišən] *n* slabo upravljanje
maladroit [mælədróit] *adj* (**~ly** *adv*) neroden; netakten
maladroitness [mælədróitnis] *n* nerodnost; netaktnost
malady [mǽlədi] *n* bolezen (tudi *fig*)
mala fide [méiləfáidi] *adj & adv jur* zlonameren, zlonamerno
malaise [mæléiz] *n* občutek slabosti, bolehnost, neugodje
malamute [má:ləmju:t] *n* eskimski pes
malanders [mǽləndə:z] *n pl* rape, podsed, mahovnice (konjska bolezen)
malapert [mǽləpə:t] **1.** *adj arch* drzovit, nesramen; **2.** *n arch* drzovitež, nesramnež
malapropism [mǽləprɔpizəm] *n* spačenje besed, spačenka
malapropos [mǽlǽprəpou] **1.** *adj* neprimeren, neumesten; **2.** *adv* v nepravem času, neprimerno, neumestno; **3.** *n* neumestnost
malar [méilə] **1.** *adj anat* ličen; **2.** *n* ličnica, lična kost
malaria [məléəriə] *n med* malarija
malarial [məléəriəl] *adj med* malaričen
malarian [məléəriən] *adj* glej **malarial**
malarious [məléəriəs] *adj* glej **malarial**
malark(e)y [məlá:ki] *n A sl* traparija

malassimilation [mæləsiméiléišən] n pathol slaba preosnova, slaba prilagoditev
Malay [məléi] 1. adj malajski; 2. n Malajec, ~jka
malconformation [mælkənfɔ:méišən] n nesorazmerje; gram nerodna konstrukcija
malcontent [mælkəntent] 1. adj nezadovoljen (tudi pol); 2. n nezadovoljnež, zabavljač
male I [méil] adj moški; zool ~ bee trot; bot ~ catkin prašnička mačica, moški cvet; bot ~ fern prava glistovnica, podlesnica; bot ~ flower ali ~ inflorescence moški cvet; ~ nurse bolničar; el ~ plug vtikač; ~ rhyme moška rima; ~ screw steblšček pri vijaku; without ~ issue brez moških potomcev
male II [méil] n moški; zool samec; bot moški cvet
malediction [mælidíkšən] n preklinjanje, prekletstvo, kletev, kleveta
maledictory [mælidíktəri] adj preklinjajoč, klevetniški
malefaction [mælifǽkšən] n hudodelstvo
malefactor [mælifǽktə] n hudodelec
malefactress [mælifǽktris] n hudodelka
malefic [məléfik] adj (~ ally adv) škodljiv, kvaren
maleficence [məléfisns] n hudobnost, hudodelstvo, zloba; škodljivost
maleficent [məléfisnt] adj hudoben, zloben, zločinski; škodljiv (to komu)
malevolence [məlévə!əns] n zloba; zlonamernost
malevolent [məlévələnt] adj (~ ly adv) zloben; zlonameren (to komu)
malfeasance [mælfí:zəns] n jur protizakonitost, prekršek, prestopek (zlasti državnih uradnikov)
malfeasant [mælfí:zənt] 1. adj protizakonit, kriminalen; 2. n kriminalec, prestopnik (zlasti uradni)
malformation [mælfɔ:méišən] n spačenost, zmaličenost; deformnost (zlasti med)
malformed [mælfɔ́:md] adj spačen, zmaličen, deformen
malfunction [mælfʌ́ŋkšən] 1. n med motnja v delovanju telesnih organov; tech slabo delovanje; 2. vi slabo delati, slabo delovati
malic [méilik, mæl~] adj chem jabolčen (kislina)
malice [mǽlis] n zloba, sovraštvo, zahrbtnost; jur zlonamernost, naklepnost; to bear ~ to s.o. želeti komu zlo, imeti koga na piki; jur with ~ aforethought (ali prepense) naklepen (umor); out of pure ~ iz čiste zlobe; the ~ of fate zahrbtna usoda; with ~ zlobno, hudobno
malicious [məlíšəs] adj (~ ly adv) zloben, zahrbten, škodoželjen; jur zlonameren
maliciousness [məlíšəsnis] n zlobnost, zahrbtnost, poroglijvost
malign [məláin] 1. adj (~ ly adv) škodljiv; zloben, zlonameren; poguben; med maligen; 2. vt obrekovati, klevetati
malignancy [məlígnənsi] n zlobnost, zlonamernost; med malignost
malignant I [məlígnənt] adj (~ ly adv) sovražen, hudoben, zločest; pol nezadovoljen, uporen; med maligen
malignant II [məlígnənt] n E hist pristaš Charlesa I. v boju proti parlamentu
maligner [məláinə] n klevetnik, -nica, zahrbten sovražnik

malignity [məlígniti] n glej malignancy
malines [məlí:nz] n mrežasta tkanina; vrsta čipk
malinger [məlíŋgə] vi hliniti bolezen, simulirati
malingerer [məlíŋgərə] n simulant
malism [méilizəm] n nauk o slabosti sveta
malison [mǽləzən] n arch prekletstvo
mall I [mɔ:l] n senčna pot, senčno sprehajališče; hist bat za igro pall-mall, igra pall-mall, igrališče za to igro; the Mall [mæl] sprehajališče v parku St. James v Londonu; Pall-Mall [pélmél] ulica v Londonu
mall II [mɔ:l, ma:l] n zool sivi galeb
mallard [mǽləd] n zool divja raca, divji racman; meso divje race
malleability [mæliəbíliti] n tech kovnost, raztegljivost; fig prilagodljivost, voljnost
malleable [mǽliəbl] adj koven, raztegljiv; fig prilagodljiv, voljan; ~ cast iron temprano železo, tempran odlitek; ~ iron kovno železo, vari!no železo
malleableize [mǽliəblaiz] vt tech temprati
malleiform [məlí:ifɔ:m] adj zool kladivčast
mallemuck [mǽliməʌk] n zool strakoš
malleolar [məlí:ələ] adj anat gleženjski
malleolus [məlí:ələs] n anat gleženj
mallet [mǽlit] n leseno kladivo, bat
malleus [mǽliəs] n anat kladivce, ušesna koščica
mallow [mǽlou] n bot slez
malm [ma:m] n geol kredasti lapor; ilovnata tla
malmsey [má:mzi] n malvazija (vino)
malnutrition [mælnju:tríšən] n nedohranjenost, nezadostna prehrana
malodorous [mæloúdərəs] adj smrdljiv, zadahel
malodo(u)r [mæloúdə] n smrad, zadah
malposition [mælpəzíšən] n med nepravilna lega
malpractice [mælprǽktis] n jur zloraba ali malomarno opravljanje poklicne dolžnosti; zločin, prestopek
malpresentation [mælprezəntéišən] n med nepravilna otrokova lega (v maternici)
malt [mɔ:lt] 1. n slad; coll pivo; 2. vt & vi delati slad, predelati v slad, dodati slad; spremeniti se v slad
Malta [mɔ́:ltə] n Malta
Maltese [mɔ́:lti:z] 1. adj malteški; 2. n Maltežan(ka)
maltha [mǽlθə] n min bitumen; vrsta omaza
malt-house [mɔ́:lthaus] n sladarna
Malthusian [mælθ juː:ziən] 1. adj maltuzianski; 2. n maltuzianist
Malthusianism [mælθ júː:ziənizəm] n maltuzianizem, omejevanje porodov
malting [mɔ́:ltiŋ] n priprava sladu
malt-liquor [mɔ́:ltlikə] n fermentirana pijača, pivo
maltose [mɔ́:ltous] n chem maltoza, sadni sladkor
maltreat [mæltrí:t] vt maltretirati, trpinčiti, grdo delati s kom
maltreatment [mæltrí:tmənt] n maltretiranje, trpinčenje
maltster [mɔ́:ltstə] n sladar
malt-worm [má:ltwə:m] n fig pijanec
malty [mɔ́:lti] adj sladen
malvaceous [mælvéišəs] adj bot slezov, slezenov
malvasia [mælvəsi:ə] n bot malvazija (grozdje)
malversation [mælvə:séišən] n jur malverzacija, zloraba položaja, poneverba

mamba [má:mba:] *n zool* mamba, zelo strupena afriška kača

mamelon [mǽmələn] *n* majhna okrogla vzpetina

mamilla [mæmílə] *n anat* prsna bradavica; *zool* sesek

mamma I [məmá:, A mǽmə] *n* mama

mamma II [mǽmə] *n anat* dojka; *zool* sesek, vime

mammal [mǽməl] *n zool* sesalec

mammalia [mæméiliə] *n pl zool* sesalci

mammalian [mæméiliən] **1.** *adj zool* sesalski; **2.** *n* sesalec

mammaliferous [mæmməlífərəs] *adj geol* ki vsebuje ostanke sesalcev

mammalogy [mæmǽlədži] *n* nauk o sesalcih

mammary [mǽməri] *adj anat* prsen, dojkin, mlečen; ~ gland mlečna žleza

mammiferous [mæmífərəs] *adj* ki ima dojke; sesalski

mammilla [mæmílə] *n A* glej **mamilla**

mammock [mǽmək] **1.** *n dial* drobec, drobtina; **2.** *vt* zdrobiti

mammon [mǽmən] *n* mamon, bogastvo; **the ~ of unrighteousness** nepošteno pridobljeno bogastvo

mammonish [mǽməniš] *adj* mamonski, mamonu vdan

mammonism [mǽmənizəm] *n* pohlep po bogastvu

mammonist [mǽmənist] *n* kdor služi mamonu

mammoth [mǽməθ] **1.** *n zool* mamut; **2.** *adj* velikanski

mammoth tree [mǽməθtri:] *n bot* mamutovec, sekvoja

mammy [mǽmi] *n coll* mamica; *A* črnska dojilja

man I [mæn] *n* (*pl* men) mož, človek, človeštvo; sluga, vojak, mornar; figura (šah, dama); *hist* vazal; *pl* vojaki, mornarji, delavci, moštvo; **the rights of ~** človeške pravice; **~ of God** božji služabnik; **an Oxford ~** kdor je študiral v Oxfordu; **a ~ and a brother** pravi tovariš; **~ and wife** mož in žena; **a ~ of few words** redkobeseden človek; **~ alive!** človek božji!; **as one ~** kot en mož, enoglasno; **to be a ~** biti možat; **to be only half a ~** biti nemožat, biti samo pol moža; **to be one's own ~** biti svoj gospodar; **best ~** ženinova priča pri poroki; **~ and boy** od deških let dalje; **every ~ Jack** vsak posameznik; **to feel like a new ~** počutiti se ko prerojen; **~ Friday** ali ~ **of all work** faktotum, desna roka; **inner ~** duša, *hum* želodec; **outer ~** telo; **I'm your ~** jaz sem pravi človek za to; **he's your ~** on bo pravi človek za to; **~ of letters** pisatelj; **to the last ~** do zadnjega moža; **(all) to a ~** vsi, do zadnjega moža, enoglasno; **~ of mark** pomembna osebnost; **no ~** nihče; **a ~ of parts** izredno zmožen človek; **to play the ~** izkazati se moža; **a ~ of straw** lutka, človek zvenečega imena a brez denarja; **the ~ in** (ali **on**) **the street** povprečen človek; **~ about town** lahkoživec, gizdalin; **a ~ of his word** mož beseda; **the ~ of the world** svetovljan; **old ~** *bot* božje drevce, *naut sl* kapitan

man II [mæn] *vt mil & naut* oskrbeti z moštvom (posadko, vojaki, mornarji); *naut* sklicati (mornarje) na mesta; zasesti delovno mesto, biti zaposlen s čim; *fig* okrepiti, ojunačiti; **to ~ o.s.** ojunačiti se

man III [mæn] *adj* moškega spola (npr. ~ **cook** kuhar)

manacle [mǽnəkl] **1.** *n* (navadno *pl*) okovi, lisice; *fig* ovira; **2.** *vt* vkleniti; *fig* ovirati

manage I [mǽnidž] **1.** *vt* upravljati, voditi; gospodariti, upravljati posestvo; nadzirati; *coll* izpeljati, izvršiti, opraviti, uspeti; ravnati, krotiti; **2.** *vi* gospodariti; voditi podjetje (trgovino); *coll* shajati, pomagati si, izvoziti jo (**with** s, z, **without** brez); **to ~ a business** voditi posel, podjetje, trgovino; **he ~d to do it** uspelo mu je to narediti; **I can ~ him** znam z njim ravnati; *econ* ~**d currency** dirigirana valuta

manage II [mǽnidž] *n arch* jahalna šola, dresura konj

manageability [mænidžəbíliti] *n* vodljivost, voljnost, prilagodljivost

manageable [mǽnidžəbl] *adj* (**manageably** *adv*) vodljiv, voljan, prilagodljiv

management [mǽnidžmənt] *n* vodstvo, upravljanje, gospodarjenje; uprava, direkcija; spretnost, spretna taktika, zvijača, zvijačen primer; ravnanje; **labour an ~** delavci in uprava

manager [mǽnidžə] *n* upravnik, upravitelj, vodja, oskrbnik, gospodar; direktor, poslovodja; *theat* intendant, impresarij; **general ~** generalni direktor; **business ~** poslovodja; **board of ~s** upravni odbor; **sales ~** direktor prodajnega sektorja; **stage ~** režiser

manageress [mænidžərəs] *n* upraviteljica, upravnica, oskrbnica, ravnateljica, poslovodkinja

managerial [mænidžíəriəl] *adj* upravljalen, upraven, vodilen, ravnateljski; oblasten

managership [mǽnidžəšip] *n* ravnateljstvo, direktorstvo (služba)

managing [mǽnidžiŋ] *adj* upraven, vodilen; varčen; ~ **board** upravni odbor; ~ **clerk** prokurist; ~ **director** administrativni vodja, vodja obrata; ~ **editor** odgovorni urednik

man-at-arms [mænətá:mz] *n* vojak v polni bojni opremi; *hist* oklepnik

manatee [mænətí:] *n zool* morska krava

manbot(e) [mǽnbout] *n jur hist* krvna odkupnina

Manchester [mǽnčistə] *n* ~ **goods** bombažna roba; ~ **school** pristaši svobodne trgovine

man-child [mǽnčaild] *n* deček

Manchu [mǽnču:] **1.** *adj* mandžurski; **2.** *n* Mandžujec, -jka; mandžujščina

Manchuria [mænčúəriən] *n* Mandžurija

Manchurian [mænčúəriən] *adj* mandžurski

manciple [mǽnsipl] *n* ekonom, oskrbnik (zlasti v angleških kolegijih in ustanovah)

Mancunian [mæŋkjú:niən] *n* prebivalec Manchestra

mandamus [mændéiməs] *n jur hist* odlok višjega sodišča nižjemu (sedaj *order of* ~)

mandarin [mǽndərin] *n* mandarin; književna kitajščina; *coll* velika živina; *sl* za duhom časa zaostal strankarski voditelj

mandarin(e) [mǽndəri:n] *n bot* mandarina

mandatary [mǽndətəri] *n jur* pooblaščenec, mandatar

mandate I [mǽndeit, ~ it] *n* mandat, pooblastilo; mandatno ozemlje; *jur* ukaz, odlok (višjega sodišča); papežev odlok

mandate II [mǽndeit] *vt* dobiti mandat nad ozemljem

mandator [mændéitə] *n jur* pooblaščevalec, mandant

mandatory [mændətəri] **1.** *adj* ukazovalen, pooblaščevalen; *A* obvezen; **2.** *n* pooblaščenec, -nka; **to make s.th.** ~ **upon s.o.** predpisati komu kaj

mandible [mǽndibl] *n anat* spodnja čeljust; *zool* spodnji del kljuna; *pl* čeljust, kljun

mandibular [mændíbjulə] *adj anat* čeljusten

mandolin(e) [mǽndəli:n] *n mus* mandolina

mandolinist [mǽndəlinist] *n mus* mandolinist(ka)

mandorla [mándorla] *n It art* mandljasta glorija (v slikarstvu)

mandragora [mændrǽgərə] *n bot* mandragora, nadlišček

mandrake [mǽndreik] *n* glej **mandragora**

mandrel [mǽndrəl] *n tech* vpenjalna os (pri stružnici); vreteno; drog, tolkač (stiskalnice)

mandrill [mǽndril] *n zool* mandril (opica)

manducate [mǽndžukeit] *vt* žvečiti, jesti

manducation [mændžukéišən] *n* žvečenje

manducatory [mǽndžukətəri] *adj* žvečilen

mane [méin] *n* griva

man-eater [mǽni:tə] *n* ljudožerec; ljudožerski tiger ali morski pes

maned [méind] *adj* grivast, grivat

manège [mænéiž, ~néž] *n* jahalna šola, jahalnica; maneža, jahališče (v cirkusu)

maneless [méinlis] *adj* brez grive

manes [méini:z] *n pl myth* mani, duhovi umrlih

maneuver [mənú:və] *n A* glej **manoeuvre**

manful [mǽnful] *adj* (~ly *adv*) možat, pogumen, odločen

manfulness [mǽnfulnis] *n* možatost, pogumnost, odločnost

manganese [mǽngəní:z] *n chem* mangan

manganic [mængǽnik] *adj chem* manganov, ki vsebuje mangan

manganite [mǽngənait] *n chem* manganit

manganous [mǽngənəs] *adj chem* (dvovalentni) manganov

mange [méindž] *n vet* garje, srab

mangel(-wurzel) [mǽngl(wə:zl)] *n bot* mangold, blitva

manger [méindžə] *n* jasli, korito; **dog in the** ~ nevoščljivec

manginess [méindžinis] *n vet* garjavost

mangle I [mǽngl] **1.** *n* monga (priprava za likanje); **2.** *vt* mongati

mangle II [mǽngl] *vt* razrezati, razkosati, razparati, raztrgati; pohabiti, pokvariti, okrniti, izmaličiti

mangler [mǽnglə] *n fig* kdor skazi, izmaliči

mangold(-wurzel) [mǽngould(wə:zl)] *n* glej **mangel-wurzel**

mangonel [mǽngənel] *n hist* katapult, staroveški stroj za metanje kamnov

mangrove [mǽngrouv] *n bot* mangrovo drevo

mangy [méindži] *adj* (**mangily** *adv*) *vet* garjav; *fig* umazan, zanemarjen, oguljen

manhandle [mǽnhændl] *vt* premikati, gnati (s človekovo močjo); *sl* grobo ravnati, zgrabiti

man-hater [mǽnheitə] *n* ljudomrznež, odljuden človek

manhattan [mænhǽtən] *n* coctail iz viskija in vermuta; **Manhattan District** ime za načrt izdelave atomske bombe med 2. svetovno vojno v ZDA

manhole [mǽnhoul] *n* vstopna odprtina v kanal (bojler itd.)

manhood [mǽnhud] *n* moškost, možatost, moška doba, odraslost; *coll* možje

man-hour [mǽnauə] *n* delovna ura

mania [méiniə] *n med* manija, besnost, blaznost; strast (*for* za, do); **religious** ~ verska blaznost; **collector's** ~ zbirateljska strast

maniac I [méiniæk] **1.** *adj* manijski, blazen; **2.** *n* blaznež; **sex** ~ seksualni obsedenec

maniac II [méiniæk] *n tech* zelo natančen elektronski računalnik (iz *mathematical analyzer, numerical integrator, and computer*)

maniacal [mənáiək!] *adj* (~ly *adv*) besneč, blazen

manic [méinik, mǽn~] **1.** *adj med* maničen; **2.** *n* maničen bolnik

manicure [mǽnikjuə] **1.** *n* manikiranje, nega rok in nohtov; **2.** *vt* manikirati

manicurist [mǽnikjuərist] *n* maniker(ka)

manifest I [mǽnifest] **1.** *adj* (~ly *adv*) očiten, jasen, viden, nedvomen; **2.** *vt & vi* jasno pokazati, dokazati; izjaviti, proglasiti; *naut* vnesti v ladijski tovorni list; prikazati se (duh); *pol* javno nastopiti, izreči se (*for, against* za, proti)

manifest II [mǽnifest] *n econ* seznam ladijskega tovora, tovorni list

manifestant [mæniféstənt] *n* manifestant, demonstrant

manifestation [mænifestéišən] *n* manifestacija, proglasitev; dokaz; prikazovanje (duhov)

manifesto [mæniféstou] *n* manifest, javen razglas; **communist** ~ komunistični manifest

manifold I [mǽnifould] **1.** *adj* (~ly *adv*) mnogovrsten, mnogoter, raznoličen; **2.** *n tech* razdelilnik, cev z mnogimi odprtinami; ~ **writer** hektograf, razmnoževalni stroj

manifold II [mǽnifould] *vt* hektografirati, razmnožiti

manifolder [mǽnifouldə] *n tech* razmnoževalni stroj

manifoldness [mǽnifouldnis] *n* mnogovrstnost, raznoličnost

manikin [mǽnikin] *n* pritlikavec; lutka (krojaška, umetnikova); model človeškega telesa

Manil(l)a [mənílə] *n* Manila; ~ **hemp** manilska konoplja; ~ **cheroot** (ali **cigar**) manila cigara; ~ **paper** manilski papir (rjav ovojni papir)

manioc [má:niək] *n bot* maniok

maniple [mǽnipl] *n hist* manipel, oddelek rimske legije; *eccl* naróčnica

manipulate [mənípjuleit] *vt* ravnati, upravljati; (umetno) vplivati na, manipulirati; opravljati delo, voditi; prikrojiti, prirediti (račune, knjige); **to** ~ **prices** manipulirati s cenami; ~**d currency** dirigirana valuta

manipulation [mənipjuléišən] *n* ravnanje, upravljanje, opravljanje, vodenje; manipulacija, zvijačno manevriranje, prikrojevanje (računov)

manipulative [mənípjuleitiv] *adj* manipulatorski

manipulator [mənípjuleitə] *n* manipulant(ka)

manipulatory [mənípjuleitəri] *adj* glej **manipulative**

manito(u) [mǽnətou, mǽnitu:] *n* indijansko božanstvo

man-killer [mǽnkilə] *n* ubijalec, morilec
mankind I [mænkáind] *n* človeštvo, ljudje
mankind II [mǽnkaind] *n* možje, moški
manless [mǽnlis] *adj* nenaseljen; *naut* brez posadke
manlike [mǽnlaik] *adj* človeški; možat; brez ženskosti (ženska)
manliness [mǽnlinis] *n* možatost
manly [mǽnli] *adj* možat, moški; brez ženskosti (ženska)
man-made [mǽnméid] *adj* umeten, umetno narejen, umetno pridobljen; ki ga je napravil človek
man-midwife [mǽnmidwaif] *n* porodničar
man-milliner [mǽnmilinə] *n* brezdelnež
manna [mǽnə] mana; *fig* duševna hrana
mannequin [mǽnikin] *n* maneken(ka); ~ **parade** modna revija
manner [mǽnə] *n* način; nastop, stil; *pl* običaji, šege; *pl* obnašanje, olika, vedenje, manire, način življenja; *arch* vrsta; **adverb of** ~ prislov načina; **all** ~ **of** vsake vrste; **after** (ali **in**) **this** ~ na tak način, tako; **it is bad** ~s neolikano je; **to the** ~ **born** kakor rojen za kaj, kakor da bi bil od rojstva tak; **the grand** ~ staromodna dostojanstvenost; **good** ~s lepo vedenje; olika; **he has quite a** ~ ima dober nastop; **to have no** ~s ne imeti manir; **to have no** ~ **of right** ne imeti nikakšne pravice; **to make one's** ~s prikloniti se; **in a** ~ v neki meri; **in a singular** ~ čudno, nenavadno; **by all** ~ **of means** na vsak način; **by no** ~ **of means** na noben način; **in a** ~ **of speaking** tako rekoč; **other times, other** ~s drugi časi, drugi običaji
mannered [mǽnəd] *adj* olikan, uglajen; izumetničen; (gotovega) vedenja; **ill-**~ neolikan; **well-**~ olikan
mannerism [mǽnərizəm] *n art* manirizem, izumetničenost; manira, posebnost v govoru (vedenju, stilu)
mannerist [mǽnərist] *n art* manirist
manneristic [mænərístik] *adj* (~ **ally** *adv*) maniristčen, maniriran
mannerless [mǽnəlis] *adj* neolikan, neotesan, brez manir
mannerliness [mǽnəlinis] *n* olikanost, uglajenost
mannerly [mǽnəli] *adj* vljuden, olikan, uglajen
mannish [mǽniš] *adj* moški, neženski, brez ženskosti (ženska)
mannitol [mǽnitəl] *n chem* manit, manovec
manoeuvrable [mənú:vərəbl] *adj* ki se da manevrirati, voditi; *fig* okreten, premičen
manoeuvre [mənú:və] **1.** *n* manevriranje, manever, spretno ravnanje, (zvijačen) prijem; *pl mil* manevri, vojaške vaje; **2.** *vt & vi* manevrirati, spretno ravnati, napeljati (*into* k); imeti manevre
manoeuvrer [mənú:vərə] *n* spreten taktik, spletkar
man-of-war [mǽnəvwóː] *n* vojna ladja
manometer [mənómitə] *n tech* manometer, priprava za merjenje pritiska
manometric [mænəmétrik] *adj* manometrski
manor [mǽnə] *n hist* fevdalno posestvo; **lord of the** ~ graščak
manor-house [mǽnəhaus] *n* graščina, dvorec
man-orchis [mǽnəkis] *n bot* ceptec
manorial [mənóːriəl] *adj* graščinski

manpower [mǽnpauə] *n* delovna sila; vojni obvezniki
mansard [mǽnsaːd' *n archit* mansarda, mansardna streha
manse [mæns] *n Sc* prezbiterijansko župnišče; **sons of the** ~ siromašni intelektualci
manservant [mǽnsəːvənt] *n* sluga
mansion [mǽnšən] *n* graščina; *pl E* stanovanjski blok
mansion-house [mǽnšənhaus] *n* graščina, dvorec; **the Mansion-House** rezidenca londonskega župana
man-sized [mǽnsaizd] *adj A sl* ki zahteva celega človeka
manslaughter [mǽnsləːtə] *n* uboj; *jur* nenaklepen uboj
manslayer [mǽnsleiə] *n* ubijalec; *jur* nenaklepen ubijalec
mansuetude [mǽnswitju:d] *n* krotkost, blagost, dobrota
manta [mǽntə] *n A* konjska plahta; potovalna odeja; podsedelna odeja
mantel(piece) [mǽntlpi:s] *n* polica nad kaminom, okvir kamina
mantelet [mǽntlit] *n* kratek plašč, ogrinjalo, pelerina; *mil* ščitnik pri topu; zaščitni zid
manteltree [mǽntltri:] *n* prečni gredelj v kaminu
mantic [mǽntik] *adj* vedeževalski, vražarski
mantilla [mæntílə] *n* mantilja, ženski plašček, ogrinjalo
mantis [mǽntis] *n zool* bogomolka (kobilica) (tudi *praying* ~); ~ **crab** (ali **shrimp**) rarog
mantissa [mæntísə] *n math* mantisa, decimalni del logaritma
mantle I [mǽntl] *n* ogrinjalo, pelerina; prevleka; plinska mrežica; *zool* plašč (pri plaščarjih)
mantle II [mǽntl] **1.** *vt* pokriti, zakriti, ogrniti, oviti; skriti; **2.** *vi* ogrniti se, pokriti se (*with* s, z); zardeti, zaliti (rdečica); peniti se (pivo itd.)
mantlet [mǽntlit] *n* glej **mantelet**
mantrap [mǽntræp] *n* past za ljudi, nevarna luknja, majava lestva; *fig* past
mantua [mǽntjuə] *n hist* žensko ogrinjalo (17., 18. stol.); ~ **maker** šivilja
manual I [mǽnjuəl] *adj* (~ **ly** *adv*) ročen, na roko narejen, ki dela z rokami; ~ **alphabet** abeceda (na prste) za gluhoneme; ~ **aptitude** ročna spretnost, pripravnost; ~ **labourer** ročni delavec; ~ **operation** ročni obrat
manual II [mǽnjuəl] *n* priročnik, učbenik; *mil* vojaški priročnik; *mus* manual, igralnik (pri orglah); *hist* obredni priročnik
manufactory [mænjufǽktəri] *n arch* tovarna, delavnica
manufacture I [mænjufǽkčə] *n* izdelovanje, proizvodnja, produkcija; izdelek, proizvod, fabrikat; veja industrije; *derog* fabriciranje (člankov); **the l'nen** ~ platnarstvo; *econ* ~s industrijski izdelki
manufacture II [mænjufǽkčə] *vt* izdelovati, proizvajati; predelati (*into* v); *derog* fabricirati, izmisliti si (opravičilo), ponarediti (dokaze); *econ* ~**d goods** industrijski izdelki; *econ* ~**d article** industrijski proizvod
manufacturer [mænjufǽkčərə] *n* tovarnar, izdelovalec

manufacturing [mænjufǽkčəriŋ] *adj* proizvoden; ~ **engineering** planiranje proizvodnje; ~ **loss** obratna izguba; ~ **process** izdelovalni postopek; ~ **schedule** delovni načrt

manumission [mænjumíšən] *n hist* osvoboditev od suženjstva

manumit [mænjumít] *vt hist* osvoboditi od suženjstva, dati prostost

manure [mənjúə] **1.** *n* gnojilo, gnoj, kompost; **2.** *vt* gnojiti, pognojiti; **liquid** ~ gnojnica

manurial [mənjúəriəl] *adj* gnojast

manuscript [mǽnjuskript] **1.** *adj* rokopisen; **2.** *n* rokopis, manuskript

manward [mǽnwə:d] *adj & adv* proti človeku

Manx [mæŋks] *n* prebivalec in jezik otoka Man

many I [méni] *adj* mnogi, številni, mnogo, veliko; **as** ~ prav toliko; **as** ~ **as 20** ne manj od dvajset; **as** ~ **again** ali **twice as** ~ še enkrat toliko; ~ **times** velikokrat, često; ~ **a time** pogosto; **how** ~ ? koliko?; **how** ~ **times?** kolikokrat?; ~ **a man** marsikateri; **to be one too** ~ **for** biti premočen za, biti prekanjen; **too** ~ **by half** za polovico preveč; **one too** ~ odveč, nezaželjen, eden preveč; ~ **'s the time** pogosto; **for** ~ **a long day** zelo dolgo; **in so** ~ **words** dobesedno, izrecno; **his reasons are** ~ **and good** ima mnogo dobrih razlogov; ~ **'s the** mnogo jih je, ki

many II [méni] *n* množica, mnogi; **a good** (ali **great**) ~ zelo veliko; **the** ~ ljudska množica

many-colo(u)red [ménikʌ́ləd] *adj* mnogobarven, pisan

many-headed [ménihédid] *adj* mnogoglav; različnih nazorov; ~ **beast** ljudska množica

manyplies [méniplaiz] *n dial* tretji želodec prežvekovalcev

many-sided [ménisáidid] *adj* mnogostranski

many-sidedness [ménisáididnis] *n* mnogostranost

Maori [má:ri] **1.** *adj* maorski; **2.** *n* Maor

map I [mæp] *n* zemljevid, zemljepisna karta; *coll* **on the** ~ važen; **not on the** ~ nemogoč, komaj verjeten; *coll* **off the** ~ pozabljen, zastarel; **to wipe off the** ~ zravnati (mesto) z zemljo; *fig* **to put on the** ~ dati veljavo, uveljaviti; ~ **grid** koordinatna mreža

map II [mæp] *vt* narisati zemljevid, kartografirati, včrtati v karto; **to** ~ **out** planirati, napraviti točen načrt; **to** ~ **out one's time** porazdeliti si čas

maple [méipl] *n bot* javor; javorina (les); ~ **-leaf** javorjev list, emblem Kanade; ~ **syrup** javorjev sirup

map-making [mǽpmeikiŋ] *n* kartografija

mapper [mǽpə] *n* kartograf

map-scale [mǽpskeil] *n geog* merilo

maquis [ma:kí:] *n* makijevec, francoski partizan v 2. svet. vojni

mar [ma:] *vt* poškodovati, pokvariti, uničiti, spačiti, opraskati; **to make** (ali **mend**) **or** ~ uspeti ali priti do poloma, pomagati ali pokvariti; *tech* ~ **-resistant** ki se ne opraska, odporen proti praskam

marabou [mǽrəbu:] *n zool* marabu, afriška štorklja

marabout [mǽrəbu:t] *n* mohamedanski menih ali puščavnik; njegov grob

marasca [mərǽskə] *n* višnja

maraschino [mærəskí:nou] *n* maraskino, višnjevec

marasmic [mərǽzmik] *adj med* onemogel, brez moči

marasmus [mərǽzməs] *n med* marazem, upadanje moči, hiranje

marathon [mǽrəθən] **1.** *adj* maratonski; **2.** *n* maraton; ~ **race** maratonski tek

marathoner [mǽrəθənə] *n* maratonec

maraud [mərɔ́:d] **1.** *vi* pleniti, iti na roparski pohod; **2.** *vt* oropati, zapleniti

marauder [mərɔ́:də] *n* plenilec, ropar

marble I [ma:bl] **1.** *adj* marmoren, marmornat, kakor marmor; *fig* hladen, nečuteč; **2.** *n* marmor, marmoren kip; *pl* frnikole; **to play at** ~ **s** frnikolati se

marble II [ma:bl] *vt* marmorirati

marbled [ma:bld] *adj* marmoriran, marmornast; ~ **meat** meso s slanino

marble-faced [má:blfeist] *adj* negibnega obraza

marbler [má:blə] *n* kdor dela z marmorjem, kdor seka marmor

marbly [má:bli] *adj* marmornat, kakor marmor; *fig* hladen

marc [ma:k] *n* tropine, tropinovec

marcasite [má:kəsait] *n min* markazit

marcel [má:sel] *n* ~ **wave** ondulacija s škarjami

marcescent [ma:sésənt] *adj bot* veneč

March [ma:č] *n* marec; **in** ~ v marcu, marca; **as mad as a** ~ **hare** popolnoma nor

march I [ma:č] **1.** *n hist* meja, obmejno ozemlje, marka (upravna enota); **2.** *vi hist* mejiti (*upon* na); imeti skupno mejo (*with* s, z)

march II [ma:č] *n mil* hod, pohod, korakanje, marš; *mus* koračnica; *fig* napredek, napredovanje, tok (časa); *mus* **dead** ~ posmrtna koračnica; **forced** ~ pospešen marš; *mil* **a line** (ali **route**) **of** ~ maršruta; **slow** (**quick, double- -quick**) ~ počasen (hiter, zelo hiter) vojaški korak; **to steal** (ali **gain**) **a** ~ **on s.o.** prehiteti koga; ~ **past** mimohod, defile; **on the** ~ na pohodu; *mil* **quick** ~ **!** naprej marš!; *mil* ~ **at ease!** z navadnim korakom!

march III [ma:č] **1.** *vi* korakati, stopati, hoditi, marširati; *fig* napredovati; **2.** *vt* prekorakati (npr. 10 km); voditi, odvesti; **to** ~ **off** odkorakati; **to** ~ **s.o. off** odvesti koga; **to** ~ **past s.o.** defilirati mimo koga; **time** ~ **es on** čas gre naprej

marcher [má:čə] *n* pešak; mejni grof

marching [má:čiŋ] **1.** *adj* korakajoč; **2.** *n* korakanje; *mil* ~ **orders** zapoved za premik; ~ **in** vkorakanje; ~ **-off point** mesto odkorakanja; **to give s.o. one's** ~ **orders** odpustiti koga

marchioness [má:šənis] *n* markiza; mejna grofica

march-land [má:člənd] *n* obmejno (sporno) ozemlje

marchpane [má:čpein] *n* marcipan

Mardi gras [má:digrá:] *n* pustni torek, zadnji dan karnevala

mare I [mɛə] *n* kobila; **the grey** ~ **is the better horse** žena je gospodar v hiši; **shank's** ~ lastne noge; **to go on shank's** ~ iti peš

mare II [méəri] *n jur, pol* morje; ~ **clausum** zaprto morje (ki pripada kakšni državi); ~ **liberum** svobodno morje

maremma [mərémə] *n* nezdravo močvirno ozemlje ob morju

mare's-nest [méəznest] *n fig* prevara, potegavščina, izmišljotina

mare's-tail [méǝzteil] *n meteor* mrenasti oblaki; *bot* hojica

margarine [ma:džǝrí:n, ~gǝ~] *n* margarina

margay [má:gei] *n* tigrasta južnoameriška mačka

marge [ma:dž] *n poet* rob; *E coll* margarina

margin I [má:džin] *n* rob, meja (tudi *fig*); presežek; *econ* marža, razlika med kupno in prodajno ceno, dobiček; vplačana vsota za kritje borzne transakcije; *econ* meja rentabilnosti; **on the** ~ **of good taste** na meji dobrega okusa; **as by** (ali **per**) ~ kot je ob robu (zapisano); **in the** ~ na robu, ob strani (zabeleženo); **bled** ~ do besedila odstrižen rob; **cropped** ~ preveč odstrižen rob; **by a narrow** ~ komaj, za las; **to have a narrow** ~ **of profit** imeti zelo majhen dobiček; ~ **of safety** varnostni faktor; ~ **release key** čezrobnik (pri pisalnem stroju); ~ **stop** robnik (pri pisalnem stroju)

margin II [má:džin] *vt* narediti rob, napisati obrobne opombe; *econ* dati polog za kritje

marginal [má:džinǝl] *adj* (~ly *adv*) obroben, napisan na robu, marginalen; postranski, najmanjši (tudi *fig*); *econ* po lastni ceni, še komaj rentabilen, po nizki ceni; *med* marginalen; ~ **inscriptions** okolni napis (na kovancih); ~ **note** obrobna opomba, obrobni pripis; ~ **notes** marginalije; ~ **sensations** zaznave na robu zavesti; ~ **cost** najnižja cena; *A* ~ **disutility** meja delovne pripravljenosti (pri nizkih plačah); ~ **land** zemlja, ki se jo komaj splača obdelovati; ~ **profit** najmanjši dobiček

marginalia [ma:džinéiliǝ] *n pl* marginalije, obrobne opombe

marginate [má:džineit] 1. *adj* obrobljen; 2. *vt* obrobiti

margrave [má:greiv] *n hist* mejni grof

margraviate [ma:gréivieit] *n hist* mejna grofija, marka (upravna enota)

margravine [má:grǝvi:n] *n hist* mejna grofica

marguerite [ma:gǝrí:t] *n bot* marjetica

Marian [méǝriǝn] 1. *adj* marijanski, Marijin; 2. *n hist* pristaš Marije Stuart

marigold [mærigould] *n bot* meseček, ognjič; **African** (ali **French**) ~ žametnica

marijuana [ma:rihwá:nǝ] *n bot* indijska konoplja, marihuana

marimba [mǝrímbǝ] *n mus* ksilofon

marinade [mærinéid] 1. *n* marinada (omaka), marinirano meso (ribe); 2. *vt* marinirati

marinate [mærineit] *vt* marinirati

marine I [mǝrí:n] *adj* morski, pomorski; ladijski, mornariški; ~ **affairs** pomorstvo; *A* **Marine Corps** mornariška pehota; ~ **court** pomorsko sodišče; ~ **drive** cesta ob morju; ~ **engineering** gradnja ladijskih strojev; ~ **insurance** pomorsko zavarovanje; ~ **stores** trgovina s starimi ladijskimi predmeti; ~ **painter** marinist, slikar morskih motivov

marine II [mǝrí:n] *n* mornarica; pomorstvo; *mil* vojak mornariške pehote; *art* marina, podoba z morjem; **mercantile** ~ trgovska mornarica; *sl* **dead** ~ prazna steklenica; **tell that to the (horse)** ~s pravi to komu drugemu

mariner [mærinǝ] *n* mornar, pomorščak; **master** ~ kapitan trgovske ladje; ~'s **compass** busola

Mariolatry [mɛǝriólǝtri] *n* kult matere božje

marionette [mæriǝnét] *n* marioneta, lutka (tudi *fig*); ~ **play** lutkovna igra

marish I [mæriš] 1. *adj poet* močvirnat; 2. *n* močvirje

marish II [méǝriš] *adj* kobila, kobilji

marital [mæritl, mǝráitl] *adj* (~ly *adv*) zakonski možev; ~ **partners** zakonca; ~ **rights** zakonske pravice; *jur* ~ **status** zakonski stan

maritime [méritaim] *adj* pomorski; obmorski, obalen; *zool* ki živi na obali; ~ **law** pomorsko pravo; ~ **power** pomorska sila; ~ **court** pomorsko sodišče; ~ **insurance** pomorsko zavarovanje; *A* **Maritime Commission** uprava trgovske mornarice

marjoram [má:džǝrǝm] *n bot* majaron

mark I [ma:k] *n* znak, znamenje; madež, brazgotina, praska, zareza; odtis, žig; *E* red, ocena (šolska); *econ* varstvena (tovarniška) znamka; cilj, tarča; *fig* standard, raven, norma, ugled; znak, križ (nepismenega človeka); *mil* tip, model; *sp* startno mesto (tek), mesto za kazenski strel (nogomet), sredina želodca (boks); *hist* marka, mejno ozemlje; **ear** ~ razpoznavni znak na ušesu, *fig* razpoznavni znak; **distinctive** ~ razpoznavni znak; **a** ~ **V tank** tank tipa V; ~**moot** občinski zbor, shod; **below the** ~ pod običajno ravnijo, nezadovoljiv, bolan; **beside the** ~ mimo tarče, *fig* netočen, nepravilen, zgrešen, irelevanten; *A sl* **easy** ~ lahkovernež; *sp* **to get off the** ~ startati; **to hit the** ~ zadeti, uspeti; **to leave one's** ~ pustiti sled; **a man of** ~ ugleden človek; **to make one's** ~ **upon** (ali **with**) uspeti, uveljaviti se pri; **to make a** ~ **in the calender** zaznamovati dan v koledarju; *sl* **not my** ~ ni po mojem okusu, mi ne odgovarja; **to miss the** ~ zgrešiti, ne uspeti; **bad** ~s slabo spričevalo (v šoli); **to obtain full** ~s dobiti dobre ocene; **off the** ~ čisto napačen, zgrešen; **you are quite off the** ~ zelo se motite; **to overshoot the** ~ ustreliti preko tarče; iti predaleč, gnati predaleč; **straight off the** ~ takoj; **(god) save the** ~ bog pomagaj če povem (opravičilo preden se pove kaj neprijetnega); *econ* **trade** ~ varstvena (tovarniška) znamka; **to toe the** ~ storiti svojo dolžnost; **up to the** ~ na običajni ravni, zadovoljiv, dobrega zdravja; **wide of the** ~ daleč mimo, *fig* zelo zgrešen; **within the** ~ v dovoljenih mejah, upravičen; ~ **of mouth** znak starosti (po konjevih zobeh); ~s **of punctuation** ločila; **question** ~ vprašaj

mark II [ma:k] *vt* zaznamovati, označiti; vžgati znak, žigosati, pustiti znamenje, biti znak (*for* za); izbrati, določiti, predvideti (*for* za); izraziti, pokazati; redovati (v šoli); opaziti, zapomniti si; *econ* označiti blago, določiti blagu ceno; *sp* kriti, ovirati nasprotnika (nogomet); **to** ~ **time** tolči takt z nogami, stopati na mestu; *fig* čakati, ostati na mestu; **that** ~s **him for a leader** to kaže, da bi bil primeren za voditelja; **to** ~ **one's displeasure by whistling** pokazati svoje nezadovoljstvo z žvižganjem; ~ **my words!** zapomni si moje besede!; ~**!** pazi!

mark down *vt econ* znižati ceno blagu; *hunt* zaznamovati mesto kjer se skriva divjad; odrediti za kaj, določiti za kaj (*for*)

mark off *vt* razmejiti, razdeliti, označiti s črtami; *tech* zarisati, označiti, začrtati

mark out *vt* omejiti, označiti, zakoličiti (traso); odrediti za kaj, določiti za kaj (*for*)

mark up *vt econ* zvišati ceno blagu; vpisati na dolg, vzeti na kredit

mark III [ma:k] *n* marka (denar); mera za težo zlata in srebra (ca 8 unč)

markdown [má:kdaun] *n econ* znižanje cene, znižana vrednost blagu; *A* artikel po znižani ceni

marked [ma:kt] *adj* markanten, izrazit, odličen, jasen, viden, zaznamenovan (z žigom), žigosan; potrjen (ček)

markedly [má:kidli] *adv* izrazito, opazno, jasno

marker [má:kə] *n* zaznamovalec; števec (pri biljardu, streljanju); znamenje (knjižno itd.); *aero* raketa, ki osvetljuje bombnikom cilj; *A* spominska plošča, spominsko znamenje; *sp* krilec, oviralec; vodokaz; *A econ* zadolžnica

market I [má:kit] *n* trg, tržnica, tržišče; trgovina, trgovanje; povpraševanje (*for*); denarni trg; tržna cena; *A* trgovina z živili; **the** ~ borzni posredniki; **at the** ~ po tržni ceni; **at the top of the** ~ po najvišji tržni ceni; **black** ~ črna borza; **the corn** ~ žitni trg; **money** ~ denarni trg; **covered** ~ pokrita tržnica; **in the** ~ na trgu; **active** (ali **lively**) ~ živahen trg; **dull** ~ mrtev trg; **the** ~ **is low** (**rising**) tržne cene so nizke (se dvigajo); **to be in the** ~ **for** potrebovati kaj, iskati, želeti kupiti ali imeti; **to be on** (ali **in**) **the** ~ biti naprodaj; **to come into the** ~ priti na trg, biti naprodaj; **to boom** (ali **rig**) **the** ~ dvigniti kurz; **to find a** ~ iti v prodajo; **the** ~ **fell** cene so padle; **the** ~ **is all givers** na trgu so samo prodajalci; **to hold the** ~ obvladati trg, obdržati cene; **a** ~ **for leather** povpraševanje po usnju; **to make a** ~ špekulativno dvigniti povpraševanje (po delnicah); **to make a good** ~ **of** okoristiti se s čim; **to meet with a ready** ~ hitro prodati; **to place** (ali **put**) **on the** ~ postaviti na trg, dati naprodaj; **to play the** ~ špekulirati (na borzi); *fig* **to bring one's eggs** (ali **hogs**) **to a bad** (ali **the wrong**) ~ uštéti se

market II [má:kit] **1.** *vt* dati na trg, prodajati na trgu, dati v prodajo; **2.** *vi* kupovati, prodajati, trgovati, hoditi na trg

marketability [ma:kitəbíliti] *n econ* prodajnost

marketable [má:kitəbl] *adj* (**marketably** *adv*) prodajen, ki se lahko proda; *jur* ~ **title** posest, ki se lahko proda brez pridržkov

market analysis [má:kitənǽlisis] *n econ* tržna analiza

market condition [má:kitkəndíšən] *n econ* položaj na trgu, konjunktura

market-day [má:kitdei] *n* tržni dan, sejem

market-dues [má:kitdju:z] *n pl* tržnina

market economy [má:kiti:kónəmi] *n econ* tržno gospodarstvo

marketeer [ma:kitíə] *n* prodajalec na trgu

marketer [má:kitə] *n A* prodajalec (kupec) na trgu

market fluctuation [má:kitflʌktjuéišən] *n econ* konjunkturno fluktuiranje

market garden [má:kitgá:dn] *n* zelenjavni vrt

market gardener [má:kitgá:dnə] *n* kdor goji zelenjavo za trg

market-hall [má:kithə:l] *n* pokrita tržnica

marketing [má:kitiŋ] *n* kupovanje in prodajanje na trgu; *econ* tržništvo, celotni tržni mehanizem; **to go** ~ iti na trg; **to do one's** ~ nakupovati; ~ **research** raziskovanje tržišča

market investigation [má:kitinvestigéišən] *n econ* raziskovanje tržišča

market leaders [má:kitlí:də:z] *n pl* vodilne borzne cene

market letter [má:kitlétə] *n A* tržno, borzno poročilo

market order [má:kitɔ́:də] *n* tržno naročilo; *A* najboljša ponudba (na borzi)

market place [má:kitpleis] *n* trg, tržnica

market price [má:kitprais] *n* tržna cena; kurz (na borzi)

market quotation [má:kitkwoutéišən] *n* tržni kurz

market research [má:kitrisó:č] *n* raziskovanje tržišča

market rigging [má:kitrígiŋ] *n* borzna špekulacija

market swing [má:kitswíŋ] *n A* konjunktura

market-town [má:kittaun] *n* kraj s tržnimi pravicami, trg

market value [má:kitvǽlju:] *n* prodajna vrednost

marking [má:kiŋ] *n* označitev, zaznamovanje, žigosanje; *zool* vzorci (na koži, perju); *mus* naglas; *sp* kritje soigralca (nogomet); ~ **board** tabla za zapisovanje točk; ~ **ink** neizbrisljivo črnilo (za perilo); ~ **iron** železo za žigosanje

markka [má:ka:] *n* finska marka (denar)

marksman [má:ksmən] *n* dober strelec; *jur* analfabet, kdor se podpiše s križcem

markmanship [má:ksmənšip] *n* strelska spretnost

marl [ma:l] **1.** *n geol* lapor; *poet* zemlja; **2.** *vt* gnojiti z laporjem

marlaceous [ma:léišəs] *adj geol* laporast

marline [má:lin] *n naut* vrv spletena iz dveh vlaken

marlinespike [má:linspaik] *n naut* mornarsko šilo (za razpletanje vrvnih vlaken)

marlite [má:lait] *n min* kredasti lapor

marly [má:li] *adj* laporast, lapornat

marmalade [má:məleid] *n* džem (pomarančen, limonov ali grenivkin)

marmoreal [ma:móuriəl] *adj poet* marmornat, hladen, bled

marmoset [má:məzet] *n zool* dolgorepa ameriška opica

marmot [má:mət] *n zool* svizec; **German** ~ hrček; ~ **squirrel** suslik, tekunica

marocain [mǽrəkein] *n* maroken (tkanina)

maroon I [mərú:n] **1.** *adj* kostanjeve barve; **2.** *n* kostanjeva barva

maroon II [mərú:n] *n* ubežen črnec (naseljenec v Gvajani); človek, izkrcan na neobljudenem otoku;

maroon III [mərú:n] **1.** *vt* izkrcati na neobljudenem otoku (za kazen); *fig* pustiti na cedilu; **2.** *vi* bežati (črnski suženj); *A* imeti piknik; potepati se

marooner [mərú:nə] *n* pirat

marplot [má:plət] *n* kvarilec (zabave), rogovilež

marque [ma:k] *n hist* represivna zaplemba ladje; **letter of** ~ dovoljenje za opremo piratske ladje; ladja, ki ima pravico zapleniti sovražne ladje

marquee [ma:kí] *n E* velik šotor (cirkuški, sejemski); *A* pokrit vhod v poslopje, platnena streha, markiza

marquet(e)ry [má:kitri] *n* intarzija, vložno delo
marquis [má:kwis] *n* markiz
marquisate [má:kwisit] *n* čast in posest markiza
marquise [ma:kí:z] *n* markiza (a ne v Angliji)
marriage [mǽridž] *n* poroka, zakon (*to* s, z); *fig* tesna zveza; *card* marjaš; **to give s.o. in** ~ omožiti hčer, oženiti sina; **to take s.o. in** ~ poročiti koga; **by** ~ priženjen, primožen; **related by** ~ v svaštvu; *jur* ~ **articles** ženitna pogodba; *fig* ~ **bed** spolno občevanje (med zakoncema), zakonska postelja; ~ **broker** ženitni posrednik; ~ **certificate** poročni list; ~ **contract** ženitna pogodba; *A jur* ~ **licence** poročno dovoljenje; *E* ~ **lines** poročni list; ~ **of conveniance** razumska možitev (ženitev); *jur* ~ **portion** dota; *jur* ~ **settlement** ženitna pogodba, prenos premoženja na zakonca
marriageable [mǽridžəbl] *adj* goden za zakon; *jur* zrel za zakon
married [mǽrid] *adj* poročen, zakonski, omožen, oženjen; *fig* tesno povezan; iz delov sestavljen (pohištvo); ~ **life** zakonsko življenje; ~ **state** zakonska zveza, -ski stan
marron [mǽrən] *n* kostanj, maron; ~ **glacé** s sladkorjem oblit kostanj
marrow I [mǽrou] *n anat* mozeg; *fig* jedro, bistvo; vrsta jedilne buče (tudi *vegetable* ~); **to be frozen** (ali **chilled**) **to the** ~ biti do kosti premražen; **pith and** ~ bistvo, jedro; **to the** ~ **of one's bones** do kosti, do jedra
marrow II [mǽrou] *n dial* tovariš; zakonski drug; *fig* zvest posnetek
marrowbone [mǽrouboun] *n* mozgova kost; *pl hum* kolena; **to fall down on one's** ~ **s** pasti na kolena; **to get down on one's** ~ **s** upogniti kolena, poklekniti; **to go by** ~ **stage** ali **to ride in the** ~ **coach** iti peš
marrowfat [mǽroufæt] *n* velik grah
marrowless [mǽroulis] *adj* brez mozga; *fig* slaboten; ~ **man** slabič, bojazljivec
marrowy [mǽroui] *adj* mozgav, jedren, klen
marry I [mǽri] **1.** *vt* poročiti, omožiti, oženiti; *fig* tesno povezati (*to, with* s, z); pomešati različna vina; **2.** *vi* poročiti se; *fig* združiti se; **to be married to** biti poročen s, z; **to get married to** poročiti se s, z; **to** ~ **off** spraviti (hčer) v zakon, poročiti; **to** ~ **for love** poročiti se iz ljubezni; ~ **ing man** kandidat za ženitev
marry II [mǽri] *int arch* sveta nebesa! (vzklik presenečenja; ~ **come up!** k vragu!
marsh [ma:š] *n* barje, močvirje, naplavna nižina; *med* ~ **fever** močvirska mrzlica; ~ **gas** močvirski plin; ~ **fire** fosforeščenčen pojav nad močvirjem; *bot* ~ **mallow** navadni slez, ajbiš; *bot* ~ **marigold** kalužnica
marshal I [má:šəl] *n mil* maršal; *E jur* sodni zapisnikar; *A jur* zvezni izvršni uradnik, predstojnik okrajne policije; ceremoniar; *hist* dvorni ceremoniar, maršal; *E* **knight** ~ dvorni maršal; *E* **Earl Marshal** dvorni ceremoniar; *A* **city** ~ mestni policijski predstojnik; *A* **fire** ~ poveljnik gasilcev
marshal II [má:šəl] **1.** *vt* razporediti, postaviti v vrsto, postrojiti; (metodično) urediti; svečano pripeljati (*into* v); **2.** *vi* razporediti se, postaviti se v vrsto; **to** ~ **one's thoughts** zbrati svoje misli;

jur **to** ~ **the assets** razporediti upnike po vrstnem redu njihovih zahtev; ~ **(l)ing yard** ranžirna postaja
marshal(l)er [má:šələ] *n* razporeditelj, reditelj
marshalsea [má:šəlsi:] *n E jur hist* sodišče dvornega maršala; ječa pod upravo dvornega maršala
marshalship [má:šəlšip] *n* maršalstvo
marshiness [má:šinis] *n* močvirnost
marshy [má:ši] *adj* močviren, močvirnat
marsupial [ma:sjú:piəl] **1.** *adj zool* ki ima vrečo; **2.** *n zool* vrečar; ~ **pouch** vreča
marsupium [ma:sjú:piəm] *n zool* vreča (vrečarjev)
mart [ma:t] *n* trgovsko središče; prostor za dražbo; *poet* trg; *arch* sejem
martel [má:təl] *n hist* bojna sekira, bojno kladivo
martello [ma:télou] *n* (tudi ~ *tower*) okrogel obrambni stolp na obali
marten [má:tin] *n zool* kuna; kunje krzno
martial [má:šəl] **1.** *adj* (~ **ly** *adv*) vojen, vojaški; **2.** *n* vojno pravo, naglo sodišče; ~ **law** naglo sodišče; **state of** ~ obsedno stanje; **to try by** ~ soditi pred naglim sodiščem
martialize [má:šəlaiz] *vt* militarizirati
Martian [má:šiən] **1.** *adj* marsovski; *astr* Marsov; **2.** *n* Marsovec
martin [má:tin] *n zool* navadni hudournik, lastovka
martinet [ma:tinét] *n* strog predstojnik (zlasti častnik), zatiralec
martinetish [ma:tinétiš] *adj* strog, strašen
martingale [má:tiŋgeil] *n* podprsnica (konjska oprava); podvojitev vloge pri hazardni igri
martini [ma:tí:ni] *n* martini (džin in vermut)
Martinmas [má:tinməs] *n* Martinovo
Martin process [Má:tinpróuses] *n tech* martinanje
martlet [má:tlit] *n zool* hudournik; *her* ptič brez nog (v grbih)
martyr I [má:tə] *n* mučenik, -nica; *fig* trpin, žrtev; **to make a** ~ **of o.s.** delati se mučenika; žrtvovati se (*for* za); **to be a** ~ **to s.th.** trpeti za čem; **to die a** ~ **to** (ali **in the cause of**) žrtvovati življenje za kaj
martyr II [má:tə] *vt* mučiti, trpinčiti, napraviti za mučenika
martyrdom [má:tədəm] *n* mučeništvo
martyrize [má:təraiz] *vt* napraviti za mučenika, mučiti; **to** ~ **o.s.** žrtvovati se
martyrology [ma:tərólədži] *n* življenjepis mučenikov
martyry [má:təri] *n* svetišče posvečeno mučeniku
marvel I [má:vəl] *n* čudo, čudovitost; **an engineering** ~ čudo tehnike; **to be a** ~ **at s.th.** znati kaj čudovito; **it is a** ~ **to me how** čudim se kako; *coll* **he is a perfect** ~ je pravo čudo, je fantastičen
marvel II [má:vəl] *vi* čuditi se (*at* čemu, *that* da, *how* kako)
marvel(l)ous [má:viləs] *adj* (~ **ly** *adv*) čudovit, neverjeten; *coll* fantastičen, sijajen
marvel(l)ousness [má:viləsnis] *n* čudovitost, neverjetnost, presenetljivost
Marxian [má:ksiən] *adj* marksističen
Marxism [má:ksizəm] *n* marksizem
Marxist [má:ksist] **1.** *n* marksist; **2.** *adj* marksističen
marzipan [ma:zipǽn] *n glej* **marchpane**
mascara [mæskǽrə] *n* črtalo za trepalnice, maskara
mascot [mǽskət] *n* maskota, talisman, možic

masculine I [mǽskjulin] *adj* moški; možat, močen; neženski (ženska); *gram* ~ **gender** moški spol; ~ **rhyme** moška rima; ~ **woman** možača

masculine II [mǽskjulin] *n gram* moški spol

masculinity [mǽskjulíniti] *n* moškost, možatost

mash I [mæš] *n* drozga, sladovnica, topla živalska krma; kaša, kašnata snov; *sl* krompirjev pire; *fig* zmešnjava

mash II [mæš] *vt* mečkati, tlačiti, drozgati; ~ **ed potatoes** krompirjev pire

mash III [mæš] *n sl* zaljubljenost; ženskar, gizdalin; ljubimkanje, flirt; **to make a** ~ **on** flirtati

mash IV [mæš] *vt sl* (spolno) privlačiti, zmešati glavo, ljubimkati, flirtati; *sl* **to be** ~ **ed on** biti zatreskan v koga

masher I [mǽšə] *n sl* vsiljivec, ženskar, gizdalin

masher II [mǽšə] *n* stiskalnik, tolkač (kuhinjski pribor); drozgalnik, pivovarska kad

mashie (mashy) [mǽši] *n* palica za kratke udarce (golf)

mashy [mǽši] *adj* kašast, zmečkan, drozgast

mask I [ma:sk, mæsk] *n* maska, krinka; varovalna maska (dihalna, dimna itd.); zakrinkanec, našemljenec; maškeradna obleka; *fig* preobleka, pretveza; *archit* groteskna glava (ornament); *mil* kamuflaža; **to throw off one's** ~ razkrinkati se, pokazati pravo barvo; **under the** ~ **of** pod krinko česa; **to wear a** ~ skrivati svoje namene ali čustva; **death-**~ posmrtna maska

mask II [ma:sk, mæsk] **1.** *vt* maskirati, zakrinkati; *fig* zastreti, prikriti, zakriti; *mil* kamuflirati; *tech* popraviti, retuširati (*out*); *pharm* dodati zdravilu slabega okusa primerne dodatke; **2.** *vi* maskirati se, zakrinkati se; ~ **ed ball** ples v maskah; *mil* ~ **ed ground** kamuflirano ozemlje; *med* ~ **ed disease** prikrita bolezen

masker [má:skə] *n* zakrinkanec, našemljenec

maskoid [má:skoid, mǽs~] *n* lesena ali kamnita maska na hišah v stari Mehiki in Peruju

masochism [mǽzəkizəm] *n psych* masohizem, spolna sprevrženost

masochist [mǽzəkist] *n psych* masohist, spolni sprevrženec

mason [méisn] **1.** *n* zidar, kamnosek, klesar; prostozidar; **2.** *vt* zidati (s kamnom); **Mason-Dixon line** nekdanja meja med ameriškimi državami s suženjstvom in brez njega

masonic [məsónik] *adj* zidarski; prostozidarski; ~ **lodge** prostozidarska loža

masonry [méisnri] *n* zidarstvo, zidanje; zidovje; prostozidarstvo

masque [ma:sk] *n theat hist* maska (gledališka predstava); maškarada

masquer [má:skə] *n* glej **masker**

masquerade [mǽskəréid] **1.** *n* maškarada, ples v maskah; *fig* pretvarjanje, maskiranje; **2.** *vi* zakrinkati se; *fig* pretvarjati se, delati se (*as*)

masquerader [mǽskəréidə] *n* maškara; *fig* igralec, akter

mass I [mæs] *n eccl & mus* maša; **black** ~ črna maša; ~ **book** misal; **high** ~ peta maša; **low** ~ tiha maša; **to say** ~ maševati

mass II [mæs] *n* masa, gomila, gmota; množica; tvarina, snov; *phys* masa (količnik teže in pospeška); **the** ~ **es** ljudske množice; **the (great)** ~ **of** večina; **in the** ~ skupaj, nasploh, v celoti;

econ ~ **production** serijska proizvodnja; ~ **meeting** množičen sestanek

mass III [mæs] *vt & vi* zbirati (se), kopičiti (se); *mil* koncentrirati (čete, se)

massacre [mǽsəkə] **1.** *n* klanje, pokol; **2.** *vt* (po)klati, pobiti, pobijati; *fig* uničiti

massage [mǽsa:ž, *A* məsá:ž] **1.** *n* masaža, ugnetanje; **2.** *vt* masirati, gnesti, ugnetati

masseter [mǽsi:tə] *n anat* žvečilna mišica, žvekalka

masseur [mǽsó:] *n* maser; priprava za masiranje

masseuse [mǽsó:z] *n* maserka

massif [mǽsif] *n geol* gorski masiv, grmada

massive [mǽsiv] *adj* (~ **ly** *adv*) masiven; čist (kovina); *fig* težak, čvrst, mogočen, okoren; *min* gost, masiven; *psych* močen, vztrajen

massiveness [mǽsivnis] *n* masivnost, čvrstost; čistost (kovine); *fig* sila, teža

massy [mǽsi] *adj* masiven, težek, trden, čvrst, velik, okoren

mast I [ma:st] *n naut* jambor; steber, drog (signalni, antenski); **to sail before the** ~ biti navaden mornar; **half** ~ **high** na pol droga; **at (the)** ~ na glavni palubi

mast II [ma:st] *n žir*, želod (za hrano svinjam)

mastectomy [mæstéktəmi] *n med* amputacija prs

masted [má:stid] *adj* ki ima jambore (npr. *three-*~)

master I [má:stə] *n* gospodar; predstojnik, delodajalec; lastnik (hiše, psa itd.); mojster (obrtnik in umetnik); kapitan trgovske ladje; (zlasti *E*) učitelj, profesor; *E* rektor, ravnatelj (v nekih kolegijih); *art* mojster, umetnina (starejšega mojstra); *univ* magister; gospodič (nagovor za fante višjih slojev do 16. leta); *E* vodja, čuvar (v naslovih na angleškem dvoru); *jur* glavni sodni zapisnikar, glavni arhivar na sodišču; matrica gramofonske plošče; **the Master** Kristus; **to be** ~ **of s.th.** obvladati kaj; **to be one's own** ~ biti svoj gospodar, biti neodvisen; **to be** ~ **of one's time** razpolagati s svojim časom; **to be** ~ **of o.s.** obvladati se; **like** ~ **like man** kakršen gospodar, tak sluga; ~ **and man** gospodar in delavec (sluga); **to make o.s.** ~ **of s.th.** polastiti se česa, obvladati kaj; **Master of Arts** magister filozofije; **Master of Science** magister naravoznanstva; **Master of Ceremonies** šef ceremoniala; **Master of (the) Hounds** vodja lova; **Master of the Horse** dvorni konjar; *hist* **Master of the Revels** vodja dvorne svečanosti; ~ **mariner** kapitan trgovske ladje; *A econ* ~ **agreement** okvirna tarifa; *mus* ~ **chord** prevladujoč trozvok; ~ **copy** originalni izvod (dokumenta, filma, plošče), avtorski izvod (literarnega dela); *tech* ~ **pattern** vzorčni model; *hist* ~ **singer** mojster pevec (nemški pesniki 14.—16. stol.); ~ **tooth** podočnik (zob); ~ **touch** mojstrstvo; uglajenost, zadnja ugladitev, izpiljenje (npr. teksta); *tech* ~ **wheel** glavno pogonsko kolo

master II [má:stə] *vt* zagospodovati, obvladati, ukrotiti, premagati, mojstrovati

master-at-arms [má:stərətá:mz] *n naut* disciplinski podčastnik na vojni ladji

master-builder [má:stəbildə] *n* stavbenik

masterdom [má:stədəm] *n* gospodovanje, oblast, moč

masterful [má:stəful] *adj* (~ **ly** *adv*) gospodovalen, samovoljen, despotski; mojstrski

masterfulness [má:stəfulnis] *n* gospodovalnost; mojstrstvɔ

masterhand [má:stəhær.d] *n* strokovnjak (*at*); strokovnost

masterhood [má:stəhud] *n* mojstrstvo; oblast; učiteljska doba; **to obtain ~ over** zagospodovati

master-key [má:stəki:] *n* glavni ključ (ki odpira več vrat)

masterless [má:stəlis] *adj* brez gospodarja, prost; razuzdan

masterliness [má:stəlinis] *n* mojstrstvo, mojstrovina

masterly [má:stəli] *adj* & *adv* mojstrski; mojstrsko

master-mason [má:stəmeisn] *n* zidarski mojster; prostozidar 3. stopnje

mastermind [má:stəmaind] **1.** *n* vodilna osebnost, vodilni duh; **2.** *vt* voditi, biti duševni vodja

masterpiece [má:stəpi:s] *n* mojstrovina, mojstrsko delo

mastership [má:stəšip] *n* oblast, moč, gospostvo, premoč (*over* nad); spretnost, obvladovanje (*of*, *in* česa); *E* učiteljevanje, ravnateljevanje; **to attain a ~ in** postati mojster v čem

master-stroke [má:stəstrouk] *n* mojstrska poteza; mojstrovina

masterwork [má:stəwə:k] *n* mojstrovina

mastery [má:stəri] *n* oblast, gospostvo, premoč (*over*, *of* nad); spretnost, obvladanje (*of*, *in* česa); **to gain the ~ over** dobiti premoč nad; **to gain the ~ of** (ali **in**) postati mojster v čem

mast-head [má:sthed] *n naut* vrh jambora, koš na jamboru; *print* impresum, tiskovni zaznamek

mastic [mǽstik] *n* mastiks, dišavna smola; *bot* mastikov grm, pistacija; lepilo, kit

masticable [mǽstikəbl] *adj* žvečen, žvečilen

masticate [mǽstikeit] *vt* žvečiti

mastication [mæstikéišən] *n* žvečenje

masticator [mǽstikeitə] *n* žveči!ec; *tech* gnetilni stroj, mastikator

masticatory [mǽstikeitəri] *adj* žvečilen

mastiff [mǽstif] *n* buldog, angleška doga

mastigophoran [mæstigófərən] *n zool* bičkar, bičkovec

mastitis [mæstáitis] *n med* mastitis, vnetje prsi

mastocarcinoma [mæstəka:sinóumə] *n med* rak na prsih

mastodon [mǽstədən] *n zool* mastodont, izumrli slon

mastotomy [mæstótəmi] *n med* prsna operacija

masturbate [mǽstəbeit] *vt* masturbirati, onanirati

masturbation [mæstəbéišən] *n* masturbacija, onaniranje

masturbator [mǽstəbeitə] *n* onanist

mat I [mæt] *n* rogoznica, predpražnik, namizni podstavek; (zmešana) štrena; groba vreča za kavo, trgovska teža za kavo; **to go to the ~ with s.o.** prepirati se s kom; **to leave s.o. on the ~** pustiti koga pred vrati, ne sprejeti ga; *mil sl* **on the ~** v stiski, na raportu

mat II [mæt] **1.** *vt* pokriti z ragoznico; zaplesti, preplesti (*together*); **2.** *vi* zaplesti se

mat III [mæt] **1.** *adj* moten, medel, brez leska; **2.** *n* moten sijaj; **3.** *vt* napraviti motno, matirati

matador [mǽtədɔ:] *n* bikoborec; glavna karta, adut

match I [mæč] *n* vžigalica; lunta, vžigalna vrvca; **safety ~** varnostna vžigalica

match II [mæč] *n* enak ali enakovreden človek (stvar); *econ* ista kvaliteta; ženitev, možitev, zakon, (dobra) partija; *sp* igra, tekma; **to be (more than) a ~ for s.o.** biti komu kos; **to be a bad (good) ~** slabo (dobro) se ujemati; **his ~** njemu enakovreden, njegova žena; **to make a ~ of it** poročiti se; **a love ~** zakon iz ljubezni; **to meet** (ali **find**) **one's ~** najti sebi enakovrednega

match III [mæč] **1.** *vt* (primerno) omožiti, oženiti, poročiti (*to*, *with* s, z); pariti (živali); primerjati (*with* s, z); izigrati koga (*against* proti); prilagoditi (*to*, *with* s, z); ustrezati, ujemati se (barve); najti, nabaviti kaj ustreznega; *A* kockati, metati kovance v zrak; **2.** *vi arch* poročiti se; biti enak, biti kos, ujemati se (*with*), biti primeren (*to* čemu); **to be well (ill) ~ed** dobro (slabo) se ujemati; **can you ~ this silk for me?** mi lahko najdete kaj ustreznega k tej svili?; **to be ~ed** biti komu enakovreden; biti komu (čemu) enak, (kos), izenačiti se; **not to be ~ed** biti nedosegljiv, ne moči se primerjati; *econ* **~ed order** naročilo za prodajo ali nakup istega števila akcij ali blaga po isti ceni (borza)

matchable [mǽčəbl] *adj* ki se da primerjati

match-ball [mǽčbɔ:l] *n sp* odločilni končni udarec (tenis)

matchboard [mǽčbɔ:d] *n* utorjena deska, vešnica

matchbook [mǽčbuk] *n* preganjen karton s papirnatimi vžigalicami

match-box [mǽčbɔks] *n* škatljica za vžigalice

match-cloth [mǽčklθ] *n econ* groba volnena tkanina

matchet [mǽčit, mæčét] *n* glej machete

match-game [mǽčgeim] *n sp* odločilna tekma

matchless [mǽčlis] *adj* (**~ly** *adv*) brez primere, nedosegljiv, edinstven

matchlock [mǽčlək] *n mil hist* mušketa (stara vrsta puške), puška na lunto

matchmaker [mǽčmeikə] *n* ženitni posrednik, -nica; izdelovalec vžigalic

matchmaking [mǽčmeikiŋ] *n* ženitno posredovanje; izdelovanje vžigalic

matchmark [mǽčma:k] *n tech* montažni znak

matchplane [mǽčplein] *n tech* utornik in vehar (čep)

match-point [mǽčpɔint] *n sp* izenačen rezultat; zadetek, ki je potreben za zmago, odločilni zadetek

matchrace [mǽčreis] *n A sp* dirka

match-rope [mǽčroup] *n mil hist* zažigalna vrvca (pri topu)

matchwood [mǽčwud] *n* les za vžigalice; trske; **to make ~ of** streti, zdrobiti

mate I [méit] *n* tovariš(ica); soprog(a); *zool* samec, -ica; pomočnik, družabnik; *naut* častnik trgovske mornarice; nasprotek, dopolnilo, pendant (npr. drugi čevelj v paru itd.); **first (second) ~** prvi (drugi) častnik trgovske mornarice; **room-~** sostanovalec; **play-~** tovariš pri igri, soigralec; **school-~** sošolec, tovariš v šoli; **ship-~** tovariš na ladji, pomočnik (kuharjev, zdravnikov, topničarjev); **driver's ~** sovozač

mate II [méit] **1.** *vt* združiti, družiti v par, poročiti, pariti; *A tech* sestaviti, postaviti, montirati (*to* na); **2.** *vi* poročiti se, združiti se; *zool* pariti se; ujemati se (*with*)

mate III [méit] **1.** *n* šah mat; **2.** *vt* matirati
maté [má:tei] *n* paragvajski čaj; *bot* ~ **gourd**
grkljanka (buča)
mateless [méitlis] *adj* brez tovariša, neporočen(a)
matelot [mǽtlou] *n naut sl* mornar; *art* rdečkasto
modra barva
mater [méitə] *n E sl* mati; ~ **familias** hišna gospo-
dinja
material I [mətíəriəl] *adj* (~ **ly** *adv*) materialen,
snoven, gmoten; stvaren, telesen, fizičen; važen,
bistven (*to* za); *jur* ~ **evidence** glavno dokazno
gradivo; *jur* ~ **witness** glavna priča; *gram* ~
noun snovno ime; *tech* ~ **fatigue** utrujenost
materiala; ~ **defect** napaka v materialu; ~
science prirodoslovje; *econ* ~ **goods** materialne
dobrine
material II [mətíəriəl] *n* material, gradivo, snov;
(tekstilno) blago; *pl* potrebščine; *fig pl* materia-
lije, gradivo; **raw** ~ surovina; **writing** ~ s pisalne
potrebščine
materialism [mətíəriəlizm] *n* materializem
materialist [mətíəriəlist] *n* materialist(ka)
materialistic [mətíəriəlístik] *adj* (~ **ly** *adv*) mate-
rialističen
materiality [mətíəriǽliti] *n* snovnost; telesnost;
bistvenost, važnost
materialization [mətíəriəlaizéišən] *n* utelešenje,
uresničenje
materialize [mətíəriəlaiz] **1.** *vt* materializirati, ute-
lesiti; uresničiti, realizirati; **2.** *vi* postati dosto-
pen čutom, pojaviti se, prikazati se (*in* kot);
uresničiti se
materialman [mətíəriəlmən] *n A* dobavitelj mate-
riala
materiel [mətíəriél] *n* material, oprema
maternal [mətə́:nəl] *adj* (~ **ly** *adv*) materinski, po
materi (npr. ded); materin; ~ **uncle** ujec
maternity [mətə́:niti] *n* materinstvo; ~ **bag** novo-
rojenčkova oprema; ~ **center** posvetovalnica
za matere; ~ **dress** obleka za nosečnice; ~
hospital porodnišnica
matey [méiti] **1.** *adj E coll* tovariški, zaupen (*with*);
2. *n* tovariš, drug
math [mæθ] *n coll* matematika
mathematical [mæθimǽtikl] *adj* (~ **ly** *adv*) mate-
matičen, točen, natančen
mathematician [mæθimətíšən] *n* matematik(arica)
mathematics [mæθimǽt'ks] *n pl* matematika; **el-
mentary (higher, pure)** ~ elementarna (višja,
čista) matematika
matin [mǽtin] *n poet* jutranja pesem (ptič); *pl*
jutranja maša
matin(al) [mǽtinəl] *adj* jutranji
matinée [mǽtinei] *n theat* dopoldanska predstava,
matineja; *A* ženska jutranja halja
mating [méitiŋ] *n zool* parjenje
matlo(w) [mǽtlou] *n glej* **matelot**
matrass [mǽtrəs] *n chem* retorta
matriarch [méitria:k] *n* matriarh
matriarchal [meitriá:kəi] *adj* matriarhaličen
matriarchate [méitria:kit] *n* matriarhat
matriarchy [méitria:ki] *n glej* **matriarchate**
matric [mətrík] *n E sl* za **matriculation**
matrices [méitrisi:z] *n pl* od **matrix**
matricidal [méitrisaid!] *adj* materomorilski

matricide [méitrisaid] *n* umor matere; morilec
matere
matriculant [mətríkjulənt] *n* kdor se vpiše na uni-
verzo
matriculate [mətríkjuleit] *vt & vi* vpisati (se) na
univerzo
matriculation [mətrikjuléišən] *n* matrikulacija, vpis
na univerzo; ~ **examination** sprejemni izpit
matriculatory [mətríkjulətəri] *adj* vpisen, izpitni
matrimonial [mætrimóuniəl] *adj* (~ **ly** *adv*) zakon-
ski; ~ **agency** ženitna posredovalnica; ~ **column**
stolpec za ženitvene oglase v časopisu
matrimony [mǽtriməni] *n* zakon, poroka; vrsta
igre s kartami
matrix [méitriks] *n print* matrica; *anat* maternica;
tech matričnik, kalup; *geol* rudninska primes
matron [méitrən] *n* matrona, dostojanstvena go-
spa; upraviteljica (zavoda, bolnice, zapora); ~
~ **of honour** glavna poročna družica
matronage [méitrənidž] *n* matronat, pokrovitelj-
stvo dostojanstvene gospe
matronal [méitrənəl] *adj* matronski, dostojanstven
matronhood [méitrənhud] *n* matronsko dostojan-
stvo
matronly [méitrənli] **1.** *adj* matronski, dostojan-
stven; **2.** *adv* matronsko, dostojanstveno
matross [mətrós] *n mil hist* trenovec
mat rush [mǽtrʌš] *n bot* biček
matt [mæt] *adj glej* **mat III**
mattamore [mǽtəmɔ:] *n* suteren, podpritličje
matted [mǽtid] *adj* pokrit z rogoznico; zaraščen,
skuštran; matiran, moten, brez leska
matter I [mǽtə] *n* materija, snov, stvar; *med* gnoj;
jur zadeva, predmet; *pl* (brez člena) stvari, reči;
povod, vzrok (*for* za); predmet, tema, vsebina
(knjige); *print* rokopis, stavek; važnost (*of*);
organic ~ organska snov; **gaseous** ~ plinasto
telo; *jur* **the** ~ **in** (ali **at**) **hand** pričujoča zadeva;
jur ~ **in controversy** sporna zadeva; *jur* ~ **in
issue** sporna zadeva; stvar, ki jo je treba še
dokazati; **a** ~ **of taste** stvar okusa; **a** ~ **of
time** vprašanje časa; **printed** ~ tiskovina, tisko-
vine; **postal** ~ vse stvari, ki se lahko pošiljajo
po pošti; **no** ~ ni važno; **as near as no** ~ skoraj,
za las; **as a** ~ **of course** samo po sebi umevno;
as a ~ **of fact** v resnici, pravzaprav; **for that** ~
ali **for the** ~ **of** kar se tega tiče; **a hanging** ~
zločin, ki se kaznuje s smrtjo; **in** ~ **of** glede
na kaj; **no laughing** ~ ni šala, resna
zadeva; **in** ~ **and manner** formalno in resnično;
to leave the ~ **open** pustiti vprašanje odprto;
to make much ~ **of** pripisovati čemu veliko
važnost; **not to mince** ~ s ne slepomišiti, pove-
dati odkrito; **to make** ~ s **worse** poslabšati
stvari; **to carry** ~ s **too far** iti predaleč; **as** ~ s
stand kakor sedaj kaže; **to take** ~ s **easy** na-
lahko jemati, ne delati si skrbi; **what** ~ ? in kaj
potem?; **what's the** ~ ? kaj pa je?; **what's the**
~ **with this?** je kaj narobe s tem?
matter II [mǽtə] *vi* biti važen, pomeniti (*to* komu,
za); *med* gnojiti se; **does it** ~ ? ali je važno?;
it doesn't ~ nič ne de, ni važno; **it little** ~ s
je komaj važno
matter-of-course [mǽtərəvkó:s] *adj* priroden, ume-
ven

matter-of-fact [mǽtərəvfǽkt] *adj* dejanski, resničen; trezen, prozaičen
mattery [mǽtəri] *adj med* gnojen
matting [mǽtiŋ] *n* rogoznica, (kokosni) tekač na stopnišču, izdelovanje rogoznic; motna površina
mattins [mǽtinz] *n pl* glej matin (*pl*)
mattock [mǽtək] *n* kramp, rovača
mattoid [mǽtoid] *n* človek na meji med genialnostjo in blaznostjo
mattress [mǽtris] *n* žimnica; air ~ zračna blazina; spring ~ vzmetnica
maturate [mǽtjureit] *vi med* dozorevati (čir), gnojiti se
maturation [mætjuréišən] *n med* dozorevanje (čira), gnojenje; *fig* razvoj
maturative [mətjúərətiv] *adj med* ki pospešuje gnojenje
mature I [mətjúə] *adj* (~ly *adv*) zrel, dozorel; *fig* dobro premišljen; *econ* zapadel, plačljiv; *geol* razpokan (zaradi erozije)
mature II [mətjúə] 1. *vt* pustiti dozoreti (sadje, vino, sir); *fig* izpopolniti; 2. *vi* zoreti, dozoreti, razviti se (*into* v); *econ* zapasti
maturity [mətjúəriti] *n* zrelost, razvitost; *econ* zapalost, plačljivost, dospelost
matutinal [mætjutáinəl, *A* mətjútinəl] *adj* jutranji, zgodnji
matutine [mǽtju:tain] *adj* glej matutinal
maud [mɔ:d] *n* volneno ogrinjalo škotskih pastirjev; potovalna odeja
maudlin [mɔ́:dlin] 1. *adj* jokav, sentimentalen (od pijače); 2. *n* jokavost
maudliness [mɔ́:dlinis] *n* jokavost, sentimentalnost (od pijače)
maugre [mɔ́:gə] *prep E arch* ne glede na, vkljub
maul [mɔ:l] 1. *n* macola; 2. *vt* grdo zdelati, surovo ravnati, pretepati; *A* tolči z macolo; *fig* zmrcvariti (kritiki)
mauley [mɔ́:li] *n sl* roka, pest, udarec; podpis
maulstick [mɔ́:lstik] *n art* slikarjeva palica, ki služi za oporo roki pri slikanju
maunder [mɔ́:ndə] *vi* trobezljati, ragljati; raztreseno delati; brezciljno postopati (*about*, *along*)
maundy [mɔ́:ndi] *n eccl* umivanje nog (na Veliki četrtek); Maundy Thursday Veliki četrtek; the Royal Maundy kraljeva delitev miloščine na Veliki četrtek (v Angliji)
Mauser [máuzə] *n* mavzerica (puška)
mausoleum [mə:səlí:əm] *n* mavzolej, nagrobna stavba
mauve [móuv] 1. *adj* slezenaste barve; 2. *n* slezenasta barva
maverick [mǽvərik] *n A* nežigosano govedo, teliček brez matere; odpadnik, potepuh
mavis [méivis] *n zool poet* drozg
maw [mɔ:] *n* želodec (živalski), siriščnik (prežvekovalcev); ptičja golša; *hum* želodec, vamp (človekov); *fig* žrelo, goltanec (smrti itd.)
mawkish [mɔ́:kiš] *adj* (~ly *adv*) sladkoben (tudi *fig*), odvraten; preobčutljiv, sentimentalen
mawkishness [mɔ́:kišnis] *n* sladkobnost, odvratnost
mawseed [mɔ́:si:d] *n bot* makovo seme
mawworm [mɔ́:wə:m] *n zool* glista; *fig* hinavec
maxilla [mæksílə] *n* (*pl* ~lae) *anat* čeljust; inferior (superior) ~ spodnja (zgornja) čeljust

maxillary [mæksíləri] *adj anat* čeljusten; ~ bone čeljustnica
maxim I [mǽksim] *n* geslo življenjsko pravilo, maksima; *math* aksiom
Maxim II [mǽksim] *n* težka, z vodo hlajena strojnica (puška)
maximal [mǽksiməl] *adj* (~ly *adv*) maksimalen, največji, najvišji
maximalist [mǽksiməlist] *n* maksimalist, skrajni radikalec
maximize [mǽksimaiz] *vt* maksimirati, povečati do skrajnosti
maximum [mǽksiməm] *n* (*pl* ~ma, ~mums) maksimum, višek, skrajna meja; *econ* najvišja cena (ponudba, znesek); *el* ~ load največja obremenitev; *el* ~ voltage največja napetost; *econ* ~ output rekordna produkcija
maximus [mǽksiməs] *adj E* najstarejši (med učenci istega imena)
maxwell [mǽkswel] *n el* enota magnetnega toka
may I [méi] *n poet* glej maiden
May II [méi] *n* maj; *fig* mladost, pomlad; *fig* (tudi *may*) cvet, čas cvetenja; *bot* (*may*) glog; Mays izpit v majskem roku; majska veslaška regata v Cambridgeu; *A* May basket prvomajsko darilo prijateljici (ki se ga obesi na kljuko); in May v maju, maja
may III [méi] *v defect* moči, smeti; utegniti; come what ~ naj se zgodi kar hoče; you ~ well say so ti lahko govoriš, lahko tebi; be that as it ~ kar bo, pa bo; ~ he live long! naj dolgo živi!; ~ you be happy! da bi bil srečen!; it ~ happen utegne se zgoditi
maybe [méibi:] 1. *adv* morda; 2. *n* možnost, verjetnost
maybug [méibʌg] *n zool* majski hrošč
May-Day [méidei] *n* 1. maj
mayday [méidei] *n* mednarodni radio-telefonski klic na pomoč (avioni, ladje)
Mayflower [méiflauə] *n bot* vsaka majska cvetlica; *E* glog, travniška penuša; *A* anemona, vetrnica
May-fly [méiflai] *n zool* muha enodnevnica
mayhap [méihæp] *adv arch* morda
mayhem [méihem] *n jur* težka telesna poškodba, pohabljenje
maying [méiiŋ] *n* prvomajsko slavje; to go a ~ proslavljati 1. maj
mayonnaise [meiənéiz] *n* majoneza
mayor [méə] *n* župan; Lord Mayor glavni župan v Londonu in nekaterih večjih mestih
mayoral [méərəl] *adj* županski
mayoralty [méərəlti] *n* županstvo
mayoress [méəris] *n* županja, županova žena
maypole [méipoul] *n* mlaj, obeljena smreka
maypop [méipɔp] *n A bot* vrsta ameriške pasijonke
may-queen [méikwi:n] *n* majska kraljica
may-thorn [méiθɔ:n] *n bot* glog, beli trn
may-tree [méitri:] *n* glej maypole
mazard [mǽzəd] *n arch* glava; *bot* majhna črna češnja
mazarine [mæzərí:n] *n* temno modra barva
maze I [méiz] *n* labirint, blodnjak; zmešnjava; to be in a ~ biti zmeden
maze II [méiz] *vt* zbegati, zmešati; to be ~ed in biti vpleten v kaj
mazer [méizə] *n* velika pivska posoda, bokal

maziness [méizinis] *n* zmeda, zmešnjava
mazuma [məzú:mə] *n A sl* kovan denar, kovanci
mazurka [məzó:kə] *n* mazurka
mazy [méizi] *adj* (mazily *adv*) zmešan, zavit, zapleten; zmeden, ki zmede
mazzard [mæzəd] *n bot* divja češnja
McCarthysm [məká:θizəm] *n* gonja zoper politične nasprotnike v ZDA po 2. svet. vojni
McCoy [məkói] *n A sl* the real ~ najboljši svoje vrste, original
M-day [émdei] *n mil* dan splošne mobilizacije
me [mi(:)] *pers pron* mene, me, meni, mi; ah ~!, dear ~! joj, jojmene!; *coll* it's ~ jaz sem; *coll* poor ~ jaz ubožec, -žica; and ~ a widow ko sem vendar vdova; *arch & poet* I sat ~ down sedel sem; not for the life of ~ pod nobenim pogojem
mead [mi:d] *n* medica; *poet* livada
meadow [médou] *n* travnik
meadow crane's-bill [médoukréinzbil] *n bot* krvomočnica
meadow crow-foot [médoukróufut] *n bot* travniška zlatica
meadow saffron [médousǽfrən] *n bot* jesenski podlesek
meadow sage [médouséidž] *n bot* travniška kadulja
meadow saxifrage [médousǽksifridž] *n bot* vrsta kreča
meadow sweet [médouswí:t] *n bot* oslad, medvejka
meadowy [médoui] *adj* travniški, poln travnikov
meager [mí:gə] *adj A* glej meagre
meagre [mí:gə] *adj E* (~ ly *adv*) suh, mršav, tenek; reven, boren (plača), pomanjkljiv (hrana); suh, prazen (spis); nerodoviten (zemlja)
meagreness [mí:gənis] *n* suhost, mršavost, revnost; pomanjkljivost; praznoba (spisa); nerodovitnost (zemlje)
meal I [mi:l] *n* obrok, jed, obed; *agr* količina mleka ene kravje molže; to have (ali take) a ~ jesti; to make a ~ of zaužiti kaj; square ~ polni obrok
meal II [mi:l] *vi* jesti, obedovati
meal III [mi:l] *n* grobo mleta moka (ne pšenična); A koruzni zdrob; whole ~ črna moka z otrobi; in ~ or in malt tako ali drugače, na vsak način
mealie [mí:li] *n S Afr* koruza
mealiness [mí:linis] *n* moknatost
meal-ticket [mí:ltikit] *n A* živilski bon; *sl* denarni vir
mealtime [mí:ltaim] *n* čas obeda
meal-worm [mí:lwə:m] *n zool* žužek, mokar
mealy [mí:li] *adj* moknat, mokast (krompir), močnat; bled (obraz); lisast (konj)
mealy-bug [mí:libʌg] *n zool* košeniljka
mealy-mouthed [mí:limauðd] *adj* malobeseden, plah; potuhnjen, hinavski, priliznjen
mealy-mouthedness [mí:limauðidnis] *n* potuhnjenost, hinavščina, priliznjenost
mealy-primrose [mí:líprimrouz] *n bot* moknati jeglič
mean I [mi:n] *adj* nizek, navaden, manjvreden (stan, rod); boren, reven, oguljen, odrgnjen, umazan; nepomemben; prostaški, nizkoten, podel; skop, stiskaški; *A coll* popadljiv, hudoben (konj); *A coll* bolehen; ~ birth nizek rod; no ~ achievement zelo dober uspeh; no ~ foe

sovražnik, ki ni za podcenjevanje; no ~ scholar pametna glava. pomemben učenjak; *A* ~ white siromašen belec na jugu ZDA; *A* to feel ~ over sramovati se česa
mean II [mi:n] *adj* srednji, povprečen; ~ life povprečna življenjska doba; ~ annual temperature povprečna letna temperatura
mean III [ɪni:n] *n* sredina; povprečje, povprečnost; (*pl* z glagolom v *sg*) sredstvo, način; *pl* premoženje; a ~s of communication občilo; a ~s of transportation prometno sredstvo; ~s of production proizvodna sredstva; to be a ~s of biti česa kriv, biti povod za kaj; by ~s of s pomočjo; by any ~s na kakršenkoli način; by all (manner of) ~s vsekakor, na vsak način, za vsako ceno; by no (manner of) ~s ali not by any ~s nikakor, na noben način; by this ~s or other tako ali drugače; by fair (foul) ~s na pošten (nepošten) način; the end justifies the ~s namen posvečuje sredstva; a ~s to an end sredstvo za dosego cilja; the golden (ali happy) ~ zlata sredina; to live beyond one's ~s živeti preko svojih razmer; a man of ~s premožen človek; ways and ~s pota in načini; *E* ~s test preveritev premoženjskih razmer delavca, ki prejema socialno podporo
mean IV* [mi:n] 1. *vt* nameravati, imeti v mislih, kaniti, hoteti; (zlasti pasiv) nameniti (*for* za); meniti, misliti; pomeniti; 2. *vi* pomeniti (*to* komu); to ~ business resno misliti; to ~ mischief imeti zlobne namene, imeti kaj za bregom; to ~ well imeti dobre namene; to ~ well (ill) by (ali to) s.o. dobro (slabo) komu želeti, biti komu (ne)naklonjen; what do you ~ by it? kaj hočeš s tem reči?, kaj naj to pomeni?; I ~ it resno mislim; he was meant for a soldier bil je namenjen za vojaka; that was meant for you to je bilo namenjeno tebi; to ~ little to s.o. komu malo pomeniti; I ~ you to go želim, da greš
mean-born [mí:nbə:n] *adj* nizkega rodu
meander [miǽndə] 1. *n* vijuganje, vijuga, zavoj; ovinek; *pl* rečne vijuge; *pl* serpentine, meander; 2. *vi* vijugati se; bloditi
meandrine [miǽndrin] *adj* vijugast, poln zavojev
meaning I [mí:niŋ] *adj* (~ ly *adv*) pomemben; pomenljiv (pogled); well-~ dobronameren
meaning II [mí:niŋ] *n* pomen; namen, smoter; full of ~ pomemben, tehten; what's the ~ of this? kaj naj to pomeni?; with ~ pomenljivo, izrecen
meaningful [mí:niŋful] *adj* (~ ly *adv*) pomemben
meaningless [mí:niŋlis] *adj* (~ ly *adv*) nepomemben; brezizrazen (obraz)
meanly [mí:nli] *adv* revno, nizko, nizkotno, podlo; skopo
meanness [mí:nnis] *n* nizkotnost, podlost; revnost; bednost, nepomembnost; *A coll* hudobnost
mean-spirited [mí:nspiritid] *adj* podel, nizkoten; obupan
meant [ment] *pt & pp* od to mean IV
meantime [mí:ntaim] 1. *adv* medtem; 2. *n* vmesen čas; in the ~ medtem
meanwhile [mí:n(h)wail] *adv & n* glej meantime
measle [mi:zl] *n zool* mehurnjak, ikrica
measled [mi:zld] *adj vet* ikričav (svinja)

measles [mi:zlz] *n pl med* (z glagolom v *sg*) ošpice; *vet* ikričavost; **German** ~ rdečke

measly [mí:z˙i] *adj med* ošpičen, ošpičast; *vet* ikričav; *si* beden, ničvreden

measurability [mežərəbíliti] *n* izmer!jivost

measurable [méžərəbl] *adj* (**measurably** *adv*) izmerljiv; dogleden; **within** ~ **distance of** blizu

measure I [méžə] *n* mera, merilo (tudi *fig*); stopnja, obseg; del, delež; razmerje, meja; *poet* metrum, pesniška mera; *mus* takt, ritem; *arch* ples; *chem* menzura, stopnja; *geol pl* sloji, ležišča; *jur* ukrep; **cubic** ~ prostorninska mera; **lineal** (ali **long**) ~ dolžinska mera; **square** (ali **superficial**) ~ ploskovna mera; ~ **of capacity** votla mera; **unit of** ~ merska enota; *math* **greatest common** ~ (**G.C.M.**) največja skupna mera; **beyond** (ali **out of all**) ~ prekomeren, čez mero; **in a great** ~ v veliki meri; **to have s.o.'s** ~ oceniti značaj koga; **to take s.o.'s** ~ vzeti komu mero, umeriti; *fig* oceniti značaj koga; **to have hard** ~s biti v težkih okoliščinah; **he is our** ~ takega človeka potrebujemo; **man is the** ~ **of all things** človek je merilo za vse; (**made**) **to** ~ po meri (narejen); **in some** (ali **in a certain**) ~ v neki meri; **to set** ~**s to** omejiti; **short** (**full**) ~ slaba (dobra) mera; **for good** ~ povrh; **to take** ~s podvzeti korake, ukreniti kaj; **without** ~ neizmeren; **the** ~ **of my days** trajanje mojega življenja; **2 is a** ~ **of 4** 2 je deljenec od 4; *arch* **to tread a** ~ plesati

measure II [méžə] **1.** *vt* meriti, izmeriti, odmeriti; umeriti (obleko); oceniti, soditi, presoditi (*by* po); primerjati, meriti (*with* s, z); prehoditi; **2.** *vi* meriti; **it** ~**s 8 inches** meri 8 inčev; **to** ~ **s.o. for** (**a suit of clothes**) vzeti komu mero (za obleko); **to be** (ali **get**) ~**d for** (**a suit**) dati si vzeti mero (za obleko); **to** ~ **one's length** pasti ko dolg in širok; **to** ~ **swords with** preizkusiti svojo moč; **to** ~ **one's strength with s.o.** meriti se s kom; **to** ~ **other people's corn by one's own bushel** soditi druge po sebi; **to** ~ **s.o. with one's eye** premeriti koga z očmi; **to** ~ **s.o. from top to toe** premeriti koga od glave do pete

measure off *vt* odmeriti

measure out *vt* razdeliti, dodeliti (*to* komu)

measure up to *vi* A ustreči (zahtevam), biti kos, dosegati

measured [méžəd] *adj* (~ **ly** *adv*) odmerjen, merjen; pravilen, ritmičen; premišljen, pretehtan, preračunan; metričen; *tech aero* ~ **distance** zavorna pot; **a** ~ **mile** uradno izmerjena milja; ~ **tread** ritmičen korak

measureless [méžəlis] *adj* neizmeren, neomejen, neizmerljiv

measurement [méžəmənt] *n* merjenje, mera, velikost; *pl* dimenzije; **to take s.o.'s** ~**s for a suit** vzeti komu mere za obleko; *econ* ~ **goods** razsipčno blago

measuring [méžəriŋ] *n* merjenje

measuring-glass [méžəriŋgla:s] *n* menzura, merilo

measuring-tape [méžəriŋteip] *n* tračna mera

measuring-tool [méžəriŋtu:l] *n* merilno orodje

meat [mi:t] *n* meso (hrana); *arch* hrana, obed; *sl* slast, užitek; *fig* substanca, vsebina; ~ **and drink** hrana in pijača; **to be** ~ **and drink to s.o.** biti v veliko zadovoljstvo, iti v slast; ~**s mes-**

nine; **cold** ~ hladna plošča; ~ **tea** hladna večerja s čajem; **green** ~ zelenjava; **before** ~ pred jedjo; **after** ~ po jedi; **as full as an egg is of** ~ res poln; **a thing full of** ~ zelo duhovita stvar; **to make** (**cold**) ~ **of s.o.** umoriti koga; **one man's** ~ **is another man's poison** ni vse za vsakega; **that** ~ **is for your master** tega je škoda zate; ~ **packing plant** industrijska klavnica

meat-ax(e) [mí:tæks] *n* mesarica (sekira)

meat-ball [mí:tbɔ:l] *n* mesni cmoček

meat-chopper [mí:tčəpə] *n* mlinček za meso; velik nož za rezanje mesa

meat-fly [mí:tflai] *n zool* zapljunkarica

meat-grinder [mí:tgraində] *n* mlinček za meso

meatless [mí:tlis] *adj* brezmesen

meat-pie [mí:tpai] *n* mesna pašteta

meat-safe [mí:tseif] *n* zamrežena jedilna omara

meatus [miéitəs] *n* (*pl* ~**tus**, ~**tuses**) *anat* kanal; **auditory** ~ sluhovod

meaty [mí:ti] *adj* mesnat, mesen; *fig* sočen, jedrnat

mechanic [mikǽnik] *n* mehanik, strojnik, monter; rokodelec

mechanical [mikǽnikəl] *adj*)~ **ly** *adv*) mehaničen, strojni; *fig* mehaničen, podzavesten, brez misli, avtomatičen; ~ **engineer** strojni inženir; *tech* ~ **advantage** stopnja strojnega učinka; *math* ~ **curve** transcedentna krivulja

mechanicalness [mikǽnikəlnis] *n* mehaničnost

mechanician [mekəníšən] *n* mehanik

mechanics [mikǽniks] *n pl* mehanika (nauk); mehanizem; *fig* tehnika; **practical** ~ strojeslovje, nauk o strojih; **precision** ~ precizna mehanika; **the** ~ **of politics** politični mehanizem

mechanism [mékənizəm] *n phil* mehanični materializem; *psych* mehanska reakcija; mehanizem; ~ **of government** državni mehanizem

mechanist [mékənist] *n* pristaš mehaničnega materializma; (redko) mehanik

mechanization [mekənaizéišən] *n* mehanizacija; *mil* (tudi) motorizacija

mechanize [mékənaiz] *vt* mehanizirati; *mil* (tudi) motorizirati; ~**d units** motorizirane enote; ~**d division** tankovska divizija

meconium [mikóuniəm] *n physiol* prvo dojenčkovo blato

meconophagism [məkənófədžizəm] *n med* uživanje opija

medal [medl] *n* medalja, kolajna, svetinja; *fig* **the reverse of the** ~ druga plat vprašanja; *A* **Medal for Merit** medalja za zasluge; *A mil* **Medal of Honor** medalja za hrabrost

medal(l)ed [medld] *adj* odlikovan z medaljo

medallion [midǽliən] *n* medaljon; spominska medalja

medal(l)ist [médəlist] *n* medaljer; dobitnik medalje

meddle [medl] *vi* vmešavati se, vtikati se (*in*, *with* v); igračkati se (*with*); **I will neither** ~ **nor make with it** s tem nočem imeti nobenega opravka

meddler [médlə] *n* vsiljivec, kdor se vtika v kaj, nadležnež

meddlesome [médlsəm] *adj* vsiljiv, nadležen

meddlesomeness [médlsəmnis] *n* vsiljivost, nadležnost, vmešavanje

meddling [médliŋ] **1.** *adj* vsiljiv, nadležen, ki se vmešava; **2.** *n* vmešavanje

Mede [miːd] *n* prebivalec Medije; **the laws of the ~ s and Persians** zakoni, ki se nikoli ne spreminjajo, obče veljavni zakoni

media I [míːdiə] *n pl* od medium; **mass ~** množična sredstva obveščanja

media II [míːdiə] *n* (*pl* **mediae**) *gram* zveneč zapornik (b, d, g); *anat* srednja plast

mediacy [míːdiəsi] *n* posredovanje, posredništvo

mediaeval [mediíːvəl] *adj* (**~ ly** *adv*) srednjeveški

mediaevalism [mediíːvəlizəm] *n* srednjeveštvo

mediaevalist [mediíːvəlist] *n* kdor preučuje srednji vek

mediaevalize [mediíːvəlaiz] *vi* oponašati srednjeveške navade

medial [míːdiəl] *adj* (**~ ly** *adv*) srednji; poprečen

median I [míːdiən] *adj* srednji, v sredini; *anat ~* **digit** nožni sredinec; **~ strip** srednji pas avtoceste; **~ grey** srednje siv; **~ salaries** srednje plače; **~ line** *anat* srednja črta telesa; *math* srednjica, razpolovnica

median II [míːdiən] *n math* srednjica, razpolovnica; *anat* srednja žila (živec itd.); srednja vrednost

mediant [míːdiənt] *n mus* medianta

mediastinal [miːdiæstáini] *adj anat* medpljučen

mediate I [míːdiৄt] *adj* (**~ ly** *adv*) posreden, vmesen, indirekten

mediate II [míːdieit] 1. *vi* posredovati (*between* med); biti zveza; 2. *vt* s posredovanjem doseči, pomiriti, spraviti; sporočiti, izročiti (*to* komu)

mediation [miːdiéišən] *n* posredovanje, mirjenje; priprošnja; **through his ~** z njegovim posredovanjem

mediative [míːdieitiv] *adj* posredovalen

mediatization [miːdiৄtaizéišən] *n* priključenje ozemlja državi

mediatize [míːdiৄtaiz] *vt* priključiti ozemlje državi, a pustiti vladarju nekaj pravic; *fig* absorbirati, vsrkati

mediator [míːdieitə] *n* posredovalec; **the Mediator** Kristus

mediatorial [miːdiৄtóːriəl] *adj* (**~ ly** *adv*) glej **mediative**

mediatorship [míːdiৄtəšip] *n* posredništvo, posredovanje

mediatory [míːdieitəri] *adj* glej **mediative**

mediatrix [míːdieitriks] *n* posredovalka

medic [médik] *n A sl* zdravnik; medicinec

medicable [médikəbl] *adj* ozdravljiv

medical I [médikəl] *adj* (**~ ly** *adv*) zdravniški, medicinski, zdravstven, internističen; potreben zdravniške nege; **~ board** higienski zavod; **~ certificate** zdravniško spričevalo; **~ record** bolniški list; **~ specialist** strokovni zdravnik; **~ ward** interni oddelek klinike; **~ jurisprudence** sodna medicina; **~ man** zdravnik; **our ~ man** naš hišni zdravnik; *mil* **Medical Corps** saniteta; *A jur* **~ examiner** mrliški oglednik; uradni zdravnik; **~ officer** uradni zdravnik; *mil* sanitetni zdravnik; **~ science** medicinska veda

medical II [médˑkəl] *n coll* medicinec, študent medicine

medicament [medíkəmənt] *n* zdravilo

medicamental [medikəméntl] *adj* zdravilen

medicare [médikəə] *n A* zdravstvena zaščita

medicaster [médikæstə] *n* mazač, ranar

medicate [médikeit] *vt* zdraviti; primešati zdravilo; **~ d bath** zdravilna kopel

medication [medikéišən] *n* zdravljenje, zdravilo, primešanje zdravila

medicative [médikətiv] *adj* zdravilen

Medicean [medisíːən] *adj* medičejski

medicinal [medísinl] *adj* (**~ ly** *adv*) zdravilen, medicinalen; **~ herbs** (ali **plants**) zdravilna zelišča; **~ properties** zdravilne lastnosti; **~ spring** zdravilni vrelec

medicine I [méd(i)sin] *n* zdravilo; medicina, zdravstvo; čarovnija (pri Indijancih); **forensic ~** sodna medicina; **to give s.o. some of his own ~** povrniti milo za drago; **to take one's ~** vzeti zdravilo; *fig* sprejeti kazen, požreti hudo pilulo; *A sl* **he is bad ~** je nevaren človek

medicine II [médsin] *vt* zdraviti

medicine-ball [médsinbɔːl] *n sp* medicinka, težka žoga

medicine-chest [médsinčest] *n* hišna apoteka

medicine-glass [médsinglaːs] *n* steklenička za zdravilo po kapljicah

medicine-man [médsinmæn] *n* vrač

medico [médikou] *n hum* zdravnik; **~ -legal** sodno medicinski

medieval [medíːvəl] *adj* glej **mediaeval**

mediocre [míːdioukə] *adj* povprečen, srednji, drugorazreden

mediocrity [miːdiókriti] *n* povprečnost, drugorazrednost; povprečnež, -nica

meditate [médieit] 1. *vi* premišljevati, razmišljati, meditirati (*on, upon, over* o); 2. *vt* kovati (načrte), imeti v mislih, snovati

meditation [meditéišən] *n* premišljevanje, meditacija

meditative [méditeitiv] *adj* (**~ ly** *adv*) zamišljen; meditacijski, razmišljujoč

mediterranean [meditəréiniən] *adj* sredozemski

medium I [míːdiəm] *adj* srednji, povprečen; *print* **~ faced** polmasten; *econ* **~ -priced** povprečne cene; **~ -sized** srednje velikosti; *tech* **~ cars** avtomobili srednjega razreda; *el* **~ wave** srednji val

medium II [míːdiəm] *n* (*pl* **~ dia**, **~ diums**) sredina, srednja pot; *biol, phys, chem* srednik, medij; *med* gojišče; reklamno sredstvo (radio, TV itd.); sredstvo, pripomoček, posrednik; **at a ~** povprečno; **by** (ali **through**) **the ~ of** s pomočjo, s posredovanjem; **the just ~** zlata sredina; **to hit upon** (ali **find**) **the happy ~** najti srednjo pot; **social ~** okolje; *econ* **~ of exchange** valuta, denar

mediumize [míːdiəmaiz] *vt* spraviti v stanje medija

medlar [médlə] *n bot* nešplja

medley I [médli] 1. *adj* mešan, pomešan, pester; 2. *n* mešanica, mešana družba; *cont* kolobocija; *mus* venček, potpuri

medley II [médli] *vt* pomešati, zmešati

medulla [medʌlə] *n biol* kostni mozeg, hrbtni mozeg; osrednji del organov (zlasti ledvic); *bot* stržen

medullary [médʌləri] *adj* mozgov, mozgav; *bot* **~ ray** strženov žarek (v lesu)

medullitis [medəláitis] *n med* vnetje kostnega mozga

medusa [midjúːzə] *n* (*pl* **~ sas**, **~ sae**) *zool* morski klobuk, meduza

medusal [midjú:sl] *adj zool* klobučnjaški
meed [mi:d] *n poet* nagrada, plačilo
meek [mi:k] *adj* (~ly *adv*) pohleven, skromen, ponižen, pokoren, skrušen, krotek; **as** ~ **as a lamb** krotek kot jagnje
meekness [mí:knis] *n* pohlevnost, skromnost, ponižnost, pokornost, skrušenost, krotkost
meerkat [míəkæt] *n zool* močvirska mačka
meerschaum [míəšəm] *n* morska pena, stiva; stivasta pipa, penovka
meet I [mi:t] *adj arch* (~ly *adv*) primeren, prikladen; **it is** ~ **that** prav je, da; spodobi se, da
meet II* [mi:t] **1.** *vt* srečati, sestati se s kom; spoznati, predstaviti, biti predstavljen komu; počakati koga (na postaji); *fig* zadovoljiti, izpolniti (željo); spoprijeti se s kom, nastopiti proti komu; *fig* postaviti se po robu, premagati (težave), rešiti (problem), opraviti s čim; naleteti na koga; ustrezati, ujemati se; izpolniti (obveznosti), plačati (stroške); **2.** *vi* srečati se, sestati se, zbrati se; spoznati se; združiti se, stikati se (ceste), dotikati se, priti v stik; ujemati se, skladati se; naleteti (*with* na); doživeti, pretrpeti (*with*); **to** ~ **each other (one another)** srečati se; **well met!** lepo, da smo se sestali!; **pleased to** ~ **you** veseli me, da sva se spoznala; ~ **Mr. Brown** da vam predstavim g. Browna; *econ* **to** ~ **a bill** plačati dolg, honorirati (menico); **to** ~ **the case** zadostvovati, biti primeren; **to** ~ **one's death** umreti; **he met his fate** umrl je; **he met his fate calmly** sprijaznil se je z usodo; **to** ~ **the eye** prikazati se, pasti v oči; **to** ~ **s.o's. eye** spogledati se s kom; **there is more in it than** ~**s the eye** za tem tiči več; **to** ~ **the ear** priti na ušesa; **to** ~ **expenses** plačati stroške; **the supply** ~**s the demand** ponudba ustreza povpraševanju; **to** ~ **s.o. half-way** popustiti, iti na pol pota nasproti; **to** ~ **one's match** naleteti na sebi enakovrednega človeka; **to make both ends** ~ shajati (s plačo); **to** ~ **misfortunes with a smile** hrabro prenašati nesreče; **to** ~ **trouble half-way** biti prezgodaj zaskrbljen, prezgodaj se razburjati; **to** ~ **s.o.'s wishes** izpolniti komu želje; **to** ~ **with** doživeti, naleteti na kaj, *A* strinjati se; **he met with an accident** ponesrečil se je; **to** ~ **with success** uspeti; **to be well met** dobro se ujemati; **this coat does not** ~ ta suknja je pretesna
meet III [mi:t] *n* sestanek (lovcev, tekmovalcev)
meeting [mí:tiŋ] *n* sestanek, snidenje, srečanje, zbor, shod, seja; *sp* miting, športna prireditev; stik (dveh linij itd.); ~ **of (the) minds** *fig* popolno soglasje, *jur* konsenz; **to call a** ~ sklicati sestanek
meeting-house [mí:tiŋhaus] *n* svetišče, molilnica (nekih protestantovskih verskih ločin)
meeting-place [mí:tiŋpleis] *n* shajališče, zbirališče
mega- [megə-] *pref* velik, milijonski
megacephalic [megəsefǽlik] *adj anat* megakefalen, z veliko glavo
megacephaly [megəséfəli] *n med* megakefalnost
megacycle [mégəsaikl] *n el* megaherc
megadeath [mégədeθ] *n* smrt milijonov ljudi (v atomski vojni)
megalith [mégəliθ] *n* megalit, velik kamen
megalithic [megəlíθik] *adj* megalitski

megalomania [megəlouméinjə] *n psych* megalomanija, poveličevanje samega sebe
megalomaniac [megəlouméiniæk] *n* megaloman
megalomaniacal [megəloumənáiəkl] *adj* megalomanski
megalopolis [megəlópəlis] *n* večmilijonsko velemesto
megaphone [mégəfoun] *n* megafon, zvočnik
megascopic [megəskópik] *adj* (~ally *adv*) *phot* povečan; viden s prostim očesom
megathere [mégəθiə] *n zool* megaterij, redkozobec
megaton [mégətʌn] *n* megatona, milijon ton
megavolt [mégəvoult] *n el* megavolt
megilp [məgílp] *n* laneno olje s terpentinom
megohm [mégoum] *n el* milijon ohmov
megrim [mí:grim] *n med* migrena; čudaštvo, muhavost; *pl* otožnost, potrtost; *pl vet* tiščalka (konjska bolezen)
melada [meilá:da:] *n* melasa, surov sladkor
melamine [méləmi:n] *n chem* melamin
melancholia [melənkóuliə] *n med* bolestna melanholija; otožnost
melancholiac [melənkóuliæk] *n* melanholik
melancholic [melənkólik] *adj* melanholičen, otožen, potrt
melancholy [mélənkəli] **1.** *n* melanholija, otožnost, potrtost; **2.** *adj* melanholičen, otožen, potrt; *fig* žalosten, boleč (*a* ~ *duty*)
Melanesian [meləní:zjən, ~šən] **1.** *adj* melanezijski; **2.** *n* Melanezijec, -jka
mélange [me(i)lá:nž] *n* mešanica, zmes
melanin [mélənin] *n chem, biol* melanin
melanism [mélənizəm] *n biol* melanizem, razvoj temnega barvila na koži
melano- *pref* črn
melanthaceous [melənθéišəs] *adj bot* podleskov
Melba toast [mélbətoust] *n* močno popečen kruhek
meld I [meld] **1.** *vt card* izklicati, otvoriti; **2.** *n* za izklicanje pripravna kombinacija
meld II [meld] *vt & vi* pomešati (se), spojiti (se)
melée [mé(i)lei] *n* pretep; *fig* direndaj
melena [melí:nə] *n med* bljuvanje krvi
melic [mélik] *adj* peven
melilot [mélilʌt] *n bot* medena detelja
meline [mí:lain, ~lin] *n zool* jazbec
melinite [mélinait] *n* melinit (eksploziv)
meliorate [mí:ljəreit] *vt & vi* meliorirati; izboljšati (se)
melioration [mi:ljəréišən] *n* izboljšava, melioracija
meliorism [mí:ljərizəm] *n phil* nauk o izboljšavi sveta in človeka
meliphagous [milífəgəs] *adj zool* ki jé med
melit(a)emia [melití:miə] *n med* glikemija, zvišanje sladkorja
mell [mel] *vt & vi arch & dial* pomešati (se)
melliferous [melífərəs] *adj* medonosen
mellifluence [melífluəns] *n fig* sladkoba, medenost
mellifluent [melífluənt] *adj* (~ly *adv*) *fig* sladek (glas), meden
mellifluous [melífluəs] *adj* (~ly *adv*) glej **mellifluent**
mellow I [mélou] *adj* (~ly *adv*) zrel, sočen, umehčan (sadje), uležan (vino); bogat, prhek (zemlja), krhek; mil, mehek, prijeten (luč, barva); *fig* mil, blag, nežen; *sl* vesel, vinjen
mellow II [mélou] **1.** *vt* zmehčati, omehčati; **2.** *vi* dozoreti, zmehčati se, omehčati se

mellowing [mélouiŋ] *adj* mehek, sočen

mellowness [mélounis] *n* mehkoba, mehkost, voljnost, krhkost; zrelost; blagost

melodeon [məlóudiən] *n mus* vrsta ameriškega harmonija; *A* varieté

melodic [məlódik] *adj* melodičen, peven

melodics [məlódiks] *n pl mus* melodika, nauk o melodiki

melodious [məlóudiəs] *adj* (~ly *adv*) melodiozen, ubran, zvočen

melodiousness [məlóudiəsnis] *n* melodioznost, ubranost, miloglasnost

melodist [mélədist] *n* pevec, -vka; skladatelj napevov

melodize [mélədaiz] **1.** *vt* uglasbiti (pesem); **2.** *vi* peti ali skladati napeve

melodrama [mélədra:mə] *n* melodrama

melodramatic [mélədrəmǽtik] *adj* (~ ally *adv*) melodramatičen, sentimentalen

melodramatics [mélədrəmǽtiks] *n pl* melodramatičnost

melodramatist [mélədrǽmətist] *n* pisec melodram

melodramatize [mélədrǽmətaiz] *vt* melodramatično prikazati; *fig* to ~ s.th. napraviti melodramo iz česa

melody [mélədi] *n* melodija, napev; in ~ prelivajoč se (barve)

melon [mélən] *n bot* melona; **water** ~ lubenica; **sugar** ~ dinja; *A sl* **to cut a** ~ razdeliti dobiček

melon-bed [mélənbed] *n* nasad melon

melon-cutting [mélənkʌtiŋ] *n A sl* delitev dobička ali izgube

melt I [melt] *n* topljenje, taljenje, raztopljenost, talina, količina naenkrat topljene kovine

melt II [melt] **1.** *vi* topiti se, raztopiti se, taliti se; stapljati se (*into*); *fig* otajati se, omehčati se (srce); prelivati se (barve, robovi); **2.** *vt* topiti taliti; *fig* omehčati, otajati, ganiti; **to** ~ **in one's mouth** topiti se v ustih (jed); **he looks as if butter would not** ~ **in his mouth** videti je, kakor da ne bi znal do pet šteti; **to** ~ **into tears** topiti se v solzah, točiti solze; **in the** ~ **ing mood** raznežen

melt away *vi* stopiti se; *fig* izginiti, razbliniti se

melt down *vt* stopiti, staliti, pretopiti

melt into *vi* stapljati se (*with* s, z)

melt out *vt* raztopiti, razpustiti

melter [méltə] *n* topilec, talilec; *tech* talilna peč, talilnik

melting I [méltiŋ] *adj* (~ ly *adv*) topljiv, taljiv; *fig* mehek, blag, koprneč (pogled), ganljiv; ~ **heat** soparna vročina

melting II [méltiŋ] *n* topljenje, taljenje

melting-charge [méltiŋča:dž] *n tech* topilo

melting-furnace [méltiŋfə:nis] *n tech* visoka talilna peč

melting-house [méltiŋhaus] *n tech* talilnica

melting-point [méltiŋpoint] *n phys* tališče

melting-pot [méltiŋpot] *n* talilni lonec; država z državljani mnogih narodnosti (ZDA); *fig* **to go into the** ~ popolnoma se spremeniti, zrevolucionirati se; *fig* **to put into the** ~ popolnoma spremeniti, podrobno prerešetati (vprašanje)

melton [méltən] *n* vrsta volnenega blaga

member [mémbə] *n* ud, član; člen, del; *math* del enačbe; *gram* stavčni člen; *anat* (moški) ud;

unruly ~ »dolg« jezik; *fig* **member of Christ** kristjan; *E* **Member of Parliament** poslanec; *A* **Member of Congress** član kongresa; ~ **state** država članica

membered [mémbəd] *adj* z udi, ki ima ude

memberless [mémbəlis] *adj* brez udov

membership [mémbəšip] *n* članstvo, člani (*of* česa); ~ **fee** članarina

membrane [mémbrein] *n anat* membrana, kožica, opna, mrenica; **drum** ~ bobnič v ušesu; ~ **of connective tissue** kožica veznega tkiva

membraneous [membréinəs, *A* mémbrənəs] *adj* opnast, ko opna

memento [meméntou] *n* (*pl* ~tos) *Lat* memento, opomin; spomin (*of* na)

memo [mémou] *n coll* memorandum

memoir [mémwa:] *n* (avto)biografija; znanstvena razprava (*on* o); *pl* memoari, spomini, memoarska literatura

memoirist [mémwa:rist] *n* memoarist, pisec memoarov

memorabilia [memərəbíliə] *n pl* spomina vredni dogodki (stvari itd.)

memorability [memərəbíliti] *n* znamenitost, kar je vredno spomina

memorable [mémərəbl] *adj* (**memorably** *adv*) znamenit, spomina vreden

memorandum [memərǽndəm] *n* (*pl* ~da, ~dums) zapisek, zaznamek; *econ*, *jur* dogovor, pogodbena listina; *econ* račun, komisijski zapisek; *jur* kratek zapis (dogovorjenih točk); *pol* memorandum, spomenica; **to make a** ~ **of s.th.** zapisati kaj; ~ **of association** dogovor o ustanovitvi družbe; *econ* **to send on a** ~ dati v komisijo, poslati na ogled

memorandum-book [memərǽndəmbuk] *n* beležnica; *econ* priročnik, poslovni dnevnik

memorandum-cheque [memərǽndəmček] *n econ* zadolžnica

memorial I [mimó:riəl] *adj* spominski; ~ **stone** spomenik; *A* **Memorial Day** spominski dan padlim vojakom (30. maj)

memorial II [mimó:riəl] *n* spomenik, spominska svečanost, spomin (*for* na); *jur* izpisek, izvleček (iz listine); spomenica, vloga, prošnja; *pl* memoari, spomini, dnevnik, zapiski

memorialist [mimó:riəlist] *n* pisec spominov; podpisnik prošnje, prosilec

memorialize [mimó:riəlaiz] *vt* proslaviti, spomniti na kaj; vložiti prošnjo pri (*to* ~ *Congress*)

memorize [méməraiz] *vt* učiti se na pamet, memorirati; zapomniti si, zapisati

memory [méməri] *n* spomin, sloves (posmrtni); **from** (ali **by**) ~ po spominu; **in** ~ **of** v spomin na; **to the best of my** ~ v kolikor se spominem; **to call to** ~ poklicati komu v spomin, spomniti se; **to commit to** ~ vtisniti si v spomin; **to escape one's** ~ pozabiti; **to have a good (weak)** ~ imeti dober (slab) spomin; **to retain a clear** ~ **of** ohraniti v dobrem spominu; **if my** ~ **serves me (right)** če se prav spomnim; **before** (ali **beyond**) ~ pred davnim časom; **within living** ~ v spominu sedaj živečih; **within the** ~ **of men** od pamtiveka; **retentive** (ali **tenacious**) ~ dober spomin; *tech* ~ **store** skladišče informacij (v stroju, ki obdeluje podatke)

Memphian [mémfiən] *adj* memfiški; ~ **darkness** egiptovska tema

mem-sahib [mémsa:ib] *n E Ind* (evropejska) gospa

men [men] *n pl* od **man**

menace [ménəs] **1.** *n* grožnja, pretnja (*to* komu, čemu); **2.** *vt* groziti, pretiti, ogrožati

menacer [ménəsə] *n* grozilec, pretilec, ogroževalec

menacing [ménəsiŋ] *adj* (~ **ly** *adv*) grozeč, preteč

ménage [me(i)ná:ž] *n* gospodinjstvo

menagerie [minædžəri] *n* zverinjak, menažerija

mend I [mend] *n* popravljanje, popravilo, izboljšanje; zakrpa; **to be on the** ~ izboljševati se, popravljati se, na boljše se obračati

mend II [mend] **1.** *vt* popraviti, zakrpati, izboljšati; urediti, pospešiti; **2.** *vi* popraviti se, izboljšati se, poboljšati se, ozdraveti; **to** ~ **one's efforts** podvojiti svoja prizadevanja; **to** ~ **the fire** naložiti na ogenj; **to** ~ **one's pace** pospešiti korak; *naut* **to** ~ **sails** razpeti jadra; **to** ~ **one's ways** poboljšati se; **least said soonest** ~**ed** z manj besedi bo prej urejeno; ~ **or end!** popravi ali odnehaj!; **to be** ~**ing** na poti k ozdravljenju; *A to* ~ **ones fences** izgladiti težave, ki so nastale med odsotnostjo

mendable [méndəbl] *adj* popravljiv

mendacious [mendéišəs] *adj* (~ **ly** *adv*) lažniv, lažen, neresničen

mendacity [mendǽsiti] *n* lažnivost, laž, neresnica

Mendelian [mendí:liən] *adj* Mendlov

Mendelism [méndəlizəm] *n* mendelizem, Mendlova pravila

Mendelist [méndəlist] *n* pristaš Mendlove teorije

mender [méndə] *n* popravljač, krpač

mendicancy [méndikənsi] *n* beračenje, prosjačenje

mendicant [méndikənt] **1.** *adj* berač; **2.** *n* berač, redovnik, prosjak

mendicity [mendísiti] *n* beraštvo, beračenje, prosjačenje; **to reduce to** ~ spraviti na beraško palico

mending [méndiŋ] *n* popravljanje, izboljšanje, krpanje; *pl* krpanec

menfolk(s) [ménfouk(s)] *n pl coll* moški člani rodbine, moški

menhaden [menhéidn] *n zool* vrsta slanika

menhir [ménhiə] *n* druidski kamen

menial [mí:niəl] **1.** *adj* služabniški, hlapčevski, servilen; **2.** *n* hlapec, lakaj, dekla; *pl* posli, služabniki

meningeal [miníndžiəl] *adj med* meningitičen

meninges [miníndži:z] *n pl* možganska mrena

meningitis [menindžáitis] *n med* meningitis, vnetje možganske mrene

meniscus [minískəs] *n* (*pl* ~ **ci**) *phys, anat* meniskus

meno- [menə-] *pref* mesec, mesečen

menopausal [menəpó:zəl] *adj med* klimakteričen

menopause [ménəpɔ:z] *n med* menopavza, klimakterij

menorrhagia [menəréidžiə] *n med* menoragija, hudo krvavenje

mensa [ménsə] *n Lat* miza; *jur* **divorce a** ~ **et thoro** ločitev od mize in postelje

mensal [ménsəl] *adj* mesečen; namizen

menses [ménsi:z] *n pl* menstruacija

menstrual [ménstruəl] *adj astr* menstrualen, mesečen; *med* menstruacijski

menstruate [ménstrueit] *vi med* menstruirati, imeti čiščo

menstruation [menstruéišən] *n med* menstruacija, mesečna čišča

menstruum [ménstruəm] *n* (*pl* ~ **rua**) *chem* topilo

mensurability [menšurəbíliti] *n* merljivost, menzurabilnost

mensurable [ménšurəbl] *adj* merljiv, menzurabilen

mensural [ménšərəl] *adj* merski; *mus* menzuralen

mensuration [mensjuəréišən] *n* merjenje

mensurative [ménšərətiv] *adj* merilen

mental I [mentl] *adj* (~ **ly** *adv*) miseln, mentalen, duševen, notranji, umstven; *coll* nor; *psych* ~ **age** preizkušena inteligenčna stopnja; ~ **arithmetic** računanje na pamet; *jur* ~ **capability** prištevnost; ~ **case** (ali **patient**) duševni bolnik; *jur* ~ **cruelty** duševna krutost (razlog za ločitev); *jur* ~ **deficiency** slaboumnost, umska zaostalost; ~ **disease** duševna bolezen; ~ **healing** zdravljenje s hipnozo; ~ **hospital** bolnišnica za duševne bolezni; ~ **hygiene** mentalna higijena; ~ **power** umska sposobnost; ~ **ratio** inteligenčni kvocient; ~ **state** duševno stanje; ~ **test** psihološki test; **to go** ~ znoreti; *A univ* ~ **philosophy** mentalna filozofija (psihologija, logika, metafizika)

mental II [mentl] *adj anat* braden

mentality [mentǽliti] *n* duševnost; umska sposobnost; mentaliteta, miselnost

mentally [méntəli] *adv* duševno, v duhu, po duhu

mentation [mentéišən] *n* duševno stanje, duševno delo

menthaceous [menθéišəs] *adj bot* metin

menthol [ménθəl] *n chem* mentol

mentholated [ménθəleitid] *adj pharm* ki vsebuje mentol, mentolov

menticide [méntisaid] *n pol* nasilna preobrazba, »pranje« možganov

mention I [ménšən] *n* omenjanje, omenitev; pohvala; navedba; **hono(u)rable** ~ javna pohvala, pohvaljeno (umetniško) delo; **to make** ~ **of** omeniti

mention II [ménšən] *vt* omeniti, navesti; **don't** ~ **it!** ni vredno besede!, prosim (odgovor na hvala); **not to** ~ da ne rečem, kaj šele; **as** ~**ed above** kot je zgoraj navedeno; **not worth** ~**ing** ni omembe vredno; *E mil* **to be** ~**ed in dispatches** biti pohvaljen v vojaškem poročilu

mentionable [ménšənəbl] *adj* omembe vreden

mentor [méntə:] *n* mentor, vodnik, svetovalec

menu [ménju:] *n* jedilnik

meow [mióu] **1.** *n* mijavkanje; **2.** *vi* mijavkati

mephistophelian [mefistəfí:liən] *adj* mefistofelski

mephitic [mefítik] *adj* smrdljiv, zatohel, strupen (zrak)

mephitis [mefáitis] *n* škodljiva (zemeljska) izparina, zatohlina, strupen smrad

mercantile [mə:kəntail] *adj* trgovinski, trgovski, merkantilen; ~ **marine** trgovska mornarica; ~ **agency** trgovsko zastopništvo; ~ **law** trgovinsko pravo

mercantilism [má:kəntailizəm] *n* merkantilizem

mercantilist [má:kəntailist] *n econ* merkantilist

mercenariness [má:sinərinis] *n* koristoljubje, dobičkaželjenost, podkupljivost

mercenary [mə́:sinəri] **1.** *adj* (**mercenarily** *adv*) koristoljuben, dobičkaželjen, podkupljiv; najemniški (vojak); **2.** *n* najemniški vojak, plačanec
mercer [mə́:sə] *n E* manufakturist, trgovec s tkanim blagom (zlasti s svilo)
mercerization [mə:səraizéišən] *n* preparianje tkanine za sijaj in pojačanje
mercerize [mə́:səraiz] *vt* preparirati tkanino za sijaj in pojačanje
mercery [mə́:səri] *n econ* manufaktura (trgovina in blago); svilena roba
merchandise [mə́:čəndaiz] **1.** *n* trgovsko blago; **2.** *vi & vt A* trgovati
merchandising [mə́:čəndaiziŋ] *n econ* prodajna politika, pospeševanje prodaje; trgovina
merchant [mə́:čənt] *n* trgovec, veletrgovec; trgovec na debelo; *A, Sc* trgovec na drobno; *sl* dečko, možak; the ~ s trgovci, trgovski krogi; ~ **service** (ali **marine**) trgovska mornarica; ~ **fleet** trgovska flota; ~ **ship** trgovska ladja; *econ* ~ **banker** menični posrednik; *econ hist* ~ **adventurer** trgovski prekomorski spekulant; ~ **prince** zelo bogat veletrgovec; **a comical** ~ čuden patron; *sl* **speed-**~ brezobziren vozač, divjak; **lob-**~ počasnež pri metu (kriket); *tech* ~ **bar** šibika železa
merchantable [mə́:čəntəbl] *adj econ* prodajen, vreden cene
merchantman [mə́:čəntmən] *n* trgovska ladja
merchet [mə́:čit] *n jur hist* podložniški davek fevdnemu gospodu (ob možitvi hčerke)
merciful [mə́:siful] *adj* (~ ly *adv*) usmiljen, milostljiv, sočuten, dober (*to*)
mercifully [mə́:sifuli] *adv* na srečo; glej tudi **merciful**
mercifulness [mə́:sifulnis] *n* usmiljenost, sočutnost
merciless [mə́:silis] *adj* (~ ly *adv*) neusmiljen, krut
mercilessness [mə́:silisnis] *n* neusmiljenost, krutost
mercurate [mə́:kjureit] *vt chem* dodati živo srebro, vezati z živim srebrom
mercurial [mə:kjúəriəl] *adj* (~ ly *adv*) živosrebrn; *fig* živahen, nemiren, spremenljiv, bežen; *astr* ki je pod vplivom Merkurja; *myth* **Mercurial** Merkurjev; **Mercurial wand** Merkurjeva palica
mercurialism [mə:kjúəriəlizəm] *n med* zastrupitev z živim srebrom
mercuriality [mə:kjuəriǽliti] *n* živahnost, spremenljivost, bežnost
mercurialize [mə:kjúəriəlaiz] *vt med* zdraviti z živim srebrom; *phot* obdelovati z živim srebrom
mercuric [mə:kjúərik] *adj chem* glej **mercurous**
mercurous [mə́:kjurəs] *adj chem* živosrebrn; ~ **chloride** kalomel
mercury [mə́:kjuri] *n chem* živo srebro; *hum* sel; *fig* živahnost; **Mercury** Merkur (bog in planet); *bot* golšec; the ~ **is rising** barometer se dviga; *fig* morala se dviga; he has no ~ in him je brez življenja; *el* ~ **converter** živosrebrni usmernik
mercy [mə́:si] *n* usmiljenje, sočutje, milost, odpuščanje; sreča, blagoslov; *A jur* pomilostitev na smrt obsojenega na dosmrtno ječo; **at the** ~ **of** v oblasti koga, prepuščen na milost in nemilost; **to cry for** ~ prositi za milost; **to have** ~ **on** ali **to show** ~ **to** usmiliti se koga; **left to the tender mercies of** prepuščen na milost in nemilost; **it is a** ~ **that** sreča je, da; **that's a** ~ !

na srečo!, hvala bogu!; **thankful for small mercies** z majhnim zadovoljen; **to throw o.s. on s.o.'s** ~ prepustiti se komu na milost in nemilost; **Sister of Mercy** usmiljenka
mercy-killing [mə́:sikiliŋ] *n* evtanazija, pospešitev smrti iz usmiljenja
mercy-seat [mə́:sisi:t] *n* božji stol, milost božja
mere I [míə] *adj* (~ ly *adv*) gol (slučaj), sam, pravi, popoln; **a** ~ **excuse** samo izgovor; **a** ~ **nobody** niče; *jur* **of** ~ **motion** samovoljno, brez pridržkov
mere II [míə] *n E & poet* jezerce, ribnik
mere III [míə] *n arch* meja; ~ **stone** mejnik
merely [míəli] *adv* samo, edino, le
meresman [míəzmən] *n E hist* kdor določa (odmeri) mejo
meretricious [meritríšəs] *adj* (~ ly *adv*) vlačugarski, hotniški; *fig* vsiljiv, kičast, kričeč, neokusen, cenen
meretriciousness [meritríšəsnis] *n* vlačugarstvo, hotništvo; *fig* vsiljivost, neokusnost, cenenost
merganser [mə:gǽnsə] *n zool* potapljavka (raca)
merge [mə:dž] **1.** *vt* stapljati, spojiti, strniti, zliti (*in* v); *econ* fuzionirati; **2.** *vi* stapljati se, spojiti se, strniti se, zliti se (*in* v)
mergence [mə́:džəns] *n* stapljanje, spojitev (*in* v, *into* s, z)
merger [mə́:džə] *n econ* fuzija, fuzioniranje, pogodba o fuziji; spojitev, strnitev; *jur* konsumpcija
meridian [mərídiən] **1.** *adj* poldnevniški, opoldanski; *fig* vrhunski; **2.** *n* meridian, poldnevnik; *poet* poldan; *fig* vrhunec, zenit, razcvet; *astr* kulminacijska točka
meridional [mərídiənəl] **1.** *adj* (~ ly *adv*) južnaški, južen; poldnevniški; **2.** *n* južnak (zlasti prebivalec južne Francije)
meringue [mərǽŋ] *n* beljakova pena (pecivo)
merino [mərí:nou] *n zool* merinovka (ovca in volna)
merismatic [merizmǽtik] *adj biol* ~ **process** ploditven proces (z delitvijo v celicah)
merit I [mérit] *n* zasluga, vrednost, odlika, prednost, dobra stran; *jur* the ~ s bistvo, glavne točke (zadeve); *jur* **to decide a case on its** ~ s upoštevati vse argumente za in proti; the ~ s **and demerits of a case** dobre in slabe stvari zadeve; *jur* **to inquire into the** ~ s **of a case** temeljito zadevo preučiti, iti stvari do dna; **on its own** ~ s samo na sebi, v bistvu; **without** ~ brez vrednosti, prazen, brez vsebine, neveljaven; **to make a** ~ **of** šteti si v zaslugo; **a man of** ~ zaslužen človek; **to reward s.o. according to his** ~ s nagraditi koga po njegovih zaslugah, dati komu kar mu gre; *econ* ~ **pay** plačilo po učinku; *econ, pol* ~ **system** sistem nastavitve in napredovanja na temelju sposobnosti
merit II [mérit] *vt* zaslužiti (kazen, nagrado)
merited [méritid] *adj* zaslužen (kazen, nagrada)
meritedly [méritidli] *adv* po zaslugah
meritmonger [méritmʌŋgə] *n* kdor se sklicuje na svoje zasluge
meritorious [meritó:riəs] *adj* (~ ly *adv*) zaslužen (človek)
meritoriousness [meritó:riəsnis] *n* zaslužnost
merle [mə:l] *n zool Sc & poet* kos
merlin [mə́:lin] *n zool* majhen sokol, sokol lovec

mermaid [mɔ́:meid] *n* morska deklica, sirena
merman [mɔ́:mæn] *n* triton, povodni mož
mero- [mirə-] *pref* kolk, stegno
merocele [mírəsi:l] *n med* zlom stegna; stegenska kila
Merovingian [merəvíndžiən] *adj* merovinški
merriment [mérimənt] *n* veselje, veselost, smeh, zabava
merry I [méri] *n bot* črna divja češnja
merry II [méri] *adj* (merrily *adv*) vesel, živahen; natrkan; smešen, zabaven; *arch* prijeten; as ~ as a cricket (ali lark) ali as ~ as the day is long zelo vesel, židane volje; to make ~ zabavati se, veseliti se; to make ~ over smejati se komu, norčevati se iz koga; a ~ Christmas (to you)! vesel božič!; Merry England vesela, stara Anglija (zlasti za časa Elizabete I.); the Merry Monarch vzdevek Charlesa II.
merry-andrew [mériændru:] *n* pavliha, šaljivec; *hist* pomočnik sejmarskega mazača
merry-dancers [méridá:nsəz] *n pl* severni sij
merry-go-round [mérigouraund] *n* vrtiljak
merry-maker [mérimeikə] *n* veseljak
merry-making [mérimeikiŋ] *n* zabava, veseljačenje
merrythought [mériθə:t] *n E* krokarnica (kost za katero dva vlečeta, da se jima izpolni želja)
mesa [méisə] *n A geol* tablasta gora
mescal [meskǽl] *n bot* meskal (kaktus)
mescaline [meskǽlin] *n chem* meskalin (strup)
mesdames [méidæm, medám] *n pl* od madame
meseems [misí:mz] *vi arch* zdi se mi
mesencephalon [mesənséfələn] *n anat* srednji možgani
mesh I [meš] *n* oko na mreži; zaščitna mrežica; *fig pl* mreža, zanka; *tech* sistem zobatih koles; the ~es of the law mreža zakona; in ~ v pogonu, drug v drugem (zobata kolesa); el ~ connection trikotni stik
mesh II [meš] 1. *vt* ujeti v mrežo; *fig* zaplesti, ujeti v zanko; 2. *vi tech* vpasti drug v drugega (zobata kolesa); *fig* zaplesti se (*with* s, z)
meshwork [méšwə:k] *n* mreža, omrežje
meshy [méši] *adj* mrežast
mesial [mí:ziəl] *adj* (~ ly *adv*) ki leži v ali pripada sredini telesa, lika itd.
mesmeric [mezmérik] *adj* (~ ally *adv*) hipnotičen; *fig* očarljiv, neodoljiv
mesmerism [mézmərizəm] *n* hipnoza; živalski magnetizem
mesmerist [mézmərist] *n* hipnotizer; magnetizer
mesmerize [mézməraiz] *vt* hipnotizirati; zdraviti z magnetno močjo; *fig* očarati
mesne [mi:n] *adj jur* vmesen, posreden; ~ interest vmesne obresti; ~ process postopek za aretacijo (zaradi nevarnosti pobega); ~ profits dohodek od nezakonite posesti
mesoderm [mésədə:m] *n zool* mezoderma
mesolithic [mesəlíθik] *adj geol* ki pripada srednji kameni dobi
mesology [mesóldži] *n* nauk o okolju
mesophyte [mésəfait] *n bot* rastlina, ki zahteva srednjo količino vode
mesosternal [mesəstó:nəl] *adj anat* ki pripada srednji prsnici
Mesozoic [mesouzóuik] 1. *adj geol* mezozoičen; 2. *n* mezozoik, srednja geološka doba

mess I [mes] *n* jed, obrok (jedi); krma, klaja; *mil, naut* obednica in dnevni prostor, menza, stalno omizje pri jedi, menaža; *derog* godlja, ričet; nered, nesnaga, umazanija, svinjarija, zmešnjava; *fig* kaša, zadrega, stiska; *mil, naut* at ~ pri mizi, pri obedu; to go to ~ iti k obedu, v menzo; officers' ~ oficirska menza; in a ~ v neredu, umazan; *fig* v kaši; to clear up the ~ urediti stvari; to get into a ~ skuhati si lepo kašo; *fig* to make a ~ of pokvariti, skaziti; you made a nice ~ of it lepo kašo si skuhal; he was a ~ strašno je izgledal; *fig* bil je zelo zanemarjen; a pretty ~! lepa reč!; to sell one's birthright for a ~ of pottage žrtvovati kaj boljšega za materialno korist
mess II [mes] 1. *vt* nahraniti koga; umazati, grdo zdelati, spraviti v nered (tudi *up*); *fig* skaziti, pokvariti (tudi *up*); 2. *vi* skupaj jesti (*with* s, z); *mil, naut* jesti v menzi, pripadati stalnemu omizju (*together*); *A* vtikati se (*in* v); obirati se pri delu, zapravljati čas (*about, around*)
message I [mésidž] *n* sporočilo (*to* komu), vest; *physiol* impulz, signal; to go on (ali take) a ~ opraviti pot za koga; to bear a ~ nositi sporočilo; *coll* he got the ~ razumel je; *A* presidential ~ predsednikovo sporočilo kongresu
message II [mésidž] *vt* sporočiti, poslati pismeno sporočilo
mess-can [meskǽn] *n* menažka, vojaška porcija
messenger [mésindžə] *n* sel; *fig* glasnik; *E dial pl* posamezni oblaki; *naut* sidrna veriga; ~ boy kurir; by ~ po kurirju; ~ pigeon golob pismonoša; el ~ cable nosilni kabel; *tech* ~ wheel gonilno kolo
mess-hall [méshə:l] *n mil & naut* (skupna) obednica, menza
Messianic [mesiǽnik] *adj* mesijanski, odrešeniški
messieurs [mésəz] *n pl* od monsieur
mess-kit [méskit] *n mil & naut* menažka, vojaška porcija s priborom, namizna posoda, jedilni pribor
messmate [mésmeit] *n mil & naut* soobedovalec, tovariš pri mizi; *bot* vrsta evkaliptusa
mess-pork [méspə:k] *n A* razsoljeno svinjsko meso
messroom [mésrum] *n* glej mess-hall
Messrs. [mésəz] *n pl* gospodje (*pl* od Mr.); *econ* firma, podjetje (~ Jones & Co.)
messtin [méstin] *n E mil & naut* menažka
messuage [méswidž] *n jur* hiša z gospodarskimi poslopji in zemljiščem
mess-up [mésʌp] *n coll* zmešnjava, zbrka
messy [mési] *adj* (messily *adv*) v neredu, neurejen, zanemarjen, umazan, nereden
mestizo [mestí:zou] *n* (*pl* ~zos) mestic, mešanec belih in indijanskih staršev; mešanec indijanskih in španskih staršev (v Juž. Ameriki); mešanec filipinskih in kitajskih staršev; mešanec evropske in druge rase
met [met] *pt & pp* od to meet II
metabolic [metəbólik] *adj biol* metaboličen
metabolism [metǽbəlizəm] *n biol* metabolizem, presnavljanje, preosnova (tudi *chem, bot*)
metabolize [metǽbəlaiz] *vt biol, chem* presnavljati, presnoviti
metacarpal [metəká:pəl] 1. *adj anat* zaprsten, dlanski; 2. *n* dlančnica

metacarpus [metəká:pəs] *n* (*pl* ~ **pi**) *anat* metakarp, zaprstje

metachemistry [metəkémistri] *n phil* metafizična kemija; *chem* jedrska kemija; kemija, ki se ukvarja s specifičnimi lastnostmi atomov in molekul

metachrosis [metəkróusis] *n* menjanje barve (npr. pri kameleonu)

metage [mí:tidž] *n* uradno tehtanje (žita, premoga); pristojbina za tehtanje

metagenesis [metədžénəsis] *n* metageneza, mena rodu

metal I [metl] *n* metal, kovina; taljeno steklo; *naut* topovi, število topov; *mil* oklopna vozila; *E pl* tračnice, tir; gramoz (za ceste); **brittle** (ali **red**) ~ tombak, rdeča med; **fine** ~ bela kovina; **gray** ~ sivi grodelj; **precious (base)** ~ žlahtna (nežlahtna) kovina; **rolled** ~ valjana pločevina; **weight of** ~ moč naenkrat izstreljenih topov na ladji; **to run off the** ~ **s, to leave the** ~ **s** iztiriti se (vlak); *fig* **to be made of fine** ~ biti značajen; *fig* **to carry heavy** ~ biti dobro oborožen, biti dobro podkovan v čem

metal II [metl] *vt* obložiti s kovino; nasuti cesto (progo) z gramozom

metalanguage [metəlǽŋgwidž] *n* pajezik

metal-cled [métlklæd] *adj tech* prevlečen s kovino; *el* s pločevinasto kapico

metal-coat [métlkout] *vt* prevleči s kovino

metalcraft [métlkra:ft] *n* kovinska ornamentika

metal(l)ed [metld] *adj* posut z gramozom

metallic [mitǽlik] *adj* (~ **ally** *adv*) kovinski, metalen; *fig* kovinski, zvonek (glas); *fig* hladen, trd (človek); *econ* ~ **currency** kovani denar; ~ **paper** kredni papir

metalliferous [metəlífərəs] *adj* ki vsebuje kovino, bogat s kovino

metalline [métəlin, ~ lain] *adj* kovinski, ki vsebuje kovino

metal(l)ize [métəlaiz] *vt* metalizirati; vulkanizirati

metallography [metəlógrəfi] *n* metalografija, nauk o sestavi kovin

metalloid [métələid] **1.** *n chem* nekovina; element, ki ima lastnosti kovine in nekovine (bizmut); **2.** *adj* metaloiden, nekovinski

metallurgic [metələ́:džik] *adj* metalurški

metallurgist [métələ:džist, metǽledž~] *n* metalurg

metallurgy [métələ:dži, metǽlədži] *n* metalurgija, kovinarstvo

metalware [métlwɛə] *n econ* kovinski izdelki

metal-worker [métlwə:kə] *n* kovinar

metal-working [métlwə:kiŋ] *n* kovinarstvo; ~ **industry** kovinsko predelovalna industrija

metamere [métəmiə] *n zool* (sekundarni) telesni segment

metameric [metəmérik] *adj chem* metameričen; ki ima isti sestav in molekularno težo, a različne kemične lastnosti

metamorphic [metəmó:fik] *adj geol* metamorfen, preobrazben

metamorphism [metəmó:fizəm] *n geol* metamorfizem, kemijsko fizikalna sprememba materiala

metamorphose [metəmó:fouz] **1.** *vt* pretvoriti, preobraziti, spremeniti (*into, to* v); **2.** *vi zool* spremeniti se

metamorphosis [metəmó:fəsis] *n* metamorfoza, preobrazba, sprememba

metaphase [métəfeiz] *n biol* metafaza, druga faza delitve celičnega jedra

metaphor [métəfə] *n* metafora, podoba, prenos

metaphoric(al) [metəfórik(əl)] *adj* (~ **ally** *adv*) metaforičen, izražen v podobah

metaphorist [métəfərist] *n* metaforik, kdor se izraža v podobah

metaphrase [métəfreiz] **1.** *n* dobeseden prevod; **2.** *vt* dobesedno prevesti

metaphysical [metəfízikəl] *adj* (~ **ly** *adv*) metafizičen; nadčuten, abstrakten

metaphysician [metəfizíšən] *n phil* metafizik

metaphysics [metəfíziks] *n phil* metafizika, nauk o nadčutnem

metaplasm [métəplæzm] *n gram* spreminjanje besed z dodajanjem ali odvzemanjem črk ali zlogov; *biol* metaplazma, del nežive celice

metapsychology [metəsaikólədži] *n* parapsihologija, veda o okultnih pojavih

metastasis [mətǽstəsis] *n* (*pl* ~ **ses**) *med* metastaza, razsevek, bolezenski zasevek, presadek

metastasize [mətǽstəsaiz] *vi med* metastazirati, zasejati se, presaditi se

metatarsal [metətá:sl] *adj anat* narten

metatarsus [metətá:səs] *n* (*pl* ~ **si**) *anat* nart

metathesis [metǽθəsis] *n* (*pl* ~ **ses**) *gram* metateza, prestava glasov; *chem* izmenjava atomov med dvema molekulama

métayer [méteijei] *n* polovi-čar; zemljiški najemnik, ki plača lastniku s polovico pridelka

metazoan [metəzóuən] **1.** *adj zool* mnogoceličen; **2.** *n* mnogoceličar

mete I [mi:t] *n* (zlasti *pl*) meja, mejnik; *jur* ~ **s and bounds** meje; *fig* **to know one's** ~ **s and bounds** poznati mero, ne prekoračiti meje

mete II [mi:t] *vt poet* (iz)meriti; **to** ~ **out** odmeriti (nagrado, kazen)

metempiricism [metempírisizəm] *n* filozofija o nadčutnem; transcendenčna filozofija

metempsychosis [metemsaikóusis] *n* metempsihoza, preseljevanje duš

metencephalon [metenséfələn] *n* (*pl* ~ **la**) *anat* zadnji možgani

meteor [mí:tiə] *n astr* meteor, zvezdni utrinek; ~ **dust** kozmičen prah; ~ **steel** meteorsko jeklo; ~ **iron** meteorsko železo; ~ **shower** roj zvezdnih utrinkov

meteoric [mi:tiórik] *adj astr* meteorski; *fig* kratek in bleščeč, bežen

meteorite [mí:tiərait] *n astr* meteorit, meteorski kamen

meteorograph [mí:tiərəgra:f] *n phys* meteorograf, aparat, ki beleži meteorološke pojave

meteorologic [mi:tiərəlódžik] *adj* (~ **ally** *adv*) meteorološki; ~ **office** meteorološka postaja

meteorologist [mi:tiərólədžist] *n* meteorolog, vremenoslovec

meteorology [mi:tiərólədži] *n* meteorologija, vremenoslovje

meter I [mí:tə] **1.** *n* števec (plinski, električni itd.); **2.** *vt* meriti z merilno pripravo; **to** ~ **out** odmeriti

meter II [mí:tə] *n A* meter; metrum (pesniška mera); *mus* takt methane [méθein] *n chem* metan, močvirski (jamski) plin

methanol [méθənɔ:l] *n chem* metanol

methinks [miθiŋks] *vi arch* zdi se mi

method [méθəd] *n* metoda, postopek, način, načrtnost; there's ~ in his madness ni tako neumen kot se zdi; to work with ~ načrtno delati

methodic [miθɔ́dik] *adj* (~ally *adv*) metodičen, načrten, premišljen

methodics [miθɔ́diks] *n* metodika, nauk o načinih dela

methodism [méθədizəm] *n* načrtno ravnanje; *eccl* metodizem

methodist [méθədist] *n* metodik; *fig* svetohlinec; *eccl* Methodist metodist

methodize [méθədaiz] *vt* metodično urediti

methodless [méθədlis] *adj* nenačrten

methodology [meθədɔ́lədži] *n* metodologija

methought [miθɔ́:t] *pt* od methinks: *arch* zdelo se mi je

methyl [méθil, mí:θail] *n chem* metil; ~ alcohol metilni alkohol

methylate [méθileit] *vt chem* primešati (vinu) metilni alkohol, denaturirati; ~d spirit denaturiran špirit

methylene [méθili:n] *n chem* metilen, metilni alkohol

methylic [miθílik] *adj chem* metilen

meticulosity [mitikjulɔ́siti] *n* pikolovstvo, drobnjakarstvo

meticulous [mitíkjuləs] *adj* (~ly *adv*) pikolovski, drobnjakarski

métier [métjei] *n* obrt, rokodelstvo; stroka

métis [mí:tis, metí:s] *n* mešanec; *A* oktoron; (Kanada) mešanec Indijanca in belke (zlasti Francozinje)

metisse [mí:tis, metí:s] *n* mešanka (glej métis)

Metonic cycle [mitɔ́nik sáikl] *n* lunin ciklus (19 let)

metonymy [mitɔ́nimi] *n* metonimija, preimenovanje (retorika)

metope [métoup] *n archit* metopa

metopic [mitɔ́pik] *adj anat* čelen

metre [mí:tə] *n E* glej meter II

metric [métrik] *adj* (~ally *adv*) metrski, merski; metričen; ~ system metrski (decimalni) sistem; ~ ton tona (1000 kg); ~ units decimalne mere

metrical [métrikəl] *adj* (~ly *adv*) metrski, merski; metričen; ritmičen

metrics [métriks] *n* metrika, nauk o meri v poeziji; *mus* ritmika, nauk o taktu

metrology [mitrɔ́lədži] *n* metrologija, nauk o merah in težah

metronome [métrənoum] *n mus* metronom, priprava za merjenje takta

metronomic [mi:trənɔ́mik] *adj mus* metronomski; *fig* monoton, enakomeren

metronymic [mi:trənímik] 1. *adj* ki je izšel iz materinega imena; 2. *n* materino ime

metropolis [mitrɔ́pəlis] *n* metropola, glavno mesto, prestolnica, središče (kulturno, trgovsko itd.); *eccl* sedež metropolita; *E* the ~ London

metropolitan [metrəpɔ́litən] 1. *adj* metropolitanski, velemesten, prestolniški; *eccl* metropolitski; 2. *n* prebivalec metropole; *eccl* metropolit, nadškof

mettle [metl] *n* pogum, vnema; kov, čud; a man of ~ človek dobrega kova; a horse of ~ isker

konj; to be on one's ~ dati vse od sebe, izkazati se; to put s.o. on his ~ spodbuditi koga, da se izkaže; to try s.o.'s ~ preizkusiti koga

mettled [metld] *adj* glej mettlesome

mettlesome [métlsəm] *adj* pogumen, vnet, isker

mew I [mju:] 1. *n* mjavkanje; 2. *vi* mjavkati

mew II [mju:] *n zool* galeb

mew III [mju:] 1. *n* kletka za sokole (v času golitve); skrivališče; *E pl* konjušnice; 2. *vt* zapreti (sokola) v kletko; *arch* goliti se; to ~ up zapreti, konfinirati

mewl [mju:l] *vi* cmeriti se, mevžati; mijavkati

Mexican [méksikən] 1. *adj* mehiški; 2. *n* Mehikanec, -nka

Mexico [méksikou] *n* Mehika

mezzanine [mézəni:n] *n archit* mezanin, vmesno nadstropje; *theat* prostor pod odrom

mezzo-soprano [médzousəprá:nou] *n* mezzosopran, mezzosopranistka

mezzotint [médzoutint] 1. *n art* mezotint; 2. *vt* gravirati v mezotintu

mho [móu] *n el* Siemens, enota prevodnosti

miaow [miáu] *n & vi* glej mew I

miasma [miǽzmə] *n* (*pl* ~mata) *med* miazma, kužilo; *fig* moralna izprijenost, pokvarjenost

miasmatic [miəzmǽtik] *adj* kužen

miaul [miául] *vi* mijavkati

mib [mib] *n A dial* frnikula; *pl* frnikulanje

mica [máikə] *n min* sljuda; Marijino steklo; argentine ~ mačje srebro; yellow ~ mačje zlato; ~ slate sljudovec

micaceous [maikéišəs] *adj* sljudast, sljuden; ~ iron ore luskavi železovec

Micawberism [mikɔ́:bərizəm] *n* neomajen optimizem (po Dickensu)

mice [máis] *n pl* od mouse

Michaelmas [míklməs] *n E* Mihelovo (29. sept); *bot* ~ daisy astra; *E* ~ term jesenski semester (univerza)

mick [mik] *n sl* Irec

Mickey [míki] *n A aero sl* radar v letalu; *A sl* ~ Finn mamilo

mickle [mikl] *adj & n arch & Sc* velik; množina; many a little (ali pickle) makes a ~ iz malega zraste veliko

micra [máikrə] *n pl* od micron

micrify [máikrifai] *vt* zmanjšati

micro- [máikrou-] *pref* majhen, mikroskopski; milijoninka

microammeter [maikrouǽmitə] *n el* mikroampermeter

microanalysis [maikrouənǽlisis] *n* mikroanaliza

microbe [máikroub] *n biol* mikrob

microbic [maikrɔ́ubik] *adj biol* mikrobski

microbicidal [maikrɔ́ubisaidl] *adj* mikrobiciden, antibiotičen

microbicide [maikrɔ́ubisaid] *n* antibiotik

microbiology [maikroubaiɔ́lədži] *n* mikrobiologija

microbiosis [maikroubaióusis] *n med* mikrobioza, okužba z mikrobi

microcard [máikroukɑ:d] *n phot, tech* mikrokarta (prefotografirane knjižne strani v bibliotekarskem formatu)

microcephalic [máikrousefǽlik] *adj* mikrokefa en; *fig* omejen microcephalism [maikrouséfəlizəm] n mikrokefalnost

micrococcus [maikrəkókəs] n (pl ~ci) biol mikrokok, oblast mikrob

microcopy [máikroukəpi] n mikrokopija

microcosm [máikroukəzəm] n mikrokozmos, drobni svet

microcosmic [maikroukózmik] adj mikrokozmičen; chem ~ salt mikrokozmična sol, fosforna sol

microcosmography [maikroukozmógrəfi] n phil opis človeka kot sveta v malem

microfilm [máikrəfilm] 1. n mikrofilm; 2. vt snemati na mikrofilm

microgram(me) [máikrəgræm] n phys mikrogram, milijoninka grama

micrological [maikrəlódžikəl] adj dlakocepski, malenkosten, pedanten

micrology [maikrólədži] n dlakocepstvo, pedantnost

micrometer [maikrómitə] n phys mikrometer, priprava za merjenje; ~ caliper mera na vijak

micron [máikrən] n mikron (tisočinka milimetra)

micronize [máikrənaiz] vt zmanjšati na mikronski premer

microorganism [máikrouó:gənizəm] n mikroorganizem

microphone [máikrəfoun] n el, phys mikrofon; coll radio; at the ~ pri mikrofonu; through the ~ po radiu

microphonics [maikrəfóniks] n phys mikrofonija, nauk o ojačevanju šibkih tonov

microphyte [máikroufait] n mikrofit, rastlinski mikrob

microprint [máikrouprint] n mikrotisk

microscope [máikrəskoup] 1. n phys mikroskop, drobnogled; 2. vt mikroskopirati

microscopic [maikrəskópik] adj (~ally adv) mikroskopski, mikroskopsko majhen

microscopy [maikróskəpi] n mikroskopiranje

microseism [máikrousaizəm] n phys komaj zaznaven potresni sunek

microspore [máikrəspo:] n bot mikrospora

microtome [máikrətoum] n phys mikrotom, drobnoreznica

microwave [máikrouweiv] n phys mikroval

microzoa [maikrouzóuə] n pl zool mikroskopsko majhne živalice, praživalice

micturate [míkčəreit] vi med mokriti, urinirati, puščati vodo

micturition [mikčəríšən] n med uriniranje, mokrenje; pritisk v mehurju

mid I [mid] adj srednji (zlasti v sestavljankah); in ~ air v zraku; in ~ ocean na odprtem morju; from ~ June to ~ August od srede junija do srede avgusta

mid II [mid] prep poet med, sredi

midbrain [mídbrein] n anat srednji možgani

midday [míddei] 1. n poldan; 2. adj opoldanski; ~ meal opoldanski obrok, kosilo

midden [midn] n dial gnojišče, smetišče; (kitchen) ~ gomila predzgodovinskih ostankov

middle I [midl] adj srednji; fig ~ course (ali way) srednja pot; ~ ear srednje uho; ~ finger sredinec; sp ~ distance srednja razdalja (800 do 1500 m); ~ ground naut plitvina, fig nevtralno stališče; ~ life srednja starost; in the ~ fifties

sredi petdesetih let; ~ name srednje (osebno) ime; fig izrazita lastnost; inertia is his ~ name jⅇ rojen lenuh; econ ~ quality srednja kakovost; naut ~ watch straža od polnoči do štirih zjutraj; Middle East srednji vzhod; E bližnji vzhod; A Middle Atlantic States države New York, New Jersey, Pennsylvania

middle II [midl] n sredina; pas (život); posrednik; gram medialni način; pl econ srednja vrsta; up to the ~ do pasu; in the ~ of v sredini, v sredi; fig caught in the ~ ujet na limanice; E ~ (article) feljton

middle III [midl] vt centrirati (zlasti žogo pri nogometu)

middle-aged [mídléidžd] adj srednjih let

Middle Ages [mídleidžis] n pl srednji vek

middle-bracket [mídlbrækit] adj s srednjim dohodkom; a ~ income srednji dohodek

middlebrow [mídlbrau] n povprečen intelektualec

middle-class [mídlkla:s] adj meščanski; ~ class(es) srednji stan, meščanstvo

middleman [mídlmæn] n econ posrednik, posredovalec; E feljtonist

middlemost [mídlmoust] adj glej midmost

middle-of-the-road [mídləvðəroud] adj zmeren, nevtralen

middle-rate [mídlreit] adj srednji, povprečen; ~ rhyme notranja rima

middle-sized [mídlsaizd] adj srednje velik

middle-weight [mídlweit] n sp boksar srednje kategorije

middling [mídliŋ] 1. adj srednje velik, povprečen, srednji; coll srednje zdrav; 2. adv (tudi -ly) srednje, povprečno; 3. n (zlasti pl) econ blago srednje kakovosti; metall pl vmesni produkt

middy [mídi] n coll glej midshipman; ~ blouse mornarska bluza

midge [midž] n zool mušica, komar; pritlikavec

midget [mídžit] n pritlikavec; nekaj majhnega; ~ golf mini golf; ~ race dirka avtomobilčkov

midland [mídlənd] n notranjost dežele; the Midlands srednja Anglija

midmost [mídmoust] adj & adv srednji, (najbolj) v sredini

midnight [mídnait] n polnoč; to burn the ~ oil delati dolgo v noč; ~ sun polnočno sonce; dark (ali black) as ~ črn kot noč; A pol ~ appointment imenovanje tik pred potekom oblasti

mid-off [mídof] n sp igralec levo od metalca (kriket)

mid-on [mídon] n sp igralec desno od metalca (kriket)

midpoint [mídpoint] n math razpolovišče

midriff [mídrif] n anat prepona, branica; A dvodelna obleka (s prostim pasom)

midship [mídšip] n naut sredina ladje

midshipman [mídšipmən] n naut mornariški kadet

midships [mídšips] adv v (na) sredi ladje

midst I [midst] n sredina (samo s predlogi); in the ~ of v sredi, med; in our ~ med nami

midst II [midst] adv v sredini; first, ~, and last od začetka do kraja

midst III [midst] prep poet sredi, med

midstream [mídstri:m] n sredina toka

midsummer [mídsʌmə] n sredina poletja, poletni solsticij (21. junij); kres; ~ day 24. junij, kres;

~ **madness** vrhunec blaznosti; ~ **night** kresna noč

midway [mídwei] **1.** *adj poet* srednji; **2.** *adv* v sredini, na pol poti; **3.** *n* sredina, polovica poti; *A* osrednja pot na zabavišču

midwest [mídwést] *n A* srednji zahod

midwife [mídwaif] *n* babica (pomočnica pri porodu)

midwifery [mídwifəri,-wai-] *n* babištvo

midwinter [mídwintə] *n* sredina zime

midyear [mídjiə] *n* sredina leta; *pl coll* izpiti ob koncu zimskega semestra

mien [mi:n] *n lit* obraz, lice, izraz v obličju, drža, vedenje; **a man of haughty** ~ ošabnež; **noble** ~ plemenito vedenje

miff [mif] **1.** *n coll* majhen prepir; čemernost **2.** *vi & vt* biti razžaljen (*at s.th., with s.o.*), razžaliti, razjeziti

miffy [mífi] *adj coll* pikiran, zadet; veneč (rastlina)

might I [máit] *n* moč, sila, oblast; ~ **makes right** ali ~ **is (above) right** moč je močnejša od pravice; **with** ~ **and main** ali **with all one's** ~ z vso silo, na vse pretege

might II [máit] *pt* od **may**

might-have-been [máitəvbí:n] *n* zamujena priložnost; človek, ki bi bil lahko uspel; **Oh, for the glorious** ~! bilo bi prekrasno!

mightily [máitili] *adv* močno, silno; *coll* velikansko, skrajno, zelo

mightiness [máitinis] *n* moč, sila, veličina, oblast; *hist & hum* **Mightiness** veličanstvo (naslavljanje)

mightless [máitlis] *adj* nemočen, brez moči

mighty I [máiti] *adj* močen, silen, mogočen; *coll* velikanski, čudovit; **high and** ~ domišljav; **a** ~ **swell** velika živina; ~ **works** čudeži

mighty II [máiti] *adv coll* od sile, močno; ~ **pleased** od sile zadovoljen; ~ **easy** otročje lahko; ~ **fine** čudovito, prima

mignonette [minjənét] *n bot* reseda, katanec; resedasto zelena barva; vrsta fine čipke

migraine [migréin, mái~] *n med* migrena, bolečina po eni strani glave; **ocular** ~ očesna migrena

migrant [máigrənt] **1.** *adj* potujoč, potepuški, ki se seli; **2.** *n* selivec; ptica selivka

migrate [maigréit] *vi* seliti se, preseliti se (*to* v); *E univ* menjati fakulteto, presedlati

migration [maigréišən] *n* selitev, preseljevanje; *chem* premik atomov v molekuli; ~ **of peoples** preseljevanje narodov

migrational [maigréišənəl] *adj* migracijski, selitven

migrator [maigréitə] *n* selivec

migratory [máigrətəri] *adj* ki se seli, blodeč, nomadski

mikado [miká:dou] *n* mikado, japonski cesar

mike I [máik] *n sl* mikrofon

mike II [máik] **1.** *n E sl* lenarjenje; **2.** *vi sl* lenariti

mil [mil] *n* tisoč; *tech* dolžinska mera za premer žice (0,001 inče); *mil* delilna črta

milady [miléidi] *n* naslov angleške plemkinje

milage [máilidž] *n* glej **mileage**

Milanese [miləní:z] **1.** *adj* milanski; **2.** *n* Milančan(ka)

milch [milč] *adj* molzna; ~ **cow** molzna krava (tudi *fig*)

milcher [mílčə] *n* molzna krava

mild [máild] *adj* (~ **ly** *adv*) mil, nežen, blag; lahek (hrana, tobak, pijača); popustljiv, prizanesljiv, prijazen; zmeren (kazen); ~ **attempt** plah poskus; ~ **climate** mila klima; **draw it** ~ ne pretiravaj; **to put it** ~ **ly** milo rečeno; *tech* ~ **steel** taljeno jeklo

mildew I [míldju:] *n* plesen, snet, bersa; **a spot of** ~ lisa od vlage (v papirju)

mildew II [míldju:] *vt & vi* plesniti, plesneti

mildewy [míldju:i] *adj* plesniv, snetiv

mildness [máildnis] *n* milina, blagost, nežnost, pohlevnost

mile [máil] *n* milja (1609 m); **nautical** (ali **sea**) ~ morska milja (1863 m); ~ **s easier (better, worse)** mnogo lažje (boljše, slabše); ~ **s apart** na milje oddaljen, *fig* neizmerno daleč; *fig* **not to come within a** ~ **of** ne približati se niti za korak; **give him an inch and he will take a** ~ če mu ponudiš prst, zagrabi celo roko; *coll* **that sticks out a** ~ to še slepec vidi; *fig* **to miss s.th. by a** ~ popolnoma zgrešiti; *naut* **to make short** ~ **s** hitro jadrati, pluti

mileage [máilidž] *n* miljarina; število prepotovanih milj; ~ **indicator** (ali **recorder**) kilometerski števec (v avtu); ~ **book** (mesečna) vozovnica

milepost [máilpoust] *n* miljnik

miler [máilə] *n sp* tekač na eno miljo (človek ali konj)

Milesian [mailí:ziən] **1.** *adj* irski; **2.** *n* Irec, -rka (po bajeslovnem kralju Milesiusu)

milestone [máilstoun] *n* miljnik; *fig* mejnik

milfoil [mílfoil] *n bot* rman

miliaria [miliéəriə] *n med* kožni izpuščaj, prosenica

miliary [míljəri] *adj* miliaren, prosast; ~ **tuberculosis** miliarna tuberkuloza, miliarka

milieu [mi:ljé] *n* milje, okolje, osredje

militancy [mílitənsi] *n* bojevitost, napadalnost; vojskovanje, vojno stanje

militant [mílitənt] **1.** *adj* (~ **ly** *adv*) borben, napadalen, bojevit, vojskujoč; **2.** *n* bojevnik, borec

militarism [mílitərizəm] *n* militarizem

militarist [mílitərist] *n* militarist

militarize [mílitəraiz] *vt* militarizirati, po vojaško urediti

military I [mílitəri] *adj* (**militarily** *adv*) vojaški, vojni; ~ **academy** vojaška akademija; *jur* ~ **code** vojaški kazenski zakonik; ~ **college** vojaška šola; ~ **chest** vojaška blagajna; *med* ~ **fever** tifus; ~ **hospital** lazaret, vojna bolnišnica; ~ **intelligence** vojaška obveščevalna služba; *jur* ~ **law** vojno pravo; ~ **map** geografska karta generalnega štaba; ~ **police** vojaška policija; ~ **service** vojaška služba; ~ **stores** vojne zaloge, vojni material

military II [mílitəri] *n* (pluralna konstrukcija) vojaštvo, vojska, vojaki

militate [míliteit] *vi* boriti se, vojskovati se, nasprotovati, govoriti (*against* proti, *in favour of* za); **the facts** ~ **this opinion** dejstva nasprotujejo temu mnenju, pobijajo to mnenje

militia [mílíšə] *n* milicija, domobranci

militiaman [milíšəmən] *n* miličnik; domobranec, rezervist

milk I [milk] *n* mleko; *bot* mleček; *min* motnost (v diamantu); **this accounts for the** ~ **in the cocoanut** to objasni zadevo; *fig* ~ **for babes**

literarna plaža; **there's no use crying over spilt** ~ po toči zvoniti je prepozno; **what's flurried your** ~ **?** kaj te je tako razburilo?; ~ **and honey** med in mleko, obilje; **the** ~ **of human kindness** človeška dobrota; **new** ~ sveže mleko; **skim** ~ posneto mleko; **whole** ~ neposneto mleko

milk II [milk] **1.** *vt* molsti; izmolsti (denar); *sl* prisluškovati telefonskemu pogovoru; *fig* krasti vesti (*from*); **2.** *vi* dajati mleko; **to** ~ **the market** s špekulacijo izropati tržišče; **to** ~ **the ram** (ali **bull, pigeon**) poskušati nekaj nemogočega, zahtevati nemogoče

milk-and-water [mílkəndwó:tə] *adj* mehkužen, voden, sentimentalen

milk-bar [mílkba:] *n* mlečna restavracija

milk-can [mílkkæn] *n* posoda za mleko

milkcrust [mílkkrʌst] *n med* kraste pri dojenčkih

milkduct [mílkdʌkt] *n anat* mlekovod v mlečni žlezi

milker [mílkə] *n* molzec, molznica, molzni aparat; krava molznica

milk-fever [mílkfi:və] *n med, vet* mlečna mrzlica

milkiness [mílkinis] *n* mlečnost; *fig* mehkost, nežnost

milking [mílkiŋ] *n* molža, molzenje; ~ **machine** molzni aparat

milk-leg [mílkleg] *n* oteklina nog po porodu

milk-livered [mílklívəd] *adj fig* bojazljiv, strahopeten

milkmaid [mílkmeid] *n* molznica, kravja dekla

milkman [mílkmən] *n* mlekar

milk-pail [mílkpeil] *n* molznjak (posoda)

milk-powder [mílkpaudə] *n* mleko v prahu

milk-shake [mílkšeik] *n* mrzla mlečna pijača s sladoledom in dišavami

milksop [mílksɔp] *n fig* mehkužnež, slabič, »mamin sinček«

milk-sugar [mílkšugə] *n chem* mlečni sladkor, laktoza

milk-thistle [mílkθisl] *n bot* mleč

milk-tooth [mílktu:θ] *n* mlečni zob

milkweed [mílkwi:d] *n bot* svilnica

milk-white [mílk(h)wait] *adj* mlečno bel

milkwort [mílkwə:t] *n bot* grebenuša

milky [mílki] *adj* mlečen, mlečno bel; *min* moten; *fig* blag, nežen, krotek; *astr* **Milky Way** Galaksija, rimska cesta

mill I [mil] *n* mlin; tovarna, predilnica; *cont* »fabriciranje« (diplom); *sl* pretep; **coffee** ~ kavni mlinček; **cotton** ~ bombažna predilnica; **paper** ~ papirnica (tovarna); **saw** ~ žaga (podjetje); **sugar** ~ sladkorna tovarna; **wind-** ~ mlin na veter; **spinning** ~ predilnica; **the** ~**s of God grind slowly** božji mlini meljejo počasi; **to draw water to one's** ~ napeljati vodo na svoj mlin; *fig* **that is grist to his** ~ to je voda na njegov mlin; *fig* **to go through the** ~ iti skozi trdo šolo, mnogo preživeti; *fig* **to put s.o. through the** ~ komu kri puščati, preizkusiti koga; **to have been through the** ~ mnogo pretrpeti

mill II [mil] *n A* tisočinka dolarja

mill III [mil] **1.** *vt* mleti; *tech* obdelovati, valjati (sukno, kovino), nazobčati (kovance); stepsti (čokolado), speniti; *sl* pretepsti; **2.** *vi sl* pretepati se; vrteti se v krogu, brezciljno tavati; ~**ing**

crowd vrvež; **to** ~ **around** prestopati se, pomikati se v gneči

mill-bar [mílba:] *n tech* platina (v avtu)

millboard [mílbɔ:d] *n* debela lepenka (za vezanje knjig)

mill-cake [mílkeik] *n* oljne tropine

mill-course [mílkɔ:s] *n* rake

mill-dam [míldæm] *n* mlinski jez

millenarian [milinέəriən] *adj* tisočleten

millenary [mílinəri, milé-] **1.** *adj* tisočleten; **2.** *n* tisočletje

millennial [miléniəl] *adj* glej **millenarian**

millennium [miléniəm] *n* tisočletje; *fig* zlata doba; *eccl* tisočletno Kristusovo carstvo

millepede [mílipi:d] *n zool* stonoga

miller [mílə] *n* mlinar; *zool* mokar, žužek; **Joe Miller** stara šala; *sl* **to drown the** ~ priliti vinu (čaju) vodo

millesimal [milésiməl] **1.** *adj* (~**ly** *adv*) tisoči (del), iz tisoč delov; **2.** *n* tisočinka, tisoči del

millet [mílit] *n bot* proso; *bot* ~ **grass** prosulja

mill-hand [mílhænd] *n* mlinarski ali tovarniški delavec

milliard [mílja:d] *n* milijarda

milliary [míliəri] *n* (tudi ~ **column**) rimski miljnik

millibar [míliba:] *n meteor* milibar

millier [mi:ljé] *n* metrična tona (1000 kg)

milligram(me) [mílisgræm] *n* miligram

millimeter [mílimi:tə] *n A* glej **millimetre**

millimetre [mílimi:tə] *n E* milimeter

milliner [mílinə] *n* modistka; **man** ~ klobučar, *fig* pikolovec, dlakocepec

millinery [mílinəri] *n* trgovina s klobuki in modnim blagom

milling [míliŋ] *n* mletje; *tech* valjanje (kovine, sukna); rezkanje, frezanje, zobčanje (kovancev); *sl* batinanje; ~ **cutter** rezkalo, rezkalec, frezar; ~ **iron** robilo; ~ **machine** frezalni stroj

million [míljən] *n* milijon; **the** ~ ljudske množice

millionaire [miljənέə] *n* milijonar

millionairess [miljənéris] *n* milijonarka

millionfold [míljənfould] *adj* milijonkraten

millipede [mílipi:d] *n* glej **millepede**

mill-pond [mílpɔnd] *n* mlinski jez; *hum* Atlantik; **like a** ~ ali **smooth as a** ~ mirno (morje)

mill-race [mílreis] *n* mlinščica, korito in voda za mlin

millream [mílri:m] *n tech* ris, mera za papir

millstone [mílstoun] *n* mlinski kamen, žrmelj; **hard as the nether** ~ trd ko kamen, neusmiljen; *fig* **between upper and nether** ~ med mlinskimi kamni; **to have a** ~ **about one's neck** imeti težko življenje; **to see into a** ~ vse spregledati; *iron* slišati travo rasti; **to weep** ~**s** jokati brez solz

mill-wheel [míl(h)wi:l] *n* mlinsko kolo

millwright [mílrait] *n* graditelj mlinov, strojnik

milord [miló:d] *n* milord (v nagovoru)

milquetoast [mílktoust] *n* bojazljivec

milt [milt] **1.** *n anat* vranica; *zool* mlečje (ribe); **2.** *vt* oploditi (ikro) z mlečjem

milter [míltə] *n zool* semenjak, ribji samec (pri mrestenju)

mime [máim] **1.** *n* mimični igralec, komedijant, šaljivec; mimos, mimična igra; **2.** *vi* igrati z mimiko

mimeograph [mímiəgra:f] **1.** *n* šapirograf; **2.** *vt* šapirografirati

mimesis [mimí:sis, mai~] *n* zunanja podobnost (dveh živali); *zool* mimikrija, prilagajanje barve okolici; *rhet* posnemanje

mimetic [mimétik, mai-] *adj* (~ **ally** *adv*) mimetičen, posnemovalen

mimic I [mímik] **1.** *adj* mimičen, oponašav, posnemalen; **2.** *n* mimik, oponašavec, posnemavec; ~ **colouration** varovalna barva živali; ~ **bird** papiga

mimic II [mímik] *vt* oponašati, posnemati; *bot*, *zool* posnemati tujo obliko ali barvo

mimicker [mímikə] *n* oponašavec, posnemavec

mimicry [mímikri] *n* oponašanje, posnemanje; *zool* mimikrija, prilagajanje barve okolici

miminy-piminy [míminipímini] *adj* afektiran, narejen

mimosa [mimóuzə] *n bot* mimoza

minacious [minéišəs] *adj* (~ **ly** *adv*) preteč, grozeč

minacity [minǽsiti] *n* pretnja, grožnja

minar [miná:] *n E* svetilnik, stolpič

minaret [mínəret] *n* minaret

minatory [mínətəri] *adj* glej **minacious**

mince I [mins] *n* (zlasti *E*) sesekljano meso

mince II [mins] **1.** *vt* (se)sekljati, razkosati, zmleti meso); *fig* olepšati, ublažiti; **2.** *vi* vesti se prisiljeno; **to** ~ **one's words** afektirano govoriti; **not to** ~ **one's words** (ali **matters**) povedati brez ovinkov, naravnost povedati; **to** ~ **one's steps** drobno hoditi, drobneti

mincemeat [mínsmi:t] *n* zmleto meso, sesekljano meso; zmes za mesno pasteto (sadje, kandirana jabolka, rozine, meso); **to make** ~ **of** sesekljati, zmleti; *fig* uničiti

mince-pie [mínspai] *n* mesna pasteta

mincer [mínsə] *n* sekljač

mincing [mínsiŋ] *adj* (~ **ly** *adv*) afektiran, narejen (v hoji, govorjenju, obnašanju)

mind I [máind] *n* spomin; mišljenje, mnenje, nazor; misel; namen, volja, želja; pamet, razum; duh, duša; razpoloženje, čud; srce; **the human** ~ človekov duh; **history of the** ~ idejna zgodovina; **things of the** ~ duhovne stvari; **his is a fine** ~ je pametna glava; **one of the greatest** ~ **s** of his time eden največjih mislecev svojega časa; **absence of** ~ raztresenost; **presence of** ~ prisotnost duha; **to be in two** ~ **s about s.th.** kolebati, omahovati; **to be of s.o.'s** ~ strinjati se s kom, biti istega mnenja; **to be of the same mind** biti istega mnenja; **to bear** (ali **have**, **keep**) **s.th. in** ~ spomniti se, zapomniti si; **to bring** (ali **call**) **to** ~ spomniti (se); **to cast one's** ~ **back** v duhu se vrniti nazaj; **to change one's** ~ premisliti se; **the** ~ **'s eye** vizija; **in one's** ~ **'s eye** v duhu, v domišljiji; **to close one's** ~ **to** zapreti se vase, zapreti srce čemu; **to come to** ~ priti na misel; **to enter s.o.'s** ~ priti komu na misel; **a frame** (ali **state**) **of** ~ duševno stanje, trenutno razpoloženje; **to give one's** ~ **to s.th.** lotiti se česa, zanimati se za kaj; **to give s.o. a piece** (ali **bit**) **of one's** ~ učiti koga kozjih molitvic, odkrito povedati svoje mnenje o kom; **to have a good** (ali **great**) ~ **to** nameniti se, biti trdno odločen za kaj; **to have half a** ~ **to** biti skoraj

odločen za kaj; **to have s.th. on one's** ~ biti zaskrbljen zastran česa stalno misliti na kaj; **to have an open** ~ biti brez predsodkov, nepristranski; **to have it in** ~ **to do s.th.** nameravati kaj storiti; **to have s.th. in** ~ nameravati, imeti načrt, izbrati; **to have no** ~ **for** ne imeti volje za kaj; **to keep one's** ~ **on** kar naprej misliti na kaj; **to keep an open** ~ počakati z odločitvijo; **to know one's own** ~ biti odločen, vedeti kaj hočeš; **not to know one's own** ~ biti poln dvomov, obotavljati se; **to lose one's** ~ znoreti; **to make up one's** ~ odločiti se; **to make up one's** ~ **to s.th.** sprijazniti se s čim; **to (ali in) my** ~ po mojem mnenju, meni pri srcu; **many men, many** ~ **s** kolikor glav, toliko misli; **month's** ~ porodničina želja po jedi; **my** ~ **misgives me** ne slutim nič dobrega; **to open one's** ~ **to** zaupati komu svoje misli (čustva); **to pass** (ali **go**) **out of** ~ iti v pozabo, pozabiti kaj; **to prey on one's** ~ ležati na duši; **to put s.o. in** ~ **of s.th.** spomniti koga na kaj; **to put s.th. out of one's** ~ izbiti si kaj iz glave; **in one's right** ~ pri zdravi pameti; **out of one's (right)** ~ nor; **to read s.o.'s** ~ brati komu misli, uganiti komu misli; *jur* **of sound** ~ **and memory** priseben; **to set one's** ~ **on** ubiti si kaj v glavo, odločiti se za kaj; **out of sight, out of** ~ kar ne vidiš, hitro pozabiš; **to slip one's** ~ pozabiti; **to speak one's** ~ odkrito govoriti; **to take one's** ~ **off** prenehati misliti na kaj; **to tell s.o. one's** ~ komu odkrito povedati svoje mnenje; **time out of** ~ davno, pozabljeni časi; **to turn one's** ~ **to** obrniti pozornost na kaj; **to turn over in one's** ~ skrbno pretehtati, premisliti; **it was a weight off my** ~ kamen se mi je odvalil od srca

mind II [máind] **1.** *vt* paziti na kaj, meniti se za kaj, skrbeti, brigati, ozirati se na kaj; nasprotovati, ugovarjati; *arch* spomniti (*of* na), spomniti se na kaj; **2.** *vi* paziti; biti proti; **to** ~ **one's book** pridno se učiti; **to** ~ **one's own business** pometati pred svojim pragom, brigati se zase; **if you don't** ~ če nimaš nič proti; **don't** ~ **me** ne oziraj se name, ne pusti se motiti; **would you** ~ **coming!** bi prišel, prosim!; **do you** ~ **my smoking?** imaš kaj proti, če kadim?; *coll* ~ **you write** glej, da boš pisal; *coll* **I don't** ~ **if I do** prav rad to storim; ~ **and do that** pazi, da boš to res storil; *sl* **to** ~ **one's eye** biti previden; ~ **(you)!** zapomni si!; **never** ~! nič ne de, ni važno, ne vznemirjaj se, ne oziraj se na to!; **never** ~ **him!** ne brigaj se zanj!; *sl* ~ **out!** pazi, umakni se!; **he** ~ **s a great deal** je proti, zelo ga moti; **to** ~ **one's P's and Q's** biti previden v besedah in vedenju; **I shouldn't** ~ **(a drink)** rad bi (kaj popil), nimam nič proti; ~ **the step!** pazi na stopnico!

minded [máindid] *adj* razpoložen, voljan, rad; čemu vdan, privržen, naklonjen (v sestavljenkah); **if you are so** ~ če je to tvoj namen; **air-**~ ki se nagiba k letalstvu; **evil-**~ zlonameren; **high-**~ plemenit; **narrow-**~ ozek, tesnosrčen; **open-**~ širokosrčen; **sport-**~ ki ima rad šport

mindedness [máindidnis] *n* vdanost, privrženost (v sestavljenkah)

minder [máində] *n* nadzornik

mindful [máindful] *adj* (~ **ly** *adv*) pozoren, skrben, obziren, previden (*of*); **to be ~ of** paziti na, misliti na

mindfulness [máindfulnis] *n* pozornost, obzirnost, previdnost

mindless [máindlis] *adj* (~ **ly** *adv*) brezskrben, nespameten, nepozoren, brezobziren (*of*); brez duha, neduhovit

mindlessness [máindlisnis] *n* brezskrbnost, nespamet; nepozornost, brezobzirnost

mine I [máin] *poss pron* moj; **me and ~** jaz in moji domači; **a friend of ~** moj prijatelj; **this son of ~** ta moj sin

mine II [máin] *n* rudnik; *fig* zlata jama, bogat vir; *mil, naut* mina; **the ~ s** rudarstvo; **to spring a ~ on s.o.** koga neljubo presenetiti; **to lay a ~ for s.o.** spotakniti koga, pripraviti komu presenečenje

mine III [máin] **1.** *vi* iskati rudo (*for*); zakopati se (žival); **2.** *vt* kopati rudo, izkopati; *mil, naut* minirati; *fig* izpodkopavati

minefield [máinfi:ld] *n mil* minsko polje

mine-gas [máingæs] *n* jamski plin

minelayer [máinleiə] *n naut* minonosilka (ladja), minonosilec; kdor polaga mine

miner [máinə] *n* rudar; *mil, naut* miner; ~' **association** rudarji, zveza rudarjev; ~'**s lamp** jamska svetilka; *med* ~'**s lung** s premogovim prahom napolnjena pljuča

mineral I [mínərəl] *adj* rudninski, mineralen; *chem* anorganski; **min ~ blue** sinjec; **min, tech ~ carbon** grafit; ~ **deposit** rudišče; *chem* ~ **jelly** vazelin; *chem* ~ **oil** kameno olje, nafta; *tech* ~ **pitch** asfalt; ~ **salt** kamena sol; ~ **spring** zdravilni vrelec; *geol* ~ **vein** rudna žila; ~ **water** slatina, mineralna voda; *min, tech* ~ **wax** zemeljski vosek

mineral II [mínərəl] *n* rudnina, mineral; ~ **s** mineralna voda

mineralization [minərəlaizéišən] *n* mineralizacija

mineralize [mínərəlaiz] **1.** *vt* mineralizirati, pretvoriti v rudo, impregnirati z mineralnimi snovmi; **2.** *vi* iskati rudnine

mineralogical [minərəlódžikəl] *adj* (~ **ly** *adv*) mineraloški

mineralogist [minərǽlədžist] *n* mineralog

mineralogy [minərǽlədži] *n* mineralogija, nauk o rudninah

mine-survey [máinsə:vei] *n tech* geološke meritve in raziskovanja

minesweeper [máinswi:pə] *n naut* minolovka (ladja)

minethrower [máinθrouə] *n mil* minometalec

minever [mínivə] *n* hermelin (krzno)

mingle [miŋgl] **1.** *vi* zliti se, spojiti se, mešati se, pomešati se, (z)družiti se (*with* s, z); vmešati se, vplesti se (*in* v); **2.** *vt* pomešati, spojiti, združiti (*with* s, z); **with ~d feelings** z mešanimi občutki

mingle-mangle [míŋglmæŋgl] **1.** *n* kolobocija, godlja; **2.** *vt* zmešati, razmetati

mingy [míndži] *adj E coll* skop

miniate [mínieit] *vt* minizirati, pobarvati z minijevo barvo; rdeče pobarvati inicialke

miniature I [mín(i)əčə] **1.** *adj* miniaturen, zmanjšan; **2.** *n* miniatura, drobna slika; **in ~** v malem, v miniaturi; ~ **golf** mini golf

miniature II [míniečə] *vt* slikati v miniaturi

miniaturist [míniečuərist] *n* slikar miniatur

minify [mínifai] *vt* zmanjšati; podcenjevati

minikin [mínikin] **1.** *adj* droben; afektiran, prisiljen; **2.** *n* droben človek (stvar); majhna bucika

minim [mínim] **1.** *adj* zelo majhen; **2.** *n mus* polovinka; majhna stvarca, pritlikavec; *pharm* 1/60 drahme (lekarniška mera); poteza navzdol; ~ **letters** črke s potezo navzdol (n, m)

minimal [míniməl] *adj* minimalen, najmanjši

minimalist [míniməlist] *n* minimalist

minimization [minimaizéišən] *n* zmanjševanje, zmanjšanje

minimize [mínimaiz] *vt* do skrajnosti zmanjšati; omalovaževati, podcenjevati

minimum I [míniməm] *adj* minimalen, najmanjši, najnižji; **el ~ capacity** minimalna kapaciteta, začetna kapaciteta; *tech* ~ **output** minimum storilnosti; *econ* ~ **taxation** najmanjša obdavčitev; *math* ~ **value** najmanjša vrednost; *econ* ~ **wage** najnižja plača

minimum II [mínimәm] *n* (*pl* ~ **ma**) minimum, najmanjša mera, najmanjša vrednost; *pl aero* minimalna mera vidljivosti za vzlet; **at a ~** na minimumu; ~ **of existence** eksistenčni minimum

minimus [mínimәs] *adj E* najmlajši (tega imena v šoli)

mining [máiniŋ] *n* rudarstvo; *mil* miniranje; ~ **college** rudarska fakulteta; ~ **engineer** rudarski inženir; ~ **law** rudarsko pravo

minion [mínjәn] *n* miljenec, ljubljenec; klečeplazec, lizun, sluga; *print* minjon (stopnja črk); ~ **s of the law** čuvarji zakona

minish [míniš] *vt & vi arch* pomanjšati; oslabeti

minister I [mínistә] *n E pol* minister; *pol* poslanik, zastopnik; duhovnik; *fig* sluga, orodje; **prime ~** ministrski predsednik

minister II [mínistә] **1.** *vi* pomagati, podpirati, služiti; prispevati (*to* k); *eccl* ministrirati; **2.** *vt arch* nuditi (pomoč)

ministerial [ministíәriәl] *adj* (~ **ly** *adv*) izvršen, administrativen; duhovniški; *E* ministrski, vladni; koristen, poraben

ministerialist [ministíәriәlist] *n* član vlade; pristaš vladne stranke

ministrant [mínistrәnt] **1.** *adj* koristen, ki služi (*to* komu); **2.** *n* sluga, pomagač; *eccl* ministrant

ministration [ministréišәn] *n* pomoč, pomaganje, služenje (*to* komu); nudenje (*of* česa)

ministrative [mínistrativ] *adj* ki služi, pomaga; *eccl* ki ministrira

ministry [mínistri] *n eccl* duhovništvo, služba (cerkvena); *E pol* ministrstvo; **by the ~ of** s pomočjo koga

minitrack [mínitræk] *n* zasledovanje satelita po tirnici s pomočjo signalov, ki jih sam pošilja

minium [mínjәm] *n chem* minij

miniver [mínivә] *n glej* **minever**

mink [miŋk] *n zool* kanadska kuna zlatíca; kunje krzno

minkery [míŋkәri] *n A* kunja farma

minnow [mínou] *n zool* ime za več vrst majhnih rečnih rib; pezdirk; **Triton among the ~ s** najpomembnejši med nepomembnimi

minor I [máinә] *adj* manjši, majhen, manj pomemben, podrejen; mladoleten, mlajši; *A* stranski

(predmet na univerzi); *mus* ~ **key** mol; *fig*
conversation in a ~ **key** žalosten (pridušen)
pogovor; *A* ~ **subject** stranski predmet na uni-
verzi; ~ **suit** karo ali pik (bridge); *jur* ~ **offence**
manjši prekršek; *gram* ~ **sentence** nepopoln
stavek

minor II [máinə] *n* mladoletnik; podrejeni; *A* stran-
ski predmet na univerzi; *mus* molova skala;
A sp druga liga; **Minor** minorit, frančiškan

minor III [máinə] *vi A* **to** ~ **in** imeti kot stranski
predmet na univerzi

Minorite [máinərait] *n eccl* minorit, frančiškan

minority [mainóriti] *n* manjšina; *jur* mladoletnost;
to be in the ~ biti v manjšini; **to be in one's** ~
biti mladoleten; *econ* ~ **share** delnica, ki je
premajhna, da bi dovoljevala vpogled v poslo-
vanje

minster [mínstə] *n eccl* samostanska cerkev; stol-
nica, katedrala, proštijska cerkev

minstrel [mínstrəl] *n hist* potujoči pevec, bard;
poet pevec, glasbenik, pesnik; v črnca preoblečen
komedijant

minstrelsy [mínstrəlsi] *n hist* pesmi in balade po-
tujočih pevcev, potujoči pevci; *poet* pesništvo

mint I [mint] *n bot* meta

mint II [mint] *n* kovnica; velika vsota denarja; *fig*
zakladnica; ~ **of money** na kupe denarja; ~
stamp znamka, ki jo izda poštna uprava; *econ*
~ **par of exchange** pariteta kovancev

mint III [mint] *vt* kovati denar; *fig* skovati (besedo)

mint IV [mint] *adj* nepoškodovan, kot nov, odlično
ohranjen (znamke, knjige)

mintage [míntidž] *n* kovanje denarja, kovanci, pri-
stojbina za kovanje denarja; vtisk

minter [míntə] *n* kovec (denarja); kdor kuje besede

mint-master [míntma:stə] *n* predstojnik kovnice
denarja

mint-sauce [míntsɔ:s] *n* metina omaka

minuend [mínjuend] *n math* minuend

minuet [minjuét] *n mus* menuet

minus I [máinəs] *prep math* minus, manj; *coll* brez;
he came back ~ **a leg** vrnil se je z eno nogo

minus II [máinəs] *adj* minus, negativen; *coll* slab,
ki primanjkuje; ~ **amount** primanjkljaj; ~
reaction negativna reakcija; ~ **sign** znak minus;
el ~ **body** negativno nabito telo

minus III [máinəs] *adv* minus, pod ničlo

minus IV [máinəs] *n* znak minus; negativna koli-
čina (vsota), primanjkljaj

minuscule [mináskju:l] **1.** *adj* minuskulski, majhen;
2. *n* mala črka

minute I [mainjú:t] *adj* (~ **ly** *adv*) zelo majhen,
neznaten; *fig* nepomemben; natančen, podro-
ben; **in the** ~ **st details** v podrobnostih

minute II [mínit] *n* minuta, trenutek; *econ* osnutek,
koncept; opomba, notica; *pl* zapisnik; **to keep
the** ~ **s** pisati zapisnik; **up-to-the-** ~ najnovejši,
hipermoderen; **to the** ~ (do minute) točno;
the ~ **that** takoj koj; **just a** ~ samo trenutek;
come this ~ **!** pridi takoj!

minute III [mínit] *vt* napisati koncept, vnesti v za-
pisnik; določiti točen čas za kaj; **to** ~ **down**
zabeležiti; **to** ~ **a match** določiti točen čas za
tekmo

minute-book [mínitbuk] *n* knjiga zapisnikov

minute-glass [mínitgla:s] *n* peščena ura

minute-hand [mínithænd] *n* minutni kazalec

minuteman [mínitmæn] *n A hist* ameriški domobra-
nec za časa revolucije

minute-mark [mínitma:k] *n* znak za minuto (npr.
10')

minuteness [mainjú:tnis] *n* drobnost, neznatnost;
natančnost

minutia [mainjú:šiə, min~] *n* (*pl* ~ **tiae**) *Lat* na-
drobnost, detalj, posameznost

minx [minks] *n* deklina, razposajenka, spogled-
ljivka

miocene [máiəsi:n] *adj & n geol* miocenski; miocen

miracle [mírəkl] *n* čudež, čudo; ~ **play** mirakel;
to a ~ čudovito dobro; **economic** ~ gospo-
darski čudež; **to work** ~ **s** delati čudeže; *med*
~ **drug** čudežno zdravilo; *fig* **a** ~ **of skill**
čudo spretnosti

miraculous [mirǽkjuləs] *adj* (~ **ly** *adv*) čudežen,
nadnaraven; *fig* izreden, čudovit, neverjeten

miraculousness [mirǽkjuləsnis] *n* čudežnost

mirage [míra:ž, mirá:ž] *n phys* privid, fatamorgana;
fig iluzija, videz, slepilo

mire I [máiə] *n* blato (tudi *fig*), glen, grez, mulj;
močvirje, močvirno tlo; *fig* **to be deep in the** ~
tičati v blatu; *fig* **to stick in the** ~ ali **to find
o.s. in the** ~ tičati v težavah, biti v škripcu;
fig **to drag s.o. through the** ~ blatiti koga,
vlačiti koga po zobeh

mire II [máiə] **1.** *vt* zamazati z blatom; blatiti,
pahniti v blato (neprilike); **2.** *vi* zabresti v blato,
obtičati v blatu

mirecrow [máiəkrou] *n E zool* tonovščica, galeb

mireduck [máiədʌk] *n A zool* domača raca

mirk [mə:k] **1.** *adj* temen, mračen; **2.** *n* tema,
mrak

mirky [mə́:ki] *adj* temen, mračen, meglen

mirror I [mírə] *n* ogledalo, zrcalo (tudi *fig*); *phys,
tech* odbijalnik, žaromet; *tech* ~ **finish** zrcalni
lesk; ~ **-inverted** zrcalen (podoba)

mirror II [mírə] *vt* odbijati, odsevati; **to be** ~ **ed
in** zrcaliti se v

mirth [mə:θ] *n* veselje, radost

mirthful [mə́:θful] *adj* (~ **ly** *adv*) vesel, radosten,
veder

mirthfulness [mə́:θfulnis] *n* veselost, radost

mirthless [mə́:θlis] *adj* (~ **ly** *adv*) potrt, žalosten,
brez veselja

mirthlessness [mə́:θlisnis] *n* potrtost

miry [máiəri] *adj* blaten, močvirnat; *fig* umazan,
nizkoten

mis- [mis] *pref* slab(o), napačen, napačno

misadventure [misədvénčə] *n* nesreča, nezgoda; **by**
~ po nesreči

misadventurous [misədvénčərəs] *adj* nesrečen

misadvice [misədváis] *n* slab nasvet, napačen na-
svet

misadvise [misədváiz] *vt* slabo (napačno) svetovati

misalliance [misəláiəns] *n* mesaliansa, neenaka
zveza ali ženitev

misanthrope [mízənθroup] *n* mizantrop, ljudomrz-
než

misanthropic [mizənθrópik] *adj* (~ **ally** *adv*) mizan-
tropski, odljuden

misanthropist [mizǽnθrəpist] *n* glej **misanthrope**

misanthropy [mizǽnθrəpi] *n* mizantropija, ljudo-
mrznost, odljudnost

misapplication [misæplikéišən] n napačna uporaba, zloraba; ~ of money poneverba
misapply [mísəplái] vt napačno uporabljati, zlorabıjati
misappreciate [misəprí:šieit] vt napačno oceniti, podcenjevati
misappreciation [misəprí:šiéišən] n napačna ocena, podcenjevanje
misapprehend [mísæprihénd] vt napačno razumeti
misapprehension [mísæprihénšən] n nesporazum; to be (ali labour) under a ~ biti v zmoti
misappropriate [mísəpróuprieit] vt poneveriti, nezakonito si prisvojiti
misappropriation [mísəproupriéišən] n jur, econ poneverba, nezakonita prisvojitev
misarrange [misəréindž] vt slabo (napačno) urediti
misarrangement [misəréindžmənt] n slaba (napačna) ureditev
misbecome [misbikÁm] vt ne spodobiti se, slabo pristojati
misbecoming [mísbikÁmiŋ] adj ki se ne spodobi, ki ne pristoja
misbegotten [misbigótn] adj nezakonski; fig odvraten
misbehave [misbihéiv] vi slabo se vesti; nespodobno ravnati, pregrešiti se; postati domač (with s, z); A mil pokazati strahopetnost pred sovražnikom (to ~ before the enemy)
misbehavio(u)r [misbihéivjə] n slabo vedenje; A strahopetnost pred sovražnikom
misbelief [misbilí:f] n napačna mnenje, kriva vera, sum
misbelieve [misbilí:v] vt & vi sumiti, biti krivoveren
misbeliever [misbilí:və] n krivoverec
misbeseem [misbisí:m] vt glej misbecome
misbestow [misbistóu] vt nepravilno razdeliti
misbestowal [misbistóuəl] n nepravilna razdelitev
misbrand [misbrǽnd] vt econ (blago) napačno označiłi, poslati na trg z napačno označbo
miscalculate [miskǽlkjuleit] vt & vi napačno računati, napačno presoditi, uračunati se
miscalculation [miskælkjuléišən] n napaka v računu, napačen račun; napačna presoja
miscall [miskó:l] vt napačno imenovati; dial psovati, obkladati z imeni
miscarriage [miskǽridž] n neuspeh, izjalovitev; izguba (pošiljke); med splav, abortus; ~ of justice nepravična sodba; to induce (ali procure) a ~ on povzročiti splav, napraviti splav
miscarry [miskǽri] vi ne imeti uspeha, izjaloviti se; izgubiti se (pošiljka); med splaviti, abortirati
miscast [miská:st] vt theat slabo razdeliti vloge; dati komu neprimerno vlogo
miscasting [miská:stiŋ] n napačno seštevanje; theat slaba zasedba vlog
miscegenation [misidžinéišən] n križanje (mešanje) ras
miscellanea [misiléinjə] n pl Lat zbirka raznih predmetov
miscellaneous [misiléiniəs] adj (~ly adv) mešan, raznoter, mnogostranski
miscellany [miséləni, mísəleini] n zbirka različnih člankov (del)
mischance [miščá:ns] n nezgoda, smola, nesreča; by ~ po nesreči

mischief [mísčif] n škoda, nesreča, zlo, vzrok nesreče, nepri'ika; zloba, krivica, obiestnost, prešernost, nagajıvost, navihanost, vragolija; coll navihanec, vražič; to be up to (ali full of) ~ pripravljati vragolijo; to do s.o. a ~ škoditi komu, storiti komu krivico; vulg raniti, ubiti; to get into ~ zabresti v neprilike; to keep out of ~ izogibati se zlu, biti dober; to make ~ between sejati razdor med; to mean ~ snovati zlo; to play the ~ with grdo ravnati s, z; napraviti nered, to run into ~ zaiti v nevarnost; what (who, how, where) the ~ kaj (kdo, kako, kje) za vraga; the ~ of it is that nerodna stvar pri tem je, da; there is ~ brewing nekaj se kuha; the ~ was a nail in the tyre vzrok nesreče je bil žebelj v pnevmatiki
mischief-maker [mísčifmeikə] n kdor seje razdor, rogovilež
mischievous [mísčivəs] adj (~ly adv) škodljiv, kvaren, poguben; hudoben, nepoboljšljiv; objesten, nagajiv, navihan
mischievousness [mísčivəsnis] n kvarnost, pogubnost; hudobnost; objestnost, nagajivost, navihanost
mischmetal [mišmetl] n tech zlitina
miscible [mísibl] adj ki se da pomešati (with s, z)
miscolo(u)r [miskÁlə] vt napačno obarvati; fig napačno prikazati
miscomprehend [miskəmprihénd] vt napačno razumeti
miscomprehension [miskəmprihénšən] n nesporazum
miscomputation [miskəmpjutéišən] n napačen račun, pomota v računu
miscompute [miskəmpjú:t] vt napačno izračunati ali preceniti
misconceive [miskənsí:v] 1. vt napačno si predstavljati, napačno razumeti; 2. vi motiti se
misconception [miskənsépšən] n napačna predstava, nesporazum
misconduct I [miskóndəkt] n slabo vedenje; slabo vodstvo; pogrešek
misconduct II [miskəndÁkt] vt slabo voditi, slabo upravljati; to ~ o.s. slabo se vesti
misconjecture [miskəndžékčə] 1. n napačna domneva; 2. vi napačno domnevati
misconstruction [miskənstrÁkšən] n nesporazum, napačna razlaga; gram napačna stavčna konstrukcija
misconstrue [miskənstrú:] vt napačno (si) razlagati
miscount [miskáunt] 1. n napaka v računu; 2. vt & vi zmotiti se v računu, ušteti se, uračunati se
miscreance [mískriəns] n arch kriva vera, nevera
miscreant [mískriənt] 1. adj nizkoten; arch krivoveren, neveren; 2. n lopov, nizkotnež; arch krivoverec, nevernik
miscreated [miskriéitid] adj spačen
miscreation [miskriéišən] n spačenost
miscreed [mískri:d] n poet kriva vera, nevera
miscue [mískju:] 1. n slab udarec (pri bıljardu); 2. vi slabo udariti
misdate [misdéit] 1. n napačen datum; 2. vt napačno datirati
misdeal [misdí:l] 1. n napačna delitev (kart); 2. vt & vi napačno deliti
misdeed [misdí:d] n hudodelstvo, zločin

misdeem [misdí:m] vt & vi arch, poet napačno domnevati; zamenjati koga s kom (for)

misdemean [misdimí:n] vt & vi slabo se vesti, pregrešiti se

misdemeanant [misdimí:nənt] n jur kdor napravi kazenski prekršek, hudodelec, delinkvent

misdemeano(u)r [misdimí:nə] n jur kazenski prekršek; slabo vedenje

misdescribe [misdiskráib] vt & vt napačno opisati

misdescription [misdiskrípšən] n napačen opis

misdirect [misdirékt] vt napačno nasloviti (pismo); speljati koga; jur napačno poučiti zaprisežene

misdirection [misdirékšən] n napačna naslovitev (pisma); zapeljava: napačna uporaba; jur napačen pravni pouk (zaprisežencev)

misdo [misdú:] vt & vi pregrešiti se napačno narediti

misdoing [misdú:iŋ] n hudodelstvo

misdoubt [misdáut] 1. n arch dvom, sum; 2. vt arch dvomiti, sumiti

mise [mi:z, maiz] n hist dogovor, pogodba, sporazum; jur stroški in pristojbine; ~ en scène kulise, inscenirarje; Mise of Lewes dogovor Henrika III. z baroni (l. 1264)

misemploy [misimplói] vt zlorabiti; napačno uporabiti

misemployment [misimplóimənt] n zloraba; napačna uporaba

miser [máizə] n skopuh

miserable [mízərəbl] 1. adj (miserably adv) nesrečen, ubog, beden; prezira vreden; coll bolan; 2. n nesrečnik, ubožec; lopov

miserere [mizəríəri] n Lat mizerere; tarnanje

misericord [mizérikə:d] n zadnji (smrtni) sunek (z bodalom); premični naslon sedeža na koru

miserliness [máizəlinis] n skopost

miserly [máizəli] adj skop

misery [mízəri] n beda, revščina, sila, nadloga, bridkost; dial telesna bolečina

misesteem [misestí:m] vt zaničevati; napačno oceniti

misestimate I [miséstimit] n napačna ocena

misestimate II [miséstimeit] vt napačno oceniti

misfeasance [misfí:zəns] n jur zloraba službenega položaja

misfeasor [misfí:zə] n jur kdor zlorabi službeni položaj

misfield [misfí:ld] vi & vt zgrešiti žogo

misfire [misfáiə] 1. vi odpovedati (motor), ne sprožiti se (puška); 2. n slepi vžig; naboj, ki se ni vžgal

misfit [misfít] 1. n neprimernost, slabo krojena obleka, kar slabo pristaja; fig posebnež, izrojenec; 2. vt & vi slabo pristajati, biti neprimeren za kaj; that's a ~ to se poda kot svinji sedlo

misfortune [misfó:čən] n nesreča, nezgoda; ~ s never come singly nesreča nikoli ne pride sama

misgive* [misgív] 1. vt napolniti z dvomom; 2. vi slutiti zlo; biti zaskrbljen

misgiving [misgíviŋ] n zla slutnja; zaskrbljenost, dvom

misgovern [misgávən] vt slabo upravljati, slabo vladati

misgovernment [misgávənmənt] n slaba vlada, slaba uprava

misguidance [misgáidəns] n zapeljava, zapeljevanje

misguide [misgáid] vt zapeljati, zapeljevati, speljati na krivo pot

misguided [misgáidid] adj (~ ly adv) zapeljan, zgrešen

mishandle [mishǽndl] vt slabo ravnati, napačno obravnavati, napačno se lotiti česa

mishap [mishǽp, míshæp] n nesreča, nezgoda; okvara; pregrešek s posledicami; nezakonski otrok

mishear* [mishíə] 1. vt napačno slišati; 2. vi preslišati

mishmash [míšmæš] n zmešnjava, kolobocija

misinform [misinfó:m] vt napačno obvestiti, speljati koga

misinformant [misinfó:mənt] n kdor širi laži

misinformation [misinfə:méišən] n napačno obvestilo, lažna informacija

misinterpret [misintó:prit] vt napačno razložiti, narobe razumeti

misinterpretation [misintə:pritéišən] n napačna razlaga; napačno razumevanje; mus slabo podajanje

misjudge [misdžádž] vt & vi napačno presoditi, ušteti se

misjudg(e)ment [misdžádžmənt] n napačna presoja, napačna sodba

mislay* [misléi] vt založiti kaj

mislead* [mislí:d] vt speljati, zapeljati, prevariti

misleading [mislí:diŋ] adj ki zavaja, ki vara

misled [misléd] pt & pp od to mislead

mislike [misláik] vt arch ne marati, ne ugajati

mismanage [mismǽnidž] vt slabo upravljati, slabo gospodariti

mismanagement [mismǽnidžmənt] n slaba uprava, slabo gospodarjenje

mismarriage [mismǽridž] n neprimeren ali nesrečen zakon

mismatch [mismǽč] 1. n slab zakon; 2. vt slabo pristajati, neprimerno poročiti

mismate [misméit] vt & vi slabo (neprimerno) spariti

mismove [mismú:v] n napačna poteza

misname [misnéim] vt napačno poklicati ali imenovati

misnomer [misnóumə] n jur napačno ime, napačno imenovanje

misogamist [misógəmist, mai~] n sovražnik poroke, star samec

misogamy [misógəmi] n odpor do poroke

misogynic [maisódžinik] adj ki sovraži ženske

misogynist [maisódžinist] n sovražnik žensk

misogyny [maisódžini] n sovraštvo do žensk

misologist [misólədžist] n sovražnik modrovanja

misology [misólədži] n odpor do modrovanja

misoneism [misouní:zəm] n sovraštvo do novotarij

misoneist [misouní:ist] n sovražnik novotarij

mispickel [míspikəl] n min arzenopirit

misplace [mispléis] vt napačno namestiti (postaviti), dati v napačne roke, založiti kaj

misplacement [mispléismənt] n napačna postavitev, založitev

misprint I [mísprint, misprínt] n tiskovna pomota

misprint II [misprínt] vt napraviti pomoto, napačno tiskati

misprision [mispríжən] n jur zatajitev kaznivega dejanja; arch prezir, podcenjevanje (of česa)

misprize [mispráiz] vt zaničevati, prezirati, pod-
cenjevati, omalovaževati
mispronounce [misprənáuns] vt napačno izgovar-
jati
mispronuntiation [misprənʌnsiéišən] n napačna iz-
govorjava
misquotation [miskwoutéišən] n napačno citiranje,
napačno navajanje
misquote [miskwóut] vt napačno citirati, napačno
navajati
misread* [misrí:d] vt napačno brati, napačno ra-
zumeti, napačno razlagati
misreckon [misrékən] vt & vi vračunati se
misremember [misrimémbə] vt & vi napačno se
spominjati; dial ne spomniti se
misreport [misripó:t] 1. n napačno poročilo; 2. vt
napačno poročati
misrepresent [misreprizént] vt napačno prikazati,
popačiti
misrepresentation [misreprizentéišən] n napačen
prikaz, popačenje
misrule [misrú:l] 1. n slaba vlada; nered; 2. vt
slabo vladati; Lord of Misrule vodja božične
proslave
miss I [mis] n gospodična; lepotna kraljica; hum
deklica, najstnica; the Miss Browns sestri, -re
Brown; the Misses Brown sestri, -re Brown
(formalno); a pert ~ frklja
miss II [mis] n udarec v prazno, napačen sklep,
zakasnitev, zgrešitev, neuspeh, pogrešek; A coll
splav (otroka); s'epi vžig; to give s.th. a ~
izogniti se čemu; pobegniti pred čem: a lucky ~
uspel, srečen pobeg; a ~ is as good as a mile
zgrešeno je zgrešeno; every shot a ~ vsak strel
je zgrešil
miss III [mis] 1. vt zamuditi (priložnost, vlak);
zgrešiti, izpustiti; ne imeti, biti brez, ne dobiti;
preslišati, spregledati, ne opaziti; pogrešati; iz-
ogniti se; 2. vi ne zadeti, zgrešiti (strel); spodle-
teti; col! to ~ the bus (ali boat) zapraviti šanse;
to ~ fire ne sprožiti se; fig ne uspeti, ne zbuditi
zanimanja; to ~ one's footing spodrsniti; to ~
one's hold zgrešiti, napak prijeti; to ~ one's
mark zgrešiti cilj, ne uspeti; he didn't ~ much
nič mu ni ušlo, ni mnogo zamudil; I just ~ed
running him over za las sem se ga izognil (da ga
nisem povozil); to ~ the point of ne razumeti
poante česa; to ~ a trick preslišati, ne uspeti
videti; to ~ out zamuditi (priliko); izpustiti,
preskočiti (besedo); aero ~ed approach zgrešen
dolet
missal [mísəl] n eccl misal, mašna knjiga
missel [mísəl] n zool ~ thrush dreskač, carar
misshape [miššéip] vt spačiti, zmaličiti, popačiti
misshapen [miššéipən] adj spačen, zmaličen, po-
pačen
missile [mísail, A mísəl] n lučalo, metalno orožje
(kopje, kamen itd.), projektil, izstrelek; guided
~ dirigirani izstrelek
missile-man [mísailmən, mísəl~] n raketni stro-
kovnjak, raketni tehnik
missilery [míslri] n raketna tehnika; raketni arze-
nal, rakete, izstrelki
missing [mísiŋ] adj odsoten, pogrešan, ki ga ni;
mil the ~ pogrešanci; the ~ link glej link

mission [míšən] n pol misija, poslanstvo; eccl mi-
sijon, misijonišče; naloga, (notranji) poklic; mil
akcija; življenjski cilj
missionary [míšənəri] 1. adj eccl misijonski, misi-
jonarski; 2. n misijonar; fig sel
missioner [míšnə] n eccl misijonar; mestni odposla-
nec
missionize [míšənaiz] 1. vi biti misijonar; 2. vt
pridigati komu krščansko vero
missis [mísiz] n sl gospa, gospodarica (v nagovoru
služinčadi); vulg žena, »stara«
missish [mísiš] adj sramežljiv, občutljiv; narejen,
afektiran
missive [mísiv] 1. n poslanica, uradno pismo; 2.
adj ki se pošlje; letter ~ (kraljeva) poslanica
misspell [misspél] vt napačno črkovati, napačno
pisati
misspend* [misspénd] vt zapraviti, zapravljati, raz-
sipavati; napačno rabiti
misstate [misstéit] vt napačno prikazati, napačno
navesti
misstatement [misstéitmənt] n napačna navedba
misstep [misstép] n napačen korak, spotikljaj
missus [mísəs] n glej missis
missy [mísi] n coll gospodična, deklica
mist I [mist] n megla, pršec; fig megla (pred očmi);
fig nadih (na steklu); to cast a ~ before s.o.'s
eyes slepiti koga, imeti koga za norca; to go
away in a ~ razbliniti se; to be in a ~ biti zbegan
mist II [mist] 1. vi zamegliti se, pršeti; 2. vt zaviti
v meglo, zatemniti
mistakable [mistéikəbl] adj zamenljiv; ki ga je
napak razumeti
mistake I [mistéik] n napaka, pomota, zmota;
nesporazum; by ~ pomotoma; to make ~s
delati napake; in ~ for pomotoma namesto
česa drugega; and no ~ brez dvoma
mistake II* [mistéik] 1. vt (pomotoma) zamenjati
(for s, z); napačno razumeti; 2. vi arch (z)motiti
se; to ~ s.o. for s.o. else zamenjati koga za
koga drugega; there's no mistaking ne more biti
nobenega dvoma (pomote)
mistaken [mistéikən] adj (~ly adv) napačen, zmo-
ten, napačno razumljen; to be ~ motiti se;
we were quite ~ in him motili smo se o njem
mistakenness [mistéikənnis] n napačno razumeva-
nje, zmota
mister I [místə] n gospod (Mr. pred priimkom);
vulg gospod (v nagovoru brez priimka); redko
pred naslovom (Mr. President)
mister II [místə] vt nagovarjati koga z gospodom
misterm [mistó:m] vt napačno označiti, dati na-
pačno ime
mistful [místful] adj meglen, zastrt
mistigris [místigris] n joker (pri pokerju)
mistime [mistáim] vt napraviti v nepravem času,
izbrati nepravi čas, navesti nepravi čas
mistimed [mistáimd] adj nepravočasen, neumesten
mistiness [místinis] n meglenost; fig nejasnost
mistletoe [mísltou, mízl-] n bot omela
mistlike [místlaik] adj kot megla, meglen
mistook [mistúk] pt od to mistake II
mistral [místrəl, mistrá:l] n maestral (severni veter)
mistranslate [mistra:nsléit] vt & vi napačno pre-
vesti, prevajati
mistranslation [mistra:nsléišən] n napačen prevod

mistreat [mistrí:t] *vt* grdo ravnati, zlorabiti
mistreatment [mistrí:tmənt] *n* grdo ravnanje, zloraba
mistress [místris] *n* gospodarica, gospodinja, mojstrica, vladarica; gospa (Mrs.); *E* učiteljica; ljubica; she is ~ of herself zna se obvladati; *E* Mistress of the Robe prva komornica angleške kraljice
mistress-ship [místrisšip] *n* oblast žene
mistrial [mistráiəl] *n jur* neveljaven proces; *A* (tudi) proces, kjer se porota ne more zediniti
mistrust [mistrʌst] 1. *n* nezaupanje, sum (*of* v); 2. *vt* ne zaupati, sumiti, dvomiti
mistrustful [mistrʌstful] *adj* (~ly *adv*) nezaupljiv, sumnjičav; to be ~ of ne imeti zaupanja v
mistrustfulness [mistrʌstfulnis] *n* nezaupljivost, sumničavost
mistrustless [mistrʌstlis] *adj* nič hudega sluteč, pomirjen
misty [místi] *adj* (mistily *adv*) meglen; *fig* nejasen, zastrt, zameglen
misunderstand* [misʌndəstǽnd] *vt* napačno razumeti
misunderstanding [misʌndəstǽndiŋ] *n* nesporazum, nerazumevanje
misunderstood [misʌndəstúd] 1. *pt & pp* od to misunderstand/ 2. *adj* napak razumljen
misusage [misjú:zidž] *n* zloraba, napačna uporaba
misuse [misjú:s] *n* napačna uporaba, zloraba
misuse II [misjú:z] *vt* napačno uporabiti, zlorabiti, grdo ravnati
mite I [máit] *n* majhen kovanec, vinar, obolos; *coll* malček, stvarčica; a ~ of a child malček; the widow's ~ prostovoljen revežev prispevek; *coll* not a ~ niti najmanj
mite II [máit] *n zool* črviček, pršica, grinja
miter I [máitə] *n A eccl* mitra, škofovska kapa; *fig* škofija, škofovska čast; *tech* zajera, kot, jeralni spah, kot 45°; to confer a ~ upon podeliti komu škofovsko čast; ~ box (ali block) spahalnica, jeralni predalčnik; *bot* ~ mushroom smrček (goba); ~ saw zajeralna žaga; ~ wheel stožčasti zobnik
miter II [máitə] *vt A* podeliti škofovsko čast; *tech* spojiti pod kotom 45°
mitered [máitəd] *adj* ki nosi mitro
mithridatism [míθrideitizəm] *n med* imunizacija proti zastrupitvi (z jemanjem povečanih doz strupa)
mithridatize [míθridətaiz] *vt med* imunizirati s povečanjem doz strupa
mitigable [mítigəbl] *adj* ublažljiv
mitigate [mítigeit] *vt & vi* ublažiti (se), (o)lajšati, popustiti
mitigation [mitigéišən] *n* ublažitev, olajšanje, popuščanje; *jur* to plead in ~ prositi za zmanjšanje kazni, navesti olajševalne okoliščine
mitigatory [mítigətəri] *adj* blažilen, lajšalen
mitosis [mitóusis, mai~] *n* (*pl* ~ses) *biol* mitoza (način delitve celic)
mitral [máitrəl] *adj* stožčast; kot mitra; *anat* mitralen
mitre [máitə] *n & vt E* glej miter I, II
mitt [mit] *n* dolga rokavica brez prstov; športna rokavica (baseball); *A sl* roka; he gave me the

frozen ~ hladno me je pozdravil; I tipped his ~ rokoval sem se z njim; *fig* spregledal sem ga
mitten [mitn] *n* palčnik (rokavica), rokavica brez prstov; *sl* roka; *pl* boksarske rokavice; *sl* to give the ~ odsloviti, dati košarico; *coll* to get the ~ biti odslovljen, dobiti košarico, biti odpuščen
mittimus [mítiməs] *n jur* zaporno povelje; *coll* odpust (iz službe)
mity [máiti] *adj* črviv
mix I [miks] *n* mešanica; *coll* zbrka, zmeda; *sl* pretep
mix II [miks] 1. *vt* mešati, pomešati, zmešati (*with* s, z); *biol* križati; melirati (blago); *fig* združiti; 2. *vi* (po)mešati se; zlagati se s kom; to ~ into primešati; to ~ in baviti se s čim; to ~ in society zahajati v družbo; to ~ up premešati, zamešati; zamenjati (*with* s, z); to be ~ed up biti vpleten (*in*, *with*), biti zmeden; to get ~ed up zmesti se; vmešati se, zaplesti se (*in*, *with*); to ~ work and pleasure združiti delo in zadovoljstvo; *A sl* to ~ it (up) skočiti si v lase; not to ~ well ne zlagati se s kom, ne spadati skupaj
mixed [mikst] *adj* mešan, pomešan, zmešan; *coll* zmeden; ~ bathing skupno kopanje obeh spolov, družinska kopel; ~ blood mešana kri, mešano poreklo, mešanec; *econ* ~ cargo mešan tovor kosovnega blaga; ~ cloth melirano blago; ~ doubles mešani pari (tenis); ~ grill mešano meso na žaru; ~ school koedukacijska šola
mixed-up [míkstʌp] *adj* zmeden; zmešan
mixen [míksən] *n E dial* gnojišče
mixer [míksə] *n* mešalec, mešalnica; *coll* a good ~ družaben človek; človek, ki se dobro znajde v družbi
mixing [míksiŋ] *n* dodajanje glasbene spremljave tekstu (radio, film)
mixture [míksčə] *n* mešanica; *fig* zmes (*of* česa); *med* mikstura; *biol* križanje
mix-up [míksʌp] *n coll* zmešnjava; pretep
miz(z)en [mizn] *n naut* krmno jadro; *naut* ~ mast krmni jambor; ~ sail krmno jadro
mizzle [mizl] 1. *n* pršec; 2. *vi* pršeti, rositi (dež); *sl* pobegniti, izginiti, izgubiti se
mizzly [mízli] *adj* pršeč, ki rosi, rosen
mnemonic [nimónik] *adj* mnemotehničen, ki uri spomin
mnemonics [nimóniks] *n pl* mnemotehnika, nauk o urjenju spomina
mnemonist [ní:mənist] *n* mnemotehnik
mnemotechnics [nimətékniks] *n* glej mnemonics
mo [mou] *n sl* trenutek; half a ~ samo trenutek; in a ~ takoj
moa [móuə] *n zool* izumrli novozelandski noj
moan I [moun] *n* ječanje, stokanje, tarnanje; *arch* to make ~ tarnati
moan II [moun] 1. *vi* ječati, stokati, tarnati; šumeti (voda); 2. *vt* objokovati
moanful [móunful] *adj* (~ly *adv*) otožen, žalosten
moat [mout] 1. *n* trdnjavski jarek; 2. *vt* obdati z jarkom
moated [móutid] *adj* obdan z jarkom
mob I [məb] *n* drhal, sodrga, (zločinska) banda, tolpa; ~ law nasilje, zakon nasilja, zakon lin-

čanja; **swell** ~ elegantni žeparji; ~ **psychology** psihologija množic

mob II [mɔb] 1. *vt* navaliti na koga ali kaj, napasti; 2. *vi* zbrati se (drhal), razsajati, razgrajati

mobbish [mɔ́bɪš] *adj* neotesan, nizkoten, bučen

mob-cap [mɔ́bkæp] *n* hist jutranja ženska čepica

mobile I [móubail, -bi:l] *adj* premičen, okreten, gibčen, prenosen; *chem* tanko tekoč; *tech* premičen, vozen; *mil* mobilen, motoriziran; spremenljiv, nestalen; *mil* ~ **defence** elastična obramba; *mil* ~ **troops** hitre ali motorizirane čete; *econ* ~ **funds** tekoči skladi

mobile II [móubail, -bi:l] *n* premično telo; *tech* premičen del (mehanizma); bučna množica; moderna skulptura s premičnimi deli, umetniški prostorninski ukras

mobility [moubíliti] *n* premičnost, okretnost; *sociol* mobilnost (prebivalstva), družbena mobilnost

mobilization [moubilaizéišən] *n mil* mobilizacija; *econ* sprostitev; *fig* aktiviranje, razgibanje

mobilize [móubilaiz] *vt mil* mobilizirati; *econ* sprostiti, dati v obtok; razgibati

mobocracy [mɔbɔ́krəsi] *n* vlada drhali

mobsman [mɔ́bzmən] *n* gangster; *E sl* (eleganten) žepar

mobster [mɔ́bstə] *n A sl* gangster

moccasin [mɔ́kəsin] *n* mokasin, kožni čevelj; *zool* strupena ameriška kača; *bot* ~ **flower** vrsta ameriške orhideje

mocha I [móukə] *n* kava moka; vrsta finega usnja (za rokavice)

mocha II [móukə] *n min* (tudi ~ **stone**) moka kamen (svetli kalcedon)

mock I [mɔk] *adj* hlinjen, nepravi, lažen, ponarejen; *mil* ~ **attack** hlinjen napad; *astr* ~ **moon** sij okoli meseca, soluna; *bot A* ~ **orange** nepravi jasmin; pomaranči podobna buča; *astr* ~ **sun** sosonce; *jur* ~ **trial** navidezen proces; ~ **duck** svinjina z račjim nadevom; ~ **pearls** stekleni biseri; ~ **velvet** polbaržun

mock II [mɔk] *n arch* roganje, tarča posmeha; oponašanje; **to make a** ~ **of** rogati se, posmehovati se komu

mock III [mɔk] 1. *vt* zasmehovati, zasramovati, rogati se; oponašati, imitirati; varati, za norca imeti; kljubovati, upirati se; 2. *vi* rogati se (*at* komu)

mocker [mɔ́kə] *n* zasmehovalec; oponašavec

mockery [mɔ́kəri] *n* zasmeh, roganje (*of*), tarča posmeha; oponašanje, slaba imitacija; *fig* burka, farsa; **a mere** ~ le slaba imitacija česa; **to make a** ~ **of** rogati se komu

mock-heroic [mɔ́khiróuik] 1. *adj* (~ **ally** *adv*) donkihotski, burkasto junaški; 2. *n* heroična burleska

mocking [mɔ́kiŋ] *adj* (~ **ly** *adv*) posmehljiv; oponašav

mockingbird [mɔ́kiŋbə:d] *n A zool* oponašalec, ameriški kos

mock-up [mɔ́kʌp] *n* model v naravni velikosti (stroja, orožja)

Mod [moud, mɔd] *n* glasbeni in literarni festival škotskih gorjancev

modal [móudəl] *adj* (~ **ly** *adv*) modalen, načinoven; najbolj pogost, tipičen (v statistiki); po-

gojen; *jur* ~ **legacy** pogojna zapuščina; *gram* ~ **verb** modalni glagol

modality [moudǽliti] *n* modalnost, način; *med* fizikalno-tehnično zdravilo; **modalities of payment** načini plačevanja

mode I [moud] *n* način, metoda, oblika; *phil* modus; *mus* tonski način; *ling* način; najpogostejša vrednost (statistika); *min* rudninska sestavina kamenine; ~ **of life** način življenja; ~ **of payment** način plačevanja; **heat is a** ~ **of motion** toplota je oblika gibanja; ~ **of production** produkcijski način

mode II [moud] *n* moda, šega, običaj; **to be all the** ~ biti v modi

model I [mɔdl] *adj* vzoren, zgleden; vzorčen, modelarski; ~ **husband** vzoren soprog; ~ **tank** poskusni tank; ~ **school** eksperimentalna šola

model II [mɔdl] *n* model, vzor (*for* za); vzorec, kalup; slikarski model; maneken; **after** (ali **on**) **the** ~ **of** po vzoru; **to act as a** ~ **to** biti komu za model

model III [mɔdl] 1. *vt* modelirati, oblikovati; *fig* oblikovati po vzoru na (*after, on, upon*); 2. *vi* napraviti vzorec; biti za model, biti maneken; **to** ~ **o.s. on** (ali **upon, after**) vzeti si koga za vzor

model(l)er [mɔ́dələ] *n* modeler, modelar

model(l)ing [mɔ́dliŋ] *n* modeliranje, oblikovanje; likovna umetnost, plastična umetnost

modena [mɔ́dinə] *n* temno vijoličasta barva

moderate I [mɔ́dərit] *adj* (~ **ly** *adv*) zmeren, umerjen, vzdržen, skromen; enostaven, preprost (življenje); srednji, majhen, nizek; ~ **in drinking** zmeren v pijači; *meteor* ~ **breeze** zmeren veter (jakosti 4); ~ **gale** zmeren vihar (jakosti 7)

moderate II [mɔ́dərit] *n* zmernež, treznež

moderate III [mɔ́dəreit] 1. *vt* (u)blažiti, umiriti, znižati (cene); 2. *vi* umiriti se, ublažiti se, pomiriti se, popustiti (veter)

moderateness [mɔ́dəritnis] *n* zmernost, umerjenost, primernost

moderation [mɔdəréišən] *n* ublažitev, popuščanje; vzdržnost, zmernost; hladnokrvnost, mirnost; *E pl* prvi javni izpit na oxfordski univerzi (za B. A.); **in** ~ zmerno

moderatism [mɔ́dəritizəm] *n* umerjenost, umerjen nazor

moderato [mɔderá:tou] *adj mus* moderato, umerjeno

moderator [mɔ́dəreitə] *n* mirilec, moderator; razsodnik, posrednik; pomirjevalno sredstvo; predsedujoči, vodja diskusije; *tech* dušilec, regulator dotoka olja; *univ* eksaminator pri *moderations* izpitih; predsednik izpitne komisije pri najvišjem izpitu iz matematike (Cambridge)

modern I [mɔ́dən] *adj* (~ **ly** *adv*) moderen, sodoben, nov; današnji; ~ **side** realni oddelek srednje šole; ~ **times** nova doba, moderna; **Modern Greats** (Oxford) skupina: državoznanstvo, narodno gospodarstvo in filozofija; ~ **history** novejša zgodovina (od renesanse)

modern II [mɔ́dən] *n* sodobnik; *print* moderna antikva; **the** ~**s** modernisti

modernism [mɔ́dənizəm] *n* modernizem; *ling* nova (moderna) beseda, moderno izrazoslovje

modernist [mɔ́dənist] *n* modernist

modernistic [mɔdənísɩik] *adj* (~ ally *adv*) modernističen

modernity [mɔdɔ́:niti] *n* modernost, sodobnost

modernization [mɔdɔ·naizéišən] *n* modernizacija

modernize [mɔ́dənaɩz] *vt* modernizirati, prenoviti, napraviti po nɔjnovejši modi

modest [mɔ́dist] *adj* (~ ly *adv*) skromen; spodoben, čednosten, sramežɩiv; preprost, zmeren; ~ vest čipkasti vstavek v izrezu obleke

modesty [mɔ́disti] *n* skromnost; spodobnost, sramežljivost, čednost; preprostost, zmernost

modicum [mɔ́dikəm] *n* malenkost, trohica; a ~ of trudh trohica resnice

modifiable [mɔ́difaiəbl] *adj* (modifiably *adv*) prilagodljiv, spremenljiv

modification [mɔdifikéišən] *n* prilagoditev, sprememba, prikrojitev, modifikacija; *gram* preglas, sprememba glasu; to make a ~ to s.th. modificirati, prilagoditi

modificatory [mɔ́difikeitəri] *adj* modifikacijski

modifier [mɔ́difaiə] *n gram* povedno določilo, preglasno znamenje; prikrojevalec

modify [mɔ́difai] *vt* prilagoditi, prikrojiti, modificirati, spremeniti; omejiti, zmanjšati; ublažiti; *gram* bliže določiti, preglasiti (vokal)

modish [mɔ́udiš] *adj* (~ ly *adv*) moden, po modi, moderen

modiste [moudí:st] *n* modistinja, šivilja

mods [mɔdz] *n pl coll* okrajšava za *moderations*; *E* elegantni huligani

modular [mɔ́djuɩə] *adj math* modularen, merski

modulate [mɔ́djuleit] 1. *vt* uravnavati, prilagodɩti (*to*); modulirati, spremeniti glas; 2. *vi mus* prehajati (*from* od, *to* do), menjati tonski način; ~ d wave modulacijski val; modulating valve (ali tube) modulacijska elektronka

modulation [mɔdjuléišən] *n* prilagajanje; sprememba glasu; *mus* modulacija, kadenca

modulator [mɔ́djuleitə] *n* regulator, ravnalo, usklajevalec

modulatory [mɔ́djuleitəri] *adj mus* modulacijski

module [mɔ́djul] *n* merska enota, standardna mera, merilo; *archit* polmer stebrovega podstavka; *tech* gradbena enota; raketni modul

modulus [mɔ́djuɩəs] *n* (*pl* ~ li) *math*, *phys* modul

modus [mɔ́udəs] *n* (*pl* modi) način; *jur* neposredna pridobitev posesti; ~ vivendi znosno razmerje; ~ operandi način dela

mofette [moufét] *n* uhajanje strupenih zemeljskih plinov; razpoka skozi katero uhajajo plini

mofussil [moufʌsil] *n* indijska pokrajinska področja

Mogul [mo(u)gʌl] *n hist* mogul (orientalski vladar); *fig mogul* »velika živina«, mogotec, magnat; movie ~ filmski magnat; the Great (ali Grand) ~ veliki mogul (naziv Timurlenkovih potomcev); party ~ bonec politične stranke

mohair [mɔ́uhɛə] *n* volna angorske koze, blago mohair

Mohammedan [mouhǽmidən] 1. *adj* mohamedanski; 2. *n* Mohamedanec, -nka

Mohammedanism [mouhǽmidənizəm] *n* mohamedanstvo, islam

Mohammedanize [mouhǽmidənaiz] *vt* pomohamedaniti

Mohock [mɔ́uhək] *n hist* član londonskih aristokratskih razbojnikov (18. stol.)

moider [mɔ́idə] *vt E dial* zmesti, vznemirjati

moiety [mɔ́iəti] *n* (zlasti *jur*) polovica, delež

moil [mɔ́il] 1. *n* garanje, stiska; 2. *vi* garati; to toil and ~ ubɩjati se, zelo garati

moire [mwa:] *n* moare, spreminjasta tkanina

moiré [mwá:reɩ] 1. *adj* moariran (blago); z valovitimi črtami na hrbtni strani (znamka); spreminjast (kovina); 2. *n* moare; valovito prelivanje (v blagu, kovini)

moist [mɔ́ist] *adj* (~ ly *adv*) vlažen, deževen (letni čas), moker (*with* od); ~ sugar nerafiniran sladkor

moisten [mɔ́isn] *vt & vi* ovlažiti (se), navlažiti (se)

moistener [mɔ́isnə] *n* močilec, vlažilo

moisture [mɔ́isčə] *n* vlaga, vlažnost, mokrota; ~ meter merilec vlažnosti; ~ -proof odporen proti vlagɩ

moistureless [mɔ́isčəlɩs] *adj* nevlažen, suh

moke [mɔ́uk] *n sl* osel (tudi *fig*); *A* črnec

molar I [mɔ́uɩə] 1. *adj* meljɔč, ki melje; 2. *n* kočnik (zob)

molar II [mɔ́uɩə] *adj phys* masoven; *chem* molaren

molasses [məlǽsiz] *n pi* melasa, (sladkorni) sirup

mold [mould] *A* glej mould

mole I [mɔul] *n* vrojeno znamenje, pega

mole II [mɔul] *n* pristaniški nasip, pomol; umetno pristanišče

mole III [mɔul] *n zooɩ* krɩɩ; blind as a ~ popolnoma slep

mole IV [mɔul] *n med* izrodek

mole-cricket [mɔ́ulkrikit] *n zool* bramor

molecular [moulékjuɩə] *adj* (~ ly *adv*) *chem*, *phys* molekularen; ~ film (mono)molekularna plast

molecularity [moulekjulǽriti] *n* molekularnost

molecule [mɔ́likju:l] *n chem*, *phys* molekula; *fig* drobcen delček, malenkost

molehill [mɔ́ulhil] *n* krtina; to make mountains out of ~ s delati iz muhe slona

moleskin [mɔ́ulskin] *n* krtovo krzno; vrsta bombažnega blaga; *pl* hlače iz tega blaga

molest [məlést] *vt* nadlegovati, vznemirjati, biti komu v nadlego

molestation [moulestéišən] *n* nadlegovanje, vznemirjanje

moll [mɔl] *n A sl* gangstrova ljubica, prostitutka

mollescent [məlésənt] *adj* mehčalen, blažilen

mollification [məlifikéišən] *n* mehčanje, blažitev, pomiritev

mollifier [mɔ́lifaiə] *n* blažilec, blažilo

mollify [mɔ́lifai] *vt* miriti, blažiti, (o)mehčati

mollusc [mɔ́ləsk] *n zool* mehkužec

molluscan [məlʌ́skən] *adj* ki se tiče mehkužcev

molluscoid [məlʌ́skɔid] 1. *adj* podoben mehkužcem; 2. *n* mehkužec

molluscous [məlʌ́skəs] *adj* kot mehkužec; *fig* kot goba, mehkužen

mollusk [mɔ́ləsk] *n* glej mollusc

molly [mɔ́li] *n* mehkužnež, slabič; Molly Maguire član skrivne irske zveze v Pennsylvaniji (do l. 1877)

mollycoddle [mɔ́likədl] 1. *n* mehkužnež, razvajenec; 2. *vt* pomehkužiti, razvajati

Moloch [mɔ́ulək] *n* Moloh, moabitski bog; *fig* nenasitnež, okrutnež

Molotov cocktail *n* z bencinom napolnjena steklenica (za borbo proti tankom)

molt [móult] *A* glej **moult**

molten [móultən] 1. *arch pp* od **to melt**; 2. *adj* stopljen, staljen

molto [móltou] *adv mus* zelo, molto

moly [móuli] *n bot* divji česen; *myth* protičarobna zel

molybdenum [məlíbdinəm] *n chem* molibden

moment [móumənt] *n* hip, trenutek; *fig* veliki trenutek; pomen, važnost (*to* za); *phys* moment; **at the ~** sedaj, trenutno; **at any ~** vsak hip; **for the ~** za sedaj; **not for the ~** trenutno ne; **in a ~** takoj, v trenutku; **just a ~** samo trenutek; **man of the ~** sedaj važna oseba; **of (great) ~** (zelo) važen; **of little (ali no) ~** nevažen; **this very ~** takoj; **the ~ that** takoj ko; **to the ~** popolnoma točno; **at a ~'s notice** v najkrajšem roku; **one ~!, half a ~!** (počakaj) trenutek!

momental [mouméntl] *adj phys* momenten

momentarily [móumentərili] *adv* trenutno, v trenutku

momentariness [móumentərinis] *n* momentanost, trenutnost

momentary [móuməntəri] *adj* (**momentarily** *adv*) momentan, trenuten, bežen

momently [móuməntli] *adv* vsak trenutek, od trenutka do trenutka, za trenutek

momentous [mouméntəs] *adj* (**~ly** *adv*) važen, pomemben

momentousness [mouméntəsnis] *n* važnost, pomembnost

momentum [mouméntəm] *n* (*pl* **~ta**) gonilna sila, zagon, pobuda; *phys* moment

monac(h)al [mónəkəl] *adj* meniški, samostanski

monac(h)ism [mónəkizəm] *n* meništvo

monad [mónæd] *n phil* monada, enota; *biol* enoceličar, pražival; *chem* enovalentni element

monadelphous [mənədélfəs] *adj bot* enobratinski

monadic [mənædik] *adj* monaden

monandrous [mənǽndrəs] *adj bot* enoprašniški; z enim možem (žena)

monandry [mənǽndri] *n* enomoštvo

monanthous [mənǽnθəs] *adj bot* enocveten

monarch [mónək] *n* monarh(inja), vladar(ica)

monarchal [móná:kəl] *adj* (**~ly** *adv*) vladarski, monarhičen

monarchic [móná:kik] *adj* (**~ally** *adv*) monarhističen

monarchism [mónəkizəm] *n* monarhizem

monarchist [mónəkist] *n* monarhist

monarchy [mónəki] *n* monarhija; **absolute ~** samovladavina; **constitutional ~** ustavna monarhija

monasterial [mənəstí:riəl] *adj* samostanski

monastery [mónəstri] *n* samostan

monastic [mənǽstik] *adj* (**~ally** *adv*) samostanski, meniški; **~ order** samostanski red; **~ vow** redovniška zaobljuba; **~ habit** redovniška obleka

monasticism [mənǽstisizəm] *n* meništvo, samostansko življenje, samostanska pravila, askeza

monasticize [mənǽstisaiz] *vt* pomenišiti

monatomic [mənətómik] *adj chem* enoatomski. enovalenten

monaxial [mənǽksiəl] *adj* enoosen, z eno osjo

Monday [mándi] *n* ponedeljek; *sch sl* **Black ~** prvi dan pouka; **blue ~** zaspani ponedeljek

Mondayish [mándiiš] *adj* ponedeljkov, zaspan

mondial [móndiəl] *adj* svetoven, po celem svetu

monetary [mánitəri] *adj* (**monetarily** *adv*) denaren, monetaren; **~ management** ukrepi za vzdrževanje monetarne stabilnosti; **~ standard** denarna mera

monetize [mánitaiz] *vt* kovati denar; uzakoniti denar; določiti denarno mero

money [máni] *n* denar, plačilno sredstvo; bogastvo, premoženje; *pl arch* ali *jur* vsote denarja; **~ of account** denar kot merilo vrednosti, a ne v obtoku (angleška guinea); **~ on account** denar v dobrem; **~ on (ali at) call** dnevno plačljiv denar; **~ on hand** denar pri roki; **~ due** neplačan (zapadel) denar; **ready ~** gotovina pri roki; *coll* **in the ~** pri denarju, bogat; **out of ~** brez denarja; **short of ~** na tesnem z denarjem; **to get one's ~'s worth** imeti stroške povrnjene, dobro kupiti; **to make ~ (by)** obogateti, dobro zaslužiti (s, z); **to coin ~** hitro obogateti; *sl* **~ for jam** lahek zaslužek; **to marry ~** bogato se poročiti; *econ* **~ in cash** (ali **hand**) stanje blagajne; **~ makes the mare go** denar odpira vsa vrata; **not for love or ~** na noben način; **for one's ~** kolikor se koga tiče; **made of ~** bogat; **to pay ~ down** plačati v gotovini; **pin ~** postranski zaslužek; **to put one's ~ on** staviti denar na; **to raise ~** izprositi denar, dobiti denar v gotove svrhe, sposoditi si denar; **time is ~** čas je zlato; **conscience ~** denar, vplačan v državno blagajno (zaradi davčne utaje); **to call in ~** zahtevati denar nazaj, zahtevati izplačilo; **to recall ~** odpoklicati kapital; **it is not every man's ~** ni za vsakega enako vredno; **to come into ~** priti do denarja, podedovati denar

money-agent [mánieidžənt] *n* menjalec (denarja)

money-bag [mánibæg] *n* mošnja; *pl* bogastvo; **a ~s** bogataš, skopuh

money-bill [mánibil] *n pol* osnutek davčnega zakona

money-box [máníbɔks] *n* hranilnik, majhna blagajna

money-broker [mánibroukə] *n econ* borzni senzal, posrednik

money-changer [mánicheindžə] *n* menjalec denarja

moneyed [mánid] *adj* premožen, bogat; **~ assistance** denarna podpora; **~ interest** kapitalisti; *A econ* **~ corporation** družba, ki se bavi s finančnimi posli (banka, zavarovalnica itd.)

money-grubber [mánigrʌbə] *n* grabežljivec

money-grubbing [mánigrʌbiŋ] *n* grabežljivost

money-lender [mánilendə] *n econ* izposojevalec denarja

moneyless [mánilis] *adj* reven, brez denarja

money-letter [mániletə] *n econ* denarno (vrednostno) pismo

money-maker [mánimeikə] *n* kdor dobro zasluži; donosna stvar, dobra trgovina

money-making [mánimeikiŋ] 1. *adj* donosen; 2. *n* bogatenje, služenje denarja

money-market [mánima:kit] *n econ* denarno tržišče, devizno tržišče

money order [mániɔ:də] *n econ* denarna nakaznica

money-spinner [mánispinə] *n* uspešen špekulant; pajek, ki prinaša srečo money-wort [mʌ́niwəːt] *n bot* slakar, drobižna pijavčnica, mošnjak

monger [mʌ́ŋgə] *n* trgovec, prodajalec (zlasti v sestavljenkah); *cont* kdor kaj ši̇ri, podpihuje; **costermonger** branjevec; **fishmonger** ribarnica, trgovec z ribami; **gossipmonger** trosilec čenč; **ironmonger** železninar; **scandalmonger** podpihovalec škandalov; **warmonger** vojni hujskač; **sensation-~** senzacionalist

Mongol [mʌ́ŋgəl] 1. *n* Mongol(ka), mongolščina; 2. *adj* mongolski

Mongolia [məŋgóuljə] *n* Mongolija

Mongolian [məŋgóuljən] *adj* mongolski

Mongolism [mʌ́ŋgəlizəm] *n med* mongolizem (degeneriranost)

Mongoloid [mʌ́ŋgəloid] 1. *n med* mongoloid; 2. *adj* mongoloiden

mongoose [mʌŋgúːs, mʌ́ŋguːs] *n zool* mungo; polopica, maki

mongrel [mʌ́ŋgrɔ.] 1. *n biol* mešanec, bastard (žival, človek, rastlina); 2. *adj* mešane rase, mešane pasme, nedoločljiv

mongrelize [mʌ́ŋgrəlaiz] *vt* mešati, križati (raso, pasmo)

mongrelly [mʌ́ŋgrəli] *adv* kot bastard

mongst [mʌŋst] *prep poet* glej **amongst**

monial [móuniəl] *n E arch* glej **mullion**

moniker [mónəkə] *n* potepuhov razpoznavni znak; *si* vzdevek

moniliform [mouníləfɔːm] *adj bot* koraldast; kot ogrlica

monism [mónizm] *n phil* monizem

monist [mónist] *n phil* monist

monistic [mónístik] *adj* (**~ally** *adv*) monističen

monition [mouníšən] *n* opomin, svarilo, opozorilo (*of danger*); *jur* poziv (na sodišče); *eccl* pismeni opomin

monitor I [mónitə] *n arch* svarilec; *sch* reditelj; *naut* monitor, oklopna ladja; *zool* varan; prisluškovalec (tujih oddaj in za tehnično kontrolo), monitor, kontrolna naprava (TV)

monitor II [mónitə] *vt & vi* kontrolirati oddaje (TV, radio), prisluškovati oddajam; *phys* kontrolirati radioaktivnost

monitorial [mɔnitóːriəl] *adj* (**~ly** *adv*) svarilen, opominjajoč; *sch* rediteljski

monitoring [mónitəriŋ] *adj el* kontrolen, nadzorovalen; **~ operator** tonski mojster; *mil* radiotelegrafist, prisluškovalec

monitorship [mónitəšip] *n sch* rediteljstvo

monitory [mónitəri] 1. *adj* svarilen; 2. *n eccl* pastirsko pismo, pismeni opomin

monk [mʌŋk] *n* menih; *zool* menišček

monkdom [mʌ́ŋkdəm] *n* meništvo

monkery [mʌ́ŋkəri] *n* samostansko življenje, meništvo, menihi, samostan

monkey I [mʌ́ŋki] *n zool* opica (tudi *fig*); nagajivec; *tech* oven, zabijač, (parni) bat, pehalo, kladivo; *E sl* 500 funtov; *A sl* 500 dolarjev; *E sl* razkačenost; *E sl* hipoteka; **~'s allowance** več udarcev kakor plačila; *sl* **to get one's ~ up** razkačiti se; *sl* **to put (ali get) s.o.'s ~ up** razkačiti koga; **a ~ with a long tail** hipoteka

monkey II [mʌ́ŋki] 1. *vt* oponašati, rogati se komu; 2. *vi* počenjati neumnosti, zganjati norčije; **to ~ about** (ali **around**) igračkati se (*with* s, z)

monkey-bread [mʌ́ŋkibred] *n bot* sad kruhovca (baobaba)

monkey-business [mʌ́ŋkibíznis] *n sl* spletka, grdo ravnanje, izdajstvo; traparija

monkey-engine [mʌ́ŋkiendžin] *n tech* oven, zabijač

monkey-flower [mʌ́ŋkiflauə] *n bot* glumaček

monkey-hammer [mʌ́ŋkihæmə] *n tech* parno kladivo

monkeyish [mʌ́ŋkiiš] *adj* opičji

monkey-jacket [mʌ́ŋkidžækit] *n* kratka in tesna mornarska bluza

monkey-key [mʌ́ŋkiki:] *n* odpirač, francoz

monkey-meat [mʌ́ŋkimi:t] *n A mil sl* goveja konserva

monkey-nut [mʌ́ŋkinʌt] *n E bot* kikiriki, laški lešnik

monkey-puzzle [mʌ́ŋkipʌzl] *n bot* araukarija (iglavec)

monkeyshine [mʌ́ŋkišain] *n A sl* potegavščina, trik, norčija (zlasti *pl*)

monkey-suit [mʌ́ŋkisu:t] *n A mil sl* uniforma

monkey-wrench [mʌ́ŋkirenč] *n* francoz (ključ); *A coll* **to throw a ~ into s.th.** razdreti, prekrižati kaj

monkfish [mʌ́ŋkfiš] *n zool* glej **angelfish**

monkhood [mʌ́ŋkhud] *n* meništvo, menihi

monkish [mʌ́ŋkiš] *adj* meniški, samostanski

monkship [mʌ́ŋkšip] *n* glej **monkhood**

monk's-hood [mʌ́ŋkshud] *n bot* preobjeda

mono- [mɔnə] *pref* sam, en, edin

monoacid [mɔnəǽsid] *n chem* enobazična kislina

monobasic [mɔnəbéisik] *adj chem* enobazičen

monocarpellary [mɔnəkáːpələri] *adj bot* z enim samim ploditvenim listom

monocarpic [mɔnəkáːpik] *adj bot* enoroden

monocellular [mɔnəséljulə] *adj biol* enoceličen

monoceros [mɔnósərəs] *n zool* riba z rogu podobnim nastavkom (zlasti mečarica)

monochord [mónəkɔːd] *n mus* monokord, priprava za merjenje intervalov

monochromatic [mɔnəkroumǽtik] *adj* enobarven, ki ima eno valovno dolžino

monochrome [mónəkroum] 1. *n* enobarvna slika v več odtenkih; 2. *adj* enobarven

monochromist [mónəkroumist] *n art* monokromist, slikar, ki uporablja samo eno barvo

monocle [mónəkəl] *n* monokel, enoočnik

monocled [mónəkəld] *adj* z monoklom, ki nosi enoočnik

monoclinal [mɔnəkláinəl] *adj geol* monoklinski, nagnjen v eno smer

monocline [mónəklain] *n geol* monoklinska plast

monoclinic [mɔnəklínik] *adj min* monoklinski (kristal)

monocotyledon [mɔnəkɔtilíːdən] *n bot* enokaličnica

monocracy [mounókrəsi] *n* samovlada

monocular [mənókjulə] *adj* enook; z enim okularjem (mikroskop)

monoculture [mónəkʌlčə] *n agr* monokultura

monocycle [mónəsaikəl] *n* enokolesnik

monocyclic [mɔnəsáiklik] *adj* enokolesen; *chem, math, phys* monocikličen

monocyte [mónəsait] *n med* monocit (bela krvnička)

monodactylous [mɔnədǽktiləs] *adj zool* enoprst, ki ima en krempelj

monodic [mənódik] *adj mus* monoden

monodrama [mónədra:mə] *n* monodrama (z enim igralcem)

monody [mónədi] *n* grška oda za enega pevca; žalostinka; *mus* homofonija, enoglasnost

monoecious [məní:šəs] *adj biol* dvospolen, hermafroditski

monoecism [məní:sizəm] *n biol* dvospolnost

monofilm [mónəfilm] *n chem, phys* enomolekularna plast

monogamist [mənógəmist] *n* enozakonec

monogamous [mənógəməs] *adj* monogamen

monogamy [mənógəmi] *n* monogamija, enozakonstvo

monogenesis [mənədžénəsis] *n* teorija o nastanku živih bitij iz ene pracelice; *biol* monogeneza, brezspolna ploditev

monogenic [mənədžénik] *adj* monogen (tudi *geol, math*); skupnega porekla

monogeny [mənódžəni] *n* teorija o nastanku človeštva od prvih staršev

monoglot [mónəglət] 1. *adj* ki govori samo en jezik; 2. *n* monoglot

monogram [mónəgræm] *n* monogram, začetne črke imena

monograph [mónəgra:f] *n* monografija

monographer [mənógrəfə] *n* pisec monografij

monographic [mənəgræfik] *adj* (~ ally *adv*) monografski

monographist [mənógrəfist] *n* glej **monographer**

monogynous [mənódžinəs] *adj* enoženski

monogyny [mənódžini] *n* enoženstvo

monohydric [mənəháidrik] *adj chem* enovalenten (alkohol)

monolatry [mənólətri] *n* enoboštvo

monolith [mónəliθ] *n* monolit, iz enega kamna

monolithic [mənəlíθik] *adj* monolitski, iz enega kosa, enoten

monologist [mənólədžist] *n* samogovornik

monologize [mənólədžaiz] *vi* imeti samogovor

monolog(ue) [mónələg] *n* monolog, samogovor

monomania [mónouméiniə] *n psych* fiksna ideja, poželjenje, monomanija

monomaniac [mónouméiniæk] *n psych* človek s fiksno idejo

monomark [mónəma:k] *n E* kot razpoznavni znak registrirana kombinacija črk ali številk

monometallic [mónoumitælik] *adj* (~ ally *adv*) iz ene kovine (valuta)

monometallism [mónoumétəlizəm] *n econ* monometalizem, uporaba samo ene valutne kovine

monometer [mənómitə] *n* monometer

monomial [mounóumiəl] 1. *adj math* monomski; 2. *n* monom

monomorphic [mənəmó:fik] *adj* ene oblike, iste oblike

monophase [mónəfeiz] *adj el* enofazen

monophobia [mənəfóubiə] *n psych* bolesten strah pred samoto

monophthong [mónəfθəŋ] *n* monoftong, enoglasnik

monophthongal [mənəfθóŋgəl] *adj* monoftongičen

monophthongize [mónəfθəŋgaiz] *vt* monoftongirati, spremeniti v enoglasnik

monophyletic [mənəfailétik] *adj biol* enodebeln, iz enega debla

monophyodont [mənəfáiədənt] *n zool* žival, ki ne menja zob

monoplane [mónəplein] *n aero* monoplan, enokrilnik

monoplegia [mənəplí:džiə] *n med* paraliza enega uda

monopode [mónəpoud] 1. *adj* enonog; 2. *n* enonožec

monopolism [mənópəlizəm] *n econ* monopolizem, monopolistično gospodarstvo

monopolist [mənópəlist] *n econ* monopolist, kdor ima monopol

monopolistic [mənəpəlístik] *adj* (~ ally *adv*) monopolski, monopolen

monopolization [mənəpəlaizéišən] *n econ* monopolizacija

monopolize [mənópəlaiz] *vt econ* monopolizirati, imeti monopol; *fig* polastiti se; **to ~ the conversation** ne dati drugim do besede

monopoly [mənópəli] *n econ* monopol; *fig* izključna pravica do česa (*of*)

monopteral [mənóptərəl] *adj zool* enokrilen; enoplavuten

monorail [mónəreil] *n* enotirna železnica

monosyllabic [mənəsilǽbik] *adj* (~ ally *adv*) enozložen

monosyllable [mónəsiləbl] *n* enozložna beseda; **to speak in ~ s** biti redkobeseden, dajati kratke odgovore

monotheism [mónəθi:izəm] *n* monoteizem, enoboštvo

monotheist [mónəθi:ist] 1. *adj* enoboštven; 2. *n* enobožec

monotheistic [mónəθi:ístik] *adj* (~ ally *adv*) enoboštven

monotint [mónətint] *n art* enobarvna slika

monotocous [mənótəkəs] *adj zool* ki ima enega mladiča

monotone [mónətoun] 1. *n* enolično govorjenje (petje); 2. *vt* enolično govoriti (peti, recitirati)

monotonic [mənətónik] *adj mus* enozvočen

monotonous [mənótənəs] *adj* (~ ly *adv*) monoton, enoličen, dolgočasen, enakomeren

monotony [mənótəni] *n* monotonost, enoličnost

monotrematous [mənətrémətəs] *adj zool* ki pripada kloakovcem

monotreme [mónətri:m] *n zool* kloakovec

monotype [mónətaip] *n print* monotajp; *biol* edini predstavnik svoje vrste

monovalent [mənəvéilənt] *adj chem* monovalenten

monoxide [mənóksaid] *n chem* monoksid

Monroeism [mənróuizəm] *n pol* Monroejeva doktrina (Amerika Američanom)

Monroeist [mənróuist] *n pol* pristaš Monroejeve doktrine

mons [mənz] *n anat* sramnica

monsoon [mənsú:n] *n* monsun (veter); deževna doba; **dry ~** zimski severovzhodnik; **wet ~** poletni jugozapadnik

monster [mónstə] 1. *n* pošast, spaček, monstrum; 2. *adj* velikanski, ogromen

monstrance [mónstrəns] *n eccl* monštranca

monstrosity [mənstrósiti] *n* pošastnost, pošastnež

monstrous [mónstrəs] 1. *adj* (~ ly *adv*) pošasten, spačen, grozen; ogromen; *coll* nesmiseln, absurden; 2. *adv arch* grozno, zelo (~ *good friends*)

montage [məntá:ž] *n* montaža, sestavljanje filmskih scen

montane [móntein] 1. *adj* gorski, planinski, gorat;
2. *n* najnižji rastlinski pas
montbretia [məntbrí:šə] *n bot* montbrecija, trito-
nija
monte [mónti, mountéi] *n* španska hazardna igra
s kartami
Montenegrin [məntiní:grin] *n* Črnogorec, -rka
month [mʌnθ] *n* mesec (koledarski); **calendar** ~
koledarski mesec; **lunar** ~ lunarni mesec (28
dni); **this day** ~ danes mesec; ~'**s mind** za-
dušnica; vroča želja (*to*); a ~ **of Sundays** dolga
doba, cela večnost; **not in a** ~ **of Sundays**
nikoli; **by the** ~ mesečno; *econ* **at three** ~'**s**
date danes tri mesece; *econ* ~ **account** mesečni
račun; ~ **returns** mesečno poročilo
monthly [mʌnθli] 1. *adj* mesečen; 2. *adv* mesečno;
3. *n* mesečnik (list); *pl med* mesečna čišča,
menstruacija; ~ **nurse** negovalka, ki pomaga
porodnici v prvem mesecu po porodu; ~ **rose**
kitajska vrtnica, ki cveti vsak mesec
monticule [móntikju:l] *n* holmec; bradavica
monument [mónjumənt] *n* spomenik, monument
(*to* čemu, komu, *of* česa, koga); **the Monument**
steber v Londonu v spomin na veliki požar
l. 1666.)
monumental [mənjuméntl] *adj* (~ **ly** *adv*) spome-
niški, mogočen, veličasten, velikanski, monu-
mentalen; ~ **mason** kamnosek (za nagrobne
spomenike); ~ **stupidity** velikanska neumnost;
Monumental City vzdevek za Baltimore
monumentalize [mənjuméntəlaiz] *vt* ovekovečiti,
postaviti komu (čemu) spomenik
moo [mu:] 1. *n* mukanje; 2. *vi* mukati
mooch [mu:č] 1. *vi sl* postopati, pohajkovati
(*about*); racati, racavo hoditi (*along*); 2. *vt* pro-
sjačiti, »žicati«, ukrasti
mood I [mu:d] *n gram* glagolski način; *mus* tonski
način; *log* modus
mood II [mu:d] *n* razpoloženje, čud; *pl* muhavost;
phot razpoloženjska slika; **he is a man of** ~ **s**
je muhast človek; **in the** ~ **for** razpoložen za
kaj; **in no** ~ **for** nerazpoložen za kaj; **in a good**
~ dobre volje; ~ **music** razpoloženjska glasba
moodiness [mú:dinis] *n* slaba volja, čemernost;
muhavost
moody [mú:di] *adj* (**moodily** *adv*) slabe volje, če-
meren; muhast
moon I [mu:n] *n* luna, mesec; *poet* mesečina; *astr*
mesec, trabant, satelit; ~'**s men** tatovi, lopovi;
there is a ~ luna sije; **ages of the** ~ lunine
mene; **the man in the** ~ izmišljena oseba; **to**
know no more about s.th. than the man in the ~
ne imeti pojma o čem; **to aim at the** ~ biti
preveč častihlepen; **to cry for the** ~ želeti ne-
mogoče; **once in a blue** ~ skoraj nikoli; **old** ~
in new ~'**s arms** čas med prvim krajcem; **new**
~ mlaj; **crescent** ~ polmesec; **full** ~ polna
luna, ščip; **half-moon** krajec (*first quarter, last*
quarter); **waning** (ali **old**) ~ pojemajoč mesec;
waxing ~ rastoč mesec; *sl* **to shoot the** ~
skrivaj ponoči oditi
moon II [mu:n] *vi* sanjariti, koprneti; postopati
(*about, around*), čas zapravljati (*away*)
moonbeam [mú:nbi:m] *n* lunin žarek
moonblind [mú:nblaind] *adj* slaboviden; mesečen,
somnabulen

moonblindness [mú:nblaindnis] *n* mesečnost, som-
nabulizem
mooncalf [mú:nka:f] *n* slaboumnež, butec; nedo-
nošenček
mooned [mu:nd] *adj* oblike meseca ali polmeseca,
lunast
mooner [mú:nə] *n* mesečnik; *fig* sanjač
mooneye [mú:nai] *n vet* mesečna slepota (konjska
bolezen); *A zool* glavosek (riba)
moon-faced [mú:nfeist] *adj* lunast (obraz)
moonless [mú:nlis] *adj* brez mesečine, temen (noč)
moonlight [mú:nlait] 1. *n* mesečina; 2. *adj* mesečen;
sl ~ **flitting** nočna selitev (zaradi neplačane na-
jemnine)
moonlighter [mú:nlaitə] *n hist* udeleženec nočnih
pohodov nad irske zemljiške posestnike; *A coll*
dvojni zaslužkar; tihotapec alkohola
moonlit [mú:nlit] *adj* z mesečino obsijan
moon-mad [mú:nmæd] *adj* nor
moonraker [mú:nreikə] *n E* vzdevek za prebivalca
Wiltshire-a
moonrise [mú:nraiz] *n* mesečev vzhod
moonscape [mú:nskeip] *n* mesečeva (po)krajina
moonset [mú:nset] *n* mesečev zahod
moonshine [mú:nšain] *n* mesečina; *fig* sanjarija,
neumnost; *A sl* vtihotapljen ali nezakonito na-
pravljen alkohol; **to talk** ~ sanjariti, govoriti
neumnosti
moonshiner [mú:nšainə] *n A sl* tihotapec alkohola,
kdor nezakonito dela alkohol
moonshiny [mú:nšaini] *adj* kot mesečina, obsijan
z mesečino; *fig* sanjarski, izmišljen, nesmiseln,
vizionaren
moonstone [mú:nstoun] *n min* mesčev kamen
moon-stricken [mú:nstrikən] *adj* glej **moonstruck**
moonstruck [mú:nstrʌk] *adj* mesečen; sentimen-
talen, zbegan, prismuknjen
moonwort [mú:nwə:t] *n bot* trpežna srebrenka
moony [mú:ni] *adj* (**moonily** *adv*) lunast; *coll* pri-
smojen, zbegan, sanjav; *sl* okajen
moor I [muə] *n E* barje, pušča, vresišče, ruševje;
lovski revir za jerebice
moor II [muə] 1. *vt* zasidrati, privezati ladjo; 2. *vi*
biti zasidran (privezan)
Moor [muə] *n* Maver; mohamedanec (na Ceylonu
in v južni Indiji); mešanec belih, indijanskih in
črnskih prednikov v Delaware-u
moorage [múəridž] *n naut* zasidranje, sidrišče, pri-
stojbina za zasidranje
moor-cock [múəkɔk] *n zool* snežni jereb
moorfowl [múəfaul] *n E zool* snežni jereb, snežna
jerebica
moor-hen [múəhen] *n zool* snežna jerebica
mooring [múəriŋ] *n naut* zasidranje; *pl* sidrna ve-
riga (navor itd.); *pl* sidrišče
moorish [múəriš] *adj* glej **moory**
Moorish [múəriš] *adj* maverski
moorland [múələnd] *n* vresišče, pušča, goljava
moorstone [múəstoun] *n min* limonit, rjavi železo-
vec
moory [múəri] *adj* močviren, vresast
moose [mu:s] *n* (*pl* **moose**) *zool* severnoameriški
los
moot I [mu:t] *adj jur* sporen, hipotetičen, dvomljiv,
navidezen; **a** ~ **point** sporno vprašanje; ~

court pravniški seminar, reprodukcija procesa za vajo

moot II [mu:t] *vt* pretresati, diskutirati, razpravljati

moot III [mu:t] *n hist* zbor; debata, pretres; *jur* reprodukcija procesa za vajo

mop I [mɔp] *n* brisalo z držajem za pranje poda; krpa za pranje poda, gobica (iz gaze); kušter

mop II [mɔp] *vt* pobrisati, obrisati s krpo za pod; *sl* to ~ **the floor with s.o.** pometati s kom, popolnoma premagati; **to** ~ **one's face** otreti si obraz; **to** ~ **up (with, from)** pobrisati (s čim, s česa); *sl* pograbiti (dobiček); *mil* razpršiti ali pobiti osamljene sovražnikove skupine; *E sl* lokati, polokati

mop III [mɔp] *n* spakovanje, mrdanje, kremženje; ~**s and mows** skremžen obraz; **in the** ~**s** nataknjen

mop IV [mɔp] *vi* spakovati se, kremžiti se; **to** ~ **and mow** kremžiti se, pačiti se

mope [moup] **1.** *n* potrt človek, puščoba, sitnež; *pl* potrtost; **2.** *vi & vt* biti brez zanimanja, otopeti, dolgočasiti se; potreti; **to be** ~**d to death** na smrt se dolgočasiti; **to** ~ **about** dolgočasiti se, sanjariti

moped [móuped] *n* moped

moper [móupə] *n* potrt človek, puščoba, sitnež

mophead [móphed] *n fig* kuštravec

mopish [móupiš] *adj* (~ **ly** *adv*) potrt, otopel, brezbrižen

mopishness [móupišnis] *n* potrtost, otopelost, brezbrižnost

moppet [mópit] *n fig* deklica; *coll* punčka (igrača); dolgodlak naročen psiček

mopping-up [mópiŋʌp] *n mil s!* čiščenje, pospravljanje; obračunavanje s sovražnikom

moppy [mópi] *adj* kuštrav

moquette [mokét] *n* vrsta plišaste tkanine

mora [mórə] *n* mora, italijanska igra na prste

moraine [mɔréin] *n geol* morena, ledeniška groblja

morainic [mɔréinik] *adj geol* morenski

moral I [mórəl] *adj* (~ **ly** *adv*) moralen, nraven; duhoven, notranji; spodoben, čednosten, kreposten; ~ **certainty** velika verjetnost; ~ **courage** moralna moč; ~ **faculty**, ~ **sense** čut za spodobnost; ~ **philosophy (science)** etika; ~ **law** moralni zakon; ~ **support** moralna opora; **a** ~ **life** čednostno življenje; ~ **hazard** subjektivno tveganje; *psych* ~ **insanity** moralna defektnost

moral II [mórəl] *n* nauk (zgodbe); *pl* morala, nravnost, etika; *sl* natančna podoba; **code of** ~**s** nravstveni zakonik; **to draw the** ~ **from** povzeti nauk iz česa; **to point the** ~ povdariti moralni vidik; *coll* **the very** ~ **of** prav tak

morale [morá:l, mɔréel] *n* morala, zavest, duh, pogum; **the** ~ **of troops** zavest vojakov; **to raise (lower) the** ~ dvigniti (oslabiti) moraᶥo

moralism [mórəlizəm] *n* moralna pridiga, moraliziranje; življenje po moralnih načelih

moralist [mórəlist] *n* moralist, kdor uči moralo, etik

moralistic [mórəlístik] *adj* (~ **ally** *adv*) moralističen, moralno vzgojen

morality [mərǽliti] *n* nravoslovje, moralnost, etika; spodobnost, krepost; *pl* moralna načela, etos; ~ **play** moraliteta (srednjeveška nravna verska igra); **commercial** ~ poslovna morala

moralization [mɔrəlaizéišən] *n* moraliziranje, nravno poučevanje; vsiljivo svarjenje

moralize [mórəlaiz] **1.** *vi* moralizirati (*on*); **2.** *vt* učiti nravnost; vsiljivo svariti

moralizer [mórəlaizə] *n* kdor pridiga o morali

morass [mɔrǽs] *n* barje, močvirje; *fig* zmešnjava, stiska; *fig* ~ **of vice** leglo pregrehe

morat [mó:ræt] *n hist* medica z murvami (pijača)

moratorium [mɔrətó:riəm] *n jur, econ* moratorij, odlog, podaljšanje plačilnega roka

moratory [mórətəri] *adj* moratorijski, ki odlaga (plačilni rok)

Moravian [mɔréivjən] **1.** *adj* moravski; **2.** *n* Moravec, -vka

morbid [mó:bid] *adj* (~ **ly** *adv*) morbiden, bolehen, bolesten; *med* patološki; ~ **anatomy** patološka anatomija

morbidity [mo:bíditi] *n* morbidnost, bolehnost, bolestnost; krajevna razširjenost bolezni

morbidness [mó:bidnis] *n* glej **morbidity**

morbific [mɔ:bífik] *adj med* bolezenski, ki povzroča bolezen

morbility [mo:bíliti] *n* krajevna razširjenost bolezni

morbilli [mɔ:bílai] *n pl med* ošpice

morceau [mɔ:sóu] *n mus* kratka skladba

mordacious [mo:déišəs] *adj* (~ **ly** *adv*) popadljiv, zajedljiv, jedek

mordacity [mo:dǽsiti] *n* popadljivost, jedkost, zajedljivost

mordancy [mó:dənsi] *n* glej **mordacity**

mordant [mó:dənt] **1.** *adj* (~ **ly** *adv*) oster, pekoč (bolečina), jedek, zajedljiv; *tech* ki jedka; **2.** *n tech* jedkalo, lužilo

mordent [mó:dənt] *n mus* mordent (melodični okras), trilček navzdol

more I [mɔ:] *adj* več, še; *arch* večji (le še v *the* ~ *fool* večji norec; *the* ~ *part* večji del); **they are** ~ **than we** več jih je od nas; **some** ~ **tea, please** še čaja, prosim; **one** ~ **day** še en dan; **two** ~ **miles** še dve milji; **so much the** ~ tem več, tem prej; ~ **kicks than ha 'pence** več neprijetnosti kakor koristi

more II [mɔ:] *adv* več, bolj, še; povrh, za nameček; **to be no** ~ biti mrtev; ~ **and** ~ bolj in bolj; ~ **or less** več ali manj, približno; **the** ~ **... the** ~ čim več ... tem več; **the** ~ **so because** tem bolj, ker; **all the** ~ **so** tem več, tem prej; **no** ~ **than** ne več od, samo; **once** ~ še enkrat, zopet; **never** ~ nikoli več; **neither** ~ **nor less than (stupid)** dobesedno, preprosto, docela (neumen); **so much the** ~ toliko bolj; **it is wrong and,** ~, **it is foolish** ni prav in povrh je še neumno; **and what is** ~ in kar je še važnejše; **what** ~ ? kaj pa še?

moreen [mərí:n] *n* moarirana volnena ali bombažna tkanina

morish [mó:riš] *adj coll* **it tastes** ~ jed je dobra, le da bi je bilo več

morel [morél] *n bot* mavrah; črna višnja

morello [mərélou] *n bot* črna višnja

moreover [mo:róuvə] *adv* povrh, nadalje, razen tega, tudi

mores [mó:ri:z] *n pl* običaji, šege

Moresque [mo:résk] **1.** *adj* maverski; **2.** *n* maverski stil, arabeska morganatic [mɔ:gənǽtik] *adj* (~ **ally** *adv*) morganatičen

morgue [mɔ:g] *n* (policijska) mrtvašnica; vzvišeno vedenje, nadutost; *A* arhiv časopisne založbe; *A* ~ **wagon** mrliški voz

moribund [mɔ́ribʌnd] *adj* umirajoč, izumirajoč

morion [mɔ́uriən] *n hist* čelada brez naličnika; *min* temnorjav kremenjak

Morisco [mərískou] *n* Maver (zlasti v Španiji); maverski ples

Mormon [mɔ́:mən] **1.** *n* mormon, ud ameriške verske ločine; **2.** *adj* mormonski; ~ **State** vzdevek države Utah (ZDA)

Mormonism [mɔ́:mənizəm] *n* mormonstvo

morn [mɔ:n] *n poet* jutro, zora

morning [mɔ́:niŋ] *n* jutro, dopoldan; *fig* jutro, začetek, svitanje; **in the** ~ zjutraj; **this** ~ danes zjutraj; **tomorrow** ~ jutri zjutraj; **yesterday** ~ včeraj zjutraj; **the** ~ **after** drugo jutro; *sl* **the** ~ **after the night before** »maček«; *poet* **with (the)** ~ proti jutru

morning coat [mɔ́:niŋkout] *n* žaket

morning dress [mɔ́:niŋdres] *n* ženska domača obleka; obleka za obiske, konference (črn suknjič s črtastimi hlačami)

morning gift [mɔ́:niŋgift] *n jur hist* jutranje darilo ženi po morganatični poroki

morning-glory [mɔ́:niŋglɔri] *n bot* (rdeč) slak

morning gown [mɔ́:niŋgaun] *n* jutranja halja

morning performance [mɔ́:niŋpəfɔ́:məns] *n* matineja

morning sickness [mɔ́:niŋsíknis] *n med* nosečnostna slabost

morning star [mɔ́:niŋsta:] *n astr* zvezda danica, Venera

morningtide [mɔ́:niŋtaid] *n poet* jutro

morning watch [mɔ́:niŋwɔč] *n naut* jutranja straža (od 4. do 8. ure zjutraj)

Moroccan [mərɔ́kən] **1.** *adj* maroški; **2.** *n* Marokanec, -nka

Morocco [mərɔ́kou] *n* Maroko

morocco [mərɔ́kou] *n* maroken (usnje), safian

moron [mɔ́:rən] *n* duševno zaostal človek; *fig* bebec, idiot

moronic [mərɔ́nik] *adj* duševno zaostal

moronity [mərɔ́niti] *n* duševna zaostalost

morose [mərɔ́us] *adj* (~ **ly** *adv*) mrk, čemeren, zlovoljen

moroseness [mərɔ́usnis] *n* čemernost, zlovoljnost

morph [mɔ:f] *n ling* lik, oblika

morpheme [mɔ́:fi:m] *n ling* morfem (jezikovna prvina)

morphia [mɔ́:fjə] *n chem* morfij

morphine [mɔ́:fi:n] *n chem* glej morphia

morphinism [mɔ́:finizəm] *n* morfinizem

morphinist [mɔ́:finist] *n* morfinist(ka)

morphogenesis [mɔ:fədžénisis] *n biol* morfogeneza

morphologic(al) [mɔ:fələdžik(əl)] *adj* morfološki

morphologist [mɔ:fɔ́lədžist] *n* morfolog

morphology [mɔ:fɔ́lədži] *n biol* morfologija, nauk o oblikah; *geog* nauk o površinskih oblikah zemlje; *ling* nauk o besednih tvorbah in oblikah

morphosis [mɔ:fɔ́sis] *n* morfoza

morris [mɔ́ris] *n* (tudi ~ *dance*) star angleški ples v kostumih; ~ **pike** vrsta kopja; ~ **tube** vložna puškina cev

morrow [mɔ́rou] *n arch* jutro; **the** ~ jutri, naslednji dan; **on the** ~ naslednjega dne; **the** ~ **of** naslednji dan, čas takoj po

morse [mɔ:s] *n zool* mrož; okrasna zaponka pri ornatu

Morse [mɔ:s] *n* Morse; ~ **code** Morsovi znaki

morsel [mɔ́:səl] *n* grižljaj, zalogaj; drobec, malenkost; **dainty** ~ slasten zalogaj

mort I [mɔ:t] *n hunt* trobež na rog (znak, da je jelen mrtev); *dial* velika množina, veliko število (*a* ~ *of*)

mort II [mɔ:t] *n zool* triletni losos

mortal I [mɔ:tl] *adj* (~ **ly** *adv*) smrten, umrljiv; smrtonosen, smrtno nevaren (*to*); ogorčen, neizprosen, smrtni (sovražnik); človeški, zemeljski, minljiv; *coll* dolgočasen; *coll* strašanski, silen; ~ **hour** smrtna ura; *coll* **for two** ~ **hours** dve neznosno dolgi uri; ~ **sin** smrtni greh; ~ **power** človeška moč; *coll* **by no** ~ **means** človeku nemogoče; *coll* **of no** ~ **use** popolnoma nekoristno; *coll* **in a** ~ **hurry** v silni naglici

mortal II [mɔ:tl] *n* smrtnik

mortality [mɔ:tǽliti] *n* umrljivost, mortalnost; človeštvo, smrtniki; ~ **rate** umrljivost (v številkah); ~ **table** tabela umrljivosti

mortally [mɔ́:təli] *adv* smrtno, na smrt, globoko

mortar I [mɔ́:tə] *n* malta; možnar (posoda), stopa; *mil* možnar (top)

mortar II [mɔ́:tə] *vt* ometati (z malto); *mil* obstreljevati z možnarjem

mortar-board [mɔ́:təbɔ:d] *n* maltnica (deščica); štirioglata študentska kapa

mortarless [mɔ́:təlis] *adj* brez malte

mortar-trough [mɔ́:tətrɔf] *n* maltarka (korito za malto)

mortary [mɔ́:təri] *adj* kot malta

mortgage I [mɔ́:gidž] *n jur* zastava, poroštvo (v nepremičninah), zastavnica, zastavno pismo; hipoteka, poroštveno pismo; **to give in** ~ zastaviti; **by** ~ hipotečno; **to borrow on** ~ vzeti posojilo na hipoteko; **to foreclose a** ~ izjaviti, da je hipoteka zapadla; **to lend on** ~ posoditi na hipoteko; **to raise a** ~ **on** vzeti hipotečno posojilo na kaj

mortgage II [mɔ́:gidž] *vt* obremeniti s hipoteko, zastaviti nepremičnine (*to*)

mortgage-bond [mɔ́:gidžbənd] *n* hipotečna zastavnica

mortgage-deed [mɔ́:gidždi:d] *n jur* zastavno pismo

mortgagee [mɔ:gədži:] *n jur* hipotečni upnik; ~ **clause** klavzula v zaščito upnika (v polici požarnega zavarovanja)

mortgager [mɔ́:gədžə] *n jur* hipotečni dolžnik

mortgagor [mɔ:gədžɔ́:] *n* glej mortgager

mortice [mɔ́:tis] *n* glej mortise

mortician [mɔ:tíšən] *n A* lastnik pogrebnega zavoda

mortification [mɔ:tifikéišən] *n* ponižanje, žalitev; trpinčenje, pokorenje (telesa); jeza, nevolja; *med* odmiranje telesnega uda, nekroza

mortified [mɔ́:tifaid] *adj* ponižan, žaljen; jezen, nevoljen (*at*); *med* nekrotičen

mortify [mɔ́:tifai] **1.** *vt* ponižati, užaliti, ujeziti; raniti čustva, trpinčiti (telo); **2.** *vi med* odmirati, postati gangrenozen (telesni ud)

mortifying [mɔ́:tifaiiŋ] *adj* poniževalen

mortise I [mó:tis] *n tech* zatična luknja, utor za klin, žlebič, utor; *fig* trdna opora; ~ ax(e) dletovka; ~ chisel dolbilo, ozko dleto; ~ gauge tesarsko merilo za mesto zatičnih lukenj; **mortising machine** verižni rezkar

mortise II [mó:tis] *vt* začepiti, včepiti (*into*), spojiti s čepom, klinom (*together, to*)

mortmain [mó:tmein] *n jur* neodtujiva posest; in ~ neodtujiv

mortuary [mó:tjuəri] **1.** *adj* mrtvaški, pogreben; **2.** *n* mrtvašnica

mosaic [məzéiik] **1.** *adj* (~ally *adv*) mozaičen; **2.** *n* mozaik; **3.** *vt* okrasiti z mozaikom

Mosaic [məzéiik] *adj* Mojzesov; ~ law Mojzesova postava

mosaicist [məzéiisist] *n* kdor dela mozaike

moschate [móskit, -keit] *adj* ki ima pižmov duh

moschatel [moskətél] *n bot* muškat (cvetlica)

moselle [məzél] *n* mozelčan, belo vino

mosey [móuzi] *vi A sl* pobegniti, pobrisati jo; pohajkovati

Moslem [mózlem] **1.** *adj* muslimanski; **2.** *n* musliman(ka)

Moslemism [mózlemizəm] *n* muslimanstvo

moslings [mózliŋz] *n pl* usnjeni ostružki (v strojarstvu)

mosque [mɔsk] *n* mošeja

mosquito [məskí:tou] *n zool* komar, moskit; ~ net (curtain) mreža (zastor) zoper komarje; ~ craft (ali fleet) majhne oborožene ladje za nenadne napade (torpedni čolni itd.); **Mosquito State** vzdevek za New Jersey (ZDA)

moss I [mɔs] *n bot* (drevesni) mah, mahovnica; šotišče, močvirje; **a rolling stone gathers no** ~ goste službe, redke suknje

moss II [mɔs] *vt & vi* pokriti (se) z mahom, obrasti (se) z mahom

moss-agate [mósægət] *n min* mahasti ahat

mossback [mósbæk] *n A sl* starokopitnež, skrajni konservativec; stara riba

moss-campion [móskæmpiən] *n bot* lepnica brez stebla

moss-grown [mósgroun] *adj* mahovnat, z mahom obrasel; *fig* starokopiten

moss-hag [móshæg] *n E* šotovina

mossiness [mósinis] *n* mahnatost, mahastost

moss-pink [móspiŋk] *n bot* pritlikava plamenka

moss-rose [mósrouz] *n bot* mahovka

mosstrooper [móstru:pə] *n hist* ropar, cestni razbojnik (na angleško škotski meji)

mossy [mósi] *adj* (mossily *adv*) mahovnat, mahoven; šotnat

most I [moust] *adj* največ(ji); večina (~ *people*); for the ~ part povečini, v glavnem

most II [moust] *adv* najbolj; naj~ (za tvorbo superlativa: the ~ *interesting*); izredno (pred pridevniki: *a ~ indecent story*); ~ of all posebno, zlasti; *econ, pol* ~-favo(u)red-nation clause klavzula največjih ugodnosti

most III [moust] *n* večina, največji del; največ, najbolje; **to make the** ~ **of it** kar najbolje izkoristiti, prikazati v najlepši luči; **at (the)** ~ v najboljšem primeru, največ; **better than** ~ boljše od večine

mostly [móus(t)li] *adv* v glavnem, večinoma, posebno, zlasti

mot [móu] *n* duhovita pripomba, domislica; ~ juste primeren izraz

mote [móut] *n* prašek, drobec; *bibl* ~ in s.o.'s eye trn v očesu; *bibl* ~ and beam majhen greh drugega v primerjavi z lastnim velikim grehom

motel [moutél] *n* motel, hotel za motorizirane goste

motet [moutét] *n mus* motet

moth [mɔθ] *n zool* molj; vešča; clothes ~ molj

moth-ball [móθbɔ:l] *n* kroglica naftalina; *A coll* ~ fleet ladjevje v rezervi

moth-eaten [móθi:tn] *adj* od moljev požrt; *fig* staromoden, zastarel

mother I [mʌ́ðə] *n* mati; mati prednica (v samostanu); *arch med* histerija; artificial ~ inkubator; ~ earth mati zemlja; *coll* to kiss ~ earth pasti; Mother's Day materinski dan; every ~'s son vsak človek; ~ country domovina; necessity is the ~ of invention sila kola lomi; *zool* Mother Carey's chicken viharnica (ptica); Mother Hubbard široka, ohlapna ženska obleka; *chem* ~ liquor (ali liquid) lužna usedlina; ~ lode glavna rudna žila; *bot* ~ of thousands vrsta divjega lanu

mother II [mʌ́ðə] *vt* roditi (navadno *fig*); po materinsko skrbeti, priznati materinstvo; to ~ a novel on s.o. pripisati komu avtorstvo romana

mother III [mʌ́ðə] *n chem* octov cvet

mothercraft [mʌ́ðəkra:ft] *n* materinstvo, materinske dolžnosti

motherhood [mʌ́ðəhud] *n* materinstvo

mothering [mʌ́ðəriŋ] *n E* običaj obiskovanja staršev na četrto postno nedeljo

mother-in-law [mʌ́ðərinlɔ:] *n* tašča

motherland [mʌ́ðəlænd] *n* domovina

motherless [mʌ́ðəlis] *adj* brez matere

motherlike [mʌ́ðəlaik] *adj* kot mati

motherliness [mʌ́ðəlinis] *n* materinska skrb, materinska ljubezen

motherly [mʌ́ðəli] *adj* materinski

mother-naked [mʌ́ðəneikid] *adj* popolnoma gol

mother-of-pearl [mʌ́ðərəvpə:l] *n* biserovina

mother-ship [mʌ́ðəšíp] *n E* matična ladja

mother-tongue [mʌ́ðətʌ́ŋ] *n* materinščina; *ling* prvotni jezik, prajezik

mother-wit [mʌ́ðəwit] *n* zdrava pamet

mothery [mʌ́ðəri] *adj* moten (od usedline)

moth-proof [móθpru:f] *adj* ki ga ne napadajo molji

moth-proofed [móθpru:ft] *adj* zaščiten pred molji

mothy [móθi] *adj* moljav, moljnat, od moljev požrt

motif [moutí:f, moutí:f] *n* motiv (izrazna prvina v umetnosti); *mus* vodilni motiv, leitmotiv; *fig* vodilna misel; čipkast našitek

motile [móutail] *adj bot, zool* pregiben, premičen

motility [moutíliti] *n* pregibnost, premičnost

motion I [móušən] *n* gibanje; kretnja; hoja (težka, lahka); premik; zamah, pogon; *fig* spodbuda, nagib; *jur, parl* predlog; *med* stolica; *pl* koraki, ravnanje, dejanja; on the ~ of na predlog koga; to go through the ~s of pretvarjati se, navidezno kaj delati; to have a ~ iti na potrebo; in ~ gibajoč, v pogonu; to make a ~ ali to bring forward a ~ predlagati kaj v skupščini; to move a ~ nagovarjati ljudi k glasovanju za kak predlog; of one's own ~ iz lastnega nagiba, prostovoljno; to put (ali set) in ~ sprožiti

(postopek), začeti, razgibati; **to watch s.o.'s ~ s** budno spremljati dejanja koga; *tech* **idle ~** prazni tek; *tech* **lost ~** mrtvi tek
motion II [móušən] **1.** *vi* pomigniti (*with* s, z), pokazati s kretnjo; **2.** *vt* opozoriti s kretnjo, napotiti (*to, towards, away, to do*); **to ~ s.o. away** odsloviti koga z zamahom roke
motional [móušənəl] *adj* premičen, gibalen
motionless [móušənlis] *adj* negiben, nepremičen
motion picture [móušənpikčə] *n A* film
motion sickness [móušənsiknis] *n med* kineza (zlasti morska, zračna bolezen)
motivate [móutiveit] *vt* motivirati, utemeljiti, podpreti, napeljati, spodbuditi
motivation [moutivéišən] *n* motivacija, utemeljitev; spodbuda, pobuda; pripravljenost, zanimanje
motive I [móutiv] *n* razlog, nagib (*for* za); motiv; **leading ~** glavni motiv
motive II [móutiv] *adj* gonilen; **~ power** gonilna sila
motive III [móutiv] *vt* (zlasti pasivno) dati povod za kaj; napotiti, razložiti, motivirati; **an act ~d by hatred** dejanje pogojeno v sovraštvu
motiveless [móutivlis] *adj* brez razloga, brez vzroka
motivity [moutíviti] *n* gonilnost, gonilna sila
motley [mótli] **1.** *adj* pisan, pester; **2.** *n* pisanost, pestrost; *hist* obleka dvornih norcev, (dvorni) norec; **to wear ~** vesti se ko norec
motor [móutə] **1.** *n tech* motor (posebno manjši v avtu, čolnu); *fig* gibalo, avto; *pl econ* avtomobilske akcije; *anat* motorični živec; **2.** *vt & vi* peljati (se) z avtom
motor-bicycle [móutəbáisikl] *n* motorno kolo
motorbike [móutəbáik] *n coll* motorno kolo
motorboat [móutəbóut] *n* motorni čoln
motorbus [móutəbás] *n* avtobus, omnibus
motorcade [móutəkeid] *n* avtomobilska povorka
motor-car [móutəka:] *n* avto
motorcycle [móutəsáikl] **1.** *n* motorno kolo; **2.** *vi* voziti se z motorjem
motorcyclist [móutəsáiklist] *n* motorist, motociklist
motor-drive [móutədraiv] *n* motorni pogon
motor-driven [móutədrivn] *adj* na motorni pogon
motordrome [móutədroum] *n* dirkališče za motorje in avtomobile
motored [móutəd] *adj tech* motoren, z motorjem; **bimotored** dvomotoren
motor-fitter [móutəfitə] *n* avtomehanik
motorial [mətó:riəl] *adj* gonilen, motorni
motoring [móutəriŋ] *n* avtomobilizem, vožnja z avtom; **~ offence** prometni prekršek
motorist [móutərist] *n* avtomobilist
motorization [moutərizéišən, ~rai~] *n* motorizacija
motorize [móutəraiz] *vt* motorizirati; *mil* **~d division** motorizirana divizija; *mil* **~d unit** motorizirana enota
motorless [móutəlis] *adj* brez motorja; *aero* **~ flight** jadranje
motorman [móutəmən] *n* voznik tramvaja, strojevodja električne lokomotive
motor-nerve [móutənə:v] *n physiol* motorični živec
motor-pool [móutəpu:l] *n* servis za posojanje avtomobilov
motor-road [móutəroud] *n* avtocesta
motor-scooter [móutəsku:tə] *n* skuter, vespa

motorship [móutəšip] *n* motorna ladja
motor-show [móutəšou] *n* razstava avtomobilov, avtomobilski salon
motor-spirit [móutəspirit] *n* bencin
motor-van [móutəvæn] *n E* majhen tovornjak, dostavno vozilo
motorway [móutəwei] *n E* avtocesta
motory [móutəri] *adj* motoren, gibalen
motte [mot] *n A dial* gozdiček v preriji
mottle [motl] **1.** *n* lisavost (vzorec), lisa, maroga; **2.** *vt* lisati, marogati
mottled [motld] *adj* lisast (vzorec), pisan
motto [mótou] *n* moto, geslo; epigraf
mouch [mu:č] *sl* glej **mooch**
moue [mu:] *n* šoba
mouf(f)lon [mú:flon] *n zool* divja ovca, muflon
mouillation [mu:jéišən] *n ling* palatarizirana izgovorjava
mouillé [mu:jéi] *adj ling* palatariziran
moulage [mu:lá:ž] *n* mavčni odtis
mould I [mould] *n E* kalup; šablona, vzorec; zgradba (telesa), postava, (zunanja) oblika; kokila; *fig* značaj, narava, karakter; módel, posoda za peko; *geol* odtis (okamenine); *fig* **cast in the same ~** istega kova; *fig* **cast in heroic ~** junaškega kova; **~ candle** ulita sveča; **female ~** matrica; male **~** patrica
mould II [mould] **1.** *vt E* ulivati (vosek); modelirati, oblikovati (*out of* iz), upodobiti (*on* po); gnesti (testo); profilirati; **2.** *vi* dati se oblikovati, izoblikovati se; **to ~ o.s. on s.o.** zgledovati se po kom
mould III [mould] *n E* rahla prst, črnica, prst, zemlja; **man of ~** navaden smrtnik
mould IV [mould] **1.** *n E* plesen, plesnoba, bersa; **2.** *vi* (s)plesneti; **to contract ~** plesneti
mouldable [móuldəbl] *adj E* oblikovalen, ki se da oblikovati
mould-board [móuldbɔ:d] *n E* deska za obračanje prsti (pri plugu), plužna deska
moulder I [móuldə] *n E* modelar, oblikovalec; **~'s pin** (ali stake) livarski žebelj
moulder II [móuldə] *vi E* razpasti, prepereti, plesneti, razpadati (*away*)
mouldiness [móuldinis] *n E* plesnivost; *sl* plehkost, omlednost
moulding [móuldiŋ] *n E* modeliranje, oblikovanje; *archit* zidni ornament; **~ board** deska za gnetenje testa; **~ clay** lončarska glina; **~ loft** prostor, kjer se na pod nariše načrt ladje v naravni velikosti; **~ machine** žlebilnik, skobeljnik, kalupni stroj; **~ sand** kaluparski pesek
mouldy I [móuldi] *adj E* plesniv, preperel; *fig* zastarel; *sl* dolgočasen
mouldy II [móuldi] *n E naut sl* torpedo
moulin [mu:læn] *n geol* ledeniška kotanja
moulinet [mu:linét] *n tech* vreteno; stožer (žerjava itd.); (sabljanje) vrtenje sablje
moult [móult] **1.** *n E* levitev, golenje; **2.** *vi* leviti se, goleti; *fig* spremeniti se, preleviti se
mound I [máund] **1.** *n* gomila, nasip, kup; **2.** *vt* obdati z nasipom, nasuti, nakopičiti; **Mound Builders** ime za nekaj severno ameriških indijanskih plemen
mound II [máund] *n hist* cesarsko jabolko; (zlata) krogla, ki predstavlja zemljo

mount I [máunt] *n poet* gora (v zemljepisnih imenih kratica Mt.); *anat* peščaj, mišična kepa v dlani
mount II [máunt] *n* jezdni konj; karton pod sliko, passe partout; okvir za kamen v prstanu; steklo s preparatom za mikroskopiranje; *mil* lafeta, podstavek; *coll* ježa; **to have a** ~ smeti jahati
mount III [máunt] **1.** *vi* vzpenjati se, povzpeti se, dvigniti se; zajahati; *fig* dvigniti se, rasti, naraščati (*up*), kopičiti se (dolg, težave itd.); **2.** *vt* popeti se (na goro, konja, kolo); postaviti, posaditi (*on* na); peljati po reki navzgor; opremiti s konji; namestiti, sestaviti, montirati (stroj); vgraditi, vdelati (kamen v prstan); nalepiti, uokviriti (sliko); *mil* postaviti stražo, stražiti; *theat & fig* inscenirati; preparirati (žival, insekta); dati pod mikroskop; ~ **ed troops** konjenica; ~ **ed police** policija na konjih; **to** ~ **guard (over)** postaviti stražo, nastopiti stražo; **to** ~ **the throne** sesti na prestol; *mil* **to** ~ **a gun** postaviti, montirati top; **to** ~ **a specimen** dati primerek pod mikroskop; **to** ~ **the high horse** prevzetovati; **to** ~ **on** posoditi komu konja
mountain [máuntin] *n* gora (tudi *fig*); **a** ~ **is raised off my spirits** kamen se mi je odvalil od srca; **to climb** ~ **s** iti v hribe; ~ **s high** izredno visok; **to make a** ~ **out of a molehill** napraviti iz muhe slona; **the** ~ **on labo(u)r** veliko hrupa za prazen nič; *hist* **the Mountain** jakobinska stranka v francoski revoluciji; **Mountain State** vzdevek za Montano in Zahodno Virginijo (ZDA)
mountain-ash [máuntinæš] *n bot* jerebika
mountain-cat [máuntinkæt] *n zool* puma
mountain-chain [máuntinčéin] *n* pogorje, gorska veriga
mountain-cleft [máuntinkleft] *n* tesen, gorska ožina
mountaincock [máuntinkɔk] *n zool* divji petelin
mountain-cranberry [máuntinkrǽnbəri] *n bot* brusnica
mountain-crystal [máuntinkristl] *n min* kamena strela, kristalna kopuča
mountain-dew [máuntindju:] *n coll* škotski viski
mountained [máuntind] *adj* gorat
mountaineer [mauntiníə] **1.** *n* hribolazec; hribovec; **2.** *vi* iti v hribe
mountaineering [mauntiníəriŋ] *n* hribolaštvo, gorništvo, alpinizem
mountain-everlasting [máuntinevəlá:stiŋ] *n bot* majnica, drtinščica
mountain-high [máuntinhái] *adj* visok kakor gora
mountain-lion [máuntinláiən] *n zool* puma
mountainous [máuntinəs] *adj* gorat, hribovit; *fig* ogromen
mountain-phlox [máuntinflɔ́ks] *n bot* skalna plamenka
mountain-range [máuntinréindž] *n* pogorje
mountain-rat [máuntinrǽt] *n zool* svizec
mountain-saxifrage [máuntinsǽksifridž] *n bot* kreč
mountain-sickness [máuntinsíknis] *n med* višinska bolezen
mountainside [máuntinsáid] *n* pobočje, reber
mountain-slide [máuntisláid] *n* plaz
mountain-sun [máuntinsʌ́n] *n* višinsko sonce
mountain-tobacco [máuntintəbǽkou] *n bot* arnika
mountain-troops [mauntintrú:ps] *n pl mil* planinci
mountainy [máuntini] *adj* hribovit; planinski
mountant [máuntənt] *n tech* lepilo

mountebank [máuntibæŋk] *n* mazač, sejemski slepar, šarlatan
mountebankery [máuntibǽŋkəri] *n* sleparstvo, šarlatanstvo
mounted [máuntid] *adj* na konju, konjeniški; *mil* opremljen s transportnimi vozili; opremljen, montiran, vdelan; prepariran (žival)
mounting [máuntiŋ] *n* vzpenjanje; uokvirjenje; *tech* postavitev, montaža; vdelava (dragega kamna); oprema; *pl* okovje (na vogalih kovčka, na vratih, oknih); *el* instalacija
mourn [mɔ:n] **1.** *vi* žalovati (*at, over*), nositi črnino; **2.** *vt* objokovati, žalovati za kom
mourner [mɔ́:nə] *n* žalovalec, -lka, žalujoči; *A* spokornik, ki javno izpove svoje grehe
mournful [mɔ́:nful] *adj* (~ **ly** *adv*) žalosten, žalen
mournfulness [mɔ́:nfulnis] *n* žalost
mourning I [mɔ́:niŋ] *n* žalovanje, objokovanje; žalna črnina; *sl* umazanija za nohtom, črnavo oko; **complimentary** ~ črnina za umrlim, ki ni sorodnik; **deep** ~ globoka črnina; **to go into (out of)** obleči, (sleči) črnino;
mourning II [mɔ́:niŋ] *adj* (~ **ly** *adv*) žalujoč, žalen; ~ **band** črn trak; ~ **border** žalni okvir; ~ **coach** mrliški voz; ~ **paper** črno obrobljen pisemski papir; *A* ~ **dove** grlica
mouse I [maus] *n* (*pl* mice) miš; *sl* podpluto oko; *fig* strahopetec; *tech* vrv na poteg z utežjo; **field** ~ poljska miš; **as poor as a church** ~ reven kakor cerkvena miš; **as silent as a** ~ tih kakor miška; **to play like a cat with a** ~ igrati se kakor mačka z mišjo
mouse II [mauz] *vi* loviti miši; stikati okoli
mouse-colo(u)red [máuskʌ́ləd] *adj* mišje siv
mouse-deer [máusdiə] *n zool* mošuš
mouse-dum [máusdʌn] *adj* mišje barve
mouse-ear [máusiə] *n bot* kosmatica
mouser [máuzə] *n* žival, ki lovi miši
mousetrap [máustræp] *n* mišnica (past); *fig* past; *fig* »luknja«, majhna hišica; ~ **cheese** cenen sir
mousquetaire [mu:skətéə] *n hist* mušketir
mousse [mu:s] *n* jed iz začinjene in zmrznene smetane; (*chocolate* ~, itd.)
mousseline [mu:slí:n] *n* muslin (tkanina)
m(o)ustache [məstá:š] *n* brki
mousy [máusi] *adj* mišji, mišje siv, poln miši, tih kot miš
mouth I [mauθ] *n* usta; gobec, smrček; žrelo (topa), grlo (steklenice), odprtina (cevi), vhod (v jamo); ustje (reke); *sl* ustenje, gobcanje; *coll* **down in the** ~ žalosten, potrt; **from s.o.'s** ~ komu z jezika (vzeti); **from** ~ **to** ~ od ust do ust; **to give** ~ lajati (pes); **to give** ~ **to one's thoughts** naglas povedati kar mislimo; **to have a big** ~ imeti dolg jezik, preveč govoriti; **the horse has a good (bad)** ~ konja je lahko (težko) voditi; *coll* **to keep one's** ~ **shut** držati jezik za zobmi; **to laugh on the wrong (ali other) side of one's** ~ kislo se smejati; **to look a gift horse in the** ~ gledati podarjenemu konju na zobe, zmrdovati se nad darilom; **my** ~ **waters** sline se mi cedijo; **to make s.o. laugh on the wrong side of his** ~ odvaditi koga smeha; **to make s.o.'s** ~ **water** delati komu skomine; **to make a wry** ~ namrdniti se; **to open one's** ~ **too wide** preveč zahtevati; **to put (ali place) words into s.o.'s** ~

položiti komu besede v usta; trditi, da je kdo kaj rekel; **to shoot off one's** ~ izblebetati; **to shut (ali stop) s.o.'s** ~ zapreti komu usta; **straight from the horse's** ~ iz zanesljivega vira; **to take the bread out of s.o.'s** ~ spraviti koga ob zaslužek; **to take the words out of s.o.'s** ~ vzeti komu besedo iz ust; **by word of** ~ ustno; **useless** ~ kdor jé, a ne dela

mouth II [mauð] **1.** *vt* pompozno (afektirano) izgovarjati, izgovoriti; dati v usta, jesti, žvečiti; dotakniti se z ustnicami; navajati konja na uzdo; **2.** *vi* afektirano govoriti; pačiti se (*at* komu)

mouthed [máuðd] *adj* ki ima usta (gobec), z usti (gobcem); (v sestavljenkah: *wide-*~)

mouth-filling [máuθfiliŋ] *adj* bombastičen, nabuhel

mouthful [máuθful] *n* zalogaj, grižljaj; *A sl* **to say a** ~ nekaj tehtnega povedati

mouthless [máuθlis] *adj* brez ust

mouth-organ [máuθə:gən] *n mus* orglice

mouth-piece [máuθpi:s] *n mus* dulec (pri pihalih); ustnik; *fig* govornik (v imenu drugih ljudi); žvale (pri konju); zobni ščitnik (boks); dihalna cev (pri plinski maski)

mouthwash [máuθwɔš] *n med* ustna voda

mouthy [máuði] *adj* glasen, kričav; bombastičen, nabuhel

movability [mu:vəbíliti] *n* gibljivost, premičnost

movable I [mú:vəbl] *adj* (**movably** *adv*) gibljiv, premičen; ~ **feast (holiday)** gibljiv praznik; ~ **property** premičnine, mobilije

movable II [mú:vəbl] *n*; *pl* premičnine, mobilije

move I [mu:v] *n* poteza (šah); preselitev, gibanje; *fig* korak, ukrep, akcija, dejanje; **on the** ~ na pohodu, aktiven; *sl* **to get a** ~ **on** podvizati se; **it is your** ~ ti si na potezi; **to make a** ~ iti drugam, premakniti se, ukreniti kaj; **a clever** ~ pameten ukrep; dobra poteza (šah)

move II [mu:v] **1.** *vt* premakniti, premikati, pomakniti; odstraniti, odnesti; *fig* ganiti; spodbujati, spodbuditi, začeti, sprožiti, napeljati, nagovoriti (*to* k); razdražiti, spraviti v bes; predlagati; *econ* odposlati, razprodati; **2.** *vi* premikati se, premakniti se, pomakniti se, kreniti, oditi, preseliti se (*to*); *fig* napredovati; ukrepati (*in s.th.* v čem, *against* proti); napraviti potezo (šah); *econ* iti v prodajo; **to be** ~**d to tears** biti do solz ganjen; **to be** ~**d (at, by)** biti ganjen; **to** ~ **s.o. from an opinion** odvrniti koga od njegovega mnenja; **to** ~ **s.o. to anger** razjeziti koga; **to** ~ **the bowels** dristiti; **his bowels** ~**d** šel je na veliko potrebo; **things began to** ~ stvari so stekle; *parl* **to** ~ **an amendment** predlagati amandma; **he** ~**d quickly** hitro je ukrepal; **to** ~ **heaven and earth** vse poskusiti, truditi se na vse pretege; **to** ~ **house** preseliti se; **to** ~ **in a rut** živeti po stari navadi; **the spirit** ~**s** nekaj me sili (*to do s.th.*)

move about *vi* često se seliti, vrteti se okoli

move against *vi* napredovati proti, iti proti

move ahead *vi* napredovati, iti dalje

move along *vi* pomakniti se naprej (v avtobusu)

move away *vi* oddaljevati se (*from*); *A* preseliti se

move by *vi* pomikati se mimo

move down *vi* pomakniti se dol, spustiti se

move for *vi* predložiti kaj, uradno za kaj zaprositi

move from *vi* oddaljiti se od česa

move in *vi* vseliti se; napasti (*on*)

move off *vi* oddaljiti se, oditi; **to** ~ **at full speed** pobrisati jo

move on *vi* pomakniti se dalje; raziti se

move out *vi* izseliti se (*of* iz)

move round *vi* obrniti se

move up *vi* pomakniti se gor, vzpenjati se

moveable [mú:vəbl] *adj* glej **movable**

moveless [mú:vlis] *adj* nepremičen, negiben

movement [mú:vmənt] *n* gibanje (tudi *pol*); gib, premik; (zlasti *pl*) ukrepi, koraki; (hiter) razvoj (dogodkov); prizadevanje, tendenca, nagnenje (*to* k); potek zapleta (v literaturi), ritem (v verzu); *mus* stavek; *mus* tempo; *tech* tek (stroja), premični deli stroja, kolesa; *med* stolica; *econ* gibanje cen, prodaja, promet; **to be in the** ~ iti v korak s časom

mover [mú:və] *n fig* povzročitelj, gonilna sila, glavni vzrok; *tech* gonilna naprava, mehanizem; predlagatelj; *A* spediter

movie [mú:vi] *n A coll* film; *pl* kino; **to go to the** ~ **s** iti v kino

movieland [mú:vilænd] *n A coll* filmski svet

movietone [mú:vitoun] *n A* zvočni film

moving [mú:viŋ] *adj* (~**ly** *adv*) gonilen, gibljiv; *fig* ganljiv; ~ **power** gonilna sila; ~ **average** drseče povprečje (v statistiki); ~ **picture** film; ~ **staircase** eskalator; *A* ~ **man** spediter; *A* ~ **van** spediterski voz

mow I [mou] *n* kašča, senik; senena kopa, kup (slame, žita, graha)

mow II* [mou] *vt* kositi, žeti; *fig* **to** ~ **down** pokositi

mow III [mau] **1.** *n* spakovanje, skremžen obraz; **2.** *vi* spakovati se; **mops and** ~**s** grimase

mowburnt [móubə:nt] *adj* zadahnjen (seno v vroči kopi)

mower [móuə] *n* kosec; kosilnica, kosilnik

mowing [móuiŋ] *n* košnja; ~ **cradle** kosne grablje; ~ **machine** kosilni stroj, kosilnica

mown [moun] *pp* od **to mow II**

moxa [mɔ́ksə] *n med* rastlinski obkladek proti bolečinam v kosteh

moya [mɔ́iə] *n* vulkansko blato

much I [mʌč] *adj* mnogo; ~ **money** mnogo denarja; **so** ~ **water** toliko vode, sama voda; *coll* **he is too** ~ **for me** nisem mu dorastel, ne pridem mu do kraja; ~ **cry and little wool** mnogo hrupa za prazen nič

much II [mʌč] *adv* mnogo; zelo (v sestavljenkah: ~**-admired**); zelo, veliko (pred komparativi: ~ **stronger**); daleč (pred superlativi: ~ **the oldest**); skoraj; ~ **to my regret** na mojo veliko žalost; **we** ~ **regret** zelo nam je žal; ~ **to my surprise** na moje veliko presenečenje; **he did it in** ~ **the same way** napravil je to na skoraj isti način; **it is** ~ **the same thing** je skoraj isto; **as** ~ **as** toliko kakor; **(as)** ~ **as I would like** kakor rad bi že; **as** ~ **more (ali again)** še enkrat toliko; **as** ~ **as to say** kakor če bi hotel reči; **he said as** ~ nekaj takega je rekel; **I thought as** ~ tako sem tudi mislil; **he, as** ~ **as any on**, prav tako kot kdo drug; **so** ~ **the better** tem bolje; **so** ~ **for today** toliko za danes; **not so** ~ **as** komaj; **without so** ~ **as to move** ne da bi se premaknil;

so ~ so tako veliko; ~ less mnogo manj, kaj
šele, da ne rečem; *coll* not ~ komaj da (v od-
govoru); ~ of a size skoraj enako velik; ~ the
most likely najbolj verjetno; ~ too ~ veliko
preveč; how ~ ? koliko?
much III [mʌč] *n* mnogo, velika stvar, nekaj po-
sebnega; nothing ~ nič posebnega; it did not
come to ~ ni bilo prida; to think (ali make) ~
of s.o. zelo koga ceniti; he is not ~ of a dancer
ni kaj prida plesalec; to do too ~ of a good
thing pretiravati v čem; so ~ ali that ~ (samo)
toliko; not to say ~ for ne zgubljati besed za
kaj; ~ will have more kolikor več imaš, toliko
več želiš
muchly [mʌ́čli] *adv hum* zelo, veliko, posebno
muchness [mʌ́čnis] *n* množina, veličina, obilje; *coll*
much of a ~ skoraj enak
mucic [mjú:sik] *adj* sluzast
mucid [mjú:sid] *adj* zatohel, trhel
mucidness [mjú:sidnis] *n* zatohlost, trhlost
mucilage [mjú:silidž] *n bot* rastlinska sluz, cedika;
lepilo
mucilaginous [mju:silǽdžinəs] *adj* lepljiv, sluzav;
ki izloča sluz
mucin [mjú:sin] *n biol* sluzec, sluzina
muck I [mʌk] *n* gnoj, blato, govno (tudi *fig*); *coll*
gnusoba; *E coll* nesmisel; it's all ~ to je ne-
smisel; to make a ~ of pokvariti, zapackati,
uničiti
muck II [mʌk] *vt* gnojiti; *vulg* zamazati; *E sl* po-
kvariti posel; to ~ about *E sl* postopati, lena-
riti; *A sl* slabo voditi (vojsko); to ~ in with
deliti s kom; to ~ up pokvariti, z nerodnostjo
uničiti; to ~ out izkidati gnoj
mucker [mʌ́kə] *n E sl* pad, štrbunk; *fig* smola,
nesreča; *A* surovež; to come a ~ hudo pasti,
štrbunkniti; to go a ~ razsipavati (*on, over*)
muckheap [mʌ́khi:p] *n* gnojišče
muck-rake I [mʌ́kreik] *n* gnojne vile
muckrake II [mʌ́kreik] *vi coll* razkrinkati politično
korupcijo (predvsem v časopisu)
muckraker [mʌ́kreikə] *n* kdor razkrinka politično
korupcijo
muckworm [mʌ́kwə:m] *n* ličinka v gnoju; *fig* gra-
bežljivec; brezdomec (otrok)
mucky [mʌ́ki] *adj* (muckily *adv*) umazan; *fig* pro-
staški
mucoid [mjú:kəid] *adj* sluzast
mucosity [mju:kósiti] *n* sluzavost
mucous [mjú:kəs] *adj* sluzast; ki izloča sluz; *anat*
~ membrane sluznica
mucro [mjú:krou] *n* (*pl* ~ crones) *bot, zool* koničast
del (lista, organa)
mucronate [mjú:krounit, ~ neit] *adj bot* koničast
mucus [mjú:kəs] *n biol* sluz
mud I [mʌd] *n* blato, glen, grez; *fig* nesnaga; *sl*
~ in your eye! na zdravje! (pri pitju); his name
is ~ na slabem glasu je, izgubil je ugled; *fig*
to stick in the ~ obtičati, ne napredovati;
stick-in-the-~ nepodjetnež, reva; to fling (ali
throw) ~ at s.o. blatiti koga; to drag (down)
into the ~ povleči koga v blato; Mud Cat
State vzdevek za drž. Mississippi (ZDA)
mud II [mʌd] *vt* umazati z blatom
mud-bath [mʌ́dba:θ] *n med* blatna kopel

mud-boat [mʌ́dbout] *n naut* širok, plitev rečni čoln,
plitvica
muddiness [mʌ́dinis] *n* blatnost, motnost (tudɪ luči);
umazanost
muddle I [mʌdl] *n* zmešnjava, nered, zmedenost;
to make a ~ of s.th. vse pokvariti; to get into
a ~ zaiti v težave; to be in ~ biti zmeden
muddle II [mʌdl] 1. *vt* zbegati, zmešati, zmesti,
zaplesti, pokvariti; omamiti (s pijačo); skaliti
(vodo); *A* mešati (kakao); 2. *vi* šušmariti, kaziti;
to ~ one's brains upijaniti se
muddle about *vi* šušmariti, igračkati se (*with*)
muddle on (ali along) *vi* nenačrtno delati
muddle through *vi* nekako se preriti
muddle up *vt* zmešati, zamešati, zamenjati
muddledom [mʌ́dldəm] *n hum* zmešnjava
muddle-headed [mʌ́dlhedid] *adj* zmeden, neumen,
konfuzen
muddle-headedness [mʌ́dlhedidnis] *n* zmedenost,
neumnost, konfuznost
muddler [mʌ́dlə] *n A* mešalo (palčka za mešanje
pijače); zmedenec; šušmar; neroda
muddy [mʌ́di] 1. *adj* (muddily *adv*) blaten, moten,
nejasen, skaljen; *fig* zmeden, konfuzen; 2. *vt*
umazati z blatom, skaliti; zmesti; the Big Muddy
(reki) Mississippi ali Missouri
mudflat [mʌ́dflæt] *n* blatna obala ob oseki
mudguard [mʌ́dga:d] *n tech* blatnik
mudlark [mʌ́dla:k] *n sl* pouličnik, umazanec, cunjar
mud-slinger [mʌ́dsliŋgə] *n* klevetnik, obrekovalec
mud-slinging [mʌ́dsliŋgiŋ] *n* blatenje, klevetanje,
obrekovanje
muezzin [mu:ézin] *n* muezin, klicar k molitvi
muff I [mʌf] *n* muf, rokovnik
muff II [mʌf] 1. *n* neroda (v športu); tepec; ne-
uspeh; 2. *vt* zgrešiti (žogo), ne ujeti, skaziti;
to make a ~ of it skaziti
muffettee [mʌfití:] *n* pleten naročnik (za gretje
sklepov)
muffin [mʌ́fin] *n* vroč, z maslom namazan kolaček;
~ bell prodajalčev zvonček
muffineer [mʌfiníə] *n* posoda, v kateri ostanejo
kolački topli; sipnica za sladkor (sol)
muffin-man [mʌ́finmən] *n* prodajalec kolačkov
muffish [mʌ́fiš] *adj* neroden (v športu)
muffle I [mʌfl] *n* pridušitev (glasu); pridušen glas;
smrček (glodalcev in prežvekovalcev); usnjena
zaščitna rokavica (za umobolne); sušilna celica
(v peči); *chem* talilni lonec; ~ furnace talilna peč
muffle II [mʌfl] *vt* pridušiti (glas) (često *up*) zaviti,
oviti (si); *fig* zavezati jezik; zamrmrati (kletev);
to ~ o.s. zaviti se
muffler [mʌ́flə] *n* šal; *tech* glušnik, dušilec; boksar-
ska rokavica; palčnik (rokavica)
mufti [mʌ́fti] *n* mufti; *E* civilna obleka uniformi-
rancev; in ~ v civilu
mug I [mʌg] *n* vrček; hladna pijača; *sl* obraz; *sl*
usta; *sl* pačenje; *E sl* naivnež, tepec; *E* gulež
(študent); a ~ of beer vrček piva; ~ shot slika
obraza (zlasti za policijsko zbirko); ~ house
pivotoč
mug II [mʌg] 1. *vt sl* fotografirati (zlasti zločince
na policiji); *A* napasti, oropati; (*up*) guliti se
(študent); 2. *vi sl* pačiti se; *E* guliti se (*at*)
mugger [mʌ́gə] *n zool* indijski krokodil

mugginess [mʌ́ginis] n soparica, zadušljivost, zatohlost

muggins [mʌ́ginz] n tepec; otroška igra s kartami; domina (igra)

muggy [mʌ́gi] adj (muggily adv) soparen, zadušljiv (vreme); zatohel (duh)

mugwump [mʌ́gwʌmp] n A neodvisen politik; domišljav politik, bonec

mulatto [mjulǽtou, mə~] n mulat, mešanec belih in črnih staršev

mulberry [mʌ́lbəri] n bot murva; ~ bush vrsta otroške igre; mil Mulberry vzdevek za zasilna pristanišča invazijskih čet (l. 1944.)

mulch [mʌ́lč] 1. n nastelja (slama, zemlja, listje za zaščito mladih nasadov); 2. vt prekriti, osuti (korenine)

mulct I [mʌlkt] n arch globa, denarna kazen

mulct II [mʌlkt] vt naložiti komu globo; oskubiti koga (from); ogoljufati koga (of); to ~ s.o. in a pound naložiti komu en funt globe; to be ~ed biti oskubljen (za denar)

mule I [mju:l] n zool mula, mezeg; bot, zool bastard, križanec; coll trmoglavec, mulec; tech predpredilni stroj; tech vlačilec, traktor; natikač; as obstinate as a ~ trmast ko mula

mule II [mju:l] vi cmeriti se, mevžati

muleback [mjú:lbæk] n; to go on (ali by) ~ jezditi na muli

mule-jenny [mjú:ldženi] n tech predpredilni stroj

mule-skinner [mjú:lskinə] n A coll mular, gonjač mul

muleteer [mju:litíə] n mular, gonjač mul

mule-track [mjú:ltræk] n planinska steza (prehodna za mule)

muley [mjú:li] n; tech ~ saw tračna žaga za hlode

muliebrity [mju:liébriti] n ženskost, mehkobnost

mulish [mjú:liš] adj (~ly adv) mulast, trmast

mulishness [mjú:lišnis] n trma

mull I [mʌl] n fin muslin (tkanina)

mull II [mʌl] n Sc rtič

mull III [mʌl] 1. n zmešnjava; 2. vt zmešati, pokvariti, zgrešiti; to make a ~ of zmešati, pokvariti, zgrešiti; A coll to ~ over premlevati, premišljevati

mull IV [mʌl] vt odišaviti in skuhati pijačo; ~ed wine kuhano vino

mulle(i)n [mʌ́lin] n bot papeževa sveča

muller [mʌ́lə] n tech stope, priprava za mletje

mullet I [mʌ́lit] n zool brkavica (barbon); skočec (cipal)

mullet II [mʌ́lit] n her peto- ali šesto-kraka zvezda

mulley [mú:li] 1. adj A brez rogov (govedo); 2. n govedo brez rogov, krava

mulligan [mú:ligən] n A sl ragu, enolončnica

mulligatawny [mʌligətó:ni] n močno začinjena juha (s curry-jem)

mulligrubs [mʌ́ligrʌbz] n pl coll potrtost, pobitost; želodčna bolečina, želodčni krči, kolika

mullion [mʌ́liən] n archit oknjak; ~ed window okno z oknjakom

mullock [mʌ́lək] n Aust rudninski odpadek (iz katerega je zlato že izprano); dial smeti

multangular [mʌltǽŋgjulə] adj mnogokoten

multeity [mʌltí:iti] n mnogovrstnost, množina

multi- [mʌlti~] pref mnogo

multiaxle [mʌltiǽksl] adj mnogoosen; ~ drive mnogoosen pogon

multibreak [mʌ́ltibreik] n el serijsko stikalo

multicellular [mʌltiséljulə] adj biol mnogoceličen

multicolo(u)red [mʌltikʌ́ləd] adj mnogobarven, pisan

multicylinder [mʌltisílində] adj mnogocelindričen

multiengine(d) [mʌltiéndžin(d)] adj tech z več motorji

multifarious [mʌltiféəriəs] adj (~ly adv) mnogovrsten, raznoličen

multifariousness [mʌltiféəriəsnis] n mnogovrstnost, raznoličnost

multifid [mʌ́ltifid] adj bot, zool razcepljen v mnogo delov

multiflorous [mʌltiflóurəs] adj bot mnogocveten

multifoliate [mʌltifóuliit] adj bot mnogolisten

multiform [mʌ́ltifə:m] adj mnogovrsten, različnih oblik, raznolik

multiformity [mʌltifó:miti] n mnogovrstnost, raznolikost

multigraph [mʌ́ltigra:f] 1. n print razmnoževalni stroj; 2. vt & vi razmnožiti, razmnoževati

multilateral [mʌltilǽtərəl] adj mnogostranski, večstranski; pol multilateralen

multilingual [mʌltilíŋgwəl] adj govoreč več jezikov

multimillionaire [mʌ́ltimiljənéə] n multimilijonar, večkratni milijonar

multinomial [mʌltinóumiəl] adj math mnogočlenski

multipara [mʌltípərə] n (pl ~rae) n med žena z več otroki

multiparous [mʌltípərəs] n zool ki skoti naenkrat več mladičev; ki rodi več otrok (žena)

multipartite [mʌltipá:tait] adj mnogodelen, večstranski

multiparty [mʌ́ltipa:ti] adj pol večstrankarski

multiped [mʌ́ltiped] adj zool mnogonožen

multiphase [mʌ́ltifeis] adj el večfazen

multiplane [mʌ́ltiplein] n aero večkrilnik

multiple I [mʌ́ltipl] adj (multiply adv) mnogovrsten, mnogodelen, mnogokraten; agr ~ cropping večkratno obdelovanje njive v enem letu; tech ~ die mnogovrstno orodje; ~ dwelling večdružinska hiša; ~ firm podjetje z več podružnicami; ~ mark znak množenja (×); econ ~ production serijska proizvodnja; med ~ sclerosis skleroza multipleks; ~ shop trgovina z več podružnicami

multiple II [mʌ́ltipl] n math mnogokratnik; least common ~ najmanjši skupni mnogokratnik

multiplex [mʌ́ltipleks] adj mnogokraten, mnogoter

multipliable [mʌ́ltiplaiəbl] adj množilen

multiplicable [mʌ́ltiplikəbl] adj glej multipliable

multiplicand [mʌltiplikǽnd] n math multiplikand

multiplicate [mʌ́ltiplikit, ~keit] adj mnogokraten, mnogoter

multiplication [mʌltiplikéišən] n math množenje; bot, zool razmnoževanje; ~ table poštevanka

multiplicative [mʌltiplíkətiv] 1. adj množilen; 2. n množilni števnik

multiplicator [mʌ́ltiplikeitə] n math multiplikator

multiplicity [mʌltiplísiti] n mnogoterost, mnoštvo, množina

multiplier [mʌ́ltiplaiə] n math množitelj, multiplikator; pomnoževalec; phys ojačevalec, razmnoževalec; povečevalna leča

multiply [mʌltiplai] *vt & vi* množiti (se), pomnožiti (*by* s, z), pomnožiti se

multi-purpose [mʌltipǝ:pǝs] *adj* za več namenov, mnogostranski (~ *jurniture*)

multishift [mʌltišift] *adj* v več izmenah

multi-stor(e)y [mʌltistǝ:ri] *adj* z več nadstropji; ~ **building** stolpnica; ~ **car park** parkirna hiša

multisyllable [mʌltisilǝbl] *n* večzložna beseda

multitude [mʌltitju:d] *n* množina, mnoštvo; **the** ~ ljudske množice

multitudinism [mʌltitjú:dinizǝm] *n* princip prednosti množic pred posameznikom

multitudinous [mʌltitjú:dinǝs] *adj* (~ **ly** *adv*) številen; mnogovrsten

multitudinousness [mʌltitjú:dinǝsnis] *n* številnost; mnogovrstnost

multivalent [mʌltivéilǝnt, mʌltívǝlǝnt] *adj chem* mnogovalenten

multivocal [mʌltívǝkǝl] **1.** *adj* mnogoznačen, mnogopomenski; **2.** *n* beseda z več pomeni

multure [mʌlčǝ] *n* mletvina (plačilo za mletje)

mum I [mʌm] **1.** *adj* tih, nem; **2.** *int* tiho!, pst!; ~ **'s the word!** nikomur niti besede!; **to be** (ali **keep**) ~ molčati; **as** ~ **as oysters** molčeč ko riba

mum II [mʌm] *vi* igrati brez besed, igrati z mimiko

mum III [mʌm] *n coll* mama; *A coll* krizantema; *E hist* vrsta piva; *cont* igralec

mumble [mʌmbl] **1.** *n* mrmranje; **2.** *vt & vi* mrmrati, mlaskati (pri jedi); *A* ~ **-the-peg** metanje noža (otroška igra)

mumbo-jumbo [mʌmboudžʌmbou] *n* grotesken malik, idol praznovernega čaščenja

mummer [mʌmǝ] *n* igralec v pantomimi; *hum* glumač

mummery [mʌmǝri] *n* pantomima; maškarada; pretiran ceremonial

mummification [mʌmifikéišǝn] *n* mumifikacija

mummified [mʌmifaid] *adj* mumificiran; *fig* posušen, izžet

mummify [mʌmifai] *vt* mumificirati, balzamirati; *fig* posušiti, skrčiti

mummy I [mʌmi] *n* mumija; *fig* izžet človek; kašasta snov; bituminozna rjava barva; **to beat s.o. to a** ~ zmleti koga v sončni prah

mummy II [mʌmi] *n coll* mama, mamica

mump [mʌmp] *vi* kujati se, biti slabe volje; *coll* prosjačiti, slepariti

mumper [mʌmpǝ] *n* sleparski berač

mumpish [mʌmpiš] *adj* (~ **ly** *adv*) kujav, čemeren, siten

mumps [mʌmps] *n med* mumps, vnetje trebušne slinavke; kujavost, čemernost

mumpsimus [mʌmpsimǝs] *n* predsodek; svojeglavec, okorelec

munch [mʌnč] *vt & vi* žvečiti, cmokati

Munchausen [mʌnčǝ:zn] **1.** *adj* fantastičen, iznajdljiv; **2.** *n* lažnivi ključec

Munchausenism [mʌnčǝ:zǝnizǝm] *n* izmišljotina, potegavščina

mundane [mʌnðein] *adj* (~ **ly** *adv*) svetovljanski, monden; zemeljski

mungo [mʌngou] *n econ* mungo (preja); *bot* kačjak, črni koren

mungoose [mʌngú:s] *n* glej mongoose

municipal [mju:nísipǝl] *adj* (~ **ly** *adv*) mesten, občinski, municipalen; ~ **authorities** mestna upra-

va; *econ* ~ **bank** komunalna banka; *econ* ~ **bonds** komunalne zadolžnice, mestna posojila; ~ **council** mestni svet; ~ **corporation** občinska uprava, samoupravni organ; ~ **elections** občinske volitve; ~ **kitchen** ljudska kuhinja; *jur* ~ **law** municipalno pravo; *econ* ~ **loan** občinsko posojilo; *econ* ~ **taxes** občinski davki, občinske dajatve

municipalism [mjunísipǝlizǝm] *n* lokalni patriotizem

municipalist [mju:nísipǝlist] *n* lokalni patriot

municipality [mju:nisipǽliti] *n* samoupravna občina; mestna občina, mestna uprava

municipalization [mju:nisipǝlaizéišǝn] *n* ustanovitev samoupravne občine, priključitev občini

municipalize [mju:nísipǝlaiz] *vt* ustanoviti samoupravno občino, priključiti občini

munificence [mju:nífisǝns] *n* radodarnost, velikodušnost

munificent [mju:nífisǝnt] *adj* (~ **ly** *adv*) radodaren, velikodušen

muniment [mjú:nimǝnt] *n jur* listina o posebnih pravicah; pravna listina; arhiv; *arch* zaščitno sredstvo

muniment-room [mjú:nimǝntrum] *n* arhiv (prostor)

munition [mju:níšǝn] **1.** *n* municija, strelivo, vojna oprema; **2.** *vt* oskrbeti z municijo

munitioner [mjuníšǝnǝ] *n* delavec v tovarni municije

muntjak [mʌntdžæk] *n zool* indijski jelen

munnion [mʌniǝn] *n* glej **mullion**

murage [mjúǝridž] *n* mestna pristojbina za popravilo zgradb

mural [mjúǝrǝl] **1.** *adj* ziden, stenski; **2.** *n* stenska podoba, freska (tudi ~ *painting*)

murder I [mǝ:dǝ] *n* umor (*of*); **to commit a** ~ zagrešiti umor, umoriti; **to cry blue** ~ zagnati krik in vik; *coll* **it was** ~ bilo je strašno; **the** ~ **is out** resnica je prišla na dan; ~ **will out** vsak umor pride prej ali slej na dan; *A jur* **first-degree** (**second-degree**) ~ umor, (uboj)

murder II [mǝ:dǝ] *vt* umoriti; *fig* pokvariti, izmaličiti (pesem, jezik)

murderer [mǝ:dǝrǝ] *n* morilec

murderess [mǝ:dǝris] *n* morilka

murderous [mǝ:dǝrǝs] *adj* (~ **ly** *adv*) morilski, smrtonosen; krvi žejen; *fig* nezaslišan

mure [mjúǝ] *vt* obzidati, zazidati; zapreti (*up*)

muriate [mjúǝriit] *n* klorid (gnojilo)

muriated [mjúǝrieitid] *adj* ki vsebuje kuhinjsko sol

muriatic [mjuǝriǽtik] *adj chem* klorovodikov; ~ **acid** solna kislina

murine [mjúǝrain, ~ in] **1.** *adj zool* glodav; **2.** *n* glodalec

murk [mǝ:k] **1.** *adj arch, poet* temen, mračen; gost (megla)

murkiness [mǝ:kinis] *n* mračnost, temačnost, meglenost

murky [mǝ:ki] *adj* (murkily *adv*) temen, mračen; temačen; zameglen, gost (megla)

murmur I [mǝ:mǝ] *n* mrmranje; šumenje (vetra); žuborenje (vode); godrnjanje; *med* šum na srcu

murmur II [mǝ:mǝ] **1.** *vi* mrmrati, šumeti, žuboreti; godrnjati (*against, at*); **2.** *vt* momljati kaj

murmurous [mǝ:mǝrǝs] *adj* (~ **ly** *adv*) mrmrajoč, šumeč, žuboreč; godrnjav

murphy [mɔ́:fi] *n sl* krompir
murrain [mʌ́rin] *n vet* živinska kuga; *arch* kuga
(zlasti v kletvicah); *arch* a ∼ on you! naj te
kuga pobere!
murrey [mʌ́ri] **1.** *adj* temno rdeč; **2.** *n* temno rdeča
barva
musaceous [mju:zéišəs] *adj bot* ki pripada bana-
novcem
muscadel [mʌskədél] *n* glej muscatel
muscadine [mʌ́skədin] *n* glej muscatel
muscat [mʌ́skət] *n* muškatelka (grozd)
muscatel [mʌskətél] *n* muškatelec (vino); muška-
telka (grozd)
muscle I [mʌsl] *n anat* mišica; mišičevje; *fig* moč;
∼ fiber (fibre) mišično vlakno; *fig* not to move
a ∼ niti z očesom ne treniti
muscle II [mʌsl] *vi A coll* s silo si utreti pot; to ∼
in brezobzirno se vriniti
muscle-bound [mʌ́slbaundl] *adj* otrplih mišic (zaradi
pretiravanja v športu), neprožen
muscled [mʌsld] *adj anat* z mišicami; mišičast
(v sestavljenkah)
muscleless [mʌ́sllis] *adj* brez mišic; *fig* brez moči,
mlahav
muscoid [mʌ́skoid] *adj* mahovnat
muscology [mʌskólədži] *n* nauk o mahovju
Muscovite [mʌ́skəvait] **1.** *n arch* Moskovčan; Rus;
2. *adj arch* moskovski; ruski
Muscovy [mʌ́skəvɪ] *n hist* Rusija
muscular [mʌ́skjulə] *adj* (∼ ly *adv*) mišičen, mišič-
nat; *fig* močan
muscularity [mʌskjulǽriti] *n* muskularnost, miši-
čavost
musculature [mʌ́skjuləčə] *n* muskulatura, mišičevje
muse I [mju:z] *n* muza; *fig* pesniški navdih; *hum*
son of the ∼ s pesnik
muse II [mju:z] **1.** *n arch* zamišljenost, razmišljanje
(*over*); **2.** *vi* razmišljati, razglabljati, sanjariti
(*on, upon* o)
museful [mjú:zful] *adj* zamišljen
museology [mju:ziólədži] *n* muzealistika
muser [mjú:zə] *n* sanjač, mislec, razglabljalec
musette [mju:zét] *n mus* dude; pastirski napev;
vmesni trio gavote; *A mil* ∼ bag krušnjak
museum [mju:zíəm] *n* muzej; *A* umetnostna galerija
museworthy [mjú:zwə:ði] *adj* razmišljanja vreden
mush I [mʌš] *n* kaša; *A* polenta; *sl* sladkobnost,
jokavost; *fig* nesmisel; škripanje, pokanje (v ra-
diu); to make a ∼ of pokvariti
mush II [mʌš] **1.** *n A* hoja po snegu (zlasti za
pasjo vprego); **2.** *vi* hoditi za pasjo vprego; ∼ !
naprej! (klic psom v vpregi)
mush III [mʌš] *n E sl* dežnik
mushroom I [mʌ́šrum] *n bot* užitna goba; travniški
kukmak; *fig* povzpetnik, parveni; *sl* dežnik;
coll vrsta ženskega slamnika; sploščen naboj;
to grow like ∼ s rasti ko gobe; ∼ growth hitra
rast; to shoot up like ∼ s rasti ko gobe po dežju
mushroom II [mʌ́šrum] *adj* gobast, kakor goba; *fig*
kratkotrajen; *tech* ∼ head zakovična glavica;
fig ∼ fame kratkotrajna slava
mushroom III [mʌ́šrum] *vi* nabirati gobe; *fig* rasti
ko goba, razširiti se ko goba
mushy [mʌ́ši] *adj* (mushily *adv*) kašast, kašnat,
mehek; *fig* mehkužen; *coll* sladkoben, jokav

music [mjú:zik] *n* glasba; glasbeni komad, skladba;
note; muzikalije; *fig* blagoglasje, petje; to face
the ∼ v oči gledati, junaško prenašati težave
ali kazen; to set to ∼ uglasbiti; to play without
∼ igrati brez not; the ∼ of birds ptičje petje;
rough ∼ mačja godba
musical [mjú:zikəl] **1.** *adj* (∼ ly *adv*) glasben, mu-
zikalen, muzikaličen, melodičen; **2.** *n A* glasbena
komedija, opereta, glasben večer; ∼ film glas-
beni film
musical-box [mjú:zikəlbɔks] *n E* glej music-box
musical comedy [mjú:zikəlkómidi] *n* opereta
musicale [mju:zikǽl] *n A* glasbeni večer, domači
koncert
musicality [mju:zikǽliti] *n* muzikaličnost; muzi-
kalnost
music-box [mjú:zikbɔks] *n A* glasbena skrinjica,
igralna skrinjica
music-hall [mjú:zikhɔ:l] *n* koncertna dvorana; *E*
dvorana za varietejske predstave; pester pro-
gram (radio)
music-house [mjú:zikhaus] *n* trgovina z muzikali-
jami
musician [mju:zíšən] *n* glasbenik, muzikant
music-master [mjú:zikma:stə] *n* učitelj glasbe
musicology [mju:zikólədži] *n* nauk o glasbi
music-paper [mjú:zikpeipə] *n* notni papir
music-shop [mjú:zikšɔp] *n* trgovina z muzikalijami
music-stand [mjú:zikstænd] *n* stojalo za note
music-stool [mjú:zikstu:l] *n* stolček pri klavirju
music teacher [mjú:zikti:čə] *n* učitelj glasbe
music-wire [mjú:zikwaiə] *n* jeklena struna
musing [mjú:ziŋ] **1.** *adj* (∼ ly *adv*) zamišljen, sanjav,
premišljujoč; **2.** *n* premišljevanje, razglabljanje
musk [mʌsk] *n* mošek, pižem, pižmov duh; mošu-
sov jelen
musk-cat [mʌ́skkæt] *n zool* cibetovka
musk-cavy [mʌ́skkéivi] *n zool* drevesna podgana
musk-deer [mʌ́skdiə] *n zool* mošusov jelen
muskeg [mʌ́skəg] *n A, Can* tundra, močvirje; *bot*
šotni mah
musket [mʌ́skit] *n* mušketa (stare vrste puška)
musketeer [mʌskitíə] *n hist* mušketir
musketry [mʌ́skitri] *n mil* strelske vaje; *hist* muške-
tirstvo, mušketirji
muskmelon [mʌ́skmelən] *n bot* dinja
musk-ox [mʌ́skóks] *n zool* mošusov bivol
musk-rat [mʌ́skræt] *n zool* pižmovka (podgana)
musk-rose [mʌ́skrouz] *n bot* pižmica
musk-wood [mʌ́skwud] *n bot* muškatovec (drevo)
musky [mʌ́ski] *adj* (muskily *adv*) po pižmu dišeč;
moškov
muslin [mʌ́zlin] *n* muslin; *naut sl* jadra; *coll* bit of
∼ dekle, ženska
musquash [mʌ́skwoš] *n zool* pižmovka (podgana);
njeno krzno
muss [mʌs] **1.** *n A coll* nered, zmešnjava; **2.** *vt*
razmetati, zmečkati, skuštrati (zlasti *up*)
mussel [mʌsl] *n zool* užitna školjka, dagnja
Mussulman [mʌ́slmən] **1.** *n* musliman; **2.** *adj* musli-
manski
mussy [mʌ́si] *adj A coll* v neredu, zmečkan, skuš-
tran
must I [mʌst] *n* mošt

must II [mʌst] *v defect*; **I** ~ **moram**; **I** ~ **noɪ ne smem**; **he** ~ **be over eighty** gotovo jih ima čez 80 (let); **you** ~ **have heard it** gotovo si to slišal

must III [mʌst] *adj* nujen, neizogibno potreben; **a** ~ **book** knjiga, ki jo je treba brati, 'obvezno čtivo

must IV [mʌst] *n* nujnost, potreba; **it is a** ~ je neizogibno

must V [mʌst] **1.** *aʌj* podivjan (slon, kameɪa); **2.** *n* podivjanost

must VI [mʌst] *n* pˡesen, plesnivost

mustache [mʌ́stæš, məsɪǽš] *n A* glej **moustache**

mustachio [məstá:šou] *n arch* brki

mustang [mʌ́stæŋ] *n zool* mustang, na pol divji ameriški konj

mustard [mʌ́stədɪ] *n* gorčica; *bot* gorjušica; *A sl* vražji fant; zagon, navdušenje; **keen as** ~ navdušen

mustard-gas [mʌ́stədgæs] *n mil* iperit

mustard-oil [mʌ́stədɔil] *n chem* eterično gorčično olje

mustard-plaster [mʌ́stədplá:stə] *n med* gorčični obliž

mustard-seed [mʌ́stədsi:d] *n bot* gorčično seme; **grain of** ~ malenkost, ki lahko postane zelo važna

musteline [mʌ́stəlain, ~lin] **1.** *adj zool* ki pripada kunam; kakor podlasica; **2.** *n* roparska zver iz družine kun

muster I [mʌ́stə] *n mil* pregˡed, zbor, apel, popis; **to pass** ~ zadovoljiti, biti sprejet (*with* pri)

muster II [mʌ́stə] **1.** *vt* pregledati, sklicati v zbor, zbrati; *fig (up)* zbrati (pogum); **2.** *vi* zbrati se; **to** ~ **up one's courage** zbrati ves svoj pogum; **to** ~ **up sympathy** izkazati komu usmiljenje; *A* **to** ~ **in** vpoklicati v vojsko; *A* **to** ~ **out** odpustiti iz vojske

muster-out [mʌ́stəráut] *n A mil* odpust iz vojske

muster-roll [mʌ́stəroul] *n mil, naut* seznam vojakov (mornarjev) v četi (na ladji), seznam posadke

mustiness [mʌ́stinis] *n* plesnivost, zatohlost; puhlost (tudi *fig*); *fig* zastarelost

musty [mʌ́sti] *adj* (**mustily** *adv*) pɪesniv, zatohel; plehek, nepiten (vino); *fig* zastarel

mutability [mju:təbíliti] *n* spremeljivost; *fig* omahljivost, nestalnost

mutable [mjú:təbl] *adj* (**mutably** *adv*) spremenljiv; *fig* omahljiv, nestalen

mutant [mjú:tənt] **1.** *adj biol* menjajoč glas, ki mutira; **2.** *n* varianta

mutate [mju:téit] **1.** *vt* spremeniti; *gram* preglasiti (samoglasnik); **2.** *vi* spremeniti se; *biol* mutirati, menjati glas; ~**d vowel** preglašen samoglasnik

mutation [mju:téišən] *n* sprememba; *biol* mutacija, mena glasu, dedna sprememba; *gram* preglaševanje (samoglasnika); *phys* ~ **of energy** preoblikovanje energije

mutative [mjú:tətiv] *adj bɪol* ki se nenadoma spremeni; *ling* ki izraža spremembo

mute I [mju:t] *adj* (~**ly** *adv*) nem (tudi črka); *jur* **to stand** ~ (**of malice**) namenoma ne odgovarjati (obtoženec)

mute II [mju:t] *n* nem človek, mutec; *theat* statist; *ling* nem soglasnik; *mus* dušilo, glušilo; najet žalovalec (pri pogrebu); ptičje blato

mute III [mju:t] *vt* dušiti zvok

muteness [mjú:tnis] *n* nemost

mute-swan [mjú:tswən] *n zool* labod grbec

mutic [mjú:tik] *adj zool* brez orožja; *bot* brez trnov

mutilate [mjú:tileit] *vt* pohabiti, okrniti

mutilation [mju:tiléišən] *n* pohabɪjenje, okrnitev

mutilator [mjú:tileitə] *n* kdor pohabi, okrne

mutineer [mju:tiníə] **1.** *n* upornik; **2.** *vi* upreti se

mutinous [mjú:tinəs] *adj* (~**ly** *adv*) uporniški, uporen; divji (~ *passions*)

mutinousness [mjú:tinəsnis] *n* uporništvo

mutiny [mjú:tini] **1.** *n* upor; **2.** *vi* upreti se

mutism [mjú:tizəm] *n* nemost, molčečnost

mutt [mʌt] *n sl* bastard (pes); butec

mutter [mʌ́tə] **1.** *n* mrmranje, momljanje, godrnjanje; **2.** *vi & vt* mrmrati, momljati, godrnjati (*against*, *at*); *fig* skrivaj povedati

mutterer [mʌ́tərə] *n* momljač, godrnjalec

muttering [mʌ́təriŋ] *adj* (~**ly** *adv*) mrmrajoč, momljajoč

mutton [mʌtn] *n* bravina; *hum* ovca; **as dead as** ~ mrtev, izumrl; *coll* ~ **dressed like lamb** mladostno opravljena starejša ženska; **to eat one's** ~ **with s.o.** jesti s kom; **to return to one's** ~ s vrniti se k prvotnemu predmetu pogovora

mutton-chop [mʌ́tnčɔp] *n* kotlet bravine; *pl* zalizki (tudi ~ *whiskers*)

mutton-head [mʌ́tnhed] *n coll* puhloglavec, bedak

muttony [mʌ́tni] *n* bravina

mutual [mjú:tjuəl] *adj* (~**ly** *adv*) vzajemen, medsebojen; skupen; *hum* ~ **admiration society** društvo za medsebojno občudovanje; ~ **aid association** ali ~ **benefit society** vzajemno podporno društvo; *jur* ~ **contributory negligence** medsebojna zadolženost; ~ **insurance company** vzajemna zavarovalnica; *econ* ~ **terms** pogoji medsebojne poravnave

mutualism [mjú:tjuəlizəm] *n* načelo medsebojne odvisnosti za blagor vseh

mutuality [mju:tjuǽliti] *n* vzajemnost, medsebojnost

mutualize [mjú:tjuəlaiz] *vt econ* preosnovati podjetje tako, da imajo uslužbenci ali odjemalci večino deležev

muzhik [mu:zík] *n* ruski mužik

muzz [mʌz] *vt sl* opojiti, zmesti

muzzle [mʌzl] **1.** *n zool* gobec; nagobčnik (tudi *fig*); *mil* odprtina (puške, topa); *tech* odprtina, dulec; **2.** *vt* dati nagobčnik; *fig* zamašiti usta; *naut* zviti jadro

muzzleloader [mʌ́zlloudə] *n mil hist* puška (top), ki se nabija spredaj

muzzy [mʌ́zi] *adj* (**muzziˡy** *adv*) dolgočasen; topoglav, bedast; nejasen; omotičen (od pijače)

my [mai] *poss adj* moj; ~! ali **oh** ~! ali ~ **eye!** jojmene!; *fig* **this opened** ~ **eyes** to mi je odprlo oči

myalgia [maiǽldžiə] *n med* mišični revmatizem

myall [máiəl] *n bot* avstralska akacija; avstralski domorodec

mycelium [maisí:liəm] *n* (*pl* ~**lia**) *bot* podgobje

mycology [maikɔ́ldži] *n* veda o gobah, mikologija; gobe nekega področja

mycosis [maikóusis] *n med* mikoza, obolenje od gljivic

mydriasis [midráiəsis] *n med* bolezensko ali narkotično razširjenje zenice

myelatrophia [maiələtróufiə] *n med* sušica hrbtnega mozga

myelitic [maiəlítik] *adj med* mielitičen

myelitis [maiəláitis] *n med* vnetje hrbteničnega mozga

myelon [máiələn] *n physiol* hrbtni mozeg

mynheer [mainhíə] *n coll* Holandec

myocardiogram [maiəká:diəgræm] *n med* elektrokardiogram

myocardiograph [maiəká:diəgra:f] *n med* elektrokardiograf, EKG aparat

myocarditis [maiouka:dáitis] *n med* vnetje srčne mišice

myocardium [maiouká:diəm] *n* srčna mišica

myodynamics [maioudainǽmiks] *n pl med* fiziologija delovanja mišic

myology [maiólədži] *n* nauk o mišičevju

myoma [maióumə] *n (pl ~mata) med* miom, mesnata bula

myomatous [maiómətəs] *adj med* miomski

myope [máioup] *n med* kratkovidnež (tudi *fig*)

myopia [maióupiə] *n med* kratkovidnost (tudi *fig*)

myopic [maiópik] *adj med* kratkoviden (tudi *fig*)

myosis [maióusis] *n med* bolezensko ali narkotično zoženje zenice

myositis [maiousáitis] *n med* vnetje zenice

myosotis [maiəsóutis] *n bot* spominčica

myotic [maiótik] **1.** *adj* ki povzroči zoženje zenice; **2.** *n* mamilo, ki povzroči zoženje zenice

myriad [míriəd] **1.** *adj poet* neštet; **2.** *n* miriada, deset tisoč; *fig* veliko število

myriapod [míriəpod] *n zool* stonoga

myringitis [mirindžáitis] *n med* vnetje bobniča

myrmecobe [mə́:mikoub] *n zool* mravljinčar

myrmecology [mə:mikólədži] *n* nauk o mravljah

myrmidon [mə́:midən] *n* oproda, birič; najet razbijač; ~ **of law** čuvar zakona

myrrh [mə:] *n bot* mira

myrrhic [mə́:rik] *adj bot* mirin

myrtaceous [mə:téišəs] *adj bot* mirtin

myrtle [mə:tl] *n bot* mirta; *A* zimzelen

myself [maisélf] *pron* jaz sam; se, si, me, mi; **I'm not ~ today** danes se ne počutim posebno dobro

mysterious [mistíəriəs] *adj* (~ **ly** *adv*) skrivnosten, nedoumen, tajinstven, misteriozen

mysteriousness [mistíəriəsnis] *n* skrivnostnost, tajinstvenost

mystery I [místəri] *n* skrivnost, tajna, uganka (*to* komu); *pl* skrivnostni obredi; misterij, verska igra; *A* ~ **novel** kriminalni roman; ~ **tour** izlet v neznano; **to make a** ~ **of** skrivati kaj

mystery II [místəri] *n arch* ceh, obrt

mystic [místik] **1.** *adj* (~ **ally** *adv*) skrivnosten, mističen; *A jur* zapečaten (testament); **2.** *n* mistik

mystical [místikəl] *adj* (~ **ly** *adv*) mističen, okulten

mysticism [místisizəm] *n phil* misticizem, mistika; meglena domneva

mystification [mistifikéišən] *n* mistifikacija, prevara

mystified [místifaid] *adj* zmeden, zbegan

mystify [místifai] *vt* mistificirati, varati, potegniti za nos; zmesti, zbegati; zaviti v temo

myth [miθ] *n* bajka, legenda, mit; *fig* izmišljotina; umišljen človek

mythic(al) [míθik(əl)] *adj* (~ **ally**, ~ **ly** *adv*) bajesloven, legendaren, mitičen; *fig* izmišljen, umišljen

mythographer [miθógrəfə] *n* pisec bajk

mythography [miθógrəfi] *n* pisanje bajk

mythologic(al) [miθəlódžik(əl)] *adj* (~ **ally**, ~ **ly** *adv*) bajesloven, mitološki

mythologist [miθólədžist] *n* mitolog(inja)

mythologize [miθólədžaiz] **1.** *vt* napraviti mit (iz česa); **2.** *vi* pripovedovati bajke (o bogovih, junakih itd.)

mythology [miθólədži] *n* bajeslovje, mitologija

mythomania [miθəméiniə] *n med* patološko laganje ali pretiravanje

mythomaniac [miθəméiniæk] *n med* ki ima mitomanijo

mythopoeic [miθəpí:ik] *adj* ki ustvarja mite

mythopoeism [miθəpí:izəm] *n* ustvarjanje mitov

myx- *pref* sluzast

myx(o)edema [miksidí:mə] *n med* bolezen, ki povzroči sušenje ščitne žleze

N

n [en] **1.** *n* (*pl* N's, Ns, n's, ns) črka n; *math* neznanka; predmet oblike N; **2.** *adj* štirinajsti; oblike črke N; *math* **to the** ∼ **th** na n-to potenco; *fig* **to the** ∼ **th degree** do skrajnosti

'n [n] *conj dial* za **than** in **and**

nab I [næb] **1.** *vt sl* prijeti, zapreti, zalotiti (pri dejanju); **2.** *n sl* policaj; aretacija

nab II [næb] *n tech* zapirna ploščica

nabob [néibɔb] *n fig* Krez, velik bogataš; *hist* poslanec velikega mogula; namestnik v mogulskem carstvu; indijski nabob

Naboth's vineyard [néibɔθvínjəd] *n* posest, ki jo kdo hoče za vsako ceno imeti

nacarat [nǽkəræt] *n* svetla oranžno rdeča barva; tkanina te barve

nacelle [nəsél] *n aero* ohišje (za kolesa, bombe itd. v letalu); košara zrakoplova; trup letala

nacre [néikə] *n* biserovina; *zool* bisernica (školjka); vrsta polipa

nacr(e)ous [néikr(i)əs] *adj* biserovinast

nadir [néidiə] *n astr* nadir, zemeljsko podnožišče; *fig* najnižja točka, najnižja razvojna stopnja

nadiral [néidiərəl] *adj astr* ki je v nadiru

naevus [níːvəs] *n* glej **nevus**

nag I [næg] *n zool* poni, majhen konj; *coll* mrha, kljuse

nag II [næg] **1.** *vt* zbadati (z besedo), jeziti, mučiti; godrnjati (*at*); **2.** *vi* sitnariti, jezikati, nergati; zbadati (bolečina)

nag III [næg] *n* sitnarjenje, zbadanje, godrnjanje

nagana [nəgáːnə] *n S Afr* spalna bolezen

nagger [nǽgə] *n* sitnež, zajedljivec, zabavljač

nagging [nǽgiŋ] **1.** *n* sitnarjenje, godrnjanje; **2.** *adj* godrnjav, zajedljiv, siten; ki gloje (dvom)

naggy [nǽgi] *adj* siten, godrnjav, prepirljiv, zajedljiv

naiad [náiæd] *n myth* najada, povodna vila, vodna nimfa; *fig* plavalka

naif [naːíːf] *adj* naiven, prostosrčen, preprost, otročji

nail I [néil] *n tech* žebelj; noht; *zool* krempelj, trd izrastek na kljunu nekih ptic; stara dolžinska mera (0,057 m); **a** ∼ **in one's coffin** vse, kar pospeši smrt; padec vlade, režima; **to drive a** ∼ **in** zabiti žebelj; **to drive the** ∼ **home** iti (dognati) do kraja; **one** ∼ **drives out another** klin se s klinom izbija; **to fight tooth and** ∼ boriti se z zobmi in nohti, boriti se na vso moč; **as hard as** ∼**s** trdnega zdravja, žilav, neusmiljen, trd; **to hit the** ∼ **(right) on the head** zadeti v črno; **on the** ∼ takoj; **to pay on the** ∼ takoj plačati v

gotovini; **to the** ∼ do konca, dokončan, dovršen; **right as** ∼**s** točen, v redu; ∼**s in mourning** umazani nohti

nail II [néil] *vt* pribiti (*on, to* na), zabiti, obiti z žeblji, okovati (z žeblji); zakovati (tudi *up*); *fig* zgrabiti, prijeti (tatu), pograbiti (priliko); ukrasti; *fig* upreti pogled, obrniti pozornost (*on, to* na); *coll* ujeti na laži; *sl* ujeti, zasačiti (v šoli); *fig* **to** ∼ **one's colours to the mast** ostati zvest svojim načelom, javno jih izpovedati; *fig* **to** ∼ **a lie to the counter** (ali **barndoor**) dokazati ali razkrinkati (laž, prevaro)

nail down *vt* zabiti; *fig* prijeti koga za besedo (*to*); *fig* nesporno dokazati

nail up *vt* z žeblji zbiti, zabiti; *fig* skrpucati; **a nailed-up drama** skrpucana drama

nail-bed [néilbed] *n anat* nohtno ležišče

nail-bit [néilbit] *n tech* žebnik, sveder

nail-biting [néilbaitiŋ] *n* grizenje nohtov

nail-brush [néilbrʌʃ] *n* ščetka za nohte

nail-enamel [néilinǽməl] *n* lak za nohte

nailer [néilə] *n* žebljar; *sl* spretnjakar (*at* za); človek in pol; **to work like a** ∼ delati kot obseden

nailery [néiləri] *n* žebljarna

nail-file [néilfail] *n* pilica za nohte

nailhead [néilhed] *n* žebljeva glavica

nailing [néiliŋ] *adj* pribijajoč, zabijajoč; *sl* odličen, sijajen

nail-polish [néilpɔliš] *n* lak za nohte

nail-puller [néilpulə] *n tech* žebljarske klešče

nail-scissors [néilsizəz] *n pl* škarjice za nohte

nainsook [néinsuk] *n* mehka bombažna tkanina (za dojenčke, perilo)

naive, naïve [naiíːv, naːíːv] *adj* (∼**ly** *adv*) glej **naïf**

naivete, naïveté [naiíːvtei] *n* glej **naivety**

naivety [naːíːvti] *n* naivnost, prostosrčnost, preprostost

naked [néikid] *adj* (∼**ly** *adv*) nag, gol; nezastrt, nepokrit, nezavarovan, izpostavljen (*to*); *fig* očiten, čist, odkrit, razgaljen; enostaven, preprost; prazen (soba); *jur* nepotrjen, brez pravne zahteve; **stark** ∼ popolnoma gol; **the** ∼ **truth** čista resnica; **to strip** ∼ sleči do golega; ∼ **sword** goli meč; **with the** ∼ **eye** s prostim očesom; **a tree** ∼ **of leaves** drevo brez listja; *jur* ∼ **confession** nepotrjeno priznanje; *jur* ∼ **possession** dejanska posest

Naked Boys [néikidbɔiz] *n bot* jesenski podlesek

Naked Lady [néikidléidi] *n bot* glej **Naked Boys**

nakedness [néikidnis] n nagota, golota; fig očitnost; nezavarovanost, izpostavljenost; pomanjkanje (of česa); the ~ of the land skrajna beda, izpostavljenost
naker [néikə] n hist mus pavka
namable [néiməbl] adj imena ali omembe vreden
namby-pamby [næmbipǽmbi] 1. adj sladkoben, omleden, afektiran, narejen; 2. n izumetničen, sladkoben stil, plaža, kič; slabič, sladkobnež
name I [néim] n ime, vzdevek, označba; reputacija, glas, ugled, čast; slavno ime, slaven človek; rod, rodbina; by ~ po imenu; to call s.th. by its proper ~ dati čemu pravo ime, reči bobu bob; to call s.o. ~s dajati komu priimke, psovati koga; family ~ priimek; first (ali given) ~ krstno ime; to give a dog a bad ~ and hang him vso krivdo zvaliti na človeka, ki je na slabem glasu; to give one's ~ povedati svoje ime; coll give it a ~! povej naravnost, kaj želiš!; to go by the ~ of živeti pod (tujim) imenom; the great ~s of our century slavni ljudje našega stoletja; to have a good (ill) ~ biti na dobrem (slabem) glasu; in ~ only samo po imenu; to have a ~ for biti na glasu; da; in the ~ of v imenu (ljudstva, usmiljenja itd.); of ~ ugleden, pomemben; maiden ~ dekliško ime; in one's own ~ v svojem imenu; proper ~ lastno ime; to make one's ~ ali to make a ~ for o.s., ali to make o.s. a ~ zasloveti; not a penny (ali nickel) to his ~ čisto brez denarja je; to put one's ~ down for priglasiti kandidaturo; to send in one's ~ napovedati se, priglasiti se; to take a ~ in vain nespoštljivo o kom govoriti, po nemarnem imenovati; to keep one's ~ on the books ostati v klubu, šoli; to take one's ~ off the books izstopiti iz kluba, šole; to win a ~ for o.s. napraviti si ime, zasloveti; what's in a ~? ime kaj malo pomeni
name II [néim] vt imenovati, nazivati, zvati (after, from po); omeniti po imenu, poklicati po imenu, našteti; imenovati, določiti (for za); določiti (datum); E parl posvariti, pozvati k redu; to ~ but one da omenim le enega; to be ~d after dobiti ime po kom; he is not to be ~d on the same day with me še zdaleč mi ni enak; to ~ the day določiti dan poroke; to ~ one's price (conditions) povedati svojo ceno (pogoje)
nameable [néiməbl] adj glej namable
name-calling [néimkɔ:liŋ] n psovanje, obkladanje s priimki
name-child [néimčaild] n po kom imenovan otrok
named [néimd] adj imenovan, z imenom
name-day [néimdei] n god; econ drugi dan obračuna na londonski borzi
name-dropper [néimdrɔpə] n kdor hoče napraviti vtis z neprestanim omenjanjem vplivnih znancev
nameless [néimlis] adj (~ly adv) brez imena, brezimen; anonimen, nepoznan, neimenovan, nepodpisan; fig nedopovedljiv, neizrekljiv, gnusen; a person who shall be ~ oseba, ki je ne bomo imenovali
namelessness [néimlisnis] n brezimnost, anonimnost; fig nedopovedljivost, neizrekljivost, gnus
namely [néimli] adv namreč
name-part [néimpa:t] n theat naslovna vloga

name-plate [néimpleit] n tablica z imenom; tech označna tablica
namesake [néimseik] n soimenjak
naming [néimiŋ] n imenovanje
nancy [nænsí] 1. adj sl mehkužen, ženskega videza, feminilen; 2. n mehkužnež, homoseksualec (tudi ~ boy)
nanism [néinizəm, næ~] n med pritlikavstvo
nanization [neinizéišən, næ~] n bot umetno povzročeno pritlikavstvo
nankeen [næŋkí:n] n nanking (blago); umazano rumena barva; vrsta kitajskega porcelana (moder vzorec na beli podlagi); pl nankingasta obleka
nanny [næni] n E pestunja, guvernanta
nanny-goat [nænigout] n zool koza (samica)
naos [néiɔs] n tempelj
nap I [næp] n dremež; to take a ~ zadremati, dremati
nap II [næp] vi zadremati, dremati; to catch s.o. ~ping zalotiti koga pri nepazljivosti (spanju)
nap III [næp] 1. n kosmina, kosmata stran blaga; krotovica, vozel v blagu; pl grobe tkanine; 2. vt krotovičiti
nap IV [næp] n vrsta kvartaške igre, napoleon; to go ~ on staviti vse na eno karto; fig a ~ hand dobra priložnost, mnogo obetajoča stvar
napalm [néipa:m] n mil lahko vnetljiva snov (ki se uporablja v bombah); ~ bomb napalm bomba
nape [néip] n tilnik (navadno ~ of the neck)
napery [néipəri] n Sc arch namizno perilo, perilo v gospodinjstvu
naphtha [næfθə] n chem destilirana nafta; cleaner's ~ čistilni bencin
napthalene [næfθəli:n] n naftalin
naphthol [næfθɔl] n naftol
Napierian [neipíəriən] adj math Napierov (~ logarithm)
napiform [néipifɔ:m] adj bot repi podoben (koren)
napkin [næpkin] n prtič, brisača; E plenica; sanitary ~ ženski (mesečni) vložek; to lay up in a ~ spraviti kaj, ne uporabljati
napkin-ring [næpkinriŋ] n obroček za prtič
napless [næplis] adj gladek (tkanina); oguljen
napoleon [nəpóuliən] n napoleondor; napoleon, vrsta kvartaške igre; A kremova rezina
Napoleonic [nəpouliónik] adj napoleonski, Napoleonov
napoo [na:pú:] 1. int E mil sl izgubljen!, gotov!, ne gre!; 2. adj nekoristen, nesmiseln; gotov, mrtev
napped [næpt] adj krotovičast
napper [næpə] n dremavh; tech ki krotoviči blago (človek, stroj)
napping [næpiŋ] n tech razkrotovičenje (volne); kosmatenje (tkanine)
nappy I [næpi] adj kosmat, krotovičast (blago); E arch močan, opojen (alkohol), peneč (pivo); Sc natrkan, pijan
nappy II [næpi] n A manjša steklena skleda; E coll pleníčka
narceine [ná:sii:n] n chem opijev alkaloid
narcissism [na:sísizəm] n psych narcizem, zagledanost vase
narcissist [na:sísist] n narcis, vase zagledan človek

narcissus [na:sísəs] *n* (*pl* ~ cissuses, ~ cissi) *bot* narcisa

narcolepsy [ná:kəlepsi] *n med* patološka potreba po spanju

narcosis [na:kóusis] *n med* narkoza, omama

narcosynthesis [na:kousínθəsis] *n med* narkosinteza, sproščenje čustev s pomočjo zdravil

narcotherapy [na:kouθérəpi] *n med* zdravljenje z narkotiki

narcotic [na:kótik] 1. *adj* (~ ally *adv*) narkotičen, omamljiv; 2. *n* narkotik, mamilo

narcotism [ná:kətizəm] *n* narkotizem, sla po mamilih, omama, sla po spanju

narcotist [ná:kətist] *n* narkoman

narcotize [ná:kətaiz] *vt med* narkotizirati, omamiti

nard [na:d] *n bot* narda; dišeče mazilo

nares [néəri:z] *n pl anat* nosnici

narghile [ná:gili] *n* orientalska vodna pipa

narial [néəriəl] *adj anat* nosničen

nark [na:k] 1. *n E sl* vohljač, ovaduh; 2. *vi* vohljat za kom, ovajati; nergati; *E sl* ~ it! nehaj!

narrate [næréit] *vt* pripovedovati, zapisati pri povedko

narration [næréišən] *n* pripovedovanje, pripovedka; opisovanje dejstev (v retoriki)

narrative [nærətiv] 1. *adj* (~ ly *adv*) pripoveden; 2. *n* pripovedka, pripovedništvo; oris, poročilo

narrator [næréitə] *n* pripovedovalec

narratory [nærətəri] *adj* pripoveden

narratress [næréitris] *n* pripovedovalka

narrow I [nærou] *adj* (~ ly *adv*) ozek, tesen; omejen, pičel, suh, mršav; stisnjen (oči); ozkosrčen; natančen, temeljit (preiskava); *E* skop (*with*); by a ~ margin z majhno prednostjo; to have a ~ squeak za las uiti, komaj uiti; a ~ inspection natančen pregled; to live in ~ circumstances živeti v bedi; ~ majority majhna večina; to make a ~ escape komaj (za las) uiti; in the ~ er sense of the word v ožjem pomenu besede; *geogr* the Narrow Seas Rokavski preliv in Irsko morje; *fig* the ~ way trnova pot; ~ vowels ozki samoglasniki; within ~ bounds zelo omejen

narrow II [nærou] *n* ozka ulica, ozek prehod; (zlasti *pl*) morska ožina; *A* the Narrows ožina med gornjim in dolnjim newyorškim zalivom

narrow III [nærou] *vt & vi* zožiti (se), stisniti (se), skrčiti (se), omejiti, zmanjšati; snemati (pri pletenju)

narrow-cloth [næroukləθ] *n econ* tkanina do 52 palcev širine

narrow-gauge I [nærougéidž] *adj* ozkotiren; *cont* omejen

narrow gauge II [nærougeidž] *n* ozkotirna železnica

narrow goods [nærougudz] *n econ* drobno (galanterijsko) blago

narrowish [nærouiš] *adj* nekoliko ozek, malo tesen; ozkosrčen

narrowly [nærouli] *adv* tesno, komaj; natančno, temeljito; to look ~ into an affair natančno preiskati kako stvar; to watch s.o. ~ ostro koga motriti

narrow-minded [næroumáindid] *adj* ozkosrčen, duševno omejen, poln predsodkov

narrow-mindedness [næroumáindidnis] *n* ozkosrčnost, omejenost

narrowness [nærounis] *n* ozkost, omejenost; ozkosrčnost; temeljitost, natančnost

narw(h)al [ná:wəl] *n zool* narval, samorog (kit)

nary [néəri] *adj* (iz *never a*); *A dial* noben; ~ a one niti eden

nasal [néizl] 1. *adj* (~ ly *adv*) nosen; *ling* nazalen; 2. *n* nosnik, nazal; ~ twang nosljanje; ~ bone nosna kost; ~ cavity nosnica, nosna luknja; ~ septum nosni pretin

nasalism [néizəlizəm] *n phon* nazalno izgovarjanje

nasality [neizǽliti, nə~] *n phon* nazalnost

nasalization [neizəlaizéišən] *n* nazalizacija, nazalno izgovarjanje

nasalize [néizəlaiz] *vi & vt* nazalizirati, skozi nos govoriti, nosljati

nascency [nǽsnsi] *n* nastanek, porajanje; rast, razvoj

nascent [nǽsnt] *adj* nastajajoč, porajajoč; rastoč, ki se razvija; in the ~ state v razvoju

nasofrontal [neizoufróntəl] *adj* nosen in čelen

nastiness [ná:stinis] *n* umazanost, odurnost, opolzkost; neposlušnost; nespodobnost; zloba

nasturtium [nəstó:šəm] *n bot* kapucinka (kreša)

nasty [ná:sti] *adj* (nastiliy *adv*) umazan, gnusen, oduren; opolzek, nespodoben, grd (značaj); zloben (*to* do); grozeč, nevaren (morje), viharen (vreme), težek, hud (nesreča); neprijeten; a ~ customer neljub gost; in a ~ fix v hudih škripcih, v kaši; a ~ jar zavrnitev; a ~ one zelo neprijeten (udarec, graja, zavrnitev itd.)

natal [néitl] *adj* (~ ly *adv*) rojsten, natalen; *anat* riten, zadnjičen

natality [nətǽliti] *n* natalnost, gostota rojstev

natant [néitənt] *adj bot, zool* plavajoč (list, žival)

natation [neitéišən] *n* plavanje

natatorial [neitətóuriəl] *adj* glej natatory

natatorium [neitətóuriəm] *n* plavalni bazen

natatory [néitətəri] *adj* plavalen

nath(e)less [nǽθ(ə)lis] *adv arch* kljub temu, čeprav, dasi

nates [néiti:z] *n pl anat* zadnjica, rit

nation [néišən] *n* narod; *univ* skupina študentov iz istega kraja; most favo(u)red ~ clause status države z največjimi ugodnostmi; the United Nations združeni narodi

national I [nǽšənəl] *adj* (~ ly *adv*) naroden, nacionalen; ~ anthem državna himna; ~ costume narodna noša; ~ bank narodna banka; *pol* ~ assembly narodna skupščina; *pol A* ~ convention shod politične stranke za imenovanje predsedniškega kandidata; *econ* ~ debt državni dolg; *econ* ~ economy narodno gospodarstvo; *econ* ~ income narodni dohodek; *A* National Guard narodna straža; *E* National Health Service državna zdravstvena služba; *E* National Insurance socialno skrbstvo; ~ park nacionalni park; *mil* ~ service vojaška služba, vojaška obveznost; *mil* ~ service man vojaški obveznik

national II [nǽšənəl] *n* državljan(ka); *E pl* (so)državljani

nationalism [nǽšnəlizəm] *n* nacionalizem, narodna zavest

nationalist [nǽšnəlist] 1. *adj* nacionalističen; 2. *n* nacionalist, narodnjak nationality [næ̇šənǽliti] *n* nacionalnost, narodnost; narod; narodna zavest, rodoljubnost, narodna neodvisnost

nationalization [næ̇šnəlaizéišən] *n* nacionalizacija, podržavljenje; naturalizacija

nationalize [næ̇šnəlaiz] *vt* nacionalizirati, podržaviti; naturalizirati

nationhood [néišənhud] *n* nacionalnost, narodna edinost

nation-wide [néišənwaid] *adj* vsenaroden, vsesplošen, ki zajema celo državo

native I [néitiv] *adj* (~ly *adv*) rojsten; domač, domačinski, domovinski; prirojen; izviren, prvoten; naraven (*to* komu); čist (kovina); ~ country domovina; ~ gold čisto zlato; ~ place rojstni kraj; ~ quarter domačinska četrt; to go ~ živeti kakor domorodci (belec); the ~ sense of a word izviren pomen besede

native II [néitiv] *n* domačin, rojak, domorodec (*of*); v Avstraliji rojen Britanec; *bot, zool* domača rastlina ali žival; umetno gojena ostriga

native-born [néitivbó:n] *adj* domač, doma rojen

native-cod [néitivkód] *n zool* polenovka (v Novi Angliji)

nativism [néitivizəm] *n A pol* prednost domačinov pred priseljenci

nativity [nətíviti] *n* rojstvo (tudi *fig*); *astr* horoskop; the Nativity božič; Kristusovo rojstvo (tudi v slikarstvu); Marijino rojstvo (8. sept.); to cast s.o.'s ~ postaviti komu horoskop

natron [néitrən] *n chem* natron

natter [nǽtə] *vi E coll* klepetati, čvekati; *dial* nergati

natterjack [nǽtədžæk] *n zool* vrsta krastače

nattiness [nǽtinis] *n* čednost, urejenost, izbranost, eleganca; spretnost

natty [nǽti] *adj* (nattily *adv*) izbran, eleganten, čeden; spreten

natural I [nǽčərəl] *adj* (~ly *adv*) naraven; resničen, pristen; fizičen; prirojen, lasten (*to*); rojen (govornik), od rojstva (bebec); naraven, nezakonski (otrok, oče); *mus* razvezen; to come ~ to biti komu lahko, biti komu prirojeno; to die a ~ death umreti naravne smrti; ~ gas zemeljski plin; ~ history prirodopis; ~ law naravni zakon; ~ philosophy fizika; ~ science naravoslovje; ~ selection naravna selekcija (po Darwinu); *mus* ~ sign razvezaj; ~ spring zdravilni vrelec; *mus* ~ scale C dur; ~ treasures naravne lepote; ~ weapons nohti, zobje, pesti

natural II [nǽčərəl] *n* bebec; naravni dar; *coll* rojen genij; jasna stvar (*for* za); *mus* bela tipka, nota brez predznaka, razvezaj

natural-born [nǽčərəlbó:n] *adj* od rojstva, rojen (genij)

naturalesque [næ̇čərəlésk] *adj art* naturalističen (slika)

naturalism [nǽčərəlizəm] *n phil, art* naturalizem

naturalist [nǽčərəlist] *n phil, art* naturalist; prirodoslovec; *E* trgovec z živalmi; preparator (živali)

naturalistic [næ̇čərəlístik] *adj* (~ally *adv*) *phil, art* naturalističen; prirodopisen

naturalization [næ̇čərəlaizéišən] *n pol* naturalizacija, sprejem v državljanstvo; udomačitev, aklimatizacija

naturalize [nǽčərəlaiz] 1. *vt* naturalizirati, sprejeti v državljanstvo; *ling* sprejeti (novo besedo); udomačiti (rastlino, žival); 2. *vi* naturalizirati se, biti sprejet v državljanstvo, udomačiti se; baviti se s prirodoslovjem

naturally [nǽčrəli] *adv* naravno, spontano, iz lastnega nagiba; po naravi; seveda

naturalness [nǽčrəlnis] *n* naravnost

nature [néičə] *n* narava, priroda; čud, vrsta, lastnost; *mil* kaliber, premer; življenjska sila, primitivizem; *bot* drevesna smola; against (a'i contrary to) ~ proti naravi, nadnaravno; by ~ po naravi; to ease (ali relieve) ~ opraviti potrebo; law of ~ naravni zakon; to go the way of ~ umreti; from ~ po naravi (v slikarstvu); good ~ dobrodušnost; in the ~ of kot, po, zaradi, v svojstvu, podoben; of a grave ~ resen; of the same ~ iste vrste; to pay the debt of ~ ali to pay one's debt to ~ umreti; in a state of ~ nag, divji, primitiven; true to ~ realističen, naraven; Nature Conservancy urad za varstvo narave; it has become second ~ with him to mu je prešlo v meso in kri; things of this ~ stvari te vrste

-natured [néičəd] *adj* (v sestavljenkah) take narave, čudi (good-~ dobrodušen)

nature-printing [néičəprintiŋ] *n art* način tiska, kjer se npr. list pritrdi na ploščo in napravi odtis

nature-study [néičəstʌdi] *n* proučevanje narave, prirodopis (v šoli)

naturism [néičərizəm] *n* nudizem

naturist [néičərist] *n* nudist

naturopathy [néičərópəθi] *n med* naravno zdravljenje, mazaštvo

naught I [nɔ:t] *n* ničla; *arch* nič; to bring (ali come) to ~ uničiti, pogubiti, propasti, izjaloviti se; to care for ~ za nič ne marati, ne meniti se za nič; to set at ~ puščati vnemar, omalovaževati; all for ~ vse zaman

naught II [nɔ:t] *adj pred* ničvreden, neraben

naughtiness [nó:tinis] *n* porednost, neubogljivost, nespodobnost

naughty [nó:ti] *adj* (naughtily *adv*) poreden, neubogljiv, nespodoben

nausea [nó:siə, ~šiə] *n* slabost (v želodcu), nagnjenje k bljuvanju, morska bolezen; *fig* gnus; *aero* high altitude ~ višinska bolezen

nauseant [nó:siənt] *n med* bljuvalo

nauseate [nó:sieit, ~ši~] 1. *vi* iti na bljuvanje; gabiti se (*at*); 2. *vt* zagabiti, zagnusiti; bljuvati; napolniti z gnusom

nauseating [nó:sietiŋ, ~ši~] *adj* glej nauseous

nauseation [nɔ:siéišən] *n* slabost (v želodcu), gnus

nauseous [nó:siəs, ~ši~] *adj* (~ly *adv*) ogaben, nagnusen, zagnušen

nautch [nɔ:č] *n* predstava indijskih poklicnih plesalk; ~ girl indijska poklicna plesalka

nautical [nó:tikəl] *adj* (~ly *adv*) pomorski; ~ almanac pomorski koledar; ~ chart pomorska karta; ~ mile morska milja (1854 m); ~ school pomorska šola

nautilus [nó:tiləs] *n* (*pl* -luses, -li) *zool* majhen glavonožec, cefalopod

naval [néivəl] *adj* pomorski, mornariški; ~ academy pomorska akademija; ~ architecture gradnja vojnih ladij; ~ aviation pomorska avia-

cija; ~ o**ff**icer mornariški častnik; ~ **power** pomorska velesila; ~ **stores** oprema in hrana za mornarico; *econ* katran, smola, terpentin itd.
nave I [néiv] *n archit* cerkvena ladja
nave II [néiv] *n tech* pesto (kolesa); ~ **box** pestnica
navel [néivəl] *n anat* popek; *fig* središče; ~ **orange** velika pomaranča s popkastim vrhom, jafa
navel-string [néivə'strin] *n anat* popkovina
navicert [nǽvisə:t] *n econ*, *naut* konzularno potrdilo o ladijskem tovoru (za časa vojne)
navicula [nəvíkjulə] *n* (*pl* **-lae**) *eccl* kadilnica
navicular [nəvíkjulə] **1.** *adj anat* čolničast (kost); **2.** *n* čolničasta kost
navigability [nævigəbíliti] *n* plovnost; *naut*, *aero* vodljivost (ladje, letala, rakete)
navigable [nǽvigəbl] *adj* (**navigably** *adv*) ploven, sposoben za plovbo; *naut*, *aero* vodljiv (ladja, letalo, raketa)
navigate [nǽvigeit] **1.** *vt naut*, *aero* krmariti, voditi, upravljati (ladjo, letalo, raketo); **2.** *vi* pluti; usmeriti (*to*)
navigation [nævigéišən] *n naut*, *aero* plovba, upravljanje letala, navigacija; *naut arch* (umetna) vodna pot; **inland** ~ rečna plovba; ~ **chart** navigacijska karta; *naut* ~ **head** končno pristanišče; *aero* ~ **light** pozicijska luč
navigational [nævigéišənl] *adj* navigacijski
navigator [nǽvigeitə] *n naut*, *aero* navigator; pomorščak
navvy [nǽvi] *n* kopač (pri zemeljskih delih); *tech* bager, grabež
navy [néivi] *n mil* (vojna) mornarica; *poet* ladjevje; **Navy Board** admiraliteta; *A* **Navy Department** ministrstvo mornarice; *E* ~ **cut** fino narezan tobak; ~ **plug** temen, močan tobak v listih; ~ **yard** ladjedelnica (vojna), mornariško skladišče
navy-blue [néiviblu:] *adj* temno moder
nawab [nəwá:b] *n* navab, indijski plemič; v Indiji obogatel Anglež
nay [néi] **1.** *adv arch* ne; in celo, ne samo; **2.** *n* odklonilen odgovor; *parl* kdor glasuje proti; **yea and** ~ neodločno, bi in ne bi; **to say (s.o.)** ~ odbiti (komu) kaj; **it is enough,** ~, **too much** dovolj je in celo preveč
Nazarite [nǽzərait] *n* nazarenec
naze [néiz] *n* predgorje, rt
Nazi [ná:ci] **1.** *adj* nacističen; **2.** *n* nacist
nazify [ná:cifai] *vt* spremeniti v nacista
nazim [néizim] *n* višji policijski uradnik v Indiji
Nazism [ná:cizəm] *n pol* nacizem
neap [ni:p] **1.** *adj* najnižja (oseka); **2.** *n* (tudi ~ *tide*) najnižja bibavica (ob prvem in zadnjem krajcu); **3.** *vi* umikati se (voda)
Neapolitan [niəpólitən] **1.** *adj* neapeljski; **2.** *n* Neapeljčan(ka)
Neapolitan ice-cream [niəpólitənáiskri:m] *n* kasata (sladoled)
near I [níə] *adv* blizu, v bližini, bližje; *coll* skoraj, málodane; *fig* varčno; (z negacijo) niti približno; ~ **by** blizu; **to draw** ~ približevati se; **far and** ~ od blizu in daleč, povsod; **to go** (ali **come**) ~ **to doing s.th.** skoraj kaj narediti; ~ **at hand** pri roki, blizu; **not** ~ **so bad** še zdaleč ne tako slabo; **it is nowhere** ~ **enough** še zdaleč ni do-

volj; ~ **upon** kmalu nato; **to live** ~ varčno ali borno živeti; ~ **to** blizu (do česa)
near II [níə] *adj* bližnji; pereč (problem); skop, varčen; levi (del živali, ceste); zvest (prevod); **a** ~ **friend** zaupen prijatelj; ~ **miss** le malo zgrešen zadetek; **it was a** ~ **thing** komaj je šlo, za las je manjkalo; ~ **work** za oči naporno delo; **the** ~ **distance** del slike med ozadjem in sprednjim delom; ~ **akin** v bližnjem sorodstvu; *A* ~ **true** skoraj gotovo; **the** ~**est way** najkrajša pot; **the Near East** Bližnji Vzhod
near III [níə] *vt* & *vi* približati (se), približevati se (*to*)
nearby [níəbái] *adj A* bližnji
Nearctic [niá:ktik] *adj geog* ki pripada zmerni in arktični severni Ameriki
nearly [níəli] *adv* skoraj, blizu; podrobno, pazljivo; **not** ~ še zdaleč ne; **the matter concerns me** ~ ta stvar mi je blizu, se me zelo tiče
nearness [níənis] *n* bližina; prisrčnost, zaupnost; skopost, varčnost; točnost
near-sighted [níəsáitid] *adj* kratkoviden
near-sightedness [níəsáitidnis] *n* kratkovidnost
neat I [ni:t] *adj* (~**ly** *adv*) čeden, urejen, čist, okus**e**n, ličen, zal; brezhiben, spreten (delo); kratek in jasen, jednrat (stil); premeten, pretkan (načrt); nekrščen (alkohol); nerazredčen, čist (svila); *arch* neto, brez odbitka; **as** ~ **as a pin** izredno urejen
neat II [ni:t] *n* vol, govedo, rogata živina; ~ **leather** goveje usnje
neath [ni:θ] *prep E poet* glej **beneath**
neat-handed [ní:thǽndid] *adj* spreten, ročen
neat-herd [ní:thə:d] *n* govedar, pastir
neat-house [ní:thaus] *n* hlev, staja za govedo
neatness [ní:tnis] *n* urejenost, čistost, ličnost; jedrnatost (stila); spretnost, premetenost, pretkanost
neb [neb] *n Sc* kljun; nos, smrček; konica
nebula [nébjulə] *n* (*pl* **-lae**) *astr* meglica, meglenica, nebula; *med* bela pega na roženici; *med* kalnenje (v urinu)
nebular [nébjulə] *adj astr* nebularen, megličast; ~ **theory (hypothesis)** nebularna hipoteza
nebulé [nébjulei] *adj her* valovit
nebulize [nébjulaiz] *vt* & *vi* razpršiti (se); atomizirati
nebulizer [nébjulaizə] *n* razpršilec
nebulosity [nebjulósiti] *n* glej **nebulousness**
nebulous [nébjuləs] *adj* (~**ly** *adv*) *astr* nebulozen, megličast; moten (tekočina); oblačen; *fig* nejasen, meglen
nebulousness [nébjuləsnis] *n* nebuloznost, meglenost, nejasnost
necessarily [nésisərili] *adv* nujno, neizogibno
necessary I [nésisəri] *adj* nujen, neizogiben, potreben, obvezen (*for*, *to* za); **a** ~ **evil** nujno zlo; *arch* ~ **house** stranišče
necessary II [nésisəri] *n* potreba; *pl* življenjske potrebščine; *econ* potrebščina; *sl* **the** ~ denar; *arch* stranišče
necessitarian [nisesitéəriən] **1.** *n phil* determinist; **2.** *adj* determinističen
necessitarianism [nisesitéəriənizəm] *n phil* determinizem

necessitate [nisésiteit] *vt* zahtevati, potrebovati, siliti, prisiliti, imeti za posledico

necessitation]nisesitéišən] *n* siljenje, sila

necessitous [nisésitəs] *adj* (~ **ly** *adv*) rəven, potreben, v sili

necessity [nisésiti] *n* potreba, sila, nuja; (navadno *pl*) pomanjkanje; **to bow to** ~ ukloniti se sili; ~ **knows no laws** sila kola lomi; **to make a virtue of** ~ napraviti od nuje vrlino; hvaliti se s čim, kar smo morali storiti; ~ **is the mother of invention** v sili je človek iznajdljiv; **of** ~ nujno, neizbežno; **under the** ~ (**of doing** s.th.) prisiljen (kaj narediti)

neck I [nek] *n* vrat, tilnik; izrez (obleke); vratina (meso); *anat* vrat (maternice itd.); vrat pri violini, vrat steklenice; *geog* ožina (morska, kopenska), soteska; *print* konus tiskarske črke; **to break one's** ~ zlomiti si vrat; *A* nečloveško se namučiti, ugonobiti se; **to break the** ~ **of a task** izvršiti najtežji del naloge; **to crane one's** ~ (*at*, *for*) stegovati vrat; **Derbyshire** ~ golša; ~ **and** ~ **division** glasovanje, pri katerem dobita obe strani enako število glasov; *sl* **to get** (**ali catch**) **it in the** ~ biti hudo kaznovan, trpeti; **ıe's got a** ~ predrzen je; **to have a lot of** ~ biti zelo predrzen; ~ **and heel** docela, trdno (vezati); ~ **and** ~ bok ob boku (dirkalni konji), enako število glasov, enak; ~ **or nothing** vse ali nič; **on** (a!i **in**) **the** ~ **of** neposredno po; **to put one's** ~ **in a noose** izpostavljati se nevarnosti; **to risk one's** ~ staviti svoje življenje na kocko; **to save one's** ~ rešiti se, rešiti si glavo; **to stick one's** ~ **out for** mnogo tvegati za; **a stiff** ~ trdoglavost; **stiff-necked** trdoglav; **to take** s.o. **by the** ~ zgrabiti koga za vrat; ~ **and crop** popolnoma, kot dolg in širok; **to throw** s.o. **out** ~ **and crop** na pete na glavo koga ven vreči; **to tread on** s.o.'s ~ zaviti komu vrat; **up to one's** ~ do grla; **to win by a** ~ zmagati za dolžino vratu (konjske dirke), za las zmagati (glasovanje); *A coll* ~ **of the woods** soseščina

neck II [nek] **1.** *vi A sl* ljubimkati; **2.** *vt* zaviti vrat (kuri), obglaviti; *tech* **to** ~ **down** proti koncu zmanjšati premer

neck III [nek] *n E* zadnji snop požetega žita

neckband [nékbænd] *n* obrobek okoli vratu (srajce)

neckcloth [nékkləθ] *n* ovratna ruta, šal

neckerchief [nékəčif] *n* glej **neckcloth**

necking [nékiŋ] *n A sl* ljubimkanje; *archit* vrat stebra; *tech* zmanjšanje premera

necklace [néklis] *n* ogrlica; ~ **microphone** naprsni mikrofon

necklet [néklit] *n* ogrlica; boa, ovratnik iz kožuhovine

neckline [néklain] *n* izrez (obleke)

neckmo(u)ld [nékmould] *n archit* obroč vratu stebra

neckpiece [nékpi:s] *n* krznen ovratnik; *tech* vrat

neckroll [nékroul] *n sp* preval; ~ **forward** preval naprej

necktie [néktai] *n* kravata, ovratnica; *A sl* rabljeva vrv; *A sl* ~ **party** linčanje z obešenjem

neck-verse [nékvə:s] *n* latinski stihi, ki so jih morali znati kandidati za cerkveno podporo

neckwear [nékwɛ . *n econ*, *vulg* ovratniki, šali, kravate

necro- [nékrə-] *pref* truplo

necrobiosis [nekrəbaióusis] *n med* počasno odmiranje, nekrobioza

necrolatry [nekrólətri] *n* čaščenje mrtvih

necrologist [nekrólədžist] *n* pisec nekrologa

necrology [nekrólədži] *n* osmrtnica, nekrolog; popis umrlih (zlasti samostanskih bratov ali članov kluba)

necromancer [nékrəmænsə] *n* rotilec duhov, nekromant; čarodej

necromancy [nékrəmænsi] *n* rotenje duhov, nekromantija; čarodejstvo

necrophilism [nekrófilizəm] *n med* bolestno nagnjenje do mrličev; oskrumba mrličev

necrophilous [nekrófiləs] *adj zool* ki ima rad mrhovino

necrophobia [nekrəfóubiə] *n* nekrofobija, groza pred mrtvim

necropolis [nekrópəlis] *n* (*pl* ~**lises**, ~**leis**) nekropola, grobišče, navje, žale

necropsy [nékrəpsi] *n med* nekroskopija, raztelešenje mrliča, obdukcija

necroscopy [nekróskəpi] *n* glej **necropsy**

necrose [nekróus, nékrous] *vi bot*, *med* odmirati

necrosis [nekróusis] *n med* nekroza, odmiranje, mrtvina; *bot* snet, palež; ~ **of the bone** kostna tuberkuloza

necrotic [nekrótik] *adj med*, *bot* nekrotičen, odmirajoč

nectar [néktə] *n myth* nektar, pijača bogov; *bot* medena rosa, medica

nectareous [nektériəs] *adj* nektarski, slasten, sladek

nectariferous [nektərífərəs] *adj* ki izloča sladek sok

nectarine [néktərin] *n bot* vrsta breskve (z gladko kožo), medovnata breskev

nectary [néktəri] *n bot* nektarij, medovnik

née, nee [néi] *adj* rojena (Mrs. *Jones*, ~ *Smith*)

need I [ni:d] *n* potreba, sila nuja (*of*, *for* po); pomanjkanje (*of*, *for* česa); **to be** (**ali stand**) **in** ~ **of** s.th. ali **to have** ~ **of** s.th. nujno kaj potrebovati; **to be in** ~ biti v stiski; **if** ~ **be ali if** ~ **arise ali in case of** ~ če je potrebno, v sili; **to do one's** ~s opraviti potrebo; **I had** ~ **remember** moral bi si zapomniti; **to have no** ~ **to do** s.th. ne čutiti potrebe kaj narediti; **there is no** ~ **for you to come** ni ti treba priti; **a friend in** ~ **is a friend indeed** v sili spoznaš pravega prijatelja; **to fail** s.o. **in his** ~ pustiti koga na cedilu; **to feel the** ~ **of** (ali **for**) s.th. pogrešati kaj

need II [ni:d] **1.** *vi arch* biti potrebno; biti v stiski, primanjkovati česa; **2.** *vt* potrebovati; zahtevati; **3.** *v aux* (z nedoločnikom s *to* v trdilnih, brez *to* v vprašalnih in nikalnih stavkih) morati, treba je; **it** ~s **not that** ali **it does not** ~ **that** ni treba, da; **there** ~s **no excuse** opravičilo ni potrebno; **it** ~ed **doing** to je bilo treba narediti; **it** ~s **to be done** to je treba narediti; **she needn't do it** tega ni treba narediti; **you needn't have come** ne bi ti bilo treba priti; **more than** ~s več kot je potrebno; **what** ~ (ali ~s)? čemu to?

needful [ní:dful] **1.** *adj* (~ **ly** *adv*) potreben (*to*, *for* za); **2.** *n sl* potreben denar; *pl* potrebne stvari; **it is** ~ **to** treba je

needfulness [ní:dfulnis] *n* potreba

neediness [ní:dinis] *n* uboštvo, pomanjkanje

needle I [ni:dl] *n* šivanka; *tech* igla (kompasna, gramofonska, injekcijska, črtalna itd.); kazalec na tehtnici; *bot* iglica; šilasta skala; obelisk; *tech* prečni tram; *E sl* živčnost; ~'s eye uho šivanke, majhna odprtina; a ~ fight (ali game, match) borba med nasprotnikoma, ki se osebno sovražita; *sl* to get the ~s postati živčen, biti na trnih; *sl* to have the ~s biti živčen, biti jezen; knitting ~ pletilka, pletilna igla; to look for a ~ in a bundle (ali bottle) of hay (ali in a haystack) zaman iskati; pins and ~s zbadanje, ščemenje; sharp as a ~ zelo pameten, zvit, duhovit

needle II [ni:dl] 1. *vt* šivati; prebadati, prebosti; *med* punktirati; *fig* zbadati, dražiti; *coll* dodati pijači alkohol; zabeliti govor (*with* s, z); *tech* podpreti s prečnim tramom; 2. *vi* preriti se (*through*); kristalizirati se v obliki iglic

needle-bath [ní:dlba:θ] *n* pršna kopel pod krožno prho

needle-beam [ní:dlbi:m] *n archit* prečni tram

needle-book [ní:dlbuk] *n* pušica za šivanke

needle-case [ní:dlkeis] *n* glej needle-book

neddlefish [ní:dlfiš] *n zool* iglica (riba)

needleful [ní:dlful] *n* dolžina niti v igli

needle-gun [ní:dlgʌn] *n mil* puška na iglo

needle-lace [ní:dlleis] *n* šivana čipka

needlelike [ní:dllaik] *adj* kot igla

needle-point [ní:dlpɔint] *n* konica šivanke; fina šivana čipka; petit-point

needless [ní:dlis] *adj* (~ ly *adv*) nepotreben, odveč; ~ to say odveč je reči

needlessness [ní:dlisnis] *n* nepotrebnost

needle-stone [ní:dlstoun] *n min* oslast kamen

needletalk [ní:dltə:k] *n* šum igle (gramofonska plošča)

needle-valve [ní:dlvælv] *n tech* iglast ventil

needlewoman [ní:dlwumən] *n* šivankarica, šivilja

needlework [ní:dlwə:k] *n* ročno delo, šivanje, vezenje

needments [ní:dmənts] *n pl E* osebna prtljaga, osebne potrebščine

needs [ni:dz] *adv* (samo z glagolom *must*) nujno, brezpogojno; he ~ must go on mora brezpogojno iti; he must ~ go away just now prav treba mu je iti prav sedaj; ~ must when the devil drives sila kola lomi

needy [ní:di] (needily *adv*) ubožen, reven, potreben

ne'er [nɛə] *adv poet* glej never; ~-do-well nepridiprav

nefandous [nifǽndəs] *adj* neizrekljiv, gnusen

nefarious [niféəriəs] *adj* (~ ly *adv*) zloben, malopriden, pokvarjen; sramoten

nefariousness [nifériəsnis] *n* zloba, malopridnost; sramota

negate [nigéit] *vt* zanikati, oporekati, negirati; preklicati, razveljaviti

negation [nigéišən] *n* zanikanje, oporekanje, negacija; razveljavitev, preklic; *fig* nepomembnost, nič

negative I [négətiv] *adj* (~ ly *adv*) negativen, nikalen, odklonilen, zanikujoč; brezuspešen, brez vrednosti; *aero* ne; *biol*, *el*, *phot*, *math* negativen; *coll* ~ quantity nič; ~ pole negativni pol; *math* ~ sign znak minus; *phys* ~ accelera-

tion zadrževanje, zaviranje; *el* ~ electrode katoda; *opt* ~ lens razpršilna leča

negative II [négətiv] *n* nikalnica; zanikanje, negacija; negativen odgovor; pravica veta; *fig* negativna lastnost; *ling* nikalnica, nikalni stavek; *el* negativni pol; *math* znak minus, negativno število; *phot* negativ; in the ~ nikalno, ne

negative III [négətiv] *vt* negirati, zanikati; odkloniti, odbiti, ovreči, uporabiti veto; oporeči, onemogočiti

negativeness [négətivnis] *n* nikalnost, negativen karakter

negativism [négətivizəm] *n phil*, *phys* negativizem

negativity [negətíviti] *n* glej negativeness

negator [nigéitə] *n* zanikovalec, kdor odkloni

negatory [négətəri] *adj* nikalen, odklonilen, negativen

neglect I [niglékt] *n* zanemarjenost, zanemarjanje; omalovaževanje, zapostavljanje (*of* česa); opustitev, zamuda

neglect II [niglékt] *vt* zanemariti, prezreti; omalovaževati, zapostavljati; zamuditi, ne storiti česa (*to do* ali *doing s.th.*)

neglectful [nigléktful] *adj* (~ ly *adv*) nemaren; nebrižen (*of* do)

neglectfulness [nigléktfulnis] *n* nemarnost; nebrižnost

négligé [négli:žei] *n* domača obleka, negliže

negligeable [néglidžəbl] *adj* glej negligible

negligence [néglidžəns] *n* nemarnost, nepazljivost, nebrižnost; *jur* malomarnost; *jur* contributory ~ sokrivda oškodovanca

negligent [néglidžənt] *adj* (~ ly *adv*) nemaren, nepazljiv, nebrižen (*of* do)

negligibility [neglidžibíliti] *n* brezpomembnost

negligible [néglidžibl] *adj* (negligibly *adv*) brezpomemben, malenkosten

negotiability [nigoušiəbíliti] *n econ* prodajnost, tržnost; prenosljivost (čeka), unovčenje; premagljivost (zaprek)

negotiable [nigóušiəbl] *adj* (negotiably *adv*) *econ* tržen, prodajen; prenosen, unovčevalen (ček); premosten, premagljiv (zapreke); ~ instruments vrednostni papirji (obveznice, čeki, menice itd.); not ~ samo za poračunanje

negotiant [nigóušiənt] *n* glej negotiator

negotiate [nigóušieit] 1. *vi* pogajati se (*with* s, z; *for*, *about* za, o); 2. *vt* sklepati (pogodbe), razpravljati o čem; *econ* prenesti (ček), unovčiti (ček); spraviti na trg; premagati (ovire); zvoziti (ovinek), popeti se (na hrib)

negotiation [nigoušiéišən] *n* pogajanje, posredovanje; *econ* unovčanje (čeka), plasma (izdelkov); premagovanje (ovir); to enter into ~s with začeti pogajanja s kom; to carry on ~s pogajati se

negotiator [nigóušieitə] *n* posrednik, pogajač; *econ* posrednik

negotiatrix [nigóušieitriks] *n* posredovalka, pogajalka

negress [ní:gris] *n* črnka, zamorka

negrillo [nigrílou] *n* (*pl* ~ los) (afriški) pigmejec

negrito [nigrí:tou] *n* (*pl* ~ tos) (polinezijski) pigmejec

negro [ní:grou] 1. *n* črnec, zamorec; 2. *adj* črnski, zamorski

negro-head [ní:grouhed] *n* črn tobak; slab kavčuk
negroid [ní:grɔid] **1.** *adj* negroiden; **2.** *n* negroid
negroism [ní:grouizəm] *n* jezikovna posebnost angleško govorečih črncev; *pol* črnsko gibanje
negrophil(e) [ní:grəfail] *n* negrofil, prijatelj črncev
negrophobe [ní:grəfoub] *n* negrofob, sovražnik črncev
negrophobia [ni:grəfóubiə] *n* sovraštvo do črncev, strah pred črnci
negus [ní:gəs] *n* neguš, abesinski cesar; *E* kuhano vino
neigh [néi] **1.** *n* razgetanje; **2.** *vi* rezgetati
neighbo(u)r I [néibə] *n* sosed, bližnjik
neighbo(u)r II [néibə] **1.** *vt* mejiti na, dotikati se česa; **2.** *vi* stanovati v soseščini, dotikati se (*upon* česa), mejiti (*upon* na)
neighbo(u)red [néibəd] *adj* obdan
neighbo(u)rhood [néibəhud] *n* soseščina, okolica, sosedje; in the ~ of blizu, približno, okoli
neighbo(u)ring [néibəriŋ] *adj* soseden, bližnji, ki meji (*to* na)
neighbo(u)rless [néibəlis] *adj* brez sosedov
neighbo(u)rliness [néibəlinis] *n* dobri odnosi med sosedi
neighbo(u)rly [néibəli] *adj* prijateljski, ljubezniv
neighbo(u)rship [néibəšip] *n* soseščina
neither I [náiðə, ní:ðə] *adj & pron* nobeden (od dveh); niti eden, niti drugi; on ~ side na nobeni od obeh strani; ~ of you nihče od vaju
neither II [náiðə, ní:ðə] *conj* niti; tudi ne; he does not know, ~ do I on ne ve in tudi jaz ne
neither III [náiðə, ní:ðə] *adv*; ~ ... nor niti ... niti; ~ here nor there nepomemben; there is ~ rhyme nor reason nima ne repa ne glave
nek [nek] *n S Afr* soteska, tesnec
nekton [néktən] *n biol* nekton, v jezeru ali morju plavajoč organizem
nelly [néli] *n zool* največja vrsta strakoša
nelson [nelsn] *n sp* nelson, prijem pri rokoborbi
nemato- [némətə-] *pref* nitast, lasast
nematode [némətoud] *n (pl ~da) zool* trihina, lasnica
nenuphar [nénjufa:] *n bot* vodna lilija, lokvanj
neo- [ní:ou-] *pref* nov, novejši, moderen
Neocene [ní:ousi:n] **1.** *n geol* neocen; **2.** *adj* neocenski
neoclassic [ni:ouklǽsik] *adj* neoklasicističen
Neogaea [ni:oudží:ə] *n geog* neogeja, južnoameriška zoogeografska enota
Neo-Greek [ní:ougrí:k] *n* moderna grščina
neo-latin [ní:oulǽtin] *adj* romanski, ki izhaja iz latinščine
neolith [ní:ouliθ] *n* neolitsko orodje (posoda)
neolithic [ni:oulíθik] *adj* neolitski; ~ era (ali period) mlajša kamena doba, neolitik
neologism [ni:ɔ́lədžizəm] *n ling* neologizem, nova beseda, nov pomen besede; *eccl* podpiranje novih nazorov
neologist [ni:ɔ́lədžist] *n* kdor uvaja nove besede; *eccl* racionalist
neologize [ni:ɔ́lədžaiz] *vi ling* tvoriti nove besede, uvajati nove besede; *eccl* uvajati novotarije
neology [ni:ɔ́lədži] *n ling* neologija, tvorba novih besed; *eccl* racionalistično stališče
neon [ní:ɔn] *n chem* neon; ~ tube (ali light) neonska cev, neonska luč; ~ sign neonska reklama

neophobia [ni:oufóubiə] *n* strah pred novotarijami
neophyte [ní:oufait] *n* novinec, novokrščenec, neofit; *fig* začetnik, novinec; *eccl* novic; novoposvečeni mašnik
neoplasm [ní:əplæzm] *n med* neoplazma, nova tvorba
neoplasty [ní:əplæsti] *n med* neoplastika
neoprene [ní:əpri:n] *n chem* neopren, umetna guma
neoteny [niótəni] *n zool* neotenija; zmožnost, da se žival razmnožuje že na stopnji ličinke
neoteric [ni:ətérik] **1.** *adj* (~ally *adv*) moderen, novotarski; **2.** *n* modernist (pisatelj, mislec itd.)
neoterism [ni:ɔ́tərizəm] *n* nova beseda, nov izraz
neoterize [ni:ɔ́təraiz] *vi* uvajati nove besede (izraze)
Neotropical [ni:ətrɔ́pikəl] *adj* neotropski, ki pripada tropom Amerike
Neozoic [ni:əzóuik] **1.** *n geol* neozoik; **2.** *adj* neozojski
nep [nep] **1.** *n A* vozel v bombažnem vlaknu; **2.** *vt* vozlati (bombaž)
Nepal [nipɔ́:l] *n* država Nepal
Nepalese [nepə:lí:z] *adj* nepalski
nepenthe [nepénθi] *n poet* opojna droga (za pozabo)
nepenthean [nepénθiən] *adj* ki prinaša pozabo
nephew [névju:, ~fju:] *n* nečak
nepho- [nifə-] *pref* oblak
nephology [nifɔ́lədži] *n* oblakoslovje
nephoscope [néfəskoup] *n* oblakomer
nephralgia [nifrǽldžiə] *n med* bolečina v ledvicah
nephrectomy [nifréktəmi] *n med* operacijska odstranitev ledvic
nephric [néfrik] *adj* ledvičen
nephrite [néfrait] *n min* nefrti
nephritic [nefrítik] *adj med* ledvičen
nephritis [nefráitis] *n med* nefritis, vnetje ledvic
nephroid [néfrɔid] *adj* ledvičast
nephrolith [néfrəliθ] *n med* ledvični kamen
nephrology [nifrɔ́lədži] *n* nauk o ledvicah
nepotic [nipótik] *adj* nepotičen
nepotism [népətizəm] *n* nepotizem, naklanjanje služb sorodnikom
Neptune [néptju:n] *n* Neptun (bog in planet)
neptunian [neptjú:niən] *adj geol* neptunski, ki je nastal z delovanjem vode
neptunium [neptjú:niəm] *n chem* neptunij
nereid [níəriid] *n myth* nereida, morska boginja
nerium [níəriəm] *n bot* oleander
nervate [nɔ́:veit] *adj bot* žilast (list)
narvation [nə:véišən] *n bot* žilje lista
nervature [nɔ́:vəčə] *n* glej nervation
nerve I [nə:v] *n anat* živec, živčni končič; *fig* hladnokrvnost, pogum, odločnost, moč; *bot* žila lista; *zool* žilica v krilu insekta; *coll* predrznost; *pl* živčnost, živčevje; he is a bag of ~s prenapet je, ima zrahljane živce; a fit of ~s živčnost, živčni napad; to get on s.o.'s ~s iti komu na živce, dražiti; to have the ~ to do s.th. imeti pogum kaj narediti, drzniti si kaj narediti; to have steady ~s imeti močne živce; ~s of iron (ali steel) jekleni živci; to lose one's ~ zgubiti pogum, zbati se; a man of ~ pogumen človek; *fig* to strain every ~ napeti vse sile; to suffer from ~s biti prenapetih živcev
nerve II [nə:v] *vt* opogumiti, okrepiti; to ~ o.s. opogumiti se, zbrati pogum

nerve-cell [nə́:vsel] *n* živčna celica
nerve-centre (center) [nə́:vsentə] *n anat* ganglij, živčni center
nerve-cord [nə́:vkɔ:d] *n* živčno vlakno
nerved [nə:vd] *adj* žilav, -živcev (v sestavljenkah); *bot, zool* žilast; **strong-~** močnih živcev; **weak- -~** slabih živcev
nerve-fibre (fiber) [nə́:vfaibə] *n* živčni končič
nerve-knot [nə́:vnɔt] *n med* živčni vozel, gang'ion
nerveless [nə́:vlis] *adj* (~ **ly** *adv*) brez živcev; *bot* ki nima žilic; *fig* oslabljen, neodločen, ravnodušen, brez poguma, medel
nervelessness [nə́:vlisnis] *n fig* slabost, nemoč, bojazljivost
nerve-(w)racking [nə́:vrækiŋ] *adj* vznemirljiv, ki žre živce
nervine [nə́:vi:n, ~ vain] **1.** *n med* zdravilo za živce; **2.** *adj* ki pomirja (krepi) živce
nervous [nə́:vəs] *adj* (~ **ly** *adv*) živčen, nervozen, razdražljiv, prenapet; *fig* plašen, boječ; žilav (človek); jedrnat (stil); ~ **breakdown** živčni zlom; ~ **system** živčni sistem
nervousness [nə́:vəsnis] *n* živčnost, razdražljivost; boječnost; žilavost
nervure [nə́:vjuə] *n bot* glavna žila lista; *zool* žilica v krilu insekta
nervy [nə́:vi] *adj* (**nervily** *adv*) prenapet, živčen; *poet* žilav, močen; *sl* hladnokrven, predrzen; *sl* ki žre živce
nescience [nésiəns, ~ šəns] *n* nevednost, neznanje (*of*); agnosticizem
nescient [nésiənt, ~ šənt] **1.** *adj* neveden (*of*); agnostičen; **2.** *n* nevednež, -nica; agnostik
ness [nes] *n* rtič, predgorje
nest I [nest] *n* gnezdo; leglo; *fig* skrivališče; majhen predalnik; serija, garnitura predmetov, ki gredo drug v drugega; zarod (živalskih mladičev); **a ~ of crime** leglo zločina; **to feather one's ~** mehko si postlati; **to foul one's own ~** pljuvati v lastno skledo, grdo govoriti o svojem domu; **to leather one's ~** napolniti si žepe; **to go ~ing** krasti jajca iz gnezd
nest II [nest] **1.** *vi* plesti (graditi, znašati) gnezdo, gnezditi; **2.** *vt* položiti v gnezdo; zložiti (lonce itd.) drug v drugega;
nest-egg [nésteg] *n* podložek; *fig* prihranek za slabše čase
nestful [néstful] *n* polno gnezdo
nestle [nesl] **1.** *vi* udobno se namestiti, ugnezditi se (*in, into, down* v; *among* med); priviti se, pritisniti se (*to, against* k); **2.** *vt* pritisniti, nasloniti (obraz, glavo; *on, to, against*)
nestling [néslíŋ] *n zool* ptičji mladič, golec; *fig* otročiček
net I [net] *n* mreža; *fig* past, mreža; mrežasta tkanina; omrežje (cestno itd.); žoga v mreži (tenis); **to lay (ali spread) a ~** nastaviti mrežo, razpresti mreže
net II [net] *vt* loviti v mrežo, nastaviti mrežo; *fig* ujeti, omrežiti; mrežiti (pri vezenju); poslati žogo v mrežo (tenis)
net III [net] *adj econ* neto, čist; ~ **price** neto cena; ~ **profit** čisti dobiček; ~ **balance** čisti saldo; ~ **proceeds** čisti iztržek, čisti dohodek; ~ **weight** čista teža; ~ **yield** čisti donos, čisti dohodek

net IV [net] *vt econ* dobiti (zaslužiti) kot čisti dobiček; **to ~ the invoice cost** prodati po lastni ceni (brez dobička ali izgube)
netball [nétbɔ:l] *n sp* košarka; žoga v mreži (tenis)
netful [nétful] *n* polna mreža
nether [néðə] *adj* dolnji, spodnji; ~ **lip** spodnja ustnica; ~ **world** (ali **regions**) pekel; ~ **garments** hlače; ~ **man** (ali **person**) noge; ~ **millstone** trdo srce
Netherlander [néðələndə] *n* Nizozemec, -mka
Netherlandish [néðələndiš] *adj* nizozemski
Netherlands [néðələndz] *n* Nizozemska, Holandija
nethermost [néðəmoust] *adj* najnižji
net-lace [nétleis] *n* mrežasta tkanina, til
netmaker [nétmeikə] *n* mrežar
netted [nétid] *adj* mrežast; zamrežen; *bot, zool* z mrežastim ožiljem
netting [nétiŋ] *n* mreženje; lov z mrežo, mreža; **wire ~** žična mreža
nettle I [netl] *n bot* kopriva; **stinging ~** pekoča kopriva; *fig* **to grasp the ~** hitro in odločno ukrepati, spopasti se s težavami
nettle II [netl] *vt* opeči s koprivo; *fig* dražiti, razvneti; **to ~ o.s.** opeči se s koprivo; **to be ~d at** biti razkačen nad
nettle-cloth [nétlklɔθ] *n* koprivnik, blago iz kopriv
nettle-rash [nétlræš] *n med* koprivnica (izpuščaj) urtikarija
nettle-tree [nétltri:] *n bot* koprivček (drevo)
network [nétwə:k] *n* mreža; omrežje (radijsko, cestno itd.); mreženje
neum(e) [nju:m] *n mus hist* srednjeveška nota
neural [njúərəl] *adj physiol* živčen, nerven; ~ **arch** vrhnji vretenčni obloček; ~ **spine** trnek na vretencu
neuralgia [njuərǽldžə] *n med* nevralgija, bolečine v živcu
neuralgic [njuərǽldžik] *adj* (~ **ally** *adv*) *med* nevralgičen
neurasthenia [njuərəsθí:nie] *n med* nevrastenija, živčna slabost
neurasthenic [njuərəsθénik] **1.** *adj* (~ **ally** *adv*) *med* nevrasteničen; **2.** *n* nevrastenik
neuration [njuəréišən] *n bot, zool* razporeditev listnih in krilnih žilic
neurectomy [njuəréktəmi] *n med* operacijska odstranitev živca
neurilemma [njuərilémə] *n anat* živčna ovojnica
neuritis [njuəráitis] *n med* nevritis, vnetje živca
neurological [njuərəlódžikl] *adj med* nevrološki
neurologist [njuərólədžist] *n med* nevrolog
neurology [njuərólədži] *n med* nevrologija, nauk o živcih
neuroma [njuəróumə] *n* (*pl* ~ **mata**) *med* nevrom, živčnjak
neuropath [njúərəpæθ] *n med* nevropat, živčni bolnik
neuropathic [njuərəpǽθik] *adj med* nevropatičen
neuropathology [njuəroupəθólədži] *n med* nevropatologija, nauk o živčnih boleznih
neuropathy [njuərópəθi] *n med* nevropatija, živčna bolezen
neurophysiology [njuərəfiziólədži] *n* nevrofiziologija
neuropsychiatry [njuərəsaikáiətri] *n* nevropsihiatrija

neuropsychosis [njuərəsaikóusis] *n med* nevropsihoza

neuropteran [njuərɔ́ptərən] *n zool* mrežekrilec

neurosis [njuəróusis] *n* (*pl* ~ses) *med* nevroza, živčna bolezen

neurotic [njuərɔ́tik] **1.** *adj* (~ ally *adv*) *med* živčen, nevrotičen; **2.** *n* nevrotik, zdravilo za živce

neuter I [njú:tə] *adj gram* srednjega spola; neprehoden (glagol); *bot* brezspolen; *zool* neploden, jalov (žuželka); nevtralen, neopredeljen, neudeležen

neuter II [njú:tə] *n gram* srednji spol, nevtrum; neprehoden glagol; *zool* brezspolna žuželka (zlasti mravlja, čebela); skopljenec (žival, zlasti mačka); *bot* cvet brez prašnikov; **to stand** ~ biti nevtralen, stati ob strani

neuter III [njú:tə] *vt* kastrirati (zlasti mačke)

neutral I [njú:trəl] *adj* (~ ly *adv*) nevtralen, nepristranski, neopredeljen, neudeležen; nedoločen, nejasen; *chem. el* nevtralen; brezbrižen, mlačen, nezavzet (*to* do); *tech* prazni (tek); *bot* brezspolen

neutral II [njú:trəl] *n* nevtralec, nevtralna država; *tech* prazni tek

neutralism [njú:trəlizəm] *n pol* nevtralnost, nevtralna politika

neutralist [njú:trəlist] *n pol* nevtralec

neutrality [nju:trǽliti] *n* nevtralnost (tudi *chem*); nepristranost, neopredeljenost, neudeleženost

neutralization [nju:trəlaizéišən] *n* nevtralizacija (tudi *chem*, *el*); *pol* proglasitev nevtralnosti; *mil* ustavitev, zadrževanje; *fig* onemogočanje

neutralize [njú:trəlaiz] *vt* nevtralizirati (tudi *chem*, *el*); *pol* proglasiti nevtralnost; *fig* onemogočiti, preprečiti

neutron [njú:trən] *n phys* nevtron

névé [névei] *n geol* zrnat sneg na vrhu ledenika

never [névə] *adv* nikoli, nikdar; sploh ne; **better late than** ~ boljše pozno kakor nikoli; ~ **fear** ne bój se, brez strahu; ~ **mind** nič ne de; **well, I** ~ ! kaj takega!, neverjetno!; **he** ~ **so much as smiled** še nasmehnil se ni; ~ **so** kolikorkoli; **he said** ~ **a word** niti besede ni rekel; **now or** ~ sedaj ali nikoli; *coll* sure!y ~ ! je to mogoče!; ~ **a one** nihče, niti eden

never-ceasing [névəsi:siŋ] *adj* neprestan, nenehen

never-do-well [névəduwel] **1.** *adj* malopriden; **2.** *n* malopridnež, nepridiprav

never-ending [névəréndiŋ] *adj* neskončen, neprekinjen

never-fading [névəféidiŋ] *adj* neuvenljiv, ki ne obledi

never-failing [névəféiliŋ] *adj* nezmotljiv; stalen, trajen

never-me-care [névəmək ɛə] *adj* popolnoma ravnodušen

nevermore [névəmɔ́:] *adv* nikdar več

never-never [névənévə] *n E sl* plačevanje na obroke

nevertheless [nevəðəlés] *adv* vendar, vseeno

never-to-be-forgotten [névətəbi:fəgótn] *adj* nepozaben

nevus [ní:vəs] *n physiol* materino znamenje

new I [nju:] *adj* nov; svež (kruh, mleko), mlad (krompir, vino); neizkušen, nevajen; neznan (*to* komu); *ling* moderen; *Aust* ~ **chum** nov naseljenec; **New England** Nova Anglija, šest vzhodnih držav v ZDA (Connecticut, Massachusetts, Rhode Island, Vermont, New Hampshire, Maine); **New Egyptian** koptovščina (jezik); **New Deal** Rooseveltov progresivni program za ekonomsko in socialno obnovo ZDA po veliki krizi l. 1929.; **the New World** novi svet, Amerika; **New Testament** nova zaveza; *fig* ~ **blood** sveža kri, življenjska sila; ~ **departure** popolna sprememba starih navad; **as good as** ~ skoraj nov; **to lead a** ~ **life** živeti drugačno življenje; *astr* ~ **moon** mladi mesec; *fig* ~ **man** prerojen človek; **to put on the** ~ **man** ali **to turn over a** ~ **leaf** začeti novo življenje, poboljšati se; ~ **woman** moderna žena; **an old dog can't learn** ~ **tricks** star človek ne spremeni svojih navad

new II [nju:] *adv* (v sestavljenkah) nedavno, znova, pravkar, na novo

new-blown [njú:bloun] *adj* komaj razcveten, v prvem cvetju (tudi *fig*)

new-born [njú:bɔ:n] *adj* novorojen; prerojen

new-build [njú:bild] *vt* na novo zgraditi

new-coined [njú:kɔind] *adj* na novo skovan (zlasti beseda)

newcome [njú:kʌm] *adj* ki je nedavno prišel

newcomer [njú:kʌmə] *n* prišlec; novinec (*to* v čem)

newel [njú:il] *n archit* glavni steber stopnišča, končni steber stopniške ograje

new-fallen [njú:fɔ:lən] *adj* na novo zapadel (sneg)

newfangled [njú:fæŋgld] *adj cont* novotarski

new-fashioned [njú:fǽšənd] *adj* moden, po najnovejši modi

new-fledged [njú:fledžd] *adj fig* golobrad; *zool* ki je komaj dobil perje

new-form [njú:fɔ:m] *vt* preoblikovati

new-found [njú:faund] *adj* nedavno najden; na novo odkrit

newish [njú:iš] *adj* precej nov

new-laid [njú:leid] *adj* pravkar znesen, svež (jajce)

newlight [njú:lait] *n eccl* modernist, liberalec

newly [njú:li] *adv* na novo; nedavno; ~ **weds** mladoporočenca

new-made [njú:meid] *adj* nov, komaj narejen

new-model [njú:mədl] *vt* preoblikovati

newness [njú:nis] *n* novost, mladost, svežina; *fig* neizkušenost

new-rich [njú:rič] **1.** *adj* nedavno obogatel; **2.** *n* nov bogataš, parveni, povzpetnik

news [nju:z] *n pl* (edninska konstrukcija) novica, poročilo, vest; kar je novo, novost; **at this** ~ pri tej novici; **a piece of** ~ (ena) novica; **to be in the** ~ zbujati pozornost; **to break the** ~ **to s.o.** povedati komu slabo novico; **ill** ~ **flies apace** slaba novica se kaj hitro izve; **no** ~ **is good** ~ če ni novic, je vse v redu; **that's** ~ **to me** to mi je popolnoma novo; **what is the** ~ ? kaj je novega?

news-agency [njú:zeidžənsi] *n E* časopisna agencija

news-agent [njú:zeidžənt] *n E* prodajalec časopisov (na debelo)

news-boy [njú:zbɔi] *n* kolporter, raznašalec časopisov

newscast [njú:zka:st] *n A* radijska ali televizijska poročila, dnevnik

newscaster [njú:zka:stə] *n A* spiker, napovedovalec (radio, TV) newsdealer [njú:zdi:lə] n A prodajalec časopisov (na debelo)

newshawk [njú:zhɔ:k] n A coll reporter

newsletter [njú:zlétə] n (interno) neuradno ali zaupno poročilo ali analiza novic; okrožnica; hist ročno pisan časopis

newsman [njú:zmən] n prodajalec časopisov, kolpolter; časnikar, žurnalist

newsmonger [njú:zmʌngə] n raznašalec novic, klepetulja

newspaper [njú:speipə] n časopis; commercial ~ gospodarski vestnik; A ~ clipping, E ~ cutting izrezek iz časopisa; ~ file po letnikih urejeni časopisi; ~ hoax časopisna raca

newspaperman [njú:speipəmæn] n prodajalec časopisov; reporter, žurnalist, časnikar

newspeak [njú:spi:k] n hum napredni jezik (kjer dobijo besede nov ideološki pomen)

newsprint [njú:zprint] n časopisni papir

news-reader [njú:zri:də] n E glej newscaster

news-reel [njú:zri:l] n filmski tednik

news-room [njú:zrum] n čitalnica; poročevalska centrala (pri časopisu, radiju, TV)

news-service [njú:zsə:vis] n poročevalska služba

news-sheet [njú:zši:t] n bilten

news-stall [njú:zstə:l] n E kiosk za prodajo časopisov

newsstand [njú:zstænd] n A glej news-stall

newsvendor [njú:zvendə] n ulični prodajalec časopisov

newsworthy [njú:zwə:ði] adj dovolj zanimiv za tisk, objave vreden

newsy [njú:zi] 1. adj poln novic, klepetav; 2. n A coll prodajalec časopisov, kolporter; kdor vedno ve vse novice, klepetulja

newt [nju:t] n zool pupek

newton [nju:tn] n phys newton, enota za silo

New Year [njú:jə́:] n Novo leto; ~'s Day novoletni dan; ~'s Eve staro leto, Silvestrovo

next I [nekst] adj naslednji, najbližji, sosednji (to); sledeči, prvi (za); ~ to poleg, takoj za, skoraj (nemogoče); ~ door to v sosednji hiši, čisto blizu; fig skoraj; ~ door to death na pragu smrti; ~ to nothing skoraj nič; ~ to last predzadnji; ~ but one naslednji, drugi v vrsti; the ~ best thing to drugo najboljše za (tem); (the) ~ moment naslednji trenutek; I will ask the ~ man vprašal bom prvega mimoidočega; what ~? kaj še (želiš)?; hum not till ~ do prihodnjič ne več; jur ~ friend mladoletnikov zastopnik

next II [nekst] adv najbliže, zatem, takoj za; drugič, naslednjič; when I saw him ~ ko sem ga naslednjič videl

next III [nekst] prep tik ob, takoj za

next IV [nekst] n najbližji (sorodnik); naslednji (človek, otrok, pismo); the ~ of kin najbližji sorodnik; the ~ to come naslednji, ki je prišel; in my ~ v mojem naslednjem pismu; in our ~ v naši naslednji številki

next-door [nékstdə:] adv v sosednji hiši, zraven, prva vrata za; fig skoraj

nexus [néksəs] n (pl ~us) vez, zveza; serija, skupina, veriga

n-gon [éngən] n math kot n

niacin [náiəsin] n nikotinska kislina

Niagara [naiǽgərə] n reka v Ameriki; fig slapje, hudournik, hrup; to shoot ~ mnogo tvegati

nib [nib] 1. n kljun; konica peresa, konica orodja; E pero; vozel v volni ali svili; pl zdrobljena zrna kakava; 2. vt ošiliti

nibble I [nibl] n grižljaj, grizljanje; oprezen ugriz (ribe); prgišče (trave)

nibble II [nibl] 1. vt grizljati, nagristi, ogristi; (vabo) oprezno zgrabiti (riba); 2. vi grizljati (at); (skoraj) prijeti (riba, kupec); fig nergati, dlako cepiti, sitnariti; to ~ off odgrizniti

niblick [níblik] n sp vrsta (železne) palice za golf

nibs [nibz] n pl (edninska konstrukcija) coll »velika živina«; his ~ njegova milost

nice [náis] adj (~ly adv) fin, nežen; coll okusen, slasten (hrana); coll prijeten, prijazen (to s.o.); coll čeden, lep, privlačen, simpatičen; iron krasen; izbirčen (about, in); točen, tankovesten, skrben, pedanten, precizen (in doing s.th.) fig kočljiv, občutljiv, rahel; (običajno z not) spodoben; a ~ mess lepa kaša; ~ and fat lepo debelo; ~ and warm prijetno toplo; to have a ~ ear imeti oster sluh; a ~ point kočljiva zadeva; ~ and ~ precej; not a ~ song nespodobna pesem

nice-looking [náislukiŋ] adj čeden, lep, privlačen

nicely [náisli] adv lepo, čedno, fino, dobro, izvrstno; ljubeznivo; skrbno, natančno, točno; she is doing ~ dobro napreduje, dobro ji je; sl I was done ~ dobro so me potegnili; that will do ~ odlično pristoji, povsem ustreza; to put it ~ lepo se izraziti

Nicene Creed [naisí:n kri:d] n eccl nicejska veroizpoved

niceness [náisnis] n prefinjenost (okusa); ostrina, strogost (sodbe); coll ljubkost, nežnost, draž; coll prijaznost, ljubeznivost; natančnost, pedantnost, preciznost

nicety [náisiti] n preciznost, točnost, natančnost, pedantnost; ostrina, strogost, (sodbe); pl majhne razlike, nadrobnosti, odtenki; not to stand upon niceties ne biti prenatančen, ne jemati preresno; the niceties of life prijetnosti v življenju

niche I [nič] n archit niša, vdolbina v zidu; fig kotiček, pribežališče; to have a ~ in the temple of fame zagotoviti si mesto med nesmrtniki

niche II [nič] vt postaviti v nišo; to ~ o.s. in udobno se namestiti v

Nick I [nik] n hudič (navadno Old ~)

nick II [nik] n zareza; rovaš, palica z zarezami; reža na glavici vijaka; print signatura; pravi trenutek; in the ~ of time o pravem trenutku

nick III [nik] 1. vt zarezati, urezati; spodrezati (konju rep); zadeti pravi trenutek; uganiti, pogoditi (resnico); ujeti (vlak); E sl ujeti (tatu); sl ukrasti; A sl goljufati; dobro vreči (kocko v hazardni igri); 2. vi skrajšati, presekati pot (in); skočiti (v besedo); križati se (govedo); to ~ out izrezljati

nickel [nikl] 1. n chem nikelj; A kovanec za pet centov; 2. vt ponikljati; not worth a plugged ~ niti počenega groša vreden

nickelic [níkəlik] adj chem, min ki vsebuje nikelj

nickeliferous [nikəlífərəs] adj glej nickelic

nickelodeon [nikəlóudiən] n A poceni zabavišče (kjer je vstopnina pet centov)

nickel-plate [níklpleit] *vt tech* ponikljati
nickel-plated [níklpleitid] *adj* ponikljan
nickel-plating [níklpleitiŋ] *n* ponikljanje
nickel-silver [níklsilvə] *n* novo srebro
nicker I [níkə] *n E sl* funt (denar)
nicker II [níkə] **1.** *n Sc coll* rezgetanje, hihitanje;
2. *vi* rezgetati, hihitati se
nick-nack [níknæk] *n* glej knick-knack
nickname [níkneim] **1.** *n* vzdevek; **2.** *vt* dati vzdevek
nicotian [nikóušiən] **1.** *adj* tobačen; **2.** *n* kadilec
nicotine [níkəti:n] *n chem* nikotin
nocotinism [níkəti:nizəm] *n med* zastrupljenje z
nikotinom
nicotinize [níkəti:naiz] *vt chem* zastrupiti z niko-
tinom
nictate [níkteit] *vi* glej nictitate
nictitate [níktiteit] *vi* mežikati; **nictitating mem-
brane** žmurka
nictitation [niktitéišən] *n* mežikanje; *med* krčevito
mežikanje
nicy [náisi] *n* lizika, slaščica
nid(d)ering [nídəriŋ] *n arch* podlež, izdajalec, bo-
jazljivec
niddle-noddle [nídlnódl] **1.** *adj* kimav, trepetajoč;
2. *vi & vt* kimati, majati se, zamajati
nide [náid] *n* gnezdo, zarod (zlasti fazanov)
nidificate [nídifikeit] *vi* graditi gnezdo, gnezditi
nidify [nídifai] *vi* glej nidificate
nid-nod [nídnód] *vi & vt* kimati, prikimavati
nidus [náidəs] *n (pl ~ di) fig* kotišče, leglo (bolezni);
gnezdo (za žuželčja jajca)
niece [ni:s] *n* nečakinja
niello [niélou] **1.** *n (pl ~los, ~li)* črn lošč; **2.** *vt*
pološčiti s črnim loščem
Nietzschean [ní:čiən] *adj* ničejanski
Nietzscheanism [ní:čiənizəm] *n* ničejanstvo, Nietz-
schejeva filozofija
nieve [ni:v] *n Sc & E dial* pest, roka
nifty [nífti] **1.** *adj A sl* eleganten, po modi; *E* smr-
deč; **2.** *n A sl* dovtip
Nigerian [naidžíəriən] **1.** *adj* nigerijski; **2.** *n* Nige-
rijec, -jka
niggard [nígəd] **1.** *adj* skop, skopuški, stiskav,
pohlepen; **2.** *n* skopuh, pohlepnež
niggardliness [nígədlinis] *n* skopuštvo, skopost,
pohlep
niggardly [nígədli] **1.** *adj* skop, stiskav; oguljen,
beden; **2.** *adv* skopo; bedno
nigger [nígə] *n derog* črnec, črnuh; *A* naziv za
razne težke stroje; vrsta vrtne gosenice; **to work
like a ~** delati kakor črna živina; *A sl* **~ in the
woodpile** (ali **fence**) zla namera, sumljiva oko-
lḭščina; *A theat* **~ heaven** galerija
niggle [nigl] *vi E* dlakocepiti (*at, over*)
niggling [nígliŋ] *adj* malenkosten, pedanten; ne-
čitljiv (pisava)
niggly [nígli] *adj* malenkosten
nigh I [nái] *adj* blizek, bližnji
nigh II [nái] *adv arch, dial* (časovno in krajevno)
blizu (*to*); **~ to** (ali **unto**) **death** na pragu smrti;
~ but ali **well ~ skoraj; to draw ~ to** bližati se
nigh III [nái] *prep* poleg, ob
night [náit] *n* noč; večer, mrak, tema (tudi *fig*);
at (ali **by, in the**) ponoči; **all ~ (long)** vso noč;
~ by ~ noč za nočjo; **~ and day** noč in dan,
vedno; **in the dead of ~** v gluhi noči; **a dirty ~**

viharna noč; **to bid** (ali **wish**) **s.o. good ~** želeti
komu lahko noč; **to have a ~ out** (ali **off**) imetiti
prost večer; **last ~ sinoči; the ~ before last**
predsinoči; **to make a ~ of it** krokati, prekro-
kati noč; *coll* **o'nights** ponoči; **to pass a good
(bad) ~** dobro (slabo) spati; **to stay the ~ at**
prenočiti v (kraju), pri (kom); **one-night stand**
enkratna predstava; **this ~** drevi; **to turn ~
into day** ponoči delati; **he went forth into the ~**
noč ga je vzela
night-attire [náitətaiə] *n* obleka za spanje, spalna
srajca
night-bird [náitbə:d] *n* nočna ptica; *fig* ponočnjak
night-blind [náitblaind] *adj; med* ki ima kurjo sle-
poto
night-blindness [náitblaindnis] *n med* kurja slepota
night-blooming [náitblu:miŋ] *adj* ki cvete ponoči
nightcap [náitkæp] *n* nočna čepica; *coll* kozarček
pred spanjem; *sp A coll* zadnja tekma dneva
night-cellar [náitselə] *n E* kletna beznica
night-chair [náitčeə] *n* pokrita nočna posoda
night-clothes [náitklouõz] *n pl* spalna obleka
night-club [náitklʌb] *n* nočni lokal, bar
night-dress [náitdres] *n* ženska ali otroška spalna
srajca
night-effect [náitifekt] *n* posledica mraka, noči
(radar itd.)
night-exposure [náitikspoužə] *n phot* nočni posne-
tek
nightfall [náitfə:l] *n* pomračitev, večer, sončni za-
hod
night-gown [náitgaun] *n* spalna srajca
night-hag [náithæg] *n* coprnica, ženski demon
(ki leta ponoči); mora
night-hawk [náithə:k] *n coll* ponočnjak
nightie [náiti] *n* ženska spalna srajca
nightingale [náitiŋgeil] *n zool* slavec
nightjar [náitdža:] *n zool* kozodoj, legén
nightleave [náitli:v] *n mil* dopust do zore
night letter [náitletə] *n A* daljši telegram z znižano
tarifo
night-light [náitlait] *n* svetilka ob bolnikovi potelji
nightlife [náitlaif] *n* nočno življenje
night-line [náitlain] *n sp* priprava za ribolov (več
trnkov skupaj), parangal
nightlong [náitlɔŋ] **1.** *adj* celonočen; **2.** *adv* celo noč
nightly [náitli] **1.** *adj* nočen, vsakonočen; **2.** *adv*
ponoči, vsako noč
nightmare [náitmɛə] *n* mora (tudi *fig*); *fig* prikazen,
duh
nightmarish [náitmɛəriš] *adj* morast, mučen
night-owl [náitaul] *n coll* ponočnjak
night-piece [náitpi:s] *n art* nočna krajina (slika)
night-rider [náitraidə] *n A* zakrinkan nočni jezdec
night-robe [náitroub] *n* spalna srajca
night-school [náitsku:l] *n* večerna šola
night-season [náitsi:zən] *n poet* nočni čas
nightshade [naitšeid] *n bot* razhudnik; **deadly ~**
volčja češnja
night-shift [náitšift] *n* nočna izmena, nočni posad
nightshirt [náitšə:t] *n* moška spalna srajca
nightside [náitsaid] *n fig* temna stran
night-soil [náitsoil] *n* fekalije, blato iz stranišč (ki
se ponoči odvaža)
nightspct [náitspət] *n A* nočni lokal
nightstand [náitstænd] *n A* nočna omarica

night-stick [náitstik] *n A* pendrek, policijska gumi-
jevka
night-stool [náitstu:l] *n* glej **night-chair**
night-suit [náitsju:t] *n* pižama
night-terror [náitterə] *n med* strah pred nočjo
(otrok)
night-tide [náittaid] *n poet* nočni čas; *naut* nočna
plima
night-time [náittaim] *n* noč, nočni čas
night-vision [náitvižən] *n* nočni pojav; *med* dober
vid ponoči
nightwalker [náitwɔ:kə] *n* mesečnik, somnabulist;
fig nočna ptica, ponočnjak; poulično dekle
night-watch [náitwɔč] *n* nočna straža, nočni stra-
žar; *fig* in the ~ v nespečih nočeh
night-watchman [náitwɔčmən] *n* nočni čuvaj
nightwear [náitweə] *n* spalna srajca, pižama, spalna
obleka
nightwork [náitwə:k] *n* nočno delo
nighty [náiti] *n coll* glej **nightie**
nigrescence [naigrésəns] *n* potemnitev, počrnitev
nigrescent [naigrésənt] *adj* črnkast, ki črni, temen
nigritude [nigritju:d] *n* črnoba, črna ali temna bar-
va; *fig* mračnost
nihil [náiil] *n* nič
nihilism [náiilizəm] *n phil, pol* nihilizem
nihilist [náiilist] *n* nihilist(ka)
nihilistic [naiilístik] *adj* (~**ally** *adv*) nihilističen
nihility [naiíliti] *n* ničnost
nil [nil] *n* nič; *sp* the score was 3 to ~ rezultat je
bil 3 : 0; his influence is ~ njegov vpliv je
enak ničli; ~ report (ali return) sporočilo, da
česa ni
nilgai [nílgai] *n zool* velika indijska antilopa
nill [nil] *vt arch* ne hoteti; will he, ~ he zlepa ali
zgrda, če hoče ali ne
Nilotic [nailótik] *adj* nilski
nimble [nimbl] *adj* (**nimbly** *adv*) okreten, spreten,
uren; odrezav, bister; the ~ sixpence drobiž gre
lahko izpod rok
nimble-fingered [nímblifiŋgəd] *adj* ročen, spreten;
dolgoprst, tatinski
nimble-footed [nímblfutid] *adj* lahkonog
nimbleness [nímblnis] *n* okretnost, spretnost, ur-
nost; odrezavost, bistrost
nimble-witted [nímblwitid] *adj* odrezav
nimbus [nímbəs] *n* (*pl* ~**bi**, ~**buses**) nimb, obstret,
svetniški sij, glorija (na gori); *meteor* deževen
oblak
nimiety [nimáiəti] *n* nezmernost, pretiravanje; obi-
lje
niminy-piminy [nímini-pímini] *adj* afektiran, na-
rejen, prisiljen
nincompoop [nínkəmpup] *n* tepec, naivnež
nine I [náin] *adj* devet; ~ times out of ten navadno,
skoraj vedno; *A* in the ~ holes v težavah; to
look ~ ways for Sundays močno škiliti; nine-
-pence for fourpence bolniško zavarovanje; ~
tenth devet desetin, skoraj vsi; ~ winks kratko
spanje, dremež; ~ days' wonder kratkotrajna
senzacija
nine II [náin] *n* devetica; devetka (karta, številka
itd.); *A* basebalsko moštvo; the Nine devet muz;
to the ~s do skrajnosti; dressed up to the ~s
biti kakor iz škatlice

ninefold [náinfould] **1.** *adj* devetkraten; **2.** *adv*
devetkratno
ninepins [náinpinz] *n pl* keglji, kegljanje; to play
at ~ kegljati
nineteen [náintí:n] **1.** *adj* devetnajst; **2.** *n* devetnaj-
stica; to talk ~ to the dozen neprestano govoriti,
govoriti kakor bi iz rokava stresal
nineteenth [náintí:nθ] **1.** *adj* devetnajsti; **2.** *n* de-
vetnajstina; *sl* the ~ hole bar v golf klubu
ninety [náinti] **1.** *adj* devetdeset; **2.** *n* devetdesetica;
ninety-nine times out of a hundred skoraj vedno;
the nineties devetdeseta leta
ninny [níni] *n* tepec, naivnež
ninnyhammer [nínihæmə] *n* glej **ninny**
ninth [náinθ] **1.** *adj* deveti; **2.** *n* devetina, deveti
del; *mus* nona; hum ~ part of a man krojač
ninthly [náinθli] *adv* devetič (pri naštevanju)
niobic [naióubik] *adj chem* niobijev
niobium [naióubiəm] *n chem* niobij
nip I [nip] *n* uščip, ugriz, ščipanje; *tech* nalom (v
žici itd.); *fig* zbadljivka (beseda); strupen mraz;
ozeblina, poškodba (rastline od mraza); *A* ~
and tuck ostra borba (pri tekmovanju)
nip II [nip] **1.** *vt* uščipniti, ugrizniti, odščipniti,
priščipniti, ščipati (mraz), posmoditi (slana), po-
škodovati (veter, mraz); *fig* zatreti; *sl* izmakniti,
ukrasti; ujeti, zapreti (tatu); **2.** *vi* ščipati, gristi;
tech zatikati se (stroj); to ~ in the bud v kali
zatreti; ~ped by the ice okovan v led (ladja)
nip along *vi* (po)hiteti
nip away *vt A sl* izmakniti, iztrgati iz rok
nip in *vi* vpasti (v besedo); prehiteti (koga pri
vstopu)
nip off *vi & vt* odhiteti; odščipniti
nip on *vi* šiniti naprej, prehiteti (*ahead*)
nip up (ali **out**) *vt E* izmakniti, ukrasti
nip III [nip] **1.** *n* požirek žganja, kozarček; **2.**
vt & vi srkati (žganje), popiti (požirek, kozar-
ček)
nipa [ní:pe, nái~] *n bot* vrsta indijske palme
nipper I [nípə] *n zool, anat* sekalec (zlasti konjev);
rakove klešče; *pl* kleščice, ščipalke; *pl* ščipalnik
(na nosu); *E coll* brezdomen otrok, pobič,
kramarjev pomočnik; *pl coll* lisice (železje)
nipper II [nípə] *n* požirček; kdor ga srka, pijanček
nipping [nípiŋ] *adj* (~ **ly** *adv*) oster, strupen (mraz);
sarkastičen, porogljiv
nipple [nipl] *n anat* prsna bradavica; cucelj; iz-
boklina v steklu (kovini)
Nipponese [niponí:z] **1.** *adj* japonski; **2.** *n* Japonec,
-nka
nippy [nípi] **1.** *adj* (**nippily** *adv*) oster (veter); *E
coll* okreten, spreten, hiter; *sl* zbadljiv, porog-
gljiv; **2.** *n E coll* urna natakarica
nirvana [niəvá:nə, nə:~] *n fig* nirvana, prenehanje
zemeljskih želja
Nisei [ní:séi] *n* vzdevek za Japonca, rojenega v
Ameriki
nisi [náisai] *conj jur* če ne, razen če; decree ~ za-
četen odlok o ločitvi zakona
Nissen hut [nísənhʌt] *n* montažna valjasta koča v
arktičnem področju
nisus [náisəs] *n* napor, trud, spodbuda; *biol* pe-
riodični plodilni nagon
nit [nit] *n zool* gnida (ušna); jajčece (parazita)
niter [náitə] *n A chem* soliter

nitrate [náitreit] **1.** *n chem* nitrat; **2.** *vt* predelati v nitrat, spojiti z nitratom

niᵗtre [náitə] *n E chem* glej **niter**

nitric [náitrik] *adj chem* dušikov; ~ **acid** dušikova kislina

niᵗtride [náitraid] **1.** *n chem* nitrid; **2.** *vt* nitrirati

nitriferous [naitrífərəs] *adj chem* ki vsebuje dušik, ki vsebuje soliter

nitrification [naitrifikéišən] *n chem* nitrifikacija

nitrify [náitrifai] **1.** *vt* nitrificirati; **2.** *vi* spremeniti se v soliter

nitrile [náitril] *n chem* nitril

nitrite [náitrait] *n chem* nitrit, sol dušikove kisline

nitrobenzol(e) [naitroubénzəl] *n chem* nitrobenzol

nitrocellulose [naitrouséljulous] *n chem* nitroceluloza; ~ **lacquer** nitrolak

nitrogelatine [naitroudžélətin] *n chem* nitroželatina

nitrogen [náitridžən] *n chem* dušik; ~ **fixation** sprememba prostega dušika v tehnično uporabne spojine

nitrogenize [náitrədžənaiz] *vt chem* spojiti, obogatiti z dušikom; ~ **d foods** prehrambeni artikli, ki vsebujejo dušik

nitrogenous [naitródžinəs] *adj chem* dušikov, ki vsebuje dušik

nitroglycerin(e) [náitrouglisərí:n] *n chem* nitroglicerin

nitrous [náitrəs] *adj chem* solitrn, solitrast, ki vsebuje soliter; ~ **oxide** plin smehec; ~ **acid** solitrna kislina

nitty [níti] *adj* poln gnid, ušiv; poln jajčec (parazitov)

nitwit [nítwit] *n* topoglavec, butec

nival [náivəl] *adj bot* ki raste v snegu

nix I [niks] *n* vodni škrat

nix II [niks] **1.** *int sl* pazi!; **2.** *n sl* nič

nixie [níksi] *n* vodna vila, rusalka; *A* nedostavljena pošiljka

no I [nou] *adj* noben, nobeden; **on** ~ **account** pod nobenim pogojem nikakor; **of** ~ **account** nevažen, nepomemben; ~ **one** nihče; ~ **man** nihče, noben človek; kdor je vedno proti; ~ **man's land** sporno ozemlje, *mil* ozemlje med dvema frontama; ~ **parking** parkiranje prepovedano; ~ **such thing** nič takšnega; **there is** ~ **denying** ne more se zanikati; **there is** ~ **knowing (saying)** nemogoče je vedeti (reči); *mil sl* ~ **bon** zanič, ne gre; ~ **confidence vote** glasovanje o nezaupnici; ~ **doubt** seveda, nedvomno; ~ **end** zelo, močno, silno; **there is** ~ **end** ni konca ne kraja; **to have** ~ **end of a time** odlično se zabavati; ~ **fear** brez strahu, brez bojazni; ~ **go** zaman, nemogoče; ~ **meaning** nesmisel; **by** ~ **means** nikakor ne; **now** ~ **mistake** dobro me poslušaj; **and** ~ **mistake** gotovo, brez dvoma; ~ **odds** nič ne de; ~ **picnic** ni lahko, ni šala; **in** ~ **time** takoj, nemudoma, hitro; ~ **two ways about it** ni druge izbire; ~ **wonder** ni čudno, naravno; ~ **vent** nikakor; ~ **song** ~ **supper** brez dela ni jela; ~ **cards** ~ **flowers** fraza v angleških osmrtnicah (brez vabil za pogreb, cvetje hvaležno odklanjamo); ~ **thourough-fare** prepovedan prehod

no II [nou] *adv* (za *or*) ne; (s komparativom) nič, sploh ne; *mil sl* ~ **compree** ne razumem; **whether**

or ~ da ali ne; ~ **sooner** ... **than** komaj ... že; ~ **sooner said than done** rečeno — storjeno; **let** ~ **sooner said than done** rečeno storjeno; **let us have** ~ **more of it** dovolj besedi; ~ **more** nič več, ne več, niti; ~ **little** nemalo; ~ **less than** vsaj, najmanj, nič manj od; ~ **less for** vkljub; ~ **longer** ne več; ~ **longer (ago) than yesterday** šele včeraj

no III [nou] *n* zavrnitev, odklonitev; *parl* glas proti; **the ayes and** ~ **es** glasovi za in proti; **the** ~ **es have it** večina je proti

no-account [nóuəkaunt] *adj A* nepomemben, nevažen; **a** ~ niče

Noachian [noéːkiən] *adj* Noetov; *fig* predpotopen

Noah's ark [nóuəzaːk] *n* Noetova barka; *meteor* paralelen mrenasti oblak; *zool* vrsta školjke; *bot* čeveljc, ceptec

nob [nɔb] **1.** *n sl* glava; *E sl* gospod, odličnik; **2.** *vt sp* udariti po glavi (pri boksu)

no-ball [nóubɔːl] *n sp* neveljaven met (kriket)

nobble [nɔbl] *vt E sl* omamiti konja (pred dirko); podkupiti, prekaniti, ukrasti; ujeti (zločinca); *parl* pridobiti, nagovoriti

nobbler [nɔblə] *n* slepar, pomagač (pri hazardni igri); udarec po glavi; kdor omami konja (pred dirko)

nobby I [nɔbi] *adj* (**nobbily** *adv*) *sl* moden, eleganten

nobby II [nɔbi] *n naut* ribiška karavela

no-being [nóubiːiŋ] *n* neobstoj, neeksistenca

nobiliary [nəbíliəri, nou~] *adj* plemiški; ~ **particle** besedica, ki naznačuje plemiški naslov (*von, de* itd.)

nobility [no(u)bíliti] *n* plemstvo; *fig* plemenitost; **the** ~ **and gentry** višje in nižje plemstvo

noble I [nóubl] *adj* (**nobly** *adv*) plemiški; plemenit; *fig* vzvišen, odličen, veličasten; bogato okrašen (*with*); *phys* žlahten (plin, kovina): **the Most Noble** naslavljanje vojvode

noble II [nóubl] *n* plemič, aristokrat; *hist* zlatnik (za časa Edvarda III.); *A sl* vodja stavkokazov

noble-fir [nóublfəː] *n bot* srebrna jelka

nobleman [nóublmən] *n* (visok) plemič

noble-minded [nóublmáindid] *adj* plemenit (značaja)

noble-mindedness [nóublmáindidnəs] *n* plemenitost (značaja)

nobleness [nóublnis] *n* plemenitost; plemstvo, plemiško poreklo

noblesse [no(u)blés] *n* plemstvo; imenitnost, plemenitost

noblewoman [nóublwumən] *n* plemkinja

nobody [nóubədi] *n* nihče, niče, nepomemben človek; **they are** ~ **in particular** so čisto navadni ljudje; **everybody's business is** ~ **'s business** mnogo ljudi, majhna odgovornost

nociassociation [nousiəsousiéišən] *n med* sprostitev živčne napetosti

nock [nɔk] **1.** *n* zareza (na koncih loka in na spodnjem delu puščice); *naut* zgornji ogel jadra; **2.** *vt* napeti lok; zarezati konce loka ali spodnji del puščice

no-claims [nóukleimz] *n* ~ **bonus** popust, če ni bilo škode (pri zavarovanju)

noct(i)- [nɔkt-] *pref* noč, nočen

noctambulant [nɔktæmbjulənt] *adj* somnabulen, mesečen

noctambulism [nɔktǽmbjulizəmj *n* somnabulizem, mesečnost

noctambulist [nɔktǽmbjulist] *n* somnabulist, mesečnik

noctivagant [nɔktivǽgənt] *adj* ponoči blodeč

noctograph [nɔ́ktəgra:f] *n* pisalni okvir za slepe

noctuid [nɔ́ktjuid] *n zool* sova, nočni metulj

noctule [nɔ́ktjul] *n zool* vrsta velikega netopirja

nocturn [nɔ́ktə:n] *n eccl* večernice

nocturnal [nɔktɔ́:nəl] *adj* (~ ly *adv*) nočen

nocturne [nɔ́ktə:n] *n mus* nokturno; *art* nočna slika; *eccl* večernice

nocuous [nɔ́kjuəs] *adj* (~ ly *adv*) škodljiv, strupen

nocuousness [nɔ́kjuəsnis] *n* škodljivost, strupenost

nod I [nɔd] *n* prikimanje, migljaj, kinkanje, dremanje; **to give** s.o. **a** ~ prikimati komu; **the land of** ~ kraljestvo sanj, spanje; **a** ~ **is as good as a wink** že migljaj zadostuje; *A sl* **on the** ~ na kredit, na upanje

nod II [nɔd] **1.** *vi* kimati, pokimati; zakinkati, zadremati (često z *off*); majati se (drevo v vetru), gugati se; **2.** *vt* prikimati komu, pritrditi; **to** ~ **to** s.o. pokimati komu; **a** ~**ding acquaitance (with)** bežno poznanstvo, bežen znanec, površno poznavanje; **to** ~ **one's farewells** pokimati v slovo; **we are on** ~**ding terms** samo pozdravljamo se; **Homer sometimes** ~**s** tudi največji um se lahko kdaj zmoti

nodal [nóudl] *adj* (~ ly *adv*) vozlat, vozlast; ~ **point** vozlišče

nodder [nɔ́də] *n* zaspanec, kimavec

noddle [nɔdl] **1.** *n coll hum* glava, »buča«; **2.** *vt & vi* prikimavati, kimati

noddy [nɔ́di] *n* butec; *zool* vrsta tropske morske ptice

node [nóud] *n* vozel; *fig* zaplet; *bot* grča, kolence; *med* bula, oteklina, živčna vozlina; *phys* točka najmanjše vibracije; *astr & math* sečišče; **singer's** ~ vozlič v glasilkah

nodose [nədóus, nóudous] *adj* vozlat; *fig* zapleten, zamotan; *bot* kolenčast, grčast

nodosity [nədɔ́siti, nou~] *n* zavozlanost, vozel, zamotanost

nodous [nóudəs] *adj* vozlat

nodular [nɔ́djulə] *adj* vozlast, kolenčast, grudast, grčast

nodule [nɔ́dju:l] *n* vozelček, grča; *bot* kolence; *med* živčni vozel; *geol* gruda, gruča

nodulous [nɔ́djuləs] *adj* glej **nodular**

nodus [nóudəs] *n* (*pl* ~ **di**) *fig* težava, zadrega, zamotanost, zaplet

noesis [nouí:sis] *n phil* spoznavanje

noetic [nouétik] *adj* (~ ally *adv*) umstven, razumski

noetics [nouétiks] *n pl* noetika, nauk o spoznavanju

nog I [nɔg] **1.** *n* lesen klinec; *archit* lesena greda, lesen prečnik; **2.** *vt* pritrditi s klincem, podpreti z gredo

nog II [nɔg] *n* vrsta močnega piva; vrček; *A* šodo

noggin [nɔ́gin] (lesen) vrček; merica (ca 0,14 l), šilce; *sl* glava, betica

nogging [nɔ́giŋ] *n archit* opečno delo, (hiša) v lesenem okviru

no-good [nougúd] **1.** *adj A coll* mizeren, beden; **2.** *n* capin, malopridnež

nohow [nóuhau] *adv dial* nikakor; nepomembno; **to feel** ~ slabo se počutiti; **to look** ~ slabo izgledati, biti ničemer podobno

noil [nɔil] *n* izčesek (odpadek preje pri česanju)

noise I [nɔiz] *n* hrup, trušč, vpitje, kričanje; šum, šumenje; *arch* govorica, glas; *A* **a big** ~ pomemben človek, velik dogodek; **to make a** ~ zagnati hrup, *fig* glasno zabavljati (*about*), postati razvpit; **to make a great** ~ **in the world** zbuditi veliko pozornost; *coll* **hold your** ~! utihni!

noise II [nɔiz] **1.** *vt* razvpiti, raztrobiti (*about* ali *abroad*); **2.** *vi* vpiti, zagnati hrup; **to** ~ **of** govoričiti, govoriti ko strgan doktor

noise-cancelling [nɔ́izkænsəliŋ] *adj tech* ki utiša hrup

noiseless [nɔ́izlis] *adj* (~ ly *adv*) tih, brez šuma, neslišen

noiselessness [nɔ́izlisnis] *n* tišina

noise-meter [nɔ́izmi:tə] *n el* merilec jakosti zvoka

noise-suppression [nɔ́izsəprešən] *n el* varstvo pred (radijskimi) motnjami; odpravljanje motenj

noisiness [nɔ́izinis] *n* glasnost, kričavost, hrup

noisome [nɔ́isəm] *adj* (~ ly *adv*) škodljiv, nezdrav; smrdljiv, ogaben

noisomeness [nɔ́isəmnis] *n* škodljivost, smrad, ogabnost

noisy [nɔ́izi] *adj* (**noisily** *adv*) hrupen, glasen; *fig* kričeč (barva), vsiljiv

noli-me-tangere [nóulai mi:tǽndžəri] *n Lat* (ne dotikaj se me); *art* slika Kristusovega vstajenja; *bot* nedotika; *med* lupus, kožna tuberkuloza

nolle prosequi [nɔ́li prɔ́sikwai] *n Lat jur* preklic tožbe, ustavitev procesa

no-load [nóulóud] *n el* prosti tek

nomad [nɔ́məd, nóu~] **1.** *adj* nomadski; **2.** *n* nomad

nomadic [no(u)mǽdik] *adj* (~ ally *adv*) nomadski; *fig* nestalen, nestanoviten

nomadism [nɔ́mədizəm] *n* nomadstvo

nomadize [nɔ́mədaiz] *vi* seliti se iz kraja v kraj

nomenclature [nouménklǝčǝ. nóumenkleičǝ] *n* nomenklatura, izrazje; *arch* imenik, katalog

nomic [nóumik] *adj* (~ ally *adv*) običajen, navaden

nominal [nɔ́minəl] *adj* (~ ly *adv*) nominalen, imenski, po imenu; neznaten, majhen; *gram* samostalniški; *econ* ~ **capital** osnovni kapital; *jur* ~ **consideration** formalno povračilo (npr. $ 1); ~ **rank** častni naslov, naslov samo po imenu (npr. konzul); *econ* ~ **par** imenska vrednost; *econ* ~ **parity** pariteta imenske vrednosti; *econ* ~ **interest** nominalna obrestna mera; *econ* ~ **price** nominalna (nizka) cena; *econ, tech* ~ **value** nominalna vrednost; *gram* ~ **inflexion** samostalniška sklanjatev

nominalism [nɔ́minəlizəm] *n phil* nominalizem

nominate I [nɔ́minit] *adj* imenovan, nominiran

nominate II [nɔ́mineit] *vt* imenovati (*for* za); določiti (datum, kraj); predlagati (kandidata); označiti, imenovati

nomination [nɔminéišən] *n* imenovanje, predlaganje (kandidata), pravica predlaganja; **to be in** ~ **for** biti predlagan za kaj; **right of** ~ pravica predlaganja

nominative [nɔ́minətiv] 1. adj (~ ly adv) gram nominativen;; imenovan, nominalen; 2. n gram imenovalnik, nominativ
nominator [nɔ́mineitə] n imenovalec, predlagatelj
nominee [nɔminí:] predlaganec, kandidat; econ prejemnik (rente itd.)
nomography [noumɔ́grəfi] n sestavljanje zakonov
nomology [noumɔ́lədži] n zakonoslovje, znanost o zakonih
nomothetic [nɔməθétik] adj zakonodajen
non- [nɔn-] pref ne- (samo v sestavljenkah)
non-ability [nɔnəbíliti] n nezmožnost, nesposobnost
non-abstainer [nɔ́nəbstéinə] n neabstinent, nezdržnež
non-acceptance [nɔ́nəkséptəns] n nesprejemljivost, odklonitev sprejetja
non-addicting [nɔnədíktiŋ] adj (droga) ki ne preide v navado
nonage [nɔ́unidž, nɔ́n~] n nedoletnost; fig nezrelost
nonagenarian [nounədžinéəriən, nɔn~] 1. adj devetdesetleten; 2. n devetdesetletnik
non-aggression [nɔnəgréšən] n nenapadanje; treaty of ~ pakt o nenapadanju
nonagon [nɔ́nəgɔn] n math deveterokotnik
non-alcoholic [nɔnælkəhɔ́lik] adj brezalkoholen
non-aligned [nɔnəláind] adj pol neuvrščen; ~ country neuvrščena država
non-alignment [nɔnəláinmənt] n pol neuvrščenost
non-appearance [nɔnəpíərəns] n izostanek (na sodišču)
nonary [nɔ́unəri] adj math ki temelji na številu devet
non-Aryan [nɔnéəriən] n nearijec, ki ni arijec
non-assessable [nɔnəsésəbl] adj econ neobdavčljiv, prost davka
non-attendance [nɔnəténdəns] n izostanek (iz službe, šole)
non-believer [nɔnbilí:və] n nevernik, ateist, kdor ne verjame v kaj
non-belligerent [nɔnbelídžərənt] 1. adj ki se ne vojskuje; 2. n država, ki se ne vojskuje
nonce [nɔns] n for the ~ za sedaj; ling ~ word priložnostna skovanka
nonchalance [nɔ́nšələns] n nonšalansa, neskrbnost, malomarnost
nonchalant [nɔ́nšələnt] adj (~ ly adv) nonšalanten, malomaren, tjavdan
non-claim [nɔnkléim] n izguba pravice zaradi zapadlosti
non-collegiate [nɔ́nkəlí:džiit] adj univ ki ne pripada koledžu; neakademski (študij); ki nima koledžov (univerza)
noncom [nɔ́nkəm] n coll glej non-commissioned officer
non-combatant [nɔ́nkɔ́mbətənt] n neborec, civilist
non-commissioned [nɔ́nkəmíšənd] adj nepooblaščen; ki nima častniškega čina; ~ officer podčastnik
non-commital [nɔ́nkəmítl] adj pridržan, zadržan, nevtralen; neobvezen
non-committed [nɔ́nkəmítid] adj pol glej non-aligned
non-communicant [nɔ́nkəmjú:nikənt] adj nezgovoren, redkobeseden

non-compliance [nɔ́nkəmpláiəns] n nasprotno ravnanje (with), upiranje, odklanjanje, odklonitev; neposlušnost, neizpolnjevanje (with česa)
non-compliant [nɔ́nkəmpláiənt] adj odklonilen, neposlušen
non compos (mentis) [nɔnkɔ́mpəs] adj jur neprišteven
non-conductibility [nɔ́nkəndʌktibíliti] n el neprevodnost
non-conductor [nɔ́nkəndʌktə] n el slab prevodnik, izolator
nonconforming [nɔ́nkənfɔ́:miŋ] adj odpadniški, disidentski
nonconformist [nɔ́nkənfɔ́:mist] n razkolnik, odpadnik; eccl nonkonformist, disident (zlasti anglikanske cerkve)
nonconformity [nɔ́nkənfɔ́:miti] n razkolništvo, odpadništvo; nesoglasje (with), neprilagajanje (to); eccl nonkonformizem, nesoglasje z nauki (zlasti anglikanske cerkve)
non-contagious [nɔnkəntéidžəs] adj med nenalezljiv
non-content [nɔ́nkəntént] n E parl glas proti (v Zgornjem domu)
non-contentious [nɔnkənténšəs] adj jur nesporen
non-contributory [nɔ́nkəntríbjutəri] adj oproščen prispevka (organizacija)
non-cooperation [nɔ́nkouəpəréišən] n odklonitev sodelovanja; pol pasivni odpor
non-corrosive [nɔ́nkəróusiv] adj tech odporen proti rji in kislinam (jeklo)
non-creasing [nɔ́nkrí:siŋ] adj econ ki se ne guba (mečka)
non-cumulative [nɔ́nkjú:mjulətiv] adj econ nekumulativen
non-cyclical [nɔ́nsíklikəl] adj econ neodvisen od konjunkture
non-dazzling [nɔ́ndǽzliŋ] adj tech ki ne slepi
non-delivery [nɔ́ndilívəri] n neizročitev (pisma); jur neizpolnitev, neizročitev
nondescript [nɔ́ndiskript] 1. adj nepopisljiv, nenavaden, neopredeljiv; 2. n neopredeljiv človek (stvar)
none I [nʌn] n arch del dneva med 3. in 6. uro popoldne; pl deveti dan pred Idami; eccl pl opoldanska maša
none II [nʌn] pron & n nobeden, noben, nihče; ~ other than nihče drugi kot; ~ more so than he nihče bolj kot on; we ~ of us nihče od nas; ~ but (fools) samo (norci); ~ of your tricks! prenehaj s svojimi šalami!; ~ of that nič takega; he will have ~ of me ne zmeni se zame, ne mara me; ~ of your business to ti ni nič mar
none III [nʌn] adv nikakor ne, niti najmanj, nič; ~ the less vendar, kljub (temu); I'm ~ the better for (seeing you) nič boljše se ne počutim, ker (te vidim); ~ too high niti najmanj previsoko; ~ too soon nič prekmalu, niti najmanj prezgodaj; ~ too well tako, tako; nič kaj dobro
non-economical [nɔ́ni:kənɔ́mikəl] adj negospodarski; ~ sphere negospodarsko področje
non-effective [nɔniféktiv] adj mil, naut nesposoben za vojaško službo
nonentity [nɔnéntiti] n neobstoj, neeksistenca; fig niče, ničla

non-essential [nɔnisénšəll **1.** *adj* nebistven, nepotreben; **2.** *n* nebistvena stvar; *pl* dobrine, ki niso življenjsko potrebne

nonesuch [nʌnsʌč] *n* vzor, človek (stvar) brez primeɪe; *bot* vrsta detelje, vrsta jabolk

nonetheless [nʌnðəlés] *adv A* nič manj, vendar

non-existence [nónigzístəns] *n* neobstoj, neeksistenca

non-existent [nɔnigzístənt] *adj* neobstoječ

non-feasance [nónfí:zəns] *n jur* zanemarjanje zakonite dolžnosti

non-ferrous [nónférəs] *adj* neželezen, ki ne vsebuje železa

non-fiction [nónfíkšən] *n* stvarna (nebeletristična) literatura

non-fissionable [nónfíšənəbl] *adj chem, phys* ki se ne cepi

non-flammable [nónflæməbl] *adj* nevnetljiv

non-freezing [nónfrí:ziŋ] *adj* ki ne zmrzuje; ~ mixture sredstvo proti zmrzovanju

non-human [nɔnhjú:mən] *adj* nečloveški, ki ne pripada človeškemu rodu

nonillion [noníljon] *n math A* kvintilijon (10^{30}); *E* nonilijon (10^{54})

nonintercourse [nɔníntəkɔ:s] *n A hist* preklic trgovinskih stikov s tujino

non-interest-bearing [nɔníntristbéəriŋ] *adj econ* brezobresten

non-interference [nóníntəfíərəns] *n* nevmešavanje

non-intervention [nóníntəvénšən] *n pol* neposredovanje, nevmešavanje

nonius [nóuniəs] *n math, tech* nonij (merska priprava)

non-jury [nóndžúəri] *adj jur* brez porote; ~ trial sumaričen proces

non-member [nónmémbə] *n* nečlan

non-metal [nónmetl] *n* nekovina

non-metallic [nɔnmətǽlik] *adj* nekovinski; ~ element metaloid

non-negotiable [nónnigóušiəbl] *adj econ* neprenosljiv

nonobjective [nɔnəbdžéktiv] *adj art* nepredmeten, abstrakten

non-observance [nónəbzɔ́:vəns] *n* neupoštevanje

nonpareil [nɔnpərél] **1.** *adj* brez primere, edinstven; **2.** *n* človek (stvar) brez primere; *print* nonparej; *econ* naziv za razne odlične vrste sadja; *A zool* vrsta ščinkavca

nonparous [nɔnpéərəs] *adj* brez otrok, jalova

non-participating [nónpa:tísipeitiŋ] *adj* neudeležen (pri dobičku); *econ* brez pravice do dobička (zavarovalna polica)

non-partisan [nónpá:tizən] *adj* nepristranski, neoseben; *pol* ne v stranki, nadstrankarski

non-party [nónpá:ti] *adj pol* ne v stranki, nadstrankarski

non-payment [nónpéimənt] *n* (zlasti *econ*) neplačanje, neizpolnitev

non-performance [nónpəfɔ́:məns] *n* neizvršitev, neizpolnitev

nonplus I [nónplʌ́s] *n* zmedenost, zbeganost; škripec, zadrega; at a ~, brought to a ~ zmeden, ki si ne ve pomoči

noplus II [nónplʌ́s] *vt* zmesti, zbegati; spraviti v zadrego; to be ~(s)ed biti zmeden, zbegan

nonpro [nɔnpróu] **1.** *adj sl* amaterski; **2.** *n* amater

non-productive [nónprədʌ́ktiv] *adj* (zlasti *econ*) neproizvajalen, neproduktiven

non-professional [nónprəféšənəl] **1.** *adj* nestrokoven, amaterski; **2.** *n* nestrokovnjak, amater

non-proficient [nónprəfíšənt] *adj* nestrokoven, nespreten

non-profit [nɔnprɔ́fit] *adj* nepridobitven (*E* ~--making)

non-pros [nónprɔ́s] *vt jur* zavrniti (tožitelja zaradi odsotnosti)

non prosequitur [nónprosékwitə] *n jur Lat* zavrnitev (zaradi odsotnosti)

non-provided [nónprəváidid] *adj E* (šola) brez subvencije

non-quota [nónkwóutə] *adj econ* nekontingentiran

non-recurring [nónrikɔ́:riŋ] *adj* enkraten, neponovljiv

non-representational [nónreprizentéišənəl] *adj art* abstrakten

non-resident [nónrézidənt] **1.** *adj* ki ne stanuje v podjetju (bolnišnici); **2.** *n* zunanji zdravnik, kdor ne stanuje v podjetju

non-resistance [nónrizístəns] *n* ubogljivost, neodpornost, pokornost

non-resistant [nɔnrizístənt] **1.** *adj* ubogljiv, neodporen, pokoren; **2.** *n* pokornež

nonsense [nónsəns] *n* nesmisel, neumnost; to stand no ~ zahtevati, da kdo opravi svoje delo v redu; zahtevati, da kdo pove čisto resnico; to talk ~ govoriti neumnosti

nonsensical [nɔnsénsikl] *adj* (~ly *adv*) nesmiseln, bedast

non sequitur [nónsékwitə] *n Lat* napačen sklep

non-skid [nónskíd] *adj* ki ne drči; ~ tyre avtomobilski plašč, ki ne drči (zanaša); ~ tread profil plašča proti zanašanju

non-smoker [nónsmoukə] *n* nekadilec; oddelek za nekadilce (v vlaku)

non-smoking [nónsmóukiŋ] *adj* za nekadilce (oddelek)

non-standard [nónstǽndəd] *adj ling* neknjižni (jezik)

nonstop [nónstɔ́p] **1.** *adj* neprekinjen; direkten; **2.** *adv* neprekinjeno; direktno; **3.** *n* direkten vlak, vlak brez postanka

nonsuch [nʌ́nsʌč] *n* glej nonesuch

nonsuit [nónsjú:t] **1.** *n jur* zavrnitev tožbe (zaradi pomanjkanja dokazov); **2.** *vt* zavrniti tožbo (postopek)

non-technical [nóntéknikəl] *adj* netehničen, nestrokoven; ljudski, naroden

non-U [nónjú:] *adj E* plebejski, nefin, ki ne pripada višjim slojem

non-uniform [nónjú:nifɔ:m] *adj phys, math* neenakomeren

non-union [nónjú:njən] *adj econ* ki ni v sindikatu, neorganiziran

non-unionist [nónjú:njənist] *n econ* kdor ni v sindikatu; nasprotnik sindikatov

non-violence [nónváiələns] *n* nenasilje

non-violent [nónvaiələnt] *adj* nenasilen, miren (demonstracija)

non-voter [nónvóutə] *n pol* kdor ne voli (glasuje)

non-voting [nónvóutiŋ] *adj pol* ki nima volilne (glasovalne) pravice

nonwhite [nónwait] **1.** *n A* nebelec; **2.** *adj* nebel

noodle [nu:dl] *n* rezanec, testenina; butec, osel; *sl* glava, »buča«
nook [nuk] *n* kotiček, osamljen kraj, skrivališče; **to look for s.th. in every ~ and corner** iskati po vseh kotičkih
noon [nu:n] *n* poldan; *fig* vrhunec; **at ~** opoldne
noonday [nú:ndei] **1.** *adj* opoldanski; **2.** *n* poldan, *fig* vrhunec
nooning [nú:niŋ] *n* opoldanski počitek
noontide [nú:ntaid] *n* poldan; *fig* vrhunec
noose I [nu:s] *n* zanka, petlja; *hum* (**matrimonial**) ~ zakonski jarem; **to put** (ali **run**) **one's head in the ~** ujeti se v zanko; **to slip one's head out of the hangman's ~** za las uiti vislicam
noose II [nu:s] *vt* zadrgniti zanko (*over, round* čez, okoli); napraviti zanko (*in* v); ujeti se v zanko
nopal [nóupəl] *n bot* opuncija (kaktus)
no-par [nóupa:] *adj econ* brez vrednosti
nope [nóup] *adv A sl* ne
nor [no:] *conj* niti (za *neither*), in tudi ne; ~ **will I deny that** in tega tudi ne zanikam; (glej tudi *neither*)
Nordic [nó:dik] **1.** *adj* nordijski; **2.** *n* Nordijec, -jka; *sp* ~ **combination** nordijska kombinacija
Norfolk [nó:fək] *n* angleška grofija; *E* ~ **dumpling** (ali **turkey**) tamkajšnji prebivalec; *E sl* ~ **Howard** stenica; ~ **jacket** ohlapna jopa s pasom
norland [nó:lənd] *n poet* severna zemlja, severni predel
norm [no:m] *n* norma, pravilo, vodilo; povprečni učinek (v šoli); *biol* tip
normal [nó:məl] **1.** *adj* (~ **ly** *adv*) normalen, pravilen; navaden, običajen; *math* navpičen; **2.** *n* normala, *math* pravokotnica, normala
normalcy [nó:məlsi] *n* normalnost, normalne razmere; **to return to ~** normalizirati se, ustaliti se
normality [no:mǽliti] *n* normalnost, pravilnost
normalization [nə:məlaizéišən] *n* normalizacija
normalize [nó:məlaiz] *vt* normalizirati, urediti, ustaliti
normally [nó:məli] *adv* normalno, navadno, po predpisih
Norman [nó:mən] **1.** *adj* normanski; **2.** *n* Norman-(ka); ~ **style** normanski stil (polkrožen lok); ~ **French** anglofrancoščina
normative [nó:mətiv] *adj* normativen, določilen, usmerjevalen, predpisen
normocyte [nó:məsait] *n anat* rdeča krvnička normalne velikosti
Norse [no:s] **1.** *adj* skandinavski, norveški; **2.** *n* (stara) norveščina; **the ~** Skandinavci, Norvežani
Norseman [nó:smən] *n hist* severnjak (zlasti Norvežan)
north I [no:θ] *adj* severen; *sl* pretkan, zvit; **North Atlantic Treaty** severnoatlantski pakt; **North Britain** Škotska; ~ **country** severni del dežele; **the North Country** severna Anglija; **North Pole** severni pol; *astr* **North Star** zvezda severnica; **the North Sea** Severno morje
north II [no:θ] *adv* severno, na severu; ~ **of** severno od; **due ~** točno proti severu; **it lies ~ and south** leži v smeri sever—jug
north III [no:θ] *n* sever; *poet* severni veter, burja; **the North** *E* severna Anglija, *A* severne države (ZDA); arktika; ~ **by east** severovzhodno; ~

by west severozahodno; **in the ~** na severu; **in the ~ of** severno od
northeast [nó:θí:st] **1.** *n* severovzhod; **2.** `adj* severovzhoden; **3.** *adv* severovzhodno (*of*), proti severovzhodu
northeaster [nó:θí:stə] *n* severovzhodnik (veter), burja
northeasterly [nó:θí:stəli] **1.** *adj* severovzhoden; **2.** *adv* severovzhodno, proti severovzhodu
northeastern [nó:θí:stən] *adj* severovzhoden
northeastward [nó:θí:stwəd] **1.** *adj* severovzhoden; **2.** *adv* (tudi ~ *s*) na severovzhod, proti severovzhodu, severovzhodno; **3.** *n* severovzhodna smer
norther [nó:ðə] *n A* močna severna burja
northerly [nó:ðəli] **1.** *adj* severen (veter); **2.** *adv* proti severu, s severa, na severu
northern [nó:ðən] **1.** *adj* severen, nordijski; **2.** *n* severnjak; *astr* **Northern Cross** severni križ; **Northern Europe** severna Evropa; ~ **lights** severni sij
northernmost [nó:ðənmoust] *adj* najsevernejši, na skrajnem severu
northing [nó:ðiŋ] *n naut* potovanje (plovba) na sever; *astr* odklon planeta proti severu; *naut* **to make ~** pluti proti severu
northland [nó:θlənd] *n poet* severna zemlja, severni del dežele
north-light [nó:θlait] *n* severni sij
Northman [nó:θmən] *n* Nordijec, Skandinavec
north-north-east [nó:θnə:θí:st] *adj & adv & n* severo-severo-vzhoden; proti severo-severo-vzhodu; severo-severovzhod
north-north-west [nó:θnə:θwést] *adj & adv & n* severo-severozahod; proti severo-severozahodu; severo-severozahod
north-polar [nó:θpóulə] *adj* arktičen
northward [nó:θwəd] **1.** *adj* severen; **2.** *adv* (tudi ~ *s*) severno, proti severu, na sever; **3.** *n* sever, severni predeli
northwest [nó:θwest] **1.** *adj* severozahoden; **2.** *adv* proti severozahodu, na severozahod, severozahodno; **3.** *n* severozahod
northwester [nó:θwéstə] *n* severozahodnik (veter)
northwesterly [nó:θwéstəli] **1.** *adj* severozahoden; **2.** *adv* severozahodno, proti severozahodu, na severozahod
northwestern [nó:θwéstən] *adj* severozahoden
northwestward [nó:θwéstwəd] **1.** *adj* severozahoden; **2.** *adv* (tudi ~ *s*) severozahodno, na severozahod
Norway [nó:wei] *n* Norveška; *zool* ~ **rat** siva podgana; *bot* ~ **spruce** smreka
Norwegian [no:wí:džən] **1.** *adj* norveški; **2.** *n* Norvežan(ka), norveščina
nor'-wester [no:wéstə] *n* severozahodnik; mornarski povoščen plašč; *E* kozarček žgane pijače
nose I [nóuz] *n* nos, smrček; *fig* voh; konica, osina, kljun (ladijski); odprtina (cevi); *sl* vohljač; *E* duh po čaju (senu); **with one's ~ in the air** prevzetno; **to bite** (ali **snap**) **s.o.'s ~ off** ostro napasti, obregniti se ob koga; **to blow one's ~** usekniti se; **to cut off one's ~ to spite one's face** samemu sebi škoditi, obrisati se pod nosom; **to count** (ali **tell**) ~ **s** šteti prisotne, šteti privržence; **to follow one's ~** hoditi za nosom,

delati po nagonu; **to have a good** ~ **for** s.th. imeti dober nos za kaj, vse izvohati; **to keep one's** ~ **to the grindstone** kar naprej garati; **to lead** s.o. **by the** ~ imeti koga na vajetih; **to look down one's** ~ čemerno gledati; **to make long** ~ **ali to thumb one's** ~ **at** kazati komu osle; *A coll* **on the** ~ točen; **to pay through the** ~ preplačati, mastno plačati; **as plain as the** ~ **in one's face** jasno ko beli dan; **to poke** (ali **push, thrust**) **one's** ~ **into** vtakniti nos v vsako reč, vmešavati se; **not to see beyond one's** ~ ne videti delj od svojega nosu, imeti ozko obzorje; **to speak through one's** ~ govoriti skozi nos, nosljati; **to put** s.o.**'s** ~ **out of joint** izpodrin¦ti koga; **right under one's (very)** ~ pred nosom, pred očmi; **to turn up one's** ~ **at** vihati nos; ~ **of wax** mehak ko vosek, slabič; **parson's** kurja škofija

nose II [nóuz] **1.** *vt* vohati, zavohati, ovohavati; dotakniti se z nosom; *fig* izvohati, odkriti, najti; izgovarjati skozi nos; **2.** *vi* vohati, iskati (*after, for*); **to** ~ **one's way** iti previdno; **to** ~ **on** s.o. ovaditi koga

nose down *vi aero* strmo padati (avion), pikirati

nose out *vt* izvohati, odkriti; *A* premagati za dolžino nosu

nose over *vi aero* prevesiti se, postaviti se na glavo (avion)

nose up *vi aero* strmo se dvigati (avion)

nosebag [nóuzbæg] *n* zobalnica

nosebleed [nóuzbli:d] *n med* krvavenje iz nosa

nosecone [nóuzkoun] *n aero* konica rakete

nosed [nóuzd] *adj* (zlasti v sestavljenkah) z (debelim) nosom, nosat

nosedive [nóuzdaiv] **1.** *n aero* pikiranje; *econ* padec tečaja; **2.** *vi aero* pikirati; *econ* hitro padati (tečaj, valuta)

nosegay [nóuzgei] *n* šopek (cvetja)

nose-heavy [nóuzhevi] *adj aero* preobtežen v sprednjem delu

nosepiece [nóuzpi:s] *n hist* nanosni del šlema; *tech* dulec (meha, cevi); revolver mikroskopa

nose-pipe [nóuzpaip] *n tech* šoba

noser [nóuzə] *n* močan nasprotni veter; udarec po nosu, padec na nos

nose-rag [nóuzræg] *n sl* žepni robec

nose-ring [nóuzriŋ] *n* obroček v nosu

nosewarmer [nóuzwə:mə] *n sl* kratka pipa

nosewheel [nóuzwi:l] *n aero* prednje kolo

nosey [nóuzi] *adj coll* radoveden; dolgonos, nosat; smrdljiv

no-show [nóušóu] *n aero A sl* potnik, ki ni prišel do vzleta

nosing [nóuziŋ] *n* rob stopnice; *aero* ~ **-over** stoja na glavi (pri pristanku)

noso- *pref* bolezen

nosography [nousógrəfi] *n* sistematičen opis bolezni

nosological [nousəlódžikəl] *adj med* patološki

nosologist [nousólədžist] *n med* patolog

nosology [nousólədži] *n* nauk o boleznih

nostalgia [nɔstældžiə] *n* domotožje, nostalgija; hrepenenje (*for*)

nostalgic [nɔstældžik] *adj* (~**ally** *adv*) otožen, domotožen, nostalgičen

nostomania [nɔstouméiniə] *n med* bolestno domotožje

nostril [nóstril] *n* nosnica, nozdrv; **to stink in one's** ~s studiti se komu kaj

nostrum [nóstrəm] *n med, fig, pol* mazaško zdravilo, zdravilo za vse, patentirano zdravilo

nosy I [nóuzi] *adj* dolgonos; *sl* radoveden; *E* smrdljiv; **Nosy Parker** radovednež

nosy II [nóuzi] *n* dolgonosec (zlasti vojvoda Wellingtonski); *sl* radovednež, vohljač

not [nɔt] *adv* ne; ~ **at all** nikakor; ~ **to be sneezed at** ne da bi zavrgel; ~ **to be thought of** izključeno, ni misliti; ~ **a few** mnogi; *sl* ~ **half** zelo, in še kako; ni govora!; **as likely as** ~ verjetno; ~ **on your life** nikakor, za nič na svetu; **more often than** ~ pogosto; ~ **a little** mnogo; ~ **in the least** niti najmanj; ~ **seldom** pogosto; ~ **that ne da** morda ni; ~ **the thing** ni spodobno; ~ **but what** (ali **that**) čeprav, vseeno; **I'm** ~ **taking any** še na misel mi ne pride; ~ **yet** še ne

notabilia [noutəbíliə] *n pl* pomembnosti

notability [noutəbíliti] *n* pomembnost, znamenitost, uglednost; osebnost, ugleden človek; dobro gospodinjstvo

notable [nóutəbl] **1.** *adj* (**notably** *adv*) znan, znamenit, pomemben, ugleden; *chem* opazen; **2.** *n* ugleden človek, osebnost, odličnik; pridna gospodinja

notableness [nóutəblnis] *n* znamenitost, uglednost

notam [nóutəm] *n aero* obvestilo (letalcem)

notarial [noutéəriəl] *adj* (~**ly** *adv*) *jur* notarski

notarize [nóutəraiz] *vt* notarsko potrditi, overoviti

notary [nóutəri] *n jur* notar (tudi ~ *public*)

notation [no(u)téišən] *n* sistem simbolov (v glasbi, kemiji, matematiki itd.); notacija, zapisovanje

notch [nɔč] **1.** *n* zareza; soteska; *A* gorsko sedlo; *A coll* stopnja; *A* stopnica; **2.** *vt* zarezati (*into* v); *archit* vstaviti stopnice v zareze

notched [nɔčt] *adj* zarezan, ki ima zareze; *bot* debelo nazobčan (list)

note I [nóut] *n* zapisek, opomba, beležka, notica; pisemce, sporočilo; znamenje, znak; *fig* ton, nota, prizvok, zven; *poet* zvok, melodija, (ptičje) petje; *mus* (osnovni) ton, nota, tipka; *pol* (diplomatska) nota; *econ* račun, bankovec, obveznica; *print* opomba, ločilo; *fig* ugled, sloves, pomembnost; *fig* pozornost; *econ* ~ **of exchange** borzni list; *econ* **advice** ~ sporočilo o pošiljki; *econ* **bought and sold** ~ zaključnica; *econ* **delivery** ~ izročilnica; *econ* ~ **of hand** ali **promissory** ~ zadolžnica; *econ* **as per** ~ po računu; ~ **of exclamation** klicaj; ~ **of interrogation** vprašaj; **family of** ~ ugledna družina; **nothing of** ~ nič važnega; **worthy of** ~ upoštevanja vreden; *pol* **exchange of** ~s izmenjava diplomatskih not; **to change one's** ~ spremeniti svoje vedenje, svoj ton; **to compare** ~s izmenjati misli, posvetovati se; **to give** s.o. ~ **of** sporočiti komu kaj; *mus* **to strike the** ~s udariti po tipkah; *fig* **to strike the right** ~ zadeti na pravo struno; *fig* **to strike a false** ~ zadeti na napačno struno; **to take** ~ **of** s.th. ozirati se na kaj, zapaziti kaj, posvetiti pozornost čemu; **to take** (ali **make**) ~s **of** s.th. zapisovati si kaj; **to speak without** ~s prosto govoriti

note II [nóut] *vt* upoštevati, ozirati se na kaj, opaziti; omeniti, oznaniti; zaznamovati; zapisati, zabeležiti (navadno ~ *down*); *econ* protestirati, ugovarjati; navesti (cene)

note-bank [nóutbæŋk] *n econ* emisijska banka

notebook [nóutbuk] *n* beležnica, notes; *econ, jur* osnutek

note-broker [nóutbroukə] *n A econ* menični posrednik

notecase [nóutkeis] *n* listnica

noted [nóutid] *adj* znan, slaven (*for*); razvpit (*for*); *econ* notiran

notedly [nóutidli] *adv* izrecno, posebno

note-issue [nóutisju:] *n* izdaja bankovcev

noteless [nóutlis] *adj* neopazen, neznan; brez posluha

notepaper [nóutpeipə] *n* pisemski papir

noteshaver [nóutšeivə] *n A sl* oderuh

noteworthiness [nóutwə:ðinis] *n* znamenitost

noteworthy [nóutwə:ði] *adj* znamenit, ugleden, spoštovanja vreden

nothing I [nʌθiŋ] *adv* nič, niti malo, sploh ne; ~ like so bad as še zdaleč ne tako slabo; ~ like complete še zdaleč ne gotovo; ~ much nič posebnega

nothing II [nʌθiŋ] *n* nič; *fig* ničevost, malenkost, niče; *pl* nepomembnosti, prazno govoričenje; for ~ zaman, zastonj; not for ~ ne zastonj, ne brez razloga; good for ~ za nobeno rabo; next to ~ skoraj nič; ~ but samo; ~ at all sploh nič; *sl* ~ doing od tega ne bo nič; ~ else than nič drugega razen; ~ if not courageous zelo hraber; that's ~ nič ne de, nič ne pomeni; that's ~ to you to se ne tiče; there's ~ to it to je čisto preprosto; there's ~ in it ni res, ni važno; there's ~ for it but to ni alternative, ne preostane nič drugega; to feel like ~ on earth počutiti se kot uboga para; ~ like nič boljšega od; ~ like leather vsak berač svoje malho hvali, zadostuje kar imaš; to make ~ of ne moči razumeti, ne imeti za važno, ne izkoristiti, omalovaževati; I can make ~ of čisto nič ne razumem; to make ~ of doing storiti brez obotavljanja; to say ~ of kaj šele, da ne rečem; to come to ~ izjaloviti se; to dance on ~ biti obešen, viseti; to fade away to ~ razbliniti se; to have ~ to do with it ne imeti nič opraviti s tem; a mere ~ malenkost; neck or ~ na kocki, vse ali nič; ~ short of popolnoma, popolno; no ~ čisto nič; ~ to speak of nevažno; soft ~s čebljanje zaljubljencev; the little ~s of life življenjske ničevosti; ~ venture ~ have kdor nič ne tvega, nič ne dobi; all to ~ popolnoma, v največji meri

nothingarian [nʌθiŋgéəriən] 1. *adj* versko nebrižen, svobodomiseln; 2. *n* svobodomislec

nothingness [nʌθiŋnis] *n* neobstoj, neeksistenca; nepomembnost, praznoba, ničnost

notice I [nóutis] *n* obvestilo, objava, oglas; opazovanje, zaznanje; zaznamek, opomin; pozornost; odpoved; pismena opomba ali kratek članek v časopisu; ocena (knjige, filma itd.) *econ* ~ of assessment davčna odločba; previous ~ predhodna objava; this is to give ~ that s tem obveščamo, da; *jur* to give ~ of appeal vložiti priziv; *parl* to give ~ of motion dati iniciativen predlog; obituary ~ osmrtnica, obvestilo o smrti; to attract (ali come into) ~ obrniti pozornost nase; to be under ~ to quit biti blizu

smrti; to bring s.th. to s.o.'s ~ opozoriti koga na kaj; to escape ~ ostati neopazen; to give s.o. ~ odpovedati komu službo; to give s.o. ~ of s.th. sporočiti komu kaj; to give ~ to quit odpovedati (stanovanje, službo); to have ~ zvedeti, biti obveščen; *jur* to serve ~ upon s.o. pozvati koga (na sodišče); at a minute's (ali moment's) ~ takoj; a month's ~ enomesečna odpoved; without ~ brez odloga (odpuščen itd.); at short ~ v kratkem roku; to put up a ~ objaviti (na oglasni deski); *hum* to sit up and take ~ iti na bolje (zdravje); until further ~ do nadaljnjega; baby takes ~ otrok se začenja zavedati stvari okoli sebe; to take ~ of opaziti, ozirati se na kaj; take ~ that opozarjam te, da; to take no ~ of ne zmeniti se za kaj, ignorirati; not worth s.o.'s ~ nevreden upoštevanja

notice II [nóutis] *vt* opaziti; omeniti, pripomniti; ozirati se na kaj, upoštevati, meniti se za kaj; oznaniti, oglasiti, objaviti, oceniti (knjigo); odpovedati komu

noticeable [nóutisəbl] *adj* (**noticeably** *adv*) opazen, viden, omembe vreden, pozornost zbujajoč

notice-board [nóutisbɔ:d] *n* oglasna deska

notice-period [nóutispiəriəd] *n* odpovedni rok

notifiable [nóutifaiəbl] *adj* (bolezen) ki jo je obvezno prijaviti

notification [noutifikéišən] *n* objava, razglas, oznanilo; prijava (bolezni); opozorilo

notify [nóutifai] *vt* javiti, objaviti; prijaviti, sporočiti, opozoriti (*of* na, *that* da); *econ* avizirati

notion [nóušən] *n* pojem, ideja, predstava (*of* o); mnenje, stališče, nazor; namen (*of doing s.th.*); *A econ pl* drobno modno blago, galanterija; airy ~s gradovi v oblakih; given to ~s zanesenjaški; not to have the vaguest ~ of ne imeti najmanjšega pojma o; I have a ~ that mislim si, da; to fall into the ~ that na misel priti, da

notional [nóušənəl] *adj* (~ ly *adv*) pojmoven, idejen, miseln, umišljen, imaginaren; sanjav

notoriety [noutəráiəti] *n* notoričnost, razvpitost; razvpitež, razvpita stvar

notorious [noutó:riəs] *adj* (~ ly *adv*) notoričen, razvpit, obče znan (*for*)

notoriousness [noutó:riəsnis] *n* razvpitost

not-out [nótaut] *n sp* še nepremagan (igralec kriketa)

no-trump [nóutrʌmp] 1. *adj* brez aduta; 2. *n* napoved brez aduta, igra brez adutov (bridge)

notwithstanding [nɔtwiθstǽndiŋ] 1. *prep* vkljub; 2. *adv* vseeno, vkljub temu; 3. *conj arch* čeprav, dasi (*that*)

nougat [nú:ga:, nú:gət] *n* mandolat (slaščica)

nought [nɔ:t] *n* nič, ničla; to bring to ~ uničiti, pokvariti; to come to ~ izjaloviti se; *fig* to set at ~ prezirati, zasmehovati; ~s and crosses otroška igra na kockastem papirju

noumenon [náumənən] *n* (*pl* ~ na) gola ideja

noun [náun] *n gram* samostalnik; proper ~ lastno ime

nourish [nʌriš] *vt* (na)hraniti (*on* s, z), vzdrževati; *fig* gojiti (sovraštvo, upanje); *fig* krepiti, jačiti

nourishing [nʌrišiŋ] *adj* hranljiv, redilen; ~ power redilnost

nourishment [nʌrišmənt] *n* hrana, hranjenje, prehrana

nous [náus, nu:s] *n phil* razum, intelekt; *coll* zdrava pamet

nova [nóuvə] *n (pl* ~vae) *astr* nova (zvezda)

novation [nəvéišən] *n* obnova, obnavljanje

novel I [nóvəl] *adj* nov, neobičajen

novel II [nóvəl] *n* roman; *jur* dodatek k zakonu, novela

novelette [nəvəlét] *n* kratek roman, povest; *E* cenen roman; *mus* romanca

novelist [nóvəlist] *n* romanopisec

novelization [nɔvəlaizéišən] *n* romansiranje, prelitje v roman

novelize [nóvəlaiz] *vt* preliti v roman, romansirati

novella [nə:vélla:] *n* novela

novelty [nóvəlti] *n* novost, novota, neobičajnost, novotarija; *econ pl* novosti

November [nouvémbə] *n* november: in ~ novembra, v novembru

novena [nouví:nə] *n eccl* devetdnevnica

novercal [nouvə́:kəl] *adj* mačehovski

novice [nóvis] *n* novinec, začetnik; *eccl* novic; spreobrnjenec

novitiate (noviciate) [nouvíšiit] *n eccl* noviciat; učna doba

novocaine [nóuvəkein] *n* novokain

now I [náu] *adv* sedaj; torej, tedaj, sedaj, nato (pri pripovedovanju); from ~ on od sedaj naprej; up to ~ do sedaj; ~ and again (ali then) tu pa tam, včasih; ~ ... ~ sedaj... sedaj; ~ ... then sedaj ... potem; ~ or never sedaj ali nikoli; come ~! ali ~! ne tvezi!, pojdi no!; just ~ pravkar, pred kakšnim trenutkom

now II [náu] *n* sedaj, sedanjost; before ~ že prej, že enkrat; by ~ že, medtem, do sedaj; how ~? no, kaj pa sedaj?; what is it ~? no, kaj pa je spet?; ~ that ker, sedaj ko; no nonsense, ~! brez neumnosti, prosim!; (every) ~ and then tu pa tam

nowaday [náuədei] *adj* dandanašnji, današnji

nowadays [náuədeiz] 1. *adv* dandanes, sedaj; 2. *n* sedanjost, sedanji časi

noway(s) [nóuwei(z)] *adv* nikakor ne

nowel [nóuəl] *n* veliko zrno (v livarstvu)

nowhence [nóuwens] *adv* od nikjer

nowhere I [nóu(h)wɛə] *adv* nikjer, nikamor; ~ near še zdaleč ne, daleč od; *sl* to be (ali get) ~ daleč zaostajati, biti med najslabšimi na tekmi; *sl* to come in ~ ne priti v poštev

nowhere II [nóu(h)wɛə] *n* nikjer, divjina, oddaljenost; from (ali out of the) ~ od neznano kje; miles from ~ v od boga pozabljenem kraju

nowhither [nóu(h)wiðə] *adv* nikamor

nowise [nóuwaiz] *adv* nikakor ne

noxious [nókšəs] *adj* (~ ly *adv*) škodljiv, poguben, nezdrav (*to* za)

noxiousness [nókšəsnis] *n* škodljivost, pogubnost, nezdravost

noyade [nwa:já:d] *n* smrtna kazen z utopitvijo

nozzle [nɔzl] *n tech* dulec, ustnik; izliv, lijak, cevni nastavek, odprtina, razpršilnik; *sl* nos

nth [enθ] *adj math* na n-to (potenco); *fig* skrajen, neskončen

Nu [nju:] *n astr* zvezda trinajste svetlobne stopnje

nuance [nju:á:ns] *n* niansa, odtenek, različica

nub [nʌb] *n* košček, gruda, izrastek; *A coll* bistvo

nubbin [nʌbin] *n A* košček; majhen ali slab koruzen storž; nedozorel sadež

nubble [nʌbl] *n* glej nub

nubbly [nʌbli] *adj* grudast, poln izrastkov

nubecula [nju:békjulə] *n (pl* ~lae) *astr* meglenica

nubile [nju:bil] *adj* godna za možitev

nubility [nju:bíliti] *n* godnost za možitev; *jur* zrelost za zakon

nubilous [njú:biləs] *adj* oblačen, meglen, nejasen

nucellar [nju:sélə] *adj bot* semenčičen

nucellus [nju:séləs] *n bot (pl* ~li) semenčica

nucha [njú:kə] *n (pl* ~chae) *zool* tilnik

nuchal [njú:kəl] *adj zool* tilniški

nucleal [njú:kliəl] *adj* glej nuclear

nuclear [njú:kliə] *adj* nuklearen, jedrski, atomski; ~ fission cepljenje atomskega jedra; ~ physics nuklearna fizika; ~ reactor atomski reaktor; ~ weapons atomsko orožje; *pol* ~ deterrent grožnja z atomskim orožjem; ~-powered atomski, na atomski pogon; ~ power *phys* moč atomov; *pol* jedrska velesila; ~ power plant jedrska elektrarna; ~ war(fare) atomska vojna

nucleate [njú:klieit] *vi phys* tvoriti jedro

nucleated [njú:klieitid] *adj* ki tvori jedro, ki ima jedro

nucleation [nju:kliéišən] *n* tvorba jeder

nuclei [njú:kliai] *n pl* od nucleus

nucleolar [nju:klí:ələ] *adj* nukleoaren, ki ima zrnce v celičnem jedru

nucleole [njú:klioul] *n* nukleol, zrnce v celičnem jedru

nucleolus [nju:klí:ələs] *n (pl* ~li) *biol* jedrce

nucleoplasm [njú:kliəplæzm] *n biol* nukleoplazma, jedrna snov

nucleus [njú:kliəs] *n (pl* ~clei) *astr, phys, biol* nukleus, jedro (kometa, atoma, celice); *fig* jedro, srčika, središče; *opt* črna senca

nude [nju:d] 1. *adj* nag, gol; *jur* brez podlage, neveljaven; barve kože (npr. nogavice); 2. *n art* akt (slika); in the ~ gol, nag; *fig* očit

nudeness [njú:dnis] *n* golota, nagota

nudge [nʌdž] 1. *n* dregljaj s komolcem; *fig* namig; 2. *vt* dregniti s komolcem

nudibranchiate [nju:dibrǽŋkiit] *n zool* gološkrga (polž)

nudism [njú:dizəm] *n* nudizem, kult nagote

nudist [njú:dist] *n* nudist(ka)

nudity [njú:diti] *n* golota, nagota; *art* akt, podoba golega telesa

nugae [njú:dži:] *n pl* malenkosti

nugatory [njú:gətəri] *adj* malenkosten, brez vrednosti, jalov; neučinkovit, neveljaven (tudi *jur*)

nuggar [nʌgə] *n* širok nilski čoln

nugget [nʌgit] *n* zlato zrno, zlata kepa

nuisance [njú:sns] *n* nadloga, sitnost, neprijetnost; nadležnež; *jur* motenje, nasprotovanje predpisom; to abate a ~ odpraviti neprijetnost; to be a ~ to s.o. biti komu v nadlego, mučiti koga; to make a ~ of o.s. iti komu na živce, biti nadležen; *E* commit no ~! ne meči odpadkov!; ~ take it! presneto!; what a ~! kakšna sitnost!; *coll* ~ tax potrošniški davek (plačljiv v majhnih obrokih); public ~ motenje javnega reda; private ~ kršenje posesti

null [nʌl] 1. *adj* neveljaven; nepomemben, nevažen, ničev; 2. *n* ničla; *jur* ~ and void neveljaven

nullification [nʌlifikéišən] *n* razveljavljenje, poničenje
nullifidian [nʌlifídiən] *n* nevernik, dvomljivec
nullify [nʌlifai] *vt* razveljaviti, odpraviti, poničiti
nullipara [nəlípərə] *n* (*pl* ~rae) *med* (žena) ki še ni rodila
nullipore [nʌlipouə] *n bot* vrsta alg
nullity [nʌliti] *n* neveljavnost, razveljavljenje, ničevost; *fig* niče; *jur* ~ suit tožba za razveljavljenje sodbe
numb I [nʌm] *adj* (~ ly *adv*) otrpel, odrevenel (*with* od); *fig* otopel; *sl* ~ hand neroda
numb II [nʌm] *vt* omamiti, paralizirati
number I [nʌmbə] *n* število, številka; zvezek, številka (revije, časopisa); *gram* število (*in the singular* ~); točka programa; *mus sl* popevka, ritem; *poet pl* stihi; *sl* tip, patron; *fig* back ~ pozabljen (zastarel) človek (stvar); science of ~s aritmetika; ~ one ego, jaz; *naut* prvi častnik; *adj* prvoten; golden ~ število, po katerem se izračuna datum Velike noči; *econ* to raise to the full ~ kompletirati, popolniti; to appear in ~s izhajati v zvezkih; issued in ~s izdano v nadaljevankah, izdano v zvezkih; in round ~s okroglo; in ~ številčno, po številu, times without ~ neštetokrat; ~s of times često; vedno znova; without ~ neštevilno; *coll* to have (got) s.o.'s ~ koga dobro poznati, koga do dna spregledati; to look after (ali take care of) ~ one misliti le na lastno korist; to lose the ~ of one's mess umreti; his ~ is (ali goes) up dnevi so mu šteti; one of their ~ nekdo iz njihove sredine; he is not of our ~ ne spada k nam; he is my opposite ~ in London on ima v Londonu isti položaj kot jaz tukaj
number II [nʌmbə] *vt* numerirati, oštevilčiti; šteti, računati, znašati; to ~ among (ali in, with) prištevati (med, k, npr. prijatelje); to ~ off odšteti; his days are ~ed dnevi so mu šteti
numbering [nʌmbəriŋ] *n* numeriranje, oštevilčenje
numberless [nʌmbəlis] *adj* neštevilen, neštet
number-nine [nʌmbənain] *n E coll mil* odvajalna tableta
number-series [nʌmbəsíri:z] *n math sg & pl* številčna vrsta, številčne vrste
numbfish [nʌmbfiš] *n zool* električni skat
numbness [nʌmnis] *n* otrplost, odrevenelost
numen [njú:min] *n* božanstvo
numerable [njú:mərəbl] *adj* števen
numeral I [njú:mərəl] *adj* številčen; ~ script številčna pisava, šifre
numeral II [njú:mərəl] *n* števnik, številka; cardinal ~ glavni števnik; ordinal ~ vrstilni števnik
numerate [njú:məreit] *vt* šteti, naštevati
numeration [nju:məréišən] *n* štetje, naštevanje, numeracija, oštevilčenost, numeriranje, oštevilčenje; *math* decimal ~ decimalni sistem
numerative [njú:mərətiv] *adj* številčen, numeričen
numerator [njú:məreitə] *n math* števec; decimalka
numerical [nju:mérikəl] *adj* (~ ly *adv*) številčen
numerous [njú:mərəs] *adj* (~ ly *adv*) številen
numerousness [njú:mərəsnis] *n* številnost
numismatic [nju:mizmǽtik] *adj* (~ ally *adv*) namizmatičen
numismatics [nju:mizmǽtiks] *n pl* (edninska konstrukcija) numizmatika, nauk o novcih

numismatist [nju:mízmətist] *n* numizmatik
numismatology [nju:mizmətólədži] *n* glej; numismatics
nummary [nʌməri] *adj* denaren (v zvezi s kovanci)
nummular [nʌmjulə] *adj* glej nummary
numskull [nʌmskʌl] *n* topoglavec, butec
nun [nʌn] *n* nuna, redovnica; *zool* menišček (ptič); vrsta goloba; vrsta molja; ~'s cloth ali ~'s veiling tanka volnena tkanina; ~'s thread tanek bel sukanec
nun-buoy [nʌnbɔi] *n naut* stožčasta boja
nunciature [nʌnšiəčə] *n eccl* nunciatura
nuncio [nʌnšiou] *n eccl* nuncij, papežev poslanik
nuncupate [nʌŋkju:peit] *vt* napraviti usten testament
nuncupation [nʌŋkju:péišən] *n* ustna izjava testamenta
nuncupative [nʌŋkjú:pətiv] *adj* usten (testament)
nunhood [nʌnhud] *n* redovništvo
nunlike [nʌnlaik] *adj* nunski, redovniški; čist, nedoložen
nunnery [nʌnəri] *n* nunski samostan
nuptial [nʌpšəl] 1. *adj* (~ ly *adv*) svatben, poročen; 2. *n pl* poroka
nurse I [nə:s] *n* dojilja, pestunja; hraniteljica; bolničarka, strežnica; hranjenje, dojenje; *fig* varstvo; *zool* čebela delavka; *bot* drevo ali grm, ki varuje mlado rastlino; at ~ v varstvu; dry ~ pestunja; male ~ bolničar; wet ~ dojilja; to put (out) to ~ dati otroka v varstvo; head ~ glavna sestra; practical aid ~ patronažna sestra, sestra za nego na domu
nurse II [nə:s] 1. *vt* dojiti, hraniti, vzgajati, vzrediti (otroka); streči, negovati (bolnika); brigati se za kaj, paziti na kaj, varovati (zdravje); pestovati, okleniti (kaj z obema rokama); *fig* gojiti (čustva); *fig* podpirati (umetnost); *fig* božati, gladiti, razvajati; 2. *vi* sesati (otrok); biti negovalec, -lka; to be ~d in luxury biti vzgojen v razkošju; to ~ a cold zdraviti prehlad, ostati doma na toplem; to ~ a glass of wine počasi srkati vino; to ~ one's constituency pridobivati si volivce
nurse-child [nə́:sčaild] *n* rejenček; dojenček
nurse-crop [nə́:skrɔp] *n agr* vmesni posevek
nurse-frog [nə́:sfrɔg] *n zool* krastača porodničar (samec, ki prenaša jajčeca, dokler se ne izvalijo)
nurs(e)ling [nə́:sliŋ] *n* dojenček; *fig* ljubljenček; *bot* sadika
nursemaid [nə́:smeid] *n* pestunja
nursery [nə́:səri] *n* otroška soba; drevesnica, nasad; ribogojnica; *fig* vzgajališče; *sp* tudi ~ stakes dirka dveletnih konj
nursery governess [nə́:sərigʌ́vənis] *n* vzgojiteljica
nursery-maid [nə́:sərimeid] *n* glej nursemaid
nurseryman [nə́:sərimən] *n* lastnik ali vrtnar v drevesnici ali nasadu
nursery-plant [nə́:səriplɑ:nt] *n agr* sadika
nursery-rhyme [nə́:səriraim] *n* pesmica za otroke
nursery school [nə́:sərisku:l] *n* otroške jasli, otroški vrtec
nursery teacher [nə́:səriti:čə] *n* otroška vrtnarica
nurse-ship [nə́:sšip] *n naut* matična ladja
nursing [nə́:siŋ] *n* dojenje; bolniška nega
nursing bottle [nə́:siŋbɔtl] *n* stekleníčka s cucljem
nursing care [nə́:siŋkeə] *n* patronažna služba

nursing home [nɔ́:siŋhoumɪ n E privatna bolnišnica, sanatorij

nurture [nɔ́:čə] **1.** n vzgoja, prehrana, reja; **2.** vt vzgajati, rediti; gojiti (čustva)

nut [nʌt] n bot oreh, lešnik; tech matica vijaka, pesto kolesa, luknja za ključavnico; econ pl kockovec (premog); fig trd oreh; sl glava, buča; sl gizdalin; sl pl nor; sɪ **to be ~s** biti nor, biti neumen; sl **to be ~s to** (ali **for**) noro komu ugajati, biti užitek za koga; sl **to be (dead) ~s on** biti nor na kaj, biti noro zaljubljen; **blind ~** puhel oreh; sl **not for ~s** sploh ne, nikakor; sl **for ~s** za šalo; sl **to go ~s** priti ob pamet, ponoreti; sl **to drive s.o. ~s** spraviti koga ob pamet; sl **off one's ~** ob pamet, nor; fig **a hard ~ to crack** trd oreh; **to have a ~ to crack with** imeti s kom stare račune; **as sweet as a ~** kot iz škatlice; **a tough ~** svojeglavec, trda buča

nut II [nʌt] vi nabirati orehe (lešnike)

nutant [njú:tənt] adj bot viseč, majav, zavit

nutate [nju:téit] vi bot povesiti se, zviti se

nutation [nju:téišən] n prikimavanje, majaɪɪje; bot zavitost, povešenost, zakrivljenost debla; astr nihanje zemeljske osi

nut-bolt [nʌ́tboult] n tech vijak z matico

nutbrown [nʌ́tbraun] adj lešnikovo rjav

nut-butter [nʌ́tbʌtə] n lešnikovo maslo

nut-cake [nʌ́tkeik] n krof, ocvrtek

nut-case [nʌ́tkeis] n sl norec

nutcracker [nʌ́tkrækə] n (tudi pl) klešče za orehe; zool hrestač (ptič)

nut-gall [nʌ́tgɔ:l] n bot šiška (hrastova)

nuthatch [nʌ́thæč] n zool brglez; sl norišnica

nutjobber [nʌ́tdžɔbə] n zool glej **nuthatch**

nutlet [nʌ́tlit] n majhen oreh; sadna koščica

nutmeg [nʌ́tmeg] n bot muškatov orešek, muškatovec; **A Nutmeg State** vzdevek za Connecticut (ZDA)

nutmeg-liver [nʌ́tmeglivə] n med atrofija jeter

nutpecker [nʌ́tpekə] n zool glej **nuthatch**

nut-pine [nʌ́tpain] n bot pinija

nutpick [nʌ́tpik] n nožek za čiščenje orehov

nutria [njú:triə] n zool močvirski bober; bobrovo krzno

nutrient [njú:triənt] **1.** adj hranljiv; **2.** n hranilo

nutriment [njú:trimənt] n hrana (tudi fig), hranljiva jed

nutrimental [nju:triméntl] adj hranljiv, redilen

nutrition [nju:tríšən] n prehrana, prehranjevanje; hrana (tudi fig); **~ scientist** strokovnjak za prehrano

nutritionist [nju:tríšənist] n strokovnjak za prehrano

nutritious [nju:tríšəs] adj (**~ly** adv) tečen, redilen, hranʲjiv

nutritiousness [nju:tríšəsnis] n tečnost, hranljivost

nutritive [njú:tritiv] **1.** adj (**~ly** adv) hranljiv; prehramben; **2.** n živilski artikel

nutshell [nʌ́tšel] n bot orehova lupina; fig majhna stvarca; **in a ~** jedrnato, na kratko

nutter [nʌ́tə] n nabiralec orehov (lešnikov); orehovo maslo

nutting [nʌ́tiŋ] n nabiranje orehov (lešnikov); **to go ~** iti nabirat orehe

nut-tree [nʌ́ttri:] n oreh (drevo), leska

nutty [nʌ́ti] adj poln orehov; fig kot oreh, slasten; sl noro zaljubljen, nor (on, upon na); sl pikanten, oster

nutwood [nʌ́twud] n orehovina

nux vomica [nʌ́ksvómikə] n pharm seme, ki vsebuje strihnin

nuzzle [nʌzl] **1.** vi riti (prašič; in po, for za čem); potisniti nos, rilec (into v); drgniti z nosom, rilcem (against); pritisniti se (to h komu); fig upognjeno hoditi; **2.** vt razriti, z rilcem izkopati; pritisniti se h komu; pritisniti (otroka) k sebi; dati oboroček v nos (svinji itd.)

nyct- [nikt-] pref noč, nočen

nyctalopia [niktəlóupiə] n med nočna slepota

nyctitropic [niktitrópik] adj bot ki se ponoči obrne

nylon [náilon] n najlon; pl najlonke

nymph [nimf] n nimfa; zool buba; poet lepotica, deva

nympha [nímfə] n (pl **~phae**) anat sramna ustna

nymphaeaceous [nimfiéišəs] adj bot ki pripada morskim ali vodnim rastlinam

nymphal [nímfəl] adj kakor nimfa; zool bubin

nymphean [nimfí:ən] adj kakor nimfa

nymphish [nímfiš] adj glej **nymphean**

nympholepsy [nímfəlepsi] n med ekstaza ob želji za nedosegljivim

nymphomania [nimfəméiniə] n med nimfomanija, bolestno spolno poželjenje pri ženski

nymphomaniac [nimfəméiniæk] **1.** adj nimfomanski; **2.** n nimfomanka

nystagmus [nistǽgməs] n očesni drget

O

o [ou] **1.** *n* (*pl* O's, Os, Oes, o's, os, oes) črka o; ničla, nič; okrogel predmet, krog; **2.** *adj* petnajsti; **two o three** 203 (telefon)
O, Oh [ou] *inter* oh!, ah!
o' [ə] *prep abbr* od *of* in *on*; **it's two~clock** ura je dve; **twice~Sundays** dvakrat ob nedeljah; ~ **nights** ponoči
O' [ou, ə] *pref* pri irskih imenih (npr. *O'Brian*)
oaf [óuf] *n* butec, teleban, osel; podtaknjen otrok, podtaknjenec
oafish [óufiš] *adj* butast, telebast
oak [óuk] *n bot* hrast, hrastovina; hrastovo listje, barva hrastovega listja; *poet* lesene barke; *E univ* zunanja stanovanjska vrata; **barren** ~ črni hrast; **holm** ~ zimzelen; **the Oaks** konjske dirke v Epsomu v Angliji; *fig* **heart of** ~ hraber človek; *fig & poet* ladjevje; **Hearst of** ~ ladjevje in posadka angleške vojne mornarice; *E* **to sport one's** ~ zakleniti se v hišo (da nismo moteni)
oak-apple [óukæpl] *n bot* hrastova šiška
oak-bark [óukba:k] *n* hrastovo lubje, čreslo
oak-beauty [óukbju:ti] *n zool* hrastov pedic
oaken [óukən] *adj* hrastov; ~ **mast** žir
oak-gall [óukgɔ:l] *n* glej **oak-apple**
oaklet [óuklit] *n bot* mlad hrast
oakling [óukliŋ] *n bot* glej **oaklet**
oakum [óukəm] *n* kodelja, povesmo, tulje, otre; **to pick** ~ cefrati tulje, *coll* sedeti v ječi
oak-wood [óukwud] *n* hrastovje, hrastišče
oaky [óuki] *adj* ko hrast, trden
oar I [ɔ:] *n* veslo; veslač; *zool* veslasta noga; greblja za peč (v pivovarni); **bank of** ~**s** veslaška klop; **to bend to the** ~**s** veslati na vse kriplje; **to boat the** ~**s** izvleči vesla v čoln; **to feather the** ~**s** vesla na plosko spustiti; **to have an** ~ **in every man's boat** vtikati se v vsako stvar; **to lie on one's** ~**s** vesla na plosko položiti; *fig* dati roke križem; **to pull a good** ~ dobro veslati; **to put in one's** ~ vtikati se, vpasti v besedo; **to rest on one's** ~**s** počivati na lovorikah; **to toss the** ~**s** dvigniti vesla v pozdrav; *fig* **chained to the** ~ prikovan k delu; **pair-**~ čoln na dve vesli; **four-**~ čoln na štiri vesla; **ship your** ~**s!** pripravite vesla!; **unship your** ~**s!** izvlecite vesla!
oar II [ɔ:] *vt & vi poet* veslati; **to** ~ **one's arms** (ali **hands**) veslati z rokami; **to** ~ **one's way** veslaje se pomikati
oarage [ɔ́:ridž] *n* veslarjenje
oared [ɔ:d] *adj* na vesla; **pair-**~ na dve vesli
oarlike [ɔ́:laik] *adj* veslast

oarlock [ɔ́:lək] *n* veslina, luknja za veslo
oarsman [ɔ́:zmən] *n* veslač
oarsmanship [ɔ́:zmənšip] *n* veslarjenje
oarswoman [ɔ́:zwumən] *n* veslavka
oary [ɔ́:ri] *adj* glej **oarlike**
oasis [ouéisis] *n* (*pl* ~ses) oaza (tudi *fig*)
oast [óust] *n* sušilnica za hmelj, hmeljnica
oat [óut] *n bot* (običajno *pl*) oves; *poet* pastirska piščalka; *A sl* **to feel one's** ~**s** delati se važnega, biti razigran; **to sow one's wild** ~**s** izdivjati se v mladosti
oatcake [óutkeik] *n* ovsenjak
oaten [óutn] *adj* ovsen
oat-flakes [óutfleiks] *n pl* ovseni kosmiči
oatgrass [óutgra:s] *n bot* divji oves, ovsu podobna trava
oath [óuθ] *n* prisega, zaprisega; kletev; ~ **of allegiance** prisega zvestobe; ~ **of office** službena zaprisega; **on** ~ pod prisego; **upon my** ~! na to lahko prisežem; **to bind by** ~ zavezati s prisego; **in lieu of an** ~ namesto prisege; **to put s.o. on his** ~ zapriseči koga; **to take** (ali **make**, **swear**) **an** ~ priseči, zapriseči (*on, to*)
oathbreaker [óuθbreikə] *n* kdor prelomi prisego, krivoprisežnik
oatmeal [óutmi:l] *n* ovsena moka, ovsena kaša
obconical [əbkónikəl] *adj biol* kot obrnjen stožec, stožčast
obcordate [əbkɔ́:deit] *adj bot* srčast (list)
obduracy [ɔ́bdjurəsi] *n* zakrknjenost, trdovratnost
obdurate [ɔ́bdjurit] *adj* (~ly *adv*) zakrknjen, trdovraten
obduration [əbdjuréišən] *n* glej **obduracy**
obeah [óubiə] *n* verski kult zahodno indijskih črncev; *fig* fetiš
obedience [o(u)bí:djəns] *n* pokorščina, poslušnost (*to*); *fig* odvisnost; *eccl* višja cerkvena oblast; **in** ~ **to s.o.** na zahtevo (spodbudo) koga; **in** ~ **to s.th.** skladno s čim; **passive** ~ slepa pokorščina
obedient [o(u)bí:djənt] *adj* (~ly *adv*) pokoren, poslušen (*to* komu); *fig* odvisen (*to* od); **your** ~ **servant** z odličnim spoštovanjem (v službenih pismih)
obedientiary [əbi:diénšəri] *n* frater
obeisance [o(u)béisəns] *n* priklon, poklon; spoštovanje; **to do** (ali **make, pay**) ~ **to s.o.** globoko se komu prikloniti
obeisant [o(u)béisənt] *adj* hlapčevski, pokoren, poslušen, popustljiv

obelisk [óbilisk] *n archit* obelisk; znamenje za ponarejenost v starih rokopisih; *print* križec, ki opozarja na pripombo na koncu strani

obelize [óbilaiz] *vt* zaznamovati falzifikat v starih rokopisih; *print* zaznamovati s križcem

obelus [óbiləs] *n (pl ~li)* znamenje za falzifikat v starih rokopisih; *print* križec, ki opozarja na pripombo na koncu strani

obese [o(u)bí:s] *adj* tolst, zelo debel

obeseness [o(u)bí:snis] *n* tolstost, debelost

obesity [o(u)bí:siti] *n* glej obeseness

obey [o(u)béi, əb~] 1. *vt* ubogati, pokoravati se; 2. *vi* ubogati, biti ubogljiv *(to)*

obfuscate [óbfʌskeit] *vt* potemniti; *fig* zmešati, zmesti, omamiti

obfuscation [obfʌskéišən] *n* potemnitev; *fig* omamljenost, zmedenost

obi [óubi] *n* širok pas za kimono; vrsta afriške magije

obit [óbit, óu~] *n* spominska slavnost, komemoracija, zadušnica

obituarist [əbítjuərist] *n* pisec nekrologa

obituary [əbítjuəri] 1. *adj* osmrten, nekrološki; 2. *n* osmrtnica, nekrolog; popis umrlih

object I [óbdžikt] *n* predmet, stvar; *iron* predmet posmeha ali usmiljenja; cilj, smoter, namen; *gram* objekt; no ~ brez pridržkov, postranska stvar (v oglasih); money is no ~ denar ne igra vloge; salary no ~ plača je postranska stvar; what an ~ you are! kako pa izgledaš!; with the ~ of doing s.th. z namenom kaj narediti; to make it one's ~ to do s.th. zastaviti si cilj nekaj narediti; there is no ~ in doing that nesmiselno je to narediti; *gram* direct ~ objekt v tožilniku, direktni objekt

object II [əbdžékt] 1. *vt* ugovarjati *(to)*; očitati; 2. *vi* ne strinjati se, nasprotovati, protestirati *(to, against)*; do you ~ to my smoking? imaš kaj proti, če kadim?; if you don't ~ če nimaš nič proti, če se strinjaš

object-ball [óbdžiktbə:l] *n* biljardna ciljna krogla

object-drawing [óbdžiktdrɔ:iŋ] *n* (zlasti *tech*) risanje po predlogi ali modelu

object-finder [óbdžiktfaində] *n phot* iskalo

object-glass [óbdžiktgla:s] *n phys* objektiv (leča)

objectification [əbdžektifikéišən] *n phil* konkretiziranje, utelesenje

objectify [əbdžéktifai] *vt phil* konkretizirati, utelesiti

objection [əbdžékšən] *n* ugovor, pomislek, pridržek; očitek; pomanjkljivost, napaka; negodovanje, odpor, gnus *(against)*; to be open to grave ~s naleteti na resne pomisleke; to have no ~s ne ugovarjati, ne imeti pomislekov, ne imeti nič proti; to raise ~s ugovarjati; to take ~s to s.th. ugovarjati, protestirati proti čemu

objectionable [əbdžékšənəbl] *adj* (objectionably *adv*) neprijeten, zoprn, graje vreden; sporen, problematičen

objective I [əbdžéktiv] *adj* (~ly *adv*) objektiven, stvaren, neoseben, nepristranski, brez predsodkov; *gram* objektov; *gram* ~ case akuzativ, sklon objekta; *gram* ~ verb prehoden glagol; *mil* ~ point cilj napredovanja (napada)

objective II [əbdžéktiv] *n opt* objektiv (leča); *gram* sklon objekta; *mil* cilj napredovanja (napada)

objectiveness [əbdžéktivnis] *n* glej objectivity

objectivism [əbdžéktivizəm] *n phil* objektivizem

objectivity [əbdžektíviti] *n* objektivnost, nepristranost, stvarnost

objectivize [əbdžéktivaiz] *vt* glej objectify

object-lens [óbdžiktlenz] *n* glej object-glass

objectless [óbdžiktlis] *adj* brezpredmeten, nestvaren, nesmotrn

object-lesson [óbdžiktlesn] *n* nazoren pouk; *fig* nazoren primer; beležka, zapisek

objector [əbdžéktə] *n* ugovarjalec, oponent, nasprotnik; conscientious ~ kdor se zaradi vesti upre vojaški službi

object-plate (ali ~slide) [óbdžiktpleit] *n tech* objektivnik

object-teaching [óbdžiktti:čiŋ] *n* nazoren pouk

objurgate [óbdžə:geit] *vt* grajati, zmerjati

objurgation [óbdžə:géišən] *n* graja, ukor

objurgatory [əbdžə́:gətəri] *adj* grdilen, grajalen

oblate I [óbleit] *n eccl* samostanski brat, zaobljubljenec; *hist* otrok, ki je vzgojen v samostanu

oblate II [óbleit] *adj math, phys* sploščen, sferoiden

oblation [əbléišən] *n* daritev (kruha in vina); žrtev, žrtvovanje

oblational [əbléišənl] *adj* glej oblatory

oblatory [óblətəri] *adj* daritven

obligate I [óbligit] *adj* obvezen, obligaten

obligate II [óbligeit] *vt jur* obvezati, zavezati, obligirati

obligation [obligéišən] *n* obveza, zaveza, obveznost, dolžnost, obligacija; *econ* zadolžnica, obveznica; *econ* joint ~ skupna obveznost; to be under an ~ to s.o. biti komu obvezan; days of ~ dnevi strogega posta; to discharge one's ~s izpolniti svoje obveze; of ~ obvezen; no ~ ali without ~ neobvezen; to put s.o. under an ~ obvezati koga; to repay an ~ vrniti svoj dolg

obligatory [óblígətəri] *adj* (obligatorily *adv*) obvezen, obligaten *(on, upon* za); *econ* ~ investment obvezen polog

oblige [əbláidž] *vt* prisiliti; *jur* obvezati *(to)*, naložiti (delo); ustreči *(with* s, z); biti zaželen; to ~ o.s. obvezati se; to be ~d to (do s.th.) morati (kaj narediti); to be ~d to s.o. for s.th. biti komu hvaležen za kaj; much ~d! najlepša hvala!; to ~ you tebi na ljubo; an early reply will ~ prosimo za skorajšen odgovor

obligee [oblidží:] *n jur, econ* upnik

obliging [əbláidžiŋ] *adj* (~ly *adv*) uslužen, vljuden, ljubezniv

obligingness [əbláidžiŋnis] *n* uslužnost, vljudnost, ljubeznivost

obligor [obligó:] *n jur* zavezanec, obligiranec, dolžnik

oblique I [əblí:k] *adj* (~ly *adv*) poševen, nagnjen; posreden, indirekten; neodkrit, sprijen; *bot* nesomeren (list); *gram* odvisen; *math* ~ angle poševen (oster, top) kot; ~ oration (ali speech) indirektni govor; *gram* ~ case odvisen sklon (vsak sklon razen nominativa in vokativa)

oblique II [əblí:k] *vi* nagniti se; *mil* napredovati v poševni črti

obliqueness [əblí:knis] *n* poševnost, nagnjenost; *fig* nepravilnost, neodkritost, nepoštenost, prestopek

obliquity [əblíkwiti] *n* glej obliqueness

obliterate [əblítəreit] vt izbrisati, prečrtati (from); fig uničiti, zabrisati (sled), zatreti; obliterirati (npr. pisemsko znamko); med obliterirati, zrasti se

obliteration [əblitəréišən] n izbrisanje, prečrtanje; fig uničenje, zabrisanje, zatrtje; med obliteracija, scelitev, zraslina

obliterative [əblítərətiv] adj uničevalen, rušilen, razdiralen

oblivion [əblíviən] n pozaba, pozabljenje, pozabljivost; jur spregled, pomilostitev, amnestija; Act (ali Bill) of ~ zakon o amnestiji; to fall (ali sink) into ~ priti v pozabo

oblivious [əblíviəs] adj (~ly adv) pozabljiv; poet ki prinaša pozabo; to be ~ of s.th. pozabiti na kaj; to be ~ to s.th. biti gluh za kaj, ne meniti se za kaj

obliviousness [əblíviəsnis] n pozabljivost, pozaba

oblong [óblɔŋ] 1. adj podolgovat; math pravokoten (daljši in nižji); 2. n math pravokotnik

obloquy [óbləkwi] n kleveta, obrekovanje; sramota, slab glas; ukor, graja; to cast ~ upon s.o. obrekovati koga; to fall into ~ priti na slab glas

obmutescence [əbmju:tésnəst] n trdovratna molčečnost

obnounce [əbnáuns] vi napovedati zlo

obnoxious [əbnókšəs] adj (~ly adv) gnusen, grd; osovražen, nepriljubljen (to pri); (redko) izpostavljen, podvržen (to čemu); arch kazniv

obnoxiousness [əbnókšəsnis] n nepriljubljenost, osovraženost; (redko) izpostavljenost, podvrženost (čemu)

oboe [óubou] n mus oboa; mil Oboe radarsko vodeno bombardiranje

oboist [óubouist] n mus oboist

obol [óbəl] n obol (šesti del drahme)

obolus [óbələs] n grška utežna mera (0.1 g)

obovate [əbóuveit] adj bot jajčast, z ožjim delom spodaj (list)

obovoid [əbóuvɔid] adj bot jajčast, z ožjim delom spodaj (sad)

obscene [əbsí:n] adj (~ly adv) opolzek, nespodoben, obscen; arch gnusen; jur ~ libel objava nesramnih spisov; ~ talker kvantač

obscenity [əbsí:niti] n opolzkost, nespodobnost, kvanta, obscenost

obscurant [əbskjúərənt] n mračnjak, nazadnjak, obskurant

obscurantism [əbskjúərəntizəm] n mračnjaštvo, nazadnjaštvo, obskurantstvo

obscurantist [əbskjúərəntist] n glej obscurant

obscuration [əbskjuəréišən] n astr otemnitev, zamračitev; med zasenčenost

obscure I [əbskjúə] adj (~ly adv) temen, mračen, zakoten, skrit; nejasen (slika), moten (barva); fig neznan, nepomemben; fig slaboten (pulz, glas); ~ rays nevidni toplotni žarki sončnega spektra

obscure II [əbskjúə] n poet tema, mrak

obscure III [əbskjúə] vt zatemniti, pomračiti; skriti (to komu); fig zasenčiti, postaviti v senco; ling oslabiti (vokal)

obscurity [əbskjúəriti] n tema; fig nejasnost, nerazločnost, nerazumljivost; skrivnost; zakotnost, neuglednost (porekla); to retire into ~

umakniti se (družbi); to be lost in ~ biti pozabljen

obsecrate [óbsikreit] vt zaklinjati, rotiti

obsecration [əbsikréišən] n zaklinjanje, rotitev; eccl litanije

obsequial [əbsí:kwiəl] adj žalen, pogreben

obsequies [óbsikwiz] n pl pogrebna svečanost, slovesen pogreb

obsequious [əbsí:kwiəs] adj (~ly adv) klečeplazer (to); arch ponižen, pokoren

obsequiousness [əbsí:kwiəsnis] n klečeplaznost, hlapčevstvo

obsequy [óbsikwi] n pogrebna svečanost

observable [əbzɔ́:vəbl] adj (observably adv) opazen; pomemben

observance [əbzɔ́:vəns] n izpolnjevanje (dolžnosti); obred, tradicionalna slovesnost; šega, običaj; observanca, redovni pravilnik

observant [əbzɔ́:vənt] adj (~ly adv) opazujoč, pazljiv, čuječ, poslušen (of čemu, komu); to be ~ of forms paziti na formalnosti

observation [əbzəvéišən] n opazovanje, zapažanje, ogledovanje; opazka, pripomba; to keep s.o. under ~ opazovati, motriti koga; to take an ~ določiti zemljepisno dolžino ali širino po legi sonca ali zvezd

observational [əbzəvéišənəl] adj (~ly adv) ki temelji na zapažanju

observation ballon [əbzəvéišənbəlú:n] n aero privezan opazovalni balon

observation car [əbzəvéišənka:] n odprt razgledni vagon

observation-port [əbzəvéišənpɔ:t] n tech kukalnik, opazovalno okence

observation post [əbzəvéišənpoust] n mil opazovalnica

observatory [əbzɔ́:vətri] n observatorij, opazovalnica, zvezdarna

observe [əbzɔ́:v] 1. vt opazovati, opaziti, motriti, zapažati; naut meriti globino vode; fig držati se (postav), slaviti (praznik); pripomniti, reči, izjaviti; 2. vi komentirati (on, upon); to ~ time biti točen

observer [əbzɔ́:və] n opazovalec, gledalec; izpolnjevalec, kdor se drži postav (navad)

observing [əbzɔ́:viŋ] adj (~ly adv) pozoren, skrben, poslušen; ki izpolnjuje kaj, ki se drži česa

obsess [əbsés] vt obsesti, obsedati, nadlegovati, mučiti, preganjati; ~ed by (ali with) obseden od česa; like an ~ed man kot obsedenec

obsession [əbséšən] n obsedenost, fiksna ideja; nadlegovanje, mučenje, preganjanje

obsidian [əbsídiən] n min obsidian, vulkanska kamnina

obsolescence [əbsəlésnst] n zastarelost; med atrofija, suhotina

obsolescent [əbsəlésnt] adj ki zastareva; med atrofičen, ki gine

obsolete [óbsəli:t] adj (~ly adv) zastarel, izrabljen, neraben; biol okrnjen, nerazvit, rudimentaren

obsoleteness [óbsəli:tnis] n zastarelost, zastarela stvar; biol nerazvitost, okrnelost

obsoletism [óbsəli:tizəm] n nekaj zastarelega (zlasti beseda, fraza)

obstacle [óbstəkl] n ovira, zapreka (to za, komu); sp ~ jump terenski skok (smučarski); sp ~ race tek čez zapreke; **to put** ~**s in s.o.'s way** ovirati koga

obstetric(al) [əbstétrik(əl)] *adj* (~ **ally,** ~ **ly** *adv*) *med* porodniški, porodničarski

obstetrician [əbstetríšən] *n med* porodničar; babica

obstetrics [əbstétriks] *n pl* (edninska konstrukcija) *med* porodništvo, babištvo

obstinacy [ɔ́bstinəsi] *n* svojeglavost, trma; *fig* trdovratnost (bolezni itd.)

obstinate [ɔ́bstinit] *adj* (~ **ly** *adv*) svojeglav, trmast, uporen, trdovraten

obstinateness [ɔ́bstinitnis] *n* glej **obstinacy**

obstipant [ɔ́bstipənt] *n med* sredstvo za zapiranje

obstipation [ɔbstipéišən] *n med* zaprtje, zapeka, obstipacija

obstreperous [əbstrépərəs] *adj* (~ **ly** *adv*) neposlušen, uporen; glasen, hrupen

obstreperousness [əbstrépərəsnis] *n* negodovanje, upornost; hrupnost, razgrajanje

obstruct [əbstrʌ́kt] **1.** *vt* zapreti, zamašiti, zaustaviti, blokirati; ovirati, zavirati, zavlačevati, zadrževati; *fig* preprečiti, onemogočiti; **2.** *vi parl* preprečevati delo (v parlamentu)

obstruction [əbstrʌ́kšən] *n* blokiranje, zaviranje, oviranje, zavlačevanje; zapreka, ovira (*to* za); *med* zaprtje; *parl* obstrukcija, preprečevanje dela

obstructionism [əbstrʌ́kšənizəm] *n pol* obstrukcionizem, obstrukcijska politika

obstructionist [əbstrʌ́kšənist] *n pol* obstrukcionist

obstructive I [əbstrʌ́ktiv] *adj* (~ **ly** *adv*) zaviralen, oviralen, zadrževalen (*of, to* za); preprečevalen, obstrukcijski; **to be** ~ **to s.th.** ovirati kaj

obstructive II [əbstrʌ́ktiv] *n* glej **obstructionist**

obstructiveness [əbstrʌ́ktivnis] *n* obstruktivnost, zaviranje, oviranje, zadrževanje, preprečevanje

obstruent [ɔ́bstruənt] **1.** *adj* (zlasti *med*) zapiralen; **2.** *n* zapiralno sredstvo

obtain [əbtéin] **1.** *vt* dobiti, doseči, pridobiti, preskrbeti si, prejeti; doseči (svojo voljo, željo); *econ* doseči (ceno); **2.** *vi* obstajati, biti priznan, biti veljaven; *jur* **to** ~ **by false pretence** z zvijačo priti do česa; **the custom** ~**s** običaj je v navadi

obtainable [əbtéinəbl] *adj* (**obtainably** *adv*) dosegljiv, ki se da dobiti; *econ* ~ **on order** po naročilu

obtainment [əbtéinmənt] *n* prejem; doseg

obtected [ɔbtéktid] *adj zool* zapreden (buba)

obtest [ɔbtést] **1.** *vt arch* rotiti, prositi, zaklinjati; **2.** *vi* protestirati

obtestation [ɔbtestéišən] *n arch* rotenje, zaklinjanje; protest

obtrude [əbtrú:d] *vt & vi* vsiliti (se), vsiljevati (se) (*on, upon* komu)

obtruder [əbtrú:də] *n* vsiljivec

obtruncate [əbtrʌ́ŋkeit] *vt* odsekati (glavo, vrh), okrniti

obtrusion [əbtrú:žən] *n* vsiljevanje (*on, upon* komu)

obtrusive [əbtrú:siv] *adj* (~ **ly** *adv*) vsiljiv (človek); pozornost zbujajoč, nenavaden (stvar)

obtrusiveness [əbtrú:sivnis] *n* vsiljivost

obtund [əbtʌ́nd] *vt med* otopiti, udušiti

obturate [ɔ́btjuəreit] *vt* zamašiti, zapreti, zapečatiti; *tech* zatesniti, zabrtviti

obturation [ɔbtjuəréišən] *n* zamašitev, zapiranje, zapečatenje; *tech* zatesnitev, zabrtvitev

obturator [ɔ́btjuəreitə] *n* zamašek, zapirač; *tech* tesnilo, brtvilo; *med* obturator

obtuse [əbtjú:s] *adj* (~ **ly** *adv*) top (bolečina itd.); *math* topi (kot), topokoten; *fig* zabit, otopel

obtuse-angled [əbtjú:sæŋgld] *adj* topokoten

obtuseness [əbtjú:snis] *n* topost, otopelost, neobčutljivost; zabitost

obverse [ɔ́bvə:s] **1.** *adj* (~ **ly** *adv*) obrnjen (proti gledalcu); *fig* nasproten; *bot* zožen (na spodnjem koncu); **2.** *n* glava (novca), lična stran; *fig* nasprotje

obversion [əbvɔ́:šən] *n* obrnitev proti gledalcu, obverzija

obvert [əbvɔ́:t] *vt* obrniti (v logiki)

obviate [ɔ́bvieit] *vt* odstraniti; obiti, odvrniti, preprečiti

obviate [ɔ́bvieit] *vt* odstraniti; obiti, odvrniti, preprečiti

obviation [ɔbviéišən] *n* odstranjenje, odvrnjenje, preprečenje

obvious [ɔ́bviəs] *adj* (~ **ly** *adv*) jasen, razumljiv, očiten; vsiljiv, kričeč (barva, reklama)

obviousness [ɔ́bviəsnis] *n* jasnost, razumljivost, očitnost

obvolute [ɔ́bvəlu:t] *adj* zavit, obrnjen na znotraj

ocarina [ɔkərí:nə] *n mus* okarina

occasion I [əkéižən] *n* prilika, priložnost; razlog, povod, vzrok; naključje; *coll* svečan dogodek; *obs* potreba; *pl* posli, opravki; **for the** ~ za to priložnost; **there is no** ~ **to be afraid** ni povoda za strah; **to celebrate the** ~ proslavljati svečan dogodek; **to be equal to the** ~ biti čemu kos; **to give** ~ **to s.th.** dati povod za kaj; **to go about one's** ~**s** iti po opravkih; **to improve the** ~ izrabiti priložnost (zlasti za moralno pridigo); **to have** ~ imeti povod za kaj; **on** ~ tu in tam, včasih; **on the** ~ **of** ob (kongresu); **to rise to the** ~ biti čemu kos, odločno nastopiti; **to seize** (ali **take**) **the** ~ ali **to take** ~ **by the forelock** pograbiti priliko; **to take** ~ **to do s.th.** izrabiti priložnost; **to be the** ~ **of s.th.** biti povod za kaj

occasion II [əkéižən] *vt* povzročiti, biti povod za kaj, sprožiti; **this** ~**ed him to go** to ga je napeljalo, da je šel

occasional [əkéižənəl] *adj* (~ **ly** *adv*) priložnosten, slučajen; za posebne prilike; ~ **cause** sekundaren vzrok; E ~ **licence** omejeno dovoljenje za prodajo alkohola; ~ **labour** priložnostno delo; ~ **poem** prigodna pesem; ~ **strollers** posamezni sprehajalci; ~ **table** mizica, za različne namene

occasionalism [əkéižnəlizəm] *n phil* okazionalizem

occasionalist [əkéižnəlist] *n phil* okazionalist

occasionally [əkéižənəli] *adv* tu in tam, priložnostno

occident [ɔ́ksidənt] *n poet* zahod, zapad; **the** ~ zahodne države

occidental [ɔksidéntl] **1.** *adj* (~ **ly** *adv*) zahoden, zapaden; **2.** *n* zahodnjak

occidentalism [ɔksidéntəlizəm] *n* zahodnjaštvo

occidentalist [ɔksidéntəlist] *n* zahodnjak

occidentalize [ɔksidéntəlaiz] *vt* približati zahodnjaški civilizaciji

occipital [ɔksípitəl] *adj* (~ **ly** *adv*) *anat* zatilničen; ~ **bone** zatilnica (kost)

occiput [ɔ́ksipʌt] *n anat* tilnik, zatilek

occlude [əklú:d] 1. *vt* zapreti, zamašiti; *chem* absorbirati, vezati (plin); 2. *vi dent* stisniti zobe

occlusion [əklú:žən] *n* zapiranje, zamašitev; *chem* absorpcija; *dent* ugriz, normalna lega zob pri ugrizu; *meteor* okluzija, sovpad tople in hladne fronte

occlusive [əklú:siv] *adj* zapiralen, mašilen; *gram* zaporen

occult I [əkʌ́lt] *adj* (~ ly *adv*) skrit, prikrit, okulten; ~ sciences okultne vede —

occult II [əkʌ́lt] 1. *vt* skriti, prikriti; *astr* prekriti, zamračiti (nebesno telo); 2. *vi* skriti se, prikriti se; ~ ing light utripajoča luč v svetilniku

occultation [əkʌltéišən] *n* izginotje; *astr* prekritje, mrk (planeta, zvezde)

occultism [ókəltizəm, *A* əkʌ́ltizəm] *n* okultizem, nauk o skrivnih močeh

occultist [ókəltist, *A* əkʌ́ltist] *n* okultist, kdor se ukvarja z okultizmom

occultness [əkʌ́ltnis] *n* skrivnost, tajinstvenost

occupancy [ókjupənsi] *n* prilastitev (tudi *jur*); posest; najemni rok (za sobo itd.); during his ~ of the post med časom, ko je bil na tem mestu

occupant [ókjupənt] *n* najemnik, stanovalec, lastnik; (zlasti *jur*) prilaščevalec

occupation [ókjupéišən] *n mil, pol* okupacija, zasedba; posest; najem (stanovanja); posel, poklic, zaposlitev, obrt; employed in an ~ zaposlen; ~ bridge privatni mostiček čez cesto, ki deli posestvo

occupational [ókjupéišənəl] *adj* poklicen; ~ disease poklicna bolezen; ~ therapy delovna terapija; *econ* ~ training strokovno izobraževanje

occupier [ókjupaiə] *n* okupator; lastnik, -nica; stanovalec, -lka

occupy [ókjupai] *vt* zasesti, zavzeti; *mil* okupirati; opravljati; stanovati; zavzemati (prostor); zaposliti; imeti (službo, položaj); to ~ o.s. with (ali in) doing s.th. zaposliti se s čim, biti zaposlen s čim; to ~ the chair predsedovati

occur [əkə́:] *vi* dogoditi se, pripetiti se, zgoditi se (*to* komu); priti na misel (*to* komu), domisliti se

occurence [əkʌ́rəns] *n* dogodek, pripetljaj; najdišče, nahajališče, navzočnost, nastop (česa); it is of frequent ~ često se pripeti

ocean [óušən] *n* ocean; *fig* morje česa, velika množina; ~ s of ogromno; ~ greyhound hitra potniška ladja; ~ liner linijska prekomorska ladja (zlasti za potniški promet); ~ tramp tovorna ladja; *econ* ~ bill of lading konosament, listina za morski prevoz

ocean-going [óušəngouiŋ] *adj* ~ vessel ladja dolge plovbe

Oceanian [oušiǽniən] 1. *adj* ki pripada Oceaniji; 2. *n* prebivalec, -lka Oceanije

oceanic [oušiǽnik] *adj* oceanski; *fig* nepregleden, ogromen

Oceanid [ousí:ənid] *n* morska nimfa

oceanlike [óušənlaik] *adj* ko ocean, nepregleden

oceanographer [oušiənógrəfə] *n* oceanograf

oceanographic [oušiənəgrǽfik] *adj* oceanografski

oceanography [oušiənógrəfi] *n* oceanografija, nauk o oceanih in morjih

ocellated [ósəleitid] *adj zool* okast

ocellation [əsiléišən] *n zool* očem podobno znamenje

ocelot [óusilət] *n zool* ozelot, ameriški leopard

ocher [óukə] 1. *adj A* okrast, okraste barv; 2. *n A min* okra, okrasta barva; *A sl* denar, zlatnik

ocherous [óukərəs] *adj A* okrast, okraste barve

ochery [óukəri] *adj* glej ocherous

ochlocracy [əklókrəsi] *n* ohlokratija, vlada drhali

ochlocratic [əklokrǽtik] *adj* ohlokratičen

ochlophobia [əkləfóubiə] *n med* strah pred človeško množico

ochre [óukə] *n E min* okra, okrasta barva

ochreous [óukriəs] *adj E* okrast, rumenkasto rjav

ochrish [óukriš] *adj* glej ochreous

ochroid [óukroid] *adj* okrasto rumen

-ock *suf* za opisna imena in pomanjševalnice: *ruddock* rdeči ..., *hillock* hribček

o'clock [əklók] glej clock

ocrea [ókriə] *n bot* cevnica; *zool* ovojnica, cevčica

oct- *pref* osem

octachord [óktəkə:d] 1. *adj mus* z osmimi strunami (glasbilo); 2. *n mus* diatonična skala z osmimi toni

octad [óktæd] *n* skupina osmih; *chem* osemvalenten atom (element)

octagon [óktəgən] *n math* osmerokotnik; osmeroogelnik

octagonal [oktǽgənəl] *adj* (~ ly *adv*) osmerokoten, osmeroogeln

octahedral [óktəhédrəl] *adj math* oktaedrski

octahedron [óktəhédrən] *n math* oktaeder, osmerec

octamerous [oktǽmərəs] *adj* osemdelen

octameter [oktǽmitə] *n* osemstopičen verz

octane [óktein] *n chem* oktan; ~ number (ali rating) oktansko število

octangular [oktǽŋgjulə] *adj* osmerokoten

octant [óktənt] *n geom*, *astr* oktant, osmi del kroga; *naut* oktant, kotomer

octavalent [oktəvéilənt, oktǽvə-] *adj chem* osemvalenten

octarchy [ókta:ki] *n* vlada osmih

octave [óktiv] *n mus* oktava; *poet* osemvrstična kitica; *eccl* osmi dan po prazniku

octavo [oktéivou] *n* oktav, knjižna in papirna oblika

octennial [okténiəl] *adj* (~ ly *adv*) osemleten, ki se pojavi vsakih osem let

octet(te) [oktét] *n mus* oktet

octillion [oktíljən] *n math* oktilijon (*A* 27, *E* 48 ničel)

October [októubə] *n* oktober; in ~ oktobra, v oktobru

Octobrist [októubrist] *n pol* oktobrist, član ruske stranke

octocentenary [óktousentí:nəri] *n* osemstoletnica

octode [óktoud] *n el* oktoda

octogenarian [óktoudžinéəriən] 1. *adj* osemdesetleten; 2. *n* osemdesetletnik

octonarian [əktounéəriən] 1. *adj* osemstopičen; 2. *n* osemstopična vrstica

octonary [óktənəri] 1. *adj* osem, osmi, ki mu je osnova osem; 2. *n* skupina ali vrsta po osem kosov

octopod [óktəpəd] *n zool* osmeronožec, sipa

octopus [óktəpəs] *n* (*pl* ~ puses, ~ pi) *zool* hobotnica (tudi *fig*)

octoroon [ɔktərú:n] *n* oktorun, mešanec z eno osmino črnske krvi

octosyllabic [ɔktəsilǽbik] *adj* osemzložen (beseda, stih)

octosyllable [ɔ́ktəsiləbl] *n* osemzložna beseda (stih)

octroi [ɔ́ktrwa:] *n hist* mitnina, mitnica, mitničar

octuple [ɔ́ktjupl] **1.** *adj* osemkraten; **2.** *n* osemkratnik; **3.** *vt* pomnožiti z osem

ocular [ɔ́kjulə] **1.** *adj* (~ ly *adv*) očesen, viden; **2.** *n phys* okular (leča)

oculist [ɔ́kjulist] *n* okulist, zdravnik za očesne bolezni

oculistic [ɔkjulístik] *adj* okulističen

od [ɔd] *n hist* od, hipnotična naravna sila

odalisque [óudəlisk] *n* odaliska, bela sužnja v haremu

odd I [ɔd] *adj* (~ ly *adv*) odvečen; lih, neparen, presežen, brez para, nadštevilen; priložnosten, prigoden; čuden, nenavaden, čudaški; **an ~ fish** (ali **fellow, stick**) čudak; **~ jobs** priložnostni opravki, drobna dela; **~ man** priložnostni delavec; **the ~ man** človek z odločilnim glasom (pri enakem številu glasov); **~ man out** človek, ki je ostal brez para; **~ and even** igra na par in nepar; **at ~ moments** (ali **times**) priložnostno, tu in tam; **~ number** liho število; **~ months** meseci, ki imajo 31 dni; **~ years** leta z lihim številom dni; **twenty ~ years** nekaj čez dvajset let; **it cost 5 pounds ~** stalo je nekaj nad 5 funtov; **econ ~ lot** slab borzni zaključek; **A** malenkostna množina

odd II [ɔd] *n* nekaj čudnega, nekaj nenavadnega; prednostni udarec (pri golfu)

odd-come-short [ɔ́dkʌmšo:t] *n* ostanek (zlasti blaga)

odd-come-shortly [ɔdkʌmšó:tli] *adv* kmalu

oddish [ɔ́diš] *adj* čudaški

oddity [ɔ́diti] *n* čudaštvo, nenavadnost; čudak, original; čudna stvar

odd-looking [ɔ́dlukiŋ] *adj* čudnega videza

oddly [ɔ́dli] *adv* čudno, nenavadno; **~ enough** za čudo, čudoma

oddment [ɔ́dmənt] *n pl* ostanki, odpadki; *print* posamezen del knjige (kazalo, naslovna stran)

oddness [ɔ́dnis] *n* lihost; čudnost, nenavadnost

odd-numbered [ɔ́dnʌmbəd] *adj* lih (število)

odd-pinnate [ɔ́dpíneit] *adj bot* lihopernat

odds [ɔdz] *n pl* (često edninska konstrukcija) neenakost, različnost, razlika; premoč; neslога, spor; verjetnost, sreča; *sp* prednost (slabšemu tekmecu); neenaka stava, razlika med stavo in dobičkom pri stavi; **to be at ~ with** prepirati se s kom; **~ and ends** drobnarije, ostanki; **to give s.o. ~** dati tekmecu prednost; **to lay (the) ~ of 3 to 1** staviti 3 proti 1; **to lay (the) long ~** veliko staviti; **by long ~** veliko bolj; **against long ~** proti veliki premoči, z malo upanja na uspeh; **by long** (ali **all**) **~** v vsakem pogledu; **the ~ are in our favour** ali **the ~ lie on our side** mi imamo prednost; **to make ~ even** odpraviti neenakosti; **it makes** (ali **is**) **no ~** nič ne de, ni važno; **~ are against us** izgubljamo; verjetnost, da dobimo je zelo majhna; **the ~ are that** verjetno je, da; **to receive ~** dobiti prednost (pri tekmovanju); **to set at ~** nahujskati; **what's the ~?** kaj je na tem?, to

pa res ni važno!; **what ~ is it to him?** kaj pa je to njemu mar?, kaj ga pa to briga?

odds-on [ɔ́dzɔ́n] *adj* z mnogo upanja (kandidat)

ode [óud] *n* oda

odeum [óudiəm] *n* (*pl* ~ **s, odea**) odeon, koncertna dvorana

odious [óudiəs] *adj* (~ **ly** *adv*) osovražen, zoprn, gnusen

odiousness [óudiəsnis] *n* osovraženost, zoprnost, gnusoba

odium [óudiəm] *n* nepriljubljenost, sovraštvo; madež, sramota

odometer [ɔdómitə] *n* kilometrski števec

odont- *pref* zob

odontalgia [ɔdɔntǽldžiə] *n med* zobobol

odontiasis [ɔdɔntáiəsis] *n* zobljenje, dobivanje zob

odontic [ɔdɔ́ntik] *adj* zoben

odontological [ɔdɔntəlódžikəl] *adj* zobozdravstven

odontology [ɔdɔntólədži] *n med* zobozdravstvo

odor [óudə] *n A* glej **odour**

odorant [óudərənt] *adj* dišeč

odoriferous [oudərífərəs] *adj* (~ **ly** *adv*) dišeč

odorless [óudəlis] *adj A* glej **odourless**

odorous [óudərəs] *adj* (~ **ly** *adv*) *poet* dišeč

odorousness [óudərəsnis] *n* vonjava, prijeten duh

odour [óudə] *n E* vonj; *fig* glas, reputacija; *fig* sled, nadih (*of*); *arch pl* dišave; **to be in bad** (ali **ill**) **~ with s.o.** biti na slabem glasu, biti nepriljubljen pri kom; **to be in good ~ with s.o.** biti na dobrem glasu, biti priljubljen pri kom

odourless [óudəlis] *adj E* brez vonja

Odyssean [ɔdisí:ən] *adj* odisejski, Odisejev

Odyssey [ɔ́disi] *n* Odiseja (pesnitev)

oecist [í:sist] *n* kolonizator (zlasti v stari Grčiji)

oecumenical [i:kjuménikəl] *adj eccl* ekumenski, vesoljni

oedema [i:dí:mə] *n med* lokalna vodenica, edem, zabuhlina

oedematous [i:démətəs] *adj med* vodeničen, edemski

oenology [i:nólədži] *n* enologija, vinarstvo

o'er (ɔə] *adv & prep poet* glej **over**

oesophageal [i:sɔfædžiəl] *adj anat* požiralniški

oesophagus [i:sófəgəs] *n* (*pl* ~ **gi**, ~ **guses**) *anat* požiralnik

oestrum [í:strəm] *n zool* obad; *fig* spodbuda, podnet; strast, divjost

of [əv] *prep* **1.** od (*north* ~); **2.** genetiv (*the master* ~ *the house*); **3.** apozicija (*the City* ~ *London, the month* ~ *May*); **4.** (poreklo, izvor) od, iz, genetiv (~ *good family, Mr. Smith* ~ *London*); **5.** (vzrok, posledica) zaradi, od, na (*to die* ~ *hunger, to be ashamed* ~ *s.th., proud* ~); **6.** (snov, material) od, iz (*made* ~ *steel, a dress* ~ *silk*); **7.** (lastnost) *s, z* (*a man* ~ *courage, a man* ~ *no importance, a fool* ~ *a man*); **8.** (avtorstvo, način) od, svojilni pridevnik (*the works* ~ *Byron,* ~ *o.s.* sam od sebe); **9.** (mera) genetiv (*two feet* ~ *snow, a glass* ~ *wine*); **10.** o (*talk* ~ *peace, news* ~ *success*); **11.** (čas) večinom genetiv, od (~ *an evening,* ~ *late years, your letter* ~ *March* 3); **12.** *A coll* pred, do (*ten minutes* ~ *three*); **13.** Razno: **to be quick ~ eye** hitro in dobro zapažati; **nimble ~ foot** lahkonog; **~ old** že zdavnaj; **~ late** v zadnjem času, nedavno; **~ course** seveda, se razume;

in case ~ v slučaju; you ~ all prav ti; ~ age polnoleten; by means ~ s pomočjo; for the sake ~ ali in (ali on) behalf ~ zavoljo, zaradi; in face ~, in spite ~ vključb; on account ~, because ~ zaradi; for fear ~ iz strahu od; in respect ~ z ozirom na; instead ~ namesto; all ~ a sudden nenadoma; A back ~ za(daj); to be on the point ~ (going) biti na tem, da bo (šel), biti na (odhodu)

off I [ə(:)f] adv 1. (smer, večinoma v zvezi z glagoli) stran, proč (he rode ~ odjahal je); 2. oddaljenost (krajevno in časovno) od tu, od tod;, od sedaj (far ~ daleč, a month ~ čez en mesec); 3. od, proč, dol, raz (~ with your hat odkrij se); 4. ugasnjen, izklopljen, zaprt (radio, luč, plin itd.); 5. prekinjen, končan, razprodan (the bet is ~ stava ne velja več, the whole thing is ~ vse je padlo v vodo, oranges are ~ pomaranč ni več); 6. (dela) prost (to take a day ~ vzeti si prost dan); 7. čisto, do kraja (to drink ~ vse izpiti, to sell ~ razprodati); 8. econ (trg) medel, slab (the market is ~); 9. ne sveže, pokvarjeno (hrana); 10. sp ne v formi; 11. A v zmoti (you are ~ on that point motiš se v tem); 12. razno: be ~!, ~ you go!, ~ with you! odidi, proč s teboj!; to be ~ oditi, motiti se, biti prismojen (navadno a little ~), biti odpovedan; to be well (badly) ~ biti dobro (slabo) situiran; to break ~ negotiations prekiniti pogajanja; to call ~ odpovedati (sestanek); to cast ~ zavreči; to kill ~ vermin pokončati mrčes; on and ~ tu in tam; 10 per cent ~ 10 procentov popusta; right ~, straight ~ takoj; to see s.o. ~ spremiti koga, ki odpotuje; to take ~ vzleteti (letalo); how are you ~ for? kako si kaj z (denarjem)?

off II [ə(:)f] prep (proč, stran) od; ~ duty prost, ne v službi; sl ~ one's feed brez apetita; to get s.th. ~ one's chest olajšati si dušo, izpovedati; to get ~ the deep end napraviti kaj nepremišljenega; sl ~ one's head prismojen, nor; keep ~ the grass! ne hodi po travi; ~ one's legs zelo truden; never ~ one's legs vedno na nogah; ~ the map izbrisan, ki je izginil; ~ the mark zgrešen; ~ the stage za kulisami; sp ~ side nedovoljen del igrišča; ~ the point nevažno, nebistveno, ki ne spada k stvari

off III [ə(:)f] adj bolj oddaljen; stranski (ulica); fig postranski; desni (konj, stran česa, stran pri kriketu); prost (dan); slabši od običajnega; (zlasti econ) manjvreden, slabše kakovosti, ki ne ustreza (~ size); neverjeten; nesvež (sadje); an ~ chance slabo upanje, majhna verjetnost; on the ~ chance na slepo srečo; ~ colour slabše barve (dragulj), bled, nezdrav (človek); ~ day prost dan, fig slab dan; ~ guard nepazljiv, nečuječ, nepripravljen; in one's ~ o prostem času; ~ season slaba sezona; E the ~ side of the road desna stran ceste, bolj oddaljena stran

off IV [ə(:)f] n desna stran pri kriketu

off V [ə(:)f] vt coll odpovedati, razveljaviti (pogodbo); zapustiti, oditi

offal [ɔ́fəl] n odpadek; drobovje (zaklane živali); otrobi, tropine, usedlina; gnilo meso, mrhovina, cenena riba; fig plaža, izvržek

off-balance [ɔ́fbǽləns] adj & adv ne v ravnotežju, (spravljen) iz ravnotežja

offbeat [ɔ́fbi:t] adj coll neobičajen, nekonvencionalen; 2. n mus predtakt

offcast [ɔ́fka:st] 1. adj zavržen; 2. n izvržek

off-center (-centre) [ɔ́fséntə] adj tech izsreden, zunaj središča; fig ekscentričen, čudaški

off-chance [ɔ́fčɑ:ns] n majhna verjetnost, malo upanja

off-colo(u)r [ɔ́fkʌlə] adj neizrazite barve (biser); A dvoumen, opolzek (šala)

off-drive [ɔ́fdraiv] n stranska cesta, obvoz

offence [əféns] n E prestopek (against); žalitev, užaljenost, zamera; napad; spotika; to give ~ to razžaliti; jur legal ~ kaznivo dejanje; jur minor (ali lesser) ~ prekršek; no ~! brez zamere!; to mean no ~ ne imeti namena žaliti; to put up (ali swallow, pocket) an ~ požreti žalitev; to take ~ at biti razžaljen; no ~ taken je že dobro!; bibl rock of ~ kamen spotike; arms of ~ napadalno orožje

offenceless [əfénslis] adj E nežaljiv, nepohujšljiv

offend [əfénd] 1. vt žaliti, užaliti, jeziti, razjeziti; 2. vi zagrešiti, grešiti (against); to be ~ed at (ali with) s.th. biti jezen na kaj, biti užaljen radi česa; to be ~ed with (ali by) s.o. biti jezen na koga, biti užaljen radi koga; it ~s the eye v oči bije; it ~s the ear na ušesa bije

offendedly [əféndidli] adv užaljeno

offender [əféndə] n žalivec; jur prestopnik, krivec; jur first ~ kdor še ni bil kavnovan; second ~ povratnik, kdor je že bil kaznovan

offending [əféndiŋ] adj žaljiv

offense [əféns] n A glej offence

offensive I [əfénsiv] adj (~ly adv) ofenziven, napadalen; žaljiv; neprijeten, odvraten

offensive II [əfénsiv] n ofenziva, napad; fig kampanja, gibanje (peace ~); to take the ~ preiti v napad

offensiveness [əfénsivnis] n ofenzivnost, napadalnost; žaljivost; neprijetnost, odvratnost

offer I [ɔ́fə] n ponudba, predlog; econ oferta, ponudba; econ to be open to an ~ biti pripravljen upoštevati predlog kupca; econ on ~ naprodaj; ~ (of marriage) ženitna ponudba

offer II [ɔ́fə] 1. vt nuditi, ponuditi; econ oferirati, ponuditi; izreči, povedati (mnenje itd.); žrtvovati, darovati (često z up, to komu); 2. vi ponuditi se; žrtvovati; to ~ battle nuditi nasprotniku priliko, da se bori; to ~ one's hand ponuditi roko, ponuditi zakon; as occasion ~s kadarkoli je prilika

offerer [ɔ́fərə] n ponudnik; žrtvovalec, darovalec

offering [ɔ́fəriŋ] n ponujanje, ponudba; darovanje, dar, žrtev

offertory [ɔ́fətəri] n eccl ofertorij, darovanje

off-face [ɔ́:fféis] adj ki ni potisnjen na čelo (klobuk)

off-flavo(u)r [ɔ́ffleivə] n (nezaželen) priokus

off-grade [ɔ́:fgréid] adj slabše vrste, nekvaliteten

offhand I [ɔ́:fhǽnd] adj nepripravljen, improviziran; neprisiljen; nevljuden; to be ~ about s.th. zadržano govoriti o čem

off-hand II [ɔ́:fhǽnd] adv brez priprave, improvizirano; neprisiljeno; nevljudno

offhanded [ɔ́:fhǽndid] adj (~ly adv) glej offhand

office [ɔ́fis] *n* služba, zaposlitev, opravilo, dolžnost, urad, pisarna, poslovalnica; ministrstvo; *econ* filiala, podružnica; *econ* zavarovalno društvo; usluga; *eccl* oficij, verski obred; *E pl* gospodarska poslopja; *E sl* namig; *E* Home Office notranje ministrstvo; *E* Foreign Office ministrstvo za zunanje zadeve; to be in ∼ biti na vladi; to come into ∼ priti na vlado, nastopiti službo v ministrstvu; Holy Office inkvizicija; *E* booking ∼ blagajna za vozovnice; box ∼ blagajna za vstopnice; *sl* to give s.o. the ∼ namigniti komu; *sl* to take the ∼ razumeti namig; good ∼ ljubeznivost; good ∼s dobra dela, pomoč; to hold ∼ službovati; to resign (ali leave) one's ∼ odpovedati službo; to take (ali enter upon) ∼ nastopiti službo, sprejeti ministrstvo; to do s.o. a good (bad) ∼ storiti komu (slabo) uslugo; ill ∼ grdo ravnanje; the last ∼s pogrebni obred; to perform the last ∼s to izkazati komu zadnjo čast; Office for the Dead črna maša; divine ∼ brevir
office-action [ɔ́fisækʃən] *n* odlok patentnega urada
office-bearer [ɔ́fisbɛ̀ərə] *n* državni uslužbenec, funkcionar
office-boy [ɔ́fisbɔi] *n* službeni kurir
office-clerk [ɔ́fiskla:k] *n* pisarniška moč
office-holder [ɔ́fishòuldə] *n* glej office-bearer
office hours [ɔ́fisauəz] *n pl* službene ure, uradne ure
office hunter [ɔ́fishʌ̀ntə] *n* kruhoborec
officer I [ɔ́fisə] *n* uradnik, uslužbenec; minister, funcionar (društva); častnik; stražnik, policaj; commissioned ∼ častnik; non-commissioned ∼ podčastnik; first ∼ prvi častnik na ladji; ∼ cadet zastavnik; ∼ of the day dežurni častnik; field ∼ višji častnik (major, polkovnik); ∼ of the guard komandir straže; warrant ∼ po činu najvišji podčastnik; medical ∼ of health sanitarni inšpektor, zdravnik; ∼ of state minister; customs ∼ carinik; Officer of the Household dvorni upravitelj na angleškem dvoru
officer II [ɔ́fisə] *vt* poveljevati; imenovati, preskrbeti častnike; to ∼ a ship imenovati ladijske častnike; ∼ed by pod povejstvom
official I [əfíʃəl] *adj* (∼ly *adv*) uraden, služben; formalen, slovesen (*an* ∼ *dinner*); *med* oficinalen, po lekarniških predpisih (zdravilo); *A* ∼ family kabinet predsednika ZDA (časnikarski jezik); ∼ oath uradna zaprisega
official II [əfíʃəl] *n* uradnik, -nica; (sindikalni) funkcionar; *eccl*, *jur* oficial, predsednik škofijskega sodišča, škofijski uradnik
officialdom [əfíʃəldəm] *n* uradništvo, uradniki; birokratizem
officialese [əfíʃəli:z] *n* tog služben način pisanja ali govora
officialism [əfíʃəlizəm] *n* uradništvo, birokratizem
officiality [əfíʃiǽliti] *n* služben, uraden pomen; *eccl* škofijsko sodišče
officialize [əfíʃəlaiz] *vt* izdajati odredbe, urediti, dati uraden pomen; kontrolirati
officiant [əfíʃiənt] *n eccl* mašnik
officiary [əfíʃiəri] *adj* služben (naziv)
officiate [əfíʃieit] *vi* uradovati, službovati, opravljati funkcijo (*as* koga); *eccl* brati mašo

officinal I [əfisáinəl, *A* əfísənəl] *adj* (∼ly *adv*) *med* oficinalen, po lekarniških predpisih; ∼ plants zdravilna zelišča
officinal II [əfisáinəl, *A* əfísənəl] *n med* oficinalno zdravilo ali droga
officious [əfíʃəs] *adj* (∼ly *adv*) pretirano uslužen, vsiljiv; oficiozen, na pol uraden
officiousness [əfíʃəsnis] *n* pretirana uslužnost, vsiljivost; oficioznost
offing [ɔ́fiŋ] *n naut* odprto morje, dohod v pristanišče; in the ∼ *naut* še viden z obale, na odprtem morju; *fig* na dogledu, dogleden; to get the ∼ priti na odprto morje; to keep a good ∼ from the coast držati se proč od obale
offish [ɔ́fiʃ] *adj coll* nepristopen, vase zaprt
offishness [ɔ́fiʃnis] *n coll* nepristopnost, rezerviranost
off-let [ɔ́:flet] *n tech* odvodna cev; oddušnik
off-licence [ɔ́flaisəns] *n* dovoljenje za točenje »prek ulice«
off-load [ɔ́:floud] *vt fig* odkladati (*on* na koga)
off-peak [ɔ́:fpi:k] *adj* ki je pod vrhom; ki ni v času prometnih konic; ∼ el tariff nočna tarifa
off-print [ɔ́:fprint] *n print* posebni odtis, separat (*from*)
offscape [ɔ́fskeip] *n* ozadje
offscourings [ɔ́fskauəriŋz] *n pl* smeti, odpadki; *fig* izvržek
offscum [ɔ́fskʌm] *n* (zlasti *fig*) izvržek
off-season [ɔ́:fsi:zn] *n* mrtva sezona
offset I [ɔ́(:)fset] *n* kompenzacija, nadomestilo; *econ* poračunanje; odhod (na pot); *bot* poganjek, klica; *print* ofset, odtis, patrica (v litografiji); *tech* zavoj, prevoj (v cevi); *el* stranski vod; *geom* ordinata; *archit* vzboklina v zidu; veja (sorodstva); *bot* ∼ bulb zarodna čebulica; *print* machine ofsetni tiskalni stroj; ∼-course computer avtomatični smerni kazalec
offset II [ɔ́(:)fset] 1. *vt* nadomestiti, izravnati; *print* tiskati v ofsetu; *tech* zviti (cev); 2. *vi* cepiti se na veje; izbokati (zid); the gains ∼ the losses dobički izravnajo izgube
offshoot [ɔ́:fʃu:t] *n bot* klica, poganjek; odcep (ceste, reke, itd.), gorska končina; *fig* stranska veja (sorodstva)
offshore [ɔ́:fʃɔ:] 1. *adj* oddaljen od obale; ki piha s kopnega (veter); inozemski, zamejski; 2. *adv* proč od obale; ∼ purchase nakup v tujini
offside [ɔ́:fsaid] *n sp* prehitek, ofsajd
offsize [ɔ́:fsaiz] *n tech* odklon v merilu
offspring [ɔ́:fspriŋ] *n* mladič, potomec, potomci; *fig* plod, posledica
off-stage [ɔ́:fsteidʒ] *adj* zakulisen
offtake [ɔ́:fteik] *n econ* nakup, kupovanje; odbitek; *tech* odtok, odtočna cev
off-the-record [ɔ́:fðərékɔ:d] *adj* ki ni za javnost, zaupen, neuraden
off-the-shoulder [ɔ́:fðəʃóuldə] *adj* brez naramnic, z golimi rameni (obleka)
off-time [ɔ́:ftaim] *n* prost čas
offtype [ɔ́:ftaip] *adj* netipičen, različen
off-white [ɔ́:f(h)wait] *adj* sivo bel
off-year [ɔ́:fjiə] *n* slabo leto; *A* leto, ko ni predsedniških volitev

oft [ɔ:ft] *adv arch, poet* često, pogosto; **many a time and** ~ zelo pogosto; ~**-told** često povedano; ~**-recurring** ki se često ponavlja

often [ɔ:fn] *adv* često, pogosto; **as** ~ **as not, ever so** ~ zelo pogosto; **more** ~ **than not** večinoma

oftentimes [ɔ́:fntaimz] *adj & adv arch* pogost(o)

ogdoad [ɔ́gdouæd] *n* osmica

ogee [óudži:, oudži:] 1. *adj archit* valovite oblike; 2. *n archit* dvojna krivulja (S), valovit okrajek

og(h)am [ɔ́gəm] *n* stara britanska in irska abeceda

ogival [oudžáivəl] *adj archit* šilast, gotski (lok)

ogive [óudžaiv, oudžáiv] *n archit* gotski obok, prečno rebro oboka

ogle [óugl] 1. *n* zaljubljen pogled; 2. *vt & vi* zaljubljeno gledati, spogledovati se (*with*)

ogler [óuglə] *n* spogledljivec

ogre [óugə] *n* volkodlak, velikan, ljudožerec

ogr(e)ish [óugəriš] *adj* krut, volkodlaški, ljudožrski

ogress [óugris] *n* velikanka, ljudožerka

Ogygian [ədžídžiən] *adj* predzgodovinski

oh [óu] *int* oh!, ah!

Ohioan [ouháioən] 1. *adj* ohajski, iz Ohia; 2. *n* prebivalec Ohia (ZDA)

ohm [óum] *n el* ohm, enota za merjenje električne upornosti; **Ohm's Law** Ohmov zakon

ohmage [óumidž] *n el* električna napetost, izražena v ohmih

ohmic [óumik] *adj el* ohmov; ~ **resistance** električna upornost izražena v ohmih

oho [ouhóu] *int* oho! (vzklik presenečenja in veselja)

oil I [ɔil] *n* olje, nafta; *pl* oljnate barve; (zlasti *pl*) **coll** oljnata slika; ~ **of turpentine** terpentinovo olje; **to paint in** ~ s slikati z oljem; **to burn the midnight** ~ delati pozno v noč; **crude** (ali **mineral, rock**) ~ nafta; **essential** (ali **volatile**) ~ eterično olje; ~ **of palm** podkupnina; **to pour** ~ **on the waters** miriti, izgladiti; **to pour** (ali **throw**) ~ **on the flames** (ali **fire**) podpihovati, prilivati ognju olja; **to smell of** ~ kazati znake napornega študija; **to strike** ~ naleteti na nafto, *fig* uspeti, obogateti; **table** ~ namizno olje; ~ **and vinegar** dvoje nasprotij

oil II [ɔil] *vt* naoljiti, namazati z oljem, impregnirati z oljem; *fig* podkupiti; *fig* **to** ~ **s.o.** ali **to** ~ **s.o.'s hand** podkupiti koga; *fig* **to** ~ **one's tongue** prilizovati se; **a well-oiled tongue** namazan jezik; **to** ~ **the wheels** namazati kolesa, *fig* zasladiti (si) življenje, podkupiti; *univ sl* **to** ~ **the knocker** podkupiti vratarja

oil-bag [ɔ́ilbæg] *n anat* lojna žleza; *naut* impregnirana vreča

oil-bearing [ɔ́ilbεəriŋ] *adj geol* ki vsebuje nafto

oil-brake [ɔ́ilbreik] *n tech* zavora na oljni pritisk

oilcake [ɔ́ilkeik] *n* lanena pogača, oljene droži (hrana za govedo, ovce; gnojilo)

oilcan [ɔ́ilkæn] *n* oljnjak, posoda za olje

oilcloth [ɔ́ilklɔθ] *n* povoščeno platno

oil-colo(u)r [ɔ́ilkʌlə] *n* oljnata barva

oilcup [ɔ́ilkʌp] *n tech* oljnik, puša z oljem za mazanje

oil-dipstick [ɔ́ildipstik] *n tech* merilna palčica za olje (v avtu)

oiled [ɔ́ild] *adj* naoljen; *A sl* okajen, vinjen

oiler [ɔ́ilə] *n* kdor olji; oljnik; *sl* priliznjenec; *naut* tanker

oilfield [ɔ́ilfi:ld] *n* naftno polje

oil-fuel [ɔ́ilfjuəl] *n* kurilno olje

oil-gas [ɔ́ilgæs] *n* svetilni plin

oil-gauge [ɔ́ilgeidž] *n* oljemer, priprava za merjenje gostote olja

oil-gland [ɔ́ilglænd] *n zool* oljna žleza na zadku ptice

oiliness [ɔ́ilinis] *n* oljnatost, mastnost; *fig* polzkost, gladkost; *fig* priliznjenost

oil-lamp [ɔ́illæmp] *n* petrolejka

oilman [ɔ́ilmən] *n* oljar; trgovec z oljem ali oljnatimi barvami

oil-meal [ɔ́ilmi:l] *n* zmleta lanena pogača

oil-mill [ɔ́ilmil] *n* oljarna

oil-paint [ɔ́ilpeint] *n* oljnata barva

oil-painting [ɔ́ilpeintiŋ] *n* olje (slika), slikanje z oljem

oil-paper [ɔ́ilpeipə] *n* povoščen papir

oil-press [ɔ́ilpres] *n* stiskalnica za olje

oil-proof [ɔ́ilpru:f] *adj* ki ne prepušča olja

oil-pump [ɔ́ilpʌmp] *n tech* oljna črpalka

oil-refining [ɔ́ilrifainiŋ] *n* rafiniranje olja; ~ **plant** rafinerija olja

oil-seal [ɔ́ilsi:l] *n tech* tesnilo za olje

oil-sealed [ɔ́ilsi:ld] *adj* oljetesen, za olje neprepusten

oilskin [ɔ́ilskin] *n* povoščeno platno; *pl* mornarski povoščen plašč

oil-slick [ɔ́ilslik] *n* oljni madež na vodi

oil-spring [ɔ́ilspriŋ] *n* naftni izvir

oilstone [ɔ́ilstoun] *n* zrnat kamen za brušenje

oil-tight [ɔ́iltait] *adj tech* oljetesen, za olje neprepusten

oil-tree [ɔ́iltri:] *n bot* kloščevec, ricinus

oil-well [ɔ́ilwel] *n* glej **oil-spring**

oily [ɔ́ili] *adj* oljnat, masten; *fig* priliznjen, gladek (jezik); pobožnjaški, goreč

ointment [ɔ́intmənt] *n* mazilo (za rane, kozmetiko)

O. K. [óukéi] *adj & adv A* prav, pravilen, v redu; **to put one's** ~ **upon** vidirati, odobriti

okapi [ouká:pi] *n zool* okapi (žirafa)

okay [oukéi] *vt A* odobriti, dati pristanek, vidirati

okie [óuki] *n A* sezonski poljedelski delavec (zlasti iz Oklahome); vzdevek za prebivalca Oklahome

okra [óukrə, ɔ́krə] *n bot* rožnati slez

old I [óuld] *adj* star, postaran, starikav; zastarel, oguljen, ponošen; izkušen; *sl* sijajen, odličen; obledel (barva), moten (barva); **the** ~ stari ljudje; **young and** ~ staro in mlado, vsi; **as** ~ **as Adam** (ali **the hills**)prastar; ~ **bachelor** zakrknjen samec; ~ **boy** stari prijatelj (zlasti v velelniku); *E sl* ~ **bean** (ali **egg, fellow, fruit, thing, top**) »stari«; ~ **bird** star lisjak, premetenec; ~ **man** »stari« (mož, oče, predstojnik, kapitan ladje itd.); ~ **man of the sea** vsiljivec, podrepnež; *coll* **my** ~ **man** moj stari, moj mož; **to put off the** ~ **man** spremeniti način življenja; ~ **woman** »stara« (žena, mati, predstojnica itd.), bojazljivec, nergač; ~ **hand** (ali **stager**) izkušen človek ali delavec; **to be an old hand at** biti izkušen v čem; ~ **hat** zastarel; **to grow** ~ starati se; **the same** ~ **excuse** ista stara pesem; **to have a good** (ali **fine, high**) ~ **time** odlično se zabavati; **an** ~ **head on young shoulders** zrela pamet pri mladem človeku; **the** ~ **country**

(ali home) stara domovina; ~ salt, ~ whale star, izkušen mornar; of ~ standing že dolgo v navadi, že zdavnaj uveden; sl any ~ thing karkoli; E Old Lady of Threadneedle Street angleška narodna banka; A Old Glory ameriška zastava; A Old Man River vzdevek za reko Mississippi; ~ moon pojemajoč mesec
old II [óuld] n davnina; of ~ v davnem času, iz davnine, davno; from ~ iz davnine, od nekdaj; times of ~ stari časi
old age [óuldéidž] n starost; old-age pension starostna pokojnina
old-clothesman [óuldklóuǒžmən] n starinar (za staro obleko)
olden [óuldən] 1. adj E arch star, daven; 2. vi E starati se
old-fashioned [óuldfǽšənd] adj staromoden, starinski, zastarel
old-fogyish [óuldfóugiiš] adj staroverski, starinski
old-gold [óuldgóuld] adj zlato rumen
oldish [óuldiš] adj starikav
old-line [óuldlain] adj tradicionalen, konservativen
old maid [óuldméid] n stara devica
old-maidish [óuldméidiš] adj ko stara devica, nergav, nemiren
old-man's beard [óuldmænzbíəd] n bot bradovec (lišaj)
oldness [óuldnis] n starost
old-school [óuldsku:l] adj stare šole, staromoden
oldster [óuldstə] n coll starina, star ali starejši človek; sp the ~s seniorji
old-time [óuldtaim] adj nekdanji, staromoden, starinski
old-timer [óuldtáimə] n coll veteran; starokopitnež
old-womanish [óuldwúməniš] adj nergav, babjaški, ko stara baba
old-womanishness [óuldwúmənišnis] n nergavost
old-womanly [óldwúmənli] adj glej old-womanish
old-world [óuldwə:ld] adj staroveški, starovesten; iz starega sveta (Evrope, Azije, Afrike)
oleaceous [ouliéišəs] adj oljčen, oljkov
oleaginous [ouliǽdžinəs] adj oljnat, masten
oleander [ouliǽndə] n bot oleander
oleaster [ouliǽstə] n bot divja oljka
oleate [óulieit] n chem oleat (sol)
olefiant [oulifáiənt] adj chem ki tvori olje
oleiferous [ouliífərəs] adj bot ki vsebuje olje
olein [óuliin] n chem olein, sestavina olj
oleo- pref olje
oleograph [óuliəgra:f] n oljnati tisk (slika)
oleraceous [ələréišəs] adj bot zelenjaven (rastlina)
olfaction [əlfǽkšən] n vohanje, voh
olfactory [əlfǽktəri] 1. adj anat vohalen; 2. n vohalo
olibanum [əlibənəm] n kadilo
olid [ólid] adj smrdljiv, zatohel
oligarch [óliga:k] n oligarhist
oligarchic(al) [əligá:kik(əl)] adj oligarhičen
oligarchy [óliga:ki] n oligarhija, vlada majhnega števila odličnikov
oligocarpous [əligouká:pəs] adj bot maloroden
Oligocene [əligo(u)si:n] n geol oligocen
olio [óuliou] n enolončnica; fig mešanica, pisanost; mus potpuri; knjiga raznih avtorjev, antologija
olivaceous [əlivéišəs] adj olivne barve, zelenkast
olivary [ólivəri] adj anat ovalen

olive [óliv] 1. n bot oliva, oljka; olivna barva; pl jed iz sekljane govedine z olivami; zool vrsta mehkužca; 2. adj oliven, oljčen, olivne barve, zelenkast
olive-branch [ólivbra:nč] n oljčna vejica, simbol miru; pl otroci; to hold out the ~ napraviti prvi korak k spravi
olive-colo(u)red [ólivkʌləd] adj olivne barve, zelenkast
olive-drab [ólivdræb] n temna rumenkasto zelena barva; blago za ameriške vojaške uniforme
olive-green [ólivgri:n] adj olivno zelen
olive-oil [ólivəil] n olivno olje
oliver [óliva] n tech kladivce
olive-roots [ólivru:ts] adj prirojen
olive-tree [ólivtri:] n bot oljka (drevo)
olive-wood [ólivwud] n oljkovina (les)
olivine [ólivi:n, ~vain] n min zeleni granat
olla-podrida [ələpədrí:də] n močno začinjena enolončnica; fig mešanica
olycook [ólikuk] n A dial vrsta maslenega peciva
Olympiad [o(u)límpiæd] n olimpiada
Olympian [oulímpiən] 1. adj olimpijski; fig vzvišen, nebeški; 2. n Olimpijec, grški bog; sp olimpijec
Olympic [oulímpik] adj olimpijski; ~ Games olimpijske igre
omasum [ouméisəm] n zool devetogub prežvekovalcev
ombre (omber) [ómbə] n stara kartaška igra
omega [óumigə] n omega, grška črka; fig konec; alpha and ~ začetek in konec
omelet(te) [ómlit] n omleta; savoury ~ omleta z zelenjavo; sweet ~ omleta z marmelado; fig one's can't make an ~ without breaking eggs brez truda in muje se še čevelj ne obuje
omen [óumen] 1. n omen, znamenje, napoved; 2. vt napovedati, (zlo) slutiti; ill ~ slab omen, slabo kaže
ominous [óminəs] adj (~ly adv) nesrečo napovedujoč, usodno pomenljiv, zlovešč, ominozen
ominousness [óminəsnis] n usodnost, zloslutnost
omissible [oumísibl] adj ki se da izpuščati
omission [oumíšən] n izpuščanje, opustitev, izostanek
omissive [oumísiv] adj ki prezre ali preide, nemaren, izpuščajoč
omit [oumít] vt izpustiti, zanemariti, prezreti
omni- pref vse
omnibearing [əmnibéəriŋ] adj el vsesmeren
omnibus I [ómnibəs] adj omnibusen, raznovrsten; skupen, celoten, zbiren; ~ book antologija, zbirka pesmi itd.; parl ~ bill osnutek okvirnega zakona
omnibus II [ómnibəs] n omnibus
omnifarious [əmniféəriəs] adj vsestranski, raznoličen
omnifariousness [əmniféəriəsnis] n vsestranost, različnost
omnific [əmnifik] adj vseustvarjalen
omnipotence [əmnípətəns] n vsemogočnost; vsemogočni, bog
omnipotent [əmnípətənt] adj (~ly adv) vsemogočen; the Omnipotent vsemogočni, bog
omnipresence [əmniprézəns] n pričujočnost
omnipresent [əmniprézənt] adj (~ly adv) povsod pričujoč

omniscience [əmnísiəns, ~šəns] n vsevednost
omniscient [əmnísiənt, ~šənt] adj (~ly adv) vseveden
omnium [ómniəm] n E econ skupna vrednost (javnega posojila)
omnium-gatherum [ómniəmgǽðərəm] n mešana zbirka, mešana družba
omnivorous [əmnívərəs] adj požrešen, ki vse je; fig ki žre (knjige)
omophagous [oumófəgəs] adj ki se hrani s surovo hrano
omoplate [óuməpleit] n anat lopatica
omphalic [ɔmfǽlik] adj anat popkov
omphalocele [ɔmfələsi:l] n med popkova kila
omphalos [ɔmfələs] n (pl ~li) anat popek; fig središče; hist kamen v Apolonovem svetišču v Delfih, ki naj bi bil središče sveta
on I [ɔn] prep 1. na (~ earth, ~ the radio); 2. fig na (based ~ facts ki temelji na dejstvih, ~ demand na zahtevo, to borrow ~ jewels izposoditi si denar na nakit, a duty ~ silk carina na svilo, interest ~ one's capital obresti na kapital); 3. (ki si sledi) za (loss ~ loss izguba za izgubo); 4. (zaposlen) pri, v (to be ~ a committee, jury, the general staff biti v komisiji, v poroti, pri generalštabu); 5. (stanje) v, na (~ duty v službi, dežuren, ~ fire v ognju, gori, ~ strike v stavki, ~ leave na dopustu, ~ sale na prodaj); 6. (namerjen) na, proti (an attack ~ s.o. napad na koga, a joke ~ me šala na moj račun, the strain tells ~ him napor ga zdeluje); 7. (predmet, tema) o (a lecture ~ s.th. predavanje o čem, to talk ~ a subject govoriti o nekem predmetu); 8. (časovno za en dan) v, na; po, ob (~ Sunday v nedeljo, ~ April 1 prvega aprila; ~ his arrival ob njegovem prihodu, ~ being asked ko so me vprašali); 9. razno: that is a new one ~ me to je zame novo, za to še nisem slišal; she is all day ~ me ves dan me gnjavi; ~ an average povprečno; away ~ business službeno odsoten; ~ the contrary nasprotno; ~ edge ko na trnju, nervozen; ~ foot peš; ~ hand pri roki, na zalogi; ~ one's own samostojen, neodvisen; ~ the instant takoj; to live ~ air živeti od zraka; ~ pain of death pod smrtno kaznijo; ~ principle načelno; ~ purpose namenoma; ~ receipt po prejemu; ~ a sudden nenadoma; ~ time točno; ~ the whole v glavnem; ~ my word na mojo častno besedo; have you a match ~ you? imaš kakšno vžigalico pri sebi?; A coll to have nothing ~ s.o. ne imeti nič proti komu
on II [ɔn] adv 1. (tudi v zvezi z glagoli) na (to have a coat ~ biti oblečen v plašč, imeti plašč na sebi; to screw ~ priviti na kaj); 2. (tudi v zvezi z glagoli) naprej, dalje (to talk ~ naprej govoriti; and so ~ in tako dalje); 3. razno: ~ and ~ kar naprej; ~ and off tu in tam, včasih; from today ~ od danes naprej; the brakes are ~ zavore so pritegnjene; ~ with the show! naprej s programom!; to be ~ biti prižgan (luč, radio), odprt (voda), na programu (igra), v teku (borba); A sl to be ~ to spoznati koga ali kaj do dna, dobro poznati; to go ~ nadaljevati; sl a bit ~ okajen; to get ~ in years starati se; to put ~ one's clothes (shoes, hat) obleči se (obuti se, pokriti se)

on III [ɔn] n sp leva stran (npr. pri kriketu)
onager [ónədžə] n zool vrsta divjega azijskega osla; katapult, staroveški stroj za metanje kamnov
onanism [óunənizəm] n med, psych onanija
onanist [óunənist] n med, psych onanist
onboard [ɔnbó:d] adv A na ladji
on-carriage [ónkæridž] n A nadaljnja odprava, nadaljnja voznina
once I [wʌns] adv enkrat, nekoč, svojčas; ~ and again, ~ or twice od časa do časa, ponovno; ~ again, ~ more še enkrat; ~ a day enkrat na dan; ~ (and) for all enkrat za vselej; coll ~ in a blue moon zelo redko; ~ bit twice shy kdor se enkrat opeče, ne bo več poskušal; izkušnja te nauči previdnosti; not ~ niti enkrat, nikoli; ~ (upon a time) nekoč; ~ in a while (ali way) tu in tam, včasih, redko; ~ and away enkrat za vselej; včasih; all at ~ nenadoma, istočasno; at ~ takoj; more than ~ večkrat
once II [wʌns] conj čim, brž ko; ~ he hesitates brž ko se obotavlja
once III [wʌns] n enkratnost; every ~ in a while od časa do časa; for ~ izjemno, vsaj enkrat; ~ is no custom enkrat ni nobenkrat
once IV [wʌns] adj (redko) nekdanji; my ~ master moj nekdanji gospodar
once-over [wánsouvə] n coll ocenjevalen pogled, bežen pogled; to give s.o. (s.th.) the ~ oceniti koga ali kaj s pogledom, nekoga ali kaj bežno pogledati, na hitro pregledati (knjigo)
oncer [wʌnsə] n kdor izjemoma kaj naredi
oncology [ɔŋkólədži] n med onkologija, nauk o bulah
oncoming [ónkʌmiŋ] 1. adj bližajoč, prihajajoč; 2. n bližanje; ~ traffic nasproten promet
oncost [ónkəst] n econ nepredviden (dodaten) strošek
ondometer [ɔndómitə] n el, phys priprava za merjenje valovnih dolžin
one I [wʌn] adj eden, ena; edin, neki, enak, isti; ~ day nekega dne (v prihodnosti ali preteklosti); ~ or two eden ali dva, par; all ~ vseeno; it is all ~ to me vseeno mi je; ~ another drug drugega; ~ after another drug za drugim; ~ with another povprečno; like ~ o'clock na vso moč; ~ and the same eden in isti; ten to ~ zelo verjetno; ~ at a time posamič, ločeno; with ~ voice soglasno; ~ man in ten vsak deseti (človek); all were of ~ mind vsi so bili istega mnenja; no ~ man could do it sam tega ne bi zmogel nihče; his ~ thought njegova edina misel; the ~ way to do it edini način, kako to storiti; to become ~ združiti se; to be ~ too many for s.o. biti malo pretežko za koga; to be made ~ poročiti se, biti združen v zakonu; to make ~ pridružiti se komu; to make ~ of pripadati komu (čemu), biti del koga (česa);
one II [wʌn] pron 1. nekdo, kdo, kdorkoli; 2. eden, en (namesto zaimka ali samostalnika: the little ~ malček, the picture is a realistic ~ slika je realistična); 3. nedoločni zaimek (~ knows ve se); 3. razno: ~ who nekdo, ki; the ~ who tisti, ki; that ~ tisti; like ~ dead kot mrtvec; ~ so clever nekdo, ki je tako pameten; a sly ~ prebrisanec; a nasty ~ hud udarec; many a ~ veliko ljudi; that's a good ~! dobro je!, ni

slabo!; *fig* ~ in the eye nekaj, kar boš pomnil; pošten udarec (ki ga boš pomnil), spominek; to land s.o. ~ pritisniti koga, udariti; the Holy One, One above bog; the evil ~ hudič, satan

one III [wʌn] *n* poedinec, eden, ena; ~ and all vsi skupaj in vsak zase; the all and the ~ celotnost in edinost, vsi in vsak zase; all in ~ skupaj, istočasno; ~ by ~ posamič, drug za drugim; never a ~ nihče; ~ ... the other eden... drugi; you are a ~! ti si res čudak!; to be at ~ with s.o. strinjati se s kom; I for ~ jaz na primer; in the year ~ davno; to come by ~s and twos prihajati posamič in po dva; to be ~ up on s.o. biti za malenkost pred kom; number ~ kar je odlično, prvovrstno; ego, jaz, osebna korist

one-act [wʌnækt] *adj theat* ki ima eno dejanje; ~ play enodejanka

one-armed [wʌná:md] *adj* enorok; *A sl* ~ bandit igralni avtomat (z enim vzvodom)

one-crop [wʌnkrɔp] *adj agr* ~ system monokultura

one-digit [wʌndídžit] *adj math* enomesten (število)

one-eyed [wʌnáid] *adj* enook

one-figure [wʌnfígə] *adj math* enomesten (decimalno število)

onefold [wʌnfóuld] *adj* enkraten, posamezen; *fig* enostaven, odkrit

one-handed [wʌnhǽndid] *adj* enorok, z eno roko, lahek

one-horse [wʌnhɔ́:s] *adj* enovprežen; *A coll* nevažen, malenkosten, drugovrsten

one-ideaed [wʌnaidíəd] *adj* enostranski, ozkosrčen, omejen

oneiric [ounáirik] *adj* sanjski

oneirocritic [ounairəkrítik] *n* razlagalec sanj

oneirocriticism [ounairəkrítisizəm] *n* razlaga sanj

one-legged [wʌnlégd] *adj* enonog; *fig* enostranski, neenak

one-man [wʌnmǽn] *adj* samostojen (umetnikova razstava); navezan le na enega (pes)

oneness [wʌnnis] *n* edinost, istovetnost, edinstvenost; soglasje, identičnost

one-pair [wʌnpɛə] *adj E* v prvem nadstropju (soba)

one-party [wʌnpá:ti] *adj pol* enopartijski

one-piece [wʌnpí:s] *adj* enodelen (kopalna obleka)

one-place [wʌnpléis] *adj math* enomesten; enočlenski

oner [wʌnə] *n sl* edinstven človek ali stvar; *E sl* kosmata laž; *coll* udarec; *sl* a ~ at strokovnjak za kaj; *sl* to give s.o. a ~ močno koga udariti

onerous [ónərəs] *adj* (~ly *adv*) težaven, nadležen (*to* komu); *jur* ~ property obligacijska posest; *jur* ~ cause zakonito vračilo

onerousness [ónərəsnis] *n* težavnost, nadležnost

oneself [wʌnsélf] *pron* sam sebe, sebi, se; to be ~ again zopet se dobro počutiti; to be ~ biti naraven, vesti se prirodno; to come to ~ priti k sebi; of ~ sam od sebe

one-shot [wʌnšót] *adj phot* ~ camera tehnikolor kamera

one-sided [wʌnsáidid] *adj* (~ly *adv*) enostranski, pristranski; nesimetričen, neenak

one-sidedness [wʌnsáididnis] *n* enostranost, pristranost; nesimetričnost, neenakost

onestep [wʌnstep] *n* živahen foxtrot

one-time [wʌntaim] *adj* nekdanji, prejšnji

one-to-one [wʌntuwʌn] *adj math* izomorfen

one-track [wʌntræk] *adj* enotiren; *fig* omejen, enostranski

one-upmanship [wʌnʌ́pmənšip] *n hum* umetnost biti vedno v majhni prednosti

one-way [wʌnwei] *adj* enosmeren; ~ street enosmerna ulica

onfall [ónfɔ:l] *n* napad, naskok; *Sc* nastop (noči itd.)

ongoings [óngouiŋz] *n pl* čudno početje, početja

onion I [ʌnjən] *n bot* čebula; *aero* svetlobna raketa; *sl* Bermudčan; *sl* glava, buča; *sl* off one's ~ ne čisto pri pameti; to use an ~ handkerchief delati se žalostnega; *coll* to know one's ~ spoznati se na svoj posel

onion II [ʌnjən] *vt* podrgniti oči s čebulo, da se zasolzijo

onion-eyed [ʌnjənaid] *adj fig* s krokodilovimi solzami

onionskin [ʌnjənskin] *n* tenek svetleč papir

oniony [ʌnjəni] *adj* čebulast, po čebuli dišeč

on-licence [ónlaisəns] *n* dovoljenje za točenje alkohola samo v lokalu

on-line [ənláin] *adj* v korak s čim

onlooker [ónlukə] *n* gledalec (*at*); the ~ sees most of the game gledalec lahko najbolje oceni

only I [óunli] *adj* edin, sam, edinstven; one and ~ edin (poudarjeno)

only II [óunli] *adv* samo, edino; not ~ ... but (also) ne samo..., temveč tudi; if ~ ko bi le, samo da; ~ not skoraj; ~ just pravkar; ~ yesterday šele včeraj, še včeraj

only III [óunli] *conj* vendar, samo da; ~ that samo da, razen če

onomastic [ɔnəmǽstik] *adj* onomastičen, imenski

onomatop [ɔnəmətɔp] *n* onomatopoetična beseda

onomatopoeia [ɔnəmətoupí:ə] *n* onematopija, posnemanje glasu z besedo

onomatopoetic [ɔnəmətəpouétik] *adj* (~ally *adv*) posnemajoč glas, onomatopoetičen

onrush [ónrʌš] *n* nalet, naval (tudi *fig*) —

onset [ónset] *n mil* napad; naskok; *med* nastop (bolezni); začetek (zime itd.)

onshore [ónšó:] 1. *adj* na obali; *econ* notranji, kopenski; 2. *adv* na obalo; ~ wind mornik, veter z morja

onslaught [ónslɔ:t] *n* silen napad (tudi *fig*)

onto [óntu] *prep* na (gibanje); *sl* to be ~ s.th. izvohati kaj; *sl* he is ~ you spregledal te je

ontogenesis [ɔntədžénisis] *n biol* glej ontogeny

ontogenetic [ɔntədžinétik] *adj* ontogenetičen

ontogeny [ɔntódžəni] *n biol* ontogenija, razvoj posameznega organizma

ontological [ɔntəlódžikl] *adj* (~ly *adv*) *phil* ontološki

ontology [ɔntólədži] *n phil* ontologija, nauk o bitju

onus [óunəs] *n Lat* (samo ednina) breme, dolžnost; odgovornost (*of*); *jur* the ~ of proof rests with you ti moraš to dokazati

onward [ónwəd] 1. *adj* napredujoč, ki gre dalje (naprej); 2. *adv* naprej, dalje

onwards [ónwədz] *adv* naprej, dalje

onycha [ónikə] *n bibl* balzam

onymous [óniməs] *adj* neanonimen, imenovan, podpisan

onyx [óniks] *n min* oniks (kremenjak); *med* zanohtni prisad, zagnida

oodles [ú:dlz] *n pl coll* na kupe, obilica; he has ~ of money ima denarja ko pečka

oof [u:f] *n E sl* denar, gotovina, cvenk

oof-bird [ú:fbə:d] *n sl* bogataš, vir bogastva

oofy [ú:fi] *adj sl* zelo bogat, ki ima denarja ko pečka

oogenesis [ouədžénəsis] *n biol* nastanek in razvoj jajčeca

ookinesis [ouəkiní:sis] *n biol* dozorevanje jajčeca

oolite [óuəlait] *n geol* oolit; jurska formacija

oolitic [ouəlítik] *adj geol* oolitski

oology [ouólədži] *n zool* nauk o ptičjih jajčkih; zbiranje jajčk

oomph [u:mf] *n sl* spolna privlačnost

oophoritis [ouəfəráitis] *n med* vnetje jajčnikov

oophoron [ouófərən] *n anat* jajčnik

oosperm [óuəspə:m] *n biol* oplojeno jajčece

ooze I [u:z] *n* blato, mulj; curljanje, izcedek; *tech* strojilna juha, čreslenica; ~ leather s čreslom strojeno usnje

ooze II [u:z] 1. *vi* curljati, počasi odtekati, kapljati, pronicati (tudi svetloba itd.); 2. *vt* izločati, prepuščati vodo; *fig* izžarevati (optimizem, milino itd.); his courage was oozing away hrabrost ga je počasi zapuščala; the secret ~d out skrivnost je prišla na dan

oozy [ú:zi] *adj* (oozily *adv*) blaten, močvirnat; premočen, vlažen

opacity [oupǽsiti] *n* neprozornost, motnost; *fig* nejasnost, nerazumljivost; omejenost; *phys* neprepustnost (za svetlobo); *med* motnost

opal [óupəl] *n min* opal; *econ* mlečno steklo

opalesce [oupəlés] *vi* opalizirati, sijati kot opal

opalescence [oupəlésns] *n* svetlikanje, prelivanje barv, opalescenca

opalescent [oupəlésnt] *adj* svetlikajoč, prelivajoč (barve), opalescenčen

opalesque [oupəlésk] *adj* glej opalescent

opaline [óupəlain] 1. *adj* opalen, prelivajoč barve; 2. *n* opalescenčno steklo

opaque I [oupéik] *adj* (~ly *adv*) neprozoren, neprepusten, ki ne prepušča (*to*; žarke); *fig* nejasen, nerazumljiv; neumen, omejen; ~ projector projektor; *med* ~ meal kontrastiranje (pred rentgeniziranjem)

opaque II [oupéik] *n* tema, motnost

opaqueness [oupéiknis] *n* glej opacity

open I [óupən] *adj* (~ly *adv*) odprt (tudi *med* npr. rana); svoboden, javen, dostopen (*to* komu; npr. park); odprt (morje); nezavarovan, izpostavljen (motor); nezložen, odprt (časopis); prost, nezaseden (službeno mesto); *fig* dovzeten (*to* za); *fig* izpostavljen (*to* čemu); odkrit, neprikrit, očiten (zaničevanje, skrivnost itd.); odkrit, odkritosrčen (značaj, pismo itd.); radodaren, darežljiv; odprt, neodločen, nerešen (vprašanje, borba itd.); *fig* prost, dovoljen (lov, ribolov itd.); prost (čas); vrzelast, škrbast (zobovje); ne gosto naseljen; luknjičav (tkanina, ročno delo); *econ* odprt, tekoč (račun); *gram* odprt (vokal, zlog); *naut* ploven, nezaledenel, brez megle; in the ~ air na prostem; with ~ arms z razprostrtimi rokami, z ljubeznijo; ~ book odprta knjiga, *fig* odkrit človek; to be ~

with biti s kom odkritosrčen; to be ~ to biti za kaj dovzeten; ~ and above board odkritosrčen; *jur* in ~ court v javni razpravi; *jur* ~ and shut case nezapleten primer; ~ day jasen dan; *econ, pol* the ~ door politika svobodne trgovine; to force an ~ door izrabljati darežljivega človeka; with ~ ears pazljivo (poslušati); with ~ eyes zavestno, z odprtimi očmi; *fig* to keep one's eyes (ears) open imeti kaj pred očmi, budno paziti na kaj; with ~ hands z odprtimi rokami, darežljivo; to keep a day ~ pridržati si prost dan; to keep ~ house (ali door) biti gostoljuben; to lay ~ razodeti, odkriti, pokazati; to lay o.s. ~ to izpostavljati se čemu; ~ ice led, skozi katerega je še možna plovba; ~ letter odprto pismo (v časopisu); to leave ~ pustiti (vprašanje) odprto; to leave o.s. wide ~ to s.o. pokazati komu svojo slabo stran; to lie ~ to biti izpostavljen; *econ* ~ market svoboden trg; an ~ mind bistra glava; with ~ mouth z odprtimi usti; *mil* ~ order razmaknjena vojaška formacija; ~ port odprta luka; ~ question odprto vprašanje; ~ secret javna tajna; ~ sesame lahek dostop; A ~ shop podjetje, ki ne dela razlik med sindikalisti in nesindikalisti; ~ spaces javni parki (zemljišča); ~ season za lov in ribolov dovoljena sezona; ~ town *mil* odprto mesto, A mesto kjer je vse dovoljeno (hazardiranje, prostitucija itd.); ~ time čas, dovoljen za lov; to throw ~ for urediti, pripraviti, odpreti komu; *jur* ~ verdict uraden odlok o smrti brez navedbe vzroka; ~ water plovna, nezaledenela voda; ~ weather milo vreme; ~ winter mila zima

open II [óupən] *n* the ~ odprt prostor, svež zrak; odprto morje; javnost; to bring into the ~ razkriti; to come into the ~ (with s.th.) razkriti se, biti popolnoma odkritosrčen, razglasiti (kaj); in the ~ na prostem, na zraku

open III [óupən] 1. *vt* odpreti (tudi *econ* npr. račun); začeti, odpreti (tržišče, pogajanja itd.); razkriti (čustva, misli); *jur* pustiti odprto; *naut* zagledati (skrit objekt); 2. *vi* odpreti se; *fig* razkriti se (*to* komu); odpirati se v, na; gledati kam, voditi kam (vrata, okno); *naut* prikazati se (kopno); to ~ the ball začeti prepir, biti spredaj; to ~ bowels izprazniti čreva; to ~ the door to dati možnost za kaj; to ~ one's eyes začudeno pogledati; to ~ the eyes of s.o. odpreti komu oči; *mil* to ~ fire začeti streljati; to ~ ground zaorati; to ~ one's heart to odpreti srce, odkriti svoja čustva; to ~ into (onto) odpirati se v (na); not to ~ lips ne odpreti ust; to ~ one's mouth odpreti usta; to ~ o.s. to s.o. zaupati (razodeti) se komu

open out 1. *vt* razširiti, razprostreti; 2. *vi* razširiti se, razprostreti se; postati zaupljiv, postati zgovoren, spregovoriti; pritisniti na plin (avto)

open up 1. *vt* odpreti, začeti; razgrniti (časopis); *sp* predreti (obrambo); 2. *vi mil* začeti (streljati); spregovoriti, postati zgovoren; pokazati se, odpreti se

open-air [óupənéə] *adj* na prostem, pod milim nebom; ~ swimming pool bazen na prostem, odprt bazen open-and-shut [óupənəndšʌt] *adj A* preprost, nedvoumen, jasen

open-armed [óupənɑ:md] *adj* ljubezniv, topel (sprejem)

opencast [óupənka:st] *adj* površinski; ~ **coal** površinski premog

open-door [óupəndɔ:] *adj* s prostim dostopom; *econ* ~ **policy** politika svobodne trgovine

open-eared [óupəníəd] *adj* pozoren, pazljiv; tankega sluha

open-end [óupənénd] *adj econ* z neomejenim številom deležev (investicijska družba); *el* odprt, prosto tekoč; *tech* ~ **wrench** viličasti ključ

opener [óupnə] *n* odpirač (orodje); ključar(ica); *sp* uvodna (začetna) igra; **tin** (ali **can**) ~ ključ za konserve

open-eyed [óupənáid] *adj* pazljiv, čuječ, buden, odprtih oči

open-faced [óupənféist] *adj* odkritega obraza; brez pokrovčka (ura)

open-handed [óupənhǽndid] *adj* (~ **ly** *adv*) radodaren, darežljiv

open-handedness [óupənhǽndidnis] *n* radodarnost, darežljivost

open-hearted [óupənhɑ́:tid] *adj* (~ **ly** *adv*) odkritosrčen, iskren

open-heartedness [óupənhɑ́:tidnis] *n* odkritosrčnost, iskrenost

open-hearth [óupənhɑ́:θ] *adj tech* martinski; ~ **furnace** Martinova peč

opening I [óupniŋ] *adj* uvoden, začeten; *econ* ~ **price** začetna cena

opening II [óupniŋ] *n* odpiranje, odprtje; odprtina, luknja, vrzel, špranja; jasa; začetek, uvod; začetna poteza (šah); nezasedeno službeno mesto; priložnost; *theat* premiera

openly [óupənli] *adv* odkrito, javno

open-market [óupənmɑ́:kit] *adj econ* ki je na svobodnem tržišču ;~ **policy** politika svobodnega tržišča

open-minded [óupənmáindid] *adj* (~ **ly** *adv*) dovzeten, odkrit, brez predsodkov, nepristran

open-mindedness [óupənmáindidnis] *n* dovzetnost, odkritost, nepristranost

open-mouthed [óupənmauðd] *adj* odprtih ust; požrešen; osupel; hrupen

openness [óupənnis] *n* odprtost, odkritost; milo vreme

open-policy [óupənpólisi] *n econ* pavšalna zavarovalna polica

open-top [óupəntóp] *adj* odprt, brez strehe (avto)

open-work [óupənwə:k] *n* luknjičasto delo (čipke, vezenina, kovinski okraski itd.); dnevni kop (rudnik)

open-worked [óupənwə́:kt] *adj* luknjičast (ročno delo)

opera [ópərə] *n* opera; *coll* operno gledališče

operable [ópərəbl] *adj* izvedljiv; *med* ki se da operirati; *tech* ki obratuje, ki je za obratovanje

opera-bouffe [ópərəbú:f] *n* komična opera

opera cloak [ópərəklouk] *n* večerno ogrinjalo za gledališče

opera-dancer [ópərədɑ:nsə] *n* baletka, baletnik

opera-glass(es) [ópərəglɑ:s(iz)] *n* (*pl*) operno kukalo

opera-hat [ópərəhæt] *n* klak, sklopni cilinder

opera-house [ópərəhaus] *n* operno gledališče

operand [ópərənd] *n* operand v računalništvu

operant [ópərənt] 1. *adj* delujoč, storilen; 2. *n* operativec

operate [ópəreit] 1. *vi* delati, funkcionirati (stroj itd.); vplivati, delovati (*on*, *upon* na); *med* operirati (*on* koga); *econ coll* operirati s čim, špekulirati; *mil* izvajati operativne premike; 2. *vt* povzročiti; *A tech* upravljati (stroj), spraviti v pogon, streči čemu, regulirati; (zlasti *A*) upravljati, voditi (posel); **to** ~ **on batteries** (pogon) na baterije; *econ* **to** ~ **at a deficit** delati z izgubo; *med* **to be** ~**d on** biti operiran; *econ coll* **to** ~ **for a fall (rise)** špekulirati s padcem (povišanjem); *A* **safe to** ~ zanesljiv (stroj)

operatic [ɔpərǽtik] *adj* (~**ally** *adv*) operen; ~ **performance** operna predstava

operating [ópəréitiŋ] *adj tech* pogonski; *econ* obratovalen, obratni; *med* operacijski; ~ **capital** obratni kapital; ~ **costs** obratovalni stroški; ~ **statements** obratna bilanca; ~ **room** (ali **theater**) operacijska dvorana; ~ **table** operacijska miza

operation [ɔpəréišən] *n* delovanje, učinkovanje (*on* na); *jur* veljavnost; *tech* postopek, pogon, delo (pri stroju), ravnanje, potek; *med*, *mil*, *math* operacija; *econ* špekulacija, finančna transakcija; *jur* **by** ~ **of law** po zakonu; **chemical** ~ kemični proces; *med* **the** ~ **on** (ali **for**) operacija (česa); **to perform an** ~ operirati; **to undergo an** ~ dati se operirati; **to come into** ~ dobiti veljavo, začeti delati; **to be in** ~ biti v pogonu, veljati; **to put** (ali **set**) **in** (**out of**) ~ spraviti v pogon (iz pogona); **ready for** ~ pripravljen za pogon, v redu

operational [ɔpəréišənəl] *adj mil* operativen, pripravljen za akcijo (letalo, ladja); *tech* pogonski, obraten

operative I [ópəreitiv, ~rə~] *adj* (~ **ly** *adv*) delujoč, učinkovit; praktičen; *med* operativen; *tech* pogonski, obraten, uporaben; **to become** ~ dobiti veljavo, začeti veljati; **the** ~ **part of the work** praktični del dela

operative II [ópəreitiv, ~rə~] *n* (tovarniški) delavec, obrtnik; *A* detektiv, agent

operator [ópəreitə] *n* delavec, strojnik, tehnik, upravljač, telefonist, operater; *med* kirurg; *econ* špekulant; *A* delodajalec, podjetnik; *A* **elevator** ~ liftboj; **telegraph** ~ telegrafist; **wireless** ~ radiotelegrafist

operculum [əpɔ́:kjələm] *n* (*pl* ~ **la**) *bot* poklopčič; *zool* škržni poklopec; polžja hišica

opere citato [ópəri:saitéitou] *adv Lat* na navedenem mestu, v navedenem delu (*op.cit.* ali *o.c.*)

operetta [ɔpərétə] *n mus* opereta

operettist [ɔpərétist] *n* skladatelj operet

operose [ɔpərous] *adj* delaven, težaven

ophicleide [ɔ́fiklaid] *n mus* tubi podoben pihalni instrument

ophidian [oufídiən] 1. *adj* kačji; 2. *n* kača

ophiolatry [əfiólətri] *n* čaščenje kač

ophiology [əfiólədži] *n* nauk o kačah

ophthalmia [əfθǽlmiə] *n med* očesno vnetje

ophthalmic [əfθǽlmik] *adj med* očesen; ~ **hospital** očesna klinika

ophthalmologist [əfθǽlmólədžist] *n* oftalmolog, zdravnik za očesne bolezni ophthalmology [ɔfθælmólədži] *n* oftalmologija, nauk o očesnih boleznih

ophthalmoscope [ɔfθǽlməskoup] *n med* očesno ogledalo

opiate I [óupiit] 1. *n* opiat, uspavalno sredstvo, pomirjevalno sredstvo; mamilo (tudi *fig*); 2. *adj* ki uspava (omami)

opiate II [óupieit] *vt* primešati opij; omamiti, uspavati, ublažiti

opine [oupáin] *vt* meniti, misliti

opinion [əpínjən] *n* mnenje, nazor, domneva, prepričanje, presoja; *jur* obrazložitev sodbe; **to be of ~ that** biti mnenja, da; **public ~** javno mnenje; **~ poll** anketa za raziskavo javnega mnenja; **a matter of ~** stvar prepričanja; **in my ~** po mojem mnenju; **to act up to one's ~ s** živeti po svojih nazorih; **to form an ~ of** ustvariti si mnenje o; **to have no ~ of** misliti slabo o kom, ne ceniti

opinionaire [əpínjənɛə] *n A* anketa za raziskavo javnega mnenja

opinionated [əpínjəneitid] *adj* nepopustljiv, trmast, dogmatičen

opinionatedness [əpínjəneitidnis] *n* nepopustljivost, trma, dogmatičnost

opinionative [əpínjətiv] *adj* (~ **ly** *adv*) glej **opinionated**

opisometer [əpisómitə] *n* priprava za merjenje krivulj na zemljevidu

opisthobranchiate [əpiθəbrǽŋkiit] *n zool* zaškrgar (polž)

opisthograph [əpísθəgra:f] *n* na obeh straneh popisan pergament (grški, rimski)

opium [óupiəm] *n* opij; **~ den** kadilnica opija; **~ eating** uživanje opija; **~ smoking** kajenje opija; *bot* **~ poppy** vrtni mak, opijevec

opiumism [óupiəmizəm] *n* uživanje opija; (kronično) zastrupljenje z opijem

opossum [əpósəm] *n zool* oposum; *A sl* **to play ~** hliniti bolezen, biti zelo previden

oppidan [ópidən] 1. *adj* (redko) mesten; 2. *n* (redko) meščan; *E* zunanji študent Etona

oppilate [ópileit] *vt* (zlasti *med*) zamašiti, zapekati

opponency [əpóunənsi] *n* oponiranje, nasprotovanje

opponent [əpóunənt] 1. *adj* nasproten, nasprotovalen (*to*); 2. *n* oponent, nasprotnik, -nica

opportune [ópətju:n] *adj* prikladen, primeren, pravočasen, oportun

opportunely [ópətju:nli] *adv* o pravem času; prikladno, primerno

oportuneness [ópətju:nnis] *n* prikladnost, primernost, pravočasnost, oportunost

opportunism [ópətju:nizəm] *n* preračunljivost, računarstvo, oportunizem

opportunist [ópətju:nist] 1. *n* preračunljivec, oportunist; 2. *adj* preračunljiv, računarski, oportunističen

opportunity [əpətjú:niti] *n* priložnost, prikladnost, prilika; *pl* možnosti; **at the first ~** ob prvi priliki; **at your earliest ~** čimprej; **to afford** (ali **give**) **s.o. an ~** nuditi komu priložnost; **to seize** (ali **take**) **an ~** pograbiti priliko; **~ makes the thief** priložnost naredi tatu

opposable [əpóuzəbl] *adj* (**opposably** *adv*) oporečen, ki se da oporeči

oppose [əpóuz] *vt* oponirati, nasprotovati, oporekati, ugovarjati, izpodbijati, upirati se

opposed [əpóuzd] *adj* nasproten (*to*); popolnoma različen, nezdružljiv; **to be ~ to** nasprotovati komu (čemu)

opposeless [əpóuzlis] *adj poet* nepremagljiv

opposer [əpóuzə] *n* oponent, nasprotnik; *A jur* kdor nasprotuje dodelitvi patenta

opposing [əpóuziŋ] *adj* nasproten, ki oporeka

opposite I [ópəzit] *adj* (~ **ly** *adv*) nasproten (*to*); različen; **~ number** nasprotek, pendant; **to be ~ to** biti nasproti, biti popolnoma drugačen od, nasprotovati

opposite II [ópəzit] *n* nasprotje; **just the ~** ravno nasprotno

opposite III [ópəzit] *adv & prep* nasproti, na nasprotni strani; **to play ~ to** *sp* igrati na nasprotni strani; (film) biti soigralec koga, biti komu partner

opposition [əpəzíšən] *n* odpor, nasprotje (*to*); protislovje; *pol* nasprotna stranka, opozicija; *astr* opozicija; *econ* konkurenca; *jur* ugovor, oporekanje

oppositional [əpəzíšənəl] *adj* nasprotujoč, opozicionalen

oppress [əprés] *vt* tlačiti, tiščati, potlačiti, zatirati

oppression [əpréšən] *n* tlačenje, pritisk, zatiranje; pobitost, tesnoba

oppressive [əprésiv] *adj* (~ **ly** *adv*) ki tlači, zatiralen, krut; moreč (vreme, dvom), soparen

oppressiveness [əprésivnis] *n* tlačenje, pritisk; soparnost, zadušljivost

oppressor [əprésə] *n* tlačitelj, zatiralec, tiran

opprobrious [əpróubriəs] *adj* (~ **ly** *adv*) sramotilen; sramoten, nečasten

opprobrium [əpróubriəm] *n* sramota, nečastnost (*to* za)

oppugn [ɔpjú:n] *vt* izpodbijati, ugovarjati; (redko) napadati

oppugnancy [əpʌ́gnənsi] *n* izpodbijanje, ugovor, nasprotovanje

oppugnant [əpʌ́gnənt] *adj* izpodbijajoč, nasprotovalen

oppugner [əpjú:nə] *n* nasprotnik

opsimath [ópsimæθ] *n* kdor se v starosti uči

opt [ɔpt] *vi* izbirati, izbrati (*between* med); odločiti se za kaj, optirati (*for* za); **to ~ out** odločiti se proti

optant [óptənt] *n pol* optant

optative [óptətiv] 1. *adj gram* optativen, želelen; 2. *n gram* optativ, želelnik; *gram* **~ mood** želelni naklon

optic [óptik] *adj* (~ **ally** *adv*) očesen, viden; **~ nerve** vidni živec, optikus

optical [óptikəl] *adj* (~ **ly** *adv*) optičen, viden; **~ illusion** optična prevara

optician [əptíšən] *n* optik

optics [óptiks] *n pl* (edninska konstrukcija) optika; *hum* oči

optimal [óptiməl] glej **optimum**

optimates [óptiméiti:z] *n pl hist* optimati, starorimsko plemstvo

optime [óptimi] *n E univ* študent, ki je na izpitu iz matematike dobil oceno druge ali tretje stopnje

optimism [óptimizəm] *n* optimizem

optimist [óptimist] *n* optimist

optimistic [optimístik] *adj* (~ ally *adv*) optimističen
optimize [óptimaiz] 1. *vi* biti optimističen; 2. *vt* optimistično prikazati
optimum [óptimən] 1. *adj* najboljši, najugodnejši; 2. *n* (*pl* ~ma) najugodnejši pogoj (za rast)
option [ópšən] *n* izbira, izbor, svobodna izbira, pravica do izbire; *jur* možnost; izhod; *econ* predkupna pravica, pravica do opcije, pravica do prodaje in nakupa po določeni ceni v določenem roku; ~ of a fine pravica do izbire globe namesto zapora; local ~ pravica nižje instance do prepovedi prodaje alkohola; at one's ~ po izbiri; to make one's ~ izbrati; I had no ~ but to moral sem; nisem imel druge izbire, kot da; *econ* plain ~ enostaven premijski posel; *econ* double ~ dvojni premijski posel
optional [ópšənəl] *adj* (~ ly *adv*) dan na izbiro, po izbiri, fakultativen, neobvezen; ~ insurance fakultativno zavarovanje; *ped* ~ subject fakultativen predmet; *A* ~ bonds odpovedljive obveznosti
optometer [optómitə] *n med* optometer, vidomer
optometry [optómətri] *n* pregled oči in vida
optophone [óptəfoun] *n* priprava za spreminjanje svetlobe v zvok (za slepce)
opulence [ópjuləns] *n* obilje, bogastvo, razkošje
opulent [ópjulənt] *adj* (~ ly *adv*) bogat, obilen, razkošen; *bot* poln cvetov, razkošnih barv
opuntia [oupánšiə] *n bot* opuncija
opus [óupəs] *n* (*pl* opera) opus, delo; magnum ~ glavno književno ali glasbeno delo
opuscule [opáskju:l] *n* manjše delo (književno, glasbeno), knjižica
or I [ɔ:] *n her* zlato rumena barva v grbih
or II [ɔ:] *conj* ali; either ~ ali ... ali; ~ else drugače, če ne; ~ so okoli, približno; somehow ~ other tako ali drugače; whether ... ~ not če ... ali ne
or III [ɔ:] 1. *conj arch* preden, prej ko; 2. *prep arch* pred; *poet* ~ ever prej, preden
orach [óric] *n bot* loboda
oracle [órəkl] *n* orakelj, preročišče, prerokovanje, prerokba, izrek; božansko razodetje, najsvetejše v judovskem templju; *fig* avtoritativen človek, moder svetovalec; *coll* to work the ~ doseči kaj z zvijačo, za kulisami delati
oracular [orǽkjulə] *adj* (~ ly *adv*) preroški; *fig* nejasen, zagoneten, v ugankah; *fig* avtoritativen, pristojen (človek)
oral [órəl] 1. *adj* (~ ly *adv*) usten, oralen (tudi *anat*); 2. *n* (zlasti *pl*) ustni izpit; ~ contract ustna pogodba; ~ cavity ustna votlina
orange [órindž] 1. *n bot* pomaranča, oranževec; oranžna barva; 2. *adj* oranžen; *coll* to squeeze (ali suck) the ~ dry izžeti koga ali kaj kot limono; *fig* squeezed ~ izžeta limona
orangeade [órindžéid] *n* oranžada
orange-blossom [órindžblɔsəm] *n* pomarančin cvet (za neveste pri poroki)
orange-colo(u)red [órindžkáləd] *adj* oranžne barve, oranžen
orange-grove [órindžgrouv] *n* pomarančni nasad
Orangeism [órindžizəm] *n hist* politični protestantizem v Severni Irski
Orangeman [órindžmən] *n* pripadnik političnega protestantizma v Severni Irski

orangery [órindžəri] *n* oranžerija (rastlinjak)
orang-(o)utan(g) [ɔ:rəŋu:tæn(ŋ)] *n zool* orangutan
orate [ɔ:réit] *vi hum* imeti govor, javno govoriti, dolgovezno govoriti
oration [ɔréišən] *n* slavnosten govor, retoričen govor; *gram* indirect (ali oblique) ~ odvisni govor; direct ~ premi govor
orator [órətə] *n* govornik; *A jur* tožitelj; Public Orator zastopnik in govornik univerze (zlasti Oxforda in Cambridgea)
oratorical [ɔrətórikəl] *adj* (~ ly *adv*) govorniški, retoričen
oratorio [ɔrətó:riou] *n mus* oratorij
oratory I [órətəri] *n* retorika, govorništvo
oratory II [órətəri] *n eccl* oratorij (prostor za molitev); kongregacija rimsko katoliških duhovnikov
oratres [órətris] *n* govornica
orb I [ɔ:b] *n* krogla; nebesno telo; *poet* zrklo, oko; *her* krogla s križem (kraljevski znak); *fig* svet, organizirana celota; *astr* vplivno območje planeta
orb II [ɔ:b] *vt & vi* obkrožiti, krožiti
orbed [ɔ:bd] *adj* okrogel; krožen, zaokrožen
orbicular [ɔ:bíkjulə] *adj* glej orbed
orbiculate [ɔ:bíkjulit] *adj* zaokrožen
orbit I [ó:bit] *n astr* zvezdna pot, pot satelita; *anat* očesna votlina; *zool* očesna ovojnica (pri ptičih); *fig* sfera, območje, področje
orbit II [ó:bit] 1. *vt* obkrožiti (zemljo); 2. *vi* krožiti (okoli zemlje); *aero* krožiti okoli letališča pred pristankom
orbital [ó:bitl] *adj* ki ima opraviti z zvezdno potjo; *anat* ki ima opraviti z očesno votlino
orc [ɔ:k] *n* morska pošast
orca [ó:kə] *n zool* kit ubijalec
Orcadian [ɔ:kéidiən] *n* prebivalec Orkneyskih otokov
orchard [ó:čəd] *n* sadovnjak
orcharding [ó:čədiŋ] *n* sadne kulture; sadjarstvo
orchardist [ó:čədist] *n* sadjar
orchardman [ó:čədmən] *n* glej orchardist
orchestic [ɔ:késtik] 1. *adj* plesen; 2. *n* plesna umetnost
orchestra [ó:kistrə] *n mus* orkester; *theat* prostor za orkester (tudi ~ pit); ~ stalls sprednje vrste parterja v gledališču
orchestral [ɔ:késtrəl] *adj mus* orkestralen
orchestrate [ó:kistreit] *vt & vi mus* orkestrirati, instrumentirati
orchestration [ɔ:kestréišən] *n* orkestriranje, instrumentacija
orchestrina [ɔ:kistrínə] *n E* glej orchestrion
orchestrion [ɔ:késtriən] *n A mus* orkestrion (glasbilo)
orchid [ó:kid] *n bot* orhideja
orchidaceous [ɔ:kidéišəs] *adj bot* orhidejen, podoben orhideji
orchidist [ó:kidist] *n* kdor goji orhideje
orchil [ó:čil] *n* rdeča ali vijoličasta barva
orchis [ó:kis] *n bot* orhideja (zlasti kukavica, ceptec)
orchitis [ɔ:káitis] *n med* vnetje moda
ordain [ɔ:déin] *vt eccl* posvetiti v duhovniški stan; namestiti, dekretirati; predpisati, ukazati

ordeal [ə:díːl] *n fig* težek preizkus; *hist* božja sodba; *hist* ~ by fire (water) preizkus z ognjem (vodo)

order I [ó:də] *n* red, ureditev, urejenost; *biol* red, vrsta; vrsta, zapovrstje; *mil* razvrstitev, razpored, predpisana uniforma in oprema; stanje; ukaz, nalog, odredba; *econ* (plačilni) nalog, naročilo, naročilnica, nakaznica; *jur* sklep (sodišča), odredba; vrsta, razred, stopnja; čin; *math* red, stopnja; družbeni sloj, družbena ureditev; *eccl* cerkveni red, liturgijski red; viteški red, odlikovanje viteškega reda; odlikovanje, red; *archit* klasičen slog stebrov; *mil* at the ~ puška pri nogi; *mil* battle ~ bojni red; *mil* marching ~ paradna formacija; *mil* close (open) ~ zaprta (odprta) formacija; *math* equation of the first ~ enačba prve stopnje; holy ~s duhovniški stan; in ~s posvečen (v duhovnika); to take ~s biti posvečen v duhovnika (meniha); lower (higher) ~s nižji (višji) družbeni sloji; by ~ of po nalogu, na ukaz; to ~ po povelju, po naročilu; in ~ v redu, urejen; in bad ~ v slabem stanju, neurejen; to keep ~ vzdrževati red; to put in ~ urediti; to set in ~ urediti, razvrstiti; to take ~ with urediti kaj, razpolagati s čim; in ~ to zato da, da bi; in ~ that da bi; on ~ po naročilu, naročen; made to ~ narejen po naročilu (meri); on the ~ of do neke mere sličen; *econ* po naročilu koga; out of ~ pokvarjen, neurejen, v slabem stanju; *med* načet (zdravje); under the ~s of pod poveljstvom; to be under ~s to do s.th. na ukaz kaj narediti; till further ~s do nadaljnjega; *parl* to call to ~ pozvati k redu; *parl* to rise to (a point of) ~ prositi za besedo; *parl* to rule s.o. out of ~ odvzeti komu besedo; *econ* to be on ~ biti naročen (blago); *econ* to fill an ~ izvršiti naročilo; *econ* to give (ali place) an ~ naročiti; *econ* money ~ denarna nakaznica; *econ* postal ~ poštna nakaznica; apple-pie ~ popoln red; ~ of the day dnevni red; *mil* dnevno povelje; to pass to the ~ of the day preiti na dnevni red; *archit* Doric ~ dorski slog (stebrov); *coll* a large (ali tall) ~ težka naloga; Order of Merit red za zasluge; A in short ~ takoj, nemudoma; standing ~ trajno pravilo, določen poslovnik; in working ~ pripravljen za delo (stroj); law and ~ mir in red

order II [ó:də] 1. *vt* ukazati, odrediti; poslati koga kam (to); *med* predpisati (zdravilo); naročiti; urediti; 2. *vi* ukazovati; naročati; *mil* ~ arms! puške k nogam!; to ~ s.o. home poslati koga domov; to ~ s.o. out of one's house spoditi koga iz svoje hiše

order about *vt* pošiljati koga sem in tja, ukazovati komu

order away *vt* poslati stran; ukazati, da koga odpeljejo

order back *vt* poklicati nazaj, vrniti blago

order in *vt* pustiti koga vstopiti

order out *vt* poslati ven, nagnati

order-bill [ó:dəbil] *n econ* naročilnica; ~ of lading konosament naročilo

order-book [ó:dəbuk] *n econ* knjiga naročil; *parl* knjiga vpisov diskutantov

orderer [ó:dərə] *n* reditelj(ica); naročnik, -nica

ordering [ó:dəriŋ] *n* ureditev

orderliness [ó:dəlinis] *n* red, rednost, pravilnost; poslušnost

orderly [ó:dəli] 1. *adj* reden, pravilen, metodičen, urejen; *fig* miren, poslušen, lepega vedenja; *mil* dežuren; 2. *n mil* ordonanc, vojaški kurir, dežurni častnik v vojaški bolnišnici, bolničar; *E* cestni pometač

orderly-bin [ó:dəlibin] *n E* smetnjak (ulični)

orderly-book [ó:dəlibuk] *n mil* knjiga dnevnih ukazov in raportov

orderly-officer [ó:dəliófisə] *n mil* dežurni častnik

orderly-room [ó:dəlirum] *n mil* četna pisarna

order-paper [ó:dəpeipə] *n* razpored dnevnega reda

order-word [ó:dəwə:d] *n* geslo, parola

ordinal [ó:dinəl] 1. *adj* (~ly *adv*) vrstilen; 2. *n* vrstilni števnik; *eccl* obredna knjiga

ordinance [ó:dinəns] *n* predpis, odlok, ukaz, uredba, pravilnik; *eccl* verski obred (krsta, obhajila, birme)

ordinand [ə:dinǽnd] *n eccl* kandidat za mašniško posvečenje

ordinarily [ó:dnərili] *adv* navadno, pravilno, običajno, vsakdanje

ordinary I [ó:dinəri] *adj* (ordinarily *adv*) navaden, pravilen, običajen, vsakdanji; povprečen; reden, stalen

ordinary II [ó:dinəri] *n* običajnost, vsakdanjost; *eccl* ordinarij, redni škof, verski obred; *E* gostilniški obrok za stalno ceno; *her* enostaven grb; bicikel starega tipa (z enim velikim kolesom); in ~ v redni službi, reden (profesor, zdravnik itd.); physician in ~ (of the king) (kraljev) osebni zdravnik; out of the ~ neobičajen, redek

ordinate [ó:dinit] *n math* ordinata, navpična koordinata

ordination [ə:dinéišən] *n eccl* mašniško posvečenje; ureditev; imenovanje, odlok

ordnance [ó:dnəns] *n mil* topništvo, artilerija, orožarna, arzenal, artilerijsko tehnični material, generalštabna zemljepisna karta; *E* survey službeno merjenje zemljišča

ordure [ó:djuə] *n* nesnaga, blato, drek; *fig* nespodobnost, obscenost

ore [ə:] *n min* ruda; *poet* kovina (zlasti zlato); ~ dressing izpiranje rude, izločitev kovine; ~ hearth talilnica; ~ mill rudne stope

ore-bearing [ó:bɛəriŋ] *adj geol* ki vsebuje rudo

oread [ó:riæd] *n myth* gorska vila, oreada

orectic [ouréktik] *adj* mikaven, okusen

organ [ó:gən] *n* organ (tudi *anat*); glas; orodje, pripomoček; glasilo, časopis; *mus* orgle (tudi pipe ~); barrel-~ lajna; mouth ~ orglice; American ~ vrsta harmonija; ~ bellows meh pri orglah; ~ blower kdor pritiska na meh (pri orglah); ~ builder orglar, kdor orgle dela

organdie (organdy) [ó:gændi] *n* organdi (tkanina)

organ-grinder [ó:gəngraində] *n* lajnar

organic [ə:gǽnik] *adj* (~ally *adv*) organski, organičen; vitalen, življenjski; bistven; *pol, jur* ~ act (ali law) temeljni zakon

organism [ó:gənizəm] *n* organizem (tudi *fig*)

organist [ó:gənist] *n* orglar, organist

organization [ə:gənaizéišən, *A* ~ni~] *n* organizacija, organiziranje, ureditev, ustanovitev; sestav,

združba; organizem, sistem; **administrative** ~ upravni aparat, upravna organizacija
organizational [ɔ:gənaizéišənəl *A* ~ni~] *adj* organizacijski
organize [ɔ́:gənaiz] *vt & vi* organizirati (se), urediti
organizer [ɔ́:gənaizə] *n* organizator(ka)
organ-loft [ɔ́:gənlɔft] *n* kor (v cerkvi)
organ-meat [ɔ́:gənmi:t] *n* drobovina, meso notranjih organov
organology [ɔ:gənɔ́lədži] *n* nauk o strukturi in funkciji živalskih in rastlinskih organov; frenologija
organon [ɔ́:gənən] *n phil* zmožnost misliti
organ-screen [ɔ́:gənskri:n] *n archit* cerkveni zid na katerem so orgle
organ-stop [ɔ́:gənstɔp] *n mus* orgelski register
organzine [ɔ́:gənzi:n] *n* vrsta svile
orgasm [ɔ́:gæzm] *n med* orgazem; *fig* naslada
orgastic [ɔ:gǽstik] *adj med* orgastičen; *fig* nasladen
orgiastic [ɔ:džiǽstik] *adj* orgiastičen (tudi *fig*)
orgy [ɔ́:dži] *n* orgija, pijančevanje, razvrat; *pl* orgije, nesramne veselice
oribi [ɔ́:rɔbi] *n zool* majhna južnoafriška antilopa
oriel [ɔ́:riəl] *n archit* tin, altana, štrleče okence na strehi, zaprt balkon
orient I [ɔ́:riənt] 1. *adj* vzhoden, vzhajajoč; žareč, lesketajoč (dragulj); 2. *n* vzhod; *poet* žar, lesket (dragulj); **the Orient** Jutrovo
orient II [ɔ́:rient] 1. *vt* obrniti (hišo) proti vzhodu; določiti lego ali smer (s kompasom), usmeriti; *fig* orientirati (*to*); 2. *vi* obrniti se proti vzhodu, usmeriti se; orientirati se
oriental [ɔ:riéntl] 1. *adj* (~**ly** *adv*) orientalen, vzhoden; 2. *n* orientalec, -lka
orientalism [ɔ:riéntəlizəm] *n* orientalistika
orientalist [ɔ:riéntəlist] *n* orientalist(ka)
orientalize [ɔ:riéntəlaiz] *vt & vi* orientalizirati (se), dati vzhodni karakter
orientate [ɔ́:rienteit] *vt & vi* glej **orient II**; **to ~ o.s.** orientirati se
orientation [ɔ:rientéišən] *n* orientacija, usmerjenost, usmerjenost proti vzhodu, obrnitev (hiše) proti vzhodu
orifice [ɔ́:rifis] *n* odprtina (tudi *anat, tech*), ustje
oriflamme [ɔ́:riflæm] *n hist* bojna zastava francoskih kraljev; *fig* zastava, simbol; *fig* fanal
origan [ɔ́:rigən] *n bot* divji majaron
origin [ɔ́:ridžin] *n* poreklo, izvor, izvir, začetek, rod, pokoljenje
original I [ərídžinəl] *adj* (~**ly** *adv*) prvoten, izviren, začeten; originalen, nov; samostojen, neodvisen; ustvarjalen, iznajdljiv; *econ* ~ **capital** začetni kapital; *econ* ~ **bill** prva menica; *jur* ~ **jurisdiction** prvostopna pristojnost; ~ **sin** izvirni greh
original II [ərídžinəl] *n* original, izvirnik, prvopis; čudak, posebnež, ekscentrik; *bot, zool* osnovna oblika; **in the ~** v originalu
originality [əridžinǽliti] *n* originalnost, izvirnost, posebnost; samostojnost, neodvisnost; ustvarjalnost, iznajdljivost
originate [ərídžineit] 1. *vi* nastati, izvirati (*from* iz); začeti, imeti korenine (*with, from*); 2. *vt* ustvariti, povzročiti
origination [əridžinéišən] *n* izvor, začetek, nastanek
originative [ərídžineitiv] *adj* ustvarjalen

originator [ərídžineitə] *n* začetnik, ustanovnik, osnovalec, tvorec
oriole [ɔ́:rioul] *n zool* kobilar
orison [ɔ́:rizən] *n arch* molitev
orlon [ɔ́:lən] *n* orlon, sintetično vlakno
orlop [ɔ́:ləp] *n naut* najnižja paluba
ormer [ɔ́:mə] *n zool* morsko uho
ormolu [ɔ́:molu:] *n* zlata bronsa, pozlatilo, bronsiran predmet
ornament I [ɔ́:nəmənt] *n* ornament, okras (tudi *mus*); *fig* dika, čast, ponos (*to* komu, čemu; *eccl* (zlasti *pl*) cerkvena posoda, okras; **by way of** ~ za (kot) okras
ornament II [ɔ́:nəment] *vt* krasiti, okrasiti
ornamental [ɔ:nəméntl] *adj* (~**ly** *adv*) ornamentalen, okrasen, dekorativen; ~ **plants** lepotne rastline; ~ **type** okrasne črke
ornamentalism [ɔ:nəméntəlizəm] *n* nagnjenje do okraskov
ornamentality [ɔ:nəmentǽliti] *n* ornamentalnost, okrašenost
ornamentation [ɔ:nəmentéišən] *n* okrasitev, okrasje, dekoracija
ornamentist [ɔ́:nəmentist] *n* dekorater, dekoracijski slikar
ornate [ɔ:néit] *adj* (~**ly** *adv*) bogato okrašen, kičast (stil), retoričen (govor)
ornery [ɔ́:nəri] *adj A dial* zlovoljen, trmast, prostaški, navaden
ornis [ɔ́:nis] *n* ptičje kraljestvo
ornithic [ɔ:níθik] *adj* ptičji
ornithological [ɔ:niθəlɔ́džikəl] *adj* (~**ly** *adv*) ornitološki
ornithologist [ɔ:niθɔ́lədžist] *n* ornitolog
ornithology [ɔ:niθɔ́lədži] *n* ornitologija, nauk o ptičih
ornithosis [ɔ:niθóusis] *n vet* papagajska bolezen
orogeny [ərɔ́džəni] *n* orogenija, nauk o nastanku gora
orographic [ɔrəgrǽfik] *adj* (~**ally** *adv*) orografski
orography [ɔrɔ́grəfi] *n* orografija, goropisje
orological [ɔrəlɔ́džikəl] *adj* orološki
orology [ɔrɔ́lədži] *n* orologija, veda o gorah
orometer [ərɔ́mitə] *n meteor* višinski barometer
oropharyngeal [ɔ:rəfəríndžiəl] *adj med* žrelni
orotund [óurətʌnd] *adj* blagozvočen; močan (glas); pompozen (stil)
orphan I [ɔ́:fən] 1. *n* sirota; 2. *adj* osirotel
orphan II [ɔ́:fən] *vt* osirotiti, povzročiti sirotinstvo; **to be ~ed** osiroteti, izgubiti starše
orphanage [ɔ́:fənidž] *n* sirotišnica; osirotelost
orphonhood [ɔ́:fənhud] *n* sirote, osirotelost
Orphean [ɔ:fí:ən] *adj* orfejski; očarljiv, čudovit (glasba)
Orphic [ɔ́:fik] *adj* orfičen, orfijski; mističen, skrivnosten
orphrey [ɔ́:fri] *n* bogata vezenina, zlat rob
orpiment [ɔ́:pimənt] *n min* avripigment, rumeni arzenik; *chem* arzenov trisulfid
orpine [ɔ́:pin] *n bot* zdravilna homulica
orrery [ɔ́:rəri] *n astr* planetarij; model planetnega sistema
orrhodiagnosis [ɔ:rədaiəgnóusis] *n med* diagnoza s serumom
orris [ɔ́:ris] *n* zlata ali srebrna vezenina (čipka); *bot* perunika

ort [ɔ:t] *n dial, arch* ostanek (jedi)
ortho- *pref* pravi, pravilen
orthochromatic [ɔ́:θəkrəmǽtik] *adj phot* ortokromatičen, pravih barv
orthoclase [ɔ́:θəkleis] *n min* ortoklaz
orthodontia [ɔ:θədɔ́nšiə] *n med* zobozdravstvena ortopedija
orthodox [ɔ́:θədəks] *adj* (~ **ly** *adv*) pravoveren, pravoslaven; običajen, priznan
orthodoxy [ɔ́:θədəksi] *n* pravovernost, ortodoksija
orthoepic [ɔ:θouépik] *adj* ortoepičen, pravorečen
orthoepist [ɔ́:θouepist] *n* učitelj pravorečja
orthoepy [ɔ́:θouepi] *n* ortoepija, pravorečje
orthogenesis [ɔ:θoudžénisis] *n biol, sociol* ortogeneza
orthogonal [ɔ:θɔ́gənəl] *adj math* ortogonalen, pravokoten
orthographer [ɔ:θɔ́grəfə] *n* ortograf, pisec pravopisa
orthographic [ɔ:θəgrǽfik] *adj* (~ **ally** *adv*) ortografski, pravopisen
orthography [ɔ:θɔ́grəfi] *n* pravopis; *tech* pravilno projiciran naris
orthop(a)edic [ɔ:θəpí:dik] *adj* (~ **ally** *adv*) *med* ortopedski
orthop(a)edics [ɔ:θəpí:diks] *n pl med* ortopedija
orthop(a)edist [ɔ:θəpí:dist] *n med* ortoped
orthopteron [ɔ:θɔ́ptərən] *n zool* ravnokrilec
orthoptic [ɔ:θɔ́ptik] *adj med* normalnega vida
orthoscope [ɔ́:θəskoup] *n med* ortoskop
orthoscopic [ɔ:θəskɔ́pik] *adj* ortoskopski
orthotone [ɔ́:θoutoun] *adj gram* ki ni enklitičen (beseda)
orthotropic [ɔ:θətrɔ́pik] *adj bot* navpične rasti
ortolan [ɔ́:tələn] *n zool* vrtni strnad
oryx [ɔ́riks] *n zool* velika afriška antilopa
Oscar [ɔ́skə] *n A* oskar, filmska nagrada
oscillate [ɔ́sileit] **1.** *vl* nihati; *fig* kolebati, omahovati; *el* izžarevati elektromagnetne valove (radijski sprejemnik); **2.** *vt* zanihati
oscillating [ɔ́sileitiŋ] *adj* oscilacijski, nihajoč; *fig* kolebav, omahljiv; ~ **axle** nihalna os
oscillation [ɔsiléišən] *n* nihanje, nihaj, oscilacija; *fig* kolebanje, omahovanje, neodločnost
oscillator [ɔ́sileitə] *n el* oscilator; *fig* omahljivec
oscillatory [ɔ́sileitəri] *adj* oscilatoren, nihajoč; *fig* kolebav, omahljiv
oscillograph [ɔ́siləgra:f] *n* oscilograf
oscilloscope [ɔ́siləskoup] *n el, phys* osciloskop
oscitant [ɔ́sitənt] *adj* zehajoč, zaspan, nepozoren
oscitation [ɔsitéišən] *n* zehanje, nepozornost
osculant [ɔ́skjulənt] *adj* dotikajoč se; *zool* ki se tesno oprijema; *biol* ki tvori vmesni člen (med dvema skupinama)
oscular [ɔ́skjulə] *adj hum* usten, poljubovalen; *geom* oskularen, ki se stika
osculate [ɔ́skjuleit] *vt & vi hum* poljubiti (se); združiti (se); *geom* stikati (se)
osculation [ɔskjuléišən] *n hum* poljubljanje, poljub; *geom* stikanje
osier [óužə] *n bot* vrba, vezika
osier-bottle [óužəbɔtl] *n* pletenka
osier-work [óužəwə:k] *n* pletenica
Osmanli [ɔzmǽnli] **1.** *n* Osman, osmanski (turški) jezik; **2.** *adj* osmanski
osmic [ɔ́zmik] *adj chem* osmijev

osmium [ɔ́zmiəm] *n chem* osmij
osmose [ɔ́smous] *n phys* osmoza
osmotic [ɔsmɔ́tik] *adj* (~ **ally** *adv*) *phys* osmozen
osprey [ɔ́spri] *n zool* morski orel (ki se hrani z ribami)
ossein [ɔ́siin] *n biol, chem* kostni klej
osseous [ɔ́siəs] *adj* koščen, trd
ossicle [ɔ́sikl] *n anat* koščica
ossiferous [ɔsifərəs] *adj* ki vsebuje (zlasti fosilne) kosti
ossification [ɔsifikéišən] *n med* okostenelost, okostenitev
ossified [ɔ́sifaid] *adj med* okostnel (tudi *fig*)
ossifrage [ɔ́sifridž] *n zool* glej **osprey**
ossify [ɔ́sifai] **1.** *vi* okosteneti; *fig* otrdeti, okosteneti; **2.** *vt* otrditi
ossuary [ɔ́sjuəri] *n* kostnica
osteal [ɔ́stiəl] *adj* glej **osseous**
osteitis [ɔstiáitis] *n med* ostitis, kostno vnetje
ostensibility [ɔstensibíliti] *n* naviznost, dozdevnost
ostensible [ɔsténsəbl] *adj* (**ostensibly** *adv*) navidezen, dozdeven; ~ **partner** slamnat mož (zastopnik, ki dela za drugega skritega moža)
ostensive [ɔsténsiv] *adj* (~ **ly** *adv*) razkazovalen; ki nazorno prikazuje; *fig* bahav; dozdeven
ostentation [ɔstentéišən] *n* prikazovanje, razkazovanje; bahanje
ostentatious [ɔstentéišəs] *adj* (~ **ly** *adv*) bahav; gizdav, posebno viden, razkošen
osteo- *pref* kost
osteoclasis [ɔstiɔ́kləsis] *n med* osteoklaza, fraktura kosti; poškodba kostnega tkiva
osteogenesis [ɔstiədžénisis] *n* osteogeneza, tvorba kosti
osteogenetic [ɔ́stiədžənétik] *adj* ki tvori kosti
osteological [ɔstiəlɔ́džikəl] *adj* (~ **ly** *adv*) osteološki
osteology [ɔstiɔ́lədži] *n* osteologija, nauk o kosteh
osteoma [ɔstióumə] *n* (*pl* ~ **mas**, ~ **mata**) *med* benigna kostna bula
osteomalacia [ɔstioumələéišiə] *n med* mehčanje kosti
osteomyelitis [ɔstioumaiəláitis] *n med* vnetje kostnega mozga
osteopath [ɔ́stiəpæθ] *n med* osteopat
osteopathy [ɔstiɔ́pəθi] *n med* osteopatija, oboljenje kosti degenerativne geneze
osteoplastic [ɔstiəplǽstik] *adj physiol* ki tvori kosti
osteoplasty [ɔ́stiəplæsti] *n med* kostna plastika
ostiary [ɔ́stiəri] *n eccl* cerkveni vratar
ostiole [ɔ́stioul] *n* majhno ustje, majhna odprtina
ostler [ɔ́slə] *n* konjski hlapec, konjač
ostosis [ɔstóusis] *n anat* oblikovanje kosti
ostracism [ɔ́strəsizəm] *n* pregnanstvo, izgon; *hist* ostrakizem
ostracize [ɔ́strəsaiz] *vt* pregnati, izgnati; bojkotirati
ostracod [ɔ́strəkəd] *n zool* školjkovec
ostreiculture [ɔ́striikʌlčə] *n* gojenje ostrig
ostrich [ɔ́strič] *n zool* noj; **to bury one's head like an ~** (ali **ostrichlike**) **in the sand** zariti glavo v pesek, sam sebe varati; **to have the digestion of an ~** vse prebaviti; ~ **policy** slepa politika
ostrich-feather [ɔ́stričfeðə] *n* nojevo pero
ostrich-fern [ɔ́stričfə:n] *n bot* peruša
otalgia [outǽldžiə] *n med* bolečine v ušesu
other I [ʌ́ðə] *adj* drug, ostali, drugačen; **the ~ day** ondan; **every ~** vsak drug; **every ~ year** vsako

drugo leto; **on the** ~ **hand** po drugi plati; **far** ~ **from ours** čisto drugačen od našega; ~ **than** razen, različen; **just the** ~ **way** ali **the** ~ **way around** ravno nasprotno, povsem drugače

other II [ʌ́ðə] *pron* drugi, -ga, -go; **the** ~ drugi; **of all** ~s med vsemi, od vseh, pred vsemi; **each** ~ drug drugega; **one from the** ~ posebej, narazen; **someone or** ~ nekdo, že kdo; **somehow or** ~ ali **some way or** ~ tako ali drugače; **no** (ali **none)** ~ **than** nihče drug kot; **some day** (ali **time) or** ~ nekega dne, kadarkoli

other III [ʌ́ðə] *adv* drugače (*than* kot)

otherness [ʌ́ðənis] *n* raziičnost, drugačnost

otherwhence [ʌ́ðə(h)wens] *adv* od drugod

otherwhere [ʌ́ðə(h)wɛə] *adv poet* drugje, drugam

otherwhile(s) [ʌ́ðə(h)wail(z)] *adv* včasih, ob drugem času

otherwise [ʌ́ðəwaiz] *adv* drugače, sicer; **rather than** ~ najraje; **not** ~ **than** prav tako kot; **his political enemies his** ~ **friends** njegovi politični nasprotniki, sicer pa prijatelji

otherworld [ʌ́ðəwə:ld] *n* drugi svet, onstran

otherworldliness [ʌ́ðəwə:ldlinis] *n* onstranstvo

otherworldly [ʌ́ðəwə:ldli] *adj* onstranski, nezemeljski

otic [óutik, ó~] *adj anat* ušesen

otiose [óušious] *adj* (~ **ly** *adv*) odvečen, nesmotrn, neploden, len

otiosity [oušiósiti] *n* odvečnost, nesmotrnost, neplodnost, lenoba

otitis [outáitis] *n med* vnetje ušesa; ~ **media** vnetje srednjega ušesa

oto- *pref* uho

otolaryngologist [outoulæriŋgólədžist] *n* otolaringolog

otolaryngology [outoulæriŋgólədži] *n* otolaringologija, nauk o ušesu, nosu in grlu

otolith [óutəliθ] *n* otolit, ušesni kamen

otologist [outólədžist] *n* otolog

otology [outólədži] *n* otologija, nauk o zdravljenju ušesnih bolezni

otoscope [óutəskoup] *n med* ušesno ogledalo, otoskop

otter [ótə] *n zool* vidra; vidrovina (koža); vrsta ribiškega pribora

otter-holt [ótəhoult] *n* vidrina (brlog)

otter-hound [ótəhaund] *n zool* vidrar (pes)

ottoman [ótəmən] *n* otomana; vrsta svilene ali volnene tkanine; **Ottoman Turek,** Otoman

oubliette [u:bliét] *n* tajna celica v ječi

ouch I [áuč] *int A* av!

ouch II [áuč] *n E arch* dragocena zaponka; okvir dragega kamna

ought I [ɔ:t] *adv* kadarkoli, sploh

ought II [ɔ:t] *n vulg* ničla

ought III [ɔ:t] *v defect* drugi moral bi; **I** ~ **to do it** moral bi to narediti; **I** ~ **to have done it** moral bi bil to narediti; **he oughtn't to see it** ne bi smel tega videti

ouija [wí:dža:] *n* spiritistična mizica s posebnimi znaki

ounce I [áuns] *n* unča (trgovska utežna mera 28,35 g; za zlato in srebro 31,1 g); *fig* trohica; **by the** ~ po teži; **an** ~ **of help is worth a ton of pity** malo pomoči je vredno več kakor mnogo usmiljenja

ounce II [áuns] *n zool* snežni leopard; *poet* ris

our [áuə] *adj* naš, -ša, -še, -ši

ours [áuəz] *pron* naš, -ša, -še, -ši; **a friend of** ~ neki naš prijatelj; **this world of** ~ ta naš svet

ourself [auəsélf] *pron* mi (kralj o sebi)

ourselves [auəsélvz] *pron* mi sami, nas same, se, si; **by** ~ sami (brez pomoči); **of** ~ sami od sebe, prostovoljno

ousel [u:zl] *n zool* kos

oust [áust] *vt* izgnati, odstraniti, izriniti, ven vreči (*from*); *jur* razlastiti, odvzeti

ouster [áustə] *n jur* razlastitev, odvzem

out I [áut] *adj* zunanji; *sp* ki ni na udarcu (kriket), ki ni na domačem igrišču, ki je izven igrišča; *pol* ki ni v vladi; ki odhaja (vlak); ~ **edge** zunanji rob; ~ **islands** oddaljeni (odročni) otoki

out II [áut] *adv* **1.** ven, iz (tudi v zvezi z glagoli: *to go* ~ iti ven, *to die* ~ izumreti); **2.** zunaj, zdoma (*he is* ~ zunaj je, ni ga doma); **3.** ne na delu (*a day* ~ prost dan); **4.** *mil* na (bojnem) polju, *naut* na morju; **5.** ne v zaporu (~ *on bail* na svobodi proti kavciji); **6.** priobčen (knjiga *the book came* ~ in June), predstavljen javnosti (dekle); **7.** odkrit (*the secret is* ~ tajna je prišla na dan); **8.** *sp* zunaj, ven, ne v igri, izven igrišča; (boks) knockoutiran; **9.** *pol* ne v vladi (*the democrats are* ~); **10.** ne v vaji (*my fingers are* ~); **11.** porabljen, ne na zalogi (*the potatoes are* ~); **12.** do kraja, čisto (*to hear s.o.* ~ koga do kraja poslušati, *tired* ~ čisto izčrpan); **13.** izpahnjen (roka), ki preplavlja (reka); **14.** napačen, zmoten (*his calculations are* ~ njegovi računi so napačni); **15.** dan v najem (zemlja), izposojen (knjiga); **16.** jasno, glasno (*to laugh* ~ glasno se zasmejati, *speak* ~! govori glasneje!, povej že jasno in glasno!); **17.** *aero* končan (pogovor); **18.** razno; ~ **and** ~ popolnoma, docela; ~ **and about** (zopet) na nogah, pokonci; ~ **and away** daleč (najboljši itd.); **to be** ~ miniti, ne biti v modi, biti na izgubi, biti zunaj, ne biti doma, ne priti v poštev, iziti (knjiga), ne goreti, biti ugašen; *that is* ~! ne pride v poštev!; **to be** ~ **in a thing** motiti se; **to be** ~ **for s.th.** iskati kaj, zavzeti se za kaj; **to be down and** ~ na nič priti; **to be** ~ **with s.o.** ne biti več prijatelj, biti hud na koga; **to have it** ~ **with s.o.** razčistiti stvar s kom; **we had an evening** ~ zvečer smo šli ven; ~ **at heels** reven; ~ **at elbows** revno oblečen; ~ **on a limb** izpostavljen; **way** ~ izhod; **the workers are** ~ delavci stavkajo; ~ **with him!** ven ga vrzi!; *econ* **to insure** ~ **and home** zavarovati za pot tja in nazaj

out III [áut] *prep* iz, ven, izven, zaradi; **from** ~ iz, izven; ~ **of doubt** nedvomno; **to be** ~ **of one's depth** ne znati dovolj; prevzeti se; **to be** ~ **of a thing** ne imeti več česa, zmanjkati; **to be** ~ **of it** ne imeti pojma, ne biti vključen; ~ **of breath** zadihan; ~ **of fashion** (ali **date)** zastarel; ~ **of doors** zunaj; ~ **of keeping with** neharmoničen, neprimeren; ~ **of order** pokvarjen; ~ **of patience** pri kraju s potrpljenjem; ~ **of place** ne na pravem mestu, neumesten; ~ **of the ordinary** nič posebnega; ~ **of pocket** na izgubi; ~ **of print** razprodan (knjiga); ~ **of the question** nemogoče, ne pride v poštev; ~ **of shape** izmaličen, v slabi kondiciji; ~ **of sorts** razdražljiv, siten; ~ **of step** ne v koraku s kom ali čim; **times** ~ **of number** neštetokrat; **two** ~ **of three** dva od treh; ~ **of the way** odročen, nenavaden; ~ **of wedlock** nezakonski, ne v zakonu (otrok); ~ **of the woods** izven nevarnosti; ~ **of work** brezposeln; ~ **of one's own head** sam od sebe, na svojo pobudo; *econ* ~ **of stock** razprodan, ne več na zalogi; *econ* **to take** ~ **of bond** vzeti blago iz carinskega skladišča

out IV [áut] *int* poberi se!, izgini!; *arch* ~ **upon you!** sram te bodi!

out V [áut] *n* zunanja stran; izhod (tudi *fig*); *print* izpustitev besede ali besed v tekstu; *A pl* spor; *A econ pl* pošle zaloge ali blago; *pol pl* tisti ki niso na oblasti, opozicija; *A* **at** ~ **s with everyone** z vsemi skregan; **to know the ins and the** ~ **s** poznati v potankosti; *pol* **the ins and the** ~ **s** vladajoča in nasprotna stranka

out VI [áut] **1.** *vt* (s silo) ven vreči; knockoutirati; **2.** *vi* priti na dan; **the truth will** ~ resnica bo prišla na dan; **to** ~ **it** iti na izlet

outage [áutidž] *n* izhod, iztok; manjkajoča količina, primanjkljaj (v posodi); *tech* izpad

out-and-out [áutəndáut] *adj* popoln, temeljit; zakrknjen

out-and-outer [áutəndáutə] *n sl* popolnež, temeljitež; lopov; laž

outback [áutbæk] *n Austr* z grmovjem poraslo področje Avstralije

outbalance [autbǽləns] *vt* prekositi

outbid [autbíd] *vt* nuditi več (na dražbi); prekositi

outblaze [autbléiz] **1.** *vi* razplamteti se; **2.** *vt* prekositi

outboard [áutbɔ:d] *adj naut* na zunanji strani palube, na oddaljeni strani palube; ~ **motor** motor na krmi čolna

outbound [áutbaund] *adj* namenjen ven (v inozemstvo); *aero* ki odleti (letalo)

outbox [autbóks] *vt sp* premagati po točkah (boks)

outbrave [autbréiv] *vt* kljubovati; premagati, prekositi (v lepoti, sijaju)

outbreak [áutbreik] *n* izbruh, naval; upor

outbred [áutbred] *adj biol* s križanjem v daljnem sorodstvu

outbuilding [áutbildiŋ] *n* stransko poslopje (kozolec, hlev itd.), gospodarsko poslopje

outburst [áutbə:st] *n* izbruh (tudi *fig*)

outcast [áutka:st] **1.** *adj* pregnan, izvržen, izobčen; **2.** *n* pregnanec, izvrženec, izobčenec

outcaste I [áutka:st] *n* kdor ne pripada nobenemu družbenemu razredu, parija

outcaste II [áutka:st] *vt* izobčiti iz kaste

outclass [autklá:s] *vt* prekositi; pripadati višjemu sloju; *sp* premagati, prekositi koga

outclassed [autklá:st] *adj* izločen (kot zastarel)

outcolledge [áutkəlidž] *adj* ki ne živi v koledžu, zunanji (študent)

outcome [áutkʌm] *n* izid, rezultat

outcrop I [áutkrəp] *n geol* izdanek (ruda); *fig* prihod na dan

outcrop II [autkróp] *vi geol* priti na površino (ruda); *fig* priti na dan

outcrossing [áutkrəsiŋ] *n biol* križanje nesorodnih živali in rastlin

outcry I [áutkrai] *n* vzklik, krik, kričanje; *econ* izklicevanje

outcry II [autkrái] *vt* prevpiti, prekričati

outdare [autdéə] *vt* več si upati, kljubovati

outdated [autdéitid] *adj* zastarel

outdistance [autdístəns] *vt* prehiteti, preteči, pustiti za seboj (tudi *fig*)

outdo* [autdú:] *vt* prekositi, posekati

outdoor [áutdɔ:] *adj* zunanji, na prostem, pod milim nebom; ne v parlamentu; ~ **games** igre na prostem; ~ **patients department** ambulanta, poliklinika; ~ **relief** bolniška nega za reveže

outdoors [áutdɔ́:z] *adv* na prostem, zunaj, ven

outer I [áutə] *adj* zunanji, oddaljenejši; **the** ~ **man** človekova zunanjost, obleka; **the** ~ **world** ljudje izven človekovega stanu, zunanji svet; ~ **space** kozmos, vesolje; ~ **garments** vrhnja oblačila

outer II [áutə] *n* zunanji krog tarče

outermost [áutəmoust] *adj* najzunanjejši, najoddaljenejši

outerwear [áutəwéə] *n* vrhnja obleka

outface [autféis] *vt* kljubovati komu, zastrašiti, zmesti koga s pogledom; **to** ~ **a situation** obvladati položaj

outfall [áutfɔ:l] *n* izliv (kanal, reka), odtekanje

outfield [áutfi:ld] *n* oddaljeno polje; *sp* zunanje polje (kriket, baseball)

outfight* [autfáit] *vt* premagati (v borbi)

outfit I [áutfit] *n* oprema, pribor; *tech* orodje, priprave, potrebščine; *coll* skupina delavcev; *mil* vojaški oddelek; **puncture** ~ potrebščine za zakrpanje zračnic

outfit II [áutfit] *vt* opremiti (*with* s, z)

outfitter [áutfitə] *n* opremljevalec, kdor preskrbi opremo, dobavitelj; trgovec z moškim perilom, trgovec s specializiranim blagom

outflank [autflǽŋk] *vt mil* obiti (sovražnika); *fig* prekositi

outflow [áutflou] *n* iztok, izliv, odtekanje (tudi *med*); *econ* ~ **of gold** odtok zlata

outfly* [autflái] *vt* prehiteti v letu, leteti dalj

outfoot [autfút] *vt* prehiteti (v teku, hoji, plesu)

outfox [autfóks] *vt* prelisičiti

outgeneral [autdžénərəl] *vt* prekositi v taktiki ali strategiji

outgo I [áutgou] *n econ* skupni izdatki; odtok; rezultat

outgo II* [autgóu] *vt* prehiteti (v hoji); *fig* preseči, prekositi

outgoer [áutgouə] *n* kdor odhaja, odstopi

outgoing [áutgouiŋ] **1.** *adj* odhajajoč, ki odstopi; ki se umika (plima); **2.** *n* izhod, odhod z doma; *pl econ* izdatki

outgrow* [autgróu] *vt* prerasti (koga, obleko itd.); zrasti komu čez glavo; *fig* odvaditi se (neke navade); **to** ~ **one's strength** prehitro rasti; **to** ~ **childish habits** prerasti otroške navade

outgrowth [áutgrouθ] *n* izrastek, poganjek; *fig* posledica, rezultat, produkt; *med* izrastek, grba

outguard [áutga:d] *n mil* predstraža

outguess [autgés] *vt* prekaniti, prelisičiti, preprečiti (nakane)

outgush [áutgʌš] *n* izliv; *fig* izbruh

out-herod [authérəd] *vt* prekašati v nezmernosti; **to** ~ **Herod** biti hujši od Heroda

outhouse [áuthaus] *n* stransko poslopje (hlev, kozolec itd.); lopa

outing [áutiŋ] *n* izlet, sprehod; **to take an ~** iti na izlet; *A* **~ flannel** lahka bombažna flanela

out-jockey [autdžóki] *vt* izigrati, prekaniti

outjump [autdžÁmp] *vi* dalj (višje) skočiti

outlabo(u)r [autléibə] *vt* več delati (od drugih)

outland [áutlənd] **1.** *adj* oddaljen, onstran meje; **2.** *n* oddaljeno zemljišče (posestva)

outlander [áutlændə] *n* (zlasti *poet*) tujec, inozemec

outlandish [autlǽndiš] *adj* (**~ ly** *adv*) tuj, inozemski; čuden, nenavaden; surov, barbarski; zaostal; oddaljen (kraj)

outlandishness [autlǽndišnis] *n* čudnost, nenavadnost

outlast [autlá:st] *vt* dlje trajati; preživeti (koga)

outlaw I [áutlo:] *n* izobčenec; bandit, razbojnik; *A* hudoben konj

outlaw II [autló:] *vt* izobčiti; *jur* prepovedati z zakonom, odvzeti pravnomočnost; *sp* diskvalificirati; **~ ed claim** zastarana zahteva

outlawry [áutlo:ri] *n* izobčenje, izobčenstvo; prepoved; nepokornost zakonom; *A coll* neupoštevanje tožbe zaradi zastaranosti

outlay I [áutlei] *n* izdatek, strošek; *econ* **initial ~** nabavni stroški

outlay II* [autléi] *vt* (denar) trošiti, izdati (*on* za)

outlet [áutlet] *n* izhod, odprtina, odtok, izpuh; *econ* blagovni trg; *fig* izhod, dušek; **~ pipe** iztočni kanal; *el* **~ box** vtična spojnica, vtikalna doza; *fig* **to find an ~ for** dati duška čemu

outlier [áutlaiə] *n* kdor ali kar je na zunanji strani; kdor ne stanuje v mestu, kdor se vozi na delo od drugje; *geol* z erozijo ločen sloj

outline I [áutlain] *n* kontura, obris; očrt, načrt, skica, osnutek; *fig* izvleček, splošen pregled (*of* česa); *print* črke v obrisu; *pl* glavne poteze; **in ~** v obrisu, v osnutku; **in rough ~** v grobih obrisih; **~ scheme** idejni osnutek

outline II [áutlain] *vt* očrtati, načrtati, opisati, skicirati; imeti silhuetno podobo

outlive [autlív] *vt* preživeti koga, prestati kaj

outlook [áutluk] *n* razgled; pogled (na življenje); *fig pol* upanje na kaj, cilj; opazovalnica, straža; *fig* **to be on the ~ for** iskati kaj

outlying [áutlaiiŋ] *adj* oddaljen, odročen; *fig* obroben, postranski

outman [autmǽn] *vt* prekašati v možatosti; prekositi v moški delovni sili

outmaneuver [autmənú:və] *vt A* glej **outmanoeuvre**

outmanoeuvre [autmənú:və] *vt E* prekositi v taktiki; *fig* izigrati

outmarch [autmá:č] **1.** *vt* prehiteti v hoji, pri korakanju; **2.** *n* odhod

outmatch [autmǽč] *vt* prekositi, bolj se odlikovati

outmeasure [autméžə] *vt* boljše meriti, prekositi v merjenju

outmoded [áutmoudid] *adj* zastarel, staromoden

outmost [áutmoust] *adj* najoddaljenejši, skrajen

outness [áutnis] *n phil* stanje nezaznavnosti

outnumber [autnÁmbə] *vt* prekašati v številu; **to be ~ ed** biti v manjšini

out-of-balance [áutəvbǽləns] *adj el*, *tech* neuravnovešen, neuravnan; **~ load** nesimetrična obremenitev

out-of-bounds [áutəvbáundz] *adj & adv E mil* prepovedan (lokal); *sp* v outu, v out

out-of-date [áutəvdéit] *adj* zastarel, staromoden

out-of-door(s) [áutəvó:(z)] *adj* zunanji, ki je na prostem

out-of-fashion [áutəvfǽšən] *adj* zastarel, nemoderen

out-of-focus [áutəvfóukəs] *adj* izven žarišča (tudi *fig*); *phot* nejasen, premaknjen

out-of-place [áutəvpléis] *adj* ne na pravem kraju; neprimeren

out-of-pocket [áutəvpókit] *adj* plačan v gotovini

out-of-print [áutəvprínt] *adj* razprodan (knjiga)

out-of-round [áutəvráund] *adj tech* neokrogel

out-of- school [áutəvskú:l] *adj* izvenšolski

out-of-the-way [áutəvðəwéi] *adj* odročen, oddaljen; nenavaden, čuden; pretiran (cena)

out-of-town [áutəvtáun] *adj* zunanji (tudi *econ*)

out-of-turn [áutəvtó:n] *adj* netakten, neolikan, predrzen

out-of-work [áutəvwó:k] *adj* nezaposlen, brezposeln; ki ni v pogonu; **~ pay** brezposelna podpora

outpace [autpéis] *vt* prehiteti v hoji

out-part [áutpa:t] *n* zunanji del; *pl* okolica, predmestje

outpass [autpá:s] *vt* prekositi, prehiteti

outpatient [áutpeišənt] *n* ambulantni bolnik; **~ s' department** ambulanta, poliklinika

outpensioner [áutpenšənə] *n* kdor prejema podporo, a ne stanuje v domu

outperform [autpəfó:m] *vt* boljše delati od koga, prekositi v delu

outpicket [áutpikit] *n mil* predstraža

outplay [autpléi] *vt* boljše igrati od koga; izigrati

outpoint [autpóint] *vt sp* doseči večje število točk

outport [áutpə:t] *n naut* zunanje pristanišče, izvozno pristanišče

outpost [áutpoust] *n mil* predstraža; oporišče (tudi *fig*)

outpour I [áutpə:] *n* izliv; *fig* izbruh

outpour II [autpó:] *vt poet* izliti

outpouring [áutpə:riŋ] *n* izliv, čustven izliv

output [áutput] *n econ* proizvodnja, produkcija, storitev, učinek; izkop (rude)

outrage I [áutreidž] *n* nasilje, izgred, zločin (*on*, *upon* nad); greh, sramota; žalitev; ogorčenje (*at*)

outrage II [áutreidž] *vt* pregrešiti se nad kom, silo storiti komu, positliti; žaliti, sramotiti; grdo ravnati, prektšiti (zakon, moralo)

outrageous [autréidžəs] *adj* (**~ ly** *adv*) nezaslišan, gnusen, ostuden, podel, sramoten, nasilen; čezmeren, pretiran

outrageousness [autréidžəsnis] *n* nasilje, sramota, podlost; čezmernost, pretiranost

outrance [u:trá:ns] *n* skrajnost, boj na življenje in smrt

outrange [autréindž] *vt* imeti večji obseg; *mil* imeti daljši streljaj; *fig* preseči, prekositi

outrank [autrǽŋk] *vt* imeti višji čin, biti pomembnejši od koga

outreach I [áutri:č] *n* doseg, segljaj

outreach II [autrí:č] *vt & vi* preseči, dlje seči

out-reason [autrí:zn] *vt* pametneje govoriti (soditi, utemeljiti)

out-relief [áutrili:f] *n E* pomoč, podpora (izven sirotišnice)

outride* [autráid] *vt* prehiteti v jahanju; *naut* prestati neurje (ladja) outrider [áutraidə] n spremljevalec na konju (pred ali ob kočiji)

outrigger [áutrigə] n naut prevesa (na čolnu); domačinski čoln; priprežni konj

outright I [áutrait] adj totalen, popoln: odkrit, brez premisleka, brez pridržkov; neposreden

outright II [autráit] adv popolnoma; odkrito, enkrat za vselej, takoj; to sell ~ prodati pod pogojem takojšnje dostave; to laugh ~ glasno se zasmejati; to kill ~ na mestu ubiti

outrival [autráivəl] vt prekositi tekmeca (in v čem)

outroot [autrú:t] vt fig izkoreniniti, iztrebiti

outrun I [áutrʌn] n sp iztek (pri smučarski skakalnici)

outrun II* [autrʌ́n] vt prehiteti v teku; fig prekositi; fig iti čez mero; prekoračiti; pobegniti (komu ali čemu)

outrunner [áutrʌnə] n spremljevalec (pred ali ob kočiji); pes vodnik v pasji vpregi; predtekač

outsell* [autsél] vt prekositi pri prodaji, prodati dražje, prekašati v vrednosti

outsentry [áutsentri] n mil predstraža

outset [áutset] n začetek, odhod (na pot); at the ~ na začetku; from the ~ od začetka

outshine* [autšáin] vt prekositi s sijajem, zasenčiti (tudi fig)

outshoot* [autšú:t] vt prekositi v streljanju

outside I [áutsaid] n zunanjost, zunanja stran, zunanji svet; coll skrajna meja; zunanja stran avtobusa, potnik v njej; pl zunanje pole risa; at the ~ največ, maksimalno; on the ~ of na zunanji strani od

outside II [áutsáid] adj zunanji, ki pride od zunaj; skrajen; ~ broker svoboden borzni senzal; ~ capital tuj kapital; to quote the ~ prices navesti skrajne cene; sp ~ left levo krilo; sp ~ right desno krilo; the ~ edge skrajen, nedosegljiv

outside III [áutsáid] adv zunaj, ven; na morju; A coll razen; sl ~ of a horse na konju (jahajoč); sl to get ~ of vase spraviti, pojesti in popiti

outside IV [áutsáid] prep izven, onkraj (tudi fig); ~ of razen

outsider [áutsáidə] n kdor ne spada v družbo, nečlan, nepoučen človek; sp nepomemben tekmovalec ali konj, ki ne more zmagati, outsider; econ nepoklicen borzni špekulant

outsight [áutsait] n opažanje, sposobnost opažanja

outsing* [autsíŋ] vt & vi prekositi v petju, peti glasneje, zapeti

outsit* [autsít] vt predolgo sedeti, predolgo ostati v gosteh; to ~ one's welcome ostati dlje, kot se spodobi gostu

outsize [áutsaiz] n neobičajna velikost, prevelika obleka

outsized [áutsáizd] adj prevelik, izredno velik

outskirts [áutskə:ts] n pl rob mesta, periferija; fig meje

outsleep* [autslí:p] vt predolgo spati, zamuditi, prespati (govor)

outsmart [autsmást] vt A coll izigrati

outsoar [autsó:] vt dvigati se nad čem

outspan [autspǽn] vt izpreči

outspeak* [autspí:k] vt & vi prekašati v govoru, odkrito povedati, izraziti se

outspeed [autspí:d] vt biti hitrejši od

outspent [autspént] adj izčrpan

outspoken [autspóukən] adj (~ ly adv) odkrit, pošten, neolepšan (kritika)

outspokenness [autspóukənnis] n odkritost, poštenost

outspread I [áutspred] 1. adj razširjen, razprostrt; 2. n razširjenje, razširjenost

outspread II* (autspréd] vt & vi razširiti (se), razprostreti (se)

outstand* [autstǽnd] 1. vi štrleti, moleti; 2. vt vzdržati

outstanding [autstǽndiŋ] adj (~ ly adv) štrleč; fig viden, izrazit, odličen, pomemben (for); econ neplačan (dolg)

outstandings [autstǽndiŋz] n pl econ neplačani računi (dolgovi), terjatve

outstare [autstéə] vt s pogledom spraviti koga v zadrego; prisiliti koga, da odmakne pogled

ouststation [áutsteišən] n pomožna postaja, postaja na robu mesta

outstay [autstéi] vt ostati dlje od koga; to ~ one's welcome ostati dlje kot je gostitelju ljubo

outstep [autstép] vt iti čez mero; to ~ the truth pretiravati

outstretch [autstréč] vt raztegniti, razširiti

outstrip [autstríp] vt preteči koga; fig prekašati

outswim* [autswím] vt prekositi v plavanju

outtalk [auttó:k] vt prekositi v govorjenju, premagati v besedi

outthink* [autθíŋk] vt prekositi v mišljenju; A coll prekaniti, prelisičiti

outthrow [áutθrou] n izvržek

outthrust I [áutθrʌst] n pritisk loka na njegova oporišča

outthrust II [autθrʌ́st] vt podati, iztegniti (roko)

out-to-out [áuttuáut] adj od enega konca do drugega (izmerjen)

outtop [auttóp] vt biti višji od; fig prekašati

outtrump [auttrʌ́mp] vt imeti boljši adut

outturn [áuttə:n] izid, rezultat; pridelek; proizvodnja

outvalue [autvǽlju:] vt biti več vreden od

outvie [autvái] vt premagati v tekmi

outvote [autvóut] vt preglasovati

outvoter [áutvoutə] n pol volilec, ki ne biva v volilnem okraju

outwalk [autwó:k] vt prehiteti v hoji

outwall [áutwó:l] n zunanji zid

outward I [áutwəd] adj (~ ly adv) zunanji; viden, očividen; to ~ seeming kot vse kaže; med for ~ application za zunanjo uporabo; math ~ angle zunanji kot; naut ~ freight (ali cargo) odpravni tovor; ~ trade izvozna trgovina

outward II [áutwəd] n zunanjost; (zlasti pl) zunanji svet

outward-bound [áutwədbaund] adj naut ki pljuje iz pristanišča

outwardly [áutwədli] adv na zunaj, zunaj, ven

outwardness [áutwədnis] n zunanjost; odkritost

outwards [áutwədz] adv ven, navzven

outwatch [autwóč] vt dlje bedeti; to ~ the night bedeti celo noč

outway [áutwei] n izhod

outwear* [autwéə] vt dlje trajati; ponositi, obrabiti; fig izčrpati; odvaditi se česa outweigh [autwéi] *vt* biti težji; *fig* biti več vreden, prevladati

outwit [autwít] *vt* prelisičiti, prekaniti, izigrati

outwork I [áutwə:k] *n mil* zunanja utrdba; *fig* branik; zunanje delo; hišno delo, delo doma

outwork II [autwó:k] *vt* bolje delati od koga; *fig* prekašati

outworker [áutwə:kə] *n* kdor dela zunaj; kdor dela doma

outworn [áutwə:n] *adj* obrabljen, ponošen; *fig* zastarel, izčrpan

ouzel [u:zl] *n* glej ousel

ova [óuvə] *n pl* od ovum

oval [óuvəl] 1. *adj* (~ ly *adv*) ovalen, jajčast; 2. *n* oval, jajčasta oblika

ovalbumin [ouvəlbjú:min] *n biol* beljak (kurjega jajca); *chem* albumin

ovalness [óuvəlnis] *n* ovalnost

ovarian [ouvéəriən] *adj anat* jajčniški; *bot* plodničen

ovariotomy [ouvəəriótəmi] *n med* operacija jajčnika

ovary [óuvəri] *n anat* jajčnik; *bot* plodnica

ovate [óuveit] *adj* jajčast

ovation [ouvéišən] *n* ovacija, vzklikanje, glasno priznavanje, pritrjevanje

oven [ʌvn] *n* pečica, peč; sušilnica (z vročim zrakom); sterilizacijski aparat na vroč zrak

oven-hall [ʌvnhó:l] *n* pečna dvorana (v pekarni)

ovenwood [ʌvnwud] *n* dračje

over I [óuvə] *adj* zgornji, vrhnji; višji, zunanji, čezmeren (običajno skupaj s pridevnikom)

over II [óuvə] *adv* 1. preko, pre- (z glagoli: *to paint s.th.* ~ preslikati kaj, *he jumped* ~ preskočil je); 2. *fig* na drugo stran, k drugi stranki (*they went* ~ *to the enemy* prešli so k sovražniku); 3. sem, semkaj (*come* ~! pridi sem!); 4. tam (preko), na drugi strani (~ *there* tamle, *A* coll v Evropi); 5. (prav) nad (*the bird is directly* ~ *us* ptič je prav nad nami); 6. znova (*ten times* ~ desetkrat zapovrstjo); 7. pretirano, čezmerno (~ *polite* pretirano vljuden); 8. mimo, gotovo, končano (*the lesson is* ~ šolska ura je končana); 9. razno: ~ again še enkrat, znova; ~ and ~ again vedno znova; ~ against nasprotno (temu); ~ and above vrhu tega, skrajno, preveč; all ~ povsod, popolnoma, končan; to be all ~ with biti na koncu s čim; it is all ~ with him z njim je konec; that is him all ~ to je čisto njemu podobno; *sl* to be all ~ s.o. (s.th.) biti vzhičen nad kom (čim); *coll* to get s.th. ~ with končati kaj; the world ~ po vsem svetu; not ~ well precej slabo; that can stand ~ to lahko počaka; see ~ poglej naslednjo stran; *econ* carried ~ prenos

over III [óuvə] *prep* 1. čez (*a bridge* ~ *the river*); 2. pri (~ *the fire* pri ognju, pri kaminu); 3. po (*all* ~ *the world* po vsem svetu, ~ *the radio* po radiu); 4. onkraj, na drugi strani (~ *the sea* onkraj morja); 5. pri (*he fell asleep* ~ *his work* zaspal je pri delu, ~ *a cup of tea* pri skodelici čaja); 6. nad (*to reign* ~ *a kingdom* vladati kraljestvu, *to be* ~ s.o. biti nad kom); 7. več kakor, čez (~ *a mile* čez miljo, ~ *a week* več kot teden); 8. (časovno) prek, v času (~ *night* prek noči, ~ *the long vacation* v času velikih počitnic); 9. razno: hand ~ hand s preprijemanjem (pri plezanju), *fig* vztrajno, hitro napredu-

joč; ~ head and ears (in love) do ušes (zaljubljen); ~ shoes ~ boots na vrat na nos; ~ the top ne glede na kaj, brez ozira na kaj; ~ the way nasproti, na drugi strani; ~ one's head nerazumljiv, pretežek

over IV [óuvə] *n* dodatek, presežek; *mil* predolg strel; *sp* število metov ali igra med dvema izmenama (kriket)

overabound [ouvərəbáund] *vi* imeti preveč česa, biti preobilen

overabundance [óuvərəbʌ́ndəns] *n* preobilje, čezmernost

overabundant [óuvərəbʌ́ndənt] *adj* (~ ly *adv*) preobilen, čezmeren

overact [ouvərǽkt] *vt & vi theat* pretiravati, preveč očitno igrati

overaction [ouvərǽkšən] *n* pretiravanje, očitno igranje

overactive [ouvərǽktiv] *adj* pretirano aktiven

overage I [óuvəréidž] *adj* prestar za kaj

overage II [óuvəridž] *n econ* presežek (zlasti v blagu)

overagio [ouvərǽdžou] *n econ* posebna premija, posebna korist (na borzi)

overall [óuvrə:l] 1. *adj* celoten; 2. *n* delovna halja; *pl* pajac, žaba, delovna obleka

overambitious [óuvərǽmbíšəs] *adj* (~ ly *adv*) čezmerno ambiciozen

overanxiety [óuvərǽŋzáiəti] *n* pretirana zaskrbljenost

overanxious [óuvərǽŋkšən] *adj* (~ ly *adv*) pretirano zaskrbljen, preveč željan (bojazljiv, ustrežljiv)

overarch [ouvərá:č] *vt & vi* napraviti obok čez kaj, prerasti v obliki oboda

overarm [óuvəra:m] 1. *n* držalo (pri stroju); 2. *adj sp* ki meče prek rame (kriket, baseball), prost (stil pri plavanju)

overawe [ouvəró:] *vt* zastrašiti, napraviti globok vtis

overbalance I [ouvəbǽləns] *n* prevesek, presežek, prebitek

overbalance II [ouvəbǽləns] 1. *vi* izgubiti ravnotežje, prevrniti se; 2. *vt* pretehtati; prevladati; prevrniti

overbear* [ouvəbéə] *vt* tlačiti, zatirati; premagati, obvladovati; prevesiti

overbearance [ouvəbéərəns] *n* prevzetnost, nadutost, gospodovalnost

overbearing [ouvəbéəriŋ] *adj* (~ ly *adv*) prevzeten, nadut, gospodovalen

overbid I [óuvəbid] *n econ* višja ponudba

overbid II* [óuvəbíd] *vt econ* ponuditi več od, ponuditi preveč za; (bridge) previsoko klicati

overblow* [ouvəblóu] 1. *vt* razpihati (oblake), podreti (veter); *mus* premočno piskati; 2. *vi* pojenjati (vihar)

overblown [óuvəblóun] *adj* preveč razcveten, ki odcveta (tudi *fig*); preveč taljen (kovina)

overboard [óuvəbə:d] *adv naut* čez palubo, v vodo; to go ~ iti v skrajnost; *fig* to throw s.th. ~ zavreči kaj

overboil [ouvəbóil] *vi* prekipeti

overbold [óuvəbóuld] *adj* presmel; nesramen, preveč predrzen

overboldness [óuvəbóuldnis] *n* predrznost, prevelik pogum, nesramnost

overbridge [óuvəbridž] n nadvoz
overbrim [ouvəbrím] vt & vi razliti (se) čez rob
overbuild* [ouvəbíld] vt pozidati, zidati preveč, preveč širokopotezno zidati; to ~ o.s. zgraditi hišo prek svoje finančne zmogljivosti
overburden [ouvəbó:dn] vt preobremeniti
overbusy [óuvəbízi] adj prezaposlen, preveč prizadeven
overbuy* [ouvəbái] vt econ pretirano kupovati
overcall [ouvəkó:l] vt previsoko klicati (pri kartah)
overcapitalize [ouvəkǽpitəlaiz] vt econ preskrbeti previsoko glavnico, preceniti vrednost (podjetja)
over-care [óuvəkéə] n pretirana skrb (previdnost)
over-careful [óuvəkéəful] adj (~ ly adv) pretirano skrben (previden)
overcast I [óuvəka:st] adj oblačen, temen, mračen; obšit, zaentlan (rob); geol prevrnjen, ležeč (tektonski pregib)
overcast II* [ouvəká:st] 1. vt pooblačiti, prekriti z oblaki, potemniti; obšiti, zaentlati (rob); 2. vi pooblačiti se, prekriti se z oblaki, zmračiti se
overcautious [óuvəkó:šəs] adj pretirano previden
overcharge I [óuvəčá:dž] n econ previsoka cena, preobremenitev; prevelika zahteva; prevelik naboj (električni, puškin)
overcharge II [ouvəčá:dž] vt preveč zaračunati, preobremeniti, preveč zahtevati; pretirati; preveč nabiti (puško, električni naboj)
overcloud [ouvəkláud] 1. vt prekriti z oblaki, pooblačiti, zamračiti; 2. vi prekriti se z oblaki, pooblačiti se; omračiti se (um)
overcloy [ouvəklói] vt prenasititi (tudi fig)
overcoat [óuvəkout] n površnik, plašč
overcolo(u)r [ouvəkálə] vt premočno pobarvati; pretiravati v opisovanju
overcome* [ouvəkám] vt premagati, prekositi; prevzeti; to be ~ with biti prevzet od
overcompensation [óuvəkəmpenséišən] n psych prevelika kompenzacija (nekega kompleksa)
over-confidence [óuvəkónfidəns] n pretirana samozavest; prevelika zaupljivost
over-confident [óuvəkónfidənt] adj (~ ly adv) pretirano samozavesten; preveč zaupljiv (of)
overcooked [óuvəkúkt] adj preveč kuhan, preveč pečen
over-credulous [óuvəkrédjuləs] adj preveč lahkoveren, prezaupljiv
overcritical [óuvəkrítikl] adj (~ ly adv) preveč kritičen
overcrop [ouvəkróp] vt agr izčrpati zemljo z isto vrsto posevka
overcrow [ouvəkróu] vt glasneje peti (petelin); zmagoslavno klicati, triumfirati
overcrowd [ouvəkráud] vt & vi nagnesti (se), natlačiti (se)
overcrust [ouvəkrást] vt pokriti s skorjo
over-curious [óuvəkjúəriəs] adj preveč radoveden
overcurrent [óuvəkárənt] n el premočan tok
over-delicacy [óuvədélikəsi] n preobčutljivost
over-delicate [óuvədélıkit] adj (~ ly adv) preobčutljiv
over-develop [óuvədivéləp] vt phot preveč razviti (film)

overdischarge [óuvədisčá:dž] 1. n el premočno razelektrenje; preobremenitev; 2. vt premočno razelektriti, preobremeniti
overdo* [ouvədú:] vt pretirati; predolgo kuhati ali peči; preveč se truditi, pretežko delati; fig to ~ it prekoračiti mejo, iti predaleč
overdone [óuvədán] adj pretiran; preveč kuhan (pečen)
overdose I [óuvədous] n prevelika doza (zdravila)
overdose II [óuvədóus] vt dati preveliko dozo (zdravila)
overdraft [óuvədra:ft] n econ prekoračenje bančne vloge, prekoračena vsota; tech nadvlek
overdraught [óuvədra:ft] n glej overdraft
overdraw* [ouvədró:] vt & vi econ prekoračiti svoj račun v banki; preveč napeti (lok); fig pretirati
overdress I [óuvədres] n vrhnja obleka
overdress II [ouvədrés] vi načičkati se
overdrive* [ouvədráiv] vt preveč goniti (pri delu), prenapenjati, pretiravati; prehitro voziti v temi (tudi to ~ the headlamps)
overdue [óuvədjú:] adj zakasnel, zastarel, zapadel (tudi econ); the train is ~ vlak ima zamudo; ~ claim zastarela zahteva; econ an ~ bill zapadla menica
over-eager [óuvəri:gə] adj (~ ly adv) preveč vnet
over-eagerness [óuvəri:gənis] n prevelika vnema
overeat* [ouvəri:t] vi preveč jesti, preveč se najesti (tudi to ~ o.s.)
overemphasize [ouvərémfəsaiz] vt preveč poudarjati
overemployment [óuvərimplóimənt] n econ pretirana zaposlitev
overestimate I [óuvəréstimit] n precenjevanje, precenitev
overestimate II [óuvəréstimeit] vt preceniti, precenjevati
overestimation [óuvərestiméišən] n glej overestimate I
overexcite [óuvəriksáit] vt preveč razdražiti, razburiti
overexert [óuvərigzá:t] vt preveč napenjati; to ~ o.s. preveč se truditi
overexertion [óuvərigzá:šən] n prevelik trud (napor)
overexpose [óuvərikspóuz] vt phot preveč osvetliti, preveč eksponirati
overexposure [óuvərikspóužə] n phot prevelika osvetlitev
overfall [óuvəfə:l] n morsko valovanje nad podvodnimi čermi; velik val; tech naprava za odtekanje vode
over-fatigue [óuvəfəti:g] 1. n preutrujenost, izčrpanost; 2. vt preveč utruditi, izčrpati
overfeed* [ouvəfí:d] vt & vi preveč hraniti, preveč jesti
overfish [ouvəfíš] vt iztrebiti ribe s pretiranim ribolovom
overflights [óuvəflaits] n pl aero (nedovoljeno) preletavanje
overflow I [óuvəflou] n poplava, preplavljanje; preplava, presežek, obilje; metr enjambement, prestop stavka iz verza v verz; tech ~ pipe pretočna cev; ~ drain pretočni kanal
overflow II [ouvəflóu] 1. vi preplaviti, preplavljati, izlivati se (into v); obilovati, prekipevati od

česa, biti prepoln (*with*); **2.** *vt* poplaviti, pre-
plaviti, ne najti več prostora v čem

overflowing [ouvəflóuiŋ] **1.** *adj* prepoln, prenatr-
pan, preobilen; **2.** *n* poplavljanje, poplava; pre-
obilje, prenatrpanost

overfly* [ouvəfláí] *vt* preleteti

overfond [óuvəfónd] *adj* preveč zaljubljen

overfreight [óuvəfreit] *n econ* tovor večji od do-
voljenega, prevelika teža

overfulfill [óuvəfulfíl] *vt* preseči (npr. normo)

overfull [óuvəfúl] *adj* prepoln

overgarment [óuvəga:mənt] *n* vrhnje oblačilo

overglaze [óuvəgleiz] *n* vrhnja glazura

overgreedy [óuvəgrí:di] *adj* prepohlepen, požrešen

overground [óuvəgraund] *adj* nadzemen, nadze-
meljski

overgrow* [ouvəgróu] **1.** *vt* prerasti, porasti; pre-
več natlačiti (*with* s, z); **2.** *vi* prehitro rasti,
preveč zrasti

overgrown [óuvəgróun] *adj* porastel (*with* s, z);
previsok

overgrowth [óuvəgrouθ] *n* prehitra ali prebujna
rast, zarast

overhand [óuvəhænd] *adj & adv sp* z dvignjeno
roko (udarec), čez ramo (met pri kriketu), v
prostem stilu (plavanje); na ometico (šivan)

overhang I [óuvəhæŋ] *n* previs; *archit* streha, bal-
kon

overhang II* [ouvəhǽŋ] **1.** *vi* viseti preko, štrleti;
2. *vt* pretiti

overhappy [óuvəhǽpi] *adj* presrečen

overhaste [óuvəheist] *n* prenagljenost

overhasty [óuvəhéisti] *adj* prenagljen

overhaul I [óuvəhɔ:l] *n* natančen pregled, remont

overhaul II [ouvəhɔ:l] *vt* natančno pregledati (stroj
itd.); *naut* prehiteti; popraviti (ladjo)

overhead I [óuvəhed] *adj* nadzemeljski, zgornji,
vzdignjen, višji, nadglaven; *econ* splošen, sku-
pen, pavšalen; *E* ~ **railway** nadcestna železnica;
tech ~ **crane** tekalni žerjav; *el* ~ **wire** vozni
električni vod; *econ* ~ **price** pavšalna cena

overhead II [ouvəhéd] *adv* zgoraj, nad glavo, v
višjem nadstropju; *fig* čez glavo; **works** ~!
pozor, delo na strehi!; ~ **in debt** čez glavo za-
dolžen

overhead III [óuvəhed] *n econ* režijski stroški, skup-
ni stroški

overhear* [ouvəhíə] *vt* slučajno slišati; prisluško-
vati

overheat [ouvəhí:t] **1.** *vt* preveč segreti; **2.** *vi* pre-
greti se

overhours [óuvərauəz] *n pl* nadure

overhouse [óuvəhaus] *adj* strešen (antena itd.)

overhoused [óuvəhauzd] *adj* živeč v preveliki hiši

overhung [ouvəhʌŋ] **1.** *pt & pp* od **overhang**; **2.** *adj*
previsen; viseč; ~ **door** viseča vrata na smuk

overindulge [óuvərindʌldž] **1.** *vi* preveč se vdajati
(*in* čemu); **2.** *vt* preveč razvajati, preveč po-
puščati

overindulgence [óuvərindʌldžəns] *n* pretirano vda-
janje čemu; preveliko popuščanje

overindulgent [óuvərindʌldžənt] *adj* (~ **ly** *adv*) pre-
več popustljiv

overinsure [ouvərinšúə] *vt & vi* preveč (se) zavaro-
vati

overissue [óuvərisju:, ~išu:] *n econ* inflacija,
poplava bankovcev

overjoyed [ouvədžóid] *adj* vzhičen, navdušen, pre-
srečen

overjump [ouvədžʌmp] *vt* preskočiti; izpustiti; *fig*
prekoračiti

overknee [óuvəni:] *adj* nadkolenski, ki sega čez
kolena

overladen [óuvəléidn] *adj* preveč natovorjen, pre-
obremenjen

overland [óuvəlænd] **1.** *adj* kopenski; **2.** *adv* na
kopnem, po zemlji

overlap I [óuvəlæp] *n* prekrivanje

overlap II [ouvəlǽp] **1.** *vt* prekrivati, prekriti, po-
krivati, štrleti prek česa; **2.** *vi* prekrivati se,
sovpasti, sovpadati

overlay I [ouvəléi] *pt* od **to overlie**

overlay II [óuvəlei] *n* pokrivalo; prevleka (ko-
vinska); pokrivanje, oblaganje; *mil* prozoren
papir z zaupnimi informacijami, vidnimi ko se
papir položi na zemljepisno karto; *print* izrav-
navanje, izravnalnik

overlay III* [ouvəléi] *vt* pokriti, prekriti, obložiti,
prevleči (*with* s, z); *print* izravnati

overleaf [óuvəlí:f] *adv* na drugi strani lista (v
knjigi); **see** ~ glej na drugi strani

overleap* [ouvəlí:p] *vt* preskočiti, skočiti dlje; iti
predaleč, *fig* prezreti

overlie* [ouvəláí] *vt* ležati na čem (nad čim)

overlive [ouvəlív] **1.** *vi* dlje živeti; **2.** *vt* preživeti

overload I [óuvəloud] *n* pretežek tovor, preobteži-
tev, preobremenitev (tudi *el*); *el* ~ **capacity**
meja obremenitve; *el* ~ **circuit-breaker** maksi-
malno iztikalo

overload II [ouvəlóud] *vt* preobtežiti, preobreme-
niti (tudi *el*)

overlong [ouvəlóŋ] *adj & adv* predolg(o)

overlook [ouvəlúk] *vt* spregledati (besedo), pre-
zreti, odpustiti, ne meniti se (za prestopek);
gledati prek, gledati na; nadzirati, nadzorovati

overlooker [óuvəlukə] *n E* nadzornik

overlord [óuvələ:d] *n fig* (neomejen) gospodar;
hist zemljiški gospod, fevdalec

overlordship [óuvələ:dšip] *n* vrhovna oblast, ne-
omejena oblast

overly [óuvəli] *adv* (zlasti *A*, *Sc*) preveč, skrajno

overman I [óuvəmən] *n* nadzornik, preddelavec;
razsodnik

overman II [ouvəmæn] *n phil* nadčlovek

overmantel [ouvəmǽntl] *n* plošča nad kaminom

overmaster [ouvəmá:stə] *vt* premagati, nadvladati

overmatch [ouvəmǽč] **1.** *vt* premagati, prekositi;
2. *n* kdor je močnejši

over-modest [óuvəmódist] *adj* preskromen

overmount [ouvəmáunt] *vi* dvigati se nad čim

overmuch [óuvəmʌč] **1.** *adj* prevelik; **2.** *adv* preveč;
3. *n* presežek

overnice [óuvənáis] *adj* preveč izbirčen, preobčut-
ljiv

overnight I [óuvənait] *adj* nočen; prenočitven;
an ~ **stop** enkratna prenočitev

overnight II [óuvənáit] *adv* prek noči; sinoči, no-
coj

overofficious [óuvərəfíšəs] *adj* preuslužen, vsiljiv

overpass I [óuvəpa:s] *n* nadvoz

overpass II [ouvəpá:s] *vt* iti čez, prečkati, presto-
piti; *fig* premagati (ovire), prekositi; spregledati,
odpustiti; izpustiti
overpast [óuvəpá:st] *adj* minuli
overpay* [ouvəpéi] *vt* preplačati, prebogato nagra-
diti
overpayment [ouvəpéimənt] *n* preplačilo, preplače-
vanje
overpeopled [ouvəpí:pld] *adj* prenaseljen, preoblju-
den
overpersuade [ouvəpəswéid] *vt* s težavo prepričati
overplay [ouvəpléi] *vt* preigrati, pretiravati v igri;
to ~ one's hand iti predaleč, gnati predaleč
overplus [óuvəplʌs] *n* prebitek, presežek; preobilje
overponderous [óuvəpóndərəs] *adj* pretežek
overpopulated [óuvəpópjuleitid] *adj* preobljuden
overpopulation [óuvəpəpjuléišən] *n* preobljudenost
overpot [ouvəpót] *vt* posaditi (rastlino) v prevelik
lonec
overpower [ouvəpáuə] *vt* prevladati, premagati
(tudi *fig*)
overpowering [ouvəpáuəriŋ] *adj* (~ly *adv*) ne-
premagljiv, nezadržljiv
overpraise [ouvəpréiz] *vt* pretirano hvaliti
overpressure [óuvəprešə] *n* prevelik pritisk; pre-
obremenitev z delom; ~ valve varnostni ventil
overprint I [óuvəprint] *n print* pretisk, natisk; pre-
več natiskanih izvodov; natisk na znamki
overprint II [ouvəprínt] *vt print* pretiskati, tiskati
prek česa; natiskati preveč izvodov; *phot* pre-
temno kopirati
overprize [ouvəpráiz] *vt* preceniti, preveč ceniti
overproduce [ouvəprədjú:s] *vt econ* preveč proizva-
jati
overproduction [óuvəprədʌkšən] *n econ* hiperpro-
dukcija, prevelika proizvodnja
overproof [óuvəprú:f] *adj* ki vsebuje večji odstotek
alkohola
overproud [óuvəpráud] *adj* preponosen, pretirano
ponosen
overrate [ouvəréit] *vt* preceniti; *econ* napraviti
previsok proračun
overreach [ouvərí:č] 1. *vt* presegati (tudi *fig*); pre-
variti, ukaniti; 2. *vi fig* iti predaleč; raniti prednjo
nogo z zadnjo (konj v galopu); to ~ o.s. prevzeti
se
overread* [ouvərí:d] *vi* preveč brati, preveč se učiti
over-refine [ouvərifáin] *vi* preveč čistiti; *fig* dlako
cepiti
override* [ouvəráid] *vt* prejahati, utruditi konja pri
ježi; *fig* pregaziti, poteptati; *fig* razveljaviti, po-
ničiti, ovreči (veto); *fig* imeti prednost pred;
med pretolči se preko
overriding [ouvəráidiŋ] *adj* glaven, najbolj po-
memben
overripe [óuvəráip] *adj* prezrel
overrule [ouvərú:l] *vt* odbiti, zavrniti; preglaso-
vati; ovreči, razveljaviti (sodbo); *fig* voditi,
prevladati
overruling [ouvərú:liŋ] *adj* gospodovalen, pre-
močen
overrun* [ouvərʌ́n] *vt* pustošiti; preplaviti (tudi *fig*);
obrasti (npr. bršljan); preteči; *print* prelomiti;
to be ~ with vrveti
overscrupulous [óuvəskrú:pjuləs] *adj* (~ly *adv*)
preveč tankovesten, prenatančen

oversea [óuvəsí:] *n* prekmorska zemlja
oversea(s) I [óuvəsi:(z)] *adj* prekmorski
oversea(s) II [ouvəsí:(z)] *adv* prek morja
oversee* [ouvəsí:] *vt* nadzirati
overseer [óuvəsiə] *n* nadzornik; preddelavec
oversell* [ouvəsél] *vt econ* prodati prek dobavne
zmogljivosti
oversensitive [óuvəsénsitiv] *adj* preobčutljiv
overset* [ouvəsét] 1. *vt* prevrniti; *fig* zmešati,
zmesti; 2. *vi* prevrniti se
oversew* [ouvəsóu] *vt* na ometico šivati
oversexed [óuvəsékst] *adj* pretirano seksualen
overshade [ouvəšéid] *vt* zasenčiti, zatemniti
overshadow [ouvəšǽdou] *vt* zasenčiti (tudi *fig*),
zatemniti; zavarovati, zakloniti, zasloniti
overshine [ouvəšáin] *vt* obsijati; prekositi v sijaju
(odličnosti)
overshoe [óuvəšu:] *n* galoša, vrhnji čevelj, gumeni
čevelj
overshoot* [ouvəšú:t] *vt & vi* streljati preko; pre-
nagliti se; to ~ the mark (ali o.s.) pretiravati, iti
predaleč
overshot [óuvəšət] *adj* nadkolesen (voda), na kate-
rega pada voda; z naprej štrlečo gornjo čeljustjo
overside [óuvəsaid] *adv* čez ladijski bok; free ~
brez stroškov za izkrcavanje; to take delivery ~
prevzeti (blago) brez stroškov za izkrcavanje
oversight [óuvəsait] *n* spregledanje, pomota; po-
grešek; nadzorstvo; by an ~ po pomoti
oversize [óuvəsaiz] 1. *adj* prevelik; 2. *n* večja veli-
kost, večja številka od običajne (čevlji, obleka)
overslaugh [óuvəslo:] *n mil* oprostitev službe zaradi
druge dolžnosti; *A* mivka
oversleep* [ouvəslí:p] *vt & vi* predolgo spati, pre-
spati, zaspati (navadno z o.s.)
oversleeve [óuvəsli:v] *n* narokavnik
overspeed [ouvəspí:d] *vt* preveč gnati (motor)
overspend* [ouvəspénd] 1. *vt* zapravljati, trošiti
prek svojih moči; 2. *vi* razdajati se, izčrpati se
overspill [óuvəspil] *n* razlitek (*into* v); prebitek
(prebivalstva)
overspread* [ouvəspréd] *vt* prekriti, zastreti, po-
kriti (*with* s)
overstaffed [óuvəstá:ft] *adj* ki ima preveč osebja
overstate [ouvəstéit] *vt* pretiravati; preveč poudar-
jati
overstatement [óuvəstéitmənt] *n* pretiravanje; pre-
veliko poudarjanje
overstay [ouvəstéi] *vt* predolgo ostati
overstep [ouvəstép] *vt* prekoračiti (tudi *fig*)
overstock I [óuvəstək] *n* prevelika zaloga, presežek
overstock II [ouvəstók] *vt* napraviti preveliko za-
logo, preveč napolniti; *econ* preplaviti
overstrain I [óuvəstrein] *n* prenapor
overstrain II [ouvəstréin] *vt* prenapeti (živce); *fig*
pretiravati, preveč se truditi (o.s.)
overstretch [ouvəstréč] *vt* napeti čez kaj
overstride* [ouvəstráid] *vt* prekoračiti (tudi *fig*);
stati razkoračeno nad
overstrung [óuvəstrʌŋ] *adj* prenapet (živci); *mus*
ki ima prepletene strune (klavir)
overstudy [ouvəstʌ́di] *vt* preveč študirati
overstuffed [óuvəstʌ́ft] *adj* prenapolnjen, preveč
tapeciran
oversubscribe [ouvəsəbskráib] *vt econ* vpisati pre-
več (posojila)

oversubscription [óuvəsəbskrípšən] *n econ* pretirano velik vpis (posojila)

oversubtle [óuvəsʌtl] *adj* preveč prefinjen; preveč prekanjen

oversupply I [óuvəsəplai] *n* prevelika zaloga

oversupply II [ouvəsəplái] *vt* napraviti preveliko zalogo

overswell [ouvəswél] *vt* & *vi* preplaviti; prekipevati

overt [óuvə:t] *adj* (~ *ly adv*) javen, očiten, odprt; *jur* ~ **act** premišljeno delo; *econ* **market** ~ odprta tržnica

overtake* [ouvətéik] *vt* dohiteti, prehiteti; presenetiti, zalotiti, ujeti; nadoknaditi (zamujeno); ~ **n in drink** pijan; **do not** ~ prehitevanje prepovedano; **he was** ~ **n by darkness** tema ga je presenetila

overtask [ouvətá:sk] *vt* preobremeniti z delom

overtax [ouvətǽks] *vt* previsoko obdavčiti; preceniti (svoje moči); *fig* preobremeniti

overtaxation [óuvətækséišən] *n* previsoka obdavčitev

over-the-counter [óuvəðəkáuntə] *adj econ* prosto prodan (vrednostni papirji)

overthrow I [óuvəθrou] *n* strmoglavljenje, padec (vlade itd.); uničenje, propad, poraz; *sp* premet vznak (rokoborba)

overthrow II* [ouvəθróu] *vt* strmoglaviti (vlado); premagati, uničiti, zrušiti; prevrniti

overtime I [óuvətaim] 1. *adj* naduren; 2. *adv* nadurno; 3. *n* nadurno delo, plačilo za nadurno delo

overtime II [ouvətáim] *vt phot* preveč osvetliti

overtire [ouvətáiə] *vt* preutruditi

overtone [óuvətoun] *n mus* delni (parcialni) ton; prizvok (tudi *fig*)

overtop [ouvətóp] *vt* dvigati se višje, imeti višji čin, prekašati

overtrade [ouvətréid] *vt econ* prezasititi tržišče, trgovati nad svojo finančno zmogljivostjo

overtrain [ouvətréin] *vt* & *vi* pretirano trenirati

overtrump [ouvətrʌmp] *vt* & *vi* igrati z močnejšimi aduti (tudi *fig*)

overture I [óuvətjuə] *n mus* uvertura; *fig* predigra uvod; ponudba (npr. ženitna); *pl* poskusi zbližanja, predlogi

overture II [óuvətjuə] *vt* predlagati pogajanje

overturn I [óuvətə:n] *n* prevrat, uničenje, strmoglavljenje, padec

overturn II [ouvətə́:n] *vt* & *vi* prevrniti (se); uničiti, strmoglaviti

overvaluation [óuvəvæljuéišən] *n* precenjevanje, previsoka cena

overvalue [ouvəvǽlju] *vt* preceniti, previsoko ceniti

overvoltage [óuvəvóltidž] *n el* previsoka napetost

overwash [óuvəwóš] *n* prodovina

overwear* [ouvəwéə] *vt* obrabiti, obnositi, prerasti (obleko)

overweary I [óuvəwíəri] *adj* izčrpan, obnemogel

overweary II [ouvəwíəri] *vt* popolnoma izčrpati

overween [ouvəwí:n] *vi* biti prevzeten, biti domišljav

overweening [óuvəwí:niŋ] *adj* (~ *ly adv*) prevzeten, domišljav, aroganten; pretiran, prenapet

overweigh [ouvəwéi] *vt* tehtati več; biti več vreden, tlačiti

overweight [óuvəwéit] 1. *adj* pretežek; 2. *n* prevelika teža, premoč

overweighted [óuvəwéitid] *adj* preobremenjen, preveč natovorjen

overwhelm [ouvə(h)wélm] *vt* (zlasti *fig*) zdrobiti, uničiti, premagati; (zlasti *fig*) zasuti, preplaviti; *fig* pokopati

overwhelming [ouvə(h)wélmiŋ] *adj* (~ *ly adv*) neustavljiv, silen, porazen, ogromen

overwind* [ouvəwáind] *vt* premočno naviti (uro)

overwork I [óuvəwə:k] *n* prenaporno delo, dodatno delo, nadurno delo

overwork II [ouvəwə́:k] 1. *vt* obremeniti z delom, izmučiti; 2. *vi* preveč delati, izmučiti se

overwrite* [ouvəráit] *vt* & *vi* žrtvovati kvaliteto na račun kvantitete (v literarnem delu)

overwrought [óuvərɔ́:t] *adj* izčrpan od dela; prenapet, prerazdražen

overzealous [óuvəzí:ləs] *adj* (~ *ly adv*) preveč vnet, preveč prizadeven

ovi- *pref* jajce

Ovidian [ouvídiən, əv~] *adj* Ovidijev, ovidski

oviduct [óuvidʌkt] *n anat* jajcevod

oviform [óuvifɔ:m] *adj* jajčast

ovine [óuvain] *adj zool* ovčji, ko ovca

ovipara [ouvípərə] *n pl zool* živali, ki ležejo jajca

oviparous [ouvípərəs] *adj* (~ *ly adv*) *zool* ki leže jajca

oviposit [ouvipózit] *vi* nesti jajca

ovipositor [ouvipózitə] *n zool* želo za odlaganje jajčec (pri žuželkah)

ovoid [óuvɔid] 1. *adj* jajčast; 2. *n* jajčasto telo

ovular [óuvjulə] *adj biol* ovularen

ovule [óuvju:l] *n bot* semenska zasnova; *biol* jajčece

ovum [óuvəm] *n* (*pl* ~ **ova**) *biol* jajce

owe [óu] 1. *vt* dolgovati, biti dolžen (*s.th. to s.o.*, *s.o. s.th.* komu kaj); biti dolžan zahvalo (*for* za); *sp* dati prednost; 2. *vi* biti zadolžen; **to** ~ **s.o. a grudge** imeti koga na piki, biti jezen na koga; *econ* **IOU** (*I owe you*) zadolžnica

owing [óuiŋ] *adj* še neplačan, dolžan; ~ **to** zaradi; **he paid all that was** ~ plačal je ves dolg

owl [ául] *n zool* sova; *fig* ponočnjak; človek komično dostojanstvenega izgleda; ~ **light** mrak; ~ **train** nočni vlak; *fig* **to fly with the** ~ ponočevati; **as blind (stupid) as an** ~ popolnoma slep (neumen)

owler [áulə] *n arch* tihotapec

owlery [áuləri] *n* prebivališče sov

owlet [áulit] *n zool* majhna ali mlada sova

owlish [áuliš] *adj* (~ *ly adv*) ko sova; komično dostojanstven, neumen

own I [óun] *adj* (samo za svojilnimi pridevniki ali svojilnim sklonom) lasten (*with my* ~ *eyes* s svojimi očmi); poseben, svojski (*it has a value all its* ~ ima čisto svojsko vrednost); (zlasti z vokativom) ljubljeni, najdražji (*my* ~! moj najdražji!); (brez svojilnega pridevnika) pravi, resničen, v bližnjem sorodstvu (*an* ~ *brother* rodni brat); **my** ~ **self** jaz sam; **to be one's** ~ **man** (ali **master**) biti sam svoj gospod, biti neodvisen; **of one's** ~ svoj, lasten; **I have nothing of my** ~ nimam ničesar svojega; **to come into one's** ~ dobiti kar ti pripada; uveljaviti se; **to hold one's** ~ ne popustiti; *coll* **on one's** ~ svoboden, neodvisen; iz lastnega nagiba, sam od sebe, na svojo odgovornost; *coll* **to be left on one's** ~ biti prepuščen sam sebi; **of one's** ~

accord (ali **motion**) iz lastnega nagiba, sam od sebe; **(my)** ~ **cousin** (moj) pravi bratranec (sestrična)
own II [óun] **1.** *vt* imeti (v posesti); priznati za svoje, priznati, potrditi; **2.** *vi* dopuščati, pokoriti se, priznati (*to*); **to** ~ **o.s. defeated** priznati svoj poraz; *coll* **to** ~ **up** odkrito priznati
-owned [óund] *adj* (v sestavljenkah) ki pripada; ki je v posesti (npr. *state-*~ državen)
owner [óunə] *n* lastnik, -nica; *naut sl* **the** ~ ladijski kapitan; *econ* **at** ~ **'s risk** na svoj rizik
ownerless [óunəlis] *adj* brez lastnika, brez gospodarja
ownership [óunəšip] *n* lastništvo
ox [oks] *n* (*pl* **oxen**) vol, govedo
oxalic [oksǽlik] *adj chem* oksalen
oxalis [óksəlis] *n bot* zajčja deteljica
oxblood [óksblʌd] *n* motna temno rdeča barva
oxbow [óksbou] *n* volovski jarem; *A* polkrožni zavoj (reke)
Oxbridge [óksbridž] *n E coll* univerzi Oxford in Cambridge
oxen [óksən] *n pl* od **ox**
ox-eye [óksai] *n* volovsko oko; *bot* ime za več vrst rastlin; *zool A* deževnik (ptič); **white** ~ marjeta; **yellow** ~ rumena krizantema; volovjak
ox-eyed [óksaid] *adj* izbuljenih oči
Oxford [óksfəd] *n* Oxford; ~ **blue** temno moder; ~ **grey** temno sivo blago z belimi pikami; ~ **shoe** nizek čevelj, vezanka; ~ **bags** hlače hlamudrače; ~ **Down** Oxfordshire
oxheart [óksha:t] *n bot* vrsta srčaste češnje
oxhide [ókshaid] *n* volovska koža. goveje usnje
oxidant [óksidənt] *n chem* oksidacijsko sredstvo
oxidase [óksideis] *n biol, chem* oksidaza (ferment)
oxidate [óksideit] *vt & vi chem* oksidirati, spojiti (se) s kisikom; odvzeti atomu ali ionu elektrone; *metall* prevleči s tanko plastjo oksida, pasivizirati
oxidation [oksidéišən] *n chem* oksidacija
oxide [óksaid] *n chem* oksid
oxidizable [óksidaizəbl] *adj* ki lahko oksidira
oxidization [oksidaizéišən] *n chem* oksidacija
oxidize [óksidaiz] *vt & vi chem* oksidirati
oxidizer [óksidaizə] *n chem* glej **oxidant**
oxlip [ókslip] *n bot* visoki jeglič
Oxonian [oksóuniən] **1.** *adj* oksfordski; **2.** *n* oksfordski študent
oxtail [óksteil] *n* volovski rep
oxweld [óksweld] *vt tech* avtogensko variti
oxygen [óksidžən] *n chem* kisik; ~ **apparatus** dihalni aparat; ~**-acetylene welding** avtogeno varjenje

oxygenate [oksídžineit] *vt chem* dovajati kisik, spojiti s kisikom
oxygenation [oksidžinéišən] *n chem* spajanje s kisikom
oxygenous [oksídžənəs] *adj chem* kisikov, ki vsebuje kisik
oxyh(a)emoglobin [óksihi:mouglóubin] *n chem* oksihemoglobin, s kisikom nasičeno krvno barvilo
oxyhydrogen [óksiháidridžən] *adj chem* hidrooksigenski; ~ **gas** pokalni plin
oxymel [óksimel] *n* sirup iz medu in kisa
oxymoron [oksimó:rən] *n* (*pl* ~**mora**) oksimoron, bistroumna neumnost, navidezno nasprotje
oxytone [óksitoun] **1.** *adj* naglašen na zadnjem zlogu; **2.** *n* oksitonon
oyer [óiə] *n jur* zasliševanje, preiskava; *jur* ~ **and terminer** razsodba porotnega sodišča
oyez [oujés], ~ z] *int* poslušajte! (klic na sodniji ali mestnega bobnarja)
oyster [óistə] *n zool* ostriga; kos mesa školjkaste oblike pri perutnini (na hrbtu); **to be as close (ali dumb) as an** ~ molčati ko grob; ~ **s on the shell** sveže ostrige; *fig* **he thinks the world is his** ~ misli, da je vse njegovo
oyster-bar [óistəba:] *n* restavracija, ki nudi ostrige
oyster-bed [óistəbed] *n* gojišče ostrig, ostrižišče
oyster-catcher [óistəkæčə] *n* ostrigar, kdor nabira ostrige
oyster-cracker [óistəkrækə] *n A* slan keks, ki se ponudi z ostrigami
oyster-culturist [óistəkʌlčərist] *n* gojitelj ostrig
oyster-fishery [óistəfíšəri] *n* gojišče ostrig, ostrižišče
oystering [óistəriŋ] *n* nabiranje ostrig; školjkast vzorec pri pohištvu
oysterman [óistəmən] *n* ostrigar (človek); ostrižnjak (posoda)
oyster-mine [óistəmain] *n* vrsta mine, ki reagira na vodni pritisk
oyster-patty [óistəpæti] *n* pašteta iz ostrig
oyster-white [óistə(h)wait] *adj* zelenkasto svetlo siv
ozocerite, ozokerite [ozóusərait, ~kə~] *n min* zemeljski vosek
ozone [óuzoun, ouzóun] *n chem* ozon; *fig* poživljajoč vpliv
ozoner [ouzóunə] *n A sl* kino na prostem
ozonic [ouzónik] *adj chem* ozonski, ki vsebuje ozon
ozoniferous [ouzounífərəs] *adj* ki tvori ozon
ozonization [ouzənizéišən] *n chem* ozonizacija
ozonize [óuzənaiz] *vt chem* ozonizirati
ozonometer [ouzənómitə] *n* ozonometer
ozonous [óuzənəs] *adj chem* ozonski, vsebujoč ozon

P

P, p [pi:] 1. *n* (*pl* P's, Ps, p's, ps) črka p; *chem* fosfor, predmet oblike P; 2. *adj* šestnajsti; oblike črke P

pa [pa:] *n coll* oče, papa

pabulum [pǽbjuləm] *n* hrana; *fig* **mental** ~ duševna hrana

paca [pá:kə] *n zool* velik, pikčast ameriški glodalec

pace I [péis] *n* korak, koračaj (tudi *fig*, dolžinska mera); hoja; hitrost, tempo; korak, drnec, kljusanje (konja); **at a great** (ali **spanking**) ~ v hitrem tempu; ~ **for** ~ korak za korakom; **to go the** ~ hitro iti (hoditi), *fig* veselo živeti, zapravljati; **to hit the** ~ hiteti; **to keep** ~ **with** iti v korak s čim; *fig* **to put s.o. through his** ~**s** preizkusiti koga; dati komu priložnost, da pokaže svoje zmožnosti; **to quicken one's** ~ pospešiti korak; **to set the** ~ diktirati tempo; **to show one's** ~**s** pokazati svoje zmožnosti; **geometrical** (ali **great**) ~ 5 čevljev (1,524 m); *mil* **ordinary** ~ navadni korak; *mil* **quick** ~ hitri korak

pace II [péis] 1. *vi* stopati, koračiti, hoditi gor in dol (po sobi); kljusati (konj); 2. *vt* meriti na korake; diktirati tempo; učiti konja različne korake; **to** ~ **out** izmeriti s koraki

pace III [péisi] *prep* z dovoljenjem, pa brez zamere; ~ **Mr. Brown** z dovoljenjem gospoda Browna

paced [péist] *adj* določenega koraka; enakomeren; prebrisan, premeten; **even-**~ enakomernega koraka; **slow-**~ počasnega koraka; **thorough-**~ **rascal** zelo pretkan lopov

pace-maker [péismeikə] *n sp* kdor določa hitrost, vodnik, predvozač, predtekač

pacer [péisə] *n* hodec; kljusač (konj); *sp* kdor določa hitrost

pacha [pəšá:, pǽšə] *n* glej **pasha**

pachyderm [pǽkidə:m] *n* (*pl* ~ s, ~ **ata**) *zool* debelokožec; *fig* debelokožec (človek)

pachydermatous [pǽkidə:mətəs] *adj* glej **pachydermous**

pachydermous [pǽkidə:məs] *adj zool* debelokožen (tudi *fig*); *bot* debelostenski

pacific [pəsífik] *adj* (~ **ally** *adv*) miroljuben, miren; pomirjevalen; **Pacific** pacifiški; **the Pacific Islands** pacifiški otoki; **the Pacific (Ocean)** Tihi ocean; **Pacific States** tihomorske države v ZDA (Washington, Oregon, California)

pacificate [pəsífikeit] *vt* glej **pacify**

pacification [pǽsifikéišən] *n* pomiritev, sprava

pacificator [pəsífikeitə] *n* pomirjevalec, mirilec

pacificatory [pəsífikeitəri] *adj* pomirljiv, pomirjevalen

pacifier [pǽsifaiə] *n* pomirjevalec, mirilec; kar pomirja, pomirjevalno sredstvo; *A* cucelj, obroček za grizenje

pacifism [pǽsifizəm] *n* pacifizem

pacifist [pǽsifist] *n* pacifist

pacifistic [pǽsifístik] *adj* (~ **ally** *adv*) pacifističen

pacify [pǽsifai] *vt* miriti, pomiriti, spraviti; utešiti (lakoto)

pack I [pæk] *n* svežanj, cula, zavoj, zavojček, zavitek, paket; *mil* tornistra, nahrbtna torba; igra kart (52); bala (mera za platno, papir itd.); tovor; količina pakirane robe (rib, sadja, konserv); kopica, kup (skrbi, laži); tolpa (tatinska); trop (volkov, psov), povezka (psov); *mil* trop podmornic; *sp* napad moštva (rugby); skladasti led; *med* ovitek (zdravilni); **a** ~ **of nonsense** same neumnosti; **open** ~ nesprijete ledene plošče; **ice** ~ skladasti led

pack II [pæk] 1. *vt* pakirati, zaviti, zavijati, omotati, zložiti, zlagati; natlačiti, nagnesti, stlačiti, stisniti, stiskati, zmašiti; konservirati; zbrati (porotnike, karte) v svojo korist; *tech* zatesniti, zabrtviti; natovoriti (konja), nakladati; *A coll* imeti pri sebi, vsebovati; *med* pripraviti zdravilni ovitek; 2. *vi* natlačiti se, nagnesti se, stisniti se, stiskati se; pripraviti se za pot; zbirati se v trope; ~ **ed liky sardines** stisnjeni kakor sardine v škatli; **a** ~ **ed house** popolnoma zasedena hiša; ~ **ed with** poln česa (npr. avto); **I am** ~ **ed** gotov sem s pakiranjem; *A sp* **to** ~ **a hard punch** močno udariti (boks); *A* **the book** ~ **s a wealth of information** knjiga je zelo poučna; **to** ~ **s.o. back** poslati koga nazaj; **to send s.o.** ~ **ing** nagnati, spoditi koga; **to** ~ **one's traps** odpraviti se na pot; *naut* **to** ~ (ali **put**) **on all sails** razpeti vsa jadra

pack off 1. *vt* poslati proč, odpraviti, nagnati; 2. *vi* nahitroma oditi; ~ ! izgubi se!

pack out *vt* odviti, odmotati, iztovoriti

pack up 1. *vt* pakirati, zaviti, omotati; 2. *vi* pripraviti se za pot; *sl* prenehati delati (stroj), postati neraben, ostareti

package I [pǽkidž] *n* zavitek, zavoj, omot, paket; bala (papirja); prtljaga, embalaža; *A* (v celoti prodan TV) program, v celoti organiziran izlet itd.; *A sl* deklina; ~ **car** vagon za kosovino blago; *A* ~ **store** prodajalna, kjer se alkohol prodaja samo v zaprtih posodah; ~ **tour** organizirano skupinsko potovanje

package II [pǽkidž] *vt A* paketirati; *A fig* sestaviti, združiti (**with** s, z); *A* prodati ali ponuditi v celoti (izlet, TV program itd.); ~ d tour organizirano skupinsko potovanje

packaging [pǽkədžiŋ] 1. *n* paketiranje; 2. *adj* za paketiranje; ~ **machine** stroj za paketiranje; ~ **line** tekoči trak za paketiranje

pack-animal [pǽkæniməl] *n* tovorna žival

pack-cloth [pǽkklɔθ] *n* zavojno platno

pack-drill [pǽkdril] *n mil* korakanje v polni bojni opremi (kazen)

packer [pǽkə] *n* zavijalec, stroj za zavijanje; *A* tovarnar konserv

packet I [pǽkit] *n* zavitek, zavojček, škatlica; *naut* poštna ladja; *fig* serija, skupina; *E sl* kup denarja; *fig* kup skrbi, udarec; *sl* **to catch** (ali **stop**) **a** ~ biti zadet od strela

packet II [pǽkit] *vt* zaviti, omotati; poslati s poštno ladjo

packet-boat [pǽkitbout] *n naut* poštna ladja

pack-horse [pǽkhɔ:s] *n* tovorni konj

packhouse [pǽkhaus] *n econ* skladišče; *A* tovarna konserv

packice [pǽkais] *n* skladasti led

packing [pǽkiŋ] *n* paketiranje, zavijanje, embalaža; *tech* tesnilo, tesnjenje, izolacija; spravilo podatkov

packing-box [pǽkiŋbɔks] *n tech* brtvilo, mašilka

packing-case [pǽkiŋkeis] *n* zaboj

packing-house [pǽkiŋhaus] *n* tovarna lepenke; delavnica za paketiranje

packing-needle [pǽkiŋni:dl] *n* velika igla (za šivanje vreč)

packing-paper [pǽkiŋpeipə] *n* ovojni papir

packing-sheet [pǽkiŋši:t] *n med* ovitek; grobo platno za zavijanje paketov

packman [pǽkmən] *n* krošnjar

packsack [pǽksæk] *n* oprtnik, tornistra

pack-saddle [pǽksædl] *n* tovorno sedlo

packthread [pǽkθred] *n* vrvica za šivanje vreč

pack-train [pǽktrein] *n* kolona tovornih živali

pack-twine [pǽktwain] *n* glej **packthread**

pact [pækt] *n* pakt, dogovor, pogodba

paction [pǽkšən] *n A* dogovor

pactional [pǽkšənəl] *adj* dogovorjen

pad I [pæd] *n* blazina, blazinica, svitek; *sp* nanožnica, golenica, varovalna podloga (pri obleki za hockey itd.); pisalni blok (*writing* ~); šapa, taca (zajca, lisice), blazinica na šapi; *A* list vodne lilije; *aero* rampa za segrevanje motorjev, startna ravnina, ploskev za izstrelitev rakete; *A* podkupnina (izsiljevalcem); košarica (kot mera za sadje); **electrically-heated** ~ električna grelna blazina

pad II [pæd] *vt* napolniti (blazino), tapecirati, vatirati; izdati glasovnice z izmišljenimi imeni; po nepotrebnem povečati število osebja; **to** ~ **out** prenaširoko pisati ali govoriti, mlatiti prazno slamo; ~ **ded cell** tapecirana celica (v norišnici)

pad III [pæd] *n* odmev korakov; jahalni konj; *E sl* pot, steza, cesta; **gentleman** (ali **knight, squire**) **of the** ~ cestni ropar

pad IV [pæd] *vt & vi* pešačiti, vleči se; **to** ~ **the hoof** ali **to** ~ **it** pešačiti; **to** ~ **along** tavati, racati

padding [pǽdiŋ] *n* blazinjenje, vatiranje, polnjenje, material za polnjenje; *fig* nebistven del govora

ali knjige, prazne besede; *tech* grundiranje (tkanine)

paddle I [pædl] *n* kratko veslo, lopatica, veslanje s takim veslom; lopata na kolesu, kolo (parnika, mlinsko); loputa (pri zapornici); lopatica za čiščenje lemeža pri plugu; perača, trepalnik; *zool* noga plovcev

paddle II [pædl] 1. *vi* voziti se v čolnu ali na ladji (na majhna vesla oz. na kolo); 2. *vt* veslati; tolči (perilo s peračo); mešati z metičem; *A coll* klofutati; **to** ~ **one's own canoe** zanašati se samo nase

paddle III [pædl] *n* blato, mulj, glen

padlle IV [pædl] *vi* broditi po vodi (*in*), čofotati; racati, kobacati, igrati se (*in, about, on* po vodi)

paddle-board [pǽdlbɔ:d] *n* lopata na kolesu

paddle-boat [pǽdlbout] *n* parnik na kolesa

paddle-box [pǽdlbɔks] *n naut* kolesnjak, lesena paluba nad kolesom

paddle-foot [pǽdlfut] *n A mil sl* pešak, infanterist

paddle-steamer [pǽdlsti:mə] *n* glej **paddle-boat**

paddle-wheel [pǽdl(h)wi:l] *n* lopatno kolo (na parniku, v mlinu)

paddock I [pǽdək] *n* konjska ograda; leha, pašnik; trata na kateri se zberejo konji pred dirko

paddock II [pǽdək] *vt* ograditi leho, zapreti v ograda (konje)

paddock III [pǽdək] *n arch, dial* krastača; **as cold as** ~ mrzel ko led

paddy [pǽdi] *n* neoluščen riž; *coll* jeza, bes; **Paddy** vzdevek za Irca

paddy-wagon [pǽdiwægən] *n A sl* policijska marica; zaprt avto za norce

paddywhack [pǽdi(h)wæk] *n E coll* bes; *A coll* klofuta

pad-horse [pǽdhɔ:s] *n* kljuse, konj

padishah [pá:diša:] *n* padišah, sultan

padlock I [pǽdlək] *n* žabica (ključavnica)

padlock II [pǽdlɔk] *vt* zakleniti z žabico

padnag [pǽdnæg] *n* kljuse, star konj

padre [pá:dri] *n sl* prečastiti (naslov za duhovnika); *mil* vojaški duhovnik

paean [pí:ən] *n* hvalnica, himna

paederast [pí:dəræst] *n* glej **pederast**

paederasty [pí:dəræsti] *n* glej **pederasty**

paeon [pí:ən] *n* štirizložna metrična stopica z enim dolgim zlogom

pagan [péigən] 1. *adj* poganski, brezbožen; 2. *n* pogan(ka), brezbožnik, -nica (tudi *fig*); *arch sl* vlačuga

pagandom [péigəndəm] *n* poganstvo, pogani

paganish [péigəniš] *adj* poganski

paganism [péigənizəm] *n* poganstvo, brezboštvo

paganize [péigənaiz] *vt & vi* napraviti za pogana, postati pogan

page I [péidž] *n* stran (knjige); *fig* kronika, poročilo, knjiga, list, poglavje

page II [péidž] *vt* zaznamovati strani, paginirati

page III [péidž] *n hist* paž; paž, hotelski sluga; *A* vratar, sodni sluga

page IV [péidž] *vt* poslati hotelskega slugo po gosta v hotelu; poklicati gosta po zvočniku

pageant [pǽdžənt] *n* slavnostni sprevod, zgodovinska alegorija, svečanost; *hist* oder na kolesih; *fig* pomp

pageantry [pǽdžəntri] *n* sijaj, blesk, sijajen prizor; *fig* pomp

page-boy [péidžbəi] *n* hotelski sluga, paž; deška frizura (pri ženskah)

pager [péidžə] *n* paginator, kdor zaznamuje strani (v knjigi)

paginal [pǽdžinəl] *adj* (~ly *adv*) paginalen, stran za stranjo

paginate [pǽdžineit] *vt* paginirati, zaznamovati strani

pagination [pædžinéišən] *n* paginiranje, zaznamovanje strani

paging [péidžiŋ] *n* paginiranje; ~ **machine** stroj za paginiranje

pagoda [pəgóudə] *n* pagoda; star indijski zlatnik; *bot* ~ **tree** sofora, kitajsko in indijsko drevo; *fig* **to shake the** ~ **tree** hitro obogateti (v Indiji)

pah [pa:, pah, pʌh, pha:] *int* fuj!

paid [péid] *pt & pp* od **to pay II; fully** ~ plačan v celoti; ~ **for** plačan, povrnjen (škoda); ~ **up** odplačan; *coll* **to put** ~ **to** končati s, z; preprečiti, odvrniti

paid-in [péidín] *adj econ* vplačan; ~ **capital** vložni kapital; ~ **surplus** presežek imenske vrednosti pri nakupu akcij

paid-up [péidʌp] *adj econ* (v celoti) vplačan; ki je vplačal članarino, polnovreden (član)

pail [péil] *n* vedro, vedrce, čeber

pailful [péilful] *n* vedro česa; **by** ~s po vedrih, z vedri

paillasse [pǽljæs] *n* slamnjača

paillette [pæljét] *n* bleščeča kovinska ploščica

pain I [péin] *n* bolečina, bol, bridkost, trpljenje, skrb; *pl* trud, muka; *pl med* porodne bolečine, popadki; kazen (samo v frazah: (*up*)*on* ali *under* ~ *of* pod pretnjo kazni; ~*s and penalties* kazni in globe); **to be in** ~ imeti bolečine, trpeti, biti zaskrbljen; **to give** (ali **cause**) **s.o.** ~ zadati komu bolečino; **to be at** ~s ali **to take** ~s potruditi se, truditi se; **to go to great** ~s ali **to take** ~s potruditi; **to spare no** ~s ne prihraniti si truda; **to get a thrashing for one's** ~s biti tepen v zahvalo za svoj trud; **to have one's labours for one's** ~s ali **to be a fool for one's** ~s zaman se truditi; **a** ~ **in the neck** zoprnik, zoprna zadeva

pain II [péin] **1.** *vt* zadati bol, prizadeti, mučiti; **2.** *vi* boleti, trpeti

pained [péind] *adj* prizadet, zadet, žalosten

painful [péinful] *adj* (~ly *adv*) boleč, mučen; težaven, naporen; nadležen (*to* komu); grenek; točen, pretiran

painfulness [péinfulnis] *n* bolečnost, bol, muka; trud; skrb, nemir

pain-killer [péinkilə] *n* zdravilo proti bolečinam, anestetik

painless [péinlis] *adj* (~ly *adv*) neboleč, brez bolečin, lahek

painlessness [péinlisnis] *n* nebolečnost

painstaker [péinzteikə] *n* vesten delavec, delaven človek

painstaking [péinzteikiŋ] **1.** *adj* (~ly *adv*) skrben, vesten, delaven; **2.** *n* skrbnost, vestnost, trud, pridnost

paint I [péint] *n* barva, belež; ličilo za avtomobile; ličilo, šminka; **wet** ~! sveže pobarvano!; *coll* **as fresh as** ~ svež in čil

paint II [péint] **1.** *vt* slikati, naslikati, barvati, pobarvati; pleskati, popleskati; lakirati, ličiti (avto); *fig* slikovito opisati, orisati; *med* namazati (z mazilom, jodom itd.); naličiti, našminkati; **2.** *vi* slikati, pleskati; ličiti se, šminkati se; **not so black as he is** ~ed boljši kot pravijo; *sl* **to** ~ **the town red** hrupno veseljačiti; **to** ~ **the lily** pretirano hvaliti, polepšati; *naut sl* **to** ~ **the lion** sleči in namazati s katranom (kazen)

paint in *vt* vnesti kaj v sliko

paint out *vt* preslikati, prekriti z barvo

paintbox [péintbɔks] *n* škatla za barve

paintbrush [péintbrʌš] *n* čopič

painted [péintid] *adj* pobarvan, popleskan; naličen, našminkan; *fig* lažen, ponarejen; **a** ~ **sepulcre** hinavec; ~ **box** krsta; **Painted Lady** *zool* metulj oranžne barve z rdečimi in belimi pikami, osatnik; *bot* rdeča krizantema

painter I [péintə] *n* slikar; pleskar; ~'s **shop** pleskarstvo, ličarstvo (delavnica); *med* ~'s **colic** zastrupitev s svincem

painter II [péintə] *n naut* vrv za privezovanje čolna; **to cut the** ~ ločiti se, osamosvojiti se; *sl* izginiti; **to cut s.o.'s** ~ poslati koga stran, prekrižati komu račune; **to let go the** ~ hrabro udariti

painter III [péintə] *n zool* ameriški panter

painting [péintiŋ] *n* slikanje, slikarstvo, slika; lepotičenje, šminkanje; slikovit opis; ~ **in oil** slikanje z oljem; ~ **on glass** slikanje na steklo

paint-refresher [péintrifréšə] *n tech* nov lešč

paint-remover [péintrimú:və] *n tech* sredstvo za razbarvanje

paintress [péintris] *n* slikarka

paint-spraying pistol [péintspreiŋpístəl] *n tech* barvni razpršilnik

paintwork [péintwə:k] *n* slikarstvo, pleskarstvo, ličarstvo

painty [péinti] *adj* preveč namazan, umazan od barve, prepoln barv

pair I [pɛə] *n* **1.** par (stvari, ki spadajo skupaj: *a* ~ *of shoes* par čevljev); **2.** dvodelen predmet (se ne prevaja: *a* ~ *of compasses, scissors* šestilo, škarje); **3.** par (s slovenskimi množinskimi samostalniki: *a* ~ *of trousers* par hlač); **4.** par, parček (mož in žena, samec in samica); **5.** *parl* dva člana nasprotnih strank, ki se po dogovoru vzdržita glasovanja; tak dogovor; eden od teh partnerjev; **6.** eden od predmetov, ki spadata skupaj (*the other* ~ *to this sock* druga nogavica tega para); **that's quite another** ~ **of boots** (ali **shoes, trousers**) to je nekaj popolnoma drugega; **in** ~s paroma; **a** ~ **of lawn sleeves** škof; **a** ~ **of bellows** meh; **a** ~ **of stairs** nadstropje; **two** ~ **front** (stanovanje ali stanovalec) v drugem nadstropju v prednjem koncu

pair II [pɛə] **1.** *vt* pariti (živali, *with* s, z); (z)družiti v pare; **2.** *vi* pariti se (*with*); združiti se v pare; *parl* dogovoriti se s članom nasprotne stranke o neglasovanju; **to** ~ **off** združiti (se) v pare; *coll* poročiti se

paired [pɛəd] *adj* na pare

pair-horse [péəhɔ:s] *adj* dvoprežen

pairing [péəriŋ] *n biol* parjenje; druženje v par

pairing-time [péəriŋtaim] *n zool* čas parjenja

pair-oar [péəɔ:] *n* čoln na dve vesli

pairwise [péəwaiz] *adv* paroma, v parih

pajamas [pədžá:məz] *n* glej **pyjamas**
Pakistan [pa:kistá:n] *n* Pakistan
Pakistani [pa:kistá:ni] **1.** *adj* pakistanski; **2.** *n* Pakistanec, -nka
pal I [pæl] *n coll* tovariš, prijatelj, partner
pal II [pæl] *vi sl* spajdašiti se (*up, with* s, z)
palace [pǽlis] *n* palača, dvorec; ~ **car** luksuzen vagon, salonski voz; ~ **guard** dvorna straža; *fig cont* kamarila
paladin [pǽlədin] *n hist* palatin, vitez; potujoči vitez; *fig* pogumen človek
palae(o)- glej **pale-**
Palaeogaea [peiliədží:ə, pæl~] *n* Stari svet (Evropa, Azija, Afrika)
palafitte [pǽləfit] *n* stavba na koleh (na švicarskih in severno italijanskih jezerih)
palama [pǽləmə] *n zool* plavalna kožica (pri ptičih)
palanquin (palankeen) [pælənkí:n] palankin (nosilnica na Vzhodu)
palatable [pǽlətəbl] *adj* (**palatably** *adv*) okusen; *fig* všečen, prijeten
palatability [pælətəbíliti] *n* okusnost; všečnost, prijetnost
palatal [pǽlətl] **1.** *adj phon* neben, trdoneben, palatalen; **2.** *n* trdonebnik, palatal
palatalize [pǽlətəlaiz] *vt* palatalizirati, mehčati
palate [pǽlit] *n anat* nebo (v ustih); *fig* okus, všečnost; *anat* **bony** (ali **hard**) ~ trdo nebo; **soft** ~ mehko nebo; *med* **cleft** ~ volčje žrelo
palatial [pəléišəl] *adj* palačen, sijajen, luksuzen
palatinate [pəlǽtinit] *n hist* palatinat, grofija volilnega grofa; *E univ* ~ **purple** športna majica kot darilo za posebne uspehe (univerza Durham)
palatine I [pǽlətain] *adj hist* palatinski, dvorjanski, palačen
palatine II [pǽlətain] *n hist* palatin, dvorjan, volilni grof; **county** ~ palatinat; **County Palatine** palatinat Lancashire in Cheshire; **Palatine Hill** Palatin (grič v Rimu)
palatine III [pǽlətin, ~ tain] **1.** *adj anat* palatalen, neben; **2.** *n* nebnica, nebna kost
palatine IV [pǽlətain] *n* žensko kratko krzneno ogrinjalo
palatogram [pǽlətəgræm] *n* palatogram; diagram, ki pokaže kje se jezik dotika neba pri tvorbi soglasnikov
palatography [pælətógrəfi] *n* študij glasov s pomočjo palatograma
palaver I [pəlá:və] *n* razgovor med ali z afriškimi domačini; pogajanje, pogovor; *coll* čenče; laskanje; *sl* posel
palaver II [pəlá:və] **1.** *vi* pogajati se; *coll* čenčati; **2.** *vt cont* laskati komu; pregovoriti koga (*into* k)
pale I [péil] *adj* (~ **ly** *adv*) bled; svetel, bled (barva); **as** ~ **as ashes** (**clay, death**) pepelnate barve, bled kot kreda, mrtvaško bled; ~ **with fright** bled od strahu; **to turn** ~ pobledeti; ~ **ale** svetlo pivo
pale II [péil] *vi & vt* prebledeti, obledeti, zbledeti; **to** ~ **before s.th.** zbledeti pred čim
pale III [péil] *n* kol, lata; ograja, meja; obseg, ozemlje, ograjeno ozemlje; *her* navpična črta v grbu; *fig* **beyond** (ali **outside**) **the** ~ izven mej (dovoljenega); *fig* **within the** ~ **of** v mejah

(dovoljenega); **v okrilju** (npr. cerkve); **the English Pale** nekoč angleško ozemlje okrog Calaisa; **the** (**English ali Irish**) **Pale** področje v vzhodni Irski, nekoč pod angleško upravo
pale IV [péil] *vt* (redko) ograditi s koli; *fig* obdati, zapreti (tudi *to* ~ *in*)
palea [péiliə] *n* (*pl* ~ **leae**) *bot* plevni listič
Palearctic [pǽlia:ktik] **1.** *adj* staro arktičen; **2.** *n* področje stare Arktike
paled [péild] *adj* s koli ograjen
paleface [péilfeis] *n* bledoličnik (v indijanski govorici)
pale-hearted [péilhá:tid] *adj* plašen, malosrčen
paleness [péilnis] *n* bledica, bledost
paleo- *pref* star, daven
paleobotany [pǽlioubótəni] *n* paleobotanika
Paleocene [pǽliousi:n] **1.** *adj geol* paleocenski; **2.** *n* paleocen
paleogeography [pǽliədžiógrəfi] *n* paleogeografija
paleographer [pæliógrəfə] *n* paleograf
paleographic [pæliəgrǽfik] *adj* paleografski
paleography [pæliógrəfi] *n* paleografija, nauk o starih pisavah
paleolith [pǽliouliθ] *n* paleolitsko kameno orodje
paleolithic [pǽliouliθik] **1.** *adj geol* paleolitski; **2.** *n* paleolitik, stara kamena doba
paleontological [pǽliontələdžikəl] *adj* paleontološki
paleontologist [pæliontólədžist] *n* paleontolog
paleontology [pæliontólədži] *n* paleontologija, nauk o okamninah
Paleotropical [pæliətrópikəl] **1.** *adj* paleotropski; **2.** *n* Paleotropi
paleotype [pǽliətaip] *n phon* sistem fonetičnih znakov (po Ellisu)
Paleozoic [pǽliəzóuik] **1.** *adj geol* paleozojski; **2.** *n* paleozoik
paleozoology [pǽliəzouólədži] *n* paleozoologija
Palestinian [pælistíniən] **1.** *adj* palestinski; **2.** *n* Palestinec, ~nka
palestra [pəlístrə, ~lés~] *n* šola za rokoborbo, telovadnica
paletot [pǽltou] *n* paleto, ohlapen ženski plašč
palette [pǽlit] *n* paleta; *fig* barvna skala; ~ **knife** lopatica za mešanje barv
palfrey [pó:lfri] *n arch, poet* jezdni konj, paradni konj —
palimpsest [pǽlimpsest] *n* palimpsest, mlajši zapis nad zbrisanim prvotnim
palindrome [pǽlindroum] *n* palindrom; beseda, ki se naprej in nazaj enako bere
palindromic [pælindrómik] *adj* (~ **ally** *adv*) palindromski
paling [péiliŋ] *n* plot, latovnik; *tech* ~ **board** pažnica
palingenesis [pælindžénisis] *n biol* palingeneza, biološko ponavljanje; *relig* vstajenje
palingenetic [pælindžinétik] *adj biol* palingenetičen
palinode [pǽlinoud] *n* palinodija (pesem, ki preklicuje prejšnjo žaljivo pesem)
palisade [pæl
iséid] **1.** *n* palisada, ograja iz priostrenih kolov; *A pl* skupina visokih čeri; **2.** *vt* ograditi s palisado
palisander [pælisǽndə] *n* palisandrov les
palish [péiliš] *adj* bledikast

pall I [pɔ:l] *n* zagrinjalo za krsto, pokrov krste; *eccl* nadškofovo ogrinjalo; *fig* plašč, ogrinjalo, pokrov; ~ **of smoke** zakajenost

pall II [pɔ:l] *vt* zaviti, ogrniti (s plaščem), pokriti (*on*; s pokrovom)

pall III [pɔ:l] **1.** *vi* prenasititi se, zagnusti se, zasititi se, otopeti, dolgočasiti; **2.** *vt* pokvariti komu tek; **to** ~ **on s.o.** izgubiti draž za koga

Palladian [pəléidiən] *adj* Paladin (ki se tiče boginje Atene); znanstven

palladium I [pəléidiəm] *n chem* paladij

palladium II [pəléidiəm] *n* (*pl* ~**dia**) *fig* varstvo, zaščita; **Palladium** paladij, podoba Palade

pallbearer [pó:lbɛərə] *n* pogrebec

pallet I [pǽlit] *n* slamnjača, ležišče

pallet II [pǽlit] *n* slikarska paleta; *tech* zaskočka; lopata na mlinskem kolesu; lončarsko kolo; zapiralka pri orglah; pečatnik za zlatenje (knjigovezništvo)

palliasse [pǽliæs, pǽliæs] *n* glej **paillasse**

palliate [pǽlieit] *vt med* blažiti, lajšati; *fig* prikriti, prikrivati, opravičiti, opravičevati, olepševati

palliation [pæliéišən] *n med* ublažitev, olajšava; *fig* prikrivanje, olepševanje

palliative [pǽliətiv] **1.** *adj* (~ **ly** *adv*) *med* blažilen; *fig* olepševalen, prikrivalen, opravičevalen; **2.** *n med* blažilo

pallid [pǽlid] *adj* (~ **ly** *adv*) bled, brezbarven (tudi *bot*)

pallidness [pǽlidnis] *n* bledica

pallium [pǽliəm] *n* (*pl* ~ **lia**) palij, grška in rimska vrhnja halja; *eccl* palij, del nadškofovega ornata; *anat* možganska opna; *zool* lupina mehkužcev

pall-mall [pélmél, pǽlmæl] *n hist* stara igra z leseno žogo, ki jo je bilo treba vreči skozi železen obroč v aleji; aleja v Londonu, kjer so to igro igrali; **Pall-Mall** slovita londonska ulica (središče klubskega življenja)

pallor [pǽlə] *n* bledica

pally [pǽli] *adj coll* tovariški (*with*)

palm I [pa:m] *n* dlan (tudi dožinska mera); *naut* lopata vesla, krilo sidra; *zool* podplat sprednje noge (medveda, opice); jelenova lopata (lovska trofeja); **to grease** (ali **oil**) **s.o.'s** ~ podkupiti, **to have in the** ~ **of one's hand** imeti v pesti (oblasti); **to have an itching** ~ biti podkupljiv

palm II [pa:m] *vt* skriti v dlani (karte, kocke itd.); podkupiti; oslepariti; božati; **to** ~ **off** oslepariti, dati komu kaj ponarejenega; **to** ~ **o.s. off as** izdajati se za drugega; **to** ~ **on s.o.** podtakniti komu kaj

palm III [pa:m] *n bot* palma; palmova vejica; *fig* palma zmage, zmaga; **to bear** (ali **win**, **carry off**) **the** ~ zmagati; **to yield the** ~ **to** priznati poraz; **Palm Sunday** cvetna nedelja

palmaceous [pælméišəs] *adj* palmast

Palma Christi [pǽlmə-krísti] *n bot* ricinusov grm

palmar [pǽlmə] *adj anat* dlanski; v dlani

palmary [pǽlməri] *adj* odličen, dostojanstven, slaven

palmate [pǽlmit] *adj* (~ **ly** *adv*) dlanast; *bot* ki se širi kot palmov list, palmast; *zool* plavutonog; *zool* podoben roki

palmer [pá:mə] *n* romar; *A* slepar; *zool* kosmata gosenica; *sp* goseničica (umetna muha)

palmette [pælmét] *n archit* palmast okrasek

palmetto [pælmétou] *n bot* pritlikava palma, pahljačasta palma; *A* **Palmetto State** vzdevek za Južno Karolino

palmful [pá:mful] *n* polna dlan česa

palm-grease [pá:mgri:s] *n sl* podkupnina

palmiped [pǽlmiped] **1.** *adj zool* ki ima plavno nogo (ptič); **2.** *n zool* plavec (ptič)

palmist [pá:mist] *n* hiromant, vedeževalec, -lka

palmistry [pá:mistri] *n* hiromantika, vedeževanje z dlani

palm-oil [pá:mɔil] *n* palmovo olje; *hum* podkupnina

palmy [pá:mi] *adj* (**palmily** *adv*) *fig* srečen, uspešen, zmagovit; *poet* ki ima mnogo palm; palmast

palp [pælp] *n zool* tipalo

palpability [pælpəbíliti] *n* otipljivost; *fig* razumljivost, očitnost

palpable [pǽlpəbl] *adj* (**palpably** *adv*) otipljiv; *fig* očiten, jasen, razumljiv

palpate I [pǽlpeit] *adj zool* ki ima tipala

palpate II [pǽlpeit] *vt* otipavati (tudi *med*)

palpation [pælpéišən] *n* otipavanje (tudi *med*)

palpebra [pǽlpibrə] *n anat* očesna veka

palpebral [pǽlpəbrəl] *adj anat* od očesne veke

palpitant [pǽlpitənt] *adj* trkajoč, razbijajoč, utripajoč

palpitate [pǽlpiteit] *vi* biti, utripati (srce); trepetati, drhteti (*with* od); **of palpitating interest** izredno zanimivo

palpitation [pælpitéišən] *n* bitje, razbijanje (srca); *fig* trepetanje, drhtenje; *med* palpitacija

palpus [pǽlpəs] *n* glej **palp**

palsgrave [pǽlzgreiv, pó:l~] *n hist* nemški palatin

palsgravine [pǽlzgrəvi:n, pó:l~] *n hist* žena nemškega palatina

palsied [pó:lzid] *adj* ohromel, paraliziran; *fig* omahljiv, neodločen

palsy I [pó:lzi] *n med* ohromelost, paraliza; *fig* hromeč vpliv; ohromelost; **Bell's** ~ paraliza obraza; **cerebral** ~ možganska paraliza; **waisting** ~ progresivna mišična atrofija

palsy II [pó:lzi] *vt* ohromiti, paralizirati

palter [pó:ltə] *vi* podlo ravnati (**with** s, z), igrati se (**with** s kom); barantati (**about** za); varati, dvoumno govoriti, izmikati se

paltriness [pó:ltrinis] *n* revnost, revščina, oguljenost, nepomembnost; ničvrednost, podlost

paltry [pó:ltri] *adj* (**paltrily** *adv*) reven, beden, pičel, oguljen, nepomemben; ničvreden, zaničevanja vreden; **a** ~ **sum** pičla vsota; **a** ~ **excuse** bedno opravičilo; **a** ~ **two shillings** dva borna šilinga

paludal [pəljú:dəl] *adj* močvirnat, močvirski; *med* malaričen

paludicolous [pæljudíkələs] *adj* ki prebiva v močvirju, močvirski

paludinal [pəljú:dinəl] *adj* močvirnat

paly [péili] *adj poet* bledičen

pam [pæm] *n* križev fant (karte)

pampas [pǽmpəz] *n pl* pampa, južnoameriška stepa; ~ **grass** visoka stepska trava

pamper [pǽmpə] *vt* razvajati, raznežiti, ugoditi, biti suženj česa; ~ **ed menial** lakaj

pampero [pa:mpéərou] *n* (*pl* ~**ros**) mrzel južnoameriški veter

pamphlet [pǽmflit] *n* pamflet, letak, brošura

pamphleteer [pæmflitíə] **1.** *n* pamfletist; **2.** *vi* pisati pamflete

pan I [pæn] *n* ponev, posoda; *geol* kotel, bazen; izpiralnik (za zlato); trdo tlo (pod prstjo); *sl* obraz, gobec; *A sl* ostra kritika; **brain-~** lobanja; **frying ~** ponev, kozica; **out of the frying ~ into the fire** z dežja pod kap; **a flash in the ~** kratkotrajen uspeh, mnogo hrupa za prazen nič; *A* **to have s.o. on the ~** uničiti koga

pan II [pæn] **1.** *vt* izpirati zlato (često z *out* ali *off*); pridobivati sol z varjenjem; *coll* ostro kritizirati, strgati koga; **2.** *vi* plenjati (zlato); *coll* uspeti, izplačati se; **to ~ out** uspeti, posrečiti se

pan III [pæn] *vt & vi* obračati filmsko kamero, obračati se (kamera)

pan- IV *pref* vse-

panacea [pænəsíə] *n* zdravilo za vse bolezni, panaceja

panacean [pænəsíən] *adj* za vse bolezni (zdravilo)

panache [pənǽš] *n* perjanica; *fig* bahavost, pomp

Panama [pænəmá:, pǽ~] *n* Panama; **~ hat** panamski slamnik

pancake I [pǽnkeik] *n* palačinka, ponvičnik, cvrtnjak; usnje slabše kakovosti; *aero* **~ landing** ateriranje; **flat as a ~** raven ko deska; *coll* **~ Day** pustni torek

pancake II [pǽnkeik] *vi aero sl* aterirati, na plosk pristati

panchromatic [pænkroumǽtik] *adj mus, phot* pankromatičen, občutljiv za vse barve

pancratic [pænkrǽtik] *adj* atletski; *fig* popoln; *phys* s spremenljivo povečevalno močjo (objektiv)

pancratium [pænkréišiəm] *n* atletsko tekmovanje v rokoborbi in boksu (v Stari Grčiji)

pancreas [pǽŋkriəs] *n med* pankreas, trebušna slinavka

pancreatic [pæŋkriǽtik] *adj med* pankreatičen, pankreasov; **~ juice** pankreasov sok

pancreatotomy [pæŋkriətótəmɪ] *n med* operacija pankreasa

panda [pǽndə] *n zool* panda (medved)

Pandean [pændí:ən] *adj* Panov, panski; **~ pipe** Panova piščaɪ

pandects [pǽndekts] *n pl hist jur* pandekte, zbirka rimskih zakonov

pandemic [pændémɪk] **1.** *adj med* pandemičen; *fig* splošen, vesoljen; čuten, polten (ljubezen); **2.** *n* pandemična bolezen, pandemija, bolezen čez cele dežele

pandemonium [pændimóuniəm] *n fig* pekɪenski hrup; pekeɪ

pander I [pǽndə] *n* zvodnik, -nica, ɩapeɩjivec (*to* k); pajdaš

pander II [pǽndə] **1.** *vt* zapeljevati, zvoditi; **2.** *vi* zadovoljiti (*to*; strasti); **to ~ to s.o.'s ambition** zbuditi častihlepje pri kom

pandora [pændó:rə] *n mus* glasbilo podobno citram; **Pandora's box** Pandorina pušica

pandour [pǽnduə] *n hist* pandur

pandowdy [pændáudi] *n A* jabolčni puding

pandurate [pǽndjureit] *adj bot* ki ima obliko gosli (list)

pandy [pǽndi] **1.** *n Sc* udarec po dlani (kazen v šoli); **2.** *vt* udariti po dlani

pane I [péin] *n* šipa, steklo za šipe; plošča (česa); kljun kladiva; faseta (dragega kamna); karirast vzorec (tkanina); četverooglata parcela

pane II [péin] *vt* zastekliti (okno)

paned [péind] *adj* zastekljen; sestavljen iz pisanih trakov (obleka)

panegyric [pænidžírik] *n* panegirik, hvalnica (*on*, *upon*)

panegyrical [pænidžírikəl] *adj* (**~ly** *adv*) panegiričen

panegyrist [pænidžírist] *n* panegirik, pesnik panegirikov; hvalilec

panegyrize [pænidžíraiz] *vt* pisati panegirike; slaviti, pretirano hvaliti, povzdigovati

panel I [pǽnəl] *n* panel, lesen stenski opaž, opažna plošča; uokvirjena ploskev na steni; plošča (lesa, pločevine itd.); pano, slika na lesu; *el*, *tech* armaturna plošča, stikalna plošča; *phot* dolga in ozka fotografija; pisan vložek v obleki; *aero* premični del avionskega krila, signalna ruta; kos pergamenta; *jur* seznam porotnikov, porota; *Sc jur* obtoženec; *E* seznam zdravnikov bolniške blagajne, bolniška blagajna; zbor, forum, odbor; vrsta sedla; **on the ~** na seznamu zdravnikov bolniške blagajne (porotnikov); *Sc* **in** (ali **on**) **the ~** obtožen; **~ discussion** organizirana javna diskusija

panel II [pǽnəl] *vt* panelirati, obložiti s paneli; okrasiti s panoji; osedlati (mulo); okrasiti obleko z vložki; razdeliti na majhne površine; *jur* vpisati v seznam porotnikov; *Sc* obtožiti

panel-board [pǽnəlbɔ:d] *n* parketna deščica; *el* stikalna plošča

panel-doctor [pǽnəldɔktə] *n* zdravnik bolniške blagajne

panel-game [pǽnəlgeim] *n* TV quiz z izbranimi udeleženci

paneless [péinlis] *adj* brez šipe, brez okna

panel(l)ed [pǽnəld] *adj* ploščat; karirast

panel(l)ing [pǽnəliŋ] *n* paneliranje, opaž, les ali drug material za paneliranje, panoji

panel(l)ist [pǽnəlist] *n* diskutant v javni diskusiji; tekmovalec v TV quiz programu

panel-truck [pǽnəltrʌk] *n A* (majhen) dostavni tovornjak

panel-wall [pǽnəlwɔ:l] *n archit* vezna stena

panel-work [pǽnəlwə:k] *n* paneliranje

panful [pǽnful] *n* ponev česa

pang [pæŋ] *n* ostra bolečina, bol; *pl* muke, tesnoba

panhandle I [pǽnhændl] *n* držaj ponve; *A* ozek pas ozemlja med dvema državama; *A* **Panhandle State** vzdevek za zahodno Virginijo

panhandle II [pǽnhændl] *vi A sl* beračiti, prosjačiti

panhandler [pǽnhændlə] *n A sl* berač, prosjak

panic [pǽnik] **1.** *adj* paničen; **2.** *n* panika, preplah; **3.** *vt & vi* povzročiti paniko, biti paničen

panic II [pǽnik] *n bot* proso (tudi **~ grass**)

panicky [pǽniki] *adj coll* paničen, zbegan, brezglav; ki dela paniko

panicle [pǽnikl] *n bot* lat, razcvetje

panic-monger [pǽnikmʌŋgə] *n* panikar, kdor dela preplah

panic-stricken [pǽnikstrikən] *adj* popolnoma zbegan, brezglav

panic-struck [pǽnikstrʌk] *adj* glej **panic-stricken**

panification [pænifikéišən] *n* peka kruha

panjandrum [pændžǽndrəm] n domišljavec, nadutež

panlogism [pǽnlodžizəm] n phil panlogizem

panmixia [pænmíksiə] n biol križanje s slučajnim parjenjem

pannage [pǽnidž] n E želod, žir (hrana za svinje); plačilo za hranjenje svinj v gozdu

panne [pæn] n svetleč žamet

pannier I [pǽniə] n koš, košara; nabrano krilo, krinolina

pannier II [pǽniə] n E natakar v Inner Templu

pannikin [pǽnikin] n E majhen kovinski vrč; sl »buča«, glava

panning [pǽniŋ] n slikanje panorame (film); obračanje filmske kamere

panocha [pənóučə] n turški med

panoplied [pǽnəplid] adj do zob oborožen, opremljen; bogato okrašen

panoply [pǽnəpli] 1. n polna oprema, polna bojna oprema (tudi fig); okras; 2. vt opremiti, z vsem oskrbeti; okrasiti

panopticon [pænóptikən] n panoptikum

panorama [pænərá:mə] n panorama, pogled na vse strani; fig pregled (of)

panoramic [pænərǽmik] adj (~ally adv) panoramičen

panpipe [pǽnpaip] n lesena piščalka

pansy [pǽnzi] n bot mačeha; coll pomehkuženec, homoseksualec

pant I [pænt] n sopihanje, utripanje srca

pant II [pænt] 1. vi sopsti, sopihati, puhati (tudi fig, npr. vlak); fig hrepeneti, koprneti (for, after po); 2. vt zadihano pripovedovati (out); to ~ for breath loviti sapo

pantagruelism [pæntəgrú:əlizəm] n grob humor

pantalet(te)s [pæntəléts] n pl hist ženske dolge (bidermajerske) spodnje hlače; tričetrtinske hlače za kolesarjenje

pantaloon [pæntəlú:n] n harlekin; pl ozke moške hlače

pantechnicon [pæntéknikən] n E skladišče za pohištvo; spediterski voz (tudi ~ van)

pantheism [pǽnθiizəm] n phil panteizem

pantheist [pǽnθiist] n phil panteist

pantheistic [pænθiístik] adj (~ally adv) panteističen

pantheon [pænθí:ən] n panteon, grobnica slavnih ljudi

panther [pǽnθə] n zool panter; A puma

pantheress [pǽnθəris] n zool panterica

panties [pǽntiz] n pl coll hlačke

pantile [pǽntail] n žlebak (opeka)

pantisocracy [pæntisókrəsi] n enakost in vlada vseh ljudi v skupnosti

pantograph [pǽntəgra:f] n pantograf (risarska priprava)

pantology [pæntólədži] n vsevednost

pantomime [pǽntəmaim] 1. n pantomima, igra z gibi; E božična predstava za otroke; mimika, obrazna igra; 2. vt & vi izraziti (se) z mimiko

pantomimic [pæntəmímik] adj (~ally adv) pantomimičen

pantomimist [pǽntəmaimist] n pantomimik

pantopragmatic [pæntəprægmǽtik] n kdor se povsod vmeša

pantoscope [pǽntəskoup] n phys širokokotni objektiv

pantoscopic [pæntəskópik] adj širokokoten; ~ spectacles bifokalna očala

pantry [pǽntri] n shramba; butler's ~ shramba za srebrnino; housemaid's ~ shramba za prte

pantryman [pǽntrimən] n hišni sluga, strežaj

pants [pænts] n pl E spodnjice; A hlače; a kick in the ~ brca; fig ukor; coll to wear the ~ nositi hlače (žena); coll to catch s.o. with his ~ down zasačiti koga, presenetiti

panty [pǽnti] n sl slabič; ~ hose hlačne nogavice

pap I [pæp] n arch anat prsna bradavica; pl stožčasta hribčka

pap II [pæp] n močnik, kaša; A sl (uradna) protekcija; chem emulzija; tech lep

papa [pəpá:] n oče, papa

papacy [péipəsi] n papeštvo

papal [péipəl] adj (~ly adv) papeški, rimskokatoliški; hist Papal States cerkvena država

papalism [péipəlizəm] n vera v rimskokatoliško veroizpoved

papalist [péipəlist] n katolik

papalize [péipəlaiz] 1. vt spreobrniti koga, pridobiti za rimskokatoliško vero; 2. vi postati rimski katolik

papaveraceous [pəpævəréišəs] adj bot makov; fig uspavalen

papaverine [pəpávəri:n] n chem makovina, papaverin, opijev alkaloid

papaverous [pəpéivərəs] adj glej papaveraceous

papaw [pəpó:] n bot melonovec, tropsko ameriško sadno drevo; njegov plod (tudi papaya)

paper I [péipə] n papir; listina, spis; pismena naloga, referat, dizertacija, znanstvena razprava (on); pl (osebni) dokumenti, akti; econ bankovec, menica, pl vrednostni papirji; sl prosta vstopnica; časopis; examination ~ pismena izpitna naloga; wall ~ stenske tapete; printed ~s pisane tapete; ~ does not blush papir vse prenese; to commit to ~ zapisati; to put pen to ~ začeti pisati; fig on ~ na papirju, teoretično; to send in one's ~s odpovedati službo; to read a ~ on predavati o čem, referirati; ~ contract pogodba samo na papirju

paper II [péipə] vt zaviti v papir; napisati, pismeno opisati; tapecirati s tapetnim papirjem; vlepiti vezni list (in; knjigovezništvo); sl napolniti dvorano z zastonjkarji

paperback [péipəbæk] n broširana, mehko vezana knjiga

paper-bag [péipəbæg] n papirnata vrečka

paper basket [péipəba:skit] n košara za odpadni papir

paperboard [péipəbo:d] n lepenka

paperboy [péipəboi] n prodajalec, raznašalec časopisov

paper-chase [péipəčeis] n otroška igra (iskanje po sledi puščenega papirja)

paper-circulation [péipəsə:kjuléišən] n econ obtok bankovcev

paper-clip [péipəklip] n spojka

paper coal [péipəkoul] n listast premog, rjav premog slabše kakovosti

paper credit [péipəkredit] n econ odprt menični kredit

paper-currency [péipəkʌrənsi] *n* bankovci, papirnat denar

paper-cutter [péipəkʌtə] *n* nož za papir; *tech* stroj za rezanje papirja

paperer [péipərə] *n* tapetar, lepilec tapet

paper-hanger [péipəhæŋə] *n* glej paperer

paper-hanging [péipəhæŋiŋ] *n* tapeciranje; *pl* tapete

paper-knife [péipənaif] *n* nož za papir

paper-maker [péipəmeikə] *n* tovarnar papirja

paper-merchant [péipəmə:čənt] *n* veletrgovec s papirjem

paper-mill [péipəmil] *n* papirnica (tovarna)

paper-money [péipəmʌni] *n* bankovci, papirnati denar

paper nautilus [péipənə:tiləs] *n* zool vrsta sipe

paper-office [péipərəfis] *n* hist državni arhiv

paper profit [péipəprəfit] *n* econ neuresničen dobiček

paper-stainer [péipəsteinə] *n* tiskar tapet

paper war [péipəwə:] *n* papirna vojna, časniški boj

paper-weight [péipəweit] *n* pisemski obtežilnik; *sp* boksar peresne kategorije

paper work [péipəwə:k] *n* pisanje

papery [péipəri] *adj* papirjast, (tanek) kot papir

papier-mâché [pǽpjeimá:šei] *n* papirmaše, papirna kaša

papilionaceous [pəpiliənéišəs] *adj* bot metuljast (cvet)

papilla [pəpílə] *n* (*pl* ~llae) *anat* ,bot bradavica, mozolj

papillary [pəpíləri] *adj* bradavičast

papillose [pǽpilous] *adj* glej papillary

papism [péipizəm] *n* glej papistry

papist [péipist] 1. *adj* papističek; 2. *n* papist(ka)

papistic [pəpístik] *adj* (~ally *adv*) papeški; *cont* papističek

papistry [péipistri] *n* papizem

papoose [pəpú:s] *n* indijanski otroček; *A hum* otroček

pappy [pǽpi] *adj* kašnat, mehek

paprika [pǽprikə, pæprí:kə] *n* bot paprika

Papuan [pǽpjuən] 1. *adj* papuanski; 2. *n* Papuanec, -nka; papuanščina

papula [pǽpju:lə] *n* (*pl* ~lae) bradavica, mozolj

papular [pǽpjulə] *adj* mozoljast, bradavičast

papule [pǽpju:l] *n* glej papula

papulous [pǽpjuləs] *adj* mozoljav

papyraceous [pæpiréišəs] *adj* papirnat, tenek ko papir

papyrus [pəpáiərəs] *n* (*pl* ~rai) papiros (tudi *bot*); papirusov zvitek z besedilom

par I [pa:] *n* enakost, enakopravnost; *econ* imenska vrednost; at ~ imenske vrednosti, al pari; above ~ nad imensko vrednostjo; pri dobrem zdravju; below ~ pod imensko vrednostjo; slabega zdravja; on a ~ povprečno; on a ~ with enakovreden, enak; up to ~ normalen, pravilen, navaden, zdrav; ~ of exchange pariteta valut; issue ~ emisijski kurz; ~ line (of stock) srednja vrednost akcije; ~ value nominalna vrednost; nominal (ali face) ~ nominalna vrednost akcije

par II [pa:] *n coll* paragraf

parabasis [pərǽbəsis] *n* (*pl* ~ses) *hist* parabaza (v grški komediji)

parable [pǽrəbl] *n poet* parabola, prilika, prispodoba; to take up one's ~ začeti govoriti

parabola [pərǽbələ] *n math* parabola, krivulja

parabolic(al) [pærəbólik(əl)] *adj* (~ally, ~ly *adv*) paraboličen; *math* parabolen; *tech* parabolne oblike

parabolist [pərǽbəlist] *n* pisec parabol

parabolize [pərǽbəlaiz] *vt* govoriti v parabolah; *tech* napraviti parabolno obliko

paraboloid [pərǽbələid] *n geom* paraboloid

para-brake [pǽrəbreik] *vt aero* zavreti padalo z zaviralnim padalom

parachute I [pǽrəšu:t] *n aero* padalo; *zool* letalna kožica; *tech* varovalna naprava

parachute II [pǽrəšu:t] *vt & vi* skočiti s padalom, spustiti se s padalom

parachute-boat [pǽrəšu:tbout] *n aero* gumijast čoln za enega človeka (del padalčeve opreme)

parachute-flare [pǽrəšu:tflɛə] *n mil* osvetljevalno padalo

parachute troops [pǽrəšu:ttru:ps] *n pl mil* padalske enote

parachutist [pǽrəšu:tist] *n aero* padalec, -lka

paraclete [pǽrəkli:t] *n* pomočnik, tolažnik; Paraclete sveti duh

parade I [pəréid] *n* parada, slovesen obhod (tudi *mil*); *fig* postavljenje, paradiranje; parada (sabljanje); *E* sprehajališče, promenada; to make (a) ~ of razkazovati, ponašati se s čim, hvaliti se; *mil* passing out ~ parada ob zaključku šolanja vojaških kadetov

parade II [pəréid] 1. *vt* pripeljati pred koga, postaviti pred koga; *fig* razkazovati kaj, ponašati se s čim; 2. *vi* paradirati, nastopiti v paradi; *fig* ponašati se, razkazovati se

parade-ground [pəréidgraund] *n mil* prostor za vojne parade

paradigm [pǽrədaim] *n gram* paradigma; vzorec, zgled

paradigmatic [pærədigmǽtik] *adj* (~ally *adv*) paradigmatičen

paradisaic [pærədiséiik] *adj* rajski

paradise [pǽrədais] *n* raj, nebesa; *fig* blaženstvo, sedma nebesa; *zool* bird of ~ rajska ptica, rajčica

paradisiac [pærədísiæk] *adj* (~ally *adv*) rajski, nebeški

parados [pǽrədəs] *n mil* bran na zadnji strani trdnjave

paradox [pǽrədəks] *n* paradoks, osupljiva misel, brezglava trditev

paradoxical [pærədóksikəl] *adj* (~ly *adv*) paradoksen, osupljiv, presenetljiv

paradoxicality [pærədəksikǽliti] *n* paradoksnost

paradoxist [pǽrədəksist] *n* kdor govori v paradoksih

paradoxy [pǽrədəksi] *n* glej paradoxicality

paraffin(e) I [pǽrəfin, ~fi:n] *n chem* parafin; parafinsko olje; liquid ~ parafinsko olje; solid ~ zemeljski vosek; ~ wax vosek za sveče; ~ lamp petrolejka

paraffin(e) II [pǽrəfin, ~fi:n] *vt* impregnirati s parafinom

paragoge [pærəgóudži] *n gram* pridatek črke ali zloga besedi (npr. *among-st*)

paragon I [pǽrəgən] *n* vzor (čednosti itd.); 100 karatni diamant; *print* stopnja črk

paragon II [pǽrəgən] *vt poet* primerjati (*with*)

paragraph I [pǽrəgra:f] *n* odstavek, člen, paragraf; znak za paragraf (§); časopisni člančič, notica

paragraph II [pǽrəgra:f] *vt* razdeliti na odstavke; pisati člančiče, notice

paragrapher [pǽrəgra:fə] *n* pisec kratkih časopisnih člankov

paragraphia [pærəgrá:fiə] *n med* duševna motnja, nezmožnost izražanja s pisanjem

paragraphic [pærəgra:fik] *adj* (~ ally *adv*) ki ima odstavke, paragrafe

paragraphist [pǽrəgra:fist] *n* glej **paragrapher**

Paraguay [pǽrəgwai] *n* Paragvaj

Paraguayan [pærəgwáiən] 1. *adj* paragvajski; 2. *n* Paragvajec, -jka

parakeet [pǽrəki:t] *n zool* majhna dolgorepa papiga

parakite [pǽrəkait] *n aero* (padalski) zmaj z aparati za znanstveno raziskovanje

paralipsis [pærəlípsis] *n* (*pl* ~ ses) *n ling* paralipsa, retorična figura, ki povdari prav tisto, kar smo hoteli preiti (npr. da ne govorimo o)

parallactic [pærəlǽktik] *adj astr*, *phys* paralaktičen

parallax [pǽrəlæks] *n astr*, *phys* paralaksa

parallel I [pǽrəlel] *adj* paralelen, vzporeden (*with*); *fig* analogen, ustrezen, podoben (*to*); *sp* ~ **bars** bradlja; ~ **cousins** otroci dveh bratov ali sester; **tu run** ~ **to** biti vzporeden čemu; ~ **case** analogen primer; **research work on** ~ **lines** analogno raziskovalno delo; ~ **passage** analogen odlomek (v nekem besedilu); *tech* ~ **ruler** ravnilo za črtanje paralel

parallel II [pǽrəlel] *n math* ,*fig* paralela, vzporednica; *fig* paralelnost, enakost, analognost; *geog* vzporednik (tudi ~ *of latitude*); primerjava; *print* znak ‖ (opomin na kaj); **to draw a** ~ **to** narisati paralelo k; **to draw a** ~ **between** napraviti paralelo s čim, primerjati; **in** ~ **with** ustrezen, analogen; **to have no** ~ biti edinstven; **to put in** ~ primerjati; **without** ~ edinstven, ki se ne da primerjati

parallel III [pǽrəlel] *vt* vzporediti, primerjati (*with* s, z); ustrezati, izenačiti se; *A coll* paralelno teči

parallelepiped [pærəlelépiped, pǽrəleləpáiped] *n geom* paralelepiped

parallelism [pǽrəlelizəm] *n* paralelizem, vzporedje; enakost, analognost (oblik, idej itd.); istočasnost (dveh dogajanj)

parallelogram [pærəlélogræm] *n geom* paralelogram

paralogism [pərǽlədžizəm] *n phil* paralogija, nesmisel, zmota, napačen in varav sklep

paralogize [pərǽlədžaiz] *vt* napačno sklepati

paralysation [pærəlaizéišən] *n E* glej **paralyzation**

paralyse [pǽrəlaiz] *vt E* glej **paralyze**

paralysis [pərǽlisis] *n* (*pl* ~ ses) *med* paraliza, ohromelost; *fig* slabost, nemoč

paralytic [pærəlítik] 1. *adj* (~ ally *adv*) *med* paralitičen; *fig* paraliziran, nemočen; 2. *n med* paralitik

paralyzant [pərǽlaizənt] *n med* hromilo (npr. kurare)

paralyzation [pærəlaizéišən] *n A med* paraliziranje; *fig* hromitev, onemogočanje

paralyze [pǽrəlaiz] *vt A med* paralizirati, ohromiti; *fig* hromiti, onemogočati, preprečiti

paramagnetic [pærəmægnétik] *adj phys* paramagneten, ki ga privlačijo zemeljski tečaji

paramedic [pǽrəmedik] *n* zdravnik padalec

parameter [pərǽmitə] *n math*, *min* parameter

parametric I [pærəmétrik] *adj math*, *min* parametrski

parametric II [pærəmí:trik] *adj anat* ki pripada medeničnemu celičnemu tkivu

paramilitary [pærəmílitəri] *adj* polvojaški

paramo [pǽrəmou] *n* visoka brezdrevesna planota v Južni Ameriki

paramount [pǽrəmaunt] *adj* najvišji, najodličnejši, najvažnejši, ki vse presega; ~ **to** važnejši, na prvem mestu; *hist* ~ **lord** najvišji fevdni gospod

paramountcy [pǽrəmauntsi] *n* premoč, gospodstvo

paramountly [pǽrəmauntli] *adv* predvsem, zlasti, posebno, najvažnejše

paramour [pǽrəmuə] *n* ljubimec, ljubica, dragi, draga

paranoia [pærənóiə] *n med* paranoja, duševna bolezen

paranoiac [pærənóiæk] 1. *adj med* paranoičen; 2. *n* paranoik

paranymph [pǽrənimf] *n* drug, družica (poročna)

para-operation [pærəəpəréišən] *n mil* padalska akcija

parapet [pǽrəpit] *n mil* prsobran; ograja, naslonilo, zidec, varovalni oder, parapet

parapeted [pǽrəpitid] *adj* ki ima prsobran; ki ima ograjo, ki ima parapet

paraph [pǽrəf] 1. *n* parafa, podpis z značko; 2. *vt* parafirati, podpisati z značko

paraphernalia [pærəfənéiliə] *n pl* osebni predmeti, oprema, okrasi; *jur* osebni predmeti poročene žene

paraphrase [pǽrəfreiz] 1. *n* parafraza, opis, razlaga z drugimi besedami; 2. *vt* parafrazirati, opisati, razlagati z drugimi besedami

paraphrast [pǽrəfræst] *n* parafrast

paraphrastic [pærəfrǽstik] *adj* (~ ally *adv*) parafrastičen, opisen

paraplegia [pærəplí:džiə] *n med* paraliza nog in spodnjega dela telesa

paraquet [pǽrəket] *n* glej **parakeet**

parasaboteur [pærəsæbətə:] *n mil* sovražni agent, ki se s padaom spusti v zaledje

paraselene [pærəsilí:ni] *n* (*pl* ~ nae) *astr* soluna

parashoot [pǽrəšu:t] *vi* streljati na padalce

parasite [pǽrəsait] *n biol* parazit, zajedalec; *fig* parazit, prisklednik

parasitic(al) [pærəsítik(əl)] *adj* (~ ally, ~ ly *adv*) parazitski, zajedalski; *med* parazitaren; *fig* priskledniški; *el*, *tech* ki moti, škodljiv, neproduktiven

parasiticide [pærəsítisaid] *n* sredstvo za pokončevanje parazitov

parasitism [pǽrəsaitizəm] *n* parazitstvo, zajedalstvo, priskledništvo

parasitize [pǽrəsaitaiz] *vt* okužiti s paraziti

parasol [pærəsól] *n* sončnik; *bot* ~ **mushroom** veliki dežnik (goba)

parasuit [pǽrəsju:t] *n* padalski kombinezon

paratactic [pærətǽktik] *adj* (~ ally *adv*) *gram* parataktičen, prireden

parataxis [pærətǽksis] *n gram* parataksa, priredje

parathyroid [pærəθáirəid] *adj anat* obščitničen (žleza)

paratroop [pǽrətru:p] *adj mil* padalski; ~ **landing** padalski desant

paratrooper [pǽrətru:pə] *n* padalec

paratroops [pǽrətru:ps] *n pl* padalske enote

paratyphoid [pǽrətáifɔid] *n med* paratifus

paravane [pǽrəvein] *n mil* priprava za uničevanje podvodnih min

parboil [pá:bɔil] *vt* na pol skuhati, zakuhati, prekuhati; *fig* pogrevati

parbuckle [pá:bʌkl] **1.** *n* vrv z dvojno zanko za dviganje sodov ;**2.** *vt* dvigati ali spuščati s tako vrvjo

parcel I [pa:sl] *n* paket, zavitek, omot; *econ* pošiljka, partíja; parcela, kos zemljišča; *cont* kopica, kup; **by** ~ **s** po kosih; ~ **of land** parcela; **part and** ~ **of** bistveni, sestavni del česa; **a** ~ **of scamps** tolpa nepridipravov; *econ* **bill of** ~ **s** tovorni list

parcel II [pa:sl] *vt* zavijati, zlagati v zavoj (tudi z *up*); *naut* zaviti v nepremočljivo platno; razkosati zemljo, parcelirati (*out*)

parcel III [pa:sl] *adv* delno; ~ **gilt** delno pozlačen

parcel-deaf [pá:sldef] *adj* naglušen

parcelling [pá:sliŋ] *n* razdelitev, razdeljevanje, distribucija; *naut* nepremočljivo platno, premazano s katranom za zavijanje vrvi

parcel-paper [pá:slpeipə] *n* paketni ovojni papir

parcel post [pá:slpoust] *n* paketna pošta, okence za sprejemanje paketov

parcenary [pá:səneri] *n jur* soudeležba (pri dediščini)

parcener [pá:sənə] *n jur* sodedič, sodedinja

parch [pa:č] **1.** *vt* pražiti, (iz)sušiti, posušiti, paliti, žgati; **2.** *vi* pražiti se, (iz)sušiti se; *fig* mreti; **to be** ~ **ed with thirst** mreti od žeje; ~ **ed corn** pečena koruza

parching [pá:čiŋ] *adj* žgoč (žeja, sonce)

parchment [pá:čmənt] *n* pergament; stara listina; ~ **paper** ali **vegetable** ~ pergamentni papir

parchmenty [pá:čmənti] *adj* kot pergament, tanek; *fig* bled

parclose [pá:klouz] *n* železna ograja okoli oltarja (groba)

pard [pa:d] *n E arch* panter, leopard; *A sl* partner, kolega

pardon I [pa:dn] *n* oprostitev, odpuščanje (*for* za); *jur* pomilostitev; *eccl* odpustek; *jur* **general** ~ splošna amnestija; **to beg (ali ask) s.o.'s** ~ prositi koga za odpuščanje; **(I) beg your** ~ oprosti, prosim; **(I beg your)** ~ **?** prosim?, kaj si rekel?

pardon II [pa:dn] *vt* oprostiti, odpustiti (*for* za); *jur* pomilostiti, prizanesti; ~ **me!** oprosti!; **to** ~ **s.o. s.th.** oprostiti komu kaj; **he was** ~ **ed the letter** oprostili so mu tisto pismo; ~ **my saying so** oprosti, da to rečem

pardonable [pá:dənbl] *adj* (**pardonably** *adv*) odpustljiv, opravičljiv

pardonableness [pá:dənəblnis] *n* opravičljivost

pardoner [pá:dənə] *n* kdor odpušča; *hist eccl* kdor deli odpustke

pare [pɛə] *vt* lupiti (jabolka); obrezati, rezati, striči (nohte); **to** ~ **away (ali off)** odrezati, olupiti; **to** ~ **down** zmanjševati, znižati, zniže-

vati, omejiti; **to** ~ **to the quick** pregloboko zarezati, v živo zarezati

paregoric [pærəgórik] **1.** *adj pharm* pomirilen, blažilen; **2.** *n* pomirilo, blažilo

parencephalon [pærenséfələn] *n anat* mali možgani

parenchyma [pəréŋkimə] *n anat* organsko tkivo; *bot* celično tkivo; *med* tkivo tumorja

parent [pɛ́ərənt] *n* roditelj, oče, mati; prednik, praoče, pramati; *pl* starši; *fig* vir, izvor; ~ **craft** matična ladja; *econ* ~ **bank (enterprise)** matična banka (podjetje); ~ **frequencies** primarne frekvence; ~ **plant** matična rastlina; *geol* ~ **rock** prvotna rudnata kamnina; ~ **form** prvotna oblika

parentage [pɛ́ərəntidž] *n* poreklo, rod; *fig* vir

parental [pəréntl] *adj* (~ **ly** *adv*) roditeljski, očetovski, materinski; izviren, prvobiten

parenthesis [pərénθisis] *n* (*pl* ~ **ses**) *n gram* parenteza, vmesni stavek; (zlasti *pl*) oklepaj; *fig* interval, presledek, epizoda; **by way of** ~ mimogrede; **to put in parentheses** dati v oklepaj

parenthesize [pərénθəsaiz] *vt* vriniti vmesni stavek; dati v oklepaj

parenthetic(al) [pærənθétikəl] *adj* (~ **ally**, ~ **ly** *adv*) parentetičen, vmesen; oklepajem

parenthetically [pærənθétikəli] *adv* mimogrede

parenthood [pɛ́ərənthud] *n* roditeljstvo

parentless [pɛ́ərəntlis] *adj* brez staršev, osirotel

parer [pɛ́ərə] *n* obrezovalec, lupilec; priprava za obrezovanje, lupljenje

parergon [pæró:gən] *n* postransko delo

paresis [pərí:sis, pǽrəsis] *n med* pareza, delna ohromelost; **general** ~ progresivna paraliza

paretic [pərétik, parí:tik] **1.** *adj med* paretičen, delno ohromel; **2.** *n* kdor boluje za parezo

parget [pá:džit] **1.** *n* mavec, omet; **2.** *vt* ometati in okrasiti z mavčnim ometom

pargeting [pá:džitiŋ] *n* ometanje; mavčni premaz (okras)

parheliacal [pa:hiláiəkəl] *adj astr* sosončev

parhelion [pa:hí:liən] *n astr* sosonce, lažno sonce

Parian [pɛ́əriən] **1.** *adj* parski, z otoka Parosa; **2.** *n* parski porcelan

parietal [pəráiitl] *adj* (~ **ly** *adv*) *anat* stenski; *A ped* hišen, interen; *anat* ~ **bone** temenica; *A* ~ **board** nadzorni odbor (v koledžu)

paring [pɛ́əriŋ] *n* luplenje, obrezovanje; *pl* olupki, obrezki; **cheese-**~ **economy** skoparjenje; *tech* ~ **gouge** žlebilo; ~ **knife** nož za luplenje, obrezilnik; ~ **shovel** skobljič

pari passu [pɛ́əraipǽsju:] *adv Lat* v istem tempu, istočasno, enakomerno

paripinnate [pæripíneit] *adj bot* sodopernat

Paris [pǽris] *adj* pariški; ~ **blue** pariško modrilo; ~ **green** pariško zelenilo; ~ **white** pariško belilo, kalcit, prana kreda; ~ **doll** krojaška lutka

Parisian [pərízjən, ~ **žən**] **1.** *adj* pariški; **2.** *n* Parižan(ka)

parish [pǽriš] *n* župnija, občina, srenja; župljani, občani; *A* kongregacija; **to go (ali be) on the** ~ biti občini v breme, živeti od miloščine; ~ **council** vaška občina, ki deli miloščino; **civil** ~ župnija, v kateri dele pomoč posvetni ljudje; ~ **church** župnijska cerkev; ~ **clerk** cerkovnik; ~ **register** župnijska matična knjiga; *fig* ~ **lantern** luna; ~ **relief** občinska podpora

parishioner [pəríšənə] *n* župljan(ka), občan(ka)

parisyllabic [pǽrisilǽbik] **1.** *adj* enakozložen; **2.** *n* enakozložna beseda

parity I [pǽriti] *n* enakost, enakopravnost; analogija, nalika; *econ* valutna pariteta, obračunski tečaj; **at** ~ enako, al pari; **at the** ~ **of** po obračunskem tečaju; ~ **clause** paritetna klavzula; **by** ~ **of reasoning** če sklepamo po analogiji

parity II [pǽriti] *n med* rodnost

park I [pa:k] *n* park, javni nasad; parkirni prostor; *mil* prostor za parkiranje vojaških vozil; *E jur* obora za divjad (ribe); *A* gorska dolina, čistina, jasa, športno igrišče; **the Park** Hyde park v Londonu

park II [pa:k] *vt & vi* parkirati; zagraditi; zbrati vojaški materijal na enem prostoru; **to** ~ **a child** dati otroka v varstvo; *coll* **to** ~ **o.s.** sesti; **to** ~ **out** začasno kaj pustiti (*with* pri kom)

parka [pá:kə] *n* eskimska jopa, anorak; *mil* bela zimska varovalna obleka

parkin [pá:kin] *n* ovsen kolač s sirupom

parking [pá:kiŋ] *n* parkiranje; **no** ~ parkiranje prepovedano; ~ **brake** ročna zavora; ~ **light** parkirna luč; ~ **garage** parkirna hiša; ~ **lot** (ali **place**) parkirni prostor; ~ **meter** parkometer, parkirna ura; ~ **ticket** listek **za** nepravilno parkiranje

Parkinson's disease [pá:kinsnz dizí:s] *n med* Parkinsonova bolezen

park-keeper [pá:kki:pə] *n* čuvaj v parku

parkway [pá:kwei] *n* avtocesta skozi zelene površine za turiste; *A* promenada, aleja

parky [pá:ki] *adj E sl* ledeno mrzel (zrak, jutro)

parlance [pá:ləns] *n* izražanje, govor; **in common** ~ preprosto povedano; **in legal** ~ juristično izraženo

parlay [pá:lei] **1.** *vt A* ponovno vložiti priigrani denar ali dobiček; *fig* delati dobiček iz česa; **2.** *n* ponovna vloga dobička ali priigranega denarja

parley I [pá:li] *n* pogajanje; pogovor, diskusija; *mil* (mirovna) pogajanja; *mil* **to beat** (ali **sound**) **a** ~ dati znak za prenehanje borbe in začetek pogajanj

parley II [pá:li] **1.** *vi* pogajati se (*with* s, z); **2.** *vt* govoriti (zlasti tuj jezik)

parleyvoo [pa:livú:] **1.** *n hum* Francoz, francoščina; **2.** *vi hum* govoriti francosko

parliament [pá:ləmənt] *n* parlament, skupščina; **to summon (dissolve, prorogue, reopen)** ~ sklicati (razpustiti, odložiti, nanovo odpreti) parlament; **to enter (ali get into, go into)** ~ postati član parlamenta; **Houses of Parliament** angleški parlament; **Member of Parliament** poslanec, član parlamenta; **High Court of Parliament** uradno ime za angl. parlament; **act of** ~ (državni) zakon; *E* **Parliament Act** zakon iz l. 1911., ki je močno omejil oblast Gornjega doma

parliamentarian [pa:ləmentéəriən] **1.** *n pol* izkušen govornik v parlamentu, član parlamenta; *hist* pristaš Parlamenta v angleški državljanski vojni; **2.** *adj* glej **parliamentary**

parliamentarism [pa:ləméntərizəm] *n* parlamentarizem, vladanje s parlamentom

parliamentary [pa:ləméntəri] *adj* parlamentaren, skupščinski; ki jo vlada parlament, demokratičen (država); *coll* vljuden; ~ **party** frakcija; ~ **agent** pravni svetovalec, ki zastopa interese privatne stranke v parlamentu; **old** ~ **hand** izkušen parlamentarec; ~ **language** v parlamentu dovoljen jezik; ~ **train** cenen vlak tretjega razreda

parlo(u)r [pá:lə] *n* sprejemnica, dnevna soba; *A* salon (lokal); ~ **boarder** študent, ki ima svojo sobo v internatu

parlor car [pá:ləka:] *n A* salonski voz

parlo(u)r-game [pá:ləgeim] *n* družabna igra

parlo(u)r-maid [pá:ləmeid] *n E* služkinja, ki streže pri mizi

parlous [pá:ləs] **1.** *adj arch* nevaren, strašen; *fig* zvit; **2.** *adv arch* skrajno, strašno

Parmesan [pa:mizǽn] *n* parmezan (sir)

Parnassian [pa:nǽsiən] *adj* parnaški

Parnellism [pá:nelizəm] *n* parnelizem, gibanje za irsko neodvisnost (po politiku Parnellu)

Parnellite [pá:nəlait] *n* pristaš parnelizma

parochial [pəróukiəl] *adj* (~**ly** *adv*) župnijski, krajeven; *fig* omejen, ozek

parochialism [pəróukjəlizəm] *n* župnijska pristojnost; *fig* omejenost, malomeščanstvo

parochialize [pəróukjəlaiz] *vt & vi* razdeliti na župnije

parodist [pǽrədist] *n* parodist, pisec parodij

parody [pǽrədi] **1.** *n* parodija (*of*); *fig* prevračanje v smešno; **2.** *vt* parodirati

paroemia [pərí:miə] *n ling* pregovor, rek

parol [pəróul, pǽrəl] **1.** *adj jur* usten, nepotrjen; **2.** *n jur* ustna obrazložitev, zagovor pred sodiščem

parole I [pəróul] *n* častna beseda; *A jur* pogojni izpust; *mil* parola, geslo; *jur* **to release on** ~ ali **to put s.o. on** ~ pogojno koga izpustiti; **to break one's** ~ prelomiti častno besedo

parole II [pəróul] *vt A* pogojno izpustiti; *mil* izpustiti ujetnika pod pogojem, da se ne bo več boril proti sovražniku

parolee [pəroulí:] *n A jur* kdor je pogojno izpuščen

paronomasia [pærənouméiziə] *n ling* besedna igra, paronomazija

paronym [pǽrənim] *n ling* paronim, izpeljanka

paronymous [pəróniməs] *adj ling* soroden (beseda iz istega debla), izpeljan (beseda)

paronymy [pərónimi] *n ling* izpeljava besed

paroquet [pǽrəket] *n* glej **parakeet**

parotid [pərótid] *adj anat* obušesen; ~ **gland** obušesna žleza

parotitis [pærətáitis] *n med* mumps, obušesna slinavka

paroxysm [pǽrəksizəm] *n med* paroksizem, bolezenski napad, krči; izbruh (smeha, jeze), napad; *fig* višek, kriza

paroxysmal [pærəksízməl] *adj* (~**ly** *adv*) paroksizmalen, krčevit

paroxytone [pəróksitoun] *n ling* paroksitonom (na predzadnjem zlogu naglašena beseda)

parquet [pá:kei, ~kit] **1.** *n* parket; *A theat* parter v gledališču; **2.** *vt* parketirati, polagati parket

parquetry [pá:kitri] *n* parketni pod, parket, parketne deščice; parketiranje

parr [pa:] *n zool* mlad losos (preden zapusti sladko vodo)

parricidal [pærisáidl] *adj* očetomorilski

parricide [pærisaid] *n* očetomor, očetomorilec; izdajalec domovine, izdajstvo domovine

parrot I [pærət] *n zool* papiga; *fig* čvekač; **to learn like a** ~ učiti se na pamet brez umevanja

parrot II [pærət] *vt* ponavljati kakor papiga, posnemati

parrot-fever [pærətfi:və] *n med* papigovka (bolezen)

parrot-fish [pærətfiš] *n zool* vrsta pisane tropske ribe

parrotry [pærətri] *n* ponavljanje, oponašanje, posnemanje, čvekanje

parry I [pæri] *n* odbijanje udarcev, pariranje, izogibanje; **thrust and** ~ **of a debate** napad in protinapad v debati

parry II [pæri] *vt* parirati, prestreči, odbiti (udarce); *fig* izogniti se (vprašanju)

parse [pa:z] *vt gram* analizirati, slovnično opredeliti, razčleniti (stavek, besedo)

parsec [pá:sek] *n astr* parsek, zvezdna daljava (3,26 svetlobnih let)

Parsee [pa:sí:, pá:si:] *n* pristaš staroperzijske vere

parsimonious [pa:simóuniəs] *adj* (~ **ly** *adv*) varčen, skop, stiskav (*of* z)

parsimony [pá:siməni] *n* varčnost, skopost, skopuštvo, stiskanje; **law of** ~ načelo ekonomičnosti

parsley [pá:sli] *n bot* peteršilj

parsnip [pá:snip] *n bot* pastinak; **fine words butter no** ~s samo z lepimi besedami se ne da popraviti

parson [pa:sn] *n* župnik, duhovnik, pridigar; *cont* far; ~ **'s nose** škofija (perutnine)

parsonage [pá:sənidž] *n* župnišče

parsonic [pa:sónik] *adj* (~ **ally** *adv*) župnijski, cerkven, duhovniški

part I [pa:t] *n* del, kos; sestavni del, sestavina; *math* del ulomka (*three* ~s tri četrtine); *tech* posamezen del (~s *list* seznam posameznih delov, *spare* ~ nadomestni del); delež, udeležba (*he wanted no* ~ *in the proposal* o predlogu ni hotel nič vedeti); del telesa, ud, organ (*the privy* ~s spolni organi); zvezek (knjige: *the book appears in* ~s); stranka v sporu (*he took my* ~ postavil se je na mojo stran); dolžnost (*I did my* ~ storil sem svojo dolžnost); *theat*, *fig* vloga (*to act a* ~ *in* igrati vlogo koga v; *the government's* ~ *in the strike* vloga vlade v stavki; *mus* (pevski ali instrumentalni) glas, part (*to sing in* ~s večglasno peti, *for several* ~s za več glasov); *arch pl* nadarjenost, zmožnosti (*a man of* ~s zmožen človek, pametna glava); pokrajina, predel, območje (*in foreign* ~s v tujini, *in these* ~s v teh krajih); *A* preča; ~ **by** ~ del za delom, kos za kosom; **in** ~ deloma; **to be art and** ~ biti udeležen pri čem, biti sestavni del česa; **to have a** ~ **in** s.th. biti udeležen pri čem; **for my** ~ kar se mene tiče; **on the** ~ **of** od, od strani; **of** ~s nadarjen, odličen, mnogostranski; **on my** ~ z moje strani; **the most** ~ največji del; **for the most** ~ večinoma; **to have neither** ~ **nor lot in** ne imeti nobenega opravka s čim; **to play a** ~ ne biti iskren, varati, igrati; **to play a noble** ~ ravnati plemenito; ~ **and parcel**

bistveni del česa; **to take s.th. in good (ill ali bad)** ~ ne zameriti, dobro sprejeti (zameriti, slabo sprejeti); **to take** ~ **in** sodelovati, udeležiti se; **to take the** ~ **of ali to take s.o.'s** ~ biti na strani koga, zagovarjati koga; **payment in** ~s plačilo na obroke; *gram* ~ **of speech** besedna vrsta; **to be careful of one's** ~s **of speech** paziti na čistočo govora

part II [pa:t] *adv* deloma; ~ **of iron** ~ **of wood** deloma železen, deloma lesen; ~ **truth** delna resnica; ~ **finished** na pol gotovo

part III [pa:t] **1.** *vt* deliti, razdeliti, razčleniti; ločiti (prijatelje, sovražnike), razdreti (prijateljstvo); *A* počesati lase na prečo; podeliti, razdeliti (*among* med); *physiol* izločati; *chem* razstaviti, ločiti (kovine); **2.** *vi* ločiti se, raziti se, razdeliti se; *naut* strgati se (sidrna vrv, kabel); *coll* ločiti se od denarja, plačati; **to** ~ **company** ločiti se, raziti se; **let us** ~ **friends** razidimo se kot prijatelji; *naut sl* **to** ~ **brass-rags** razdreti prijateljstvo; **to** ~ **with** opustiti, ločiti se od česa, prodati, znebiti se; **to** ~ **with s.o.** odpustiti koga, posloviti se od koga; **to** ~ **up with** prodati, izročiti kaj

partake* [pa:téik] **1.** *vi* udeležiti se, biti deležen (*in*); deliti kaj s kom, imeti skupaj, imeti značilnosti česa (*of*); skupaj jesti, deliti (kosilo) s kom (*of*); jesti, pojesti; **2.** *vt* deliti, biti deležen česa, sodelovati (*of* pri čem); skupaj uživati (*of* kaj); **his manner** ~s **of insolence** je nekaj nesramnega v njegovem vedenju; **to** ~ **of a meal** pojesti kaj; **to** ~ **of the nature of** biti v neki meri podoben komu (čemu); **the vegetation** ~s **of a tropical nature** rastlinstvo ima deloma tropske značilnosti

partaken [pa:téikən] *pp* od **to partake**

partaker [pa:téikə] *n* udeleženec, -nka, sodelavec, -vka (*of*)

partan [pá:tən] *n Sc zool* rak

parterre [pa:téə] *n* cvetne grede; *theat* parter

part-expenses [pá:tikspensiz] *n pl* delni stroški

parthenogenesis [pá:θinoudžénisis] *n biol* partenogeneza, nespolna oploditev

parthenogenetic [pá:θinoudžinétik] *adj biol* partenogenetičen

Parthian [pá:θiən] *adj* partovski; *fig* ~ **shot** zadnja zlobna pripomba pri odhodu; ~ **glance** zloben pogled pri odhodu

parti [pa:tí:] *n* partija (za zakon)

partial I [pá:šəl] *adj* (~ **ly** *adv*) delen, parcialen; pristranski, nepravičen, neobjektiven (*to*); *bot* drugoten, sekundaren; **to be** ~ **to s.th.** imeti kaj posebno rad; *econ* ~ **acceptance** delno sprejetje; *econ* ~ **amount** delna vsota; *econ* ~ **bond** delna zadolžnica; *econ* ~ **loss** delna izguba; *econ* ~ **payment** delno plačilo; *astr* ~ **eclipse** delni mrk; *math* ~ **fraction** delni ulomek

partial II [pá:šəl] *n mus*, *phys* (harmoničen) delni ton

partiality [pa:šiæliti] *n* pristranost; posebna ljubezen (*for*)

partible [pá:tibl] *adj* (raz)deljiv

participant [pa:tísipənt] **1.** *n* udeleženec, -nka (*in*); **2.** *adj* udeležen, deležen

participate [pa:tísipeit] **1.** *vt* deliti (čast, slavo; *with* s); **2.** *vi* biti deležen, udeležiti se (*in* česa);

sodelovati (*in* pri čem, *with* s kom); imeti lastnost česa, imeti nekaj skupnega, spominjati (*of na*)

participating [pa:tísipeitiŋ] *adj econ* ki ima pravico do dobička, soudeležen pri dobičku

participation [pa:tisipéišən] *n* udeležba, sodelovanje; deležnost, delež; *econ* družabništvo, soudeležba (pri dobičku)

participator [pa:tísipeitə] *n* udeleženec, -nka (*in*)

participial [pa:tisípiəl] *adj* (~ **ly** *adv*) *gram* deležniški, participialen

participle [pá:tisipl] *n gram* deležnik, particip

particle [pá:tikl] *n* delec, drobec; *fig* trohica; *gram* nesklonljiva beseda, partikula, členek

parti-colo(u)red [pá:tikʌləd] *adj* pisan, pester, mnogobarven

particular I [pətíkjulə] *adj* (~ **ly** *adv*) poseben, izjemen, posamezen, specialen; oseben, individualen; podroben, izčrpen, obširen; samosvoj, nenavaden, čuden; zamerljiv, izbirčen, natančen (*in*, *about*, *as to*); *phil* omejen; **for no ~ reason** brez pravega vzroka; *iron* **not too ~** ki ne izbira (svojih metod itd.); **he is ~ as to what he eats** je izbirčen pri jedi; **she is ~ about her dress** ona dá veliko na obleko; *econ naut* ~ **average** manjša havarija, manjša poškodba tovora

particular II [pətíkjulə] *n* nadrobnost, detalj; *pl* (osebni) podatki; poglavje, točka, paragraf; *coll* specialiteta, posebnost; **to go into ~** s spuščati se v podrobnosti; **in ~** posebno, zlasti, izčrpno; **a London ~** londonska posebnost, nekaj tipičnega za London

particularism [pətíkjulərizəm] *n* partikularizem; separistično prizadevanje; *eccl* nauk o božji milosti za izbrance

particularist [pətíkjulərist] *n* partikularist, pristaš partikularizma

particularity [pətikjulǽriti] *n* izbirčnost; samosvojost, posebnost, svojskost; podrobnost, natančnost

particularization [pətikjuləraizéišən] *n* detajliranje, nadrobno navajanje, nadrobno razlaganje

particularize [pətíkjuləraiz] **1.** *vt* detajlirati, nadrobno popisati, posamezno našteti; **2.** *vi* spuščati se v podrobnosti

particularly [pətíkjuləli] *adv* zlasti, posebno; podrobno, natančno

parting I [pá:tiŋ] *adj* poslovilen; ločilen; ~ **breath** zadnji zdihljaj; ~ **sand** sipača, mivka (v livarstvu); ~ **cup** dvoročni vrček; požirek za slovo

parting II [pá:tiŋ] *n* slovo, ločitev; *fig* smrt; razpotje; preča; razpoka; *chem*, *phys* izločitev; ~ **of the ways** odcep poti, *fig* razpotje

partisan I [pa:tizǽn, pá:tizən] **1.** *adj* strankarski, vdan, privržen (stranki); *mil* partizanski; **2.** *n* strankar, privrženec; *mil* partizan

partisan II [pá:tizən] *n hist* partizana (sulica)

partisanship [pa:tizǽnšip, pá:tizənšip] *n* strankarstvo, vdanost, privrženost (stranki); *mil* partizanstvo

partite [pá:tait] *adj bot* razdeljen, ločen (list)

partition I [pa:tíšən] *n* delitev, ločitev, pregrada, oddelek, vmesni zid, požarni zid; *jur* delitev (dediščine); **the first ~ of Poland** prva delitev Poljske

partition II [pa:tíšən] *vt* razdeliti na kose, razkosati, oddeliti, pregraditi; *jur* razdeliti dediščino; **to ~ off** predeliti

partitioned [pa:tíšənd] *adj jur* razdeljen (dediščina)

partitive [pá:titiv] **1.** *adj* (~ **ly** *adv*) delen, ločilen; *gram* partitiven; **2.** *n* partitiv

Partlet [pá:tlit] *n* vzdevek za kokoš; *hum*, *derog* žena

part-load [pá:tloud] *n econ* delni tovor

part-lot [pá:tlɔt] *n econ* delna pošiljka

partly [pá:tli] *adv* deloma, delno

partner I [pá:tnə] *n* partner (*with* s kom; *in*, *of* v čem); *econ* družabnik, solastnik, sodelavec; soigralec, soplesalec; soprog(a); *naut pl* lesena konstrukcija za ojačitev jambora; *E predominant* ~ Anglija v Commonwealthu; *econ* **active** ~ aktiven družabnik; *econ* **general** ~ komplementaren družabnik; *econ* **limited** ~ komanditen družabnik; *econ* **dormant** (ali **silent**, **sleeping**) ~ tihi družabnik; *econ* **senior** ~ glavni delničar

partner II [pá:tnə] *vt* združiti se, delati v družbi (*with* s, z)

partnerless [pá:tnəlis] *adj* ki je brez partnerja

partnership [pá:tnəšip] *n* družabništvo (*in* v); družba, združenje, zadruga; *econ* trgovska družba, delničarska družba; *fig* sodelovanje; *econ* **general** (ali **ordinary**) ~ trgovska družba z neomejeno zavezo; *econ* **limited** ~ trgovska družba z omejeno zavezo, komanditna družba; *econ* **sleeping** ~ tiho družabništvo; **deed of** ~ družbeni dogovor; **to enter into** ~ **with** združiti se s kom; **to take s.o. into** ~ vzeti koga za družabnika

partook [pa:túk] *pt* od **to partake**

part-owner [pá:tounə] *n* solastnik

part-payment [pá:tpeimənt] *n econ* delno plačilo, plačevanje na obroke; **in** ~ na obroke

partridge [pá:tridž] *n zool* jerebica; *A* divja kura

part-singing [pá:tsiŋiŋ] *n* večglasno petje

part-song [pá:tsɔŋ] *n* pesem za več glasov

part-time [pá:ttaim] *adj & adv* na pol zaposlen, nepolno zaposlen, honoraren; ~ **place** (ali **post**) mesto za honorarnega delavca

part-timer [pá:ttaimə] *n* nepolno zaposlen delavec

parturient [pa:tjúəriənt] *adj* rodeč, na porodu, poroden; *fig* ploden, rodoviten; ~ **pangs** popadki

parturifacient [pa:tjuəriféišənt] *adj med* ki sproži popadke

parturition [pa:tjuəríšən] *n* porod (tudi *fig*)

part-writing [pá:traitiŋ] *n mus* polifonski stavek

party I [pá:ti] *n* stranka, partija; skupina ljudi istih nazorov; družba (zbrana za določen namen, npr. *hunting* ~ lovska družba, lovci); *mil* odred (vojakov); *jur* stranka (pri pravnem postopku), obtoženec, tožitelj, udeleženec (tudi pri telefonskem pogovoru); *sl* oseba, individuum; **to be of the** ~ biti med povabljenci (v družbi); **to make one of the** ~ pridružiti se, sodelovati, biti zraven (v družbi); **to make up a** ~ sestati se, zbrati se (družba); **to give a** ~, *A* **to throw a** ~ prirediti zabavo; **at a** ~ na zabavi; **to be a** ~ **to s.th.** biti udeležen pri čem; **here's your** ~ zvezo imaš (telefon); **dancing** ~ zabava s plesom; **dinner** ~ večerja z gosti; **hen** ~ ženska družba; **stag** ~ moška družba; **tea** ~ čajanka; *econ* **parties interested** interesenti; *econ* **parties**

concerned soudeleženci; *econ* **contracting** ~, ~ **to a contract** pogodbena stranka, kontrahent; *A sl* **my** ~ moji ljudje, moja družba; *A sl* **it's your** ~ to je tvoja stvar

party II [páː ti] *adj* strankarski, partijski; *her* razdeljen na enake dele

party-colo(u)red [páː tikʌləd] *adj* glej **parti-coloured**

party-line [páː tilain] *n jur* meja med dvema zemljiščema; dvojček (telefon); *pol* politična linija; **to follow the** ~ biti na liniji

party-man [páː timæn] *n* partijec, član stranke

party-spirited [páː tispíritid] *adj* strankarsko vnet

party-ticket [páː titikit] *n* skupinska vozovnica; *A pol* seznam kandidatov stranke

party-wall [páː tiwɔː l] *n* vmesni zid (med dvema hišama); požarni zid

parvenu [páː vənjuː] *n* parveni, povzpetnik

parvis [páː vis] *n archit* ograjen prostor pred cerkvijo, preddverje

pas [paː] *n* plesni korak, ples; prednost; **to give the** ~ **to** dati komu prednost; **to take the** ~ imeti prednost; ~ **seul** solo ples; ~ **de deux** plesni duo

Pasch(a) [paː sk(ə)] *n* židovsko velikonočno slavje

paschal [páː skəl] *adj* velikonočen; ~ **lamb** velikonočno jagnje

pasch-egg [páː skeg] *n* pirh

pash [pæš] *vt & vi dial* zalučati, pobiti, zdrobiti

pasha [páː šə, pəšáː] *n* paša; ~ **of one (two) tail(s)** paša prve (druge) stopnje

pashalic [pəšáː lik] *n* pašaluk

pasqueflower [pæskflauə] *n bot* velikonočnica

pasquil [pæskwil] *n* paskvil, sramotilen spis

pasquinade [pæskwinéid] *n* glej **pasquil**

pasquinander [pæskwinéidə] *n* paskvilant, pisec paskvila

pass I [paː s] *n* prepustnica, prosta karta, potni list; *mil* dopustnica (listina); kratek dopust; *univ* opravljeni izpit, spričevalo o opravljenem izpitu, najnižja pozitivna ocena; kritično stanje, stiska; kretnja (roke), zvijača, finta; črta, poteza (pri beljenju); *sp* podajanje žoge (nogomet); sunek (sabljanje); *sl* vsiljivost, nadležnost (ljubezenska); **to be at a desperate** ~ biti v kritičnem stanju, biti brezupno; **a pretty** (**ali bad**) ~ zelo kritično stanje; **to bring to a** ~ napraviti, izvršiti; **to make a** ~ **at** vsiljevati se ženski, nadlegovati; *sp* ~ **back** vrnitev žoge igralcu (nogomet)

pass II [paː s] *n* prehod, prelaz, ozka pot; ploven kanal, plovni del reke; *mil* ključni položaj; **to hold the** ~ braniti neko stvar; **to sell the** ~ izdati neko stvar

pass III [paː s] **1.** *vt* iti mimo (naprej, čez, skozi, preko); peljati mimo, prehiteti (npr. avto); *fig* izpustiti, preskočiti ne zmeniti se za kaj; narediti izpit; prekoračiti, preseči, presegati (*it* ~ *es my comprehension* tega ne razumem, presega moj razum); *econ* ne plačati (dividend); speljati skozi (žico), pogladiti (z roko); pasirati, pretlačiti (skozi sito); prebiti (čas); preživljati; podati (npr. sladkor) razpečavati (ponarejen denar); *sp* podati (žogo); *jur* prenesti (premoženje na koga), izreči sodbo (*on* komu), naložiti kazen; sprejeti (predlog), izglasovati (zakon); predati (npr. predsedstvo; *to* komu); priznati veljavnost,

privoliti, potrditi, dopustiti; povedati (svoje mnenje; *on* ,*upon* o), pripomniti, narediti (komu kompliment); *med* izrezati (ledvične kamne), izprazniti (črevesa, mehur); **2.** *vi* iti, hoditi (*along* naprej, *by* mimo, *over* čez), iti ven (*out*); voziti se, potovati, prepotovati, priti, jahati; miniti, minevati (čas, bolečina); preminiti, umreti; priti v druge roke, pripasti (*to* komu); preiti (iz trdega v tekoče stanje; *from ... to*); zgoditi se, pripetiti se; krožiti, iti iz rok v roke; sloveti (*for, as* za, kot), veljati za (*material that* ~ *ed for silk*); priti skozi, izdelati (izpit), preiti, izginiti, končati se; *parl* biti sprejet (zakon), biti izglasovan, biti potrjen; *jur* biti izrečen (sodba); preskočiti igro pri kvartanju, ne igrati; *econ* **to** ~ **an account** sprejeti obračun; **to** ~ **to s.o.'s account** pripisati komu kaj; *A sl* **to** ~ **the buck** (ali **baby**) izogniti se odgovornosti, naprtiti odgovornost (*to* komu), zvaliti krivdo na koga; **to bring to** ~ povzročiti; **to come to** ~ pripetiti se; **to** ~ **the customs** priti skozi carino, ocariniti; **to** ~ **s.th. to s.o.'s credit** šteti komu kaj v dobro; **to** ~ **one's eye over** preleteti kaj z očmi; *fig* **to** ~ **the hat** pobirati prispevke; **to** ~ **hence** umreti, **to** ~ **judgment** obsojati koga; **let that** ~ ne bomo več govorili o tem; **to** ~ **muster** zadovoljiti, biti zadovoljiv; **to** ~ **a remark** napraviti neumestno pripombo; **it just** ~ **ed through my mind** pravkar mi je šinilo v glavo; **it has** ~ **ed into a proverb** prišlo je v pregovor; **to** ~ **out of sight** izginiti izpred oči, izgubiti kaj izpred oči; **to** ~ **s.o. over** poslati koga komu; **to** ~ **the time** prebiti čas; **to** ~ **the time of the day** izmenjati pozdrave s kom; **to** ~ **water** izprazniti mehur, urinirati; **to** ~ **one's word** dati besedo; **it will** ~ dobro je, šlo bo

pass away 1. *vt* trošiti (denar, imetje), prebijati (čas); **2.** *vi* minevati, miniti (čas, bolečina); umreti

pass beyond *vi* prekoračiti, preseči, prekositi

pass by 1. *vi* iti mimo; **2.** *vt* spregledati, izpustiti; ignorirati, prezreti; oprostiti

pass for *vi* izdajati se za koga (kaj)

pass in 1. *vi* iti noter; **2.** *vt* spustiti noter; načeti, sprožiti; *econ* predložiti ček; *sl* **to** ~ **one's checks** umreti

pass into 1. *vt* vpeljati kaj; **2.** *vi* postati (zakon)

pass off 1. *vi* izginiti, miniti, zbledeti, oslabeti; dogoditi se; *A* veljati za belca (svetlopolt črnec); **2.** *vt* izdajati za kaj (*for, as* za, kot); prezreti, omalovaževati; razpečavati; odbiti, prestreči (udarec); **to pass o.s. off as** (**for**) izdajati se za koga (kaj)

pass on 1. *vi* iti dalje, iti svojo pot; preiti na kaj (*to*); **2.** *vt* dati dalje, podati naprej; podtakniti komu kaj; izreči sodbo komu

pass out 1. *vi sl* omedleti, izgubiti zavest; iti ven, iztekati; **2.** *vt* izdati (knjigo); dati, podeliti

pass over 1. *vi* iti čez, prečkati, peljati čez; umreti; **2.** *vt* izročiti, predati, prenesti; prezreti, ignorirati; prekositi

pass through 1. *vi* iti skozi, potovati skozi; peljati skozi; **2.** *vt* izkusiti, doživeti, preživeti; speljati skozi

pass up *vt sl* odkloniti, odreči se čemu; prezreti koga

passable [pá:səbl] *adj* (**passably** *adv*) prehoden, dostopen; povprečen, srednji, znosen; *econ* veljaven (kovanec)

passage I [pǽsidž] *n* prehod, prevoz; *econ* tranzit; pot, potovanje (po morju, zraku); pasaža, hodnik, koridor; minevanje (časa); sprejetje (zakona), uzakonitev; *pl* odnošaji, odnosi, pojasnjevanje,izmenjava misli, niz dogodkov; odlomek v tekstu (knjigi), pasus; *mus* pasus, del skladbe; *fig* prehod, prestop (*from* ... *to*); *med* izpraznitev, stolica; *anat* sečevod (*urinary* ~), sluhovod (*auditory* ~); **bird of** ~ prica selivka, *fig* nemiren, neustaljen človek; **no** ~ ni prehoda; **to work one's** ~ z delom plačati potovanje; **to book** (ali **secure**) **one's** ~ rezervirati vozno karto za ladjo (letalo); ~ **at** (ali **of**) **arms** borba, pretep, spor

passage II [pǽsidž] **1.** *vi* iti v stran (konj); **2.** *vt* obračati (konja) v stran

passage-bed [pǽsidžbed] *n geol* prehoden sloj

passageway [pǽsidžwei] *n* pasaža, prehod, hodnik

passant [pǽsənt] *adj her* stopajoč, v koraku (žival)

pass-bill [pá:sbil] *n econ* carinska prepustnica

passboat [pá:sbout] *n naut* barka

passbook [pá:sbuk] *n* bančna kreditna knjižica; knjiga za vpisovanje dolžnikov (v trgovini)

pass-check [pǽsček] *n A* prepustnica

passé(e) [pǽsei] *adj* zastarel, ovenel (lepota)

passement [pǽsmənt] *n* trak

passementarie [pæsméntri] *n* pozamenterija, trakarstvo

passenger [pǽsindžə] *n* potnik, -nica; *coll* nesposoben član moštva; *sl* lenuh, zmuzne; **foot-~** popotnik

passenger-car [pǽsindžəka:] *n* osebni avto; *A* potniški vagon

passenger-pigeon [pǽsindžəpidžən] *n zool* golob selec

passenger-train [pǽsindžətrein] *n* potniški vlak

passe-partout [pǽspa:tú:] *n* paspartu, kartonski okvir za fotografije; ključ, ki odpira vse

passer I [pá:sə] *n* mimoidoči

passer II [pǽsə] *n zool* vrabec (rod)

passer-by [pá:səbái] *n* (*pl* **passers-by**) mimoidoči, pasant

passeriform [pǽsərifə:m] *adj zool* kot vrabec

passerine [pǽsərain] **1.** *n zool* ptica sedalka, vrabec (ptičji rod); **2.** *adj* vrabčji, ki spada k vrabcem

pass-holder [pá:shouldə] *n* kdor ima brezplačno vstopnico

passibility [pæsibíliti] *n* občutljivost, sposobnost za občutke

passible [pǽsibl] *adj* (**passibly** *adv*) občutljiv

passim [pǽsim] *adv Lat* tu pa tam, na različnih mestih (v knjigi)

passimeter [pæsímitə] *n E* avtomat za prodajo voznih kart; *A* iz blagajne upravljana vrtljiva zapornica pri vhodu v podzemeljsko železnico

passing I [pá:siŋ] **1.** *adj* minljiv, bežen, nestalen, površen; zadovoljiv (ocena); **2.** *adv arch* zelo

passing II [pá:siŋ] *n* minevanje, potekanje; izginjanje, umiranje, smrt; prenos (latsništva); sprejetje (zakona), uzakonjenje; **in** ~ spotoma, mimogrede

passing-beam [pá:siŋbi:m] *n* zasenčena luč (avto)

passing-bell [pá:siŋbel] *n* mrtvaški zvon

passing-lane [pá:siŋlein] *n* pas za prehitevanje

passingly [pá:siŋli] *adv* mimogrede, spotoma, površno

passing-note [pá:siŋnout] *n mus* prehodna nota

passing-zone [pá:siŋzoun] *n sp* črta za predajo štafetne palice

passion I [pǽšən] *n* strast; sla, poželenje, hrepenjenje (*for*); jeza, besnost, izbruh; *eccl* pasijon; **to fly into a** ~ vzrojiti, izbruhniti; **to put s.o. into a** ~ razjeziti koga; **she broke into a** ~ **of tears** izbruhnila je v jok; **it became a** ~ **with him** vdal se je strasti, zbudila se mu je strast

passion II [pǽšən] **1.** *vi poet* biti strasten; **2.** *vt* razvneti strast

passional [pǽšənəl] **1.** *adj* strasten, iz strasti; **2.** *n eccl* pasijonska knjiga

passionate [pǽšənit] *adj* (~ **ly** *adv*) strasten, nebrzdan, vročekrven, vnet

passionateness [pǽšənitnis] *n* strastnost

passion-flower [pǽšənflauə] *n bot* trpljenka, pasijonka

passionless [pǽšənlis] *adj* (~ **ly** *adv*) brezstrasten, miren, hladen

passion-play [pǽšənplei] *n* pasijonska igra

Passion-Week [pǽšənwi:k] *n* veliki teden

passive I [pǽsiv] *adj* (~ **ly** *adv*) *gram* pasiven, trpen; nepodjeten, nedelaven; *econ* pasiven; *econ* ~ **debt** brezobresten dolg; ~ **resistance** pasiven odpor; *gram* ~ **voice** trpni način

passive II [pǽsiv] *n gram* trpnik, pasiv

passiveness [pǽsivnis] *n* pasivnost, trpnost, nepodjetnost, nedelavnost

passivity [pæsíviti] *n* glej **passiveness**

passkey [pá:ski] *n* ključ, ki odpira več ključavnic; ključ od vežnih vrat; rezervni ključ

passman [pá:smæn] *n E* študent, ki s težavo diplomira

passometer [pæsómitə] *n* stopomer

passover [pá:souvə] *n* židovski praznik (osvoboditev izpod egiptovskega suženjstva); velikonočno jagnje; *fig* Kristus

passport [pá:spə:t] *n* potni list; *fig* priporočilo, pripomoček (*to*); *econ* prepustnica za uvoz in izvoz carine prostega blaga

passway [pá:swei] *n* ulični prehod; ožina, klanec

password [pá:swə:d] *n* geslo, parola

past I [pa:st] *adj* minuli, prejšni, pretekli; **for some time** ~ že nekaj časa; *gram* ~ **participle** pretekli deležnik; *gram* ~ **tense** pretekli čas, preteritum; *gram* ~ **perfect** predpretekli čas

past II [pa:st] *adv* mimo, čez mero

past III [pa:st] *n* preteklost; prejšnje življenje; *gram* pretekli čas; **a woman with a** ~ ženska s sumljivo preteklostjo

past IV [pa:st] *prep* (časovno) čez (*half* ~ *seven* pol osmih, *she is* ~ *forty* ima čez 40 let); *fig* brez, izven (dosega, območja, področja); ~ **all belief** neverjeten; ~ **comparison** brez primere; ~ **cure** neozdravljiv; ~ **comprehension** popolnoma nerazumljiv; ~ **endurance** neznosen, nevzdržen; ~ **hope** brezupen; ~ **all shame** popolnoma brez sramu; **to be** ~ **one's Latin** ne vedeti ne kod ne kam; **he is** ~ **praying for** ni mu več pomoči; *coll* **I wouldn't put it** ~ **him** to bi mu zlahka pripisal

pasta [pǽstə] *n It* testenine

past-due [pá:stdjú:] *adj* (zlasti *econ*) zapadel; ~ interest zamudne obresti

paste I [péist] *n* testo, testenina; kašnata zmes, kaša; *tech* steklovina; lepilo, klej; pasteta, maža; pasta; steklen biser; zmes za izdelavo nepravih biserov; *sl* klofuta; **this book is scissors and** ~ ta knjiga je kompilacija, plagiat

paste II [péist] *vt* lepiti (*up, on*), nalepiti (*up*), zalepiti (*together*), zlepiti (*with*), prilepiti (*on*); *sl* primazati klofuto; **he** ~**d him one** primazal mu je klofuto

pasteboard [péistbɔ:d] **1.** *n* lepenka; *sl* železniška karta, vizitka; **2.** *adj* iz lepenke; *fig* nepravi, izmišljen

pastedown [péistdaun] *n* vezni listi (knjigovezništvo)

pastegrain [péistgrein] *n* imitacija marokena (usnja)

pastel [pǽstəl, pæstél] **1.** *adj* pastelen (barva, slika); **2.** *n* pastel (slika), barvna kreda, pastelna barva; *bot* oblajst, silina; silinsko modrilo

pastel(l)ist [pǽstəlist] *n* slikar pastelov

paster [péistə] *n* A gumirani papir; lepilec plakatov

pastern [pǽstə:n] *n* konjski bincelj (del noge nad kopitom)

pasteurism [pǽstərizəm] *n* med cepljenje, imunizacija s cepivom

pasteurization [pæstəraizéišən] *n* pasterizacija

pasteurize [pǽstəraiz] *vt* pasterizirati (npr. mleko)

pasticcio [pa:stí:čə] *n* literarna, umetniška mešanica

pastil(le) [pǽstí:l] *n pharm* pastila, pilula; sladkorček; dišeče kadilo za razkuževanje sob itd.

pastime [pá:staim] *n* razvedrilo, zabava, igra; **by way of** ~, **as a** ~ za razvedrilo

pastiness [péistinis] *n* lepljivost; testenost

pasting [péistiŋ] *n* lepljenje, lepilo; *sl* klofutanje

past-master [pá:stmá:stə] *n* mojster, strokovnjak, izvedenec; **to be a** ~ **in** (ali **of**) spoznati se na kaj; **a** ~ **of diplomacy** izkušen diplomat

pastor [pá:stə] *n* pastor, župnik, dušebrižnik

pastoral I [pá:stərəl] *adj* (~ **ly** *adv*) pastoralen, pastirski, idiličen; duhoven; ~ **care** dušebrižništvo; ~ **epistle** pastirsko pismo; ~ **staff** škofova palica

pastoral II [pá:stərəl] *n* pastorala, idila, pastirska pesem; *eccl* pastirsko pismo

pastorale [pæstərá:li] *n mus* pastorale

pastoralism [pá:stərəlizəm] *n* književna smer, ki opisuje prizore iz preprostega pastirskega življenja

pastorate [pá:stərit] *n* pastorstvo, pastorji; A župnišče

pastorship [pá:stəšip] *n* pastorstvo

pastry [péistri] *n* fino pecivo, tortno pecivo; listnasto, krhko testo

pastry-cook [péistrikuk] *n E* slaščičar

pastry-man [péistrimən] *n A* glej **pastry-cook**

pasturable [pá:sčərəbl] *adj* pašen, primeren za pašo

pasturage [pá:stjuridž] *n* pašnik, paša, krma; pravica do paše

pasture I [pá:sčə] *n* pašnik, paša, krma; pravica do paše; *fig* **to seek greener** ~ iskati boljše možnosti; **to retire to** ~ iti v pokoj

pasture II [pá:sčə] **1.** *vt* pasti (živino), voditi živino na pašo, krmiti živino; uporabljati zemljo za pašnik; **2.** *vi* pasti se

pasty [péisti] **1.** *adj* (**pastily** *adv*) testen, testnat; bled; **2.** *n E* pasteta, slano mesno pecivo

pasty-faced [péistifeist] *adj* bled, testenega obraza

pat I [pæt] *n* trepljanje; lahen udarec, tlesk; kepica (masla); **he gave himself a** ~ **on the back** čestital si je (za kaj)

pat II [pæt] **1.** *vt* trepljati; tleskati, tleskniti; trkati; **2.** *vi* ploskati, trkati (*on* na); **to** ~ **on the back** pohvaliti, potrepljati po hrbtu

pat III [pæt] *adj* pripravljen, pripraven, pravšen, primeren; **a** ~ **answer** odrezav odgovor

pat IV [pæt] *adv* ravno prav, o pravem trenutku; **to have it down** ~ ali **to know s.th. off** ~ imeti kaj v malem prstu, temeljito znati; **to stand** ~ biti neomajen, vztrajati pri svojem mnenju

Pat [pæt] *n* vzdevek za Irca

pat-a-cake [pǽtəkeik] *n* vrsta otroške igre

patagium [pətéidžiəm] *n* (*pl* ~**gia**) *zool* letalna kožica netopirjev

patball [pǽtbɔ:l] *n sp cont* slaba (teniška) igra

patch I [pæč] *n* krpa (tudi zemlje), zaplata; *mil* suknen znak; *med* obliž, ščitek za oko; lepotni nalepek; odlomek, odstavek (v knjigi); *zool* lisa; **not a** ~ **on** niti senca česa, neprimerno slabše; **to strike a bad** ~ imeti smolo; **purple** ~ najlepši odlomek v knjigi; **in** ~ **es** mestoma, tu in tam

patch II [pæč] *vt* zakrpati, popraviti; **to** ~ **up** skrpati, površno popraviti; izgladiti (nasprotja); **a hillside** ~ **ed with grass** pobočje s krpami trave

patchable [pǽčəbl] *adj* ki se lahko zakrpa, popravi

patchboard [pǽčbɔ:d] *n tech* stikalna plošča (pri računalniku)

patcher [pǽčə] *n* krpar; *fig* šušmar

patchery [pǽčəri] *n* krparija; *fig* šušmarstvo

patchouli [pǽčuli, pəčú:li] *n* pačuli (rastlina in parfum)

patch-pocket [pǽčpɔkit] *n* našit žep

patch-test [pǽčtest] *n med* tuberkulinski preizkus

patch-word [pǽčwə:d] *n* skrpucalo (beseda)

patchwork [pǽčwə:k] *n* krparija, krpež; kar je sestavljeno iz krpic; *fig* kompilacija

patchy [pǽči] *adj* (**patchily** *adv*) krpast, ves zakrpan; neenakomeren, neenoten; ščetinast (brada)

pate [péit] *n coll* glava, »buča«

-pated [péitid] *adj* določene glave (v sestavljenkah); **shallow-** ~ praznoglav; **bald-** ~ plešast

patella [pətélə] *n* (*pl* **-lae**) *anat* pogačica

paten [pǽtən] *n eccl* patena, pozlačen krožnik

patency [péitənsi] *n* javnost, očitnost, očividnost, jasnost; razširjenost; *med* odprtost, prehodnost (kanala itd.)

patent I [péitənt, pǽ~] *adj* (~ **ly** *adv*) odprt, javen, očiten, očividen, jasen; patentiran, patentnopraven; **to be** ~ biti na dlani, biti očitno; **letters** ~ kraljevski patent, javni razglas; ~ **application** prijava patenta; ~ **law** patentno pravo; ~ **rolls** patentni register

patent II [péitənt, pǽ~] *n* patent, registrirana pravica (*on*); privilegij, pooblastilo, dekret; **to take out a** ~ **for** patentirati, priglasiti patent; **applied for** ~, ~ **pending** priglašen za patentiranje

patent III [péitənt, pǽ~] *vt* patentirati, priglasiti in odobriti patent

patentee [peitəntí:, pæ~] *n* lastnik patenta

patent-fuel [péitəntfjuəl] *n* stisnjeni premog, briket

patent-leather [péitəntleðə] *n* lakasto usnje; ~ shoes lakasti čevlji

patent medicine [péitəntmedsin] *n pharm* patentirano zdravilo

patent office [péitəntəfis] *n* patentni urad

patentor [péitəntə] *n* kdor odobri patent

pater [péitə] *n sl* oče, »stari«

paternal [pətə́:nəl] *adj* (~ ly *adv*) očetovski, očetov, po očetu; ~ grandfather ded po očetu

paternalist [pətə́:nəlist] *adj* očetovsko skrben

paternity [pətə́:niti] *n* očetovstvo; *fig* poreklo, izvor; *jur* to declare ~ določiti očetovstvo; *jur* ~ test krvni preizkus za ugotovitev očetovstva

paternoster [pǽtənóstə] *n* očenaš; čarodejne besede, zagovor (zoper kaj); devil's ~ pridušena kletvica; black ~ klicanje zlih duhov; ~ line kavljat trnek (parengal)

path [pa:θ] *n* steza, pot (tudi *fig*); *sp* proga; *astr* tirnica; to leave the ~ to s.o. iti komu s poti; to cross s.o.'s ~ prekrižati komu pot

pathetic [pəθétik] *adj* (~ ally *adv*) patetičen, čustven, ganljiv, pomilovanja vreden; vreden, vznesen, slovesen; ~ fallacy pripisovanje človeških čustev naravi (drevju, soncu itd.)

pathetics [pəθétiks] *n pl* preučevanje človekovih čustev, strasti; patetično vedenje

pathfinder [pá:θfaində] *n* stezosledec; *aero* letalo vodnik; *fig* pionir, kdor utira novo pot

pathless [pá:θlis] *adj* brez poti, neprehoden

patho- *pref* trpeč, bolezen, čuteč, strast

pathogen [pǽθədžən] *n med* patogen, bolezen povzročujoč organizem

pathogenesis [pæθədžénəsis] *n med* patogeneza, nastanek bolezni

pathogenic [pæθədžénik] *n med* bolezen povzročujoč

pathognomy [pæθógnəmi] *n med* nauk o simptomih

pathologic(al) [pæθəlódžik(əl)] *adj* (~ ally, ~ ly *adv*) *med* patološki, bolezenski

pathologist [pəθólədžist] *n* patolog

pathology [pəθólədži] *n* patologija, nauk o boleznih

pathos [péiθəs] *n* patos, zanos, vznesenost, slovesnost, ginljivost

pathway [pá:θwei] *n* steza, pešpot, potka

patience [péišəns] *n* potrpljenje, vztrajnost; popustljivost, prizanašanje; *E* pasjansa (karte); to have no ~ with s.o. ne imeti potrpljenja s kom; I am out of ~ (with) potrpljenje (do) me je minilo; the ~ of Job skrajna potrpežljivost

patient I [péišənt] *adj* (~ ly *adv*) potrpežljiv, vztrajen; popustljiv; ~ of ki dopušča, ki potrpežljivo prenaša

patient II [péišənt] *n* pacient(ka), bolnik, -nica

patina [pǽtinə] *n* patina (tudi *fig*)

patinate [pǽtineit] *vt* patinirati

patinated [pǽtineitid] *adj* patiniran

patination [pætinéišən] *n* patiniranje

patinous [pǽtinəs] *adj* patinast, patiniran

patio [pá:tiou] *n A* dvorišče (sredi hiše), notranje dvorišče

patois [pǽtwa:] *n* podeželsko narečje

patriarch [péitria:k] *n* očak, patr arh; *fig* praoče, začetnik (rodbine, roda); poglavar vzhodne cerkve

patriarchal [peitriá:kəl] *adj* (~ ly *adv*) patriarhijski; patriarhalen, starosveten

patriarchate [péitria:kit] *n* patriarhat

patriarchy [péitria:ki] *n* patriarhija

patrician [pətríšən] 1. *adj* patricijski; *fig* plemiški, aristokratski; 2. *n* patricij, plemenitaš

patricianship [pətríšənšip] *n* glej patriciate

patriciate [pətríšiit] *n* patriciat, plemstvo

patricidal [pætrisáidəl] *adj* (~ ly *adv*) očetomorilski

patricide [pǽtrisaid] *n* očetomor; očetomorilec

patrimonial [pætrimóuniəl] *adj* (~ ly *adv*) patrimonialen, deden po očetu

patrimony [pǽtriməni] *n* patrimonij, očetna dediščina; cerkveno premoženje

patriot [pǽtriət, péi~] *n* patriot, rodoljub, domoljub

patriotic [pætriótik, pei~] *adj* (~ ally *adv*) patriotičen, rodoljuben, domoljuben

patriotism [pǽtriətizəm, péi~] *n* patriotizem, rodoljubnost, domoljubnost

patristic [pætrístik] *adj* patrističen, ki se tiče cerkvenih očetov

patrol I [pətróul] *n* patrulja, obhodna straža, obhodnica

patrol II [pətróul] 1. *vi* patruljirati; 2. *vt* stražiti, nadzorovati

patrolman [pətróulmæn] *n* patrolni stražnik; član cestne prometne patrulje

patrol-wagon [pətróulwægn] *n* policijski avto

patron [péitrən] *n* patron, pokrovitelj, zavetnik, podpornik, varuh; *econ* redni odjemalec, redni obiskovalec (tudi *theat*); *eccl* cerkveni patron, svetnik

patronage [pǽtrənidž] *n* patronanca, pokroviteljstvo, zavetništvo, skrbstvo; *econ* odjemalci, klientela, redni obiskovalci (tudi *theat*); *jur* patronatske pravice

patronal [pǽtrənəl] *adj* pokroviteljski, zavetniški, patronski

patroness [péitrənis] *n* patrona, pokroviteljica, zavetnica

patronize [pǽtrənaiz] *vt* patronizirati, podpirati, pospeševati; vesti se pokroviteljsko; redno kupovati od koga, redno obiskovati (npr. gledališče)

patronizer [pǽtrənaizə] *n* kdor podpira, pospešuje; reden kupec, reden obiskovalec

patronizing [pǽtrənaizin] *adj* (~ ly *adv*) pokroviteljski; ljubezniv

patronymic [pætrənímik] 1. *adj* (~ ally *adv*) patronimičen; 2. *n* ime, narejeno po očetovem imenu (npr. *Williamson* sin Williama)

patroon [pətrú:n] *n A hist* priviligiran posestnik

patté(e) [pǽti, pǽtei] *adj her* razširjen na koncu; cross ~ lopatast križ

patten [pætn] *n* cokla; *archit* podstebrovje, znožje stebra; *dial* drsalka

patter I [pǽtə] *n* žargon, latovščina; *sl* blebetanje; ~ song popevka (pri kateri se besedilo izdrdra)

patter II [pǽ ə] 1. *vi* blebetati, čvekati; govoriti v žargonu; 2. *vt* mehanično ponavljati (molitve itd.)

patter III [pǽtə] *n* pljuskanje, pljusk (dežja itd.); šklopotanje (npr. kolesa); topotanje (nog)

patter IV [pǽtə] *vi* pljuskati; šklopotati, topotati

patter V [pǽtə] *n* trepljač

pattern I [pǽtən] *n* vzorec, predloga, model; *econ* vzorec, vzorčni primerek; *fig* vzor, ideal, primer; *A* kos blaga za obleko (bluzo itd.); kroj; poskusni model kalupa za ulivanje kovanca; *tech* šablona; struktura, sestava, zasnova; **on the ~ of** po vzorcu; *econ* **by ~ post** kot vzorec brez vrednosti; **the ~ of a novel** zasnova romana; **sentence ~** stavčni vzorec, stavčna struktura; **weather ~** struktura meteorološkega stanja

pattern II [pǽtən] *vt* napraviti po vzorcu, krojiti po vzorcu (*after*, *upon*), kopirati; okrasiti z vzorcem; posnemati

pattern-bombing [pǽtənbɔmiŋ] *n mil* bombna preproga

pattern-book [pǽtənbuk] *n econ* album z vzorci

pattern-maker [pǽtənmeikə] *n* modelar, modeler

pattern-making [pǽtənmeikiŋ] *n* modeliranje

pattern-shop [pǽtənšɔp] *n* modelerska delavnica

patty [pǽti] *n* majhna pasteta; **~ shell** nenadevano listnato testo; **~ pan** modelček za pecivo

patulous [pǽtjuləs] *adj* (**~ly** *adv*) odprt, zevajoč; *bot* razrastel

patulousness [pǽtjuləsnis] *n* odprtost, zev; *bot* razraslost

paucity [pɔ́:siti] *n* malenkost, majhno število, maloštevilnost, majhna količina, nezadostnost

Paul [pɔ:l] *n* Pavel; **~ Pry** radovednež; **to rob Peter to pay ~** rešiti se enega dolga, a napraviti pri tem drugega

Pauline [pɔ́:lain, ~li:n] **1.** *adj relig* pavlinski; **2.** *n* učenec šole sv. Pavla v Londonu

paunch [pɔ:nč] **1.** *n* trebuh, vamp; *zool* prežvekovalnik; *naut* odbojna, varovalna rogoznica; **2.** *vt* razparati trebuh, odstraniti čreva, očistiti

paunchiness [pɔ́:nčinis] *n* trebušnost, debelušnost

paunchy [pɔ́:nči] *adj* trebušast, debelušen

pauper [pɔ́:pə] *n* revež, občinski revež, berač; *jur* kdor je zaradi obubožanja oproščen davka

pauperdom [pɔ́:pədəm] *n* revščina, siromaštvo, reveži, siromaki

pauperism [pɔ́:pərizəm] *n* glej **pauperdom**

pauperization [pɔ:pəraizéišən] *n* obubožanje

pauperize [pɔ́:pəraiz] *vt* spraviti na beraško palico

pause I [pɔ:z] *n* premolk, odmor, oddih, pavza; obotavljanje, pomislek; *print* pomišljaj; **to give ~ to** dati komu čas za pomislek; **~ dots** pikice za izpuščeno besedo

pause II [pɔ:z] *vi* premolkniti, prenehati, počiti; obotavljati se, pomišljati; pomuditi se, obstati (*on*, *upon* pri); **to ~ upon a word** zastati pri besedi

pauseless [pɔ́:zlis] *adj* neprekinjen, nenehen

pavage [péividž] *n* tlakovanje; tlakarina (pristojbina)

pavan(e) [pǽvən] *n* pavana, starinski ples

pavé [pǽvei] *n* široka asfaltirana cesta

pavement [péivmənt] *n* tlak; *E* pločnik

paver [péivə] *n* tlakar; kamen ali plošča za tlakovanje; *A* cestni mešalec betona

pavid [pǽvid] *adj* prestrašen, plašen

pavilion [pəvíljən] **1.** *n* paviljon, vrtna lopa; velik šotor; šotorasta streha, prizidek; *econ* razstavni paviljon; **2.** *vt* prekriti s šotorom, oskrbeti s šotori, paviljoni

paving [péiviŋ] *n* tlak, tlakovanje

paving-beetle [péiviŋbi:tl] *n* tlakarski bat, zabijač, oven

paving-stone [péiviŋstoun] *n* tlakovec (kamen)

paving-tile [péiviŋtail] *n* ploščica za tlakovanje

pavio(u)r [péivjə] *n* glej **paver**

pavis [pǽvis] *n hist* velik srednjeveški ščit

pavonine [pǽvənain, ~nin] *adj* pavji, ko pav

paw I [pɔ:] *n* šapa, taca; *coll* roka, »taca«; *coll* pisava; **~s off-** roke proč!; **to be s.o.'s cat's ~** iti za koga po kostanj v žerjavico

paw II [pɔ:] **1.** *vt* udariti s šapo, taco; *coll* nerodno prijeti; zagrabiti; *coll* igrati klavir; **2.** *vi* grebsti, brskati, kopati (s šapo, kopitom); **to ~ the air** kriliti z rokami

pawky [pɔ́:ki] *adj Sc dial* zvit, prepreden

pawl [pɔ:l] **1.** *n tech* zatikalo, zapirača, zatika; **2.** *vt* oskrbeti z zapiračen, zatikalom

pawn I [pɔ:n] *n* kmet (šah); *fig* nepomemben človek, figura, orodje (človek)

pawn II [pɔ:n] *n* zastava, zastavljena stvar, zastavljanje; **in (ali at) ~** v zastavljalnici, zastavljen; **to give in ~** zastaviti

pawn III [pɔ:n] *vt* zastaviti; *fig* zastaviti (besedo); *econ* lombardirati

pawnbroker [pɔ́:nbroukə] *n* lastnik zastavljalnice

pawnbroking [pɔ́:nbroukiŋ] *n* delo lastnika zastavljalnice

pawnee [pɔ:ní:] *n jur* zastavojemnik

pawner [pɔ́:nə] *n* zastavnik, -nica, kdor kaj zastavi

pawnshop [pɔ́:nšɔp] *n* zastavljalnica

pawn-ticket [pɔ́:ntikit] *n* zastavni listek

pax [pæks] *n eccl* sveta slika, ikona; *sch sl* mir, premirje

pay I [péi] *n* plača, plačilo; *coll* plačnik; *A min* donosna ruda; *coll* **he is good ~** on je dober plačnik; **he is in the ~ of s.o.** njega plačuje, najet je od, je v službi nekoga; *A fig* **to strike ~ dirt** naleteti na vir bogastva

pay II* [péi] **1.** *vt* plačati, odplačati, izplačati; *fig* nagraditi, poplačati, povrniti (*for* za kaj); *fig* posvečati pozornost (spoštovanje), dajati čast, delati komu komplimente; obiskati koga; odškoditi, odškodovati (*for* za); izplačati se za koga, koristiti komu; **2.** *vi* plačati (*for* za); izplačati se (*crime doesn't ~* zločin se ne izplača); **to ~ attention** (ali **heed**) **to** posvečati pozornost (komu, čemu); **to ~ one's attention** (ali **court**) **to** dvoriti; **to ~ a call** (ali **visit**) obiskati; **to ~ a compliment** napraviti poklon; **to ~ the debt of nature** umreti; **the devil to ~** mnogo sitnosti; **to ~ s.o. home** povrniti komu; **to ~ in kind** plačati v naturalijah; **to ~ lip service to** hinavsko pritrjevati; **to ~ on the nail** takoj plačati; **to ~ penalty** plačati globo; **to ~ the penalty** pokoriti se, biti kaznovan; *sl* **to ~ the piper** nositi posledice; *fig* plačati za užitek koga drugega; **he who ~s the piper calls the tune** kdor plača tudi zapoveduje; **to ~ one's respects to** napraviti vljudnosten obisk; **to ~ the shot** nositi stroške; **to ~ through the nose (for)** predrago plačati, preplačati; **to ~ one's way** ne ostati ničesar dolžan, živeti od svojega dohodka; **to ~ with fine speeches** izvleči se z lepimi besedami

pay away *vt* izplačati, izdati (denar); *naut* zrahljati vrv

pay back *vt* odplačati, vrniti izposojen denar; *fig* povrniti komu kaj; **to pay s.o. back in his own coin** vrniti milo za drago

pay down *vt* plačati v gotovini, plačati vse skupaj

pay for *vt* plačati, nagraditi; odškodovati; *fig* plačati za kaj, pokoriti se; *fig* **he had to pay dearly for it** to ga je drago stalo

pay in *vt* vplačati

pay off *vt* odplačati; izplačati in odpustiti delavce; pomiriti upnike; *naut* krmariti v zavetje

pay out *vt* odplačati ves dolg; *fig* povrniti komu kaj; *naut* zrahljati vrv

pay over *vt* preplačati

pay up *vt* plačati ves račun, odplačati ves dolg

pay III [péi] *vt naut* katraniti, premazati s katranom ali smolo

payable [péiəbl] *adj* plačljiv, zapadel; *econ* donosen, rentabilen

pay-as-you-earn [péiəzju:ɔ́:n] *n E* odtegljaj od plače

pay-book [péibuk] *n mil* plačilna knjižica

paybox [péibɔks] *n* blagajna

pay-check [péiček] *n A* plačilni ček

pay-clerk [péikla:k] *n* izplačevalec; *A mil, naut* računovodja

payday [péidei] *n* izplačilni dan; *econ* dan za odplačilo dolgov, obračunski dan v banki

pay-desk [péidesk] *n econ* blagajna v trgovski hiši

pay-differential [péidifərénšəl] *n econ* pristojbine na zaslužek

pay-dirt [péidə:t] *n A* zemlja, bogata z zlatom; *fig* dobiček, uspeh, korst; **to strike** ~ uspeti

payee [peií:] *n* prejemnik plačila, koristnik menice

payer [péiə] *n* plačnik; *econ* trasat

pay-in [péiín] *n A* ~ **schedule** carinska vplačilnica

paying [péiiŋ] *adj* ki plačuje; donosen, dobičkonosen, rentabilen; ~ **capacity** plačilna zmožnost

payload [péiloud] *n econ* plačljiv tovor, koristen tovor; ~ **capacity** tovorna zmogljivost; *A econ* delež od zaslužka, tantiema

paymaster [péima:stə] *n* blagajnik (v podjetju, vojski); *E* **Paymaster General** glavni državni blagajnik

payment [péimənt] *n* plačilo, izplačilo, vplačilo; plača; *fig* nagrada, plačilo; **on** ~ po plačilu; ~ **in full**, ~ **in cash** celotno plačilo v gotovini; ~ **in advance** predplačilo

paynim [péinim] *n arch* pogan, saracen

paynize [péinaiz] *vt* impregnirati les (po Paynovem postopku)

payola [peióulə] *n sl* podkupnina

pay-off [péiɔ:f] *n sl* izplačilo; *fig* obračun, konec, rezultat

pay-roll [péiroul] *E n* plačilna lista; **to have (ali keep) s.o. on one's** ~ zaposlovati koga; **to be off the** ~ biti odpuščen, biti brezposeln; **he is no longer on our** ~ ne dela več pri nas; **the firm has a huge** ~ podjetje ima mnogo delavcev

paysage [peizá:ž] *n* pejsaž, pokrajina, slika pokrajine

pay-sheet [péiši:t] *n A* glej **pay-roll**

pea [pi:] *n bot* grah; košček premoga, košček rude; **like two** ~**s in a pod** ali **as like as two** ~**s** podobna kakor jajce jajcu

peace [pi:s] *n* mir; dušni mir, spokojnost; **at** ~ **with** v miru s, miren; **breach of the** ~ kaljenje miru, nemir; **to break the** ~ kaliti mir, razsajati; **to hold one's** ~ biti miren, molčati; **to keep the** ~ zadržati se, ostati miren; *jur* **the king's (ali queen's)** ~ mir v deželi; **to make** ~ skleniti mir; **to make one's** ~ **with** spraviti se s kom; **to leave s.o. in** ~ pustiti koga pri miru; ~ **of mind** dušni mir; **pipe of** ~ mirovna pipa; ~ **treaty** mirovna pogodba; *E mil* ~ **establishment,** ~ **footing** vojska v mirnem času

peaceable [pí:səbl] *adj* (**peaceably** *adv*) miroljuben, miren, tih; v miru (ne v vojni)

peaceful [pí:sful] *adj* (~ **ly** *adv*) miroljuben, miren, tih

peacefulness [pí:sfulnis] *n* mir, tišina, spokojnost

peaceless [pí:slis] *adj* nemiren, brez miru

peacemaker [pí:smeikə] *n* pomirjevalec, miritelj; *hum* orožje s katerim se vzdržuje mir in red (samokres, puška itd.)

peace-offering [pí:sɔfəriŋ] *n* ponuden mir; *relig* spravni dar

peace-officer [pí:sɔfisə] *n* uslužbenec varnostne službe

peace-pipe [pí:spaip] *n* pipa miru

peacetime [pí:staim] **1.** *adj* v miru; **2.** *n* mirna doba, mir

peach I [pi:č] *n bot* breskev; *A sl* lepota, krasota, lepo dekle; **a** ~ **of a fellow** fant od fare

peach II [pi:č] *vi sl* izbrbljati, izdati (*against, on*; *tovariša, sokrivca*)

peach-blossom [pí:čblɔsəm] *n* breskov cvet, barva breskovega cveta

peach-blow [pí:čblou] *n* rožnata barva, rožnat navdih

peacherino [pi:čərínou] *n A sl* čudovit človek ali stvar

peachick [pí:čik] *n zool* pavič, mlad pav

peach-tree [pí:čtri:] *n bot* breskev (drevo)

peachwood [pí:čwud] *n* breskov les

peachy [pí:či] *adj* kakor breskev; *sl* čudovit

pea-coal [pí:koul] *n* orehovec, grahovec (premog)

peacoat [pí:kout] *n* glej **pea-jacket**

peacock [pí:kɔk] *n zool* pav (samec); ~ **blue** zelenkasto moder; *E* ~ **coal** mavričen premog; *min* ~ **ore** bornit; **proud as a** ~ ošaben kakor pav

peacock II [pí:kɔk] *vi* šopiriti se, nositi se kakor pav (*to* ~ *it*)

peacock butterfly [pí:kɔkbʌtəflai] *n zool* dnevni pavlinček

peacockery [pí:kɔkəri] *n* šopirjenje, bahavost

peacockish [pí:kɔkiš] *adj* kakor pav, bahav, ošaben

pea-cod [pí:kɔd] *n* strok graha

peafowl [pí:faul] *n zool* pavica, pav

pea-green [pí:grí:n] *adj* svetlo zelen

peahen [pí:hen] *n* pavica

pea-jacket [pí:džækit] *n* kratek mornarski jopič

peak I [pi:k] *n* vrh (hriba itd.), konica; *fig* vrhunec; *math, phys* najvišja točka, največja vrednost (~ *of oscillation* največja oscilacija); največja obremenitev (npr. električnega omrežja; *econ* najvišja cena; ščitek (pri čepici); *naut* zgornji rogel jedra, zoženi del ladje na koncéh; ~ **season** vrhunec sezone; ~ **(traffic) hours** prometne

konice; **at the** ~ **of happiness** na vrhuncu sreče; *tech* **to reach the** ~ doseči vrh
peak II [pi:k] **1.** *vt naut* dvigniti (vesla, jadra itd.); **2.** *vi* navpično se potopiti (kit)
peak III [pi:k] *vi* slabeti, hujšati, bolehati; **to** ~ **and pine** giniti
peaked [pi:kt] *adj* koničast; *coll* suh, shujšan, bolehen
peaking [pí:kiŋ] *n* odprava spačene oblike (TV)
peak-load [pí:kloud] *n* maksimum električne napetosti, prometa itd.
peak-output [pí:kautput] *n* rekordna proizvodnja
peak-time [pí:ktaim] *n* prometna konica; najboljša leta
peaky [pí:ki] *adj* koničast; shujšan, bolehen
peal I [pi:l] *n* zvonjenje, potrkavanje, zven, don; ~ **of laughter** krohot; ~ **of thunder** glasno grmenje
peal II [pi:l] **1.** *vi* zvoniti, zveneti, doneti; **2.** *vt* (po)zvoniti, potrkavati
peanut [pí:nʌt] *n bot* laški lešnik, kikiriki; *A sl* »majhna riba«, nepomemben človek; **to play** ~ **politics** spletkariti; *A el* ~ **tube** najmanjša elektronka
pea-pod [pí:pəd] *n* strok graha
pear [peə] *n bot* hruška
pearl I [pə:l] *n* biser, biserovina; rosna kaplja, solza; *pharm* kroglica (zdravila); modrikasta svetlo siva barva; *print* perl (stopnja tiskarskih črk); **to cast** ~s **before swine** metati svinjam bisere
pearl II [pə:l] **1.** *vi* tvoriti bisere; bleščati, sijati kot biser; kapljati; iskati bisere; **2.** *vt* krasiti z biseri; orositi
pearl-ash [pó:læš] *n chem* pepelika (lugasta sol)
pearl-barley [pó:lbʌli] *n* oluščen, očiščen ječmen
pearl-button [pó:lbʌtn] *n* biserovinast gumb
pearl-diver [pó:ldaivə] *n* lovec (potapljač) na bisere
pearled [pə:ld] *adj* okrašen z biseri; biserne barve
pearl-fisher [pó:lfišə] *n* lovec na bisere
pearl-fishery [pó:lfišəri] *n* lov na bisere; lovišče bisernic
pearling [pó:liŋ] *n* vrsta čipke; nizanje biserov; luščenje (riža)
pearl-oyster [pó:ləistə] *n zool* indijska bisernica (školjka)
pearl-powder [pó:lpaudə] *n* bel puder
pearl-shell [pó:lšel] *n* biserovina; bisernica (školjka)
pearl-white [pó:l(h)wait] *n* glej **pearl-powder**
pearly [pó:li] *adj* kakor biser, bisernat, okrašen z biseri, poln biserov; ~ **gates** 12 nebeških vrat; *fig* nebesa
pearmain [pə́əmein] *n bot* parmena (jabolko)
pear-push [pə́əpuš] *n el* električno stikalo na žici svetilke
pear-quince [pə́əkwins] *n bot* prava kutina
pear-shaped [pə́əšeipt] *adj* hruškast
peart [piət] *adj A* živahen, vesel, bister, pameten
pear-tree [pə́ətri:] *n bot* hruška (drevo)
peasant [pézənt] *n* kmet; ~ **woman** kmetica
peasantry [pézəntri] *n* kmetje, kmečkı stan
pease [pı:z] *n pl* star plural od **pea**
pea-shooter [pí:šu:tə] *n* pišča ka, puhalica; *A* katapult; *sl* majhen revolver
pea-soup [pí:su:p] *n* grahova juha; gosta megla
pea-souper [pí:su:pə] *n coll* gosta rumena megla

pea-soupy [pí:su:pi] *adj* gost in rumenkast (megla)
peat [pi:t] *n* šota; *arch* miljenec, -nka; **to cut** (ali **dig**) ~ rezati šoto
peat-bog [pí:tbɔg] *n* šotišče, šotovina
peat-bath [pí:tba:θ] *n med* blatna kopel
peat-coal [pí:tkoul] *n* lignit
peatery [pí:təri] *n* šotišče, barje
peat-hag [pí:thæg] *n* neizkoriščen del šotišče
pea-time [pí:taim] *n A* konec, konec sveta; smrt
peat-moss [pí:tmɔs] *n* glej **peat-bog**
peat-reek [pí:tri:k] *n* duh po šoti (npr. pri žganju)
peaty [pí:ti] *adj* šotnat
peavey [pí:vi] *n* drvarski kavelj
pebble [pebl] *n* prodnik (okrogel kamenček); vrsta ahata, kremenec; kamena strela, kristalna kopuča; *phys* leča iz kristalne kopuče; **that's not the only** ~ **on the beach** ni še vseh dni konec, priložnost se bo že še našla
pebble-leather [péblleðə] *n tech* krišpano usnje
pebble-stone [péblstoun] *n* prodnik, kremen
pebbly [pébli] *adj* prodast
pecan [pikǽn] *n bot* ameriški oreh, hikori, oreh
peccability [pekəbíliti] *n* grešnost, **pregrešnost**
peccable [pékəbl] *adj* grešen, pregrešen
peccadillo [pekədílou] *n* (*pl* ~ **los,** ~ **loes**) pregrešek
peccancy [pékənsi] *n* grešnost; krivda, greh; *med* slabo, bolezensko stanje
peccant [pékənt] *adj* (~ **ly** *adv*) grešen, kriv; pokvarjen, hudoben; *med* bolezenski, bolezen povzročujoč
peccary [pékəri] *n zool* ameriški merjasec
peccavi [peká:vi:] *v* grešil sem; **to cry** ~ priznati krivdo
peck I [pek] *n* mera za žito (ca 9 litrov); *fig* množina; **a** ~ **of troubles** mnogo težav
peck II [pek] *n* kljuvanje, kavsanje, grizljanje; *fig* poljub, dotik z ustnicami; *sl* hrana
peck III [pek] **1.** *vt* kljuvati, kavsniti, kavsati; glasno poljubiti, cmokniti koga; pojesti (hitro, malo), zobati; **2.** *vi* kavsniti, kljuvati (*at*); *fig* **to** ~ **at** s.o. zbadati, gristi koga; **to** ~ **down** porušiti (zid); **to** ~ **out** izkljuvati; **to** ~ **up** zobati, požrešno jesti; prekopati zemljo
peck IV [pek] **1.** *vt sl* metati (kamne); **2.** *vi* obmetavati se s kamni
pecker [pékə] *n zool* žolna, detel; *sl* jedec; motika; *sl* nos, kljun; *sl* pogum; *sl* **to keep one's** ~ **up** ne zgubiti poguma, ne kloniti
peckish [pékiš] *adj* (~ **ly** *adv*) *coll* lačen; *A* siten, razdražljiv
Pecksniff [péksnif] *n* priliznjen hinavec (po Dickensovem karakterju v romanu Martin Chuzzlewit)
Pecksniffian [peksnífiən] *adj* priliznjeno hinavski
pecten [péktən] *n zool* pokrovača (školjka)
pectineal [péktineit] *adj* grebenast
pectineal [pektíniəl] *adj anat* sramničen
pectoral [péktərəl] **1.** *adj* prsen, pektoralen; **2.** *n zool* prsna plavut; *anat* prsna mišica; naprsna plošča judovskih duhovnov; škofov naprsni križ; *pharm* zdravilo za prsa, zdravilo za kašelj
peculate [pékjuleit] **1.** *vt* poneveriti, pridržati zase; **2.** *vi* zagrešiti poneverbo
peculation [pekjuléišən] *n* poneverba
peculator [pékjuleitə] *n* defravdant, kdor poneverja, goljuf

peculiar [pikjú:liə] **1.** *adj* (~ **ly** *adv*) svojski (*to* komu), poseben; čuden, čudaški; **2.** *n* svojina; cerkev, ki ni v pristojnosti škofije

peculiarity [pikju:liǽriti] *n* svojskost, posebnost; čudaštvo

peculiarly [pikjú:ljəli] *adv* osebno; posebno; čudno

peculium [pikjú:liəm] *n* svojina, osebna lastnost

pecuniary [pikjú:niəri] *adj* (**pecuniarily** *adv*) denaren, gmoten, pekuniaren

pedagogic (al) [pedəgódžik(əl)] *adj* (~ **ally**, ~ **ly** *adv*) vzgojen, pedagoški

pedagogics [pedəgódžiks] *n pl* (edninska konstrukcija) pedagogika

pedagogue [pédəgɔg] *n* pedagog, vzgojitelj; *hum* pedant, kdor rad uči in popravlja druge

pedagogy [pédəgɔgi, ~ gɔdži] *n* pedagogika

pedal I [pedl] *adj* nožen; ~ **bin** posoda za smeti (ki se odpira z nogo); ~ **brake** nožna zavora; *mus* ~ **board** nogalnik; *A* ~ **pushers** ženske tričetrtinske hlače (za kolesarjenje)

pedal II [pedl] *n* pedal, nogalnik (pri kolesu, orgljah, klavirju)

pedal III [pedl] *vi* & *vt* poganjati pedal, pritiskati pedal; voziti kolo

pedant [pédənt] *n* pedant, pikolovec

pedantic [pidǽntik] *adj* (~ **ally** *adv*) pedantski, pikolovski

pedantry [pédəntri] *n* pedanterija, pikolovstvo

pedate [pédeit] *adj* nožat, kakor noga

peddle [pedl] **1.** *vi* krošnjariti; *fig* uganjati norčije, igračkati se (*with* s, z), zanimati se za malenkosti; **2.** *vt* prodajati, preprodajati; raznašati govorice

peddler [pédlə] *n A* krošnjar

peddlery [pédləri] *n* krošnjarstvo, krošnja

peddling [pédliŋ] **1.** *adj* nevažen, nepomemben; **2.** *n* krošnjarstvo

peddycab [pédikæb] *n* rikša

pederast [pédəræst] *n med* pederast

pederastic [pedərǽstik] *adj med* pederastičen

pederasty [pédəræsti] *n med* pederastija, homoseksualnost

pedestal I [pédistəl] *n* piedestal, podstavek, stojalo; *fig* temelj, osnova; *tech* podnožje, podstavek, stojalo; **to set s.o. on a** ~ častiti koga, idealizirati koga

pedestal II [pédistəl] *vt* postaviti na podstavek

pedestrian I [pidéstriən] *adj* pešaški, ki gre peš; *fig* nezanimiv, suhoparen, vsakdanji, prozaičen; ~ **crossing** prehod za pešce; ~ **island** cestni otok

pedestrian II [pidéstriən] *n* pešec

pedestrianism [pidéstriənizəm] *n* pešačenje, hoja

pedestrianize [pidéstriənaiz] *vi* pešačiti

pediatric [pi:diǽtrik] *adj med* pediatričen

pediatrician [pi:diətríšən] *n* pediater, otroški zdravnik

pediatrics [pi:diǽtriks] *n pl* (edninska konstrukcija) pediatrija, otroško zdravstvo

pedicel [pédisəl] *n* glej **pedicle**

pedicle [pédikl] *n bot* pecelj (listni, grozdni); *anat*, *zool* stržen (tumorja)

pedicular [pidíkjulə] *adj* ušji, ušiv

pediculosis [pidikjulóusis] *n* ušivost

pediculous [pidíkjuləs] *adj* glej **pedicular**

pedicure [pédikjuə] **1.** *n* pedikira, nega nog; pediker(ka); **2.** *vt* pedikirati

pedigree [pédigri:] *n* rodovnik, veja, rodoslovje; poreklo, izvor; *agr* ~ **stock** plemensko govedo

pedigreed [pédigri:d] *adj* čistokrven, z rodovnikom

pediment [pédimənt] *n archit* timpanon, slemensko čelo

pedimental [pediméntəl] *adj archit* kot timpanon

pedimented [pédimentid] *adj archit* ki ima timpanon

pedlar [pédlə] *n E* krošnjar; *fig* raznašalec čenč; ~ **'s French** tatinski žargon

pedlary [pédləri] *n* krošnjarjenje, krošnjarska roba

pedological [pi:dəlódžikəl] *adj* ki se tiče psihologije otrok, pedološki

pedologist I [pi:dólədžist] *n* pedolog, otroški psiholog

pedologist II [pidólədžist] *n* strokovnjak za tla, pedolog

pedology I [pi:dólədži] *n* pedologija, nauk o otroku

pedology II [pidólədži] *n* pedologija, nauk o tleh

pedometer [pidómitə] *n phys* pedometer, priprava za merjenje korakov

peduncle [pidʌ́ŋkəl] *n bot* pecelj

pee [pi:] *vi coll* lulati

peek [pi:k] **1.** *vi* kukati (*into* v, *out* ven); **2.** *n A* kukanje, bežen pogled

peek-a-boo [pí:kəbú:] **1.** *n* skrivalnica (igra); **2.** *adj* luknjičast, prozoren (obleka)

peel I [pi:l] *n* lupina, luščina (sadja, zelenjave)

peel II [pi:l] **1.** *vt* lupiti, luščiti; olupiti (*off*); sleči (obleko); **2.** *vi* lupiti se, luščiti se; sleči se; *sl* **to keep one's eye** ~ **ed** dobro odpreti oči, paziti; *aero* **to** ~ **off airplanes** posamič spuščati letala (za vzlet)

peel III [pi:l] *n tech* krušni lopar; *print* križnik

peel IV [pi:l] *n hist* majhen stolpič na trdnjavi, obrambni stolp

peeler I [pí:lə] *n* lupilec, lupilo; *sl* gola plesalka, slačica

peeler II [pí:lə] *n E sl* policaj, stražnik; *hist* član irske policije (ustanovnik Peel)

peeling [pí:liŋ] *n* lupljenje; olupek

peen [pi:n] **1.** *n* kljun kladiva; **2.** *vt* tolči s kljunom kladiva

peep I [pi:p] *n* skriven pogled, radoveden pogled, bežen pogled; svit, zora; **at** ~ **of day** ob zori; **to have (ali take) a** ~ skrivaj pogledati

peep II [pi:p] *vi* kukati, oprezovati, pokukati; pojaviti se, prikazati se, ven pokukati (često z *out*); ~ **ing Tom** radovednež

peep III [pi:p] **1.** *n* čivkanje (ptičje, otroško); **2.** *vi* čivkati

peeper [pí:pə] *n* oprezovalec; *sl* oko; ptiček (v otroški govorici)

peep-hole [pí:phoul] *n* linica, kukalnik

peep-show [pí:pšou] *n* sejemsko gledališče; *sl* ogledovanje »mesa« (golih plesalk)

peep-stone [pí:pstoun] *n A* čudežna očala, s katerimi je Joseph Smith razbral knjigo mormonov

peep-toe [pí:ptou] *adj* brez prstov (čevelj)

peer I [piə] *n* enakoroden človek, človek istega stanu; najvišji angleški plemič, peer; *E* ~ **of the realm** član lordske zbornice; **without** ~ ni mu para; **you will not find his** ~ ne boš mu našel enakega

peer II [piə] *vi* strmeti, zagledati se (*into* v); prikazati se; **to** ~ **at** ogledovati; **to** ~ **out** kukati ven; **to ~ over** kukati čez; *A* **to ~ over the fence** umreti

peerage [píəridž] *n* čast peera; najvišje angleško plemstvo, velikaši; genealogija visokega plemstva (knjiga); **he was raised to the ~** bil je povišan v peera

peeress [píəris] *n* žena peera; **~ in her own right** peerinja

peerless [píəlis] *adj* (**~ly** *adv*) brez primere, edinsten, ki mu ni para

peerlessness [píəlisnis] *n* edinstvenost

peeve [pi:v] *vt coll* razjeziti

peeved [pi:vd] *adj coll* razdražen, jezen (*at* na; *about* zaradi)

peevish [pí:viš] *adj* (**~ly** *adv*) razdražljiv, zlovoljen, osoren, siten, prepirljiv

peevishness [pí:višnis] *n* razdraženost, prepirljivost, sitnoba, osornost

peewee [pí:wi:] 1. *adj A* majcen; 2. *n* nekaj majhnega; kavbojski škorenj z nizko golenico

peewit [pí:wit] *n zool* priba, vivek

peg I [peg] *n* klin, klinček, količ, zatič, čep; kljukica za perilo; *mus* ključ na violini; sponka; *fig* predmet pogovora, pretveza; *coll* lesena noga; *E* kozarček (zlasti whiskey s sodo); **to come down a ~** or **two** postati skromnejši; **to take s.o. down a ~** or **two** poniževati koga; **off the ~** z obešalnika, konfekcija; **a square (ali round) ~ in a round** (ali square) **hole** človek na neprimernem položaju; *mil sl* **to put a man on the ~** dati koga na raport; *fig* **a ~ to hang on** predmet pogovora, pretveza; **a ~ to hang a discourse on** nekdo s katerim se da razpravljati

peg II [peg] 1. *vt* zakoliti, pribiti; zakoličiti (zemljo); *econ* umetno zadržati ceno (na borzi); *sl* metati kamne (*at* na); 2. *vi* truditi se; meriti (*at* na); **to ~ away** (ali **along, on**) vztrajno delati; **to ~ down** zakoliti; *fig* omejiti, odrediti smernice (dela itd.); **to ~ s.o. down** priviti koga; **to ~ out** omejiti, zakoličiti (mejo itd.); *sp* končati igro (kroket); *sl* umreti, izdihniti; biti uničen, izčrpan

pegamoid [pégəmoid] *n* pegamoid, umetno usnje

peg-board [pégbɔ:d] *n* deska na zidu (za razstavne predmete, orodje itd.); deska z luknjicami, v katere se vtikajo klinčki (npr. za točke pri igri kart)

pegbox [pégbɔks] *n mus* koritce (na violini)

peg-leg [pégleg] *n* lesena noga; *sl* človek z leseno nogo

peg-tooth [pégtu:θ] *n* zatični zob

pegtop [pégtɔp] *n* vrtavka; na bokih široko, spodaj ozko krilo ali hlače

peignoir [péinwa:] *n Fr* domača halja, ogrinjalo (pri česanju)

pejorative [pí:džərətiv] 1. *adj* slabšalen, ki podcenjuje, žaljiv, pejorativen; 2. *n* pejorativna beseda; beseda, ki je dobila slab pomen

pekan [pékən] *n zool* kanadska kuna

pekin(g)ese [pi:kiŋí:z] *n* pekinški psiček

pekoe [pí:kou] *n* odličen cejlonski čaj

pelage [pélidž] *n zool* kožuh sesalcev

pelagian [piléidžiən] *adj* glej **pelagic**

Pelagian [piléidžiən] 1. *adj* pelagijanski; 2. *n* pelagijanec, pripadnik Pelagijevega nauka

pelagic [pelǽdžik] *adj* morski, oceanski

pelargonium [peləgóuniəm] *n bot* pelargonija, gorečka

Pelasgian [pelǽzgiən] 1. *adj* pelasgijski; 2. *n* **Pelasgijec**

pelerine [péləri:n] *n* pelerina

pelf [pelf] *n cont* denar, bogastvo

pelican [pélikən] *n zool* pelikan; *fig* **~ in her piety** pelikan, ki hrani mladiče s svojo krvjo (prispodoba Kristusa ali ljubezni do bližnjega)

pelisse [pelí:s] *n* s krznom obrobljen ženski plašč; otroški plašček; kapa ali jopa obrobljena s krznom; huzarska jopa

pellagra [peləǽgrə] *n med* pelagra

pellet [pélit] 1. *n* kroglica; *pharm* pilula; šibra; 2. *vt* delati kroglice (iz kruha, papirja), obmetavati s kroglicami

pellicle [pélikl] *n* kožica, opna

pellicular [pelíkjulə] *adj* ko kožica, opna; ki ima tenko kožico

pellitory [pélitəri] *n bot* materine drobtinice; rman

pell-mell [pélmél] 1. *adj* zmešan, nepremišljen, kaotičen; 2. *adv* zmešano, v neredu, na vrat na nos, nepremišljeno; 3. *n* zmešnjava, kolobocija, nered

pellucid [peljú:sid] *adj* (**~ly** *adv*) prozoren, prosojen; *fig* jasen, kristalen (stil itd.)

pellucidity [pelju:síditi] *n* prozornost, prosojnost; *fig* jasnost

pelmet [pélmit] *n* karnisa, zastornica; volan, zastorček

Peloponnesian [peləpəní:šən] *adj* peloponeški

pelt I [pelt] *n* neustrojena koža, kožuhovina; *hum* dlakava koža

pelt II [pelt] *n* udarec, met, obmetavanje; močan naliv, ploha; naglica; obstreljevanje; **at full ~** s polno paro, z vso naglico

pelt III [pelt] 1. *vt* obmetavati, obstreljevati; zasipati (s vprašanji); *fig* ustrojiti komu kožo, našeškati; 2. *vi* metati (*at* na; kamne); močno padati, liti (dež); **~ing rain** naliv, ploha

pelta [péltə] *n* majhen in lahek grški in rimljanski ščit

peltate [pélteit] *adj bot* ščitast (list)

peltry [péltri] *n* kožuhovina, krzno

pelvic [pélvik] *adj anat* medeničen; **~ cavity** medenična votlina; **~ girdle** medeničen obroč; **~ presentation** lega medenice

pelvis [pélvis] *n anat* medenica

pemmican [pémikən] *n* pemikan, v ploščice stisnjeno posušeno zmleto meso; *fig* zgoščena vsebina literarnega dela, kratka vsebina

pen I [pen] *n* obor, ograda, tamar, ovčja staja, pregraja za kokoši, kurnik; *A sl* zapor, ječa; *mil* zaklonišče za podmornice; **hen-~** kurnik; **play-~** otroška stajica

pen II [pen] *vt* zapreti v obor, ograd0, stajo itd. (tudi *in, up*)

pen III [pen] *n* pero; *fig* pisatelj, stil; **quill ~** gosje pero; **to wield a formidable ~** ostro pisati; **the best ~s of the day** najboljši sodobni pisatelji; **to live by one's ~** živeti od pisanja; **~ friend** (ali **pal**) dopisovalec

pen IV [pen] *vt* pisati, napisati, spisati, sestaviti (*up*)

pen V [pen] *n zool* labodica

penal [pí:nəl] *adj* (~ ly *adv*) kazenski, kazniv, kazensko praven; ~ **act** kaznivo dejanje; ~ **code** kazenski zakonik; ~ **colony** naselbina kaznjencev; ~ **institution** kazenska ustanova; ~ **law** kazenski zakon; ~ **servitude** zaporna kazen s prisilnim delom; ~ **sum** globa
penalization [pi:nəlaizéišən] *n* kaznovanje
penalize [pí:nəlaiz] *vt* kaznovati (tudi *sp*)
penalty [pénəlti] *n* kazen, globa, penale; *sp* ~ **area** kazenski prostor; *sp* ~ **kick** kazenski strel (nogomet); **the extreme** ~ smrtna kazen; **to pay** (**ali bear**) **the** ~ **of** pokoriti se za kaj; **under** (**ali on**) ~ **of** pod kaznijo
penance I [pénəns] *n relig* pokora; *fig* kazen, trpljenje; **to do** ~ delati pokoro
penance II [pénəns] *vt* naložiti pokoro
pen-and-ink [pénəndíŋk] *adj* risan s peresom; ~ **drawing** perorisba; ~ **man** pisatelj; ~ **statement** črno na belem
penates [penéiti:z] *n pl* penati, starorimska hišna božanstva
pen-case [pénkeis] *n* peresnica, pušica
pence [pens] *n pl* plural od **penny** (vrednost)
penchant [pá:ŋšá:ŋ, pénčənt] *n* močno nagnjenje (do koga), naklonjenost (*for*)
pencil I [pensl] *n* svinčnik, črtnik, črtalo; snop žarkov; *arch* čopič; *fig* risarska umetnost; **in** ~ s svinčnikom (napisano, narisano); *geom* ~ **of lines** snop črt; črte, ki gredo skozi eno točko; *phys* ~ **of light** snop žarkov, ki gredo skozi eno točko
pencil II [pensl] *vt* risati, črtati, načrtati (npr. obrvi), pisati; *sp* vnesti konjevo ime v knjigo stav
pencil-case [pénslkeis] *n* pušica za svinčnike
pencil(l)ed [pénsld] *adj* fino narisan, načrtan; snopast (tudi *phys*)
pencil pusher [pénslpušə] *n hum* priganjalec (v pisarni)
pencil sharpener [pénslša:pnə] *n* šilček
pencil stripe [pénslstraip] *n* fin črtkan vzorec
pencraft [pénkra:ft] *n* pisateljstvo
pend [pend] *vi* omahovati, nihati
pendant [péndənt] 1. *n* obesek, privesek, viseč nakit ali okrasek; obesek (na lestencu); pendant, nasprotek, dopolnilo, enačica (*to*); *naut* zastavica na vrhu glavnega jambora, zastavica za signaliziranje; 2. *adj* viseč
pendency [péndənsi] *n* (zlasti *jur*) omahljivost, neodločnost, negotovost
pendent [péndənt] 1. *adj* viseč; *fig* omahljiv, neodločen; *gram* odvisen, podreden; 2. *n* obesek; *gram* dopolnilo
pendentive [pendéntiv] *n archit* viseč oporni lok
pending I [péndiŋ] *adj* viseč; neodločen, nerešen, v teku; **the suit was then** ~ tožba je bila tedaj v teku
pending II [péndiŋ] *prep* med (časovno), dokler, do; ~ **his arrival** do njegovega prihoda; ~ **your further orders** do vaših nadaljnjih odredb
pendragon [pendrǽgən] *n hist* poglavar, starosta (v Britaniji)
pendulate [péndjuleit] *vi* nihati; *fig* omahovati, fluktuirati
pendulation [pendjuléišən] *n* nihanje; *fig* omahovanje, fluktuiranje

penduline [péndjulaín] *adj zool* viseč (gnezdo), ki plete viseče gnezdo (ptič)
pendulous [péndjuləs] *adj* (~ ly *adv*) nihajoč, viseč; ~ **abdomen** trebušna prevesa; ~ **breasts** pobešene prsi
pendulum [péndjuləm] *n* nihalo; *fig* sprememba mnenja, razpoloženja itd.; *fig* **swing of the** ~ menjava oblasti med političnimi strankami, sprememba javnega mnenja; ~ **wheel** nemirka v uri; ~ **compensation** ~ nihalo, ki se prilagaja temperaturnim spremembam
peneplain [pí:nəplein] *n geol* zaradi erozije nastala ravnina
penetrability [penitrəbíliti] *n* predirnost, predirljivost; dostopnost
penetrable [pénitrəbl] *adj* (**penetrably** *adv*) prediren; predirljiv; dostopen
penetralia [penitréiliə] *n pl* najbolj skrit del (cerkve), svetišče; *fig* skrivnost, skritost
penetrant [pénitrənt] *adj* prediren; *fig* oster, bister, penetranten
penetrate [pénitreit] 1. *vt* predreti, vdreti; prebiti; *fig* razumeti; prežeti, prepojiti; 2. *vi* prebiti se, predreti (*through* skozi, *into* v); utreti si pot, priti (*to*)
penetrating [pénitreitiŋ] *adj* (~ ly *adv*) glej **penetrant**
penetration [penitréišən] *n* prediranje, penetracija; *fig* prežemanje, bistroumnost, dojemanje; *mil* prebojna sila
penetrative [pénitreitiv] *adj* (~ ly *adv*) prediren; *fig* oster; bister; ~ **effect** globina predora (strelnega orožja)
penetrator [pénitreitə] *n* ki predira, prežema
pen-feather [pénfeðə] *n zool* letalno pero (ptica)
pen-fish [pénfiš] *n zool* sipa
penguin [péŋgwin] *n zool* pingvin
penholder [pénhouldə] *n* peresnik
penial [pí:niəl] *adj anat* ki se nanaša na penis
penicil [pénisil] *n bot, zool* šop dlačic
penicillate [penisílit] *adj bot, zool* dlakav, čopičast
penicillin [penisílin] *n med* penicilin
peninsula [penínsjulə] *n* polotok; **the Peninsula** Pirenejski polotok
peninsular I [penínsjulə] *adj* polotoški; **the Peninsular War** Napoleonova vojna s Španijo; *A* **the** ~ **campaign** pohod na Richmond (ameriška državljanska vojna); **the Peninsular State** Florida
peninsular II [penínsjulə] *n* polotočan(ka), prebivalec polotoka
peninsulate [penínsjuleit] *vt* napraviti polotok
penis [pí:nis] *n* (*pl* ~ **nes**) *anat* penis
penitence [pénitəns] *n* pokora, kes
penitent [pénitənt] 1. *adj* (~ ly *adv*) spokorniški; 2. *n* spokornik, -nica
penitential [peniténšəl] *adj* (~ ly *adv*) spokorniški, skesan, skrušen
penitentiary I [peniténšəri] *adj* kazenski, poboljševalen; spokorniški; *A* ~ **crime** zločin, za katerega je predvidena zaporna kazen
penitentiary II [peniténšəri] *n* spovednik; Visoko cerkveno sodišče v Rimu; poboljševalnica; *A* kaznilnica; **Grand Penitentiary** kardinal, ki predseduje cerkvenemu sodišču
penknife [pénnaif] *n* žepni nož
penman [pénmən] *n* pisatelj, lepopisec; pisar; **to be a good** ~ imeti lepo pisavo

penmanship [pénmənšip] *n* pisanje, lepopisje; stil, pisateljstvo

pen-name [pénneim] *n* pisateljev psevdonim

pennant [pénənt] *n naut* zastavica; *A sp* trioglata zastavica za zmagovalca; *mus* kljukica na noti, ki pokaže vrednost

pennate [péneit] *adj* krilat, pernat

penniform [pénifə:m] *adj* kot pero, oblike peresa

penniless [pénilis] *adj* (~ ly *adv*) brez denarja, reven

pennill [pénil] *n* (*pl* ~ **nillion**) *n* strofa improvizirane pesmi, ki se poje ob spremljavi harfe

pennon [pénən] *n naut* zastavica (dolga in ozka); krilo, perut; *fig* dolg trak

penny [péni] *n* (*pl* **pennies, pence**) peni (angleški drobiž, 1/100 funta); *A* cent (kovanec); *fig* majhna vsota, denar; **in for a ~, in for a pound** kdor reče A, mora reči tudi B; začeto delo je treba končati; **to make a ~** zaslužiti denar; **to spend a ~** iti na stranišče; **he hasn't a ~ to bless himself with** nima niti beliča; **a pretty ~** čedna vsota denarja; **take care of the pence and the pounds will take care of themselves** kamen na kamen palača; **to turn an honest ~** zaslužiti denar s priložnostnim delom; **in pennies** s posameznimi kovanci po 1 peni; **a ~ for your thoughts** če bi le vedel kaj misliš; **a ~ plain and twopence coloured** posmeh cenenemu blišču; **a ~ soul never came to twopence** malenkosten človek nikoli ne uspe; **~ number** zvezek romana v nadaljevanjih; **in ~ numbers** po malem; *hist* **Peter's ~** letni davek za papeža; prispevek za dobrodelne in cerkvene namene

penny-a-line [péniəláin] *adj E* slab, cenen (pisanje)

penny-a liner [péniəláinə] *n E* pisun, slabo plačan novinar

penny-dreadful [pénidredful] **1.** *adj E* plažast (knjiga); **2.** *n* cenena povest, srhljivka

penny-farthing [pénifa:ðiŋ] *n E coll* starinsko visoko kolo

penny-father [pénifa:ðə] *n* skopuh

penny-in-the-slot [péniinðəslət] *adj* iz avtomata, avtomatski; **~ machine** avtomat (za čokolado itd.)

penny-pinching [pénipinčiŋ] *n* skopuštvo

penny-pitching [pénipičiŋ] *n A* igra z metanjem kovancev v tarčo

pennyroyal [péniróiəl] *n bot* drobna meta, polaj; bolšnik

penny-weight [péniweit] *n* teža 1.5 grama; dvajseti del unče

pennywise [péniwaiz] *adj* varčen pri malenkostih, skopuški; **~ and pound foolish** varčen pri malenkostih, a razsipen pri velikih stvareh

pennywort [péniwə:t] *n bot* vodni popnjak

pennyworth [péniwəθ, pénəθ] *n* vrednost enega penija, malenkost; nakup, kupčija; **a good (bad) ~** dober (slab) nakup; **not a ~** niti najmanj; **he has got his ~** dobil je, kar mu gre

penological [pi:nəlódžikəl] *adj* (~ ly *adv*) kazniv

penologist [pi:nólədžist] *n* kriminolog

penology [pi:nólədži] *n jur* nauk o kaznih, nauk o upravljanju kaznilnic; kriminologija

pen-pusher [pénpušə] *n coll* priganjalec (v pisarni); pisun

pensile [pénsil] *adj* viseč, lebdeč; gradeč viseče gnezdo (ptič)

pension I [pénšən] *n* pokojnina; letni dohodek, renta; plačilo za penzion; **not for a ~** za nič na svetu; **old-age ~** starostna pokojnina

pension II [pénšən] *vt* izplačati pokojnino; **to ~ off** upokojiti

pension III [pá:ŋsiə:ŋ] *n* penzion; penzionat, internat

pensionable [pénšənəbl] *adj* upravičen do pokojnine; pokojninski

pensionary [pénšənəri] **1.** *adj* pokojninski; upokojen; **2.** *n* upokojenec; *cont* najemnik, plačanec

pensioner [pénšənə] *n* upokojenec, (vojni) invalid; najemnik, plačanec; *hist* vojak najemnik; *univ* študent univerze v Cambridgeu, ki sam plačuje hrano in stanovanje v koledžu

pensive [pénsiv] *adj* (~ ly *adv*) zamišljen, otožen, resen, melanholičen

pensiveness [pénsivnis] *n* zamišljenost, otožnost, resnost

penstock [pénstək] *n* zatvornica (pri jezu), zatvornična vrata; *A* dovodni kanal

pent [pent] *adj* zaprt, ujet (v oboru, hlevu itd.); *fig* skrit, prikrit

pent- *pref* pet

pentad [péntæd] *n* petletje, število pet, skupina petih stvari; *chem* petvalentni element ali radikal

pentadactyl [péntədæktil] *adj* petprsten

pentagon [péntəgən] *n math* peterokotnik; **the Pentagon** sedež ameriškega vojaškega poveljstva

pentagonal [pentǽgənəl] *adj math* peterokoten

pentagram [péntəgræm] *n* pentagram, peterokraka zvezda, narisana v eni potezi; mističen znak, simbol

pentahedral [pentəhí:drəl] *adj math* pentaedrski

pentahedron [pentəhí:drən] *n* (*pl* ~ **drons**, ~ **dra**) *math* pentaeder

pentamerous [pentǽmərəs] *adj* petdelen

pentameter [pentǽmitə] *n metr* pentameter, daktilski peterec

pentane [péntein] *n chem* pentan

pentasyllabic [pentəsilǽbik] *adj metr* peterostopen

Pentateuch [péntətju:k] *n* pentatevh, petero Mojzesovih knjig

pentathlete [pentǽθli:t] *n sp* peterobojec, -jka

pentathlon [pentǽθlən] *n sp* pentatlon, peteroboj

Pentecost [péntikəst] *n* židovski praznik žetve; binkošti

pentecostal [pentikóstl] *adj* binkoštni

penthouse [pénthaus] *n* pristrešek, napušč; prizidek, šupa; *A* pristrešno stanovanje (grajeno na strešni terasi)

pentice [péntis] *n* glej **penthouse**

pentode [péntoud] **1.** *adj* petceven (radio); **2.** *n* pentoda

pent-roof [péntru:f] *n* poševna streha

pent-up [péntáp] *adj* zaprt, zadržan; *fig* potlačen

penult [pinált] *n ling* predzadnji zlog

penultimate [pináltimit] **1.** *adj* predzadnji; **2.** *n* predzadnji zlog

penumbra [pinámbrə] *n* (*pl* ~ **brae**) *phys & fig* polsenca; *astr* penumbra, delno zasenčenje; prehod iz svetle v temno barvo (slikarstvo)

penumbral [pinámbrəl] *adj* polsenčen, polmračen; nejasen

penurious [pinjúəriəs] *adj* (~ ly *adv*) skop; ubožen

penuriousness [pinjúəriəsnis] *n* skopost; ubožnost

penury [pénjuri] *n* pomanjkanje (*of* česa), revščina

penwoman [pénwumən] *n* pisateljica

peon [pju:n, *A* pí:ən] *n A* dninar (v Južni Ameriki); delavec, ki mora svoj dolg odplačati z delom (v Mehiki); pešak, vojak (v Indiji); sel, spremljevalec; *A* kaznjenec, ki dela zunaj

peonage [pí:ənidž] *n* delo za odplačilo dolga; *A* sistem vdinjanja kaznjencev v podjetju

peony [píəni] *n bot* potonika; **as red as a ~** rdeč kakor kuhan rak

people I [pi:pl] *n* (*pl* ~) ljudje; (*pl* ~s) narod(i) (*the* ~s *of Europe* evropski narodi); (s svojilnimi pridevniki) domači, svojci, družina; **~ say** pravijo; **he of all ~** in prav on; **the ~** preprosti ljudje, ljudske množice; **the chosen ~** izbranci; **the good ~** vile; **literary ~** književniki; **town ~** meščani; **village ~** vaščani

people II [pi:pl] *vt* obljuditi, naseliti (*with*)

pep [pep] **1.** *n A sl* živahnost, energija, aktivnost, polet, elan; **2.** *vt* (običajno z *up*) podžigati, spodbujati, prinesti življenje v kaj

peperino [pepərí:nou] *n geol* porozna vulkanska kamnina

pepper I [pépə] *n* poper; *fig* zajedljivost, ostra kritika; **I'll give you ~** ti bom že pokazal, ti bom že dal popra; **red ~** paprika; **green ~** zelena paprika; **Spanish ~** pfeferoni; **to take ~ in the nose** razjeziti se, planiti

pepper II [pépə] *vt* poprati, popoprati; zasuti z vprašanji, udarci itd.; pretepsti; zabeliti (govor)

pepper-and-salt [pépərəndsó:lt] *adj* črnobel, meliran, pepitast (blago)

pepper-box [pépəbɔks] *n E* poprnica

pepper-caster [pépəka:stə] *n E* glej **pepper-box**

peppercorn [pépəkɔ:n] *n* poprovo zrno; *fig* malenkost, trohica; **~ rent** nominalna zakupnina

peppermint [pépəmint] *n bot* poprova meta; **~ oil** olje iz poprove mete; **~ drop** (ali **lozenge**) bonbon iz poprove mete

pepper-pot [pépəpɔt] *n* poprnica; *fig* vročekrvnež; močno poprana indijska jed; *A* **Philadelphia ~** močno poprana juha z vampi

peppery [pépəri] *adj* popran; *fig* oster, pekoč, razdražljiv, vročekrven; jedek (stil)

peppy [pépi] *adj A sl* energičen, podjeten

pepsin [pépsin] *n chem* pepsin, ferment želodčnega soka

peptic I [péptik] *adj med* prebaven, ki pospešuje prebavo; **~ gland** želodčna žleza; **~ ulcer** želodčni čir

peptic II [péptik] *n med* snov, ki pospešuje prebavo; *pl hum* prebavila

peptization [peptaizéišən, ~ti~] *n* pretvorjenje v koloidno raztopino

peptone [péptoun] *n physiol* snov, ki nastane pri razkrajanju beljakovine pri prebavi, pepton

peptonize [péptənaiz] *vt* razkrajati beljakovine v peptone

per [pə:] *prep* po, na; *econ* **as ~ account** po priloženem računu; *econ* **as ~ your letter** po vašem pismu; **~ annum** na leto, letno; **~ diem** na dan, dnevno; **~ mensem** na mesec, mesečno; **~ cent** odstotek; **~ capita** na glavo, po človeku; **~ head** na glavo, po človeku; **~ order** po naročilu; **~ post** po pošti; **~ rail** po železnici; **~ steamer** s parnikom; **~ procurationem**

(p.p.) po pooblaščencu; **~ se** samo po sebi; *coll* **as ~ usual** kot običajno

peradventure I [pərədvénčə] *adv arch* morda, slučajno; **lest ~** da ne bi slučajno; **if ~** če bi slučajno

peradventure II [pərədvénčə] *n* slučaj, dvom; **beyond** (ali **without**) **~** nedvomno, gotovo

perambulate [pəræmbjuleit] **1.** *vt* prehoditi, prepotovati, obiskovati, ogledovati, pregledovati; **2.** *vi* potovati naokrog

perambulator [præmbjuleitə] *n E* otroški voziček; potomer

percale [pə:kéil] *n* perkal, bombažna tkanina

percaline [pə́:kəli:n] *n* perkalin (za vezavo knjig)

perceivable [pəsí:vəbl] *adj* (**perceivably** *adv*) opazen, zaznaten; dojeten, razumljiv

perceive [pəsí:v] *vt* zaznati, zaznavati (zlasti s čuti); dojemati, dojeti, občutiti, opaziti, opažati, razumeti

percent, per cent [pəsént] **1.** *adj & adv* procentualen, -lno, odstoten, -tno; **2.** *n* odstotek; *pl* vrednostni papirji z navedeno procentno postavko; **three ~s** triprocentni vrednostni papirji

percentage [pəséntidž] *n* odstotna postavka, odstotek; delež, provizija, tantiema; *fig* statistična verjetnost; *sl* korist

percept [pə́:sept] *n phil* zaznavni predmet

perceptibility [pəseptəbíliti] *n* zaznavnost, dojetnost

perceptible [pəséptəbl] *adj* (**perceptibly** *adv*) zaznaven, dojeten, dojemljiv

perception [pəsépšən] *n* zaznavanje, dojemanje (s čuti)

perceptive [pəséptiv] *adj* (~ **ly** *adv*) dojeten, dojemljiv

perceptivity [pəseptíviti] *n* dojetnost, dojemljivost

perceptual [pəséptjuəl] *adj phil* dojeten, dojemljiv

perch I [pə:č] *n zool* ostriž

perch II [pə:č] *n* gred (za kure), drog, visok sedež; *fig* varen položaj; sora (pri vozu); merilna palica (5,5 yarda, 5.029 m); *naut* plovno znamenje v morju, palica v morju; **come off your ~** ne bodi tako vzvišen; *sl* **to hop the ~** umreti; **to knock s.o. off his ~** premagati koga

perch III [pə:č] **1.** *vi* spustiti se (*upon* na gred), sedeti na gredi (veji), visoko sedeti; visoko ležati (hiša); **2.** *vt* postaviti visoko; **to ~ o.s.** sesti; **to be ~ed** sedeti

perchance [pəčá:ns] *adv arch* slučajno, morda

percher [pə́:čə] *n zool* ptica sedalka

perch-pike [pə́:čpaik] *n zool* smuč

percipience [pəsípiəns] *n* zaznavanje, dojemanje

percipient I [pəsípiənt] *adj* (~ **ly** *adv*) dojemljiv, zaznavajoč; **to be ~ of** zapažati

percipient II [pəsípiənt] *n* dojemljiv človek; medij

percolate I [pə́:kəlit, ~leit] *n* precedek, filtrat

percolate II [pə́:kəleit] **1.** *vt* cediti, precejati, filtrirati; **2.** *vi* cediti se, pronicati, curljati, kapljati (skozi); ponikati; *fig* vdreti (*into* v)

percolation [pə:kəléišən] *n* precejanje, filtriranje, pronicanje; ponikovanje

percolator [pə́:kəleitər] *n* cedilo, priprava za filtriranje, filter; aparat za kuhanje kave

percuss [pə:kás] *vt* tolči; *med* pretrkavati (bolnika pri preiskavi), perkutirati

percussion [pə:kášən] *n* udarec, sunek, pretres; *med* perkusija, pretrkavanje; *mus* **~ instruments**

tolkala; ~ **cap** strelna kapica; *tech* ~ **drill** dletni sveder

percussionist [pə:kʌ́šənist] *n mus* igralec na tolkalo, bobnar itd.

percussive [pə:kʌ́siv] *adj* ki tolče, ki pretrese, pretresljiv, perkusijski

percutaneous [pə:kjutéiniəs] *adj med* perkuten, ki deluje skozi kožo

perdition [pə:díšən] *n* poguba, (večno) prekletstvo, pekel

perdu(e) [pə:djú:] *adj* skrit, izgubljen, mrtev; *mil* v zasedi; **to lie** ~ ležati v zasedi

perdurability [pədju:rəbíliti] *n* trajnost, nespremenljivost

perdurable [pədjú:rəbl] *adj* (**perdurably** *adv*) trajen, nespremenljiv, neizginljiv, večen

perdurable [pədjú:rəbl] *adj* (**perdurably** *adv*) trajen, nespremenljiv, neizginljiv, večen

peregrinate [périgrineit] *vi & vt hum* potovati, prepotovati

peregrination [perigrinéišən] *n* potovanje

peregrinator [périgrineitə] *n* potnik, popotnik

peregrin(e) [périgrin] *adj arch* tuj, inozemski; *arch* ~ **falcon** sivi sokol, ser

peremptoriness [pərémptərinis] *n* dokončnost, brezpogojnost; odločnost, zapovedovalnost

peremptory [pərémptəri] *adj* (**peremptorily** *adv*) dokončen, brezpogojen; odločen, zapovedovalen; *jur* končan, odločen

perennial [pərénjəl] **1.** *adj* (~**ly** *adv*) trajajoč celo leto, celoleten; trajen, večleten; **2.** *n bot* trajnica, steblika

perfect I [pə́:fikt] *adj* (~**ly** *adv*) popoln, dovršen, vzoren, perfekten; gotov, končan; točen; spreten, okreten, vešč (*in*); *gram* dovršen; *math* cel; **to make** ~ izpopolniti, perfektuirati; **a** ~ **stranger** popoln tujec; *gram* ~ **participle** pretekli deležnik; *math* ~ **number** celo število; **letter** ~ dovršen, odličen, neprekosljiv

perfect II [pə́:fikt] *n gram* perfekt, pretekli čas

perfect III [pəfékt] *vt* izpopolniti, izvršiti, dovršiti, izboljšati, perfektuirati

perfectibility [pəfektibíliti] *n* zmožnost izpopolnitve

perfectible [pəféktəbl] *adj* izpopolnjiv

perfection [pəfékšən] *n* popolnost, izpopolnitev, perfektnost; *fig* višek, krona; *pl* odlične lastnosti, odličnost; **to** ~ odlično, popolno; **to bring to** ~ izpopolniti, perfektuirati; **the pink of** ~ višek popolnosti

perfectionism [pəfékšənizəm] *n phil* stremljenje za popolnostjo

perfectionist [pəfékšənist] *n* kdor stremi za popolnostjo

perfective [pəféktiv] **1.** *adj* izpopolnjevalen; *gram* dovršen, perfektiven; **2.** *n gram* dovršni glagol, dovršni način

perfectiveness [pəféktivnis] *n gram* perfektivnost, dovršnost

perfectly [pə́:fiktli] *adv* popolno, dovršeno, brez napake; *coll* čisto, absolutno

perfectness [pə́:fiktnis] *n* popolnost, dovršenost

perfervid [pə:fə́:vid] *adj* vnet, vzhičen

perfidious [pəfídiəs] *adj* (~**ly** *adv*) izdajalski, nezvest, verolomen, perfiden

perfidiousness [pəfídiəsnis] *n* glej **perfidy**

perfidy [pə́:fidi] *n* izdajalstvo, nezvestoba, verolomnost, perfidnost

perforate I [pə́:fərit] *adj* preluknjan, naluknjan, preboden, predrt, perforiran

perforate II [pə́:fəreit] *vt* predreti (*into* v), prebosti (*through* skozi), naluknjati, perforirati

perforation [pə:fəréišən] *n* predrtje; naluknjanost, luknje; *med* perforacija

perforator [pə́:fəreitə] *n* luknjač, perforator

perforce [pəfɔ́:s] *adv* nujno, neizbežno; s silo, po sili

perform [pəfɔ́:m] **1.** *vt* napraviti, izvršiti, izvesti, končati (delo); *theat* uprizoriti (igro), igrati (vlogo); igrati (glasbeni instrument); **2.** *vi* izvršiti nalogo; *tech* delati (stroj); *theat* igrati, nastopiti, predvajati; *jur* **able to** ~ dela zmožen; *jur* **failure to** ~ neizpolnitev; **to** ~ **on the piano** igrati klavir

performable [pəfɔ́:məbl] *adj* izvršljiv, izvedljiv

performance [pəfɔ́:məns] *n* izvršitev; storitev, delo, učinek; predstava, prireditev, igra, nastop; *econ* kvaliteta proizvoda; ~ **test** preiskus dela, učinka; ~ **in kind** dejansko delo; ~ **chart** diagram delovnega učinka; ~ **standard** norma kakovosti

performer [pəfɔ́:mə] *n* izvršitelj; umetnik, -nica, igralec, -lka; **a good promiser, but a bad** ~ kdor mnogo obljublja, a malo izpolni

performing [pəfɔ́:miŋ] *adj* izvršujoč; dresiran (žival), nastopajoč

perfume I [pə́:fju:m] *n* parfum, vonjava, dišava

perfume II [pəfjú:m] *vt* parfumirati, odišaviti

perfumer [pəfjú:mə] *n* parfumar, dišavar

perfumery [pəfjú:məri] *n* parfumerija, parfumi

perfunctoriness [pəfʌ́ŋktərinis] *n* površnost, nemarnost, zanikrnost

perfunctory [pəfʌ́ŋktəri] *adj* (**perfunctorily** *adv*) površen, nemaren, zanikrn; mehaničen, brez misli

perfuse [pəfjú:z] *vt* politi, poškropiti (*with* s, z), premočiti; napolniti, prežeti (*with* s, z)

perfusion [pəfjú:žən] *n* politje, poškropitev; *fig* prežemanje

perfusive [pəfjú:siv] *adj* ki poliva, škropi; prežemajoč

pergola [pə́:gələ] *n archit* pergola, s plazilkami obrasla senčna pot; senčnica, uta

perhaps [pəhǽps, præps] **1.** *adv* morda, nemara; **2.** *n* domneva; **the Great Perhaps** veliko vprašanje (življenje po smrti?)

peri [píəri] *n myth* vilinsko bitje (v perzijski mitologiji)

perianth [périænθ] *n bot* cvetna kožica

periapt [périæpt] *n* amulet

periblast [péribla:st] *n biol* celična plazma zunaj jedra

pericarditis [perika:dáitis] *n med* vnetje osrčnika, perikarditis

pericardium [periká:diəm] *n* (*pl* ~**dia**) *anat* osrčnik, perikardij

pericarp [périka:p] *n bot* semenski mešiček

Periclean [periklí:ən] *adj* periklovski, periklejski

pericope [períkəpi:] *n* perikopa, odlomek, paragraf, nedeljska perikopa

pericranium [perikréiniəm] *n* (*pl* ~**nia**) *anat* lobanjska opna; *hum* lobanja, možgani, razum

perigee [péridži:] *n astr* perigej, prizemlje

periglotis [periglótis] *n anat* kožica jezika

perihelion [perihí:liən] *n* (*pl* ~ lia) *astr* perihelij, prisončje

peril I [péril] *n* nevarnost, tveganost, tveganje, riziko (tudi *econ*); odgovornost; **at one's** ~ na lastno odgovornost ;**in** ~ **of** v nevarnosti za kaj

peril II [péril] *vt* ogrožati, spraviti v nevarnost

perilous [périləs] *adj* (~ ly *adv*) nevaren, tvegan

perilousness [périləsnis] *n* nevarnost, tveganost

perimeter [pərímitə] *n geom* perimeter, obseg; *med, phys* priprava za določanje vidnega polja; *mil* ~ **defence** splošna obramba

period I [píəriəd] *n* perioda, doba, obdobje, razdobje (v katerem se kaj redno ponavlja); rok, doba, čas; *geol* geološka doba (*glacial* ~ ledena doba); *astr* čas poti planeta (okoli sonca); *ped* šolska ura, ura predavanja; *math* ponavljajoča se skupina številk v decimalnem ulomku, interval; *mus* osemtaktna perioda; *pl med* čišča; *gram* pika, veliki stavek; konec; *pl* retoričen jezik; ~ **of validity** rok veljavnosti; *jur* ~ **of appeal** prizivni rok; *phot* ~ **of exposure** čas osvetlitve; *med* ~ **of incubation** inkubacijska doba; ~ **of office** službena doba; **for a** ~ za nekaj časa; **for a** ~ **of** za dobo...; **a girl of the** ~ sodobno, moderno dekle; **to put a** ~ **to** postaviti piko na i, dokončati; **the** ~ epoha; **a long** ~ **of time** dolgo časa

period II [píəriəd] *adj* stilen (pohištvo, hiša); sodoben, historičen

periodic [piəriódik] *adj* (~ ally *adv*) periodičen, ki se redno ponavlja, občasen; *ling* izražen v retoričnem jeziku, retoričen; *astr* ki se nanaša na pot nebesnega telesa; *chem* ~ **table** periodična tablica elementov; *chem* ~ **system** periodični sistem; *chem* **the** ~ **law** Mendlovo pravilo

periodical [piəriódikəl] **1.** *adj* (~ ly *adv*) periodičen; **2.** *n* periodični tisk, časopis, revija

periodicity [piəriədísiti] *n* periodičnost, povračanje, redno ponavljanje; *chem* položaj elementa v periodičnem sistemu; *el, phys* frekvenca

periosteum [perióstiəm] *n* (*pl* ~ tea) *anat* periost, pokostnica

periostitis [periəstáitis] *n med* periostitis, vnetje pokostnice

periotic [perióutik] **1.** *adj anat* ki obdaja notranje uho; **2.** *n* periotik

peripatetic [peripətétik] **1.** *adj* (~ ally *adv*) peripatetičen, aristotelski; ki hodi okrog; *fig* dolgovezen; **2.** *n* filozof Aristotelove šole; *hum* (trgovski) potnik

peripateticism [peripətétisizəm] *n* Aristotelov nauk; potovanje s kraja v kraj

peripheral [pərífərəl] *adj* (~ ly *adv*) periferen, obroben, obkrajen

peripheric [periférik] *adj* (~ ally *adv*) glej **peripheral**

periphery [pərífəri] *n* periferija, obod, rob, okolica

periphrase [périfreiz] **1.** *n* perifraza, opis; **2.** *vt* perifrazirati, opisati

periphrasis [pərífrəsis] *n* (*pl* ~ ses) perifraza, opis

periphrastic [perifrǽstik] *adj* (~ ally *adv*) perifrastičen, opisen; *gram* ki se tvori s pomožnim glagolom

perique [pərí:k] *n* odličen tobak iz Louisiane (ZDA)

periscope [périskoup] *n* periskop (optična priprava); *naut* periskop na podmornici; *mil* opazovalno ogledalo

periscopic [periskópik] *adj phys* periskopski, konkavno konveksni

perish [périš] **1.** *vi* giniti, slabeti, veneti, umirati (*with* od, *by*, *of* zaradi), poginiti, ponesrečiti se; propasti, propadati, izumirati; **2.** *vt* (običajno pasiv) uničiti; **to be** ~ **ed with cold** zmrzovati; **to** ~ **by cold** zmrzniti; **to** ~ **by drowning** utoniti; **we nearly** ~ **ed with fright** skoraj smo umrli od strahu; ~ **the thought (of)!** naj se gre solit!, še na misel mi ne pride; *coll* ~ **ed** pol mrtev (od lakote, mraza)

perishable [périšəbl] **1.** *adj* (**perishably** *adv*) kvarljiv, minljiv, kratkotrajen; **2.** *n pl* pokvarljivo blago

perishableness [périšəblnis] *n* kvarljivost, minljivost, kratkotrajnost

perisher [périšə] *n E sl* capin, hudoba

perishing [périšiŋ] **1.** *adj* (~ ly *adv*) kvarljiv, minljiv, kratkotrajen; uničujoč; *sl* strašen, obupen; **2.** *adv E coll* presneto (mrzlo itd.)

perispome [périspoum] *n* perispomenon (grška beseda, naglašena s cirkumfleksom na zadnjem zlogu)

perissad [pərísæd] *n chem* element z neenakomerno valenco

perissodactyle [pərisədǽktil] **1.** *adj zool* lihoprst; **2.** *n* lihoprsti kopitar

peristalith [pərístəliθ] *n hist* vrsta pokonci postavljenih kamnov okrog groba

peristalsis [peristǽlsis] *n* (*pl* ~ ses) *physiol* peristaltika (valovito gibanje želodca in črevesja)

peristaltic [pəristǽltik] *adj physiol* peristaltičen

peristeronic [pəristərónik] *adj zool* golobji

peristyle [péristail] *n archit* peristil, stebrišče

periton(a)eal [peritəní:əl] *adj anat* potrebušen

periton(a)eum [peritəní:əm] *n* (*pl* ~ nea) *anat* potrebušnica

peritonitis [peritənáitis] *n med* peritonitis, vnetje potrebušnice

periwig [périwig] **1.** *n* lasulja, perika; **2.** *vt* pokriti s periko

periwinkle [périwiŋkl] *n bot* zimzelen; *zool* breženka (polž)

perjure [pə́:džə] *vt* krivo priseči (*to* ~ *o.s.*)

perjurer [pə́:džərə] *n* krivoprisežnik, -nica

perjurious [pədžúəriəs] *adj* (~ ly *adv*) krivoprisežen

perjury [pə́:džəri] *n* kriva prisega, zavestna laž

perk I [pə:k] *adj* predrzen, ohol, domišljav; lep, okičen, okrašen

perk II [pə:k] **1.** *vi* šopiriti se; dvigati glavo, vihati nos (*up*); samozavestno, predrzno, domišljavo se vesti; popraviti se po bolezni, priti v formo (*up*); razvedriti se, razveseliti se (*up*); **2.** *vt* okrasiti; dvigniti (*up* glavo), striči z ušesi; **to** ~ *o.s.* (*up*) nalepotičiti se

perk III [pə:k] *n E sl* (običajno *pl*) glej **perquisite**

perkiness [pə́:kinis] *n* šopirjenje, šopirnost, objestnost; živahnost, čilost

perky [pə́:ki] *adj* (**perkily** *adv*) predrzen, objesten, domišljav; živahen, čil, vesel

perle [pə:l] *n pharm* želatinska kapsula

perlustrate [pəlʌ́streit] *vt* (temeljito) pregledati, preiskati

perlustration [pəlʌstréišən] *n* (temeljit) pregled, preiskava

perm [pə:m] *n coll* trajna ondulacija

permalloy [pə:mǽloi] *n* zlitina niklja in železa

permanence [pǿ:mənəns] *n* permanenca, trajnost, stalnost

permanency [pǿ:mənənsi] *n* trajanje, stalna zaposlitev, kaj stalnega; **it has no** ~ ni trajno

permanent [pǿ:mənənt] *adj* (~ **ly** *adv*) trajen, stalen; ~ **wave** trajna ondulacija; *E* ~ **way** železniška proga; ~ **debt** zavarovan državni dolg

permanganate [pə:mǽŋgənit] *n chem* hipermangan

permeability [pə:miəbíliti] *n* prepustnost; *phys* ~ **to gas** prepuščanje plina

permeable [pǿ:miəbl] *adj* (**permeably** *adv*) prepusten (*to* za)

permeance [pǿ:miəns] *n* predirljivost; *phys* magnetična vrednost prevodnosti

permeant [pǿ:miənt] *adj* pronicajoč, prodirajoč, predirljiv, prežemajoč

permeate [pǿ:mieit] **1.** *vt* pronicati, prodirati, prodreti, prežeti; **2.** *vi* predreti (*into* v); širiti se (*among* med); pronicati (*through* skozi)

permeation [pə:miéišən] *n* pronicanje, prodiranje, prežemanje

Permian [pǿ:miən] **1.** *adj geol* permski; **2.** *n* perm, permska formacija

permissibility [pəmisibíliti] *n* dopustnost

permissible [pəmísibl] *adj* (**permissibly** *adv*) dopusten, dovoljen; *econ* ~ **expenses** stroški z morebitnim popustom; *tech* ~ **deviation** (ali **variation**) obseg tolerance

permission [pəmíšən] *n* dovoljenje, dopustitev, privolitev; **by** ~ z dovoljenjem; **to ask s.o. for** ~, **to ask s.o.'s** ~ prositi koga za dovoljenje

permissive [pəmísiv] *adj* (~ **ly** *adv*) dovolilen, dovoljujoč, dopusten; *jur* fakultativen, prepuščen izbiri; svoboden, brez tabujev

permit I [pǿ:mit] *n* (pismeno) dovoljenje, prepustnica, prehodnica; *econ* izvozno dovoljenje

permit II [pəmít] **1.** *vt* dovoliti, dopustiti, privoliti; prenašati, trpeti kaj; **2.** *vi* dovoliti si; dopustiti (*of*); **to** ~ **o.s. s.th.** privoščiti si kaj; **time** ~ **ting** če bo čas dovolil, če bo čas; **the rule** ~ **s of no exception** pravilo ne dopušča nobene izjeme

permittee [pəmití:] *n* kdor ima dovoljenje, prepustnico

permitter [pəmítə] *n* kdor izda dovoljenje, prepustnico

permittivity [pəmitíviti] *n el* dielektrična konstanta

permutable [pəmjú:təbl] *adj* (**permutably** *adv*) zamenljiv, izmenljiv

permutation [pə:mju:téišən] *n* zamena, izmena, prestava; *math* permutacija; ~ **lock** ključavnica na številke ali črke

permute [pəmjú:t] *vt* zamenjati, izmenjati; *math* permutirati

pern [pə:n] *n zool* čebelar, sršenar (ptič)

pernicious [pə:níšəs] *adj* (~ **ly** *adv*) poguben, usoden, škodljiv (*to*); *med* perniciozen, poguben; ~ **an(a)emia** perniciozna anemija

perniciousness [pə:níšəsnis] *n* pogubnost, usodnost, škodljivost

pernicketiness [pəníkitinis] *n coll* pikolovstvo, pedantnost

pernickety [pəníkiti] *adj coll* izbirčen, siten, pikolovski, pedanten (*about* s, z); kočljiv

pernoctation [pənóktéišən] *n* prebedenje noči; *eccl* bedenje

peroneal [perəní:əl] *adj anat* mečen, zadnjičen

perorate [pérəreit] *vi* na dolgo in široko govoriti, govoričiti; povzeti na koncu govora

peroration [perəréišən] *n* sklep govora, peroracija

peroxide [pəróksaid] **1.** *n chem* peroksid, vodikov superoksid; **2.** *vt* oksidirati lase

perpend [pə:pénd] *vt & vi arch* premišljevati

perpendicular [pə:pəndíkjulə] **1.** *adj* navpičen (*to* na), pravokoten (*to* k, na); navpičen (rudnik); strm, prepaden; *archit* pozno gotski; *hum* stoječ; **2.** *n* navpičnica, pravokotnica, svinčnica; *sl* prigrizek stoje; *archit* angleški pozno gotski stil

perpendicularity [pə:pəndikjulǽriti] *n* navpičnost, pravokotnost; strmina, prepadnost

perpetrate [pǿ:pitreit] *vt* zagrešiti, zakriviti

perpetration [pə:pitréišən] *n* zagrešitev, zakrivitev (hudobije)

perpetrator [pǿ:pitreitə] *n* krivec, hudodelec

perpetual [pəpétjuəl] *adj* (~ **ly** *adv*) večen, neprekinjen, stalen; *econ* neodpovedljiv; *coll* neprestan; ~ **snow** večni sneg; *econ* ~ **inventory** permanenčna (tekoča) inventura; ~ **motion** perpetuum mobile

perpetuance [pəpétjuəns] *n* trajnost, neprekinjenost, stalnost

perpetuate [pəpétjueit] *vt* ovekovečiti, za vedno ohraniti, rešiti pozabe; *jur* **to** ~ **evidence** zagotoviti dokaze

perpetuation [pəpetjuéišən] *n* ovekovečenje; trajanje, neprenehnost

perpetuity [pə:pitjúiti] *n* večnost; *jur* trajna last; *econ* dosmrtna renta; *econ* čas, v katerem obresti dosežejo višino glavnice; **in** (ali **to, for**) ~ za vedno

perplex [pəpléks] *vt* zmesti, zbegati; komplicirati, zaplesti; osupniti

perplexed [pəplékst] *adj* (~ **ly** *adv*) zmeden, zbegan, osupel; zapleten, kompliciran

perplexing [pəpléksiŋ] *adj* (~ **ly** *adv*) ki zmede, zbega; zapleten kompliciran

perplexity [pəpléksiti] *n* zmedenost, zbeganost, osuplost, perpleksnost; prepadlost, nemir, težava, zapletenost

perquisite [pǿ:kwizit] *n* (običajno *pl*) postranski dohodek, -dki, pridobitev

perron [pérən] *n archit* zunanja terasa, zunanje stopnišče; peron, rampa

perry [péri] *n E* hruškovka (mošt)

perse [pə:s] *adj arch* sivkasto moder

per se [pə:séi, ~ sí:] *adv Lat* kot tak, po sebi

persecute [pǿ:sikju:t] *vt* preganjati, zasledovati; mučiti, nadlegovati, nagajati, sitnosti delati

persecution [pə:sikjú:šən] *n* preganjanje, zasledovanje; nadlegovanje, persekucija; *med* ~ **complex** (ali **mania**) preganjavica

persecutive [pǿ:sikju:tiv] *adj* preganjaški, zasledovalen, nadležen

persecutor [pǿ:sikju:tə] *n* preganjalec, zasledovalec, nadlegovalec, mučitelj

perseverance [pə:sivíərəns] *n* stanovitnost, vztrajnost; *eccl* stanovitnost v veri perseverant [pə:sívfərənt] *adj* vztrajen, stalen, stanovit

persevere [pə:sivíə] *vi* vztrajati, vzdržati (*in*)

persevering [pə:sivíəriŋ] *adj* (~ ly *adv*) vztrajen, stanoviten, neomajen

Persia [pə́:šə, ~ žə] *n* Perzija

Persian [pə́:šən, ~ žən] 1. *adj* perzijski; 2. *n* Perzijec, -jka; iranščina; ~ blinds žaluzije, rebrače; ~ carpet perzijska preproga; ~ cat angora mačka; ~ lamb perzijanec (ovca, koža)

persiennes [pə:ziénz] *n pl* žaluzije, rebrače

persiflage [pǽsiflá:ž] *n* persiflaža, smešenje, zasmehovanje

persimmon [pə:símən] *n bot* kaki, datljeva sliva

persist [pəsíst] *vi* vztrajati (*in* pri čem), držati se, ne popustiti; dalje delati (*with* na), dalje trajati

persistence [pəsístəns] *n* vztrajanje, vztrajnost (*in*); trma, trdovratnost; *phys* vztrajnost, poznejši učinek, trajanje učinka

persistency [pəsístənsi] *n* glej persistence

persistent [pəsístənt] *adj* (~ ly *adv*) vztrajen (*in*), nenehen; trmast, trdovraten

person [pə:sn] *n* oseba, posameznik, individuum; zunanjost, telo; *gram* oseba; in ~ osebno; for my ~ kar se mene tiče; artificial (ali juristic) ~ pravna oseba; natural ~ fizična oseba; he has a fine ~ ima lepo telo; you are the very ~ I want prav tebe želim; search of the ~ osebna preiskava; to carry s.th. on one's ~ imeti kaj pri sebi

persona [pə:sóunə] *n* (*pl* ~ nae) *theat* oseba, vloga; oseba, karakter (v literaturi); osebnost; ~ (non) grata oseba, ki je (ni) zaželjena

personable [pə́:sənəbl] *adj* čeden, privlačen; *jur* pravno spodoben

personage [pə́:sənidž] *n* osebnost; *theat* vloga; zunanjost, videz

personal I [pə́:sənəl] *adj* (~ ly *adv*) oseben; ~ property (ali estate, effects) premičnine; ~ damage osebna poškodba; ~ data personalije, osebni podatki; to become ~ postati oseben, zbadati

personal II [pə́:sənəl] *n A* kratek časopisni članek o kom

personalia [pə:sənéiliə] *n pl* osebne, biografske notice (anekdote); privatne zadeve

personality [pə:sənǽliti] *n* osebnost; *pl* žaljive pripombe o kom, zbadljivke, zbadljivost; *jur* osebna lastnina; *pol* ~ cult kult osebnosti

personalization [pə:sənəlaizéišən] *n* poosebljenje, personifikacija

personalize [pə́:sənəlaiz] *vt* poosebljati, personificirati; označiti z monogramom

personalty [pə́:snəlti] *n jur* osebna lastnina, premičnina

personate [pə́:səneit] 1. *vt theat* predstavljati, igrati koga; izdajati se za koga; 2. *vi theat* igrati; oponašati

personation [pə:sənéišən] *n jur* nastopanje pod drugim imenom; *theat* igranje, nastopanje, oponašanje

personator [pə́:səneitə] *n* kdor nastopa pod drugim imenom, kdor se izdaja za drugega; igralec (vloge)

personification [pə:sənifikéišən] *n* personifikacija, poosebitev, poosebljanje

personify [pə:sónifai] *vt* personificirati, poosebiti, poosebljati

personnel [pə:sənél] *n* osebje, personal; *econ* personalni oddelek; *pl mil* čete; *pl naut* posadka; *mil* ~ bomb bomba na živ cilj

perspective I [pəspéktiv] *adj* (~ ly *adv*) perspektiven, ki kaže v perspektivi, gledan od daleč, gledan z gotovega stališča

perspective II [pəspéktiv] *n geom, art* perspektiva, risba, slika iz perspektive; upanje, pričakovanje, obet; vidik, razgled; *fig* pogled v globino, prihodnost; pogled na stvari, dogodke v pravi luči; in (true) ~ v (pravi) perspektivi; he has no ~ stvari ne vidi v pravi luči

perspectograph [pəspéktəgra:f] *n tech* perspektograf, risalni instrument

perspex [pə́:speks] *n chem* pleksi steklo

perspicacious [pə:spikéišəs] *adj* (~ ly *adv*) bistroviden, bistroumen, prodoren

perspicacity [pə:spikǽsiti] *n* bistrovidnost, bistroumnost, prodornost

perspicuity [pə:spikjúiti] *n* jasnost, razumljivost

perspicuous [pəspíkjuəs] *adj* (~ ly *adv*) jasen, razumljiv

perspirable [pəspáiərəbl] *adj* hlapljiv

perspiration [pə:spiréišən] *n* potenje, znojenje, pot, znoj

perspiratory [pəspáiərətəri] *adj* potilen, znojilen; ~ gland znojnica, znojna žleza

perspire [pəspáiə] 1. *vi* potiti se, znojiti se, hlapeti; 2. *vt* izhlapeti, izpotiti

persuadable [pəswéidəbl] *adj* pregovorljiv, prepričljiv

persuade [pəswéid] *vt* pregovoriti (*to do*, *into doing*); prepričati (*of* o, *that* da)

persuader [pəswéidə] *n* prepričevalec; sredstvo za prepričevanje (npr. revolver); *pl sl* ostroge; *sl* to clap in the ~s spodbosti konja

persuasibility [pəsweisibíliti] *n* prepričljivost, pregovorljivost

persuasible [pəswéisəbl] *adj* glej persuadable

persuasion [pəswéižən] *n* prepričavanje, prigovarjanje, prepričanje; vera, mnenje; *sl* vrsta, sorta, rod, spol; female ~ ženski spol; male ~ moški spol

persuasive [pəswéisiv] 1. *adj* (~ ly *adv*) prepričljiv; 2. *n* prepričljiv dokaz; sredstvo za prepričevanje

persuasiveness [pəswéisivnis] *n* prepričljivost, dar prepričevanja

pert [pə:t] *adj* (~ ly *adv*) predrzen; jezikav

pertain [pə:téin] *vi* pripadati (*to*), nanašati se (*to* na), tikati se, spodobiti se; ~ing to ki se nanaša na kaj, ki se tiče česa

pertinacious [pə:tinéišəs] *adj* (~ ly *adv*) trdovraten, odločen, vztrajen

pertinaciousness [pə:tinéišəsnis] *n* trdovratnost, odločnost, vztrajnost

pertinacity [pə:tinǽsiti] *n* glej partinaciousness

pertinence, pertinency [pə́:tinəns(i)] *n* primernost, pristojnost, prikladnost

pertinent [pə́:tinənt] *adj* (~ ly *adv*) primeren, pristojen, prikladen (*to*); to be ~ to nanašati se na kaj, opirati se na kaj

pertinents [pə́:tinənts] *n pl* pritikline, pribor

pertness [pə́:tnis] *n* predrznost; jezikavost

perturb [pətá:b] *vt* vznemiriti, zmesti, zmotiti, motiti

perturbable [pətá:bəbl] *adj* ki se ga da vznemiriti, zmesti

perturbation [pə:tə:béišən] *n* zmeda, zmešnjava, vznemirjenje, motnja, nemir; *astr* perturbacija

perturbative [pətá:bətiv] *adj* vznemirljiv, ki zmede

pertussal [pə:tʌsəl] *adj med* sličen oslovskemu kašlju

pertussis [pə:tʌsis] *n med* oslovski kašelj

Peru [pərú:] *n* Peru

peruke [pərú:k] *n* lasulja

perusal [pərú:zəl] *n* skrbno branje; izpraševanje, pregledovanje; for ~ and return na vpogled in vrnitev

peruse [pərú:z] *vt* skrbno prebrati, skrbno pregledati, izprašati

Peruvian [pərú:viən] 1. *adj* perujski; 2. *n* Peruanec, -nka

pervade [pə:véid] *vt* predreti, prežeti, prešiniti; nasititi, napolniti

pervasion [pə:véižən] *n* prediranje, prodor, preže-manje, prežetost; nasičenost

pervasive [pə:véisiv] *adj* (~ly *adv*) predirljiv, pro-doren

pervasiveness [pə:véisivnis] *n* predirljivost, pro-dornost

perverse [pəvá:s] *adj* (~ly *adv*) perverzen, zblo-jen, sprevržen, sprijen; *psych* protinaraven

perverseness [pəvá:snis] *n* perverznost, zabloda, pokvarjenost; *psych* protinaravnost

perversion [pəvá:šən] *n* prevračanje, sprevrženje, izprijenje, spolna perverznost, nenaraven razvoj

perversity [pəvá:siti] *n* glej perverseness

perversive [pəvá:siv] *adj* kvaren, pohujšljiv (*of* za)

pervert I [pó:və:t] *n* perverznež, pokvarjenec, spre-vrženec; (verski) odpadnik

pervert II [pəvá:t] *vt* izpriditi, zbloditi, zapeljati; nenaravno se razvijati, popačiti

perverted [pəvá:tid] *adj* sprijen, hudoben, zape-ljan, popačen, perverzen

perverter [pəvá:tə] *n* zapeljivec, pohujševalec

pervious [pó:viəs] *adj* (~ly *adv*) prepusten; *fig* pristopen, dostopen (*to*); ~ to light ki prepušča svetlobo

perviousness [pó:viəsnis] *n* prepustnost, dostop-nost

peseta [pəsétə] *n* peseta, španska denarna enota

pesky [péski] *adj* (peskily *adv*) *A coll* nadležen, vražji

peso [péisou] *n* peso, južnoameriška denarna enota

pessary [pésəri] *n med* pesar, kontracepcijski pri-pomoček

pessimism [pésimizəm] *n* pesimizem, črnogledost

pessimist [pésimist] *n* pesimist(ka), črnogled

pessimistic [pesimístik] *adj* (~ally *adv*) pesimisti-čen, črnogled

pest [pest] *n* golazen, mrčes; *fig* nadloga, muka; škodljivec; *arch* kuga; ~ hole kotišče kužne bolezni; ~ control zatiranje golazni, škodljivcev

pester [péstə] *vt* gnjaviti, mrcvariti, nadlegovati, mučiti

pesterer [péstərə] *n* gnjavator, mučitelj

pestering [péstəriŋ] *adj* (~ly *adv*) ki gnjavi, muči

pest-house [pésthaus] *n* infekcijska klinika, bol-nišnica za kužne bolezni

pesticidal [pestisáidl] *adj* ki zatira mrčes, zoper mrčes

pesticide [péstisaid] *n* sredstvo zoper mrčes

pestiferous [pestífərəs] *adj* (~ly *adv*) kužen, na-lezljiv; *fig* kvaren, škodljiv; *coll* nadležen, ne-znosen

pestilence [péstiləns] *n* kužna bolezen, kuga; *fig* strup

pestilent [péstilənt] *adj* (~ly *adv*) kužen, poguben, strupen; *fig* škodljiv; *coll* nadležen, neznosen

pestilential [pestilénšəl] *adj* (~ly *adv*) kužen, na-lezljiv, škodljiv; *fig* kakor kuga, nadležen, ne-znosen

pestle I [pes(t)l] *n* tolkač, bat (v možnarju)

pestle II [pes(t)l] *vt & vi* tolči, drobiti, zdrobiti

pestologist [pestólədžist] *n* strokovnjak za zatiranje mrčesa

pestology [pestólədži] *n* nauk o mrčesu

pet I [pet] *adj* najljubši, razvajen; ~ aversion naj-bolj zoprna stvar, odpor do česa; ~ dog naročen psiček; ~ name ljubkovalno ime

pet II [pet] *n* ljubljenec, miljenček, krotka (doma-ča) žival

pet III [pet] *vt* ljubkovati, militi, razvajati

pet IV [pet] *n* jeza, nevolja, zamera; in a ~ jezen, nejevoljen, slabe volje; in a great ~ zelo slabe volje; to take a ~ at zameriti komu kaj; to get in a ~ razburiti se

petal [petl] *n bot* cvetni list

petaliferous [petəlífərəs] *adj bot* ki ima cvetne liste

petaline [pétəlain] *adj* ko cvetni list

petard [petá:d] *n* petarda, strelni naboj; to hoist with his own ~ premagati koga z njegovim orožjem ujeti se v lastno zanko

petcock [pétkɔk] *n* majhna odtočna pipa

petechial [pətékiəl] *adj* s krvnimi madeži; *med* ~ fever pegasti legar

peter [pí:tə] *vi sl* pojemati, izčrpati se (*out*)

Peter [pí:tə] *n* Peter; to rob ~ to pay Paul glej Paul; ~'s penny Petrov novčič, letni davek pa-peževi blagajni; *naut* Blue ~ modra zastavica, ki jo ladja izobesi pred izplutjem; A ~ boat prevozni, ribiški čoln

petersham [pí:təšəm] *n* debelo sukno, površnik iz njega; svilen trak

petiolar [pétioulə] *adj bot* ki se nanaša na listni pecelj

petiole [pétioul] *n bot* listni pecelj

petition I [pətíšən] *n* peticija, prošnja, pismena vloga; *jur* zahteva; *E hist* Petition of Right prošnja za dodelitev pravic (l. 1628.); to grant a ~ uslišati prošnjo; to present a ~ uslišati prošnjo; to file one's ~ in bankruptcy razglasiti stečaj; to file a ~ for divorce vložiti tožbo za razvezo zakona; ~ for clemency prošnja za pomilostitev

petition II [pətíšən] 1. *vt* zaprositi, vložiti prošnjo; 2. *vi* milo prositi (*for*); to ~ for divorce vložiti prošnjo za razvezo zakona

petitionary [pətíšənəri] *adj* peticijski, ki prosi, zahteva

petitioner [pətíšənə] *n* prosilec, -lka

petrel [pétrəl] *n zool* strakoš; *fig* nemiren duh

petrifaction [petrifǽkšən] *n* okamnenje, petrifak-cija; okamnina, fosil; *fig* paraliziranost

petrify [pétrifai] 1. vt pretvoriti v kamen, kamneti; fig skamneti, paralizirati (with); 2. vi okamneti, postati kamen (tudi fig)
Petrine [pí:train, ~trin] adj relig petrinski
petro- pref skala, kamen
petroglyph [pétrəglif] n petroglif, predzgodovinska risba na kamnu
petrographer [pitrógrəfə] n petrograf
petrographic [petrəgrǽfik] n petrografski
petrography [pitrógrəfi] n petrografija, nauk o kamnih
petrol I [pétrəl] n E bencin za motorje; ~ station bencinska črpalka; ~ tank rezervoar za gorivo, bencinski tank
petrol II [pétrəl] vt napolniti tank z bencinom, tankati
petrolatum [petrəléitəm] n chem vazelin; pharm parafinsko olje
petroleum [pitróuliəm] n chem nafta, kameno olje, svetilno olje
petrolic [pətrólik] adj chem naften, bencinski
petrology [pitróIədži] n min petrologija, proučevanje kamnov
petrous [pétrəs, pí:~] adj skalnat, trd ko kamen; anat skalničen
petticoat [pétikout] n žensko spodnje krilo; fig ženska; pl otroške oblekce; ~ government vlada žensk; she is a Cromwell in ~s ona je ženski Cromwell; I've known him since he was in ~s poznam ga od otroštva
pettifog [pétifog] vi doseči kaj z zvijačo; pravdati se brez razloga; šikanirati, nagajati; biti spletkarski advokat
pettifogger [pétifogə] n zakoten advokat, spletkarski jurist, pravdač; dlakocepec
pettifoggery [pétifogəri] n pravdarstvo; šikaniranje, sitnjarjenje, nagajanje
pettifogging [pétifogin] adj malenkosten, siten; rabulističen, spletkarski (advokat)
pettiness [pétinis] n neznatnost, nepomembnost, drobnost; sitnost, malenkostnost
petting [pétin] n A coll ljubkovanje,»mečkanje«
pettish [pétiš] adj (~ly adv) zamerljiv, občutljiv, čemeren, razdražen
pettishness [pétišnis] n zamerljivost, občutljivost; čemernost, razdražljivost
pettitoes [pétitouz] n pl svinjske noge, parklji (hrana); hum noge (zlasti otroške)
petto [pétə] n (pl ~ti) It dojka; in ~ tajno; to have s.th. in ~ imeti kaj za bregom
petty [péti] adj (pettily adv) neznaten, nepomemben, droben, majhen; malenkosten, dlakocepski; naut ~ officer mornariški podčastnik; jur naut ~ average majhna havarija; jur ~ jury mala porota (12 članov); jur ~ sessions proces brez porote, razprava pred mirovnim sodnikom; jur ~ larceny majhna tatvina; jur ~ offence majhen prekršek; econ ~ cash majhni zneski, črni fond; econ ~ wares (goods) drobno blago; ~ princes kmetovalci
petty-bourgeois [pétibúəžwa:] adj malomeščanski
petulance [pétjuləns] n zlovoljnost, čemernost, sitnost, nestrpnost; objestnost
petulant [pétjulənt] adj (~ly adv) zlovoljen, čemeren, siten, nestrpen; objesten
petunia [pitjú:niə] n bot petunija

pew [pju:] n cerkvena klop; coll sedež; to take a ~ sesti
pewage [pjú:idž] n pristojbina za sedež v cerkvi
pew-holder [pjú:houldə] n kdor ima svoj sedež v cerkvi
pewit [pí:wit] n zool priba, vivek; ~ gull črnoglavi galeb
pew-rent [pjú:rent] n plačilo za sedež v cerkvi
pewter [pjú:tə] n angleški trd kositer, kositrna posoda; E sl denarna nagrada, nagradni pokal
pewterer [pjú:tərə] n kositrar
peyote [peióuti] n bot meskal (agava)
phaeton [féitn] n faeton, lahka visoka kočija
phaged(a)ena [fædžədí:nə] n med hud ulkus
phagocyte [fǽgəsait] n med fagocit, celica požiralka
phagocytosis [fægəsaitóusis] n med fagocitoza
phalange [fælǽndž] n glej phalanx
phalanstery [fǽlənstrəri] n idealna socialistična delovna skupnost (po Fourieru)
phalanx [fǽlænks] n (pl ~lanxes, ~langes) hist falanga, bojna vrsta (tudi fig); anat prstni člen; in ~ složen
phallic [fǽlik] adj faličen
phallicism [fǽlisizəm] n falični kult
phallus [fǽləs] n (pl ~li) falus, moški spolni ud
phanerogam [fǽnərougæm] n bot cvetnica, semenocvetka
phanotron [fǽnətrən] n el usmerjevalna elektronka
phantasm(a) [fǽntæzm(ə)] n fantazma, prikazen; dozdevek, sanjarija
phantasmagoria [fæntæzməgóriə] n fantazmagorija, prikazen, blodnja; slika laterne magike
phantasmagoric [fæntæzməgórik] adj (~ally adv) fantazmagorične, lažnjiv, varljiv
phantasmal [fæntæzməl] adj (~ly adv) neresničen, dozdeven, varljiv, kakor prikazen
phantasy [fǽntəzi] n fantazija, domišljija
phantom [fǽntəm] n fantom, prikazen, slepilo; med anatomski model
pharaoh [féərou] n faraon
pharaonic [feərəónik] adj faraonski
phare [feə] n svetilnik
pharisaic(al) [færiséiik(əl)] adj (~ally, ~ly adv) farizejski, hinavski, licemeren
pharisaism [fǽriseiizəm] n farizejstvo, hinavstvo, licemerstvo
pharisee [fǽrisi:] n farizej, hinavec, licemer
pharmaceutic(al) [fa:məsjú:tik(əl)] adj (~ally ~ly adv) farmacevtski, lekarniški; ~ chemist lekarnar
pharmaceutics [fa:məsjú:tiks] n pl (edninska konstrukcija) farmacevtika, lekoslovje
pharmaceutist [fa:məsjú:tist] n lekarnar, farmacevt
pharmacist [fá:məsist] n farmacevt, lekarnar
pharmacological [fa:məkəlódžikəl] adj (—ly adv) farmakološki
pharmacologist [fa:məkóIədžist] n farmakolog
pharmacology [fa:məkóIədži] n farmakologija, nauk o zdravilih
pharmacopoeia [fa:məkəpí:ə] n farmakopeja, uradno predpisana lekarniška knjiga o zdravilih; zaloga zdravil v lekarni
pharmacy [fá:məsi] n farmacija, lekarništvo; lekarna
pharos [féərəs] n svetilnik

pharyng(e)al [færindžíːəl, ~ngəl] adj anat faringalen, žrelen; ling mehkoneben (glas)
pharyngitis [færindžáitis] n med faringitis, vnetje grla
pharyngoscope [fəríŋgəskoup] n med faringoskop, ogledalce za pregled žrela
pharynx [færiŋks] n (pl ~nxes, ~ngcs) anat farinks, žrelo
phase [féiz] n faza, mena, razvojna stopnja; to enter ~ upon its last ~ priti v zadnjo fazo; astr the ~ s of the moon lunine mene; el ~ advancer fazni premikač; el ~ voltage fazna napetost; gas (liquid, solid) ~ plinska (tekoča, trdna) faza (v termodinamiki); el three-phase current trifazni tok
phasic [féizik] adj fazen
phasis [féisis] n (pl ~ses) glej phase
pheasant [féznt] n zool fazan; ~'s eye narcisa, adonis
pheasantry [fézntri] n fazanterija
phene [fiːn] n chem bencol
Phenician [finíšiən] 1. adj feniški; 2. n Feničan(ka)
phenix [fíːniks] n myth feniks, bajeslovni ptič
phenobarbitone [fiːnəbáːbitoun] n pharm luminal
phenol [fínəl] n chem fenol, karbolna kislina
phenology [finólədži] n biol fenologija
phenomena [finóminə] n pl od phenomenon
phenomenal [finóminəl] adj (~ ly adv) fenomenalen, čudovit, sijajen, nenavaden; phil ki se zazna s čuti
phenomenalism [finóminəlizəm] n phil fenomenalizem
phenomenon [finóminən] n (pl ~na) fenomen, pojav, čudež; phil pojav, predmet zaznavanja; infant ~ čudežni otrok
phenoplast [fíːnəplaːst] n chem fenoplast, plastična masa
phenyl [fénil, fíːnil] n fenil (enovalentna atomska skupina C_6H_5)
phenylene [féniliːn] n fenilen (dvovalentna atomska skupina C_6H_4)
phew [pfuː, fjuː] int ah! (vzklik nevolje, prezira, nepotrpežljivosti)
phial [fáiəl] n fiola, steklenička za zdravila
philander [filændə] vi uganjati norčije, ljubimkati, letati za ženskami
philanderer [filændərə] n ženskar; ljubavnik, -nica
philanthrope [fílənθroup] n glej philanthropist
philanthropic [filənθrópik] adj (~ally adv) filantropski, človekoljuben
philanthropist [filǽnθrəpist] n filantrop, človekoljub
philanthropy [filǽnθrəpi] n filantropija, človekoljubje
philatelic(al) [filətélikəl] adj filatelističen
philatelist [filǽtəlist] n filatelist
philately [filǽtəli] n filatelija, zbiranje znamk
philharmonic [filaːmónik] 1. adj filharmoničen, ki ljubi glasbo; 2. n filharmonik, kdor ljubi glasbo; ~ society filharmonija
philhellene [filhelíːn] n grkofil
philhellenic [filhelíːnik] adj ki ima rad Grke
philippic [filípik] n filipika, oster napadalen govor
philippina [filipíːnə] n vrsta igre (miljenka)
Philippine [fílipiːn] 1. adj filipinski; 2. n prebivalec Filipinov

philistine [fílistain] 1. adj filistrski, omejen, malomeščanski, ozkosrčen; 2. n filister, ozkosrčnež, filistejec
philistinism [fílistinizəm] n filistrstvo, ozkosrčnost
philodendron [filədéndrən] n bot filodendron
philogynist [filódžinist] n oboževalec žensk
philologic(al) [filəlódžik(əl)] adj (~ ally, ~ ly adv) filološki, jezikosloven
philologist [filólədžist] n filolog, jezikoslovec
philology [filólədži] n filologija, jezikoslovje
philomel [fíləmel] n poet slavček, filomela
philosopher [filósəfə] n filozof, modrijan, modroslovec; fig kdor zna živeti; ~'s stone kamen modrosti; natural ~ naravoslovec; moral ~ etik
philosophic(al) [filəsófik(əl)] adj (~ ally, ~ ly adv) filozofski, modroslovski; miren, ravnodušen
philosophism [filósofizəm] n lažna filozofija, sofizem
philosophist [filósəfist] n lažen filozof, sofist
philosophize [filósəfaiz] 1. vt filozofirati, filozofsko obravnavati; 2. vi teoretizirati, moralizirati
philosophy [filósəfi] n filozofija, modroslovje; mirnost, ravnodušnost; moral ~ etika; natural ~ naravoslovje; ~ of life življenjski nazor
philter [fíltə] n A glej philtre
philtre [fíltə] n E ljubezenski napoj
phimosis [faimóusis] n med fimoza, zoženje kožice
phiz [fiz] n coll fiziognomija, izraz, obraz
phlebitis [flibáitis] n med vnetje žile
phlebotomy [flibótəmi] n med puščanje krvi
phlegm [flem] n med sluz; fig hladnokrvnost, flegma, ravnodušnost, (duševna) lenoba
phlegmatic [flegmǽtik] adj (~ally adv) med poln sluzi, sluzav; fig hladnokrven, ravnodušen, miren, flegmatičen
phlegmon [flégmən] n med flegmona, vneta oteklina, bula
phlegmy [flémi] adj poln sluzi, sluzav; flegmatičen
phlogistic [flədžístik] adj med vneten, inflamacijski
phlox [floks] n bot floks, plamenka
phobia [fóubiə] n psych fobija, strah pred čim
phocine [fóusain, ~sin] adj zool tjulenjev, tjulenji
Phoebe [fíːbi] n Feba; poet luna
Phoebus [fíːbəs] n Febus, Apolon; poet sonce
Phoenician [finíšən] 1. adj feniški, feničanski; 2. n Feničan(ka); feničanščina
phoenix [fíːniks] n myth feniks, bajeslovni ptič; fig čudo (človek, stvar); astr Phoenix Feniks (sozvezdje)
phon [fən] n phys fon, merska enota za glasnost
phonate [founéit] vi vokalizirati, tvoriti glasove
phonation [founéišən] n tvorba glasov
phonautograph [founóːtəgraːf] n phys aparat za snemanje glasovnih tresljajev
phone I [foun] n ling glas (samoglasnik, soglasnik)
phone II [foun] 1. n coll telefon; 2. vt telefonirati
phoneme [fóuniːm] n ling fonem, glasovna prvina jezika
phonemic [founíːmik] adj ling fonemski; ~ substitution nadomeščanje glasov
phonemics [founíːmiks] n pl (edninska konstrukcija) fonemika, nauk o glasovnih prvinah
phonetic [founétik] adj (~ally adv) fonetičen; ~ character znak za glas, črka, pismenka; ~ transcription fonetična pisava
phonetician [founitíšən] n fonetik

phoneticism [founétisizəm] *n* fonetična pisava glasov

phoneticist [founétisist] *n* fonetik

phoneticize [founétisaiz] *vt* fonetično napisati

phonetics [founétiks] *n pl* (običajno edninska konstrukcija) fonetika, glasoslovje

phonetist [fóunitist] *n* fonetik, kdor zagovarja fonetično pisavo

phoney [fóuni] 1. *adj A sl* ponarejen, lažen; 2. *n* ponarejena, lažna stvar

phonic [fóunik] *adj* (~ ally *adv*) glasoven, zvočen, akustičen

phonics [fóuniks] *n pl* (edninska konstrukcija) metoda poučevanja fonetičnega branja; fonetika

phonodeik [fóunədaik] *n tech* zapisovalec zvočnih valov

phonocardiogram [founəká:diəgræm] *n med* zapisovalec srčnega tona

phonogenic [founədžénik] *adj* ki dobro podaja zvok, z dobro akustiko, akustičen

phonogram [fóunəgræm] *n* fonogram, znak za ton; zvočni zapis, gramofonska plošča; po telefonu narekovan telegram

phonograph [fóunəgra:f] 1. *n* fonograf; *A* gramofon; 2. *vt* zapisovati glasove s fonografom

phonographer [founógrəfə] *n arch* stenograf

phonographic [founəgrǽfik] *adj* (~ ally *adv*) fonografski

phonography [founógrəfi] *n* fonografija, akustično zapisovanje glasov; Pitmanova stenografija

phonological [founəlódžikəl] *adj* (~ ly *adv*) fonološki

phonologist [founólədžist] *n* fonolog

phonology [founóladži] *n* fonologija, nauk o glasovih jezika

phonometer [founómitə] *n phys* merilec jakosti zvoka

phonoscope [fóunəskoup] *n* fonoskop, optični kazalec glasov

phonotype [fóunətaip] *n print* fonetičen tiskarski znak

phonus bolonus [fóunəs bəlóunəs] *n A hum* slepilo, prevara, sleparstvo, sleparija, lopovščina

phony [fóuni] *adj & n A* glej **phoney**

phooey [fú:i] *int A* fuj!, sramota!

phormium [fó:miəm] *n bot* novozelandski lan

phosgene [fózdži:n] *n chem* fosgen, zelo strupen plin

phosphate [fósfeit] *n chem* fosfat, sol fosforne kisline

phosphated [fósfeitid] *adj chem* fosfaten

phosphatic [fosfǽtik] *adj* ki vsebuje fosfat

phosphatize [fósfətaiz] *vt tech* fosfatirati (svilo); pretvoriti v fosfat

phosphene [fósfi:n] *n med* svetlobni pojav v očesu

phosphite [fósfait] *n chem* fosfit

phosphorate [fósfəreit] *vt* impregnirati s fosforjem, vezati s fosforjem

phosphoresce [fosfərés] *vi* fosforescirati, svetlikati se v mraku

phosphorescence [fosfərésns] *n* fosforescenca, svetlikanje v mraku

phosphorescent [fosfərésnt] *adj* fosforescenten, svetlikajoč se v mraku

phosphoric [fosfórik] *adj chem* fosforov, fosforno kisel; ~ acid fosforna kislina

phosphorism [fósfərizəm] *n* kronično zastrupljenje s fosforjem

phosphorous [fósfərəs] *adj chem* fosfornat, fosfornato kisel

phosphorus [fósfərəs] *n chem* fosfor; *phys* svetlina

phosphuret(t)ed [fósfəretid] *adj chem* vezan z enovalentnim fosforjem

phossy [fósi] *n med coll* vnetje čeljusti (zaradi dela s fosforjem)

photic [fóutik] *adj* svetloben; *zool* svetlikajoč; *biol* ki je odvisen od svetlobe

photo [fóutou] 1. *n coll* fotografija; 2. *vt* fotografirati

photobiotic [foutoubaiótik] *adj biol* ki potrebuje svetlobo

photocell [fóutousel] *n el* fotoelektrična celica

photochemical [foutoukémikəl] *adj chem* fotokemičen

photochemistry [foutoukémistri] *n chem* fotokemija

photochrome [fóutəkroum] *n* barvna fotografija

photodisintegration [foutoudisintigréišən] *n* razpad svetlobe (atomska fizika)

photodissociation [foutoudisoušiéišən] *n phys, chem* fotoliza

photoelectric [foutouiléktrik] *adj* (~ ally *adv*) fotoelektričen

photo-finish [fóutoufíniš] *n sp* ugotavljanje rezultatov po posnetkih

photogenic [foutədžénik] *adj* fotogeničen; ki seva svetlobo

photogrammetry [foutəgrémitri] *n* fotogrametrija

photograph I [fóutəgra:f] *n* fotografija; to take a ~ of fotografirati koga, kaj

photograph II [fóutəgra:f] *vt & vi* fotografirati (se); I always ~ badly moja slika je vedno slaba, na sliki sem vedno slab

photographer [fətógrəfə] *n* fotograf

photographic [foutəgrǽfik] *adj* (~ ally *adv*) fotografski; *fig* fotografsko natančen

photography [fətógrəfi] *n* fotografiranje

photogravure [foutəgrəvjúə] *n print* fotogravura, reprodukcija bakroreza s fotografijo

photolithograph [foutəlíθəgra:f] 1. *n print* fotolitografija; 2. *vt* litografirati

photolysis [foutólisis] *n chem* fotoliza

photomap [fóutəmæp] *n* fotogrametrijska karta

photomechanical [foutoumikǽnikəl] *adj* (~ ly *adv*) *print* fotomehaničen

photometer [foutómitə] *n phys* fotometer, svetlomer

photomicrograph [foutəmáikrəgra:f] *n* mikrofotografija (slika)

photomontage [foutəmontá:ž] *n* fotomontaža

photomural [fóutəmjúərəl] *n* veliko povečanje slike (stenski okras)

photon [fóutən] *n phys* foton, elementarna količina sevane energije

photophilous [foutófiləs] *adj bot* uspevajoč na močni svetlobi

photophobia [foutəfóubiə] *n med* bolesten strah pred svetlobo

photoplay [fóutəplei] *n A* filmska drama

photoprint [fóutəprint] *n print* fotografski tisk, odtis

photoprocess [fóutəprouses] *n print* fotomehaničen tiskalni postopek

photosphere [fóutɔusfiə] *n* fotosfera (zlasti sonca)
photostat [fóutoustæt] 1. *n* fotokopija; fotostat, aparat za fotɔkopiranje; 2. *vt & vi* fotokopirati
photosynthesis [foutəsínθəsis] *n* biol, chem fotosinteza
phototaxis [foutətǽksis] *n* biol obračanje proti ali stran od svetlobe
phototelegraphy [foutoutəlégrəfi] *n* fototelegrafija
phototherapy [foutəθérəpi] *n* med fototerapija
phototropism [foutótrəpizəm] *n* fototropizem
phototype [fóutətaip] 1. *n* print fototipija, fototip, kliše; 2. *vt* razmnožiti s fototipijo
phototypy [fóutətaipi, foutótəpi] *n* print fototipija
phrasal [fréizəl] *adj* frazast, puhel, prazen; frazen
phrase I [fréiz] *n* fraza, reklo; idiomatičen izraz, način izražanja, stil; *mus* fraza, stavek; pripomba; puhlica
phrase II [fréiz] *vt* izraziti, izreči; imenovati, opisati; as he ~ d it kot je on to imenoval
phrase-book [fréizbuk] *n* zbirka rečenic
phrase-monger [fréizmʌŋgə] *n* frazer, kvasač
phraseogram [fréiziəgræm] *n* pismen simbol za frazo (v stenografiji)
phraseological [freiziəlódžikəl] *adj* (~ ly *adv*) frazeološki
phraseologist [freiziólədžist] *n* frazeolog
phraseology [freiziólədži] *n* frazeologija, nauk o frazah, način izražanja
phratry [fréitri] *n* plemenska razdelitev med primitivnimi rodovi
phrenetic [frinétik] 1. *adj* (~ ally *adv*) frenetičen, buren, viharen, navdušen; 2. *n* frenetik
phrenic [frénik] *adj anat* diafragemski; *physiol* duševen
phrenologic(al) [frenəlódžik(əl)] *adj* (~ ally, ~ ly *adv*) frenološki
phrenologist [frinólədžist] *n* frenolog
phrenology [frinólədži] *n* frenologija, nauk o lobanji in možganih v razmerju do duševnih lastnosti
phrontistery [fróntistəri] *n hum* prostor za razmišljanje
Phrygian [frídžiən] *adj* frigijski; ~ cap frigijska čepica, simbol svobode
phthisical [tízikəl, fθíz~] *adj med* ftizičen, sušičen
phthisis [θáisis, fθái~] *n med* ftiza, sušica
phut [fʌt] *n & adv* pok; *coll* to go ~ izjaloviti se, razpasti, počiti
phycology [faikólədži] *n* nauk o algah
phylactery [filǽktəri] *n* verska gorečnost; židovski molitveni jermen; kaseta z relikvijami; amulet; to make broad one's ~ hvaliti se s svojo pravičnostjo
phyletic [failétik] *adj biol* rasen, filogenetičen
phyllite [fílait] *n min* filit, glinasti skrilavec
phylloid [fíləid] *adj* kakor list
phyllome [fíloum] *n bot* rastlinski list
phyllopod [fíləpəd] 1. *adj zool* listonog; 2. *n* listonožec
phyllotaxis [filətǽksis] *n bot* ureditev listov
phylloxera [filəksíərə, filóksərə] *n (pl ~ rae) zool* rastlinska uš
phylogenetic [failədžənétik] *adj* (~ ally *adv*) filogenetičen
phylogeny [failódžəni] *n* filogeneza, razvoj rodu
phylon [fáilən] *n (pl ~ la) biol* rod, deblo

phylum [fáiləm] *n (pl ~ la) biol* ureditev v rastlinske in živalske vrste; *ling* jezikovna skupina brez sorodne grupe
physic [fízik] 1. *n* zdravilstvo, medicina; *coll* zdravilo (zlasti odvajalno); 2. *vt* zdraviti; *sl* dati odvajalno sredstvo; *tech* prečistiti taljeno kovino
physical [fízikəl] *adj* (~ ly *adv*) fizičen, naraven, telesen; fizikalen, prirodoznanski; *econ* ~ inventory popis zaloge; *sl* ~ jerks telesne vaje; ~ impossibility popolna nemogočnost; ~ science fizika, prirodoznanstvo; ~ training fizična kultura, telovadba; ~ examination zdravniški pregled
physician [fizíšən] *n* zdravnik
physicism [fízisizəm] *n phil* materializem
physicist [fízisist] *n* fizik; *phil* materialist
physicky [fíziki] *adj* kot zdravilo
physics [fíziks] *n pl* (edninska konstrukcija) fizika
physiocracy [fiziókrəsi] *n pol* fiziokratija
physiogeny [fiziódžəni] *n biol* razvoj življenjskih funkcij
physiognomic [fiziənómik] *adj* (~ ally *adv*) fiziognomičen
physiognomist [fizziónəmist] *n* fiziognomik
physiognomy [fiziónəmi] *n* fiziognomija, zunanji izraz; *sl* obraz
physiography [fiziógrəfi] *n* fizikalna geografija
physiologic(al) [fiziəlódžik(əl)] *adj* (~ ally, ~ ly *adv*) fiziološki
physiologist [fiziólədžist] *n med* fiziolog
physiology [fiziólədži] *n med* fiziologija, nauk o življenjskih dogajanjih v telesu
physiotherapist [fiziouθérəpist] *n med* fizioterapevt
physiotherapy [fiziouθérəpi] *n med* fizioterapija
physique [fizí:k] *n* postava, rast, stas
phytogenesis [faitoudžénəsis] *n bot* poreklo in razvoj rastlin
phytogenic [faitoudžénik] *adj bot* ki se nanaša na poreklo in razvoj rastlin
phytography [faitógrəfi] *n* opis rastlin
phytopathology [faitoupəθólədži] *n bot* fitopatologija, nauk o rastlinskih boleznih
phytotomy [faitótəmi] *n bot* rastlinska anatomija
pi I [pái] *adj E sch sl* pobožen; ~ jaw pridiganje, moralna pridiga
pi II [pái] *n* grška črka p; *math* π (pi; razmerje krogovega oboda do premera)
piacular [paiǽkjulə] *adj* grešen, spokorniški
piaffe [piǽf] *vi* zložno teči (konj)
piaffer [piǽfə] *n* ples konja na zadnjih nogah; zložen tek (konja)
pia mater [páiəmćitə] *n anat* mehka možganska mrena
pianette [pi:ənét] *n mus* majhen nizek klavir
pianino [pi:əní:nou] *n (pl ~ nos) mus* pianino, pokončni klavir
pianissimo [pjænísimou] *adv mus* pianisimo, zelo tiho
pianist [píənist] *n* pianist(ka)
piano I [piǽnou] *n (pl ~ nos) mus* klavır; at the ~ pri klavirju; on the ~ na klavirju; cottage ~ kratek klavir; grand ~ koncertni klavir; upright ~ pianino; ~ accordion klavirska harmonika; ~ recital klavirski solo koncert
piano II [pjá:nou] *adv mus* piano, tiho
pianoforte [piænoufó:ti] *n arch, lit* klavir

pianola [pjænóulə] *n* pianola, mehaničen klavir; *sl* odlična karta (kartanje); *sl* otročje lahka stvar
piano-organ [piǽnouə:gər] *n mus* orglice
piano-player [piǽnoupleiə] *n* pianist(ka)
piano-school [piǽnousku:l] *n* klavirska šola, metoda poučevanja igranja na klavir
piano-stool [piǽnoustu:l] *n* klavirski stolček
piano-wire [piǽnouwaiə] *n tech* jeklena žica
piaster, piastre [piǽstə] *n* piaster (egipčanski, libanonski, turški denar)
piazza [piǽ(d)zə] *n* (*pl* ~ **zas**) trg, stebrišče; *A* velika veranda, dvorišče
pibroch [pí:brək] *n Sc* vojna godba škotskih hribovcev
pica [páikə] *n med* bolezensko poželjenje po nenaravni hrani (npr. kredi)
picador [píkədə:] *n* pikador, borec s kopjem pri bikoborbi
picaresque [pikərésk] *adj* potepuški, razbojniški (stil, literatura), pustolovski (roman)
picaroon [pikərú:n] **1.** *n* potepuh, pustolovec; razbojnik, tat, pirat; **2.** *vi* ropati (pirati)
picayune [pikijú:n] *n A* novčič za 5 centov; *coll* malenkost; **not worth a** ~ niti piškavega oreha vreden
picayunish [pikijú:niš] *adj A* nepomemben; oguljen; malenkosten
piccalilli [píkəlili] *n* močno začinjena zelenjava v razsolu
piccaninny [píkənini] glej **pickaninny**
piccolo [píkəlou] *n* (*pl* ~ **los**) *mus* pikolo
piccoloist [píkəlouist] *n mus* igralec na pikolo
piceous [písiəs, pái~] *adj* smolnat, kakor smola; vnetljiv; *zool* črn
pichiciago [pičəsiá:gou] *n zool* najmanjša vrsta pasavcev
pick I [pik] *n* cepin, kramp, šilo, križna sekira, rovača; *print* madež na knjigi, razmazana črka; **tooth-pick** zobotrebec
pick II [pik] *n* izbira, najboljši del; zbodljaj; *agr econ* pobrana letina; **the** ~ **of the bunch** najboljši od vseh; **to take one's** ~ izbrati
pick III [pik] **1.** *vt* kopati, izkopati (luknjo), prekopati; pobrati (s prsti, kljunom), zobati, kljuvati (ptiči), počasi jesti (ljudje); trgati, nabirati (cvetice, jagode); prebirati, čistiti (zelenjavo); skubsti, skubiti (perutnino); pukati, puliti, česati (volno); čistiti, trebiti (zobe); (o)glodati (kosti); prebirati, odbirati (rudo); spraskati (z nohti); vrtati, drezati (v) kaj; krasti, vlomiti (ključavnico); iz trte izviti, izvati (prepir); *fig* skrbno izbrati, izbirati; strgati, scefrati (tudi *fig*); *A mus* brenkati; **2.** *vi* krasti; jesti po malem; popraviti se (*up*); **to** ~ **a bone with** ali **to have a bone to** ~ **with** imeti s kom še račune; **to give s.o. a bone to** ~ zapreti komu usta; **to** ~ **s.o.'s brains** ukrasti komu idejo; **to** ~ **and choose** prenatančno izbirati; *fig* **to** ~ **holes in** najti šibko točko, skritizirati; **to** ~ **a lock** vlomiti ključavnico; **to** ~ **one's nose** vrtati po nosu; **to** ~ **s.o.'s pocket** izprazniti komu žep (žepar); **to** ~ **to pieces** skritizirati; *fig* koga do kosti obrati; **to** ~ **a quarrel with s.o.** izzvati prepir; **to** ~ **and steal** krasti; **to** ~ **one's teeth** trebiti si zobe; **to** ~ **one's way** (ali **steps**) previdno stopati; **to** ~ **one's words** izbirati besede

pick at *vi* počasi jesti; *A coll* gnjaviti, sekirati
pick off *vt* odtrgati, obrati, oskubsti; *mil* postreliti drugega za drugim
pick on *vi coll A* gnjaviti, zbadati, sekirati; kritizirati; izbrati, odločiti se za
pick out *vt* izbrati; razločiti, razbrati, razumeti (smisel, besedilo itd.); hitro izslediti, spoznati (tatu); igrati po posluhu; poudariti, podčrtati (z barvnimi kontrasti)
pick over *vt coll* pregledati in pripraviti za uporabo
pick up 1. *vt* razkopati, odkopati (s krampom); vzdigniti, pobrati; vzeti v roke, poprijeti, na novo začeti, lotiti se česa; vzeti koga v avto, pobrati koga s ceste, priti po koga (z avtom); *coll* mimogrede spoznati koga; *A sl* prijeti koga, aretirati; odkriti (sled); uloviti, najti, prisluškovati (radijski oddaji); zagledati, naleteti na, najti (npr. staro sliko); slučajno izvedeti, slišati ali zagledati, mimogrede se naučiti, pobrati (npr. par tujih besed); nazaj dobiti moč, zdravje); *A* pospešiti; *A col* vzeti (račun) nase in plačati; **2.** *vi econ* postaviti se zopet na noge, opomoči si; popraviti se; seznaniti se, spoprijateljiti se (*with*); povečati brzino; *fig* priti k moči; **to** ~ **a few dollars** zaslužiti par dolarjev s priložnostnim delom; **to** ~ **courage** ojunačiti se; **to pick o.s. up** ali **to** ~ **one's crumbs** okrevati, opomoči si; **to** ~ **for a song** dobiti skoraj zastonj; **to** ~ **straws** zaman se truditi; **to** ~ **flesh** rediti se
pick-a-back [píkəbæk] *adv* štuporamo
pickaninny [píkənini] **1.** *adj* majcen; **2.** *n* zamorček
pickax(e) [píkæks] **1.** *n* cepin; **2.** *vt & vi* (iz)kopati
picked [pikt] *adj* izbran, očiščen; *archit* šilast; *mil* ~ **troops** izbrane čete
picker [píkə] *n* obirač, -lka; *tech* stroj za čiščenje volne; tat; prepirljivec
pickerel [píkərəl] *n zool* mlada ščuka; *A* vrsta ščuke
picket I [píkit] *n* kol, lesena ograja; *mil* predstraža; *pl* stavkovna straža
picket II [píkit] **1.** *vt* ograditi s koli; privezati h kolu (konja); postaviti stražo, preprečiti stavkokazom delo; **2.** *vi* stražiti
picket-boat [píkitbout] *n mil* patrolni čoln; patrolni čoln pristaniške policije
picketeer [pikitíə] *n A* stavkovni stražar
pick-hammer [píkhæmə] *n tech* lomnik, zidarsko kladivo; cepin, kramp
picking [píkiŋ] *n* kraja; obiranje, nabiranje, prebiranje, sortiranje; *pl* ostanki, paberki; *fig* postranski zaslužek; ~**s and stealings** nepošteno prislužen denar, nepošten dobiček, plen
pickle I [pikl] *n* razsol, salamura, marinada; *pl* kisle kumarice ali druga zelenjava v razsolu, nasoljeno meso; *fig* škripec, zadrega; *metall* lužilo; *coll* paglavec; **to have a rod in** ~ **for** imeti še račune s kom; **in a sad** (ali **pretty mixed, sorry, nice**) ~ v škripcu, v hudi zadregi
pickle II [pikl] *vt* vložiti v kis, marinirati; *naut* potresti rane s soljo (po batinanju); *metall* lužiti, dekapirati pločevino
pickled [pikld] *adj* razsoljen, v razsolu, kisu, marinadi; *sl* pijan
picklock [píklək] *n* ključec, odpirač; vlomilec, tat

pick-me-up [píkmiʌp] n poživilo, okrepčilo, »kozarček« dobre pijače
pickpocket [píkpɔkit] n žepar
picksome [píksəm] adj izbirčen
pick-thank [píkθæŋk] n arch lizun
pickup [píkʌp] n dobiček, profit; sl bežno poznanstvo; sl vlačuga, pocestnica; A sl aretacija, aretiranec; A majhen dostavni tovornjak (tudi ~ truck); pospešek (vozila); (radio, TV) sprejemnik, oddajnik, snemanje zunaj; tech električna priprava, ki pretvarja tresljaje v zvok; sl kaj improviziranega (npr. ~ dinner); econ sl izboljšanje, napredek; potniški vlak, potnik, sopotnik; poživilo, okrepčilo
pickwick [píkwik] n vrsta cenene cigare
Pickwickian [pikwíkiən] adj pikvikovski (po Dickensu); a word used in a ~ sense beseda, ki je ni jemati dobesedno
picky [píki] adj izbirčen, nergav
picnic I [píknik] n izlet, piknik, skupen obed na prostem; coll užitek, prijetno doživetje; A tech standardna velikost konserv; that is no ~ to je resna zadeva, to ni šala
picnic II [píknik] vi imeti piknik, iti na izlet
picnicker [píknikə] n izletnik, udeleženec piknika
picnicky [píkniki] adj izletniški, pikniški, improviziran
pico- [pí:kou] pref bilijonti
picot [pí:kou] n zankana petlja pri vezenini
picotee [pikətí:] n bot nagelj s temnejšimi robovi
picquet [píkit] n & v glej picket
picric [píkrik] adj chem pikrinov; ~ acid pikrinova kislina
Pict [pikt] n Pikt, praprebivalec Anglije
Pictish [píktiš] adj piktski, ki se nanaša na Pikte
pictograph [píktəgra:f] n ideogram, pojmovno znamenje, piktograf
pictography [piktógrəfi] n piktografija, pisava s podobami
pictorial [piktó:riəl] 1. adj (~ly adv) slikoven, ilustriran; slikovit, grafičen; 2. n ilustrirana revija; ~ art slikarstvo
picture I [píkčə] n slika, podoba, risba, portret; predstava, duševna slika; coll utelešenje, videz, slika; natančna podoba koga; fig grafičen prikaz, oris, nazoren opis; coll lepa oseba, lep predmet; phot fotografija; film; pl kino; med klinična slika (blood ~ krvna slika); to be in the ~ biti poznan, slaven; to come into the ~ postati slaven, postati zanimiv; out of the ~ nepomemben, pozabljen; to have one's ~ taken fotografirati se; to sit for one's ~ dati se slikati, pozirati za portret; to form a ~ of s.th. ustvariti si sliko o čem, predstavljati si kaj; to keep s.o. in the ~ stalno koga obveščati, gledati, da je na tekočem; to go to the ~s iti v kino; to be the ~ of misery biti utelešena beda; the child is the very ~ of his father otrok je izrezan oče; he looks the very ~ of health videti je kot uteleseno zdravje; she is a perfect ~ lepa je kot slika; TV ~ frequency slikovna frekvenca; TV ~ tube slikovna elektronka
picture II [píkčə] vt slikati, risati; grafično prikazati, živo opisati; predstavljati si, ustvariti si sliko o čem; to ~ to o.s. predstavljati si
picture-book [píkčəbuk] n slikanica

picture-card [píkčəka:d] n kralj, dama, fant (igralne karte)
picturedom [píkčədəm] n filmski svet
picturedrome [píkčədroum] n kino
picture-gallery [píkčəgæləri] n razstavni prostor, galerija
picture-goer [píkčəgouə] n E coll pogost obiskovalec kina
picture-hat [píkčəhæt] n ženski klobuk s širokimi krajci (okrašen z nojevemi peresi ali cvetlicami)
picture-house [píkčəhaus] n kino
picture-palace [píkčəpælis] n kino
picture postcard [píkčəpous(t)ka:d] n razglednica
picture-puzzle [píkčəpʌzl] n uganka v sliki, rebus
picture-show [píkčəšou] n filmska predstava; slikarska razstava
picturesque [pikčərésk] adj (~ly adv) slikovit (tudi jezik, stil); lep (zlasti človek)
picturesqueness [pikčərésknis] n slikovitost
picture telegraphy [píkčətelégrəfi] n barvna telegrafija
picture theatre [píkčəθiətə] n E kino
picture transmission [píkčətrænzmíšən] n el barvna oddaja
picture window [píkčəwindou] n veliko razgledno okno
picture writing [píkčəraitiŋ] n pisava s podobami, hieroglifi
picturize [píkčəraiz] vt A filmati; okrasiti s slikami; nazorno prikazati
picul [píkʌl] n econ vzhodnoazijska trgovska teža (ca 60 kg)
piddle [pidl] vi arch igračkati se, neresno delati; coll lulati
piddling [pídliŋ] adj neznaten, nepomemben
pidgin [pídžin] n latovščina, žargon; coll posel, delo, zadeva; ~ English spačena angleščina, ki jo govorijo v Aziji; coll that's not my ~ to ni moje delo, to se me ne tiče
pie I [pái] n zool sraka; zool šekasta žival
pie II [pái] n mesna pasteta, sadni kolač, pita; coll malenkost, igrača; A pol sl protekcija, podkupnina; to eat a humble ~ prositi odpuščanja; to have a finger in the ~ imeti svoje prste vmes; ~ in the sky prazna obljuba; it is as easy as a ~ je otročje lahko
pie III [pái] 1. n print črkovna zmešnjava; fig kaos; 2. vt print pomešati črke; fig premetati, razmetati
pie IV [pái] n najmanjši novčič v Indiji
piebald [páibɔ:ld] 1. adj lisast (konj); fig šarast, mešan, pomešan; 2. n šarec (konj), lisasta žival
piece I [pi:s] n kos, komad; del (stroja itd.); primerek (npr. a ~ of advice nasvet); določena trgovska količina (npr. bala papirja, blaga; sod vina itd.); mil revolver, puška, top; kovanec; (umetniško) delo, manjše litararno delo, gledališki komad, odlomek; šahovska figura; sl ženska, deklina; coll kos poti, hipec, kratek čas; all of a ~ izcela, iste vrste, skladen; by the ~ po kosu (prodajati); ~ by ~ kos za kosom, po kosih; to break to ~s razbiti na koščke; mil sl it's a ~ of cake to je lahko; a bad ~ of business grda stvar; a ~ of news novica, vest; a ~ of poetry pesem; a ~ of flesh ženska; a ~ of beauty lepa ženska; a ~ of virtue vzor kre-

posti; a ~ of water jezero; a ~ of work delo; *hum* a ~ of goods človek; a ~ of luck sreča, srečen slučaj; a dramatic ~ gledališka igra; test ~ vzorec; a ~ of eight figura (šah, dama); to fall to ~s razpasti; field ~ top; fowling ~ lovska puška (za ptiče); to give s.o. a ~ of one's mind povedati komu svoje mnenje; *coll* to say one's ~ povedati, kar ti leži na duši; to go to ~s zrušiti se (človek), izgubljati živce; in ~s razbit, v kosih; of a ~ with prav tak kakor, v zvezi s čim; to pay by the ~ plačati po kosu, plačati na akord; to pick (ali pull) to ~s raztrgati, skritizirati; *hum* pick up the ~s! vstani!, poberi se!; to take to ~s razstaviti (stroj)

piece II [pi:s] *vt* sestaviti, povezati, zakrpati; to ~ on dodati; pristajati, odgovarjati; to ~ out podaljšati, razširiti; *fig* povečati, dopolniti; to ~ up zakrpati, sestaviti po kosih; *fig* urediti, izgladiti; to ~ together sestaviti, zložiti

piece cost [pí:skəst] *n econ* cena po kosu
piece-goods [pí:sgudz] *n pl* tekstilno blago v balah
piecemeal [pí:smi:l] 1. *adv* po kosih, kosoma; postopoma; 2. *adj* posamezen
piece rate [pí:sreit] *n* (~ system) delo na akord
piece-wages [pí:sweidžiz] *n pl* mezda za delo na akord
piece-work [pí:swə:k] *n* akordno delo; to do ~ delati na akord
piece-worker [pí:swə:kə] *n* akorder, delavec, ki dela na akord
pie-chart [páiča:t] *n* grafičen prikaz v krogu (s statističnimi primerjalnimi oddelki)
piecrust [páikrʌst] *n* gornja skorja, oblat pite; promises like ~ krhke, prazne obljube
pied [páid] *adj* lisast, pisan, šarast; Pied Piper (of Hamelin) lovec na podgane iz Hamelina; *fig* ~ piper lovec na podgane
piedmont [pí:dmənt] 1. *adj* ob vznožju ležeč; 2. *n geol* pokrajina ob vznožju gorovja
pie-eyed [páiaid] *adj A sl* pijan
pieman [páimən] *n* prodajalec kolačev, pastet
pieplant [páiplænt] *n A bot* rabarbara
pier [piə] *n* pristaniški nasip, pristajališče, pomol; podmostnik, steber, podporni zid, zid med dvema oknoma; sprehajališče ob morju
pierage [píəridž] *n* pristaniška pristojbina
pierce [piəs] 1. *vt* prebiti, predreti, prebosti, prevrtati; *fig* prodreti (mraz, zvok, svetloba); *fig* spoznati, spregledati, pronikniti; *fig* ganiti, prizadeti; 2. *vi* predreti (into v, through skozi); the cold ~d him to the bone mraz mu je rezal do kosti
pierceable [píəsəbl] *adj* prebojen, predirljiv
piercer [píəsə] *n tech* sveder, šilo, prebijalo
piercing [píəsiŋ] *adj* (~ly *adv*) oster (mraz, bolečina), prediren (pogled); ganljiv
pier-dues [píədju:z] *n pl* pristaniške pristojbine
pierglass [píəgla:s] *n* veliko ogledalo med dvema oknoma
Pierian [paiériən] *adj myth* ki se nanaša na sedež muz v Grčiji; ~ spring inspiracija, navdihnjenje
pierrot [píərou] *n* burkež, šaljivec, pierot, oseba iz komedije
piertable [píəteibl] *n* medokenska mizica
pietism [páiətizəm] *n* pietizem, čustvena vernost, pobožnjaštvo

pietist [páiətist] *n* pietist, privrženec pietizma; pobožnjakar
pietistic [paiətístik] *adj* (~ally *adv*) pieteten; pobožnjaški
piety [páiəti] *n* pobožnost; pieteta, spoštovanje (to)
piezometer [paiəzómitə] *n phys* tlakomer, priprava za merjenje pritiska
piezometry [paiəzómətri] *n phys* merjenje pritiska ali stisljivosti
piffle [pifl] 1. *n sl* nesmisel, čenčanje; 2. *vi sl* čenčati, mlatiti prazno slamo; igračkati se
piffler [píflə] *n sl* gobezdalo, čenča
piffling [pífliŋ] *adj coll* malenkosten, ničvreden, zanič
pig I [pig] *n* prašič, svinja; svinjina; *tech* šibika, kos surovega železa, kalup za vlivanje; pomarančni krhelj; *coll* umazanec, požeruh, svinja; in ~ breja (svinja); sucking ~ odojek; guinea ~ morski prašiček; A sl blind ~ skrivna točilnica; *fig* to carry ~s to market hoteti kupčevati; to bring one's ~s to a pretty (ali wrong) market narediti slabo kupčijo; *fig* to buy a ~ in a poke kupiti mačka v žaklju; ~s in clover ljudje, ki so hitro obogateli, pa ne vedo kam z denarjem; vrsta družabne igre; to go to ~s and whistles iti rakom žvižgat, propasti; in less than a ~'s whistle na mah; A sl in a (ali the) ~'s eye! traparija!; when the ~s fly nikoli; to make a ~ of o.s. pořešno jesti, žreti; please the ~s če bo šlo vse po sreči, če bodo okoliščine dopuščale; ~s might fly čudeži se utegnejo zgoditi; to stare like a stuck ~ gledati ko zaboden vol
pig II [pig] *vi* oprasiti se; to ~ it živeti kakor v svinjaku; to ~ together tiščati se skupaj
pig-bed [pígbed] *n* peščen kalup za ulivanje šibik
pigboat [pígbout] *n A naut sl* podmornica
pig-copper [pígkəpə] *n* surov baker
pigeon I [pídžin] *n* golob; *sl* prismoda, tepec, lahkovernež; A sl dekle; carrier ~ golob pismonoša; clay ~ glinast golob (tarča); wood ~ skalni golob; ~ pair brat in sestra (dvojčka); ~'s milk napol prebavljena hrana, s katero golobi hranijo svoje mladiče; that's my ~ to je moja stvar; to pluck (ali milk) a ~ oskubsti lahkoverneža
pigeon II [pídžin] *vt sl* varati (pri igri), oskubsti (of česa)
pigeon-breast [pídžənbrest] *n med* deformacija prsnega koša (ozek in šilast prsni koš)
pigeon-breasted [pídžənbrestid] *adj med* z deformiranim prsnim košem
pigeon-carrier [pídžənkæriə] *n* golob pismonoša
pigeon-fancier [pídžənfænsiə] *n* rejec golobov, golobar
pigeongram [pídžəngræm] *n* sporočilo, ki ga nosi golob
pigeon-hearted [pídžənha:tid] *adj* plašen, boječ
pigeon-hole I [pídžənhoul] *n* golobnjak; predalček, predelek (za pisma, spise)
pigeonhole II [pídžənhoul] *vt* spraviti v predalček, odložiti zadevo, postaviti ad acta, dati med stare spise; *fig* opredeliti (koga ali kaj), klasificirati
pigeon-house [pídžənhaus] *n* golobnjak
pigeon-livered [pídžənlivəd] *adj* miroljuben, krotek
pigeonry [pídžənri] *n* golobnjak, reja golobov

pigeon-toed [pídžəntoud] *adj* ki hodi na znotraj
piggery [pígəri] *n E* svinjak, zrejališče prašičev; *fig* umazanija, svinjak
piggin [pígin] *n* zidarska zajemalka
piggish [pígiš] *adj* (~ ly *adv*) svinjski, umazan; požrešen, pohlepen, lakomen
piggishness [pígišnis] *n* umazanost; požrešnost, pohlepnost, lakomnost
piggy [pígi] *n* prašiček
piggyback [pígibæk] *n* natovarjanje tovornega vozila v ali na drugo vozilo
piggy-wiggy [pígiwígi] *n* prašiček, umazanček
pigheaded [píghédid] *adj* trmast, svojeglav, neumen
pigheadedness [píghédidnis] *n* trma, svojeglavost, neumnost
pig iron [pígaiən] *n tech* surovo železo
pig lead [pígled] *n tech* svinec v kosih
piglet [píglit] *n* prašiček, odojek
pigling [pígliŋ] *n* glej **piglet**
pigment [pígmənt] **1.** *n biol* pigment, barvilo; **2.** *vt* obarvati, pigmentirati
pigmental [pigméntl] *adj* pigmenten, ki obarva
pigmentary [pígməntəri] *adj* pigmentaren
pigmentation [pigməntéišən] *n biol* pigmentiranje, pigmentacija
pigmy [pígmi] *n* pigmejec, pritlikavec
pignorate [pígnəreit] *vt* zastaviti, vzeti v zastavo
pignus [pígnəs] *n jur* poroštvena izjava
pignut [pígnʌt] *n bot* bel ameriški oreh (sad)
pigpen [pígpen] *n E* svinjak
pigskin [pígskin] *n* svinjska koža, svinjsko usnje; *sl* sedlo; *A coll* nogometna žoga; **to jump into the** ~ skočiti v sedlo, zajahati (konja)
pigsticker [pígstikə] *n* lovec na merjasce
pigsticking [pígstikiŋ] *n* lov na merjasce (s kopjem); klanje svinj
pigsty [pígstai] *n* svinjak (tudi *fig*)
pigtail [pígteil] *n* kita (las); svitek žvečilnega tobaka
pigwash [pígwoš] *n* pomije (prašičja hrana) slaba juha
pigweed [pígwi:d] *n bot* metlika, ščir
pi-jaw [páidžo:] **1.** *n sl* opomin, ukor, moralna pridiga; **2.** *vt sl* opomniti, opominjati, ukoriti, brati komu levite
pike I [páik] *n zool* ščuka
pike II [páik] *n* kopje, konica; raženj; *E dial* senene vile; *E dial* koničast vrh hriba; *E dial* cepin
pike III [páik] **1.** *vt* zabosti, predreti s kopjem; **2.** *vi sl* ubrati jo; *A sl* previdno igrati ali staviti; **to** ~ **off** ucvreti jo, pobegniti
pike IV [páik] *n* mitničarska zapornica, mitnina
pike-fish [páikfiš] *n zool* ščuka
pike-keeper [páikki:pə] *n* mitničar
pikelet [páiklit] *n E* vrsta čajnega peciva
pikeman [páikmən] *n* kopjanik; *E* rudar-kopač; mitničar
piker [páikə] *n A sl* majhen špekulant; kdor nič ne tvega, kdor oprezno igra; skopuh; klatež, potepuh
pikestaff [páiksta:f] *n* drog kopja; izletniška palica z železno konico; *fig* **as plain as a** ~ jasno ko beli dan
pilaster [piláɛstə] *n archit* pilaster, steber pri stavbi
pilch [pilč] *n* trikotni vložek za dojenčka, plenica

pilchard [pílčəd] *n zool* vrsta sardine, vrsta slanika
pilcher [pílčə] *n* glej **pilch**
pile I [páil] *n* ošiljen kol, opornik, pilot
pile II [páil] *vt* zabiti kole, podpreti z oporniki
pile III [páil] *n* skladanica, kup, kopa; grmada (tudi *funeral* ~); visoka stavba, skupina stavb; *el* suha baterija (voltova), galvanski stolp; *coll* kup (denarja, zlata itd.); **atomic** ~ nuklearni reaktor; **a** ~ **of arms** piramida pušk; **he has** ~ s **of money** ima na kupe denarja; **to make one's** ~ obogateti
pile IV [páil] **1.** *vt* kopičiti, nakopičiti, grmaditi, nagrmaditi, skladati (tudi *up*); naložiti, natrpati (*on* na), prenatrpati; *coll* gnati do skrajnosti, pretirati; **2.** *vi* (zlasti z *up*) nakopičiti se, natlačiti se (*into* v, *out of* iz); *A coll* plezati, plaziti se; **to** ~ **up arms** zložiti puške v piramido; *coll* **to** ~ **it on** pretiravati; **to** ~ **in** stlačiti se v tesen prostor; **to** ~ **on** (ali **up**) **the agony** s pretiravanjem povečati bolečino; **to** ~ **up** nasesti (ladja), razbiti avion, doživeti letalsko nesrečo
pile V [páil] *n* dlaka, kožušček; vlakno (volne, bombaža, žameta); žametasta površina blaga
pile VI [páil] *n E arch* stran kovanca s številko; **cross or** ~ glava ali številka
pileate [páiliit, ~ eit] *adj bot* klobukast (goba)
pileated [páilieitid] *adj zool* ki ima greben (ptič)
pile-bridge [páilbridž] *n* most z lesenimi oporniki
pile-driver [páildraivə] *n tech* zabijalo za pilote
pile-dwelling [páildweliŋ] *n* stavba na koleh
pileous [páiliəs] *adj* dlakav, dlakast
piles [páilz] *n pl med* zlata žila, hemoroidi
pile-up [páilʌp] *n coll* verižno trčenje (avtomobilov)
pileus [páiliəs] *n bot* klobuk (gobe)
pile-warp [páilwo:p] *n* vozlič v žametu
pile-weaving [páilwi:viŋ] *n* tkanje žameta
pilfer [pílfə] **1.** *vt* zmakniti, ukrasti; **2.** *vi* krasti
pilferage [pílfəridž] *n* (manjša) kraja, zmikanje
pilferer [pílfərə] *n* zmikavt, tat
pilgrim I [pílgrim] *n* romar, božjepotnik, popotnik; prvi priseljenec; **the Pigrim Fathers** skupina angleških puritancev, ki je ustanovila kolonijo Plymouth v ZDA; **the Pilgrim of Great Britain** (ali **the U.S.**) društva za pospeševanje anglo-ameriškega prijateljstva
pilgrim II [pílgrim] *vi* romati
pilgrimage [pílgrimidž] **1.** *n* romanje, popotovanje; *fig* življenjska pot; **2.** *vi* romati
piliferous [pailífərəs] *adj, bot zool* dlakast, lasast
piliform [píləfo:m] *adj bot* kakor las
pill I [pil] *n* pilula, bobika; *fig* grenka pilula; *mil sl* izstrelek, granata, bomba; *E sl* žoga (tenis, golf); *E sl pl* biljard; **to gild** (ali **sweeten, sugar) the** ~ omiliti kaj; *fig* **to swallow a bitter** ~ požreti grenko pilulo, vgrizniti v kislo jabolko; **a** ~ **to cure an earthquake** kapljica v morje, polovičarstvo; *E* **a game of** ~s biljardna igra
pill II [pil] *vt sl* glasovati, proti, preglasovati, premagati; **he was** ~ ed izpadel je
pillage [pílidž] **1.** *n* plenjenje, ropanje, plen; .**2.** *vt & vi* pleniti, (o)ropati
pillager [pílidžə] *n* plenilec, ropar
pillar I [pílə] *n* steber, slop, opornik; *fig* opora, steber; (zlasti *tech*) podstavek, podnožje; **to**

drive from ~ to post pošiljati od Poncija do Pilata

pillar II [pílə] *vt* podpreti s stebrì, okrasiti s stebri

pillar-box [pílǝbɔks] *n E* poštni nabiralnik (v obliki stebra)

pillared [píləd] *adj* stebrast, ki ima stebre

pillbox [pílbɔks] *n* škatljica za pilule; *mil* bunker, mitralješko gnezdo; *hum* avtomobilček, hišica

pill-corn [pílkǝ:n] *n bot* golica (pšenica)

pillion [píljǝn] *n* zadnji sedež na motociklu; *hist* blazinica s sedlom za sojahača, žensko sedlo; ~ **rider** sovozač na motociklu; **to ride** ~ biti sovozač na motociklu

pilliwinks [píliwiŋks] *n pl hist* mečkalo za prste (mučenje)

pillory I [pílǝri] *n* sramotni oder; *fig* javen posmeh; *fig* **in the** ~ zasmehovan

pillory II [pílǝri] *vt* postaviti na sramotni oder; *fig* zasmehovati

pillow I [pílou] *n* blazina; *tech* ležaj; blazinica za kleklanje; **to take counsel of one's** ~ prespati kaj, še enkrat premisliti

pillow II [pílou] **1.** *vt* položiti na blazino, podpreti (glavo) z blazino; **2.** *vi* nasloniti se na blazino, počivati na blazini, biti za blazino

pillow-block [píloublǝk] *n tech* ležajnik

pillow-case [píloukeis] *n* prevleka za blazino

pillow-fight [píloufait] *n* obmetavanje z blazinami; dozdevna bitka

pillow-lace [pílouleis] *n* klekljana čipka

pillow-slip [pílouslip] *n* glej **pillow-case**

pillowy [píloui] *adj* kakor blazina; mehek, popustljiv

pillwort [pílwǝ:t] *n bot* osvaljkarica

pilose [páilous] *adj bot*, *zool* kosmat, dlakast, kožuhovinast

pilot I [páilǝt] *n* pilot (na ladji, letalu); krmar; *fig* vodič, vodja, svetovalec; **to drop the** ~ odpustiti zvestega svetovalca; *aero* **second** ~ drugi pilot, kopilot

pilot II [páilǝt] *vt* pilotirati, krmariti (ladjo, letalo); *fig* voditi; **to** ~ **a bill through Congress** spraviti zakonski osnutek skozi Kongres

pilotage [páilǝtidž] *n* pilotiranje, krmarjenje, pilotaža; pristojbina za pilotažo

pilot-balloon [páilǝtbǝlu:n] *n aero* balon za raziskovanje zračnih tokov, poskusni balon

pilot-beam [páilǝtbi:m] *n tech* črta prevodnica

pilot biscuit [páilǝtbiskit] *n* ladijski prepečenec

pilot-boat [páilǝtbout] *n naut* pilotski brod

pilot-book [páilǝtbuk] *n naut* navigacijski priročnik

pilot-chute [páilǝtšu:t] *n aero* pomožno padalo

pilot-cloth [páilǝtklɔθ] *n* debelo temno modro mornarsko sukno

pilot-engine [páilǝtendžin] *n* lokomotiva, ki pred vlakom krči pot

pilot-fish [páilǝtfiš] *n zool* riba pilot

pilot-house [páilǝthaus] *n naut* kabina na komandnem mostu

pilotless [páilǝtlis] *adj* brez vodje; brez pilota, brez posadke (letalo)

pilot-light [páilǝtlait] *n* kontrolna lučka

pilot-officer [páilǝtɔfisǝ] *n aero*, *mil* letalski poročnik

pilot-plant [páilǝtpla:nt] *n* poskusna ustanova; vzoren obrat

pilous [páilǝs] *adj bot*, *zool* lasast, dlakast, kakor las

pilular [pílju:lǝ] *adj* pilulen, ko pilula, okrogel

pilule [pílju:l] *n pharm* pilula

pily [páili] *adj* dlakast, puhast; *her* predeljen z zašiljenim kolom

pimento [piméntou] *n* (*pl* ~ tos) *bot* piment (začimba); nageljnova žbica, klinček

pimp [pimp] **1.** *n* zvodnik; **2.** *vi* zvoditi

pimpernel [pímpǝnel] *n bot* njivska kurja česnica

pimping [pímpiŋ] *adj* majhen, slaboten, bolehen, nežen; razvajen; nepomemben

pimple [pimpl] *n* mozolj, gnojni mehurček

pimpled [pimpld] *adj* glej **pimply**

pimply [pímpli] *adj* mozoljast

pin I [pin] bucika, igla, zaponka; *tech* količ, klinček, moznik, žebljiček, zatič, zagozda; šilo, osnik, lunek; strelica, kazalec (kompasa), krak (šestila); vijak pri violini; *fig* malenkost; *pl coll* noge; *sp* kegelj; **to be weak on one's** ~s imeti šibke noge; **not to care a** ~ ne jemati v mar, ne upoštevati; **there's no** ~ **to choose between them** nobene razlike ni med njima, podobna sta si kot jajce jajcu; **to knock s.o. off his** ~s podreti koga na tla; **in a merry** ~ vesel, razpoložen; **on a merry** ~ okajen, opit; **you might have heard a** ~ **fall** lahko bi bil slišal iglo pasti na tla; **as neat as a new** ~ kakor iz škatlice; ~s **and needles** mravljinci; **on** ~s **and needles** kakor na trnih; *coll* **on one's** ~s na nogah, čil in zdrav; **clothes-**~ kljukica za perilo; **drawing-**~ risalni žebljiček; **hair-**~ lasna igla; **nine** ~ kegelj; **rolling** ~ kuhinjski valjar; **safety-**~ varnostna zaponka; **tie-**~ kravatna igla

pin II [pin] **1.** *vt* pripeti (*to*, *on* na), zapeti, speti (*up*); pribiti, prebiti (s klinom, žebljičkom itd.); pritisniti, pritiskati (*against* ob, *to* na); pritisniti koga ob zid (*down*), obvezati koga k čemu)*down to*); vezati, ukleščiti (sovražne sile, šahovske figure; *down*); natančno določiti, definirati (*down*); *tech* zakliniti, pričvrstiti (*down*); **2.** *vi* biti pričvrščen; prilepiti se; **to** ~ **the blame on s.o.** pripisati komu krivdo; **to** ~ **one's hopes on** graditi na čem, verovati v kaj; **to** ~ **one's faith on** neomajno komu zaupati; **to** ~ **back s.o.'s ears** nahruliti koga, pretepsti, prekositi, premagati; **to** ~ **o.s. to s.o.** prilepiti se komu, živeti na njegov račun

pinaceous [painéišǝs] *adj bot* igličast

pinafore [pínǝfɔ:] *n* otroški predpasnik

pince-nez [pǽnsnei] *n* ščipalnik na nosu

pincer [pínsǝ] *vt* ščipati (s kleščami); *mil* ~ **ing** obkoljevanje (v klešče)

pincers [pínsǝz] *n pl* klešče (tudi rakove); *mil* klešče, obkolitev v obliki klešč; *med*, *print* pinceta

pincette [pinsét] *n* pinceta, prijemalka

pinch I [pinč] *n* uščip, ščipanje, stiskanje, pritisk; ščepec; *fig* stiska, muka, sila; *sl* odvzem prostosti, aretacija; *sl* tatvina; **to give s.o. a** ~ uščipniti koga; *sl* **a** ~ **of** trohica česa; **at** (ali **on**, **in**) **a** ~ v sili; **if it comes to the** ~ če bo nujno; **there's the** ~ v tem grmu tiči zajec; **the** ~ **of hunger** huda lakota

pinch II [pinč] **1.** *vt* ščipati, uščipniti; stisniti, stiskati; *fig* utesniti, tlačiti, omejiti; *fig* ščipati (mraz), osmoditi (slana), mučiti (žeja, lakota); iztisniti denar od koga; *sl* ukrasti: *sl* zapreti, aretirati; *E* priganjati konja; **2.** *vi* tiščati (čevelj, dolg itd.); *fig* biti v stiski, mučiti, boleti; skopariti; *sl* krasti; **to** ~ **off** odščipniti (vršičke); **to be** ~**ed for time (money)** biti v časovni (denarni) stiski; **to be** ~**ed** biti v stiski, biti na tesnem (*for, in, of*); ~**ed circumstances** omejene razmere; **to be** ~**ed with cold** biti premražen, pomodreti od mraza; **to be** ~**ed with hunger** biti izstradan; **to be** ~**ed with poverty** biti zelo siromašen; **a** ~**ed face** shiran obraz; **to** ~ **and scrape** komaj izhajati, stiskati, trpeti pomanjkanje, ničesar si ne privoščiti; **to** ~ **s.o. in (on, for)** držati koga na kratko; **that is where the shoe** ~**es** tam čevelj žuli

pinch-bar [pínčba:] *n* navor

pinchbeck [pínčbek] **1.** *n* tombak, rdeča med, talmi, nepravo zlato; *fig* imitacija, posnetek; **2.** *adj* nepravi, ponarejen

pinch-belly [pínčbeli] *n sl* skopuh, stiskač

pincher [pínčə] *n* ščipalec; stiskač, skopuh; *pl* klešče

pin-cherry [pínčeri] *n A bot* višnja

pinch-hit [pínčhit] *vi A sp* nadomestiti koga, vskočiti (*for* za)

pinch-hitter [pínčhitə] *n A sp* nadomestni igralec, kdor vskoči

pincushion [pínkušin] *n* blazinica za bucike

Pindaric [pindárik] *adj* (~**ally** *adv*) pindarski (oda, metrum), Pindarov

pindarics [pindáriks] *n pl* Pindarove ode; pindarski metrum

pindling [píndliŋ] *adj A dial* slaboten, bolehen

pine I [páin] *n bot* bor, borovec; borovina; pinija; *coll* ananas; Austrian ~ črni bor

pine II [páin] *vi* hrepeneti, koprneti (*after, for* za); hirati, mreti, veneti, medleti (*away*); žalostiti se, gristi se (*at* zaradi)

pineal [píniəl] *adj bot* storžast; ~ **body** češarek

pineapple [páinæpl] *n bot* ananas; *mil sl* ročna bomba

pine-beauty [páinbju:ti] *n zool* borov prelec

pine-carpet [páinka:pit] *n* glej **pine-beauty**

pine-cone [páinkoun] *n bot* borov storž

pine-marten [páinma:tin] *n zool* kuna zlatica

pine-needle [páinni:dl] *n* borova iglica

pinery [páinəri] *n* borov nasad; ananasov nasad

pine-tree [páintri:] *n bot* bor; *A* **Pine Tree State** vzdevek za državo Maine (ZDA)

pinetum [painí:təm] *n* (*pl* ~**ta**) arboretum iglavcev

piney [páini] *adj* glej **piny**

pinfeather [pínfeðə] *n zool* spodnji del peresne cevke

pinfold [pínfould] **1.** *n* staja za zarubljeno ali blodno živino, obora; **2.** *vt* zapreti v stajo

ping [piŋ] **1.** *n* žvižg (krogle); brenčanje (komarjev); **2.** *vi* žvižgati (krogla), brenčati (komar)

ping-pong [píŋpɔŋ] *n sp* pingpong, namizni tenis

pinguid [píŋgwid] *adj hum* debel, tolst, masten, oljnat; ploden (zemlja)

pinguidity [piŋgwíditi] *n* debelost, tolstost, mastnost; plodnost (zemlje)

pinhead [pínhed] *n* glavica bucike; *fig* malenkost; *sl* butec; ~ **sight** zorno polje puškinega vizirja

pinheaded [pínhedid] *adj coll* butast

pinhole [pínhoul] *n* luknjica od vboda igle; *phot* ~ **camera** kamera na luknjico

pinic [páinik] *adj chem* ki se nanaša na smolo iglavcev

pinion [pínjən] **1.** *n zool* letalno pero, vrh peruti (krila); *poet* krilo; *tech* zobato kolesce; **2.** *vt* pristriči ali zvezati peruti; zvezati roke, privezati (*to* na)

pink I [piŋk] *adj* rožnat, svetlo rdeč; *A sl* sijajen, blešček; ~ **zone** cona absolutno prepovedanega parkiranja v Londonu

pink II [piŋk] *n* rožnata barva; *bot* vrtni nagelj; *fig* višek, vrhunec, vrh; *E* rdeča suknja lovcev na lisice, lovec na lisice; *E* mlad losos; *A pol sl* radikal, levičar; **the** ~ **of fashion** najnovejša moda; **the** ~ **of perfection** višek popolnosti; *sl* **in the** ~ **(of health)** pri najboljšem zdravju; **he is the** ~ **of politeness** on je poosebljena vljudnost

pink III [piŋk] *n hist* jadrnica z ozko krmo

pink IV [piŋk] *n* rumena ali zelenkasto rumena barva (zmes vegetabilne barve in bele baze)

pink V [piŋk] **1.** *vt* prebosti (z mečem); nazobčati, luknjati, okrasiti z luknjicami; **2.** *vi* prdeti (motor)

pink-eye [píŋkai] *n med* konjunktivitis, vnetje očesne veznice; *vet* prehlad, gripa (konj)

pinkie [píŋki] *n A* mezinec; *A* vrsta ribiške ladje

pinking [píŋkiŋ] *n* prdenje motorja; ~ **shears** cikcak škarje

pinkish [píŋkiš] *adj* rdečkast, rožnati; *pol sl* levičarski, radikalen

Pinkster [píŋkstə] *n A dial* binkošti

pink tea [píŋkti:] *n A sl* elegan; slavnosten sprejem, snobistična družba

pinky [píŋki] *adj* glej **pinkish**

pin-money [pínmʌni] *n* ženin denar za male potrebe, žepni denar

pinna [pínə] *n* (*pl* ~**nas**) *anat* uhelj; *zool* pero, perut, plavut; *bot* peresce

pinnace [pínis] *n naut* ladijski čoln; majhna jadrnica

pinnacle [pínəkl] **1.** *n archit* stolpič, majhna kupola; konica (skale, hriba), vrh; *fig* vrhunec, višek; **2.** *vt archit* okrasiti s stolpiči; povišati; biti vrhunec česa; tvoriti vrh

pinnate [pínit, ~ eit] *adj bot, zool* pernat (list, ptič)

pinnated [píneitid] *adj* (~**ly** *adv*) *bot, zool* ki je razporejen v obliki peresa (npr. žilice na listu)

pinner [pínə] *n* predpasnik; (zlasti *pl*) čepica s perutkami

pinnigrade [pínigreid] **1.** *adj zool* plavutonog; **2.** *n* plavutonožec

pinnule [pínju:l] *n* peresce, plavutka

pinny [píni] *n* otroški predpasniček, podbradnik

pinpoint I [pínpɔint] *n* iglina konica; malenkost; *mil* strateška točka, precizno bombardiranje; **to argue about** ~ **s** pričkati se za malenkosti

pinpoint II [pínpɔint] **1.** *adj mil & fig* precizen, natančen; **2.** *vt mil* določiti točen položaj, zadeti cilj

pinprick [pínprik] *n* ubod, luknjica; *fig* majhna težava, zbadanje; **to pursue a policy of** ~ **s** dražiti, zbadati koga

pint [páint] *n* votla mera (0.56 l), pint; vrček (piva)

pinta [páintə] *n E sl* približno pol litra mleka

pintail [pínteil] *n zool* dolgorepka (raca)

pintle [píntl] *n tech* svornik

pinto [píntou] **1.** *adj* lisast; **2.** *n A* lisast konj, lisast fižol

pin-tooth [píntu:θ] *n* umeten, na korenino nasajen zob

pin-up [pínʌp] *n* iz časopisa izrezana slika lepotice (~ *girl*)

pinwheel [pín(h)wi:l] *n* vetrnica (otroška igrača)

pinworm [pínwə:m] *n zool* podančica

Pinxter [pínkstə] *n* glej **Pinkster**

piny [páini] *adj* borov, poraščen z bori

pioneer [paiəníə] **1.** *n* pionir, začetnik, kdor utira pot; *mil* vojak tehničnega oddelka, okopnik; **2.** *vt & vi* utirati pot, voditi; biti pionir

pious [páiəs] *adj* (~ **ly** *adv*) pobožen; *fig* hvalevreden; *arch* nežen; **a** ~ **fraud** dobronamerna laž; **a** ~ **wish** pobožna želja

pip I [pip] *n* peška, zrno, seme (v sadju)

pip II [pip] *n vet* pika na jeziku, perutninska bolezen; *E sl* potrtost, naveličanost; *sl* **to have the** ~ biti vsega naveličan, potrt; *sl* **it gives me the** ~ potrlo me je, zagnusilo se mi je

pip III [pip] *n E* znak, pika (na igralni karti, domini, kocki); *E* zvezda na epoleti; popek, cvet; ananasova rezina; *E* zvočni signal (za odmor, čas); črka P v signalizaciji

pip IV [pip] **1.** *vt coll* oplaziti (strel); ubiti, usmrtiti; *fig* v kali zatreti; ukaniti, izigrati koga; **2.** *vi* čivkati, prekljuvati jajčno lupino; umreti (tudi *out*)

pipage [páipidž] *n* napeljava (vodovodna, plinska itd.), cevi; pristojbina za napeljavo

pipe I [páip] *n* (dovodna) cev; piščalka, frula; brlizganje, žvižganje (ptičje); *mus pl* dude; *anat* sapnik, prebavni kanal; glas (pri petju); pipa za tobak; *geol* dimnik; *min* cev za zračenje v rudniku, rudna žila cilindraste oblike; *bot* votlo steblo, votel pecelj; *econ* vinski sod ali sod za olje (105 galonov, ca 477 litrov); *E hist* obračun državne blagajne (*Pipe Roll, Great Roll of the Pipes*); *sl* lahka naloga; ~ **of peace** pipa miru; *coll* **put that in your** ~ **and smoke it!** dobro si zapomni!, *fig* pomiri se s tem; **to put s.o.'s** ~ **out** preprečiti komu kaj; **organ** ~ orgelska piščalka; **to clear one's** ~ odkašljati se, odhrkati se

pipe II [páip] **1.** *vi* piskati; žvižgati, zavijati (veter); brlizgati (ptič); hripavo govoriti, piskati pri govorjenju; *sl* jokati; **2.** *vt* požvižgavati, piskati napev (na piščalko itd.); *naut* z žvižgom sklicati posadko; napeljati cevi, speljati po ceveh (vodo, plin itd.); okrasiti (torto s sladkornim oblivom, obleko z našitki); *bot* grebenčiti (trte, sadike); *sl* **to** ~ **(one's eyes)** jokati; *naut* **to** ~ **away** dati signal (z žvižgom) za odhod ladje; *sl* **to** ~ **down** utihniti, izgubiti samozavest, postati skromnejši; **to** ~ **up** zapiskati na piščalko; zapeti, oglasiti se s piskajočim glasom

pipe-bend [páipbend] *n tech* koleno cevi

pipe-bowl [páipboul] *n* glavica pipe za tobak

pipe-clay [páipklei] **1.** *n* bela lončarska glina; *mil coll* pretirana skrb za obleko; **2.** *vt* pobeliti z glino; *fig* urediti

pipe-dream [páipdri:m] *n A sl* prazen up, fantazija

pipefish [páipfiš] *n zool* morska igla

pipe-fitter [páipfitə] *n* polagalec cevi

pipeful [páipful] *n* polna pipa tobaka

pipe-layer [páipleiə] *n* polagalec cevi; *A hist sl* skrivni povzročitelj

pipeline [páiplain] *n* cevovod (zlasti za nafto); *fig* skriven kanal za novice; oskrbni sistem; **in the** ~ na poti, ki se pripravlja, v teku

pipe-major [páipmeidžə] *n mil mus* kapelnik godbe na dude

pipemma [pipémə] *adv E sl* popoldne (za *post meridiem*)

pipe-organ [páipə:gən] *n mus* orgle

piper [páipə] *n* piskač, frular, dudač; ptičji mladič (zlasti golobček); **by the** ~! raca na vodi!; **drunk as as** ~ pijan ko krava; **to pay the** ~ plačati stroške, poravnati račun (za druge); **he who pays the** ~ **calls the tune** ukazuje tisti, ki plača

piperaceous [pipəréišəs, paipə~] *adj bot* poprovinast

pipe-stone [páipstoun] *n min* rdeči glinovec

pipette [pipét] *n* pipeta, kapalna cevka

pipe-wine [páipwain] *n* vino iz soda

pipe-work [páipwə:k] *n mus* piščali pri orglah; cevi

pipe-wrench [páiprenč] *n tech* cevne klešče

piping I [páipiŋ] *adj* piskajoč, rezek, hreščeč, visok (glas); miren, pastirski, idiličen; **the** ~ **times** lepi časi

piping II [páipiŋ] *n* napeljava cevi, cevovodi; piskanje, brlizganje; hreščanje; sladkorni obliv na torti, našitek na obleki

piping III [páipiŋ] *adv* sikajoče, piskajoče; ~ **hot** vrel; *fig* še čisto gorek, nov

pipistrelle [pipistrél] *n zool* vrsta majhnega netopirja

pipit [pípit] *n zool* cipa, šoji podobna ptica

pipkin [pípkin] *n* glinast lonček

pippin [pípin] *n bot* reneta (vrsta jabolke)

pippy [pípi] *adj* poln semen, koščic (sadje)

pipsqueak [pipskwi:k] *n sl* žvižgajoča granata; zaničevanja vreden človek (stvar); cestno ropotalo, majhen motor

pipy [páipi] *adj* cevast; piskajoč, čivkajoč (glas), jokav

piquancy [pí:kənsi] *n* pikantnost, dražljivost, začinjenost; mikavnost, čar, draž; zajedljivost, jedkost

piquant [pí:kənt] *adj* (~ **ly** *adv*) pikanten, dražljiv, začinjen, oster, dražeč; mikaven; zajedljiv, jedek

pique I [pi:k] *n* užaljenost, prizadetost, jeza; **in a** ~ v jezi, jezen; **in a fit of** ~ v navalu jeze

pique II [pi:k] *vt* užaliti, razdražiti, zbadati; spodbadati, izzivati, zbuditi (radovednost); **to be** ~**d at** biti jezen na; **to** ~ **o.s. on** bahati se s čim, biti domišljav na kaj

pique III [pi:k] *vi & vt* dobiti 30 točk (pri piketu), odvzeti komu 30 točk

piqué [pí:kei] *n* piké (tkanina)

piquet I [pikét] *n* piket (kvartaška igra)

piquet II [píkit] *n mil* predstraža, izvidnica

piracy [páiərəsi] *n* piratstvo, morsko roparstvo; neupravičen ponatisk, plagiat, kršitev avtorske ali založniške pravice

piragua [pirá:gwə] *n* glej pirogue

piranha [pirá:njə] *n* zool piranha, krvoločna južnoameriška riba

pirate I [páiərət] *n* pirat, gusar, morski ropar, roparska ladja; neupravičen ponatiskovalec, kršitelj avtorske ali založniške pravice, plagiator; tajen radijski oddajnik

pirate II [páiərət] **1.** *vt* ropati; neupravičeno ponatisniti, kršiti avtorsko ali založniško pravico; **2.** *vi* gusariti, biti pirat

piratic(al) [pairǽtik(əl)] *adj* (~ ally, ~ ly *adv*) piratski, roparski, gusarski

pirogue [piróug] *n* piroga, čolnič iz enega debla

pirouette [piruét] **1.** *n* pirueta (plesna figura); **2.** *vi* delati piruete

piscary [pískəri] *n jur* ribolovno dovoljenje

piscatorial [piskətó:riəl] *adj* (~ ly *adv*) ribiški, riboloven, ribarniški

piscatory [pískətəri] *adj* glej piscatorial

Pisces [písi:z] *n pl* Ribe (v zodiaku)

pisciculture [písikʌlčə] *n* ribogojstvo

piscina [pisí:nə, ~ sái~] *n* (*pl* ~ nae) ribnik; rimski kopalni bazen; *eccl hist* krstilnica

piscine I [písin, ~ sain] *adj* ribji

piscine II [písi:n] *n* kopalni bazen

piscivorous [pisívərəs] *adj* ribojeden

pisé [pí:ze, pi:zé] *n archit* stolčena ilovica, stolčena masa

pish [piš] *int* fej!, traparija!

pishogue [pišóug] *n Ir* čarovnija

pisiform [páisəfɔ:m] *adj* grahast

pismire [písmaiə] *n zool* mravlja

piss I [pis] *n vulg* seč, urin, scanje

piss II [pis] *vi vulg* urinirati, scati, poscati se; ~ ed off besen; odpravljen, odstranjen; to ~ on poscati se na kaj (koga); to ~ against the wind plavati proti vodi

pissed [pist] *adj sl* pijan

piss-pot [píspɔt] *n vulg* kahla

pistachio [pistá:šiou] *n bot* pistacija; svetlo zelena barva

piste [pist] *n Fr* pista, jahalna steza

pistil [pístil] *n bot* pestič

pistillary [pístiləri] *adj bot* pestičen

pistillate [pístilit] *adj bot* poln pestičev; ženski (cvet)

pistol [pístl] **1.** *n* pištola; **2.** *vt* streljati s pištolo

pistole [pistóul] *n* star zlatnik

pistoleer [pistəlíə] *n* pištolar, revolveraš

pistol-grip [pístlgrip] *n* ročaj pištole

pistol-shot [pístlšɔt] *n* revolverski strel; *A* revolveraš

pistol-whip [pístlwip] *vt* udariti koga s pištolo

piston [pístən] *n tech* bat; *mus* piston, ventil pri pihalih (tudi ~ valve)

piston-pump [pístənpʌmp] *n tech* batna črpalka

piston-rod [pístənrɔd] *n tech* batnica

pit I [pit] *n* jama, votlina, špilja, duplina; *anat* votlina (npr. ~ of the stomach trebušna votlina); brezno, prepad (tudi *fig*); (the) pekel; rudniški rov, jašek, rudnik; *med* brazgotina od koz, kozavost; *theat E* parter, publika v parterju; *A* borza za določeno blago (npr. wheat ~ borza za pšenico); arena, bojišče (zlasti za petelinji boj); *sp* doskočna jama; *dial* grob, jama; prostor, kjer se vozila oskrbujejo z bencinom (pri avtomobilskih dirkah); refuse ~ jama za smeti; *fig* to dig a ~ for kopati komu jamo

pit II [pit] **1.** *vt* zakopati v jamo, dati v jamo; ujeti v jamo, ujeti v past; *metall* razžreti (korozija); iznakaziti z brazgotinami (koze); *agr* spraviti v zasipnico (repo, krompir); postaviti koga proti drugemu, nahujskati, meriti moči s kom (*against*); **2.** *vi* izdolbsti se, iznakaziti se (od koz); *med* pustiti otisk (pritisk prsta); ~ ted with smallpox kozav

pit III [pit] **1.** *n A* koščica, peška; **2.** *vt* odstraniti koščice, peške

pit-a-pat [pítəpǽt] **1.** *adv* tikataka; **2.** *n* tiktakanje; utripanje srca; capljanje; **3.** *vi* utripati; capljati

pitch I [pič] *n min* smola (zemeljska), katran; *bot* drevesna smola; *mineral* ~ bitumen; dark as ~ ko smola črn; you can't touch ~ without being defiled gnila jabolka zdravo kvari

pitch II [pič] *vt* smoliti, namazati s smolo, katranizirati

pitch III [pič] *n* met (žoge), lučaj (balinske krogle), metanje; *naut* zibanje ladje; nagnjenost, strmec, strmina (strehe); višina, stopnja; *mus* višina tona, uglašenost (glasbila); *fig* (najvišja ali najnižja) točka, najvišja stopnja, vrh, vrhunec; *E* stojnica (uličnega prodajalca); *econ* ponudba blaga na tržišču; *A sl* hvalisanje blaga, reklamni oglas; *A sl* čenče, blebetanje; *sp* igrišče, (kriket) polje med vrati; razmak med luknjicami (na filmu), razmak med žlebiči (na gramofonski plošči); absolute (perfect) ~ absolutni posluh; ~ of an arch višina oboka; ~ level višina tona, glasu; *mus* above (below) ~ previsoko (prenizko); to sing true to ~ uglašeno peti; to fly a high ~ visoko letati; to the highest ~ do skrajnosti; at the ~ of one's voice na ves glas; to queer s.o.'s ~ prekrižati komu načrte; *A sl* I get the ~ razumem; *sl* what's the ~? kaj se godi?

pitch IV [pič] **1.** *vt* postaviti (tabor, šotor, stojnico); zabiti, zasaditi (kole itd.); metati, vreči, zalučati (žogo, kovance itd.); naložiti (seno z vilami); postaviti v bojni red; določiti (po višini, vrednosti); (govor itd.) uglasiti, prilagoditi (*on* čemu); izraziti na poseben način, s posebnim stilom; *mus* uglasiti (glasbilo), intonirati (pesem); *sp* meriti na cilj, zamahniti; *fig* usmeriti (misli; *toward* k); nasuti (cesto), tlakovati, asfaltirati; določiti adut (pri začetku igre); ponuditi, razstaviti, hvaliti blago; *sl* pripovedovati, izblebetati; **2.** *vi* pasti kakor dolg in širok; *naut* zibati se (ladja); *sp* podati žogo metalcu, metati; nagniti se (streha); utaboriti se; ~ ed battle naprej pripravljena in brezobzirna borba; to ~ the fork pripovedovati ganljive zgodbe; to go a ~ ing prevračati kozolce; to ~ too high previsoko meriti; to ~ the voice high visoko zapeti; his voice was well ~ ed njegov glas je bil dobro uglašen; to ~ it strong močno pretiravati; to ~ a story pripovedovati laži, debele tvesti, izmisliti si zgodbo; to ~ a tent postaviti šotor; *fig* to ~ one's tent naseliti se; to ~ a yarn debele tvesti, pripovedovati neverjetno zgodbo

pitch in *vi coll* poprijeti se dela; *A* lotiti se jedi
pitch into *vi* napasti (z udarci, besedami); navaliti (npr. na jed)
pitch (up)on *vi* odločiti se za kaj
pitch-and-toss [píčəntós] *n* metanje kovancev (igra)
pitch-angle [píčængl] *n* naklonski kot
pitch-black [píčblæk] *adj* smolnato črn
pitchblende [píčblend] *n min* uranova ruda, uranova svetlica, smolovec
pitch-circle [píčsə:kl] *n tech* razdelilni krog zobatega kolesa
pitch-coal [píčkoul] *n* smolasti premog
pitch-dark [píčda:k] 1. *adj* smolnato črn; 2. *n* črna tema
pitcher I [píčə] *n* lončen vrč; the ~ goes ônce too often to the well z vrčem hodimo toliko časa po vodo dokler se ne razbije; ~s have ears stene imajo ušesa; little ~s have long ears otroci vse slišijo
pitcher II [píčə] *n* metalec (zlasti pri baseballu); *E* stojničar; tlakovec (kamen)
pitcherful [píčəful] *n* poln vrč česa
pitchfork I [píčfɔ:k] *n* senene vile, razsoke; *mus* glasbene vilice
pitchfork II [píčfɔ:k] *vt* obračati seno; *fig* brezobzirno vreči, siliti (*into* v); to ~ s.o. in a place siliti koga v poklic, ki ga ne veseli; to ~ troops into a battle vreči čete v borbo
pitching [píčiŋ] *n* metanje, lučanje; postavitev (tabora); *econ* razrstavljanje blaga; tlakovanje ceste; *naut* zibanje ladje
pitchiness [píčinis] *n* tema, mrak
pitch-line [píčlain] *n tech* razdelilna črta
pitchman [píčmən] *n A coll* ulični prodajalec; kdor hvali blago
pitchpine [píčpain] *n bot* ameriški smolikav bor
pitch-pipe [píčpaip] *n mus* piščalka za intoniranje
pitch-point [píčpɔint] *n tech* stikališče na razdelilnem krogu zobatega kolesa
pitch-stone [píčstoun] *n geol* smolnik, smolnikov porfir
pitch-thread [píčθred] *n* dreta
pitchy [píči] *adj* smolnat, smolnato črn
pit-coal [pítkoul] *n* kameni premog
piteous [pítiəs] *adj* (~ly *adv*) usmiljenja vreden, beden, žalosten
piteousness [pítiəsnis] *n* usmiljenja vredno stanje, bednost
pitfall [pítfɔ:l] *n* past (jama); *fig* nevarnost, past; zabloda
pith I [piθ] *n* mozeg, stržen, srčika, jedro; *fig* energija, moč; *fig* važnost, pomembnost; ~ and marrow jedro, prava vsebina; ~ and moment važnost
pith II [piθ] *vt* ubiti žival z vbodom v hrbtni mozeg; *bot* odstraniti stržen
pit-head [píthed] *n* vhod v jamo, okno (v rudniku)
pithecanthrope [piθəkǽnθroup] *n* pitekantropus, človek opica
pithecoid [piθí:kɔid] *adj* opičji, kakor opica
pith-helmet [píθhelmit] *n* tropska čelada
pithiness [píθinis] *n* jedrnatost; *fig* moč, energija
pithless [píθlis] *adj* (~ly *adv*) brez jedra, mozga; *fig* brez hrbtenice, slaboten
pith-paper [píθpeipə] *n* riževi papir

pithy [píθi] *adj* (pithily *adv*) jedrnat; *fig* energičen, močen; a ~ saying jedrnat izrek
pitiable [pítiəbl] *adj* (pitiably *adv*) usmiljenja vreden, ubog, zaničevanja vreden, žalosten
pitiableness [pítiəblnis] *n* usmiljenja ali zaničevanja vredno stanje, beda, bojazljivost
pitiful [pítiful] *adj* (~ly *adv*) sočuten; ubog, beden, bojazljiv; *fig* zaničevanja vreden
pitifulness [pítifulnis] *n* sočutnost; beda, bojazljivost, zaničevanja vredno stanje
pitiless [pítilis] *adj* (~ly *adv*) neusmiljen, okruten, brezdušen
pitilessness [pítilisnis] *n* neusmiljenost, okrutnost, brezdušnost
pitman [pítmən] *n* (*pl* ~men) rudar, kopač; (*pl* ~mans) *tech* ojnica, gonilni drog
piton [pitɔ̃] *n* plezalni klin
pitpan [pítpæn] *n* izdolben čoln
pit-pony [pítpouni] *n E* jamski konjiček (v rudniku)
pitsaw [pítsɔ:] *n* drvarska žaga, žaga za rezanje desk po dolžini
pittance [pítəns] *n* majhen dohodek, majhna nagrada, majhen obrok; *hist* vbogajme, · dnevni obrok hrane (v samostanu)
pitted [pítid] *adj* kozav, jamičast
pitter-patter [pítəpætə] *n* pljuskanje (dežja), udarjanje; his heart went ~ srce mu je močno bilo
pitting [pítiŋ] *n* kopanje, dolbenje, tvorjenje jamic; *metall* razjedenost (notranje površine kotla); brazgotine, jamice; zgradba jaška (v rudniku)
pittite [pítait] *n E theat* reden obiskovalec parterja, kdor redno sedi v parterju
pituitary [pitjú:itəri] *adj physiol* sluzav; *anat* ~ gland hipofiza, možganski privesek
pitwood [pítwud] *n* jamski les
pity I [píti] *n* usmiljenje, sočutje; *fig* škoda; to have (ali take) ~ on smiliti se, .usmiliti se koga; out of ~ iz usmiljenja; for ~'s sake! za božjo voljo!; what a ~! kakšna škoda!; such a ~! taka škoda!; more's the ~! toliko slabše!; it is a thousand pities večna škoda je
pity II [píti] *vt* pomilovati, sočustvovati, obžalovati
pitying [pítiŋ] *adj* (~ly *adv*) sočuten
pityriasis [pitiráiəsis] *n med* luskavica
pivot I [pívət] *n tech* tečaj, stožer, zatič, čep, os (tehtnice); notranji krilnik, kdor je na krilu čete, obratišče; *fig* središče, ključna osebnost; *sp* visok igralec, ki igra v glavnem pod košem (košarka)
pivot II [pívət] 1. *vt tech* oskrbeti s stožerom, nasaditi na tečaje; 2. *vi* vrteti se; *fig* vrteti se okrog (*on*); *mil* obrniti se; vrteti se na mestu (ples); to be ~ed on vrteti se okrog (tudi *fig*)
pivotal [pívətl] *adj* ki se nanaša na stožer, klin; tečajast; *fig* osrednji, centralen, ključen
pivot-bridge [pívətbridž] *n* dvižni most (ki se vrti navpično)
pivot-tooth [pívəttu:θ] *n med* zatični zob
pix [piks] *n* glej pyx
pixie, pixy [píksi] *n* škrat, vila
pixilated [píksileitid] *adj A coll* prismojen, trčen; pijan
pixy-stool [píksistu:l] *n E* strupena goba
pizzle [pizl] *n zool vulg* samčev ud

placability [pleikəbíliti] *n* spravljivost, pomirljivost, popustljivost

placable [pléikəbl] *adj* (placably *adv*) spravljiv, pomirljiv, popustljiv

placard I [plǽka:d] *n* plakat, lepak; to post a ~ nalepiti plakat

placard II [plǽka:d] *vt* nalepiti plakat, objaviti na plakatu

placate [pləkéit, pléi~] *vt* spraviti, pomiriti, potolažiti; *A pol* pomiriti nasprotno stranko (z denarjem)

placation [pləkéišən] *n* sprava, pomiritev

placatory [pléikətəri] *adj* spravljiv, pomirljiv

place I [pléis] *n* prostor, kraj, mesto; *econ* kraj, sedež (podjetja itd.); dom, hiša, stanovanje, kraj bivanja, pokrajina; *coll* lokal; *naut* kraj, pristanišče (~ *of call* pristanišče, kjer ladja pristane); sedež, mesto pri mizi; služba, službeno mesto, položaj, dolžnost; *math* decimalno mesto; družbeni položaj, stan; *fig* vzrok, povod; *sp* tekmovalčevo mesto; ~ *of amusement* zabaviščni prostor, zabavišče; ~ *of birth* ali one's native ~ rojstni kraj; ~ *of employment* delovno mesto; ~ *of worship* (božji) hram; *of this* ~ tukajšnji; in this ~ tukaj, na tem mestu; at his ~ pri njem doma; from ~ to ~ s kraja v kraj; in all ~s povsod; in ~s mestoma, tu pa tam; put yourself in my ~ postavi se v moj položaj; to find one's ~ znajti se na pravem mestu; this is not the ~ for to ni pravo mesto za; it is not my ~ to do this ni moja stvar to narediti; to put s.o. in his ~ pokazati komu kje mu je mesto; there is no ~ for doubt ni vzroka za dvom; to give ~ to odstopiti mesto, umakniti se komu; *A going* ~s uspeti, ogledati si znamenitosti nekega kraja; in ~ na pravem mestu, primeren; in ~ of namesto; in the first ~ predvsem; in the last ~ nazadnje, končno; to keep s.o. in his ~ zaustaviti koga, paziti da ne postane preveč domač; to know one's ~ vedeti kje je komu mesto; out of ~ na nepravem mestu, neprimeren, brez službe; to take ~ goditi se, vršiti se; to take the ~ of ali to take s.o.'s ~ zamenjati koga, nadomeščati koga; take your ~s sedite na svoja mesta; in the next ~ potem; there is no ~ like home preljubo doma, kdor ga ima

place II [pléis] *vt* postaviti, položiti, namestiti; naložiti (denar); zaposliti, namestiti, dati službo, položaj; *econ* spraviti (blago) na trg, vložiti kapital, vnesti, knjižiti, skleniti (pogodbo itd.); prepoznati, spomniti se koga; *sp* plasirati; to ~ confidence in imeti zaupanje v koga; I cannot ~ him ne vem, kam bi ga del; ne morem se spomniti od kje ga poznam; to ~ in order urediti, postaviti na pravo mesto; to ~ a contract skleniti pogodbo; *econ* to ~ an order naročiti; to ~ a call najaviti telefonski pogovor; to ~ on record zapisati, vknjižiti; *sp* to be ~d plasirati se, biti med prvimi tremi

placebo [pləsí:bou] *n* (*pl* ~bos) *eccl* začetni napev črne maše; *med* Blažev žegen

place-brick [pléisbrik] *n tech* slabo žgana opeka

place-card [pléiska:d] *n* kartica z imenom za mesto pri mizi

place-holder [pléishouldə] *n* nameščenec, -nka

place-hunter [pléishʌntə] *n* kruhoborec, -rka, lovec na službo

place-hunting [pléishʌntiŋ] *n* lov na službo

place-kick [pléiskik] *n sp* svobodni udarec (z mesta)

placeman [pléismən] *n E derog* državni uradnik, službena oseba

placement [pléismənt] *n* postavitev, namestitev; nastavitev (delavca); služba, položaj; *econ* vloga (kapitala), plasiranje (robe); *A ped* ~ test sprejemni izpit; *'sp* ~ shot neubranljiva žoga (tenis)

place-name [pléisneim] *n* krajevno ime

placenta [pləséntə] *n* (*pl* ~tae) *physiol* placenta, posteljica

placental [pləséntəl] *adj physiol* ki se nanaša na placento

placer I [pléisə] *n* namestitelj, postavitelj

placer II [plǽsə] *n min* naplavina, ki vsebuje zlato; izpirališče zlata; ~ gold izprano zlato; ~ mining izpiranje zlata

placet I [pléisit] *n Lat* dovoljenje, potrditev, odobritev; non-~ odklonitev, zavrnitev

placet II [pléisit] *vi* odobriti, ne odobriti, odbiti

placid [plǽsid] *adj* (~ly *adv*) miren, spokojen, veder; pohleven, krotek; samovšečen

placidity [plæsíditi] *n* mirnost, spokojnost, vedrost; pohlevnost, krotkost; samovšečnost

placket [plǽkit] *n* razporek, žep (na krilu); *fig* ženska

placoid [plǽkɔid] *adj zool* ploščat (luske), s ploščatimi luskami (riba)

plafond [pləfɔ́nd, plafɔ́:n] *n* strop (zlasti okrasni)

plagal [pléigəl] *adj mus* ki mu je temeljna nota med dominanto in njeno oktavo

plagiarism [pléidžiərizəm] *n* plagiat, umetnostna tatvina

plagiarist [pléidžiərist] *n* plagiator, umetnostni tat

plagiarize [pléidžiəraiz] *vt* napraviti plagiat

plagiary [pléidžiəri] *n* plagiat, plagiator

plagiotropic [pleidžiətrɔ́pik] *adj bot* poševne rasti

plagiotropism [pleidžiɔ́trəpizəm] *n bot* poševna rast

plague I [pléig] *n med* kuga; *fig* muka, nadloga, udarec, kazen; *coll* pokora, nadloga (človek); ~ on it! naj gre k vragu!; ~ boil kužna bula

plague II [pléig] *vt* okužiti; *fig* mučiti, trpinčiti, nadlegovati; to ~ s.o.'s life out gnjaviti koga

plaguesome [pléigsəm] *adj coll* nadležen, siten

plague-spot [pléigspɔt] *n* kužna bula, kužno znamenje; *fig* leglo pokvarjenosti

plaguy [pléigi] 1. *adj* nadležen, neznosen, mučen; pretiran; 2. *adv* nadležno, strašno, neznosno; pretirano

plaice [pléis] *n zool* morski list

plaid [plæd, *Sc* pléid] 1. *n* volnena škotska ogrinjavka, pled, karirasto škotsko blago; 2. *adj* karirast

plain I [pléin] *adj* (~ly *adv*) preprost, enostaven, navaden; brez okraskov, preprost (soba itd.); nevzorčast, enobarven (blago); črno-bel (fotografija, risba); nemikaven, neprivlačen, neuglajen (obraz, dekle); jasen, razumljiv, nedvoumen, brez ovinkov (pogovor), očiten, razločen; nerazredčen (alkohol); odkrit, pošten; srednji, nepomemben, povprečen; *metall* nelegiran (npr. jeklo); raven, plosk (dežela); *fig* gol, čist (nesmisel); ~ **clothes** civilna obleka; ~ **cooking** domača kuhinja; ~ **card** navadna karta (razen kralja, dame in fanta); ~ **fare** domača hrana; **as ~ as ~ can be** ali **as ~ as the nose on one's face** ali ~ **as a pikestaff** ali **as ~ as point** jasno kot beli dan; ~ **dealer** poštenjak, odkrit človek; ~ **dealing** odkritost, iskrenost, pošteno trgovanje; ~ **knitting** gladko pletenje (same desne); **in ~ English** ali **in ~ language** brez ovinkov, naravnost (povedati); ~ **living** preprost način življenja; ~ **paper** nečrtan papir; ~ **sewing** bela vezenina, šivanje belega perila; ~ **speaking** odkrito govorjenje; ~ **truth** čista resnica; **to be ~ with** naravnost komu povedati

plain II [pléin] *adv* jasno, razumljivo; odkrito, pošteno

plain III [pléin] *n* ravnina, ravan, nižava, poljana; bojišče; *pl* prerija

plain IV [pléin] *vi E arch & poet* žalovati, tožiti, tarnati

plainback [pléinbæk] *n* volnena tkanina z gladkim licem

plain-clothes man [pléinklouǒzmæn] *n* detektiv v civilni obleki

plain-looking [pléinlukiŋ] *adj* nelep, nemikaven, neprivlačen

plainness [pléinnis] *n* jasnost, razumljivost, očitnost, nedvoumnost; enostavnost, skromnost, neokrašenost; odkritost, poštenost; neuglajenost, nemikavnost, neprivlačnost; ravnina

plain sailing [pléinséiliŋ] *n fig* preprosta stvar; **it was all ~** šlo je brez težav

plainsman [pléinzmən] *n* ravanec; prebivalec prerije

plain-song [pléinsɔŋ] *n* žalostinka, tožljivka; *mus* stara enoglasna cerkvena pesem (*cantus planus*)

plain-spoken [pléinspóukən] *adj* odkrit, odkritosrčen, iskren, ki ne ovinkari

plaint [pléint] *n* pritožba; *jur* tožba, obtožba, obtožnica; *poet* tožba, žalna pesem

plaintiff [pléintif] *n jur* tožnik

plaintive [pléintiv] *adj* (~ **ly** *adv*) otožen, tarnajoč, tožeč; ~ **song** žalostinka

plain-work [pléinwə:k] *n* izdelovanje belega perila

plait [plæt, *A* pléit] **1.** *n* guba, naborek; kita, pletenica; **2.** *vt* plesti kito, preplesti; zgubati, plisirati

plan I [plæn] *n* plan, načrt, projekt, umislek, osnutek, zaris; tloris; navpična ravnina (v risanju perspektive); *A* **American ~** popolna oskrba v hotelu, penzion; *A* **European ~** prenočišče brez hrane v hotelu; **according to ~** po načrtu; **to make ~s for** delati načrte za; **to remain below ~** ne doseči plana; **in ~ form** v osnutku

plan II [plæn] *vt* planirati, načrtovati, napraviti načrt; *fig* snovati, umisliti; *A* nameravati; **to ~ on** računati na kaj, zanašati se na kaj; ~ **ned economy** plansko gospodarstvo; ~ **ned parenthood** načrtovanje družine

planarian [plənéəriən] *n zool* sladkovodni ploskavec (črv)

planch [pla:nč] *n* kovinska ali kamnita plošča

planchet [plǽnčit] *n* blanket za kovance

planchette [pla:nšét] *n* ploščica na katero je pričvrščen svinčnik (pri spiritističnih seansah)

plane I [pléin] *n E* platana

plane II [pléin] *adj* raven, plosk, ploščat; *geom* ploskoven, planimetrijski; *geom* ~ **geometry** planimetrija; *tech* ~ **table** merilna miza

plane III [pléin] *n* ravnina, ravan, nižina; *geom* ploskev; *fig* stopnja, višina, nivo, raven; *coll* letalo; *min* glavni hodnik v rudniškem rovu; *fig* **on the upward ~** v vzponu; **on the same ~ as** na istem nivoju kot

plane IV [pléin] **1.** *vt* zravnati, zgladiti, splanirati (*down*); **2.** *vi* voziti se v letalu; polzeti, dvigniti se nad vodo (čoln pri hitri plovbi)

plane V [pléin] **1.** *n tech* skobelj, oblič; **2.** *vt* skobljati, oblati

plane-iron [pléinaiən] *n tech* stružilo, rezilo

planeness [pléinnis] *n* ravnina, ravnost

planer [pléinə] *n tech* skobeljnik; *print* planeta, poravnalnik; ~ **saw** vrsta krožne žage

planet I [plǽnit] *n astr* planet, zvezda premičnica; **inferior (superior) ~s** notranji (zunanji) planeti; **minor ~s** asteroidi; **primary ~** glavni planet; **secondary ~** planetov mesec

planet II [plǽnit] *n eccl* mašna obleka

planetarium [plænitéəriəm] *n* (*pl* ~ **ums**, ~ **ia**) *astr* planetarij

planetary [plǽnitəri] *adj astr* planeten; svetoven, zemeljski; *fig* nestalen, blodeč

planetesimal [plænitésiməl] *n astr* majhno meteorju podobno telo

planetoid [plǽnətoid] *n astr* planetoid, majhen planet

plane-tree [pléintri:] *n bot* platana

planet-struck [plǽnitstrʌk] *adj* zbegan, prestrašen

plangency [plǽndžənsi] *n* udarjanje (valov); donenje, tresenje, vibriranje

plangent [plǽndžənt] *adj* udarjajoč (valovi); doneč, tresoč, presunljiv (glas)

planidorsate [pleinidó:seit] *adj zool* s ploskim hrbtom

planimeter [plænímitə] *n tech* planimeter, ploskvomer

planimetry [plənímətri] *n geom* planimetrija

planing [pléiniŋ] *n* skobljanje, oblanje; *tech* ~ **bench** stružnica

planish [plǽniš] *vt tech* zravnati, splanirati, zgladiti; polirati, ugladiti; pooblati (les); ~ **ing hammer** gladilnik

planisphere [plǽnisfiə] *n astr* planiglob, polobla na zemljevidu

plank I [plæŋk] *n* deska, platica, ograjnica, mostnica, ploh; *fig* opora; *A pol* program politične stranke; **to walk the ~** iti z zavezanimi očmi čez palubo, dokler ne zmanjka tal pod nogami (stara mornarska kazen), *fig* iti v gotovo smrt

plank II [plæŋk] *vt* polagati deske, obijati, pažiti; *A* postreči z jedjo na deski; **to ~ it** ležati na trdem; *sl* **to ~ down** trdo položiti, takoj plačati

plank-bed [plǽŋkbed] *n* pograd v zaporu

planking [plǽŋkiŋ] *n* obijanje, polaganje desk, deske

plank-saw [plǽŋksɔ:] *n tech* žaga za rezanje desk

plankton [plǽŋktən] *n zool* plankton, majhni organizmi v vodi

planktonic [plæŋktónik] *adj zool* planktonski

planless [plǽnlis] *adj* breznačrten, nepremišljen, brezciljen

planner [plǽnə] *n* planer, načrtovalec, projektant

planning [plǽniŋ] *n* planiranje, načrtovanje; ~ **board** urad za planiranje

planometer [plənómitə] *n tech* ravnalo

plant I [pla:nt] *n bot* rastlina, sadika; rast; drža; obrat, obratni material, tovarna, tovarniška oprema; *sl* ukana, past, prevara; policijska zaseda; **in** ~ rastoč; **to lose** ~ odmirati, veneti; **to miss** ~ ne vzkliti

plant II [pla:nt] *vt* saditi, posaditi (*in* v), zasaditi (*with* s, z); pojseati (*on* na, *with* s, z); polagati (ribe, ikre v vodo); naseliti, kolonizirati, ustanoviti (naselje, društvo), urediti, okrasiti, posaditi z drevjem; *fig* vcepiti (misel); postaviti, podtakniti, vtihotapiti (npr. špijona); *sl* pritisniti, udariti koga, prebosti z bodalom; *sl* skriti ukradeno blago; *sl* podtakniti komu kaj, pustiti koga na cedilu; **to** ~ **s.th. on s.o.** podtakniti komu kaj; **to** ~ **out** posaditi v presledkih; **to** ~ **o.s.** postaviti se, vtihotapiti se (npr. za špijona)

plantain [plǽntin] *n bot* trpotec; vrsta banane, pisang, rajska smokva

plantar [plǽntə] *adj anat* stopalen, podplaten

plantation [plæntéišən] *n* plantaža, nasad, zaščiten gozd; *hist* kolonija, naselitev

planter [plá:ntə] *n* saditelj; *agr* sadilnik, sejalni stroj; plantažnik, lastnik plantaž; *hist* kolonist; *sl* goljuf, podtikovalec

planthouse [plá:nthaus] *n* rastlinjak

plantigrade [plǽntigreid] *n zool* podplatar

plantlet [plá:ntlit] *n* rastlinica

plant-louse [plá:ntlaus] *n zool* listna uš

plantocracy [plæntókrəsi] *n* veleposestniška oblast

plaque [pla:k] *n* okrasna ploščica, spominska plošča; zaponka; *med, zool* pega

plaquette [plækét] *n* plaketa, reliefna ploščica

plash I [plæš] *vt* splesti vejevje v živo mejo, obnavljati živo mejo

plash II [plæš] **1.** *n* pljusk, pljuskanje, žuborenje; mlaka, luža; **2.** *vt & vi* poškropiti, oškropiti; pljuskati, čofotati

plashy [plǽši] *adj* moker, močvirnat, poln mlak; pljuskajoč, žuboreč

plasm [plæzm] *n biol* plazma

plasma [plǽzmə] *n biol* plazma, protoplazma; *min* plazma, zeleni kalcedon

plasmatic [plæzmǽtik] *adj biol* plazmatičen

plasmic [plǽzmik] *adj biol* plazemski, protoplazemski

plasmodium [plæzmóudiəm] *n zool* plazmodij, povzročitelj malarije

plasmolysis [plæzmólisis] *n biol* plazmoliza, zakrnitev celic

plasmosome [plǽzməsoum] *n biol* celično jedro, mikrosom

plaster I [plá:stə] *n* mavec; *med* obliž, ovitek; *archit* malta, štukatura, omet, belež; ~ **of Paris** mavec, bela sadra; **mustard-**~ gorčični ovitek

plaster II [plá:stə] *vt* ometati (zid), beliti, premazati z mavcem, štukirati; nalepiti (obliž, plakat, nalepke; *on, to*); pripraviti ovitek; *coll* obmetavati (s kamni, bombami); *fig* zasipati (s hvalo); **to** ~ **down** nalepiti; **to** ~ **over** premazati z mavcem, *fig* ublažiti (bolečino)

plaster cast [plá:stəka:st] *n* mavčni odlitek; *med* mavčna obveza

plastered [plá:stəd] *adj coll* pijan

plasterer [plá:stərə] *n* štukater

plaster-floor [plá:stəflɔ:] *n* gumno

plastering [plá:stəriŋ] *n* štukiranje, štukatura

plaster-work [plá:stəwə:k] *n* štukatura, štukaturni okras

plastery [plá:stəri] *adj* mavčen; kot mavec

plastic I [plǽstik] *adj* (~ **ally** *adv*) plastičen; oblikoven, upodobilen; gnetljiv, upogljiv; *med* plastičen; *biol* tvoren; *fig* oblikovalen, dovzeten; *fig* nazoren, jasen; ~ **arts** upodabljajoča umetnost, plastika; ~ **clay** lončarska (porcelanska) glina; *med* ~ **operation** plastična operacija; *med* ~ **surgery** plastična kirurgija

plastic II [plǽstik] *n* plastika; *pl* plastične mase

plasticine [plǽstisi:n] *n* plastelin, gnetivo, kiparsko testo

plasticity [plæstísiti] *n* plastičnost, gnetljivost, likovnost; *fig* dovzetnost; nazornost, slikovitost

plasticize [plǽstisaiz] *vt tech* napraviti plastično

plasticizer [plǽstisaizə] *n tech* mehčalec

plastid [plǽstid] *adj biol* enoceličen

plastron [plǽstrən] *n* plastron, naprsnik, varovalni oklep; *zool* želvin trebušni oklep

plat I [plæt] **1.** *n* majhno zemljišče; *A* zaris zemljišča; **2.** *vt A* mapirati

plat II [plæt] *n* pletenica, kita

platan [plǽtən] *n bot* platana

platband [plǽtbænd] *n* ozka greda; *archit* pramen, trak, venčna letva

plate I [pléit] *n* krožnik; pogrinjek za eno osebo, posamezna jed v obroku (npr. *a* ~ *of soup* krožnik juhe); kos srebrnega ali zlatega namiznega pribora; izvesek, tablica z imenom; tabela, ilustracija na celi strani, slika (v knjigi); fotografska plošča, (steklena, kovinska) plošča; *el* anoda elektrodne cevi (~ *voltage* anodna napetost); elektroda akumolatorja; *tech* lamela, platica (sklopke itd.); *print* kliše, grafična matrica, gravura, bakrotisk; umetno nebo (za zobovje); *sp* pokal, nagradan plaketa, pokalna konjska dirka; *archit* tram, na katerem stoji streha; *pl E sl* ploske noge; vrsta tračnic; **German** ~ novo srebro, argentan; **finger** ~ številčnica na telefonskem aparatu; **hour** ~ številčnica na uri; **thin** ~ pločevina; **steel** ~ jeklena pločevina; **to put up one's** ~ odpreti ordinacijo

plate II [pléit] *vt* prevleči s kovino (pozlatiti, posrebriti, ponikljati), galvanizirati, obložiti s ploščami, opločiti, oklopiti; kalandrirati, satinirati (papir); *print* stereotipirati

plate-armo(u)r [pléita:mə] *n* oklep iz ploščic; ladijski oklop

plateau [plǽtou] *n* (*pl* ~ **teaux**, ~ **teaus**) plato, visoka planota

plate-basket [pléitba:skit] *n* košarica za jedilni pribor

plate-carrier [pléitkæriə] *n* dvigalo za jedila

plated [pléitid] *adj* oklopljen; prevlečen s kovino, posrebren, pozlačen, ponikljan; dubliran (tekstil)

plateful [pléitful] *n* poln krožnik česa

plate-glass [pléitgla:s] *n* debelo steklo (za ogledala, izložbena okna)

plate-holder [pléithouldə] *n* kaseta za fotografske plošče

plate-iron [pléitaiən] *n tech* pločevina
plate-layer [pléitleiə] *n E* polagalec tračnic, vzdrževalec proge
plate-machine [pléitməši:n] *n tech* lončarski kolovrat na strojni pogon
platen [plǽtən] *n print* tiskalo, tiskalna plošča, tiskalni valj, valj na pisalnem stroju
plate-paper [pléitpeipə] *n tech* papir za bakrotisk
plate-powder [pléitpaudə] *n* prašek za čiščenje srebrnine
plate-printing [pléitprintiŋ] *n print* bakrotisk; tisk s klišejev (tekstil)
plater [pléitə] *n* galvanizer; *sp* slabši dirkalni konj
plate-rack [pléitræk] *n* stojalo za krožnike
plate-rail [pléitreil] *n A* glej **plate-rack**
plate-spring [pléitspriŋ] *n tech* ploščata vzmet
platform I [plǽtfɔ:m] *n* platforma, ploščad, oder, tribuna; *archit* ravna streha, terasa; peron; *fig* javna diskusija; *A* program politične stranke, razglasitev političnega programa
platform II [plǽtfɔ:m] **1.** *vt* postaviti govornika na oder; **2.** *vi* govoriti z odra
platform-car [plǽtfɔ:mka:] *n* tovorni vagon brez stranic
platforming [plǽtfɔ:miŋ] *n tech* način oplemenitenja bencina s platinskim katalizatorjem
platform-scale [plǽtfɔ:mskeil] *n tech* mostovnica (tehtnica)
platform-ticket [plǽtfɔ:mtikit] *n* peronska karta
platform-truck [plǽtfɔ:mtrʌk] *n* voz z ročicami za vožnjo po peronu
plating [pléitiŋ] *n* galvaniziranje, kovinska prevleka, oklep; *sp* dirka za pokal
platinize [plǽtinaiz] *vt* prevleči s platino; *chem* vezati s platino
platinotype [plǽtinətaip] *n phot* platinski tisk
platinous [plǽtinəs] *adj chem* ki vsebuje platino
platinum [plǽtinəm] *n chem* platina; *coll* ~ **blonde** ženska s platinasto svetlimi lasmi
platitude [plǽtitju:d] *n* plitkost, puhlost, suhoparnost, puhla fraza, prazna beseda
platitudinarian [plǽtitju:dinéəriən] *n* suhoparnež, kvasač, kdor uporablja puhle fraze
platitudinize [plǽtitjú:dinaiz] *vi* kvasiti, besedičiti, uporabljati puhle fraze
platitudinous [plǽtitjú:dinəs] *adj* (~ **ly** *adv*) plitek, puhel, prazen, suhoparen
Platonic [plətɔ́nik] **1.** *adj* platonski, ki se nanaša na Platonovo filozofijo; **2.** *n* kdor preučuje Platonovo filozofijo; **platonics** platonična ljubezen; *platonic* platoničen; *math* ~ **bodies** petero regularnih poliedrov
platonism [pléitənizəm] *n* platonizem, Platonova filozofija
platonist [pléitənist] *n* platonik, učenec Platonove filozofije
platonize [pléitənaiz] *vt* idealizirati, tolmačiti kaj v duhu Platonove filozofije
platoon [plətú:n] *n mil* ploton, vojaški oddelek
platter [plǽtə] *n* pladenj, velik (lesen) krožnik; *A sl* gramofonska plošča; *fig* **on a** ~ kot na pladnju, igraje (dobiti)
platycephalous [plǽtiséfələs] *adj* ploščate, široke glave
platyhelminth [plǽtihélminθ] *n zool* ploskavec (črv)
platypus [plǽtipəs] *n* (*pl* ~**puses**) *zool* kljunaš

platyrrhine [plǽtərain, ~rin] **1.** *adj zool* širokonos; **2.** *n* širokonosa opica
plaudit [plɔ́:dit] *n* (navadno *pl*) ploskanje, glasno odobravanje
plausibility [plɔ:zəbíliti] *n* verjetnost, verodostojnost; sladkobesednost
plausible [plɔ́:zəbl] *adj* (**plausibly** *adv*) verjeten, verodostojen; sladkobeseden
play I [pléi] *n* igra (na srečo, za stavo, za zabavo, športna), zabava, šala; igranje, kvartanje, poteza (pri šahu); *fig* igra (besed, barv, valov, žarkov itd.); *theat* gledališka igra, predstava; *mus* igranje, predvajanje, glasbeno delo; spretno ravnanje s čim (običajno v sestavljenkah npr. *swordplay*); delovanje, dejavnost, torišče; *tech* toleranca; *fig* svoboda gibanja; *A sl* manever, (zvijačen) poskus za dosego česa; *A sl* publiciteta, poznanost, propaganda; **at the** ~ v gledališču; **to be at** ~ igrati se; **to bring** (ali **call, put**) **into** ~ spraviti v pogon, izkoristiti; **to come into** ~ začeti delati, stopiti v akcijo; **child's** ~ otročarija, igračkanje; **fair** ~ pošteno ravnanje; **foul** ~ nepošteno ravnanje; **in full** ~ v polnem teku, v polnem pogonu; **to give free** ~ **to one's fancy** dati domišljiji prosto pot; **to give the rope more** ~ zrahljati vrv; **as good as a** ~ zelo zabavno in zanimivo; **grandstand** ~ razkazovanje; *fig* **to hold in** ~ zaposliti (koga s čim); **high** ~ kvartanje za debel denar; **in** ~ še v igri (kvartanje), za šalo; **it is your** ~ ti imaš potezo (šah), ti igraš (karte); **out of** ~ ne več v igri (kvartanje); **lively** ~ **of fantasy** živahna domišljija; **to make** ~ imeti uspeh; utruditi preganjalce (pri lovu); **to make a** ~ **for** potegovati se za naklonjenost; **to make** ~ **with** postavljati se, bahati se; **that was pretty** ~ to je bilo dobro (zaigrano); **a** ~ **on words** besedna igra
play II [pléi] **1.** *vi* igrati (*for* za), šaliti se, zabavati se, igračkati se; začeti igrati (karte), napraviti potezo, biti na potezi (šah); poigravati se (barve, valovi, žarki itd.); streljati (top), brizgati (vodomet), sijati; *tech* imeti prostor za gibanje, imeti toleranco, premikati se (bat), biti v pogonu; biti primeren za igro (igrišče); **2.** *vt theat* igrati, uprizoriti; *sp* nastopiti, igrati proti, sprejeti igralca v moštvo; uperiti (žaromet, luč, vodni curek) na koga; ustreliti (iz topa); *tech* spraviti v pogon, upravljati (stroj), obvladati; **to** ~ **along with** sodelovati, v en rog trobiti s kom; **to** ~ **it cagey** biti previden, omahovati; *fig* **to** ~ **both ends against the middle** previdno, rafinirano ravnati; **to** ~ **ball with** s.o. pošteno postopati s kom; **to** ~ **booty** prevarati; *fig* **to** ~ **one's cards well** (**badly**) (ne)spretno manevrirati; **to** ~ **s.o. dirt** izigrati koga; **to** ~ **the devil** (ali **deuce**) **with** prekrižati komu račune; **to** ~ **by ear** igrati po posluhu; **to** ~ **fair** (**foul**) pošteno (nepošteno) ravnati; **to** ~ **s.o. false** izdati koga; **to** ~ **the fool** zganjati neumnosti; **to** ~ **a fish** utruditi ribo na trnku; **to** ~ **fast and loose with** zlorabljati koga; **to** ~ **the game** držati se pravil, pošteno ravnati; **to** ~ **to the gallery** šopiriti se pred javnostjo; **to** ~ **guns on** obstreljevati; **to** ~ **into s.o.'s hands** koristiti drugemu, pomagati komu; **to** ~ **one's hand for all it is worth** izrabiti vsako priliko, uveljaviti

vse svoje zmožnosti; to ~ **the knave** varati; to ~ **a good knife and fork** jesti z apetitom; to ~ **the horses** staviti na konjskih dirkah; **to** ~ **for love** igrati za zabavo ne za denar; *sl* **to** ~ **it (low) on** izigrati koga, zlorabiti; **to** ~ **a joke** (ali **prank, trick) on** potegniti koga za nos; **to** ~ **the races** staviti na konjskih dirkah; **to** ~ **a part** igrati vlogo, pretvarjati se; **to** ~ **possum** hliniti spanje; **to** ~ **upon the square** pošteno ravnati; **to** ~ **safe** previdno ravnati, ne tvegati; **to** ~ **second fiddle** imeti podrejen položaj; **to** ~ **a good stick** dobro sabljati; **to** ~ **for time** zavlačevati, poskušati pridobiti na času; **to** ~ **truant** (ali **hooky)** neopravičeno izostati od pouka; **to** ~ **s.o. a mean trick** prevarati koga; **to** ~ **tricks with** nagajati; **to** ~ **(up)on** igrati na, *fig* izrabljati koga; **to** ~ **(up)on words** zbijati šale, igrati se z besedami; **to** ~ **with** igrati se s, z; lahkomiselno ravnati s
play at *vi* igrati se kaj; *fig* igračkati se
play around *vi* (zlasti *A*) poigravati se (*with* s, z); zabavati se; ukvarjati se, družiti se (*with*)
play away 1. *vi* izgubljati; **2.** *vt* zaigrati (premoženje); *fig* zapravljati, zapraviti, razsipati
play back *vt* zavrteti (magnetofonski trak) nazaj
play down *vt* omalovaževati, bagatelizirati
play off 1. *vt* končati igro, odigrati odloženo tekmo; *fig* izigrati koga, naščuvati koga (*against* proti); igrati po posluhu; **2.** *vi* igrati vlogo, pretvarjati se; **to** ~ **graces** koketirati, očarati, kazati svoje čare
play out *vt* vreči karto; *A* odigrati vlogo do konca; izčrpati; ~**ed out** izčrpan, zastarel, brez vrednosti
play up 1. *vi* zaigrati (glasba); napeti vso moč, z vsem srcem biti pri stvari; *theat* z vsem srcem igrati; **2.** *vt coll* napihniti kaj; jeziti koga; **to** ~ **to** podpreti koga; laskati komu; prilagoditi se
playa [plá:jə] *n A geol* glinata ravan; ravan bogata gline
playable [pléiəbl] *adj* primeren za **igro** (*sp, theat*)
playact [pléiækt] *vi cont* igrati
play-actor [pléiæktə] *n cont* igralec
playback [pléibæk] *n* ponovitev posnetka na traku
playbill [pléibil] *n* gledališki list, gledališka objava, program
play-book [pléibuk] *n theat* tekst igre
play-box [pléibɔks] *n* škatla za igračke
play-boy [pléibɔi] *n coll* veseljak, (mlad, bogat) lahkoživec
play-clothes [pléiklouðz] *n pl A* športna obleka
play-club [pléiklʌb] *n sp* palica za golf
playday [pléidei] *n* šolski praznik; *E* prost dan med tednom
play-debt [pléidet] *n* kartaški dolg
player [pléiə] *n* igralec (*sp, mus*); igralec na srečo; *E* poklicni igralec kriketa; ~ **piano** mehanični klavir
playfellow [pléifelou] *n* tovariš v igri, soigralec
playful [pléiful] *adj* (~**ly** *adv*) igriv, razposajen, šaljiv, nagajiv
playfulness [pléifulnis] *n* igrivost, razposajenost, šaljivost, nagajivost
playgame [pléigeim] *n fig* igračkanje, šala, malenkost

playgoer [pléigouə] *n* obiskovalec, ~**lka** gledališča
playground [pléigraund] *n* igrišče; **the** ~ **of Europe** Švica
playhouse [pléihaus] *n theat* gledališče; *A* otroška hišica (igrača)
playing [pléiiŋ] *n* igranje, igra
playing-card [pléiiŋka:d] *n* igralna karta
playing-field [pléiŋfi:ld] *n sp* igrišče
playlet [pléilit] *n* igrica
playmate [pléimeit] *n* glej **playfellow**
play-off [pléiə:f] *n sp* odločilna tekma, finale
playpen [pléipen] *n* otroška stajica
playroom [pléiru:m] *n* igralnica (soba)
playsome [pléisəm] *adj dial* objesten, prešeren, razposajen
plaything [pléiθiŋ] *n* igrača (tudi *fig*)
playtime [pléitaim] *n* čas za igro (zabavo), prosti čas
playwright [pléirait] *n* dramatik, dramski pisatelj
plaza [plá:zə] *n A* trg, tržnica
plea [pli:] *n* izgovor, opravičilo; prošnja (*for*); *jur* obramba, zagovor, ugovor, priziv, pledoaje; *jur* **to put in a** ~ ali **to make a** ~ vložiti priziv; *jur* ~ **of guilty** priznanje krivde; **on** (ali **under) the** ~ **of (that)** kot izgovor za (da)
pleach [pli:č] *v* preplesti živo mejo
plead [pli:d] **1.** *vi jur* pledirati, zagovarjati se (*for* za), braniti se pred sodiščem, navesti dokaze (*for* za, *against* proti); prositi (*for* za, *with* koga); potegovati, potegniti se (*for* za, *with* pri kom); **2.** *vt jur* braniti, zagovarjati, zastopati, navajati, sklicevati se na kaj, izgovarjati se; obravnavati, navesti dokaze; **to** ~ **s.o.'s cause** zagovarjati koga; **to** ~ **guilty** priznati krivdo; **to** ~ **not guilty** zanikati krivdo; **his youth** ~**s for him** njegova mladost govori zanj
pleadable [plí:dəbl] *adj jur* tehten, ki se da zagovarjati
pleader [plí:də] *n jur* zagovornik, branilec; *fig* branilec, zastopnik, kdor se poteguje za koga
pleading I [plí:diŋ] *adj* (~**ly** *adv*) proseč, ki se poteguje (*for* za)
pleading II [plí:diŋ] *n jur* obramba, zagovor pred sodiščem, pledoaje; *pl* razprava, razprave, zagovorni spisi; prošnja, potegovanje (*for* za)
pleasance [plézəns] *n* zabaviščni prostor; *arch* zabava, veselje
pleasant [plézənt] *adj* (~**ly** *adv*) prijeten, prijazen (*to*); zabaven, vesel
pleasantness [plézəntnis] *n* prijetnost, prijaznost; zabavnost, veselje, živahnost
pleasantry [plézntri] *n* šaljivost, šala, dovtip; živahnost, veselje
please [pli:z] **1.** *vt* ugajati komu, narediti veselje, razveseliti; ustreči, zadovoljiti; *iron* blagovoliti (*to do* kaj narediti); **2.** *vi* dopasti se, ugajati, prikupiti se, biti po volji; **it** ~**s me, I am** ~**d with** ugaja mi; **I'll be** ~**d** veselilo me bo; **I'm only too** ~**d to do it** to naredim z največjim veseljem; **I'm** ~**d to say** veseli me, da lahko rečem; **to** ~ **o.s., to do what one** ~**s** delati, kar se komu zljubi; ~ **yourself** postrezi si, kot želiš; **only to** ~ **you** samo tebi na ljubo; ~ **God** če bog da; **if you** ~ če dovoliš, če ti je prav; **and now if you** ~ zamisli, lepo te prosim; ~ **prosim**; ~ **not** prosim ne

pleased [pli:zd] *adj* zadovoljen (*with* s, z), vesel (*at* česa); as ~ as Punch židane volje

pleasing [plí:ziŋ] *adj* (~ly *adv*) prijeten, razveseljiv, prikupen, všečen

pleasurable [pléžərəbl] *adj* (pleasurably *adv*) prijeten, razveseljiv, zabaven

pleasure I [pléžə] *n* veselje, radost, zadovoljstvo, užitek, slast, čutna naslada; volja, želja; ugajanje, všečnost; razvedrilo, oddih, odmor; at ~ po mili volji; at the court's ~ po volji sodišča; man of ~ nasladnik; it's a ~ v veselje mi je; to do s.o. a ~ ustreči komu; to give s.o. ~ razveseliti, zadovoljiti koga; to submit to s.o.'s will and ~ izročiti se komu na milost in nemilost; to take one's ~ zabavati se; to take ~ in uživati; with ~ z veseljem; what is your ~? kaj želiš?, s čim ti lahko ustrežem?; they will not consult his ~ ne bodo ga vprašali za njegovo željo

pleasure II [pléžə] 1. *vt* ugoditi, ustreči; 2. *vi* uživati, biti všeč

pleasure-boat [pléžəbout] *n* izletniška ladja

pleasure-ground [pléžəgraund] *n* park, igrišče, zabaviščni prostor

pleasure-seeker [pléžəsi:kə] *n* veseljak

pleasure-trip [pléžətrip] *n* izlet

pleat [pli:t] 1. *n* guba, naborek, plise; 2. *vt* plisirati, nabrati v gube

pleb [pleb] *n sl* glej plebeian

plebe [pli:b] *n A coll* bruc (na vojaški ali mornariški akademiji)

plebeian [plibí:ən] 1. *adj* plebejski, preprost, neizobražen, neotesan; 2. *n* plebejec, neotesanec

plebiscitary [plibísitəri] *adj* plebisciten

plebiscite [plébisit, ~sait] *n* plebiscit, ljudsko glasovanje

plebs [plebz] *n pl* plebs, ljudje nizkega rodu

plectrum [pléktrəm] *n* (*pl* ~trums, ~tra) *mus* plektron, brenkalnik; naprstnik, pero

pled [pled] *pt & pp* od to plead (*coll & dial*)

pledge I [pledž] *n* jamstvo, poroštvo, zastava, zalog; *hist* talec, porok; obljuba, zaobljuba, obveza; zdravica, napitnica; *fig* dokaz ljubezni; ~ of love otrok, dokaz ljubezni; in ~ of kot jamstvo za; *fig* kot dokaz za; kot znak, da; under (the) ~ of secrecy pod obljubo molčečnosti; to hold in ~ imeti v zalogu; to put in ~ dati v zalog, zastaviti; to redeem one's ~ izpolniti zaobljubo; to take (ali sign) the ~ odpovedati se pijači; to take in ~ vzeti kot zalog

pledge II [pledž] *vt* zastaviti, dati v zalog, jamčiti; naložiti dolžnost (*to* komu), slovesno obljubiti; nazdraviti, napiti komu; *econ* ~d securities lombardirani vrednostni papirji; to ~ allegiance to zapriseči (zastavi zvestobo); to ~ o.s. zaobljubiti se; to ~ one's word dati besedo

pledgeable [plédžəbl] *adj* poroštven, jamstven

pledgee [pledží:] *n* zastavojemnik, -nica

pledger [plédžə] *n* zastavodajnik, -nica, porok

pledget [plédžit] *n med* tampon, šop vate ali gaze

pledging [plédžiŋ] *n* hipotečna obremenitev posestva

Pleiad [pláiəd, plí:əd] *n* (*pl* ~des) *astr* plejade, skupina zvezd; *fig* plejada

plein-air [pleinéə] *n* slikanje na prostem, plenêr

Pleistocene [plí:stəosi:n, pláis~] 1. *n geol* pleistocen; 2. *adj* pleistocenski

plenary [plí:nəri] *adj* (plenarily *adv*) plenaren, polnoštevilen; popoln, neomejen; ~ powers polnomočje, pooblastilo; ~ session plenarna seja

plenipotence [plənípətəns] *n* pooblastilo, polnomočje

plenipotentiary [plenipəténšəri] 1. *adj* pooblaščen (človek); neomejen, popoln (oblast); 2. *n* pooblaščenec, -nka

plenish [pléniš] *vt Sc* napolniti, opremiti

plenitude [plénitju:d] *n* polnost, popolnost, izobilje; *med* sitost

plenteous [pléntiəs] *adj* (~ly *adv*) *poet* obilen, izdaten; ploden (*in, of*)

plenteousness [pléntiəsnis] *n poet* obilje, izdatnost; plodnost

plentiful [pléntiful] *adj* (~ly *adv*) obilen, izdaten; ploden

plentifulness [pléntifulnis] *n* obilje, izdatnost; plodnost

plenty I [plénti] *adj pred* velik, prostran; obilen

plenty II [plénti] *adv coll* obilno, mnogo; *A coll* zelo

plenty III [plénti] *n* obilje, izobilje, obilica (*of* česa); in ~ v izobilju; ~ of money (time) mnogo denarja (časa); ~ of times često, pogosto; horn of ~ izobilje

plenum [plí:nəm] *n* (*pl* ~nums) plenum, seja razširjenega odbora; *phys* posoda s plinom pod povečanim pritiskom, popolnoma napolnjen prostor

pleonasm [plíənæzm] *n ling* pleonazem, kopičenje besed z enakim pomenom

pleonastic [pliənǽstik] *adj* (~ally *adv*) *ling* pleonastičen, nakopičen (besede)

pleroma [pliróumə] *n phyl* izobilje v idealnem svetu (v gnosticizmu)

plesiosaurus [plí:siəsó:rəs] *n zool* pleziozaver (izumrl plazilec)

plessor [plísə] *n med* perkusijsko kladivce

plethora [pléθərə] *n* preobilje (*of*); *med* preobilje rdečih krvničk, polnokrvnost, naval krvi

plethoric [pleθórik] *adj* (~ally *adv*) prepoln, nabuhel; *med* polnokrven

pleura [plúərə] *n* (*pl* ~rae) *anat* poprsnica, plevra

pleural [plúərəl] *adj anat* plevralen, poprsničen

pleurisy [plúərisi] *n med* plevritis, vnetje poprsnice

pleuritic [pluərítik] *adj med* plevritičen

pleuropneumonia [plúərounju:móunjə] *n med* vnetje porebrnice, pljučnica; *vet* pljučna kuga

plexiglass [pléksigla:s] *n* pleksi steklo

plexor [pléksə] *n* glej plessor

plexus [pléksəs] *n* (*pl* ~xuses) *anat* pleksus, živčni splet

pliability [plaiəbíliti] *n* upogljivost, gibkost; *fig* popustljivost, voljnost

pliable [pláiəbl] *adj* (pliably *adv*) upogljiv, gibek; *fig* popustljiv, voljen

pliancy [pláiənsi] *n* glej pliability

pliant [pláiənt] *adj* (~ly *adv*) glej pliable

plica [pláikə] *n* (*pl* ~cae) *anat* pregib; *med* sprimek las

plicate [pláikeit] *adj bot, zool, geol* pahljačast, naguban

plication [plaikéišən, pli~] *n* gubanje, guba (tudi *geol*)

plicature [plíkəčə] *n* glej plication

pliers [pláiəz] *n pl* klešče; **flat** ~ ploščate klešče; **combination** ~ kombinirane klešče

plight I [pláit] *n* mučno stanje, neprijeten položaj, mizerija; **in a sore** (ali **sad**) ~ v žalostnem stanju

plight II [pláit] *n* obveznost, obljuba; zaroka

plight III [pláit] *vt* obljubiti, dati besedo; zaročiti koga; **to** ~ **one's faith to** dati komu besedo, obljubiti zvestobo; **to** ~ **one's troth** ali **to** ~ **o.s.** zaročiti se; **to break one's** ~**ed word** snesti besedo

plim [plim] *vt & vi dial* napihniti (se), zateči, narasti

Plimsoll [plímsəl] *naut* ~ **mark** ali **line** črta na ladji, ki pokaže do kam se ladja lahko potopi; znamenje nadvodja

plimsolls [plímsəlz] *n pl E* telovadni čevlji

plinth [plinθ] *n archit* podzidek, vznožek, podnožje, podstavek

Pliocene [pláiəsi:n] **1.** *n geol* pliocen; **2.** *adj* pliocenski

plissé [plisé] *adj & n* plisiran, plise

plod I [pləd] *n* težka hoja, naporno delo, garanje

plod II [pləd] **1.** *vi* vleči se, vlačiti se, s trudom hoditi (*along, on*); *fig* truditi se, garati, guliti se (*at, on, upon*); **2.** *vt* s trudom si utirati pot (*to ~ one's way*)

plodder [plódə] *n* garač, gulež

plodding [plódiŋ] *adj* (~**ly** *adv*) težaven, mučen; ki okorno hodi, ki naporno dela

plombé [pló:mbei] *adj* uradno zapečaten

plonk [pləŋk] glej **plop**

plop [pləp] **1.** *adv & n* štrbunk, tresk, pok (zamaška); **2.** *vi* štrbunkniti (v vodo), tresniti, počiti (zamašek)

plosion [plóužən] *n gram* eksplozija (glasu)

plosive [plóusiv] **1.** *adj gram* eksploziven (glas); **2.** *n gram* eksploziven glas, zapornik

plot I [plət] *n* majhen kos zemljišča, parcela; (zlasti *A*) gradbeni načrt, načrt, tloris, grafični prikaz; spletka, zarota; zasnova, razplet, zaplet, zgodba (drame, romana itd.); **to lay a** ~ kovati zaroto; **the** ~ **thickens** dejanje v (drami) se zapleta

plot II [plət] **1.** *vt* napraviti načrt, planirati, zasnovati; načrtati, napisati, registrirati (priprava); grafično prikazati; trasirati, zakoličiti; razkosati zemljišče, parcelirati (*out*); kovati spletke, snovati zaroto; razviti, razplesti, zasnovati (roman, dramo); **2.** *vi* sodelovati v zaroti, zarotiti se (*against* proti)

plotless [plótlis] *adj* brez zasnove, razpleta (književno delo)

plotter [plótə] *n* načrtovalec, planer, tehnični risar; spletkar, zarotnik, intrigant; začetnik, snovalec

plotting [plótiŋ] *n* spletkarstvo, zarota; planiranje, načrtovanje, registriranje

plotting-paper [plótiŋpeipə] *n* milimetrski papir, kvadratasto načrtan papir za grafikone

plough I [pláu] *n E* plug, oranica; obrezilnik (knjigovezništvo); *el* tokovni odjemalnik; *E* zavrnitev kandidata pri izpitu; *astr* **the Plough** Veliki voz; *fig* **to put one's hand to the** ~ lotiti se česa; *coll* **to take a** ~ pasti pri izpitu

plough II [pláu] **1.** *vt E* orati, preorati; plužiti, brazditi; *fig* utirati pot; *naut* brazditi, sekati valove (ladja); *sl* vreči pri izpitu; **2.** *vi* orati, plužiti, brazdati; truditi se, mučiti se, prebijati se; *sl* pasti pri izpitu; **to** ~ **a lonely furrow** opravljati svoje delo sam; **to** ~ **the sands** mučiti se zaman; **to** ~ **the sea** ploviti po morju; **to** ~ **ahead** neutrudno delati naprej, počasi napredovati; **to** ~ **back** obogatiti zemljo (s travo, deteljo), *fig* ponovno vložiti dobiček v podjetje; **to** ~ **out** izkopati, preorati; **to** ~ **under** podorati, spodkopati; **to** ~ **up** zorati; **to** ~ **through** prebijati se skozi, prebiti se; **to** ~ **one's way** utirati si pot

ploughable [pláuəbl] *adj* oren, ki se lahko obdeluje

plough-beam [pláubi:m] *n* gredelj pluga

ploughboy [pláubɔi] *n* kdor vodi vprego (plug), orač, kmetič

plougher [pláuə] *n* orač, oratar

plough-horse [pláuhɔ:s] *n* vprežni konj

ploughland [pláulænd] *n* orna zemlja

ploughman [pláumən] *n* glej **plougher**

ploughplane [pláuplein] *n tech* utornik

ploughshare [pláušɛə] *n tech* lemež, oralnik

ploughtail [pláuteil] *n tech* otka, ralica, ročica

ploughwright [pláurait] *n* plugar, izdelovalec plugov

plover [plʌ́və] *n zool* deževnik (ptič)

plow [pláu] *n & v A* glej **plough** in sestavljenke

ploy [plɔi] **1.** *n* ekspedicija, podvig, početje; **2.** *vi mil* skrajšati fronto, prevrstiti se v kolono

pluck I [plʌk] *n* poteg, trzaj, trzanje; skubljenje; drobovje, notranji organi (hrana); srčnost, hrabrost, pogum; *E* padec pri izpitu; **to give a** ~ povleči; **to have** ~ biti pogumen

pluck II [plʌk] **1.** *vt* trgati, odtrgati (sadje, cvetje); puliti, izpuliti (perje, lase, plevel); skubsti, oskubiti (perutnino); potegniti, vleči (za roko); *mus* prebirati strune; *coll* oskubsti koga, nasankati koga; *sl* vreči pri izpitu; **2.** *vi* puliti, vleči (*at* za); loviti, grabiti po čem; *sl* **to be** ~**ed** pasti pri izpitu; **to** ~ **down** ponižati; **to have a crow to** ~ **with** imeti s kom obračun; **to** ~ **up one's courage** (ali **heart, spirits**) zbrati pogum; **to** ~ **up a crow** ukvarjati se z jalovim delom; **to** ~ **a pigeon** nasankati budalo

plucked [plʌkt] *adj* pogumen, korajžen; odtrgan, izpuljen, oskubljen

pluckiness [plʌ́kinis] *n* pogum, korajža

pluckless [plʌ́klis] *adj* malosrčen, bojazljiv

plucky [plʌ́ki] *adj* (**pluckily** *adv*) korajžen, pogumen, srčen; *phot sl* oster, jasen

plug I [plʌg] *n* čep, zatik, klin, moznik, zamašek; (zobna) plomba; *el* vtikalo, vtikač; avtomobilska svečka (tudi *spark* ~); gasilni hidrant; zaklepni vijak, pipnik, ključ pri pipi, ključ pri ventilu; žveček tobaka; *A sl* kljuse; *A sl* popularizacija, reklama; *A econ sl* blago, ki ne gre v prodajo; *A sl* udarec s pestjo

plug II [plʌg] **1.** *vt* začepiti, zamašiti (tudi *up*); plombirati (zob); *A sl* popularizirati, delati reklamo (*for* za); kar naprej goniti (pesem); *sl* udariti s pestjo, streljati, ustreliti; **2.** *vi coll* garati, pridno delati (*away*, *at*); *el* to ~ in vklopiti, vključiti (vtikač)

plug-board [plʌ́gbɔːd] *n el* stikalna plošča

plug-box [plʌ́gbɔks] *n el* vtičnica, vtikalna doza

plugger [plʌ́gə] *n med* (zobni) zamašek; *A sl* kdor dela reklamo; *A sl* navdušen pristaš; *sl* garač

plug-hat [plʌ́ghæt] *n A sl* cilinder (klobuk)

plug-in [plʌ́gin] *adj* vtikalen

plug-ugly [plʌ́gʌgli] **1.** *n A sl* pretepač, nasilnež; **2.** *adj* nasilen, pretepaški

plum [plʌm] *n bot* češplja, sliva; rozina (v pecivu); *fig* izbrana stvar, donosna služba, poslastica; *E sl* 100.000 funtov; *sl* plačilo za podporo pri volitvah; *A sl* nenadno obogatenje; **dried ~s** suhe češplje

plumage [plúːmidž] *n* ptičje perje

plumassier [pluːməsíə] *n* trgovec z okrasnim perjem

plumb I [plʌm] *n tech* svinčnica, grezilo; **out of ~** ali **off ~** nenavpičen, poševen

plumb II [plʌm] *adj* navpičen; *fig* popoln; **this is ~ nonsense** je popoln nesmisel

plumb III [plʌm] *adv* navpično: *fig* točno; *A coll* popolnoma; **he is ~ crazy** je popolnoma nor

plumb IV [plʌm] **1.** *vt* postaviti navpično, meriti z grezilom; *fig* priti stvari do dna; *tech* zaliti s svincem, zalotati; napeljati vodovodne, plinske cevi; **2.** *vi coll* klepati

plumbago [plʌmbéigou] *n min* grafit; svinčnik; *bot* pečnik

plumbeous [plʌ́mbiəs] *adj* svinčen, grafiten; svinčeno siv; zalit s svincem

plumber [plʌ́mə] *n* klepar; instalater vodovodnih, plinskih cevi

plumbery [plʌ́məri] *n* kleparstvo; svinčenina, svinčene cevi, instalacije

plumbic [plʌ́mbik] *adj chem* svinčen; *med* ki ga povzroči svinec

plumbiferous [plʌmbífərəs] *adj* svinčenast, ki vsebuje svinec

plumbing [plʌ́miŋ] *n* kleparstvo, vodovodna, plinska instalacija; ulivanje svinca; *sl* **to have a look at the ~** iti na stranišče

plumbism [plʌ́mbizəm] *n med* zastrupljenje s svincem

plumbless [plʌ́mlis] *adj* neizmerljiv, globok (tudi *fig*)

plumb-level [plʌ́mlevl] *n* glej **plumb-line**

plumb-line [plʌ́mlain] **1.** *n* grezilna vrv, grezilo; **2.** *vt fig* sondirati, preiskovati

plumb-rule [plʌ́mruːl] *n* svinčnica

plumbum [plʌ́mbəm] *n chem* svinec

plum-cake [plʌ́mkeik] *n* rozinov kolač

plum-duff [plʌ́mdʌf] *n* rozinov puding

plume I [pluːm] *n* (okrasno) pero; čop, perjanica; *fig* peresasta tvorba (oblak, dim itd.); *fig* **borrowed ~s** tuje perje, izposojena obleka; **court ~s** nojeva peresa (okras); **to win the ~** zmagati (tudi *fig*)

plume II [pluːm] *vt* okrasiti s peresi; čistiti perje (ptič); **to ~ o.s. on** postavljati se s čim, kititi se s tujim perjem

plumed [pluːmd] *adj* okrašen s peresi: pernat

plumeless [plúːmlis] *adj* brez perja, gol

plumelet [plúːmlit] *n* peresce, čopka; mlado listje

plumelike [plúːmlaik] *adj* kot pero, peresast

plummer-block [plʌ́məblɔk] *n tech* drsni ležaj

plummet [plʌ́mit] **1.** *n* svinčnica, grezilo; *fig* tlačilo; svinčeno grezilo za ribolov; **2.** *vi* potopiti se, navpično pasti

plummy [plʌ́mi] *adj* kakor češplja; poln rozin (kolač); *E coll* odličen, vabljiv, lagoden (služba); *cont* zvočen (glas)

plumose [pluːmóus] *adj zool* perjast, pernat; *zool*, *bot* kot pero

plump I [plʌmp] *adj* (~ **ly** *adv*) debel, okrogel, rejen

plump II [plʌmp] *vt & vi* zrediti (se); dozoreti (sadje); **to ~ out** (ali **up**) zrediti se, odebeliti se

plump III [plʌmp] *adj* (~ **ly** *adv*) jasen, neposreden, odkrit (odklonitev)

plump IV [plʌmp] *n* težek padec, štrbunk

plump V [plʌmp] *adv* štrbunk; *coll* jasno, odkrito, naravnost; **to come ~ upon** naleteti naravnost na koga; **to tell s.o. ~ and plain** naravnost komu povedati

plump VI [plʌmp] **1.** *vi* telebniti, telebiti; *parl* glasovati za naprej izbranega kandidata (*for*); **2.** *vt* spustiti na tla, vreči; *coll* naravnost povedati, blekniti (*out*); *A sl* čez mero hvaliti

plumper [plʌ́mpə] *n* težek padec; *pol* nedeljen volilni glas; kar napolni lica (kroglica v ustih); debela laž

plumpness [plʌ́mpnis] *n* debelost, rejenost; *coll* odkritost

plum-pudding [plʌ́mpudiŋ] *n* rozinov kipnik; dalmatinec (pes)

plumpy [plʌ́mpi] *adj* glej **plump I**

plum-tree [plʌmtriː] *n bot* češplja (drevo); *A sl* (politične itd.) zveze; **to shake the ~** izkoristiti svoje zveze

plumule [plúːmjul] *n bot* odganjek; *zool* peresce, puh

plumy [plúːmi] *adj* pernat; s perjem okrašen ali pokrit

plunder [plʌ́ndə] **1.** *n* plenjenje, ropanje, plen; *sl* dobiček; **2.** *vt* pleniti, ropati, oropati, krasti, okrasti

plunderage [plʌ́ndəridž] *n* plenjenje; poneverba na ladji; plen

plunderer [plʌ́ndərə] *n* plenilec, ropar; poneverljivec

plunge I [plʌndž] *n* potapljanje, skok (v vodo, globino), padec; (nagel, silovit) zagon; *fig* **to take the ~** napraviti odločilen korak

plunge II [plʌndž] **1.** *vt* potopiti, pogrezniti, spustiti, vreči, pahniti (*in*, *into* v); zariti (bodalo); *fig* pahniti (koga v dolgove itd.), nagnati (državo v vojno); zakopati cvetlični lonček do roba v zemljo; **2.** *vi* potopiti se, pogrezniti se (*into*); planiti (v sobo), skočiti (v vodo); pogrezniti se v dolgove; planiti naprej (konj); *naut* gugati se (ladja); strmo padati (skala); *econ* hitro pasti (cene); *sl* lahkomiselno špekulirati ali staviti, hazardirati

plunger [plʌ́ndžə] *n* potapljač; *tech* bat (tudi ~ **piston**); *tech* tolkač; *sl* lahkomiseln špekulant, hazarder

plunk [plʌŋk] **1.** *n* pok, tresk; *A coll* smrtni udarec; *A sl* dolar; **2.** *vt & vi* poriniti, zagnati; *A* nepričakovano udariti, zasuti s streli; težko pasti, treščiti, žvenketati; **3.** *adv* čisto (v sredini)

pluperfect [plú:pó:fikt] **1.** *adj gram* predpretekel; **2.** *n* predpretekli čas, pluskvamperfekt
plural [plúərəl] **1.** *adj* (~ ly *adv*) *gram* množinski, pluralen; večštevilen, večkraten; **2.** *n gram* množina, plural
pluralism [plúərəlizəm] *n* mnoštvo; posest več položajev, nadarbin itd.; *phil* pluralizem
pluralist [plúərəlist] *n* kdor ima več položajev, nadarbin; *phil* pluralist
plurality [pluərǽliti] *n* večina, mnoštvo, množina; uživanje več nadarbin, položajev; *A pol* presežek glasov pri volitvah
pluralize [plúərəlaiz] **1.** *vt* postaviti v množino; **2.** *vi* imeti več nadarbin, položajev
plurilingual [pluərilíŋgwəl] *adj ling* ki govori več jezikov
pluripara [plurípərə] *n* (*pl* ~ rae) *med* žena, ki je večkrat rodila; *zool* samica, ki skoti več mladičev hkrati
plus [plʌs] **1.** *adj math* pozitiven, ki ima pozitiven predznak; *el* pozitiven; dodaten; **2.** *n math* plus, matematično znamenje; prebitek; **3.** *prep* več, povrh, nad
plus-fours [plʌsfó:z] *n pl* dolge pumparice
plush [plʌš] **1.** *n* pliš (blago); *pl* plišaste hlače; **2.** *adj* luksuzen, hipereleganten
plushy [plʌ́ši] *adj* plišast
plus(s)age [plʌ́sidž] *n A* prebitek, presežek
plutarchy [plú:ta:ki] *n* glej plutocracy
Pluto [plú:tou] *n myth* Pluton, bog podzemlja; *astr* Pluton (planet)
plutocracy [plu:tókrəsi] *n* plutokratija, vlada denarnih mogotcev, denarni mogotci
plutocrat [plú:təkræt] *n* plutokrat, denarni mogotec, kapitalist
plutocratic [plu:təkrǽtik] *adj* (~ ally *adv*) plutokratski
plutolatry [plu:tólətri] *n* čaščenje denarja
pluton [plú:tən] *n geol* vulkansko globočinsko kamenje
Plutonian [plu:tóuniən] *adj myth* Plutonov
plutonic [plu:tónik] *adj geol* plutonski, globočinski, vulkanskega izvora; ~ action vulkansko delovanje; ~ rocks plutonske skale
plutonium [plu:tóuniəm] *n chem* plutonij
plutonomist [plu:tónəmist] *n* pristaš plutonomije, politične ekonomije
plutonomy [plu:tónəmi] *n* politična ekonomija
pluvial I [plú:viəl] *adj* deževen; *geol* ki je nastal zaradi dežja
pluvial II [plú:viəl] *n eccl* vesperale, večerniški plašč
pluviometer [plu:viómitə] *n* dežemer, pluviometer
pluvious [plú:viəs] *adj* deževen
ply I [plái] *n* pregib, guba, debelina (blaga); vlakno (vrvi, niti); *fig* nagib, nagnjenje, smer; to take a ~ nagniti se kam, kreniti kam; three-~ vlakno iz treh niti
ply II [plŋi] **1.** *vt* rokovati (s čim), uporabljati kaj; opravljati, izvrševati, pridno delati; obdelati, obdelovati (*with*); *fig* nadlegovati, zasipati (z vprašanji, udarci), ponujati, siliti (k pijači) redno oskrbovati (*with* s, z); redno voziti po; **2.** *vi* redno voziti (*between* med); *naut* redno pluti (redna zveza), lavirati, pluti proti vetru; truditi se, sukati se pri delu; *E* čakati na stranke

(nosači, taksisti itd.); to ~ one's book pridno se učiti; to ~ the bottle rad ga srkati; to ~ a trade opravljati obrt; the ferryboat plies the river trajekt redno vozi po reki
plywood [pláiwud] *n* vezan les
pneumatic I [nju:mǽtik] *adj* (~ ally *adv*) zračen, vzdušen, dušen, pnevmatičen; *zool* napolnjen z zrakom (kosti nekih ptičev); *coll* z oblinami (dekle); ~ dispatch pnevmatična pošta, cevna pošta; ~ tyre kolo z zračnico; ~ tool orodje na stisnjen zrak
pneumatic II [nju:mǽtik] *n* kolo z zračnico, zračnica
pneumatics [nju:mǽtiks] *n phys* nauk o zraku in plinih, pnevmatika
pneumatologist [nju:mətólədžist] *n* kdor se bavi s pnevmatologijo
pneumatology [nju:mətólədži] *n phil* nauk o duhovnih bitjih; *relig* nauk o sv. duhu; pnevmatika (nauk)
pneumectomy [nju:méktəmi] *n med* resekcija pljuč
pneumonectomy [nju:mənéktəmi] *n med* odstranitev pljučnega krila
pneumonia [nju:móuniə] *n med* pnevmonija, pljučnica
pneumonic [nju:mónik] *adj* pljučen, pljučničen
pneumothorax [nju:mouθó:ræks] *n med* pnevmotoraks
poa [póuə] *n bot* latovka
poach I [póuč] *vt* skrkniti (jajce); ~ ed egg skrknjeno jajce
poach II [póuč] **1.** *vt* poteptati, razriti, zmehčati (zemljo); tatinsko loviti, krasti divjad; *fig* kršiti tuje pravice, speljati komu stranke, ukrasti idejo itd.; *sl* doseči prednost na nepošten način; vtakniti prst v kaj; žokati; beliti papir; **2** *vi*, biti divji lovec; zmehčati se (tla), biti poteptan, razrit; vriniti se na tuje področje (*on*); igrati proti pravilom
poacher [póučə] *n* divji lovec; kršilec tujih pravic; belilo za papir
poaching [póučiŋ] *n* divji lov
poachy [póuči] *adj* močviren, močvirnat, blaten
pochard [póučəd] *n zool* potapljavka (raca)
pock [pɔk] *n med* osepnični izpuščaj; *E sl* sifilis
pocket I [pókit] *n* žep, vrečka, torbica; *E* vreča (mera); *fig* denar, denarno sredstvo; *min* votlina polna rude; biljardna luknja; *mil* žep, kotel, obkoljeno področje; *aero* air-~ zračni žep; *fig* a deep ~ globok žep; to be in ~ imeti denar, prislužiti; to be out of ~ imeti izgubo, biti v denarni stiski; to be 5 dollars in (out of) ~ imeti 5 dolarjev dobička (izgube); *fig* he will suffer in his ~ to se mu bo v denarnici poznalo; to have s.o. in one's ~ imeti koga v oblasti; to have ~ s to let imeti prazen žep; to line one's ~ s zaslužiti mnogo denarja; out-of-pocket expenses (plačani) izdatki; to pay out of one's own ~ plačati iz svojega žepa; to pick a ~ ukrasti iz žepa; *fig* to put one's hand in one's ~ seči globoko v žep; to put one's pride in one's ~ ponižati se
pocket II [pókit] *vt* vtakniti v žep; *fig* prisvojiti si; *fig* pogoltniti (žaljivko), potlačiti (ponos); *mil* obkoliti; spraviti biljardno kroglo v luknjo; *A pol* uporabiti veto; to ~ an insult pogoltniti

žaljivko; **to ~ one's pride** ponižati se, potlačiti ponos

pocketable [pókitəbl] *adj* ki se lahko spravi v žep

pocket battleship [pókitbætlšip] *n naut* žepna križarka

pocket-book [pókitbuk] *n* listnica; *E* beležnica, žepna knjiga; **the average ~** povprečen dohodek

pocket-borough [pókitbʌrə] *n E hist* majhno volilno področje

pocket-edition [pókitidišən] *n* žepna izdaja (knjige)

pocketful [pókitful] *n* poln žep česa

pocket-handkerchief [pókithæŋkəčif] *n* žepni robec

pocket-knife [pókitnaif] *n* žepni nož

pocketless [pókitlis] *adj* brez žepa

pocket-money [pókitmʌni] *n* denar za majhne potrebe, žepni denar

pocket-piece [pókitpi:s] *n* novčič za srečo

pocket-size(d) [pókitsaiz(d)] *adj* žepne velikosti

pocket-veto [pókitvi:tou] *n A pol* zavlačevanje sprejetja zakonskega osnutka (na strani predsednika)

pockmark [pókma:k] *n* brazgotina od koz

pockmarked [pókma:kt] *adj* kozav

pock-pudding [pókpudiŋ] *n Sc* požrešnež

pock-wood [pókwud] *n bot* gvajak; gvajakov les

pocky [póki] *adj* glej **pockmarked**

pococurante [poukoukjuərǽnti] **1.** *adj* brezbrižen; **2.** *n* brezbrižnež

pod I [pɔd] *n* majhna jata kitov ali tjulenjev

pod II [pɔd] *n bot* strok, luščina; *zool* sviloprejkin zapredek, varnostni ovoj, vreča pižmarjev; mreža za lov na jegulje; *sl* vamp, trebuh; *sl* **in ~** noseča

pod III [pɔd] **1.** *vi* dobivati stroke, nabrekniti; **2.** *vt* luščiti (fižol, grah); *sl* **to ~ up** dobivati trebuh (nosečnost)

podagra [pódəgrə] *n med* protin v nogah, podagra

pod-auger [pódɔ:gə] *n tech* votlilo

pod-bit [pódbit] *n tech* rezilo votlila

podded [pódid] *adj* strokast, ki ima stroke; *fig* udoben, dobro situiran, zavarovan

podge [pɔdž] *n coll* debeluhar

podginess [pódžinis] *n* čokatost, zalitost

podgy [pódži] *adj* (**podgily** *adv*) zavaljen, čokat, zalit

podiatrist [poudáiətrist] *n* podiater, specialist za bolezni nog

podiatry [poudáiətri] *n meď* zdravljenje bolezni nog

podium [póudiəm] *n* (*pl* ~**dia**) podstavek, podij, oder; *zool* noga; *bot* steblo

pod-pepper [pódpepə] *n bot* paprika

Podunk [póudʌŋk] *n A* zakotno mestece

poem [póuim] *n* pesem, pesnitev; *fig* poema, lepota

poesy [póuizi] *n arch* poezija, pesništvo; *fig* lepota, poezija

poet [póuit] *n* pesnik; **Poet's Corner** kotiček pesnikov (pokopanih v Westminsterski opatiji v Londonu); *hum* litararni kotiček (v časopisu)

poetaster [pouitǽstə] *n* poetaster, pesnikun

poetess [póuitis] *n* pesnica

poetic(al) [pouétik(əl)] *adj* (~**ally**, ~**ly** *adv*) pesniški, poetičen; *fig* ~ **justice** zmaga dobrega nad zlim; ~ **licence** pesniška svoboda

poeticize [pouétisaiz] *v* glej **poetize**

poetics [pouétiks] *n pl* (edninska konstrukcija) poetika, nauk o pesništvu

poetize [póuitaiz] **1.** *vi* pesniti; **2.** *vt* opevati

poetry [póuitri] *n* poezija, pesništvo; pesniška dela, pesmi; *fig* romantika, razpoloženje

pogamoggan [pəgəmógən] *n* kijasto orožje severnoameriških Indijancev

poggy [pógi] *n* majhen kit

pogrom [pógrəm, póu~] *n* pogrom, naval (na Jude), uničenje

poignancy [póinənsi] *n* ostrost; grenkoba, bridkost; rezkost, zajedljivost, jedkost

poignant [póinənt] *adj* (~**ly** *adv*) oster; grenek, bridek, zajedljiv, rezek, jedek

poikilitic [pəikilítik] *adj geol* pisan (kamen)

point I [póint] *n* konica, bodica, ost (igle, noža, svinčnika, jezika itd.); *arch* bodalo, meč; *tech* koničasta priprava, dleto, šilo, črtalnik, graverska igla; *hunt* cilj, postojanka (psov); *pl* udje, okončine (zlasti konjeve, parožki (jelen); *gram* pika (tudi *full ~*); *print* enota za velikost tiskarskih črk (0,376 mm), izbočena točka v Braillovi pisavi; *math* točka (~ *of intersection* sečišče), decimalna pika; točka na zemljevidu, cesti itd.; *phys* stopinja (temperature na lestvici), stopnja; *geog* rtič; *geog* stran neba (*cardinal* ~ *s* glavne strani neba); točka, kraj, mesto, cilj, namen (~ *of destination* namembni kraj; *econ* ~ *of entry* vstopno pristanišče); trenutek, moment (odločilni, kritični; *at the* ~ *of death* umirajoč; točka dnevnega reda (*to differ on several* ~ *s* ne strinjati se v več točkah); poanta, bistvo, odlika, svojstvo; cilj, namen, smisel (*there is no* ~ *in doing it* nima smisla to narediti); poudarek (*to give* ~ *to one's words* dati poudarek svojim besedam); (karakteristična) poteza, lastnost, odlika (*his strong, weak* ~ njegova močna, šibka točka; *it has its* ~ *s* ima svoje dobre strani); *econ* točka pri racioniranju ali ocenjevanju blaga; *sp* točka (*to lose on* ~ *s* izgubiti po točkah, ~ *s win* zmaga po točkah); šivana čipka; *mus* znak za ponovitev, karakteristični motiv, tematičen vstavek; *mil* predstraža, izvidnica; *E* kretnica; *econ* **to be on ~s** biti racioniran (blago); **to be off ~s** biti v svobodni prodaji; *econ* **to put on ~s** racionirati; **at all ~s** temeljito, popolnoma, v vseh ozirih; **at the ~ of** na robu, blizu; **at the ~ of the pistol** z namerjeno pištolo; **at the ~ of the sword** z grožnjo, nasilno; **at this ~** v tem hipu, na tem mestu (v govoru itd.); **to be on the ~ of** pravkar nameravati; **beside (ali off, away from) the ~** neprimeren, ne na mestu; **to bursting ~** (sit) da bi počil; **boiling-~** vrelišče; **freezing-~** ledišče; **melting-~** tališče; **to bring to a ~** dovršiti, končati; **a case in ~** ustrezen primer; **to carry (ali gain) one's ~** doseči svoj smoter; **to come (ali get) to the ~** priti k stvari, priti do odločilnega trenutka; **to give ~ to s.th.** poudariti kaj; *sp* **to give ~s to s.o.** dati komu prednost v igri, *fig* biti močnejši; *fig* **nine ~s** skoraj vse, 90 procentov; **possession is nine ~s of the law** če kaj imaš, imaš vedno pŕav; **to dine on potatoes and ~s** jesti samo krompir; **in ~** ustrezen, umesten; **in ~ of** glede na; **in ~ of fact** pravzaprav, resnično; ~ **at issue** sporna točka; **a ~ of interest** zanimiva podrobnost; **the ~ of the jaw** brada; **a knotty ~** zamotana stvar; **to keep to**

the ~ ostati pri stvari; **to lack** ~ ne biti prepričljiv; **to make a** ~ **of** vztrajati na čem, poudarjati; *sp* **to make** (ali **score**) **a** ~ doseči točko; dokazati resničnost trditve; **to make s.th. a** ~ **of honour** smatrati kaj za častno zadevo; **a moot** ~ dvomljiv dokaz; *A* ~ **of origin** kraj porekla; **not to put too fine a** ~ **on it** brez ovinkov povedati, ne prikrivati; **to press a** ~ vztrajati pri čem, pritiskati na kaj; ~ **of no return** *aero* nevarna cona, *fig* od kjer ni vrnitve; **to see the** ~ razumeti poanto; **to stand upon** ~s paziti na vsako malenkost, biti prenatančen; **to stick to the** ~ ostati pri stvari; **to stretch** (ali **strain**) **a** ~ narediti izjemo, pogledati skozi prste; **one's sore** ~ boleča točka; **there is no** ~ **in it** nima smisla; **to the** ~ stvarno; **up to a** ~ do neke mere; **turning-**~ preokret; ~ **of view** stališče, mnenje; **that is the** ~ to je vprašanje, to je poglavitna stvar; *parl* ~ **of order** dnevni red
point II [póint] **1.** *vt* ostriti, šiliti (svinčnik itd.); *fig* poudariti, poudarjati (svoje besede); meriti, nameriti (*at* na); *math* označiti decimalno mesto s piko, vejico; označiti z ločili, točkami; prekopati zemljo; upozoriti; **2.** *vi* kazati s prstom (*at, to*); upozoriti na divjačino (lovski pes); ležati, biti obrnjen, gledati (*to* na; hiša); *med* zoreti (gnoj); **to** ~ **one's finger at s.o.** s prstom koga pokazati; **to** ~ **(up)on** (oči, misli) upreti v, na; **to** ~ **to** (pozornost) usmeriti k; **to** ~ **out** pokazati, opozoriti na kaj; **to** ~ **up** *tech* zamazati razpoke, luknje v zidu; pokazati (s prstom, glavo); *A* podčrtati, poudariti
point-blank [póintblǽŋk] **1.** *adj* direkten, neposreden, odkrit; **2.** *adv* direktno, naravnost, brez ovinkov
point-duty [póintdju:ti] *n E* prometnikova služba (na mestu)
pointed [póintid] *adj* (~**ly** *adv*) šilast, koničast; *fig* oster, zbadljiv; *fig* duhovit, odločen, vperjen (*at* v kaj); *archit* ~ **roof** gotska šilasta streha; ~ **arch** šilast lok; ~ **style** gotski stil; ~ **fox** imitacija srebrne lisice
pointedness [póintidnis] *n* ostrina; *fig* zbadljivost; pravilnost, jasnost, razločnost
pointer [póintə] *n* kazalec, (smerno) kazalo; graverska igla; ptičar, prepeličar (lovski pes); *A coll* namig, migljaj; *pl astr* dve zvezdi v Velikem vozu, s pomočjo katerih se lahko poišče Severnica
pointilism [pwǽntilizəm] *n art* poantilizem (slikarstvo)
pointilist [pwǽntilist] *n art* poantilist
pointing [póintiŋ] *n gram* interpunkcija, postavljanje ločil; polaganje opek na malto
point-lace [póintleis] *n* šivana čipka
pointless [póintlis] *adj* (~**ly** *adv*) brez konice, top; *fig* nesmiseln, neduhovit, brez poante; *sp* brez točke
point-of-hono(u)r [póintəvónə] *n* vprašanje časti, častna zadeva
point-of-view [póintəvvjú:] *n* stališče; razgledna točka
point-policeman [póintpəlí:smən] *n* prometni miličnik (na mestu)
pointsman [póintsmən] *n E* kretničar; *E* prometni miličnik

point-system [póintsistəm] *n* sistem točkovanja (tudi *sp*); *print* punktiranje, razdelitev velikosti tiskarskih črk po točkah; pisava za slepe (z izobčenimi točkami)
poise I [póiz] *n lit, fig* ravnotežje, ravnovesje; *fig* uravnovešenost, mirnost; hladnokrvnost, samozavesten nastop; drža glave, telesa; utež (v uri, rimski tehtnici); lebdenje (v zraku); **to hang at** ~ biti nerešen (zadeva), viseti v zraku
poise II [póiz] **1.** *vt* uravnotežiti, uravnovesiti; obdržati v ravnotežju; držati (glavo, orožje), postaviti se v pozo; pretehtati; obtežiti (*down*); **2.** *vi* lebdeti, viseti v zraku; **to be** ~**d** biti v ravnotežju; *fig* biti hladnokrven, biti uravnovešen
poison I [póizn] *n* strup (tudi *fig*); *coll* **what's your** ~**?** kaj boš pil?; **to hate like** ~ strupeno sovražiti
poison II [póizn] *vt* zastrupiti; *fig* inficirati, okužiti; *phys* uničiti učinek; *fig* pokvariti, spriditi, izmaličiti; **to** ~ **o.s.** zastrupiti se
poisoner [póizənə] *n* zastrupljevalec, -lka; *fig* zapeljivec, -vka, kdor kvari, spridi, izmaliči
poison-fang [póiznfæŋ] *n zool* strupni zob (kača)
poison-fish [póiznfiš] *n zool* strupeni skat
poison-gas [póizngæs] *n mil* strupen plin
poison-gland [póizngiænd] *n zool* strupna žleza
poisoning [póizəniŋ] *n* zastrupitev, zastruplenje
poison ivy [póiznaivi] *n bot* strupeni octovec
poisonous [póiznəs] *adj* (~**ly** *adv*) strupen; *fig* kvaren, kužen, škodljiv; *coll* ogaben (človek, vreme itd.)
poisonousness [póiznəsnis] *n* strupenost; *fig* kvarnost
poison pen [póiznpen] *n* anonimen pisec žaljivih ali prostaških pisem
poison's ratio [póiznréišiou] *n phys* kontrakcijski koeficient
poitrel [póitrəl] *n hist mil* prsni oklep (konj)
poke I [póuk] *n* sunek, drezljaj; *A coll* pohajkovač
poke II [póuk] **1.** *vt* suniti, suvati, dregniti, dregati, poriniti, porivati (*in* v, noter); preluknjati, napraviti luknjo (*in* v); podrezati (ogenj); pomoliti (glavo), vtakniti (nos; *into* v); **2.** *vi* vtikati se; bosti, dregniti, dregati (*at*); bezati, brskati (*in*); iskati, stikati, tipati (v mraku); **don't** ~ **your nose into my affairs** ne vtikaj nosu v moje zadeve; **to** ~ **and pry** biti radoveden, brskati za čem; **to** ~ **fun at** norčevati se iz koga; **to** ~ **one's head** iztegniti vrat, pomoliti glavo
poke about *vi* brskati, stikati (*for*), iskati, tipati v mraku; *coll* leno delati, klatiti se
poke away *vi* odriniti (koga, kaj)
poke out *vt* izkopati (oči)
poke through *vt* prebosti, preluknjati
poke up *vt coll* zapreti v tesen prostor
poke III [póuk] *n dial* vreča, žakelj; *arch* žep; **to buy a pig in a** ~ kupiti mačka v žaklju
poke-bonnet [póukbənit] *n* ženski klobuk z naprej potisnjenim okrajcem (19. stol.)
poker I [póukə] *n* grebljica, grebača; *univ sl* rektorjeva palica; pedel, ki nosi to palico; **between you and me and the** ~ med nama povedano; **to be as stiff as a** ~ ali **to have swallowed the** ~ ali **to have a** ~ **up one's back** hoditi, kakor da bi kol požrl

poker II [póukə] *n* poker (kartaška igra); ~ **face** brezizrazen obraz

poker III [póukə] *n A* strašilo; **by the holy** ~ **!** za vraga!; **Old Poker** vrag

poker IV [póukə] *vt* vžigati v les

poker-faced [póukəfeist] *adj* brezizraznega obraza

poker-work [póukəwə:k] *n* pirografija, vžiganje vzorcev v les

pok(e)y [póuki] *adj* (**pokily** *adv*) majhen, tesen; ničev, malenkosten; *A coll* pust, len, počasen

Polack [póulæk] *n arch & cont* Poljak

Poland [póulənd] *n* Poljska

polar I [póulə] *adj* (~**ly** *adv*) *geog, math, phys* polaren; *el* polarizacijski; *fig* popolnoma nasproten; *meteor* ~ **air** polarni zrak; *meteor* ~ **front** polarna fronta; *geog* ~ **circle** polarni krog; *astr, math* ~ **angle** polarni kot; *astr* ~ **lights** polarni sij; ~ **regions** polarna področja; **Polar Sea** Severno ledeno morje; *astr* ~ **star** polarnica, severnica; *math* ~ **equation** polarna enačba

polar II [póulə] *n math, aero* polara

polar bear [póuləbɛə] *n zool* severni medved, beli medved

polar fox [póuləfɔks] *n zool* polarna lisica

polarimeter [poulərímitə] *n phys* polarimeter

polariscope [poulæriskoup] *n phys* polariskop

polarity [poulæriti] *n phys* polarnost, nagnjenje v severno smer; *fig* nasprotnost

polarization [pouləraizéišən] *n el, phys* polarizacija

polarize [póuləraiz] *vt el, phys* polarizirati; *fig* usmeriti (misli, besede)

polarizer [póuləraizə] *n phys* polarizator

polarography [poulərógrəfi] *n* polarografija, metoda elektrokemične analize

polder [póuldə] *n* polder, morju iztrgana zemlja

pole I [póul] *n astr, geog* tečaj, pol (zemeljski); *math* pol, skrajna točka osi skozi krog ali kroglo; *el, phys* (pozitivni ali negativni) pol, magnetni pol; *fig* nasprotje, ekstrem; **celestial** ~ nebesni pol; **like** ~ **s** enaka ali istoimenska pola; **unlike (opposite)** ~ **s** neenaka (nasprotna) pola; **to be** ~ **s asunder** (ali **apart**) biti diametralno nasproten, daleč narazen

pole II [póul] *n* kol; (telegrafski) drog; prekla (za fižol); *sp* palica (za skoke); ojnica (voza); *naut* jadrnik; drog za potiskanje čolnov; dolžinska mera (5,029 m); površinska mera (25,293 m^2); *fig* **to climb up the greasy** ~ **s** premagati velike težave, lotiti se težke stvari; *naut* **under bare** ~ **s** s spuščenimi jadri; *sl* **up the** ~ čez les, prismojen; v škripcih; *sp* **to have the** ~ biti v notranji progi

pole III [póul] *vt* porivati čoln z drogom; preklati fižol

Pole [póul] *n* Poljak(inja)

pole-ax(e) [póulæks] **1.** *n hist* bojna sekira; mesarica (sekira); *naut* ladjarska sekira, sekira za napad na sovražno ladjo; **2.** *vt* ubiti živino z mesarico

pole-bean [póulbi:n] *n bot* preklar, visoki fižol

polecat [póulkæt] *n zool* dihur

pole-changer [póulčeindžə] *n el* menjalnik polov

pole jump I [póuldžʌmp] *n sp* skok s palico

pole-jump II [póuldžʌmp] *vi* skočiti, skakati s palico

polemic [pəlémik] **1.** *adj* (~ **ally** *adv*) polemičen, prepiren; **2.** *n* polemika, prepir (peresni); polemik .

polemics [pəlémiks] *n pl* (edninska konstrukcija) polemika, polemiziranje

polemize [pólimaiz] *vi* polemizirati

polenta [pouléntə] *n* polenta

pole-star [póulsta:] *n astr* severnica, zvezda vodnica; *fig* vodilo

pole-vault [póulvɔ:lt] *n & vi* glej *pole jump I, II*

pole-vaulter [póulvɔ:ltə] *n sp* skakalec s palico

poleward(s) [póulwəd(z)] *adv* proti polu

police I [pəlí:s] *n* policija, policisti; javni red; *A mil* red v taboru, razvrstitev dela v taboru; **five** ~ pet policistov; *A mil* **kitchen** ~ delo v kuhinji

police II [pəlí:s] *vt* skrbeti za red (policija); upravljati, vladati s pomočjo policije; *A mil* skrbeti za red v taboru, razvrstiti delo v taboru

police-blotter [pəlí:sblótə] *n A* policijski dnevnik, dnevnik policijske postaje

police-constable [pəlí:skʌnstəbl] *n* stražnik

police-court [pəlí:skə:t] *n* sodnija za prekrške

police-dog [pəlí:sdɔg] *n* policijski pes, nemški ovčar

police-magistrate [pəlí:smædžistrit] *n* predsednik policijskega sodišča (za prekrške)

policeman [pəlí:smən] *n* stražnik, policist, miličnik; ~ **on point duty** prometnik (na mestu)

police-offense [pəlí:səfens] *n A* prekršek

police-office [pəlí:sófis] *n E* policijska postaja, policijska uprava

police-officer [pəlí:sófisə] *n* policist, miličnik

police-station [pəlí:sstéišən] *n* policijska postaja, policijski okraj

police-woman [pəlí:swumən] *n* policistka

policlinic [pɔliklínik] *n* poliklinika za zunanje paciente, ambulanta

policy I [pólisi] *n* politika (gospodarska, državna), taktika; državništvo, državniška modrost, razumno vodstvo, politična linija; razumnost, primernost; preračunanost, zvitost; *econ* **marketing** ~ tržna politika; *pol* **foreign** ~ zunanja politika; *pol* ~ **of non-alignment** politika neuvrščenosti; **it is our** ~ naše pravilo je; **against public** ~ v nasprotju z javno moralo; **honesty is the best** ~ s poštenjem se največ doseže

policy II [pólisi] *n* (zavarovalna) polica; *A* (tudi ~ **racket**) igranje na številke državne loterije; **to take out a** ~ **on** zavarovati se; **life** ~ polica življenjskega zavarovanja; **third party** ~ zavarovanje za tretjo osebo; **comprehensive** ~ kasko zavarovanje

policy-holder [pólisihouldə] *n* zavarovanec, -nka

poligar [póliga:] *n E Ind* južnoindijski plemenski poglavar

polio [póliou] *n med coll* glej *poliomyelitis*

poliomyelitis [pólioumaiəláitis] *n med* poliomielitis, otroška paraliza

polish I [póliš] *n* lošč, loščilo, loščenje, lešč, blesk, politura; gladkost; *fig* uglajenost; **he lacks** ~ ni uglajen; **to give s.th. a** ~ zgladiti, poleščiti kaj

polish II [póliš] **1.** *vt* loščiti, (z)gladiti, poleščiti, polirati; *fig* ugladiti, izpiliti, olikati, olepšati; **2.** *vi* svetiti se, zgladiti se; *coll* **to** ~ **off** hitro končati delo; odstraniti, premagati, ubiti na-

sprotnika; **to** ~ **up** popraviti, zboljšati, osvežiti (znanje)
Polish [póuliš] **1.** *adj* poljski; **2.** *n* poljski jezik
polishable [pólišəbl] *adj* ki se lahko zgladi, polešči
polished [pólišt] *adj* pološčen, poleščen, poliran, sijajen; *fig* uglajen, olikan, izobražen
polisher [pólišə] *n* loščilec, gladilec; brusač, brusilec; loščilo; priprava za poliranje
polishing [pólišiŋ] *n* poliranje, leščenje, gladenje; politura
polishing-rush [pólišiŋrʌš] *n bot* preslica
polite [pəláit] *adj* (~ **ly** *adv*) vljuden (*to* do), uglajen, olikan, dostojen, izbran; *coll* **to do the** ~ vesti se dostojno; ~ **letters** (ali **literature**) leposlovje, beletristika; ~ **arts** lepe umetnosti; ~ **society** olikana družba
politeness [pəláitnis] *n* vljudnost, uglajenost, olikanost, izbranost
politic [pólitik] *adj* (~ **ally** *adv*) diplomatski, državniški; *fig* diplomatski, preudaren, pameten, zvit, previden, preračunljiv; *arch* političen; **the body** ~ država
political [pəlítikəl] *adj* (~ **ly** *adv*) političen, državniški, državljanski, državen, upraven; *A* spletkarski; ~ **economy** politična ekonomija; ~ **rights** državljanska pravice; ~ **science** politologija, politične vede
politician [pəlitíšən] *n* politik, državnik; strankar; *A* spletkar, intrigant
politicize [pəlítisaiz] **1.** *vi* politizirati; **2.** *vt* politično obravnavati
politico [pəlítikou] *n A cont* politikant
politico-economical [pəlítikoui:kənómikəl] *adj* politično ekonomski, narodno gospodarski
politico-scientific [pəlítikousaiəntífik] *adj* državnoznanstven
politics [pólitiks] *n pl* (edninska konstrukcija) politika, državništvo; (množinska konstrukcija) politično prepričanje; *A* politične mahinacije; **to engage in** ~ baviti se s politiko; **to talk** ~ politizirati; **what are his** ~? kakšno je njegovo politično prepričanje?; **to play** ~ spletkariti
polity [póliti] *n* oblika vladanja, vlada, država
polka [póulkə, pólkə] **1.** *n mus* polka; **2.** *vi* plesati polko
polka dot [póulkədət, pó~] *n* pikčasti vzorec, velike pike v blagu
poll I [pəl] *n E univ sl* (*the Poll*) študent, ki se pripravlja za lažjo vrsto diplome (Cambridge); **to go out in the Poll** pripravljati se za diplomo
poll II [póul] *n* volitve, glasovanje, štetje glasov, volilni imenik, število glasov, volilni izid; (zlasti *pl*) volišče; anketiranje; *hum* glava, betica, zatilje, teme, oseba, človek; **to be at the head of the** ~ dobiti večino glasov; **to count the** ~**s** prešteti glasove; **to go to the** ~**s** iti volit; **a heavy (light)** ~ številna (slaba) udeležba na volitvah
poll III [póul] **1.** *vt arch* striči, postriči (lase), porezati (rogove), odsekati (drevesno krošnjo); vpisati v volilni (davčni) imenik; dati svoj glas, dobiti glasove pri volitvah; anketirati; **2.** *vi* voliti, glasovati (*for* za)
poll IV [póul] **1.** *adj* ravno odrezan, obsekan, okleščen, brezrog; **2.** *n* brezroga žival (zlasti vol)
poll V [pəl] *n* papiga; *sl* vlačuga

pollable [póuləbl] *adj* upravičen do glasovanja; ki se lahko izglasuje
pollack [pólək] *n zool* vrsta vahnje
pollard [póləd] **1.** *n* obsekano, okleščeno drevo; brezroga žival; jelen, ki je odvrgel rogove; otrobi, mekine; **2.** *vt* obsekati, oklestiti (drevo), obrezati
poll-book [póulbuk] *n* volilni imenik
polled [póuld] *adj* brezrog
pollee [poulí:] *n* (zlasti *A*) anketiranec
pollen [pólin] **1.** *n bot* pelod, cvetni prah; **2.** *vt* oprašiti (s pelodom)
pollen-catarrh [pólinkətá:] *n med* seneni nahod
pollen-tube [pólintju:b] *n bot* pelodov mešiček
pollex [póleks] *n* (*pl* ~ **lices**) *anat* palec
pollicitation [pəlisitéišən] *n* prostovoljna obljuba; *jur* obljuba, ki se jo lahko prekliče
pollinate [pólineit] *vt bot* oprašiti
pollination [pəlinéišən] *n bot* oprašitev
polling [póuliŋ] *n* glasovanje, volitve
polling-booth [póuliŋbu:ð] *n* volilna skrinjica
polling-place [póuliŋpleis] *n* volišče
pollinic [pəlínik] *adj bot* pelodov, peloden
polliniferous [pəliníf̮ərəs] *adj bot* ki proizvaja pelod, ki ima pelod
pollinosis [pəlinóusis] *n med* seneni nahod
polliwog [póliwɔg] *n zool* paglavec
poll-man [pólmæn] *n* glasovalec, volilec
polloi [pólɔi] *n pl* **Hoi Polloi** široke ljudske množice, drhal
poll-parrot [pólpærət] **1.** *n fig* gobezdač; **2.** *vt & vi* gobezdati, ponavljati, posnemati
pollster [póulstə] *n A derog* zbiralec podatkov, anketnik
poll-tax [póultæks] *n* glavarina, davek na glavo
pollute [pəlú:t] *vt* umazati, onesnažiti (vodo, zrak itd.); *fig* blatiti, (moralno) pokvariti, onečastiti; *relig* oskruniti
pollution [pəlú:šən] *n* onesnaženje (zraka itd.); *fig* omadeževanje, onečiščenje; *relig* oskrunitev; *med* polucija
polo [póulou] *n sp* polo; ~ **coat** plašč iz kamelje dlake; ~ **neck** zavit ovratnik
poloist [póulouist] *n sp* igralec pola
polonaise [pələnéiz] *n* poloneza (ples); *mus* poloneza; *hist* vrsta ženske obleke
polonium [pəlóuniəm] *n chem* polonij
polony [pəlóuni] *n* vrsta safalade
poltergeist [póltəgaist] *n* strašilo; škrat
poltroon [pəltrú:n] *n* strahopetec; prilizovalec, petoliznik
poltroonery [pəltrú:nəri] *n* strahopetnost; petolizništvo
poly- *pref* mnogo; *math* **polyangular** mnogokoten; *bot* **polyanthous** mnogocveten
polyad [póliæd] **1.** *adj* mnogovalenten; **2.** *n* mnogovalenten element
polyandry [póliændri] *n* mnogomoštvo, poliandrija
polyanthus [pəliænθəs] *n bot* visoki jeglič; *bot* tuberoza
polyarchy [pólia:ki] *n* poliarhija, vlada mnogih
polycarpous [pəliká:pəs] *adj bot* z mnogimi plodnimi listi; ki večkrat cveti ali plodi
polychromatic [pəlikroumǽtik] *adj* (~ **ally** *adv*) mnogobarven, polikromatičen; *phot* ~ **process** ogleni tisk

polychrome [pólikroum] **1.** *adj* mnogobarven, pisan, polikrom; **2.** *n* mnogobarven kip ali vaza

polychromy [pólikroumi] *n* mnogobarvnost, polikromija, barvanje kipov ali vaz v več barvah

polyclinic [pəliklínik] *n* klinika, splošna bolnica, poliklinika

polygamic [pəligǽmik] *adj* glej **polygamous**

polygamist [polígəmist] *n* mnogoženec

polygamous [polígəməs] *adj* poligamen, mnogoženski; *bot* ki ima enospolne ali dvospolne cvetove na istem steblu

polygamy [polígəmi] *n* poligamija, mnogoženstvo

polygenesis [pəlidžénisis] *n biol* poligeneza, izvor iz različnih virov

polygenetic [polidžinétik] *adj* (~ **ally** *adv*) poligenetičen, iz različnih virov ali časov; *biol* ki izvira iz različnih celic

polygenic [pəlidžénik] *adj* različnega porekla; *biol* iz mnogih genov; *chem* ki ima mnogo valenc

polygenism [pəlídžənizəm] *n* nauk o nastanku človeških ras od različnih prednikov

polyglot [póliglət] **1.** *adj* mnogojezičen; **2.** *n* poliglot, mnogojezičnik, knjiga v več jezikih

polygon [póligən] *n geom* poligon, mnogokotnik

polygonal [políɡənəl] *adj* (~ **ly** *adv*) *geom* mnogokoten

polygraph [póligra:f] *n tech* razmnoževalni stroj; ploden pisatelj

polygynous [pólídžinəs] *adj* mnogoženstven

polygyny [pólídžini] *n* poliginija, mnogoženstvo

polyhedral [pəlihí:drəl] *adj geom* poliederski

polyhedron [pəlihí:drən] *n geom* polieder

polyhistor [pəlihístə] *n* polihistor, vseznal

polymath [pólimæθ] *n* vseznal

polymelia [pəlimí:liə] *n med, zool* obstoj prekomernih okončin

polymerization [pəlimərəzéišən] *n chem* polimerizacija

polymorphism [pəlimó:fizəm] *n* polimorfizem, mnogoličnost

polymorphous [pəlimó:fəs] *adj* polimorfen, mnogoličen

Polynesian [pəliní:ziən] **1.** *adj* polinezijski; **2.** *n* Polinezijec, -jka

polynia [pəlíniə] *n geog* morje med ledenimi ploščami

polynomial [pəlinóumiəl] **1.** *adj math* polinomski, mnogočlenski; *bot, zool* ki ima mnogo imen; **2.** *n math* polinom, mnogočlenik

polyp(e) [pólip] *n zool* polip

polyphagia [poliféidžiə] *n med* bolezensko nagnjenje do jedi

polyphase [pólifeiz] *adj el* večfazen

polyphone [pólifoun] *n mus* simbol za več tonov

polyphonic [pəlifónik] *adj* polifonski, mnogoglasen; *mus* polifon, kontrapunktičen; *ling* fonetično večpomenski

polyphony [pəlífəni] *n* polifonija, mnogoglasje; *mus* kontrapunkt

polypod [pólipəd] **1.** *adj zool* mnogonožen; **2.** *n* mnogonožna žival

polypodium [pəlipóudiəm] *n bot* praprotje

polyptych [póliptik] *n* poliptikon, večkrilni oltar; zložljiva miza

polypus [pólipəs] *n* (*pl* ~ **pi**) *med* polip

polystyle [pólistail] *adj archit* z mnogimi stebri

polysyllabic [pólisilǽbik] *adj* (~ **ally** *adv*) večzložen

polysyllable [pólisiləbl] *n ling* večzložna beseda

polysyndeton [pəlisíndətən] *n* polisindeton, mnogovezje

polysynthesis [pəlisínθisis] *n ling* polisinteza, spajanje več besedi v eno besedo

polysynthetic [pəlisinθétik] *adj ling* polisintetičen (jezik), ki spaja več besed v eno besedo

polytechnic [politéknik] **1.** *adj* politehničen; **2.** *n* tehniška šola, politehnika

polytheism [póliθiizəm] *n* politeizem, mnogoboštvo

polytheist [póliθiist] *n* politeist, mnogobožec

polytheistic [póliθiístik] *adj* (~ **ally** *adv*) politeističen, mnogobožen

polytonality [politənǽliti] *n mus* politonalnost

polyuria [pəlijúəriə] *n med* pretirano močenje

polyvalence [pəlivéiləns] *n chem* mnogovalentnost

polyvalent [pəlivéilənt] *adj chem* mnogovalenten

polyvinyl [pəliváinil] *adj chem* polivinilski, polivinilen

polyzoon [pəlizóuən] *n zool* mahovnjak

pom [pəm] *n* pomeranski pes, špic

pomace [pÁmis] *n* jabolčna mezga, pulpa; ribji odpadki (gnojilo)

pomaceous [pouméišəs] *adj* jabolčen

pomade [pəma:d] **1.** *n* pomada, mazilo; **2.** *vt* namazati s pomado

pomander [poumǽndə] *n hist* kroglica iz ambre za zaščito pred boleznijo

pomatum [pəméitəm] *n & vt* glej **pomade**

pome [póum] *n bot* jabolkasto sadje, jabolko, hruška, kutina

pomegranate [pómgrænit] *n bot* granatno jabolko

Pomeranian [pəməréiniən] **1.** *adj* pomeranski; **2.** *n* pomeranski pes, špic

pomfret [pómfrit] *n zool* vrsta tihomorske lokarde

pomelo [pómilou] *n* glej **grapefruit**

pomiculture [póumikʌlčə] *n* sadjarstvo

pommel [pÁməl] **1.** *n* glavič meča; sedelni glavič; krišpalnik (strojarstvo); **2.** *vt* tepsti (s pestmi); krišpati

pommy [pómi] *n* angleški priseljenec v Avstraliji in Novi Zelandiji (**P.O.M.E.** *Prisoner of Mother England*)

pomology [poumólədži] *n* pomologija, nauk o sadjarstvu

pomp [pɔmp] *n* pomp, sijaj, blesk, slovesen sprevod

pompano [pómpənou] *n zool* šupir (riba)

pompier [pómpiə] *adj* ~ **ladder** kljukasta požarna lestev

pompom [pómpəm] *n mil* avtomatičen protiletalski top; mitraljez, strojnica

pompon [pó:mpɔ:ŋ] *n cof*, čop

pomposity [pɔmpósiti] *n* pompoznost, domišljavost, izumetničenost, bombastičnost

pompous [pómpəs] *adj* (~ **ly** *adv*) pompozen, sijajen, bleščeč, slovesen; domišljav, izumetničen, bombastičen

pompousness [pómpəsnis] *n* glej **pomposity**

pon ('pon) [pɔn] *prep* okrajšava za **upon**

ponce [pɔns] *n E sl* moški, ki ga vzdržuje prostitutka; zvodnik

ponceau [pɔnsóu] *n bot* purpelica, divji mak; živo rdeča barva; *chem* škrlatno rdeče barvilo

poncho [pónčou] *n* pončo, peruanski plašč

pond I [pɔnd] *n* umetno jezerce, ribnik, luža; **horse** ~ konjsko napajališče; *hum* **herring** ~, **big** ~ velika luža, Atlantik

pond II [pɔnd] **1.** *vt* napraviti ribnik, zajeziti vodo; **2.** *vi* zbirati se v ribnik (voda)

ponder [pɔ́ndə] **1.** *vi* premišljati, razmišljati, razglabljati, beliti si glavo (*on, upon, over*); **2.** *vt* pretehtati, preudariti, premisliti kaj, poglobiti se v kaj; **to** ~ **over** s.th. premisliti, pretehtati kaj; **to** ~ **one's words** pretehtati svoje besede

ponderability [pɔndərəbíliti] *n phys* tehtljivost, tehtnost, izmerljivost

ponderable [pɔ́ndərəbl] **1.** *adj* tehtljiv, izmerljiv; *fig* ocenljiv; **2.** *n* kar se lahko predvidi, preceni

ponderance [pɔ́ndərəns] *n* razglabljanje, razmišljanje; važnost, resnost

ponderation [pɔndəréišən] *n* ocenjevanje, tehtanje, merjenje, pretehtovanje (v mislih); razmišljanje; važnost

pondering [pɔ́ndəriŋ] *adj* (~ **ly** *adv*) zamišljen

ponderosity [pɔndərɔ́siti] *n* teža, masivnost, važnost; *fig* okornost

ponderous [pɔ́ndərəs] *adj* (~ **ly** *adv*) težek, masiven; *fig* okoren (stil), dolgočasen

pond-life [pɔ́ndlaif] *n* živalski svet (mehkužcev) v ribniku

pond-lily [pɔ́ndlili] *n bot* lokvanj

pond-scum [pɔ́ndskʌm] *n bot* žabina, alge na mlaki

pondweed [pɔ́ndwi:d] *n bot* dristavec, žabljika

pone I [póun] *n A* (indijanski) koruzni kruh; mlečni kruh

pone II [póuni] *n* prednost (kartanje); igralec, ki privzdigne

pong [pɔŋ] **1.** *n* zamolkel glas; *E sl* smrad; **2.** *vi theat* **to** ~ **it** improvizirati

pongee [pɔndží:] *n* naravna kitajska svila

pongo [pɔ́ŋgou] *n mil sl* vojak

poniard [pɔ́njəd] **1.** *n* bodalo; **2.** *vt* zabosti

pontage [pɔ́ntidž] *n* mostnina

pontiff [pɔ́ntif] *n* visok svečenik, škof, papež; *hist* pontifeks, veliki svečenik v starem Rimu

pontifical I [pɔntífikəl] *adj* (~ **ly** *adv*) pontifikalen, škofovski, papeški; *fig* dostojanstven, slavnosten; **Pontifical Mass** pontifikalna maša; **Pontifical College** škofovski kolegij

pontifical II [pɔntífikəl] *n eccl* knjiga o pontifikalnem ceremonialu

pontificalia [pɔntifikéiliə] *n pl* škofovski ali papeški ornat in insignije

pontificate [pɔntífikit, ~ keit] *n* pontifikat, škofovanje, papeževanje

pontify [pɔ́ntifai] *vi* papeževati, biti nezmotljiv; delati se nezmotljivega, nositi se visoko

pont-levis [pɔntlévis] *n* vzdižni most

pontonier [pɔntəníə] *n* pontonir

pontoon I [pɔntú:n] **1.** *n* ponton, mostovni čoln; keson, podvodni zvon; **2.** *vt* prekoračiti reko po pontonu

pontoon II [pɔntú:n] *n E* enaindvajset (karte, igra)

pony I [póuni] *n* poni, konjiček; *pl sl* dirkalni konji; *E sl* 25 funtov; *A sl* oslovski most, pripomoček za prepisovanje v šoli; *A coll* šilce (žganja); majhen predmet (žepnega formata)

pony II [póuni] *vt A sl* prepisovati v šoli s pomočjo oslovskega mostu; **to** ~ **up** plačati (račun itd.)

pony-engine [póuniendžin] *n* majhna ranžirna lokomotiva

pony-express [póuniikspres] *n A* jezdna pošta (l. 1860)

pony-motor [póunimoutə] *n* pogonski (pomožni) motor

pony-tail [póuniteil] *n* konjski rep (dekliška frizura)

pooch [pu:č] *n A sl* pes (zlasti križanec)

poodle [pu:dl] **1.** *n zool* koder (pes); **2.** *vt* ostriči psa

poodle-faker [pú:dlfeikə] *n sl* lahkoživ mladenič, ženskar

pooh [pu:] *int* uh! (prezir, nestrpnost)

Pooh-Bah [pú:bá:] *n hum* kdor ima več funkcij, bonec; bahač (po osebi v Mikadu Gilberta in Sullivana)

pooh-pooh [pu:pú:] **1.** *vt* posmehovati se, pokazati zaničevanje, zaničljivo govoriti, zaničljivo odkloniti; **2.** *vi* vihati nos

pookoo [pú:ku] *n zool* rdečkasta afriška antilopa

pool I [pu:l] *n* mlaka, luža, ribnik; tolmun v reki; ~ **of blood** mlaka krvi; **swimming** ~ kopalni bazen; **the Pool** del Temze pod London Bridgem

pool II [pu:l] *vt min* spodkopati, podminirati (premog, kamnino); zvrtati luknjo za klin

pool III [pu:l] *n* vložek, banka (pri kartanju); vrsta biljardne igre (*E* z vložkom; *A* s 15 kroglami na mizi s 6 luknjami); *econ* skupen fond različnih podjetij; kartel, sporazum o cenah med konkurenti; **the** ~ **s** lokal za športne stave

pool IV [pu:l] **1.** *vt econ* vložiti denar v skupen fond, razdeliti dobiček, deliti riziko; *fig* združiti moči; podrediti interesom skupnosti; **2.** *vi* združiti se v kartel

poolroom [pú:lrum] *n E* igralnica biljarda; *A* lokal za sklepanje stav

poop I [pu:p] **1.** *n naut* krma, majhna paluba nad krmo; **2.** *vt* preplaviti krmo (valovi)

poop II [pu:p] *n A sl* tepec, bedak

poop III [pu:p] **1.** *vi* grmeti (topovi); trobiti, hupati; **2.** *vt A sl* izčrpati koga; ~ **ed out** izčrpan

poor [púə] *adj* (~ **ly** *adv*) reven, ubog; skromen, pičel, nezadosten, nerodoviten (zemlja); slaboten, mršav, slab, suh; *fig* ubog (*in* v); *cont* beden; **to cut a** ~ **figure** revno izgledati; ~ **consolation** slaba tolažba; **a** ~ **lookout** slabo kaže; ~ **in spirit** ubog v duhu; *hum* ~ **man's treacle** čebula; *bot* ~ **man's weather-glass** njivska kurja česnica; *bot* ~ **man's cabbage** zimska kreša; **in my** ~ **opinion** po mojem skromnem mnenju; **the** ~ reveži; ~ **white** siromašen belec na jugu ZDA; ~ **me!** jojmene!; ~ **little thing** ubožec, revica; *geol* ~ **rock** jalovina

poor-box [púəbɔks] *n* skrinjica za miloščino

poor-house [púəhaus] *n* ubožnica

poor-law [púələ:] *n jur* zakon o pomoči revežem

poorly I [púəli] *adj* bolehen, slaboten

poorly II [púəli] *adv* slabo, revno, bedno, borno; **to be** ~ **off** revno živeti; **to think** ~ **of** ne ceniti

poorness [púənis] *n* revščina, pomanjkanje, ubožnost; slabotnost; nerodovitnost (zemlje); *min* jalovost

poor-rate [púəreit] *n E* davek za pomoč revežem

poor-relief [púərili:f] *n* oskrba revežem

poor-spirited [púəspíritid] *adj* strahopeten; ubog v duhu

poort [pú:ət] *n* ozek prelaz (v južni Afriki)

pop I [pɔp] *n* pok, tresk; *coll* strel; *coll* peneča pijača, pokalica; *E sl* zastava, zalog (v zastavljalnici); *sl* in ~ zastavljeno, v zastavljalnici; to take a ~ at streljati na; *fig* poskusiti s, z

pop II [pɔp] **1.** *vi* počiti (zamašek), odpreti se (kostanj, koruza itd.); sprožiti, ustreliti (*at*); nenadoma se pojaviti; izbuljiti (oči); **2.** *vt* hitro odpreti, izvleči (zamašek), sprožiti, izstreliti (naboj); *A* peči koruzo; hitro vtakniti (kaj kam), pomoliti (glavo); *E sl* zastaviti; to ~ along švigniti mimo; to ~ away hitro dati stran; to ~ in oglasiti se pri kom, priti na kratek skok; *coll* to ~ off izginiti, pobrisati jo; zadremati; umreti (tudi to ~ off the hooks); to ~ on dati klobuk na glavo; to ~ out pomoliti ven; ugasniti luč; pobrisati jo; to ~ up pojaviti se (tudi *fig*, npr. težave); to ~ one's head in the door pomoliti glavo skozi vrata; *coll* to ~ the question zasnubiti

pop III [pɔp] *adv* s pokom; nenadoma, nepričakovano; to go ~ počiti; umreti

pop IV [pɔp] *int* tresk!, pok!

pop V [pɔp] *adj coll* popularen; ~ concert koncert popularne glasbe

pop VI [pɔp] *n* glej poppa

popcorn [pɔ́pkə:n] *n bot* pokovka (koruza)

pope I [póup] *n* papež; pop; ~'s eye limfna žleza v jagnječji nogi; ~'s nose škofija pri perutnini; ~'s head dolga metla

pope II [póup] *vt* udariti koga po občutljivem delu stegna

popedom [póupdəm] *n* papeštvo

popery [póupəri] *n cont* papizem; *cont* popovstvo, farštvo

pop-eyed [pópaid] *adj A coll* izbuljenih oči, široko razprtih oči; to be ~ with poželjivo gledati

popgun [pópgʌn] *n* bezgova pokača, otroška pištola

popinjay [pópindžei] *n* domišljavec, fičfirič; *dial* detel; *arch* papiga

popish [póupiš] *adj* (~ ly *adv*) papistovski

poplar [póplə] *n bot* topol

poplin [póplin] *n* poplin, na pol svilena tkanina

popliteal [pɔplítiəl, pəplətí:əl] *adj anat* ki se tiče kolenskega zgiba, stegenski

popover [pópouvə] *n A* rahel kolaček

poppa [pópə] *n A* oče, papa

poppet [pópit] *n E dial* srček, punčka, lutka (ljubkovalno ime za otroke); *naut* deska; *A* vrsta ventila

poppied [pópid] *adj* z makom pokrit; omamljen od opija; len, zaspan

popping [pópiŋ] **1.** *n* pokanje (zamaškov); **2.** *adj* živahen

popple [pɔpl] **1.** *n* valovanje, pljuskanje; **2.** *vi* valovati, pljuskati

popply [pópli] *adj* valujoč, pljuskajoč

poppy [pópi] *n bot* mak; makov sok; ~ seed makovo zrnje; corn (ali field) ~ divji mak, purpelica; ~ red rdeča barva maka; *E* Poppy Day spominski dan na konec I. svetovne vojne

poppycock [pópikək] *n A sl* traparija, neumnost

poppy-head [pópihed] *n bot* glavica maka

pops [pɔps] *n coll* orkester za lažjo glasbo; *coll* papa, oče

popshop [pópšɔp] *n E sl* zastavljalnica

popsicle [pópsikl] *n A* sladoled na palčki

popsy [pópsi] *n coll* punčka, ljubica

populace [pópjuləs] *n* ljudstvo, raja, ljudska množica

popular [pópjulə] *adj* (~ ly *adv*) ljudski, naroden; splošen, razširjen; popularen, priljubljen (*with* pri); poljuden, lahko razumljiv, vsakemu dosegljiv; ~ election splošne volitve; *pol* ~ front ljudska fronta; ~ government vlada ljudstva, ljudska oblast; the ~ voice glas ljudstva; ~ song popevka; to make o s. ~ with priljubiti se komu

popularity [pɔpjulǽriti] *n* popularnost, priljubljenost (*with* pri); razširjenost (*among* med)

popularization [pɔpjuləraizéišən] *n* popularziranje

popularize [pópjuləraiz] *vt* popularizirati, razširiti med ljudi, napraviti domače

populate [pópjuleit] *vt* poseliti, naseliti

population [pɔpjuléišən] *n* populacija, prebivalstvo; poseljenost, obljudenost; skupno število prebivalstva (divjadi itd. v deželi); *sociol* ~ parameter statistični prerez

populism [pópjulizəm] *n A pol hist* načela ljudske stranke (v ZDA)

populist [pópjulist] *n A pol hist* član ljudske stranke

populous [pópjuləs] *adj* (~ ly *adv*) gosto naseljen

populousness [pópjuləsnis] *n* gosta naseljenost, gostota naseljenosti

pop-valve [pópvælv] *n tech* varnostni ventil

porbeagle [pó:bi:gl] *n zool* vrsta morskega psa

porcelain [pó:slin] **1.** *n* porcelan; **2.** *adj* porcelanski; *fig* krhek, nežen, občutljiv

porcelain-clay [pó:slinklei] *n min* koalin, porcelanka (prst)

porcelainize [pó:slənaiz] *vt* žgati v porcelan

porcelainous [pó:slinəs] *adj* porcelanski

porcellaneous [pɔ:səléiniəs] *adj* glej porcelainous

porcellanize [pó:slənaiz] *vt* glej porcelainize

porch [pɔ:č] *n* porta, prostor pred vhodom v hišo, pokrito preddverje, vetrnik, vetrna vrata; *A* veranda; the Porch Stoa v Atenah

porcine [pó:sain] *adj* prašičji, svinjski (tudi *fig*)

porcupine [pó:kjupain] *n zool* ježevec

pore I [pɔ:] *n biol* pora, znojnica; luknjica v snovi, razpoka; at (ali in, through) every ~ po vsem telesu

pore II [pɔ:] *vi* premišljati, tuhtati, poglobiti se (*over*); razglabljati (*on, upon*); to ~ one's eyes out utruditi se pri branju

porge [pɔ:dž] *vt* očistiti zaklano živino po judovskem ritualu

poriferous [pɔ:rífərəs] *adj* luknjičav, porozen

porism [pó:rizəm] *n math* problem, ki ima več rešitev

pork [pɔ:k] *n* svinjina; *A sl* ~ barrel zvezna dotacija za javna dela v strankino korist

porkburger [pó:kbə:gə] *n A* kruhek s svinjino

pork-butcher [pó:kbučə] *n* klobasičar

pork-chop [pó:kčɔp] *n* svinjski kotlet

porker [pó:kə] *n* bekon, krmača, pitovna svinja

porket [pó:kit] *n* prašiček, odojek

porkling [pó:kliŋ] *n* glej porket

pork-pie [pó:kpai] *n* pasteta iz svinjine; ~ **hat** ženski klobuk s privihanim okrajcem

porky [pó:ki] **1.** *adj coll* tolst, masten; svinjski; **2.** *n A coll* ježevec

pornographer [pɔ:nógrəfə] *n* pornograf, pisec pornografskih knjig

pornographic [pɔ:nəgrǽfik] *adj* (~ **ally** *adv*) pornografski, opolzek, spotakljiv

pornography [pɔ:nógrəfi] *n* pornografija, opolzko pisanje, pornografsko prikazovanje

porosity [pɔ:rósiti] *n* poroznost, luknjičavost

porous [pó:rəs] *adj* (~ **ly** *adv*) porozen, luknjičav

porphyrite [pó:fərait] *n min* porfirit

porphyritic [pɔ:fərítik] *adj min* porfirjast

porphyry [pó:firi] *n geol* porfir

porpoise [pó:pəs] **1.** *n zool* pliskavica, delfin; **2.** *vi aero* valovito vzleteti ali pristati

porraceous [pɔréišəs] *adj* zelen kakor por

porrect [pɔrékt] **1.** *adj bot, zool* iztegnjen; **2.** *vt* iztegniti (roko, nogo); *eccl, jur* podati, izročiti (dokument)

porrection [pɔrékšən] *n eccl, jur* izročitev (dokumenta)

porridge [póridž] *n E* ovsena kaša, ovseni kosmiči; **to keep one's breath to cool one's** ~ držati jezik za zobmi, obdržati dobre nasvete zase

porrigo [pɔráigou] *n med* srab na glavi

porringer [pórindžə] *n* skodelica za juho

port I [pɔ:t] *n* pristanišče, luka, pristaniško mesto; *fig* zavetje, pristan; ~ **of call** pristanišče, kjer ladja pristane; **to call at a** ~ pristati v nekem pristanišču; **to clear** ~ izpluti iz pristanišča; **to make** ~ pripluti v pristanišče; **close** ~ rečno pristanišče; ~ **of destination** namembno pristanišče; ~ **of distress** oskrbovalno pristanišče; ~ **of entry (exit)** carinska luka; **free** ~ svobodna luka; **naval** ~ vojna luka; ~ **of embarcation** luka za vkrcavanje; ~ **of discharge** luka za izkrcavanje; **picked** ~ pristanišče po izbiri, izbrano pristanišče; ~ **of refuge** pristanišče v sili; ~ **of registry** domače pristanišče; *econ* ~ **of risk** insurance zavarovanje pred nevarnostjo v pristanišču; ~ **admiral** admiral vojne luke; **any** ~ **in a storm** v sili je vsako zavetje dobro

port II [pɔ:t] *n naut* levi bok ladje; odprtina za natovarjanje in iztovarjanje v levem boku ladje; lina na levi strani ladje; **better** ~ **!** bolj na levo!; **on your** ~ **bow** na levi strani

port III [pɔ:t] **1.** *vt naut* obrniti ladjo na levo; **2.** *vi* obrniti se na levo (ladja)

port IV [pɔ:t] *n* portovec (vino)

port V [pɔ:t] **1.** *n* drža; *mil* drža puške pri pregledu (diagonalno k levi rami); **2.** *vt mil* držati puško pred seboj diagonalno k levi rami

port VI [pɔ:t] *n* (zlasti *Sc*) mestni portal; *tech* vstopna, izstopna odprtina; **exhaust** ~ izpušna odprtina

portability [pɔ:təbíliti] *n* prenosnost

portable [pó:təbl] *adj* prenosen (radio, pisalni stroj itd.); ~ **railway** poljska železnica; ~ **derrick** vozno dvigalo, vozni žerjav

portage I [pó:tidž] *n* nošenje, transport; transport broda od ene plovne reke do druge; *econ* voznina, nosnina, dostavnina; **mariner's** ~ kraj, kjer se mora tovor prenesti

portage II [pó:tidž] *vt* prenesti brod od ene plovne reke do druge

portal [pɔ:tl] *n archit* portal, glavna vrata; *fig* vrata, vhod

portal-to-portal [pó:tltəpó:tl] *adj* ~ **pay** *A econ* plačilo za delo od prihoda v tovarno do odhoda

portal-vein [pó:tlvein] *n anat* portalna vena

portative [pó:tətiv] *adj phys* ki lahko nosi, nosilen; ~ **force** nosilnost

port-charges [pó:tča:džiz] *n pl* pristaniška pristojbina

portcullis [pɔ:tkΛlis] *n hist mil* vzdižna železna vrata

port-dues [pó:tdju:z] *n pl* pristaniška carina

portend [pɔ:ténd] *vt* napovedati, naznaniti, dati znak

portent [pó:tent] *n* (slabo) znamenje, omen, slutnja; čudež, čudovita stvar; *pl* izredni uspehi

portentous [pɔ:téntəs] *adj* (~ **ly** *adv*) zlosluten, ominozen; čudovit, nenavaden; *hum* izreden

portentousness [pɔ:téntəsnis] *n* zloslutnost, ominoznost; čudovitost

porter [pó:tə] *n* nosač; *A* strežnik v spalniku; *E* portir, vratar; *E* porter, črno pivo; ~ **'s knot** oprta, obramnica (za nosače)

porterage [pó:təridž] *n* nošenje, nosnina

porterhouse [pó:təhaus] *n A* pivnica, okrepčevalnica; ~ **steak** zrezek ledvične pečenke

port-fire [pó:tfaiə] *n mil* počasi goreča zažigalna vrvca

portfolio [pɔ:tfóuliou] *n* (*pl* ~ os) portfelj, aktovka, listnica; *fig* ministrstvo; **minister without** ~ minister brez portfelja

port-hole [pó:thoul] *n naut* lina v ladji; *arch* strelna lina

portico [pó:tikou] *n* (*pl* ~ cos) *archit* stebrišče, pokrito stebrišče ob hiši

portiere [pɔ:tjéə] *n* zavesna vrata

portion I [pó:šən] *n* del, delež (*of* česa); porcija, obrok; količina, množina; *jur* dota, bala, dedni delež; *fig* usoda; **marriage**-~ dota; *jur* **legal** ~ zakoniti dedni delež

portion II [pó:šən] *vt* podeliti, dati (doto, dediščino, porcijo); **to** ~ **out** razdeliti

portioner [pó:šənə] *n* razdeljevalec, delilec

portionist [pó:šənist] *n* dobitnik deleža (dela); *eccl* solastnik nadarbine; štipendist Merton koledža v Oxfordu

portionless [pó:šənlis] *adj* brez deleža, brez dote

portliness [pó:tlinis] *n* zajetnost, postavnost; dostojanstvenost, dostojanstvena drža

portly [pó:tli] *adj* zajeten, postaven; dostojanstven

portmanteau [pɔ:tmǽntou] *n* (*pl* ~ teaus, ~ teaux) *E* usnjen kovček; ~ **word** zloženka iz dveh besed (npr. *brunch* = *breakfast & lunch, motel* = *motorists' hotel*)

portrait [pó:trit] *n* portret; *fig* podoba, opis; podobnost, tip; **to take s.o.'s** ~ portretirati koga, napraviti portret

portraitist [pó:tritist] *n* portretist(ka)

portraiture [pó:tričə] *n* portretiranje, portret; slikovit opis

portray [pɔ:tréi] *vt* portretirati; *fig* slikovito opisati, prikazati

portrayal [pɔ:tréiəl] *n* portretiranje, slikanje; *fig* opisovanje, prikaz, slika

portrayer [pə:tréiə] *n* portretist; opisovalec, prikazovalec
portreeve [pó:tri:v] *n hist* svétnik, podžupan
portress [pó:tris] *n E* vratarica, portirka
port-side [pó:tsaid] *n naut* leva stran ladje
Portugal [pó:tjugəl] *n* Portugalska
Portuguese [pə:tjugí:z] **1.** *adj* portugalski; **2.** *n* Portugalec, -lka; portugalščina; **the ~** Portugalci
portulaca [pə:čəlǽkə] *n bot* portulak, tolščak
pose I [póuz] *n* poza, drža; *fig* narejenost, poza
pose II [póuz] **1.** *vt* postaviti, postaviti v pozo (*to ~ s.o. for a photograph*); sprožiti, postaviti (vprašanje, problem, trditev, zahtevo); izdajati (*as* za); **2.** *vi* postaviti se (v pozo); biti model, pozirati; izdajati se (*as* za)
pose III [póuz] *vt* zbegati, spraviti v zadrego (z vprašanji)
poser [póuzə] *n* težko vprašanje, problem, trd oreh; model (fotografski)
poseur [pouzó:] *n* pozer, kdor se rad postavlja v pozo; *fig* igralec
posh [pəš] *adj sl* prima, odličen, eleganten
posit [pózit] *vt* postaviti, trditi, predpostaviti, domnevati; terjati, postulirati
position I [pəzíšən] *n* lega, položaj (v prostoru); družbeni položaj, služba; *naut* lega ladje na morju; (telesna) drža; *mil* pozicija; *mus* lega akordnih tonov, lega prstov na godalih; *fig* situacija, stanje, možnost; stališče; *phil* postavka, trditev, predpostavka, propozicija; **geographical ~** zemljepisna lega; *mil* **~ warfare** pozicijsko vojskovanje; **in (out of) ~** v pravi (napačni) legi; *aero, naut* **~ lights** pozicijske luči; **upright ~** pokončna (telesna) drža; **people of ~** vplivni ljudje; **to be in a ~ to** biti v stanju, da; **to define one's ~** pojasniti svoje stališče; **to take up a ~ on a question** zavzeti stališče do vprašanja; **to hold a responsible ~** imeti odgovoren položaj
position II [pəzíšən] *vt* postaviti, namestiti, lokalizirati, ugotoviti položaj; *mil* stacionirati čete
positional [pəzíšənəl] *adj* položajen, pozicijski; *mil* **~ warfare** pozicijsko vojskovanje
positioner [pəzíšənə] *n tech* pričvrščevalna priprava
positive I [pózitiv] *adj* (**~ly** *adv*) določen, izrecen (ukaz), jasen, nedvoumen, trden (ponudba, obljuba itd.); brezpogojén, dokončen; resničen, stvaren, konkreten, dejanski; pritrdilen, privolilen; siguren, gotov; samozavesten, trdovraten, svojeglav; *phil* pozitivističen, neskeptičen, empiričen, ki sloni na izkušnjah; pozitiven, ki ima pozitivne lastnosti; *coll* popoln, pravi (*a ~ fool* pravi norec); *math* pozitiven (**~ sign** znak plus); *phys, el, phot* pozitiven; *med* pozitiven; *phil* **~ philosophy** pozitivizem, pozitivistična filozofija; *gram* **~ degree** pozitiv, prva stopnja pridevnika; *coll* **a ~ nuisance** prava nadloga; **proof** ~ neovrgljiv dokaz; **to be ~ about s.th.** biti gotov česa, trdno verjeti v kaj
positive II [pózitiv] *n gram, phot* pozitiv; pozitivnost, pozitivna lastnost
positiveness [pózitivnis] *n* pozitivnost, gotovost, sigurnost; odločnost, trdovratnost
positivism [pózitivizəm] *n phil* pozitivizem
positivist [pózitivist] *n phil* pozitivist

positivistic [pozitivístik] *adj* (**~ally** *adv*) *phil* pozitivistčen
positron [pózitrən] *n phys* pozitron, pozitivni elektron
posology [pəsólədži] *n med* nauk o uporabi mamil v dovoljenih količinah
posse [pósi] *n* policijski odred, šerifovi pomočniki; močna skupina, četa; *hist* črna vojska
possess [pəzés] *vt* imeti v lasti, imeti v posesti; obvladati (jezik, čustva); *fig* navdahniti, obsesti (*with* s, z); **to ~ one's soul in patience** potrpežljivo čakati, potrpeti; **to ~ o.s. of s.th.** polastiti se, prisvojiti si; **what ~ed him to do it?** kaj ga je obsedlo, da je to storil?
possessed [pəzést] *adj* ki ima (*of* kaj); obseden (*by, with*); ki se obvlada, miren; *gram* vezan z genetivom; **like a man ~** kot obsedenec, kot nor; **A like all ~** kakor blazen; **everyone ~ of reason** vsak pameten človek
possession [pəzéšən] *n* posest, lastništvo; *pl* zemljišče, nepremičnine; *fig* obsedenost; *fig* obvladanje (čustev), navdahnjenost (*by*); *jur* **actual ~** neposredna posest; *jur* **adverse ~** priposestvovanje; *jur* **naked ~** stvarna posest; **to be in the ~ of s.o.** pripadati komu; **to be in the ~ of s.th.** imeti kaj; **to put in ~ of** oskrbeti koga s čim; **to come into ~ of** dobiti v last; **to take ~ of** vzeti (v posest), prisvojiti si; **to have (gain) ~ of a woman** spolno občevati (z žensko)
possessive I [pəzésiv] *adj* (**~ly** *adv*) posedujoč, pohlepen po posesti; poln sebične ljubezni, nasilen, posesiven; *gram* posesiven, svojilen; **a ~ mother** mati, ki hoče svojega otroka privezati nase; *gram* **~ case** svojilni sklon, saški rodilnik; *gram* **~ pronoun** svojilni zaimek
possessive II [pəzésiv] *n gram* svojilni sklon, (saški) rodilnik; svojilni zaimek
possessiveness [pəzésivnis] *n* posesivnost, svojilnost; tiranska, sebična ljubezen, pohlep po posesti
possessor [pəzésə] *n* imetnik, lastnik, posestnik
possessory [pəzésəri] *adj* lastniški, posestniški; *jur* **~ action** tožba zaradi motenja posesti; **~ right** lastniška pravica
posset [pósit] *n* topla mlečna pijača z vinom ali pivom, šodo
possibility [pəsəbíliti] *n* možnost (*of*); morebitnost; *pl* možnosti, pričakovanja, zmožnosti, sposobnosti; **by any ~** na katerikoli način; **within the range of ~** v okviru možnosti; **there is no ~ of his coming** ni možnosti, da bi prišel
possible I [pósəbl] *adj* možen, mogoč (*with* pri; *to* komu; *for* za); morebiten; *coll* primeren, sprejemljiv, znosen; **as soon as ~** čim prej; takoj, ko bo mogoče; **as much as ~** kolikor je le mogoče
possible II [pósəbl] *n* kar je mogoče, možno; *sp* največje število točk; možen kandidat (športnik, član moštva); **to do one's ~** storiti vse kar je mogoče
possibly [pósəbli] *adv* mogoče, morda, morebiti; **if I ~ can** če bom le mogel; **I cannot ~ do it** tega nikakor ne morem narediti; **how can I ~ do it?** kako le naj bi to naredil?

possum [pósəm] *n A coll zool* oposum (vrečar); to play ~ hliniti bolezen, delati se nevednega

post I [póust] *n* drog, steber, kol; *sp* vratnica gola, startno mesto (*starting-*~), ciljna črta (*winning-*~); *min* navpičen sloj premoga (rude), podpornik v rudniku; as deaf as a ~ gluh kakor kanon; to be beaten at the ~ za las premagan tik pred ciljem; left at the ~ premagan; from pillar to ~ od Poncija do Pilata; between you and me and the bed-~ na štiri oči, med nama, zaupno; door-~ vratnica

post II [póust] *vt* razglasiti, oznaniti, objaviti, afiširati; nalepiti plakate (*up*); *A* prepovedati vstop z napisno tablo; ~ ed property posest, kjer je vstop prepovedan

post III [póust] *n mil* stražarsko mesto, vojaška postojanka, vojaška posadka na postojanki, garnizija; *A mil* kantina, trgovska postaja; vojna pošta (*Post Exchange, PX*); *E mil* trobljenje (*first* ~ budnica, *last* ~ znak za spanje, *the last* ~ zadnji pozdrav s trobento); položaj, služba; službeno mesto, postaja (npr. *first-aid* ~ nezgodna postaja); *econ* prostor za borznega senzala na borzi; *naut* čin, položaj kapitana

post IV [póust] *vt mil* postaviti stražo; naložiti dolžnost, naložiti delo; *naut* postaviti za kapitana

post V [póust] *n* (zlasti *E*) pošta (pisma itd.); *hist* poštna kočija, poštna postaja, poštni sel, kurir; pisemski papir (format 16 × 20); by ~ po pošti; by return of ~ z obratno pošto; general ~ jutranja pošta; *fig* slepe miši (igra); penny ~ poštnina (1 penny) za gotove pošiljke; parcel ~ paketna pošta

post VI [póust] 1. *vi* potovati s poštno kočijo; hiteti na potovanju; 2. *vt E* oddati pošto, poslati po pošti; obvestiti koga; *econ* vknjižiti v glavno knjigo (*up*); to keep s.o. ~ ed stalno koga obveščati; well-~ dobro poučen

post VII [póust] *adv* hitro, po pošti, s poštno kočijo; to ride ~ hiteti na cilj, hiteti na potovanju

post- [póust] *pref* po (časovno; v sestavljenkah npr. *post-war* povojni)

postage [póustidž] *n* poštnina; additional (ali extra) ~ dodatna pristojbina; ~ free (ali paid) franko, brez poštnine

postage-due [póustidždju:] *n* globa za premalo frankirano pošto

postage-stamp [póustidžstæmp] *n* poštna znamka

postal I [póustəl] *adj* (~ly *adv*); *A* ~ card dopisnica; ~ draft (ali order) poštna nakaznica; ~ cash order poštno povzetje

postal II [póustəl] *n A coll* dopisnica

post-bag [póustbæg] *n* poštarska torba

post-boat [póustbout] *n* poštna ladja

post-box [póustbɔks] *n E* poštni nabiralnik

post-boy [póustbɔi] *n E* pismonoša; postiljon

postcard [póus(t)ka:d] *n E* dopisnica

post-chaise [póustʃeiz] *n hist* poštna kočija

postdate [póustdeit] *vt* postdatirati, napisati poznejši datum

postdiluvial [poustdailú:viəl] *adj geol* podiluvialen

postdiluvian [poustdailú:viən] *adj* ki je nastal po vesoljnem potopu; podiluvialen

postentry [póustentri] *n econ* dodatno vknjiženje; dodatna carinska deklaracija

poster [póustə] *n* lepak, plakat; lepilec plakatov; *sp* napad na gol (rugby); ~ paper papir za plakate

poste restante [póustrésta:nt] 1. *adj* poštno ležeče; 2. *n* oddelek za poštno ležeče pošiljke

posterior I [pɔstíəriə] *adj* (~ly *adv*) kasnejši, poznejši; *anat, bot* zadnjičen, ki je zadaj; to be ~ to priti za čem (krajevno in časovno)

posterior II [pɔstíəriə] *n* zadnji del (telesa); *anat* zadnjica

posteriority [pɔstiərióriti] *n* posteriornost, kasnejši datum

posteriorly [pɔstíəriəli] *adv* od zadaj, zadaj, nazaj

posterity [pɔstériti] *n* potomstvo, zanamstvo

postern [póustə:n] 1. *n* zadnja vrata, skrivna vrata, zaseben vhod; 2. *adj* zadnji, tajen

poster-pillar [póustəpilə] *n* drog za lepljenje plakatov

Post Exchange [póustiksčeindž] *n A mil* kantina, vojna pošta

post-fix [póustfiks] *n* dodatek, privesek; *gram* pripona (redko)

post-free [póustfri:] *adj* brez poštnine, franko

postgraduate [póus(t)grædjuit] 1. *adj* podiplomski; 2. *n* podiplomski študent

post-haste [póusthéist] 1. *adv* urno, ekspeditivno, na vrat na nos; 2. *n arch* velika naglica

post-horn [póusthɔ:n] *n* poštarski rog

posthorse [póusthɔ:s] *n hist* poštni konj

posthouse [póusthaus] *n hist* pošta (urad)

posthumous [póstjuməs] *adj* (~ly *adv*) posmrten, rojen po očetovi smrti, postumen

postiche [pɔstí:š] 1. *adj* izumetničen, popačen, ponarejen; naknadno dodan; 2. *n* posnetek, nadomestilo, imitacija; perika, umetni lasje, umeten koder; naknaden dodatek

postil [póstil] *n hist* obrobna opomba, komentar; *eccl* postila

postil(l)ion [pɔstíljən] *n* postiljon, poštni kočijaž

postliminy [poustlímini] *n jur* povrnitev vojne škode, obnova prejšnjega pravnega stanja

postlude [póustlju:d] *n mus* postludij; *fig* končna faza, epilog

postman [póus(t)mən] *n* poštar

postmark [póus(t)ma:k] 1. *n* poštni žig; 2. *vt* žigosati pošto

postmaster [póus(t)ma:stə] *n* poštni upravnik, poštni uradnik; *E* Postmaster General poštni minister

postmeridian [póustmərídiən] *adj* popoldanski

post meridiem [póustmərídiəm] *adv* popoldne (*p.m.*); 10 p.m. deseta ura zvečer

postmillennialism [póustmiléniəlizəm] *n relig* nauk o vrnitvi Kristusa po tisoč letih

postmistress [póustmistris] *n* poštna upraviteljica, poštna uradnica

post-mortem [póus(t)mɔ́:təm] 1. *adj jur* posmrten; 2. *n* avtopsija, mrliški ogled

postnatal [póustnéitl] *adj* po rojstvu, postnatalen

postnuptial [poustnʌ́pšəl] *adj* po poroki, poročen

post-obit [póustóbit] *adj* ~ bond *econ* po smrti tretje osebe zapadla zadolžnica

post-office [póustəfis] *n* poštni urad, pošta; General Post-office (*G.P.O.*) poštna direkcija; *A* Post Office Department poštno ministrstvo; ~ box (*P.O.B.*) poštni predal; ~ savings bank poštna hranilnica post-paid [póustpeid] *adj* frankiran, poštnine prost

postpalatal [poustpǽlətl] *adj* aŋat zaneben; ki se tvori med jezikom in zadnjim delom neba (glas)

postpone [pous(t)póun] 1. *vt* odložiti na pozneje; zapostaviti, podrediti (*to*); znižati, zmanjšati (vrednost itd.); *ling* potisniti (glagol) nazaj; 2. *vi* nastopiti kasneje, kasniti (temperatura)

postponement [pous(t)póunmənt] *n* odlog, odlašanje; podreditev, zapostavljanje

postposition [póustpəzíšən] *n gram* naslonka

postpositional [poustpəzíšənəl] *adj* ki stoji, ki je za čem

postpositive [poustpózitiv] *adj gram* enklitičen, ki se naslanja na

postprandial [poustprǽndiəl] *adj hum* poobeden

postrecord [poustrikó:d] *vt & vi* naknadno sinhronizirati (film)

postscript [póusskript] *n* pripis, postskriptum; *E* dostavek na kraju radijskih vesti

postulant [póstjulənt] *n* prosilec, postulant; *eccl* duhovniški ali meniški kandidat

postulate I [póstjulit] *n* zahteva, postulat, domneva

postulate II [póstjuleit] 1. *vt* zahtevati, terjati, postulirati, domnevati; 2. *vi* prositi, zahtevati (*for*)

postulation [pɔstjuléišən] *n* zahteva, terjatev; domneva

postulator [póstjuleitə] *n* terjalec; predlagatelj

postural [pósčərəl] *adj* ki se tiče drže

posture I [pósčə] *n* drža, položaj, poza; situacija, stanje

posture II [pósčə] *vt & vi* postaviti (se) v pozo; *fig* pozirati, nastopati (*as*)

posture-maker [pósčəmeikə] *n* akrobat, žongler

posture-master [pósčəma:stə] *n* učitelj lepe drže, lepega vedenja

posturize [pósčəraiz] *vi* postaviti se v pozo, pozirati

postvocalic [poustvoukǽlik] *adj gram* ki stoji za samoglasnikom

postwar [póustwó:] *adj* povojen

posy [póuzi] *n* šopek (cvetlic); *arch* v prstan vrezan moto

pot I [pɔt] *n* lonec, lonček, ročka; kangla, vrč (za pivo); *tech* talilni lonec, topilnik; *coll* pehar denarja; *sp coll* pokal, nagrada; *coll* polog (pri kvartanju); past (košara) za lov na rake; *sl* marihuana; okrogel klobuk; mera za sadje; z vodo napolnjena luknja; *coll* »visoka živina«; ink ~ črnilnik; tea ~ čajnik; chamber ~ nočna posoda; *sl* big ~ visoka živina, pomembna oseba; *sl* a ~ of money na kupe denarja; the ~ calls the kettle black sova sinici glavana pravi; to enjoy one's ~ uživati ob vrčku piva; *sl* to go to ~ propasti, iti k vragu; to keep the ~ boiling ali to make the ~ boil životariti, ohraniti stvar v teku; *sl* to put on the ~ visoko staviti (na dirki); to put the ~ on preveč zahtevati, pretirati; to ~ a quart into a pint ~ poskusiti kaj nemogočega; *sl* to take a ~ at streljati na koga; a watched ~ never boils kdor nestrpno čaka, nikoli ne dočaka; ~s and pans kuhinjska posoda

pot II [pɔt] 1. *vt* vložiti (sadje), dati v lonec, kuhati v sopari, dušiti; posaditi lončnice; ustreliti z bližine (samo za hrano); pograbiti; *coll* doseči

kaj; opehariti koga; 2. *vi* streljati z bližine (*at na*)

potable [póutəbl] 1. *adj hum* piten; 2. *n pl* pijače

potage [pɔtá:ž] *n Fr* gosta juha

pot-ale [póteil] *n* usedlina pri destilaciji, droži

potamic [pɔtǽmik] *adj* rečen, potočen, tokoven

potamology [pɔtəmólədži] *n* nauk o rekah

potash [pótǽš] *n chem* kalijev karbonat, pepelika; bicarbonate of ~ ogljikovo kisel kalij; ~ mine rudnik kalija; ~ salt kalijeva sol

potash-water [pótǽšwə:tə] *n* peneča pijača (z ogljikovim dioksidom)

poatassic [pətǽsik] *adj chem* kalijev

potassium [pətǽsiəm] *n chem* kalij; ~ carbonate kalijev karbonat; ~ chlorate kalijev klorat; ~ cyanide ciankalij

potation [poutéišən] pitje, popivanje; požirek

potato [pətéitou] *n* krompir; *A sl* »tikva«, glava; *A sl* dolar; French fried ~es pommes frittes; *A coll* small ~es malenkost, nepomembni ljudje; he thinks himself no small ~ zelo je nadut; *sl* quite the ~ v redu stvar; not quite the clean ~ ne čisto neoporečen človek; to drop s.th. like a hot ~ odvreči kaj, od strahu spustiti kaj na tla

potato-beetle [pətéitoubi:tl] *n zool* koloradski hrošč

potato-box [pətéitoubɔks] *n sl* usta, gobec

potato-bug [pətéitoubʌg] *n* glej potato-beetle

potato chip [pətéitoučip] *n* tenka ocvrta rezina krompirja

potatory [póutətəri] *adj* pijanski

potato-trap [pətéitoutræp] *n sl* glej potato-box

pot-barley [pótba:li] *n* ne popolnoma oluščeno zrno ječmena

pot-bellied [pótbelid] *adj* trebušast

pot-belly [pótbeli] *n* debeluh, trebušnež

pot-boil [pótbɔil] *vi* životariti

pot-boiler [pótbɔilə] *n* literarno ali umetniško delo, napravljeno samo zavoljo zaslužka

pot-bound [pótbaund] *adj* v cvetličnem loncu utesnjen (cvetlica); *fig* utesnjen

pot-boy [pótbɔi] *n* natakar, sluga v krčmi

pot cheese [pótči:z] *n* skuta

poteen [pətí:n] *n Ir* doma napravljen viski

potency [póutənsi] *n* moč, sila, učinkovitost; vplivnost; *physiol* potentnost

potent [póutənt] *adj* (~ly *adv*) močan, silen, učinkovit; vpliven; prepričevalen, prevladujoč; *physiol* potenten

potentate [póutənteit] *n* potentat, oblastnik, vladar

potential I [pəténšəl] *adj* (~ly *adv*) možnosten, potencialen, skriven, latenten; *gram* potencionalen, ki izraža možnost; *arch* močen, vpliven; *econ* ~ market potencialno tržišče; *math* ~ difference potencialna diferenca

potential II [pəténšəl] *n* možnost, latentna sila; *phys* potencial, potencialna energija; *gram* potencialna, možnostna oblika

potentiality [pətenšiǽliti] *n* možnost, zmožnost, zmogljivost, potencialnost, latentna sila

potentialize [pouténšəlaiz] 1. *vt* potencializirati (energijo); 2. *vi* imeti v sebi latentne sile

potentiate [pəténšieit] *vt* omogočiti, dati moč, pooblastiti; *pharm* okrepiti zdravilo (z dodatkom)

potentilla [poutəntílə] *n bot* petoprstnik

potentiometer [pəténšiəmí:tə] *n el* potenciometer
potful [pótful] *n* poln lonec česa
pot-hat [póthæt] *n coll* melona (trd klobuk), polcilinder
pother I [póðə] *n* hrup, hrušč, krik in vik; *coll* razburjenje; zadušljiv oblak dima, prahu; to **make a ~ about** s.th. zagnati krik in vik zaradi česa
pother II [póðə] **1.** *vt* vznemiriti, zbegati; **2.** *vi* zagnati krik in vik, kričati; vznemiriti se, vznemirjati se
pot-herb [póthə:b] *n* jušna zelenjava
pot-hole [póthoul] **1.** *n* globoka luknja v skali, luknja na cesti; *geol* (ledeniška) vrtača; **2.** *vi* raziskovati jame
pothook [póthuk] *n* kavelj za obešanje posode nad ognjem; **~s and hangers** čačke
pothouse [póthaus] *n E* pivnica, krčma
pot-hunter [póthʌntə] *n* lovec, ki lovi vse od kraja; kdor tekmuje samo za nagrado; nepoklicni arheolog
potiche [pəti:š] *n* porcelanski vrč
potion [póušən] *n* (zdravilni, čarobni, zastrupljevalni) napoj
potlatch [pótlæč] *n* slovesna izmenjava daril pri Indijancih; *A* velika zabava
pot-lead [pótled] *n* grafit
pot-lid [pótlid] *n* pokrovka
pot-luck [pótlʌk] *n* karkoli je pripravljeno za obed; navaden obed; **to take ~ with** prisesti k obedu (nepričakovan gost)
potman [pótmən] *n* glej **pot-boy**
potpie [pótpai] *n A* pečena mesna pita; telečja ali kurja obara s cmoki
potplant [pótpla:nt] *n* lončnica (rastlina)
pot-pourri [póupúri] *n* dišavnica, puša za dišave; *mus* venček; *fig* pisanost, mešanica, vse mogoče
pot roast [pótroust] *n* dušena govedina, praženo meso
potsherd [pótšə:d] *n E arch* črepinja arheološke posode
pot-shot [pótšɔt] *n* strel od blizu, ustrelitev divjadi za hrano; *fig* udarec od strani, poskus na slepo srečo; prigoden zadetek
pottage [pótidž] *n E arch* ragu, gosta zelenjavna juha; **a mess of ~** trenutna korist, ki jo pozneje drago plačaš
potted [pótid] *adj* vkuhan, vložen; posajen v lonček (rastlina); *A sl* pijan; *fig* zgoščen, povzet (npr. zgodovina)
potter I [pótə] *n* lončar; *E* postopanje, zapravljanje časa; **~'s clay** lončarska glina; **~'s wheel** lončarski kolovrat
potter II [pótə] **1.** *vi* postopati (*about*); motoviliti, mečkati, šušmariti (*at* pri delu; *in* v poklicu); okoli stikati (pes); **2.** *vt* zapravljati čas (*away*)
potter's field [pótəzfi:ld] *n A* pokopališče za reveže
pottery [pótəri] *n* lončenina; lončarstvo; **the Potteries** središče lončarske industrije v sev. Staffordshireu
pottle [pɔtl] *n E arch* stara votla mera (ca 2.25 l); *E* košarica za sadje
potty I [póti] *adj E sl* malenkosten, nevažen, smešen; *coll* enostaven, lahek; *sl* prismuknjen
potty II [póti] *n coll* kahlica
pot-valiant [pótvæljənt] *adj* pijansko pogumen

pot-valo(u)r [pótvælə] *n* pijanski pogum
pouch I [páuč] *n* vrečka, mošnja za tobak, torbica; *arch* mošnjič, majhna denarnica; *mil* nabojnica, torbica za naboje; *anat* solzni mešič; *zool* vreča (vrečarjev), golša (pelikanov); *bot* mošnjiček
pouch II [páuč] **1.** *vt* dati v torbo; *fig* vtakniti v žep, prilastiti si; napihniti, napihovati; **2.** *vi* napihniti se; viseti kakor vreča (obleka); *sl* **to ~** s.o. dati napitnino, obdarovati z denarjem
pouched [páučt] *adj zool* ki ima vrečo ali golšo (vrečar, pelikan); mlahav, vrečast (obraz)
pouchy [páuči] *adj* vrečast
pouf [pu:f] *n* okrogla blazina za sedenje; lasni vložek, visoka ženska frizura
poulard [pu:lá:d] *n* pitana kokoš, kopun
poulp(e) [pu:lp] *n zool* kefalopod, glavonožec
poult [póult] *n* pišče, fazanček, puranček, mlada perutnina
poulterer [póultərə] *n* perutninar
poultice [póultis] *n* vroč obkladek (kruhov, gorčični, senen drob itd.)
poultry [póultri] *n* perutnina
poultry-breeder [póultribri:də] *n* perutninar, rejec perutnine
poultry-farm [póultrifa:m] *n* perutninska farma, perutninarstvo
poultry-man [póultrimən] *n* perutninar, prodajalec perutnine
pounce I [páuns] *n* nenaden skok ali spust, zalet, napad na plen; *zool* krempelj (roparske ptice); **on the ~** pripravljen na skok; **to make a ~** zaleteti se, vreči se na kaj
pounce II [páuns] *vi* planiti (*at* na), nenadoma napasti, zaleteti se za skok, spustiti se (*on, upon* na plen); planiti (*into* v); *fig* napasti (*on, upon*; napake itd.); udariti
pounce III [páuns] **1.** *n* plovčev prašek (za glajenje); ogleni prah, prerisovalni prašek (za luknjičasti vzorec); naluknjan papir z vzorcem; **2.** *vt* gladiti s plovcem; prerisati (vzorec) skozi papir; zbočiti kovino v vzorce
pouncet-box [páunsitbɔks] *n arch* parfumska steklenička
pound I [páund] *n* funt (angleški denar); funt (453,59 g); **~ sterling** funt šterling; **troy ~** ali **~ troy** 373,2418 g; **to pay 5 s in ~** plačati 25 procentov; *fig* **to pay 20 shillings in the ~** polno plačati, vse plačati; **to exact one's ~ of flesh** zahtevati točno izpolnitev obljube; **in for a penny, in for a ~** glej **penny; penny wise and ~ foolish** glej **penny; it is a matter of ~s, shillings and pence** to je čisto denarno vprašanje
pound II [páund] **1.** *n* staja za izgubljeno živino, obor; skladišče za izgubljene predmete; *fig* ječa; *hunt* težek položaj; **2.** *vt* zapreti v stajo, obor (često *up*)
pound III [páund] *n* tolčenje, razbijanje, udarec
pound IV [páund] **1.** *vt* tolči, raztolči, zdrobiti, razdrobiti; butati, bobnati, razbijati (s pestmi); zabijati, močno udarjati; **2.** *vi* razbijati (tudi srce), bobnati; vleči noge za seboj (zlasti *along*), klecati (kolena); *A sl* **to ~ the ear** spati; **to ~ into** s.o. vbijati komu kaj v glavo; **to ~ away at** delati z vso vnemo; napadati, kritizirati
poundage I [páundidž] *n* funtnina; odstotek ali provizija na funt šterling; plačilo za funt teže

poundage II [páundidž] *n* zapor v stajo, obor; pristojbina za odkup izgubljene živine (psa)

poundal [páundl] *n phys* stara angleška mera za silo (0,144 mkg/sec)

pound-cake [páundkeik] *n* kolač, v katerem tehta vsaka sestavina 1 funt

pound-day [páunddei] *n* dan, ko morajo vsi prostovoljni prispevki tehtati ali biti vredni 1 funt

pounder I [páundə] *n* tolkač, bat, phaj

pounder II [páundə] *n* funt težak (npr. riba), funt vreden

pound-foolish [páundfú:liš] *adj* nesposoben ravnati z mnogo denarja ali velikimi problemi

pound-lock [páundlɔk] *n* staja, ki ima dvoje vrat

pound-note [páundnout] *n* bankovec za 1 funt

pour I [pɔ:] *n* naliv, nalivanje; *metall* količina taljene kovine, vlitek

pour II [pɔ:] **1.** *vt* naliti, nalivati, točiti, natočiti (*from, out of* iz; *in, into* v; *on, upon* na); izliti, izlivati se (*forth, out*); *fig* izliti srce, potožiti (*forth, out*); zasuti (s posmehom, kletvicami, besedami itd.); **2.** *vi* liti, teči, strujiti, curljati (*into* v; *from* iz); *tech* ulivati; *fig* **to ~ cold water on** politi z mrzlo vodo, vzeti pogum; *fig* **to ~ oil on troubled waters** pomiriti duhove; **it never rains but ~s** nesreča (ali sreča) ne pride nikdar sama; **it ~s with rain** lije kakor iz škafa; *A sl* **to ~ it on** politi z mrzlo vodo; pritisniti na plin (avto)

pour down *vi* liti (dež)

pour forth *vi* izlivati se, iztekati; liti

pour in *vi fig* množično prihajati; deževati (protesti itd.)

pour off *vi* odlivati, odliti, odtočiti

pour out 1. *vt* natočiti, naliti (čaj itd.); **2.** *vi* izlivati se, curljati; liti

pourable [pó:rəbl] *adj tech* ki se da ulivati

pouring [pó:riŋ] **1.** *adj* ki lije, teče; **2.** *adv* curljajoče, deževno; **3.** *n metall* ulivanje

pout I [páut] *n* šoba, mula; **in the ~s** mulast, jezen

pout II [páut] **1.** *vt* nabrati šobo; **2.** *vi* kuhati mulo, kujati se

pout III [páut] *n zool* vahnja (riba)

pouter [páutə] *n zool* golšar (golob); kujalo, mulec, kdor kuha mulo

pouting [páutiŋ] *adj* (**~ ly** *adv*) kujav, mulast

poverty [póvəti] *n* (tudi *fig*) revščina, beda, pomanjkanje (*of, in* česa)

poverty-stricken [póvətistrikn] *adj* beden, obubožan, reven

powder I [páudə] *n* prah, prašek; smodnik; *pharm* prašek; puder; zagon, polet; **to keep one's ~ dry** biti pripravljen na vse; **the smell of ~** borbeno izkustvo, ognjeni krst; *sl* **to take a ~** izginiti, pobrisati jo; *coll* **not worth ~ and shot** ni vredno truda; **food ~** hrana za topove, vojaki; *sp* **to put more ~ into it** močneje udariti, igrati z več poleta

powder II [páudə] **1.** *vt* zdrobiti v prah; napudrati; potresti (*with*); **2.** *vi* zdrobiti se v prah, (na)pudrati se; **~ed sugar** (**milk**) sladkor (mleko) v prahu; **will you ~ your nose?** greste na stranišče? (rečeno ženski)

powder III [páudə] *vi E dial* hiteti

powder-blue [páudəblu:] *n* modrilo (za pranje); kobaltovo modra barva

powder-box [páudəbɔks] *n* pudrnica (doza)

powder-down [páudədaun] *n* ptičji puh

powder-flask [páudəfla:sk] *n hist mil* tok, steklenica za smodnik

powder-horn [páudəhɔ:n] *n hist mil* rog za smodnik

powder magazine [páudəmægəzi:n] *n* skladišče za smodnik

powder-mill [páudəmil] *n* smodnišnica

powder-monkey [páudəmʌŋki] *n hist naut* dečko, ki je raznašal smodnik na vojnih ladjah; *hum* kdor skrbi za razstrelivo

powder-puff [páudəpʌf] *n* pudrnica (blazinica)

powder-room [páudəru:m] *n* (zlasti *A*) žensko stranišče; kopalnica

powdery [páudəri] *adj* prahast, v prahu; napudran; ki se z lahkoto zmelje; **~ snow** pršič

power I [páuə] *n* moč, sila, sposobnost (telesna in duševna); *pl* zmožnosti, sposobnosti, dar, talent; vlada, oblast, gospostvo (*over* nad); vpliv; *jur* polnomočje, pooblastilo; *pol* moč, sila, oblast (**~** *politics* politika sile); država, velesila (*great* **~s** velesile); vplivna oseba, vplivno mesto; višja sila, božanstvo, duhovi (*the* **~s** *above* višja sila, bogovi); *coll* množina, sila česa (*a* **~** *of people* sila ljudi); *math* potenca (*x to the* **~** *of three* x na tretjo potenco); *phys* sila, energija, zmogljivost; *el* (jaki) tok; *tech* mehanična, gonilna sila (*horse* **~** konjska sila); *opt* zmogljivost povečanja leče; **within (out of) my ~** (ni) v moji moči; *coll* **more ~ to you** (ali to your **elbow)!** srečno!, mnogo uspeha!; **to do all in one's ~** storiti kar je komu mogoče; **absolute ~** neomejena oblast; **to be in ~** biti na oblasti, biti na krmilu; **to be in s.o.'s ~** biti v oblasti koga; **to come into ~** priti na oblast; **to have s.o. in one's ~** imeti koga v oblasti; **to have (no) ~ over s.o.** (ne) imeti oblast(i) nad kom, (ne) imeti vpliv(a) pri kom; *jur* **full ~s** polnomočje; *jur* **~ of attorney** pooblastilo, polnomočje; **the ~s that be** oblast, oblastniki; *tech* **mechanical ~s** stroji; **~ on** z motorjem v teku; **~ off** v prostem teku (motor); **under one's own ~** z lastno silo (tudi *fig*); **the A.B.C. ~s** Argentina, Brazilija, Čile

power II [páuə] *vt* oskrbeti z mehanično silo, z električno energijo; **rocket-powered** na raketni pogon

power-amplifier [páuəræmplifaiə] *n* glavni ojačevalec (film)

powerboat [páuəbout] *n A* motorni čoln

power-brake [páuəbreik] *n tech* servozavora (motoristika)

power-cable [páuəkeibl] *n el* kabel jakega toka

power consumption [páuəkɔnsʌmšən] *n el* poraba električnega toka

power-current [páuəkʌrənt] *n el* jaki tok

power-cut [páuəkʌt] *n el* ustavitev električnega toka

power-dive [páuədaiv] *vi aero* spustiti se z ugaslimi motorji (brez motornega zaviranja)

power-drill [páuədril] *n tech* električni vrtalni stroj

power-driven [páuədrivn] *adj* na električni pogon

power-factor [páuəfæktə] *n el, phys* storilnostni faktor

power-failure [páuəfeiljə] *n el* prekinitev električnega toka

powerful [páuəful] *adj* (~ ly *adv*) močan, silen, energičen; vpliven, mogočen; *coll* številen, silen
power-glider [páuəglaidə] *n·aero* motorno jadralno letalo
power-house [páuəhaus] *n E* elektrarna električna centrala
power-lathe [páuəleið] *n tech* strojna stružnica
powerless [páuəlis] *adj* (~ ly *adv*) nemočen, nebogljen; brez vpliva
powerline [páuəlain] *n el* električni vod
power-loom [páuəlu:m] *n tech* strojne statve
power-loss [páuələs] *n el, phys* izguba energije
power-mower [páuəmouə] *n tech* motorna kosilnica
power-operated [páuərópəreitid] *adj* ki ga poganja elektrika
power-plant [páuəpla:nt] *n* elektrarna, električna centrala
power-play [páuəplei] *n sp* napadalna igra
power-politics [páuəpolitiks] *n pl* (edninska konstrukcija) politika sile
power-shaft [páuəša:ft] *n* dovajalna ali predajna transmisija
power-shovel [páuəšʌvl] *n tech* ekskavator, bager s praskali
power-station [páuəsteišən] *n* glej power-plant
power-steering [páuəstiəriŋ] *n tech* servo upravljanje (motoristika)
power-stroke [páuəstrouk] *n tech* delovni takt
power-supply [páuəsəplai] *n el* preskrba z električno energijo, proizvodnja el. energije
power-transformer [páuətrænsfɔ:mə] *n el* omrežni transformator
pow-wow I [páuwau] *n* indijanska svečanost s plesi; indijanski vrač; zaklinjanje proti boleznim; *A coll* hrupen shod, posvetovanje; *E mil sl* posvet častnikov med manevri
pow-wow II [páuwau] *vi* prirediti indijansko svečanost; vračiti, zaklinjati, odganjati bolezni; *A coll* posvetovati se, kramljati
pox [pɔks] *n med* koze; osepnični izpuščaj; *great* (ali **French**) sifilis; **a** ~ **on you!** pojdi k vragu!
praam [pra:m] *n* glej pram I
practicability [præktikəbíliti] *n* izvedljivost; uporabnost
practicable [præktikəbl] *adj* (**practicably** *adv*) izvedljiv, možen; uporaben; prehoden (pot); *mil* zavzeten; *theat* praktikabel (dekoracija)
practical [præktikəl] *adj* (~ ly *adv*) praktičen, uporaben; izvedljiv; smotrn, koristen; spreten, ročen, izkušen; resničen, stvaren; priučen; ~ **joke** hudomušna šala na tuj račun; ~ **nurse** priučena bolničarka; ~ **chemistry** uporabna kemija; *theat* ~ **door** vrata na odru, ki se lahko odpirajo
practicality [præktikǽliti] *n* praktičnost, kar je praktično
practically [præktikəli] *adv* praktično, skoraj, dejansko, domala; ~ **speaking** tako rekoč
practice I [præktis] *n* običaj, navada, splošna raba, običajen postopek; urjenje, vaja; praksa, izkustvo; opravljanje česa, (zdravnikova, advokatova) praksa, pacienti, stranke, klientela; *jur* postopek, pravila postopka; *pl* spletkarjenje, spletke; *tech* ravnanje, tehnika dela; ~ **time** čas za trening (avtomobilske dirke); ~ **run** vožnja za trening (avto); ~ **alarm** poskusni

alarm; ~ **ammunition** municija za vajo; *aero* ~ **flight** poskusni let; **in** ~ imeti prakso, biti v vaji, praktično; **it is my** ~ **to** navajen sem, da; **to make a** ~ **of** imeti navado, da; ~ **makes perfect** z vajo se doseže popolnost; **out of** ~ ne imeti prakse, biti iz vaje; **to put in(to)** ~ izvesti, praktično uporabiti; **it was then the** ~ tedaj je bilo v navadi
practice II [præktis] *vt & vi A* glej **practise**
practiced [præktist] *adj A* glej **practised**
practician [præktišən] *n* izvrševalec, praktik, izkušen človek; poklicen zdravnik
practise [præktis] **1.** *vt E* vaditi, uriti; opravljati, vršiti, izvrševati, izpolnjevati; varati koga; **2.** *vi* delati, ravnati; prakticirati, imeti prakso (zdravnik, advokat); vaditi se, uriti se; spletkariti; **to** ~ **(up)on** izrabiti koga, obrniti sebi v prid, zlorabiti; ~ **what you preach** delaj še sam tako, kot pridigaš drugim
practised [præktist] *adj E* izkušen, spreten
practiser [præktisə] *n* praktik; kdor ima svoboden poklic; spletkar
practising-ground [præktisiŋgraund] *n* strelišče, vežbališče
practitioner [præktíšənə] *n* poklicen človek (zlasti zdravnik); **general** ~ zdravnik splošne prakse
prae- *pref* varianta od **pre-**
praecipe [prí:sipi] *n jur* poziv, nalog
praecocial [pri:kóušəl] *adj zool* ki se sam hrani takoj po rojstvu (ptič)
pr(a)epostor [pri:póstə] *n* prefekt v angleških privatnih šolah
praetor [prí:tə] *n hist* pretor, starorimski sodnik
praetorial [pritó:riəl] *adj* pretorski
praetorian [pritó:riən] **1.** *adj* pretorski; **2.** *n hist* pretorijanec, telesni stražnik rimskih cesarjev
pragmatic [prægmǽtik] *adj* (~ ally *adv*) pragmatičen, stvaren, strokoven, poučen; ~ **sanction** pragmatična sankcija
pragmatical [prægmǽtikəl] *adj* (~ ly *adv*) pragmatičen, poučen; vtikljiv, nadut, dogmatičen
pragmatism [prægmətizəm] *n phil* pragmatizem; vtikljivost, mešanje v tuje zadeve; svojeglavost, nadutost; stvarnost, stvarno gledanje
pragmatist [prægmətist] *n phil* pragmatist; praktik, stvaren človek; vtikljivec
pragmatize [prægmətaiz] *vt* prikazati kot resnično, razumsko urediti
prairie [préəri] *n* prerija, severnoameriška stepa; *zool* ~ **dog** stepni svizec; ~ **oyster** pijača iz jajca in kisa ali vinjaka; *A* ~ **schooner** velik voz s platneno streho (v kakršnem so potovali ameriški pionirji na zahod); *zool* ~ **wolf** kojot; **Prairie State** vzdevek za državi Illinois v Sev. Dakoto
praisable [préizəbl] *adj* hvale vreden
praise I [préiz] *n* hvala, poveličevanje; **to damn with faint** ~ strgati koga na nežen način; **to be sparing of** ~ biti skop s hvalo; **to be loud in one's** ~ **s** ali **to sing one's** ~ **s** kovati koga v zvezde; ~ **be to God!** hvala bogu!
praise II [préiz] *vt* hvaliti, pohvaliti; slaviti, poveličevati (*for*); **don't** ~ **the day till it is over** ne hvali dneva pred večerom; **to** ~ **to the skies** hvalo peti, povzdigovati do neba, kovati v zvezde; **to** ~ **o.s. on a thing** hvaliti se s čim

praiseful [préizful] *adj* poln hvale, hvalilen
praiseworthiness [préizwə:ðinis] *n* hvalevrednost, hvalnost
praiseworthy [préizwə:ði] *adj* hvalevreden, hvalen
Prakrit [prá:krit] *n ling* Prakrit, stari indijski dialekti
praline [prá:li:n] *n* v sladkorju kuhan oreh (lešnik, mandelj)
pram I [pra:m] *n naut* plitva barka; oborožen čoln; ladijski čoln
pram II [præm] *n E coll* otroški voziček; *E coll* mlekarjev voziček
prance I [pra:ns] *n* poplesavanje (konja); bahavo paradiranje (človek)
prance II [pra:ns] *vi* vzpenjati se, postavljati se na zadnje noge (konj); *fig* bahavo hoditi, paradirati; *coll* poskakovati
prandial [prǽndiəl] *adj* (~ ly *adv*) obeden
prang [præŋ] 1. *n E sl* uspešno bombardiranje; 2. *vt E sl* uspešno bombardirati, zrušiti letalo
prank I [præŋk] *n* hudomušna šala, potegavščina; hudomušnost, nagajanje; to play ~s on s.o. zbijati hudomušne šale s kom, nasankati koga
prank II [præŋk] 1. *vt* okititi, okrasiti; 2. *vi* šopiriti se, postavljati se
prankful [prǽŋkful] *adj* glej prankish
prankish [prǽŋkiš] *adj* hudomušen, prešeren, objesten
prase [préiz] *n min* prosojen zelen kremenjak
prat [præt] *n sl* zadnjica, rit
prate I [préit] *n* blebetanje, besedičenje
prate II [préit] 1. *vi* blebetati, besedičiti (*of* o); 2. *vt* izblebetati; to ~ polite nothings mlatiti prazno slamo
prater [préitə] *n* blebetač, klepetulja
praties [préitiz] *n pl Ir coll* krompir
pratincole [prǽtiŋkoul] *n zool* hudournik (ptič)
prating [préitiŋ] 1. *adj* (~ ly *adv*) blebetav, mnogobeseden; 2. *n* glej prate I
pratique [prætí:k] *n naut* dovoljenje za pristanek v pristanišču, preklic karantene; to admit to ~ dati dovoljenje za pristanek
prattle [prætl] 1. *n* brbljanje; 2. *vi & vt* brbljati
prattler [prǽtlə] *n* brbljavec
prattling [prǽtliŋ] *adj* brbljav
pravity [prǽviti] *n arch* izprijenost; pokvarjenost (hrana)
prawn [prɔ:n] 1. *n zool* jamska kozica (rak); 2. *vt* loviti kozice
praxis [prǽksis] *n* praksa, navada, opravljanje; *gram* vaje, primeri za vajo
pray [préi] 1. *vt* prositi, rotiti koga (*for* za); 2. *vi relig* moliti (*to* k); prositi (*for* za); *jur* predlagati (*that* da); ~, consider! prosim te, premisli!; ~ be seated sedi prosim
prayer I [préiə] *n* prosilec; molilec
prayer II [préə] *n* prošnja; molitev; *jur* predlog, tožbena zahteva; the Lord's Prayer očenaš; the common ~ liturgija anglikanske cerkve; to say one's ~s moliti; *A sl* he hasn't got a ~ nima šans
prayer-book [préəbuk] *n* molitvenik
prayerful [préəful] *adj* (~ ly *adv*) pobožen
prayerless [préəlis] *adj* (~ ly *adv*) brezbožen
prayer-mat [préəmæt] *n* mohamedanska molilna preproga

prayer-meeting [préəmi:tiŋ] *n* sestanek vernikov k molitvi
prayer-rug [préərʌg] *n* glej prayer-mat
prayer-wheel [préə(h)wi:l] *n* tibetansko molilno kolo
praying mantis [préiŋmæntis] *n zool* bogomolka
pre- [pri:] *pref* pred, prej
preach I [pri:č] 1. *vi* pridigati (*to*; srenji, pred srenjo), imeti pridigo; *fig* narediti komu pridigo; 2. *vt* pridigati kaj; poučevati, opominjati na kaj; to ~ down pridigati proti (komu, čemu), grajati; to ~ up (v pridigi) hvaliti
preach II [pri:č] *n coll* pridiga
preacher [prí:čə] *n* pridigar; the Preacher knjiga pridig starega testamenta
preachify [prí:čifai] *vi* pridigovati, moralizirati, dolgovezno govoriti
preaching [prí:čiŋ] *n* pridiganje, pridiga, nauk; *cont* pridigovanje
preachment [prí:čmənt] *n cont* pridiganje, dolgovezna pridiga, moraliziranje
preachy [prí:či] *adj* (preachily *adv*) pridigarski, ki moralizira
pre-admonition [prí:ædməníšən] *n* svarilo, predznak
pre-adolescent [prí:ædəlésnt] *adj* pubertetniški
preamble [pri:æmbl] 1. *n* predgovor, uvod; *jur* preambula; glava radiotelegrama; širši pojem patentne listine; 2. *vi* napraviti predgovor, napisati uvod
preambulary [pri:æmbjuləri] *adj* uvoden
preannounce [pri:ənáuns] *vt* prej napovedati
preannouncement [prí:ənáunsmənt] *n* prednaznanilo, vnaprejšnje naznanilo
preappoint [pri:əpɔint] *vt* prej določiti
prearrange [pri:əréindž] *vt* prej urediti
prearrangement [pri:əréindžmənt] *n* predpriprava, dogovor
preaudience [pri:ɔ́:djəns] *n E jur* pravica odvetnika, da prvi govori ali pledira
prebend [prébənd] *n eccl* prebenda, nadarbina
prebendal [pribéndəl] *adj eccl* prebenden
prebendary [prébəndəri] *n eccl* prebendar, kanonik
precalculate [pri:kǽkjuleit] *vt* vnaprej preračunati
Pre-Cambrian [pri:kǽmbriən] 1. *adj geol* predkambrijski; 2. *n* doba pred kambrijem
precarious [prikéəriəs] *adj* (~ ly *adv*) negotov, odvisen od okolnosti, odvisen od volje drugega, pomisleka vreden, nestalen; tvegan, nevaren; kočljiv, dvomljiv; *jur* preklicen, ki se lahko prekliče
precariousness [prikéəriəsnis] *n* negotovost, dvomljivost; tveganost, nevarnost
precast [pri:ká:st] *vt* vnaprej izdelati (npr. betonske dele)
precative [prékətiv] *adj* proseč; *jur* prosilski; *gram* želelen
precatory [prékətəri] *adj* glej precative; ~ trust prošnja v testamentu, ki obvezuje
precaution [prikɔ́:šən] *n* previdnost, opreznost, svarilo, varnostni ukrep; as a ~ iz previdnosti; to take ~s narediti varnostne ukrepe
precautionary [prikɔ́:šənəri] *adj* varnosten, svarilen, previdnosten; ~ measures varnostni ukrepi; ~ statement izjava, ki jo je treba oprezno sprejeti; ~ signal opozorilno znamenje

precautious [prikó:šəs] *adj* (redko) previden, oprezen

precede [pri:sí:d] *vt & vi* iti pred kom (čim), biti pred kom (čim), zgoditi se pred čim; imeti prednost; **to be ~ d by** (ali **with**) slediti komu (čemu), iti za kom (čim); **repentance must ~ pardon** najprej kes, potem odpuščanje

precedence [pri:sí:dəns] *n* predhodnost; prednost, prioriteta; **to give** (ali **yield**) **~ to** dati komu prednost; **to have ~ of s.th.** biti pred čim (časovno); **to take ~ of** imeti prednost, biti po činu najvišji; **table of ~** službena prednostna lestvica; **the order of ~** vrstni red

precedency [prisí:dənsi] *n* glej **precedence**

precedent I [présidənt] *n jur* prejšnji primer (ki se nanj sklicujemo), precedens; **without ~** brez precedenčnega primera; **to take s.th. as a ~** šteti kaj za precidenčen primer

precedent II [prisí:dənt] *adj* (**~ ly** *adv*) prejšnji, predhoden, precedenčen; **conditions ~** prvi pogoj; **~ to the meeting** pred sestankom

precedented [présidəntid] *adj* ki je imel precidenčen primer, ki je že obstojal

preceding [pri:sí:diŋ] *adj* prejšnji, predhoden; **on the ~ day** dan prej

precensor [prisénsə] *vt* predhodno cenzurirati

precent [prisént] *vi & vt* peti v zboru naprej

precentor [priséntə] *n* predpevec, prvi pevec

precentrix [priséntriks] *n* predpevka, prva pevka

precept [prí:sept] *n* predpis, navodilo, smernica; nauk, pouk; *jur* sodni nalog

preceptive [priséptiv] *adj* poučen, didaktičen, navodilen, predpisovalen

preceptor [priséptə] *n* učitelj, vzgojitelj

preceptory [priséptəri] **1.** *n hist* posestvo Templarjev; **2.** *adj* poučen, navodilen

preceptress [priséptris] *n* učiteljica, vzgojiteljica

precession [priséšən] *n aero* reakcija giroskopa na zunanje vplive; *astr* pomikanje naprej

pre-Christian [pri:krístjən] *adj* predkrščanski

precinct [prí:siŋkt] *n* ograjeno zemljišče, ograjen prostor (*E* zlasti okrog cerkve); *A* administrativna enota, volilna enota, policijska postaja, policijski okoliš; *pl* okolica, področje; *pl fig* meje, območje; **within the ~s of** v mejah česa, znotraj česa; *A* **~ captain** (ali **leader**) vodja (stranke) volilnega okraja

preciosity [prešiósiti] *n* izbirčnost, prisiljeno vedenje ali govorjenje, afektiranost

precious I [préšəs] *adj* (**~ ly** *adv*) dragocen, drag (kamen); plemenit, žlahten (kovina); ljub, drag; *fig* nenaraven, afektiran; *coll* lep, popoln; **a ~ rascal** popoln lopov; **a ~ lot better than** daleč boljši od; **a ~ sight more veliko več**; **my ~!** ljubezen moja!; **a ~ mess** lepa godlja; **~ style** nenaraven stil

precious II [préšəs] *adv coll* nenavadno, vražje, zelo; **~ little** vražje malo

preciously [préšəsli] *adv* izredno, skrajno; pretirano, nenaravno, afektirano

preciousness [préšəsnis] *n* dragocenost; afektiranost

precipice [présipis] *n* prepad; *fig* nevaren položaj, nevarnost; **on the brink of a ~** na robu prepada

precipitable [prisípitəbl] *adj chem* ločljiv, izločljiv, ki se da oboriti

precipitance [prisípitəns] *n* naglica, prenagljenost

precipitant I [prisípitənt] *adj* (**~ ly** *adv*) prepaden, strm; *fig* nagel, hiter, nenaden; *fig* prenagljen; *chem* oborjen, usedel

precipitant II [prisípitənt] *n chem* precipitator, oborilo

precipitate I [prisípitit] *adj* (**~ ly** *adv*) prepaden, strm; *fig* hiter, nenaden, prenagljen; **to fall ~ from** strmoglaviti s česa

precipitate II [prisípitit] *n chem* precipitat, oborina, usedlina; *phys* kondenzat, padavina

precipitate III [prisípiteit] **1.** *vt* vreči dol, strmoglaviti; *fig* izzvati, povzročiti, pospešiti; pahniti (*into* v); *chem* oboriti, sedimentirati; *phys* zgostiti, kondenzirati; **2.** *vi meteor, chem* oboriti se, usesti se, kondenzirati se (dež, rosa itd.)

precipitateness [prisípiteitnis] *n* prenagljenost

precipitation [prisipitéišən] *n* strmoglavljenje, padec; *fig* naglica, prenagljenost; *chem* usedanje, sedimentacija; *phys* zgoščevanje, kondenziranje, padavina; (spiritizem) materializacija

precipitator [prisípiteitə] *n chem* oborilo

precipitous [prisípitəs] *adj* (**~ ly** *adv*) strm, prepaden; *fig* prenagljen, nepremišljen

precipitousness [prisípitəsnis] *n* strmina, prepadnost; *fig* prenagljenost, nepremišljenost

précis [préisi:] **1.** *n* (*pl* précis) izvleček, kratka vsebina; **2.** *vt* napraviti izvleček

precise [prisáis] *adj* precizen, natančen, točen; določen, jasen; pedanten, tog; *hist relig* puritanski

precisely [prisáisli] *adv* točno, prav tako

preciseness [prisáisnis] *n* preciznost, natančnost, točnost, jasnost; pedantnost, togost

precisian [prisížən] *n* pedant, formalist, rigorist, ozkosrčnež, puritanec

precision I [prisížən] *n* preciznost, točnost, natančnost; *mil* **arms of ~** daljnostrelno orožje

precision II [prisížən] *adj tech* precizen; **~ mechanics** precizna mehanika

precisionist [prisížənist] *n* pedant, ozkosrčnež, (jezikovni) purist

preclinical [pri:klínikəl] *adj med* pred nastopom bolezenskih simptomov

preclude [priklú:d] *vt* izključiti (*from*); preprečiti, onemogočiti, odvrniti; ovirati, zadrževati (*from doing s.th.*)

preclusion [priklú:žən] *n* izključitev (*from*); preprečitev, zadrževanje

preclusive [priklú:sív] *adj* (**~ ly** *adv*) izključevalen; preprečevalen, ki zadržuje; **to be ~ of** preprečiti kaj

precocial [prikóušəl] *adj zool* ki se zgodaj razvije (ptič)

precocious [prikóušəs] *adj* (**~ ly** *adv*) prezgodaj zrel (razvit), prezgoden; *bot* zgodaj cvetoč (zoreč), ki ima cvet pred listjem; **~ dementia** mladostna norost

precociousness [prikóušəsnis] *n* prezgodnja zrelost (razvitost)

precocity [prikósiti] *n* glej **precociousness**

precognition [pri:kəgníšən] *n* predhodno znanje; *Sc jur* predhodna preiskava, pismeno zaslišanje prič

preconceive [pri:kənsí:v] *vt* ustvariti si mnenje vnaprej; ~ **d opinion** vnaprej ustvarjeno mnenje, predsodek
preconception [pri:kənsépšən] *n* vnaprej ustvarjeno mnenje, predsodek
preconcert [pri:kənsɔ́:t] *vt* vnaprej se domeniti; ~ **ed** vnaprej domenjen
precondemn [pri:kəndém] *vt* vnaprej obsoditi
precondition [pri:kəndíšən] 1. *n* prvi pogoj, zadržek; 2. *vt* biti pogoj ali zadržek za kaj; vnaprej pripraviti
preconize [pri:kənaiz] *vt* razglasiti, javno hvaliti, javno poklicati; *eccl* objaviti (imenovanje škofa) pred cerkvenim zborom
pre-conquest [prí:kəŋkwest] *adj* iz časa pred osvojitvijo (zlasti normansko l. 1066.)
preconscious [pri:kónšəs] *adj psych* ki se vnaprej zaveda
precursive [pri:kɔ́:siv] *adj* predhoden, uvoden, oznanilen
precursor [pri:kɔ́:sə] *n* predhodnik, znanilec
precursory [pri:kɔ́:səri] *adj* glej **precursive**
predacious [pridéišəs] *adj zool* roparski, grabežljiv; ~ **animal** roparska žival; ~ **instinct** roparski nagon
predacity [pridǽsiti] *n zool* roparstvo, grabežljivost
predate [pri:déit] *vt* naprej datirati
predation [pridéišən] *n* datiranje vnaprej
predator [prédətə] *n* ropaželjen človek
predatoriness [prédətərinis] *n* ropaželjnost, grabežljivost
predatory [prédətəri] *adj* (**predatorily** *adv*) ropaželjen, grabežljiv; ~ **bird** ptica roparica; ~ **animal** roparska žival; ~ **war** roparska vojna; ~ **excursion** roparski pohod
predecease [pri:disí:s] *vt* umreti pred kom (*to s.o.*)
predecessor [prí:disəsə] *n* predhodnik, prednik
predestinarian [pridestinéəriən] 1. *n* kdor veruje v predestinacijo; 2. *adj* ki se nanaša na predestinacijo
predestinate I [pri:déstinit, ~eit] *adj* predestiniran, naprej določen
predestinate II [pri:déstineit] *vt* predestinirati, naprej določiti (*to za*)
predestination [pri:destinéišən] *n* predestinacija, naprejšnja določitev
predestine [pri:déstin] *vt* naprej določiti, naprej izbrati, predestinirati
predetermminate [pri:ditɔ́:minit] *adj* vnaprej določen
predetermination [pri:ditə:minéišən] *n* naprejšnja določitev; naprejšnja odločitev
predetermine [pri:ditɔ́:min] *vt* vnaprej določiti, nameniti (*to za*)
predeterminism [pri:ditɔ́:minizəm] *n phil* predeterminacija
predial [prí:diəl] *adj* (~ **ly** *adv*) *jur* zemljiščen, ki se nanaša na nepremičnine; ~ **slave** tlačan, podložnik, kmet
predicability [predikəbíliti] *n* kar se lahko napove, trdi
predicable [prédikəbl] *adj* ki se lahko izreče, pove; ki se lahko trdi o kom (čem); ki se lahko pripiše komu (čemu)
predicables [prédikəblz] *n pl phil* predikabilije

predicament [pridíkəmənt] *n phil* predikament, trditev, kategorija logične trditve, vrsta, red, kategorija; težaven položaj, zadrega, **to be in a pretty** ~ biti v lepi kaši
predicant [prédikənt] 1. *adj relig* pridigajoč; 2. *n* predikant, pridigar
predicate I [prédikit] *n gram* povedek, predikat; *phil* izpoved, izjava (o predmetu)
predicate II [prédikeit] *vt* trditi, izjaviti (tudi *phil*); *A coll* utemeljiti, temeljiti (*on* na); **to be** ~ **ed on** temeljiti na
predication [predikéišən] *n* trditev, izjava
predicative [pridíkətiv] *adj* (~ **ly** *adv*) trdilen; *gram* poveden, predikativen
predicatory [prédikətəri] *adj* pridigarski
predict [pridíkt] *vt* napovedati, prerokovati
predictable [pridíktəbl] *adj* napovedljiv, ki se lahko prerokuje
prediction [pridíkšən] *n* napoved, prerokba
predictive [pridíktiv] *adj* (~ **ly** *adv*) napovedovalen, preroški
predictor [pridíktə] *n* napovednik, prerok; *aero*, *tech* komandna naprava
predigest [pri:didžést] *vt* umetno vnaprej prebaviti; *fig* v duhu premlevati
predilection [pri:dilékšən] *n* posebno nagnjenje, pristranost
predispose [pri:dispoúz] *vt* predisponirati, naprej določiti, povzročiti pri kom nagnjenje (*to*)
predisposition [pri:dispəzíšən] *n* predispozicija, dovzetnost, dostopnost, nagnjenost (*to*)
predominance [pridómínəns] *n* predominanca, prevlada, premoč (*in* v, *over* nad)
predominant [pridómínənt] *adj* (~ **ly** *adv*) prevladujoč, obvladujoč, predominanten
predominantly [pridómínəntli] *adv* pretežno
predominate [pridómineit] *vi* predominirati, prevladati, obvladati (številčno, telesno, duševno itd.); biti močnejši, imeti premoč (*over*)
predominating [pridómineitiŋ] *adj* (~ **ly** *adv*) glej **predominant**
predomination [pridəminéišən] *n* predominacija, premoč
pre-elect [pri:ilékt] *vt* vnaprej izvoliti; *relig* izbrati
pre-election [pri:ilékšən] *n* predvolitve; ~ **pledge** obljuba pred volitvami
pre-eminence [pri:éminəns] *n* premoč, vzvišenost, superiornost (*above*, *over*); superioren položaj
pre-eminent [pri:éminənt] *adj* (~ **ly** *adv*) prevladujoč, vzvišen, superioren; **to be** ~ izkazati se (*among* med, *in* v)
pre-eminently [pri:éminəntli] *adv* nadvse, predvsem
pre-empt [pri:ém(p)t] *vt & vi econ*, *jur* pridobiti (zemljo) s predkupno pravico; *A hist* zasesti in obdelovati zemljo, ter tako priti do predkupne pravice; *coll* prej si pridobiti, zasesti (sedež); primorano napovedati (bridge, whist)
pre-emption [pri:ém(p)šən] *n* predkup, predkupna pravica
pre-emptive [pri:ém(p)tiv] *adj* predkupen; ~ **price** predkupna cena; ~ **right** predkupna pravica
preen [pri:n] *vt* čistiti perje s kljunom (ptica), urediti (lase); **to** ~ **o.s.** čistiti se, čedno se obleči; **to** ~ **o.s. over a thing** domišljati si

pre-engage [pri:ingéidž] 1. *vt* vnaprej naložiti dolžnost; *econ* naprej naročiti; 2. *vi* vnaprej se obvezati

pre-engagement [pri:ingéidžmənt] *n* vnaprej naložena dolžnost; vnaprejšnja obveza

pre-establish [pri:əstǽbliš] *vt* naprej določiti, naprej ugotoviti

pre-exist [prí:igzist] *vi* prej bivati, obstojati

pre-existence [pri:igzístəns] *n* predobstoj (zlasti *relig*)

pre-existent [pri:igzístənt] *adj* ki je prej obstojal

prefab [prí:fæb] 1. *adj coll* napol izdelan; 2. *n* montažna hiša

prefabricate [pri:fǽbrikeit] *vt* vnaprej izdelati (dele)

prefabricated [pri:fǽbrikeitid] *adj* montažen; ~ house montažna hiša

prefabrication [pri:fæbrikéišən] *n* naprejšnja izdelava (delov)

preface [préfis] 1. *n* predgovor, uvod; *fig* priprava, predigra; *eccl* predglasje, prefacija; 2. *vt* narediti predgovor, uvesti

prefatory [préfətəri] *adj* (**prefatorily** *adv*) uvoden; **note** uvodna beseda, predgovor

prefect [prí:fekt] *n* prefekt (v starem Rimu); načelnik, predstojnik; vodilni administrativni uradnik (v Franciji); *E* starejši dijak za nadzor mlajših; ~ of police policijski prefekt v Parizu

prefectorial [pri:fektó:riəl] *adj* prefektovski, upraviteljski, predstojniški

prefectship [prí:fektšip] *n E* dolžnost prefekta v angleških šolah

prefecture [prí:fektjuə] *n* prefektura, predstojništvo

prefer [prifó:] *vt* bolj ceniti, rajši imeti, rajši videti, rajši delati, dajati prednost (*to*); povišati (koga v službi, v čin; *to the rank of*); *jur* biti naklonjen (upnikom), naprej plačati (terjatev); *jur* vložiti tožbo, zahtevo; *to* pri; *against* proti)

preferability [preferəbíliti] *n* prednost

preferable [préfərəbl] *adj* preferenčen, ki se mu da prednost, bolj zaželen (*to*)

preferably [préfərəbli] *adv* rajši, boljše, po možnosti

preference [préfərəns] *n* preferenca, prednost (*above, before, over, to*); posebna nagnjenost, ljubezen (*for* do); izbor; izbira; *econ, jur* prednost, prednostna pravica, prioriteta (~ *as to dividends* prednost pri dividendah; ~ *dividend* prednostna dividenda); *econ* ugodnost, olajšava; najbolj ugodna tarifa (za neko državo); *econ*, jur prioritetno plačilo (pri stečaju); **by** ~ prostovoljno, rade volje; **of s.o.'s** ~ po izbiri koga; **in** ~ **to** raje ko

preference-bonds [préfərənsbəndz] *n pl econ* prioritetne obveznice

preference-loan [préfərənsloun] *n econ* prioritetno posojilo

preference-shares [préfərənsšɛəz] *n pl econ* prioritetne delnice

preference-stock [préfərənsstɔk] *n econ* prioritetne delnice, vrednostni papirji

preferential [prefərénšəl] *adj* (~ ly *adv*) prednosten; *econ*, jur prioriteten, prednosten; ~ **creditor** upnik, ki ima prioriteto; ~ **tariff** prednostna tarifa (za neko državo); ~ **shares** prioritetne delnice; ~ **shop** sindikalna trgovina; ~ **voting** alternativno glasovanje

preferentialism [prefərénšəlizəm] *n econ* preferenčni sistem, trgovinska zveza držav z ugodnimi carinskimi in drugimi pogoji

preferment [prifó:mənt] *n* dajanje prednosti, povišanje (v službi), imenovanje (*to* za); višje službeno mesto, častna služba

preferred [prifó:d] *adj* ki ima prednost, ki se ga ima rajši; *A econ* prioriteten, preferenčen

prefiguration [pri:figjuréišən] *n* zgled, pralik; prejšnja ali slikovita predstava

prefigure [pri:fígə] *vt* vnaprej predvideti, slikovito si predstavljati, zamisliti kaj

prefix I [prí:fiks] *n gram* prefiks, predpona; naslov pred imenom (dr., g. itd.); *call* ~ karakteristična številka (telefon)

prefix II (pri:fíks] *vt* postaviti pred kaj; *gram* dati besedi predpono; dodati odlomek, poglavje (v knjigi)

prefix-bill [prí:fiksbil] *n econ* menica s precizno označenim datumom

prefixion [prifíkšən] *n gram* preficiranost, sestavljenost s predpono

preform [pri:fó:m] *vt biol* prej oblikovati

preformation [pri:fə:méišən] *n biol* preformacija, naprejšne oblikovanje v zarodku

preformative [pri:fó:mətiv] *adj biol* prej oblikovan; *gram* k i stoji spredaj

pregenital [pri:džénitl] *adj med* pred spolno zrelostjo, predspolen

preglacial [pri:gléisjəl] *adj geol* pred ledeno dobo

pregnable [prégnəbl] *adj* osvojljiv, zavzeten; *fig* ki se ga lahko napade

pregnancy [prégnənsi] *n* nosečnost, brejost, polnost; plodnost, rodovitnost (zemlje); *fig* pomembnost, važnost, ustvarjalna moč, idejno bogastvo

pregnant [prégnənt] *adj* (~ ly *adv*) nosna, breja; ploden bogat (*in*); *fig* duhovit, klen, vsebinsko bogat (*with*); *fig* pomemben, važen, pregnanten

preheat [pri:hí:t] *vt tech* naprej segreti; ~ ing plate ogrevalnik

prehensile [prihénsail] *adj zool* oprijemalen (rep, ud); ~ organ oprijemalni organ

prehensility [prihensíliti] *n zool* oprijemalnost (repa, uda)

prehension [prihénšən] *n zool* oprijemanje; *psych* dojemanje

prehistoric [prí:(h)istórik] *adj* (~ ly *adv*) predzgodovinski; *fig* pred vesoljnim potopom

prehistory [prí:hístəri] *n* predzgodovina (tudi *fig*); prazgodovina

pre-ignition [pri:igníšən] *n tech* prezgoden vžig eksploziva (v stroju z notranjim izgorevanjem)

pre-incarnate [pri:inkǽ:nit] *adj relig* ki je obstojal preden je postal človek (Kristus)

prejudge [pri:džʌ́dž] *vt* vnaprej (ob)soditi

prejudg(e)ment [pri:džʌ́džmənt] *n* vnaprej ustvarjena sodba

prejudication [pri:džudikéišən] *n* naprejšnja obsodba; prejšnji primer, precedenčni primer

prejudice I [prédžudis] *n* prejudic, razsodba, ki vpliva za naprej, predsodek; *jur* škoda; **to the** ~ **of** na škodo koga; **without** ~ **to** brez škode za koga; **without** ~ brez predsodkov

prejudice II [prédžudis] *vt* prejudicirati (*in favour of* za; *against* proti), naprej določiti sodbo, napolniti s predsodki; *jur* škoditi, oškodovati
prejudiced [prédžudist] *adj* pristranski, poln predsodkov (*in favour of* za, *against* proti)
prejudicial [predžudíšəl] *adj* (~ **ly** *adv*) škodljiv (*to* komu); prejudiciran, pristranski, poln predsodkov; **to be** ~ **to s.o.** škoditi komu
prelacy [préləsi] *n* prelatstvo, prelatura, prelati
prelate [prélit] *n* prelat, visok cerkveni dostojanstvenik
prelatess [prélitis] *n* opatica; *hum* prelatica
prelatic [prelǽtik] *adj* (~ **ally** *adv*) prelatovski, prelatski
prelatize [prélətaiz] *vt* postaviti pod prelatovo oblast
prelature [préləčə] *n* prelatura; prelati
prelect [prilékt] *vi* javno obravnavati, predavati (*on, upon* o; *to* komu)
prelection [prilékšən] *n* javno predavanje
prelector [priléktə] *n* predavatelj, lektor, docent
prelibation [pri:laibéišən] *n* slutnja
prelim [prilím] *n coll* predizpit, sprejemni izpit
preliminary I [prilimínəri] *adj* (**preliminarily** *adv*) uvoden, pripravljalen, predhoden, sprejemen; ~ **to** pred (čim); ~ **advice** predhodna objava, napoved; ~ **estimate** predračun, precenitev; ~ **inquiry** *jur* predhodna preiskava; *econ* predhodno povpraševanje; ~ **examination** sprejemni izpit; ~ **measures** pripravljalni ukrepi; ~ **work** pripravljalno delo, predpriprava; *med* ~ **dressing** zasilna obveza
preliminary II [prilíminəri] *n* (zlasti *pl*) uvod, priprava, pripravljalno delo, pripravljalni ukrepi; *pol pl* uvodna pogajanja; sprejemni izpit
preload [prí:loud] *n tech* prednapetost, naprejšnja obremenitev
prelude I [prélju:d] *n* predigra, uvod; *fig* znak za začetek (*to*); *mus* preludij, uvodna igra
prelude II [prélju:d] **1.** *vt* začeti z uvodno igro, uvesti, pripraviti; *mus* igrati preludij; **2.** *vi* biti uvod (*to* za); *mus* preludirati
prelusive [priljú:siv] *adj mus & fig* uvoden, preludijski
premarital [pri:mǽritl] *adj* predporočen
prematernity [pri:mətə́:niti] *adj med* predporoden; ~ **medical care** zdravstvena skrb za bodoče matere
premature [premətjúə] *adj* (~ **ly** *adv*) prezgoden, prezgodaj zrel; *fig* prenagljen; ~ **birth** prezgoden porod
prematurity [premətjúəriti] *n* prezgodnja zrelost; *fig* prenagljenost
premaxillary [pri:mæksíləri] **1.** *adj anat* medčeljustničen; **2.** *n* medčeljustnica
premedical [pri:médikəl] *adj* predmedicinski; ~ **student** študent medicine v 1. semestru
premedication [pri:medikéišən] *n med* zdravljenje pred operacijo, priprava na operacijo
premeditate [priméditeit] *vt* naprej premisliti; naklepati
premeditated [priméditeitid] *adj* premišljen, naklepen (umor)
premeditation [primeditéišən] *n* premislek; *jur* naklep

premier [prémiə] **1.** *adj* prvi, glaven; **2.** *n* ministrski predsednik
première [prəmjéə] *n theat* premiera, prva predstava
premiership [prémjəšip] *n* ministrsko predsedništvo; položaj, čast ministrskega predsednika
premise I [prémis] *n log* premisa, prednji stavek v sklepu; *pl jur* zgoraj omenjeno, zgoraj omenjena posest (hiša); *pl* zemljišče, poslopje s pritiklinami, lokal, prostori; **in the** ~ **s** v zgornjem besedilu; **in these** ~ **s** glede na pravkar omenjeno; **working** ~ **s** delovni prostori; *jur* **on the** ~ **s** na zemljišču, na kraju samem
premise II [primáiz] *vt* prej omeniti, predpostavljati; *log* navesti v premisi, postulirati
premiss [prémis] *n log* premisa
premium [prí:miəm] *n* nagrada, darilo, premija; obrok zavarovalnine; *econ* ažijo, nadav; učnina (za vajenca); (borza) premija, pristojbina za posojilo vrednostnih papirjev; **at a** ~ *econ* nad pariteto; *fig* visoko cenjen; **to stand at a** ~ biti nad nominalno vrednostjo; *fig* biti visoko cenjen; **rate of** ~ premijska stopnja; **constant** ~ stalna korist; **to put a** ~ **on** razpisati nagrado za; *econ* ~ **bonds** premijske obligacije; *econ* ~ **offer** prodaja z dokladami; *econ* ~ **system** sistem premijskega plačila; *econ* ~ **reserve** premijska rezerva; **free of** ~ brez premije
premium-hunter [prí:miəmhʌntə] *n* borzni špekulant
premonish [primóniš] *vt* (naprej) svariti
premonition [pri:mənišən] *n* svarilo, slutnja
premonitory [primónitəri] *adj* (**premonitorily** *adv*) svarilen; *med* ~ **symptom** zgodnji simptom
premorse [primó:s] *adj bot* okrnjen, odsekan
prenatal [prí:néitl] *adj med* predrojsten, prednatalen
prenotion [pri:nóušən] *n* vnaprej ustvarjeno mnenje
prentice [préntis] **1.** *adj arch* vajeniški; **2.** *n arch* vajenec; **to try one's** ~ **hand** napraviti prvi neroden poskus
preoccupancy [pri:ókjupənsi] *n* naprejšnja polastitev; zaposlenost, prevzetost; poglobitev (*in* v)
preoccupation [pri:ɔkjupéišən] *n* naprejšnja polastitev (*with*), poglobitev (*in* v), prevzetost; zamišljenost, raztresenost; predsodek, pristranost
preoccupied [pri:ókjupaid] *adj* prevzet, zamišljen, raztresen; preveč zaposlen, preobremenjen (*with*)
preoccupy [pri:ókjupai] *vt* prej zasesti; prevzeti (misel); delati komu skrbi
preordain [pri:ɔ:déin] *vt* naprej določiti, naprej odrediti
preordination [pri:ɔ:dinéišən] *n* preddoločitev, odreditev
prep [prep] **1.** *n E sl* priprava; pripravljalna šola; **2.** *vi A* pripravljati se (*for* za univerzo)
prepack [pri:pǽk] *vt* vnaprej paketirati (sadje)
prepaid [prí:péid] *adj* naprej plačan; frankiran, franko
preparation [prepəréišən] *n* priprava, pripravljanje (*for*); pripravljenost; prepariranje, impregniranje (lesa itd.); *med* preparat, zdravilo; *E* preparacija, domača naloga; *mus* uvod, uvodna

figura; **to make** ~**s for** pripravljati se za kaj; **to do one's** ~ pripraviti se, napisati domačo nalogo
preparative [pripǽrətiv] **1.** *adj* (~ **ly** *adv*) pripravljalen; **2.** *n* priprava, pripravljanje (*for*); *mil* poziv k pripravljenosti
preparator [pripǽrətə] *n* pripravljalec, preparator
preparatory I [pripǽrətəri] *adj* (**preparatorily** *adv*) uvoden, pripravljalen; *E* ~ **school** pripravljalna šola (za srednjo ali visoko šolo); ~ **to preden**, kot priprava za
preparatory II [pripǽrətəri] *n* osnovna šola
prepare [pripéə] **1.** *vt* pripraviti, pripravljati, opremiti, pripraviti (odpravo); koga duševno pripraviti (*for* na; *to do* kaj narediti); izdelati, zasnovati (načrt), sestaviti (spis); *chem, tech* preparirati; **2.** *vi* pripraviti se (*for*); **to** ~ **o.s. to do s.th.** pripraviti se kaj narediti
prepared [pripéəd] *adj* (~ **ly** *adv*) pripravljen, gotov (*for*); prepariran
preparedness [pripéədnis] *n* pripravljenost (*for*)
preparental [pri:pəréntl] *adj* za bodoče starše (pouk)
prepatent [pri:péitənt] *adj med* še latenten; ~ **period** latenčna doba bolezni
prepay [prí:péi] *vt* naprej plačati; frankirati
prepayable [prí:péiəbl] *adj* naplačilen, predplačljiv
prepayment [pri:péimənt] *n* predplačilo; frankiranje; ~ **telephone** telefon na kovance
prepense [pripéns] *adj* (~ **ly** *adv*) *jur* naklepen; **malice** ~ zlonamernost; **of malice** ~ zlonamerno
preponderance [pripóndərəns] *n* presežna teža, prevesa; *fig* prevladovanje, premoč (*over*)
preponderant [pripóndərənt] *adj* (~ **ly** *adv*) pretežen, močnejši, važnejši, odločilen
preponderate [pripóndəreit] *vi* več tehtati, prevesiti, imeti premoč (*over*)
preposition [prepəzíšən] *n gram* prepozicija, predlog
prepositional [prepəzíšənəl] *adj* (~ **ly** *adv*) *gram* predložen, prepozicionalen
prepositive [prípózitiv] *adj gram* ki je (stoji) pred
prepositor [pri:pósitə] *n* starejši dijak (za nadzor mlajših)
prepossess [pri:pəzés] *vt* prevzeti, vplivati, ugodno prejudicirati, pridobiti; ~ **ed** pristranski; prevzet
prepossessing [pri:pəzésiŋ] *adj* (~ **ly** *adv*) privlačen, vabljiv, simpatičen
prepossession [pri:pəzéšən] *n* naklonjenost, nagnjenost; prvi vtis; predsodek
preposterous [pripóstərəs] *adj* (~ **ly** *adv*) nenaraven, absurden, nesmiseln, nemogoč, bedast, smešen grotesken
preposterousness [pripóstərəsnis] *n* nesmiselnost, bedastoča, smešnost
prepotency [pripóutənsi] *n biol* dedna premoč (enega roditelja); premoč
prepotent [pripóutənt] *adj* (pre)mogočen, močnejši; *biol* ki ima premoč pri prenašanju dednih lastnosti
prepreference [pri:préfərəns] *adj E econ* ki je na vrsti pred prednostnimi obligacijami
preprint [prí:print] **1.** *n* predtisk (knjige); **2.** *vt* vnaprej tiskati, vnaprej objaviti

prepuberty [pri:pjú:bəti] *n psych* predpuberteta, telečja leta
prepuce [prí:pju:s] *n anat* kožica klitorisa, penisa; prepucij
Pre-Raphaelite [prí:rǽfəlait] **1.** *adj* ki je bil pred Rafaelom; **2.** *n* predrafaelist, slikar predrafaelovske dobe
Pre-Raphaelitism [prí:rǽfəlaitizəm] *n art* predrafaelovski slog
prerecorded [pri:rikó:did] *adj* el prej sneman (radijska oddaja)
prerequisite [pri:rékwizit] **1.** *adj* naprej potreben (*for, to*); **2.** *n* prvi pogoj (*for, to* za)
prerogative I [prirógətiv] *adj* prednosten, privilegiran; ~ **right** posebna pravica; *jur hist* ~ **court** zapuščinsko sodišče
prerogative II [prirógətiv] *n* prerogativa, prednost, posebna pravica; ~ **of mercy** pravica do pomilostitve
presage I [présidž] *n* znamenje, predznamenje, prerokba
presage II [présidž, priséidž] *vt* slutiti, prerokovati, napovedati (zlasti zlo)
presageful [priséidžful] *adj* preroški, znanilen
presager [priséidžə] *n* napovedovalec, znamenje
presbyopia [prezbióupiə] *n med* starostna dalekovidnost
presbyopic [prezbiópik] *adj med* dalekoviden v starosti
presbyter [prézbitə] *n* prezbiter, starejši duhovnik
presbyteral [prezbítərəl] *adj* prezbiterijanski
presbyterate [prezbítərit] *n* položaj starejšega duhovnika
presbyterial [prezbitíəriəl] *adj* glej **presbyteral**
presbyterian [prezbitíəriən] **1.** *adj* prezbiterijanski; **2.** *n* prezbiterijanec
presbytery [prézbitəri] *n* prezbiterij; *eccl* (katoliško) župnišče; prezbiterijanski sinodij
preschool I [pri:skú:l] *adj* predšolski
preschool II [prí:sku:l] *n* mala šola
prescience [présiəns] *n* predvidevanje, predobčutek, slutnja
prescient [présiənt] *adj* (~ **ly** *adv*) predvidevajoč (*of*); *fig* daljnoviden
prescind [prisínd] **1.** *vt* abstrahirati, odmisliti, izločiti (*from*); **2.** *vi* ne ozirati se na kaj, ne upoštevati, odnehati (*from* od)
prescore [prí:skɔ:] *vt* naprej sinhronizirati (film)
prescribe [priskráib] **1.** *vt* predpisati (*to* komu), odrediti; *med* predpisati (*for* za koga; zdravilo); **2.** *vi* predpisovati, odrejati; izdati recept (*for* za); zastarati; **as** ~ **d** kot je predpisano, po predpisih
prescript [prí:skript] *n* predpis, uredba; *med* recept, predpisano zdravilo
prescription [priskrípšən] *n* predpis, odredba; *med* recept, predpisano zdravilo; utrjena šega; **to make a** ~ pripraviti zdravilo (v lekarni); *jur* **negative** ~ zastaralni rok (za izgubo pravice do česa); *jur* **positive** ~ priposestvovanje
prescriptive [priskríptiv] *adj* (~ **ly** *adv*) predpisujoč, določevalen; *jur* ustaljen, predpisan (z zakonom ali po običaju); ~ **right** pravica, ki zastara; ~ **debt** dolg, ki zastara
preselect [pri:silékt] *vt* vnaprej izbrati

preseminal [pri:séminəl] *adj biol* pred oploditvijo, še neoplojen (jajčece)

presence [prézns] *n* prisotnost, navzočnost, bližina; drža, vedenje; *E* the ~ avdienca; **to be admitted into the** ~ of biti sprejet v avdienco pri; **in the** ~ **of** v navzočnosti koga; ~ **of mind** prisebnost; **save** (ali **saving**) **your** ~ z vašim dovoljenjem; *chem* **action of** ~ kontaktni učinek

presence-chamber [préznsčeimbə] *n E* avdienčna dvorana, sprejemnica

presenility [pri:siníliti] *n med* prezgodnja senilnost

present I [préznt] *adj* (~ **ly** *adv*) prisoten, navzoč, pričujoč (tudi *chem*); sedanji, tekoč (mesec); *fig* v mislih, pred očmi, živ (*to*); *gram* sedanji, v sedanjiku (~ *participle* sedanji deležnik); *arch* pripravljen, pri roki; ~ **company** prisotni; ~ **wit** odrezavost; **the** ~ **writer** jaz, pisec teh vrstic; ~ **to the mind** živo v spominu; **to be** ~ **at** biti navzoč, prisostvovati; *econ* ~ **value** sedana vrednost

present II [préznt] *n* sedanjost; *gram* sedanjik, sedanji čas; *pl jur* (ta) dokument, spis; **at** ~ sedaj; **up to the** ~ do sedaj; **for the** ~ za sedaj, pravkar; **by the** ~ s tem (dokumentom); *jur* **by these** ~s po tem dokumentu; *jur* **know all men by these** ~s s tem dajemo vsem na znanje

present III [préznt] *n* darilo, poklon; **to make s.o. a** ~ **of** ali **to make a** ~ **of s.th. to s.o.** pokloniti komu kaj

present IV [prizént] *n mil* merjenje (s puško); prezentiranje (puške), izkazovanje vojaških časti; **at the** ~ v prezentacijski drži

present V [prizént] *vt* dati, obdarovati (*with* s čim); ponuditi, vročiti, pokloniti, podariti (*to* komu); predstaviti koga (*to* komu), vpeljati koga (*at* pri); nuditi, kazati (vesel obraz); *econ* predložiti (račun, ček); *jur* vložiti (tožbo, prijavo), ovaditi (prestopek); pokazati, prikazati (igro, film); predlagati, priporočiti (koga za službo); *mil* prezentirati (puško), meriti (*at* na); **to** ~ **o.s.** priti, prikazati se, predstaviti se, priglasiti se (*for* k), priti k izpitu; **to** ~ **a message** prinesti sporočilo; **to** ~ **one's compliments** izkazati komu spoštovanje; **to** ~ **one's apologies** opravičiti se

presentable [prizéntəbl] *adj* (**presentably** *adv*) dostojen, spodoben, predstavljiv; primeren za darilo (ponudbo), sprejemljiv

presentation [prezentéišən] *n* darilo, obdaritev; predstavitev, predstavljanje, uvajanje; *med* demonstracija, pokaz; *theat* (film, radio) uprizoritev, predstava; vročitev (prošnje) predložitev, vložitev; *econ* predložitev (menice); *med* otrokova lega v maternici; *phil, psych* zaznava, predstava; *econ* (**up)on** ~ proti predložitvi; **payable on** ~ plačljivo na pokaz; ~ **copy** prezenčna knjiga

presentative [prizéntətiv] *adj eccl* ki se lahko predlaga; *psych* predočljiv

present-day [prézntdei] *adj* današnji, sedanji, sodoben

presentee [prezəntí:] *n* obdarovanec; predstavljenec; *eccl* kdor je predlagan za nadarbino

presenter [prizéntə] *n* darovalec; predlagatelj

presentient [prisénšiənt] *adj* sluteč, kdor čuti (ve) vnaprej (*of*)

presentiment [prizéntimənt] *n* slutnja, občutek, predobčutek

presentive [prizéntiv] *adj* neposreden, direkten; *ling* nazoren, pojmoven (beseda)

presently [prézntli] *adv* kmalu, takoj; *A* sedaj, trenutno; *arch* nujno, neizogibno

presentment [prizéntmənt] *n* prikaz, podajanje, slika; *theat* predstava; *jur* vročitev, predložitev; predstavljanje; *jur* obtožnica, ki jo sestavi porota, izjava porote pod prisego; *phil, psych* predstava

preservable [prizə́:vəbl] *adj* ohranljiv

preservation [prezəvéišən] *n* obvarovanje, ohranitev, varstvo (*from* pred); vkuhavanje, konserviranje

preservative [prizə́:vətiv] **1.** *adj* varovalen, ohranilen; **2.** *n* varovalno sredstvo, sredstvo za konserviranje; preservativ

preserve I [prizə́:v] *n* (navadno *pl*) vkuhana, konservirana hrana, konserva; gozdni, rečni rezervat; *pl* zaščitna očala (proti prahu); *fig* **to poach on s.o.'s** ~ s vtikati se v tuje področje

preserve II [prizə́:v] *vt* ohraniti, varovati, obvarovati (*from* pred); shraniti; vkuhati, konservirati; gojiti ribe (divjačino), ograditi (lovišče); **well-~** dobro ohranjen (človek); ~ **d fruit** vkuhano sadje, konserva; ~ **d meat** konservirano ali posušeno meso

preserver [prizə́:və] *n* ohranitelj, varuh, branilec, zaščitnik, rešitelj; logar; sredstvo za konserviranje; *pl* zaščitna očala; **life** ~ rešilni pas

pre-shrunk [prí:šráŋk] *adj* prej skrčen (blago)

preside [prizáid] *vi* predsedovati (*at* pri), načelovati, voditi, nadzirati; *fig* vladati (*over*); **to** ~ **at the organ** igrati na orgle

presidency [prézidənsi] *n* predsedstvo, predsedovanje, predsedniško mesto; čas, področje predsedovanja; lokalna mormonska oblast; *E Ind hist* pokrajina, okrožje (Bengalija, Bombay, Madras)

president [prézidənt] *n* predsednik; predstojnik, načelnik, minister; univerzitetni rektor; *A* direktor, ravnatelj; predsednik republike; predstojnik mormonske cerkve; **President of the Board of Trade** trgovinski minister

president-elect [prézidəntilékt] *n* novo izvoljeni predsednik (pred nastopom službe)

presidentess [prézidəntis] *n* predsednica, predsednikova žena

presidential [prezidénšəl] *adj* (~ **ly** *adv*) predsedniški, predstojniški, ravnateljski; *A* ~ **message** predsednikovo sporočilo kongresu; ~ **term** čas predsednikovanja; *A* ~ **year** leto volitev novega predsednika; *A* ~ **primary** predvolitve za predsedniškega kandidata v stranki

presidiary [prisídiəri] *adj hist* ki ima garnizon, zasedben, garnizijski

presidio [prisídiou] *n* (*pl* ~ os) vojaška utrdba, vojaška postojanka; kazenska naselbina

presidium [prisídiəm] *n pol* prezidij (Sovjetska zveza), predsedništvo

press I [pres] *n tech* stiskalnica; *print* tiskarski stroj, tiskarna, tiskarstvo, tisk; časnikarstvo, novinarstvo, novinarji; nateznik (na smučeh);

omara (knjižna, za obleko, zlasti za perilo); stiskanje, pritiskanje, glajenje, likanje; naval, pritisk, gneča; *fig* naglica, nujnost, nuja; *naut* čezmeren pritisk (vetra) na jadra; **to correct the** ~ opraviti korekturo, popraviti tiskovne napake; **coming from the** ~ pravkar izšel (knjiga); **to go to** ~ iti v tisk; **to send to** ~ dati v tisk; **gutter** ~ opolzko časopisje; **to have a good (bad)** ~ ˙imeti pohvalno (slabo) kritiko v časopisju; **in the** ~ v tisku; *naut* ~ **of sail** razpeta jadra; *naut* **to carry a** ~ **of sail** pritiskati na jadra; *naut* **under a** ~ **of canvas** z razpetimi jadri; **the yellow** ~ senzacionalno časopisje

press II [pres] **1.** *vt* stiskati, stisniti; pritisniti, pritiskati, tlačiti (tudi *fig*); iztisniti, izžeti (sadje, sok); likati, polikati; stisniti skupaj, pritisniti naprej, stran; goniti, priganjati, ne dati miru, prisiliti, izsiliti, pritiskati na koga; vsiliti komu kaj; dati čemu poudarek, ostati, vztrajati (pri svojem mnenju); moledovati (*for* za); **2.** *vi* stiskati se, prerivati se, gnesti se, vsiljevati se, biti nujen; **to** ~ **the button** pritisniti na zvonec, dati znak za začetek dela; *fig* napraviti odločilen korak; **to** ~ **an attack** trdovratno napadati; **to** ~ **home an argument** trdovratnò dokazovati; **to** ~ **one's point** trdovratno vztrajati pri svojem mnenju; **to be** ~**ed for money (time)** biti v denarni (časovni) stiski; **to** ~ **s.o. for money** pritiskati na koga za denar; **to** ~ **s.th. on s.o.** vsiljevati komu kaj; **to** ~ **into service** zaposliti koga (zlasti proti volji); **hard** ~**ed** v stiski, v težkem položaju; **time** ~**es** čas priganja

press back *vt* potisniti nazaj
press down *vt* tiščati, tlačiti
press forward *vi* pritisniti naprej, siliti naprej, prebijati se, prerivati se naprej
press in *vi* vsiliti se, vriniti se (*upon s.o.* komu)
press on *vi* hiteti naprej, preriti se naprej
press III [pres] **1.** *vt* nasilno novačiti (v vojsko, mornarico); zaseči, rekvirirati (konje, ladje itd.); *fig* prisvojiti si; **2.** *n* nasilno novačenje
press agency [préseidžənsi] *n* poročevalni urad
press agent [préseidžənt] *n* propagandist, reklamni posrednik
pressboard [présbɔːd] *n* glajena stisnjena lepenka
press-box [présbɔks] *n* novinarska loža
press bureau [présbjuərou] *n* glej **press agency**
press button [présbʌtn] *n el* pritiskalni gumb
press-clipping [présklipiŋ] *n A* glej **press-cutting**
press conference [préskónfərəns] *n* tiskovna konferenca
press copy [préskɔpi] *n print* recenzijski izvod
press-corrector [préskəréktə] *n print* tiskarski korektor
press-cutting [préskʌtiŋ] *n E* izrezek iz časopisa
presser [présə] *n* stiskalec, tlačilec; likalec, likalnik; oblikovalec (v keramični in steklarski industriji); *print* tiskar, tiskarski valj; *tech* tiskalna naprava
press-gallery [présgæləri] *n* prostor za novinarje v parlamentu
press-gang [présgæŋ] *n hist* četa, ki je novačila vojake in mornarje
pressing I [présiŋ] *adj* (~ **ly** *adv*) nujen, neodložljiv; *fig* moreč, preteč; nadležen, vsiljiv; ~ **danger** preteča nevarnost; ~ **need** silna potreba

pressing II [présiŋ] *n* stiskanje, ožemanje; *tech* satiniranje (papirja); *tech* briket; *sp* mož na moža (način igranja v obrambi pri košarki)
pression [préšən] *n* pritiskanje, pritisk
pressman [présmən] *n* tiskar; *E* novinar
pressmark [présmaːk] **1.** *n* signatura na knjigi, bibliotekarska številka; **2.** *vt & vi* signirati, podpisati, zaznamovati
pressor [présə] *adj med* ki zvišuje pritisk
press photographer [présfətógrəfə] *n* fotoreporter
press-proof [préspruːf] *n print* zadnja korektura
press-release [présriliːs] *n* bilten za tisk
pressroom [présrum] *n print* prostor s tiskarskimi stroji, strojnica
pressure [préšə] *n* stiskanje, pritiskanje, pritisk; *phys, tech, meteor* pritisk, tlak; *fig* nujnost, nadloga, sila, breme; *med* **blood** ~ krvni pritisk; **low (high)** ~ nizek (visok) pritisk; *fig* **to work at high** ~ delati s polno paro; **to bring (ali put)** ~ **to bear on s.o.** pritiskati na koga (da kaj stori)
pressure-cook [préšəkuk] *vt* kuhati v brzokuhalniku
pressure-cooker [préšəkukə] *n* Papinov lonec, brzokuhalnik
pressure-gauge [préšəgeidž] *n tech* manometer, priprava za merjenje pritiska
pressure group [préšəgruːp] *n pol* vplivna skupina
pressure-proof [préšəpruːf] *adj aero* trden proti tlaku (kabina v letalu)
pressure-sensitive [préšəsénsitiv] *adj med* ki je občutljiv na pritisk
pressure suit [préšəsjuːt] *n aero* obleka letalcev (ki varuje pred zvišanim pritiskom), obleka astronavtov
pressurize [préšəraiz] *vt & vi aero* vzdrževati normalen zračni pritisk v letalu; *chem, tech* dati pod pritisk; ~**d suit** astronavtova obleka
pressurizer [préšəraizə] *n aero* priprava za vzdrževanje normalnega pritiska
press-work [préswɔːk] *n print* tiskanje, tiskarsko delo
prestidigitation [préstididžitéišən] *n* žonglerstvo; vračenje, čaranje
prestidigitator [prestidídžiteitə] *n* žongler, slepar
prestige [prestíːž] *n* ugled, veljava, prestiž
prestigious [prestíːžəs] *adj* prestižen
prestissimo [prestísimou] *adv mus* zelo hitro, prestisimo
presto [préstou] **1.** *adv mus* hitro, presto; **2.** *adj* zelo hiter; **hey** ~ čira, čara; hokus, pokus
prestressed [príːstrést] *adj tech* prednapet; ~ **concrete** prednapeti beton
presumable [prizjúːməbl] *adj* (**presumably** *adv*) domneven, verjeten, predviden
presume [prizjúːm] **1.** *vt* domnevati, predpostavljati, sklepati (*from* iz); dovoliti si kaj, predrzniti si, upati si (*to do s.th.* kaj narediti); **2.** *vi* biti predrzen; izkoristiti, zlorabiti (*on, upon*); **ignorance** ~**s where knowledge is timid** nevednost je drzna, kjer se vednost obotavlja; **to** ~ **upon s.o.** izkoristiti koga, preveč si dovoliti
presumed [prizjúːmd] *adj* (~ **ly** *adv*) domneven, dozdeven
presuming [prizjúːmiŋ] *adj* (~ **ly** *adv*) predrzen, domišljav

presumption [prizΛm(p)šən] *n* domneva, predpostavka, verjetnost; *jur* presumpcija; drznost, predrznost, domišljavost; *jur* ~ **of fact** sklep na podlagi dejstev; *jur* ~ **of law** presumpcija, da je resnično dokler se ne dokaže nasprotno; **there is a strong** ~ **against it** malo je verjetno; **on the** ~ **that** predpostavimo, da

presumptive [prizΛm(p)tiv] *adj* (~ **ly** *adv*) domneven, verjeten; **heir** ~ verjeten dedič (če se ne rodi bližji sorodnik); *jur* ~ **evidence** dokaz, ki temelji na indicijah; *jur* ~ **title** presumptivna last

presumptuous [prizΛm(p)tjuəs] *adj* (~ **ly** *adv*) predrzen, domišljav, prevzeten

presumptuousness [prizΛm(p)tjuəsnis] *n* predrznost, domišljavost, prevzetnost

presuppose [pri:səpóuz] *vt* domnevati, predpostaviti; vnaprej skleniti, pogojiti, pričakovati

presupposition [pri:sΛpəzíšən] *n* domnevanje, domneva, predpostavka, pogojenost

presurmise [pri:sə:máiz] *n* sum, domneva

pre-tax [prí:tæks] *adj* še neobdavčen, pred obdavčenjem

pretence [priténs] *n E* izgovor, pretveza; pravica, zahteva; *fig* videz, pretvara, krinka, laž; **to make a** ~ **of** hliniti, trditi; **to make no** ~ **to** ne postaviti nobene zahteve po; **a mere** ~ samo izgovor; **under the** ~ **of** pod pretvezo; **under false** ~**s** z lažnimi pretvezami; *fig* **to abandon the** ~ sneti krinko

pretend [priténd] **1.** *vt* delati se, hliniti, varati, slepiti; predrzniti si, upati si; **2.** *vi* pretvarjati se; drzniti si, domišljati si, zahtevati, lastiti si, pretendirati na kaj (*to*); **to** ~ **to be sick** hliniti bolezen; **to** ~ **to be robbers** igrati se razbojnike; **he** ~**s ignorance** dela se, da ne ve; **I don't** ~ **to learning** ne domišljam si, da sem učen

pretended [priténdid] *adj* (~ **ly** *adv*) hlinjen, izmišljen, lažen

pretender [priténdə] *n* pretendent (*to* na), kdor si lasti kako čast (oblast, pravico); hinavec, šarlatan; kdor se za kaj poteguje, aspirant; *E* **Old (Young) Pretender** sin (vnuk) Jamesa II.

pretense [priténs] *n A* glej **pretence**

pretension [priténšən] *n* zahteva, terjatev, pretenzija (*to* na); pretveza, izgovor; domišljavost, prevzetnost; (zlasti *pl*) ambicije, aspiracije; **of great** ~**s** zelo zahteven; **of no** ~**s** nezahteven, skromen

pretentious [priténšəs] *adj* (~ **ly** *adv*) pretenciozen, zahteven; prevzeten, domišljav, častihlepen, ambiciozen

pretentiousness [priténšəsnis] *n* pretencioznost, zahtevnost; prevzetnost, nadutost, predrznost

preter- [pri:tə] *pref* nad-, preko, bolj

preterhuman [pri:təhjú:mən] *adj* nadčloveški

preterit(e) [prétərit] **1.** *adj gram* pretekel; **2.** *n* preteritum, pretekli čas; *hum* preteklost

preterition [pretəríšən] *n* izpustitev, preskočitev

preteritive [pritéritiv] *adj gram* preteriten, pretekel

pretermission [pri:təmíšən] *n* izpuščanje, preskočitev

pretermit [pri:təmít] *vt* prezreti, preiti, izpustiti, preskočiti

preternatural [pri:tənǽčrəl] *adj* (~ **ly** *adv*) nadnaraven, nenaraven, nenavaden

pretersensual [pri:təsénsjuəl] *adj* nadčuten

pretext I [prí:tekst] *n* pretveza, izgovor, pretekst; **on** (ali **under**) ~ **of** pod pretvezo, z izgovorom; **to make a** ~ **of** izgovarjati se s čim

pretext II [pritékst] *vt* izgovarjati se, hliniti, delati se; **to** ~ **sickness** hliniti bolezen

pretone [prí:toun] *n gram* zlog ali samoglasnik pred naglašenim zlogom

pretonic [prí:tónik] *adj gram* ki je pred naglašenim zlogom

pretrial [prí:traiəl] **1.** *n jur* predhodna obravnava; **2.** *adj* pred obravnavo, preiskovalen

prettify [prítifai] *vt coll* polepšati, okrasiti

prettily [prítili] *adv* lepo, ljubko, dražestno; vljudno, spodobno (v otroški govorici)

prettiness [prítinis] *n* ljubkost, mikavnost, draž, milina; afektiranost, prisiljenost (v izražanju)

pretty I [príti] *adj* (**prettily** *adv*) ljubek, čeden, prisrčen, dražesten, mikaven; afektiran, izumetničen, gizdav; *coll* precejšen; ~ **gentlemen** gizdalini; **a** ~ **how d'you do** neroden položaj; **a** ~ **mess** (ali **kettle of fish**) **you've made of it** lepo kašo si si skuhal; **a** ~ **penny** precejšen znesek; **A a** ~ **pass** kritičen položaj; **a** ~ **way off** kar precej daleč od tukaj

pretty II [príti] *n* lep človek, lepa stvar; vrezan rob v kozarcu; *A pl* okraski, lepe obleke; **my** ~ lepotec (-tička) moj(a), moja draga, moj dragi

pretty III [príti] *adv* precej, prilično, precej; ~ **good** kar dober, ne slab; **it is** ~ **much the same thing** to je skoraj isto; *sl* **sitting** ~ kot ptička na veji

pretty IV [príti] *vt* **to** ~ **up** polepšati

prettyism [prítiizəm] *n* afektiranost, prisiljenost, izumetničenost

pretty-pretty [prítipriti] **1.** *adj* izumetničen, afektiran; **2.** *n pl* drobni okraski, lažen nakit

pretzel [précəl] *n* presta

prevail [privéil] *vi* prevladovati, prevladati (*over* nad); biti razširjen, obstajati; premagati (*against* koga, kaj); razpasti se, razširiti se; uveljaviti se, obdržati se; **to** ~ **(up)on s.o.** pregovoriti koga, prepričati, pridobiti koga; **I could not** ~ **(up)on myself** srce mi ni dalo

prevailing [privéiliŋ] *adj* (~ **ly** *adv*) prevladujoč, močnejši; obstoječ, (povsod) veljaven, sedanji; *jur* **the** ~ **party** zmagovita stranka; *econ* ~ **tone** vodilni ton

prevalence [prévələns] *n* prevladovanje, pretežnost, razširjenost

prevalent [prévələnt] *adj* (~ **ly** *adv*) prevladujoč, razširjen; *arch* učinkovit; **to be** ~ vladati, biti razširjen, razsajati (bolezen itd.)

prevaricate [privǽrikeit] *vi* izgovarjati se, izvijati se, izmikati se; *jur* prikrivati (zločin)

prevarication [privǽrikéišən] *n* izgovarjanje, izvijanje, izmikanje, izgovor, sprevračanje dejstev

prevaricator [privǽrikeitə] *n* kdor se izgovarja, izvija, izmika

prevenience [privíːniəns] *n* predhodnost

prevenient [privíːniənt] *adj* predhoden, prejšnji; preprečevalen

prevent [privént] *vt* preprečiti, ovirati, odvrniti (*from* od); *arch* voditi, biti s kom

preventability [priventəbíliti] *adj* preprečljivost

preventable [privéntəbl] *adj* preprečljiv

preventative [privéntətiv] *adj & n* glej **preventive**

preventer [privéntə] *n* preprečevalec, oviralec; *naut* pomožna vrv, varnostna vrv

preventible [privéntəbl] *adj* glej **preventable**

prevention [privénšən] *n* preprečitev, odvrnitev; **~ is better than cure** boljše je preprečiti, ko zdraviti

preventive I [privéntiv] *adj* (**~ly** *adv*) preventiven, preprečevalen, varovalen, obvarovalen; **~ detention** pripor; **~ measure** preventiven ukrep; **~ service** obalna protitihotapska služba

preventive II [privéntiv] *n med* preventivno sredstvo; preventiven ukrep

preventorium [pri:ventó:riəm] *n med* dom za zdravstveno ogrožene (zlasti otroke)

preview [prí:vju:] *n* predogled, predpremiera za posebne goste; poskusna oddaja (RTV, film)

previous I [prí:viəs] *adj* (**~ly** *adv*) prejšnji, predhoden; *coll* prenagljen; **univ ~ examination** predizpit, prva preskušnja za B. A.; *parl* **to move the ~ question** predlagati da se preide k dnevnemu redu; **without ~ notice** brez predhodne napovedi

previous II [prí:viəs] *adv* **~ to** pred (časovno)

previously [prí:viəsli] *adv* prej, enkrat prej; *jur* **~ convicted** že kaznovan

previse [priváiz] *vt* predvideti, slutiti, napovedati

prevision [privížən] *n* predvidevanje, slutnja, napoved

previsional [privížənəl] *adj* (**~ly** *adv*) sluteč, predvidevajoč

prevue [prí:vju:] *n A* predogled (filma)

prewar [prí:wɔ:] *adj* predvojen

prex(y) [préks(i)] *n A univ sl* rektor ali predsednik koledža

prey I [préi] *n* rop, plen; *fig* žrtev; **bird of ~** ptica roparica; **beast of ~** roparska zver; **a ~ to** žrtev česa; **to fall a ~ to** postati žrtev koga, česa

prey II [préi] *vi* prežati (*upon* na), ropati, pleniti; pograbiti, požreti (plen); *fig* prevariti, nasankati, opehariti; *fig* gristi, glodati, težiti, moriti; **to ~ on one's mind** ležati na duši, težiti

preyer [préiə] *n* ropar, roparica (žival)

priapism [práiəpizəm] *n* razuzdanost; *med* priapizem

price I [práis] *n* cena, stroški, izdatki; (borza) tečajna vrednost, borzni kurz; plačilo, nagrada; *fig* cena, žrtev; **fixed ~** stalna cena; **~ fixed** zadnja, najvišja cena; *econ* **long ~** bruto cena (vključno s carino); **cost ~** lastni stroški; *econ* **adjustable** (ali **graduated**) **~** gibljiva cena; *econ* **asked ~** zahtevana cena; *econ* **bid** (ali **offered**) **~** ponujena cena; *econ* **share** (*A* **stock**) **~** borzni kurz; *econ* **~ of issue** ali **issue ~** emisijski kurz; *econ* **~ per unit** cena za kos; *econ* **to get** (ali **secure**) **a good ~** doseči dobro ceno; *fig* **every man has his ~** vsakega človeka je moč kupiti; **beyond** (ali **above, without**) **~** neprecenljiv, nedosegljiv; **to set a ~ on s.o.'s head** razpisati nagrado na koga; **at a heavy ~** za visoko ceno, za veliko žrtev; **at any ~** za vsako ceno; **not at any ~** za nobeno ceno; **to bear too high** (ali **stiff**) **a ~** preveč veljati; *sl* **what ~?** kako kaže z...?, kakšne šanse ima...?

price II [práis] *vt econ* določiti ceno; razpisati nagrado na koga; *coll* vprašati za ceno; *fig* oceniti, ocenjevati

price agreement [práisəgrí:mənt] *n* dogovor o cenah

price ceilings [práissí:liŋz] *n pl* plafonske, vrhunske cene

price control [práiskəntróul] *n* kontrola cen

price-controlled [práiskəntrould] *adj* ki mu je cena odrejena

price current [práiskʌrənt] *n econ* cenik

price cut [práiskʌt] *n* znižanje cen

price cutting [práiskʌtiŋ] *n* znižanje cen; nelojalna konkurenca

priced [práist] *adj* z označeno ceno; vreden, dragocen; (v sestavljenkah) **high-~** drag; **low-~** cenen

priceless [práislis] *adj* (**~ly** *adv*) neprecenljiv; *E sl* zelo zabaven, zelo smešen

price level [práislevl] *n econ* nivo cen

price-limit [práislimit] *n* plafonska cena

price-list [práislist] *n* glej **price current**

price margin [práisma:džin] *n* razpon cen

price-mark [práisma:k] *n* listek z navedbo cene

price range [práisreindž] *n* lestvica cen

price-tag [práistæg] *n* glej **price-mark**

pricing [práisiŋ] *n econ* cenitev

prick I [prik] *n* zbodljaj, pik; bodica, trn; *tech* šilo, dolbilo; *fig* zbadanje (vesti), ostra bolečina; *vulg* penis; **to kick against the ~s** siliti z glavo skozi zid

prick II [prik] **1.** *vt* bosti, zbosti, zbadati, prebosti, prebadati, pičiti, pikati; *arch* spodbosti, spodbadati, priganjati (konja); *agr* pikirati (sadike); ohromiti konja (pri podkovanju); **2.** *vi* zbadati (bolečina); *arch* spodbosti konja, pognati v dir; *fig* **to ~ the bladder** (ali **bubble**) razkrinkati plitkost koga; *fig* **his conscience ~ed him** vest ga je grizla

prick at *vi* zbosti se

prick in *vt* vsaditi (sadiko)

prick out *vt* pikirati, presajati sadike

prick up *vt* postaviti ušesa pokonci (pes); **to ~ one's ears** nastavljati ušesa, vleči na ušesa

prick-eared [príkiəd] *adj* ki ima šilasta ušesa; *fig* ki vleče na ušesa

pricker [príkə] *n* bodica; *tech* šilo, kiparsko dleto, luknjač (za usnje), krojaško kolesce

pricket [príkit] *n* nasadilo za svečo, svečnik z nasadilom; *E* mlad jelen; *E* **~'s sister** mlada košuta

pricking [príkiŋ] *n* zbadanje; *bot* pikiranje, presajanje sadik

prickle I [prikl] *n* bodica, trn; *coll* zbadanje, srbenje, ščemenje; *E* vrbova košara

prickle II [prikl] **1.** *vt* zbosti, zbadati; **2.** *vi* ščemeti, srbeti

prickleback [príklbæk] *n zool* zet (riba)

prickliness [príklinis] *n* bodikavost, bodljivost

prickling [príkliŋ] **1.** *adj* bodljiv, bodljikav; **2.** *n* bodenje, zbadanje; srbenje, ščemenje

prickly [príkli] *adj* bodičast, trnast, bodljiv; ščemeč, srbeč

prickly ash [príkliæš] *n bot* ruj

prickly broom [príklibru:m] *n bot* uleks

prickly heat [príklihi:t] *n med* vnetje znojnic, prosavost, miliarija

prickly pear [príklipeə] *n bot* opuncija (kaktus)

pride I [práid] *n* ponos, ošabnost, napuh; dika; čast; razcvet, višek, sijaj, lepota; krdelo (levov);

false ~ lažen ponos; **proper** ~ opravičen ponos; ~ **of place** častno mesto, *fig* prednost; *cont* vzvišenost; **peacock in his** ~ pav z razširjenim repom; **to take (a)** ~ **in** biti ponosen na kaj; **in the** ~ **of the season** na višku sezone; **in the** ~ **of one's youth** v cvetu mladosti; ~ **of the morning** lepota jutra

pride II [práid] *v to* ~ **o.s. (up)on** biti ponosen na kaj, ponašati se s čim

prideful [práidful] *adj* (~ **ly** *adv*) ponosen, ošaben, nadut

prideless [práidlis] *adj* brez ponosa

prier [práiə] *n* vohljač, vohun, radovednež

priest [pri:st] *n* duhovnik, svečenik; kol za ubijanje vlovljenih rib

priestcraft [prí:stkra:ft] *n cont* farštvo; vmešavanje cerkve v posvetne zadeve

priestess [prí:stis] *n* svečenica

priesthood [prí:sthud] *n* duhovništvo, svečeništvo, duhovniki, svečeniki

priestlike [prí:stlaik] *adj* kot duhovnik

priestling [prí:stliŋ] *n* mlad duhoven

priestly [prí:stli] *adj* duhovniški, svečeniški

priest-ridden [prí:stridn] *adj* pod duhovniškim vplivom, v svečeniški oblasti

priest's-hood [prí:stshud] *n bot* kačnik

priest-vicar [prí:stvikə] *n* nižji kanonik (v nekih katedralah)

prig I [prig] *n* nadutež, domišljavec, snob; dlakocepec

prig II [prig] **1.** *n sl* tat, dolgoprstnež; **2.** *vt* krasti

priggery [prígəri] *n* glej **priggishness**

priggish [prígiš] *adj* (~ **ly** *adv*) nadut, domišljav; dlakocepski; tatinski, lopovski

priggishness [prígišnis] *n* nadutost, domišljavost; dlakocepstvo; lopovstvo

prill [pril] *n min* čista, prebrana ruda; *metall* kepa kovine

prillion [príliən] *n min* žlindrast kositer

prim I [prim] *adj* (~ **ly** *adv*) prisiljen, tog, nenaraven; urejen, lep, čist; ~ **and proper** preobčutljiv, presramežljiv

prim II [prim] *vi* stisniti ustnice, našobiti se, vesti se prisiljeno

prima [práimə] *n Lat print* prva stran pole; prva beseda na novi strani

primacy [práiməsi] *n* prvenstvo, primat; *E eccl* nadškofovstvo

prima donna [prí:mədónə] *n* (*pl* ~ **donnas, prime donne**) primadona, prva pevka

primaeval [praimí:vəl] *adj* glej **primeval**

prima facie [práiməféišii:] *adv & adj Lat* na prvi pogled; *jur* ~ **evidence** zadosten dokaz; *jur* ~ **case** jasen primer

primage [práimidž] *n* procentualni dodatek k tovornini (za kapitana ali lastnika ladje); uhajajoča para (iz kotla)

primal [práiməl] *adj* (~ **ly** *adv*) prvi, prvoten, osnoven, najvažnejši, bistven

primarily [práimərili] *adv* najprej, prvotno, prvenstveno, osnovno, glavno

primary I [práiməri] *adj* (**primarily** *adv*) prvi, prvoten, izviren, začeten; prvenstven, glaven, osnoven, temeljen; *phys, chem* primaren; *geol* paleozojski; ~ **instinct** pranagon; ~ **rocks** prakamenje, pragorovje; *ling* ~ **accent** glavni

naglas (besede); ~ **concern** glavna skrb; ~ **colours** osnovne barve; *jur* ~ **evidence** zakonito dokazilo, zadosten dokaz; *jur* ~ **liability** neposredno poroštvo, neposredna zaveza; ~ **quality** glavna lastnost; ~ **road** cesta prvega reda; *econ* ~ **share** temeljna delnica; **of** ~ **importance** največje važnosti; ~ **education** osnovna izobrazba; ~ **school** osnovna šola; ~ **industry** primarna industrija; ~ **meaning** osnovni pomen; *econ* ~ **product** prvina; ~ **produce** proizvodi primarne predelave; *gram* ~ **tenses** sedanji, pretekli in prihodnji čas; ~ **planets** glavni planeti

primary II [práiməri] *n* glavna stvar, osnovna stvar; osnovna barva (tudi ~ **colour**); *zool* glavno letalno pero (tudi ~ **quill** ali *feather*), sprednje krilo pri insektih (tudi ~ **wing**); *el* primarni tok (tudi ~ **circuit**); *astr* glavni planet (tudi ~ **planet**); *A pol* predvolilno zborovanje (tudi ~ **assembly** ali **meeting**) za izbiro kandidata

primate [práimit] *n* primas, nadškof; *pl zool* primati (človek, opice); **Primate of England** jorški nadškof; **Primate of all England** canterburijski nadškof

primatial [praiméišəl] *adj* primasov, nadškofijski

prime I [práim] *adj* (~ **ly** *adv*) prvi, prvoten, izviren, osnoven, primaren; bistven, glaven, najvažnejši; prvorazreden, izboren, odličen; *math* primaren (število), nedeljiv; **of** ~ **importance** največje važnosti; ~ **father** praoče; *math* ~ **to each other** brez skupnega delilca; *econ* ~ **cost** nabavna cena; *astr, geog* ~ **meridian** začetni (prvi) poldnevnik; ~ **minister** ministrski predsednik; ~ **season** pomlad; ~ **mover** *phys* pogonska moč; *tech* pogonski stroj; *fig* glavno gibalo; **Prime Mover** bog, višja sila

prime II [práim] *n* začetek; *fig* pomlad, svitanje, mladost, cvet; višek, popolnost; jedro, srčika; *econ* najboljša vrsta, izbrana kvaliteta; *eccl* ura prve molitve; *math* primarno število; *mus* prima; *sp* prvi položaj (pri sabljanju); znak ' (unča, minuta); ~ **of the day** svitanje; ~ **of the year** pomlad; **in the** ~ **of youth (life)** v cvetu mladosti (življenja); **in one's** ~ v najboljših letih, na višku svojih moči

prime III [práim] *vt* pripraviti (za delo); *mil* nabiti (orožje); *tech* grundirati (tudi v slikarstvu); *tech* naliti vodo v črpalko (pred črpanjem), dovajati vodo v parni kotel, naliti bencin; *aero* oskrbeti z gorivom; *fig* dajati navodila, podatke, instruirati (npr. pričo); *sl* opiti; ~ **d** *mil* pripravljen za strel (npr. puška), *sl* pijan

primely [práimli] *adv coll* odlično, prvorazredno

primeness [práimnis] *n* odličnost; prvobitnost

primer I [práimə, prímə] *n* abecednik, začetnica; molitvenik; *print* stopnja tiskarskih črk; *print* **great** ~ tercija

primer II [práimə] *n* vžigalna kapica, vžigalka; vbrizgalka (za avtomobile); masa za grundiranje

primeval [praimí:vəl] *adj* (~ **ly** *adv*) prvobiten, prvoten, predzgodovinski, primitiven; ~ **forest** pragozd

priming [práimiŋ] *n* palilo (smodnik), razstrelivo, vžig; vbrizganje pogonskega goriva; grundiranje, osnovna plast barve; priprava slada (za pivo); prezgodnji nastop plime; *fig* priprava, instrukcija; ~ **coat** osnovni premaz; ~ **charge** naboj razstreliva, polnjenje z razstrelivom

primipara [praimípərə] *n* (*pl* ~ **rae**) *med* porodnica pri prvem porodu; žena, ki je samo enkrat rodila

primiparous [praimípərəs] *adj* ki je prvič rodila

primitive I [prímitiv] *adj* (~ **ly** *adv*) prvoten, prvobiten, prastar; preprost,˙ primitiven; zastarel, staromoden; *biol* nizko razvit, primitiven; *gram* osnoven, korenski; *print* temeljen, osnoven; *geol* najstarejši, pra-; ~ **colour** osnovna barva

primitive II [prímitiv] *n* kar je primitivno; *cont* primitivnež; primitivec, naivni umetnik; slika, slikar, slikarstvo zgodnje renesanse; *ling* korenska beseda

primitiveness [prímitivnis] *n* primitivnost, prvotnost; preproščina

primitivism [prímitivizəm] *n* primitivizem

primness [prímnis] *n* prisiljenost, togost, nenaravnost; točnost

primogenital [praimoudžénitəl] *adj* prvorojen; ~ **right** pravica prvorojenca

primogenitor [praimoudžénitə] *n* praded, praoče, najstarejši prednik

primogeniture [praimoudžéničə] *n* primogenitura, prvorojenstvo; *jur* dedna pravica prvorojenca

primordial [praimó:diəl] *adj* (~ **ly** *adv*) prvobiten, prvoten, početen, temeljen

primp [primp] *v* glej **prink**

primrose I [prímrouz] *n* *bot* trobentica, jeglič, primula; bledo rumena barva; *bot* ~ **peerless** dvocvetna narcisa; *bot* **evening** ~ svetlin

primrose II [prímrouz] *adj* poln trobentic; bledo rumen; vesel, prijeten; **the** ~ **path** (ali **way**) z rožicami postlano življenje, lagodno in veselo življenje; *E* **Primrose League** Disraelijeva konservativna liga (ustanovljena l. 1883.)

primula [prímjulə] *n* *bot* primula, jeglič, trobentica

primum mobile [práiməm móubili:] *n Lat astr hist* zunanja sfera vesolja (od desetih); prvi nagib, prasila; *fig* gonilna sila

primus I [práiməs] *adj* najstarejši (deček istega imena v šoli); prvi; ~ **inter pares** ˙prvi med enakimi

primus II [práiməs] *n* škotski nadškof

primus III [práiməs] *n* kuhalnik (na špirit)

prince [prins] *n* princ, kraljevič, vladar, knez; *A* **Prince Albert** dolga salonska suknja; **Prince of the Church** kardinal; **Prince Consort** kraljičin soprog; **the Prince of Darkness** satan; **Prince of Denmark** Hamlet; *hist* **Prince Elector** (nemški) volilni knez; **Prince Imperial** carjevič; **Princes of the Apostles** apostola Peter in Pavel; **merchant** ~ denarni mogotec; **the Prince of Peace** Kristus; **Prince Royal** prestolonaslednik; **Prince of Wales** vzdevek angleškega prestolonaslednika; ~ **of the blood** princ kraljeve krvi

prince-bishop [prínsbišəp] *n* knezoškof

princedom [prínsdəm] *n* knežja čast, kneževina

princekin [prínskin] *n cont* knezič, prinček

princelike [prínslaik] *adj* kot knez, knežji, prinčevski, plemenit

princeling [prínsliŋ] *n* glej **princekin**

princely [prínsli] *adj* knežji, prinčevski; razkošen, veličasten, dostojanstven

princeps [prínseps] *n* (*pl* ~ **cipes**) *hist* rimski državni voditelj; *print* prva, originalna izdaja

princess [prinsés, prínsis] *n* princesa, kneginja; *arch* kraljica; ~ **royal** najstarejša kraljeva hči

principal I [prínsipəl] *adj* (~ **ly** *adv*) prvi, glaven, osnoven, vodilen; *gram* glavni; *tech* ~ **axis** glavna os; *theat* ~ **boy** igralka glavne moške vloge v pantomimi; *gram* ~ **clause** glavni stavek; *econ* ~ **creditor (debtor)** glavni upnik (dolžnik); *econ* ~ **office**, ~ **place of business** sedež podjetja

principal II [prínsipəl] *n* predstojnik, načelnik; šolski predstojnik, ravnatelj, rektor; vodja, kolovodja; *jur* glavni krivec; *jur* naročnik, pooblastitelj; duelant (za razliko od sekundanta); *econ* osnovni kapital, glavnica; *econ* (zapuščinska, posestna itd.) masa; *mus* glavni stavek, vodilni glas, vodilna tema; glavna stvar; *tech* nosilna gred (na strehi); *art* glavni motiv, original; *jur* ~ **in the first degree** glavni krivec v zločinu; *jur* ~ **in the second degree** sokrivec; *econ* ~ **and interest** kapital in obresti

principality [prinsipǽliti] *n* kneževina; knežja čast, oblast

principally [prínsipli] *adv* glavno, zlasti, predvsem

principate [prínsipit] *n hist* starorimski principat

principle [prínsipl] *n* princip, načelo, vodilo; osnova, podlaga, temelj; *chem* bistvena sestavina; **on** ~ načelno, iz principa; **in** ~ v načelu, po pravilu; ~ **of averages** načelo povprečne vrednosti; ~ **of relativity** relativnostna teorija; **a man of** ~ načelen človek

principled [prínsipld] *adj* načelen, principialen; (zlasti v sestavljenkah, npr. **high-**~)

prink [priŋk] *vt & vi* krasiti, lišpati (se) (tudi z *up*)

print I [print] *n print* tisk, tiskanje; tiskovina; *A* tiskana stvar, časopis, revija; odtis, vtisk, znak, sled (npr. noge); *art* grafični list; časopisni papir; tiskanina (blago), katun; *phot* kopija; *tech* kalup, model, žig; **the** ~ **s** tisk; *A* **daily** ~ **s** dnevno časopisje; **foot** ~ sled noge; **finger** ~ odtis prsta; **in** ~ v tisku, v prodaji (knjiga); *fig* **in cold** ~ v črno belem; **out of** ~ razprodan (knjiga); **to rush a book into** ~ hitro dati v tisk

print II [print] **1.** *vt* tiskati, dati v tisk, natisniti; odtisniti, potiskati; pisati s tiskanimi črkami; vtisniti (*on*; žig); pustiti sled (*on*), natiskati vzorec (*in* v); vtisniti (*on s.o.'s mind* komu v spomin), pustiti sled, odtis; *phot* kopirati (*off*, *out*); kalupiti (npr. maslo); **2.** *vi* tiskati, izdajati knjige itd.; biti v tisku (*the book is* ~ **ing** knjiga je v tisku); ~ **ed form** tiskan formular; ~ **ed matter** tiskovine; ~ **ed goods** tiskanine (blago); ~ **ed characters** tiskane črke

printable [príntəbl] *adj* zrelo za tisk; ki je vredno tiskati

print-butter [príntbʌtə] *n* kalupljeno maslo

printer [príntə] *n* tiskar; *tech* tiskalni, kopirni aparat, tiskalo (tudi v računalništvu); ~ **'s devil** tiskarski vajenec; ~ **'s flower** vinjeta; ~ **'s ink** tiskarsko črnilo; *fig* ~ **'s pie** črkovna zmešnjava; ~ **'s error** tiskovna napaka; ~ **'s mark** trgovski znak tiskarne

printery [príntəri] *n A* tiskarna; tovarna tiskanin

print-hand [prínthænd] *n* z roko pisane tiskane črke

printing [príntiŋ] *n* tiskanje, tisk, tiskovina; naklada (knjige, časopisa); pisanje s tiskanimi črkami; *phot* kopiranje
printing-block [príntiŋblɔk] *n* kliše
printing-house [príntiŋhaus] *n* tiskarna
printing-in [príntiŋin] *n phot* vnašanje v sliko
printing-ink [príntiŋiŋk] *n* tiskarska barva
printing-machine [príntiŋmɔši:n] *n tech* tiskarski stroj
printing-office [príntiŋɔfis] *n* tiskarna (knjig)
printing-out [príntiŋáut] *adj phot* kopiren (papir)
printing-paper [príntiŋpeipɔ] *n* kopirni papir
printing-press [príntiŋpres] *n* tiskarski stroj; tiskarna
printing-type [príntiŋtaip] *n* tiskarska črka
printing-works [príntiŋwɔ:ks] *n pl* (edninska konstrukcija) tiskarna
printless [príntlis] *adj* brez sledu tiska, odtisa; ki ne pušča sledu
print-seller [príntselɔ] *n* prodajalec grafičnih listov, gravur
print-shop [príntšɔp] *n* tiskarna; graverstvo, prodajalna gravur, grafik
print-works [príntwɔ:ks] *n pl* (edninska konstrukcija) tovarna tiskanin
prior I [práiɔ] *adj* prejšnji; prioriteten; ~ to starejši, važnejši; *adv* pred, prej; *A econ* ~ preferred stock prioritetne akcije; *econ* ~ redemption predčasna poravnava; *econ* subject to ~ sale pravica do predprodaje
prior II [práiɔ] *n* prior, samostanski predstojnik
priorate [práiɔrit] *n* priorat, priorstvo
prioress [práiɔris] *n* samostanska prednica
priority [praiɔ́riti] *n* prioriteta, prednost (*over, to*); ~ bond prednostna obligacija; ~ holder kdor ima prioriteto; ~ share prioritetna delnica; ~ list prioritetna lista; of first (ali top) ~ najbolj nujno; to give high ~ to dati največjo prednost čemu (komu); to take ~ of imeti prednost pred kom; ~ of birth prvorojenstvo; ~ road prednostna cesta; ~ rule pravilo o prednosti
priory [práiɔri] *n* samostan
prise [práiz] 1. *n* vzvod; 2. *vt E* dvigniti z vzvodom
prism [prizm] *n phys, geom* prizma; *pl* barve, ki nastanejo pri lomljenju žarkov skozi prizmo; prunes and ~ zmešan govor
prismatic [prizmǽtik] *adj* (~ ally *adv*) prizmatičen; mavričen (barve); *min* romboedrski
prismatoid [prízmɔtɔid] *n geom* prizmatoid
prison I [prizn] *n* ječa, zapor, kaznilnica; to cast in ~ vreči v ječo; to put in (ali send to) ~ zapreti v ječo
prison II [prizn] *vt fig & poet* zapreti, imeti zaprtega
prison-breaking [príznbreikiŋ] *n* beg iz ječe
prison-camp [príznkæmp] *n mil* ujetniško taborišče; »odprta ječa« za manjše prestopnike
prisoner [príz(ɔ)nɔ] *n* jetnik, (vojni) ujetnik, interniranec; *jur* ~ at the bar obsojenec; *jur* ~ on remand zapornik v preiskovalnem zaporu; ~'s base vrsta otroške igre; state ~ ali ~ of state politični zapornik; to take s.o. ~ zajeti koga; ~ of war vojni ujetnik; *fig* to be a ~ to biti sužnj česa (koga)
prison-house [príznhaus] *n* zapor (tudi *fig*), kaznilnica

prison-van [príznvæn] *n* policijski avto, marica
prissy [prísi] *adj A coll* pedanten, natančen, prefinjen -
pristine [prístain, ~tin] *adj* primitiven, prvoten, prastar
prithee [príði:] *int E arch* prosim te!
privacy [práivɔsi] *n* osamljenost, zadržanost, zasebnost, osama, zatišje, mir (doma); skrivnost, tajnost; in strict ~ strogo zaupno
private I [práivit] *adj* (~ ly *adv*) privaten, zaseben, oseben; zadržan; zaupen; nemoten; neuraden, neslužben; tajen, skriven; to be ~ to s.th. biti poučen o čem, vedeti kaj; ~-clothes-man tajni policist v civilu; *sl* ~ eye privatni detektiv; *econ* ~ company trgovska družba z neomejeno zavezo; *econ* ~ limited company družba z omejeno zavezo; for one's ~ ear zaupno; in ~ privatno, zaupno, skrivaj; ~ means (ali income) dohodek od rente; ~ parts spolni organi; ~ hotel penzion; *E* ~ soldier navaden vojak; by ~ bargain pod roko (kupiti, prodati); *pol* ~ bill poslančev osebni predlog; *jur* ~ law osebna pravica; ~ theatre amatersko gledališče
private II [práivit] *n E* navaden vojak; *pl* spolni organi; in ~ v privatnem življenju; zaupno
privateer [praivɔtíɔ] 1. *n hist* privatna ladja, ki je imela dovoljenje za napadanje sovražnih trgovskih ladij; njen kapitan, njen mornar; 2. *vi* pluti na taki ladji
privateering [praivɔtíɔriŋ] *n* piratstvo
privately [práivitli] *adv* privatno, zasebno; tajno; zaupno; ~ owned v zasebni lasti; to settle s.th. ~ urediti kaj med seboj
privateness [práivitnis] *n* glej privacy
privation [praivéišɔn] *n* pomanjkanje, beda; izguba, odvzem (za življenje potrebnih stvari)
privative [prívɔtiv] 1. *adj* (~ ly *adv*) odvzemen, izločevalen; *gram* nikalen; 2. *n gram* nikalni členek
privet [prívit] *n bot* kalina, kostenika, liguster
privilege I [prívilidž] *n* privilegij, posebna pravica, prednost, izjemnost; *E* bill of ~ pravica plemiča, da mu sodijo njemu enaki; writ of ~ listina o priznanju posebnih pravic; *A* ~ of lot pravica do izbire; to grant a ~ to dati komu posebne pravice; breach of ~ prestop pooblastila, kršitev pravic; ~ of Parliament (poslančeva) imuniteta; *jur* ~ of self-defence pravica do samoobrambe; *econ* ~ tax koncesioniran davek
privilege II [prívilidž] *vt* privilegirati, dati posebne pravice (*to*); izvzeti (*from*)
privileged [prívilidžd] *adj* privilegiran; *jur* ~ communication zaupno sporočilo; the ~ classes privilegirani stanovi; *econ* ~ stock prednostna akcija
privily [prívili] *adv* tajno, zaupno
privity [príviti] *n* sovednost (pri tajni); *jur* sovednost, soudeležba; interesna skupnost; ~ in estate skupna lastnina, skupni dediči
privy I [prívi] *adj* (privily *adv*) zaseben, oseben, neslužben, privaten; poučen, uveden, vpeljan (*to*); skriven, tajen, zaupen; *jur* ~ to soudeležen pri; *E* ~ council tajni državni svet (sedaj le časten naziv); *E* ~ councellor član tajnega državnega sveta; *E* ~ seal državni pečat; *E* Lord Privy Seal čuvar državnega pečata; ~

parts spolovila; ~ **purse** denar za kraljeve osebne potrebe

privy II [prívi] *n jur* soudeleženec (*to*), sovedec; *arch* stranišče

prize I [práiz] *n* nagrada, premija, dobitek, plačilo; *fig* najboljše; vojni plen (zlasti ladja), zaplenitev; **the ~s of a profession** najvišja mesta v poklicu; **the ~s of life** najvišji življenjski cilji; **a ~ idiot** popoln idiot; **to draw a ~ in lottery** zadeti dobitek v loteriji; **to win a ~** dobiti nagrado

prize II [práiz] *vt* ceniti, spoštovati; *naut* zapleniti (vojno) ladjo

prize III [práiz] *n & vt* glej **prise**

prize-court [práizkó:t] *n naut* sodišče, ki razsoja o vojnem plenu

prize-fight [práizfait] *n* dvoboj profesionalnih boksarjev (brez rokavic)

prize-fighter [práizfaitə] *n* poklicni boksar (ki boksa brez rokavic)

prize-fighting [práizfaitiŋ] *n* profesionalni boks

prize-giving [práizgiviŋ] *n E* podelitev nagrad v šoli

prizeman [práizmən] *n* dobitnik nagrade (zlasti na univerzi)

prize-money [práizmʌni] *n E naut* dobiček od prodaje vojnega plena

prize-ring [práizriŋ] *n* boksarski ring, profesionalno boksanje

prize-winner [práizwinə] *n* zmagovalec, dobitnik nagrade

prize-winning [práizwíniŋ] *adj* nagrajen, ki dobi nagrado

pro [próu] **1.** *prep* za, pro; **2.** *n* zagovornik predloga, glas za; *coll* profesionalec; **the ~s and cons** argumenti za in proti; **~ and con** za in proti

pro- [próu] *pref* pred; predpona v nekaterih novejših sestavljenkah

probability [prɔbəbíliti] *n* verjetnost; **in all ~** prav verjetno; *math* **~ calculus** verjetnostni račun

probable [próbəbl] **1.** *adj* (**probably** *adv*) verjeten; **2.** *n sl* verjeten kandidat; *sp* verjeten udeleženec; kar se bo verjetno zgodilo

probably [próbəbli] *adv* verjetno, najbrž

probang [próubæŋ] *n med* sonda za grlo

probate I [próubit, ~eit] *n jur* overitev oporoke, overjen prepis oporoke; **~ duty** zapuščinski davek; **~ court** zapuščinsko sodišče; *A* (tudi) varstveno sodišče

probate II [próubeit] *vt A* dokazati pravnomočnost oporoke

probation [prəbéišən, prou~] *n* poskus, preizkušnja, preizkusna doba; *jur* pogojen odpust kazni; *eccl* noviciat; **to be on ~** biti na preizkušnji (kaznjenec); **to put on ~** pogojno izpustiti; **~ officer** varuh pogojno izpuščenega kaznjenca; **year of ~** preizkusno leto

probational [prəbéišənəl, prou~] *adj* (**~ly** *adv*) poskusen, preizkusen; *jur* pogojno izpuščen; **~ period** preizkusna doba

probationary [prəbéišənəri, prou~] *adj* glej **probational**

probationer [prəbéišənə, prou~] *n* kandidat, nameščenec na preizkusu, stažist; *eccl* novic; *jur* pogojno izpuščen kaznjenec; *fig* novinec

probationership [prəbéišnəšip, prou~] *n* preizkusna doba, učna doba; *eccl* noviciat

probative [próubətiv] *adj* dokazen (*of*); **to be ~ of** dokazati; *jur* **~ facts** pomembna dokazna dejstva; **~ force** dokazna moč

probatory [próubətəri] *adj* glej **probative**

probe I [próub] *n med* sonda; *tech* (lunina itd.) sonda, raziskovalni satelit; *fig* sondiranje; *A* preiskava

probe II [próub] **1.** *vt med* sondirati, preiskovati s sondo; *fig* preiskovati; **2.** *vi* raziskovati, prodirati (*into* v); **to ~ into a matter** zadevo temeljito raziskati

probity [próubiti] *n* poštenost, odkritost; pravičnost

problem [próbləm] *n* problem, težka naloga, težko vprašanje, sporna zadeva; *math* računski problem; **to set a ~** postaviti problem; **I'm facing a ~** stojim pred problemom

problematic [prɔblimætik] *adj* (**~ally** *adv*) problematičen, nejasen, dvomljiv, sporen

problem(at)ist [próblim(ət)ist] *n* problemist, kdor sestavlja problemski šah

proboscidean [prɔbəsídiən, prou~] *adj zool* rilčast, ki ima rilec

proboscis [prəbósis, prou~] *n* (*pl* ~**cises**) *zool* rilec; *hum* nos; **~ monkey** nosan (opica)

procaine [próukein, proukéin] *n chem* novokain

procedural [prəsí:džərəl] *adj jur* procesualen, proceduren

procedure [prəsí:džə] *n* postopek, obravnavanje, procedura; *jur* sodni postopek; *aero* dovoljen pristanek

proceed [prəsí:d] *vi* nadaljevati pot, napotiti se (*to*); *fig* nadaljevati se, napredovati; uspeti, iti po sreči, priti naprej; nadaljevati (*with* kaj); nadaljevati govor (*he ~ed to say* nadaljeval je, nato je rekel); ravnati, delati po načrtu; preiti (*to* k), lotiti se, nameniti se (*to do s.th.* kaj storiti); izvirati (*from*); *jur* začeti sodni postopek (*against* proti); **to ~ with s.th.** lotiti se česa, izvesti kaj; **to ~ to business** lotiti se dela, začeti; *E* **to ~ to a degree** doseči višjo akademsko stopnjo

proceeding [prəsí:diŋ] *n* postopek, ravnanje, procedura; *pl* spisi, protokoli, zapisnik razprave, (znanstvena) poročila *pl jur* pravni postopek; *jur* **to take** (ali **institute**) **legal ~s against** začeti pravni postopek proti komu

proceeds [próusi:dz] *n pl* iztržek, donos, dohodek (*npr. from a sale* prodaje)

proceleusmatic [prɔsəlu:smætik] **1.** *adj* navdihovalen; **2.** *n* metrična stopica iz štirih kratkih zlogov

process I [próuses, *A* pró~] *n tech* proces, postopek; tok, potek, razvoj, napredek; tok časa; *print* fotomehanično razmnoževanje; *jur* sodni postopek, proces, sodni poziv; *anat, bot, zool* izrastek, podaljšek; *chem* proces; **in (the) ~ of** v teku; **in ~ of construction** v izgradnji; **~ engineering** tehnika postopka; **to be in ~** teči, razvijati se; *jur* **due ~ of law** reden postopek

process II [prəsés, *A* pró~] *vt* obdelovati, obdelati, predelovati, predelati (industrija); *jur* pozvati, tožiti, začeti postopek; *print* fotomehanično razmnoževati; **to ~ into** predelati v; **~(ed) cheese** topljen sir

process III [prəsís] *vi coll* iti v povorki, procesiji
process-block [próusəsblək] *n print* kliše za foto-
mehanično razmnoževanje
processing [próusəsiŋ] *n tech* predelovanje, ople-
menitenje; ~ industry predelovalna industrija
procession I [prəséšən] *n* procesija, sprevod, obhod
procession II [prəséšən] *vi & vt* iti v procesiji, po-
vorki; hoditi v povorki (po ulicah, mestu)
processional [prəséšənəl] 1. *adj* (~ly *adv*) proce-
sijski, obreden; 2. *n* obredna pesmarica; ~ hymn
cerkvena pesem, ki se poje v procesiji
processionist [prəséšənist] *n* kdor gre za procesijo
processor [prəsésə] *n tech* predelovalec, predelo-
valna naprava; prevajalec (pri obdelavi podat-
kov)
process-server [próusəssə:və] *n* dostavljalec sodnih
pozivov
procès-verbal [prəséivɛəbá:l] *n jur* zapisnik
proclaim [prəkléim, prou~] *vt* razglasiti, prokla-
mirati; vtisniti žig (izdaje); napovedati (vojno,
mir), proglasiti izjemno stanje; prepovedati
(shod); the dress ~ s the man obleka naredi
človeka
proclamation [prəkləméišən] *n* proklamacija, raz-
glas (*to*), oglas; proglasitev izjemnega stanja,
prepovedi itd.
proclamatory [prəklǽmətəri] *adj* proklamacijski,
razglasen
proclitic [prouklítik] 1. *n gram* proklitika, beseda
brez poudarka; 2. *adj* proklitičen
proclivity [prəklíviti, prou~] *n* nagnjenje, nagon
(*to, toward* k)
proconsul [proukónsəl] *n hist* prokonzul; guverner
kolonije
proconsular [proukónsjulə] *adj* prokonzulski
proconsulate [proukónsjulit] *n* prokonzulat
procrastinate [proukrǽstineit] 1. *vt* odlašati, za-
drževati, zavlačevati; 2. *vi* obotavljati se
procrastination [proukrǽstinéišən] *n* odlašanje, za-
drževanje, zavlačevanje; obotavljanje; ~ is the
thief of time odlašanje krade čas
procrastinator [proukrǽstineitə] *n* zadrževalec, za-
vlačevalec, obotavljač
procrastinatory [proukrǽstineitəri] *adj* zadrževa-
len, zavlačevalen
procreant [próukriənt] *adj poet* rodeč, ploden, pro-
duktiven
procreate [próukrieit] *vt* roditi, oploditi; *fig*
ustvariti, povzročiti; to ~ one's kind ploditi se
procreation [proukriéišən] *n* roditev, oploditev;
ustvarjanje
procreative [próukrieitiv] *adj* plodilen, zaroden,
ploden; ~ capacity plodilnost
procreator [próukrieitə] *n* zarodnik
Procrustean [prəkrástiən] *adj* Prokrustov; *fig* na-
silen, s silo
proctor [próktə] *n E univ* proktor, disciplinski nad-
zornik; *E eccl* odvetnik na cerkvenem sodišču;
E the King's Proctor državni tožilec (zlasti pri
ločitvenih procesih); *sl* ~'s man, ~'s bull(dog)
pedel
proctorial [prəktó:riəl] *adj* (~ly *adv*) ki se nanaša
na proktorja
proctorize [próktəraiz] *vt E univ* skrbeti za red,
poklicati k proktorju, kaznovati
proctorship [próktəšip] *n* služba proktorja

proctoscope [próktəskoup] *n med* rektoskop
procumbent [proukámbənt] *adj* (na trebuhu) ležeč;
bot plazeč (rastlina)
procurable [prəkjúərəbl, prou~] *adj* dosegljiv,
dobljiv, nabavljiv
procurance [prəkjúərəns, prou~] *n* zastopstvo,
agencija, posredovalnica
procuration [prəkjuəréišən] *n* zastopanje, posredo-
vanje; *jur, econ* polnomočje, pooblastilo, pro-
kura; dobava, nabava; by (ali per) ~ s posredo-
vanjem; namesto, za (podpis namesto direk-
torja); ~ fee, ~ money plačilo za posredovanje
procurator [prókjuəreitə] *n hist* rimski prokurator,
oskrbnik, namestnik; *jur* zastopnik, poobla-
ščenec; *E* Procurator General varuh državne
blagajne
procuratorial [prəkjuərətó:riəl] *adj* prokuratorski
procure [prəkjúə, prou~] 1. *vt* dobiti, nabaviti,
preskrbeti; doseči, pridobiti (ugled, bogastvo);
zvoditi (dekle); izposlovati, povzročiti, nape-
ljati; 2. *vi* ukvarjati se z zvodništvom; to ~ s.o.
to commit a crime napeljati koga k zločinu;
to ~ s.th. for s.o. (ali s.o. s.th.) preskrbeti komu
kaj
procurement [prəkjúəmənt] *n* nabavljanje, preskr-
bovanje; dobivanje, pridobivanje; posredova-
nje; zvodništvo
procurer [prəkjúərə, prou~] *n* nabavljač; posred-
nik; zvodnik
procuress [prəkjúəris, prou~] *n* posrednica; zvod-
nica
procuring [prəkjúəriŋ] *n* zvodništvo
prod [prəd] 1. *n* zbodljaj, udarec; šilast predmet,
šilo; *fig* spodbuda; 2. *vt* zbosti, zbadati (tudi
fig); *fig* spodbuditi (*into* k)
prodder [pródə] *n* zbadljivec, ~vka
prodelision [proudilížən] *n gram* izpah začetnega
vokala (npr. *I'm* za *I am*)
prodigal I [pródigəl] *adj* (~ly *adv*) zapravljiv (*of*);
obilen, bujen; the ~ son izgubljeni sin
prodigal II [pródigəl] *n* zapravljivec, -vka
prodigality [prədigǽliti] *n* zapravljanje, razsip-
nost; bujnost, obilica (*of* česa)
prodigalize [pródigəlaiz] *vt* zapravljati, razsipati
prodigious [prədídžəs] *adj* (~ly *adv*) ogromen;
presenetljiv, čudovit, nenavaden
prodigiousness [prədídžəsnis] *n* ogromnost; čudo-
vitost, nenavadnost
prodigy [pródidži] *n* čudo (človek ali stvar); *cont*
izrodek; infant ~ čudežen otrok; the prodigies
of the human race čuda, čudovita dela človeštva
prodromal [pródrəməl] *adj med* svarilen (znak)
prodrome [próudroum] *n med* svarilni znak
produce I [pródju:s] *n* (samo ednina) pridelki
(zlasti kmetijski), pridelek, donos; uspeh; *tech*
storitev, učinek (*daily* ~)
produce II [prədjú:s] 1. *vt* izdelati, izdelovati, pri-
delati, pridelovati, pridobivati; *fig* ustvariti,
narediti, doseči (učinek itd.); roditi, obroditi
(zemlja); izdati (knjigo); pridobivati (rudo,
premog); *econ* prinesti, prinašati (dobiček); iz-
vleči (*from*; iz žepa itd.); pripeljati (priče,
predložiti (dokaze); uprizoriti, pokazati (igro,
film); predstaviti (igralca); pokazati (vstopni-
co), predložiti; *math* podaljšati črto; 2. *vi* izde-
lovati; prinašati; roditi (sad); *econ* dajati do-

biček; *fig* **to** ~ **o.s.** producirati se, razkazovati se; **one cannot** ~ **rabbits out of hats** človek ne more delati čudežev; **to·**~ **on the line** delati po tekočem traku

produce-broker [pródju:sbroukə] *n* posrednik pri kupoprodaji kmetijskih proizvodov

produce-exchange [pródju:siksčeindž] *n* žitna borza

producer [prədjú:sə] *n* izdelovalec, pridelovalec; filmski producent; *tech* generator; **producers' goods** stroji in surovine

producible [prədjú:səbl] *adj* izvedljiv, ki se ga lahko izdela, pridobiva, pridela; ki se lahko pokaže, pripelje

product [pródəkt] *n* izdelek, produkt; *fig* plod, stvaritev, rezultat; *math* zmnožek, produkt; *chem* pridobitek; **intermediate** ~ vmesni produkt; **national** ~ nacionalna produkcija

production [prədΛkšən] *n* izdelovanje, pridelovanje, produkcija; *chem*, *min* pridobivanje (npr. zlata); izdelki, fabrikat, pridelek; *fig* plod, sad, stvaritev, književno ali umetniško delo; predložitev (dokazov, listin itd.); *math* podaljšanje črte; *theat* uprizoritev, insceniranje; (film) režija, umetniško vodstvo, produkcija; ~ **capacity** proizvodnost, produkcijska zmogljivost; ~ **car** serijski avto; ~ **costs** produkcijski stroški; ~ **engineer** obratni inženir; ~ **goods** tovarniški izdelki; ~ **line** tekoči trak (delo)

productional [prədΛkšənəl] *adj* produkcijski, proizvoden

productive [prədΛktiv] *adj* (~ **ly** *adv*) produktiven, delaven, pridelovalen; *fig* ploden, ustvarjalen; ~ **labour** delavci v proizvodnji

productiveness [prədΛktivnis] *n* produktivnost; *fig* plodnost, ustvarjalnost; *econ* delovna storilnost

productivity [prədΛktíviti] *n* glej **productiveness**

proem [próuem] *n* proemij, predgovor, uvod

proemial [prouí:miəl] *adj* uvoden

profanation [profənéišən] *n* profanacija, oskrunitev, onečaščenje

profanatory [proufǽnətəri] *adj* skrunilen, onečaščevalen

profane I [proféin] *adj* (~ **ly** *adv*) posveten, neposvečen, nepoučen, nevpeljan (*to* v); vsakdanji, profan; poganski, bogokleten; ~ **language** psovka

profane II [proféin] *vt* profanirati, onečastiti, oskruniti, sramotiti

profanity [prəfǽniti] *n* profanost, brezbožnost, bogokletnost; posvetnost; psovke

profess [prəfés] *vt* (javno) izpovedati (vero, prepričanje itd.), izjaviti; priznati, zatrjevati, trditi, hliniti; zagovarjati (svoja načela); opravljati (poklic), izvrševati; predavati, poučevati (na univerzi); *eccl* napraviti zaobljubo

professed [prəfést] *adj* (~ **ly** *adv*) dozdeven, hlinjen; izrecen, priznan, javen, očiten; zaobljubljen (menih)

professedly [prəfésidli] *adv* dozdevno, po lastni izjavi; javno, očitno, znano

profession [prəféšən] *n* (zlasti akademska in svobodna) profesija, poklic; (*the*) poklic, stan, vsi pripadniki nekega poklica ali stanu; izpoved (vere, prepričanja), priznanje, izjava; *eccl* zaobljuba; **the** ~**s** akademski poklici; **the learned** ~**s** pravo, medicina, teologija; **by** ~ po po-

klicu; **the medical** ~ zdravstvo, zdravniki; *sl* **the** ~ gledališki igralci

professional I [prəféšənəl] *adj* (~ **ly** *adv*) profesionalen, poklicen, stanovski; strokoven; *sp* profesionalen; ki ima svoboden ali akademski poklic; strokovno usposobljen (npr. vrtnar); ~ **discretion** dolžnost molčečnosti (zdravnik); ~ **ethics** poklicna etika; ~ **school** strokovna šola; **in a** ~ **way** poklicno; ~ **man** intelektualni delavec; **the** ~ **classes** višji poklicni stanovi

professional II [prəféšənəl] *n* strokovnjak, intelektualec; *sp* profesionalec, poklicni športnik; (golf) upravnik igrišča

professionalism [prəféšənəlizəm] *n* profesionalizem; poklicno ukvarjanje s športom

professionalize [prəféšənəlaiz] *vt sp* najemati profesionalne športnike

professionless [prəféšənlis] *adj* brez profesije, brez poklica

professor [prəfésə] *n* profesor(ica) (univerzitetni); *A Sc* izpovedovalec (vere, prepričanja); **Assistant Professor** docent; **Associate Professor** izredni profesor; **Full Professor** redni profesor

professorate [prəfésərit] *n* profesura; profesorski zbor (univerze)

professorial [profesó:riəl] *adj* (~ **ly** *adv*) profesorski; ~ **chair** katedra

professoriate [profesó:riit] *n univ* profesorski zbor visoke šole

professorship [prəfésəšip] *n* profesura (univerzitetna)

proffer [prófə] 1. *n* ponudba, predlog; 2. *vt* (formalno) ponuditi, predlagati

proficiency [prəfíšənsi] *n* (samo ednina) spretnost, sposobnost, strokovnost, znanje

proficient [prəfíšənt] 1. *adj* (~ **ly** *adv*) spreten, sposoben (*in*, *at*); 2. *n* strokovnjak, poznavalec, mojster

profile I [próufi:l, ~ fail] *n* profil, slika v profilu, obris; *tech* profil, prečni prerez; kratka biografija, biografska skica; (zgodovinski itd.) prerez; profil nekega delavca

profile II [próufi:l, ~ fail] *vt* slikati v profilu; *tech* profilirati, risati v prerezu, fasonirati; pisati kratko biografijo o kom (čem)

profile-cutter [próufi:lkΛtə] *n tech* fasonski rezkar

profiler [próufailə] *n tech* kopirni rezkalni stroj

profit I [prófit] *n econ* dobiček, korist; (često *pl*) dohodek, skupiček, čisti dohodek; *jur* donos (od zemlje); korist, prednost; **gross** ~ bruto dohodek; **net** ~ neto dohodek; **excess** ~ izredni dobiček; **rate of** ~ profitna mera; **to leave a** ~ prinesti dobiček; **to make a** ~ **on** zaslužiti kaj s čim; **to sell at a** ~ prodati z dobičkom; ~ **and loss account** obračun; **small** ~**s quick returns** majhen, a takojšen dobiček; **to turn s.th. to** ~ obrniti kaj sebi v prid; **to his** ~ v njegovo korist

profit II [prófit] 1. *vi* imeti dobiček, narediti dobiček (*by*, *from* s čim); biti koristen; 2. *vt* koristiti komu (čemu), izkoriščati kaj

profitability [profitəbíliti] *n* donosnost, koristnost, rentabilnost

profitable [prófitəbl] *adj* (**profitably** *adv*) donosen, koristen, rentabilen (*to*, *for*)

profitableness [prófitəblnis] *n* glej **profitability**

profiteer [prəfitíə] 1. *n* dobičkar, verižnik, oderuh; 2. *vi* navijati cene, odirati, nepošteno zaslužiti, verižiti

profiteering [prəfitíəriŋ] *n* dobičkarstvo, verižništvo, oderuštvo

profiterole [prəfítəroul] *n art* črnčeva glava

profitless [prófitlis] *adj* (~ **ly** *adv*) nedonosen, nekoristen

profit-sharing [prófitšɛəriŋ] *n* delitev dobička (med tovarnarjem in delavci)

profligacy [prófligəsi] *n* razuzdanost, izprijenost, pokvarjenost; razsipnost

profligate [prófligit] 1. *adj* (~ **ly** *adv*) razuzdan, izprijen, pokvarjen; razsipen; 2. *n* razuzdanec, izprijenec, pokvarjenec; razsipnež

pro forma [proufóːmə] *adj* & *adv Lat* pro forma, na videz, formalen, formalno

profound [prəfáund] 1. *adj* (~ **ly** *adv*) globok (zlasti *fig*), globokoumen, temeljit; *fig* nedoumljiv, temen, brezdanji; 2. *n poet* globina, brezno, prepad

profoundly [prəfáundli] *adv* globoko; nadvse, skrajnje; popolnoma

profoundness [prəfáundnis] *n* globina, brezno, prepad; globokoumnost; temeljitost, visoka stopnja, intenzivnost

profundity [prəfʌnditi] *n* glej **profoundness**

profuse [prəfjúːs] *adj* (~ **ly** *adv*) obilen, bujen (*of*, *in*); preradodaren, darežljiv, razsipen (*of*, *in*)

profusion [prəfjúːžən] *n* obilica, obilje (*of*); bujnost; prevelika radodarnost, darežljivost, razsipnost; **in** ~ na pretek

prog [prɔg] 1. *n sl* hrana, jedila (za izlet, pot); *E sl* disciplinski nadzornik v Oxfordu ali Cambridgeu (glej **proctor**); 2. *vt sl* glej **proctorize**

progenitive [pro(u)džénitiv] *adj* plodilen, ki ima lahko potomce

progenitor [proudžénitə] *n* praded, praoče, prednik; *fig* duhovni oče česa

progenitorial [proudženitóːriəl] *adj* pradedov, prednikov

progenitress [proudžénitris] *n* prababica, prednica

progeniture [proudžéničə] *n* ploditev; rod, vir, poreklo

progeny [prɔdžini] *n* potomstvo, potomci, otroci; *zool* zarod, zalega; *fig* sad, produkt; pleme, rod

prognathic [prougnǽθik] *adj* glej **prognathous**

prognathism [prougnéiθizəm] *n med* štrlenje (čeljusti) naprej

prognathous [prougnéiθəs] *adj* štrleč (čeljust), naprej štrlečih čeljusti

prognosis [prəgnóusis] *n* (*pl* ~ **ses**) prognoza, napoved

prognostic I [prəgnóstik] *adj* prognostičen, napoveden (*of*); ~ **chart** vremenska prognostična karta

prognostic II [prəgnóstik] *n* prognoza, napoved, predznak, indikacija

prognosticate [prəgnóstikeit] *vt* prognozirati, napovedati

prognostication [prəgnəstikéišən] *n* prognoziranje, napoved, napovedovanje

prognosticative [prəgnóstikətiv] *adj* napovedovalen

prognosticator [prəgnóstikeitə] *n* napovedovalec; prerok, vedež

program(me) I [próugrəm] *n* plan, načrt, program; (koncertni, gledališki) program; (elektronika) program; ~ **picture** dodatni film; ~ **music** programska glasba; ~-**controlled** programiran (elektronika); ~ **sequence** programska zaporednost

program(me) II [próugrəm] *vt* napraviti program, dati na program; (elektronika) programirati

programmatic [prougrəmǽtik] *adj* (~ **ally** *adv*) programatičen

programmer [próugrəmə] *n* programator (računalnika)

progress I [próugres] *n* (samo ednina) progres, napredek; razvoj, potek; *mil* napredovanje; *arch* potovanje, vožnja; *E hist* (tudi *pl*) službeno potovanje visoke osebnosti; **to make** ~ napredovati; **in** ~ v teku: ~ **payment** akontacija

progress [prəgrés] *vi* napredovati (*to*), razvijati se

progression [prəgréšən] *n* napredovanje, napredek; razvijanje, tok; širjenje, stopnjevanje, rast; *mus* sekvenca; *math* progresija, zaporedje; **arithmetic** ~ aritmetična progresija; **geometric** ~ geometrična progresija

progressional [prəgréšənəl] *adj poet* ki napreduje, ki gre naprej, napreden

progressionist [prəgréšənist] *n* progresist(ka), naprednjak(inja)

progressist [prəgréssist] *n pol* progresist(ka)

progressive I [prəgrésiv] *adj* (~ **ly** *adv*) progresiven, napreden (tudi *pol*); stopnjujoč, napredujoč, ki gre naprej; tekoč, zaporeden (število); *med*, *gram* progresiven; *econ* ~ **tax** progresiven davek, progresivno obdavčenje; *fig* **a** ~ **step** korak naprej; *gram* ~ **form** progresivna oblika; *gram* ~ **assimilation** prilagajanje predhodnemu soglasniku

progressive II [prəgrésiv] *n* naprednjak(inja), progresist(ka)

progressively [prəgrésivli] *adv* postopoma, polagoma, stopnjujoče

progressiveness [prəgrésivnis] *n* naprednost, stopnjevanost, progresivnost

progressivism [prəgrésivizəm] *n* napredna načela

prohibit [prəhíbit] *vt* prepovedati (*s.th.* kaj; *s.o. from doing s.th.* komu kaj narediti), zabraniti; preprečiti; ovirati (*s.o. from doing s.th.* koga pri)

prohibition [prouibíšən, ~ hi~] *n* prepoved, prepoved točenja alkohola, prohibicija

prohibitionism [prouibíšənizəm] *n* sistem zaščitne carine

prohibitionist [prouibíšənist, ~hi~] *n* prohibicionist, zagovornik prepovedi točenja alkohola; zagovornik zaščitne carine

prohibitive [prəhíbitiv] *adj* (~ **ly** *adv*) prohibitiven, prepovedovalen, preprečevalen; previsok nedosegljiv (cene); ~ **tax** zaščitni davek; ~ **duty** zaščitna carina; ~ **system** sistem zaščitne carine

prohibitor [prəhíbitə] *n* prepovedovalec, kdor brani, ščiti, preprečuje

prohibitory [prəhíbitəri] *adj* glej **prohibitive**

project I [prɔdžekt] *n* projekt, načrt, osnutek; **to form idle** ~ **s** zidati gradove v oblake

project II [prədžékt] 1. *vt* projektirati, snovati, zamisliti, načrtovati; vreči, projicirati (luč, senco, sliko); potisniti naprej; 2. *vi* štrleti, moleti (*over* čez, *into* v); **to** ~ **o.s.** (ali **one's thoughts**)

into v mislih se prestaviti v; **to ~ one's feelings into** prenesti svoja čustva na

projectile [prədžéktil, ~tail] **1.** *adj* gonilen, izstrelen; ki se lahko vrže, projicira; **2.** *n mil* izstrelek, projektil

projection [prədžékšən] *n* met, metanje, izstrelitev; štrlenje, štrlina, izbočenost, izbočina; *archit* napušč; podaljšek, nastavek; projekcija, plan, načrt, osnutek; pretvorba kovin; *psych* zvračanje krivde (od sebe), odvračanje (čustev), konkretiziranje (predstav)

projection booth [prədžékšənbu:ð] *n* operaterska kabina v kino dvorani

projection machine [prədžékšənməši:n] *n* filmski projektor

projectional [prədžékšənəl] *adj* projekcijski

projectionist [prədžékšənist] *n A* kinooperater, TV operater

projective [prədžéktiv] *adj* (~ly *adv*) projekcijski, ki projicira

projector [prədžéktə] *n* projektant, snovatelj; *tech* projektor, projekcijski aparat; žaromet

prolapse [próulæps] **1.** *n med* prolaps, izstop, zdrk (drobovja, maternice); **2.** *vi med* izstopiti, zdrkniti

prolate [próuleit] *adj* (~ly *adv*) *math* elipsoiden, raztegnjen po dolžini; *fig* razširjen

prolative [próulətiv] *adj gram* ki dopolnjuje predikat

prolegomenon [proulǝgómǝnǝn] *n* (*pl* ~ **mena**) uvod, uvodna pojasnila, prolegomena

prolepsis [proulépsis] *n* (retorika) vnaprejšnji odgovor (na morebitne očitke)

proletarian [prouletéǝriǝn] **1.** *adj* proletarski; **2.** *n* proletarec, -rka

proletariat(e) [proultéǝriǝt] *n* proletariat

proletary [próulǝteri] *adj & n* glej **proletarian**

prolicide [próulisaid] *n* odstranitev plodu, detomor

proliferate [prǝlífǝreit] *vi biol* razmnoževati se z delitvijo celic, bujno rasti; močno se množiti, širiti

proliferation [prǝlifǝréišǝn] *n biol* bujna rast tkiva; *bot* brstenje; močno povečanje, širjenje; *pol* non-~ **treaty** pogodba o nеširjenju atomskega orožja

proliferous [proulífǝrǝs] *adj biol* ki se razmnožuje z delitvijo celic

prolific [prǝlífik] *adj* (~ally *adv*) ploden, rodoviten; poln česa, bogat (*of, in* s čim); **a measure ~ of much misery** ukrep, ki ima za posledico veliko bridkost; **a ~ writer** ploden pisatelj

prolificacy [prǝlífikǝsi] *n* plodnost, rodovitnost; obilje, bogastvo (*of* česa)

proligerous [prǝlídžǝrǝs] *adj* ploditven

prolix [próuliks, proulíks] *adj* (~ly *adv*) dolgovezen, dolgočasen

prolixity [prouliksiti] *n* dolgoveznost, dolgočasnost

prolocutor [proulókjutǝ] *n* (delovni) predsednik, predsedujoči

prologize [prólǝdžaiz] *vi A* glej **prologuize**

prolog(ue) [próulǝg] *n* prolog, uvod, predgovor; *fig* predigra, znak za začetek (*to*)

prologuize [prólǝgaiz] *vi E* napisati predgovor, povedati uvodne besede

prolong [prǝlóŋ] *vt* podaljšati; *econ* prolongirati (menico); ~**ed questioning** dolgotrajno zasliševanje

prolongation [proulǝŋgéišǝn] *n* podaljšanje, podaljšava; *econ* prolongacija, podaljšanje roka, odlog

prolusion [prǝlú:žǝn] *n* uvoden članek, uvoden esej, predigra

prom [prɔm] *n E coll* promenadni koncert; *A coll* dijaški ples

pro memoria [proumimó:riǝ] *n Lat pol* promemorija, spomenica

promenade I [prɔminá:d, ~néid] *n* promenada, sprehod, sprehajališče; *mus* ~ **concert** promenadni koncert; *naut* ~ **deck** promenadni krov

promenade II [prɔminá:d, ~néid] *vi & vt* promenirati, sprehajati se, peljati na sprehod

promenader [prɔminá:dǝ, ~néidǝ] *n* sprehajalec, -lka

Promethean [prǝmí:θiǝn] *adj* prometejski

prominence [próminǝns] *n* prominenca, odličnost; *fig* sloves, pomembnost; *sl* pomembna oseba; vidno mesto, štrlina, izbočina; *astr* protuberanca; **to bring into ~** proslaviti, povzdigniti; **to come into ~** priti v ospredje, proslaviti se; **to force into ~** potisniti koga naprej

prominent [próminǝnt] *adj* (~ly *adv*) izrazit, viden, štrleč, ki pade v oči; prominenten, pomemben, odličen, vodeč

promiscuity [prɔmiskjú:iti] *n* pomešanost, zmešnjava; promiskuiteta, svobodni spolni odnošaji

promiscuous [prǝmískjuǝs] *adj* (~ly *adv*) pomešan, zmešan; svoboden (v spolnih odnošajih); brez razlike, skupen (npr. kopanje za oba spola); *coll* naključen

promiscuously [prǝmískjuǝsli] *adv* vse vprek; brez izbire

promise I [prómis] *n* obljuba (*to* komu); *fig* obet, obetanje (*of*); **to break one's ~** prelomiti svojo obljubo (besedo); **to claim a ~** sklicevati se na obljubo; **to keep one's ~** držati obljubo (besedo); **to make a ~** obljubiti; **to show ~** mnogo obetati; **a youth of great ~** mnogo obetajoč mladenič

promise II [prómis] **1.** *vt* obljubiti, dati besedo (*to* komu); **2.** *vi* vzbujati upanje, obetati; *coll* **I ~ you** to ti zagotavljam; **to ~ o.s. s.th.** nadejati se česa, obetati si kaj; **he ~s well** mnogo obeta; **the weather ~s fine** videti je, da bo lepo vreme; **I was ~d a job** obljubili so mi službo; **Promised Land** obljubljena dežela (tudi *fig*)

promisee [prɔmisí:] *n jur* komur se kaj obljubi

promising [prómisiŋ] *adj* (~ly *adv*) mnogo obetajoč, nadebuden

promisor [prómisǝ] *n jur* kdor kaj obljubi

promissory [prómisǝri] *adj* zavezen, ki obljublja; *econ* ~ **note** promesa, zadolžnica, zadolžno pismo

promontory [prómǝntri] *n* štrlina (v morje), rtič, predgorje; *anat* štrlina, zboklina telesnega dela

promote [prǝmóut] *vt* povišati; pomagati, pospeševati, podpirati; *econ* ustanoviti družbo, povečati prodajo (z reklamo), poživiti, delati reklamo za kaj; *jur* začeti postopek; (šah) zamenjati kmeta za kraljico; *pol* podpreti zakonski osnutek, uzakoniti; **to be ~d** napredovati

promoter [prəmóutə] *n econ* ustanovitelj (družbe); zagovornik česa, podpornik (oseba)

promotion [prəmóušən] *n* napredovanje, povišanje; pospeševanje, podpiranje; *econ* ustanovitev (družbe); *A* propaganda, reklama; (šah) zamenjava kmeta (za kraljico)

promotional [prəmóušənl] *adj* pospeševalen, ki pomaga, podpira; reklamen

promotive [prəmóutiv] *adj* pospeševalen, ki pomaga, ki podpira (*of*)

prompt I [próm(p)t] *adj* (~ **ly** *adv*) prompten, takojšen, uren (*in*), nemuden, neodložljiv; odrezav; voljan, pripravljen; *econ* točen, ki se plača (pošlje) takoj; *econ* ~ **cash** takojšnje plačilo v gotovini; ~ **side** desna stran odra (igralcu); *econ* ~ **note** opomin; *econ* ~ **date** rok za plačilo dolga

prompt II [próm(p)t] *adv* takoj, nemudoma, brez odlaganja

prompt III [próm(p)t] *n theat* sufliranje, prišepetavanje; *econ* plačilni rok, kupna pogodba s plačilnim rokom, opomin

prompt IV [próm(p)t] *vt* spodbosti, spodbadati, nagniti k čemu; *theat* suflirati, prišepetavati; zbuditi, navdihniti (čustva)

prompt-book [próm(p)tbuk] *n theat* suflerska knjiga

prompt-box [próm(p)tbɔks] *n theat* suflerjeva školjka

prompter [próm(p)tə] *n theat* sufler, šepetalec; spodbudnik, začetnik

prompting [próm(p)tiŋ] *n* sufliranje, prišepetavanje; spodbujanje; ~ **s of conscience** glas vesti; **no** ~ ! brez prišepetavanja! (v šoli)

promptitude [próm(p)titju:d] *n* promptnost, urnost, pripravljenost, točnost (pri plačilu)

promptness [próm(p)tnis] *n* glej **promptitude**

promulgate [prómǝlgeit] *vt* promulgirati, razširiti, razglasiti, oznaniti; širiti (nauk itd.)

promulgation [prɔmǝlgéišǝn] *n* promulgacija, razglas, oznanilo

promulgator [prómǝlgeitǝ] *n* razširjevalec (glasu, novic), oznanjevalec

prone [próun] *adj* (~ **ly** *adv*) na trebuhu ležeč; nagnjen, povešen, strm; *fig* naklonjen (*to*)

proneness [próunnis] *n* ležanje na trebuhu; nagnjenost, povešenost, strmina; *fig* naklonjenost (*to*)

prong [prɔŋ] 1. *n* rogelj (vilic, vil); senene vile; (jelenov) parožek; 2. *vt* nabosti; obračati seno z vilami

pronged [prɔŋd] *adj* rogljat, zobat

prong-hoe [prɔ́ŋhou] *n* rovača, kopača

pronghorn [prɔ́ŋhɔ:n] *n zool* ameriška antilopa

pronominal [prǝnóminǝl] *adj* (~ **ly** *adv*) *gram* zaimenski, pronominalen

pronoun [próunaun] *n gram* zaimek, pronomen

pronounce [prǝnáuns] 1. *vt* izgovoriti, izgovarjati; izjaviti se za, izreči, povedati svoje mnenje; razglasiti (sodbo); 2. *vi* izjaviti se, povedati svoje mnenje (*on* o); govoriti, izgovarjati; **to** ~ **a curse upon** prekleti koga

pronounceable [prǝnáunsǝbl] *adj* izgovorljiv, ki se da izgovoriti

pronounced [prǝnáunst] *adj* (~ **ly** *adv*) izrazit, jasen, razločen, določen

pronouncement [prǝnáunsmǝnt] *n* (javna) izjava, proglas; *jur* **judicial** ~ razglasitev sodbe

pronto [prɔ́ntou] *adv A sl* takoj

pronunciation [prǝnʌnsiéišǝn] *n* izgovarjava

proof I [pru:f] *n* dokaz, potrdilo; *jur* dokaz, dokazilo, (pismena) izjava prič; poskus, preizkus (tudi *math*, *tech*); *print* krtačni odtis; *phot* poskusna kopija; poskusno kovanje (kovancev); standardna količina alkohola, predpisan odstotek alkohola; *mil* preizkus strelnega orožja; **in** ~ **of** kot dokaz; ~ **to the contrary** nasproten dokaz, protidokaz; **to give** ~ **of** dokazati kaj; ~ **positive** jasen, nedvoumen dokaz; **to put to (the)** ~ preizkusiti; **the** ~ **of the pudding is in the eating** kakovost spoznamo šele ko se o njej sami prepričamo; *print* **clean** ~ pregledna pola; *print* **to correct** ~**s** opraviti korekturo; **above (under)** ~ z večjim (manjšim) odstotkom alkohola, kot je predpisano

proof II [pru:f] *adj* trden, odporen (*against* proti), neprodušen, neprepusten; varen, zavarovan (npr. pred vremenom; *against*); *fig* nedostopen; poskusen, preizkušen, potrjen; vsebujoč predpisan odstotek alkohola, v redu; *A* ki ima predpisan odstotek zlata ali srebra (kovanec); ~ **against bribery** nepodkupljiv; ~ **against entreaties** neizprosen; ~ **against infection** nenalezljiv; ~ **load** poskusna obremenitev; **fire-**~ odporen proti ognju, nezgorljiv, nevnetljiv; **water-**~ nepremočljiv

proof III [pru:f] *vt* impregnirati

proof charge [prú:fča:dž] *n mil* poskusni naboj

proofless [prú:flis] *adj* nedokazan, brez dokaza

proof mark [prú:fma:k] *n mil* žig, da je bilo orožje preizkušeno

proof paper [prú:fpeipǝ] *n* odtiskovalni, kopirni papir

proof plane [prú:fplein] *n el* preizkusna ploščica za merjenje električne napetosti

proof-press [prú:fpres] *n print* odtiskovalnica

proof-read* [prú:fri:d] *vt & vi print* korigirati

proof-reader [prú:fri:dǝ] *n print* korektor

proof-reading [prú:fri:diŋ] *n print* branje korekture, korigiranje

proof-sheet [prú:fši:t] *n print* korektura, popravna pola, krtačni odtis

proof-spirit [prú:fspirit] *n econ* pijača, ki vsebuje predpisan odstotek alkohola (vsaj 49,3%)

prop I [prɔp] *n* opornik, oporni drog; *fig* opora; *tech* vrtišče (vzvoda); *aero sl* propeler; *theat* gledališki rekvizit; *pl sl* noge

prop II [prɔp] *vt* podpirati, podpreti (tudi *fig*)

propaedeutic [proupi:djú:tik] *adj* uvoden, pripravljalen, propedevtičen

propaedeutics [proupi:djú:tiks] *n pl* (edninska konstrukcija) propedevtika, pripravljalni nauk

propagable [própǝgǝbl] *adj* razmnožljiv, razploden

propaganda [prɔpǝgǽndǝ] *n* propaganda (tudi *econ*); *eccl* **Congregation** (ali **College**) **of the Propaganda** kardinalska zveza, ki vodi misijonarsko delo

propagandism [prɔpǝgǽndizǝm] *n* propagandna dejavnost, propagatorstvo

propagandist [prɔpǝgǽndist] *n* propagandist(ka)

propagandistic [prɔpǝgǽndístik] *adj* (~ **ally** *adv*) propaganden

propagandize [prɔpǝgǽndaiz] *vt & vi* delati propagando, propagirati

propagate [própəgeit] 1. *vt biol* razmnožiti, razploditi; razširiti, razširjati (vesti), propagirati; prenašati (bolezen itd.); *phys* oddajati (toploto, zvok); 2. *vi biol* razmnoževati se, razploditi se

propagation [prəpəgéišən] *n biol* razmnoževanje, razploditev; širjenje, propagiranje, prenašanje (govoric); ~ time potek elektronskega signala

propagative [própəgeitiv] *adj biol* razmnoževalen, razplojevalen; ki širi, razširja

propagator [própəgeitə] *n* razmnoževalec, razplojevalec; propagator

propane [próupein] *n chem* propan

proparoxytone [proupæróksitoun] *n ling* proparoksitonon, beseda z naglasom na tretjem zlogu od zadaj

propel [prəpél] *vt* poganjati, gnati; ~ ling power pogonska moč; jet ~ led na reakcijski pogon

propellant [prəpélənt] *n tech* pogonsko sredstvo

propellent [prəpélənt] 1. *adj* poganjalen, pogonski; 2. *n* pogonsko sredstvo; *mil* pogonski naboj; *fig* gonilna sila, pogonska moč

propeller [prəpélə] *n* propeler, vijak; ~ shaft zgibna, kardanska gred; *aero, naut* ~ blade lopatica propelerja; ~ pump sesalka na ročko, rotacijska sesalka

propeller-driven [prəpélədrívn] *adj* na vijačni pogon

propense [proupéns] *adj arch* nagnjen (*to* k)

propensity [prəpénsiti] *n* nagnjenje, naklonjenost (*for, to* k)

proper I [própə] *adj* pravi, primeren, prikladen (*for* za); dostojen, spodoben, neoporečen, korekten (vedenje itd.); svojski, lasten (*to* komu, čemu); točen, eksakten, natančen; sam, pravi, v ožjem smislu (običajno za besedo; *Slovenia* ~ ožja Slovenija); pristojen (oblast); *E coll* temeljit, dober, pravi (npr. udarci, lopov); *gram* lasten (~ *name* lastno ime); *astr* lasten (gibanje); *her* v naravnih barvah; *arch* lep; in the ~ place na pravem mestu; at the ~ time o pravem času; all in its ~ time vse ob svojem času; if you think (it) ~ če (to) smatraš za primerno; *math* ~ fraction pravi ulomek; it is ~ spodobi se; in the ~ sense of the word v pravem smislu besede; I am ~ glad sem zares vesel

proper II [própə] *n eccl* maša za posebno priložnost

properly [própəli] *adv* primerno, pravilno, pravzaprav, točno, resnično, dostojno; *coll* temeljito, pošteno; ~ speaking pravzaprav, če povem po resnici

propertied [própətid] *adj* premožen, ki ima posest

property [própəti] *n* lastnina, last, posest, imetje; *phys* lastnost; karakteristika, svojskost, posebnost; *pl* gledališki rekviziti; *A* (TV) dekor; a man of ~ bogataš; personal ~ osebna lastnina, premičnine; real ~ nepremičnine; ~ law stvarno pravo; damage to ~ škoda na premoženju; left ~ zapuščina; lost ~ najdeni predmeti; beneficial ~ užitek; ~ insurance premoženjsko zavarovanje

property-man [própətimən] *n theat* rekviziter

property tax [própətitæks] *n econ* zemljiški davek

prophecy [prófisi] *n* prerokovanje, prerokba

prophesier [prófisaiə] *n* prerok

prophesy [prófisai] *vt & vi* prerokovati (*for* komu)

prophet [prófit] *n* prerok; kdor služi z napovedjo konjskih stav

prophetess [prófitis] *n* prerokinja

prophethood [prófithud] *n* preroštvo

prophetic(al) [prəfétik(əl)] *adj* (~ ally, ~ ly *adv*) preroški; to be ~ of s.th. napovedati, prerokovati kaj

prophylactic [prəfilǽktik] 1. *adj med* profilaktičen, obvarovalen; 2. *n med* profilaktično sredstvo, profilaktičen ukrep

prophylaxis [prəfilǽksis] *n med* profilaksa, preprečitev bolezni, obvarovanje

prophyll [próufil] *n bot* podporni (cvetni) list

propine [prəpí:n] *n Sc* + *arch* napitnina; darilo

propinquity [prəpínkwiti] *n* bližina; bližnje sorodstvo; podobnost

propitiable [prəpíšiəbl] *adj* spravljiv, pomirljiv

propitiate [prəpíšieit] *vt* spraviti, pomiriti; pridobiti si naklonjenost, spraviti v dobro voljo

propitiation [prəpišiéišən] *n* sprava, pomiritev; *arch* spravna daritev, pokora

propitiator [prəpíšieitə] *n* mirilec, pomirjevalec

propitiatory [prəpíšiətəri] 1. *adj* (propitiatorily *adv*) pomirjevalen, spravljiv; 2. *n* božji stol

propitious [prəpíšəs] *adj* (~ ly *adv*) milostiv, dobrotljiv, naklonjen (*to*); ugoden

propitiousness [prəpíšəsnis] *n* dobrotljivost, naklonjenost

propjet [própdžet] *n* letalo z vijačno turbino

prop-man [própmæn] *n theat* rekviziter

proponent [prəpóunənt] *n* predlagatelj; zagovornik; *jur* domneven dedič

proportion I [prəpó:šən] *n* proporcija (tudi *math*), sorazmerje, razmerje, skladnost; (sorazmeren) del, delež; (zlasti *pl*) velikost, razsežnost, dimenzije; *fig* harmonija, simetrija; in ~ to v skladu s čim; out of ~ to ne v skladu s čim; *math* rule of ~ regeldetrija, sklepni račun

proportion II [prəpó:šən] *vt* proporcionirati, uskladiti (*to*); uravnati, simetrično ali harmonično urediti; pravilno razdeliti; well ~ ed someren, lepo oblikovan, skladen

proportionable [prəpó:šənəbl] *adj* (proportionably *adv*) proporcionalen, sorazmeren

proportional I [prəpó:šənəl] *adj* (~ ly *adv*) proporcionalen, sorazmeren (*to*); ~ compasses (ali dividers) redukcijsko šestilo; *tech* ~ controller regulator sorazmerij; *pol* ~ representation proporcionalen volilni sistem

proportional II [prəpó:šənəl] *n math* proporcionala

proportionality [prəpə:šənǽliti] *n* proporcionalnost, sorazmernost

proportionate I [prəpó:šənit] *adj* (~ ly *adv*) proporcionalen, sorazmeren, skladen (*to*); *econ* ~ share sorazmeren delež

proportionate II [prəpó:šəneit] *vt* proporcionirati, uskladiti

proportioned [prəpó:šənd] *adj* proporcioniran, skladen

proportionless [prəpó:šənlis] *adj* nesorazmeren, neskladen

proportionment [prəpó:šənmənt] *n* usklajevanje, usklajenost, sorazmernost

proposal [prəpóuzəl] *n* predlog, ponudba (tudi *econ*); snubitev; načrt, plan, namen

propose [prəpóuz] **1.** *vt* predlagati (*to* komu; *s.o. for* koga za); zasnubiti (*to* ~ *marriage*); *pol* predložiti, predlagati (kandidata, resolucijo veto); nameravati, planirati (npr. potovanje); zadati, staviti (uganko); nazdraviti; **2.** *vi* delati načrte; snubiti (*to* koga, *for* za roko); **man ~ s (but) God disposes** človek snuje, a bog obrne; **to ~ a toast** (ali **s.o.'s health**) predlagati zdravico, nazdraviti komu; **the object you ~ yourself** cilj, ki si ga zadaješ; **I ~ to leave tomorrow** jutri nameravam oditi

proposer [prəpóuzə] *n* predlagatelj; snubec

proposition I [prəpəzíšən] *n* predlog, ponudba; (predložen) načrt, namera; *econ* ponudba; *log* podmena, trditev; *coll* zadeva, problem; naloga; *coll* trgovina, kupčija; *math* problem, teorem; *coll* **paying ~** donosna kupčija; *gram* **principal ~** glavni stavek; **a tough ~** trd oreh, težek primer; **he is a tough ~** z njim ni dobro češnje zobati

proposition II [prəpəzíšən] *vt A sl* predlagati (zlasti dekletu kaj nespodobnega)

propositional [prəpəzíšənl] *adj* predložen; trdilen, podmenski

propound [prəpáund] *vt* predlagati (*to* komu); sprožiti (vprašanje); *jur* dati verificirati

propounder [prəpáundə] *n* predlagatelj; *jur* overitelj (dokumenta)

propraetor [prouprí:tə] *n hist* rimski propretor

proprietary I [prəpráiətəri] *adj* lastniški, lastninski; *econ* zakonsko zaščiten (blago, zdravilo); **~ right** lastninska pravica; **~ article** artikel z zaščitnim žigom; **~ company** ustanovna družba; **the ~ classes** premožni sloji

proprietary II [prəpráiətəri] *n* lastnik, lastniki; lastnina, lastništvo; *jur* lastninska pravica; *pharm* zdravilo, ki se ga lahko dobi brez recepta; *E hist* guverner kolonije (v današnji ZDA); **the landed ~** posestniki; **~ colony** kolonija (v današnji ZDA), ki jo je Britanija dodelila privatnikom v upravljanje

proprietor [prəpráiətə] *n* lastnik; lastnik delnic, družabnik

proprietorial [prəpraiətó:riəl] *adj* (**~ ly** *adv*) lastniški

proprietorship [prəpráiətəšip] *n* lastništvo, lastninska pravica (*in*)

proprietress [prəpráiətris] *n* lastnica

proprietrix [prəpráiətriks] *n* glej **proprietress**

propriety [prəpráiəti] *n* dostojnost, spodobnost; primernost, prikladnost; pravilnost, točnost; *pl* bontonska pravila; *A hist* zemljiška posest; **it is not in keeping with the proprieties** ni po bontonu, se ne spodobi

proprioceptor [proupriəséptə] *n anat* čutni rogiček

props [prɔps] *n pl sl* gledališki rekviziti

proptosis [prəptóusis] *n med* očesna izbuljenost

propulsion [prəpÁlšən] *n* pogon, pogonska moč; **jet ~** reaktivni pogon

propulsive [prəpÁlsiv] *adj* pogonski, poganjajoč (tudi *fig*)

propulsor [prəpÁlsə] *n tech* pogonska priprava

prop-word [própwə:d] *n gram* beseda, ki dobi samostalniški pomen, če se rabi s pridevnikom

propylaeum [prəpilí:əm] *n* (*pl* **~ laea**) propileje, veličasten vhod, preddurje grških svetišč

propylite [própilait] *n geol* vulkanska kamenina (v srebrovih rudnikih)

pro rata [próuréitə] *adv Lat* v razmerju, sorazmerno·

prorate [prouréit, próureit] **1.** *vi & vt A* sorazmerno razdeliti; preceniti; **2.** *n* pripadajoča premija, pripadajoč delež

proration [prouréišən] *n A* omejitev proizvodnje nafte

prorector [prouréktə] *n univ* prorektor, rektorjev namestnik

prorogation [prourəgéišən] *n pol* odgoditev, odlog (zasedanja parlamenta)

prorogue [prəróug] **1.** *vt pol* preložiti (zasedanje parlamenta); odložiti; **2.** *vi* biti preložen

prosaic [prouzéiik] *adj* (**~ ally** *adv*) prozaičen, suh, suhoparen, pust, dolgočasen

prosaicism [prouzéiisizəm] *n* glej **prosaism**

prosaism [próuziizəm] *n* prozaičnost, suhoparnost

prosaist [próuzeiist] *n* prozaist, kdor piše v prozi; *fig* prozaik, dolgočasen človek

proscenium [prousí:niəm] *n* (*pl* **~ s**, **~ nia**) *theat* proscenij, sprednji del odra; *hist* (grški, rimski) oder

proscribe [prouskráib] *vt* izobčiti, pregnati, preganjati, dati na črno listo, prepovedati, proskribirati

proscriber [prouskráibə] *n* izobčevalec, prepovedovalec

proscript [próuskript] *n* izobčenec, izgnanec, obsojenec, proskribiranec

proscription [prouskrípšən] *n* proskripcija, izobčenje, izgon; *fig* prepoved, omejitev (pravic itd.)

proscriptive [prouskríptiv] *adj* (**~ ly** *adv*) proskripcijski, izobčevalen, ki preganja; prepovedovalen

prose I [próuz] **1.** *adj* prozen; *fig* prozaičen, dolgočasen; **2.** *n* proza; *fig* vsakdanjost, suhoparnost

prose II [próuz] **1.** *vt* spremeniti v prozo, govoriti ali pisati v prozi; **2.** *vi* suhoparno govoriti

prosection [prəsékšən] *n med* seciranje za anatomske demonstracije

prosector [prəséktə] *n med* prosektor; profesor anatomije

prosecute [prósikju:t] **1.** *vt* nadaljevati, izvajati (načrt), gnati kaj naprej; izvrševati, opravljati (obrt, poklic itd.); *jur* kazenskopravno preganjati, tožiti (*for* zaradi), iztožiti (terjatev); **2.** *vi jur* zastopati tožbo, tožiti; **prosecuting counsel** (*A* **attorney**) tožilec, državni pravdnik; **prosecuting witness** tožnik

prosecution [prosikjú:šən] *n* opravljanje, izveševanje, izvajanje (poklica); *jur* sodni postopek, kazenskopravni pregon, obtožba, iztožitev (terjatve), tožilstvo; **liable to ~** kazniv; **witness for the ~** obremenilna priča

prosecutor [prósikju:tə] *n jur* tožitelj; **Public Prosecutor** državni tožilec, državni pravdnik

prosecutrix [prósikju:triks] *n jur* tožiteljica

proselyte [prósilait] **1.** *n* proselit, spreobrnjenec, privrženec, gorečnik; **2.** *vt & vi* spreobrniti (se), pridobiti (*to* za)

proselytism [prósilitizəm] *n* spreobrnjenje, izpreobrnitev, proselitizem

proselytize [prósilitaiz] *vt* spreobrniti, pridobiti privržence

proselytizer [prósilitaizə] *n* spreobračevalec
proseminar [prousémina:] *n univ* proseminar, pripravljalni seminar
prosencephalon [prosenséfələn] *n* (*pl* ~ **phala**) *anat* sprednji možgani
prosenchyma [prosénkimə] *n bot* vlaknato tkivo
proser [próuzə] *n* prozaik, dolgočasen govornik
prose-writer [próuzraitə] *n* pisec proze
prosify [próuzifai] 1. *vt* spremeniti v prozo; 2. *vi* pisati prozo
prosily [próuzili] *adv* prozaično, suhoparno
prosiness [próuzinis] *n* prozaičnost, dolgočasnost, suhoparnost, dolgoveznost
prosit [próusit] *int* na zdravje! (pri pitju)
prosodic [prəsódik] *adj* (~ **ally** *adv*) prozodičen, merosloven
prosodist [prósədist] *n* prozodik, strokovnjak za prozodijo
prosody [prósədi] *n* prozodija, nauk o tvorbi stihov, nauk o kvantiteti zlogov
prosopopoeia [prosəpəpí:ə] *n* personifikacija neživih stvari
prospect I [próspekt] *n* vidik, razgled (*of* na); *fig* upanje, obet, pričakovanje (*of*); pokrajina, kraj, predel; *econ* reflektant, možnosten kupec (stranka); *min* zemljišče z znaki za nahajališče rude, izkopavanje in iskanje rude; **to hold out a** ~ **of** obetati; **there is a** ~ **that** je upanje, da; **in** ~ na vidiku, v pričakovanju
prospect II [prəspékt] 1. *vt* raziskati pokrajino, iskati (*for*; rudo, zlato), poskusno izkopavati; *fig* preiskovati, raziskovati (možnosti za uspeh); 2. *vi min* obetati (rudo); ~ **ing licence** pravica do izkopavanja (rude)
prospective [prəspéktiv] *adj* (~ **ly** *adv*) perspektiven, predviden, bodoč; ~ **buyer** perspektiven kupec
prospectless [próspektlis] *adj* brez upanja, brez perspektive
prospector [prəspéktə] *n* rudosledec, zlatosledec
prospectus [prəspéktəs] *n* prospekt, pregled, seznam; objava (o izidu knjige itd.); *econ* subskripcijska lista
prosper [próspə] 1. *vi* uspevati, prosperirati (*in*); imeti srečo, biti uspešen; 2. *vt* osrečiti, pomagati k uspehu
prosperity [prəspériti] *n* uspevanje, blaginja, sreča, razcvet, prosperiteta; *econ* **peak** ~ visoka konjunktura; *econ* ~ **index** pokazatelj uspeha
prosperous [próspərəs] *adj* (~ **ly** *adv*) uspešen, cvetoč, srečen; ugoden
prosperousness [próspərəsnis] *n* glej **prosperity**
prostate [prósteit] *n anat* prostata, žleza obsečnica (tudi ~ **gland**)
prostatectomy [prostətéktəmi] *n med* operacija prostate
prostatic [prostátik] *adj anat* ki se nanaša na prostato; ~ **cancer** rak na prostati
prosthesis [prósθəsis] *n* (*pl* ~ ses) *gram* glasovni predložek; *med* protetika, proteza
prosthetic [prosθétik] *adj gram* protetičen; *med* protezen, protetičen
prosthetics [prosθétiks] *n pl* (edninska konstrukcija) *med* nauk o protetiki, protetika
prosthetist [prósθətist] *n* protetik, ortoped

prosthodontia [prosθoudónšiə] *n med* zobozdravstvena protetika
prosthodontist [prósθoudəntist] *n* zobni protetik
prostitute [próstitju:t] 1. *n* prostitutka, vlačuga; 2. *vt* prostituirati; *fig* onečastiti, osramotiti; **to** ~ **o.s.** prodajati se, prostituirati se
prostitution [prostitjú:šən] *n* prostitucija, vlačugarstvo; *fig* onečaščenje, osramotitev
prostrate I [próstreit] *adj* na tleh ležeč; onemogel, premagan, nemočen, na kolenih, skrušen (*with* od); *fig* ponižen, hlapčevski; *bot, zool* plazeč; **to lay** ~ premagati, vreči na tla; **to lie** ~ ležati na trebuhu; *fig* plaziti se pred kom
prostrate II [prostréit] *vt* vreči na tla, položiti na tla; premagati, uničiti; izčrpati, oslabiti; **to** ~ **o.s. before** vreči se na obraz, pasti na kolena pred kom; ponižati se
prostration [prostréišən] *n* padec na tla, poklek; oslabelost, izčrpanost, pobitost; *fig* poniževanje; **heat** ~ vročinska kap
prostyle [próustail] *n archit* stebrišče od štirih stebrov pred grškim templom
prosy [próuzi] *adj* (**prosily** *adv*) prozaičen, dolgočasen, suhoparen, dolgovezen
prosyllogism [prousílədžizəm] *n phil* prosilogizem, uvodni sklep
protagonist [proutǽgənist] *n fig* protagonist, vodilna oseba; *theat* prvi igralec, prva igralka
protamine [próutəmi:n] *n biol* protamin
protasis [prótəsis] *n* (*pl* ~ ses) *gram* protaza, prorek
protean [proutí:ən, próutiən] *adj fig* spremenljiv, mnogostranski; kot Protej, protejski; *zool* kot ameba; *zool* ~ **animalcule** ameba, menjačica
protease [próutieis] *n biol, chem* proteaza
protect [prətékt] *vt* varovati, ščititi, braniti (*from, against* pred); *econ* zaščititi domači trg s carino; *econ* akceptirati menico, plačati menico na pokaz; *tech* zavarovati, oskrbeti z varnostno napravo; kriti šahovsko figuro; *pol* ~ **ed state** protektorat; ~ **ed by letters patent** patentno-praven, zaščiten s patentom
protection [prətékšən] *n* varstvo, zaščita (*from* pred); pokroviteljstvo; *jur* pravno varstvo; *econ* zaščitno pismo, zaščitna carina; *econ* akceptiranje menice, izplačilo menice; *A* potrdilo o državljanstvu (za mornarje); *tech* zaščita, zavarovanje
protectionism [prətékšənizəm] *n econ* sistem zaščitne carine
protectionist [prətékšənist] 1. *n econ* zagovornik zaščitne carine; 2. *adj* ki se nanaša na zaščitno carino
protective [prətéktiv] *adj* (~ **ly** *adv*) zaščiten, varovalen; *zool* ~ **colouring** varovalna barva; *econ* ~ **duty** zaščitna carina; *jur* ~ **custody** pripor
protector [prətéktə] *n* zaščitnik, pokrovitelj, varuh; protektor, namestnik, regent; *tech* zaščitno sredstvo; **Lord Protector** Oliver Cromwell
protectoral [prətéktərəl] *adj* protektorski, pokroviteljski
protectorate [prətéktərit] *n* protektorat, ozemlje pod zaščito; čast, položaj protektorja
protectorship [prətéktəšip] *n* protektorstvo, pokroviteljstvo
protectory [prətéktəri] *n* vzgojni zavod (za zanemarjene otroke ali mladostne prestopnike)

protectress [prətéktris] *n* pokroviteljica, zaščitnica

protégé [próutežei] *n* varovanec, -nka, protežiranec, -nka

proteiform [próutiifə:m] *adj* po obliki zelo spremenljiv

protein [próuti:n] *n chem* protein, beljakovina

proteinous [proutí:inəs] *adj chem* proteinski

pro tem(pore) [proutém(pəri:)] *adv Lat* začasno

proteolysis [proutiólisis] *n biol, chem* proteoliza, tvorjenje beljakovin

protest I [próutest] *n* protest, ugovor; pismen ugovor, slovesna izjava; *econ* sodno potrdilo, da menica ni v roku plačana; *jur* sodna izjava, da je zahteva za plačilo odbita; to enter (ali lodge) a ~ protestirati (*with* pri, *against* proti); under ~ z ugovorom, proti svoji volji; to make a ~ protestirati, ugovarjati; *naut* captain's (ali master's, sea, ship's, extended) ~ ali ~ noting pomorski protest, dokazilo o pomorski nezgodi

protest II [prətést] 1. *vi* protestirati, ugovarjati, zavarovati se (*against* pred); slovesno izjaviti, trditi; 2. *vt* protestirati zoper, reklamirati; *econ* službeno potrditi, da menica ni plačana; zagotavljati, zatrjevati; I ~ that I am innocent svečano izjavljam, da sem nedolžen

protestant [prótistənt] 1. *n* protestant(ka); ugovarjalec; 2. *adj* protesten, ugovarjalen

Protestantism [prótistəntizəm] *n* protestantizem, protestantska vera

protestantize [prótistəntaiz] *vt & vi* spreobrniti (se) v protestantsko vero

protestation [prouteθéišən] *n* svečano izjavljanje, zagotavljanje; (redko) ugovarjanje, protest

protestor [prətéstə] *n* ugovarjalec, -lka, nasprotnik; *econ* kdor protestira menico

Proteus [próutju:s] *n myth* Protej; *fig* spremenljiv človek; *zool* proteus človeška ribica, proteus

prothalamium [prouθəléimiəm] *n* (*pl* ~mia) poročna pesem, svatbena pesem

prothallium [prəθǽliəm] *n bot* protalium, prva klica

prothesis [próθisis] *n gram* glas, ki nastane pred nekimi samoglasniki

protist [próutist] *n biol* enoceličar

proto- [proutə] *pref* prvi, glaven, prvoten

protoblast [próutəblæst] *n biol* celica brez membrane

protocol I [próutəkəl] *n* protokol, uradni zapisnik o čem; *pol* protokol, diplomatska etiketa; uvodne in sklepne formule (listine); to record in a ~ protokolirati, dati na zapisnik

protocol II [próutəkəl] 1. *vi* pisati zapisnik, uradno zapisati; 2. *vt* protokolirati, dati na zapisnik

protogenic [proutədžénik] *adj geol* prvoten, primaren

protomorph [próutəmə:f] *n biol* praoblika

protomorphic [proutəmó:fik] *adj biol* primaren, prvoten, primitiven

proton [próutən] *n phys* proton

protophyte [próutəfait] *n bot* protofit, prarastlina

protoplasm [próutəplæzm] *n biol* protoplazma, celična prasnov

protoplasmic [proutəplǽzmik] *adj biol* protoplazemski

protoplast [próutəplæst] *n biol* protoplast, pracelica

prototrophic [proutətrófik] *adj biol* ki se lahko redi s pomočjo fotosinteze

prototype [próutətaip] *n* prototip, pralik; *tech* prototip

prototypic [proutətípik] *adj* prototipski

protozoa [proutəzóuə] *n pl zool* protozoa, praživ

protozoan [proutəzóuən] *adj zool* protozojski

protract [prətrǽkt] *vt* podaljšati, podaljševati, razvleči, zavlačevati, odlašati (zlasti časovno); *math* risati po merilu ali s kotomerom, načrtovati; *zool* iztegniti, naprej stegniti (kremplje)

protracted [prətrǽktid] *adj* (~ly *adv*) dolg, razvlečen; ~ illness dolgotrajna bolezen

protractile [prətrǽktail] *adj zool* raztezen (organ)

protraction [prətrǽkšən] *n* podaljšanje, zavlačevanje, odlašanje; *math* risanje po merilu ali s kotomerom, načrtovanje; *zool* izteganje (krempljev)

protractor [prətrǽktə] *n math* kotomer; transporter; *anat* mišica iztegovalka

protrude [prətrú:d] 1. *vi* moleti, štrleti; *fig* vsiljevati se; 2. *vt* poriniti naprej, stegniti, potisniti, suniti

protrusile [prətrú:sil] *adj* ki se da poriniti naprej, iztegovalen

protrusion [prətrú:žən] *n* porivanje naprej; izbočina, štrlina, štrlenje; štrleč, izbočen del česa

protrusive [prətrú:siv] *adj* (~ly *adv*) ki se poriva, preriva naprej; štrleč, moleč; *fig* vsiljiv

protuberance [prətjú:bərəns] *n* štrlina, izbočina, oteklina, grba, bula, izrastek; *astr* protuberanca

protuberant [prətjú:bərənt] *adj* (~ly *adv*) štrleč, otekel, izbuljen (oči), grbav

proud I [práud] *adj* (~ly *adv*) ponosen (*of* na); domišljav, ošaben (*as* kot); s čimer se lahko ponaša; sijajen, krasen (npr. ladja); samozavesten; *biol* bujen, bohoten, ki divje raste; narasel (voda); *poet* isker, ognjevit (konj); *zool* pojav; that is nothing to be ~ of s tem se res ni treba ponašati; *med* ~ flesh divje meso

proud II [práud] *adv coll* ponosno; zelo; to do s.o. ~ izkazati komu čast, počastiti koga; to do o.s. ~ imeti se dobro

provable [prú:vəbl] *adj* (provably *adv*) dokazljiv

prove [pru:v] 1. *vt* izkazati, dokazati; *jur* potrditi, dokazati veljavnost (resničnost); izpovedati, pričati, nazorno pokazati; (tudi *tech*) preizkusiti (a ~d remedy preizkušeno zdravilo); 2. *vi* pokazati se, izkazati se; uresničiti se, iziti se, izteči se; to ~ o.s. obnesti se, izkazati se; to ~ otherwise izteči se drugače; it ~d a success uspelo je

proveditor [prəvéditə] *n* dobavitelj; *hist* uradnik v beneški republiki

proven [prú:vən] *adj* dokazan, preizkušen

provenance [próvinəns] *n* izvir, vir, rod, provenienca

provender [próvində] 1. *n* živinska krma; *hum* živež; 2. *vt & vi* hraniti (se)

provenience [prəví:niəns] *n glej* provenance

prover [prú:və] *n* dokazovalec; preizkuševalec

proverb [próvəb] *n* pregovor; to a ~ obče znan, ki je prišel v pregovor; to be a ~ for biti obče znan za kaj

proverbial [prəvó:biəl] *adj* (~ly *adv*) pregovoren, obče znan, rekoven

proviant [próviənt] *n* živež (zlasti za vojsko)

provide [prəváid] 1. *vt* preskrbeti, oskrbeti, opremiti, dobaviti (*with* kaj, s čim); *jur* določiti, predpisati, pripraviti (zakon, pogodbo); 2. *vi* preskrbeti se (si), oskrbeti se (si), zavarovati se (*against* pred); skrbeti (*for* za); računati s čim, pripraviti; *jur* predpisati, določiti (*that* da); *econ* to ~ payment preskrbeti kritje, poskrbeti za plačilo; to ~ an opportunity nuditi priložnost; to ~ against zavarovati se pred, varovati se; *jur* preprečiti; *jur* the law ~s that zakon določa, da; to ~ for the needs opraviti naravne potrebe

provided I [prəváidid] *adj* preskrbljen, dobavljen, pripravljen, zagotovljen; to be ~ for biti preskrbljen; ~ school občinska šola

provided II [prəváidid] *conj* pod pogojem da (~ *that*); ako, če

providence [próvidəns] *n* skrb, briga; previdnost (božja); predvidevanje; varčnost; to fly in the face of ~ izzivati usodo

provident [próvidənt] *adj* (~ly *adv*) skrben; previden; varčen; ~ bank hranilnica; ~ society podporno društvo

providential [prəvidénšəl] *adj* (~ly *adv*) po božji previdnosti, od boga; srečen; dobrotljiv (usoda)

providentially [prəvidénšəli] *adv* po božji previdnosti, po usodi; na srečo

provider [prəváidə] *n* dobavitelj, oskrbovalec; hranilec (družine); *econ* liferant; lion's ~ šakal

providing [prəváidiŋ] *conj* ~ that glej provided II

province [próvins] *n* provinca, pokrajina, podeželje; stroka, področje, torišče; *eccl* nadškofija; *pl* provinca (z ozirom na glavno mesto); it is not within my ~ to ne spada v moje področje

provincial I [prəvínšəl] *adj* (~ly *adv*) provincialen, pokrajinski, podeželen; *fig* podeželski, neotesan, štorast

provincial II [prəvínšəl] *n* podeželan, provincialec

provincialism [prəvínšəlizəm] *n* provincializem, podeželska zaostalost, neotesanost; krajevna jezikovna posebnost

provincialist [prəvínšəlist] *n* glej provincial II

provinciality [prəvinšiǽliti] *n* glej provincialism

provincialize [prəvínšəlaiz] *vt* dati podeželski značaj

proving [prú:viŋ] *n* preizkušnja; *aero* ~ flight poskusni let; *jur* ~ of a will razglasitev in potrditev oporoke

provision I [prəvížən] *n* skrb, ukrep, priprava; *jur* odločba, predpis; *econ* klavzula, pogoj, pridržek; nabava, preskrba; zaloga; *pl* živež, zaloga živil; to make ~ for pripraviti vse potrebno za kaj; to make ~ against zavarovati se pred; *jur* to make a ~ postaviti pogoj; *jur* to come within the ~s of the law soditi v zakonske predpise; *jur* under usual ~s pod običajnimi pogoji; *econ* ~ of funds kritje; ~ merchant (ali dealer) špecerist

provision II [prəvížən] *vt* preskrbeti z živežem, potrebščinami

provisional [prəvížənəl] *adj* (~ly *adv*) začasen, provizoričen

provisionally [prəvížənəli] *adv* začasno, do nadaljnjega

provisionless [prəvížənlis] *adj* brez zalog

proviso [prəváizou] *n* (*pl* ~ sos) *jur* pogoj, klavzula, pridržek; under the ~ pod pogojem; to make it a ~ that postaviti pogoj, da

provisor [prəváizə] *n hist eccl* provizor, generalni vikar; začasni uživalec prebende

provisory [prəváizəri] *adj* (provisorily *adv*) začasen, provizoričen; pogojen; ~ clause pogojna klavzula

provitamin [prouváitəmin] *n* provitamin, ergosterin

provocation [prəvəkéišən] *n* provokacija, izzivanje; ščuvanje, hujskanje, draženje; under ~ izzvan, nahujskan; at the slightest ~, with little ~ pri najmanjšem povodu

provocative I [prəvókətiv] *adj* (~ly *adv*) provokatorski, izzivalen, ki draži (*of* k), hujskaški; *fig* spodbuden, zanimiv; ~ of ki povzroča; *med* ~ test preizkus dražljajev

provocative II [prəvókətiv] *n* dražilo, stimulans, spodbuda (*of*, *for* za, k)

provocativeness [prəvókətivnis] *n* izzivalnost, provokatorstvo

provoke [prəvóuk] *vt* provocirati, izzvati, izzivati, dražiti, razdražiti, razvneti, razvnemati, razjeziti; povzročiti

provoker [prəvóukə] *n* provokator, izzivač, dražilec; povzročitelj

provoking [prəvóukiŋ] *adj* (~ly *adv*) izzivalen, dražeč; neznosen; this is most ~ to človeka spravi v bes

provost [próvəst] *n* predstojnik; rektor nekaterih kolegijev v Angliji; *eccl* prošt; *Sc* župan; *arch* jetničar, profos; *mil* (pod)častnik vojaške policije

provost marshal [prəvóumá:šəl] *n* komandant vojaške policije; vojaški sodnik na ladji

prow I [práu] *n naut* ladijski kljun, prem; *poet* ladja

prow II [práu] *adj arch* hraber

prowess [práuis] *n* hrabrost, junaštvo; zmožnost, izredno znanje

prowl I [prául] *n* stikanje (za plenom), plazenje, preža; klatenje; on the ~ v lovu za plenom; to take a ~ klatiti se

prowl II [prául] 1. *vi* plaziti se; klatiti se; 2. *vt* stikati za plenom, prežati

prowl-car [práulka:] *n A* policijski patrolni avto

prowler [práulə] *n* tatinski klatež, potepuh

proximal [próksiməl] *adj* (~ly *adv*) *anat* nameščen proti sredini ali zgibu, proksimalen; ~ phalanx prvi člen na prstu

proximate [próksimit] *adj* (~ly *adv*) najbližji, bližji, sledeči, ki je bil neposredno pred čem; neposreden, direkten; *chem* ~ analysis kvantitativna analiza; *chem* ~ principles (ali substances) približne osnovne snovi

proxime accessit [próksimiǽksésit] *Lat* (dobesedno) »je prišel zelo blizu«; (pri tekmah) he was ~ bil je drugi

proximity [prəksímiti] *n* neposredna bližina, sosedstvo; ~ of blood krvno sorodstvo

proximo [próksimou] *adv* prihodnjega meseca

proxy [próksi] *n* namestništvo, namestnik, zastopstvo, zástopnik, pooblastilo; to marry by ~ poročiti se z namestnikom ženina ali neveste; to stand ~ for zastopati koga, nadomeščati koga; **by** ~ per procura, v imenu koga, po zastopniku

prude [pru:d] *n* pretirano sramežljiv ali kreposten človek

prudence [prú:dəns] *n* razumnost, preudarnost, razsodnost; opreznost, obzirnost; varčnost

prudent [prú:dənt] *adj* (~ **ly** *adv*) razumen, preudaren, razsoden; oprezen, obziren; varčen

prudential [pru:dénšəl] *adj* (~ **ly** *adv*) razumen, preudaren, razsoden; smotrn; *A* ~ **committee** posvetovalni odbor

prudentials [pru:dénšəlz] *n pl* preudarni premisleki

prudery [prú:dəri] *n* pretirana sramežljivost, navidezna krepost

prudish [prú:diš] *adj* (~ **ly** *adv*) pretirano sramežljiv, navidezno kreposten, licemeren; razvajen

prudishness [prú:dišnis] *n* glej **prudery**

prune I [pru:n] *n* suha sliva; temno vijoličasta barva; *sl* tepec; ~ **s and prisms** pačenje pri govorjenju

prune II [pru:n] *vt* obrezati drevje, oklestiti (vejevje), obstriči (živo mejo); *fig* odstraniti nepotrebno, očistiti

prunella I [pru:nélə] *n* vrsta blaga (za odvetniške halje)

prunella II [pru:nélə] *n med arch* angina; *bot* lisičji rep

pruner [prú:nə] *n* obrezovalec (drevja)

pruning [prú:niŋ] *n* obrezovanje (drevja); *pl* dračje (obrezanih dreves)

pruning-hook [prú:niŋhuk] *n* obrezilnik, krivec, kosir

pruning-knife [prú:niŋnaif] *n* kroželj, vejnik

pruning-saw [prú:niŋsɔ:] *n* drevesna žaga

pruning-shears [prú:niŋšiəz] *n pl* vrtnarske škarje

prurience [prúəriəns] *n* pohota, poltenost, poželjivost, poželenje (*for*); pretirana radovednost

prurient [prúəriənt] *adj* (~ **ly** *adv*) pohoten, polten; pretirano radoveden

pruriginous [pruərídžinəs] *adj* srbeč

prurigo [pruəráigou] *n med* srbečica, pršica

Prussian [prʌ́šən] **1.** *adj* pruski; **2.** *n* Prus(inja); ~ **blue** berlinsko modrilo

Prussianism [prʌ́šənizəm] *n* prusovstvo

prussic [prʌ́sik] *adj chem* ~ **acid** pruska kislina, cianovodikova kislina

pry I [prái] *n* radovednež, oprezovanje; **Paul (ali Tom) Pry** radovednež

pry II [prái] *vi* (radovedno) kukati, oprezovati, poizvedovati

   pry about *vi* stikati okoli česa

   pry into *vi* vtikati nos v kaj, vmešavati se, poizvedovati za čem

   pry out *vt* najti, zaslediti; izmamiti

pry III [prái] *n & vt A* glej **prise**

prying [práiiŋ] *adj* (~ **ly** *adv*) radoveden, ki se povsod vtika

prytaneum [pritəní:əm] *n* pritanej, grška mestna hiša

psalm [sa:m] *n* psalm, hvalospev

psalm-book [sá:mbuk] *n* psalter

psalmist [sá:mist] *n* psalmist

psalmodic [sælmódik] *adj* psalmski, psalmodičen

psalmodist [sǽlmədist] *n* glej **psalmist**

psalmody [sǽlmədi] *n* psalmodija, petje psalmov

psalter [sɔ́:ltə] *n* psalter, zbirka psalmov

psalterium [sə:ltíəriəm] *n* (*pl* ~ **ria**) *zool* tretji želodec prežvekovalcev

psaltery [sɔ́:ltəri] *n mus hist* plunka

psammite [sǽmait] *n geol* peščenec

psephology [si:fólədži] *n* znanstvena analiza volilnih izidov ali trendov

pseudo [sjú:dou] *adj* lažen, nepravi, izmišljen

pseudocarp [sjú:dəka:p] *n bot* nepravi plod

pseudoclassic [sjú:dəklǽsik] *adj* psevdoklasičen

pseudoclassicism [sjú:douklǽsisizəm] *n* psevdoklasicizem, nepravi klasicizem

pseudograph [sjú:dəgra:f] *n* literarni ponaredek

pseudologer [sju:dólədžə] *n hum* lažnivi kljukec

pseudomorph [sjú:dəmɔ:f] *n* neprava oblika

pseudonym [sjú:dənim] *n* psevdonim, izmišljeno ime

pseudonymity [sju:dənímiti] *n* nastopanje pod izmišljenim imenom

pseudonymous [sju:dóniməs] *adj* (~ **ly** *adv*) psevdonimen, pod izmišljenim imenom

pseudopod [sjú:dəpəd] *n zool* panožica

pshaw [pšə:] **1.** *int* fuj!, no in! (zaničevanje, nestrpnost, prezir); **2.** *n* prezir; **3.** *vt & vi* izraziti prezir, negodovati

psilanthropy [sailǽnθrəpi] *n* psilantropizem, nauk o človeškem poreklu Kristusa

psilosis [sailóusis] *n med* izpadanje las; *ling* psiloza, izpad začetnega h v grščini

psittacine [sítəsain] *adj* papagajski

psittacosis [sitəkóusis] *n med* papigovka, psitakoza

psora [sóurə] *n med* garje, srab

psoriasis [səráiəsis] *n med* psoriaza, luskavica

psoric [só:rik] *adj med* garjav, krastav, srbeč

psy- [sai] *A mil* kratica za *psychological*; **psy-war** psihološka vojna

psyche [sáiki] *n* psiha, duša, duh; *zool* vrečenosec, nočni metulj

psychiatric [saikiátrik] *adj* psihiatričen

psychiatrist [saikáiətrist] *n* psihiater, zdravnik za duševne bolezni

psychiatry [saikáiətri] *n* psihiatrija, znanost o zdravljenju duševnih bolezni

psychic I [sáikik] *adj* (~ **ally** *adv*) psihičen, duševen; telepatski, jasnoviden

psychic II [sáikik] *n* psihotik; medij; *pl* (edninska konstrukcija) psihologija

psychical [sáikikəl] *adj* (~ **ly** *adv*) psihičen, duševen; telepatski, spiritističen

psycho- [saikə-] *pref* duša, duh

psychoanalyse [saikouǽnəlaiz] *vt* psihoanalizirati

psychoanalysis [saikouænǽləsis] *n* psihoanaliza

psychoanalyst [saikouǽnəlist] *n* psihoanalitik

psychoanalytic [saikouænəlítik] *adj* (~ **ally** *adv*) psihoanalitičen

psychobiology [saikoubaiólədži] *n psych* psihobiologija

psychodrama [saikoudrá:mə] *n psych* psihodrama

psychogenesis [saikoudžénisis] *n med* psihogenija, psihološko pogojena bolezen

psychogenic [saikoudžénik] *adj* psihogen, duševno pogojen

psychogram [sáikougræm] *n* sporočilo duha (v spiritizmu)

psychograph [saikougrá:f] *n psych* psihogram, prikaz psihološke posebnosti človeka; (spiritizem) priprava za zapis sporočila duha

psychologic(al) [saikəlódžik(əl)] *adj* (~ ally, ~ ly *adv*) psihološki, dušesloven; the ~ moment psihološki moment, pravi trenutek; ~ warfare psihološka vojna; *fig* živčna vojna
psychologist [saikólədžist] *n* psiholog, dušeslovec
psychologize [saikólədžaiz] *vt & vi* ukvarjati se s psihologijo
psychology [saikólədži] *n* psihologija, dušeslovje; mentaliteta, duševno življenje
psychoneurosis [saikounjuəróusis] *n* (*pl* ~ses) *psich* psihonevroza
psychopath [sáikoupæθ] *n* psihopat, duševni bolnik
psychopathic [saikoupǽθik] *adj* psihopatičen
psychopathology [saikoupəθólədži] *n* psihopatologija, nauk o duševnih boleznih
psychopathy [saikópəθi] *n* psihopatija, duševna abnormnost, duševno trpljenje
psychophysical [saikoufízikəl] *adj* psihofizičen
psychophysics [saikoufíziks] *n pl* (edninska konstrukcija) psihofizika
psychosis [saikóusis] *n* (*pl* ~ses) psihoza, duševna bolezen; *fig* psihoza
psychosurgery [saikousó:džəri] *n med* psihokirurgija
psychotherapeutics [sáikəθerəpjú:tiks] *n pl* (edninska konstrukcija) glej psychotherapy
psychotherapist [sáikouθérəpist] *n med* psihoterapevt
psychotherapy [sáikouθérəpi] *n* psihoterapija, zdravljenje duševnih bolezni
psychrometer [saikrómitə] *n phys* psihometer, vlagomer, hlapomer
psychrophyte [sáikroufait] *n bot* rastlina, ki uspeva na mrazu
ptarmigan [tá:migən] *n zool* snežna jerebica
PT-boat *n A naut* hiter čoln
pteridology [terədólədži] *n bot* nauk o praprotju
pterodactyl [terədǽktil] *n zool* pterodaktil
pterography [terógrəfi] *n* opis peruti
pterygium [tirídžiəm] *n anat* očesna kožica
ptisan [tizǽn, tízən] *n* hranljiv ekstrakt (zlasti ječmenov); kamilični čaj
Ptolemaic [tɔliméiik] *adj* ptolemejski
ptomaine [tóumein, touméin] *n chem* ptomain, mrliški strup
ptosis [tóusis] *n med* povešenje očesne veke (paraliza)
ptyalin [táiəlin] *n biol, chem* ptialin, ferment sline
ptyalism [táiəlizəm] *n med* prekomerno izločanje sline
pub [pʌb] *n E coll* gostilna, točilnica, krčma; *sl* hotel
pub-crawl [pʌbkrɔ:l] 1. *n* popivanje, krokanje; 2. *vi* popivati, krokati
pubertal [pjú:bə:təl] *adj* puberteten
puberty [pjú:bəti] *n* puberteta, doba spolnega dozorevanja
pubes [pjú:bi:z] *n pl anat* osramje, sramna dlaka
pubescence [pju:bésns] *n* (spolno) dozorevanje, doraščanje; *bot, zool* dlačice
pubescent [pju:bésnt] *adj* doraščajoč; *bot, zool* dlakav
pubic [pjú:bik] *adj anat* sramničen, sramen
pubis [pjú:bis] *n anat* dimeljnica, sramnica
public I [pʌblik] *adj* (~ ly *adv*) javen, občen; povsod znan, vsem poznan; državen, ljudski, naro-

den; ~ administration javna uprava; ~ affairs javne zadeve; ~ appointment državna služba; ~ address system sistem razglasnih naprav (zvočnikov); ~ bidding (ali sale) javna dražba; ~ bath javno kopališče; ~ charge prejemnik oskrbovalnine; at ~ charge na državne stroške; ~ convenience javno stranišče; *econ* ~ corporation ljudska zadruga; ~ debt državni dolg; ~ dinner banket; *A jur* ~ defender branilec po dolžnosti (za reveže); ~ enemy sovražnik ljudstva, kriminalec; to be in the ~ eye biti v središču javnega življenja; ~ economy politična ekonomija; ~ figure prominentna osebnost; *econ* ~ funds državni vrednostni papirji; *E* utemeljen državni dolg; ~ good splošna blaginja; ~ health service javna zdravstvena služba; ~ house krčma, gostilna, točilnica; John Public dnevni tisk; ~ kitchen javna kuhinja za brezposelne; ~ law javno pravo, mednarodno pravo; ~ library javna knjižnica; ~ man javni delavec; to make ~ objaviti, razglasiti; ~ notice javen razglas; ~ opinion javno mnenje; ~ opinion poll predvolilna anketa; ~ order javni red; *econ* ~ ownership skupna last; *jur* ~ prosecutor državni tožilec; ~ relations stik z javnostjo; ~ revenue državni dohodki; ~ school *E* zasebna šola z internatom; *A* občinska šola; ~ servant državni uradnik; ~ service državna (javna) služba; komunalna služba; ~ spirit patriotizem; ~ utility komunalna usluga; *pl econ* akcije javnih služb; ~ works javna dela
public II [pʌblik] *n* javnost, občinstvo, publika; in ~ javno; the ~ at large široke plasti ljudstva; to appeal to the ~ obrniti se na javnost; *jur* to exclude the ~ izločiti javnost
publican [pʌblikən] *n E* krčmar, gostilničar; *hist* davkar (v Rimu)
publication [pʌblikéišən] *n* priobčitev, objava; publikacija; tisk; monthly ~ mesečnik
public-house [pʌblikhaus] *n E coll* gostilna, krčma, točilnica
publicist [pʌblisist] *n* publicist, pisec političnih člankov; strokovnjak za mednarodno pravo;
publicistic [pʌblisístik] *adj* (~ ally *adv*) publicistiчен, časnikarski
publicity [pʌblísiti] *n* javnost; reklama, objavljanje; ~ agent reklamni agent; ~ film propagandni, reklamni film; *econ* ~ department reklamni oddelek; ~ manager šef propagande; to give ~ to objaviti kaj
publicize [pʌblisaiz] *vt* objaviti, priobčiti; propagirati, delati reklamo
publicly [pʌblikli] *adv* javno, v javnosti, za javnost
public-minded [pʌblikmáindid] *adj* (~ ly *adv*) glej public-spirited
public-spirited [pʌblikspíritid] *adj* rodoljuben, zaveden
publish [pʌbliš] *vt* objaviti, naznaniti, priobčiti, publicirati; *jur* širiti žaljive vesti o kom
publishable [pʌblišəbl] *adj* ki se da publicirati
publisher [pʌblišə] *n* založnik; *pl* založba
publishing [pʌblišin] *n* objava, priobčitev, tiskanje; naklada; ~ house založba
puce [pju:s] *adj* rdečkasto rjav, temno rjav
puck [pʌk] *n* škrat; *sp* puck, gumijasta ploščica pri hokeju na ledu

pucka [pʌ́kə] *adj* glej **pukka**
pucker I [pʌ́kə] *n* guba, naborek; *fig coll* razburjenje (*about* zaradi)
pucker II [pʌ́kə] **1.** *vt* gubati, nagubati (često *up*); našobiti (ustnice), nabrati (blago), grbančiti (čelo); **2.** *vi* nagubati se, našobiti se, nabrati se
puckery [pʌ́kəri] *adj* naguban, gubast, nabran; našobljen
puckish [pʌ́kiš] *adj* razposajen, nagajiv, škratast
pud [pʌd] *n* rokica, tačica (v otroški govorici)
puddening [púdəniŋ] *n naut* bokobran
pudding [púdiŋ] *n* puding, kipnik; klobasa; *naut* bokobran; *sl* zastrupljeno meso (ki ga vlomilec vrže psu); **black ~** krvavica; **white ~** jetrna klobasa; **more praise than ~** več hvale ko nagrade; **the proof of the ~ is in the eating** kakovost spoznamo šele ko se sami o njej prepričamo; **~ time** odločilen trenutek
pudding-face [púdiŋfeis] *n* lunast, okrogel obraz
pudding-head [púdiŋhed] *n* butec
pudding-heart [púdiŋha:t] *n* strahopetec
puddingy [púdiŋi] *adj* kakor puding; *fig* počasen, težek, dolgočasen
pudding-stone [púdiŋstoun] *n geol* konglomerat, sprimek
puddle I [pʌdl] *n* luža, mlakuža, mlaka, kaluža; mešanica gline, vode in peska (za otrditev nasipa itd.); *coll* zmešnjava
puddle II [pʌdl] **1.** *vt* skaliti, blatiti (vodo); spremeniti v brozgo, zbrozgati; zamazati z mešanico gline, peska in vode; *metall* pudlati železo; **2.** *vi* broditi po lužah, čofotati
puddle-ball [pʌ́dlbɔ:l] *n tech* volk, gruda stopljenega železa
puddle-iron [pʌ́dlaiən] *n tech* pudlano, prečiščeno železo
puddle-jumper [pʌ́dldžʌmpə] *n sl* kolavta, staro vozilo
puddler [pʌ́dlə] *n metall* pudlar
puddling [pʌ́dliŋ] *n metall* pudlarstvo; **~ mill** pudlovka; **~ furnace** pudlarska peč
puddly [pʌ́dli] *adj* blaten, kalužast, kalen
pudency [pjú:dənsi] *n* skromnost, plašnost, sramežljivost
pudendal [pju:déndəl] *adj anat* sramen, sramničen; **~ cleft** sramna raza
pudendum [pju:déndəm] *n* (*pl* **~da**) *anat* spolovilo (zlasti žensko)
pudent [pjú:dənt] *adj* skromen, plašen, sramežljiv
pudge [pʌdž] *n coll* debeluh, zavaljena žival
pudginess [pʌ́džinis] *n coll* debelost, zavaljenost
pudgy [pʌ́dži] *adj coll* zavaljen, debel, zalit
pudic [pjú:dik] *adj* glej **pudendal**
pudicity [pju:dísiti] *n* sramežljivost
pudsy [pʌ́dzi] *adj* glej **pudgy**
pueblo [puéblou] *n* (*pl* **~los**) indijanska vas, stalno naseljeni Indijanci
puerile [pjúərail] *adj* (**~ly** *adv*) deški, otročji; *fig* neresen, smešen, nerazvit
puerility [pjuəríliti] *n* otročarija, neresnost, traparija
puerperal [pju:ə́:pərəl] *adj med* poroden; **~ fever** (ali **sepsis**) porodna sepsa
puerperium [pju:ə:píəriəm] *n med* poporodna doba
Puerto Rican [pwə́:tourí:kən] **1.** *adj* portoriški; **2.** *n* Portoričan(ka)

puff I [pʌf] *n* dihljaj, dih; pihljaj, sunek vetra; izpuh (dima), puh, izpuhnjen dim; krhko pecivo; pudrana blazinica (tudi *powder-~*); pretirana reklama, hvalisanje; izbočina, oteklina, naborek
puff II [pʌf] **1.** *vi* puhati, vleči (*at*; cigareto); sopihati, zasopsti se; sukati se, kaditi se (dim, para); odsopihati (vlak); napihniti se (*out* ali *up*); **2.** *vt* pihati, hukati; napihniti, hvalisati, pretirano hvaliti, kaditi komu; zapreti sapo; pudrati; **to ~ and blow** zasoplo dihati, sopihati; **~ed eyes** otekle oči; **~ed sleeve** nabran, širok rokav;
puff away 1. *vt* odpihniti; **2.** *vi* puhati (dim, para)
puff out 1. *vt* izpuhniti; upihniti (svečo); zadihano povedati; **2.** *vi* odsopihati (vlak); prsiti se; kaditi se ven (dim, para)
puff over *vt* naprašiti, napudrati
puff up 1. *vt* napihniti, pretirano hvaliti; navijati ceno na dražbi; **2.** *vi* počiti; napihovati se (*with pride* od ponosa); sopsti, sopihati
puff-adder [pʌ́fædə] *n zool* zelo strupen afriški gad
puff-ball [pʌ́fbɔ:l] *n bot* prašnica (goba)
puff-box [pʌ́fbɔks] *n* pudrnica
puffer [pʌ́fə] *n* pihač, pihalnik; bahač; laskavec, hvalilec; navijalec cen na dražbi; lokomotiva (otroška beseda)
puffery [pʌ́fəri] *n* hvalisanje, pretirana reklama
puffin [pʌ́fin] *n zool* njorka
puffiness [pʌ́finis] *n* napihnjenost, nadutost; zasoplost; otečenost, zabuhlost
puffing [pʌ́fiŋ] *n* napihnjenost; hvalisanje, pretirana reklama; navijanje cen na dražbi
puff-paste [pʌ́fpeist] *n* listnato, krhko testo
puff-pastry [pʌ́fpeistri] *n* pecivo iz krhkega testa
puff-puff [pʌ́fpʌf] *n* lokomotiva (v otroški govorici)
puffy [pʌ́fi] *adj* (**puffily** *adv*) napihnjen, nadut; zabuhel; zasopel; ki prihaja v sunkih (veter)
pug I [pʌg] *n zool* mops; *E* glavni sluga; vzdevek za lisico (v basnih); *sl* boksar; *E* majhna ranžirna lokomotiva
pug II [pʌg] **1.** *n* opečna gmota; **2.** *vt* zamazati z opečno gmoto (glino)
pug III [pʌg] **1.** *n* stopinja, sled zveri; **2.** *vt* slediti, iskati (zver)
puggaree [pʌ́gəri] *n E Ind* tenčica okoli čelade (za zaščito pred soncem)
puggy [pʌ́gi] *adj* kakor mops, mopsovski
pugilism [pjú:džilizəm] *n* boksanje
pugilist [pjú:džilist] *n* boksar, borec; *fig* borben polemičar, razbijač
pugilistic [pju:džilístik] *adj* (**~ally** *adv*) boksarski
pug-mill [pʌ́gmil] *n tech* mešalnik za glino
pugnacious [pʌgnéišəs] *adj* (**~ly** *adv*) bojevit, borben; prepirljiv
pugnacity [pʌgnǽsiti] *n* bojevitost, borbenost; prepirljivost
pug-nose [pʌ́gnouz] *n* top, potlačen nos
pug-nosed [pʌ́gnouzd] *adj* toponos, potlačenega nosu
puisne [pjú:ni] **1.** *adj jur* mlajši, nižji po činu; **2.** *n jur* nižji sodnik, prisednik; **~ judgement** poznejša obsodba
puissance [pjú:isns] *n poet* moč, sila, oblast; *arch* vojaška sila
puissant [pjú:isnt] *adj* (**~ly** *adv*) *poet* močen, silen

puja [pú:dža:] *n* čaščenje, verski praznik (v hinduizmu); *pl E Ind sl* molitve

puke [pju:k] **1.** *n* bljuvanje; **2.** *vt & vi* bljuvati

pukka [pʌ́kə] *adj E Ind* zanesljiv, pravi, pristen, trden

pulchritude [pʌ́lkritju:d] *n* (zlasti *A*) lepota

pulchritudinous [pʌlkritjú:dinəs] *adj* (zlasti *A*) lep, lepega telesa

pule [pju:l] *vi* javkati, cviliti, cmerati se

puling [pjú:liŋ] *adj* (~ly *adv*) javkajoč, cvileč, cmerav; kržljav

Pulitzer (prize) [púlicə] *A* Pulitzerjeva nagrada (ki se podeli vsako leto za najboljše literarno ali žurnalistično delo)

pull I [pul] *n* potegljaj, poteg, vlečenje, vlek; *tech* vlečna sila; privlačnost, sila privlačnosti; požirek, dušek; ročaj, držaj (zvonca); veslanje, zavesljaj; *sp* (golf, kriket) udarec, zamah (poševno, zlasti na levo); zadrževanje (konja z vajetmi); utrjujajoč vzpon, velik napor (*long* ~); prednost (*of, on, over* pred); *sl* vpliv, zveze, protekcija (*with*); *print* (poskusni) odtis; **a long ~ uphill** težek vzpon; **the long ~** presežek, dodatek k plači; **a heavy ~ on s.o.'s purse** draga stvar; **to go for a ~** iti veslat; **it is a hard ~** to je naporna stvar; **to have the ~ of s.o.** imeti prednost pred kom; **to have a ~ with s.o.** imeti vpliv na koga, imeti protekcijo pri kom; *print* **to take a ~** napraviti odtis; **to take a ~ at the bottle** cukniti ga iz steklenice; **to give a ~ at** povleči, potegniti kaj

pull II [pul] **1.** *vt* vleči, povleči, potegniti; puliti, izpuliti (zob, rastlino), izvleči, privleči; trgati (jabolka, cvetice); skubsti, skubiti, oskubsti (perjad, lan), populiti (dlako iz usnja); zagotoviti si, privleči (stranke, podporo); (golf, kriket) udariti žogo postrani na levo; namerno zadržati dirkalnega konja; veslati, imeti vesla; *print* napraviti odtis, odtisniti; *A sl* potegniti (revolver, nož); *sl* izpeljati (delo); *A sl* proglasiti stavko, pozvati (podjetje) k stavki; *sl* zapreti, napraviti racijo (v igralnici); **2.** *vi* vleči, puliti (*at*); vleči (pipo; *at*); povleči, piti (*at* iz); vleči se, riniti se naprej; *sl* privlačiti (reklama); **to ~ apart** raztrgati; **to ~ a boner** napraviti veliko napako; **to ~** (ali **draw**) **the long bow** širokoustiti se; **a case of ~ devil, ~ baker** povleci, potegni; kdo je močnejši; **to ~ caps** (ali **wigs**) pretepati se; **to ~ faces** (ali **a face**) pačiti se, kremžiti se; **to ~ a long face** nakremžiti obraz, narediti kisel obraz; **to ~ a fast one** preslepiti, ukaniti; **to ~ a good heart** zbrati pogum; **to ~ s.o.'s leg** potegniti koga, norčevati se iz koga; **to ~ a thing on s.o.** oguljufati, prevariti; **to ~ a good oar** dobro veslati; **the boat ~s 4 oars** čoln ima štiri vesla; **to ~ it** odnesti pete, pobegniti; **to ~ to pieces** raztrgati, *fig* ostro kritizirati; **to ~ one's punches** *fig* krotiti se; (boks) zadržano udariti; **to ~ one's rank on s.o.** pokazati, da si višji po činu; **to ~ by the sleeve** pocukati za rokav; **to ~ into the station** pripeljati na postajo (vlak); **to ~ the strings** (ali **wires**) neopazno voditi, vplivati na koga; **to ~ one's weight** potruditi se pri delu, krepko veslati; **to ~ the wool over s.o.'s eyes** preslepiti koga

pull about *vt* grobo ravnati s kom, vlačiti koga (kaj) okrog

pull back 1. *vt* potegniti nazaj; **2.** *vi* umakniti se

pull down *vt* podreti (hišo), potegniti dol, spustiti (zaveso), znižati (cene); *fig* ponižati, vzeti pogum, potreti, popariti; *A sl* dobiti plačilo, zaslužiti

pull in 1. *vt* povleči, potegniti noter; zategniti (pas, vajeti); *sl* zapreti koga, ujeti; omejiti, zmanjšati (izdatke itd.); **2.** *vi* ustaviti se, pripeljati (vlak na postajo)

pull off 1. *vt* odtrgati, odstraniti; sleči (obleko), sezuti (čevlje); *coll* uspešno izpeljati, doseči kaj, zmagati; **2.** *vi* odpeljati (vlak), oditi, oddaljevati se

pull on 1. *vt* navleči nase, obleči; **2.** *vi* vleči se, iti, veslati naprej

pull out 1. *vt* izvleči; raztegniti, podaljšati (pripoved, pogovor); **2.** *vi* odpeljati (vlak), odveslati; *A* umakniti se, oditi; **to ~ of the fire** rešiti že izgubljeno igro; **to pull s.o.'s chestnuts out of the fire** iti za koga po kostanj v žerjavico

pull over *vt* navleči, obleči (čez glavo)

pull round 1. *vt* ozdraviti koga; **2.** *vi* ozdraveti, popraviti se

pull through 1. *vt* pomagati komu k zdravju, rešiti (podjetje); uspešno kaj izpeljati; **2.** *vi* izvleči se, preboleti, srečno prestati

pull together *vi* složno delati, sodelovati; **to pull o.s. together** zbrati, pomiriti se

pull up 1. *vt* povleči gor; *naut* dvigniti zastavo; izpuliti; zaustaviti (vozilo, konja), zadržati koga; **2.** *vi* ustaviti se; *sp* pomakniti se naprej; *aero* dvigniti se; **to ~ to** (ali **with**) dohiteti koga; **to ~ one's socks** pljuniti v roke, pripraviti se na težko delo; **to ~ short** hitro prenehati, ustaviti se; **to ~ stakes** odpraviti se na pot

pull-back [púlbæk] *n* ovira, zapreka; *mil* umik čet; *A* reakcionar

pull-cord [púlkə:d] *n* potezna vrvica

pulled [puld] *adj* slabega zdravja, potrt, deprimiran; ~ **bread** prepražene kruhove drobtinice; ~ **chicken** kuretina v omaki; ~ **figs** suhe fige

puller [púlə] *n* vlačilec (oseba, konj); *tech* priprava za izvlačenje; veslač; *aero* ~ **airscrew** natezni vijak

pullet [púlit] *n* kokoška

pulley I [púli] *n* škripec, škripčevje; transmisijski jermen; **block and** ~, **set of** ~s škripčevje; **belt** ~ jermenica

pulley II [púli] *vt* dvigniti, dvigati s škripcem

pull-fastener [púlfa:snə] *n* zadrga

pull-in [púlin] *n E* počivališče (zlasti za voznike tovornjakov)

pullman [púlmən] *n* (*pl* ~**mans**) spalni voz (tudi ~ *car*)

pull-off [púləf] *n aero* odprtje padala (pri odskoku); petelin (na puški)

pull-on [púlən] *n* oblačilo, ki se ga potegne čez glavo

pull-out [púlaut] *n* zložljiv list (knjige); *mil* umik čet

pull-over [púlouvə] *n* pulover

pull-through [púlθru:] *n* čistilna verižica (za strelno orožje) pullulate [pʌ́ljuleit] *vi* kliti, poganjati, brsteti, delati popke; *fig* bohotati, širiti se

pullulation [pʌljuléišən] *n* klitje, poganjanje, brstenje; *fig* bohotanje, širjenje

pull-up [púlʌp] *n* zaustavljanje; počivališče, odmor; *aero* dvig (letala)

pully-haul [púlihɔ:l] *n* vleka in natega

pully-hauly [púlihɔ:li] 1. *adj* ki vleče in nateza; 2. *n* natezanje

pulmonary [pʌ́lmənəri] *adj* pljučen; *zool* ki ima pljuča

pulmonate [pʌ́lməneit, ~nit] 1. *adj zool* ki ima pljuča; 2. *n zool* pljučar (polž)

pulmonic [pʌlmónik] *adj* pljučen, pljučničen

pulmotor [pʌ́lmoutə, púl~] *n* priprava za umetno dihanje

pulp I [pʌlp] *n* sadno meso; *bot* stržen stebla; mehka, kašnata snov, pulpa; papirna kaša, papirmaše, celičnina, drobni zmletek (papir); zdrobljena ruda, prebrana (suha) ruda; *A coll* cenen, senzacionalni tisk, literarna plaža; *dental* ~ zobna pulpa; *fig* to reduce (ali beat) to a ~ pretepsti na žive in mrtve, premlatiti

pulp II [pʌlp] *vt & vi* zmehčati (se) v kašo

pulpboard [pʌ́lpbɔ:d] *n* stisnjena lepenka

pulp-engine [pʌ́lpendžin] *n tech* holandec, trgalni stroj (v papirnici)

pulper [pʌ́lpə] *n* glej pulp-engine

pulpify [pʌ́lpifai] *vt* pripraviti papirno kašo (v papirnici)

pulpiness [pʌ́lpinis] *n* mesnatost, kašnatost, mehkost in sočnost

pulpit [púlpit] *n* prižnica, pridigarji, pridiganje

pulpiteer [pulpitíə] 1. *n cont* pridigar; 2. *vi* pridigati

pulpous [pʌ́lpəs] *adj* glej pulpy

pulpwood [pʌ́lpwud] *n* celulozni les

pulpy [pʌ́lpi] *adj* (pulpily *adv*) kašast, mehek; sočen, mesnat (sadje)

pulque [púlki] *n* mehiška opojna pijača iz agave

pulsate [pʌlséit, pʌ́lseit] 1. *vi* bíti, utripati, pulzirati, razbijati (srce), drhteti; 2. *vt* presejati (drage kamne)

pulsatile [pʌ́lsətail] *adj* utripajoč, razbijajoč, ki pulzira; *mus* s katerim se tolče

pulsatilla [pʌlsətílə] *n bot* velikonočnica

pulsation [pʌlséišən] *n* utrip, utripanje, bítje, drhtenje

pulsative [pʌlséitiv, pʌ́lsət~] *adj* utripajoč, bíjoč, drhteč

pulsator [pʌlséitə] *n* kar enakomerno bije, utripa

pulsatory [pʌlséitəri] *adj* ki enakomerno bije, utripa

pulse I [pʌls] *n* pulz, utrip, bílo; *phys, el* (tokovni) sunek, impulz; *fig* polet, vitalnost; to feel s.o.'s ~ tipati žilo, meriti utrip; to stir one's ~ s razvneti se

pulse II [pʌls] *vi & vt* bíti, utripati, razbijati (srce)

pulse III [pʌls] *n* zrna stročnic, stročnice

pulse-rate [pʌ́lsreit] *n* število utripov na minuto

pulsimeter [pʌlsímitə] *n med* priprava za merjenje pulza

pultaceous [pʌltéišəs] *adj* kašnat, mehek

pulverizable [pʌ́lvəraizbl] *adj* zdrobljiv, razpršljiv

pulverization [pʌlvəraizéišən] *n* zdrobitev v prah, pulverizacija; razprševanje (tekočin); *fig* razpadanje, propadanje

pulverize [pʌ́lvəraiz] 1. *vt* pulverizirati, zdrobiti, stolči, zmleti v prah; razpršiti (tekočino); 2. *vi* zdrobiti se v prah, razpasti

pulverizer [pʌ́lvəraizə] *n tech* drobilnik; razpršilec

pulverulent [pʌlvérjələnt] *adj* prahast, prašen; krhek (skala)

pulvinate [pʌ́lvineit] *adj* blazinast

puma [pjú:mə] *n zool* puma

pumice [pʌ́mis] 1. *n* lahnjak, plovec (kamen; tudi ~ *stone*); 2. *vt* gladiti s plovcem

pumice-stone [pʌ́misstoun] 1. *n* gladilni kamen, plovec; 2. *vt* gladiti s plovcem

pummel [pʌ́ml] *vt* glej pommel

pump I [pʌmp] *n* črpalka, sesalka; *coll* izpraševalec, poizvedovalec; bicycle ~ tlačilka za kolo; to work the ~ črpati, polniti; *coll* to stand under the ~ s dati se izprašati

pump II [pʌmp] 1. *vt* črpati, sesati, polniti; izprašati koga, iztisniti (informacije iz koga); poganjati (pedala); 2. *vi* utripati (srce); trdovratno iskati, poizvedovati (*for* za); to ~ dry izčrpati, izprazniti; to ~ out izčrpati, izprazniti; *fig* izčrpati, utruditi, spraviti ob sapo; to ~ up napolniti (kolo), napihniti; *econ* to ~ money into vlagati denar v kaj; to ~ bullets into s.o preluknjati koga (s streli)

pump III [pʌmp] *n* plesni čevelj, lakasti čevelj (k fraku)

pumper [pʌ́mpə] *n* črpalec, izpraševalec; vrelec nafte

pumpernickel [púmpənikl] *n* sladek ržen kruh

pump-gun [pʌ́mpgʌn] *n* vrsta lovske puške

pump-handle [pʌ́mphændl] 1. *n* ročica sesalke; 2. *vt coll* stresati komu roko

pumpkin [pʌ́m(p)kin] *n bot* buča; *coll* teslo, neroda; *A coll* some ~ s »velika živina«

pump-room [pʌ́mprum] *n* lopa z vrelcem mineralne vode; črpalnica v obratu

pumpship [pʌ́mpšip] 1. *n vulg* uriniranje; 2. *vi* urinirati, scati

pump-station [pʌ́mpstéišən] *n* bencinska črpalka

pun I [pʌn] 1. *n* besedna igra; 2. *vi* igrati se z besedami

pun II [pʌn] *vt* teptati (zemljo), topotati z nogami

puna [pú:nə, ~na:] *n* visoka planota v Andih; težko dihanje zaradi razredčenega zraka, višinska bolezen

punch I [pʌnč] 1. *n* luknjarice (škarje), luknjač, klinčar, šilo, prebijalo, štanca, punec; 2. *vt* preluknjati, prebiti, štancati, puncirati

punch II [pʌnč] 1. *n* udarec s pestjo; *coll* sila, polet, energija; 2. *vt* udariti s pestjo; tolči (npr. po pisalnem stroju); *A* gnati živino s palico

punch III [pʌnč] *n* punč (pijača)

punch IV [pʌnč] *n E* kratkonog, okoren vlečni konj; *dial* majhen zavaljen človek

Punch [pʌnč] *n* groteskna grbasta lutka, pavliha; pleased as ~ zelo zadovoljen; proud as ~ zelo ponosen; ~ and Judy show lutkovno gledališče

punch-board [pʌ́nčbɔ:d] *n* tombolska karta

punch-bowl [pʌ́nčboul] *n* posoda za punč

punch-drunk [pʌ́nčdrʌŋk] *adj* omamljen od udarca po glavi (boks)

puncheon I [pʌ́nčən] *n* sod (ca 381 l)

puncheon II [pʌ́nčən] *n tech* podpora v rudniku, podpornik (steber); podnica, deska za pod; punec, znamenje

puncher [pʌ́nčə] *n* prebijalo, luknjač

punching-bag [pʌ́nčiŋbæg] *n sp* polnjena usnjata vreča, hruška (za vajo v boksu)

punching-ball [pʌ́nčiŋbɔ:l] *n sp* točkovna žogica

punching-die [pʌ́nčiŋdai] *n tech* pečatna matrica

punch-pliers [pʌ́nčplaiəz] *n pl* votlinske klešče, luknjarice

punchy [pʌ́nči] *adj coll* silen, močan (udarec); poln poleta; omamljen od udarca

punctate [pʌ́ŋkteit, ~ it] *adj* pikčast (tudi *bot, zool*); luknjičav

punctation [pʌŋktéišən] *n* pikčavost, luknjičavost, pikica, luknjica; *jur* neobvezen dogovor

punctilio [pʌŋktíliou] *n* (*pl* ~ lios) pretirana uglajenost, tančina, formalnost; kočljiva točka; ~ of honour častna zadeva

punctilious [pʌŋktíliəs] *adj* (~ ly *adv*) pretirano uglajen, natančen, pedanten; zelo občutljiv

punction [pʌ́ŋkšən] *n* pik; *med* punkcija

punctual [pʌ́ŋktjuəl, ~ču~] *adj* (~ ly *adv*) točen; *arch* natančen, pedanten; *geom* ki se nanaša na točko

punctuality [pʌŋktjuǽliti, ~ču~] *n* točnost

punctuate [pʌ́ŋktjueit, ~ču~] *vt* postavljati ločila; prekinjati govor (*with* s, z); poudarjati, poudariti, naglasiti

punctuation [pʌŋktjuéišən, ~ču~] *n* postavljanje ločil; vrinjenje samoglasnikov v hebrejščini; prekinjanje govora (*with*); poudarjanje, naglašanje

punctuative [pʌ́ŋktjueitiv, ~ču~] *adj* interpunkcijski

puncture [pʌ́ŋkčə] 1. *n* prebod, luknjica, defekt (zračnica), luknjanje; *med* punktacija; 2. *vt & vi* prebosti (se), preluknjati (se); *med* punktirati

pundit [pʌ́ndit] *n* indijski učenjak; *hum* učenjak

punditry [pʌ́nditri] *n* (indijska) učenost

pung [pʌŋ] *n A* zaprte sanke

pungency [pʌ́ndžənsi] *n* jedkost, ostrost, rezkost; *fig* zbadljivost

pungent [pʌ́ndžənt] *adj* (~ ly *adv*) jedek, oster, rezek; *fig* zbadljiv; *fig* pikanten, dražljiv; *bot* bodikav; *bot* ~ russula bljuvna golobica

Punic [pjú:nik] 1. *adj* punski; *fig* izdajalski; 2. *n* punski jezik

puniness [pjú:ninis] *n* drobnost, slabotnost, kržljavost

punish [pʌ́niš] *vt* kaznovati (*for* za); *coll* grobo ravnati; *fig* močno udariti, izkoristiti slabost nasprotnika; *sl* navaliti na jed

punishable [pʌ́nišəbl] *adj* (punishably *adv*) kazniv

punisher [pʌ́nišə] *n* kaznovalec

punishment [pʌ́nišmənt] *n* kaznovanje (*by* z); *coll* grobo ravnanje; udarci (boks)

punitive [pjú:nitiv] *adj* kazenski, kaznovalen; ~ expedition kazenska ekspedicija; *jur* ~ damages dodatna globa k odškodnini; *jur* ~ law kazenski zakon

punitory [pjú:nitəri] *adj* glej punitive

punk [pʌŋk] 1. *adj A sl* slab, ničvreden, beden; 2. *n A* netilo, kresilna goba; *sl* ničvredna stvar; *E arch* vlačuga; *sl* huligan, ničvrednež, homoseksualec

punkie [pʌ́ŋki] *n* zelo majhen komar

punner [pʌ́nə] *n* dovtipnež; tolkalnik za teptanje zemlje

punnet [pʌ́nit] *n* košarica za sadje

punster [pʌ́nstə] *n* dovtipnež, v besedni igri verziran človek

punt I [pʌnt] 1. *n E* plitek čoln (z drogom namesto vesla); 2. *vt & vi* z drogom porivati čoln, prevažati se v plitkem čolnu

punt II [pʌnt] 1. *n* udarec žoge preden pade na tla (rugby); 2. *vt & vi* udariti žogo preden pade na tla

punt III [pʌnt] 1. *n* vložek pri kvartanju; *coll* stava na konjskih dirkah; 2. *vi* vložiti denar (pri kvartanju); *coll* staviti na konja

punter [pʌ́ntə] *n E* čolnar; kdor igra proti bankirju (kvartanje); kdor stavi na konjskih dirkah; borzni špekulant

puny [pjú:ni] *adj* (punily *adv*) droben, slaboten, kržljav

pup I [pʌp] *n* ščene, psiček; mlad tjulenj, mlada vidra; fantè, domišljav fant; to sell s.o. a ~ oguljufati koga, predrago prodati; in ~ breja (psica)

pup II [pʌp] *vi & vt* skotiti (psica)

pupa [pjú:pə] *n* (*pl* ~ pae) *zool* buba, ličinka

pupal [pjú:pəl] *adj zool* bubin, ličinkin

pupate [pjú:peit] *vi zool* zabubiti se

pupation [pju:péišən] *n zool* zabubljenje

pupil I [pjú:p(i)l] *n* učenec, -nka, gojenec, dijak; *jur* mladoletnik; *econ* praktikant, začetnik; ~ teacher učiteljski praktikant, dijak učiteljišča na praksi

pupil II [pjú:p(i)l] *n anat* pupila, zenica

pupil(l)age [pjú:pilidž] *n jur* nedoletnost; doba učenja, dijaška doba; nerazvitost (zemlje, jezika); začetna stopnja

pupil(l)arity [pju:pilǽriti] *n jur* nedoletnost

pupil(l)ary [pjú:piləri] *adj jur* nedoleten; *anat* pupilen, zeničen; dijaški

pupil(l)ize [pju:pilaiz] *vt & vi* vzeti učence; poučevati, voditi učence

puppet [pʌ́pit] *n* lutka, marioneta (tudi *fig*); ~ government marionetna vlada; ~ state satelitska država

puppetry [pʌ́pitri] *n* glej puppet-show

puppet-show [pʌ́pitšou] *n* lutkovna igra

puppy [pʌ́pi] *n* kužek; *fig* zelenec, gizdalin; ~ love petošolska ljubezen

puppydom [pʌ́pidəm] *n* telečja leta; traparija

puppyhood [pʌ́pihud] *n* glej puppydom

puppyish [pʌ́piiš] *adj* ko kužek; gizdalinski

pup-tent [pʌ́ptent] *n A sl* majhen šotor

pur [pə:] *vi & vt* glej purr

purblind [pə́:blaind] *adj* polslep; *fig* kratkoviden, omejen, zaslepljen

purblindness [pə́:blaindnis] *n fig* kratkovidnost, zaslepljenost, omejenost

purchasable [pə́:čəsəbl] *adj* kupljiv; *fig* podkupljiv

purchase I [pə́:čəs] *n* nakup, nakupovanje, kupovanje, kupčija; iztržek, (letni) dohodek; *jur* pridobljeno premoženje z nakupom (ne z dediščino); *naut* priprava za dviganje, vzvod, škripec, vrv, dvigalo; *fig* vpliv, vpliven položaj, prednost, moč; to make a ~ of kupiti kaj; to make ∼ s nakupovati; his life is not worth an hour's ∼ nima več ure življenja

purchase II [pɔ́:čəs] vt kupiti; pridobiti, priboriti (with z); fig kupiti koga, podkupiti; jur pridobiti imetje z nakupom (ne z dediščino); naut dvigniti (z vzvodom, dvigalom); purchasing power kupna moč; purchasing agent nakupovalec (za firmo)

purchase account [pɔ́:čəsəkaunt] n econ račun prispelega blaga

purchase book [pɔ́:čəsbuk] n econ knjiga nakupov

purchase-deed [pɔ́:čəsdi:d] n econ kupoprodajna pogodba

purchase-money [pɔ́:čəsmʌni] n kupna cena, kupnina

purchase-note [pɔ́:čəsnout] n econ zaključnica

purchaser [pɔ́:čəsə] n kupec

purchase tax [pɔ́:čəstæks] n E econ prometni davek

pure [pjúə] adj (∼ ly adv) čist, snažen; (moralno) nedolžen, neomadeževan, neoporečen; pristen, nepopačen; jasen, čist (stil); biol čistokrven, čiste rase; čist, teoretičen (npr. znanost); mus čistega zvoka, harmoničen; pravi, popoln; ∼ nonsense popoln nesmisel; by ∼ accident po golem naključju; a Simon ∼ pravi norec

pureblood [pjúəblʌd] 1. adj čistokrven; 2. n čistokrvna žival; A čistokrven Indijanec

purebred [pjúəbred] 1. adj čistokrven, rasen; 2. n čistokrvna žival

purée [pjúərei] n piré

purely [pjúəli] adv čisto, popolnoma; zgolj, samo, edino, izključno

pureness [pjúənis] n čistost, snažnost; fig nedolžnost, neomadeževanost, neoporečnost

purfle [pɔ:fl] 1. n okrasen rob (na obleki); 2. vt napraviti okrasen rob; archit okrasiti poslopje z vencem

purfling [pɔ́:fliŋ] n okras, okrasen rob na obleki

purgation [pə:géišən] n (o)čiščenje; med odvajanje

purgative [pɔ́:gətiv] 1. adj (∼ ly adv) med čistilen, odvajalen; 2. n med purgativ, čistilo, odvajalo

purgatorial [pə:gətɔ́:riəl] adj (∼ ly adv) relig očiščevalen, ki se nanaša na vice

purgatory [pɔ́:gətəri] n relig očiščevališče, vice; fig pekel

purge I [pə:dž] n med odvajalo; očiščenje; pol čistka

purge II [pə:dž] vt med odvajati, čistiti, očistiti (of, from česa); pol napraviti politično čistko; jur oprati krivde; bistriti, precediti (tekočina)

purification [pjuərifikéišən] n čiščenje, očiščevanje; eccl the ∼ Svečnica

purificator [pjúərifikeitə] n očiščevalec; eccl krpa za čiščenje keliha, purifikatorium

purificatory [pjúərifikeitəri] adj čistilen, očiščevalen

purifier [pjúərifaiə] n čistilec, -lka; čistilo; čistilna priprava

purify [pjúərifai] vt (o)čistiti (of, from); fig oprati (npr. krivde); tech rafinirati, čistiti, predelati, bistriti; ∼ing plant čistilna naprava

purism [pjúərizəm] n purizem, prehuda skrb za čistost v jeziku

purist [pjúərist] n purist(ka) (zlasti jezikovni)

puristic [pjuərístik] adj puristčen, puristovski

puritan [pjúəritən] 1. adj puritanski, moralno in versko prenapet; 2. n puritanec, -nka; hist puritanec, član angleške protestantske cerkve

puritanical [pjuəritǽnikəl] adj (∼ ally adv) puritanski, prenapet

puritanism [pjúəritənizəm] n puritanstvo, moralna in verska prenapetost; hist puritanizem

purity [pjúəriti] n čistoča, čistost; nedolžnost, čednost

purl I [pə:l] 1. n leva pentlja (pri pletenju); zlat ali srebrn bordurni okras, zankasta bordura; 2. vi & vt plesti leve pentlje; obrobiti (glej n)

purl II [pə:l] 1. n žuborenje; 2. vi žuboreti

purl III [pə:l] n odišavljeno toplo pivo, pivo s pelinom

purl IV [pə:l] 1. n coll težak padec (s konja); 2. vt & vi prevrniti (se), pasti s konja, odvreči (jahača)

purler [pɔ́:lə] n coll padec na glavo, skok na glavo; to go (ali come) a fearful ∼ pasti na glavo

purlieu [pɔ́:lju:] n rob gozda, obronek; pl okolica, periferija; pl meje; arch umazana ulica ali del mesta; to keep within one's ∼s ostati v svojih mejah

purlin [pɔ́:lin] n archit slemenska lega krova, strešina

purloin [pə:lɔ́in] vt & vi krasti, izmakniti; fig napraviti plagiat

purloiner [pə:lɔ́inə] n tat, zmikavt; fig plagiator

purple I [pə:pl] adj škrlaten, purpuren, vijoličen; sijajen, retoričen, bombastičen (stil); aero ∼ airway pot kraljevega letala; zool ∼ emperor spreminjavček (metulj); Purple Heart A odlikovanje za ranjenca; pharm stimulans, poživilo

purple II [pə:pl] n škrlatna barva, škrlat, škrlaten plašč (simbol vladarskega ali kardinalskega dostojanstva); pl med pšenavost; pl bot pšenična snet; to be raised to the ∼ biti povišan v kardinala (vladarja)

purple III [pə:pl] vt & vi škrlatiti (se); zaripiti

purplish [pɔ́:pliš] adj škrlatast

purply [pɔ́:pli] adj glej purplish

purport I [pɔ́:pət] n vsebina, smisel, pomen; cilj, smoter, daljnosežnost

purport II [pɔ́:pət, ∼ pɔ:t] vt pomeniti, vsebovati, kazati na kaj; trditi, delati se; a document ∼ing to be official dokument, ki naj bi bil uraden; to ∼ to be (to do) dozdevno biti (delati)

purportless [pɔ́:pətlis] adj brez pomena, brez vsebine, brez smisla

purpose I [pɔ́:pəs] n namen, cilj, nakana; učinek; vsebina, smisel; to answer (ali serve) the ∼ služiti svojemu namenu; for what ∼? čemu?; for the ∼ ˇof zaradi; on ∼ namenoma; to the ∼ stvarno, o pravem času; to little ∼ z malo uspeha; to no ∼ zaman; a novel with a ∼ tendenčni roman; to some ∼ s precejšnjim uspehom; of set ∼ (zlasti jur) premišljeno, namerno; to suit one's ∼ biti pogodu; to turn s.th. to good ∼ dobro kaj uporabiti ali izkoristiti; weak (ali wanting) of ∼ neodločen

purpose II [pɔ́:pəs] vt nameravati, določiti, nameniti, odločiti

purposeful [pɔ́:pəsful] adj (∼ ly adv) odločen, nameren; poln vsebine, važen purposefulness [pə́:pəsfulnis] *n* odločnost, namernost

purposeless [pə́:pəslis] *adj* (~ ly *adv*) brezciljen, nesmiseln, nekoristen; neodločen; nenameren

purposelessness [pə́:pəslisnis] *n* brezciljnost, nesmiselnost, nekoristnost; neodločnost; nenamernost

purposely [pə́:pəsli] *adv* namenoma, premišljeno, hote

purpose-novel [pə́:pəsnəvəl] *n* tendenčni roman

purposive [pə́:pəsiv] *adj* (~ ly *adv*) z določenim ciljem, odločen; smotrn, koristen; nameren, premišljen, zavesten

purpose-trained [pə́:pəstreind] *adj* s specialno izobrazbo

purpresture [pə:présčə] *n jur* nezakonita prilastitev tujega posestva

purpura [pə́:pjurə] *n med* purpura, pegavica

purpuric [pə:pjúərik] *adj chem* ~ acid purpurna kislina

purr [pə:] **1.** *n* predenje, godenje (mačke); **2.** *vi* presti, gosti (mačka); *fig* brneti (motor); *fig* gosti od zadovoljstva

purree [pʌ́ri, pə́:ri] *n* indijsko rumenilo (barvilo)

purse I [pə:s] *n* mošnja, denarnica, ročna torbica; *fig* denar, denarna sredstva; denarna nagrada, prispevek; **to bear the** ~ biti gospodar v hiši; **common** ~ skupna blagajna; **light** ~ suha mošnja, siromaštvo; **long** (ali **heavy, well-lined**) ~ rejena mošnja, bogastvo; **to make up a** ~ **for** pobirati prispevke za koga; **the public** ~ državna blagajna; **one cannot make a silk** ~ **out of a sow's ear** iz slabega materiala ne moreš napraviti dobrega

purse II [pə:s] **1.** *vt* (tudi *up*) nagubati, nabrati (čelo), stisniti (ustnice), našobiti (usta); **2.** *vi* nagubati se, nabrati se; **to** ~ **one's brow** nasršiti obrvi, nabrati čelo; **to** ~ **one's lips** stisniti ustnice

purse-bearer [pə́:sbeərə] *n* blagajnik; *E* nosilec velikega pečata (pred vrhovnim sodnikom)

purseful [pə́:sful] *n* polna mošnja

purse-net [pə́:snet] *n* mreža za ribolov (ki se zadrgne kakor mošnja)

purse-proud [pə́:spraud] *adj* ponosen na svoje bogastvo, bahaški

purser [pə́:sə] *n naut* ladijski blagajnik, ladijski ekonom

purse-seine [pə́:ssein] *n* glej purse-net

purse-silk [pə́:ssilk] *n* kordonetna svila

purse-strings [pə́:sstriŋz] *n pl* vrvica mošnje; **to hold the** ~ upravljati z denarjem, nadzirati uporabo denarja; **to keep a tight hand on the** ~ skopariti; **to loosen the** ~ biti radodaren, izdati denar; **to tighten the** ~ zmanjšati izdatke

pursiness [pə́:sinis] *n* nadušljivost, naduha; domišljavost, nadutost

purslane [pə́:slin] *n bot* portulak

pursuable [pəsjú:əbl] *adj jur* ki se ga lahko pregania

pursuance [pəsjú:əns] *n* zasledovanje, preganjanje; vršenje, opravljanje; **in** ~ **of** zasledujoč; v skladu s, po

pursuant [pəsjú:ənt] *adj & adv*; ~ **to** v skladu s (predpisi, zapovedjo itd.), po

pursue [pəsjú:] **1.** *vt* zasledovati, slediti, goniti, preganjati; gnati se, prizadevati si, težiti (*after*

za čem); kreniti, držati se (poti); opravljati (poklic); nadaljevati (pogovor); **2.** *vi* zasledovati, preganjati (*after* koga); naprej govoriti; **to** ~ **a subject** nenehno o čem govoriti

pursuer [pəsjú:ə] *n* zasledovalec, preganjalec; *Sc* tožilec

pursuit [pəsjú:t] *n* zasledovanje, preganjanje, iskanje, lov (*of*); prizadevanje, težnja, gonja (*of* za); opravljanje, posel, opravilo, poklic; *pl* posli, opravki, dela, študij; **in** ~ **of** na lovu za; *mil* ~ **action** zasledovalna akcija; **in hot** ~ za petami; *aero* ~ **plane** lovec (avion)

pursuivant [pə́:sivənt] *n hist* nižji glasnik; *poet* spremljevalec

pursy I [pə́:si] *adj* nadušljiv, astmatičen; debel; ponosen na svoje bogastvo, nadut

pursy II [pə́:si] *adj* stisnjen (ustnice), nabran, naguban

purtenance [pə́:tənəns] *n arch* drobovje

purulence [pjúəruləns] *n med* gnojenje

purulency [pjúərulənsi] *n* glej purulence

purulent [pjúərulənt] *adj* (~ ly *adv*) *med* gnojen

purvey [pə:véi] **1.** *vt* oskrbeti, oskrbovati, nabavljati, zalagati (*for* koga; zlasti s hrano); **2.** *vi* preskrbeti si, zalagati se

purveyance [pə:véiəns] *n* oskrba, nabava (živil), preskrba; zaloga, hrana; *hist* pravica vladarja do odkupa živil

purveyor [pə:véiə] *n* dobavitelj, nabavljalec, liferant (živil); ~ **to the Royal Household** dvorni dobavitelj

purview [pə́:vju:] *n jur* člen, klavzula, vsebina (statuta, zakona); področje, obseg (veljavnosti) zakona; pristojnost zakona; področje, torišče, območje, sfera; obzorje, vidik

pus [pʌs] *n* gnoj (rana); ~ **focus** gnojno žarišče

push I [puš] *n* poriv, porivanje; sunek, udarec, zbodljaj; *archit, geol, tech* horizontalen pritisk; *fig* pobuda, pogon, podjetnost, energija; trud, napor; sila, nuja, kritičen moment; *mil* prodor, prodiranje, napredovanje, ofenziva; reklamna kampanja; protekcija; *A* množica ljudi; *sl* družba, druščina (tatinska, zločinska); **at a** ~ v sili, v kritičnem momentu; **at the first** ~ na prvi mah; **at one** ~ naenkrat; **to bring to the last** ~ gnati do skrajnosti, pognati v skrajnost; **when it comes to the** ~ ko pride do skrajnosti; *sl* **to get the** ~ dobiti brco, biti odpuščen iz službe; **to get a job by** ~ dobiti službo po protekciji; **to give s.o. a** ~ poriniti koga; *sl* **to give s.o. the** ~ odpustiti koga iz službe; **to have a** ~ **together** pretepati se; **to make a** ~ potruditi se, *mil* z vso silo napasti; **to have another** ~ **for it** še enkrat poskusiti

push II [puš] **1.** *vt* suniti, suvati, riniti, poriniti, porivati, potisniti, potiskati; priganjati, siliti (*to* k); gnati, nagnati, pognati, poganjati, pospešiti, forsirati; *fig* pomagati, podpirati koga; *sl* prodajati, preprodajati (mamila); **2.** *vi* poriniti se, porivati se, prerivati se, preriniti se; pošteno se lotiti; prizadevati si, težiti za čem; **to** ~ **open** odpahniti, odpreti; **to** ~ **one's way ahead (through)** preriniti se naprej (skozi); **to be** ~ **ed for time (money)** biti v časovni (denarni) stiski; **to** ~ **s.th. on s.o.** vsiliti komu kaj; **to** ~ **s.th. too far** gnati ka predaleč; **to ~ one's fortune** izzivati svojo srečo; **to ~ a friend** s svojim vplivom pomagati prijatelju

push around *vt* potiskati naokrog, šikanirati, delati komu sitnosti, nagajati

push aside *vt* odriniti; *fig* odstraniti, premagati (ovire)

push by *vi* prerivati se mimo

push forward *vt* pohiteti s čim, porivati naprej, poriniti naprej

push in 1. *vi* približevati se obali (ladja); 2. *vt* poriniti noter, vriniti

push off 1. *vt econ* odriniti (blago), prodati za vsako ceno; 2. *vi naut* odriniti (*from*); *coll* pobrati jo, zgubiti se; *sl* pričeti se (predstava); **~!** zgubi se!, začni! (pripoved)

push on 1. *vi* hiteti, pohiteti, iti dalje, pomakniti se; 2. *vt* gnati, forsirati; **we must ~ with our work** moramo pohiteti z delom

push out 1. *vt* poriniti ven, pognati (korenine, veje); 2. *vi naut* odpluti; kliti (sadike)

push through 1. *vi* prebiti se, preriniti se; 2. *vt* opraviti, končati

push up *vt* potisniti navzgor, zvišati (cene); **to ~ daisies** biti v grobu, hraniti črve

push upon *vt* naprtiti komu kaj

push-bicycle [púšbaisikl] *n sl* bicikel (tudi *push-bike*)

push-button [púšbʌtn] *n* gumb pri električnem zvoncu

push-cart [púška:t] *n* ciza, samokolnica, ročni voziček, športni voziček (za otroke)

pusher [púšə] *n* komolčar; *tech* pomikač, potiskalo, pomožna lokomotiva

pushful [púšful] *adj* (**~ly** *adv*) podjeten, delaven; *fig* komolčarski

pushfulness [púšfulnis] *n* podjetnost; *fig* komolčarstvo

pushing [púšiŋ] *adj* (**~ly** *adv*) podjeten, energičen; komolčarski, vsiljiv

push-off [púšo:f] *n* začetek

pushover [púšouvə] *n coll* lahko premagljiv nasprotnik, slabič; tepec; **he is a ~ for that** temu vedno naseda

push-pin [púšpin] *n A* vrsta otroške igre; vrsta risalnega žebljička

push-pram [púšpræm] *n E coll* otroški voziček

pusillanimity [pju:siłənímiti] *n* malodušnost, bojazljivost

pusillanimous [pju:siłæniməs] *adj* (**~ly** *adv*) malodušen, bojazljiv

puss [pus] *n* mucka; *E dial* zajček; *coll* deklič; *A sl* obraz, usta; **~ in the boots** »obuti« maček

pussy I [púsi] *n* mucka; *bot* mačica (vrbova, leskova)

pussy II [pʌsi] *adj med* gnojen

pussy-cat [púsikæt] *n* muca

pussyfoot [púsifut] 1. *n E* abstinent; *A* kdor neslišno hodi (z mačjim korakom); *A sl* potuhnjenec, prihuljenec; 2. *vi* plaziti se (ko mačka); *fig* potuhniti se

pussy-willow [púsiwilou] *n bot* raznobarvna vrba

pustular [pʌstjulə] *adj* mozoljast, mozoljav

pustulate [pʌstjuleit] 1. *adj* mozoljast; 2. *vi* postati mozoljast

pustulation [pʌstjuléišən] *n* mozoljavost

pustule [pʌstju:l] *n med* gnojni mehurček, mozolj; *bot, zool* bradavica

pustulous [pʌstjuləs] *adj* glej **pustular**

put I [put] *n* met kamna z rame; (borza) premijski posli; **~ and call** borzni terminski sklep

put II* [put] 1. *vt* položiti, postaviti, dati kam, vtakniti (*in one's pocket* v žep; *in prison* v ječo); spraviti (koga v posteljo, v neprijeten položaj, v red, v tek); izpostaviti, podvreči čemu (*to ~ to death* usmrtiti koga); posaditi (*into, under* s čim; *the land was ~ under potatoes*); poslati, dati, siliti, naganjati (*to* v, k; *to ~ to school* poslati v šolo, *to ~ to trade* dati koga v uk, *to ~ the horse to the fence* nagnati konja v skok čez ograjo); napeljati, zvabiti (*on, to* k); napisati (*to ~ one's signature to a document*); prestaviti, prevesti (*into French* v francoščino); izraziti, formulirati (*I cannot ~ it into words* ne znam tega z besedami izraziti; *how shall I ~ it* kako naj to formuliram?); oceniti, preceniti (*at; I ~ his income at £ 1000 a year* po mojem zasluži 1000 funtov na leto); uporabiti (*to; to ~ s.th. to a good use* dobro kaj uporabiti); zastaviti, postaviti (vprašanje, predlog; *I ~ it to you* apeliram na vas, obračam se na vas); staviti (*on*; denar na kaj); vložiti, investirati (*into* v); naložiti (npr. davek, *to ~ a tax on* obdavčiti kaj); naprtiti, pripisati komu kaj (*on; they ~ the blame on him* krivdo valijo na njega); *sp* metati, vreči (kroglo); poriniti (bodalo), streljati (*in, into*); 2. *vi* podati se, napotiti se, iti, hiteti (*for* kam; *to ~ to land* podati se na kopno; *to ~ to sea* odpluti; *to ~ for home* napotiti se domov); *naut* jadrati, krmariti, pluti; *A* izlivati se (*into* v); **~ s.o. above** s.o. else postaviti koga pred drugega; **to ~ one's brain to it** koncentrirati se na kaj, lotiti se česa; **to ~ a bullet through** ustreliti, preluknjati koga; **to ~ in black and white, to ~ in writing** napisati; **to be ~ to it** biti prisiljen; **to be hard ~ to it** biti v zagati, v škripcih, biti prisiljen k čemu; **to ~ the cow to the bull** pripeljati kravo k biku; **~ the case that** recimo, da; **to ~ the cart before the horse** nesmiselno ravnati; **to ~ o.s. in (under) the care of** s.o. postaviti se pod zaščito koga; **to ~ out of action** onesposobiti; **to ~ s.o. out of countenance** spraviti koga iz ravnotežja; **to ~ down the drain** vreči v vodo, neumno zapraviti; **to ~ all one's eggs in one basket** staviti vse na eno karto; **to ~ an end (ali stop, period)** to napraviti konec s čim, končati; **to ~ the good face on it** mirno kaj prenesti; **to ~ one's foot in it** narediti napako, osramotiti se, blamirati se; **to ~ in force** uveljaviti; **to ~ s.o. on his feet** spraviti koga na noge; **to ~ the finger on** pokazati s prstom na, identificirati koga (kaj); **to ~ s.o. on guard** opozoriti koga na previdnost; **to ~ one's hands to** lotiti se; pomagati; **to ~ into the hands of s.o.** prepustiti komu, dati komu v roke; **to ~ out of one's head** izbiti si iz glave, pozabiti; **to ~ a horse to** vpreči konja; **to ~ s.o. in a hole** spraviti koga v neugoden položaj; **to ~ the hand to the plough** prijeti za delo; **to ~ one's hands in one's pocket** globoko seči v žep; **to ~ it to s.o.** apelirati na koga, dati komu na voljo; **to ~ a knife into**

zabosti; *sl* to ~ **the lid on** presegati vse meje, biti višek česa; **to ~ money on** staviti na kaj; **to ~ the money to a good use** pametno porabiti denar; **to ~ a matter right** izgladiti (zadevo); **to ~ it mildly** milo rečeno; **to ~ in mind** spomniti koga; **to ~ s.o.'s nose out of joint** spodriniti koga; **to ~ in order** urediti; **to ~ s.o. on his oath** zapriseči koga; **to ~ in practice** izvajati; **to ~ o.s. in s.o.'s place** vživeti se v položaj koga drugega; **to ~ on paper** napisati; **not to ~ it past one** pripisati komu kaj slabega; **to ~ to ransom** zahtevati odkupnino za; **to ~ s.o. right** popraviti koga; **to ~ in shape** spraviti v dobro kondicijo, oblikovati; **to ~ one's shoulder to the wheel** potruditi se; **to ~ a spoke in s.o.'s wheel** metati komu polena pod noge; **to ~ to the sword** prebosti z mečem; **to stay ~** ostati na mestu; *fig* **to ~ teeth into** zagristi se v kaj; **to ~ s.o. through it** dajati koga na sito in rešeto; **to ~ in use** uporabiti; **to ~ a veto on it** uporabiti veto; **to ~ into words** izraziti z besedami, točno opisati; **to ~ s.o. in the wrong** postaviti koga na laž, dokazati, da nima prav; **to ~ s.o. out of the way** spraviti koga s poti; *sl* **to ~ s.o. wise** odpreti komu oči; *sl* **to ~ the wind up s.o.** prestrašiti koga, dati mu vetra; **well ~** dobro povedano; **to ~ the weight** metati kroglo; **to ~ everything wrong** narediti vse narobe

put about 1. *vt naut* obrniti ladjo, zaokreniti; razširiti (govorice); vznemiriti, razjeziti, zbegati, mučiti; **2.** *vi naut* spremeniti smer (ladja); vznemiriti se; razjeziti se; **to put o.s. about for** vznemiriti se zaradi; **to be ~** biti zaskrbljen, jezen, vznemirjen

put across *vt sl* dobro izpeljati, uspeti; *sl* doseči kaj (*by* pri kom); objasniti; *sl* **to put it across** dobro izpeljati, uspeti; *sl* **to put it across s.o.** prevariti koga, obračunati s kom

put aside *vt* odložiti (delo, knjigo); dati na stran, prihraniti (denar); odvreči (staro obleko)

put away 1. *vt* pospraviti, dati na svoje mesto; odložiti (delo, breme); prihraniti, dati na stran (denar); znebiti se, prenehati (*he ~ drinking*); ločiti se; *sl* »pospraviti« (jed, pijačo), pojesti, popiti (*he ~ a big steak*); *coll* spraviti koga kam, zapreti (v zavod); *coll* spraviti koga s poti, ubiti; zavreči, pognati (ženo); **2.** *vi naut* odpluti (*for* kam)

put back 1. *vt* postaviti na svoje mesto (npr. knjigo); pomakniti nazaj (kazalce); *fig* zadrževati, ovirati; *ped* prestaviti nazaj (učenca); **2.** *vi* (zlasti *naut*) vrniti se, obrniti se nazaj; **to ~ to the shore** obrniti se nazaj k obali; **we ~ where we started from** vrnili smo se tja od koder smo prišli

put by *vt* hraniti, prihraniti, dati na stran (denar); izogniti se, izogibati se (odgovoru); preskočiti koga, prezreti koga; **Brown was ~ in favour of Smith** Smithu so dali prednost pred Brownom

put down 1. *vt* položiti, postaviti dol (npr. orožje); odložiti, pripeljati koga do kam; ukletiti, spraviti v klet; odstraniti koga (v službi); ponižati, odvzeti (komu oblast); zapreti komu usta, zavezati jezik; zadušiti, zatreti (upor); prenehati (z nepravilnostmi); *dial* ubiti (žival);

E odreči se čemu; napisati; *econ* (*to*) napisati, dati na račun koga, vknjižiti (*to put s.th. down to s.o.'s account*); *econ* znižati (cene), zmanjšati (stroške); vpisati, zapisati koga (*for* za; *put me down for £ 5*); pripisati komu kaj (*I put it down to his inexperience* to pripisujem njegovi neizkušenosti); smatrati, meniti (*as, for; I put him down as a fool* menim, da je bedak); **2.** *vi aero* spustiti se; **to put one's foot down** odločno nastopiti proti čemu

put forth 1. *vt* metati (žarke), poganjati (liste, popke); objaviti, priobčiti; iztegniti (roko); pokazati, uporabiti, napeti (sile); postaviti (vprašanje); **2.** *vi naut poet* kreniti, odpluti

put forward *vt* poriniti naprej, pomakniti naprej (kazalce); *fig* postaviti v ospredje, uveljaviti; predložiti (načrt); **to put o.s. forward** uveljaviti se, preriniti se naprej; **to put one's best foot forward** napraviti najboljši vtis

put in 1. *vt* dati, položiti, vtakniti v kaj; vložiti (prošnjo); predložiti (dokument); namestiti (uradnika); dati (oglas); prebiti (čas); **2.** *vi naut* vpluti v pristanišče (zaradi popravila, zavetja); zaviti v, ustaviti se (*at*; npr. v gostilno, v gostilni); potegovati se za, prositi (*for* za); **to ~ an appearance** pokazati se, biti navzoč; *jur* priti na razpravo; **to ~ for s.th.** vložiti prošnjo za kaj, kandidirati; **to ~ a claim for damages** vložiti zahtevo za odškodnino; **to put s.o. in evidence** pripeljati koga za pričo; **to ~ motion** spraviti v tek, sprožiti (zadevo); **to ~ one's oar** prekiniti, vmešati se; **to ~ a word for** založiti dobro besedo za koga; **to ~ an hour's extra work** delati eno uro več

put off 1. *vt* odložiti, odstaviti, postaviti stran; znebiti se, odložiti (sestanek, obleko), sleči, sezuti se; odpraviti koga (*with*; npr. z izgovori), potolažiti; ovirati, odvrniti koga (*from* od česa), odsvetovati; *coll* spraviti koga iz koncepta; odbijati (*her face puts me off* njen obraz me odbija); zapreti (plin), ugasniti (luč, radio); **2.** *vi* kreniti, oditi (*to ~ on a long journey* kreniti na dolgo pot); *naut* odpluti; **to put s.th. off (up)on s.o.** natvesti komu kaj

put on *vt* obleči, obuti, dati (klobuk na glavo), natakniti (očala), namazati se (z ličilom); pretvarjati se, hliniti; staviti (*to put a fiver on a horse* staviti na konja); pomakniti naprej (kazalce); odpreti (plin), dodati (paro), prižgati (luč, radio), pospešiti (tempo); dodati (posebni vlak); zategniti (zavoro, vijak); *theat* postaviti na oder, uprizoriti; naložiti (kazen); *sp* dobiti točko, napraviti gol; **to ~ airs (and graces)** prisiljeno se vesti; **to ~ airs** postavljati se, šopiriti se; **to ~ an act** pretvarjati se; **to ~ the dog** postavljati se, bahati se; **to ~ flesh** (ali **weight**) zrediti se; *coll* **to put it on** pretirano zaračunati; *fig* **to put it on thick** pretiravati; **his modesty is ~** njegova skromnost je narejena, je samo pretveza; **to put s.o. on a job** zaupati, dati komu delo; **to put s.o. on to** namigniti komu kaj, spraviti koga na neko misel

put out 1. *vt* dati, postaviti ven, zapoditi; iztegniti (roko, jezik, tipalke); izobesiti (zastavo, razglas); *sp* izločiti koga; izpahniti (ud); ugasniti

(ogenj), zapreti (plin); zbegati, zmešati, motiti; razjeziti, ozlovoljiti; pokazati moč, napeti sile; posoditi denar (*at interest* z obrestmi); dati iz hiše (delo, otroka); pognati (popke); **2.** *vi naut* izpuliti, kreniti na morje; *A sl* truditi se; **to ~ to grass** gnati živino na pašo; *fig* odpustiti koga; **to ~ to nurse** dati otroka v oskrbo; **to be ~ about s.th.** biti jezen, vznemirjen zaradi česa; **to be ~ with s.o.** jeziti se na koga
put over 1. *vt sl* uspešno opraviti, dobro izpeljati; zagotoviti uspeh (filmu itd.); (zlasti *jur*) odložiti, preložiti (zadevo); **2.** *vi naut* prepeljati se čez; **to put o.s. over** uveljaviti se; **to put it over** pridobiti občinstvo; **to put it over on** naprtiti komu kaj, nasankati koga
put through *vt* izpeljati, izvesti, uspešno opraviti; zvezati (telefonsko; *put me through to Mr X*); *fig* **to put s.o. through his paces** preizkusiti koga
put to *vt* zapreči (konja v voz); pripreči lokomotivo; *dial* zapreti vrata (*put the door to*); spraviti v gotov položaj: **to ~ bed** spraviti v posteljo; **to ~ flight** spraviti v beg; **to ~ rights** spraviti v red; **to ~ shame** osramotiti; **to ~ silence** utišati; **to ~ sleep** uspavati; **to ~ torture** mučiti; **to ~ use** uporabiti; **to ~ the test** preizkusiti; **to ~ the vote** dati na glasovanje
put together *vt* sestaviti (dele, spis), zgraditi; **all ~** vse skupaj; **to put two and two together** sklepati iz dejstev, skombinirati; **to put heads together** stikati glave, posvetovati se
put up 1. *vt* dvigniti (roko, zastavo, jadra itd.); obesiti (sliko, zastor); nalepiti (plakat); razpeti (dežnik); postaviti (šotor); *coll* fingirati, izmisliti (*a ~ job* naprej domenjena stvar, prevara); pomoliti se, zahvaliti se (bogu); sprejeti gosta, vzeti pod streho, prenočiti; shraniti, spraviti; zaviti, zložiti, paketirati (*in* v); vtakniti (meč) v nožnico; konservirati, vkuhati, vložiti (sadje); pripraviti zdravilo (v lekarni); *theat* uprizoriti (igro); postaviti, predlagati (kandidata); ponuditi, dati v prodajo; zvišati (ceno), spoditi, splašiti, pregnati iz brloga (divjad); dati na oklice; plačati; staviti, zastaviti (na stavi); nepeljati, nagovoriti, naščuvati (*to* k); **2.** *vi* nastaniti se, ustaviti se pri kom (*at*); kandidirati, potegovati se (*for* za); plačati (*for* za); sprijazniti se s čim, prenašati, mirno sprejeti (*with*); *sl* **to put s.o.'s back up** užaliti, zjeziti koga; **to ~ a fight** dobro se upirati, dobro se boriti; **to ~ a front** pretvarjati se; **to ~ for sale** dati v prodajo; **to ~ the shutters** zapreti trgovino; **to put s.o. up to** nagovoriti koga k čemu, poučiti koga; **to ~ to s.o.** prepustiti komu odločitev; **to ~ with** prenašati, potrpeti, zadovoljiti se s čim
put upon *vt* (običajno pasiv) pestiti koga, pritiskati na koga, prevarati; **to be ~** biti osleparjen, prevaran
put III [pʌt] *n arch* tepec, čudak, kmet
put IV [pʌt] *n & v* glej **putt**
putamen [pju:téimin] *n bot* koščica (sadna)
putative [pjú:tətiv] *adj* (~ **ly** *adv*) dozdeven, domneven; ~ **marriage** nezakonit zakon (sklenjen v dobri veri, da je vse v redu)

putlog [pútlɔg, pʌt~] *n* greda, ki nosi pod zidarskega odra
put-off [pútɔ:f] *n* odlog; izgovor
put-on [pútɔn] *adj* slepilen, neresničen
put-out [pútáut] *n sp* izločitev (tekmeca)
putrefacient [pju:triféišənt] *adj* ki povzroča gnitje, trohnenje
putrefaction [pju:trifǽkšən] *n* gnitje, gniloba; trohnenje, trohnoba
putrefy [pjú:trifai] **1.** *vi* gniti, trohneti, razpadati, pokvariti (tudi *fig*); **2.** *vt* povzročiti gnitje
putrescence [pju:trésns] *n* gnitje, gniloba, trohnenje, razpadanje; *fig* korupcija
putrescent [pju:trésnt] *adj* gnijoč, trohneč, razpadajoč; gnil, trohlen
putrescible [pju:trésibl] **1.** *adj* nagnjen k gnitju, ki lahko gnije; **2.** *n* snov, ki je podvržena gnitju
putrid [pjú:trid] *adj* (~ **ly** *adv*) gnil, smrdeč; *fig* pokvarjen; *sl* ogaben; ~ **fever** tifus; ~ **sore throat** davica
putridity [pju:tríditi] *n* gniloba; *fig* pokvarjenost; *sl* ogabnost
putsch [puč] *n pol* puč, prevrat
putt [pʌt] **1.** *n* (golf) udarec, zamah; **2.** *vi & vt* (golf) nalahko poriniti žogo v jamico
puttee [pʌti] *n* ovojka, gamaša
putter I [pʌtə] *n* igralec golfa; vrsta golfske palice
putter II [pʌtə] *vi A* postopati, zapravljati čas
putting-green [pʌtiŋgri:n] *n* (golf) okolica jamice na igrišču
putto [pútou] *n* (*pl* ~ **ti**) *art* otroška postava
puttock [pʌtək] *n E zool dial* škarnjak; kanja
putty I [pʌti] *n* kit (zamazka), lepilo; prašek za politiranje in brušenje; *fig* vosek; **glaziers'** ~ steklarski kit; *fig* **he is** ~ **in her hand** v njenih rokah je mehak ko vosek
putty II [pʌti] *vt* kitati, zamazati
put-up [pútʌp] *adj coll* vnaprej domenjen, skrivaj dogovorjen
puzzle I [pʌzl] *n* uganka, težek problem; osuplost, zbeganost, zmeda; **to be in a** ~ **about** biti zbegan zaradi česa; **cross-word** ~ križanka; **jig-saw** ~ sestavljalnica (igra)
puzzle II [pʌzl] **1.** *vt* zmesti, zbegati, osupniti, začuditi; delati komu preglavice, dajati opravka; komplicirati, zmešati; beliti si glavo, premišljevati; **2.** *vi* biti zmeden, zbegan (*over*, *about*); **to ~ one's brains** (ali **head**) beliti si glavo; **to ~ it out** razvozlati, rešiti (problem); **to ~ over** beliti si glavo s čim
puzzle-headed [pʌzlhedid] *adj* zmeden, zbegan, konfuzen
puzzle-lock [pʌzllɔk] *n* ključavnica na črke
puzzlement [pʌzlmənt] *n* zmedenost, zbeganost, osuplost
puzzler [pʌzlə] *n* zapleten problem, uganka; skrivnostnež
puzzling [pʌzliŋ] *adj* (~ **ly** *adv*) ki zmede, zbega; zapleten, težko razrešljiv
py(a)emia [paií:miə] *n med* krvna zastrupitev
pycnometer [piknɔmitə] *n* priprava za merjenje relativne gostote ali specifične teže
pyedog [páidɔg] *n* potepuški pes (v Indiji)
pyelitis [paiəláitis] *n med* vnetje medenice ali ledvičnega ustja
pygal [páigəl] *adj zool* zadničen

pygm(a)ean [pigmí:ən] *adj* pigmejski, pritlikav
pygmy [pígmi] 1. *n* pigmejec; *fig* pritlikavec; 2. *adj* pritlikav; *fig* majhen, neznaten, nepomemben
pyjamas [pədžá:məz] *n pl E* pižama
pyknic [píknik] 1. *adj biol* pikničen; 2. *n biol* piknični tip
pylon [páilən] *n* vhod v egipčanski tempelj; visok jeklen stolp (nosilec kablov itd.); *aero* orientacijski stolp
pyogenesis [paiədžénəsis] *n med* tvorjenje gnoja
pyorrh(a)ea [paiəríə] *n med* pioreja, bolezen dlesen, paradentoza
pyramid [pírəmid] 1. *n* piramida (tudi *geom*); vrsta angleškega biljarda; 2. *vt* nagrmaditi v obliki piramide; *econ* porabiti dobiček v špekulacijske namene
pyramidal [pirǽmidəl] *adj* (~ ly *adv*) piramidast, piramiden
pyramidwise [pírəmidwaiz] *adv* piramidasto
pyre [páiə] *n* grmada (zlasti za sežiganje mrličev)
pyrene [páiri:n] *n bot* (posamezno) seme jagode; *chem* piren
Pyrenean [pirəní:ən] *adj* pirenejski
pyretic [pairétik] *adj med* mrzličen, vročičen
pyretogenic [piretoudžénik] *adj med* ki povzroča mrzlico
pyretology [pirətólədži] *n med* nauk o mrzlici, vročici
pyrex [páireks] *n* ognjevarno steklo
pyrexia [pairéksiə] *n med* mrzlica, mrzličnost, vročica
pyrheliometer [pairhi:liómitə] *n* priprava za merjenje sončne toplote
pyriform [pírifə:m] *adj* hruškast
pyrites [pairáiti:z] *n min* pirit, železov kršec copper ~ bakrov kršec
pyritic [pairítik] *adj* piritov
pyro- [pairou-] *pref* ogenj
pyrocellulose [pairouséljulous] *n chem* nitroceluloza
pyrogallic [pairougǽlik] *adj chem* ~ acid pirogalična kislina

pyrogen [páirədžən, pír~] *n med* snov, ki povzroča mrzlico
pyrogenic [pairədžénik] *adj* ki daje toploto; *med* ki povzroča mrzlico, ki ga je povzročila mrzlica; *geol* pirogen
pyrographer [pairógrəfə] *n* pirograf
pyrography [pairógrəfi] *n* pirografija, vžiganje v les ali usnje
pyrolatry [pairólətri] *n* čaščenje ognja
pyroligneous [pairoulígniəs] *adj chem* ~ acid lesni ocet; ~ alcohol metilni alkohol
pyromania [pairəméiniə] *n* piromanija, požigalna strast
pyromaniac [pairəméiniæk] *n* piroman
pyrometer [pairómitə] *n phys* pirometer, priprava za merjenje visokih temperatur
pyrometry [pairómitri] *n phys* pirometrija
pyrope [páiroup] *n min* temno rdeč granat
pyrophoric [pairoufórik] *adj chem* ki se sam vname na zraku
pyrosis [pairóusis] *n med* zgaga
pyrotechnic [pairoutéknik] *adj* (~ ally *adv*) pirotehničen, ognjemeten
pyrotechnics [pairoutékniks] *n pl* (edninska konstrukcija) pirotehnika, ognjemet
pyrotechnist [pairoutéknist] *n* pirotehnik
pyrotic [pairótik] 1. *adj med* jedek, skeleč; 2. *n* jedkovina
Pyrrhic [pírik] *adj* Pirov; ~ victory Pirova zmaga
Pythagorean [paiθægərí:ən] *adj* Pitagorov, pitagorski; *math* ~ theorem Pitagorov izrek
Pythian [píθiən] *adj* pitijski; *fig* zanesen, zamaknjen
python [páiθən] *n zool* piton, udav; obsedenec; vedeževalec
pythoness [páiθənes] *n* prerokinja, vedeževalka
pythonic [paiθónik] *adj* (~ ally *adv*) *zool* pitonski; vedeževalski, preroški
pyx [piks] 1. *n eccl* monštranca, ciborij; *E* skrinja z vzorčnimi zlatimi in srebrnimi kovanci; 2. *vt E* preskusiti težo in čistoto kovancev
pyxis [píksis] *n* škatlica, skrinjica

Q

Q, q [kju:] 1. *n* (*pl* Q's, Qs, q's, qs) črka q; predmet oblike črke Q; *sp* drsalna figura; 2. *adj* sedemnajsti; oblike črke Q; ~-ship (ali boat) v vojno ladjo preurejena trgovska ladja; *E mil* Q department oddelek za nastanitev vojakov; to mind one's Ps and Qs biti previden, paziti se (zlasti v vedenju)

qua [kwéi] *conj Lat* kakor, kot (~ *friend*)

quabird [kwá:bə:d] *n zool* kvakač (ptič)

quack I [kwæk] 1. *n* kvakanje; *fig* blebetanje; 2. *n* kvakati; *fig* blebetati

quack II [kwæk] 1. *adj* mazaški, šušmarski; kričavo vsiljiv; 2. *n* mazač, šušmar, šarlatan; sejmar; 3. *vi* ukvarjati se z mazaštvom, varati, glasno hvaliti na sejmu

quack III [kwæk] *n A bot* glej quitch

quackery [kwǽkəri] *n* mazaštvo, šušmarstvo, šarlatanstvo

quack-grass [kwǽkgra:s] *n bot* pirika

quackish [kwǽkiš] *adj* mazaški, šušmarski, šarlatanski

quacksalver [kwǽksælvə] *n arch* mazač, šušmar, slepar

quad I [kwəd] *n coll* četverokotnik; *coll* četverček

quad II [kwəd] *n el* četverni kabel

quadrable [kwódrəbl] *adj math* ki se da kvadrirati

quadragenarian [kwədrədžinéəriən] 1. *n* štiridesetletnik, -nica; 2. *adj* štiridesetleten

quadragesima [kwədrədžésimə] *n* kvadragezima, postna nedelja

quadragesimal [kwədrədžésiməl] *adj* posten; štiridesetdneven (post)

quadrangle [kwədrǽŋgl] *n math* četverokotnik; četverokotno notranje dvorišče; zgradbe, ki obdajajo tako dvorišče

quadrangular [kwədrǽŋgjulə] *adj* (~ ly *adv*) četverokoten

quadrant [kwódrənt] *n math, astr, naut* kvadrant; *aero* prostor, kjer so instalirane kontrolne naprave

quadrantal [kwədrǽntl] *adj* kvadrantov; ki ima obliko četrtine kroga

quadrat [kwódrət] *n print* kvadrat, tiskarska merilna ploščica; em ~ četverec; en ~ polovinec

quadrate I [kwódrit] 1. *adj* kvadratičen; *anat* kvadratničen; 2. *n* kvadrat, štirjak; *anat* kvadratnica

quadrate II [kwədréit] 1. *vt* prilagoditi, uskladiti (*to*, *with*); razdeliti na štiri dele; 2. *vi* ujemati se, skladati se (*with* s čim), strinjati se

quadratic [kwədrǽtik] *adj* (~ ally *adv*) kvadraten, četverokoten; *math* ~ equation kvadratna enačba

quadratics [kwədrǽtiks] *n pl math* kvadratne enačbe; nauk o kvadratnih enačbah

quadrature [kwódrəčə] *n math, astr* kvadratura; *el* fazni premik za 90 stopinj; ~ of the circle kvadratura kroga, *fig* nerešljiva naloga

quadrennial [kwədréniəl] *adj* (~ ly *adv*) štirileten, vsake štiri leta

quadrennium [kwədréniəm] *n* štiriletje, kvadriénij

quadri- [kwədri-] *pref* štiri

quadric [kwódrik] *adj math* kvadratičen, druge stopnje

quadricentennial [kwədrisenténiəl] 1. *adj* štiristoleten; 2. *n* štiristoletnica

quadriceps [kwódriseps] *n anat* kvadriceps, četveroglava stegenska mišica

quadrifid [kwódrifid] *adj* štiriloputen

quadriga [kwədráigə] *n hist* kvadriga, rimski voz s četverno vprego

quadrilateral [kwədrilǽtərəl] 1. *adj* štiristran, štiristraničen; 2. *n* četverokotnik

quadrilingual [kwədrilíŋgwəl] *adj* štirijezičen

quadrille [kwədríl] *n* kadrilja, četvorka, (ples in glasba)

quadrillion [kwədríljən] *n math* kvadrilijon (*E* četrta potenca milijona, *A* peta potenca tisoča)

quadrinomial [kwədrinóumiəl] 1. *adj math* kvadrinomski; 2. *n* kvadrinom, četveročlenik

quadripartite [kwədripá:tait] *adj* štiridelen; štiristranski (pakt); napisan v štirih izvodih (listina)

quadrisyllabic [kwódrisilǽbik] *adj gram* štirizložen

quadrisyllable [kwódrisiləbl] *n* štirizložna beseda

quadrivalent [kwədrivéilənt, kwədrívə~] *adj chem* štirivalenten

quadrivium [kwədríviəm] *n hist* kvadrivij, višja stopnja srednjeveških šol

quadroon [kwədrú:n] *n* kvateron, človek s četrtino krvi črnca

quadrumanous [kwədrú:mənəs] *adj zool* štiriročen

quadruped [kwódruped] 1. *adj zool* štirinožen; 2. *n* štirinožec

quadruple I [kwódrupl] *adj* štirikraten (*of*, *to*); *mus* štiričetrtinski; ~ alliance zveza štirih držav; *mus* ~ measure (ali time) štiričetrtinski takt

quadruple II [kwódrupl] 1. *n* štirikratnost; 2. *vt & vi* početveriti (se)

quadruplet [kwódruplit] *n* četvorica; četverček; tandem s štirimi sedeži quadruplex [kwɔ́drupleks] *adj* četveren; *el* ~ system četverosmerni sistem

quadruplicate I [kwɔdrú:plikit] *adj* štirikraten, četveren, v štirih izvodih

quadruplicate II [kwɔdrú:plikit] *n* ena od štirih stvari; *pl* štirje izvodi; in ~ v štirih izvodih

quadruplicate III [kwɔdrú:plikeit] *vt* početveriti; napraviti štiri izvode (listine)

quadruplication [kwɔdru:plikéišən] *n* početverjenje

quadruplicity [kwɔdruplísiti] *n* štirikratnost

quaere [kwíɔri] 1. *v imp Lat* poizvedi!, vprašaj!, zakaj?, vprašanje je; 2. *n* vprašanje

quaestor [kwí:stɔ, kwé~] *n* kvestor, starorimski finančni uradnik

quaff [kwa:f, kwɔf] 1. *vi* popivati, lokati (*of* iz); izpiti na dušek (*off*); 2. *vt* lokati kaj

quag [kwæg] *n E* močvirje, barje

quagga [kwǽgɔ] *n zool* vrsta južnoafriške zebre

quaggy [kwǽgi] *adj* močviren; mehek, gobast

quagmire [kwǽgmaiɔ] *n* močvirje, barje; *fig* stiska, škripec; to be caught in a ~ biti v škripcih

quahog [kwɔ́:hɔg] *n A zool* vrsta školjke

quaich [kwéiks] *n Sc* čašica

quail I [kwéil] *n zool* prepelica; *A sl* sošolka

quail II [kwéil] *vi* drhteti, trepetati (*before* pred); ustrašiti se česa, kloniti, obupati

quaint [kwéint] *adj* (~ly *adv*) mikaven, privlačen; čuden, nenavaden; starinski, staromoden, slikovit

quaintness [kwéintnis] *n* mikavnost, privlačnost, privlačna preprostost; nenavadnost

quake I [kwéik] *n* drget, trepet; *coll* potres

quake II [kwéik] *vi* drgetati, tresti se (*for fear* od strahu; *with cold* od mraza)

Quaker [kwéikɔ] *n* kveker (član protestanske ločine *Society of Friends*); *A* lažen top (na ladji ali trdnjavi); ~ bird črni albatros

Quakerdom [kwéikɔdɔm] *n* kvekerstvo, kvekerji

Quakeress [kwéikɔris] *n* kvekerka

Quakerish [kwéikɔriš] *adj* kvekerski

Quakerism [kwéikɔrizɔm] *n* kvekerstvo

quaking [kwéikiŋ] *adj* (~ ly *adv*) drhteč, trepetajoč

quaking-asp(en) [kwéikiŋæsp(ɔn)] *n bot* trepetlika

quaky [kwéiki] *adj* (quakily *adv*) drhteč, trepetajoč

qualification [kwɔlifikéišɔn] *n* kvalifikacija, usposobljenost, sposobnost (*for* za); prvi pogoj (*of*, *for* za); izkaz o usposobljenosti; modifikacija, prilagoditev, omejitev; klasifikacija, ocena; *econ* najmanjše možne akcije člana nadzornega odbora; ~ test usposobljenostni izpit; without any ~ brez kakršne koli omejitve

qualificative [kwɔ́lifikɔtiv] 1. *adj* ki pobliže določa; 2. *n* kar pobliže določa

qualified [kwɔ́lifaid] *adj* kvalificiran, usposobljen, sposoben (*for* za); pogojen, omejen, prikrojen; in a ~ sense v omejenem smislu, pogojno; ~ voter volilni upravičenec; *econ* ~ acceptance pogojno sprejetje (menice itd.)

qualifier [kwɔ́lifaiɔ] *n sp* kdor se kvalificira; *gram* beseda, ki pobliže določa

qualify [kwɔ́lifai] 1. *vt* kvalificirati, usposobiti (*for* za, *for being, to be*; *to* ~ *o.s.* usposobiti se); pooblastiti, avtorizirati, dati pravico (*for* za); označiti (*as*); modificirati, prikrojiti, omejiti; omiliti, ublažiti (npr. pripombo); razredčiti (pijačo); *gram* pobliže določiti; 2. *vi* kvalificirati

se, usposobiti se, dokazati potrebno usposobljenost (*for* za, *as* kot); *sp* kvalificirati se (*for*; ~ *ing round* izločilna runda); izpolnjevati pravne pogoje; (zlasti *A*) priseči

qualifying [kwɔ́lifaiiŋ] *adj* kvalifikacijski, usposobljenosten; omejitven

qualimeter [kwɔlímitɔ] *n phys* kvalimeter, merilec rentgenskih žarkov

qualitative [kwɔ́liteitiv] *adj* (~ ly *adv*) kvalitativen, po kakovosti, po vrednosti; *chem* ~ analysis kvalitativna analiza

quality [kwɔ́liti] *n* lastnost, svojstvo; kakovost, vrednost; (zlasti *econ*) kvaliteta, prvorazrednost; vrsta; imenitnost, odličnost; *arch* visoka družba, stan, čast; *mus* barva zvoka; in ~ kvalitativen, po kakovosti, po vrednosti; in the ~ of kot, v svojstvu; ~ goods kvalitetno blago; to have ~ odlikovati se, biti kvaliteten; people of ~ visoka družba

qualm [kwɔ:m, kwa:m] *n* slabost, omedlevica; *fig* dvom, pomislek, tesnoba; ~ s of conscience nemirna vest; to have ~ s about oklevati, imeti pomisleke

qualminess [kwɔ́:minis, kwá:~] *n* slabost, tesnoba, slaba vest

qualmish [kwɔ́:miš, kwá:~] *adj* (~ ly *adv*) ki se slabo počuti, nagnjen k slabosti, tesnoben, mučen

qualmishness [kwɔ́:mišnis, kwá:~] *n* slabo počutje, nagnjenje k slabosti, tesnobnost

quandary [kwɔndéɔri, kwɔ́ndɔ~] *n* dvom, zadrega, stiska, težava, negotovost; kočljiv položaj; to be in a ~ biti v kočljivem položaju, biti v zadregi

quant [kwɔnt] 1. *n E* drog za porivanje čolna (z okroglo ploščico na koncu, da se ne pogrezne v mulj); 2. *vt & vi* porivati čoln z drogom

quantic [kwɔntik] *n math* racionalna, algebraična homogena funkcija

quantifiable [kwɔ́ntifaiɔbl] *adj* merljiv, ki se da določiti po kolikosti

quantification [kwɔntifikéišɔn] *n* merljivost, določljivost po kolikosti

quantify [kwɔ́ntifai] *vt* izmeriti, določiti količino

quantitative [kwɔ́ntiteitiv] *adj* (~ly *adv*) kvantitativen, po kolikosti, po številu; *chem* ~ analysis kvantitativna analiza; ~ ratio kvantitativno razmerje

quantity [kwɔ́ntiti] *n* kvantiteta, kolikost, množina, število, velikost; *mus*, *gram* relativna dolžina glasov, zlogov; unknown ~ uganka (človek, stvar); negligible ~ nepomembna oseba (stvar); in large quantities v velikih množinah, količinah; bill of quantities proračun gradbenih stroškov; *econ* ~ discount popust na količino; *econ* ~ production množična, serijska produkcija

quantize [kwɔ́ntaiz] *vt* razbiti na enake dele, stopnje (v računalništvu)

quantometer [kwɔntɔ́mitɔ] *n phys* kvantimeter

quantum [kwɔ́ntɔm] *n* (*pl* ~ ta) kvantum, količina, del; *phys* kvant; ~ theory kvantna teorija

quaquaversal [kweikwɔvɔ́:sɔl] *adj* (~ ly *adv*) *geol* ki kaže v vse smeri, ki se razteza v vse smeri

quarantine I [kwɔ́rɔnti:n] *n* karantena, varnostna zapora; *fig* izolacija; *jur* doba 40 dni, ko sme vdova nemoteno živeti v hiši svojega pokojnega moža, vdovina pravica do tega; **to put under** ~ karantenirati; **in** ~ v karanteni

quarantine II [kwɔ́rənti:n] *vt* karantenirati; *fig* politično in gospodarsko izolirati kakšno državo

quarrel I [kwɔ́rəl] *n* prepir, spor (**with** s, z; *between* med); **to find** ~ **in a straw** biti prepirljiv, iskati dlako v jajcu; **to have no** ~ **with** ne imeti povoda za prepir, ne imeti kaj zameriti; **to make** (ali **patch**) **up a** ~ pomiriti se, izgladiti spor; **to pick** (ali **seek**) **a** ~ **with** zanetiti prepir; **it takes two to make a** ~ za prepir je treba dveh

quarrel II [kwɔ́rəl] *vi* prepirati se, spreti se (*with* s, z; *for, about* zaradi); pritoževati se; **to** ~ **with each other** spreti se; **to** ~ **with one's bread and butter** pljuvati v lastno skledo, škodovati samemu sebi; **to** ~ **with one's lot** pritoževati se čez svojo usodo

quarrel III [kwɔ́rəl] *n hist* kratka puščica; rombasta ali kvadratna šipa; steklarski diamant; kamnoseško dleto

quarrel(l)er [kwɔ́rələ] *n* prepirljivec, -vka

quarrelsome [kwɔ́rəlsəm] *adj* (~**ly** *adv*) prepirljiv

quarrelsomeness [kwɔ́rəlsəmnis] *n* prepirljivost

quarrier [kwɔ́riə] *n* kamnolomec, delavec v kamnolomu

quarry I [kwɔ́ri] *n* kamnolom; *fig* zlata jama, vir

quarry II [kwɔ́ri] **1.** *vt* lomiti kamen; *fig* izkopavati, izkopati (*out, of* iz); pridobivati s težkim delom (*from* iz); **2.** *vi* delati v kamnolomu; *fig* riti, kopati (*in* v); **to** ~ **for** stikati, brskati za čem

quarry III [kwɔ́ri] *n* preganjana divjad, plen; *fig* plen, žrtev, iskana stvar

quarry IV [kwɔ́ri] *n* rombasta ali kvadratna šipa; klesanec, kvadratast strešnik; neglazirana pečnica

quarry-faced [kwɔ́rifeist] *adj* hrapav (zid)

quarryman [kwɔ́rimən] *n* glej **quarrier**

quarry-stone [kwɔ́ristoun] *n* lomljenec

quart I [kwɔ:t] *n* mera za tekočine (četrt galone, 1,106 l); *mus* kvarta; litrski vrč, maseljc (piva); **to put a** ~ **into a pint pot** poskusiti kaj nemogočega

quart II [kwɔ:t] *n* kvarta (pri sabljanju); sekvenca štirih kart (kvartanje)

quartan [kwɔ́:tən] **1.** *adj med* štiridneven, vsak četrti dan; **2.** *n med* četrtnica, malarija z mrzlico vsak četrti dan

quartation [kwɔ:téišən] *n* sestava treh delov srebra in enega dela zlata

quarter I [kwɔ́:tə] *n* četrtina, četrt (*a* ~ *of an hour* četrt ure; *for* ~ *the price, for a* ~ *of the price* za četrtino cene); četrtina funta (0,113 kg); četrtina milje, tek na četrt milje (*he won the* ~ zmagal je v teku na četrt milje); mera za tkanine, četrtina jarda (22,8 cm); trgovska mera, četrtina stota (28 funtov, 12,7 kg, *A* 25 funtov, 11,34 kg; *E* 2,91 hl); *A, Sc* šolsko četrtletje; četrtletje, kvartal; četrtina zaklane živali, ena od štirih nog, hrbet konja; *her* eno od štirih polj grba; *astr* lunin krajec (*first* ~ prvi krajec, *last* ~ zadnji krajec; *A* četrt dolarja, novec za 25 centov; mestna četrt, kvart (*residential* ~ stanovanjska četrt); stran neba, smer vetra (*what* ~ *is the wind in*? iz katere strani piha?, *fig* od kje piha veter?); predel, kraj (*in this* ~ v teh krajih), smer (*in that* ~ v ono smer), stran (*from another*

~ z druge strani); vir (*from a good* ~ iz dobrega vira); družbeni krog (*in government* ~ *s* v vladnih krogih); usnje za peto (čevlja); *mil* (zlasti *pl*) stan, bivališče (*to be confined to* ~ *s* biti v hišnem priporu); (zlasti *mil*) milost, prizanašanje, pomilostitev (*to find no* ~ *with* ne najti milosti pri); *naut* bok krme (*on the port* ~ na levi strani krme); *naut* borbeni položaj posadke (*to beat to* ~ *s* sklicati posadko na položaje); **to ask** (ali **call, cry**) **for** ~ prositi za milost; **to give** ~ izkazati milost, pomilostiti; **to give fair** ~ prizanesti; **a bad** ~ **of an hour** neprijetni trenutki; **at close** ~ *s* od blizu, v neposrednem stiku (spopadu); **to live in close** ~ *s* stanovati na tesnem; **from every** ~ ali **from all** ~ *s* od vseh strani; **hind** ~ *s* stegna; **high** ~ *s* višji krogi; **it has gone the** ~ ura je odbila četrt; **the proper** ~ pristojno mesto; **to take up one's** ~ *s* nastaniti se; **to beat up the** ~ *s* **of** pogosto obiskovati

quarter II [kwɔ́:tə] **1.** *vt* razdeliti na štiri dele; razkosati, razčetveriti (izdajalca); *her* razdeliti na štiri polja (grb); vzeti pod streho; *mil* (prisilno) nastaniti (*at, in a place*; *to be* ~ *ed at* (*in*) stanovati kje); pretakniti, preiskati teren (lovski psi); *naut* določiti borbeni položaj posadke; **2.** *vi* stanovati, živeti (*at* pri); tekati sem in tja (psi); *fig* **to** ~ **o.s. on s.o.** vseliti se pri kom

quarterage [kwɔ́:təridž] *n* četrtletna plača, četrtletno plačilo; dobitje stanovanja, nastanitev

quarterback [kwɔ́:təbæk] **1.** *n A sp* obrambni igralec; **2.** *vt* voditi napadalno vrsto; *fig* voditi (izvedbo načrtov)

quarterbend [kwɔ́:təbend] *n tech* pravokoten krivilnik za cevi

quarterbill [kwɔ́:təbil] *n* popis stanovanj

quarter-binding [kwɔ́:təbaindiŋ] *n* vezava v polusnje

quarter-bound [kwɔ́:təbaund] *adj* v polusnje vezana (knjiga)

quarter-day [kwɔ́:tədei] *n jur* četrtletni plačilni rok; dan v četrtletju, ko se kaj plača (v Angliji 25. 3., 24. 6., 29. 9., 25. 12., v ZDA 1. 1., 1. 4., 1. 7., 1. 10.)

quarter-deck [kwɔ́:tədek] *n naut* paluba za častnike, krmni krov; **the** ~ ladijski častniki

quarter-eagle [kwɔ́:təri:gl] *n A* zlatnik ($ 2.50)

quartered [kwɔ́:təd] *adj* razčetverjen; nastanjen

quarter-finals [kwɔ́:təfáinəlz] *n pl sp* četrtfinale

quarter-finalist [kwɔ:təfáinəlist] *n sp* udeleženec četrtfinala

quarter-gunner [kwɔ́:təgʌnə] *n naut* glavni topničar

quarter horse [kwɔ́:təhɔ:s] *n A* dober jahalni konj

quartering [kwɔ́:təriŋ] *n* razčetverjenje, razčetrtenje; nastanitev (vojakov); *tech* pravokotna vez

quarterly [kwɔ́:təli] **1.** *adj* četrtleten; **2.** *adv* četrtletno; *her* na štirih poljih; **3.** *n* četrtletnik (revija)

quartermaster [kwɔ́:təma:stə] *n mil, naut* intendant; *naut* krmar (v trgovski mornarici), navigacijski podčastnik (v vojni mornarici)

quartermaster-general [kwɔ́:təma:stədžénərəl] *n mil* glavni intendant

quarter-miler [kwɔ́:təmailə] *n sp* tekač na četrt milje

quartern [kwɔ́:tən] *n E* četrtina poljubne angleške mere; dvokilski hlebec kruha (4 funte)

quarter-note [kwɔ́:tənout] *n mus* četrtinka

quarter-phase [kwɔ́:təfeiz] *adj el* dvofazni

quarter-plate [kwɔ́:təpleit] *n phot* fotografska plošča (3¼ × 4¼ palca)

quartersaw [kwɔ́:təsɔ:] *vt tech* razžagati (deblo) na štiri dele

quarter section [kwɔ́:təsekšən] *n A* kvadratast kos zemlje (160 akrov)

quarter-sessions [kwɔ́:təsešənz] *n pl E jur* četrtletno zasedanje sodišča; prizivna instanca (za civilne zadeve)

quarters:aff [kwɔ́:təsta:f] *n* (*pl* ~ **staves**) *hist* gorjača (kmečko orožje)

quarterstretch [kwɔ́:təstreč] *n sp* ciljna črta

quarter-tone [kwɔ́:tətoun] *n mus* četrtinski ton, kvartni interval

quarter-wave [kwɔ́:təweiv] *n* četrtinski val (radio); *phys* ~ **plate** polarizacijski filter

quartet(te) [kwə:tét] *n mus* kvartet; *poet* kvarteta

quartic [kwɔ́:tik] **1.** *adj math* četrte stopnje; **2.** *n* algebraična funkcija četrte stopnje

quartile [kwɔ́:til] *n astr* kvadratura; (statistika) četrtinska vrednost

quarto [kwɔ́:tou] *n* (*pl* ~ **tos**) *print* kvartni papir, knjiga v kvartnem formatu

quartz [kwɔ:ts] *n min* kremenjak; **purple** ali **violet** ~ ametist; ~ **lamp** kremenska luč (umetno višinsko sonce)

quartziferous [kwɔ:tsífərəs] *adj* kremenat, kremenski

quartzite [kwɔ́:tsait] *n min* kremenovec

quartzose [kwɔ́:tsous] *adj* kremenski, kremenast

quash [kwɔš] *vt jur* razveljaviti (sodbo), uničiti; udušiti, potlačiti (*down*)

quashee [kwɔ́ši] *n coll* zahodnoafriški črnec

quasi [kwéisai] **1.** *adj Lat* navidezen, neresničen; **2.** *adv* na videz, kakor da

quassia [kwɔ́šə] *n bot* kvasija, mušji les

quater-centenary [kwǽtəsentí:nəri] *n* štiristoletnica

quaternary [kwətɔ́:nəri] **1.** *adj* četveren; *geol* kvartaren; **2.** *n* četverka; število 4; *geol* kvartar

quaternion [kwətɔ́:niən] *n* skupina štirih; *math* kvaternion (kompleksno število)

quaternity [kwətɔ́:niti] *n* četvernost; štirje ljudje, skupina štirih ljudi

quatorzain [kətɔ́:zein] *n* štirinajstvrstična kitica, nepravi sonet

quatrain [kwɔ́trein] *n metr* štirivrstična kitica

quatre [kéitə, ká:~] *n* štirica (karta, kocka itd.)

quatrefoil [kǽtrəfɔil] **1.** *adj bot* štiriperesen; *archit* štiriperesen, štirilisten (ornament); **2.** *n bot* štiriperesna deteljica; *archit* štirilisten ornament

quattrocentist [kwa:troučéntist] *n* quattrocentist, italijanski pesnik 15. stoletja

quattrocento [kwa:troučéntou] *n* quattrocento, italijanski umetnostni slog 15. stoletja

quaver [kwéivə] **1.** *n mus* triler, tremolo; *mus* osminka; **2.** *vi & vt* tresti se, trepetati; *mus* tremolirati; (zlasti z *out*) peti s tresočim glasom; povedati s tresočim glasom, izjecljati

quavering [kwéivəriŋ] *adj* (~ **ly** *adv*) tresoč, ki tremolira

quavery [kwéivəri] *adj* glej **quavering**

quay [ki:] *n* nabrežje, pristan

quayage [kí:idž] *n econ* pristaniška pristojbina; pristaniške naprave

quay-berth [kí:bə:θ] *n naut* sidrišče tik ob obali

quane [kwi:n] *n* babnica, vlačuga; *E arch* dekle, mlada žena

queasiness [kwí:zinis] *n* slabost, gnus; občutljivost, izbirčnost

queasy [kwí:zi] *adj* (**queasily** *adv*) občutljiv (želodec), gabljiv (hrana); preobčutljiv (vest), izbirčen; **I feel** ~ slabo mi je

queen I [kwi:n] *n* kraljica, vladarica (tudi *fig*); kraljica (šah), dama (karta); *zool* matica (pri čebelah); ~ **consort** kraljeva žena; ~ **dowager** kraljica vdova; ~ **mother** kraljica mati; ~ **of the Adriatic** Benetke; ~ **of hearts** lepotica; **Queen Anne is dead!** to je že stara stvar; **in the reign of** ~ **Dick** nikoli; **Queen's English** pravilna, čista angleščina; *E* ~ **'s weather** sončen dan

queen II [kwi:n] *vi* vladati (kraljica); zamenjati kmeta za kraljico (šah); **to** ~ **it** nositi se kot kraljica

queen-bee [kwí:nbi:] *n zool* matica (pri čebelah)

queendom [kwí:ndəm] *n* kraljestvo pod vlado kraljice; dostojanstvo kraljice

queenhood [kwí:nhud] *n* dostojanstvo kraljice

queening [kwí:niŋ] *n E bot* reneta

queenlike [kwí:nlaik] *adj* (~ **ly** *adv*) glej **queenly**

queenliness [kwí:nlinis] *n* kraljevskost, veličastnost, dostojanstvenost

queenly [kwí:nli] *adj* kraljičin, kakor kraljica, dostojanstven

queen's metal [kwí:nzmetl] *n* bela kovina

queen's ware [kwí:nzwɛə] *n* rumena prstena posoda

queen's yellow [kwí:nzjelou] *n* citronasta barva; *min* rumen žvepleno kisli živosrebrn oksid

queer I [kwíə] *adj* (~ **ly** *adv*) čuden, nenavaden, svojevrsten, čudaški, komičen; *coll* dvomljiv, sumljiv, na slabem glasu (posel); *coll* bolehen, slab, omotičen; *sl* pijan, homoseksualen; *sl* ponarejen; *A sl* ves mrtev na kaj (*for*, *about*); **a** ~ **fellow** (ali **fish**) čudak; **to feel** ~ slabo se počutiti; **as** ~ **as Dick's hatband** slabe volje; **to be in Queer Street** biti v (denarni) stiski, zadolžen; ~ **in the head** prismójen

queer II [kwíə] *n sl* homoseksualec; *sl* ponarejen denar

queer III [kwíə] *vt sl* pokvariti; *sl* napačno prikazati (*with* komu); **to** ~ **o.s.** škodovati si; *E* **to** ~ **the pitch for s.o.** prekrižati komu računе

queerish [kwíəriš] *adj* nekoliko čuden

queerity [kwíəriti] *n* glej **queerness**

queerness [kwíənis] *n* čudnost, nenavadnost, svojevrstnost; dvomljivost, sumljivost

quell [kwel] *vt poet* udušiti, potlačiti (čustva, upor); premagati, pomiriti

queller [kwélə] *n* zmagovalec, premagovalec

quench [kwenč] *vt poet* pogasiti (žejo, ogenj); ohladiti, politi z mrzlo vodo (pepel, koks); udušiti (čustva); *sl* zavezati komu jezik; **to** ~ **smoking flax** prekiniti mnogo obetajoč razvoj; *el* ~ **ing choke** gasilna dušilka; ~ **ing frequency** nihalna frekvenca

quenchable [kwénčəbl] *adj* pogasljiv, udušljiv

quencher [kwénčə] *n* gasilnik; *coll* pijača, požirek

quenchless [kwénčlis] *adj* nepogasljiv, neudušljiv

quenelle [kənél] *n* mesen ali ribji cmok (z jajcem in drobtinami)

quercine [kwɔ́:sin, -sain] *adj bot* hrastov; kakor hrast

querent [kwíərənt] *n* glej **querist**
querist [kwíərist] *n* kverulant, vpraševalec
quern [kwə:n] *n* ročni mlinček (za žito, poper); **to turn** (ali **work**) **the** ~ vrteti mlinček
querulous [kwéruləs] *adj* (~ly *adv*) nejevoljen, godrnjav, siten, nergav, jadikujoč
querulousness [kwéruləsnis] *n* nejevoljnost, godrnjavost, sitnoba, nergavost, jadikovanje, tarnanje
query I [kwíəri] *n* vprašanje; *econ* povpraševanje; dvom; *print* vprašaj (ob tekstu); ~ (kratica *qu.*, uvod v vprašanje) vprašanje je, če; ~, **where are we to find it**? vprašanje je, kje naj to najdemo
query II [kwíəri] **1.** *vt* vprašati (se) (*whether*, *if* če); povpraševati (*about* o); postaviti vprašaj ob tekstu; **2.** *vi* dvomiti
quest I [kwest] *n* iskanje, prizadevanje (*for*, *of*); *arch* preiskava; **in** ~ **of** iščoč; **knightly** ~ viteški pohod, iskanje sv. Grala
quest II [kwest] *vi* iskati; slediti (divjad; **to** ~ **about** povsod iskati
question I [kwésčən] *n* vprašanje; (sporno) vprašanje, problem (*the Negro* ~ črnsko vprašanje); zadeva, stvar (*only a* ~ *of time* samo stvar časa); dvom; *jur* preiskava, zaslišavanje; *parl* predlog (dan na glasovanje), interpelacija; *parl* ~! k zadevi! (vzklik govorniku); *parl* **to put the** ~ dati na glasovanje; *jur* ~ **of law** pravno vprašanje; *jur* **leading** ~ sugestivno vprašanje; *hist jur* **to put s.o. to the** ~ zasliševati, mučiti koga; **the** ~ **does not arise** vprašanje je brez pomena; **to beg the** ~ narediti prenagljen sklep, predpostavljati; **beside the** ~ nepriklađen, nevažen; **beyond** (ali **past**) ~ nedvomno, nesporno; **a burning** ~ pereče vprašanje; ~ **of the day** problem dneva; **to call in** ~ spodbijati, dvomiti; **to come into** ~ priti v pretres, postati važno; **in** ~ omenjen, za katerega gre; **to make no** ~ **of** ne dvomiti o čem; **out of the** ~ nemogoče, ne pride v poštev; **an open** ~ odprto vprašanje; **to pop the** ~ prositi za roko; **to put a** ~ **to s.o.** vprašati koga kaj; **to raise a** ~ staviti vprašanje; **to shoot** ~**s at** obsipati koga s vprašanji; **the point in** ~ sporno vprašanje; **what is the** ~? za kaj gre?
question II [kwésčən] *vt & vi* vprašati, spraševati; *jur* izpraševati, zaslišavati; dvomiti, podvomiti, vpraševati se; **it cannot be** ~**ed but** (**that**) ni dvoma, da
questionable [kwésčənəbl] *adj* (**questionably** *adv*) dvomljiv, sporen, sumljiv, negotov
questionableness [kwésčənəblnis] *n* dvomljivost, spornost, sumljivost, negotovost
questionary [kwésčənəri] **1.** *n* anketa, zbiranje podatkov; **2.** *adj* ki vprašuje, vprašan
questioner [kwésčənə] *n* vpraševalec, zaslišavalec
question-form [kwésčənfɔ:m] *n* anketna pola
questioning [kwésčəniŋ] **1.** *adj* (~ly *adv*) vprašujoč (glas, pogled); **2.** *n* vpraševanje; *jur* zaslišavanje
questionless [kwésčənlis] **1.** *adj* nedvomen, nesporen; **2.** *adv* nedvomno, nesporno
question-mark [kwésčənma:k] *n* vprašaj
question-master [kwésčənma:stə] *n* vodja kviz oddaje; kdor vodi igro »20 vprašanj«
questionnaire [kestiənéə, kwesčənéə] *n* anketa, zbiranje podatkov

queue I [kju:] *n* kita (las); *E* vrsta, rep (pred trgovino); **to jump the** ~ preriniti se naprej; **to stand** (**wait**) **in a** ~ stati (čakati) v vrsti
queue II [kju:] **1.** *vi E* postaviti se v vrsto (*on*), stati v vrsti (zlasti z *up*); **2.** *vt* splesti lase v kito
queue-jumper [kjú:džʌmpə] *n* kdor se prerine naprej, kdor preskoči vrsto
quibble [kwibl] **1.** *n* izmikanje, sprevračanje, besedna igra; premetenost, dlakocepstvo; **2.** *vi* izmikati se, izgovarjati se, sprevračati besede, cepiti dlako
quibbler [kwíblə] *n* sofist, spreobračevalec besed
quibbling [kwíbliŋ] *adj* (~ly *adv*) sofističen, sprevračevalen, premeten, dlakocepski
quick I [kwik] *adj* (~ly *adv*) hiter, uren, nagel; bister, okreten, znajdljiv, odrezav, živahen; nagle jeze, vzkipljiv; fin, oster (vid, sluh); živ (pesek itd.); *arch* živ, živeč; *econ* živahen, likviden, tekoč; *min* rudnat; **be** ~ **about it!** podvizaj se s tem!; **to be** ~ **by s.o.** zanositi s kom; ~ **with child** noseča (v drugi polovici nosečnosti); ~ **on the draw** ki hitro reagira, odrezav; ~ **ear** oster sluh; ~ **at hearing** ki dobro sliši; ~ **in** (**at**) **working sums** ki hitro računa; **a** ~ **one** »kozarček« (na hitro); ~ **hedge** (ali **fence**) živa meja; ~ **of parts** (ali **understanding**) bistroumen, ki hitro razume; ~ **sight** oster vid; ~ **temper** razdražljiva čud, vzkipljivost; ~ **in the uptake** ki hitro razume, dojame; ~ **wit** odrezavost; **to have** ~ **wits** biti odrezav; *econ* ~ **returns** hiter donos, dobiček
quick II [kwik] *adv* hitro, naglo; (**as**) ~ **as lightning** bliskovito
quick III [kwik] *n* živo meso; *E* živa meja; *fig* življenje; *A* živo srebro; **the** ~ **and the dead** živi in mrtvi; **to cut** (ali **sting**, **touch**) **s.o. to the** ~ zadeti koga v živo; **to the** ~ popoln; **he is a Tory to the** ~ je skozi in skozi torijevec
quick-action [kwíkækšən] *adj tech* po hitrem postopku
quick-ash [kwíkæš] *n tech* beli pepel
quick-beam [kwíkbi:m] *n bot* jerebika (drevo)
quick-change [kwíkčeindž] *adj* (igralec) ki se hitro preobleče; *tech* ~ **tool part** hitro zamenljiv del orodja
quick-drying [kwíkdraiiŋ] *adj* ki se hitro suši (lak), eteričen (olje)
quick-eared [kwíkiəd] *adj* ostrega sluha
quicken [kwíkən] **1.** *vt* pospešiti, poživiti; navdihniti, spodbuditi, stimulirati (*to*); **2.** *vi* oživeti, zbuditi se; navdušiti se (*to* za); vzplamteti (*into* v); priti v drugo polovico nosečnosti (ko otrok zaživi), zaživeti (otrok v maternici)
quick-eyed [kwíkaid] *adj* bistroviden, ostrega vida
quick-fire [kwíkfaiə] *adj mil* brzostrelen
quick-firer [kwíkfaiərə] *n mil* brzostrelen top
quick-forgotten [kwíkfəgótn] *adj* hitro pozabljen
quick-freeze* [kwíkfri:z] *vt tech* na hitro globoko zamrzniti
quick-freezing [kwíkfri:ziŋ] *n tech* hitro globoko zamrzovanje
quick-frozen [kwíkfróuzən] *adj tech* na hitro globoko zamrznjen
quickie [kwíki] *n coll* na hitro narejena stvar, na hitro napisan tekst, improviziran film; *A* »kozarček« na hitro

quicklime [kwíklaim] *n chem* živo apno
quickly [kwíkli] *adv* hitro; kmalu; ~ **afterwards** kmalu nato
quickmarch [kwíkma:č] *n mil* hiter korak
quickmatch [kwíkmæč] *n* zažigalna vrvica
quickness [kwíknis] *n* hitrost, naglica; bistrost, okretnost, živahnost, hitro dojemanje; ostrina (zapažanja itd.); razdražljivost, vzkipljivost; prenagljenost; ~ **of sight** ostrina vida
quicksand [kwíksænd] *n geol* živi pesek; *fig* zahrbtna stvar
quick-scented [kwíkséntid] *adj* ki ima dober voh
quickset [kwíkset] **1.** *adj* živ (rastlina), glogov; **2.** *n* živa meja (zlasti glogova); sadika, presajenka
quicksighted [kwíksáitid] *adj* bistroviden
quicksightedness [kwíksáitidnis] *n* bistrovidnost
quicksilver [kwíksilvə] **1.** *n chem* živo srebro (tudi *fig*); **2.** *vt* premazati (ogledalo) s kositrovim amalgamom
quickstep [kwíkstep] *n mil* hiter korak; *mus* živahna koračnica; živahen plesni korak
quick-tempered [kwíktémpəd] *adj* razdražljiv, vzkipljiv
quick-thorn [kwíkθɔ:n] *n bot* glog, beli trn
quicktime [kwíktaim] *n mil* običajna hitrost korakanja pri ekserciranju; **in double** ~ zelo hitro, pospešeno
quick-trick [kwíktrik] *n* gotov vzetek (pri bridgeu)
quick-witted [kwíkwítid] *adj* odrezav, znajdljiv
quick-wittedness [kwíkwítidnis] *n* odrezavost, znajdljivost
quid I [kwid] *n* žveček (tobaka), čik
quid II [kwid] *n* (*pl* ~) *E sl* zlati funt, funt šterling
quiddity [kwíditi] *n* bit, bistvo, jedro; dlakocepstvo (pri obravnavanju), igranje z besedami
quidnunc [kwídnʌŋk] *n* raznašalec vesti, opravljalec
quid pro quo [kwídproukwóu] *n* (*pl* ~quos) *Lat* zamena, nadomestilo, povračilo, odškodnina (*for* za), izravnava; **to give s.o.** ~ vrniti komu milo za drago
quiescence [kwaiésns] *n* mirovanje, zimsko spanje
quiescent [kwaiésnt] *adj* (~**ly** *adv*) miren, negiben, tih; *gram* nem (črka); ~ **state** mirovanje
quiet I [kwáiət] *adj* (~**ly** *adv*) miren, tih; spokojen, zadržan (v vedenju), negiben; *fig* prikrit, skriven (zamera itd.); neupadljiv (obleka, barva); *econ* model, slab, za katerim ni povpraševanja (*coffee is* ~); **be** ~! tiho bodi!; *tech* ~ **run** miren tek; **to keep** ~ biti miren, molčati (*about* o); **to keep s.th.** ~ prikrivati kaj; **as** ~ **as a mouse** tih ko miška
quiet II [kwáiət] *n* mir, tišina, spokojnost; *sl* **on the** ~ (on the q.t.) na skrivaj, pod roko
quiet III [kwáiət] **1.** *vt* pomiriti, miriti, potešiti; utišati; **2.** *vi* (*down*) pomiriti se, pojenjati
quieten [kwáiətn] *vt & vi dial* pomiriti (se); **to** ~ **one's conscience** pomiriti si vest
quietism [kwáiətizəm] *n relig* kvietizem; duševni mir
quietist [kwáiətist] *n relig* kvietist
quietness [kwáiətnis] *n* mir, tišina, spokojnost
quietude [kwáiətju:d] *n* mir, tišina; ravnodušnost
quietus [kwaií:təs] *n* poravnava (dolga); *E jur* pobotnica; konec, smrt, smrtni udarec; **to give the** ~ **to s.th.** napraviti konec s čim; **to give**

s.o. his ~ zadati komu smrtni udarec, uničiti koga; **to make one's** ~ vzeti si življenje
quiff [kwif] *n E* kodrček na čelu; trik, zvijača
quill I [kwil] *n zool* pero (peruti ali repa; tudi ~ *feather*) letalno pero; gosje pero (pisalno); *tech* tkalska cevka, vretence; *zool* (ježeva) bodica; *mus* pastirska piščalka; **to carry a good** ~ dobro pisati
quill II [kwil] *vt & vi* navijati na vretence; kodrati (se)
quill-bit [kwílbit] *n tech* votlilnik
quill-driver [kwíldraivə] *n* pisun; *hum* pisar, novinar
quillet [kwílit] *n E arch* premetenost, sofizem
quilt [kwilt] **1.** *n* prešita odeja; **2.** *vt* prešiti odejo, vatirati, napolniti (z žimo, vato, volno) in prešiti; *sl* pretepsti, premlatiti; *E* kompilirati, sestaviti iz raznih knjig (često *together*)
quilting [kwíltiŋ] *n* prešitje, polnenje z žimo (vato, volno), vatiranje; ~ **cotton** vatelin
quina [kí:nə] *n bot* kininova skorja, kinin
quinacrine [kwínəkri:n] *n med* atabrin, sredstvo proti malariji
quinary [kwáinəri] *adj* peteren, ki ima pet delov
quinate I [kwáinit] *adj bot* petperesen
quinate II [kwíneit] *n chem* kininsko kisla sol
quince [kwins] *n bot* kutina
quincentenary [kwínsentí:nəri] **1.** *adj* petstoleten; **2.** *n* petstoletnica
quindecagon [kwíndekəgən] *n math* petnajsterokotnik
quindecennial [kwindiséniəl] **1.** *adj* petnajstleten; **2.** *n* petnajstletnica
quingentenary [kwíndžentí:nəri] *adj & n* glej **quincentenary**
quinia [kwíniə] *n* glej **quinine**
quinine [kwiní:n, kwáinain] *n chem* kinin
quininism [kwiní:nizəm, kwáinainizəm] *n med* zastrupitev s kininom
quinism [kwáinizəm] *n* glej **quininism**
quinquagenarian [kwíŋkwədžinéəriən] **1.** *adj* petdesetleten; **2.** *n* petdesetletnik, -nica (oseba)
quinquagenary [kwiŋkwədží:nəri] **1.** *adj* petdesetleten; **2.** *n* petdesetletnica
quinquagesima [kwíŋkwədžésimə] *n* bela nedelja (tudi ~ *Sunday*)
quinqu(e)- [kwíŋkwə-] *pref* pet
quinquangular [kwiŋkwǽŋgjulə] *adj* peterokoten
quinquecostate [kwiŋkwəkósteit] *adj bot* ki ima pet žilic; *zool* ki ima pet reber
quinquedigitate [kwiŋkwədídžiteit] *adj* peteroprst
quinquefoliolate [kwiŋkwəfóuliəlit] *adj bot* peterolisten
quinquelateral [kwiŋkwilǽtərəl] *adj* peterostran
quinquennial [kwiŋkwéniəl] **1.** *adj* (~**ly** *adv*) petleten, vsakih pet let; **2.** *n* petletnica
quinquennium [kwiŋkwéniəm] *n* (*pl* ~nia) petletje
quinquepartite [kwiŋkwəpá:tait] *adj* petdelen, petstranski (pakt)
quinquereme [kwíŋkwəri:m] *n naut hist* galeja, ladja s petimi vesli
quinquevalent [kwiŋkwəvéilənt, ~kwévələnt] *adj chem* petvalenten
quinquina [kiŋkí:nə] *n* glej **quina**
quins [kwinz] *n pl coll* peterčki
quinsy [kwínzi] *n med* vnetje mandeljnov, angina

quint [kwint] *n mus* kvinta; *coll* petérček; pet zaporednih kart iste barve

quintain [kwíntin] *n hist* lutka za vajo metanja kopja; tekma v metanju kopja

quintal [kwintl] *n* kvintal, cent, stot (100 kg ali 220 funtov)

quintan [kwíntən] **1.** *adj med* ki se pojavi vsak peti dan; **2.** *n* mrzlica, ki napade vsak peti dan

quinte [kέ:t] *n* kvinta (pri sabljanju)

quintessence [kwintésns] *n* kvintesenca, jedro, prava vsebina, klasičen primer (*of*); popolnost

quintessential [kwintisénšəl] *adj* (~ **ly** *adv*) bistven, tipičen, najbolj čist, stoodstoten

quintet(te) [kwintét] *n mus* kvintet; skupina petih ljudi (stvari); košarkarsko moštvo

quintic [kwíntik] *adj math* pete stopnje (enačba)

quintillion [kwintíljən] *n* kvintilijon (*E* peta potenca milijona, *A* kub milijona)

quintuple [kwíntjupl] **1.** *adj* peterokraten; **2.** *n* peterokratnost; **3.** *vt & vi* popeteriti (se)

quintuplet [kwíntjuplit] *n* petérček; skupina petih; *mus* kvintola

quintuplicate [kwintú:plikit, ~keit] **1.** *adj* petkraten, petdelen; **2.** *n* peti izvod; skupina petih; **3.** *vt* popeteriti

quip [kwip] **1.** *n* duhovita domislica, zbadljivka, besedna igra; **2.** *vi* zbadati, zbijati šale

quipster [kwípstə] *n* zbadljivec

quipu [k(w)í:pu:] *n* pisava starih Peruancev

quire I [kwáiə] *n* 24 pol papirja; **in** ~s v polah, nevezana (knjiga)

quire II [kwáiə] *n & v arch* glej **choir**

Quirinal [kwírinəl] *n* Kvirinal, griček v Rimu; kraljeva rezidenca na Kvirinalu; *fig* italijanska vlada

quirk I [kwə:k] *n* duhovita domislica, zbadljivka, besedna igra; izmikanje, izgovor, zvijača; trzanje (ustnic); krivulja, okrasna črta (pri podpisu); *archit* žlebič

quirk II [kwə:k] *n aero sl* začetnik

quirky [kwə́:ki] *adj* zbadljiv, domiseln

quirt [kwə:t] **1.** *n A* jahalni bič; **2.** *vt* udariti z bičem

quisling [kwízliŋ] *n pol cont* kvisling, izdajalec

quit I [kwit] *pred adj* odrešen, svoboden, prost; **to be** ~ **for** odnesti jo; **to get** ~ **of** rešiti se, odkrižati se; **to go** ~ uiti kazni, izvleči se; *econ* ~ **of charges** po odbitku stroškov, brez stroškov

quit II [kwit] **1.** *vt* odpovedati se čemu, odreči se, opustiti, umakniti se; *A* prenehati s čim; zapustiti, oditi (*he* ~(*ted*) *Paris*); poravnati, plačati (dolg); *arch* (*to* ~ *o.s.*) vesti se, obnašati se; *arch* osvoboditi (*to* ~ *o.s. of* osvoboditi se, rešiti se česa); *poet* poplačati (*to* ~ *love with hate* poplačati ljubezen s sovraštvom); **2.** *vi* prenehati; oditi; **to get notice to** ~ dobiti odpoved; **to give notice to** ~ dati odpoved; **to** ~ **hold of** izpustiti kaj iz rok; ~ **grumbling!** nehaj godrnjati!; ~ **that!** prenehaj že s tem!; **the death** ~s **all scores** smrt vse izravna; *arch* ~ **you like men!** obnašajte se kakor možje!

quitch [kwič] *n bot* pirnica, pirika (trava)

quitclaim I [kwítkleim] *n jur* odpoved pravici do česa; ~ **deed** zemljiška kupna pogodba

quitclaim II [kwítkleim] *vt jur* odpovedati se pravici do česa; (posestvo) prepustiti (*to* komu)

quite [kwáit] *adv* popolnoma, čisto, docela; resnično, zares (~ *a gentleman*); precej, ravno, prav, zelo; ~ **a** precej, zares; ~ **a few** veliko, mnogo; ~ **other** čisto drugačen; ~ **the thing** prava stvar, kot je treba, primeren; **not** ~ **proper** ne ravno primeren; **Oh** ~! ali ~ **so!** res je, se strinjam; **she (he) isn't** ~ ni prava dama (ni pravi gospod)

quit-rent [kwítrent] *n jur* dedna zakupnina

quits [kwits] *pred adj* izravnan, poravnan, bòt (*with*); **to be** ~ poravnati račune; **to be** ~ **with** s.o. maščevati se komu; **to call it** ~ odnehati; **to cry** ~ sprejeti poraz, končati prepir; **to get** ~ **with s.o.** pobotati se; **double or** ~ dvojno ali nič (pri igri na srečo)

quittance [kwítəns] *n* plačilo, povračilo (*in* ~ *of*); *arch, poet* rešitev, osvoboditev (*from*); *econ* pobotnica

quitter [kwítə] *n A coll* slabič, malodušnež; lenuh, zmuzne

quiver I [kwívə] *n* tul za puščice; *fig* **to have an arrow** (ali **shaft**) **left in one's** ~ imeti železno rezervo; ~ **full of children** velika družina, kup otrok

quiver II [kwívə] *n* drget, drhtenje, trepet; **in a** ~ (**of**) drhteč (od); **with a** ~ z drhtečim glasom

quiver III [kwívə] **1.** *vi* drhteti, drgetati (*with* od); trepetati (*in the wind* v vetru); **2.** *vt* potresti, zatresti; prhutati (*to* ~ *one's wings* prhutati s perutmi)

quiverful [kwívəful] *n* poln tok puščic; *fig* velika družina, kup otrok

quivering [kwívəriŋ] *adj* (~ **ly** *adv*) drhteč, drgetajoč, trepetajoč

qui vive [ki:ví:v] *n Fr* **on the** ~ čuječ, v pripravljenosti

quixote [kwíksət] *n* donkihot, fantast

quixotic [kwiksótik] *adj* (~ **ally** *adv*) donkihotski, smešen, zanesenjaški, burkast

quixotism [kwíksətizəm] *n* glej **quixotry**

quixotry [kwíksətri] *n* donkihotovščina, zanesenjaštvo

quiz I [kwiz] *n* porogljivec, zbadljivec, nagajivec, šaljivec; *arch* čudak; potegavščina, porog, zbadanje; *A* preskus znanja, kolokvij; (TV, radio) kviz; ~ **master** vodja kviz oddaje

quiz II [kwiz] *vt* (zlasti *E*) dražiti, imeti za norca, potegniti; porogljivo gledati, zijati, gledati koga skozi monokel; *A* spraševati, izprašati, zasliševati

quizzee [kwizí:] *n coll* kdor sodeluje v kvizu

quizzer [kwízə] *n* porogljivec, -vka

quizzical [kwízikəl] *adj* (~ **ly** *adv*) zbadljiv, porogljiv; čudaški; šaljiv, smešen

quizzing-glass [kwíziŋgla:s] *n* monokel, enoočnik

quoad(hoc) [kwóuæd(hɔk)] *prep Lat* kar se tega tiče

quod [kwɔd] **1.** *n E sl* luknja, ječa; **2.** *vt* zapreti v ječo

quodlibet [kwódlibet] *n mus* kvodlibet, venček pesmi

quod vide [kwɔdváidi:] *adv Lat* glej tam

quoin [kóin] **1.** *n architt* vogal hiše, vogelni kamen; kot sobe; *print* klin; zagozda; **2.** *vt print* pričvrstiti stavek za natis; *tech* zagozditi; *archit* zaščititi hišo z vogelnim kamnom

quoit [kóit] **1.** *n* obroč (za metanje), krog (gumeni); *pl* metanje obroča (igra); **2.** *vt* metati obroč (igra), metati gumeni krog

quondam [kwóndæm] *adj Lat* nekdanji, bivši (~ *friends*)

quonset [kwónsit] *n A* baraka iz valovite pločevine

quorum [kwó:rəm] *n* kvorum, potrebno število glasovalcev; *jur hist* mirovni sodniki; *A* zveza duhovnov istega čina pri mormonih; **to be** (ali **constitute**) **a** ~ biti sklepčen

quota [kwóutə] *n* (zlasti *econ*) kvota, delež, določeni del, kontingent, norma; **to exceed the** ~ preseči normo; **to fall short of the** ~ ne doseči norme; **to fill the** ~ doseči normo; ~ **system** kontingenten sistem

quotable [kwóutəbl] *adj* navedljiv, ki se lahko navede, citira; *econ* ki notira, ki ima vrednost

quotation [kwoutéišən] *n* navedek, citat; *econ* (borzno, tečajno) notiranje; *econ* navedba cene, navedena cena; *econ* posebna ponudba; *print* razpornik, založek; **familiar** ~ **s** krilatice

quotation marks [kwoutéišənmá:ks] *n pl* narekovaji

quotative [kwóutətiv] *adj* citaten, ki citira

quote I [kwóut] *n coll* citat, navedek; *pl* narekovaji

quote II [kwóut] *vt* citirati, navesti, navajati (*from* iz); sklicevati se na kaj; *econ* navesti ceno, določiti (v ponudbi); (borza) notirati (*at*); *A* dati v narekovaj; **at the price** ~ **d** po navedeni ceni; **to be** ~ **d at** (ali **with**) notirati s, z

quoth [kwóuθ] *vt arch* (samo v 1. in 3. osebi ednine) ~ **I** (**she, he**) sem rekel (je rekla, je rekel)

quotha [kwóuθə] *int arch cont* zares!

quotidian [kwətídiən] **1.** *adj* vsakdanji, navaden; **2.** *n med* kvotidijana, malarija z mrzlico vsak dan

quotient [kwóušənt] *n math* kvocient, količnik

quo warranto [kwouwərǽntou] *n* (*pl* ~ **tos**) *hist jur* kraljevo pismo, ki zahteva pojasnilo uzurpatorja za njegovo delo ali privilegije; postopek zaradi službene predrznosti

R

R, r [a:], *pl* ~ s, ~ 's [a:z] **1.** *n* (črka) R, r; predmet v obliki črke R; **a capital (large)** R veliki R; **a little (small)** r mali r; **the** ~ **months** meseci, ki v svojem imenu vsebujejo črko r (april — september); **the three Rs** trije predmeti osnovnega izobraževanja: branje, pisanje in računanje (*reading, writing & arithmetic*); **2.** *a* ki ima obliko črke R

rabbet [rǽbit] **1.** *n tech* utor, urez, žlebič, vdolbina; stik, spoj, spah (na vratih ali oknih, da se tesno zapirajo); ~ **joint** (mizarstvo) spah, sklep, stik; **2.** *vt* (iz)žlebiti, utoriti, vdolbiti, (iz)brazditi (rob desk)

rabbet-plane [rǽbitplein] *n tech* oblič za žlebljenje

rabbi [rǽbai] *n* rabin, židovski duhovnik in doktor prava, učenjak; rabi (naslov, pozdrav); **Chief** ~ *E* vrhovni rabin angleških Židov

rabbin [rǽbin] *n* glej **rabbi**

rabbinate [rǽbinit] *n* rabinat (služba, položaj, dolžnost rabina); trajanje rabinata; (kolektivno) rabini

Rabbinic [rǽbínik] *n* rabinščina (jezik židovskih teologov v zgodnjem srednjem veku)

rabbinical [rǽbínikəl] *a* rabinski

rabbit I [rǽbit] *n zool* kunec (domači ali divji); kunčje krzno; *sl sp* amaterski, začetniški, slab igralec (tenisa, kriketa, golfa); *fig* začetnik, diletant, šušmar; ~ 's **punch** *sl* hud udarec na tilnik; **Welsh** ~ topljen sir na praženih rezinah kruha; **to breed like** ~ s ploditi se, kotiti se, množiti se kot kunci (zajci)

rabbit II [rǽbit] *vi* loviti kunce, iti na lov na kunce; *vt vulg* preklinjati, kleti; ~ **me!**, ~ **it!** *sl* naj me vrag vzame!, prekleto!; **odd** ~ **the idiot!** *sl* vrag vzemi bedaka!

rabbit-burrow [rǽbitbʌrou] *n* kunčji brlog

rabbit-eared [rǽbitiəd] *a* dolgouh

rabbit-hutch [rǽbithʌč] *n* kolibica, staja za kunce

rabbit-mouth [rǽbitmauθ] *n* zajčja ustnica; ~ **ed** ki ima zajčjo ustnico

rabbitry [rǽbitri] *n* ograd za kunce; (kolektivno) kunci

rabbit-warren [rǽbitwɔrin] *n* ograjen prostor za kunce; kuncev polno zemljišče; *fig* prepolna hiša, preobljuden predel (ulica)

rabbity [rǽbiti] *a* podoben kuncu, kunčji

rabble I [rǽbl] **1.** *n* bučna, hrupna množica, tolpa; zmešnjava; **the** ~ sodrga, drhal, svojat; ~ **rouser** hujskač, demagog; **2.** *vt* napasti s tolpo drhali

rabble II [rǽbl] **1.** *n tech* železna palica (drog) z zvitim koncem za mešanje staljene kovine; greblja, strgača; **2.** *vt* mešati ali posneti (s strgačo)

rabblement [rǽblmənt] *n* hrupna množica, drhal; ubožno ljudstvo; (redko) upor, punt, vstaja, rabuka

rabid [rǽbid] *a* (~ **ly** *adv*) besen, pobesnel, divji, razjarjen, razkačen; nor, ponorel; fanatičen; ugriznjen od steklega psa; (o psu) stekel; **a** ~ **anti-Semite** fanatičen antisemit; **a** ~ **dog** stekel pes; **a** ~ **democrat** zagrizen, fanatičen demokrat; ~ **hate** besno sovraštvo; ~ **hunger** huda, volčja lakota

rabidity [rǽbíditi] *n* pobesnelost, besnost; razjarjenost, razkačenost; divjost; fanatizem, fanatičnost

rabidness [rǽbidnis] *n* besnost, razjarjenost, pobesnelost, razkačenost

rabies [réibii:z] *n med vet* steklina

rabific [rəbífik], **rabigenic** [rǽbidžénik] *a med vet* ki povzroča steklino

raccoon [rækú:n] *n zool* rakun; rakunje krzno (kožuh)

race I [réis] *n* tek, tekanje; *fig* potek, tek (časa, stvari, življenja itd.); hitra struja, tok reke, brzica; *A* rečno korito, jez, kanal; mlinski žleb, rake; *sp* dirka, tekma, tekmovanje (tekačev, konj, jadrnic itd.); *fig* tekmovanje, boj, borba; **the** ~ s konjske dirke; ~ **boat** *sp* tekmovalni čoln; ~ **driver** voznik dirkalnega avtomobila, avtomobilski dirkač; ~ **horse** dirkalni konj; **the** ~ **for the presidency** tekmovanje za predsedništvo; **bicycle-** ~ kolesarska dirka; **boat-** ~ veslaška tekma; **horse-** ~ konjska dirka; **motor-** ~ avtomobilska, motorna dirka; **a half-mile** ~ tek na pol milje; **the armement** ~ tekma v oboroževanju; **obstacle** ~ tek čez zapreke; **mill-** ~ mlinski žleb, rake; **to attend the** ~ s prisostvovati konjskim dirkam; **to go to the** ~ s iti, hoditi na dirke; **to run a** ~ udeležiti se dirke; *fig* **his** ~ **is run** življenje se mu je izteklo; **his** ~ **was nearly run** bil je skoraj na koncu svoje življenjske poti

race II [réis] *vi* dirkati, drveti, teči, hiteti; jadrati; meriti se v teku, v hitrosti (*with* z), tekmovati (*with* z), teči za stavo; iti s polno paro, z vso brzino (vijak, propeler itd.); redno prisostvovati konjskim dirkam, biti vnet gledalec konjskih dirk; **a racing man** ljubitelj konjskega športa; **the** ~ **racing world** ljubitelji konjskega športa;

the blood ~d to his head kri mu je planila v glavo; *vt* pognati v dir, v tek; dreviti; meriti se, tekmovati v teku itd. s kom; jahati (konja) v dirki; dohiteti; **he raced me through Italy** drevil me je skozi Italijo (ne da bi se kje ustavila); **to ~ a train** tekmovati v hitrosti z vlakom; **he raced his horse against the train** drevil je konja v tekmi z vlakom; **to ~ one's fortune away** zaigrati premoženje v stavah na konjskih dirkah

race III [réis] *n* rasa; pleme, pasma; poreklo, rod; *zool & bot* vrsta, razred; rod, vrsta ljudi z neko skupno potezo; rasna lastnost; **the ~ of politicians** kasta politikov; **~ riot** rasni nemiri; **the human ~** človeški rod; **the winged ~** ptice; **~ suicide** rasni samomor (zaradi nazadovanj rojstev itd.)

race IV [réis] *n* koren (ingverja)

race-ball [réisbɔ:l] *n* ples, prirejen v zvezi s konjskimi dirkami

race-card [réiska:d] *n* spored, program konjskih dirk

race-course [réiskɔ:s] *n* dirkališče; mlinski jez, rake

race-ground [réisgraund] *n* dirkališče za konjske dirke

race-horse [réishɔ:s] *n* dirkalni konj

raceme [rəsí:m] *n bot* grozd (cvetov ali plodov)

race-meeting [réismi:tiŋ] *n* dirkalno srečanje

racemic [rəsí:mik] *a* grozdni; **~ acid** grozdna kislina

racemose [ræsimous] *a bot* grozdast; *med* grozdaste oblike; **~ gland** grozdasta žleza

racer [réisə] *n* tekač, dirkač, dirkalni konj (čoln, jahta, jadrnica, avto, bicikel itd.); nekaj zelo hitrega; *mil* okretnica ali obračalnica (za težke topove); tanka riba

race-track [réistræk] *n* dirkališče, dirkalna proga ali steza

raceway [réiswei] *n* mlinski žleb, rake, kanal

rachis [réikis] *n med zool* hrbtenica

rachitic [rəkítik] *a med vet* rahitičen

rachitis [rəkáitis] *n med vet* rahitis, angleška bolezen

racial [réišəl] *a* (~**ly** *adv*) rasen; plemenski

racialism [réišəlizəm] *n* rasizem, rasni predsodek, rasno sovraštvo

racialist [réišəlist] *n* pospeševalec rasnih predsodkov

racialistic [reišəlístik] *a* pospešujoč rasne predsodke

racily [réisily] *adv* močnó, krepko; ostro; izrazito

raciness [réisinis] *n* samoraslost, svežina, živahnost; okus po zemlji; fin okus, buket (vina itd.), aroma; pikantnost

racing [réisiŋ] **1.** *a* hiter, drveč, dirkajoč, ki teče; **2.** *n* tekmovanje v teku, dirkanje, dirka; **~ boat** tekmovalni čoln; **~ car** dirkalni avto; **~ driver** avtomobilski dirkač

racism [réisizəm] *n* rasni kult, rasna politika; rasizem, rasno sovraštvo

racist [réisist] *n* rasist; privrženec rasizma, rasnega sovraštva

rack I [ræk] *n* (hlevske) jasli (za seno); stojalo, obešalnik s klini; polica s predali za sortiranje; mreža za prtljago v vagonu itd.; *tech* nazobčana palica, tračnica; **clothes ~** stojalo, obešalnik

za obleko; **hat-~** obešalnik za klobuk(e); **news paper ~** stojalo za časopise; **parcel ~** mreža polica za prtljago (v avtobusu, vlaku); **plate-~** odcejalnik za krožnike; **toast-~** stojalce za re zine praženega kruha; **to live at ~ and mange** živeti brezskrbno, v razkošju; biti pri koritu

rack II [ræk] *vt* opremiti (hlev) z jaslimi; napolnit jasli s krmo; namestiti ali postaviti na polico obesiti na obešalnik; hraniti, krmiti (konja) **to ~ up a horse** privezati konja k jaslim, dat konju sena v jasli

rack III [ræk] **1.** *n* natezalnica, naprava za mučenje, lestev za natezanje, za mučenje; muke na natezalnici, muka; nevihta, neurje, huda burja; **on the ~** *fig* na natezalnici, na mučenju; z muko, z največjim naporom, zelo napeto; **to be on the ~** biti na natezalnici (tudi *fig*); **to put on the ~** dati na natezalnico, mučiti; **2.** *vt* dati na natezalnico, mučiti; *fig* mučiti, trpinčiti, mrcvariti; pritisniti koga (ob zid); napenjati, napeti do skrajnosti (možgane); (iz)tirjati, izsiliti čim višjo najemnino, izses(av)ati (zakupnike, stanovanjske najemnike); izkoriščati, izčrpavati (zemljo); **~ed with pain** izmučen od bolečin(e); **to ~ one's brains** beliti, razbijati si glavo, napenjati možgane

rack IV [ræk] *n* uničenje, poguba, propad; **to go to ~ and ruin** popolnoma propasti

rack V [ræk] **1.** *n* od vetra gnani oblaki, gmota oblakov; **2.** *vi* poditi se, drveti; vleči se, biti gnan od vetrov (o oblakih)

rack VI [ræk] **1.** *n* arak (vrsta vzhodnjaških likerjev, navadno iz riža); **2.** *vt* pretakati, odtakati (vino v steklenice) (često **off**)

rack VII [ræk] **1.** *n* drnec, dir; droben korak; **2.** *vi* dirkati; teči v lahnem diru, v drncu

rack VIII [ræk] *n* debela vratina (teletine, svinjine, jagnjetine, ovčjega mesa)

rackabones [ræ̈kəbounz] *n A coll fig* okostnjak (zelo mršava oseba)

racket I, racquet [ræ̈kit] *n* reket, lopar za tenis ipd.; *pl* vrsta igre z žogo v zaprtem prostoru; krplje (za hojo po snegu); **~ ball** trda (teniška) žogica; **~ press** napenjač (za teniški lopar)

racket II [ræ̈kit] **1.** *n* (peklenski) hrup, hrušč, ropot, direndaj, spektakel; vik, krik, kričanje, vpitje; razburjanje, razburjenost; *fam* razgrajanje, trušč, kraval; veselost, hrupna gostija, razuzdano veseljačenje, uživanje, lahko življenje; težka preizkušnja, slaba izkušnja, preizkušanje, test(iranje), izpraševanje; *A sl* goljufija, prevara, nepošten trik ali posel, zvijača; *A* izsiljevanje, izsiljenje, ugrabitev, nepričakovan gangsterski napad; *sl* poklic, stroka; **a man in my ~** *sl* človek mojega poklica; **it's a ~** to je čista goljufija (prevara); **to go, to be on the ~** veseljačiti, zapravljivo in nemoralno živeti; **to be in on the ~** skrivaj držati s kom; **to kick up a ~** dvigniti hrup, delati kraval, razgrajati; **to stand the ~** prestati preizkušnjo, dobro opraviti; znati nositi posledice; **2.** *vi* delati hrup, razgrajati, hrumeti, bučati; (večinoma **~ about**) živeti razuzdano, popivati, veseljačiti, krokati

racketeer [ræ̈kitíə] *n A sl* član organizirane gangsterske tolpe, ki izsiljuje trgovce itd.; izsiljevalec, gangster; verižnik racketeering [rækitíəriŋ] n organizirano gangstersko izsiljevanje, delanje kupčij z gangsterskimi metodami

rackety [rǽkiti] a hrupen, bučen; razburljiv; veseljaški, razuzdan

rack-gear [rǽkgiə] n tech stroj z zobatimi kolesi (zobniki)

racking I [rǽkiŋ] n izpiranje rude v posebni napravi (imenovani rack)

racking II [rǽkiŋ] a krut, grozen, strašen, mučen; a ~ headache zelo hud glavobol

rack punch [rǽkpʌnč] n (pijača) punč iz araka

rack-rail [rǽkreil] n tech zobata tračnica

rack-railway, railroad [rǽkréilwei, ~ réilroud] n železniška proga z zobatimi tračnicami

rack-rent [rǽkrent] 1. n previsoka, pretirana, oderuška najemnina ali zakupnina; 2. vt zahtevati, izsiliti visoko, pretirano, oderuško zakupnino (od zakupnika zemlje) ali najemnino (od stanovalcev)

rack-renter [rǽkrentə] n zakupodavec (najemodavec), ki zahteva previsoko, pretirano, oderuško zakupnino (najemnino)

rack-wheel [rǽkwi:l] n tech zobnik, zobato kolo

rack-work [rǽkwə:k] n tech gonilo z zobatim kolesom

racon [réikən] n aer mar radarska signalna naprava

racoon, raccoon [rəkú:n] n zool rakun

racquet [rǽkit] n glej racket I

racy [réisi] a (racily adv) (o konju) rasen, čiste (dobre) pasme, isker, ognjevit; (o osebah) živahen, duhovit, čil, razposajen, ognjevit, strasten; markanten; močne arome, aromatičen, dišeč, pikanten; A fig obscen, nespodoben, spolzek; a ~ style markanten, jedrnat slog; ~ of the soil fig duhovit, živahen, prostodušen; pikanten, prijeten vznemirljiv

rad I [ræd] n glej radical radikalec

rad II [ræd] n phys rad (enota absorbirane doze = 100 erg/g kakršnegakoli medija)

radar [réida:] n radar; ~ altimeter aer radarski višinomer

radarman [réidəmən] n radarski strežnik, radarist

raddle I [rædl] 1. n min hematit; okra; 2. vt slikati (pleskati, mazati) z okro; rdeče pobarvati, preveč našminkati; ~d sl preveč pobarvan s kozmetičnimi sredstvi, zlasti z rdečilom; pijan

raddle II [rædl] 1. n spleten plot; 2. vt preplesti, splesti

radiac [réidiæk] a radiacijski

radial [réidiəl] 1. a (~ly adv) geom, zool & bot radialen, žarkast, žarkovit, ki se širi kot žarek; opremljen z žarkastimi prečkami, črtami, naperki; anat ki se tiče koželjnice (kosti); chem ki se tiče radiuma; 2. n radialna arterija, radialni živec ipd.

radiality [reidiǽliti] n žarkastost, radialnost

radialization [reidiəlaizéišən] n radialno razporejanje, razvrstitev

radialize [réidiəlaiz] vt razporediti (razvrstiti) radialno (v obliki žarkov)

radial route [réidiəl ru:t] n izvozna cesta, izvoznica, izpadnica

radian [réidiən] n geom radián (kotna mera)

radiance, radiancy [réidiəns, -si] n žarenje, bleščanje, sij; fig sijaj

radiant [réidiənt] 1. a (~ly adv) žareč, bleščeč; sijoč; ki se širi kot žarki; ~ with joy žareč od veselja; the ~ sun žarko sonce; a ~ smile sijoč, žareč smehljaj; 2. n žarišče, središče žarenja, gorišče, fokus

radiant heating [réidiənt hí:tiŋ] n táko gretje hiš in prostorov, da toplota prihaja iz velikih površin (iz zidov, iz poda itd.)

radiate [réidiit] a (~ly adv) žarkast, v obliki žarka, radialen

radiate [réidieit] 1. vi žareti, prihajati iz žarišča (središča), širiti se žarkasto na vse strani; bleščati se, svetiti se; el svetlikati se, iskriti se; 2. vt izžarevati, širiti, razprostirati, fig oddajati, izražati (veselje, ljubezen, življenje ipd.); he ~s happiness on kar žari od sreče; to ~ love, warmth izžarevati ljubezen, toploto

radiation [reidiéišən] n izžarevanje, širjenje žarkov; (radioaktivno) žarčenje, sevanje, radiacija; širjenje na vse strani; ~ sickness med atomska bolezen, povzročena od radiacije (sevanja)

radiative [réidiətiv] a oddajajoč (žarke)

radiator [réidieitə] n grelec, radiator (za ogrevanje); hladilnik pri motorjih z notranjim izgorevanjem; ~ coil tech vijugasti (kačasti) hladilnik

radical [rǽdikəl] 1. n gram & math koren; chem osnova, skupina atomov s prosto valenco; pol radikalec; (zlasti A) človek leve politične usmerjenosti; 2. a math & gram & bot korenski; ukoreninjen, prirojen; osnovni, temeljni; primaren, začetni, prvobiten (pojem); radikalen, temeljit, popoln (zdravljenje); pol radikalen; ~ difference bistvena razlika; ~ error temeljna napaka; ~ measures radikalni ukrepi; ~ party pol radikalna stranka; ~ sign math korenski znak; ~ word koren (neizpeljana beseda); to undergo a ~ change doživeti temeljito spremembo, popolnoma se spremeniti

radicalism [rǽdikəlizəm] n pol radikalizem, radikalstvo

radicality [rædikǽliti] n radikalnost, radikalna lastnost; kar je temeljno, osnovno

radicalization [rædikəlaizéišən] n (zlasti pol) radikalizacija

radicalize [rǽdikəlaiz] vt napraviti radikalno, radikalizirati; vi postati radikalen, gojiti, zastopati radikalna načela

radices [réidisi:z] n pl od radix

radii [réidiai] n pl od radius

radio I [réidiou] n radio, brezžični brzojav, radiotelegram; radioaparat, radijski sprejemnik; radio, radijska oddaja, radijski prenos; rentgenski žarki; pl zdravljenje z rentgenskimi žarki; on the ~ na radiu, po radiu; broadcast(ed) by ~ oddajan po radiu; transmission by ~ prenos po radiu, radijski prenos

radio II [réidiou] vt (pt & pp radioed, pres p radioing) javiti, sporočiti po radiu, z brezžično telegrafijo; slikati, osvetliti, preiskati, presvetliti z rentgenskimi žarki; med zdraviti z radijem; vi poslati sporočilo po radiu, oddajati vesti (poročila, novice) po radiu

radio III [réidiou] a radijski; ~ amateur radioamater, radijski amater; ~ drama radijska zvočna igra

radio- [réidiou] (začetni sestavni del zloženke) radijski, brezžičen; radiumski, radioaktiven
radioactivate [réidiouǽktiveit] vt phys radioaktivirati
radioactive [réidiouǽktiv] a radioaktiven
radioactivity [réidiouǽktíviti] n radioaktivnost; ~ dating določitev starosti kamnin z določitvijo radioaktivnega razpada
radio beacon [rédiou bí:kən] n radijski signalizator za orientacijo letal
radio beam [réidiou bi:m] n aer snop radijskih valov, poslan letalom za orientacijo; aer radijski svetilnik
radio-broadcast [réidiou bró:dka:st] 1. n radijska oddaja; 2. vt & vi oddajati po radiu
radiochemistry [réidioukémistri] n jedrska kemija
radiodiagnosis, pl -oses [réidioudáignousis, -ousi:z] n rentgenska diagnoza
radio directionfinder [réidiou dirékšənfaində] n naut radiogoniometer
radiogenic [réidioudžénik] a radiogen; primeren za radijski prenos
radio engineering [réidiou endžiníəriŋ] n radijska tehnika
radiogram [réidiougræm] n radiogram, radiotelegram, brezžična brzojavka; sporočilo, poslano po radiu; kratica za: radio-gramophone radiogramofon
radiograph [réidiougra:f] 1. n med radiogram, rentgenska slika, rentgenski posnetek; 2. vt napraviti rentgensko sliko (posnetek), slikati z rentgenom
radiographer [reidiógrəfə] n rentgenski tehnik
radiography [reidiógrəfi] n rentgenska fotografija, radiografija, rentgensko slikanje; rentgenologija
radio ham [réidiou hæm] n sl radioamater
radiolocate [réidiouloukéit] vt določiti položaj s pomočjo radarja
radioisotope [réidiouáisətoup] n phys radioaktivni izotop
radio knife [réidiou náif] n med visokofrekvenčen nož
radiolocation [réidiouloukéišən] n določanje položaja s pomočjo radarja, radiolokacija
radiolocator [réidiouloukéitə] n (prejšnje) angleško ime za radar, radiolokator
radiologic(al) [reidioulódžik(əl)] a radiološki; rentgenski; ~ examination rentgenski pregled
radiologist [reidiólədžist] n zdravnik specialist za radiologijo, radiolog, rentgenolog
radiology [reidiólədži] n nauk o učinkih in uporabi rentgenskih in radioaktivnih žarkov in snovi; radiologija; rentgenologija
radio message [réidiou mésidž] n sporočilo po radiu
radiometeorograph [reidiomí:tiərəgra:f] n glej radiosonde
radiometer [reidiómitə] n radiometer, aparat za merjenje žarkov, za merjenje manjših količin sevanja
radiometry [reidiómitri] n radiometrija
radionics [reidióniks] n pl (često s sg) glej electronics
radiophone [réidioufoun] n radiofon; brezžični telefon
radiophony [reidiófəni] n brezžična telefonija, radiofonija

radiophotograph [réidioufótəgra:f] n brezžično prenesena slika
radiophotography [réidioufətógrəfi] n brezžični prenos slik
radio-receiver [réidiou risí:və] n radijski sprejemnik
radioscopy [reidióskəpi] n radioskopija, rentgensko presvetljevanje
radio set [réidiou set] n radijski aparat
radiosonde [réidiousənd] n (meteorologija) radijska sonda
radio station [réidiou stéišən] n radijska postaja
radiosurgery [reidiousó:džəri] n kirurški rentgen
radiotelegram [réidioutéligræm] n radiotelegram, brezžična brzojavka
radiotelegraph [redioutéligra:f] vt & vi brezžično, po radiu (kaj) sporočiti, poslati brezžično brzojavko
radiotelegraphy [réidiotelégrəfi] n brezžična telegrafija, radiotelegrafija
radiotelephone [réidioutélifoun] n brezžični brzojavni aparat
radiotelephony [réidioutiléfəni] n radiotelefonija, brezžično telefoniranje
radio telescope [rédiou téliskoup] n astr radioteleskop
radiotherapy [réidiouθérəpi] n zdravljenje z radioaktivnimi žarki, radioterapija
radiotherapeutics [réidiouθerəpjú:tiks] n glej radiotherapy
radiothermy [réidiouθə:mi] n med obsevanje (zdravljenje) s kratkimi valovi
radio transmitter [réidiou trænzmítə] n radijski oddajnik
radio tube [réidioutju:b] n cev radijskega aparata
radiovision [réidiouvižən] n (brezžična) televizija, radiotelevizija
radio wave [réidiouweiv] n el elektromagnetni val
radish [rǽdiš] n bot redkev; horse ~ bot hren
radium [réidiəm] n chem radij; ~ rays med radijski žarki; ~ therapy radijsko zdravljenje, zdravljenje z radijskimi žarki
radius, pl -dii [réidiəs, -diai] n math & geom polmer, radij; žarek, špica, napera pri kolesu; obseg, območje, doseg, (mestno) področje; anat koželjnica (lahtna kost); within the ~ of v radiju od; the flying ~ (of an aircraft) radij letenja (aviona)
radix, pl -dices [réidiks, -disi:z] n math & ling koren; osnovno število; bot korenika, korenina; fig izvor, (redko) vzrok
radon [réidən] n chem radón (radioaktiven element)
raff [ræf] (= riffraff) n izmeček, izvržek; izprijenec; sodrga; dial (kup) smeti, odpadki, nesnaga
raffia [rǽfiə] n bot (= ~ palm) rafija (vrsta palme z Madagaskarja); ličje iz listov te ali podobne palme (za vezanje, pletenje košev, košar, izdelovanje klobukov itd.)
raffinate [rǽfinit] n rafinat (kemično prečiščena snov)
raffinose [rǽfinous] n chem rafinoza, melitoza (vrsta ogljikovih hidratov)
raffish [rǽfiš] a podel, lopovski; vulgaren, razuzdan, lahkoživ, zapravljiv, prostaški; zanemarjen, zanikrn, umazan
raffle I [rǽfl] 1. n tombola, (predmetna) loterija; žrebanje; 2. vi & vt z žrebom odločiti, žrebati;

igrati na tomboli, udeležiti se tombole; izžrebati, prisoditi kaj z žrebom; dati kot tombolski dobitek; **to ~ for** s.th. skušati (kaj) dobiti na tomboli

raffle II [ræfl] *n* odpadek, smet(i); izmeček; ropotija, razvlaka, krama, stara šara, nepomembne drobnjarije, malenkosti

raft [ra:ft] **1.** *n* splav; gomila plavajočih ledenih plošč, lesa; *coll* velika množina, veliko število, obilje, masa, kup; **2.** *vt* prevažati, prepeljati s splavom; napraviti splav, zbrati v splav; *vi* peljati se, prevažati se, potovati na splavu, splavariti

rafter I [rá:ftə] *n* splavar; splavarski drog

rafter II [rá:ftə] **1.** *n* lemeznik, škarnik, tram v ostrešju; **~s** *pl* škarnik, lemezniki; **2.** *vt* položiti škarnike, opremiti (streho) s škarniki

raftsman [rá:ftsmən] *n* splavar

rag I [ræg] *n* cunja, krpa, capa; platno, platneno blago iz krp; *pl* ponošena, razcapana obleka, obleka za vsak dan; *hum* obleka; *derog* žepni robec, zavesa ipd.; ničvreden časopis, bankovec; del, odlomek, košček katerekoli stvari; droben, majhen, neznaten ostanek, sled, trohica; revež, bednik, razcapanec, raztrganec; **the ~** zastava; **the Rag** *hum* častniški klub v Londonu; **in ~s** v cunjah, razcapan, raztrgan; **not a ~ to** one's back niti krpice, cunjice na telesu; **not a ~ of evidence** niti sledu o kakem dokazu, nobenega dokazilnega gradiva; **worn to ~s** ponošen, iznošen do cap, capast, cunjast; **there is not a ~ of truth in what you say** niti trohice resnice ni v tem, kar pravite; **that meat is boiled to ~s** to meso je čisto razkuhano; **to cook to ~s** razkuhati; **to cram on every ~ of sail** *naut* dvigniti, razpeti vsa jadra; **to get one's ~ out** *coll* razjeziti se; **I haven't a ~ to put on** nimam kaj obleči; **to show a red ~ to a bull** razdražiti bika z rdečo krpo, *fig* razkačiti koga; **to spread every ~ of sail** *naut* razpeti vsa razpoložljiva jadra; **A to take the ~ off** (the bush) prekositi, posekati, preseči vse, vsakega; **to tear to ~s** raztrgati na koščke; **his reputation is torn to ~s** od njegovega ugleda ni ostalo niti sledu

rag II [ræg] **1.** *n sl* pretep, ravs, tepež, zdraha, zdražba, razprtija, prepir; izgred; hrup, hrušč, vpitje, trušč, kričanje, razgrajanje; objestna šala, špas, draženje, nagajanje, zbadanje, izzivanje; objestno veselje na račun koga drugega; *sl* zmerjanje, oštevanje; *sl* študentovsko razgrajanje, zbijanje (objestnih) šal; **just for a ~** za šalo; **fancy dress ~** študentovska zabava, kostumirana zabava; **to get one's ~ out** *fig* razjeziti se, razsrditi se, razkačiti se

rag III [ræg] *vt & vi* ozmerjati, ošteti, brati levite komu; dražiti, nagajati, zafrkavati, zbadati; mučiti, trpinčiti, prizadeti komu kaj hudega, narediti kaj komu navkljub; objestno, škodoželjno se šaliti s kom, za norca imeti, norce briti iz, delati objestne šale; potolči se, pobiti se, zlasati se; *coll* delati izgrede, razgrajati; **to ~ (over)** biti si v laseh (gledé), prepirati se (zaradi)

rag IV [ræg] *n* (glinasti) skrilavec, kremeni pesek; trdi listasti apnenec

rag V [ræg] **1.** *n* glej **ragtime**; **2.** *vt mus* sinkopirati, igrati v jazzovskem ritmu; *vi* plesati, igrati

v ragtimeu (v močno sinkopiranem ritmu črnske glasbe)

ragamuffin [rǽgəmʌfin] *n* raztrganec, razcapanec, »ptičje strašilo«, brezdelnež, potepuh, klatež; poulični pobalin, fantalin; pridanič

rag-and-bone-man [rǽgənbóunmæn] *n* cunjar

rag-baby [rǽgbeibi] *n* punčka (lutka) iz blaga, iz krp

rag-bag [rǽgbæg] *n* vreča za krpe, za cunje

rag-bolt [rǽgboult] *n tech* zidni vijak

rag-carpet [rǽgka:pit] *n* preproga iz krp; odeja za noge (iz krp)

rag-doll [rǽgdɔl] *n* (nagačena) punčka (lutka) iz blaga

rage I [réidž] *n* bes, besnost, besnenje, (divja) jeza, razjarjenost, gnev, razkačenost; (o morju) besnenje; silovitost; koprnenje, poželenje, sla, pohlep, lakomnost; navdušenje, gorečnost, vnetost, strast, strastna želja (*for* za, po), manija, norost; velika moda; **a ~ for collecting stamps** strast za zbiranje znamk; **poetic ~** pesniško navdušenje; **chess was (all) the ~** šah je bil velika moda, je bil zelo priljubljen; **to be in ~** biti besen, besneti; **it is all the ~** to je višek mode; **to fly (to fall, to get) into ~** pobesneti, vzkipeti; **he has a ~ for old prints, for hunting** ima strast za (nor je na) stare grafične liste, za lov

rage II [réidž] *vi & refl* besneti (*against* proti), razbesneti se, biti besen, jeziti se (*at* na); divjati, (o morju) besneti; razsajati (o epidemiji ipd.); **to ~ about** besneti, divjati, razsajati; **to ~ at (against)** s.o. besneti, znašati se nad kom; **the battle was raging for two days** bitka je besnela dva dni; **the plague ~d in Europe** kuga je razsajala v Evropi; **to ~ oneself out** izbesneti se, iztresti svojo jezo, znesti se nad; izgrmeti se; **the storm ~d itself out** vihar (nevihta) se je izbesnel (polegel)

rageful [réidžful] *a* (**~ly** *adv*) besen, divji, hud, strašen, grozen

rag-fair [rǽgfɛə] *n* sejem za prodajo starih oblek ali stare krame, stare šare

ragged [rǽgid] *a* (**~ly** adv) raztrgan, razcapan; oguljen, izlizan; hrapav, raskav, grob, neraven, nepravilen; hripav; škrbast, nazobčan (*rob*); skuštran, sršav, sršat; nepopoln, pomanjkljiv, slabo dokončan, zanemarjen; brezvezen (o stavku); **on the ~ edge** *fig* na robu prepada; **a ~ garden** zanemarjen vrt; **a ~ piece of work** pomanjkljiv, skrpucan izdelek; **~ school** šola za revne otroke, brezplačna šola; **a ~ stone** zobčast kamen; **to ride s.o. ~** *A sl* pestiti koga

raggedness [rǽgidnis] *n* razcapanost, raztrganost; raskavost, grobost, hrapavost, neravnost; nazobčanost; skuštranost, sršatost; hripavost (*glasu*); pomanjkljivost, nepravilnost

ragged robin [rǽgid rɔbin] *n bot* kukavičja lučca

ragger [rǽgə] *n* nabiralec cunj, cunjar; *fam* razgrajač, rogovilež, zdrahar, zdražbar, prepirljivec, kričač, izgrednik; maloprridnež, pridanič, capin

raggery [rǽgəri] *n* sodrga, svojat; (kolektivno) capini, pridaniči

raging [réidžiŋ] *a* (**~ly** *adv*) besneč, besen, pobesnel; silovit; strašno boleč (o zobu); **a ~**

pain silovita, huda bolečina; **a ~ passion** silovita strast; **a ~ storm** strašen vihar

raglan [rǽglən] *n* raglan (ohlapen moški površnik z rokavi in ramnimi deli iz enega kosa)

ragman [rǽgmən] *n* nabiralec, zbiralec cunj, krp; cunjar

rag-money [rǽgmʌni] *n A* devalviran papirnati denar

ragout [rægú:] **1.** *n* ragú, precéj začinjena obara iz mesa, rib ali drobovine perutnine in zelenjave; **2.** *vt* napraviti ragú iz

ragpaper [rǽgpeipə] *n* iz cunj, krp narejen papir

rag-picker [rǽgpikə] *n* cunjar, nabiralec cunj, odpadkov

rag-shop [rǽgšop] *n* trgovina s cunjami (krpami), z odpadki

ragtag [rǽgtæg] *n coll* raztrganci, izmečki človeške družbe, sodrga; plebejec; **~ and bobtail** *fam & fig* izmeček, izvržek (družbe), sodrga; izbirek, škart, izvrženo ali izločeno blago

ragtime [rǽgtaim] **1.** *n A* črnski glasbi lasten ritem s pogostnimi sinkopami; sinkopirana glasba, sinkopirani stil jazza; **2.** *a coll* vesel, razposajen, neresen, komedijantski, burkast, komičen

ragtimer [rǽgtaimə] *n* plesalec ali igralec v ragtimeu

raguly [rǽgjuli] *a* grčav; vejnat

ragwater [rǽgwə:tə] *n sl* viski, whisky

ragweed [rǽgwi:d] *n E bot* grint

rag-wheel [rǽgwi:l] *n tech* zobato kolo, zobnik

rag-wool [rǽgwul] *n* volna iz suknenih krp, iz cunj; umetna volna

ragwort [rǽgwə:t] *n bot* grint

raid I [réid] *n mil* vpad, kratka in hitra vojna operacija, nenaden napad, napad sovražne konjenice, sovražnega letalstva ali ladjevja (*on, upon* na); plenilen, razbojniški, roparski vpad, vdor, rop; plenilen pohod (*into* v); (policijska) racija, pogon na hudodelce; **air-~** letalski napad; **a ~ into the enemy camp** vdor v sovražno taborišče; **a ~ upon the enemy** nenaden napad na sovražnika

raid II [réid] *vi* vpasti, napasti, izvesti plenilen pohod (*on, upon* na), prodreti (*into* v); *vt* nenadoma napasti, opleniti, opustošiti; napraviti racijo na; *com* zniževati cene, slabiti tržišče; **~ing aircraft** sovražno letalo; **to ~ a smugglers' den** napraviti racijo v skrivališče tihotapcev

raider [réidə] *n* napadalec (vojak, ladja); plenilec; udeleženec racije; *aer mil* letalo, ki napadalo polet in uničuje trgovske ladje; **~s past signal** znak za konec letalskega alarma

rail I [réil] **1.** *n* tračnica, tir, železniška proga, železnica; zapah (na vratih); prečni drog, prečna deska, prečka, naslonilo (pri klopi); (često *pl*) ograja, pregrada; rešetka, križi; balustrada; naslon iz stebričev pri balkonih, stopniščih ali odprtih hodnikih; *pl econ* železniške delnice; **by ~** z železnico, po železnici; **off the ~s** iztirjen; dezorganiziran, zmeden, zbegan, vržen iz koncepta, iz reda, v neredu; **~s Exchanges** delnice za družbe za gradnjo železnic, železniške delnice; *com* **free on ~** (kratica: **f.o.r.**) franko vagon; **towel-~** obešalnik, sušilnik za brisačo; **to get (to run off) the ~s** iztiriti se, skočiti s tira

rail II [reil] **2.** *vi* ograditi, opremiti z ograjo; položiti tračnice, tir; poslati (blago) po železnici; *vi*

potovati, peljati se z železnico; **to ~ in** ograditi, obdati z ograjo; **to ~ off** ločiti z ograjo, s pregrado, pregraditi; **to ~ out** oddeliti z železno ograjo; izdvojiti

rail III [réil] *vi* posmehovati se, rogati se, zbadati, zmerjati, kritizirati, zabavljati (*at, against* proti); *vt* z zmerjanjem, zbadanjem koga pripraviti do (česa); **to ~ s.o. out of the house** z zmerjanjem (koga) izgnati iz hiše; *arch* pregnati z zmerjanjem, grajanjem

rail IV [réil] *n* (ptica močvirnica) mlakoš, capovoznik

railage [réilidž] *n* železniški prevoz; prevažanje, prevoz po železnici

railbird [réilbə:d] *n sl* gledalec, ki gleda konjske dirke sedé na plotu

rail bond [réilbond] *n econ A* železniška obveznica

rail-car [réilka:] *n* železniški motorni voz, motorka

rail-chair [réilčɛə] *n* podolžna ploščica (za pričvrstitev tračnic na prag)

railer [réilə] *n* zmerjalec, psovalec; poroglJivec, posmehovalec, zasmehovalec, obrekovalec

railhead [réilhed] *n* skrajna, zadnja točka železniške proge v gradnji; *mil* železniška (oskrbovalna) baza

railing I [réiliŋ] *n* (često *pl*) ograja, rampa; ograja na palubi (ladje); železniški tir, tračnice

railing II [réiliŋ] **1.** *n* roganje, posmehovanje, zasmehovanje; zmerjanje, psovanje; obrekovanje; **2.** *a* (**~ly** *adv*) poroglJiv, posmehljiv, zasmehljiv

raillery [réiləri] *n* nagajanje, draženje, zbadanje, posmeh(ovanje), zasmeh(ovanje), šala

railless [réillis] *a* (ki je) brez tračnic

railmotor [réilmóutə] *n* pogonski voz, motorka

railroad [réilroud] **1.** *n A* železniška proga, železnica; *pl* železniške delnice; **2.** *a* železniški; **~ accident, ~ company** železniška nesreča, družba; **~ bridge, ~ car** železniški most, voz; **~ shares** železniške delnice; **3.** *vt* prepeljati, prevažati, odposlati po železnici; graditi železnico (*a country* v neki deželi); *A sl* vtakniti v zapor na podlagi lažne prijave ali obtožbe; *A coll* hitro izvesti, forsirati zakonski predlog (s hitrim postopkom); *vi* potovati z železnico; služiti pri železnici; **to ~ a bill through Congress** *A* hitro spraviti, sforsirati zakonski osnutek skozi Kongres

railroadman, railroader [réilroudmən, ~roudə] *n A* železničar

railway I [réilwei] *n E* železniška proga, železnica; **at ~ speed** s hitrostjo železnice, *fig* z veliko hitrostjo, bliskovito, hitro; **~ accident** železniška nesreča; **cable-~, electric street ~, elevated ~, narrow-gauge ~, rack-~, suspended ~, underground ~** žična, električna cestna, nadzemeljska, ozkotirna, zobata, viseča, podzemeljska železnica

railway II [réilwei] *a* železniški; **~ bridge** železniški most; **~ board** žel. direkcija; **~ car** železniški voz, vagon; **~-carriage** železniški (potniški) voz; **~ company** žel. družba; **~ crossing** žel. križišče; **~-engine** žel. lokomotiva; **~ gauge** širina žel. tira; **~ guard** žel. čuvaj ali sprevodnik; **~ guide** *E* žel. vozni red; **~ junction** žel. križišče; **~-line** žel. proga; **~ novel** za potovanje primerno čtivo; **~ pass** prosta železn ka vozovnica; ~ **rug** odeja za potovanje; ~ **sleeper** žel. prag; ~ **station** žel. postaja; ~ **switch** žel. kretnica; ~ **ticket** žel. vozovnica; ~ **time-table** žel. vozni red; ~ **terminus** končna žel. postaja; ~ **traffic** žel. promet

railway III [réilwei] *vi* potovati, peljati se z železnico; graditi železniške proge

railwayless [réilweilis] *a* (ki je) brez železnic(e), brez železniške proge

railwayman [réilweimən] *n* železničar

railwork [réi!wo:k] *n* ograja

raiment [réimənt] *n poet* oblačilo, obleka

rain I [réin] *n* dež (& *fig*), naliv, *pl* deževje, nalivi; the ~s deževna doba (v tropih); the R~s *naut* deževna cona (Atlantika, 4°—10° sev. širine); a ~ **of ashes** dež pepela; a ~ **of compliments** (**congratulations**) dež, ploha komplimentov (čestitk); ~ **or shine** ob vsakem vremenu, *fig* v vseh okoliščinah, naj se zgodi, kar hoče; a heavy ~ naliv, ploha; we shall go ~ **or shine** šli bomo, pa naj dežuje ali sije sonce, ob vsakem vremenu; it was pouring with ~ lilo je v potokih; to stand in the ~ stati v dežju

rain II [réin] *vi* deževati; líti; (o nebu) poslati dež; (o solzah) teči, liti; *fig* padati, priti v gomilah, v množicah; deževati s prasketanjem (*upon* na); *vt* líti, deževati (kaj), pustiti padati (dež), *fig* prelivati (solze); metati (kamenje) (*upon* na); it is ~ing **cats and dogs**, it is ~ing **pitch forks** lije kot iz škafa; it ~ed **all night** vso noč je deževalo; it is likely to ~ kaže na dež, dež preti; it ~ed **heavy drops** debele kaplje so deževale; blows ~ed **upon him** udarci so deževali nanj; to ~ **stair-rods** *sl* deževati v ravnih, vertikalnih curkih; tears ~ed **down her cheeks** solze so ji lile po licih; her eyes ~ed **tears** iz oči so ji lile, tekle solze; it never ~s but it pours *fig* nesreča nikoli ne pride sama; it ~s **in** dežuje noter (v sobo); it has ~ed **itself out** izlilo se je

rain-bird [réinbə:d] *n zool* zelena žolna; vrsta kukavice

rainbow [réinbou] **1.** *n* mavrica; *zool* kolibri; **in all the colours of the** ~ v vseh mavričnih barvah; **2.** *a* mavričast, pisan; ~ **trout** postrv šarenka

rain-chart [réinča:t] *n* dežemerska karta

rain check [réinček] *n A* (pri deževnih prireditvah) vstopnica za nadomestno prireditev; *fig* zagotovitev podaljšane veljave (prednosti, vabila itd.); to take a ~ **on an invitation** vabilo (ki ga trenutno ne moremo izkoristiti) si zagotoviti za kasneje

rain-cloud [réinklaud] *n* siv deževen oblak

raincoat [réinkout] *n* dežni plašč; ogrinjalo za dež

rain-doctor [réindəktə] *n* čarovnik, ki po verovanju divjih plemen more priklicati dež

raindrop [réindrəp] *n* deževna kaplja

rainfall [réinfə:l] *n* ploha dežja, množina dežja; padavine; *tech* precipitat, oborina, usedlina v tekočini; a ~ **of 60 inches a year** letne padavine 60 palcev

rain-gauge [réingeidž] *n* dežemer; *tech* naprava za merjenje precipitata

rain-glass [réingla:s] *n* tlakomer, barometer

raininess [réininis] *n* deževnost, stanje deževnosti, deževno vreme

rainless [réinlis] *a* (ki je) brez dežja, brez padavin, brez oborin

rain-maker [réinmeikə] *n* čarovnik, za katerega divja plemena verujejo, da more priklicati dež

rain-pour [réinpə:] *n* (deževni) naliv

rainproof [réinpru:f] **1.** *a* nepremočljiv, neprepusten za dež; **2.** *n* dežni plašč; **3.** *vt* napraviti neprepustno za dež

rainstorm [réinstə:m] *n* nevihta z dežjem

raintight [réintait] *a* nepremočljiv, neprepusten za dež

rainwash [réinwəš] *n geol* odplavljanje zaradi dežja; od dežja odplavljena zemlja (prst)

rain-water [réinwə:tə] *n* deževnica

rainwear [réinweə] *n* obleka za deževno vreme

rain-worm [réinwə:m] *n* deževnik (črv)

rainy [réini] *a* (**rainily** *adv*) deževen; ~ **day** deževen dan, *fig* stiska, sila, hudi časi; ~ **streets** od dežja mokre ulice; a ~ **weather** deževno vreme; to provide against a ~ **day**, to lay by (to put by) money for a ~ **day** hraniti denar za težke, hude čase

raise I [réiz] *n* povišanje; povišanje plače (mezde); vložki (pri pokerju), licitiranje (pri bridžu); vzpetina, višina; ~ **in wages** povišanje mezd, plač

raise II [réiz] *vt* dvigniti, pokonci postaviti; povišati, zvišati, povečati, izboljšati (plačo, slavo itd.); zgraditi; osnovati, ustanoviti; povzročiti (prepir ipd.), začeti; rediti, gojiti, vzgajati, vzrediti; sejati (žito), saditi, obdelovati (povrtnine); novačiti, zbrati vojsko; zbuditi, razvneti za, podpihovati, dvigniti (*against* proti); podreti (tabor), kreniti; opustiti, ukiniti blokado, obleganje; klicati (duhove); širiti (vonj); vzeti (posojilo); inkasirati, izterjati (denar, davek); *naut* zagledati, opaziti (kopno, zemljo); **with a** ~d **voice** glasno, z jeznim glasom; to ~ **an army** zbrati vojsko; to ~ **a building by a storey** dvigniti poslopje za eno nadstropje; this bread is not ~d **enough** ta kruh ni dovolj vzhajan; to ~ **Cain** (**the devil, hell, the mischief**) strašanski hrup (trušč, kraval) dvigniti; to ~ **cattle** rediti živino; he ~d **claims to the inheritance** vložil je zahtevo po dediščini; to ~ **coal from the mine** kopati premog iz rudnika; to ~ **from the dead** obuditi od mrtvih; to ~ **dough** pustiti testo vzhajati; to ~ **a dust** (**hell**) *fig* dvigniti prah; to ~ **one's eyebrows** predrzno (domišljavo, užaljeno) pogledati, namrščiti obrvi; to ~ **one's eyes** dvigniti oči (pogled); to ~ **s.o.'s fame** povečati slavo kake osebe; to ~ **funds** zbirati denar, prispevke; to ~ **one's glass to a guest** napiti, nazdraviti gostu; to ~ **one's hand** dvigniti roko (na koga), udariti (koga); to ~ **one's hat to s.o.** odkriti se komu; his joke ~d **a laugh** njegova šala je povzročila smeh; to ~ **a ladder** postaviti lestev; to ~ **a loan** razpisati, vzeti posojilo; to ~ **a mine** *naut* dvigniti mino; to ~ **money** pobirati, zbirati denar; to ~ **a monument** postaviti spomenik; to ~ **to the second power** *math* dvigniti na drugo potenco; to ~ **prices** dvigniti cene; to ~ **the roof** *sl* dvigniti do neba segajoč hrup, strašansko razsajati; this remark ~d **my smile** ta opazka mi je izvabila nasmešek; to ~ **ship** (**land**) *naut* priti na vidik ladje (zemlje); to

~ **a spirit** klicati duha; **to** ~ **a siege** opustiti obleganje; **to** ~ **s.o. out of his sleep** zbuditi koga iz spanja; **to** ~ **a stink** napraviti škandal; **to** ~ **to the throne** postaviti na prestol; **to** ~ **one's voice against** dvigniti svoj glas, protestirati proti; **to** ~ **the wind** *fig* priskrbeti si nujno potrebni denar (sredstva); **wine** ~ **d his spirits** vino ga je ojunačilo; **to raise up** *vt* ustvariti, napraviti, poklicati v življenje, zbuditi

raisecheque [réizček] *n A* ček, katerega znesek je goljufivo povečan

raised [réizd] *a* dvignjen, povišan; stopnjevan; izbočen; kvašen, vzhajan; ~ **cake** kvašen kolač; ~ **pie** mesna pašteta s trdim ovojem testa

raiser [réizə] *n* dvigalec, postavljalec; osnovatelj, graditelj; vzgojitelj; sadilec, proizvajalec; rejec; (kartanje) dobra karta; **morale** ~ *mil* ukrep(i) za dvig bojnega duha, morale

raisin [réizn] *n* posušeno grozdje, rozina

raising bee [réiziŋbi:] *n A* skupna postavitev zgradbe (s pomočjo sosednih farmarjev)

rait [réit] *vt & vi* glej ret

raj [ra:dž] *n Ind* vladavina, gospostvo

raja [rá:džə] *n Ind* radža, indijski knez (princ, kralj); tudi naslov manjšega dostojanstvenika, plemiča v Indiji ali javanskega ali malajskega glavarja

rake I [réik] *n* grablje, grabljice, grebljíca; strgača, strgalo (za čiščenje čevljev od blata); **as thin as a** ~ suh kot trska

rake II [réik] *vt* grabiti; zgrniti, zgrinjati, zbrati (*together*, *up* skupaj); odnesti, prenesti, prepeljati (z vozom) (*off*, *away*); poravnati, očistiti z grabljami (*up*, *over*); *fig* zbirati, donašati (*from* od, iz); prekopati, brskati po, iskati (*for*); *mil & naut* streljati (na daljavo), tolči, biti z ognjem; *vi* premetati, prekopati, povsod (pre)iskati, prebrskati (*among*, *in* med, v); (o oknu) gledati na; **to** ~ **hay** grabiti seno; **to** ~ **one's memory** brskati v svojem spominu za…; **to** ~ **a ship** *mil* obsuti ladjo s topovskim ognjem; **the window** ~ **s the mountain range** okno gleda na gorsko verigo;

rake in *vt* skupaj nagrabiti (denar itd.)

rake out *vt* izgrebsti (pepel); izbrskati, izvohati; **to** ~ **a fire** pogasiti ogenj

rake up *vt* pokriti s pepelom (npr. ogenj); izkopati, izbrskati, najti; ponovno sprožiti, vložiti (npr. tožbo) (*against* proti); **to** ~ **hay** (skupaj) zgrabiti seno; **to** ~ **the past** privleči, spraviti na dan že zdavnaj pozabljene stvari

rake III [réik] **1.** *n* nagnjenost, nagib, poševna ravnina, poševen položaj (jambora), naklon; **at a** ~ **of** pri naklonu (nagibu) od; **he wears his hat at a** ~ **on** nosi klobuk postrani: **2.** *vt* nagibati, nagniti, poševno postaviti; *vi* biti nagnjen, poševen; nagibati se (o ladji, jamboru itd.); ~ **d chair** stol z nagnjenim naslonjalom

rake IV [réik] *n* lahkoživec, razuzdanec, nečistnik, razvratnež

rake V [réik] *vi hunt* (o psu) s smrčkom ob tleh zasledovati sled; (o lovu s sokoli) leteti za divjačino; zgrešiti divjačino; hiteti, divjati, vihrati

rake-comb [réikkoum] *n* redek glavnik

rakehell [réikhel] *n* razuzdanec, razvratnež, lahkoživec

rake-off [réikə:f] *n A* del kake vsote ali dobička; neupravičen dobiček pri kupčiji; provizija; **to have a** ~ **on s.th.** izvleči svoj dobiček (dobitek) pri čem, iz česa

raker [réikə] *n* grabitelj, grabilec; *sl* sijajna stvar, »bomba«

raki [ra:kí:, ræki] *n* raki (vrsta žganja)

raking I [réikiŋ] *n* grabljenje, premetavanje, iskanje; *fig* ostra kritika

raking II [réikiŋ] *a* nagnjen, poševen, kriv, ki je postrani; hiter, brz

rakish [réikiš] *a* (~ **ly** *adv*) razuzdan, razvraten; predrzen, drzen

rallicar(t) [rǽlika:(t)] *n E hist* lahek dvokolesen voz za 4 osebe

rally I [rǽli] *n mil* zbiranje, zbor, znak za zbor; sestanek, shod; srečanje, zasedanje; množičen sestanek; *fig* zbiranje novih moči, okrevanje; (tenis) ostra borba igralcev za točko, hitro menjavanje žog; (boksanje) izmenjavanje udarcev, vrvež (na odru); **to sound the** ~ (za)trobiti za zbor

rally II [rǽli] *vt & vi* znova zbrati (razkropljene čete), zbrati (se) okoli; zbrati nove moči, nov pogum; priti zopet k sebi, zavedeti se, osvestiti se; popraviti se, okrevati, oživeti; pridružiti (se); oživiti, prebuditi, predramiti, zdramiti; **they** ~ **to his support** hité mu na pomoč; **the prices** ~ cene se popravljajo; **to** ~ **round (to) s.o.'s opinion** pridružiti se mnenju neke osebe

rally III [rǽli] *vt* drážiti, zbadati, nagajati (za šalo); imeti za norca, zafrkavati, zbijati šale (s kom); *vi* (v šali) norčevati se

rallye [rǽli] *n* (avtomobilski) rallye

rallying-cry [rǽliiŋkrai] *n* geslo, parola

rallyingly [rǽliiŋli] *adv* dobrodušno se norčujoč, z dobrodušnim posmehovanjem

rallying-point [rǽliiŋpoint] *n* zbirališče, zborišče, zborno mesto

rallying sign [rǽliiŋsain] *n* znak za zbiranje, za zbor

ram I [ræm] *n zool* oven; *astr* **the Ram** Oven (zvezda v zodiaku); *mil hist* (= **battering** ~) napadalna naprava za prebijanje zidov, oven; *naut* ladijski kljun za prebijanje boka sovražnih ladij; *tech* zabijač, oven, majhno parno kladivo, nabijač; čep, bat (hidrostatične stiskalnice, tlačilke)

ram II [ræm] *vt* nabijati, zabi(ja)ti; zagraditi, zabasati kaj (*down*, *in*, *into* v); natrpati, natlačiti, nagnesti (*into* v); povezniti, potisniti (klobuk) (*on* na, *over* čez); zadelati, začepiti, zamašiti kaj (*up*); *fig* s silo vbiti kaj v glavo (*into s.o.* komu); *naut* naskočiti, napasti z ladijskim kljunom; **to** ~ **s.th. down s.o.'s throat**, **to** ~ **s.th. into s.o.'s head** vbi(ja)ti komu v glavo nekaj, s čimer se ne strinja; **to** ~ **up** natlačiti; zamašiti

Ramadan [ræmədá:n, ~dǽn] *n* ramadan(ski post)

ramble [ræmbl] **1.** *n* pohajkovanje, potepanje, klatenje, potikanje, blodnja, vlačenje; sprehod, izlet, potovanje; križarjenje; **2.** *vi* pohajkovati, postopati sem in tja brez cilja, bloditi; blesti, blebetati, govoriti brez zveze, oddaljiti se (od téme); zaviti v stran, zabloditi, zaiti; **to** ~ **about the city** pohajkovati po mestu

rambler [rǽmblə] n pohajkovalec, sprehajalec brez cilja; potepin, potepuh, klatež; popotnik (pešec); bot vrsta rdeče rože plezalke

rambling [rǽmbliŋ] 1. n popotovanje (peš); sprehod, izlet; 2. a (~ly adv) potepuški, potepinski, klateški, pohajkovaški; (o govorjenju) brezzvezen, razvlečen, obširen, razblinjen; (o osebi) nejasen, oddaljujoč se (od téme); (o hiši) nepravilno postavljen; (o rastlinah) ki se širi, bujno raste; bohoten

rambunctious [ræmbʌ́ŋkšəs] a A sl glasen, hrupen, razposajen, divji; trmast

ramekin, ramequin [rǽmkin] n sirov narastek (vrsta kolača)

rami [réimai] pl od ramus

ramification [ræmifikéišən] n razvejenost, razrast, razraščanje; ~s pl vejevje, veje, vejice, mladike, poganjki; the ~s of an artery razcepljenost arterije; the ~s of a plot razvejenost zarote

ramiform [rǽmifɔ:m] a podoben veji, vejast; razvejen

ramify [rǽmifai] vi razvejiti se, razvejičiti se, poganjati veje; (raz)cepiti se; vt razvejiti, razcepiti; razdeliti na panoge

ram-jam full [rǽmdžæmful] a docela poln, napolnjen

ramjet (engine) [rǽmdžet éndžin] n tech reaktivni motor s kompresorjem

rammer [rǽmə] n tech zabijač, oven, bat; palica (za polnjenje puške)

rammish [rǽmiš] a podoben ovnu; močnega vonja, smrdljiv, ki diši po ovnu (kozlu); pohoten, polten

ramose [rəmóus] a razvejen, vejnat, vejast

ramous [réiməs] a razvejen; podoben veji, vejast

ramp I [ræmp] 1. n (pri utrdbi) nagib, poševna ravnina, nagnjenost, naklon; pot (dovoz, dohod) navzgor; klančina; rampa; arch nagib; dvigajoči se zavoj na stopnišču; 2. vt arch & mil opremiti kaj z rampo; vi (o rastlinah) bujno rasti, bohotiti se, hitro se množiti, razploditi se; (o živalih) stati, vzpenjati se na zadnjih nogah; vzpenjati se

ramp II [ræmp] 1. n prevara, ukana; sl izvabljanje, izsiljevanje denarja; 2. vt sl ukaniti, preslepiti, prevarati; vi dobiti (denar) z ukano; varati

ramp III [ræmp] 1. n vznemirjenost, razburjenje, razdraženost; besnenje, divjanje, razsajanje, rohnenje; 2. vi besneti, divjati, razsajati, rohneti; drveti sem in tja

rampage [rǽmpéidž] 1. besnenje, besnost, jeza, divjanje, skakanje; to be (to go) on the ~ divjati, razsajati, besneti; rohneti, biti slabe volje, biti ves iz sebe od jeze; 2. vi besneti, divjati, razsajati; biti razkačen; drveti sem in tja, nemirno tekati sem in tja, skakati

rampageous [ræmpéidžəs] a (~ly adv) ves besen, ves iz sebe (od jeze); razuzdan, nebrzdan; bučen, glasen; ~ style oster slog

rampancy [rǽmpənsi] n besnenje, izbruh; bujna rast, hitro razmnoževanje, razplojevanje; razprostiranje, širjenje, razmah, prevladovanje

rampant [rǽmpənt] a (~ly adv) besen, divji, napadalen, razsajajoč; razposajen, objesten, razuzdan, nebrzdan; bujen, bohoten, hitro rastoč, ki se naglo širi; to be ~ več razmahniti se; to grow ~ naglo se širiti, ne več meja poznati

rampart [rǽmpa:t] 1. n mil okop, trdnjavsko obzidje, branik, nasip; fig zaščita, obramba, branik; 2. vt obdati z okopi, braniti, ščititi z okopom, s frdnjavskim obzidjem

rampion [rǽmpjən] n bot navadni motovilec; poljska solata; bot zvončnica

ram pressure [rǽmprešə] n tech dinamični pritisk

ramrod [rǽmprod] n mil palica za polnjenje starinske puške, nabojnik, nabijač; A sl šef; as stiff as a ~ tog kot bukov hlod

ramshackle [rǽmšækl] a majav, razmajan (o vozilu); trhel, preperel, šibek; the ~ Empire hist avstro-ogrska monarhija

ramson [rǽmsən] n bot pasja čebula

ramus, pl -ami [réiməs, réimai] n bot & med & zool veja

ran I [ræn] n povesmo (prediva ipd.)

ran II [ræn] pt od to run

rance [ræns] n geol vrsta rdečega marmorja z modrimi in belimi žilami ter lisami (iz Belgije)

ranch [rænč, ra:nč] 1. n A živinorejsko gospodarstvo, (velika) živinorejska farma, ranč; 2. vi baviti se z živinorejskim gospodarstvom, z živinorejo; upravljati ranč, delati na ranču

rancher [rǽnčə] n A lastnik ranča, farmar; živinorejec, rančar, kavboj, gonjač goveda; delavec na ranču

rancheria [rænčəríə] n A indijanska naselbina; koča delavca na ranču

ranch house [rǽnčhaus] n pritlična hiša na živinorejski farmi

ranchman [rǽnčmən] n živinorejec, farmar, lastnik ranča, rančar, delavec na ranču; poljedelec, ratar

rancid [rǽnsid] a (~ly adv) žaltav, žarek (o masti, slanini, olju), pokvarjen (o živilih, hrani); neprijeten, gnusen, odvraten, osovražen, zoprn

rancidity, rancidness [rænsíditi, rǽnsidnis] n žaltavost, žarkost (masti, olja, slanine); vonj po žaltavem, po žarkem

rancorous [rǽŋkərəs] a (~ly adv) ogorčen, hud, srdit, razjarjen, razkačen; zloben, hudoben, potuhnjen, zamerljiv, maščevalen, poln mržnje

rancorousness [rǽŋkərəsnis] n zamerljivost, maščevalnost; potuhnjenost, hudobnost, zlobnost

rancour, rancor [rǽŋkə] n zamera, ogorčenost, srd, jeza; zloba, mržnja, sovraštvo

rand [rænd] n višavje, gorovje na obeh straneh rečne doline; tech obrobno usnje

randan I [rǽndæn] n sl razposajenost; popivanje, veseljačenje; to go on the ~ iti na veseljačenje, popivanje

randan II [rǽndæn] n naut čoln z vesli za 3 osebe

randem [rǽndəm] 1. n voz, kočija s tremi zaporedno vpreženimi konji; 2. adv trivprežno, s tremi zaporedno vpreženimi konji

random [rǽndəm] 1. n arch prenagljenost, vihravost, silovitost; arch lučaj, streljaj; at ~ na slepo (srečo), brez cilja, tjavdan; nemarno, nespametno, brez načela, brez cilja; to talk at ~ kvasiti, čvekati tjavdan; 2. a (~ly adv) slučajen, brezciljen, na slepo srečo (narejen); archit (ki je) iz kamenja nepravilne oblike in neenake velikosti; a ~ guess golo ugibanje (na srečo, tjavdan); a ~ remark slučajna, tjavdan opazka; ~ sampling (statistika) naključna izbira, poizvedovanje z naključnim poskusom

randy [rǽndi] **1.** *n* nesramen berač; prepirljiva ženska, možača; **2.** *a* (**randily** *adv*) *Scot* bučen, glasen; (pre)drzen, neotesan, nebrzdan, razbrzdan, razuzdan; *dial* divji, kljubovalen, trmast (o živini ipd.); pohoten, polten

ranee [rá:ni] *n Ind* žena radže, hindujska kneginja (kraljica), rani

rang [ræŋ] *pt* od **to ring**

range I [réindž] *n* vrsta, niz, veriga, serija, red (zgradb, gorá); *com* zbirka, kolekcija; lestvica, skala; skrajna meja, domet, streljaj, *fig* akcijski radij, oddaljenost; svoboda gibanja; obseg, območje, polje (delovanja), sfera, prostor; razpon, obsežnost; področje za pašo, za lov; ravnina, poljana, prerija; štedilnik, kuhinjska (električna, plinska) peč, ognjišče; (= **shooting**-~ strelišče); pohajkovanje, klatenje, potovanje; **at close** ~ iz neposredne bližine, od blizu; **at short** ~ iz bližine, od blizu; **out of** ~ zunaj dostrela; **within** ~ na streljaju, v dostrelu; **within** ~ **of vision** na dogledu; ~ **of activities** področje (polje, sfera) delovanja, udejstvovanja; ~ **of goods** izbira, izbor, asortiment, skladišče blaga; ~ **of mountains** gorska veriga, pogorje; ~ **of prices** razpon cen; ~ **of trees** vrsta dreves; ~ **of vision** vidno polje, obzorje, dogled; **the annual** ~ **of temperature** letno območje temperature; **long** ~ **gun** *mil* daljnometni top; **long** ~ **aircraft** letalo z velikim akcijskim radijem; **a narrow** ~ **of choice** majhna izbira; **salary** ~ razpon plač; **a wide** ~ **of knowledge** obsežno znanje; **to be out of** ~ biti zunaj dometa, dosega; **to have a long** ~ imeti velik domet

range II [réindž] **1.** *vi* stati, ležati (v vrsti, v redi), tvoriti vrsto, vrstiti se; biti v isti vrsti; razprostirati se, raztezati se, širiti se, potekati, segati (do); stati, postaviti se, namestiti se; spadati (*with* k), šteti se (*with* k); bloditi, tavati, begati, pohajkovati, križariti; patruljirati; variirati, kolebati (*between* med); rasti, dvigati se in padati; imeti domet, nesti (o strelnem orožju); določiti razdaljo do; *bot & zool* nahajati se, javljati se, najti se; gibati se (*from ... to* od ... do); **2.** *vt* postaviti v vrste, uvrstiti, razvrstiti, razporediti, urediti; izravnati; prehoditi; pluti ob, vzdolž; **to** ~ **the coast** pluti ob obali, vzdolž obale; **to** ~ **the fields** prehoditi polja; **to** ~ **oneself on the side of the enemy** postaviti se na sovražnikovo stran; **to** ~ **oneself with s.o.** držati s kom; **he cannot** ~ **with poets** ne more se uvrščati med pesnike; **he** ~**s with the greatest writers** štejejo ga med največje pisatelje; **to** ~ **plants in families** razvrstiti rastline v družine; **to** ~ **the woods** tavati, pohajkovati po gozdovih; **to** ~ **up the guard of honour** postrojiti, postaviti častno stražo; **as far as the eye can** ~ kakor daleč lahko seže oko; **the boundary** ~**s east and west** meja poteka proti vzhodu in zahodu (vzhodno in zahodno); **the gun** ~**s four miles** top ima domet štirih milj; **the prices** ~ **between 100 and 200 dinars** cene se gibljejo med 100 in 200 dinarji

range-finder [réindžfaində] *n mil* daljinomer (za topove itd.)

ranger [réindžə] *n* potepuh, klatež; popotnik (pešec); lovski pes; (kot naslov) kraljevski logar, nadzornik, paznik, čuvaj (gozda, parka); skav-

tinja (tabornica), starejša kot 16 let; ~ *s pl* skupina oboroženih jezdecev, lahka konjenica; *A* ameriške udarne čete za posebne naloge, komandosi

rangership [réindžəšip] *n* logarska služba, logarstvo; služba nadzornika kraljevskega parka

rangette [reindžét] *n* kuhalnik (brez pečice)

rangy [réindži] *a* visok in vitek, dolgih udov in tanek, mršav; gibek; *A coll* sposoben, nagnjen k, zmožen, da se visoko povzpne ali veliko doseže; *Austr* prostoren, širen, obširen

rank I [ræŋk] *n* red, niz, vrsta (vojakov); čin, rang, čast; plast, sloj; stopnja, razred; družbeni položaj, mesto; veliko število (»vojska«); (šah) poprečna polja; **the** ~*s mil* navadni vojaki (v nasprotju s častniki); **the** ~ **and file** ljudstvo, preprosti, navadni ljudje; **of the first** ~ prvovrsten, prvorazreden; ~ **of cabs** vrsta kočij, taksijev; ~ **of general** generalski čin; ~ **and fashion** imenitna družba; **the** ~ **of workers** masa, »vojska« delavcev; **a cab**-~, **taxi** ~ parkirni prostor za taksije; **people of all** ~*s* ljudje vseh slojev, razredov; **persons of high** ~ plemiči, plemstvo; ugledne osebe; **pride of** ~ stanovska zavest (čut); **to break the enemy's** ~*s* **and files** predreti sovražnikove vrste; **to join the** ~*s* stopiti v vojsko; **to keep** ~ ostati v vrsti; **to pull one's** ~ **on** izkoriščati svoj položaj in čezmerno ukazovati (podrejenim); **to quit the** ~*s* stopiti iz vrste; dezertirati; **to reduce to the** ~*s mil* vzeti (komu) čin, degradirati (podčastnika) v navadnega vojaka; **to rise from the** ~*s* iz navadnega vojaka postati (pod)častnik; z nizkega (družbenega) položaja se visoko povzpeti; **to take** ~ **with the best** spadati k najboljšim; **to take** ~ **with s.o.** biti v isti vrsti s kom, biti enakovreden komu

rank II [ræŋk] *vt & vi* postaviti (se) v vrsto, uvrstiti (se); razvrstiti (se), razporediti (se), urediti (se); pripadati, spadati med; zavzeti mesto (položaj, čin, čast); *A* imeti prednost pred kom v činu, rangu, položaju; biti nad kom po položaju, priti (*next to* takoj za); *econ & jur* imeti prednost ali posebne pravice; **the** ~**ing major** po rangu najstarejši major; **he is** ~**ed among the great painters** imajo ga za velikega slikarja; **I** ~ **Dante above Shakespeare** Danteju dajem višje mesto kot Shakespeareu; **to** ~ **first** zavze(ma)ti prvo mesto; **France** ~*s* **among the Great Powers** Francija se uvršča med velesile; **to** ~ **off** odkorakati; **to** ~ **past** korakati mimo

rank III [ræŋk] *a* (~ **ly** *adv*) obilen, bohoten, razkošen (*with* z), (pre)bujen, košat; bujno porastel z, zaraščen; gosto raščen; (o zemlji) ploden, roden, masten; vnet, zažgan, žaltav, žarek; oduren, ostuden, ogaben, zoprn, grob, odbijajoč, smrdljiv; nedostojen, nespodoben, obscen, pohoten, pokvarjen; močan; skrajni; čist(i), očiten, očit, popoln, pravi; *fam* slab, hudoben; ~ **language** nespodobno govorjenje; **a** ~ **lie** debela (gola, očitna) laž; ~ **nonsense** pravi (popoln) nesmisel; ~ **swindle** očitna sleparija, goljufija; ~ **treason** prava (pravcata), očitna izdaja (izdajstvo)

ranked [ræŋkt] *a* postavljen (v vrstah); **three**-~ v treh vrstah, trivrsten

ranker [rǽŋkə] *n* urejevalec; *fam mil* častnik, ki je napredoval iz navadnega vojaka

ranking [rǽŋkiŋ] *a A* vodeč(i), prvi

rankle [rǽŋkl] *vi poet* vneti se, gnojiti se, peči (o rani), (še naprej) boleti, glodati, ne se pozdraviti, poslabšati se; (iz)gristi se; ostati v slabem spominu; it ~ d in my mind težko mi leži na duši

rankness [rǽŋknis] *n* bujnost, obilnost, preobilje, razkošje; pretek, čezmernost; zažganost, žarkost, žaltavost, oster vonj ali okus, smrdljivost; nespodobnost, obscenost

ransack [rǽnsæk] *vt* temeljito pregledati (preiskati, prebrskati, premetati) po vseh kotih; (o)pleniti, (o)ropati; **to ~ one's conscience** izprašati si vest; **to ~ one's pockets** preiskati (prebrskati) svoje žepe

ransacker [rǽnsækə] *n* iskalec, preiskovalec; plenilec

ransom [rǽnsəm] **1.** *n* odkupnina, rešnina; odkup; *fig* cena; izsiljevanje; *rel* odrešenje; ~ **bill**, ~ **bond** *naut* obveza (kapitana od gusarjev zaplenjene ladje) za kasnejše plačilo odkupnine; **worth a king's** ~ (ki je) neizmerne vrednosti; **to hold s.o. to** ~ zahtevati odkupnino za koga, ne izpustiti ga, dokler ne plača odkupnine; **2.** *vt* odkupiti, osvoboditi (koga); dati prostost, izpustiti proti odkupnini; *rel* odrešiti, zveličati

ransomer [rǽnsəmə] *n* odkupnik; *rel* odrešenik

ransomless [rǽnsəmlis] *a* neodkupljiv; brez odkupnine

rant [rænt] **1.** *n* napihnjenost, nadutost, oholost, bahavost, hvaličavost; bombastičnost; kričav govor brez pravega smisla, bombastičen govor, prazno govoričenje; ploha besed, brbljanje; tirada; **2.** *vi* bombastično, napihnjeno, bahavo, hvaličavo govoriti; vpiti, kričati; bučati, besneti; *arch* glasno zmerjati, zabavljati (*at*, *against* proti); *vt* teatralno pridigati, predavati

ranter [rǽntə] *n* kričač, kričav, patetičen govornik (deklamator, pridigar); bahač, hvaličavec, širokoustnež; kdor ima glavno besedo; *theat* slab, lažni igralec; napihnjen, bombastičen brbljač, žlabudrač; **the** ~ s antinomisti (verska sekta okoli leta 1645); prvotni metodisti

ranting [rǽntiŋ] *a* bombastičen, hvalisav, napihnjen, patetičen, bahaški; hrupen, nebrzdano vesel

ranunculus, *pl* -es, -culi [rənʌ́nkjuləs, -kjulai] *n bot* njivska zlatica, ripeča zlatica

rap I [ræp] *n* (kratek, lahen) udarec, trkanje (*at* na), udarjanje; (*spiritizem*) trkanje; *sl* kazen, kaznovanje; **a** ~ **on** (over) **the knuckles** *fig* ukor, opomin, kazen; **there is a** ~ **at the door** nekdo trka na vrata; **to give a** ~ **at the door** udariti s tolkačem po vratih, potrkati na vrata; **to give s.o. a** ~ **on the knuckles** dati jih komu po prstih; **to hang a** ~ **on s.o.** skušati obremeniti koga; **to let s.o. take the** ~ zvaliti krivdo na koga

rap II [ræp] *vt* udarjati, krcati (po čem); ozmerjati, opsovati, grajati, ukoriti koga; *vi* udarjati, trkati (*at* na, *on* po); spiritizirati; **spirit-rapping** spiritiziranje; **to** ~ **s.o.'s fingers** udariti koga po prstih, *fig* komu jih po prstih dati; **to** ~ **at the door** udariti s tolkačem na vrata, potrkati na

vrata; **she** ~ **ped his fingers** (knuckles) dala mu jih je po prstih; **to** ~ **the table** trkati, udarjati po mizi; **to** ~ **out** *vt & vi* izreči, izustiti, blekniti (kletvico ipd.); preklinjati, kleti, zmerjati, psovati; (spiritizem) poslati sporočila s trkanjem, z udarci; **to** ~ **out an oath** naglo izustiti, bruhniti iz sebe kletvico

rap III [ræp] *n* trohica, mrvica, delček, atom; polpenijski (ponarejen) novec, počen groš, ničvredna stvar; **it is not worth a** ~ to ni vredno počenega groša (prebite pare); **I don't care a** ~ ! briga me!, se požvižgam!, mi je vseeno!; **I don't give a** ~ **for it** ne dam prebite pare za to

rap IV [ræp] *vt* navdušiti, očarati, prevzeti; *arch* odvzeti, ukrasti; **to be** ~ **ped (rapt) with joy** biti ves iz sebe od veselja

rap V [ræp] *n* 120 jardov dolgo povesmo

rapacious [rəpéišəs] *a* (~ ly *adv*) grabežljiv, roparski, razbojniški, lakomen, pohlepen, požrešen; ki izmozgava, odira; ~ **animal**, ~ **beast** zver; ~ **bird** ptica roparica

rapaciousness, rapacity [rəpéišəsnis, rəpǽsiti] *n* grabežljivost, pohlepnost, lakomnost, požrešnost

rape I [réip] **1.** *n poet* ugrabitev, rop, grabež; osramotitev, onečaščenje, oskrunitev, posilstvo; ~ **and murder** uboj, umor s posilstvom (iz pohote); **2.** *vt poet* ugrabiti, s silo odvesti; (ženski) silo storiti, posiliti, onečastiti, oskruniti, zapeljati, omadeževati; (redko) (iz)ropati, opleniti (mesto); *vi* zakriviti posilstvo

rape II [réip] *n bot* (oljna) repica, oljno seme; **wild** ~ njivska gorušica

rape III [réip] *n* tropinovec; (= ~ **wine**) vino iz tropin; filter, posoda za proizvodnjo kisa; ~ **wine** vino iz tropin

rape IV [réip] *n* eno od šestih okrožij v grofiji Sussex

rape-cake [réipkeik] *n* oljna pogača (živinska krma)

rape-oil [réipɔil] *n* repično olje

rapeseed [réipsi:d] *n* repično seme

raphia [rǽfiə] *n* glej **raffia**

rapid [rǽpid] **1.** *a* (~ ly *adv*) hiter, brz; (o vodi) deroč; strm, prepaden, poln prepadov; *fig* nagel, nenaden; ~ **fire** *mil* brzo streljanje; **a** ~ **river** deroča reka; **2.** *n* (navadno *pl*) brzice; **to shoot the** ~ s spustiti se s čolnom po rečnih brzicah

rapid-fire [rǽpidfaiə] *a* brzostrelen; hitro si sledeč; ~ **gun** brzostrelen top

rapid-firer [rǽpidfaiərə] *n mil* brzostrelen top

rapidness [rǽpidnis] *n* hitrost, brzina, naglica

rapier [réipiə] *n* rapir, ozek meč

rapier-thrust [réipiəθrʌst] *n* sunek, ubod z rapirjem; *fig* oster, odrezav odgovor

rapine [rǽpain] *n rhet* rop, grabež, ropanje, kraja, ugrabitev, nasilna prilastitev

rapist [réipist] *n A* ropar, tat, plenilec; skrunilec (žensk)

rapparee [ræpərí:] *n hist Ir* oborožen neregularen vojak; ropar, razbojnik, bandit

rappee [ræpí:] *n* močan tobak za njuhanje

rapper [rǽpə] *n* tolkač na vratih, udarjač; krošnjar; (spiritizem) trkajoči duh; *sl* groba, grda laž; kletvica, psovka, kosmata beseda

rapport [ræpɔ́:(t)] *n* odnos, razmerje, zveza, stik (*with* z); **to be in** ~ **with** biti v ozkih stikih z, biti tesno povezan z; **to come in** ~ **with** s.o. priti v zvezo, v stik s kom

rapscallion [ræpskǽliən] *n arch* malopridnež, lopov, klatež, potepuh, vagabund

rapt [ræpt] *a & pp* ves očaran, prevzet, zamaknjen, zavzet (*with, by* od), v ekstazi; zatopljen (v misli) (pogosto z *away, up*); radoveden (*upon* za); ~ **in thought** zatopljen v premišljevanje (v misli); **with** ~ **attention** z napeto pozornostjo

raptorial [ræptɔ́:riəl] **1.** *a zool* roparski, ropa željen; ki spada k pticam roparicam; ~ **claw** krempelj (ptice roparice); **2.** *n* ptica roparica

rapture [rǽpčə] **1.** *n* očaranje, navdušenje, prevzetost, zamaknjenost, ekstaza; napad; (redko) silovitost; *arch* ugrabitev, rop; **in a** ~ **of forgetfulness** v napadu (v hipni) pozabljivosti; **to be in** ~**s** biti navdušen, očaran, zamaknjen, prevzet; **to go (to fall) into** ~**s** zamakniti se (*over* nad); **2.** *vt* (redko) očarati, prevzeti, navdušiti

raptured [rǽpčəd] *a poet* zamaknjen, prevzet, očaran, navdušen

rapturous [rǽpčərəs] *a poet* (~ **ly** *adv*) zamaknjen, ves prevzet, navdušen, v ekstazi; silovit, ognjevit, viharen, buren

rapturousness [rǽpčərəsnis] *n* zamaknjenost, ekstaza, prevzetost

rare [réə] *a* redek, nepogosten; sporadičen; izjemen, izreden, nenavaden; slab, tanek, razredčen; *coll* odličen, izvrsten, sijajen, dragocen; *coll* silno, strašno; *sl* ne dovolj pečen, še krvav; ~ **and hungry** strašno, zelo lačen; **a** ~ **book** redka knjiga; ~ **fun** nadvse smešna stvar; **a** ~ **good sign** zelo dobro znamenje; **it is** ~(**ly**) **that he comes** on redko(kdaj) pride

rarebit [réəbit] *n;* **Welsh** ~ (glej **Welsh rabbit**) topljen sir na praženem režnju kruha, na keksu

raree-show [réəri:šou] *n* omarica s kukalom, (otroška) panorama; *fig* igra, predstava (na ulici)

rarefaction [reərifǽkšən] *n phys* (raz)redčenje

rarefactive [reərifǽktiv] *a* razredčen

rarefy [réərifai] *vt* razredčiti; *fig* (pre)čistiti; *vi* (redko) razredčiti se; **to be rarefied** razredčiti se, spremeniti se v paro

rarely [réəli] *adv* redko, včasih, redkokdaj, tu pa tam; nenavadno, izredno, nadvse; izvrstno, sijajno; ~ **beautiful** prekrasen

rareness [réənis] *n* redkost

rarity [réəriti] *n* redkost, redka stvar, nekaj redkega, rariteta, dragocenost; posebnost, izvrstnost; (o zraku, plinu) razredčenost

rascal [rá:skəl] **1.** *n* lopov, podlež, ničvrednež, kanalja, malopridnež, pridanič; *hum* falot, navihanec; *arch* prostak; **you little** ~! ti porednež mali! (o otroku); **2.** *a* lopovski, podel; *arch* prostaški

rascaldom, rascalism [rá:skəldəm, ~lizəm] *n* lopovstvo, podlost; lopovi, sodrga, svojat

rascality [ra:skǽliti] *n* podlost, lopovstvo; lopovščina, malopridnost; (redko) drhal, svojat

rascally [rá:skəli] **1.** *a* lopovski, ničvreden, podel, strahopeten, beden; **2.** *adv* podlo, na podel način

rase [réiz] *vt* izpraskati, izbrisati; *fig* iztrebiti (*from* iz), uničiti; zravnati z zemljo, do tal razdejati, razirati

rash I [ræš] *n med* (kožni) izpuščaj, osip; **nettle-**~ *med* koprivnica; **rose-**~ *med* osepnice, osepnični izpuščaj

rash II [ræš] *a* (~ **ly** *adv*) (pre)nagel, prenagljen, zaletav, nepremišljen, nepreviden, lahkomiseln, nespameten; nesmotrn; drzen, smel, srčen, odločen; *arch* hitro učinkujoč; nujen; **a** ~ **decision, promise** prenagljena, nepremišljena odločitev, obljuba; **a** ~ **officer** noro drzen, smel častnik

rasher [rǽšə] *n* (tanek) reženj (gnjati, pečene slanine)

rashness [rǽšnis] *n* hitenje, prenagljenost, nepremišljenost, zaletelost, neprevidnost, lahkomiselnost, nespametnost; nesmotrnost; nora drznost, zaletava smelost

rasp [ra:sp] **1.** *n* rašp(l)a, strgača, ribežen; debela pila (za les); rašplanje; piljenje, strganje; **2.** *vt & vi* (na)ribati, rašplati, stružiti; *fig* (raz)dražiti, raniti, poškodovati; napraviti neprijeten vtis na, vznemiriti; ostrgati krušno skorjo; vrešče izustiti; praskati (o violini), hreščati, vreščati; **to** ~ **one's nerves** iti na živce; **to** ~ **off (away) the bark** ostrgati drevesno skorjo

raspatory [rá:spətəri] *n med* (kostno) strgalce, raspatorij

raspberry [rá:zbəri] *n bot* malina; temna škrlatna, malinasta barva; *sl* prezir, ukor; »nos«, odklonitev; ~ **bush** malinjak; ~ **juice** malinovec, malinov sok; **to give (to hand)** s.o. a ~ *fig* užaliti koga s prezirljivo, zaničljivo gesto

rasper [rá:spə] *n* velika pila; strgača; rezalnik; *hunt* visok plot, ograja; *sl* trmast človek, odurnež

rasping [rá:spiŋ] **1.** *n* rašplanje, piljenje; ~**s** *pl* ostružki, opilki; *pl* ostrižki; drobtine krušne skorje; **2.** *a* raskav, hrapav; hripav, hreščeč (glas); škripajoč (voz); *fig* neprijeten, dražljiv

raspy [rá:spi] *a* glej **rasping**

raster [rǽstə] *n* (televizija) raster

rat I [ræt] *n zool* podgana; *fig parl & pol* prebežnik, odpadnik, uskok, izdajalec, kdor zapusti svoje politične prijatelje in se pridruži opoziciji; stavkokaz; tat; ~**s!** *pl sl* neumnost!, nesmisel!, neverjetno!; **as wet like a drowned** ~ moker ko miš, do kože premočen; **to have (to see)** ~**s** *sl* videti »bele miši«; **to smell a** ~ *fig* sumiti, da se pripravlja nekaj slabega ali nevarnega, vohati nevarnost, (za)čutiti prevaro

rat II [ræt] *vi* loviti ali pobijati podgane; *fig* biti stavkokaz, *parl & pol* zapustiti svojo stranko, kadar je v nevarnosti; postati uskok, uskočiti k, preiti k, menjati politično prepričanje

rat III [ræt] *interj* glej **drat** vrag vzemi!, k vragu (z)...!; ~ **the boy!** presneti fant!

ratability [reitəbíliti] *n* ocenljivost; (so)razmernost; dolžnost plačanja carine, davka

ratable [réitəbl] *a* (**ratably** *adv*) ocenljiv; podvržen davku ali carini; sorazmeren, proporcionalen

ratafee, ratafia [rǽtəfí:, ~fíə] *n* (sladek) liker iz mandljev, breskev, marelic ali češenj; biskvit z okusom po sadju; vrsta češnje

ratal [réitl] *n E* (občinska) davčna stopnja

ratan [rǽtæn] glej **rattan**

rataplan [rǽtəplæn] **1.** *n* bobnanje; *fig* peketanje (konj v diru); **2.** *vt & vi* udarjati, tolči, razbijati po bobnu; bobnati (*on, upon* po); **to** ~ **on the table** s prsti bobnati po mizi

rat-a-tat [rǽtətǽt] glej rat-tat
rat-catcher [rǽtkæčə] n lovec podgan, podganar;
~s pl sl vrsta (nepravilne) lovske obleke; ~'s
bane strup za podgane
ratch [ræč] n glej ratchet
ratchet [rǽčit] 1. n mech zobato kolo ali drog
(z zatikalnikom); tech zatikalnik; ~ brace, ~
drill vrtačka (sveder); ~ jack tech dvigalo; 2. vt
mech oskrbeti, opremiti z zobatim kolesom ali
drogom (palico, vzvodom), z zatikalnikom
ratchet wheel [rǽčitwi:l] n mech zobato kolo
rate I [réit] 1. n razmerje, odnos, mera, proporcija;
odstotki; obrok; pristojbina, porto, taksa, ta-
rifa, (predpisana) cena; tečaj, kurz; stopnja;
rang; lokalni, občinski davek; kategorija, naut
razred; poprečna hitrost (hoja, hod); at an easy
~ brez velikih stroškov; at any ~ v vsakem
primeru, vsekakor, brezpogojno; at the current
~ po dnevnem tečaju; at a great ~ zelo hitro;
at the ~ of po ceni od, po tečaju od; at the ~
of 30 miles an hour s hitrostjo 30 milj na uro;
at the ~ of 5 pounds za ceno, po ceni 5 funtov;
at that ~ v tem primeru, v takih okolnostih,
na ta način, če je to tako; at this ~ na ta način,
če se bo sedanji položaj nadaljeval; at a tre-
mendous ~ s strašansko, z noro brzino, hitrost-
jo; by no ~ nikakor, na noben način; ~s and
taxes občinski in državni davki; ~ of the day
dnevni tečaj; ~ of exchange menjalni tečaj;
borzni tečaj; ~ of interest obrestna mera; ~
of insurance stopnja zavarovanja; ~ of issue
emisijski tečaj; ~ of wages plača; birth-~ šte-
vilo rojstev; death-~ število smrti, umrljivost;
a first-~ economist prvovrsten ekonomist; in-
land ~ notranja (tuzemska) poštnina; railway
~s železniška tarifa; a second-~ hotel hotel
II. kategorije; special ~s posebne tarife
rate II [réit] vt oceniti, določiti vrednost, preceniti;
regulirati (kovanje denarja); smatrati (koga),
šteti, prištevati, računati (among med, kot); E
oceniti davek, obdavčiti; naut uvrstiti (ladjo)
v razred ali kategorijo; sl zaslužiti (kaj) po
svojem položaju; vi biti upoštevan, upoštevati
se, šteti se, prištevati se, računati se (as kot,
med), biti ocenjen; I ~ him among my friends
štejem ga za svojega prijatelja; he is ~d a rich
man on velja za bogataša; I ~ rice lower than
wheat riž cenim manj (smatram za slabšo hrano)
kot žito; houses are highly ~d hiše so zelo
obdavčene; this ship ~s A 1 ta ladja ima naj-
višjo oceno (za zavarovanje); to ~ up a property
oceniti lastnino višje, kot je vredna
rate III [réit] vt & vi ošteti, ukoriti, ozmerjati,
grajati (at koga), psovati (for zaradi)
rate IV [réit] vt & vi goditi; rositi, močiti (lan)
rateability [reitəbíliti] n obdavčljivost
rateable [réitəbl] a obdavčljiv
rate-book [réitbuk] n cenik
rated frequency [réitid fríkwənsi] n el nominalna
frekvenca
rated speed [réitid spi:d] n nominalna hitrost
rated voltage [réitid vóultidž] n el nominalna na-
petost
rate-holder [réithouldə] n A oglas v časopisu, ki
se večkrat objavi po znižani ceni

ratepayer [réitpeiə] n davčni zavezanec, davko-
plačevalec; ~'s hotel sl ubožnica, A poboljše-
valnica
ratel [réitel] n zool jazbec mesojedec
rater I [réitə] n (redko) uradni cenilec, taksator;
naut a first ~ ladja I. razreda
rater II [réitə] n zmerjalec, oštevalec, grajalec
ratfish [rǽtfiš] n zool A morska mačka (morska
riba)
rath [ra:θ] n Ir hist utrjeno bivališče, trdnjava
staroirskega poglavarja; trdnjava na hribu
rathe [réið] 1. a arch zgoden, ki zgodaj v letu
cvete in dozori (o rastlinah, sadju); hiter, nagel;
2. adv zgodaj; arch hitro, takoj, kmalu
rather I [rá:ðə] adv prej, rajši, raje; precéj; ~ good
precéj dober, kar dober; ~ good than bad prej
dober kot slab; ~ a long way precéj dolga pot,
precéj daleč; ~ before nekaj prej; the ~ that...
toliko bolj (prej, rajši), ker...; grey ~ than
white prej siv kot bel; I ~ think that... jaz
bi prej (skoraj) mislil, da...; I had ~ that...
jaz bi rajši...; I had ~ stay jaz bi rajši ostal;
he left ~ than join me rajši je odpotoval, kot
da bi se mi pridružil; I would ~ die than
betray him jaz bi rajši umrl, kot ga izdal (se mu
izneveril); he would ~ have died than revealed
it on bi bil rajši umrl, kot to razkril; I would
(had) much ~ (not) go jaz bi precéj rajši (ne) šel;
thank you, I had ~ not hvala, (rajši) ne; his
remark was ~ foolish njegova opazka je bila
precéj bedasta; the play was ~ a success (gle-
dališka) igra je imela precejšen uspeh
rather II [ra:ðə] interj coll (v odgovoru) da!, se-
veda!, vsekakor!, (prav) gotovo!; Isn't it hot?
— Rather! Ali ni vroče? — Seveda! Pa še kako!;
Would you like to come? — Rather! Bi (Vi) radi
prišli? — To pa! Seveda!! Zelo rad!
rathe-ripe, rathripe [réiðraip, rá:ðraip] a (o sadju,
plodovih) zgoden, (pre)zgodaj zrel, ki zgodaj
(do)zori
rathskeller [rá:tskelə] n A restavracija v kletnih
prostorih
raticidal [rætisáidl] a ki uničuje podgane
raticide [rætisaid] n sredstvo za uničevanje podgan
ratification [rætifikéišən] n potrditev, odobritev,
ratifikacija
ratifier [rǽtifaiə] n ratifikator; kdor potrdi, ratifi-
cira
ratify [rǽtifai] vt potrditi, odobriti, priznati, rati-
ficirati
rating I [réitiŋ] n ocenitev; ocenitev kreditne spo-
sobnosti; odmera davka, obdavčitev; ocenjen
dohodek; iznos, skupen davek; tarifa; tech sto-
ritev, učinek (stroja itd.); naut (o ladji) razred,
kategorija; (o osebah) stopnja, rang (službe),
čin; E mornar brez čina v vojni mornarici; ~s
pl (o ladijskem moštvu) pomorski podčastniki
in mornarji
rating II [réitiŋ] n graja(nje), karanje, ukor, opo-
min, zmerjanje, psovanje
rating-book [réitiŋbuk] n knjiga informacij o tr-
govskih podjetjih
ratio [réišiou] n math razmerje; math kvocient;
econ razmerje vrednosti med zlatom in srebrom;
in the ~ of 2 to 5 v razmerju 2 proti 5; to be in
the inverse ~ to biti v obratnem razmerju z

ratiocinant [rætiósinənt] *a* pametno sklepajoč
ratiocinate I [rætiósineit] *vi* umovati, modrovati; pametno, logično sklepati, izvajati
raticinate II [rætiósinit] *a* premišljen
ratiocination [rætiosinéišən] *n* umovanje, modrovanje; pametno, logično sklepanje, izvajanje; logičen sklep, zaključek
ratiocinative [rætiósinətiv] *a* pameten, razumen
ratiocinator [rætiósinətə] *n* kdor pametno sklepa
ration I [ræšən] *n* (dnevni) obrok hrane; določena količina, dodelitev; *mil* dnevna potreba, potrošnja (*of* česa); mera, količina krme (za konja); ~s *pl* živila, hrana, živež, prehrana, preskrba; dovoljena količina; ~ book živilska, potrošniška knjižica; ~ bread vojaški kruh, komis; ~ card živilska karta; ~s of sugar obroki sladkorja; off the ~ neracioniran; the iron ~ vojaški železni obrok hrane; to be put on ~s imeti živila racionirana
ration II [ræšən, réi-] *vt* racionirati, omejiti obroke (hrane), razdeliti v obroke (hrano) (tudi *out*); hraniti, vzdrževati, oskrbovati z živežem; to ~ an army oskrbovati vojsko z živežem; to be ~ed for food imeti živila racionirana
rational [ræšənəl] 1. *a* (~ly *adv*) razumski, umstven, racionalen; razumen, umen, pameten; *math* racionalen; znanstveno potrjen, dokazan; smotrn, racionalen, praktičen; ~ dress nova, (nenavadna), a praktična ženska obleka (npr. hlače namesto krila); ~ horizon pravo obzorje; ~ number *math* racionalno število; man is a ~ animal človek je z razumom obdarjena žival; 2. *n* razumsko, razumno bitje; ~s *pl* = rational dress; ženske kratke hlače (namesto krila)
rationale [ræšəná:li] *n* (osnovni, temeljni) princip, načelo; logična osnova ali temelj
rationalism [ræšənəlizəm] *n phil & theol* racionalizem, razumstvo
rationalist [ræšənəlist] 1. *n* racionalist, razumar; 2. *a* racionalističen, razumski
rationalistic(al) [ræšənəlístik(əl)] *a* (~ally *adv*) razumski, racionalističen
rationality [ræšənǽliti] *n* racionalnost, razumnost, umnost; razumna, pametna miselnost, racionalizem
rationalization [ræšənəlaizéišən] *n* racionaliziranje; *math* preračunanje v racionalno obliko
rationalize [ræšənəlaiz] *vt & vi* racionalizirati (kaj); napraviti (kaj) razumno, pametno; razumsko misliti; racionalno (umno, pametno, gospodarno) urediti (delati, ravnati, misliti); (industrijo) gospodarno urediti, poenostaviti, reorganizirati, racionalizirati; *math* preračunati v racionalno enačbo; to ~ away odkloniti kot protirazumno, nerazumno, nespametno (*all miracles* vse čudeže)
rationalizer [ræšənəlaizə] *n* racionalizator
rationing [ræšəniŋ] *n* racioniranje (živil)
rato [réitou] *n aer* start rakete (iz rocket-assisted take-off)
ratoon [rætú:n] 1. *n* poganjek, mladika (sladkornega trsta); 2. *vi* pognati mladike (zlasti o sladkornem trstu)
rat poison [rætpɔizən] *n* podganji strup
rat race [rætreis] *n aer* letenje letala za letalom; *sl* peklenski lov, divja plav

ratlin(e) [rætlin] *n naut* konopec
rat mole [rætmoul] *n* glej mole rat
ratsbane [rætsbein] *n* strup za podgane
rattail [rætteil] *n* podganji rep; konj z redkim repom
rat-tailed [rætteild] *a* ki ima rep kot podgana; ~ radish repata redkev
rattan, ratan [rətæn] *n bot* španski trst, trstovec; palica iz tega trsta; (= ~ palm) *bot* vrsta palme, ki daje temno rdečo, kot barvilo uporabljano smolo
rat-tat [rættæt] 1. *n* trk trk; glasno trkanje; ropotanje, pokanje, ragljanje, rožljanje (orožja); 2. *vi* rožljati (o mitraljezu)
ratten [rætən] *vt* ovirati (delavce) v delu, preprečiti (delavcem) delo; ustaviti delo; *E* uničiti ali odstraniti orodje, stroje ipd., da se delodajalec prisili k ugoditvi zahtev delavskega sindikata; *vi* sabotirati delo, delati sabotažo
rattener [rætənə] *n* (zlasti *E*) saboter
rattening [rætəniŋ] *n* (zlasti *E*) sabotaža (z uničenjem orodja, strojev za delo)
ratter [rætə] *n* lovec na podgane (tudi pes); *sl* (politični) uskok, odpadnik, dezerter, renegat
rattish [rætiš] *a* podganji, poln podgan
rattle I [rætl] *n* ropotulja, raglja, klopotec, klepetec; ragljanje, rožljanje, žvenket(anje), šklepetanje; drdranje, hrup, hrušč, glasno veselje; brbljač, žlobudravec; prazno govoričenje, čenčanje; hropenje; *bot* škrobotec; petelinova roža (greben); death-~ hropenje umirajočega; I am tired of their incessant ~ sit sem njihovega govoričenja, brbljanja
rattle II [rætl] *vt* (za)rožljati, (za)ropotati (s čim); hitro govoriti (deklamirati, recitirati); *sl* prestrašiti, vznemiriti, razburiti, zmesti; *hunt* goniti, biti za petami (divjačini); *vi* rožljati, žvenketati, ropotati, drdrati; klopotati, škripati, prasketati, pokati; spotakniti se, spodrsniti (*over* nad, čez, ob); hropsti, hripati; blebetati, brbljati; ~d *sl* zmeden, zbegan; popolnoma pijan; to ~ at the door potrkati na vrata; to ~ a chain, the sabre (za)rožljati z verigo, s sabljo; *parl* to ~ the bill through the House hitro izglasovati zakonski osnutek v parlamentu; the car ~d through the streets avto je drdral skozi ulice; the windows ~d in their frames okna so (za)žvenketala v svojih okvirih; don't get ~d over it ne razburjajte, ne plašite se zaradi tega!
rattle about *vt* dol vreči, zagnati
rattle away (along, on) *vi* živahno govoriti, brbljati; she rattled away for an hour célo uro je brbljala
rattle down *vi* pasti z ropotom, s hrupom; hitro in z ropotom voziti, jahati ali teči
rattle off *vt* oddrdrati, odlajnati, nespretno odigrati glasbeno delo; *vi* hitro oditi, oddirjati, odhiteti
rattle out *vt* hitro izgovoriti (prisego, verze itd.), izdrdrati
rattle through *vt* opraviti, končati kaj na hitro roko
rattle up *vt* stresti, prebuditi koga; spraviti (koga) v dobro voljo; spoditi, izgnati, pregnati (divjačino); *naut* hitro dvigniti sidro

rattle III [rætl] *vt* (često **up**) *naut* opremiti s konopci, ki rabijo za privezanje, zvezanje močnih ladijskih vrvi

rattle-bag [rætlbæg] *n* ropotulja, ropotalo, raglja

rattle-box [rætlbɔks] *n* glej **rattle-bag**

rattle-brain [rætlbrein] *n* puhloglavec, votla buča, vetrnjak, vihravec, brbljač

rattlebrained [rætlbreind] *a* puhloglav; vetrnjaški, nestalen, nestanoviten; brbljav, hrupen; nepremišljen

rattle-head [rætlhed] *n arch* puhloglavec, vetrnjak; brbljač

rattleheaded [rætlhedid] *a arch* puhloglav, nestalen, vetrnjaški; brbljav, hrupen; nepremišljen

rattle-pate [rætlpeit] *n* puhloglavec, vetrnjak, vihravec; brbljač

rattle-pated [rætlpeitid] *a* hrupen, brbljav; nestanoviten, nestalen, vetrnjaški; nepremišljen

rattler [rætlə] *n* hrupna oseba ali stvar; brbljač, klepetulja; *sl* ropotajoč voz (bicikel, vlak); *sl* izvrsten primerek česa, nekaj izrednega; močan udarec ali padec; kletvica; *fam* čeden mladenič, fant od fare; *A zool* (kača) klopotača

rattlesnake [rætlsneik] *n zool* (kača) klopotača

rattletrap [rætltræp] **1.** *n* (o vozilih) star, majav voz (kočija), ropotalo, star avto; *coll* klepetulja; *sl* usta; ~ s *pl* cenen okras, brezpomembne drobnarije, navlaka, stara šara, ropotija; **2.** *a* ropotajoč, klopotajoč, škripajoč, rožljajoč; majav

rattling I [rætliŋ] **1.** *n* žvenket(anje), rožljanje, ragljanje, drdranje; klepetanje; graja; ~ **in the throat** hropenje; **2.** *a* rožljajoč, drdrajoč, žvenketajoč, klopotajoč; *coll* hiter, živ, živahen; oster; odličen, izvrsten, izreden, famozen; **a ~ good dinner (wine)** izvrstna večerja (vino); **a ~ good car** odličen avto; **at a ~ pace** v zelo hitrem tempu; **a ~ wind** oster veter; **3.** *adv* silno; nenavadno, čudovito

rattling II [rætliŋ] glej **ratline**

rattly [rætli] *a* drdrajoč, rožljajoč, klopotajoč; majav, klecav

ratton [rætn] *n Scot & dial* podgana

rattoon [rætú:n] glej **ratoon**

rat-trap [rættræp] *n* past za podgane; *fig* past; ~ **pedal** *tech* zobčasti pedal (pri biciklu)

ratty [ræti] *a* podoben podgani; okužen s podganami, poln podgan; *sl* razburjen, vznemirjen, razdražljiv, hud, jezen, srdit (*about* zaradi); beden, v žalostnem stanju

raucity [rɔ́:siti] *n* hripavost (glasu)

raucous [rɔ́:kəs] *a* (~ **ly** *adv*) hripav

raucousness [rɔ́:kəsnis] *n* hripavost

raught [rɔ:t] *Sc & dial pt & pp* od **to reach**

raughty [rɔ́:ti] *a* glej **rorty** *sl* vesel, veder

rauque [rɔ:k] *a E* (redko) hripav

ravage I [rævidž] *n* (o)pustošenje, razdejanje, uniče(va)nje; ~ s *pl* razdiralno delovanje, uničujoče učinkovanje (učinki) (*of pestilence* kuge); **the ~ s of time** zob časa; **to make ~ of** opustošiti, razdejati, podreti; uničiti; pogubiti

ravage II [rævidž] *vt* (o)pustošiti, razdejati, uničiti, pogubiti; *fig* spriditi; **a face ~ d by grief** od žalosti razbrazdan obraz; *vi* pustošiti (*among* med) (tudi *fig*)

ravager [rævidžə] *n* rušitelj, razdiralec, opustoševalec, uničevalec

rave I [réiv] *n* lojtrnica, vozna lestvica, stranske bočne deske pri vozu ali vagonu; ~ s *pl* okvir, ki se stavi na voz za povečanje nosilnosti

rave II [réiv] **1.** *n* besnenje, divjanje, razsajanje, bes; bučanje, hrumenje, tuljenje; *fig* vihar, nevihta, tuljenje vetra, burja; *sl* zagledanost (v), zanesenost, zatelebanost; pretirana hvala, hvalisanje; **2.** *a* zanesenjaški; **3.** *vi* blesti, fantazirati, sanjariti; (o viharju, morju) besneti, divjati; razsajati, rohneti; biti nor (*about* na), biti, postati zavzet nad; (ves) zamaknjen govoriti (*about* o); *vt* v deliriju, v blaznosti izreči, iztresti (iz sebe); **raving mad** čisto nor, pobesnel; **to ~ oneself hoarse** nakričati se do hripavosti; **to ~ oneself out** (o vetru) izdivjati, izbesneti se; **to ~ s.o. out of the house** s kričanjem izgnati koga iz hiše

ravel [rævəl] **1.** *n* zamotavanje, zamotanost, zapletenost, zapletanje; vozel, komplikacija; (odtrgana, izcefrana, izpuljena) nit (vlakno); **2.** *vt & vi* zaplesti (se), zamotati (se), zamešati (se), zavozlati (se); (*out*) razplesti (se), razmotati (se), razparati (se); (*out*) vleči vlakna ali niti iz tkanine, izpukati (se), izcefrati (se); *fig* razvozlati (se), razjasniti (se)

ravelin [rævlin] *n* (o utrdbi) sprednji okop, okop v obliki polmeseca

ravelling [rævliŋ] *n* resica

raven I [réivən] **1.** *n zool* krokar; **2.** *a* črn kot krokar; ~ **locks** kot krokar črni kodri (las)

raven II [rævən] **1.** *vi* ropati, pleniti, grabiti, iskati plen; požrešno jesti, požreševati, goltati; biti lačen ali žejen (*for* česa), biti pohlepen; hlepeti, koprneti, hrepeneti po čem; *vt* pogoltniti, požreti (*& fig*); **to ~ for blood** žejati po krvi; **to ~ after prey** iti na iskanje plena, za plenom; **2.** *n* rop(anje), plenjenje; plen

ravening [rævniŋ] (zlasti *poet*) **1.** *n* ropaželjnost, pohlep po plenu; **2.** *a* ropa željen, pohlepen plena

ravenous [rævənəs] *a* izstradan, sestradan, lačen kot volk; pohlepen (*for* česa); požrešen ~ **eagerness** silna gorečnost, vnema; ~ **hunger** volčja lakota; **I am ~** umiram od gladu, lačen sem kot volk

ravenousness [rævənəsnis] *n* ropaželjnost, pohlep po plenu; požrešnost; volčja lakota

raver [réivə] *n* besnež, besnjak

ravin [rævin] *n poet* rop(anje), kraja, grabež, plen; **beast of ~** roparska, grabežljiva zver

ravine [rəví:n] *n* (o gorska) globel, grapa, globoka soteska; ~ **deer** *zool* štirirogata antilopa

ravined [rəví:nd] *a* grapast, razrit

raving [réiviŋ] **1.** *n* blodnje, delirij, fantaziranje; besnost, pobesnelost; **2.** *a* ki je v deliriju, se mu blede; besnèč, pobesnel; *sl* nenavaden, fantastičen, izvrsten, odličen; ~ **madness** steklina; **a ~ beauty** nenavadna lepota, lepotica; **a ~ good car** fantastičen, »prima« avto

ravioli [ra:vióuli:] *n pl* ravioli (s sesekljanim mesom polnjene testenine, vrsta žlikrofov)

ravish [ræviš] *vt* ugrabiti, s silo vzeti, silo narediti, posiliti, oskruniti, onečastiti, osramotiti, spraviti v sramoto (žensko); *fig* odtrgati, utrgati, odnesti; navdušiti, prevzeti, očarati; **the mist ~ ed them from our eyes** megla nam jih je vzela iz oči

ravisher [rǽvišə] n ugrabitelj; skrunilec
ravishing [rǽvišiŋ] a (~ly adv) očarljiv, ki (človeka) prevzame; arch grabežljiv
ravishment [rǽvišmənt] n ugrabitev; oskrunitev, posilstvo, onečaščenje; prevzetost, navdušenje, zanos, ekstaza; arch rop
raw I [rɔ:] a (~ly adv) surov, presen, nekuhan, premalo kuhan; (o zemlji) neobdelan; nepredelan; grob; nepobarvan; čist, nerazredčen, nepomešan (o alkoholu); nezvaljan (o suknu); nestrojen; nepreden (o volni); (o rani) odrt, krvav, odprt, vnet (with od), boleč, občutljiv; (o klimi, vremenu) oster, mrzel in vlažen; fig neizkušen, nezrel, začetniški, nov, nevešč, neizvežban (in, at v); ~ brick nežgana opeka; ~ cream smetana iz nekuhanega mleka; ~ deal surovo, brutalno, kruto in krivično ravnanje; ~material econ surovina; ~ oil surovo olje; ~ recruits začetniški, neizkušeni, neizurjeni rekruti; ~ silk surova svila; a ~ workman delavec začetnik; ~ head and bloody bones strašilo za otroke, bavbav, volkodlak; mrtvaška lobanja s prekrižanima golenicama; a ~ head and bloody bones story grozljiva, pošastna zgodba
raw II [rɔ:] n živa, odprta rana, odprtina; boleče, občutljivo mesto; com surovina; ~s pl surov sladkor; in the ~ v naravnem stanju, nekultiviran; gol; to touch s.o. on the ~ fig zadeti koga v živo, boleče (občutljivo, ranljivo) mesto
raw III [rɔ:] vt odreti, do krvi ožuliti; zadeti v živo
raw-boned [rɔ́:bound] a suh, mršav, koščen; ~ deal coll krivično ravnanje; ~ person živ okostnjak; he got a ~ deal grdó, krivično so ravnali z njim
rawhide [rɔ́:haid] 1. a narejen iz neustrojene kože; 2. n surova, neustrojena koža; jahalni bič (iz neustrojene kože); 3. vt A coll bičati, priganjati (z bičem)
rawish [rɔ́:iš] a nekoliko surov (o mesu); precéj hladen in vlažen (o vremenu)
raw material [rɔ́: mətíəriəl] n econ surovina
rawness [rɔ́:nis] n surovost; fig ranjenost, občutljivost; neizkušenost, neveščina
rax [ræks] vt Sc & dial zlekniti (se), iztegniti (se)
ray I [réi] n žarek (& fig); sled, trohica, mrvica; (redko) polmer; sheaf of ~s snop žarkov; a ~ of hope žarek upanja; not a ~ of truth niti mrvice resnice; the X-rays rentgenski žarki; ~ treatment obsevanje; to treat with X-rays rentgenizirati
ray II [réi] vi & vt žareti, sijati, svetiti, metati žarke (svetlobe), izžarevati (off, out), žarčiti; obsevati (& med), osvetliti z žarki; med coll rentgenizirati; to ~ out (forth) izžarevati
ray III [réi] n raža (morska riba); cramp ~ električni skat
rayed [réid] a ki ima obliko žarka, žarkast
ray filter [réifiltə] n photo barvni filter
rayless [réilis] a ki je brez žarkov; nerazsvetljen, mračen, temen
raylet [réilit] n majhen, droben žarek; žarkec
rayon [réiən] 1. n tech umetna svila; umetno vlakno (celulozni acetat); proizvod iz umetne svile; 2. a ki je iz umetne svile
raze, rase [réiz] vt izbrisati, zbrisati; razdejati, popolnoma uničiti; do tal porušiti, zravnati z zem-

ljo, razirati; odrgniti, lahno raniti; to ~ to the ground zravnati z zemljo; to ~ s.th. from remembrance izbrisati kaj iz spomina; to ~ out izbrisati (iz spomina)
razee [reizí:] 1. n naut (od topniškega sovražnega ognja) za eno palubo zmanjšana ladja; 2. vt naut hist (ladjo) zmanjšati za (odbiti ladji) eno palubo (z obstreljevanjem); fig pristriči, skrajšati
razon bomb [réizənbom] n aer mil vrsta na daljavo vódene bombe
razor [réizə] 1. n britev; oster rob; A čekan divje svinje; as sharp as a ~ oster kot britev; ~ blade klina britve; electric ~ električni brivnik; safety ~ brivski aparat; žilet(ka); to be on the ~'s edge fig biti v nesigurnem, nevarnem, kritičnem položaju; to cut blocks with a ~ nekaj delati z nezadostnim, neustreznim orodjem (sredstvi); to grind, to set a ~ nabrusiti britev; 2. a ostrorob, ki ima oster greben; 3. vt briti z britvijo; to ~ down odbriti, odrezati; fig zmanjšati
razor-back [réizəbæk] n zool vrsta kita; (pol)divja svinja z grebenastim hrbtom (znana v južnih državah ZDA)
razorbacked [réizəbækt] a ki ima oster greben
razor-bill [réizəbil] n zool mala njorka
razor-clam [réizəklæm] n zool vrsta školjke
razor edge [réizəédž] n oster rob, oster greben; oster gorski greben; ostra črta, ki deli; fig kritičen položaj; to be on a ~ biti v zelo nevarnem, v kritičnem položaju
razor-grinder [réizəgráində] n brusač britev
razor-shell [réizəšel] n zool vrsta školjke
razor-strop [réizəstrop] n jermen za brušenje britve
razz [ræz] 1. n A sl posmeh(ovanje), roganje, zasmehovanje, draženje, nagajanje, zafrkavanje; 2. vt A sl zasmehovati, zafrkavati, (pre)varati, prelisičiti, ogoljufati
razzamatazz [ræzəmətǽz] n coll razburjenje, hrušč, dirindaj
razzia [rǽziə] n (roparski) vpad, nepričakovan napad, ropanje; racija (on na)
razzle-dazzle [rǽzldæzl] n sl rabuka, razburjenje, direndaj; pijančevanje, krok(arija), nočno popivanje; vrtiljak z valovitim gibanjem; ropotulja, raglja; to go on the ~ iti na krokanje
razzoo [ræzú:] n A sl zasramovanje, roganje
R-boat [á:bóut] n naut mil (nemški) minolovec
re I [ri:] n mus drugi ton oktave; nota D C-dur skale
re II [ri:] prep Lat v zadevi, v stvari; v pogledu, glede, kar zadeva, kar se tiče; ~ Peter X. v zadevi Petra X.; ~ disarmament kar se tiče razorožitve
re- [ri:] pref zopet, ponovno; [ri] nazaj; reprint ponoven tisk, ponatis
're [ə] coll = are; you're = you are
reabsorb [ri:əbsɔ́:b] vt zopet (ponovno) absorbirati (vsrkati, vpijati); zopet sprejeti (into v)
reabsorption [ri:əbsɔ́:pšən] n resorpcija
reaccuse [ri:əkjú:z] vt zopet obtožiti
reach I [ri:č] n doseg, sežaj, seganje; razsežnost, prostornost, širina, dolžina, daljina; raven, pregleden del reke med dvema zavojema; del prekopa med dvema zatvornicama; proizvodna, ustvarjalna sposobnost, proizvodnost; sfera vpliva; polje, obseg (moči, sposobnosti); naut

dolžina vrvi, s katero je privezan ogel jadra; *arch* morski rokav, zaliv; **out of** ~, **beyond** ~ nedosegljiv, zunaj dosega; nedoumljiv; **a long** ~ **of cultivated land** obsežen kos obdelane zemlje; **a** ~ **of woodland** razsežno gozdno področje; **to be within (easy)** ~ biti dosegljiv, biti blizu, v bližini; **is not within my** ~ to ni v moji moči, presega moje moči; **this is above the** ~ **of human mind** človeški duh ne sega tako visoko; **to have a wide** ~ daleč segati, se razprostirati

reach II [ri:č] **1.** *vt* iztegniti (*forth, out*), izprožiti (roko); stegniti, razširiti; podati (komu kaj); postreči (komu s čim); odvzeti (*from* komu ali čemu); dospeti kam, priti do, segati do, seči; priti do zaključka, razumeti, doumeti, pogruntati, dojeti; imeti vpliv, vplivati, pustiti vtis (na koga); doseči, zadeti, pogoditi (kaj); doživeti, dočakati (starost, dobo, novo izdajo); **to** ~ **a great age** doživeti visoko starost; **to** ~ **a blow** prisoliti (komu) zaušnico; **this book** ~**ed its 10th edition** ta knjiga je doživela 10. izdajo; ~ **me that book, will you?** podaj mi ono knjigo, prosim!; **to** ~ **the ceiling** segati do stropa; **the boat** ~ **ed the shore** čoln je prispel do brega; **to** ~ **a conclusion** priti do (nekega) zaključka; **the cost** ~ **ed 1000 dollars** stroški so znesli 1000 dolarjev; **he** ~ **ed down his hat** snel je klobuk s kljuke; **to** ~ **forth one's hand** iztegniti (izprožiti, podati) roko; **my land** ~ **es the hills** moja zemlja sega do brd; **my letter** ~ **ed him in time** moje pismo mu je pravočasno prišlo v roke; **to** ~ **perfection** doseči popolnost; **to** ~ **an understanding** doseči sporazum; **the water** ~ **ed my knees** voda mi je segla do kolen; **2.** *vi* seči, poseči (*after, at, for* po); raztezati se (*to* k, do), prožiti se; priti (*to* do), (do)segati; nagniti se (*forward* naprej, *toward* k, proti); *fig* težiti k čemu, iti (*at, after* (za čem), napenjati se; prodreti (*into* v), dojeti, doumeti, razumeti; **as far as the eye can** ~ kakor daleč lahko seže oko; **the coat** ~ **es to the knees** plašč sega do kolen; **to** ~ **back to the time of Napoleon** segati nazaj v Napoleonove čase; **his boots** ~ **up to the knees** škornji mu segajo do kolen; **the country** ~ **es from the sea to the mountains** dežela sega, se razprostira od morja do gorá; **he** ~ **ed for a weapon** segel je po orožju

reachable [rí:čəbl] *a* dosegljiv; doumljiv
reachless [rí:člis] *a* nedosegljiv
reach-me-down [rí:čmidaun] **1.** *a sl* (o obleki, oblačilih) konfekcijski; *fig* cenen; **2.** *n* (večinoma *pl*) *sl* konfekcijska obleka
react [riækt] *vi* reagirati, vplivati, delovati nasprotno ali nazaj; odgovoriti, reagirati (na); delovati, vplivati vzajemno (*upon each other* drugo na drugo); upirati se (*against*); *chem* reagirati, delovati (*on, upon* na); *mil* napraviti protinapad, protiofenzivo; vznemiriti se, razdražiti se, razburiti se; **how did she** ~ **when she heard the news?** kako je reagirala (se zadržala), ko je slišala novico?; **the plant** ~ **s favourably to transplantation** rastlina ugodno reagira na presaditev
re-act [rí:ækt] *vt* še enkrat igrati (npr. prizor)
reaction [riækšən] *n* nasproten pritisk, odpor, nasprotno delovanje (*against* proti), reakcija, reagiranje (*to* na); *mil* protisunek, protinapad, pro-

tiudarec; *chem* reakcija, delovanje (*on* na); *el* nasprotno delovanje; težnja, tendenca za povratno, retrogradno delovanje, nazadovanje, retrogradni vpliv; odziv organizma na določen dražljaj; *fig* obrat, nagla sprememba, preokret; *pol* reakcija, nazadnjaštvo, odpor in nasprotovanje družbenemu napredku, težnja po obnovitvi starih, preživelih oblik; ~ **in prices** nazadovanje cen; **principle of action and** ~ princip akcije in reakcije; **what was her** ~ **to this news?** kako je reagirala (se zadržala) ob tej novici?
reactionary [riækšənəri] **1.** *a* nasprotno ali nazaj delujoč; *pol* reakcionaren, nazadnjaški; **2.** *n pol* nazadnjak, reakcionar; *pl pol* reakcionarji, reakcija
reactionist [riækšənist] **1.** *n pol* nazadnjak, reakcionar; **2.** *a* nazadnjaški, reakcionaren
reactivate [riæktiveit] *vt* reaktivirati, zopet aktivirati, napraviti zopet aktivno
reactive [riæktiv] (~ **ly** *adv*) nasprotno ali nazaj delujoč, reaktiven; zmožen za kemične reakcije; občutljiv (*to* za), ki reagira (*to* na); *pol* reakcionaren; ~ **current** *el* jalov tok
reactivity [riæktíviti] *n* ponovno delovanje, reaktivnost; sposobnost, moč reakcije ali reagiranja
reactor [riæktə] *n phys* reaktor; oseba, ki reagira; *chem* reakcijska posoda
read I [ri:d] *n* branje, čitanje; čas (oddih, pavza) za branje; **I can't have a quiet** ~ ne morem priti do mirnega branja; **to have a short** ~ imeti kratko pavzo za branje; **to take a** ~ (malo) brati, čitati
read* II [ri:d] **1.** *vt* brati, čitati, razbrati; prebrati, prečitati (*off, through*); (raz)rešiti, reševati (uganke); preučiti (*up*); razlagati, tolmačiti, pojasnjevati; predavati, učiti (s čitanjem), seznaniti koga s pisateljevimi mislimi; napoved(ov)ati, prerokovati; zvedeti, doznati (iz časopisa); študirati; uspavati koga z branjem (*into, to sleep*); (o toplomeru) (po)kazati, (za)beležiti; **to** ~ **s.th. to s.o.** čitati komu kaj; **to** ~ **to oneself** čitati zase (skrivaj); **to** ~ **s.o. like a book** *fig* točno koga spregledati (spoznati, razumeti); **to** ~ **a dream** razlagati sanje; **to** ~ **s.o.'s face** brati komu na obrazu; **to** ~ **s.o.'s fortune** prerokovati komu prihodnost; **to** ~ **law** študirati pravo; **with whom do you** ~ **Greek?** pri kom študirate grščino?; ~ **the letter to yourself** preberite si pismo; **he had read himself asleep** zaspal je bil pri branju; **to** ~ **music** brati note, igrati po notah; **to** ~ **a manuscript** oceniti, recenzirati rokopis; **to** ~ **s.o. a lesson** ošteti koga, brati komu levite; **do you** ~ **me?** me razumeš?; **how do you** ~ **this passage?** kako razumete ta odstavek?; **to** ~ **oneself blind (to sleep)** oslepeti (zaspati) od branja; **to** ~ **the riot act** dati zadnje svarilo o posledicah slabega vedenja (npr. pri izgredih, demonstracijah pred vojaškim posegom); **to** ~ **s.th. into a text** hoteti brati v besedilu nekaj, česar v njem ni; *parl* **the bill will be read tomorrow for the second time** zakonski osnutek bo jutri drugič v razpravi; **she likes being read to** ona ima rada, da ji kaj berejo; **the thermometer** ~ **s 30°C in the shade** termometer kaže 30°C v senci; **2.** *vi* brati, čitati; dati se brati; glasiti se; zvedeti z branjem, brati

(*about*, *of* o); študirati, učiti se, pripravljati se, pripraviti se za izpit (*for* za); **he is** ~**ing for the bar** študira za advokaturo; **to** ~ **between the lines** brati med vrsticami; **to** ~ **for an examination** študirati za izpit; **to** ~ **for a degree** pripravljati se za diplomski izpit; **to** ~ **for honours** pripravljati se za rigoroz; **the book** ~**s well** knjiga se dobro bere; **his silence is to** ~ **as consent** njegov molk je treba razumeti kot privolitev; **this ticket** ~**s for Leeds** ta vozovnica velja za Leeds; **it** ~**s like a novel** to se bere kot roman; **it** ~**s as follows** (to) se glasi takole
read off *vt* odčitati
read out *vt* (pre)brati, (pre)čitati (do konca); *fig* izključiti; **he was read out of the party** bil je izključen iz stranke
read over (through) *vt* prebrati, preleteti
read up *vi* študirati
read III [red] 1. *pt & pp* od **to read**; 2. *a* bran, čitan; načitan (*in* v); **the most** ~ **book** najbolj brana knjiga; **a well-**~ **man** načitan, izobražen človek; **to be deeply (slightly)** ~ **in history** temeljito (površno) poznati zgodovino
readability [ri:dəbíliti] *n* čitljivost
readable [rí:dəbl] *a* (**readably** *adv*) čitljiv, ki se da čitati, je vreden branja
readableness [rí:dəbəlnis] *n* čitljivost
re-address [rí:ədrés] *vt* ponovno (na novo) nasloviti, adresirati (pismo); spremeniti naslov, prenasloviti; **to** ~ **oneself to s.o.** ponovno se obrniti na koga
reader [rí:də] *n* bralec, -lka, čitatelj, -ica; ljubitelj knjige; oseba, ki rada bere, ljubi branje; vseučiliški predavatelj, (starejši) docent, izredni profesor; *print* korektor, lektor; bralec in ocenjevalec predloženih rokopisov (pri založbi); (dober) recitator ali oseba, ki lepo bere; čitanka, abecednik
readership [rí:dəšip] *n* izredna profesura, docentura, predavateljstvo; lektorstvo, lektorat; položaj docenta in njegova znanstvena disciplina; bralstvo, bralni krožek; **a** ~ **of 5 million** 5 milijonov bralcev
readily [rédili] *adv* rade volje, rad, voljno, pripravljeno; takoj, brez oklevanja; z lahkoto, brez težav; hitro, promptno, brez nadaljnjega; **my remarks were** ~ **understood** moje pripombe so z lahkoto razumeli
readiness [rédinis] *n* pripravljenost, voljnost, prizadevnost; okretnost, spretnost, veščina; lahkota; hitrost, točnost, promptnost; **in** ~ v pripravljenosti; ~ **of mind, of wit** prisebnost, dar dojemanja; ~ **of speech** dar govora, zgovornost; ~ **in paying** točnost v plačevanju; ~ **to help others** pripravljenost za pomoč drugim; ~ **for war** pripravljenost za vojno; **to keep in** ~ držati v pripravljenosti
reading [rí:diŋ] 1. *n* branje, čitanje; pregledovanje; čtivo, lektira; način branja; načitanost; predavanje; recitiranje; dobeseden tekst; tolmačenje, interpretacija, razlaga, pojasnilo; korektura; razumevanje, dojemanje, doumevanje (*of* česa); odčitek; stanje (barometra); **various** ~ varianta; **a man of vast (extensive)** ~ zelo načitan človek; **this book is poor** ~ ta knjiga se slabo bere, ni zanimiva; **this passage offers several** ~**s** to mesto

se lahko razlaga (razume) na več načinov; **I took a** ~ **from the barometer** odčital sem stanje barometra; **2.** *a* ki (mnogo, rad) bere ali študira; bralen, za branje; **he is a** ~ **man** E on mnogo bere (študira); ~ **machine** bralna naprava (aparat) (za čitanje mikrokopij)
reading-book [rí:diŋbuk] *n* čitanka, berilo
reading-desk [rí:diŋdesk] *n* pult za branje
reading-glass [rí:diŋgla:s] *n* povečevalno steklo za branje
reading-lamp [rí:diŋlæmp] *n* namizna svetilka (za branje)
reading-lens [rí:diŋlens] *n* glej **reading-glass**
reading-room [rí:diŋrum] *n* čitalnica
readjourn [rí:ədžź:n] *vt* ponovno odgoditi, preložiti (zborovanje, skupščino itd.)
readjournement [rí:ədžź:nəmənt] *n* ponovna odgoditev (odložitev)
readjust [rí:ədžʌst] *vt* ponovno, zopet urediti; spraviti zopet v red; readaptirati
readjustment [rí:ədžʌstmənt] *n* ponovna ureditev, nova ureditev; izboljšanje
readmission [rí:ədmíšən] *n* ponovna pripustitev (*to* k)
readmit [rí:ədmít] *vt* ponovno (zopet) pripustiti (*to* k)
readmittance [rí:ədmítəns] *n* glej **readmission**
ready I [rédi] *a* pripravljen, gotov; hiter, brz; spreten, vešč, okreten, sposoben (*at*, *in* v, pri); voljan, rad; nagnjen (k); neposreden, bližnji, ki je na dosegu, pri roki, primeren; udoben, lahek, preprost; kratek, direkten (način, pot); *com* uporaben; otipljiv, prijemljiv, čist; *arch* takojšen (o plačilu); ~ **capital** obratni kapital; **a** ~ **consent** hitra, takojšnja privolitev; ~ **for death** pripravljen na smrt; ~ **for sea** pripravljen za odhod na morje, za izplutje; ~ **for take-off** pripravljen za vzlet; **a** ~ **pen** *fig* spreten pisec; **a** ~ **reply** hiter, odrezav odgovor; ~ **source** pripravljene (izdatne) zaloge; **a** ~ **speaker** spreten govornik; ~ **to suspect** nagnjen k sumničenju; **a** ~ **workman** spreten, okreten delavec; **a** ~ **writer** pisatelj, ki hitro ustvarja; **dinner is** ~ večerja je pripravljena (servirana); **the readiest way** najpreprostejši, najlažji način (*to pay one's debts* plačevanja dolgov); **tickets** ~! pripravite vozovnice, prosim!; **I am** ~ **to go** pripravljen sem za odhod, da grem; **you are too** ~ **to criticize others** ti kar prehitro kritiziraš druge; **he is not clever, but he is** ~ on ni bister, a kaže dobro voljo; **he is** ~ **with excuses** on ima hitro izgovore pri roki; **he is** ~ **to get angry** on hitro vzkipi, se razjezi; **he was** ~ **to faint** skoraj onesvestil se je; **I was** ~ **to drop with fatigue** komaj sem se držal na nogah od utrujenosti; **to find a** ~ **market (sale)** naleteti na dober odjem, dobro iti v prodajo; **English money finds** ~ **acceptance everywhere** angleški denar povsod radi sprejemajo; **to give a** ~ **consent** rad privoliti; **to have a** ~ **report** biti odrezav; **to get (to make)** ~ pripraviti (se); **he seized the readiest weapon** pograbil je prvo orožje, ki mu je prišlo v roke; ~, **steady, go!** *sp* pripravljeni, pozor, zdaj!
ready II [rédi] *adv* pripravljeno, gotovo; takoj, precej; lahko; vnaprej; ~ **built houses** izgotov-

ljene hiše; ~ **furnished** vnaprej opremljen s pohištvom; ~-**made clothes** konfekcijska obleka; ~ **packed** vnaprej pakiran

ready III [redi] *n* (večinoma the ~) *sl* razpoložljiv, gotov denar; gotovina; *mil* položaj puške, ki je pripravljena za streljanje; *mil* **at the** ~ pripravljen za strel(janje) (o puški)

ready IV [rédi] *vt* pripraviti; **to** ~ **oneself** pripraviti se

ready cash [rédi kæš] *n econ* gotovina, plačilo v gotovini

ready clothes [rédi klóuŏz] *n pl* konfekcijska oblačila, konfekcija

ready-made [rédimeid] *a* narejen; gotov, konfekcijski, tovarniški (obleke, čevlji ipd.)

ready-money [rédimáni] **1.** *n* gotovina, plačilo v gotovini; **2.** *a* gotovinski

ready reckoner [rédi rékənə] *n* računska tabela, računar

ready shop [rédišəp] *n* trgovina s konfekcijo, prodajalna konfekcije

ready-to-wear [réditəwéə] *a* gotov, izdelan, konfekcijski (obleka itd.)

ready room [rédirum] *n aer* soba, v kateri se leteče osebje pripravlja za vzlete

ready wit [rédiwit] *n* odrezavost; hitra dojemljivost

ready-witted [rédiwítid] *a* odrezav, ostroumen, domiseln, prebrisan, premeten

reaffirm [rí:əfə́:m] *vt* zopet, ponovno trditi, zagotavljati

reaffirmance [rí:əfə́:məns] *n* glej **reaffirmation**

reaffirmation [rí:əfə:méišən] *n* ponovna trditev, zagotovitev

reafforest [rí:æfórist] *vt* zopet pogozditi

reafforestation [rí:æfɔristéišən] *n* ponovna pogozditev

reagency [riéidžənsi] *n* reagenca, retroaktivna sila ali delovanje (*against* proti)

reagent [riéidžənt] *n chem, phys* reagent; *fig* protisila, nasprotno delovanje ali učinkovanje; *psych* poskusna, testirana oseba

real [ríəl] **1.** *a* resničen, dejanski, stvaren, realen, neizmišljen, objektiven; *com* efektiven, razpoložljiv; pravi, čist, pristen, neponarejen, neumeten; naraven, živ, vzet (črpan) iz življenja; iskren; *jur* stvaren, osnoven, temeljni, nepremičninski; ~ **assets** *pl*, ~ **estate**, ~ **property** *jur* zemljiška posest, nepremičnine; ~ **feelings** iskrena čustva; ~ **money** kovani denar; **the** ~ **McCoy** original; **the** ~ **reason** pravi razlog; ~ **security** *jur* hipoteka; ~ **silk** čista svila; **taken from the** ~ **life** vzet iz resničnega življenja; **2.** *n* **the** ~ realnost, resničnost; **3.** *adv* (zlasti pred pridevniki) resnično, zares; (zlasti *A*) zelo, skrajno

realgar [riǽlga:] *n chem* realgar, arzenov disulfid

realignment [rí:əláinmənt] *n* nova usmerjenost ali orientacija, preusmerjenost, preorientacija

realism [rí:əlizəm] *n* realizem, stvarnost; (v umetnosti) realistično prikazovanje; smisel za realnost, za stvarnost, za dejstva, za resničnost

realist [rí:əlist] **1.** *n* realist; **2.** *a* stvaren, resničen, realističen, (o opisu) veren

realistic [riəlístik] *a* (~ **ally** *adv*) realističen, stvaren, resničen; (o opisu) veren

reality [riǽliti] *n* realnost, stvarnost, resničnost; bistvo, bitnost; vernost (opisa), naravno prikazovanje; dejstvo, fakt, resnica, prava narava (*of* česa); **in** ~ v resnici, dejansko, (za)res; **the** ~ prava, resnična narava, stvarnost; **to make one's dream a** ~ uresničiti svoj sen

realizable [rí:əlaizəbl] *a* uresničljiv, izvedljiv; pojmljiv; ki se more izkoristiti ali koristno uporabiti; *econ* vnovčljiv, ki se more vnovčiti, ki more doseči ceno ali vrednost

realization [ri:əlaizéišən] *n* uresničitev, uresničenje, ostvaritev, izpolnitev, izvršitev, izvedba, realizacija; *com* izkoriščanje, prodaja, vnovčenje, izravnanje, likvidacija (*računa*); (živo) predstavljanje, prikazovanje, razlaganje, gledanje; spoznavanje, uvidevanje; dobitek; ~ **account** likvidacijski konto

realize [rí:əlaiz] *vt* uresničiti, realizirati, ostvariti, izvršiti, izvesti, izpolniti; zavedati se, jasno spoznati, uvideti, pojmiti, živo si predstavljati, predočiti si; *com* vnovčiti, doseči ceno (vsoto, vrednost); prodati (kaj); podedovati, dobiti (imetje); **to** ~ **assets** vnovčiti imetje; **to** ~ **large profits** doseči velike dobičke; **to** ~ **a project** izvesti načrt; **I now** ~ sedaj mi je jasno; **do you** ~ **your position (the danger)?** se zavedate svojega položaja (nevarnosti)?; **he could** ~ **the scene** živo si je lahko predstavljal prizor; **my fears were** ~**d** moje bojazni so se uresničile; **the goods** ~**d 200 pounds** blago (roba) se je prodalo za 200 funtov

reallocate [ri:ǽləkeit] *vt* znova razdeliti ali dodeliti

reallocation [ri:æləkéišən] *n* nova delitev ali dodelitev

really [rí:əli] *adv* resnično, v resnici, dejansko, zares, objektivno; ~? res?; ~, **this is too much!** resnično, to je (pa) preveč!

realm [relm] *n* kraljestvo, kraljevina; domena, področje, oblast, sfera, polje; **the** ~ **of England** angleško kraljestvo; **the** ~ **of dreams** *fig* kraljestvo sanj; **Peer of the** ~ član Gornjega doma (Lordske zbornice); **in the** ~ **of (chemistry)** na področju (kemije)

realness [rí:əlnis] *n* glej **reality**

realtor [rí:əltə] *n A* posrednik, agent za prodajo nepremičnin

realty [rí:əlti] *n* (= **real estate**) nepremičnina, imetje v nepremičninah, zemljiška posest; *arch* lojalnost, zvestoba, poštenost

ream I [ri:m] *n* ris papirja (500 pol); *pl* velika količina ali množina **he wrote** ~**s and** ~**s of verse** napisal je na stotine stihov

ream II [ri:m] *vt tech* razširiti (luknjo), izvrtati (kovine, kaliber); *naut* razširiti odprtino ali šiv (med deskami itd.) zaradi zasmolitve ali zamašitve; **to** ~ **out** *fig* odstraniti (pomanjkljivost, napako)

ream III [ri:m] **1.** *n arch, dial* smetana (na mleku), pena (na pivu); **2.** *vi* peniti se; *vt* posneti peno, smetano

reamer [rí:mə] *n tech* oster vrtalnik za vrtanje ali širjenje lukenj

reanimate [ri:ǽnimeit] *vt* zopet oživiti, zopet vrniti v življenje; poživiti; *vi* zopet oživeti

reanimation [ri:æniméišən] *n* poživitev, poživljenje; zopetno oživljenje

reap [ri:p] *vt & vi* (po)žeti, dobiti ali pobrati sadove, pospraviti žetev; imeti koristi; *fig* (po)-žeti (slavo, hvalo itd.); **to ~ large profits** požeti, pobrati, dobiti velike dobičke; **to ~ the fruits of one's work** žeti sadove svojega dela; **to ~ experience** nabirati si skušenj; **to ~ one's reward** pobrati nagrado; **to ~ where one has not sown** *fig* imeti korist (dobiček) od tujega dela; **to sow the wind and ~ the whirlwind** sejati veter in žeti vihar, *fig* trpeti posledice svojega nespametnega početja; **one ~s as one sows** človek žanje, kar je sejal

reaper [rí:pə] *n* žanjec, -ica; *tech* žetveni stroj

reaping-hook [rí:piŋhuk] *n* srp

reaping-machine [rí:piŋməší:n] *n* žetveni (kosilni) stroj

reapparel [ri:əpǽrəl] *vt* zopet obleči

reappear [rí:əpíə] *vi* zopet, ponovno se pojaviti, se prikazati

reappearance [rí:əpíərəns] *n* ponovno pojavljanje; ponoven nastop ali prihod, vrnitev

reapplication [rí:æplikéišən] *n* ponovna uporaba (aplikacija); ponovna prošnja

reapply [ri:æplái] *vt & vi* zopet, ponovno (se) uporabiti, se aplicirati

reappoint [rí:əpóint] *vt* zopet nastaviti, imenovati, določiti (koga)

reappointment [rí:əpóintmənt] *n* ponovna nastavitev, imenovanje

rear I [ríə] **1.** *n* zadnji del, zadnja stran, ozadje; *coll* stranišče; *mil* zadnja straža, zadnja četa, zaščitnica; rep (kolone); **at (in) (the) ~ of** zadaj, izza; **at the ~ of the house** (zadaj) za hišo; **to attack the enemy in the ~** napasti sovražnika od zadaj; **to bring (to close) up the ~** *mil* biti za zaščitnico, biti na repu kolone; **to hang on s.o.'s ~** pritiskati od zadaj na koga, biti komu za petami; **to place (to put) in the ~** postaviti v ozadje; **2.** *a* zadajšnji, zadnji

rear II [ríə] *vt* dvigati, dvigniti, postaviti, graditi (zgradbe); rediti (živali); negovati, gojiti (rastline), vzgajati, vzgojiti, izobraziti (otroka); (o stvareh) odlikovati se, izkazati se; **to ~ oneself** vzpenjati se (o konju); *vi* (o stavbah) dvigati se; (o sebi) planiti kvišku, (po)skočiti v hudem razburjenju, vzkipeti; (o konju) vzpenjati se, postaviti se na zadnje noge; **to ~ cattle** rediti živino; **to ~ a cathedral** zgraditi katedralo; **to ~ a ladder** postaviti (pokoncu) lestev; **to ~ one's voice** dvigniti svoj glas

rear-admiral [ríəædmərəl] *n* kontraadmiral

rear-end [ríərend] *a* zadnji, najbolj zadajšnji; **a ~ collision** trčenje z zadnjim vagonom

rear-engined [ríréndžind] *a* ki ima motor na krmi

rearer [ríərə] *n* rejec, gojitelj; konj, ki se rad vzpenja

rear-guard [ríəga:d] *n mil* zadnja četa, (četa) zaščitnica

rear light [ríəlait] *n* zadnja, zadajšnja luč (pri vozilu)

rearm [rí:á:m] *vt & vi* zopet, ponovno (se) oborožiti; na novo, bolje (se) oborožiti, (se) oskrbeti z orožjem

rearmement [ri:á:məmənt] *n mil* ponovna oborožitev, oboroževanje; oborožitev z novim orožjem

rearmost [ríəmoust] *a* ki je popolnoma zadaj, najbolj zadaj(šnji)

rearouse [ri:əráuz] *vt* zopet zbuditi, zdramiti

rearrange [ri:əréindž] *vt* ponovno, zopet urediti, preurediti, spremeniti, predrugačiti (načrt)

rearrangement [ri:əréindžmənt] *n* ponovna ureditev, preureditev, sprememba, spremenitev, pretvorba

rear ship [ríəšip] *n naut* zadnja ladja (v vrsti ladij)

rear-view mirror [ríəvju:mírə] *n* zrcalo v avtu, ki omogoča vozniku, da vidi promet za seboj; retrovizor

rearward [ríəwəd] **1.** *n* zadnji del; *arch* zaščitnica, zadnja straža (četa); **in the ~** v ozadju; **in (to) the ~ of** izza; **2.** *a* zadajšnji, ki je zadaj, zadnji; nazaj usmerjen; **a ~ view** pogled nazaj; **3.** *adv* nazaj

reaward(s) [ríəwəd(z)] *adv* zadaj; nazaj

reascend [ri:əsénd] *vi & vt* zopet se dvigniti, vzleteti; zopet se povzpeti na

reascension [ri:əsénšən] *n* ponoven vzpon; ponoven vzlet

reason I [ri:zn] *n* razlog, vzrok, povod, motiv; argument, utemeljitev; um, razum, razumnost, razsodnost, uvidevnost, razumevanje, logika; *jur* pravica (za kaj); glavni razlog; kar je prav in pošteno, upravičenost, usmerjenost; *log* premisa nekega dokaza; sposobnost ustvarjanja zaključkov; sklepov na podlagi premis; **by ~ of** zaradi; **bereft of ~** blazen, nor; **for the ~ that** zaradi tega (iz razloga), ker; **for the same ~** iz istega razloga; **for that very ~** prav iz tega razloga; **in (all) ~** z (vso) pravico, kot je pravično, upravičeno, v mejah; **with (good) ~** upravičeno; **without rhyme or ~** *fig* brez glave in repa, nesmiseln, bedast; **woman's ~** ženska logika; **to bring s.o. to ~** spraviti koga k pameti, spametovati koga; **to complain with ~** upravičeno se pritoževati; **I will do anything in ~** napravil bom vse, kar se mi bo zdelo pametno; **to give, (to show) ~** dati povod; **to have ~** *arch* prav imeti; **you have good ~ to complain** čisto upravičeno se pritožujete; **to listen to ~,** to **hear · ~** dati se poučiti, prepričati, poslušati nasvet, priti k pameti; **to lose one's ~** izgubiti pamet; **he lost his ~** zmešalo se mu je; **I saw ~ to interfere** zdelo se mi je prav, da se vmešam; **it stands to ~ that...** jasno je, da...; **there is ~ in what you say** pametno (premišljeno) je, kar govoriš

reason II [ri:zn] **1.** *vi* razmišljati (*about, of, on* o), modrovati, rezonirati, umovati, razumno ali logično misliti; sklepati (*from* iz); soditi, razsojati (*on* o); diskutirati, debatirati (*with* z); **to ~ about** razmišljati o, diskutirati o; **it is impossible to ~ with him** z njim ni mogoče diskutirati (debatirati); **to ~ with oneself** modrovati pri sebi; **2.** *vt* diskutirati, debatirati, razpravljati (o čem), pretresati, razlagati; utemeljiti, motivirati; (logično) premisliti (često *up*); razumno, logično izraziti ali formulirati; sklepati, priti do sklepa; z argumenti koga odvrniti (*out* od); z razlogi napeljati, pregovoriti koga (*into* k); **I ~ed him out of his resolution** pregovoril sem ga, da je opustil svoj sklep; **to ~ oneself into sth.** *fig* zapičiti, zagristi se v kaj; **to ~ s.o. into** pregovoriti koga k (da kaj napravi)

reasonability [ri:znəbíliti] *n* glej **reasonableness**

reasonable [rí:znəbl] *a* (**reasonably** *adv*) razumen, pameten; logičen; sprejemljiv, upravičen, zmeren, nepretiran, znosen, primeren, pripraven, cenen; **a ~ price** primerna, znosna cena; **he is ~** z njim se da (po)govoriti

reasonableness [rí:znəblnis] *n* razumnost; zmernost, nepretiranost, znosnost, upravičenost, sprejemljivost; cenenost

reasoned [rí:zənd] *a* upravičen, utemeljen, podprt z razlogi

reasoner [rí:znə] *n* (logično) misleča oseba; mislec, dialektik

reasoning [rí:zniŋ] *n* umovanje, mišljenje, sklepanje, zaključek, sklep, razlaganje, argumentiranje, dokazovanje; razsodnost, razum; dialektika; diskutiranje, razpravljanje, pretresanje; *pl* tok ali zaporednost misli

reasonless [rí:zənlis] *a* nespameten, nesmiseln, neutemeljen, neosnovan, neupravičen

reassemblage [ri:əsémblidž] *n* ponovno zborovanje (sestanek, skupščina)

reassemble [ri:əsémbl] *vt & vi* ponovno (zopet) (se) zbrati, se sestati

reassembly [ri:əsémbli] *n* glej **reassemblage**

reassert [ri:əsə́:t] *vt* zopet trditi, zatrjevati; (redko) zopet uveljaviti, zopet zahtevati

reassertion [ri:əsə́:šən] *n* ponovna trditev, zatrjevanje

reassess [ri:əsés] *vt* ponovno oceniti (premoženje) zaradi obdavčenja; na novo odmeriti (davek)

reassessment [ri:əsésmənt] *n* ponovna ocenitev (premoženja) zaradi obdavčenja; nova odmera (davka)

reassign [ri:əsáin] *vt* zopet dodeliti ali odstopiti, zopet razvrstiti; zopet imenovati ali nastaviti (koga); *econ jur* nazaj odstopiti (cedirati)

reassignement [ri:əsáinəmənt] *n* ponovna dodelitev

reassume [ri:əsjú:m] *vt* zopet povzeti; zopet sprejeti, prevzeti (službo, zaposlitev), zopet zasesti, zavzeti (položaj, mesto)

reassumption [ri:əsʌmpšən] *n* ponoven prevzem

reassurance [ri:əšúərəns] *n* ponovno zagotavljanje, zatrjevanje; pomirjenje; *econ* (glej **reinsurance**) pozavarovanje

reassure [ri:əšúə] *vt* pomiriti (koga); ponovno (zopet) zagotavljati, zatrjevati; *econ* (glej **reinsure**) pozavarovati

reassuring [ri:əšúəriŋ] *a* (**~ly** *adv*) pomirjevalen

reave I [ri:v] *vi & vt poet & arch* (o)pleniti, ugrabiti, izvršiti razbojništvo, oropati koga (*of* česa), odvzeti (s silo) (*from* komu kaj)

reave II [ri:v] *vt & vi arch, dial* raztrgati, razbiti, razdrobiti

reaver [rí:və] *n poet* plenilec, razbojnik, ropar

reawake(n) [ri:əwéikən] *vt & vi* zopet (se) zbuditi

rebaptism [ri:bǽptizəm] *n* ponoven krst

rebaptize [rí:bæptáiz] *vt* zopet (ponovno) krstiti; prekrstiti (koga); dati (komu, čemu) novo ime

rebarbarize [ri:bá:bəraiz] *vt* peljati, voditi zopet v barbarstvo

rebate I [ribéit] **1.** *n com* popust (pri prodajni ceni), rabat; odbitek (*on* na, pri); zmanjšanje, oprosti-

tev (davka); povračilo, povrnitev; **2.** *vt* (redko) zmanjšati, omiliti, ublažiti; *com* dati popust, znižati (ceno); (redko) otopiti (nož)

rebate II [ribéit] *n & v* glej **rabbet**

rebato [rəbá:tou] *n hist* trd (čipkast) ovratnik

rebeck [rí:bek] *n* srednjeveško glasbilo na tri strune (zgodnja oblika violine)

rebel I [rebl] **1.** *n* upornik, puntar (tudi *fig*); *A hist* privrženec južnih držav (v ameriški državljanski vojni); **to be a ~** biti puntarski, uporen, trmast; **2.** *a* uporniški, puntarski

rebel II [ribél] *vi* upreti se, dvigniti se, dvigniti orožje (*against* proti), (s)puntati se, upirati se (*against* čemu, proti čemu)

rebeldom [rébəldəm] *n* uporništvo, puntarstvo, uporniško zadržanje, upor; področje upora

rebellion [ribéljən] *n* (odkrit) upor, vstaja (*against* proti); **the R~** *hist* ameriška državljanska vojna 1861—1865); **the Great R~** *hist* državljanska vojna v Angliji (1642—1660)

rebellious [ribéljəs] *a* uporniški, puntarski, odpadniški; *fig* uporen, neposlušen, nepokoren; (o bolezni) težko ozdravljiv, trdovraten; **to be ~ to** biti komu sovražen, nasproten

rebelliousness [ribéljəsnis] *n* uporništvo, puntarstvo; neposlušnost, nepokornost; trdovratnost (bolezni)

rebellow [ribélou] *vi & vt* zopet mukati (o živini), tuliti; *fig* glasno odmevati, bobneti; pustiti (ton) glasno odmevati

rebind* [rí:baind] *vt* zopet, nanovo (z)vezati (knjigo)

rebirth [ri:bə́:θ] *n* ponovno rojstvo; prerod, preporod

reboant [rébouənt] *a* (zlasti *poet*) odmevajoč, odmeven, bobneč

reboil [ri:bóil] *vt* znova (zopet) prekuhati, prevreti

reborn [ri:bó:n] *a* prerojen, novorojen (tudi *fig*)

rebound I [ribáund] *n* odboj, odbijanje, odskok; povratno delovanje, povratni udarec, ponoven udarec, vračanje, delovanje proti, reakcija; *fig* preobrat; odmev, razleganje; *fig* razočaranje; **on the ~** po udarcu; **to take (to catch) s.o. on (at) the ~** ujeti koga pri odskoku, *fig* pregovoriti koga, da nekaj naredi na drugačen način, in to v trenutku, ko mu je spodletelo pri prvem poskusu; *fig* izkoristiti razočaranje kake osebe

rebound II [ri:báund] *vi* zopet skočiti, odskočiti, odbiti se (*from* od); *fig* skočiti nazaj (*upon* na), pasti nazaj na; **the joke ~s upon the head of the author** šala se je maščevala povzročitelju šale

rebound III [ri:báund] **1.** *pt & pp* od **to rebind**; **2.** *a* znova vezan (o knjigi)

rebroadcast [ri:bró:dka:st] **1.** *n* ponovljena (radijska) oddaja; relejni prenos; **2.** *vt & vi* ponoviti (radijsko oddajo), še enkrat prenašati (program) preko relejnih postaj

rebuff [ribʌf] **1.** *n* odbijanje, odklanjanje; odklonitev, zavrnitev (prošnje); oviranje, zadrževanje, zaustavljanje; poniževanje, zapostavljanje; **we met with a ~** na kratko so nas zavrnili, doživeli smo neuspeh; **2.** *vt* odbiti, odkloniti; zavrniti; ovirati

rebuild* [ri:bíld] *vt* zopet (ponovno) (z)graditi, (se)zidati; prezidati, predelati

rebuilt [ri:bílt] *pt & pp* od **to rebuild**

rebukable [ribjú:kəbl] *a* graje vreden

rebuke [ribjú:k] **1.** *n* ukor, očitek, graja; **2.** *vt* pokarati, ukoriti, grajati, ošteti, obsojati

rebukeful [ribjú:kful] *a* grajalen, očitajoč

rebuker [ribjú:kə] *n* grajalec, -lka

rebuking [ri:bjú:kiŋ] *a* (~ **ly** *adv*) očitajoč, grajalen, grajajoč

rebus, *pl* **-buses** [rí:bəs, -bəsiz] *n* rebus, uganka v slikah

rebut [ribʌt] *vt* odbiti; (z dokazi) vreči (trditev), spodbiti, zavrniti; dokazati, da je nekaj napačno, lažno, lažnivo; *arch* pognati nazaj, odbiti (napad)

rebuttable [ribʌtəbl] *a* ovrgljiv, spodbiten

rebuttal, rebutment [ribʌtl, -bʌtmənt] *n* ovržba, zavrnitev, odbitje, spodbitje; **in ~ of** kot dokaz, da je (nekaj) napačno, lažno

rebutter [ribʌtə] *n* kdor kaj spodbija; spodbijalec; *jur* obtoženčev odgovor na tretji tožnikov očitek

rec, rekker [rek, rékə] *n sl* igrišče

recalcitrance, -cy [rikǽlsitrəns, -si] *n* upornost, neposlušnost, neubogljivost, nepokorščina; trdoglavost; zakrknjenost, trmoglavost, trma

recalcitrant [rikǽlsitrənt] **1.** *a* (~ **ly** *adv*) uporen, nepokoren, neposlušen, neubogljiv; trdoglav, trmast, kljubovalen; **to be ~ to explanation** trmasto se upirati neki razlagi (tolmačenju); **2.** *n* upornež, neposlušnež, trmoglavec

recalcitrate [rikǽlsitreit] *vi* biti uporen, trmoglav, nepokoren, neposlušen; upirati se, nasprotovati (*against, at*); (redko) brcati, ritati

recalcitration [rikælsitréišən] *n* glej **recalcitrance**

recalesce [ri:kəlés] *vi tech* (o kovini) ponovno se razbeliti, razžareti; razbeliti se pri hlajenju

recalescence [ri:kəlésəns] *n tech* (o kovini) ponovno žarenje, razbeljenje pri hlajenju

recalescent [ri:kəlésənt] *a* (o kovini) ponovno razbeljen

recall I [rikó:l] *n* odpoklic (poslanika itd.); odpust; preklic, razveljavitev; ponoven poklic, poziv (*to* k); *A* suspendiranje uradnika, sodnika; *mil* znak (z bobnom itd.) za ponovno zbiranje; *naut* znak (z zastavo) za vrnitev ladje; **without ~** brez preklica, nepreklicno; **actions are beyond ~** dejanj ni mogoče preklicati; kar je storjeno, je storjeno; **it is past (beyond) ~** to je nepreklicno, se ne da preklicati; to je pozabljeno; **to sound the ~** *mil* trobiti k ponovnemu zbiranju, k vrnitvi

recall II [rikó:l] *vt* nazaj poklicati, odpoklicati (poslanika itd.); preklicati, razveljaviti (sodbo); v spomin (si) poklicati, spomniti (se), zopet oživiti (čustva), poklicati v življenje; nazaj vzeti (darilo); **until ~ed** do preklica; **to ~ s.o.'s attention to sth.** zopet obrniti komu pozornost na kaj; **to ~ to life** zopet oživiti; **to ~ the past** poklicati si preteklost v spomin; **to ~ s.o. to his duty** spomniti koga na njegovo dolžnost

recallable [rikó:ləbl] *a* ki se da odpoklicati ali preklicati; odpoklicljiv, preklicljiv; ki se da priklicati v spomin

recant [rikǽnt] *vt & vi* (javno) preklicati, oporeči; prositi oproščenja (za kaj); odpovedati se (nazorom, verovanju); spoznati, priznati svojo krivdo, napako

recantation [ri:kæntéišən] *n* (javen) preklic, odpoved, zatajitev; **to make a public ~** javno preklicati

recanter [ri:kǽntə] *n* preklicevalec

recap [rí:kæp] *vt* zakrpati z vulkanizacijo

recapitalize [ri:kǽpətəlaiz] *vt econ* zopet kapitalizirati, znova financirati

recapitulate [ri:kǽpitjuleit] *vt & vi* na kratko ponoviti, rekapitulirati; poudariti glavne, bistvene točke; (redko) zopet združiti

recapitulation [rí:kəpitjuléišən] *n* kratka, a jednrata, zgoščena ponovitev ali pregled, rekapitulacija; *mus* repriza

recapitulative [ri:kəpítjuleitiv] *a biol* rekapitulacijski

recapitulatory [ri:kəpítjulətəri] *a* ki krako, jedrnato ponavlja ali povzema, rekapitulira

recaption [ri:kǽpšən] *n jur* ponovno odvzetje (protizakonito pridržane posesti)

recapture [rí:kǽpčə] **1.** *n* ponovno ujetje, zavzetje, osvojitev; ponovno dobitje česa; **2.** *vt* ponovno zavzeti, osvojiti, dobiti; zopet ujeti, ugrabiti, zgrabiti, priti do česa, dokopati se česa; poklicati v spomin

recast I [ri:ká:st, rí:-] *n* pretopitev, pretalitev (v novo obliko); nov odlitek; preoblikovanje, predelava, predrugačenje, prenaredba, prekrojitev, preobrazba, spremenitev; ponovno računanje, preračunavanje; *theat* spremenjena zasedba vlog

recast II [ri:ká:st] *vt* pretopiti, pretaliti (kovino); napraviti nov odlivek, preliti; prekovati (denar); predelati, predrugačiti, prekrojiti, preoblikovati, znova napraviti; še enkrat računati, preračunati, preveriti račun, še enkrat preceniti; zopet vreči; **to ~ a novel** predelati roman; **to ~ a play** *theat* spremeniti zasedbo vlog v igri

recce, recco, reccy [réki, rékou, réki] *n mil sl* za **reconnaissance** rekognosciranje

recede I [risí:d] *vi* stopiti nazaj, odstopiti; umakniti se nazaj, odtegniti se, oddaljiti se; upadati; izginiti, izgubiti se; odpovedati se, odreči se, odnehati (*from* od česa); preklicati, pustiti službo, dati ostavko; padati (o vrednosti, tečaju itd.), izgubiti na pomembnosti; **receding forehead** poševno čelo; **to ~ from one's opinion** opustiti svoje naziranje (mnenje)

recede II [ri:sí:d] *vt econ jur* zopet odstopiti (cedirati); nazaj prenesti

receipt I [risí:t] *n* prejem; prejemnica, potrdilo o prejemu, priznanica; pobotnica; prihod, prihajanje blaga; (zlasti *pl*) dohodki, prejemki, iztržki; (kuhinjski) recept (tudi *fig*); napotek, navodilo, predpis; sredstvo; **~ in full** pavšalna pobotnica; **gross ~s** bruto dohodki; **on ~ of your letter** ob (po) prejemu vašega pisma (dopisa); **to acknowledge ~ of sth.** potrditi prejem česa; **to be in ~ of** imeti, držati, prejeti (pismo); **he is in ~ of poor relief** on dobiva podporo kot siromak; **to give a ~, to make out a ~ for** dati, izstaviti priznanico, pobotnico za (kaj); **to pay on (upon) ~** plačati ob prejemu

receipt II [risí:t] *vt* izdati, napisati potrdilo o prejemu, priznanico, pobotnico za (kaj); potrditi prejem (na računu), plačati (račun); *vi* izdati pobotnico (*for* za)

receipted bill [risí:tid bil] *n* račun s potrdilom o prejemu

receiptor [risí:tə] *n* izdajatelj potrdila (o prejemu); *jur* hranitelj zaplenjene lastnine

receivability [risi:vəbíliti] *n* sprejemljivost, možnost sprejema; dopustnost

receivable [risí:vəbl] *a* sprejemljiv; dopusten; *econ* terjatven; **accounts** ~ terjatve, zahtevki; **bills** ~, **notes** ~ rimese; **to be** ~ veljati za zakonito plačilno sredstvo

receive [risí:v] **1.** *vt* prejeti, sprejeti, dobiti kaj (*from* od koga), dobiti svoj delež; *eccl* prejeti (zakrament, obhajilo); sprejeti kot resnično, dopustiti, priznati; vzeti, čuvati, skriti, prikrivati (ukradene stvari); sprejeti vase, ujeti, dobiti (vtis itd.), doživeti, izkusiti; upreti se, ustaviti se čemu; prenesti, pretrpeti (udarec); smatrati, imeti za, priznati za primerno, za táko, kot treba; dočakati, sprejeti koga; nastaniti koga, vzeti pod streho; dopustiti pristop. (*to* k, *into* v); **to** ~ **an affront** doživeti žalitev; **to** ~ **a blow (an offer, an order, a compliment)** dobiti udarec (ponudbo, ukaz, kompliment); **he was coldly ~d** bil je hladno sprejet; **to** ~ **s.o.'s confession** izpovedati koga; **to** ~ **s.o. among one's friends** sprejeti koga med svoje prijatelje; **he** ~**s stolen goods** on prikriva (skriva) ukradeno blago; **to** ~ **a refusal** biti odklonjen; **to** ~ **a present** sprejeti, dobiti darilo; **they were** ~**d with shouts** sprejeli so jih z veselimi vzkliki; **to** ~ **a wound** biti ranjen; **the arches have to** ~ **the weight of the roof** oboki morajo nositi težo strehe; **proposal** ~**d attention** predlog je bil uvaževan, vzet v obzir; **2.** *vi* sprejemati (goste, obiske), prirediti sprejem; radio sprejemati, loviti (valove); biti prejemnik; *eccl* prejeti obhajilo, pristopiti k obhajilu; **she** ~**s once a week** ona sprejema (obiske, goste) enkrat na teden; **it is more blessed to give than to** ~ dajati je slajše kot sprejemati

received [risí:vd] **1.** *pt & pp* od **to receive**; **2.** *a* sprejet, (splošno) pripuščen, priznan (mnenje); korekten, ustrezen predpisom; pristen, avtentičen; **in the** ~**style** v korektnem slogu; ~ **text** avtentično besedilo

receiver [risí:və] *n* prejemnik, akceptant; blagajnik, davkar; prikrivač, skrivač (ukradenega blaga); skrbnik; *chem & phys* recipient, posoda za prestrezanje destilata; *tech* posoda, sod; *teleph* slušalka, sprejemni aparat, sprejemnik; ~ **of customs** carinik; ~ **of taxes** davkar; **official** ~ uradni (sodni) upravitelj stečajne mase

receivership [risí:vəšip] *n* služba (poklic) upravitelja stečajne mase; prisilna uprava, konkurzna uprava

receiving [risí:viŋ] *n* sprejemanje, prejem; radijski sprejem; prikrivanje (skrivanje) (ukradenega blaga); ~ **office** sprejemni urad; sprejemališče; ~ **room** sprejemnica, sprejemna soba; ~ **set** radijski sprejemnik; ~ **station** radijska sprejemna postaja; ~ **teller** *econ* blagajnik, sprejemalec vplačil

recency [rí:sənsi] *n* nedavnost, novost, nedaven (mlad) datum; svežost; sveža rana (zaradi kake izgube)

recense [riséns] *vt* pregledati (tekst), presoditi, oceniti, recenzirati

recension [riсénšən] *n* pregled (teksta), revizija, presoja, ocena, recenzija; pregledan, revidiran tekst

recent [rí:sənt] *a* nedaven, pravkar nastal, mlad; nov, sodoben, moderen; svež, nepokvarjen; *geol* pripadajoč sedanji dobi (razdobju); ~ **from Paris** novo, pravkar dospelo iz Pariza; **the most** ~ **news** najnovejše vesti; **have you had** ~ **news from . . .?** imate kaj zadnjih, najnovejših vesti od . . .?

recently [rí:səntli] *adv* nedavno, pred kratkim, zadnje čase; **as** ~ **as** nič pozneje kot; **quite** ~ prav pred kratkim

recentness [rí:səntnis] *n* glej **recency** novost, nedavnost

receptacle [riséptəkl] *n* posoda, shramba (za zbiranje); *bot* cvetišče; *el* okov; vtikalna doza; (redko) skrivališče; bivališče, sprejemališče

receptibility [riseptibíliti] *n* sprejemljivost

receptible [riséptibl] *a* sprejemljiv (*of* za), dovzeten

reception [risépšən] *n* sprejem, sprejemanje, dojemanje, dovzetnost; pripustitev; uraden sprejem; recepcija (v hotelu); (redko) priznanje; ~ **into the Academy** sprejem v akademijo; ~ **for quality** *com* prevzem in predaja; ~ **order** napotnica za bólnico, za interniranje (blazneža); **a warm (cold)** ~ topel (hladen) sprejem; **the book had (met with) a favourable** ~ knjiga je naletela na ugoden sprejem; **they gave me a hearty** ~ prisrčno so me sprejeli; **to hold a** ~ prirediti sprejem

receptionist [risépšənist] *n* sprejemna dama; receptor; sprejemalec (v ordinaciji)

reception-room [risépšən rum] *n* dvorana za sprejeme; sprejemnica; čakalnica

receptive [riséptiv] *a* (~**ly** *adv*) sposoben za sprejemanje, sprejemljiv, dovzeten, receptiven, občutljiv (*of, to* za, na); **a mind more** ~ **than creative** bolj receptiven kot kreativen duh

receptiveness [riséptivnis] *n* glej **receptivity**

receptivity [risəptíviti] *n* sprejemljivost, dovzetnost, občutljivost, receptivnost

receptor [riséptə] *n* sprejemnik, receptor

recess I [risés] *n* umik(anje) (vode, ledenika, zemlje); pot nazaj, upadanje, recesija; začasen odmor, prekinitev (dela, zasedanja), kratka ustavitev, pavza (zlasti *parl*); *parl & A univ* počitnice; (skrit) kotiček, skrivališče, zavetišče, zavetje, samoten kraj, samota; *pl* najbolj skrita notranjost, skriti tajni kotički; *fig* krilo, vdolbina v zidu, niša, alkova, jama, slepo okno; **in the** ~**es of the mountains** globoko v gorah; ~ **of the jury** umaknitev, odhod porote (na posvetovanje); ~ **of parliament** parlamentarne počitnice; ~ **of the tide** upadanje plime; **the innermost** ~**es of my heart** moja najbolj skrita čustva

recess II [risés] *vt* izdolbsti, poglobiti; postaviti (hišo) v jamo, v vdolbino; potisniti nazaj; odriniti, skriti, umakniti dlje od ceste; *vi A coll* iti na počitnice, vzeti si odmor; odgoditi se, preložiti se

recession I [risésən] n odstop(anje), oddaljitev, umik(anje) (from od); fig upadanje (poplave itd.); gospodarska recesija, upadanje trgovinske in industrijske dejavnosti; eccl odstop, odhod duhovnika (po končani maši); vdolbeni ali izdolbeni del, nazaj pomaknjen del (zidu); trade (business) ~ trgovinsko (poslovno) nazadovanje
recession II [risésən] n jur povračilo, vrnitev, odstopitev nazaj
recessional [risésənəl] a ki se tiče parlamentarnih počitnic; eccl ki se tiče odstopa, odhoda duhovnika (po končani maši); ~ hymn eccl zaključni koral
recessive [risésiv] a ki se umika, recesiven; prikrit, neviden (o dednih lastnostih, ki jih prevladujoče potisnejo v ozadje)
recharge [ri:čá:dž] 1. n mil ponoven napad ali juriš; ponovno nabitje (orožja, puške); el ponovno, novo polnjenje (baterije); 2. vt zopet napasti ali jurišati na; zopet obdolžiti, obtožiti; el zopet napolniti (baterijo)
recherché [rəšéəšei] a skrbno odbran, izbran ali sestavljen; iskan
rechoose* [ri:čú:z] vt zopet izbrati
rechristen [ri:krísən] vt zopet (ponovno) krstiti; prekrstiti; ponovno dati ime, imenovati; preimenovati
recidivism [risídivizəm] n recidivizem, nagnjenje k ponavljanju kaznivih dejanj; recidiva, povrnitev, ponovitev kaznivega dejanja
recidivist [risídivist] n kdor ponovno zagreši kaznivo dejanje, je ponovno postal hudodelec; recidivist
recidivous, -vistic [risídivəs, -vístik] a ki se vrača, povraten, ponavljajoč se, ponoven, vnovičen; recidiven
recipe [résipi] n (zdravniški, kuharski) recept; predpisano zdravilo; fig recept, sredstvo (for za)
recipience, -cy [risípiəns(i)] 1. n sprejemnik, kdor kaj sprejme, recipient; koristnik, obdarovanec; chem recipient (posoda); to be the ~ of s.th. sprejeti kaj (from od); 2. a sposoben za sprejemanje, sprejemljiv, dovzeten, dojemljiv, receptiven
reciprocal [risíprəkəl] 1. a (~ ally adv) recipročen, vzajemen, medsebojen, izmeničen, obojestranski; math recipročen, v obratnem (so)razmerju; gram povraten, refleksiven, recipročen; ~ insurance recipročno zavarovanje; ~ affection vzajemna, medsebojna, obojestranska naklonjenost; to be ~ biti recipročen, počivati (temeljiti) na recipročnosti; 2. n par (k čemu), ekvivalent, duplikat; kar nekaj dopolnjuje (tudi fig); math recipročna vrednost
reciprocality [risiprəkǽliti] n recipročnost, vzajemnost, medsebojno razmerje, obojestranskost
reciprocate [risíprəkeit] 1. vt izmenjati, dati in za to dobiti; vračati (čustva itd.), (po)vrniti (z enakim); nadomestiti, nadoknaditi komu kaj; 2. vi tech premikati se sem in tja, izmenično delovati; izmenjavati se; ustrezati si; biti hvaležen, oddolžiti se za izkazano dobroto, revanširati se (for za, with s čim); to ~ a blow vrniti dobljeni udarec, revanširati se (with s čim)
reciprocating engine [risíprəkeitiŋ éndžin] n tech batni stroj

reciprocation [risiprəkéišən] n izmenjava, menjava(nje), vračanje; povračilo, vrnitev, reciprociteta; tech premikanje sem in tja, izmenično delovanje; ~ of courtesies izmenjavanje vljudnosti
reciprocative [risíprəkətiv] a vzajemen, temelječ na vzajemnosti
reciprocity [risiprósiti] n vzajemni odnosi, vzajemnost, medsebojnost, recipročnost, reprociteta, obojestranskost
recision [risížən] n (redko) odrezanje; arch odprava, črtanje
recital [risáitəl] n pripoved(ovanje), govorjenje (na pamet), predavanje, recitiranje; navajanje, naštevanje; (glasno) čitanje; opis, poročilo; jur uvodni, pripravljalni del listine, dokumenta; spričevala; določba, ugotovitev; mus recital, solistična glasbena prireditev; koncert del enega skladatelja ali homogenega sporeda; ~ of details naštevanje podrobnosti; piano(forte) ~ klavirski večer; vocal ~, song ~ recital (večer) pesmi
recitation [resitéišən] n (glasno) čitanje, recitiranje, recitacija, deklamiranje, deklamacija; pripovedovanje; recitirani tekst; mus recitativ
recitative [resitətí:v] 1. n recitativ, péta recitacija; navadno govorjenje ob glasbeni spremljavi; theat glasbena fraza, ki je bolj podobna govoru kot petju; 2. a mus recitativen; [résiteitiv] (redko) naštevajoč, poročajoč; 3. vt izvajati recitativ
recite [risáit] vt recitirati, deklamirati, na pamet povedati; ustno ponoviti; predavati; naštevati; jur poročati o čem, navajati; arch pripovedovati, slikati, opisovati; to ~ facts navajati, prikazati dejstva; vi recitirati; povedati svojo lekcijo, odgovarjati (v šoli)
reciter [risáitə] n recitator, deklamator, pripovedovalec; knjiga ali zbirka recitacij
reck [rek] 1. vt uvaževati, vzeti v obzir, upoštevati; brigati se za, skrbeti za, ozirati se na, paziti na, računati z; 2. vi misliti (of o), vedeti (of za kaj, o čem); rhet & poet brigati se za, jemati v mar, mar biti, marati (of za kaj); kesati se; it ~s me not whether... ne briga me, ali (če)...; little ~s he that... malo mu je mar, da...; of him she ~s not on ji je malo mar; not to ~ danger ne se meniti za nevarnost
reckless [réklis] a (~ ly adv) brezskrben, lahkomiseln, nepremišljen, nespameten; nesmotrn; brezobziren, brezbrižen; coll predrzen, vratolomen; to be ~ of ne se ozirati na, ne marati za, ne biti mar; he is ~ of danger (of consequences) ni mu mar nevarnosti (posledic)
recklessness [réklisnis] n brezskrbnost, brezbrižnost, lahkomiselnost, nepremišljenost, nespametnost; brezobzirnost
reckon [rékən] 1. vt (iz)računati, preračunati; oceniti, preceniti, presoditi; šteti, sešteti, izračunati (up); šteti (koga) (among, in, with med, za); smatrati, imeti (for za); A misliti, domnevati, biti mnenja (that da); 2. vi računati, šteti, obračunati, računati na, zanesti se (on, upon na); to ~ from... to šteti od... do; ~ing from to-morrow šteto od jutri dalje; I ~ him (to be) my friend imam ga za svojega prijatelja; I ~ him (to be) wise smatram ga za pametnega; to ~ without one's host fig delati račun brez krč

marja; **he is rich, I** ~ *A* bogat je, mislim (se
mi zdi)
reckon in *vt* vračunati
reckon on *vi* računati s čim, zanesti na (koga, kaj);
I ~ed on (upon) his help računal sem z njegovo
pomočjo, zanašal sem se na njegovo pomoč
reckon up *vt* izračunati, preceniti; **I ~ed up his
character** precenil sem njegov značaj
reckon with *vi* obračunati s (*s.o.* kom), računati s
(*s.th.* čim); **to ~ with facts** računati z dejstvi,
z dejanskim stanjem
reckoner [rékənə] *n* (dober) računar
reckoning [rékəniŋ] *n* računanje, izračunavanje;
štetje; kalkulacija; *arch* cenjenje, spoštovanje;
(gostilniški) račun, zapitek; **to my ~** po mojem
mišljenju, po moji sodbi; **day of ~** dan obra-
čuna, *rel* sodni dan; *naut* **dead ~** prib žnı do-
ločitev položaja ladje; **to be out of (in) one's ~**
fig uračunati se, zmotiti se v računu, ušteti se;
there is no ~ on (upon) him nanj ne moremo
računati, se zanašati; **to call s.o. to ~ about**
poklicati koga na obračun glede (*sth.* česa);
to make no ~ of ne upoštevati, ne ceniti, oma-
lovaževati; **to make one's ~ without the host**
delati račun brez krčmarja; **short ~s make long
(lasting) friends** čisti računi, dolgo prijateljstvo;
to work out the ship's ~ *naut* izračunati položaj
ladje brez astronomskega opazovanja (na osnovi
opravljene poti in smeri)
reclaim [rikléim] **1.** *n* (redko) poboljšanje, spre-
obrnitev, vrnitev na pravo pot; rešitev; *tech* re-
generiranje, pridobivanje (iz starega materiala),
obnovitev, obnavljanje; **beyond ~, past ~** ne-
poboljšljiv, nepopravljiv, ki se ne da rešiti; **the
~ of rubber** regeneracija (starega) kavčuka;
2. *vt* reklamirati, zahtevati nazaj, zahtevati po-
vrnitev, povračilo; privesti (koga) nazaj (na
pravo pot); civilizirati (divjake), vzgojiti, udo-
mačiti, ukrotiti (živali); (o zemlji) krčiti, iztrgati
morju, izsušiti, napraviti sposobno za obdelo-
vanje; *tech* dobiti (iz starega materiala), rege-
nerirati; *vi* (redko) protestirati, ugovarjati, na-
sprotovati, upirati se, nastopiti (*against* proti),
izjaviti (*that* da); *jur Scot* vložiti priziv, apelirati,
pritožiti se višjemu sodišču; **~ed rubber** rege-
neriran star kavčuk; **a ~ed drunkard** spre-
obrnjen pijanec; **to ~ s.o. to a sense of duty**
privesti koga do čuta za dolžnost
reclaimable [rikléiməbl] *a* ki se da popraviti, po-
pravljiv, poboljšljiv, spreobrnljiv; (o zemlji) ki
se da obdelovati, kultivirati
reclaimant [rikléimənt] *n* reklamant, pritožnik
reclamation [rekləméišən] *n* reklamacija, zahteva
po vrnitvi (česa); pritožba, tožba, protest, ugo-
vor; odvračanje, spreobračanje (*from* od), po-
boljševanje, popravljanje; (o zemlji) krčenje,
osušitev, osuševanje; *tech* dobivanje (česa) iz
starega materiala
reclination [reklinéišən] *n* naslonitev; nagnjenje
recline [rikláin] *vt* nasloniti, prisloniti, položiti,
postaviti (*on* na); *vi* naslanjati se, sloneti (*against*
ob), biti naslonjen, ležati, počivati (*on, upon* na);
nagniti se, skloniti se (*upon* k, na); opreti se,
zanesti se (*upon* na), zaupati (v); **~d** ležeč
reclining chair [rikláiniŋ čéə] *n* naslanjač (s pre-
mičnim naslanjalom); sklopni stol

reclothe [ríːklóuð] *vt* zopet obleči (obláčiti), odeti;
nanovo obleči
reclause [riklúːs] **1.** *n* samotar(ka); puščavnik, ere-
mit; **2.** *a* (~ly *adv*) samoten, samotarski, osam-
ljen, od sveta ločen, odmaknjen; puščavniški
reclusion [riklúːžən] *n* samota, osamljenost, samo-
tarstvo, ločenost od sveta; puščavništvo, pu-
ščavniško življenje
recognition [rekəgníšən] *n* (ponovno) spoznanje,
prepoznanje, razpoznanje, identificiranje, re-
kognicija; priznanje, priznanje samostojnosti;
in ~ of v znak priznanja za; **as a sign of ~** kot
spoznavni znak; **past all ~** neprepoznavljiv, ne-
razpoznavljiv; **de jure ~** priznanje de iure; **his
~ of me was immediate** takoj me je prepoznal;
to receive no ~ ostati neopažen; **to win ~** (pri)-
dobiti si priznanje, uveljaviti se
recognizable [rékəgnaizəbl] *a* (**recognizably** *adv*)
ki se da prepoznati; spoznaven, spoznaten
recognizance [rikógnizəns] *n jur* pismena obveza;
priznanje dolga; priznanica, obveznica, jamstvo,
jamčevina; kavcija (vsota), ki jo plača tisti, ki
se ne drži obveznosti; **to enter into ~** sodnijsko
se obvezati
recognizant [rikógnizənt] *a* priznavajoč; dovzeten
(*of* za); **to be ~ of** priznati
recognize [rékəgnaiz] **1.** *vt* spoznati, prepoznati,
identificirati; ceniti (koga); priznati kaj (*as* kot,
that da); zavedati se, (jasno) spoznati, uvideti;
biti hvaležen, nagraditi; dopuščati; vzeti (kaj)
na znanje; pozdraviti, s pozdravom izraziti pre-
poznanje; *A* dati besedo govorniku; **2.** *vi* pred
sodiščem se pismeno obvezati (*in* za); **to ~ an
old acquaintance** prepoznati (pozdraviti) starega
znanca; **to ~ a claim** priznati zahtevo (pravico);
to ~ s.o. to be first priznati koga za prvega
(*among* med); **to ~ defeat** priznati (svoj) poraz;
to ~ s.o. as the lawful heir priznati koga za
zakonitega dediča; **I did not ~ I was lost till ...**
nisem se zavedel, da sem izgubljen, dokler me...;
I ~d that I was wrong priznal sem, da nimam
prav; **the Browns no longer ~ the Smiths** Brow-
novi niso več prijatelji s Smithovimi
recognizer [rékəgnaizə] *n* priznavalec; prepozna-
valec
recognizor [rikəgnizóː] *n jur* oseba, ki je dala
pismeno izjavo pred sodiščem
recoil I [rikóil] *n* odboj, odmik; *mil* udarec nazaj
(puške), povratno delovanje, reakcija; *fig* retro-
aktiven vpliv; odskok, trzaj (od strahu) (*from*
pred); odpor, stud
recoil II [rikóil] *vi* odskočiti, skočiti nazaj, trzniti
(od strahu); odbiti se; *fig* trzniti, predramiti se,
zadrhteti, zgroziti se; (o puški, topu) suniti,
trzniti nazaj; *fig* pasti zopet (v isto napako);
arch umakniti se, popustiti (*before* pred); **to ~
from an idea** zgroziti se ob misli; **to ~ at a sight**
odskočiti, zdrzniti se ob pogledu
recoin [riːkóin] *vt* prekovati, znova kovati (denar)
recoinage [riːkóinidž] *n* prekovanje (denarja); pre-
kovan kovanec
recollect [rekəlékt] *vt* spomniti se, spominjati se
česa; zopet si priklicati v spomin; (*povratno*)
zbrati se, osredotočiti se, koncentrirati se; **to ~
oneself** spomniti se, zavedati se; **to ~ oneself in
prayer** zatopiti se v molitev; **~ed** zbran, miren

re-collect [ri:kəlékt] *vt* zopet zbrati, nabrati; to ~ one's courage zopet se opogumiti; to ~ oneself zopet se zbrati, k sebi priti, opomoči si

recollection [rekəlékšən] *n* spomin, spominjanje (*of* na); pomnjenje; ~s *pl* spomini; zbranost misli; ~s of the Great War spomini na (prvo) svetovno vojno; pleasant ~s prijetni spomini; it is in my ~ that... spominjam se, da...; it is within my ~ imam v spominu; I have no ~ of it ne spominjam se tega; to have a dim ~ of medlo se (česa) spominjati

re-collection [ri:kəlékšən] *n* ponovno zbiranje, nabiranje

recollective [rekəléktiv] *a* spominski, ki se tiče spomina, spominjanja; sposoben spominjanja

recolonization [ri:kələnaizéišən] *n* ponovna naselitev, kolonizacija

recolonize [ri:kólənaiz] *vt* zopet naseliti, kolonizirati

recolour [ri:kʌ́lə] *vt* zopet pobarvati, sveže pobarvati; vrniti prejšnjo barvo

recombine [ri:kəmbáin] *vt & vi chem* znova (se) spojiti

recomfort [rikʌ́mfə:t] *vt* zopet (o)krepiti; zopet tešiti, tolažiti, (o)hrabriti, opogumiti

recommence [ri:kəméns] *vi* zopet (znova) se začeti; *vt* zopet začeti, obnoviti

recommencement [ri:kəménsmənt] *n* ponoven začetek, nov začetek

recommend [rekəménd] *vt* priporočiti; zaupati (*to* komu); predlagati, svetovati (da se nekaj napravi), govoriti v korist; priporočiti (koga) kot primernega, sposobnega (*for, to* za); to ~ sth. to s.o. komu kaj priporočiti; to ~ caution priporočati previdnost; to ~ s.o. for a post priporočiti koga za službeno mesto, za službo; I ~ you to wait priporočam, svetujem vam, da počakate; to ~ oneself to s.o. (to s.o.'s care) zaupati se komu v varstvo

recommendable [rekəméndəbl] *a* priporočljiv, vreden priporočila

recommendableness [rekéméndəblnis] *n* priporočljivost

recommendation [rekəmendéišən] *n* priporočitev, priporočilo; priporočljiva (dobra) lastnost; spričevalo o sposobnosti; upon the ~ na priporočilo; letter of ~ priporočilno pismo

recommendatory [rekéméndətəri] *a* priporočilen, ki služi kot priporočilo

recommender [ri:kəméndə] *n* priporočnik, -ica; prošnjik, -ica

recommission [ri:kəmíšən] *vt* zopet naročiti, naložiti (komu kaj); *mil* zopet (koga) postaviti za častnika; *naut* zopet dati (ladjo) v obratovanje

recommit [ri:kəmít] *vt* zopet poveriti ali predati; *parl* vrniti zakonski predlog v ponoven pretres ustreznemu odboru; zopet zakriviti (hudodelstvo); to ~ s.o. to the court koga zopet predati sodišču; to ~ s.o. to prison zopet koga aretirati, vtakniti v ječo

recommitment, recommital [ri:kəmítmənt, -mítəl] *n parl* vrnitev zakonskega predloga ustreznemu odboru v ponoven pretres; *jur* ponovna aretacija, ponovna izročitev sodišču

recompense [rékəmpens] 1. *n* nagrada; odškodnina (*for* za); kompenzacija, nadomestilo (*for* za);

povračilo; 2. *vt* nagraditi (*tudi kaznovati*); nadomestiti komu škodo, odškodovati, (po)vrniti, poravnati, poplačati (za); to ~ sth. to s.o. komu kaj poplačati, povrniti

recompose [ri:kəmpóuz] *vt* zopet sestaviti, urediti, spraviti v red; združiti, povezati, grupirati; preurediti, pregrupirati; zopet komponirati, zlágati (zložiti); *fig* zopet pomiriti, potešiti; *print* nanovo staviti

recomposition [ri:kəmpəzíšən] *n* ponovna sestavitev, ureditev, združitev, preureditev, pregrupiranje; predelava, nova obdelava, predrugačenje; ponovno zlágánje, komponiranje; *print* nov stavek

recompound [ri:kəmpáund] *vt* zopet sestaviti, (z)mešati, spojiti

reconcentrate [ri:kónsəntreit] *vt & vi mil* zopet (se) zbrati, (se) zbirati; zopet (se) koncentrirati

reconcilability [rekənsailəbíliti] *n* pomirljivost, spravljivost; združljivost

reconcilable [rékənsailəbl] *a* (reconcilably *adv*) pomirljiv, spravljiv (*with* z); združljiv (z), znosen; ki se da uskladiti (spraviti, poravnati, pobotati)

reconcile [rékənsail] *vt* pomiriti, sprijazniti, pobotati; izgladiti (prepir, spor), poravnati; urediti uskladiti, v sklad spraviti; to ~ oneself sprijazniti se, vdati se, pomiriti se; I ~d myself to paying my debt sprijaznil sem se z mislijo, da plačam svoj dolg; to ~ oneself to one's fate (lot), to become ~d with one's fate (lot) sprijazniti se s (vdati se v) svojo usodo; to ~ two enemies spraviti, pobotati dva sovražnika; to ~ one's principles with one's actions uskladiti svoja načela s svojimi dejanji

reconcilement [rékənsailmənt] *n* glej reconciliation

reconciliation [rekənsiliéišən] *n* pomiritev, pomirjenje, sprava (*to, with* z); poravnava (prepirov), uskladitev, skladnost, sklad, harmonija (*between* med); *eccl* ponovna posvetitev (npr. oskrunjenega svetišča)

reconciliatory [rekənsíliətəri] *a* (~ly *adv*) pomirljiv, spravljiv

recondite [rékəndait, rikɔ́ndait] *a* (~ly *adv*) skrit, tajen, slabo poznan; nerazumljiv, težkó umljiv, zapleten, zamotan, nejasen (slog, pisec)

reconditeness [rékəndaitnis] *n* nerazumljivost, nejasnost (stila, pisca); težko umevanje

recondition [ri:kəndíšən] *vt* ponovno spraviti v dobro stanje, zopet usposobiti (stroj), spraviti v dobro kondicijo

reconduct [ri:kəndʌ́kt] *vt* privesti ali pripeljati nazaj, spremiti nazaj; zopet voditi

reconnaissance [rikɔ́nisəns] *n mil* poizvedovanje, razgledovanje, rekognosciranje; ogledovanje terena za gradnjo železnice itd.; ~ in force z močnim oddelkom vojakov izvedeno rekognosciranje

reconnoiter, -tre I [rekənɔ́itə] *n* glej reconnaissance

reconnoiter, -tre II [rekənɔ́itə] *vt & vi* rekognoscirati (teren), ogledovati; opazovati (sovražnika), vohuniti; poizvedovati, raziskovati

reconquer [ri:kɔ́nkə] *vt* ponovno (nazaj) osvojiti, zavzeti

reconquest [ri:kɔ́nkwest] *n* ponovna osvojitev

reconsecrate [ri:kɔ́nsikreit] *vt* zopet posvetiti

reconsider [ri:kǝnsídǝ] *vt* & *vi* ponovno razmisliti, pretehtati, pretresti, razmotriti, presoditi; ponovno, naknadno preveriti, ugotoviti; *pol* še enkrat obravnavati (predlog)

reconsideration [ri:kǝnsidǝréišǝn] *n* ponovno pretehtanje, pretresanje, razmotrivanje, proučevanje, preverjanje, ugotavljanje

reconsign [ri:kǝnsáin] *vt* poslati nazaj; *econ* poslati (blago) naprej, preusmeriti (na nov, drug naslov)

reconsignement [ri:kǝnsáinǝmǝnt] *n* pošiljatev nazaj; *econ* pošiljatev naprej, na drug naslov

reconsolidate [ri:kǝnsólideit] *vt* zopet utrditi, zopet postaviti na trdne temelje

reconstituent [ri:kǝnstítjuǝnt] *n med* okrepilo, roborans

reconstitute [ri:kónstitju:t] *vt* vzpostaviti, obnoviti, rekonstituirati

reconstitution [ri:kǝnstitjú:šǝn] *n* vzpostavitev, obnovitev, rekonstitucija

reconstruct [ri:kǝnstrΛkt] *vt* ponovno (nanovo) zgraditi, sezidati, postaviti, rekonstruirati; prezidati, prenarediti, obnoviti; ~ ed *tech* sintetičen (dragulj); to ~ a past epoch rekonstruirati preteklo dobo

reconstruction [ri:kǝnstrΛkšǝn] *n* ponovna zgraditev, prezidava(nje); obnova, saniranje; rekonstrukcija; prenarejanje, preoblikovanje; reforma; **educational** ~ šolska reforma

reconstructive [ri:kǝnstrΛktiv] *a* ki znova gradi, zida, obnavlja, rekonstruira

reconvene [ri:kǝnvi:n] *vi* zopet se zbrati, se sniti

reconvention [ri:kǝnvénšǝn] *n jur* protitožba

reconversion [ri:kǝnvǝ́:šǝn] *n* ponovno spreminjanje, sprememba v staro, prejšnje stanje; preusmerjanje industrije od vojne proizvodnje v mirnodobno; *rel* ponovna spreobrnitev

reconvert [ri:kǝnvǝ:t] *vt* zopet spremeniti, predrugačiti; preusmeriti (industrijo) na mirnodobno proizvodnjo; *rel* zopet spreobrniti

reconvey [ri:kǝnvéi] *vt jur* zopet prenesti (lastništvo) nazaj; prenesti nazaj

reconveyance [ri:kǝnvéiǝns] *n jur* prenos na starega, prejšnjega lastnika; vrnitev

record I [rékǝ:d] **1.** *n* zapis, zabeležba; pismeno poročilo; dokument, listina, spričevalo, *fig* priča; spomin, spominska plošča, spomenik; register; seznam, tabela; protokol, zapisnik; registracija; gramofonska plošča; *sp* rekord; *pl* spisi, akti, arhiv; osebna preteklost, karakteristika; **at a** ~ **speed** z rekordno brzino; **on** ~ pismeno zabeleženo, dokazano; **off the** ~ *A* neslužbeno, zaupno, ne za objavo; **a bad** ~ slab sloves, slaba karakteristika; **court of** ~ redno sodišče; **police** ~, **criminal** ~ kazenski register; **a matter of** ~ zgodovinsko dejstvo; **Record Office** državni arhiv v Londonu; **to bear** ~ **to** pričati, dokazovati; **to beat (to break, to cut) a** ~ potolči, zrušiti rekord; **it is on** ~ zapisano je (v zgodovini itd.); **to go on** ~ javno izreči svoje mnenje; **to have a good (bad)** ~ imeti dober (slab) sloves (karakteristiko); **to hold the** ~ imeti, držati rekord; **to keep** ~ **of** zapisovati, beležiti (dohodke in izdatke); voditi protokol; **to leave, to place on** ~ dati službeno protokolirati; **to set up a** ~ postaviti rekord; **2.** *a* rekorden; ~ **prices** rekordne cene; ~ **run** rekorden tek

record [rikó:d] **1.** *vt* (pismeno) (za)beležiti, zapisati, vpisati, vnesti, registrirati; protokolirati; *jur* vnesti v zapisnik, dati na protokol; posneti na gramofonsko ploščo; govoriti v fonograf; obvestiti, informirati o čem; obdržati v spominu; *arch* (ustno) poročati; **to** ~ **the proceedings of an assembly** voditi zapisnik o skupščini; ~ **ed broadcast** prenos s traku ali z gramofonske plošče; **the thermometer** ~ **ed 10° below zero** termometer je zabeležil 10° pod ničlo; **her voice has been** ~ **ed by the gramophone** njen glas je bil posnet na gramofonsko ploščo; **2.** *vi* registrirati; (o pticah) peti; dati se posneti (na gramofonsko ploščo)

record changer [rékǝ:dčéindžǝ] *n* (avtomatski) menjalec plošč

recordable [rikó:dǝbl] *a* vreden zabeležbe (zapisa, spomina)

recorder [rikó:dǝ] *n* zapisnikar, registrator; (sodnijski, občinski) pisar; arhivar; *E* mestni sodnik, *A* kazenski sodnik; *mus* vrsta angleške flavte; fonograf; *el tech* avtomatična naprava za registriranje, registrator, števec; **tape** ~ magnetofon

recording [rikó:diŋ] **1.** *n* registriranje, protokoliranje; posnetek, snemanje (na ploščo, na trak); **2.** *a* registrski, protokolski; ~ **clerk** zapisnikar

recordership [rikó:dǝšip] *n* posel, delo, služba arhivarja ali sodnijskega pisarja

record player [rékǝ:d pléiǝ] *n* na radijski aparat priključen gramofon

record room [rékǝ:drum] *n* arhiv

recount [rikáunt] *vt* pripovedovati, obširno poročati, obvestiti; naštevati, povedati (*that* da, *what* kaj)

recountal [rikáuntǝl] *n* pripovedovanje, (obširno) poročilo

re-count [ri:káunt] **1.** *vt* zopet (znova, ponovno) šteti (zlasti volilne glasove); preštevati; **2.** *n* ponovno štetje, preštevanje

recoup [rikú:p] *vt* & *vi econ jur* ustaviti, zadržati, odbiti, odtegniti (vsoto); nadomestiti, nadoknaditi škodo (komu), odškodovati, dati odškodnino; nadomestiti izgubo, kompenzirati, poplačati; **to** ~ **oneself** odškodovati se, opomoči si od izgube

recoupable [rikúpǝbl] *a* nadomestljiv; odtegljiv

recoupment [rikú:pmǝnt] *n jur* ustavitev, odtegljaj; nadomestilo, odškodnina, kompenzacija

recourse [rikó:s] *n* zatočišče, pribežališče; *com* nadomestilo, odškodnina, povračilo, regres; priziv, rekurz; sredstvo za pomoč, za zaščito; *arch* dostop; **liability to** ~ regresna obveznost; **right of** ~ regresna pravica; **to have right to** ~ imeti pravico poiskati si zavetja, zatočišča pri, *fig* zateči se k; **to have** ~ **to foul means** zateči se k nepoštenim sredstvom

recourse-back [rikó:sbæk] *n* postavitev zahteve za izplačilo zneska, navedenega na čeku, če ga ne plača glavni porok

recover I [rikΛvǝ] **1.** *vt* dobiti nazaj, zopet prejeti; ponovno osvojiti; ponovno najti; ponovno (koga) priklicati, privesti, spraviti k zavesti, k življenju; oživiti, ozdraviti; preboleti; osvoboditi, rešiti (*from* pred, od, iz); nadomestiti, nadoknaditi (izgubo, čas), popraviti; rešiti kopno zemljo pred vodo, morjem; (redko) doseči, priti v (kraj); dobiti nadomestilo, odškodnino; zahtevati, terjati, pobrati, inkasirati (vplačilo, denar, dolgove); dati zopet v prvotni položaj (orožje, top itd.); **to ~ one's breath** zopet k sapi priti; **to ~ damages for sth.** dobiti odškodnino za kaj; **to ~ a debt** dobiti dolg povrnjen; **chemicals are ~ ed from ...** kemikalije se dobivajo iz...; **dead man cannot be ~ed to life** mrtvega ni mogoče oživiti; **to be ~ed from a cold** ozdraveti od prehlada; **to ~ one's legs** postaviti se spet na noge; **he has ~ed his father's death** prebolel je očetovo smrt; **he never ~ed his losses** nikoli ni prebolel svojih izgub; **to ~ oneself** priti spet k sebi, umiriti se; **to ~ one's self-possession** zopet se umiriti, se obvladati; **we ~ed the track** spet smo našli sled; **to ~ land from the sea** rešiti zemljo pred morjem; **2.** vi opomoči si (*from* od); okrevati, ozdraveti, priti zopet k sebi, zavesti se; ponovno oživeti; biti odškodovan; *sp* vrniti se na startni položaj; **to ~ from a blow** opomoči si od udarca; **to ~ from a long illness** okrevati od dolge bolezni; **he ~ed slowly** počasi je okreval; **to ~ in one's (law) suit** dobiti svojo pravdo (proces)

recover II [rikÁvə] *n* ponovno dobitje, držanje (položaja); obnavljanje, obnova; *sp* (vrnitev na) startni položaj

re-cover [ri:kÁvə] *vt* zopet pokriti, preobleči (dežnik, stol)

recoverable [rikÁvərəbl] *a* ki se more zopet (nazaj) dobiti (izterjati, nadomestiti, rešiti, ozdraviti, *tech* regenerirati); ozdravljiv, popravljiv

recoverableness [rikÁvərəblnis] *n* možnost povrnitve, izterjave, ozdravitve, *tech* regeneriranja

recovery [rikÁveri] *n* ponovna (za)dobitev; povračilo, izterjava; dobivanje (rude); *space* reševanje; *chem* rekuperacija; okrevanje (*from* od), ozdravljenje, rešitev; **~ of debts** uspešna izterjava dolgov; **~ of damages** povračilo škode; **~ of lost property** povrnitev izgubljene lastnine; **~ of trade** ponovno oživetje trgovine; **he is past (beyond) ~** ni mu pomoči, je neozdravljiv (izgubljen)

recreancy [rékriənsi] *n* odpadništvo, nezvestoba; strahopetnost, izdajalstvo

recreant [rékriənt] **1.** *n* strahopetec, bojazljivec; izdajalec, odpadnik, renegat; **2.** *a* (~ ly *adv*) *poet* strahopeten, bojazljiv, beden; nezvest, izdajalski, odpadniški, renegatski

recreate [rékrieit] *vt & vi* okrepiti (se), (telesno in duševno) (se) osvežiti, odpočiti (si); razvedriti (se), zabavati (se), *fig* izpreči; rekreirati (se); **to ~ oneself with games** rekreirati se s športom

re-create [ri:kriéit] *vt* zopet ustvariti; predrugačiti, predelati

recreation [rekriéišən] *n* oddih, razvedrilo, zabava, sprostitev, počitek, okrepitev; igra, šport, rekreacija

re-creation [ri:kriéišən] *n* ponovna ustvaritev; predrugačenje, predelava; nova ustvaritev

recreational [rekriéišənəl] *a* rekreacijski

recreative [rekriéitiv] *a* rekreativen, razvedrilen, zabaven, osvežilen, krepilen

recreation- ground [rekriéišən gráund] *n* igrišče

recrement [rékrimənt] *n* odpadek (tudi *fig*), žlindra, troska; *physiol* izločina krvi, ki jo kri ponovno absorbira

recriminate [rikrímineit] *vi* medsebojno se obdolževati, obtoževati, si očitati; napraviti protitožbo; napraviti rekriminacijo, odgovoriti na tožbo s tožbo

recrimination [rikriminéišən] *n* medsebojno obdolževanje, obtoževanje; nasprotna obdolžitev ali obtožba, rekriminacija; protiočitek, protiobtožba, obramba proti obtožbi

recriminative [rikrímineitiv] *a* vsebujoč nasprotno obtožbo, obdolžitven, obtožilen; ki se tiče obrambe s protitožbo

recriminator [rikrímineitə] *n* kdor se brani s protiobtožbo

recriminatory [rikríminətəri] *a* ki se tiče obrambe s protitožbo; obdolžitven, obtožilen

recross [rí:krós] *vt & vi* zopet prekoračiti; iti zopet čez; zopet prekrižati

recrudesce [ri:kru:dés] *vi* (o ranah) ponovno se odpreti, (o stanju) poslabšati se; *fig* (o bolezni) znova izbruhniti, nastopiti; zopet se pojaviti (o nemirih, nezadovoljstvu)

recrudescence, -cy [ri:kru:désəns(i)] *n* ponoven nastop, ponoven izbruh (bolezni, nezadovoljstva); ponovno odprtje (rane); poslabšanje

recrudescent [ri:kru:désənt] *a* ki ponovno nastopi, se pojavi (bolezen, nemiri, nezadovoljstvo); ki se zopet odpre (rana); ki se zopet poslabša

recruit I [rikrú:t] *n mil* rekrut, vojaški novinec; *A* navaden vojak, borec; na novo sprejet član (društva itd.); začetnik, novinec; (redko) okrepitev (tudi *mil arch*), prirastek, obogatitev; **raw ~** popoln začetnik

recruit II [rikrú:t] *vt mil* novačiti, dopolniti, izpopolniti (z novimi vojaki), nabirati vojake, rekrutirati; skušati pridobiti za člana, za privrženca; popraviti, obnoviti (zalogo), zopet oskrbeti (*with* z); okrepiti, poživiti, *fig* (zdravstveno) zopet postaviti na noge; *vi arch* okrepiti se, opomoči si, zbrati si novih moči; rekrutirati se; **to ~ a regiment** številčno okrepiti, ojačiti polk; **to be ~ed from** rekrutirati se iz, *fig* biti sestavljen iz; **he went to the country to ~** šel je na deželo, da bi se (zdravstveno) okrepil

recruital [rikrú:tl] *n* okrepitev, okrepčanje, nabiranje novih moči, (zdravstveno) izboljšanje

recruiter [rikrú:tə] *n mil* častnik, ki nabira, rekrutira vojake; nabiralec (članov, privržencev)

recruiting [rikrú:tiŋ] *n* rekrutiranje, novačenje; okrepitev (enote z rekruti); **~ office** urad za rekrutiranje; **~ officer** častnik, ki nabira rekrute

recruitment [rikrú:tmənt] *n* rekrutiranje; okrepitev

rectal [réktəl] *a* (~ ly *adv*) *anat med* dankin, ki se tiče danke

rectalgia [rektǽldžiə, -džə] *n med* rektalgija, bolečine v danki

rectangle [réktæŋgl] *n geom* pravokotnik

rectangular [rektǽŋgjulə] *a* (~ ly *adv*) pravokoten; **~ hyperbola** enakostranična hiperbola

rectifiable [réktifaiəbl] *a* popravljiv; *math* ki se da (mora) popraviti; **a ~ error** popravljiva napaka; **these conditions are ~** temu stanju se da odpomoči

rectification [rektifikéišǝn] *n* poprava, popravek, popravljanje, izboljšanje; *chem* prečiščenje, čiščenje tekočin v posebnih destilacijskih napravah, rektifikacija; *geom* izračunanje dolžine krivulje, izravnanje, rektifikacija; *el* spreminjanje izmeničnega toka v enosmernega

rectifier [réktifaiǝ] *n* popravljalec; *chem tech* usmerjevalec, rektifikator, destilacijski aparat

rectify [réktifai] *vt* popraviti, spraviti v red; izboljšati, urediti, spremeniti na boljše; *geom* izračunati (dolžino krivulje), uravna(va)ti; *chem* rektificirati, prečistiti, destilirati; odpomoči, odpraviti (zlo); *el* spremeniti izmenični tok v enosmernega; **to ~ an error, an instrument** popraviti napako, instrument; **to ~ a method** izboljšati metodo

rectilineal, -near [rektilíniǝl, -niǝ] *a* (~ ly *adv*) prem, premočrten, raven, ravnočrten

rectitude [réktitju:d] *n* premost; korektnost, pravilnost; odkritost, poštenje, pravičnost, resnicoljubnost; **~ of judg(e)ment** pravilnost presoje, sodbe

recto, *pl* -tos [réktou, -touz] *n print* desna stran (v knjigi); sprednja stran (platnic)

rector [réktǝ] *n eccl E & A* župnik; pastor; *univ* rektor; *Sc* (= **Lord R~**] častni predsednik vseučiliškega sodišča, (redko) ravnatelj, vodja (šole)

rectorate [réktǝrit] *n univ* rektorat; rektorstvo; *eccl* služba, doba službovanja župnika ali pastorja; župnišče

rectoress [réktǝris] *n coll* pastorjeva žena

rectorial [rektó:riǝl] 1. *a* (~ ly *adv*) pastorski, župniški; *univ* rektorski; 2. *n*; **~s** *pl* volitve rektorja

rectorship [réktǝšip] *n* pastorstvo, župništvo; *univ* rektorstvo

rectory [réktǝri] *n* župnišče, župnija; župnijski urad; župnijski dohodki in pravice

rectress [réktris] *n* ravnateljica, predstojnica, upraviteljica (šole); rektorica

rectum, *pl* -cta [réktǝm, -ktǝ] *n anat* rektum, danka

recumbence, -cy [rikʌ́mbǝns(i)] *n* ležeči položaj, ležanje; počivalen položaj (lega), počivanje; (redko) zanašanje (*on, upon* na), zaupanje (v)

recumbent [rikʌ́mbǝnt] *a* ležeč, počivajoč (*on, upon* na); naslonjen, sloneč; *fig* počivajoč, brezdelen, neaktiven; **~ hairs** nazaj ležeči (počesani) lasje

recuperate [rikjú:pǝreit] *vt & vi* (pri)dobiti nazaj (moči, zdravje), dati zopet nazaj komu (moči); okrepiti, *fig* spraviti zopet na noge koga; opomoči si, okrevati, okrepiti se, *fig* opomoči si (od finančnega udarca)

recuperation [rikju:pǝréišǝn] *n* odpočitev, okrepitev, okrevanje

recuperative [rikjú:pǝrǝtiv] *a* ki jača, krepi; krepilen; okrevalen; sposoben okrepitve, okrevanja

recur [rikǝ́:] *vi* vrniti se, vračati se, vračati se v mislih ali besedah (*to* na); zopet nastopiti (dogodek), ponoviti se, obnoviti se; zateči se (*to* k); pasti na pamet, priti na um, spomniti se; **an ever ~ring question** vedno nastopajoče, stalno se ponavljajoče vprašanje (problem); **~ring decimal** *math* periodična decimalka; **~ring**

disease ponavljajoča se bolezen; **it ~ red to me** spomnil sem se; **to ~ in (on, to) the mind** priti nazaj na um, na pamet

recurrence, -cy [rikʌ́rǝns(i)] *n* vračanje (v pogovoru, *to* na); vrnitev, ponoven nastop, pojavljanje (problema); zatekanje (*to* k); iskanje zatočišča, zavetja (*to* pri); **~ of ancestral traits** vračanje (zopetno pojavljanje) potez prednikov (v družini); **the nightly ~ of the fever** nočno ponavljanje mrzlice; **they had ~ to arms** zatekli so se k orožju

recurrent [rikʌ́rǝnt] *a* (~ ly *adv*) povraten, vračajoč se, ponavljajoč se; periodičen; *anat* (o žili, živcu) povraten, ki gre nazaj, v obratno smer; **~ fever** povratna mrzlica

recurvate [rikǝ́:vit] *a* nazaj ukrivljen

recurve [ri:kǝ́:v] *vt & vi* nazaj (se) ukriviti; obrniti se nazaj (o toku, vetru)

recusance, -cy [rikjú:zǝns(i)] *n hist eccl* neposlušnost, nepokorščina, upornost, upiranje (proti prisostvovanju obredom v anglikanski cerkvi s strani katoličanov); nepokorščina, upornost, opozicija (*against* proti)

recusant [rikjú:zǝnt] 1. *a hist eccl* ki se upira prisostvovati obredom v anglikanski cerkvi; odklanjajoč anglikansko Cerkev; 2. *n hist eccl* rekuzant, upornež, neposlušnež (ki noče prisostvovati obredom v anglikanski cerkvi)

recusation [rekjuzéišǝn] *n jur* upiranje, odklanjanje (kakega sodnika, porotnika)

recuse [rikjú:z] *vt jur* odkloniti, zavrniti (osebo, njeno avtoriteto, sodnika, porotnika), dati ugovor, ugovarjati (sodnikovi pristranosti)

red I [red] 1. *a* (~ ly *adv*) rdeč; rus; pordečen (*with* od); okrvavljen, krvav; rdeče razžarjen ali razbeljen; *pol* rdeč, komunističen, sovjetski; anarhističen, revolucionaren; marksističen; **as ~ as a rose** rdeč kot vrtnica; **~ admiral** (metulj) admiral; **R ~ Army** Rdeča armija; **a ~ battle** krvava bitka; **~ cap** *E* vojaški policist, *A* postreščič, nosač na postaji; **~ cent** bakren novčič; **~ chalk** krvavec (kamen); **~ coats** *sl* vojaki; **~ deer** jelen; **~ eye** *A sl* cenen viski; **~ eyes with tears** od jokanja rdeče oči; **~ flag** rdeča zastava; **~ flannel** *sl* jezik; **~ hat** kardinalski klobuk, kardinal(ska čast); *E sl* štabni častnik; **~ herring** prekajen slanik, *fig* nekaj, kar odvrača pozornost od neprijetnega, nevarnega predmeta; **~ handed** krvavih rok, hudodelski, ki je pri hudodelskem dejanju; **~ light** rdeča luč; **~ light district** mestni predel s številnimi javnimi hišami; **~ meat** govedina, bravina; **a ~ radical** *pol* hud, zagrizen radikal; **~ rag (to a bull)** rdeča krpa (ki razdraži bika), *fig* nekaj, kar človeka razdraži; **~ vengeance** krvavo maščevanje; **~ weed** mak; **~, white and blue** *sl* mrzla soljena govedina; **neither fish, flesh nor good ~ herring** ne ptič ne miš, nekaj nedoločljivega; **to be ~ with anger** biti rdeč od jeze; **it is a ~ rag to him** to ga razdraži kot rdeča krpa bika; **to draw a ~ herring across the track (the path)** s kako stransko stvarjo odvrniti pozornost od glavne stvari; z veščim manevrom odvrniti pozornost, zabrisati sled; **to have ~ hands** imeti krvave roke, zakriviti smrt kake osebe; **to make ~** pordečiti; **to paint** the town ~ hrupno veseljačiti, razgrajati, delati kraval po mestu; **to see** ~ *fig* pobesneti; **to see the** ~ **light** *fig* videti, spoznati pretečo nevarnost; **to turn** ~ postati rdeč, zardeti

red II [red] *vi aero* dobiti nenaden naval krvi v glavo

red III [red] *n* rdeča barva, rdečilo; rdečica; *A* rdeča tinta; *pol iron* rdečkar, socialist, komunist, hud radikal, revolucionar, anarhist; (često R~) marksist, boljševik, sovjetski Rus; **Reds** *pl* Rdečekožci, Indijanci ~**s** *pl* rdeče vrste (vina); rdeči, tj. socialisti, komunisti; **the** ~ rdeča krogla (pri biljardu); **the** ~ **stran** dolgov (v kontu), izguba, deficit, dolgovi; **a dark** ~ temna rdeča barva; **dressed in** ~ rdeče oblečen; **the** ~**s and yellows of autumn** rdeče in rumene jesenske barve; **to be in the** ~ *fig* imeti deficit, dolgove, izgubo; **to be out of the** ~ biti, izvleči se iz dolgov; **to come out of the** ~ *A* izkazati dobiček; **to see** ~ *fig* pobesneti

redact [ridǽkt] *vt* urediti, redigirati, določiti besedilo, formulirati; pripraviti za tisk, izdati

redaction [ridǽkšən] *n* redigiranje, določitev besedila, urejevanje, uredništvo, redakcija; nova izdaja, nova obdelava, revizija

redactor [ridǽktə] *n* redaktor, urednik; izdajatelj

redbait [rédbeit] *vt A sl* napasti, šikanirati (koga) kot »rdečkarja«, zlasti komunista

redbaiter [rédbeitə] *n A sl* sovražnik »rdečih«, zlasti komunistov

red-blind [rédblaind] *a* slep za rdečo barvo

red blood cell [réd blʌd sel] *n med* rdeče krvno telesce

red-blooded [rédblʌdid] *a* ognjevit, živ, vitalen

Red Book [rédbuk] *n* knjiga, ki vsebuje popis plemstva, imena plemičev; *pol* rdeča knjiga

red box [rédbɔks] *n* rdeča skrinja (za važne, zlasti državne papirje)

redbrest [rédbrest] *n zool* taščica

red-cap [rédkæp] *n zool* lišček; *coll* vojaški policist (z rdečo kapo); *A* nosač, postrešček (zlasti na železniški postaji)

red-cheeked [rédči:kt] *a* rdečeličen, rdečih lic

red clover [rédklouvə] *n bot* rdeča detelja

redcoat [rédkout] *n* (nekoč) britanski vojak

red corpuscle [rédkó:pʌsl] *n* rdeče krvno telesce

Red Cross [rédkrɔs] *n* Rdeči križ; križ sv. Jurija ali narodni emblem Anglije

Red Crescent [rédkresənt] *n* Rdeči polmesec (turški Rdeči križ)

red currant [rédkʌrənt] *n bot* rdeče grozdjiče

redden [rédən] *vt & vi* pordečiti (se), rdeče (se) pobarvati, ožariti (se); postati rdeč, zardeti (*at* ob, *with* od)

reddish [rédiš] **1.** *a* rdečkast; **2.** *n* rdečkasta barva

reddy [rédi] *a* rdečkast

rede [ri:d] **1.** *n arch* (na)svet, mnenje; namen; pripoved; **2.** *vt arch* svetovati; razlagati, tolmačiti (sanje, uganko); pripovedovati, poročati

redecorate [rí:dékəreit] *vt* znova (ponovno) pleskati (hišo); ponovno okrasiti, dekorirati

redeem [ridí:m] *vt* nazaj kupiti, odkupiti, zopet kupiti; dobiti nazaj; amortizirati, odplačati (dolg); izpolniti, držati (obljubo); izžrebati (državne papirje); odkupiti, osvoboditi, (od)rešiti (*from* od, *out of* iz); popraviti, omiliti,

ublažiti; nadomestiti; **to** ~ **one's honour, one's rights** vzpostaviti, nazaj dobiti svojo čast, svoje pravice, **to** ~ **a mortgage** odplačati hipoteko; **to** ~ **a pawned watch** odkupiti, nazaj kupiti zastavljeno uro; **the** ~**ing feature** edina lepa poteza, edina svetla točka; **he has one** ~**ing feature (on)** ima eno (pozitivno) potezo, ki ga rešuje, ki ublažuje njegove negativne poteze; **there is nothing to** ~ **his errors** ničesar ni, zaradi česar bi se mu mogle opravičiti njegove zablode; **the eyes** ~ **the face from ugliness** oči rešujejo, kompenzirajo grdi obraz; **tasteful decorations** ~ **the ugliness of the room** okusne dekoracije kompenzirajo grdoto sobe; **the play was** ~**ed by the acting** slabi igri je do uspeha pripomoglo dobro igranje

redeemable [ridí:məbl] *a* (**redeemably** *adv*) odkupljiv, odplačljiv, ki se da amortizirati (izžrebati, dobiti v loteriji); popravljiv, ki se da (od)rešiti

redeemer [ridí:mə] *n* odkupnik; oseba, ki drži obljubo; rešitelj; *relig* **the R**~ odrešenik, zveličar

redeliver [ri:dilívə] *vt* zopet osvoboditi, oprostiti, odkupiti; nazaj dati, vrniti; zopet izročiti

redemption [ridémpšən] *n econ* odkup; ponoven, povraten kup; rešitev, odrešitev, osvoboditev (*from* od); odplačilo (dolga, posojila, zastavljenega predmeta), razdolžitev, amortizacija; izpolnitev (obljube); ~ **fund** amortizacijski sklad; ~ **of a bank-note in gold** odkup (zamenjava) bankovca za zlato; **to become a member of a society by** ~ postati član društva s plačilom; **he is past** ~ ni mu rešitve

redemptive [ridémptiv] *a relig* ki odreši, odrešilen, odrešujoč

redemptory [ridémptəri] *a* odkupninski; ~ **price** odkupnina

Red Ensign [redensáin] *n* zastava britanske trgovinske mornarice

red fire [rédfaiə] *n* rdeči bengalični ogenj

red-fish [rédfiš] *n* vrsta lososa (riba)

red-haired [rédhɛəd] *a* rdečelas

red-handed [rédhǽndid] *a* krvavih rok; (ki je) pri samem hudodelstvu; **to be caught** ~, **to take s.o.** ~ biti zasačen, zasačiti koga pri samem (hudodelskem) dejanju

redhead [rédhed] *n* rdečeglavec, rdečelasec; *fig* togoten človek

redheaded [rédhedid] *a* rdečelas; rdečeglav (o živali)

red heat [rédhi:t] *n* rdeče žarenje; pripeka

red-hot [rédhót] *a* razžarjen, razbeljen; razvnet, togoten, besen, divji; svež, nov, najnovejši; ~ **news** najnovejše vesti

red herring [rédhériŋ] *n* prekajen, povojen slanik; *fig* napačna sled, finta, speljevalen predmet ali manever; nekaj, kar odvrača pozornost od neprijetnega ali nevarnega predmeta; **to draw a** ~ **across the track (path)** izvesti speljevalen manever; skušati speljati (odvrniti), pustiti napačno sled (da bi koga speljali)

red (Red) Indian [rédíndiən] *n* (zlasti severnoameriški) Indijanec

redingote [rédiŋgout] *n* salonska suknja, redingot; damski plašč

redintegrate [redíntigreit] *vt* vrniti v prejšnje stanje (popolnosti), vzpostaviti, obnoviti; reintegrirati

redintegration [redintigréišən] *n* obnovitev, obnova, vzpostavitev prejšnjega stanja (popolnosti), reintegracija

redintegrative [redíntigreitiv] *a* obnovitven, reintegrirajoč

redirect [ri:dirékt] *vt* ponovno nasloviti, adresirati; staviti drug naslov (na pismo), prenasloviti

Red International [rédintənǽšnəl] *n pol* rdeča internacionala

rediscover [ri:diskávə] *vt* ponovno (zopet) odkriti

rediscovery [ri:diskávəri] *n* ponovno odkritje

redispose [ri:dispóuz] *vt* nanovo (ponovno) razmestiti, razpostaviti

redistribute [ri:distríbju:t] *vt* zopet (ponovno) razdeliti (podeliti, dodeliti) (**seats in Parliament** sedeže v parlamentu)

redistribution [ri:distribjú:šən] *n* ponovna razdelitev, podelitev

redivide [ri:diváid] *vt* zopet razdeliti, deliti

redivision [ri:divížən] *n* ponovna delitev

redivivus [rediváivəs] *a Lat* oživel, zopet živ, oživljen, obnovljen; redivivus

red lane [rédlein] *n coll anat* požiralnik; **to go down the ~** zdrsniti po požiralniku

red lead [rédled] *n* 1. svinčevo rdečilo, minij; 2. *vt* prevleči z minijem

red-letter [rédlétə] 1. *a* tiskan z rdečimi črkami v koledarju; **~ day** praznik; srečen, nepozaben dan; 2. *vt* (redko) rdeče zaznamovati (dan v koledarju kot srečen dan)

redly [rédli] *a* rdečkast

red man [rédmən] *n* rdečekožec, Indijanec

redness [rédnis] *n coll* rdečo; rdeče žarenje

re-do* [rí:dú:] *vt* zopet (ponovno, nanovo) napraviti; obnoviti, renovirati; **to ~ one's hair** še enkrat se počesati (sfrizirati)

redolence [rédələns] *n* sladek, dišeč, prijeten vonj ali duh; *fig* spomin na

redolent [rédələnt] *a* (redko) prijeten, sladek (o vonju); močno dišeč, vonjav, ki diši (*of*, *with* po); *fig* ki spominja na; **a coat ~ of tobacco** po tobaku dišeč suknjič; **a castle ~ with mystery** s skrivnostnostjo ovit grad; **a scene ~ of the Middle Ages** na srednji vek spominjajoč prizor; **a tone ~ with contempt** zaničevanja poln ton; **to be ~ of sth.** *fig* dišati po; namigovati, cikati na, spominjati na, imeti duh (vonj) po

redouble [ri:dábl] *vt & vi* podvojiti (se), povečati (se), pojačati (se), pomnožiti (se); ponoviti (se); zrcaliti se, odmevati; (bridž) rekontrirati; **to ~ one's efforts** podvojiti, povečati svoje napore; **the noise ~d** hrup se je podvojil, povečal

redoubt [ridáut] 1. *n mil* utrdba, reduta, okop; trdnjavsko (mestno) obzidje; 2. *vt* (redko) bati se, plašiti se

redoubtable [ridáutəbl] *a* strašen, grozen, grozo in strah zbujajoč, ki vliva strah in spoštovanje

redoubted [ridáutid] *a* strah zbujajoč; vzvišen, spoštovan; slaven, znamenit

redound [ridáund] 1. *vi* biti obilen (čezmeren, odvečen), obilovati, biti na pretek, narasti; teči nazaj, priti nazaj (*upon* na), vračati se, vrniti se, pasti nazaj (*upon* na); izvirati, izhajati (*from*, *out of* iz); biti posledica (česa), priti do, rezul-

tirati, prispevati (*to* k); povečati, pospeševati napredek; *arch* valovati, preplavljati, kipeti (o vodi, valovih); *arch* odmevati, odzvanjati; 2. *vt* odbijati, odražati; dati, dodati; **it ~s to his credit** v čast mu služi; **it will ~ to our advantage to** nam bo v korist; **a benefit ~s upon the benefactor** dobro delo konec koncev koristi dobrotniku; **his success will ~ to the fame of the university** njegov uspeh bo prispevek k slovesu univerze

redraft [rí:fra:ft] 1. *n* ponoven, nov načrt, koncept; drugi načrt; *com* protimenica; 2. [ri:drá:ft] *vt* ponovno napraviti načrt; zopet sestaviti koncept

red-rag [rédræg] *n* rdeča krpa; *fig*, nekaj, kar razdraži, spravlja v besnost; vrsta sneti v žitu; **it is a ~ to him** to ga spravi v besnost

re-draw* [ri:dró:] 1. *vt* zopet (ponovno, znova) narisati; 2. *vi* napraviti nov načrt; *econ* izdati protimenico, povratno menico (*on*, *upon* na)

redress I [ridrés] *n* nadomestilo, kompenzacija, odškodovanje, odškodnina, reparacija; poprava, pomoč, lek, zadoščenje, odstranitev krivice; vzpostavitev, obnovitev; **a wrong that asks for ~** krivica, ki zahteva poprav (zadoščenje); **to get no ~ for one's losses** nobene odškodnine ne dobiti za svoje izgube

redress II [ridrés] *vt* (ponovno) vzpostaviti (ravnotežje), popraviti (krivico); nadomestiti, nadoknaditi komu škodo (*for* za), odškodovati; odstraniti, odpraviti, ukiniti (napake, slabosti, zlo); najti lek, odpomoči; dati zadoščenje, uslišati pritožbe; pomagati, ublažiti; **to ~ the balance** vzpostaviti ravnotežje; **to ~ a wrong** popraviti krivico

re-dress [rí:drés] *vt & vi* zopet (se) obleči; nanovo obvezati, prevezati (rano)

Red Sea [rédsi:] *n* Rdeče morje

redshank [rédšænk] *n zool* rdečenoga raca; **to run like a ~** teči (hitro) kot zajec

red-short [rédšɔ:t] *a* (o jeklu ali železu) krhek, lomljiv v razbeljenem stanju (zaradi prevelike vsebine žvepla)

redskin [rédskin] *n* rdečekožec, Indijanec

red-soldier [rédsouldžə] *n coll fig* svinjska mrzlica s kožno rdečico; prašič, obolel za to boleznijo

Red Star [rédstá:] *n* mednarodna organizacija za zaščito domačih in divjih živali

redstart [rédsta:t] *n zool* rdeča taščica

red tape [rédtéip] *n* rdeča vrvica (za povezanje službenih spisov, aktov); *fig* birokracija, birokratstvo, birokratizem; ozkosrčno uradniško poslovanje, uradniški formalizem, pedantnost

red-tapery [rédtéipəri] *n* birokratizem, birokracija, pedantnost, dlakocepstvo

red-tapism [rédtéipizəm] *n* glej **red-tapery**

red-tapist [rédtéipist] *n* birokrat, pedant, dlakocepec, formalist

reduce [ridjú:s] 1. *vt* zmanjšati, znižati, skrčiti; *math & chem* (z)reducirati, spremeniti (v); privesti (nazaj na), vrniti v prejšnje stanje; prignati, pritirati (k), zlomiti odpor; prisilno koga premestiti, prisiliti, privesti (*to* k); podvreči, podjarmiti; izreči sodbo; rešiti; sneti; pomanjšati, napraviti v manjšem merilu, v manjši obliki; omejiti (*to* na); stisniti, zategniti; oslabiti, izčrpati; razredčiti (barve); *med* uravnati; znižati, spustiti (cene); *arch* spraviti na pravo pot; *arch* zopet poklicati v spomin; *mil* (redko) degradirati, znižati (odvzeti) službeno stopnjo; *mil* (redko) odpustiti, razpustiti; ~ **d from 3 shillings** prej(šnja cena) 3 šilinge; **in ~ circumstances** obubožan, v bedi, v stiski (po obilju); **in a ~d state** v slabem stanju, oslabljen; **at ~d prices** po znižanih cenah; **at ~d fare** po znižani vozni ceni; **on a ~d scale** v zmanjšanem merilu, v malem; **to ~ to absurdity** privesti do absurda; **to ~ to ashes** spremeniti v pepel, sežgati; **to ~ to beggary** privesti, spraviti na beraško palico; **to ~ to classes** razvrstiti v razrede; **to ~ clerks** zmanjšati število uslužbencev, odpustiti uslužbence; **to ~ to a common denominator** spraviti na skupni imenovalec; **to ~ to despair** pritirati, spraviti v obup; **she was ~d to despair** zapadla je v obup; **to ~ a dislocation** naravnati izpahnjen ud; **to ~ to distress** onesrečiti (*s.o.* koga); **to ~ a fraction** reducirati, skrčiti ulomek; **to ~ ore to metal** staliti kovino iz rude; **to ~ money** preračunati šilinge v penije ipd.; **to ~ a non-commissioned officer to the ranks** degradirati podčastnika v navadnega vojaka; **to ~ to nothing** uničiti; **to ~ to obedience** prisiliti k pokorščini; **to ~ to order** spraviti v red, urediti; **to ~ a request to writing** napisati prošnjo; **to ~ to poverty** osiromašiti (koga); **to ~ the speed** zmanjšati hitrost; **to ~ to a system** spraviti v sistem; **he was ~d to sell his house** bil je prisiljen prodati svojo hišo; **to ~ to tears** ganiti do solz; **to ~ theories to practice** uporabiti teorijo v praksi; **to ~ a town** *mil* streti odpor mesta; **to ~ to writing** spraviti v pismeno obliko; **2.** *vi* shujšati; zmanjšati se, reducirati se; ~**d to a skeleton** do kosti shujšan

reducer [ridjú:sə] *n* zmanjševalec, pomanjševalec; uravnalec; *tech* stroj za reduciranje; *phot* sredstvo za zmanjšanje gostote negativa; razvijalec

reducibility [ridju:sibíliti] *n* skrčljivost, zmanjšljivost, stisljivost

reducible [ridjú:sibl] *a* skrčljiv, ki se da zmanjšati, zreducirati (*to* na); spremenljiv (*to, into* v)

reducing glass [ridjú:siŋ gla:s] *n* pomanjševalno steklo

reduction [ridΛkšən] *n* zmanjšanje, znižanje, skrčenje, redukcija (plač); spreminjanje (*into, to* v); popust, znižanje, znižana cena (na železnici); uravnanje (uda); vračanje (*to* k); *math & chem* redukcija; ~ **of a dislocation** uravnanje izpahnjenega uda; ~ **of a fort** zlom odpora v utrdbi; ~ **of (in) prices, wages** znižanje cen, plač; ~ **to slavery** zasužnjenje; ~ **of staff** zmanjšanje, redukcija osebja; ~ **of taxes** znižanje davkov; ~ **in value** razvrednotenje

reductional [ridΛkšənəl] *a* redukcijski

reductive [ridΛktiv] **1.** *a* zmanjševalen; redukcijski; **2.** *n chem* redukcijsko sredstvo

redundance, -cy [ridΛndəns(i)] *n* izobilje, obilje, preobilica, pretek; bogatost, bogastvo; presežek, prebitek; ~ **of workers** odvečna delovna sila (delavci) (zaradi pomanjkanja dela)

redundant [ridΛndənt] *a* (~**ly** *adv*) preobilen, (ki ga je) na pretek, odvečen, nepotreben; čezmeren, pretiran, nezmeren; prenatrpan (*with* z); bujen, razkošen, prekipevajoč, bogat; razmetan,

raztresen; ~ **style** odvečnih besed prepoln slog; ~ **workers** odvečna delovna sila

reduplicate I [ridjú:plikeit] *vt & vi* podvojiti (se); ponoviti (se); *gram* reduplicirati (se)

reduplicate II [ridjú:plikit] **1.** *a* podvojen; ponovljen; redupliciran; **2.** *n* dvojnik, duplikat

reduplication [ridju:plikéišən] *n* podvojitev; ponovitev, ponavljanje; pregib; *ling* reduplikacija

red water [rédwó:tə] *n* rdeča voda; *med vet* krvosečnost, hematurija

redwing [rédwiŋ] *n zool* drozg, cikovt

redye [ri:dái] *vt* znova (zopet) (po)barvati; prebarvati

red-yellow [rédjélou] **1.** *a* rdeče rumen, oranžen; **2.** *n* oranža

re-echo [riékou] **1.** *n, pl* -**oes**, odmev odmeva, drugi odmev, dvojni odmev; **2.** *vi* odmevati, odjeknit, (*with* od); *vt* ponoviti kot odmev, vrniti (*zvok' glas'*) z odmevom

reed [ri:d] **1.** *n* trst, trstje; *poet* trtna piščal, trstenica; *fig* pastirska pesem, pastoralna poezija; *mus* ustnik; cev (orgel); motek, tuljava (za navijanje preje); glavnikast greben pri tkalnih statvah; **the ~ s** *pl mus* piskala; **broken ~** zlomljen trst, *fig* oseba ali stvar, na katero se človek ne more zanesti; **to lean upon a broken ~** *fig* opirati se na zlomljen trst, opirati se, zanesti se na nestanovitno osebo ali na nezanesljivo stvar; **2.** *vt* pokriti (streho) s trstjem; pripraviti (slamo) za prekritje strehe; *mus* opremiti (instrument) z ustnikom

re-edify [ri:édifai] *vt* ponovno (zopet, nanovo) zgraditi, sezidati; *fig* obnoviti

reediness [ri:dinis] *n* obilica trstja; vitkost; hripavost, piskavost (glasu)

re-edit [ri:édit] *vt* zopet (ponovno, nanovo) izdati (knjige)

re-edition [ri:edíšən] *n* ponovna (druga, nova) izdaja

reedling [ri:dliŋ] *n zool* brkata sinica

reed organ [ri:dó:gən] *n mus* harmonij

reed-pipe [ri:dpaip] *n* piščal iz trsta, trstenica; cev orgel

re-educate [ri:édjukeit] *vt* prevzgojiti, nanovo vzgojiti

re-education [ri:edjukéišən] *n* prevzgoja, ponovna vzgoja

reed-warbler [ri:dwó:blə] *n* trstenica (ptica)

reedy [ri:di] *a* (**reedily** *adv*) trstnat, porasel s trstjem, poln trstja; *poet* narejen iz trsta; *fig* visok, vitek, mršav; slaboten (kot trst); (o travi) trd, grob; (o glasu) piskav, hripav, šibek in tanek; ~ **bed** postelja, ležišče iz trstja

reef I [ri:f] *n* (morski) greben, kleč, čer, ki malo štrli iz vode ali je tik nad površjem; *min* žila zlatonosne rude (kremena); **sunken ~** podvodna čer, greben

reef II [ri:f] **1.** *n* vodoravni spodnji del jadra, pas pri jadru; **to take in a ~** skrajšati jadro, *fig* popustiti v svojih zahtevah, zmanjšati izdatke; **2.** *vt* skrajšati, zmanjšati jadro; **to ~ one's sail** *fig* omejiti se (v izdatkih itd.)

reefer [ri:fə] *n* kdor zvija jadro; *sl* gojenec pomorske akademije, aspirant; (= **reefing jacket**) tesen (dežni) mornarski plašč z dvema vrstama gumbov; podvezan vozel; ladja hladilnik, hladilni vagon; *A sl* cigareta iz marihuane; *Austr sl* iskalec zlata, zlatokop

reef-knot [rí:fnət] *n naut* podvezan vozel

reef-point [rí:fpoint] *n naut* podveza (pri jadru)

reefy [rí:fi] *a* (ki je) poln čeri

reek [ri:k] **1.** *n* para, izparina, izparevanje; (plesniv, pokvarjen) vonj (duh, zrak), smrdljivo ozračje; *Scot* dim; ~ **of blood** duh po krvi; **2.** *vt* (pre)-kaditi; zadimiti; oddajati, izpuhtevati dim itd.; *vi* dimiti se, kaditi se (*with* od), izparevati, dišati, smrdeti (*of, with* po), zaudarjati; *fig* biti napojen, napolnjen (*of* s čim); **to** ~ **of garlic** dišati po česnu; **the room** ~ **ed with tobacco** soba je bila polna dima od tobaka; **the air** ~ **ed of revolution** *fig* v zraku je dišalo po revoluciji

Reekie [rí:ki] *n*; *coll* **Auld** ~ Edinburgh

reeky [rí:ki] *a* kadeč se, zadimljen, izparevajoč; poln smrdljive pare, smrdljiv, zaudarjajoč; počrnel od dima

reel I [ri:l] **1.** *n* tuljava, motek, vretence; motovilo; zvitek, zmotek, rola filma; **news** ~ filmski tednik; **off the** ~ *fig* hitro eden za drugim, brez prekinitve; **to recite right off the** ~ oddrdrati, od začetka do konca hitro in gladko (od)govoriti, recitirati; **2.** *vt* namotati, naviti na tuljavo, na vretence, na motek; (iz)vleči z namotavanjem; *vi* (o kobilicah) oddajati drdrav zvok (kot vrteča se tuljava); **to** ~ **a fish in** izvleči, potegniti ribo (iz vode) z namotavanjem vrvice (na ribiški pripravi)

reel off *vt* odviti, odmotati, razmotati, odsukati; našteti; **to** ~ **off a story** oddrdrati, gladko povedati zgodbo

reel up *vt* do konca, popolnoma naviti ali namotati

reel II [ri:l] **1.** *n* (hitro) obračanje, vrtenje; opotekanje; *fig* vrvenje; **without a** ~ **or a stagger** brez omahovanja; **2.** *vi* (o glavi, očeh) vrteti se; imeti vrtoglavico; opotekati se; *vt* hitro vrteti (one's **partner in a dance** partnerico pri plesu, soplesalko); **my head** ~ **s** v glavi se mi vrti; **to** ~ **under a blow** opoteči se od udarca; **the State was** ~ **ing to its foundations** država se je zamajala do temeljev

reel III [ri:l] **1.** *n* živahen (zlasti škotski) ples; glasba za ta ples; **2.** *vi* plesati ta ples

re-elect [ri:ilékt] *vt* zopet (ponovno) izvoliti, reeligirati; zopet izbrati

re-election [ri:ilékšən] *n* ponovna izvolitev, reelekcija

reeler [rí:lə] *n*; **a two** ~ 2000 čevljev dolg film

re-eligible [ri:élidžibl] *a* ponovno izvoljiv; **to be** ~ **for** biti izvoljiv za

reelingly [rí:liŋli] *adv* opotekaje

re-embark [ri:imbá:k] *vt & vi* zopet (se) vkrcati; *vi* znova se spustiti v

re-embarkation [rí:imba:kéišən] *n* ponovno vkrcanje

re-embattle [ri:embǽtl] *vt* postaviti zopet v bojne vrste

re-emerge [ri:imó:dž] *vi* ponovno priplavati na vrh; zopet se pojaviti, nastopiti

re-emergency [ri:imó:džənsi] *n* ponovno priplavanje na vrh; ponovno pojavljenje, ponoven nastop

re-enable [ri:inéibl] *vt* zopet usposobiti

re-enact [ri:inǽkt] *vt* zopet uveljaviti (zakon itd.), dati (zakonu) zopet veljavo; zopet predpisati; *theat* nanovo postaviti na oder, uprizoriti

re-emphasize [ri:émfəsaiz] *vt* še enkrat poudariti

re-employ [ri:implói] *vt* zopet uporabiti; zopet zaposliti

re-employment [ri:implóimənt] *n* ponovna uporaba; ponovna zaposlitev

re-enforce [ri:infó:s] *vt* glej **reinforce**

re-engage [ri:ingéidž] *vt* vzeti zopet v službo, zopet angažirati; zopet obvezati

re-engine [ri:éndžin] *vt* postaviti zopet nove stroje v ladjo

re-engrave [ri:ingréiv] *vt* zopet (nanovo) vgravirati, pregravirati

re-enlist [ri:inlíst] *vt & vi* zopet vnesti (v seznam), zopet vpisati; *naut mil* zopet se prijaviti v vojaško službo, naprej služiti; **to** ~ **s.o.'s services** zopet sprejeti usluge od koga

re-enlistment [ri:inlístmənt] *n* ponoven vpis (v seznam); ponoven sprejem v vojsko

re-enter [ri:éntə] *vi* zopet vstopiti, iti noter (*into* v); *vt* zopet vknjižiti, vnesti, vpisati; zopet se javiti (k izpitu); **to** ~ **into one's rights** *jur* zopet priti do svojih pravic; **to** ~ **s.o.'s service** zopet vstopiti h komu v službo; **to** ~ **upon** *jur* ponovno dobiti, vzeti v posest ali zakup

re-entrance [ri:éntrəns] *n* ponoven vstop, vstopanje; ponoven vpis, vknjiženje

re-entrant [ri:éntrənt] **1.** *a geom* izbočen (o kotu); **2.** *n geom* izbočen kot

re-entry [ri:éntri] *n jur* ponoven prevzem (posesti, zemljišča itd.); ponoven nastop, pojavitev, prihod; ponovno vknjiženje; ponovna prijava

re-erect [ri:irékt] *vt* zopet postaviti, zgraditi

re-establish [ri:istǽbliš] *vt* zopet postaviti, vzpostaviti; zopet osnovati, ustanoviti, uvesti; zopet ugotoviti, dognati

re-establishment [ri:istǽblišmənt] *n* vzpostavitev; reintegracija

reeve I [ri:v] **1.** *n E hist* sodnik, upravnik, oskrbnik; nadzornik; *Canada* predsednik vaškega ali mestnega sveta, župan

reeve II [ri:v] *vt* potegniti, povleči (vrv) skozi luknjo ali oboček; (previdno) se povleči skozi; **the ship** ~ **d the shoals** ladja se je zmanevrirala skozi plitvine

re-examination [ri:igzæminéišən] *n* ponoven (popraven) izpit; *jur* ponovno zaslišavanje (prič); ponovna preiskava; ponoven pregled

re-examine [ri:igzǽmin] *vt* ponovno izprašati, pregledati; *jur* ponovno zaslišati (priče), ponovno preiskati (primer)

re-exchange [ri:iksčéindž] **1.** *n* ponovna zamenjava; *econ* vzratna menica, protimenica; **2.** *vt* zopet (ponovno) zamenjati

re-export [ri:ékspɔt] **1.** *n com* ponoven izvoz; izvoz uvoženega blaga; zopet izvoženo blago; **2.** [ri:ekspó:t] *vt com* zopet izvoziti, eksportirati (uvoženo blago)

reface [ri:féis] *vt* obnoviti (hišno pročelje, zunanjost, površino); dati (obleki) nove reverje

refashion [rifǽšən] *vt* dati novo obleko, preoblikovati, predelati (*after* po)

refasten [ri:fá:sn] *vt* zopet (nanovo) pritrditi

refect [rifékt] *vt* (redko) osvežiti, okrepčati; **to ~ oneself** okrepčati se

refection [rifékšən] *n* okrepčilo, prigrizek, lahek obed

refectory [riféktəri] *n* obednica (v zavodih, samostanih), refektorij; **~ table** dolga jedilna miza (za obednice)

refer [rifə́:] **1.** *vt* napotiti (*to* k, na), opozoriti (*to* na); predložiti, pripisovati kaj (*to s.o.* komu); predati, prepustiti, dodeliti (*to* komu); **2.** *vi* nanašati se (*to* na), tikati se (*to* česa); sklicevati se (*to* na), obrniti se na, zateči se k; kazati na, posredno misliti na, namigovati (*to* na), omeniti; **to ~ oneself to** prepustiti se, predati se, zaupati se, zaupno se obrniti na, zanesti se na; **referred to** ki se nanaša na; o komer (čemer) je govor; **the point ~red to** omenjena, tista točka; **to ~ to a dictionary** poiskati v slovarju; **to ~ to drawer** (kratica: **R.D.**) obrazec, ki ga banka napiše na ček, ki nima denarnega kritja; **I~ myself to my experience** zanesem se na svojo izkušenost; **I ~red him to the manager for information** napotil sem ga k direktorju za informacije; **I must ~ to the manager** moram se obrniti na direktorja; **to ~ a matter to arbitration** prepustiti zadevo arbitraži, razsodišču; **we shall ~ this matter to them** to zadevo bomo prepustili njim; **he ~red to his journey several times** večkrat je omenil svoje potovanje; **this mark ~s the reader to a footnote** ta znak opozarja čitalca na opombo pod črto; **she ~red to my past** namigovala je na mojo preteklost; **to ~ a thing to a cause** nekaj pripisovati kakemu vzroku; **to ~ superstition to ignorance** pripisovati praznoverstvo nevednosti

referable [rifə́:rəbl] *a* priprisljiv, ki se more pripisovati; ki se nanaša (na), ki se tiče (česa, koga)

referee [refərí:] **1.** *n sp* sodnik; (zlasti *jur*) veščak, strokovnjak; referent, poročevalec; **board of ~s** (raz)sodniški odbor; **2.** *vi sp* fungirati kot, biti sodnik; *vt sp* soditi tekmo itd.

reference I [réfrəns] *n* napotitev, napotek (*to* k, v, na); odnos, zveza (*to* z); sklicevanje; ozir (*to* do, na); *fig* namigovanje, aluzija, merjenje na, spominjanje na; pristojnost; prepustitev (višji instanci); referenca, priporočilo, spričevalo; priporočitelj, porok; oseba, ki jo lahko vprašamo o sposobnostih kake osebe; povpraševanje, konzultiranje; zapisek, vir; sporočilo (*as to* gledé, o, kar se tiče); tiskarski znak, ki napotí na opombo, na stran itd.; **in** (**with**) **~ to** (**him**) kar se tiče (njega); **in ~ to this** gledé na to, v tem pogledu; **outside my ~** zunaj moje pristojnosti; **without ~ to** (**age**) ne gledé na (starost); **to ask for a ~** prositi za referenco; **to have ~ to** nanašati se na, biti v zvezi z, tikati se (koga, česa); **to have no ~ to** ne se tikati, ne se nanašati na; **to give many ~s** dati mnoge napotke; **to make ~ to** dotakniti se (česa), mimogredé omeniti; **to make ~ to a dictionary** zateči se k slovarju, pogledati, poiskati v slovarju, sklicevati se na slovar; **the minister is his ~** za podatke o sebi se sklicuje na ministra; **he spends his money without ~ to the future** on trati svoj denar, ne da bi mislil na prihodnost; **success has little ~ to merit** uspeh ima malo posla z zaslugo;

his sudden departure has no ~ to our quarrel njegov nenadni odhod nima nobene zveze z najinim prepirom; **try to find my ~s** skušaj najti moje zapiske (o tem)

reference II [réfrəns] *vt* navesti vire (v knjigi); opremiti z napotki (o piscih itd.)

reference book [réfrənsbuk] *n* priročnik (slovar, atlas, enciklopedija itd.)

reference library [réfrəns láibrəri] *n* priročna knjižnica (le za branje, ne za izposojanje knjig)

reference number [réfrəns námbə] *n* številka spisa; poslovna, vrstna številka

referendary [refəréndəri] *n* (redko) poročevalec, referent; *jur hist* prisednik (komisije)

referendum [refəréndəm] *n pol* referendum, ljudsko glasovanje

referent [réfərənt] **1.** *n* napotilec; napotitev, napotek; **2.** *a* nanašajoč se na, tičoč se (*to sth.* česa)

referential [refərénšəl] *a* nanašajoč se (*to* na), referenčen, ki se sklicuje na, kaže na, napeljuje na, k

referrable [rifə́:rəbl] *a* glej **referable**

referrible [rifə́:ribl] *a* glej **referable**

refill [ri:fíl] **1.** *n* novo polnjenje; rezervni vložek ali polnilo (za notes, kemični svinčnik, baterija za žepno svetilko, fotografski film); rezervni del, rezerva (česa, za kaj); **pencil ~** nadomestna mina za svinčnik; **2.** *vt & vi* ponovno (se) (na)polniti

refillable [rifíləbl] *a* ki se da ponovno (na)polniti

refine [rifáin] *vt & vi* čistiti (se), prečistiti (se), rafinirati (se), požlahtniti (se); ugladiti (se), stanjšati (se); izboljšati (se); postati čist, bister; modrovati, tuhtati (*on, upon* o); **to ~ one's style** ugladiti, izboljšati svoj slog; **to ~ on** (**upon**) izpopolniti do podrobnosti, dlakocepiti, tuhtati o; **to ~ upon an invention** (še) naprej razvijati iznajdbo

refined [rifáind] *a* (**~ly** *adv*) očiščen, prečiščen, rafiniran; izboljšan; fin, uglajen, imeniten; negovan, kultiviran, oplemeniten, požlahtnjen; *fig* rafiniran; **~ sugar** rafiniran sladkor; **~ manners** fine manire

refinement [rifáinmənt] *n* (o)čiščenje, prečiščenje, rafiniranje; oplemenitenje; finost, uglajenost; *fig* rafiniranost, premetenost; dlakocepstvo; **all the ~s of luxury** vse rafiniranosti razkošja

refiner [rifáinə] *n* čistilec, rafinêr, prečiščevalec (kovin, sladkorja itd.); *fig* tuhtar, modrovalec, dlakocepec; stroj za prečiščevanje, za rafiniranje; žičar

refinery [rifáinəri] *n* rafinerija (sladkorja), čistilnica; peč za rafiniranje kovin

refining-works [rifáiniŋwə:ks] *n pl* rafinerija sladkorja; rafinerija kovin

refit [ri:fít] **1.** *n* popravilo, remont; ponovna oprema, zamenjava izrabljenih delov; **2.** *vt & vi* popraviti; zopet opremiti; obnoviti, usposobiti za uporabo, zamenjati izrabljene dele, izvršiti remont; popraviti se, obnoviti se, nanovo se opremiti

refitment [rifítmənt] *n* (o ladji) popravljanje, obnavljanje, popravilo; novo opremljanje

reflate [ri:fléit] *vt & vi econ* zopet povečati obtok denarja po deflaciji; izvesti ponovno inflacijo

reflation [rifléišən] *n* ponovna inflacija (po deflaciji)

reflect [riflékt] **1.** *vt* odsevati, odbijati (svetlobo, zvok, toploto), reflektirati; (o zrcalu) odražati, zrcaliti; metati (npr. krivdo, dobro ali slabo luč, madež itd.) (*on s.o.* na koga), biti v čast (sramoto); ukriviti, nazaj zviti, upogniti; premisliti, razmisliti, premišljevati (o čem); **to be ~ed in** zrcaliti se v; **the book ~s the ideas of the century** v knjigi se zrcal jo ideje stoletja; **his grief is ~ed in the music he wrote at that time** njegova globoka žalost se zrcali, se odraža v glasbi, ki jo je tedaj komponiral; **to shine with ~ed light** *fig* sijati v slavi koga drugega; **2.** *vi* premišljevati, premisliti; odbijati se, odražati se; neugodno se izraziti, prezirljivo (škodljivo) govoriti (*upon* o); **to ~ credit on s.o.** čast delati komu; **to ~ on** imeti slab učinek, slabe posledice za, metati slabo luč na, kopičiti očitke na; **she ~ed on my conduct** grajala je (imela je pripombe za) moje vedenje; **his failure would ~ on us** njegov uspeh bi imel posledice tudi za nas; **their behaviour ~s on their upbringing** njihovo vedenje meče slabo luč na njihovo vzgojo; **this ~s none too favourably on them** to jih ne kaže v dobri luči

reflectance [rifléktəns] *n phys* odbojna jakost, odbojni koeficient

reflection [riflékšən] *n* (zlasti) *phys* odsev, odraz, odboj, odbijanje (svetlobe, toplote, barve itd.); *fig* posledica, vpliv; *physiol* refleks, refleksna kretnja; refleksija, premišljevanje, razmišljanje; misel, modra beseda; presoja; obdolžitev, očitek, neugodna sodba, graja (*on* zaradi, gledé); slaba luč, sramota; **on** (serious) **~** po (resnem, zrelem) premisleku, če vse prav premislimo; **angle of ~** odbojni kot; **to be a ~ on s.th.** slabo luč metati na kaj; **to cast ~s upon s.o.'s character** neugodno se izraziti o značaju kake osebe; **this matter needs ~** to zadevo (stvar) je treba dobro premisliti; **to see one's ~ in a glass, in the water** videti vsoj obraz v zrcalu, v vodi

reflectional [riflékšənəl] *a* ki odseva, odbija, odraža; ki razmišlja, premišlja

reflectionless [riflékšənlis] *a* ki ne odraža, je brez odseva, brez refleksa

reflective [rifléktiv] *a* (**~ ly** *adv*) odbijalen, odseven; nagnjen k premišljevanju

reflector [rifléktə] *n phys* reflektor; žaromet; avtomobilsko zrcalo pred šoferjem; *mot* »mačje oko« zadaj na vozilu

reflex [rí:fleks] **1.** *n* odsev, odraz; refleks; slika; *med* refleks; *fig* odblisk, zrcaljenje; **to test a patient's ~es** pregledati, preskusiti bolnikove reflekse; **legislation must be a ~ of public opinion** zakonodaja mora biti odsev javnega mnenja; **2.** *a* refleksen (kretnja), ki reagira; refleksiven, razmišljajoč; *bot* ukrivljen, nazaj zvit, zapognjen; introspektiven (o mislih); povraten; ki se vrača k povzročitelju; obraten, nasproten; **~ current** protitok

reflexible [rifléksəbl] *a* ki se more odraziti, odbiti

reflexion [rifléksən] *n* glej **reflection**

reflexive [rifléksiv] **1.** *a* (**~ ly** *adv*) *gram* povraten, refleksiven; **2.** *n gram* povratni zaimek

reflex response [rí:fleks rispóns] *n med* reagiranje na dražljaj

refloat [ri:flóut] **1.** *vt* zopet splaviti ali rešiti (nasedlo ladjo); zvleči (ladjo) s proda; **2.** *vi* (o ladji) zopet pluti

reflow [riflóu] **1.** *vi* nazaj teči, zopet teči; **2.** *n* povraten tok, oseka

refluence [réfluəns] *n* upadanje (plime, vode), oseka; povraten tok, odtok

refluent [réfluənt] *a* ki teče nazaj, odtekajoč, upadajoč

reflux [rí:flʌks] *n* povraten tok (nazaj); upadanje (plime, vode), oseka; **flux and ~** plima in oseka

refoot [ri:fút] *vt* napraviti, naplesti (nogavici) novo stopalo

reforest [ri:fórist] *vt* vnovič (zopet, ponovno) pogozditi

reforestation [ri:fəristéišən] *n* ponovna pogozditev

reforge [ri:fó:dž] *vt* zopet kovati; *fig* nanovo oblikovati, preoblikovati, predelati

reform [rifó:m] **1.** *n* reforma, preureditev, predrugačenje, prenareditev; izboljšanje; **a sweeping ~** temeljita reforma; **~ school** mladinski vzgojni zavod, poboljševalnica; **2.** *vt* popraviti, preurediti, preobraziti, spremeniti, reformirati; izboljšati; odpraviti (zlo), ukiniti; popraviti (koga), spreobrniti (*from* od); *vi* popraviti se, izboljšati se, postati boljši

re-form [rí:fó:m] *vt & vi mil* nanovo (se) formirati; preoblikovati (se), predrugačiti (se), preobraziti (se), preurediti (se)

reformable [rifó:məbl] *a* popravljiv, izboljšljiv; ki se da preoblikovati, predrugačiti

reformation [refə:méišən] *n* reformacija, preureditev, preobrazba, popravljanje, izboljšanje; **the R~** *relig* reformacija

re-formation [rí:fə:méišən] *n* preoblikovanje; ponovno formiranje

reformational [refə:méišənəl] *a* reformen; *relig* reformacijski

reformative [rifó:mətiv] *a* (**~ ly** *adv*) glej **reformational**

reformatory [rifó:mətəri] **1.** *a* ki reformira, predrugači, izboljša; **~ measures** ukrepi za izboljšanje; **~ school** mladinski vzgojni zavod, poboljševalnica; **2.** *n* poboljševalnica

reformed [rifó:md] *a* reformiran, popravljen, izboljšan; **~ church** (švicarski) protestantizem, kalvinizem; **~ drunkard** ozdravljen pijanec

reformer [rifó:mə] *n* reformator; izvajalec reform

reform school [rifó:msku:l] *n A* poboljševalnica

reforward [ri:fó:wəd] *vt* poslati naprej, odpraviti naprej (dalje)

reforwarding [ri:fó:wədiŋ] *n* odpošiljanje, odpravljanje (česa) naprej

refound I [ri:fáund] *vt* zopet osnovati, ustanoviti

refound II [rifáund] *vt tech* pretopiti, pretaliti

refract [rifrækt] *vt* lomiti (žarke, valove)

refractable [rifræktəbl] *a* (**refractably** *adv*) lomljiv

refraction [rifrækšən] *n* lomljenje, lom (svetlobnih žarkov), refrakcija

refrain I [rifréin] *n* refren, pripev (pesmi); ponavljanje

refrain II [rifréin] *vt & vi* zadrž(ev)ati (se), brzdati (se), krotiti (se); vzdržati se (*from* česa), opustiti (kaj); **to ~ oneself** obvladati se; **to ~ from smoking** vzdržati se kajenja, opustiti kajenje; **to ~ one's tears** zadrževati solze; **to ~ from**

tears (weaping) vzdržati se solz (joka), zadrževati jok

refrangibility [rifrændžibíliti] *n* lomljivost (žarkov)

refrangible [rifrǽndžibl] *a* (**refrangibly** *adv*) *phys* lomljiv (o žarku)

refresh [rifréš] **1.** *vt* osvežiti, poživiti; okrepčati; zopet oskrbeti, preskrbeti (*with* z); znova napolniti (baterijo); (redko) (s)hladiti; **to ~ one's memory** osvežiti si spomin; **a drink will ~ me** pijača me bo osvežila; **the rain has ~ ed the plants** dež je osvežil rastline; **to ~ oneself** osvežiti se, okrepčati se; **2.** *vi* okrepiti se, osvežiti se, zopet oživeti, opomoči si; (o ladji) vzeti novo zalogo hrane; *sl* najesti ali napiti se

refresher [rifréšə] **1.** *n* tisto, kar (p)oživlja; osvežilo, okrepčilo, osvežilen napoj, napitek, hladna pijača, prigrizek; *fam* pijača; *jur* poseben (izreden, dodaten) honorar (odvetniku) (pri daljših procesih); opomin; **2.** *a* osvežilen; ponavljalen; ~ **course** tečaj za seznanjenje z najnovejšimi dosežki, metodami na nekem področju

refreshing [rifréšiŋ] *a* (~ **ly** *adv*) osvežujoč, osvežilen, okrepčujoč, hladilen, svež; *fig* dobrodejen, prijeten, razveseljujoč; **a ~ breeze** osvežujoč vetrič; **a ~ rest** osvežilen počitek; **a ~ scene** prijeten, razveseljiv prizor

refreshment [rifréšmənt] *n* osvežilo, okrepčilo, prigrizek; (navadno) ~ **s** *pl* pijača ali hrana, ki osveži, okrepča; odpočitek, svežina; **this sight is a ~** ta pogled (človeku) dobro dé

refreshment car [rifréšmənt ka:] *n* (železniški) jedilni voz

refreshment room [rifréšməntrum] *n* bifé, točilnica, okrepčevalnica, restavracija na postaji, kolodvoru

refrigerant [rifrídžərənt] **1.** *a* hladilen; **2.** *n med* hladilo, sredstvo za ohladitev; *tech* hladilo; ~ **drink** hladilna pijača

refrigerate [rifrídžəreit] *vt & vi* (o)hladiti (se), razhladiti (se); na nizko temperaturo ohladiti (zelenjavo); ~ **d cargo** *naut* tovor v hladilnem prostoru; ~ **d truck** hladilni voz

refrigerating [rifrídžəreitiŋ] *a* hladilen; ~ **engine**, ~ **machine** hladilni stroj; ~ **plant** hladilne, zmrzovalne naprave; ~ **room** *tech* hladilnica

refrigeration [rifridžəréišən] *n* hlajenje, ohladitev, ohlajevanje, razhladitev; refrigeracija; proizveden hlad (mraz); ~ **ton** *tech* hladilna tona

refrigerative [rifrídžərətiv] *a* ki hladi, hladilen; ki proizvaja hlad

refrigerator [rifrídžəreitə] *n* hladilnik, frižider; omara z ledom; prostor, kjer se kaj hladi, hladilnica; kondenzator, odvodnik toplote (pri hladilnem sistemu); hladilna cev (pri destilacijskih napravah)

refrigeratory [rifrídžərətəri] **1.** *a* hladilen, ohlajevalen; **2.** *n* hladilnik; prostor za hlajenje, hladilnica; hladilen kondenzator

reft [reft] *pt & pp* od **to reave**

refuel [ri:fjú:əl] *vt & vi* oskrbeti (se) z gorivom

refuel(l)ing [ri:fjú:əliŋ] *n* oskrba, založitev z gorivom

refuge [réfju:dž] **1.** *n* zatočišče, pribežališče, zavetišče (*from* pred); zavetišče v gorah; azil; *fig* pomožno sredstvo, izhod, rešitev; cestni ulični

prometni otok (za pešce, ki gredo čez cesto, ulico); **house of** ~ zavetišče (prek noči); **to seek** ~ **in flight** iskati rešitev v begu; **to take** ~ **with** najti zavetje pri; **to take** ~ **in a lie (in lying)** zateči se k laži; **to take** ~ **from boredom in reading** v dolgočasju najti zatočišče v branju; **2.** *vt* (redko) dati komu zavetje ali zatočišče; *vi* (redko) iskati zavetje (zatočišče)

refugee [refjudží:] **1.** *n* begunec; **2.** *a* begunski

refulgence [rifʌ́ldžəns] *n* sij(aj), lesk, blesk, blišč

refulgent [rifʌ́ldžənt] *a* (~ **ly** *adv*) sijoč, blesteč, bleščeč, sijajen

refund [rí:fʌnd] **1.** *n* vrnitev (denarja), povračilo, refundiranje; **2.** [ri:fʌ́nd] *vt & vi* vrniti (denar), izplačati (prej prejeti denar), plačati, refundirati, povrniti komu njegove izdatke; (redko) nazaj zliti, nazaj nasuti; *econ* z novimi dolgovi plačati (zapadli dolg)

re-fund [rí:fʌ́nd] *vt* zopet (ponovno, znova) osnovati; znova konsolidirati, fundirati

refurbish [ri:fə́:biš] *vt* ponovno (zopet) (z)gladiti, (s)polirati; renovirati, obnoviti

refurnish [ri:fə́:niš] *vt* nanovo (zopet) opremiti; oskrbeti, opremiti s pohištvom, meblirati

refusable [rifjú:zəbl] *a* ki se more odbiti (odkloniti, zavrniti)

refusal [rifjú:zəl] *n* odklonitev, odbitje, zavrnitev; odklonilen odgovor; zavrnitev snubca, ženitne ponudbe; predkupna pravica, pravica do nakupa pred drugim kupcem, svobodna izbira, prednost prve ponudbe; **in case of** ~ v primeru odklonitve; **first** ~ prvenstvena pravica do česa; **I had the** ~ **of the appointment** le besedo bi mi bilo treba reči, pa bi bil imenovan (bi dobil imenovanje); **to give s.o. the** ~ **of a house** priznati komu prednostno pravico za nakup hiše; **to meet with (to receive) a** ~ biti zavrnjen (odklonjen), dobiti »košarico«; **to take no** ~ kljub odklonitvi še naprej vztrajno zahtevati, ne sprejeti negativnega odgovora; **I will not take a** ~ ne dam (pustim) se zavrniti (odkloniti)

refuse I [rifjú:z] *vt & vi* odkloniti, odbiti, zavrniti, odreči; ne hoteti uporabiti; odvreči; odbiti (snubca, ženitno ponudbo), dati »košarico«; upirati se, braniti se, reči ne; (o konju) ne hoteti preskočiti ovire; (o kartah) ne odgovoriti na barvo, ne prinesti izigrane barve; *arch* zatajiti (svoje ime); **to ~ a candidate (help, an invitation, an offer)** odkloniti kandidata (pomoč, povabilo, ponudbo); **to ~ a chance** ne izrabiti priložnosti; **to ~ a request** odbiti prošnjo; **I ~ to believe** ne maram verjeti, preprosto ne verjamem; **he ~ d to stay** branil se je, ni hotel ostati; **the horse ~ d the fence** konj ni hotel preskočiti zapreke; **we have been ~ d** odklonili so nas

re-fuse [rí:fjú:z] *vt* zopet (s)taliti, pretaliti

refuser [rifjú:zə] *n* odklonitelj; konj, ki noče preskočiti zapreke

refutability [refjutəbíliti] *n* ovrgljivost (trditve, dokaza, itd.)

refutable [réfjutəbl] *a* (**refutably** *adv*) ovrgljiv, ki se more ovreči; spodbiten

refutal [rifjú:tl] *n* glej **refutation**

refutation [refjutéišən] *n* ovržba; spodbujanje

refute [rifjú:t] *vt* ovreči; spodbi(ja)ti

regain [rigéin] **1.** *vt* zopet dobiti, zopet doseči, zopet priti do; **to ~ one's balance** zopet dobiti ravnotežje (ravnovesje); **to ~ consciousness** priti spet k zavesti, zopet se zavedeti; **to ~ one's feet (footing, legs)** postaviti se spet na noge; **to ~ the shore** priti spet k bregu, zopet doseči breg; **2.** *n* ponovno (zopetno) dobitje, pridobivanje

regal I [rí:gəl] *a* (**~ly** *adv*) kraljevski (*tudi fig*); sijajen; **~ power (title)** kraljevska oblast (naslov); **to live in ~ splendour** živeti v kraljevskem sijaju

regal II [rí:gəl] *n mus* regal (male prenosne orgle)

regale [rigéil] **1.** *n* (bogata) gostija, pogostitev, pir, pojedina; osvežilo, slaščica, poslastica; žlahten okus; užitek, naslada; **2.** *vt* (bogato) (po)gostiti (*with* z); *fig* razveseliti; okrepiti, osvežiti, poživiti; **to ~ oneself** okrepčati se, poživiti se; *vi* gostiti se, naslajati se (*on* ob, z), privoščiti si (*on* kaj)

regalement [rigéilmənt] *n* uživanje, razveseljevanje, užitek, naslada; bogata, slavnostna gostija, pogostitev

regalia I [rigéiliə] *n* regal, kraljevska pravica; **~s** *pl* kraljevske insignije, znaki kraljevske časti in oblasti (krona, žezlo); znaki prostozidarjev

regalia II [rigéiliə] *n* regalija (vrsta fine cigare)

regality [rigǽliti] *n* kraljevska čast, kraljevsko dostojanstvo; kraljevska oblast, suverenost; regal, kraljevska pravica; kraljevina, monarhija; **regalities** *pl* kraljevske pravice in privilegiji

regard I [rigá:d] *n* (pomenljiv) pogled; ozir, obzri (*for, to* do), odnos; vzrok, motiv; pozornost, obzirnost (*for, to* do, za); posebno spoštovanje, čislanje, cenjenje; *hist* nadzor(stvo) gozda; **~s** *pl* (zlasti v pismih) (spoštljivi) pozdravi; **in every ~** v vsakem oziru, pogledu; **in ~ to (of)** gledé, kar se tiče; **in this ~** v tem oziru, pogledu, kar se tega tiče, tozadevno; **in his ~** kar se njega tiče; **out of ~ to** iz obzirnosti, spoštovanja do; **with ~ to** z ozirom na; **with due ~ to (for) her age** z dolžno obzirnostjo do njene starosti; **with kind ~s to s.o.** s srčnimi pozdravi komu; **without ~ to consequences** ne oziraje se na posledice; **(give) my kindest ~s to your sister** lepo pozdravite sestro; **to have ~ to (for)** ozirati se na, upoštevati; **to have no ~ for s.o.'s feelings** ne se ozirati na čustva kake osebe; **I have a high (little) ~ for him** zelo (malo) ga cenim; **to hold s.o. in high ~** visoko koga ceniti; **no ~ was paid to his demand** njegovi prošnji niso ugodili; **to pay no ~ to** ne se ozirati na, ne upoštevati

regard II [rigá:d] **1.** *vt* (po)gledati, motriti, opazovati; imeti (*as* za), smatrati za; ceniti, čislati, spoštovati; ozirati se na, upoštevati, uvaževati; **2.** *vi* tikati se (*to* česa), zadevati (kaj), nanašati se (*to* na); **as ~s (your letter)** kar se tiče (vašega pisma, dopisa); **I ~ him as my best friend** imam ga za svojega najboljšega prijatelja; **I ~ him kindly** do njega imam, gojim prijateljska čustva; **I ~ it as impudence (as negligible)** to smatram, imam za nesramnost (za nebistveno); **to be ~ed as** veljati za; **~ed in this light** gledano v tej luči; **he did not ~ my advice** ni upošteval mojega nasveta; **to ~ with favour (with curiosity)** všečno

(radovedno) gledati; **your affairs do not ~ me** vaše zadeve se me ne tičejo, me ne brigajo

regardant [rigá:dənt] *a* pazljiv, pozoren; buden; (grboslovje) nazaj gledajoč (o živali)

regarder [rigá:də] *n* opazovalec

regardful [rigá:dful] *a* (**~ly** *adv*) obziren (*of* do), pazljiv, pozoren (*of* za, do), skrben; **to be ~ of s.o.** spoštovati, upoštevati koga, imeti obzir do koga

regardfulness [rigá:dfulnis] *n* pozornost; obzirnost

regarding [rigá:diŋ] *prep* gledé; **your opinion ~ his conduct** vaše mnenje gledé njegovega vedenja

regardless [rigá:dlis] *a* (**~ly** *adv*) nepozoren; brezobziren (*of* do); brezbrižen; ki ne gleda na izdatke, mu ni mar cena; (*redko*) nepomemben; **he is ~ of consequences** ni mu mar posledic; **I like him, ~ of his faults** imam ga rad, kljub njegovim napakam

regardlessness [rigá:dlisnis] *n* nepozornost; brezobzirnost; brezbrižnost

regatta [rigǽtə] *n* regata, veslaška ali jadralna tekma; *hist* tekmovanje gondoljerjev (v Benetkah)

regelate [rí:džileit] *vi* zopet zmrzniti

regelation [ri:džiléišən] *n* ponovno zmrznenje

regency [rí:džnsi] **1.** *n* začasno vladanje, regentstvo; (redko) nadzor, kontrola; **2.** *a* regentski

regeneracy [ridžénərəsi] *n* prerod; obnova

regenerate I [ridžénərit] *a* prerojen; obnovljen, regeneriran; pomlajen, ozdravljen; izboljšan, reformiran

regenerate II [ridžénəreit] *vt* (telesno ali duhovno) preroditi; obnoviti, poživiti, osvežiti, pomladiti; regenerirati; *tech* ponovno dobiti (zlasti toploto); *vi* zopet se napraviti, nastati, se obnoviti; zopet zrasti; preroditi se, regenerirati se, reformirati se, izboljšati se, postati nov in boljši; **to ~ tissue** obnoviti tkivo

regeneration [ridženəréišən] *n* preroditev, prerojenje, ponovno oživljanje, pomladitev, obnovitev, obnavljanje, regeneracija; *bot & biol* preobrazba, novo nastajanje, obnavljanje (izgubljenih telesnih delov); *tech* regeneracija, ponovno dobivanje (energije ali materije)

regenerative [ridžénərətiv] *a* (**~ly** *adv*) obnovitven, obnavljalen, prenovitven, reformen, izboljševalen; oživljajoč, pomlajujoč, preroditeljski, regenerativen; **a ~ influence** izboljševalni vpliv; **~ capacity** sposobnost regeneracije

regenerator [ridžénəreitə] *n* obnavljalec, preroditelj; *tech* regenerator; priprava za racionalno izkoriščanje toplote

regenesis [ri:džénisis] *n* prerod, preporod, obnova

regent [rí:džnt] **1.** *n* regent, vladarjev namestnik; *A* član univerzitetnega upravnega odbora; (*redko*) vladar; režim, vlada; **2.** *a* regentski; vladajoč, namestniški; ki upravlja

regentship [rí:džntšip] *n* regentstvo, namestništvo (vladarja)

regerminate [ridžə́:mineit] *vi & vt* zopet (vz)kliti; kaliti, pospešiti kalitev

regicidal [redžisáidl] *a* (**~ly** *adv*) ki se tiče umora (uboja) kralja

regicide [rédžisaid] *n* kraljevi morilec; umor (uboj) kralja

régie [reží] *n* režija, državni monopol

regild [ri:gíld] *vt* zopet (znova, ponovno) pozlatiti

regime, régime [réiží:m, réiži:m, ržží:m] *n pol* režim, vladanje, upravljanje, oblika upravljanja ali vladanja, način vladanja; vladajoči sistem; politični red ali ureditev; *med* predpisani način hranjenja (zdravljenja, življenja), režim; ~ of diet dieta, zdravstveni predpisi hranjenja

regimen [rédžimen] *n* upravljanje, oblika vladanja, državni sistem; *med* režim, predpisani način hranjenja, način življenja, dieta; *gram* rekcija, objekt

regiment [rédžiment] 1. *n mil* pešadijski polk; *fig* veliko število, truma, množica; (redko) vladanje, vlada; to serve with a ~ služiti v nekem polku; 2. *vt mil* organizirati polke, uvrstiti v polk, formirati čete enote; sistematično urediti, organizirati, disciplinirati; nadzorovati, kontrolirati, podvreči strogi disciplini; postaviti pod državno nadzorstvo; to ~ into a system spraviti v (neki) sistem, v red

regimental [redžiméntəl] 1. *a mil* polkoven; 2. *n*; ~ s *pl* polkovna uniforma; uniforma (posameznih polkov); in full ~ s v paradni uniformi; ~ aid post polkovno obvezovališče

regimentally [redžiméntəli] *adv* po polkih, na polke

regimentation [redžimentéišən] *n* organiziranje, razdelitev v grupe; reglementacija, red; oblastvena kontrola, nadzor; *mil* razdelitev v polke, razvrstitev v polk

regiminal [ridžíminəl] *a* dietetičen, dieten; ~ rules dietični predpisi

regina [ridžáinə] *n Lat* kraljica; R~ *jur E* kraljica; Elizabeth R~ kraljica Elizabeta; *jur* R. versus N.N. kraljica proti N.N.

reginal [ridžáinəl] *a* kraljičen; kraljičji

region [rí:džən] *n* pokrajina, regija; predel; okrožje, okoliš, rajon; *fig* področje, sfera, območje; *anat* stran, del, mesto, predel telesa; in the ~ of na področju; okoli; the costs are in the ~ of 50 pounds stroški znašajo okoli 50 funtov; lower ~ s spodnje plasti, sloji, *fig* pekel; upper ~ s zgornje plasti, sloji, *fig* nebo; the ~ beyond grave onstranstvo

regional [rí:džənəl] *a* pokrajinski, regionalen; lokalen, krajeven; področen; ~ an(a)esthesia *med* lokalna anestezija; ~ court, government pokrajinsko (deželno) sodišče, vlada; ~ geography regionalna geografija; ~ pact regionalen pakt

regionalism [rí:džənəlizəm] *n* regionalizem; pokrajinski, lokalni patriotizem

regionary [rí:džənəri] *a* regionaren

register I [rédžistə] *n* register, vpisnik, dnevnik; spisek; matična knjiga (rojenih, umrlih); volilni spisek ali seznam; državljanska izkaznica; *naut* ladijski katalog, zapisnik; kazalo, vsebina, indeks; *pl* letopis; registrator, naprava, ki beleži, šteje; registracija, registriranje, vnašanje; *tech* regulator (peči) za paro, za zrak; ventil; *mus* register (orgel); obseg glasu ali tona instrumenta; ~ of births (marriages, deaths) register, matična knjiga rojstev (porok, smrti); cash ~ blagajna z avtomatskim registriranjem iztržka; estate ~ zemljiška knjiga, kataster; hotel ~ register tujcev, knjiga gostov; parish ~ župnijska matična knjiga, spisek (rojenih, poročenih,

umrlih); to put on a ~ vnesti, vpisati v spisek (popis, seznam)

register II [rédžistə] *vt* zabeležiti, vpisati, zapisati, vknjižiti, protokolirati, registrirati; zakonsko zaščititi; priporočiti (poštne pošiljke, pismo itd.); (železnica) oddati (prtljago); prijaviti (otroke za obiskovanje šole); dati patentirati; avtomatsko zabeležiti, pokazati (o instrumentih, npr. o barometru); *fig* čvrsto obdržati v duhu (čustvo ipd.); pokazati, izraziti (emocijo) na obrazu ipd.; *mil* preskusiti, preskusno streljati (s topom itd.); to ~ oneself vpisati se v volilni imenik; to ~ a company registrirati družbo; to ~ children for school vpisati otroke v šolo; to have one's luggage ~ ed oddati prtljago (na železnici); *vi A* vpisati se (v seznam, v spisek), zapisati se, prijaviti se (*at the hotel* v hotelu); *pol* vpisati se v volilni imenik; posluževati se registrov (orgel); (o igralcu) igrati (v neki igri); to ~ with a tradesman vpisati se v seznam odjemalcev pri trgovcu

register III [rédžistə] *n* glej registrar

registered [rédžistəd] *a* registriran; zaščiten z zakonom, patentiran (načrt, vzorec); vknjižen, vnesen v popis, v seznam; (o pismu) priporočen; ~ company registrirana družba; ~ design patentiran vzorec, desén; ~ letter priporočeno pismo; ~ nurse diplomirana (državna) bolniška strežnica, sestra; ~ trade mark zaščitni znak, značka

registerer [rédžistərə] *n* registrator

register-office [rédžistəófis] *n* matični urad; registratura; registracijski urad; prijavni urad; posredovalnica za službe (za brezposelne, za služinčad)

register-ton [rédžistətʌn] *n* (o ladji) registrska tona (100 angleških kubičnih čevljev, 2,8316 m³)

registrable [rédžistrəbl] *a* ki se da ali mora zabeležiti (vpisati, vknjižiti, registrirati)

registrant [rédžistrənt] *n* (zlasti A) kdor se vpiše ali prijavi, prijavnik

registrar [redžistrá:] *n* matičar; vpisovalec, vpisnikar (v matičnem uradu); registrator, arhivar; protokolist; ~ in bankruptcy *jur E* konkurzni sodnik; ~'s office matični urad; ~ of voters *pol* vodja volilnega imenika; marriage before the ~ civilna poroka (na matičnem uradu); to get married before the ~ (civilno) se poročiti na matičnem uradu

registrarship [redžistrá:šip] *n* služba matičarja ali registratorja

registrary [rédžistrəri] *n* najvišji upravni uradnik univerze v Cambridgeu

registrate [rédžistreit] *vi mus* registrirati, izbrati in uporabiti orgelski register

registration [redžistréišən] *n* registracija, vpis, vknjižba, zabeležba, vpis v popis, v knjigo; protokoliranje; prijava (šolskih otrok itd.); priporočitev (pisma); oddaja (prtljage na železnici); ~ card prijavnica; ~ fee priporočnina, pristojbina za priporočeno pismo; *econ* vpisnina, prijavnina; ~ fire *mil* kontrolno streljanje; ~ number številka registracije, vpisa; ~ list seznam volivcev; seznam prijav(ljencev); ~ plate avtomobilska registracijska tablica, številka); ~ office matični urad; ~ of luggage oddaja prtljage (na železnici); ~ window okence za oddajo prtljage (na železnici); ~ **of births, deaths and marriages** registracija, vpis rojstev, smrti in porok

registry [rédžistri] *n* registracija, vpis; register, seznam, protokol; registratura; matični urad, prijavni urad; posredovalnica za službe; (redko) priporočitev (pisma na pošti); ~ **books** matične knjige; **married at the** ~ **(office)** civilno poročen (na matičnem uradu); **servants'** ~ posredovalnica za službe za posle

regius [rí:džiəs] *a* kraljevski; **R**~ **professor (of Greek)** profesor (grščine) na katedri univerze v Oxfordu ali Cambridgeu, ki jo je ustanovil Henrik VIII (ali katedre istega ranga, osnovane pozneje)

reglet [réglit] *n print* regleta, letvica (založek) za vrste

regnal [régnəl] *a* ki se nanaša na vladanje; ~ **day** obletnica nastopa vladanja; ~ **years** leta (doba) vladanja

regnant [régnənt] *a* vladajoč, ki vlada; prevladujoč; razširjen; **Queen R**~ vladajoča kraljica

regorge [ri:gó:dž] *vt* zopet (iz)bljuvati, (iz)bruhati, povračati; nazaj vreči; ponovno pogoltniti; *vi* biti izbljuvan; močno prodirati (iz kanala, rova itd.)

regrant [ri:grá:nt] *vt* zopet (ponovno) podeliti, odobriti

regrate [rigréit] *vt* prekupčevati, pokupiti blago na trgu (in ga prodati z velikim dobičkom)

regrater [rigréitə] *n* prekupčevalec, nakupovalec, posrednik

regress I [rí:gres] *n* vračanje, vrnitev (v prejšnje, slabše stanje); pot, potovanje nazaj; nazadovanje (*from...to* od...do), korak nazaj; (pri živalih) pojav slabih značilnosti ali svojstev prednikov)

regress II [rigrés] *vi astr* nazaj iti, nazadovati, pojemati; *astr* vračati se, vrniti se (*to* k); (o živalih) vračati se k svojstvom prednikov

regression [rigréšən] *n* vračanje (na staro, na nižjo stopnjo, na slabše) nazadovanje; umik, regresija, vrnitev (*into* v); *math* regresija

regressive [rigrésiv] *a* (~ **ly** *adv*) nazaj gredoč ali tekoč, nazadujoč, nazadovalen, pojemajoč; regresiven; nasprotno delujoč; *jur* nazajšen, nazaj veljaven; ~ **taxation** nazajšnje obdavčenje

regressiveness [rigrésivnis] *n* regresivnost

regret I [rigrét] *n* obžalovanje, kesanje, kes; skrb (*for* za); opravičevanje; žalost, bolečina, bolest; razočaranje; **with** ~ z obžalovanjem, nerad; **to my** ~ na moje obžalovanje; **it is a** ~ **to me** žal mi je, obžalujem; **to express one's** ~ izraziti svoje obžalovanje; **I expressed (I sent) my** ~ **for refusing** opravičil sem se, ker sem odklonil; **I declined with much** ~ **(with many** ~ **s)** odklonil sem z največjim obžalovanjem; **I have to refuse with much** ~ na svojo veliko žalost (obžalovanje) moram odkloniti; **to have no** ~ ne obžalovati; **to hear with** ~ z obžalovanjem slišati (zvedeti)

regret II [rigrét] *vt* obžalovati; kesati se; želeti, da se nekaj ne vrne; žalovati za čem, z obžalovanjem misliti na; **I** ~ **to say** žal moram reči; **his health, I** ~ **to say, is not good** njegovo zdravje žal ni dobro; **it is to be** ~ **ted that...**

treba je obžalovati, da..., škoda, da...; **it is much to be** ~ **ted** vsega obžalovanja je vredno; **to** ~ **one's young years** z obžalovanjem (žalostjo) misliti na svoja mlada leta

regretful [rigrétful] *a* obžalujoč; žalosten, otožen; **to be** ~ **for** žalovati za

regrettable [rigrétəbl] *a* vreden obžalovanja; zbujajoč obžalovanje (sožalje, pomilovanje, sočutje)

regrind* [ri:gráind] *vt tech* zopet (na)brusiti

regroup [ri:grú:p] *vt* nanovo grupirati, pregrupirati

regulable [régjuləbl] *a* ki se da regulirati, uravnati

regular I [régjulə] **1.** *a* pravilen, regularen, reden; urejen, običajen, normalen, vsakdanji; predpisan, točen; zakonit; izučen; simetričen; *A coll* popoln, pravi pravcati, skoz in skoz; **as** ~ **as clockwork** točen kot ura; **at** ~ **intervals** v rednih presledkih; **a** ~ **cook** pravi pravcati kuhar; **the** ~ **army** redna vojska; **the** ~ **course of events** normalni potek dogodkov; **a** ~ **customer** stalni odjemalec; **a** ~ **hero** pravi (pravcati) junak; ~ **people** ljudje z urejenim življenjem; ~ **pulse** normalen pulz; ~ **session** redno zasedanje; ~ **soldier** reden, poklicni vojak; ~ **troops** redne čete; ~ **year** (judovsko) navadno leto (354 dni); **he is a** ~ **swell** on je pravi elegan; **it was a** ~ **siege** bilo je (to) pravo obleganje; **he is a** ~ **bear** *fig* on je pravi (pravcati) medved; **to be** ~ **in one's diet** strogo se držati diete; **he has no** ~ **profession** nima nobenega pravega poklica; **to keep** ~ **hours** točno se držati ure v svojem delu; **to lead a** ~ **life** živeti redno, urejeno življenje; **2.** *adv* redno; zares; **he is** ~ **angry** on je zares (pošteno) jezen

regular II [régjulə] *n mil* vojak redne vojske; *pl* redne čete; *coll* stalni nameščenec, redno zaposlena oseba, stalen gost, stalen odjemalec; *eccl* redovnik, redovni duhovnik, regulár; *A pol* zvest privrženec stranke

regularity [regjulǽriti] *n* pravilnost, rednost, red, točnost, regularnost, zakonitost; **for** ~**'s sake** zaradi reda

regularization [regjuləraizéišən] *n* regularizacija, reguliranje, (zakonska) ureditev, ustalitev

regularize [régjuləraiz] *vt* regularizirati, (zakonsko) urediti, ustaliti, določiti

regularly [régjulə:li] *adv* redno, po predpisih, pravilno, regularno; *coll* zares, popolnoma, skoz in skoz; **I was** ~ **vexed** zares sem se ujezil

regulate [régjuleit] *vt* uravnati, urediti, regulirati (uro, stroj); paziti na red, na redno delovanje, na izpolnjevanje predpisov; prilagoditi (*to* čemu); voditi, upravljati, usmerjati; **well** ~**d house** dobro urejeno gospodinjstvo; **to** ~ **one's life** urediti si življenje; **to** ~ **one's speed, a clock** regulirati svojo hitrost, uro; **to** ~ **the traffic** usmerjati promet

regulation [regjuléišən] **1.** *n* urejevanje, ureditev, reguliranje; predpis, uredba, odredba, ukrep; ~**s** *pl* pravila, pravilnik, statut, odredba o izvajanju (zakonov, predpisov); **according to the police** ~**s** po policijskih predpisih; **contrary to** ~**s** protipredpisen, v nasprotju s predpisi; ~ **of bowels** *med* ureditev stolice; ~ **of a torrent** regulacija hudournika; **the** ~ **of traffic** reguliranje, usmerjanje cestnega prometa; **2.** *a* pravilen, predpisen, služben; ~ **boots** vojaški čevlji; ~ **clothes** predpisana uniforma; **the** ~ **mourning** predpisano (običajno) žalovanje; ~ **cap** službena čepica; ~ **speed** predpisana hitrost; **of the** ~ **size** predpisane velikosti; **speed** ~ omejitev hitrosti

regulative [régjuleitiv] *a* (~ **ly** *adv*) uıejevalen, urejajoč, določajoč (postopek, način, smer); regulativen

regulator [régjuleitə] *n* urejevalec, razporejevalec; *tech* regulator, naprava, ki regulira gibanje mehanizma, stroja; vrsta natančnih ur, po katerih uravnavajo druge ure; **thermostat** ~ regulator temperature

regulatory [régjuleitəri] *a* regulatorski, urejevalen

reguline [régjulain] *a chem* (ki je) brez tujih sestavin; ~ **metal** kompaktna kovina

regulus, *pl* **-li** [régjuləs, -lai] *n Lat zool* stržek, kraljiček, palček; *fig* majhen, nepomemben kralj; *astr* blesteča zvezda (v Levu); *tech* regulus (čista kovina iz taljenja)

regurgitate [ri:gɔ́:džiteit] *vt & vi* povračati (hrano), izbljuvati, izbruhati; rigati, spahovati se; nazaj teči; **to be** ~ **d** spahovati se, rigati se (o hrani)

regurgitation [rigə:džitéišən] *n* bljuvanje, bruhanje, povračanje, riganje, spahovanje; povraten tok

rehabilitate [ri:əbíliteit] *vt* rehabilitirati; ponovno postaviti (koga) na njegovo mesto, v službo; vrniti v prejšnje stanje; vrniti izgubljene pravice (ugled, čast, položaj, službo); usposobiti (invalide); sanirati (obrat)

rehabilitation [ri:əbilitéišən] *n* rehabilitacija; vrnitev časti, ugleda, položaja, prejšnjih pravic; usposabljanje invalidov; saniranje; ~ **center** rehabilitacijski center, zavod za rehabilitacijo

rehandle [ri:hǽndl] *vt* ponovno obdelati (témo); predelati

rehang* [ri:hǽŋ] *vt* zopet obesiti; nalepiti nove zidne tapete

rehash [rí:hæš] **1.** *n* ponovno izražanje (starih idej itd.), ponavljanje, pogrevanje; *fig* pogreta reč; **his second book is a** ~ **of his first** njegova druga knjiga je ponavljanje njegove prve; **2.** *vt* [ri:hǽš] ponovno izražati, ponavljati, pogrevati, žvečiti (stare ideje itd.)

rehear* [ri:híə] *vt jur* ponovno zaslišati, vzeti v pretres, preiskati

rehearing [ri:híəriŋ] *n jur* ponovna preiskava (obravnava, razprava), ponovno zaslišanje

rehearsal [rihɔ́:səl] *n* ponovitev, ponavljanje, pripovedovanje na pamet, recitiranje; naštevanje; *fig* litanije; *theat* skušnja; **at** ~ na, pri skušnji; **in** ~ v preizkušnji, preizkušan; *theat* **final** ~ generalna skušnja; **a play in** ~ *theat* igra v pripravi; **the** ~ **of her woes** naštevanje njenih nesreč; **to go to** ~ iti na skušnjo; **to take the** ~ **s** imeti, voditi skušnje

rehearse [rihɔ́:s] *vt & vi* recitirati, pripovedovati, ponavljati, govoriti, našte(va)ti; *theat* imeti skušnjo, vaditi

rehearser [rihɔ́:sə] *n theat* vodja skušnje

reheat [ri:hí:t] *vt* zopet segreti, napraviti vroče; ~ **ed food** pogreta hrana

rehouse [ri:háuz] *vt* ponovno priskrbeti komu stanovanje; namestiti koga v novo stanovanje, dati komu novo stanovanje

reification [ri:ifikéišən] *n* materializacija, konkretizacija

reify [rí:ifai] *vt* materializirati, konkretizirati

reign I [réin] *n* vladanje, doba vladanja; vlada, gospostvo; vladavina, upravljanje; suverenost; področje; (redko) država; **in (under) the** ~ **of Queen Victoria** za vladanja kraljice Viktorije; **the R**~ **of Terror** strahovlada (v francoski revoluciji)

reign II [réin] *vi* vladati, gospodovati (*over* nad) (tudi *fig*); prevladovati; **the** ~ **ing beauty** najlepša ženska (svojega časa); **famine** ~ **s in that country** lakota vlada v oni deželi; **fir trees** ~ **in this region** jelke prevladujejo v tej pokrajini

reignite [ri:ignáit] *vt & vi* zopet (se) vžgati (o sveči itd.)

reimburse [ri:imbɔ́:s] *vt econ* povrniti, izplačati (denar, stroške, izdatke); odškodovati, nadomestiti škodo (*for* za), nadoknaditi, refundirati, regresirati; *com* pokriti; **he will be** ~ **d for his expenses** stroški mu bodo povrnjeni

reimbursement [ri:imbɔ́:smənt] *n* povrnitev, povračilo denarja (stroškov); odškodnina (za izdatke), nadomestilo za škodo; regres, refundiranje; *com* pokritje; ~ **of charges** povrnitev stroškov

reimplant [ri:implá:nt] *vt* zopet vsaditi

reimport [ri:ímpɔ:t] **1.** *n* ponoven uvoz; (večinoma *pl*) ponovno uvoženo blago; **2.** [ri:impɔ́:t] *vt* zopet uvoziti, ponovno importirati

reimportation [ri:impɔ:téišən] *n* ponoven uvoz, povraten uvoz

reimpose [ri:impóuz] *vt* znova naložiti (davek)

reimposition [ri:impəzíšən] *n* ponovna naložitev (davka); obnovljena obdavčitev

reimpression [ri:impréšən] *n print* ponatis, ponatiskovanje; nov vtisk

rein I [réin] *n* vajet, uzda, brzda, oglavnik, povodec; brzdanje, krotenje; nadzor(stvo); **to allow** ~ **to one's joy** ne brzdati (zadrževati) svojega veselja; **to assume (to take) the** ~ **s of government** prevzeti vlado; **to draw (to pull up)** ~ pritegniti vajeti, zadržati (ustaviti) konja; ustaviti se; opustiti poskus; **to drop the** ~ **s** izpustiti vajeti iz rok; **to give a horse the** ~ **(s)** popustiti konju vajeti; **to give** ~ **to one's whim** popustiti, dati prosto pot svoji kaprici (muhavosti); **to hold the** ~ **s** imeti, držati (trdno) vajeti, *fig* držati položaj v rokah; **to keep a tight** ~ **on (s.o.)** imeti (koga) krepko na vajetih, brzdati, dajati malo svobode

rein II [réin] *vt* obrzdatí, brzdati, imeti ali držati na vajetih, na uzdi; voditi na uzdi; *fig* voditi, upravljati, kontrolirati, nadzirati; **to** ~ **a horse to the left** z vajetmi obrniti konja na levo; **to** ~ one's tongue brzdati svoj jezik; **to** ~ **in** ustaviti (konja) z vajetmi; *fig* obrzdati, krotiti, ustaviti, zadušiti, držati na uzdi; **to** ~ **up** ustaviti (konja)

reincarnate I [ri:inká:neit] *vt & vi* zopet (se) utelesiti, (se) učlovečiti, (se) inkarnirati; poosebiti (se)

reincarnate II [ri:inká:nit] *a* zopet utelešen (rojen, inkarniran)

reincarnation [ri:inka:néišən] *n* ponovno ali novo utelešenje, učlovečenje; reinkarnacija (verovanje v) preseljevanje duš eincarnationist [ri:inka:néišənist] *n* kdor veruje v preseljevanje duš

eincorporate [ri:inkó:pəreit] *vt* zopet vključiti, priključiti, pridružiti, pripojiti; zopet inkorporirati

eindeer [réindiə] *n zool* severni jelen; ~ **lichen**, ~ **moss** *bot* jelenovec

einette [reinét] *n bot* renetka (vrsta jabolk)

einfect [ri:infékt] *vt med* zopet inficirati, okužiti

einflate [ri:infléit] *vt* zopet napihniti

einforce [ri:infó:s] **1.** *n tech* ojačanje, ojačitev; ojačeni del (npr. topa); **2.** *vt* ojačiti, okrepiti; ~ **d concrete** armirani beton; ~ **seam** žmulast šiv

einforcement [ri:infó:smənt] *n* ojačitev, jačenje, okrepitev; *mil* ojačenje; ~ **s** *pl* čete za ojačenje, ojačanja; ~ **bar** betonsko jeklo; ~ **iron**, ~ **round** betonsko železo

eingratiate [ri:ingréišieit] *vt* spraviti (koga) zopet v milost (pri kom)

einless [réinlis] *a* ki je brez uzde; neobuzdan, neobrzdan; *fig* razbrzdan

eink [ri:íŋk] *vt* zopet (s črnilom) počrniti; obnoviti, osvežiti barvni trak

einsert [ri:insə:t] *vt* zopet vstaviti (vtakniti, uvrstiti); zopet spraviti na staro mesto

einsertion [ri:insə́:šən] *n* ponovna uvrstitev (vstavitev, vtaknitev)

einsman [réinzmən] *n A* voznik (vprege); izkušen jockey

einstall [ri:instó:l] *vt* zopet postaviti, vzpostaviti

einstallment [ri:instó:lmənt] *n* ponovna postavitev, vzpostavitev

einstate [ri:instéit] *vt* postaviti v prejšnje stanje, obnoviti, vzpostaviti, ponovno postaviti (na neko mesto, v službo); popraviti, izlečiti; urediti

einstatement [ri:instéitmənt] *n* ponovna postavitev, vzpostavitev, obnovitev

einsurance [ri:inšúərəns] *n* ponovno zavarovanje, pozavarovanje, zavarovanje pri drugi zavarovalni družbi

einsure [ri:inšúə] *vt* ponovno (zopet) zavarovati, pozavarovati, zavarovati pri drugi zavarovalni družbi

einsurer [ri:inšúərə] *n* pozavarovalec

eintegrate [ri:íntigreit] *vt* zopet združiti; reintegrirati; (redko) postaviti v prejšnje stanje, obnoviti

eintegration [ri:intigréišən] *n* vzpostavitev, ponovna združitev, obnovitev, postavitev v prejšnje stanje; reintegracija

einter [ri:intə:] *vt* zopet pokopati (zagrebsti), prekopati, prenesti v drug grob

einterment [ri:intə́:mənt] *n* ponoven pokop, prekop (v nov grob)

eintroduce [ri:intrədjú:s] *vt* zopet uvesti

eintroduction [ri:intrədʌ́kšən] *n* ponovna uvedba

einvest [ri:invést] *vt* zopet obleči v, odeti (*with* z) (tudi *fig*); zopet postaviti (*in* v), vzpostaviti (v časti, položaju itd.); *econ* zopet vlagati (denar), vložiti (v nekaj drugega); zopet investirati

einvestiture [ri:invéstičə] *n* ponovna postavitev, vzpostavitev, vračanje (v čast, na položaj itd.)

einvestment [ri:invéstmənt] *n econ* ponovna vložitev, ponovno vlaganje (denarja), vložitev (denarja) v nekaj drugega; reinvesticija

einvigorate [ri:invígəreit] *vt* vrniti (komu, čemu) staro moč, znova okrepiti, poživiti

reinvigoration [ri:invigəréišən] *n* vrnitev stare moči, ponovna okrepitev, poživitev

reissue [rí:isju:] **1.** *n print* nova izdaja, nespremenjena izdaja; ponatis; ponovno dajanje v promet (bankovcev, znamk); **2.** *vt & vi* ponovno ali nanovo izdati; ponatisniti; dati nanovo v promet (bankovce, znamke)

reiterant [ri:ítərənt] *a* ponavljajoč se

reiterate [ri:ítəreit] *vt* (večkrat, neprestano) ponavljati

reiteration [ri:itəréišən] *n* neprestano ponavljanje; *print* tisk na drugi strani

reive [ri:v] *vi & vt* glej to **reave**

reiver [rí:və] *n* (glej **reaver**) plenitelj, tat, razbojnik, ugrabitelj

reject I [ridžékt] *vt* zavreči, zavrniti, odbiti, odkloniti, ne vzeti v poštev, ne priznati, ne odobriti, ne sprejeti; (o želodcu) izločiti, izmetati, povračati, izbljuvati; zapustiti (ljubimca, ljubico); ~ **a bill** zavrniti (zakonski) predlog; **to** ~ **a candidate** ne izvoliti kandidata; **to** ~ **a counsel** ne sprejeti nasveta; **to** ~ **a custom** upirati se šegi, ne se zmeniti za šego; **to** ~ **all responsibility** odkloniti, odklanjati vsako odgovornost; **to** ~ **a vote of censure** odkloniti nezaupnico; ~ **ed lover**, **suitor** zavrnjeni ljubimec, snubec; **to be** ~ **ed** biti zavržen, dobiti »košarico«; propasti (tudi v gledališki igri)

reject II [rí:džekt] *n* (za vojaško službo) nesposobna oseba; odklonjenec; *com* izvržen artikel

rejectable [ridžéktəbl] *a* ki se more odbiti (zavrniti, odkloniti); zavrgljiv, odklonljiv

rejectamenta [ridžektəméntə] *n pl* izmeček, izvržek, škart; izmečki, odpadki, smeti; *med* telesni izmečki, iztrebki; naplavina, obrežna izmetnina

rejection [ridžékšən] *n* zavrnitev, odklonitev, odbitje; *med* povračanje, bljuvanje, izmetavanje; ~ **s** *pl* izmeček, izvržek, škart; *pl* iztrebki, blato

re-jig [rí:džig] *vt coll* zopet (ponovno) opremiti

rejoice [ridžóis] *vi* (raz)veseliti se (*at*, *in*, *over* ob); radovati se, dati izraza veselju; *hum* uživati; *vt* razveseliti (srcé), napraviti veselje (*s.o.* komu); I ~ **at his recovery** veseli me, da je (on) ozdravel; **to be** ~ **d** (**at**, **by**) razveseliti se (česa); **they were** ~ **d to hear such good news** razveselili so se, ko so slišali tako dobre novice; **the news** ~ **d me** novica me je razveselila; **to** ~ **in s.th.** naslajati se ob čem, s čim, uživati kaj; *hum* **he** ~ **s in the name Dick** ime mu je Dick

rejoicer [ridžóisə] *n* kdor se (česa) veseli; zadovoljnež, uživač

rejoicing [ridžóisiŋ] **1.** *n* veselje, radost (*over* ob, nad, zaradi); ~ **s** *pl* radovanje, veselje, slavje, vesela zabava; šaljenje, šala; **2.** *a* vesel, radosten (*at*, *in* česa, *that* da)

rejoicingly [ridžóisiŋli] *adv* z veseljem, radostno, veselo

re-join, rejoin I [rí:džóin] *vt & vi* zopet (se) pridružiti (priključiti, spojiti, združiti), zopet priti k; ponovno se sestati, se sniti, se zbrati (*to*, *with* z); **to** ~ **bones** *med* uravnati kosti

rejoin II [ridžóin] *vt & vi jur* odgovoriti (na obtoženčev ugovor), ovreči, odvrniti, zavrniti

rejoinder [ridžóində] *n jur* odgovor, replika, zavrnitev; protiodgovor, (hiter, odrezav) odgovor

rejudge [ri:džʌ́dž] *vt* znova preiskati, pregledati, zopet presoditi, razsoditi

rejuvenate [ridžú:vineit] *vt & vi* pomladiti (se)

rejuvenation [ridžu:vinéišən] *n* pomladitev, pomlajevanje; ~ **operation** *med* pomlajevalna operacija

rejuvenator [ri:džú:vineitə] *n* pomlajevalno sredstvo

rejuvenesce [ri:džu:vinés] *vt & vi* pomladiti (se); *biol* znova oživeti, oživiti

rejuvenescence [ridžu:vinésəns] *n* pomlajevanje, pomladitev (tudi *fig*); *biol* ponovno oživljanje (stanic)

rejuvenescent [ridžu:vinésənt] *a* pomlajajoč (se), ki (se) pomlaja

rekindle [ri:káindl] *vt & vi* zopet (se) vžgati, zopet (se) vneti; *fig* zopet oživeti, razvneti (jezo); *fig* zopet oživiti, oživeti, zbuditi (se)

relabel [ri:léibl] *vt* opremiti z novim napisom, z novo etiketo; nanovo etiketirati; dati novo ime, preimenovati, prekrstiti

relapse [rilǽps] 1. *n* ponoven padec, vrnitev v isto napako (zmoto), v staro stanje (bolezni); vrnitev (bolezni); 2. *vi* pasti zopet (v isto zmoto, napako), pasti nazaj; *med* vrniti se (o bolezni itd.), nanovo zboleti

relapser [rilǽpsə] *n* odpadnik, renegat; recidivist

relate [riléit] *vt* poročati (*to s.o.* komu), obvestiti (*to s.o.* koga); pripovedovati, povedati; spraviti (koga, kaj) v zvezo (*to, with* z); vzpostaviti zvezo, odnose med, povezati; *vi* nanašati se na, tikati se (*to* česa); biti v zvezi, imeti zveze, biti soroden, v sorodstvu (*to* z); **to be ~d with (to)** biti v zvezi z, biti v sorodstvu (z); **we cannot ~ these phenomena (to each other)** ne moremo teh pojavov (medsebojno) povezati; **she is ~d to have said** pravijo, da je rekla; menda je rekla

related [riléitid] *a* soroden (*to* z), v zvezi (*to* z); ~ **languages** sorodni jeziki; ~ **by blood** krvno soroden; ~ **by marriage** (ki je) v svaštvu

relatedness [riléitidnis] *n* sorodnost; sorodstveno razmerje

relater [riléitə] *n* poročevalec, referent; pripovedovalec, zgodovinopisec, zgodovinar

relation [riléišən] *n* poročilo; pripoved(ovanje); *jur* prijava, prijavno gradivo, referat; zveza, (logični, vzročni) odnos, odnošaj (*between* med), razmerje, relacija; sorodnost, sorodstvo; sorodnik, -ica; **in ~ to** gledé, kar se tiče, v zvezi z; ~**s of production** proizvodni odnosi; **a faithful ~ of all that happened** verno poročilo o vsem, kar se je zgodilo; **a near (distant) ~** bližnji (daljni) sorodnik; **public ~ officer** oseba, ki vzdržuje stik med svojo ustanovo in javnostjo in si prizadeva ustvariti ugodno mnenje o svoji ustanovi; **what ~ is he to you?** v kakšnem sorodstvu je on z vami?; **he is no ~ of mine** on ni v sorodu z menoj; **to be out of (all) ~, to bear no ~ to** nobene zveze ne imeti z; **to enter into ~s with** stopiti v zveze z; **to entertain (to maintain) commercial (friendly) ~s with** vzdrževati trgovinske (prijateljske) zveze z; **to have ~ to** biti v zvezi z; *jur* **to have ~ to June 1st** nanašati se na 1. junij, biti veljaven od (preteklega) 1. junija

relational [riléišənəl] *a* (~**ly** *adv*) ki se tiče sorodstva, družine; označujoč neko zvezo ali odnos; *gram* ki rabi za označbo odnosov med besedami v stavku

relationless [riléišənlis] *a* brez sorodstva, sam

relationship [riléišənšip] *n* sorodstvo, rod, sorodnost; zveza, odnos, razmerje (*to* do, z); *med* soseščina; **degree of ~** sorodstvena stopnja

relatival [relətáivəl] *a* (~**ly** *adv*) relativen

relative I [rélətiv] *n* sorodnik, -ica; *gram* oziralni zaimek; **a poor ~** reven sorodnik; **he is a ~ of mine** on je (neki) moj sorodnik, v sorodstvu sem z njim

relative II [rélətiv] 1. *a* nanašajoč se na, ki se tiče (koga, česa); sorazmeren, relativen; (redko) primeren, ustrezen, zadeven; *gram* oziralen, relativen; *rel* indirekten; ~ **to** gledé na; ~ **clause** oziralni stavek; ~ **pronoun** oziralni zaimek; ~ **humidity** relativna vlaga; ~ **worship** *rel* češčenje slik; ~ **value** relativna vrednost; **the arguments ~ to the dispute** argumenti v zvezi z diskusijo; **to be ~ to** nanašati se na; biti odvisen od, biti pogojen z; **prices are ~ to the demand** cene so odvisne od povpraševanja; **to live in ~ ease** živeti v relativnem udobju; 2. *adv coll* gledé, o, v zvezi z; **I talked to him ~ to your business** govoril sem z njim o vaši zadevi

relatively [rélətivli] *adv* odnosno, relativno, sorazmerno

relativeness [rélətivnis] *n* odnosnost, relativnost, sorazmernost

relativism [rélətivizəm] *n phil* relativizem

relativist [rélətivist] *n phil* relativist

relativity [relətíviti] *n* relativnost; pogojenost, odvisnost (*to* od); ~ **of knowledge** relativizem

relator [riléitə] *n* (redko) glej **relater**; ovaduh

relax [rilǽks] *vt & vi* sprostiti (se); (raz)rahljati (se); oslabiti, oslabeti; ublažiti, zmanjšati, popustiti (v), omagati (v); odpočiti se, »izpreči«, pomiriti se, omiliti (se), postati blažji, prijaznejši (o obrazu); narediti medlo, mlahavo; postati medel, mlahav; ~ **ed throat** vrsta kroničnega vnetja grla; **to ~ one's attention (efforts)** popustiti v svoji pazljivosti, pozornosti (v svojih naporih); **to ~ discipline** zrahljati disciplino; **to ~ requirements** popustiti v zahtevah; **to ~ one's hold** popustiti svoj prijem; **to ~ one's tone** *fig* utišati svoj glas; **to ~ after work** počivati po delu; **the fury of the storm ~ed** bes viharja je popustil, se je polegel

relaxation [ri:lækséišən] *n* sprostitev (*from* od), relaksacija; razvedrilo, zabava, počitek; okrevanje; popuščanje, zrahljanje, zmanjšanje napetosti (strogosti, budnosti, prizadevanja itd.); *med* medlost, slabost; *jur* olajšanje, ublažitev; **gardening is my ~** vrtnarjenje mi je v oddih, v razvedrilo

relay I [ri:lei, riléi] 1. *n* relé; *radio* prenašanje (poročil itd.) prek druge postaje; *mil* relejna postaja; *sp* štafeta; zamenjava konj(a), postaja za zamenjavo konj; izmena (posade), nova posada; *hunt* svež trop (psov); *el* instrument za pojačenja toka na dolge relacije s pomočjo lokalne baterije; ~ **control** relejno vódenje (nadzor); ~ **race** *sp* štafetni tek; ~ **station** relejna postaja; 2. *vt & vi radio* prenašati (poročila itd.) prek druge postaje; zamenjati, izmenjati, nadomestiti (konje itd.); to ~ messages sprejemati in prenašati (s)poročila; 3. *a* relejni; pomožni, vmesni

re-lay*, relay* II [rí:léi] *vt* zopet (nanovo, ponovno) položiti, postaviti, izmenjati (pod, pločnik, tračnice); obložiti (kaj s čim); to ~ the pavement of a street pretlakovati cesto (ulico); to ~ a roof zopet (nanovo) prekriti streho

relay-race [rí:lejréis] *n sp* štafetni tek

relay-runner [rí:leiránə] *n sp* tekač v štafeti

relearn* [ri:lə́:n] *vt* zopet se (na)učiti

release I [rilí:s] *n* osvoboditev, izpustitev na svobodo (*from* iz), (od)rešitev (*from* od česa), razbremenitev, olajšanje, oprostitev, spregled; *jur* razrešitev dolžnosti, odstop; prenos pravice (premoženja) na drugega, odstop(itev); odreka (pravicam); dokument (o odstopu); potrdilo, pobotnica; odobritev filma za predvajanje; *tech* mehanizem za sprožitev ali ustavitev, izklop stroja; ~ from a debt (mortgage) oprostitev (brisanje) dolga (hipoteke); happy ~ *fig* smrt; it was to me a great ~ to mi je bilo v veliko olajšanje

release II [rilí:s] *vt* osvoboditi (*from* iz, od), rešiti, odvezati (obveznosti), izvleči (*from* iz); dati prostost, izpustiti (*from* iz); *jur* odpustiti, spregledati, zbrisati (dolg), prenesti (na koga), odreči se, odstopiti komu (posest, pravico itd.); prinesti na trg (tržišče); dovoliti javno predvajanje (*a film* filma); *tech* sprožiti, izklopiti; to ~ an article for publication dovoliti objavo članka; to ~ bombs spustiti, odvreči bombe; to ~ from an obligation oprostiti obveznosti; to ~ a mortgage izbrisati hipoteko; to ~ a prisoner izpustiti ujetnika; to ~ a right odreči se pravici; to ~ s.o. from his word odvezati koga njegove besede

re-lease [rilí:s] *vt* dati ali vzeti zopet v zakup, v najem

releasee [rili:sí] *n jur* oseba, na katero se prenese (dolg, posest, pravica itd.); prejemnik

releasement [rilí:smənt] *n* oprostitev, osvoboditev, odveza (*from* od)

releaser [rilí:sə] *n* osvoboditelj, rešitelj; *phot* sprožilec

releasor [rili:só] *n* oseba ali organ, ki odstopi, prenese (dolg, posest, pravico itd.) na koga drugega; odstopnik, -ica

relegable [réligəbl] *a* ki se more izgnati, pregnati (kam); ki se da napotiti, poslati (kam)

relegate [réligeit] *vt* odgnati, pregnati, izgnati, relegirati (*to* kam); poslati (*to* kam), izročiti; odposlati, napotiti (*to* h komu), odpraviti, odriniti, odrediti na nižje mesto, na slabšo službo; to ~ religion out of one's life pregnati religijo iz svojega življenja

relegation [religéišən] *n* izgon, pregnanstvo; postavitev ob stran; napotitev, pošiljatev (*to* k, na); relegacija

relent [rilént] *vi* omehčati se, omiliti se, ublažiti se; usmiliti se, postati popustljiv, ganjen; popustiti, ukloniti se; *arch* stopíti se, postati vlažen (moker, tekoč)

relenting [riléntiŋ] *a* pomilovalen, usmiljen, poln usmiljenja; popustljiv

relentingly [riléntiŋli] *adv* manj neizprosno (strogo), bolj popustljivo

relentless [riléntlis] *a* (~ly *adv*) neusmiljen, neblag, neizprosen, nepopustljiv, brezobziren, (ki je) brez prizanašanja

relentlessness [riléntlisnis] *n* neusmiljenost

re-let [ri:lét] *vt* zopet (znova, ponovno) najeti; zopet dati v najem

relevance, -ncy [rélivəns(i)] *n* pomembnost, važnost, bistvenost, tehtnost, relevanca (*to* za); ustreznost, primernost, umestnost; odnos, zveza

relevant [rélivənt] *a* (~ly *adv*) primeren, ustrezen, koristen, smotrn (*to* za); ki se tiče, spada k stvari, (notranje) odvisen, sovisen; ki je v zvezi z, gledé; ~ information primerni, koristni podatki; ~ in law pravno pomemben

reliability [rilaiəbíliti] *n* zanesljivost, gotovost; ~ trial (run) poskusna vožnja, kontroliranje vzdržljivosti (motornih vozil)

reliable [riláibl] *a* (reliably *adv*) zanesljiv, vreden zaupanja; verodostojen; ~ firm zaupanja vredna firma; ~ witness verodostojna priča

reliance [riláiəns] *n* zaupanje, zanašanje na; opora, pomoč; self ~ samozaupanje, zaupanje vase; to have (to feel) ~ on (upon) zaupati v; I place full ~ upon him imam polno zaupanje vanj, popolnoma mu zaupam

reliant [riláiənt] *a* zaupajoč (*on* v), zanašajoč se (na), računajoč (na); zaupljiv, lahkoveren; poln zaupanja vase, samostojen

relic [rélik] *n* poslednji ostanek, sled (npr. verovanja, običaja itd.); *pl* preostanki (starih časov); *eccl* relikvija; spomin; *pl* posmrtni ostanki (osebe), mrtvo telo, truplo, mrlič, mrtvec, relikvije; *pl* ostanki (stvari); ~s of the past starožitnosti

relict [rélikt] *n* (redko) vdova; *biol* relikt

relief I [rilí:f] *n* relief, reliefno izbočeno delo; *geogr* izbočenost zemeljske skorje (površine), relief, nadvig, plastična zemljepisna karta; *print* reliefni tisk; *fig* živost, plastičnost, reliefnost; in high (low) ~ v visokem (nizkem) reliefu; to bring out in full ~ (z nazornim prikazom) močnó poudariti; to stand out in bold ~ against the background močno (jasno) se odražati (očrtavati) od ozadja

relief II [rilí:f] *n* olajšanje, olajšava, osvoboditev, rešitev (*from* iz, od); ublažitev; tolažba; *jur* podpora, pomoč, lek; oprostitev (*from* od); odškodnina; *fig* počitek, počivanje, okrevanje; ugodna sprememba; *mil* osvoboditev, odrešitev (obleganega mesta, trdnjave); zamenjava (posadke, straže); pojačanje, rezerva; a ~ to the eye blagodejnost, užitek za oko; ~ engine pomožna lokomotiva; ~ fund fond za pomoč (ponesrečencem); ~ secretary pomožna tajnica; income tax ~ (davčna) olajšava; indoor ~(s) hospitalizacija; outdoor ~ (zdravniška) pomoč na domu; to be on ~ dobivati socialno podporo; it was a ~ to see ... bilo je olajšanje, videti ...; it was a ~ to me odleglo mi je

relief loan [rilí:floun] *n* posojilo v stiski (v bedi)

relief map [rilí:fmæp] *n* reliefna karta

relief valve [rilí:fvælv] *n* varnostni ventil

relief-works [rilí:fwə:ks] *n pl* (javna) dela za zaposlitev brezposelnih

relievable [rilí:vəbl] *a* potreben pomoči; ki mu je
moč pomagati; ki ima pravico do pomoči, do
odškodnine; izlečljiv, popravljiv
relieve [rilí:v] *vt* olajšati (pritišk itd.); osvoboditi
koga (*from* od, pred); *mil* osvoboditi, rešiti
(mesto) obleganja; pomagati, podpirati (reveže
itd.); dati duška (svojim čustvom itd.); *mil* iz-
menjati, zamenjati (stražo); *fig* razbremeniti,
osvoboditi bremena ali tovora; ugrabiti, s silo
vzeti; razrešiti, zamenjati, odstaviti koga (z dolž-
nosti, iz službe), odpustiti; poudariti, naglasiti,
poživiti (*with* s čim, *by* s pomočjo); pomiriti,
(po)tolažiti; **2.** *vi* ločiti se (*from* od), odbijati se
(*against* proti, od); **to ~ distress** pomagati v
stiski; **to ~ nature, to ~ oneself** izprazniti si
čreva ali mehur, opraviti veliko oziroma malo
potrebo; **to ~ one's feelings** dati duška svojim
čustvom, olajšati si dušo (srcé); **to ~ s.o. from
a duty (responsibility)** oprostiti, razrešiti koga
neke dolžnosti (odgovornosti); **to ~ a sentry**
mil izmenjati stražo; **I was much ~d to see ...**
zelo mi je odleglo, ko sem videl...; **I was ~d
of my purse** olajšali so me za (ukradli so mi)
denarnico; **he ~d me of my work** razbremenil
me je pri delu; **the dress is ~d by trimming**
okraski poživljajo obleko; **to feel ~d** čutiti se
olajšanega
relievo, *pl* -os [rilí:vou, -ouz] *n* izbočen (reliefen
plastičen) izdelek, relief
relight [ri:láit] *vt* zopet razsvetliti, zopet prižgati
religion [rilídžən] *n* vera, veroizpoved, verstvo, re-
ligija; častna, sveta dolžnost, stvar časti; (redko)
opravljanje verskih obredov; religioznost, po-
božnost; meništvo, redovništvo, redovniški red,
redovniško življenje; **established ~** priznana
veroizpoved, državna vera; **to be in ~** biti re-
dovnik, -ica; **to enter into ~** postati redovnik
ali redovnica (nuna); **to get ~** postati pobožen,
spreobrniti se; **to make a ~ to do (of doing) s.th.**
smatrati za svojo sveto dolžnost (da nekaj na-
redimo)
religioner [rilídžənə] *n* redovnik; pobožnjak, po-
božen kristjan, bogomolec; pobožnjaška, bigot-
na oseba
religionism [rilídžənizəm] *n* pobožnjaštvo, pretira-
na pobožnost, bigoterija, licemerstvo
religionist [rilídžənist] *n* pobožnjakar, -ica, bogo-
molec, bigotna oseba; licemerec
religionize [rilídžənaiz] *vt* napraviti (koga) pobož-
nega, spreobrniti (koga); *vi* delati se svetega,
vesti se kot pobožen kristjan; pretvarjati se,
licemeriti
religionless [rilídžənlis] *a* ki je brez vere, brez
veroizpovedi
religiose [rilidžióus] *a* pretirano (bolestno) pobožen
(religiozen), bigoten
religiosity [rilidžiósiti] *n* religioznost, vernost, po-
božnost; nabožnost, pobožnjaštvo, bogomol-
stvo, licemerstvo
religious [rilídžəs] **1.** *a* (**~ ly** *adv*) pobožen, reli-
giozen; *eccl* redovniški, duhoven, cerkven, ver-
ski; vesten; **with ~ care** zelo vestno, nadvse
skrbno; **~ house** samostan; **~ minority** verska
manjšina; **~ order** redovniški, samostanski red;
the ~ wars verske vojne; **2.** *n* redovništvo, re-
dovni duhovniki; redovnik, menih

religiousness [rilídžəsnis] *n* pobožnost, religioznost
reline I [rí:láin] *vt* nanovo podložiti (zlasti obleko);
všiti novo podlogo (v obleko)
re-line, reline II [rí:láin] *vt & vi* postaviti (se) zopet
v red, v vrsto; zopet (se) uvrstiti
relinquish [rilíŋkwiš] *vt* opustiti (načrt, navado
itd.); odreči se (pravici); odstopiti (od česa),
prepustiti (*to* komu), odstopiti (posest); pustiti;
to ~ a hope, an idea opustiti upanje, misel; **to
~ one's hold on s.th.** izpustiti kaj
relinquishment [rilíŋkwišmənt] *n* prepustitev, od-
stop (*of* česa), odreka; opustitev
reliquary [rélikwəri] *n eccl* skrinjica z relikvijami,
relikvarij
reliquidate [ri:líkwideit] *vt econ* zopet likvidirati
relish I [réliš] *n* okus (za kaj), užitek (v hrani ipd.),
slast; dišava, začimba; prijeten okus; predjed;
fig veselje (za kaj), navdušenje; nagnjenje, lju-
bezen (do česa); privlačnost, všečnost, draž,
čar, tek; pokušnja, kapljica (*of* česa); **I have no
~ for (music)** nimam nobenega veselja (smisla)
za, ne maram za (glasbo), ni mi do (glasbe); **he
has no ~ for hard study** resen študij mu ne diši;
we have no ~ for walks za sprehode nam ni;
danger gives ~ to adventure nevarnost daje draž
pustolovščini; **to eat with great ~** jesti z velikim
tekom; **hunger is the best ~ for food** glad je
najboljša začimba za jed; **to lose its ~** izgubiti
svojo draž; **to have lost all ~** izgubiti vso pri-
vlačnost (draž, slast); **to read with great ~** brati
z velikim užitkom, naslajati se ob branju
relish II [réliš] **1.** *vt* napraviti (kaj) okusno, tečno,
slastno; dati prijeten okus (čemu); začiniti (*with*
z); najti slast v, imeti užitek od, uživati (v čem,
kaj), imeti rad; rad (kaj) jesti, s tekom jesti;
2. *vi* biti okusen (tečen, slasten, prijeten); dišati,
iti v tek (slast), tekniti; imeti okus, tek (za kaj);
to ~ of dišati po; spominjati na; **to ~ well
(badly)** imeti dober (slab) okus; **I do not ~ the
idea of staying here** misel, da bi ostal tu, mi ne
prija; **I did not ~ the coffee** kava ni bila po
mojem okusu; **do you ~ the lobster?** vam gre
jastog v slast?; **he did not ~ the proposal** predlog
mu ni (preveč) dišal (prijal)
relishable [rélišəbl] *a* okusen
relive [ri:lív] *vi* zopet oživeti, zopet živeti; *vt* še
enkrat (nekaj) preživeti; zopet doživeti
reload [ri:lóud] *vt & vi* zopet nakladati, natovoriti;
prekladati, pretovoriti; znova nabiti (puško,
orožje); **charges** *pl* for **~ing** prekladarina
relocate [ri:lóukeit] *vt & vi A* zopet določiti meje;
zopet se naseliti
relucent [ril(j)ú:sənt] *a* svetleč, bleščav, sijoč, žareč
reluct [rilʌkt] *vi* upirati se (*to* čemu); občutiti
(pokazati) odpor (nezadovoljstvo, nenaklonje-
nost) (*to* do), nasprotovati, negodovati, ugovar-
jati (*at, against* čemu)
reluctance, -ncy [rilʌktəns(i)] *n* odpor, upiranje
(*to* čemu), nasprotovanje, nenaklonjenost, ne-
volja, mržnja; *phys* magnetski upor; **with ~**
nerad; **to show ~ (to do s.th.)** upirati se, biti
malo voljan (nekaj napraviti)
reluctant [rilʌktənt] *a* ki se upira, nasprotuje, ugo-
varja; nenaklonjen, nasproten, nevoljen; **I am
~ to do it** to nerad napravim; **to give (a) ~
consent** le nerad (z nevoljo) privoliti

reluctantly [rilＡ́ktəntli] *adv* proti (svoji) volji, nerad, z nevoljo

reluctate [rilＡ́kteit] *vi* glej **to reluct**

relume [ri:lú:m] *vt* zopet (ponovno) prižgati, podnetiti, osvetliti, vrniti blesk; *fig* ponovno oživiti, razveseliti, razvedriti

rely [riláj] *vi* zanesti se, zanašati se (*on, upon* na), zaupati, računati (na, z), opreti se (na); sklicevati se (na); **to ~ upon a broken reed** *fig* graditi na pesek; **to have to ~ on** s.o. biti navezan na, odvisen od koga; **you may ~ upon it** lahko se zanesete na to (računate s tem); **he can be relied upon** nanj se človek lahko zanese; **the author relies on earlier works** avtor se opira, sklicuje na prejšnja dela

remain I [riméin] *n* (večinoma *pl*) (pre)ostanek; poslednji ostanki; preživela oseba, preživelec; zapuščina (književnih del); **the ~s of a meal, of an army** ostanki obeda, vojske; **the ~s of a castle** ruševine gradu; **litterary ~s** neizdana dela umrlega književnika; **the sole ~s of a large family** edini preživeli velike družine; **with the ~s of one's strength** s poslednjimi močmi

remain II [riméin] *vi* (pre)ostati; preosta(ja)ti; **to ~ on hand** *com* ostati neprodan (o blagu); **I ~ yours truly N.N.** (na koncu pisma) ostajam Vaš vdani N.N.; **it ~s to be seen, it ~s to be proved** to bomo (še) videli, to je treba še dokazati; **is there any oil ~ing in the cruet?** je ostalo še kaj olja v steklenički?; **no choice ~s to me** nimam druge izbire; **one thing ~s certain** nekaj je gotovo; **the only pleasure that ~s to an old man** edino veselje, ki (še) preostane staremu človeku

remainder [riméində] **1.** *n* ostanek (tudi *math*); *pl* ostanki (tudi *com*), preživeli, preostali; neprodane knjige, revije, ki se vrnejo založniku, remitenda; *jur* pravica dedovanja (*to* česa), ostanek zapuščine; **~ of a debt** ostanek dolga; **the ~ of us** mi ostali, mi drugi; **the ~ was lost** (vse) ostalo (drugo) se je izgubilo, je bilo izgubljeno; **2.** *a* preostal, drug; **3.** *vt* (knjigam) znatno znižati ceno, poceni prodajati

remainderman [riméindəmən] *n jur* namestni dedič

remake* I [ri:méik] **1.** *vt* zopet (ponovno) narediti, napraviti; obnoviti; prenarediti

remake II [ri:méik] *n* novo filmanje (starega filma)

reman [ri:mǽn] *vt* dati (ladji) novo moštvo (posadko); vrniti možatost ali hrabrost, ohrabriti

remand [rimánd] **1.** *n jur* odgoditev do naslednje sodne razprave, vrnitev v preiskovalni zapor (zaradi nezadostnih dokazov); **~ prison** preiskovalni zapor; **person ~ed in custody** oseba v preiskovalnem zaporu; **brought up on ~** priveden pred sodišče iz preiskovalnega zapora; **the prisoner is on ~** zapornik je v preiskovalnem zaporu; **to appear on ~** priti zopet pred sodišče (po preiskovalnem zaporu); **2.** *vt* poslati nazaj v preiskovalni zapor (zaradi nezadostnih dokazov); predati, izročiti; **the prisoner was ~ed** zadeva tega zapornika je bila odložena do naslednje razprave

remanence, -ncy [rémənəns(i)] *n phys* remanenca

remanent [rémənənt] *a* (redko) preostal, zaostal; ki je tu, pričujoč, navzoč, obstoječ, sedanji;

phys remanenten; **~ magnetism** remanenten magnetizem

remanet [rémənit] *n* ostanek; *jur* na poznejši datum odloženi proces; *parl* zakonski načrt, čigar pretresanje je odloženo na naslednje zasedanje

remark I [rimá:k] *n* opazka, opomba, pripomba; komentar; kritika; upoštevanje; **worthy of ~** vreden pozornosti (upoštevanja), omembe vreden; **to make a ~** pripomniti, reči; **did he make any ~ on it?** je imel (on) kako pripombo glede tega?; **it did not escape his ~** to ni ušlo njegovi pozornosti, ni ostalo pri njem neopaženo

remark II [rimá:k] *vt* opaziti, zaznati; pripomniti, komentirati, kritizirati; opozoriti (na); *vi* izreči svojo sodbo (*on, upon* na), dati svoje pripombe, pojasniti, povedati svoje stališče (*on, upon* o, gledé); **to ~ on** s.th. omeniti kaj; **allow me to ~ that it is getting late** dovolite, da vas opozorim, da je že pozno; **he ~ed on her laziness** imel je pripombo gledé njene lenobe

remarkable [rimá:kəbl] *a* vreden omembe, pomemben; pozornost zbujajoč, izreden, poseben, nenavaden, presenetljiv; upoštevanja vreden; znamenit (*for* zaradi); **with ~ skill** z izredno spretnostjo

remarkableness [rimá:kəblnis] *n* nenavadnost, presenetljivost; pomembnost, (velik) pomen

remarkably [rimá:kəbli] *adv* izredno, posebno, nenavadno, edinstveno, zelo

remarriage [ri:mǽridž] *n* ponovna ženitev ali možitev

remarry [ri:mǽri] *vt* & *vi* zopet (drugič) (se) poročiti (omožiti, oženiti) (*with, to* z)

remediable [rimí:diəbl] *a* (**remediably** *adv*) ozdravljiv, izlečljiv; odstranljiv, odpravljiv; **this is ~** temu se da pomoči

remedial [rimí:diəl] *a* (**~ ly** *adv*) zdravilen, lečilen, popraven; **~ measure** mere, ukrepi, da se nekaj popravi; remedure; **~ gymnastics** medicinska (zdravstvena) telovadba

remediless [rémidilis] *a* neozdravljiv, neizlečljiv, ki mu ni leka; nepopravljiv, nenadomestljiv (izguba itd.); *arch* (ki je) brez pomoči; **a ~ suffering** trpljenje, proti kateremu ni sredstva

remedy I [rémidi] *n* zdravilo (tudi *fig*), lek (*for, against* za, proti); sredstvo; pomoč; dopusten odstopek od predpisane teže, mere; zakoniti odstopek od predpisane teže zlatnika ali srebrnika, toleranca; *E* prosto popoldne (na nekaterih šolah); **~ for external use** zdravilo za zunanjo uporabo; **past ~** neozdravljiv, neizlečljiv, *fig* brezupen; **there is no ~ but... ni** druge pomoči kot...; **to administer (to employ) a ~** dati (uporabiti) zdravilo

remedy II [rémidi] *vt* ozdraviti, izlečiti; odpomoči, popraviti, izboljšati; urediti, razjasniti; odstraniti (škodo, pomanjkljivost), odškodovati; **to ~ a wrong** popraviti krivico; **to ~ an ambiguous passage** razjasniti nejasen odlomek v knjigi; **how can we ~ such evils?** kako odpomoči takim zlom?

re-melt*, remelt* [ri:mélt] *vt* znova (zopet, ponovno) taliti, pretaliti

remember [rimémbə] *vt* spominjati (spomniti) se; zapomniti si, ne pozabiti, misliti na; na pamet znati ali vedeti; izročiti pozdrave, pozdraviti, priporočiti; *arch* spomniti (*of* na); *vi* spomniti se; ~ **to come!** ne pozabi priti!; ~ **what I tell you** zapomni si, kaj ti rečem; ~ **me kindly to your sister** lepo pozdravite (svojo) sestro!; **I cannot** ~ **the man you mean** ne morem se spomniti, koga mislite; **he cannot** ~ **names** on si ne more zapomniti imen; **don't you** ~ **me?** se me ne spomnite?; **as far as I can** ~ kolikor se morem spomniti; **he wants (begs) to be** ~ **ed to you** on ti želi, da vam izročim njegove pozdrave, on vas lepo pozdravlja; **if I** ~ **right** če se prav spominjam; **not that I** ~ ne da bi jaz vedel; **to** ~ **oneself** zavedeti se; popraviti se

rememberable [rimémbərəbl] *a* vreden spomina, pomemben

remembrance [rimémbrəns] *n* spominjanje, pomnjenje, pámetenje, pametovanje; spomin (*of* na); spominek; ~ **s** *pl* (naročeni) pozdravi; **in** ~ **of** v (za) spomin na; **within my** ~ kolikor (jaz) pomnim; **a monument in his** ~ spomenik njemu v spomin; **to call sth. to s.o.'s** ~ spomniti koga na kaj; **to come to s.o.'s** ~ priti komu na misel; **it has escaped my** ~ to mi je ušlo iz spomina; **give my kind** ~ **s to all your family** lepo mi pozdravite vso (svojo) družino!; **to have sth. in** ~ imeti kaj v spominu; **to hold s.o. in fond** ~ imeti, obdržati koga v lepem spominu; **I put him in** ~ **of** spomnil sem ga na

remembrancer [rimémbrənsə] *n* kdor (kar) spominja (spomni) (*of* na); spominek, spomin; opozorilo, memento; **City R**~ zastopnik londonske City (v parlamentskih odborih)

remigrant [rémigrənt] *n* povratnik, povrnjenec

remigrate [ri:máigreit] *vi* nazaj se priseliti; vrniti se

remigration [ri:maigreišən] *n* vrnitev, ponovna priselitev

remilitarization [ri:milətəraizéišən] *n* remilitarizacija

remilitarize [ri:mílətəraiz] *vt* remilitarizirati

remind [rimáind] *vt* spomniti (*s.o. of sth.* koga na kaj); spominjati (*of* na, *that* da, *how* kako); ~ **me of my promise** spomni(te) me na mojo obljubo!; ~ **me to post the letter** spomni(te) me, da oddam pismo na pošti; **he** ~ **s me of my brother** on me spominja na mojega brata; **this** ~ **s me of home** to me spominja na dom

reminder [rimáində] *n* oseba ali stvar, ki spomni; spomin, namig (*of* na); (pismeni) opomin; **a gentle** ~ blag, vljuden opomin

remindful [rimáindful] *a* spominjajoč (*of* na), misleč (*of* na)

reminisce [reminís] *vi coll* spominjati se, prepuščati se spominom, živeti v spominih, govoriti o preteklosti

reminiscence [reminísəns] *n* spomin (*of* na); spominjanje (*of* na); reminiscenca; *pl* reminiscence, spomini; **to live on one's** ~ **s** živeti od spominov; **to publish one's** ~ **s** objaviti svoje spomine

reminiscent [reminísənt] *a* ki spomni (spominja) (*of* na); ki se rad spominja, živeč v spominih (v preteklosti); ~ **talk** izmenjava spominov, medsebojno obujanje spominov; **to be** ~ **of** spominjati na

remint [ri:mínt] *vt* nanovo vtisniti, kovati; prekovati

remiped [rémiped] **1.** *a zool* ki ima veslaste noge; **2.** *n* veslonožec

remise I [rimáiz] *vt jur* prepustiti, odstopiti (pravico itd.), odpovedati se, odreči se; **to** ~ **a claim** odreči se zahtevi

remise II [rimí:z] *n arch* klonica, kolnica, lopa za vozove, vozarna; remiza; najet voz, kočija

remise III [ri:mí:z] **1.** *n fencing* drugi udarec po zgrešenem prvem; **2.** *vi* izvesti drugi udarec po zgrešenem prvem

remiss [rimís] *a* (~ **ly** *adv*) nemaren, brezbrižen, malomaren, len; počasen, zamuden, okoren, zaspan; *arch* slaboten, medel, brez moči; **a** ~ **correspondent** zamuden dopisovalec; **to be** ~ **in one's duties** zanemarjati svoje dolžnosti

remissible [rimísəbl] *a* odpustljiv, oprostljiv; deležen milosti

remission [rimíšən] *n* odpuščanje, odpustitev (*of sins* grehov); oprostitev, spregled (kazni, dolga); znižanje, zmanjšanje (davka); popuščanje, ponehavanje, jenjavanje, ublažitev (vročine ipd.), slabljenje, slabenje (marljivosti); upadanje, pešanje; nakazilo (denarja); *med* remisija; ~ **of part of a sentence** delni spregled kazni

remissive [rimísiv] *a* popuščajoč; oprostilen; odpuščajoč, prizanesljiv, ki oprosti ali odpusti; nagnjen k odpuščanju, k popuščanju; remisiven

remissness [rimísnis] *n* nemarnost, lenost, počasnost; medlost, slabotnost

remit [rimít] **1.** *vt* odpustiti (greh), oprostiti (žalitev), spregledati (kazen, dolg); ublažiti, umiriti, pomiriti, zmanjšati, brzdati (jezo); opustiti, odstopiti (od česa), popustiti (v čem); poslati, nakazati (denar, menico), napotiti (koga) (*to* na); *jur* odgoditi, odložiti (*till, to* do), zavrniti (na nižjo instanco); izročiti, predati; *arch* izpustiti na prostost; **2.** *vi* popuščati (o bolezenskih simptomih), ponehati, zmanjšati se; *fig* slabeti, splahneti; plačati; **to** ~ **one's attention (efforts)** popustiti v pazljivosti, v naporih; **to** ~ **a bill** poslati (prenesti) menico; **to** ~ **s.o. to his liberty** komu zopet prostost dati; **to** ~ **a siege** opustiti obleganje; **to** ~ **one's work** nehati z delom

remittal [rimítl] *n glej* **remission**

remittance [rimítəns] *n* vrnitev, pošiljatev nazaj denarja itd., (denarna) pošiljka ali nakazilo, poslana vsota ali menica (rimesa) (namesto denarja); **to make (to send, to provide for)** ~ poslati (denar, menico), napraviti rimeso, remitirati

remittance man [rimítənsmən] *n* emigrant, oseba, ki živi v tujini (v koloniji) od denarja, poslanega od doma; *fig* postopač

remittee [rimití:] *n* prejemnik (pošiljke denarja ali menice); *jur* menični upnik, prejemnik in koristnik menice, remitent

remittent [rimítənt] **1.** *a* popuščajoč v presledkih (o mrzlici); **2.** *n* (*glej* ~ **fever**) mrzlica, ki v presledkih popušča, slabi

remitter I [rimítə] *n econ* pošiljatelj, -ica (denarja po pošti); *com* remitent; naslovljenec pri menični obvezi

remitter II [rimítə] *n jur* napotitev, prepustitev spora drugemu sodišču; vzpostavitev, vrnitev pravic, rehabilitacija; vrnitev v posest

remittor [remítə] n glej remitter I

remix [ri:míks] vt zopet (z)mešati

remnant [rémnənt] n (beden, žalosten) ostanek, preostanek; com ostanek blaga; poslednji ostanek ali sled (of česa); the ~ of a defeated army ostanek poražene vojske; ~ sale com prodaja ostankov

remodel [rí:módl] vt preoblikovati, predrugačiti, predelati, premodelirati; dati novo obliko; pregrupirati, nanovo formirati, reorganizirati

remold [ri:móuld] vt nanovo oblikovati, preoblikovati

remonitize [ri:mónitaiz] vt A (srebro) zopet kot denar dati v obtok

remonstrance [rimónstrəns] n očitek, posvaritev, opomin, graja, ukor (to komu); hist pritožba, protest, ugovor; to be deaf to ~s biti gluh za (vse) proteste

remonstrant [rimónstrənt] 1. a (~ ly adv) ki ugovarja, protestira, opominja, se pritožuje; protesten; 2. n hist remonstrant (član neke sekte); oseba, ki ugovarja, protestira

remonstrate [rimónstreit] vi & vt ugovarjati, protestirati (against proti), pritožiti se; očitati kaj, zameriti komu (on, upon kaj, that da); imeti kritične pripombe; upirati se (čemu), protestirati, remonstrirati; to ~ with s.o. on (upon), for sth. delati komu očitke gledé česa, zaradi česa; to ~ with each other medsebojno si delati očitke; to be ~d with morati sprejeti (resne) očitke

remonstrating [rimónstreitiŋ] a (~ ly adv) ki ugovarja, se pritožuje, protestira; očitajoč, opominjajoč

remonstration [rimonstréišən] n ugovarjanje, ugovor, protest, pritožba, očitek, graja, remonstracija

remonstrative [rimónstrətiv] a ki ugovarja, protestira, se pritožuje, se upira

remonstrator [rimónstreitə] n oseba, ki ugovarja, se pritožuje, protestira, se upira

remontant [rimóntənt] 1. a bot ki cvete več kot enkrat v letu; 2. a cvetlica, ki cvete več kot enkrat v letu (tudi jeseni)

remora [rémərə] n zool vrsta ribe, ki se prilepi na druge, večje ribe; (redko) fig ovira, zapreka, odpor

remorse [rimó:s] n kes, kesanje; očitanje vesti, skesanost (at, for zaradi), skrušenost; arch usmiljenje, sočutje; without ~ brez usmiljenja; I feel ~ vest me peče; ~ of conscience (mind) grizenje vesti

remorseful [rimó:sful] a (~ ly adv) skesan, spokorjen, skrušen, kesajoč se, obžalujoč

remorsefulness [rimó:sfulnis] n skesanost, skrušenost, spokornost

remorseless [rimó:slis] a (~ ly adv) ki se ne kesa, neskesan; neusmiljen, okruten, brezčuten

remorselessness [rimó:slisnis] n neskesanost, neusmiljenost, okrutnost

remote [rimóut] a (~ ly adv) (krajevno, časovno) oddaljen; daven, daljni; odročen, zakoten, samoten; fig osamljen; nejasen, meglen (pojem), nepomemben; indirekten, šibek; ~ ages daljni (pretekli) časi; ~ antiquity davna preteklost, davnina; ~ country daljna dežela; ~ control

usmerjanje (vódenje) na daljavo (z radijskimi valovi); ~ future daljna bodočnost; ~ village zakotna vas; a very ~ resemblance zelo majhna (šibka) podobnost; not the ~st chance of success niti mrvice upanja za uspeh; I haven't the ~st idea nimam najmanjšega pojma; to be not ~ from the truth ne biti daleč (proč) od resnice, biti blizu resnice

remoteness [rimóutnis] n oddaljenost, daljnost, zakotnost; ~ of market oddaljenost tržišča

remotion [rimóušən] n (redko) oddaljenost; odstavitev

remould [ri:móuld] vt glej to remold

remount [rimáunt] 1. vt & vi zopet zajahati konja, zopet oskrbeti koga z jahalnim konjem; mil oskrbeti z novimi, svežimi konji; zopet se povzpeti, zlesti na (goro, lestev itd.); zopet se peljati (po vodi, reki) navzgor; vrniti se, iti nazaj (to k, na); to ~ a mountain zopet se povzpeti na goro; to ~ to the source iti nazaj k izviru; 2. n rezerven (svež, spočit) konj

removability [rimu:vəbíliti] n glej removableness

removable [rimú:vəbl] 1. a (removably adv) odstranljiv, oddaljiv, odstavljiv, premestljiv, zamenljiv; prenosen; ~ lining odstranljiva podloga (plašča itd.); 2. n sodnik na Irskem, ki se more odstaviti ali zamenjati

removableness [rimú:vəblnis] n oddaljivost, odstranljivost, odstavljivost, premestljivost

removal [rimú:vəl] n odstranitev; odstavitev, oddaljitev, (pre)selitev; odpust (iz službe), premestitev, zamenjava; reforma, ozdravljenje, odprava (zlorab itd.); after our ~ to this house po naši selitvi v to hišo; allowance for ~ doklada (dodatek) za selitev; three ~s are as bad as a fire trikrat se seliti je isto kot (enkrat) pogoreti

removal-van [rimú:vəlvæn] n zaprt voz za prevoz pohištva, selitveni voz

remove I [rimú:v] 1. vt odstraniti, odmakniti, potegniti nazaj (roko), stran dati, pospraviti, drugam dati, premestiti; oddaljiti, preseliti; dati odstaviti, zamenjati, odpustiti (iz službe); izgnati, deložirati; fig spraviti s sveta, ubiti; 2. vi preseliti se (to v); oddaljiti se, oditi; to ~ a boy from school vzeti dečka iz šole; to be ~d from earth fig umreti; to ~ the cloth odstraniti prt, pospraviti mizo; the doctor had him ~d to the hospital zdravnik ga je dal prepeljati v bolnico; to ~ the fractions of an equation odpraviti ulomke v enačbi; to ~ furniture prepeljati, preseliti, premestiti pohištvo; to ~ one's hat odkriti se; they have ~d to the house next door preselili so se v sosedno hišo; to ~ s.o.'s load odvzeti komu breme; to ~ make-up odstraniti šminko; to ~ mountains fig delati čudeže; to ~ s.o.'s name from a list črtati, izbrisati ime kake osebe s seznama; to ~ from office odpustiti iz službe; to ~ s.o. by poison zastrupiti koga; to ~ a stain odstraniti madež; to ~ all traces odstraniti, zabrisati vse sledove; to ~ s.o. out of the way fig spraviti koga s poti; to ~ oneself oditi

remove II [rimú:v] n premaknitev, premestitev, preselitev, oddaljitev, odhod; oddaljenost, razmik, fig korak; (redko) odsotnost; (v nekaterih šolah) oddelek za boljše učence, vmesna stopnja ali razred; napredovanje v šoli v višji razred; stopnja (krvnega) sorodstva, koleno (v krvnem sorodstvu); *E* naslednja jed (ki pride po vrsti serviranja) (pri kosilu, večerji); **at a certain** ~ v določeni oddaljenosti, razdalji; **a second cousin at one** ~ bratranec v tretjem kolenu; **to be but one** ~ **from anarchy** biti le korak (oddaljen) od anarhije

removed [rimú:vd] *a* daljni; oddaljen; **a first cousin once (twice)** ~ bratranec v drugem (tretjem) kolenu; **a cousin seven times** ~ daljni sorodnik

remover [rimú:və] *n* odstranitelj, odstranjevalec; (= **furniture-**~) prevoznik, spediter (pohištva), selivec; **stain** ~ (**make-up** ~) sredstvo za odstranitev madežev (šminke)

remunerate [rimjú:nəreit] *vt* nagraditi, poplačati; plačati odškodnino, odškodovati; (po)vrniti (*for* za); nadoknaditi; **to** ~ **s.o. for his trouble** poplačati komu njegov trud

remuneration [rimju:nəréišən] *n* nagrada, plačilo; honorar; povračilo

remunerative [rimjú:nərətiv] *a* (~ **ly** *adv*) donosen, dobičkonosen, vreden truda, koristen, rentabilen; nagradni, ki nagrajuje; ~ **business** dobičkonosna kupčija (posel); ~ **investment** donosna investicija

remunerativeness [rimjú:nərətivnis] *n econ* donosnost, rentabilnost; gospodarnost

renal [rí:nəl] *a* ledvičen, obisten; ~ **calculus** *med* ledvični kamen

rename [rí:néim] *vt* preimenovati, dati drugo ime (*after* po)

renascence [rinǽsəns] *n* prerod, prerojenje; obnovljenje; ponovno oživljenje; renesansa; **R**~ renesansa (15. in 16. stol.)

renascent [rinǽsənt] *a* prerajajoč (se), prerojen, ponovno oživljen; ki se obnavlja, obnovljen, nov

rencontre [renkóntə] **1.** *n* glej **rencounter**

rencounter [renkáuntə] **1.** *n* (slučajno) srečanje; *mil* spopad, praska; dvoboj; **2.** *vt & vi* slučajno, nepričakovano (se) srečati

rend* [rend] **1.** *vt* trgati, odtrgati, strgati, raztrgati; (raz)cepiti, (raz)klati (les); *fig* (raz)cepiti, pretresti, omajati, predreti, prelomiti, razklati, preklati; **2.** *vi* raztrgati se, strgati se, (raz)cepiti se, razpočiti se, póčiti; **to** ~ **apart (asunder, in pieces)** raztrgati na kose; **to** ~ **from s.o.** iztrgati komu; **his heart was rent with grief** srce se mu je trgalo od žalosti; **my mind was rent by doubts** mučili so me dvomi; **to** ~ **one's hair** lase si puliti; **they rent the air with their cheers** njihovi klici so trgali, pretresali zrak; **to turn and** ~ **s.o.** nepričakovano koga napasti s psovkami, z zmerjanjem

render I [réndə]ʹ **1.** *vt* vrniti, povrniti, dati nazaj, nadoknaditi; izročiti, predati (komu kaj); odstopiti (*to* komu kaj); polagati, položiti, dati račun (o čem); *fig* dati komu zadoščenje; dati povod; plačati davek; nuditi, dati (pomoč); izkazati (čast); (pred predikativnim pridevnikom) napraviti, povzročiti, spremeniti, (umetniško) predstaviti, prikazati, prevesti (*into* v); *mus* izvesti, odigrati; izraziti, ponoviti; *tech*

stopíti (salo); ometa(va)ti; *vi* poplačati, dati plačilo; **to** ~ **an account of** dati račun (obračun) o; ~ **to Caesar the things that are Caesar's** dajte cesarju, kar je cesarjevega; **to** ~ (**down**) **fat** stopíti mast; **to** ~ **different interpretations of a passage** različno tolmačiti neko mesto; **to** ~ **evil for evil** vračati zlo za zlo; **to** ~ **good for evil** povrniti dobro za zlo; **to** ~ **a judgment** izreči sodbo; **to** ~ **into French** prevesti v francoščino; **to** ~ **a name famous** proslaviti (neko) ime; **to** ~ **obedience** ubogati, pokoriti se; **to** ~ **a service** napraviti (izkazati) uslugo; **to** ~ **thanks** zahvaliti se; **to** ~ **tribute** izkazati priznanje (za zasluge); **to** ~ **s.o. wiser** napraviti koga pametnejšega, spametovati koga; **age** ~ **ed him peevish** starost ga je naredila sitnega, prepirljivega; **the painter has not** ~ **ed the expression of the face** slikar ni pogodil (zadel) izraza obraza; **success** ~ **ed him impatient** uspeh ga je napravil nestrpnega; **to** ~ **up** nazaj dati; opustiti

render II [réndə] *n jur* vračilo; (zidarstvo) prvi (surov) omet

rendering [réndəriŋ] *n* vračanje; prikazovanje, predstavljanje, izvajanje, izvedba, interpretacija; prevajanje, prevod; ometa(va)nje, omet; *tech* topljenje, ekstrakcija, očiščenje (s topljenjem); ~ **of an account** dajanje (polaganje) računa; ~ **of thanks** zahvaljevanje; **new** ~ nova varianta, verzija

rendezvous [róndivu:] **1.** *n* (dogovorjen) sestanek; kraj sestanka; *mil* zborno mesto, zbirališče, sestajališče; *arch* pribežališče; **2.** *vi* sesta(ja)ti se; zbrati se; *vt* (zlasti *mil*) zbrati

rendition [rendíšən] *n* (redko) predaja; izročitev (ujetnika); *A* prevod; tolmačenje; *theat & mus* prikaz(ovanje), izvajanje, izvedba, interpretacija; *jur A* razsodba, razglasitev (sodbe)

renegade [rénigeid] **1.** *n* odpadnik, renegat, dezerter, prebežnik, izdajalec; **2.** *a* odpadniški, izdajalski; **3.** *vi* odpasti (od), postati nezvest, postati odpadnik (renegat, prebežnik, dezerter)

renegation [renigéišən] *n* odpadništvo, renegatstvo, prebežništvo

renege [riníg, riní:g] *vt* (kartanje) ne pokazati barve, ne igrati iste barve; prekršiti pravilo igranja; *coll* ne držati svoje obljube; goljufati; *vt* (redko) zatajiti

renew [rinjú:] *vt & vi* obnoviti (se), renovirati (se), preroditi (se); izpopolniti, nadoknaditi; popraviti (pohištvo); podaljšati (menico, pogodbo), *com* prolongirati; znova začeti, nanovo oživiti; zopet dobiti; **with** ~ **ed strength** z novimi močmi; **to** ~ **one's attention** podvojiti svojo pazljivost; **to** ~ **an acquaintance** obnoviti poznanstvo; **to be** ~ **ed** biti prerojen; **to** ~ **a stock of goods** obnoviti, izpopolniti zalogo blaga; **to** ~ **a subscription** obnoviti, podaljšati naročnino; **to** ~ **s.o.'s spirits** dati komu novih moči, opogumiti, ohrabriti koga; **to** ~ **the tyres (tires)** obnoviti, menjati pnevmatike (koles)

renewable [rinjúəbl] *a* ki se da obnoviti (ponoviti, podaljšati); obnovljiv, podaljšljiv; ~ **term insurance** življenjsko zavarovanje s stopnjevano premijo

renewal [rinjúəl] *n* obnovitev; ponoven začetek; podaljšanje; *com* prolongacija, podaljšanje (menice, dogovora, pogodbe); **the ~ of hostilities** obnovitev sovražnosti

renewer [rinjúə] *n* obnovitelj, -ica

reniform [rí:nifə:m] *a* ki ima obliko ledvic, ledvičast

renipuncture [renipʌ́ŋkčə] *n med* punkcija ledvic

renitency [rináitənsi, rénitənsi] *n* odpor, upornost, upor, upiranje; kljubovalnost, trma, trmoglavost; renitenca

renitent [rináitənt, rénitənt] *a* uporen, nepopustljiv, kljubovalen, trmast, trmoglav; renitenten

rennet I [rénit] *n* reneta (vrsta desertnih jabolk)

rennet II [rénit] *n* kožica, s katero je obloženo sirišče teleta ali želodec drugih mladih živali, ki se daje v mleko, da se pospeši sirjenje, kisanje; sirišče; sirilo

renominate [ri:nómineit] *vt* zopet imenovati (postaviti) (za kandidata za parlament)

renounce I [rináuns] *n* renonsa (pri kartanju), odgovarjanje z drugo barvo, če nimamo barve, ki se zahteva; (iz)igranje napačne barve

renounce II [rináuns] *vt* odreči se, odpovedati se, opustiti (navado), prekiniti; zavrniti, odbiti, odkloniti, odstopiti (kaj); zatajiti, zanikati, preklicati, ne (več) prizna(va)ti; (kartanje) ne dati barve, ne odgovoriti na barvo, ker je nimamo; *vi* odreči se; ne moči odgovoriti na barvo pri kartanju; **to ~ s.o.'s authority** ne več priznavati avtoritete neke osebe; **to ~ a design** opustiti namero (namen); **he ~d the idea of doing it** odrekel se je misli (opustil je misel), da bi to naredil; **to ~ a prodigal son** zavreči zapravljivega sina; **to ~ the world** odreči se posvetnemu življenju

renouncement [rináunsmənt] *n* odpoved (čemu), odreka; zatajitev (samega sebe)

renovate I [rénəveit] *vt* obnoviti, prenoviti, renovirati; predelati (obleko), popraviti; preroditi, pomladiti, zopet oživiti

renovate II [rénəvit] *a* obnovljen, renoviran

renovation [renəvéišən] *n* obnova, obnovitev, obnavljanje; prenovitev, predelava; pre(po)rod, pomladitev

renovator [rénəveitə] *n* obnovitelj, obnavljač, obnavljavec

renown [rináun] **1.** *n* sloves, velik ugled, slava, renomé; *arch* govorica, glas; **of great ~** slaven, sloveč, znamenit; **to acquire ~** postati slaven; **2.** *vi* (tudi **~ it**) bahati se, postavljati se

renowned [rináund] *a* slaven, sloveč, zelo ugleden, na glasu (*for* zaradi)

rent I [rent] *n* razporek; reža, razpoka; *fig* prelom, razkol, shizma

rent II [rent] **1.** *n* najem, najemnina, stanarina, zakup, zakupnina; *A* posestvo v zakupu; **for ~** odda se; (daje se) v zakup; **a heavy ~** visoka najemnina; **subject to ~** podvržen najemninskemu davku; **water ~** vodarina; **to let for ~** dati v zakup, v najem; **to take at ~** vzeti v zakup, v najem; **2.** *vt* najeti, v najem vzeti, v zakup vzeti (*from* od); plač(ev)ati najemnino, zakupnino; *A* dati komu kaj v najem, v zakup; *A* posoditi; *vi* biti dan v najem, v zakup; biti v najemu, v zakupu; **a low-~ed farm** kme-

tija z(a) nizko zakupnino; **he ~s his tenants low** on jemlje malo od svojih zakupnikov (najemnikov); **this house (apartment) ~s for (at) ta** hiša (tó stanovanje) se da v najem za...

rent III [rent] *pt & pp* od **to rend**

rentable [réntəbl] *a* najemljiv, zakupljiv; ki se da (lahko) v najem, zakup

rental [rentl] **1.** *n* dohodek od najemnine ali zakupnine; najemnina, zakupnina; **2.** *a* najemninski, zakupni; izposojevalen; **~ library** *A* izposojevalna knjižnica (proti plačilu)

rental-value-policy [réntlvælju:pólisi] *n com* zavarovalna polica proti izgubi najemnine

rent-charge [réntča:dž] *n* zakupnina za dedno posestvo; dediščinski davek

rent-day [réntdei] *n* dan za plačanje (četrtletne, trimesečne) najemnine

rented [réntid] *a* (ki je) v najemu, v zakupu; **~ house** najemninska hiša

renter [réntə] *n* najemnik, zakupnik; kdor da(je) v najem, v zakup

rent-free [réntfri:] *a* prost, oproščen najemnine ali zakupnine

rentier [rɔntjé] *n Fr* rentnik, rentjé

rent-roll [réntroul] *n* popis (knjiga, register) zakupnine, dohodkov; dohodki od najemnine ali zakupnine

rent-restriction [réntristríkšən] *n* omejitev najemnine, stanarine; prepoved zvišanja stanarine

renumber [ri:nʌ́mbə] *vt* zamenjati številke, ponovno oštevilčiti, prenumerirati; znova (zopet) (pre)šteti

renunciant [rinʌ́nšiənt] *n* oseba, ki se odpove posvetnemu življenju

renunciation [rinʌnsiéišən] *n* odpoved (*of* čemu), odreka; samoodpoved, zatajitev samega sebe; nepriznavanje, odklanjanje, spodbijanje; odpoved (pogodbe, prijateljstva); dokument, s katerim se čemu odrečemo; pismena odpovedna izjava

renunciative [rinʌ́nšiətiv] *a* odpovedujoč se, odrekajoč se; resigniran

renunciatory [rinʌ́nšiətəri] *a* glej **renunciative**

renvoi, renvoy [renvói] *n jur* izgon (iz države)

reoccupation [rí:ɔkjupéišən] *n* ponovna zasedba (okupacija), ponovno zavzetje (osvojitev)

reoccupy [ri:ɔ́kjupai] *vt* ponovno zasesti (zavzeti, okupirati)

reopen [ri:óupən] *vt & vi* zopet (ponovno) (se) odpreti; znova (zopet) začeti (razgovor, pogajanja)

reorder [ri:ɔ́:də] **1.** *n econ* poznejše, naknadno naročilo; **2.** *vt & vi* pozneje naročiti; zopet urediti, v red spraviti

reorganization [ri:ɔ:gənaizéišən] *n* preustrojitev, preustroj, preureditev, reorganizacija; *econ* saniranje, sanacija

reorganize [ri:ɔ́:gənaiz] *vt* preurediti, preustrojiti, reorganizirati; *econ* sanirati

reorganizer [ri:ɔ́:gənaizə] *n* reorganizator

rep I [rep] *n sl* lahkoživec, razuzdanec, pohotnež, oseba na slabem glasu, razvpita oseba; (nekoč) vlačuga

rep II [rep] *n sch sl* (= **repetition**) na pamet naučen stih ipd.

rep III [rep] *arch*, *A sl* dobro ime, sloves; **upon** ~ ! častna beseda!

rep IV [rep] *n com* rips (rebrasta bombažna tkanina)

rep V [rep] *n sl*, skrajšano za **repertory theater** repertoarno gledališče

repacify [ri:pǽsifai] *vt* zopet pomiriti (pacifirati)

rapack [ri:pǽk] *vt* zopet pakirati; prepakirati

repaganize [ri:péigənaiz] *vt* napraviti (kaj, koga) zopet pogansko (pogana)

repaid [ri:péid] *pt & pp* od **to repay**

repaint [ri:péint] **1.** *vt* nanovo, zopet (na-, pre-)slikati (pleskati), (po)barvati, prebarvati, prevleči z barvo; **2.** *n* preslikanje, prepleskanje, prebarvanje; nanovo poslikano mesto, zlasti restavrirano (na sliki)

repair I [ripéə] **1.** *n* zelo obiskovan kraj, priljubljeno bivališče (bivanje); *arch* pogosten obisk; *arch* zavetje, pribežališče; **a place of great (little)** ~ mnogo (malo) obiskovan kraj; **2.** *vi* oditi, odhajati (v velikem številu, često, iz navade); iti, kreniti (*to* kam); vrniti se; zateči se k; obračati se (*to s.o. for* na koga za kaj)

repair II [ripéə] *n* popravilo, popravljanje, reparatura, vzpostavitev v pravilno stanje, vzdrževanje v dobrem stanju; okrepitev, oddih, okrevanje; ~**s** *pl* popravila, stroški za popravilo; **in bad (good)** ~ v slabem (dobrem) stanju; **out of** ~ (tudi *fig*) pokvarjen, v slabem stanju; **under** ~, **in** ~ v popravilu; **in need of** ~ potreben popravila; **to be under (in)** ~ biti v popravilu; **his health needs** ~ on je potreben oddiha, okrepitve; **to keep in good** ~ vzdrževati v dobrem stanju; **to make** ~**s** popraviti, zakrpati; **your boots need** ~ vaša obutev je potrebna popravila

repair III [ripéə] *vt* popraviti, reparirati, zakrpati; obnoviti, izboljšati; nadomestiti (škodo, izgubo itd.); ozdraviti; **to** ~ **an injury (a wrong)** popraviti krivico; **to** ~ **s.o.'s health** zdravje komu izboljšati, ozdraviti koga; **to** ~ **a loss** nadomestiti izgubo

repairable [ripéərəbl] *a* (**repairably** *adv*) potreben popravila ali obnove; popravljiv (glej **reparable**)

repairer [ripéərə] *n* popravljavec, -vka; ponavljač; **watch** ~ urar

repairman, *pl* **-men** [ripéəmən] *n* mehanik; **automobile** ~ *A* avtomehanik; ~ **shop** popravljalnica

repaper [ri:péipə] *vt* prelepiti (stene) z novimi papirnatimi tapetami; nanovo tapecirati

reparability [repərəbíliti] *n* popravljivost; obnovljivost

reparable [répərəbl] *a* (**reparably** *adv*) popravljiv; obnovljiv; nadomestljiv; ~ **injury** popravljiva krivica; ~ **loss** nadomestljiva izguba

reparation [repəréišən] *n* popravilo, reparatura, popravljanje; izboljšanje; odškodnina, nadomestilo za škodo; zadoščenje (*for, of* za); ~ **payments**, ~**s** *pl* reparacije, plačila reparacij; **in** ~ **of the damage caused** kot odškodnina za povzročeno škodo; **to make** ~ odškodovati; dati zadoščenje (*for* za)

reparative [ripǽrətiv] *a* popravljalen; zdravilen; ~ **power** regeneracijska moč; ~ **process** proces (potek) zdravljenja

reparatory [ripǽrətəri] *a* glej **reparative**

repartee [repa:tí:] **1.** *n* hiter, odrezav, duhovit odgovor; pripravljenost, sposobnost za tak odgovor, odrezavost; **quick (prompt) in** ~ odrezav, hitrega odgovora; **to have a great power of** ~ biti zelo duhovit ali odrezav; **2.** *vi* (redko) hitro, odrezavo, duhovito odgovoriti; dati hiter, odrezav odgovor

repartition [ri:pa:tíšən] **1.** *n* (po)razdelitev, nova razdelitev; sorazmerna razporeditev; reparticija; **to make a new** ~ nanovo (po)razdeliti; **2.** *vt* porazdeliti

repass [ri:pá:s] *vi & vt* zopet iti čez (mimo, skozi); zopet priti, vrniti se; zopet prekoračiti; znova izglasovati (zakon); **to pass and** ~ hoditi, tekati sem in tja

repassage [ri:pǽsidž] *n* vrnitev, povratek

repast [ripá:st] **1.** *n* obrok hrane, jed, obed; gostija; *arch* hrana; **evening** ~ večerja; **2.** *vi & vt* jesti (obrok hrane), obedovati

repatriate [ri:pǽtrieit] **1.** *vt & vi* vrniti (se) v domovino; poslati v domovino (vojne ujetnike, izseljene, deportirane osebe); repatriirati (se); **2.** *n* povratnik, repatriiranec, repatriirana oseba; preseljenec

repatriation [ri:pætriéišən] *n* vrnitev v domovino (vojnih ujetnikov, izseljencev, deportirancev), repatriacija

repave [ri:péiv] *vt* pretlakovati

repay* [ri:péi] *vt & vi* poplačati, izplačati, (po)vrniti (denar); odškodovati (*for* za), nadomestiti škodo; vrniti milo za drago, maščevati se; nagraditi (trud); **to** ~ **a blow (a salutation, a visit)** vrniti udarec (pozdrav, obisk); **to** ~ **s.o. in the same coin** vrniti komu milo za drago, šilo za ognjilo; **this will** ~ **the trouble** to bo poplačalo trud; **to** ~ **oneself** odškodovati se

repayable [ripéiəbl] *a* povračljiv, odplačljiv

repayment [ripéimənt] *n* ponovno plačilo, poplačilo, povračilo; poravnava; vrnitev (npr. obiska)

repeal [ripí:l] **1.** *n* preklic; ukinitev, ukinjenje, razveljavitev; *hist* ukinitev irske unije z Anglijo (leta 1801); **2.** *vt* preklicati; proglasiti za neveljavno, razveljaviti, ukiniti (zakon), odpraviti; (redko) opustiti, odreči se (čemu); *arch* poklicati nazaj (iz pregnanstva itd.)

repealable [ripí:ləbl] *a* ki se more (kar moremo) preklicati, ukiniti, razveljaviti; preklicljiv, razveljavljiv

repeat I [ripí:t] *vt & vi* ponoviti (se), ponavljati (se); recitirati, deklamirati, reproducirati; imeti skušnjo (za); šteti naprej (dalje), oddati več strelov; povzročiti spahovanje; spahovati se (po jedi), rigati se; *A* (protipravno) pri volitvah oddati več kot en glas; ~ **ing decimal** periodična decimalka; ~ **ing rifle, fire-arm** puška repetirka, repetirno strelno orožje; ~ **ing watch** ura repetirka; **to** ~ **a poem** recitirati pesem; **to** ~ **an order** ponoviti naročilo, ponovno naročiti; **to** ~ **an experience** še enkrat nekaj doživeti; **to** ~ **s.th. heard** nekaj naprej povedati; **to** ~ **oneself** ponavljati se; **history does not** ~ **itself** zgodovina se ne ponavlja; **life** ~**s itself** življenje se ponavlja

repeat II [ripí:t] *n* ponovitev, ponavljanje; *mus* (znak za) ponavljanje; dekorativen motiv, ki se

ponavlja; *com* novo, poznejše, naknadno naročilo; **the ~ of an order** ponovno naročilo
repeatable [ripí:təbl] *a* ki se more ali mora ponoviti
repeated [ripí:tid] *a* ponovljen; večkraten, ponoven, zopeten
repeatedly [ripí:tidli] *adv* ponovljeno, ponovno, nekolikokrat, večkrat, znova in znova, spet in spet
repeater [ripí:tə] *n* ponavljavec, ponavljač; recitator; *A sl pol* volivec, ki poskuša večkrat voliti, ki protiustavno odda več glasov; *jur* recidivist; *arch theat* vodja skušnje; ura repetirka; *math* periodična decimalka; telegrafski prenosnik; telefonski ojačevalec
repel [ripél] **1.** *vt* odbi(ja)ti (udarec itd.); odgnati, odriniti; zavrniti, zavreči, odkloniti; upirati se; potisniti nazaj (sovražnika); **2.** *vi* biti oduren (zoprn, odvraten), gnusiti se, gabiti se, zbujati odvratnost, odbijati; **to ~ an assailant** odbiti napadalca; **to ~ a dogma** zavreči dogmo; **to ~ advances** odbiti poskuse zbližanja; **to ~ an offer** odkloniti ponudbo; **to ~ a plea, a suitor** odbiti prošnjo, snubca; **to ~ temptation** upreti se skušnjavi
repellence, -ncy [ripéləns(i)] *n* odbijanje; obramba; *phys* repulzija
repellent [ripélənt] **1.** *a* (~ly *adv*) odbijajoč; odvraten, oduren, zoprn, ostuden, ogaben; neprepusten, nepremočljiv; **2.** *n* nepremočljiva, vodoodbijajoča tkanina; (farmacija) obrambno sredstvo; zaščitno sredstvo (proti čemu); **insect ~** prašek proti mrčesu
repent [ripént] *vt & vi* obžalovati, kesati se (*of* česa; **I have nothing to ~** ničesar nimam obžalovati; **I ~ me of all I did** vsega se kesam, kar sem naredil; **he ~ed of his ingratitude** obžaloval je svojo nehvaležnost; **you shall ~ it!** obžaloval boš (žal ti bo za) to!; **to ~ one's words** obžalovati svoje besede; *arch* **it ~s me that I did it** kesam se, žal mi je, da sem to storil
repentance [ripéntəns] *n* kesanje, obžalovanje, skesanost, skrušenost, spokornost
repentant [ripéntənt] **1.** *a* (~ly *adv*) kesajoč se, obžalujoč, skesan, spokoren; **2.** *n* spokornik, skesanec
repenting [ripéntiŋ] *a* (~ly *adv*) kesajoč se, obžalujoč, skesan, spokoren
repeople [ri:pí:pl] *vt* zopet obljuditi; naseliti (tudi z živalmi); *fig* nanovo oživiti
repercolation [ri:pə:kəléišən] *n chem* ponovna filtracija
repercussion [ri:pə:kʌ́šən] *n* odboj, odbijanje; udarec nazaj, sunek nazaj, trzaj; *fig* delovanje nazaj, povratno delovanje, reakcija; *fig* nasprotno delovanje (*on* na); občasno vračanje, ponavljanje; odmev, razleganje; *mus* ponavljanje istega glasu; *fig* velik učinek; neugoden vtis
repercussive [ri:pə:kʌ́siv] *a* odmevajoč; odražajoč se; ki odzvanja
repertoire [répətwa:] *n theat* repertoar, razpored predstav, iger; vloge, ki jih igra kak igralec; vsa glasbena ali književna dela, ki jih izvaja glasbenik (pevec, recitator)
repertory [répətəri] *n* (bogata) zaloga; skladišče; *fig* zbirka, zakladnica; *A* glej rcpertoire; ~ the-

atre repertoarno (stalno) gledališče (s stalnim igralskim osebjem)
reperusal [ri:pərú:zəl] *n* ponoven pregled
reperuse [ri:pərú:z] *vt* še enkrat pregledati
repetend [répətend] *n math* perioda decimalnega ulomka; refren; ponovitev tona; (retorika) ponovitev
repetition [repitíšən] *n* ponovitev, ponavljanje; ponoven nastop, ponovna pojavitev; recitiranje; memoriranje; besedilo (tekst) za recitiranje; naloga za učenje na pamet; reprodukcija, kopija, replika, posnetek; **the ~ of a telegram** kolacioniranje telegrama; ~ **work** serijska izdelava
repetitional, -nary [repitíšənl, -nəri] *a* (redko) ponavljajoč se, sledeč drug drugemu
repetitious [repitíšəs] *a* ki (se) neprestano, stalno, nepretrgoma ponavlja; ki vsebuje ponavljanja; vedno isti, dolgočasen, pust, monoton, utrudljiv
repetitive [ripétitiv] *a* ki (se) ponavlja; ponavljan; ki vsebuje ponavljanja
rephrase [ri:fréiz] *vt* nanovo formulirati
repiece [ri:pí:s] *vt* zopet (nanovo) sestaviti (iz kosov, koščkov)
repine [ripáin] *vi & vt* biti nezadovoljen (*at, against* z), godrnjati, nergati (*against* proti), pritoževati se (nad) jeziti se, razburiti se; namrdniti se, napraviti kisel obraz (ob)
repining [ripáiniŋ] *a* (~ly *adv*) čemern, nevoljen, godrnjav, vedno nezadovoljen, slabe volje, siten
replace [ripléis] *vt* nadomestiti (*by, with* z); zopet namestiti (položiti, postaviti (*in* v); postaviti na prejšnje mesto; dati nazaj, vrniti; stopiti na, zavzeti mesto, izpodriniti, zastopati (koga) (*as* kot); izpolniti mesto (kake osebe), zamenjati koga (*by* s kom); **to ~ a lost book** nadomestiti izgubljeno knjigo; **paper money has ~d specie** papirnati denar je izpodrinil kovanega; **to ~ a sum of money borrowed** vrniti izposojeno vsoto denarja
replaceable [ri:pléisəbl] *a* nadomestljiv (*by* s, z); ki naj se nadomesti
replacement [ri:pléismənt] *n* nadomestitev, nadomeščanje, substitucija; postavitev na prejšnje mesto; zamenjava; *geol* iztiskanje (rudnine); fasetiranje (draguljev); ~ **fund** amortizacijski sklad (fond)
replacer [ri:pléisə] *n* namestnik, zastopnik
replant [ri:plá:nt] **1.** *vt* nanovo (po)saditi, presaditi; *fig* zopet postaviti; **2.** *n* poznejša (ponovna) (po)saditev
re-play [rí:pléi] **1.** *vt* še enkrat igrati; **2.** *n* (tudi [rí:plei]) *sp* ponovljena igra
replenish [ripléniš] *vt* zopet (znova) (na)polniti (*with* z); dopolniti; zopet naložiti (peč); oskrbeti (z); ~ed **with** poln, napolnjen z; **to ~ a fire (a stove)** zopet naložiti na ogenj (v peč)
replenishment [riplénišmənt] *n* ponovna napolnitev, ponovno polnjenje, dopolnjevanje, dopolnitev; ~ **ship** oskrbovalna ladja
replete [riplí:t] *a* napolnjen, poln (*with* česa), prepoln; (pre)natlačen, (pre)nabasan, natrpan, prenasičen, presit; prepojen; dobro opremljen, oskrbljen (*with* z)
repletion [riplí:šən] *n* preobilje, izobilje; prenapolnjenost, prenatrpanost, natlačenost; prenasičenost, presitost; polnokrvnost; **filled (full) to ~**

nabasan, natlačen, natrpan, (pre)poln; **a hall filled to** ~ nabito polna dvorana; **to eat to** ~ najesti se do sitega, nabasati se

replevin [riplévin] *n* vrnitev (lastnine); ukinitev prepovedi ali zaplembe

replevy [riplévi] *vt* doseči ukinitev prepovedi ali zaplembe; proti varščini (kavciji) dobiti nazaj (odvzete ali zastavljene stvari)

replica [réplikə] *n* replika, kopija (umetniškega dela), dvojnik, duplikat; faksimile; točna reprodukcija; *mus* ponovitev

replicate [réplikeit] *vt* napraviti kopijo (reprodukcijo, repliko) (česa); ponoviti; *bot* nazaj upogniti, ukriviti

replication [replikéišən] *n* odgovor; kopija, kopiranje, reprodukcija; imitacija; odmev, razleganje; *arch* ponavljanje; *jur* tožnikov odgovor na obrambo obtoženca, replika; *bot* upognitev (nazaj), pregib

reply I [riplái] *n* odgovor; **in** ~ **to your letter** odgovarjajoč (kot odgovor) na vaše pismo, na vaš dopis; ~ **on receipt** odgovor z obratno pošto; ~**-paid telegram** plačan odgovor pri brzojavki; ~ **(postal) card** dopisnica s plačanim odgovorom; **to make a** ~ odgovoriti; **to say in** ~ odgovoriti, odvrniti

reply II [riplái] *vt & vi* odgovoriti (*for* v imenu kake osebe), odgovoriti, odvrniti (*to* na kaj); *fig* odgovoriti (*by* s čim), **to** ~ **in the affirmative** pritrdilno (pozitivno) odgovoriti; **to** ~ **to a signal** odgovoriti na znak, na signal

repoint [ri:póint] *vt* znova (zopet) zapolniti z malto stike med opekami, med kamni

repolish [ri:póliš] *vt* zopet zgladiti, (s)polirati, poleščiti; *fig* dati nov sijaj

repopulate [ripópju:leit] *vt* zopet (ponovno) obljuditi, naseliti

report I [ripó:t] *n* poročilo; novica, vest (*of, on* o); letno poročilo; šolsko izpričevalo; zapisnik, protokol; izvid, poročilo o preiskavi, o pregledu; opis, pripoved, zgodba; ljudski glas, govorica, fama (*of, about* o); zvok, odmev; tresk, pok (*of a gun* puške), detonacija; **by mere** ~ samo po pripovedovanju (drugih); **according to a current** ~ po govorici, ki se širi; **a false newspaper** ~ časopisna raca; **to draw up a** ~ **on s.th.** napisati poročilo o čem; **the** ~ **goes that...** govori se, pravijo, kroži govorica, da...; **to file a** ~ vložiti, izročiti poročilo; **they are people of good (evil)** ~ to so ljudje, ki so na dobrem (slabem) glasu; **Peter brought home a good** ~ Peter je prinesel domov lepo izpričevalo

report II [ripó:t] *vt* poročati, sporočiti, naznaniti, javiti; prijaviti (*to* pri, *for* zaradi); tožiti; raportirati; opisati, prikazati, predstaviti; protokolirati; pripovedovati; *vi* napraviti, predložiti poročilo (*on* o), reportažo; reportirati (*on, upon* o); prijaviti se, javiti se na raport; delati kot poročevalec (za časopis); **to** ~ **oneself** javiti se, predstaviti se; **I** ~ **ed him** prijavil sem ga, tožil sem ga; **he is** ~**ed as saying...** pravijo, da je on rekel (izjavil); **he is** ~**ed to be very ill** o njem se govori, da je zelo bolan; **he** ~**s for the »Times«** on je poročevalec za (časopis) »Times«; **he is well** ~**ed of** on uživa dober sloves; **it is** ~**ed that...** govori se, da...; **all damages are to be**

~ **ed** vso škodo je treba prijaviti; **a hostile party was** ~ **ed on the other bank** javili so skupino sovražnikov na drugem bregu; **to** ~ **for duty** javiti se na dolžnost; **to move to** ~ **progress** prekiniti debato (v parlamentu); **to** ~ **progress to s.o.** poročati komu o stanju (neke) stvari

reportable [ripó:təbl] *a* ki se more ali mora poročati (javiti, prijaviti)

reportage [ripó:tidž] *n* reportaža; časopisni stil

report card [ripó:tka:d] *n* obvestilo o učenčevem uspehu in vedenju, ki se pošlje (dostavi) staršem; spričevalo

reported speech [ripó:tidspí:č] *n gram* zavisni (indirektni) govor

reportedly [ripó:tidli] *adv* kot se poroča, govori; baje; **he has** ~ **said** on je baje rekel

reporter [ripó:tə] *n* (časnikarski, radijski, televizorski) poročevalec, zlasti novičar; reporter, časnikar, novinar; zapisnikar, stenografist (v parlamentu); ~ **s' gallery** galerija za časnikarje, reporterje (v parlamentu); **police** ~ *A* reporter, ki piše o sodnih primerih

reportorial [repə:tóriəl] *a* reporterski, poročevalski

reposal [ripóuzəl] *n* počivanje, počitek, odmor, mir(ovanje)

repose I [ripóuz] *n* počitek, počivanje, mirovanje, odmor; mir, pokoj, tišina, spanje, sen; oddih (*from* od); umirjenost, mirnost; (umetnost) harmonija; **in** ~ v mirovanju (tudi o vulkanu); ~ **from toil** oddih od napornega dela; **to lack** ~ lahkó se pustiti vznemiriti; **to seek (to take)** ~ iskati (najti) mir

repose II [ripóuz] *vt* položiti; staviti, dati (svoje upanje, zaupanje) (*in* v, na); (redko) odložiti; **to** ~ **oneself** odpočiti se, leči k počitku; biti pokopan (v grobu); mirovati, ležati (*on* na), spati (*in* v); odpočiti se; *fig* temeljiti, počivati (*on* na), biti osnovan (*on, upon* na); zaupati (*in* v), zanašati se (*on, upon* na); ~ **d** spočit; **to** ~ **one's confidence (one's thrust) in...** zaupati se (komu); **I have not a stone to** ~ **my head on** niti kamna nimam, da bi nanj položil glavo

reposeful [ripóuzful] *a* (~ **ly** *adv*) miren, umirjen, spokojen; tih, veder

reposit [ripózit] *vt* shraniti, spraviti; odložiti (nazaj)

reposition [ripəzíšən] *n* shranitev, deponiranje

repository [ripózitəri] *n* shramba; odlagališče; skladišče; kašča, žitnica; počivališče, grobnica, mrliška veža; zbirka; muzej; *fig* center, vir; zaupnik, sovedec; ~ **of information** vir informacij

repossess [ri:pəzés] *vt* zopet dobiti zopet v posest, zopet imeti v posesti; ponovno priskrbeti komu posest; **to** ~ **oneself of a place** zavzeti zopet mesto

repossession [ri:pəzéšən] *n* ponoven prevzem v posest

repostpone [ri:poustpóun] *vt* zopet odložiti, odgoditi

repot [ri:pót] *vt* predejati v drug lonec

repp [rep] *n* glej **rep** rips

repped [rept] *a* povprek rebrast; ripsast

reprehend [reprihénd] *vt* (po)karati, ukoriti, opomniti, grajati, oštevati; kritizirati, obsoditi

reprehensible [reprihénsəbl] *a* (**reprehensibly** *adv*) graje (ukora, opomina) vreden; kazniv; zavržen; malopriden

reprehensibleness [reprihénsəblnis] *n* kaznivost
reprehension [reprihénšən] *n* ukor, opomin, graja, karanje, oštevanje
reprehensive, -nsory [reprihénsiv, -nsəri] *a* (redko) grajalen
represent [reprizént] *vt* predstaviti, predstavljati, predočiti, prikazati, opisati, orisati, slikati, izraziti; utelesiti; *theat* igrati, predvajati, izvesti, da(ja)ti, uprizoriti; simbolično predstavljati, pokazati, prikazati, simbolizirati; zastopati, predstavljati, reprezentirati; pomeniti; odgovarjati, ustrezati; to ~ to oneself predstavljati si; to ~ a firm zastopati firmo, biti zastopnik firme; to be ~ed biti zastopan; I am not what you ~ me to be jaz nisem tak, kakršnega me predstavljate; he is ~ed as being a liar prikazujejo ga kot lažnivca; he represents his constituency on zastopa svoje volilno okrožje
re-present [rí:prizént] *vt* zopet predložiti (ponuditi; podariti, nazaj dati), zopet obdariti (*with* z), zopet poveriti koga (*in* z)
representable [reprizéntəbl] *a* ki se more predstaviti, predstavljiv
representation [reprizentéišən] *n* (slikovito) predstavljanje, predstava, predstavitev, prikaz, prikazovanje; utelešenje; slika, opis, opisovanje; zastopanje, zastopstvo, *parl* zastopanje, predstavljanje; nadomeščanje (koga, česa); predstavništvo (stalno število predstavnikov); delegacija; reprezentanca; reprezentacija, pomislek, ugovor, protest, očitek, pripomba; ~ of interests zastopanje interesov; ~ allowance doklada, dodatek za reprezentanco; to make earnest ~s imeti resne očitke (ugovore, pripombe, pomisleke)
representational [reprizentéišənl] *a* predstavljajoč, ki predstavlja
representative [reprizéntətiv] 1. *a* (~ly *adv*) ki predstavlja, prikazuje, uteleša, pooseblja, zastopa; značilen, tipičen (*of* za); vzoren; zastopstven, reprezentativen, predstavniški; *bot & zool* sličen, podoben; skladen, ustrezen; ~ faculty zmožnost predstavljanja; ~ government reprezentančni sistem, parlamentarno vladanje; to be ~ of predstavljati, utelesiti; reprezentirati; 2. *n* tipičen predstavnik, reprezentant; tip, vzorec, primerek (*of* česa); zastopnik, izredni predstavnik, odposlanec, delegat, agent; *parl* predstavnik, ljudski zastopnik, *A* poslanec; naslednik; commercial (diplomatic, general) ~ trgovski (diplomatski, generalni) zastopnik; personal ~ *jur* upravnik zapuščine
repress [riprés] *vt* zatreti, potlačiti, zadušiti, preprečiti, obvladati (upor, vstajo); zadržati, zaustaviti, (u)krotiti, (o)brzdati, zatajiti (čustva); to ~ a bleeding *med* ustaviti krvavitev; this child cannot be ~ed tega otroka ni moč krotiti; to ~ tears zadrževati solze
represser [riprésə] *n* zat:ralec, tlačitelj
repressible [riprésibl] *a* ki se da zatreti (zadušiti, potlačiti, preprečiti, obrzdati, zatajiti, zadržati)
repression [ripréšən] *n* zatrtje, zatiranje, zadušitev, tlačenje; preprečitev; represija; *psych* potlačitev, zatajitev (čustev)
repressive [riprésiv] *a* (~ly *adv*) tlačiteljski, zatiralen; preprečevalen, omejevalen, oviralen, brzdajoč; represiven

reprieve [riprí:v] 1. *n* odgoditev, odlaganje, odložitev, odlašanje (izvršitve smrtne obsodbe); odlog; pomilostitev, milostni odlog; podaljšanje roka; premor, odmor; rešitev (od); 2. *vt* odgoditi, odložiti, odlašati, odlagati (izvršitev smrtne obsodbe), pomilostiti; oprostiti, rešiti (*from* pred); dati odlog ali drug rok, začasno odložiti; *fig* dati komu duška, dovoliti premor, odmor
reprimand [réprima:nd] 1. *n* ukor, očitek, graja, oštevanje; severe ~ strog ukor; 2. *vt* (javno) ukoriti (*for fault* zaradi napake), grajati, ošteti
reprint [rí:print] 1. *n* ponatis, nova in nespremenjena izdaja; (filatelija) ponatis (serije znamk); 2. *vt* [ri:prínt] ponatisniti, ponovno (na)tiskati, nanovo izdati
reprinter [ripríntə] *n* ponatisnik
reprisal [ripráizəl] *n* protimera, nasprotni ukrep, povračilo; *hist* nasilen odvzem posesti, zaplemba, zasega; aretacija tujih državljanov za (kot) povračilo; (redko) odškodnina; *arch* (pomorski) plen; ~s *pl jur & pol* represalije; nasprotni, povračilni ukrepi, povračilo, maščevanje; in ~ for kot povračilo za; to make ~ on (upon) izvajati povračilen ukrep proti; to make ~s on (upon) izvajati represalije proti (nad)
reprise [ripráiz] *n* obnovitev (*of an attack* napada); ponovitev; *mus* ponavljanje téme; repriza; ~s *pl* letni odbitki od dohodka zemljišča, letni davki; at ~s, in ~s večkrat zaporedno, vedno zopet, ne naenkrat; besides (above) all ~s potem ko so plačani vsi davki in dajatve
reproach I [ripróuč] *n* očitek, očitanje, graja, kritiziranje; graje vredna stvar; sramota, poniženje (*to* za); ~es *pl eccl* litanije na veliki petek (zlasti v rimskokatoliški Cerkvi); a term of ~ zmerljivka, psovka, grda beseda; to abstain from ~ vzdržati se graje (očitkov); I am free from ~ sem brez graje; nimam si, nimajo mi kaj očitati; he is a ~ to ... on je sramota za ...; this is a ~ to town to je sramota za mesto; to bring ~ upon s.o. delati sramoto komu, diskreditirati koga; to heap ~es on s.o. obsuti koga z očitki; to incur ~s nakopati si očitke; to live in ~ and ignorance živeti v veliki sramoti
reproach II [ripróuč] *vt* grajati, kritizirati; očitati (komu kaj); oštevati, (o)zmerjati, psovati koga (*for* zaradi); ponižati, osramotiti, obrekovati, opravljati, diskreditirati; to ~ oneself delati si očitke (*with* gledé); to ~ s.o. with s.th. očitati komu kaj, pripisovati komu kaj, obdolžiti, obtožiti koga česa; to ~ s.o. with duplicity očitati komu njegovo lažnivost; her eyes ~ed me očitajoče me je pogledala
reproachable [ripróučəbl] *a* vreden graje, ukora, očitanja
reproachful [ripróučful] *a* (~ly *adv*) grajalen, očitajoč; vreden graje, očitkov; *arch* sramoten; ~ word očitajoča, grajalna beseda; zmerljivka, grda beseda
reproaching [ripróučiŋ] *a* (~ly *adv*) očitajoč; žaljiv, sramotilen
reproachless [ripróučlis] *a* neoporečen, brezhiben, brez graje
reprobate [réprəbeit] 1. *a eccl* zavržen od boga, brezbožen; izprijen, pokvarjen, zakrknjen v grehu; nemoralen, moralno propadel; *arch* ne-

(po)raben; **2.** *n* prekletnik, izgubljenec, brezbožnež; pokvarjenec, izprijenec, ničvrednež, nemoralen človek; **the ~ of the family** *fig* črna ovca v družini; **3.** *vt* ne odobravati, ne prizna-(va)ti, (ostro) obsoditi; zavrniti, odbiti, odkloniti; *eccl* prekleti, obsoditi na večno pogubljenje

reprobation [reprəbéišən] *n* neodobravanje, zavračanje, zavrnitev, obsojanje, graja(nje); *eccl* prekletstvo, obsodba na večno pogubljenje

reprobative, -atory [réprəbətiv, -ətəri] *a* neodobravajoč, grajalen

reprocess [ri:próusəs] *vt* ponovno predelati

reproduce [ri:prədjú:s] *vt* ponovno (zopet) proizvesti, narediti (kaj); *fig* zopet ustvariti; posne-(ma)ti, delati posnetke, napraviti kopijo, kopirati, preslikati; ponatisniti; *biol* regenerirati; *theat* ponoviti (*igro*), nanovo predvajati, uprizoriti; zopet privesti; v duhu oživiti (koga, kaj); *psych* poklicati v zavest (pretekli dogodek); *vi* (raz)ploditi se, roditi se, množiti se, reproducirati se; **to ~ an experience** v duhu obnoviti doživljaj; **to ~ an experiment** ponoviti poskus; **to ~ a lost part** *biol* regenerirati izgubljeni del; **to ~ a witness** zopet uvesti pričo

reproducer [ri:prədjú:sə] *n* posnemovalec, imitator; kdor ponovno proizvaja, proizvede; *el* zvočnik

reproducible [ri:prədjú:səbl] *a* (**reproducibly** *adv*) ki se lahko ponovno proizvede, reproducira

reproduction [ri:prədákšən] *n* reprodukcija, ponovno proizvajanje, izvajanje, izvedba; obnavljanje, obnovitev; ponovno oživljenje; ponovno predvajanje, prikazovanje (filma, skladbe); posnemanje, imitiranje, posnetek, kopija; ponatis, faksimile, duplikat; razmnožitev, reprodukcija, (raz)ploditev, razmnoževanje, reproduciranje; **~ not permitted** ponatis prepovedan

reproductive [ri:prədáktiv] *a* ponovno ustvarjajoč (izvajajoč); obnavljalen, regenerativen; ponavljalen; posnemalen; razplojevalen, razmnoževalen, reproduktiven; **~ power** regeneracijska moč

reproof [riprú:f] *n* ukor, graja, očitek, opomin; **he spoke in ~ of idleness** z grajalnimi besedami je govoril o lenobi

reproval [riprú:vəl] *n* karanje, oštevanje, ukor, graja, očitek, neodobravanje

reprove [riprú:v] *vt* karati, ukoriti, ošteti, ozmerjati; grajati (kaj), ne odobravati, zavračati; *arch* ovreči, spodbijati, dokazati kot neresnično, dokazati (zmoto)

reproving [riprú:viŋ] *a* (**~ly** *adv*) ki kara, graja, ne odobrava, zavrača

reprovision [ri:prəvížən] *vt* & *vi* obnoviti (si) zaloge (hrane, živeža), oskrbeti (se) s svežim proviantom

reps [reps] *n* glej **ŕep** rips

reptant [réptənt] *a bot* & *zool* plazilski, ki se plazi

reptation [reptéišən] *n* plazenje

reptatory [réptətəri] *a* plazilski, plazeč se

reptile [réptail] **1.** *n zool* plazilec; *fig* klečeplazec, petoliznik, lizun; prostak, podlež, ogabnež, »kača«; **2.** *a* ki se plazi, plazilski; *fig* klečeplazen, petolizniški, podel, zloben, hudoben; **the ~ press** klečeplazen tisk

reptilian [reptíliən] **1.** *n zool* plazilec, reptil; **2.** *a* plazilski; *fig* potuhnjen, podel, zloben, hudoben

republic [ripáblik] *n* republika; *fig* skupnost, svet; **the ~ of letters** učeni svet, književniki; književnost, literatura; **The R~ of France, the French R~** republika Francija, francoska republika

republican [ripáblikən] **1.** *n* republikanec, privrženec republikanske ureditve; **R~** privrženec republikanske stranke v ZDA; **2.** *a* republikanski, ki se tiče republike, privržen republiki; republiški; (o pticah) ki živi v velikih skupinah, družaben; **R~** pripadajoč republikanski stranki v ZDA; **R~ Party** republikanska stranka v ZDA; **R~ National Committee** republikanski izvršni odbor (v ZDA)

republicanism [ripáblikənizəm] *n* republiška oblika vladavine; republikanska načela ali miselnost; privrženost republiki; republikanizem; **R~** načela ali politika republikanske stranke v ZDA

republicanize [ripáblikənaiz] *vt* republikanizirati, napraviti za republiko, napraviti republikansko; *vi* postati republikanski

republication [ri:pʌblikéišən] *n* ponovno publiciranje, objavljanje, objava; priobčitev (članka itd.); izdajanje, izdaja (časopisa, knjige itd.); ponatisnjenje, ponatis

republish [ri:pábliš] *vt* ponovno objaviti, publicirati; ponovno izdati (knjigo), prirediti novo izdajo; *jur* nanovo objaviti (zakon, testament)

repudiate [ripjú:dieit] *vt* & *vi* zavračati, ne hoteti priznati (oblast), zavrniti, odbiti, odkloniti priznanje, odkloniti poslušnost (oblasti), negirati, spodbijati, oporekati; ne priznati (ne plačati) (državnih dolgov); zavreči, odgnati (sina, ženo); zgražati se; **to ~ a claim (a gift)** odbiti, odkloniti zahtevo (darilo); **to ~ a public debt** odkloniti plačilo javnega (državnega) dolga, ne izpolniti svojih obveznosti (o državi); **to ~ a tale** ne verjeti zgodbi

repudiation [ripju:diéišən] *n* zavrnitev, odklonitev (državljanstva, dediščine itd.), odbitje, neprizadevanje (državnega dolga), repudiacija; zavržba (sina, žene)

repudiative [ripjú:dieitiv] *a* odklonilen, odklanjajoč, zavračajoč

repudiator [ripjú:dieitə] *n* kdor odklanja, odbija, ne priznava, zavrača; *pol* zagovornik neizpolnitve nekaterih državnih obveznosti (po ameriški državljanski vojni)

repugn [ripjú:n] *vt* & *vi* upirati se, boriti se (*against* proti); biti odvraten, zoprn, gabiti se, odbijati, presedati

repugnance, -ncy [ripágnəns, -nsi] *n* odpor, antipatija, averzija; zoprnost, odvratnost, mržnja, repugnanca, gnus (*for, to, against* za, zoper); nezdružljivost, neskladnost, nedoslednost, protislovje (*between* med, *to, with* z)

repugnant [ripágnənt] *a* (**~ly** *adv*) odvraten, zoprn, odbijajoč, neprijeten, antipatičen (*to s.o.* komu); protisloven, nasproten (*to sth.* čemu); nezdružljiv, nekompatibilen, neskladen, nesoglasen (*with* z); **an act ~ to my sense of honour** dejanje, ki se upira mojemu čutu za čast

repullulate [ripáljuleit] *vi bot* (zopet) pognati vzbrsteti; *med* zopet nastopiti, izbruhniti (simptom, bolezen)

repullulation [ripʌljuléišən] *n bot* ponovna vzbrstitev; *med* ponovitev (bolezni)

repulse I [ripΛls] *n* odbitje, odvračanje, zavračanje, zavrnitev, odklonitev; (vojaški) neuspeh, poraz; repulz; **to meet with a ~**, **to suffer a ~** biti odklonjen, zavrnjen, ne biti uslišan, dobiti »košarico«, doživeti neuspeh

repulse II [ripΛls] *vt* odbiti, odkloniti, zavrniti, ne hoteti uslišati, dati »košarico«; ne vzeti v poštev (zahteve, ponudbe itd.); *mil* odbiti, odgnati, zavrniti (sovražnika), odpoditi; *fig* potolči, poraziti (v sporu, prepiru); **to ~ an assailant (an attack, an offer, a suitor)** odbiti napadalca (napad, ponudbo, snubca)

repulsion [ripΛlšən] *n phys* odbijanje, odboj, repulzija; *fig* odpor, odvratnost, mrzkost, stud; zavrnitev; **power of ~** odbojna moč

repulsive [ripΛlsiv] *a* (**~ ly** *adv*) *phys* odbojen, repulziven; odbijajoč (tudi *fig*); odvraten, zoprn, vzbujajoč odpor, ogaben, gnusen, grd; neugoden, neprijeten, hladen, nesimpatičen; *poet* upirajoč se, uporen

repulsiveness [ripΛlsivnis] *n* zoprnost

repurchase [ri:pó:čəs] **1.** *n* ponoven (zopeten) (na)-kup; **2.** *vt* zopet kupiti ali nabaviti; nazaj kupiti; **right of ~** pravica, prodano stvar zopet kupiti

repurchaser [ri:pó:čəsə] *n* kdor prodano stvar kupi nazaj

reputability [repjutəbíliti] *n* sloves, uglednost, častivrednost; čast, poštenost

reputable [répjutəbl] *a* (**reputably** *adv*) ugleden, spoštovan, cenjen, častivreden, (ki je) na dobrem glasu; splošno priznan in v rabi (izraz)

reputation [repjutéišən] *n* sloves, ugled, ime, glas, čast, slava, reputacija; **in spite of his ~** kljub njegovemu slovesu; **to have a ~ for** biti (po)-znan, slaven, na glasu zaradi česa; **not to justify one's ~** ne upravičiti svojega slovesa, ne delati časti svojemu imenu; **to live up to one's ~** izpolniti vsa pričakovanja; **to save (to lose, to ruin) one's ~** rešiti (izgubiti, uničiti) svoj dober glas

reputative [ripjú:tətiv] *a* dozdeven, domneven

repute I [ripjú:t] *n* ugled, sloves, glas, slava; **by ~** po (slabem ali dobrem) glasu; **in high ~** zelo ugleden; **of ~** ugleden, na glasu, renomiran; **of good (bad) ~** na dobrem (slabem) glasu; **a man held in good (bad) ~** človek na dobrem (slabem) glasu; **a scientist of ~** ugleden znanstvenik; **of ill ~** na slabem glasu, razvpit; **he is a good doctor by ~** on velja za dobrega zdravnika; **to be held in high ~** uživati velik ugled; **I know him by ~** poznam ga po njegovem slovesu

repute II [ripjú:t] *vt* imeti za, smatrati; ceniti; **ill-~d, well-~d** na slabem, na dobrem glasu; **to be ~ed** smatrati se za, uživati glas kot, biti poznan kot; **he is ~d (to be, as) a good shot (a millionaire)** poznan je kot dober strelec (velja za milijonarja)

reputed [ripjú:tid] *a* slaven, (po)znan; smatran za; domneven, verjeten, tako imenovan, dozdeven, navidezen; **his ~ father** njegov domnevni (tako imenovani) oče

reputedly [ripjú:tidli] *adv* domnevno, verjetno, kot se splošno misli, po občem mišljenju; **he is ~ the best heart specialist** on je po splošnem mnenju najboljši kardiolog

request I [rikwést] *n* prošnja, želja, zahteva; po vpraševanje (*for* po); **by ~** na (splošno) željo (zahtevo, prošnjo); **at your ~** na vašo prošnjo; **~ for payment** poziv (zahteva) za plačilo; **dying ~** poslednja prošnja (želja); **to be in (great) ~** biti (zelo) iskan, zaželjen; **oil came into ~** povpraševabje po olju je naraslo; **imported goods are much in (are in great) ~** po uvoženem blagu je veliko povpraševanje; **to grant a ~** ugoditi prošnji; **to make ~ for sth.** zaprositi, prositi za kaj; **we have obtained our ~** naši prošnji je bilo ugodeno, dobili smo, kar smo želeli; **~ program(me)** program (koncert) po želji

request II [rikwést] *vt* zaprositi, prositi za (kaj), želeti; zahtevati; prositi za dovoljenje (*that* da); povpraševati po, iskati; **it is ~ed** prosimo, prosi se; **your presence is ~ed** prosimo vas, da bi bili prisotni, vaša prisotnost je zaželjena; **to ~ a favour, to ~ permission** prositi za uslugo, za dovoljenje; **we ~ed him to sing** prosili smo ga, da bi pel; **visitors are ~ed not to touch the objects exposed** prosimo obiskovalce, da se ne dotikajo razstavljenih predmetov

request-note [rikwéstnout] *n com* prošnja za odvoz lahko pokvarljivega blaga pred plačanjem davka (carine)

requicken [ri:kwíkən] *vt* zopet (znova) oživiti, vrniti v življenje; poživiti, zbuditi k novemu življenju

requiem [rékwiəm] *n* rekviem; (= **~ mass**) črna maša, (maša) zadušnica; **R~** *mus* rekviem, glasbena zadušnica

requiescence [rekwiésəns] *n* mir

requin [ri:kwin] *n zool* morski pes

require [rikwáiə] *vt* zahtevati, E želeti; iskati, potrebovati; pozvati; siliti, priganjati; *vi* E biti potreben; zahtevati; (redko) prositi (*of s.o. for s.th.* koga kaj); **if ~d** če (je) potrebno, na željo (zahtevo); **in the ~d time** v zahtevanem, predpisanem času; **he is ~d at the police** išče ga policija; **this is not ~d by the rules** pravila tega ne zahtevajo; **it ~s an expert to do this** potreben je strokovnjak, da to naredi; **if that is what you ~ of me** če je to tisto, kar zahtevate (želite) od mene; **have you got all you ~?** imate vse, kar potrebujete?; **will you ~ tea at four o'clock?** E želite čaj ob štirih?; **to ~ medical care** potrebovati (zahtevati) zdravniško pomoč (oskrbo, nego); **the matter ~s haste** zadeva je nujna; **this does not ~ repeating** tega ni treba ponavljati; **do not explain more than ~d** ne pojasnjujte več, kot je potrebno

requirement [rikwáiəmənt] *n* zahteva, želja; pogoj; potreba; sposobnost, kvalifikacija, neobhodno potrebna lastnost; **to meet all these ~s** izpolnjevati vse te pogoje; **to meet s.o.'s ~s of raw material** kriti komu vse potrebe po surovinah; **we want to meet our customers' ~s** želimo ustreči željam (zahtevam) naših odjemalcev

requisite [rékwizit] **1.** *a* potreben, nujen (*for, to* za); zahtevan, predpisan; **2.** *n* zahteva, (prvi) pogoj (*for* za); potrebna lastnost (*for* za); potrebščina, rekvizit; **office ~s, toilet ~s** pisarniške, toaletne potrebščine

requisition [rekwizíšən] **1.** *n* zahteva, pismeni opomin; uraden poziv; (potrebni) pogoj; iskanje, povpraševanje (po); *mil* rekvizicija, zasežba, odvzem (proti plačilu); **to call into** ~ rekvirirati, zaseči; **these goods are in (constant)** ~ **to** blago se (stalno) zahteva, je (stalno) iskano; **to put in** ~ prisilno vzeti, si nabaviti; rekvirirati; **2.** *vt* zaseči, rekvirirati, napraviti (izvesti) rekvizicijo; staviti zahtevo, zahtevati; iskati, povpraševati (*for* po)

requital [rikwáitl] *n* povračilo (*of* za), plačilo (*for* za); odškodnina; nagrada

requite [rikwáit] *vt* plačati, odškodovati (za); nagraditi; vrniti, povrniti, odtehtati; maščevati se; **to** ~ **evil with good** povrniti slabo z dobrim; **to** ~ **like for like** vrniti milo za drago; **the charms of the travel** ~ **its inconveniences** čari potovanja odtehtajo njegove nevšečnosti; **how did he** ~ **(me for) my affection?** kako mi je on vrnil mojo naklonjenost?

re-read* [ri:rí:d] *vt* zopet (znova, ponovno, še enkrat) brati, prečitati

reredos [ríədəs] *n arch eccl* bogato okrašena zadnja stran oltarja, ozadje oltarja

reremouse, *pl* **-mice** [ríəmaus, -mais] *n dial* netopir

rerun [ri:rʌn] **1.** *n* ponovitev (filma); ponovljen, zopet predvajan film; ponoven tek; **2.** *vt** zopet pustiti teči; zopet predvajati (film)

resaddle [ri:sædl] *vt* zopet osedlati

resalable [ri:séiləbl] *a* zopet naprodaj

resale [rí:seil] *n* ponovna prodaja, preprodaja

rescind [risínd] *vt jur* preklicati, razveljaviti (zakon, sodbo itd.); odstopiti od; kasirati (sodbo); ~ **a contract** *jur* razdreti pogodbo

rescission [risížən] *n jur* preklic, razveljavljenje (zakona, sodbe itd.); odstop (od); kasacija (sodbe)

rescissory [risísəri] *a* razveljavitven, kasacijski

rescript [ri:skript] *n* naredba, odlok, odredba, odločba; zakon; uradni proglas ali objava; prepis(ovanje); palimpsest; *hist* pismeni odgovor rimskega cesarja ali papeža na pismeno vprašanje (prošnjo)

rescuable [réskju:əbl] *a* rešljiv, ki se da rešiti

rescue I [réskju:] *n* reševanje, rešitev, osvoboditev; pomoč; nasilna rešitev (iz ječe, zapora); ~ **-appliances** reševalna oprema; ~ **home** dom za nravstveno ogrožena dekleta; ~ **party,** ~ **squad** reševalno moštvo (ekipa); **to the** ~ **!** na pomoč!; **to go, to come to s.o.'s** ~ iti, priti komu na pomoč; **to make a** ~ osvoboditi (u)jetnika

rescue II [réskju:] *vt* spustiti na prostost, na svobodo, osvoboditi; rešiti, reševati, obvarovati (*from* pred), priti komu na pomoč; *jur* protizakonito osvoboditi koga (iz zapora); s silo si prisvojiti; **to** ~ **from the hands of** rešiti, iztrgati koga iz rok (kake osebe); **to** ~ **the market** *econ* podpreti tržišče (trg); **to** ~ **from oblivion** rešiti (kaj) pozabe; **to** ~ **the prey** rešiti (zopet odvzeti) plen

rescuer [réskjuə] *n* reševalec, -lka, rešitelj, -ica; osvoboditelj, -ica

reseal [ri:sí:l] *vt* zopet (za)pečatiti

research [risó:č] **1.** *n* (znanstveno) raziskovanje, iskanje (*for, after* česa); ~ **es** *pl* znanstveno raziskovalno delo (*in, into* česa); **to be engaged in** ~ **es on (in) nuclear physics** delati na področju jedrske fizike; **2.** *a* raziskovalen; ~ **library**

znanstvena (izposojevalna) knjižnica; ~ **work** znanstveno raziskovalno delo; ~ **worker** znanstveni raziskovalni delavec; ~ **professor** predavanj oproščeni profesor, ki se ukvarja z znanstvenim raziskovalnim delom; **3.** *vt* (znanstveno) raziskovati, opravljati znanstveno raziskovalno delo

researcher [risó:čə] *n* (znanstveni) raziskovalec

reseat [ri:sí:t] *vt* nazaj posaditi na stol, na sedež; zopet postaviti (*on* na); ponovno posaditi (*on the throne* na prestol), ustoličiti; opremiti (cerkev itd.) z novimi stoli, sedeži; dati stolu novo sedalo

resect [risékt] *vt* odrezati, izrezati, resecirati

resection [risékšən] odrezanje, izrez(anje), resekcija

reseda [risí:də, résidə] **1.** *n bot* reseda, katanec; bledo zelena barva; **2.** *a* bledo zelen

reseek* [ri:sí:k] *vt* zopet iskati

reseize [ri:sí:z] *vt* zopet prijeti, zagrabiti, zgrabiti, vzeti; zopet dobiti v roke, prisvojiti si; zavzeti; zapleniti

reseizure [ri:sí:žə] *n* ponovna zagrabitev, prisvojitev; zaplemba

resell* [ri:sél] *vt* zopet prodati; preprodati; prekupčevati

reseller [ri:sélə] *n* preprodajalec; prekupčevalec

resemblance [rizémbləns] *n* podobnost, sličnost; podoba, izgled, postava; (redko) slika, portret; (redko) verjetnost; **to bear (to have) a strong** ~ **to s.o.** biti zelo podoben komu; **there is not the slightest** ~ **between them** najmanjše podobnosti ni med njima

resemblant [rizémblənt] *a* podoben, sličen (*to s.o.* komu)

resemble [rizémbl] *vt* biti podoben, sličen; *arch* primerjati (*to* z); *vi* biti si podoben; **something resembling a human face** nekaj, kar je podobno človeškemu obrazu

resembling [rizémbliŋ] *a* podoben, enak

resend* [ri:sénd] *vt* še enkrat poslati; nazaj poslati

resent I [rizént] *vt & vi* zameriti (komu kaj), vzeti (nekaj) za zlo; biti užaljen, ogorčen; **I** ~ **it** zamerim to; to me moti; **he** ~ **ed your remark** zameril vam je (bil je užaljen nad) vašo opazko; **he** ~ **ed being ridiculed** zameril je, da so se norčevali iz njega

resent II [ri:sént] *pt & pp* od **to resend**

resentful [rizéntful] *a* (~ **ly** *adv*) zamerljiv, maščevalen, jezen, besen, užaljen, hud (*against, of* na koga); (o besedi) strupen, žolčen; vzdražljiv

resentfulness [rizéntfulnis] *n* zamerljivost

resentment [rizéntmənt] *n* zamera, nezadovoljstvo, nerazpoloženje, slaba volja, nevolja, negodovanje, čemernost; razburjenje, razburjljivost (*of* zaradi); prikrita jeza, maščevalnost; mržnja, sovraštvo (*against, at* do)

reservation [rezəvéišən] *n* pridržek, rezerva; *jur* rezervat, pridržana pravica; pogoj; *A* prirodni (indijanski) rezervat; *A* rezervacija, rezerviranje (sedeža, sobe v hotelu, kabine itd.); **with** ~ **as to** s pridržkom glede; **with certain** ~ **s** z nekaterimi pridržki; **without** ~ brezpogojno, brez pridržka; **to agree without** ~ brez pridržka sprejeti, se strinjati; **to telegraphe to a hotel for a** ~ telegrafično rezervirati sobo v hotelu

reserve I [rizɔ́:v] *n* rezerva, zaloga, prihranek (*of* česa), presežek; *pl* rezerve; *mil* rezerva; *sp* namestnik, rezervni igralec, zamenjava, rezerva; rezervat, rezervirano področje (*for* za); zadržanost, (skrajna) zaprtost, molčečnost; opreznost, prekanjenost, rezerviranost, rezerva; **in** ~ v rezervi, na zalogi, v pripravljenosti; **with all proper** ~ s z vsemi pridržki, brez odobravanja, brez podpore, brez strinjanja; **without** ~ popolnoma, povsem; ~ **fund** rezervni sklad ali fond; ~ **officer** rezervni častnik; ~ **part (piece, unit)** *tech* rezervni del; ~ **price** *econ* najmanjša ponudba, izklicna cena (na dražbi); ~ **ration** *mil* železna rezerva, obrok (hrane); **hidden** ~ s skrite rezerve; **to exercise (to observe)** ~ rezervirano se zadržati; **to publish with all** ~ objaviti z vso rezervo; **to serve in the** ~ služiti v rezervni vojski

reserve II [rizɔ́:v] *vt* pridržati, prihraniti, dati na stran, rezervirati kaj (*for, to* za), nameniti (*for* za); pustiti za pozneje; odgoditi, odložiti, zadržati (*for a time* za nekaj časa); **to** ~ **decision** pridržati si pravico do končne odločitve; **to** ~ **a judgment** odgoditi sodbo; **to be** ~ **d for** biti rezerviran za, biti privilegij za; **he was** ~ **d for great things, for a better destiny** usojena mu je bila velika bodočnost, boljša usoda; **it was** ~ **d to him to...** usojeno mu je bilo, da...; **comment is being** ~ **d** za sedaj se še ne da noben komentar; trenutno brez komentarja; **I will** ~ **to speak** (trenutno) ne bom nič rekel, ne bom govoril

reserved [rizɔ́:vd] *a* (~ **ly** *adv*) rezerviran, zadržan; diskreten, molčeč, nezgovoren, hladen, nedostopen, vase zaprt, oprezen; **on the** ~ **list** *mil* v rezervi; ~ **table** rezervirana miza; **all rights** ~ vse pravice pridržane

reserve-price [rizɔ́:vprais] *n econ* izklicna cena (na dražbi)

reservist [rizɔ́:vist] *n mil* rezervist

reservoir [rézǝ:wa:] **1.** *n* rezervoar (tudi *fig*), zbiralnik; dolinska pregrada; shramba (zlasti bencina, nafte), bazen za zbiranje; *fig* velika zaloga (*of* česa); **2.** *vt* spraviti v rezervoar

reset* **I** [ri:sét] **1.** *vt* nanovo vdelati, vstaviti (dragulj); nanovo naostriti, nabrusiti (nož); *print* znova staviti; nazaj postaviti ali namestiti; ~ **ting of the type** nov stavek; **2.** [rí:set] *n* ponovna vstavitev

reset II [risét] *vt* prikrivati, skrivati, sprejemati (ukradene stvari); *vi* biti skrivač (ukradenih stvari)

resetter [risétǝ] *n E* skrivač (ukradenih stvari)

resettle [ri:sétl] *vt & vi* zopet (se) namestiti, (se) naseliti; (o tekočini) umiriti se, uležati se; zopet vzpostaviti red (mir, zakonitost)

resettlement [ri:sétlmǝnt] *n* ponovna ureditev, nova ureditev, vzpostavitev; ponovna naselitev

res gestae [rí:z džésti:] *n jur* dejansko stanje

reshape [ri:šéip] *vt & vi* dati novo obliko; preoblikovati (se), preobraziti (se)

reship [ri:šíp] *vt & vi* zopet natovoriti na ladjo (blago); pretovoriti (z ladje na ladjo); znova (se) vkrcati, prekrcati (se); zopet se pustiti najeti (o mornarjih)

reshipment [ri:šípmǝnt] *n* ponovna naložitev (na ladjo); povratno blago

reshuffle [ri:šʌ́fl] *vt* znova (z)mešati karte; *fig* pregrupirati, reorganizirati (vlado itd.); nanovo orientirati

reside [rizáid] *vi* (o osebah) (stalno) prebivati, stanovati, stolovati; bivati; imeti sedež, rezidirati; (o pravicah) pripadati komu, biti v rokah; *fig* (o lastnostih) ležati, biti, nahajati se (*in* v, *with* pri); **to** ~ **abroad** bivati v tujini, v zamejstvu, v inozemstvu; **the difficulty** ~ **s in this** težava je v tem; **the power** ~ **s in the people** oblast je v rokah ljudstva; **the right of voting laws** ~ **s in this House** pravica izglasovanja zakonov pripada tej (naši) zbornici

residence [rézidǝns] *n* (stalno) bivališče; sedež, rezidenca; stanovanjska zgradba; (gosposka) hiša, poslopje; stanovanje; bivanje, čas bivanja; **a** ~ **of three months** trimesečno bivanje; ~ **permit** dovoljenje za bivanje; **a desirable country** ~ **to be let or sold** odda ali proda se lepa hiša (posestvo) na deželi; **family** ~ enodružinska hiša; **official** ~ uradni sedež; službeno stanovanje; ~ **is required** zahteva se bivanje v službenem kraju; **to be in** ~ stanovati v službenem kraju; **to take up one's** ~ **in the country** nastaniti se na deželi

residency [rézidǝnsi] *n* rezidenca; uradno področje; *hist* uradni sedež britanskega rezidenta na dvoru indijskega kneza

resident [rézidǝnt] **1.** *n* prebivalec, rezident (v mestu, kraju); duhovnik, ki biva v kraju svojega službovanja; **R** ~ predstavnik britanske vlade na indijskem dvoru ali v koloniji, rezident; **2.** *a* stalno bivajoč (v kraju, v hiši); domač, stalno nameščen v ustanovi; *fig* pripadajoč, v rokah, ki je (se nahaja) v čem, priroden; nameščen (*in* v): *zool* ki se ne seli (zlasti o pticah); ~ **population** stalno prebivalstvo; **a** ~ **surgeon** v bólnici stanujoč kirurg; **a right** ~ **in the people** ljudstvu pripadajoča pravica; **to be** ~ **in** biti (nahajati se) v rokah, pripadati

residential [rezidénšǝl] *a* (~ **ly** *adv*) stanovanjski; primeren, pripraven za zasebne hiše, zaseden z zasebnimi hišami; ~ **district** stanovanjski okoliš; ~ **club** klub, v katerem imajo člani stanovanje v oskrbo; ~ **quarter (area, district)** stanovanjska četrt (z vilami itd.); ~ **school** šola z internatom; ~ **section** stanovanjska mestna četrt

residentiary [rezidénšǝri] **1.** *n* (stalni) stanovalec; oseba, ki stanuje v svojem službenem kraju; duhovnik, ki mora bivati v kraju svojega službovanja; **2.** *a* bivajoč, naseljen; bivajoč v svojem službenem kraju; **canon** ~ kanonik, ki mora bivati v kraju svojega službovanja

residual [rizídjuǝl] **1.** *n math* ostanek, razlika, diferenca; preostanek, znesek ostanka; **2.** *a* (~ **ly** *adv*) preostal, ki ostane, ostaja; rezidualen; *phys* remanenten; ~ **product** *chem tech* stranski produkt; ~ **quantity** ostanek

residuary [rizídjuǝri] *a* (**residuarily** *adv*) prestal, ostal(i); ~ **legatee** *jur* glavni, univerzalni dedič (vsega premoženja, potem ko se plačajo vsi dolgovi. pristojbine itd.); ~ **substances** ostanki; **some** ~ **odds and ends** nekaj (pre)ostankov

residue [rézidju:] *n* (pre)ostanek preostali znesek; *jur* ostanek (premoženja po plačanju vseh dolgov pristojbin itd.); *chem* ostanek (npr. po destilaciji), usedlina, gošča; rezidij; odpadek

residuum, *pl* **-dua** [rizídjuəm, -djuə] *n* (pre)ostanek; usedlina; gošča; rezidij; izvržek, sodrga

resign [rizáin] *vt & vi* odpovedati se, odreči se (čemu); prepustiti, zapustiti, opustiti (upanje); resignirati, vdati se v usodo, obupati (nad čem); dati ostavko, odstopiti, demisionirati, izstopiti (*from* iz), umakniti se (*from* iz, od); **to ~ oneself** vdati se (*to* v), prepustiti se, zaupati se (komu); **to ~ oneself to an idea** sprijazniti se z mislijo; **to ~ oneself to rest** predati se počitku; **to ~ oneself to doing sth.** sprijazniti se s tem, da je treba nekaj narediti; **to ~ into s.o.'s hands** v roke komu dati, zaupati komu (kaj); **to ~ a property to s.o.** prepustiti posestvo komu; **to ~ a right** odreči se (neki) pravici; **to ~ s.o. to his fate** prepustiti koga njegovi usodi; **to ~ oneself to one's fate** vdati se v svojo usodo

re-sign [ri:sáin] *vt* zopet podpisati

resignation [rezignéišən] *n* odpoved, odreka(nje); odpoved službe (položaja), ostavka, demisija, odstop; poslovilni obisk, slovo; *fig* vdanost v usodo; skrušenost, ravnodušje; **to give (to send) in one's ~** dat‡ ostavko, odstopiti

resignee [rizainí:] *n jur* oseba, v katere korist smo se (čemu) odpovedali

resigned [rizáind] *a* (**~ly** *adv*) vdan v usodo, ravnodušen, resigniran; odslovljen, odpuščen, odstavljen, v pokoju; **~ major** major v pokoju

resigner [rizáinə] *n* resignant

resile [rizáil] *vi* odskočiti, skočiti nazaj; odbiti se, vrniti se (v prvotni položaj); biti prožen, elastičen; umakniti (umikati) se (nazaj), izogniti se; **to ~ from a contract** odpovedati pogodbo

resilience, **-ncy** [rizíliəns(i)] *n* odskok, odskočitev, odbijanje, odboj (*from* od); raztezanje, prožnost, elastičnost

resilient [rizíliənt] *a* ki odskoči, odskakuje, ki se vrača (nazaj); prožen, premakljiv, gibek, upogljiv; *fig* elastičen, gibljiv, ki se ne da deprimirati; **he is ~** (on) hitro prihaja k sebi (od nesreče)

resin [rézin] **1.** *n* (rastlinska) smola; umetna smola; kolofonija; **2.** *vt* smoliti, prevleči s smolo, nasmoliti; natreti s kolofonijo

resinous [rézinəs] *a* smolnat, smolast; **~ compound** smolnata masa

resipiscence [resipísəns] *n* spoznanje (zmote), premislek, spametovanje, uvidevnost; kesanje

resipiscent [resipísənt] *a* uvideven; skesan

resist I [rizíst] *vi & vt* upirati se, upreti se, ustavljati se, ne poslušati, braniti se; nasprotovati, oponirati; prepreciti, zadržati, zaustaviti; ne popuščati; **to ~ an attack** upreti se napadu, braniti se pred napadom; **to ~ frost** upirati se mrazu, prenašati mraz; **to ~ infection** biti odporen proti infekciji; **to ~ an order** ne ubogati ukaza; **to ~ temptation** upirati se skušnjavi; **if you can ~ a cigarette** če se lahko uprete skušnjavi (kajenja) cigarete (se lahko odrečete cigareti); **I cannot ~ saying** ne morem si kaj, da ne bi rekel

resist II [rizíst] *n* snov, s katero se prevleče površina, da se prepreči rja (rjavenje); zaščitna pasta

resistance [rizístəns] *n* odpor, odpornost (*to* do); upor, upiranje; *phys* odpornost, upor (*to* proti); rezistenca; **the ~** *pol* odporniško gibanje; **in ~ to** iz odpora do; **~ (movement)** odporniško gibanje; **passive ~** pasivna rezistenca; **to meet with vigorous ~** naleteti na močan odpor; **to offer ~** nuditi, dajati odpor; **to overcome the ~ of the air** premagati zračni upor; **to take the line of least ~** iti po poti najmanjšega odpora

resistant [rizístənt] **1.** *a* ki se upira, nasprotuje; uporen, odporen, rezistenten; **~ to light** neobčutljiv za svetlobo; **2.** *n* kdor se upira, nasprotuje; snov, ki se z njo prevleče površina, da ne rjaví

resister [rizístə] *n* upiralec, rezistent, nasprotnik; **passive ~** kdor izvaja pasivno rezistenco

resistibility [rizistibíliti] *n* odpornost

resistible [rizístibl] *a* ki se mu je lahkó upreti; proti kateremu se je možno boriti

resistive [rizístiv] *a* odporen; uporen

resistivity [rizistíviti] *n* odporna moč, odpornost; upor

resistless [rizístlis] *a* (**~ly** *adv*) ki se mu ni možno upreti; ki ne nudi odpora, nima moči za odpor, nemočen, popustljiv

resit [risít] **1.** *vt* ponoviti (izpit); **2.** *n* popravni izpit

resojet engine [rézodžet éndžin] *n aer tech* rezonančni reaktivni motor

resole [ri:sóul] *vt* dati nove podplate, znova podplatiti (čevlje)

resolubility [rezəljubilíti] *n* topljivost; rešljivost

resoluble [rézəljubl] *a chem* topljiv; rešljiv (problem)

resolubleness [rézəljublnis] *n glej* **resolubility**

resolute [rézəlu:t] *a* (**~ly** *adv*) odločen, trden, nepopustljiv, neomahljiv; srčen, pogumen, smel, vztrajen, pripravljen (k dejanjem); resoluten

resoluteness [rézəlu:tnis] *n* odločnost, resolutnost

resolution [rezəlú:šən] *n* odločnost, srčnost, pogumnost; namen, sklep; *parl* resolucija, odločitev, sklep, formulirana izjava; zaključek; rešitev (problema); *chem & tech* stopitev, razkroj, analiza, dekompozicija, konverzija (*to* na, *in* v); razkroj, razpad v dele; oslabitev; *med* izginitev otekline, vnetje brez gnojenja; zamena, substitucija dveh kratkih zlogov z enim dolgim; **the ~ of an equation** rešitev enačbe; **want of ~** neodločnost; omahovanje; **to carry out a ~** izvesti, izvršiti, realizirati sklep; **to come to (to make, to take) a ~** odločiti se, skleniti; **to move a ~** predlagati resolucijo; **to pass a ~** sprejeti, izglasovati resolucijo

resolutive [rézəlu:tiv] **1.** *a med* raztopljiv, topilen; ki topí (razkraja, splahni) (oteklino); **2.** *n med* sredstvo, ki raztopi, topí, preprečuje vnetje, resolvent; pomoček za razkrajanje

resolvability [rizəlvəbíliti] *n* (raz)topljivost; rešljivost

resolvable [rizólvəbl] *a* (raz)topljiv, razkrojljiv; rešljiv

resolve I [rizólv] *n* sklep, odločitev, odlok, odločba; namera, namen, nakana; rešitev; *poet* odločnost, vztrajnost

resolve II [rizólv] *vt & vi* raztopiti (se), razkrojiti (se), razstaviti (se), ločiti (se) v dele, razpasti; spremeniti (se) (*into* v); staliti (se); (raz)rešiti, razložiti, raztolmačiti (vprašanje); odstraniti, odpraviti, razpršiti (dvome, težave); odločiti (se), skleniti, (uradno) odločiti; resolvirati; **to ~ oneself** razkrojiti se, razpasti; prepričati· se; **to ~ a problem, a riddle** rešiti problem, uganko; **to ~ into factors** *math* razstaviti na faktorje; **to be ~d into tears** topíti se v solzah; **he ~d to wait a little longer** sklenil je še malo počakati; **the House ~d itself into a committee** parlament se je razrešil (konstituiral) v odbor; **this event ~d us on going** ta dogodek nas je pripravil do tega, da smo šli

resolved [rizólvd] *a* (**~ly** [rizólvidli] *adv*) (trdno) odločen (*to do sth.* nekaj napraviti); odločen, dobro premišljen (dejanje); **~ brows** energično čelo

resolvent [rizólvənt] **1.** *n* (raz)topilo, resolvent; **2.** *a* (raz)topljiv, (raz)topilen, razkrojilen

resonance [rézənəns] *n* resonanca, odzvok; sozvočje; *fig* odmev, odziv, razleganje

resonant [rézənənt] *a* (**~ly** *adv*) odzvočen, odmevajoč; resonančen

resonate [rézəneit] *vi* odmevati

resonator [rézəneitə] *n mus & el* resonator

resorb [risó:b] *vt biol* ponovno vpiti, vsrkati, vsesati, resorbirati, navzeti se

resorbence [risó:bəns] *n* resorpcija

resorbent [risó:bənt] *a* ki resorbira

resorption [risó:pšən] *n biol* vpoj, vsrkavanje, vsesanje, resorpcija

resort I [rizó:t] *n* (splošno) obiskovan kraj; zatočišče, pribežališče, zavetje; zatekanje (k); sredstvo v sili, poslednje sredstvo; možnost; zbiranje (ljudi); sestajanje; **in the last ~** kot zadnje sredstvo, ko ni nič drugega uspelo, ko je vse odpovedalo; **~ clothing** obleka za letovanje; **a ~ of thieves** gnezdo, brlog tatov; **health ~** (klimatsko) zdravilišče, okrevališče; **seaside ~** morsko zdravilišče, kopališče; **summer ~** letovišče; **winter ~** zimsko športno središče; **without ~ to force** brez uporabe sile; brez zatekanja k sili; **to have ~ to force** zateči se k sili, uporabiti silo; **to make ~ to s.o.** obrniti se na koga; **this was my last ~** to je bilo, kar mi je še edino ostalo napraviti

resort II [rizó:t] *vi* zateči se (*to* k); poslužiti se (česa); iti, kreniti, napotiti se, romati (*to* v); često obiskovati, zahajati (v); **to ~ to force** zateči se k sili, uporabiti silo; **to ~ to an inn** zahajati v krčmo, gostilno; **a place much ~ed** zelo obiskovan kraj

re-sort [rí:só:t] *vt* zopet sortirati, odbrati; zopet razvrstiti, znova razporediti

resound [rizáund] *vi* odjekniti, odmevati (*with* od česa); razlegati se, zveneti, imeti odmev; *vt* povzročiti odmev (razleganje); glasno naznanjati, širiti, slaviti, peti (slavo); *fig* povzročiti senzacijo; **to ~ s.o.'s praises** peti komu hvalo

resounding [rizáundiŋ] *a* (**~ly** *adv*) odmevajoč, zvočen, glasen; **a ~ voice** doneč glas

resource [risó:s] *n* vir (sredstev); pripomoček, pomožno sredstvo; zatočišče, izhod; *pl* denarna sredstva, dohodki; bogastvo; *econ A* aktiva;

oddih, razvedrilo, zabava; spretnost, okretnost, talent, dar, sposobnost, iznajdljivost, trik, umetnija; **without ~** brezizhoden, brezupen, brez rešitve; **a man of ~s** človek, ki si zna pomagati, iznajdljiv človek; **natural ~s** naravna bogastva; **I find reading a great ~** branje mi je v veliko razvedrilo; **flight was my only ~** beg je bil moja edina rešitev; **he was thrown on (was left to) his own ~** bil je prepuščen samemu sebi; **it is our last ~** to je naše zadnje zatočišče; **my last ~ was...** ni mi preostalo nič drugega, kot da...

resourceful [risó:sful] *a* (**~ly** *adv*) domiseln, iznajdljiv, spreten, okreten, sposoben, ki si zna pomagati; bogat s sredstvi

resourcefulness [risó:sfulnis] *n* iznajdljivost, domiselnost

resourceless [risó:slis] *a* (**~ly** *adv*) (ki je) brez sredstev, brez pomoči, nemočen, neiznajdljiv, nedomiseln

respect I [rispékt] *n* spoštovanje, čislanje; upoštevanje, obzir (*to* do); ugled; posebna naklonjenost; ozir, pogled, odnos; **~s** *pl* (spoštljivi) pozdravi, spoštovanje; **in all ~s** v vsakem oziru (pogledu); **in ~ of** gledé, kar se tiče; **in ~ that...** z ozirom na to, da...; **in some (this) ~** v nekem (tem) pogledu; **in every ~** v vsakem pogledu (oziru); **with ~ to** z ozirom na, gledé; **in other ~s** v drugih ozirih, pogledih; **without ~ to consequences** ne oziraje se na posledice; **worldwide ~** svetoven ugled (veljava); **to be held in high ~** biti visoko čislan; **to have ~ to** nanašati se na, tikati se (česa), zadevati (kaj); **to have the greatest ~ for** imeti največje spoštovanje do, za; **to pay one's ~s to** izkazati spoštovanje komu; **to treat with ~** spoštljivo ravnati s kom; **give my ~s to your father** izročite očetu moje spoštljive pozdrave

respect II [rispékt] *vt* spoštovati, ceniti, upoštevati; imeti obzir (do), ne kršiti, ščititi (pravice); tikati se (česa), zadevati (kaj), imeti zvezo z; **as ~s** kar se tiče; **to ~ one's elders** spoštovati svoje starše; **to ~ neutrality** spoštovati nevtralnost; **to ~ oneself** nase gledati (nase nekaj dati)

respectability [rispektəbíliti] *n* čast, ugled, dostojna zunanja podoba; videz; konvencionalnost, ozir do konvencionalnosti, etiketa; *pl* ugledne osebe, veljaki, odličniki; **to observe the ~ies** držati se etikete

respectable [rispéktəbl] *a* (**respectably** *adv*) spoštovanja vreden, spoštovan, ugleden; dostojen, dostojnega videza, spodoben, pošten, soliden, korekten; konvencionalen; *fig* znaten; kar dober, znosen; **a ~ sum** čedna (lepa, znatna) vsota

respecter [rispéktə] *n* spoštovalec; oseba, ki se ozira na, ima obzir do; **to be no ~ of persons** ne se ozirati na razlike družbenih slojev

respectful [rispéktful] *a* (**~ly** *adv*) spoštljiv (*to* do), poln spoštovanja; vljuden, dostojen, spodoben; **to be ~ of** spoštovati, ceniti

respectfulness [rispéktfulnis] *n* spoštljivost

respecting [rispéktiŋ] *prep* z ozirom na, kar se tiče, gledé

respective [rispéktiv] *a* ki se nanaša na vsakega poedinega, poedini, individualen; zadeven; vsakokraten; **the ~ merits of the candidates** individualne zasluge (prednosti, dobre strani) vsakega od kandidatov; **go to your ~ places** pojdite vsak na svoje mesto; **they went their ~ ways** šli so vsak svojo pot

respectively [rispéktivli] *adv* oziroma; individualno, poedino, vsak zaše; **these cars are worth 100 and 150 pounds ~** ta avtomobila sta vredna 100 oziroma 150 funtov

respell* [ri:spél] *vt* zopet črkovati; drugače izgovoriti; fonetično opisati, navesti izgovor

respirable [réspərəbl] *a* ki se more vdihavati (o zraku)

respiration [respəréišən] *n* dihanje, dih; (o rastlinah) sprejemanje kisika in izločanje ogljikovega dvokisa

respirator [réspəreitə] *n tech* respirator; *mil* plinska maska; aparat za umetno dihanje

respiratory [rispáiərətəri] *a* dihalen, ki se tiče dihanja, ki rabi za dihanje; **~ tract, ~ passages** dihalni trakt

respire [rispáiə] *vi* dihati; oddahniti si, odpočiti se, priti spet k sapi, pihati; biti olajšan; izhlapevati; *vt* vdihavati, dihati, izdihavati; (redko) izpuhtevati, oddajati

respite I [réspit, réspait] *n* odlog, odgoditev, odložitev, podaljšanje roka; kratek odmor, premor, prestanek; olajšanje, oddih (*from* od); pomilostitev, odgoditev izvršitve (smrtne kazni), odlog kazni; **to grant a ~** dati odlog; **to put in ~** odgoditi, odložiti; **to toil without ~** garati, težko delati brez oddiha, brez prestanka

respite II [réspit, réspait] *vt* odgoditi, odložiti, podaljšati rok (za dolgove); suspendirati; *mil* zadržati, ustaviti; dopustiti začasno olajšanje, (trenutno) olajšati (bolečine itd.); pomilostiti (na smrt obsojenega)

resplendence, -ncy [rispléndəns, -nsi] *n* sijaj, blesk, blišč

resplendent [rispléndənt] *a* (**~ ly** *adv*) blesteč, sijoč, sijajen

respond [rispónd] 1. *n eccl* responzorij, odpevanje (med duhovnikom in verniki); *archit* polsteber, ki rabi za oporo loku, oboku ali svodu; 2. *vi & vt* odgovoriti, dati odgovor (*to* na); *A jur* dati zadoščenje; odgovarjati, jamčiti za; biti dovzeten (*to* za), reagirati na kaj; sprejeti; **he ~ed to the insult with a blow** na žalitev je odgovoril (reagiral) z udarcem

respondence, -ncy [rispóndəns(i)] *n* odgovor, odgovarjanje; reagiranje, reakcija (*to* na); soglasnost, skladnost

respondent [rispóndənt] 1. *a* ki odgovarja, reagira (*to* na); dovzeten (*to* za); *jur* obtožen; *arch* ustrezen; **the ~ party** tožena stranka; 2. *n jur* obtoženec, -nka (zlasti v ločitveni pravdi)

response [rispóns] *n* odgovor (tudi *fig*); reakcija (*to* na); dovzetnost (*to* za); odmev, odjek; *eccl* responzorij, odpevanje; **in ~ to** v odgovor na, odgovarjajoč na (pisarniški slog); **this met with a warm ~** to je naletelo na topel sprejem, je bilo toplo sprejeto

responsibility [risponsəbíliti] *n* odgovornost; obveznost; zanesljivost, zmožnost plačila; oseba ali stvar, za katero odgovarjamo; **on one's own ~** na (svojo) lastno odgovornost; **to act (to do) on one's ~** storiti (delati) na lastno odgovornost; **to accept (to take) the ~ for** sth. sprejeti

(prevzeti) odgovornost za kaj; **to be afraid of ~** bati se odgovornosti; **I'll take the ~ of this step** jaz bom prevzel odgovornost za ta korak

responsible [rispónsibl] *a* (**responsibly** *adv*) odgovoren, poln odgovornosti; zanesljiv, zaupanja vreden; prišteven (*for* za); *com* ki more plačati, solventen, soliden; **~ government** vlada, ki se mora zagovarjati (pred parlamentom); **a ~ position** odgovoren položaj; **to be ~ for** biti odgovoren za, jamčiti, nositi odgovornost za, odgovarjati za; **to make oneself ~ for** prevzeti (nase) odgovornost za

responsions [rispónšənz] *n pl* prvi od treh izpitov (za B.A.) na univerzi v Oxfordu

responsive [rispónsiv] *a* (**~ ly** *adv*) odgovarjajoč; *fig* dovzeten, občutljiv za, dostopen za, ki reagira na, poln razumevanja (*to* za); *eccl* ki se tiče responzorija, odpevanja; *arch* ustrezen

responsiveness [rispónsivnis] *n* dovzetnost (*to* za), dostopnost; polno razumevanje za; simpatija; *tech* zmožnost stabilizacije

responsorial [rispənsó:riəl] 1. *a* glej **responsive**; 2. *n* responzorial, knjiga responzorijev

responsory [rispónsəri] *n eccl* odpevanje (med pevcem in verniki), responzorij

rest I [rest] 1. *n* (nočni) počitek, počivanje, mirovanje, mir; spanje, odmor, oddih; večni počitek (mir); počivališče; dom, zavetišče, prebivališče; *tech* opora, opornik, podpornik; *mus* pavza; (metrika) cezura; (redko) obnovljena moč; **without ~** brez miru, brez odloga, nemudoma; **at ~** miren, nepremičen, mrtev; **a good night's ~** dobro spanje; **~ room** soba za počivanje, dnevna soba; *A* toaleta; **~ period** *sp* odmor v igri; **day of ~** dan počitka, praznik; **sailors' ~** dom za pomorščake; **travellers' ~** turistični dom (prenočišče); **vulcano at ~** mirujoč vulkan; **to be at ~** mirovati, v miru počivati (o mrtvem); biti pomirjen; **to allow an hour for ~** privoščiti si uro počitka; **to come to ~** priti do miru, pomiriti se; **to go (to retire) to ~** iti k počitku, iti spat; **to lay to ~** položiti k (večnemu) počitku, zagrebsti, pokopati; **to set s.o.'s mind at ~** pomiriti, umiriti, utešiti, potolažiti koga; **to set a question at ~** odločiti, rešiti vprašanje; **to take a ~** odpočiti se; **to take one's ~** počivati, iti k počitku; **I want ~** potreben sem počitka

rest II [rest] *vi* mirovati, počivati, najti mir, umiriti se, biti miren; ležati, spati; odpočiti se; oddahniti se; obstati, ustaviti se (o stroju); opirati se (*against, on* na), opreti se, nasloniti se; zanesti se na, zaupati (*in* v); *vt* pustiti (komu) počivati, dati počitek komu; varovati, prizanašati komu; dati mir komu; nasloniti, opreti (*on* na); upreti (pogled) na, v; **to ~ oneself** odpočiti se, oddahniti si; **~ his soul!** mir, pokoj njegovi duši!; **to ~ in the churchyard** večno počivati na pokopališču; **to ~ from toil** odpočiti si od težkega dela; **I ~ on your promise** zanesem se na vašo obljubo; **he ~ed his head on the pillow** položil je glavo na blazino k počitku; **he ~s his suspicions on that letter** on opira svoja sumničenja na ono pismo; **to ~ on (upon) one's oars** nehati veslati, *fig* počivati po napornem delu; **to** ~ **on one's laurels** *fig* počivati na svojih lovorikah; **to** ~ **a ladder against a wall** nasloniti lestev na zid; **are you** ~ **ed?** si se odpočil?; **it** ~ **s with you to propose terms** vam je prepuščeno, da predlagate pogoje; **the burden** ~ **s upon him** breme odgovornosti leži, počiva na njem; **the fault** ~ **s with you** krivda je vaša (leži pri vas); **let him** ~ **in peace!** naj (on) v miru počiva!; **to let a quarrel** ~ pokopati prepir; **the matter cannot** ~ **there** stvar (zadeva) ne more ostati pri tem; **the officer** ~ **ed the soldiers** častnik je dal počitek (odmor) vojakom; **a shadow** ~ **s on the valley** senca leži nad dolino; **we stopped to** ~ **the horses** ustavili smo se, da bi dali počitka konjem

rest up *vi* **A** odpočiti se, oddahniti si

rest III [rest] *n* ostanek; preostanek; ostalo, ostali; rezervni sklad, rezerva (zlasti v Bank of England); *com* zaključek bilance, delanje bilance, računski zaključek; *tenis* niz (dolga zaporednost) žog; **among the** ~ med ostalim; **and all the** ~ **of it** in vse ostalo (drugo); **and the** ~ **of it** in (ostalo) podobno; **for the** ~ v ostalem, kar se ostalega tiče, gledé ostalega, sicer; **the** ~ **of us** ostali od nas; **net** ~ neto prebitek; **all the** ~ **are going** vsi drugi (ostali) gredo (hočejo iti); **he was drunk like the** ~ bil je pijan kot vsi ostali (drugi)

rest IV [rest] *vi* ostati, preostati, biti preostanek (*of* česa); ~ **assured that I will do my best** bodite prepričani, da bom storil vse, kar bo v moji moči; **to** ~ **with** biti v rokah, biti odvisen od; **it** ~ **s with you to decide** vi odločite; vaša stvar je, da odločite; **it does not** ~ **with me to decide** odločitev ni v mojih rokah; **the affair** ~ **s a mystery** zadeva (stvar) ostaja (je še naprej) skrivnost

rest V [rest] *n hist* kavelj na oklepu srednjeveškega viteza, v katerega je zataknil svoje kopje pri napadu na nasprotnika

restamp [ri:stǽmp] *vt* zopet vtisniti (kovati, žigosati); zopet zaznamovati, označiti

restart [ri:stá:t] **1.** *vt & vi* zopet (se) začeti; povzeti (delo, razpravo) zopet spraviti ali spustiti v pogon (stroj); *hunt* zopet prepoditi, splašiti; **2.** *n* ponoven začetek; ponovna otvoritev obrata

restate [ri:stéit] *vt* nanovo (in bolje) formulirati; zopet izjaviti, ponoviti, ponovno izraziti, še enkrat reči ali ugotoviti

restatement [ri:stéitmənt] *n* ponovna izjava ali ugotovitev; ponovno razlaganje, opisovanje, pripovedovanje; novo prikazovanje, formuliranje

restaurant [réstərən, réstərənt, réstərə:ŋ] *n* restavracija, restoran; ~ **car** jedilni voz; **municipal** ~ (subvencionirano) mestno gostišče

restaurateur [restərətó:] *n* restavratêr

rest-balk [réstbɔ:lk] *n* nepreorani hrbet med brazdama

rest-capital [réstkǽpitl] *n econ* rezervni sklad; prihranjeni kapital

rest-cure [réstkjuə] *n med* zdravljenje (živcev) s počivanjem, ležanjem v postelji

rest day [réstdei] *n* dan počitka (počivanja); praznik

rested [réstid] *a* spočit

restful [réstful] *a* (~ **ly** *adv*) spočit; miren, tih, spokojen (spanje, počitek); ki pomirja, umirja, umirí, utiša, pomirljiv

restfulness [réstfulnis] *n* mir

restharrow [résthærou] *n bot* gladež, gladišnik

rest-house [résthaus] *n Anglo-Ind* hiša (koča) za počivanje potnikov; relejna postaja

resting [réstiŋ] *a* počivajoč; *sl theat* nezaposlen, brezposeln

resting place [réstiŋpleis] *n* počivališče; stopniški presledek; **the (last)** ~ zadnje počivališče, grob

restitute [réstitju:t] *vt & vi* spet postaviti (v prejšnje stanje), obnoviti; povrniti (stroške, pravice, lastnino), restituirati

restitution [restitjú:šən] *n* restitucija, obnovitev, vzpostavitev (pravic itd.), vrnitev v staro stanje ali na staro mesto; povrnitev, povračilo; odškodnina, reparacija, nadomestilo, kompenzacija; *phys* nagnjenost k zavzetju prvotne oblike ali položaja; **to make** ~ vrniti, nadoknaditi, nadomestiti, kompenzirati, odškodovati

restive [réstiv] *a* (~ **ly** *adv*) nemiren, nestrpen, nervozen (*over* zaradi, od); uporen, trmoglav, nepokoren, neposlušen, samovoljen; muhast, štatljiv; (o konju) trmast, neubogljiv

restiveness [réstivnis] *n* nemir(nost), nestrpnost, nervoznost; upornost, trmoglavost, neposlušnost, neubogljivost

restless [réstlis] *a* (~ **ly** *adv*) nemiren, vznemirjen, nervozen; nespokojen, nezadovoljen; neprestan, brez konca; ki ne nudi miru, neudoben; **a** ~ **chair** neudoben stol; **a** ~ **night** noč brez spanja, brez počitka

restlessness [réstlisnis] *n* vznemirjenost, nervoznost, nemir, nespokojnost; nespečnost

restock [ri:stók] *vt* znova oskrbeti, napolniti (skladišče), nabaviti nove zaloge; nasaditi (vodé) zopet z ribami; *vi* vskladiščiti novo zalogo

restorable [ristó:rəbl] *a* ki se da (nanovo) obnoviti (vzpostaviti, popraviti); obnovljiv, popravljiv

restoration [restəréišən] *n* obnova, obnovitev; vrnitev ali postavitev v prejšnje stanje, restavriranje; vzpostavitev (vlade, vladarja), restavracija; okrevanje, ozdravljenje; rekonstruiranje, rekonstruirana oblika, model, vzorec; ~ **of a church** restavriranje cerkve; ~ **from sickness** ozdravitev od bolezni, ozdravljenje

restorative [ristórətiv] **1.** *a* (~ **ly** *adv*) *med* krepilen, krepčilen, ki vrača, vrne moč; obnovitven, restavracijski; **2.** *n* krepčilo, krepilna pijača, krepčilen napitek; poživilo

restore [ristó:] *vt* postaviti v prejšnje stanje, vzpostaviti; obnoviti, popraviti; ponovno postaviti, namestiti (*to* v); restavrirati, rekonstruirati (zgradbo itd.); okrepčati, osvežiti; povrniti, nadoknaditi (*to* komu); ozdraviti, izlečiti, okrepiti; **to** ~ **to consciousness** vrniti k zavesti; **to** ~ **s.o.'s health** vrniti komu zdravje, ozdraviti koga; **to** ~ **s.o. to liberty** vrniti, dati zopet komu prostost, svobodo; **to** ~ **s.o. to life** (zopet) oživiti koga, vrniti koga v življenje; **to** ~ **a king to the throne** postaviti kralja zopet na prestol; **to** ~ **to office** postaviti, namestiti zopet v službo; **to** ~ **order** vzpostaviti red; **to be** ~ **d (to health)** ozdraveti; **he was** ~ **d to favour** prišel je zopet v milost, si pridobil zopet naklonjenost

restorer [ristóːrə] *n* vzpostavitelj, obnovitelj, popravljalec; strokovnjak za obnavljanje umetnin, restavrator; *med* okrepčilo; **hair** ~ sredstvo za obnovitev rasti las; **health** ~ sredstvo za ozdravljenje

restrain [ristréin] *vt* zadržati, zaustaviti, ovirati (*from* pred), preprečiti; obrzdati, ukrotiti, držati v šahu, v mejah; zapreti, vreči v ječo; postaviti pod nadzorstvo, internirati (blazneža); omejiti (moč), zmanjšati (pravice); obvladati, zatreti (čustva); **to** ~ **one's curiosity** brzdati svojo radovednost; **to** ~ **one's feelings** krotiti, zatreti, obvladati svoja čustva; **to** ~ **s.o. of his liberty** odvzeti komu prostost, svobodo

re-strain [ríːstréin] *vt* zopet prečistiti (precediti, pasirati)

restrainable [ristréinəbl] *a* zadržljiv, zaustavljiv; ukrotljiv, ki se da obvladati

restrained [ristréind] *a* (~ **ly** [ristréinidli] *adv*) obrzdan, obvladan; umerjen, zmeren, zadržan, preprost; ublažen, omiljen, pridušen

restrainer [ristréinə] *n phot* zadrževalec

restraint [ristréint] *n* omejevanje, omejitev, oviranje, preprečevanje; prisiljenost, prisila, spona, ovira, zadrževanje, zadržanost, rezerviranost; interniranje, nadzor (umobolnega); *fig* disciplina, brzdanje, obvladanje samega sebe; omejitev svobode, zapor, ječa; **under** ~ v zaporu; **without** ~ prosto, neovirano; ~ **of trade** omejitev trgovine; **it is a great** ~ **on us** to nam dela (je v) veliko oviro; **to be under** ~ biti postavljen pod skrbstvo; **to lay** ~ **on s.o.** naložiti komu omejitve; **to place s.o. under** ~ postaviti koga pod nadzorstvo (skrbstvo)

restrengthen [riːstréŋθən] *vt* dati novih moči, znova okrepiti

restrict [ristríkt] *vt* omejiti (izdatke itd.) (*to* na), utesniti, zmanjšati; restringirati; ~ **ed area** zaprto področje; ~ **ed share** *econ* vezana delnica; **to** ~ **a road** uvesti omejitev hitrosti na (neki) cesti; **to** ~ **s.o. from sth.** komu kaj prepovedati; **to be** ~ **ed within narrow limits** biti tesno omejen

restriction [ristríkšən] *n* omejitev, omejevanje, utesnitev; zadrževanje, pridržek, ovira(nje); restrikcija; **without** ~ neomejen; **mental** ~ duševna omejenost; **the** ~ **s put on trade** omejitve za trgovino

restrictionist [ristríkšənist] *n* zagovornik prohibicije; *Canada* zagovornik zaščitnih carin

restrictive [ristríktiv] *a* (~ **ly** *adv*) omejevalen, omejujoč, restriktiven; ~ **endorsement** *com* omejen žiro; ~ **regulations** omejevalne določbe; ~ **clause** *gram* omejevalen (potreben) oziralni stavek

restrike* [riːstráik] **1.** *vt* prekovati (denar); **2.** *n* novo kovanje, prekovanje

rest room [réstrum] *n* dnevna soba; *A* toaleta, umivalnica

result I [rizÁlt] *n* rezultat, (dober) izid (tudi *math*), uspeh; plod, sad; posledica, posledek, učinek; konec; zaključek; (končni) izsledek; **without** ~ brezuspešen, brezploden, jalov; **the** ~ **s of the war (of a sickness)** posledice vojne (bolezni); **to yield** ~ s dajati dobre rezultate

result II [rizÁlt] *vi* rezultirati, logično slediti (*from* iz), izhajati, izvirati, slediti iz, biti posledica,

imeti za posledico; končati se (*in* v, z); imeti izvor, vir, poreklo (*from* v); *jur* ponoviti (napraviti) ponoven prestopek; **to** ~ **badly** slabo se končati; **to** ~ **in failure** ne uspeti, spodleteti

resultant [rizÁltənt] **1.** *a* ki izhaja, sledi (kot posledica), rezultira; **2.** *n math phys* rezultanta, posledica; izid, rezultat

resultful [rizÁltful] *a* uspešen; plodonosen, ploden

resultless [rizÁltlis] *a* (~ **ly** *adv*) brezuspešen, neuspešen, ki je brez rezultata (uspeha, učinka)

resume [rizjúːm] *vt* & *vi* zopet dobiti (moč itd.), zopet zavzeti (mesto, položaj), zopet prevzeti; zopet začeti, se oprijeti, se lotiti (posla itd.); povzeti, nadaljevati; na kratko ponoviti (prikazati, razložiti), dati kratek, zgoščen pregled; rezimirati; **to** ~ **conversation** povzeti razgovor; **to** ~ **a journey** nadaljevati potovanje; **to** ~ **one's maiden name** privzeti zopet svoje dekliško ime; **to** ~ **one's pipe** zopet (začeti) kaditi pipo; **he** ~ **d painting** začel je zopet slikati; **let us** ~ **where we left off** nadaljujemo, kjer smo nehali; **to be** ~ **d** se bo nadaljevalo, nadaljevanje sledi

résumé [rézjumei] *n* strnjen, kratek, zgoščen pregled (posnetek, izvleček), povzetek, glavna vsebina, rezimé

resummon [riːsÁmən] *vt jur* zopet pozvati (povabiti)

resummons [riːsÁmənz] *n* ponoven poziv (pred sodišče)

resumption [rizÁmpšən] *n* jemanje, vzetje nazaj; ponovno dobivanje, dobitje; ponoven prevzem v posest

resumptive [rizÁmptiv] *a* (~ **ly** *adv*) povzemalen, zgoščen, strnjen, na kratko prikazan; ponavljajoč

resupine [riːsjupáin] *a* ležeč na hrbtu; nazaj zasukan

resurge [risóːdž] *vi* zopet se dvigniti, vstati; ponovno se pojaviti, pokukati; zopet oživeti, zopet se zbuditi k življenju, *hum* vstati od mrtvih; pre(po)roditi se

resurgence [risóːdžəns] *n* ponovno oživljanje, oživitev; vstajenje (od mrtvih); prerod, preporod

resurgent [risóːdžənt] **1.** *n* upornik, vstajnik; **2.** *a* ki zopet vstaja, se vzdigne; ki se zopet upre; ki se zopet zbudi, oživlja

resurrect [rezərékt] *vt* (redko) znova k življenju zbuditi, oživiti; *fam* obuditi (mrtve); *fig* oživiti, ponovno uvesti; vzeti (truplo) iz groba, izkopati, ekshumirati; *vi* vstati od mrtvih; **to** ~ **an old custom** zopet oživiti star običaj

resurrection [rezərékšən] *n* vstajenje (od mrtvih), resurekcija; ponovno oživljanje, bujenje; tatvina, rop (mrliča); ~ **man** glej **resurrectionist**; ~ **pie** pasteta, narejena iz koščkov (ostankov) kuhanega mesa

resurrectional [rezərékšənəl] *a* ki se tiče vstajenja (od mrtvih); velikonočen

resurrectionist [rezərékšənist] *n* kdor veruje v vstajenje od mrtvih; kdor obuja k življenju (od mrtvih); tat mrličev, trupel (zlasti namenjenih za seciranje)

re-survey [riːsəːvéi] **1.** *vt* znova pregledati; znova izmeriti, premeriti; **2.** [riːsóːvei] *n* ponoven pregled; novo merjenje

resuscitable [risÁsitəbl] *a* ki se more oživiti

resuscitant [risʌsitənt] **1.** *a* oživljajoč; **2.** *n* krepilno sredstvo, krepčilo; sredstvo za vrnitev k zavesti

resuscitate [risʌsiteit] *vt* zopet oživiti, vrniti v življenje, obuditi k novemu življenju, poklicati v življenje; spraviti k zavesti; obnoviti moč ali zdravje; *vi* zopet oživeti; priti zopet k zavesti

resuscitation [risəsitéišən] *n* ponovno oživljenje, vračanje v življenje; ponovno bujênje; obnova

resusciative [risʌsiteitiv] *a* ki obuja k življenju, ki oživlja

ret [ret] *vt & vi* močiti (konopljo, lan); pokvariti se od vlage, gniti (o senu itd.)

retail I [rí:teil] **1.** *n com* trgovina (prodaja) na drobno, detajlna trgovina; **by ~**, **at ~** na drobno; **to sell by** (*A* **at**) **~** prodajati na drobno; preprodati; **2.** *a* maloprodajen; ki se bavi s trgovino na drobno; **~ dealer** trgovec na drobno; **~ store** prodajalna na drobno; **~ price** drobnoprodajna cena; **3.** *adv* na drobno; **to sell both whole sale and ~** prodajati na debelo in na drobno

retail II [ri:téil] *vt com* prodajati na drobno, v majhnih količinah; pripovedovati obširno, natanko, na dolgo in široko; širiti, raznašati (govorice, obrekovanje); *vi* prodajati se na drobno; **to ~ scandal** širiti čenče

retailer [ri:téilə] *n* trgovec na drobno, trgovec z drobnim blagom, kramar; preprodajalec; pripovedovalec (na dolgo in široko), zgovoren človek, ki rad pripoveduje; širitelj (govoric, čenč), »živa kronika«

retain [ritéin] *vt* obdržati, čvrsto držati, zadržati; ohraniti; ne vrniti; rezervirati (sedež), zaarati si, dati aro; zagotoviti si usluge, zlasti odvetnika, s predhodnim dogovorom ali plačanjem; zapomniti si, ne pozabiti, obdržati v spominu; **to ~ one's composure** ohraniti mirno kri; **to ~ in one's mind (memory)** obdržati v spominu; **to ~ a tune** zapomniti si melodijo; **I ~ed a lawyer** najel sem stalnega odvetnika; **the bottle still ~s the smell of . . .** steklenica ima še vedno duh po . . .; **this cloth ~s its colour** to blago obdrži svojo barvo

retainable [ritéinəbl] *a* ki se more ali mora zadržati; sprejemljiv

retainer [ritéinə] *n* (vnaprej dana) plača, nagrada, honorar; predujem, ara (odvetniku, branilcu, zagovorniku, pravnemu zastopniku), pavšalni honorar; *jur* formalno zadržanje (česa) kot svoje lastnine; dovoljenje za tako zadržanje; *hist* spremljevalec, član spremstva, vazal, sluga

retaining [ritéiniŋ] *a*; **~ fee** stalen (poprečen) honorar za neko dobo (odvetniku ipd.); **~ force** *mil* enote, ki zadržujejo sovražnika; **~ vault** podporni obok

retainment [ritéinmənt] *n* glej **retention**

retake* [rí:téik] **1.** *vt* zopet vzeti, nazaj vzeti; *mil* ponovno osvojiti ali zavzeti; *film* še enkrat snemati, posneti (prizor); **2.** *n film* nov posnetek

retaliate [ritǽlieit] *vt & vi* vrniti milo za drago (šilo za ognjilo) (*upon s.o.* **for** *sth.* komu za kaj), maščevati se, izvajati represalije; *pol econ* naložiti carino za uvoženo blago iz kake države kot odgovor na uvozne carine te države

retaliation [ritæliéišən] *n* povračilo, vračanje milo za drago, maščevanje, represalije

retaliative [ritǽliətiv] *a* maščevalen, represiven

retaliatory [ritǽliətri] *a* glej **retaliative**; **~ duty** represivna carina; **~ measure** maščevalen ukrep

retard I [ritá:d] *n* zakasnitev, zamuda; **the ~ of the tide** zakasnitev plime; **to be in ~ of** s.o. (s.th.) zaostajati za kom (čem)

retard II [ritá:d] *vt & vi* zmanjšati hitrost, retardirati; zavirati, preprečiti; zadržati (se), zaustavljati (se), zavlačevati (se), odlašati (se), zakasniti (se), kasniti, zaostajati; **~ed** zaostal

retardation [ritardéišən] *n* zavlačevanje, odlašanje, odložitev; zaostajanje, zaostalost; retardacija

retardative [ritá:dətiv] *a* glej **retardatory**

retardatory [ritá:dətəri] *a* zavlačevalen, zamuden, zaustavljajoč, zadrževalen, odlašajoč, oviralen, retardativen

retardment [ritá:dmənt] *n* zakasnitev, zamuda, zavlačevanje, odlašanje, zadrževanje

retch [reč] **1.** *n* poskus bljuvanja, bruhanja; vzdigovanje; **2.** *vi* daviti se; skušati bruhati, (brezuspešno ali nehote) bljuvati

retell* [rí:tél] *vt* zopet pripovedovati, povedati; naprej povedati (novico, vest itd.)

retention [riténšən] *n* zadržanje, pridržanje (tuje lastnine, zneska), obdržanje (v spominu), spomin; retencija; *med* zadrževanje, zastoj v telesu (*of urine* urina)

retentive [riténtiv] *a* (**~ly** *adv*) obdarjen z dobrim spominom; vsebujoč vodo, vlažen; **~ memory** dober spomin; **to be ~ of** s.th. obdržati, držati (pri sebi) kaj; pomniti kaj

reticence, -ncy [rétisəns(i)] *n* molčečnost, molčanje, molk, zamolčanje; zadržanost, rezerviranost

reticent [rétisənt] *a* (**~ly** *adv*) molčeč (*on, upon, about* o); zadržan, rezerviran, vase zaprt; zakrknjen; **he was ~ about his plans** kar najmanj je govoril o svojih načrtih

reticle [rétikl] *n opt* mrežica (na leči, da bi dosegli precizno opazovanje)

reticular [ritíkjulə] *a* (**~ly** *adv*) mrežast, mreži podoben, retikularen; *fig* zapleten, zamotan

reticulate I [ritíkjulit] *a* glej **reticular**

reticulate II [ritíkjuleit] *vt & vi* mrežasto razdeliti ali biti razdeljen; tvoriti ali imeti obliko mreže; (raz)vejiti se, (raz)cepiti se na veje

reticulated [ritíkjuleitid] *a* mrežast; **~ glass** retikulirano, filigransko steklo

reticulation [ritikjuléišən] *n* mreža, mrežje, mrežasto tkivo; *phot* mreža; preplet (tudi *fig*)

reticule [rétikju:l] *n opt* mrežica, nitni križ; ženska ročna torbica; torba za pletivo, za delo

retina, pl -s, -nae [rétina, -ni:] *n anat* očesna mrežnica, retina

retinitis [retináitis] *n med* vnetje mrežnice, retinitis

retinoscope [rétinəskoup] *n med* zrcalce za oko

retinue [rétinju:] *n* spremstvo (ugledne osebe), suita

retiral [ritáirəl] *n* plačanje, plačilo (menice); (redko) umik

retire I [ritáiə] *vt mil* umakniti nazaj; odkupiti, izplačati (menico); upokojiti (*an officer* častnika); umakniti iz prometa (plačilno sredstvo); *vi mil* umakniti se, izvesti umik; odstopiti, oddaljiti se, oditi, iti k počitku, iti spat; zapustiti službo, iti v pokoj, upokojiti se; **retiring pension** pokojnina; **to ~ early** iti (hoditi) zgodaj spat; **to ~** s.o. **from the active list** izbrisati koga iz seznama aktivnih častnikov; **to ~ from the world** umakniti se iz svetnega življenja v zasebno življenje; **to ~ a bill** *com* odkupiti, plačati menico; **to ~ into one's shell** postati molčeč; **to ~ on a pension** pustiti se upokojiti; **to ~ oneself** umakniti se; **the army ~ d (before the enemy) in good order** vojska se je (pred sovražnikom) umaknila v lepem redu

retire II [ritáiə] *n mil* znak za umik; umik; **to sound the ~** (za)trobiti a) k umiku, b) k nočnemu počitku

retired [ritáiəd] **1.** *a* odmaknjen, samoten, osamljen; malo obiskovan; upokojen, živeč v pokoju; **~ general** general v pokoju; **~ list** seznam upokojenih; **a ~ oldster** *coll* star penzionist; **~ pay** pokojnina; **a ~ spot (valley)** odmaknjen, samoten kraj (dolina); **to place on the ~ list** upokojiti; **2.** *adv* odmaknjeno; **to live ~** živeti v odmaknjenosti

retiredness [ritáiədnis] *n* odmaknjenost, samota; osamljenost

retirement [ritáiəmənt] *n* umik; odmaknjenost, samota; odmaknjen kraj, pribežališče, zavetje; odstop, izstop (iz službe, podjetja itd.); upokojitev, pokoj; umik iz prometa (denarja itd.); **~ age** starostna meja, leta starosti za upokojitev; **to go into ~** iti v pokoj

retiring [ritáiəriŋ] *a* (**~ ly** *adv*) samotarski, vase zaprt, nedružaben; ki ne zbuja pozornosti; plašen, skromen, nevsiljiv; ki odhaja v pokoj; **~ age** leta starosti za pokoj; **~ colour** nevsiljiva, decentna barva; **~ pension (allowance)** pokojnina, penzija; **~ room** umivalnica, stranišče

retold [ri:tóuld] *pt & pp* od **to retell**

retooling [ri:tú:liŋ] *n tech* nova oprema (tovarne) s stroji itd.

retorsion [ritó:šən] *n* glej **retortion**

retook [ri:tú:k] *pt* od **to retake**

retort I [ritó:t] **1.** *n chem* retorta, prekapnica, prehlapnica; **2.** *vt* destilirati

retort II [ritó:t] **1.** *n* oster odgovor, primeren odgovor; spodbijanje, zavrnitev; povračilo; **2.** *vt & vi* odgovoriti na (kaj), odvrniti; hitro, ostro odgovoriti (*with* z); enako, z istimi merami odgovoriti na (poniževanje, žalitev itd.); obrniti (argumente) (*against* proti); **to ~ an insult** maščevati se za žalitev

retortion [ritó:šən] *n* okret; *arch* povračilo (žalitve), vrnitev milo za drago; (v mednarodnem pravu) neprijazen odgovor na neprijazno, sovražno ravnanje (npr. zvišanje carin, odklanjanje vizumov itd.)

retouch [ri:tʌč] **1.** *n phot* retuša, retuširanje; predelava; **2.** *vt* predelati, popraviti, izboljšati; *phot* retuširati

retoucher [ri:tʌčə] *n* retušer

retrace [ritréis] *vt* voditi nazaj (*to* k); slediti nazaj, iti po istih sledeh nazaj; ponavljati, ponovno preiti (kaj) v mislih; **to ~ events in one's memories** v duhu obujati preteke dogodke, spomine; **to ~ s.th. in one's memory** rekonstruirati kaj v svojem spominu; **to ~ one's steps (way)** vračati se po isti poti; *fig* preklicati svoje ukrepe

re-trace [ri:tréis] *vt* znova načrtati ali narisati; prerisati, prekopirati

retract [ritrækt] *vt & vi* potegniti (se) nazaj, umakniti (se) (nazaj); stopiti nazaj, odstopiti; vzdržati se, opustiti; preklicati, uničiti, razveljaviti; **to ~ from a resolve** opustiti sklep; **to ~ an offer, an accusation** preklicati ponudbo, obtožbo; **there was no ~ing** poti nazaj ni bilo, ni bilo vrnitve

retractable [ritræktəbl] *a* ki se da potegniti nazaj, preklicljiv, uničljiv; **~ undercarriage** *aero* sklopljive pristajalne naprave

retractation [ritræktéišən] *n* umaknitev, preklic

retractile [ritræktil, -tail] *a* ki se da potegniti nazaj; skrčljiv, sklopljiv

retraction [ritrækšən] *n* glej **retractation**

retractor [ritræktə] *n anat* mišica, ki (s)krči; *med* instrument za pridržavanje delov, ki bi bili v napoto pri operaciji; retraktor

retrad [rí:træd] *adv* nazaj; navzad

retransfer [ri:trænsfɔ́:] **1.** *vt* nazaj prenesti, zopet prenesti; **2.** [ri:trænsfə] *n* prenos nazaj, ponoven prenos

retranslate [ri:tra:nsléit] *vt* prevesti nazaj v izvirnik, znova prevesti (prestaviti)

retranslation [ri:tra:nsléišən] *n* prevod nazaj v izvirnik; ponoven prevod

retread* [ri:tréd] **1.** *vt* zopet stopati (hoditi, korakati) po; iti po isti poti; **2.** *n A & Austr* bojevnik v obeh svetovnih vojnah

retreat I [ri:trí:t] *n* umik, umikanje; *mil* znak za umik, znak s trobento, da je čas za nočni počitek; umaknitev v samoto, odmaknjenost, osamljenost; zatočišče, pribežališče; dom, zavod (za umobolne, za alkoholike); **in full ~** v umiku na celi črti; **to beat a ~**, **to make ~** umakniti se (tudi *fig*); **to make good one's ~** uspešno, srečno se umakniti, izmuzniti; **to sound the ~** trobiti k umiku

retreat II [ri:trí:t] *vi mil* umakniti se, odstopiti; oddaljiti se, zbežati (nazaj); *vt* (šah) potegniti (figuro) nazaj; **to ~ into one's shell** *fig* postati molčeč, umakniti se v molk

retrench [ritrénč] *vt* omejiti, zmanjšati (izdatke); skrajšati, črtati, pristriči (odlomek v knjigi); izpustiti; *mil* utrditi, ukopati, zgraditi notranje rove; *vi* omejiti se, varčevati; **to ~ one's expenses** omejiti, zmanjšati svoje izdatke; **to ~ a passage in a book** črtati, skrajšati odlomek v knjigi

retrenchment [ritrénčmənt] *n* skrajšanje, zmanjšanje, omejitev (izdatkov), varčevanje; odprava, črtanje, krajšanje; *mil* ukopanje, utrjevanje z okopi, notranji rovi; **~ of salary** odtegljaj od plače; **~ of employees** zmanjšanje, redukcija osebja, uslužbencev

retrial [ri:tráiəl] *n jur* ponovna preskušnja ali preiskava; *jur* obnova sodnega postopka

retribution [retribjú:šən] *n* povračilo, odškodnina, nadomestilo; maščevanje, kazen; (redko) plačilo; **Day of R~** *rel* sodni dan

retributive [ritríbjutiv] *a* (**~ ly** *adv*) poravnalen, izravnalen; povračilen, maščevalen, kazenski

retrievable [ritrí:vəbl] *a* (**retrievably** *adv*) ki se da dobiti nazaj (kompenzirati, nadoknaditi, popraviti); nadoknadljiv, nadomestljiv

retrieval [ritrí:vəl] *n* zopetna dobitev, vzpostavitev; kompenzacija, reparacija, nadomestitev

retrieve [ritrí:v] 1. *n* rešitev; (redko) vzpostavitev, obnova; lost beyond ~ za vedno izgubljen; the thing is past ~ stvar se ne da več popraviti; 2. *vt* (izgubljeno) nazaj ali zopet dobiti; popraviti (napako), nadoknaditi, nadomestiti (izgubo); vzpostaviti, obnoviti, rehabilitirati, rešiti; (o psu) najti in prinesti ustreljeno žival; spomniti na (kaj), zopet seznaniti; *vi hunt* aportirati; to ~ freedom zopet dobiti prostost, svobodo; to ~ an error popraviti zopet pomoto, zmoto; to ~ a loss poravnati, nadomestiti izgubo

retriever [ritrí:və] *n* lovski pes, ki aportira, prinese ustreljeno divjačino (zlasti iz vode)

retrim [ri:trím] *vt* spraviti zopet v red, v dobro stanje, zopet urediti; zopet garnirati, okrasiti (klobuk)

retroact [retrouǽkt] *vi* nazaj (povratno) delovati; delovati v nasprotni smeri

retroaction [retrouǽkšən] *n* povratno delovanje, povratno učinkujoča sila (*on* na), reakcija; narobe učinek

retroactive [retrouǽktiv] *a* (~ly *adv*) nazaj, povratno delujoč; veljaven za nazaj (npr. zakon), retroaktiven; with ~ effect z retroaktivno močjo (*from* od)

retroactivity [retrouæktíviti] *n* retroaktivnost, povratno delovanje; veljavnost (zakonov) za nazaj

retrocede I [retrəsí:d] *vi* (zlasti *med*) nazaj iti; na znotraj udariti (izpuščaj)

retrocede II [ritrəsí:d] *vt* odstopiti nazaj, prenesti nazaj, zopet odstopiti (*to* komu)

retrocedent [retrəsí:dənt] *a med* ki gre nazaj, ki udari navznoter; *astr* glej retrograde

retrocession [retrəséšən] *n* ponovni odstop (npr. ozemlja); *jur* odstop, prenos nazaj; retrocesija; *med* nazadovanje

retrocessive [retrəsésiv] *a* glej retrograde; ki gre nazaj, retrocesiven, ki odstopi nazaj

retrod [ri:tród] *pt* od to retread

retrodden [ri:tródən] *pp* od to retread

retroflex(ed) [rétroufleks(t)] *a* nazaj ukrivljen (zavit, upognjen); retroflektiran

retroflex [rétrofleks] *vt & vi* ukriviti (se) nazaj, upogniti (se) nazaj, zasukati (se) nazaj

retroflexion [retroflékšən] *n* pregib, upogib; *med* retrofleksija

retrogradation [retrougrədéišən] *n* vračanje nazaj; (po)vrnitev; gibanje nazaj, nazadovanje; propadanje, dekadenca; *fig* poslabšanje, *biol* degeneracija; *astr* na videz povratno gibanje planeta (od vzhoda proti zahodu); retrogradacija

retrograde [rétrougreid] 1. *a* (~ly *adv*) nazaj idoč, nazadujoč, umikajoč se, retrograden; *fig* nazadnjaški, sovražen napredku; propadajoč, hirajoč, degeneriran; *astr* ki se na videz giblje v obratni smeri (od vzhoda proti zahodu); ~ motion of a planet retrogradno gibanje planeta; 2. *adv* nazaj; to go ~ nazaj iti, se premikati; 3. *n* (redko) degenerirana oseba, degeneriranec; sovražnik napredka, nazadnjak, človek zaostalih, preživelih nazorov; retrograd; nazadnjaška tendenca; 4. *vi* iti (gibati se) nazaj, umikati se; *fig* nazadovati, propadati, upadati, slabeti, degenerirati; *astr* na videz se gibati nazaj, v obratni smeri (od vzhoda proti zahodu); *vt* (redko) obrniti

retrogress [retrougrés] *vi* iti (gibati se) nazaj; poslabšati se, iti na slabše, zaostajati; degenerirati, izroditi se

retrogression [retrougréšən] *n* hoja ali gibanje nazaj, ritenska hoja; nazadovanje, poslabšanje; *biol* degeneracija; *astr* retrogresija

retroject [retrədžékt] *vt* nazaj vreči

retro-rocket [rétrərókit] *n tech* zavorna raketa

retrospect [rétrouspekt] 1. *n* pogled nazaj, v preteklost; vračanje, poseganje nazaj (*to* na, v); odnos, razmerje; retrospektivna sila, retroakcija; in ~ gledajoč nazaj; in the ~ v spominu; 2. *vi & vt* nazaj gledati; razmišljati o; živeti v spominih; poklicati v spomin; napotiti (*to* na)

retrospection [retrouspékšən] *n* pogled (gledanje, oziranje) nazaj, v preteklost; spominjanje, spomin; retrospekcija; (redko) opozorilo, napotilo (*to* na)

retrospective [retrouspéktiv] *a* (~ly *adv*) nazaj gledajoč, nazaj zroč; s pogledom nazaj, v preteklost; *jur* veljaven za nazaj, retroaktiven; ~ view pogled nazaj

retroversion [retrouvó:šən] *n* upogibanje (nazaj); zvijanje nazaj; retroverzija

retroussé [rətrú:sei] *a* malo navzgor privihan; her little ~ nose njen navzgor privihani nosek

retrovert I [retrouvó:t] *vt* upogniti nazaj, obrniti nazaj; ~ed womb obrnjena maternica

retrovert II [rétrouvə:t] *n* oseba, ki se vrača k svojemu prvotnemu verovanju

retry [ri:trái] *vt jur* ponovno preiskati ali obravnavati

retted [rétid] *a* gnijoč, strohnel; to be ~ zgniti, strohneti

rettery [rétəri] *n* močenje (konoplje, lanu)

retund [ritánd] *vt* oslabiti, zmanjšati; zadržati, odbiti

returf [ri:tó:f] *vt* (o tleh) ponovno pokriti (površino) z rušami, s tratami

return I [ritó:n] 1. *n* vrnitev, povratek; povrnitev, ponovitev (bolezni), recidiva; povračilo, plačilo; povratna pošiljka, povraten prevoz, povratna vozovnica; vrnitev ali vračanje denarja, odškodnina, nadomestilo; (uradno) sporočilo, objava, vest; *pl* statistični podatki, izkazi, rezultati; *parl* objava rezultatov volitev, parlamentarne volitve; (redko) odgovor; (često *pl*) dohodek, zaslužek; *pl com* prodaja, (denarni) promet; iztržek, izkupiček, dobiček; vrnjeno blago, uporabljena embalaža; *archit* izbočina na pročelju, štrleč vogal, krilo hiše; (mečevanje, tenis) povratni udarec, odboj žoge; *pl* slab tobak za pipo; by ~ of post (mail) z obratno pošto; in ~ for kot povračilo, nadomestilo za; on my ~ ob moji vrnitvi; without ~ brezplačno, zastonj; annual ~ letno poročilo; delivery by ~ neodložljiva izročitev, predaja; early (quick) ~ *com* hitra prodaja; a return ticket to London povratna vozovnica za London; income-tax ~ prijava dohodkov; a ~ of influenza *med* ponovitev gripe; many happy ~s of the day (želim vam) vse najboljše za rojstni dan; official ~s uradne številke, uradni statistični podatki; on sale or ~ *com* v komisiji; goods on sale or ~ komisijsko blago; to bring (to yield) a ~ prinašati korist, obrestovati se, rentirati se; what did he get in

~ **for his kindness?** s čim mu je bila povrnjena njegova prijaznost?; **to make good** ~s *com* dobro, dobičkonosno iti v prodajo; **to make no** ~ **for** ne povrniti (česa), ne se izkazati hvaležnega; **to owe s.o. a** ~ biti komu dolžan povračilo; **he secured his** ~ **for this constituency** zagotovil si je izvolitev v tem volilnem okrožju; **to take a return ticket to Leeds** kupiti, vzeti povratno vozovnico za Leeds; **2.** *a* povraten; ~ **copies** (knjigotrštvo) remitenda; ~ **journey** povratno potovanje; ~ **match** povratna tekma; ~ **ticket** povratna vozovnica

return II [ritó:n] **1.** *vi* vrniti se; ponovno se pripetiti (zgoditi, nastopiti); ponovno priti; spremeniti se; **a** ~**ed emigrant** (izseljenec) povratnik; ~ **to our muttons!** vrnimo se — po digresiji — k (pravemu) predmetu diskusije!; **to** ~ **to health** ozdraveti; **to** ~ **to a position** vrniti se na (službeno) mesto; **to** ~ **to dust** spremeniti se v prah; **to** ~ **with one's shield or upon it** *fig* vrniti se ali mrtev ali kot zmagovalec; **2.** *vt* vrniti, nazaj dati, poslati nazaj; odražati, odbijati; odbiti nazaj, vrniti (žogo); vrniti (pozdrav, obisk itd.), ponovno plačati, vrniti (milo za drago); dajati, prinašati (dobiček) (uradno) proglasiti, prijaviti, (uradno) javiti, objaviti; *jur* izreči sodbo; glasovati, dati glas; voliti (poslanca); (večinoma v pasivu) oceniti, obvestiti; **the assets were** ~**ed at 100 pounds** aktiva so bila ocenjena na 100 funtov; **to be** ~**ed guilty** biti proglašen za krivega; **to be** ~**ed unfit for work** biti proglašen za nesposobnega za delo; **he was** ~**ed by his former constituency** izvolilo ga je njegovo prejšnje volilno okrožje; **to** ~ **account** dati (ob)račun; **to** ~ **good for evil** vrniti dobro za slabo; **he** ~**ed his income at 3000 pounds** prijavil je svoj dohodek v znesku 3000 funtov; **to** ~ **interest, a profit** dajati, prinašati obresti, dobiček; **to** ~ **one's lead** (kartanje) vrniti barvo, odgovoriti na barvo; **to** ~ **like for like** vrniti milo za drago, šilo za ognjilo; **to** ~ **a list of jurors** objaviti seznam porotnikov; **to** ~ **the results of an election** uradno objaviti (ugotoviti) rezultate volitev; **to** ~ **a salute** vrniti pozdrav, odzdraviti; **to** ~ **a visit** vrniti obisk; **to** ~ **a verdict** proglasiti sodbo; **to** ~ **thanks** zahvaliti se (nazaj); **to** ~ **a warrant (to the judge)** (sodniku) vrniti zaporno povelje (s protokolom)

return-cargo [ritó:nka:gou] *n com* tovor na povratku; povratna pošiljka

return day [ritó:ndei] *n jur* termin za obravnavo

returned [ritó:nd] *a* vrnjen; ~ **letter** nevročeno pismo; ~ **empties** *pl com* vrnjena embalaža

returner [ritó:nə] *n* vračalec, vrnitelj

return-freight [ritó:nfreit] *n com* povratna pošiljka; prevoznina za povratno pošiljko

return game [ritó:ngeim] *n* povratna igra (tekma)

returning board [ritó:niŋbɔ:d] *n A* volitveni odbor

returning-officer [ritó:niŋɔfisə] *n parl* uslužbenec, ki vodi volitve in razglaša imena izbranih kandidatov; predsednik volilne komisije; skrutinator

return-match [ritó:nmæč] *n* povratna (revanšna) tekma

return-ticket [ritó:ntikit] *n rly* povratna vozovnica

retype [ri:táip] *vt* znova (na)tipkati

reunification [ri:ju:nifikéišən] *n* zopetna združitev

reunion [ri:jú:njən] **1.** *n* ponovno združenje; (družabno) srečanje, snidenje, sestanek (nekdanjih prijateljev, dijakov itd.); proslava (ponovnega snidenja); sprava, pobotanje; družabnost, družba; **a family** ~ zopetni sestanek ali snidenje članov družine, prijateljev itd. po daljši ločitvi; **2.** *vt & vi* zopet (se) združiti; ponovno se zediniti

reunionist [ri:jú:njənist] *n eccl* privrženec gibanja za ponovno združitev anglikanske cerkve z rimskokatoliško

reunite [ri:ju:náit] *vt & vi* zopet (se) združiti

re-up [rí:ʌp] *vi sl* zopet se obvezati za vojaško službo

reurge [ri:ó:dž] *vt* zopet (na koga) pritiskati; zopet predložiti (argumente)

Reuter's [róitəz] *n* angleški poluradni poročevalski urad

rev [rev] **1.** *n* glej **revolution** obrat stroja; **2.** *vt*; ~ **up (down)** povečati (zmanjšati) število obratov stroja, povečati (zmanjšati) hitrost avtomobila, letala itd.

revaccinate [ri:væksineit] *vt* ponovno cepiti, revakcinirati

revaccination [ri:væksinéišən] *n* ponovno cepljenje, revakcinacija

revalorization [ri:vælɔraizéišən] *n* revalorizacija, dvig veljave denarja ali vrednotnic na prvotno vrednost; ponovna ugotovitev vrednosti česa

revalorize [ri:vælɔraiz] *vt* ponovno preceniti, ovrednotiti; izvesti revalorizacijo, revalorizirati, dvigniti na prvotno vrednost

revaluate [ri:væljueit] *vt* prevrednotiti; revalvirati

revaluation [ri:væljuéišən] *n* prevrednotenje, novo vrednotenje; revalvacija

revalue [ri:vælju:] *vt* nanovo ovrednotiti, oceniti

revamp [ri:væmp] *vt A* zakrpati; (zopet) popraviti; napraviti nov zgornji del čevlja; *coll* znova spolirati

revanche [rəvánš] *n* (zlasti *pol*) revanša, revanšna politika

reveal I [riví:l] *vt* odkriti, razkriti, razodeti; odgrniti (kopreno); izdati (tajnost); razkrinkati, pokazati, prinesti na dan; obelodaniti, objaviti; **to** ~ **a secret** izblebetati, izdati skrivnost; **to** ~ **oneself** razkriti se

reveal II [riví:l] *n archit* debelina zidu (pri vratih, oknu)

revealable [riví:ləbl] *a* ki se more odkriti; priobčljiv

revegetate [ri:védžiteit] *vi* zopet zeleneti; zopet pognati (o rastlinah)

reveille [riváeli] *n mil* budnica; vstajanje

revel [revl] **1.** *n* glasno, bučno, razuzdano veseljačenje, popivanje, gostija, krok(arija); **2.** *vi & vt* bučno, razuzdano veseljačiti, se zabavati; gostiti se, popivati; prirediti gostijo; ponočevati, krokati; razkošno živeti; predajati se (*in* čemu); uživati (v čem), pasti se; **to** ~ **away** zafračkati (denar), zapravljati

revelation [reviléišən] *n* (presenetljivo) odkritje, razkritje; razodetje; objavljenje, obelodanjenje; *coll* nekaj izvrstnega, »pesem«; **the Book of R**~ **s** Apokalipsa, skrivno razodetje; **it was a** ~ **to me** to je bilo odkritje zame; **her clothes are** ~ **s** njene obleke so (prava) pesem

revelational [reviléišənəl] *a* (biblija) ki se tiče razodetja

revelationist [reviléišənist] *n* oseba, ki veruje v razodetje; the R~ *rel* apokaliptik, evangelist Janez

revelator [révileitə] *n* razodevalec

revel(l)er [révlə] *n* pivec, veseljak, uživač; ponočnjak, krokar, razuzdanec

revelry [révəlri] *n* bučno veseljačenje in uživanje, popivanje, gostija, krokanje, orgija, razuzdano življenje

revenant [révənənt] *n* oseba, ki se vrne, pojavi po dolgi odsotnosti; prikazen, duh (umrlega)

revendication [rivendikéišən] *n* terjatev, terjanje, zahtevanje nazaj; *pol* zahteva po vrnitvi česa (zlasti ozemlja); *jur* stvarna tožba; ponovna dobitev

revenge I [rivéndž] *n* maščevanje; revanša; maščevalnost; in ~ of kot maščevanje za; to give s.o. his ~ dati komu priliko za revanšo; to have one's ~ revanširati se; to take ~ for s.th. of s.o. maščevati se komu za kaj; to thirst for ~ hlepeti po maščevanju

revenge II [rivéndž] *vt* maščevati; *vi* maščevati se; to ~ s.o. maščevati koga; to ~ for (of) s.th. maščevati se za kaj; to ~ on (upon) s.o. maščevati se nad kom; to ~ oneself upon (on) s.o. for s.th. maščevati se komu za kaj; to be ~d biti maščevan, maščevati se; I'll be ~d maščeval se bom

revengeful [rivéndžful] *a* (~ly *adv*) maščevalen; maščevalski

revengefulness [rivéndžfulnis] *n* maščevalnost

revenger [rivéndžə] *n* maščevalec, -lka

revenue [révinju:] *n jur & parl* (državni) dohodek, (budžetni) dohodki; finančna uprava, fiskus; renta, dohodek, vir dohodkov; *pl* skupni dohodki; ~ cutter obalna carinska stražna ladja (zoper tihotapce); ~ officer carinik, financar, davčni uslužbenec; inland ~ dohodki od davkov, carine ipd.; internal (public) ~ državna blagajna, fiskus; local ~s občinski dohodki; to derive ~s from dobivati dohodke od

reverb [rivó:b] krajšava za reverberate

reverberant [rivó:bərənt] *a poet* odmevajoč; odsevajoč; odbijajoč (zvok, svetlobo)

reverberate [rivó:bəreit] *vt* odbijati (zvok, svetlobo), odsevati, odražati, nazaj pošiljati; dopustiti odjek ali odmev; *chem tech* reducirati, topiti, taliti; *vi* odbijati se (o zvoku, svetlobi), odsevati, odražati se, odjekniti, odmevati, razlegati se; nazaj delovati (*on* na); reverberating furnace talilna peč; to ~ heat odžarevati toploto; to ~ a sound odbiti zvok

reverberation [rivo:bəréišən] *n* odbijanje (zvoka, svetlobe), odboj, odsev(anje), odražanje, odraz; *fig* odjek, odmev; reverberacija

reverberative [rivó:bərətiv] *a* odseven, odmeven, odmevajoč; ki deluje nazaj; povratno delujoč

reverberator [rivó:bəreitə] *n tech* reflektor; žaromet

reverberatory [rivó:bərətəri] *a* odražajoč, odsevajoč, odbijajoč; ~ furnace talilna (žarilna) peč

revere I [riviə] *vt* globoko spoštovati, ceniti

revere II [riviə] glej revers

reverence [révərəns] 1. *n* spoštovanje (*for* do), čaščenje; poklon; ugled; *Ir arch vulg & hum* prečastiti gospod; save your ~ brez zamere,

nikar ne zamerite, oprostite mi; to feel ~ for čutiti spoštovanje do; to hold (to have) in (great) ~ (zelo) spoštovati; to pay ~ to s.o. spoštovati, izkazati spoštovanje komu; to regard with ~ spoštovati, častiti; 2. *vt* častiti (boga); spoštovati

reverend [révərənd] 1. *a* vreden spoštovanja; častitljiv; častit (o duhovniku); (naslov, navadno krajšava: *Rev.*) (the) Rev. John Brown častiti gospod J. Brown; (the) Right Rev. the Bishop of... prečastiti škof iz...; Most Reverend prevzvišeni nadškof; Very Reverend prečastiti (dekan); 2. *vt & vi* spoštovati, častiti

reverent [révərənt] *a* (~ly *adv*) poln spoštovanja; spoštovan

reverential [revərénšəl] *a* (~ly *adv*) poln (globokega) spoštovanja; ponižen, pohleven; ~ awe spoštovanja polna plahost (strah)

reverie [révəri] *n Fr* sanjarjenje; fantazija; to be lost in ~ predajati se sanjarjenju

revers, *pl* revers [riviə, riviəz] *n* zavih(ek), rever

reversal [rivó:səl] *n* (pre)obrat, preokret, popolna sprememba; *jur* ukinitev, uničenje, razveljavljenje, kasacija; predrugačenje; *mot* obračanje, obrat, sprememba smeri; *econ* storniranje, storno; ~ of opinion preobrat v naziranju (mnenju)

reverse I [rivó:s] *n* nasprotje, nasprotna stran; ovira; zadnja stran (kovanca); zla usoda, nesreča, nezgoda; *mil* poraz (tudi *fig*); *mot* povratna vožnja, vožnja nazaj; the ~ of nasprotno od; its ~ nasprotno (od tega); much the ~ popolnoma nasprotno; quite the ~ prav nasprotno; written in ~ (pisan) v zrcalni pisavi; ~ of fortune udarec usode; a face the ~ of attractive vse prej kot prikupen obraz; to have ~s imeti denarne izgube; to take in ~ *mil* napasti v hrbet; your words are the ~ of encouraging vaše besede so vse prej kot ohrabrujoče; to meet with a ~ doživeti, pretrpeti poraz

reverse II [rivó:s] *vt & vi* obrniti (se), preokreniti (se), zasukati (se); prevrniti, postaviti na glavo, popolnoma spremeniti; preklicati, ukiniti, razveljaviti (sodbo); *tech* premikati (se) nazaj ali v nasprotno smer, spremeniti smer; *mot* voziti nazaj (ritensko); uporabiti nasproten postopek (sredstvo, politiko); to ~ arms *mil* nositi puško itd. s cevjo obrnjeno navzdol; to ~ one's opinion, one's policy popolnoma spremeniti svoje mnenje, svojo politiko

reverse III [rivó:s] *a* (~ly *adv*) obrnjen, prevrnjen; nasproten, naroben; in the ~ direction v nasprotni smeri; ~ fire *mil* ogenj, ki je usmerjen na zaledje ali na utrdbe v zaledju; ~ side zadnja, hrbtna stran

reversed [rivó:st] *a* obrnjen, prevrnjen; nasproten; *tech* upognjen

reverseless [rivó:slis] *a* neovrgljiv, nerazrušljiv

reversibility [rivə:sibíliti] *n* obrnljivost; ukinljivost; reverzibilnost

reversible [rivó:sibl] 1. *a* (reversibly *adv*) (o blagu) ki se da obrniti, obrnljiv; *jur* ukinljiv, preklicljiv, razveljavljiv; 2. *n* obrnljiv plašč (obleka) (ki se lahko nosi na obe strani)

reversion [rivó:šən] *n* vrnitev v prvotno stanje, v staro navado (zlasti *biol* vračanje k prvotnemu tipu, atavizem); ponovna spreobrnitev; vsota, ki se mora izplačati po smrti kake osebe (zlasti

življenjsko zavarovanje); nekaj, do česar ima kdo pravico ali kar pričakuje, da bo podedoval
reversional [rivɔ́:šənəl] *a* glej **reversionary**
reversionary [rivɔ́:šənəri] *a*; ~ **heir** namestni dedič
reversioner [rivɔ́:šənə] *n jur* oseba, ki ji je prepuščeno imetje do določenega datuma (zlasti do njene smrti); namestni dedič
revert I [rivɔ́:t] *n* oseba, ki se vrne k svoji prejšnji veri; ponoven spreobrnjenec
revert II [rivɔ́:t] *vi jur* vrniti se, zopet pripasti prejšnjemu lastniku ali njegovim dedičem; vrniti se v prejšnje stanje; obrniti se nazaj, vrniti se, *biol* vrniti se v prejšnji ali v primitivni tip, (po)kazati atavizem, **to ~ to cannibalism** vrniti se h kanibalizmu; **to ~ to a question** vrniti se k vprašanju (problemu); *vt* obrniti; **to ~ the eyes** nazaj pogledati, ozreti se
revertible [rivɔ́:təbl] *a jur* ki se more ali mora vrniti prejšnjemu lastniku ali njegovim dedičem; povraten, pripaden
revet [rivét] *vt* pokriti, obložiti, podpreti, podzidati (nasip, obalo itd.) z lesom, s kamnom ipd.
revetment [rivétmənt] *n* (o fortifikaciji) pokritje, prikritje, skritje, kamuflaža; obloga, pokritje . zidu; podporni, zaščitni zid (od zemlje, vreč s peskom itd.)
revictual [ri:vítl] *vt* zopet oskrbeti z živežem; *vi* oskrbeti se z novim živežem
review I [rivjú:] *n* (kritična) revija, obzornik, časopis; pogled nazaj, ponoven pregled; prikaz, poročilo (*of* o čem); ocena, kritika, recenzija; *theat* revija; *mil & naut* mimohod, pregled (čet, ladij), parada; *jur* ponovna preiskava, preiskovanje, revizija; *pedag* ponovitev, ponavljanje; ~ **copy** recenzijski izvod; **court of** ~ prizivno sodišče; **market** ~ borzno poročilo; **naval** ~ pomorska parada; **a quarterly** ~ trimesečna revija, trimesečnik; **soldiers in** ~ vojaki v paradni uniformi; **to keep a question under** ~ natančno zasledovati, imeti v vidu (neko) vprašanje (problem); **to pass in** ~ *mil* pregledati (čete) v mimohodu
review II [rivjú:] *vt & vi* (po)gledati nazaj, pregledati; preiskovati; revidirati; napraviti revizijo (procesa); podvreči reviziji; dati pregled, oceniti, recenzirati, napisati recenzijo, pisati literarne ocene, kritike (za revije, časopise); *pedag* ponoviti; *mil* opraviti pregled (čet itd.), inspicirati (čete); **in ~ing our books** *econ* pri pregledu naših knjig; **to ~ a book** oceniti, recenzirati knjigo; **to ~ the situation** pregledati, oceniti položaj, situacijo; **to ~ troops** pregledati čete
reviewable [rivjú:əbl] *a* ki se more ali mora kritizirati (pregledati, oceniti, *jur* spodbijati z revizijo)
reviewal [rivjú:əl] *n* ponoven pregled, recenzija, ocena, kritika, poročilo; *jur* revizija sodbe (nižjega sodišča)
reviewer [rivjú:ə] *n* recenzent, kritik, ocenjevalec, pisec kritike (prikaza, recenzije); ~'s **copy** recenzijski izvod
revile [riváil] *vt* (o)zmerjati, ošteti, (o)psovati, žaliti, sramotiti, klevetati; *vi* rogati se (*at* komu), izreči žalivke, psovati

revilement [riváilmənt] *n* sramotitev, žalitev, zmerjanje
reviler [riváilə] *n* psovalec, žalitelj, sramotitelj, klevetnik
reviling [riváiliŋ] **1.** *a* sramotilen, zmerjalen, klevetajoč, psovalen, žaljiv; **2.** *n* sramotenje, zasramovanje, psovanje, zmerjanje
revindicate [ri:víndikeit] *vt* (zlasti *jur*) zahtevati (in vzeti) nazaj; zopet braniti ali opravičevati
revisable [riváizəbl] *a* ki se more revidirati, spremeniti
revisal [riváizəl] *n* ponovni pregled; *print* revizija, druga korektura
revise [riváiz] **1.** *vt* zopet (nanovo) pregledati in popraviti, revidirati; *jur* zopet preiskati, revidirati (sodbo); predrugačiti, popraviti; *print* brati drugo korekturo, revidirati; ~**d edition** popravljena, izboljšana izdaja; **R~d Version (of the Bible)** predelana izdaja biblije (ki je izšla za vlade Jakoba I v Angliji); **R~d Standard Version** popravljena ameriška izdaja novega testamenta (1946); **to ~ one's opinion** revidirati, spremeniti svoje mnenje; **2.** *n* (= ~ **proof**) *print* korekturni odtis (pola)
reviser, -or [riváizə] *n* pregledovalec, preglednik, revizor; *print* popravljalec, korektor (rokopisa, tiska)
revision [rivížən] *n* revizija, ponovni pregled; *print* predelava, popravljena izdaja; *jur* revizija, ponovna obravnava
revisional, -ary [rivížənəl, -əri] *a* revizijski
revisionisme [rivížənizəm] *n* revizionizem
revisionist [rivížənist] *n* revizionist; prijatelj sprememb
revisit [ri:vízit] **1.** *vt* ponovno (zopet) obiskati; *vi* priti zopet na obisk; **2.** *n* drugi ali nov obisk
revisory [riváizəri] *a* ki pregledava, raziskuje, revidira; revizijski
revitalization [ri:vaitəlaizéišən] *n* (zopetno) oživljanje
revitalize [ri:váitəlaiz] *vt* ponovno oživiti; zopet okrepiti, ojačiti, dati življenjsko moč
revivable [riváivəbl] *a* ki se more zopet oživiti
revival [riváivəl] *n* oživljenje, oživitev, oživljanje; vrnitev k zavesti ali moči; obnovitev, preporod, ponoven razcvet; repriza; *jur* zopetna uveljavitev; verska obnova, misijon; ~ **of business, of an old custom** oživitev trgovine, stare šege; ~ **of a play** zopetna uprizoritev (dolgo časa ne igrane) igre; **the R~ of Learning (Letters, Literature)** *hist* humanizem; **Gothic** ~ nova gotika
revivalism [riváivəlizəm] *n* oživljanje preteklosti; verska obnova
revivalist [riváivəlist] *n* kdor oživlja stare običaje, stare metode; pridigar za versko obnovo
revive [riváiv] *vt* vrniti (koga) k zavesti; zopet oživiti, poživiti; zopet obuditi (čustvo, spomine); preporoditi; obnoviti, vzpostaviti, renovirati; *jur* zopet uveljaviti; (zopet) osvežiti, vliti nov duh; ponovno uvesti (običaj itd.); *theat* nanovo postaviti na oder (uprizoriti, igrati); *chem* avivirati; privesti v naravno stanje; **to ~ an old play** zopet uprizoriti staro igro; **to ~ old feuds** zopet oživiti stare spore, staro sovraštvo; **to ~ a reputation** vzpostaviti ugled, sloves; *vi* oživeti;

priti zopet k sebi, zavedeti se; *econ* opomoči si; obnoviti se, obuditi se, zopet procvitati; zopet nastopiti; *jur* priti, stopiti zopet v veljavo; **hope** ~ **d in him** zopet se mu je zbudilo upanje; **practice** ~ **s . . .** nastaja zopet praksa. . .

eviver [rivǽivǝ] *n* sredstvo za obnavljanje (renoviranje, regeneriranje); *sl* napitek, ki osveži, krepi

evivification [rivivifikéišǝn] *n* ponovno oživljanje; vstajenje; obnova; *chem* ponovno aktiviranje; redukcija (kovine)

evivify [rivívifai] *vt* zopet oživiti, vrniti v življenje; napolniti, navdati z novim življenjem; *chem* zopet spraviti, privesti v naravno stanje, redukcija; *vi chem* (kot reagenca) postati zopet dejaven, učinkovit

eviviscence, -ncy [rivívisǝns(i)] *n* ponovna oživitev, oživljanje, zbuditev

evivor [rivǽivǝ] *n jur* obnovitev postopka (procesa); **bill of** ~ predlog za obnovitev postopka

evocability [revǝkǝbíliti] *n* preklicnost

evocable [révǝkǝbl] *a* (**revocably** *adv*) ki se da preklicati, preklicen; razveljavljiv, ukinljiv

evocableness [révǝkǝblnis] *n* preklicnost, razveljavljivost

evocation [revǝkéišǝn] *n* preklic (pogodbe, žalitve); *jur* ukinitev, razveljavljenje, revokacija; ~ **of licence** odvzem licence

evocatory [révǝkǝtǝri] *a* preklicen

evoice [ri:vóis] *vt* še enkrat izgovoriti, ponoviti

evoke [rivóuk] **1.** *n* preklic; (kartanje) nepriznavanje barve, renonsa; **beyond** ~ nepreklicen; **to make a** ~ (kartanje) ne odgovoriti s (pravo) barvo, renonsirati; **2.** *vt & vi* preklicati, nazaj vzeti; ukiniti, razveljaviti, revocirati; (kartanje) ne odgovoriti s pravo barvo, renonsirati; (redko) vzeti nazaj, preklicati svojo obljubo

evolt I [rivóult] *n* (manjši) upor, vstaja, punt, revolta (*against* proti); nasprotovanje, vznevoljenje, negodovanje, ogorčenje, uporniško razpoloženje; odpor, stud, zgražanje; **in** ~ uporniški, zrevoltiran; **to be in** ~ upirati se, puntati se

evolt II [rivóult] *vi* upreti se, (s)puntati se (*against* proti), odpasti (*from* od); *fig* čutiti odpor do, zgražati se, zgroziti se, biti ogorčen; *vt* spuntati, povzročiti odpor (stud, ogorčenje, zgražanje), navdati z ogorčenjem, ogorčiti, (z)revoltirati; **to** ~ **against** dvigniti se proti; upreti se; **to** ~ **from** odkloniti priznanje nadoblasti; **to** ~ **to the enemy** upreti se in preiti k sovražniku; **my conscience** ~ **s at this idea** vest se mi upre, zgrozi ob tej misli; **my nature** ~ **s against this treatment** moja narava se upira temu ravnanju; **to be** ~ **ed at** upreti se (čemu); **your bad manners** ~ **me** vaše slabe manire me odbijajo

evolter [rivóultǝ] *n* upornik, puntar

evolting [rivóultiŋ] *a* (~ **ly** *adv*) uporniški, puntarski; odvraten, odbijajoč, zoprn, gnusen, ostuden, ogaben, zbujajoč ogorčenje, zgražanje; ~ **cruelty** odvratna krutost (brezsrčnost)

evolute I [révǝlu:t] *a bot* (o listu) upognjen, nazaj zavit (zvit)

evolute [revǝlú:t] *vi sl* sodelovati v političnem uporu, v politični vstaji

revolution [revǝlú:šǝn] *n* krožno obračanje ali gibanje; menjavanje (letnih časov); obrat, vrtljaj, okret, rotacija; nagla sprememba, preobrat; *pol* revolucija, prevrat, puč; ~ **in thought** preobrat v mišljenju; ~ **per minute** število obratov (vrtljajev) na minuto; **to start (to quell) a** ~ povzročiti, sprožiti (zatreti, zadušiti) revolucijo

revolutionary [revǝlú:šnǝri] **1.** *a* (**revolutionarily** *adv*) uporniški, puntarski, prevratniški, revolucionaren, revolucijski; **a** ~ **idea** revolucionarna ideja; **R**~ **calendar** (francoski) revolucijski koledar; **2.** *n* prevratnež, revolucionar

revolution-counter [revǝlú:šǝn káuntǝ] *n tech* števec obratov (vrtljajev), tahometer

revolutioner [revǝlú:šnǝ] *n* revolucionar, prevratnež, zagovornik revolucionarnih idej

revolutionist [revǝlú:šnist] *n* glej **revolutioner**

revolutionize [revǝlú:šnaiz] *vt* spuntati, zrevolucionirati; obrniti; temeljito, od temelja, radikalno spremeniti; uvesti popoln preobrat (spremembo)

revolvable [rivólvǝbl] *a* vrtljiv

revolve [rivólv] *vt & vi* obračati (se), vrteti (se), (v krogu) rotirati, krožiti; vračati se v rednih presledkih (letni časi itd.); *fig* razmišljati, premišljati, premlevati, preudarjati, tuhtati (*a problem* problem); **to** ~ **on (about) an axis** vrteti se okoli osi; **to** ~ **a problem in one's mind** premlevati v sebi problem; **an idea** ~ **s in my mind** po glavi mi roji neka misel; **the Earth** ~ **s on its axis about the Sun** Zemlja se vrti okrog svoje osi in okoli Sonca; **the seasons (years)** ~ letni časi (leta) se ponavljajo, izmenjavajo

revolvency [rivólvǝnsi] *n* vrtljivost

revolver [rivólvǝ] *n* revolver; *tech* vrtljiva (cilindrična) peč

revolving [rivólviŋ] *a* vrteč se, vrtljiv, rotacijski; ki se vrača, se ponavlja; ~ **armoured turret** *naut mil* vrtljiv oklopni stolpič; ~ **case** vrtljiva polica (omara, stojalo) za knjige; ~ **credit** kredit, ki se avtomatično obnavlja; ~ **door** vrtljiva vrata; ~ **fund** fond za posojila (ki se obnavlja s povračili); ~ **light** vrteči se, vrtljiv svetilnik; ~ **pencil** kemični (avtomatski) svinčnik; ~ **stage** vrtljiv gledališki oder; ~ **storm** vrtinčast vihar; ~ **shutter** navojna oknica, roleta

revue [rivjú:] *n theat* (komična ali satirična kabaretna) revija

revulsant [riválsǝnt] *n med* odvajalno sredstvo

revulsion [riválšǝn] *n* nagel, nenaden preobrat (čustev itd.); sprememba; odvrnitev, močna reakcija; *med* revulzija, način zdravljenja z odvajanjem krvi od obolelega mesta; gnus, stud

revulsive [riválsiv] *a* odvajalen, revulziven

reward [riwó:d] **1.** *n* nagrada, plačilo; *fig* povračilo, kazen (*of* za); **as a** ~ **for . . .** kot nagrada (plačilo) za. . . ; **for** ~ proti plačilu; **to announce a** ~ razpisati nagrado; **2.** *vt* nagraditi, (po)plačati (*for* za), povrniti škodo, odškodovati; kaznovati (slabo dejanje)

rewarding [riwó:diŋ] *a* ki se izplača, rentabilen, zelo ugoden, koristen; **a** ~ **book** branja vredna knjiga

rewardless [riwó:dlis] *a* nenagrajen, nepoplačan; ki se ne izplača

reweigh [ri:wéi] *vt* še enkrat (s)tehtati

rewin* [ri:wín] *vt* zopet dobiti, nazaj dobiti

rewind* [ri:wáind] *vt* & *vi* previti (film); nanovo oviti, naviti

rewinder [ri:wáində] *n* previjalec

rewire [ri:wáiə] *vt* & *vi* *el* dati novo žico; nazaj brzojaviti

reword [ri:wɔ́:d] *vt* nanovo izraziti z istimi (ali drugimi) besedami, prestilizirati, drugače stilizirati, predrugačiti, dati (besedam) novo obliko; dobesedno ponoviti

rework [ri:wɔ́:k] *vt* & *vi* zopet obdelati, predelati; naprej, dalje delati

rewrite* [ri:ráit] **1.** *vt* znova napisati, prepisati, predelati; **2.** [rí:rait] *n A* reportaža

rex, *pl* **reges** [reks, rí:dži:z] *n Lat* kralj; **George Rex, George R.** kralj Jurij; **R~** v.**N.N.** *jur E* v imenu kralja proti **N.N.**

reynard [rénəd] *n* lisjak (v basnih itd.)

rhabdomancy [rǽbdəmænsi] *n* čarovništvo, čarovnija, vedeževanje s čarodejno palico

rhapsode [rǽpsoud] *n hist* rapsod, potujoči pevec v stari Grčiji, ki je ob spremljavi lire pel epske pesmi

rhapsodic(al) [ræpsódik(əl)] *a* (**~ally** *adv*) rapsodski; *fig* navdušen, zanesen, prevzet, zamaknjen, ekstatičen

rhapsodist [rǽpsədist] *n* glej **rhapsode**

rhapsodize [rǽpsədaiz] *vt* & *vi* rapsodsko peti ali deklamirati; govoriti rapsodsko, navdušeno, z zanosom, z zavzetjem; nastopiti kot rapsod, peti rapsodije

rhapsody [rǽpsədi] *n* rapsodija, junaška epska pesem; zanosna deklamacija; navdušen, zanosen način izražanja; pretiran slavospev; *mus* rapsodija; **to go into rhapsodies over s.th.** do neba kaj povzdigovati, hvaliti

rheometer [ri:ómitə] *n med* reometer; *el* galvanometer

rheostat [rí:əstæt] *n el* reostat

rhesus [rí:səs] *n* resus (vrsta opic)

rhetor [rí:tə] *n hist* retor, učitelj govorništva; govornik; *derog* blebetač, kvasač

rhetoric [rétərik] *n* retorika, govorništvo; pompozna deklamacija ali govorjenje, fraziranje; prepričevalna zgovornost

rhetorical [ritórikəl] *a* govorniški, retoričen; afektiran, zanosen, pompozen, frazerski, prazen, napihnjen; zgovoren; **~ question** retorično vprašanje

rhetorician [retərišən] *n hist* retor, govornik, učitelj govorništva; dober govornik; *derog* afektiran, osladen, pompozen, frazerski govornik

rheum [ru:m] *n med arch* izločanje vode ali sluza itd. (npr. solz, sline, sluza); nahod, prehlad, katar; **the ~s** *pl coll* revmatične bolečine, revmatizem; *poet* voda, solze

rheumatic [rumǽtik] **1.** *a* (**~ally** *adv*) revmatičen; **~ fever** (akutni) sklepni revmatizem; **2.** *n* revmatik; **the ~s** *pl coll* revmatizem, revma

rheumaticky [rumǽtiki] *a coll* revmatičen

rheumatism [rú:mətizəm] *n* revmatizem, revma; **lumbar ~ lumbago;** **acute** (ali **articular**) **~** sklepni revmatizem

rheumatology [ru:mətólədži] *n* revmatologija

rheumy [rú:mi] *a* ki izloča sluz, povzroča nahod; slinav, solzen; vlažen, mrzel; nahoden

rhinal [ráinəl] *a med* nosni; **~ mirror** zrcalce za nos

rhinalgia [rainǽldžiə] *n med* rinalgija

Rhine [ráin] *n* (rcka) Ren

Rhineland [ráinlænd] *n* Porenje

rhinitis [raináitis] *n med* vnetje nosne sluznic kihavica, nahod; **chronic ~** kroničen nahod **allergic** (ali **anaphylactic**) **~** seneni nahod

rhino, *pl* **-os** [ráinou, -ouz] *n zool sl* (glej **rhinocero** nosorog; *mil A* ponton, grupa pontonov; (tudi **ready ~**) denar, cvenk

rhinoceros [rainósərəs] *n zool* nosorog

rhizome [ráizoum] *n bot* korenika, podzemeljsk steblo

Rhodesian [roudí:šiən, -ziən] **1.** *a* rodezijski; **2.** prebivalec Rodezije, Rodezijec

Rhodian [róudiən] **1.** *a* rodoški; **2.** *n* Rodošan

rhodium I [róudiəm] *n* (= **~ wood**) palisandro vina

rhodium II [róudiəm] *n chem* rodij (bela kovn kovina)

rhododendron [roudədéndrən] *n bot* rododendron sleč

rhomb [rɔm(b)] *n geom* romb, romboeder

rhombic [rómbik] *a* (**~ally** *adv*) rombski

rhomboid [rómbɔid] *n* **1.** romboid; **2.** *a* romboidsk

rhombus, *pl* **-bi, -es** [rómbəs, -bai, -siz] *n* glej **rhom**

Rhone [róun] *n* (reka) Rodan

rhotacism [róutəsizəm] *n* rotacizem, pogrkavanje pretirano, nenavadno izgovarjanje soglasnika r *phon* prehod nekaterih soglasnikov (npr. s) v

rhubarb [rú:ba:b] *n bot* rabarbara; **~ pie** *A*, **~ tar** *E* rabarbarov kolač

rhubarby [rú:ba:bi] *a* podoben rabarbari

rhumb [r*m(b)] *n naut* (= **~ line**) ena od črt na pomorskem kompasu; črta, ki seka vse pol dnevnike pod istim kotom

rhumb line [rʌ́mláin] *n* loksodroma, loksodromna krivulja

rhyme, rime I [ráim] *n* stik, rima; stih; beseda, k se rima (*to* na); (tudi *pl*) pesem v rimah, pesnitev; **without ~ or reason** brez glave in repa brez smisla, nesmiseln; **caudate ~, tailed ~** izmenična rima; **double ~, female ~, feminine ~** ženska rima; **male ~, masculine ~** moška rima; **nursery ~s** otroške pesmice; **to give ~s** rimati se; **to write bad ~s** kovati slabe stihe, pesnikariti

rhyme, rime II [ráim] *vt* rimati; delati stihe ali pesmi; zložiti v stihe; *vi* rimati se (*on, with* na, z); tvoriti stih; **~d verse** rimani stihi; **rhyming dictionary** slovar rim; **law ~s with saw** »law« se rima s »saw«

rhymeless [ráimlis] *a* (**~ly** *adv*) neriman, brez rim

rhymer [ráimə] *n* rimar; kdor kuje stihe; rimač, slab pesnik

rhyme-royal [ráimrɔ́iəl] *n* kitica 7 stihov v jambskih desetercih (ababbcc)

rhymery [ráiməri] *n* kovanje rim ali stihov

rhymester [ráimstə] *n* glej **rhymer**

rhyming [ráimiŋ] *n* delanje, kovanje rim

rhymist [ráimist] *n* glej **rhymer**

rhythm [ríðəm] *n* ritem; takt; prozodija, mera; *fig* pravilno periodično vračanje, umerjenost (gibov itd.), pravilna rast in upadanje; harmonija, skladnost; *med* bitje žile; **dance ~s** plesni ritmi; **three-four ~** tričetrtinski takt; **vital ~** življenjski ritem; **to have (a sense of) ~** imeti čut za ritem

rhythmic [ríðmik] *a* (~ **ally** *adv*) ritmičen; ki je v taktu; odmerjen; pravilen; periodičen; ki raste in upada; skladen, harmoničen; ~ **prose** ritmična proza; ~ **skill** ritmična spretnost, talent
rhythmicality [riðmikǽliti] *n* ritem, ritmično gibanje
rhythmicize [ríðmisaiz] *vt* da(ja)ti ritem; ritmizirati
rhythmics [ríðmiks] *n pl* (*sg constr*) ritmika, ritmičen značaj; nauk o ritmu
rhythmist [ríðmist] *n* ritmik, poznavalec ritmike
rhythmless [ríðmlis] *a* ki je brez ritma
rhyzotonic [raizoutónik] *a ling* poudarjen na deblu
riancy [ráiənsi] *n* vedrost, veselost
riant [ráiənt] *a* veder, vesel, smejoč se; prijeten; ~ **landscape** vedra pokrajina
riata [ri:á:tə] *n* laso (metalna vrv z zanko)
rib I [rib] *n* rebro; rebrce, žila (v listu); *hum* žena, »boljša polovica«; **dig (poke) in the** ~**s** *coll* sunek v (pod) rebra; **to poke s.o. in the** ~**s** dregniti koga v rebra, *fig* s tako kretnjo šaljivo pritegniti pozornost kake osebe; **to smite s.o. under the fifth** ~ zabosti koga, zasaditi komu nož med rebra
rib II [rib] *vt* ojačiti, okrepiti z rebri; *agr* na pol orati; *sl* nagajati, dražiti, rogati se, zasmehovati (koga)
ribald [ríbəld] **1.** *n* prostaška oseba, prostak, nesramnež, predrznež, nespodobnež, kvantač, preklinjevalec; **2.** *a* prostaški, predrzen, nesramen, nedostojen, nespodoben, kvantaški; pohoten; poželjiv
ribaldry [ríbəldri] *n* prostaško, umazano, nespodobno, kvantaško govorjenje; kvante, robate šale
riband [ríbənd] *n* okrasni trak; **the Blue Riband** modri trak (najhitrejše ladje)
ribanded [ríbəndid] *a* okrašen s trakovi
ribbed [ribd] *a* rebrast; ~ **cloth** rebrasto blago; ~ **cooler** *tech* rebrast hladilnik; ~ **glass** rebrasto steklo
ribbing [ríbiŋ] *n* rebra, rebrovje; razvrstitev reber; rebrasti vzorec (v blagu, pletivu); *agr* poloranje
ribbon [ríbən] **1.** *n* trak, vrvica, trakec (znak vojaškega odlikovanja); krpa, capa; proga, pramen (na nebu); *pl coll* vajeti, uzde; **blue** ~ modri trak reda hlačne podveze; **all in (to)** ~**s** v samih capah; **fancy** ~, **figured** ~ vzorčast, pisan trak; ~ **road** serpentinasta cesta; **to handle (to take) the** ~**s** držati vajeti (tudi *fig*), gnati konje, kočijažiti; **to hang in** ~**s** viseti v capah; **to tear to** ~**s** raztrgati v cape, razcefrati; **2.** *a* narejen iz traku (trakov); progast, prižast; **3.** *vt* (tudi ~ **out**) okrasiti s trakovi; razrezati v trakove; *vi* (o cestah) vleči se kot trak, vijugati se
ribbon-development [ríbəndivéləpmənt] *n* (= **ribbon building**) gradnja hiš v vrsti vzdolž obeh strani glavnih cest, ki vežejo velika mesta ali vodijo iz njih
ribes [ráibi:z] *n sg in pl bot* ribez
ribless [ríblis] *a* (ki je) brez reber; debel, brez forme
rice [ráis] **1.** *n* riž; ~ **flour** riževa moka; ~ **meal** riževa krmilna moka; ~ **rat** *zool* vrsta ameriške vodne podgane; ~ **ground** riževa moka; **2.** *vt A* (krompir) pasirati, pretlačiti
rice-curry [ráiskʌri] *n* močno začinjeno dušeno meso z rižem

ricer [ráisə] *n A* stiskalnica za krompir
rice-field [ráisfi:ld] *n* riževo polje, rižišče
rice-milk [ráismilk] *n* mlečen riž
rice-mill [ráismil] *n* rižarna, luščilnica riža
rice-paper [ráispeipə] *n* fin, tanek papir
rice-pudding [ráispudiŋ] *n* rižev narastek
rice-swamp [ráisswɔmp] *n* rižišče
rich [rič] **1.** *a* bogat, premožen, imovit; obilen, izdaten; rodoviten, plodovit, ploden; dragocen, sijajen, bogato okrašen, krasen, razkošen; hranljiv, redilen, masten, zabeljen (o jedi); močan (o pijači); poln (o glasu); živ (o barvi); jasen, topel, sočen (izraz); *coll* zabaven, šaljiv; izreden, izvrsten; *sl* absurden, nesmiseln; ~ **in cattle** bogat z govedom, z živino; **a** ~ **allusion** namig, ki mnogo pove; **a** ~ **harvest** obilna, bogata žetev; **a** ~ **idea** sijajna misel; **a** ~ **feast** razkošna pojedina; ~ **milk** polnomastno mleko; ~ **oil** težko olje; ~ **rhyme** bogata rima; **an ore** ~ **in gold** z zlatom bogata ruda; **as** ~ **as a Jew** zelo bogat; **to be** ~ **in** biti bogat z, obilovati z; **to become** ~ obogateti; **to make** ~ obogatiti; **that's** ~! ta je dobra, imenitna!; **2.** *n* **the** ~ bogatini, bogataši; **3.** *adv* (redko) bogato; ~-**clad** bogato, razkošno oblečen
richen [ríčən] *vi & vt* (redko) obogateti; obogatiti
riches [ríčiz] *n pl* bogastvo; obilje
richly [ríčli] *adv* bogato, v bogati meri; obilno; ~ **deserved** popolnoma zaslužen; **he** ~ **deserves it** on to popolnoma zasluži
richness [ríčnis] *n* bogastvo (*in, of* z), bogatija, izobilje, obilje; sijaj, razkošje; rodovitnost, plodnost; redilnost, sočnost; nasičenost
rick I [rik] **1.** *n* kopa, kopica (sena, žita, slame); **hay-**~ kopa sena; **2.** *vt* spraviti ali zložiti v kope, v kopice
rick II [rik] **1.** *n* izpahnitev, pretegnitev, izvin; **2.** *vt* pretegniti (si), izviniti si (zapestje, nogo itd.)
ricketiness [ríkitinis] *n* rahitičnost; oslabelost, hiravost
rickets [ríkits] *n med* rahitis, angleška bolezen
rickety [ríkiti] *a* (**ricketily** *adv*) rahitičen, pohabljen; slab, nemočen, šibek; majav, razmajan; **a** ~ **chair (car)** razmajan stol (avto)
ricksha(w) [ríkšə, ríkšɔ:] *n* rikša, lahka dvokolnica v vzhodni južni Aziji, ki jo vozi kuli
ricochet [ríkəšət] **1.** *n mil* odboj, odskok (izstrelka) pod stalnim kotom od površine, na katero udari; ~ **free kick** *sp* indirektni prosti strel; ~ **shot (fire)** odbojni strel (ogenj); **2.** *vi & vt* odskočiti (o kamnu, krogli), odbiti (se), odbijati (se)
rid* I [rid] *vt* osvoboditi, oprostiti, rešiti (*of* česa); očistiti, otrebiti (*of* od); *arch* ukiniti, odstraniti, osvoboditi se; (redko) komu pomagati (*from, out of* iz); ~ **me of that man** rešite me tega človeka; **to** ~ **oneself of a debt** osvoboditi (znebiti, rešiti) se dolga; **to** ~ **a tree of caterpillars** očistiti drevo gosenic; **to get, to be** ~ **of** znebiti se, otresti se koga ali česa; **we are** ~ **of him at last** končno smo se ga otresli (znebili, rešili)
rid II [rid] *obs pt & pp* od **to ride**
ridable [ráidəbl] *a* (o konju) ki se more jahati, na katerem se da jezditi; jahalen, primeren za ježo (npr. cesta)

riddance [rídəns] *n* znebitev, osvoboditev, rešitev (*from* pred čem); odstranitev; **(a) good ~!** hvala bogu, prava sreča, da sem se ga rešil!

ridden [ridn] *pp* od **to ride; ~ by remorse** mučen od očitkov (grizenja) vesti; **a superstition-~ country** dežela, v kateri vlada praznoverje

riddle I [ridl] **1.** *n* uganka; skrivnost; zagonetna, skrivnostna oseba ali stvar; **to propose a ~** staviti uganko; **to read (to solve) a ~** rešiti uganko; **2.** *vi* govoriti ali izražati se v ugankah; nejasno se izražati; *vt* uganiti, razrešiti uganko; **~ me this** razrešite mi to uganko!

riddle II [ridl] **1.** *n* rešeto, grobo sito (za žito itd.); *tech* naprava za izravnavanje žice; **2.** *vt* (pre)-rešetati, dati na (skozi) rešeto, presejati; natančno pregledati; preluknjati (*with* s, z); *fig* prerešetati (z vprašanji itd.), zasuti z vprašanji, z dokazi; pobiti z dejstvi; **~d with bullets** prerešetan od krogel; **to ~ an argument** popolnoma pobiti dokaz(ovanje)

riddling [rídliŋ] *a* (**~ly** *adv*) ki govori ali se izraža v ugankah, ki vsebuje uganke; zagoneten, nejasen, težko rešljiv

ride* I [ráid] *n* jahanje, ježa; vožnja na biciklu, na javnih prometnih sredstvih (avto itd.); jezdna, jahalna pot; *mil* skupina jezdecev rekrutov; **it is a penny ~ to X.** vožnja do X. stane en peni; **she was just back from a ~ on her bicycle** ravno se je vrnila s sprehoda na kolesu; **to go for a ~** iti na jezdenje (jahanje); **to take a ~** (od)peljati se z avtom; **to take s.o. for a ~** peljati koga z avtom, vzeti ga na vožnjo z avtom; *A sl* (od)peljati koga z avtom z namero, da ga ubijemo; speljati na led koga, potegniti koga

ride* II [ráid] **1.** *vi* jahati, jezditi; okobal sedeti; biti primeren za ježo; voziti se, peljati se; (o ladji) plavati na, gibati se, usidrati se, biti zasidran; drveti, hitro voziti; plavati (*on* nad); ležati, mirovati, počivati (*on* na); obračati se (*on* na); tehtati v jahalni obleki; *A sl* pustiti (stvari) teči; **he ~s well** on dobro jaha, je dober jezdec; **to ~ on s.o.'s knees** jahati komu na kolenih; **he ~s just under 11 stone** v jahalni obleki (na konju) tehta malo manj kot 70 kg; **do you mind riding with your back to the engine?** vam je vseeno, če se peljete s hrbtom obrnjeni proti lokomotivi?; **to ~ at an anchor** biti zasidran; **to ~ for a fall** vratolomno jezditi (jahati), *fig* nesmotrno delati (ravnati, postopati), drveti v pogubo, biti pred padcem (o vladi itd.); **to ~ to hounds** goniti (divjad) s psi, iti na lov (na lisico), loviti; **some boys ~ to school** nekaj dečkov se vozi (s kolesom) v šolo; **turf ~s soft** rušnat (travnat) teren nudi prijetno jahanje; **distress was riding among the people** revščina je vladala med ljudmi; **let it ~!** *A sl* pusti(te), naj stvar gre, kot hoče!; **to ~ and tie** izmenoma jahati in pešačiti (ob konju), *fig* menjavati se pri delu; **2.** *vt* jahati (**a horse** konja), jezditi, okobal sesti na; pustiti (koga) jahati; sedeti na; voziti (bicikel); prejezditi (deželo); dohiteti, prehiteti; (često pasivno) obvladati, tlačiti, mučiti, tiranizirati; (o živalih) naskočiti; *A* prevoziti z avtom, prejahati (razdaljo, zemljišče itd.); **to ~ an unbroken horse**

jahati neukročenega konja; **to ~ a bicycl** voziti kolo, peljati se na kolesu; **to ~ a chil** **on one's knees** ujcati otroka na kolenih; **fathe ~s his child on his back** otrok jaha na očetoven hrbtu; **to ~ one's horse at an obstacle** pognat konja čez zapreko; **to ~ the high horse** *fi* oblastno, gospodovalno se vesti, prevzetovati **to ~ a hobby** *fig* (za)jahati svojega konjička **to ~ a joke to death** ponavljati šalo (dovtip tako dolgo, da izgubi vrednost (postane dolgo časna); **the nomads rode the desert** nomadi s prejezdili puščavo; **they rode him on thei shoulders** nesli so ga na ramenih; **to ~ a rac** udeležiti se konjske dirke; **to ~ shank's mar** *sl* pešačiti; **to ~ the waves** jahati ali plavat na valovih;

ride at *vi* pri jahanju obrniti konja proti, na...

ride down *vt* jahati konja do onemoglosti; do hiteti in prehiteti koga; povoziti;

ride for *vi* stremeti za, nasproti hiteti;

ride off *vt & vi sp polo* odriniti nasprotnika o žoge; proč jahati, odjahati; **to ~ on a sid** **issue** *fig* namerno se odmakniti od bistven točke;

ride out *vt*; **~ a storm** *naut* srečno prestat nevihto, *fig* obvladati, prebroditi (težavo)

ride over *vt* povoziti; tiranizirati; **to ride roughsho over** *vt & vi* ravnati (delati kaj) brezobzirn do drugih

ride up *vi* zdrsniti kvišku, navzgor (o ovratniku

rider [ráidə] *n* jezdec, jahač, -ica; umetnik v ja hanju; kolesar, motociklist; *tech* premični de stroja, jahač; *jur parl* dodatek, dodatna klavzu la; privesek; stranska, omejevalna odredba določba; *com* podaljšanje menice; *math* mate matična naloga za preskus (pregled) študento vega znanja; *pl* notranja podpora (rebra) (ladij skega) trupa; kamen, ki spodrine drug kamer

riderless [ráidəlis] *a* ki je brez jezdeca; *jur* ki j brez dodatne klavzule

ridge [ridž] **1.** *n* gorski greben, hrbet, sleme, venec sedlo; veriga gričev; strešno sleme; hrbtenica *agr* rob, meja, okrajek; razvodje; *phon* **teeth ~** dlesna; **2.** *vt & vi* brazdati (se); nagibati (se) tvoriti valovne grebene (o morju); **~d roo** sedlasta streha

ridge-piece [rídžpi:s] *n* gred ali tram strešneg slemena

ridgepole [rídžpoul] *n* drog za sleme (pri šotoru

ridge-tree [rídžtri:] *n* glej **ridge-piece**

ridgeway [rídžwei] *n* cesta, ki vodi vzdolž greben po grebenu

ridgy [rídži] *a* grebenast, ki ima izbočen hrbet izbrazdan, rebrast

ridicule [rídikju:l] **1.** *n* smešenje, posmeh, zasme hovanje, roganje, norčevanje; absurdnost; smeš nost; smešna stvar ali oseba; **in ~ of** v posmeh **to hold up to ~** osmešiti koga, karikirati koga **to turn into ~, to treat with ~** rogati se, (o)sme šiti, posmehovati se; **2.** *vt* napraviti smešno izpostaviti koga (za)smehu; zasmehovati; po smehovati se, rogati se, norčevati se iz

ridiculer [rídikju:lə] *n* posmehovalec, posmehlji vec, zasmehovalec

ridiculosity [ridikjulósiti] *n* smešnost

ridiculous [ridíkjuləs] *a* smešen, absurden, nesmiseln; **to make oneself** ~ osmešiti se, blamirati se

ridiculousness [ridíkjuləsnis] *n* smešnost

riding I [ráidiŋ] 1. *n* jahanje; jahalna, jezdna pot (zlasti skozi gozd); 2. *a* jahalen; jezden; potovalen; težeč; ~ **whip** jahalni bič

riding II [ráidiŋ] *n* okrožje v grofiji Yorkshire

riding-breeches [ráidiŋbričiz] *n pl* jahalne hlače

riding-habit [ráidiŋhæbit] *n* ženska jahalna obleka

riding-hood [ráidiŋhud] *n* jahalni plašč; **Little Red Riding Hood** Rdeča kapica

riding-light [ráidiŋlait] *n* luč zasidrane ladje

ridotto [ridótou] *n* reduta, ples (v maskah)

rife [ráif] *pred a* zelo razširjen, pogosten, zelo poznan; splošen; številen; prevladujoč; poln, napolnjen (*with* z); **to be** ~ biti razširjen, vladati, prevladovati, razsajati (o kugi); **to grow (to wax)** ~ razširiti se, razpasti se, razmahniti se

rifeness [ráifnis] *n* pogostnost, razširjenost

riff [rif] *n coll* refren, stalno ponavljan motiv

riffle [rifl] 1. *n* valovita brazda; *A* (o reki) skalnato korito; brzica; plitvina (v reki); dno žleba, obloženo s kamnitimi ali lesenimi ploščicami za lovljenje zlatih zrn (pri izpiranju zlata); gubanje, grbančenje na vodni površini; *A* majhen val, valček; 2. *vt* zmešati, premetati; izbrazdati, nagubati, nagrbančiti, kodrati; *vi* delati brzico

riffler [riflə] *n tech* drzalica, rašpa

riff-raff [rífræf] 1. *n* izvržek, izmeček; sodrga, drhal, izmeček človeške družbe, lopov; 2. *a* manjvreden

rifle [ráifl] 1. *n* spiralast žleb, ris v puškini cevi; risana puška, risanica; (risana) lovska karabinka; *pl mil* strelci, s puško oboroženi pešaki; ~ **association** strelsko društvo; ~ **corps** (prostovoljni) strelski korpus; ~ **match** strelsko tekmovanje; ~ **practice** strelska vaja; 2. *vt* žlebiti, risati (puško); opleniti, ukrasti; oropati, izropati; s puško streljati na; *vi* streljati (iz puške)

rifle-grenade [ráiflgrineid] *n mil* puškina granata; metalec granat, tromblon

rifleman, *pl* **-men** [ráiflmən] *n* s puško oborožen pešak, strelec; dober strelec, ostrostrelec

rifle pit [ráiflpit] *n* strelski zaklon, jarek

rifler [ráiflə] *n* plenilec, ropar

rifle-range [ráiflreindž] *n* domet puške; strelišče

rifle salute [ráiflsəlju:t] *n* prezentiranje (pozdrav) s puško

rifle-shot [ráiflšɔt] *n* strel iz puške; streljaj, domet puške; mojstrski strelec (s puško); **a good** ~ dober strelec

rifling [ráifliŋ] *n mil* risanje puške; žlebovi zavojev, zavoji v puškini cevi

rift [rift] 1. *n* rahla poklina, napok, poč, razpoka, reža, špranja, odprtina; **a little** ~ **within the lute** *fig* malenkostna okolnost, ki je začetek nesreče; majhno zlo, ki je vzrok bodočega večjega zla; začetek konca; prvi znak prihajajočega poloma; 2. *vt & vi* razklati (se), razcepiti (se), póčiti, dobiti razpoke; ~ **saw** *tech* žaga (jermenica) za deske

rift-valley [ríftvæli] *n geol* dolina s strmimi pobočji, ki je nastala z usedom zemeljske skorje

rifty [rífti] *a* napokan, razpokan, poln razpok ali špranj

rig I [rig] 1. *n naut* ladijska oprema (jadra, vrvi, jambori itd.); *coll* oprema, obleka; okrasje; **disguised in the** ~ **of a gypsy** preoblečena v ciganko; 2. *vt & vi* opremiti, oskrbeti z opremo; *naut* opremiti ladjo; sestaviti, montirati (letalo); na hitro zgraditi, improvizirati; opremiti se, biti opremljen (o ladji); **he was** ~ **ged in his Sunday best** bil je oblečen v svojo praznično obleko;

rig out *vt* opremiti, oskrbeti koga (z obleko ali z drugo opremo);

rig up *vt & vi* opremiti (se), okrasiti (se), našemiti (se); postaviti, zgraditi, instalirati

rig II [rig] 1. *n* prevara, ukana, zvijača, trik, spletka; burka; objestno dejanje; **to run a** ~ prevarati, šale zbijati z, zagosti jo (komu); 2. *vt* s prevaro doseči, nepošteno posegati na, z nepoštenimi sredstvi vplivati na; upravljati ali voditi na varljiv, nepošten, goljufiv, sleparski način; **to** ~ **an election** nepošteno izvesti volitev; **to** ~ **up (down) the prices** zvišati, naviti (znižati) cene; **to** ~ **the market** *com* izzvati umeten dvig ali padec cen na tržišču, špekulacijsko vplivati na tržne cene ali tečaje; nepošteno voditi ali upravljati

rigescence [ridžésəns] *n* togost

rigescent [ridžésənt] *a bot* tog, postajajoč tog

rigger [rígə] *n naut* opremitelj ladje; *aero* monter; zaščitna ograja okoli nove gradnje

rigging [rígiŋ] *n* ladijska oprema (jadra, vrvi itd.)

riggish [rígiš] *a* razposajen; malopriden, zanikrn

rigging-loft [rígiŋlɔft] *n theat* vrvišče, prostor nad odrom, od koder upravljajo z vrvmi; *naut* skladišče za jadra in za vrvi

right I [ráit] *n* pravica, pravo, pravičnost; veljavna (upravičena) zahteva; izključna pravica (*to do, na*); desna stran; desnica; prava stran, sprednja stran; *pl* pravo (normalno, dejansko, resnično) stanje stvari, resnica; red; **by** ~, **of** ~ po zakonu, zakonito, pravzaprav; **by** ~ **of** zaradi; na temelju; **in** ~ **of (her husband)** v imenu (svojega soproga); s strani (svojega soproga); **on the** ~ na desni; **to the** ~ na desno; **by** ~(s) po pravici, z vso pravico; ~ **and wrong** prav in neprav, pravica in krivica; ~ **of disposal** pravica razpolaganja; ~ **of inheritance** dedno pravo (pravica); ~ **of notice** pravica odpovedi; ~ **of redemption (repurchase)** pravica, prodano zopet nazaj kupiti; ~ **of search** pravica do preiskave; ~ **of succession** nasledstvena pravica; ~**s and duties** pravice in dolžnosti; ~ **of way** prednost v cestnem prometu; pravica do prehoda (čez zasebni posest); **the R**~ *parl* desnica, konservativna stranka; **the** ~**s and wrongs of a case** pravilna (resnična, dejanska) in napačna dejstva (stanje) primera; **countess in her own** ~ grofica po lastnem (dednem) pravu (ne po možitvi); **mineral** ~ rudosledna pravica; **women's** ~**s** pravica žena, ženska enakopravnost; **all** ~**s reserved** vse pravice pridržane; **to be in the** ~ imeti prav, imeti pravico na svoji strani, biti upravičen; **to bring s.th. to** ~**s** spraviti nekaj v red, urediti; **it is my** ~ **to know** imam pravico, da vem; **he claimed the crown in** ~ **of his father** zahteval je krono kot dedič svojega očeta; **he has a little fortune in** ~ **of his wife** ima nekaj premoženja po ženini upravičenosti; **to do the** ~ pravo narediti; **to do s.o.** ~ ravnati s kom pravično (pravilno, korektno, dostojno); **to give s.o. his** ~ dati komu njegovo pravico; **to have a** ~ **(no rights)** imeti pravico (ne imeti pravic); **to keep to the** ~ držati se desne, iti (voziti) po desni strani; **to put (to set) to** ~s urediti, spraviti v red; **he sat on my** ~ sedel je na moji desni strani; **to stand on (to assert) one's** ~s ne odstopiti od svojih pravic, vztrajati pri svojih pravicah; **to turn to the** ~ kreniti, zaviti na desno; **I want to know the** ~s **of the affair** hočem vedeti dejansko (resnično) stanje zadeve

right II [ráit] *a* pravi, pravilen; desni; točen, korekten, avtentičen, resničen; pravičen, pošten; primeren, umesten; zakonit; zdrav; normalen; *math* pravi; *pol* ki pripada desnici, simpatizira s konservativno stranko; *arch* prem, raven (le v: ~ **line** premica, ravna črta); **at** ~ **angles** pod pravimi koti, pravokotno; **on the** ~ **hand side** na desni (strani); **on the** ~ **side of 50** še ne 50 let star; **on the** ~ **bank of the Sava** na desnem bregu Save; **in one's** ~ **mind** pri pravi (zdravi) pameti; **out of one's** ~ **mind, not** ~ **in one's head** ne čisto pri pravi (pameti); ~ **back** *sp* desni branilec; ~ **angle** pravi kot; ~ **arm,** ~ **hand** desna roka (tudi *fig*); **the** ~ **heir** zakoniti dedič; **the** ~ **man on the** ~ **place** pravi človek na pravem mestu; ~ **side** prava stran, lice (blaga); **a** ~ **turn** obrat na desno (za 90°); **the** ~ **way** prava pot, pravi način; **I feel all** ~ **again** počutim se zopet čisto dobro; ~ **oh!** *coll* v redu! prav! dobro! prav tako! točno! seveda! se strinjam!; ~ **you are!** tako je! prav imate!; **all** ~! (vse) v redu! prav! nimam nič proti!; **that's** ~! tako je! pravilno!; **are you all** ~ **up there?** ste dobro nameščeni tam gori?; **are we on the** ~ **way?** ali smo na pravi poti?; **see if the brakes are all** ~ poglej, če so zavore v redu; **to be** ~ imeti prav; **I was quite** ~ **in supposing...** čisto prav sem imel, ko sem domneval...; **is he quite** ~ **in his head (mind, senses)?** je on čisto pri pravi (pameti)?; **he is his father's** ~ **hand** on je očetova desna roka; **he is one of the** ~ **sort** *coll* on je dečko na mestu; **to be as** ~ **as rain (as ninepence, as a trivet, as nails)** dobro se počutiti, biti zdrav ko riba; biti v najlepšem redu; **all came** ~ vse se je izvršilo, kot je bilo treba; **have you got the** ~ **time?** imate točen čas? veste, koliko je točna ura?; **to get on the** ~ **side of s.o.** pridobiti si naklonjenost kake osebe; **to get it** ~ spraviti v red; pojasniti; **I'll do him to** ~s dal mu bom, kar mu gre; **to know the** ~ **people** poznati prave ljudi, imeti (dobre) zveze; **to put oneself** ~ **with s.o.** opravičiti se pri kom; **to put one's** ~ **hand to the work** krepko se lotiti dela; **to say the** ~ **thing** najti pravo besedo; **the solution is** ~ rešitev je pravilna; **I think it** ~ **that you should share the profits** smatram za pravilno (pravično), da ste deležni dobička

right III [ráit] *adv* prav, pravilno; premo, naravnost, direktno; desno; dobro, kot treba, zadovoljivo; popolnoma, čisto, zelo, temeljito; takoj; ~ **off,** ~ **away** *A* takoj, na mestu; ~ **after dinner** takoj po večerji; ~ **ahead,** ~ **on** ravno, premo, naravnost (naprej); ~ **in the middle** prav v sredi(ni); **(rotten)** ~ **through** (gnil) skoz in skoz (popolnoma); ~ **turn!** *mil* na desno!; ~ **eyes!** *mil* pogled na desno!; ~ **up** strmo navzgor (kvišku); ~ **well** zelo (dobro), celó; **R**~ **Honourable** *E* ekscelenca (plemiški naslov za plemiče nižje od markiza); **I am** ~ **glad** zelo sem vesel; **to come** ~ **in** *A* iti naravnost noter; **to get s.th.** ~ pravilno, popolnoma razumeti; **nothing goes** ~ **with me** vse mi gre narobe, nič mi ne uspe; **to guess** ~ prav(ilno) uganiti; **he hit** ~ **and left** udrihal je desno in levo, na vse strani; **to know** ~ **well** prav dobro vedeti; **if I remember** ~ če se prav spomnim; **to put (to set)** ~ spraviti v red, urediti; **it serves him** ~ prav mu je; **to turn** ~ obrniti se, zasukati se

right IV [ráit] *vt & vi* znova postaviti; vzravnati (se); popraviti (se); urediti (se); uravnati (se), spraviti (se) v ravnotežje; poravnati, popraviti (krivico, škodo); pomagati (komu) do njegove pravice, rehabilitirati (koga); *naut* priti v pravi položaj; **to** ~ **the helm** uravnati krmilo; **to** ~ **oneself** popraviti se; **this fault will** ~ **itself** ta napaka se bo sama popravila; **the ship** ~ **ed herself at last** ladja se je končno zopet vzravnala

right V [ráit] *interj* pravilno! tako je!; ~ **oh!** *coll* prav! v redu! prav tako! točno! seveda! se strinjam!

rightable [ráitəbl] *a* ki se da popraviti (urediti, spraviti v red)

right-about [ráitəbaut] 1. *n* obrat za 180°; narobna smer; ~ ! na desno okrog!; **a** ~ **turn** obrat za 180° na desno; **to put (to send) s.o. to the** ~ prisiliti koga k umiku, spoditi koga, *fig* poslati koga k vragu; 2. *adv* v desno okrog; ~ **face!** *mil* v desno okrog!; 3. *vt & vi* obrniti (se) okrog

right-and-left [ráitəndléft] 1. *a* ki pristoji na desni ali levi, ki se obrača na desno ali levo; 2. *adv* desno in levo; v obe smeri, v vse smeri

right angle [ráitæŋgəl] *n math* pravi kot

right-angled [ráitæŋgəld] *a* pravokoten; ki je pod pravim kotom; ~ **isosceles triangle** enakokrak pravokoten trikotnik

right bank [ráitbæŋk] *n* desni breg (reke)

right-down [ráitdaun] 1. *a* (~ **ly** *adv*) popoln, temeljit, pravi; **a** ~ **shame** prava sramota; 2. *adv* popolnoma, čisto, zelo

righten [ráitən] *vt arch, dial* uravnati; spraviti v red; izboljšati

righteous [ráitiəs, ráičəs] *a* pravičen; pošten, kreposten, korekten; upravičen; **a** ~ **cause** pravična stvar; ~ **indignation** upravičena jeza; **a** ~ **man** poštenjak; pravičnik

righteousness [ráitiəsnis] *n* pravičnost; poštenost; upravičenost

righter [ráitə] *n* borec za (neko) pravico

rightful [ráitful] *a* (~ **ly** *adv*) zakonit, legitimen; upravičen, pravi (dedič); pravičen; (redko) pošten, spodoben, primeren; **a** ~ **cause** pravična stvar; **a** ~ **claim** upravičena zahteva; **the** ~ **owner** zakoniti lastnik

rightfulness [ráitfulnis] *n* zakonitost, legitimnost, upravičenost; pravičnost; (redko) poštenost

right-hand [ráithænd] *a* desni; z desne; ~ **blow** udarec z desnico; ~ **glove** desna rokavica; ~ **man** *fig* desna roka, zaupna oseba; ~ **side** desno; desna stran

right-handed [ráithændid] **1.** *a* (~**ly** *adv*) desničen, desničarski; ki se obrača na desno, se premika v smer kazalca na uri; (o školjki) ki ima zavoje z desne na levo; zakrivljen, z(a)vit v desno; **2.** *adv* z desno roko; ~ **rotation** rotacija v desno, v smeri kazalca na uri; **to play tennis** ~ igrati tenis z desno roko

right-hander [ráithændə] *n* desničnik; udarec z desno roko

right-hearted [ráithá:tid] *a* dobrosrčen

rightist [ráitist] **1.** *n pol* desničar; konservativec; reakcionar; borec, -rka za žensko osamosvojitev; **2.** *a pol* desničarski; konservativen; reakcionaren

rightless [ráitlis] *a* brezpraven

right line [ráitlain] *n math* premica

rightly [ráitli] *adv* s pravom, po pravici, pravično, upravičeno; korektno, točno, pravilno, prav, kot treba; **to be** ~ **informed** biti točno (pravilno) informiran

right-minded [ráitmaindid] *a* ki ima pravilno mišljenje, pravilna načela; pošten

rightness [ráitnis] *n* poštenost; pravičnost; točnost, korektnost; odkritost, iskrenost

righto! [ráitóu] *interj coll* prav! dobro! v redu! se strinjam!

right of action [ráitəvǽkšən] *n* tožbena pravica

right-of-way [ráitəvwéi] *n jur* pravica svobodnega prehoda; *mot* prednost, pravica prehitevanja, prednost v cestnem prometu

right section [ráitsékšən] *n* vertikalen prerez

rightward [ráitwə:d] *a* na desno usmerjen

rightward(s) [ráitwə:d(z)] *adv* na desno

right wing [ráitwiŋ] *n mil, pol, sp* desno krilo

rigid [rídžid] *a* (~**ly** *adv*) tog, okorel, otrpel, trd, nepremičen, neupogljiv; strog, oster, nepopustljiv, neusmiljen; preveč natančen; ~ **economy** strogo varčevanje; ~ **principles** stroga načela; ~ **to oneself and indulgent to others** strog do sebe in popustljiv do drugih

rigidness [rídžidnis] *n* glej **rigidity**

rigidity [ridžíditi] *n* togost, otrplost, okorelost, neupogljivost; strogost, nepopustljivost, krutost, neusmiljenost; *tech* nepremičnost, stabilnost; **post mortem** ~, **cadaveric** ~ mrliška otrplost

rigmarole [rígməroul] **1.** *n* brbljanje, žlobudranje, nerazumljiva govorica; absurdno govorjenje, kolobocija, vrsta brezzveznih trditev ali izjav; **to tell a long** ~ govoriti neumnosti, kvasati, čenčati; **2.** *a* brezzvezen, nerazumljiv

rigor [rígo:, ráigə:] *n med* mrzlica, tresavica; otrplost

rigorism [rígərizəm] *n* pretirana, dlagocepska strogost v izpolnjevanju predpisov, togost; okorela načelnost, natančnost; *eccl* rigorizem

rigorist [rígərist] **1.** *a* pretirano strog; **2.** *n* stroga oseba; kdor preostro sodi ali se česa prestrogo drži; rigorist

rigorous [rígərəs] *a* (~**ly** *adv*) strog, oster, nepopustljiv, neizprosen, neusmiljen; pretirano natančen, eksakten; neprijazen, oster (zima, klima); rigorozen; ~ **accuracy** silna (mučna) natančnost; ~ **laws, measures** strogi zakoni, ukrepi

rigorousness [rígərəsnis] *n* strogost, ostrost, neizprosnost, nepopustljivost, pretirana natančnost, rigoroznost

rigour, rigor [rígə] *n* strogost, ostrost; ostrina, eksaktnost, rigorizem; okorelost, togost; pretirana natančnost; krutost, surovost, grobost; otrplost; *pl* strogi ukrepi, stroge mere; *jur* prisilni ukrepi; **the** ~ **s of the weather** vremenske neprilike, ujme; **to execute a law with** ~ izvajati zakon z vso strogostjo

rig-out [rígaut] *n sl* oprema

rig-up [rígʌp] *n* opremljanje; instaliranje, montiranje; naprava, instalacija; *econ* navijanje cen

rile [ráil] **1.** *vt coll* razjeziti, vznejevoljiti, spraviti v slabo voljo; *A coll* (s)kaliti (vodo, tekočino); **it** ~ **s me** jezi (grize) me; **to be** ~ **d at** biti razkačen, razjarjen nad; **2.** *n sl* jeza, nevolja

riley [ráili] *a A* razdražen, nevoljen; (o vodi) kalen, blaten

rill [ril] **1.** *n* potoček; **2.** *vi* curljati, po malem teči

rillet [rílet] *n* potoček, vodica

rillett(e) [rilét] *n* ragú meso; mesne konserve

rilly [ríli] *a* poln potočkov

rim I [rim] **1.** *n* rob; obroč, platišče (kolesa); okvir (sita, očal); krajevci, obod (klobuka); *naut* površina vode; **golden** ~ *poet* krona; **2.** *vt* obrobiti, uokviriti, dati v okvir; namestiti obroč ali platišče; **red-rimmed eyes** objokane oči

rim II [rim] *n arch, anat* potrebušnica, trebušna mreža

rime I [ráim] *n & vt* glej **rhyme**

rime II [ráim] **1.** *n poet* ivje, slana, srež; ~ **frost** ivje, slana; **2.** *vt* pokriti s slano, z ivjem

rime III [ráim] *n* (lestvični) klin

rimmed [rimd] *a* obrobljen; uokvirjen; **red-** ~ **eyes** objokane oči

rimless [rímlis] *a* (ki je) brez okvira; ~ **spectacles** očala brez okvira

rim lock [rímlɔk] *n tech* pokrita ključavnica

rimose, rimous [ráimous, -məs] *a bot, zool* razpokan, razklan, brazdast

rimosity [raimɔ́siti] *n* razpokanost, razklanost, razbrazdanost

rimple [rimpl] **1.** *n* guba; grbančenje; kodranje; majhen val; **2.** *vt* gubati, grbančiti, kodrati; *vi* kodrati se

rimy I [ráimi] *a* pokrit s slano, z ivjem; poln slane, ivja

rimy II [ráimi] *a* rimajoč se; ki se tiče rime

rind [ráind] **1.** *n* skorja; lupina, luščina; koža (slanine); *fig* zunanji videz, površina; **to take the** ~ **off** odstraniti skorjo (lupino) od; **2.** *vt* odstraniti skorjo, olupiti, oluščiti; **coarse-** ~ **ed** (ki je) hrapave skorje; **smooth-** ~ **ed** gladke skorje

rinder pest [ríndəpest] *n* živinska kuga

ring I [riŋ] *n* prstan, obroč; kolut, kolobar; ušesce, uho; letnica (krog) starosti pri drevesu;

kovani rob novca; (o osebah) krog, *A* klika, (zločinska) tolpa, špekulanti; kartel, zveza, sindikat; cirkuška arena, maneža, borišče, torišče; boksarski ring, boksanje, boksarji; krožna železnica; dirkališče; organizacija stav na rezultate športnih tekem (npr. konjskih dirk); ∼ **of smoke** obroček iz dima; **diamond** ∼ prstan z diamantom; **ear-** ∼ uhan; **wedding** ∼ poročni prstan; **to be in the** ∼ **for the governorship** kandidirati za guvernerja; **to dance in a** ∼ plesati v krogu, plesati kólo; **to have (livid)** ∼ **s round one's eyes** imeti (temne) kroge okrog oči; **to make** ∼ **s, to run** ∼ **s round s.o.** koga zelo nadkriljevati, prekašati, *fig* posekati koga; **he would make** ∼ **s round you** on bi te v mali žep vtaknil, ti nisi nič proti njemu; **to sit in a** ∼ sedeti v krogu

ring II [riŋ] *vt* obkrožiti, obkoliti; zgnati (živino) v krog, v obroč; namestiti prstan; namestiti (živali) obroček (skozi nos); razrezati na kolute (čebulo itd.); olupiti skorjo drevesa v obliki obroča; *sp* vreči obroč na; **to** ∼ **in** obkoliti; *vi* (o pticah) spiralno se dvigati; premikati ali gibati se v krogu; delati ali opisovati krog(e), krožiti (v teku ali poletu); **to** ∼ **the cattle** obkrožiti in odgnati živino

ring III [riŋ] *n* zvonjenje, zvenenje; zvok, zven; žvenket(anje), rožljanje; telefonski klic; znak z zvoncem; **three** ∼ **s for the porter** trikrat pozvoniti za vratarja; **there's a** ∼ **at the door** (nekdo) zvoni pri vratih; **there is the** ∼ **of truth in his voice** v njegovem glasu zveni resnica; **to give s.o. a** ∼ telefonirati komu; **give me a** ∼ ! pokličite me po telefonu! telefonirajte mi!

ring* IV [riŋ] *vi* & *vt* (o zvonovih) zvoniti, zazvoniti; pozvoniti; (o kovancih) zveneti, zvenkljati, žvenketati; (za)doneti, odmevati, razlegati se; biti napolnjen, poln (*with* česa); razglasiti, (ob)javiti (z zvonom), pozivati; iskati (*for s.o.* koga); **to** ∼ **again** doneti, razlegati se, odmevati, zveneti; **to** ∼ **the bell** pozvoniti; **to** ∼ **a bell** *sl* spomniti na (kaj), poklicati v spomin; **the bell** ∼ **s (is** ∼ **ing)** (zvonec) zvoni; **to** ∼ **a burial** zvoniti pri pogrebu; **to** ∼ **changes (on)** pritrkavati, zvoniti (mrliču), *fig* naznanjati konec (padec); **to** ∼ **the changes (on)** prerešetavati, premlevati (isto stvar), izčrpati; **the city** ∼ **s with his fame** mesto je polno njegove slave; **to** ∼ **false (hollow)** lažnivo, neiskreno zveneti; **my ears** ∼ v ušesih mi zveni; **to** ∼ **the knell of s.th.** z navčkom čemu zvoniti, *fig* pokopati kaj; **the cheers made the rafters** ∼ od vzklikov je odmevalo od tramov v ostrešju; **he gave a** ∼ **ing laugh** zasmejal se je, da je vse zadonelo; **to** ∼ **for the maid** pozvoniti služkinji; **to** ∼ **a peal** udariti na zvon; **to** ∼ **true** imeti dober zven (o kovancu); pošteno, iskreno zveneti;

ring down *vt*; **to** ∼ **the curtain** *theat* dati znak z zvoncem za spustitev zastora; spustiti zastor; *coll* napraviti konec (*on* z);

ring in *vt* slaviti prihod; vpeljati, uvesti z zvonjenjem; *coll A* vtihotapiti; **to** ∼ **the new year** z zvonjenjem pričakati novo leto;

ring off *vt* odložiti telefonsko slušalko, končati telefonski pogovor; odjekniti, odmevati; **ring off!** nehaj govoriti!;

ring out *vt*; **to** ∼ **the old year** z zvonjenjem se posloviti od starega leta; *vi* zadoneti, (za)zveneti, postati slišen;

ring up *vt* poklicati po telefonu, telefonirati; **ring me up!** telefoniraj mi!; **to** ∼ **the curtain** dati znak z zvoncem za dvig zastora; začeti predstavo

ring-bark [ríŋba:k] *vt* vrezati kolut (prstan) v (drevesno) skorjo, da bi se drevo posušilo ali se preprečila njegova rast

Ring defence, *A* **-nse** [ríŋdeféns] *n mil* protiletalski zaporni pas

ringdove [ríŋdʌv] *n* golob grivar

ringed [riŋd] *a* ki ima, nosi (poročni) prstan; *fig* poročèn; obkoljen

ringent [ríndžənt] *a bot*, *zool* ki je široko odprt, zijajoč

ringer I [ríŋə] *n* oseba, ki zvoni, zvonar; naprava za zvonjenje; *A* glasno, burno odobravanje; *sl* oseba ali stvar, ki je zelo podobna drugi; *sl* športnik ali konj, ki je prišel v tekmovanje pod lažnim, nepravim imenom, z lažno pretvezo; v družbo vtihotapljena oseba

ringer II [ríŋə] *n* obroč(ek), ki se meče in mora pasti na klin; lisica, ki teka v krogu, ko jo lovijo; *min* železen vzvod

ring fence [ríŋfens] *n* ograda, obor

ring-finger [ríŋfiŋgə] *n* prstanec (prst)

ring-hunt [ríŋhʌnt] *n* lov, v katerem zveri z ognjenim obročem naženejo proti središču

ringing I [ríŋiŋ] **1.** *n* zvonjenje; **2.** *a* zvoneč, zveneč, doneč, odmevajoč

ringing II [ríŋiŋ] *n* oprema z obročem; ograditev; obročast okras(ek)

ringlead [ríŋli:d] *vt* (redko) voditi (tolpo), biti kolovodja

ringleader [ríŋli:də] *n* kolovodja

ringless [ríŋlis] *a* (ki je) brez prstana

ringlet [ríŋlit] *n* prstanček, obroček, kolutec, kolobarček, krožec; vitica; svedrc las, (dolg) koder (las), kodrček

ringleted [ríŋlitid] *a* kodrast, kodrav

ringman *pl* **-men** [ríŋmən] *n* posredovalec pri stavah (na dirkah itd.)

ring-master [ríŋma:stə] *n* cirkuški direktor, vodja cirkuških predstav

ring-neck [ríŋnek] *n zool* raca z barvastim kolutom okrog vratu

ring-net [ríŋnet] *n* mreža za metulje

ring-ouzel [ríŋu:zl] *n* ogrličast drozg (ptič)

ring-shaped [ríŋšeipt] *a* obročast

ring-snake [ríŋsneik] *n zool* belouška

ringster [ríŋstə] *n* (zlasti *pol*) *A coll* član kake tolpe, klike

ringworm [ríŋwə:m] *n med*, *vet* kraste, lišaj

rink [riŋk] **1.** *n* (= skating ∼) drsališče; kotalkališče; **2.** *vi* drsati se; kotalkati se

rinker [ríŋkə] *n* drsalec, -lka; kotalkar, -ica

rinse [rins] **1.** *n* splaknjenje, izpiranje; (večinoma *pl*) pomije; (pre)ostanek (tudi *fig*); **2.** *vt* splakniti, izpirati (usta, posodo), izprati (perilo); **give it a good** ∼ dobro to splaknite!; **to** ∼ **down one's food** zaliti jedačo s pijačo; **to** ∼ **(out) one's mouth** splakniti si usta

riot I [ráiət] *n* nemir, rabuka, nered, kaljenje miru, hrup, hrušč, kraval, razgrajanje; izgred, punt;

razvratno življenje, razuzdanost, nezmernost, pijančevanje, bučna zabava, uživanje, orgija; *fig* izbruh; zmešnjava, zmeda, dirindaj; *sl* hrupen uspeh; ~ **of colours** (pisana) množica barv; ~ **of emotion** čustven izbruh; ~ **of sounds** zmešnjava glasov; ~ **squad** policijska četa v pripravljenosti; **to quell a** ~ zatreti upor; **to run** ~ izbesneti se; razuzdano živeti, preda(ja)ti se razuzdanosti; (o rastlinah) podivjati, bujno rasti ali se širiti; *hunt* iti po napačni sledi

riot II [ráiət] *vi & vt* izbesneti se, izrohneti se; besneti, bučati, rohneti; udeležiti se izgredov (punta), rabuk; povzročiti, napraviti izgred, delati kraval, razgrajati, delati hrup; predajati se razuzdanosti ali ekscesom (orgijam); uživati, zabavati se, veseljačiti, razbrzdano se vdajati (*in* čemu); **to** ~ **in pleasure** veselo, veseljaško živeti; **to** ~ **away in pleasure** uživaško živeti; **to** ~ **away one's days** izživljati se; **to** ~ **out** zapravljati, trošiti, razsipavati, zapraviti, pognati; **to** ~ **one's life** izživeti se

Riot Act [ráiətækt] *n jur* zakon proti kaljenju javnega miru (1715); **to read the** ~ čitati izgrednikom (demonstrantom) ta zakon s pozivom za miren razhod in s pretnjo posledic

rioter [ráiətə] *n* razgrajač, ponočnjak, razuzdanec, pijanec, razvratnež; izgrednik, vstajnik, puntar

riot gun [ráiətgʌn] *n mil* puška na šibre, šibrovka

riotous [ráiətəs] *a* (~ly *adv*) uporen, puntarski; bučen, razgrajaški, besen; razvraten, razuzdan, nebrzdan; ~ **assembly** puntarsko zbiranje; **to lead a** ~ **life** živeti veseljaško, uživaško

riotousness [ráiətəsnis] *n* hrupnost, bučnost, nered; puntarstvo, upornost, nebrzdanost

riotry [ráiətri] *n* razgrajanje, nemir, hrup, kraval; punt, upor; tolpa puntarjev

rip I [rip] *n* (dolg) razporek, raztrg; **like** ~ s močnó, krepko, silovito; ~ **of laughter** krohot(anje), gromozanski smeh

rip II [rip] *vt & vi* (raz)parati (se), (raz)trgati (se); odkriti (se), razkriti (se), odpreti (se); *coll* teči z vso hitrostjo, drveti; **to** ~ **open** razparati, raztrgati; zopet odpreti (staro rano), pogrevati (staro stvar); **to** ~ **s.th. to pieces** raztrgati kaj na kose; **let her** ~ (o čolnu, stroju itd.) pustite ga, da gre; ne ustavljajte ga!; **they let the car** ~ pustili so, da je avto drvel z vso brzino; **to let the engines** ~ pustiti stroje teči; **to let things** ~ izgubiti nadzorstvo (oblast) nad stvarmi, prepustiti stvari usodi

rip out *vt* odtrgati, iztrgati; odparati (*the lining* podlogo pri obleki)

rip off *vt* iztrgati, odtrgati; **to** ~ **the skin of a beast** odreti žival

rip out *vi*; **to** ~ **with an oath** izustiti, izbruhniti kletvico

rip up *vt* odpreti, obnoviti (preteklost, prepir, žalost itd.); **to** ~ **forgotten scandals** obuditi pozabljene škandale

rip III [rip] *n* ničvrednež, malopridnež, razuzdanec, lump; stara krama, šara; kljuse, mrha

rip IV [rip] *n* valujoč, razburkan pas vode, kjer se združujeta dva toka

riparial [raipéəriəl] *a* glej **riparious**

riparian [raipéəriən] **1.** *a* obrežen; **2.** *n* (= ~ **owner, proprietor**) lastnik zemljišča na rečnem bregu, obrežni posestnik

riparious [raipéəriəs] *a bot, zool* živeč na bregu, obrežen

ripcord [rípkɔ:d] *n aero* vrvica za odpiranje padala, za izpustitev balona

ripe I [ráip] *a* zrel, dozorel; zras(t)el, dorasel, popolnoma razvit; popoln, dovršèn: *med* zrel za operacijo; pripravljen, gotov; prav narejen, kot narejen (*for* za); *sl* pijan, nadelan; **at a** ~ **age**, **in one's** ~ **years** v zreli starosti; **of** ~ **age** zrele starosti; ~ **beauty** zrela lepota, lepota zrele ženske; **a** ~ **cataract** *med* za operacijo zrela siva očesna mrena; ~ **lips** rdeče, bujne ustnice (kot zrelo sadje); ~ **timber** suh gradben les; ~ **wine** staro vino; **he is** ~ **to hear the truth** čas je (zdaj), da mu povemo resnico

ripe II [ráip] *vi poet* (do)zoréti, postati zrel; *vt* napraviti zrelo, zoríti, privesti do zorenja (dozoritve), do zrelosti

ripe III [ráip] *vt dial, Sc* preiskati (tudi izropati) (žepe, hišo); *vi* iskati, riti

ripely [ráipli] *adv* zrelo; kot treba; temeljito

ripen [ráipən] *vi* (do)zoreti, postati zrel; razviti se (*into* v); *vt* (do)zoriti, napraviti zrelo, pustiti zoreti; dovesti do zorenja, do dozoritve, do zrelosti

ripeness [ráipnis] *n* zrelost, dozorelost; **physical and mental** ~ telesna in duševna zrelost

ripost(e) [ripóust] **1.** *n* hiter izpad (s sabljo), protiudarec, protisunek (pri mečevanju); hiter, odrezav odgovor; **2.** *vi* izvesti protiudarec, protinapad (pri mečevanju); parirati; hitro vrniti; *fig* takoj ali odrezavo (komu) odgovoriti

ripper [rípə] *n* razparač; nož za paranje; *tech* stroj za paranje; mizarska pila, ročna pila; *sl* razkošen primerek; čeden mladenič, fant od fare; sijajna stvar ali oseba

ripping [rípiŋ] **1.** *a* parajoč; *sl* izvrsten, odličen, sijajen, izreden, presenetljiv, kolosalen; **2.** *adv sl* silno, zelo; izvrstno, sijajno, kolosalno; veselo; ~ **good** sijajen; **to have a** ~ **good time** kolosalno se zabavati

ripple I [rípl] **1.** *n* lahno valovanje, kodranje, grbančenje (vodne površine); val(ovanje); kodravost (las); žuborenje; Λ majhna brzica; **a** ~ **of laughter** *fig* tih, komaj slišen smeh; **2.** *vt* rahlo valoviti, kodrati, vzburkati (vodno površino); *vi* kodrati se, delati majhne valove, rahlo valovati (o žitu); žuboreti, šumeti; *fig* (o vodi) teči delajoč drobne valove, žuboreti; *coll* ščebetati, mrmrati

ripple II [rípl] **1.** *n tech* greben, mikalnik, gradaše, drzalo (za lan, volno); **2.** *vt* grebenati, česati, smukati, mikati (lan, volno)

ripple-mark [ríplma:k] *n* vzvalovanost, nagrbančenost peska od drobnih valov; nagrbančena, vzvalovana površina peska

rippler [ríplə] *n tech* smukalec, česalec, mikalec (lanu)

ripplet [ríplit] *n* majhen val, valček

rippling [rípliŋ] *a* kodrajoč (se) (o vodni površini)

ripply [rípli] *a* valovit, kodrast, nakodran; *fig* žuboreč, šumeč

riprap [rípræp] *n* kamnit podstavek

rip-saw [rípsə:] *n tech* žaga cepilka (za deske)
ripsnorter [rípsnə:tə] *n sl* divje pustolovska zgodba
rise I [ráiz] **1.** *n* dvig, dviganje, vzpon, vzpenjanje; (o zvezdi, Soncu) vzhajanje, vzhod; *theat* dvig(anje) zastora; *rel* vstajenje (od mrtvih); prijem (ribe za vabo); nastop, pojavitev; porast, naraščanje (vode); vzpetina, grič, višina; višina (*of a tower* stolpa); višina (stopnice, stopnišča); povečanje, prirastek (*in population* v prebivalstvu); *mus* zvišanje (glasu); dvig, porast, skok (*of prices* cen); hausse; dodatek, povišanje (plače); izboljšanje življenja; napredovanje; povod, vzrok, začetek, izvor, vir; *sl* škodoželjna šala (poniževalna za premaganca); **on the ~** v porastu; **the ~ and fall of nations** vzpon in padec narodov; **~ of a river** naraščanje reke; **~ of the step** višina stopnice; **gentle ~** blaga, položna vzpetina; **to ask for a ~ of salary** prositi, zahtevati povišanje plače; **to buy for a ~ econ** špekulirati na hausse; **to be on the ~** naraščati; **to get a ~** dobiti višjo plačo; **to get (to take) a ~ out of s.o.** razdražiti, razjariti, razkačiti, razburiti koga; **to give ~ to** povzročiti, dati povod čemu, privesti do česa, roditi kaj; **to have (to take) one's ~ (in, from)** izvirati v, imeti svoj izvor v, prihajati iz
rise* II [ráiz] *vi* vsta(ja)ti; vzhajati, vziti; dvigniti se; dvigati se, vzpenjati se; (na)rasti; upreti se, spuntati se, nasprotovati (*against, on* čemu); (o ceni) rasti, skakati; (o glasu) rasti, postati močnejši, povečati se; (o laseh) ježiti se; (o ribi) priplavati iz globine, da bi ugriznila v vabo; *theat* dvigniti se (zastor); (o zgradbah) dvigati se, moleti, štrleti v višino; postati viden, pokazati se, pojaviti se, nastopiti, nastati; porajati se; izvirati; *parl* odložiti se, odgoditi se, zaključiti se (o seji, zasedanju); **a rising barrister** mnogo obetajoč odvetnik; **rising ground** vzpetina, strmina; **the rising sun** vzhajajoče sonce; **to ~ above mediocrity** dvigniti se nad poprečje; **to ~ in arms** upreti se z orožjem, zgrabiti za orožje, dvigniti se; **to ~ early** zgodaj vsta(ja)ti; **to ~ from one's bed** vstati iz postelje; **to ~ from the dead** *rel* vstati od mrtvih; **to ~ on the hind legs** (o konju) vzpenjati se na zadnje noge; **to ~ to a higher rank** napredovati (v službi); **to ~ with the lark** zgodaj vsta(ja)ti; **to ~ to the occasion (to a difficulty)** biti kos, biti dorasel položaju (težavi); **to ~ in rebellion** upreti se, pobuniti se, spuntati se; **to ~ to a high pitch** visoko se povzpeti; **to ~ to the requirements** biti kos (dorasel) zahtevam; **to ~ in the world** družbeno napredovati, napraviti kariero, uspeti v življenju; **the barometer has risen** barometer se je dvignil; **her colour rose** zardela je; **blisters ~ on my skin** mehurji se mi delajo na koži; **the fish rose to the bait** riba je ugriznila v vabo, je prijela; **she rose above envy** obvladala je svojo zavist; **where does the Danube ~?** kje izvira Donava?; **he rose to be a colonel** povzdignil se je do polkovnika; **he rose from the ranks** povzpel se je iz navadnega vojaka; **on what day does Parliament ~?** kdaj se zaključi zasedanje parlamenta?; **my gorge ~s to this sight** vzdiguje se mi (za bruhanje) ob tem pogledu, pogled na to mi zbuja gnus; **the hair**

will ~ on your head lasje na glavi se vam bodo naježili; **it rises in my mind** na misel mi prihaja; **the mare is rising five** kobila je v petem letu starosti; **our quarrel rose from a misunderstanding** naš prepir je nastal iz nesporazuma; **the river ~s from a spring in the mountains** reka izvira v (nekem) gorskem studencu; *vt* pustiti (koga, kaj) vstati; dvigniti, prinesti na površino; zagledati; **not to ~ a partridge (a fish)** nobene jerebice (ribe) ne dvigniti (videti)
rise above *vi* dvigati se nad, dvigniti se nad
risen [rizn] *pp* od **to rise**
riser [ráizə] *n* vstajač, vstajalec; riba, ki prijemlje; *arch* upornik, puntar; **an early (a late) ~** zgoden (pozen) vstajalec
risibility [rizibíliti] *n A* smejavost, nagnjenost k smejanju; *pl A* smisel za komiko
risible [rízibl] *a* (**risibly** *adv*) smejav, vedno razpoložen za smejanje, nagnjen k smejanju; (redko) smešen, absurden
rising [ráiziŋ] **1.** *a* dvigajoč se, vzpenjajoč se, vstajajoč, vzhajajoč; napredujoč; rastoč, doraščajoč; **~ of A coll** nad, nekaj več kot; **~ of a hundred** (nekaj) čez 100 mož; **~ 100 men** točno 100 mož; **a ~ barrister (politician)** mnogo obetajoč odvetnik (politik, ki ima veliko bodočnost); **~ diphthong** rastoč dvoglasnik; **the ~ generation** prihajajoča, doraščajoča generacija; **~ pitch** rastoč ton; **she is ~ sixteen** v 16. letu je; **to be ~ fifty** bližati se 50. letu; **2.** *n* dviganje, dvig, vstajanje; *rel* vstajanje; upor, vstaja; povišanje, napredovanje, rast(enje) zvišanje (cene), naraščanje (vode); vzpon, strmina, klanec, vzpetina; grič, višina; nabreklost, majhna oteklina; gnojen mozoljček (na koži), fistula, čir, prišč; zaključek (konec) seje; **~ of temperature** dvig, porast temperature
risk I [risk] *n* smelost, drznost; tveganost, nevarnost; riziko; **at all ~s** stavljajoč vse na kocko, tvegajoč vse, ne oziraje se na izgube, na slepo srečo, tjavdan; **at the ~ of one's life** tvegajoč svoje življenje; **at one's own ~** na svojo lastno odgovornost, na lasten riziko; **at owner's ~** na lastnikov riziko; **to run (to take) a ~** prevzeti (nase vzeti) riziko; **to run ~s, to take ~s** tvegati, riskirati, izpostaviti se ali biti v nevarnosti
risk II [risk] *vt* tvegati, riskirati, staviti na kocko (življenje, premoženje), izpostaviti nevarnosti ali nesreči; upati si; **to ~ the jump** tvegati skok; **to ~ one's life** tvegati svoje življenje
risk-all [rískə:l] *a* ki stavi vse na kocko
risker [rískə] *n* nor predrznež, tvegalec
riskful [rískful] *a* tvegan, riskanten, nevaren
riskiness [rískinis] *n* tveganost, blazna predrznost
riskless [rísklis] *a* netvegan, neriskanten, brez nevarnosti; *econ* brez rizika
risk-money [rískmʌni] *n econ* doklada blagajniku za pokritje morebitnih manjših primanjkljajev v blagajni; kavcija
risky [ríski] *a* (**riskily** *adv*) tvegan, drzen, riskiran, nevaren; kočljiv, delikaten; dvoumen, spolzek, *fig* slan, masten (zgodba, roman itd.); **a ~ story** spolzka zgodba
risorial [raisó:riəl] *a* (redko) zbujajoč smeh; smejav

rissole [rísoul] *n* sesekljano meso, ovito s testom in prepečeno

rite [ráit] *n* obred; *eccl* obred, ritus; ceremonija, liturgija; običaj; ~ s *pl* **of hospitality** gostoljubnost; **baptismal** ~ *eccl* krstni obred; **burial (funeral)** ~ s pogrebni obred, pogrebne ceremonije; **conjugal** ~ s, **nuptial** ~ s zakonsko, poročno (spolno) občevanje; **last** ~ s *rel* poslednji zakramenti; **Greek** ~ grški pravoslavni obred; **Roman** ~, **Latin** ~ rimskokatoliški obred

riteless [ráitlis] *a* brez obreda; neceremonialen

ritual [rítjuəl] **1.** *a* (~ **ly** *adv*) obreden, ritualen; cerkven; svečan, ceremonialen; ~ **dance** obreden, svečan ples; ~ **murder** ritualen umor; **2.** *n eccl* predpisana oblika službe božje; ritual, ceremonial; obrednik, knjiga s popisom verskih obredov; ~ s *pl* cerkveni obredi

ritualism [rítjuəlizəm] *n eccl* ritualizem, izpolnjevanje obredov; anglokatolicizem; nauk o obredih, obredoslovje

ritualist [rítjuəlist] *n* ritualist, anglokatolik, privrženec ritualizma

ritualistic [ritjuəlístik] *a* (~ **ally** *adv*) ritualističen; anglokatoliški

ritualize [rítjuəlaiz] *vt & vi* napraviti ritualno, obredno; napraviti anglokatoliško; opravljati, izpolnjevati obrede, držati se obreda

ritzy [rící] *a A sl* ovaduški; napihnjen, zoprno (odvratno) imeniten (fin)

rivage [rívidž] *n poet arch* obala, breg; *E hist* rečna carina

rival I [ráivl] **1.** *n* tekmec, tekmica, rival, konkurent; *arch* sobojevnik, soborec; **without a** ~ brez tekmeca, brez enakega, brez primere; **he is without a** ~ on nima tekmeca, ni mu enakega; **to be a** ~ **of** po vrednosti biti enak (komu); **to be** ~ s **for** rivalizirati, potegovati se obenem (hkrati) za; **2.** *a* tekmovalen, konkurenčen; ~ **firm** konkurenčna firma; ~ **lovers (suitors)** tekmeca v ljubezni (v snubljenju); ~ **team** *sp* nasprotno moštvo

rival II [ráivl] *vt* tekmovati, kosati se, rivalizirati, biti tekmec, skušati prekositi (koga); konkurirati; biti enak; **he was rival(l)ed by nobody** nihče mu ni bil kos, mu ni bil enak; **water** ~ s **steam as a source of energy** voda konkurira pari kot vir energije; *vi* (redko) tekmovati, biti v rivaliteti, rivalizirati (*with* z)

rivalry [ráivəlri] *n* tekmovanje, kosanje, rivalstvo, rivaliteta; konkurenca; **to enter into** ~ **with s.o.** konkurirati s kom, delati komu konkurenco

rivalship [ráivəlšip] *n* tekmovalnost, rivalstvo

rive [ráiv] *vt & vi* preklati (se), razklati (se), (raz)cepiti (se), (raz)trgati (se), počiti (o srcu); *fig* streti (srce); **it** ~ s **the heart** človeku se trga srcé

rivel [rivl] *vt & vi arch* nagrbančiti (se), nagubati (se) o čelu), zgrbančiti (se)

riven [rívən] **1.** *pp* od **to rive; 2.** *a* raztrgan, razklan, strt (srcé)

river I [rívə] **1.** *n* reka; potok (tudi *fig*); *fig* velika množina; **the** ~ **Thames** *E* reka Temza; **Hudson R** ~ *A* reka Hudson; **down the** ~ po reki (vodi) navzdol; **up the** ~ po reki (vodi) navzgor, proti vodi; ~ **of tears** potok solz; ~ s **of lava** reka lave; **to cross the** ~ iti čez reko, *fig* umreti; **to sell s.o. down the** ~ *A sl* popolnoma koga na

cedilu pustiti, prevarati, izdati, zlorabiti; **to send s.o. up the** ~ *A sl* vtakniti koga v ječo, v zapor; **2.** *a* rečni; ~ **mouth** ustje reke; ~ **traffic** rečni promet; ~ **rat** *sl* tat, ki deluje zlasti na rečnih bregovih; **R** ~ **Brethren** amerikanska baptistična sekta

river II [ráivə] *n* cepilec (lesa, drv); kdor cepi, kolje, trga

riverain [rívərein] **1.** *a* ležeč ob reki; obrežen; **2.** *n* obrežni lastnik; rečni prebivalec

river-bank [rívəbæŋk] *n* rečni breg, obala

river-basin [rívəbeisən] *n* porečje

river-bed [rívəbed] *n* rečno dno (korito), struga

river-birch [rívəbə:č] *n bot* črna breza

river-boat [rívəbout] *n* rečni čoln (ladja)

river-dam [rívədæm] *n* jez, dolinska pregrada

rivered [rívəd] *a*; **well-** ~ **country** rečnata pokrajina

river-god [rívəgəd] *n* rečni bog

river-going vessel [rívəgouiŋ vesl] *n* rečna ladja

river-head [rívəhed] *n* rečni izvir

river-horse [rívəhə:s] *n zool* povodni konj

riverine [rívərain, ~ rin] *a* rečni; ležeč ob reki, obrežen; ~ **traffic** rečni promet

riverless [rívəlis] *a* (ki je) brez rek, brez vodá

river novel [rívənəvl] *n* roman v več zvezkih, ki opisuje zgodovino ene družine itd.; ciklus romanov, ki obravnavajo življenje ene družine skozi nekaj generacij

river-port [rívəpə:t] *n* rečno pristanišče

river-rat [rívəræt] *n fig* rečni pirat (tat), ladijski tat

riverside [rívəsaid] **1.** *n* rečni breg, rečno obrežje; zemljišče ob reki; **2.** *a* obrežen, ležeč ob reki; **a** ~ **villa** vila na rečnem bregu

river-way [rívəwei] *n* vodna pot

rivery [rívəri] *a* (redko) bogat z rekami; *arch* rečnat

rivet [rívit] **1.** *n tech* zakovica, zakovnik; *pl sl* denar; ~ **gun** *tech* pnevmatično kladivce (za zakovanje); **2.** *vt* zakovati, pritrditi z zakovicami; pričvrstiti (*to* na, za); utrditi, zapečatiti (prijateljstvo); zasaditi (*in* v), upreti oči v, zagledati se v; pritegniti pozornost, prikovati (pogled) (*on* na, v); držati v napeti pozornosti; **to** ~ **eyes, to** ~ **one's gaze on** zapičiti pogled v; **to** ~ **on to the ground** (koga) v zemljo pribiti (ukopati), ne mu dati, da se premakne; **to stand** ~ **ed to the spot** stati kot ukopan

rivet(t)er [rívitə] *n* zakovičar; stroj za zakovičenje

rivet(t)ing [rívitin] *n* zakovičenje; zakovica

riving [ráiviŋ] *a* cepilen; ~ **knife** cepilni nož

rivose [ráivous, rivóus] *a* naguban, nagubančen, zgrbančen; razbrazdan

rivulet [rívjulit] *n* rečica, potoček

rix-dollar [ríksdólə] *n hist* švedski srebrni tolar (vreden približno en ameriški dolar)

riz [riz] *sl* glej **risen**

roach I [róuč] *n zool A* kuhinjski ščurek (glej *E* **cockroach**)

roach II [róuč] *n* črnooka (riba), vrsta krapa; **sound as a** ~ zdrav kot riba (kot dren), odličnega zdravja; ~ **-bellied** debelušen

road I [róud] **1.** *n* cesta, pot; *naut* sidrišče (zunaj luke); *A rly* železniška proga, tir, tračnice; potovanje; **any** ~ *coll* vsekakor; **by** ~ po cesti; **in the** ~ napoti; **on the** ~ na potovanju, na poti, na turneji; ~ **construction** gradnja cest; ~ **safety regulations** *pl* cestni prometni predpisi;

high ~, main ~ glavna cesta; private ~ zasebna pot; rule of the ~ cestni prometni predpis(i); predpis za vožnjo (po cesti, po morju); royal ~ *fig* varna pot, lahka pot; there is no royal ~ to success pot do uspeha ni lahka; the ~ is made *rly* kretnice so postavljene; all ~s lead to Rome vse poti vodijo v Rim; to be in s.o.'s ~ biti komu napoti; he is on the ~ to fame postal bo slaven; to get into s.o.'s ~ delati komu napoto; to get out of the ~ iti (komu) s poti, napraviti (komu) prosto pot; to give on the ~ pustiti iti mimo, umakniti se; to go on the ~s potovati po trgovskih poslih; to leave the ~ *naut* izpluti s sidrišča; to take the ~ kreniti, iti ali odpraviti se na pot, napotiti se, odpotovati; to take to the ~ *E arch* postati cestni ropar (razbojnik); 2. *a* cestni; ~ bend (curve) cestni ovinek (vijuga, zavoj); ~ junction cestno vozlišče, križišče; ~ map karta cest; ~ sign cestni (prometni) znak
road II [róud] *vt hunt* (o psu) (iz)slediti z vohom (zlasti divjo perutnino)
roadable [róudəbl] *a* primeren za cestni promet
road-bed [róudbed] *n* cestni temelj; železniški nasip
road behaviour [róud bihéivjə] *n* cestna disciplina
road block [róudblək] *n* premična začasna zapreka (barikada) za cestni promet; *fig* ovira, motnja
road-book [róudbuk] *n* vodnik cest, knjiga z opisom potí, s podatki o oddaljenosti itd.; itinerarij
road-carriage [róudkæridž] *n* cestni transport
road-company [róudkʌmpəni] *n* potujoče gledališče; gostovalna gledališka družina
roader [róudə] *n* cestar; cestni pometač
road fund [róudfʌnd] *n* cestni sklad
road-hog [róudhəg] 1. *n* brezobziren motorni voznik (ki se ne drži cestnih predpisov); *coll* požiralec kilometrov; 2. *vi* brezobzirno voziti
road-house [róudhaus] *n* gostišče, hotel ob cesti
roadless [róudlis] *a* (ki je) brez cest
roadman, *pl* -men [róudmən] *n* cestar; delavec, ki popravlja cesto; ulični prodajalec, krošnjar, trgovski potnik
road-map [róudmæp] *n* zemljevid (karta) cest
road-mender [róudmendə] *n* delavec, ki popravlja cesto
road-metal [róudmetl] *n* gramoz, tolčeni kamen za gradnjo cest
road monster [róud mónstə] *n sl* požiralec kilometrov
road-roller [róudroulə] *n* cestni parni valjar
road show [róudšou] *n* predstava potujoče gledališke družine
road-side [róudsaid] 1. *n* cestni rob; 2. *a* obcesten, ležeč ob cesti; ~ plants obcestne rastline; ~ inn gostilna, krčma ob cesti
road-stead [róudsted] *n naut* sidrišče pred luko
roadster [róudstə] *n mot* odprt avto (navadno za dve osebi); *naut* ladja na sidrišču; turni bicikel; potovalni konj; kdor se veliko vozi po (deželni) cesti
road tanker [róudtæŋkə] *n* kamion cisterna
road test [róudtest] *n* poskusna vožnja
roadway [róudwei] *n* cestišče, cesta
road user [róudju:zə] *n* uporabnik ceste
roadweed [róudwi:d] *n bot* trpotec

roam [róum] 1. *n* pohajkovanje, potikanje, tavanje, klatenje, hoja, sprehajanje brez cilja, pešačenje; 2. *vi & vt* potikati se, tavati, klatiti se, hoditi brez cilja, pohajkovati; prepotovati, prepešačiti; to ~ the woods potikati se po gozdovih; to ~ about the forest klatiti se, pohajkovati po gozdu
roamer [róumə] *n* klatež, potepuh, vagabund; popotnik
roan I [róun] 1. *a* rdečkastosiv, rdečkast; ~ horse konj serec; 2. *n* žival, ki ima v osnovni barvi dlake gosto liso druge barve; konj, krava take barve
roan II [róun] *n* mehka strojena ovčja koža (za vezavo knjig)
roar I [rɔ:] *n* (o vetru) tuljenje, besnenje, (levje) rjovenje; (o morju) bučanje; krik, vik; glasen smeh, krohot(anje); grmenje, treskanje; *mot aero* hrup, bobnenje; to set the table in a ~ spraviti družbo v krohot; to set up a ~ dvigniti krik in vik
roar II [rɔ:] 1. *vi* (o živalih) rjuti, rjoveti, tuliti; kričati, vpiti, vreščati, javkati; ječati (od bolečine); glasno se smejati, krohotati se; (o konju) hripati; (o vodi) bučati, šumeti; (o gromu, topu) grmeti, bobneti, treskati; (o vetru) tuliti, besneti; *aero* bučno odvršeti; (o mestih) hrumeti, odmevati (*with* od); to ~ at s.o. (za)dreti se na koga, nahruliti koga, (za)vpiti na koga; to ~ with laughter tuliti od smeha, krohotaje se (za)smejati, (za)krohotati se; the sea ~s morje buči; 2. *vt* zakričati, zavpiti, zatuliti, zavreščati, zarjuti (kletvico ipd.); to ~ oneself hoarse do hripavosti se dreti, se izkričati; to ~ s.o. down prevpiti, prekričati koga
roarer [ró:rə] *n* rjoveča žival; kričač, razgrajač, rogovilež; nadušljiv konj
roaring [ró:riŋ] 1. *n* vpitje, kričanje, krohotanje, tuljenje; grmenje, bučanje, hrup; *vet* nadušljivost; 2. *a* tuleč, rjoveč; bučen, hrupen, zelo glasen; buren; *coll* ogromen, neizmeren, kolosalen, strašanski, strahovit; procvitajoč, napreden (trgovina); zelo uspešen; *coll* odličen (zdravje), izvrsten, sijajen; ~ boy (lad) kričav deček, kričač; ~ business sijajna kupčija; the ~ forties del Atlantika med 40° in 50° severne širine, ki je često viharen; to be in ~ health prekipevati od zdravja; to do a ~ trade delati sijajne kupčije, zelo uspešno trgovati; to set a company ~ spraviti družbo v krohot
roast I [róust] 1. *n* pečenka, pečenje; praženje; *coll* draženje, grajanje; to rule the ~ *fig coll* biti gospodar, vladati (doma, v hiši); *coll* imeti popolno oblast, oblačiti in vedriti; to stand the ~ biti tarča smešenja, zasramovanja ali grajanja; 2. *a* pečen; pražen; ~ goose pečena goska; ~ meat pečeno meso; ~ pork (veal) svinjska (telečja) pečenka
roast II [róust] *vt & vi* peči (se), pražiti (se), opeči (se); žgati (kavo); segreti, razžariti; pripekati, žgati; smešiti, zasmehovati, rogati se, posmehovati se, vleči za nos, norčevati se iz, zbijati šale z; ~ed apple pečeno jabolko; I am ~ing *fig* ginem, umiram od žeje; I have been ~ing myself by the fire ožgal (pekel, opekel, grel)

sem se zraven ognja; **to ~ on a spit** peči na
ražnju; **to ~ oneself** greti se,»peči se«
roast-beef [róustbi:f] *n* pečena govedina, goveja
pečenka
roaster [róustə] *n* pražilec, pečenkar; rešetka,
roštilj, pekač, pečica; *tech* visoka peč; ponev,
kozica (za kavo); odojek, piščanec ipd., primerni
za pečenje; *coll* zelo vroč dan
roasting [róustiŋ] 1. *a* primeren za pečenje; ki (se)
peče, praži; *coll* zelo vroč, žgoč; ~ **ears** zeleni
koruzni storži za praženje; ~ **pig** prašiček,
odojek za pečenje; 2. *n* pečenje; praženje
roasting-jack [róustiŋdžæk] *n tech* obračalo za
vrtenje ražnja
roast-meat [róustmi:t] *n* pečeno meso, pečenka
rob [rɔb] *vt* oropati, opleniti, izropati; ugrabiti;
ukrasti, okrasti, pokrasti; odvzeti (komu) (*of
s.th.* kaj); **to ~ s.o. of s.th.** ukrasti komu kaj;
to ~ the cradle poročiti (zelo) premlado žensko;
to ~ Peter to pay Paul enemu nekaj (od)vzeti
(od enega si izposoditi), da drugemu poravnamo
svoj dolg; *fig* eno luknjo zamašiti, pa drugo
napraviti
robber [róbə] *n* ropar, razbojnik, tat; lopov; ~
~ **baron** *hist* roparski vitez; **highway** ~ cestni
ropar
robbery [róbəri] *n* rop, ropanje, roparski napad;
kraja, tatvina, razbojništvo; *coll* izvabljanje de-
narja, izsiljevanje, nasilna prilastitev, izkorišča-
nje, ugrabitev; ~ **with violence** *jur* roparski
umor; **highway** ~ cestno ropanje, razbojništvo;
this is highway ~ *fig* to je oderuštvo, nesramna
zahteva; **exchange is no** ~ zamenjava ni rop,
roka roko umiva
robe [róub] 1. *n* (dolga gornja) obleka, halja; *eccl*
talar; *pl* obleka; svečano službeno (akademsko,
sodniško) oblačilo; *arch* ženska obleka; *A* stro-
jena bivolska koža, ki rabi za preprogo ali za
obleko; **coronation** ~ ornat za kronanje; **the
(long)** ~ *fig* pravniški poklic; **gentlemen of the
(long)** ~ pravniki (sodniki, odvetniki); **the** ~
of night varstvo (okrilje) noči; 2. *vt & vi* svečano
obleči (se); obleči svečano obleko; odeti se,
okrasiti se; ~**d in night** zavit v temo; ~**d in
smiles** s prijaznim smehljanjem
robed [róubd] *a* oblečen v svečano (v službeno)
obleko
robin [róbin] *n* (= ~ **redbreast**) *zool* taščica;
American ~ ameriški drozg
robinia [robíniə] *n bot* robinija
roble [róublei] *n bot* vrsta hrasta
roborant [róbərənt] 1. *a* krepilen; 2. *n* krepilno
sredstvo, krepilo, roborans
robot [róubət] 1. *n* robot, človek-stroj; avtomat
(tudi *fig*); avtomatičen prometni signal; 2. *a*
avtomatičen; ~ **bomb** dirigirana, vódena bom-
ba; ~ **pilot** *aero* avtomatske krmilne naprave
robotism [róubətizəm] *n* robotstvo; *tech* avtomati-
zem
robotize [róubətaiz] *vt* napraviti za robota, meha-
nizirati
robotry [róubətri] *n* robotstvo
robust [robást] *a* (~ **ly** *adv*) krepak, močan, čvrst,
mišičast, žilav, robusten; čil, zdrav; vztrajen,
vzdržljiv; surov, neotesan; grob, glasen; ~ **mind**
močan duh (mislec)

robustious [robáscəs] *a* močan, krepak, robusten;
bučen, glasen; divji, hud
robustness [robástnis] *n* moč, čvrstost, krepkost,
žilavost, trdnost; grobost, surovost, neotesanost
rocambole [rókəmboul] *n bot* španski česen
rochet [róčit] *n eccl* (škofovski, kardinalski) kore-
telj
rock I [rɔk] 1. *n* skala, čer, kleč; kamnit blok;
kamenina; *pl collect* prepad, strma pečina, stena;
fig čvrsta tla; nevarna zapreka; vrsta paličastega
bonbona; bonbon, *pl* sadni bonboni; *A coll*
kamen, *A sl* kovanec; **the Rock** Gibraltar; ~
bottom absolutno najnižji; **R~ English** gibral-
tarsko angleško narečje; **R~ of Ages** *fig rel*
Kristus; **on the** ~**s** nasedel, *fig sl* v denarni
stiski; **as firm as a** ~ trden kot skala; **built on
a** ~ zgrajen na skali, *fig* osnovan na trdni
podlagi, trden, siguren; **bed-~, living** ~ živa
skala; **there are** ~**s ahead** *fig* nevarnost je pred
nami, nevarnost grozi; **to be on the** ~**s** nasesti
na čer, *fig* biti v denarnih težavah; **to be wrecked
on the** ~**s** razbiti se na čereh; **that's the** ~ **you'll
split on** *fig* to je za vas posebno nevarno, tu si
boste lahkó polomili zobe; **to run against a** ~
fig drveti v nevarnost; **to run upon a** ~ nasesti,
zadeti na čer, *fig* razbiti se; **to see** ~**s ahead**
fig morati računati s težavami; **to throw** ~**s at**
s.o. A obmetavati koga s kamenjem; 2. *a* skalnat
rock III [rɔk] 1. *n* zibanje, pozibavanje (pri plesu),
guganje
rock II [rɔk] *vt* zibati, pozibavati, gugati, uspavati;
nihati, kolebati; (s)tresti, majati; zamajati, *fig*
napraviti negotovo, nezanesljivo, nevarno; *vi*
zibati se, gugati se, nihati (*on* na); kolebati se
(tudi *fig*); klecati, opotekati se; omahovati;
~ **ed in security** zaziban v občutek varnosti; **to
~ the boat** *sl fig* otežkočiti stvari (za svoje so-
delavce, kolege); **to ~ in a (rocking) chair** gugati
se na (gugalnem) stolu; **to ~ oneself in the hope
that…** zazibati se v upanje, da…; **to ~ a
child to sleep** uspavati otroka z zibanjem; **an
earthquake** ~**s the ground** potres zamaje tla
rock IV [rɔk] *n hist* preslica (pri kolovratu); **R~
Day = Distaff Day** 7. januar (dan po prazniku
svetih treh kraljev)
rockaway [rókəwei] *n A* zaprta kočija
rock-bottom [rókbótəm] *a* najnižji; ~ **prices** *com*
najnižje cene; **to get down to** ~ iti na dno
(neki stvari); **my supplies touched** ~ moje zaloge
so bile toliko kot izčrpane
rock-bound [rókbaund] *a* (o obali) nepristopen,
skalnat
rock breaker [rókbreikə] *n tech* drobilec kamenja
rock cake [rókkeik] *n* prostorček s trdo, neravno
površino; vrsta kolača
rock candy [rókkændi] *n* kandis sladkor
rock-crystal [rókkristl] *n min* kremen(jak), kamena
strela
rock-dove [rókdʌv] *n* divji golob, duplar
rock drawings [rókdrɔ:iŋz] *n pl* jamske risbe ali
slike
rock-drill [rókdril] *n tech* vrtalo, stroj za vrtanje
sten in kamna
rocker [rókə] *n* sanišče (zibelke), zibalnik; oseba
(stvar), ki niha, se ziblje; *A* gugalni stol (konj);
gugalnica; vrsta drsalke, drsalica; korito za iz-

piranje zlata; **to be off one's** ~ *sl* biti prismojen, nor, trčen

rockery [rókəri] *n* vrt z umetnim skalovjem, vzpetinami; skalnjak, alpski vrt, alpinet

rocket I [rókit] **1.** *n* raketa; svetlobna raketa; *hist* topa (turnirska) sulica; *sl* ostra graja, »pridiga«; ~ **base (bomb, gun)** raketna baza (bomba, puška ali top); ~ **plane** raketno letalo; ~ **range** raketni poligon, področje za raketno eksperimentiranje; **long-range** ~ daljnostrelna raketa; **step** ~ stopenjska raketa; **2.** *a* raketen; ~ **aircraft**, ~ **-driven airplane** raketno letalo; ~ **harpoon** raketna harpuna (za lov na kite); ~ **projectile** raketni izstrelek

rocket [rókit] *vt* tolči, bombardirati, obstreljevati z raketami; *vi* (o ptici) navpično vzleteti; dvigniti se hitro in visoko kot raketa; visoko poskočiti (o cenah); oddirjati kot raketa (konj, jezdec)

rocket III [rókit] *n bot* vrsta zelja; ~ **salad** solata iz tega zelja; *bot* dihnik; *bot* barbica (= ~ cress)

rocketer [rókitə] *n* ptica (npr. fazan), ki vzleti navpično

rocketeer, **-ter** [rəkitíə, rókitə] *n mil* raketni topničar; raketni raziskovalec

rocket launcher [rókit lóːnčə] *n mil* metalec raket

rocket-powered [rókitpauəd] *a* (ki je) na raketni pogon

rocket-propelled [rókitprəpéld] *a* (ki je) na raketni pogon

rocket range [rókitreindž] *n* raketno poskusno zemljišče

rocketry [rókitri] *n tech* znanost o raketah; raketna tehnika

rockfall [rókfɔːl] *n geol* skalni podor

rockgarden [rókgaːdən] *n* glej **rockery**

rockgoat [rókgout] *n zool* kozorog

rockiness [rókinis] *n* skalnatost

rocking-chair [rókiŋčɛə] *n* gugalni stol

rocking-horse [rókiŋhɔːs] *n* gugalni konj

rocking-stone [rókiŋstoun] *n* kamen ali skala v labilnem ravnotežju

rocking-turn [rókiŋtəːn] *n sp* vrsta figure (obrata) pri drsanju

rockless [róklis] *a* (ki je) brez skal, brez čeri; neskalnat

rocklet [róklit] *n* majhna skala ali čer

rocklike [róklaik] *a* podoben skali, skalast

rock-oil [rókɔil] *n* (surova) nafta, kameno olje, petrolej

rock'n'roll [rókənróul] *n A* močno sinkopiran ples

rock-ribbed [rókribd] *a* skalnat; *A fig* neupogljiv, železen; **a** ~ **conservative** trdovraten konservativec

rock-salt [róksɔːlt] *n* kamena sol

rockslide [rókslaid] *n geol* skalni podor

rock-tar [róktaː] *n* surov petrolej, nafta

roock-wood [rókwud] *n* okamenel les

rock-work [rókwəːk] *n* skalnata stena ali gmota; skalnjak, alpski vrt, alpinet, umetno skalovje; *arch* zgradba iz neoklesanega kamna; veščina v plezanju po skalah (stenah), skalaštvo

rocky I [róki] **1.** *a* (**rockily** *adv*) kamnit, skalnat; poln (skalnatih) grebenov ali sten; *fig* trden kot skala, soliden, trpežen; trd, nepopustljiv;

sl nesiguren, nezadovoljiv; **a** ~ **heart** srce iz kamna; **2.** *n pl*; **the Rockies** *coll* (— **R~ Mountains**) Skalne gore (v zapadni Ameriki)

rocky II [róki] *a coll* (**rockily** *adv*) majáv, kolebljiv; omahljiv, šibak

rococo [rəkóukou] *n* **1.** *n* rokoko; **2.** *a* rokokojski

rod I [rəd] *n* šiba, prot, svežanj protja; bič; palica, prekla, drog; šiba strahovalka (leskovka); *fig* telesna kazen (šibanje); *fig* knuta, tiranija; žezlo, maršalska palica; drog za merjenje, dolgostna mera (okrog 5 m); *A sl* pištola, revolver; **divining** ~, ~ **of divination** bajalica; **fishing** ~ ribiška palica, ribnica; **lightning-**~ strelovod; **to fish with the** ~ **and line** loviti ribe (ribariti) z ribiško palico; **to give s.o. the** ~ kaznovati koga s šibo; **to have a** ~ **in pickle for s.o.** imeti pripravljeno leskovo šibo v olju za koga (za kaznovanje), imeti pripravljeno maščevanje; **to kiss the** ~ brez ugovora, ponižno sprejeti kazen; **to make a** ~ **for one's own back** *fig* sam sebi jamo (iz)kopati, sam riniti v nesrečo (si nakopati težave, nevšečnosti); **spare the** ~ **and spoil the child** kdor ljubi, kaznuje; šiba novo mašo poje

rod II [rəd] *vt* opremiti s palicami ali (zlasti *A*) strelovodi

rode [róud] *pt* od **to ride**

rodent [róudənt] **1.** *n zool* glodalec; **2.** *a* glodalski; *med* ki gloda, izjeda, uničuje; ~ **tooth** zob glodač

rodential [roudénšəl] *a* glej **rodent**

rodenticide [rodéntisaid] *n* sredstvo za uničevanje miši in podgan

rodeo [róudiou] *n* rodeo; zbiranje goveda na eno mesto za žigosanje z imenom lastnika; ograda, kamor seženejo živino; izvajanje kavbojskih veščin (jahanje, metanje lasa itd.); *fig* izvajanje motociklističnih ali avtomobilskih bravur

rod-iron [ródaiən] *n* železo v palicah

rodlet [ródlit] *n* paličica; majhen drog

rodlike [ródlaik] *a* podoben palici, paličast

rodman [ródmən] *n* kdor hodi s palico (z drogom); ribič trnkar; *A sl* (s pištolo, z revolverjem oborožen) bandit (gangster)

rodomontade [rədəməntéid] **1.** *n* hvalisanje, bahanje, bahaštvo, širokoustenje; **2.** *a* hvalisav, bahav, bahaški, širokousten; **3.** *vi* hvali(sa)ti se, bahati se, širokoustiti se

rodomontador [rədəməntéidə] *n* bahač, širokoustnež; gobezdač

rodster [ródstə] *n* ribič s trnkom, trnkar

roe I [róu] *n*, *pl* **roe**, redko **roes**, srna, košuta; srnjad

roe II [róu] *n* ikra, ikre

roebuck [róubʌk] *n* srnjak

roecalf [róukaːf] *n* srnjaček

roe-deer [róudiə] *n* srna; košuta; srnjad

roentgen [rɔːntgən, rént-; rɔ́ntjən] **1.** *n phys* rentgen (merska enota); **2.** *a* (večinoma) **R~** rentgenski; **R~ apparatus** rentgenski aparat; **R~ diagnosis** rentgenska diagnoza

roentgenism [réntgənizəm] *n* rentgenska terapija; rentgenska diagnoza

roentgenization [réntgənizéišən] *n med* rentgensko zdravljenje (obsevanje)

roentgenize [réntgənaiz] *vt* rentgenizirati; (zdravniško) pregledati, slikati z rentgenom; obsevati z rentgenskimi žarki
roentgenogram [réntgənográem] *n* rentgenogram, rentgenska slika
roentgenologist [rentgənólədžist] *n* rentgenolog
roentgenology [rentgənólədži] *n* rentgenologija
roe-stone [róustoun] *n min* oolit
rogation [rougéišən] *n eccl* molitev, (pri)prošnja, litanija; ~s *pl* procesije; R~ week *relig* prošnji teden
rogational [rougéišənəl] *a* molitven
Roger, roger [ródžə] **1.** *interj* razumem! (vzeto iz jezika radiotelegrafistov in signalistov); *sl* v redu!, prav!; **2.** *n* (= **Jolly R~**, **jolly R~**) črna piratska zastava (z mrtvaško glavo)
rogue [róug] **1.** *n* lopov, falot, slepar, goljuf, malopridnež, ničvrednež; *arch* potepuh, klatež, vagabund; *coll hum* navihanec, hudomušnež, razposajenec, porednež; neubogljiv konj, mrha, kljuse; samec (slon, bivol itd.) samotar; rastlina presajenka slabše vrste; ~ **elephant** hudoben samotarski slon; ~s' **gallery** uradna zbirka fotografij kriminalcev v Scotland Yardu; **to play the** ~ smešne uganjati, počenjati vragolije; **2.** *vi & vt* počenjati vragolije; varati, (o)slepariti, (o)goljufati; *arch* potepati se, klatiti se; pleti in uničevati (npr. rastline slabše vrste)
roguery [róugəri] *n* lopovščina, pobalinstvo; sleparija, prevara, goljufija; *coll* navihanost, hudomušnost, šala, vragolija, razposajenost
roguish [róugiš] *a* (~ly *adv*) lopovski, falotski; sleparski, nepošten; hudoben; navihan, poreden, razposajen, hudomušen, vražji, šegav, šaljiv; **a** ~ **smile** poreden, hudomušen smehljaj
roguishness [róugišnis] *n* lopovstvo, zlobnost; porednost, navihanost, hudomušnost, razposajenost
roil [róil] *vt A* skaliti (vodo); *fig* vznemiriti, razburiti, razjeziti, vznevoljiti
roily [róili] *a* skaljen, kalen, umazan; *fig* razburjen, jezen
roinek [róinek, rú:i-] *n* vseljenec v Južno Afriko; (v burski vojni) angleški vojak
roister [róistə] *vi* hrupno veseljačiti, bučno se zabavati, razgrajati, pijančevati, biti razuzdan; bahati se, hvalisati se, širokoustiti se
roisterer [róistərə] *n* rogovilež, razgrajač, hrupen veseljak; širokoustnež, gobezdač, bahač, bahavs
roistering [róistəriŋ] *n* razgrajanje, hrup, kraval; bahanje, širokoustenje, hvalisanje, gobezdanje
roisterous [róistərəs] *a* hrupen; ki dela kraval, rogovili; hvalisav, širokousten, bahav, bahaški, gobezdav
Roland [róulənd] *n* Roland; **to give a** ~ **for an Oliver** *fig* vrniti udarec za udarec, vrniti milo za drago
role, rôle [róul] *n theat* vloga; *fig* vloga, funkcija; **the title** ~ naslovna vloga; **to play a** ~ igrati vlogo; imeti, opravljati funkcijo
roll I [róul] *n* zvitek (papirja, pergamenta itd.), rola; listina, seznam, spisek, popis, imenik, register, katalog; zmotani akti, spisi, letopisi, kronike, anali itd.; *A sl* zvitek bankovcev, denar; kruhek, žemljica, (mesna) rulada; *arch*

polž; *tech* valj, cilinder; *mil* klicanje po imenih, apel; valjanje, trkljanje, kotaljenje, obračanje; *fig* majava hoja, guganje; pozibavanje (ladje, letala); bobnenje (groma), hrumenje, valovanje (vode); (o zvoku) blagoglasje, skladnost, gostolevek (kanarčka); *aero* obračanje, vrtenje (umetnostno letanje); ~ **film** film v zvitku; ~ **of hair** rola, zvitek, koder las; ~ **of honour** častni seznam (zlasti padlih v vojni); **Master of the R~s** predsednik državnega arhiva; **the R~s** državni arhiv, registratura (v Londonu); **Swiss** ~ vrsta sendviča z marmelado; **to call the** ~ klicati po imenih; **to put on the** ~ vpisati v seznam; **to strike s.o. off the** ~s brisati, črtati koga s seznama; diskvalificirati koga (zaradi nepoštenja itd.)
roll II [róul] **1.** *vt* valiti, valjati, kotaliti; zviti, (za)motati, zvijati, svaljkati; prevažati, transportirati, voziti; tanjšati, valjati (železo); gugati, pozibavati, valoviti; *phon* izgovarjati soglasnik *r* z vibriranjem; (o reki) valiti, gnati, vrteti (okoli osi); razmišljati, prevračati misli, tuhtati; **to** ~ **a barrel** valiti sod; **to** ~ **a blanket, a carpet** zviti odejo, preprogo; **to** ~ **a cigarette** zviti (si) cigareto; **to** ~ **one's eyes** zavijati oči; **to** ~ **a lawn, a road** zvaljati trato, cesto; **to** ~ **metals** valjati kovino; **to** ~ **10 miles on one's bicycle** prevoziti 10 milj na biciklu; **to** ~ **one's r's** drdrati, pogrkavati svoje r; **to** ~ **oneself into one's blanket** zaviti se v odejo; **to** ~ **paste** razvaljati testo; **to** ~ **a problem round in one's mind** premišljati sem in tja o problemu; **to** ~ **a snowball** narediti sneženo kepo; ~ **my log and I'll yours** *fig* roka roko umiva; **he** ~ed **himself from side to side** pozibaval, majal se je z ene strani na drugo; **the hedgehog** ~ed **itself into a ball** jež se je zvil v klobčič; **they** ~ed **him along the corridor** peljali so ga (na vozičku) po hodniku; **the waves** ~ed **the ship** valovi so pozibavali ladjo; **to set the ball** ~ing *fig* spraviti (stvar) v tek, sprožiti, začeti; **2.** *vi* valiti se, valjati se, kotaliti se; voziti se, potovati; obračati se, vrteti se; potekati, minevati, teči (o času, letnih časih); odteči, odtekati (o vodi); valovati, biti valovit (o morju); valovito se raztezati (o kopnem, zemlji); odjekniti, odmevati, razlegati se (o zvoku); bobneti; šumeti; gostoleti (o kanarčku); (o osebah) majati se, zibati se, racati; vrteti se, obračati se (okoli svoje osi); **a** ~ing **country** valovita pokrajina; **a** ~ing **stone** valeč se kamen, *fig* nestanoviten človek, ki stalno menjava službo; **to** ~ **in money, in riches** valjati se v denarju, biti zelo bogat; **to** ~ **into one** stekati se v eno, združiti se; **a** ~ing **stone gathers no moss** *fig* goste službe, redke suknje; **to start the ball** ~ing *fig* spraviti kaj v tek, začeti, sprožiti; **to start** ~ing začeti se; **we had been** ~ing **for hours without stopping once at a station** vozili smo se ure in ure, ne da bi se bili ustavili enkrat na kaki postaji
roll along *vi* kotaliti se, kotrljati se; *sl* pobrati jo
roll away *vt & vi* odvaliti (se); odpeljati (se); **the mist** ~s **away** megla se vleče proč
roll back *vt & vi* nazaj (se) peljati
roll by *vt & vi* voziti (se) mimo, peljati (se) mimo; (za)kotaliti (se) mimo

roll forth *vt* (o orglah) razlegati se, (za)doneti, zveneti

roll in *vi* zaviti se v; dospeti, prispeti, priti; *fig* planiti noter; nepričakovano, kot z vedrega neba se prikazati

roll on *vi* odvijati se, potekati, teči, nadaljevati se; **time ~ s on** čas teče naprej; ~! *sl* naj ta čas pride kmalu!; **rationing ends in May** — **roll on, May!** racioniranja bo konec v maju — pridi že, o maj!

roll out *vt & vi* izkotaliti (se), izkotrljati (se), izpasti; razvaljati (se), stanjšati (se), izgladiti (se); izvleči (se), izmotati (se); teči, potekati; deklamirati (verze)

roll over *vt & vi* prevaliti (se), prevračati (se), odkotaliti (se), valiti (se); premetavati se (v postelji)

roll up *vt & vi* zviti (se), zmotati (se), zaviti (se), zavihati (se); (na)kopičiti (se), nabrati (se); priti; **the debts ~** dolgovi se kopičijo; **to ~ a fortune** nabrati si premoženje

rollable [róuləbl] *a* ki se da naviti (zviti, (z)valjati)

roll-away ironer [róuləwei áiən] *n* stroj za likanje

roll back [róulbæk] **1.** *n* znižanje (cen) z intervencijo države; odbitje; **2.** [roulbǽk] *vt* znižati (cene) z državno intervencijo

roll-blotter [róulblɔtə] *n* pivnik v zvitku

roll-call [róulkɔ:l] *n* klicanje po imenih, apel; *mil* zbor (za apel)

rolled [róuld] *a* (z)valjan, zvit; ~ **ham** zvita gnjat; ~ **iron** valjano železo

roller [róulə] *n* valjar; delavec v valjarni; smotek; velik val; *med* povoj; vrsta golobov, vrsta kanarčkov; kolesce (na kotalki, na pohištvu); **garden ~** vrtni valjar; **steam ~** cestni parni valjar

roller bearing [róulə béəriŋ] *n tech* valjasti kroglični ležaji

roller-coaster [róuləkóustə] *n* tobogan (na zabaviščnem prostoru)

roller-skate [róuləskeit] **1.** *n* kotalka; **2.** *vi & vt* kotalkati (se)

roller-skating [róuləskeitiŋ] *n sp* kotalkanje

roller-towel [róulətáuəl] *n* (neskončna) brisača (na valju, v javnih straniščih)

roll film [róulfilm] *n* film v zvitku, naviti film

rollick [rɔ́lik] **1.** *n* hrupno (veselo, objestno, razigrano, razposajeno) vedenje, norenje; razposajenost, objestnost; **2.** *vi* hrupno se zabavati; objestno, razposajeno se vesti, noreti; uživati življenje

rollicking [rɔ́likiŋ] *a* razposajen, objesten; razgrajaški

rollicksome [rɔ́liksəm] *a* glej **rollicking**

rolling [róuliŋ] **1.** *n* valjanje, kotalkanje (**of a ball** žoge); pozibavanje; bobnenje (groma); bučanje (vode); **2.** *a* valeč se; bučen; valovit; ~ **capital** *econ* obratni kapital; ~ **kitchen** *mil* poljska kuhinja

rolling chair [róulinčɛə] *n* (bolniški) stol na kolesih

rolling-mill [róuliŋmil] *n* valjarna

rolling-pin [róuliŋpin] *n* kuhinjski valjar

rolling-press [róuliŋpres] *n print* valjčna stiskalnica; stroj za satiniranje (papirja)

rolling-stock [róuliŋstɔk] *n rly* vagoni in lokomotive, železniški park

rolling-stone [róuliŋstoun] *n fig* nestanoviten, neumirjen človek; oseba, ki neprestano menjava službe

roll lathe [róulleiδ] *n tech* valjčna stružnica

roll-top [róultɔp] **1.** *n* rebrast premičen pokrov (na pisarniškem pohištvu), roló; **2.** *a*; ~ **desk** (**bureau**) pisalna miza z rolojem

roll way [róulwei] *n* drča (za les)

roly-poly [róulipóuli] **1.** *a* debelušast, debeloličen; **2.** *n* debelušast otrok (oseba, žival); vrsta pudinga

Rom, *pl* ~ **a** [rəm, rómə] *n* Rom, cigan

Roman [róumən] **1.** *a* rimski; ~ **balance,** ~ **beam,** ~ **numeral** rimska tehtnica, številka; ~ **law** rimsko pravo; **the** ~ **pontiff** papež; ~ **pottery** rimska keramika; **2.** *n* Rimljan, -nka; rimokatoličan, -nka; *ling* latinščina; **King (Emperor) of the** ~ **s** rimski cesar

Roman Catholic [róumənkæθəlik] **1.** *a* rimskokatoliški; **2.** *n* rimokatolik

romance [romǽns] **1.** *n lit* romanca; romantična (neverjetna) povest, bajka; ljubezenski pustolovski roman; romantičnost, romantika, sanjarjenje, zanesenost, pretiravanje; romanca, romantičen doživljaj, ljubezenska afera; *mus* romanca; **2.** *a* romantičen, pustolovski; čaroben; **3.** *vi* izmišljati (si), pripovedovati, imeti romantične domislice, pretiravati; romantično misliti ali govoriti

Romance [romǽns] *a* romanski; romanski jezik; **R~ nations,** ~ **peoples** romanski narodi, ljudstva; **R~ languages** romanski jeziki

romanceless [romǽnslis] *a* neromantičen, prozaičen, realističen

romancer [romǽnsə] *n* pisec, avtor romanc, viteških ali ljubezenskih, pustolovskih romanov; izmišljevalec fantastičnih pripovedi; bahač, širokoustnež, fantast

Romanes [rómənes] *n* ciganski jezik

Romanesque [roumənésk] **1.** *a* romanski; provasalski; **r~** romantičen, fantastičen; **2.** *n* romanski slog; provansalščina

Roman holiday [róumən hɔ́lidei] *n fig* zabava na tuje stroške, na tuj račun

Romania [roméiniə] *n* Romunija; rimsko cesarstvo

Romanian [roméinjən] **1.** *a* romunski; **2.** *n* romunščina

Romanic [romǽnik] **1.** *a* romanski; **2.** *n* romanski jezik

Romanish [róuməniš] *a* rimski; *relig* (zaničljivo) rimskokatoliški, papistčen

Romanism [róumənizəm] *n* rimski duh, rimski vpliv; ena od značilnosti romanske arhitekture; rimskokatoliška vera; doktrina, politika rimske Cerkve

Romanist [róumənist] **1.** *n* romanist; strokovnjak za rimsko pravo, za rimske institucije; *relig* rimokatoličan, (zaničljivo) papist; **2.** *a* rimski, odvisen od Rima; *jur* rimski, ki se tiče rimskega prava

Romanization [roumənaizéišən] *n* romanizacija, prilagoditev rimskim običajem ali katolicizmu

Romanize [róumənaiz] *vt & vi* romanizirati, porimljaniti, poromaniti, napraviti rimsko, dati rimske lastnosti, napraviti rimskokatoliško; postati rimski, živeti po rimskem načinu, postati rimokatolik; **r~** pisati ali tiskati z antikvami (Greek words grške besede)

Romansh [rouménš] **1.** *a* retoromanski; ladinski; **2.** *n* retoromanščina

romantic [rəmǽntik] **1.** *a* (~ **ally** *adv*) romantičen; pustolovski, fantastičen, neverjeten; sanjarski, sentimentalen, nerealističen; slikovit, lep, čaroben; ~ **ideas** fantastične ideje; ~ **scene** romantična scena; **2.** *n* romantik, fantast; *pl* romantična čustva (ideje), romantičnost, romantične misli

romanticism [rəmǽntisizəm] *n* romantičnost, romantika; *lit* romanticizem

romanticist [rəmǽntisist] *n* romantik

romanticize [rəmǽntisaiz] *vi & vt* pisati v romantičnem slogu; napraviti romantično; **to** ~ **life in the country** romantično opisovati (predstavljati) življenje na deželi

Romany [rómeni] **1.** *n* Rom, cigan; ciganski jezik; (kolektivno) cigani; **2.** *a* ciganski; ~ **rye** prijatelj, poznavalec ciganov (Romov)

romaunt [romó:nt] *n arch* glej **romance**

Rome [róum] *n* Rim; ~ **penny** Petrov novčič; ~ **was not built in a day** Rima niso zgradili v enem dnevu; **to do in** ~ **as Romans do** *fig* tuliti z volkovi, prilagoditi se okolici

Romeo [róumiou] *n* Romeo; *fig* ljubimec, izvoljenec, ljubček

Romish [róumiš] *a* rimski; rimskokatoliški, papeški; papistovski

Romishness [róumišnis] *n* papistično mišljenje

romp I [rɔmp] *n* razposajen otrok, razposajenka; hrupna igra, razposajenost, bučno veselje; **to win in a** ~ z lahkoto dobiti

romp II [rɔmp] *vi* razposajeno, hrupno se igrati, skakati, preganjati se, divjati, tepsti se, pretepati se; *sl* z lahkoto drveti, leteti; **to** ~ **away** pobegniti; **to** ~ **home, to** ~ **in** z lahkoto, igraje zmagati (o konju na dirkah); **to** ~ **through** z lahkoto se prebiti

romper [rómpə] *n* otroška haljica ali obleka za igranje; ~ **s** *pl*, ~ **suit** kratke otroške hlačke (oblekica) za igranje

rompish [rómpiš] *a* razposajen, divji

rompishness [rómpišnis] *n* razposajenost, divjost

rompy [rómpi] *a* hrupen, razposajen, divji; (o dekletu) fantovski

rondavel [róndəvəl] *n* okrogla koliba domačinov v Južni Afriki; koliba

ronde [rɔnd] *n print* okrogla pisava

rondeau [róndou] *n* pesmica s 13 (ali 10) stihi in s po dvema rimama

rondel [róndəl] *n* kratka pesmica s 14 stihi, ki se rimajo

rondelle [rɔndél] *n tech* kolut

röntgen glej **roentgen**

rood [ru:d] *n arch* Kristusov križ; križ, razpelo; dolžinska mera 7—8 jardov; površinska mera (¼ jutra); kos zemljišča, parcela

rood-loft [rú:dlɔft] *n archit eccl* galerija nad pregrado (v cerkvi)

rood-screen [rú:dskri:n] *n archit eccl* lesena ali kamnita pregrada (med korom in glavno ladjo v cerkvi)

roody [rú:di] *a* bujen, bohoten

roof I [ru:f] *n* streha, krov; hiša, dom; strop; najvišji del; vrhunec; plafond letala (najvišja višina poleta); **under one's** ~ pod svojo streho, v svoji hiši; **broken** ~ mansardna streha; **flat** ~ ravna streha; ~ **of the mouth** nebo v ustih; ~ **of the world** nebesni svod; ~ **garden** vrt, terasa na strehi; **a thatched** ~ slamnata streha; **to cover (to tile) a** ~ prekriti streho; **to raise the** ~ *fig* zagnati huronski krik

roof II [ru:f] *vt* pokriti s streho, s krovom; staviti pod streho, zaščititi s streho; dati krov ali zavetje, vzeti pod streho; **red** ~ **ed houses** hiše z rdečimi strehami; **the house is not** ~ **ed yet** hiša še ni pod streho, še nima strehe; **to** ~ **over** prekriti s streho

roofage [rú:fidž] *n* pokrivanje, kritje s streho; gradnja strehe; streha, krov

roofer [rú:fə] *n* krovec; *coll* zahvalno pismo (za povabilo)

roofing [rú:fiŋ] *n* krov, ostrešje; kritje hiše; zavetje

roofless [rú:flis] *a* brez strehe; brez doma

rooflet [rú:flit] *n* strešica

roofy [rú:fi] *a* pokrit s streho, ki ima streho

rook I [ruk] *n* (pri šahu) trdnjava, stolp

rook II [ruk] **1.** *n zool* poljska vrana; *fig* lopov, tat, goljuf, slepar (pri kartanju); **2.** *vt & vi* goljufati, slepariti (pri kartanju)

rookery [rúkəri] *n* vranje gnezdo ali leglo; naselbina; kolonija vran, pingvinov, tjulnjev itd.; stara najemniška, siromašna in preveč naseljena stanovanjska hiša, »kasarna«; preobljudena soseska

rookie [rúki] *n mil sl* rekrut; novinec, začetnik, neizkušen človek

rooklet [rúklit] *n zool* mlada poljska vrana

rookling [rúkliŋ] *n* glej **rooklet**

rooky [rúki] **1.** *a* (ki je) poln vran; **2.** *n sl* rekrut

room I [rum, ru:m] *n* prostor, mesto; soba, sobana; *pl* stanovanje, stanovanjski prostori; družba, stanovalci, ki so navzoči v sobi; *fig* možnost, prilika, ugoden trenutek; povod, vzrok (*for* za); **in one's** ~, **in the** ~ **of** namesto koga, v zameno za koga; **in my** ~ namesto mene; **in your** ~ da sem jaz na vašem mestu; ~ **and to spare** prostora še preveč; ~ **for complaint** povod za pritožbo; **bachelor's** ~ **s** garsonjera, samsko stanovanje; **bed-** ~ spalnica; **combination** ~ družabni prostor za učitelje (v Cambridgeu); **dining-** ~ obednica, jedilnica; **drawing-** ~ salon; **junior common** ~ družabni prostor za študente; **living-** ~ dnevna soba; **school-** ~ šolska soba, učilnica, razred; **senior common** ~ družabni prostor za učitelje; **standing-** ~ stojišče; **standing-** ~ **only!** samo stojišča (so še na voljo!); **state-** ~ sprejemna dvorana; **there is** ~ **for improvement** lahko bi bilo bolje, ni ravno najbolje; **there is no** ~ **to swing a cat** *fig* ni niti toliko prostora, da bi se človek obrnil; **to be confined to one's** ~ ne zapustiti svoje sobe (zaradi bolezni); **to do a** ~ pospraviti sobo; **we'd rather have his** ~ **than his company** rajši bi videli, da on ne bi bil tu; **to make** ~ **for s.o.** napraviti komu prostor, mesto; **he set the** ~ **in a roar** vso sobo je spravil v smeh; **to take up too much** ~ preveč prostora (za)vzeti

room II [rum] *vi & vt A* stanovati (*at* pri); dati komu stanovanje; namestiti; **a double-roomed flat** dvosobno stanovanje; **they ~ together** stanujejo skupaj

roomage [rúmidž] *n* prostor

roomer [rúmə] *n A* stanovalec, -lka; podnajemnik, -ica

roomette [rumét] *n A* oddelek spalnih vagonov z enim ležiščem

roomful [rúmful] *n* polna soba; kolikor gre v sobo; **a ~ of people** polna soba ljudi

roominess [rúminis] *n* prostornost

rooming house [rúmiŋ háus] *n A* hiša, v kateri se oddajo opremljene sobe, pension

roommate [rúmmeit] *n* sostanovalec

room-trader [rúmtreidə] *n A* borzni trgovec, ki špekulira na lasten račun

roomy [rúmi] *a* (**roomily** *adv*) prostoren; širok

roop [ru:p] *n* klic, krik; hripavost

roose [ru:z] **1.** *n arch* bahanje, lastna hvala; (po)-hvala; **2.** *vi* bahati se; *vt* poveličevati

roost I [ru:st] *n* gred, greda; gred za kokoši; kokošnjak; kurnik; *coll* ležišče, počivališče, prenočišče; **at ~** na gredi, *fig* v postelji; **to be at ~** spati (o perutnini); *fig* spati (o ljudeh); **to go to ~** iti spat, iti na počivanje; **to rule the ~** *fig* biti gospodar, gospodariti, vladati, voditi; **curses come home to ~** kletve se maščujejo tistemu, ki jih uporablja; kdor drugim jamo koplje, sam vanjo pade

roost II [ru:st] *vi & vt* (o perutnini) sedeti ali spati na gredi, sedé spati; *coll fig* (o osebah) leči (k počitku), spati, iti spat, prespati noč, prenočiti; nuditi, dati komu prenočišče, spraviti koga pod streho

rooster [rú:stə] *n* (zlasti *A*) petelin; ptič, ki sedi na drogu itd.; *A sl* domišljav gizdalin

root I [ru:t] **1.** *n* korenika, korenina, koren; *fig* koren, izvor, poreklo, izvirna oblika; vzrok; temelj, osnova, jedro, srž, bit; *math & gram* koren; *pl* vznožje (gore); **~ and branch** *fig* korenito, temeljito, popolnoma, radikalno; **~ of the matter** jedro, bistvo stvari; **~s** *pl* **of a mountain** vznožje gore; **cube ~**, **third ~** *math* kubični koren; **Dutch ~s** *pl* cvetlične čebulice; **second ~**, **square ~** *math* kvadratni koren; **to destroy ~ and branch** popolnoma uničiti (iztrebiti, izkoreniniti); **to get at** (ali to) **the ~s of evil** priti do korena (vzroka) zla; **to lay axe at the ~ of** posekati korenine (zla itd.); **war lies at the ~ of it** korenine (izvor) tega je vojna; **to pull out by the ~s** izruvati s koreninami (vred); **to strike at the ~ (of)** udariti po korenini, odrezati korenino (česa); **to take (to strike) ~** pognati korenine, ukoreniniti se; **to take ~ from** imeti svoj izvor v, bazirati na; **to tear up the ~s** izkoreniniti; iztrebiti

root II [ru:t] *vt & vi* globoko posaditi, vsaditi, ukoreniniti; vcepiti, vliti; ukopati, pribiti, prikovati koga (kot s korenino); *vi* ukoreniniti se; **obedience ~ed in fear** pokorščina, ki je osnovana na strahu; **terror ~ed him to the ground** strah ga je ukopal (prikoval) v tla; **to stand ~ed to the spot** biti, stati kot v zemljo ukopan; **to ~ out (up)** izruvati, izpuliti, izkoreniniti, uničiti, iztrebiti; **3.** *a* sestavljen iz korenin; ko-

renski; *fig* osnoven; **~ extraction** *math* korenjenje; **~ idea** osnovna misel (ideja)

root III [ru:t] *vi & vi* (o prašiču) riti (z gobcem); **to ~ about** *fig* riti, bezati, brskati, drezati; **to ~ out, to ~ up** izbrskati, izbezati, izkopati

root IV [ru:t] *vi A sl sp* navijati (*for* za), želeti uspeh; podpirati, zagovarjati, odobravati; **the crowd ~ed for the home team** množica je navijala za domače moštvo

rootage [rú:tidž] *n* ukoreninjenje, ukorenitev; *bot* utrditev (s pomočjo korenin)

root-bound [rú:tbaund] *a* ukoreninjen; trdno pritrjen

rooted [rú:tid] *a* (**~ly** *adv*) ukoreninjen, globoko vsajen; *naut* usidran (*in* v); **he is ~ly against it** on se temu globoko (nepopustljivo, nepomirljivo) upira

rootedness [rú:tidnis] *n* ukoreninjenost, trdnost

rooter I [rú:tə] *n* iztrebljevalec, uničevalec; (redko) ukoreninjenec

rooter II [rú:tə] *n A sl sp* navijač pri tekmi

rootery [rú:təri] *n* kup korenin in zemlje za gojenje vrtnih rastlin

rootle [ru:tl] *vi & vt* riti (rijem)

rootless [rú:tlis] *a* (ki je) brez korenin; *fig* izkoreninjen, brez trdnih tal

rootlet [rú:tlit] *n* koreninica

rooty I [rú:ti] *a* poln korenin, koreninast, podoben korenini, sestavljen iz korenin

rooty II [rú:ti] *n mil sl* kruh

rope I [róup] *n* vrv, konopec, motvoz; niz; *fig* smrt z obešenjem; (v cirkusu) akrobatska vrv; laso; plezalna vrv, naveza; *pl sl* prijem, zvijača; (o vinu, pivu) židkost; **on the high ~** zviška, ošabno; besno; **the ~** vrv za obešanje, kazen obešanja; **the ~s** *sp* vrvi okoli ringa; boks(anje); **a ~ of sand** *fig* podpora brez prave pomoči, nezanesljiva pomoč, varljiva sigurnost; **a ~ of pearls** niz biserov; **bell-~** vrvica za zvonec; **plenty of (enough) ~ to hang oneself** *fig* možnost, da sami sebi škodimo, drvimo v pogubo; **to be on the ~** (alpinizem) biti v navezi; **to be on the ~s** (v ringu) viseti na vrveh, *fig sl* biti v brezupnem položaju; **to be on the high ~s** *fig* prevzetovati, napihovati se, šopiriti se, biti ohol; **to be at the end of one's ~** biti na koncu svojih sredstev, svojega življenja; **to give s.o. ~** (plenty of ~) dati komu (popolno) svobodo delovanja (zlasti, da se kompromitira); **to give s.o. enough to hang himself** dati komu dovolj prilike, da se uniči, ugonobi; **to know the ~s** biti na tekočem; dobro se spoznati na, biti dobro uveden (v stvari, kako jih drugi poznajo), poznati vse prijeme (zvijače); dobro vedeti, kaj je treba narediti; **to learn the ~s** uvesti se v delo; **name not a ~ where one has hanged himself** ne omenjaj vrvi v hiši, v kateri se je nekdo obesil; **to put s.o. up to the ~s** uvesti koga v, dati komu vse potrebne podatke; **to show s.o. the ~s** uvesti koga v (neko) delo

rope II [róup] *vt & vi* pritrditi (povezati, zvezati) z vrvjo, navezati (se) v navezo; nanizati na vrv(ico); *fig* pritegniti, premamiti koga (*into* v); *sp* zadrževati konja, namenoma počasi jahati ali teči; ne razviti vseh svojih moči (o tekaču) postati židek (pivo, vino);

rope down *vt & vi* spustiti (se) po vrvi navzdol;
rope in *vt* ograditi (z vrvjo); **to rope s.o. in** vpreči koga v delo; pritegniti, primamiti koga v podjetje; *sl* aretirati; *sl* (pri)dobiti;
rope s.o. into doing s.th. premamiti koga, da nekaj naredi;
rope off *vt* oddeliti (z vrvjo) (**a piece of land** kos zemljišča);
rope out *vt* (z vrvjo) omejiti, oddeliti, zapreti; **to ~ spectators** gledalce oddeliti (izključiti, izpreti) z vrvjo;
rope up *vt* zvezati, privezati, pritrditi, pričvrstiti z vrvjo; **3.** *a*; **~ ferry (pulley, winch)** brod (škripec, vitel) na vrv
rope-dancer [róupda:nsə] *n* plesalec, -lka na vrvi, vrvohodec
rope-end [róupend] **1.** *n naut* vrv za kaznovanje (šibanje) (zlasti mornarjev); **2.** *vt* pretepsti (šibati) z vrvjo
rope-ladder [róuplædə] *n* lestev iz vrvi
rope-maker [róupmeikə] *n* izdelovalec vrvi, vrvar
ropemanship [róupmənšip] *n* spretnost v hoji po vrvi ali v plezanju z vrvjo
roper [róupə] *n* vrvar, izdelovalec vrvi; zavijač; metalec lasa; *sp* kdor namenoma izgubi v tekmi
ropery [róupəri] *n* vrvarstvo; vrvarna; vrvarska obrt; *arch* premetenost; lopovstvo, lopovščina, podlost
ropewalk [róupwɔ:k] *n tech* vrvenica
ropewalker [róupwɔ:kə] *n* vrvohodec, ekvilibrist na napeti vrvi
ropeway [róupwei] *n* žičnica, žična železnica
ropework [róupwɔ:k] *n* vrvarna, tovarna vrvi
ropeyard [róupja:d] *n* glej **ropery**
rope-yarn [róupja:n] *n* preja za vrvi; *fig* malenkost, neznatnost
ropiness [róupinis] *n* židkost (kake tekočine); lepljivost
roping [róupiŋ] *n* vrvje; celoten sistem (ureditev) vrvi
ropy [róupi] *a* židek, lepek, vlaknast, ki gosto teče (sirup, med); podoben vrvi; **~ wine** bersnato vino
roquet [róukei] **1.** *vt & vi* (kroket) zadeti drugo kroglo; **2.** *n* zadetje druge krogle
roric [ró:rik] *a* rosen
rorty (raughty) [ró:ti] *a sl* vesel, židane volje, veder; svetel; **to have a ~ time** biti razposajen
rosace [róuzeis] *n* rozeta; *archit* mnogobarvno okno pri gotskih cerkvah
rosaceus [rozéišəs] *a bot* spadajoč v vrsto rožnic; rožast, podoben roži (vrtnici), kot roža
rosarian [rozéəriən] *n* gojitelj vrtnic; *eccl* član bratovščine rožnega venca
rosarium [rouzéəriəm] *n* greda vrtnic, rožni vrt; *eccl* rožni venec, molek; *fig* cvetober, antologija; **to tell over the R~** *relig* moliti rožni venec
rose I [róuz] **1.** *n* roža, vrtnica, rožni grm; *fig* lepa ženska, krasotica, lepotica; rožnata barva; *pl* rožnat videz; *med* šen; simbol, emblem rože; ornament rože; *archit* okno kot roža, rozeta; štrcalka (glavica) vrtnarske škropilnice; *geogr naut* vetrovnica (na kompasu); **the ~ of** najlepša od; **~ of may** narcisa; **no bed of ~s** *fig* nobeno veselje (zabava); **path strewn with ~s** z rožami posuta pot, *fig* lagodno življenje;

under the ~ *fig* zaupno, na tihem, tajno, sub rosa; **to be reposed on a bed of ~s** *fig* imeti zelo ugodne življenjske razmere, imeti z rožicami postlano življenje; **it is not all ~s** ni vse tako rožnato, kot je videti; **to gather ~s of life** uživati življenje, iskati življenjske užitke; **to look at things through ~-coloured spectacles** gledati (videti) stvari skozi rožnata očala, videti stvari v najboljši luči; **no ~ without thorns** ni rože brez trna, *fig* vsaka prijetna stvar ima tudi kaj neprijetnega, popolne sreče ni; **2.** *a* rožnat; rožni, rožnate barve; **3.** *vt* rožnato rdeče (po)barvati, pordečiti, rdeti (lica)
rose II [róuz] *pt* od **to rise**
roseate [róuziit] *a* (**~ ly** *adv*) poln rož, rožnat; *fig* zlat; blesteč, sijajen; optimističen, rožnat, obetaven; **~ hopes** lepa upanja; **~ views** optimistični nazori (vidiki)
rose-bay [róuzbei] *n bot* oleander; ameriški rododendron, sleč
rose-berry [róuzberi] *n coll bot* šipek
rose-bud [róuzbʌd] **1.** *n* rožni popek; mlado dekle; *A* začetnica, debitantka; **2.** *a* ki je kot rožni popek
rose-bush [róuzbuš] *n* rožni grm
rose-cheeked [róuzči:kt] *a* (ki je) rožnatih lic
rose-colour [róuzkʌlə] *n* rožnata barva; *fig* prijeten, rožnat videz; rožnato stanje stvari, vedrost, prijetnost; **life is not all ~** v življenju niso samo prijetnosti
rose-coloured [róuzkʌləd] *a* rožnat; *fig* optimističen, blesteč, svetel; vesel, živahen; **to take ~ views of things** videti stvari v rožnati luči; **to see things through ~ spectacles** videti stvari skozi rožnata očala
rose-cut [róuzkʌt] *a*; **~ diamond** v obliki rozete brušen diamant
rose-drop [róuzdrɔp] *n med* kožna bolezen (rdeče pege); višnjev (cvetoč) nos pri pijancu; vrsta pastile
rose-leaf [róuzli:f] *n* list, (venčni) listič vrtnice; **crumplet ~** *fig* majhna skrb, ki kalí veselje, srečo
roselike [róuzlaik] *a* podoben roži (vrtnici), kot roža
rose-lipped [róuzlipt] *a* rožnatih ustnic
rosemary [róuzməri] *n bot* rožmarin
roseola [rozí:ələ] *n med* osepnice (otroška bolezen)
rose-pink [róuzpiŋk] **1.** *n* rožnata barva; rožnat pigment; **2.** *a* rožnat
rose-rash [róuzræš] *n* glej **roseola**
rosered [róuzred] *n* rožnato rdeča barva
rose-red [róuzred] *a* rdeč kot roža (vrtnica)
rosery [róuzəri] *n* gredica vrtnic; vrt rož, vrtnica
rosette [rouzét] *n* rozeta; roža (ornament); *archit* rozeta (okno)
rose-water [róuzwɔ:tə] **1.** *n* rožna voda; vonj, parfem vrtnic; *fig* komplimenti, nežno ravnanje; **2.** *a* dišeč po rožni vodi; *fig* nežen, nežno čuteč; **~ manners** *pl* prefine manire (vedenje); **~ treatment** premehko, zelo nežno ravnanje (postopek), komplimenti ipd.; **~ surgery** kirurgija, ki ne prizadene bolniku bolečin; **a revolution, and no ~ one** revolucija, in (to) še malo ne nežna

rose-window [róuzwindou] *n archit* rozeta, okno v obliki rože; okroglo okno s križnimi špicami
rosewood [róuzwud] **1.** *n* palisander; palisandrov les; **2.** *a* palisandrov
rosied [róuzid] *a* okrašen z rožami; rožnate barve
rosin [rózin] **1.** *a chem* (terpentinova) smola; kolofonija; *sl* goslač; ~ **soap** terpentinovo milo; **2.** *vt* naloščiti, natreti s smolo, s kolofonijo
rosiness [róuzinis] *n* rožnatost, rožnata barva
rosiny [rózini] *a* smolast
rosland [róslænd] *n* barje
rosolio [rəzóuliou] *n* rozólija, rožni liker
ross [rɔs] **1.** *n* lubje; **2.** *vt* odstraniti lubje
roster [róstə] *n mil* seznam vojakov, popis vojakov,, čet in njihovih dolžnosti (za posameznike in enote); register imen; službeni načrt
rostrum, *pl* **-stra** [róstrəm, -strə] *n* govorniški oder ali tribuna; prižnica; *hist* ladijski kljun; *zool & anat* kljunasta izraslina (izbočenost, izboklina)
rosy [róuzi] *a* (**rosily** *adv*) rdeč kot vrtnica, rožnat; cvetoč; okrašen z vrtnicami, rožami; *fig* sijoč, rožnat, svež (videz), zdrav; **a** ~ **complexion** rožnata polt; ~ **red** rožnato rdeča barva; ~ **tinted** rožnato nadihnjen (lica itd.); **she looks** ~ videti je kot cvetoča vrtnica (roža)
rot I [rɔt] *n* gnitje, gniloba, gnilost, nekaj gnilega; trohnenje, razpadanje; *sp* nepričakovana vrsta neuspehov; *sl* neumnost, nesmisel, bedarija, traparija, bedastoča; neprijetnost, nevšečnost; metljavost (ovac); ~! *sl* bedastoča! neumnost!; **what tommy** ~! je pa to traparija!; **dry** ~ trohnenje (dreves, lesa); **you are talking** ~ neumnosti kvasiš, trapariš, bedasto govoriš; **this is perfect** ~ to je popoln nesmisel (neumnost); **what** ~ **the train is so early!** kako neprijetno, da vlak odhaja tako zgodaj!
rot II [rɔt] *vi* (z)gniti, trohneti, razpadati, pokvariti se, usmraditi se, *fig* (moralno) propadati; govoriti neumnosti, neumne kvasiti; *geol* prepereti, sprhneti; *vt* povzročiti, da kaj gnije; povzročiti gnitje, trohnjenje; *sl* rogati se (komu), zasmehovati, dražiti, ironično govoriti; **he is only rotting** on se le posmehuje; **to** ~ **in gaol** gniti, trohneti, propadati v ječi; **to** ~ **about** *sl* zapravljati čas v lenobi in norostih; **to** ~ **off, to** ~ **away** izginiti zaradi gnitja, zgniti
rota [róutə] *n* red službe, turnus; seznam uslužbencev, ki se menjavajo na kaki dolžnosti; tabela (dolžnosti), reden potek; *eccl* vrhovno duhovno in svetno sodišče; *mus hist* pesem z refrenom, petje v krogu; lajna
Rotarian [routéəriən] **1.** *n* član kluba Rotary, rotarijec; **2.** *a* rotarijski
rotary [róutəri] **1.** *a* ki se vrti, kroži, obrača; vrtilen; rotacijski; rotarijski; **R~ Club** klub rotarijcev; **the R~ movement** gibanje rotarijcev; ~ **crane** *tech* vrtljiv žerjav; ~ **current** *el* vrtilni tok; ~ **press** rotacijski tisk; ~ **traffic** krožni promet (le v eno smer); **2.** *n* rotacijski stroj, rotaprint; rotarijski klub, rotarijska organizacija
rotatable [routéitəbl] *a* vrtljiv
rotate [routéit] *vi & vt* vrteti (se), obračati (se), krožiti; menjavati (se) po redu, po turnusu (*in office* v službi); rotirati, razporediti v pravilnem redu; *agr* kolobariti, načrtno menjavati kulture na določenem zemljišču

rotation [routéišən] **1.** *n* vrtenje, obračanje, krožcnjc, rotacija, rotiranje, (iz)menjavanje); **by** ~, **in** ~ izmenoma, v turnusu, menjaje se; ~ **of crops** *agr* kolobarjenje; ~ **of the earth** (dnevno) vrtenje zemlje; **moment of** ~ vrtilni moment; ~ **of the seasons** menjavanje, redno vračanje letnih časov; ~ **in office** menjavanje (v turnusu) v službi; **2.** *a* rotacijski; v turnusu
rotational [routéišənəl] *a* rotacijski, ki se menjava; redno se vračajoč; vrteč se, vrtilen, obračajoč se, krožeč
rotative [róutətiv] *a* glej **rotational**; ~ **force** vrtilna sila
rotator [routéitə] *n tech* rotacijska naprava
rotatory [róutətəri] *a* glej **rotational**
rote I [róut] *n* gola navada, mehanična spretnost, rutina; **by** ~ mehanično, rutinsko; na pamet; **to learn (to do) (only) by** ~ (le) mehanično, iz navade, se kaj učiti (delati)
rote II [róut] *n A* hrumenje, bučanje butanja valov
rote III [róut] *vi* po vrsti se menjavati; **to** ~ **out** po vrsti izločiti
rot-gut [rótgʌt] **1.** *n sl* slaba, škodljiva alkoholna pijača (žganje); **2.** *a* ponarejen, slab (o žganju)
rotor [róutə] *n* rotor; *aero* vrtljivo krilo (helikopterja); ~ **craft**, ~ **plane** helikopter
rotten [rɔtn] *a* (~**ly** *adv*) gnil, črviv, trohnel, razpadel; onemogel, izčrpan (od starosti ali uporabe); *coll* grd (o vremenu); *fig* pokvarjen, ničvreden, podel, hudoben; *sl* beden, odvraten, gnusen; **a** ~ **business** umazan posel (zadeva); ~ **egg** gnilo jajce; ~ **luck** grda (vražja) smola; **a** ~ **play** strašansko slaba gledališka igra; **R~ Row** jahalna pot v Hydeparku; ~ **to the core** do stržena gnil, *fig* skoz in skoz pokvarjen; **a** ~ **trick** surovo, objestno dejanje; ~ **weather** zelo grdo vreme; **to get** ~ zgniti; pokvariti se; **something is** ~ **in the state of Denmark** nekaj je gnilega v državi Danski
rottennes [rótənnis] *n* gnitje, trohnoba, gniloba, *fig* pokvarjenost, korumpiranost
rotten-egg [rɔtənég] *vt* obmetavati z gnilimi jajci
rottenstone [rótənstoun] *n tech* plovec, votlič; kremenčeva pena za glajenje, poliranje zrcal, kovin
rotter [rótə] *n sl* pridanič, ničvrednež, pokvarjenec; odvratna oseba, lump
rotula, *pl* **-lae** [rótjulə,-li:] *n med anat* pogačica; (farmacija) tableta, zdravilna kroglica
rotumbulator [rotámbjəleitə] *n film* avto za kamero
rotund [rotʌ́nd] *a* (redko) okrogel, zaokrožen, obel; debel, debelušen; bombastičen; (o glasu) zveneč, sonoren, poln; ~ **phrases** bombastične fraze
rotunda [rotʌ́ndə] *a archit* rotunda, okrogla zgradba s kupolo; okrogla dvorana ali soba
rotundity [rotʌ́nditi] *n* okroglost, okroglina, oblost; debelost, debelušnost; nabuhlost v govoru, gostobesednost, bombastičnost; *fig* celotnost, polnost
roturier [rətúrjé] *n* (*Fr*) oseba nizkega stanu, neplemič
rouble [ru:bl] *n* rubelj (denarna enota)
rouge [ru:ž] **1.** *a* rdeč; **2.** *n* rdečilo, rdeče ličilo (šminka itd.), ruž; **3.** *vt & vi* lepotičiti (se), šminkati (se) z rdečilom; pordečiti (se)

rough I [rʌf] *n* hrapavost, neravnost; surovo stanje; surovost, grobost; neprijetne stvari, težki trenutki, surova stran življenja; težaven teren; surov, neotesan človek, neotesanec, prostak; **in the** ~ v surovem, neobdelanem stanju; **the** ~ (s) **of life** neugodnosti življenja; **over** ~ **and smooth** v slabem in v dobrem; **it is true in the** ~ v glavnem je to res; **to take s.o. in the** ~ vzeti koga, kakršen je; **to take the** ~ **with the smooth** enako spreje(ma)ti dobro in slabo, vzeti stvari, kot pač pridejo; **to work in the** ~ grobo izdelati
rough II [rʌf] **1.** *a* hrapav, raskav, neraven; neobdelan, neizbrušen; surov, grob; neotesan, osoren, brutalen; (okus) trpek, oster; težaven, neprijeten, naporen (o življenju); razburjen (*with* od); (o morju) razburkan; divji, nebrzdan; nepravilen, nepopoln; približen; slab; (o tkanini) z dolgo dlako; trdega srca, trdosrčen (*on* do), neizprosen; nedokončan, v glavnih črtah; ~ **and ready** grobo obdelan, nedovršen, zasilen, začasen; še kar dober za praktične namene; primitiven, a uspešen; ekspeditiven; (o osebah) realen, stvaren, neizbirčen; nepretiran; **a** ~ **customer** nasilnež; ~ **coat,** ~ **cast** omet, ometavanje; ~ **copy,** ~ **draft** osnutek, skica, prvi načrt, koncept; **a** ~ **day** vetroven dan; ~ **diamond** nebrušen diamant, *fig* nekultiviran, neuglajen, a pošten človek; **at a** ~ **estimate** približno; ~ **house** *A sl* burno in hrupno zborovanje, bučna in surova zabava; glasen prepir in pretep; ~ **leaf** prvi list na rastlini; ~ **luck** slaba sreča, smola; ~ **music** neubrana glasba, kričanje; ~ **passage** potovanje po razburkanem morju; ~ **rice** neoluščen riž; **a** ~ **road** slaba cesta; **the** ~ **sex** moški spol; moški; ~ **timber** neobeljen posekan les; **in a** ~ **state** v surovem stanju; **a** ~ **sketch** prvi osnutek; ~ **tongue** surov, oster jezik; **in a** ~ **voice** grobo, osorno; ~ **work** surovo, neizdelano, nedovršeno delo; ~ **weather** slabo vreme; **it is** ~ **on me** ni pravično do mene; nimam sreče; **to give s.o. (a lick with) the** ~ **side of one's tongue** *fig* pošteno koga ošteti, pošteno mu jih povedati; **to have a** ~ **time** mnogo pretrpeti, imeti hude težave; **she had a** ~ **time** mnogo je prestala, zelo slabo ji je šlo; **he had it** ~ mnogo je prestal, pretrpel; **this is** ~ **luck for me** to je hud udarec zame, tega nisem zaslužil; **2.** *adv* grobó, surovo, robato, brezobzirno, brez prizanašanja, nasilno; na naglo; **to lie, to sleep** ~ ležati, spati oblečen (zlasti na prostem); **to play** ~ *sp* grobo igrati; **to ride** ~ divje, ne po pravilih jezditi
rough III [rʌf] *vt* grobo obdelati, napraviti grobo (hrapavo); grobo ravnati, postopati (s kom); na hitro narediti; zabiti ostre žeblje v podkvi; krotiti konja; *vi sp* grobo igrati; **to** ~ **it** imeti trdo življenje, z muko se prebijati skozi življenje; grobo, surovo se obnašati; **I had to** ~ **it** moral sem se prebijati (živeti, potovati) brez udobnosti
rough in (out) *vt* grobo, v glavnih potezah skicirati (*a face, a plan* obraz, načrt)
rough out *vt* grobo otesati; grobo skicirati
rough up *vt* grobo ravnati (s kom), nahruliti, nadreti (koga); **to** ~ **s.o. up the wrong way** *fig* dražiti, ozlovoljiti koga

roughage [rʌfidž] *n* surov, grob material; groba hrana ali krma (seno, otrobi ipd.); *biol* neprebavljiva hranila (zlasti celuloza)
rough-and-ready [rʌfəndrédi] *a* grobo obdelan, nedokončán, nedovršen; zasilen, začasen, praktičen; neizbirčen; primitiven, a uspešen; ~ **speech** govor brez priprave; **a** ~ **worker** hiter, a površen delavec
rough-and-tumble [rʌfəndtámbl] **1.** *a* divji, surov, grob, oster, brutalen, neizprosen, brezobziren; (o igri) surov; **a** ~ **life** neizprosen življenjski boj; **2.** *n* nenaden pretep, prerivanje, *fig* življenjski boj
rough-cast [rʌfka:st] **1.** *a* grobo, surovo ometán (o zidu); neobdelan, surov; skiciran, narejen v osnutku; **2.** *n* surova litina; omet; *fig* na hitro narejen osnutek; **3.** *vt* ometáti, pokriti s plastjo ometa; grobo obdelati; skicirati, na hitro načrtati (napisati, narisati), v grobem zasnovati
rough-dry [rʌfdrai] **1.** *a* (samó) posušen (o perilu); **2.** *vt* samó posušiti (perilo, brez likanja)
roughen [rʌfən] *vt & vi* napraviti hrapavo, grobó; *fig* vznemiriti, razdražiti; (o morju) razburkati (se); postati (bolj) grob, posuroveti
rough-footed [rʌffu:tid] *a* koconog
rough-grind* [rʌfgráind] *vt* grobó (z)mleti
rough-handle [rʌfhǽndl] *vt* grobo, brutalno ravnati (s kom), maltretirati
rough-hew [rʌfhjú:] *vt* grobó izdelati (obdelati, obtesati, oklesati, formirati); dati prvo obliko
rough-hewn [rʌfhjú:n] *a* grobo otesan (oklesan, izrezljan); v grobih potezah izdelan ali zasnovan
rough-house [rʌfhaus] **1.** *n A sl* hrupno in burno zborovanje; glasen, bučen prepir ali pretep; ravs in kavs; bučna surova zabava; **2.** *vt & vi* grobo ravnati z, šikanirati; sodelovati v pretepu ali v bučni zabavi
roughish [rʌfiš] *a* nekoliko hrapav (robat, grob); težaven
roughly [rʌfli] *adv* surovo, grobo, osorno, brutalno, rezko; nenatančno, približno; ~ **speaking** približno, čisto splošno (rečeno, povedano)
rough-neck [rʌfnek] *n A sl* surovež, grobijan, prostak
roughness [rʌfnis] *n* hrapavost, neravnost; grobost, surovost, robatost, nevljudnost, neljubeznivost, ostrost, strogost, brutalnost, trdota; (o vinu) trpkost; (o morju) razburkanost, burnost, divjost; **owing to the** ~ **of the road** zaradi slabega stanja ceste
rough-plane [rʌfpléin] *vt tech* grobo (iz)obliti, (o)stružiti
rough-rider [rʌfráidə] *n* konjski dresêr, krotilec divjih konj; drzen jezdec; pripadnik neredne konjeniške enote; **R**~ **Riders** ameriški prostovoljski polk, ki se je odlikoval v špansko-ameriški vojni leta 1898
rough-scuff [rʌfskʌf] *n A coll* surovež, nasilnež
rough shod [rʌfšɔd] *a* ostro podkovan; **to ride (run, travel)** ~ brezobzirno jahati (voziti); **to ride** ~ **over s.o.** *fig* pregaziti, poteptati (koga); biti brez sočutja, brezobziren (do koga), tiranizirati (koga)
rough-spoken [rʌfspoukən] *a* grob, surov, nedostojen v govorjenju; jasno ali grobo povedan
rough-wrought [rʌfrɔ:t] *a* grobo obdelan

rough-stuff [rʌfstʌf] n (slikarstvo) debela osnovna barva

roulette [rulét] 1. n ruleta (igralna naprava; hazardna igra); math cikloida; tech kolesce z ostrimi zobmi (npr. za perforiranje znamk); zvitek kodrov; 2. vt gravirati ali (pre)luknjati s kolescem

Roumania [ru:méiniə] n Romunija

Roumanian [ru:méinjən] 1. a romunski; 2. n Romun, -nka; romunščina

rounceval [ráunsivəl] n bot vrsta graha velikih zrn

round I [ráund] a okrogel, obel, zaokrožen, zaobljen, valjast; krožeč, ki se giblje v krogu, vijugast; (o obrazu) okrogel, poln; (o vsoti) zaokrožen, okrogel, približen; celoten, znaten, ves; (o slogu) gladek, tekoč; (o korakih) hiter, krepak; iskren, jasen, odkrit, preprost, prostodušen; as ~ as a ball okrogel kot krogla; at a ~ pace (rate) s krepkim korakom, hitro, naglo; at a ~ trot v hitrem diru; in ~ figures (numbers) v celih številih; v okroglih, približnih številkah; with a ~ oath s krepko kletvico; in a ~ voice s krepkim, polnim glasom; a ~ answer odkrit odgovor; a ~ robin fig protestno pismo ali peticija s podpisi v krogu (da se ne odkrije pobudnik); ~ statement nedvoumna izjava; a ~ sum okrogla, znatna, precejšnja vsota; a ~-table conference posvetovanje zastopnikov (raznih strank) za okroglo mizo; ~ towel neskončna brisača (na valju); a ~-trip ticket A vozovnica za krožno potovanje; A povratna vozovnica; a ~, unvarnished tale popolna, neolepšana resnica; a ~ vowel zaokrožen samoglasnik (o, u); to be ~ with s.o. biti odkrit, pošten do koga

round II [ráund] n oblina, okroglina, okroglost, okrogel ali obel predmet, okrogla stavba; krog, venec; gibanje kroga, kroženje; obhod, runda; patrulja; runda (pri tekmah, igrah); mil naboj, granata, salva; fig salva smeha, odobravanja; hunt strel; debela rezina (mesa); niz, vrsta dni; mus pesem, ki se izmenoma poje, pesem pri kolu; ~ after ~ of applause aplavz brez konca in kraja; ~ of beef debel odrezek govedine; a ~ of beer runda piva (ki jo plača eden za vse omizje); a ~ of cheers salve odobravanja; ~ of pleasures potovanje za zabavo; vrsta zabav; the daily ~ običajno vsakdanje delo (posel, opravilo), rutina; the Earth's yearly ~ letna krožna pot Zemlje; a fight of 10 ~s borba v 10 rundah; to dance in a ~ plesati v krogu, plesati kolo; the soldier got ten ~s of ball cartridges vojak je dobil deset nabojev; she had gone on a ~ of calls šla je (bila) na vrsto obiskov; to go for a good ~ iti na daljši (krožni) sprehod; the officer goes the ~s of sentries častnik obhodi straže; the policeman goes his ~ stražnik obhodi svoj revir; the story goes the ~ of the clubs zgodba kroži po klubih; to make the ~ of the barracks obhoditi vojašnico; to make (to go) one's ~s obhoditi, inšpicirati, pregledati, opraviti svoj običajni obhod; to serve a ~ of drinks plačati (dati za) rundo pijače

round III [ráund] adv (na)okoli, (na)okrog; v krogu, v obsegu; kolikor daleč seže pogled naokoli; ~ and ~ nepretrgoma, neprestano, velikokrat;

~ about! na levo krog!; all ~ vse obsegajoč (o ceni); all-~ naokoli, brez razlike, vsi po vrsti; all ~ us vse okoli nas; all the country ~ po vsej deželi, zemlji; all the year ~ (skozi) vse leto; for miles ~ milje naokrog; a long way ~ velik ovinek; to ask s.o. ~ povabiti koga k sebi; to bring s.o. ~ spraviti koga k sebi, k zavesti; prepričati koga; he is coming ~ (on) prihaja spet k zavesti; to come (to be) ~ kmalu, skoraj priti (biti); New Year's Day will soon come ~ Novo leto bo kmalu tu; to go ~ vrteti se v krogu, krožiti; to go a long way ~ napraviti velik ovinek; to gather ~ zbrati se okoli; to get s.o. ~ prelisičiti, omrežiti, premamiti koga; to hand ~ podajati, porazdeliti okoli; what are you hanging ~ for? kaj čakaš tu? kaj delaš tu?; to order glasses ~ naročiti pijačo za vso družbo, pogostiti vso družbo; to send ~ the hat (s klobukom) nabirati darove v družbi, prositi za prostovoljne prispevke; to show s.o. ~ okoli koga voditi, biti komu za vodnika, razkazovati komu kaj; to sleep the clock ~ spati polnih 12 (ali 24) ur; taking it all ~ upoštevajoč stvar z vseh vidikov; to turn ~ vrteti se, obrniti se, obračati se; wheels turn ~ kolesa se vrté

round IV [ráund] prep okoli, okrog; ~ the bend sl nekoliko nor, prismojen; ~ the world in 80 days okoli sveta v 80 dneh; ~ the clock nepretrgano, non-stop, 24 ur na dan; the shop ~ the corner trgovina okrog vogala; to look ~ one (po)gledati okoli sebe; to take s.o. ~ the town razkazovati komu mesto; to travel ~ the country potovati po (vsej) deželi

round V [ráund] vt & vi zaokrožiti (se), zaobliti (se); postati okrogel (poln, debel); obkrožiti, obkoliti; obpluti, obiti (oviro), obhoditi, iti (na)okrog, okoli; zaviti okoli (vogala); zvoziti (ovinek); obrniti (obraz) (towards proti); obrniti se, ozreti se; to ~ one's eyes debelo gledati; to ~ on one's heels zavrteti se na petah

round off vt zaokrožiti (one's estate svoje posestvo); zaobliti; ustrezno (se) končati; dati obliko; to ~ the corners rezati ogle, zavoje (o tekaču)

round on vt zmerjati, oštevati, psovati; sl prijaviti, ovaditi, denuncirati (a complice sokrivca); to ~ s.o. planiti na koga, nenadoma napasti koga, pasti komu v hrbet

round out vt (na)polniti; vi zaobliti se, zaokrožiti se

round up vt zgnati, prignati, zbrati (cattle živino); izvesti racijo

round VI [ráund] vi & vt obs šepniti, šepetati; to ~ in s.o.'s ear šepniti komu na uho

roundabout [ráundəbaut] 1. n (dolg) ovinek; krožni promet; vrtiljak; A kratek jopič; pl fig ovinkarjenje, dolgovezno govorjenje, hoja okrog (česa); oklevanje, cincanje; to make up on the swings what you lose on the ~s fig izravnati izgubo; to lose on the swings what you make on the ~s fig po mnogem sem in tja biti natančno tam kot na začetku, ničesar ne doseči; 2. a ovinkast, po ovinkih; indirekten, posreden; obširen; A tesno se prilegajoč; (redko) okroglast, čokat, tršat, zastaven; ~ explanations obširne razlage;

to **tell in a** ~ **way** povedati (reči) z namigovanjem

round-and-round [ráundəndraund] **1.** *adv* vse naokrog, vse okoli, okoli in okoli; **2.** *prep* vse okrog (česa)

roundel [ráundl] *n* majhna okrogla plošča, zlasti okrasni medaljon ipd.; rondó (pesem 9 stihov in 2 refrenov); okrogla niša; okroglo okno; *mus hist* kólo, raj (ples)

roundelay [ráundilei] *n* pesem z refrenom; pesmica; kólo (ples); ptičje petje

rounder [ráundə] *n tech* stroj za zaoblanje; oseba, ki opravlja obhod, obhodnik; *pl* igra z žogo (podobna baseballu); **R**~ potujoči pridigar (metodistov); *A sl* pijanec, prestopnik iz navade

round game [ráundgeim] *n* družabna igra

roundhand [ráundhænd] *n* okrogla pisava

roundhead [ráundhed] *n* okrogloglavec, ostriženec (vzdevek za privržence parlamenta v angleški državljanski vojni 1624—1649); *hist* puritanec, Cromwellov privrženec; *A sl* Šved

round-house [ráundhaus] *n arch rly* delavnica za popravljanje lokomotiv; *naut* kabina, kajuta na zadajšnjem delu ladje; *hist* ječa, zapor, stolp

round-iron [ráundaiən] *n* železo v palicah

roundish [ráundiš] *a* okroglast

roundly [ráundli] *adv* odkrito, iskreno, odločno; kratko malo, naravnost, čisto resno; brezobzirno, ostro, temeljito, brez oklevanja; okroglo, približno; hitro; naokoli, po ovinkih; **I told him** ~ povedal sem mu v obraz; **to go** ~ **to work** lotiti se temeljito dela

round meal [ráundmi:l] *n E* groba ovsena moka

roundness [ráundnis] *n* okroglost, oblina, zaokroženost; polnost; odkritost, iskrenost; odločnost (izjave)

roundshot [ráundšot] *n mil* topovska krogla

round-shouldered [ráundšouldəd] *a* oblih in visečih ramen

roundsman, *pl* -men [ráundzmən] *n A* policijski častnik, ki nadzira policaje na dolžnosti v določenem delu mesta; *E* prodajalec, dostavljavec (mleka, kruha itd.), tekač; **milk** ~ mlekar

round table [ráundteibl] *n* okrogla miza; omizje; **round-table conference** konferenca za okroglo mizo

round-the-clock [ráundðəklók] *a* ki traja 24 ur

round towel [ráundtauəl] *n* glej **roller towel**

round trip [ráundtrip] *n* krožno potovanje; *A* vožnja tja in nazaj

round-up [ráundʌp] *n* zbiranje, zganjanje (živine); ljudje, ki zganjajo, zbirajo; čreda goveda, zbrana na enem mestu s kavboji in njihovimi konji; racija; **a** ~ **of criminals** racija za kriminalci

roundwood [ráundwud] *n* okrogel, obel les

roup I [ru:p] **1.** *n* dražba, licitacija, avkcija; **2.** *vt Sc* javno proda(ja)ti na dražbi, na licitaciji; dražbati; javno ponujati

roup II [ru:p] *n vet* bolezen sapnika (pri perutnini); *dial* hripavost

rouse I [ráuz] **1.** *vt* zbuditi (*from, out of* iz); vzpodbuditi (*to* k); vznemiriti, razdražiti; zbuditi zanimanje; dvigniti (preplašiti, prepoditi) (divjačino); premešati, pretresti (tekočino); podpihovati (ogenj); razplamteti, vzburkati (strast itd.); *vi* zbuditi se, predramiti se; zdrzniti se,

trzniti, planiti kvišku; priti iz otopelosti, oživeti; **to** ~ **s.o.'s bile** *fig* razjeziti koga; **to** ~ **the sleeping lion** *fig* nakopati si nevšečnosti zaradi neprevidne pobude; **to** ~ **s.o. out of (up from) bed** dvigniti, vreči koga iz postelje; **to** ~ **up** zbuditi (se) iz mrtvila, postati aktiven; **2.** *n* zbujenje; zdramljenje; prestrašitev; *mil* znak (s trobento, bobnom) za zbujanje (vstajanje); budnica

rouse II [ráuz] *n arch* požirek; polna čaša; zdravica; popivanje, pijančevanje, potratna gostija; **to give (to have) a** ~ **to s.o.** napiti komu zdravico, nazdraviti komu; **to take one's** ~ popivati

rouse III [ráuz] *vt* posoliti, nasoliti (slanike itd.)

rouser [ráuzə] *n* oseba ali stvar, ki (raz)draži, vznemirja, razburja, razplamteva, bodrí; veliko presenečenje; vik; mešalec (v pivovarni); *coll* huda, debela, pretirana, nesramna laž; **his speech was a** ~ njegov govor je zbudil veliko pozornost

rousing [ráuziŋ] *a* budilen, vzpodbuden; ognjevit; ginljiv (govor itd.), pozornost zbujajoč; razburljiv, napet; *coll* močan, krepak, velik; frenetičen; plamteč (ogenj); živahen; **a** ~ **cheer** frenetično odobravanje (ploskanje); **a** ~ **fire** peklenski ogenj; **a** ~ **lie** velika, debela laž; **a** ~ **trade** cvetoča trgovina

rout I [ráut] **1.** *n* hrupna množica, krdelo, tolpa; *poet* četa; pretep, izgred, zmeda, gneča; divji, brezglavi beg poražene vojske, poraz; *arch* velika večerna družba ali zabava, reduta; **to put to** ~ *mil* poraziti in pognati v beg, popolnoma uničiti; **2.** *vt mil* uničiti, razbiti, poraziti, pognati v divji beg

rout II [ráut] *vi & vt* (o prašičih) riti, (iz)ruvati, (iz)kopati; prekopavati, premetavati; preplašiti, spoditi iz, izgnati iz, izvleči; *tech* izrezkati; **to** ~ **out of bed** izvleči, spraviti iz postelje; **to** ~ **s.o. out of his house** izgnati koga iz njegove hiše; **to** ~ **up** izruvati, izkopati; iskati in najti (izvleči)

route [ru:t] **1.** *n* cesta, pot; (določena) smer hoje, kurs; *mil* maršruta; *med* pot, dostava (zdravila telesu); **by the oral** ~ *med* skozi usta, per os; **column of** ~ pohodna kolona; **to get the** ~ dobiti ukaz za pohod; **to go the** ~ *fig* zdržati do konca, do cilja; **2.** *vt rly* označiti pot(ovanje) na vozni karti; naprej poslati (dokumente) po uradni poti

router [ráutə] *n tech* stružnica, rezkalo; rezkalec

routine [ru:tí:n] **1.** *n* rutina, spretnost, uvežbanost, veščina, izvedenost; običajni, redni potek (dela), običajen postopek; čista formalnost; stalna kolotečina, šablona; *mil* urnik; **the day's** ~ običajni, vsakodnevni, redni posli; **to make a** ~ **of s.th.** napraviti kaj za pravilo; **to be** ~ biti pravilo; **2.** *a* vsakdanji, tekoči, vedno enak, rutinski; mehaničen, normalen, šablonski, predpisen, standarden, birokratski; ~ **duties** vsakodnevne dolžnosti

routinism [ru:tí:nizəm] *n* rutinsko, mehanično delo; rutinstvo, šablonstvo

routinist [ru:tí:nist] *n* rutinist, rutinirana oseba; človek navade; **he is a great** ~ on se v vsem drži starih navad

roux [ru] *n* prežganje

rove I [róuv] **1.** *n* potepanje, klatenje, potikanje, beganje, tavanje; sprehod (potovanje) brez cilja;

2. *vi & vt* klatiti se, potikati se; tavati, bloditi, begati; prekrižariti; loviti (ribe) z živo vabo

rove II [róuv] **1.** *n* povesmo (volne itd.); ohlapno, slabo sukana nit; **2.** *vt* ohlapno sukati, (iz)pukati (volno) v pripravljalnem postopku za predenje

rove III [róuv] *n tech* kovana ploščica ali prstan, skozi katerega gre zakovica

rove IV [róuv] *pt & pp* od **to reeve**

rover I [róuvə] *n* morski razbojnik, gusar; *arch* gusarska ladja

rover II [róuvə] *n* klatež, potepuh, potepin, vagabund; starejši skavt (nad 17 let); tarča, cilj za daljinsko streljanje; **to shoot at ~s** streljati na oddaljeno tarčo; streljati na slepo

rover III [róuvə] *n* predpredilec; *tech* stroj za grobo predenje (bombaža, volne itd.)

roving [róuviŋ] **1.** *n* potepanje, klatenje; **2.** *a* klateški, potepuški; **~ life** potepuško, vagabundsko življenje

row I [róu] *n* veslanje; vožnja, izlet s čolnom na vesla; **to go for a ~ on the river** iti na veslanje (čolnarjenje) na reki

row II [róu] *vi & vt* veslati; voziti (čoln, koga v čolnu); voziti se v čolnu; **a boat ~ing eight oars** čoln na osem vesel; **to ~ s.o. across the river** prepeljati koga s čolnom čez reko; **to ~ against the tide** *fig* veslati proti toku, boriti se s težavami; **to ~ s.o. for s.th.** (tekmovalno) veslati s kom za kaj; **I'll ~ you if you like** tekmoval bom s teboj v veslanju, če hočeš; **to ~ dry** *E coll* suho (= brez špricanja z vesli) veslati; **to ~ wet** *E coll* pri veslanju špricati z vesli; **to ~ in the same boat** *fig* biti v istem položaju, imeti isto usodo; **to ~ a fast (long) stroke** hitro (počasi) veslati; **to ~ a race** udeležiti se veslaških tekem; **this boat ~s easily** ta čoln je lahkó veslati; **to ~ down s.o.** prehiteti koga v veslanju, preveslati koga (zlasti pri tekmovanju), biti boljši v veslanju; **to be ~ed out** biti popolnoma izčrpan (po veslaški tekmi); **to ~ over** zmagati v veslaški tekmi

row III [róu] **1.** *n* vrsta; niz; kolona (številk); vrsta hiš; ulica (med dvema vrstama hiš); **in ~s** v vrstah, po vrsti, zapovrstjo, po redu; **a ~ of beads** niz biserov, bisernik; **a ~ of poplars** vrsta topolov; **a ~ of seats** vrsta sedežev; **a hard (a long) ~ to hoe** *fig* težak, naporen (dolgotrajen) posel (opravilo, stvar), težka naloga; **to hoe one's own ~** *fig A* brigati se za svoje lastne zadeve; **to set in a ~** postaviti v vrsto, razvrstiti; **to sit in the front ~** sedeti v prvi vrsti; **2.** *vt* postaviti (posaditi) v vrstah (v eni vrsti); nanizati

row IV [ráu] **1.** *n coll* vpitje, kričanje, kraval, hrup; glasen prepir, pretep, rabuka, ravs; graja, zmerjanje, oštevanje; **family ~** družinski prepir (scena); **what's the ~?** kaj se je zgodilo?, kaj je narobe?, kaj pa je?; **to get into a ~** nakopati si grajo; **I got into an awful ~** pošteno so me ošteli (ozmerjali); **to kick up (to make) a ~** dvigniti, napraviti hrup, kraval; kričati, vpiti, hrupno ugovarjati; **they kicked up a tremendous ~** dvignili so peklenski hrup; **2.** *vi & vt coll* razgrajati, prepirati se; napraviti (izzvati, povzročiti) hrup, škandal; grajati, (o)zmerjati, levite brati; *arch* pretepsti

rowan [róuən] *n bot* jerebika (drevo); **~-tree** jerebika (drevo)

rowanberry [róuənberi, ráu-] *n bot* jerebika (sad)

rowboat [róubout] *n* čoln na vesla

row-de-dow [ráudidau] *n* hrup, hrušč; razburjenje, nemir; spektakel

rowdiness [ráudinis] *n* grobost, surovost, divjaštvo; zarobljenost, neotesano vedenje, neotesanost; prepirljivost; nasilnost, brutalnost

rowdy [ráudi] **1.** *n* kričač, razgrajač, prepirljivec, pretepač, izgrednik, grobijan, neotesanec, nestrpnež, brutalnež, nasilnež; **2.** *a* (**rowdily** *adv*) grob, surov, hrupen, pretepaški, prepirljiv, nasilen, brutalen; **~-dowdy** hrupen in buren

rowdyish [ráudiiš] *a* neotesan, prostaški, brutalen, nasilen

rowdyism [ráudiizəm] *n* surovo (neotesano, pretepaško, prostaško, razgrajaško) vedenje; objestno dejanje

rowed [róud] *a* vrsten, v vrsti; progast; **two-~** dvovrsten

rowel [ráuəl] **1.** *n* nazobčano kolesce (na ostrogi); **2.** *vt* spodbosti (konja) z ostrogami

rowen [ráuən] *n A & E, dial* otava; strniščna paša

rower [róuə] *n* veslač

row galley [róugæli] *n hist* veslača; galeja, galera

rowing [róuiŋ] **1.** *n* veslanje; **2.** veslaški; **~ boat** čoln na vesla; **~ match** veslaška tekma

rowlock [rɔ́lək] *n naut* vilice (luknja) na boku čolna za veslo

rowy [róui] *a* progast

royal I [rɔ́iəl] *a* kraljevski; knežji; sijajen, veličasten, dostojanstven, krasen, žlahten; (papir) formata 0,50 × 0,65 m; *coll* čudovit, »prima«; **the ~ and ancient game** golf; **~ arch** rang v prostozidarstvu; **~ blue** temno živa modrina; **a ~ feast** kraljevska pojedina; **~ fern** velika praprot; **~ oak** *hist* hrast, v katerem se je skrival kralj Karel II po porazu pri Worcestru; **~ prince** knez kraljevskega rodu; **~ road to** udobna, lahka pot do (cilja); **in ~ spirits** v sijajnem razpoloženju; **~ stag** odrasel jelen s popolnoma razvitim rogovjem; **~ standard** kraljevska zastava; **~ speech** prestolni govor; **~ paper** regalni papir; **battle ~** bitka, v kateri sodeluje nekaj borcev ali vse razpoložljive sile, *fig* splošen pretep, prepir; **Princess R~** naslov najstarejše kraljevske hčerke

royal II [rɔ́iəl] *n coll* član kraljevske družine; *pl* kraljevi polk (4. pešadijski polk); osem let star jelen; *naut* najvišje jadro; **the ~s** *pl* kraljevska družina

royalism [rɔ́iəlizəm] *n* vdanost (zvestoba, privrženost) kralju ali kraljevini; monarhizem, rojalizem

royalist [rɔ́iəlist] **1.** *n* rojalist, privrženec kralja, kraljevine, monarhije; monarhist; *hist* privrženec kralja Karla I; **2.** *a* rojalističen, zvest kralju, monarhističen

royalistic [rɔiəlístik] *a* glej **royalist** *a*

royally [rɔ́iəlli] *adv* kraljevsko; sijajno, veličastno, krasno

royalty [rɔ́iəlti] *n* kraljevska oseba (družina); kraljevsko dostojanstvo (hiša, kri, pravica); član kraljevske družine; kraljevska posest, kraljevstvo; *pl* kraljevski privilegiji, prerogative; *jur* licenca, dopustnina; del dobička, ki se plača avtorju za vsak prodani izvod; tantiema, honorar; najemnina, ki jo plača zakupnik lastniku zemljišča za izkoriščanje rudnika; *pl* tantieme, odstotki, honorar izumitelju ali lastniku patenta; avtorjev delež od dobička igre ali skladbe; *fig* velikopotežnost; ~ **fees** patentne pristojbine; **author's royalties** avtorjeve tantieme; **inventor's** ~ licenčna, patentna pristojbina; **insignia** . **of** ~ kronske insignije; **to get a** ~ **on** dobiti tantiemo za

rub I [rʌb] *n* drgnjenje; odrgnina; otiranje; trenje, težava, zapreka, motnja, neprilika; *fig* udarec, napad, neprijetno srečanje; *fig* očitek, zbadanje; *fig* pomanjkljivost, nepopolnost; (= ~-**stone**) brus, osla; **the** ~ **s and worries of life** nadloge in skrbi v življenju; **there's the** ~ tu je težava, v tem grmu tiči zajec; **there's a** ~ **in it** *coll* (ta) stvar ima eno težavo; **to give s.th. a good** ~ dobro kaj otreti (žlice, mizo itd.); **the horse was given a good** ~ konja so dobro otrli (s šopom slame); **to have a** ~ **with the towel** (o)sušiti se, otreti se z brisačo

rub II [rʌb] *vt & vi* otreti (se), frotirati (se), drgniti (se) (*against, on* ob); brisati, meti; (po)gladiti; polirati; dotakniti se, poškodovati, zadati rano, ožuliti, povzročiti bolečino; natreti (*with* z); *fig* prebijati se (*through* skozi); **to** ~ **one's hands** *fig* méti si roke, biti zadovoljen; **to** ~ **one's hand over s.th.** z roko pogladiti kaj; **to** ~ **on s.o.'s feelings** (za)boleti koga; **to** ~ **shoulders with s.o.** *fig* družiti se s kom, biti zaupen s kom; **to** ~ **s.o. the wrong way** *fig* iritirati, ozlovoljiti, ujeziti koga; **it** ~ **s me the wrong way** *fig* ni mi pogodu, spravlja me v slabo voljo, iritira me; **they** ~ **through the world** prebijajo se, rinejo nekako; **we must** ~ **through it** to moramo prestati

rub along *vi* pot si utirati, pretolči se, prebi(ja)ti se **(in a difficulty** skozi težavo); zvoziti jo; životariti, imeti težko življenje; **I know enough Russian to** ~ znam dovolj ruski, da se sporazumem v tem jeziku; **the system still** ~ **s along** sistem se še drži

rub away *vt* otreti, očistiti, izbrisati; obrabiti; **she rubbed her tears away** obrisala si je solze

rub down *vt* otreti, frotirati; (o)ščetkati, (o)čistiti (konja); (o)brisati z brisačo (npr. boksarja itd.); *coll* preiskati koga; *fig* zmanjšati

rub in *vt* vtreti; *fig* vriniti, vsiliti (komu kaj), prisiliti koga, da se nauči ali spozna, kar mu ni všeč ali ugodno; *sl* (nekaj neprijetnega) (stalno) omenjati; **to rub it in** preveč poudarjati, razdražljivo ponavljati, pod nos da(ja)ti; **the lesson needs to be well rubbed in** lekcijo se je treba pošteno naguliti; **don't rub it in!** *fig* ne poudarjaj vedno tega!, ne jahaj vedno na tem!

rub off *vt & vi* otreti, sfrotirati; izbrisati; znebiti se (plahosti); iti v prodajo; *A coll* pobrati jo; **the book has rubbed off in great style** knjiga je šla zelo dobro v prodajo

rub on *vi* pot si utirati; razumeti se (z), živeti v kar dobri slogi (z); **I manage to** ~ grem lepo počasi svojo pot naprej; **I think they** ~ mislim, da se dobro razumejo

rub out *vt& vi* izbrisati (se), eliminirati; odpraviti; izgrebsti; *coll fig* ubiti, usmrtiti, pobiti; uničiti (se)

rub over *vt* polirati, likati; otreti

rub up *vt* zgladiti, izloščiti; napraviti, da se kaj sveti; razmešati, zribati (barvo); *fig* obnoviti, ponoviti, osvežiti (znanje, spomin); **to** ~ **one's knowledge** osvežiti, obnoviti svoje znanje; **I must** ~ **my French** moram obnoviti svoje znanje francoščine

rub II [rʌb] *n* glej **rubber**

rub-a-dub [rʌbədʌb] **1.** *n* rompompom, bobnanje; **2.** *vi* iti z bobnanjem (*through* skozi, po)

rubber I [rʌbə] *n* otiralec; maser(ka); otiralo, krpa, ščetka za brisanje (otiranje), frotirka; orodje za drgnjenje, otiranje, masiranje; kamen za poliranje, pila; *tech* smirkov papir

rubber II [rʌbə] **1.** *n* kavčuk, gumi; radirka; (= ~ **tire,** ~ **tyre**) gumasti obroč (pnevmatika) na kolesu; *pl A coll* galoše, gumasti čevlji; ~ **for packing** *tech* tesnilni gumi; **india-**~ gumica, radirka; **2.** *a* gumast; ~ **boat** gumast čoln; ~ **cement** gumijeva raztopina, kavčukast kit; ~ **solution** gumijeva raztopina; **3.** *vt* gumirati; premazati, prevleči z gumo; *vi A* vrat iztegovati (od radovednosti); poželjivo gledati

rubber III [rʌbə] *n* rober (pri whistu, bridgeu); tri zaporedne igre (zmage), odločilna igra (zmaga) od treh iger, zmaga v prvih dveh igrah; **to win the** ~ dobiti rober, dobiti igro (pri whistu, bridgeu)

rubberize [rʌbəraiz] *vt* gumirati; impregnirati, prevleči z gumijem

rubberneck [rʌbənek] **1.** *n A sl* oseba, ki se trudi, se napenja, da bi nekaj videla, zlasti iz radovednosti; zijalo, radovednež; radoveden turist, ki si ogleduje znamenitosti; ~ **wagon** *A* izletniški avtobus za turiste, ki si ogledujejo znamenitosti; **2.** *a* radoveden, radogleden; **3.** *vi & vt* iztegovati vrat; truditi se, napenjati se, da bi nekaj videli (zlasti iz radovednosti); poželjivo gledati, radovedno motriti

rubbers [rʌbəz] *n pl vet* (ovčji, gamsov) srab, garje

rubber-stamp [rʌbəstæmp] **1.** *n* štampiljka; gumeni žig; *coll* uradnik, ki se ravna (mora ravnati) strogo po predpisih svojih predpostavljenih; **he is a mere** ~ *fig* on je samó orodje brez volje; ~ **parliament** *fig* parlament kimavcev; **2.** *vt* žigosati; odobriti brez preverjanja, avtomatično; ponavljati avtomatično tuje mnenje (mišljenje)

rubber-towel [rʌbətauəl] *n* frotirna brisača, frotirka

rubber-tree [rʌbətri:] *n bot* kavčukovec, gumijevec, gumovec

rubbertruncheon [rʌbətrʌnčən] *n* gumijevka, pendrek

rubber-tyred [rʌbətáiəd] *a* ki ima gumaste obroče

rubbery [rʌbəri] *a* ki je kot guma, gumast; elastičen, prožen

rubbing [rʌbiŋ] *n phys* trenje; frotiranje, otiranje; čiščenje, poliranje; ~ **cloth** frotirka; krpa za brisanje

rubbing stone [rʌbiŋstoun] *n* brusilni kamen, brus

rubbish [rʌbiš] **1.** *n* odpadki, izmeček; *coll* malovredno, škartno blago, plaža; *coll fig* nesmisel, neumnost, bedastoča; (rudarstvo) jalovina; **what** ~ **are you talking?** kakšne neumnosti pa govoriš?; **no** ~ **may be dumped here** odlaganje odpadkov (smeti) tu prepovedano!; **2.** *interj* ncumnost!, nesmisel!

rubbish heap [rʌ́biši:p] *n* smetišče

rubbish hunter [rʌ́bišhʌntə] *n* oseba, ki išče v smetišču uporabne odpadke

rubbishing [rʌ́bišiŋ] *a coll* manjvreden; kičast

rubbishy [rʌ́biši] *a* (ki je) brez vrednosti, nič vreden, malovreden, za staro šaro, za v koš

rubble I [rʌbl] *n* drobno kamenje, kršje (od starih, podrtih hiš); lomljenec, gramoz, prodec, grušč, od vode izjedeno ostro kamenje; neobdelan kamen za polnjenje zidov; v grobe kose razlomljena gmota

rubble II [rʌbl] *n* glej **rouble** rubelj (denar)

rubble-floor [rʌ́blflɔ:] *n* tlakovana tla

rubbly [rʌ́bli] *a* posut z ostrim kamenjem (gruščem, gramozom); gruščast; ~ **coke** zrnat koks

rub-down [rʌ́bdaun] *n* masaža, otiranje, gnetenje, drgnjenje; **to have a** ~ otreti se, (s)frotirati se

rube [ru:b] *n A sl* kmetavzar, neotesanec, neroda

rubefacient [ru:biféišənt] *n* sredstvo, ki pordeči (kožo), rdečilo

rubefy [rú:bifai] *vt* pordečiti

rubella [ru:bélə] *n med* rdečke (otroška bolezen)

rubeola [ru:bí:ələ] *n med* ošpice

rubescence [ru:bésəns] *n* zardelost, zardevanje

Rubicon [rú:bikən] *n* (reka) Rubikon; **to cross (to pass) the** ~ prekoračiti Rubikon, *fig* napraviti odločilen, nepreklicen korak

rubicund [rú:bikənd] *a* rdečkast, rdeč (v obrazu)

rubicundity [ru:bikʌ́nditi] *n* rdečkasta barva, rdeč (rožnat) videz (polt)

rubigious, -ginose [ru:bídžinəs, -nous] *a* rjaste barve

ruble [ru:bl] *n* rubelj (denar)

rubric [rú:brik] **1.** *n* rubrika; z rdečimi ali s posebnimi črkami tiskan naslov (nadpis); *eccl* liturgijsko, obredno navodilo ali napotek; rdeča barva; **2.** *a* rdeč, rdeče pobarvan (natiskan), rubriciran

rubrical [rú:brikəl] *a* (~ **ly** *adv*) rubričen; (redko) rdeč; liturgijski, ritualen, obreden; formalen

rubricate [rú:brikeit] *vt* rdeče pobarvati ali označiti, rdeče tiskati; poudariti s posebnim tiskom; opremiti z rubrikami; rubricirati ~ **d letters**, ~ **d matter** *print* črke v rdeči pisavi (tisku)

rubrication [ru:brikéišən] *n* rubriciranje; rubrika

rubstone [rʌ́bstoun] *n* brusilni kamen, brus, osla

rub-up [rʌ́bʌp] *n* poliranje; osvežitev, obnovitev, obnavljanje

ruby [rú:bi] **1.** *n min* rubin; predmet iz rubina; rubinasta rdeča barva, rdečilo; *fig* rdeče vino; **above rubies** neprecenljive vrednosti; **2.** *a* rdeče, rubinaste barve, temno rdeč kot rubin; **3.** *vt* pobarvati ali šatirati (osenčiti) z rubinasto barvo

ruche [ru:š] *n* nabran obrobek; nabrane čipke na ženski obleki

ruck I [rʌk] *n* množica, gomila, truma, masa (ljudi); gneča; *fig* prerez; **out of the** ~ nenavaden; **to rise out of the** ~ dvigniti se nad poprečje

ruck II [rʌk] **1.** *n* guba; nabor (pri obleki); **2.** *vi & vt* nagubati (se), nabrati (se); zgrbančiti (se), mečkati (se)

ruckle I [rʌkl] *n & vi & vt* glej **ruck II**

ruckle II [rʌkl] **1.** *n dial* hropenje; **2.** *vi* hropsti

rucksack [rʌ́ksæk, rúksæk] *n* nahrbtnik

ruckus [rʌ́kəs] *n A sl* glej **ruction**

ruction [rʌ́kšən] *n coll* direndaj, zmešnjava, hrup, kraval, spektakel; pretep (*about* zaradi); **there will be** ~ **s** ne bo šlo brez kravala, izgredov; **civil** ~ **s** socialni neredi

rudd [rʌd] *n* vrsta ribe

rudder [rʌ́də] *n naut* krmilo; *aero* bočno krmilo; *fig* krmar; *fig* pobuda, vodilno načelo; ~ **controls** *pl aero* bočne krmilne naprave

rudder-fish [rʌ́dəfiš] *n* vrsta ribe, ki sledi ladji

rudderless [rʌ́dəlis] *a* (ki je) brez krmila; *fig* brez vodnika

ruddiness [rʌ́dinis] *n* rdečica, sveža barva obraza

ruddle [rʌdl] **1.** *n* rdeča okra, rdeča barva (zlasti za zaznamovanje ovac); **2.** *vt* obarvati, označiti, zaznamovati z rdečo okro (kredo)

ruddock [rʌ́dək] *n zool* taščica

ruddy [rʌ́di] **1.** *a* (**ruddily** *adv*) rdeč, rdečkast, rožnat (od zdravja) zdrav, rdečeličen; *E sl* presnet, preklet; **a** ~ **fool** prekleti norec; **2.** *vt & vi* pordečiti; pordečeti, postati rdeč

rude [ru:d] *a* (~ **ly** *adv*) grob, robat, neotesan, neolikan, nevljuden (*to* do); osoren, surov, žaljiv, brutalen, neuglajen, neciviliziran, primitiven; nevzgojen, neizobražen; (o morju) razburkan; (o pokrajini) divji; (govorjenje) prostaški, surov, nesramen; (o poti) neraven; (zdravje) krepak, čil, zdrav; (življenjski pogoji) preprost, enostaven, primitiven; (o slogu) neumetniški, preprost; približen; neizdelan, nedokončan, nedovršen; nespreten, neeleganten; (o podnebju) oster; **in** ~ **health** zdrav in krepak; **a** ~ **awakening** *fig* odkritje neprijetne resnice, nenadno razočaranje; ~ **chaos** kaotično prastanje; ~ **fare** surova hrana; ~ **idolatry** primitivno malikovalstvo; **a** ~ **implement** primitivno orodje; ~ **observer** površen opazovalec; ~ **path** zarasla steza; ~ **verses** preprosti, neizumetničeni stihi; **to be** ~ **to s.o.** biti grob (osoren), do koga, žaliti koga; **to be in** ~ **health** kipeti od zdravja; **to write in a** ~ **hand** imeti okorno pisavo

rudeness [rú:dnis] *n* grobost, neuglajenost, osornost, nevljudnost, neotesanost, nevzgojenost, surovost, brezobzirnost, brutalnost, silovitost; neizobraženost, neciviliziranost, primitivnost; ~ **must be met with** ~ *fig* klin se s klinom izbija

rudiment [rú:dimənt] *n* rudiment, zametek; osnova, (prvi) začetek; *biol* okrnek, okrnjen organ; *pl* osnovni (začetni) elementi, temelji

rudimental [ru:diméntəl] *a* krnjav, okrnjen, rudimentaren, nerazvit; začeten, osnoven, elementaren

rudimentariness [ru:diméntərinis] *n* začetni stadij; rudimentarno stanje, nedokončanost

rudimentary [ru:diméntəri] *a* glej **rudimental**

rudish [rú:diš] *a* precéj surov, grob, nevljuden

rue I [ru:] *n bot* rutica, ruta

rue II [ru:] **1.** *n* obžalovanje, kesanje; skrušenost, pobitost, žalost; razočaranje, zagrenjenost; sočutje, usmiljenje; **2.** *vt* (bridko) obžalovati (dejanje); prekleti (dogodek); objokovati (dan); **to** ~ **a bargain** hoteti preklicati, razdreti kup-

čijo; **you shall ~ it!** bridko boš to obžaloval!;
vi kesati se, obžalovati svojo obljubo itd.
rueful [rú:ful] *a* (~**ly** *adv*) kesajoč se, poln kesanja
ali obžalovanja, skrušen, pobit, žalosten; **the
Knight of the R~ Countenance** vitez žalostne
postave (don Kihot)
ruefulness [rú:fulnis] *n* skesanost, skrušenost, po-
bitost, potrtost; žalost; *arch* sočutje, usmiljenje
rueness [rú:nis] *n* žalost; malodušnost
ruff I [rʌf] *n* (naškrobljen) visok nabran ovratnik,
nabornica; (o pticah itd.) prstan iz perja ali
dlake (okoli vratu); vrsta golobov (s takim
ovratnikom)
ruff II [rʌf] *n zool* priba, vivek; (riba) glavač
ruff III [rʌf] **1.** *n* (pri kartanju) adutiranje, vzetje
(vzem) z adutom; **2.** *vi & vt* sekati, prevzeti
z adutom, adutirati; **cross ~, double ~** dvojno
adutiranje
ruffian [rʌfiən] **1.** *n* grobijan, surovež, nasilnež,
brutalnež, pridanič, ničvrednež, lopov, bandit,
zlikovec, apaš, podlež, kanalja; prepirljivec,
zdražbar; **2.** *a* (~**ly** *adv*) surov, grob, brutalen,
brezobziren, nasilen; divji, neukročen
ruffianism [rʌfjənizəm] *n* surovo (grobo, nasilno,
brutalno) ravnanje ali vedenje; lopovstvo, zli-
kovstvo, apaštvo; **a piece of ~** (brezobzirna)
nasilnost, nasilno dejanje
ruffle I [rʌfl] *n* nabornica, nabrana ovratnica,
nabrana čipka (okoli ovratnika, rokava itd.);
kravata iz čipk; volán (na ženski obleki); (o
pticah) kolut, prstan iz perja (okoli vratu);
(o vodni površini) kodranje, grbančenje, gu-
banje; namrščenost; (redko) nemir, hrup, ra-
buka, vznemirjenje, razburjenje, prerekanje, pri-
buka, vznemirjenje, razburjenje, prerekanje,
pričkanje; **without ~ or excitement** brez velikega
razburjenja
ruffle II [rʌfl] *vt & vi* nabrati; nakodrati, valoviti
(vodno površino); (na)mršiti; razkuštrati (lase);
(na)ježiti, (na)sršiti (perje); *fig* razdražiti, vzne-
miriti, razburiti, razburkati, zmesti (koga); spra-
viti v nered, skaliti, pokvariti (komu) dobro
razpoloženje; *vi* nagubati se, nabrati se, na-
mršiti se, nakodrati se; pomečkati se; *fig* vzne-
miriti se, razburiti se, razburkati se, razdražiti
se; šopiriti se, postavljati se, hvaliti se, bahati se,
širokoustiti se, košatiti se, predrzno se vesti;
the ~d seas razburkano morje; **to ~ one's
feathers** nasršiti se, naježiti se; **don't ~ your
feathers!** *fig* ne razburjaj se! pomiri se!; **to ~
s.o.'s temper** pokvariti komu dobro razpolo-
ženje (voljo); **the wind ~d the waves** veter je
kodral valove
ruffler [rʌflə] *n arch* bahač, hvaličavec, široko-
ustnež
ruffle-shirt [rʌflšə:t] *n* srajca z nabranim obrobkom
(okoli vratu, rokavov itd.)
rufous [rú:fəs] *a* rus, rdečkasto rjav
rug [rʌg] *n* debela, groba volnena odeja; (majhna)
preproga (pred kaminom), predposteljnik; **Per-
sian ~** perzijska preproga; **travelling ~** poto-
valna odeja
rugate [rú:git, -geit] *a* naguban, nagubančen;
brazdast
rugby [rʌgbi] *n sp* rugbi (nogometu podobna igra
z jajčasto žogo)

rugged [rʌgid] *a* (tla) neraven, grapav; (pokrajina)
divji, razklan; skalnat; (obraz) brazdast; na-
mrščen, mrk; (klima, vreme) oster, strog, buren;
grob, nezglajen, robat, surov, trd (tudi *fig*);
skuštran, zmršen; (značaj) neprijazen, osoren,
siten, čemern, neprijeten, zoprn; *A* krepak,
vztrajen; **with ~ kindness** robato, ali prisrčno;
~ features brazdaste (ostre, nepravilne, izrazite)
poteze (v obrazu); **~ individualism** grob (surov,
grd, umazan) individualizem; **a ~ old country-
man** star robat deželan (kmet); **life is ~** življenje
je trdo, težko
ruggedness [rʌgidnis] *n* hrapavost, robatost, ne-
obrušenost, grobost; neravnost; neprijaznost,
mrkost; ostrost (klime); divjina
rugger [rʌgə] *n E sl* za **rugby**
rugging [rʌgiŋ] *n* grobo voleno blago (za odeje,
preproge)
rugose, rugous [rú:gous, ru:góus] *a* zgrbljen, na-
guban, raskav, grbančast
rugosity [ru:gósiti] *n* zgrbljenost, nagubanost;
raskavost
ruin I [rúin] *n* razvalina, kup ruševin, ruševina,
podrtija; razpad, propad(anje), razsulo, rušenje,
uniče(va)nje, ugonabljanje; zlom, poguba; one-
čaščenje; trpljenje; *fig* onemogočenje, izjalovi-
tev, spodlet, vzrok propada; *pl* razvaline, ruše-
vine, ostanki; **in ~s** v ruševinah, podrt, raz-
rušen; **blue ~** slab gin (vrsta brinovca); **to be
the ~ of s.o.** uničiti koga; **he will be the ~ of me**
on bo moja poguba; **he is but a ~ of his former
self (what he was)** on je le senca tega, kar je bil;
to bring to ~ povzročiti propad (uničenje, po-
gubo), privesti do propada; **to be on the brink
(verge) of ~** biti na robu propada; **to fall to
~s** razpasti v razvaline (ruševine); **to go (to
run) to ~** razpasti; konec vzeti; **to lay in ~s**
spremeniti v ruševine, v razvaline; **to lie in ~s**
biti v razvalinah; **to tumble into ~** razpadati
v ruševine
ruin II [rúin] *vt* porušiti, spremeniti v ruševine
razdejati, podreti, uničiti, opustošiti; pokvariti;
onemogočiti, preprečiti, spodnesti; povzročiti
propad, ruinirati, uničiti, pogubiti (koga); za-
peljati (dekle); **to ~ oneself** uničiti se; **a ~ed
house** hiša v ruševinah; **to ~ one's clothes**
uničiti si obleko; **to ~ one's eyes** pokvariti si
oči; **to ~ a girl** zapeljati dekle; **to ~ one's
health** uničiti si zdravje; **to ~ s.o.'s reputation**
spraviti koga ob (uničiti komu) dober glas;
vi propasti; biti uničen (ruiniran); *poet* zrušiti se
ruinate [rúineit] **1.** *vt* razdejati, podreti, porušiti;
uničiti, pogubiti; pokvariti; **2.** *a* (redko) (ki je)
v ruševinah, razpadel
ruination [ruinéišən] *n* razdejanje, (po)rušenje,
uničenje; propadanje; propad, vzrok propada;
poguba; **drink will be the ~ of him** pijača bo
njegova poguba
ruined [rúind] *a* porušen, razrušen, razdejan, raz-
padel, podrt; ruiniran, uničen; opustošen
ruinous [rúinəs] *a* (~**ly** *adv*) ki se bo vsak čas
podrl, rušljiv, razpadajoč, trhel, preperel; prhek;
porušen, podrt, propadel; nevaren, škodljiv,
poguben, strašen, strahoten, uničevalen; **~ heap**
kup ruševin; **~ methods** škodljive, pogubne
metode; **~ price** ogromna cena; slepa cena;

~ly **high prices** strašansko visoke cene; **a ~ project** vratolomno podjetje, podvig

rule I [ru:l] *n* pravilo; kar je normalno, običajno; *math* pravilo; pravilo igre; *eccl* pravilnik reda; predpis; *jur* odločba, rešitev; pravni predpis; ravnilo; merilna vrvica; navada, običaj, pravilo; vladanje, upravljanje, uprava; **as a ~** navadno, praviloma, normalno; **as is the ~** kot navadno; **by ~**, **according to ~** po predpisih, po pravilih; **by the ~ and line** *fig* natančno; **~s of action (of conduct)** smernice; **~ absolute** neomejeno gospostvo; **~s of the air** predpisi v zračnem prometu; **~s of the road** cestni prometni predpisi; **~ of force** tiranija; **the ~ of thumb** praktično (ne teoretično) pravilo; **by ~ of thumb** po izkušnji, empirično, približno; **em ~** pomišljaj; **an exception to the ~** izjemen primer; **golden ~** zlata sredina, zlato pravilo; **hard and fast ~** trdno, stalno, kruto pravilo; **slide ~** logaritmično računalo; **standing ~s** pravilnik, statut; **it is against the ~s** to je proti pravilom; **it is the ~ that...** pravilo je, da...; **to become the ~** postati pravilo; **to break a ~** prelomiti pravilo; **to hold (to bear) ~ over** vladati; gospodovati, gospodariti, biti gospodar nad; **I make it a ~ (to get up early)** moje pravilo je (zgodaj vstajati); **to lay down a ~** postaviti pravilo; **to work to ~** izvajati pasivno rezistenco; **the exception proves the ~** izjema potrjuje pravilo

rule II [ru:l] *vt & vi* upravljati, voditi, uravna(va)ti, usmerjati; obvladati (čustvo), brzdati; odločiti, odrediti, rešiti (*that* da); postaviti načelo: naložiti, predpisati; načrtati, vleči črte z ravnilom, linirati; vladati (*over* nad), prevladovati; (o cenah) stati, držati se; **to ~ oneself** obvladati se; **Rule Britannia** Vladaj, Britanija! (domoljubna angleška pesem); **a ~d case** odločena, dognana stvar; **~d paper** liniran papir; **to be ~d by s.o.** biti pod vplivom koga; **be ~d by me!** poslušaj, ubogaj moj nasvet!; **to ~ nominally** le po imenu biti vladar (gospodar); **to ~ one's passions** obvladati svoje strasti; **to ~ the roast (roost)** biti gospodar (v hiši, doma), imeti glavno besedo, odločati; **to ~ by the whip** vladati (gospodovati) s knuto; **to ~ with a rod of iron** vladati z železno roko; **to ~ in s.o.'s favour** odločiti komu v prid; **corn ~s high** cene žitu so visoke; **prices ~d high (lower)** cene so bile visoke (nižje);

rule out *vt* izločiti, oddvojiti, prečrtati, izključiti; **to ~ of order** ne upoštevati nečesa, ker ne spada k stvari; **to ~ the possibility** izključiti možnost, ne računati z možnostjo

rule-day [rú:ldei] *n A* prvi ponedeljek v mesecu

ruleless [rú:llis] *a* brez vlade (vladarja); brez pravila, nereden; razbrzdan, razuzdan

ruler [rúl:lə] *n* vladar, gospodar (*over* nad); regent; ravnilo; stroj za liniranje

rulership [rú:ləšip] *n* vladanje, vlada; oblast, gospostvo

ruling [rú:liŋ] **1.** *n* vladanje, upravljanje, gospodarjenje; *jur* odločitev, odlok, odločba; liniranje, linije; **~ of the court** odlok, sklep sodišča; **2.** *a* ki vlada, je na vladi; vladajoč, prevladujoč; *com* tekoč, popprečen (cena); **~ passion** prevladujoča strast; **~ pen** *tech* pero za vlečenje,

črtanje črt; **~ prices** vladujoče, tekoče, sedanje, tržne cene

rum I [rʌm] *n* rum; *A* alkoholna pijača, žganje, alkohol; **crimes due to ~** hudodelstva zaradi uživanja alkohola

rum II [rʌm] *a* (**~ly** *adv*) *E sl* čuden, komičen, nenavaden, poseben, redek; **it is a ~ business** to je nekam sumljiva stvar; **a ~ customer**, **a ~ fellow** oseba, s katero je nevarno imeti posla; čudak; **~ go** neumna stvar (dogodek); **a ~ one (ali un)** čudaška, komična ali ekscentrična oseba ali stvar; **~ start** *sl* nepričakovan dogodek

Rumanian [ruméinjən] **1.** *n* Romun, -nka; romunščina; **2.** *a* romunski

Rumansh [ru:mǽnš] glej **Romansh**

rumba [rʌ́mbə] *n* (ples) rumba

rumble I [rʌmbl] *n* ropotanje, bobnenje, drdranje, hrup, hrušč; (zamolklo) grmenje, tresk; klopot(anje); kotaljenje; kruljenje (v črevih); *A sl* boj med tolpami mladoletnikov; *A* sedež za prtljago (zadaj na vozu, v kočiji), mesto za slugo; **~ of cannon** grmenje topov; **~ of a drum** ropotanje bobna

rumble II [rʌmbl] *vi & vt* bobneti, grmeti, pokati, treskati; bučati, ropotati, klopotati, drdrati; (o želodcu) kruliti; mrmrati; kotaliti se, voziti se; pustiti bobneti (ropotati, drdrati); **to ~ out** (iz)blekniti, izgovoriti

rumble III [rʌmbl] *vt sl* prodreti do dna, odkriti, najti; spoznati, spregledati

rumble seat [rʌ́mblsi:t] *n* priklopni, zasilni sedež (zadaj v avtu)

rumble-tumble [rʌ́mbəltʌmbl] *n* star, majav, tresoč se voz; pretresajoča vožnja (na vozu)

rum-blossom [rʌ́mbləsəm] *n coll* rdečica, rdeča barva nosu (pijanca)

rumbly [rʌ́mbli] *a* drdrajoč, ropotajoč; bobneč

rumbowling [rʌmbóuliŋ] *a* slab, ponarejen

rumbullion [rʌmbúljən] *n* hrup, kraval, razgrajanje, rabuka; močno žganje

rumbustious [rʌmbásčəs] *a sl* divji, razposajen, hrupen

rumen, *pl* **-mina** [rú:men, -minə] *n* vamp (prežvekovalcev); preževečena krma

ruminant [rú:minənt] **1.** *n* prežvekovalec; **2.** *a* (**~ly** *adv*) prežvekujoč, ki prežvekuje; *fig* razmišljajoč, tuhtajoč; **~ stomach** želodec prežvekovalcev

ruminate [rú:mineit] *vi & vt* prežvekovati; *fig* razmišljati, tuhtati, gruntati, razglabljati (*on, upon, about* o); snovati, kovati (kaj); **to ~ revenge** snovati maščevanje

rumination [ru:minéišən] *n* prežvekovanje; *fig* razmišljanje, tuhtanje, razglabljanje, gruntanje

ruminative [rú:mineitiv] *a* (**~ly** *adv*) razmišljajoč, premišljujoč; ki se vdaja razmišljanju, tuhtanju

ruminator [rú:mineitə] *n* tuhtavec, razmišljevalec; razmišljevalna narava

rummage [rʌ́midž] **1.** *n* premetavanje, iskanje; (carinska) preiskava, preiskovanje; *arch* zmešnjava, zmeda; *com* odvrženo blago, izvržek, ostanki; **~ sale** prodaja ostankov, obležanega blaga; dobrodelni bazar; **2.** *vt & vi* premeta(va)ti, iskati, preiskovati, riti; **to ~ about**, **to ~ up** izvleči, potegniti (iz)

rummer [rʌmə] *n* bokal, velika čaša (za vino)

rummy I [rʌmi] 1. *a A sl* (**rummily** *adv*) pijan; ~
voice pijanski glas; 2. *n* pijanec

rummy II [rʌmi] *n* rémi (igra ş kartami za 4 ali
več igralcev)

rumness [rʌmnis] *n* posebnost, nenavadnost

rumour, rumor [rú:mə] 1. *n* govorica, govoričenje,
glas; *arch* slava; *arch* hrup; **the ~ runs, the ~**
has it that... govori se, da..., širijo se (krožijo)
govorice, da...; **to circulate (to spread) a ~**
širiti govorico; 2. *vt* širiti govorice, raznesti
z govoricami; **it was ~ed about that...** raznesle
so se govorice, da...; **he is ~ed to be ill** govori
se, da je bolan

rump [rʌmp] *n* zadnji del, križ (pri živali); zadnjica,
trtica; ptičje stegno; škofija (pri perutnini); *fig*
reven (pre)ostanek; ~ **and stump** *coll* popol-
noma (iztrebiti)

rumple [rʌmpl] 1. *n* (redko) guba; 2. *vt* zmečkati,
pomečkati; skuštrati (lase), razmršiti; *vi* (redko)
postati naguban

rumpless [rʌmplis] *a* (ki je) brez repa (o perutnini)

rumpsteak [rʌmpsteik] *n* zrezek, kos govedine
(od križa)

rumpus [rʌmpəs] *n coll* hrup, hrušč, trušč, vpitje,
kričanje, kraval, razgrajanje, rabuka, nemir,
zmešnjava, zmeda

rumpy [rʌmpi] *n zool* brezrepa mačka z otoka Man

rumrunner [rʌmrʌnə] *n A coll* tihotapec alkoholnih
pijač; ladja, ki tihotapi alkohol

rumrunning [rʌmrʌniŋ] *n A coll* tihotapljenje alko-
hola, alkoholnih pijač

rumshop [rʌmšəp] *n A* žganjetoč, žganjarna

run I [rʌn] *n* tekanje, tek, *sp* vztrajnostni tek,
tekmovanje, dirka, hiter galop; naval, lov (*for*
na), hajka; hoja, vožnja, (hitro) potovanje; pot,
izlet, sprehod; jadranje; brzi koraki, hiter tempo,
hitra kretnja, premik, hiter padec; beg; zalet,
zagon, napad, juriš; *fig* potek, smer, ritem,
tendenca, moda; nepretrgana vrsta, niz, serija,
nepretrgan čas, trajanje; *A* potok, reka, jarek;
tok, struja, plima, valovi; prost dostop (do),
prosta uporaba; trop, jata; pašnik, ograda,
ograjen prostor za živino, za perutnino; sanka-
lišče; *com* veliko povpraševanje (*on* po, za),
dobra prodaja, trajen uspeh; *com* kakovost,
kvaliteta, vrsta, sorta; *mus* hitra vrsta tonov,
gostolevek, rulada; *theat* čas izvedbe, trajanje
(gledališke igre), uprizarjanje, prikazovanje,
nepretrgana vrsta predstav; (karte) sekvenca;
naklada (časopisa); *tech* delovni čas (o strojih);
presek, prerez, splošnost, večina; *tech* tračnica,
deska za vkrcavanje in izkrcavanje; odvodna
cev; **at the ~, on the ~** v teku; **in the long ~**
sčasoma, končno, konec koncev; **on the ~**
na nogah, nepretrgoma zaposlen, ki leta sem
in tja; *mil* ki je na umiku, na begu; **with a ~**
nenadoma; **a ~ to Bled** vožnja, izlet, skok na
Bled; **a ~ of bad luck at cards** dolgotrajna
smola pri kartah; **a ~ of ill luck** nepretrgana
smola, vrsta nesreč; **~ of customers** naval
odjemalcev; **~ of events** potek dogodkov; **a ~**
of gold žila zlata; **~ of ground** zemeljski plaz;
the ~ of public opinion smer javnega mnenja;
the common (ordinary) ~ of people običajni,
poprečni tip ljudi; **non-stop ~** nonstop vožnja;

the usual ~ of things običajni potek dogodkov;
to be in the ~ teči, dirkati, *fig* kandidirati;
to be on the ~ teči, tekati po poslih, biti vedno
na nogah, tekati sem in tja; **it is only a 30**
minutes' ~ to our place samo pol ure vožnje
je do nas; **it is all in the day's ~** vse to spada
v program dneva (dnevnih dogodkov); **this**
inn is quite out of the common ~ of country inns
ta gostilna je čisto različna od običajnega tipa
podeželskih gostišč; **there was a ~ on the**
banks vlagatelji so navalili na banke (da bi
dvignili svoje prihranke); **to break into a ~**
spustiti se v tek; **to come down with a ~** zrušiti
se; **to give a ~** preskusiti; **to go for a ~** teči
(kot) za stavo; **everything went with a ~** vse
je šlo gladko, kot namazano; **to have s.o. on**
the ~ *coll* pognati koga; **to have a ~ for one's**
money *fig* priti na svoj račun, zabavati se za
svoj denar; **to have the ~ of s.o.'s house** imeti
prost dostop v hišo kake osebe, počutiti se
pri kom doma; **I had the ~ of his library** imel
sem prost dostop do njegove knjižnice; **these**
books have had the ~ this year te knjige so se
letos najbolje prodajale; **the play had but a**
short ~ igra je bila le kratek čas na sporedu;
the piece had a ~ of 20 nights (gledališko) igro
so uprizorili 20 večerov zaporedoma; **to take**
a ~ vzeti zalet

run* II [rʌn] *vi & vt* I. *vi* 1. teči, tekati, drveti,
dirkati, udeležiti se dirke; voziti, hiteti, podvi-
zati se; bežati, pobegniti, umakniti se (*from*
od), popihati jo, pobrisati jo; navaliti, jurišati
(*at, on* na); hitro potovati, voziti se, pluti,
redno voziti, vzdrževati promet; potegovati se
(*for* za), biti kandidat, kandidirati; hitro, naglo
se širiti (novica, ogenj); (o času) poteči, preteči,
miniti, bežati; trajati; teči, vršiti se (šola, pouk);
to ~ amok (amuck) pobesneti, letati kot nor,
izgubiti popolnoma oblast nad seboj; **to ~ for**
it, to cut and ~ *coll* popihati jo, zbežati; **to ~**
foul of trčiti z; **to ~ to help** hiteti na pomoč;
to ~ with the hare and hunt with the hounds *fig*
skušati biti v dobrih odnosih z dvema nasprot-
nima si strankama; **this idea keeps ~ning through**
my head ta ideja mi ne gre iz glave; **~ for your**
lives! reši se, kdor se more!; **to ~ for luck** *A*
poskusiti kaj na slepo srečo; **to ~ mad** zblazneti,
znoreti; **to ~ to meet s.o.** teči komu naproti;
to ~ to meet one's troubles *fig* vnaprej si delati
skrbi; **the news ran like wildfire** novica se je
širila kot blisk; **to ~ for an office** potegovati se,
konkurirati, biti kandidat, kandidirati za neko
službeno mesto (službo); **he who ~s may read it**
fig na prvi pogled se to vidi, to se da brez
težave razumeti; **school ~s from 8 to 12** šola
(pouk) traja od 8 do 12; **a thought ran through**
my head misel mi je šinila v glavo; **to ~ from**
one topic to another skakati z ene téme na drugo;
time ~s fast čas beži, hitro teče; **this train is**
~ning every hour ta vlak vozi vsako uro; **to ~ on**
the wheels *fig* gladko iti; 2. vrteti se, obračati se
(*on* okoli); premikati se, kretati se, gibati se,
kotaliti se, jadrati, (o stroju) delovati, biti v
pogonu, obratovati, funkcionirati; (o tovarni
itd.) biti odprt, delati; (o denarju) biti v obtoku,
v prometu; (o vodi) teči, razliti se, izlivati se;

(o morju) valovati; segati, raztezati se, razprostirati se; (o rastlinah) bujno rasti, pognati, iti v cvet, hitro se razmnoževati; (o menici) imeti rok veljave, teči, veljati; (o cenah) držati se; *jur* ostati v veljavi; *theat* biti na sporedu, uprizarjati se, predstavljati se, predvajati se, igrati se, dajati se; (o barvah) razlivati se, puščati barvo; (o očeh, nosu, rani) solziti se, cureti, kapati, gnojiti se; (o kovinah) taliti se; (o ledu) (raz)topiti se, kopneti; (o besedilu) glasiti se; (s pridevnikom) postati, nastati, biti; ~ **ning ice** topeči se led; **three days** ~ **ning** tri dni zaporedoma; **the bill has three months to** ~ menica ima rok treh mesecev; **my blood ran cold** *fig* kri mi je poledenela v žilah; **it** ~ **s in his blood** to mu je v krvi; **he is** ~ **ning with blood** kri ga je oblila; **the colour** ~ **s in the washing** barva pušča pri pranju; **the course** ~ **s at par** tečaj (kurz) je (stoji) al pari; **to** ~ **dry** posušiti se; biti prazen; *fig* onemoči, biti izčrpan; **eyes** ~ **oči se solzijo; my face** ~ **s with sweat** pot mi teče po obrazu; **it** ~ **s in the family** to je v družini; **to** ~ **to fat** (z)rediti se, postati debel; **the feelings are** ~ **ning high** duhovi so razburjeni; **the garden** ~ **s east** vrt sega, se razteza proti vzhodu; **to** ~ **high** dvigati se, rasti; **to** ~ **hot** postati vroč, segreti se; **the lease** ~ **s for ten years** zakupna pogodba teče, velja deset let; **that makes my mouth** ~ sline se mi pocede ob tem; **my nose** ~ **s** iz nosa mi teče; **oats** ~ **40 pounds the bushel** cena za oves je 40 funtov bušel; **to** ~ **riot** (s)puntati se, upreti se; podivjati, pobesneti, (o rastlinah) bujno se razrasti; **to** ~ **round in cercles** *fig* kazati veliko aktivnost, a malo uspeha; **the salade** ~ **s to seed** solata gre v cvetje; **sea** ~ **s high** morje je razburkano; **that** ~ **s to sentiment** to sega, gre človeku do srca; **we ran short of coal** premog nam je pošel, zmanjkalo nam je premoga; **my supplies are** ~ **ning low** moje zaloge se manjšajo, gredo h kraju; **my talent does not** ~ **that way** za to nimam nobenega daru; **my tastes do not** ~ **that way** za to nimam smisla; **to** ~ **true to form (type)** ustrezati pričakovanjem; **still waters** ~ **deep** tiha voda globoko dere; **to** ~ **wild** podivjati; izroditi se, spriditi se, biti neukrotljiv; **words ran high** padle so ostre besede; prišlo je do ostrih besed, do hudega prerekanja; **the words of this passage** ~ **thus** besede tega odstavka se glasé (takole); **the works have ceased** ~ **ning** tovarna je ustavila delo; **II.** *vt* **1.** preteči, preiti, teči skozi (čez), drveti (čez), voziti (skozi), preleteti, prepluti, prejadrati; teči (s kom) za stavo; *fig* meriti se (s kom); dirkati; *hunt* poditi, goniti, zasledovati; zbežati (iz), ubežati, zapustiti (deželo); opraviti (pot, naročilo); **the disease** ~ **s its course** bolezen gre svojo pot; **to** ~ **a blockade** *mil* prebiti blokado; **to** ~ **s.o. close (hard)** teči za kom, biti komu za petami; **to** ~ **the country** zbežati iz dežele; **to** ~ **errands** opravljati nakupe (naročila), tekati po poslih, opravkih; **to** ~ **the guard** neopazno iti mimo (skozi) straže; **to** ~ **30 knots** *naut* pluti s hitrostjo 30 vozlov; **to** ~ **a red light (stop sign)** voziti skozi rdečo luč (znak stop); **to** ~ **messages** prinašati, prinesti sporo-

čila; **to** ~ **a parallel too far** predaleč iti v primerjavi; **to** ~ **a race** tekmovati v teku (dirki), dirkati; **to** ~ **races** prirediti dirke; **to** ~ **the rapids** prevoziti brzice; **to** ~ **a rumour back to its source** zasledovati govorico do njenega izvira; **to** ~ **a scent** iti za sledjo, slediti sledi; **we must let the things** ~ **its course** moramo pustiti, da gre stvar svojo pot; **I'll** ~ **you to the tree over there** tekmoval bom s teboj v teku do onega drevesa; **2.** upravljati, voditi; predelati (*into* v); spraviti v tek, v gibanje, v delovanje, pustiti, da nekaj teče, točiti; zakotaliti; gnati, goniti, poditi (konja); vpisati (konja) za dirko; pasti (živino); odpraviti, odpremiti, premestiti, transportirati; tihotapiti; zabiti (*into* v), zasaditi, zariti, zadreti, zabosti (nož); spustiti, dati v promet, držati v pogonu (stroj); postaviti kot kandidata (*for* za); izpostaviti se, biti izpostavljen; zabresti, pustiti zabresti (v); zaleteti se (v); (kovino) taliti; (o reki) nanositi (zlato); *A* potegniti (črto, mejo); **to** ~ **an account with** kupovati na račun (pri kaki tvrdki); **to** ~ **brandy** tihotapiti žganje; **to** ~ **one's car into a wall** zaleteti se z avtom v zid; **to** ~ **the danger** biti v nevarnosti; **to** ~ **debts** biti v dolgovih, zabresti v dolgove; **I ran myself into difficulties** zašel sem v težave; **to** ~ **one's fingers through one's hair** (hitro) iti si s prsti skozi lase; **to** ~ **a firm into debt** spraviti tvrdko v dolgove; **to** ~ **one's fortune** poskusiti svojo srečo; **to** ~ **the gauntlet** *fig* biti izpostavljen ostri kritiki; **to** ~ **one's head against the wall** zaleteti se z glavo v zid, riniti z glavo skozi zid (tudi fig); **to** ~ **a horse** goniti, priganjati konja; vpisati (prijaviti) konja za dirko; **to** ~ **lead into bullets** liti krogle iz svinca; **to** ~ **logs** sploviti hlode, les; **I ran a nail into my foot** zadrl sem si žebelj v nogo; **to** ~ **a newspaper** izdajati časopis; **to** ~ **oneself to a standstill** ustaviti se; **to** ~ **risks** tvegati, riskirati; **to** ~ **a ship aground** zapeljati ladjo na sipino; **to** ~ **the show** *sl fig* biti šef, voditi (neko) podjetje; **he** ~ **s the whole show** on vodi vse; **to** ~ **a high temperature** *med* imeti visoko vročino; **to** ~ **a town** upravljati mesto; **to** ~ **a special train** dati v promet poseben vlak

run about *vi* teči ali tekati sem in tja; poditi se (otroci)

run across *vt* teči čez; slučajno srečati, naleteti na (koga)

run after teči za (kom); zasledovati, iskati (koga)

run against *vt* zadeti ob, trčiti v, zaleteti se v; **to** ~ **a rock** trčiti, zadeti v skalo (o ladji)

run aground *vi* nasesti (o ladji)

run along *vi* teči ali peljati se naprej; ~ **!** *coll* pojdi!, poberi se!; **I have got to** ~ **now** *coll* sedaj moram iti

run at *vi* planiti na, napasti, navaliti na

run away *vi* pobegniti, (s)teči proč, uiti, izmuzniti se; (o konju) splašiti se, zbezljati, uiti; **to** ~ **from s.o.** iti komu s poti; **to** ~ **from a subject** odmakniti se od predmeta; **to** ~ **with** zaleteti se, prenagliti se (z); potegniti za seboj

run down *vi* & *vt* dol teči; spodrsniti; (o uri) izteči se, ustaviti se; poditi, goniti, zasledovati, ujeti (koga); najti, odkriti (citat); pogaziti, pregaziti, povoziti (koga); *fig* črniti, omalovaževati, podcenjevati; (pasivno) utruditi se, izčrpati se, onemoči, omagati, biti preutrujen (bolan); *sl* prehiteti in trčiti z; **to ~ a criminal** ugnati, ujeti zločinca; **to ~ a stag** goniti, poditi jelena do smrti; **he is always running me down** on me vedno črni; **to be (to feel)** ~ biti izčrpan (onemogel, depriminan); **the watch has** ~ ura se je iztekla, se je ustavila

run in *vi & vt* priteči v; *coll* oglasiti se, priti na kratek obisk (*to s.o.* h komu); *coll* prijeti, aretirati, zapreti koga; iti v brzino; uteči (nov stroj, avto); zagotoviti izvolitev (kandidata); biti podedovan (talent itd.); **to ~ to (on)** napasti, naskočiti, skočiti na; **to ~ with** trčiti v, z

run into *vi & vt* trčiti v, z; nepričakovano se srečati (*with* s kom); naleteti na (koga); priteči v, prileteti v; izlivati se v; (o knjigi) iziti, doživeti izdajo; spremeniti se, preiti v; stopiti v; **to ~ debts** zabresti v dolgove; **his book ran into 10 editions** njegova knjiga je doživela 10 izdaj; **to ~ some length** doseči precejšnjo dolžino; **to ~ money** *coll* biti drag, mnogo stati; **that runs into millions** to gre v milijone

run off *vi & vt* uiti, zbežati, pobegniti; odteči, odtekati se; naglo zaviti, odmakniti se od (téme); brez zatikanja, v eni sapi oddrdrati (pesem itd.); *econ* poteči, zapasti (menica); *econ* pasti v ceni; izprazniti, izpiti, razliti (tekočino); *sp* odločiti dirko; *A sl* ukrasti (*with s.th.* kaj); **to ~ at the head (mouth)** *A sl* govoriti neumnosti; **to ~ the rails (lines)** skočiti s tira, iztiriti se; **to ~ a speech** oddrdrati, imeti govor

run on *vi* kar naprej (dalje), neprestano govoriti; nadaljevati se; preteči; naleteti na; govoriti, razpravljati; teči o; nanašati se na; **as the years** ~ v teku let; **to ~ a rock** zadeti, trčiti v skalo; **customs run only on these goods** carina se nanaša le na to blago; **the conversation ran on politics** razgovor je tekel o politiki

run out *vi* steči ven, iziti; (o tekočini) izteči (se), curiti; (o roku) poteči, dospeti; poiti, zmanjkati; izčrpati se, biti izčrpan (o zemlji); **to ~ of cash** ostati, biti brez denarja; **we have ~ of petrol** (*A* **gasoline**) zmanjkalo nam je bencina, bencin nam je pošel; **to ~ a winner** *sp* iziti kot zmagovalec; *vt* dovršiti, odločiti; izgnati (živino); zavlačevati; izčrpati; **to run oneself out** teči do izčrpanosti, ne moči več naprej

run over *vt & vi* povoziti; preleteti, hitro prebrati, preiti, bežno, leté pregledati, z očmi preleteti; teči čez, razliti se, biti prepoln; **to ~ one's accounts** pregledati svoje račune; **full to running over** čez rob poln; **to ~ to** prestopiti k, preiti k

run through *vt* teči, iti skozi; doživeti; hitro pregledati, preiskati; prečrtati, uničiti; zapraviti; prebosti, preluknjati, prevrtati; *theat* imeti skušnjo za igro; **to ~ a fortune, one's inheritance** zapraviti premoženje, svojo dediščino; **he ran through his pockets** preiskal je svoje žepe

run to *vi* iti do, doseči, znesti, znašati; zadostovati, kriti; spremeniti se; **the bill runs to 100 pounds** račun znaša 100 funtov; **my money will not run to that** moj denar ne bo zadostoval za to; **you must not run to extremes** ne smete gnati

stvari do skrajnosti, na ostrino; **to run to fat** (z)rediti se, postati debel

run up *vi & vt* teči gor, iti kvišku; *bot* poganjati, rasti, izroditi se; dvigniti, izobesiti (zastavo); hitro sešteti (števila), znašati; preseči, navijati ceno (na dražbi); **to ~ an account** sešteti račun; **to ~ a large bill** zelo se zadolžiti; **to ~ a dress** hitro sešiti obleko; **to ~ against s.o.** priti v prepir s kom; **to ~ the fox to earth** najti lisičjo sled do njenega brloga; **to ~ a sail** potegniti kvišku, razviti jadro; **to ~ a shed** na hitro zgraditi lopo; **to ~ to town** hitro oditi, odpotovati v mesto (London); **these beans have ~ too quickly** ta fižol prehitro raste; **expenses have ~** stroški so narasli

run with *vt* strinjati se, soglašati, biti soglasen z

run III [rʌn] *a* (o tekočini) iztekel, odcurel; raztopljen; vlit; raztaljen, staljen; *naut* ki je dezertiral, dezerterski; (o ribi) ki se je preselila iz morja v reko na drstenje; (mleko) sesirjen; *coll* utihotapljen, nezakonito uvožen; ~ **butter** raztopljeno maslo; ~ **honey** trcan med; **a ~ man** dezerter; ~ **with lead** vlit iz svinca

runabout [rʌnəbaut] **1.** *n* klatež, potepuh; (= ~ **car**) majhen odprt dvosedežen avto; majhen motorni čoln z notranjim motorjem; lahek odprt voz; ~ **ticket** *E* železniška mrežna (krožna) vozovnica

runagate [rʌnəgeit] *n arch* begunec, klatež, potepuh, vagabund; ubežnik, odpadnik, renegat

run-around [rʌnəraund] *n* obtok; *A* pošiljanje okoli; **to give s.o. the ~** pošiljati koga od enega urada do drugega (od Poncija do Pilata)

runaway [rʌnəwei] **1.** *n* ubežnik, dezerter, begunec; pobegli konj; (po)beg (tudi ljubimca); **2.** *a* pobegel, bežeč, ubežen, ki se je na begu; preplašen, zablodel; z lahkoto dobljen; *econ* podvržen hitrim spremembam (o cenah); **a ~ couple** parček, ki je pobegnil od doma; ~ **inflation** nezadržna inflacija; ~ **marriage** poroka pobeglega parčka; ~ **match** poroka po ugrabitvi (neveste); **a ~ ring** pozvonitev (na hišni zvonec) šaljivca, ki nato pobegne; ~ **soldier** dezerter; **to give s.o. a ~ ring** pozvoniti pri kom in zbežati

rundle [rʌndl] *n* prečka ali klin na lestvi; valj, vreteno, koló

run-down [rʌndaun] *a sl* preutrujen

rundlet [rʌndlit] *n arch* sodček; stara angleška mera za tekočine (18 galon)

rune [ruːn] *n* runa (starogermanska črka); *pl* rune, runska pisava; magičen znak ali simbol; *fig* uganka; *poet* pesem, stih; *ãial* krepelec

rung I [rʌn] *n* prečka ali klin na lestvi, v stolu; špica pri kolesu; *fig* stopnica; stopnja; **to start on the lowest ~ (of the ladder)** začeti (kariero) čisto od spodaj, od kraja

rung II [rʌn] *pt* od **to ring**

runic [ruːnik] **1.** *a* runski; starinski; ~ **characters (letters)** runski znaki (črke); **2.** *n print* reklamni napis v velikih črkah

runlet I [rʌnlit] *n* potoček, rečica

runlet II [rʌnlit] *n* sodček, majhen sod

runnable [rʌnəbl] *a hunt* loven; **a ~ stag** loven jelen

runnel [rʌnəl] *n* potoček, rečica; žleb, jarek (ob pločniku), kanal, izlivek

runner [rʌnə] *n* tekač; *sp* tekač, sprinter; dirkalni konj, pes; sel, tekač, kurir; glasnik; *mil* ordonanc; *A coll* zastopnik, trgovski potnik; *A* mašinist, strojevodja, voznik; *A* nabiralec odjemalcev, gostov, potnikov; *hist* policijski narednik (v Londonu); *E dial*, *A coll* tihotapec, tihotapska ladja; *A* poslovodja, podjetnik; (ptica) tekavec, mlakoš; *bot* poganjek, odrastek, vitica, mladika; *bot* plezavka; *bot* visoki fižol; premično kolesce na palici (vrvi, jermenu); tračnica; valj; drsalica (pri sankah); dolga, ozka preproga, tekač; ozko podolgovato pregrinjalo za mizo

runner-up [rʌnərʌp] *n sp* drugoplasirani tekač, v finalu premagani tekač (igralec, moštvo); pes, ki dobi drugo nagrado; konkurent, ki osvoji drugo mesto

running I [rʌniŋ] *n* tek, tekanje, tekmovanje v teku, dirka, tekma (tudi *fig*); moč ali sposobnost za tek; upravljanje, vódenje, nadzor(stvo); predor; **in the** ~ ki ima upanje na uspeh v tekmi; ~ **of the nose** nahod; ~ **of a blockade** prebitje, predor blokade; ~ **of a machine** strežba stroja; **to be out of the** ~ *sp* zaostati v teku, ne imeti upanja na uspeh, na zmago; ne priti v poštev (*for* za); **to make the** ~ voditi (v teku), dajati tempo; **to put s.o. out of** ~ *sp* izriniti koga iz tekmovanja; **to take (up) the** ~ prevzeti vodstvo (v teku, dirki)

running II [rʌniŋ] *a* ki teče, tekoč, bežen; v teku, v pogonu, nepretrgan, neprestan; zapovrsten, zaporeden, po vrsti; *econ* tekoči, odprt (račun); *econ* krožeč, v obtoku (denar); (o rani) gnoječ se, gnojen; *bot* vitičast, plazivski; **for five days** ~ pet dni zaporedoma; **three times** ~ trikrat zaporedoma; **per** ~ **meter** za tekoči meter; ~ **account** tekoči ali odprt račun; ~ **block** gibljiv, tekoč škripec; ~ **cold** nahod; ~ **commentary** (radio) poročilo, komentar o dnevnih dogodkih; ~ **debts** tekoči, viseči dolgovi; ~ **expenses** (tekoči) obratni stroški; ~ **fire** *mil* hitro streljanje; ~ **glance** bežen pogled; ~ **ground** premičen, gibljiv teren; ~ **hand** ležeča pisava; **(long, high)** ~ **jump** skok z zaletom (v daljino, v višino); ~ **knot** petlja; ~ **month** tekoči mesec; ~ **number** tekoča, zaporedna številka; ~ **sore** gnoječa se rana; ~ **speed** hitrost vožnje; ~ **spring** iz studenec; ~ **start** leteči start; ~ **water** tekoča voda

running-board [rʌniŋbɔ:d] *n mot* stopnica (na avtomobilu, motociklu itd.)

run-off [rʌnə:f] *n sp* odločilni tek, dirka; *geol A* odtok, površinsko odtekajoča voda

run-of-the-mill [rʌnəvðəmil] *a* poprečen

run-on [rʌnɔn] **1.** *a pros* ki prehaja v naslednjo vrstico; ~ **sentence** sestavljen stavek; **2.** *n* zaobešena beseda

run-proofs [rʌnpru:fs] *n pl* nogavice s spuščenimi zankami

runt [rʌnt] *n* krava ali vol majhne rasti; pritlikava oseba, pritlikavec, spaček; čokata oseba; **apples and** ~ **s** normalno velika in manjša (zakrnela) jabolka

runthrough [rʌnθru:] *n* hitra gledališka skušnja

run-up [rʌnʌp] *n mil* start (k cilju napada); kratek poskusen tek (motorjev pred startom)

runway [rʌnwei] **1.** *n aero* proga, pista na letališču za vzlet ali pristanek letal; dirkalna steza; drča (za hlode); rečno korito, struga; dvorišče za perutnino; **2.** *vi* zgraditi pisto

rupee [ru:pí] *n Indija* rupija (srebrn kovanec)

rupture I [rʌpčə] *n* prelom; pretrganje; *fig* spor, prelom, pretrg, prekinitev; *med* hernija, kila; **diplomatic** ~ prekinitev diplomatskih stikov; ~ **support** *med* kilni pas; **they came to** ~ prišlo je do razdora med njimi

rupture II [rʌpčə] *vt & vi* prelomiti (se), pretrgati (se), prekiniti (se); prekršiti, razbiti; póčiti, razpočiti se; *med* dobiti kilo, hernijo; **to** ~ **oneself** dobiti kilo; **to be** ~ **d** dobiti kilo ali pretrg

rural [rúərəl] *a* (~ **ly** *adv*) kmečki, podeželski, vaški, provincialen; kmetijski, poljedelski; ruralen; ~ **constable** poljski čuvaj; ~ **excursion** izlet na deželo; ~ **economy** poljedelstvo

ruralism [rúərəlizəm] *n* podeželski (provincialni) značaj; provincialni izraz ali govor

ruralist [rúərəlist] *n* deželan; oseba, ki ima rajši življenje na deželi kot v mestu

ruralize [rúərəlaiz] *vt* dati podeželsko, provincialno zunanjost; napraviti kmečko, vaško; *vi* živeti na deželi, na kmetih; iti na deželo, na kmete; dobiti kmečki značaj; pokmetiti se

rurban [rɔ́:bən] *a* predmesten; ki se tiče podeželskega predmestja

ruse [ru:z] *n* zvijača, ukana, trik; zvijačnost, zahrbtnost; ~ **de guerre** vojna zvijača

rusé [rú:zei] *a* premeten, zvit

rush I [rʌš] **1.** *n* naval, nalet, zamah, prerivanje, drvenje, pehanje; naglica; masovno odhajanje (*to* v); nenaden izbruh ali povečanje; *med* naval krvi; *com* veliko, živo povpraševanje (*for* po, za); *fig* napad; **by** ~ **es** skokoma; **on the** ~ *coll* z vso naglico, na hitro; **with a** ~ nenadoma; **the** ~ **hours** najprometnejše, konične ure (ko gredo ljudje v službo ali se vračajo domov); **a** ~ **for seats** naval na sedeže; ~ **of pity** nenadno sočutje; **gold** ~ *fig* zlata mrzlica; **there was a** ~ **of blood to his face** kri mu je planila v obraz; **to make a** ~ **for** planiti na, navaliti na; **2.** *a* hiter, nagel; nujen; prizadeven; ~ **order** hitro, nujno naročilo

rush II [rʌš] **1.** *vi* navaliti (na), naskočiti, napasti, pognati se, vreči se, zagnati se, planiti, zakaditi se, (slepo) (z)drveti; (o vetru) besneti, šumeti; (o vodi) valiti se; *fig* leteti, hiteti; *econ* živahno se razvijati; *sp* spurtati; **to** ~ **into certain death** drveti v gotovo smrt; **to** ~ **into extremes** pasti v skrajnost; **to** ~ **on (upon) s.o.** planiti na koga; **to** ~ **at the enemy** planiti na sovražnika; **the blood** ~ **ed to her face** kri ji je planila v obraz; **to** ~ **into an affair** prenagljeno, brez premisleka se lotiti neke zadeve; **to** ~ **to the station** drveti na postajo; **fools** ~ **in where angels fear to tread** *fig* norci si več upajo kot junaki; **2.** *vt* pehati, goniti, hitro gnati (voditi, peljati, poslati, transportirati), priganjati, pritiskati (na), siliti; *mot* hitro voziti, drveti z; prenagliti, prenaglo (brez premisleka) izvesti ali izvršiti (posel); *mil* navaliti na (barikade), zavzeti, osvojiti v jurišu, jurišati na; *coll* preveč zaračunati, opehariti (*out of* za), izmamiti, izvabiti, izžicati (iz koga) (*for s.th.* kaj); **to** ~ **an examination** *A* z veliko

lahkoto napraviti izpit; **do not ~ me** ne priganjaj me preveč, pusti me, da pridem do sape (da premislim); **to be ~ ed for time** *coll* imeti zelo malo časa; **to ~ one's car to Maribor** drveti z avtom v Maribor; **to ~ s.o. into danger** spraviti koga v nevarnost; **to ~ one's fences** *fig* biti nestrpen, neučakan; **the guide ~ ed us through the Tower** vodnik nas je hitro vodil (gnal) skozi Tower; **to ~ s.o. sl** preveč komu zaračunati; **to ~ s.o. to the hospital** hitro koga prepeljati v bolnico; **to ~ an obstacle** z vso hitrostjo, v skoku premagati zapreko; **to ~ an order (through) in a few days** naglo izvršiti naročilo v nekaj dneh; **to refuse to be ~ ed** ne se pustiti siliti (k naglici); **to ~ a task** hiteti s poslom, naganjati k hitri izvršitvi naloge ali posla; **to ~ a train** navaliti na vlak
rush through *vt;* **to ~ a bill** *parl* pohiteti s sprejemom zakonskega osnutka, zakona
rush up *vt;* **to ~ prices** *econ* A pognati cene kvišku, naviti cene
rush III [rʌš] **1.** *n bot* biček, loč, ločje; *fig* stvar brez vrednosti; **it is not worth a ~ (to)** ni vredno počenega groša (prebite pare); **I don't care a ~** mi ni prav nič mar, se požvižgam na to; **2.** *a* bičnat, ločnat; **~ bottomed chair** stol iz ločja
rush-bearing [rʌšbəriŋ] *n* (cerkven) praznik, na katerega se cerkev okrasi z ločjem
rusher [rʌšə] *n sp* A napadalec; *fig* energična oseba
rush hours [rʌšauəz] *n pl* ure največjega prometa na ulicah
rushlight [rʌšlait] *n* nočna luč, nočna svetilka, oljenka; slaba luč
rushlike [rʌšlaik] *a* podoben ločju; *fig* šibek, slaboten
rush line [rʌšlain] *n sp* napadalna vrsta, napad
rush-ring [rʌšriŋ] *n* prstan iz bička; **a ~ wedding** *fig* nezanesljiva zveza; **to wed (to marry) with a ~** za šalo ali navidezno se poročiti
rushy [rʌši] *a* poln bička, ločja; pokrit z ločjem; ločju podoben; **~ couch** ležišče iz ločja
rusk [rʌsk] *n* vrsta prepečenca; biskvitu podobno pecivo; A naribana žemlja
russet [rʌsit] **1.** *n* rusa, rdečkasto rjava (kostanjeva) barva; vrsta zimskih jabolk takšne barve; domače platno takšne barve; **2.** *a* rdečkasto rjav, rus
russety [rʌsiti] *a* glej **russet** *a*
Russia [rʌšə] *n* Rusija
russia [rʌšə] *n* juhtno usnje (gl. **Russian leather**)
Russian [rʌšən] **1.** *a* ruski; **~ Church** ruska pravoslavna Cerkev; **~ Revolution** ruska revolucija (1917); **~ Socialist Federated Soviet Republic** Ruska Socialistična Federativna Sovjetska Republika; **2.** *n* Rus, -inja; ruščina, ruski jezik
Russianism [rʌšənizəm] *n* prevladovanje ruskega duha; prijateljstvo do Rusije
Russianize [rʌšənaiz] *vt* porusiti, rusificirati
Russification [rʌsifikéišən] *n* rusifikacija
Russify [rʌsifai] *vt* porusiti, rusificirati
russophile [rʌsoufail] **1.** *n* rusofil; **2.** *a* rusofilski
russophobe [rʌsoufoub] **1.** *n* rusofob, sovražnik Rusov; **2.** *a* rusofobski; ki se boji Rusov
rust [rʌst] **1.** *n* rja (tudi *fig*); *fig* slab vpliv; rjavenje, *fig* nedelavnost, lenobnost, lenoba; *bot* snet, rja

(na žitu); **to gather ~** (za)rjaveti; **2.** *vi & vt* (za)rjaveti, zakrneti; *fig* plesneti, propadati, postati neuporaben zaradi nerabe; zakržljati; *bot* postati snetiv, snetljiv; povzročiti rjo ali rjavenje; pobarvati z rjasto barvo; *fig* oslabiti; **better wear out than ~ out** bolje je ostati do zadnjega aktiven (delaven, dejaven) kot pa počasi slabeti (»rjaveti«)
rustable [rʌstəbl] *a* lahko rjaveč, ki lahko (za)rjavi
rustic [rʌstik] **1.** *a* (~ **ally** *adv*) kmečki, vaški, podeželski, rustikalen; preprost, neizobražen; robat, zarobljen, grob, neotesan, surov; **~ bridge** most iz neotesanih debel; **~ manners** neotesano vedenje; **~ work** *archit* rustika; **2.** *n* kmet, deželan, provincialec, preprost človek; neotesanec, teleban, kmetavzar
rustical [rʌstikəl] *a* glej **rustic** *a*
rusticalness [rʌstikəlnis] *n* kmečko vedenje, neotesanost
rusticate [rʌstikeit] *vi & vt* iti, umakniti se na deželo, na kmete; živeti, bivati na kmetih, v provinci; pokmetiti se; poslati (koga) na kmete, na deželo, v provinco; napraviti (koga) za kmeta, pokmetiti; *fig* (začasno) odstraniti (koga) z univerze
rustication [rʌstikéišən] *n* izlet ali potovanje na deželo; bivanje na kmetih; kmečko, vaško življenje, pokmetenje; *fig* začasna odstranitev z univerze
rusticity [rʌstísíti] *n* (podeželska, kmečka) preprostost; kmečko vedenje, neuglajenost, neotesanost; rusticiteta; življenje na kmetih
rustic-work [rʌstikwə:k] *n archit* rustika, rustikalni slog
rustiness [rʌstinis] *n* zarjavelost, rja; hripavost
rustle I [rʌsl] *n* šelest(enje), šuštenje (listja, svile), šumenje; prasketanje
rustle II [rʌsl] *vi & vt* (o svili) šušteti; šelesteti, šumeti; zmečkati (papir); A krasti (konje, živino); A *sl* pošteno, krepko prijeti za delo; **to ~ in silks** biti oblečen v šušteče svilo; **the wind ~ d the leaves** listje je zašumelo v vetru; **to ~ up** A *sl* hitro priskrbeti (napraviti, organizirati); **to ~ up the money somehow** hitro nekako priti do denarja
rustler [rʌslə] *n* A *sl* živinski ali konjski tat; A *sl* podjeten, energičen, garaški človek; oseba, ki s čem šusti; nekaj šustečega, šelestečega
rustless [rʌstlis] *a* nerjaveč, prost rje, brez rje, ki ne rjavi; **~ steel** nerjaveče jeklo
rustling [rʌsliŋ] *a* (~ **ly** *adv*) šušteč, šelesteč
rustproof [rʌstpru:f] *a* varen pred rjo, nerjaveč
rusty [rʌsti] (**rustily** *adv*) rjast, zarjavel; rjaste barve; (o blagu) ponošen, obledel; *fig* zarjavel, star, zastarel, (ki je) iz vaje; zapuščen; napókel; (redko) hripav, hreščeč; šibek; (o slanini) žarek, žaltav; *fig* trmast, čemern, godrnjav, siten; **to ride (to turn) ~** biti (postati) slabe volje; razjeziti se; **to get ~** zarjaveti; **my German is a little ~** moja nemščina je nekoliko zastarela
rut I [rʌt] **1.** *n* čas parjenja (jelenov, koz itd.), prsk, gonja, pojanje, parjenje; **2.** *vi* pariti se, goniti se, prskati se, pojati se; *vt* zaskočiti (samico)

rut II [rʌt] **1.** *n* kolotečina, kolosek, kolovoz; sled; brazda; *fig* ukoreninjena navada, rutina; **to get into a** ~ iti po utrti poti, zapasti v rutino, biti suženj navade, vedno isto delati; **2.** *vt* delati (narediti) kolotečine, brazde

ruth [ru:θ] *n arch* sočutje, usmiljenje; žalost, skrb; kes(anje)

ruthful [rú:θful] *a* (~ ly *adv*) usmiljen, sočuten; zaskrbljen; (zelo) žalosten

ruthless [rú:θlis] *a* (~ ly *adv*) neusmiljen, brez usmiljenja ali sočutja, krut, trd; brezobziren, brezvesten

ruthlessness [rú:θlisnis] *n* neusmiljenost, nesočutnost, krutost; brezobzirnost, brezvestnost

rutilant [rú:tilənt] *a* (redko) žareč, razbeljen; rdeč

rutting [rʌ́tiŋ] *n* gonja, pojanje, prsk, parjenje, pohota; ~ **time** čas pojanja (gonje, parjenja)

ruttish [rʌ́tiš] *a* (~ ly *adv*) pohoten, goneč se, pojav

ruttishness [rʌ́tišnis] *n* pohotnost; čas parjenja, pojanja

rutty [rʌ́ti] **1.** *a* poln (razrit od) kolotečin, izvožen; izbrazdan; **2.** (redko) pójav, goneč se, pohoten

rux [rʌks] *n E sl* jeza, bes, besnost

rye I [rái] *n bot* rž; *A* rženo žganje; ~ **bread** ržen kruh

rye II [rái] *n* (v ciganskem jeziku) gospod

rye-grass [ráigra:s] *n bot* ljuljka; vrsta trave

ryepeck [ráipek] *n* z železom okovan kol ali drog za privezovanje čolnov itd.

rynd [ráind; rind] *n tech* koprica, koželj (železna os, ki se okrog nje vrti gornji mlinski kamen)

ryot [ráiət] *n* (Indija) kmet, poljedelec, zakupnik

rypeck [ráipek] *n* glej **ryepeck**

S

S, s [es], *pl* ~ **s**, ~ **'s, ss** [ésiz] **1.** *n* črka S, s; predmet v obliki črke S; **a capital (large) S** veliki S; **a little (small) s** mali s; **2.** *a* esast, ki ima obliko črke S; **S curve** esasta krivina

's I [z za samoglasniki in zvenečimi soglasniki, s za nezvenečimi soglasniki] *coll* za **is**; **he's here** on je tu; *coll* za **has**; **he's just come** on je pravkar prišel; *coll* za **does**; **what's he think about it?** kaj misli on o tem?

's II [z za samoglasniki in zvenečimi soglasniki, s za nezvenečimi soglasniki, iz za sičniki] za tvorbo svojilnega rodilnika: **the boy's father**

's III [s] *coll* za **us**; **let's go** pojdimo!

sabaisem [séibəizəm] *n relig* češčenje zvezd, sabaizem

sabbatarian [sæbətéəriən] **1.** *a eccl* sabatarijanski; ki se nanaša na sabat ali na tiste, ki se strogo drže sabata; **2.** *n eccl* strog spoštovalec sabata, sabatarijanec; kdor praznuje soboto kot dan počitka; član krščanske sekte, ki smatra, da se sedmi dan v tednu mora praznovati kot dan počitka; sabatist

Sabbath [sæbəθ] *n eccl* sabat, dan počitka, Gospodov dan; nedelja ali katerikoli dan v tednu namenjen počitku (npr. petek pri muslimanih); *arch fig* počitek, počivanje; ~ **day's journey** pot, ki jo je smel prehoditi Žid na sabat (2000 vatlov); **to keep (to break) the** ~ (ne) praznovati dan počitka (dneva počitka)

sabbath [sæbəθ] *n fig* čas počitka; ~ **of the tomb** počitek v grobu; **witches'** ~ sabat čarovnic

sabbath-breaker [sæbəθbreikə] *n* kršitelj sabata

sabbatic(al) [səbætik(əl)] **1.** *a* (~ **ally** *adv*) sabatski; ki se nanaša na dan počitka; ki prinaša počitek; ~ **year** pri Židih vsako sedmo leto; *A* vsako sedmo leto kot enoletni (študijski) dopust vseučiliških profesorjev; ~ **leave** redno se ponavljajoč dopust (tudi študijski dopust); **2.** *n* (glej **sabbatical year**)

sabbaticals [səbætikəlz] *n pl* svečana (nedeljska, praznična) obleka

sabbatize [sæbətaiz] *vi & vt* praznovati (spoštovati) dan počitka (soboto ali nedeljo); *fig* imeti dan počitka, ki ustreza sabatu (soboti ali nedelji); spremeniti v (slaviti kot) dan počitka

saber [séibə] *n & vi* = **sabre**; **1.** *n* sablja; *mil hist* s sabljo oborožen vojak (zlasti konjenik); **the** ~ *fig* vojaštvo, vojaška moč, vlada; **to rattle one's** ~ rožljati s sabljo (tudi *fig*); **2.** *vt* raniti s sabljo, posabljati; ~ **rattling** rožljanje s sabljo, *fig* grožnja z vojno

sable [séibl] **1.** *n zool* sobolj; soboljevina (krzno); fin slikarski čopič iz sobolje dlake; (*her*) črna barva; črna obleka (zlasti kot znak žalovanja, žalosti); *poet* tema; *pl* črnina, črna obleka (kot znak žalovanja, žalosti); (= ~ **antelope** vrsta afriške antilope); **2.** *a* (**sably** *adv*) soboljji; ki je barve soboljega krzna, temne kostanjeve barve, temen; (*her*) črn; *poet* temen, mračen, temačen; črn (*joc* o črncu); napravljen, izdelan iz soboljega krzna; *arch* žalosten; ~ **collar** ovratnik iz soboljega krzna; **his** ~ **Majesty** vrag, zlodej

sabled [séibld] *a* črno (žalno) oblečen

sable-fur [séiblfə:] *n* soboljevina, sobolje krzno

sabot [sæbou] *n* lesen čevelj, cokla; *mil* košček mehke kovine, pritrjene na svinčenko, ki se prilega brazdam v cevi; *tech* čevelj (pri kolu)

sabotage [sæbəta:ž] **1.** *n* sabotaža, namerno oviranje dela ali normalnega poslovanja; uničenje naprav, strojev itd. iz političnih ali drugih razlogov; **act of** ~ sabotažno dejanje; **2.** *vt & vi* zlonamerno pokvariti ali uničiti napravo ali stroj; ovirati delo, namerno zavirati ali motiti; sabotirati

saboteur [sæbətə:] *n* saboter

sabre [séibə] **1.** *n* sablja; **the** ~ vojaščina; vojaška moč ali vlada; **300** ~ **s** *mil* 300 konjenikov; **to rattle one's** ~ rožljati s sabljo, *fig* groziti z vojno; **2.** *vt* posabljati, posekati, raniti ali pobiti s sabljo, pokositi; ~ **rattling** rožljanje s sabljo, *fig* grožnja z vojno

sabretache [sæbətæš] *n mil* okrašen usnjen tok za sabljo (konjeniških častnikov)

sabre-toothed [séibətu:θt] *a* ki ima nenavadno dolge gornje podočnjake

sabuline [sæbjəlain, ~lin] *a* peščen

saboulous [sæbjuləs] *a* peščen; prodnat; ~ **matter** *med* usedlina, sediment (v urinu)

saburra [səbárə] *n med* želodčna usedlina

sac [sæk] *n anat, bot, zool* vrečica, mešiček, mošnjiček, kapsula, ovojnica, ki ovija tumor (bulo), cisto (vodéno ali gnojno bulo); **lachrymal** ~ solzni mešiček

saccharify [səkærifai] *vt* osladiti (s saharinom)

saccharin [sækərin] *n chem* saharin

saccharine [sækərin] *a* sladkoren, sladkornat, podoben sladkorju, sestavljen v glavnem iz sladkorja, *med* ki ima preveč sladkorja (v urinu), **a** ~ **smile** sladek nasmeh

sacciform [sæksifo:m] *a* vrečast

saccular [sækjələ] *a* glej **sacciform**

sacerdocy [sæsədousi] *n* duhovništvo

sacerdotage [sǽsədoutidž] n farštvo, farji; farška država (gospostvo)

sacerdotal [sæsədóutəl] a (~ly adv) duhovniški; značilen za duhovnika, ki se prilega, spodobi duhovniku; ki zahteva veliko oblast duhovščine

sacerdotalism [sæsədóutəlizəm] n prevlada duhovščine; duh duhovniškega stanu; vdanost duhovniškim interesom, duhovščini

sacerdotalist [sæsədóutəlist] n zagovornik (branilec) duhovniških interesov; duhovščini vdana oseba; kdor zagovarja prevlado duhovščine

sachem [séičəm] n poglavar nekih severnoameriških Indijancev, fig hum važna, pomembna oseba, »visoka živina«, pol politični vodja

sachet [sæšéi, sǽšei] n vrečka, z dišavo (parfumom) namočena, napojena rutica (robček), vrečica z dišečo snovjo, ki se da med perilo, dišava

sack I [sæk] 1. n vreča, mošnja, pismonoševa torba, vrečka, mošnja za denar; široko ogrinjalo, kratka suknja, suknjič; vreča kot mera (3—6 bušlov); sl odpust iz službe; ~ of coals naut sl temni oblaki; the ~ hist utopitev v vreči (kazen); to get the ~ sl biti odpuščen (vržen) iz službe; to give s.o. the ~ sl odpustiti (vreči) koga iz službe; dati košarico komu; to hold the ~ fig ostati na cedilu; 2. vt vtakniti, dati v vrečo; fam odpustiti iz službe; fam fig dati košarico; coll vtakniti v žep; sl premagati koga v tekmi

sack II [sæk] 1. n mil plenjenje, rušenje (mesta), pustošenje, ropanje; plen; to put to ~ opleniti, oropati, opustošiti; 2. vt mil (o)pleniti, (iz)ropati, (o)pustošiti, (raz)rušiti

sack III [sæk] n hist sekt, močno sladko vino iz polsuhega grozdja; peneče se vino; sherry ~ vino šeri (sherry)

sackbut [sǽkbʌt] n mus troblja (predhodnik trombona), nekdanja pozavna; bibl kitari podoben glasbeni instrument

sackcloth [sǽkkləθ] n tkanina za vreče, vrečevina; hodno platno; (spokorniška) raševina; to mourn (to repent) in ~ and ashes fig žalovati (delati pokoro) v raševini in pepelu

sack coat [sǽkkout] n A sakó, kratek ohlapen moški suknjič

sacker [sǽkə] n plenilec

sackful [sǽkful] n polna vreča (česa), kolikor gre v vrečo; fig velika množina ali količina

sacking I [sǽkiŋ] n plenjenje, ropanje, pustošenje

sacking II [sǽkiŋ] n tkanina za vreče, vrečevina, juta, kos tega materiala

sackless [sǽklis] a arch nedolžen, preprost; nenevaren; fig malodušen, obupan, brez energije

sac-race [sǽkreis] n tekma (dirka, tek) v vrečah

sacral [séikrəl] a anat, zool sakralen, križničen, ki se tiče križnice, ki pripada križnici (v spodnjem delu telesa); eccl sakralen, ki se tiče česa svetega (svetišča, službe božje itd.)

sacrament [sǽkrəmənt] 1. n eccl zakrament (zlasti obhajilo in krst); simbol, znak (of za); slovesna, svečana prisega; sveta zveza; misterij, nekaj svetega ali mističnega; the S~ obhajilo; the last S~ (sveto) poslednje olje; to administer the ~ podeliti obhajilo komu, obhajati koga; to receive the ~ prejeti obhajilo; to take the ~ to do s.th. priseči, da bomo nekaj storili; to

take the ~ (up) on s.th. priseči na kaj; 2. vt (ob)vezati koga s slovesno prisego

sacramental [sækrəméntəl] 1. a (~ly adv) relig ki se tiče zakramenta, obhajila; svetotajstven, zakramentalen, svet, osnovan na zakramentih, ki prinaša odpuščanje; posebno svečan, slovesen, svet (zaprisega); ~ obligation sveta obveznost; 2. n eccl obred, ki ga je predpisala Cerkev (npr. uporaba posvečene vode)

sacramentalism [sækrəméntəlizəm] n pripisovanje velike dejavnosti, učinkovitosti zakramentom

sacramentalist [sækrəméntəlist] n oseba, ki pripisuje veliko dejavnost, učinkovitost zakramentom

sacramentarian [sækrəməntéəriən] 1. n eccl hist naziv prvih metodistov v Oxfordu; zakramentalec; kdor veruje v veliko dejavnost, učinkovitost zakramentov; 2. a ki sledi nazorom zakramentarijancev

sacred [séikrid] a (~ly adv) eccl svet, posvečen, bogu prijeten; nedotakljiv; časten; cerkven, biblijski, verski, duhoven; namenjen, izključno primeren kaki osebi ali namenu; fig vreden spoštovanja, kot se izkazuje svetim stvarem; (redko) preklet; ~ duty sveta dolžnost; ~ to the memory... posvečeno spominu...; ~ concert cerkven koncert; a ~ memory svet spomin; this room is ~ to the master of the house ta soba je svetišče za gospodarja hiše; a ~ desire for wealth prekleta sla po bogastvu; to hold s.th. ~ imeti kaj za sveto; S~ College kardinalski kolegij (v Rimu); ~ cow sveta krava, fig nekaj svetega, nedotakljivega, sakrosanktnega; ~ music cerkvena, duhovna glasba; ~ number sveto število; ~ weed sl bot sporiš; tobak; S~ Writ relig sveto pismo, biblija; ~ place jur grob; a tree ~ to Jupiter Jupitru posvečeno drevo

sacredness [séikridnis] n svetost

sacrificable [səkrífikəbl] a ki se more darovati, žrtvovati

sacrifice [sǽkrifais 1. n žrtev, žrtvovanje; žrtvovana stvar; relig darovanje; odreka; econ izguba; theol Kristusova žrtev na križu; at great ~ z veliko izgubo; S~ of the Mass relig mašna daritev; the great (last, supreme) ~ smrt za domovino; to fall a ~ postati žrtev; to make a ~ of s.th. žrtvovati kaj; to sell at ~ econ proda(ja)ti z izgubo; 2. vt žrtvovati; relig darovati; odreči se, opustiti; econ proda(ja)ti z izgubo; to ~ one's comfort odreči se svojemu udobju; to ~ one's life žrtvovati svoje življenje; vi žrtvovati; relig darovati; prispevati žrtev; to ~ oneself žrtvovati se

sacrificer [sǽkrifaisə] n žrtvovalec, kdor žrtvuje; relig duhovnik, ki daruje žrtev bogu

sacrificial [sækrifíšəl] a (~ly adv) žrtven, ki se tiče žrtve; požrtvovalen; com prodan z izgubo; ~ victim (darovana) žrtev

sacrilege [sǽkrilidž] n svetoskrunstvo, sakrilegij, bogoskrunstvo; profanacija; cerkvena tatvina; bogokletstvo; fig hudodelstvo, nezakonito dejanje

sacrilegious [sækrilídžəs] a (~ly adv) svetoskrunski, bogoskrunstven, brezbožen; ki krade, skruni cerkveno lastnino; fig zločinski, hudodelski

sacrilegist [sækrilídžist] *n* bogokletnik; skrunilec; zločinec, hudodelec; predrznež

sacring [séikriŋ] *n eccl* blagoslavljanje; birmanje, maziljenje; posvečenje, ordinacija višje duhovščine; maziljenje vladarja; ~ **bell** *relig* oltarni zvonček

sacrist [séikrist] *n eccl* cerkovnik, mežnar, zvonikar; oseba, ki predpisuje note za cerkveni zbor in skrbi za knjige

sacristan [sækristən] *n eccl arch* cerkovnik, mežnar, zvonikar; oseba, ki skrbi za cerkvene posode

sacristy [sækristi] *n* zakristija, žagrad

sacro- [séikrou] **1.** sveto-; **2.** sakralno, križnično

sacrolumbar [seikroulʌmbə] *a med* lumbosakralen

sacrosanct [sækrosæŋkt] *a* zelo svet; presvet; *fig* neoskrunljiv, nedotakljiv, sakrosankten

sacrosanctity [sækrosǽŋktiti] *n* svetost; neoskrunljivost, nedotakljivost, sakrosanktnost

sacrum, *pl* sacra [séikrəm, séikrə] *n anat* križna kost, križnica; (nekoč) svetišče; sveto dejanje

sad [sæd] *s* (~ ly *adv*) žalosten, otožen, melanholičen, zaskrbljen, potrt; nesrečen; ubog; klavrn, nič vreden, reven, beden; obžalovanja vreden; hudoben, zloben; neugoden, nepopravljiv; zelo potreben; temen; težak; nedovoljno vzhajan; *arch* resen; ~ **at** žalosten ob (od, zaradi); **in ~ earnest** zelo resno; ~ **bread** premalo vzhajan (in pečen) kruh; **a ~ coward** klavern strahopetnež; **a ~ dog** *fig* propadla oseba, izgubljenec; razvratnik; ~ **havoc** hudo opustošenje; **a ~ accident, mistake** obžalovanja vredna nezgoda (nesreča), napaka; **a sadder and a wiser man** oseba, ki jo je škoda izučila; **a ~ state** žalostno, bedno stanje; **to feel ~** biti žalosten, potrt; **he writes ~ stuff** kar on piše, je plaža

sadden [sædn] *vt* (u)žalostiti, razžalostiti; *fig* vznevoljiti; poslabšati, potemniti, očrniti; *vi* (u)žalostiti se, postati žalosten (*at* ob, zaradi)

saddish [sædiš] *a* nekoliko žalosten, otožen

saddle [sædl] **1.** *n* sedlo (tudi *fig*); gorsko sedlo; nosilni drog za dve vedri; nosilec žice na vrhu električnega stebra; pohrbtina (meso živine ali divjačine); **in the ~** trdno v sedlu, *fig* na zanesljivem mestu, na oblasti; ~ **of mutton** koštrunova pohrbtina; **to be in the ~** biti na konju, zapovedovati; **to take (to get into) the ~** zajahati konja; **to put the ~ on the right (wrong) horse** *fig* obdolžiti pravo (napačno) osebo; **to be thrown from the ~** biti vržen iz sedla; **2.** *vt* osedlati; *fig* obremeniti (*with* z); natovoriti, naložiti, naprtiti (*upon* na); **to be ~d with s.o.** imeti koga na vratu; **to ~ s.o. with responsibility, to ~ responsibility upon s.o.** naložiti komu odgovornost; **to ~ oneself with** naprtiti si (kaj) (na vrat); **to ~ a theft on an innocent person** naprtiti tatvino nedolžni osebi; *vi* povzpeti se, sesti v sedlo

saddleback [sædlbæk] **1.** *n* (konjski) sedlast hrbet, konj s sedlastim hrbtom; gorsko sedlo; *zool* siva vrana, raz ne vrste sragov; vrsta galebov; *zool* samec grenlandskega kita; vrsta tjulnjev; vrsta ostrig; *archit* gornji sklad zidu, debelejši v sredini kot na krajih; **2.** *a* sedlast, udrt; ~ **roof** sedlasta streha; ~ **soap** (blago, milo) milo za obdelavo usnja; ~ **sack** *A sl fig* prismoda, bedaček, bedak

saddlebacked [sædlbækt] *a* sedlast; udrt, uleknjen

saddlebag [sædlbæg] *n* torba pri sedlu; vrsta prevleke za pohištvo; *mil* tornistra, telečnjak, nahrbtnik; **a pair of ~ s** bisage

saddle-bow [sædlbou] *n* lok, prednji glavič pri sedlu

saddle-cloth [sædlklɔθ] *n* podsedelna odeja

saddlefast [sædlfa:st] *a* zanesljiv, siguren, trden v sedlu, na konju

saddle-horse [sædlhɔ:s] *n* sedelni (jezdni, jahalni) konj

saddle-nose [sædlnouz] *n* sedlast nos

saddler [sædlə] *n* sedlar; *mil* oseba, ki skrbi za konjsko opremo pri konjenici; *zool* vrsta tjulenjev

saddlery [sædləri] *n* sedlarstvo, sedlarska obrt; sedlarnica; sedlarske potrebščine, sedlarsko blago (artikli)

saddle-tree [sædltri:] *n bot* vrsta severnoameriškega drevesa; leseni okvir sedla

sad-iron [sædaiən] *n* likalnik

sadism [sædizəm] *n* sadizem

sadist [sædist] **1.** *n* sadist; **2.** *a* sadističen

sadistic [sədístik] *a* (~ ally *adv*) sadističen

sadly [sædli] *adv* žalostno, z žalostjo; kruto, mučno, bedno; zelo, strašno; *arch* resno; ~ **neglected** strašno zanemarjen; **I am ~ afraid that** zelo se bojim, da...; **I am ~ in need of...** krvavo potrebujem...; **I want it ~** krvavo potrebujem to

sadness [sædnis] *n* žalost, otožnost, melanholičnost, mračno razpoloženje; klavrnost, beda, bednost; *arch* resnost

safari [səfá:ri] *n* potovanje, ekspedicija (z nosači zlasti na zverjad v Vzhodni Afriki; safari

safe I [séif] *a* varen, siguren, zanesljiv; dobro čuvan; nenevaren; zdrav, cel, nepoškodovan, ki je v dobrem stanju, srečen; previden, ničesar ne tvegajoč; **as ~ as houses** *coll* popolnoma, absolutno varen; ~ **from** varen pred; ~ **and sound** čil in zdrav; **from a ~ quarter** iz zanesljivega vira; ~ **arrival** *com* srečno dospetje (o blagu); ~ **back** (zopet) srečno doma (domov); **a ~ catch** (*cricket*) dobra žoga; **a ~ estimate** previdna ocenitev; **a ~ guide** zanesljiv vodnik; **a ~ man** zanesljiv, zvest človek; **a ~ place** varen kraj; ~ **receipt** *com* v redu prejem; **a ~ winner** zanesljiv zmagovalec; **to be ~ from** biti varen pred (the wolves volkovi); **is it ~ to go there?** je varno iti tja?; **the bridge is not ~** most ni varen, zanesljiv; **this dog is not ~ to touch** nevarno je, dotakniti se tega psa; **it is ~ to say** z gotovostjo (mirno) lahko rečemo; **he is ~ to come first** gotovo bo prišel prvi; **to be on the ~ side** biti na varnem, iti brez nevarnosti; **I want to be on the ~ side** ne maram se po nepotrebnem spuščati v nevarnosti, ne maram ničesar tvegati; **to err on the ~ side** napraviti napako, a brez škode; **they feel ~ now** zdaj se čutijo varne; **to keep s.th. ~** (s)hraniti kaj na varnem; **to play ~** varno iti; zaradi varnosti; **I saw him ~ home** srečno sem ga spremil (spravil) domov

safe II [séif] *n* varna jeklena blagajna; sef (safe); *coll* blagajna; shramba, omara za živila, za hrano; **meat-~** hladilnik za meso

safe-blower [séifblouə] *n* vlomilec v sefe, ki uporablja razstrelivo

safe-breaker [séifbreikə] *n* vlomilec blagajn

safe-conduct [séifkóndəkt] *n* prepustnica; potni list; zajamčen prost prehod; (varno) spremstvo

safe-cracker [séifkrækə] *n* glej **safe-blower**

safe-deposit [séifdipózit] *n* bančna jeklena celica ali blagajna, trezor

safeguard [séifga:d] **1.** *n* zaščitno spremstvo, spremna straža; prepustnica, potni list; jamstvo, zaščita, okrilje; *pl* naprava pred lokomotivo za čiščenje tira (tračnic); *zool* vrsta kuščarjev; **2.** *vt* varovati, ščititi: da(ja)ti jamstvo, jamčiti, zavarovati; odmeriti zaščitne carine (na uvoženo blago); ~ **duty** zaščitna carina

safe-keeping [séifkí:piŋ] *n* zanesljivo varstvo, (s)hranitev; **it's** ~ **with him** pri njem je to dobro shranjeno

safelight [séiflait] *n phot* temnična luč

safely [séifli] *adv* varno, na varnem, brez nevarnosti, brez strahu, brez oklevanja; **you may** ~ **say** brez strahu, mirne duše lahko rečete

safeness [séifnis] *n* varnost, sigurnost

safe period [séifpíəriəd] *n med* neplodni dnevi (ženske)

safe-room [séifrum] *n* pred vlomom varni bančni prostor(i)

safety I [séifti] *n* varnost, sigurnost, netveganost; zanesljivost (postopka, mehanizma), dobro stanje; *arch* varna (s)hranitev; varovalo (pri puški); puška z varovalom; **with** ~ varno, brez nevarnosti, brez rizika ali tveganja; *fig* zaščita proti nezgodi; ~ **first!** varnost predvsem!; **factor (coefficient) of** ~ varnostni faktor (koeficient); **to be in** ~ biti na varnem; **we cannot do it with** ~ brez nevarnosti tega ne moremo napraviti; **there is** ~ **in numbers** če nas je več, je varneje; številke ne lažejo; **to play for** ~ igrati oprezno, *fig* ničesar ne tvegati, biti previden

safety II [séifti] *a* varnosten; ~ **brake** varnostna zavora

safety-appliance [séiftiəpláiəns] *n* varnostne naprave na dvigalih

safety-belt [séiftibelt] *n* rešilni pas

safety-bicycle [séifti báisikl] *n* nizek (varen) bicikel

safety-bolt [séiftiboult] *n* varnostno zapiralo na strelnem orožju; zapiralna naprava

safety-buoy [séiftibɔi] *n naut* rešilna boja (obroč)

safety-catch [séiftikæč] *n tech* naprava, ki preprečuje padec dvigala zaradi kake okvare

safety curtain [séiftikə:tn] *n theat* železni zastor

safety-fund [séiftifʌnd] *n econ* varnostni fond

safety-fuse [séiftifju:z] *n* varnostno vžigalo; *el* varovalka

safety glass [séiftigla:s] *n tech* varnostno steklo

safety island [séifti áiländ] *n* prometni otok

safety-lamp [séiftilæmp] *n* rudarska svetilka

safety-lock [séiftilɔk] *n* varnostna ključavnica

safety-match [séiftimæč] *n* (švedska) vžigalica

safety-pin [séiftipin] *n* varnostna zaponka

safety-razor [séiftireizə] *n* brivski aparat

safety-valve [séiftivælv] *n* varnostni ventil; *fig* oddušek za čustva; **to sit on the** ~ *fig* izvajati nasilno politiko

safety zone [séiftizoun] *n* (zebrasti) prehod za pešce; prometni otok

saffian [sǽfiən] *n* safijan (vrsta usnja)

safflower [sǽflauə] *n bot* barvilni rumenik; kot barvilni rumenik rumena ali rdeča barva

saffron [sǽfrən] **1.** *n bot* žafran; žafranova barva; **2.** *a* žafranov; rumen kot žafran; **3.** *vt* (po)barvati z žafranovo barvo (pijačo, bonbone), dati okus po žafranu

safranin [sǽfrənin] *n* iz žafrana dobljena barva; rdečkasto rumena barva

sag [sæg] **1.** *n* povešenje (vrvi), uleknitev, ukrivljenost, udrtost, depresija; popuščanje, upad(anje); *econ* začasen padec cen; *naut* odvračanje ladje od prave smeri; **2.** *vi & vt* ulekniti (se), povesiti (se), ukriviti (se), upogniti (se), pogrezniti (se); (o cenah) pasti; *naut* kreniti s prave smeri; nagniti se na stran (most, vrata); znižati (cene); ~ **ging market** *econ* popuščajoče tržišče; ~ **ging shoulders** viseča ramena; **to** ~ **in price** pasti v ceni; **the bridge** ~ **s** most se (v sredini) poveša, useda

saga [sá:gə] *n* saga, skandinavski ep v prozi o junakih in bogovih; *fig* pripoved o junaških dejanjih in doživljajih; (= ~ **novel**) roman, ki v dolgi, skozi več rodov segajoči pripovedi oblikuje usodo svojih junakov; **The Forsyte S** ~ družinski roman o Forsytih

sagaciate [səgéišieit] *vi A* misliti, ugibati

sagacious [səgéišəs] *a* (~ **ly** *adv*) ostroumen, moder, pameten, bister, prenikav

sagacity, sagaciousness [səgǽsiti, ~géišəsnis] *n* ostroumnost, bistrost, prenikavost, (zdrava) pamet, uvidevnost

sagaman, *pl* ~ **men** [sá:gəmən] *n* pripovedovalec sag

sage I [séidž] **1.** *n* modrec, modrijan (često *derog*); **2.** *a* (~ **ly** *adv*) moder (često *derog*), pameten, bister, razumen; *arch* resen, slovesen

sage II [séidž] *n bot* kadulja, žajbel; ~ **tea** žajbljev čaj

sageness [séidžnis] *n* modrost, razumnost

sage willow [séidž wílou] *n bot* vrba žalujka

saggar, sagger [sǽgə] **1.** *n* lonec iz žgane gline, v katerega se da glinena snov pri žganju; **2.** *vt* žgati v takem loncu

Sagitta [sədžítə] *n astr* strela, blisk (zvezde); **s** ~ *zool* vrsta morskega črva

sagittal [sǽdžitl] *a* puščičast, streličen; ~ **suture** *med* sagitalni šiv

Sagittarius [sædžitéəriəs] *n astr* Strelec

sago [séigou] *n* sago (škrobna moka iz stržena sagove palme); ~ **palm** sagovec, sagova palma

sagy [séidži] *a* poln kadulje, žajblja; začinjen z žajbljem

Sahara [səhá:rə] *n geogr* Sahara

sahib [sá:ib; sa:b] *n* sahib, gospod (naziv za belca v Indiji); Evropejec, Anglež; *fig* gentleman, fin gospod; **Colonel S** ~ gospod polkovnik; **Brown S** ~ = **Mr. Brown** gospod Brown

said [sed] *pt & pp* **to say**; **he is** ~ **to have been ill** baje je bil bolan; (zlasti) *jur* (prej) omenjeni; ~ **witness** omenjena priča

sail I [séil] *n* jadro; (vsa) jadra (ladje); (pri številu) ladje *pl*; krilo mlina na veter; dimnik za zračenje na ladji ali v rudniku; vožnja z jadrnico, z ladjo; potovanje z ladjo; *poet* krilo, perut; **in full** ~ s polnimi jadri, *fig* s polno paro; **under** ~ pod jadri, na vožnji, na poti; **under full** ~, **with all** ~ **s set** s polnimi jadri; **a fleet of 100** ~ brodovje, flota 100 ladij; **a few days'** ~ (le) nekaj dni trajajoče potovanje po morju; **to clap on** ~ hitro zviti jadra; **to crowd** ~ jadrati z vsemi jadri; **to go for a** ~ iti na jadranje, na vožnjo z ladjo; **to have a** ~ napraviti sprehodno vožnjo z jadrnico; **to hoist (to set)** ~ dvigniti (razpeti) jadro; **to loosen, to unfurl the** ~ **s** odvezati, razviti jadra; **to lower, to strike** ~ spustiti jadro; **to make** ~ odpluti, iti na morje; **to set** ~ **for England** odjadrati, odpluti v Anglijo; **to set up one's** ~ **to every wind** *fig* obračati plašč po vetru; **to shorten, to take in** ~ skrajšati jadro; **to take the wind out of s.o.'s** ~ **s** *fig* prekrižati komu načrte, pokvariti komu dobro priložnost; **to take in** ~ sneti jadro, *fig* staviti manjše zahteve

sail II [séil] *vi* jadrati, odjadrati, odpluti, pluti, potovati z ladjo; drseti, plavati po zraku, leteti (ptice, oblaki, letalo); odplavati (o ribah); *fig* dostojanstveno hoditi (zlasti o ženskah); **to** ~ **along the coast** pluti vzdolž obale; **to** ~ **under convoy** pluti v konvoju; **she sailed into the room** *sl* »priplavala«, dostojanstveno je prišla v sobo; *vt* prejadrati, prepluti; preleteti; krmariti, upravljati (z ladjo); manevrirati (z jadrnico); **to** ~ **near the wind** *sl fig* povedati »tvegano« zgodbo; biti komaj še na robu poštenega ravnanja; **to** ~ **the Seven Seas** prepluti vsa morja; **to** ~ **into s.o.** *sl* začeti zmerjati koga, napasti koga

sailable [séiləbl] *a* ploven; pripravljen za plovbo
sail-arm [séila:m] *n* krilo mlina na veter
sail-axle [séilæksəl] *n* os, okrog katere se obrača krilo mlina na veter
sail-boat [séilbout] *n A naut* jadrnica (čoln)
sail-cloth [séilklɔθ] *n* platno za jadra, jadrovina
sailer [séilə] *n* jadrnica; ladja gledé na svoje plovne sposobnosti; **this ship is a good (heavy)** ~ ta ladja hitro (počasi) plove; **fast** ~ hitra jadrnica
sail-fish [séilfiš] *n* riba z razvito hrbtno plavutjo; vrsta morskega psa
sail-flying [séilflaiŋ] *n aero* letenje z jadralnim letalom
sailing [séiliŋ] 1. *n* jadranje; plovba, navigacija; odplutje, odhod ladje; umetnost jadranja; **plain** ~, **plane** ~ *fig* lahka naloga, stvar (zadeva) brez ovir; 2. *a* ki ima jadra, se premika s pomočjo jader; ki se tiče jadranja; ~ **directions** navodila, priročnik za jadranje; ~ **orders** ukaz za odhod ladje, za izplutje; naročilo plovbe
sailing-boat [séiliŋbout] *n* čoln na jadra, jadrnica
sailing-master [séiliŋma:stə] *n* nekdanji naziv za navigacijske častnike na vojni ladji; navigator (jahte)
sailless [séillis] *a* brez jadra
sailmaker [séilmeikə] *n* jadrar
sailor [séilə] *n* mornar, pomorščak; **a good (bad)** ~ oseba, ki dobro (slabo) prenaša vožnjo po morju, ni (je) podvržena morski bolezni; ~'**s blessing** *sl* kletvica; ~'**s friend** *sl* luna; ~'**s home** dom mornarjev; ~ **hat** mornarski klobuk, pokrivalo (v otroški in ženski modi); **what kind of a** ~ **are you?** kako prenašaš vožnjo po morju?

sailoring [séiləriŋ] *n* mornarski posel (poklic), mornarsko življenje; mornarstvo
sailorly [séiləli] *a* mornarski; podoben mornarju, pomorščaku; kot mornar
sailorman, *pl* ~**men** [séiləmən] *n coll* mornar
sail-plane [séilplein] 1. *n* jadralno letalo; 2. *vi* jadrati, leteti z jadralnim letalom
sain [séin] *vt Sc arch* blagosloviti, prekrižati, napraviti znak križa nad kom; zaščita koga z božjo pomočjo ali s čarovnijo (*from* pred)
sainfoin [séinfɔin] *n bot* turška (sladka) detelja, esparzeta
saint [séint] 1. *n relig* svetník, -ica; bogomolec (pravi ali lažni); *relig* božji izvoljenec, blaženec; **All Saints' Day** *relig* vsi sveti (1. november); **departed** ~ pokojnik; **enough to make a** ~ **swear** dovolj, da bi se še svetnik razjezil (zaklel); **enough to provoke** ali **to try the patience of a** ~ dovolj, da bi še svetnik izgubil potrpljenje; **young** ~ **s old sinners (devils)** zgodnja pobožnost ni dober znak; svetnik v mladosti, grešnik v starosti; mladost se mora iznoreti; **to lead the life of a** ~ živeti kot svetnik; 2. *vt* proglasiti za svetnika, kanonizirati; imeti koga za svetega; *vi* (večinoma ~ **it**) živeti kot svetnik; igrati svetnika; 3. *a* svet (krajšava St.); češčen kot svetnik, -ica
sainted [séintid] *a* proglašen za svetega (svetnika); svet, svetniški; pobožen; pokojni
sainthood [séinthud] *n* svetost, stanje svetosti, svetniškost, svetniško dostojanstvo; *coll* svetniki
saintish [séintiš] *a* svetniški; svetohlinski
saintlike [séintlaik] *a* svet, svetniški, podoben svetniku; ki pristaja svetniku; *fig* pobožen
saintliness [séintlinis] *n* svetništvo; pobožnost
saintly [séintli] *a* svet; pobožen; svetniški, podoben svetniku; **a** ~ **life** svetniško življenje
Saint Monday [séint mándi] *n E coll* dela prosti ponedeljek; zaspani ponedeljek
saint's-day [séintsdei] *n* praznik svetnika zaščitnika cerkve, cerkveno proščenje
saintship [séintšip] *n* svetost, svetniško dostojanstvo
Saint Valentine's Day [séint vǽləntainz déi] *n eccl* dan sv. Valentina (14. II.); *gl* **valentine**
Saint Vitus's dance [séint váitəsiz da:ns] *n med* sv. Vida ples, vidov ples, vidovica
saith [seθ] *arch poet* = **says**
sake [séik] *n* razlog; obzir; **for the** ~ **of** zavoljo, zaradi, na ljubo; **for God's** (ali **heaven's**) ~ zaboga, za božjo voljo; **for conscience's** ~ zavoljo vesti; **for goodness'** ~ za božjo voljo, zaboga; **for my** ~ meni na ljubo, zavoljo mene; **for my own** ~ **as well as yours** zavoljo mene in zavoljo vas; **for both (all) our** ~ **s** (ali ~) zavoljo naju (nas vseh); **for mercy's** ~, **for pity's** ~ iz usmiljenja; **for my name's** ~ zavoljo moje časti; **for old** ~'**s** zaradi starih časov (starega prijateljstva); **for peace's** ~ zavoljo ljubega miru; ~ **s alive!** je to mogoče!; **art for art's** ~ umetnost zaradi umetnosti
saker [séikə] *n zool* vrsta sokola; *mil hist* vrsta starega topa
sake [sá:ki] *n* sake, riževo vino (pri Japoncih)
sal [sæl] *n chem med* sol

salaam [səlá:m] **1.** *n* orientalski pozdrav, selam; **2.** *vi* orientalsko pozdraviti, globoko se prikloniti; pozdraviti s selam

sal(e)ability [seiləbíliti] *n com* primernost za prodajo, prodajnost, prodaja

salable [séiləbl] *a* (ki je) na prodaj, prodajen; ki se lahkó proda, najde kupce; ~ **price** prodajna cena

salacious [səléišəs] *a* (~ **ly** *adv*) opolzek, pohoten, polten, nasladen; umazan (govorjenje); kvantaški, obscen

salacity, salaciousness [sələ́siti, ~léišəsnis] *n* opolzkost, obscenost, pohotnost

salad [sǽləd] *n* (začinjena) solata; sesekljano meso, pomešano s kako solato; ~ **dish** skleda za solato; ~ **oil** namizno (olivno) olje (za solato); **lobster** ~ jastog v solati

salad-days [sǽləddeiz] *n pl fig* neizkušena mladost, mladi dnevi, mladost; nezrela doba, nedoraslost

salad-dressing [sǽləddresiŋ] *n* začimba za solato

salamander [sǽləmændə] *n zool* salamander; duh, ki živi v ognju; (vele)močerad; požiralec ognja (v cirkusu); *fig* oseba, ki lahko prenaša vročino; drzen, neustrašen vojak (ki gre v sovražni ogenj); razbeljena železna plošča za pečenje kolačev, omlet; pekač

salamandrine [sæləmǽndrin] *a* podoben salamandru, pripadajoč salamandru; ki prenese ogenj

salame, *pl* ~ **mi** [səlá:mi:] *n* salama (navadno *pl*)

sal-ammoniac [sæləmóuniæk] *n* salmijak

salangane [sǽləŋgein] *n* salangana (vrsta lastovk)

salariat [səlé(ə)riæt] *n* delojemalci

salaried [sǽlərid] *a* ki ima stalno mesečno plačo; stalno plačan; **a** ~ **employee** nameščenec s stalno plačo; **a** ~ **position** plačano službeno mesto (služba)

salary [sǽləri] **1.** *n* plača (uradnika); **2.** *vt* dajati (komu) plačo, plačevati (koga); najeti (koga)

sale [séil] **1.** *n econ* prodaja, promet; količina prodanega blaga; razprodaja blaga na koncu sezone; dražba; kupoprodajna pogodba; **for** ~ za prodajo; **on** ~ na prodaj; ~ **contract** prodajna pogodba; ~ **for money, for cash** prodaja za denar, za gotovino; ~ **price** prodajna cena; ~ **or return** pogodba, po kateri prodajalec sprejmé, s pravico da vrne, česar ne more prodati; ~ **by sample** zaključek kupčije (prodaje) na podlagi vzorcev; **annual** ~ letna (raz)prodaja; **bill of** ~ prenos pravice lastništva; **clearance** ~ razprodaja odvečnega blaga; **clearing** ~ razprodaja, likvidacija; **public** ~ dražba; **slow** ~ počasna prodaja; **summer** ~ poletna razprodaja; **to be on** ~ biti na prodaj; **to put up for** ~ ponuditi, dati v prodajo (tudi na dražbi); **2.** *a* namenjen za prodajo, prodajen

saleable [séiləbl] *a* ki se lahko, dobro proda(ja); prodajen, na prodaj

sale-bill [séilbil] *n econ* trgovska menica

Salem [séiləm] *n* Jeruzalem; kapela nekonformistov

saleratus [sæliréitəs] *n A* natrijev bikarbonat

sale-ring [séilriŋ] *n* krog kupcev na dražbi

sales agent [séilz éidžənt] *n* (trgovski) zastopnik

salesclerck [séilzkla:k] *n A* prodajalec (v trgovini)

salesgirl [séilzgə:l] *n* prodajalka (v trgovini)

saleslady [séilzleidi] *n A coll* prodajalka (v trgovini)

sales-ledger [séilzledžə] *n* knjiga, v katero se vpisujejo računi dolžnikov

salesman, *pl* ~ **men** [séilzmən] *n* prodajalec v trgovini; preprodajalec; veletrgovec; *A* trgovski potnik

sales manager [séilz mǽnidžə] *n* vodja prodaje

salesmanship [séilzmənšip] *n* veščina, sposobnost prodajanja

sales people [séilzpi:pl] *n pl com* prodajalci

sales resistance [séilz rizístəns] *n* odpor do kupovanja (nakupa); **he met with considerable** ~ imel je posla s težavnimi kupci

salesroom [séilzrum] *n* prodajalna; prostor, kjer je dražba

sales tax [séilztæks] *n* prometni davek

saleswoman, *pl* ~ **women** [séilzwumən, ~wimin] *n* prodajalka, trgovska potnica; veletrgovka

sale-warrant [séilwərənt] *n econ* skladiščni list za blago, za katero je dan predujem

Salic [sǽlik] *a hist* salijski; ~ **law** salijski zakon, s katerim ženske nimajo pravice do nasledstva na prestolu

salicin [sǽlisin] *n chem* salicin

salicional [səlíšənəl] *n mus* piščalka orgel milega, blagega zvoka

salicyl [sǽlisil] *n chem* salicil

salicylate [səlísileit] *n chem* salicilat, sol salicilne kisline

salicylic [sæslisílik] *a* salicilen; ~ **acid** salicilna kislina

salience, -cy [séiliəns(i)] *n* štrlina, štrlenje, izbočenost, izboklina; *fig* poudarjena lastnost, poudarjeno mesto, poudarek, emfaza; **to give** ~ **to s.th.** dati poudarek čemu

salient [séiliənt] **1.** *a* (~ **ly** *adv*) štrleč, izbočen; *fig* znamenit, pomemben, zbujajoč pozornost, ki bije v oči, viden, glavni; poskakujoč, plešoč; *her* skakajoč (žival); ~ **characteristics** glavne značilnosti; **2.** *n* štrlina, izboklina, štrleči del; izbočeni del (utrdbe, fronte); izbočena obrambna črta

saliferous [səlífərəs] *a* solotvoren; ki vsebuje sol

salification [səlifikéišən] *n* nastajanje soli

salify [sǽlifai] *vt* spremeniti (kislino ali bazo) v sol; tvoriti sol

saline [séilain] **1.** *a* slan, vsebujoč sol (o vodah in izvirih); vsebujoč soli alkaličnih kovin ali magnezija (o zdravilih); ~ **solution** solna raztopina; **2.** *n* solina; solišče; slan vrelec, slano jezero; rudnik soli; raztopina vode in soli; sol za čiščenje, odvajalna grenka sol; *chem* pepelika iz melase sladkorne repe

salinity [səlíniti] *n* slanost

saliva [səláivə] *n* slina

salivant [sǽlivənt] *a med* ki dela slino

salivary [sǽlivəri] *a*; ~ **glands** žleze slinavke

salivate [sǽliveit] *vt med* napraviti, da kdo proizvede večjo množino sline; *vi* proizvajati mnogo sline, zelo se sliniti; morati izpljuvati slino

salivation [sæliveišən] *n* slinjenje

sallet [sǽlit] *n hist mil* šlem iz 15. stoletja

sallow I [sǽlou] *n bot* iva, vrba, rdeča vrba; mladike vrbe, vrbica; vrbina

sallow II [sǽlou] **1.** *n* bledikasta, nezdravo rumena barva človeške kože (polti); **2.** *a* bledikast, rumenkast, nezdravo rumene barve (o človeški koži); brezbarven, pepelnat, bledikav; **a** ~ **complexion** rumenkasto bleda polt; **3.** *vt* napraviti (kaj) rumenkasto bledikavo, porumeniti; *vi* porumeneti, postati bledikast

sallowness [sǽlounis] *n* rumenkasta bledikavost

sallowish [sǽlouiš] *a* bledikav, rumenkast, nezdrave barve (o človeški koži, polti)

sallowy [sǽloui] *a* obrasel, porasel z vrbami; poln vrb, bogat z vrbami, vrbast

sally I [sǽli] **1.** *n mil* izpad (iz obkoljene trdnjave); kratka pot, sprehod, izlet; skok; (redko) objestno, lahkomiselno dejanje; *fig* (= ~ **of wit**) duhovit domislek, duhovita opazka, duhovitost; ~ **of anger** izbruh jeze; **2.** *vi* (često ~ **out**) *vi mil* napraviti izpad (iz obkoljene trdnjave); nenadoma, naglo planiti (iz); odpraviti se na pot; ~ **forth** kreniti, napotiti se

sally II [sǽli] *n* prvi premik, ko zaniha zvon za zvonjenje; vozel na vrvi pri zvonu, ki se drži v roki

sally-hole [sǽlihoul] *n* luknja, skozi katero teče vrv zvona

sally-port [sǽlipɔ:t] *n mil* odprtina v trdnjavi za napad na sovražnika

salmagundi [sælməgándi] *n* ragú, razrezano meso z oljem, s kisom itd.; *fig* zmes, mešanica, kolobocija, godlja

salmi(s) [sǽlmi] *n* paprikaš (zlasti iz divjačine, ptic); divjačina ali perutnina v gosti omaki

salmon [sǽmən] **1.** *n* (riba) losos; lososova barva; **2.** *a* (ki je) lososove barve; ~ **fly** umetna muha za lov lososov

salmon-colour [sǽmənkʌlə] *n* oranžasto vijoličasta barva lososovega mesa

salmon-trout [sǽməntraut] *n* glavatica (postrv)

salon [sǽlə:n] *n* salon, družabna soba, soba za sprejemanje gostov; družba uglednih oseb v salonu (zlasti v salonih znamenitih žena); literarna itd. družba; družabni prostori, zbirališče imenitne družbe; razstavni prostor; **(the) Salon** letna izložba slik živečih umetnikov v Parizu

saloon [səlú:n] *n* (hotelski) salon, hala, dvorana; družabna, plesna dvorana; dvorana za razstave; obednica; *A* točilnica, bifé, bar, beznica; **billiard** ~ biljardna soba

saloon-car [səlú:nka:] *n* salonski voz (vagon); limuzina (avto); **sleeping** ~ luksuzni spalni vagon

saloon-carriage [səlú:nkæridž] *n* salonski voz (vagon)

saloon deck [səlú:ndek] *n* potniška paluba I. razreda

saloon-keeper [səlú:nki:pə] *n A* lastnik točilnice (biféja, bara); strežnik v točilnici (biféju, baru, gostilni)

saloon-passenger [səlú:npæsindž] *n* potnik I. razreda (na ladji); potnik luksuznega vlaka

salse [sæls; sa:ls] *n geol* blaten vulkan

salsify [sǽlsifi] *n bot* travniška kozja brada

salt I [sɔ:lt] ·*n* (kuhinjska) sol; *chem* sol (često *pl*); *med* (odvajalna) sol; *fig* začimba, sol, ostroumnost, dovtipnost, duhovitost; *fam* mornar; sodček za sol; **in** ~ namočen v raztopini soli, nasoljen; **above (below) the** ~ *fig* na gornjem (spodnjem) koncu mize; **with a grain of** ~ *fig* razsodno, s pametnim premislekom, ne dobe-

sedno; **the** ~ **of the earth** *fig* sol zemlje, elita; **an old** ~ **star** mornar, *fig* morski volk; ~ **of lemon** oksalna kislina za odstranitev madežev črnila; **attic** ~ *fig* duhovitost; **common** ~ kuhinjska sol; **Glauber's** ~ Glauberjeva grenka sol, natrijev sulfat; **Epsom** ~ grenka sol, magnezijev sulfat, purgativ; **rock-**~ kamena sol; **sea-**~ morska sol; **smelling-**~**s** dišeča sol (proti omedlevici); **a speech full of** ~ začinjen, zabeljen govor; **table** ~ namizna, fina sol; **to be the** ~ **of earth** *fig* biti sol (elita, smetana) zemlje; **to be true to one's** ~ biti zvest svojemu gospodarju; **you are not made of** ~ *fig* nisi iz sladkorja (lahkó greš na dež); **he is not worth his** ~ *fig* ni za nobeno rabo, je popolnoma nesposoben; **to eat** ~ **with s.o.** biti gost koga; **to eat s.o.'s** ~ *fig* uživati gostoljubnost koga, jesti njegov kruh; biti odvisen od koga; **to drop (a pinch of)** ~ **on the tail of a bird** natresti soli ptiču na rep (da bi ga ujeli); **to be seated above (below) the** ~ *hist* zavzemati mesto uglednega (nepomembnega) gosta pri mizi; **to sit below the** ~ sedeti poleg neuglednih gostov ali služinčadi pri obedu; **to take with a grain of** ~ vzeti (kaj) z vso opreznostjo, zadržanostjo, rezervo

salt II [sɔ:lt] *a* (~**ly** *adv*) slan; soljen, nasoljen, prežet s soljo; preplavljen s slano (zlasti morsko) vodo; rastoč v slani vodi; *fig* oster, jedek, hud, zasoljen, popopran (cena, šala); *arch* pohoten, polten; ~ **beef** nasoljena govedina; ~ **horse** *sl* nasoljeno meso (govedina); ~ **junk** *sl* nasoljeno meso; ~ **tears** *fig* grenke solze; ~ **water** slana, morska voda

salt III [sɔ:lt] *vt* (po-, za-) soliti; posuti sneg s soljo (da se stopi); *fig* začiniti (s soljo), popoprati; *sl* napačno prikazati, olepšati; *com* zasoliti (račun); ~**ed meat** nasoljeno meso; **to** ~ **an account** *com* navesti zelo visoke cene, zasoliti cene (za kako blago); **to** ~ **the books** »pofrizirati« knjigovodske knjige, prikazati večji dobiček, kot je v resnici; **to** ~ **a mine** *fig* razmetati rudo po najdišču, da je videti bogatejše; **to** ~ **away, to** ~ **down** nasoliti; *sl* odložiti, dati na stran, varčevati; spraviti, shraniti (denar) za rezervo

saltant [sǽltənt] *a her* poskakujoč, plešoč, skakajoč

saltation [sæltéišən] *n* skakanje, poskakovanje, plesanje; bítje, utrip (žile); skok; nenaden preobrat, prehod

saltatorial [sæltətɔ́:riəl] *a* skakalen; plesni; ~ **legs** skakalne noge

saltatory [sǽltətəri] *a* poskakujoč; plesni; *fig* poskočen

saltcat [sɔ́:ltkæt] *n* zmes soli, prodca in urina ter dr. za vabljenje in zadrževanje golobov pri hiši

salt-cellar [sɔ́:ltselə] *n* solnica, posoda za sol

salted [sɔ́:ltid] *a* nasoljen; *fig* odporen proti bolezni, utrjen, navajen; podvržen delovanju raznih kemičnih soli (zlasti o papirju za fotografije); *vet coll* imun

saltee [sɔ́:lti:] *n E sl* peni

salter [sɔ́:ltə] *n* solilec (mesa); prodajalec nasoljenega mesa; prodajalec ali proizvajalec soli, solar

saltern [só:ltə:n] *n* solina; solarna
salt-glaze [só:ltgleiz] *n* lošč, glazura od soli na posodi iz žgane gline
saltimbanco [sæltimbǽŋkou] *n* šarlatan
saltiness [só:ltinis] *n* slanost
salting [só:ltiŋ] *n* soljenje; obalno, obrežno (preplavljeno) zemljišče, ki je bogato s soljo
saltire [sǽltaiə] *n her* poševen križ; in (per) ~ v obliki poševnega križa
saltish [só:ltiš] *a* nekoliko slan, slankast
saltless [só:ltlis] *a* neslan; *fig* plitev; enoličen, monoton, pust
salt-lick [só:ltlik] *n* solišče, prostor, kjer živali (divjad) ližejo sol
salt mine [só:ltmain] *n* rudnik soli
saltness [só:ltnis] *n* (majhna) slanost, slan okus; *fig* grenkoba, bridkost
salt-pan [só:ltpæn] *n tech* solni kotel; solarna; solina
saltpetre, ~ peter [só:ltpi:tə] *n chem* soliter
salt-pit [só:ltpit] *n* rudnik soli
salt-pond [só:ltpɔnd] *n* naravno ali umetno jezerce za izparevanje morske vode
saltspoon [só:ltspu:n] *n* žličica za zajemanje soli
Salt River [só:ltrivə] *n* reka Salt River; *fig pol hum* »mrtvi tir« (za neuspevajoče politike itd.); to be sent up ~ *fig* biti odstranjen, onemogočen
saltus [sǽltəs] *n* nenaden prehod, sprememba, prekinitev, skok
saltwater [só:ltwɔ:tə] 1. *a* morski, nesladkovoden; 2. *n* slana (zlasti morska) voda; ~ lake laguna
salt-well [só:ltwel] *n* studenec s slano vodo
salt-works [só:ltwɔ:ks] *n pl* solina; rudnik soli; solarnica, tovarna soli
saltwort [só:ltwɔ:t] *n bot* slanica, slanozor
salty [só:lti] *a* slan; *fig* oster, popran; ~ remarks zbadljive opazke
salubrious [səlú:briəs] *a* (~ly *adv*) zdrav (podnebje), zdravilen, zdravju koristen; prijeten, blagodejen, dobrodejen; a ~ climate zdrava klima
salubriousness, salubrity [səlú:briəsnis, səlú:briti] *n* zdravost (podnebja), zdravje; zdravilnost; koristnost, ugodnost za zdravje
salutariness [sǽljutərinis] *n A* zdravost, zdravilnost; koristnost
salutary [sǽljutəri] *a* (salutarily *adv*) zdrav, zdravilen; koristen, rešilen
salutation [sæljutéišən] *n* pozdrav, pozdravljanje; nagovor (v pismu), pozdravna formula; in ~ v pozdrav; the Angelic S~ *relig* avemarija
salutational [sæljutéišənəl] *a* pozdraven
salutatory [sæljú:tətəri] 1. *a* pozdraven; ki vošči dobrodošlico; ~ oration *A* pozdravni govor; 2. *n* pozdravni govor
salute I [səlú:t] *n* pozdrav, pozdravljanje; *mil* salutiranje, vojaški pozdrav, izkazanje časti; *mil* pozdravni streli, salva; *arch* objem, poljub (ob srečanju, slovesu); to fire a ~ of 11 guns izstreliti salvo iz 11 topov; to stand at the ~ salutirati; to take the ~ sprejeti, prevzeti pozdrav (o častniku); izvesti pregled (čet itd.)
salute II [səlú:t] *vt* pozdraviti, pozdravljati, izkazati (komu) čast; *mil* salutirati; *arch* poljubiti (koga) ob sestanku, slovesu; to ~ s.o. king pozdraviti koga kot kralja; a strange sight ~ d

the eye nenavaden pogled se je nudil očesu; *vi* pozdraviti, *mil* salutirati, izstreliti pozdravno salvo, izkazati čast
salvable [sǽlvəbl] *a* ki se more rešiti (o ladji), rešljiv
salvage [sǽlvidž] 1. *n naut* reševanje ladje ali ladijskega tovora; (= ~ money) nagrada za rešeno ladjo ali ladijsko blago; rešitev (iz požara, iz nevarnosti); ~ boat, ~ vessel reševalni čoln, ladja; 2. *vt* rešiti (ladjo, tovor) propasti; dvigniti (ladjo) z dna morja; *A sl mil* opleniti
salvager [sǽlvidžə] *n* reševalec
salvarsan [sǽlvəsən] *n med* salvarzan
salvation [sælvéišən] *n* rešitev; *relig* zveličanje, rešitev duše, odrešenje, blaženost; S~ Army Rešilna vojska (polvojaška mednarodna organizacija na verski in dobrodelni osnovi); he was our ~ on je bil naša rešitev; to find ~ *relig* biti zveličan; *hum* najti izhod iz neprijetnega položaja; to work out one's ~ *relig* rešiti se, zveličati se; *fig* znati si pomagati, izvleči se iz stiske
salvationism [sælvéišənizəm] *n* gibanje za verski prerod; nauk o rešitvi duše; nauk Rešilne vojske
salvationist [sælvéišənist] *n* član Rešilne vojske
salve I [sa:v, sæv] 1. *n poet* mazilo, pomada; lek; zdravilo (tudi *fig*), zdravilna mast; *fig* (redko) zdravilen obliž, balzam, tolažba; *fig* (redko) pomirjevalno sredstvo, pomirilo (za vest); *fig arch* šminka, ličilo, lepotilo; zmes katrana in loja za mazanje ovac; 2. *vt* (na-, po-) mazati; zdraviti, ozdraviti; pomagati, ublažiti, pomiriti; rešiti, obraniti (čast); *fig* odstraniti (škodo, težavo, dvom); popraviti (krivico), opravičiti (trditev, mnenje); mazati (ovce) z zmesjo katrana in loja; to ~ one's conscience pomiriti si vest
salve II [sælv] *vt* rešiti propada, pogube (ladjo, tovor); rešiti (kaj pred požarom itd.)
salve III [sǽlvi] *interj* živel!, naj živi!
salver [sǽlvə] *n* podstavek, servirni pladenj, tablét
salvia [sǽlviə] *n bot* žajbelj
salvo I [sǽlvou] *n* (slab) izgovor, opravičevanje; slaba pretveza; *jur* omejitev, pridržek; rešilna pot ali možnost (za svoj ugled, čast); pomirilo, pomirilno sredstvo (za ranjena čustva); with an express ~ of one's rights z izrecnim pridržkom svojih pravic
salvo II, *pl* ~s, ~es [sǽlvou] *n mil* salva, častni streli (streljanje); gromovito ploskanje; *aero* spustitev, odmet mase bomb; a ~ of applause burno odobravanje, salve odobravanja; to discharge a ~ izstreliti salvo
sal volatile [sæl volǽtəli] *n med* jelenova sol
salvor [sǽlvə] *n* rešitelj (zlasti ladje ali njenega tovora), reševalna ladja
Sam [sæm] *n* skrajšano za Samuel; Uncle ~ Združene države Amerike; tipičen severni Američan; ameriški narod; ameriška vlada; *mil* ~ Browne pas z oprtnikom; upon my ~! *hum* pri moji veri! (zagotavljanje); to stand ~ *E sl* gostiti (s pijačo itd.); plačati zapitek (ceho)
Samaritan [səmǽritən] 1. *n* Samaritan, -nka; *fig* usmiljen človek; the good ~ *fig* usmiljeni Samaritan; 2. *a* samaritanski; *fig* usmiljen
samba [sǽmbə] 1. *n* (ples) samba; 2. *vi* plesati sambo

sambo, *pl* ~ bos, ~ boes [sǽmbou, ~z] *n* sambo (mešanec s črnsko, indijansko ali evropsko krvjo); S~ *coll* vzdevek za črnca

same [séim] 1. *a* isti, enak, podoben; omenjeni, rečeni; *fig* nespremenjen, enoličen; at the ~ time istočasno, hkrati; the ~ *jur com* isti; the ~ as oni isti, ki; just the ~ popolnoma, čisto isti; much the ~ skoraj (da) isti, malone isti; the ~ thing as ista stvar (isto) kot; the very (just the, exactly the) ~ thing popolnoma isto, prav isto; which is the ~ thing kar je isto; by the ~ token v zvezi s tistim, kar je rečeno; it is all (just) the ~ to me to mi je vseeno; it is much the ~ to je v glavnem isto, prilično isto; it's the ~ old story to je stara zgodba, stara pesem; it comes to the ~ thing to pride na isto; he did it with this ~ knife je to storil prav s tem nožem; 2. *pron* isti, omenjena oseba; the ~ isto; ~ here *coll* tako gre tudi meni; tako je tudi s tem; 3. *adv* the ~ isto tako, na isti način; all the ~ vendarle, vseeno; just the ~ *coll* prav tako, na isti način; (the) ~ to you enako (odgovor na kako željo, voščilo); we left our country the ~ as you did zapustili smo svojo deželo (domovino) prav tako kot vi

samel [sǽmǝl] *n tech* mehko žgana opeka

sameness [séimnis] *n* istost, identičnost; enakost; enoličnost

Samian [séimiǝn] 1. *a* ki pripada otoku Samosu, z otoka Samos, samoški; 2. *n* prebivalec otoka Samosa

samiel [sǽmjǝl] *n* samum (puščavski veter)

samite [sǽmait] *n arch* zlati brokat, z zlatimi nitmi pretkana tkanina iz težke svile

samlet [sǽmlit] *n* mlad losos (riba)

Sammy [sǽmi] *n* Samuelček; *A* vzdevek za ameriškega vojaka; s~ *E sl* bedak, tepec

samp [sæmp] *n A* koruzna kaša ali močnik; grobo zmleta koruza; puding iz take koruze

samphire [sǽmfaiǝ] *n bot* morski koprc

sample [sá:mpl] 1. *n com* vzorec, primerek; *fig* primer; ~ s only vzorec brez vrednosti; as per ~, up to ~ po vzorcu; fair ~, true ~ dober primer; sent by ~ post (po pošti) poslan kot vzorec brez vrednosti; ~ taken off-hand, random ~ naključni poskus; to buy by ~ kupiti na podlagi vzorca; 2. *vt com* vzeti vzorec (česa); preizkusiti, poskusiti; rabiti kot vzorec (za kaj); poskusiti; primerjati, prispodobiti; izbrati za vzorec; pokazati; to ~ out po kakovosti ne ustrezati vzorcu; 3. *a* vzorčen; ~ card karta vzorcev, vzorčnica

sampler [sá:mplǝ] *n* vzorec, model; vzorčno vezenje (vezenina) na platnu; *com* kdor dela vzorce; poklicen pokušalec

sampling [sá:mplin] *n* vzorčni primerek; zbirka, kolekcija vzorcev; izbor, izbira; pokušanje (jedi)

Samson [sǽmsǝn] *n* Samson; *fig* hrust, silak, kot medved močan člvek; ~'s post *naut* nakladalni steber (kol, drog); *tech* vrtalni oder (ogredje)

samsonite [sǽmsǝnait] *n* vrsta eksploziva

samurai [sǽmurai] *n sg & n pl* samuraj; japonski častnik

sanable [sǽnǝbl] *a* ozdravljiv

sanative [sǽnǝtiv] *a* zdravilen, ki zdravi, ki celi, celilen; ~ effect zdravilni učinek

sanatorium [sænǝtó:riǝm] *n* sanatorij, zdravilišče, (zlasti višinsko) klimatsko zdravilišče

sanatory [sǽnǝtǝri] *a* zdravilen, ki zdravi, celilen, ki celi; koristen za zdravje, zdravje pospešujoč

sanctification [sæŋktifikéišǝn] *n* posvetitev, blagoslovitev; razglasitev za sveto, za svetnika, posvečenje; sanktifikacija

sanctified [sǽŋktifaid] *a* posvečen, svet; sanktificiran

sanctifier [sǽŋktifaiǝ] *n*; S~ *relig* sveti duh

sanctify [sǽŋktifai] *vt* posvetiti, posvečevati; očistiti greha; sanktificirati; sankcionirati, potrditi; the end sanctifies the means namen posvečuje sredstva

sanctimonious [sæŋktimóunjǝs] *a* (~ ly *adv*) svetohlinski, licemeren, na videz pobožen

sanctimoniousness [sæŋktimóunjǝsnis] *n* svetohlinstvo, licemerstvo, navidezna pobožnost

sanctimony [sǽŋktimǝni] *n* licemerstvo, svetohlinstvo; *arch* svetost, pobožnost

sanction [sǽŋkšǝn] 1. *n* sankcija; sprejetje, dovoljenje, pritrditev, odobritev, dopustitev; podpora, nagrada; *jur* prisilni zakonski ukrepi ali odredbe, kazenski ukrepi; *pl pol* sankcije; to give ~ to s.th. odobriti kaj; 2. *vt* odobriti, potrditi, uveljaviti, uzakoniti (zakon); sankcionirati

sanctionist [sǽŋkšǝnist] *n* kdor sankcionira; sankcionist

sanctionless [sǽŋkšǝnlis] *a* (ki je) brez dovoljenja, brez odobrenja

sanctitude [sǽŋktitju:d] *n* (redko) svetost; lažna svetost, licemerstvo, svetohlinstvo

sanctity [sǽŋktiti] *n* svetost; pobožnost, bogaboječnost; čistost, nedolžnost; lažna pobožnost; nedotakljivost; *pl* svetinje, svete stvari (obredi, predmeti itd.); the ~ of a vow svetost, neprelomljivost zaobljube ali prisege

sanctuary [sǽŋktjuǝri] *n* svetišče, cerkev, božja hiša; *fig* pribežališče, zatočišče, azil; *hunt* varno področje, zaklonišče za divjačino, lovopust; zaščitno področje za rastline, narodni park; rights of ~ pravica do azila; to seek ~ iskati zaščito, zatočišče; to violate (to break) the rights of ~ prekršiti pravice do azila

sanctum [sǽŋktǝm] *n eccl* svetišče, sveto mesto, svetinja; *fig* zasebna (študijska, delovna) soba, intimna sfera (človeka)

sanctorum [sæŋktó:rǝm] *n relig* najsvetejše; *hum* zasebna sfera, zasebni prostori (zlasti visoke osebe)

sand I [sænd] *n* pesek; prod; pesek ali prod na obrežju; *poet* zrnca peska, čas; ure; *pl* (peščena) puščava ali ravnina, prod vzdolž morja, ob vodi; *A sl* hrabrost, pogum, energija, čvrstost značaja; *sl* denar; built on ~ zgrajen na pesku, nesiguren; grain of ~ zrno peska; the ~ s are running out (low) *fig* ura je potekla, gre h koncu; his ~ s are running out njegove ure se iztekajo, so mu štete; to plough the ~(s) pesek orati, *fig* nesmiselno se mučiti, garati brez koristi

sand II [sænd] *vt* posuti, zasuti s peskom, zakopati v pesek; pokriti, brusiti s peskom; *com* (goljufivo, sleparsko) primešati pesek, mešati s peskom (za otežitev); pustiti nasesti (ladjo) na sipini; to ~ up pustiti zasuti (se) s peskom sandal [sændl] 1. *n* sandala; vrvica za pritrditev sandale ali čevlja; sandaleta; (pol)galoša; 2. *vt* opremiti s sandalami; pritrditi, pričvrstiti (sandale ali čevlje) z vrvico

sandal(-wood) [sǽndl(wud)] *n* sandalovina (les)

sandbag [sǽndbæg] 1. *n* vreča, napolnjena s peskom ali z zemljo, ki rabi za balast, za orožje, za preprečevanje poplave, za zgraditev barikad; bakrorežčeva usnjena blazinica; 2. *vt* pokriti, zadelati, zamašiti z vrečami peska; *A* zrušiti, podreti, pobiti (koga) z vrečico, napolnjeno s peskom

sandbagger [sǽndbægə] *n naut coll* jadrnica z vrečami peska kot balastom

sandbank [sǽndbæŋk] *n* peščena plitvina, sipina, peščen otoček; prod

sand-bar [sǽndba:] *n* podolgovata peščena plitvina pri vhodu v luko ali na ustju reke

sand-bath [sǽndba:θ] *n chem & med* peščena kopel

sand-bed [sǽndbed] *n* pesek, v katerega teče, se izliva staljeno železo iz peči; plast peska

sand-blast [sǽndbla:st] *n tech* peščeni curek (rafal) za vrezovanje likov na steklu ali kovini

sand-blind [sǽndblaind] *a arch* slaboviden, deloma slep

sand-box [sǽndbɔks] *n* zaboj za pesek; kalup, model iz peska za vlivanje; naprava za sipanje peska na tračnice (železnice, tramvaja); *hist* posodica s peskom za posušitev črnila

sandboy [sǽndbɔi] 1. *n arch* prodajalec peska; veseljak; **as jolly (happy) as a** ~ zelo vesel, židane volje

sandcastle [sǽndka:sl] *n* grad iz peska (na plaži); *fig* hiša iz igralnih kart

sandcloud [sǽndklaud] *n* peščen oblak, ki ga prinaša samun (puščavski veter)

sand-crack [sǽndkræk] *n vet* poškodba (rana) na konjskem kopitu od hoje po vročem pesku; razpoka v opeki pred žganjem

sand dune [sænd dju:n] *n* peščena sipina

sanded [sǽndid] *a* posut s peskom, peščen; peščene barve

sand-eel [sǽndi:l] *n zool* peščena jegulja

sander [sǽndə] *n tech* trosilec peska (pri lokomotivi)

sanderling [sǽndəliŋ] *n* (ptič) vivek

sand-flood [sǽndflʌd] *n* živi pesek

sand-fly [sǽndflai] *n zool* vrsta mušice

sand-glass [sǽndgla:s] *n* peščena ura

sand-hill [sǽndhil] *n* gomila peska, holm(ec) iz peska; peščena sipina

sand hog [sǽndhɔg] *n sl* (zemeljski) kopač

sandhopper [sǽndhɔpə] *n zool* povodna bolha

sandiness [sǽndinis] *n* peščenost; rdečkasta zemlja

sand-iron [sǽndaiən] *n* palica za golf

sandiver [sǽndivə] *n* pena na steklu (pri proizvodnji stekla)

sandman, *pl* ~ men [sǽndmən] *n* škrat v otroških zgodbah, ki otrokom siplje pesek v oči, da se jih loti spanec; *sl* smetar

San Marino [sænmərí:nou] *n geogr* San Marino

sand-martin [sǽndma:tin] *n* (ptica) podgrivka (lastovica)

sand-paper [sǽndpeipə] *n* raskavec, smirkov papir

sand-piper [sǽndpaipə] *n* (ptič) vivek

sand pit [sǽndpit] *n* peščenik, peščenica

sand-pump [sǽndpʌmp] *n tech* sesalka za čiščenje vrtin od mokrega peska in blata

sand-shoes [sǽndšu:z] *n pl* čevlji za na plažo

sandspit [sǽndspit] *n* peščen zemeljski jezik

sand-spout [sǽndspaut] *n* peščeni vrtinec (vejavica, metež)

sandstone [sǽndstoun] *n geol* peščenjak, peščenec

sand-storm [sǽndstɔ:m] *n* peščeni vihar; *sl* vrela koruzna juha

sandwich [sǽn(d)widž, ~ wič] 1. *n* sendvič, obložen kruhek; **a** ~ **of good and bad** kombinacija, zmes dobrega in slabega; **to sit** ~ sedeti med dvema osebama (zlasti o mršavi osebi med dvema debelima osebama ali o ženski med dvema moškima); 2. *vt* vriniti (med dve enaki plasti); postaviti (kaj) na mesto, kamor ne spada; **to** ~ **in an engagement** *fig* nekako najti malo časa za še en sestanek

sandwich-board [sǽn(d)widžbɔ:d] *n* ena od desk, ki jo nosi **sandwichman**

sandwich-boat [sǽn(d)widžbout] *n* čoln, ki je v tekmi zadnji v prvi skupini, a prvi v drugi skupini čolnov

sandwichman, *pl* ~ men [sǽn(d)widžmən] *n* poulični nosač reklame z eno (reklamno) desko spredaj in z drugo desko zadaj

sandy [sǽndi] *a* (**sandily** *adv*) peščen; rdečkasto rumen, peščene barve; *fig* suhoparen; *fig* nesiguren, majav; *A sl* odločen, pogumen; ~ **-haired** rdečelas, rdečkastih las; **to build on** ~ **ground** zidati na pesek (tudi *fig*)

Sandy [sǽndi] *n* kratica za **Alexander**; vzdevek za Škota; *sl* rumenolasec

sane [séin] *a* duševno zdrav, pameten, pri pameti, razumen, zdrave pameti, bister; (redko) zdrav; **a** ~ **criticism** zdrav kriticizem

saneness [séinnis] *n* duševno zdravje, pamet

sanforize [sǽnfəraiz] *vt* sanforizirati, preparirati tkanino, da se ne skrči pri pranju

sang [sæŋ] *pt* od **to sing**

sang-sue [sǽŋsu:] *n zool* pijavka

sanguification [sæŋgwifikéišən] *n* nastajanje krvi, spreminjanje hrane v kri

sanguifier [sǽŋgwifaiə] *n* krvotvorno sredstvo

sanguinary [sǽŋgwinəri] *a* (~ **ly** *adv*) krvav, morilski (boj itd.); krvoločen, žejen krvi; krut (zakon); *sl* preklet; **a** ~ **person** krvoločna oseba; ~ **laws** kruti zakoni

sanguine [sǽŋgwin] 1. *a* (~ **ly** *adv*) polnokrven; vročekrven, ognjevit; sangviničen; *poet* **krvav**, temno rdeč; rdeč, zdrave barve (v obrazu); zaripel; veder, živahen, vesel, lahkó razdražljiv; optimističen, zanesenjaški; drzen (v pričakovanju), zaupen, prepričan; sestavljen iz krvi, krven; **beyond the most** ~ **estimate** prekašajoč najbolj optimistične ocene; **to be** ~ **of success** biti prepričan o uspehu; 2. *n* risba z rdečo kredo ali pastelom; 3. *vt poet* umazati, omadeževati s krvjo; pordečiti

sanguineness [sǽŋgwinnis] *n* kot kri rdeča barva, rdečilo; živahnost, veselost, ognjevitost, vesela narava, vesel temperament; prepričanost, zaupanje

sanguineous [sæŋgwíniəs] *a mea* krvni, podoben krvi, kot kri; krvav, rdeč kot kri; polnokrven; *fig* sangviničen; optimističen, zaupen

sanguinolent [sæŋgwínələnt] *a* krvav; krvavo rdeč; omadeževan s krvjo; (redko) krvoločen

sanies [séinii:z] *n med* gnoj

sanify [sǽnifai] *vt* izboljšati zdravstvene razmere (mesta itd.), (a)sanirati

sanious [séiniəs] *a med* gnojen

sanitarian [sænitéəriən] 1. *a* zdravstven, sanitaren, higienski; ~ **napkin**, ~ **towl** *med* mesečni vložek; 2. *n* higienik, borec za zdravstvene reforme

sanitariness [sǽnitərinis] *n* sanitarnost

sanitarist [sǽnitərist] *n* glej **sanitarian** *n*

sanitarium, *pl* ~ s, ~ ria [sænité(ə)riəm, ~ riə] *n A* sanatorij; zdravilišče

sanitary [sǽnitəri] 1. *a* (**sanitarily** *adv*) sanitaren, zdravstven; ki se tiče zdravstva in javne higiene, higienski; urejen po zdravstvenih predpisih; higieničen; zdrav; ~ **belt** *med* menstruacijski pas; ~ **tampon** *med* mesečni vložek; 2. *n A* javno stranišče

sanitas [sǽnitəs] *n* (trgovsko ime) antiseptika (*pl*) in dezinfekcijski preparati

sanitate [sǽniteit] *vt* & *vi* napraviti higiensko; izboljšati zdravstvene razmere (mesta), (a)sanirati

sanitation [sænitéišən] *n* zdravstveni ukrepi, zdravstvo, skrb za zdravstvo; izpolnjevanje zdravstvenih predpisov; izboljšanje zdravstvenih razmer, asaniranje, asanacija; zdravstvene, higienske naprave (v hišah), sanitarna ureditev, sanitarije; higiena

sanitize [sǽnitaiz] *vt* sanirati, izboljšati zdravstvene razmere

sanity [sǽniti] *n* duševno zdravje, zdrav duh, zdrava pamet, zdravi nazori

sank [sæŋk] *pt* od **to sink**

sans [sænz; san] *prep Fr obs* brez

sanserif [sænsérif] *n print* grotesk (vrsta stiliziranih črk)

Sanscrit, ~ crit [sǽnskrit] 1. *n* sanskrt; 2. *a* sanskrtski

Sanscritic [sænskrítik] *a* sanskrtski, izveden iz sanskrta

Sanscritist [sǽnskritist] *n* proučevalec sanskrta

Santa Claus, Klaus [sǽntəklə:z] *n relig* sveti Nikolaj, Miklavž, božiček (slov. Dedek Mraz)

santonin(e) [sǽntənin] *n chem* santonin

sap I [sæp] 1. *n bot* rastlinski, drevesni sok; beljava (v lesu); mlada letnica; mozeg, mezga, *fig* življenjski sok, kri, moč; **the ~ of youth** mladostna življenjska moč (sila); *A sl* bedak, tepček; novinec, zelenec; 2. *vt* izsesati, izmozgati, izčrpati, spodkopati zdravje, življenjsko moč; odstraniti beljavo (z mladega stebla); *A sl* pretepsti, premikastiti

sap II [sæp] 1. *n* rov (podzemeljski), podkop; prekop, jarek; kopanje rovov; *fig* počasno ali skrivno spodkopavanje (upanja, odločnosti itd.); 2. *vi* kopati rov, prekop; *vt* (s)podkopati (tudi *fig*), *mil* minirati; spodjesti, oslabiti; **my strength was sapped** moja moč je bila spodkopana

sap III [sæp] 1. *n sl* guljenje (učenje), piljenje; gulež, pilež; garanje, muka, težko in enolično delo; 2. *vi* guliti se, piliti se, sedeti vedno pri knjigah

sap-board [sǽpbə:d] *n* beljavina

sapful [sǽpful] *a* sočen, poln soka; močan, krepak

sap green [sǽpgri:n] *n* pigment iz krhlike; takšna barva

saphead [sǽphed] *n mil* čelo, glava rova; *sl* bedak, tepec, puhloglavec

sapheaded [sǽphedid] *a sl* bedast, neumen

sapid [sǽpid] *a* sočen, okusen, slasten; *fig* zanimiv (pogovor), prijeten

sapidity [sæpíditi] *n* sočnost, okusnost

sapience, ~ cy [séipiəns(i)] *n* modrost (často porogljivo), znanje; lažna, namišljena, domišljava modrost; pamet(nost)

sapient [séipiənt] *a* (~ **ly** *adv*) (redko) moder; *derog* prepameten

sapiential [seipiénšəl] *a* (~ **ly** *adv*) *bibl* vsebujoč modrost, poln modrosti; ~ **books** *bibl* knjige modrosti

sap lastain [sǽpla:stən] *n* perilno modrilo

sap-lath [sǽpla:θ] *n* letva iz beljave (mladega lesa)

sapless [sǽplis] *a* brez soka, izsušen, suh; *fig* izčrpan, iztrošen, brez moči

sapling [sǽpliŋ] *n* mlado steblo, mladika; *fig* fant, dečko, mlad neizkušen človek; *zool* mlad hrt

saponacious [sæpənéišəs] *a* milnat, milast, podoben milu; *fig* oljast

saponifiable [sæpónifaiəbl] *a chem* ki se more namiliti; *fig* gladek

saponification [sæpənifikéišən] *n chem* namiljenje, saponifikacija

saponifier [sæpónifaiə] *n chem* sredstvo za namiljenje

saponify [sæpónifai] *vt* & *vi* namiliti (maščobe s pomočjo alkalij)

sapor [séipə:] *n arch* okus

sapper [sǽpə] *n mil* pionir, saper, podkopnik; vojak tehničnega (inženirskega) oddelka; *fig* spodkopovalec

Sapphic [sǽfik] 1. *a* sapfičen (po pesnici Sapfo); ~ **stanza** sapfična stanca; ~ **vice** lezbična ljubezen (med ženskami); 2. *n* sapfičen stih; *pl* sapfične kitice

sapphire [sǽfaiə] 1. *n min* safir; safirsko modrilo; 2. *a* safirski; moder kot safir, temno moder

Sapphism [sǽfizəm] *n* sapfizem, istospolna lezbična ljubezen med ženskami

sappiness [sǽpinis] *n* sočnost; mladost; neizkušenost; neumnost

sappy [sǽpi] *a* (**sappily** *adv*) sočen; nežen; mlad; *fig* močan, vitalen, poln življenja; *sl* bedast, aboten, neumen

sap-roller [sǽproulə] *n* železna košara, napolnjena z zemljo kot zaščita pred svinčenkami, kroglami

sap-wood [sǽpwud] *n* drevesna belina, beljava

sar [sa:] *n* morski ploščič (riba)

saraband [sǽrəbænd] *n* (ples) sarabanda

Saracen [sǽrəsən] 1. *n* Saracen; musliman; 2. *a* saracenski; muslimanski; ~ **corn** *bot* ajda

Saracenic(al) [særəsénik(əl)] *a* saracenski; muslimanski; ~ **architecture** saracenska arhitektura

sarcasm [sá:kæzəm] *n* sarkazem; zlobno, pikro roganje; zbadljiva opazka

sarcastic [sa:kǽstik] *a* (~ **ally** *adv*) sarkastičen, zbadljiv, porogljiv, ujedljiv

sarcology [sa:kólədži] *n med* miologija, nauk o mišičevju

sarcoma, pl ~ s, ~ mata [sa:kóumǝ, ~ mǝtǝ] n med sarkom

sarcomatosis [sa:koumǝtóusis] n med sarkomatoza

sarcophagous [sa:kófǝgǝs] a zool mesojeden; podoben sarkofagu

sarcophagus, pl ~ phagi [sa:kófǝgǝs, ~ fǝgai] n sarkofag, kamnita rakev

sardel(le) [sa:dél; sá:del] n zool sardela

sardine I [sa:dí:n] 1. n zool sardina; we were packed like ~ s bili smo natlačeni kot sardine v konservi; 2. vt & vi nabito (se) napolniti; natlačiti (se), natrpati (se)

Sardinia [sa:díniǝ] n Sardinija

sardine II [sá:dain] n min rumeni ali oranžni kalcedon

Sardinian [sa:dínjǝn] 1. n Sardinec, -nka; 2. a sardinski; sardski

sardonic [sa:dónik] a (~ ally adv) porogljiv, posmehljiv, zajedljiv, ciničen, zloben; krčevit, prisiljen (nasmeh); grenek; med krčevit

sardonix [sá:dǝniks] n min sardoniks; her temno rdeča barva

sargasso, pl ~ s, ~ es [sa:gǽsou] n bot sargaso, vrsta plavajoče morske trave

sarge [sa:dž] n coll za sergeant n narednik, stražmojster

sark [sa:k] n Sc, dial srajca

sarking [sá:kiŋ] n Sc letve med krovnimi gredami in krovom

Sarmatian [sa:méišǝn] 1. a sarmatski; poet poljski; 2. n Sarmat(inja); poet Poljak(inja)

sarsen [sa:sn] n geol velik blok peščenca

sarsenet, sarcenet [sá:snit] n svilen florentinski taft

sartor [sá:tǝ:, ~ tǝ] n (večinoma joc) krojač

sartorial [sa:tó:riǝl] 1. a krojaški; ~ elegance eleganca v oblačenju; 2. n med krojaška mišica

sartorius [sa:tó:riǝs] n med krojaška mišica

sash I [sæš] n mil ešarpa; širok trak okoli ramen ali pasu, prepasnica

sash II [sæš] n okvir okna, ki se dviga z drsenjem po navpičnem žlebu

sash-cord [sǽško:d] n močna vrv, s katero se pričvrsti utež na okvir angleškega okna

sash-door [sǽsdǝ:] n vrata, ki drsijo po žlebu gor in dol

sash-line [sǽšlain] n močna vrvica za pričvrščenje uteži na okvir angleškega okna

sash-pocket [sǽšpǝkit] n prostor na obeh straneh okenskega okvira, v katerem se premikajo uteži angleškega okna

sash-pulley [sǽšpuli] n škripec, čez katerega gre vrv z utežjo za premikanje okvira angleškega okna

sash-tool [sǽštu:l] n vrsta pleskarskega in steklarskega čopiča

sash-weight [sǽšweit] n uteži, ki drže okvir angleškega okna v ravnotežju na potrebni višini

sash-window [sǽšwindou] a angleško okno, okno na okvir (ne na krilo), okno na smuk

sassafras [sǽsǝfræs] n bot sasafras, vrsta lovora

Sassenach [sǽsǝnæh, ~ næk] 1. n Sc Anglež; 2. a Sc angleški

sat [sæt] pt & pp od to sit

Satan [séitǝn] n satan, vrag, hudič

satanic(al) [seitǽnik(ǝl)] a (~ ally adv) satanski, vražji, peklenski; his ~ majesty njegovo satansko veličanstvo

satanism [séitǝnizǝm] n namerna hudobija, peklenska zloba, satanizem; kult satana

satanize [séitǝnaiz] vt napraviti satanskega, zlobnega

satchel [sǽčǝl] n šolska torba z jermenom, ki se vrže čez ramena, se nosi na hrbtu; ~ mouth velika usta, fig obrekovalec

sate [séit] vt (pre)nasititi; utešiti, zadovoljiti; to be ~ d with biti sit česa

sateen [sætí:n] n saten (tkanina), bombažni atlas

sateless [séitlis] a poet nenasiten

satellite [sǽtǝlait] 1. n astr satelit, trabant, spremljevalec, luna; fig privrženec, pristaš, vazal; pol država, ki se slepo pokorava vladi druge države; 2. a satelitski; podrejen, podložen, odvisen; ~ airfield poljsko letališče; ~ state satelitska država

satellitic [sætǝlítik] a astr satelitski

satiability [seišiǝbíliti] n nasitnost

satiable [séišiǝbl] a nasiten; zadovoljavajoč

satiate I [séišieit] vt (pre)nasititi; zadovoljiti

satiate II [séišiit] a arch (pre)nasičen, sit (česa), presit

satiation [seišiéišǝn] n nasičenje, (pre)nasičenost; presitost; zadovoljitev

satiety [sǝtáiǝti] n sitost; nasičenost; prenasičenost; naveličanost; to ~ do prenasičenosti, do naveličanosti

satin [sǽtin] 1. n atlas (svetla tkanina); površina kot atlas; (white) ~ sl arch žganje, gin; 2. a atlasen, atlasast, gladek, blesteč; 3. vt zgladiti (papir), dati sijaj (čemu), spolirati; satinirati

satin-wood [sǽtinwud] n bot atlasno drevo; rdečkasti les tega drevesa (podoben mahagoniju)

satiny [sǽtini] a gladek, blesteč, svilnat, podoben svili, kot svila

satire [sǽtaiǝ] n lit satira; fig satirična, porogljiva opazka (govor, pisanje)

satiric [sǝtírik] a (~ ally adv) satiričen, porogljiv; ~ novel satiričen roman

satirical [sǝtírikǝl] a (~ ly adv) (oseba) satiričen, porogljiv, zbadljiv, ujedljiv

satirist [sǽtǝrist] n satirik, pisec satir; duhovit porogljivec

satirize [sǽtǝraiz] vt smešiti (kaj), izpostaviti smešenju, roganju; rogati se (čemu); vi napraviti satiro (on, upon o)

satirizer [sǽtǝraizǝ] n oseba, ki dela satire (of o)

satisfaction [sætisfǽkšǝn] n zadovoljstvo, zadovoljnost; zadovoljevanje, zadovoljitev; jur zadoščenje, satisfakcija; relig pokora, sprava, spravna daritev; poravnava, pomiritev; plačilo; veselje; sigurnost, prepričanost; in ~ of v poravnavo za; to the ~ of all na zadovoljstvo vseh, na splošno zadovoljstvo; for the ~ of my doubts za pomiritev mojih dvomov; to demand ~ zahtevati zadoščenje; to find ~ in najti zadovoljstvo v; he heard it with great ~ slišal je to z velikim zadoščenjem (zadovoljstvom); to give (to make) ~ to dati zadoščenje (komu); he proved it to my ~ njegov dokaz o tem me je zadovoljil

satisfactory [sætisfǽktǝri] a (satisfactorily adv) zadovoljiv; zadosten; ugoden; coll pomirjevalen, pomirjujoč; eccl delajoč pokoro (za); a ~ answer zadovoljiv odgovor

satisfiable [sǽtisfaiəbl] *a* ki se more zadovoljiti; komur (čemur) se more ali mora ugoditi

satisfier [sǽtifaiə] *n* zadovoljitelj

satisfy [sǽtisfai] **1.** *vt* zadovoljiti (koga), ugoditi (komu); nasititi (koga), potešiti (glad); dati zadovoljstvo; odstraniti (sum, dvom, strah); prepričati (*of* o); zagotoviti (*that* da); izpolniti (pričakovanja, prošnjo); popraviti (krivico); *jur* odškodovati (koga), izplačati (koga), poravnati (dolg); zadostiti (obveznostim); **2.** *vi* zadovoljiti, biti zadovoljiv, ne biti pomanjkljiv; *eccl* delati pokoro; **to ~ doubts** razpršiti dvome; **to ~ one's curiosity** utešiti, nasititi svojo radovednost; **to ~ the examiners** napraviti izpit z zadostnim uspehom; **I am satisfied that he is wrong** prepričan sem, da on nima prav; **to rest satisfied** zadovoljiti se

satisfying [sǽtisfaiiŋ] *a* (**~ly** *adv*) zadovoljujoč, zadovoljiv; zadostujoč, zadosten; prepričljiv, pomirjevalen

satrap [sǽtrəp] *n hist* satrap, kraljevi namestnik; *fig* ohol, samovoljen oblastnik ali mogotec, despot, tiran, grozovitež

satrapy [sǽtrəpi] *n hist* satrapija, vlada ali oblast satrapa; pokrajina, v kateri je vladal satrap

saturability [sæčǝrǝbíliti] *n* (zlasti *chem*) nasičenost

saturable [sǽčǝrǝbl] *a chem* nasičen

saturant [sǽčǝrǝnt] **1.** *n chem* nevtralizirajoča snov; *med* snov proti želodčni kislini; **2.** *a* nevtralizirajoč; nasiten

saturate I [sǽčǝrit] *a chem* nasičen; prežet; zmočen, premočen, moker; (o barvah) poln, močan, čist; **~ compound (solution)** nasičena spojina (raztopina)

saturate II [sǽčǝreit] *vt arch* popolnoma zadovoljiti, zasititi (kaj); prežeti; *chem* nasititi (raztopino) s čim; nevtralizirati (kislino); saturirati; *mil* položiti preprogo bomb; **to be ~d with** *fig* biti zasičen, prežet s čim; **to ~ o.s. in** *fig* poglobiti se, zatopiti se v; **the market is ~d with goods** tržišče je zasičeno z blagom; **water ~d with salt** s soljo zasičena voda

saturater, **saturator** [sǽčǝreitǝ] *n tech* saturator, priprava za nasičevanje tekočin

saturation [sæčǝréišǝn] *n chem* zasičenost, zasičenje, saturacija; prepojitev, premočitev, prežetost; **~ point** nasitišče

Saturday [sǽtǝdi] *n* sobota; **on ~** v soboto; **on ~s** ob sobotah; **~-to-Monday** dopust ob koncu tedna

Saturn [sǽtǝn] *n* Saturn (bog in planet); (stara kemija in alkimija) svinec; *her* črnina

Saturnalia [sætǝ:néiliǝ] *n hist* saturnalije; *fig* orgije

saturnalian [sætǝ:néiliǝn] *a fig* razuzdan, razbrzdan

Saturnian [sætǝ:niǝn] **1.** *n* prebivalec Saturna; **~s** *pl* saturnijski stihi; **2.** *a astr* saturnijski, saturnovski; *poet* srečen, zlat; **~ age** zlata doba; **~ reign** srečna doba vladanja

saturnic [sætǝ:nik] *a med* ki se tiče zastrupljenja s svincem

saturnine [sǽtǝ:nain] *a* (**~ly** *adv*) otožen, žalosten, melanholičen, mrk, mračen, čemern, vase zaprt; svinčen; *med* zastruplen s svincem; **~ poisoning** zastrupljenje s svincem; **a ~ temper** melanholičen temperament (narava); **S~** rojen v znamenju Saturna

saturnism [sǽtǝnizǝm] *n med* zastrupljenje s svincem

satyr [sǽtǝ] *n* satir; *fig* pohotnež

satyric(al) [sǝtírik(ǝl)] *a* satirski, podoben satiru

satyromaniac [sætǝroméiniæk] *n med* satiroman

sauce [sɔ:s] **1.** *n* omaka, sok; *fig* začimba, draž; mastna in slastna jed, ki jo jemo s kruhom; *tech* voda za močenje (godenje, luženje), lužilo; *A* vkuhano sadje, kompot; *sl* predrznost, nesramnost; **what's ~ for the goose is ~ for the gander** kar je enemu milo, je drugemu drago; **apple ~** čežana; **poor man's ~** *fig* glad, lakota; **tomato ~** paradižnikova omaka; **hunger is the best ~** glad je najboljši kuhar; **none of your ~!** ne bodi(te) nesramen!; **to serve s.o. with the same ~** vrniti komu milo za drago; **2.** *vt* pripraviti (kaj) z omako; začiniti (večinoma *fig*); omiliti, napraviti prijetno; *fam* nesramno govoriti (s kom), biti nesramen (do koga)

sauceboat [sɔ́:sbout] *n* skledica za omako

saucebox [sɔ́:sbɔks] *n coll* nesramnež, predrznež

saucedish [sɔ́:sdiš] *n* (zlasti *A*) skled(ic)a za kompot

sauceman, *pl* **~men** [sɔ́:smǝn] *n A* zelenjadar

sauce-pan [sɔ́:spǝn] *n* ponev, kozica; **to cook in double ~** kuhati v vodni kopeli

saucer [sɔ́:sǝ] *n* krožniček pod skodelico; skledica, pladenjček; **~ eye** bolščeče oko; **~ eyed** bolščeč, bolščav; **flying ~** leteči krožnik

sauce-tureen [sɔ́:stjurí:n] *n* posodica za omako

sauciness [sɔ́:sinis] *n* nesramnost, predrznost

saucy [sɔ́:si] *a* (**saucily** *adv*) nesramen, predrzen; objesten; *fam* eleganten, šik, čeden, koketen; **a ~ hat** koketen klobuk

sauerkraut [sáuǝkraut] *n* kislo zelje

sault [sa:lt; sǝ:lt] *n A, Canad* brzica

sauna [sáunǝ] *n* savna

saunders [sɔ́:ndǝz] *n* sandalovina (les)

saunter [sɔ́:ntǝ] **1.** *n* sprehod brez cilja, pohajkovanje, postopanje; **2.** *vi* sprehajati se brez cilja, pohajkovati, postopati; **to ~ about idly** lenobno postopati okoli

saunterer [sɔ́:ntǝrǝ] *n* brezdelen sprehajalec, pohajkovalec, postopač

saurian [sɔ́:riǝn] **1.** *zool* kuščar; **2.** *a* kuščarski, pripadajoč rodu kuščarjev

saury [sɔ́:ri] *n* skuša (riba)

sausage [sɔ́sidž] *n* klobasa; salama; (= **~ balloon**) *mil* opazovalni balon, aerostat; **~ poisoning** zastrupljenje s klobasami; **Bologna ~** mortadela

sausage-casing [sɔ́sidžkeisiŋ] *n* črevo za klobase

sausage-meat [sɔ́sidžmi:t] *n* nadev za klobase; pasteta iz klobas

sausage-skins [sɔ́sidžskinz] *n pl* (naravna ali umetna) čreva za izdelovanje klobas

sauterelle [soutǝrél] *n tech* vogelnica

savable [séivǝbl] *a arch* rešljiv, ki se more rešiti; ki se more prihraniti

savage I [sǽvidž] **1.** *a* (**~ly** *adv*) divji, divjaški; neciviliziran, primitiven; neobdelan, pust; okruten, neusmiljen, grob, grozovit, brutalen, razbrzdan; besen (*with* na); **~ beasts** divje, neukročene živali; **a ~ revenge** okrutno, grozovito maščevanje; **~ scenery** divja pokrajina; **~ tribes** divja, primitivna plemena; **to grow ~**

pobesneti, ujeziti se; **2.** *n* divjak, barbar; brutalnež, surov (grob) človek, grobijan; divja žival (ki grize, zlasti konj)

savage II [sǽvidž] *vt arch* razbesniti, razjeziti (koga); brutalno napasti, 'popasti (koga), navaliti (na koga), brutalno ravnati (s kom); ugrizniti ali pogaziti (koga) (o konju)

savagedom [sǽvidžḑəm] *n* divjost, divjaštvo, besnost, brutalnost, surovost; grozota; divjina, pustina, neobdelan svet; divjaki

savageness [sǽvidžnis] *n* divjaštvo, divjost, surovost, okrutnost, brutalnost, besnost

savagerous [sǽvidžərəs] *a A sl* divji

savagery [sǽvidžəri] *n* divjost, divjaštvo, neciviliziranost; surovost, brutalnost; barbarstvo; divjaki; divje živali; **primitive** ~ divje prastanje

savanna(h) [səvǽnə] *n geogr* savana, stepa

savant [sǽvənt] *n* učenjak; velik znanstvenik

save I [séiv] **1.** *vt* rešiti (*from* pred); zaščititi; shraniti, čuvati, spraviti (žito itd.); (ob)varovati (pred), ohraniti, prihraniti (pri)varčevati, dobro gospodariti (z), varčno porabljati ali trošiti; prizanesti, prizanašati; *sp* obvarovati poraza, preprečiti zadetek (gol); *theol* zveličati, odrešiti; dospeti, še ujeti, ne zamuditi (vlaka itd.); zadovoljiti; *vi* varčevati, biti varčen; ohraniti se; **to** ~ **appearances** ohraniti videz normalnosti, uglednosti; **to** ~ **one's bacon** *fig* rešiti si glavo; **to be** ~**d** *theol* biti odrešen, zveličan; ~ **your breath!** prihrani si svoje besede! molči!; he was ~**d from drowning** rešili so ga, da se ni utopil (utonil); **to** ~ **one's eyes** varovati svoje oči; **to** ~ **one's face** ohraniti, čuvati svoj obraz, svoj prestiž (ugled, dostojanstvo); **to** ~ **s.o.'s life** rešiti komu življenje; **to** ~ **money** (pri)varčevati denar; **a penny** ~**d is a penny gained** privarčevan peni je pridobljen peni; ~ **the mark!** *sl* oprostite besedi (izrazu)!; **you may** ~ **your pains** lahko si prihranite svoj trud; **to** ~ **the post** pravočasno oddati pošto; ~ (ali **saving**) **your presence** oprostite besedi (opravičilo za nespodobno besedo); **to** ~ **the train** (še) ujeti (priti na) vlak; **a stitch in time** ~**s nine** *fig* bolje je preprečiti kot lečiti

save up *vt* prihraniti, privarčevati; **2.** *n* rešilni ukrep pri raznih igrah, zlasti *sp* obramba

save II [séiv] **1.** *prep, poet & arch* razen, izvzemši; ~ **and except** razen, izvzemši; **all** ~ **one (him)** vsi razen enega (njega); ~ **only he** razen njega, samó on ne; **the last** ~ **one** predzadnji; **2.** *conj* razen če, če ne, razen (*that* da); **I felt well** ~ **that I had a headache** počutil sem se dobro, razen da me je bolela glava; **3.** *adv* ~ **for** izvzemši; ~ **for two broken windows the house was intact** razen dveh oken je hiša bila nepoškodovana

save-all [séivə:l] *n* hranilnik; *dial* otroški prtiček; skledica s konicami za izkoriščanje ostankov sveč; *dial* delovna halja; *sl* skopuh, stiskač

saveloy [sǽvələi] *n* safalada

saver [séivə] *n* rešitelj; dober gospodar, varčevalec, varčnež; **my new range is a coal-**~ moj novi štedilnik porabi malo premoga

saving [séiviŋ] **1.** *n* rešitev; varčevanje, prihranek; *pl* prihranki; *jur* omejitev, pogoj, izjema; ~ **of time** prihranek na času. **2.** *a* (~**ly** *adv*) re-

šilen, ki rešuje; sprostilen; varčen, ekonomičen; *jur* omejevalen; ~ **clause** *jur* omejevalna klavzula; **life** ~ življenje rešujoč; **a** ~ **humour** sprostilen humor; **my wife is of a** ~ **turn** moja žena je varčevalske sorte; **3.** *prep, conj* razen, izvzemši; ~ **your reverence** pa brez zamere, oprostite!

saving-box [séiviŋbɔks] *n* hranilnik

savings [séiviŋz] *n pl* prihranki; ~ **account** hranilnični konto

savingness [séiviŋnis] *n* (redko) varčevalnost, gospodarnost

savings-bank [séiviŋzbæŋk] *n* hranilnica; ~ **deposit** hranilna vloga; **postal** ~, **post-office** ~ poštna hranilnica; ~ **(deposit) book** hranilna knjižica

savio(u)r [séivjə] *n* rešitelj, odrešitelj; **Our S**~ *eccl* naš odrešenik

savio(u)ress [séivjəris] *n* rešiteljica, odrešiteljica

savorous [séivərəs] *a* okusen, slasten, pikanten

savory [séivəri] *n bot* šatraj

savo(u)r [séivə] **1.** *n* dober okus, slast, tek; priokus; draž; predjed, začetna jed; (redko) duh, vonj; dišek; **a** ~ **of impertinence** malce nesramnosti; **a book without** ~ nezanimiva knjiga; **to be in good** ~ biti na dobrem glasu; **2.** *vt & vi* imeti (pri)okus po; dišati (*of* po); spominjati (na); použiti, pokusiti; začiniti, napraviti okusno; dati slutiti (kaj); *arch* posvetiti se (čemu); **this remark** ~**s of jealousy** ta opazka diši po ljubosumnosti

savouriness [séivərinis] *n* okusnost, tečnost, slastnost, prijeten okus ali vonj

savourless [séivəlis] *a* brez okusa, neokusen, neslasten, brez slasti; priskuten, omleden, plehek; brez vonja ali duha

savoury [séivəri] **1.** *n* zelo začinjena, pikantna jed; **2.** *a* okusen, tečen, sočen, slasten; dišeč, prijeten; pikanten; kisel, oster, nesladkan

savoy [səvói] *n bot* kodrasti ohrovt, brsota

Savoyard [səvóia:d] **1.** *n* Savojec, -jka, prebivalec, -lka Savoje; **2.** *a* savojski

savvy [sǽvi] **1.** *n sl* zdrava pamet; iznajdljivost; **2.** *vt sl* (brez spregatve) razumeti, poznati, vedeti; ~**?** razumeš?; **no** ~ ne razumem

saw [sɔ:] **1.** *n* žaga; ~ **log** hlod za (raz)žaganje; **hand-**~ ročna žaga; **singing (musical)** ~ *mus* pojoča žaga; **2.** (*pt* **sawed**, *pp* **sawed, sawn**) *vt & vi* (pre-, raz-, se-) žagati; strugati; oblati; premikati sem in tja; (dati) se žagati (o lesu); delati kretnje kot pri žaganju; žagati po godalu; ~ **alive** žagati paralelno (skoz in skoz); **to** ~ **the air with one's arms (hands)** mahati z rokami po zraku; **to** ~ **a horse's mouth** trzati uzdo zdaj na eno, zdaj na drugo stran; **to** ~ **planks** žagati, rezati deske; **to** ~ **wood** žagati les, *A sl* brezbrižno naprej opravljati, delati svoje delo; *sl* »žagati«, smrčati; **to** ~ **off a branch** odžagati vejo

saw II [sɔ:] *n* pregovor; izrek, krilatica; **a wise** ~ moder izrek

saw III [sɔ:] *pt* od **to see**

sawbones [só:bounz] *n sl joc* kirurg

sawbuck [só:bʌk] *n A* koza za žaganje; *sl* 10-dolarski bankovec

sawder [sɔ́:də] **1.** *n coll* (često **soft** ~) laskanje, dobrikanje, prilizovanje; **2.** *vt* dobrikati se, laskati se (komu)

saw-doctor [sɔ́:dɔktə] *n tech* stroj za delanje zobcev na žagi

sawdust [sɔ́:dʌst] *n* žaganje, žagovina; ~ **life** cirkuško življenje; **to let the** ~ **out of s.o.** *fig* izgnati nadutost (puhlost) iz koga, pristriči mu krila

sawfish [sɔ́:fiš] *n* (riba) morska žaga, žagarica

sawfly [sɔ́:flai] *n zool* vrsta ose

saw-frame [sɔ́:freim] *n* jarem žage

saw-gin [sɔ́:džin] *n tech* naprava za ločenje bombažnega semena od bombaža

saw-horse [sɔ́:hɔːs] *n* koza za žaganje

saw-mill [sɔ́:mil] *n* žaga (podjetje)

sawn [sɔːn] *pp* od **to saw**

Sawney [sɔ́:ni] *n coll* vzdevek za Škota; **s**~ bebec, bedak

saw-pit [sɔ́:pit] *n tech* žagarska jama

saw-set [sɔ́:set] *n* naprava za zvijanje zobcev žage v nasprotne smeri

saw-tooth, *pl* ~ **teeth** [sɔ́:tuː:θ, ~ tiː:θ] *n* zobec na žagi

saw-toothed [sɔ́:tuː:θt] *a* opremljen z žagastimi zobci; žagasto nazobčan

saw wrest [sɔ́:rest] *n tech* razperilke

sawyer [sɔ́:jə] *n* žagar; *A* izruvano drevo, ki plava sem in tja v rečnem toku

sax [sæks] *n* naprava za delanje lukenj v ploščice škriljevca, skozi katere se potem zabijajo žeblji

saxatile [sǽksətil] *a* rastoč po pečinah; živeč med pečinami, skalami

saxe [sæks] *n* vrsta fotografskega papirja; raztopina indiga v žvepleni kislini, ki rabi za barvo

saxhorn [sǽkshɔːn] *n mus* vrsta trobente

saxifrage [sǽksifridž] *n bot* kreč

Saxon [sǽksən] **1.** *n* Sas; Anglosas; Anglež (na Irskem); njihov jezik; **Old** ~ stara saščina; **2.** *a* saški; anglosaški; ~ **genitive** saški rodilnik

saxondom [sǽksəndəm] *n* anglosaški svet (poreklo)

Saxonism [sǽksənizəm] *n* jezikovna posebnost anglosaškega jezika

Saxonist [sǽksənist] *n* poznavalec (anglo- in stare) saščine

saxony [sǽksəni] **1.** *n* (= ~ **yarn**) fina volnena preja; (= ~ **cloth**) fina volnena tkanina; **2.** *a* saški

Saxony [sǽksəni] *n* Saško

saxophone [sǽksəfoun] *n mus* saksofon

saxophonist [sǽksəfounist, *E* sæksɔ́fənist] *n mus* saksofonist

say* I [séi] **1.** *vt* reči, izjaviti, govoriti (kaj); izreči, izgovoriti, povedati, izraziti; navesti, omeniti, trditi; obljubiti; deklamirati; *coll* domnevati, vzeti (da...); *vi* govoriti, praviti; pomeniti; odločiti se; biti napisano; **so said so done, no sooner said than done** rečeno—storjeno; **sad to** ~ obžalovanja vredno, žal; **I** ~! slišiš! čuj!, hej!; **I dare** ~ zelo verjetno (često *derog*), (kakor) mislim; **it is hard to** ~ težko je reči; **it is said, they say** govori se, pravijo; **he is said to be ill** baje (pravijo, da) je bolan; **let us** ~ recimo; **(let us)** ~ **this happens** vzemimo (recimo), da se to zgodi; **said I?** *coll* **says I?** *sl* kajne?, ali ni res?; ~ **it with flowers** *sl* povejte to obzirno,

vljudno!; **I'll give you** ~ **five days to do it** dal vam bom recimo pet dni, da to napravite; **period of** ~ **10 years** doba recimo 10 let; **a country,** ~ **India** dežela kot (npr.) Indija; **that is to** ~ to se pravi, to je, to pomeni, z drugimi besedami; **a sum of 50 pounds** (~ **fifty pounds**) vsota 50 funtov (z besedami: *fifty pounds*); **this is saying a great deal** to se že nekaj pravi, to že nekaj pove; **you don't** ~ **so!** česa ne poveste!, je to mogoče?; **what do you** ~ **to that?** kaj pravite k temu?; **to** ~ **a good word for** reči dobro besedo za; **to** ~ **Mass** *eccl* brati mašo; **to** ~ **no more** da ne rečem(o) nič več; **to** ~ **no** reči ne, odkloniti, odbiti, zanikati; **to** ~ **nothing of. . .** da molčimo o..., kaj šele; **to** ~ **one's prayers** opraviti svoje molitve; **to** ~ **yes** reči da, odobriti; **to have s.th. to** ~ **to (with)** imeti nekaj reči, povedati k (pri); **he has nothing to** ~ **for himself** on je redkobeseden (skromen, nepomemben) človek; **to hear** ~ slišati govoriti; **what I say is...** po mojem mišljenju; **when all is said and done** skratka, konec koncev; **to** ~ **the word** povedati (reči) geslo; **so to** ~ tako rekoč

say away *vt* odkrito reči, povedati (kaj); ~ **what you have to** ~ povej odkrito, kar imaš povedati!;

say on *vt*; ~! nadaljuj(te)!, dalje!;

say out *vt* odkrito izreči, pojasniti, povedati svoje stališče;

say over *vt* povedati na pamet (*a poem* pesem)

say II [séi] *n* kar je rečeno; izrek, govor, beseda; mnenje, trditev; pravica ali prilika za govorjenje; *A* zadnja beseda, dokončna odločitev; **it is my** ~! sedaj govorim jaz!, pusti(te) me, da govorim!; **who has the** ~ **in this matter?** kdo ima zadnjo besedo (kdo odloča) v tej zadevi?; **to have one's** ~ (**to, on**) izraziti svoje mnenje (o); **I will have my** ~ povedal bom, kar moram povedati; **let him have his** ~ naj pove, kaj misli o tem; **to say one's** ~ povedati svoje (mnenje)

say III [séi] *n* fino volneno blago

sayer [séiə] *n* kdor reče (pove, govori)

sayest [séiist] *arch* 2. os. edn. od **to say, thou** ~ ti praviš

saying [séiiŋ] *n* govorjenje, govor; izjava; izrek, pregovor; življenjsko pravilo; **as the** ~ **is (goes)** kot pravijo, kot pravi pregovor; ~ **and doing are different things** reči in storiti je dvoje (različnih stvari); **that goes without** ~ to se samo po sebi razume; **there is no** ~ **when (why)** ne da se (nič) reči kdaj (zakaj)

say-so [séisou] *n dial, A coll* zatrjevanje, zagotavljanje, trditev; zadnja, odločilna beseda; navodilo, ukaz; **to have the** ~ **in a matter** imeti zadnjo besedo, odločiti v neki stvari

sbirro, *pl* ~ **ri** [zbirou, ~ ri] *n* birič

'sblood [zblʌd] *interj* (= **God's blood**) prekleto!

scab [skæb] **1.** *n med* krasta; srab, garje, grinte; *vet* ovčje garje; *sl* ničvrednež, lump, podlež, lopov; *sl* stavkokaz; nesindikalist; oseba, ki dela pod tarifno mezdo; *tech* napaka v ulitku; ~ **work** *sl* delo na črno; delo pod tarifo; **2.** *vi* delati, narediti krasto (na rani); **to** ~ **it** *sl* delati kot stavkokaz; delati pod tarifno mezdo

scabbard [skǽbəd] **1.** *n* nožnica (za meč); **to fling (to throw) away the** ~ zalučati proč nožnico, *fig* odločiti se, da bijemo boj do kraja; **2.** *vt* vtakniti (meč) v nožnico

scabbard-fish [skǽbədfiš] *n* jegulji podobna riba

scabbiness [skǽbinis] *n* garjavost, srabljivost; *coll* oguljenost; revščina

scable [skæbl] *vt* gróbo obsekati, oklesati (kamen)

scabby [skǽbi] *a* (**scabbily** *adv*) garjav, srabljiv; *coll* oguljen, reven; *tech* pomanjkljiv, z napako (o ulitku)

scabies [skéibii:z] *n med* srab, garje

scabietic [skeibiétik] *a* garjav; grintav

scabious I [skéibiəs] *n bot* grintavec, skabioza

scabious II [skéibiəs] *a* garjev; grintav; ~ **eruptions** garjav izpuščaj

scab mite [skǽbmait] *n zool* pršica, grinja

scabrous [skéibrəs] *a* hrapav, neraven, neizglajen, raskav; *fig* kočljiv, pohujšljiv; nesramen; **a** ~ **question** kočljivo vprašanje

scad [skæd] *n* vrsta skuše (riba)

scads [skædz] *n pl A coll* velika množina; **to have** ~ **of money** imeti kupe denarja, imeti denarja kot smeti

scaffold [skǽfəld] **1.** *n* gradbeni (zidarski, stavbni) oder; tribuna za gledalce; govorniška tribuna; gledališki oder; krvavi oder, morišče, šafot; *med* skelet; *A* žitnica, kašča; ~ **pole** *sl fig* mršav dolgin; rezina ocvrtega krompirja; **to die on the** ~ umreti na morišču; **to go to the** ~, **to mount the** ~ biti usmrčen na morišču; **to send to the** ~ poslati na morišče; **2.** *vt* zgraditi (gradbeni) oder okrog česa, obdati z (gradbenim) odrom

scaffoldage [skǽfəldidž] *n* oder; gledališki oder (na deskah)

scaffolding [skǽfəldiŋ] *n* zgradba, konstrukcija za zidarski oder; material za tak oder; postavitev odra

scagliola [skæljóulə] *n* posnetek marmorja

scalable [skéiləbl] *a* na kar se da povzpeti z lestvijo; preplezljiv; ki se da olupiti, oluščiti

scalage [skéilidž] *n econ* odmerjenje, odtehtanje

scalation [skəléišən] *n zool* struktura ali razporeditev luskin

scalawag [skǽləwæg] *n* kržljavo, zaostalo živinče, spaček; *coll* ničvrednež. lump, potepuh, izgubljenec, faliranec; *pl* izprijenci, izgubljenci, sodrga

scald I [skɔ:ld] **1.** *n* opeklina (od vrele vode); **2.** *vt* popariti (z vrelo vodo); *cul* popariti (in oskubsti), opeči; segreti (mleko) skoraj do vrenja, zakuhati; ~ **ing hot** vrel, vroč; ~ **ing tears** vroče solze; ~ **ing urination** žgoča bolečina pri uriniranju; **he was** ~ **ed to death** umrl je zaradi opeklin; **to** ~ **(out)** prekuhati, sterilizirati (posodo, instrumente); *vi* opeči se; (boleče) peči

scald II [skɔ:ld] **1.** *arch*, *dial* krasta, grinta; **2.** *a* krastav, grintav; reven

scald III [skɔ:ld] *n* skald (pevec in pesnik starih Skandinavcev)

scald-head [skɔ́:ldhed] *n* temenice, krastaste luskine na temenu pri otrocih; kraste na glavi

scale I [skéil] **1.** *n mus* lestvica, skala; *fig* lestvica (družbena itd.); stopnja; merilo, mera; razmerje; obseg; številčni sestav; **at a** ~ **of 1 inch to 1 mile** v merilu (razmerju) 1 cola : 1 milja; **in (to)** ~ po merilu; **on a large (small)** ~ v velikem (majhnem) obsegu; **on a** ~ *econ* ob

različnih tečajnih vrednostih; ~ **of duties** carinska tabela; ~ **of salaries** plačilna lestvica; **a** ~ **to success** lestev k uspehu; **large-**~ **map** zemljevid v velikem merilu; **reduced (enlarged)** ~ zmanjšano (povečano) merilo; **social** ~ družbena stopnja; **to live on a large** ~ razkošno živeti; **to play (to sing, to run over) one's** ~ *mus* vaditi skale, vaditi prste za instrument ali glas za petje; **to sink in the** ~ zdrkniti navzdol na lestvi, v nivoju; **2.** *vt* (s)plezati, povzpeti se (z lestvijo ali *fig*), vzpenjati se (na); določiti (merilo); dvigniti (cene); *mil* napasti, jurišati z lestvami (na trdnjavsko obzidje); risati merilo; **to** ~ **down** znižati (mezde, plače); **to** ~ **up** povišati (cene); *vi* plezati, vzpenjati se; **to** ~ **down** upasti, pasti; **to** ~ **up** kvišku plezati, dvigati se

scale II [skéil] **1.** *n* skledica pri tehtnici; *pl* tehtnica; tehtanje (zlasti pred in po konjski dirki); **the Scales** *astr* Tehtnica; **a pair of** ~ **s** tehtnica; **his fate was in the** ~ njegova usoda je bila na tehtnici; **to go to** ~ *fig* biti premagan; **to hold the** ~ **s even** držati tehtnico v ravnotežju, *fig* soditi nepristransko, objektivno; **to throw one's influence into** ~ *fig* zastaviti ves svoj vpliv; **to throw one's sword into the** ~ *fig* podpreti svojo zahtevo z orožjem; **to turn the** ~ *fig* odločiti; **it turned the** ~ **into my favour** to je nagnilo tehtnico v mojo korist; **2.** *vt* tehtati (tudi *fig*); *vi* (redko) biti težak, tehtati, biti stehtan (zlasti pred in po konjski dirki); **it** ~ **s 5 pounds** (to) tehta 5 funtov

scale III [skéil] **1.** *n* luska, luskina (ribe itd.); *zool* košeniljka; *med* zobni kamen; usedlina, kotlovec; tanka plast, obloga; *tech* vžigalo; **the** ~ **s fell from his eyes** *fig* oči so se mu odprle, spregledal je; **to come off in** ~ **s** oluščiti se (o koži); **to remove the** ~ odstraniti zobni kamen ali kotlovec; **2.** *vt* ostrgati (luske), (o)luščiti; *tech* sestrugati, ostrugati, očistiti od kotlovca; odstraniti (zobni kamen); *vi* luščiti se; **to** ~ **almonds, peas** oluščiti mandlje, grah; **to** ~ **s.o.'s teeth** odstraniti komu zobni kamen; **to** ~ **off** luščiti se; osmukati se (listje)

scale-armour [skéila:mə] *n* luskast oklep (iz kovinskih ploščic)

scale-beam [skéilbi:m] *n* rimska tehtnica

scale-board [skéilbɔ:d] *n* tanka lesena plošča, ki se postavi v ozadje ogledala, slik itd.; plošča iz furnirja

scale-borer [skéilbɔ:rə] *n* priprava (sveder) za odstranitev kotlovca iz cevi parnega kotla

scaled [skéild] *a* luskast, luskav, luskinast; ~ **herring** slanik z odstranjenimi luskinami

scale-fern [skéilfə:n] *n bot* vrsta praproti

scaleless [skéillis] *a* (ki je) brez luskin

scalelike [skéillaik] *a* luskinast

scale-moss [skéilmɔs] *bot n* listnati jetrnik

scalene [skeilí:n] **1.** *n geom* raznostranični trikotnik; *anat* mišica, ki povezuje hrbtenico z rebri; **2.** *a geom* raznostraničen; poševnokoten, poševen; ~ **cone** poševni stožec; ~ **triangle** raznostraničen trikotnik

scaler [skéilə] *n* priprava za odstranitev kotlovca ali zobnega kamna ali luskin z ribe

scale rule [skéilru:l] *n* merilo, merilna palica

scalewing [skéilwiŋ] *n zool* metulj, vešča

scale-winged [skéilwiŋd] *a* metuljast

scale-work [skéilwɔ:k] *n* ploščice, ki so zložene tako, da se deloma pokrivajo (kot strešne opeke); delno pokrivanje

scaling-bar [skéiliŋba:] *n* železen drog za odstranjevanje kotlovca

scaliness [skéilinis] *n* luskavost

scaling-furnace [skéiliŋfə:nis] *n tech* žgalna peč

scaling-ladder [skéiliŋlædə] *n mil* napadalna, jurišna lestev; lestev za reševanje v primeru požara

scall [skɔ:l] *n med* krasta (na glavi), grinta, izpuščaj; **dry ~** krasta; **moist ~** ekcem

scallawag [skǽləwæg] *n* glej **scalawag**

scallion [skǽljən] *n bot* šalotka; por, luk

scallop [skɔ́ləp] **1.** *n zool* pokrovača (školjka); skledica, plitva ponev; valovit izrez na robu vrednostnih papirjev; *pl* nazaobčani rob obleke ipd.; **2.** *vt* nazobčati rob obleke; izrezljati, valovito izrezati; pripraviti jed v ponvi

scalloper [skɔ́ləpə] *n* nabiralec pokrovač (školjk)

scallop-shell [skɔ́ləpšel] *n zool* pokrovača (školjka)

scallywag [skǽliwæg] *n* glej **scalawag**

scalp [skælp] **1.** *n* skalp, koža lobanje z lasmi; téme; lasulja; gola, okrogla glava griča; kitova glava brez spodnje čeljusti; *fig* zmagovalska trofeja; *A coll* majhen zaslužek pri preprodaji (vrednostnih papirjev, vstopnic, vozovnic); **to be out for ~ s** biti na lovu na skalpe, *fig* iskati koga, ki bi nad njim stresli svojo jezo ali slabo voljo, biti napadalen, popadljiv; **to have the ~ of** *fig* premagati koga v debati; **to take s.o.'s ~** skalpirati koga; **to take ~ s** *fig* premagati, poraziti, obvladati, ošvrkniti koga s kritiko; **2.** *vt* skalpirati; odreti kožo z glave; *fig* neusmiljeno kritizirati; *pol A sl* (nasprotnika) izpodriniti, odžagati; *econ A coll* z malo zaslužka preprodati (vstopnice, vozovnice, vrednostne papirje, na črno)

scalpel [skǽlpəl] *n* skalpel, majhen kirurški nož

scalper [skǽlpə] *n* kdor skalpira; *med* strgalce za kosti; *A econ coll* špekulant

scalping-iron [skǽlpiŋaiən] *n med* strguljica (za kosti)

scalp-lock [skǽlplɔk] *n* koder s skalpa, ki so ga nosili severnoameriški Indijanci za izzivanje sovražnika

scalpless [skǽlplis] *a* (ki je) brez skalpa; plešast

scaly [skéili] *a* luskav, luskast, pokrit z luskami; ki se lušči; *fig sl* razcapan, raztrgan, beden

scamander [skəmǽndə] *vi* viti se, zvijati se; hoditi sem in tja

scamp [skæmp] **1.** *n* ničvrednež, nepridiprav, lump, potepuh; *joc* malopridnež, porednež, navihanec; **2.** *vt* skaziti, skrpucati, zmašiti, zapacati; slabo, površno delati; šušmariti; da(ja)ti slabo mero; **to ~ one's work** pokvariti, skaziti svoje delo

scamper I [skǽmpə] *n* površen delavec, šušmar

scamper II [skǽmpə] **1.** *n* hitenje, naglica, hlast; nagel beg; galop; hitro branje; hitro potovanje; **2.** *vi* hiteti, drveti, galopirati; pobegniti, zbežati, uiti, teči

scampish [skǽmpiš] *a* lopovski, malopriden, ničvreden

scan [skæn] *vt* skandirati; pozorno, ostro, kritično motriti, gledati; skrbno raziskati; premisliti;

preleteti, bežno pregledati; (televizija) snemati (slike) za prenos; *vi* skandirati se; **to ~ the headlines** preleteti naslovne vrste (v časopisu); **this line ~ s well** ta stih se dobro skandira

scandal [skǽndl] *n* škandal, škandalozen dogodek, spotika, pohujšanje; sramota; obrekovanje, opravljanje; *jur* javna (raz)žalitev, žaljiva izjava na sodišču; **~ -broth**, **~ -water** *sl* čaj; **it is a ~ that...** škandal je, da...; **to give rise to (to cause) a ~** povzročiti škandal; **a great ~ occurred** dogodil se je velik škandal; **to raise a ~** napraviti škandal; **to spread ~** širiti čenče, obrekovanja

scandalization [skændəlaizéišən] *n* obrekovanje, sramotitev, povzročitev (javnega) pohujšanja

scandalize I [skǽndəlaiz] *vt* obrekovati, opravljati, obirati (koga); pohujšati, škandalizirati, ogorčiti; **to be ~ d at s.th.** škandalizirati se, biti ogorčen nad čem

scandalize II [skǽndəlaiz] *vt naut* zmanjšati (jadro)

scandalizer [skǽndəlaizə] *n* obrekovalec, pohujševalec, povzročitelj škandala

scandalmonger [skǽndlmʌŋgə] *n* obrekljivec, opravljivec, blebetač, čenča

scandalous [skǽndələs] *a* (**~ ly** *adv*) škandalozen, spotikljiv, pohujšljiv; sramoten; obrekljiv; zbujajoč nevoljo, nezadovoljstvo; **~ behaviour** spotikljivo vedenje; **~ stories** škandalčki

scandalousness [skǽndələsnis] *n* škandaloznost, spotikljivost, pohujšljivost; obrekljivost

scandent [skǽndənt] *a* plezalen; **~ plant** *bot* plezavka

Scandinavian [skændinéiviən] **1.** *n* Skandinavec, -vka; skandinavski jezik; **2.** *a* skandinavski

scannable [skǽnəbl] *a* ki se more skandirati

scanner [skǽnə] *n* radarska antena

scansion [skǽnšən] *n pros* skandiranje

scansorial [skænsɔ́:riəl] *a* (o pticah) pripraven (primeren) za plezanje, plezalen

scant [skænt] **1.** *a* (**~ ly** *adv*) komaj zadosten; pičel; omejen, nezadosten; redek; pomanjkljiv; *arch* skop, varčen; **~ measure** pičla mera; **~ of breath** nadušljiv; **that was ~ consolation** to je bila slaba tolažba; **2.** *vt arch* skopo oskrbeti s potrebščinami, zanemarjati, skopariti (z), stiska(ri)ti (z); *arch* omejiti

scanties [skǽntiz] *n pl* tanko žensko spodnje perilo

scantiness [skǽntinis] *n* nezadostnost, pičlost, pomanjkanje; redkost; omejenost; pomanjkljivost

scantling [skǽntliŋ] *n* predpisana debelost ali moč (trama ali kamna); tram s premerom pod 12 cm; majhna količina, malenkost; vzorec, primer; poskus; potrebna količina; *pl* leseni štirioglati klini za spajanje lesenih delov

scanty [skǽnti] *a* (**scantily** *adv*) komaj zadosten, pičel, omejen, mršav, majhen; skop, varčen; ozek, tesen, majhen (prostor itd.)

scape I [skéip] **1.** *n arch* rešitev; pobeg, beg; **to have hairbreadth ~ s** za las uiti; **2.** *vt arch* uiti (čemu), ubežati; rešiti se (česa)

scape II [skéip] *n bot* steblo, kocen; pecelj; peresni tul; glavni del (trup) stebla

'scape [skéip] *v & n* glej **escape**

scapegallows [skéipgælouz] *n* obešenjak, malopridnež

scapegoat [skéipgout] *n* grešni kozel, vsega kriv, trpin za tuje grehe

scapegrace [skéipgreis] *n* nepoboljšljiv nepridiprav, malopridnež, ničvrednež, podlež, pridanič; *joc* obešenjak, porednež, navihanec

scapement [skéipmənt] *n* glej escapement

scape-wheel [skéipwi:l] *n* zavorno kolesce (v uri)

scaphoid [skǽfɔid] 1. *a anat* ki ima obliko čolna, čolnast (o kosti); 2. *n* (= ~ bone) čolnič (kost)

scapula, *pl* ~ s, ~ lae [skǽpjulə, ~ li] *n anat* lopatica

scapular [skǽpjulə] 1. *a anat* lopatični; 2. *n eccl* škapulir

scar I [ska:] 1. *n* brazgotina, *fig* stara rana; žig (sramote), sramota, madež; a ~ upon his reputation madež na njegovem ugledu; 2. *vt* pustiti, narediti brazgotino; opraskati, oprasniti; *fig* iznakaziti, izmaličiti; *vi* (za)brazgotiniti se, (za)celiti se, zarasti se; to ~ over zaceliti se, zarasti se; to ~ up *vt* pustiti zaceliti ali zabrazgotiniti; ~ red brazgotinast

scar II [ska:] *n* strma pečina, greben; navpična skalnata obala, obrežne pečine

scarab [skǽrəb] *n zool* govnač; (glej scarabaeus) skarabej

scarabaeus, *pl* ~ es, ~ baei [skærəbíəs, ~ bí:ai] *n* skarabej (sveti govnač pri starih Egipčanih)

scaramouch [skǽrəmauč] *n arch* bahač, hvaličavec; širokoustnež; *sl* zanemarjen, skuštran otrok

scarce [skéəs] 1. *a* redek, nezadosten, pičel; I am ~ of money imam malo denarja; food was ~ hrane je bilo malo; to make o.s. ~ odkuriti jo, pobrisati jo; dati se malo videti, ne se kazati, izginiti; 2. *adv* komaj, z muko, s težavo, težkó, komaj in komaj

scarcely [skéəsli] *adv* komaj, težkó, z muko, prav komaj; pač ne, komaj; ~ anything komaj kaj, skoraj nič; I ~ know him komaj ga poznam; he ~ ate anything skoraj nič ni jedel; she is ~ 20 komaj 20 let je stara; he had ~ spoken when... komaj je spregovoril, ko...; you can ~ expect that to morete komaj (tega pač ne morete) pričakovati

scarcement [skéəsmənt] *n* vdolbina v zidu; stopnica, ki nastane pri taki vdolbini

scarceness [skéəsnis] *n* glej scarcity

scarcity [skéəsiti] *n* pičlost, pomanjkanje (česa); redkost; pomanjkanje hrane; draginja, stiska; ~ of money, of workers pomanjkanje denarja, delovne sile

scare [skéə] 1. *n* (paničen) strah, preplah, panika; preplašenost; senzacionalen naslov v časopisu; war ~ vojna psihoza; a ~ on the Stock Exchange panika na borzi; you gave me a ~ pošteno ste me prestrašili; to throw a ~ into s.o. prestrašiti koga; 2. *vt* prestrašiti, preplašiti; splašiti (ptice); to be ~ d of s.th. bati se česa; to be ~ d stiff biti trd od strahu; to ~ the pants off *sl* prestrašiti; to ~ away preplašiti, razplašiti, pregnati; to ~ up, to ~ out preplašiti; *coll* zbrati skupaj (denar ipd.); *vi* ustrašiti se, prestrašiti se; he does not ~ easily njega ne uženeš (tako) lahkó v kozji rog

scarecrow [skéəkrou] *n* ptičje strašilo; *fig* strašilo; čudno oblečen stvor; mršav človek; to be dressed like a ~ biti oblečen kot ptičje strašilo

scarehead [skéəhed] *n sl* debelo tiskana naslovna vrsta (v časopisu)

scaremonger [skéəmʌngə] *n* oseba, ki širi paniko (preplah), panikar

scarer [skéərə] *n* kdor (kar) širi strah

scarf I, *pl* ~ s, scarves [ska:f, ~ vz] 1. *n* ovratna ruta, šal; širok (tkan) pas, prepasica; ozek namizni prt; *eccl* dolg in širok svilen trak angleških duhovnikov; (široka) kravata (za moške); 2. *vt* ogrniti, pokriti s šalom ali prepasnico; uporabiti (kaj) za šal ipd.

scarf [ska:f] 1. *n* zareza (v lesu); spoj s klinom dveh prirezanih krajcev lesa; spojitev, vezanje (kosov lesa); 2. *vt tech* zvezati, spojiti

scarf-joint [ská:fdžɔint] *n tech* vezanje, spoj dveh lesenih delov

scarf-loom [ská:flu:m] *n* tkalske statve za tkanje ozkih kosov tkanine

scarf-pin [ská:fpin] *n* igla za kravato

scarf-skin [ská:fskin] *n anat* epidermis, pokožnica, kožna vrhnjica, zunanja plast kože; kožica ob nohtnem korenu

scarfwise [ská:fwaiz] *adv* križem, navzkriž

scarification [skærifikéišən] *n med* plitev podolgovat rez v kožo, razpraskanje, prask, skarifikacija

scarificator [skǽrifikeitə] *n med* skarifikator, oster nož za zarezovanje

scarifier [skǽrifaiə] *n* vrsta brane; *med* glej scarificator; *tech* cestni razdirač

scarify [skǽrifai] *vt* razrezati kožo, opraskati; branati (tla); *fig* zadeti v živec, ošvrkniti, oplaziti z ostro, neusmiljeno kritiko

scarious [skéəriəs] *a bot* suh, osušen

scarlatina [ska:lətí:nə] *n med* škrlatinka

scarlatinous (ska:lətí:nəs) *a* škrlatinski

scarless [ská:lis] *a* (ki je) brez brazgotin, neranjen, nepoškodovan

scarlet [ská:lit] 1. *n* škrlat; škrlatna tkanina; 2. *a* škrlaten; rdeč; *fig* vlačugarski; ~ admiral rdeči admiral (metulj); ~ fever škrlatinka; *sl arch* navdušenje za vojaško službo (v rdečih suknjičih); ~ hat kardinalski klobuk (čast); ~ rash *med* osepnice; ~ runner *bot* rdeči fižol; the ~ woman, the ~ whore *bibl* nečistnica, razvratnica, *fig* (papeški) Rim, rimska Cerkev; to turn (to flush) ~ postati rdeč kot paprika (kot kuhan rak)

scarlet-grain [ská:litgrein] *n zool* košeniljka

scarlet letter [ská:litletə] *n* škrlatna črka (škrlatno rdeči A kot krajšava za *adultery* prešuštvo)

scarp [ska:p] 1. *n* poševen podporni zid, poševno pobočje, škarpa; strmina, nagib; 2. *vt* strmo položiti (kaj); nagniti, poševiti

scarped [ska:pt] *a* strm, navpičen

scart [ska:t] *n* črta, poteza (s peresom), čačka, čečkanje; praska, brazgotina

scary [skéri] *a* strašen; plašen, plah

scat I [skæt] *n hist* davek

scat II [skæt] 1. *n* udarec; pok; (deževni) naliv, ploha; 2. *adv* v polomu (stečaju, konkurzu); to go ~ zrušiti se; priti v stečaj (konkurz), napraviti bankrot

scat III [skæt] 1. *vt* preplašiti, prepoditi, pregnati; *vi* zbežati; 2. *interj* proč!, stran!

scathe [skéið] 1. *n* škoda, zguba; poškodba; žalitev; 2. *vt arch* zelo napasti, kritizirati; *poet* požgati, uničiti z ognjem; *arch* poškodovati, raniti

scatheless [skéiðlis] *a* (~ ly *adv*) 'nepoškodovan, cel

scathing [skéiðiŋ] *a* (~ ly *adv*) *fig* neusmiljen, nemil, oster, bičajoč, uničujoč (kritika, satira itd.)

scatology [skətóladži] *n med* študij iztrebkov, skatologija; *fig* ukvarjanje z obscenim (zlasti v literaturi)

scatter [skǽtə] 1. *vt* raztresti, razmetati, razsipati; razširiti; posuti, posejati; razpršiti, razgnati; to ~ seed raztresti seme; to ~ the road with gravel posuti cesto z gramozom; to ~ handbills deliti letake, reklamne listke; the army was ~ ed armada je bila razbita; to be ~ ed to the four winds razpršiti se, razkropiti se na vse vetrove; *vi* razkropiti se, razpršiti se, razširiti se, raziti se; the crowd ~ s množica se razhaja; 2. *a* raztresen

scatterbrain(s) [skǽtəbrein(z)] *n* raztresenec, zmedenec; vetrnjak, vihravec

scatterbrained [skǽtəbreind] *a* raztresen, zmeden, vetrnjaški, vihrav

scattered [skǽtəd] *a* raztresen, razpršen; *fig* zmeden, konfuzen; ~ houses raztresene hiše; ~ thoughts zmedene, konfuzne misli

scattergood [skǽtəgud] *n A* razsipnež, zapravljivec

scattering [skǽtəriŋ] *a* (~ ly *adv*) razpršen, raztresen; *pol* razdeljen (o volilnih glasovih); redek; a ~ flock of sheep raztresena čreda ovac

scatty [skǽti] *a sl* nor

scaur [skɔ:] *n* glej scar II

scatter rug [skǽtərʌg] *n A* most(iček)

scavenge [skǽvindž] *vt* čistiti, pometati (ulice, ceste); *tech* čistiti (kovine); *vi* čistiti ulice; *tech* biti očiščen (od plinov); iskati hrano

scavenger [skǽvindžə] 1. *n* ulični (cestni) pometač, smetar; žival, ki živi od mrhovine; *tech* stroj za čiščenje ulic; *fig* avtor ali prijatelj šunda; 2. *vi* pometati, čistiti ulice; odnesti smeti; *fig* pomesti s korupcijo

scavengering [skǽvindžəriŋ] *n* pometanje ulic

scavengery [skǽvindžəri] *n* čiščenje ulic; odvoz smeti

scena [sí:nə; šéina:] *n mus* prizor (scena) iz opere; dramatski recitativ, dramatska solo scena

scenario [sinéəriou; siná: ~] *n* literarna podlaga dramskega dela; kratek pregled dramskega besedila z navodili; *film* knjiga snemanja, scenarij

scenarist [sinéərist] *n* pisec scenarija

scend [send] *n* glej send III

scene [si:n] *n* prizor, scena (tudi *fig*); slika; epizoda; prizorišče, kraj dejanja ali dogodka, nastop; gledališki oder; torišče, *pl* kulise, dekoracije; slika pokrajine, pokrajina, pejsaž; behind the ~ s za kulisami (tudi *fig*); a ~ of destruction slika razdejanja; the ~ of the crime (of the disaster) prizorišče zločina (hude nesreče); change of ~ menjava slike; drop ~ zavesa, ki se spušča med dejanji; set ~ iz več delov sestavljena kulisa; to appear on the ~ nastopiti na (gledališkem) odru; to be on the ~ *fig* biti na mestu (kjer smo potrebni); the ~ is laid in London prizor se dogaja v Londonu; to make (s.o.) a ~ *fig* napraviti (komu) sceno; horrible

~ s occurred strahotni prizori so se odigravali; to quit the ~ *fig* umreti; to shift the ~ premikati kulise

scene-dock [sí:ndɔk] *n* shramba za kulise v gledališču, kulisarna; prostor za rekvizite

scene-man, *pl* ~ men [sí:nmən] *n* kulisar, premikač kulis

scene-painter [sí:npeintə] *n* slikar dekoracij, gledališki dekorater; scenograf

scene-painting [sí:npeintiŋ] *n theat* scenerija, odrska slika; krajina, slika pokrajine, pejsaž; a piece of mountain ~ gorska pokrajina

scene-shifter [sí:nšiftə] *n* kulisar, premikač kulis

scenic [sí:nik] 1. *a* (~ ally *adv*) scenski, sceničen; gledališki, odrski, dramski, dramatski; slikovit, izrazit (za sliko), pokrajinski; ~ beauties pokrajinske lepote; ~ effects odrski, dramatski efekti; ~ road (*A*) turistična cesta; a ~ valley slikovita dolina; 2. *n* film lepot narave; pokrajinski film

scenographe [sí:nougra:f] *n* risar perspektivističnih slik; perspektivistična predstavitev

scenographer [si:nógrəfə] *n* gledališki (odrski) slikar; scenograf; perspektivistični risar

scenographic [si:nougrǽfik] *a* (~ ally *adv*) scenografski; perspektiv(istič)en

scenography [si:nógrəfi] *n* perspektivno risanje; slikanje gledaliških kulis

scent I [sent] *n* duh, vonj, parfum, dišava; zadah; *hunt* voh, vohanje, *fig* nos, sled; ~ of hay vonj po senu; false ~ napačna sled (tudi *fig*); hound of keen ~ pes ostrega duha; to be on the right (wrong) ~ biti na pravi (napačni) sledi; to follow up the ~ iti za sledjo, iti po sledi; he has a ~ for bargains ima dober nos za ceneno blago; to lose (to recover) the ~ izgubiti (zopet najti) sled; to put (to throw) off the ~ speljati s (prave) sledi; to put on the ~ spraviti na sled

scent II [sent] *vt* (za)vohati (tudi *fig*), zaduhati; priti na sled; prepojiti z dišavo (vonjem), nadišaviti; to ~ game (treachery) zavohati divjačino (izdajstvo); to ~ a job zaslediti, najti službo; the rose ~ s the air vrtnica širi prijeten vonj v zraku; *vi* dišati, imeti vonj (duh); *hunt* iti za sledjo

scent-bag [séntbæg] *n* vrečica (mošnjiček) z dišavo (pri nekaterih živalih); vonjavna vrečica, blazinica

scent-bottle [séntbɔtl] *n* stekleničica s parfumom; *joc* stranišče

scented [séntid] *a* prijetno dišeč, dehteč, vonjav; parfumiran; sweet-~ nadišavljen, parfumiran

scentful [séntful] *a* dišeč; ostrega vonja

scent-gland [séntglænd] *n* žleza za izločevanje (prijetnega) vonja (pri živalih)

scentless [séntlis] *a* brez vonja, brez duha; *hunt* brez voha, ki ima slab voh

scepsis, skepsis [sképsis] *n* skepsa, dvom; skepticizem

sceptic, skeptic [sképtik] *n* skeptik, dvomljivec; privrženec skepticizma

sceptical, skeptical [sképtikəl] *a* (~ ly *adv*) skeptičen, dvomeč, nezaupen

scepticisme, ske~ [sképtisizəm] *n* skepticizem; dvom, dvomljenje, nezaupnost

sceptre, scepter [séptə] 1. *n* žezlo; *fig* kraljevska oblast; to wield the ~ vihteti žezlo, vladati; 2. *vt* predati (komu) žezlo (oblast)
sceptred [séptəd] *a* ki nosi, ima žezlo; kraljevski, vladarski
schedular [*E* šédjulə, *A* skédžulə] *a* tabelaričen
schedule [*E* šédju:l, *A* skédžul] 1. *n* tabela; seznam, popis; urnik; načrt, plan; razpored, program; formular; *A* vozni red; *arch* listina, dokument; according to ~ po načrtu, kot domenjeno; on ~ o pravem času, točno; ~ of creditors *econ* seznam upnikov; price ~ cenik; to file one's ~ *fig* bankrotirati; the train runs to ~ vlak prihaja, dospe točno; 2. *vt* sestaviti (vnesti v) seznam (popis, tabelo); napraviti razpored, program; načrtovati, planirati; vnaprej določiti; klasificirati; dodati dostavek zakonu (listini); ~d ship redna ladja; the ship is ~d to sail on June 20 ladja odpluje (po voznem redu) 20. junija; to ~ the publication for May načrtovati objavo za maj; to ~ a new train vpeljati nov vlak (v vozni red); the train is ~d to leave at five vlak odpelje po voznem redu ob petih; he is already ~d to come here je že predvideno, da pride (on) sem
scheik [šéik, ši:k] *n* šejk
schema, *pl* ~mata [skí:mə, ~mətə] *n* shema, pregled, oris, načrt; *rhet* govorna figura; shema, obči tip (pri Kantu)
schematic [skimǽtik] *a* shematičen, pregleden, obrisen, podan v glavnih potezah; načrten; opisen
schematism [skí:mətizəm] *n* ureditev po shemi; oblika ali obris česa; *astr* sestav nebesnih teles; shematizem
schematize [skí:mətaiz] *vt* shematizirati, spraviti v shemo (sistem); sistematično, pregledno urediti
scheme [ski:m] 1. *n* shema, seznam; sistem; diagram; načrt, projekt; program; kombinacija; obrazec; pregled; naklep, spletka, intriga, mahinacija, komplot; a deep-laid ~ dobro zasnovana spletka; a ~ of philosophy filozofski sistem; irrigation ~ namakalni projekt; to lay a ~ napraviti načrt; 2. *vi & vt* snovati, delati načrte, načrtovati, planirati, sistematično urediti; snovati (intrige itd.), spletkariti, intrigirati, kovati (zaroto)
schemer [skí:mə] *n* načrtovalec, projektant; spletkar, intrigant
scheming [skí:miŋ] 1. *n* snovanje načrtov (spletk); spletkarjenje; 2. *a* ki snuje načrte (naklepe); spletkarski, intrigantski
scherzo, *pl* ~s, ~zi [skéətsou, ~tsi:] *n mus* skladba ali del skladbe vedrega, šaljivega značaja
schism [sízəm] *n* razcep, razkol, ločitev; *eccl* razkol, shizma; stranka ali skupina, ki se je odcepila
schismatic [sizmǽtik] 1. *a* (~ally *adv*) *eccl* razkolniški; heretičen, krivoverski; 2. *n* razkolnik; heretik, krivoverec
schist [šist] *n geol* škriljevec
schistose [šístous] *a* podoben škriljevcu, škriljast, skrilast; slojevit, plastnat
schizofrene [*E* skítsəfri:n, *A* skízəfri:n] *n med* shizofrenik

schizophrenia [skitsoufrí:niə] *n med* shizofrenija
schizophrenic [skitsoufrénik] 1. *a* shizofreničen; 2. *n* shizofrenik
schnap(p)s [šnæps] *n* žganje
scholar [skólə] *n* učenjak; učenec, -nka, dijak; *arch* kdor se uči; poznavalec slovstva, zlasti klasičnega; humanist; štipendist; oseba, ki zna brati in pisati; *fam* kdor (po)zna kak šolski predmet; *arch* privrženec, učenec; the ~s of Socrates Sokratovi učenci; a Greek ~ helenist; he is a good English ~ on je dober v angleščini; he is a quick ~ on se hitro nauči
scholarliness [skólə:linis] *n* učenost; učenjaštvo
scholarly [skólə:li] *a* učen; učenjaški
scholarship [skólə:šip] *n* učenost; izobrazba, znanje; štipendija; classical ~ humanistična izobrazba
scholastic [skəlǽstik] 1. *n* sholastik, srednjeveški krščanski filozof; šolnik; pedant; 2. *a* (~ally *adv*) *phil* sholastičen; *fig* pedanten, formalen; učèn, akademski; šolski, učiteljski; ~ education akademska izobrazba; ~ profession učiteljski poklic; the ~ year šolsko leto
scholasticism [skəlǽstisizəm] *n phil* sholastika; *fig* pedantnost, omejenost
scholiast [skóuliæst] *n* sholiast, pisec sholij; komentator, razlagalec grških ali latinskih klasikov
scholium, *pl* ~s, ~lia [skóuliəm, ~liə] *n* sholion, sholija, opomba, komentar, tolmačenje starih gramatikov h grškim in latinskim klasikom: *math* pojasnjevalni dostavek
school I [sku:l] 1. *n* šola (tudi *fig*), pouk, čas pouka; kurz, tečaj, šolanje; vzgoja; učenci; šolsko poslopje, učilnica, predavalnica; študijska skupina na fakulteti; dvorana za predavanje na univerzi; *pl* univerze v kolektivnem smislu; sholastiki, sholastika; privrženci, učenci, šola (slikarska itd.); *sl* tolpa, banda; osebe, ki sodelujejo v kaki hazardni igri; board ~ javna osnovna šola, ki jo upravlja krajevni šolski odbor; boarding ~ šola z internatom; a boy just from ~ deček, ki je pravkar končal šolanje; boys' ~, girls' ~ deška, dekliška šola; continuation ~ nadaljevalna šola, šola za odrasle; elementary ~, primary ~ osnovna šola; free ~ šola, v kateri se ne plača šolnina; grammar ~ klasična gimnazija, srednja šola; the medical ~ medicinska fakulteta; piano ~ klavirska šola (metoda); public ~ zasebna šola, ki pripravlja učence za univerzo; ragged ~ brezplačna šola za revne otroke; secondary ~ srednja šola; a severe ~ stroga, trda šola; technical ~ strokovna šola; to attend a ~ obiskovati (neko) šolo; to be at ~ biti v šoli (pri pouku); there is no ~ on Thursday afternoon v četrtkih popoldne ni šole (pouka); ~ is over at five pouk se konča ob petih; to go to ~ iti, hoditi v šolo; šolati se; to go to ~ to s.o. iti v šolo h komu; to be in for one's ~s iti na zaključni izpit; to be sitting for one's ~s lotiti se izpitov; to leave ~ zapustiti šolo, končati šolanje; to keep a ~ voditi zasebno šolo; to tell tales out of ~ *fig* izblekniti, izdati tajnost; 2. *a* šolski; *hist* sholastičen; ~ theology sholastična teologija

school II [sku:l] *vt* poslati, dati v šolo; šolati; poučevati, vaditi, uriti, vežbati, naučiti, priučiti; *fig* (po)učiti, dajati nauke; dresirati; vzgajati, vzgojiti; (po)karati, brzdati, obvladati, disciplinirati, navaditi na disciplino, na red; **to be well ~ ed in** biti dobro šolan v, izučen v (za); **to ~ o.s.** krotiti se, obvlad(ov)ati se; **to ~ o.s. to s.th. (to patience)** navaditi se na kaj (na potrpljenje); **to ~ one's temper** obvladati se (svojo jezo)

school III [sku:l] 1. *n* truma (vlak) rib (kitov); 2. *vi* plavati, iti v trumah, v vlakih (o ribah); **to ~ up** (o ribah) zbrati se v trumah pod vodno površino

schoolable [skú:ləbl] *a* (redko) šoloobvezen; *arch* (po starosti ali duševnem razvoju) zrel za šolo

schoolage [skú:lidž] *n* šoloobvezna starost; trajanje šolske obveznosti

school-attendant [skú:lətǽndənt] *n* šolski služitelj

school-board [skú:lbɔ:d] *n* šolski odbor; šolska oblast

school-book [skú:lbuk] *n* šolska knjiga, učbenik

schoolboy [skú:lbɔi] 1. *n* učenec, dijak; 2. *a* šolarski, dijaški; **a ~ mischief** šolarska objestnost

school bus [skú:lbʌs] *n* šolski avtobus

school-committee [skú:lkəmíti] *n A* šolski odbor

school-dame [skú:ldeim] *n* ravnateljica (zasebne osnovne šole)

school-divine [skú:ldiváin] *n* sholastični teolog; srednjeveški sholastik (učitelj na univerzi)

school doctor [skú:ldɔktə] *n* šolski zdravnik

school-fee [skú:lfi:] *n* šolnina

schoolfellow [skú:lfelou] *n* šolski tovariš, součenec, sošolec

schoolgirl [skú:lgə:l] *n* učenka, dijakinja

schoolgirlish, ~ **girly** [skú:lgə:liš, ~ gə:li] *a* nedoletniški, nezrel, frkljast, sanjaški

schoolhall [skú:lhɔ:l] *n* šolska avla

schoolhouse [skú:lhaus] *n* (glavno) šolsko poslopje; stanovanjsko poslopje šolskega ravnatelja

schooling [skú:liŋ] *n* šolanje; poučevanje, vežbanje, discipliniranje; šolnina; *arch* dajanje naukov, grajanje

school-inspector [skú:linspéktə] *n* šolski nadzornik

school-leaver [skú:lli:və] *n E* odpustnik iz šole

schoolma'am [skú:lma:m] *n coll derog* učiteljica

schoolman, *pl* ~ **men** [skú:lmən] *n* srednjeveški sholastik (učitelj na univerzi)

school-marm [skú:lma:m] *n* glej **schoolma'am**

schoolmaster [skú:lma:stə] *n* učitelj; **the ~ is abroad** *fig* manjka, ni dobrega šolskega sistema; dober šolski sistem se obnese (prodre) povsod

schoolmate [skú:lmeit] *n* šolski tovariš, sošolec

schoolmiss [skú:lmis] *n* šolarka; neizkušeno dekle; frklja

schoolmistress [skú:lmistris] *n* učiteljica

school-pence [skú:lpens] *n hist* denar, ki so ga vsak teden prinašali učenci osnovne šole kot šolnino

schoolroom [skú:lrum] *n* šolska soba, učilnica, razred; predavalnica; soba za poučevanje v zasebni hiši

school-ship [skú:lšip] *n* šolska ladja

school-teacher [skú:lti:čə] *n* šolski učitelj

school-teaching [skú:lti:čiŋ] *n* učiteljski poklic

schooltime [skú:ltaim] *n* čas pouka; čas šolanja

schoolyard [skú:lja:d] *n A* šolsko dvorišče

schoolyear [skú:ljiə] *n* šolsko leto

schooner [skú:nə] *n naut* dvojambornik; (= *A* **prairie ~**) starinski pokrit voz; velik vrč za pivo; **fourmasted ~** štirijambornik

schuss [šus] *n* (*Ger*) (smučanje) spust

sciagram, *A* **skia~** [sáiəgræm, skái~] *n* rentgenska slika

sciagraph, **skia~** [sáiəgræf, skáiə~] *n* rentgenska slika

sciatic [saiǽtik] *a* (~ **ally** *adv*) bedrni, kolkov; ishiadičen; *med* ishiatičen, ki ima išias; ~ **nerf** ishiadičen živec; ~ **pains** ishiatične bolečine

sciatica [saiǽtikə] *n med* išias, ishias

science [sáiəns] *n* znanost, veda; prirodoznanstvo; *arch* znanje, poznavanje, razumevanje; *sp* veščina, spretnost; *joc* umetnost; *arch* poklic, obrt, rokodelstvo; ~ **fiction** znanstvena fantastika; **the ~ of boxing** veščina boksanja; **exact, pure ~** eksaktna, čista znanost; **man of ~** znanstvenik, raziskovalec; **natural ~** naravoslovje; **the dismal ~** *joc* politična ekonomija; **Christian ~** doktrina krščanskih znanstvenikov (ki za ozdravljenje bolezni računajo ne na pomoč zdravnikov, temveč na vero bolnikov)

scienter [saiéntə] 1. *adv jur* vedoma, v zavesti, zavestno; 2. *n* vednost, zavestnost, zavestno dejanje; **to prove (a) ~** dokazati zavestno dejanje

sciential [saiénšəl] *a* (~ **ly** *adv*) spreten; pameten, razumen; znanstven

scientific [saiəntífik] *a* (~ **ally** *adv*) znanstven; sistematičen; ki ustreza vsem pravilom veščine; spreten, izurjen, izveden; **a ~ man** znanstvenik; naravoslovec; ~ **treatise** znanstvena razprava; **a ~ boxer** izveden, pravilno izurjen boksar

scientism [sáiəntizəm] *n* znanstvenost

scientist [sáiəntist] *n* znanstvenik, učenjak (zlasti naravoslovec)

scilicet [sáiliset] *adv Lat* (krajšava: **scil., sc.**) to je; namreč

scilla [sílə] *n bot* morska čebul(ic)a

scimitar, scimetar [símitə] *n* kriva sablja, handžar, zakrivljen orientalski meč

scintilla [sintílə] *n* iskrica; (majhna) sled, trohica; **not a ~ of truth** tudi trohice resnice ne

scintillant [síntilənt] *a* (~ **ly** *adv*) iskreč se, blesteč, bleščeč

scintillate [síntileit] *vi* iskriti se, svetiti se, bleščati se, blesteti; svetlikati se, migljati (o zvezdah); *fig* biti poln duhovitosti, iskriti se od duhovitosti; **her eyes ~d with fury** oči so se ji iskrile od jeze; *vt* sipati (iskre); **to ~ witticisms** sipati duhovite opazke, iskriti se od duhovitosti

scintillation [sintiléišən] *n* iskrenje, svetlikanje, bleščanje, blestenje, migljanje (zvezd); *fig* nenaden domislek, preblisk

sciolism [sáiəlizəm] *n* površno znanje; dozdevno (namišljeno) znanje, poznanje

sciolist [sáiəlist] *n* površen vsevednež (poznavalec), psevdoučenjak, dozdevni (namišljeni) učenjak

sciolistic [saiəlístik] *a* (~ **ally** *adv*) ki ima površno (dozdevno, namišljeno) znanje

scion [sáiən] *n bot* potaknjenec, cepič, cepika; *fig* potomec

sciosophy [saiósəfi] *n* dozdevna (namišljena) znanost, psevdoznanost

scissel [sisl] n kovinski odpadek, odstružek
scissile [sísil] a (lahkó) (raz)cepljiv
scission [sížən] n cepitev, razcepitev, rezanje; fig razdor, razkol
scissor [sízə] vt odrezati s škarjami, odstriči, izrezati, zarezati, spodrezati, podstriči, pristriči; to ~ off odrezati s škarjami; to ~ out izrezati (izrezke iz časopisa)
scissorings [sízəriŋz] n pl kar se odreže, izreže s škarjami; odrezki, izrezki
scissors [sízəz] n pl (= a pair of ~) škarje; sp škarje (na konju); ~ and paste fig sestavljanje (knjige, poročila itd.) iz izrezkov iz drugih knjig, poročil itd.; kompilacija; lamp ~ škarje za utrinjanje; nail ~ škarje za nohte; I want a pair of ~ potrebujem škarje
scissure [sížə] n urez, vreznina, vrezana rana; razpoka; vrezovanje, zarezovanje
sciurine [sáijuərain] n zool vrsta veveric
sclerosis, pl ~ses [skliróusis, ~si:z] n med skleroza, otrdelost tkiva ali organov
sclerotic [sklirótik] a 1. n anat beločnica; 2. a med sklerotičen, bolan za sklerozo
scobs [skɔbz] n pl žagovina, oblanci; skobljanci; opilki, ostružki
scoff [skɔf] 1. n roganje, posmehovanje, zasmehovanje, norčevanje (at iz); predmet posmeha; 2. vi rogati se (at čemu), posmehovati se
scoffer [skófə] n porogljivec, posmehljivec
scoffing [skófiŋ] a (~ly adv) porogljiv, posmehljiv; ki se posmehuje, norčuje
scold [skóuld] 1. n prepirljiva ženska, furija; coll graja(nje), karanje, oštevanje, zmerjanje; 2. vt & vi grajati, karati, oštevati, zmerjati
scolder [skóuldə] n grajalec, zmerjalec, oštevalec, karavec
scolding [skóuldiŋ] n karanje, grajanje, zmerjanje, oštevanje; to get a (good) ~ biti ozmerjan
scollop [skóləp] n & v glej scallop
scomber [skómbə] 1. n (riba) skuša, lokarda; 2. a podoben skuši
scon [skɔn] n glej scone
sconce I [skɔns] 1. n (klavirski) stenski svečnik (na krak); luknja za svečo v svečniku
sconce II [skɔns] 1. n utrdba, gradišče; archit zaščitna stena; arch dial (pritrjen) sedež pri kaminu; 2. vt arch utrditi, zaščititi (z gradiščem); skriti pred pogledi
sconce III [skɔns] 1. n Oxford univ obsodba na plačanje vrčka piva zaradi kršenja pravil o vedenju pri mizi; globa zaradi prekršitve discipline; 2. vt hist obsoditi koga z globo (zaradi nediscipliniranosti)
sconce IV [skɔns] n sl buča (glava); coll pamet, možgani
scone, scon [skɔn] n majhen čajni kolaček
scoop I [sku:p] 1. n zajemalka, lopata (za planje vode iz čolna, ladje); lopatica (za premog, žito, sladkor, za rezanje sira ipd.); zajemanje z zajemalko ali lopatico; posoda na kolesu za namakanje; votlina, izdolbina; sl prvo in hitro, ekskluzivno poročanje senzacionalne novice; velik ulov, velik dobiček; at one ~, with a ~ na en mah; 2. vt zaje(ma)ti vodo; nagrabiti, izvleči dobiček; fig pobrati smetano; izdolbsti, izgrebsti; dobiti prednost pred nasprotnikom;

to ~ a boat dry izmetati vodo z zajemalko (lopato) iz čolna; to ~ out water izčrpati vodo; to ~ out izdolbsti, izgrebsti (luknjo); to ~ in sl pospraviti, vtakniti v žep (dobiček, denar); to ~ the pool dobiti vse vložke stav; pobrati ves dobiček
scooper [skú:pə] n kdor zajema z zajemalko ali z lopato; dletce, ki ga rabijo rezbarji, žlebilo
scooping-iron [skú:piŋaiən] n vrtalni stroj, vrtalnik
scoop-net [skú:pnet] n mreža za struganje po rečnem dnu; ročna mreža
scoop-wheel [skú:pwi:l] n črpalno kolo; kolo za namakanje
scoot [sku:t] 1. n drvenje, divjanje; 2. vi pobegniti, zdrveti, ucvreti jo, hitro jo pobrati; vt poditi, goniti
scooter [skú:tə] n skiro (otroško vozilo); motor-skuter, motorno kolo, moped
scooterist [skú:tərist] n mopedist, motociklist
scope [skóup] n področje (delovanja), območje, delokrog; duševno obzorje; obseg, prostor, okvir; doseg, domet, streljaj; naut dolžina verige ali vrvi; (redko) cilj, (glavni) namen; a man of wide ~ daljnoviden človek; an undertaking of wide ~ široko zasnovano podjetje; that is beyond (within) my ~ to je zunaj (znotraj) mojega področja; to give ~ to s.o. da(ja)ti, nuditi široko polje delovanja komu; to give one's fancy full ~ dati prosto pot (polet) svoji fantaziji
scorbutic [skɔ:bjú:tik] 1. a med skorbuten, ki boleha za skorbutom; 2. n med oseba, ki boleha za skorbutom, skorbutnik
scorbutus [skɔ:bjú:təs] n med skorbut
scorch [skɔ:č] 1. n osmod, ožganina; sl mot zelo hitra vožnja, drvenje, divjanje; 2. vt ožgati, prismoditi, opeči, opražiti; požgati; izsušiti; fig ošvrkniti (koga) z ostro kritiko, z grajo, grajati, bičati (kaj); arch požgati, uničiti z ognjem; ~ed earth požgana zemlja; vi prismoditi se, opeči se, ožgati se; sl mot prehitro voziti, drveti, divjati; he was fined for ~ing plačal je globo zaradi prehitre vožnje
scorcher [skó:čə] n tisto, kar žge, peče (tudi fig); coll nekaj zelo vročega, vroč dan, pekoče sonce; sl nenavadnost, senzacija; sl zbadanje, zbadljivka; sl mot voznik, ki vozi z divjo hitrostjo; sl vidna, pozornost zbujajoča oseba
scorching [skó:čiŋ] 1. a (~ly adv) žgoč, pekoč, zelo vroč; fig zbadljiv, žaljiv (o kritiki); sl mot noro drveč; a ~ remark pikra opazka; under a ~ sun pod pekočim soncem; 2. n osmod; coll drvenje, divja vožnja
score I [skɔ:] 1. n hist zareza, rovaš, palica z zarezami; brazda, brazgotina, praska, sled biča; račun, dolg; vzrok, razlog; dvajseterica, dvajset kosov (jardov, funtov); pl množica, veliko število, obilica; coll sreča, lahek uspeh; mus partitura, nota, glasba, glasbeni del (operete); sp startna črta, mesto, kjer stoje tekmovalci pri streljanju; A dejanski položaj (situacija); neugodna resnica; naut žleb v škripcu; on the ~ of (friendship) zaradi (prijateljstva); ~s of people množica ljudi; ~s of times neštetokrat; what a ~! kakšna sreča!; three ~ and ten 70 (let; normalna dolgost človeškega življenja);

what is the ~? kakšen je rezultat? (pri igri, športu); **I buy eggs by the** ~ kupujem jajca po 20 naenkrat; **be easy on that** ~ bodi brez skrbi v tem pogledu!; **he is too fond of making** ~ rad doseza lahke, cenene uspehe; **console yourself on that** ~ pomiri se glede tega!; **they died by** ~s umirali so v trumah; **to go off at** ~ *fig* razgreti se, zlasti pri razpravljanju o priljubljenem predmetu; **to keep** ~ šteti točke pri igri; **to make a good** ~ doseči visoko število točk; **to pay one's** ~ plačati svoj dolg (račun); **to pay off old** ~s (od)plačati, poravnati stare račune (dolgove); **death pays all** ~s smrt poravna vse dolgove; **to put down to s.o.'s** ~ komu v dolg beležiti (zapisati); **to quit** ~s **with** *fig* poravnati stare dolgove (račune), povrniti (komu); **to run up (a)** ~ zadolžiti se; **to settle one's** ~ poravnati svoj račun

score II [skɔ:] **1.** *vt* vrezati, zarezati, zabeležiti z zarezanimi črtami; zapisati; zabeležiti na rovašu; *sp* doseči, (za)beležiti točke; imeti korist; *film* dodati filmu glasbo; *vi* beležiti komu v korist; doseči (točke, rezultat, uspeh), doživeti srečo ali uspeh; beležiti dolgove, voditi rovaš; *arch, A* delati dolgove; **that** ~s **for us** to šteje (velja) za nas; **he has not** ~d **ten yet** ni še dosegel 10 točk; **he has** ~d **a success** dosegel (doživel) je uspeh; **they** ~d **heavily in the elections** dobili so veliko večino na volitvah; **we shall** ~ **by it** s tem bomo imeli uspeh;
score off *vt* premagati (koga), maščevati se (komu), triumfirati nad (kom), nadkriliti (koga); *sl* ponižati (koga), nadkriliti (koga) z domiselnim odgovorom; beležiti uspeh proti (komu)
score out *vt* prečrtati (*words* besede)
score through *vt* prečrtati
score under *vt* podčrtati
score up *vt* zapisati (dolg); **to** ~ **(up) s.th. against (to) s.o.** komu kaj pripisati (tudi *fig*)
scorer [skɔ́:rə] *n* oseba (stroj), ki beleži; beležnik; *sp* kdor šteje točke, doseza točke
scoria, *pl* ~**riae** [skɔ́:riə, ~ri:i] *n* žlindra, plena, troska
scoriaceous [skɔ:riéišəs] *a* žlindrast, plenast
scorify [skɔ́:rifai] *vt* staliti kovino ali rudo, tako da se izloči žlindra
scoring [skɔ́:riŋ] *n* vrezovanje, zarezovanje; uglasbitev, instrumentacija, orkestriranje; beleženje z notami
scorn I [skɔ:n] *n* prezir(anje), zaničevanje, podcenjevanje; roganje, norčevanje; predmet prezira (roganja, norčevanja); **he is the** ~ **of the whole village** vsa vas se mu posmehuje (roga); **to hold in** ~, **to think** ~ **of** prezirati; **to laugh to** ~ imeti za norca, zasmehovati, osmešiti; **I shall be laughed to** ~ bom v posmeh
scorn II [skɔ:n] *vt* prezirati, prezreti, zaničevati, zasmehovati, omalovaževati; s prezirom odbiti, ne se ponižati, smatrati pod častjo; **I** ~ **to ask a favour** sram me je (smatram pod častjo) prositi uslugo; **he** ~s **lying (to lie, a lie)** sram ga je, da bi lagal; *vi* rogati se (*at s.th.* čemu), norčevati se (iz česa)
scorner [skɔ́:nə] *n* porogljivec, zasmehljivec, preziralec

scornful [skɔ́:nful] *a (*~**ly** *adv*) posmehljiv, zaničljiv, porogljiv
scornfulness [skɔ́:nfulnis] *n* porogljivost, zasmehljivost, prezirljivost
scorper [skɔ́:pə] *n tech* dletce
Scorpio [skɔ́:piou] *n astr* Škorpijon
scorpion [skɔ́:pjən] *n zool* škorpijon; *fig* bič; *mil hist* metalni stroj; **S**~ *astr* Škorpijon
scot [skɔt] *n hist* (občinski) davek, dajatev; plačilo; prispevek; **to go** ~-**free** odnesti zdravo kožo, biti nepoškodovan; **to pay for one's** ~ plačati svoj delež, *fig* dati svoj prispevek; **to pay** ~ **and lot** do zadnjega dinarja plačati; plačati občinske dajatve
Scot [skɔt] *n hist* Škot
Scotch [skɔč] **1.** *n*; **the** ~ Škotje; škotski jezik; *fam* škotski whisky; **2.** *a* škotski; ~ **answer** odgovor, ki je hkrati novo vprašanje; ~ **broth** zelenjavna juha iz govedine (bravine) in pšena; ~ **collops** *pl* pečen zrezek s čebulo; ~ **douche** škotska prha (izmenoma vroča in mrzla); ~ **mist** gosta in vlažna megla, *joc* trajno deževje; ~ **terrier** škotski terier (pes); ~ **woodcock** kuhana jajca s sardelicami na praženem kruhu
scotch [skɔč] **1.** *n* zareza, urez, praska, rana; *tech* zaviralni klin, cokla (tudi *fig*); **2.** *vt* napraviti začasno nenevarno (neškodljivo); lahko raniti, opraskati; zadušiti, potlačiti, uničiti; zavreti (koló), blokirati; *arch* zarezati (v rovaš)
scotching [skɔ́čiŋ] *n arch* obdelava z dletom
Scotchman, *pl* ~**men** [skɔ́čmən] *n* Škot; *sl* novec dveh šilingov; ~'s **cinema** Piccadilly Circus
scotch-tape [skɔ́čteip] *n A* prozoren lepilni trak
Scotchwoman, *pl* ~**women** [skɔ́čwumən, ~wimin] *n* Škotinja
scotfree [skɔ́tfrí:] *a* nepoškodovan, cel; nekaznovan; (redko) oproščen davka; **to get off** ~ uiti kazni; **to go** ~ odnesti zdravo kožo, biti nepoškodovan
Scotice [skɔ́tisi:] *adv* (*Lat*) po škotsko, na škotski način; v škotskem jeziku
Scotland [skɔ́tlənd] *n* Škotsko
Scots [skɔts] **1.** *a* škotski; **2.** *n* škotski jezik
Scotsman, *pl* ~**men** [skɔ́tsmən] *n* Škot
Scotswoman, *pl* ~**women** [skɔ́tswumən, ~wimin] *n* Škotinja
Scottice [skɔ́tisi:] *adv* glej **Scotice**
Scotticism [skɔ́tisizəm] *n* škotska jezikovna posebnost
Scotticize [skɔ́tisaiz] *vt* dati čemu škotsko oznako; prevesti v škotščino; *vi* imeti škotski izgovor itd.
Scottish [skɔ́tiš] **1.** *a* škotski; ~ **terrier** škotski terier (pes); **2.** *n* škotski jezik; **the** ~ (redko) Škotje
Scotty [skɔ́ti] *sl* **1.** *n* Škot; **2.** *a* s~ jezen
scoundrel [skáundrəl] *n* lopov, podlež, malopridnež
scoundreldom [skáundrəldəm] *n* (kolektivno) lopovi, podleži
scoundrelism [skáundrəlizəm] *n* lopovstvo, podlost, lopovščina
scoundrelly [skáundrəli] *a* lopovski, podel, prostaški, zlikovski
scour I [skáuə] **1.** *n* čiščenje, snaženje; izpiranje, izpodjedanje (obale), odplavljanje; izdolben kanal (rečna struga); *chem* sredstvo za čiščenje (vol-

ne), čistilo; *vet* (večinoma *pl*) (huda) driska, griža; **2.** *vt* (po)ribati, (o)prati, (o)snažiti, (o)čistiti, očediti; (čvrsto) zdrgniti, (s)polirati; odstraniti rjo (mast, umazanijo), odplakniti, izplakniti; *med* izprati čreva; *vi* ribati, čistiti; (o živini) imeti drisko; **to ~ knives** očistiti, spolirati nože; **to ~ steps** poribati stopnice; **to ~ clothes** očistiti obleke; **to ~ away (off)** odstraniti (madeže itd.), pregnati; **to ~ the invaders from the land** pregnati napadalce iz dežele
scour II [skáuə] **1.** *vt* preleteti, preteči; prebrskati, preiskati; **to ~ a book for quotations** prebrskati knjigo, da bi našli citate; **to ~ the pewter** *sl* delati, opravljati svoje delo; **2.** *vi* dirjati, drveti, poditi se, divjati (*about* po); klatiti se, potikati se, pohajati (okoli); brskati (za čem); **to ~ about the country** klatiti se po deželi, obresti deželo; **to ~ about the seas** klatiti se po morjih; gusariti
scoured plate [skáuədpleit] *n* dekapirana pločevina
scourer I [skáurə] *n* čistilec, snažilec; čistilno sredstvo, čistilo (za lonce); *med* (močno) odvajalno sredstvo; *tech* stroj za čiščenje žita
scourer II [skáurə] *n* potepuh, klatež
scourge [skɔ:dž] **1.** *n* bič, korobač; *fig* nadloga; **~ of mosquitoes** nadloga komarjev; **the S~** *fig* šiba božja (Atila); **the white ~** jetika, sušica; **2.** *vt* (pre)bičati, šibati; bičati s kritiko, s satiro; *fig* kaznovati, mučiti, tlačiti, biti šiba božja za
scourger [skó:džə] *n* bičar; kaznovalec
scourings [skáuriŋz] *n pl* odpadki pri čiščenju (zlasti žita)
scour-woman, *pl* **~ women** [skáuəwumən, ~ wimin] *n* snažilka, pomivalka
scout I [skáut] **1.** *n mil* izvidnik, oglednik, ogleduh; izvidniško letalo, izvidniška ladja; ogledovanje, *mil* rekognosciranje, poizvedovanje; *coll* star prijatelj; *sl* dečko; *Oxford univ* sluga, strežnik (študentov); **~ car** *mil* izvidniško (oklopno) vozilo; **boy ~, girl ~** skavt, skavtinja; **on the ~** na poizvedovanju, na preži; **2.** *vi* ogledovati, razgledovati, *mil* rekognoscirati; iskati; (budno) opazovati; **I spent the day ~ing for work** ves dan sem iskal delo
scout II [skáut] *vt* odbiti s prezirom, odkloniti (predlog, zamisel, ponudbo); *obs* rogati se, posmehovati se, norčevati se
scoutcraft [skáutkra:ft] *n* skavtizem, skavtstvo
scouter [skáutə] *n* izvidnik ogleduh, oglednik
scouthood [skáuthud] *n* skavtstvo
scouting [skáutiŋ] *n* ogledovanje, razgledovanje; *mil* rekognosciranje; skavtstvo
scoutingly [skáutiŋli] *adv* prezirljivo, zaničljivo
scoutmaster [skáutma:stə] *n* vodja, poveljnik oddelka skavtov; *mil* poveljnik oddelka izvidnikov
scow [skáu] *n* lahka plitva ladja ali velik čoln
scowl [skául] **1.** *n* mrščenje čela; mrk videz, srdit pogled (grimasa); **2.** *vi* mrko gledati, mrščiti se, mrščiti obrvi, gledati z neodobravanjem; **to ~ at s.o.** jezno (nevoljno, postrani, godrnjaje, neodobravajoče) koga gledati; *vt* izraziti (kaj) z mrkim pogledom; (= **~ down**) premagati, prisiliti (koga) z mrkim pogledom; **to ~ s.o. to silence** utišati koga z mrkim pogledom

scrabble [skræbl] *vi* grebsti, brskati; čečkati; plaziti se, premetavati se; *fig* mučiti se (*for* za); **to ~ for one's livelihood** mučiti se za svoj življenjski obstanek (za svoj kruh); **to ~ about** brskati za, iskati (*for s.th.* kaj); *vt* (z)grebsti, nastrgati, počečkati; **she ~d pennies together** nastrgala (nabrala) je skupaj penije
scrag [skræg] **1.** *n* suhec, suh (mršav) človek (žival, rastlina); okostnjak; skrivljeno (oguljeno) drevo; koščen vrat koštruna (klavni kos); *coll* vrat, tilnik; **2.** *vt sl* obesiti, zaviti (komu) vrat, zadaviti; *sl* zgrabiti za, zaviti vrat, brutalno ravnati s (kom)
scragginess [skræginis] *n* mršavost
scraggly [skrægli] *a* neraven, grbast; strgan; kuštrav, nepočesan
scraggy [skrægi] *a* (**scraggily** *adv*) mršav, suh, koščen
scram [skræm] *vi A sl* oditi v naglici; **~!** izgubi se!, poberi se!
scramble [skræmbl] **1.** *n* plazenje, vzpenjanje, kobacanje; prerivanje, pehanje (*for* za); **the ~ for wealth** lov, pehanje za bogastvom; **2.** *vt* hitro pograbiti, pehati se (za kaj), tepsti se (za kaj); razmetavati, metati, vreči (denar, da se drugi trgajo zanj); premešati; **~ed eggs** umešana jajca; **to ~ cards** premešati karte; **to ~ eggs** umešati jajca; **to ~ up money** nagrabiti (skupaj) denar; *vi* kobacati se, plaziti se, s težavo iti naprej, vzpenjati se z rokami in nogami; mrgoleti, gomazeti; s težavo se prebijati; gnati se (pehati se, tepsti se) (*for* za); **to ~ into one's clothes** skobacati se (zlesti) v svojo obleko; **to ~ for a place** trgati se, tepsti se za prostor, za sedež; **to ~ wealth** pehati se, gnati se za bogastvom
scrambling [skræmbliŋ] *a* prerivajoč se, pehajoč se
scramblingly [skræmbliŋli] *adv* s težavo, s trudom, mukoma
scran [skræn] *n sl* odpadki, ostanki hrane; drobtinice; hrana; *sl* kruh z maslom; **bad ~ to him!** *coll* vrag ga vzemi!
scrannel [skrænəl] *a* (redko) tanek, mršav, slaboten, beden; vreščav, predirljiv; **a ~ voice (music)** vreščav glas (glasba)
scrap I [skræp] **1.** *n* ostanek, drobec, košček; odlomek, fragment, del napisanega besedila, izvleček; izrezek (iz časopisa), izrezana slika; konček, odpadek; *pl* (kovinski) odpadki, izmeček, staro železo; ostanki, črepinje; (večinoma *pl*) ocvirki; *sl* niti trohice (mrvice) ne; **~ of paper** *fig* kos papirja, obljuba, na katero se ne moremo zanašati; **2.** *a* odpaden; sestavljen iz ostankov; **3.** *vt* odvreči kot neuporabno med staro železo, zavreči
scrap II [skræp] **1.** *n sl* prepir; pretep, ravs; **2.** *vi sl* prepirati se, tepsti se, ravsati se
scrap-book [skræpbuk] *n* knjiga ali album z nalepljenimi časopisnimi izrezki in slikami
scrape I [skréip] *n* strganje, praskanje; *sl* britje; škripanje (*of a pen* peresa); praska; *fig* škripci, stiska, zadrega, težava, nevšečnost; tanko namazana plast (masla); **in a ~** *fig* v škripcih, v stiski; **bread and ~** kos kruha, namazan s tanko plastjo masla; **a bow and a ~** neroden poklon, spremljan s podrsavanjem noge; **to get**

into a ~ *fig* priti v škripce; **to get s.o. into a** ~ spraviti koga v neprijeten položaj; **to get out of a** ~ izvleči se iz zadrege (nevšečnosti, stiske, škripcev)

scrape II [skréip] *vt* (o)strgati, ostružiti, (iz)praskati; *sl* (o)briti; nastrgati, grebsti, škripati; cviliti (z godalom), gosti; *vi* strgati, škripati; skopariti, biti lakomen; *fig* slabo igrati violino; drgniti se (*against* ob); *fig* s težavo se prebijati; **to** ~ **(an) acquaintance with s.o.** vsiliti komu svoje poznanstvo, s silo se seznaniti s kom; **to bow and** ~ nerodno se pokloniti, *fig* nerodno ali neotesano se obnašati; **to** ~ **one's chin** *coll* briti se; **to** ~ **on food** varčevati pri hrani; **to** ~ **one's plate** postrgati svoj krožnik; **to** ~ **the bottom of the barrel** *fig sl* porabiti zadnje ostanke svojih sredstev; **to** ~ **the violin** škripati na violino

scrape down *vt* utišati, prisiliti k molku s podrsavanjem nog (*a speaker* govornika)

scrape off (away) *vt* spraskati (proč) **(the paint** barvo)

scrape out *vt* ostrgati, izstrgati, izgrebsti, izdolbsti

scrape through *vt* spraviti (koga skozi izpit); *vi* komaj se prebiti, priti skozi (*an examination* izpit)

scrape together (up) *vt* s težavo nastrgati, komaj spraviti skupaj (denar itd.)

scrape-penny [skréippeni] *n* skopuh, stiskač

scraper [skréipə] *n* strgalo (za čevlje); strgača, grebljica; goslač, škripač (na godalo); brivec; skopuh, lakomnež; stroj za čiščenje ulic; ~ **chain conveyer** *n el* verižni tekoči trak-strgalo

scrape heap [skréiphi:p] *n* kup odpadkov, kup starega železa; odlagališče za staro železo, za odpadke; smetišče; ~ **policy** *fig* tendenca zavreči vse zastarelo; **to throw on the** ~ *fig* dati med staro železo, vreči iz službe zaradi nesposobnosti

scraping [skréipiŋ] **1.** *n* strganje, praskanje; kar je nastrgano; škripanje; *fig* s težavo privarčevani denar; *pl* skobljanci, oblanci, ostružki, izmeček, smeti; **2.** *a* škripajoč; *fig* skopuški, stiskaški

scrap-iron [skræpaiən] *n* staro železo, odpadki železa

scrapmerchant [skræpmə:čənt] *n* trgovec s starim železom

scrapper [skræpə] *n* strugar; *sl* prepirljivec, zdrahar

scrappy I [skræpi] *a* **(scrappily** *adv*) fragmentaren; sestavljen iz raznovrstnih odpadkov (ostankov, delov, koščkov); (skupaj) zmašen; **a** ~ **dinner** iz ostankov jedi sestavljena večerja

scrappy II [skræpi] *a sl* prepirljiv, napadalen

scratch I [skræč] **1.** *n* praska, neznatna rana, ranica; praskanje, strganje; čečkarija, kar je napisano; startna črta (pri dirkah); *fig* nič, ničla; prvi začetek; *fig* preizkušnja, dokaz poguma; *pl vet* máhovnica (konjska bolezen); **Old S**~ zlodej, vrag; **up to** ~ na višini; **a** ~ **of the pen** *fig* poteza s peresom; **to be up to** ~ *fig* biti v formi; **to bring s.o. to the** ~ *fig* postaviti koga pred odločitev; **to bring s.o. up to the** ~ *fig* spraviti koga v red; **to come up to the** ~, **to toe the** ~ *fig* ne se izmikati, ne se plašiti, ne se izogibati, izpolniti pričakovanja, napraviti

svojo dolžnost, ne se odtegniti (izmuzniti) svoji dolžnosti, pokazati se doraslega položaju, izkazati se; **when it came to the** ~ ko je prišlo do odločilnega trenutka; **to start from** ~ iz nič začeti; **it is no great** ~ to ni bogve koliko vredno; **2.** *a* skrpan, nehomogen, sestavljen iz neenakih delov, (skupaj) zmašen, improviziran; slučajen, nenameravan; pester, pisan; ~ **dinner** hitro pripravljena, zmašena večerja; ~ **crew** hitro (iz vseh vetrov) sestavljeno moštvo; ~ **paper** konceptni papir

scratch II [skræč] *vt* (iz)grebsti, (iz)brskati; praskati; uprasniti (vžigalico); (na)strgati; s težavo spraviti skupaj (denar); (na)čečkati, (na)pisati; *sp* zbrisati s seznama (konja); *sl* izločiti iz boja, iz tekmovanja; *vi* grebsti (o mački); s težavo spraviti skupaj; *sp* preklicati prijavo za tekmovanje, odstopiti (od tekmovanja); **to** ~ **s.o.'s back** *fig* prilizovati se, dobrikati se komu; ~ **my back and I will yours** *fig* naredi mi uslugo in jaz jo bom tebi, roka roko umiva; **to** ~ **s.o.'s face** spraskati komu obraz; **the cat** ~**ed my nose** mačka me je opraskala po nosu; **to** ~ **one's head (one's ears)** (po)praskati se po glavi (za ušesom) (iz zadrege); ~ **a Russian and you find a Tartar** *fig* civilizacija spremeni samo zunanjost človeka; **to** ~ **the surface of s.th.** *fig* šele začeti, biti šele na začetku, le površno obravnavati, ne iti v globino; **to** ~ **the wall with letters** počečkati zid

scratch about *vi* tipaje iskati, tipati (*for s.th.* za čem)

scratch along *vi coll* s težavo se prebijati (riniti naprej), životariti, živeti

scratch out *vt* zbrisati, zradirati; odstrgati; *sp* prečrtati (ime konja) na seznamu; *Oxford univ* prečrtati (ime kandidata) na seznamu; **to** ~ **s.o.'s eyes** izpraskati komu oči

scratch through *vt* prečrtati; podčrtati **(a word** besedo)

scratch up (together) *vt* s težavo spraviti skupaj (prihraniti)

scratch with *vi*; **not to have a sixpence to** ~ niti pol šilinga ne imeti, *fig* biti velik revež, biti popolnoma »suh«

Scratch [skræč] *n coll* vrag, zlodej, satan

scratch-cat [skræčkæt] *n fig* trmasta, prepirljiva, kljubovalna, odurna oseba

scratcher [skræčə] *n* praskalec, strgalec; *tech* strgača; *A coll* (knjigovodstvo) dnevnik

scratch wig [skræčwig] *n* majhna lasulja

scratch race [skræčreis] *n sp* dirka brez omejitev ali prednosti

scratchy [skræči] *a* **(scratchily** *adv*) načečkan; nemaren; nespreten (načrt); škripajoč (pero); *sp* neizenačen, iz vseh vetrov zbran **(crew** moštvo); **a** ~ **drawing** načečkana risba

scraw [skrɔ:] *n sl* hrana

scrawl [skrɔ:l] **1.** *n* čečkanje; neurejeno, nečitljivo pisanje; **2.** *vi & vt* čečkati, nemarno (neurejeno, nečitljivo) pisati; sčečkati (kaj), počečkati; **he** ~ **ed (all) over the paper** ves papir je popisal s čečkarijami

scrawler [skrɔ:lə] *n* čečkač

scrawly [skrɔ:li] *a* načečkan, nemaren, neurejen

scrawniness [skrɔ:ninis] *s A* mršavost

scrawny [skró:ni] *a A* mršav, suh, koščen
scray [skréi] *n* navadna čigra (ptica)
screak [skri:k] **1.** *n* vreščanje, cviljenje; **2.** *vi* vreščati, cviliti
scream I [skri:m] **1.** *n* krik, vrisk, vrišč, vik; rezek smeh; silovito ali histerično izražanje (poudarjanje) čustev; *sl* velik šaljivec, duhovitež; ~ s of laughter krohot(anje); ~ s of pain kriki (od) bolečine; **he is a perfect** ~ *sl* ne moreš ga pogledati, ne da bi se mu smejal
scream II [skri:m] *vi* vpiti, krikniti, (za)kričati; vriskati, vrisniti; vreščati; do solz se smejati, zvijati se od (smeha); (o vetru itd.) zavijati, besneti, hrumeti, tuliti; histerično govoriti ali pisati; *vt* krikniti (kaj) (večinoma ~ out), zakričati, s krikom (koga) poklicati; **to** ~ **an alarm** dvigniti, trobiti alarm; **to** ~ **o.s. hoarse** ohripeti od vpitja (kričanja); **to** ~ **out a curse** zakričati kletev, glasno zakleti; **to** ~ **with laughter** tuliti od smeha; **he made us** ~ **with laughter** do solz smo se mu smejali (nas je spravil v smeh); **we simply** ~ **ed with laughter** dobesedno zvijali smo se od smeha
screamer [skrí:mə] *n* kričač; *sl* nekaj veličastnega (lepega, smešnega); *print sl* klicaj; z velikimi črkami tiskan časopisni naslov
screaming [skrí:miŋ] *a* (~ly *adv*) vrščav, kričav, vpijoč; smešen; *sl* šaljiv; *fig* čist; ~ **nonsense** čisti nesmisel; ~ **colours** vpijoče barve
scree [skri:] *n geol* kup grušča (drobnega kamenja na strmini)
screech [skri:č] **1.** *n* (predirljiv) krik, kričanje, vreščanje; **2.** *vi* (za)vreščati, predirljivo krikniti, (za)kričati
screecher [skrí:čə] *n* kričač, vreščalec
screech-owl [skrí:čaul] *n zool* skovir
screechy [skrí:či] *a* vreščeč, cvileč, vreščav
screed [skri:d] *n* dolg govor, tirada; dolg seznam (zahtev); ozek trak zemljišča; dolgovezno pisanje
screen I [skri:n] *n* zaslon, ekran, platno v kinu; film; zaslon pri peči, španska stena; zavesa (dima, megle); maska; grobo sito, rešeto; vetrobran (tudi *mot*); mreža na vratih ali na oknu proti muham, komarjem ipd., rešetka; *fig* zaščita; *arch* pregrada; *med* rentgenski zaslon; *naut* spremljevalno varstvo; magnetski ali električni izolator; *mil* maskiranje, kamuflaža, zastrtje; *sl* denarnica; **under the** ~ **of night** pod okriljem noči; **the** ~ kino; ~ **actor** filmski igralec; **fire-**~ zaslon pri peči (kaminu); **folding** ~ zložljiv zaslon; **optical** ~ *phot* zaslonka; ~ **play** scenarij; ~ **writer** pisec scenarija; **sand-**~ sito za pesek; **to bring to the** ~ filmsko snemati; **to put up (on) a** ~ **of indifference** *fig* skriti se pod brezbrižno masko
screen II [skri:n] *vt* zasloniti, zastreti, (za)ščititi (*from* pred), zaklanjati, prikriti, skriti; *mil* maskirati, kamuflirati; prirediti za film, projecirati na ekran, ekranizirati, filmati, prikazati v filmu; presejati (pesek), prerešetati; nabiti na oglasno desko; podvreči strogi selekciji, zaslišati; ~ **ed coal** presejan, od prahu očiščen premog; *vi phot* biti projeciran; dati se filmati; **she** ~ **s well** ona je zelo primerna za film(anje)

screen off *vt* skri(va)ti, kriti pred pogledi; ščititi; **3.** *a* filmski; ~ **star** filmska zvezda
screenable [skrí:nəbl] *a* primeren za filmanje
screener [skrí:nə] *n tech* sito; separator
screening [skrí:niŋ] *n* zaslonitev, zaklonitev, zaščitenje; (pre)rešetanje; zasliš(ev)anje; (zlasti *pl*) ostanki na situ, rešetu po sejanju, rešetanju; *phot* projeciranje; filmanje, pojavljanje na ekranu
screenland [skrí:nlænd] *n A* filmski svet
screen-wall [skrí:nwɔ:l] *n arch* zaščitni zid
screw [skru:] *n* vijak; ladijski, letalski vijak, propeler; en vrtljaj vijaka, privijanje, pritegovanje vijaka; pritisk, odčepnik; svitek (papirja); zavitek (**of tobacco** tobaka); parabolično gibanje žoge; star, neporaben konj; skopuh, krvoses; priganjaški učitelj, strog izpraševalec; hud, težak izpit; *vulg* jetničar; *sl* plača, mezda, dohodek; **Archimedian** ~, **endless** ~ neskončni vijak; **differential** ~ diferencial; **female** ~, **internal** ~ vijak z matico; **interrupted** ~ dvojni vijak; **left-handed** ~ vijak, ki se giblje v levo stran; **right-and-left** ~ vijak z zavoji različne smeri na dveh nasprotnih koncih; **wing** ~ vijak s krilcem; **a weekly** ~ **of 50 shillings** *sl* borna mezda 50 šilingov na teden; **there is a** ~ **loose (somewhere)** nekaj ni v redu (nekje), nekaj šepa, (nekje) nekaj ne funkcionira; **he has a** ~ **loose** *fig* manjka mu eno kolesce v glavi; **to give another** ~ še malo priviti; **to put the** ~ **on s.o.** *fig* privi(ja)ti koga, (pri)siliti, izvajati pritisk na koga
screw II [skru:] *vt* pritrditi z vijakom (*on* na), priviti; ojačiti, okrepiti; pritiskati, tlačiti, izkoriščati; *fig* strogo izpraševati; obračati (**one's head** glavo); vrteti; zviti; nakremžiti, deformirati (obraz); *vi* dati se priviti; *fig* vrteti se, viti se; izvajati pritisk; *fig* biti skopuh, krvoses; *sp* zavrteti se v stran; **to** ~ **o.s. into s.th.** *fig* vmešati (vsiliti) se v kaj; **to** ~ **a lock on the door** z vijaki pritrditi ključavnico na vrata; **he** ~ **s his tenants** on privija, izkorišča svoje najemnike; **he** ~ **ed his face into a sort of smile** skremžil je obraz v nekak nasmešek; **to** ~ **one's face into wrinkles** nakremžiti se; **this nut** ~ **s well** ta matica se dobro privija; **his head is** ~ **ed (on) the right way** *fig* ima glavo na pravem koncu, je bister; **he** ~ **ed (a)round uneasily in his chair** nemirno se je obračal na svojem stolu
screw down *vt* pritegniti, priviti z vijakom; **to** ~ **prices** potisniti cene navzdol
screw off *vt* odviti vijak
screw out of *vt* iztisniti, izsiliti; **to screw money (a promise) out of s.o.** izvleči (izsiliti) denar (obljubo) iz koga
screw up *vt* priviti (tudi *fig*), pričvrstiti; **to** ~ **the door** zapreti vrata (zlasti za šalo); **to** ~ **one's courage** opogumiti se; **to screw (up) one's eyes** zavijati oči, mežikati; **to** ~ **one's mouth** namrdniti se; **to** ~ **prices** navi(ja)ti cene (navzgor); **to** ~ **a string** naviti, napeti struno; **the management wants** ~ **ing up** upravljanje je treba poostriti; **to screw o.s. up (to)** prisiliti se (k)
screwball [skrú:bɔ:l] **1.** *n sl* čudak, posebnež, ekscentričen človek; **2.** *a* čudaški, ekscentričen

screw-cap [skrú:kæp] *n* pokrov, ki se pritrdi z vijakom

screw-driver [skrú:draivə] *n* odvijač, izvijač (za odvijanje vijakov); **Birmingham** ~ *E coll* kladivo

screwed [skru:d] *a* pritrjen z vijakom; *sl* pijan, vinjen, nadelan

screw-eye [skrú:ai] *n* vijak s pentljo, skozi katero se potegne vrv itd.

screw-jack [skrú:džæk] *n* dvigalo na vijak, vinta; zobarska naprava za razredčenje gostih zob

screw-key [skrú:ki:] *n* ključ za privijanje (vijakov)

screw-nut [skrú:nʌt] *n* matica pri vijaku

screw-spanner [skrú:spænə] *n* orodje za navijanje ali odvijanje vijakov, francoz

screw-steamer [skrú:sti:mə] *n* (krajšava: **s.s.**, **S.S.**) ladja na vijak

screw-stop [skrú:stɔp] *n* glej **screw-cap**

screw-thread [skrú:θred] *n* navoj vijaka

screw-wrench [skrú:renč] *n* odvijač, francoski ključ

screwy [skrú:i] *a* vijakast; z(a)vit; *coll* opit, pijan; *A sl* prismojen, absurden, grotesken; **to be** ~ *sl* biti malo trčen

scribal [skráibl] *a* pisarski, pisen; ~ **error** napaka pri pisanju, pri prepisovanju

scribble I [skribl] **1.** *n* pisarjenje, čečkanje, čečkarija; v naglici napisano pismo; **2.** *vt & vi* (na)čečkati, pisariti (kaj); v naglici napisati (**a letter** pismo)

scribble II [skribl] **1.** *vt* grobo mikati, česati, gradašati (volno)

scribbler I [skríblə] *n* pisun, čečkač

scribbler II [skríblə] *n* česalo za volno, mikalni stroj

scribbling [skríbliŋ] *n* česanje, gradašanje (volne)

scribbling-block (paper) [skríbliŋblɔk, ~ peipə] *n* blok (papir) za beležke (zapiske, notice)

scribbling-diary [skríbliŋdáiəri] *n* koledar za beležke; beležnica

scribe [skráib] **1.** *n* pisar; pisec; pismena oseba; *joc* književnik, novinar; **2.** *vi* pisati, udejstvovati se kot pisec ali prepisovalec

scriber [skráibə] *n* črtalna, zarisna igla za vrezovanje črt in znakov v les, v opeko itd.

scrim [skrim] *n* lahko, grobo tkano platneno ali bombažno blago (za prevleke)

scrimmage [skrímidž] **1.** *n* prerivanje, gneča, hrup, pretep, spopad, metež; *A* prerivanje za žogo; **2.** *vi* brskati za (čem), vneto iskati; *A* prerivati se za žogo, vreči žogo v gnečo

scrimmager [skrímidžə] *n sp* v prerivanju za žogo udeleženi napadalec (pri rugbyju)

scrimp [skrimp] *vt* varčevati, skopariti (s čim), ne privoščiti komu, nezadostno oskrbeti (koga) (*for* z); *vi* skopariti, ne si privoščiti (*on* česa)

scrimpiness [skrímpinis] *n* pretirano varčevanje, skopuštvo, skoparjenje

scrimpy [skrímpi] *a* (**scrimpily** *adv*) mršav, suh; ozek, tesen, boren

scrimshank [skrímšæŋk] *vi mil sl* ogibati se dolžnosti, dela, zabušavati

scrimshanker [skrímšæŋkə] *n* delomrznež, zmuzné, lenuh, zabušant

scrimshaw [skrímšɔ:] **1.** *n* školjka ali slonova kost, okrašena z rezbarijami ali risbami v barvah; **2.** *vt* okrasiti (školjke, slonovo kost ipd.) z umetni-

škimi rezbarijami ali risbami v barvah; *vi* izdelovati fine rezbarije (iz slonovine, iz školjk)

scrip [skrip] *n arch* beraška bisaga, romarska torba; *econ* začasno potrdilo za vplačan denar; okupacijski denar (med 2. svetovno vojno)

script [skript] **1.** *n* skript, scenarij; besedilo radijske oddaje, besedilo vlog radijskih igralcev; tekst predavanja; *theat* manuskript; *jur* original, izvirnik (dokumenta); rokopis, beležke; pisane črke, pisava; *pl* pismeni odgovori kandidata pri pismenem izpitu; ~ **-writer** pisec teksta; ~ **-girl** *film* dekle (tajnica), ki vodi knjigo snemanja (v filmskem ateljeju); **2.** *vt* napisati scenarij po kakem tekstu

scriptorium, *pl* ~ **toria** [skriptó:riəm, ~ tó:riə] *n hist* delovna soba ali pisarna (v samostanih)

scriptural [skrípčərəl] *a* biblijski, svetopisemski

scripture [skrípčə] *n* biblija; **the Holy S** ~ **(s), the S** ~ **s** sveto pismo, biblija; citat iz biblije

scriptwriter [skríptraitə] *n* pisec scenarija

scrivener [skrívnə] *n* pisar; sestavljalec listin, notar; *econ* posojevalec denarja na obresti

scrofula [skrófjulə] *n med* škrofeljni, škrofuloza

scrofulous [skrófjuləs] *a* (~ **ly** *adv*) škrofulozen; *fig* (moralno) spotakljiv, nemoralen

scrofulousness [skrófjuləsnis] *n* škrofuloza; *fig* spotakljivost

scroll [skróul] **1.** *n* zvitek pergamenta ali papirja; rola; tabela, seznam, popis; okrasek pri podpisu, pisavi; parafa; glava violine; *archit* zavojica, spirala, arabeska, okraski na stebru, na zgradbi; **2.** *vt & vi* zviti, zmotati v obliki zvitka papirja; okrasiti z zavojicami, spiralami

scroll-saw [skróulsɔ:] *n* žagica za rezbarjenje

scroll-work [skróulwə:k] *n* spiralasta rezbarija, rezbarije v obliki zavojice, spirale; spiralasti okraski, arabeske

scrooch [skru:č] *vi A* čepeti, počeniti; prihuliti se, stisniti se

scroop [skru:p] **1.** *n* škripanje, praskanje, cviljenje; **2.** *vi* škripati, praskati, cviliti

scrotum, *pl* ~ **ta** [skróutəm, ~ tə] *n anat* modo, mošnja

scrouge [skru:dž; skráudž] *vi coll* prerivati se; *vt* skupaj stiskati

scrounge [skráundž] *vi & vt sl* krasti, ukrasti; »izžicati«, izprositi (kaj)

scrounger [skráundžə] *n* kradljivec, tat; berač, »žicar«

scrub I [skrʌb] **1.** *n* ribanje, pranje s sčetko, temeljito čiščenje; sčetka; *A sp* rezervni igralec, rezervno moštvo; ~ **game** igra z rezervnim moštvom; **2.** *a A sp* na hitro, brez prejšnjega treninga sestavljen

scrub II [skrʌb] *vt* ribati, drgniti; močno s sčetko sestrugati (*off*), dobro oprati, (i)zdrgniti; *vi* ribati, dobro oprati; *fig* mučiti se, garati; **to** ~ **for one's living** mučiti se za svoj življenjski obstanek, za svoj vsakdanji kruh

scrub III [skrʌb] **1.** *n* grmovje, goščava, hosta, stara, izrabljena metla; kratki brki; zakrnel stvor, pritlikavec (žival); zakrnela rastlina; **2.** *a* zakrnel, kržljav, boren, zaostal

scrubber [skrábə] *n* oseba, ki riba pód; žičnata sčet za ribanje; naprava za čiščenje plina

scrubbing [skrábiŋ] *n* ribanje, pranje s sčetko

scrubbing-brush [skrʌ́biŋbrʌš] *n* ščet za ribanje, ribarica

scrubby [skrʌ́bi] *a* (**scrubbily** *adv*) zakrnel, slaboten; slaboten; poln grmovja

scrub oak [skrʌ́bouk] *n bot* pritlikavi hrast

scrub-up [skrʌ́bʌp] *n* temeljito čiščenje

scrubwoman, *pl* **-women** [skrʌ́bwumən, -wimin] *n* snažilka, ribarica

scruff [skrʌf] *n* gube v koži (**of the neck** na tilniku, vratu)

scrummage [skrʌ́midž] *n* glej **scrimmage**

scrum [skrʌm] *n E* krajšava za **scrummage**; razburjena množica

scrummy [skrʌ́mi] *a coll* izvrsten, prvorazreden, čudovit; *A sl* izbirčen

scrumptious [skrʌ́mpšəs] *a sl* slasten, zelo dober

scrunch [skrʌnč] 1. *n* škripanje; drobljenje; 2. *vt & vi* glasno žvekati, žvečiti; drobiti, poteptati; prebijati se (*through* skozi, *up* proti); drobiti se; škripati

scruple I [skru:pl] *n pharm* enota teže (= 20 grains = 1.296 g); *fig* malenkost, mrvica, trohica

scruple II [skru:pl] 1. *n* pomislek, dvom; tankovestnost; neodločnost, oklevanje, obotavljanje, kolébanje; **man of no ~** človek brez vesti; **to have ~ s about** imeti pomisleke glede; **to make no ~ (to do s.th.)** ne se pomišljati (kaj napraviti); 2. *vi* imeti pomisleke, pomišljati se, oklevati, obotavljati se, biti neodločen; *vt arch* oklevati pred (čem); **I would ~ a lie** okleval bi, preden bi lagal; **he does not ~ to lie** on ne okleva pred lažjo

scrupulosity [skru:pjulósiti] *n* pretirana vestnost, tankovestnost; (pretirana) plašljivost

scrupulous [skrú:pjuləs] *a* (**~ly** *adv*) (pretirano) tankovesten; zelo natančen, skrupulozen; oprezen, previden; **~ performance of duties** pretirano natančno opravljanje dolžnosti

scrutator [skru:téitə] *n* preiskovalni uradnik; preglednik

scrutineer [skru:tiníə] *n* skrutinator (pri volitvah); preglednik

scrutinize [skrú:tinaiz] *vt* skrbno, temeljito preiskovati, pregledo(v)ati; *vi* voditi preiskavo

scrutinizer [skrú:tinaizə] *n* preiskovalec

scrutinizing [skrú:tinaiziŋ] *a* preiskovalen; pregledovalen

scrutiny [skrú:tini] *n* natančno, skrbno preiskovanje, pregled, kontrola; preiskava (kontrola) pravilnosti glasovnic (pri volitvah); eden od načinov glasovanja (zlasti tajno, z listki ali s kroglicami)

scry [skrái] *vi* napovedovati, prerokovati prihodnost iz kristala

scryer [skráiə] *n* prerokovalec iz kristala

scrying [skráiiŋ] *n* napovedovanje, prerokovanje prihodnosti iz kristala

scuba [skjú:bə] *n A* (podvodni) aparat za dihanje

scud [skʌd] 1. *n* drvenje, hitrica, naglica, beg; drsenje, plavanje; redki oblaki, ki jih žene veter; puh vetra; pršec; *sl* hiter tekač; 2. *vi* drveti, hiteti; gladko drseti (jadrati), plavati; biti gnan (od valov, od vetra) bežati; *naut* bežati pred nevihto (s skoraj zvitimi jadri)

scuff I [skʌf] *n* tilnik

scuff II [skʌf] 1. *n* drsenje, podrsavanje z nogami; 2. *vi* vleči noge pri hoji; podrsavati z nogami; *vt* razgrebsti z nogami; *A* ponositi, obrabiti; udariti

scuffle I [skʌfl] 1. *n* prerivanje, ruvanje, pretep, ravs; podrsavanje, razgrebanje; **the ~ of feet** podrsavanje z nogami; 2. *vi* tepsti se, suvati se, prerivati se, ravsati se; drveti (*through* skozi); podrsavati (z nogami), grebsti; *vt* razgrebsti; *fig* hitro obleči (suknjo)

scuffle II [skʌfl] 1. *n* motika; 2. *vt* kopati, okopavati (zemljo); branati, vlačiti

scug [skʌg] *n E sl* pustež

sculduddery [skʌldʌ́dəri] *n A* nespodobnost, kvanta, obscenost

scull [skʌl] 1. *n* športno (kratko, lahko) veslo; športni čolnič, skul; 2. *vt* opremiti (enosedežen) čoln z veslom; *vi* veslati z enim veslom (na krmi)

sculler [skʌ́lə] *n naut* lahek enosedežen čoln, skul; športnik veslač, skuler

scullery [skʌ́ləri] *n* pralnica za kuhinjsko posodo, zadajšnja kuhinja, v kateri se hrani posodje in druge kuhinjske potrebščine

scullery-maid [skʌ́lərimeid] *n* pomivalka; snažilka, ribarica

sculling [skʌ́liŋ] *n* veslanje v skulu (športnem čolniču)

scullion [skʌ́ljən] *n arch* pomivalec (krožnikov); kuhinjski vajenec, kuharček; *derog* malopridnež; **a ~ wench** pomivalka

sculp [skʌlp] *vt* (iz)klesati; rezbariti, rezljati; izrezati

sculpin [skʌ́lpin] *n zool* morski škorpijon

sculpsit [skʌ́lpsit] *v* (*Lat*) izklesal (je)

sculptor [skʌ́lptə] *n* kipar; rezbar

sculptress [skʌ́lptris] *n* kiparka; rezbarka

sculptural [skʌ́lpčərəl] *a* (**~ly** *adv*) kiparski; rezbarski

sculpture [skʌ́lpčə] 1. *n* kiparstvo; rezbarstvo; plastika; vklesani liki; *zool & bot* izbočine in vdolbine na školjkah itd.; 2. *vt* (iz)klesati; rezbariti; izbrazdati površino; okrasiti z liki; *vi* biti kipar, rezbar; biti izbrazdan (školjke itd.); biti okrašen z vklesanimi (izklesanimi) liki

sculpturesque [skʌlpčərésk] *a* plastičen, izklesan ali izrezan, podoben kipu; **~ beauty** kot izklesana lepota

scum [skʌm] 1. *n* (umazana, nečista) pena; izmeček, izvržek, odpadek; *tech* žlindra, troska; *fig* usedlina, gošča; *fig* pridanič, ničvrednež, izprijenec, izgubljenec; **the ~ of society (of the earth)** izmeček družbe (človeštva); 2. *vt* (po)snemati umazano peno; obrati; odstraniti žlindro iz staljene kovine; *vi* delati (narediti) peno, (na)peniti se, pokriti se s peno

scumble [skʌmbl] 1. *n* (slikarstvo) ublažitev barv; 2. *vt* ublažiti npr. oljnate barve na sliki, s tem, da jih prekrijemo s plastjo neprozorne snovi

scummy [skʌ́mi] *a* (**scummily** *adv*) penav, penast, pokrit s peno; beden, podel, nizkoten; **a ~ trick** podel, nizkoten trik

scuncheon [skʌ́nšən] *n archit* loki nad vogali štirikotnega stolpa, ki nosijo izmenične stranice osmerokotnega stolpa; zaobljeni robovi notranjega dela okna itd.

scunner [skʌ́nə] *Sc, dial* **1.** *n* nenaklonjenost, odpor, nevolja; **to take a** ~ **at (against)** dobiti odpor do; **2.** *vt* navdati (koga) z gnusom; *vi* občutiti gnus

scupper [skʌ́pə] **1.** *n naut* luknja v palubi za odtekanje vode; **2.** *vt sl* onesposobiti; zbegati, zmesti; ubiti; potopiti (ladjo); pustiti na cedilu; ~**ed** poražen, ubit, uničen; *naut* potopljen

scurf [skə:f] *n* prhljaj v laseh; luskine (kože); krasta, garje

scurfy [skə́:fi] *a* (**scurfily** adv) *a* poln prhljaja; luskinast; krastav, garjav

scurrility [skəríliti] *n* umazanost, brezsramnost, kvantanje, kvanta, nedostojnost; nespodobna, podla šala

scurrilous [skʌ́riləs] *a* (~**ly** adv) umazan, nespodoben, nedostojen, obscen, kvantaški, nemoralen, nenraven

scurry [skʌ́ri] **1.** *n* hitro drobnenje korakov, hitrica, naglica; *sp* kratek, hiter tek; (deževni) naliv, ploha; **2.** *vi* teči z drobnimi koraki, drobneti, drobiti korake; *vt* hitro goniti, gnati

scurviness [skə́:vinis] *n* surovost; krastavost

scurvy I [skə́:vi] *a* (**scurvily** adv) prostaški, podel, *fig* umazan, nizkoten, grd, zaničevanja vreden, beden; *arch* luskinast, grintav; **a** ~ **fellow** prostak; **a** ~ **trick** grda šala

scurvy II [skə́:vi] *n med* skorbut

scurvy-grass [skə́:vigra:s] *n bot* žličnik

scut [skʌt] *n* prisekan, kratek rep (zajca, kunca, srnjaka itd.); *sl* podlež

scutage [skjú:tidž] *n jur* denar za odkup od služenja vojaške službe ali od tlake

Scutary [skú:təri, ~ta:ri] Skader

scutch [skʌč] **1.** *n* naprava za trenje lanu; grobi lesni odpadki, ki ostanejo pri trenju lanu; **2.** *vt* treti lan

scutcheon [skʌ́čən] *n* ščit z grbom; ščit, grb; ploščica z imenom ali kakim napisom; pokrovček na ključavnici

scute [skju:t] *n zool* luska, luskina; ščit

scutter [skʌ́tə] *vi Sc, dial* glej **scurry**

scuttle I [skʌtl] *n* (= **coal-**~) vedro, posoda za premog pri peči; široka, plitva košara

scuttle II [skʌtl] **1.** *n* odprtina s pokrovom v zidu ali na strehi hiše, na palubi ali v boku ladje; pokrov, poklopec kake odprtine; **2.** *vt naut* preluknjati dno ladje, potopiti ladjo (na ta način)

scuttle III [skʌtl] **1.** *n* nenaden odhod ali beg, hitra hoja, hitenje, tek; nagel umik; **2.** *vi* (z)bežati pred nevarnostjo; izogibati se, odtegovati se dolžnostim; umakniti se z begom, s tekom **(away, off)**; *sl pol* hitro se umakniti (*out* iz)

scuttlebutt [skʌ́tlbʌt] *n A sl* govorica, šušljanje, čenčanje, klepet(anje)

scuttle butt, scuttle cask [skʌ́tlbʌt, ~ka:sk] *n naut* sod za vodo

scutum, *pl* ~**ta** [skjú:təm, ~tə] *n* rimski legionarski ščit; *anat* pogačica (kolena); *zool* velike luske na telesu krokodila, želve itd.

Scylla [sílə] *n* Scila; **between** ~ **and Charybdis** med Scilo in Karibdo, *fig* med dvema velikima nevarnostima

scythe [sáið] **1.** *n* kosa; **2.** *vt & vi* kositi, pokositi; opremiti s koso

'sdeath [izdeθ] *interj* (= **God's death**) gromska strela! (izraža jezo, presenečenje ipd.)

sea [si:] *n* morje; ocean; val; *fig* veliko prostranstvo, velika množina, *fig* morje, mnogo, veliko; **at** ~ na morju; **in the open** ~ na odprtem morju; **on the** ~ na morju, ob morju; **beyond (over)** ~**(s)** prek, onstran morja; **by** ~ **and land** po morju in po kopnem; **between devil and deep** ~ med dvema zloma, med nakovalom in kladivom; ~**s of blood** *fig* morja, potoki krvi; **a** ~ **of clouds** morje oblakov; **a** ~ **of difficulties** morje (mnogo, veliko) težav; ~**s mountains high** kot gora visoki morski valovi; **a** ~ **like a looking glass, a** ~ **like a sheet of glass** kot zrcalo (steklo) gladko morje; ~ **protest** dokazilo pomorske nezgode; ~ **shanty** mornarska pesem; **the four** ~**s** štiri morja okrog Velike Britanije; **choppy** ~ nagubano, nagrbančeno morje; **a heavy (rough)** ~ razburkano morje; **the high** ~ odprto morje; morje zunaj teritorialnih voda; **long** ~ dolgi pravilni morski valovi; **short** ~ kratki nepravilni valovi; **I am (all) at** ~ *fig* čisto sem zmeden (v dvomih), ne vem, kaj naj naredim; **to follow the** ~ biti pomorščak; **when the** ~ **gives up its dead** *fig* na sodni dan; **to go to** ~ vkrcati se; postati mornar; **to head the** ~ pluti proti valovom; **to put to** ~ spustiti (ladjo) v morje, splaviti (ladjo)

sea-bear [sí:bɛə] *n* severni, beli medved

Seabee [sí:bi:] *n A mil sl* pionir ameriške pomorske pešadije

sea air [sí:ɛə] *n* morski zrak

sea-bells [sí:belz] *n pl bot* vrsta (morskega) slaka

sea-biscuit [sí:biskit] *n* mornarski prepečenec

sea-bill [sí:bil] *n econ* pomorska menica

sea-bird [sí:bə:d] *n* morska ptica

seaboard [sí:bɔ:d] *n* morska obala, primorje

sea-born [sí:bɔ:n] *a* rojen iz morja, rojen na morju

sea-borne [sí:bɔ:n] *a* ki se prevaža po morju; ~ **trade** pomorska trgovina

sea-bread [sí:bred] *n* mornarski prepečenec

sea-breeze [sí:bri:z] *n* morski vetrič (sapica), maestral

sea-calf [sí:ka:f] *n zool* tjulenj

sea-captain [sí:kæptin] *n* kapitan; velik pomorščak

sea change [sí:čeindž] *n* sprememba, ki jo povzroči morje; *fig* velika sprememba

sea-chestnut [sí:česnʌt] *n zool* morski jež

sea-cloth [sí:klɔθ] *n theat* kulisa, ki predstavlja morje

sea-cock [sí:kɔk] *n* pipa, s katero se spušča morska voda v notranjost ladje

sea-cook [sí:kuk] *n* ladijski kuhar; **son of a** ~ *naut sl* pasji sin, lopov, pridanič

sea-cow [sí:kau] *n zool* morska krava, mrož; (redko) povodni konj

sea-crawfish [sí:krɔfiš] *n zool* morski rak

sea-crayfish [sí:kreifiš] *n* glej **sea-crawfish**

sea-dog [sí:dɔg] *n zool* vrsta tjulenja; vrsta morskega psa; *fig* star, izkušen mornar (pomorščak), »morski volk«; *hist* gusar, pirat; gusarska ladja

seadrome [sí:droum] *n* plavajoč aerodrom

sea-elephant [sí:élifənt] *n zool* morski slon, vrsta ogromnega tjulenja

seafarer [sí:fɛərə] *n* pomorščak, mornar

seafaring [sí:fɛəriŋ] 1. *n* pomorsko življenje; 2. *a* pomorski, ki plove po morju; ~ man pomorščak
sea-fight [sí:fait] *n* pomorska bitka
sea foam [sí:foum] *n* morska pena
sea-front [sí:frʌnt] *n* del mesta, ki je obrnjen proti morju; pristaniški del mesta
sea-gate [sí:geit] *n naut* dohod k morju; *tech* vrata zapornice za reguliranje nivoja vode pri plimi
sea-ga(u)ge [sí:geidž] *n* ponor ladje
seagirt [sí:gəːt] *a poet* obdan od morja
sea-god [sí:gɔd] *n* morski bog; triton
sea-going [sí:gouiŋ] *n* potovanje, plovba po morju
sea-grass [sí:graːs] *n bot* morska trava, haloga
sea-green [sí:griːn] 1. *a* (kot morje) modrozelen; 2. *n* modrozelena barva
sea-gull [sí:gʌl] *n zool* galeb
sea hedgehog [síhedžhɔg] *n zool* morski ježek
sea-hog [sí:hɔg] *n zool* morski prašič, pliskavica
sea-horse [sí:hɔːs] *n zool* morski konjiček; *zool* mrož; *myth* triton; visok, s peno ovenčani val
sea-island [sí:ailənd] *a* ki se nanaša na otoke, ležeče nasproti obale južne Caroline in Georgije (v ZDA)
sea-kale [sí:keil] *n bot* morsko zelje
sea-kidney [sí:kidni] *n zool* vrsta koral
sea-king [sí:kiŋ] *n hist* srednjeveški skandinavski gusarski, vikinški vodja
seal I [si:l] 1. *n zool* tjulenj; tjulenjevina (meso, koža); tjulenje usnje (tudi imitacija); rdečkasto rumeno rjava barva (tjulenja); eared ~ morski lev; 2. *vi* iti na lov na tjulenje
seal II [si:l] 1. *n* pečat (tudi *fig*); žig; pečatnik; (carinska) plomba; snov za zamašitev odprtin; *tech* sifon; *fig* jamstvo, poroštvo, garancija, zagotovitev, obljuba, zastavek, založek, zalog; ~ of love *fig* poljub; rojstvo otroka; poroštvo, jamstvo ljubezni; the Great S~ *E* veliki državni pečat lorda kanclerja (s katerim se zapečatijo spisi parlamenta in važne državne listine); the Privy S~ *E* mali državni pečat (ki se daje na listine, ki jim ni potreben veliki državni pečat ali ki se bodo pozneje predložile parlamentu); given under my hand and ~ od mene podpisano in zapečateno; under the hand and ~ of podpisano in zapečateno od; under the ~ of confession pod spovednim pečatom; under the ~ of secrecy pod pečatom molčečnosti, kot tajnost; he has the ~ of death in his face smrt mu je zapisana v obrazu; to resign the ~s *fig* odpovedati se službovanju; to set one's ~ to s.th. pritisniti svoj pečat na kaj, zapečatiti; overiti, potrditi, avtorizirati kaj
seal III [si:l] *vt* zapečatiti (tudi *fig*), dokončno odločiti, dati pečat na, žigosati; potrditi, ratificirati, sankcionirati; dokazati; zamašiti, začepiti (*up*), (hermetično) zapreti; označiti, zaznamovati; učvrstiti kaj s pomočjo cementa; zaliti (s svincem, smolo, z malto); to ~ a beam in a wall zacementirati tram v zid; it is a ~ed book for me to je zame knjiga s sedmimi pečati; he is ~ed for damnation obsojen je na pogubo; his fate is ~ed njegova usoda je zapečatena; that ~ed his fate to je zapečatilo njegovo usodo; to ~ one's devotion with one's death dokazati, potrditi svojo vdanost s smrtjo; sleep ~ed my eyes spanec mi je zatisnil oči; the tins are

carefully ~ed up konserve so skrbno (hermetično) zaprte; a vessel ~ed in ice v ledu zamrznjena ladja; to ~ (up) a window tesno, hermetično zapreti okno
sealant [sí:lənt] *n* tesnilno sredstvo
sea-lawyer [sí:lɔːjə] *n coll* (nergaški, tožljiv) mornar, ki rad ugovarja ukazom; trmasta, sitna oseba
sea-legs [sí:legz] *n pl sl* spretna hoja po palubi ob razburkanem morju; to get (to find) one's ~ navaditi se (naučiti se) hoje po palubi na zibajoči se ladji; postati odporen proti morski bolezni
sealer I [sí:lə] *n* lovec na tjulenje, ladja za lov na tjulenje
sealer II [sí:lə] *n* pečatar; verifikator uteži in mer
sealery [sí:ləri] *n* leglo tjulenjev; kraj, kjer se zbirajo tjulenji; lov na tjulenje
sea-letter [sí:letə] *n* pomorsko pismo (potni list), listina z opisom, ki jo dobi ladja v pristanišču, kjer je pripravljena za na pot
sea-level [sí:levl] *n* morska gladina; morska višina; corrected to ~ preračunan(o) na morsko višino
sea-line [sí:lain] *n* morsko obzorje
sealing-wax [sí:liŋwæks] *n* pečatni vosek
sea-lion [sí:laiən] *n zool* morski lev (vrsta tjulenja, ki se da dresirati)
Sea Lord [sí:lɔːd] *n naut E* uradni vodja v angleški admiraliteti
sea-log [sí:lɔg] *n* pomorski dnevnik
seal-ring [sí:lriŋ] *n* pečatni prstan
sealskin [sí:lskin] *n* tjulenjeva koža (krzno, usnje, plašč, jopica)
seam [si:m] 1. *n* šiv (tudi *med*); razpoka, špranja; brazda; brazgotina; *min & geol* plast, ležišče, žila; to caulk the ~s of the deck zasmoliti špranje na palubi; 2. *vt* šivati, sešiti (tudi ~ up, ~ together), spojiti s šivom; zarobiti, obrobiti; zadati brazgotine; (pasivno) biti poln brazgotin, razpok; ~ed with scars ves brazgotinast; a face ~ed with worry od skrbi razoran obraz; *vi* dobiti razpoke, postati razbrazdan; delati okrasni šiv; *dial* šivati
seamaid(en) [sí:meid(ə)n] *n poet* morska deklica (nimfa, boginja)
seaman, pl ~men [sí:mən] *n* mornar, pomorščak; *mil* mornar, ki ima podčastniški čin
seamanlike [sí:mənlaik] *a* mornarski; podoben mornarju
seamanly [sí:mənli] *a* mornarski; ki se spodobi mornarju
seamanship [sí:mənšip] *n* mornarstvo; znanje upravljanja z ladjo, veščina plovbe
seamark [sí:maːk] *n* pomorski znak; svetilnik
sea-mew [sí:mjuː] *n zool* sivi galeb
sea-mile [sí:mail] *n* morska milja (1848,32 m)
seaming [sí:miŋ] *n* obšivanje, obrobljanje, obrobek; ~ lace pletenica
seamless [sí:mlis] *a* (~ly *adv*) brezšiven, brez šivov; neobrobljen; ~ tube brezšivna cev
sea-monster [sí:mɔnstə] *n* morska pošast
seam presser [sí:mpresə] *n agr* valjar; likalnik (za likanje šivov)
seamstress [sémstris, *A* sím~] *n* šivilja
seam welding [sí:mweldiŋ] *n tech* varjenje šivov

seamy [síːmi] *a* (**seamily** *adv*) šivnat, poln šivov, ki ima šiv(e); brazgotinast, naguban, razbrazdan; *fig* neprijeten, neugoden, nerazveseljiv; *fig* razvpit, na slabem glasu; the ~ **side** šivna, narobna stran (obleke); *fig* slaba, senčna stran (življenja)

séance [séiaːns] *n* spiritistični sestanek (za klicanje duhov), seansa

sea-ox [síːɔks] *n zool* mrož

sea-pass [síːpaːs] *n* prepustnica za nevtralno ladjo

sea pie [síːpai] *n* jed iz mesa (rib), zelenjave itd.

sea-piece [síːpiːs] *n* slika z morskim motivom, marina

sea-pig [síːpig] *n zool* morski prašič, pliskavica

sea-pike [síːpaik] *n zool* morska ščuka

seaplane [síːplein] *n aero* hidroplan, hidroavion, vodno letalo; ~ **base** hidroavionska baza

seaport [síːpɔːt] *n* morsko pristanišče

sea-power [síːpauə] *n* pomorska sila; moč mornarice

seasquake [síːskweik] *n* morski potres

sear I [síə] 1. *a poet* ovenel, posušen, suh; *fig* izčrpan, obnošen, ponošen, oguljen (obleka); ~ **leaves** suho listje; the ~, the **yellow leaf** *fig* jesen življenja; 2. *vt* posušiti, osušiti; ožgati, opaliti, osmoditi, prismoditi, pustiti (kaj) oveneti; izžgati (rano); *vet* vtisniti žig, žigosati; napraviti (koga) brezčutnega, utrditi (koga); a ~**ed conscience** otopela vest; ~**ing iron** izžigalo (za izžiganje ran); to ~ **one's brains** pognati si kroglo v glavo; **his soul has been** ~**ed by injustice** krivica ga je naredila brezčutnega

sear II [síə] *m* glej **sere** *n*

search I [səːč] *n* iskanje; preiskovanje, raziskovanje; težnja (*for* po); (policijska) preiskava, izpraševanje; (carinski) pregled; sondiranje; izkopavanje; **to be in search of s.th., to make** ~ **for s.th.** iskati kaj

search II [səːč] *vt* iskati; preiskovati, preiskati, vizitirati, pregledati, napraviti preiskavo (česa); sondirati (rano); *fig* preizkušati, dati na preizkušnjo; *mil* zasipati z artilerijskimi izstrelki vsa zaklonišča in rove; *fig* prežeti, prodreti v (o vetru, vlagi); ~**ed for weapons** preiskan (vizitiran) za event. orožje; ~ **me!** *A coll fig* ne vem, nimam pojma!; *vi* iskati (*for s.th.* kaj); izpraševati, pozvedeti, povprašati, informirati se (*into* o, gledé);

search after (for) s.th. iskati kaj

search into s.th. poglobiti se, skušati prodreti v kaj

search out *vt* najti, zvedeti; temeljito preučiti, preiskati, raziskati, prodreti v, prenikniti v

searcher [sóːčə] *n* iskalec, raziskovalec, poizvedovalec; carinski preglednik, carinik

searching [sóːčiŋ] *a* (~**ly** *adv*) iščoč, preiskujoč; prenikav, predirljiv, bister; oster (mraz, veter); temeljit

searchlight [sóːčlait] *n* reflektor, žaromet

search-party [sóːčpaːti] *n* iskalna (reševalna) ekipa

search-warrant [sóːčwɔːrənt] *n jur* nalog za izvršitev hišne preiskave

searing iron [síəriŋ áiən] *n* žgalo

sea-road [síːroud] *n* pomorska pot; sidrišče

sea-robber [síːrɔbə] *n* morski ropar, pirat, gusar

sea-rover [síːrouvə] *n* gusar, pirat, morski ropar; gusarska ladja; *sl* slanik

sea-salt [síːsɔːlt] *n* morska sol

seascape [síːskeip] *n* pogled na morje; slika z morskim motivom, marina

sea-serpent [síːsəːpənt] *n* morska kača; the ~ (pravljična, velikanska) morska kača

seashore [síːšɔː] *n* morska obala; *jur* del kopnega, ki mu je zgornja meja nivo plime, a spodnja nivo oseke

seasick [síːsik] *a* bolan od morske bolezni; **to be** ~ imeti morsko bolezen

seasickness [síːsiknis] *n* morska bolezen

seaside [síːsaid] 1. *n* morska obala, morski breg; primorje; **to go to the** ~ iti na morje (na letovanje, na odmor); 2. *a* obmorski; ~ **place,** ~ **resort** obmorski kopališki kraj ali letovišče

season I [siːzn] *n* letni čas, letna doba, sezona, sezija; čas dozorevanja (sadja, zelenja itd.); pravi čas za kako delo; čas, doba, razdobje; *E* čas (božičnih, velikonočnih itd.) praznikov; *arch* začimba; **for a** ~ nekaj časa; **in** ~ ravno prav, ob pravem času, v sezoni (npr. dozorelega sadja itd.); **in good** ~, **in due** ~ v pravem času; **in** ~ **and out of** ~ ob vsakem času, kadarkoli; umestno ali neumestno; **out of** ~ ob nepravem času; the ~, **London** ~ londonska sezona (od maja do julija); **close** ~ *hunt* lovopust; **compliments of the** ~, ~'**s compliments** pozdravi z voščili za praznike; **dry (rainy)** ~ sušna (deževna) doba (v tropih); **dull (dead)** ~ mrtva sezona; **high** ~ visoka sezona; **the hight of the** ~ višek sezone; **holiday** ~ čas, doba počitnic, počitniška sezona; **Lenten** ~ *eccl* postni čas; **open** ~, **shooting** ~ *hunt* lovna doba; **pairing** ~ *hunt* čas parjenja; **theatrical** ~ gledališka sezona; **a word in** ~ beseda (nasvet) ob pravem času; **cherries are in** ~ zdaj je čas češenj; **every thing in its** ~ vsaka stvar ob svojem času; **to endure s.th. for a** ~ nekaj časa kaj prenašati; **they will go back to London for the theatrical** ~ vrnili se bodo v London za gledališko in družabno sezono (maj — julij); **I wish you the compliments of the** ~ želim vam vesele (božične, velikonočne) praznike

season II [siːzn] 1. *vt* začiniti, zabeliti, napraviti okusno, prijetno; dozoriti (plodove, vino); osušiti (les); aklimatizirati, privaditi, priučiti (*to s.th.* na kaj); *arch* ublažiti, omiliti; ~**ed soldiers** fronte navajeni vojaki; ~**ed wine** dozorelo vino; ~**ed wood** suh les; **highly** ~**ed dish** močno začinjena jed; **to be** ~**ed to climate** biti navajen na klimo; **to** ~ **a cask** namočiti sod; **my pipe is not yet** ~**ed** moja pipa še ni ukajena; **to** ~ **one's remarks with jokes** zabeliti svoje opazke s šalami, z dovtipi; **to** ~ **sailors** privaditi mornarje na morje; **let mercy** ~ **justice!** naj usmiljenje omili (ublaži) pravičnost!; 2. *vi* dozore(va)ti; (p)osušiti se; privaditi se, aklimatizirati se, navaditi se (*to* na); **timber** ~**s well in the open air** les se dobro osuši na prostem

seasonable [síːznəbl] *a* (**seasonably** *adv*) ki ustreza določenemu letnemu času; sezonski; ki pride (prihaja) o pravem (primernem) času, pravočasen; **my** ~ **arrival** moj prihod o pravem času, the ~ **time for discussion** prikladen (pravi;

ugoden) čas za diskusijo; ~ **weather** vreme, ki ustreza letnemu času

seasonableness [síːznəblnis] *n* primernost, prikladnost, pravočasnost; pravi (primerni) čas

seasonal [síːznəl] *a* (~ **ly** *adv*) sezonski; omejen na določen čas v letu; sezijski, periodičen; ~ **closing-out sale** sezonska zaključna prodaja; ~ **storms** sezonske nevihte; ~ **worker** sezonski delavec, sezonec

seasoned [síːznd] *a* dozorel; čisto suh (les); začinjen

seasoner [síːznə] *n* začimba, zabela; začinjalec; *naut* mornar, ki se zaposli le za eno sezono ribolova; sezonec; postopač

seasoning [síːzniŋ] *n* začinjanje, začimba; sušenje (lesa); aklimatizacija; diamantni prah

seasonless [síːzənlis] *a* (ki je) brez (menjavanja) letnih časov

season-ticket [síːzəntíkit] *n E* mesečna (sezonska, letna) vozovnica; gledališka abonmajska vstopnica; ~ **holder** gledališki abonent

sea stack [síːstæk] *n geol* čer, kleč

sea-stock [síːstɔk] *n* zaloga sveže hrane za potovanje po morju

sea-stores [síːstɔːz] *n pl naut* zaloga (hrane) na ladji

seat I [siːt] *n* sedež, stol, stol brez naslonjala, klop, sedišče; prestol; zadajšnji del hlač; sedalo, zadnjica; bivališče, sedež, posestvo (dvorec); način vedenja; **the** ~ **of the disease** žarišče bolezni; **reserved** ~ rezerviran sedež; **I have booked three** ~ **s for Hamlet** vzel (rezerviral) sem tri sedeže za Hamleta; **he has a good** ~ dobro sedi na konju; **he has a** ~ **on the board** on je član odbora; **keep your** ~ ! (nikar) ne vstajajte!; **to lose one's** ~ pasti iz sedla; ne biti ponovno izvoljen v parlament; **he lost his** ~ **in Parliament** izgubil je svoj sedež v parlamentu, ni bil zopet izvoljen v parlament; **to resume one's** ~ zopet sesti; **to take a** ~ sesti; **to take one's** ~ sesti na svoj (stalni) sedež; **take your** ~ **please!** sedite, prosim!; **I spent the weekend at his** ~ **in Sussex** preživel sem konec tedna na njegovem podeželskem dvorcu v Sussexu

seat II [siːt] *vt* dati (odkazati, posaditi na, nuditi) sedež (komu); namestiti, popraviti sedež; opremiti s sedeži; popraviti (zakrpati) sedalo pri stolu, zadajšnji del hlač; namestiti na podnožje, na stojalo; montirati (stroj); izvoliti v parlament, posaditi na prestol, ustoličiti; (pasivno) sedeti, imeti (svoj) sedež; (refleksivno *arch*) naseliti se; ~ **ed in the armchair** sedeč v naslanjaču; **a deeply** ~ **ed error** globoko ukoreninjena zmota; **be** ~ **ed!** izvolite sesti!; **I** ~ **ed myself on...** sedel sem na...; **the hall was** ~ **ed** v dvorano so postavili stole; **to be** ~ **ed for 500 persons** imeti 500 sedežev (o dvorani); **this hall can** ~ **3000 people** v tej dvorani je sedežev za 3000 oseb; **to** ~ **a candidate** izvoliti kandidata v parlament; **the car will** ~ **six comfortably** v avtu lahko udobno sedi šest oseb; **to new-**~ **a chair** napraviti novo sedalo stolu, podplesti s slamo stol

seat belt [síːtbelt] *n* varnostni pas (v letalu, avtu)

seat bone [síːtboun] *n med* sedna kost, sednica

seated [síːtid] *a* sedeč; (kraj) ležeč; opremljen s sedežem (sedeži); **to be** ~ sedeti; ležati (o kraju); **soft-**~ mehko oblazinjen; **two-**~ dvosedežen

seater [síːtə] *a* ki nameša, postavlja (sedeže); **four-**~ štirisedežnik, avto s štirimi sedeži

sea term [síːtəːm] *n* mornarski izraz

seating [síːtiŋ] *n* sedenje; namestitev na sedeže; opremljenje s sedeži; material za oblazinjenje (sedežev); *tech* osnova, temelj, stojalo

seatless [síːtlis] *a* brez sedeža (sedežev)

seat-mile [síːtmail] *n econ* osebna milja (obračunska enota pri prevoznih stroških)

seatrain [síːtrein] *n naut* trajekt

sea turn [síːtəːn] *n* morski vetrič

sea-urchin [síːəːčin] *n zool* morski ježek

sea-wall [síːwɔːl] *n* zaščitni zid ali nasip obale ali pristanišča, ki preprečuje erozijo zemlje

seaward [síːwəd] **1.** *n* smer (stran obrnjena) proti morju; **to fly to the** ~ bežati k, proti morju; **2.** *a* obrnjen k morju; ki gleda, teče proti morju; ki plove na (odprto) morje

seaward(s) [síːwəd(z)] *adv* proti morju, v smeri morja

sea-water [síːwɔːtə] *n* morska voda

sea-way [síːwei] *n* morska pot; ladijska linija; odprto morje; kanal na kopnem za čezoceanske ladje

seaweed [síːwiːd] *n bot* morsko rastlinje (trava, alge)

seawind [síːwind] *n* veter z morja

sea-wolf [síːwulf] *n zool* morski slon ali morski lev (vrsta tjulenja); *fig* gusar, pirat, morski ropar; *arch* fantastična morska pošast

seaworn [síːwɔːn] *a* od morja spodjeden (odrgnjen)

seaworthiness [síːwəːθinis] *n* plovnost, sposobnost za plovbo po morju

seaworthy [síːwəːθi] *a* sposoben za plovbo po morju (o ladji)

sebaceous [sibéišəs] *a* lojnat; ~ **gland** lojnata žleza, lojnica

sec I [sek] *a* trpek, neoslajen (o vinu)

sec II [sek] *n sl* sekunda

secant [síːkənt] **1.** *n math* sekanta, (pre)sečnica; **2.** *a* sekajoč; sekanten, ki se tiče sekante

secateurs [sékətəːz] *n pl* vrtnarske škarje

seccotine [sékətiːn] *E* **1.** *n* (neko) lepilo; **2.** *vt* (pri)lepiti

secede [sisíːd] *vi* odcepiti se, ločiti se (*from* od), odpasti

seceder [sisíːdə] *n* secesionist, separatist, disident, odpadnik

secern [sisóːn] *vt & vi* ločiti; *med* izločati

secernent [sisóːnənt] **1.** *n* izločevalen organ; sredstvo za pospešenje izločanja; **2.** *a* izločevalen

secernment [sisóːnmənt] *n med* izločanje

secesher [siséšə] *n A coll* privrženec secesije

secession [siséšən] *n* odcepitev (*from* od), secesija; prestop (*to* k); **War of S**~ ameriška državljanska vojna (1861—1865)

secessional [siséšənəl] *a* secesijski, odcepitven, odpadniški; ~ **sentiments** odpadniška čustva

secessionism [siséšnizəm] *n* separatizem, secesionizem, stremljenje po odcepitvi

secessionist [siséšnist] *n* secesionist, separatist, odpadnik; kdor se je odcepil ali se hoče odcepiti; **S**~ *A hist* secesionist, konfederiranec seclude [siklú:d] *vt* ločiti, osamiti, izključiti; od- daljiti, odstraniti; to ~ o.s. from the world umakniti se v samoto, živeti v osamljenosti

secluded [siklú:did] *a* (~ ly *adv*) osamljen, izoliran; samotarski, samoten, odmaknjen, odročen, zakoten; a ~ life samotarsko življenje; a ~ spot od sveta odmaknjen (samoten, odročen, zakoten) kraj

secludedness [siklú:didnis] *n* samota, odmaknjenost

seclusion [siklú:žən] 1. *n* osamljenost, izoliranost, osamljenje; samota, odmaknjenost; odtujenost; odmaknjen, samoten kraj; the ~ of prisoners in cells izoliranost zapornikov v celicah; to live in ~ živeti v osamljenosti

second I [sékənd] *n* sekunda; trenutek, kratek čas; *mus* sekunda, drugi glas ali instrument; drugi razred; sekundant (pri dvoboju); kdor je drugi v čem; ocena, ki je prva za najboljšo; *pl com* blago druge, slabše vrste (zlasti moka in kruh); George the S~ Jurij II; the ~(-in-command) namestnik poveljnika; drugi častnik na ladji; the ~ of May 2. maj; the ~ of exchange *com* duplikat menice, ki se izdaja zaradi večje var- nosti; a good ~ tekač, ki pride na cilj takoj za zmagovalcem; to get a ~ *univ* na izpitu dobiti oceno, ki je prva za najboljšo; wait a ~ po- čakaj(te) trenutek!

second II [sékənd] 1. *a* drugi (po vrsti); sledeči; drugoten, drugorazreden, drugovrsten, slabši, podrejen, postranski; že rabljen; neizviren, posnet, imitiran; izveden, izpeljan; at ~ hand iz druge roke, antikvarično; po slišanju, iz nezanesljivih virov; every ~ day vsak drugi dan; in the ~ place na drugem mestu, drugič; upon ~ day vsak drugi dan; in the ~ place na drugem mestu, drugič; upon ~ thoughts po ponovnem premisleku; a ~ time še enkrat, ponovno; ~ to none na nikomer ne zaostajajoč, neprekosljiv, nedosegljiv, nedosežen; the ~ (eliptično) drugi (dan) (v mesecu); ~ cabin kabina 2. razreda; ~ Chamber Zgornji dom (parlamenta); ~ lieutenant podporočnik; ~ mate *naut* drugi častnik (na ladji); a ~ Napoleon *fig* drugi Napoleon; ~ papers *A* končna prošnja doseljencev za ameriško državljanstvo; a ~ self drugi jaz; ~ storey *A* prvo nadstropje (v Angliji the first floor); ~ violin druga violina; ~ wind *sl fig* vrnitev moči; to be ~ to none na nikomer ne zaostajati; to be in one's ~ childhood zopet se pootročiti (v starosti); to come off ~ best biti premagan, kratko potegniti; to get one's ~ wind *coll* priti zopet k sebi; to have information at ~ hand imeti informacije iz druge (posredne) roke; to play ~ fiddle *fig* biti v podrejenem položaju; to take ~ place biti drugi, zavzeti drugo mesto; 2. *adv* na drugem mestu; to come ~ priti kot drugi skozi cilj, biti drugi

second III [sékənd] *vt* podpirati, podpreti predlog (govornika); pomagati; sekundirati (tudi *fig*), biti sekundant (pri dvoboju); to ~ words with deeds besede podpreti z dejanji; *vt mil* oprostiti častnika redne dolžnosti za kake druge namene, prekomandirati; začasno premestiti (uradnika); *vi* sekundirati, pomagati

secondariness [sékəndərinis] *n* drugovrstnost; kar je sekundarno, podrejeno

secondary I [sékəndəri] *a* (secondarily *adv*) drugo- ten, sekundaren; drugorazreden, podrejen, postranski, manj važen; pomožen, dodaten; odvisen, izveden; *geol* mezozoičen; ~ education višja, srednješolska izobrazba; ~ evidence *jur* podporni, dodatni dokazni material; ~ line *rly* stranska proga; ~ colour mešana barva (iz dveh osnovnih); ~ modern school *E* zadnji štirje razredi osnovne šole; ~ school višja šola; this is matter of ~ importance to je postranska stvar

secundary II [sékəndəri] *n* namestnik; zastopnik, delegat; poduradnik, podrejenec; nekaj po- stranskega, podrejenega; *astr* satelit, trabant; *zool* pero, ki raste na drugem sklepu krila; zadajšnje krilo (žuželke); *A sp* nogometni igralec v drugi vrsti

second ballot [sékəndbǽlət] *n pol* ožja volitev

second-best [sékəndbest] 1. *a* skoraj najboljši, prvi za najboljšim; 2. *n coll*; to come off ~ biti pre- magan, krajši konec potegniti, podleči

second childhood [sékənd čáildhud] *n* drugo otroštvo; stara leta

second-chop [sékəndčəp] *a sl* slabši, drugorazreden, drugovrsten

second-class [sékəndkla:s] *a* drugorazreden; ~ carriage *rly* potniški vagon 2. razreda; to travel ~ potovati v 2. razredu

second-cousin [sékəndkʌzn] *n* bratranec (sestrična) v drugem kolenu

seconde [sikónd; səgə:nd] *n* (mečevanje) sekunda

seconder [sékəndə] *n* podpiratelj, zagovornik ne- kega predloga; pomagač

second estate [sékənd istéit] *n hist* drugi stan

second floor [sékəndflə:] *n E* drugo nadstropje, *A* prvo nadstropje

second gear [sékəndgiə] *n mot* druga hitrost

second growth [sékəndgrouθ] *n agr bot* podrast, podmladek

second half [sékəndha:f] *n* (nogomet) drugi polčas

secondhand [sékəndhænd] 1. *a* (dobljen, prevzet) iz druge roke, že rabljen; antikvaričen; ponošen; indirekten; ~ bookseller prodajalec antikvarič- nih knjig; antikvar, starinar; ~ clothes stare, ponošene obleke; ~ car že rabljen avto; ~ shop trgovina (že) rabljenih predmetov, anti- kvariat, starinarna; komisijska trgovina; ~ woman *sl* vdova; 2. *adv*; to buy s.th. ~ kupiti že rabljene stvari

second hand [sékənd hænd] *n* sekundni kazalec na uri; *fig* posrednik, pomagač, pomočnik; at ~ po posredništvu

second-in-command [sékəndinkəmá:nd] *n mil* na- mestnik poveljnika; *naut* prvi častnik (na ladji)

secondly [sékəndli] *adv* drugič, na drugem mestu, v drugi vrsti, nadalje

second-mark [sékəndma:k] *n* znak za sekundo (")

second nature [sékənd néičə] *n fig* druga narava; it has become ~ with (ali to) him to mu je po- stala druga narava, to mu je prešlo v meso in kri

second-pair [sékəndpɛə] *n* soba ali stanovalec v 2. nadstropju; he lives ~ (front, back) stanuje v 2. nadstropju (spredaj, zadaj)

second power [sékəndpauə] *n math* druga potenca, kvadrat

second-rate [sékəndreit] *a* drugovrsten, drugo- razreden, povprečen, slab še kakovosti

second-rater [sékəndreitə] *n coll* povprečna oseba ali stvar

second reading [sékəndri:diŋ] *n pol* drugo branje

second self [sékəndself] *n* drugi jaz; zaupen prijatelj

second sight [sékəndsait] *n* drugi vid; jasnovidnost

secrecy [sí:krisi] *n* molčečnost, diskretnost; čuvanje skrivnosti (tajnosti), skrivnost, tajnost; skritost; oddaljenost, ločenost, samotnost; zaprtost vase, nekomunikativnost; **in** ~ skrivaj; **in all** ~ v vsej tajnosti; **prepared in great** ~ pripravljen v veliki tajnosti; **sworn to** ~ s prisego zavezan k molčečnosti; **I cannot rely upon his** ~ ne morem se zanesti na njegovo molčečnost; **there was no** ~ **about it** tega niso prikrivali; **he is given to** ~ on je rad skrivnosten

secret [sí:krit] **1.** *n* skrivnost, tajnost; skritost, skrivnost; *eccl* tiha molitev; *pl* spolovila, intimni deli telesa; **in** ~ tajno, v tajnosti; **the grand** ~ onstranstvo; **the** ~ **of success** skrivnost uspeha, ključ k uspehu; **it is an open** ~ to je javna tajnost; **to be in the** ~ biti uveden v skrivnost; **to betray a** ~ izdati tajnost; **to keep a** ~ čuvati tajnost; **to keep s.th. a** ~ nekaj držati v tajnosti; **to let s.o. into a** ~ uvesti koga v skrivnost; **to make a** ~ **of s.th.** delati skrivnost iz česa; **2.** *a* tajen, tajinstven; skriven; molčeč, molčav; skrit; intimen, diskreten (del telesa); ~ **agent** tajni agent; **a** ~ **door** skrivna vrata; ~ **society** tajno društvo; **to keep s.th.** ~ držati kaj v tajnosti

secretarial [sekrətéəriəl] *a* (~**ly** *adv*) tajniški, sekretarski; pisarniški; ~ **help** pisarniška pomoč

secretariat [sekrətéəriət] *n* tajništvo, sekretariat; nameščenci tajništva

secretary [sékrətri] *n* tajnik, sekretar; *A* minister; pisalna miza; zapisnikar, tajnik (društva); *print* tisk, ki posnema lepopis; ~ **-general** generalni sekretar; **honorary** ~ neplačan tajnik (zlasti društva); **private** ~ osebni tajnik; **under-**~ pomočnik ministra; **the S**~ **of State for Foreign Affaires, Foreign S**~ minister za zunanje zadeve, zunanji minister; **Home S**~ notranji minister; ~ **of Defense** obrambni minister; **S**~ **for War, War S**~ vojni minister; **Colonial S**~ minister za kolonije; **S**~ **of the Treasury** finančni minister

secretary-bird [sékrətribə:d] *n* kačar (ptica)

secretaryship [sékrətərišip] *n* tajništvo, tajniška služba, tajniško mesto; ministrstvo

secrete [sikrí:t] *vt* skri(va)ti, zakri(va)ti, prikri(va)ti (*from* pred); *biol* izločati; **to** ~ **o.s.** skriti se, prikriti se

secretion [sikrí:šən] *n biol med* izločanje; *arch* prikrivanje, skrivanje

secretionary [sikríšənəri] *a* izločevalen, sekretoren

secretive [sikrí:tiv] *a* (~ **ly** *adv*) molčeč, zaprt, prikrivajoč; *biol med* izločevalen

secretiveness [sikrí:tivnis] *n* molčečnost; skrivnostnost, tajinstvenost

secretly [sí:kritli] *adv* skrivaj, tajno; skrivnostno

secretor [sikrí:tə] *n* prikrivalec, tajilec

secretory [sikrí:təri] *a biol med* izločevalen

secret service [sí:kritsə:vis] *n* tajna (obveščevalna) služba, špijonaža, kontrašpijonaža; ~ **money** tajni fond (za tajno službo in druge namene)

sect [sekt] **1.** *n* sekta, (verska) ločina; verska skupnost; konfesija; *fig* šola; **the Freudian** ~ Freudova šola; (redko) del, odrezek

sectarian [sektéəriən] **1.** *n* član (verske) sekte, sektaš; član kake šole; fanatičen privrženec stranke; **2.** *a* sektaški; fanatičen za kak nauk; konfesijski; ~ **school** konfesijska šola

sectarianism [sektéəriənizəm] *n* sektaštvo, sektaški duh; fanatizem

sectary [séktəri] *n arch* član ali privrženec verske sekte, sektaš; fanatik

section [sékšən] **1.** *n* rez, rezanje; prerez, presek, profil; odrezek, del, sestavni; odsek, sekcija; oddelek (spalnega voza); odstavek, člen, paragraf; *mil* manjša (vojaška) enota; skupina prebivalcev, ki jih vežejo skupni interesi; *bot zool* podvrsta; *med* sekcija, raztelešenje, raztelesba; ~ **gang** *rly A* progovni delavci; ~ **boss** *rly A* vodja progovnih delavcev; ~ **hand**, ~ **man** progovni delavec; **transverse** ~ prečni prerez; **golden** ~ zlati prerez; **staff** ~ *mil* štabni oddelek; **2.** *vt* (raz)deliti v odseke, na dele; *med* vrezati, razrezati

sectional [sékšənəl] *a* (~ **ly** *adv*) sektorski, odsečen; prerezen; krajeven, lokalen; sestavljen iz posameznih delov, sestavljiv, razstavljiv na dele; ~ **furniture** sestavljivo pohištvo; ~ **pride** lokalni patriotizem; ~ **strike** lokalna, delna stavka

section-mark [sékšənma:k] *n* znak za začetek novega odstavka, paragrafa (§)

sector [séktə] **1.** *n* sektor, izsek kroga, elipse; *fig* sektor, področje; *mil* frontni odsek, sektor; **the private** ~ privatni, zasebni sektor; **2.** *vt* razdeliti na sektorje

sectoral [séktərəl] *a* sektorski

sectorial [sektó:riəl] **1.** *a* sektorski, ki se nanaša na izsek kroga, elipse; ki ima obliko krožnega (elipsnega) izseka; ki se nanaša na zobe sekalce; **2.** *n* (zob) sekalec

secular [sékjulə] **1.** *a* (~ **ly** *adv*) **1.** *a* (po)sveten (necerkven), profan, sekularen; stoleten, ki se dogaja le enkrat na 100 let, ki traja ali se nadaljuje skozi stoletja; laičen (vzgoja), svobodomiseln; **the** ~ **bird** feniks (ptica); ~ **change** počasno, a vztrajno spreminjanje; ~ **clergy** svetna duhovščina; ~ **fame** večna slava; ~ **music** posvetna glasba; **2.** *n* posveten duhovnik; posvetnjak

secularism [sékjulərizəm] *n* posvetnost; *pol* protiklerikalizem; svobodomiselnost

secularist [sékjulərist] **1.** *n* nasprotnik Cerkve, privrženec laizacije; svobodomislec; **2.** *a* protiklerikalen, svobodomiseln

secularity [sekjulæriti] *n* posvetnost; svobodomiselnost; **secularities** *pl* svetne stvari

secularization [sekjuləraizéišən] *n* sekularizacija, podržavljenje cerkvenega imetja; prehod ali preobrazba iz cerkvenega v posvetno; laizacija (vzgoje, šolstva)

secularize [sékjuləraiz] *vt* sekularizirati, podržaviti cerkveno imetje za posvetne namene; spremeniti v svetno, vzeti cerkveni značaj, osvoboditi izpod oblasti ali vpliva Cerkve; prodreti s svobodomiselnim idejami; **to** ~ **Sunday** odvzeti nedelji verski značaj

secularizer [sékjuləraizə] *n* sekularizator

secundine [sékəndain, ~din] *n med* posteljica
securable [sikjúərəbəl] *a* ki se more doseči, do česar se da priti
secure I [sikjúə] *a* varen, zavarovan; siguren, gotov, zanesljiv, zagotovljen; zajamčen, miren, brezskrben; čvrst, nezavzemljiv (trdnjava); zaščiten, na varnem (*against* proti); *arch* ne sluteč, slepo zaupljiv; **a** ~ **existence** varen, brezskrben obstoj; ~ **from all dangers** varen pred vsemi nevarnostmi; ~ **of success** gotov uspeha; **victory is** ~ zmaga je zagotovljena; **to be** ~ **of victory** biti (si) gotov zmage; **to make s.th.** ~ konsolidirati, utrditi, pritrditi, zapreti kaj; **you may rest** ~ bodite prepričani
secure II [sikjúə] *vt* (za)ščititi, zavarovati, spraviti na varno (*against* proti, pred); *mil* utrditi, obdati z zidom; (za)jamčiti, garantirati, preskrbeti, nabaviti, pobrigati se za, zagotoviti si; dobiti, zavzeti, prilastiti si, zasesti (mesto); izpodvezati (žilo); **to** ~ **a debt by mort gage** zajamčiti terjatev dolga s hipoteko; **to** ~ **the door** čvrsto zapreti, zakleniti vrata; **to** ~ **one's ends** doseči svoj(e) cilj(e); **to** ~ **a majority** dobiti, zagotoviti si večino; **to** ~ **a prize** dobiti nagrado; **to** ~ **o.s. against loss** zavarovati se pred izgubo; **to** ~ **s.th. to s.o.**, **to** ~ **s.o. s.th.** (za)jamčiti komu kaj; **to** ~ **places** zagotoviti si prostore, sedeže, mesta; **to** ~ **valuables** spraviti na varno dragocenosti; *vi* biti varen (*against* pred); priskrbeti si zaščito (*against* pred)
security [sikjúəriti] *n* varnost, sigurnost, brezskrbnost, mirnost; zaščita (*against* proti, pred); jamstvo, jamčenje, poroštvo, garancija; zanesljivost, zaupanje, zauplivost; *com* kavcija, zalog, založek; obveznica, zadolžnica; pokritje; porok; **securities** *pl* vrednostni papirji, efekti; **in** ~ **for** kot garancija za; **without** ~ brez (po)kritja; ~ **bond** poroštvena menica; **S**~ **Council** Varnostni svet (pri OZN); ~ **risk** oseba, ki zaradi svojega politične ga mišljenja velja za neprimerno za državno službo; **public securities** *pl* državni papirji; ~ **trading** trgovina z efekti; **to be (to stand)** ~ **for s.o.** biti porok (jamčiti) za koga; **to enjoy** ~ čutiti se varnega; **to give** ~ dati kavcijo; **to lend money on** ~ posoditi denar na (ne)premičnine
sedan [sidǽn] *n* **1.** sedan, limuzina; **2.** (= ~ **-chair**) zaprta nosilnica za eno osebo
sedate [sidéit] *a* (~ **ly** *adv*) miren, umirjen, brezstrasten, uravnotežen, zbran, resen, resnoben, trezen, hladnokrven; ~ **judg(e)ment** trezna sodba (presoja)
sedateness [sidéitnis] *n* mirnost, umirjenost, uravnoteženost, zbranost, resnost, treznost, hladnokrvnost
sedation [sidéišən] *n* pomirjenje, pomiritev (zlasti živcev s sedativi)
sedative [sédətiv] **1.** *n med* pomirjevalen; sedativen, blažilen; **2.** *n* pomirjevalno sredstvo, sedativ; sredstvo, ki blaži bolečine
sedentariness [sédəntərinis] *n* sedenje (doma); miren način življenja (doma); stalno bivanje v istem kraju
sedentary [sédəntəri] **1.** *a* (**sedentarily** *adv*) ki mnogo sedi, sedeč; pri čemer se mnogo sedi (o poklicu); ki ostaja na enem mestu, se ne seli

(**tribes** plemena); ~ **occupation** opravilo, pri katerem se mnogo sedi; ~ **posture** sedeči položaj; **2.** *n* oseba, ki mnogo sedi
sedge [sedž] *n bot* šaš; bičje, biček
sediment [sédimənt] *n* usedlina, sediment, usedek, gošča
sedimental [sediméntəl] *a* glej **sedimentary**
sedimentary [sediméntəri] *a* usedlinski, sedimentaren, nastal s sedimentacijo
sedimentation [sedimentéišən] *n* usedanje, sesedanje (v tekočini); nastajanje sedimenta, sedimentacija; usedek; **blood** ~ krvna sedimentacija
sedition [sidíšən] *n* upor, vstaja, punt
seditionary [sidíšənəri] **1.** *n* puntar, upornik; **2.** *a* upornški, puntarski, uporen
seditious [sidíšəs] *a* (~ **ly** *adv*) upornški, puntarski, uporen
seditiousness [sidíšəsnis] *n* uporna narava ali značaj; upornost, puntarstvo
seduce [sidjú:s] *vt* zapeljati, speljati, zavesti (*into* v); pokvariti, zapeljati (žensko); odvrniti, zvabiti, zmamiti (s prave poti); **to** ~ **s.o. from his duty** odvrniti koga od njegove dolžnosti; **to** ~ **to s.th.** zavesti v kaj; **to** ~ **into war** zavesti v vojno
seducement [sidjú:smənt] *n* glej **seduction**
seducer [sidjú:sə] *n* zapeljivec; skušnjavec
seducible [sidjú:sibl] *a* ki se da (lahkó) zapeljati (zavesti)
seducing [sidjú:siŋ] *a* (~ **ly** *adv*) zapeljiv, mamljiv; ki privede v skušnjavo
seduction [sidʌkšən] *n* zapeljevanje; napeljevanje (*to* k, na); mamljenje, zapeljivost, skušnjava, zapeljiva draž
seductive [sidʌktiv] *a* (~ **ly** *adv*) zapeljiv, privlačen, vabljiv, mamljiv, skušnjavski; **a** ~ **smile** zapeljivo nasmešek
seductress [sidʌktris] *n* zapeljivka
sedulity [sidjúliti] *n* pridnost, marljivost; vztrajnost, neugnanost
sedulous [sédjuləs] *a* (~ **ly** *adv*) marljiv, priden, delaven, vztrajen, neugnan, neutruden; **to play the** ~ **ape** *fig* doseči literaren sil s posnemanjem
sedulousness [sédjuləsnis] *n* glej **sedulity**
sedum [sí:dəm] *n bot* ostra homulica; bradavičnik
see I [si:] *n* (nad)škofija; (nad)škofovska stolica; *arch* prestol; **the Holy (Apostolic) S**~, **the S**~ **of Rome** sveta stolica
see* II [si:] **1.** *vt* videti, zagledati, opaziti, (po)gledati, ogledovati; razbrati, prečitati v časopisih; razumeti, uvideti, pojmiti, predstavljati si, smatrati; izslediti, doživeti, izkusiti; dopustiti, poskrbeti za; sprejeti (goste, obiske); obiskati, priti in pogovoriti se (*on* o), govoriti z; iti (k zdravniku), konzultirati (zdravnika); spremiti; *vi* videti, uvideti, razumeti; premisliti se; pogledati (za čem); **worth seeing** vreden, da se vidi; **I** ~ **!** razumem!; ~ **?**, **do you** ~ **?** razumeš?, razumete?; **as far as I can** ~ kakor daleč mi seže oko; *fig* kolikor morem razbrati, po mojem mišljenju; **let me** ~ naj (malo) premislim; **to** ~ **the back** *fig* znebiti se obiskovalca, vsiljivca; **to** ~ **s.o. to bed** spraviti koga v posteljo; **I cannot** ~ **anybody after five** ne morem nikogar sprejeti po peti uri; **he saw me on business** obiskal me je poslovno; **to** ~ **death** pretrpeti smrt; **I must** ~ **the doctor** moram iti k zdravniku

(na pregled); **he came to** ~ **me** prišel me je obiskat; **they have seen better days** poznali so boljše čase; **to** ~ **s.o. through a difficulty** pomagati komu preko težave; **to** ~ **eye to eye** *coll* strinjati se v mišljenju (*with* z); **to** ~ **with half an eye** *sl* jasno (na prvi pogled, mižé) videti; **to** ~ **s.o. further** *sl* poslati koga k vragu; **go and** ~ **him** pojdi ga obiskat; **to** ~ **good** smatrati (kaj) za dobro, za primerno; **to** ~ **s.o. home** spremiti koga domov; **I cannot** ~ **the joke** ne vem, kaj je smešnega pri tem; **we must** ~ **the judge** moramo govoriti s sodnikom; **to** ~ **life** mnogo izkusiti v življenju, *coll* veselo živeti; **I shall not live to** ~ **it** tega ne bom doživel; **I don't** ~ **him kneeling at her feet** ne morem si ga predstavljati, kako kleči pred njo; **to** ~ **the light** *fig* spreobrniti se; videti, kaj je treba narediti, da bo prav; **to** ~ **the red light** *fig* zavedati se neposredne nevarnosti ali nevšečnosti; **to** ~ **how the land lies** odkriti, kakšen j e položaj; **I don't** ~ **what he means** ne razumem, kaj hoče reči (kaj misli); **you will not** ~ **me shot like a dog?** ne boste dopustili, da me ustrelijo kot psa?; **they** ~ **too many people** preveč ljudi sprejemajo (v obiske), obiskujejo; **to** ~ **a play** ogledati si gledališko igro; **to** ~ **red** *sl* pobesneti; **to** ~ **service** *coll* udeležiti se vojnega pohoda; **to** ~ **the sights** ogledati si znamenitosti; **he will never** ~ **sixty again** *fig* je (že) nad 60 let star; **we will** ~ **you to the station** spremili vas bomo na postajo; **to** ~ **stars** vse zvezde videti (od udarca); ~ **that the door is locked** prepričaj se, poglej, če so vrata zaklenjena!; ~ **this done!** poskrbi (glej), da bo to narejeno!; **to** ~ **things** *fig* imeti privide (halucinacije); **to** ~ **through a brickwall (a millstone)** *fig* biti zelo bister, »slišati travo rasti«; **to** ~ **snakes** *fig sl* biti v deliriju ali na robu deliriuma tremensa; **to** ~ **one's way** videti, najti način (da se nekaj napravi); **he cannot** ~ **a yard before his nose** *fig* (neumen je, da) ne vidi ped pred nosom;
see about *vt* pobrigati se, poskrbeti za kaj; **to** ~ **a thing** premisliti kaj, podvzeti korake glede česa, izvršiti priprave za kaj; **I will** ~ **it** pobrigal se bom za to; *coll* premislil bom to
see after *vt* pobrigati se, poskrbeti za, paziti na; *coll* iskati (kaj)
see away *vt* spremiti (koga) pri odhodu
see for *vt dial* iskati (kaj)
see in *vt* spremiti, uvesti v hišo
see into *vt* pojasniti, razčistiti, preučiti, preštudirati, temeljito pregledati; spoznati, spregledati (kaj), prodreti (v kaj), jasno videti; **I must** ~ **it** to moram razčistiti, o tem si moram biti na jasnem
see off *vt* spremiti koga (na vlak itd.); *naut sl* premagati, zmagati nad
see out *vt* spremiti (koga) do vrat; **to see a thing out** ne pustiti nekega dela, dokler ni končano; do konca izvesti; prisostvovati (čemu) do konca
see over *vt* ogledati si, izvršiti pregled, inšpicirati (*a house* hišo)
see through *vt* & *vi* jasno videti, spregledati (namere kake osebe itd.); pomagati (komu) iz težkega položaja, iz težav, da uspe; **to see a**

thing through ne pustiti nekega dela, dokler ni končano, vzdržati, vztrajati do konca; do konca izvesti
see to *vi* pobrigati se (za kaj), popaziti (na kaj); **see to it that you are in time** pazi (glej), da prideš pravočasno
seed [siːd] **1.** *n* seme, semenje; kal; pečka; ikra; *zool* seme, sperma; *bot* diaspora; *bibl* potomstvo; *fig* začetek, izvor; **the** ~ **of Abraham** Židje; **not of mortal** ~ nezemeljskega izvora; **to raise (up)** ~ *fig* zaploditi; roditi otroke, potomstvo; **to run (to go) to** ~ iti v seme, v cvet; *fig* podivjati, izroditi se; *fig* popustiti v dejavnosti; **he goes to** ~ *fig* z njim gre navzdol; **to sow the** ~ **of discord** sejati seme razdora; **2.** *vi* iti v (pognati) seme, dati seme, obroditi; osuti se; *vt* posejati, zasejati; odstraniti, izluščiti seme (pečke iz sadja); drzati, smukati (lan); *sp* ločiti, oddeliti slabše tekmovalce od boljših
seed-bed [síːdbed] *n* semenska greda, gnojna greda; *fig* leglo (npr. zarote)
seed-cake [síːdkeik] *n* kolač, začinjen s kumino, z makom ipd.
seed-corn [síːdkɔːn] *n* semensko žito; *A* semenska koruza
seed-drill [síːddril] *n* sejalnik
seeder [síːdə] *n* sejalnik; luščilnik za seme; (riba) drstnica; *arch* sejalec
seed fish [síːdfiš] *n* (riba) drstnica
seeding [síːdiŋ] *n* sejanje, setev
seeding-machine [síːdiŋməšiːn] *n* sejalni stroj
seediness [síːdinis] *n coll* obnošenost, ponošenost, oguljenost, zanemarjenost; *fig* medlost, slabost, »maček« (glavobol)
seedless [síːdlis] *a* brez semena
seedling [síːdliŋ] *n* semenska rastlina; presajenka; sadika
seed-merchant [síːdmə:čənt] *n* trgovec s semenjem
seed-pearl [síːdpə:l] *n* droben biser
seed plant [síːdplaːnt] *n bot* semenska rastlina
seed-plot [síːdplɔt] *n* kos zemljišča za pridobivanje semen; zasejana greda; *fig* kraj, kjer se je začel upor itd.; žarišče
seed-potatoes [síːdpətéitouz] *n pl* semenski krompir
seedsman, *pl* ~ **men** [síːdzmən] *n* prodajalec semen; trgovec s semeni, semenar; sejalec
seed-time [síːdtaim] *n* čas setve (sejanja)
seed-trade [síːdtreid] *n* trgovina s semeni; semenarna
seedy [síːdi] *a* (seedily *adv*) poln semenja, semenast; ki ima priokus (o žganju); zrel za drstenje; *fig* obnošen, oguljen; *fig* medel, ki se slabo počuti, »mačkast«; **I feel** ~ ne počutim se dobro; **he looks** ~ slab (medel) je videti
seeing I [síːiŋ] **1.** *n* vid, videnje; **worth** ~ vreden, da se vidi, znamenit; ~ **is believing** verjamem, kar vidim; **2.** *a* videč, ki more videti
seeing II [síːiŋ] **1.** *conj* (tudi seeing that) ker (pa); ~ **you do not believe me** ker (pa) mi ne verjamete; **2.** *prep* z ozirom na; ~ **my difficulties** z ozirom na (upoštevajoč) moje težave
seek * [siːk] *vt* iskati, poiskati; (po)skušati, skušati doseči, prizadevati si, težiti; *arch* obrniti se (*to* do, na); *vi* iskati (*for s.th.* kaj); ~ **(out)!** *hunt* išči! (klic psu); **to** ~ **s.o.'s advice (aid)** iskati pri kom nasveta (pomoči); **to** ~ **one's bed**

leči, iti v posteljo; to ~ (a lady) in marriage prositi za roko, zasnubiti; to ~ to help the neighbour skušati pomagati svojemu bližnjemu; to ~ fame iskati (stremeti za) slavo; to ~ a situation iskati službo; he ~s my life *fig* on mi streže po življenju; to ~ s.th. of s.o. izprositi kaj od koga; to be to ~ *arch* manjkati, ne biti na razpolago; he is to ~ in intelligence *arch* manjka mu inteligence;

seek after *vi* iskati, povpraševati za; much sought--after zelo iskan (zaželen);

seek out *vt* poiskati (koga); zaslediti, najti; *fig* vzeti na piko, zasledovati s posebnim zanimanjem;

seek through *vt* (temeljito) preiskati; they sought the island through temeljito so preiskali otok

seeker [síːkə] *n* iskalec; *med* sonda; a pleasure-~ zabave željan človek

seel [siːl] *vt arch* zapreti (oči); zapreti (sokolu), s tem, da mu zašijemo (očesne) veke; *fig* varati

seem [siːm] *vi* zdeti se, zazdeti se, dozdevati se, videti se; all ~ed pleased vsi so bili videti zadovoljni; apples do not ~ to grow here videti je (najbrž) jabolka ne rastejo tu; I ~ to be... zdi se, da sem...; it ~s to me zdi se mi, mislim; it ~s good to me zdi se mi prav (dobro); it ~s that he cannot deny it videti je (kazno je), da ne more tega zanikati; I ~ to have known them for ages zdi se mi (imam vtis), da jih poznam že celo večnost; I can't ~ to unlock this door teh vrat preprosto ne morem (znam) odpreti; he does not ~ well ni videti (čisto) zdrav; she ~s to be tired videti je utrujena; so it ~s tako se zdi, tako je videti; there ~s no need of help zdi se, da pomoč ni potrebna; *arch* me ~s, me ~eth zdi se mi; me ~ed zdelo se mi je

seeming [síːmiŋ] 1. *a* navidezen, dozdeven; ~ advantage dozdevna korist; 2. *n* videz, napačen videz; mnenje; to my ~ po mojem mnenju; he is friendly to all ~ sodeč po vsem je (on) prijazen

seemingly [síːmiŋli] *adv* navidezno, dozdevno, na videz, na pogled; ~ sincere navidezno odkrit (iskren)

seemliness [síːmlinis] *n* primernost, spodobnost, dostojnost; *arch* lepota, dražest, milina

seemly [síːmly] 1. *a* spodoben, dostojen; *arch* dražesten, zal, čeden, lep; 2. *adv* spodobno, dostojno, kot se spodobi

seen [siːn] *pp* od to see

seep I [siːp] 1. *n* pronicajoča voda; nezatesnjeno mesto, razpoka; izvirček; 2. *vi* A pronicati, prodirati (into v); puščati, cediti se, mezeti; cureti, curljati (skozi)

seep II [siːp] *n* amfibijski džip

seepage [síːpidž] *n* pronicanje, prodiranje, mezenje

seer [síːə] *n* oseba, ki vidi; jasnovidec, prerok, vedež

seeress [síəris] *n* prerokinja, jasnovidka, vedeževalka

seercraft [síəkraːft] *n* jasnovidnost, preroška moč (sposobnost)

seersucker [síːəsʌkə] *n* vrsta bombažne tkanine, krep

seesaw [síːsɔː] 1. *n* gugalnica, guncnica (v sredini podprta deska); *fig* stalno kolebanje, pogostna

menjava; to go ~ kolebati, nihati; izmenoma prihajati, hoditi sem in tja; 2. *a* premikajoč se gor in dol; spremenljiv, omahljiv; a ~ motion gibanje gor in dol; 2. *adv* gor in dol, sem in tja; spremenljivo, omahljivo; 4. *vt & vi* gugati (se), zibati (se), nihati; *fig* stalno se menjavati

seethe [siːð] 1. *vt* namakati, namočiti, prepojiti; *arch* kuhati, zavreti (kaj); *vi* vreti (tudi *fig*), kipeti, prekipeti; *fig* razburiti se; ~ with anger (with fury) razsrditi se (pobesneti); the country is seething with discontent v deželi vre nezadovoljstvo; 2. *n* vrenje, kipenje; razburjenje; upor, punt

segment [ségmənt] 1. *n* odsek, segment; *geom* segment, izsek; *biol* del, členek (črva, stonoge itd.); a ~ of orange krhelj oranže; a ~ of time obdobje; ~ of a sphere krogelni izsek; 2. *vt & vi* (raz)deliti (se) v odseke, v dele; segmentirati (se)

segmental, segmentary [ségméntəl, ~təri] *a* sestavljen iz odsekov, iz delov, segmentaren; *biol* členkovit

segmentation [segməntéišən] *n* delitev na odseke, na dele; razčlenjenost; *biol* členkovitost; segmentacija

segregate I [ségrigeit] *vt & vi* oddeliti (se), oddvojiti (se), ločiti (se); izolirati (se); *chem* izkristalizirati se

segregate II [ségrigit] *a* oddeljen, oddvojen, ločen od, osamljen, izoliran

segregation [segrigéišən] *n* oddvojitev, oddelitev (od celote), (iz)ločitev, segregacija; rasna segregacija; segregat, izloček; a bill against ~ zakonski osnutek proti rasni segregaciji

segregationist [segrigéišənist] 1. *n* privrženec (politike) rasne segregacije; 2. *a* ki zagovarja rasno segregacijo

segregative [ségrigətiv] *a* ki se oddeljuje (izloča, oddvoji); ločujoč, oddeljujoč

seignior [síːnjə] *n hist* fevdalni gospod; gospod, odličnik, veljak

seigniory [síːnjəri] *n* gospostvo

seine [séin] 1. *n* ribiška mreža (s plovci); 2. *vt & vi* loviti ribe s tako mrežo

seine-gang [séingæŋ] *n* skupina ribičev, ki ravnajo z mrežo na plovce

seine-roller [séinroulə] *n* valj, s katerim se izvlači mreža na plovce

seise [siːz] *vt jur* dati (komu) v posest

seised [siːzd] *a* v posesti (of česa); *fig* poučen, vedoč (za); to stand ~ (of) biti v posesti (česa); biti poučen (o čem)

seisin [síːzin] *n jur* posest; livery of ~ ceremonija prenosa posesti

seism [sáizəm] *n geol phys* (redko) potres

seismal [sáizməl] *a* glej seismic

seismic [sáizmik] *a* potresen, seizmičen; ~ wave potresni val

seismism [sáizmizəm] *n* potresni pojavi

seismogram [sáizməgræm] *n* grafična upodobitev (krivulja) potresnih sunkov, seizmogram

seismograph [sáizməgraːf] *n* priprava, ki avtomatično beleži potresne sunke, seizmograf

seismographer [saizmógrəfə] *n* kdor proučuje krivulje, ki jih beleži seizmograf

seismographic [saizməgræfic] *a* seizmografski, ki se tiče potresov seismography [saizmógrəfi] n nauk, ki opisuje potresne pojave; uporabljanje seizmografa in nauk o tem

seismological [saizmǝlódžikǝl] (~ly adv) seizmološki; ki se tiče potresov

seismologist [saizmólǝdžist] n seizmolog, kdor se ukvarja s preučevanjem potresov

seismology [saizmólǝdži] n znanost o potresih in potresnih pojavih, seizmologija

seismometer [saizmómitǝ] n naprava za merjenje moči, trajanja in smeri potresnih sunkov, seizmometer

seismoscope [sáizmǝskoup] n seizmoskop

seizable [sí:zǝbl] a zgrabljiv; jur zarubljiv; podvržen zaplembi, zaplenljiv

seize, seise [si:z] 1. vt prijeti, z(a)grabiti, (po)seči po; polastiti se, prisvojiti si; ujeti, osvojiti; izkoristiti (priliko); lotiti se; zaseči, zapleniti, odvzeti, konfiscirati; razumeti, dojeti, doumeti; naut pritrditi z nekaj navoji vrvi, čvrsto zvezati; fig fascinirati, prevzeti; 2. vi priti do (česa), domoči se (upon s.th. česa); oprijeti se (on s.th. česa); zatakniti se; to ~ an opportunity pograbiti priliko; to ~ the meaning razumeti, doumeti pomen (of česa); to ~ a pretext poslužiti se izgovora; to ~ a weapon zgrabiti orožje; to ~ s.o. by the neck zgrabiti koga za vrat; to be ~d of s.th. zavedati se česa; he was ~d with apoplexy kap ga je zadela; panic ~d the crowd panika se je polastila množice

seize upon vt pograbiti (a chance priliko)

seizin, seisin [sí:zin] n jur posest zemlje, prevzem zemlje v posest; v posest prevzeta zemlja

seizing [sí:ziŋ] n zaplemba; prisvojitev, prilastitev; ugrabitev

seizor [sí:zǝ] n jur arch kdor si prilasti (si prisvoji, vzame); rubežnik, zaplenilec; prevzemnik posesti

seizure [sí:žǝ] n jur prevzem v posest; polastitev; odvzem, zaplemba, zarubitev, rubežen, konfiskacija; ujetje, prijetje, aretacija; napad (bolezni); epileptic ~ božjasten napad

seldom [séldǝm] 1. adv redko(kdaj), malokdaj; ~ or never redko, da ne rečem nikoli; 2. a arch redek

select [silékt] 1. vt & vi izbrati, odbrati (for za); prebirati, sortirati; 2. a izbran, odbran; eliten; selektiven; izbirčen; a ~ audience izbrano poslušalstvo; a ~ club (party) selektiven klub (izbrana, ekskluzivna družba); ~ committee parl preiskovalni odbor ali komisija; ~ poems izbrane pesmi; ~ troops elitne čete; to be ~ in making friends biti izbirčen v spoprijateljevanju

selectee [silektí:] n mil A vpoklicanec, nabornik

selection [silékšǝn] n izbira(nje), izbor, odbiranje; izločanje, selekcija; izbrana oseba ali stvar; a fine ~ of summer goods lepa izbira poletnega blaga (stvari); to make one's own ~ sam si izbrati

selective [siléktiv] a (~ly adv) ki izbira, izbiren; radio selektiven (ki ne meša postaj); ~ service mil vojaška obveznost (v ZDA), nabor, vpoklic; S~ Service System organizacija za izvajanje vojaške obveznosti v ZDA

selectivity [silektíviti] n radio selektivnost

selectman, pl ~men [siléktmǝn] n A član mestne uprave

selectness [siléktnis] n odbranost, izbranost, ekskluzivnost, elitnost

selector [siléktǝ] n tech selektor; kdor kaj odbira, sortira, opravlja selekcijo

selenite [sélinait] n chem selenit (vrsta sadre)

Selenite [sélinait] n domneven prebivalec Lune, selenit

selenium [silí:niǝm] n chem selen

self, pl selves [self, selvz] 1. n sam (poedinec); svoja osebnost, jaz; prava narava; osebne koristi, egoizem, sebičnost, samoljubje; phil jaz, subjekt; biol enobarvna cvetlica (žival); my humble ~, my poor ~ moja malenkost; my former (better) ~ moj prejšnji (boljši) jaz; his own ~, his very ~ njegov lastni jaz; his second ~ njegov drugi jaz; njegov intimen prijatelj; njegova desna roka; your good selves com vaša spoštovana firma; our noble selves joc mi; knowledge of ~ poznavanje samega sebe; pity's ~ poosebljeno usmiljenje; a study of the ~ študija o jazu; he cares for nothing but ~ on se briga le za svoj lastni jaz; he has no other guide but ~ nima drugega vodnika kot svoje samoljubje; ~ do, ~ have kakor si boš postlal, tako boš spal; to refer everything to ~ vse nase, v svojo korist obračati; ~ is a bad guide to happiness sebičnost je slab vodnik k sreči; 2. a enoten, brez primesi, naraven (barva); arch isti; a ~ trimming pozamenterija iz istega (enotnega) materiala; 3. pron sam; a cheque drawn to ~ nase izstavljen ček; a ticket admitting ~ and friend vstopnica za sebe in za prijatelja

self- [self] pref samo-

self-abandoned [selfǝbǽndǝnd] a ki se popolnoma prepušča (bolečini ipd.)

self-abandoning [selfǝbǽndǝniŋ] a nesebičen, požrtvovalen

self-abandonment [selfǝbǽndǝnmǝnt] m nesebičnost, požrtvovalnost, odreka, (samo)odpoved, predanost

self-abasement [selfǝbéismǝnt] n ponižanje samega sebe

self-abhorrence [selfǝbhórǝns] n odvratnost do samega sebe

self-abnegation [selfæbnigéišǝn] n samozatajevanje, samozataja

self-absorbed [selfǝbsó:bd] a zatopljen sam vase, globoko zamišljen

self-absorption [selfǝbsó:pšǝn] n zatopljenost v samega sebe, globoka zamišljenost

self-abuse [selfǝbjú:s] n samooskrumba, onaniranje; zloraba svojih lastnih moči

self-accusation [selfækju:zéišǝn] n samoobtožba

self-acting [selfǽktiŋ] a ki deluje (se premika) sam; samodejen, avtomatičen

self-action [selfǽkšǝn] n samodelovanje, avtomatično delovanje

self-activity [selfæktíviti] n samodejnost

self-addressed [selfǝdrést] a na samega sebe naslovljen (adresiran)

self-adjusting [selfǝdžÁstiŋ] a z avtomatičnim reguliranjem, avtomatičen

self-adjustment [selfǝdžÁstmǝnt] n avtomatsko reguliranje

self-administration [selfədministréišən] *n* samo-uprava
self-admiration [selfədmiréišən] *n* občudovanje samega sebe
self-adornment [selfədɔ́:nmənt] *n* okrasitev samega sebe
self-affected [selfəféktid] *a* zaverovan sam vase
self-affirmation [selfæfə:méišən] *n* samozavest
self-aggrandizement [selfəgrǽndizmənt] *n* samo-poveličevanje
self-applause [selfəplɔ́:z] *n* samohvala, samo-zadovoljstvo
self-appointed [selfəpɔ́intid] *a* določen ali imeno-van od samega sebe, samozvan
self-approval [selfəprú:vəl] *n* samovšečnost
self-approving [selfəprú:viŋ] *a* samovšečen, samo-zadovoljen
self-asserting [selfəsɔ́:tiŋ] *a* preveč samozavesten; predrzen, aroganten, avtoritativen; dogmatski
self-assertion [selfəsɔ́:šən] *n* prevelika samozavest; zahtevanje svojih (namišljenih) pravic; pre-drznost, vsiljivost, arogantnost
self-assertive [selfəsɔ́:tiv] *a* vsiljiv, predrzen
self-assuming [selfəsjú:miŋ] *a* ošaben, domišljav, nadut
self-assumed [selfəsjú:md] *a* samozvan(ski); ~ title prisvojen naslov
self-assurance [selfəšúərəns] *n* zaupanje v samega sebe, samozavest
self-assured [selfəšúəd] *a* samozavesten
self-binder [selfbáində] *n tech* samovezni stroj
self-blinded [selfbláindid] *a* varajoč (slepeč) samega sebe
self-cent(e)red [selfséntəd] *a* egocentričen, samo-ljuben, samo nase misleč, sebičen
self-closing [selfklóuziŋ] *a* ki se avtomatsko zapira
self-collected [selfkəléktid] *a* priseben, zbran, hladnokrven
self-colour [selfkʌ́lə] *n* enotna, enolična barva; naravna barva
self-coloured [selfkʌ́ləd] *a* ki je enotne, enolične barve, enobarven; ki je naravne barve
self-command [selfkəmá:nd] *n* obvladanje samega sebe, oblast nad seboj
self-complacency [selfkəmpléisənsi] *n* samovšeč-nost, samozadovoljstvo
self-complacent [selfkəmpléisənt] *a* samovšečen, samozadovoljen
self-composed [selfkəmpóuzd] *a* miren, umerjen
self-conceit [selfkənsí:t] *n* domišljavost, nadutost, ničemrnost
self-conceited [selfkənsí:tid] *a* nadut, domišljav, ničemrn
self-confidence [selfkɔ́nfidəns] *n* samozavest(nost), zaupanje vase; (arogantna) samozavestnost
self-confident [selfkɔ́nfidənt] *a* samozavesten, poln zaupanja vase
self-conscious [selfkɔ́nšəs] *a phil* zavedajoč se svo-jega obstoja, svoje eksistence; pozerski; *fig* zmeden, v zadregi, ženiran, nesproščen; to make s.o. ~ oplašiti koga
self-consciousness [selfkɔ́nšəsnis] *n* zavest svojega obstajanja; pozerstvo; *fig* nesproščenost, ženi-ranost
self-consistency [selfkənsístənsi] *n* doslednost do samega sebe

self-consistent [selfkənsístənt] *a* dosleden do sa-mega sebe
self-constituted [selfkɔ́nstitju:tid] *a* samozvan(ski)
self-contained [selfkəntéind] *a* (vase) zaprt; ne-odvisen, samostojen; (o stanovanju) s posebnim vhodom; ~ house enodružinska hiša
self-contempt [selfkəntémpt] *n* preziranje samega sebe
self-contemptous [selfkəntémptəs] *a* prezirajoč samega sebe
self-content [selfkəntént] *n* samozadovoljstvo, samovšečnost
self-contented [selfkənténtid] *a* samozadovoljen, samovšečen
self-contradiction [selfkɔntrədíkšən] *n* protislovje samemu sebi, notranje protislovje
self-contradictory [selfkɔntrədíktəri] *a* protisloven samemu sebi, notranje protisloven
self-control [selfkəntróul] *n* obvladanje samega sebe, oblast nad samim seboj; hladnokrvnost
self-critical [selfkrítikəl] *a* samokritičen
self-criticism [selfkrítisizəm] *n* samokritika, avto-kritika
self-deceit [selfdisí:t] *n* varanje samega sebe; iluzija
self-deceiving [selfdisí:viŋ] *a* varajoč samega sebe
self-deception [selfdisépšən] *n* glej self-deceit
self-deceptive [selfdiséptiv] *a* glej self-deceiving
self-defenœe, ~ nse [selfdiféns] *n* samoobramba
self-defensive [selfdifénsiv] *a* samoobramben; *jur* v silobranu
self-delusion [selfdiljú:žən] *n* iluzija
self-denial [selfdináil] *n* samoodpoved, samo-zatajevanje, nesebičnost, skromnost
self-dependence [selfdipéndəns] *n* odvisnost od samega sebe; neodvisnost, samostojnost
self-dependent [selfdipéndənt] *a* neodvisen, samo-stojen
self-depreciation [selfdipri:šiéišən] *n* podcenjevanje, poniževanje samega sebe, pretirana skromnost
self-depreciative [selfdiprí:šieitiv] *a* podcenjujoč, ponižujoč samega sebe
self-despair [selfdispéə] *n* obup nad samim seboj
self-destruction [selfdistrʌ́kšən] *n* uničenje samega sebe; samomor
self-destructive [selfdistrʌ́ktiv] *a* samomorilen, samomorilski
self-determination [selfditə:minéišən] *n* samoodloč-ba, samoopredelitev; right of ~ pravica do samoodločbe
self-determined [selfditɔ́:mind] *a* ki odloča s svojo voljo, neodvisen
self-development [selfdivélopmənt] *n* samostojen (spontan) razvoj
self-devoted [selfdivóutid] *a* požrtvovalen; žrtvujoč samega sebe
self-devotion [selfdivóušən] *n* samožrtvovanje
self-display [selfdispléi] *n* razkazovanje samega sebe, ponašanje, paradiranje
self-dispraise [selfdispréiz] *n* (redko) samoponižanje
self-distrust [selfdistrʌ́st] *n* pomanjkanje zaupanja vase
self-distrustful [selfdistrʌ́stful] *a*; to be ~ nobenega zaupanja vase ne imeti
self-drive [selfdráiv] *a* (ki je) za samovozače; ~ cars for hire dajanje avtomobilov v najem samo-vozačem

self-educated [selfédjukeitid] *a* ki se je sam vzgajal, izobrazil; samouk, avtodidaktičen
self-education [selfedjukéišən] *n* samovzgoja; samouštvo, samoizobraževanje
self-effacement [selfiféismənt] *n* skromnost
self-esteem [selfistí:m] *n* dobro mnenje o samem sebi, domišljavost
self-evident [selfévidənt] *a* samoumeven, očiten, jasen kot beli dan
self-excitation [selfeksitéišən] *n el* samovzbujanje
self-explanatory [selfeksplǽnətəri] *a* sam po sebi razumljiv, samoumeven
self-faced [selfféist] *a* neobtesan; neoklesan (o kamnu)
self-feeder [selffí:də] *n* stroj (peč), ki se sam(a) oskrbuje z gorivom
self-fertilization [selffə:tilaizéišən] *n* samooploditev
self-flattery [selfflǽtəri] *n* samohvala, samolaskanje
self-forgetful [selffəgétful] *a* nesebičen
self-glazed [selfgléizd] *a* (o porcelanu) enobarvno glaziran
self-glorious [selfgló:riəs] *a* bahav
self-governed [selfgávənd] *a pol* samoupraven, samostojen
self-governing [selfgávəniŋ] *a* samoupraven, avtonomen, neodvisen, samostojen; ~ colony kolonija s samostojno upravo
self-government [selfgávənmənt] *n* samouprava, avtonomija, politična samostojnost
self-help [selfhélp] *n* samopomoč
selfhood [sélfhud] *n* osebnost, individualnost; sebičnost, samopašnost
self-importance [selfimpó:təns] *n* domišljavost, nadutost, občutek svoje lastne pomembnosti (važnosti); precenjevanje samega sebe
self-important [selfimpó:tənt] *a* domišljav, nadut, poln svoje važnosti, ošaben
self-indulgence [selfindáldžəns] *n* popustljivost, popuščanje samemu sebi (svojim željam, nagnjenjem), prizanesljivost do sebe; razbrzdanost
self-indulgent [selfindáldžənt] *a* prizanesljiv do sebe, popustljiv sebi (svojim nagnjenjem); razbrzdan
self-inflicted [selfinflíktid] *a* sebi zadan; ~ wounds *mil* samopohabljenje
self-interest [selfíntrist] *n* sebičnost, koristoljubje, samoljubje, egoizem
self-interested [selfíntristid] *a* sebičen, koristoljuben, samoljuben, egoističen
selfish [sélfiš] *a* (~ly *adv*) sebičen
selfishness [sélfišnis] *n* sebičnost, egoizem
selfless [sélflis] *a* (~ly *adv*) nesebičen
selflessness [sélflisnis] *n* nesebičnost
self-knowledge [selfnólidž] *n* poznavanje samega sebe, samospoznanje
self-love [selfláv] *n* samoljublje, sebičnost, egoizem
self-made [sélfméid] *a*; a ~ man človek, ki je sam iz sebe napravil pomembno osebnost; samorastnik
self-mailer [selfméilə] *n* tiskovina, ki se lahko pošlje brez ovitka
self-management [selfmǽnidžmənt] *n* samoupravljanje
self-mastery [selfmá:stəri] *n* obvladanje samega sebe
self-murder [selfmó:də] *n* samomor

self-murderer [selfmó:dərə] *n* samomorilec
self-opinion [selfəpíniən] *n* (visoko) mnenje o (samem) sebi; domišljavost; trmoglavost, nepopustljivost v svojih nazorih
self-opinionated [selfəpínieitid] *a* trmoglav, trmast, nepopustljiv v svojih nazorih; nadut, domišljav
self-opinioned [selfəpíniənd] *a* glej self-opinionated
self-partial [selfpá:šəl] *a* veliko si domišljajoč o sebi
self-partiality [selfpa:šiǽliti] *n* precenjevanje samega sebe
self-pleasing [selfplí:ziŋ] 1. *n* samovšečnost; 2. *a* samovšečen
self-poised [selfpóizd] *a* samostojen
self-polluter [selfpəlú:tə] *n* onanist
self-pollution [selfpəlú:šən] *n* onanija
self-portrait [selfpó:trit] *n* avtoportret, lastna podoba
self-possessed [selfpəzést] *a* priseben, hladnokrven, miren, zbran, ki se obvlada
self-possession [selfpəzéšən] *n* prisebnost, mirnost, obvladanje samega sebe, hladnokrvnost
self-praise [selfpréiz] *n* lastna hvala, samohvala; ~ is no recommendation lastna hvala malo velja
self-preservation [selfprezəvéišən] *n* samoohranitev, nagon samoohranitve; in ~ v silobranu
self-profit [selfprófit] *n* lastna korist
self-protection [selfprətékšən] *n* samozaščita
self-raising flour [selfréiziŋ fláuə] *n* s pecilnim praškom mešana moka
self-raker [selfréikə] *n agr* kosilnica z grabljami za snope
self-recording [selfrikó:diŋ] *a* ki avtomatsko beleži, registrira
self-regard [selfrigá:d] *n* ozir do (spoštovanje) samega sebe
self-regulating [selfrégju:leitiŋ] *a tech* ki sam (avtomatsko) regulira
self-reliance [selfriláiəns] *n* zaupanje vase, zanašanje nase
self-reliant [selfriláiənt] *a* zaupajoč vase, zanašajoč se nase
self-renunciation [selfrinʌnsiéišən] *n* samoodpoved, odreka, samozatajevanje
self-reproach [selfripróuč] *n* samograja; očitek, očitanje samemu sebi, kesanje, grizenje vesti
self-reproof [selfriprú:f] *n* grizenje vesti, kesanje
self-repugnant [selfripágnənt] *a* (redko) sam sebi nasprotujoč, protisloven, nedosleden
self-respect [selfrispékt] *n* spoštovanje do samega sebe
self-restrained [selfristréind] *a* obvladujoč samega sebe
self-restraint [selfristréint] *n* obvladanje samega sebe
self-righteous [selfráičəs] *a* ki sebe smatra za pravičnega, krepostnega; farizejski, hinavski
self-righteousness [selfráičəsnis] *n* farizejstvo, hinavstvo
self-righting [selfráitiŋ] *a* (o čolnu) ki se sam postavi pokonci (če se prevrne)
self-sacrifice [selfsǽkrifais] *n* žrtvovanje samega sebe; požrtvovalnost
self-sacrificing [selfsǽkrifaisiŋ] *a* žrtvujoč samega sebe; požrtvovalen
selfsame [sélfseim] *a* prav isti, točno isti, pravi

selfsameness [selfséimnis] *n* identiteta, identičnost

self-satisfaction [sélfsætisfǽkšən] *n* samozadovoljstvo

self-satisfied [selfsǽtisfaid] *a* sam s seboj zadovoljen

self-scorn [selfskó:n] *n* preziranje, sramotenje samega sebe

self-seeker [selfsí:kə] *n* sebičnež, egoist

self-seeking [selfsí:kiŋ] *a* sebičen, egoističen

self-service [selfsó:vis] 1. *n* samopostrežba; 2. *a* samopostrežen; ~ store (restaurant) samopostrežna trgovina (restavracija)

self-slaughter [selfsló:tə] *n* samomor

self-sown [selfsóun] *a* divje zrasel, ne seján s človeško roko

self-starter [selfstá:tə] *n* električna naprava za spustitev avtomobilskega motorja v pogon, zaganjač, zaganjalnik

self-styled [selfstáild] *a* samozvan(ski), namišljen

self-subsistent [selfsəbsístənt] *a* samostojen, neodvisen

self-sufficiency [selfsəfíšənsi] *n* zadostnost lastnih sredstev, nepotrebnost tuje pomoči, samozadostnost, avtarkija, gospodarska neodvisnost; domišljavost, nadutost

self-sufficient [selfsəfíšənt] *a* samozadosten, ki ni navezan na tujo pomoč, avtarkičen, neodvisen; nadut, domišljav; to bɛ ~ moči sam zadostiti svojim potrebam; biti avtarkičen

self-suggestion [selfsədžésčən] *n* avtosugestija

self-support [selfsəpó:t] *n* vzdrževanje samega sebe, denarna neodvisnost

self-supporting [selfsəpó:tiŋ] *a* ki se sam vzdržuje, denarno neodvisen, samostojen; *econ* avtarkičen

self-surrender [selfsəréndə] *n* odreka svoje osebnosti

self-sustained [selfsəstéind] *a* ki se sam vzdržuje

self-taught [selftó:t] *a* samouk, avtodidaktičen; a ~ person samouk, avtodidakt

self-toned [selftóund] *a* (o koži) naravne barve

self-torture [selftó:čə] *n* mučenje samega sebe

self-trust [sélftrʌst] *n* zaupanje vase

self-violence [selfváiələns] *n* nasilje nad samim seboj; samomor

self-will [selfwíl] *n* samovolja, svojevoljnost, trmoglavost, trma

self-willed [selfwíld] *a* samovoljen, svojevoljen, trmast, trmoglav

self-winding [selfwáindiŋ] *n* ki se sam navija (o uri)

self-wise [selfwáiz] *a* nadut, domišljav

self-worship [self wó:šip] *n* kult (malikovanje) samega sebe, kult lastne osebe

self-wrong [selfróŋ] *n* sebi prizadejana krivica

sell I [sel] *n sl* prevara, goljufija, sleparija; what a ~ - kakšna sleparija!

sell* II [sel] 1. *vt* prodati, prodajati (*at* po, *to s.o.* komu), trgovati s čim; izdati koga (za denar ali za kaj drugega); *sl* speljati koga na led, prevarati, opehariti, ukaniti, prelisičiti, ogoljufati koga; *A* zvabiti koga k nakupu; sold again! *sl* spet prevaran (ogoljufan, opeharjen)!; sold on *coll* navdušen za; to ~ , to be sold na prodaj; to ~ by auction prodati na dražbi; to ~ at a low price poceni prodati; to ~ one's country izdati svojo domovino; to ~ dear (one's life) dragó prodati (svoje življenje); to ~ goods

retail (wholesale, for cash, on credit) proda(ja)ti blago na drobno (na debelo, za gotovino, na kredit); to ~ the grass *fig* izneveriti se zavezniku ali ideji; to ~ s.o. a gold brick *fig* prevarati, ogoljufati, opehariti koga; to ~ the public on s.th. *A sl* javnosti nekaj (največkrat nevrednega) hvalisati; to ~ short *sl*, to ~ down the river *sl* izdati in prodati; to be sold *sl fig* nasesti, biti opeharjen, prevaran; to ~ against a purchaser *A* prodajati delnice pri manjših kolebanjih tečaja; 2. *vi* proda(ja)ti se, iti v prodajo; his book is ~ing like hot cakes (like a wildfire) njegova knjiga gre za med, trgajo se za njegovo knjigo; goods that do not ~ blago, ki ne gre v prodajo, nekurantno blago;

sell off *vt* razprodati (ostanke po znižani ceni), izprazniti (skladišče);

sell out [*vt* (naenkrat) prodati, razprodati (delnice itd.), prodati (svoj delež); *vi hist* zapustiti vojaščino s prodajo svoje častniške namestitvene listine; to be sold out ne imeti več blaga;

sell up *vt jur* zarubiti koga, izvršiti rubežen pri kom, spraviti na boben koga; *A vi sl* umreti; to ~ a debtor zarubiti in prodati dolžnikovo premoženje; he was sold up vse so mu zarubili in prodali

seller [sélə] prodajalec; blago, ki se dobro prodaja, gre dobro v prodajo; sellers' market za prodajalce ugodno tržišče; best-~ zelo uspešna knjiga, uspešnica; avtor, čigar dela se dobro prodajajo

selling [séliŋ] 1. *n* prodaja(nje); 2. *a* prodajen

selling-off [séliŋɔ:f] *n* razprodaja

selling-out [séliŋaut] *n* razprodaja (delnic itd.); *A sl* izdajstvo

selling-race [séliŋréis] *n* dirka, po kateri zmagovitega konja prodajo najvišjemu ponudniku

selling-rate [séliŋréit] *n* prodajni tečaj (na borzi)

sellotape [sélouteip] *n* prozoren lepilni trak, selotejp

sellout [sélaut] *n sl* razprodaja; razprodana gledališka igra; izdajstvo

seltzer [séltsə] *n* (navadno: ~-water) sodavica

seltzogene [séltsodží:n] *n* naprava za izdelovanje sodavice

selvage [sélvidž] *n* okrajek; trak, ki rabi za rob pri suknu; kovinska plošča na ključavnici

selvedge [sélvedž] *n glej* selvage

selves [selvz] *pl* od self

semantic [simǽntik] *a* pomenosloven, semantičen, ki se tiče semantike; ~ key *ling* pomenski ključ; ~ key word ključna beseda

semantics [simǽntiks] *n pl* semantika, nauk o razvoju pomena besed, pomenoslovje

semanticism [simǽntisizəm] *n* element semantike

semaphore [sémɔfɔ:] 1. *n* semafor, signalna naprava; optični telegraf; *mil & naut* signaliziranje z dvema zastavicama; 2. *vi & vt* dajati znake s semaforom, s signalnimi zastavicami

semaphoric [seməfórik] *a* (~ally *adv*) semaforen, signalen; telegrafski

semasiological [simeisiəlódžikəl] *a* pomenosloven, semaziološki, semantičen

semasiology [simeisiólədži] *n* nauk o pomenu besed, zlasti o razvoju in spreminjanju pomena besed; semaziologija, semantika semblable [sémbləbl] 1. *a* podoben; očiten; navidezen; primeren, prikladen; 2. *n* podobnost, enakovrstnost

semblance [sémbləns] *n* podobnost; zunanjost; oblika, pojava; videz; **under the ~ of friendship** pod plaščem prijateljstva; **this news has a ~ of truth** ta vest je videti resnična

semble [sembl] *jur* zdi se, videti je

sememe [sémi:m] *n ling* pomen, semem

semen, *pl* **semina** [sí:mən, séminə] *n bot* seme; *med zool* seme; sperma

semester [siméstə] *n* polletje, semester

semestrial [siméstriəl] *a* semestralen, polleten

semi- [semi] *pref* pol-; **~-chemical pulp** *chem* polceluloza

semiannual [semiánjuəl] 1. *n* polleten; 2. *n* polletna revija (list)

semiautomatic [semiɔ:təmǽtik] 1. *a* polavtomatski; 2. *n* polavtomatsko strelno orožje

semibreve [sémibri:v] *n mus* celinka (nota)

semi-centennial [semisenténjəl] 1. *n* petdesetletnica; 2. *a* petdesetleten, ki ima (traja) petdeset let

semicercle [sémisə:kl] *n* polkrog

semicircular [semisɔ́:kjulə] *a* polkrožen

semicolon [sémikoulən] *n* (ločilo) podpičje

semiconscious [semikɔ́nšəs] *a* polzavesten, ne pri polni zavesti

semidaily [semidéili] *a* dvakrat na dan, dvakrat dnevno

semidetached [semiditǽčt] *a* (o hiši) ki ima skupen zid samo z enim sosedom; **~ house** hiša dvojček

semidivine [semidiváin] *a* polbožanski

semifinal [semifáinəl] 1. *a* polfinalen; 2. *n* polfinale

semifinalist [semifáinəlist] *n* polfinalist

semihoral [semihóurəl] *a* poluren

semilunar [semilúnə] ki ima obliko polmeseca

semi-monthly [semimánθli] 1. *a* polmesečen; 2. *n* polmesečnik (revija)

seminal [sé:minəl] *a* (**~ly** *adv*) semenski; kličen, zaroden; plodonosen, ustvarjalen; **~ fluid** (moško) seme; **~ power** (moška) potenca; **in the ~ state** v zarodku, v razvojnem stadiju; **~ principles** plodonosna načela

seminar [seminá:] *n univ* seminar

seminarist [séminərist] *n* semeniščnik, bogoslovec; učitelj v semenišču

seminary [séminəri] *n arch* drevesnica, razsadnik; semenišče; (zasebna) višja šola; *univ* seminar, **a ~ of vice** leglo pregreh

semination [seminéišən] *n* sejanje; raztrositev

semi-official [semiəfíšəl] *a* (**~ly** *adv*) poluraden

semipostal [semipóustəl] *n* z doplačilom prodana poštna znamka (zlasti v dobrodelne namene)

semiprivate [semipráivit] *a* ki je v 2. razredu (bolnišnice)

semipro [sémiprou] *n sp coll* polprofesionalec

semiquaver [sémikweivə] *n mus* šestnajstinka (nota)

semiskilled [sémiskild] *a* polkvalificiran

semisteel [sémisti:l] *n tech* poljeklo; *A* prečiščeno jeklo

Semite [sí:mait] 1. *n* Semit; 2. *a* semitski

semitertian [semitɔ́:šən] *n med* zdaj enodnevno, zdaj tridnevno nastopajoča vročica

Semitic [simítik] 1. *a* semitski; 2. *n* semitski jezik

semitism [sémitizəm] *n* semitizem, značilnost Semitov, zlasti Judov; semitski izraz v nesemitskem jeziku

semitist [sémitist] *n* semitolog, znastvenik, ki se bavi s študijem jezikov, književnosti in kultur semitskih narodov

semitone [sémitoun] *n mus* polton

semivowel [sémivauəl] *n* pol(samo)glasnik

semiweekly [semiwí:kli] 1. *a* poltedenski; 2. *n* poltednik, poltedenski list (časnik)

semiyearly [semijíəli] 1. *a* polleten; 2. *n* polletnik, polletni list (revija)

semolina [seməlí:nə] *n* (pšenični) zdrob

sempiternal [sempitə́:nəl] *a* (**~ly** *adv*) večen, neskončen

sempiternity [sempitə́:niti] *n rhet* večnost

sempstress [sém(p)stris] *n* šivilja

senary [sénəri, sí:nəri] *a* ki vsebuje številko 6; ki prihaja v skupinah po 6; kateremu rabi številka 6 za enoto

senate [sénit] *n* senat; zakonodajni svet; člani zakonodajnega sveta, zakonodajalci; *A* **the S~** zgornji dom kongresa; univerzitetni senat

senator [sénətə] *n* senator, član senata

senatorial [senətɔ́:riəl] *a* (**~ly** *adv*) senatorski; senatski

senatorship [sénətəšip] *n* senatorska služba (čast); senatorstvo

send I [send] *n* spodbuda, pobuda, podnet, nagib; impulz; *sl* igranje v ritmu swinga; impulzivno igranje

send* II [send] 1. *vt* poslati, odposlati (*to* kam); odpraviti; spraviti v gibanje; izstreliti (naboj; usmeriti, nameriti (pogled) (*at* k, proti); udariti, vreči (žogo); (o bogu) dati, nakloniti; 2. *vi* poslati (*for* po); poslati sporočilo; **our attack sent the enemy flying** naš napad je pognal sovražnika v beg; **to ~ s.o. about his business** na kratko odpraviti koga, spoditi koga; **to ~ s.o. crazy** znoríti koga; **to ~ coals to Newcastle** napraviti nekaj nepotrebnega, odvečnega; v Savo vodó nositi; **to ~ s.o. to Coventry** *fig* ne se hoteti družiti s kom; **to ~ for s.th.** poslati po kaj, dati si prinesti kaj, naročiti kaj; **to ~ for the doctor** poslati po zdravnika; **God ~ it may not be so!** daj bog, da ne bi bilo tako!; **to ~ to invite s.o.** poslati komu (po)vabilo; **to ~ one's love** poslati prisrčen pozdrav, pozdraviti po kom; **to ~ s.o. mad (out of his mind)** razdražiti, razbesneti koga, spraviti koga v blaznost, znoriti koga; **to ~ a message** poslati sporočilo; **I sent him packing** *fig* ódpustil sem ga (iz službe), spodil sem ga; **to ~ by post** poslati po pošti; **his playing really ~s me** njegovo igranje me zares prevzame (navduši); **to ~ one's kind regards** lepo pozdravljati; **to ~ to the right-about, ~ packing** *sl* na kratko koga odpraviti, odpustiti koga, poslati k vragu koga; **the news sent her into hysterics** ob tej novici je postala histerična; **to ~ to school** poslati v šolo; **to ~ to the skies** *sl* ubiti; **to ~ a shell** izstreliti granato; **~ him victorious!** da bi (le) zmagal!; **~ me a word!** sporoči (piši, javi se) mi!;

send about *vt* spoditi koga, na kratko koga odpraviti;

send after *vt* poslati za (kom)

send away *vt* odposlati, odgnati, odpustiti, spoditi koga; poslati na deželo

send down *vt* izključiti z univerze; vreči; spustiti, znižati (temperaturo itd.); (boks) zrušiti, pobiti na deske (na tla);

send for *vi* poslati po, poklicati (*a doctor* zdravnika);

send forth *vt* odposlati; odpustiti, odpraviti; širiti od sebe (svetlobo ipd.); ~ **shoots** pognati mladike; ~ **fragrance** širiti prijeten vonj, duhteti;

send in *vt* poslati, dostaviti, predložiti; ~ **one's bill** predložiti (svoj) račun; ~ **one's name** prijaviti se; ~ **one's papers** *fig* dati ostavko, zahvaliti se za službo;

send off *vt* odposlati, odpustiti, spoditi; spremiti koga pri odhodu;

send on *vt* poslati naprej, poslati za kom (pisma);

send out *vt* odposlati, razposlati; spoditi, vreči skozi vrata; pognati (mladike), širiti (vonj); objaviti, razglasiti, naznaniti kaj;

send over *vt radio* oddajati, emitirati;

send round *vt* obračati, vrteti, gnati naokrog; razposlati;

send up *vt* pognati kvišku, dvigniti; *A sl* vtakniti v luknjo (zapor); ~ **one's name** prijaviti se; **to** ~ **the prices** pognati kvišku, navijati cene; **to** ~ **for trial** postaviti pred sodišče

send III [send] *n* pritisk, gonilna moč (valov); *naut* nenaden sunek, premik (ladje, zaradi močnih valov)

sendable [séndəbl] *a* ki se da poslati

sender [séndə] *n* pošiljatelj, -ica; *el* oddajnik (radia itd.)

send-off [séndóf] *n coll* (prisrčno) slovo; manifestacija simpatij ob odhodu, svečana pospremitev (pri odhodu) kake osebe; pobuda, impulz

senescence [sinésəns] *n* staranje

senescent [sinésənt] *a* starajoč se

seneschal [sénišəl] *n hist* senešal, majordom, dvorni upravitelj, najvišji dvorni uradnik, nadzornik kraljevih posesti

sengreen [séngri:n] *n dial bot* (divji) netresk

senile [sí:nail] *a* senilen, ostarel, starčevski; oslabel ali onemogel (telesno in duševno) od starosti; ~ **dementia** starčevska bebavost

senility [siníliti] *n* senilnost, ostarelost, starčevska (starostna) oslabelost, onemoglost (telesna in duševna)

senior I [sí:njə] *a* starejši; višji po položaju (v službi); *A* ki je v zadnjem letu študija; **John Brown sen.** (ali **Sr.**) J. B. starejši; **the** ~ **class** najvišji razred; ~ **clerk** višji uradnik; **a** ~ **man** študent zadnjega letnika, starina; **the** ~ **officer** najvišji častnik; ~ **optime** drugi študent po uspehu iz matematike; ~ **partner** starejši družabnik, šef firme; **the** ~ **service** *E* vojna mornarica; ~ **wrangler** najboljši študent letnika v matematiki; **he is my** ~ **officer** on mi je (častniški) starešina; **he is five years** ~ **to me** on je pet let starejši od mene

senior II [sí:njə] *n* starešina; predstojnik; študent zadnjega letnika; najstarejša oseba; ~ **school** *E* (do 1944) štirje zadnji razredi osnovne šole

(za učence v starosti 10 do 14 let); ~ **high school** *A* najvišji razredi šole, ki sledi osnovni šoli (10. do 12. šolsko leto); **he is my** ~ **by five years** on je pet let starejši od mene

seniority [si:nióriti] *n* starost, starešinstvo (po dobi, službi, časti), starostna prednost; višja starost; **to rise (to be promoted) by** ~ napredovati po službeni starosti

sennet [sénit] *n theat hist* znak s trobento (pri menjavi scene)

sennight [sénait] *n arch* teden, teden dni; **Tuesday** ~ (v) torek teden

sennit [sénit] *n naut* v krog ali v štirikotnik zvita vrv

sensate [sénseit] *a* zaznan s čuti

sensation [sénséišən] *n* občutek, vtis; senzacija, pozornost, vznemirjenje; čudo, veliko dejanje; **latest** ~ najnovejša senzacija; **a painful** ~ **of cold** boleč občutek mraza; **to create a** ~, **to make a** ~ napraviti, povzročiti senzacijo, zbuditi veliko pozornost

sensational [sénséišənəl] *a* zbujajoč splošno pozornost, razburljiv, nenavaden, senzacionalen; občutkoven

sensationalism [sénséišnəlisəm] *n* iskanje senzacij, senzacionalni način pisanja; *phil* teorija, da je duševno življenje posledica zunanjih dražljajev

sensationally [sénséišnəli] *adv* občutkovno; čutilno, čutno; senzacionalno

sensationary [sénséišnəri] *a* čutilen, čuten

sensationism [sénséišənizəm] *n* senzacionizem; nauk, da duševno življenje sestoji le iz občutkov

sensationist [sénséišənist] *n* privrženec senzacionizma

sense I [sens] *n* čut, čutilo, občutek, čustvo; (zdrava) pamet, (zdrav) razum; smisel, pomen; sodba, mnenje; uvidevnost; *pl* razumnost, pametnost; bistrost; splošno naziranje ali mnenje; **in (out of) one's** ~s (ne) pri zdravi pameti; **against common** ~ proti zdravi pameti; **the five** ~s petero čutov; **the** ~ **of hearing** čut sluha, sluh; ~ **of duty (responsibility)** čut dolžnosti (odgovornosti); ~ **of pain** občutek bolečine; **a** ~ **of wrong** občutek (sebi prizadete) krivice; **common (good, sound)** ~ zdrava pamet, zdrav razum; **a man of** ~ pameten človek; **any man in his** ~ vsak pameten človek; **in every** ~ v vsakem pogledu; **in a** ~ v nekem pogledu, nekako; **literal (figurative, proper)** ~ **of a word** dobesedni (preneseni, pravi) pomen (neke) besede; **be a man of** ~ ! bodi no pameten!; **she is not in her right** ~s ona ni čisto pri pravi pameti; **are you out of your** ~s? si ob pamet?, si znorel?; **we must bring him to his** ~s moramo ga spametovati; **to come to one's** ~s priti k pameti, spametovati se; zavedati se; **she was frightened (scared) out of her** ~s bila je vsa iz sebe (ponorela je) od strahu; **he has no** ~ **of humour** on nima smisla za humor; **I have no** ~ **of locality** nimam občutka za orientacijo; **she had not the** ~ **to turn off the gas** ni ji prišlo na pamet, da bi zaprla plin; **to lose (to take leave of) one's** ~s izgubiti pamet; **to make** ~ **of s.th.** dati čemu smisel, razumeti kaj; **it does not make** ~ (to) nima nobenega smisla, to je nerazumljivo; **he'll need all his** ~s potreboval bo vso svojo pamet; **to recover** one's ~s priti spet k pameti, spet se zavedeti; **it stands to** ~ čisto jasno je; **have you taken leave of your** ~s? si ob pamet? si znorel?; **talk** ~! govori pametno!

sense II [sens] *vt* zazna(va)ti, občutiti; nejasno se zavedati, slutiti; *A coll* razumeti, doumeti, dojeti, kapirati

senseful [sénsful] *a* pomenljiv

senseless [sénslis] *a* (~ly *adv*) brezčuten; brez zavesti; (o osebi) neumen, bedast; (o stvari) nesmiseln, brezumen

senselessness [sénslisnis] *n* brezčutnost, neobčutnost; nezavest; nerazumljivost, nespametnost; nesmisel, absurdnost

sense organ [sénsó:gən] *n* čutilo

sensibility [sensibíliti] *n* občutnost, čutna občutljivost; čustvenost; *pl* (pre)občutljivost, rahločutnost; senzibilnost; ~ **to light** občutljivost za svetlobo

sensible [sénsəbl] *a* (**sensibly** *adv*) senzibilen; občuten, lahkó občutljiv; zaznaven s čuti(li); zavedajoč se; pameten, bister, razumen; *fig* uvideven, razsoden; precejšen, znaten; **a** ~ **decision** razumna odločitev; **a** ~ **difference** občutna (precejšnja, znatna) razlika; **to be** ~ **of s.th.** zavedati se česa, (ob)čutiti kaj; **I am** ~ **of having made a mistake** zavedam se, da sem se zmotil (da sem napravil napako)

sensibleness [sénsiblnis] *n* razumnost, pamet; občutljivost

sensism [sénsizəm] *n phil* sensualizem

sensitive [sénsitiv] **1.** *a* zelo občutljiv, preobčutljiv, senziven; dražljiv, lahko razburljiv; (lahkó) spremenljiv; ~ **to cold** zelo občutljiv za mraz; ~ **market** *econ* omahljivo, negotovo tržišče; ~ **scales** občutljiva tehtnica

sensitiveness [sénsitivnis] *n* glej **sensitivity**

sensitivity [sensitíviti] *n* občutljivost; čustvenost, sposobnost čustvovanja, rahločutnost, senzitivnost; ~ **to rays** občutljivost za žarke

sensitization [sensitaizéišən] *n* senzibilizacija, dovedenje v stanje občutljivosti (za svetlobo)

sensitize [sénsitaiz] *vt* senzibilizirati, napraviti (kaj) občutljivo (za svetlobo)

sensitizer [sénsitaizə] *n phot* senzibilizator

sensorial [sensó:riəl] *a* glej **sensory**

sensory [sénsəri] *a* (**sensorily** *adv*) čutilen; čuten, zadevajoč čute ali čutila; senzoričen; ~ **organs** čutila; ~ **hair** čutna dlačica

sensual [sénsjuəl, sénšuəl] *a* (~ly *adv*) čuten, sloneč na čutih (čutilih, občutkih); senzualen; polten, nasladen; *phil* senzualističen; ~ **pleasures** polteni užitki

sensualism [sénsjuəlizəm] *n* čutnost, poltenost, nagnjenje k čutnemu uživanju, senzualizem, hedonizem

sensualist [sénsjuəlist] *n phil* senzualist, privrženec senzualizma; čuten (polten) človek, pohotnik

sensuality [sensjuǽliti] *n* čutnost, poltenost, poželjivost, pohota

sensualize [sénsjuəlaiz] *vt* napraviti (kaj) čutno, senzualno, polteno; dražiti k čutnosti (poltenosti)

sensuous [sénsjuəs] *a* (~ly *adv*) čuten, čutilen; senzualen

sensuousness [sénsjuəsnis] *n* čutnost, čutilnost; senzualnost

sent [sent] *pt & pp* od **to send**

sentence I [séntəns] *n* moder, poučen (iz)rek, sentenca; *gram* stavek; *jur* sodba, razsodba, obsodba, kazen; *arch* mišljenje, mnenje, odločitev za neko stvar ali proti njej; **under** ~ **of death** pod smrtno kaznijo; ~ **stress (accent)** stavčni naglas; **life** ~ dosmrtna kazen (ječa); **simple (compound, principal, subordinate)** ~ prost (zložen, glaven, podreden) stavek; **the** ~ **was for war** odločitev je bila (padla) za vojno; **to pass** ~ **on, to pronounce** ~ **on** izreči sodbo nad, obsoditi; **to serve one's** ~ **(of imprisonment)** (od)služiti (prestajati, odsedeti) svojo (zaporno) kazen

sentence II [sentəns] *vt* obsoditi; **to** ~ **to death** obsoditi na smrt

sentential [senténšəl] *a* stavčen, spadajoč k stavku; (redko) *jur* pravnomočen, odločilen, sodben

sententious [senténšəs] *a* (~ly *adv*) sentenčen, poln modrih misli (sentenc); moder, poučen; jedrnat, zgoščen, pregnanten

sententiousness [senténšəsnis] *n* sentenčnost; obilica modrih misli; poučnost; zgoščenost, pregnantnost, jedrnatost

sentience, ~**cy** [sénšəns(i)] *n* občutek, občutje, občutnost

sentient [sénšənt] **1.** *a* (~ly *adv*) čuteč, ki (ob)čuti; **2.** *n* čuteča oseba, čuteč duh

sentiment [séntimənt] *n* čustvo, čustvovanje; (pretirana) čustvenost, sentimentalnost; *pl* mišljenje, nazor, maksima; (redko) jedrnat izrek; ~**s toward(s) s.o.** čustva do koga; **to express one's** ~**s** izraziti svoje mnenje (mišljenje); **these are** (*hum* **them's**) **my** ~**s** tako je moje mišljenje, tako jaz mislim

sentimental [sentiméntəl] *a* (~ly *adv*) pretirano čustven, zelo čustven, sentimentalen, osladen; ~ **comedy** jokava, solzava, sentimentalna komedija; **a** ~ **song** sentimentalna pesem

sentimentalism [sentiméntəlizəm] *n* sentimentalnost, močna (pretirana) čustvenost

sentimentalist [sentiméntəlist] *n* sentimentalna, (pretirano, zelo) čustvena oseba

sentimentality [sentimentǽliti] *n* sentimentalnost; močna, pretirana čustvenost

sentimentalize [sentiméntəlaiz] **1.** *vi* postati pretirano čustven (sentimentalen); pretirano čustveno govoriti (*about* o); **2.** *vt* napraviti (predstaviti) (kaj) pretirano čustveno

sentimentalizer [sentiméntəlaizə] *n* sentimentalnež, čustvenik

sentinel [séntinəl] **1.** *n mil* straža (tudi *fig*); **to stand** ~ stati na straži; **2.** *vt* stražiti, čuvati, paziti na (koga, kaj); postaviti stražo (nad čem)

sentisection [sentisékšən] *n* vivisekcija neomamljene živali

sentry [séntri] *n mil* straža; stražar; **to be on (to keep, to stand)** ~ biti (stati) na straži; **to relieve a** ~ izmenjati stražo

sentry-box [séntriboks] *n* stražarnica, stražarska hišica sentry go [séntrigou] *n* stražarska služba, stražarjenje

sepal [sépəl, sí:pəl] *n bot* venčni list

separability [sepərəbíliti] *n* ločljivost, (od)deljivost, oddvojljivost

separable [sépərəbl] *a* (separably *adv*) ločljiv, oddeljiv, oddvojljiv

separableness [sépərəblnis] *n* glej separability

separate I [séprit] 1. *a* oddeljen, oddvojen, ločen (*from* od), izoliran; separaten, poseben; posamičen, posamezen; ~ and common (corporate) ownership zasebna in družbena lastnina; ~ ~ confinement zapor v samici; ~ maintenance *jur* alimenti (ločeno živeče žene); the ~ members of the body posamezni udje telesa; the ~ volumes of a book posamični zvezki knjige; 2. *n print* poseben odtis članka iz revije ali iz zbornika, separat; *pl* dvodelna obleka

separate II [sépəreit] 1. *vt* ločiti (*from* od), oddeliti, razdeliti (*into* v), razdružiti; odbrati, izolirati, centrifugirati (mleko); odpustiti iz vojaške službe; *jur* (zakonsko) ločiti; ~ d from his wife ločen od (svoje) žene; to ~ church and state ločiti cerkev in državo; to ~ cream from milk posneti smetano z mleka; 2. *vi* ločiti se, oddeliti se, oddvojiti se, razdružiti se, odcepiti se; (zakonsko) se ločiti; before we ~ preden se ločimo; to ~ from a church izstopiti iz (neke) cerkve

separateness [sépəritnis] *n* ločenost, oddvojenost, oddeljenost (*from* od); izoliranost, osamljenost, samota

separation [sepəréišən] *n* ločitev, ločenost; *jur* razveza (zakona), ločitev, ločeno življenje; *math* prerez; ~ allowance doklada (dodatek) za ločeno življenje; ~ from bed and board ločitev (ločenost) od postelje in mize; ~ center *mil A* odpustni center; ~ of partnership razpust (trgovske) družbe; judicial ~ *jur* sodna ločitev (zakona)

separationist [sepəréišənist] *n* zagovornik ločitve

separatism [sépərətizəm] *n* separatizem, stremljenje (težnja) po ločitvi (odcepitvi)

separatist [sépərətist] 1. *n* separatist, privrženec separatizma; kdor se želi ločiti, odcepiti od česa ter biti samostojen; secesionist; *relig* sektaš, disident; 2. *a* separatističen

separative [sépərətiv] *a* ločilen, separativen; ki se hoče ločiti

separator [sépəreitə] *n tech* separator (za mleko), centrifuga; ločilec; weaving ~ glavnik za separiranje vlaken

separatory [sépəreitəri] *a* ločilen, oddeljevalen

separatum [sepəréitəm] *n print* poseben odtis, separat

sepia [sí:piə] 1. *n* sepija, rjavkasto črna slikarska barva; taka risba; 2. *n zool* sipa (riba); 3. *a* sepijski, sepijsko rjav

sepoy [sí:pɔi] *n* sepoj, indijski vojak britanske vojske; the ~ mutiny (rebellion) upor sepojev (1857—1859)

seps [seps] *n zool* skink (vrsta plazilcev)

sepsis [sépsis] *n med* sepsa, zastrupljenje krvi

sept I [sept] *n* klan (zlasti na Irskem); rod

sept II [sept] *n* ograditev, ograjeno področje

septan [séptən] *a med* ki se vrača vsak sedmi dan (o mrzlici)

septangle [séptæŋgl] *n math* sedmerokotnik

septangular [septǽŋgjulə] *a* sedmerokoten

September [septémbə] *n* september; ~ massacres *hist* septembrski umori (v francoski revoluciji, 1792)

septenary [séptinəri] 1. *n* skupina sedmih (stvari itd.), sedmorica; doba sedmih let, sedem let; sedmica; 2. *a* ki vsebuje število 7; tedenski

septennate [septénit, ~neit] *n* doba 7 let, sedemletje; septenat

septennial [septéniəl] *a* (~ ly *adv*) sedemleten, trajajoč 7 let, ki se dogaja vsakih 7 let (vsako sedmo leto); ~ elections volitve vsakih 7 let

septentrional [septéntriənl] *a* severni

septet(te) [septét] *n mus* septet; *fig* skupina sedmih stvari itd.

septic [séptik] 1. *a* (~ ally *adv*) *med* septičen, ki se tiče sepse, inficiran; povzročajoč okuženje, zastrupitev; gnoječ se; a ~ finger gnoječ se prst; ~ sore throat septična angina; ~ ward septična postaja (v bolnišnici); to go ~ *sl med* gnojiti se, inficirati se; 2. *n* septik; povzročitelj sepse

septicity [septísiti] *n med* septičen značaj

septiform [séptifɔ:m] *a* sedmeren

septilateral [septilǽtərəl] *a* sedmerostran

septimal [séptiməl] *a* osnovan na številu 7

septime [sépti:m] *n* sedmi od osmih obrambnih sunkov pri sabljanju, septima

septuagenarian [septjuədžinéəriən] 1. *n* sedemdesetletnik; 2. *a* sedemdesetleten, ki je v letih 69—70

septuagenary [septjuədží:nəri] 1. *a* sedemdesetleten; 2. *n* sedemdesetletnik

septum, *pl* ~ta [séptəm, ~tə] *n anat bot zool* prekat (pretin), ki loči dve votlini (šupljini); septum

septuple [séptjupl] 1. *a* sedemkraten; 2. *n* sedemkratno število, sedemkrati znesek; 3. *vt* pomnožiti s 7, posedmeriti

sepulchral [sipálkrəl] *a* (~ ly *adv*) (na)groben; *fig* mračen; resen, slovesen, svečan; ~ mound gomila

sepulcher, ~chre [sépəlkə] 1. *n* grob, grobnica; the Holy S~ *eccl* sveti (božji) grob; 2. *vt* pokopati, položiti v grob

sepultural [sipálčərəl] *a* pogreben

sepulture [sépəlčə] 1. *n* pokop, pogreb; 2. *vt* pokopati, zagrebsti

sequacious [sikwéišəs] *a* (~ ly *adv*) vodljiv, ki se da voditi, ubogljiv, poslušen; (redko) slepo vdan, servilen; ~ deference slepa vdanost; ~ zeal vnema, prizadevnost v službi

sequel [sí:kwəl] *n* nadaljevanje; posledica; *arch* zaključek, sklep; in the ~ v nadaljevanju, potem, kot se je pozneje izkazalo

sequela, *pl* ~lae [sikwí:lə, ~li:] *n* posledica; *med* slabo zdravstveno stanje kot posledica kake bolezni

sequence [sí:kwəns] *n* zaporednost, nepretrgana vrsta (niz), vrstenje; posledica, učinek; *mus* (karte) sekvenca; *film* scena; in ~ v zaporedju, po vrsti; a ~ at cards niz kart po vrednosti; the ~ of events zaporedje dogodkov; ~ of tenses *gram* zaporedje (sosledica) časov

sequent [sí:kwənt] 1. *a* zaporeden, v zaporedju, ki sledi (*to* izza, za); dosleden, logičen, rezultirajoč; 2. *n* zaporednost; posledica

sequential [sikwénšəl] *a* (~ ly *adv*) ki sledi (*to* za, izza), zaporeden, sledeč; logičen, rezultirajoč, pravilen, dosleden

sequentiality [sikwenšiæliti] *n* naravno nadaljevanje, posledica

sequester [sikwéstə] 1. *vt* ločiti, oddeliti, osamiti, izolirati; *jur* zaseči, zapleniti, sekvestrirati; izročiti v upravljanje neki tretji osebi; *jur* zapleniti, rekvirirati, konfiscirati (sovražnikovo lastnino); to ~ o.s. (from the world) umakniti se v samoto (proč od sveta), izolirati se; 2. *vi* odreči se svojemu deležu v zapuščini umrlega moža (o vdovi)

sequestered [sikwéstəd] *a* samoten, osamljen, izoliran, odročen, odmaknjen, zakoten; ~ nook samoten kotiček, zakoten kraj; in some ~ place v kakem samotnem, zakotnem kraju; to lead a ~ life osamljeno, samotarsko živeti

sequestrable [sikwéstrəbl] *a* ločljiv, oddeljiv; ki se more dati pod prisilno upravo, se more sekvestrirati (zapleniti, konfiscirati)

sequestrate [sikwéstreit] 1. *vt jur* zaseči, zapleniti, dati pod prisilno upravo, izročiti v upravljanje neki tretji osebi; 2. *vi* odreči se svojemu deležu v zapuščini umrlega soproga (o vdovi)

sequestration [si:kwestréišən] *n* ločitev, oddelitev, izključitev (*from* od, iz); osamljenost, odmaknjenost; *jur* sodna zaplemba, postavitev pod sekvester (pod prisilno upravo), sekvestracija, konfiskacija

sequestrator [sí:kwestreitə] *n jur* prisilni upravitelj (sekvestrirane lastnine), sekvestrator, sekvestrant, sekvester

sequin [sí:kwin] *n hist* (beneški) cekin; okrasni novec (na obleki); ~ ed z našitimi okrasnimi novci (na obleki)

sequoia [sikwóiə] *n bot* sekvoja; giant ~ sekvoja velikanka

seraglio [sirá:liou] *n* harem; seraj, turška (zlasti sultanova) palača

serai [será:i] *n* prenočišče za karavane

seraph *pl* ~ s, seraphim [sérəf, sérəfim] *n* serafin, angel

seraphic [seræfik] *a* (~ ally *adv*) angelski; zamaknjen

Serb [sə:b] 1. *n* Srb; srbski jezik, srbščina; 2. *a* srbski

Serbia [sə́:biə] *n* Srbija

Serbian [sə́:biən] glej Serb

Serbo-Croatian [sə́:boukrouéišən] 1. *n* srbohrvaščina; 2. *a* srbohrvatski

sere I [síə] *n* del zapirača puške, ki drži petelin napet

sere II [síə] *a poet* osušen, suh, ovenel

serenade [serinéid] 1. *n mus* serenada, podoknica; 2. *vt* peti ali igrati (komu) podoknico

serenader [serinéidə] *n* serenadar

serene [sirí:n] 1. *a* (~ ly *adv*) veder, jasen, miren; vesel, brezbrižen; ~ old age mirna starost; ~ sea mirno morje; ~ weather vedro vreme; His S~ Highness Njegovo Presvetlo Visočanstvo; all ~ *sl* vse jasno!, vse v redu!; to become

~ (raz)vedriti se; 2. *n poet* vedrost, jasnost; 3. *vt* razvedriti, umiriti

serenity [siréniti] *n* vedrina, jasnost; (kot naslov) Your S~ Vaša Svetlost

serf [sə:f] *n* tlačan, podložnik; *arch* suženj, sužnja

serfage [sə́:fidž] *n* tlačanstvo; suženjstvo

serfdom, serfhood [sə́:fdəm, ~ hud] *n* tlačanstvo; suženjstvo

serge [sə:dž] *n* serž (tkanina)

sergeant [sá:džənt] *n mil* narednik; stražmojster; sodni sluga; (= ~ -at-law) *hist* odvetnik višje stopnje

sergeant major [sá:džənt méidžə] *n mil* narednik-vodnik, višji (glavni) narednik; stražmojster

sergeantship [sá:džəntšip] *n mil* naredniški čin (služba)

serial [síəriəl] 1. *n* radijska oddaja ali roman itd., ki se daje (izhaja) v nadaljevanjih; nadaljevanka; feljtonski roman; serijski film; 2. *a* serijski; periodičen, feljtonski, izhajajoč v nadaljevanjih, v feljtonih, v snopičih; ~ manufacture *econ* serijsko izdelovanje; ~ number serijska številka; ~ rights avtorska pravica za delo, ki izhaja v nadaljevanjih

serialization [siəriəlaizéišən] *n* objavljanje v nadaljevanjih, periodično objavljanje (publiciranje)

serialize [síərəlaiz] *vt* objavljati v nadaljevanjih ali periodično urediti v serije

seriate [síəriit] 1. *a* serijski, v seriji; 2. *vt* [~ eit] urediti v serije

seriatim [siəriéitim] *adv* zaporedno, po vrsti, točka za točko

seriation [siəriéišən] *n* zaporedna ureditev (razporeditev)

Seric [sérik] *a poet* kitajski

sericeous [siríšəs] *a* svilen; svilnat, svilast

sericultural [serikálčərəl[*a* svilogojstven

sericulture [sérikʌlčə] *n* svilogojstvo; svilarstvo; proizvodnja surove svile

sericulturist [serikálčərist] *n* svilogojec, sviloprejec

series [síəri:z, ~ riz] *n* serija, niz, red, vrsta, zaporednost; *geol* vrsta plasti istih lastnosti; *chem* vrsta elementov podobnih svojstev ali spojin s skupnim osnovnim elementom; *math* vrsta števil, ki so v določenem medsebojnem razmerju; *el* vrsta baterij, v kateri je pozitivni pol vsake baterije zvezan z negativnim polom sosednje baterije; *zool* stalno število povezanih vrst (družin), kategorija; a ~ of mistakes (misfortunes) niz napak (nesreč); a ~ of stamps serija znamk

serif (cerif) [sérif] *n print* črtica, ki končuje črke (npr. T nasproti T)

serin [sérin] *n zool* divji kanarček

seringa [səríngə] *n bot* brazilski kavčukovec

ser:o-comic [síərioukómik] *a* (~ ally *adv*) združujoč smešno in resno, pol resno — pol šaljivo; z neresnim namenom, a resno izveden

serious [síəriəs] *a* (~ ly *adv*) resen, seriozen, resnoben, slovesen; trezen, premišljen, umirjen; pomemben, upoštevanja vreden; *hum* »pobožen«, ~ illness resna, nevarna bolezen, ~ matter (music, reading) resna zadeva (glasba, čtivo); are you ~ ? misliš (to) resno?; I am quite ~ mislim popolnoma resno seriousness [síəriəsnis] *n* resnost, serioznost; pomembnost, važnost

serjeant [sá:džənt] glej **sergeant**

sermon [sɔ́:mən] **1.** *n* pridiga; *fig* oštevanje, grajalna pridiga, leviti; *fig* dolgočasen govor (pridiga); **to deliver a** ~ imeti pridigo, pridigati; **to preach a** ~ **to s.o.** narediti komu pridigo, levite brati komu; **2.** *vt* pridigati, levite brati (komu); *vi* (redko) pridigati

sermonize [sɔ́:mənaiz] **1.** *vt* držati (delati, narediti) (komu) pridigo, brati levite (komu); **2.** *vi* pridigati, govoriti kot s prižnice

sermonizer [sɔ́:mənaizə] *n* pridigar

serosity [siərɔ́siti] *n* serozna (sokrvici podobna) tekočina; serozno stanje tekočine

serous [síərəs] *a* serozen, sokrvičen, sirotkast; podoben serumu

serpent [sɔ́:pent] *n* (velika, strupena) kača; *fig* podla, izdajalska oseba, »gad, ki ga redimo na prsih«; *mus* serpent (pihalo); *astr* Kača (ozvezdje); **the old S~** satan, zlodej

serpent-charmer [sé:pəntčá:mə] *n* zaklinjevalec kač

serpent-eater [sɔ́:pəntí:tə] *n* kačar (ptič)

serpentine [sɔ́:pəntain] **1.** *n* vijugasta črta, vijuga; serpentina, rida, okljuk, ovinek; *min* serpentin; **the S~** ribnik kačaste oblike v Hyde Parku; **2.** *a* kačast; ki se zvija kot kača; *fig* izdajalski, zahrbten, verolomen, satanski; ~ **road** vijugasta cesta; **windings** kačje ride; **3.** *vi* vijugati se, viti se

serpent-like [sɔ́:pəntlaik] *a* kači podoben, kačji, kačast

serrate [sérit] **1.** *a* anat, bot zool nazobčan (kot žaga), žagast; **2.** *vt* nazobčati, napraviti žagasto

serrated [seréitid] *a* glej **serrate** *a*

serration [seréišən] *n* zobčanje, delanje zob, ki so podobni tistim na žagi; žagasto nazobčan rob; nazobčanost

serried [sérid] *a* strnjen, stoječ z ramo ob rami (vrsta vojakov), stisnjen, na gosto razvrščen

serriform [sérifɔ:m] *a* (žagasto) nazobčan

serry [séri] *vt* stisniti, strniti (vrste); *vi* tesno se stisniti (strniti)

serum, *pl* ~ **s**, ~ **ra** [síərəm, ~rə] *n* serum, sokrvca; limfna tekočina; krvni serum; zdravilen serum; sirotka, sirna voda

servant [sɔ́:vənt] *n* (glavni) služabnik, sluga, služitelj, posel; hišna pomočnica, služabnica; državni (javni) uslužbenec; *pl* služinčad, posli; ~ **s' hall** soba za posle; **civil** ~ uslužbenec državnih, nevojaških, civilnih ustanov; **domestic** ~ **s** hišni posli, služinčad; **general** ~ služkinja za vsa dela; **indoor** ~ služabnik, ki opravlja posle v hiši; **maid-** ~ služkinja, dekla; **man-** ~ služabnik, sluga; **out-door** ~ služabnik, ki opravlja posle zunaj hiše (vrtnar, konjski hlapec ipd.); **Post-Office** ~ *E* poštni uslužbenec; **public** ~ **s** državni nameščenci; **Your obedient** ~ Vaš vdani (vljudnosti izraz na koncu pisma pred podpisom; se rabi danes le v uradnih dopisih); **he keeps four** ~ **s** on ima štiri služabnike

servant-girl [sɔ́:vəntgə:l] *n* služkinja, dekla

servant-man, *pl* ~ **men** [sɔ́:vəntmən] *n* služabnik, sluga

serve I [sə:v] *n sp* servis, začetni udarec z žogo pri tenisu, odbojki itd.

serve II [sə:v] **1.** *vt* služiti, delati za koga; (od)služiti (kazen); opravljati učno dobo; postreči, oskrbeti (*with* z); servirati (jed); *sp* servirati (žogo); zadostovati (komu), zadovoljiti (potrebe); ustrezati (namenu); prav priti; *coll* ravnati s kom; privesti samca k samici; **to** ~ **one's apprenticeship** služiti svojo učno dobo; **he has** ~ **d us very badly** zelo slabo je ravnal z nami; **to** ~ **one's country** služiti domovini; **to** ~ **the devil** služiti satanu; **dinner is** ~ **d** večerja je na mizi; **there is enough to** ~ **five people** tega je dovolj za pet ljudi; **that excuse will** ~ **you** to opravičilo ti bo prav prišlo (ti bo koristilo); **I am glad to** ~ **you (in this occurrence)** veseli me, da sem vam lahko na uslugo (da vam lahko pomagam) (ob tej priliki); **to** ~ **a gun** *mil* streči topu; **if my memory** ~ **s me right** če se prav spominjam; ~ **s you right!** prav ti je!, zaslužil si to!; **they** ~ **d him right** ravnali so z njim, kot je zaslužil; **it does not** ~ **my needs** to ne ustreza mojim potrebam; **a man cannot** ~ **two masters** človek ne more služiti dvema gospodarjema; **this priest** ~ **s two parishes** ta duhovnik upravlja dve župniji; **one pound** ~ **s us for three days** en funt nam zadostuje za tri dni; **that will** ~ **the purpose** to bo ustrezalo (namenu); **to** ~ **a rope** zvezati konec (spletene) vrvi z vrvico, da se prepreči odmotavanje; **to** ~ **s.o. with the same sauce, to** ~ **s.o. in his kind (in his coin)** plačati, vrniti komu milo za drago; **to** ~ **one's sentence** presta(ja)ti svojo kazen; **to** ~ **the time** prilagoditi se času; **to** ~ **one's time** služiti leta do upokojitve; služiti svoj rok v vojski; prestajati svojo kazen v zaporu; **to** ~ **the town with electric light** oskrbovati mesto z električno razsvetljavo; **to** ~ **s.o. a (nasty) trick** (grdó) zagosti jo komu; **to** ~ **s.o. a turn** napraviti komu uslugo; **that will** ~ **his turn** to bo nekaj zanj, to mu bo ustrezalo; **first come, first served** kdor prej pride, prej melje; **2.** *vi* služiti, biti v službi; *mil* služiti v vojski; streči, servirati, ustrezati, zadostovati; koristiti, biti koristen (primeren); napraviti uslugo, pomagati; opravljati funkcijo, fungirati (kot); *eccl* ministrirati, biti ministrant; **as occasion** ~ **s** ob primerni priložnosti, če se bo ponudila (ugodna) priložnost; **to** ~ **in the army** služiti v vojski; **to** ~ **at table** streči pri mizi; **to** ~ **as an example** služiti za zgled; **he** ~ **s rather badly** (*tennis*) on zelo slabo servira; **to** ~ **on a jury** fungirati kot porotnik; **to** ~ **as a mayor** biti župan; opravljati funkcijo župana; **to** ~ **with cold meat** postreči s hladnim narezkom; **this string may** ~ **later on** ta vrvica utegne pozneje prav priti; **it will** ~ bo ustrezalo (prav prišlo, zadostovalo;) **while the time** ~ **s** dokler je še čas (prilika);

serve out *vt* (po)razdeliti (jedi, obroke itd.); *fig* izplačati koga, oddolžiti se komu, enako vrniti komu, maščevati se (komu)

serve up *vt* servirati, postaviti posode s hrano na mizo; ~ **dinner** prinesti večerjo na mizo

server [sɔ́:və] *n* pomagač, pomočnik; *eccl* ministrant, strežnik (pri maši); *sp* server, ki ima servis; pladenj, servirni krožnik

Servia [sɔ́:viə] *n* Srbija

Servian [sə́:vjən] *n & a* glej Serbian
service I [sə́:vis] *n bot* (= ~ -tree) oskoruš, jerebika,
jerebikovec
service II [sə́:vis] 1. *n* služba, služenje; posel, delo;
javna, državna služba; usluga, podpora, po-
moč, ustrežljivost; nasvet; servís, namizni pri-
bor; (po)strežba; servis, stalna služba promet-
nih sredstev na kaki progi; *sp* servis; *jur* do-
stavitev, vročitev; dovod, oskrba (z vodo, pli-
nom, elektriko itd.); *naut* vrvice za povezovanje
koncev vrvi, da se ne trgajo; *eccl* maša, obred,
ceremonija; *pl* vojska, mornarica in letalstvo;
~ **in the field** vojna služba, na bojišču; ~ **by
publication** objava, oznanilo po tisku; **active** ~
aktivna služba, službovanje; **burial** ~ pogrebni
obred; **the Civil S**~ civilne (nevojaške) službe
(ustanove), civilna uprava; **dessert** ~ pribor
za poobedek; **divine** ~ *eccl* maša, služba božja;
full (plain) ~ *eccl* péta (tiha, brana) maša;
hard ~ težka služba; **On Her (His) Majesty's
S**~ (krajšava: O. H. M. S.) »uradno«. poštnina
plačana pavšalno (napis na uradnih pošiljkah);
marriage ~ poročni obred; **personal** ~ osebna
vročitev; **public** ~ s javne službe, ustanove;
secret-~ **money** tajni fondi; **telephone** ~ tele-
fonska služba; **universal** ~ splošna vojaška
obveznost; **I am at your** ~ na uslugo sem vam;
he asked me for my ~ prosil me je za (mojo)
pomoč; **to attend** ~ prisostvovati cerkvenemu
obredu; **to be in active** ~ biti v aktivni službi;
to be dismissed from the ~ biti odpuščen iz
vojske (mornarice); **will you do me a** ~? mi
hočete (boste) napravili uslugo?; **to go to (the)**
~ iti v cerkev k obredu; **he has great** ~ s **for
his country** (on) ima velike zasluge za (svojo)
domovino; **to hold (to conduct) a** ~ *eccl* maše-
vati; **I hope it may be of** ~ **to you** upam, da vam
bo to kaj koristilo; **to offer (to tender) one's** ~ s
ponuditi svoje usluge; **to render a** ~ napraviti
uslugo; **to see (much)** ~ (dolgo) služiti (služ-
bovati); imeti izkušnje (zlasti kot vojak ali
mornar); **this dress has seen much** ~ ta ob-
leka je bila dolgo časa nošena; **to take** ~
with s.o. vzeti službo pri kom; **to take s.o.
into one's** ~ vzeti koga v (svojo) službo; 2. *a*
ki je v aktivni službi; službabniški, poselski;
služben, obraten, posloven; ~ **work** socialno
skrbstvo v obratu (tovarni) 3. *vt tech* natančno
pregledati (popraviti) (**a car** avto); vzdrževati
v dobrem stanju
serviceability [sə:visəbíliti] *n* glej serviceableness
serviceable [sə́:visəbl] *a* (**serviceably** *adv*) uporaben,
priročen, praktičen; uslužen; koristen; trajen,
trpežen, soliden; **a** ~ **cloth** trpežno blago; **a** ~
person uporabna oseba
serviceableness [sə́:visəblnis] *n* uporabnost; ko-
ristnost; trpežnost, solidnost; *arch* uslužnost
service area [sə́:viséəriə] *n radio* oddajno področje
(območje)
service-book [sə́:visbuk] *n* molitvenik; mašna knji-
ga; pesmarica
service bull [sə́:visbul] *n* plemenski bik
service-cap [sə́:viskæp] *n mil* službena kapa
service club [sə́:visklʌb] *n mil* vojaški klub
service company [sə́:viskʌ́mpəni] *n mil* oskrbovalna
četa

service flat [sə́:visflæt] *n E* etažno stanovanje (s
postrežbo)
service-line [sə́:vislain] *n tennis* črta, s katere se
servira
serviceman, *pl* ~ men [sə́:vismən] *n* vojak; *tech*
servisni tehnik
service-pipe [sə́:vispaip] *n* dovodna (priključna)
cev
service station [sə́:vis stéišən] *n* (radio, avto) po-
pravljalnica; bencinska servisna postaja
servient [sə́:viənt] *a* služeč; podrejen
serviette [sə:viét] *n* (redko) prtiček, servieta
servile [sə́:vail, *A* ~ il] *a* (~ ly *adv*) hlapčevski,
suženjski, klečeplazen, servilen; podel; za-
sužnjen; (o črki) nem; **the** ~ **classes** zasužnjeni
razredi; ~ **flattery** klečeplazno laskanje; **a** ~
imitation suženjsko posnemanje; ~ **insurrection**
hist vstaja sužnjev; ~ **obedience** suženjska po-
korščina; ~ **letter** nema črka (npr. *e* v saleable)
servility [sə:víliti] *n* suženjska podložnost, slepa
pokorščina (**to s.o.** komu); klečeplaštvo, laska-
nje; nesamostojnost; neizvirnost; *arch* suženj-
stvo
servingman, *pl* ~ men [sə́:viŋmən] *n* (hišni) služab-
nik
servitor [sə́:vitə] *n arch & poet* sluga, služabnik;
privrženec; *Oxford univ hist* študent nižjih
letnikov, ki dobiva pomoč od kolidža, a za
protiuslugo opravlja služabniške posle
servitude [sə́:vitjud] *n* sužnost, suženjstvo; *fig*
hlapčevstvo, nesvoboda, zasužnjenje; *jur* servi-
tut, služnost, pravica uživanja, užitek; **penal** ~
jur težka ječa, (dosmrtno) prisilno delo
sesame [sésəmi] *n bot* sezam; **open,** ~ sezam,
odpri se!
sesqualteral [seskwiǽltərəl] *a* ki je v razmerju 3 : 2
sesquicentennial [seskwisenténiəl] *a* 150-leten
sesquipedalian [seskwipidéilən] 1. *a* 1½ čevlja
dolg; zelo dolg (o besedi); 2. *n* zelo dolga beseda
sessile [sésil, ~ sail] *a bot* (ki je) brez peclja; (o
listu) sedeč, prirasel, sesilen
session [sešn] *n* seja, zasedanje (parlamenta); kon-
ferenca, skupščina; *pl jur* zasedanje sodišča;
učna (tečajna) ura; *E* študijsko (šolsko) leto
(od 1. okt. do 30. junija); *A univ* polletje, se-
mester; **Court of S**~ najvišje škotsko sodišče;
full ~ plenarna seja (zasedanje); **petty** ~ s sej-
(sestanek) dveh ali več mirovnih sodnikov z
skupno reševanje manjših prestopkov; summe
~ *A* poletni semester; **two afternoon** ~ s **a wee**
dve (učni) uri na teden popoldne (angleščin
itd.); **they had a long** ~ imeli so dolgo kor
ferenco
sessional [séšənəl] *a* (~ ly *adv*) sejni; ki se tiče a
sedanja, ki se ponavlja pri vsakem zasedanj
trajajoč eno študijsko leto; **a** ~ **course** tečaj, k
traja eno študijsko leto; ~ **order** poslovnik z
eno sejo, za eno zasedanje
sesterce [séstə:s] *n hist* sesterc (starorimski nove
sestet [sestét] *n* sekstet; kitica 6 stihov (zla
zadnjih 6 stihov v sonetu)
sestina, *pl* ~ s, ~ ne [sestí:nə, ~ ni] *n* lirska pese
(6 kitic po 6 vrstic, navadno brez rime, s t
vrstičnim zaključkom)
set I [set] *n poet* sončni zahod; neko število enak
oseb, stvari, ki spadajo skupaj, tvorijo celot

krog, družba (ljudi), klika; garnitura, serija, niz, servís; *tenis* set, partija (6 iger); *com* kolekcija; radijski, televizijski aparat, naprava, pribor; vsa ladijska jadra; *print* zlog; *theat* oprema odra; frizura, pričeska; sadika, nasad (jajc); plesni pari; figura pri četvorki; *hunt* nepremična stoja psa pred divjačino; (o glavi) drža, držanje; (o obleki) kroj, pristajanje; (o toku, vetru) smer; (o tekočini) trdnost; nagnjenost, tendenca (*towards* k, proti); *fig* oster napad, zadnja plast (malte na zidu); **a ~ of bills of exchange** dve ali tri istovrstne menice, **a ~ of cards** niz igralnih kart; **a ~ of contradictions** niz, vrsta protislovij, nasprotij; **~ of current** smer toka; **the ~ of day (life)** konec (zaton) dneva (življenja); **~ of furniture** garnitura pohištva; **~ of houses** skupina (kompleks) hiš; **a fine ~ of men** dobro moštvo; **~ of swindlers** banda, klika sleparjev; **dead ~** *hunt* nepremična stoja psa, ki naznanja divjačino; **~ of false teeth** umetno zobovje; **the best ~** elita; **the fast ~** lahkoživi svet; **full ~ of bill of lading** *com* sklop (komplet) ladijskega tovornega lista (konosamenta); **the racing ~** krog ljudi, ki se zanimajo za konjske dirke; **smart ~** mondena družba; **wireless ~** radijski aparat; **he is one of my ~** on je eden iz mojega kroga (družbe); **he has a ~ towards preaching** on rad prodiga; **to make a dead ~ at** *fig* čvrsto popasti, zgrabiti koga; (o ženski) loviti koga, skušati (truditi se) osvojiti koga

set II [set] *a* določen, odrejen (čas), ustaljen, predpisan; pravilen, konvencionalen; tog, nepremičen; stalen (o ceni); *A* trmast; premišljen, pripravljen (govor); zaseden (*with* z), zavzet, (popolnoma) zaposlen, okupiran (*on, upon s.th.* s čim); **at the ~ day** na določeni dan; **~ egg** jajce z razvitim piščetom v lupini; **~ fair** stalno lepo vreme; **~ form** predpisan formular; **~ piece** (gradbeni) oder, na katerem se delajo razne figure za ognjemet; **~ phrase** ustaljen izraz (reklo, fraza); **~ scene** kulise, sestavljene iz bolj ali manj gotovih delov; **~ resolution** trden sklep; **~ speech** vnaprej pripravljen, naštudiran govor; **~ time** dogovorjen (odrejen, določen) čas; **close-~** na gosto postavljen; **hard-~** v škripcih; **people with ~ opinions** ljudje z ustaljenimi nazori; **well-~** stasit, lepe rasti, postaven; **well ~ up in wine** dobro založen, oskrbljen z vinom; **I am ~ on s.th.** srčno si želim česa, mnogo mi je do česa, hlepim po čem; **his teeth were ~** stiskal je zobe

set* III [set] **1.** *vt* postaviti, položiti, posaditi, namestiti, instalirati, montirati, dati v določen položaj; naravnati (ud, uro); razvrstiti, sestaviti v zbirko (žuželke itd.); nasaditi (kokoš, jajca); pogrniti (mizo), razviti (jadro); razporediti, zlágati (tiskarske črke); urediti, (s)frizirati (lase) vstaviti, vdelati (dragulj v zlato); zabiti (v zemljo); spraviti (v gibanje), privesti, spraviti v določeno stanje; spustiti (na prostost); nagnati koga k delu, zapovedati mu, da se loti kakega dela; postaviti, dati (komu kaj) za zgled (vzor, primer); postaviti (pravilo); dati (komu ali sebi) nalogo; komponirati, uglasbiti (*to* za); naščuvati (*at s.o.* proti komu); razpisati (na-

grado) (*on* na); stisniti (zobe); *theat* uprizoriti, postaviti na oder; obsuti, posuti kaj (*with* z); sesiriti (mleko); usmeriti, gnati (čoln); zasaditi zemljo, tla (*with* z); **2.** *vi* zaiti, zahajati (sonce, mesec, tudi *fig*; ustaliti se (vreme); pihati (o vetru), prihajati (*from* od, iz); gibati se, premikati se v neki smeri (o vodnem toku itd.); kreniti (na pot); kazati nagnjenost (*to* za); lotiti se, začeti; pridobiti na moči; (o lovskem psu) nepremično obstati in tako opozoriti na bližnjo divjačino; (o obleki) pristajati; spremeniti se v trdno stanje, otrdeti (cement, malta), strditi se; (o plesalcih) stati nasproti partnerju; (o cvetu) narediti plod; dobiti določeno obliko; **to ~ afoot (on foot)** začeti, pripraviti (kaj); **to ~ s.o. against** nahujskati koga proti, ustvariti pri kom nerazpoloženje za; **to be ~ on (upon) s.th.** trdovratno vztrajati pri čem, biti ves mrtev na kaj; **to ~ alar(u)m** naravnati budilko na potrebni čas; **to ~ the axe to s.th.** začeti kaj sekati, nastaviti sekiro na kaj, uničiti kaj; **to ~ the broken bones (a fracture)** naravnati zlomljene kosti (zlom); **to ~ books to be read** določiti knjige, ki jih je treba prebrati; **this hat set me back a pound** *sl* ta klobuk me je stal en funt; **to ~ bounds to s.th.** omejiti kaj; **to ~ one's cap at** *coll* prizadevati si pritegniti (snubca); **this cement ~s quickly** ta cement hitro otrdi; **to ~ chairs for everybody** namestiti stole za vse; **his character has ~** njegov značaj je dozorel; **to ~ the clock (the watch)** naravnati uro; **to ~ close** *print* staviti, zlágati z majhnimi razmiki med črkami ali besedami; **to ~ at defiance** izzvati, kljubovati; **to ~ a dog on s.o.** spustiti, naščuvati psa na koga; **to ~ persons by the ears (at variance, at loggerheads)** izzvati prepir (razdor) med dvema osebama, spraviti v spor, spreti dve osebi; **to ~ s.o. at ease** pomiriti koga, osvoboditi koga zadrege (tesnobe, ženiranja, stiske); **to ~ an end to s.th.** napraviti konec čemu; **to ~ an engine going** spraviti stroj v pogon; **to ~ an example** dati zgled; **to ~ eyes on s.th.** upreti oči (pogled) v kaj, opaziti kaj; **to ~ one's face against** *coll* odločno se upreti, zoperstaviti; **how far did I ~ you?** (v šoli) do kam smo prišli (vzeli) (zadnjič)?; **to ~ the fashion** dajati, uvesti, diktirati modo (ton); **to ~ s.o. on his feet** postaviti koga na noge (tudi *fig*); **to ~ fire to (at) s.th.** podnetiti, zažgati kaj; **to ~ s.th. on fire** požgati, zažgati kaj; **to ~ the Thames on fire** *fig* napraviti nekaj osupljivega; **to ~ foot in a house** prestopiti prag hiše, vstopiti v hišo; **to ~ on foot** postaviti na noge, začeti, uvesti, spraviti v gibanje, v tek; **to ~ foot on s.th.** stopiti na kaj; **to ~ free (at liberty)** izpustiti na prostost; **to ~ a glass in a sash** vstaviti šipo v (okenski) okvir; **to ~ one's hand to s.th.** podpisati kaj, zapečatiti kaj; **to ~ a hen** posaditi kokoš na jajca; **to ~ one's house in order** spraviti (svojo) hišo v red, urediti hišo; *fig* spraviti svoje stvari v red, urediti svoje stvari; napraviti red, pomesti z nepravilnostmi, izvesti reforme; **to ~ a lady's hair** urediti, naviti, sfrizirati, narediti pričesko dami; **to ~ one's hand to a task** lotiti se naloge; **I ~ my hand and seal to this document** s tem podpisujem to listino; **to ~**

one's heart (one's mind) to s.th. poželeti, zelo si (za)želeti, zahtevati zase, izbrati zase, odločno skušati dobiti kaj, navdušiti se za kaj; to ~ s.o.'s heart at rest napraviti konec dvomu, zaskrbljenosti, pomiriti koga; the jelly has (is) ~ želé se je strdil; to ~ at large dati prostost, izpustiti, osvoboditi; to ~ a company laughing spraviti družbo v smeh; to ~ one's life on a chance fig staviti svoje življenje na kocko; to ~ s.th. in a proper light postaviti kaj v pravo luč; to ~ little (much) by s.th. malo (visoko) kaj ceniti; to ~ one's mind on obrniti svoje misli na; to ~ to music uglasbiti; my muscle ~s mišica se mi napne; to ~ s.o. at naught rogati se, posmehovati se komu, podcenjevati, omalovaževati, poniževati, v nič devati koga, ne se ozirati na koga; to ~ o.s. against s.th. upreti se, zoperstaviti se čemu; public opinion ~s strongly against them javno mnenje jim je sovražno; to ~ o.s. lotiti se; sp zavzeti mesto na startu, pripraviti se za start; to ~ the pace regulirati korak, hojo; dajati takt; to ~ paper coll napisati vprašanja, ki jih bodo vlekli študenti na izpitu; to ~ pen to paper lotiti se pisanja, začeti pisati; to ~ the police after s.o. poslati policijo za kom; to ~ a price on s.th. določiti čemu ceno, naložiti ceno za kaj; to ~ a price on s.o.'s life (head) razpisati nagrado na glavo kake osebe; to ~ s.th. before the public prinesti kaj pred javnost; to ~ a razor nabrusiti britev; izgladiti ostrino britve po brušenju; to ~ s.o. at rest pomiriti, umiriti koga; to ~ a question at rest urediti (rešiti) vprašanje; to ~ s.o. right popraviti, korigirati koga; to ~ right (to rights, in order) spraviti v red, popraviti; to ~ roaring (in a roar) spraviti v krohot; to ~ a handle with rubies vdelati rubine v ročaj; to ~ sail dvigniti jadro, odjadrati, odpluti, kreniti na potovanje po morju; to ~ a saw izviti zobe žage v nasprotnih si smereh; to ~ seal to s.th. staviti pečat na kaj; to ~ seed posejati seme; to ~ shoulder to the wheel fig pomagati, podpreti, zelo si prizadevati, odločno se lotiti; to ~ spies on s.o. vohuniti za kom; to ~ spurs to the horse z ostrogami spodbosti konja, spodbujati; to ~ a stake into the ground zabiti kol v tla, v zemljo; his star ~s fig njegova zvezda zahaja; to ~ store by s.th. sl visoko (zelo) ceniti, preceniti kaj; pripisovati veliko važnost čemu; to ~ the table pogrniti mizo; to ~ a task dati, naložiti nalogo; to ~ one's teeth stisniti zobe (tudi fig); to ~ s.o.'s teeth on edge izzvati razburjenost (vznemirjenost) pri kom, (raz)dražiti živce komu, iti komu na živce; to ~ s.o. thinking dati komu misliti; to ~ a trap nastaviti past (zanko); to ~ at variance spreti, razdvojiti; to ~ veils razpeti jadra; to ~ s.o. in the way pokazati komu pot, spraviti koga na pravo pot; to ~ s.o. on his way arch spremiti koga del (kos) poti; to ~ wide print staviti razprto, z velikimi razmiki med črkami ali besedami; to ~ one's wits to another's meriti se s kom v diskusiji; to ~ one's wits to a question iskati rešitev problema, prizadevati si rešiti problem; to ~ one's wits to work predati se resnemu razmišljanju; to ~ the watch naut

postaviti straže na njihova mesta; it ~s him well dobro mu pristaja; the weather has ~ fair vreme je postalo lepo; to ~ s.o. to work spraviti koga k delu; to ~ o.s. to work lotiti se dela
    Zveze s predlogi in prislovi:
set about vt coll napasti, navaliti na (koga); pripraviti (koga) do; to set s.o. about a task pripraviti koga do (nekega) dela; vi lotiti se (dela), začeti; I don't know how to ~ it ne vem, kako naj začnem;
set abroach vt pustiti (kaj) teči; to set a cask abroach nastaviti, na čep dati sod; to set a mischief abroach povzročiti zlo;
set across vt prestaviti, preskočiti, prepeljati;
set afloat vt prinesti na površje; fig povzročiti izbruh (česa);
set against vt obrniti, postaviti proti; to set theory against practice postaviti teorijo proti praksi; to set one's face (oneself) against s.th. zoperstaviti se čemu; to set brother against brother nahujskati brata proti bratu; opinion is setting against him mnenje se obrača proti njemu;
set apart vt dati na stran, rezervirati (for s.o. za koga); ločiti;
set ashore vt izkrcati (koga) (na obalo, na kopno);
set aside vt dati na stran; opustiti (načrt); zavreči, odpraviti; razveljaviti, anulirati, ukiniti (odlok ipd.);
set at vt napasti, navaliti na;
set back vt pomakniti nazaj (uro ipd.); zadržati, zaustaviti; A sl precéj dragó (koga) stati; vi nazaj teči (plima);
set by vt dati na stran, shraniti, spraviti za bodočo uporabo;
set down vt zapisati; vnesti; dol položiti, odložiti (breme); določiti; smatrati, oceniti (as, for kot, za); pripisovati (to s.th. čemu); vi sesti; odložiti potnike (o avtobusu); I set it down to caprice pripisoval sem to kaprici, muhavosti; the case was ~ for trial primer je bil določen za razpravo;
set forth vt objaviti, seznaniti z; razložiti, pokazati, pojasniti; (redko) okrasiti, olepšati; vi iti na pot, odpotovati, kreniti; to ~ a theory razložiti teorijo; to ~ on a journey odpraviti se na potovanje; to ~ against the enemy kreniti proti sovražniku;
set forward vt pomakniti naprej (uro); pomagati (komu) naprej; pospešiti, naprej gnati, razvijati, spodbujati; vi kreniti na pot, naprej potovati; to ~ a theory naprej razviti teorijo; he ~ (again) after supper po večerji je krenil zopet na pot;
set in vt vstaviti, vnesti, vložiti; vi nastopiti, začeti se; naut iti proti kopnemu (veter, tok); it ~ to rain začelo je deževati; sooner or later the reaction must ~ prej ali slej mora nastopiti reakcija;
set off vt poudariti; razločevati, okrasiti; privesti (pripraviti) do eksplozije; pripraviti do; kompenzirati (pomanjkljivost, izgubo); izravnati; oddeliti, ločiti od; vi odpraviti se, kreniti, odhiteti; fig začeti; to be ~ razločevati se med seboj; kontrastirati; to set s.o. off laughing spraviti koga v smeh; the assets ~ the liabilities aktiva izravnavajo (kompenzirajo, krijejo) pa-

siva; **they** ~ **in a fit of laughter** prasnili so v smeh;
set on *vt* naščuvati na; navaliti na, napasti; močno pritiskati na; praviti do, napeljati k; sprožiti, pognati, začeti, spraviti v tek; *vi* (redko) iti naprej, napredovati; **to** ~ **a dog on s.o.** naščuvati psa na koga; **the devil set him on to marry her** vrag ga je napeljal do tega, da se je poročil z njo;
set out *vt* raz(po)staviti (blago za prodajo); aranžirati; pripraviti; zamisliti, načrtovati; točno določiti, razmejiti; razdeliti (zemljo); urediti (rastline); podrobno razložiti, detajlirati; *vi* odpraviti se (*for* v), kreniti; hoteti kaj (doseči), trdno se odločiti (skleniti); **the table was beautifully** ~ miza je bila krasno aranžirana; **to** ~ **for Paris** odpraviti se, odpotovati v Pariz; **he** ~ **to be a teacher** trdno je sklenil postati učitelj;
set over *vt* prenesti, transferirati; postaviti nad; nekoliko prestopiti (neko) črto, določen položaj;
set to *vi* lotiti se; energično začeti;
set up *vt* (pokonci) postaviti, zgraditi, ustanoviti; dvigniti (hrup); povzročiti, izzvati, ustvariti; odpreti (trgovino); *fig* postaviti (koga) na noge; ozdraviti, spraviti na noge (bolnika); postaviti na vidno mesto, poudariti; uvesti (modo); imenovati (kandidate); oskrbeti, založiti (*with* z); montirati (stroj), postaviti (šotor); naščuvati (*against* proti); *print* postaviti; predložiti, postaviti (teorijo); **to** ~ **a new society** ustanoviti novo družbo; **to** ~ **a claim** *jur* postaviti zahtevo; **to** ~ **a cry (a shout)** zavpiti, zakričati; **he** ~ **as a grocer** odprl je špecerijsko trgovino; **to** ~ **a MS** *print* (po)staviti rokopis; **I am well** ~ **with books** dobro sem oskrbljen (založen) s knjigami; **to** ~ **a statue** postaviti kip; **his help set me up again** *fig* njegova pomoč me je zopet spravila na noge; **to** ~ **for o.s.** osamosvojiti se; **to** ~ **for** hoteti veljati za, hoteti biti; **I don't** ~ **for a purist (a moralist)** ne maram biti purist (moralist)
seta, *pl* ~ **tae** [síːtə, ~ tiː] *n zool* ščetina
setaceous [siːtéišəs] *a* ščetinov, ščetinast
set-aside [sétəsáid] *n A* rezervni fond (živeža)
set-back [sétbæk] *n* poslabšanje, nazadovanje; ponovitev (bolezni); zakasnitev, ustavitev, zastoj; zapreka; *archit* izbočina zidu; *A* protitok, vrtinec
set-ball [sétbɔːl] *n sp* žoga, ki odloči o setu
set-down [sétdaun] *n* odklonitev, odklanjanje, odbijanje; hladen (prezirljiv, osoren, ujedljiv) ukor, zavrnitev
setiform [sétifɔːm] *a* ščetinast
set-in [sétin] *n* nastop, začetek
set-off [sétɔːf] *n* okras; nekaj, kar poudari lepoto; poudarek, poudarjanje, kontrast; protiutež; protizahteva; *econ* izravnava, odškodnina (*against*, *to* za), kompenzacija, nadoknada; odhod (na potovanje); *archit* štrlina, izbočina
set-out [sétaut] *n* začetek; razstava, izložba, aranžman, oprema; garnitura, servis (iz porcelana); predstava, zabava, družabna prireditev; zaprega; razburjenje, hrup; **a handsome** ~ lepo razstavljeno blago

set piece [sétpiːs] *n mil* skrbno načrtovana vojaška operacija
set-square [sétskwεə] *n* risarski trikotnik; oglomer
sett [set] *n tech* štirioglat kamen za tlakovanje; mesto v reki, kjer se nastavijo mreže
settee [setíː] *n* kratka zofa, divan, otomana; klop z naslonjalom; ~ **bed** kavč postelja
setter [sétə] *n* seter (pes); vdelovalec (draguljev); *sl* špijon, vohun, ogleduh, policijski vohljač; **type** ~ *print* črkostavec
setter-on [sétərɔn] *n* hujskač, ščuvalec; *sl* policijski vohljač; (redko) napadalec
setting [sétiŋ] *n* postavljanje, montiranje, instaliranje; vdelavanje (draguljev), inkrustacija; uokvirjenje, okvir; ozadje, okolje; inscenacija; uglasbitev, uprizoritev, mizanscena; zahajanje (zvezde), zahod (sonca); strditev, otrditev (*of* plaster mavca, malte); sesirjenje; *naut* smer (toka); ~ **lotion** fiksativ (utrjevalec) za lase; ~ **pole** drog za porivanje čolna
settle I [setl] *n* dolga lesena klop z visokim naslonjalom
settle II [setl] **1.** *vt* naseliti (koga), nastaniti, kolonizirati, stacionirati, namestiti; urediti; poravnati, plačati; pomiriti (koga); prepričati z argumenti; utišati; likvidirati (koga), ubiti; oskrbeti, oskrbovati; spraviti v red, urediti, izgladiti, poravnati (prepir); rešiti (vprašanje), razpršiti (sumničenja), urediti zadeve (zlasti pred smrtjo), prenesti, prepisati (*to, on, upon* na), določiti (dediče), voliti; dogovoriti se (o čem), določiti; utrditi (cesto); prenesti, prepisati (*on* na); (refleksivno) posvetiti se; predati se; **2.** *vi* naseliti se (*in America* v Ameriki), nastaniti se, ustanoviti si lasten dom, sesti (*to* k); umiriti se, zbati se, ustaliti se (vreme); usesti se, potoniti; spustiti se (*on* na); razbistriti se, očistiti se; odločiti se (*upon* za); dogovoriti se, sporazumeti se, obračunati (*with* z); pripravljati se (*for* za, na); **to** ~ **the agitation** pomiriti razburjenje; **to** ~ **an annuity on s.o.** določiti komu rento (penzijo); **to** ~ **the bill** poravnati, plačati račun; **will you** ~ **for me?** boš plačal zame?; **to** ~ **with one's creditors** poravnati se z upniki; **to** ~ **a dispute** poravnati spor; **to** ~ **s.o.'s doubts** razpršiti komu dvome; **it is as good as** ~ **d** to je toliko kot dogovorjeno; **we** ~ **d the old lady in her armchair** posadili, namestili smo staro gospo v njen naslanjač; **to** ~ **one's mind** pomiriti se; odločiti se; **things will soon** ~ **into order** stvari se bodo kmalu uredile; **to be** ~ **d in a place** biti nastanjen, bivati v nekem kraju; **to** ~ **a price** dogovoriti se o ceni, določiti ceno; **that** ~ **s the question, that** ~ **s it** s tem je stvar urejena, opravljena; **he** ~ **d all his property on his children** vse svoje premoženje je volil otrokom; **they** ~ **d on selling** odločili so se za prodajo; **the weather is not** ~ **d yet** vreme še ni ustaljeno; **to** ~ **accounts with s.o.** (zlasti *fig*) obračunati s kom;
settle down *vi* usedati se, padati (usedlina, gošča); znajti se (*in* v), vrniti se v vsakdanje življenje, (nikalno) ne se umiriti; posvetiti se, ponovno začeti (*to* kaj); poročiti se: umiriti se (v nekem stanju); **to** ~ **on work** resno se lotiti (oprijeti) dela; **he settled down** oženil se je, osnoval si je

dom; **he settled down in business** posvetil se je trgovini;
settle for *vi* zadovoljiti se z;
settle in *vi & vt* vseliti (se); ostati v hiši;
settle into *vi* urediti se; postati; **he will ~ a good husband** umiril se bo in postal dober zakonski mož;
settle off *vt* uspavati;
settle on *vi* odločiti se za;
settle to *vi* lotiti se, oprijeti se; **he cannot ~ any work** nobenega dela se ne more oprijeti;
settle up *vt & vi* dati, dobiti končno obliko; urediti (se); **to ~ one's accounts** poravnati svoje račune
settled [setld] *a* ustaljen, stalen, urejen; nespremenljiv; umirjen; oženjen; oskrbljen; plačan (račun); dokazan (resnica); določen; strjen (kri); »settled« »plačano« (na računu); **~ income** stalen dohodek; **a ~ thing** dogovorjena, določena stvar
settlement [sétlmənt] *n* naselitev, kolonizacija; naselbina, kolonija, naseljenci; zaselek; dodelitev ali določitev (pokojnine, dote ipd.); poravnava, pogodba, dogovor, določitev, sporazum; odlok, odredba; sklep, sklenitev; likvidacija; pomiritev; *jur* prenos lastništva, pooblastilo; usedanje; **Act of S~** zakon o nasledstvu na prestol (1702); **marriage ~** zakonska pogodba, določitev denarnih sredstev ženi; **to come to a ~** pogoditi se, sporazumeti se; **to make a ~ on s.o.** izdati komu pooblastilo
settler [sétlə] *n* naseljenec, kolonist; *coll* zadetek, odločilen udarec (argument, dogodek); *fig* zavrnitev
settling [sétliŋ] *n* naselitev, kolonizacija; naselbina; poravnava, pomiritev; obračun; ustalitev; določitev, dogovor; oborina; *pl* usedlina, gošča; **~ day** *econ* obračunski dan (termin); (borza) dan likvidacije
settlor [sétlə] *n* izstavitelj rente; ustanovnik
set-to [séttu:] *n coll* prerekanje; *sp* (boksarska) tekma; silovit končni boj (zlasti pri konjskih dirkah)
set-up [sétʌp] **1.** *a* nastanjen; uveden (v posel, v delo); raven (o drži telesa); **2.** *n* sestav, struktura, organizacija, sistem; način; *A* načrt, ureditev, plan, program; razmestitev, razpored, stanje, situacija; *A* drža telesa; soda (led itd.) za mešanje z alkoholnimi pijačami; *A sl* lahek posel; *A sl* pogostitev; *A sl* tekma, za katero se vnaprej ve, kdo bo zmagovalec; na poraz obsojeni tekmovalec
setwall [sétwɔ:l] *n* vrsta baldrijana
seven [sevn] **1.** *a* sedem; sedem-; **2.** *n* številka 7, sedmica; sedmerica; ura sedem; sedem let (starosti); **by ~** (v skupinah) po sedem; **~ and six** sedem šilingov in šest penijev; **at sixes and ~s** *fig* v neredu, v zmedi; **S~ Sisters** *astr* Plejade; **The S~ Years' War** sedemletna vojna; **S~ Seas** sedem morij, svetovno morje; **he has sailed the S~ Seas** objadral je (ves) svet
sevenfold [sévnfould] **1.** *a* sedemkraten; **2.** *adv* sedemkratno
sevenpence [sévnpens] *n pl* vrednost sedmih penijev
seventeen [sévntí:n] **1.** *a* sedemnajst; **she is ~ 17** let je stara; **we are ~ 17** nas je; **2.** *n* 17-torica;

številka 17; **sweet ~** dozorevanje dekliške lepote, najlepša dekliška leta
seventh [sévənθ] **1.** *a* sedmi; **the ~ (7th) of April 7. april**; **Edward the S~** Edvard VII; **~ day** (zlasti *eccl*) sedmi dan (sobota, nedelja); **~ heaven** sedma nebesa, *fig* višek sreče; **2.** *n* sedmina; *mus* septima
seventieth [sévəntiiθ] **1.** *a* sedemdeseti; **2.** *n* sedemdesetina
seventhly [sévənθli] *adv* sedmič
seventy [sévənti] **1.** *a* sedemdeset; **2.** *n* število (številka) 70; **the seventies** *pl* leta med 69 in 80 življenja ali stoletja, sedemdeseta leta; **~-eight** gramofonska plošča z 78 obrati v minuti; **he is nearly ~** skoraj 70 let je star; **my grandfather was born in the early seventies** moj ded se je rodil v prvih letih po 1870
sever [sévə] **1.** *vt* ločiti, oddeliti, odvojiti; pretrgati, prekiniti; prerezati; *jur* porazdeliti; **2.** *vi* ločiti se (*from* od), iti narazen, razstati se; **to ~ good from bad** ločiti dobro od slabega; **to ~ a friendship** razdreti prijateljstvo; **to ~ a rope** prerezati vrv; **to ~ relations** prekiniti odnose; **to ~ o.s. from the church** izstopiti iz cerkve
severable [sévərəbl] *a* ločljiv, oddeljiv, razdeljiv; *jur* ločen; neodvisen
several [sévrəl] **1.** *a* (vsak) posamezen; različen, individualen, posamičen, poedin; več (od njih), nekoliko, nekaj; *arch* ločen; **each ~ part** vsak del zase; **on four ~ occasions** ob štirih različnih priložnostih; **~ liability** individualna odgovornost; **joint and ~ obligation** skupno in poedino jamstvo, solidarno jamstvo; **the ~ members of the Board** posamezni člani ministrstva; **~ people** več ljudi; **~ times** večkrat; **each has his ~ ideal** vsak ima svoj (lasten) ideal; **each ~ ship sank her opponent** vsaka posamična ladja je potopila svojo nasprotnico; **to dwell in a ~ house** stanovati ločeno v (neki) drugi hiši; **I met ~ members of the club** spoznal sem se z več člani kluba; **we took our ~ ways home** šli smo domov vsak po svoji poti; **2.** *n* več (od njih), nekateri; **I know ~ of them** več, nekatere od njih poznam
severally [sévrəli] *adv* posamezno, posamično, poedino, posebej, ločeno, individualno; **jointly and ~** solidarno
several note [sévrəl nóut] *n econ* obljuba plačila
severalty [sévrəlti] *n jur* premoženje, ki pripada eni osebi; individualna posest; ločenost; **in ~** ločeno
severance [sévrəns] *n* ločitev, oddelitev (*from* od); delitev; prelom, razdrtje (prijateljstva, stikov, zvez)
severe [siviə] *a* (**~ly** *adv*) strog, neprizanesljiv, brezobziren (*on, upon* do, v); natančen, strikten; zelo hladen, trd, oster, težak; nevihten (vreme); preprost, zmeren, brez (odvečnega) okrasja (slog); piker, ujedljiv, sarkastičen; naporen, mučen, težaven; bolesten; resen (bolezen); **a ~ blow** hud (močan, trd) udarec; **~ criticism** ostra kritika; **a ~ examination** strog, težak izpit; **~ judge** strog sodnik; **~ illness** težka bolezen; **a ~ inquiry** natančna preiskava; **a ~ remark** pikra, zbadljiva opazka; **~ requirements** težki pogoji; **a ~ winter** huda, ostra zima; **~ly ill**

težko bolan; **to leave** ~**ly alone** načelno ne hoteti nobenega opravka z; striktno se izogibati, (ironično) napraviti velik ovinek okoli

severity [sivériti] *n* strogost, ostrost, neprizanesljivost, trdost (*on* do), natančnost, eksaktnost; preprostost, resnobnost (sloga)

sew* [sóu] **1.** *vt* šivati (*a shirt* srajco); prišiti, sešiti; broširati (pole v knjigo); ~ **together** (skupaj) sešiti; **2.** *vi* šivati, opravljati šivalna dela
sew in *vt* všiti (*a patch* zaplato)
sew on *vt* prišiti (*a button* gumb)
sew up *vt* zašiti (*a hole* luknjo, *a wound* rano); **to sew s.o.** up *sl* popolnoma koga izčrpati; opijaniti; osupiti; **he was completely sewed up** bil je pijan ko čep; **the police have it sewed up that . . .** policija je spoznala, da . . .

sewage [sjúidž] **1.** *n* blato v kanalu, odpadna (odtočna) voda, odplaka; ~ **system** kanalizacija; **2.** *vt* oskrbeti s kanalizacijo, kanalizirati; (po)gnojiti zemljo z odplakami

sewage-farm [sjúidžfa:m] *n* posestvo, na katerem uporabljajo odplake kot gnojilo

sewer I [sóuə] *n* šivilja; šivar, -rka, spenjalec, -lka (knjig) (v knjigoveznici)

sewer II [sjúə] **1.** *n* odvodni cestni kanal; ~ **pipe** odvodna cev; **2.** *vt* napraviti kanalizacijo, kanalizirati; **main** ~ glavni, zbiralni odtočni kanal

sewer III [sjúə] *n hist* ključar
sewerage [sjúəridž] *n* kanalizacija, sistem kanalov
sewer-gas [sjúəgæs] *n* plin, smrad iz kanala
sewer-man, *pl* ~**men** [sjúəmən] *n* čistilec kanalov
sewer-rat [sjúəræt] *n* kanalska podgana
sewing [sóuin] *n* šivanje; šivalna nit; ~ **silk, silk** ~ svila za šivanje
sewing-machine [sóuinməší:n] *n* šivalni stroj
sewing-press [sóuinpres] (knjigoveštvo) spenjalni stroj
sewing-woman, *pl* ~**women** [sóuinwumən, ~wimin] *n* šivilja
sewn [sóuən] *pp* od **to sew**
sewn-up [sóunáp] *a sl* popolnoma izčrpan; pijan
sex [seks] **1.** *n* (prirodni) spol; rod, moški, ženske; **the fair (gentle, weaker, softer)** ~ nežni spol, ženske; **the** ~ *joc* ženske; **the sterner (stronger)** ~ moški spol, moški; spolna privlačnost, seksipil; spolnost, erotičnost, seksus, spolni nagon, spolno življenje; **2.** *a* spolen, seksualen; ~ **cell** spolna celica; ~ **education** spolna vzgoja; ~ **hygiene** spolna higiena; ~ **life** spolno življenje; ~ **organ** spolovilo; **3.** *vt* določiti spol; **to** ~ **a skeleton** določiti spol okostnjaku
sex- [seks] (besedni element s pomenom) šest-
sexagenarian [seksədžinériən] **1.** *a* šestdesetleten; **2.** *n* šestdesetletnik
sexagenary [seksædžənəri] **1.** *a* 60-leten; ki se sestoji iz 60; **2.** *n* 60-letnik; *math* seksagezimalni ulomek
sexagesimal [seksədžésiməl] *a* seksagezimalen, šestdesetinski (sistem); **S**~ **Sunday** *eccl* druga predpostna nedelja
sexangle [séksæŋgl] *n geom* šesterokotnik
sex appeal [seksəpí:l] *n* spolna privlačnost
sexcentenary [sekséntənəri] **1.** *a* 600-leten; **2.** *n* 600-letnica; doba 600 let
sexed [sekst] *a* spolen

sexennial [sekséniəl] *a* (~**ly** *adv*) šestleten; (ki se dogaja) vsakih šest let
sexennium [sekséniəm] *n* doba šestih let; šestletje, seksenij
sexiness [séksinis] *n sl* čutnost, poltenost
sex-kitten [sékskitn] *n sl* »seksi bombica«
sexless [sékslis] *a* brezspolen; *fig* aseksualen, spolno hladen
sexology [seksólədži] *n* seksologija
sext [sekst] *n eccl* šesti molitveni čas (okrog poldne)
sextain [sékstein] *n* kitica šestih stihov
sextan [sékstən] **1.** *a* nastopajoč vsakih šest dni (o mrzlici); **2.** *n* vsakih šest dni nastopajoča vročica (mrzlica)
sextant [sékstənt] *n astr naut* sekstant; *math* šestina kroga
sextet(te) [sekstét] *n mus* sekstet; kitica šestih stihov; *sp* moštvo šestih igralcev
sextillion [sekstíljən] *n* sekstilijon (1 s 36 ničlami, *A* 1 z 21 ničlami)
sexto [sékstou] *n print* sekstoformat (pola preganjena v šest listov); knjiga takega formata
sextodecimo [sékstoudésimou] *n print* seksto decimo format (pola preganjena v 16 listov); knjiga takega formata
sexton [sékstən] *n* cerkovnik, mežnar; grobar
sextuple [sékstjupl] **1.** *a* šestkraten; šesterodelen; **2.** *n* šestkratnik; **3.** *vt* pomnožiti s šest, pošesteriti; *vi* pošesteriti se
sextuplet [sékstjuplit] *n* šestorček; šestorica; *mus* dvojna triola
sexual [séksjuəl, sékšuəl] *a* (~**ly** *adv*) spolen, seksualen; ~ **affinity** spolna privlačnost; ~ **cell** spolna celica; ~ **commerce,** ~ **intercourse** spolno občevanje; ~ **desire** spolno poželenje (sla), libido
sexuality [sekjuæliti] *n* spolnost, seksualnost; spolno življenje
sexy [séksi] *a sl* spolno zelo dražljiv; čuten; **a** ~ **novel** *fig* pikanten (papriciran, popran) roman
shabbiness [šǽbinis] *n* ponošenost (obleke), oguljenost; revščina, beda, siromašno oblačenje; *fig* skopost, skopuštvo, stiskaštvo; prostaštvo, nizkotnost
shabby [šǽbi] *a* (**shabbily** *adv*) ponošen, oguljen (o obleki); reven, siromašno oblečen, beden; *fig* skop, skopuški, umazan, nizkoten; ~ **treatment** nelepo, nizkotno, podlo ravnanje; **to play a** ~ **trick** grdó jo zagosti
shabby-genteel [šǽbidžentí:l] *a* ki nosi sledove boljših dni; ki skuša obdržati eleganten, imeniten videz, čeprav v ponošeni obleki; **the** ~ obubožani imenitniki
shabby gentility [šǽbidžentíliti] *n* obledela eleganca; obubožani imenitniki
shack [šæk] *n A* koliba, baraka, lesena bajta; brunarica, razmajana koča; *fig* bedno stanovanje
shackle [šǽkl] **1.** *n* veriga; verižni člen, obroček; *naut* člen verige za sidro; *pl fig* okovi, vezi, spone; zapreke, ovire; **the** ~**s of convention** konvencionalne spone; **2.** *vt* vkleniti, zvezati; *fig* ovirati, zavirati
shackly [šǽkli] *a* krhek; nebogljen
shad [šæd] *n A* sladkovoden slanik (riba)

shaddock [šǽdɔk] *n bot* vrsta grenivk
shade I [šéid] *n* senca; tema; hlad, svežina; *poet* senčno, temno mesto; *pl* senčnat prostor; (večerne) sence, somrak; *fig* delovanje kontrastov; osenčenje, šatiranje; niansa, komaj opazna razlika; malenkost, neznatna količina; zaslon, senčnik, sončnik; *poet dial* senca (telesa); *poet* duh (umrlega), *pl* kraljestvo senc, duhov; *pl fig* vinska klet ;(*pl*) skrit, odmaknjen kraj, skritost; **among the** ~ s *fig* v kraljestvu umrlih; mrtev; ~ **s of opinions (meaning)** majhne razlike v nazorih; **eye-**~ senčnik, ščitnik za oči; **lamp-**~ senčnik pri luči; **the realm of the** ~ **s** kraljestvo duhov, podzemeljskissvet; **to be in the** ~ biti v senci (skrit), neopažen; malo znan; **he is a** ~ **better today** danes je malce boljši; **to cast (to put, to throw) into the** ~ zasenčiti, prekositi; **to leave in the** ~ močno prekositi, zasenčiti
shade II [šeid] *vt* zasenčiti, vreči senco na, zatemniti; zakriti, skriti (*from* pred); (za)ščititi (*with* z); niansirati, šatirati, potemniti; *com* postopoma nižati (cene); **he** ~ **d his eyes with his hand** držal je roko pred očmi; 2. *vi* postopoma prehajati v drugo barvo
shade **away** *vi* polagoma izginjati; počasi prehajati (*into, to* v);
shade **off** *vt* zaščititi pred svetlobo; postopoma (z)nižati cene; *vi* postopoma prehajati v drugo barvo, polagoma izginjati
shaded [šéidid] *a* zasenčen, v senci
shadeless [šéidlis] *a* brez sence, nezasenčen, izpostavljen soncu
shade tree [šéidtri:] *n* senčno drevo
shadiness [šéidinis] *n* senčnost, senca; *fig* nejasnost, *coll* sumljivost
shading [šéidiŋ] *n* senčenje, šatiranje, sence (v risbi); niansiranje
shadoof [ša:dú:f] *n* šaduf, vodnjak (v južnih krajih)
shadow I [šǽdou] *n* senca (določene oblike); *pl* mrak, tema; *fig* varstvo, zaščita; *fig* imitacija, kopija, posnemanje; *fig* prazen sijaj, odraz tuje slave; malenkost, trohica, sled; duh, fantom, prikazen; stalni spremljevalec, »senca«; zasledovalec, špijon, detektiv; **without a** ~ **of doubt** brez najmanjšega dvoma; ~ **boxing** *sp* boksanje z namišljenim nasprotnikom (za trening); ~ **cabinet** *fig* kabinet, vlada v senci; **the** ~ **of a shade** lažni videz; **under the** ~ **of the throne** pod zaščito prestola; ~ **factory** lažna tovarna; **to be afraid of one's own** ~ lastne sence se bati; **he is but a** ~ **of his former self** on je le še senca tega, kar je prej bil; **to catch at** ~ s loviti fantome; **there never was a** ~ **between him and his friend** nikoli ni bilo kake sence (nesporazuma) med njim in njegovim prijateljem; **coming events cast their** ~ s **before** prihodnji dogodki se dajo slutiti; **may your** ~ **never grow less** *fig* vso srečo (veliko uspeha) ti želim!; **to pursue a** ~ zasledovati senco; **to quarrel with one's own** ~ *fig* biti zelo razdražljiv; **to be reduced to a** ~ spremeniti se v kost in kožo, zelo shujšati, *fig* obstajati le po imenu; **to throw away the substance for the** ~ izpustiti plen za njegovo senco; **to be worn to a** ~ zelo shujšati, postati pravi kostnjak

shadow II [šǽdou] *vt* zasenčiti, potemniti; *arch* ščititi (*from* pred), skri(va)ti; slediti (komu) kot senca; **to** ~ **forth (out)** nejasno napovedati, namigniti na; **he** ~ **ed forth his plans** dal je samo obrise svojih načrtov, le nakazal je svoje načrte
shadowgraph [šǽdougra:f] *n* senčna igra, senčno gledališče
shadowing [šǽdouiŋ] *n* (policijsko) zasledovanje
shadowland [šǽdoulænd] *n* kraljestvo senc, duhov; skrivnost; neznanost
shadowless [šǽdoulis] *a* brez sence; nezasenčen
shadowy [šǽdoui] *a* (za)senčen; temen, mračen; nejasen
shadowmark [šǽdouma:k] *n* iz zraka vidni obrisi prazgodovinskih gradenj
shady [šéidi] *a* (**shadily** *adv*) senčen, senčnat; *fig* nedoločen, nejasen; *fig* sumljiv, sumljivega poštenja, dvomljiv; **a** ~ **business** sumljiv posel; **a** ~ **spot** senčnat kotiček; **to be on the** ~ **side of fifty** biti več kot 50 let star; **to keep** ~ *sl* skri(va)ti
shaft I [ša:ft] *n* kopjišče, držaj kopja, držaj; *poet* puščica, strelica; žarek svetlobe; tul, cevka (peresa); ojnica; drog za zastavo; *tech* valj, gred, os, vreteno; steber, stebrast spomenik, obelisk; ~ **horse** med ojnicami vprežen konj; ~ **of love** *fig* Amorjeva puščica; ~ **of sunlight** žarki sonca; ~ **of lightning** blisk(avica)
shaft II [ša:ft] *n* (rudniški) jašek; jašek za dvigalo (za kletko); jašek kamina; jašek za zračenje, za svetlobo; **elevator** ~ A jašek za dvigalo; **ventilating** ~, **air** ~ jašek za zračenje; **to die in the** ~ s *fig* umreti sredi aktivnega dela; **to sink a** ~ kopati jašek
shag [šæg] 1. *n* grobi, kodrasti lasje; dolga in gosta dlaka, volna; dolgodlakasta tkanina; A kosmatinast žamet, vrsta pliša; tobak za pipo; zmeda, zmešnjava; *fig* grobost; 2. *vt* razkuštrati
shaggy [šǽgi] *a* (**shaggily** *adv*) kodrast, dlakast; razkuštran; košat, porasel z grmičevjem; zanemarjen, podivjan; *fig* grob, neotesan; ~ -**dog story** dolga komična zgodba (ki naj bi bila tudi duhovita)
shagreen [šægríːn] *n* šagren, šagrin, mehko usnje z zrnčasto površino; koža morskega psa
shah [ša:] *n* šah, perzijski vladar
shaitan [šaitá:n] *n* satan, vrag (pri mohamedancih); *fig* hudobnež, obsedenec
shakable [šéikəbl] *a* stresljiv; zrel za otresanje (o sadju)
shake I [šéik] *n* streslaj, tresenje, drhtenje, pretresi (o)majanje; zmajanje (z glavo), odkimavanje; stisk roke, rokovanje; udarec; *coll* trenutek; *mus* triler, gostolevek, drhtavo petje; **in a** ~ v hipu, kot bi trenil; **in two** ~ s **of a lamb's tail** v hipu, zelo hitro; **the** ~ s tresavica, drhtavica, mrzlica; ~ **of the hand** stisk roke; **with a** ~ **of the head** z odkimanjem; ~ **of wind** sunek vetra; **to be all of a** ~ tresti se po vsem telesu; **to be no great** ~ s *coll* ne biti posebno koristen ali vreden; **give it a good** ~ dobro to pretresite!; **to give s.o. the** ~ *sl* otresti se, znebiti se koga; **wait a** ~ počakaj trenutek!
shake* II [šéik] 1. *vt* tresti, stresati, pretresti, (za)vihteti, zamahniti; (o)majati, *fig* oslabiti; A stresti roko, rokovati se; (po)kimati (z glavo);

A mešati (karte); **2.** *vi* stresti se, tresti se, drhteti, drgetati, trepetati *(with* od); (o)majati se; *mus* izvajati trilerje, gostolevke; ~**!** *A* sezimo si v roke! pobotajmo se!; **quite** ~**n** potrt, pobit, pretresen, presunjen; **to** ~ **a carpet** iztepsti preprogo; **he was much** ~**n by his friend's death** prijateljeva smrt ga je zelo pretresla; **to** ~ **one's ears** *fig* zdramiti se; opomoči si; **to** ~ **with fear (cold)** drgetati od strahu (mraza); **to** ~ **one's fists in s.o.'s face** pretiti komu s pestjo, požugati komu s pestjo; **his faith was** ~**n** njegova vera je bila omajana; **to** ~ **hands with s.o.** rokovati se s kom; **he shook his head** zmajal je z glavo; **to** ~ **one's elbow (the elbow)** *sl* kockati; **to** ~ **s.o. by the hand** stresti komu roko, rokovati se s kom; **his health is much** ~**n** njegovo zdravje je zelo zrahljano; **his hands** ~ roke se mu tresejo; **the laughter shook him** tresel se je od smeha; **to** ~ **one's sides with laughing** tresti se od smeha; **to** ~ **a leg** *sl* plesati; hiteti; **he was much** ~**n by (with, at) the news** novica ga je zelo pretresla; **to** ~ **in one's shoes** *sl* tresti se po vsem telesu, drgetati od strahu; **the house shook with the explosion** hiša se je stresla od eksplozije; **to** ~ **a stick at s.o.** groziti komu s palico; **to** ~ **s.o. out of his sleep** stresti, zdramiti koga iz spanja
shake down *vt* (o)tresti (jabolka itd.); razstlati (slamo); pripraviti (ležišče); *A sl* pretipati, preiskati, zaslišęvati; **to** ~ **fruit** stresti, otresti sadje z drevesa; *vi* pripraviti si ležišče; navaditi se, *A* vživeti se;
shake off *vt* stresti s sebe, otresti se, osvoboditi se, znebiti se (koga, česa); odložiti (kaj); **I could not shake him off** nisem se ga mogel otresti (znebiti); **to** ~ **the dust from one's feet** otresti si prah s čevljev; **to** ~ **the dust** *sl* oditi iz neprijetnega mesta (kraja); **to** ~ **the yoke** otresti se jarma;
shake out *vt* iztresti (obleke itd.); razviti (zastavo);
shake together *vi fig* mirno se zediniti, dobro se (spo)razumeti;
shake up *vt* zmešati s tresenjem, pretresti (blazino), potresti; *fig* razburiti, vznemiriti; zbuditi iz mrtvila; ošteti, ozmerjati
shakeable [šéikəbl] *a* glej **shakable**
shakedown [šéikdaun] **1.** *n* ležišče, zasilna postelja (slama ali odeja na tleh); otresanje (sadja); *A* izsiljevanje; ~ **cruise** poskusna vožnja (nove ladje); ~ **flight** poskusen let (novega tipa letala); **2.** *vi* v naglici si pripraviti ležišče
shake-hands [šéikhændz] *n* rokovanje, stisk rok
shaken [šéikən] **1.** *pp* od **to shake; 2.** *a* omajan; razpokan (les); potrt, pobit; zdelan, zmučen; ~ **confidence** omajano zaupanje
shake-out [šéikaut] *n econ* popuščanje gospodarske dejavnosti; kriza na borzi, zaradi katere morajo slabši špekulanti zapustiti tržišče
shaker [šéikə] *n* stresalec; posodica, v kateri se pretresajo kocke pri kockanju; mešalnik za koktajle
Shakespearian [šeikspíəriən] **1.** *n* raziskovalec Shakespearea; **2.** *a* šekspirski
shake-up [šéikʌp] *n* (s)tresenje, stresljaj; razburjenje; premeščanje, pregrupiranje, preureditev,

reorganizacija; **to give s.o. a good** ~ pošteno koga stresti, zbuditi koga iz mrtvila
shakiness [šéikinis] *n* drhtljivost, majavost, slabotnost; nesigurnost, omahljivost, nezanesljivost, negotovost
shaking [šéikiŋ] **1.** *n* tresenje, majanje; drgetanje, trepetanje; **it needs a good** ~ to je treba dobro pretresti; **2.** *a* stresajoč; majav; ~ **palsy** tresavica, Parkinsonova bolezen
shako [šǽkou] *n* čaka (vrsta vojaškega pokrivala)
shaky [šéiki] *a* **(shakily** *adv*) tresoč se, drgetajoč, drhteč; majav, klecav; šibak, slaboten; pretresen; omahljiv, nesiguren, nezanesljiv; (les) razpokan; ~ **courage** majav, omahljiv, nezanesljiv pogum; **a** ~ **firm** nezanesljiva, netrdna firma; **a** ~ **hand** tresoča se roka; **he is** ~ **in French** on je šibak v francoščini; ~ **on one's pins** *sl* netrden, nesiguren na nogah; **to feel** ~ ne se čutiti trdnega na nogah, slabo (slabotno) se počutiti; **my memory is** ~ moj spomin ni zanesljiv
shale [šéil] *n* skrilavec; ~-**naphtha**, ~-**oil** nafta iz skrilavca
shall [šæl, šl] *aux v*; ~ **I do it?** naj naredim to?; ~ **we go for a walk?** bi (bomo) šli na sprehod? **I hope I** ~ **be better tomorrow** upam, da bom jutri boljši; **you** ~ **do it!** moraš to storiti!; **he** ~ **rue it!** obžaloval bo to!; **do not worry, you** ~ **get it in time** ne skrbi, (obljubljam ti, da) boš to dobil pravočasno!
shallop [šǽləp] *n naut* lahek odprt čoln, barkica, šalupa
shallot [šəlót] *n bot* šalotka; čebulica
shallow [šǽlou] **1.** *a* plitev, malo globok (tudi *fig*); *fig* površen, puhel; ~ **brained** plitev, površen, puhloglav; **a** ~ **argument** prazen izgovor; **a** ~ **mind** plitev duh; **to run** ~ postati površen; **2.** *n vi* postati plitvejši
shallowness [šǽlounis] *n* plitvost, plitvina; *fig* površnost
shalt [šælt] *arch* **2.** *os. ed.* od **shall**
shaly [šéili] *a* luskav; skrilast
sham I [šæm] **1.** *n* hlimba, hlinjenje, pretvarjanje, simuliranje; prevara, slepilo, videz; *fig* komedija, farsa; lažna oseba (stvar); ponaredek, posnetek, nadomestek, imitacija; *coll* malo vredno blago; slepar; *coll* šaljivec; **2.** *a* lažen, nepravi, nepristen, ponarejen; hlinjen, simuliran; dozdeven, namišljen, prividen; ~ **elections** lažne, navidezne volitve; ~ **fight** lažna (simulirana) bitka; ~ **jewel(le)ry** nepristen nakit
sham II [šæm] *vt* hliniti, simulirati, fingirati; varati, goljufati; posnemati, oponašati, imitirati; *vi* pretvarjati se, hliniti se, delati se; *fig* igrati komedijo; **to** ~ **illness** hliniti, simulirati bolezen; **to** ~ **a swoon** simulirati omedlevico; **to** ~ **ill** delati se bolnega; **he is (only) shamming** on je simulant, komedijant, on se le dela tako
shaman [šǽmən] **1.** *n* šamán, vrač, žrec, čarovnik in zdravnik pri primitivnih narodih Vzhodne Azije; zaklinjevalec duhov; **2.** *a* šamanski
shamateur [šǽmətə:, ~tjuə] *n coll sp* navidezen amater
shamble [šæmbl] **1.** *n* racava hoja, racanje, zibajoča se hoja; **2.** *vi* zibati se pri hoji, racati; **a shambling gait** racajoča hoja

shambles [šǽmblz] *n pl* klavnica (tudi *fig*); *fig* pokol, mesarsko klanje

shambly [šǽmbli] *a* majav, nestalen, nesiguren

shame I [šćim] *n* sram, sramežljivost; sramota, nečast; from ~ of iz sramu pred; ~!, for ~! sramota!; for ~!, ~ on you! fej!, sram te bodi!; what a ~! kakšna sramota!; the ~ of it! o ta sramota!; more ~ to him! še bolj sramotno zanj!; a burning ~ velika sramota; he is a ~ to his family on je v sramoto svoji družini; he is quite without ~ nobenega sramu ne pozna; he blushed with ~ zardel je od sramu; to bring ~ on s.o. nakopati sramoto komu; to bring ~ on o.s. osramotiti se, nakopati si sramoto; to cry ~ upon s.o. zmerjati koga, biti ogorčen nad kom; they all cried ~ upon (on) him vsi so zagnali krik in vik proti njemu; to die with ~ umreti, v zemljo se vdreti od sramu; to have no sense of ~ nobenega sramu ne poznati; to have lost all ~, to be lost to ~ nobenega sramu ne več poznati; to put s.o. to ~ osramotiti koga; I take ~ to say sram me je reči; I would think ~ to do it sram bi me bilo storiti kaj takega

shame II [šćim] *vt* spraviti v sramoto, osramotiti; nakopati, napraviti sramoto (komu); *fig* zasenčiti, prekositi; to ~ the devil povedati resnico; *vi arch dial* sramovati se; he ~d not to say ni ga bilo sram reči

shamefaced [šćimfeist] *a* (~ly *adv*) sramežljiv, plah, boječ; skromen

shamefacedness [šćimfeistnis] *n* sramežljivost, plahost, boječnost; skromnost

shameful [šćimful] *a* (~ly *adv*) sramoten, nečasten; nespodoben; ~ treatment sramotno ravnanje; a ~ picture nespodobna slika

shamefulness [šćimfulnis] *n* sramota, sramotnost; nespodobnost

shameless [šćimlis] *a* brez sramu; nesramen, predrzen

shamelessness [šćimlisnis] *n* brezsramnost; nesramnost, predrznost

shamer [šćimə] *n* sramotilec, -lka

shammer [šǽmə] *n* simulant; slepar, lažnivec

shammy [šǽmi] *n* irhovina; semiš

shampoo [šæmpúː] 1. *n* pranje glave (las) s šamponom, šamponiranje; šampon; 2. *vt* prati lase in masirati glavo s šamponom; (redko) masirati po kopanju

shampooing [šæmpúːiŋ] *n* pranje glave in las, šamponiranje

shamrock [šǽmrɔk] *n bot* rumenkasta detelja; list te detelje (tudi irski nacionalni znak)

shamus [šćiməs] *n A sl* policist; ovaduh, denunciant

shandrydan [šǽndridæn] *n hist* lahek dvokolesen voz, gig; *joc* staro vozilo, »škatla«

shandygaff [šǽndigæf] *n* mešanica navadnega piva in ingverjevega piva ali limonade

shanghai [šænhái] *vt naut coll* opiti (omamiti) koga in ga vkrcati na ladjo kot mornarja

shank [šæŋk] 1. *n* goleno, noga od koléna do gležnja, noga; krak; pecelj; nogavica brez stopala, nogavičnik; trup stebra; držaj (orodja); os (ključa, sidra itd.); ravni del trnka; ozki srednji del podplata (pri čevlju); *coll* začetek, konec; in the ~ of the afternoon v poznem popoldnevu;

it's just the ~ of the evening večer se je ravno šele začel; to go on S~'s mare (pony) *fig* iti peš, pešačiti; 2. *vt*; to ~ it pešačiti, iti peš; *vi* (o cvetu) (= ~ off) odpasti zaradi gnitja peclja

shan't [šaːnt] *coll* = shall not

shantung [šæntʌ́ŋ] *n* šantung svila

shanty [šǽnti] *n* koliba, baraka, lesenjača; ~ town zanemarjeno (barakarsko) predmestje; *sl* (nekoncesionirana) krčma

shape I [šćip] *n* oblika, forma, lik; fasona, kroj; model, kalup, vzorec; figura, postava, stas, rast; obris, silhueta; (gledališki) kostim; normalno (dobro) stanje, dobra forma; (redko) fantom, prikazen; in the ~ of (a letter) v obliki (pisma); out of ~ deformiran; to be in ~ biti v (dobri) formi; to get into ~ dati (normalno) obliko; urediti; I got no orders in any ~ or form nisem dobil nobenih ukazov v kakršnikoli obliki; to lick into ~ oklesati, otesati, obdelati, opiliti, dati spodobno obliko; polepšati; to put into ~ (iz)oblikovati, obrazovati; to take ~ dobiti obliko, izoblikovati se; realizirati se

shape II [šćip] *vt* (iz)oblikovati, dati obliko; formulirati; napraviti, ustvariti, tvoriti; zamisliti, izmisliti, zasnovati, načrtovati; prilagoditi; predstaviti; usmeriti; *vi* dobiti (imeti) obliko; (izoblikovati) se; ~d like a cask sodaste oblike; heart-~d srčaste oblike, srčast; to ~ a figure out of clay izoblikovati figuro iz gline; to ~ one's course *naut* dati ladji smer (*for, to* k, proti); to ~ a southern course kreniti, zapluti proti jugu; to ~ a statement formulirati izjavo; to ~ well obetati lep razvoj; he ~s well (on) mnogo obeta;

shape forth *vt* očrtati, orisati; pojasniti; shape out *vt* (iz)oblikovati, obrazovati; shape up *vi* razvi(ja)ti se; dobiti dokončno obliko; *vt* dati dokončno obliko

shap(e)able [šćipəbl] *a* ki se da izoblikovati

shapee silk [šćipiːsilk] *n* buret (svila)

shapeless [šćiplis] *a* (~ly *adv*) brezobličen, brez oblike, skažen, nepravilen; brezciljen (kurz itd.)

shapelessness [šćiplisnis] *n* brezobličnost, skaženost, nepravilnost; brezciljnost

shapeliness [šćiplinis] *n* lepa oblika, lepota oblik, lepe proporcije, skladnost; somernost

shapely [šćipli] *a* lepih, skladnih oblik, lepo proporcioniran, lepo grajen, postaven; someren

shaper [šćipə] *n* oblikovalec; rezkalni stroj

shaping [šćipiŋ] *n* skobeljni stroj

shard [šaːd] *n* črepina; *fig* odlomek, drobec; *zool* (trda) krilna pokrovka; lupina (polža, jajca)

share I [šćə] *n* lemež, nož pri plugu; ~ beam gredelj pri plugu

share II [šćə] *n* delež, del; kontingent; *com* prispevek, delnica, dividenda, vloga; for my ~ zastran mene; ~ and ~ alike v enakih deležih (deliti; razdeljen); founder's ~ ustanoviteljski delež; the lion's ~ levji delež; preference ~s, preferred ~s prednostne delnice; to come in for a ~ (of) dobiti svoj delež; to fall to s.o.'s ~ pripasti komu kot delež; to go ~s with s.o. (pravično) deliti s kom; to give his due ~ to s.o. dati komu, kar mu pripada; to have (to take) a (large) ~ in (mnogo) prispevati k; to

hold ~s in a company biti delničar v (neki) družbi
share III [šéə] vt deliti (with s.o. s kom), porazdeliti (among med); deliti (mišljenje); udeleževati se; vi imeti delež, biti deležen, sodelovati, udeležiti se; to ~ alike, to ~ and ~ alike imeti enake deleže, enako si razdeliti; sodelovati pri prispevkih in pri dobičku; I have ~d your dangers delil sem z vami nevarnosti; to ~ the costs prispevati k stroškom; they ~d (in) our sorrow žalovali so skupaj z nami; he would ~ his last crust fig on bi delil zadnjo skorjico svojega kruha (bi dal svojo zadnjo srajco); to ~ an opinion deliti mnenje; they ought to ~ with us in the expenses oni bi morali deliti z nami izdatke;
share out vt podeliti, razdeliti (to, among med)
share-cropper [šéəkrɔpə] n spolovinar (zakupnik)
shareholder [šéəhouldə] n delničar, akcionar, lastnik delnic ali član delniške družbe
share-list [šéəlist] n econ borzno poročilo; tečajni list (delnic)
share-out [šéəraut] n razdelitev deležev; (po)razdelitev vlog (iz hranilne blagajne)
sharer [šérə] n delilec, deležnik, delni lastnik
shark [ša:k] 1. n zool morski pes; fig grabežljivec, slepar; A nadarjen študent (igralec); ~ oil olje morskega psa; ~ skin koža (usnje) morskega psa; vrsta gladkega kamgarna; 2. vt požrešno goltati ali jesti; ukrasti (out of iz); vi slepariti, živeti od sleparij; to ~ up (skupaj) nagrabiti
sharking [šá:kiŋ] n sleparjenje, sleparstvo, sleparija
shark's-mouth [šá:ksmauθ] n naut odprtina v platneni strehi, skozi katero gre jambor
sharp [ša:p] 1. a oster, koničast, šiljast, špičast; strm; rezek, kričav, prediren; buden, pazljiv; dober (nos); silovit (spopad); strog, zbadljiv, jedek, hud, bičajoč, sarkastičen; živahen, hiter, brz; bister, bistroumen, iznajdljiv, prebrisan, rafiniran, zvit, lokav, pretkan, premeten, prekanjen; močan, izrazit; spreten, okreten; mus povišan ali previsok za pol tona; A sl pozornost zbujajoč in privlačen (npr. obleka); a ~ ascent strm vzpon; a ~ boy bister deček; a ~ contrast oster kontrast; as ~ as a needle fig zelo bister, bistroumen; as ~ as a razor oster kot britev; a ~ curve oster ovinek (zavoj); ~ features ostre, izrazite poteze; ~ practices fig sleparija, nepošteni triki; ~ set sl lačen; ~ on time absolutno točen; a ~ tongue oster, nabrušen, strupen jezik; ~ wine kislo vino, cviček; ~ work hitro delo; ~'s the word coll hitro!; he has been too ~ for me fig prelisičil me je; to keep a ~ out-look budno paziti, biti budno na straži; this wine is ~ to vino je rezko, kislo; poverty is a ~ weapon fig sila kola lomi; 2. adv vneto, močnó; nenadoma; točno, natančno, pazljivo; naglo, hitro, živahno; mus povišano za pol tona; at 10 o'clock ~ točno ob desetih; to look ~ ne izgubljati časa; look ~! hitro!; to stop ~ nenadoma (se) ustaviti; to turn ~ ostro zaviti, napraviti oster ovinek; 3. n dolga šivalna igla; fam slepar; coll strokovnjak, poznavalec; mus za pol tona povišana nota, višaj; 4. vt coll prevarati (out of za), ukaniti, oslepariti, prelisičiti; prislepariti kaj, ukrasti; mus povišati za

pol tona, A previsoko zapeti; vi slepariti, varati; mus previsoko peti ali igrati
sharp-cornered [šá:pkɔ:nəd] a oglat, ostrih robov
sharp-cut [šá:pkʌt] a oster, fig izrazit, jasen, določen
sharp-eared [šá:píəd] a koničastih ušes; ostrega sluha
sharp-edged [šá:pedžd] a ostrorob, oster, nabrušen
sharpen [šá:pən] 1. vt naostriti, izostriti, nabrusiti; zbuditi (tek, apetit, željo); napraviti bolj kislo ali pikantno; zvišati (noto); vi naostriti se, izostriti se, (na)brusiti se, postati oster
sharpener [šá:pnə] n ostrilec (oseba, orodje); šilček (za svinčnik)
sharper [šá:pə] n slepar, goljuf; card ~ goljuf pri kartanju
sharp-eyed [šá:paid] a ostroviden; bistroumen
sharpish [šá:piš] a nekoliko oster
sharpness [šá:pnis] n ostrina, ostrost; konica; jedkost; rezkost, strogost, silovitost; bistroumnost, prebrisanost; jasnost; strmina; brzina; hitrost
sharp-nosed [šá:pnouzd] a ki ima šilast nos; ki ima dober voh
sharp-set [šá:pset] a ostrih robov; sl fig lačen (ko volk); željan, pohlepen (after, upon česa)
sharpshod [šá:pšəd] a podkovan z ozobci (o konju)
sharpshooter [šá:pšu:tə] n ostrostrelec
sharp-sighted [šá:psaitid] a ostroviden; fig bistroumen; daljnoviden
sharp-tongued [šá:ptʌŋd] a ki ima oster jezik
sharp-witted [šá:pwitid] a zelo bister, ostroumen, pameten
sharp-wittedness [šá:pwitidnis] n ostroumnost, velika bistrost
shatter [šætə] 1. vt raztreščiti, razbiti, zdrobiti; fig uničiti, zrahljati (živce, zdravje itd.); vi raztreščiti se, razbiti se, zdrobiti se; ~ed health zrahljano zdravje; ~ing power tech brizanca; a ship ~ed by the storm od viharja razbita ladja; it ~ed my nerves to mi je popolnoma razrahljalo živce
shatterproof [šætəpru:f] a ki se ne (z)drobi (o steklu)
shattery [šætəri] a krhek, drobljiv, lomljiv
shave I [šéiv] vt (o)briti; na kratko ostriči; skobljati, oblati (les); (o)strgati (kožo); to ~ o.s. (o)briti se; vi (o)briti se, (o britvi) rezati; smukniti ali švigniti tik ob, iti čisto mimo, oplaziti; za las zgrešiti; rahlo se dotakniti; A striči, skubsti. goljufati; to ~ a corner oplaziti vogal; to ~ a customer oskubsti odjemalca (kupca); to ~ an egg fig skušati izbiti iz koga poslednji dinar; to ~ the lawn striči trato; to ~ a note A kupiti vrednostne papirje za mnogo manjšo ceno, kot je zakonska obrestna mera; pri prodaji vrednostnih papirjev vzeti večjo obrestno mero, kot je to zakonsko dovoljeno;
shave off, shave away vt (od)briti (brado, lase);
shave through vi komaj se zmuzniti skozi, komaj zlesti (pri izpitu)
shave II [šéiv] n britje; oplazenje; ostružek; zlezenje (pri izpitu), tesno uitje; E sleparija, trik; A oderuške obresti; tech skobljenje; strgalo; by a ~ za las; a clean ~ coll čista goljufija; ~ hook tech strgulja, strgača; to have a ~ dati se obriti, (o)briti se; I had a close (near) ~ fig

za las sem ušel (nesreči); **it was a close** ~ malo (za las) jc manjkalo (da ni prišlo do nesreče); **I want a** ~ želim britje (se briti); **a good lather is half the** ~ *fig* dober začetek je polovica opravljenega dela

shaveling [šéivliŋ] *n arch* tonzuriranec; duhovnik, menih, redovni brat; *derog* far

shaven [šéivn] *a* obrit; kratko pristrižen (tudi trava); **clean** ~ gladko obrit; **a** ~ **face** (gladko) obrit obraz; **a** ~ **head** obrita ali na balin ostrižena glava

shaver [šéivə] *n* brivec; brivski aparat, brivnik; *fig* slepar, goljuf, kdor izvleče denar iz ljudi, oderuh; *coll* rumenokljunec, neizkušena oseba; *sl* otrok; **young** ~ mlečnež, golobradec; **dry** ~, **electric** ~ električen brivnik

shavetail [šéivteil] *n* v ježi neizurjen mezeg; *mil A sl* novopečen poročnik

Shavian [šéivjən] **1.** *a* ki se nanaša na G. B. Shawa; **2.** *n* občudovalec, poznavalec G. B. Shawa

shaving [šéiviŋ] *n* britje; striženje; *pl* skobljanci, oblanci, ostružki; ~ **brush (cream, soap)** čopič (krema, milo) za britje

shaving-horse [šéiviŋhɔ:s] *n* miza, na katero se pritrdi les za skobljanje

shaw [šɔ:] *n arch poet* goščava, gozdiček

shawl [šɔ:l] **1.** *n* šal, ovratna ruta; kos tkanine, ki se vrže prek naslanjača, otomane ipd.; ~ **-dance** ples s šalom; ~ **goat** kašmirska koza; ~ **pattern** živobarven (cvetličen) vzorec; **2.** *vt* ogrniti koga s šalom

shawm [šɔ:m] *n mus hist* starinski instrument z lesenimi piščalmi (žveglami)

shay [šéi] *n arch* odprt nizek voz za izlete ali potovanje

she [ši:] **1.** *pron* ona; ~ **who** tista, ki; **2.** *n* (*pl*~ s, ~ 's) ženska, žensko bitje; žival ženskega spola, samica; **3.** *a* (v zloženkah) ženski (zlasti o živalih); **the only** ~ **I admire** edina ženska, ki jo občudujem; **is the child a he or a** ~ ? je otrok deček ali deklica?; **a litter of 2 hes and 3** ~ s skot dveh samčkov in treh samičk; **I like my new car,** ~ **is so smart** všeč mi je moj novi avto, je tako ličen; ~ -**wolf** volkulja; ~ -**bear** medvedka; ~ -**devil** vražja ženska, vrag v ženski podobi; ~ -**dragon** *fig* hišni zmaj; ~ -**king** *derog* babji kralj; ~ -**relatives** žensko sorodstvo

shea [ši:] *n* afriško drevo (iz njegovih plodov delajo domačini surovo maslo)

sheaf, *pl* **sheaves** [ši:f, ši:vz] **1.** *n* snop; otep; šop, svežnj (papirjev); ~ **binder** *tech* snopoveznik; **2.** *vt* povezati v snope (svežnje itd.)

shear I [šíə] *n pl* velike škarje (za platno, kovino itd.); vrsta dvigala; ostrižena žival; *agr* košnja, žetev, letina; ~ **of hay** pridelek, letina sena

shear II [šíə] **1.** *vt* striči, ostriči (*sheep* ovce); *fig* oskubsti, ogoliti, odreti; oropati; **2.** *vi* žeti; udariti, odrezati, odsekati (z mečem); **a coat shorn of its buttons** plašč brez gumbov; **to** ~ **s.o. of his possessions** odvzeti komu imetje; **shorn of his power** oropan svoje moči
shear off *vt* odstriči, odrezati, odsekati

shearer [šíərə] *n* strižec (ovac); žanjec, kosec; *tech* strižni stroj; škarje za pločevino

shearing [šíəriŋ] *n* striženje; *pl* donos striženja; struženje; *tech* rafiniranje (jekla)

shearling [šíəliŋ] *n* leto dni stara ovca (po prvem striženju)

she-ass [ší:æs] *n zool* oslica

sheatfish [ší:tfiš] *n* som (riba)

sheath, *pl* ~ **s** [ši:θ, ši:ðz] *n* nožnica; tok, tul, futeral; cevasti del stebla; pokrovka krila pri žuželkah; *tech* rečni zaščitni (kamnit) nasip

sheathe [ši:ð] *vt* vtakniti, dati v nožnico, v futeral; obdati z nožnico; zamotati, zaviti; obložiti, armirati (ladjo); **to** ~ **a cable** armirati kabel; *fig* zasaditi (*in* v); **to** ~ **one's dagger in s.o.'s heart** zasaditi komu meč v srce; **to** ~ **the sword** vtakniti meč v nožnico, *fig* prenehati z bojem, z vojskovanjem

sheathing [ší:ðiŋ] **1.** *n* obloga, prevleka, armatura, armiranje; **2.** *a* obložen

shcave I [ši:v] *vt* (po)vezati (žito) v snope

sheave II [ši:v] *n* ožlebljeno kolesce (za vrv, žico); škripec

sheaves [ši:vz] *n* (*pl* od **sheaf**) snopi

shebang [ší:bæŋ] *n A sl* koliba, baraka, koča; *fig* kvartopirsko gnezdo; oné, onega; **the whole** ~ vse skupaj, vsa ta stvar, vse to oné

she-bear [ší:béə] *n zool* medvedka

shebeen [šibí:n] *n Ir Sc* točilnica, nezakonito točenje pijač

she-cat [ší:kæt] *n* mačka (samica); *fig* hudobna, zlobna ženska

shed I [šed] *n* lopa, hangar; kolnica; remiza; skedenj, staja; koča, baraka; ležišče, gnezdo; skrivališče; **portable** ~ prenosen (zložljiv) hangar

shed II [šed] *n* razvodje, prelivanje, razlivanje; *coll* odvržena ovojnica (odevalo)

shed* III [šed] *vt* pustiti odpasti, izgubiti (listje); odbi(ja)ti; odvreči (rogove, o jelenu); leviti se (kača), odvreči (oklep, o raku), ogoliti se; izgubiti (prijatelje); odložiti (obleko), opustiti (navado), znebiti se; razlivati, prelivati (solze, kri); širiti (vonj); metati, sipati (svetlobo), izžarevati (toploto itd.); **to** ~ **bad habits** opustiti razvade; **to** ~ **one's blood for one's country** kri prelivati za domovino; **to** ~ **feathers** goliti se; **to** ~ **tears** prelivati solze, plakati; **to** ~ **light on s.th.** osvetliti kaj (tudi *fig*); **to** ~ **one's skin** goliti se, izgubljati dlako, skubsti se, leviti se; **to** ~ **tears** prelivati solze, plakati; **to** ~ **water** to blago odbija vodo; **corn** ~ s žito se osiplje

she'd [ši:d] = **she had; she would**

shedder [šédə] *n* oseba, ki preliva, toči (solze, kri itd.); žival, ki menja dlako ali se levi

shedding [šédiŋ] *n* prelivanje; *pl* odpadlo listje; kar je odvrženo; odvržki

she-devil [ší:dévl] *n fig* hudobna ženska, vrag v ženski podobi

sheen [ši:n] **1.** *n* sijaj, blišč, blesk; **2.** *a* lep

sheeny I [ší:ni] *a* sijajen, bleščeč, krasen; žareč

sheeny II [ší:ni] *n sl derog* Žid, čifut

sheep, *pl* ~ [ši:p] ovca; *pl* ovce, čreda; *fig* duhovna čreda, verniki, »ovčice«, župljani; ovčja koža; *fig* boječ, plah, malce omejen človek; **black** ~ črna, garjava ovca; ~ **and goats** dobri in hudobni; ~ **'s head** bedak; **wolf in** ~ **'s clothing** volk v ovčji koži; **a lost** ~ *fig* izgubljena ovca; ~ **that have no shepherd** *fig* nemočna množica (brez vodje); **bound in** ~ vezan v ovčje usnje (knjiga); **to cast (to make)** ~**'s eyes at s.o.** koprneče, zaljubljeno gledati koga; **to follow like** ~ slepo slediti, iti za kom, ne imeti lastne podjetnosti; **you might as well be hanged for a** ~ **as a lamb** če že moraš biti obešen, naj bi se vsaj bilo izplačalo; če se greši, naj se (zares, pošteno) greši; kamor je šla sekira, naj gre še toporišče; **to return to one's** ~ *fig* vrniti se k prvotnemu predmetu pogovora

sheep-dip [ší:pdip] *n* dezinfekcijsko sredstvo za pranje ovac

sheep-dog [ší:pdɔg] *n* ovčarski pes

sheep-farmer [ší:pfa:mə] *n* ovčerejec

sheep-farming [ší:pfa:miŋ] *n* ovčereja, ovčarstvo

sheep-fold [ší:pfould] *n* ograda za ovce, ovčja staja

sheep-grower [ší:pgrouə] *n* ovčerejec

sheepherder [ší:phə:də] *n A* ovčji pastir, ovčar

sheep-hook [ší:phuk] *n* kljukasta pastirska palica

sheepish [ší:piš] *a* (~**ly** *adv*) boječ, plah, zmeden; neroden, nebogljen, obupan; omejen, bedast, neumen

sheepishness [ší:pišnis] *n* plahost, boječnost; nebogljenost; nespretnost; omejenost, neumnost

sheepman, *pl* ~**men** [ší:pmən] *n* ovčerejec

sheepmaster [ší:pma:stə] *n* rejec ovac, lastnik čred ovac

sheep-pen [ší:ppen] *n* ovčja staja, ograda za ovce

sheep-run [ší:prʌn] *n* velik pašnik za ovce

sheep-shearing [ší:pšiəriŋ] *n* striženje ovac

sheepskin [ší:pskin] *n* ovčja koža, ovčji kožuh; pergament; dokument, listina (diploma, potrdilo) na pergamentu; diploma

sheepwalk [ší:pwɔ:k] *n* pašnik za ovce

sheer I [šíə] **1.** *n naut* odklon (odmik) od določene smeri, nagel obrat ali odklon od ravne poti; **2.** *vi naut* napraviti nagel odklon od določene smeri ali ravne poti; *fig* odmakniti se, oddaljiti se (*from* od), ločiti se; **to** ~ **off** oditi, oddaljiti se, ločiti se; *naut* odmakniti se od določene smeri; **to** ~ **up** *naut* bližati se od strani

sheer II [šíə] **1.** *a* (zelo) strm, navpičen; skrajen; tanek, zelo fin (tkanina); pravi, pravcat; čist, nepomešan, nerazredčen, neponarejen; popoln, sam, gol; ~ **ale** nerazredčeno pivo; **a** ~ **cliff** navpična skalnata obala; **by** ~ **force** s silo; **by** ~ **necessity** iz čiste (same, gole, absolutne) potrebe; **a** ~ **descent of rock** navpična skala; ~ **rock** čista (sama, prava, pravcata, gola) skala; ~ **waste** čista (gola) potrata; ~ **impossibility** popolna nemožnost; **it is** ~ **nonsense** to je pravi nesmisel; **2.** *adv* navpično; popolnoma, čisto; naravnost, direktno; **plant torn** ~ **out by the roots** s korenino vred izpuljena rastlina; **rocks rise** ~ **from the valley** skale se dvigajo navpično iz doline; **3.** *n* prozorna (bombažna ali platnena) tkanina

sheer-hulk [šíəhʌlk] *n naut* ladja brez jambora z dvigalom na tri krake

sheer-legs [šíəlegz] *n naut* dvigalo na tri krake, ki rabi za postavljanje jambora ali postavitev strojev v ladjo

sheers [šíəz] *n pl* glej **sheer-legs**

sheerness [šíənis] *n* absolutnost, popolnost; neponarejenost, čistost; strmost; prozornost (tkanine)

sheet I [ší:t] **1.** *n* rjuha; ponjava, plahta; plošča (stekla, jekla itd.); ravna, gladka površina (vode, ledu); pljusk, ploha; pola ali list papirja; letak, časopis; *print* tiskana pola, krtačni odtisi, korektura; *tech* tanka plošča; *pl* nesešiti, posamezni listi; **in** ~ **s** ne še vezan, nesešit, še v polah, posameznih listih (o knjigi); **as white as a** ~ bled kot rjuha (kot zid); **between the** ~**s** *coll* v postelji, v posteljo; **a blank** ~ *fig* nepopisan list (papirja); **metal** ~ pločevina; ~ **music** note, ki so tiskane na nevezanih polah; **a** ~ **of note-paper** list pisalnega papirja; **a** ~ **of glass** tanka steklena plošča; ~ **of water** vodna površina, ribnik, jezero, velika mlaka; **the book is in** ~**s** knjiga je še v polah, še ni vezana; **to go (to turn in) between the** ~**s** zlesti v posteljo, iti spat; **the rain comes down in** ~**s** dež pada (dežuje) v pljuskih; **to stand in a white** ~ *fig* pokoriti se, delati pokoro, kesati se, preklicati; **to be three** ~**s in the wind** *coll* biti pošteno nadelan, pijan; **2.** *vt* pokriti s ponjavo (plahto), z rjuho; zaviti (v mrtvaški prt), zamotati; obložiti z oblogami, s (pločevinastimi) ploščami; dati ploščato obliko; ~ **ed with ice** pokrit s plastjo ledu; ~ **ed rain** (v pljuskih) lijoč dež; **3.** *a* zvaljan v pločevino; ~ **zinc** cinkova pločevina; tiskan na nesešite, posamezne pole (liste)

sheet II [ší:t] *n naut* vrv, ki je pritrjena na spodnji zunanji ogel jadra; **to be (to have) a** ~ **in the wind** *sl* biti opit, okajen; **to be (to have) three** ~**s in the wind** biti pošteno nadelan, pijan; **2.** *vt*; **to** ~ **(home)** pritrditi jadro s (spodnjo) vrvjo

sheet-anchor [ší:tæŋkə] *n* veliko rezervno sidro (za hudo silo); *fig* zadnje upanje, zadnja rešitev

sheet-brass [ší:tbra:s] *n* pločevina iz medi

sheet-copper [ší:tkɔpə] *n* bakrena pločevina

sheet-glass [ší:tgla:s] *n* valjano steklo, steklena plošča

sheeting [ší:tiŋ] *n* platno za ponjave (plahte); lesena obloga

sheet-iron [ší:taiən] *n* železna pločevina

sheet-lead [ší:tled] *n* svinčena pločevina

sheet-lightning [ší:tlaitniŋ] *n* bliskavica, pobliskavanje

sheet-steel [ší:tsti:l] *n* jeklena pločevina

sheet-tin [ší:ttin] *n* cinova (bela) pločevina

sheik(h) [šéik, ši:k] *n* šejk; *fig sl* idealiziran orientalski junak in ljubimec

shekel [šekl] *n* šekel, sekel (starobabilonska utež in denarna enota, pri Judih pozneje srebrnik); *pl sl* novci, denar, bogastvo

shelf, *pl* **shelves** [šelf, šelvz] *n* polica, deska (v omari), regal; podvodni ploščat, prodnat greben; vodoravna izbočina v skaloviti soteski; **on the** ~ *fig* odložen, dan ad acta, odvržen med staro šaro; obsedela (o dekletu), brez službe (o nameščencu); **book** ~ polica (predal v omari) za knjige; **he is on the** ~ *fig* odslužil je, odpuščen je kot nesposoben; **to be laid on the** ~ biti odpuščen ali upokojen; **to put (to lay) on the** ~ dati ad acta (ne rešiti prošnje, vloge itd.), vreči med staro šaro

shelfful [šélfful] *n* polna polica (regal) (*of books* knjig)

shelfy [šélfi] *a* poln sipin, plitvin

shell I [šel] *n* lupina (jajca, oreha, sadja, živali), skorja, luščina, strok; želvin oklep, polževa hišica, školjka, pokrovka krila pri žuželkah; notranja (svinčena) krsta; nedokončana hiša (ladja), ogrodje; *mil* topovska granata, mina (metalca min), *A* naboj; raketa; tulec (izstrelka); lahek tekmovalni čoln; *fig* zadržanost, zaprtost, odljudnost; *fig* zunanjost, zunanja podoba, zunanji sijaj; *poet mus* lira; in the ~ še neizvaljen, še v razvoju; the ~ of a doctrine obris doktrine; the ~ of a ship trup ladje; heavy ~ *mil* težka granata; to come out of one's ~ *fig* osvoboditi se odljudnosti, postati bolj družaben (manj plašen, rezerviran, samotarski); to retire into one's ~ zapreti se vase, umolkniti

shell II [šel] *vt* (o)lupiti, (o)luščiti, odstraniti lupino, skorjo; prekriti s školjkami, z oklepom, z lupino; *mil* bombardirati, obsipati z izstrelki (granatami, minami); to ~ peas luščiti grah; to ~ nuts tolči, treti orehe; *vi* izpasti (o semenu)
shell out *vt* izvleči (denar) iz koga; *sl* potrošiti, zapraviti; *vi* proti volji dati denar, plačati
shell off *vi* oluščiti se
shellac [šəlǽk] 1. *n* šelak; 2. *vt* (*pt & pp* shellacked) prevleči s šelakom, lakirati; *sl* pretepsti, prebunkati
shellacking [šəlǽkiŋ] *n A sl* udarci, batine; *fig* popoln poraz
shell-back [šélbæk] *n naut sl* star morski volk (izkušen mornar)
shell-button [šélbʌtn] *n* gumb iz biserovine
shell-fire [šélfaiə] *n* topovski ogenj
shell-fish [šélfiš] *n zool* lupinar (školjka, polž, rak)
shelling [šéliŋ] *n* olupljenje; (ovsena) kaša; *mil* bombardiranje, obstreljevanje
shell-proof [šélpru:f] *a* varen pred granatami
shell-work [šélwɔ:k] *n* okrasek iz školjk
shelly [šéli] *a* bogat s školjkami, poln školjk; školjkast; *fig* suh, mršav
shelta [šéltə] *n* tajni žargon kotličkarjev, ciganov ipd.
shelter I [šéltə] *n* zaklonišče, zavetišče, zatočišče, zavetje (*from* pred); zaščitna streha; *mil* bunker; zaščita, okrilje, krov, varstvo; prenočišče; half *mil* šotorsko krilo; ~-stick *sl* dežnik; under ~ of the night pod zaščito (okriljem) noči; to afford a ~ nuditi zavetje; to be a ~ from ščititi pred; to get (to seek, to take) ~ dobiti (iskati, najti) zavetje (*from* pred, *with* pri)
shelter II [šéltə] *vt* ščititi, kriti, braniti (*from* pred); nuditi, dati zavetje, zatočišče, prenočišče; vzeti pod streho, prenočiti (koga); skriti; *refl* iskati zavetje (*under* pod), vedriti; ~ed trade (industry) (s carinami) zaščitena trgovina (industrija); to ~ s.o. from punishment ščititi koga pred kaznijo; *vi* iskati zavetje, zatočišče, iti v zavetje (*under* pod, *behind* (iz)za), vedriti
shelterless [šéltəlis] *a* brez zavetja (zaščite, prenočišča)
shelty, sheltie [šélti] *n* šetlandski poni (konjiček)
shelve [šelv] 1. *vt* položiti (dati) (knjigo) na polico; opremiti s policami; namestiti police (v omaro itd.); *fig* odložiti, odgoditi (za daljši čas); razpustiti (urad ipd.); vreči med staro šaro (staro železo); odpustiti iz službe; opustiti, pokopati (načrt); ne rešiti (aktov, prošenj, vlog);

2. *vi* polagoma (položno, poševno) se spuščati, biti nagnjen; viseti, moleti iznad česa
shelves [šelvz] *n pl* od shelf
shelving [šélviŋ] 1. *n* police, regali; namestitev polic; *fig* odložitev (na pozneje, na stran); nagnjenost, poševnost, pobočje, strmina; 2. *a* položen, nagnjen, poševen
shenanigan [šinǽnigən] *n coll A* (često *pl*) neumnost, nesmisel; prevara, sleparija
she-oak [ší:óuk] *n bot* vrsta avstralskega grmičja
shepherd [šépəd] 1. *n* pastir (tudi *fig*), ovčar; ~ boy pastirček; ~ girl, ~ lass mlada pastirica; ~ dog pastirski pes; ~'s crook pastirjeva palica; ~'s pie mesna pasteta, pokrita s plastjo krompirja; ~ plaid črnobelo karirano volneno ogrinjalo; 2. *vt* pasti (ovce); *fig* voditi, peljati, čuvati, paziti na
shepherdess [šépədis] *n* pastirica, ovčarica
shepherdish [šépədiš] *a* pastirski, ovčarski
she-pine [ší:pain] *n bot* vrsta avstralskega iglavca
sheppey [šépi] *n E* ovčja staja, tamar za ovce
sherbet [šɔ́:bət] *n* šerbet, z ledom ohlajena pijača iz oranžnega soka, sladkorja in dišav
sheriff [šérif] *n* šerif (v Angliji najvišji upravni uradnik grofije, v Ameriki najvišji voljeni izvršilni uradnik pokrajine ali okraja); *hist* visok izvršilni uradnik Krone
sheriffdom [šérifdəm] *n jur* služba šerifa; *Sc* okrožje grofijskega sodnika
sheriffship [šérifšip] *n* glej sheriffdom
sherlock, Sherlock [šɔ́:lək] *n coll* detektiv
sherry [šéri] *n* šeri (belo vino iz Xeresa ali iz južne Španije)
shew [šóu] *vt & vi* glej to show
shewbread [šóubred] *n* glej showbread
she's [ši:z, šiz] *coll* = she is
shibboleth [šíbələθ] *n* beseda, po katere izgovoru se more presoditi, kateri narodnosti kdo pripada; *fig* geslo, znak za prepoznavanje
shick [šik] *n sl* opojna pijača
shicker [šíkə] *vt sl* piti opojno pijačo; ~ed opit, pijan
shield [ši:ld] 1. *n* ščit; ščitnik; zaščitnik, zaščita, okrilje; zaslon; *zool* oklep (žuželk, rakov itd.); *her* ščit z narisanim grbom; the other side of the ~ *fig* druga plat medalje; 2. *vt & vi* ščititi, braniti, nudi zaščito, vzeti pod okrilje; *arch* odvrniti (zlo, nesrečo), zabraniti, preprečiti (*that* da)
shield-hand [ší:ldhænd] *n arch* leva roka
shield-bearer [ší:ldbɛərə] *n* ščitonoša, oproda
shielder [ší:ldə] *n* zaščitnik, varuh
shieldless [ší:ldlis] *a* (ki je) brez ščita, *fig* nezaščiten, brez zaščite, brez obrambe
shier [šáiə] *n* lahkó (hitro) splašljiv konj
shift I [šift] *n* premik, premestitev; sprememba (mesta, položaja); zamenjava; menjanje perila; *hist* ženska srajca; izmena, posad, šiht, delovni čas ene izmene, dnevni delovni čas; sredstvo, pomoč v sili, pomagalo, pripomoček; domislica, prevara, zvijača, trik, pretveza, izgovor; for a ~ za silo; ~ of crop *agr* kolobarjenje; ~ work delo v izmenah; night ~ nočni posad; vowel ~ samoglasniški premik; to be driven (to be brought) to one's last ~ *fig* nobenega drugega sredstva (izhoda) ne več

imeti; **he is full of** ∼ **s and devices** *fig* on si zna na vse načine pomagati; **to make** ∼ znati si pomagati, znajti se; **I must make** ∼ **to pay him tomorrow** moram najti kak izhod in mu plačati jutri; **I must make** ∼ **without it** moram si pomagati brez tega; **to be reduced to mean** ∼**s** biti prisiljen zateči se k nepoštenim sredstvom

shift II [šift] *vt* premakniti, premikati, premestiti, spremeniti položaj, prestaviti, prevreči, preložiti (odgovornost **from…to** od…na); obrniti (**one's attention** svojo pozornost); menjati (mesto, položaj), odstraniti (koga), osvoboditi (koga), znebiti se (koga); preobleči; *sl* pobiti, umoriti; *vi* menjati mesto (položaj), premestiti se, premikati se sem in tja; preseliti se; menjati se; obrniti se; preobleči se; znati si pomagati, zateči se k pomagalom; *ling* premakniti se (o glasu); **I must** ∼ **as I can** moram si pomagati, kot vem in znam, moram se znajti; **to** ∼ **one's ground** *fig* spremeniti (svoje) stališče, menjati svoje argumente v dokazovanju; **to** ∼ **from one foot to the other** prestopati se z ene noge na drugo; **to** ∼ **gears** (avto) menjati prestave; **to** ∼ **the helm** premakniti krmilo; **to** ∼ **one's lodging** menjati stanovanje, preseliti se; **to** ∼ **for oneself (for a living)** sam skrbeti zase, sam si pomagati, se prebijati v stiski, sam se znajti; **to** ∼ **the scenes** menjati kulise; **to** ∼ **one's shirt** preobleči srajco; **the wind has** ∼ **ed to the north again** veter se je obrnil spet proti severu

shift away *vi* pobrati jo (skrivaj)

shift off *vt* otresti se (česa), znebiti se, osvoboditi se; **to** ∼ **responsibilities** otresti se odgovornosti, zvaliti odgovornost na koga drugega

shiftable [šíftəbl] *a* premakljiv, premestljiv; spremenljiv

shifter [šíftə] *n* premikač; premikalna naprava; *fig* lisjak, zvit človek; **scene** ∼ premikač kulis

shiftiness [šíftinis] *n* nezanesljivost; pretkanost, zvitost; spretnost

shifting [šíftiŋ] **1.** *n* premikanje, premeščanje; **2.** *a* menjajoč se, spremenljiv; *fig* spreten, zvit, pretkan; ∼ **sands** premičen, živ pesek

shift-key [šíftki:] *n* menjalec (pri pisalnem stroju), vzvod za velike črke

shiftless [šíftlis] *a* (∼**ly** *adv*) nemočen, ki si ne zna pomagati, neiznajdljiv, nespreten; nesposoben, len

shifty [šífti] *a* (**shiftily** *adv*) zvit, lokav, prebrisan; spreten, iznajdljiv; (redko) nestalen, spremenljiv, nezanesljiv; *sl* nepošten, sumljiv, prikrit

shikaree [šiká:ri] *n* (hindustansko) lovec; lovčev sluga; domačinski lovec

shill, shillaber [šil, -əbə] *n A sl* pomagač uličnega prodajalca ali krošnjarja, ki z navideznim nakupom zbudi željo pri gledalcih za nakup

shilling [šíliŋ] *n* šiling (1/20 funta); **a** ∼ **in the pound** 5%; ∼ **shocker** cenen broširan senzacijski roman; **to cut s.o. off with a** ∼ razdediniti koga, zapustiti dediščino drugim, ne zakonitemu dediču; **to pay 20** ∼ **s in the pound** svoje dolgove ipd. v celoti plačati; **to take the King's (Queen's)** ∼ *hist* vstopiti v vojaško službo (kot poklicen vojak)

shillingsworth [šíliŋzwə:θ] *n* količina blaga, ki se dobi za en šiling

shilly-shally [šílišæli] **1.** *n* neodločnost, oklevanje, cincanje, omahovanje; **2.** *vi* biti neodločen, ne se moči odločiti, oklevati, cincati

shily [šáili] *adv* glej **shyly**

shim [šim] **1.** *n* lesen ali kovinski klin (ploščica), ki se vtakne med dva dela za boljše spajanje ali izravnanje; **2.** *vt* izravnati dva dela na ta način

shimmer [šímə] **1.** *n* bleščanje, blesk, svetlikanje, migljanje; **2.** *vi* svetlikati se, bleščati se, migljati

shimmery [šíməri] *a* bleščeč se, migljajoč

shimmy, -mey [šími] **1.** *n* šimi (ples); *sl* ženska srajca; *tech* opletanje, majanje (koles pri vozu); **2.** *vi* plesati šimi; *tech* opletati, majati se

shin [šin] **1.** *n* golenica (kost); ∼ **of beef** podkolenica goveda; **to break** ∼ **s** *sl* izvleči, izvabiti denar; **2.** *vi* plezati, vzpenjati se (**up** po), plaziti se (**down** dol, po); *A* peš iti, teči; **to** ∼ **up a tree** plezati na drevo, po drevesu; *vt* udariti (koga) po golenici; splezati na (kaj); **to** ∼ **o.s.** z golenico udariti ob (kaj); **to** ∼ **round** *A* tekati, dirjati, krevsati okoli

shinbone [šínboun] *n* golenična kost

shindig [šíndig] *n A sl* plesna (razposajena) zabava

shindy [šíndi] *n sl* prepir, rabuka, kraval, hrup

shine I [šáin] *n* (sončni) sij, sijaj, blišč, lesk; *fig* prestiž; lepo vreme; čiščenje čevljev; *sl* prepir, direndaj, hrup; senzacija; *A* objestno dejanje, burka; *A sl* nagnjenost, naklonjenost, kaprica (*to* za); **to give s.o.'s shoes a** ∼ očistiti, naloščiti komu čevlje; **we will go, rain or** ∼ šli bomo ob vsakem vremenu; **have a** ∼ **?** čiščenje čevljev, prosim?; **to kick up no end of a** ∼ *sl* delati velik kraval; **to put a good** ∼ **on one's shoes** bleščeče si naloščiti čevlje; **to take the** ∼ **out of s.o.** zatemniti, zasenčiti koga, nadkriliti, prekositi koga; odvzeti čar novosti (*out of s.th.* čemu); **to take a** ∼ **to s.o.** dobiti simpatije za koga

shine* II [šáin] **1.** *vi* sijati, svetiti (*upon* na), blesteti, svetiti se, izsevati, žareti (*out, forth*); jasno se kazati; briljirati, izkazati se, odlikovati se; **2.** *vt* osvetljevati, (o)čistiti (da se sveti), (na)loščiti; **shining faces** sijoči, žareči obrazi; **to** ∼ **shoes** čistiti, loščiti čevlje; **he did not** ∼ **in society** ni blestel v družbi; **to** ∼ **with gratitude** sijati od hvaležnosti

shine up *vt*; **to** ∼ **to s.o.** *A* prizadevati si, da bi ugodili komu

shiner [šáinə] *n* svetel, blesteč se predmet; *fig sl* kovanec (zlasti zlatnik), diamant; *fig* genij, »luč«; *coll* cilinder (pokrivalo); čistilec čevljev; *pl* kovanci, denar, dragulji; *pl* lakasti čevlji

shingle I [šíŋgl] **1.** *n* skodla; *A* ploščica z napisom (imenom), izvesek (obrtnika); **2.** *vt* pokriti s skodlami; **to hang out one's** ∼ *A* odpreti lastno pisarno (npr. odvetnik)

shingle II [šíŋgl] **1.** *n* kratko pristrižena (bubi) frizura; **2.** *vt* kratko pristriči lase; **to have one's hair** ∼**d** dati si kratko pristriči lase, imeti bubi frizuro

shingle III [šíŋgl] *n* prodnik, prod(ec); grušč; prodnata obala

shingles [šíŋglz] *n med* pasasti izpuščaj

shingler [šínglə] n polagalec skodel

shingly I [šíŋgli] a poln proda, posut s prodom (z gruščem), prodnat

shingly II [šíŋgli] a skodlast; pokrit s skodlami

shin-guard [šínga:d] n golenjak, ščitnik za goleno

shinny [šíni] vi A coll plezati (s pomočjo rok in nog)

shin-plaster [šínpla:stə] n sl bankovec

shiny [šáini] a (shinily adv) sijoč, svetel, blesteč; jasen, veder (dan); naloščen (čevlji); oguljen (tkanina); a ~ coat oguljen plašč

ship I [šip] n ladja; jadrnica s tremi ali več jambori; sl čoln (zlasti tekmovalen); coll A letalo, zračna ladja; fig sreča; on board ~ na krovu ladje, na ladji; ~ biscuit dvopek, prepečenec; ~'s company ladijska posadka (častniki in moštvo); ~ of the desert kamela; ~ of the line linijska ladja; air-~ zrakoplov; hospital ~ bolniška ladja; sister ~ sestrska ladja (ki je popolnoma enaka kaki drugi ladji); training ~ šolska ladja; to take ~ arch vkrcati se na ladjo (for za); when my ~ comes home fig ko bom obogatel, ko bom zadel glavni dobitek (v loteriji)

ship II [šip] vt vkrcati (natovoriti, naložiti) na ladjo; com poslati (blago) po vodni (ali kopni) poti; postaviti, namestiti jambor, krmilo itd. na določeno mesto; najeti mornarje; zajemati (vodo); vzeti nase (tovor), namestiti nase (obleko); coll poslati proč, odpustiti, znebiti se; vi vkrcati se na ladjo (kot mornar); to ~ the oars potegniti vesla iz vode in jih namestiti v ladji (čolnu); to ~ a rudder namestiti krmilo; to ~ a sea zajeti vodo (v nevihti); the ship shipped a sea velik val je pljusknil čez krov ladje

ship off vt (od)poslati (z ladjo, z vlakom itd.)

shipboard [šípbə:d] n paluba, ladijski krov; on ~ na ladji; to be on ~ biti vkrcan

shipborne aircraft [šípbə:n éəkra:ft] n ladijsko letalo, letalo na ladji

ship-boy [šípbɔi] n mornarček

ship-breaker [šípbreikə] n kupec (prodajalec, razdiralec) starih ladij

ship-broker [šípbroukə] n ladijski agent (mešetar), posredovalec (trgovec) z ladjami; agent pomorske zavarovalne družbe

ship-builder [šípbildə] n graditelj ladij, ladjedelec

ship-building [šípbildiŋ] n gradnja ladij, ladjedelstvo

ship-canal [šípkənæl] n morski kanal

ship-carpenter [šípka:pəntə] n ladijski tesar

ship-chandler [šípča:ndlə] n dobavitelj, oskrbovalec ladij

ship-fever [šípfi:və] n med tifus; rumena mrzlica

shiphoist [šíphɔist] n ladijsko dvigalo

ship-letter [šípletə] n pismo, ki ga nosi kaka druga, ne poštna ladja

ship-lift [šíplift] n ladijsko dvigalo

shipload [šíploud] n ladijski tovor

shipman, pl -men [šípmən] n mornar

ship-master [šípma:stə] n poveljnik ladje, kapitan

shipmate [šípmeit] n (so)mornar z iste ladje, mornarski tovariš

shipment [šípmənt] n vkrcanje, nakladanje na ladjo; ladijski tovor, pošiljka

ship-money [šípmʌni] n hist davek, ki je bil namenjen za nabavo novih ladij

shippable [šípəbl] a prevozen, prevozljiv z ladjo

ship-owner [šípounə] n lastnik ladje, ladjar

shippen, shippon [šípən] n dial staja, hlev (za živino)

shipper [šípə] n odpravnik, pošiljatelj ali prejemnik blaga z ladjo; A špediter, ekspeditor, odpravnik

shipping [šípiŋ] n vkrcanje, vtovarjanje; odprava, pošiljatev z ladjo; vožnja z ladjo; ladjevje (vse ladje v kaki luki ali kake dežele); trgovsko brodovje ali mornarica, tonaža; ~ department com prevozniški, transportni oddelek, ekspedit

shipping-agency [šípiŋeidžənsi] n pomorska agencija

shipping-agent [šípiŋeidžənt] n agent pomorske agencije; špediter

shipping-articles [šípiŋa:tiklz] n pl pogodba o plači (ter drugem) med kapitanom (ali lastnikom ladje) in posadko (mornarji)

shipping-bill [šípiŋbil] n ladijski list s popisom vkrcanega blaga za oprostitev carine

shipping-charges [šípiŋča:džiz] n pl ladijski prevozni stroški

shipping-clerk [šípiŋkla:k] n uslužbenec za odpravo (ladijskega) blaga, ekspeditor

shipping-company [šípiŋkʌmpəni] n paroplovna družba

shipping-master [šípiŋma:stə] n uslužbenec, pred katerim mornarji sklepajo pogodbo s kapitanom

shipshape [šípšeip] pred a & adv čeden, urejen, reden

ship's husband [šípshʌzbənd] n (luški) ladijski agent, ladijski nadzornik (inšpektor); solastnik ladje

ship's papers [šípspeipəz] n pl ladijski dokumenti (o lastništvu, narodnosti, tovoru itd.)

shipway [šípwei] n tračnice, po katerih ladja zdrsne iz ladjedelnice v morje; (suhi) dok; kanal za ladje

shipwreck I [šíprek] n brodolom; ladja, ki je doživela brodolom; razbitine (ladje); fig propad, popoln zlom; the ~ of my hopes propad mojih upanj; to bring to ~ fig pogubiti, uničiti; to make ~ of s.th. uničiti, razdejati kaj; to suffer (to make) ~ doživeti brodolom

shipwreck II [šíprek] vt uničiti z brodolomom, pustiti, da (ladja) nasede ali se razbije; fig uničiti, razdejati; ~ed sl opit, pijan; vi doživeti brodolom, nasesti; fig propasti, imeti (hudo) škodo; izjaloviti se; to be ~ed doživeti brodolom (tudi fig)

shipwright [šíprait] n ladjedelec, graditelj ladij

shipyard [šípja:d] n ladjedelnica

shire [šáiə] n E grofija; the ~s centralne angleške grofije (katerih ime se končuje na -shire)

shire-horse [šáiəhɔ:s] n velik tovorni konj, ki jih redijo zlasti v Lincolnshireu in Cambridgeshireu

shirk [šə:k] 1. n zmuzne, zabušant, kdor se nepošteno izmika delu ali dolžnostim; 2. vi nepošteno se izmikati (izmuzniti) delu, dolžnostim, zabušavati; izogibati se (pogledom); to ~ responsibility odtegniti se odgovornosti

shirker [šə́:kə] n glej shirk n

shir [šə:] 1. n A elastična tkanina; vtkan trak iz gume; naborki; 2. vt nabrati (tkanino); peči (jajca) v smetani ali drobtinah shirring [ʃə́:riŋ] *n* nabiranje (tkanine), nabrana tkanina

shirt I [ʃə:t] *n* (moška) srajca; spodnja srajca; ženska bluza z ovratnikom in manšetami; moška nočna srajca; ~ of mail železna srajca; **night** ~ nočna srajca; **stripped to the ~**, **in one's** ~ v (sami) srajci; *fig* vsega oropan, brez vsega; **near is my** ~, **but nearer is my skin** *fig* najprej sem jaz, nato pa (šele) drugi; bog je najprej sebi brado ustvaril; **to get s.o.'s** ~ **out** *sl fig* razjeziti koga; **to give s.o. a wet** ~ *sl* koga takó utruditi z delom, da se oznoji; **not to have a** ~ **to one's back** biti zelo reven; **he has not a** ~ **to his name** on je velik revež, nima ničesar; **to keep one's** ~ **on** *sl* ne se razburjati, obvladati se, brzdati se; **to lose one's** ~ izgubiti svojo zadnjo srajco; **to put one's** ~ **on (upon)** vse, tudi zadnji svoj dinar staviti (na konja itd.)

shirt II [ʃə:t] *vt* obleči komu srajco; *fig* obleči, ogrniti, pokriti; **to** ~ **o.s.** obleči si srajco

shirt-collar [ʃə́:tkɔlə] *n* ovratnik pri srajci

shirt-frame [ʃə́:tfreim] *n* pletilni stroj za volnene srajce

shirt-front [ʃə́:tfrʌnt] *n* (naškrobljen) prsnik pri srajci

shirting [ʃə́:tiŋ] *n* platno, tkanina za srajce

shirtless [ʃə́:tlis] *a* (ki je) brez srajce, ki nima niti srajce, gol, reven

shirt-maker [ʃə́:tmeikə] *n* izdelovalec srajc

shirt sleeve [ʃə́:tsli:v] *n* rokav srajce; **to be in one's** ~ **s** biti brez suknjiča in telovnika, biti v (sami) srajci

shirt-sleeve [ʃə́:tsli:v] *a* neženiran, neprisiljen, brez formalnosti

shirtstud [ʃé:tstʌd] *n* srajčni gumb

shirt-waist [ʃə́:tweist] *n A* srajca, ki se kot bluza nosi zunaj hlač

shirty [ʃə́:ti] *a sl* slabe volje, užaljen, nevoljen, jezen, hud

shit I [ʃit] *n vulg* drek, govno, človeško blato

shit* II [ʃit] *vi vulg* srati

shiver I [ʃívə] 1. *n* drobec, odkrušek, košček, črepina; trska, iver; *min* skrilavec; 2. *vt & vi* razbiti (se) na sto koščkov, raztrešiti (se), zdrobiti (se), razleteti se na koščke, na drobce; ~ **my timbers!** gromska strela!; **to break into** ~ s razbiti na drobce, na koščke; zdrobiti

shiver II [ʃívə] 1. *n* drget, drhtenje, trepet(anje), tresenje, šklepet(anje), kurja polt; **the** ~ mrzlica, tresavica; **to be (all) in a** ~ tresti se kot trepetlika; **it gave me the** ~ s mraz (srh) me je spreletel; 2. *vi* drhteti (*with excitement* od razburjenja); tresti se (*with cold* od mraza); plapolati (v vetru) (jadro ipd.)

shivering [ʃívəriŋ] 1. *n* tresenje, drhtenje, drgetanje; 2. *a* (~ly *adv*) drhteč, drgetajoč, šklepetajoč; ~ **attack**, ~ **fit** mrzlica, tresavica

shivery I [ʃívəri] *a* krhek, lomljiv, lomen

shivery II [ʃívəri] *a* drhteč, drgetajoč, srhljiv; mrzličen, mrzličav, vročičen

shoal I [ʃóul] 1. *n* plitvina; sipina; prod; *fig* skrita nevarnost (zapreka); 2. *a* plitev, neglobok; 3. *vi* postajati plitev, vse plitvejši; *vt* napraviti plitvo; **the ship** ~ **s her water** ladja zavozi v plitvo vodo

shoal II [ʃóul] 1. *n* truma, (velika) množica; jata, vlak (rib); **in** ~ s v trumah, trumoma; ~ s of

people trume, množice ljudi; **he gets letters in** ~ s on dobiva ogromno pisem; 2. *vi* zbirati se v jato, plavati v trumah (o ribah); gnesti se, prerivati se, mrgoleti

shoaly [ʃóuli] *a* plitev, poln plitvin

shoat [ʃóut] *n A*, *dial* prašiček

shock I [ʃɔk] *n* trk, trčenje, trzaj, (močan) sunek, udarec; (živčni) zlom; (pretres), šok; *mil* spopad; (močno) razburjenje, izbruh; *el* elektrošok; zgražanje, šokiranje, pohujšanje, prepalost, osuplost; ~ s of earthquake potresni sunki; a ~ of rage izbruh besnosti; ~ therapy zdravljenje duševnih bolezni s pomočjo šokov; **they clashed with a mighty** ~ silovito sta trčila skupaj; **to get the** ~ **of one's life** *fig* biti kot od strele zadet, zelo se ustrašiti; **it gave his father quite a** ~ to je njegovega očeta zelo prizadelo (pretreslo, ogorčilo)

shock II [ʃɔk] *vt* pretresti, presuniti, ogorčiti, globoko užaliti, mučno prizadeti, šokirati, škandalizirati, povzročiti zgražanje; *med* pretresti (živce); zadeti (komu) udarec (električni šok); *vi* trčiti (skupaj), zaleteti se; ~ ed ogorčen (*at* ob. *by* zaradi); I **was** ~ ed **to hear** z grozo sem slišal; **a sight that would** ~ **you** prizor, ki bi vas presunil (pretresel, šokiral, ogorčil); **she was** ~ ed **to find him so pale and thin** bila je zaprepadena, ko ga je videla tako bledega in shujšanega; I **am** ~ ed **at you!** zgražati se moram nad vami!; **to** ~ **a secret out of s.o.** s šokom koga pripraviti do tega, da pove tajnost; **to** ~ **s.o. into telling the truth** s šokom koga privesti do tega, da pove resnico

shock III [ʃɔk] 1. *n* čop (*of hair* las); 2. *a* kuštrav, skuštran

shock IV [ʃɔk] 1. *n* kopa snopov (navadno 12); zložena koruzna stebla; 2. *vt & vi* zložiti (snope) v kope

shock absorber [ʃɔ́kəbsɔ́:bə] *n* naprava za ublažitev udarca (sunka, pretresa), blažilnik, amortizér

shock action [ʃɔ́kækʃən] *n mil* nenaden, presenetljiv napad

shock brigade [ʃɔ́kbrigeid] *n* udarniška brigada

shocker I [ʃɔ́kə] *n coll* nekaj razburljivega, pretresljivega, srhljivega, ostudnega; senzacionalnega; *E* srhljiv roman ali feljton; **shilling** ~ cenen razburljiv, napet roman

shocker II [ʃɔ́kə] *n tech* stroj za postavljanje žita v kope snopov

shockhead [ʃɔ́khed] *n* razmršena, kuštrava, nepočesana glava

shockheaded [ʃɔ́khedid] *a* razkuštran, razmršen, kuštrav; ~ **Peter** kuštravi Peter (v otroških zgodbah)

shocking [ʃɔ́kiŋ] 1. *a* (~ly *adv*) spotikljiv, škandalozen, žaljiv, nespodoben, nezaslišan, strašen, grozen; *coll* ostuden, ogaben, gnusen; a ~ **sight** strašen (grozen) prizor; ~ **weather** pošastno (grdo) vreme; 2. *adv fam* grozno, strašno; zeló; a ~ **big town** strašno veliko mesto

shock power [ʃɔ́kpauə] *n tech* udarna sila (moč)

shocking-troops [ʃɔ́kiŋtrups] *n pl* udarne čete; jurišni odredi; za posebne naloge izbrane čete

shock worker [ʃɔ́kwə:kə] *n* udarnik

shod [ʃɔd] 1. *pt & pp* od **to shoe;** 2. *a* obut; podkovan; **to be well** ~ imeti dobro obutev

shoddy [šódi] **1.** *n* iz starih oblek (starega blaga) narejena nova tkanina; slaba tkanina; nekaj razcapanega; slaba, malo vredna roba; *fig* kič, šund; *A* parveni, povzpetnik; *fig* nadutost, bahaštvo, širokoustenje; **2.** *a* (**shoddily** *adv*) *fig* slab, cenen, brez vrednosti, nepristen; kičast, šundski; *fig* nadut, bedasto bahav; ~ **aristocracy** psevdoaristokracija; ~ **literature** šund

shoe I [šu:] *n* (nizek) čevelj; *A* škorenj; cokla; podkev; okov (na koncu palice); železni okov, okovana drsalica pri saneh (sankah); luknja, v katero je posajen jambor; **over (up to) the ~s** *fig* do prek ušes; ~s **and stockings** *bot* vrsta detelje; **dead man's ~s** *fig* nestrpno pričakovana dediščina; **wooden ~s** lesene cokle; **that's another pair of ~s** *fig* to je nekaj (čisto) drugega; **the ~ is on the other foot** *fig* stvar je čisto drugačna; **to be (to stand) in s.o.'s ~s** biti v koži kake osebe; **to cast a ~** izgubiti podkev, oboseti; **to die in one's ~s** umreti nasilne smrti, biti obešen; **every ~ fits not every foot** ni vsaka stvar za vse primerna; **that is where the ~ pinches** *fig* tu žuli čevelj, v tem grmu tiči zajec; **to put on (to take off) one's ~s** obuti (sezuti) si čevlje; **to put the ~ on the right foot** *fig* odkriti (obdolžiti) pravega krivca; **he shakes in his ~s** drgeče od strahu, kolena se mu tresejo; **to step into another man's ~s** zavzeti (službeno) nekoga drugega; **to throw an old ~ after s.o.** *fig* (za)želeti komu srečo (zlasti novoporočencema); **to wait for a dead man's ~s** prežati, nestrpno čakati na dediščino; **as good a fellow as ever walked in two ~s** najboljši človek na svetu; **to walk in s.o.'s ~s** hoditi komu v škodo (v zelnik)

shoe II [šu:] *vt* obuti; podkovati (konja), okovati (palico, sani itd.); nabiti obroč (kolesu); **to ~ the goose** *fig* mlatiti prazno slamo, čas zapravljati; *sl* biti ali postati (rahlo) pijan; **to ~ the horse (the mule)** *sl* goljufati svojega delodajalca

shoeblack [šú:blæk] *n* snažilec, čistilec čevljev
shoeblacking [šú:blækiŋ] *n* loščilo (pasta) za čevlje
shoe-buckle [šú:bʌkl] *n* zaponka na čevlju
shoehorn [šú:hɔ:n] *n* žlica za obuvanje, zajec
shoeing [šú:iŋ] *n* obuvanje; podkovanje
shoeing-smith [šú:iŋsmiθ] *n* podkovač
shoe-lace [šú:leis] *n* vezalka (trak) za čevlje
shoe-last [šú:la:st] *n* čevljarsko kopito za čevlje
shoe-leather [šú:leðə] *n* usnje za čevlje; **he is as good a man as ever trod ~** on je najboljši človek na svetu; **to save ~** *fig* varčevati s podplati, pot si prihraniti
shoeless [šú:lis] *a* brez čevljev, bos; brez podkve
shoe-lift [šú:lift] *n* žlica za obuvanje
shoemaker [šú:meikə] *n* čevljar; ~**'s thread** dreta; ~**'s pride** čevlji, ki škripljejo
shoer [šúə] *n* podkovač
shoe-rebuilder [šú:ribíldə] *n* (čevljar) krpač
shoe-shine [šú:šain] *n* leščenje čevljev; (= ~ **boy**) čistilec čevljev
shoe-string [šú:striŋ] **1.** *n* vezalka (trak) za čevlje; *A coll* »par grošev«; ~ **budget** *A* skromna sredstva; **on a ~** *A sl* z omejenimi, majhnimi sredstvi; **to start a business on a ~** začeti trgovino s par groši; **2.** *a* beden
shoe-tack [šú:tæk] *n* žebelj (z glavico) za podplat

shoe-tree [šú:tri:] *n* čevljarsko kopito (za čevlje)
shog [šɔg] *n dial* **1.** *n* pretres, sunek; **2.** *vt* suniti, stresti
shone [šʌn, *A* šóun] *pt & pp* od to **shine**
shoo [šu:] **1.** *interj* ššš!; *joc* proč!, stran!; **2.** *vi* izgovarjati, klicati »ššš«; *vt* odgnati s klici »ššš« (*off*, *away*); (pre)plašiti (perutnino) s klici »ššš«
shook I [šuk] **1.** *n A* svežanj dog in deščic za sestavo soda, zaboja itd.; kopa snopov; **2.** *vt* povezati, zvezati v svežanj
shook II [šuk] *pt* od to **shake**
shoot I [šu:t] *n* tekmovalno streljanje, strel; lovska družba; lov, lovišče; drča; brzica; *phot* posnetek; *bot* poganjek, mladika; lijak za iztresanje odpadkov (smeti); zbadanje; **the whole ~** vse; **to go the whole ~** iti do kraja (do konca); dognati (kaj); **to take a ~** iti po krajši poti; napraviti kratek proces
shoot* II [šu:t] **1.** *vt* iz-, na-, pre-, ustreliti; sprožiti, izstreliti (strelico); vreči (sidro); odvreči (odpadek); izprazniti, iztovoriti; metati, sipati (svetlobo), metati (poglede); *A sl* odvreči kot neuporabno; poganjati (mladike); zapahniti (vrata); drveti ali hitro voziti, se peljati po čem, preko česa; *phot* posneti, slikati, fotografirati; *sl* izreči, izgovoriti; **2.** *vi* streljati (*at* na, v), streljati divjačino, loviti, baviti se z lovom, biti lovec; poganjati, brsteti, kliti, naglo rasti; *phot* napraviti posnetek; boleti, trgati (o zobobolu); pošiljati (svetlobo, žarke); švigniti, šiniti, planiti; *fig* razvijati se, zoreti; ~ **him!** ustrelite ga!; **a ~ing pain** zbadajoča bolečina, zbodljaj; **a ~ing star** zvezdni utrinek, meteor; **to ~ o.s.** ustreliti se; **to ~ the amber** *A sl* pri rumeni luči voziti skozi križišče; **to be shot of s.o.** znebiti se koga; **I'll be shot if . . .** naj na mestu umrem, če . . .; **to be out ~ing** biti na lovu; **to ~ the bolt** odriniti zapah; **to ~ one's bolt** *sl* napraviti, kar se (le) da; **to ~ the cat** *coll* bljuvati, bruhati, kozlati; **a cat shot out of the room** mačka je šinila iz sobe; **to ~ big game** loviti, streljati veliko divjad; **to go ~ing** iti na lov; **the driver was shot out of the car** šoferja je vrglo iz avta; **a grain ~s** zrno kali; **to ~ a bridge** hitro se peljati, šiniti pod mostom; **to ~ a line** *sl* bahati se, pretiravati; **to ~ one's linen** namenoma kazati krajnike svojih manšet; **to ~ a match** udeležiti se tekmovanja v streljanju; **to ~ the moon** *sl* odseliti se ponoči brez plačanja stanarine; **to ~ wide of the mark** *fig* zelo se zmotiti; **to ~ the Niagara** *fig* poskusiti vratolomno dejanje; **to ~ questions at s.o.** bombardirati koga z vprašanji; **to ~ a rapid** šiniti prek brzice; **to ~ a scene** *film* snemati sceno (prizor); **to ~ straight** *sl* biti pošten, iskren; **he was shot for a spy** bil je ustreljen kot špijon; **to ~ the sun** *naut* določiti položaj ladje s sekstantom opoldne; **my tooth ~s abominably** zob me strašansko boli; **to ~ the traffic lights** pri rdeči luči voziti skozi križišče; **to ~ the works** *fig* igrati za najvišji vložek; vložiti skrajne napore;
shoot ahead *vi* (z)drveti, planiti naprej; **to ~ of s.o.** zdrveti mimo koga, prehiteti, prekositi koga
shoot at s.o. streljati na koga

shoot away vt pregnati koga s streljanjem; izčrpati, izstreliti (municijo); ~! govori(te)!, na dan z besedo!

shoot along vt sl (hitro, brzo) poslati;

shoot down vt ustreliti (koga); vi planiti, šiniti z višine (o letalu itd.); **to ~ in flames** sl ozmerjati

shoot forth vi pognati mladike

shoot off vt odstreliti s kroglo; **he had his arm shot off** odstrelilo mu je roko; **to ~ one's mouth** coll izblebetati (tajnost itd.); vi sp udeležiti se tekme v streljanju

shoot out vt iztegniti (nogo), izgovoriti (besedo); **to ~ one's lips** namrdniti se; **to ~ one's tongue** pokazati jezik

shoot up vi hitro narasti (zrasti, se dvigniti), planiti kvišku; **a huge flame shot up** ogromen plamen je švignil kvišku; **prices are shooting up** cene naglo rastejo; vt terorizirati (mesto) z divjim streljanjem; A sl postreljati, ustreliti

shootable [šú:təbl] a ki se da loviti (streljati)

shooter [šú:tə] n strelec; coll strelno orožje (zlasti revolver); žoga pri kriketu, ki ob udarcu na zemljo ne odskoči, ampak se zakotali; **pea-~** pihalnik (za grah); **six-~** revolver na šest izstrelkov

shooting [šú:tiŋ] n streljanje, ustrelitev; priložnost za lov ali za streljanje; lovišče; fig zbadanje; **~ iron** sl ognjeno orožje (zlasti revolver); **~ licence** lovsko dovoljenje; **~ match** tekma v streljanju; **~ pain** zbadajoča bolečina; **~ party** lovska družba, družba lovcev; **~ stick** lovski stolček; **~ war** vojna z ognjenim orožjem (v nasprotju s hladno vojno)

shooting-box, ~ **lodge** [šú:tiŋbɔks, ~lədž] n lovska koč(ic)a

shooting-brake [šú:tiŋbreik] n avtomobil s sedeži za potnike in prostorom za prevoz blaga, kombi

shooting-gallery [šú:tiŋgwləri] n pokrito strelišče, streljarna

shooting-range [šú:tiŋreindž] n strelišče

shooting-script [šú:tiŋskript] n film plan snemanja

shooting-season [šú:tiŋsi:zn] n čas prostega lova, lovska sezona

shooting-star [šú:tiŋsta:] n zvezdni utrinek, meteor

shop I [šɔp] n prodajalna, trgovina, trgovski lokal, blagovnica; delavnica, popravljalnica, oddelek (v tovarni); sl ustanova, šola, univerza; zgradba, prebivališče; poklic, stroka, stvari v zvezi s poklicem, s stroko; sl zapor; **all over the ~** sl v neredu, razmetano po vseh kotih, na vse strani; **at our ~** pri nas (doma, v naši šoli itd.); **the ~** E sl vojaška akademija, E sl Spodnji dom parlamenta; **baker's ~** pekarna; **chemist's ~** lekarna; **fitting-~** montažna hala; **tobacco ~** trafika; **the other ~** konkurenca, konkurenčno (rivalsko) podjetje, ustanova ipd.; **to come to the wrong ~** fig obrniti se na nepravi naslov, slabo naleteti; **to keep a ~** imeti prodajalno; **to set up ~** odpreti trgovino; **to shut up ~** fig zapreti prodajalno (botego), nehati z nekim delom; **to sink the ~** fig vzdržati se govorjenja o strokovnih (poklicnih) stvareh; prikrivati svoj poklic; **to smell of the ~** fig biti preveč strokoven (poklicen); **to talk ~** govoriti (samo) o svoji stroki; **he wants to boss the whole ~** on hoče vse dirigirati (komandirati)

shop II [šɔp] vi (na)kupovati (po trgovinah); vt sl zapreti, vtakniti (koga) v »luknjo«; sl izdati, ovaditi (sokrivce); **to go shopping** iti na nakupovanje po trgovinah

shop-assistant [šɔpəsístənt] n trgovski pomočnik, prodajalec, -lka

shop bill [šɔ́pbil] n econ cenik

shop board [šɔ́pbɔ:d] n prodajni pult; delovna miza (v delavnici)

shop-boy [šɔ́pbɔi] n trgovski vajenec ali tekač

shop-front [šɔ́pfrʌnt] n trgovska izložba

shop-girl [šɔ́pgə:l] n prodajalka

shop-hours [šɔ́pauəz] n pl delovni čas v trgovinah

shop-keeper [šɔ́pki:pə] n lastnik prodajalne ali trgovine; kramar

shop-keeping [šɔ́pki:piŋ] n trgovina na malo, maloprodajna trgovina

shoplifter [šɔ́pliftə] n tat v trgovinah

shoplifting [šɔ́pliftiŋ] n kraja po trgovinah

shopman, pl ~ **men** [šɔ́pmən] n trgovski pomočnik, prodajalec, komi

shopper [šɔ́pə] n kupec, odjemalec; nakupovalec (za tvrdko)

shopping [šɔ́piŋ] n kupovanje po trgovinah; ~ **center** trgovski, oskrbovalni center

shop-price [šɔ́pprais] n detaljna cena

shoppy [šɔ́pi] a (**shoppily** adv) kramarski; posloven; strokoven, poklicen

shop-soiled [šɔ́psɔild] a obledel ali umazan zaradi razstavljanja v izložbi (v trgovini) (o blagu)

shop-steward [šɔ́pstjuəd] n zaupnik (predstavnik) (delavcev v tovarni)

shoptalk [šɔ́ptɔ:k] n govorjenje samo o (svoji) stroki

shop-walker [šɔ́pwɔ:kə] n nadzornik oddelka v veleblagovnici

shop-window [šɔ́pwindou] n izložbeno okno, izložba; **he has everything in the ~** fig on je puhloglavec

shop-woman, pl ~ **women** [šɔ́pwumən, ~wimin] n prodajalka, uslužbenka v trgovini

shop-worn [šɔ́pwɔ:n] a zaprašen, pokvarjen (o blagu); fig oguljen, obrabljen

shore I [šɔ:] n obala, obrežje, primorje; fig dežela; kopno med najvišjim nivojem plime in najnižjim nivojem oseke; **in ~** v obalnih vodah, ob obali; **on ~** na kopnem; **off ~** proč od obale, pred obalo; **my native ~** moja domovina; ~ **patrol** A obalna patrulja vojaške policije ameriške mornarice

shore II [šɔ:] 1. n poševen podpornik, (zidna) opora; 2. vt (= ~ **up**) podpreti s poševnim podpornikom

shore III [šɔ:] pt od **to shear**

shoreless [šɔ́:lis] a (ki je) brez obale; fig brezkrajen, neskončen

shore line [šɔ́:lain] n obala

shoreward [šɔ́:wəd] 1. adv proti obali; 2. a ki gre proti obali, je v smeri proti obali

shorewards [šɔ́:wədz] adv glej **shoreward** adv

shoring [šɔ́:riŋ] n podpiranje s poševnim podpornikom; podporne grede

shorn [šɔ́:n] pp od **to shear**

short I [šɔ:t] a kratek, majhen; nizek; pros nenaglašen; fig nezadosten, pičel (zaloga, obrok); prhek, drobljiv, lomljiv, lomen; fig nasajen, osoren, zadirčen, kratkih besedi, žaljiv; (o pijači) močan, hud; **at ~ range** od blizu, iz bližine, na majhno razdaljo (oddaljenost); **for ~** zaradi kratkosti; **on ~ commons** slabo hranjen; **little ~ of 5 dollars** ne polnih 5 dolarjev, skoraj 5 dolarjev; **nothing ~ of** nič manj kot, skoraj; **a ~ 10 miles** komaj 10 milj, (na pogled) manj od 10 milj; **a ~ way off** ne daleč proč; **~ bill (paper)í loan** kratkoročna menica, posojilo; **~ of breath** zasopel, nadušljiv; **~ of cash** brez gotovine; **~ circuit** *el* kratek stik; **~ cut** bližnjica; **~ date** kratek rok; **~ drinks** nerazredčene (nemešane) močne alkoholne pijače; **~ of hands** brez zadostne delovne sile; **~ rations** pičli obroki; **a ~ sea** kratki (morski) valovi; **~ sight** kratkovidnost; **a ~ memory** kratek spomin; **~ and sweet** kratek in vsebinsko bogat (npr. govor); **~ story** novela; **~ temper** razvnemljivost, nagla jeza; **~ ton** mera za težo (907,20 kg); **~ weight** slaba vaga; **a ~ time ago** pred kratkim; **to be ~ with s.o.** biti kratkih besedi (osoren) s kom; **to cut (to make) a long story ~** na kratko povedati; skrajšati; skratka; **to come (to fall) ~ of** ne izpolniti pričakovanj, ne zadovoljiti, razočarati; **the copy falls of the original** kopija zaostaja za originalom; **I am ~ of money** zmanjkalo mi je denarja, trda mi prede za denar; **we are ~ of goods** nimamo robe; **the bag is 3 pounds ~** vreča tehta 3 funte premalo; **the gate-money fell ~ of the expenses** vstopnina ni krila izdatkov; **it is nothing ~ of treason** to je nič več in nič manj kot (čisto enostavna) izdaja; **it would be little ~ of madness** to bi bila skoraj norost; **to come ~ of one's duty** ne izpolniti svoje dolžnosti; **his joy had but a ~ time** njegovo veselje je bilo (le) kratko; **to make ~ work of** hitro opraviti z; **to make ~ shrift of** *fig* napraviti kratek proces z; **I ran ~ of bread** zmanjkalo mi je kruha; **to give ~ weight** dajati slabo vago, goljufati pri teži; **to grow ~ er** zmanjšati se; **to take ~ views** videti le sedanjost, ne videti daleč; **to be of ~ breath** biti ob sapo, biti nadušljiv

short II [šɔ:t] *adv* na kratko, nenadoma, naenkrat, naglo; neposredno, naravnost, brez ovinkov; nezadostno; osorno; *econ* brez kritja; **~ of razen**, z izjemo; skoraj; **~ of killing he will do anything** razen ubijanja je zmožen vsega; **it was little ~ of a miracle** to je bil skoraj čudež; **to cut s.o. ~** prekiniti koga (v govoru); **cut it ~!** povej na kratko!; **to jump ~** prekratko skočiti; **to pull up ~** naglo ustaviti; **to sell ~** pod ceno prodajati, (borza) prodajati brez kritja, špekulirati na baisse; **to stop ~** nenadoma se ustaviti; **to be taken ~** znajti se v stiski; **to take s.o. up ~** prekiniti koga

short II [šɔ:t] *n* kratek (dokumentaren, risan itd.) film; kratek zlog (samoglasnik), kratka oblika; znak za kračino samoglasnika (a); *econ* deficit, primanjkljaj, manko; *el* kratek stik; *pl* kratke hlače; *pl* stranski produkti; **in ~** na kratko skratka, z eno besedo; **the long and the ~ of it is that...** nakratko povedano je stvar ta, da...; **Bob is ~ for Robert** Bob je skrajšana beseda za Robert; **he is called Joe for ~** na kratko mu rečejo Joe

shortage [šɔ́:tidž] *n* pomanjkanje (*of goods* blaga, robe); nezadostnost, pičlost; *econ* primanjkljaj, deficit

short-balance [šɔ́:tbæləns] *n com* dolgovni saldo

shortbread [šɔ́:tbred] *n* drobljiv, krhek kruh (kolač)

short-breathed [šɔ́:tbri:ðd] *a* zasopel, nadušljiv, kratke sape

shortcake [šɔ́:tkeik] *n* glej **shortbread**

shortchange [šɔ́:tčeindž] *vt A coll* opehariti

short-circuit [šɔ́:tsə:kit] **1.** *n el* kratek stik; **2.** *vt* napraviti kratek stik (*a lamp* v svetilki)

shortcoming [šɔ́:tkʌmiŋ] *n* (večinoma *pl*) nezadostnost, pomanjkanje; nedostatek, škoda, zguba; slabost, hiba; deficit, primanjkljaj

short commons [šɔ́:tkɔmənz] *n pl* pomanjkanje hrane, nezadostna dodelitev hrane, stradalski obrok

short cut [šɔ́:tkʌt] *n* bližnjica

short date [šɔ́:tdeit] *n econ* kratek rok; *fig* hiter postopek

short-dated [šɔ́:tdeitid] *a econ* kratkoročen

short-eared [šɔ́:tiəd] *a* kratkouh

shorten [šɔ́:tən] **1.** *vt* skrajšati (govor, čas, jadro), zmanjšati; **2.** *vi* posta(ja)ti krajši (manjši), skrajšati se; (o cenah) padati

shortening [šɔ́:təniŋ] *n* krajšanje, (z)manjšanje; maslo (mast ipd.) za kolače

shortfall [šɔ́:tfɔ:l] *n econ* primanjkljaj, deficit; pomanjkanje

shorthand [šɔ́:thænd] *n* stenografija; **a ~ reporter** poročevalec stenograf; **~ typist** stenotipistka; **to write ~, to take down in ~** stenografirati

short-handed [šɔ́:thændid] *a* (ki je) brez zadostne delovne sile

shorthand writer [šɔ́:thænd ráitə] *n* stenograf(ka)

short head [šɔ́:thed] *n* kratka glava; dolžina, ki je manjša od konjske glave (pri konjskih dirkah); zelo kratka razdalja

shorthorn [šɔ́:thɔ:n] *n* vrsta goveda s kratkimi rogovi (daje izvrstno meso)

shortish [šɔ́:tiš] *a* precéj kratek (majhen, nizek); čokat

short-lived [šɔ́:tlivd] *a* kratkotrajen; ki živi kratek čas

short-living [šɔ́:tliviŋ] *a* kratkotrajen

shortly [šɔ́:tli] *adv* v kratkem, kmalu; **~ before** malo poprej; **~ after** malo za tem; v kratkih besedah, kratko in jedrnato; osorno, robato; (redko) za kratek čas, za malo časa

shortness [šɔ́:tnis] *n* kratkost, majhnost; kratko trajanje; nezadostnost, stiska, pomanjkanje (zalog itd.); robatost, osornost; krhkost (kovin itd.); **~ of breath** nadušljivost, zasopljenost; **~ of memory** kratek, slab spomin; **~ of money** pomanjkanje denarja

short-offer [šɔ́:tɔfə] *n com* ponudba brez kritja

short sale [šɔ́:tseil] *n com* prodaja brez kritja, bianko prodaja

short sea [šɔ́:tsi:] *n* od morskih valov razburkano morje

short-seller [šɔ́:tselə] *n com* bianko prodajalec

short shrift [šɔ́:tšrift] *n eccl* kratka spoved; *fig* kratek odlog, zadnji odlog

short sight [šɔ́:tsait] *n* kratkovidnost

short-sighted [šɔ́:tsaitid] *a* (~ **ly** *adv*) kratkoviden (tudi *fig*), nedaljnoviden

short-sightedness [šɔ́:tsaitidnis] *n* kratkovidnost

short-spoken [šɔ́:tspouk] *a* redkobeseden, kratkobeseden

short story [šɔ́:tstɔri] *n* novela

short-stroke shaper [šɔ́:tstrouk šéipə] *n* kratkohodni skobeljni stroj

short subject [šɔ́:tsʌbdžikt] *n* kratek film; dodaten program

short temper [šɔ́:ttempə] *n* razdražljivost, togota

short-tempered [šɔ́:ttempəd] *a* nagel, togoten, nagle jeze, jeznorit; *fig* nasajen

short-term [šɔ́:ttə:m] *a* kratkoročen (*credit* kredit)

short time [šɔ́:ttaim] *n econ* skrajšan delovni čas

short wave [šɔ́:tweiv] *n radio* kratki val

short-wave [šɔ́:tweiv] *a* kratkovaloven (*transmitter* oddajnik)

short wind [šɔ́:twind] *n* nadušljivost, zasoplost

short-winded [šɔ́:twindid] *a* hitro zadihan, zasopel, nadušljiv

short-witted [šɔ́:twitid] *a* naiven, bedast

shorty [šɔ́:ti] *n coll* majhna oseba (stvar), pritlikavec

shot I [šɔt] **1.** *n* strel; izstrelek, projektil, krogla, šibra (šibre), sekanci; *sp* met, udarec, strel; *sp* krogla; strelec; *coll* fotografija; filmski posnetek, snemanje; doseg, domet, streljaj; *fig* poskus; poteza v igri; *coll* ugibanje; *tech* razstrelitev; *sl* vbrizg, injekcija, doza (mamila); *coll* kozarček, požirek (*of gin* brinovca); **at a** ~ s prvim strelom (udarcem), s prvim strelom; **a** ~ **at the goal** strel (met) na gól; **a** ~ **in the locker** še ena krogla za izstrelitev, *fig coll* denar v žepu, zadnja rezerva; **like a** ~ *coll* kot iz puške, kot strela, bliskovito, hitro, takoj; **by a long** ~ *sl* daleč; zelo; **not by a long** ~ še zdaleč ne, nikakor ne; **at the third** ~ pri tretjem poskusu; **out of** ~ zunaj streljaja ali dometa; **within** ~ v dometu; **within ear-**~ dovolj blizu, da se more slišati; v slišaju; **a** ~ **of cocaine** vbrizg kokaina; ~ **of distress** alarmni strel v sili; **bow** ~ strel iz loka; **a crack** ~, **a dead** ~ mojstrski strelec, ki nikoli ne zgreši; **flying** ~ strel na premičen cilj; **hail of** ~ s toča strelov (krogel); **random** ~ na slepo dan strel (*fig* opazka); *fig* ugibanje; **he is an excellent** ~ on je odličen strelec; **he is no** ~ on ne zna streljati; **he is a poor** ~ **at solving problems** on slabo rešuje probleme; **he was (he went) off like a** ~ kot strela je šinil proč; **to be nearer the bull's eye at each** ~ *fig* pri(haja)ti vedno bliže svoji sreči; **I would do it like a** ~ jaz bi to storil brez pomišljanja; **he got several** ~(s) **in the leg** dobil je več šiber v nogo; **they did not fire a single** ~ niti enega strela niso dali; **to have a** ~ **at** streljati na, *fig* poskusiti; **not to have a** ~ **in the locker** biti brez streliva, *fig* biti »suh«, brez cvenka (denarja); **you have made a bad** ~ zgrešili ste, niste zadeli (pogodili); zmotili ste se; **to put the** ~ *sp* suniti kroglo; **2.** *vt* nabiti (puško); obtežiti s svinčenimi šibrami; oskrbeti z municijo

shot II [šɔt] *n* zapitek, zapitnina, del računa (plačila), ki pripade posamezniku; račun v gostilni; ~-**free** brezplačno, ne da bi kaj morali plačati,

ne da bi kaj plačali; **to pay one's** ~ plačati svoj zapitek; **to stand** ~ **for s.o.** plačati zapitek za koga

shot III **1.** *pt & pp* od **to shoot; 2.** *a* (= ~ **through**) prepleten, pretkan; pisan (z raznobarvnimi nitmi); spreminjajoč barvo; (o orožju) izstreljen; *bot* vzbrstel; *sl* nadelan, pijan, kaput; ~ **silk** svila prelivajočih se barv

shot-coloured [šɔ́tkʌləd] *a* prelivajoč se (o barvi na tkanini)

shotgun [šɔ́tgʌn] *n* puška na šibre

shot marriage [šɔ́tmæridž] *n A coll* prisilna poroka

shot-proof [šɔ́tpru:f] *a* neprebojen

shot-put [šɔ́tput] *n sp* met krogle

shot-putter [šɔ́tputə] *n sp* metalec krogle

shotted [šɔ́tid] *a* (ostro) nabit (o orožju); obtežen s šibrami

should [šud] *pt* od **shall; I** ~ **go** jaz bi šel; **if you** ~ **hear of it** če bi (vi) slučajno (morebiti) slišali o tem; **lest you** ~ **forget** da (vi) ne bi pozabili, da ne pozabite

shoulder I [šóuldə] *n* rama, pleče; *pl* gornji del hrbta, hrbet; *fig* izboklina v obliki rame; bankina; *mil* drža (vojaka) s puško na rami; ~ **to** ~ z ramo ob rami, z združenimi močmi; ~ **of mutton koštrunovo pleče; straight from the** ~ *fig* brez ovinkov, brez okolišanja, naravnost, v brk, odkrito; uspešen (udarec); **over the** ~(s) *fig* čez ramena, posredno, ironično, indirektno; **to cry on s.o.'s** ~ *fig* tožiti komu, iskati sočutja pri kom; **to give (to turn) s.o. the cold** ~ komu hrbet pokazati, hladno se vesti do koga, ignorirati koga, prezirljivo ravnati s kom; **he has broad** ~s *fig* on mnogo prenese (lahko prenaša), nosi velika bremena (odgovornosti); **you can't put old heads upon young** ~s *fig* mladost je norost; **to put (to set) one's** ~ s zelo si prizadevati, odločno se lotiti; **to rub** ~s **with s.o.** družiti se s kom, priti v stik, biti v prijateljskih stikih s kom; **to shrug one's** ~s skomigniti z rameni; **you have taken too much on your** ~s preveč si si naložil, naprtil na ramena (tudi *fig*)

shoulder II [šóuldə] *vt* dati (naprtiti, vzeti, naložiti si) na rame (hrbet); *fig* prevzeti (dolžnost, odgovornost itd.); suniti, porivati, riniti z rameni; *vi* udariti z rameni (*against* ob), preriniti se (z rameni) (*through* skozi); ~ **arms!** *mil* puško na rame!; **to** ~ **the responsibility** naložiti si, prevzeti odgovornost; **to** ~ **one's way through the crowd** (z rameni) si delati pot, se prerniti, se prebiti skozi množico

shoulder bag [šóuldəbæg] *n* (ženska) naramna torbica

shoulder-belt [šóuldəbelt] *n mil* naramni jermen

shoulder blade [šóuldəbleid] *n* lopatica, plečna kost, plečnica

shoulder-knot [šóuldənət] *n* (pletena) epoleta (lakajska), naramnik

shoulder-note [šóuldənout] *n* opomba (opazka) na zgornjem zunanjem kotu strani

shoulder sail [šóuldəseil] *n* trikotno jadro

shoulder-strap [šóuldəstræp] *n* naramnica, oprta; naramnik, epoleta (pri uniformi); **to earn (to win) one's** ~ s dobiti, zaslužiti si epolete, postati častnik

shout I [šáut] *n* krik, klic, vik, klicanje, vzklik(anje); ~s of applause vzkliki odobravanja; a ~ of laughter krohot(anje); my ~! *sl* sedaj sem jaz na vrsti (zlasti za plačanje pijače); to give (to raise) a ~ vzkličniti, zavpiti, zakričati; to set up a tremendous ~ dvigniti strašanski krik
shout II [šáut] *vi* vpiti, kričati (*with* od), klicati (*for s.o.* koga), zaklicati (*at s.o.* komu); vriskati, ukati, vzklikati; dreti se; *A* glasno se zavzeti za koga; *vt* (za)vpiti (kaj), glasno (kaj) izražati; (za)klicati (*s.o.'s name* ime koga); to ~ approbation glasno odobravati; to ~ disapproval glasno izraziti svoje nezadovoljstvo; to ~ o.s. hoarse vpiti, dreti se do hripavosti; to ~ with joy vpiti od veselja; to ~ with laughter (pain) vpiti od smeha (bolečine); all is over but the ~ *fig* bitka je odločena (treba je samo še vzklikati zmagovalcu), praktično je cilj (že) dosežen
shout out *vt & vi* kriкniti, vzkličniti, zavpiti
shout down *vt* prevpiti (*s.o.* koga), utišati koga s kričanjem
shouter [šáutə] *n* kričač, razgrajač; *pol A* hrupen propagandist
shouting [šáutiŋ] *n* klicanje, vpitje, kričanje; *arch* izvolitev s klici
shove I [šʌv] *n* sunek, porinek, porivanje, potiskanje; lesnata sredina stebla lanu; to give s.o. a ~ (off) poriniti koga z mesta; pomagati komu, da pride v zagon
shove II [šʌv] *vt* (po)riniti, porivati, vtakniti (*into* v); odriniti (off), potisniti proč; *coll* postaviti, položiti (*on* na); *ni* prerivati se, riniti se; *naut* odriniti (*from the bank* od brega); počasi napredovati (*along, past* vzdolž, mimo); prebijati se (*through* skozi)
shove aside *vt* odriniti (potisniti) v stran
shove away *vt* odriniti, odmakniti proč
shove by *vi* prebijati se, potiskati se skozi
shove down *vt* zriniti, poriniti dol; *sl* zapisati
shove off *vi* odriniti (se) od brega
shove on *vi* obleči, obuti kaj
shove through *vi* utreti si pot, prebiti se
shove up *vt* namestiti, postaviti
shovel [šʌvl] 1. *n* lopata, lopatica; *tech* bager (na lopate, vedra); 2. *vt & vi* metati ali zajemati z lopato, lopatiti; *fig* gomiliti, grmaditi, kopičiti (v veliki množini); to ~ food into one's mouth pohlepno jesti, goltati; to ~ away odstraniti, odmetati (z lopato); to ~ up nagomiliti, zgrebsti; to ~ money zgrábiti (spraviti, nakopičiti si) skupaj denar
shovelboard [šʌvlbɔ:d] *n* igra, v kateri se z lopatico poriva ploščica po načrtanem liku
shovelful [šʌvəlful] *n* polna lopata (*of coal* premoga)
shovel-hat [šʌvlhæt] *n* klobuk s širokimi krajevci, kot jih nosijo anglikanski višji duhovniki
shoveller [šʌvlə] *n* kidalec, kidač; *zool* raca žličarka; snow ~ kidač snega
show I [šóu] *n* kazanje; razkazovanje, bahanje, demonstracija; *coll* (gledališka, kino) predstava, revija; izvedba; prizor, pogled; razstava, sejemski prostor; (prazen) sijaj, (svečan) sprevod, parada, svečanost; gledališka ali cirkuška družina; *coll* šansa, prilika; dviganje rok (pri glasovanju); zunanjost, podoba, nekaj dozdevnega;

hlinjenje, pretveza, izgovor; sled; *sl* pretep; *sl* podjetje, botega, krama; *sl* tretje ali boljše mesto pri konjskih dirkah; for ~ da bi (za vsako ceno) napravili vtis; in ~ na videz, navidezno; in outward ~ na zunaj; on ~ razstavljen, na ogled, ki se more videti; oh, bad ~! oh, slabó!; ~ of teeth režanje; no ~ of gold niti sledu ne o zlatu; dumb ~ pantomima; dog-~ razstava psov; good ~! bravo! sijajno! dobro storjeno!; a grand ~ veličasten prizor; a ~ of force demonstracija moči; Lord Mayor's S~ svečan sprevod londonskega župana (9. XI.); she is fond of ~ ona se rada razkazuje (baha); there is some ~ of truth in what you say je nekaj (videza) resnice v tem, kar pravite; under ~ of helping he was really hindering pod pretvezo da pomaga, je dejansko metal polena pod noge; to make a ~ of (rage) hliniti, delati se (besnega); to make a fine ~ nuditi krasen prizor; our team made (put up) a good ~ naše moštvo se je dobro izkazalo; to make a sorry ~ nuditi žalosten pogled; to give away the ~, to give the (whole) ~ away izdati tajnost (slabosti, napake); to make o.s. understood by dumb ~ sporazumeti se s kretnjami; give him a fair ~! dajte mu pravo priliko!; to put on a ~ hoteti napraviti vtis, postavljati se; he runs (bosses) the ~ on vodi vse, on je glava (podjetja itd.); to pierce beneath the ~s of s.th. priti neki stvari do dna; do you think we have got much of a ~ now? mislite, da se sedaj lahko s čim posebno pohvalimo?; to vote by ~ of hands glasovati (voliti) z dviganjem rok; 2. *a* navidezen, dozdeven; razstaven; igralski, hlinjen; ~ folk igralci, umetniki; ~ goodness navidezna dobrota; ~ house vzorna hiša
show* II [šóu] 1. *vt* pokazati, razkazati, razstaviti (blago), dati na razstavo; prikazovati; odkriti, dokazati, izpričati, razložiti; oznaniti; napraviti (uslugo); voditi, peljati, spremljati (koga); 2. *vi* (po)kazati se, pojaviti se (v družbi), biti viden, videti se, zdeti se, izgledati (*like* kot); dati predstavo; *sl* priti na cilj na tretjem ali boljšem mestu (na konjskih dirkah); to ~ o.s. pokazati se (v javnosti); to be shown to be pokazati se kot; you'll have to ~ me! *coll* to mi boš moral šele dokazati!; on his own ~ing he blundered po lastnem priznanju se je zmotil; the cloth ~s blue in this light blago je videti modro ob tej svetlobi; the dog he ~ed got the first prize pes, ki ga je dal na razstavo, je dobil prvo nagrado; to ~ cause pokazati, navesti vzrok (razloge); to ~ one's colours odkriti svojo naravo (svoje mišljenje); to ~ a thing the fire malo (neznatno) kaj pogreti; to ~ s.o. the door pokazati komu vrata; he ~ed me to the front--door spremil me je do hišnih vrat; to ~ the white feathers *fig* pokazati svojo strahopetnost; to ~ the flag *sl* uradno izobesiti britansko zastavo (npr. na ladji); to ~ one's hands pokazati svoje karte (tudi *fig*), odkriti svoje načrte; to ~ the hoof *fig* pokazati svojo zlobno naravo; to ~ s.o. round (over) the house razkazati komu hišo; he ~ed me great kindness izkazal mi je veliko dobroto; to ~ a leg *coll* vstati zjutraj iz postelje; *sl* hiteti; to ~ a clean

pair of heels *sl* pokazati pete, pobrisati jo; to ~ one's papers pokazati svoje dokumente; to ~ one's plans (intentions) pokazati svoje načrte (namere); he ~ed me into the room peljal me je v sobo; to ~ signs of fatigue kazati znake utrujenosti; does this spot ~? se ta madež vidi?; to ~ bad taste pokazati slab okus; to ~ one's teeth pokazati zobe (tudi *fig*); to ~ s.o. about the town razkazati komu mesto; that ~s the truth of the rumour to dokazuje resnico govoric(e)

show down *vt* položiti (karte) na mizo

show forth *vt* pokazati, naznaniti, razložiti; dokazati

show in *vt* peljati noter, uvesti (v sobo itd.); ~ him in, please! pripeljite ga noter, prosim!

show off *vt & vi* razstaviti, razložiti, poudariti, poudarjati; razkazovati (se), pozirati, paradirati, ponašati se, bahati se, postavljati se, šopiriti se; he likes to ~ his knowledge rad se ponaša s svojim znanjem; the room is too small to ~ the furniture soba je premajhna, da bi poudarila (prinesla do veljave) pohištvo

show out *vt* spremiti koga ven (do vrat)

show up *vt & vi* gor peljati ali voditi (koga); odkriti, razkriti, razkrinkati; pokazati se, pojaviti se, priti; izkazati se; odražati se (*against the sky* proti nebu); to ~ a fraud odkriti sleparijo, goljufijo; to show a guest up peljati gosta gor (v 1. nadstropje) v sobo; he didn't ~ until ten prikazal se je (prišel, pojavil se je) šele ob desetih; the picture does not ~ well in this light slika ni dobro poudarjena v tej svetlobi

show bill [šóubil] *n* reklamni lepak, plakat

show board [šóubǝ:d] *n* majhna oglasna (črna) deska

showboat [šóubout] *n A* rečna ladja s potujočo igralsko družino, ki daje predstave na njej (zlasti na Mississippiju)

showbread [šóubred] *n bibl* 12 hlebcev kruha, žrtvovanih Jehovi v svetišču

show business [šóubiznis] *n* zabaviščna industrija (film, gledališče, cirkus ipd.)

show-card [šóuka:d] *n* karta (knjiga) z vzorci; reklamni lepak v trgovini, v izložbi

show-case [šóukeis] *n* steklena omara, v kateri se razstavlja blago; vitrina

showdown [šóudaun] *n* odkrivanje, pokaz kart; pokerju podobna igra; odkrivanje načrtov (namer, dejstev itd.); *sl* odkrit, odločilen spopad nasprotujočih si naziranj

shower I [šóuǝ] *n* pokazovalec; razstavljalec; ~ of tricks rokohitrc

shower II [šáuǝ] *n* ploha, naliv, pljusk; kratkotrajna toča; prha, tuširanje; *fig* obilje, dež, toča (*of bullets* krogel), plaz (udarcev, daril, povabil itd.); in ~s na pretek, v veliki množini, tudi *fig*; April ~ aprilska ploha; ~ party družba, v katero vsak povabljenec prinese kako darilo; to fall in ~s liti kot iz škafa; to take a ~ (o)prhati se, tuširati se, iti pod prho

shower III [šáuǝ] *vt & vi* obliti, politi, obsuti; poškropiti; liti (o dežju); padati kot dež, deževati; they ~ed arrows upon us obsuli so nas s strelicami; to ~ gifts (kisses) upon a child

obsuti otroka z darili (poljubi); to ~ down (o solzah) teči, liti; deževati v potokih; deževati (o kroglah)

shower-bath [šáuǝba:θ] *n* pršna kopel, prha, tuš(iranje); kopalnica s prho

showeriness [šáuǝrinis] *n* deževno vreme

showery [šáuǝri] *a* deževen, s pogostimi nalivi (plohami)

show girl [šóugǝ:l] *n* dekle, ki sodeluje v reviji

show-glass [šóugla:s] *n* vitrina, izložba; (čarovno) ogledalo

showiness [šóuinis] *n* blesk, blišč, krasota, bleščavost; zbujanje pozornosti, opozorljivost; vidne (kričeče) barve, gizdavost, kričeče razkošje; bahanje, bahavost, (prazen) sijaj

showing [šóuiŋ] *n* kazanje, razstavljanje; predvajanje (filma itd.); razkritje; pojasnilo, trditev; položaj; znak, znamenje; on (by) his own ~ po njegovi lastni trditvi (izjavi): a bad financial ~ slab finančni položaj; first ~ premiera filma

showman, *pl* ~ men [šóumǝn] *n* igralec zabavnega gledališča; spreten propagandist (agitator), organizator zabav; lastnik cirkusa (menažerije itd.), lastnik sejemskega šotora z nenavadnimi stvarmi

showmanship [šóumǝnšip] *n* lov za efekti; propagandni talent, dar za efektno nastopanje

shown [šóun] *pp* od to show

show-off [šóuɔf] *n* bahanje, razkazovanje; *coll* bahač

show-piece [šóupi:s] *n* primerek za razstavo (izložbo)

show-place [šóupleis] *n* razstavno mesto (prostor); kraj z mnogimi znamenitostmi

show ring [šóuriŋ] *n* razstavljalni prostor za živino (na sejmu)

show-room [šóurum] *n* razstavni prostor (soba, dvorana); salon (modistke, šivilje)

show-window [šóuwindou] *n A* izložbeno okno

showy [šóui] *a* (showily *adv*) ki pade v oči, upadljiv, privlačen, kričeč; sijajen, bleščeč, gizdav, razkošen, bahav, le za oko lep, razkazovalen

shram [šræm] *vt* napraviti togo (otrplo, odrevenelo); my hands were ~med with cold roke so mi otrple od mraza

shrank [šræŋk] *pt* od to shrink

shrapnel [šrǽpnǝl] *n mil* šrapnel, (kolektivno) šrapneli; granatni drobci

shred I [šred] *n* krpa, cunja, strgan kos blaga; *fig* košček, drobec, drobtinica, trohica, atom; sled; ~s and patches cunje; torn to ~s v capah; there's not a ~ of truth in it niti trohice resnice ni v tem; to scrape into ~s nastrgati (hren ipd.); to tear an argument to ~s popolnoma potolči, ovreči argument

shred II [šred] *vt* razrezati na koščke, na drobno; razkosati, raztrgati (v cunje); razrezati (blago); narezati ali nastrgati (zelenjavo itd.); *vi* raztrgati se, iti na koščke in cunje; to ~ away luščiti se, lupiti se; odpadati, izginjati

shredder [šrédǝ] *n* kdor raztrga ali zdrobi

shrew [šru:] *n zool* rovka, hrčica; *fig* hudobna (prepirljiva, zadirčna) ženska, furija

shrewd [šru:d] *a* (~ ly *adv*) pameten, moder, bistroumen, iznajdljiv, razborit, premeten, prebrisan, zvit, pronicav; spreten; subtilen; oster, silovit (bolečina, mraz, veter itd.); **a ~ blow** silovit udarec

shrewdness [šrú:dnis] *n* ostroumnost, pronicavost, razboritost, zvitost, prebrisanost; spretnost

shrewish [šrú:iš] *a* (~**ly** *adv*) prepirljiv, zloben, zadirčen, jezikav, *fig* strupen

shrew-mouse [šrú:maus] *n zool* rovka, hrčica

shrewishness [šrú:išnis] *n* prepirljivost, zlobnost, zadirčnost, jezikavost; *fig* strupenost

shriek [šri:k] **1.** *n* vrisč, vik, krik (strahu, bolečine); žvižg; vreščanje, krohot(anje); ~**s of laughter** vreščanje od smeha, vreščeče smejanje; **to give a ~** zavreščati, krikniti; ~**-mark** *sl* klicaj; **2.** *vi* vreščati, kričati, vpiti, (za)žvižgati; krohotati se; *vt* zakričati (kaj), zavpiti, reči kaj z vreščečim glasom; (o vetru) tuliti, žvižgati; **to ~ with laughter** vreščati od smeha; **to ~ o.s. hoarse** nakričati se do hripavosti; **to ~ out** zavreščati, zakričati (kaj); kriče alarmirati

shrieval [šri:vəl] *a* šerifov(ski)

shrievalty [šri:vəlti] *n jur* trajanje šerifove funkcije (službe); šerifova služba (funkcija)

shrift [šrift] *n arch eccl* spoved, zakrament pokore; odveza, naložitev pokore (po spovedi); **short ~** kratki čas med obsodbo in izvršitvijo kazni; **to give short ~** hitro obsoditi in kaznovati; **he was given no ~** hitro so ga kaznovali

shrike [šráik] *n zool* srakoper

shrill [šril] **1.** *a* (**shrilly** *adv*) kričav, vreščav; rezek, oster, predirljiv; *fig* glasen, oster (pritožba, obtožba); kričeč (barva); zbadljiv; *fig* trdovraten, zagrizen; **2.** *vi & vt poet* vreščavo govoriti (peti, se smejati); kričati, (za)vreščati; ostro (rezko, vrešče) (kaj) zavpiti, zakričati; **to ~ out, to ~ forth** kriče, vreščé zahtevati

shrillness [šrílnis] *n* vreščavost, predirljivost, rezkost

shrimp [šrimp] **1.** *n zool* morski rakec, garnela; *fig* pritlikavček, človeček, otrok; (redko) majhna stvar, malenkost; **2.** *vi* loviti morske rakce

shrimper [šrímpə] *n* ribič morskih rakcev

shrine [šráin] **1.** *n* skrinja; skrinjica z relikvijami, relikviarij; svetnikov grob; kapelica, svetišče, oltar, žrtvenik; grob junaka ali znamenite osebnosti; *fig* svetinja; **2.** *vt poet* dati v relikviarij; čuvati, varovati kot svetinjo

shrink I [šriŋk] *n* skrčenje, zoženje, uskočenje; zgrozitev, oplašitev

shrink* II [šriŋk] **1.** *vi* umakniti se, odmakniti se, odskočiti (*from* od, pred); uskočiti se, skrčiti se (tkanina pri pranju), zmanjšati se; zapreti se vase; *fig* plašiti se, bati se, zgroziti se, zlesti vase (od strahu), nerad, proti svoji volji napraviti; **2.** *vt* pustiti, da se kaj uskoči, skrči, stisne; dekatirati (blago); zožiti, skrajšati, zmanjšati; **to ~ back** ustrašiti se, zgroziti se (*from* ob, pred); **to ~ from doing s.th.** nerad kaj napraviti; **this flannel does not ~** ta flanela se ne skrči (uskoči); **they shrank under his glance** videti je bilo, da bi se pod njegovim pogledom najrajši udrli v zemljo; **this soap will not ~ woollens** ob tem milu se volnene stvari ne uskočijo; **to ~ on a hoop** napeti, montirati obroč (na kolo)

shrinkable [šríŋkəbl] *a* ki se uskoči (stisne, zoži, skrči)

shrinkage [šríŋkidž] *n* (s)krčenje, ukrčitev, uskočenje, zoženje, stisnjenje; *fig* zmanjšanje, upadanje

shrinking [šríŋkiŋ] *a* (~**ly** *adv*) boječ, plašen, obotavljajoč se, cincav, počasen; pojemajoč; uskočen

shrive* [šráiv] *vt arch eccl* spovedati (koga) in (mu) naložiti pokoro; dati odvezo; izpovedati (kaj); **to ~ o.s.** spovedati se; *vi* sprejeti, poslušati spoved; iti k spovedi, spovedati se

shrivel [šrivl] **1.** *vt* stisniti, pomečkati, zmečkati, nagubati, zgubati, nabrati; pustiti veneti, posušiti; *fig* napraviti nemočnega, onesposobiti; **2.** *vi* (tudi ~ **up**) skrčiti se, stisniti se, nagubati (zgubati) se, zgrbančiti se, nabrati se; oveneti; *fig* (s)hirati, mreti; **he has a ~led soul** *fig* on je podla duša; **the skin ~s with age** v starosti se koža naguba

shriven [šrivn] *pp* od **to shrive**

shroff [šrɔf] **1.** *n* menjalec denarja, bankir (v Indiji); **2.** *vt* preiskati (kovance) glede pristnosti)

shroud [šráud] **1.** *n* mrtvaški prt (ponjava), mrliška srajca; *fig* ogrinjalo, pajčolan, koprena; *pl naut* jeklene vrvi, ki vežejo jambor z bokom ladje; (= ~ **line**) vrvice pri padalu, na katerih padalo visi; **wrapped in a ~ of mystery** zavit v kopreno skrivnosti; **2.** *vt* zaviti (mrliča) v mrtvaški prt; *fig* zaviti (*in* v), odeti, zakriti (v skrivnostnost, skrivnost); *arch* skriti, zastreti; *arch* (za)ščititi; *vi* zaviti se; zakrivati se; *arch* iskati zaščito; ~ **ed in mystery** zavit v skrivnost

shroudless [šráudlis] *a* (ki je) brez mrtvaškega prta; *fig* nezakrit, nezavit, nezagrnjen

shrove [šróuv] *pt* od **to shrive**

Shrovetide [šróuvtaid] *n* pustni čas, pust

Shrove Tuesday [šróuvtju:zdi] *n* pustni torek

shrub I [šrʌb] *n* punč ali grog (iz sadnega soka in alkoholne pijače); *A* pijača iz sadnega soka in vinskega kisa

shrub II [šrʌb] *n bot* grm, grmičje, grmičast kraj; *A dial* jagodnik

shrubbery [šrʌbəri] *n* grmičevje, nasad okrasnega grmičja

shrubby [šrʌbi] *a* grmičast, pokrit (porasel) z grmičjem; gost

shrublike [šrʌblaik] *a bot* grmičast

shrug [šrʌg] **1.** *n* skomizg (z rameni); **2.** *vt & vi* skomizgniti (z rameni)

shrunk [šrʌŋk] **1.** *pp* od **to shrink**; **2.** *a* uskočen; dekatiran (blago)

shrunken [šrʌŋkən] *a* shujšan, upadel (obraz); **he has a ~ look** videti je čisto upadel

shuck [šʌk] **1.** *n* strok, luščina, lupina; zelena lupina (orehov); nekaj manjvrednega; *A* školjka brez mesa; *pl coll* vinar, groš; **not worth ~s** počenega groša ne vreden; **not to care ~s** *fig* požvižgati se (na kaj); ~ **s!** neumnost! (vzklik razočaranja ali negodovanja), nesmisel!, preneumno!; **2.** *vt* izluščiti iz stroka (luščine, lupine), luščiti, ličkati, kožuhati (koruzo)

shudder [šʌdə] **1.** *n* drget(anje), drhtenje, zona, »mravljinci«, srh, zagroza, groza; **it gives me the ~s** groza me obhaja; **2.** *vi* drgetati, drhteti, tresti, bati se, zgroziti se (*from* ob), zagnusiti se (*at* ob), zagabiti se; **to ~ with fear** drgetati

od strahu; **I** ~ **to think of it** groza me je (srh me spreleti), samo če pomislim na to
shuddering [ʃʌ́dəriŋ] *a* (~ **ly** *adv*) drhteč, drgetajoč; zgražajoč se; strašen, grozen
shuffle I [ʃʌfl] *n* mešanje kart; *fig* trik, sleparija, zvijača; dvoličnost, izmotavanje, spletke, izgovarjanje; težka hoja, vlečenje nog (za seboj), podrsavanje z nogami, menjavanje mesta (položaja) ali drže, nemirna hoja (drža)
shuffle II [ʃʌfl] *vt & vi* mešati (karte), pomešati (se), zmešati, napraviti nered; izmotavati se, izgovarjati se, biti dvoličen; pri hoji podrsavati (z nogami), vleči noge za seboj, vleči se; porivati sem in tja; menjavati mesto (položaj, držo), vrteti se; **to** ~ **the cards** mešati karte; *fig* menjati vloge; poskušati nov način, spremeniti svojo taktiko; **to** ~ **with one's feet** vleči noge za seboj, podrsavati z nogami pri hoji; **to** ~ **into one's clothes** zlesti v (svojo) obleko
shuffle along *vi* podrsavati mimo
shuffle away *vt* hitro odstraniti ali skriti, neopazno odnesti
shuffle off *vt* odriniti od sebe, osvoboditi se (česa), znebiti se (obveznosti itd.); odložiti, sleči (obleko); **to** ~ **responsibility upon others** predeti ali zvaliti odgovornost na druge
shuffle on *vt* s težavo obleči (obleko)
shuffle together *vt* skupaj pograbiti ali zmetati
shuffle through *vt fig* hitro dokončati, urediti, »zmašiti« (*s.th.* kaj)
shuffle-board [ʃʌ́flbɔ:d] *n* glej **shovelboard**
shuffler [ʃʌ́flə] *n* mešalec kart; slepar, prebrisanec
shuffling [ʃʌ́fliŋ] *a* (~ **ly** *adv*) težak (korak, hoja); *fig* nepošten, neodkrit, dvoličen, sleparski; izmikajoč se; **a** ~ **answer** izmikajoč se odgovor; **a** ~ **excuse** (prazen) izgovor
shun [ʃʌn] *vt* izmikati se (komu, čemu), izogibati se, bežati pred, držati se proč od; **to** ~ **vice** ogibati se pregreh
'shun! [ʃʌn] *interj mil* mirno!, pozor! (glej **attention!**)
shunless [ʃʌ́nlis] *a* neizogiben, neizbežen
shunner [ʃʌ́nə] *n* (iz)ogibalec
shunt [ʃʌnt] **1.** *n* premikanje; ranžiranje vlakov ali vagonov na stranski tir; kretnica; *el* stranski priključek; *fig* izogibanje; **2.** *vt* zapeljati (ranžirati) (vlak) na stranski tir; *el* priključiti paralelni, stranski vod; odvesti (tok); *fig* napeljati (pogovor) na drugo stvar; *fig* položiti ob stran, pustiti ob strani; odložiti, odgoditi; *vi* zapeljati vlak na stranski tir; *fig* oddaljiti se od téme, od namere; **to** ~ **s.o.** spraviti koga s pota, odstraniti koga, pustiti koga brez dela; **to** ~ **a subject** odgoditi razpravljanje o predmetu
shunter [ʃʌ́ntə] *n rly* kretničar; premikač; ranžirna lokomotiva; *el* odvodnik; *sl* sposoben organizator; *sl* razsodnik
shunting [ʃʌ́ntiŋ] **1.** *n rly* ranžiranje, premikanje; izogibališča; **2.** *a* ranžiren; ~ **station (track)** ranžirna postaja (tir)
shush [ʃʌʃ] **1.** *interj* šššš!, pst!; **2.** *vi* reči ali delati pst!; sikati; ukazati mir, tišino; *vt* utišati, pomiriti koga z vzklikom pst
shut I [ʃʌt] *n* zaprtje; *tech* zvar, zvarek; **cold** ~ pomanjkljiv zvarek; **2.** *a* zaprt, *coll* prost; **to be** ~ **of s.th.** znebiti se česa

shut* II [ʃʌt] **1.** *vt* zapreti (knjigo, oči, nož itd.), zaklopiti; priščipniti (prst), stisniti (*into* med), blokirati (cesto itd.); **2.** *vi* zapirati se, zapreti se, zaklopiti se; **to** ~ **the door in s.o.'s face** komu pred nosom zapreti vrata; **to** ~ **the door on (upon) s.o.** zapreti vrata pred kom, ne hoteti govoriti z njim; **the door** ~ **with a bang** vrata so se zaloputnila; **the door** ~s **automatically** vrata se avtomatično zapirajo; **the prisoner was** ~ **into his cell** jetnika so zaprli v (njegovo) celico; **he** ~ **the dog's tail into the door** priščipnil je psu rep med vrata; **to** ~ **one's ears to the truth** biti gluh za resnico, ne hoteti slišati resnico, zapirati si ušesa pred resnico; **the window** ~s **well** okno se dobro zapira; ~ **your mouth!** molči! drži jezik (za zobmi)!; ~ **your face** *vulg* jezik za zobe!; **to** ~ **o.s. away from (out of) society** izključiti se iz družbe;
shut down *vt & vi* zapreti, dol spustiti (okno); ustaviti delo (v tovarni); (tesno) se zapirati; postati nepredirljiv (o megli); biti zaprt (o tovarni), ne delati, ne obratovati; **the fog** ~ **on us** zavila nas je gosta megla; **they had to shut the works down** morali so zapreti tovarno; **to** ~ **upon (on) s.th.** napraviti konec čemu
shut in *vt* zapreti (noter); obkrožati, obda(ja)ti; *A coll econ* ustaviti proizvodnjo (nafte) z zaprtjem vrtalnih naprav; **the lake is** ~ **by hills** jezero je obdano od gričev; **the mountains** ~ **the view** goré zapirajo (zastirajo) razgled
shut off *vt* zapreti, odklopiti dovod (vode, plina itd.), izključiti; ločiti; zakrivati pogled (vidik); *vi coll* odložiti telefonsko slušalko; **the engine-driver** ~ **steam** strojevodja je odklopil dovod pare; **to shut s.o. off** pretrgati, prekiniti (telefonski) pogovor s kom; izključiti, ločiti (*from* od); **I have shut myself off from my friends** ločil (razstal) sem se od svojih prijateljev
shut out *vt* izključiti (*from* iz, od), izpreti; zapreti vrata pred kom, ne dovoliti vstopa; preprečiti (priložnost itd.); **to be** ~ **of one's house** ne moči iti v svojo hišo; **to shut s.o. out from hope** vzeti komu upanje
shut to *vt & vi* dobro (se) zapirati (zapreti); **this door won't** ~ ta vrata se ne zapirajo dobro
shut up *vt* (trdno) zapreti (hišo, trgovino, dežnik itd.), zapahniti, zamašiti (usta), utišati; vtakniti v zapor; zatrpati (prehod); *vi* prenehati, držati jezik za zobmi; ~ **up!** molči!, jezik za zobe!; **I shut him up** zamašil sem mu usta; **to** ~ **o.s. up** zapreti se, zakleniti se; **to** ~ **shop** *coll* zapreti prodajalno, trgovino, *fig* ustaviti poslovanje; popolnoma opustiti
shutdown [ʃʌ́tdaun] *n* (začasna) ustavitev dela ali obratovanja (tovarne), mirovanje
shut-eye [ʃʌ́tai] *n sl* kratko spanje, dremež
shut-in [ʃʌ́tin] **1.** *a* zaprt; priklenjen na posteljo, bolan, slab, invaliden; ~ **patient** hospitaliziran bolnik; **2.** *n fig* bolnik, invalid
shut-off [ʃʌ́tɔf] *n tech* izklopna naprava; *hunt* lovopust
shutout [ʃʌ́taut] *n* izprtje, izključitev; *sp* neodločena igra
shutter [ʃʌ́tə] **1.** *n* oknica; roleta, rolo; zaklopec, poklopec, zapiralo; *phot* zaklep; **to put up the** ~s *fig* zapreti oknice (rolete), zapreti trgovino,

iti v konkurz, priti pod stečaj; **2.** *vt* zapreti
oknice (rolete, roloje); opremiti z oknicami,
roletami, roloji; *fig* zapreti (kaj)

shutterbug [šʌtəbʌg] *n A sl* strasten amaterski foto-
graf

shuttle [šʌtl] **1.** *n* čolniček v šivalnem stroju; su-
valnica, tkalski čolniček; *tech* prestavljiva vrata
na zatvornici; vlak (avtobus, letalo itd.), ki
vozi na stalni progi sem in tja; *A* (= ~ **train**)
lokalni vlak; ~ **bus** avtobus, ki vozi na stalni
progi sem in tja; **2.** *vt & vi* (hitro) sem in tja
(se) premikati; prečkati; voziti (se), potovati sem
in tja; *fig* omahovati, kolebati; **he ~d the
Atlantic many times** mnogokrat je prečkal, pre-
vozil Atlantik; **to ~ between two professions**
omahovati med dvema poklicema

shuttlecock [šʌtlkɔk] *n* operjena žogica iz pluto-
vine (za igro badminton); *fig* igralna žoga,
predmet spora; **battledore and ~** igra z operjeno
žogo

shuttle-train [šʌtltrein] *n A* lokalni vlak, vicinalna
železnica

shuttlewise [šʌtlwaiz] *adv* sem in tja

shy I [šái] **1.** *a* (~**ly** *adv*) plah, plašen, plašljiv,
boječ; zadržan, rezerviran, sumničav, oprezen;
(žival, rastlina) kržljav, zaostal; skrit, ki ga je
težko najti (kraj); *coll* dvoumen, sumljiv, na
slabem glasu; *A sl* ki je izgubil, brez; *A* reven
(*of* z); ~ **of money** *A sl* na trdem z denarjem;
I am ~ a dollar *A sl* sem ob dolar; **a ~ place**
zloglasen kraj; **this tree is a ~ bearer** to drevo
slabó rodi; **to be ~ of s.o.** iti komu s pota, izogi-
bati se koga; **to be (to look) ~ on (at)** z neza-
upanjem gledati na; **to be ~ of s.th.** bati se
česa, izmikati se čemu, izogibati se česa; **to
be ~ of doing s.th.** oprezno, z oklevanjem kaj
narediti; **once bit twice ~** kdor se enkrat opari,
še se mrzle vode boji; **2.** *n* plašljivost (konja); **3.**
vi plašiti se, odskočiti (o konju); *fig* umakniti se
nazaj, ustrašiti se; **to ~ at s.th.** bati se česa,
oplašiti se, ustrašiti se česa; **to ~ off** preplašiti

shy II [šái] **1.** *n* met, lučaj, metanje; *fig* zbodljaj,
porogljiva opazka; *coll* poskus; **to have a ~
at s.o.** zagnati za kom, *fig* zasramovati, zasme-
hovati koga; **to have a ~ at doing s.th.** posku-
siti nekaj napraviti; **to have a ~ at roulette**
poskusiti enkrat z ruleto; **2.** *vt coll* vreči,
zagnati (kamen, žogo) (*at* na, v); *vi* napasti (s
kamnom)

shyer [šáiə] *n* plašljiv konj

Shylock [šáilək] *n* Shylock, *fig* grabežljiv oderuh,
neusmiljen upnik

shyly [šáili] *adv* boječe, plašno, v zadregi

shyness [šáinis] *n* plahost, plašljivost (konja), bo-
ječnost; zadržanost, pretirana rezerviranost,
opreznost; nezaupljivost, sumničavost

shyster [šáistə] *n A sl* sleparski zakoten odvetnik;
fig slepar, lopov

si [si:] *n mus* si (nota)

sialoid [sáiələid] *a med* podoben slini

Siamese [saiəmí:z] **1.** *n* Siamec, -mka; siamski
jezik; **the ~** Siamci; **2.** *a* siamski; *fig* neločljiv,
podoben, dvojčen; ~ **cat** siamska mačka; ~
twins siamska dvojčka, *fig* neločljiva prija-
telja

sib [sib] **1.** *a* soroden (*to* z) ,ozko povezan; **2.** *n*
(redko) sorodnik; sorodstvo

Siberia [saibí(ə)riə] *n* Sibirija

Siberian [saibíəriən] **1.** *n* Sibirec, -rka; **2.** *a* sibir-
ski; ~ **winter** sibirska zima

sibilance [síbiləns] *n* (redko) sik(anje); *ling* sičnik

sibilant [síbilənt] **1.** *n ling* sičnik; **2.** *a* sičniški,
sibilantski

sibilate [síbileit] *vt & vi* izraziti kaj s sikajočim
glasom; sikati; izžvižgati (govornika, igralca
itd.)

sibilation [sibiléišən] *n* sibilacija; sikanje; izžvižga-
nje (igralca itd.)

sibyl [síbil] *n* sibila; vedeževalka, prerokinja;
čarovnica

sibyline [síbilain, ~ lin] *a* preroški, sibiličen; ne-
jasen, temen, dvoumen; skrivnosten, zago-
neten

siccative [síkətiv] **1.** *a* sušilen; **2.** *n* sušilo, sikativ

sice [sáis] *n* šestica (na kocki)

Sicilian [sisíliən] **1.** *a* sicilski, sicilijanski; ~ **Ves-
pers** *hist* sicilijanske večernice; **2.** *n* Sicilijanec,
-nka

Sicily [sísili] *n* Sicilija

sick I [sik] **1.** *a* (*E* le atributivno) bolan, zbolel
(*of* od, za); *A* bolan, slab, brez moči; prisiljen
(nasmeh); *sl* sit, naveličan (*of waiting* čakanja); *sl*
ki mu je slabó, ki se mu kaj gabi, studi; jezen
(*with* na); bolan od hrepenenja (*for* za), hrepe-
neč, koprneč; pokvarjen (riba, jajce), ki cika
(vino), nezdrav (zrak); majhne vrednosti, ki
ima majhno ceno, slab; *econ sl* medel, slab
(tržišče); potreben popravila (o ladji); ~ **and
tired** naveličan, sit (česa); ~ **certificate** zdrav-
niško spričevalo; ~ **diet** bolniška hrana, dieta;
~ **of fever** vročičen; ~ **fund** bolniška blagajna;
~ **headache** migrena; **love-~** bolan od ljubezni;
sea-~ ki ima morsko bolezen; **to be ~** bljuvati,
bruhati; **he is as ~ as a dog** zeló mu je slabo;
to be ~ to death biti na smrt bolan; **to be ~
for s.th.** mreti od koprnenja po; **to go ~** *mil*
javiti se, priglasiti se za bolnega; **I felt ~** slabo
mi je bilo, (skoraj) bruhal sem; **it makes me ~**
zagabi se mi, zastudi se mi, disgustira me;
the ship is paint-~ ladja je potrebna prebarva-
nja; **2.** *n* bolnik; **the ~** bolniki; (redko) bolezen,
slabost; **that's enough to give one the ~** *vulg*
človek bi bruhal ob tem

sick II [sik] *vt hunt* zgrabiti, pograbiti, popasti
(o psu); naščuvati (psa) (*on* na); ~ **him!** zgrabi
ga!; **to ~ the police on s.o.** naščuvati policijo
na koga

sick-allowance [síkəlauəns] *n* bolniška podpora,
hranarina, boleznina

sick-abed [síkəbed] *a* bolan (v postelji)

sick-bay [síkbei] *n naut* bolniški oddelek na ladji

sick-bed [síkbed] *n* bolniška postelja, *fig* bolezen

sick-benefit [síkbénifit] *n* podpora v primeru bo-
lezni, hranarina, boleznina

sick-berth attendant [síkbə:θəténdənt] *n* bolničar
(na ladji)

sick-call [síkkɔ:l] *n mil* vojaki, ki čakajo na zdrav-
niški pregled; znak, da se je pregled začel;
obisk bolnika

sicken [sikn] **1.** *vi* oboleti, zboleti, pokazati prve
znake bolezni; bolehati, slabeti, občutiti sla-

bost, hirati; začutiti gnus (stud), naveličanost
(*of s.th.* do česa); poslabšati se (vreme); **2.** *vt*
napraviti (koga) bolnega; oslabiti; povzročiti
gnus, disgustirati, priskutiti; **to ~ for rheuma-
tism** zboleti za revmatizmom; **to be ~ed with
s.th.** biti sit (naveličan) česa; **rich food ~s me**
mastna hrana se mi upira, se mi je priskutila;
she ~ed at this sight slabo ji je postalo ob tem
pogledu (prizoru); **this sight ~ed him** ta prizor
(pogled) se mu je zagnusil; **she ~ed to look at
the corpse** zagabilo se ji je ob pogledu na mrliča
sickener [síknə] *n sl* odvraten človek, priskutnež;
stud, gnus (*of* ob); *fig* bljuvalo; kar povzroči
gnus (stud)
sickening [síkniŋ] *a* ki naredi (koga) bolnega;
povzročajoč slabost; *fig* gnusen, odvraten,
zoprn; **this is ~** človeku postane slabo ob tem;
a ~ sight odvraten pogled
sick flag [síkflæg] *n naut* (rumena) karantenska
zastava
sick-fund [síkfʌnd] *n* bolniška blagajna
sick headache [síkhedeik] *n* glavobol s slabostjo;
migrena
sick insurance [síkinšuərəns] *n* bolniško zavarova-
nje; bolniška blagajna
sickish [síkiš] *a* (**~ly** *adv*) bolehen; ki čuti slabost;
fig odvraten, priskuten, zoprn, ostuden, oduren;
she feels ~ slabo ji je, ne počuti se dobro
sickishness [síkišnis] *n* lažja slabost, bolehnost;
odvratnost, priskutnost
sickle [sikl] *n* srp; **~ of the moon** lunin krajec;
~-billed čigar kljun je srpaste oblike; **~-feather**
pero srpaste oblike v petelinjem repu
sickleave [síkli:v] *n* bolezenski dopust
sickleman, *pl* **~men** [síklmən] *n* žanjec
sickler [síklər] *n* glej **sickleman**
sickliness [síklinis] *n* bolehnost, bolehen videz,
bledica; nezdravost (podnebja); morbidnost
sick list [síklist] n *naut mil* seznam bolnikov; **to
be (to go) on the ~** *mil* biti na seznamu bolnikov;
biti bolan
sick-list [síklist] *vt mil* javiti (koga) kot bolnega
sickly [síkli] **1.** *a* (**sickly** *adv*) bolehen, slaboten,
bled, bledikav; nezdrav (klima, področje);
bolesten, morbiden; odvraten, zoprn; indolen-
ten, indiferenten (o čustvih); **a ~ smile** slaboten
nasmešek; **2.** *vt* (večinoma *fig & passiv*) napra-
viti koga bolnega
Sick Man [síkmən] (= **~ of the East, ~ of Europe**)
hist bolnik na Bosporu (turška država)
sickness [síknis] *n* bolezen, bolehen videz; *fig*
občutek slabosti, slabost; gnus, stud, odpor
(do); **falling ~** božjast; **a severe ~** resna, huda
bolezen; **~ insurance** bolniško zavarovanje,
bolniška blagajna
sick nurse [síknə:s] *n* bolničarka, bolniška sestra
sick pay [síkpei] *n* bolezenska podpora
sickroom [síkrum] *n* bolniška soba
side I [sáid] **1.** *n* stran; bok; rob (poti, mize itd.);
stran (pisma); ploskev, prostrana površina; *fig*
stališče, vidik; obronek; obala; področje, kraj;
smer; oddelek (šole); *sp* moštvo; *sl* prevzetnost,
ošabnost, širokoustenje; (biljard) obračanje,
vrtenje krogle zaradi udarca od strani; **~ by ~**
z ramo ob rami, vštric, vzporedno; **by the ~ of**
vzdolž, ob; **off ~** oddaljenejša stran, desna

stran; *sp* (nogomet) ofsajd; **on the ~** povrhu;
on all ~s, on every ~ na vseh straneh, vse-
povsod; **on father's ~** po očetovi strani; **on
this ~ of the grave** pred smrtjo; **back ~** zad-
njica; **blind ~** slaba stran; **dark ~** senčna stran;
(šola) **classical (modern) ~** klasična ali huma-
nistična (moderna) smer (oddelek); **God is on
our ~** bog je z nami; **the east ~ of the city**
vzhodni del mesta; **north ~** severna stran; **the
other ~ of the question** druga stran (plat)
vprašanja (problema); **sunny ~, bright ~** sonč-
na stran, svetla stran (tudi *fig*); **on the wrong
~ of the door** *fig* izključen iz (česa); **on the
wrong ~ of the blanket** *fig* nezakonski (otrok);
the wrong ~ up narobe; **the right (the wrong)
~ of a piece of cloth** prava (neprava) stran kosa
blaga; **the road-~** cestni rob (kraj); **to balance
on both ~s** *fig* nihati (kolebati) med dvema
stvarema; **he is on our ~** on je na naši strani,
z nami; **he is on the sunny (bright, right) ~ of
50** on še ni 50 let star; **he is on the shady (wrong)
~ of 50** on je preko 50 let star; **this is a ~ issue**
to je postransko vprašanje; **to change ~s** preiti
na drugo stran; **people come from every ~**
ljudje prihajajo semkaj z vseh strani; **to go
over to the other ~** preiti k drugi stranki, usko-
čiti v drug tabor; **to have a pain in one's ~** imeti
bolečine v boku; **to have ~** *sl* domišljevati si;
delati se važnega; **to keep on the right ~ of s.o.**
fig na prijateljski način s kom urediti stvari;
to put a th. on one ~ postaviti kaj na stran,
ne obračati; **he puts on too much ~** on preveč
pozira; **to shake (to split) one's ~s with laughing**
pokati od smeha; **to take ~s** opredeliti se (za),
odločiti se za neko stran; biti pristranski; **to
take ~ with s.o., to take s.o.'s ~** potegniti s
kom, potegniti se za koga; **to view a question
from all ~s** premotriti vprašanje z vseh strani;
to win s.o. over to one's ~ pridobiti koga na
svojo stran; **2.** *a* stranski; prihajajoč od strani;
~ blow udarec od strani; **~ door** stranska vrata
(vhod); **~ brake** ročna zavora (avto)
side II [sáid] *vi sl* bahati se, širokoustiti se, hvaličiti
se, postavljati se; **to ~ with** opredeliti se za,
pridružiti se, držati z; *vt* dati, odriniti na stran;
opremiti (knjigo) s stranicami; **to ~ up** po-
spraviti, urediti (sobo)
side-arms [sáida:mz] *n pl* bočno orožje (meč,
sablja, bajonet)
sideboard [sáidbɔ:d] *n* kredenca, omara za namizno
posodo; servirna miza; *pl sl* zalizki, kotleti
side-bone [sáidboun] *n* rogovilasta kost pod krilom
perutnine
side-box [sáidbɔks] *n theat* stranska loža
side-burns [sáidbə:nz] *n pl A* kratki zalizki, ki se
nosijo pri obriti bradi
side-car [sáidka:] *n mot* prikolica pri motociklu
side cousin [sáidkʌzn] *n* oddaljen bratranec (se-
strična) ali sorodnik, -ica
side-cut [sáidkʌt] stranska cesta (pot, kanal)
sided [sáidid] *a* -stranski; **double-~** dvostranski;
both-~ obojestranski; **many-~** mnogostran-
ski; **two-~** dvostranski
side-dish [sáiddiš] *n* stranska jed
side-door [sáiddɔ:] *n* stranska vrata
side effect [sáidifékt] *n* spremljajoči učinek (pojav)

side-face [sáidfeis] **1.** *n* profil; **2.** *a* profilen

sidelight [sáidlait] *n* svetloba, ki prihaja od strani, stranska luč; *fig* slučajno pojasnilo; *naut* rdeča ali zelena luč na ladijskih bokih; **that affair throws a ~ on the corruptness of some financial circles** ta afera da uganiti korupcijo nekaterih finančnih krogov

side-kick(er) [sáidkik(ə)] **1.** *n A sl* pomagač, pomočnik pomočnika, kompanjon, komplic; *E coll* drugi človek, asistent

side line [sáidlain] *n rly* stranska proga; *fig* stranski poklic (zaposlitev), stranski zaslužek

sideline [sáidlain] *vt* ovirati pri aktivni udeležbi; **he was ~ d by his injuries** poškodba ga je ovirala, da bi aktivno sodeloval

sidelong [sáidlɔŋ] **1.** *a* poševen; *fig* posreden, indirekten, skrit, prikrit; **2.** *adv* poševno, od strani, ob strani; **to lay s.th. ~** dati kaj ob stran; **to look ~** postrani gledati

side-note [sáidnout] *n print* obrobna opazka (glosa)

sider [sáidə] *n* strankar; **East-S~** prebivalec vzhodnega dela mesta

sidereal [saidíəriəl] *a* zvezden; **~ revolution** obtočni čas ozvezdij; **~ day** zvezdni dan (23 ur 56 minut 4,09 sekund)

side-saddle [sáidsædl] *n* žensko sedlo

siderography [sidərógrəfi] *n* jeklorez, jekloreštvo, jedkanje v jeklu

side-show [sáidšou] *n* manjša, stranska (cirkuška) predstava, ki se predvaja ob glavni predstavi; *fig* manj važen posel (zadeva, vprašanje)

side-slip [sáidslip] **1.** *n mot & aero* bočno gibanje, zanašanje, drsenje v stran (pri obratu); poganjek, mladika; prostor za kulise na odru; *fig* pregrešek; nezakonski otrok; **2.** *vi mot & aero* zdrsniti, zanesti v stran (pri obratu)

sidesman, *pl* ~men [sáidzmən] *n* namestnik cerkvenega starešine, član cerkvenega sveta

sidesplitter [sáidsplitə] *n* zelo smešna šala ali dovtip

side-splitting [sáidsplitiŋ] *a*; **~ laughter** krohot(anje); **~ joke** šala, da bi človek počil od smeha

side-step [sáidstep] *vt & vi* stopiti vstran, izmakniti se, izogniti se, uiti udarcu s korakom v stran; **to ~ a decision** *fig* izogibati se odločitvi

side-stroke [sáidstrouk] *n* udarec do strani; slučajno delovanje; *sp* bočni gibi z rokami pri plavanju (v nasprotju s prsnim plavanjem)

side-track [sáidtræk] **1.** *n* stranski tir; *fig* slepa ulica; *fig* nepomembna stvar (služba itd.); **2.** *vt* zapeljati (vlak) na stranski tir; *fig* odgoditi stvar (rešitev) na nedoločen čas; odvrniti (koga)

side-view [sáidvju] *n* pogled od strani, s strani; profil

side-walk [sáidwɔ:k] *n A* pločnik, trotoar

sideward [sáidwəd] **1.** *a* stranski, bočen; **2.** *adv* glej **sidewards**

sidewards [sáidwɔ:dz] *adv* na stran, od strani, z boka, ob strani (*of, from s.th.* česa)

sideway [sáidwei] *n* stranska pot; pločnik, trotoar

sideways [sáidweiz] **1.** *a* stranski, bočen; **2.** *adv* od strani, z boka

sidewheel [sáidwi:l] *n naut* kolo z lopatami

sidewheeler [sáidwi:lə] *n A* rečna ladja s kolesi, parnik na kolesa

side-wind [sáidwind] *n* veter od strani; *fig* posreden, indirekten vpliv, indirektno sredstvo

side-wing [sáidwiŋ] *n* stransko, bočno krilo

sidewise [sáidwaiz] **1.** *a* stranski; **2.** *adv* = **sideways** stransko, s strani

siding [sáidiŋ] *n rly* stranski (ranžirni, industrijski) tir; gibanje ali nagnjenost na eno stran; podpora, podpiranje, pridružitev (*with* k); *A* vodoravno pribite deske na navpične stebre, ki tvorijo zid; razširjeno mesto v umetnem plovnem kanalu za srečanje dveh ladij; **private ~** industrijski tir

sidle [sáidl] **1.** *n* gibanje v stran, vijugasto (kačje) gibanje; **2.** *vi* gibati se od strani, viti se, zvijati se (kot kača); postrani hoditi, od strani priti, z ramo se prerivati; **to ~ away** skrivaj jo pobrisati; **to ~ up** boječe, plazeče se približati

sidy [sáidi] *a coll* neskromen, samozavesten, samoprepričan; vsiljiv

siege [si:dž] **1.** *n mil* obleganje; *fig* juriš; *fig* zmehčanje; *fig* preskus moči; *tech* delovna miza; *arch* sedež; *arch* rang; **men of royal ~** možje kraljevskega ranga; **state of ~** obsedno stanje; **to lay the ~ to** oblegati (mesto); *fig* jurišati na (kaj); **to push the ~** odločno nadaljevati obleganje; **to raise the ~ (of)** prenehati z obleganjem; **2.** *vt arch* oblegati

sienna [siénə] *n* (slikarstvo) siena, rjavo rdeča barva iz rjavo rdeče gline; **raw ~** svetlo rumena okra

siesta [siéstə] *n* počitek po obedu, opoldansko spanje, siesta

sieve [si:v] **1.** *n* sito, rešeto; *fig* oseba, ki ne zna varovati tajnosti, ki brblja; razsipnik, zapravljivec; **to draw (to fetch, to carry) water in a ~** vodo zajemati (nositi) z rešetom, *fig* zaman se truditi; **to have a memory like a ~** imeti spomin kot rešeto; **to pour water into a ~, to use a ~ for drawing water** *fig* nositi vodo v morje, zaman se truditi; **2.** *vt & vi* presejati, (pre)rešetati; *fig* prerešetati (kaj)

sift [sift] *vt & vi* presejati (*flour* moko), presevati, rešetati; posuti (*sugar on the cake* sladkor na kolač); ločiti, odbirati (*from* od); pazljivo izprašati, pregledati, raziskati (dokaze, dejstva); padati skozi rešeto ali sito, biti presejan, prerešetan; *fig* prodirati (*into* v); izvleči (tajnost) (*from* iz); **to ~ grain from husk, to ~ the chaff from the wheat** ločiti plevel od zrna; **to ~ out** ločiti, odbrati z rešetanjem (*from* od); poiskati, zaslediti, najti

sifter [siftə] *n sl* rešetalec, presejalec; izpraševatelj, preiskovalec; sito, rešeto, rešetalo

sifting [siftiŋ] *n* rešetanje; *pl* presevki, kar je šlo skozi sito ali rešeto; ostanki na situ ali rešetu; *fig* (skrbno) preiskovanje, preiskava

sigh [sái] **1.** *n* vzdih, vzdihljaj (*of relief* olajšanja); **to fetch (to heave) a deap ~** globoko vzdihniti; **2.** *vi & vt* vzdihniti, vzdihovati, (o vetru) stokati, ječati; **to ~ for past times** vzdihovati, koprneti po minulih časih; **to ~ out** vzdihniti, z vzdihom reči; **to ~ out one's soul (existence)** izdihniti dušo, umreti; **to ~ away one's Sundays** preživljati vzdihovaje svoje nedelje; **to ~ over** objokovati, žalovati za

sight I [sáit] *n* vid, *fig* oko, doseg oči; vidik, dogled, pogled, ogled; prizor, ogleda vredna znamenitost; *pl* znamenitosti (*of a town* kakega mesta); *coll* nenavaden ali žalosten pogled (prizor), grda zunanjost, strašilo; muha (na puški), merjenje, viziranje; *phot* iskalo; *coll* masa, množina, kup; *A sl* šansa; **in** ~ v bližini, na dosegu, na dogledu; **on** ~ na (prvi) pogled; **at (first)** ~ na prvi pogled, brez priprave; **out of** ~ iz vida, zunaj obzorja; **within** ~ **of** v vidiku, v vidu; **a (long)** ~ *coll* (zelo) mnogo (*of money* denarja); **a** ~ **for the gods** prizor za bogove; **a** ~ **for sore eyes** zelo prijeten prizor (pogled), privlačna oseba; ~ **unseen** *fig* maček v žaklju; kupljen na slepo; **bad (good)** ~ slab (dober) vid; **the loss of** ~ izguba vida; oslepitev; **long** ~ daljnovidnost; **a long** ~ **better** daleč boljši; **second** ~ *fig* preroški dar; **payable at (on)** ~ plačljiv na pokaz; **short (near)** ~ kratkovidnost; **out of my** ~! izgubi se mi izpred oči!; **out of** ~ **out of mind** daleč od oči, daleč od srca; **it is not right in my** ~ to ni prav po mojem mišljenju; **it is a** ~ **better than it was** mnogo bolje je, kot je bilo; **it was quite a** ~! bil je to prizor za bogove!; **to be in** ~ **of** videti; **to catch** ~ **of** zagledati, ugledati (koga, kaj); **to come in** ~ pokazati se; **it has cost him a** ~ **of money** to ga je veljalo kup denarja; **to find favour in s.o.'s** ~ pridobiti si naklonjenost koga, prikupiti se, ugajati komu; **to get** ~ **of s.o.** zagledati, opaziti koga, **to get (to go) out of** ~ izginiti (iz vida); **to heave in** ~ pojavljati se, prikazovati se, postajati viden; **to keep in** ~ imeti v vidu; **to know by** ~ poznati po videzu; **what a** ~ **you look!** kakšen pa si!, kot strašilo si videti!; **to lose** ~ **of** izgubiti iz vida, ne več videti, *fig* pozabiti; **to lose one's** ~ oslepeti; **the letter was not meant for your** ~ pismo ni bilo namenjeno tebi; **I should like it a jolly** ~ **better** stokrat rajši bi imel to; **to make a** ~ **of oneself** smešno se obleči, osmešiti se; **to play (to sing) at** ~ igrati na prvi pogled, brez priprave; **to put out of** ~ skriti, ne posvečati pozornosti; **to see the** ~**s** videti, ogledati si znamenitosti; **I can't see (bear stand) the** ~ **of him** ne morem ga živega videti; **to take a** ~ nameriti, ciljati; obrniti pogled; **to take a** ~ **at s.o.** *sl* osle pokazati komu

sight II [sáit] *vt* zagledati, ugledati, opaziti, opazovati, ogledovati; meriti višino zvezde; vzeti na muho, pomeriti na, ciljati, vizirati; *com* predložiti ali akceptirati (menico); *vt* vizirati, ciljati; **to** ~ **land** zagledati kopno zemljo; **you should** ~ **before you shoot** najprej pomeri (premisli), nato ustreli (stori)

sight bill (draft) [sáitbil, ~dra:ft] *n com* menica na pokaz (takoj plačljiva)

sighted [sáitid] *a* (~**ly** *adv*) ki vidi; **clear-**~ jasnoviden; **long-**~ dalekoviden; **short-**~ kratkoviden

sight-entry [sáitentri] *n com* začasno carinsko potrdilo

sighthole [sáithoul] *n* linica, kukalnik

sightless [sáitlis] *a* (~**ly** *adv*) slep; *poet* neviden, ki se ne more ali ne sme videti

sightlessness [sáitlisnis] *n* slepota; *poet* nevidnost

sightliness [sáitlinis] *n* čedna zunanjost, lepota, postavnost, ljubkost, čar

sightly [sáitli] *a* čedne zunanjosti, prikupen, lepega videza, očarljiv, lep, čeden, postaven; *A* ki nudi lep razgled, ki se od daleč vidi (*a hill* grič)

sight-read* [sáitri:d] *vt* brati (peti, igrati) z lista

sight-reader [sáitri:də] *n mus* kdor igra (poje) neposredno iz not, na prvi pogled, brez priprave; *ling* prevajalec z lista, brez priprave

sight-reading [sáitri:diŋ] *n* sposobnost branja na prvi pogled; *mus* igranje po notah brez priprave

sight-see* [sáitsi:] *vt* obiskati, ogledati si znamenitosti

sightseeing [sáitsi:iŋ] *n* ogledovanje ali obisk znamenitosti (kakega mesta); ~ **bus** avtobus za ogled (mestnih) znamenitosti; ~ **tour** krožna vožnja (po mestu, za ogled znamenitosti)

sightseer [sáitsi:ə] *n* ogledovalec, -lka znamenitosti (kakega mesta), turist(ka)

sight unseen [sáit ʌnsi:n] *a A* neogledan; **to buy s.th.** ~ kupiti kaj brez ogleda, na slepo, kupiti »mačka v vreči«

sightworthy [sáitwə:ði] *a* vreden ogleda

sigil [sídžil] *n* pečat; astrološki, magičen znak; amulet; čarovno sredstvo

sigillate [sídžileit] *vt* (redko) opremiti s pečatom, (za)pečatiti

sigillation [sidžiléišən] *n* (keramika) pečatom podobni okraski

sigma [sígmə] *n* grška črka s

sign I [sáin] *n* znak, znamenje; pismeni znak; signal; pomig, kretnja, mahanje z roko; *astr* živalski krog; čudežno znamenje na nebu; *mus & math* predznak, interpunkcija; simbol, tajna oznaka, značilna poteza; podpis; izvesek, napis (krčme, brivnice itd.); *med* simptom; **in** ~ **of** v znak (česa); ~ **and countersign** tajni znak(i) za sporazumevanje (zaveznikov), geslo; **a** ~ **of decay** znak, znamenje propadanja; **the** ~**s of the time** znaki časa; **deaf-and-dumb** ~**s** jezik gluhonemih; **manual** ~ (lastnoročni) podpis; **minus** ~, **negative** ~ znak minus (—); **no** ~ **of life** nobenega znaka življenja; **plus** ~ znak plus (+); **there were** ~**s in heaven** bila so (čudežna) znamenja na nebu; **to give s.o. a** ~ dati komu znak; **to make the** ~ **of the cross** pokrižati se; **to make no** ~ ne se premakniti, nobenega znaka (življenja) ne dati od sebe, ne se braniti; **to speak by** ~**s** govoriti z znaki, s kretnjami

sign II [sain] *vt & vi* zaznamovati, označiti; podpisati, signirati; *fig* zapečatiti; dati (komu) znak, pomigniti, namigniti, pomahati (z roko); *com* nameniti (*for* za kaj); *rel* napraviti križ nad, blagosloviti; **he** ~**ed to me to come** pomignil mi je, naj pridem; **to** ~ **o.s. with the sign of the cross** podpisati se s križcem; **to** ~ **one's will** podpisati svojo oporoko; **to** ~ **on the dotted line** podpisati se na pikčasti črti, *fig* sprejeti pogoje, slepo slediti, suženjsko se pokoravati

sign for *vt* s podpisom potrditi prejem česa

sign off *vt radio* napovedati konec oddaje, nehati z oddajo

sign on *vt & vi* najeti (ladijsko posadko); namestiti (koga); (o mornarju) podpisati pogodbo s kapitanom za službo (na ladji); vstopiti v službo kot mornar; *A* postati vojak; vpisati se (*for* za)

signable [sáinəbl] *a* podpisljiv; kar je treba podpisati

signal I [sígnəl] **1.** *n* znak, znamenje, signal (*for* za); *fig* znak; *mil* (dogovorjen) znak, geslo; povod, spodbuda; radiotelegram; ~ **of distress** znak na pomoč v nevarnosti, SOS; **as though in response to a** ~ kot na dani znak; **code of** ~**s** ključ (seznam, popis) signalov (zlasti v vojski in mornarici); **fog-**~ zvočni signal, ki v megli opozarja voznike pri prehodu čez železniško progo; **storm-**~ cilindričen znak, ki se dvigne na meteoroloških postajah v znak, da se bliža nevihta; **this was the** ~ **for revolt** to je bil znak za upor; **to make a** ~ dati znak (signal); **2.** *a* signalizacijski, signalen; pomemben, važen, izreden, nenavaden, znamenit, odličen; oster; ~ **bell** signalni zvonec; ~ **box** *rly* signalnica; kretnica; **a** ~ **victory** sijajna zmaga

signal II [sígnəl] *vt & vi* signalizirati, da(ja)ti znak (signal); sporočiti (javiti) s pomočjo znakov (signalov)

signal-book [sígnəlbuk] *n* knjiga s seznamom (popisom) signalov

signal-code [sígnəlkoud] *n* šifra za čitanje signalov (znakov)

signal-company [sígnəlkʌmpəni] *n mil* četa za zvezo

signal(l)er [sígnələ] *n mil* signalist, dajalec signalov (znakov)

signalize [sígnəlaiz] *vt* oznaniti (s signali), signalizirati; poudariti, odlikovati, proslaviti; označiti, zaznamovati; **to** ~ **a ship** naznaniti (s signali) ladjo; **to** ~ **o.s.** izkazati se, odlikovati se

signally [sígnəli] *adv* izredno, popolnoma

signalman, *pl* **-men** [sígnəlmən] *n* oseba, ki daje znake (signale), signalist; *rly* prometnik ali kretničar; signalist; *naut* mornar signalist

signalment [sígnəlmənt] *n* (redko) osebni opis (pri policiji)

signal pistol [sígnəlpistəl] *n mil* svetlobna pištola

signal-post [sígnəlpoust] *n* signalni steber; steber, ki rabi za signal

signal rocket [sígnəlrəkit] *n mil* svetlobna raketa

signal service [sígnəlsə:vis] *n* signalna služba

signary [sígnəri] *n* sistem (pismenih) znakov

signatory [sígnətəri] **1.** *n* podpisnik, -ica; ~ **powers (to a treaty)** velesile podpisnice (pogodbe); **2.** *a* podpisen, podpisniški; signataren

signature [sígničə] *n* podpis; znak, ki rabi za podpis; oznaka, signatura; *hist* znak, žig, pečat; *mus* signatura, znaki na začetku not (ključ, višaj itd.); *print* črke na dnu tiskane pole, po katerih se zlagajo pole; *radio* ~ **tune** glasbeni signal postaje; **to append (to affix) one's** ~ **to** dati svoj podpis na; **to bear the** ~ **of an early death** biti zgodaj zaznamovan od smrti; **to forge a** ~ ponarediti podpis

signboard [sáinbo:d] *n* izvesek, napis (tvrdke, prodajalne)

signer [sáinə] *n* podpisnik, -ica, podpisovalec, -lka

signet [sígnit] **1.** *n* žig, pečat (za podpis); **privy** ~ tajni (zasebni) kraljev pečat; **writer to the** ~ *Sc*

pravni zastopnik; **2.** *vt* dati pečat na, potrditi s pečatom

signet-ring [sígnitriŋ] *n* pečatni prstan, pečatnik

significance, -cy [signífikəns, -si] *n* pomen, pomembnost, važnost (*for, to* za), smisel, daljnosežnost; izraz (obraza, oči itd.); **of no** ~ nevažen, brez važnosti, nepomemben

significant [signífikənt] *a* (~ **ly** *adv*) značilen, važen (*for* za), ki ima kak pomen, pomemben, pomenljiv; signifikanten; **a** ~ **event** pomemben dogodek; **a** ~ **gesture** pomenljiva kretnja; **to be** ~ **of** biti značilen za

signification [signifikéišən] *n* pomen, smisel; pomembnost, važnost; oznaka; **the** ~ **of a word** pomen neke besede

significative [signífikətiv] *a* (~ **ly** *adv*) značilen (*of* za), označevalen, ki pomeni (*of* kaj); pomemben

signifier [sígnifaiə] *n* znanilec, glasnik

signify [sígnifai] *vt & vi* naznaniti, razglasiti; napovedati; namigniti, dati razumeti; pomeniti, biti znak; imeti važnost, biti važen; **what does it** ~? kakšno važnost ima to?; **it does not** ~ ni važno; **this signifies nothing** to ne pomeni nič; **he signified his wish to get rid of him** izrazil je željo, da bi se ga znebil

sign language [sáinlæŋgwidž] *n* govorica s kretnjami (zlasti s prsti)

sign-painter [sáinpeintə] *n* slikar napisov (trgovin), plakatov

sign-painting [sáinpeintiŋ] *n* slikanje plakatov, izveskov (trgovin)

signpost [sáinpoust] **1.** *n* kažipot; izvesek, napis (obrtnika, podjetja); **2.** *vt* postaviti kažipote (na cesti); opremiti z izveski (napisi)

sign writer [sáinraitə] *n* slikar izveskov; črkoslikar

silage [sáilidž] **1.** *n* siliranje; v silosu shranjena zelena krma; ~ **cutter** stroj za rezanje krme; **2.** *vt* shraniti, spraviti v silos, silirati; kisati krmo (v silosu)

silence I [sáiləns] *n* tišina, mir; molk, molčečnost; pozaba, pozabljenje; brezšumno delovanje motorja; ~! tišina! mir!; **in** ~ v tišini; molče; **to break** ~ prekiniti tišino (molk), spregovoriti; ~ **gives consent** kdor molči, odobrava (soglaša); **to keep (to observe)** ~ molčati; ne izdati; **to pass into** ~ priti, pasti v pozabo; **to pass over in** ~ *fig* iti molče preko, preiti molče; **to put to** ~ pripraviti, prisiliti k molku, utišati (koga) (zlasti z argumenti v diskusiji); **to wrap o.s. in** ~ zaviti se v molk; **speech is silver, but** ~ **is golden** govoriti je srebro, molčati pa zlato

silence II [sáiləns] *vt* utišati (tudi *mil*), pripraviti ali prisiliti k molku (z močnejšimi argumenti); *fig* pomiriti; *fig* pridušiti (glas); **to** ~ **s.o. (the enemy's batteries)** utišati koga (sovražnikove baterije); **to** ~ **the voice of conscience** pomiriti glas vesti

silencer [sáilənsə] *n tech* utišnik, utišalo (za revolver, puško); *mot* zaklep na izpušniku motorja

silent [sáilənt] **1.** *a* (~ **ly** *adv*) molčeč, tih, nem; ki se ne izgovarja (o črki); brezšumen; miren; ki ne govori (*about* o); (o vulkanu) nedelujoč; *med* latenten, brez simptomov; ~ **butler** *fi* posoda za odpadke; ~ **consent** tiho soglašanje; tiho privoljenje (pristanek); ~ **film,** *A* ~ **movi**

nem film; ~ **grief** nema bolečina; ~ **letter** *ling* nema črka; **a** ~ **man** molčeč človek; **the** ~ **system** kaznilniški red, po katerem zapornikom ni dovoljeno govoriti; ~ **partner** *econ* tihi družabnik; ~ **service** *coll* mornarica, *A* služba na podmornici; ~ **voter** *A pol* volilec, čigar odločitev ni znana; **to be** ~ molčati (*on, upon* o); **be** ~! molči!; **history is** ~ **upon it** zgodovina molči o tem; **to be as** ~ **as death** molčati kot grob; **2.** *n* nem film

Silesia [sailížə, ~žiə] *n* Šlezija

silex [sáileks] *n* **1.** glej **silica**; **2.** *A* proti vročini odporno steklo

silhouette [silu:ét] **1.** *n* silhueta, senčni obris, obris; **to portray s.o. in** ~ napraviti silhueto kake osebe; **this year's** ~ letošnja modna linija; **2.** *vt* predstaviti (pokazati, razložiti) v silhueti, v obrisih, v glavnih potezah; *vi* očrtavati se (*against* na, proti)

silica [sílikə] *n chem* kremenovo steklo; kremen, kremenasta zemlja

silicate [sílikit] *n chem* silikat, sol silicijeve kisline

silicated [sílikeitid] *a* silikaten

silicious, siliceous [silíšəs] *a* kremenast. podoben kremenu; vsebujoč kremen

silicic [silísik] *a chem* silicijski; ~ **acid** kremenčeva (silicijeva) kislina

silicium [silísiəm] *n chem* silicij

silicon [sílikən] *n chem* silicij; ~ **carbide** karborund, silicijev karbid

silique [sílik, silí:k] *n bot* strok

silk [silk] **1.** *n* svila; svilena nit, svilena preja; *pl* svilena tkanina, svileno blago, svilene obleke; svilena obleka; *coll* državni odvetnik; **in** ~**s and satins** v baržuni in svili, odlično oblečen; **artificial** ~ umetna svila; **ecru** ~ surova svila; **spun** ~ cenena tkanina iz odpadkov svilenih niti z dodanim bombažem; **watered** ~ moaré svila; **to hit the** ~ *aero sl* odskočiti s padalom; **to make a** ~ **purse out of a sow's ear** iz kremena izbrusiti (narediti) diamant, *fig* zahtevati lastnosti od koga (česa), ki jih le-ta ne more imeti, pričakovati od koga več, kot obetajo njegove sposobnosti; **to take** ~ *coll* postati državni višji odvetnik; **2.** *a* svilen; ~ **gown** *E* svilena halja državnega višjega odvetnika; ~ **stockings** svilene nogavice; **3.** *vt* pokriti s svilo, obleči (koga) v svilo; *vi A* cveteti (o koruzi)

silk-breeder [sílkbri:də] *n* svilorejec

silk cotton [sílkkətn] *n* svileni bombaž, kapok

silk culture [sílkkʌlčə] *n* svilogojstvo

silken [sílkən] *a poet* svilen; svili podoben, svilast, svilnat, kot svila; *fig* mehek, nežen, mil; ~ **veil** svilena koprena; ~ **hair** svilnati lasje; ~ **slumber** sladek spanček, dremež

silk-finish [sílkfíniš] *vt* mercerizirati; ~**ed cotton** mercerizirani bombaž

silk-gown [sílkgaun] *n E* svilena halja državnega (višjega) odvetnika; *fig* državni (višji) odvetnik

silkgrower [sílkgrouə] *n* svilogojec

silk hat [sílkhæt] *n* cilinder (pokrivalo)

silkiness [sílkinis] *n* svilnatost; *fig* mehkoba, nežnost

silk-husk [sílkhʌsk] *n* zapredek sviloprejke, kokon

silkman, *pl* ~**men** [sílkmən] *n* svilar (tovarnar, delavec)

silk-mercer [sílkmə:sə] *n* trgovec s svilenimi tkaninami

silk-mill [sílkmil] *n* svilarna, predilnica svile

silk-stocking [sílkstɔkiŋ] **1.** *a* ki nosi svilene nogavice; *fig A* eleganten, bogat, aristokratski; ~ **district** *pol* mestni predel z bogatim, politično vplivnim prebivalstvom; **2.** *n* član bogate družbe, elegan, gizdalin

silkweed [sílkwi:d] *n bot* vrsta alg s tankimi vlakenci; rastlina iz družine svilnic

silkworm [sílkwə:m] *n zool* sviloprejka

silky [sílki] *a* (**silkily** *adv*) svilnat, podoben svili, svilast, kot svila; *fig* mehek, blag, mil, nežen, mil, oljnat (vino); ~ **hair** svilnati lasje; ~ **willow** srebrna vrba, *A* svilnata vrba

sill [sil] *n* prag; polica (plošča) pri oknu; *geol* plast, sloj

sillabub, sy~ [síləbʌb] *n* pijača iz vina, mleka in sladkorja; *fig* blebetanje, čenče

silliness [sílinis] *n* neumnost, abotnost; prismojenost

silly [síli] **1.** *a* neumen, bedast, aboten, bebast; nesmiseln, absurden; nespameten, naiven, norčav, smešen; omamljen (po udarcu); preprost; **don't be** ~! ne bodi neumen (smešen)!, ne govori neumnosti!; **a** ~ **thing** bedarija, neumnost; **the** ~ **season** doba »kislih kumaric« (avgust in september, zlasti ko časopisi polnijo stolpce z nepomembnimi dogodki, ker nimajo zanimivih novic); **2.** *n coll* tepček, budalo, bebec; neumnež, naivnež, norček

silo [sáilou] **1.** *n* silos; skladišče za zeleno krmo, za žito; (= **launching** ~) podzemeljska rampa za izstrelitev raket; **2.** *vt* spraviti (kaj) v silos, silirati; spraviti (repo itd.) v zasipnico

silt [silt] **1.** *n* mulj, sviž, glen, neorje ali jezersko blato; **2.** *vt & vi* zamuljiti (se), zasuti (se), zamašiti (se) z muljem (često *up*), postati glenast; **the channel is** ~**ed up** prekop je zamuljen

silty [sílti] *a* zamuljen, glenast

silva, *pl* ~**s**, ~**vae** [sílva, ~vi:] *n bot* gozd, gozdne rastline; opis gozda

silvan, sylvan [sílvən] *a poet* gozdni, gozdnat

silver I [sílvə] **1.** *n* srebro; srebrni denar; srebrni jedilni pribor, srebrna posoda; srebrn sijaj (barva); *phot* srebrni nitrat; **German** ~, **nickel** ~ zlitina nikla za jedilni pribor, nepravo srebro; **loose** ~ posamezni srebrni kovanci, srebrn drobiž; **he gave me two pounds in** ~ dal mi je dva funta v srebrnem denarju; **her uncle gave her most of his** ~ stric ji je dal večino svoje srebrnine; **2.** *a* srebrn, srebrnkast; (glas) zvonek; *fig* srebrn (25-letni jubilej); plasiran na drugem mestu; ~ **alloy** srebrna zlitina; **the** ~ **age** srebrna doba; doba rimske književnosti po Avgustu; ~ **basis** *econ* srebrna valuta; ~ **ore** srebrna ruda; ~ **studded** s srebrom okovan ali obšit; **a** ~ **tone** srebrn, zvonek glas; ~ **standard** srebrna vrednota; **S**~ **State** vzdevek za državo Nevado ali Colorado v ZDA; **a** ~**-tongue** *coll* oseba, ki zna dobro govoriti; **to have a** ~ **tongue** biti dober, vešč govornik; **to be born with a** ~ **spoon in one's mouth** *fig* biti rojen pod srečno zvezdo; **every cloud has its** ~ **lining** *fig* vsaka nesreča ima nekaj tolažilnega, ni nesreče brez sreče silver II [sílvə] vt & vi posrebriti (se), prevleči s srebrom, obložiti s srebrnimi lističi, dati srebrn sijaj; napraviti (lase) srebrne, sive; postati kot srebro; osiveti, pobeliti (se)

silver bath [sílvəba:θ] n phot srebrna kopel

silver-currency [sílvəkʌrənsi] n com srebrna valuta

silver doctor [sílvədəktə] n fig umetna muha za ribolov (vaba)

silver-fish [sílvəfiš] n (okrasna) srebrna ribica

silverer [sílvərə] n tech posrebrar, galvanizér, aparat za posrebrenje

silver foil [sílvəfɔil] n srebrna folija, staniol

silver fox [sílvəfɔks] n zool srebrna lisica

silver-gilt [sílvəgilt] n pozlačeno srebro

silver-gray, ~ grey [sílvəgréi] a srebrno siv

silver-haired [sílvəhεəd] a srebrnih las

silveriness [sílvərinis] n srebrnost, srebrn sijaj

silverize [sílvəraiz] vt prevleči s srebrom, posrebriti

silver-leaf [sílvəli:f] n srebrn listič; bot rastlina s srebrnimi listi

silverlike [sílvəlaik] a podoben srebru, srebrnkast

silver lining [sílvəlainiŋ] n srebrna proga (okoli oblaka, na obzorju); every cloud has its ~ nobena nesreča ni tako huda, da ne bi bilo v njej nekaj sreče

silverly [sílvəli] a srebrn, ki sije ali zveni kot srebro

silvern [sílvə:n] a obs srebrn, srebrnkast

silver-paper [sílvəpeipə] n srebrn (svilen) papir, staniol, fin bel papir

silver-plate [sílvəpleit] n srebrna posoda, srebrnina

silver-plated [sílvəpleitid] a posrebren

silver screen [sílvəskri:n] n filmsko platno, ekran

silverside [sílvəsaid] n najboljši del govejega stegna

silversmith [sílvəsmiθ] n izdelovalec srebrne posode, srebrar

silver solder [sílvəsɔldə] n tech srebrna spajka (lot)

silver-spoon [sílvəspu:n] a fig bogat; rojen pod srečno zvezdo

silver streak [sílvəstri:k] n E coll Rokavski preliv

silver thaw [sílvə:θɔ] n ivje (ledeni kristali, slana) (na drevju)

silvertip [sílvətip] n zool A vrsta grizlija

silver-tongued [sílvətʌŋd] a ki lepo, prepričljivo, vešče govori; zlatoust, sladkobeseden

silvery [sílvəri] a srebrn, srebrnkast, srebrne barve; (glas) zvonek; s srebrom prevlečen

silviculture [sílvikʌlčə] n gozdarstvo

simian [símiən] 1. a opičji; 2. n zool opica; človečnjak

similar [símilə] 1. a (~ ly adv) podoben, sličen; istovrsten; ~ triangles podobni trikotniki; 2. n kar je podobno, slično; pl istovrstne stvari

similarity [similæriti] n podobnost (to z), sličnost; istovrstnost; pl podobnosti, enakovrstne poteze

simile [símili] n rhet primera, prispodoba

similitude [similitju:d] n podobnost, sličnost; primera, prispodoba, parabola, alegorija; podoba; kopija; in man's ~ v človeški podobi; he appeared in the ~ of a dragon pojavil se je v podobi zmaja

similize [símilaiz] vt & vi izraziti s prispodobo, pojasniti, razložiti; uporabljati prispodobe, govoriti v prispodobah

simioid [símiɔid] a zool opičji, podoben opici

simmer [símə] 1. n počasno vrenje (kuhanje); fig zadrževana jeza (ogorčenost) ipd.); 2. vi & vt

počasi (se) kuhati, tiho vreti, kipeti; fig vreti, kipeti (with od); s težavo se zadrževati, komaj krotiti (zadrževati) (jezo ipd.); to ~ with anger kipeti (pihati) od jeze; to ~ down umiriti se, ohladiti se; to ~ over prekipeti

simnel-cake [símnəlkeik] n kolač z rozinami in dišavami; S~ Sunday sredpostna nedelja

simoleon [simóuliən] n A sl dolar

simoniac [simóuniæk] n simonist, kupovalec in prodajalec cerkvenih služb

simoniacal [saimənáiəkl] a (~ ly adv) simonijski

simonism [sáimənizəm] n glej simony

simonist [sáimənist] n simonist

simonize [sáimənaiz] vt polirati (one's car svoj avto)

simony [sáiməni] n simonija, kupčevanje s cerkvenimi službami

simoom, ~ moon [simú:m, ~ mú:n] n samum (vroč, suh peščeni vihar v Sahari in arabskih puščavah)

simp [simp] n sl bedak, tepec, budalo; bebec

simper [símpə] 1. n afektirano, nenaravno, bedasto smehljanje; režanje; 2. vi & vt nenaravno, afektirano, bedasto se smehljati; režati se; izraziti kaj z bedastim smehljanjem, režanjem (consent privolitev, pristanek)

simperer [símpərə] n kdor se nenaravno, bedasto, afektirano smehlja; afektiranec, spakovalec

simple I [simpl] 1. a (simply adv) enostaven, preprost, nekompliciran; jasen, čist, nepotvorjen (resnica); brez okraskov; nesestavljen, nespojen, brez primesi; nepokvarjen, neafektiran, naraven, preprost; naiven, neveden, bedast, neumen, lahkoveren, bebast; of ~ birth preprostega rodu; ~ dress preprosta obleka; in ~ beauty neokrašen, v naravni lepoti; ~ eye eno od očes, ki tvorijo oko žuželke; ~ diet preprosta hrana; ~ equation enačba 1. stopnje; a ~ explanation preprosta razlaga; ~ interest navadne obresti (samo na glavnico); ~ leaf list s samo enim peresom; the ~ life preprosto življenje (brez razkošja); gentle and ~ plemenit in preprost; ~ madness čista, prava norost; pure and ~ čist, popoln; ~ sentence prosti stavek; I am not so ~ as to believe that… nisem tako naiven, da bi verjel, da…; that is ~ madness to je prava norost; your ~ word is enough vaša beseda sama zadostuje

simple II [simpl] n naivnež, bekak, norec; preprost človek; zdravilna rastlina; pl zdravilne rastline, zelišča; pl norosti, norčije, neumnosti

simplehearted [símplha:tid] a prostodušen, odkrit, iskren; naiven

simple interest [simpl íntrist] n econ obresti od glavnice

simple-minded [símplmaindid] a preprost, naiven, odkritosrčen, lahkoveren; bedast

simpleness [símplnis] n preprostost, naivnost; lahkovernost

simpler [símplə] n nabiralec zdravilnih zelišč

simpleton [símpltən] n bebec, idiot, budalo; naivnež, bedak, preproščina

simplex [símpleks] a enostaven, nesestavljen

simpliciter [simplísitə] adv preprosto, naravno; naravnost; jur absolutno, brezpogojno, izključno simplicity [simplísiti] *n* enostavnost, nekompliciranost; jasnost; prozornost; iskrenost, naravnost, neizumetničenost; nedolžnost, preprostost, prostodušnost, naivnost; neumnost, zagovednost

simplification [simplifikéišən] *n* poenostavitev, poenostavljenje; olajšanje

simplify [símplifai] *vt* poenostaviti; olajšati, napraviti laže razumljivo

simplism [símplizəm] *n* namerna (iskrena, poudarjena) preprostost

simply [símpli] *adv* (čisto) enostavno, preprosto. nekomplicirano; samó, edino; jasno; naivno, bedasto, neumno; *coll* naravnost, kar; ~ **and solely** samó in edino

simulacrum, *pl* ~cra [simjuléikrəm, ~krə] *n* slika; pividna slika, fantom; prazen videz, prividnost

simulant [símjulənt] *a* zelo podoben, sličen (*of* kot); posnemajoč

simular [símjulə] 1. *n* simulant, ~inja; 2. *a* simuliran, hlinjen, nepristen, lažniv

simulate [símjuleit] 1. *vt* hliniti, simulirati (zlasti bolezen), fingirati, pretvarjati se, delati se; posnemati, oponašati; *fig* slediti komu; po zunanjosti biti podoben (čemu), sličiti; **to ~ vertue** delati se krepostnega; ~**d account** *econ* fingiran račun; 2. *a* [~leit, ~lit] simuliran, fingiran; hlinjen

simulation [simjuléišən] *n* hlinjenje, pretvarjanje, simuliranje (bolezni); hinavstvo, licemerje; posnemanje, oponašanje

simulator [símjuleitə] *n* simulant; oponašalec; hinavec

simulcast [síməlka:st] 1. *n* simultani prenos programa na radiu in televiziji; 2. *vt* simultano prenašati program po radiu in televiziji

simultaneity [siməltəní:əti] *n* sočasnost, istočasnost, hkratnost, istodobnost, simultanost

simultaneous [siməltéinjəs] *a* (~**ly** *adv*) istočasen, sočasen, hkraten, istodoben (*with* z), simultan

simultaneousness [siməltéiniəsnis] *n* glej **simultaneity**

sin I [sin] *n* greh, pregrešek; prekršek, prestopek (*against* zoper, proti), žalitev; **for my** ~**s!** *hum* prav mi je!; **like** ~ *coll* hudó, močno, peklensko; **man of** ~ *obs* grešnik, *hum* malopridnež, falot; antikrist, hudič; **deadly (mortal)** ~ smrtni greh; **original** ~ izvirni greh; **the seven deadly** ~**s** sedem smrtnih grehov; **it is a** ~ (**and a shame**) *coll* greh je (in sramota); **to commit a** ~ napraviti greh, grešiti; **to live in (open)** ~ živeti v divjem zakonu; **to sin a** ~ napraviti greh, pregrešiti se

sin II [sin] *vi & vt* napraviti greh, grešiti, pregrešiti se, napraviti prestopek ali prekršek (*against* zoper, proti); **to** ~ **against the rules** pregrešiti se zoper pravila; **to** ~ **one's mercies** izgubiti milost, pregrešiti se, biti nehvaležen; **to** ~ **away** z grehom (grehi) lahkomiselno izgubiti, zaigrati (*one's happiness* svojo srečo); **he is more sinned against than sinning** *fig* on je bolj žrtev kot krivec, bolj zasluži pomilovanje kot grajo

sinapis [sinéipis] *n bot* gorčica

sinapism [sínəpizəm] *n* gorčični obkladek

since I [sins] 1. *prep* od; ~ **Sunday** od nedelje; **I have been here** ~ **5 o'clock** tu sem že od petih; ~ **when...?** *coll* od kdaj...?; 2. *adv* odtlej, od takrat, od tedaj ves čas; medtem; **ever** ~ (ves čas, vse) od takrat, odtlej; **long** ~ od davno, že davno; **how long** ~? kako dolgo že?; **a short time** ~ pred kratkim; **I have been his friend ever** ~ odtlej sem mu (bil) vedno prijatelj; **I have not seen him** ~ od takrat ga nisem več videl; **I was there not long** ~ ne dolgo tega sem bil tam; **he refused, but has** ~ **consented** odklonil, a je medtem (že) privolil (pristal)

since II [sins] *conj* odkar, kar; ker, ker že; **how long is it** ~ **you saw him** kako dolgo je, (od)kar ste ga videli?; **it has been raining ever** ~ **I came** (že ves čas) dežuje, odkar sem prišel; ~ **you don't believe me** ker mi (že) ne verjamete; ~ **that is so** ker je (že) to takó; **a costly,** ~ **rare book** dragocena, ker redka knjiga; **a more dangerous,** ~ **unknown foe** toliko nevarnejši, ker nepoznan sovražnik

sincere [sinsíə] *a* (~**ly** *adv*) odkrit, iskren, odkritosrčen, vdan; čisti, pravi, resnični, pristen, nehlinjen

sincerity [sinsériti] *n* iskrenost, odkritost, odkritosrčnost, nehlinjenost; pristnost, pristno (iskreno) čustvo

sinciput [sínsipʌt] *n anat* svod lobanje, prednji del glave

sine [sáin] *n math* sinus

sinecure [sáinikjuə] *n* sinekura, mastno donosna, plačana služba z malo ali nič dela, *fig* korito

sinecurism [sáinikjuərizəm] *n* sinekurizem, stanje družbe, v katerem je mnogo lahkih, a donosnih služb

sinecurist [sáinikjuərist] *n* oseba, ki ima kako sinekuro (donosno, a nenaporno službo), *fig* koritar

sine die [sáinidáii] *adv jur* za nedoločen čas

sine qua non [sáinikwéinən] *n* nujen (neogiben, prvi) pogoj

sinew [sínju:] 1. *n anat* tetiva, kita; *fig* mišice, moč; *fig* rezerva moči, glavna opora, življenjski živec; ~**s of war** sredstva za vojno; 2. *vt poet fig* krepiti, jačiti, jekliti; podpirati

sinewiness [sínju:inis] *n* žilavost, *fig* moč

sinewless [sínju:lis] *a* brez mišič, *fig* brez moči, šibak, slaboten, mlahav

sinewy [sínjui] *a* mišičast; žilav (meso, oseba); močan (slog), krepak, zgoščen

sinful [sínful] *a* (~**ly** *adv*) (pre)grešen

sinfulness [sínfulnis] *n* (pre)grešnost

sing* I [siŋ] 1. *vi* peti, prepevati; pesniti, pesnikovati; delati pesmi; vzklikati (*for* od); *fig* kipeti, vršeti, (o krogli) žvižgati, (o potoku) šumeti, žuboreti; brneti, brenčati (čebela), zavijati (o vetru); žvrgoleti (ptice); (o ušesu) zveneti; dati se opevati; 2. *vt* peti (kaj); opevati; spremljati (koga) s pesmijo; s petjem privesti (koga) v neko stanje; **to** ~ **a child to sleep** uspavati otroka s petjem; **to** ~ **dumb** *fig* niti besedice (več) ne reči; **my ear is** ~**ing** v ušesu mi zveni; **to** ~ **for joy** peti od veselja; **to** ~ **the New Year in** sprejeti novo leto s petjem; **to** ~ **s.o.'s praises** (neprestano) komu hvalo peti, ga hvaliti; **to** ~ **to rest** pomiriti s petjem; **to** ~ **small** *fig* ponižno govoriti ali se vesti v navzočnosti »višjih« oseb, postati majhen (skromen, krotek, ubogljiv, pokoren); **to ~ a song** peti pesem; **to ~ another song (tune)** *fig* drugo pesem peti, zapeti drugačno pesmico, ubrati druge, milejše strune, odnehati, popustiti, znižati svoje zahteve; **this song ~ s to an air** ta pesem se poje po napevu; **to ~ the same song (tune)** *fig* trobiti v isti rog; **to ~ sorrow** tóžiti, tarnati; **sing out** *vt sl* zavpiti, zakričati (povelje); *sl* ovaditi komplice, sokrivce

sing II [siŋ] *n* petje, pesem; *coll* pevsko tekmovanje; žvižganje (krogle); šumenje, vršenje; brnenje, brenčanje

singable [síŋəbl] *a* péven, ki se da peti

singe [sindž] **1.** *n* (lahka) opeklina; osmoditev; **2.** *vt & vi* (o)smoditi (se), (o)žgati (se), pripaliti (se), opeči (se), opariti (se), popariti (se); **your dress is ~ ing!** obleka se ti smodi (žge)!; **his reputation is a little ~ d** *fig* njegov sloves je malce dvomljiv; **to ~ one's feathers (wings)** *fig* opeči si prste; **to ~ fowl** popariti perje perutnine; **to ~ the King of Spain's beard** *fig* (o)pleniti španske obale; **to ~ a pig** omavžati, popariti in oskubsti ščetine prašiču

singer I [síndžə] *n* smodljivec, smodilec, žgalec

singer II [síŋə] *n* pevec, pevka; ptica pevka; pesnik, pesnica

singing [síŋiŋ] **1.** *n* petje; opevanje; brnenje, brenčanje, šumenje, žuborenje; **a ~ in the ears** zvenenje v ušesih; **~ shoulder** *A* mejna cestna črta z rebrasto površino (kot slišen znak za avtomobilskega voznika); **2.** *a* pevski; *fig* zveneč, vršeč, šumeč, brneč, brenčeč; **~ glass** rezonančno steklo; **~ lesson** pevska ura (lekcija); **~ master** učitelj petja; **~ school** pevska šola

singing-boy [síŋiŋbɔi] *n* (cerkveni) pevček

singing-man, *pl* **~ -men** [síŋiŋmən] *n* (cerkveni) pevec

single I [siŋgl] *a* posamezen, poedin; enojen; samski, neporočen; sam, osamljen, zase živeč; brez tuje pomoči, sam, nespremljan; samo za enega (postelja); enosmeren (vozovnica); enkraten, edinstven; preprost, enostaven; pošten, iskren; dosleden; *sp* z enim igralcem na vsaki strani, single; **of a ~ beauty** enkratne. edinstvene lepote; **~ bed** postelja za eno osebo; **~ blessedness** fantovstvo, blaženi samski stan; **~ broth** *sl* pivo; **~ combat** dvoboj; **~ court** teniško igrišče za single igre; **~ eye** *fig* predanost samo enemu cilju, enostranost; **~ eye-glass** monokel, enoočnik; **~ file** kolona po eden; **~ flower** cvet, ki raste sam na steblu, ki ima enojno čašo; **~ game** igra, ki jo igra samo en igralec na vsaki strani, igra posameznikov; **~ heart** prostodušnost; **~ life** samsko življenje (stan); samotarsko življenje; **~ line** enotirna proga; **~ man** samski moški, samec; **~ parts** posamezni deli; **~ payment** *econ* enkratno plačilo; **~ room** soba z eno posteljo, samska soba; **with ~ purpose** vztrajno zasledujoč le en cilj (namen); **~ woman** samska ženska, samka; **book-keeping by ~ entry** enostavno knjigovodstvo; **to have a ~ aim in view** imeti en sam cilj v vidu; **to have a ~ eye for** imeti smisel le za, misliti le na;

I had to fight ~ moral sem se sam boriti; **to live ~** samsko živeti, v celibatu; **~ mistake would spoil it all** ena sama napaka bi vse pokvarila; **to remain ~** ostati samski(a), ne se poročiti; **I speak it with a ~ heart** to govorim z vso iskrenostjo

single II [siŋgl] *n* (tenis) igra z enim igralcem na vsaki strani (golf z enim parom na vsaki strani), single; enosmerna vozovnica; *sp* točka, udarec; *hunt E* rep, konec (jelena itd.); **who won the ~ s?** kdo je zmagal v singlih?

single III [siŋgl] *vt*; **to ~ out (from)** odbrati (iz), izbrati; izločiti, razločiti; **I could not ~ him out in the crowd** nisem ga mogel razločiti v množici

single-acting [síŋglæktiŋ] *a tech* (parni stroj) pri katerem vstopa pogonski plin samo v eno stran cilindra

single-armed [síŋgla:md] *a* enorok

single-barrelled [síŋglbærəld] *a* (o puški) enoceven

single-bedded [síŋglbedid] *a*; **~ room** soba z eno posteljo

single bill [síŋglbil] *n econ* sola menica

single-breasted [síŋglbrestid] *a* enovrsten (suknjič)

single buggy [síŋglbʌgi] *n A* lahek enovprežen voz

single-coloured [síŋglkʌləd] *a* enobarven

single-decker [síŋgldekə] *n* enokrilno letalo

single-engined [síŋglendžind] *a* enomotoren

single entry [síŋglentri] *n econ* enostavno knjiženje; enostavno knjigovodstvo

single-entry [síŋglentri] *a*; **~ book-keeping** enostavno knjigovodstvo

single-eyed [síŋglaid] *a* enook; *fig* usmerjen na samo en cilj; preprost, pošten

single foot [síŋglfut]- **1.** *n* nesložen drnec; **2.** *vi* (o konju) teči v takem drncu

single-handed [síŋglhændid] **1.** *a* enorok; sam, brez tuje pomoči; **2.** *adv* lastnoročno

single-hearted [síŋglha:tid] *a* odkrit, iskren, pošten; smotrn, usmerjen na en cilj

single house [síŋglhaus] *n* enodružinska hiša

single knot [síŋglnət] *n naut* enostaven mornarski vozel

single-loader [síŋglloudə] *n* puška na en naboj

single-minded [síŋglmaindid] *a* iskren, pošten; prostodušen; smotrn, usmerjen na en cilj

single-name paper [síŋglneim péipə] *n econ A* zadolžnica; sola menica

singleness [síŋglnis] *n* enkratnost; osamljenost; samski stan; odkritost, iskrenost; **~ of purpose** predanost enemu cilju, doslednost; *fig* preprostost, poštenost, odkritost

single-phase [síŋglfeiz] *a el* enofazen

single price [síŋglprais] *n* enotna cena

single-rail [síŋglreil] *a rly* enotiren

single-seater [síŋglsi:tə] *n aero* enosedežno letalo

single-stage [síŋglsteidž] *a* enostopenjski

singlestick [síŋglstik] *n* meču podobna palica za borjenje (s ščitnikom za roko); borjenje s tako palico; krepelec, palica

singlesticker [síŋglstikə] *n naut sl* majhen čoln z enim jamborom

singlet [síŋglit] *n* volnena maja (podsrajca), volnen triko; telovadna maja; telovnik iz flanele

single(-trip) ticket [síŋgltrip tíkit] *n* enosmerna vozovnica

singleton [síŋgltən] (bridge) edina karta iz serije neke barve; nekaj enkratnega, edinstvenega; edinec (otrok); samec; edini tekmovalec

single-track [síŋgltræk] *a rly* enotiren; *coll* enostranski; **to have a ~ mind** biti enostransko usmerjen ali interesiran

single-valve [síŋglvælv] *a el* enoceven

singly [síŋgli] *adv* po eden, ločeno, posamezno, individualno; brez pomoči, (čisto) sam; edino, samó

singsong [síŋsɔŋ] **1.** *n* enoglasno, enolično petje (branje, govor); improviziran koncert amaterjev; *E* skupno petje; **2.** *a* enoglasen, enoličen; **3.** *vt & vi* enolično peti (govoriti), lajnati

singular I [síŋgjulə] *n gram* ednina; **2.** *a* (~ **ly** *adv*) poedin, posamezen, individualen; edinstven, redek, izreden, presenetljiv; čuden, čudaški, nenavaden; *gram* edninski; **all and ~** vsak posamezen; **~ man** posebnež, čudak; **a ~ success** edinsten, izreden uspeh

singularity [siŋgjulǽriti] *n* poedinost, posameznost; posebnost, nenavadnost, redkost, izrednost; čudaštvo

singularize [síŋgjulǝraiz] *vt gram* dati edninsko obrazilo; odbiti obrazilo, ki se napačno smatra za oznako množine (npr. **pea** namesto **peas**)

singularly [síŋgjulǝli] *adv* posebej, sam, zase; zelo, nenavadno, svojevrstno

sinister [sínistǝ] *a* (~ **ly** *adv*) (grboslovje) levi, (ki je) na levi strani; pogubonosen, usoden, znaneč nesrečo, zlovešč; zloben, nenaklonjen, nemil, neugoden (*to* za); **bend (bar) ~** poševne vzporedne črte v grbu z leve na desno (znak nezakonskega porekla)

sinisterwise [sínistǝwaiz] *adv* (na) levo

sinistral [sínistrǝl] *a* (~ **ly** *adv*) levi, ki leži ali gre na levo; levičen; (o školjki) ki ima zavoje z desne na levo

sinistrous [sínistrǝs] *a* poln nesreče, znaneč nesrečo; nesrečen; zloben, hudoben

sink I [siŋk] *n* (kuhinjski) izlivek, luknja za umazano vodo; odtok, odtočna cev, odtočni kanal; kloaka, greznica; *geol* kotlina; (zlasti) *fig* mlak(už)a, močvirje; **a ~ of iniquity** brlog (jama) pregrehe

sink* II [siŋk] **1.** *vi* (po)toniti, potopiti se, utoniti; upasti (o reki), znižati se, zmanjšati se; padati (cene); pasti (ugled); zaiti (sonce); spustiti se na zemljo (mrak); usesti se; ponehati (vihar); vpiti se (barva); pogrezniti se, udirati se, sesesti se; pasti (*into* v); slabeti, giniti, onemoči, bližati se koncu; podirati se, rušiti se; podleči, kloniti; veniti, hirati, propadati; **2.** *vt* potopiti (ladjo), pogrezniti, uničiti, pokvariti, povesiti (glavo); znižati, spustiti dol (cene); vrtati, dolbsti (vodnjak, luknjo); vrezati (žig itd.); pustiti ob strani, ne posvečati pozornosti (čemu); pozabiti (prepir); neugodno naložiti (kapital), izgubiti (denar); skrivati, prikriti, zamolčati; **~ or swim!** ali plavaš (se rešiš, prideš na zeleno vejo), ali pa utoneš!; **here goes, ~ or swim** zdaj gre za biti ali ne biti; **to ~ beneath the burden** kloniti, zrušiti se pod bremenom; **her cheeks have sunk** lica so ji upadla; **to ~ all considerations** na nič se ne ozirati, iti prek vsega; **the dagger sank in to the hilt** bodalo se je zadrlo

do držaja; **to ~ a die** izrezati žig; **to ~ one's differences** odložiti ali poravnati svoje spore; **the dye ~ s** barva se vpija; **he sank in my estimation** padel je v mojih očeh (moji cenitvi); **this event sank into my mind (memory)** ta dogodek se mi je globoko vtisnil v spomin; **to ~ an important fact** zamolčati (izpustiti, ne omeniti) važno dejstvo; **to ~ into the grave** zgruditi se v grob, umreti; **this ground ~ s little by little** ta tla se polagoma ugrezajo; **she sank her head in her hands** povesila je glavo v roke; **to ~ one's individuality** ne poudarjati svoje osebnosti; **to ~ into insignificance** postati nepomemben; **to ~ one's own interests** pozabiti na (žrtvovati) svoje lastne interese, biti nesebičen; **to ~ on one's knees** spustiti se (pasti) na kolena; **the light is ~ ing** svetloba pojema; **the old man is ~ ing rapidly** starček rapidno slabi, hira; **to ~ money** vložiti svoj denar v nekaj, iz česar ga ni lahko dobiti; izgubiti svoj denar pri takem poslu; **to ~ one's money in a life annuity** naložiti svoj denar v dosmrtno rento; **to ~ into oblivion (poverty)** pasti (priti) v pozabo (v revščino); **to ~ an oil-well** izvrtati petrolejski vrelec; **to ~ a post** zabiti drog v zemljo; **to ~ the prices** znižati cene; **to ~ a ship** potopiti ladjo; **to ~ the shop** ne govoriti o strokovnih stvareh; tajiti, skrivati svoj poklic; **to ~ into a deep sleep** pogrezniti se v globoko spanje; **his spirits sank** pogum mu je upadel; **the stain has sunk in** madež je globoko prodrl; **the storm is ~ ing** vihar ponehuje; **the sun sank below the horizon** sonce je utonilo (zašlo) pod obzorje; **to ~ one's title** prikriti, zamolčati svoj ·naslov (naziv); **to ~ one's voice** znižati svoj glas

sinkable [síŋkǝbl] *a* potopljiv

sinker [síŋkǝ] *n* vodnjakar (ki koplje vodnjake); *sl* šiling; **die-~** graver (kovancev, matric); *naut* grezilo, svinčnica; *sl* slab, ponarejen denar; *A* krap, ocvrtek; *A* srebrn dolar

sinkhole [síŋkhoul] *n* luknja izlivka (v kuhinji); greznica; *geol* ponor, vrtača

sinking [síŋkiŋ] **1.** *n* potopitev, potapljanje, pogrezanje, udiranje; izdolbljenje, vrtanje; slabost, šibkost, hiranje, upadanje; *econ* izbris ali plačilo (dolga); **~ of the heart** občutek tesnobe; **~ in the stomach** občutek lakote, prazen želodec; **2.** *a* pogrezajoč se, upadajoč; popuščajoč, slabeč; **a ~ feeling** občutek slabosti; **~ spirits** upadajoč pogum; **~ paper** *obs* pivnik

sinking-fund [síŋkiŋfʌnd] *n econ* amortizacijski fond

sinking-pit [síŋkiŋpit] *n* greznica

sinkless [síŋklis] *a* nepotopljiv (ladja)

sinless [sínlis] (~ **ly** *adv*) brez greha, nedolžen

sinlessness [sínlisnis] *n* nedolžnost

sinner [sínǝ] *n* grešnik, -ica (tudi *fig*); *fig* hudodelec; *hum* lopov, falot

sinologue [sáinolɔg] *n* sinolog, poznavalec kitajskega jezika, književnosti, kulture; strokovnjak za kitajski svet

Sino- [sáinou, sínou] (v zloženkah) kitajsko-

sinology [sainólǝdži, sin~] *n* sinologija, veda o kitajskih jezikih, književnosti in kulturi

sinophobe [sáinofoub, sin~] **1.** *n* sovražnik Kitajcev; **2.** *a* sovražen Kitajcem

sinter [síntə] 1. *n geol* siga; 2. *vi tech* pri segrevanju se segreti na visoke temperature in se strditi

sinuate [sínjuit] *a* valovit (o listu)

sinuated [sínjueitid] *a* ukrivljen, upognjen; vijugast

sinuosity [sinjuósiti] *n* vijugavost, krivuljavost; *fig* zamotanost, zapletenost

sinuous [sínjuəs] *a* (~ly *adv*) vijugast, krivuljast, zverižen, kriv, valovit; gibek, prožen, upogljiv; *fig* zapleten, zmešan; ~ line valovita črta

sinus [sáinəs] *n anat* sinus, (obnosna) votlina; krivina, vijuga, zavoj

sinusitis [sainəsáitis] *n med* vnetje sinusov

Siouan [sú:ən] *a* siuški, ki pripada indijanskemu plemenu Siuxov

Sioux, *pl* ~ [su:] *n* Sioux (pripadnik severnoameriškega indijanskega plemena); ~ State *A* vzdevek za državo North Dakota v ZDA

sip [sip] 1. *n* srkljaj, srebljaj, majhen požirek; to take a ~ too much *fig* malce pregloboko pogledati v kozarček; 2. *vi & vt* srkati (*of* kaj), srkniti, srebati; počasi, mirno, v majhnih požirkih piti

sipe [sáip] *vi A* mezeti, curljati, pronicati (skozi)

siphon [sáifən] 1. *n* sesalna natega; sifon, smrk, podvodno koleno; *tech* pokrit, zaprt kanal, cev; (= ~-bottle) sifonska steklenica, sifonka; *zool* odprtina za dihanje in iztrebljanje pri školjkah; rilček nekaterih žuželk; 2. *a* sifonski; 3. *vi* teči kot iz sifona (iz natege); *vt* izsesati, izprazniti; izčrpati (želodec itd.)

sipper [sípə] *n* pivec, srebalec; slamica (s katero se pije)

sippet [sípit] *n* pražena rezina kruha; košček praženega kruha (v juhi ali v omaki); *fig* košček, zalogaj

sir [sə:] 1. *n* (zvalnik) gospod!; yes, ~ da, gospod!; *obs* gospod(ar), zapovednik; (v pismu) spoštovani gospod; plemiški naslov baroneta in viteza (*knight*), ki se stavi vedno pred krstno ime (Sir Winston Churchill, *coll* Sir Winston); naslov sir se daje dečku v znak graje, ukora, negodovanja; ~! gospod!; ~s! gospodje!; (ironično) ~ critic! gospod kritik!; I beg your pardon, ~ oprostite, gospod!; 2. *vt* nagovoriti koga s sir (gospod); don't ~ me! ne reci(te) mi gospod!

sire [sáiə] 1. *n* S~ (zvalnik) kot naslov: (Vaše) Veličanstvo!; *poet rhet* oče, praded, praoče, *pl* predniki, starejši, častiti gospod; gospodar; plemenski samec (zlasti žrebec); 2. *vt* (konjereja) zaploditi (potomce), biti oče

siren [sáiərin] 1. *n mith* sirena, morska deklica (vila); *fig* nevarna zapeljivka (skušnjavka), očarljiva pevka; pevka s sirenskim glasom; *tech* sirena, zvočna naprava; signalni rog za meglo; 2. *a* sirenski, *fig* zapeljiv, vabljiv; ~ song sirensko petje

sirenian [saiərí:niən] *n zool* morska krava

siren suit [sáiərin sju:t] *n* tesno se prilegajoča delovna obleka

siriasis [siráiəsis] *n med* sončarica; *obs* sončna kopel (kot terapija)

Sirius [síriəs] *n astr* Sirius

sirloin [sə́:loin] *n* gornji del govejega stegna; ~ steak biftek

siroc(c)o [sirók(ou)] *n* (veter) široko; topel in vlažen južni veter v Italiji in na Jadranu; suh puščavski veter, ki nosi pesek iz Sahare

sirrah [sírə] *n obs* fant, dečko; (kot ukazajoč vzklik) ~! ti, tam!

sir(r)ee [sərí:] *n A coll* = sir; no, ~! ne, dragi moj!, ne, prijateljček!

sirup [sírəp] *n* glej syrup

sis [sis] *n A coll* sestra; *coll* dekle, deklica; *sl* krajšava za sissy

sisal [sáisəl] *n* sisál, konoplji podobno vlakno neke tropične agave; preja iz teh vlaken; taka agava

siskin [sískin] *n zool* čižek

sismograph [sísməgræ:f] glej seismograph

sissified [sísifaid] *a A coll* pomehkužen, babji

sissy [sísi] 1. *n A coll* slabič, pomehkuženec, mehkužnež, »baba«; *sl* homoseksualec; *A* dekle, deklica; 2. *a* pomehkužen, babji

sister [sístə] 1. *n* sestra; posestrima; intimna prijateljica; redovnica, nuna, samostanska sestra; *coll* bolničarka, usmiljena, usmiljena sestra; ~ Anne oseba, ki namesto koga drugega čaka na prihod neke tretje osebe (iz pravljice »Sinjebradec«); ~ of charity (mercy) usmiljena sestra, usmiljenka; ~-german prava, telesna sestra; foster-~ sestra po mleku; half-~, step-~ polsestra; lay ~ redovnica, ki opravlja kako fizično delo zunaj samostana; The Three S~s, The Fatal S~s, The S~s Three sojenice (vile), rojenice, parke; 2. *a* sestrski; ~ universities sestrski univerzi (Oxford in Cambridge)

sisterhood [sístəhud] *n* sestrstvo, sestrinstvo; sestrsko razmerje (odnos); *rel* redovnice, red redovnic

sister hook [sístəhuk] *n tech* vzmetna ključica

sister-in-law, *pl* sisters-in-law [sístərinlɔ:] *n* svakinja, moževa sestra, ženina sestra

sisterless [sístəlis] *a* brez sestre

sisterlike [sístəlaik] *a* sestrski, sestrinski

sisterliness [sístəlinis] *n* sestrstvo, sestrski odnos (razmerje)

sisterly [sístəli] *a* sestrski, sestrinski, sestrinji; kot sestra

sister ship [sístəšip] *n naut* sestrska ladja (ki je popolnoma enaka kaki drugi ladji)

Sistine [sísti:n, ~tain] *a* sikstinski; ~ Chapel sikstinska kapela (v Vatikanu)

sistrum, *pl* ~s, ~stra [sístrəm, sístrə] *n mus* ropotulja, gong (starih Egipčanov)

Sisyphean [sisifí:ən] *a* Sisifov; *fig* brezkoristen; ~ task, ~ labour Sisifovo delo

sit* I [sit] 1. *vi* sedeti; (o kokoši) sedeti na jajcih, valiti; čepeti; sedeti kot model (slikarju); biti za vzorec; imeti sedež, bivati; ležati; pristajati (o obleki); opravljati službo (navadno) sedé; biti član kakega telesa (*on a jury* porote); zastopati v parlamentu (*for* koga); imeti sejo, zasedati; sesti (*on* na); zaposliti se (*over* s stim); študirati (*under* pri kom); 2. *vt* sedeti (v sedlu), imeti sedež na (*a mule* mezgu); posaditi (*the hen on eggs* kokošja jajca); to ~ on the bench *fig* biti sodnik; the clothes ~ loosely upon him obleka mu je preohlapna; to ~ in Congress biti član Kongresa; to ~ for an examination opravljati izpit; to ~ on the fence *pol sl fig* stat ob strani, ne se opredeliti, biti nevtralen; **the guilt ~s light on his conscience** ne peče ga vest zaradi krivde; **to ~ a horse** jahati na konju; **to ~ in judgement on s.o.** lastiti si pravico sojenja drugih, soditi, kritizirati koga; **to ~ on one's hands** *fig* ne aplavdirati; **it ~s ill on you** slabó vam (to) pristaja; **he ~s for Leeds** on zastopa Leeds v parlamentu; **to ~ for** (ali **to**) **a painter** sedeti slikarju za model; **to ~ for one's picture** dati se slikati, sedeti (pozirati) za svojo sliko (portret); **to ~ a play through** prisostvovat igri do konca; **he is ~ting pretty** on je v dobrem položaju, ima dober položaj; **to ~ pretty** *sl* imeti dobre karte, *fig* dobro se goditi (komu); **it ~s heavy on the stomach** to je težko prebavljivo; **to ~ upon s.o.** *fig* sedeti na kom, jahati koga; **don't you be sat upon!** *coll* ne pusti se hruliti!; **to ~ tight** *coll* ostati neomahljivo na svojem mestu, vztrajati pri stvari; **to want to ~** (o kokoši) začeti kokodakati (za valjenje); **to ~ well** dobro sedeti (zlasti na konju); **to ~ on the throne** sedeti na prestolu, vladati; **to know which way the wind ~s** vedeti, odkod piha veter; **his principles ~ loose(ly) on him** on svojih načel ne jemlje resno

Zveze s predlogi in prislovi:

sit back *vi* umakniti se, odpočiti si, biti neaktiven;

sit down *vi* sesti, usesti se (*to table* k mizi); posvetiti se (*to* čemu); mirno prenašati (*under* (kaj); **to ~ under an insult** mirno požreti žaljivko; **to ~ before a town** *mil* utaboriti se pred mestom, pred obleganjem; **to sit o.s. down** sesti, usesti se; *vt*: **to sit s.o. down** prisiliti koga, da sede;

sit in *vi A coll* biti zraven (pri), sodelovati (*at a game, conference* pri igri, konferenci);

sit on *vi* pripadati kaki skupini in sodelovati v njenem delu; **~ a commission** biti član komisije; vestno se lotiti, resno se posvetiti; tiščati, pritiskati (*s.o.* na koga); **the crime ~s heavy on his conscience** zločin mu teži vest; *sl* grajati, oštevati, zmerjati; **to ~ on** ostati, sedeti še naprej;

sit out *vi* presedeti, ne vstati, vztrajati (sedé) do konca; ne se udeleževati (česa), ne sodelovati; *vt* izpustiti (ples); prisostvovati (čemu) do konca; ostati dlje (do koga); **to ~ the concert** ostati na koncertu do konca; **to ~ a dance** presedeti ves ples; **to ~ all the visitors** ostati dlje na obisku kot vsi ostali;

sit over *vt* potisniti, poriniti ob stran;

sit up *vi* zravnati se, pokonci sedeti; *coll* iz ležečega se dvigniti v sedeči položaj; ostati (dolgo) na nogah; **to ~ late** hoditi pozno spat; **I sat up for him** čakal sem ga buden; **to make s.o. ~** *sl* preplašiti, osupiti koga; *fig* nagnati koga na težko delo; **that will make them ~** to jih bo začudilo (osupilo); **she sat up all night nursing him** vso noč je bedé presedela in ga stregla; **to ~ and take notice** nenadoma postati pozoren, pokazati interes, napeti ušesa, pozorno prisluhniti

sit II [sit] *n sl* glej **situation**

sit-down [sítdaun] *a* sedé (vzet, zaužit); **a ~ meal** sedé zaužit obed; **~ strike** *A* stavka, pri kateri delavci ostanejo na delovnem mestu

site [sáit] **1.** *n* lega, položaj; predel, kraj; *fig* prizorišče; gradbišče; sedež (industrije); **a lovely ~** prekrasna lega; **2.** *vt* plasirati, stacionirati, dati prostor, namestiti

sith [siθ] *conj obs poet* = **since**

sit-in [sítin] *n* glej **sit-down strike**

sito- [sáito] besedni element s poménom hrana, prehrana

sitology [saitóledži] *n* nauk o prehrani, sitologija

sit-still [sítstil] *a* pri čemer se sedi (ne vstaja); **a ~ party** zabava brez plesa

sitter [sítə] *n* sedeča oseba; model (oseba, ki pozira slikarju); kokoš, ki vali; sedeč ptič (ki ga je lahko ustreliti), *sl fig* divjačina, ki jo je lahko ustreliti, lahek zadetek; *fig* lahkota, stvar, ki se da z lahkoto izvesti, stoodstotno zanesljiva (gotova) stvar; **baby ~** oseba, ki v odsotnosti staršev varuje (pazi na) otroka

sitter-by [sítəbai] *n* oseba, ki sedi zraven (koga); oseba, ki sedé prisostvuje čemu

sitting [sítiŋ] **1.** *n* sedenje, čas sedenja; zasedanje, seja; valjenje, valitev (kokoši); jajca za nasad; (rezerviran) sedež v cerkvi; poziranje (za slikanje); **~ place** sedež; **at a ~** na (en) mah, na dušek, brez premora (pavze, prekinitve); **I read the book at a ~** na mah sem prebral knjigo; **2.** *a* sedeč; zasedajoč; **in a ~ posture** sedé, v sedečem položaju; **the ~ member for Leeds** sedanji zastopnik za Leeds v parlamentu; **the ~ tenant** sedanji zakupnik ali najemnik

sitting duck [sítiŋdʌk] *n* sedeča raca; *fig mil* lahko uničljiv cilj; **the tanks were ~s for our artillery** tanki so bili lahek cilj (in plen) naši artileriji

sitting room [sítiŋrum] *n* dnevna soba, družinska soba; prostor s sedeži, sedišča

situate I [sítjueit] *vt* situirati, dati, določiti mesto (prostor); postaviti (na določeno mesto); spraviti v neko lego (položaj)

situate II [sítjuit, ~eit] *a jur obs* glej **situated**

situated [sítjueitid] *a* nameščen, postavljen, ležeč, položen, situiran; ki je v nekem položaju; **thus ~** v tem položaju; **to be ~ on** ležati na; **the house is ~ at the end of the road** hiša stoji na koncu ceste; **she was awkwardely ~** bila je v nerodnem položaju

situation [sitjuéišən] *n* situacija, položaj, lega, mesto, kraj, predel; stanje, razmere, okolnosti; namestitev, služba; *theat* dramatična situacija, višek v drami; **~s vacant** ponudbe služb (v časopisu); **~s wanted** prošnje za službe; **out of a ~** brez službe; **permanent ~** stalna služba; **I am in a ~ (to do s.th.)** morem (kaj napraviti); **to lose one's ~** izgubiti službo; **to meet the demands of the ~** zadostiti (biti kos) zahtevam položaja

sit-upons [sítəpɔnz] *n pl coll* hlače

siwash [sáiwɔš] **1.** *n A dial* Indijanec, divjak; **2.** *vi* živeti indijansko življenje, bivakirati

six [siks] **1.** *a* šest; (= **~ years**) šest let (starosti); (= **~ o'clock**) šesta ura; (= **~ pence**) šest penijev; **he is not ~ yet** ni še šest let star; **it is ~ (o'clock)** šest je ura; **this cost two and ~ (2/6)** to je stalo dva šilinga in šest penijev; **~ and eight (pence)** (nekoč običajni odvetnikov honorar), *fig* honorar, pristojbina; **~ to one** 6 proti 1, stoodstotno zanesljivo (gotovo); **~**

feet of earth *fig* grob; it is ~ of one and half the dozen of the other to je eno in isto, to je popolnoma isto; **2.** *n* šestica, številka 6; šestorica, šestero, šest kosov, pol ducata; **coach and** ~ šesterovprežna kočija; **double** ~es dvojna šestica (pri metu v kockanju); **to be at** ~es **and sevens** *fig* biti v popolnem neredu (zmedi, zmešnjavi); **he turned up the** ~ **of spades** (kartanje) potegnil je pikovo šestico

sixain [síksein] *n* šestvrstična kitica

six-day race [síksdei réis] *coll* **six-days** *n* šestdnevna (kolesarska) tekma

sixer [síksə] *n* (*cricket*) udarec, zadetek, ki prinese šest točk

sixfold [síksfould] **1.** *a* šestkraten; **2.** *adv* šestkratno

six-foot [síksfut] *a* visok ali dolg 6 čevljev

six-footer [síksfutə] *n coll* 6 čevljev visoka oseba, dolgin; 6 čevljev dolga stvar

six-o-six [síksóusíks] *n med sl* salvarvan (606 F)

sixpence [síkspens] *n* kovanec za 6 penijev (pol šilinga); vrednost 6 penijev; **I don't care a** ~ **about it** se požvižgam na to, mar mi je to; **it doesn't matter (a)** ~ nič za to, to je vseeno

sixpenny [síkspəni] **1.** *a* ki je vreden ali velja 6 penijev; *fig* cenen, reven; ~ a ~ **piece, a** ~ **bit** kovanec za 6 penijev; **2.** *n* kovanec za 6 penijev

sixscore [síksskɔ:] *a* stodvajset

six-shooter [síkssšu:tə] *n* revolver na 6 nabojev

sixte [sikst] *n* (mečevanje) seksta

sixteen [síksti:n] **1.** *a* šestnajst; **2.** *n* šestnajstica, številka 16; šestnajstorica

sixteener [síksti:nə] *n* šestnajstletnik

sixteenth [síksti:nθ] **1.** *a* šestnajsti; **2.** *n* šestnajstina

sixth [siksθ] **1.** *a* šesti; **2.** *n* šestina; (= ~ **form**) (najvišji) razred srednje šole; *mus* seksta (interval); ~ **column** *pol A* šesta kolona (organizirana skupina za borbo proti 5. koloni); ~ **sense** šesti čut (sposobnost slutenja)

sixtieth [síkstiiθ] **1.** *a* šestdeseti; **2.** *n* šestdesetina

sixthly [síksθli] *adv* šestnajstič

sixty [síksti] **1.** *a* šestdeset; *coll* 60 let; **2.** *n* šestdesetica, številka 60; *pl* šestdeseta leta; **the sixties** leta starosti med 59 in 70; **in the sixties of this century** v 60-tih letih tega stoletja; **to be over** ~ biti več kot 60 let star; **to run like** ~ *A coll* teči kot nor, zelo hitro

sixtyfold [síkstifould] **1.** *a* 60-kraten; **2.** *adv* 60-kratno

sixty-four dollar question [síkstifɔ: dɔ́lə kwéščən] *n A coll* najvažnejše, glavno vprašanje

six weeks [síkswi:ks] *a bot agr A* hitro rastoč

six-wheeler [síkswi:lə] *n tech* šestkolesni (triosni) voz

sizable [sáizəbl] *a* (*sizably adv*) precejšen, znaten, kar velik; *obs* primeren; **a** ~ **fortune** precejšnje premoženje

sizer [sáizə] *n* štipendist na univerzi v Cambridgeu ali Dublinu

sizership [sáizəšip] *n E* štipendija na univerzi

size I [sáiz] *n* velikost, veličina, debelina, dolžina; dimenzija, format, obseg; postava; kaliber, mera, številka (obutve, obleke, rokavic itd.); *fig* veličina, format, pomembnost, važnost; *coll* dejstvo, resničnost; *obs* določena mera, količina, porcija, obrok; *tech* priprava (sito) za sortiranje (zlasti žlahtnih kamnov in biserov); **all of a** ~

(vsi) iste velikosti; **of all** ~s (v) vseh velikostih (številkah); **a** ~ **too small** (za) številko premajhen; **full** ~ polna, naravna velikost; **standard** ~ standardna, normalna velikost; **twice the** ~ **of** dvakrat večji kot; **two** ~s **too big** dve številki prevelik; **they are of a** ~ enako sta velika; **that's about the** ~ **of it** *fig coll* (natančno) tako je; **she takes** ~ 7 **in gloves** ona ima rokavice številka 7

size II [sáiz] *vt & vi* urediti po velikosti, sortirati; dati neko velikost; prirezati (les); (Cambridge) naročiti hrano, pijačo na račun kolegija

size up *vt & vi* določiti velikost, težo; *coll* oceniti, preceniti (kaj), presoditi; doseči (*with s.th.* kaj); postati večji; *mil* razvrstiti (vojake) po velikosti

size III [sáiz] **1.** *n* tanko lepilo, klej; škrob; sklenina; apretura (tkanine, papirja); **2.** *vt* lepiti, klejiti; (na)škrobiti; apretirati (blago), dati trdoto (klobučevini)

size IV [sáiz] glej **sized**

sizeable [sáizəbl] *a* glej **sizable**

sized [sáizd] *a* (v zloženkah) določene (neke) velikosti; **fair-**~ precéj velik; **full-**~ polne, normalne, naravne velikosti; **large-**~ v polni velikosti; **medium-**~ srednje velikosti; **small-**~, **under-**~ majhen; **standard-**~ normalno velik

sizer [sáizə] *n* kdor ureja, sortira po velikosti (npr. sadje); naprava, ki to dela; *tech* stroj, ki daje gradbenemu lesu potrebne dimenzije; *coll* nekaj velikega

size-stick [sáizstik] *n* čevljarsko merilo za merjenje noge

siziness [sáizinis] *n* lepljivost, židkost

size-water [sáizwɔ:tə] *n* podlaga (voda in beljak za pozlato

sizing I [sáiziŋ] *n* določanje (merjenje) velikost (česa); presevanje (rud); sortiranje; ~ **machine** stroj za justiranje; ~ **drum** sortirni boben

sizing II [sáiziŋ] *n* klej, lep, lepilo

sizy [sáizi] *a* lepljiv, lepek, židek; želatinast; raztegljiv, raztezen

sizzle [sizl] **1.** *n coll* piskanje, cvrčanje (pri pečenju); **2.** *vi coll* piskati, cvrčati

sizzling [sízliŋ] *a* piskajoč, cvrčeč; zelo vroč; **spell of** ~ **weather** val velike vročine

skald [skɔ:ld] *n* glej **scald**

skat [ska:t] *n* skat (igra z 32 kartami za 3 igralce)

skate I [skéit] **1.** *n* drsalka (tudi s čevljem); (**roller-**~) kotalka; **2.** *vi & vt* drsati (na drsalkah ali kotalkah), delati figure pri drsanju; *fig* spodrsniti; **to** ~ **on (over) thin ice** *fig* hoditi po tankem ledu, govoriti o kočljivi stvari, izpostavljati se nevarnosti

skate II [skéit] *n* raža (morska riba)

skate III [skéit] *n A sl* mrha (star konj; lopov, falot)

skater [skéitə] *n* drsalec, -lka; (= **roller-**~) kotalkar, -ica

skate sailing [skéitseiliŋ] *n* jadranje na ledu

skating [skéitiŋ] *n* (umetnostno) drsanje; (= **roller-**~) kotalkanje

skating-club [skéitiŋklab] *n* drsalni klub

skating-rink [skéitiŋriŋk] *n* umetno drsališče; kotalkališče; *E sl* plešasta glava, »biljardna krogla«

skean, skene, skain [ski:n] *n hist Sc* bodalo, kratek meč

skean-dhu [skí:ndju:] *n Sc* v nogavice zataknjeno bodalo (kot ga nosijo Škoti)
skedaddle [skidǽdl] **1.** *n coll* beg; **2.** *vi coll* pobegniti, razbežati se v neredu
skee [ski:] *n* glej **ski**
skeesicks [skí:ziks] *n A coll* (tudi *hum*) potepuh, nepridiprav
skeeter [skí:tə] *n sl* komar
skein [skéin] *n* povesmo (volne); jata divjih ptic v (po)letu; *fig* zmešnjava, zmeda, homatija
skeletal [skélitl] *a med* skeleten, skeletast, kot skelet
skeleton I [skélitən] **1.** *n* skelet, okostnjak; suhec, mršavec; lesnati del rastline; okostje, ogrodje (ladje, letala), rebra (dežnika); *fig* skica, osnutek; *fig* družinska sramota, mučna tajnost; *mil & naut* kader; **a ~ at the feast** *fig* nekdo (nekaj), ki družbi kvari veselje; prikazen (duh) preteklosti; **~ crew** najpotrebnejša posadka (moštvo); **a ~ in the cupboard (closet) (in the family, in the house), family ~** tajna žalost ali sramota v družini; **~ regiment** polk z mirnodobskim številom vojakov; **she is a regular ~ ~** ona je pravi pravcati okostnjak; **he was reduced to a ~** postal je pravi skelet, sama kost in koža ga je; **2.** *a* skeleten; *econ jur* okviren; **~ agreement** okviren dogovor; **~ law** okviren zakon
skeleton II [skélitən] *n sp* skeleton (nizke športne sani); **~ run** sankališče za skeletone
skeleton-army [skélitəná:mi] *n* mirnodobska, kadrovska vojska
skeleton-bill [skélitənbil] *n econ* bianko menica
skeleton-drill [skélitəndril] *n mil* vaja, pri kateri oddelek vojske predstavljata dva vojaka, ki držita nasprotne konce dolge vrvi
skeleton enemy [skélitən énimi] *n mil* markirani sovražnik
skeletonize [skélitənaiz] *vt* ogoliti do okostja, spremeniti v okostnjak; *bot* odstraniti tkivo med žilicami lista, pustiti le rebra; *mil* zmanjšati normalno stanje (čet); reducirati na minimum; *fig* (le) v grobem napraviti, skicirati, predstaviti v glavnih obrisih
skeleton-key [skélitənki:] *n* odpirač, vetrih
skeleton-map [skélitənmæp] *n* fizikalna zemljepisna karta
skelp I [skelp] **1.** *n* (deževni) naliv; *dial* udarec; **2.** *vt* suniti, udariti; *vi* hiteti
skelp II [skelp] *n tech* železen (jeklen) trak
skene [ski:n] *n* glej **skean**
skep [skep] *n* pletena košara, jerbas, koš; poln koš, polna košara; ulj, košnica (iz slame ali vrbovih šib)
skepsis [sképsis] *n* glej **scepsis**
skeptic [sképtik] *a* glej **sceptic**
sketch [skeč] **1.** *n* skica, študija; očrt, (prvi) osnutek, načrt, obris; shema; kratek prikaz; *theat & mus* skeč, igra, kratko glasbeno delo; književna črtica, kratka pripoved; *sl* čudaško oblečena oseba; **2.** *vt & vi* skicirati (često *up*) (na)risati; napraviti osnutek, načrtati; prikazati v kratkih, grobih potezah
sketch-block [skéčblɔk] *n* blok za skiciranje, za skice

sketchbook [skéčbuk] *n* skicirka, knjiga za skiciranje, za pisanje črtic; *econ* konceptna knjiga
sketcher [skéčə] *n* risar skic
sketchiness [skéčinis] *n* nepopolnost, nedovršenost
sketch-map [skéčmæp] *n* zemljepisna karta, v katero so vneseni le glavni obrisi nekega kraja; kroki
sketchy [skéči] *a* (**sketchily** *adv*) skicen, le skiciran, podoben skici; (narejen) v glavnih črtah ali potezah, v prvih osnutkih; *fig* nepopoln, nedovršen; nezadosten; *fig* nedoločen, nejasen; **a ~ meal** nezadosten obed
skew [skju:] **1.** *n archit* kamen poševne površine na vznožju sprednjega dela poševne strehe; poševna ravnina, poševnost; **on the ~** poševno, napošev, po strani; **2.** *a* poševen; nesimetričen; **~ bridge** poševen most; **~ chisel** dleto s poševnim robom; **~ wheel** *tech* vijačno zobato kolo (s poševnimi zobci); **~ curve** večkrat ukrivljena krivulja; **3.** *vi coll* poševno iti; *dial* škiliti; *vt* prevračati (dejstva); poševno položiti; **to ~ at s.o.** skrivaj koga pogledati
skewback [skjú:bæk] *n archit* poševen opornik
skew-bald [skjú:bɔ:ld] *a* pisan, lisast; **~ horse,** lisec, šarec, lisast konj
skewer [skjú:ə] **1.** *n* špila (za klobaso), lesena ali kovinska paličica za nabadanje mesa, raženj; *joc* meč; **2.** *vt* nabosti (meso), ošpiliti (klobaso)
skew-eyed [skjú:aid] *a* škilav, škilast
skew-gee [skju:dží:] **1.** *a* škilav; **2.** *n* škiljenje
skewness [skjú:nis] *n* poševnost; nesimetričnost; odklon
ski [ši:, ski:] **1.** *n* smučka; *aero* sanišče; **2.** *a* smučarski; **~ aeroplane** letalo s sanišči; **~ binding** smučarske vezi; **~ boot** smučarski čevelj; **~ running** smučarski tek; **~ jacket** anorak; **~ jump** smučarski skok; **~ jumping** smučarski skoki; smučarska skakalnica; **~ lift** smučarska žičnica; **~ pants** smučarske hlače; **~ suit** smučarska obleka
skid I [skid] **1.** *n* cokla, zavora, zavorna veriga, zagozda; odbijač (kos lesa ipd.), ki ščiti bok ladje pri pristajanju; opornik; *fig* ovira, zapreka; *sl* funt; **2.** *vt* zavirati, blokirati (kolo)
skid II [skid] **1.** *n* drsenje kolesa na blatnem zemljišču; drsalica ali sanišče (letala); *pl A naut* mesto, kjer se spravljajo čolni vojne mornarice; **2.** *vi* zdrsniti, spodrsniti (v stran), drseti v stran; **the car went into a ~** avto je začelo zanašati (v stran); **he is on the ~s** *A sl* z njim gre h koncu; **to ~ over** bežno preiti
skid chain [skídčein] *n* snežna veriga
skiddiness [skídinis] *n* polzkost
skiddy [skídi] *a* polzek
skid-lid [skídlid] *n E sl* čelada za motoriste
skid-pan [skídpæn] *n* zavora, cokla (za zaviranje)
skid-shoe [skídšu:] *n* cokla, zavora
skidproof [skídpru:f] *a* (o pnevmatiki) varen pred drsenjem
skid road [skídroud] *n A* drča za les
skid row [skídrou] *n sl* cenena zabaviščna (mestna) četrt
skier [ší:ə, skí:ə] *n* smučar, -rka
skiff [skif] *n* skif (lahek čoln na dve vesli ali z enim veslom na krmi); *sp* enosedežen čoln; slab čoln

skiing [skíiŋ, šíiŋ] *n* smučanje; smučarski šport
skijoring [ski:džə:riŋ] *n sp* skijöring
skilful [skílful] *a* (~ **ly** *adv*) spreten, pripraven (*at, in* za, v), vešč, izurjen, izkušen, iznajdljiv; **to be** ~ **at s.th.** razumeti se na kaj
skilfulness [skílfulnis] *n* spretnost, veščina, izkušenost, pripravnost (za), strokovno znanje, iznajdljivost
skill [skil] **1.** *n* veščina, spretnost, izkušenost, strokovno znanje, talent, pripravnost (*at, in* za, v); *obs* razumevanje, uvidevanje; **I have no** ~ **in gardening** na delo na vrtu se nič ne razumem; **2.** *vi arch poet* biti pomemben, važen, koristen; koristiti; pomagati; **it** ~ **s not** nič ne de, to ni važno; **what** ~**s talking?** kaj koristi govorjenje?
skilled [skild] *a* vešč (*in* v), izkušen, izučén, strokoven, kvalificiran; ki zahteva strokovno znanje; ~ **labour** kvalificirana delovna sila; ~ **trades** specialni, strokovni poklici; ~ **workman** strokoven delavec
skilless [skíllis] *a arch* neizkušen, neroden, nespreten, nevešč, ki ne zna, se ne razume nič (*of* na)
skillet [skílit] *n* kozica, ponev; lonček; *tech* talilni lonec
skillful, ~**ness** [skílful, ~nis] = *A* za **skilful,** ~**ness**
skilly [skíli] *n* redka, vodéna juha ali ovsena kaša (za zapornike)
skim [skim] *vt & vi* posneti (peno, smetano); drseti po (prek); rahlo se dotakniti, oplaziti; tvoriti tanko plast (na); *fig* na hitro prebrati, preleteti (z očmi) (*a book* knjigo); **to** ~ **the cream off** (tudi *fig*) posneti smetano; **to** ~ **over** posneti peno, zdrsniti čez; hitro in nizko leteti, dotakniti se v poletu; preleteti (*a newspaper* časopis); **2.** *n* kar je posneto; drsenje (čez, po); *fig* hiter, bežen pogled; **3.** *a* (redko) posnet (o mleku)
skimmer [skímə] *n* žlica za posnemanje (pene, smetane), penavka; *E naut* lahek tekmovalni čoln; *A sl* slamnik s širokimi krajevci
skim milk [skímmilk] *n* posneto mleko
skimming [skímiŋ] *n* (večinoma) *pl* kar je posneto; posneta pena; *tech* žlindra
skimming-dish [skímiŋdiš] *n* zajemalka; *A sl* hitra jahta ploščatega dna
skimp [skimp] **1.** *vt & vi* varčno, skopo (kaj) dajati ali deliti; skopo oskrbovati (*in* z); skopariti stiskati, biti skop(uški); zanikrno, površno (iz)-' delati, zmašiti, skrpucati (kaj); šušmariti, nemarno delati; priskutovati se (pri jedi)
skimping [skímpiŋ] *a* (~ **ly** *adv*) varčen, skop; nezadosten, pičel, boren
skimpiness [skímpinis] *n* pičlost, bornost, nezadostnost; skopuštvo, stiskaštvo
skimpy [skímpi] *a A coll* (**skimpily** *adv*) skop; pičel, nezadosten, boren
skin I [skin] *n* (človeška) koža; *anat* sloj kože; živalska koža, krzno; meh (za vino); *sl* pivo; *sl* konj, kljuse; *joc* fant; *sl* lopov, slepar; *bot* kožica, luščina, lupina; površina; *naut* lesena ali železna obloga; ~ **of an orange** oranžna lupina; **chapped (rough)** ~ razpokana koža; **(un)dressed** ~ (ne)strojena koža; **the inner** ~

notranja plast kože; **the outer** ~ pokožnica, koža vrhnjica, epiderma; **gold-beater's** ~ tanka membrana, v kateri se pri kovanju ločujejo lističi zlata; **wet to the** ~ do kože premočen; **with a whole** ~ s celo kožo, nepoškodovan; **to be in bad** ~ *fig* biti slabe volje; **he is only (he is nothing but)** ~ **and bone** sama kost in koža ga je, zelo mršav je; **I would not be in your** ~ ne bi bil rad v vaši koži; **to change one's** ~ menjati (spremeniti) svojo kožo (naravo); **to escape by the** ~ **of one's teeth** za las odnesti zdravo (celo) kožo, uiti nevarnosti; **it gets under my** ~ *fig coll* jezi me, razburja me; **to get under one's** ~ *coll* iti komu na živce, jeziti (boleti) koga; **he has a thick** ~ on ima debelo, neobčutljivo kožo, naravo; **he has a thin** ~ on je občutljiv; **to jump (to leap) out of one's** ~ *fig* skočiti iz kože, biti ves iz sebe (od veselja, od nestrpnosti, od jeze itd.); **to save one's** ~, **to come (to get) off with a whole** ~ célo, zdravo kožo odnesti; **near is my shirt, nearer my** ~ *fig* bog je najprej sebi brado ustvaril; vsak je sebi najbližji
skin II [skin] *vt & vi* dati iz kože, odreti; odrgniti, oguliti si kožo; olupiti; *sl* odreti, prevarati, oslepariti, izropati; *A coll* prekositi; *coll* sleči tesno obleko; prekriti s kožo (*over*); **to** ~ **alive** živega iz kože dati, *fig* popolnoma potolči, premagati; **to** ~ **a flint** *fig* zelo skopariti, biti zelo skopuški (stiskaški) v vsem; **to** ~ **a rabbit** odreti kunca; **keep your eyes** ~**ned** dobro pazite! odprite oči!; **to** ~ **over** zaceliti se (o rani)
skin-and-blister [skínəndblístə] *n sl* sestra
skin-boat [skínbout] *n* s (tjulenjo) kožo prevlečen čoln (kajak)
skin-bound [skínbaund] *a med* ki ima napeto kožo
skin coat [skínkout] *n* krzneni plašč
skin-deep [skíndi:p] *a* plitev (rana); površen; kratkotrajen
skin-dive [skíndaiv] *vt* potapljati se brez potapljaške opreme (samo z masko in dihalnim aparatom)
skin-diver [skíndaivə] *n* športni potapljač
skin-diving [skíndaiviŋ] *n* športno potapljanje (brez potapljaške opreme)
skin-dresser [skíndresə] *n* strojar kož
skinflint [skínflint] *n* skopuh, stiskač
skinflinty [skínflinti] *a* skop, skopuški, stiskaški
skin-friction [skínfrikšən] *n* povrhnje, površinsko trenje
skinful [skínful] *n* poln meh (vina, vode); *sl* poln trebuh; **he has got a** ~ **of whisky** popil je viskija, kolikor je mogel; **he had got(ten) a** ~ pošteno se ga je nalezel
skin game [skíngeim] *n A sl* prevara, sleparstvo, sleparija, goljufija
skin graft [skíngra:ft] *n med* presadek (transplantat) kože
skin-grafting [skíngra:ftiŋ] *n med* presaditev kože
skink [skiŋk] *n zool* skink (vrsta kuščarjev)
skinless [skínlis] *a* brez kože; gol; tankokožen
skinned [skind] *a* odrt, iz kože dan; kožnat
skinner [skínə] *n* odiralec; kožar; krznar; *fig* slepar, goljuf; *A coll* gonjač (mul, konj)
skinniness [skíninis] *n* mršavost, shujšanost; kožnatost

skinny [skíni] *a* (skinnily *adv*) mršav, suh; podoben koži; *fig* skop, skopuški, trd; **a ~ chicken** mršav piščanec

skintight [skíntait] *a* tesno se prilegajoč (o obleki)

skin-wool [skínwul] *n* slabša vrsta volne, ki jo daje mrtva ovca

skip I [skip] *n* dvigalo v obliki kletke (v rudnikih)

skip II [skip] *n* strežaj v kolidžu (zlasti v Dublinu)

skip III [skip] **1.** *n sp* vodja (kapetan) moštva; **2.** *n* voditi moštvo, igro

skip IV [skip] **1.** *n* poskok, poskakovanje (na eni nogi), preskakovanje; *fig* preskočitev; izpustitev, vrzel; *sl* ples(anje); *sl* potovalna torba, potovalka; **a ~ in the account** vrzel v poročilu; **to give a ~** poskočiti; **2.** *vi & vt* poskakovati (na eni nogi z menjavanjem noge), skakljati, poskočiti, preskakovati vrv (otroška igra); preskočiti pri branju (mesto, stran v knjigi), bežno (pre)brati, preleteti, izpustiti; hitro preiti, preskočiti z enega predmeta na drugega v razgovoru; *coll* pobegniti, izginiti; **to ~ (a) rope** skakati čez vrv (ki se vrti z rokama, otroška igra); **he ~s when reading** on preskakuje (strani) pri branju; **~ it!** *A coll* pustimo to!; **to ~ town** *A sl* izginiti iz mesta; **to ~ over certain items** preskočiti, preiti določene točke

skipjack [skípdžæk] *n* skakač; cepetavček (igrača); *naut* majhna jadrnica

skipper I [skípə] *n* skakač, skakalec; hiter bralec, preskakovalec; *zool* pokalica (hrošč)

skipper II [skípə] **1.** *n naut* kapitan (gospodar, lastnik) (majhne obalne, ribiške ladje); *sp* kapetan moštva (ekipe); *aero* letalski kapetan; **~'s daughters** *E* penasti valovi; **2.** *vt* zapovedovati, biti kapitan

skipping [skípiŋ] **1.** *n* skakanje, preskakovanje (zlasti vrv); *~* rope vrv za preskakovanje; **2.** *a* (*~ ly adv*) poskakujoč, ki skače

skirl [skə:l] **1.** *n* piskanje (dud, gajd); vpitje, vreščanje; **2.** *vi* piskati (kot gajde, dude); vpiti, vreščati

skirmish [skó:miš] **1.** *n mil* praska, spopad, boj; *fig* besedni boj; **2.** *vi* spopasti se, spopadati se v manjših praskah

skirmisher [skó:mišə] *n* spopadnik, udeleženec v spopadu, v praski; vojak v prvi črti, ki začne spopad s sovražnikom

skirr [skə:] *vi* vršeti; *vt* (stran) pomesti; *fig* prečesati (zlasti očistiti teren od sovražnika)

skirt I [skə:t] *n* (žensko) krilo, spodnje krilo; *vulg ~*, **bit of ~** ženska; (često *pl*) rob, obrobek, krajnik, meja (gozda, mesta); **the ~** *fig* ženske, ženski spol; **on the ~s of the wood** na robu gozda; **on the ~s of London** na periferiji Londona; **~ of beef** goveja drobovina; **divided ~** hlačno krilo; **he is still holding on to his mother's ~** *fig* on se še vedno drži matere za krilo

skirt II [skə:t] *vt & vi* obrobiti; obiti, obkoliti; teči okoli, iti (*along* vzdolž); biti na meji, mejiti (na), ležati na robu; *hunt* sam zasledovati sled, iti svojo pot (o lovskem psu)

skirt-dancer [skó:tda:nsə] *n* plesalka s širokim krilom (ki pri plesu opisuje lepe krivulje)

skirted [skó:tid] *a* ki nosi krilo; *fig* obrobljen; **a ~ rider** jahačica z jahalnim krilom

skirting [skó:tiŋ] *n* rob, okrajek; tkanina za ženska krila; manjvredna volna

skirting-board [skó:tiŋbɔ:d] *n* letvica okoli spodnjega roba zidu

skirtless [skó:tlis] *a* brez krila; brez škrica

skistick [skístik] *n* smučarska palica

skit [skit] **1.** *n* zbadanje, porogljiva opazka; *lit* posmehljiv spis, paskvil, parodija, satira (*on* na); *sl* pivo; **2.** *vi* ironizirati (*at* kaj)

skite [skáit] *vi sl* poplesavati, skočiti v stran, plašiti se (o konju)

skitter [skitə] *vi* leteti nizko nad vodno površino in s krili štrcati vodo (o divjih racah); loviti ribe, tako da vlečemo vabo po površju vode; *vt A coll* vreči, metati, zagnati

skittish [skítiš] *a* (*~ ly adv*) (o konju) plašljiv; razposajen, poreden; trmast, kljubovalen; (o ženski) koketen, spogledljiv, lahkoživ, kapriciozen, vihrav; namišljeno mladeniški; lahkomiseln, muhav, razdražljiv, nagel, vročekrven

skittishness [skítišnis] *n* razposajenost, porednost; muhavost, kapricioznost, nepreračunljivost

skittle [skitl] **1.** *n* kegelj; *pl* kegljanje; *pl fig* zabava, igra; **~ s!** nesmisel!, neumnost!; **~ alley** kegljišče, kegljaška steza; **~ ground** kegljišče; **to play (at) ~ s** kegljati; **life is not all beer and ~ s** življenje ni samo zabava; **2.** *vt & vi* podreti (kaj) kot keglje; kegljati; **to ~ away**, **to ~ down** zapraviti, pognati, zafrčkati (kaj)

skittle-pin [skítlpin] *n* kegelj

skive [skáiv] **1.** *vt* strugati (kožo); (o)brusiti dragulj); **2.** *n* brus za diamante

skiver [skáivə] *n* nož za struganje kože; strugač kož; tanek trak kože, ki se dobi s struganjem; tanek list usnja

skivvies [skíviz] *n pl naut A* telesno perilo

skoal [skóul] *interj* na zdravje!

skrimshanker [skrímšænkə] *n sl* delomrznež

skua [skjúə] *n zool* velik, grabežljiv galeb

skulduggery [skʌldʌ́gəri] *n* podlost, prostaštvo

skulk [skʌlk] **1.** *n* kdor se noče boriti na fronti; zmuzne, zabušant; kdor se skrije, potuhne, se odtihotapi, oprezuje, preži; **2.** *vi* (strahopetno) se skrivati; prežati, oprezovati v zasedi; strahopetno se odtihotapiti (zmuzniti) v nevarnosti; izogibati se dolžnostim, delu; lenariti, »zabušavati«; **to ~ after s.o.** laziti, plaziti se za kom, zalezovati koga

skulker [skʌ́lkə] *n* prihuljenec; strahopetec; kdor se ne mara boriti na fronti; zmuzne, zabušant

skulking [skʌ́lkiŋ] *a* (*~ ly adv*) prihuljen, strahopeten, plašljiv; zabušantski

skull [skʌl] *a anat* lobanja; (mrtvaška) glava; *fig* glava (razum); (često) *pl* žlindra; **thick-skulled** topoglav; **~ and cross-bones** mrtvaška glava s prekrižanimi kostmi (za oznako strupa)

skullcap [skʌ́lkæp] *n* (okrogla) čepica; *bot* čeladnica; *geol* tanka plast, odeja; *med* lobanjski svod

skunk [skʌŋk] **1.** *n zool* skunk (severnoameriški dihur); skunkovo krzno; *sl fig* podlež, nizkotnež; **striped ~** progasti skunk; **2.** *vt A sl* popolnoma potolči, premagati, likvidirati (koga)

skunkery [skʌ́ŋkəri] *n A* farma za rejo skunkov

skunkish [skʌ́ŋkiš] *a* (smrdljiv) kot skunk; *fig* podel, lopovski

sky I [skái] *n* nebo, nebesni svod; podnebje, klima; *aero* zračni prostor; *obs* oblaki; *coll* zgornja vrsta slik (na razstavi slik); *pl* nebesa; **in the skies** *fig* (kot) v nebesih, presrečen; **to the ~ (skies)** do neba, čez vse mere; **out of a clear ~** iz vedrega neba (zlasti *fig*); **under the open ~** pod vedrim nebom; **a warmer ~** toplejše podnebje; **the ~ is blue (cloudy, overcast)** nebo je modro (oblačno); **to drop from the skies** (kot) z neba pasti; **to praise (to laud) to the skies** *fig* do nebes povzdigovati, v zvezde kovati; **to rise to the skies** dvigati se v nebo, v oblake; **to sleep under the open ~** spati pod milim nebom; **if the ~ fall we shall catch larks** *fig* ne izplača se brigati za tisto, kar ne more biti; **2.** *a;* **~-reaching, ~-touching** do neba segajoč; **~ advertising** *com* reklama na nebu (ki jo napiše letalo); **~ battle** zračna bitka; **~ blue** nebesna modrina; **~ hook** *A coll* balon, sonda; **~ parlour** podstrešna soba; **~ sign** svetlobna reklama na hišah; **~ train** *aero* leteči tovorni vlak (veliko transportno letalo); **~ troops** *aero mil* padalske čete; **~ truck** *aero A* transportno letalo, leteči tovorni vlak

sky II [skái] *vt* suniti (žogo), da zleti visoko v zrak; obesiti (sliko) visoko na steno

sky-blue [skáiblu:] *a* nebesno moder, moder kot nebo, sinji

sky-born [skáibə:n] *a poet* božanskega izvora (porekla)

sky-clad [skáiklæd] *a joc* v Adamovi obleki, v Evinem kostimu; gol, nag

skyer [skáiə] *n* (kriket) udarec, ki požene žogo zelo visoko

skyey [skáii] *a poet* azuren, sinji; zračen, eteričen, nebeški

sky-high [skáihai] *a & adv* visok(o) do nebes

skylark [skáila:k] **1.** *n zool* škrjanec; *fig* groba (robata, neprimerna) šala; **2.** *vi* (tudi **~ it**) zbijati šale (norčije, burke)

skylarker [skáila:kə] *n* šaljivec

skyless [skáilis] *a* oblačen; brez vedrega neba

skylift [skáilift] *n aero* zračni most

skylight [skáilait] *n* strešno ali stropno okno; okno (lina) v palubi; svetloba, ki prihaja skozi takšno okno

skylike [skáilaik] *a* nebesno moder; podoben nebu

sky-line [skáilain] *n* obzorje, horizont; predmeti, ki se odražajo na obzorju, obris, kontura, silhueta; **to be on the ~** odražati se na obzorju

skyman, *pl* **~men** [skáimən] *n aero coll* letalec

sky-pilot [skáipailət] *n sl* duhovnik; misijonar

sky-rocket [skáirəkit] **1.** *n* (umetni ogenj) raketa, ki se razleti v zraku; **2.** *vi coll* rasti (dvigati se) z vrtoglavo hitrostjo (o cenah); *vt* zelo povišati (cene)

skysail [skáiseil] *n naut* malo vrhnje jadro

skyscape [skáiskeip] *n* slika, ki predstavlja nebo ali oblake, del neba; (slikarstvo) studija neba

skyscraper [skáiskreipə] *n A* nebotičnik, *fig* nekaj ogromnega; (redko) *joc naut* vrhnje jadro

skyscraping [skáiskreipiŋ] *a* dvigajoč se visoko pod nebo

skyward [skáiwəd] **1.** *a* usmerjen proti nebu; **2.** *adv* proti nebu, v smeri neba

skywards [skáiwə:dz] *adv* proti nebu

skyway [skáiwei] *n aero* zračna (letalska) pot

skywrite* [skáirait] *vt aero* pisati (reklamo) na nebu

skywriter [skáiraitə] *n aero* pisec (reklame) na nebu

skywriting [skáiraitiŋ] *n aero* pisanje na nebu s pomočjo izpuščanja umetne megle iz letala v reklamne namene; zračna reklama

slab I [slæb] **1.** *n* tanka kamnita (marmorna, lesena, kovinska) plošča; prva z debla odžagana deska, krajnik; debel reženj (kruha, mesa); blok surovega železa; *A* betonska cesta; **2.** *vt* otesati deblo, da se da žagati v deske; razžagati v deske; delati plošče za obloge; obložiti z obojem, s ploščami

slab II [slæb] *a arch* lepljiv, lepek, gost (o tekočinah)

slabber I [slæbə] *v & n* glej **slobber**

slabber II [slæbə] *n tech* rezkalni stroj

slabbines [slæbinis] *n* lepljivost; blatnost

slabbing-gang [slæbiŋgæŋ] *n tech* žaga jarmenica

slab-stone [slæbstoun] *n* skrilavec, ki se da klati v plošče

slabby [slæbi] *a* lepljiv, gost, gosto tekoč; blaten

slack I [slæk] **1.** *n* nenapet (zrahljan, ohlapen) del vrvi; čas stagnacije, mrtvila v poslih, kupčijah; *pl coll* dolge (ženske) hlače; *mil sl* dolge hlače; popustitev, ponehanje (vetra itd.); *pros* nepoudarjen zlog (zlogi); *coll* pavza, odmor; **to have a good ~** pošteno, zares »izpreči«; **2.** (**~ly** *adv*) mlahav, ohlapen, nenapet, nenategnjen, popuščen; len, nemaren, zanikrn, brezbrižen, počasen, okoren; mirujoč, mrtev (o vodi); slab, medel (o kupčijah, poslih); polpepečen (kruh); **with a ~ hand** leno, brez energije; **~ lime** gašeno apno; **a ~ rope** nenapeta, ohlapna vrv; **~ season** mrtva sezona, mrtvilo; **~ in stays** *naut* ki se počasi premika; **~ trade, ~ market** *com* medlo, slabo tržišče; **~ water** mirujoča, mrtva voda; **~ weather** vreme, ki človeka naredi lenega; **to be ~ in one's duties** zanemarjati svoje dolžnosti; **business is ~** *com* posli zastajajo, stagnirajo; **to keep a ~ hand** nemarno, ohlapno voditi, upravljati; **to keep a ~ rein** premalo brzdati, imeti uzdo premalo napeto; **3.** *adv* (v zloženkah) počasi, medlo; nepopolno, nezadostno; **~-dried hops** ne čisto posušen hmelj; **to ~ bake** premalo (se) speči

slack II [slæk] *vt & vi* popustiti (vrv), zrahljati (se) (o vijaku); odviti (se); opočasniti (se), postati počasen, popustiti (v prizadevanju); biti brezbrižen, zanemarjati (dolžnosti); postati medel, mlahav; zmanjšati (se), ublažiti (se), oslabeti, onemogoči; počivati; (= **to slake**) gasiti (apno); *com* postati medel, slab (poslovanje, tržišče); **to ~ one's pace** opočasniti svoj korak

slack off *vt* popustiti, zrahljati (vrv); zmanjšati (*a tension* napetost)

slack up *vt & vi* zavlačevati, opočasniti, obrzdati; postati počasnejši šibkejši; zmanjšati hitrost vlaka ipd. pred ustavljanjem; **to ~ work** zavlačevati delo, »mečkati« pri delu; **to ~ one's pace of work** opočasniti svoje delo

slack III [slæk] *n tech* premogov grušec (prah)

slack IV [slæk] *n dial* nižava, kotlina; močvirje, barje slacken [slǽkən] *vt & vi* narediti mlahavo, zrahljati (se), popustiti, odviti (se); opočasniti, postati počasen; zmanjšati (se), ublažiti (se); oslabeti; *com* povzročiti mrtvilo, postati medel, slab (trgovina); **to ~ one's efforts** popustiti v svojih naporih (prizadevanjih); **to ~ one's pace** opočasniti svoj korak; **to ~ speed** zmanjšati hitrost; **the wind ~ s** veter popušča

slacker [slǽkə] *n coll* lenuh, zanikrnež, zabušant; kdor se izogiba dela (dolžnosti, vojaške službe v času vojne)

slack jaw [slǽkdžo:] *n fig* dolg jezik, gobezdalo, predrzno (nesramno) govorjenje, nesramnost

slackness [slǽknis] *n* počasnost, lenost, zanikrnost; medlost, mlahavost, ohlapnost; *com* slabi posli, mrtvilo

slack suit [slǽksju:t] *n A* (udobna) športna ali domača obleka

slag [slæg] **1.** *n* žlindra, troska; *geol* vulkanska žlindra; *sl* strahopetec, surovež; **2.** *vt & vi* spremeniti (se) v žlindro, žlindrati (se)

slaggy [slǽgi] *a* podoben žlindri, žlindrast

slain [sléin] *pp* od **to slay**

slake [sléik] *vt tech* gasiti (apno); pogasiti (ogenj); utešiti (žejo); utešiti, zadovoljiti (poželenje, maščevanje); ohladiti (tudi *fig*); (redko) ublažiti, omiliti (bolečino); potlačiti, obrzdati (jezo); (redko) zmanjšati, zdrobiti (premog); *vi* gasiti se (apno); **~d lime** gašeno apno

slakeless [sléiklis] *a poet* neugasljiv, neugasen, neutešljiv, nepotešljiv

slalom [slá:loum, sléi-] *n sp* slalom; **giant ~** veleslalom

slam I [slæm] **1.** *n* loputanje, treskanje (z vrati); pok, tresk; *A* ostra kritika; **2.** *vt & vi* zaloputniti (se) s treskom; treščiti s čim (*on* po, na); lopniti, udariti, butniti, suniti; *sl* z lahkoto premagati; **to ~ the door** zaloputniti vrata; **he ~ med the door in my face** zaloputnil mi je vrata pred nosom, *fig* odbil (zavrnil) me je

slander [slá:ndə] **1.** *n* obrekovanje, kleveta, žaljenje časti; *jur* ustno obrekovanje; *vt* obrekovati, reči zoper (koga), opravljati (koga)

slanderer [slá:ndərə] *n* obrekovalec, -lka; obrekljivec, -vka

slanderous [slá:ndərəs] *a* (~ ly *adv*) obrekljiv, žaljiv

slanderousness [slá:dərəsnis] *n* obrekljivost, opravljivost

slang [slæŋ] **1.** *n* slang, žargon, jezik, ki ga uporabljajo v mejah določenega stanu ali poklica, cehovski jezik, spakedran jezik; **thieves' ~** žargon tatov, zlikovcev; **2.** *vt* uporabljati slang (žargon); prostaško govoriti; *coll* zmerjati (koga); **~ ing match** *sl* silovit, vroč besedni boj z zmerjanjem

slanginess [slǽŋinis] *n* žargonsko, nefino izražanje

slangism [slǽŋizəm] *n* žargonski izraz

slanguage [slǽŋgwidž] *n coll* žargonsko izražanje (govorjenje)

slangy [slǽŋi] *a* (**slangily** *adv*) žargonski, poln žargona; govoreč v slangu, robat, neotesàn

slank [slæŋk] *pt* od **to slink**

slant [sla:nt] **1.** *n* poševnost, nagnjenost; strmina, pobočje, nagib; *A* tendenca, vidik; pogled s strani; **on the ~** poševno, napošev; **~ of the roof** nagib strehe; **~ of wind** *naut* kratkotrajna

rahla sapica; **to be on the ~** biti nagnjen; **to take a ~ at** vreči pogled s strani na; **2.** *a poet* nagnjen, poševen, malo postrani, počez ali postrani postavljen; *A fig* pristranski; **~ -eyed** poševnih oči (Mongoli); **3.** *vi & vt* nagibati (se), biti nagnjen, biti poševno usmerjen; postrani, poševno položiti, usmeriti; *fig* imeti nagnjenje (*towards* do, za); *A* biti pristranski; *fig* prirediti za določen namen; **a magazine ~ ed for farm workers** za kmečke delavce (bralce) prirejen magazin

slanting [slá:ntiŋ] *a* (~ ly *adv*) poševen, nagnjen, malo postrani

slantways [slá:ntweiz] *adv* poševno, postrani

slantwise [slá:ntwaiz] *adv* poševno, postrani

slap [slæp] **1.** *n* udarec (s plosko dlanjo), klofuta, zaušnica; **at a ~** naenkrat, na mah, mahoma; **a ~ in the face** klofuta, *fig* razžalitev, razočaranje; **that is a ~ in his face** *fig* to je klofuta zanj; **to take (to have) a ~ at** *coll* navaliti na, napasti; lotiti se; **2.** *vt & vi* udariti (s plosko roko), udarjati; lopniti; ploskati (z rokami); potrepljati; vreči, zagnati; **he ~ ped his hand on his forehead** z roko se je udaril po čelu; **to ~ s.o.'s face** prisoliti komu zaušnico; **to ~ s.o. into jail** vreči koga v ječo; **to ~ s.o. on the back** potrepljati koga po hrbtu (rami), *sl* čestitati komu; **to ~ one's hat on one's head** povezniti si klobuk na glavo; **to ~ around** *fig* ošteti, okregati; **3.** *adv* nenadoma, nepričakovano; ravno; naravnost; **to hit s.o. ~ in the eye** udariti (lopniti) koga ravno po očesu; **to run ~ into** zaleteti se naravnost v; **4.** *interj* penk!, plosk!

slap-bang [slǽpbæŋ] **1.** *adv* nenadoma, nepričakovano; vihravo; na glavo na pete; silovito, bučno; **2.** *a* silovit, vihrav; **3.** *n* (= ~ **shop**) *sl* slab lokal

slapdash [slǽpdæš] **1.** *n coll* na hitro skrpucana (zmašena) stvar ali delo; **2.** *a* nagel, vihrav, nepremišljen, tjavdan, na slepo; površen, nemaren, neurejen; **~ work** površno delo; **3.** *adv* naglo, na slepo, tjavdan, površno, zanikrno, nemarno; **4.** *vt coll* skrpucati, zmašiti na hitro (kaj) skupaj, skrpati

slaphappy [slǽphæpi] *a sl* omamljen, kot pijan (po udarcih pri boksanju); objesten, razposajen

slapping [slǽpiŋ] **1.** *a* hiter, bliskovit, uren; *A coll* ogromen, velikanski; izvrsten, »prima«; **2.** *adv coll* strašansko, ogromno, zelo; **~ great** strašansko velik

slap-up [slǽpʌp] *a sl* prvovrsten, najmodernejši, čisto sodoben, po zadnji modi

slapstick [slǽpstik] **1.** *n* palica (ropotača) dvornega norca; *fig* razgrajanje, hrup, kraval (v veseloigri); burka; **2.** *a* hrupen; burkast; **~ (motion) picture** filmska burka

slash I [slæš] *n* vrez, urez, zareza, usek; razporek (v obleki); udarec s sabljo, z bičem; udarec (tudi *fig*); podiranje dreves; sečnja; *com* odbitek, popust (pri ceni); *pl A* z grmičjem porasel močviren svet; **10 percent price ~ in new cars** 10% popust pri cenah za nove avtomobile; **to sell at ~ prices** proda(ja)ti po znižanih cenah

slash II [slæš] *vt & vt* zamahniti (udrihati) z nožem (mečem ipd.), vsekati, raniti (koga) z nožem (mečem, sekiro): razrezati, razparati, raztrgati; napraviti razporek (v obleki); mlatiti okrog sebe; *mil* podirati drevesa, da se s podrtim drevjem napravi zagrajena pot; oplaziti z bičem, bičati, pokati z bičem; *fig* ostro kritizirati, trdo ošteti; *fig* drastično reducirati; ~ **ed sleeve** rokav z razporkom

slasher [slæšə] *n* razparač; ostro orožje, ostrorezen instrument; *fig* uničujoč kritik

slashing [slæšiŋ] **1.** *n* (raz)paranje; razporek; bičanje; *fig* ostra kritika; *mil* s podrtim drevjem zagrajena pot; **2.** *a* ostrorezen, razparajoč; silovit; *fig* bičajoč, oster, uničujoč (o kritiki); *sl* drastičen (o znižanju cen)

slat [slæt] **1.** *n* tanka (lesena, kovinska) letvica, lata, rebrača (žaluzije); *pl sl* rebra; **2.** *vt* opremiti z latami; napraviti, izdelati iz lat

slate I [sléit] **1.** *n* (glinasti) skril(avec); (šolska) tablica iz skrila; ploščica iz skrila za kritje streh; *A pol* predvolilen seznam (kandidatov); ~ **quarry** skrilolom; ~ **roof** skrilasta streha; **a clean** ~ *fig* čista, neoporečna preteklost; **to clean the** ~ zbrisati z gobo (tablico), *fig* razčistiti stvar, *fig* osvoboditi (znebiti, otresti) se obveznosti, odreči se tujim obveznostim do sebe; **there is a** ~ **loose in his roof, he has a** ~ **loose** *sl* on ni čisto pri pravi pameti, manjka mu eno kolesce (v glavi); **2.** *a* škriljast, škriljaste barve; **3.** *vt* pokriti (streho) s ploščicami iz skrila; napisati na (skrilasto) tablico; odstraniti dlako (s kože); *A coll* predložiti koga za kandidata; ~ **d roof** skrilasta streha; **to be** ~ **d for nomination** biti predlagan (kandidiran) za imenovanje

slate II [sléit] *vt sl* pretepsti; *fig* ošteti, ozmerjati, grajati; močno, ostro kritizirati

slate-black [sléitblæk] *a* črn kot skril(avec)

slate-clay [sléitklei] *n min* skrilasta glina

slate-club [sléitklʌb] *n E* društvo vzajemne pomoči, podporna blagajna

slate-coal [sléitkoul] *n min* skrilasti premog

slate-coloured [sléitkʌləd] *a* skrilaste barve, siv kot skril

slate-grey [sléitgrei] *a* siv kot skril

slate-pencil [sléitpensl] *n* pisalo za pisanje po tablici iz skrila

slate-pit [sléitpit] *n* rudnik skrila

slate-quarrier [sléitkwóriə] *n* skrilar

slate-quarry [sléitkwori] *n* skrilolom

slater I [sléitə] *n* krovec (z opeko iz skrila); strugača (za odstranitev dlak s kože)

slater II [sléitə] *n sl* oster kritik, grajalec

slating [sléitiŋ] *n sl* graja, ostra kritika

slather [slǽðə] *A coll* **1.** *n* (*pl*) velika množina; **to put** ~ **s of butter on one's toast** na debelo si namazati masla na svojo (praženo) rezino kruha; **2.** *vt* debelo namazati; zapravljati

slattern [slǽtən] *n* umazana (nemarna, neurejena, zanemarjena) ženska

slatternliness [slǽtənlinis] *n* umazanost, nemarnost, zanikrnost, neurejenost, zanemarjenost

slatternly [slǽtənli] *a* umazan, zanemarjen, malomaren, nemaren

slaty [sléiti] *a* (**slatily** *adv*) skrilast, skrilaste barve

slaughter [slɔ́:tə] **1.** *n* klanje (živine); pokol, prelivanje krvi, masaker; **2.** *vt* klati (živino); zaklati, masakrirati

slaughterer [slɔ́:tərə] *n* klavec; *fig* morilec, ubijalec

slaughterhouse [slɔ́:təhaus] *n* klavnica (tudi *fig*); *fig* kraj, prizorišče množičnega pokola

slaughterous [slɔ́:tərəs] *a* (~ **ly** *adv*) klavniški; morilski, ubijalski, krvoločen

slaughter-pen [slɔ́:təpen] *n* klavnica

Slav [sla:v; slæv] **1.** *n* Slovan(ka); **2.** *a* slovanski; **Southern (Eastern, Western)** ~ **s** južni (vzhodni, zahodni) Slovani

slave [sléiv] **1.** *n* suženj, sužnja (tudi *fig*); hlapec; *obs* malopridnež, lopov; **a** ~ **to drink** suženj alkohola; **to make a** ~ **of s.o.** zasužnjiti koga; **to work like a** ~ delati, garati kot suženj (kot črna živina); **2.** *vi* delati kot črna živina, garati, ubijati se z delom, biti za sužnja; *vt* (redko) zasužnjiti; **to** ~ **one's guts out** *sl* garati kot suženj (črna živina), pretegniti se pri delu; **to** ~ **o.s. to death** ubijati se z delom; **3.** *a* sužnjski; ~ **ant** suženjska mravlja; ~ **bangle** suženjski obroček (okrasek)

slaveborn [sléivbɔ:n] *a* rojen kot suženj, suženj po rojstvu, nesvoboden

slave dealer [sléivdi:lə] *n* trgovec s sužnji

slave-drive* [sléivdraiv] *vt* odirati, zatirati

slave-driver [sléivdraivə] *n* paznik, gonjač sužnjev; *fig* krut, okruten, neusmiljen, izkoriščevalen gospodar (delodajalec)

slave-grown [sléivgroun] *a* proizveden od sužnjev

slave-holder [sléivhouldə] *n* gospodar (lastnik) sužnjev

slave-hunter [sléivhʌntə] *n* lovec na sužnje

slave labour [sléivleibə] *n* prisilno delo; ~ **camp** taborišče za prisilno delo

slave maker [sléivmeikə] *n* lovec na sužnje

slave market [sléivma:kit] *n* trg(ovanje) s sužnji

slave-owner [sléivounə] *n* lastnik (gospodar) sužnjev

slaver I [sléivə] *n* trgovec s sužnji; ladja za prevoz sužnjev

slaver II [slǽvə] **1.** *n* slina; *fig* odvratno prilizovanje, lizunstvo, petolizništvo; *fig* nesmiselno, neumno govorjenje; **2.** *vi & vt* sliniti se, laskati se, pete lizati komu

slaverer [slǽvərə] *n* slinavec; opravljivec; *fig* priliznjenec, lizun, petolizec

slavery I [sléivəri] *n* suženjstvo; hlapčevstvo, hlapčevanje (*to* čemu), suženjska odvisnost (*to* od), suženjsko delo

slavery II [slǽvəri] *a* slinav, slinast; *fig* lizunski, prilizovalen, petolizniški, hlapčevski

slave-ship [sléivšip] *n* ladja za prevoz sužnjev

slave trade [sléivtreid] *n* trgovina s sužnji

slave-trader [sléivtreidə] *n* trgovec s sužnji

slavey [sléivi] *n coll* služkinja (za vsa dela), posel

Slavic, Slavian [slá:vik; ~viən] **1.** *a* slovanski; **2.** *n* slovanščina

Slavicism [slǽvisizəm] *n* slavizem, jezikovna posebnost Slovanov

slavish [sléiviš] *a* (~ **ly** *adv*) suženjski; *fig* hlapčevski, klečeplazen, servilen; nizkoten, podel; nesamostojen, *fig* suženjski; ~ **imitation** suženjsko posnemanje; ~ **submission** suženjska podložnost

slavishness [sléivišnis] *n* sužnost, suženjstvo, hlap-
čevstvo, klečeplastvo, servilnost
Slavism [slá:vizəm, slǽ~] *n* slavizem; slovanstvo
Slavonia [sləvóuniə] *n* Slavonija
Slavonian [sləvóuniən] 1. *n* Slavonec; Slovan; slo-
vanščina; 2. *a* slavonski; slovanski
Slavonic [sləvónik] 1. *a* slavonski; slovanski; 2. *n*
slovanski jezik, slovanščina
slavonicize [sləvónisaiz] *vt* (po)slovaniti; slavizirati
slaw [sló:] *n A* zelnata solata
slay* [sléi] *vt* ubiti, pobiti, zaklati, usmrtiti, ma-
sakrirati; pogubiti, uničiti, iztrebiti; *obs* bíti; *vi*
moriti
slayer [sléiə] *n* ubijalec, -lka; morilec, -lka
sleave [sli:v] 1. *n* klobčič; štrena; vlakno; svilni
odpadki; 2. *vt* razdeliti v (na) štrene
sled [sled] 1. *n* sanke; (prevozne) sani; sanišče
(pri vozilu); ~ plane letalo s sanišči (drsalicami);
2. *vt* prevažati s sanmi; *vi* sankati se
sledder [slédə] *n* sankač; konj ali pes, ki vleče sani
sledding [slédiŋ] *n* prevoz s sanmi; ugodne razmere
za prevoz s sanmi; *fig* napredovanje, napredek,
razvoj; hard ~ težke razmere, težko stanje
sledge [sledž] 1. *n* sani, sanke; smuke, vlečnica
(za prevoz tovorov); ~ dog pes, ki vleče sani;
2. *vt & vi* voziti (se) na saneh; sankati se
sledge-hammer [slédžhæmə] *n* težko kovaško kla-
divo; a ~ argument močan, nepobiten argu-
ment (dokaz)
sleek [sli:k] 1. *a* (~ ly *adv*) (o koži) gladek; zgla-
jen; (o laseh) mehek; (krzno) lesketajoč se;
negovan, sijoč od zdravja, dobro rejen; *fig*
sladkav, osladen; dobrikav, jeguljast; ~ man-
ner sladek, osladen nastop, vedenje; a ~ talker
sladkobesednik; 2. *vt* zgladiti; gladko počesati
(lase)
sleeker [slí:kə] *n* gladilec, -lka
sleekness [slí:knis] *n* gladkost; mehkost; voljnost;
zglajenost
sleeky [slí:ki] *a* gladek, zglajen; mehek; *fig* pre-
brisan, zvit
sleep I [sli:p] *n* spanje, spanec; *zool* zimsko spanje;
zaspanost; *fig* smrtno spanje; *fig* mirovanje, po-
čivanje; neaktivnost, mrtvilo; smrt; in one's ~
v spanju; ~ drink uspavalni napoj; the ~ of
the just spanje pravičnega; brief ~ kratko spa-
nje, spanček; broken ~ móteno, prekinjeno
spanje; the last ~ *fig* večno spanje, smrt; rest-
less ~ nemirno spanje; sound ~ zdravo, glo-
boko spanje; want of ~ pomanjkanje spanja;
eyes full of ~ zaspane oči; to fall on ~ *arch*
zaspati; to get some ~ nekoliko spati; I
couldn't get a wink of ~ nisem mogel zatisniti
očesa; to go to ~ zaspati (tudi o nogi itd.),
iti spat, *fig* umreti; to have one's ~ out naspati
se; the ~ that knows no waking spanje, ki ne
pozna prebujenja, večno spanje, smrt; I was
overcome with ~ premagal me je spanec; to
put (to send) to ~ uspavati; *fig* umoriti, spraviti
s sveta (brez bolečin); (boksanje) omamiti z
udarcem; to start of one's ~ planiti iz spanja;
to walk in one's ~ hoditi v spanju
sleep* II [sli:p] *vi* spati; prespati noč (*at* pri, *in* v);
fig mirovati, počivati, biti nedejaven; spati večno
spanje, počivati v grobu; *vt* prespati; dati (komu)
prenočišče, prenočiti (koga); here our fore-

fathers ~ tu spe večno spanje naši predniki;
to ~ like a log (like a top) *fig* spati kot ubit,
kot polh; to ~ light imeti lahko, rahlo spanje;
to ~ the clock round spati 12 ali 24 ur; we'll ~
on it *fig* to bomo prespali; bomo videli jutri;
let ~ing dogs lie *fig* pustite te stvari pri miru
(da ne bo nevšečnosti); to ~ over one's work
(za)spati pri delu; to ~ with one eye open
napol spati, biti napol buden, ostati buden; to
~ with s.o. spati s kom, spolno občevati s kom;
to ~ o.s. sober prespati svojo pijanost; this
hotel ~s 200 persons ta hotel ima 200 postelj;
this tent ~s six men v tem šotoru lahko spi šest
mož; we can ~ five people lahko prenočimo
(imamo postelje, ležišča) za pet oseb; the top
~s vrtavka spi (stoji) (tj. se vrti tako hitro, da
oko ne vidi nobenega premikanja)
sleep in *vi* spati v hiši; (večinoma pasivno) spati
v; the bed has been slept in by my son v posteljᵢ
je spal moj sin
sleep away *vt* prespati (*an afternoon* popoldan)
sleep off *vt* prespati (bolezen, bolečino itd.); to
~ one's headache prespati glavobol, s spanjem
se znebiti glavobola
sleep out *vt* prespati (čas); *vi* spati zunaj hiše
sleep over, sleep (up)on *vi* prespati, odložiti od-
ločitev ali rešitev na naslednji dan; to ~ a
question prespati problem
sleep-drunk [slí:pdrʌŋk] *a* pospan, zaspan
sleeper [slí:pə] *n* spalec, -lka; *fig* umrli, pokojnik;
žival, ki prespi zimo; *com* neaktiven družabnik;
rly železniški prag; *coll* spalni voz; *A sl* nepri-
čakovan uspeh; I am a light ~ jaz imam rahlo
spanje; to be a good ~ imeti dobro, mirno
spanje
sleepily [slí:pili] *adv* zaspano, napol spé
sleepiness [slí:pinis] *n* zaspanost, želja po spanju;
zasanjanost; *fig* počasnost, lenost, medlost
sleeping [slí:piŋ] 1. *n* spanje; 2. *a* speč, počivajoč;
S~ Beauty Trnjulčica; ~ account *econ coll*
mrtev konto; ~ hour čas spanja
sleeping-bag [slí:piŋbæg] *n* spalna vreča
sleeping-car [slí:piŋka:] *n rly* spalni voz
sleeping-carriage [slí:piŋ kǽridž] *n rly* spalni voz,
spalnik
sleeping-draught [slí:piŋdra:ft] *n* uspavalna pijača;
mamilo
sleeping-partner [slí:piŋpá:tnə] *n com* tihi družab-
nik
sleeping-room [slí:piŋrum] *n A* spalnica
sleeping-sickness [slí:piŋ síknis] *n* spalna bolezen
sleeping-suit [slípiŋsju:t] *n* (enodelna otroška) spal-
na obleka (pižama)
sleepless [slí:plis] *a* (~ ly *adv*) nespečen, brez
spanja; ki nima počitka, miru; *fig* buden, ne-
utrudljiv; with ~ energy z neutrudljivo energijo;
a ~ night noč brez spanja; he was ~ for two
nights dve noči ni spal
sleeplessness [slí:plisnis] *n* nespečnost; *fig* nemir-
nost; *fig* budnost, čuječnost
sleep-walker [slí:pwɔ:kə] *n* mesečnik, -ica (ki hodi
okoli v spanju), somnambulist
sleep-walking [slí:pwɔ:kiŋ] 1. *n* mesečnost, som-
nambulizem, hoja v spanju; 2. *a* somnabulen
sleepy [slí:pi] *a* (sleepily *adv*) zaspan, dremav;
utrujen; *fig* medel, len; mrtev (o trgovini);

(sadje) prezrel, mehek; uspavalen; ~ **pear** prezrela hruška; ~ **sickness** spalna bolezen; **a** ~ **tune** uspavajoča melodija

sleepyhead [slí:pihed] *n* zaspanè, dremavec; lenuh

sleet [sli:t] **1.** *n* sodra, babje pšeno, dež s snegom, zrna toče; *coll* žled, ledena prevleka; **a shower of** ~ ploha (naliv) s sodro; **2.** *vi;* **it** ~s sodra (toča) pada

sleety [slí:ti] *a* sodrast; **a cold** ~ **wind** mrzel veter s sodro

sleeve [sli:v] **1.** *n* rokav (obleke); *tech* obojka, ki povezuje cevi; cev; torba (etui) za gramofonske plošče; **half-**~ narokavnik; **lawn** ~s rokavi iz fine tkanine, podobni škofovskim rokavom; **leg-of-mutton** ~ trikotni rokav; **to creep up s.o.'s** ~ *fig* prilizovati se komu; **to have a card up one's** ~ imeti skrito karto, pripravljeno za uporabo; **to have s.th. up one's** ~ *fig* imeti nekaj za bregom, nekaj pripravljati, imeti skrite namene; **to hang (to pin) on s.o.'s** ~ obesiti se komu za rokav, *fig* ravnati se po njegovih nazorih itd.; **to laugh in one's** ~ škodoželjno se smejati; **to roll (to turn) up one's** ~s zavihati rokave, *fig* pripraviti se za delo, za borbo; **to wear one's heart (up)on one's** ~ *fig* preodkrito kazati svoja čustva, biti preveč zaupljiv; **2.** *vt* opremiti (obleko) z rokavi, prišiti rokave; *tech* opremiti z obojkami

sleeveboard [slí:vbɔ:d] *n* deska za likanje rokavov

sleeve button [slí:vbʌtən] *n* manšetni gumb

sleeved [sli:vd] *a* ki ima rokave; **long-**~ (ki ima) dolge rokave

sleeveless [slí:vlis] *a* brez rokavov

sleevelet [slí:vlit] *n* narokavnik

sleeve link [slí:vliŋk] *n* manšetni gumb

sleezy [sli:zi] *a* nezdrav (fizično in moralno)

sleigh [sléi] **1.** *n* sani; *mil* lafeta s sanišči; **to ride in a** ~ peljati se s sanmi; **2.** *vt & vi* peljati (se) s sanmi

sleighrunner [sléirʌnə] *n* sanišče

sleigh-bell [sléibel] *n* kraguljček na opravi konja, ki vleče sani

sleigher [sléiə] *n* voznik sani

sleighing [sléiiŋ] *n* vožnja s sanmi

sleight [sláit] *n* spretnost, veščina; trik, mojstrstvo, zvijača, vojna zvijača; čarovnija, coprnija; *obs* pretkanost, zvitost, zvijačnost; ~ **of hand** spretnost (s prsti) izvajanja trikov, hokuspokus

slender [sléndə] *a* (~ly *adv*) vitek, suh, mršav; tanek, nežen; majhen, neznaten, pičel, nezadosten, slab; **a** ~ **income** nezadosten dohodek; **a** ~ **waist** vitek, tanek stas; ~ **diet** pičla, slaba hrana; **a man of** ~ **means** človek z bornimi, pičlimi dohodki; **there remained a** ~ **hope** ostalo je malo upanja

slenderize [sléndəraiz] *vt* napraviti bolj vitko; *vi* postati vitkejši, shujšati; **the dress** ~s **the figure** obleka prikaže postavo vitkejšo

slender-limbed [sléndəlimd] *a* vitkonog

slenderness [sléndənis] *n* vitkost, mršavost; tankost; *fig* neznatnost, pičlost, nezadostnost, revnost

slept [slept] *pt & pp* od **to sleep**

sleuth [slu:θ] **1.** *n* pes z izvrstnim vohom, ki ga uporabljajo za lov na ljudi; *fig* detektiv; **2.**

vt & vi slediti, zasledovati; *fig* opravljati detektivsko službo; iskati

sleuth-hound [slú:θháund] *n* sledni pes, pes ostrega voha; *fig* vztrajen detektiv

slew I [slu:] *n A coll* velika množina, kup; **a** ~ **of people** množica ljudi

slew II [slu:] *n A* lokva, mlaka; močvirje, barje

slew III [slu:] *pt* od **to slay**

slew IV, slue [slu:] **1.** *naut* obračanje ladje v nasprotno smer od prejšnje; vrtenje okoli (svoje) osi; **2.** *vi & vt* obrniti (se); (za)vrteti (se) okrog (česa); ~**ed** *sl* pijan

slew-eyed [slú:aid] *a A coll* škilav

sley [sléi] *n tech* tkalski greben

slice I [sláis] *n* reženj, rezina, kos, del(ež); lopatica za jemanje ribe s krožnika; penavka, žlica za posnemanje pene; **a** ~ **of bread (meat)** kos kruha (mesa); **a** ~ **of the profits** delež pri dobičku

slice II [sláis] *vt* narezati, razrezati v režnje (rezine, kose), odrezati reženj (kos); razdeliti, rezati; presekati, razklati; *fig* razkosati, razdeliti; (*golf*) udariti (žogo) tako, da odleti v stran; nespretno zaveslati z veslom (po vodi); *vi* rezati (režnje, kose itd.); **the ship** ~s **the sea** ladja reže morske valove; **to** ~ **an estate into farms** razdeliti zemljišče na kmetije

slice off (away) *vt* odrezati (kos) (*from* od); **slice through** *vt* prerezati, razrezati

slice bar [sláisba:] *n* lopatica za žerjavico; grebljica

slicer [sláisə] *n* rezalec; rezalni stroj; **bread** ~, **vegetable** ~ rezalni stroj za kruh, za zelenjavo

slick [slik] **1.** *a* gladek, polzek (o ribi); *fig* spreten, vešč, okreten; rafiniran, jeguljast; *sl* spreten, sijajen, »prima«, famozen; *sl* kot namazan; **a** ~ **lawyer** prebrisan odvetnik; **2.** *adv coll* hitro, gladko, urno, kot namazano, točno, naravnost; **he hit me** ~ **in the eye** udaril (zadel) me je naravnost v oko; **3.** *n* gladka, bleščeča površina; oljni madež (na vodi); *tech* lopatica, ometača; *A sl* eleganten magazin (revija); **4.** *vt* (= ~ **up**) (z)gladiti, (s)polirati

slicker [slíkə] *n A* (dolg) nepremočljiv dežni plašč; *coll* rafiniran goljuf, slepar; ~ **hat** nepremočljivo (dežno) pokrivalo

slid [slid] *pt & pp* od **to slide**

slidable [sláidəbl] *a* premičen

slide I [sláid] *n* drsalnica; drsališče; drča; drsenje, drsanje; drsalen zaklopec ali pokrov; žlebič, utor, smuk; zemeljski udor; fotografska plošča, diapozitiv, fotografija; steklo objektiva pri mikroskopu; zaponka (na pasu); ~ **lecture** predavanje z diapozitivi

slide* II [sláid] *vi* drseti, zdrsniti, spodrsniti, zdrkniti, spodrseti; drsati se po ledu (brez drsalk); gladko teči; polzeti; počasi, neopazno padati (*into* v); iti prek (česa), (neopaženo) miniti; počasi prehajati (*from... to* od ... k, na, v); *sl* oditi; *vt* pahniti, poriniti, napraviti, da nekaj zdrsne (*into* v, na); **the boys are sliding on the pond** dečki se drsajo na ribniku; **he has slid into bad habits** navzel se je slabih navad; **to** ~ **one's hand into one's pocket** vtakniti roko v žep; **to let things** ~ prepustiti stvari toku razvoja, ničesar ne ukreniti, biti brezbrižen; **he slid out of the room** zmuznil se je iz sobe; **to** ~ **into sin**

zabresti v greh; **he slid over the question of his divorce** hitro je prešel vprašanje svoje ločitve (razveze); **to ~ over a delicate subject** preiti kočljiv predmet; **to ~ a ship down the skids** *naut* spustiti ladjo po drsalicah v morje (pri splavitvi); **slide away (by)** *vi* zdrkniti proč (mimo)
slide down *vi* zdrsniti dol
slide in *vt fig* vriniti, vplesti (besedo, opazko)
slide fastener [sláid fá:snə] *n* patentna zadrga
slide lathe [sláidleið] *n tech* cilindrična stružnica
slider [sláidə] *n tech* drsnik, drsalec, drsalica; premikalnik; *zool* vrsta želve
slide-rail [sláidreil] *n rly* kretnična tračnica
slide-rod [sláidrəd] *n tech* vodilni drog (palica)
slide-rule [sláidru:l] *n* nonij, raztegljivo merilo, logaritemsko računalo
sliding [sláidiŋ] **1.** *a* drseč; premičen; **2.** *n* drsenje
slide-valve [sláidvælv] *n* zapahni ventil
sliding-door [sláidiŋdo:] *n* premična, smučna vrata
sliding-rule [sláidiŋru:l] *n* logaritemsko računalo
sliding-scale [sládiŋskeil] *n* premična lestvica (za določanje davkov, plač, cen itd.); razpredelnica (tabela) cen živil
sliding-seat [sláidiŋsi:t] *n* premičen sedež (na koleščkih) v čolnu na vesla
sliding-window [sláidiŋ wíndou] *n* okno na smuk
slight [sláit] **1.** *n* (raz)žalitev; omalovaževanje, neupoštevanje; prezir(anje), podcenjevanje, ponižanje; *fig* madež na časti; **to put a ~ upon s.th.** vnemar pustiti, omalovaževati, ne se oẕirati na, ne upoštevati (česa); **2.** *vt* omalovaževati, prezirati, zapostavljati, vnemar pustiti, zanemarjati (delo), slabo ali nebrižno ravnati z
slight II [sláit] *a* (~ ly *adv*) tanek, vitek; slaboten, šibek; lahen, rahel, malo važen; nepomemben, neznaten, nezadosten; površen, beден; **a ~ cold** lahen prehlad (nahod); **a ~ examination** bežen, površen pregled; **the ~ est hesitation** komaj opazno oklevanje; **a ~ improvement** rahlo izboljšanje; **a ~ meal** lahen obed; **there si not the slightest doubt** najmanjšega dvoma ni; **I feel ~ ly better** počutim se malce bolje; **I have not the ~ est idea** (najmanjšega) pojma nimam; **we were ~ ly acquainted** malo smo se poznali
slighting [sláitiŋ] *a* (~ ly *adv*) podcenjujoč, omalovažujoč, prezirajoč
slightish [sláitiš] *a* nekoliko slaboten; lahen, neznaten
slightness [sláitnis] *n* neznatnost, nepomembnost; nezadostnost; tankost
slily [sláili] *adv* zvijačno, zvito, pretkano, lokavo, prekanjeno
slim [slim] **1.** *a* (~ ly *adv*) vitek, tanek, slaboten; *fig coll* nezadosten, pomanjkljiv, pičel, reven; *E* lokav, premeten, pretkan, nabrit, brezvesten; **a ~ audience** maloštevilno poslušalstvo; **a ~ chance** majhna šansa; **a ~ excuse** malo prepričljivo opravičilo; **2.** *vi* (o ženskah) postati vitek; *vt* napraviti vitko
slime [sláim] **1.** *n* mulj, glen, (rečno, jezersko) blato; sluz; (polževa) slina; (redko) asfalt, zemeljska smola; *fig* umazanost, podlost; **2.** *vt & vi* pokriti (kaj) s sluzom (zlasti kača plen, ki ga požira), z blatom; zaviti v sluz; *sl* izvleči se, zmuzniti se (*away, past, through* proč, mimo, skozi), biti kot jegulja (jeguljast); **he'll ~ out**

of it se bo že izvlekel iz tega (te zadeve); **he ~ s through your fingers** skozi prste se vam zmuzne
sliminess [sláiminis] *n* sluzavost; sluzava stvar; blatnost; *fig* pretirana uslužnost, lizunstvo
slimming [slímiŋ] **1.** *n* shujšanje; **2.** *a* shujševalen; **~ cure (diet)** shujševalna kura (prehrana)
slimmish [slímiš] *a* precéj tanek, vitek
slimness [slímnis] *n* vitkost, tankost; mršavost; *fig* revnost, ubožnost
slimsy, slimpsy [slímzi, slímpsi] *a A* tanek, šibek, krhek
slimy [sláimi] *a* (**slimily** *adv*) sluzav, sluzast; slinast, lepek, blaten, muljast, glenast; spolzek; *fig* zoprn, umazan, grd, odvraten, lizunski, klečeplazen; **that ~ liar** ta ničvredni lažnivec
sling I [sliŋ] *n A* alkoholna pijača s sladkorjem, vodo, ledom in citronovim sokom; grog z žganjem (iz ječmena); **gin ~** taka pijača z brinovcem
sling II [sliŋ] *n* frača; strel, met s fračo; *fig* udarec
sling* III [sliŋ] *vt & vi* streljati (vreči, zagnati) s fračo; vreči (*at* na); izvreči (*out of*); mahati (s čim); **to ~ ink** *sl* udejstvovati se kot časnikar (pisatelj), pisati; **to ~ mud at s.o.** obmetavati koga z blatom, *fig* blatiti koga; **to ~ a story** povedati zgodbo
sling IV [sliŋ] *n* zanka (veriga ali vrv ovita okrog bremena za dvig); *med* preveza (zanka), v kateri visi zlomljena roka; jermen prek rame, naramnica; *mil* jermen pri puški; *naut* vrv za vleko čolna; dvig (tovora kvišku); **to have one's arm in a ~** nositi roko v prevezi
sling* V [sliŋ] *vt & vi* obesiti ali vreči (*over* prek), dvigniti (z zanko, vrvjo, jermenom itd.); potegniti kvišku; *med* dati roko v prevezo; **to ~ a hammock** obesiti visečo mrežo (za ležanje)
slinger [sliŋə] *n* fračar, pračar; metalec
slingshot [slíŋšət] *n A* katapult
slink I [sliŋk] *n* prezgodaj (mrtvo) povržena žival (tele)
slink II [sliŋk] *vt* prezgodaj povreči, skotiti (mladiče); *vi* (od)plaziti se, kradoma (skrivaj, potuhnjeno, osramočeno) se odtihotapiti (*off*, *away* proč); **I saw him ~ by** videl sem ga, ko se je plazil mimo
slink-butcher [slíŋkbučə] *n* mesar, ki trguje s prezgodaj povrženimi živalmi (teleti)
slip I [slip] *n* zdrsljaj; spodrsljaj, padec; nezgoda, napaka; zareka(nje); uitje, izmuznjenje; prevleka za blazino; obleka, ki se hitro obleče ali sleče; otroški predpasniček, prtiček; *pl E* kopalne hlačke; *pl theat* premične kulise; stranski vhod, prostor, kjer stoje igralci, preden nastopijo na odru; *hunt* konopec, vrv (za pse); izpustitev (psov); majhen brus; *naut* poševna ravnina za splavitev ladij; *geol* zemeljski udor, usad; **a ~ of a boy** vitek, stasit deček; **a fine ~ of a girl** vitko, stasito, brhko dekle; **a ~ of pen (tongue)** spodrsljaj (lapsus) v pisanju (v govoru); **a ~ on a piece of orange peel** spodrsljaj na koščku oranžne lupine; **to get the ~** biti odklonjen, pasti (npr. pri izpitu); **he gave me the ~** pobegnil (ušel, izmuznil se) mi je; **to make a ~** napraviti spodrsljaj, napako; **there's many a ~'twixt the cup and the lip** *fig* ne hvali dneva pred nočjo

slip II [slip] *vi* spodrsniti, zdrsniti (*off* z), zdrkniti, drčati, polzeti, smukniti, izmuzniti se, uiti (čemu); odmikati se (o času); skrivaj se vriniti; *vt* hitro obleči ali sleči; po nemarnosti narediti napako, pogrešiti; prezgodaj povreči ali skotiti; odvezati, spustiti (psa) z vrvice; (neopazno) spustiti (v), izpustiti; **to ~ an anchor** odvezati vrv sidra; **the bolt has not ~ped home** zapah se ni čisto zaprl; **to ~ one's breath (wind)** izdihniti, umreti; **to ~ a cog** napraviti napako; **to ~ the collar** *fig* osvoboditi se; **the cow has ~ped its calf** krava se je prezgodaj otelila; **to let ~** zagovoriti se, (nehote) povedati resnico; **to let ~ the dogs of war** *poet* sprožiti sovražnosti, začeti vojno; **he often ~s in his English** on često dela napake v svoji angleščini; **this fact has quite ~ped my memory** to dejstvo mi je popolnoma ušlo iz spomina; **his foot ~ped** spodrsnilo mu je; **to ~ one's guard** uiti svojemu stražarju; **even good men ~** celó dobri ljudje delajo napake (pogrešijo, se zmotijo); **to ~ from one's hand** izmuzniti se komu iz rok; **the horse ~ped its collar** konj se je znebil komata; **I ~ped on a piece of orange peel** spodrsnilo mi je na koščku oranžne lupine; **to let an opportunity ~** izpustiti, zamuditi priložnost; **the prices have ~ped** cene so padle; **to ~ a ring on one's finger** natakniti si prstan na prst; **she ~ped a shilling into the beggar's hand** spustila je šiling v beračevo roko

Zveze s predlogi in prislovi

slip along *vi sl* zdrveti (smukniti, steči) (proč, mimo)

slip away *vi* (neoprezno) uiti, izmuzniti se, smukniti, šiniti (proč), odhiteti; **how the time slips away** kako čas beži

slip by *vi* miniti (o času); hitro mimo iti

slip in *vi & vt* vtihotapiti se, vriniti se; vriniti, vtakniti v; **errors will ~** napake (pomote) se bodo vtihotapile; **to slip a word in** vriniti besedo

slip into smukniti v; skrivaj se vtihotapiti, zdrsniti v, neopazno pr(e)iti v; **to ~ one's trowsers** smukniti v (hitro natakniti si, obleči) hlače; **a mistake has slipped into the account** napaka se je vrinila v račun; **he slips into the meal** *sl* pohlepno jé (obed)

slip off *vt* hitro sleči, stresti s sebe (plašč); *vi* hitro uiti, se izmuzniti

slip on *vt* hitro obleči (plašč)

slip out *vi* izmuzniti se, spolzeti iz, uiti iz; **the word slipped me out** beseda mi je ušla z jezika, zareklo se mi je; *vt* potegniti iz

slip over *vt* preiti, izpustiti; **to ~ some items** preiti, izpustiti nekaj točk; **to slip a thing over on s.o.** *A sl* prekaniti, prelisičiti koga

slip past *vi* smukniti (šiniti) mimo, miniti

slip up *vi* spodrsniti, *fig* napraviti napako (spodrsljaj); zdrsniti navzgor (o kravati); *vt sl* zapeljati (*a girl* dekle)

slip III [slip] *n* glinasta masa (lončarstvo)

slip IV [slip] *n bot* cepljeno drevo, cepljenka, cepljenec; sadika, potaknjenec; podmladek, podrast, potomec; trak papirja, listič; letvica; *print* poskusni odtis na dolg trak papirja

slip bolt [slípboult] *n* zatik, zapah, zasunek

slip-book [slípbuk] *n A com* knjižica (bančnih) pobotnic

slip-carriage [slípkæridž] *n rly* priključni vagon

slip cover [slípkʌvə] *n* zaščitna prevleka (za pohištvo); zaščitni ovitek (za knjigo)

slip-knot [slípnɔt] *n* vozel, ki se razveže, če potegnemo en konec vrvice; vozel, ki razširi ali zoži zanko

slip-on [slípón] *n* oblačilo, ki se lahko hitro obleče ali sleče; (moški) pulover, sviter; prevleka; 2. *a* zaščiten; **~ cover** zaščitni ovitek

slipper [slípə] 1. *n* copata; lahek ženski čevelj; *tech* cokla; oseba, ki izpusti pse (pri lovu); (= **bed ~**) posoda (v obliki copate), v katero bolniki opravljajo potrebo, »goska«

slipper bath [slípəba:θ] *n* (kopalna) banja v obliki čevlja

slippered [slípəd] *a* obut v copate

slipperiness [slípərinis] *n* spolzkost; *fig* negotovost, nestabilnost; nezanesljivost; pretkanost, prebrisanost

slippering [slípəriŋ] *n* udarci, pretepanje s copato

slipperless [slípəlis] *a* (ki je) brez copat

slippery [slípəri] *a* (**slipperily** *adv*) (s)polzek, gladek; *fig* kočljiv, delikaten, težaven; *fig* nevreden zaupanja, nezanesljiv; nestalen, nestabilen; gladek kot jegulja, jeguljast, pretkan, brezvesten; (redko) pohoten, polten; **a ~ customer** brezvesten, pretkan človek; **a ~ question** kočljivo, delikatno vprašanje; **a ~ rope** gladka, spolzka vrv; **he is as ~ as an eel** *fig* on je prava jegulja

slip-proof [slíppru:f] *n print* prvi (poskusni) odtis pred lomljenjem strani

slippy [slípi] *a coll* (s)polzek, gladek; hiter, uren; **to be (to look) ~** (po)hiteti, podvizati se

slip ring [slípriŋ] *n el* drsni obroč(ek) (koleščεk)

sliproad [slíproud] *n* obvozna cesta, obvoznica

slipshod [slípšɔd] *a arch* pošvedran, švedrast, ki ima pošvedrane čevlje; *fig* neurejen, nemaren, zanikrn, površen

slipslop, **~ slap** [slípsləp, ~ slæp] 1. *n coll* slaba, vodéna pijača brez okusa; *fig* čvekanje, prazno govorjenje ali pisanje; 2. *a* plehek, priskuten, vodén, brez vrednosti

slipsole [slípsoul] *n* vložek (za čevelj)

slipstick [slípstick] *n A sl* logaritemsko računalo

slip-up [slípʌp] *n coll* spodrsljaj, pomota, napaka, pogrešek

slipway [slípwei] *n* poševna ravnina ladjedelnice, ki s svojim spodnjim delom sega v morje; suhi dok

slit [slit] *n* razporek, ozka in podolgovata razpoka, reža, odprtina; urez; **~-eyed** ki ima mandeljnaste (poševne) oči

slit* II [slit] *vt & vi* razparati (se), parati (se), razrezati (se), raztrgati (se); odrezati; zarezati (*into* v); trgati (kaj) v trakove; **to ~ a sleeve** razparati rokav; **to ~ one's weasand** *fig* prerezati si grlo; **if I strain it too hard it will ~** če to preveč nategnem, se bo strgalo

slit III [slit] *pt & pp* od to slit

slither [slíðə] *vi coll* zdrsniti (dol); drseti, drsati se; loviti ravnotežje, nesigurno, drsavo hoditi; *vt* spraviti v drsenje (polzenje): **to begin to ~** začenjati izgubljati tla pod nogami (polzeti, drseti)

slithery [slíðəri] *a* gladek in okreten (tudi *fig*)
slitting [slítiŋ] *n* paranje, rezanje, trganje na trakove
slit skirt [slítskə:t] *n* (žensko) krilo z razporkom
sliver [slívə] **1.** *n* trska, iver; (kostni) drobec; trak volnene ali bombažne preje; košček ribe (kot vaba); *fig* sled, mrvica, trohica; **not a ∼ of evidence** niti mrvice dokaza ne; **2.** *vt & vi* (raz)-cepiti (se) v trske, (raz)klati (se); delati trske; (predilstvo) deliti (volno)
slivovitz [slívovits] *n* slivovka
slob [sləb] *n* blato, grez; močvirje, barje
slobber [slóbə] **1.** *n* slina, slinjenje; *fig* čvekanje, čenče; solzava sentimentalnost; **2.** *vt & vi* osliniti (kaj), sliniti se, zmočiti (s poljubljanjem); *fig* čenčati, biti solzavo sentimentalen; *fig* skrpucati, zmašiti (delo), slabo napraviti; **to ∼ over** s.o. pretirano razvajati koga, preveč se raznežiti nad kom; **to ∼ with kisses** osliniti, zmočiti koga s poljubi; **to ∼ over** zapacati, skrpucati (kaj)
slobbery [slóbəri] *a* slinav, slinast; vlažen, močviren; moker (od poljubov); *fig* nenaravno, pretirano čustven, solzavo sentimentalen
sloe [slóu] *n bot* trnulja, črni trn, oparnik; *A* divja sliva; **∼ gin** liker iz trnuljic
sloe-eyed [slóuaid] *a* temnook
sloe-worm [slóuwə:m] *n E* (glej **slow-worm**) slepec (kača)
slog [sləg] **1.** *n* silovit udarec (na slepo); naporno delo; **2.** *vt & vi* močno udariti (na slepo), močno suniti (žogo); udrihati na levo in desno, lopniti (koga), premlatiti; *fig* uporno, trdovratno delati; **to ∼ away** trdo delati, mučiti se (*at* s, pri)
slogan [slóugən] *n* bojni krik škotskih gorjancev; *fig* parola, geslo, moto, krilatica; učinkovito propagandno ali reklamno besedilo; slogan
slogger [slógə] *n* boksar, ki divje udarja, udriha; *fig* vztrajen delavec
slog-horse [slóghɔ:s] *n fig* vprežni konj
sloid, sloyd [slóid] *n* šolski sistem pouka s pomočjo ročnega dela
sloop [slu:p] **1.** *n naut* šalupa; policijski čoln (korveta); **∼ of war** *hist E* topnjača
slop I [sləp] **1.** *n* razlita tekočina, mlakuža, luža; *pl* brezalkoholna (redka, brezokusna) pijača, brozga, slabo vino; redka, tekoča bolniška hrana; (*pl*) pomije, oplaknica, umazana ali postana voda, vsebina nočne posode; *fig* nekaj priskutnega; **to empty the ∼s** izliti umazano vodo; **2.** *vi & vt* politi (se) (*with* z), razliti (se); poškropiti, umazati (z umazano tekočino, s pomijami); **to ∼ over (out)** preliti se, razliti (se); bresti, broditi po (skozi) nesnago; *sl fig* pretirano se navduševati, biti vesel
slop II [sləp] *n* halja, jopič; (cenena) konfekcijska obleka; oblačilnica; *pl naut* obleka in posteljnina, ki se daje mornarjem v mornarici; *pl arch* široke hlače
slop III [sləp] *n E sl* policaj
slop-basin [slópbeisn] *n* posoda, v katero zlivajo ostanke čaja iz skodelic, pijače iz čaš ipd.; posoda za pomije; podstavek
slop-clothing [slópklóuðiŋ] *n* cenena konfekcija
slope I [slóup] *n* nagnjenost, nagib, breg, pobočje, poševnost, strmina, padec, višinska razlika;

poševen rov (v rudniku); *mil* poševni položaj puške; **on the ∼** poševno; **in a gentle ∼** v blagi strmini; **the ∼ is less than 5 feet** višinska razlika je manj kot 5 čevljev; **to carry one's rifle at the ∼** *mil* nositi puško poševno na rami; **to climb a ∼** vzpenjati se po strmini, po bregu; **to give a ∼ to** napraviti (nekaj) strmo, dati nagib (čemu)
slope II [slóup] *vt & vi* dati poševno obliko, narediti (zemljišče) poševno, nagnjeno; nagniti (se), biti nagnjen (strm), nagibati (se), poševno (strmo) padati ali se spuščati; *mil* položiti puško poševno na ramo; *A sl* (= ∼ off) pobrisati jo, izginiti; **to ∼ about** pohajkovati, postopati, kolovratiti okoli; **∼ arms!** *mil* puške (poševno) na rame!
slopeness [slóupnis] *n* nagnjenost, nagib, poševnost, strmina
slopewise [slóupwaiz] *adv* poševno, nagnjeno, strmo
sloping [slóupiŋ] *a* poševen, nagnjen, strm; **∼ ground** nagnjeno zemljišče
slop-pail [slóppeil] *n* vedro (čeber) za odplakno (umazano) vodo, za pomije; *sl* pomivalec
sloppiness [slópinis] *n* mokrota, blatnost, umazanost; zanemarjenost, zanikrnost; *fig* solzava sentimentalnost
sloppy [slópi] *a* (**sloppily** *adv*) moker; poln luž (o cesti); umazan; *fig* vodén, plehek, priskuten (o hrani); *fig* nemaren, površen, nesistematičen, skrpucán (o delu); osladno, solzavo sentimentalen; **to use ∼ English** govoriti zanikrno angleščino
slop-room [slóprum] *n naut* soba za mornarsko opremo (obleko)
slopseller [slópselə] *n* prodajalec konfekcijskih oblek
slopshop [slópšəp] *n* prodajalna s ceneno konfekcijo
slopy [slóupi] *a* poševen, nagnjen, strm
slosh [sləš] **1.** *n* plundra, brozga; nesnaga; *fig* vodéna pijača; **2.** *vi* hoditi po plundri (brozgi), po nesnagi; *A* tavati, klatiti se, potikati se; *vt sl* politi, razliti (tekočino); politi (koga); *sl* močnó udariti, lopniti (koga)
slot I [slət] **1.** *n tech* razpoka, reža ali odprtina (za vlaganje kovancev v avtomat, za spuščanje pisem v poštni nabiralnik); žlebič, utor, zareza; *theat* zaklopna vratca (v odrskem podu); **2.** *vt* zarezati, napraviti ozko podolgovato odprtino (režo)
slot II [slət] *n hunt* sled ali steza (jelena, damjaka itd.)
sloth [slóuθ] *n* lenost, okornost, neokretnost, počasnost; malomarnost, nebrižnost; *zool* lenivec; **∼ bear** šobasti medved
slothful [slóuθful] *a* (∼ **ly** *adv*) len, počasen, okoren; malomaren, zanikrn, nebrižen
slothfulness [slóuθfulnis] *n* lenost, lenoba, nebrižnost, malomarnost
sloth-monkey [slóuθmʌŋki] *n zool* vrsta črnih makijev (polopic)
slot machine [slótməši:n] *n* avtomat (za prodajo cigaret, slaščic itd. ali za hazardiranje)
slouch [sláuč] **1.** *n* pripognjena (sklonjena, nemarna, grbava) drža telesa (zlasti pri hoji), mlahava,

klecava, lena hoja; klapasti (povešeni, zavihani) krajevci klobuka; *A sl* neroda, štor; **he is no** ~ **at painting** on ni neroden pri slikanju; **2.** *vi & vt* s slabo držo telesa sedeti ali stati; težko in nerodno hoditi, vleči noge pri hoji; zavihati, povesiti krajevce klobuka; povesiti (ramena); **to** ~ **about** tavati, bloditi, kolovratiti; postopati, pohajkovati

slouch-hat [sláučhæt] *n* klobuk s povešenimi, klapastimi krajevci

slouching, slouchy [sláučiŋ, -či] *a* naprej sklonjen, ukrivljen; povešen, klapast (o krajevcih klobuka); mahedrav, zanemarjen, malomaren, zanikrn

slough I [sláu] *n* mlaka, lokva; blato, barje, močvirje; *fig* (moralna in duševna) propalost, zavrženost; [slu:] *A* močvirje; rečni zaliv, močviren rečni rokav

slough II [slʌf] **1.** *n* kačji lev, slečena koža, odmet kože; *fig* odvržena navada; *med* suha krasta, grinta; **2.** *vi & vt* leviti se (o kači), slačiti kožo, goliti se; luščiti se; odvreči, znebiti se (navade) (*često off*); *med* prevleči se s krasto; ~ **away (off)** leviti se; odluščiti se (o krasti); *fig* odvreči, znebiti se (navade ipd.)

sloughy I [sláui] *a* močvirnat, zamočvirjen

sloughy II [slʌfi] *a* podoben kačjemu levu; krastav, podoben krasti; ki se lušči

Slovak [slóuvæk, slovék] **1.** *n* Slovak(inja); slovaščina; **2.** *a* slovaški

Slovakia [slová:kiə, -vækiə] *n* Slovaško

Slovakian [slouvækiən] glej **Slovak**

sloven [slávən] **1.** *n* umazanec; površen (nemaren) delavec, neveden človek; šušmar

Slovene [slóuvi:n, sloví:n] **1.** *n* Slovenec, -nka; slovenščina; **2.** *a* slovenski

Slovenia [slo(u)ví:niə] *n* Slovenija

Slovenian [slouví:niən] **1.** *a* slovenski; **2.** *n* slovenščina

slovenliness [slávnlinis] **1.** *a* umazanost; nerednost

slovenly [slávənli] **1.** *a* umazan; nebrižen, nereden; *fig* nemaren, zanikrn; **2.** *adv* nemarno, nebrižno, zanikrno

slow [slóu] **1.** *a* (~ **ly** *adv*) počasen (*of, in* v, pri), len; malo inteligenten, ki težko in počasi umeva; topoglav; zastajajoč (o uri), netočen; slaboten (ogenj); nemaren; nepripravljen, nerad, nenaklonjen; oklevajoč; nenapreden, zaostal, zastarel; slab, ki stagnira (kupčije); dolgotrajen, dolgočasen (o zabavi); *sl* moreč; postopen, dolgo časa delujoč; ki ne dopušča hitrega premikanja, mehek (o zemljišču); **a** ~ **current** počasen tok; ~ **growth** počasna rast; ~ **poison** počasi delujoč strup; **a** ~ **worker** počasen delavec; ~ **and steady** počasen in vztrajen; ~ **and sure** počasen in siguren; **he is** ~ **and sure** on dela počasi in zanesljivo; **he is** ~ **to anger** on se težko razjezi; **it is a** ~ **entertainment** ta zabava je dolgočasna; **this is very** ~ to ni prav nič zabavno, to je dolgočasno; **you have been** ~ **about it** precéj časa si potreboval za to; **to be** ~ **to do** z nevoljo, nerad, proti svoji volji delati; **to be** ~ **of wit** biti počasne pameti; **he was** ~ **to see the point** težko je razumel, za kaj gre; **he was not** ~ **to seize the opportunity** hitro je pograbil priložnost; **to make** ~ **progress** počasi

napredovati; ~ **and steady wins the race** *fig* vztrajnost, čeprav počasna, zmaguje; **he is** ~ **in the uptake** on počasi dojema; **my watch is 3 minutes** ~ moja ura zaostaja 3 minute; **2.** *adv* počasi; ~ **!** vozite počasi!; **read** ~ **er!** čitaj(te) počasneje!; **my watch goes** ~ moja ura zaostaja; **3.** *vt & vi* (večinoma ~ *down,* ~ *off,* ~ *up*) zmanjšati (čemu) hitrost; počasneje hoditi ali voziti; zavlačevati, odlašati, zadrževati; **4.** *n (cricket)* počasna žoga

slow-burning stove [slóubə:niŋ stóuv] *n* počasi goreča peč

slow-coach [slóukouč] *n fig* počasen (len, neodločen, cincarski, dolgočasen) človek

slow-down [slóudaun] *n* opočasnjenje, zadrž(ev)anje

slow-match [slóumæč] *n* vžigalna vrvica; stenj, ki počasi gori

slow-motion picture [slóumoušən píkčə] *n* s časovno lupo posnet film

slowness [slóunis] *n* počasnost; omejena inteligenca, počasno umevanje, omejenost, topoglavost; lenost; zaostajanje (ure); dolgčas, dolgočasje

slow time [slóutaim] *n mil* počasen tempo hoje (*E* 75 korakov na minuto)

slow train [slóutrein] *n* potniški (osebni) vlak

slow-witted [slóuwitid] *a* ki težko umeva (pojmuje, dojema, razume), topoglav

slow-worm [slóuwə:m] *m* slepec (kača)

sloyd [slóid] *n* glej **sloid**

slub [slʌb] **1.** *n* grobo namotana volna (za poznejšo prejo); lunta; **2.** *vt* grobo namotati volno za poznejšo prejo

slubber I [slábə] *n tech* stroj za namotanje volne (za poznejšo prejo)

slubber II [slábə] *vt & vi* umazati, zamazati; skrpucati (delo), zmašiti (delo), na hitro narediti, nerodno se pripravljati (k čemu)

sludge [slʌdž] *n* blato, brozga; gosta usedlina, gošča; škart; naplavitev; plavajoči led; *med* kepica krvi

sludgy [sládži] *a* blaten, brozgast; pokrit z ledenim skrilom

slue I [slu:] **1.** *vt & vi* vrteti (se); **2.** *n* vrtenje; obrnjenost

slue II [slu:] glej **slew**

slug I [slʌg] **1.** *n* kovinsko zrno; nepravilen košček kovine kot naboj; svinčenka za zračno puško; kovinska ploščica (kot nadomestilo za kovance), žetón; *print* linotajpna vrstica; regleta; **2.** *vi* spremeniti obliko

slug II [slʌg] **1.** *n zool* polž slinar, poljski slinar; po polževo se premikajoča žival ali vozilo; *obs* lenuh; **2.** *vi & vt* biti len, lenariti; zapravljati, tratiti (čas); zbirati in uničevati polže slinarje; **to** ~ **in bed** lenariti v postelji

slug III [slʌg] **1.** *n* močan udarec; **2.** *vt* močnó udariti ali zadeti (s pestjo); pretepsti

slugabed [slágəbed] *n* poležuh, zaspané, lenuh

sluggard [slágəd] **1.** *n* lenuh, postopač, *fig* trot; **2.** *a* len, počasen

slugger [slágə] *n A coll* boksarski prvak

sluggish [slágiš] *a* (~ **ly** *adv*) počasen, len; ki stagnira, medel, mrtev (tržišče, sezona); *med* počasi delujoč, len (organ); leno tekoč (reka itd.)

sluggishness [slʌ́gišnis] *n* lenoba; apatija

sluice [slu:s] **1.** *n* (vodna) zatvornica, zapornica; zajeza, voda v zajezi; (stranski) kanal; umeten odtočni jarek; *pl* žleb za izpiranje zlata; *coll* temeljito izpiranje; **2.** *vt & vi* izpustiti (vodo) iz rezervoarja skozi zatvornico; izsušiti (kaj); preplaviti, politi, poškropiti (kaj) z vodo; *coll* izprati, razliti se, planiti iz zajeze (o vodi); **to ~ off** preusmeriti, dati (čemu) drugo smer, obrniti (kaj)

sluice-gate [slú:sgeit] *n* vrata zatvornice, zapornica

sluice-way [slú:swei] *n* (umetni) kanal pri zatvornici

sluicing [slú:siŋ] *n sl* pitje, popivanje

slum I [slʌm] **1.** *n* revna (umazana, samotna) ulica (ki je na slabem glasu); slum; *pl* siromašni (umazani, zloglasni) del mesta; **~ clearance** saniranje, odstranjevanje slumov; **2.** *vi* obiskovati slume (za proučavanje življenjskih razmer prebivalcev ali iz radovednosti); **to go ~ming** obiskovati slume (z dobrodelnimi nameni)

slum II [slʌm] *n A mil* čorba

slumber [slʌ́mbə] **1.** *n* (večinoma *pl*) dremanje, dremež; mirno spanje; **he fell into a peaceful ~** pogreznil se je v mirno spanje; **2.** *vi* dremati, mirno spati; **to ~ away** predremati; tratiti, zapravljati (čas) z dremanjem

slumberer [slʌ́mbərə] *n* dremavec, spalec

slumberous [slʌ́mbərəs] *a* (**~ly** *adv*) dremav, zaspan; uspavajoč, uspavalen; dremajoč

slumber-suit [slʌ́mbəsju:t] *n* pižama

slumbery [slʌ́mbəri] *a* glej **slumberous**

slumbrous [slʌ́mbrəs] *a* glej **slumberous**

slumgullion [slʌmgʌ́ljən] *n sl* (vodéna) čobodra, čorba; *A* redka zelenjavna juha; *A* uslužbenec, zaposlenec; malopridnež

slummer [slʌ́mə] *n* prebivalec sluma; obiskovalec slumov

slummock [slʌ́mək] *vi coll* poželjivo požirati, goltati; neotesano se vesti in govoriti; *sl* prebijati se (skozi življenje)

slummy [slʌ́mi] *a* ki ima zanemarjene, siromašne ulice ali četrti

slump [slʌmp] **1.** *n econ* nagel padec cen ali povpraševanja; gospodarska kriza; *fig* padec ugleda (*in a person* kake osebe); *geol* polzenje, udor; **a ~ in sales** kriza v prodaji; **2.** *vi econ* nenadoma pasti (o cenah); propasti, nobenega uspeha ne imeti, popolnoma odpovedati; udreti se (na ledu); zrušiti se (o osebi); *geol* polzeti

slung [slʌŋ] *pt & pp* od **to sling**

slung shot [slʌ́ŋšət] *n A* izstrelek iz prače

slunk [slʌŋk] *pt & pp* od **to slink**

slur I [slə:] *n* nejasno, nerazločno izgovarjanje (besed, zlogov); nečitljivo pisanje; obrekovanje, zlobno podtikanje, blatenje; (sramotni) madež (na časti, na imenu); *mus* povezovanje, vezaj; **to cast a ~ upon s.th.** delati sramoto čemu; **to put a ~ upon s.o.** obrekovati (oklevetati, očrniti) koga; **it is no ~ upon his reputation** to ne škoduje njegovemu ugledu

slur II [slə:] *vt & vi* nejasno (kaj) izgovarjati, požirati (zloge, besede), pisati (besede) strnjeno (tako da jih je težko brati); *mus* peti ali igrati legato (vezano); prikriti, potlačiti (hudodelstvo); zmanjšati; *obs* očrniti, oblatiti (tudi *fig*), okle-

vetati; *print* pomazati, zabrisati; **to ~ over** lahkotno iti preko (napake, dejstva itd.)

slurry [slʌ́ri, *A* slə́:ri] *n chem* redka malta; blato

slush I [slʌš] *n* plundra, stopljen sneg; gosto tekoče (židko) blato, močvirje; *tech* papirna kaša; *tech* mast za mazanje, kolomaz; prazno čenčanje, čvekanje (tudi literarno); bedasta sentimentalnost

slush II [slʌš] *vt & vi* oškropiti, umazati s plundro, z blatom; bresti, gaziti po plundri; namazati (= **~ up**), zamazati z malto ali s cementom; prevleči z zaščitnimi sredstvi proti rji

slush-fund [slʌ́šfʌnd] *n A* fond za podkupnine

slushing oil [slʌ́šiŋɔil] *n tech* zaščitno olje proti rji

slushy [slʌ́ši] *a* plundrast; blaten; *fig* sentimentalen

slut [slʌt] *n* umazana (nemarna, neurejena, zanemarjena, zanikrna) ženska; *coll* lahkomiselno dekle, deklina; *joc* deklé; *A coll* psica

sluttery [slʌ́təri] *n* umazanost, zanemarjenost

sluttish [slʌ́tiš] *a* (**~ly** *adv*) umazan, nečist, zanemarjen, nemaren, zanikrn, neurejen

sluttishness [slʌ́tišnis] *n* umazanost, zanemarjenost

sly [slái] *a* (**~ly** *adv*) zvit, prebrisan, lokav, pretkan; potuhnjen; tajen, skriven; prikrito navihan, vražji, razposajen; **on (by) the ~** za hrbtom, od zad, skrivaj; **he is a ~ dog** *fig* on je pravi lisjak

slyboots [sláibu:ts] *n coll hum* prebrisanec, lisjak, zvitorepec

slyness [sláinis] *n* zvitost, prebrisanost, pretkanost, lokavost, potuhnjenost

smack I [smæk] **1.** *n* (pri)okus (*of* po), zadah; buket; sled; majhna količina, malček, malce, mrvica; primes (*of* česa); nekaj, kar spominja na; **a pleasant ~ of currants** prijeten okus po ribezlju; **there is a ~ of the Bohemian in him** nekaj bohemskega (ciganskega) je v njem; **2.** *vi* imeti okus (*of* po); dišati po; spominjati na; dajati vtis; **this wine ~s of the cask** to vino diši po sodu; **his ideas ~ of liberalism** njegove ideje diše po liberalizmu

smack II [smæk] **1.** *n* plosk (glasen) udarec s plosko roko; tlesk(anje) (z jezikom), pok(anje) z bičem, cmok(anje), glasen poljub; *coll* poskus, drzno (tvegano) dejanje; **a ~ in the eye (face)** udarec v obraz, klofuta; **a ~ on the lips** sočen poljub; **to catch s.o. a ~** klofniti koga; **to have a ~ at s.th.** napraviti poskus s čim; **2.** *adv* tlesk, bum, štrbunk; **2.** *vt & vi* oklofutati, klofniti (koga), prisoliti (komu) zaušnico; pomlaskati, pocmakati; švrkniti, oplaziti, tleskati (z bičem, jezikom); mlaskniti, cmokniti; **to ~ s.o.'s face** pripeljati komu klofuto; **he ~ed his lips** mlasknil (tlesknil) je z jezikom; **to ~ a whip** pokati z bičem; **he ~ed the wine** z mlaskanjem je užival vino (se naslajal z vinom); **to ~ the hands together** ploskniti, ploskati z rokami

smack III [smæk] *n naut* ribiška ladja

smacker [smǽkə] *n sl* cmokast poljub, »cmok«; tlesk; *fig* zaušnica; *E sl* presenetljiva stvar; *A sl* dolar; *sl* funt

smacking [smǽkiŋ] **1.** *a* oster; močan, svež, živahen; **a ~ breeze** svež veter; **2.** *n* kup udarcev, batine

smacksman, *pl* -men [smǽksmən] *n naut* ribič, mornar na ribiški ladji

small I [smɔ:l] *a* majhen (po velikosti, obsegu, številu, starosti, količini, pomembnosti); maloštevilen; kratek, kratkotrajen; redek, lahek, vodén (o pijači); *dial* ozek; *fig* nepomemben, malo važen, neznaten, brez večje vrednosti; ozkosrčen, ozkogruden, malenkosten; šibek, skromen, reven; nizek; majhne moralne vrednosti, podel; osramočen; **at a ~ rate** poceni; **in a ~ way, on a ~ scale** v majhnem razmerju, v malem, skromno, malo; **on the ~ side** nezadostno velik, ne prevelik; **~ and early party** družba maloštevilnih gostov, ki se kmalu razide; intimna večerna zabava; **a ~ beginning** majhen, skromen začetek; **~ blame to them** ni se jim treba sramovati, to jim ne dela sramote; ni jim treba zameriti; **and no blame to him!** in kdo ga ne bi (po)karal!; **~ cattle** drobnica; **~ drinker** slab pivec; **~ farmer** mali kmet, mali posestnik; **~ gross** 10 ducatov; **~ hand** navadne pisane črke; **~ hours** ure po polnoči, male ure; **~ letters** male črke; **~ means** nezadostna sredstva; **a ~ place** majhen kraj; **a ~ poet** nepomemben pesnik; **~ rain** dežek, droben dež; **~ talk** kramljanje, klepet(anje); **the ~ voice, the still ~ voice** *fig* glas vesti; **~ wonder** temu se je komaj čuditi; **it is ~ of him to remind me of it** malenkostno je od njega, da me spomni na to; **that is only a ~ matter** to je le malenkost; **I call it ~ of him** smatram, da je to nizkotno od njega; **to feel ~** sramovati se; **I found the way at last, and ~ thanks to you for your directions** končno sem našel pot, in za to se mi ni treba zahvaliti vašim navodilom; **he has ~ Latin and less Greek** latinski zna malo, grški pa še manj; **I have had ~ experience of such matters** doslej imam malo izkušenj v teh stvareh; **he has too ~ a mind not to be jealous of your success** preozkosrčen je, da ne bi bil ljubosumen na vaš uspeh; **to make s.o. feel ~** *fig* osramotiti koga; **to make o.s. ~** napraviti se majhnega; **to live in a very ~ way** zelo skromno živeti; **he was surprised, and no ~ wonder** bil je presenečen, in nič čudnega (če je bil); **it will take only a ~ time** to bo vzelo le malo časa; **everybody thought it ~ of him to refuse to help** vsakdo je smatral, da je grdó od njega, da je odklonil pomoč

small II [smɔ:l] *adv* majhno, fino; (redko) malo, malce; ne glasno, slabotno; prezirljivo; **to cut ~** razrezati, zrezati; **to sing ~** *fig* odnehati, zniżati zahteve, postati manj glasen, postati majhen; **she swept but ~** le malo je jokala; **to think ~ of s.o.** prezirljivo gledati na koga

small III [smɔ:l] *n* nekaj majhnega; majhen (tanek, ozek) del (česa); majhna oseba; *pl* telesno perilo; drobnarije, drobno blago; *pl Oxford univ* prvi od treh izpitov za akademsko stopnjo B. A.; **in ~** v malem, v miniaturi; **in the ~** v majhnih količinah (enotah); **by ~ and ~** polagoma, počasi; **the ~ of the back** *anat* križ; **many ~s make a great** mnogo malega naredi veliko

small ad [smɔ́:læd] *n coll* mali oglas

smallage [smɔ́:lidž] *n bot* (redko) zélena

small arms [smɔ́:la:mz] *n pl* ročno strelno orožje

small beer [smɔ́:lbiə] *n* vodéno (slabo) pivo; *fig* nepomembna oseba ali stvar; **to chronicle ~ coll** kramljati o nepomembnih stvareh, kot da bi bile zelo važne, *fig* iz muhe slona delati; **to think no ~ of o.s.** imeti visoko mnenje o sebi, biti nadut (domišljav)

small change [smɔ́:lčeindž] *n* drobiž (denar); bedasto govorjenje; nepomemben človek; *A* malenkost, lapalija

smallclothes [smɔ́:klouðz] *n pl arch* tesno se prilegajoče hlače, dokolenke

small craft [smɔ́:lkra:ft] *n* čolni, ladjice

small fry [smɔ́:lfrai] *n* male ribice (tudi *fig*), *fig* mali ljudje, nepomembne osebe, otroci

small gross [smɔ́:lgrɔs] *n* 10 ducatov, 120 kosov

small-holder [smɔ́:lhouldə] *n E jur* mali posestnik

small-holding [smɔ́:lhouldiŋ] *n jur* malo posestvo

small-hours [smɔ́:lauəz] *n pl* zgodnje jutranje ure (od enih do štirih po polnoči); **we stayed into the ~** ostali smo do zgodnjega jutra

smallish [smɔ́:liš] *a* precéj majhen, rajši (prej) majhen

small mind [smɔ́:lmaind] *n* ozkosrčnost, ozkogrudnost

small-minded [smɔ́:lmaindid] *a* umsko omejen, borniran, topoglav, trdoglav; ozkogruden; ozkega obzorja; malenkosten

small-mindedness [smɔ́:lmaindidnis] *n* umska omejenost, borniranost; malenkostnost

smallness [smɔ́:lnis] *n* majhnost, neznatnost, majhno število; *fig* prostaštvo

smallpox [smɔ́:lpɔks] *n med* koze

small shot [smɔ́:lšɔt] *n* šibra, sekanec

small-sword [smɔ́:lsɔ:d] *n* floret

small-talk [smɔ́:ltɔ:k] *n* kramljanje, klepet(anje), pogovor o nevažnih stvareh

small-time [smɔ́:ltaim] *a sl* majhen; lokalen; tretjerazreden, nepomemben; **a ~ thief** tatič

small-tooth [smɔ́:ltu:θ] *a*; **~ comb** gost glavnik

small-town [smɔ́:ltaun] *a* malomeščanski

small-wares [smɔ́:lwɛəz] *n pl com* drobno blago (sukanec, vrvice itd.)

smalm [sma:m] *vt coll* pogladiti (lase); *vi* gladiti, božati

smalt [smɔ:lt] *n chem* kobaltova modrina; kobaltovo steklo, prah zdrobljenega kobaltovega stekla

smarm [sma:m] *vt & vi* glej **smalm**

smarmy [smá:mi] *a coll* klečeplazen, lizunski; zoprn, oduren; sentimentalen, sanjaško čustven

smart I [sma:t] **1.** *a* ostroumen, bister, razumen, duhovit, iznajdljiv, prebrisan, zvit, pretkan; *fig* piker, jedek, zajedljiv (opazka), odrezav (odgovor); oster (bolečina), pekoč, hud (udarec); močan, energičen; spreten, okreten, sposoben; živahen, krepak, svež; eleganten, čeden, okusen, po modi, moden; urejen; imeniten, načičkan, gizdalinski; *coll* precejšen, velik; **a ~ bargainer** prebrisan poslovni človek; **a ~ bout of toothache** zelo hud zobobol; **a ~ box on the ear** krepka zaušnica; **~ dealing** nepošten postopek (poslovanje); **a ~ few** precejšnje število; **~ people** elegantni svet, ljudje; **a ~ retort** hiter in duhoviti, odrezav odgovor; **a ~ salesman** dober (iznajdljiv, sposoben, aktiven) prodajalec; **the ~ set** elegantna, modna družba; **~ sensation**

občutek bolečine; **to go at a ~ pace** urnih korakov iti; **look ~**! zbudi(te) se!; **she looks very ~** ona je videti zelo elegantna; **to make a ~ job of it** dobro kaj opraviti (izpeljati, izvesti); **2.** *adv* (redko) pametno; lepó, čedno; močnó, silno; **she is ~ dressed** čedno (elegantno) je oblečena; **3.** *n* ostra, žgoča, pekoča bolečina; žalost, skrb, tesnoba, potrtost, grenkoba; gorje, trpljenje

smart II [sma:t] *vi* zelo (za)boleti, povzročiti bolečino, (za)čutiti ostro bolečino; imeti bolečine; trpeti (*from, under* od); *fig* kesati se (*for* za, zaradi), pokoriti se, pretrpeti kazen; *vt* boleti (koga), prizadeti bolečino ali žalost (komu); **he ~s under his disappointment** boli ga razočaranje; **does your burn ~**? vas opeklina zelo boli?; **you shall ~ for it!** kesal se boš za to, obžaloval boš (žal ti bo za) to, plačal mi boš to!; **to ~ under an insult** globoko občutiti žalitev; **my eyes are ~ing** oči me pečejo (bolé)

smart alec [smá:tælik] *n* A pametnjakovič

smarten [smá:tən] *vt & vi* okrasiti (se), olepšati (se), urediti (se), elegantno (se) obleči (često **~ up**); pospešiti, forsirati; **to ~ the pace** pospešiti korak

smartish [smá:tiš] **1.** *a* precéj oster; eleganten, urejen; precejšen; **a ~ few** precejšnje število; **2.** *adv* silno, zeló; vešče, sposobno, kot je treba

smart-money [smá:tmʌni] *n* odškodnina za bolečine, bolečnina; *econ* odškodnina, globa

smartness [smá:tnis] *n* ostrost, silovitost, grobost; živahnost, okretnost, domiselnost, bistroumnost, prebrisanost, premetenost, iznajdljivost; imenitnost, eleganca, koketnost

smartweed [smá:twi:d] *n bot* vodni poper

smash I [smæš] *n* zdrobitev, razbitje; tresk, trčenje, trk, kolizija, katastrofa; *coll* močan udarec s pestjo; *econ* stečaj, konkurz, bankrot, polom; *coll* ledena alkoholna pijača, mešanica ledeno mrzle vode in konjaka ali whiskyja; **a ~ in (with) a car** trčenje v avto, z avtom; **to break (to knock) to ~** razbiti se, raztreščiti se na koščke; **to go (to come) to ~** razbiti se na kose; *econ* priti pod stečaj, priti na boben

smash II [smæš] *vt & vi* treščiti, razbiti (se) (o vozilu), raztreščiti (se), zdrobiti (se), streti (se), zmečkati (se); *mil* uničiti, potolči, popolnoma poraziti; *sp* ostro suniti (žogo); *econ* pripeljati koga do stečaja, priti pod stečaj, bankrotirati, priti na boben; zaleteti se (*into* v), trčiti (z); biti uničen; *sl* spraviti (ponarejen denar) v promet; **to ~ a chair** razbiti stol; **to ~ a stone through the window** treščiti kamen skozi okno; **to ~ a theory** podreti teorijo; **a ~ing victory** uničujoča zmaga; **to ~ into each other** treščiti, trčiti skupaj, eden v drugega; **to ~ in** zaloputniti (vrata)

smash III [smæš] *adv* s treskom, tresk! štrbunk!; **the stone went ~ through the window** s treskom je kamen priletel skozi okno; **to go ~** *econ* priti pod stečaj, na boben; *fig* propasti

smash-and-grab raid [smǽšəndgrǽbreid] *n* vlom v izložbo trgovine

smasher [smǽšə] *n* tolkač kamenja; *coll* silen udarec, strahovito trčenje, težak padec; prepričljiv (močan, porazen) argument; ostra (žgo-

ča) kritika, ponarejevalec denarja; *sl* »kebrček« (čedno dekle)

smashing [smǽšiŋ] *a* silovit, silen, hud, močan, uničujoč (udarec, poraz, kritika), popoln (poraz); *sl* silen, »prima«

smash-up [smǽšʌp] *n* hudo trčenje (karambol); popoln polom, propad, bankrot

smatter [smǽtə] **1.** *n* površno znanje, polznanje; **2.** *vt* površno poznati (vedeti); površno se ukvarjati z; **to ~ French** lomiti francoščino; **he ~ed law** malo se je bavil s pravom

smatterer [smǽtərə] *n* kdor površno kaj pozna, ima le površno znanje; nedouk, polizobraženec

smattering [smǽtəriŋ] *n* površno (po)znanje; **to have a ~ of Latin** znati nekaj latinskih besed

smaze [sméiz] *n* z dimom pomešana megla

smear [smíə] **1.** *n* maža, lepljiva tekočina; madež (od maščobe, umazanije), zamazek; ponesnaženje; *fig* kleveta; **~ campaign** premišljena kampanja, da se kdo očrni, oklevetaj; **2.** *vt & vi* zamazati (se), umazati (se), pomastiti (se), oblatiti (se); namazati, vmazati (*on, onto* na); razmazati (pisavo, risbo itd.); *A sl* premagati, poraziti; *coll* očrniti, oklevetati; **to ~ the axle of a car** namazati os avtomobila; **to ~ letters on the wall** (na)čečkati črke na zid

smeariness [smíərinis] *n* zamazanost, umazanost

smearless [smíəlis] *a* nenamazan, brez mazanja

smeary [smíəri] (**smearily** *adv*) zamazan, masten (*with* od); umazan

smeddum [smédəm] *n* moč, energija

smeech [smi:č] *n dial* vonj po ožganem, smod, palež

smell I [smel] *n* duh, vonj; voh; *coll* (po)duhanje; slab, neprijeten vonj, smrad; *fig* sled, nadih (*of* česa); **sense of ~** vonj, voh; **a ~ of anarchy** nadih anarhije; **a strong ~ of smoke** močan duh po dimu; **to lose one's ~** izgubiti svoj voh; **to take a ~ at** (*A of*) s.th. poduhati kaj

smell* II [smel] *vt & vi* (za)duhati, poduhati (*at* kaj), zavohati; vonjati, imeti duh, dišati (*of* po); *fig* smrdeti; (o psu) zaslediti (divjačino); *fig* dati slutiti; *fig* natančneje (p)ogledati; **to ~ of beer** dišati po pivu; **to ~ one's oats** *fig* zaduhati hlev, pripraviti se za končni spurt (o konju); **to ~ of a shop** *fig* biti preveč strokoven; **to ~ a rat** *fig* zavohati nekaj sumljivega, zaslutiti nevarnost; **to ~ a rose** poduhati vrtnico; **his dog ~s** njegov pes smrdi; **his breath ~s** iz ust ima slab duh; **his remark ~s of envy** njegova opazka diši po zavisti; **roses ~ sweet** vrtnice lepo dišé; **his writings ~ of the lamp** njegova dela so bolj rezultat marljivosti kot navdiha (inspiracije); **to ~ about** *fig* zavohati, odkriti; **to ~ about a plot** odkriti zaroto

smellable [sméləbl] *a* ki se more zavohati

smeller [smélə] *n* kdor (kar) (prijetno ali neprijetno) diši; *zool* tipalnica; *sl* vohljač, špijon; krc, udarec po nosu; *sl* nos, nosnice

smell-feast [smélfi:st] *n obs* nepovabljen gost, prisklednik

smelling [sméliŋ] *n* vohanje; **sense of ~** voh, vonj

smelling-bottle [sméliŋbɔtl] *n* steklenička z dišečimi solmi

smelling-salts [sméliŋsɔ:lts] *n pl* dišeče soli (amoniakov karbonat s kako dišavo) (za inhaliranje pri omedlevici, glavobolu ipd.)

smelly [sméli] *a coll* smrdljiv; zatohel
smelt I [smelt] *pt & pp* od **to smell**
smelt II [smelt] *n* snetec (riba)
smelt III [smelt] *vt* taliti (rudo), topiti; *vi* (s)taliti se
smelter [sméltə] *n* talilec, plavžar, topilec, livar; lastnik talilnice (plavža, livarne)
smeltery [sméltəri] *n tech* talilnica, topilnica, livarna
smelting [sméltiŋ] *n* plavžarsko obdelovanje rude
smelting-furnace [sméltiŋfə:nis] *n* talilna peč, plavž
smelting-works [sméltiŋwə:ks] *n pl* talilnica, topilnica, livarna
smew [smju:] *n zool* beli (mali) potapljač (vrsta race)
smilax [smáilæks] *n bot* ozki smilaks (bodeča primorska rastlina)
smile I [smáil] *n* nasmeh, nasmešek, smehljaj; prijazen pogled; (često *pl*) naklonjenost, milost; ~s of fortune naklonjenost usode; she is all ~s and graces ona kar sije (žari, se topi) od prijaznosti; to force a ~ prisiljeno se nasmehniti
smile II [smáil] *vi & vt* smehljati se, nasmehniti se; izraziti s smehljanjem, s smehljajem pripraviti (koga) do; biti naklonjen (*on* komu); imeti ljubezniv (blagohoten, vesel) videz; to ~ at (on) s.o. nasmehniti se komu; he ~d a bitter smile bridko se je nasmehnil; he ~d consent s smehljanjem je privolil; he ~d away her fears s smehljajem ji je odgnal strah; she ~d him into compliance z nasmeškom ga je pripravila do tega, da ji je ugodil; he ~d at their threats imel je le prezirljiv nasmeh za njihove grožnje; to ~ through one's tears smehljati se v solzah; fortune ~d upon him usoda (sreča) se mu je nasmehnila, mu je bila naklonjena
smiling [smáiliŋ] *a* (~ly *adv*) nasmejan, smehljajoč se; *fig* veder, vesel, prijazen; prijateljski, naklonjen; ugoden
smirch [smə:č] 1. *n* (večinoma *fig*) madež (na imenu, časti); 2. *vt* umazati; očrniti, omadeževati, oblatiti; a ~ed reputation omadeževan sloves
smirk [smə:k] 1. *n* nenaraven (afektiran, bedast, osladen) nasmeh (smehljanje); režanje, spakovanje; muzanje; 2. *vi* nenaravno (afektirano, bedasto, osladno) se smehljati; režati se; muzati se
smit [smit] *arch pt & pp* od **to smite**
smitch [smič] *n* glej **smeech**
smite* II [smáit] 1. *vt* napasti; udariti; udarjati (na harfo); kaznovati; *obs* zadati težak udarec (komu), *obs* pobiti, ubiti, usmrtiti; uničiti; *fig* zadeti, pasti na, obsijati, posijati na; gristi, mučiti; (pasivno) biti očaran (prevzet, zanesen, fasciniran); 2. *vi* udarjati, deliti udarce (često ~ out); boleti; to ~ s.o. dead ubiti koga; to ~ s.o.'s head off odbiti komu glavo; to ~ s.o. hip and thigh *fig* popolnoma potolči koga; her conscience smote her for her ingratitude vest ji je očitala njeno nehvaležnost; his conscience smote him vest ga je zapekla; he was smitten with her beauty njena lepota ga je popolnoma prevzela (očarala, fascinirala, osvojila); God shall ~ thee bog te kaznuj; my heart smote me srce me je zabolelo; an idea smote him v glavo mu je

šinila (neka) misel; the light smote her hair svetloba ji je obsijala lase; a noise smote his ear hrup mu je udaril na uho; he was smitten with a desire popadla ga je želja; to be smitten with biti udarjen, biti zaljubljen v; the town was smitten with plague kuga je udarila na mesto
smite down *vt* zrušiti (koga) z udarcem
smite off *vt* odbiti z udarcem
smite together *vi & vt* klecati (o kolenih); plosniti (z rokami)
smiter [smáitə] *n* kdor udarja (udriha) (po čem)
smith [smiθ] *n* kovač; gold~ zlatar; white~ klepar
smithereens [smiðərí:nz] *n pl coll* razbiti koščki, drobci, črepinje; to smash (to break, to knock) to (into) ~ razbiti na 1000 koščkov
smithers [smíðəz] *n pl* glej **smithereens**
smithery [smíðəri] *n* kovaštvo; kovaško delo; kovačnica
smithy [smíði] *n* kovačnica, vigenj
smitten [smítən] 1. *pp* od **to smite**; 2. *a* (pri)zadet, napaden; *coll* ves očaran, zaljubljen
smock [smɔk] 1. *n* delovna halja ali obleka; *arch* ženska srajca; otroška haljica za igranje; domača ženska delovna halja; 2. *vt* obleči delovno haljo (obleko); nabirati v gube, gubati (blago)
smock frock [smɔkfrɔk] *n* platnena delovna halja ali bluza za delo na polju
smock-mill [smɔkmil] *n* mlin na veter, pri katerem je vrtljiv le gornji del
smog [smɔg] mešanica megle in dima (nad velemestom)
smokable [smóukəbl] *a* ki se da kaditi (o cigareti itd.)
smokables [smóukəblz] *n pl* tobačni izdelki
smoke I [smóuk] *n* dim, oblak dima; sopara; *fig* megla, koprena; *fam* cigareta, cigara; a column of ~ steber dima; like ~ *sl* kot veter (hitro), hipoma, naenkrat; brez težav, gladko; from ~ into smother iz slabega v slabše, z dežja pod kap; the big ~ (vzdevek za) London; there is no ~ without fire kjer je dim, je tudi ogenj; that's all ~ *sl* vse to so same prazne besede; to end (to go up) in ~ *fig* razbliniti se, razpršiti se v dim, v nič; it will all end in a ~ vse se bo razblinilo v nič, iz vsega tega ne bo nič; we're getting on like ~ *sl* to gre kot namazano; to go from ~ into smother priti z dežja pod kap; I haven't had a ~ all the morning ves dopoldan nisem nobene (cigarete) pokadil; let's have a ~ prižgimo si eno (cigareto)!; to see things through the ~ of hate videti stvari skozi tančico sovraštva
smoke II [smóuk] *vi & vt* kaditi (tobak, pipo itd.); kaditi se, dimiti (se) (*with* od); čaditi (se), okaditi (se); pariti (se); završeti; *obs* slutiti, domnevati; sušiti v dimu, prekajevati, prekaditi, dati okus po dimu; pregnati (razkužiti, uničiti) z dimom; *E obs* dražiti, nagajati, imeti za norca (koga); ~d glasses sajasta (temna) očala (za gledanje v sonce); ~d ham prekajena gnjat; to ~ like chimney *fig* kaditi kot Turek, biti strasten kadilec; this cigar doesn't ~ well ta cigara se ne kadi dobro; I soon began to ~ that something was wrong kmalu sem zasumil, da nekaj ni v redu (da je nekaj narobe); I was the first to ~ him *fig* meni se je najprej zbudil

sum o njem; prvi sem ga spregledal; **green wood** ~ s svež les se pari; **to** ~ **green fly** uničiti listno uš z dimom; **I have not** ~ **d for three years** že tri leta ne kadim; **he has** ~ **d himself sick** toliko je kadil, da mu je postalo slabo; **the lamp** ~ **s the ceiling** svetilka čadi strop; **to** ~ **a plot** slutiti (vohati) zaroto; **put that in your pipe and** ~ **it** *fig* tu imaš nekaj, o čemer lahko razmišljaš; **this rice is** ~ **d** ta riž diši po dimu

smoke out *vt* izgnati; *A* prinesti na dan; **to** ~ **an enemy** izgnati sovražnika

smoke-ball [smóukbə:l] *n mil* dimna granata

smoke-bell [smóukbel] *n* ščitnik nad svetilko, ki zaščiti strop pred sajami

smoke-black [smóukblæk] *n* čad, saje

smoke-consumer [smóukənsju:mə] *n tech* naprava za izkoriščanje dima

smoke-dried [smóukdraid] *a* prekajen; ~ **meat** prekajeno meso

smoke-dry [smóukdrai] *vt & vi* sušiti v dimu

smoke-helmet [smóukhelmit] *n* vrsta maske (zoper dim)

smoke-house [smóukhaus] *n* dimnica (za sušenje mesa itd.); prostor za parjenje (kož)

smoke-jack [smóukdžæk] *n* naprava za avtomatsko obračanje ražnja

smoke jumper [smóukdžʌmpə] *n A* padalec gasilec, ki odskoči na gozdno področje v ognju

smokeless [smóuklis] *a* brezdimen; ~ **powder** brezdimen smodnik

smoke-plant [smóukpla:nt] *n bot* ruj

smoker [smóukə] *n* kadilec, -lka; prekajevalec (mesa); *rly* vagon (kupé) za kadilce; koncert, pri katerem je dovoljeno kaditi; *A* moška družba; **a heavy** ~ strasten (verižni) kadilec; ~'**s throat** angina od kajenja

smoke-rocket [smóukrɔkit] *n tech* naprava za spuščanje dima v cev, da bi odkrili odprtine (luknje)

smokeroom [smóukrum] *n* kadilnica

smoke-screen [smóukskri:n] **1.** *n mil* dimna zavesa, umetna megla; *fig* prikrit, slepilen manever; poskus prikrivanja ali kamufliranja prave namere; **2.** *vt mil* zaščititi z dimno zaveso

smoke-stack [smóukstæk] *n tech* (zlasti železen) dimnik lokomotive (ladje, tovarne)

smoke-stone [smóukstoun] *n min* čadavec

smokily [smóukili] *adv* dimasto, zadimljeno

smokiness [smóukinis] *n* zadimljenost, soparnost

smoking [smóukiŋ] **1.** *n* kajenje; zadimljenje; prekajevanje: **no** ~! kaditi prepovedano!; *rly* za ̮κadilce; **do you mind my** ~! smem ̮κaditi?; **2.** *a* kadeč se; ~ **hot** vroč, da se kar kadi; ~ **cap** domača čepica (za starejše moške osebe)

smoking-car, -carriage [smóukiŋka:r, -kæridž] *n rly* vagon za kadilce

smoking-compartment [smóukiŋkəmpá:tmənt] *n rly* kupé (oddelek) za kadilce

smoking-concert [smóukiŋkɔ́nsət] *n* koncert, pri katerem se pije pivo ali vino ter je dovoljeno kaditi

smoking-jacket [smóukiŋdžækit] *n* domač suknjič, ki se nosi (doma) pri kajenju

smoking mixture [smóukiŋmiksčə] *n* mešanica tobaka

smoking-room [smóukiŋrum] *n* soba za kajenje, kadilnica; ~ **talk** moški pogovori (dovtipi)

smoking-tobacco [smóukiŋtəbǽkou] *n* kadilni tobak

smoky [smóuki] *a* (**smokily** *adv*) ki se dimi, zadimljen; sive dimnaste barve; *fig* nejasen; **a** ~ **city** zadimljeno mesto; **a** ~ **fire** ogenj z dimom; ~ **quartz** *min* čadavec

smolder [smóuldə] *n & v* glej **smoulder**

smolt [smóult] *n* dveletni losos (riba)

smooch I [smu:č] *A* **1.** *n* (zamazan, umazan) madež; **2.** *vt* umazati, zamazati

smooch II [smu:č] *vi A sl* poljubljati se

smooth I [smu:ð] **1.** *a* gladek; raven; miren; mehek, voljan; enakomeren; prijeten; zvožen, obrabljen, gladek (pnevmatika); eleganten, zanosen (glasba); izbrušen, tekoč (govor); gladek kot jegulja, jeguljast, prilizljiv, dobrikav, hinavski; mil, blag (vino); *tech* brez trenja, gladek; *ling* brez aspiracije; ~ **chin** gladka (obrita) brada; ~ **driving** mirno šofiranje; **a** ~ **face** hinavsko prijazen obraz; ~ **hair** gladki lasje; ~ **sea** gladko, mirno morje; **a** ~ **surface** gladka površina; ~ **tire casing** zvožena, gladka pnevmatika (plašč); **a** ~ **verse** tekoč stih; **I am now in** ~ **water** *fig* zmogel sem to, uspelo mi je, sedaj sem dober; **to make things** ~ **for s.o.** zravnati, utreti komu pot; **the way is now** ~ *fig* sedaj je pot prosta; **2.** *adv* gladko; ravno; mirno, brez zatikanja, brez težav; **3.** *n* gladkost, pogladitev; *fig* ugodna stran (česa); **to give a** ~ **to the hair** pogladiti si lase (s ščetko); **to take the rough with the** ~ enako sprejemati dobro in slabo v življenju

smooth II [smu:ð] *vt & vi* (iz)gladiti; utreti (pot), poravnati; ublažiti (glas); izbrusiti (stihe); odstraniti ovire (zapreke, nevšečnosti, težave), olajšati; izgladiti se; pomiriti se, postati miren; **to** ~ **one's brow** zgladiti čelo; **to** ~ **one's manners** izgladiti svoje vedenje (obnašanje); **to** ~ **s.o.'s rumpled feathers** *fig* pomiriti koga (njegovo jezo); **to** ~ **the soil** zravnati zemljo (tla); **to** ~ **a verse** izbrusiti, zgladiti stih;

smooth away *vt* odstraniti (težave), izgladiti (nasprotja, nesoglasja)

smooth down *vt* izgladiti, poravnati (spor), omiliti, ublažiti, pomiriti; *vi* umiriti se, ublažiti se; **the sea smoothed down** morje se je umirilo

smooth out *vt* odstraniti; izgladiti (gubo)

smooth over *vt* prikriti (napako), olepšati; pomiriti (strasti)

smooth up *vt* zravnati

smooth-bore [smú:ðbɔ:] *a* z gladko cevjo (o puški)

smooth-down [smú:ðdaun] *n* umirjenje, pomiritev

smoother [smú:ðə] *n* gladilec, izglajevalec; *tech* stroj za poliranje

smoothfaced [smú:ðfeist] *a* golobrad, gladkega obraza; *fig* dozdevno prijateljski, priliznjen

smoothing-iron [smú:ðiŋáiən] *n* likalnik

smoothing-plane [smú:ðiŋplein] *n* fin skobelj

smoothly [smú:ðli] *adv* gladko, brez pretresov

smoothness [smú:ðnis] *n* gladkost; mehkost; blagost, ljubeznivost; lahkota, eleganca, izbrušenost (govora); dobrikavost, prilizljivost; ~ **is not an equivalent for truth** prilizovanje in poštenje nista isto

smooth-shaven [smú:ŏšeivn] *a* gladko obrit
smooth-spoken [smú:ŏspoukən] *a* sladkobeseden, laskav, prepričevalen, ki neiskreno hrabrí
smooth-tempered [smú:ŏtémpəd] *a* blag, blage narave
smooth-tongued [smú:ŏtʌŋd] *a* laskav, sladek, neiskreno prijateljski
smote [smóut] *pt* od **to smite**
smother [smáŏə] **1.** *n* gost dim, oblak dima; zadušljiv dim, gosta para, megla, dušeče ozračje; tlenje, kadeč se pepel; snežni oblak; *fig* zmeda, zmešnjava; **from the smoke into the** ~ iz hudega v hujše, z dežja pod kap; **2.** *vt* (za)dušiti, potlačiti; obsuti (*with* z); pokriti s pepelom (žerjavico); prekriti, utajiti, pridušiti (često **up**); pražiti, dušiti; *sp* čvrsto objeti (nasprotnika); ~ **ed chicken** dušen piščanec; **with** ~ **ed curses** s pridušenimi kletvicami; **to be** ~ **ed with work** dušiti se v delu; **to** ~ **s.o. with kisses** zadušiti, obsuti koga s poljubi; **to** ~ **a rebellion** zadušiti upor
smothery [smáŏəri] *a* dimen, dimast, (za)dušljiv, dušeč
smoulder [smóuldə] **1.** *n* gost dim; madež od saj; tlenje, tleč ogenj, počasno gorenje; **2.** *vi* tleti, kaditi se, dimiti se; *fig* biti prikrit, tleti (čustva, nezadovoljstvo itd.), žareti, sijati; **his eyes** ~ **ed with hatred** oči so se mu zabliskale od sovraštva; **the feud** ~ **ed** sovraštvo je tlelo (še) naprej; **to** ~ **out** tleti (ogenj)
smudge [smʌdž] **1.** *n* umazanija, madež od umazanije, omadeževano mesto, packa (v pismu); *A* dušeč dim; ~ **fire** kadeč se ogenj (proti insektom, mrazu); **2.** *vt & vi* zamazati (se), umazati (se), zapackati (se); razmazati madež, razmazati se (tinta); omadeževati (ime); *A* (proti insektom ali mrazu) ščititi s kadečim se ognjem
smudginess [smáčžinis] *n* zamazanost
smudgy [smádži] *a* (**smudgily** *adv*) umazan, zamazan, popackan; dimast, kadeč se; *dial* dušeč, soparen (zrak)
smug [smʌg] **1.** *n E univ sl* gulež, stremuh; študent, ki se ne zanima za šport; *fig* filister; **2.** *a* (~ **ly** *adv*) domišljav, blaziran, samovšečen; eleganten, lep, čeden; gladek (obraz)
smuggle [smʌgl] *vt & vi* tihotapiti; pretihotapiti, vtihotapiti (*into* v); spretno skriti; skrivaj zmakniti
smuggler [smáglə] *n* tihotapec; tihotapska ladja
smuggling [smáglіŋ] *n* tihotapstvo, tihotapljenje; spretno skritje (skrivanje)
smut [smʌt] **1.** *n* kosmič saj; sajast madež; *bot* snet (na žitu); *fig* nespodobna (obscena) zgodba (beseda, domislica, dovtip); grdo govorjenje, kvanta(nje), obscenost; **2.** *vt & vi* zamazati s sajami, umazati; *bot* povzročiti snet (na žitu); postati snetljiv (žito)
smutch [smʌč] **1.** *n* umazanija, nesnaga, nesnažnost, nečistoča; madež (tudi *fig*); **2.** *vt* umazati, zamazati
smuttiness [smátinis] *n* očrnelost od saj, sajavost, umazanost, nečistoča; *bot* snetivost (na žitu); *fig* obscenost, nespodobnost, opolzkost, kvantanje

smutty [smáti] *a* (**smuttily** *adv*) sajav, sajast, očrnel od saj, umazan; *bot* snetiv (žito); *fig* opolzek, obscen, umazan, nespodoben, kvantaški, ogaben (zgodba, dovtip, govorjenje, beseda); **a** ~ **joke** opolzka, nespodobna šala
snack [snæk] *n* prigrizek; zalogaj, grižljaj; požirek; del, delež; ~ **s!** zahtevam delež!; **a** ~ **of brandy** požirek žganja; **to go** ~ **s** deliti se (v)
snackbar [snǽkba:] *n* bife, okrepčevalnica
snaffle [snæfl] **1.** *n* konjska brzda, uzda; **to ride s.o. on (with) the** ~ *fig* imeti (voditi) koga na vrvici; **2.** *vt* nadeti (konju) uzdo, obrzdati; *fig* brzdati, krotiti, trdo držati (koga); *sl* prilastiti si brez dovoljenja
snafu [snæfú:] *A sl* **1.** *a* kaotičen, v neredu, v zmešnjavi; **2.** *n* kaos, popoln nered, zmešnjava; **3.** *vt* spraviti v popoln nered (zmedo), v kaos
snag I [snæg] *n* ostanek na deblu odlomljene veje, okršek; štor, ki štrli iz zemlje; (zobna) škrbina; naplavljeno deblo na dnu reke; čer, greben v reki; *fig* nepričakovana zapreka (ovira, težava); **the** ~ **is that...** težava je v tem, da...; **to come up against a** ~ naleteti na nepričakovano oviro; **to strike a** ~ **in carrying out plans** zadeti na težave pri izvedbi načrtov
snag II [snæg] *vt A* (o)čistiti (reko, kanal) od naplavljenih debel (štorov, skal), ki ovirajo plovbo; naleteti (s čolnom) na naplavljeno deblo (hlod) v reki; odžagati (z debla) štrleče ostanke (odlomljene) veje; ovirati
snaggletooth, *pl* -teeth [snǽgltu:θ, -ti:θ] *n* napre ali v stran izrasel zob; *sl* škrbasta oseba (zlasti otrok)
snaggy [snægі] *a* (o drevesu) poln štrlečih ostankov odlomljenih vej; (o reki) poln naplavljenih debel in ovir; grčav
snail [snéil] **1.** *n* polž; *fig* počasnež, lenuh; ~ **'s gallop (pace)** polževo premikanje, zelo počasen korak, počasno napredovanje; **at a** ~ **'s pace** po polževo, zelo počasi; **2.** *vt & vi* očistiti (vrt) polžev; iskati, loviti polže; *fig* tratiti, zapravljati (čas); ~ **cloud** plastasti in kopasti oblak
snail-clover [snéilklouvə] *n bot* vrsta lucerne (detelje)
snailery [snéiləri] *n* gojišče polžev (ki rabijo za hrano)
snailflower [snéilflauə] *n bot* vrsta fižola
snail-paced [snéilpeist] *a* (ki gre) v polževem tempu
snail shell [snéilšel] *n* polževa hišica
snaillike [snéillaik] *a* podoben polžu, kot polž, polžast
snail-slow [snéilslou] *a* počasen kot polž
snail-wheel [snéilwi:l] *n tech* kolesce v uri v obliki polža
snaily [snéili] *a* polžast; poln polžev
snake I [snéik] *n zool* kača; *fig* »kača«, hudoben (zahrbten, podel, izdajalski) človek; **hooded** ~ naočarka; **ring** ~ belouška; **venomous** ~ strupena kača; **(great) S** ~ **s!** vraga! gromska strela! (začudenje); ~ **in the grass** v travi skrita kača, *fig* skrit sovražnik, hinavec, skrita nevarnost; *sl* zrcalo; **to cherish (to warm) a** ~ **in one's bosom** *fig* rediti gada na prsih; **to have** ~ **s in one's boots** *fig* biti razburjen; **to raise (to wake)** ~ **s** *sl fig* dregniti v osje gnezdo; **to**

scotch the ~ raniti, poškodovati kačo, *fig* ne popolnoma odstraniti nevarnosti; **to see ~s** *sl* videti bele miši, imeti delirium tremens

snake II [snéik] *vt* prehoditi z zvijanjem (kot kača); **to ~ one's way** utirati si pot zvijaje se kot kača; **to ~ out** *A* izvleči, iztrgati; *vi* viti, zvijati se kot kača

snake-bird [snéikbə:d] *n* vijeglavka (ptica)

snake-charmer [snéikča:mə] *n* zaklinjalec, krotilec kač

snake-charming [snéikča:miŋ] *n* zaklinjanje, krotenje kač

snake-fence [snéikfens] *n* cikcakasta ograda (ograja) (iz položenih debel)

snake-locked [snéiklɔkt] *a poet* ki ima kače namesto las (Meduza)

snakeshead [snéikshed] *n bot* logarica

snakeskin [snéikskin] *n* kačja koža; kačje usnje

snake-stone [snéikstoun] *n geol* fosilni amonit

snake-weed [snéikwi:d] *n bot* kačnik

snaky [snéiki] *a* (**snakily** *adv*) kačji, kot kača, podoben kači; vijugast; *fig* potuhnjen, zahrbten, hinavski, strupen; *A* poln kač; ~ **rod** Eskulapova palica (z ovijajočo se kačo)

snap I [snæp] **1.** *n* hlastaj (*at* po), ugriz; tlesk s prsti, krcljaj, krc; tlesk, pok, zlom; *fig* zamah, polet, elan, živahnost; *phot* trenutni posnetek, momentka; *theat* kratek igralski angažma; rezka, odrezava, osorna izjava; kratka doba, perioda; zaskočna ključavnica; grižljaj, zalogaj, košček; *A sl* dobra služba, lahka naloga, malenkost; vrsta drobljivega kolača; **in a ~** v hipu; **a ~ of the whip** tlesk ali pok z bičem; **a ~ of cold, cold** ~ nenaden val mraza; **to bite off at a single ~** odgrizniti z enim samim hlastajem (ugrizom); **not to care a ~ for** *fig* požvižgati se na; **the dog made a ~ at me** pes je hlastnil po meni; **I heard the ~ of the bone** slišal sem pok (zlom) kosti; **2.** *a* nagel, nenaden, bliskovit; ~ **judg(e)ment** nagla (prenagljena) sodba; **a ~ vote** nepričakovano in hitro glasovanje; ~ **shot** strel brez ciljanja; **3.** *adv* s pokom (treskom); **to go ~** póčiti, zlomiti se s pokom; ~ **went the mast** s treskom (tresk!) se je zlomil jambor

snap II [snæp] *vt* hlastniti (po), havsniti, odgrizniti; iztrgati, zgrabiti, uloviti (kaj); zlomiti, prelomiti, pretrgati; zapreti s pokom (treskom), tleskniti, zašklepetati (z zobmi); povzročiti pok(anje), tleskati ali pokati (z bičem, s prsti); sprožiti (pištolo); ostro (rezko, osorno) prekiniti; (na kratko) odpraviti (koga); *phot* napraviti trenuten posnetek, neopazno fotografirati; *A sp* naglo vrniti (žogo) v polje; *vi* hlastniti (*at* po), naglo poseči (*at* po), havsniti z zobmi (*at* po) (o psu); skušati ugrizniti (*at* koga); póčiti, tleskniti (bič); zlomiti se s pokom; zaklopiti se; zaskočiti se; zabliskati se (oči); nenadoma prisluhniti; *A sl* planiti (*into* v); *A coll* (*out of*) nehati (z), rešiti se (česa); **to ~ at s.o.** nahruliti koga, zadreti se nad kom; **to ~ a beggar short** na kratko odpraviti berača; **to ~ at s.th. (at an offer)** hlastno pograbiti, hlastniti po čem (po ponudbi); **to ~ (at) the bait** hlastniti po vabi, *fig* hlastno sprejeti ponudbo; **to ~ at the chance** zgrabiti za priložnost; **to ~ a piece of**

chalk in two zlomiti košček krede na dvoje; **to ~ s.o.'s bag** iztrgati komu torbo (torbico); **the dog ~ped at me** pes je havsnil po meni; **his eyes ~ped** oči so se mu zabliskale (v jezi); **to ~ to attention** nenadoma postati pozoren; **to ~ one's fingers** tleskniti s prsti, *fig* prezirljivo ravnati (*at s.o.* s kom); **he ~s his fingers at the danger** on se požvižga na nevarnost; **the fish ~ped (at) the bait** riba je hlastnila po vabi; **his nerves ~ped** živci so se mu odpovedali; **I ~ped them as they were going in** fotografiral sem jih, ko so vstopali; **the string ~ped** struna je počila; **to ~ shut** zapreti se s tleskom (pokom); **to ~ one's teeth together** zašklepetati z zobmi; **to ~ a whip** tleskniti (počiti) z bičem; **the whip ~ped** bič je tlesknil (počil)

snap off *vt* odgrizniti, odtrgati; **to ~ a branch** odlomiti vejo; **to snap s.o.'s nose (head) off** *fig* jezno ali grobo koga zavrniti, nahruliti

snap out *vt* jezno, razdraženo izreči; *vi* razsrditi se, vzkipeti; **to ~ an order** bevskniti (zarenčati) ukaz; ostro (jezno) ukazati; ~ **into it!** hitro! hitreje!; ~ **of it!** *A coll* nehaj s tem!

snap to *vt* zapreti s treskom; **to ~ a door** tresniti z vrati

snap up *vt* hlastno pograbiti, zagrabiti, zagotoviti si; prekiniti sobesednika; **to snap s.o. up** nadreti, nahruliti koga; **to ~ the offer** planiti po ponudbi; **the post was snapped up at once** (službeno) mesto je bilo takoj pograbljeno (oddano)

snapback [snǽpbæk] *n A sp* vrnitev (žoge); *Can* srednji napadalec

snap-bolt [snǽpboult] *n* avtomatičen zapah na vzmet

snapdragon [snǽpdrægən] *n bot* navadni odolin; božična igra, pri kateri se rozine jemljejo iz gorečega žganja; ena takih rozin

snap-fastener [snǽpfa:snə] *n* zaklopni gumb, zaklopnik

snap-lock [snǽplɔk] *n* avtomatična ključavnica na vzmet

snapper [snǽpə] *n* nekaj, kar povzroča pok; *fig* popadljiv pes (ki grize); popadljiv (ujedljiv, prepirljiv, zadirčen) človek; *pl* kastanjete

snapper-up [snǽpərʌp] *n* popadljivec; kdor hlastno (kaj) pograbi, zagrabi

snapping-turtle [snǽpiŋtə:tl] *n zool* ameriška sladkovodna požrešna in nevarna želva

snappish [snǽpiš] *a* (~ **ly** *adv*) popadljiv; ki rad grize (pes); zajedljiv, ujedljiv, zadirčen, siten, muhast, prepirljiv, razdražljiv

snappishness [snǽpišnis] *n* popadljivost, ujedljivost, zadirčnost, prepirljivost, razdražljivost; ihta

snappy [snǽpi] *a* (**snappily** *adv*) tleskajoč, pokajoč, prasketajoč; oster (mraz); živahen, energičen, hiter, poln poleta; *sl* razdražljiv; **a ~ conversation** živahen pogovor; **a ~ style** živahen, poleta poln slog; ~ **weather** mrzlo in suho vreme; **make it ~!** *coll* napravi(te) (to) hitro!

snapshot [snǽpšət] **1.** *n phot* trenutni posnetek, momentka; **to take a ~** (hitro) fotografirati; **2.** *vt* & *vi* napraviti trenuten posnetek (brez pripravljanja)

snare [snéə] **1.** *n* zanka, zadrga; *fig* past; *pl* strune iz sukanih črev ali kože na spodnjem delu

bobna, ki dajejo ropotajoč zvok; **to be caught in a** ~ ujeti se v zanko, v past; **to fall into a** ~ pasti v zanko, v past; **to lay (to set) a** ~ **for** s.o. nastaviti zanko (past) za koga, komu; **2.** *vt* loviti, ujeti (ptice) v zanko; zvabiti koga v past
snarer [snέərə] *n* nastavljač zank ali pasti; *fig* skušnjavec, zapeljivec, zvodnik
snark [sna:k] *n* skrivnostna žival (pol kača, pol morski pes)
snarl I [sna:l] **1.** *n* renčanje; godrnjanje; oster govor (opazka, vzklik); *sl* prepir; **2.** *vi & vt* renčati, zobe kazati; (za)godrnjati, brundati, godrnjaje ali razdraženo reči (govoriti); *fig* spraviti se (*at* s.o. na koga), nahruliti koga; **to** ~ **out** renče (godrnjaje) (kaj) reči; zagodrnjati, zarenčati (kaj)
snarl II [sna:l] **1.** *n* A, *dial* klobčič, vozel; *fig* zmešnjava, zmeda, nered, zaplet(enost), zamotana zadeva, zavozlanje; *dial* grča (v lesu); **2.** *vt* (z)mršiti (lase, volno); zaplesti, zmesti; *tech* okrasiti kovinsko vazo z reliefi; *vi* zmršiti se, zaplesti se, zavozlati se, skrotovičiti se
snarler [sná:lə] *n* renčeč, popadljiv pes; *fig* godrnjač, zadirčnež; prepirljivec
snarling iron [sná:liŋáiən] orodje za izbijanje reliefa na kovinskih vazah
snarly [sná:li] *a* renčeč; podoben renčanju
snatch I [snæč] *n* hlastaj, zgrabitev, hlastanje (po); napad, naval, muhavost; na hitro pripravljen obrok hrane; (ugoden) trenutek, kratek čas (perioda); *A sl* ugrabitev otroka (osebe); *pl* odlomki (govora, pesmi itd.); koščki, drobci, črepinje; **by** ~ **es** od časa do časa, v razmakih; **in** ~ **es** sem ter tja, včasih, od časa do časa; **this lazy fellow only works in** ~ **es** ta lenuh dela le od časa do časa; **to make a** ~ **at** hlastniti po, hlastno seči po, skušati ujeti; **she sang** ~ **es of an old song** pela je odlomke neke stare pesmi; **to sleep in short** ~ **es** spati v presledkih
snatch II [snæč] *vt & vi* pograbiti, zgrabiti, (hlastno, željno, naglo) seči po, iztrgati, polastiti se; skušati zgrabiti ali iztrgati; **to** ~ **at an offer** z obema rokama pograbiti (hitro sprejeti) ponudbo; **to** ~ **a half-hour's rest** privoščiti si pol ure počitka; **to** ~ **at a rope** zgrabiti za vrv; **to** ~ s.o. **from the jaws of death** iztrgati (rešiti) koga iz krempljev smrti; **to** ~ **victory from defeat** poraz spremeniti v zmago; **the bag was** ~ **ed from his hands** iztrgali so mu torbo iz rok; **the dog** ~ **es the bone** pes pograbi kost; **he tried to** ~ **a kiss from her** skušal ji je ukrasti poljub
snatch away (off) *vt* iztrgati, pograbiti (kaj) (*from* od), odnesti; **he was snatched away from us by premature death** ugrabila nam ga je prezgodnja smrt; **the wind snatched off my cap** veter mi je odnesel čepico
snatch up *vt* naglo pograbiti
snatcher [snǽčə] *n* žepar, tat; *A sl* ugrabilec otroka (osebe)
snatchy [snǽči] *a* (**snatchily** *adv*) odsekan, pretrgan, prekinjen; sunkovit, nepravilen; v presledkih
sneak I [sni:k] *n fig* klečeplazec, prihuljenec, hinavec, podel strahopetec; *E sl* tožljivec (v šoli)
sneak II [sni:k] *vi* (skrivaj) se plaziti, vtihotapiti se (*into* v); *fig* klečeplaziti, prilizovati se; *fig* izvleči

se (*out of* iz); **to** ~ **about (round)** okoli se plaziti, vohljati; **to** ~ **away (off, out)** odplaziti se; **to** ~ **in** skrivaj (kradoma) vstopiti; **to** ~ **up on** s.o. priplaziti se h komu; *vt sl* tožariti (v šoli); *sl* ukrasti, zmakniti, »suniti«; (skrivaj) vtihotapiti
sneaker [sní:kə] *n* plazilec; klečeplazec; *pl A coll* lahki (telovadni, teniški) čevlji
sneaking [sní:kiŋ] *a* (~ **ly** *adv*) plazeč se, prihuljen, *fig* klečeplazen, hlapčevski; zahrbten, podel, ogaben; skriven, nepriznan; neupravičen (naklonjenost, simpatija); **I have a** ~ **weakness for these boys** ne morem si kaj, da ne bi čutil neko naklonjenost do teh fantov
sneak preview [sní:kprívju:] *n coll* neuradno prvo predvajanje filma
sneak-raid [sní:kreid] *n mil* nenaden napad
sneak-thief [sní:kθi:f] *n* tatič; tat, ki krade stvari z okna ali izza odprtih vrat; zmikavt
sneaky [sní:ki] *a* plazeč se; klečeplazen, zahrbten, potuhnjen
sneck [snek] **1.** *n* kljuka (na vratih); **2.** *vt* zapreti vrata s kljuko
sneer [sníə] **1.** *n* porogljiv (posmehljiv, prezirljiv) pogled ali opazka, posmeh(ovanje), roganje, smešenje; sarkazem, persiflaža; **2.** *vi* rogati se, posmehovati se; porogljivo se smejati (*at* čemu); vihati nos (*at* nad); *vt* porogljivo kaj reči; z roganjem (posmehovanjem) spraviti (koga) (*into* v neko stanje); zasmehovati; **to** ~ **a reply** porogljivo odgovoriti; **they** ~ **ed him out of his resolve** zaradi njihovega posmehovanja je opustil svoj naklep; **to** ~ **down** zasramovati, zasmehovati
sneerer [sníərə] *n* porogljivec, posmehovalec, zasmehovalec
sneering [sníəriŋ] *a* (~ **ly** *adv*) porogljiv, posmehljiv, zasmehljiv
sneesh [sni:š] *n Sc* njuhalni tobak, njuhanec; ščepec njuhanca
sneeze [sni:z] **1.** *n* kihanje; ~ **gas** kihalni plin, kihavec; **2.** *vi* kihati; *coll* požvižgati se na, pokašljati se na; **this is not to be** ~ **d at** ni, da bi se namrdnil ob tem; **to** niso mačkine solze; **to ni za odmet**; to ni nekaj, kar bi odklonili; **to** ~ **into a basket** kihniti v košaro, *fig* biti obglavljen (z giljotino)
sneezer [sní:zə] *n* kdor kiha (kihne); *sl* alkoholna pijača; *sl fig* vohač, nos; *sl obs* (žepni) robec
sneezewood [sní:zwud] *n bot* južnoafriško drevo, ki daje mahagoniju podoben les; les tega drevesa
sneezing-powder [sní:ziŋpaudə] *n* kihalni prašek
sneezy [sní:zi] *a* ki často kihne, kihav; ki sili h kihanju, kihalen; (vreme) ki povzroči, izzove prehlad
snell I [snel] *n* kratka žima, ki veže vrvico s trnkom
snell II [snel] *a Sc* hiter; oster, ki reže (veter, mraz)
snick [snik] **1.** *n* drobna zareza, urez; (cricket) lahen udarec; **2.** *vt* (z nožem ali s škarjami) napraviti zarezo, rahlo (kaj) zarezati; *sl* (u)krasti, zmakniti; (cricket) lahno udariti (žogo); ~ **and snee** suniti, urezati (z nožem); **to** ~ **off** odrezati; **to** ~ **out** izrezati
snick-a-snee [sníkəsni:] *n obs* boj z nožem

snicker [sníkə] 1. *n* pridušen smeh ali smejanje, hihitanje; 2. *vi* pridušeno se smejati, hihitati se; rezgetati (konj); *vt coll* hihitaje reči (kaj)

snickersnee [sníkəsni:] *n* (metalni) nož; *hum* »bodalo«, nož, pipec

snide [snáid] 1. *a sl* lažen, nepristen, ponarejen; *A* ponižujoč, neugoden; ~ remarks about s.o. poniževalna, neugodna opazka o kom; 2. *n* nepristen dragulj; ponarejen denar; *sl* slepar, lopov

snidesman, *pl* -men [snáidzmən] *n* ponarejevalec denarja

sniff I [snif] *n* (po)vohanje, (po)duhanje; hlipanje, smrkanje, jokanje, cmerjenje; glasno vdihavanje zraka (vonjave, dišave itd.) skozi nos, šum (zvok), ki nastaja pri tem; kratek dih; *fig* prezirljivo vihanje nosu; a ~ of fresh air vdihljaj svežega zraka; take a ~ of this brandy poduhajte malo to žganje!

sniff II [snif] *vi* povleči zrak, vdihavati skozi nosnice, smrkati; vohati, vohljati, povohati, poduhati (*at* kaj); *fig* prezirljivo vihati nos (*at* nad čem), namrdniti se (*at* ob čem); *vt* smrkniti (često *in*, *up*) kaj; vohati (tudi *fig*), (p)ovohati, izvohati; to ~ about vohljati, vohuniti; to ~ in vdihniti zrak (vonj, duh); to ~ up vdihniti skozi nos (kak vonj, duh)

sniffish [snífiš] *a* ošaben, napihnjen, zmrdljiv

sniffy [snífi] *a col* prezirljiv, ošaben, zmrdljiv; nekoliko neprijetnega vonja, malce smrdljiv

snifter [sníftə] *n sl* pijača; (čaša za žganje)

snigger [snígə] 1. *n* hihitanje, pridušeno (cinično) smejanje; 2. *vi* hihitati se, pridušeno (cinično) se smejati

sniggle [snigl] *vt & vi* loviti jegulje (s trnkom)

snip [snip] 1. *n* rezljanje, striženje s škarjami; odrezek, izrezek, odstrižek, izstrižek; *coll* krojač; *sl* (konjske dirke) zanesljiva informacija; *pl* škarje za rezanje pločevine; 2. *vt & vi* striči, rezljati, rezati s škarjami; izrezati kaj (*out of* iz); *sl* krasti, zmakniti; to ~ off odrezati, odstriči (the ends konce, kraje)

snipe [snáip] 1. *n zool* močvirska sloka, kljunač; *coll* klasika, sloke; *mil* strel od daleč (iz zasede); *sl* odvetnik; *A sl* (cigaretni, cigarni) ogorek, čik; 2. *vi* loviti (streljati) sloke (kljunače); *mil* od daleč (iz zasede) streljati dobro namerjene strele na posamezne sovražnike; *vt mil* ustreliti (koga) od daleč (iz zasede); *sl* ukrasti

snipe-eel [snáipi:l] *n* morska igla (riba)

sniper [snáipə] *n* elitni strelec, ostrostrelec (ki od daleč strelja na posamezne sovražnike)

snippet [snípit] *n* odstrižek, izrezek, košček; (često *pl*) odlomek, drobec, drobtinice (znanja itd.); *A coll* nepomemben človek, *fig* ničla

snippety [snípiti] *a* razkosan, v koščkih, sestavljen iz koščkov; fragmentaren, v odlomkih; majcen; *coll* nasajen, nataknjen, osoren

snipping [snípiŋ] *n* rezljanje, striženje; *pl.* odrezki, odstrižki, izstrižki

snippy [snípi] *a* majcen, fragmentaren; *coll* nasajen, nataknjen, zadirčen

snipy [snáipi] *a* podoben kljunaču (sloki) z dolgim kljunom ali gobčkom (npr. pes); poln slok, bogat s kljunači

snitch [snič] 1. *n sl* tožljivec; ovaduh, denunciant; 2. *vi sl* ovaditi, zatožiti, denuncirati; (u)krasti, zmakniti

snivel [snívəl] 1. *n* sluz, smrkelj (iz nosa); cmerjenje, jokavo smrkanje; javkanje; *fig* licemerje, (solzava) hinavščina, licemersko govorjenje; 2. *vi* smrkati, biti smrkav, imeti nahod; cmeriti se, javkati, tarnati, solze pretakati; obžalovanje hliniti, licemeriti, hliniti se, pretvarjati se

sniveller [snívlə] *n* cmera, jokavec; dete, ki veliko joče; *fig* (solzav) licemerec

snivelling [snívliŋ] 1. *a* smrkav; cmerav, cmerast, jokav; preobčutljiv; 2. *n* cmerjenje, tarnanje

snob [snɔb] *n* snob, človek, ki pretirano (klečeplazno, servilno) občuduje ali slepo posnema osebe višjega stanu ali položaja; domišljav puhloglavec ali gizdalin; *E obs* človek nižjega družbenega položaja, nizkega porekla, neizobražen človek; *E obs* meščan, človek iz mesta

snobbery [snóbəri] *n* glej snobbism

snobbism [snóbizəm] *n* snobizem, namišljena (dozdevna) imenitnost; nadutost, domišljavost, bahaštvo

snobbish [snóbiš] *a* (~ly *adv*) snobski, namišljeno (dozdevno) imeniten; nadut, napihnjen, (neupravičeno) ošaben, bahav, blaziran

snobby [snóbi] *a* glej snobbish

snod [snɔd] *a Sc dial* gladek, čist; *fig* jasen, nedvoumen

snood [snu:d] 1. *n Sc* pentlja (trak) ali mrežica za lase; 2. *vt* privezati (lase) s pentljo ali mrežico

snook I [snu:k] *n* vrsta ščuk; *Austral* barakuda (riba)

snook II [snu:k] 1. *n E sl* dolg nos; to cock (to cut) a ~ (~s) at s.o. komu osle pokazati; 2. *interj* eh! (vzklik preziranja)

snooker (pool) [snú:kə(pu:l)] *n* vrsta biljarda

snoop [snu:p] 1. *n* vohljanje; vohljač; *A* zmikavt, tat; 2. *vi A coll* biti radoveden, vohljati (*about* okoli); *vt A* zmakniti, suniti, ukrasti

snooper [snú:pə] *n coll* vohljač; radovednež

snoopery [snú:pəri] *n fig* vohljaštvo, špijoniranje

snoopy [snú:pi] *a coll* vohljaški, radoveden, špijonski

snoot [snu:t] *n A coll* »rilec, nos«; grimasa, spaka; to make a ~ at s.o. napraviti grimaso komu, pačiti se komu

snooty [snú:ti] *a A coll* napihnjen, nadut, domišljav; aroganten

snooze [snu:z] 1. *n* dremež, dremanje, kratko spanje; 2. *vi & vt coll* malo zadremati, dremati; lenariti; to ~ away (one's) time tratiti čas v brezdelju

snoozle [snu:zl] *n dial* ljubkovati, objemati; iskati z gobcem, riti, prekopavati; dremati, kinkati

snore [snɔ:] 1. *n* smrčanje; 2. *vi* smrčati; *vt* (tudi ~ away, ~ out) presmrčati, prespati (kaj); to ~ o.s. awake zbuditi se od svojega smrčanja; he ~d himself into a nightmare od smrčanja ga je začela tlačiti mora

snorer [snórə] *n* smrčalec

snorkel [snó:kəl] *n naut mil* cev za zrak pri potopljeni podmornici

snort I [snɔ:t] 1. *n* (konjsko) prhanje; puhanje, sopihanje; prezirljivo puhanje; 2. *vi* prhati; puhati (o živali); sikati (parni stroj); *fig* godrnjati, puhati (prezirljivo, negodujoče, dvomeče) (o osebah); brneti (motor); *vt* izraziti (prezir, negodovanje, dvom) s puhanjem; izgovarjati (besede) s prezirljivim puhanjem (često *out*); puhniti (vodo, zrak) z močnim šumom (o kitu ipd.)

snort II [snɔ:t] *n E* za **snorkel**

snorter [snɔ́:tə] *n* konj, ki puha; oseba, ki godrnja, piha od jeze; *sl* krc, udarec po nosu; hud piš vetra; tuleč vihar; *coll* nekaj presenetljivega; *A sl* razgrajač, pretepač, silak

snorting [snɔ́:tiŋ] *a* silovit, silen; sijajen

snorty [snɔ́:ti] *a* (**snortily** *adv*) ki jezno, močno puha; jezen

snot [snɔt] *n vulg* smrkelj; *fig* smrkavec, nesramnež; ∼ **rag** *vulg* žepni robec

snotty [snɔ́ti] **1.** *a* (**snottily** *adv*) *vulg* smrkav; slabe volje; domišljav, nadut; **2.** *n naut sl* pomorski kadet

snout [snáut] *n* gobček, smrček; (prašičji, ježev) rilec; kljun (cevi, vrča, posode); izboklina (npr. ledenika); *fam derog* (človeški) nos; *fig* nos, smisel (*for* za); sprednji del (avta)

snout-ring [snáutriŋ] *n* obroček, ki se natakne svinji skozi rilec, da ne more riti po zemlji

snow I [snóu] *n* sneg, snežna odeja; snežno stanje; snežna belina, bleščeče bela barva; bele lise na TV ekranu; *sl* kokain, heroin (droga); *pl* snežne padavine (mase), visok (obilen) sneg; *poet* beli lasje; **as white as** ∼ kot sneg bel; **everlasting** ∼ večni sneg; **a fall of** ∼ snežne padavine; **flakes of** ∼ snežinke; **how is the** ∼ **in Slovenia?** kakšne so snežne razmere (stanje) v Sloveniji?; **where are the** ∼**s of yester year?** *fig* kje so lepi stari časi?

snow II [snóu] *vi* snežiti; *fig* padati kot sneg; pri(haja)ti v veliki množini; *vt* zasnežiti, pokriti s snegom (večinoma **under**); **it snows** sneži; **it** ∼**ed invitations** deževalo je povabil; **he tells me it** ∼**s** *fig* pripoveduje mi nekaj čisto novega (ironično); **to be** ∼**ed in** biti zasnežen, zasut s snegom; **to be** ∼**ed under** biti zasut s snegom; *fig* biti zasut (s čim) do glave; (o kandidatu na volitvah) biti premagan z veliko večino; **the train was** ∼**ed under** vlak je obtičal v snegu; **to** ∼ **up** *vt* zasnežiti, zamesti, zasuti s snegom; **the road is snowed up** cesta je zasnežena, zametana s snegom

snowball [snóubɔ:l] **1.** *n* snežna kepa; *fig* puding iz jabolk in riža; *fig* dobrodelna ustanova, za katero vsak darovalec najde novega darovalca; **2.** *vi* kepati se, obmetavati s snežnimi kepami; *fig* hitro rasti ali se razvijati, postajati vse večji, precejkrat se povečati; *vt* obmetavati (koga) s snežnimi kepami, kepati; **the votes for him** ∼**ed** glasovi zanj so naraščali kot snežni plaz

snowbank [snóubæŋk] *n* snežni zamet, opast

snow-berry [snóuberi] *n bot* mahovnica

snowbird [snóubə:d] *n* planinski ščinkavec; *sl* narkoman

snow-blind [snóublaind] *a* oslepljen, slep od bleščečega se snega

snow-blindness [snóublaindnis] *n* snežna slepota

snow-blink [snóubliŋk] *n* odsev snega na nebu

snow-boots [snóubu:ts] *n pl* snežni čevlji, snežke; gumasti čevlji, ki se nosijo nad usnjenimi čevlji za zaščito le-teh

snow-bound [snóubaund] *a* zasnežen, zameten s snegom, odrezan zaradi snega

snowbreak [snóubreik] *n* snežni usad (plaz); od snega polomljeno drevje; področje takega drevja

snow-broth [snóubrə:θ] *n* snežnica

snow-capped [snóukæpt] *a* pokrit s snegom

snowchain [snóučein] *n* snežna veriga

snow-clad [snóuklæd] *a* pokrit s snegom

snow-drift [snóudrift] *n* snežni zamet

snowdrop [snóudrəp] *n bot* zvonček; *A coll* vojaški policist

snowfall [snóufɔ:l] *n* snežne padavine, sneženje; množina snega, ki pade v nekem kraju (naenkrat ali v vsem letu)

snow-field [snóufi:ld] *n* snežišče, snežno polje, poljana večnega snega v planinah ali v polarnih krajih

snow-flake [snóufleik] *n* snežinka, snežen kosmič; *bot* véliki zvonček

snow-gauge [snóugeidž] *n* merilna naprava za sneg

snow goggles [snóugɔglz] *n pl* temna snežna očala

snowhouse [snóuhaus] *n* koča (hiša) iz snega; iglu, eskimska hišica iz snega; shramba za sneg

snowily [snóuili] *a* podoben snegu, snežnat

snowiness [snóuinis] *n* snežnatost; belina

snow-leopard [snóulepəd] *n zool* gorski leopard

snowless [snóulis] *a* brez snega

snow-line, snow-limit [snóulain,-limit] *n* meja (večnega) snega

snowman, *pl* **-men** [snóumən] *n* snežak, sneženi mož; **abominable** ∼ snežni človek, jeti (v Himalaji)

snowmobile [snóumoubil] *n* motorne sani

snow pellets [snóupelits] *n pl* zrna toče; babje pšeno, sodra

snow-plant [snóupla:nt] *n* mikroskopska cvetka, ki raste v snegu in mu daje rdečo barvo

snow-plough (*A* **plow**) [snóuplau] **1.** *n* snežni plug (tudi figura pri smučanju); **2.** *vi* (smučanje) narediti (voziti) plug

snow pudding [snóupudiŋ] *n* citronov puding (s snegom)

snow report [snóuripɔ́:t] *n* poročilo o snežnih razmerah

snowshed [snóušed] *n* snežna streha (na železniški progi)

snow-shoes [snóušu:z] *n pl* snežne krplje; (redko) smučke

snow-slide, snow-slip [snóuslaid,-slip] *n* snežni plaz, lavina

snow-storm [snóustə:m] *n* snežni vihar (metež, vejavica)

snowsuit [snóusju:t] *n* enodelna otroška obleka za smučanje

snow-white [snóuwait] *a* snežnobel; **Snow-White** Sneguljčica

snowy [snóui] *a* (**snowily** *adv*) snežen, pokrit s snegom, poln snega, ki ima veliko snega, snežnat, bel kot sneg; *fig* čist, brez madeža; ∼ **hair** kot sneg beli lasje; **a** ∼ **dove** snežnobela golobica; **a** ∼ **winter** s snegom bogata zima

snub I [snʌb] **1.** *n* oster ukor, graja; osorna zavrnitev; **to give s.o. a** ∼ grobo, surovo koga zavrniti; **to meet with a** ∼ biti na kratko odpravljen (zavrnjen); **2.** *vt* ostro ukoriti, (po)-

grajati, ozmerjati; osorno zavrniti, otresti se (koga), nahruliti (koga) s prezirljivimi besedami; hladno ravnati (s kom), (raz)žaliti, ne pozdraviti (koga); *naut* ustaviti (zlasti čoln) s pomočjo vrvi; **to ~ s.o. into silence** utišati koga

snub II [snʌb] **1.** *a* zavihan, zafrknjen, top; **~ -nose** top nos; **2.** *n* top (zafrknjen, zavihan) nos

snubbee [snʌbíː] *n* zavrnjenec

snubber [snʌbə] *n mot* blažilnik (sunkov, udarcev)

snub-nosed [snʌbnouzd] *a* ki ima top (zafrknjen, zavihan) nos

snubby [snʌbi] *a* osoren, rezek; odklonilen

snuff I [snʌf] **1.** *n* slab (sajast, zoglenel) stenj sveče; odrezek zgorelega stenja, utrinek; *fig* žalosten (pre)ostanek; **2.** *vt* utrniti (svečo); *fig* zadušiti, uničiti; **to ~ out** ugasiti (s prsti), upihniti (svečo); *fig* uničiti (upanje); *vi coll* umreti; **to ~ out all opposition** zadušiti vso (vsako) opozicijo; **to ~ out** umreti

snuff II [snʌf] **1.** *n* vohanje, obvohavanje; vdih skozi nos; *fig obs* prezirljivo vihanje nosu; njuhalni tobak, njuhanec; zdravilo, ki se jemlje z njuhanjem; *fig* majhna količina, ščepec; **a pinch of ~** ščepec njuhanca; **to give s.o. ~** *fig coll* zasoliti jo komu, napraviti komu, da bo pomnil; **to be up to ~** *fig coll* biti prebrisan, poznati vse zvijače; **to take ~** njuhati, nosljati tobak; **2.** *vi* vohati, obvohavati (*at* kaj); *fig* prezirljivo vihati nos (*at* nad); njuhati, nosljati tobak; smrkati; *vt* smrkniti, vdihati (kaj) skozi nos; povohati, poduhati; *fig* vohati, slutiti (kaj); **to ~ it** spoznati (spregledati) prevaro

snuff-box [snʌfbɔks] *n* tobačnica za njuhalni tobak

snuff-coloured [snʌfkʌləd] *a* rumenorjav, barve (njuhalnega) tobaka

snuffer [snʌfə] *n* **1.** njuhalec, kdor njuha tobak; **2.** kdor utrinja sveče

snuffers [snʌfəz] *n pl* utrinjač (utrinjalo), škarje za odrezavanje stenja

snuffle [snʌfl] **1.** *n* obvohavanje; smrkanje, sopenje, hlipanje, glasno dihanje; govorjenje skozi nos, nosljanje, *fig* nenaravno (afektirano, licemersko) govorjenje, *pl med* kroničen nahod; **2.** *vi & vt* vohljati; smrkati, sopsti, glasno dihati; govoriti skozi nos, nosljati, govoriti kot prehlajen človek; licemersko govoriti; *vt* izgovarjati skozi nos (*out, forth*)

snuffler [snʌflə] *n* nosljač, kdor govori skozi nos; *fig* licemerec

snuffling [snʌfliŋ] *a* (**~ ly** *adv*) ki govori skozi nos, nosljajoč, hohnjav

snuff-taker [snʌfteikə] *n* njuhalec

snuffy [snʌfi] *a* (**snuffily** *adv*) podoben tobaku za njuhanje, dišeč po njuhancu, umazan od njuhanca; *med* nahoden; ki slabo izgleda; nevoljen, jezen, užaljen

snug I [snʌg] *n tech* nos (vijaka)

snug II [snʌg] **1.** *a* (**~ ly** *adv*) zaščiten, dobro zavarovan, skrit, udobno nameščen; udoben, komoden, topel, prijeten; ugoden; živeč v dobrih razmerah; zadosten, čeden (dohodek, obed itd.); ki se dobro prilega, pristaja (o obleki); *naut* dobro zgrajen (zaščiten, nameščen), neprepusten za vodo (o ladji); **(as) ~ as a bug in a rug** *fig* zelo udobno, v blagostanju; **a ~ fortune** lepo,

čedno premoženje; **a ~ little dinner** dobra večerjica; **a ~ jacket** lepo pristajajoč suknjič; **a ~ income** čeden dohodek; **to keep it nice and ~** *fig* lepo molčati o tem, skrivati to; **to lie ~** lepo, udobno, na skritem ležati; **to make a boat ~** namestiti čoln v zavetje (pred slabim vremenom); **2.** *adv* udobno, komodno; prijetno

snug III [snʌg] *vi* tesno se oprijemati; udobno se namestiti (*down*); *vt* napraviti nekaj udobno (*down, up*); **to ~ down** *naut* pripraviti (ladjo) za vihar

snuggery [snʌgəri] *n coll* udobna hišica (stanovanje, soba, delovna soba, izbica); soba za goste; točilnica; (redko) komodna službica

snuggish [snʌgiš] *a* precéj (kar) udoben

snuggle [snʌgl] *vi* stisniti se (*to* k), priviti se (k); udobno ležati; udobno se zaviti (često **up**, **down**), udobno se namestiti (*together*); *vt* stisniti k sebi, na srce (koga); zaviti (koga) (često **up**); **to ~ down** udobno si napraviti (ležati, se zaviti); **to ~ up in a blanket** zaviti se v odejo

snugness [snʌgnis] *n* udobnost, komodnost, ugodna (varna, topla, v zavetju) namestitev

snum [snʌm] *vi*; **I ~ A** *vulg* prisegam, zaklinjam se

so [sóu] **1.** *adv* tako, na ta način, s tem; v takem stanju; v redu, dobro; zato, potemtakem, iz tega razloga, zaradi tega, torej, kot posledica tega; tudi; **1. ~ ~** tako tako, ne dobro ne slabo; **~ and ~** tako ali tako; **~ as** na isti način kot; tako da (posledica); **~ ...as** toliko... kolikor; **never before ~ useful as now** nikoli poprej tako koristen kot zdaj; **~ be it!** tako bodi! pa dobro! (naj bo!); **~ far** doslej; **~ far ~ good** doslej (vse) dobro; **~ far I haven't heard of him** doslej nimam glasu o njem; **~ far as (in ~ far as) I am concerned** kar se mene tiče; **~ far as I know** kolikor (jaz) vem; **~ far forth** do te stopnje, *arch* doslej; **~ far from** nasprotno od, namesto da; **~ fashion A** na ta način, tako; **~ help me!** (prisega) tako mi bog pomagaj!; **~ long!** *coll* na svidenje!; **~ many** tako mnogi, toliki; **~ many men, ~ many minds** kolikor ljudi (glav), toliko mnenj; **~ much** toliko, v tolikšni meri; **~ much bread** toliko kruha; **~ much for that** toliko o tem, s tem je stvar urejena; **~ much the better (the worse)** toliko bolje (slabše); **~ tempting an offer** tako zapeljiva ponudba; **~ then** torej tako je to; zaradi tega; **~ to speak** tako rekoč; **2. and ~ on, and ~ forth** in tako dalje; **even ~** celó tako, celó v tem primeru; **ever ~** neskončno; **he was ever ~ pleased** preprosto (naravnost) očaran je bil; **it was ever ~ much better as it was before** bilo je neprimerno bolje poprej; **every ~ often** tu pa tam; **if ~** če je (to) tako, v takem primeru; **in ~ far as...** v toliki meri, da...; toliko, da...; **in ~ many words** dobesedno, prav s temi besedami; **Mr. So-and-so** g. X. Y.; **not ~ very bad** ne ravno slabo; **or ~** približno (toliko); **10 pounds or ~** 10 funtov ali kaj takega; **quite ~** takó je, popolnoma točno; **why ~?** zakaj tako? zakaj to?; **3. I hope ~** upam, da; **I told ~** rekel sem tako (to); **Do you think he will come? — I think ~.** Misliš, da bo prišel? — Mislim, da (bo).; **I sent**

it to you. — **So you did.** Poslal sem ti to; — Da, si (poslal). Res je. Tako je.; **Her brother came and ~ did she.** Njen brat je prišel in ona tudi. **4.** I **avoid him ~ as not to be obliged to talk to him** izogibam se ga, da mi ni treba govoriti z njim; **he is not ~ rich as his brother** ni tako bogat kot njegov brat; **I am sorry to see you ~ žal** mi je, da vas vidim v takem stanju; **it is not ~ much that he cannot as that he will not** ni toliko, da ne more, kot pa, da noče; **they climbed like ~ many monkeys** plezali so kot (prave) opice; **it is only ~ much rubbish** vse to je nesmisel (neumnost); **is that ~?** je to tako? je res? tako? res?; **you are unhappy, but I am still more ~** ti si nesrečen, jaz pa še bolj; **he was not ~ sick but he could eat a hearty dinner** ni bil toliko bolan, da ne bi mogel pojesti obilne večerje; **I found them ~ many robbers** ugotovil (spoznal) sem, da niso nič drugega kot tatovi; **that is ever ~ much better** coll to je toliko bolje; **he did not ~ much as look at me** še (niti) pogledal me ni; **as you make your bed, ~ you must lie** kakor si si postlal, tako boš spal; **and ~ say all of us** in tega mnenja smo mi vsi; **you don't say ~!** (saj to) ni mogoče!; **all he said was ~ much slander** vse, kar je rekel, ni bilo nič drugega kot samo obrekovanje; **I told him everything, ~ you need not write to him** vse sem mu povedal, torej ni treba, da mu pišeš; **I do not want it, ~ there you are** ne maram tega, da veš (sedaj veš); **II.** *conj coll* zaradi tega, zato; torej, potemtakem; (v pogojnih in dopustnih stavkih) če le; **~, that's what it is!** takó je torej to!; **~ that** tako da; **he annoyed us ~ that we never asked him again** tako nas je dolgočasil, da ga nismo nikoli več povabili; **III.** *interj* tako! narejeno! opravljeno!

soak [sóuk] **1.** *n* namočenje, namakanje, prepojitev; tekočina za namakanje; *coll* popivanje; *sl* pijanec; *sl* težak udarec; *sl* zastavitev, zastava; **to put in ~** zastaviti; **2.** *vt & vi* namočiti (se), namakati (se); prepojiti (napojiti) (se); pronicati, mezeti; *coll* čezmerno piti; vpijati; izsesati (tekočino) (*out*); *sl* opijaniti (koga); *coll* piti ga, biti pijanec; *sl* kaznovati (koga), *A sl* natepsti, pretepsti; *fig* izmolsti (kaj) iz koga, »osušiti« (koga) za kaj; *sl* zastaviti (kaj); **to ~ o.s. into** zatopiti se v; **to ~ through a filter** pronicati skozi cedilo; **I am ~ed through (with rain)** do kosti sem premočen (od dežja); **~ing wet** popolnoma premočen; **he ~ed me 10 shillings** osušil me je za 10 šilingov; **the path is ~ed** steza je razmočena; **blotting paper ~s up ink** pivnik vpija črnilo; **to ~ in (up)** vpijati, absorbirati; napojiti se

soakage [sóukidž] *n* močenje; močilo; vpijanje; infiltracija, prepojitev; absorbirana tekočina

soaker [sóukə] *n* pljusk dežja, močna ploha; *coll* pijanec, vinski bratec

soakers [sóukəz] *n pl* (pletene) otroške hlačke

soaking [sóukiŋ] **1.** *n* močenje, namakanje, premočitev; **we got a good ~** pošteno nas je premočilo; **2.** *a* (**~ly** *adv*) ki moči, prodira skozi kaj; premočen

soaky [sóuki] **1.** *a* premočen; **2.** *adv*; **~ wet** do kože moker (premočen)

So-and-so [sóuənsou] **1.** *n* neki X.Y., ta in ta; **Mr. ~** g. X.Y.; **2.** *adv* tako in tako

soap [sóup] **1.** *n* milo; *A sl* denar (za podkupovanje); (kratka oblika za) **~ opera; a cake of ~** kos mila; **household ~** gospodinjsko milo; **shaving ~** milo za britje; **soft ~** mehko milo, *fig* laskanje, prilizovanje; **2.** *vt & vi* namiliti (kaj), prati (kaj) z milom; namiliti se; **to ~ o.s.** namiliti se; **to ~ s.o. down** *fig* pošteno koga ošteti; **to ~ the ways** *coll* zravnati (zgladiti) poti

soap-boiler [sóupbɔilə] *n* milar, izdelovalec mila

soap-boiling [sóupbɔiliŋ] *n* izdelovanje mila

soap box [sóupbɔks] *n* škatla za milo; *A sl fig* improviziran govorniški oder na prostem; **soap-box orator** pouličen govornik

soap-bubble [sóupbʌbl] *n* milni mehurček; *fig* nekaj kratkotrajnega, brez vrednosti

soap-earth [sóupə:θ] *n min* steatit, salovec

soap flakes [sóupfleiks] *n pl* milni kosmiči

soapless [sóuplis] *a* ki je brez mila (nima, ne vsebuje mila); neumit

soap opera [sóupópərə] *n A coll* sentimentalna (radijska ali televizijska) igra v nadaljevanjih; serija sentimentalnih iger, navadno iz družinskega življenja

soap powder [sóuppaudə] *n* milni prašek

soapstone [sóupstoun] *n min* steatit, salovec, krojaška kreda

soap-suds [sóupsʌdz] *n pl* milnica, milni lug

soap-works [sóupwə:ks] *n pl* milarna

soapiness [sóupinis] *n* sladkava (osladna, maziljena) narava

soapy [sóupi] *a* (**soapily** *adv*) milnat; *sl fig* laskajoč, laskav, dobrikav, sladek; klečeplazen; **~ water** milnata voda

soar [sɔ:] **1.** *n* polet v višino, plavanje (visenje, lebdenje) v zraku; *fig* visok polet misli; **2.** *vi* vzleteti, poleteti proti nebu, pod oblake, dvigniti se v zrak; viseti (plavati, lebdeti) v zraku; *fig* biti vzvišen, lebdeti v višjih sferah (o mislih); poskočiti, dvigniti se (o cenah); *aero* leteti z ugašenim motorjem, jadrati v jadralnem letalu; **~ing eagle** visoko leteč orel

soarer [sɔ́:rə] *n aero* jadralno letalo

soaring [sɔ́:riŋ] **1.** *a* (**~ly** *adv*) leteč (težeč) visoko proti nebu, plavajoč v veliki višini, lebdeč v višavah; vzvišen (o mislih); *fig* častihlepen, ošaben, prevzeten; **2.** *n aero* polet, let v jadralnem letalu

sob I [sɔb] **1.** *n* krčevit jok, ihtenje; tarnanje, ječanje, stokanje; *fig* zavijanje vetra; **~ stuff** *A sl* sentimentalen način pisanja, patos, sentimentalna povest (reportaža, govor); **his breath came in ~s** krčevito je dihal, hlipal je; **2.** *a A sl* ihteč, ki povzroča ihtenje; solzen, čustven, ginljiv, jokav, osladen

sob II [sɔb] *vi* ihteti, krčevito jokati, hlipati, ihte govoriti; loviti zrak z odprtimi usti; ječati, stokati; *vt* ihte izgovoriti (večinoma **out**); **to ~ one's heart out** krčevito jokati, ihteti; **to ~ o.s. to sleep** od jokanja zaspati

sobbing [sɔ́biŋ] **1.** *n* (često *pl*) ihtenje, krčevito jokanje; **2.** *a* ihteč

sobeit [soubí:it] *conj obs* če le, če sploh

sober I [sóubə] *a* trezen, ne pijan, iztreznjen; zmeren, spodoben, razumen, pameten, zdrave pameti; miren, umirjen, uravnovešen, nepretiran, hladnokrven, oprezen; resen, slovesen; razsoden; gol (o dejstvu); hladen, miren, nekričeč (o barvah); preprost, temen (o obleki); **as ~ as a judge** popolnoma trezen; **in ~ earnest** čisto resno, brez šale; ~ **understanding** zdrava pamet; **to appeal from Philip drunk to Philip** ~ opozoriti koga, da je njegovo trenutno mnenje pogojeno od razpoloženja

sober II [sóubə] *vt & vi* strezniti (se) (tudi *fig*), spametovati (se); *fig* ublažiti (se), umiriti (se); **to ~ down** strezniti (se), spametovati (se), umiriti (se), ublažiti (se)

sober-minded [sóubəmaindid] *a* trezen, pameten, miren, zbran

sober-mindedness [sóubəmaindidnis] *n* treznost, mirnost, zbranost

soberness [sóubənis] *n* treznost, zmernost, resnost, umirjenost, mirnost

sober-sides [sóubəsaidz] *n* resen človek

sober-suited [sóubəsju:tid] *a poet* preprosto oblečen, oblečen v temno obleko

sobriety [soubráiəti] *n* treznost, zmernost; resnost, razumnost, pametnost

sobriquet [sóubrikei] *n* vzdevek, zbadljiv priimek

sob sister [sóbsistə] *n A coll* avtor(ica) sentimentalnih člankov ali del; (redko) sentimentalna ženska

sob story [sóbstəri] *n A coll* sentimentalna zgodba

sob-stuff [sóbstʌf] *n A sl* patos, sentimentalen način pisanja, sentimentalna povest (stil, reportaža, govor)

soc [sɔk] *n hist jur* sodstvo, sodna oblast, sodno okrožje; **sac and ~** pravica zaslišavanja in sojenja

so-called [sóukó:ld] *pred a* tako imenovan

soc(c)age [sókidž] *n hist jur* najem zemlje in plačevanje najemnine zanjo ter opravljanje drugih uslug (fevdnemu gospodarju)

soccer [sókə] *n E coll sp* nogomet

sociability [soušəbíliti] *n* družabnost, priljudnost; dostopnost; neprisiljenost

sociable [sóušəbl] **1.** *a* (**sociably** *adv*) družaben, ki ima rad družbo, priljuden, prijeten (za družbo), dostopen, prijateljski, prisrčen; **2.** *n A eccl* družabni sestanek; odprta kočija z nasprotnimi sedeži; dvosedežen tricikel (motorno kolo, letalo); sedež v obliki črke S, pri katerem sedeče osebe gledajo druga drugo v obraz

sociableness [sóušəblnis] *n* glej **sociability**

social I [sóušəl] *a* (~ **ly** *adv*) družben, socialen; družaben; ~ **benefits** ugodnosti (koristi) socialnega zavarovanja; ~ **climber** oseba z družbenimi ambicijami; ~ **contract** družbeni dogovor; ~ **dancing** družabni ples; ~ **democrat** *pol* socialni demokrat; ~ **diseases** spolne bolezni (evfemizem); ~ **environment** socialno okolje, miljé; ~ **evening** družabni večer; **the ~ evil** (evfemizem) prostitucija; **a ~ function** družbena funkcija; **a ~ gathering** družabna prireditev; ~ **hygiene** družbena kontrola spolnih bolezni (evfemizem); ~ **insurance** socialno zavarovanje; ~ **obligations** družbene obveznosti; ~ **questions** družbena vprašanja (problemi); **his ~ rank** njegov položaj v družbi; ~ **register** popis znamenitih oseb, »kdo je kdo«; ~ **science** sociolo-

gija, družboslovje; ~ **security** socialna varnost, zavarovanje; **to have ~ tastes** rad imeti družbo; ~ **student** oseba, ki proučuje socialna vprašanja; ~ **worker** socialni delavec, -vka; ~ **service** socialno skrbstvo

social II [sóušəl] *n coll* družabni sestanek; družba

socialism [sóušəlizəm] *n* socializem; ~ **of the chair** katedrski socializem; **Christian ~** krščanski socializem

socialist [sóušəlist] **1.** *n* socialist(ka); **2.** *a* socialističen

socialistic [soušəlístik] *a* (~ **ally** *adv*) socialističen

socialite [sóušəlait] *n A coll* pripadnik višjih krogov (imenitne družbe); salonski lev; dama iz višjih krogov

sociality [soušiǽliti] *n* družabnost, priljudnost; socialnost

socialization [soušəlaizéišən] *n* socializacija, podružbljenje, podružbitev

socialize [sóušəlaiz] *vt* podružbiti, socializirati, nacionalizirati; urediti na socialističen način; ~ **d medicine** podržavljena zdravstvena oskrba, od države vódena zdravstvena služba

societal [səsáitl] *a* socialen; ~ **development** družbeni razvoj

society [səsáiəti] *n* družba; skupnost, zadruga; družbeno okolje; društvo, združenje, združba, zveza društev; višji krogi, imenitna (elegantna) družba (svét); družabnost, družabno življenje, občevanje; *eccl* red; *A eccl* člani cerkvene občine, ki imajo pravico glasovanja; ~ **column** družabne vesti (rubrika v časopisu); **co-operative ~** potrošniška zadruga; ~ **goods** družbeno premoženje; **human ~** človeška družba; ~ **lady** dama iz visoke družbe; **the leaders of ~** vodje (vrhovi) družbe; ~ **people** višja družba; **the S~ of Friends** kvekerji; **the pests of ~** *fig* paraziti (družbe); **the Royal S~** Kraljeva Družba (vrsta akademije znanosti, ustanovljena leta 1662); **I always enjoy his ~** vedno sem vesel njegove družbe; **to go into ~** zahajati v družbo

sociogeny [sousiódžəni] *n* veda o izvoru človeške družbe

sociologic(al) [sousiəlódžik(əl)] *a* (~ **ly** *adv*) sociološki

sociologist [sousiólədžist] *n* sociolog

sociology [sousiólədži] *n* sociologija

sock I [sɔk, *pl econ* sox] **1.** *n* kratka nogavica; vložek za čevelj; nizek, lahek čevelj starih (grških) komikov, igralcev; *fig* komedija; **pull up your ~** zavihaj rokave! pljuni v roke!; **put a ~ in (into) it!** *E sl* nehaj! molči! jezik za zobe!; **2.** *vt*; **to ~ in** ovirati pri odletu; **planes were ~ed in** letala so bila ovirana pri odletu

sock II [sɔk] **1.** *n sl* zadetek, udarec (s pestjo); **to get ~s** dobiti udarce, batine; **to give s.o. ~s** nabíti, natepsti koga, znesti se nad kom; **2.** *vt sl* bíti, pretepati, tepsti, udariti; zalučati, zagnati (kaj) (*at* na), zadeti, pogoditi (koga) (s kamnom ipd.); **3.** *adv* direktno; naravnost, natančno, z enim udarcem; **he hit me ~ in the eye** udaril me je naravnost (prav) na oko

sock III [sɔk] **1.** *n sch sl* slaščice, bonboni, sladkarije, poslastice; **2.** *vt & vi sl* gostiti (se) s slaščicami, z bonboni

sockdolager, -loger [sɔkdólədžə] *n A sl* odločilen (knock-out) udarec; *fig* nckaj vclikcga, odločilnega; polni zadetek (odločilni argument)
socker [sɔ́kə] *n* = soccer *sp* nogomet
socket [sɔ́kit] **1.** *n* votlinica, luknja (npr. v svečniku za svečo); *med* sklepna ponvica, jamica; očesna jamica; okov (žarnice); *el* vtikalna doza; *tech* obojka, flanša; ~ **of teeth** zobna jamica; **eye** ~ očesna jamica; ~-**joint** *med tech* óblasti sklep; **ball and** ~ **joint** univerzalni sklɛp (ki se premika na vse strani); **you have almost pulled my arm out of its** ~ skoraj si mi izpahnil roko; **2.** *vt* vtakniti v obojko ali v vtikalno dozo
socle [sɔkl] *n archit* štirioglato podnožje (stebra, kipa itd.)
sod I [sɔd] **1.** *n* kos zemlje s travo, ruša; (drobna) trava; zemlja; **under the** ~ pod rušo, v grobu; **the old** ~ *fig* domovina; **to cut the first** ~ *fig* dati prvi udarec z lopato ali motiko; **to lay (to put) beneath the** ~ pokopati; **2.** *vt* pokriti, obložiti z rušami, s kosi zemlje, s travo, s trato; obmetavati z rušami
sod II [sɔd] *n vulg* sodomit, homoseksualec; »svinja«, lopov, falot
sod III [sɔd] *obs pt & pp* od **to seethe**
soda [sóudə] *n chem* soda, natrijev (bi)karbonat; sodavica; **a whisky and** ~ whisky s sodavico
soda fountain [sóudə fáuntin] *n* naprava za točenje sodavice; *A sl* točilnica, pult za točenje sodavice, brezalkoholnih pijač in za sladoled
soda jerk(er) [sóudədžə:k(ə)] *n A* mešalec (mikser) v točilnici sodavice
sodality [soudǽliti] *n* dobrodelna družba, (cerkvena) karitativna bratovščina; sodaliteta
soda pop [sóudəpɔp] *n* limonada
soda water [sóudəwɔ:tə] *n* sodavica; mineralna voda
soda-water bottle [sóudəwɔ:tə bɔtl] *n* sifon(ka)
sodden [sɔdn] **1.** *a* namočen, premočen; slabo pečen, neprepečen; napihnjen, nabuhel (kruh); (redko) prevret, kuhan; brezizrazen, neumen; ~ **with wet** premočen, nabuhel, prepojen; ~ **features** zabuhel obraz; **2.** *vt & vi* namočiti (se), razmočiti (se); **the rains have** ~**ed the earth** deževje je namočilo zemljo
soddenness [sɔdənnis] *n* vlažnost, mokrota
sodium [sóudjəm] *n chem* natrij
soddy [sɔ́di] *a* obložen z rušami
sodomite [sɔ́dəmait] *n* sodomit; homoseksualec
sodomy [sɔ́dəmi] *n* sodomija, nenaravno spolno nagnjenje ali spolno občevanje; homoseksualnost
sod-widow [sɔ́dwidou] *n A sl* vdova
soever [souévə] *adv* kakorkoli; **how late** ~ kakorkoli pozno
sofa [sóufə] *n* zofa, kavč, divan, kanapé; ~ **bed,** ~-**bedstand** kavč, ki rabi tudi za posteljo
sofar [sóufa:] *n* naprava za določitev mesta s pomočjo zvočnih valov (za rešitev brodolomcev)
soffit [sɔ́fit] *n archit* spodnja ploskev loka (oboka, svoda); sofita
soft I [sɔft] *n coll* bedak, tepec, neumnež, butec
soft II [sɔft] **1.** *a* mehek, upogljiv, popustljiv; mil, blag (podnebje, temperatura itd.); miren, nekričeč (barva); okusen, piten (vino); gladek (koža); topel, topel in vlažen, deževen (vreme);

lahen, rahel (udarec, trkanje); tih, pridušen (glas); ljubezniv, prijazen; nežen (*with* z); miren (spanje); *econ* nestabilen (cene); kóven (kovina), drobljiv, krhek (kamen); *sl* lahek; zaljubljen (*on* v); nemožat, pomehkužen, mlahav, neodporen, brez energije; bedast, neumen, prismuknjen; *phon* zveneč; palatalen, brez pridiha (aspiracije); **as** ~ **as butter** mehek kot maslo; ~ **air** mil, blag zrak; ~ **climate** mila klima; ~ **corn** vlažna odebelitev kože med nožnimi prsti; ~ **currency** nekonvertibilna valuta; **a** ~ **day** deževen dan; **a** ~ **drink** *A sl* brezalkoholna pijača; ~ **eyes** mile oči; ~ **goods** tekstil(ije); **a** ~ **job** lahka služba; ~ **money** *A* papirnati denar, bankovci, menice; ~ **muscles** mlahave mišice; ~ **nothings** ljubavno gruljenje, sladke besede; ~ **roe** ribje mleko; ~ **sawder** laskanje, prilizovanje; ~ **sex,** ~**er sex** ženski spol, ženske; ~ **soap** mehko kalijevo milo, *fig A sl* laskanje, dobrikanje; ~ **solder** pločevina, ki se stali pri relativno nizki temperaturi; ~ **tack** *sl* bel kruh, *naut* mehek kruh (ne prepečenec), dobra hrana; ~ **thing** *coll* lahkó izvedljiva stvar, lahka in dobro plačana služba; laskanje; neumnost; ~ **weather** odjuga; ~ **winter** mila zima; ~ **wood** mehak les; **he was rather** ~ **in this affair** ni ravno briljiral v tej zadevi (stvari); **2.** *adv* počasi, tiho; **to fall** ~ srečno pasti; **to lie** ~ ležati na mehkem; **3.** *n* mehkoba, milina; *coll* slabič; bedak; **4.** *interj arch* počasi! polahko!
soft-boiled [sɔ́ftbɔild] *a* mehko kuhan
soft-brained [sɔ́ftbreind] *a* bedast, prismojen
soften [sɔfn] *vt & vi* omehčati (se), omiliti (se), ublažiti (se); pomehkužiti (se); stopiti se (o barvah); olepšati; omehčati, ganiti (srce); raznežiti se, *fig* ogreti se; oslabiti, pridušiti (zvok) (često *down*) *mil* demoralizirati sovražnika z bombardiranjem itd. pred napadom (izkrcanjem) (često *up*); **to** ~ **water** omehčati vodo
softener [sɔ́fnə] *n* mehčalo; blažilo
softening [sɔ́fniŋ] *n* (o)mehčanje; ~ **of the brain** *med* (z)mehčanje možganov
soft-footed [sɔ́ftfútid] *a* lahkonog, lahke hoje
soft goods [sɔ́ftgu:dz] *n pl* tekstilije
softhead [sɔ́fthed] *n* bedak, topoglavec
soft-headed [sɔ́fthedid] *a* slaboumen; neumen, zabit
soft-hearted [sɔ́fthá:tid] *a* mehkega srca, sočuten
softhorn [sɔ́fthɔ:n] *n fig* začetnik, novinec, zelenec
softish [sɔ́ftiš] *a* nekoliko mehek ali nežen; malo bedast ali naiven; *coll* lahek
softly [sɔ́ftli] *adv* mehko; nežno; udobno; tiho, mirno, neslišno; ~! tiho! počasi!
softness [sɔ́ftnis] *n* mehkost, mehkoba, nežnost, milina; blagost, popustljivost; pomanjkanje energije, mehkužnost; neumnost, bedarija
soft-pedal [sɔ́ftpedl] *vi* uporabiti pedal za zmanjšanje (ublažitev) tona, zvoka; *fig* ublažiti, stišati, potlačiti, zadušiti
soft-spoken [sɔ́ftspouken] *a* mil, ljubezniv, prijazen ki govori s tihim glasom, tih
soft-witted [sɔ́ftwitid] *a* slaboumen
softy [sɔ́fti] *n coll* bedak, tepček; slabič
sog [sɔg] *n A* duševna topost
soggy [sɔ́gi] *a* premočen, razmočen, namočen, vlažen; močviren; *fig* dolgočasen, neduhovit, neumen, puhel

soh [sóu] *interj* tako je! tako!

soho [souhóu] *interj* halo! hej! oha!

soil I [sóil] *n* tla, zemlja, orna zemlja, gruda, zemljišče; *fig* domača gruda; **my native** ~ moja domovina; **rich** ~ plodna zemlja; **a son of the** ~ poljedelec

soil II [sóil] **1.** *n* umazanost, umazanija, nesnaga, nečistoča; madež (tudi *fig*); močvirnata luknja, blatno ležišče (divjačine); **night-**~ vsebina stranišča, greznice, ki se ponoči izprazni; **to go (to run) to** ~ iskati zavetje; **2.** *vt* & *vi* zamazati (se), umazati (se), onesnažiti (se); *fig* omadeževati, umazati; **this fabric** ~s **easily** to blago se hitro umaže; **I would not not** ~ **my hands with it** jaz si ne bi hotel umazati rok s tem

soil III [sóil] *vt* krmiti (živino) z zeleno krmo (za pitanje)

soilage [sóilidž] *n agr* zelena krma

soilless [sóillis] *a* neomadeževan, brez madeža

soil-pipe [sóilpaip] *n* odvodna (stranična) cev

soilure [sóiljə] *n* umazanost; (umazan) madež

sojourn [sódžə:n] **1.** *n* začasno (kratko) bivanje; (redko) kraj (kratkega) bivanja; **2.** *vi* krajši čas bivati (se muditi) (*in* v, *with* pri)

sojourner [sódžə:nə] *n* (prehoden) gost, obiskovalec

sokeman, *pl* **-men** [sóukmən] *n* vazal

sol [səl] *n mus* (peta nota lestvice) G

solace [sóləs] **1.** *n* tolažba, uteha; (o)lajšanje (*in* v, *to* za); razvedrilo, osvežilo; **she found** ~ **in religion** našla je uteho v veri; **2.** *vt* tolažiti, tešiti; razvedriti; (o)lajšati; **to** ~ **grief** lajšati gorje; **to** ~ **o.s. with s.th.** tolažiti se s čim

solacement [sóləsmənt] *n* tolažba, uteha

solanum [souléinəm] *n bot* razhudnik

solar [sóulə] *a* sončen; *tech* ki ga poganja sončna energija; ~ **day** 24urni dan (štet od poldneva); ~ **eclipse** sončni mrk; ~ **(energy) power station** elektrarna, ki obratuje s pomočjo sončne energije; ~ **month** natančno dvanajsti del leta; ~ **motion** *astr* premikanje sončnega sistema; ~ **myth** mit sonca

solarism [sóulərizəm] *n* solarizem, čaščenje sonca

solarium [souléəriəm] *n* solarij, prostor za sončenje (s steklenimi stenami)

solarize [sóulərаiz] *vi* & *vt phot* predolgo izpostaviti delovanju svetlobe, preveč eksponirati; biti preveč osvetljen, pokvariti se zaradi svetlobe (o sliki)

solatium, *pl* **-atia** [souléišiəm, -šiə] *n* tolažilna nagrada; *jur* odškodnina, nadomestilo, kompenzacija; bolečnina

sold [sóuld] *pt* & *pp* od **to sell**

soldan [sóldən] *n hist* sultan (zlasti v Egiptu)

solder [só(l)də] **1.** *n tech* spajka, lot; *fig* sredstvo za spajkanje, za lotanje; *fig* vezno sredstvo, vezilo, spojilo; kit, lepilo, zamazka; **2.** *vt* spajkati, variti, lotati; (za)kitati, zamazati; **to** ~ **up** zakrpati, izboljšati; *vi* biti zalotan (spajkan); biti zakrpan

soldering [sóldəriŋ] *n* spajkanje, varjenje, lotanje; ~ **copper**, ~ **iron** spajkalnik; ~ **paste** spajkalna pasta

soldier I [sóuldžə] *n* vojak, borec; *fig* odličen vojaški poveljnik; *naut sl* mornar, ki se izogiblje delu, zmuznè, zabušant; *sl* posušen slanik; ~

~ **of fortune** vojak najemnik; pustolovec, ki služi vsakomur, ki mu plača; ~**'s heart** *med* nervozno srce, srčna nevroza; ~**'s medal** *A mil* medalja za hrabrost; ~**'s privilege** godrnjanje; **both officers and** ~s častniki in vojaki (moštvo); **common** ~, **private** ~ navaden vojak, prostak, borec; **every inch a** ~ vojak od glave do pete; **fellow-**~ vojaški tovariš; **foot-**~ vojak pešak; **old** ~ *fig* oseba ali stvar, ki je svoje odslužila; izkušen človek; **tin** ~s vojaki iz cina; **the Unknown S**~ Neznani junak; **to go for a** ~ iti v vojake; **to play the old** ~, **to come the old** ~ **over s.o.** *sl* hoteti (skušati) komu kaj natvesti

soldier II [sóuldžə] *vi* služiti vojaščino, biti vojak; *naut sl* izogibati se dolžnostim, biti zmuznè, zabušant

soldierlike [sóuldžəlaik] *a* vojaški, podoben vojaku; pogumen

soldierly [sóuldžəli] **1.** *a* vojaški; **2.** *adv* (po) vojaško

soldiership [sóuldžəšip] *n* vojaščina

soldiery [sóuldžəri] *n* vojaščina, vojaki, vojska; vojaška izurjenost; **a wild, licentious** ~ soldateska

sole I [sóul] **1.** *n* podplat (noge, čevlja); *tech* podnožje, spodnji del; temeljna plošča; ~ **leather** usnje za podplate; **2.** *vt* podplatiti (čevelj)

sole II [sóul] *a* sam, edini, izključni; *obs* (čisto) sam; *jur* neomožena, samska; *poet arch* osamljen, sam; ~ **agency** edina, izključna agencija; ~ **trade** monopol; **feme** ~ *jur* neporočena (samska) ženska; **my** ~ **object** moj edini cilj; **the** ~ **heir** edini, univerzalni dedič

sole III [sóul] *n* morski list (riba)

solecism [sólisizəm] *n* solecizem, slovnična napaka v govoru; spodrsljaj, nerodnost; prekršek pravil o lepem vedenju, prestopek proti etiketi; zmota, pogrešek, neumnost

solecistic [səlisístik] *a ling* (slovnično) nepravilen; neprimeren; zmoten

solely [sóulli] *adv* samó, edino(le), izključno; ~ **because of** samo zaradi

solemn [sóləm] *a* (~ **ly** *adv*) svečan, slovesen, vzvišen; ki zbuja spoštovanje; resen, resnoben, dostojanstven; *jur* formalen; *obs* važen, pomemben; *obs* pompozen, razkošen; **on such a** ~ **occasion** ob tako slovesni (svečani) priliki; **a** ~ **countenance** resnoben izraz; ~ **declaration** slovesna izjava; ~ **high mass** *eccl* slovesna velika maša; **a suit of** ~ **black** črna svečana obleka; ~ **state dinner** svečan državen banket; **a** ~ **warning** resno, tehtno svarilo

solemnity [səlémniti] *n* svečanost, slovesnost; (često *pl*) svečana ceremonija, slavje; dostojanstvenost; *jur* formalnost; resnobnost, resnoben izraz (značaj)

solemnization [səlemnaizéišən] *n* slavljenje, praznovanje, svečana proslava

solemnize [sóləmnaiz] *vt* svečano (pro)slaviti, napraviti slovesno; formalno opraviti

solemnness [sóləmnis] *n* svečanost; resnobnost, dostojanstvenost

soleness [sóulnis] *n* osamljenost

solenoid [sóulinɔid] *n el* elektromagnet; ~ **valves** *tech* avtomatski kontrolni ventili solicit [səlísit] *vt* prositi, s prošnjami nadlegovati; skušati dobiti, potegovati se za; (redko) dražiti, spodbujati; *vi* vroče prositi, moledovati (*for* za); nabrati naročila; (o prostitutki) ponujati se, nagovarjati moške na ulici; **to ~ an office** potegovati se za službo

solicitant [səlísitənt] *n* prosilec

solicitation [səlisitéišən] *n* (nujna) prošnja, moledovanje; potegovanje za; spodbujanje, spodbuda; *jur* zapeljevanje, prikrivanje; nadlegovanje (nagovarjanje) (o prostitutkah); **~ of customers** nabiranje, snubljenje odjemalcev

solicitor [səlísitə] *n jur* nižji odvetnik, pravni zastopnik (ki ne sme zastopati pravnih primerov pred rednimi sodišči); *A sl* agent, nabiralec; *jur* **S~ General** drugi najvišji državni pravdnik; *A* namestnik pravosodnega ministra

solicitous [səlísitəs] *a* (**~ ly** *adv*) zaskrbljen, vznemirjen (*about, for, of* gledé, za, zaradi); zelo si prizadevajoč, željan (*česa*); (redko) preskrben, prenatančen; **to be ~ to please** vneto si prizadevati, da bi ugajali; **she is too ~ about her health** preveč skrbi si dela glede svojega zdravja

solicitress [səlísitris] *n* odvetnica; zagovornica

solicitude [səlísitju:d] *n* zaskrbljenost; skrb (*about, for, of* gledé, za); *pl* skrbi, vznemirjenost; prevelika boječnost, plašljivost

solid I [sólid] *n phys* trdno telo; (često *pl*) trdna, netekoča hrana; **regular ~** *geom* pravilno telo

solid II [sólid] **1.** *a* (**~ ly** *adv*) trden (netekoč); čvrst, soliden, masiven, kompakten, homogen, strnjen; nepretrgan; enoličen; utemeljen, pameten, trezen, tehten, močan; zanesljiv, temeljit; soglasen, enodušen, enobarven; *com* denarno varen, zanesljiv; pristen, pravi, resničen; *math* tridimenzionalen, kubičen; **for a ~ hour** celo (polno, eno) uro; **~ arguments** stvarni, tehtni argumenti; **~ capacity** prostornina; **~ for** *sl* lojalen; **~ foot (yard)** kubičen čevelj (jard); **~ geometry** stereometrija; **~ gold** masivno zlato; **a ~ man** resen, pameten človek, a brez kakih izrednih sposobnosti; **~ matter** kovinska ploščica, ki se stavi med vrstice (za večji razmik); **~ measure** prostorninska mera; **~ number** integralno število; **~ problem** *math* problem, ki se da rešiti z enačbo 3. stopnje; **~ printing** tiskanje vrstic brez stavljanja kovinskih ploščic med vrstice; **a ~ row of buildings** strnjena vrsta poslopij; **the ~ South** *A* južne države, ki dosledno glasujejo za demokrate; **~ square** *mil* formacija enake dolžine in širine; **~ state** trdno stanje; **a ~ tyre** polna pnevmatika, guma; **a ~ vote** soglasno glasovanje (volitev); **he was talking a ~ hour** govoril je nepretrgano celo uro; **2.** *adv* (**solidly**) enodušno, soglasno, odločno; **to go ~** biti soglasno (*against* proti, *for* za); **to vote ~** enodušno glasovati (*for* za)

solidarity [səlidǽriti] *n* solidarnost, vzajemna pomoč, vzajemnost; složnost, enodušnost, soglasnost; interesna skupnost

solidary [sólidəri] *a* solidaren

solid-coloured [sólidkʌləd] *a* enobarven

solid-drawn [sóliddr:ən] *a tech* vlečen; **~ tube** brezšivna, vlečena cev

solid-fuelled [sólidfjuəld] *a* s trdno pogonsko snovjo (npr. **rocket** raketa)

solid-hoofed [sólidhu:ft] *a* ki ima polna (ne votla) kopita ali parklje

solidifiable [səlídifaiəbl] *a* ki se more strditi, postati trd ali gost

solidification [səlidifikéišən] *n* otrditev, strditev, zgostitev

solidify [səlídifai] *vt & vi* (o tekočini) strditi (se), zgostiti (se); *fig* konsolidirati (se) (npr. stranka)

solidity [səlíditi] *n* trdnost, gostota, čvrstost, solidnost, temeljitost; zanesljivost; *com* denarna trdnost (varnost, sigurnost)

solidness [sólidnis] *n* glej **solidity**

solid-propellent fuel [sólidprəpéləntfjúəl] *n* trdno pogonsko gorivo

solidungulate [səlidʌ́ŋgjulit] *a* enokopiten, celih kopit

soliloquist [səlíləkwist] *n* kdor govori sam s seboj

soliloquize [səlíləkwaiz] *vi* govoriti sam s seboj; *vt* reči (kaj) samemu sebi

soliloquy [səlíləkwi] *n* solilokvij, samogovor, govorjenje s samim seboj ali samemu sebi; *theat* monolog

soliped [sóliped] **1.** *n zool* enokopitar; **2.** *a* enokopiten, celih kopit

solipsism [sólipsizəm] *n phil* solipsizem, subjektivni idealizem, po katerem obstaja le moj »jaz«

solipsist [sólipsist] *n* privrženec solipsizma, solipsist

solitaire [səlitéə] *n* en sam, velik drag kamen (npr. briljant v prstanu); manšetni gumb iz enega kosa; *A* pasjansa (igra s kartami, ki jo igra samo en igralec s samim seboj); (redko) samotar

solitariness [sólitərinis] *n* osamljenost, osama, samotnost, samota

solitary [sólitəri] **1.** *a* (**solitarily** *adv*) sam, osamljen, samoten, samotarski; posamezen, posamičen; **~ confinement** zapor v celici samici; **a ~ exception** ena sama (edina) izjema; **a ~ life** odmaknjeno, samotarsko življenje; **not a ~ one** niti en sam (edini); **to take a ~ walk** iti na samoten sprehod; **2.** *n* samotnik, samotar, puščavnik (često *fig*)

solitude [sólitju:d] *n* samota, samotnost, osamljenost; pustota; samoten, odmaknjen, zakoten kraj

solleret [sóləret] *n hist* železen čevelj (viteške oprave)

solmizate [sólmizeit] *vi mus* vzeti kak zlog kot ime za vsako noto lestvice, solmizirati

solmization [sólmizéišən] *n mus* solmizacija, sistem poimenovanja lestvičnih stopenj z zlogi

solo, *pl* **~ s, soli** [sóulou; sóli:] **1.** *n mus* solo; *aero* let(enje), polet samo ene osebe (brez spremstva); (kartanje) solo igra; **2.** *a* sam, brez spremstva, spremljanja; **a ~ flight** *aero* polet brez spremstva; **3.** *vi aero* leteti sam, brez spremstva; **4.** *adv* brez spremstva, sam; **to fly ~** leteti sam, brez spremstva

soloist [sóulouist] *n mus* solist; *aero* letalec brez spremstva

Solomon [sóləmən] *n* Salomon (tudi *fig*); **he is no ~** *fig* on ni iznašel smodnika, ni ravno bister

so long [soulóŋ] *interj coll* na svidenje!

solstice [sólstis] *n astr* sončni obrat, solsticij; *fig* vrhunec, preobrat; **summer (winter)** ~ poletni (zimski) solsticij

solstitial [solstíšəl] *a* (~ **ly** *adv*) solsticijski; ~ **point** solsticijska točka

solubility [soljubíliti] *n chem* topljivost; *fig* rešljivost (problema); razložljivost

soluble [sóljubl] *a* (raz)topljiv; *fig* rešljiv (problem); razložljiv; ~ **glass** *chem* vodno steklo

solus [sóuləs] *pred a* sam (kot gledališčno opozorilo); **enter king** ~ (naj) vstopi kralj sam

solute [səljú:t, *A* sólju:t] 1. *n* stopljena, razkrojena snov; 2. *a* razkrojen, raztopljen

solution [səljú:šən] *n chem* raztopina, raztapljanje, razkroj, razkrajanje; (raz)rešitev (*to* česa) (npr. zapletenega vprašanja); pojasnilo, razložitev; ~ **of continuity** prekinitev; **developing** ~ *phot* razvijalec; **fixing** ~ fiksir; **mechanical** ~ zmes, mešanica; **his ideas are in** ~ njegove ideje so še nedoločene

solutionist [səljú:šənist] *n* oseba, ki stalno rešuje uganke v časopisih

solvability [solvəbíliti] *n* rešljivost

solvable [sólvəbl] *a chem* topljiv; rešljiv, razložljiv; *obs* solventen

solvableness [sólvəblnis] *n* rešljivost

solve [solv] *vt* (raz)rešiti (problem), najti izhod (iz težav); *arch* razplesti, razvozlati, najti razlago za; plačati, poravnati (dolg); **to** ~ **a mystery** rešiti (razvozlati) skrivnost; **to** ~ **a knot** razvozlati vozel

solvency [sólvənsi] *n econ* solvenca, plačljivost, plačilna zmožnost

solvent [sólvənt] 1. *a econ* solventen, zmožen plačila; *chem* razkrajajoč, raztopen, topilen; *fig* razkrojevalen; ki slabi (vero, tradicijo); **the estate is** ~ posestvo v zadostni meri krije dolgove; 2. *n chem* razkrojilo (tudi *fig*), (raz)topilo; **science is the** ~ **of religious belief** znanost razkraja (slabi, spodkopava) vero

soma, *pl* **somata** [sóumə, -mətə] *n biol med* telo; telesna celica

somatic [soumǽtik] *a* (~ **ally** *adv*) telesen, fizičen; somatičen; ~ **cell** somatična celica (stanica)

somatics [soumǽtiks] *n pl* (*sg* konstrukcija) glej **somatology**

somatology [soumətólədži] *n* nauk o ustroju človeškega telesa, somatologija

sombre, somber [sómbə] *a* (~ **ly** *adv*) temačen, temen, mračen, mrk; temne barve; *fig* žalosten, otožen; **a** ~ **sky** mračno nebo; ~ **prospect** slab(i) obet(i), izgled(i)

sombreness [sómbrənis] *n* mračnost, mrak, temačnost, tema; *fig* melanholija, otožnost, žalost

sombrous [sómbrəs] *a obs poet* temen, temačen, mračen, mrk; *fig* otožen, žalosten, melanholičen

some [sʌm] 1. *a* neki, nekak, nekateri, en; katerikoli, kakršenkoli; *sl* velik, silen, pomemben, odličen; (pred samostalnikom v množini) nekaj, neko število, nekoliko, malo (od njih), kakih, okrog, približno; **at** ~ **time or other** enkrat pač, kadarkoli, prej ali slej; **for** ~ **time** nekaj časa; **in** ~ **way or other** na ta ali na oni način, tako ali tako; **to** ~ **extent** do neke mere, nekako; ~ **day** nekega dne; ~ **few** maloštevilni,

majhno število; ~ **girl!** čedno dekle!; ~ **people** nekateri (ljudje), nekaj ljudi; ~ **time** enkrat; ~ **time ago** nekaj časa (je) (od) tegà; **a village of** ~ **50 houses** vas kakih 50 hiš; **it is** ~ **five years since we saw each other** kakih pet let je, kar sva se (zadnjič) videla; **shall I give you** ~ **more tea?** naj vam dam še malo čaja?; **have** ~ **jam with your bread** vzemite si (nekaj) džema s kruhom!; **I call that** ~ **poem!** to (pa) je pesem!; **that's** ~ **hat!** to (pa) je klobuk (in pol)! to je kolosalen klobuk!; **I left it in** ~ **corner** pustil sem ga (to) v kakem kotu; **as you say, it did cost** ~ **money** kot pravite, je to (res) stalo nekaj (= precéj) denarja; **I must do it** ~ **day** ta ali oni dan (enkrat) moram to napraviti; **that will take you** ~ **time** to vam bo vzelo nekaj časa; 2. *pron* katerikoli, neki, nekateri; *A sl* precéj, kar veliko, kar mnogo, še več; ~ ...~ eni... drugi; ~ **of it** nekaj tega; ~ **of them** nekateri od njih; ~ **of these days** te dni, v kratkem, kmalu; ~ **accepted,** ~ **refused** nekateri so sprejeli, drugi odklonili; **if you have no money, I will give you** ~ če nimaš denarja, ti ga jaz nekaj dam; **may I have** ~ **of this cake?** lahko dobim nekaj tega kolača?; **he looked** ~ **tipsy** bil je videti precéj vinjen; **he ran a mile and then** ~ tekel je eno miljo in nato še naprej; 3. *adv* nekaj; precéj, zelo; **that's going** ~! to mi je všeč! to je sijajno!; **he seems annoyed** ~ videti je nekaj nejevoljen (jezen)

somebody [sámbədi] *n* nekdo; pomembna (važna) oseba (*pl* **somebodies**); ~ **else** nekdo drugi; **ask** ~ **else** vprašaj koga drugega!; **he is** ~ **now** on je zdaj pomembna oseba; **they think they are somebodies** mislijo, da so nekaj (da so važne osebnosti)

someday [sámdei] *adv* nekega dne

somehow [sámhau] *adv* nekako; iz nekega razloga; ~ **or other** tako ali tako, kakorkoli, ne vem kako; iz kateregakoli razloga

someone [sámwʌn] *n* nekdo; ~ **or other** ta ali oni, kdorkoli

someplace [sámpleis] *adv* koderkoli, kamorkoli, nekje, nekam

somersault [sáməsɔ:lt] 1. *n* prekuc, salto, »kozolec«; *fig* popoln preobrat (v naziranju); **double, treble** ~ dvojni, trojni salto; **to turn (to cut) a** ~ napraviti kozolec ali salto; 2. *vi* prevračati kozolce; napraviti salto

somerset I [sáməsit] *n & vi* glej **somersault**

somerset II [sáməsit] *n* oblazinjeno sedlo (zlasti za enonogega jezdeca)

somesuch [sámsʌč] *a* nekako takšen

something [sámθiŋ] 1. *n* nekaj; nekaj važnega; nekaj takega; (evfemizem) presnet, preklet; ~ **else** nekaj drugega; ~ **old** nekaj starega; ~ **or other** karkoli, to ali ono; **a certain** ~ nekaj določenega (gotovega); **not for** ~! za nič na svetu ne!; **that** ~ **man!** ta prekleti človek!; ~ **must be done** nekaj je treba storiti; **I have** ~ **for you** imam nekaj za vas; **he is** ~ **of a...** on je nekak (nekaj takega kot); **he is** ~ **of a poet** on je nekak pesnik; on je malo pesnika; **there is** ~ **in that** nekaj je na tem; **it is** ~ **to have nothing to pay** to (pa) je nekaj (vredno), da ni treba nič plačati; **he gave her a brooch**

or ~ dal ji je brošo ali nekaj takega (podobnega); **I hope to see** ~ **of you there** upam, da vas bom tam videl od časa do časa; **he thinks himself** ~ ima se za pomembno osebo; 2. *adv* nekaj, malce; precéj; izredno, važno; ~ **like** *coll* nekaj kot; **stooping** ~ **like his father** nekoliko sključen kot njegov oče; **that is** ~ **like burgundy** *coll* to je pa res (pravi) burgundec!; **that is** ~ **like!** tako je! tako je prav! odlično!
sometime [sʌmtaim] **1.** *a* bivši, prejšnji; nekdanji; **2.** *adv obs* nekoč, nekdaj; *obs* včasih; kadarkoli, enkrat (v prihodnosti), ob priliki; nekaj časa; ~ **last year** nekoč lani; ~ **or other** nekega dne, prej ali slej; **I shall go there** ~ šel bom tja ob priliki (enkrat); **write** ~ piši kaj (kdaj, ob priliki)!
sometimes [sʌmtaimz] *adv* včasih, tu pa tam, ob priliki; ~ **gay,** ~ **sad** enkrat vesel, enkrat žalosten
someway [sʌmwei] *adv* nekako, na neki način
somewhat [sʌmwət] *adv, pron* nekoliko, malo, do neke mere; (redko) del, nekaj; (redko) nekaj važnega, nekdo (pomemben); ~ **of a shock** precejšen šok; ~ **of this** nekaj tega; **he is** ~ **of a bore** on je precejšen dolgočasnež (tečnež); **I was** ~ **surprised** bil sem malo presenečen; **he had been** ~ **of a writer in his youth** v mladosti je (bil) malo pisateljeval
somewhen [sʌmwen] *adv* (redko) v nekem trenutku, kadarkoli
somewhere [sʌmwɛə] *adv* nekje, kjerkoli; nekam, kamorkoli; ~ **else** nekje drugod, nekam drugam; ~ **about 1970** nekje (nekako) okrog leta 1970; ~ **about here** tukaj nekje, v bližini; ~ **towards midnight** nekje (enkrat) proti polnoči; ~ **or other** ne vem kje, kjerkoli, kamorkoli; **he is** ~ **about fifty** on je kakih 50 let star; **he lives** ~ **near us** on stanuje nekje blizu nas; **let's go** ~ pojdimo kam(orkoli)!
somewhy [sʌmwai] *adv obs* iz tega razloga
somewhile [sʌmwail] *adv* (redko) (prej) enkrat; včasih; nekaj časa
somewise [sʌmwaiz] *adv*; **in** ~ na kakršenkoli način
somewither [sʌmwiðə] *adv* kamorkoli
somite [sóumait] *n med zool* somit, prasegment
somnambulant [sɔmnǽmbjulənt] *a* somnambulen, *med* mesečen
somnambulate [sɔmnǽmbjuleit] *vi & vt* hoditi okrog v spanju
somnambulation [sɔmnəmbjuléišən] *n* hoja v spanju
somnambulator [sɔmnǽmbjuleitə] *n med* somnambulist, mesečnik
somnambulism [sɔmnǽmbjulizəm] *n med* hoja v spanju, somnambulizem, mesečnost
somnambulist [sɔmnǽmbjulist] *n* somnambulist(ka), *med* mesečnik; kdor hodi v spanju
somnambulistic [sɔmnæmbjulístik] *a* (~**ally** *adv*) ki se nanaša na hojo v spanju, somnambulistčen
somnifacient [sɔmniféišənt] *a* uspavalen, pospešujoč spanje
somniferous [sɔmnífərəs] *a* uspavalen, somniferen
somnific [sɔmnífik] *a* uspavalen
somniloquence [sɔmnílɔkwəns] *n* glej **somniloquy**

somniloquism [sɔmnílɔkwizəm] *n* glej **somniloquy**
somniloquist [sɔmnílɔkwist] *n* kdor govori v spanju
somniloquous [sɔmnílɔkwəs] *a* ki govori v spanju
somniloquy [sɔmnílɔkwi] *n* govorjenje v spanju
somnipathist [sɔmnípəθist] *n* oseba v hipnotičnem stanju
somnipathy [sɔmnípəθi] *n* hipnotično stanje
somnolence, -cy [sómnələns, -si] *n* zaspanost, dremav, tamast; dremež, polspanje, somnolenca
somnolent [sómnələnt] *a* (~**ly** *adv*) zaspan, dremav, tamast; delujoč uspavalno, uspavajoč; somnolenten
somnolism [sómnəlizəm] *n med* hipnotično spanje, hipnoza
son [sʌn] *n* sin; *fig* sin, potomec; ~ **and heir** naslednik, najstarejši sin (in dedič); ~**-of-a--bitch** *vulg* pesjan, lopov; ~**-in-law** zet; **S**~ **of God** *eccl* Jezus, sin božji; **the S**~ *eccl* Sin (drugi v sv. trojici); ~ **of a gun** *sl* pridanič, ničvrednež; fant(alin); ~ **of Mars** vojščak; ~**s of men** človeški rod; ~ **of the soil** poljedelec, kmet; domorodec; ~ **of toil** delavec; **the** ~**s of Apollo** Apolonovi sinovi, pesniki; **every mother's** ~ **(of us)** vsakdo (od nas); **grand** ~ vnuk; **step** ~ pastorek
sonance, -cy [sóunəns(i)] *n phon* zvočnost; glas
sonant [sóunənt] **1.** *a phon* zveneč; **2.** *n* zveneč glas, zveneč soglasnik; sonant
sonar [sóuna:] *n naut* A sonar (priprava za odkrivanje predmetov pod vodo, npr. podmornice)
sonata [sənά:tə] *n mus* sonata
sonatina [sɔnətí:nə] *n mus* sonatina
sonderclass [zóndəkla:s] *n naut sp* posebni razred (jaht)
song [sɔŋ] *n* pesem (za petje), petje; spev, pesem, pesnitev, poezija; *fig* malenkost; **for an old** ~ *fig* zelo poceni; ~ **of a motor** šum, brnenje motorja; **no** ~, **no supper** *fig* za malo denarja, malo muzike, za (iz) nič ni nič; **not worth an old** ~ piškavega oreha ne vreden; **folk** ~, **traditional** ~ ljudska (narodna) pesem; **part** ~ *mus* pesem za več glasov; **sacred** ~ duhovna pesem; **it's the same old** ~ to je (vedno) ista stara pesem; **to burst forth into** ~ začeti (naglas) peti; **to buy (to sell, to get) for a** ~ **(for a mere** ~**)** kupiti (prodati, dobiti) za skorjico kruha (zelo poceni, skoraj zastonj); **to change one's** ~ ubrati drug ton (druge strune); **he gave me a** ~ **and dance about how busy he was** pripovedoval mi je čuda o tem, koliko dela ima; **to sing another** ~ **(a different** ~**)** drugo pesmico zapeti, *fig* spremeniti ton, ubrati druge strune; **that's nothing to make a** ~ **about** zaradi tega ni treba delati nobenega hrupa, to ni važno
songbird [sóŋbə:d] *n* ptica pevka; *fig* izredna pevka, »slaček«
song-book [sóŋbuk] *n mus* pesmarica
songfest [sóŋfest] *n* pevska prireditev
songful [sóŋful] *a* (~**ly** *adv*) melodičen, miloglasen
song-hit [sóŋhit] *n* zelo priljubljena pesem, popevka (šlager) v modi
songless [sóŋlis] *a* ki ne poje, nem, brez glasu; kjer se ne pôje, ne sliši pesem; *fig* otožen, žalosten

songman, *pl* -men [sóŋmən] *n* pevec
song-plug [sóŋplʌg] *vt A* ponavljati (pesem) v opereti
songster [sóŋstə] *n mus* pevec; ptica pevka; (redko) pesnik; *A* (ljudska) pesmarica
songstress [sóŋstris] *n* pevka
song thrush [sóŋθrʌš] *n* drozg, cikovt
sonhood [sʌ́nhud] *n* sinovstvo
sonic barrier [sónik bǽriə] *n aero* zvočni zid
sonic boom [sónikbu:m] *n aero* močan pok pri prebitju zvočnega zidu
sonic wall [sónikwɔ:l] *n coll aero* zvočni zid
soniferous [sonífərəs] *a* zvočen; zveneč
son-in-law, *pl* sons-in-law [sʌ́ninlɔ:] *n* zet
sonless [sʌ́nlis] *a* ki nima sina, brez sina
sonnet [sónit] 1. *n* sonet; (redko) kratka pesem; 2. *vi* pisati sonete; *vt* opevati v sonetu
sonneteer [sɔnitíə] 1. *n* pesnik sonetov; (ironično) rimač, pesnikun; 2. *vi* pisati, pesniti sonete
sonny [sʌ́ni] *n coll* (zvalnik) sinko
sonobuoy [sónobəi] *n naut* zvočna boja (plovka na vodi)
sonometer [sonómitə] *n* aparat za preiskovanje sluha, za merjenje jakosti zvoka
sonorant [sonó:rənt] *n ling* zveneč, zlogoven soglasnik
sonorific [sonərífik] *a* ki proizvaja zvok
sonority [sonóriti] *n* zvočnost, zvonkost, blagoglasnost, milozvočnost, sonornost
sonorous [sonó:rəs] *a* (~ ly *adv*) zvočen, zveneč, milozvočen, blagoglasen; resonančen (les); ~ vibrations zvočni valovi
sonorousness [sonó:rəsnis] *n* zvočnost, blagoglasnost; *fig* emfaza
sonship [sʌ́nšip] *n* sinovstvo
sonsy, -sie [sónsi] *a Sc dial* bujen, jeder (deklè), kipeč od zdravja; prijeten, udoben; dobrodušen; izdaten, zadosten
soojee [sú:dži] *n* moka (iz indijskega žita)
soon [su:n] *adv* kmalu, v kratkem; (zelo) hitro; zgodaj; rad; ~ afterward malo potem; malo pozneje; as ~ as brž ko, čim, kakor hitro; prav tako rad... kot; as ~ as 6 a.m. že ob šestih zjutraj; I would as ~ walk as ride prav tako rad bi šel peš, kot se peljal; I would just as ~ stay at home jaz bi prav tako rad ostal doma; thank you, I'd just as ~ stand hvala, bi kar (rad) stal; what makes you come so ~? zakaj prihajate tako zgodaj?
sooner I [sú:nə] *adv* prej, rajši; hitreje; ~ or later prej ali slej; the ~ the better čim prej, tem bolje; no ~ than... čim, šele ko...; no ~ said than done rečeno-storjeno; I would ~ die than... rajši umrem, kot pa da...; he was no ~ seated than the crowd cheered komaj je bil sedel, že je množica začela vzklikati
sooner II [sú:nə] *n* naseljenec (kolonist), ki se predčasno nastani na državnem zemljišču (da bi imel prednost); S~ prebivalec Oklahome; S~ State Oklahoma
soonest [sú:nist] *adv* najprej; najhitreje; najrajši; at the ~ čim prej, kar najprej, čim hitreje možno, kar najhitreje; least said ~ mended preveč govoriti ni dobro; čim manj besed, tem prej se bo stvar poravnala; which would you ~

lose, an eye or a leg? kaj bi rajši izgubili, oko ali nogo?
soot [sut] 1. *n* saje, čad; 2. *vt & vi* umazati (se) s sajami; prekriti s sajami
sooterkin [sútəkin] *n E* (redko) *med* splav; prazen udarec, neuspeh, propadel načrt
sooth [su:θ] 1. *n* resnica, resničnost; in (good) ~ v resnici, resnično, dejansko; ~ to say da resnico povem, resnici na ljubo povedano; 2. *a obs* resničen; *poet* pomirjevalen, blažilen, sladek
soothe [su:ð] *vt* (po)miriti, utešiti, ublažiti, olajšati; laskati, razveseliti; *obs* spraviti v dobro voljo; *vi* pomirljivo, blažilno učinkovati
soother [sú:ðə] *n* pomirjevalec; sredstvo (zdravilo) za ublažitev; cucelj
soothfast [sú:θfɑ:st] *a arch* zvest, lojalen, zanesljiv, stanoviten
soothsay* [sú:θsei] *vi* napovedati, vedeževati, prerokovati
soothsayer [sú:θseiə] *n hist* prerok; vedeževalec
soothsaying [sú:θseiiŋ] *n* vedeževanje; *hist* prerokovanje, napovedovanje
sootiness [sútinis] *n* sajavost, čadavost
sooty [súti] *a* (sootily *adv*) sajast, osajen, zakajen, čadast, *fig* očrnel, črno rjav
sop I [sɔp] *n dial* (v juhi, mleku) namočen kos kruha; pomirjevalno sredstvo; sredstvo za podkupovanje, podkupnina; vlažna tla; *coll* mamin ljubljenček, slabič; ~ in the pan pražen kruh (ki se daje v juho); milk ~ neduhovit človek; to throw a ~ to s.o. (to Cerberus) *fig* dati komu kost za glodanje, (skušati) koga podkupiti
sop II [sɔp] *vt* namočiti (kruh ipd.), pomočiti; namakati; popiti, pobrisati (razlito vodo, tekočino) (često up); *vi* premočiti se, biti premočen; pronicati, curljati (skozi); ~ ping wet (with rain) do kože premočen (od dežja); to ~ bread in gravy namočiti kruh v mesni omaki
soph [sɔf] *n* glej sophomore
sophism [sófizəm] *n* sofizem, lažen dokaz, varav sklep, prevara; prazno besedičenje
sophist [sófist] 1. *n* v stari Grčiji učitelj filozofije in govorništva; sofist, lažni modrijan; kdor dokazuje trditve s sofizmi; *fig* modrijan, učenjak; 2. *a* sofističen; dlakocepski
sophister [sófistə] *n* sofist; *hist* študent 3. ali 4. letnika (v Cambridgeu); junior ~ študent 2. letnika; senior ~ študent 3. letnika
sophistic(al) [səfístikəl] *a* (~ ally *adv*) sofističen; prebrisan, goljufiv, slepilen; dlakocepski
sophisticate [səfístikeit] 1. *vt & vi* predstaviti (prikazati) sofistično, izkriviti, popačiti, preobračati, (po)kvariti (kakovost vina, enostavnost, naravnost), napraviti nenaravno ali izumetničeno; namenoma delati napačne sklepe, posluževati se sofizmov pri sklepanju; 2. *n* (redko) izkušena oseba; 3. *a* (redko) glej sophisticated
sophisticated [səfístikeitid] *a* izkrivljen, napačen, nepravi, popačen; izumetničen, nepriroden, nenaraven, neiskren; prefinjen, rafiniran, visoko razvit (okus); intelektualen; izkušen
sophistication [səfistikéišən] *n* izkrivljenje, zavijanje resnice; ponaredba, ponarejanje, varanje, prevara; sofizem, pačenje, kvarjenje, modrovanje na napačnih sklepih; nenaravnost, rafiniranost; intelektualnost

sophistry [sófistri] *n* sofistika, varavo sklepanje, izkrivljanje dejstev; sofizem, napačen sklep

sophomore [sófəmɔ:] *n A* študent 2. letnika

sophomoric [sɔfəmɔ́rik] *a A* nezrel; površen; napihnjen, oblasten

sopor [sóupə] *n med* spalna bolezen, zaspanost, letargija

soporiferous [soupərífərəs] *a* (~ly *adv*) uspavalen, pospešujoč spanje

soporific [soupərífik] 1. *a* (~ally *adv*) uspavalen; zaspan; 2. *n* uspavalno sredstvo; narkotik

sopping [sópiŋ] *a* premočen, moker (za ožeti); ~ wet popolnoma premočen

soppy [sópi] *a* razmočen, premočen, prepojen; vlažen, deževen (vreme); *fig coll* mehkužen, šibek, slaboten, *coll* sentimentalen; to be ~ on s.o. biti zateleban v koga

sopranist [səprá:nist] *n* sopranistka, sopran

soprano, *pl* ~s, -ni [səprá:nou, -ni:] 1. *n mus* sopran; 2. *a* sopranski

Sorb [sɔ:b] *n* lužiški Srb

sorb I [sɔ:b] *n bot* oskoruš

sorb II [sɔ:b] *vt chem* absorbirati

sorbefacient [sɔ:biféišənt] 1. *a med* ki vpija, absorbira; pospešujoč absorpcijo; 2. *n* snov, ki absorbira; absorbens

sorbet [só:bət] *n* šerbet, z ledom ohlajena pijača iz oranžnega soka, sladkorja in dišav

Sorbian [só:biən] 1. *a* lužiško srbski; 2. *n* lužiška srbščina

sorcerer [só:sərə] *n* čarovnik, čarodej

sorceress [só:səris] *n* čarovnica, čarodejka

sorcerous [só:sərəs] *a* čarovniški; čarodejen

sorcery [só:səri] *n* čarovništvo, čaranje, čarovnija, čarodejstvo, magija

sordes [só:di:z] *n pl med* nesnaga; obloga na ustnicah, zobeh (hudega bolnika)

sordid [só:did] *a* (~ly *adv*) umazan, nečist, nesnažen; skopuški, sebičen; *fig* podel, nizkoten; beden; ~ blue umazano moder; ~ gains nepošteni dobički; ~ poverty strašna, obupna revščina

sordidness [só:didnis] *n* umazanost, nečistost, nesnažnost; skopuštvo, sebičnost; nepoštenost, podlost, nizkotnost

sordine [só:din] *n mus* dušilec, glušilec, sordina

sore I [sɔ:] *n* rana, ranjeno mesto; vnetje; *fig* skrb, težava, jeza; an open ~ odprta, nezaceljena rana (tudi *fig*); bed-~ rana od dolgega ležanja, preležanina; eye ~ *fig* grda stvar, ki žali oko; to re-open the old ~s *fig* zopet odpreti stare rane

sore II [sɔ:] 1. *a* (~ly *adv*) ranjen, poln ran, ves v ranah, vnet (*with* od); boleč; občutljiv; *A* razdražljiv, jezen, užaljen, hud (*about* zaradi); velik, skrajen (stiska, sila); otožen, žalosten, vznemirjen; in ~ distress v veliki stiski; a bear with a ~ head *fig* godrnjač, nergač; ~ conscience nečista vest; a ~ subject neprijetna (kočljiva, boleča) téma (predmet pogovora); a ~ throat vneto grlo, vnetje grla; a sight for ~ eyes lep, prijeten pogled; to be ~ *fig* kuhati jezo; he is ~ on the subject občutljiv je za to stvar; she is in ~ need of help skrajno je potrebna pomoči; to be foot ~ imeti noge v ranah (ožuljene, zlasti od hoje); to have a ~ arm

imeti bolno roko; to have a ~ throat imeti bolečine v grlu; he was ~ at heart srce ga je bolelo, pretreslo ga je; to feel ~ about s.th. biti užaljen zaradi česa; I touched him in a ~ spot *fig* dotaknil sem se ga na ranjenem (občutljivem) mestu; 2. *adv* boleče, kruto, muke polno; zelo; ~ afflicted globoko užaloščen

sorehead [só:hed] 1. *n A coll* nezadovoljnež, godrnjač, nergač; *pol* propadel kandidat; razočaranec; 2. *a* razočaran

sorely [só:li] *adv* boleče, kruto, neusmiljeno, težko; v veliki meri, zelo; I am ~ afflicted zelo sem potrt; he is ~ wounded težko je ranjen; she wept ~ bridko je jokala

soreness [só:nis] *n* občutljivost, ranljivost, bolnost; *fig* razdražljivost, razdražljivo stanje, jeza, srd (*at* na)

sorites [souráiti:z] *n phil* verižni silogizem

sororal [səróurəl] *a* sestrski

sororicide [sərórisaid] *n* umor sestre; morilec, -lka sestre

sorority [səróriti] *n A* žensko študentovsko društvo

sorosis [səróusis] *n* mesnat plod (npr. ananasa)

sorption [só:pšən] *n chem* absorpcija

sorrel I [sórəl] *n bot* zajčja deteljica; kislica

sorrel II [sórəl] 1. *a* rdečkasto (lisičje) rjav; 2. *n* lisičja barva; konj rjavec

sorriness [sórinis] *n* beda, revščina, revnost; (redko) žalost, užaloščenost

sorrow I [sórou] *n* skrb, bol, žalost (*at* ob, nad, *for* zaradi); kes; gorjé, bridkost, bolest, tarnanje, tožba; much ~, many ~s mnogo gorja (smole, nesreče, trpljenja, žalosti); to my ~ na mojo žalost; to be in ~ žalostiti se, žalovati; two in distress make ~ less v dvoje se žalost laže prenaša

sorrow II [sórou] *vi* imeti ali delati si skrbi (*at, over, for* 'zaradi), žalostiti se; tóžiti, tarnati, žalovati; to ~ after žalovati za, objokovati

sorrower [sórouə] *n* žalovalec

sorrowful [sórouful] *a* (~ly *adv*) žalosten, žalujoč, potrt, nesrečen; užaloščen; mračen, otožen, melanholičen; mučen, bolesten; ubog, obžalovanja vreden; a ~ accident obžalovanja vredna nesreča

sorry [sóri] 1. *a* (sorrily *adv*) žalosten, otožen, zaskrbljen; obžalujoč, skesan; beden, slab, odvraten, odbijajoč; nesrečen; reven, ubog; a ~ excuse slab (piškav) izgovor; ~ for oneself potrt, dep'rimiran; so ~! obžalujem! žal mi je! oprostite!; very ~! zelo mi je žal! oprostite!; I am so ~ žal mi je, obžalujem; I am ~ to say žal moram reči; I am ~ to disturb obžalujem, da vas motim; to be ~ about s.th. obžalovati kaj; I was ~ for her žal mi je je bilo, smilila se mi je; to be ~ for o.s. samemu sebi se smiliti; it was a ~ sight bil je (to) žalosten pogled; to be in a ~ plight biti v žalostnem (bednem) položaju; I felt ~ for him (za)smilil se mi je; 2. ~! *interj* oprostite! pardon!

sort I [sɔ:t] *n obs* usoda; žreb; prerokovanje (z žrebom)

sort II [sɔ:t] *n* vrsta, sorta, kategorija, razred; kakovost; način; število; *print* garnitura črk; *pl* razpoloženje; a ~ of neke vrste, nekak; after a ~, in a ~ nekako, v neki meri; in any ~

kakorkoli; **in some** ~ do neke mere, nekako; **out of** ~ s *coll* čemern, ne v redu, bolan; **of all** ~ s vseh vrst, vsake vrste; **of a** ~, **of** ~ s slabe vrste; **a dog of** ~ s nekak pes; **a lawyer of a** ~ odvetnik, vsaj po imenu; **nothing of the** ~ nič takega; **people of every** ~ **and kind** vse mogoči ljudje; **that** ~ **of thing** nekaj temu podobnega; **he is a good** ~ on je dobričina; **he is my** ~ on je moje vrste, on je tak kot jaz; **they are a nice** ~ prijetni ljudje so; **to be out of** ~ s biti slabe volje; **he put me out of** ~ s spravil me je v slabo voljo; **I** ~ **of expected it** to sem nekako pričakoval; **I** ~ **of remember it** tega se nekako spominjam

sort III [sɔːt] *vt* razvrstiti, razporediti, sortirati, kategorizirati; oddeliti, izločiti, izbrati; *vi* skladati se, ujemati se, harmonirati; družiti se (z), povezati se (z); **to** ~ **well (ill)** dobro (slabo) se skladati; **to** ~ **with thieves** družiti se s tatovi; **to** ~ **out** razvrstiti, izbrati, odbrati, oddeliti

sortable [sóːtəbl] *a* ki se da razvrstiti (razporediti, sortirati, izbrati); primeren

sorter [sóːtə] *n* oseba ali stroj, ki sortira; **letter** ~ odbiralec pisem

sortie [sóːti] *n mil* izpad, juriš (iz obleganega mesta); *aero* sovražni napad (posameznega letala)

sortilege [sóːtilidž] *n* žrebanje, metanje žreba; vedeževanje, prerokovanje (iz žreba); čarovnija, magija, začaranje, uročenje

sorting [sóːtiŋ] *n* razvrščanje, sortiranje; izločanje, izbiranje

sorting-carriage [sóːtiŋkæridž] *n rly* poštni vagon

sortition [sɔːtíšən] *n* metanje (vlečenje) žreba, žrebanje; določitev z žrebom

SOS [ésoués] *n* radiotelegrafski klic za pomoč, ki ga pošljejo npr. ladje v nevarnosti; *coll* klic na pomoč v stiski (v sili)

so-so [sóusou] *pred a & adv coll* tako tako, ne dobro ne slabo, ne ravno posebno (dobro), srednje, nekako

sot [sɔt] **1.** *n* pijanec, pijandura, alkoholik, zapit človek, od pitja otopela ali posurovela oseba; **2.** *vi* piti, pijančevati, biti alkoholik

sotted [sótid] *a* pijan

sottish [sótiš] *a* (~ ly *adv*) zapit, pijanski; otopel (posurovel) od pijače; neumen, trapast

sottishness [sótišnis] *n* pijanstvo, otopelost ali posurovelost od pijančevanja; neumnost, traparija

sou [suː] *n econ* sold; **he hasn't a** ~ nima prebite pare

soubise [suːbíːz] *n* (= ~ **sauce**) čebulna omaka

souchong [súːšóŋ] *n* vrsta črnega čaja iz zelo mladega listja

Soudanese [suːdəníːz] **1.** *a* sudanski; **2.** *n* Sudanec

souffle [suːfl] *n med* šum (v organih)

sough [sáu, sʌf] **1.** *n* žvižganje, zavijanje, tuljenje, ječanje, vršenje (vetra); *Sc* govorice, govorjenje; **2.** *vi* (o vetru) zavijati, tuliti, vršeti; *Sc* lajnati

sought [sɔːt] *pt & pp* od **to seek**

sought-after [sóːtáːftə] *a* iskan; po katerem je povpraševanje

sought-for [sóːtfɔː] *a* iskan

soul [sóul] *n* duša; psiha; duševnost; duh; *fig* pobudnik, glava, vodja; utelešenje, poosebljenje; bit, bitnost, srce, jedro; oseba, človek, prebivalec; smisel, nagnjenost (*for* za); energija, moč;

by my ~ pri moji duši! pri moji veri!; **in my** ~ **of** ~ s v globini moje duše; **upon ('pon) my** ~ ! pri moji duši (veri)! **All Souls' Day** *eccl* vernih duš dan; **cure of** ~ s skrb za duše, dušebrižništvo; **my good** ~ moj dragi; **the greatest** ~ s **of the past** največji duhovi preteklosti; **immortality of** ~ neumrljivost duše; **the life and** ~ **of** duša (in srcé) (česa); **the poor little** ~ revček; **a simple** ~ preprost, skromen človek; **he is a good old** ~ on je dobra duša; **he is the** ~ **of honour** on je poosebljena čast; **to call one's** ~ **one's own** *fig* biti sam svoj gospodar, ne biti suženj; **do come with us, there's a good** ~ pojdite no z nami, to bo lepo od vas (bodite tako dobri)!; **to keep body and** ~ **together** ostati pri življenju; **he doesn't make enough to keep body and** ~ **together** ne zasluži dovolj za življenje; **he put his whole** ~ **into his work** vso svojo dušo je vložil v svoje delo; **I do not see a single** ~ žive duše ne vidim

soul-bell [sóulbel] *n* posmrtni zvon; zvon(ček), ki oznanja smrt, navček

soul-destroying [sóuldistróiiŋ] *a* A dušo ubijajoč, uničujoč

-souled [sóuld] *a* -dušen; **base-** ~ prostaški; **high-** ~ velikodušen, plemenit

soulful [sóulful] *a* (~ ly *adv*) čustven

soul-hardened [sóulhaːdənd] *a* zakrknjen

soulless [sóullis] *a* (~ ly *adv*) (ki je) brez duše, mrtev; brezdušen, brezčuten; brez energije

soul mate [sóulmeit] *n* (zakonska) tovarišica

soul-stirring [sóulstəːriŋ] *a* ganljiv, presunljiv

sound I [sáund] *n* zvok, zven, glas, šum; ton; slušaj, doseg sluha; *fig* vtis; pomen, smisel; *obs* sporočilo, naznanilo; **within the** ~ **of** v slušaju; ~ **amplifier** ojačevalec zvoka; **the** ~ **of a bell** glas zvona, zvonjenje; ~ **and fury** prazne (gole) besede; **I don't like the** ~ **of it** to mi ni všeč, tu nekaj ne more biti v redu; **there was much** ~ **but little sense in his speech** njegov govor je bil poln donečih besed, a reven idej

sound II [sáund] *vi* zveneti, doneti, razlegati se; *fig* zdeti se, delati vtis, slišati se; *vt mus* trobiti, pihati (v trobento); igrati (na glasbilo); napraviti, da nekaj zveni, se sliši; izgovoriti (glas); naznaniti z zvonom, s trobento (umik, alarm); naglasiti (glas); pregledati pravilnost (kolesa železniškega vagona) s trkanjem kladiva; preiskati, pregledati (npr. pljuča) z osluškovanjem; objaviti, razglasiti; **to** ~ **the alarm** dati znak s trobento za alarm; **to** ~ **s.o.'s lungs** osluškovati komu pljuča; **to** ~ **in damages** tožiti za naklmestilo nepreverjene škode; **to** ~ **s.o.'s praises** peti komu hvalo; **to** ~ **a trompet** (za)trobiti na trobento; **to** ~ **a retreat** trobiti k umiku; **to** ~ **a wheel** pregledati stanje kolesa (pri vagonu); **the bell** ~ s **noon** zvon bije poldan; **the clarion** ~ ed **rog** je zadonel; **it** ~ s **as if he was keeping something back** to zveni, kot da nekaj prikriva (da ne pove vsega); **his report** ~ s **all right** njegovo poročilo daje ugoden vtis; **the n in column is not** ~ ed v besedi **column** se končni n ne izgovarja; **it did not** ~ **like his voice** ni bilo slišati, kot da bi to bil njegov glas; **to** ~ **off** *A sl* odkrito govoriti, pritožiti se; klicati imena; **to** ~ **in** iti za; glasiti se na

sound III [sáund] **1.** *a* (~ly *adv*) zdrav, čil; nepoškodovan, neranjen, cel, dobro ohranjen, brez napake; nepokvarjen (o sadju); (o spanju) miren, trden, globok; krepak, poštén (o udarcih); (o ceni) zmeren, ki ustreza vrednosti blaga; pameten, trezen, pravilen (sodba itd.); osnovan, upravičen, temeljit, tehten (razlog); pravi; *jur* veljaven, zakonit; dobro premišljen, pameten; (o osebi) zanesljiv, zvest, poštén; (vedenje) pravilno, brez graje; *econ* soliden, zanesljiv; solventen; **safe and** ~ živ (čil) in zdrav; ~ **as a bell, as** ~ **as a roach** zdrav kot riba; ~ **advice** dober, poraben nasvet; **a** ~ **friend** zvest prijatelj; ~ **currency** *econ* zdrava valuta; **a** ~ **fruit** zdrav (negnil) sadež; ~ **in life and limb** zdrav in čil; ~ **merchant** soliden (nezadolžen) trgovec; **a** ~ **mind in a** ~ **body** zdrav duh v zdravem telesu; **a** ~ **objection** utemeljen, tehten ugovor; **a** ~ **ship** ladja v dobrem stanju; ~ **timber** zdrav, jeder les; **the child is** ~ **already** otrok že trdno spi; **the firm is not quite** ~ tvrdka ni čisto solventna; **is he quite** ~ **in mind?** je (on) čisto pri pravi pameti?; **to be a** ~ **sleeper** imeti trdno spanje; **to get a** ~ **whipping** biti pošteno našeškan (tepen); **2.** *adv* trdno, globoko; zelo; **to be** ~ **asleep, to sleep** ~ trdno, globoko spati; **I will sleep the** ~**er for it** bom toliko bolje spal

sound IV [sáund] **1.** *n med* sonda; *naut* merjenje globine; *naut* grezilo, svinčnica; **2.** *vt naut* (s svinčnico) meriti (globino), preiskovati (dno), določiti globočino vode (v ladijskem trupu); *med* preiskovati, pregledati (sečni mehur) s sondo; *fig* oprezno pretipati; sondirati mišljenje (kake osebe); *vi* meriti globočino; (o kitu) potopiti se do dna; **to** ~ **s.o. on (about)** pretipati koga gledé; **to** ~ **out s.o.'s views** skušati zvedeti stališča kake osebe

sound V [sáund] *n* morska ožina; *obs* morski rokav; *zool* ribji mehur; *zool* sipa

sound barrier [sáundbæriə] *n aero* zvočni zid

sound(ing)-board [sáund(iŋ)bɔ:d] *n* strešica nad prižnico; naprava za odbijanje zvoka

sound-box [sáundbɔks] *n* (od)zvočna skrinjica; zvočna škatla gramofona, ki vsebuje membrano in iglo

sound drama [sáunddra:mə] *n radio* zvočna igra

sounder I [sáundə] *n* čreda divjih svinj; *obs* mlad merjasec

sounder II [sáundə] *n* merilec ali merilo, ki meri vodno globino

sounder III [sáundə] *n* telegrafski aparat, ki z zvokom prenese sporočilo; zvočnik; slušalka

sound film [sáundfilm] *n* zvočni film; zvočni trak

sound-hole [sáundhoul] *n mus* odprtina za resonanco v glasbilu

sounding I [sáundiŋ] **1.** *n* zvok, ton, glas; brenčanje, brnenje; znak s trobento; **the** ~ **of a drum** bobnanje; **2.** *a* zveneč, doneč, sonanten; bombastičen; prazen, votel; **a** ~ **title** doneč, impozanten naslov

sounding II [sáundiŋ] *n* sondiranje; merjenje globine s svinčnico; (često *pl*) *naut* mesto dovolj blizu obale za izmerjenje globine; sidrišče; **out of** ~**s, off** ~**s** na neizmerljivi vodni globini, *fig* brez trdnih tal pod nogami; **to be in** ~ biti blizu obale; **to come into** ~**s, to strike** ~**s** priti do dna; **to get on** ~**s** *fig* priti na znano področje (v pogovoru); **to take a** ~ (z)meriti globino, *fig* raziskovati

sounding balloon [sáundiŋbəlú:n] *n* meteorološki preiskovalni balon

sounding-box [sáundiŋbɔks] *n* glej **sound-box**

sounding lead [sáundiŋled] *n naut* sonda, svinčnica, globinomer

sounding-line [sáundiŋlain] *n naut* grezilna vrv (kabel) za merjenje globine ali za preiskovanje dna

sounding rocket [sáundiŋ rɔ́kit] *n* raketna sonda

sounding-rod [sáundiŋrɔd] *n* palica za merjenje globine vode v ladijskem trupu, v tankih itd.

soundless I [sáundlis] *a* brez zvoka, brezzvočen, tih, neslišen

soundless II [sáundlis] *a* brez dna, (o morju) ki se mu ne da izmeriti globina; *fig* neizmeren

sound locator [sáundloukéitə] *n mil* prisluškovalne naprave

sound motion picture [sáundmoušən píkčə] *n A* zvočni film

soundness [sáundnis] *n* zdravje, zdravo stanje; jedrost; trdnost, globokost (spanja); čvrstost, jakost; nepoškodovanost, pravilnost; *com* solidnost, solventnost; točnost, temeljitost, osnovanost; prekontroliranost; ~ **of judgment** zdrava presoja, pametno presojanje, razsodnost

sound-proof [sáundpru:f] **1.** *a* neprepusten za zvok; z zvočno izolacijo; **2.** *vt* napraviti neprepustno za zvok, izolirati

sound recording [sáundrikɔ́:diŋ] *n tech* tonsko snemanje

sound-track [sáundtræk] *n* na filmski trak posneti ton; zvočni, tonski trak

sound-wave [sáundweiv] *n phys* zvočni val

soup I [su:p] *n* juha; čorba; *fig* gosta megla; *phot sl* razvijalec; *jur sl* naročilo mladim odvetnikom; **in the** ~ *sl* v škripcih, v težavah, v kaši; **clear** ~ mesna juha; **thick** ~ gosta juha; **pea-**~ grahova juha; **tomato-**~ paradižnikova juha

soup II [su:p] *n sl* (zlasti *aero*) konjska moč (motorja); *A* moč; *A* nitroglicerin

soup III [su:p] *n sl* šef

soup-and-fish [sú:pənfiš] *n A sl* večerna obleka

soup-kitchen [sú:pkičin] *n* (brezplačna) ljudska kuhinja (za reveže)

soup maigre [su:p méigə] *n* redka (zelenjavna) juha

soup-plate [sú:ppleit] *n* globok krožnik

soupspoon [sú:pspu:n] *n* jušna žlica, velika žlica

soup ticket [sú:ptikit] *n* bon za ljudsko kuhinjo

soup-tureen [sú:ptjurí:n] *n* jušnik

soupy [sú:pi] *a* juhi podoben

sour [sáuə] **1.** *a* (~ly *adv*) kisel, okisan, kiselkast; (o vinu) kisel, ciknjen; oster, jedek, trpek, hud; neugoden; grenak, mučen, težaven; zagrenjen, nezadovoljen, čemern, slabe volje; neprijeten (vreme); vlažen (zemlja, tla); ~ **breath** neprijeten duh iz ust; ~ **dock** *bot* kislica; ~ **grapes** kislo grozdje (tudi *fig*); ~ **milk** kislo mleko; **a** ~ **old man** čemernež, »kislica«; ~**-milk cheese** skuta; **2.** *n* kar je kislo, kislina; **the** ~ tisto, kar je kislo; *fig* trdota, grenkoba; *A* kisla (alkoholna) pijača; **the sweet and** ~ **of life** sladkosti in grenkosti življenja; **3.** *vi & vt* skisati (se), okisati (se); *fig* mrščiti se; zagreniti (se), biti čemern, slabe volje; spraviti (koga) v slabo voljo; ~ **ed by misfortune** zagrenjen zaradi (od) nesreče

source [sɔ:s] *n* izvir, vir, vrelo (tudi *fig*); poreklo, začetek; glavni povod ali vzrok; *pl lit* spisi, listine, viri; **the ~ of all evils** vir vsega zla; **the ~ s of the Nile** izviri Nila; **I have it from a reliable ~** imam to iz zanesljivega vira; **the Sava takes its ~ ...** Sava izvira...

sourish [sáuriš] *a* kiselkast

sour-krout [sáuəkraut] *n* kislo zelje

sourness [sáuənis] *n* kislost; *fig* grenkost, trpkost; čemernost, nejevolja, slaba volja

sourpuss [sáuəpus] *n sl* čemernež

souse [sáus] **1.** *n* razsol, slanica, salamura; meso iz razsola, nasoljeno meso (zlasti svinjska glava, ušesa in noge); žolca; namočitev, pljuskanje z vodo; *sl* pijanec; **to get a ~** premočiti se; **to give s.o. a ~** potopiti koga; **2.** *vt* dati v sol, v salamuro, nasoliti; vreči v vodo; (na)močiti, namakati, zapljusniti (kaj) z vodo; *sl* piti (vino); *vi* štrbunkniti v vodo, popolnoma se premočiti; *A sl* napiti se (vina); **a ~d herring** mariniran slanik; **~d** *sl* pijan, »nadelan«; **3.** *adv* štrbunk!; nenadoma

sou'east [sáuí:st] *n a adv* glej **southeast**

souter [sú:tə] *n Sc* čevljar

south I [sáuθ] **1.** *n* jug, južna zemeljska polobla (poluta); južni del česa; *poet* južni veter; **to the ~ of** južno od; **due ~** proti jugu, ki gre (vozi) proti jugu; **the S~** *A* del ZDA južno od Pensilvanije in reke Ohio; južni predeli (kraji); **the Solid S~** *A* južne države ZDA, ki dosledno glasujejo za demokratskega kandidata; **2.** *a* južni; ki gleda na jug; ki prihaja z juga; **the S~ Downs** apnenčevi predeli grofije Sussexa in Hampshirea; **the S~ Pole** južni tečaj; **(to the) ~ of Yugoslavia** južno od Jugoslavije; **the wind was ~** veter je pihal od juga; **3.** *adv* proti jugu, z juga; *naut* **~ by west (east)** jug na zapad (vzhod) (ena od 32 točk kompasa)

south II [sáuθ] *vi* iti ali peljati se proti jugu; *astr* (o luni) kulminirati

southbound [sáuθbaund] *a* južni; ki gre proti jugu; **a ~ train** vlak, ki vozi proti jugu

Southdown [sáuθdaun] **1.** *a* ki se nanaša na koštruna iz apnenčevih predelov Sussexa in Hamphhirea; **2.** *n* črnoglav in kratkodlaki koštrun iz apnenčevih predelov Sussexa in Hampshirea, cenjen zaradi svojega mesa

south-east [sáuθi:st] **1.** *n* jugovzhod; **2.** jugovzhodni; **3.** *adv* jugovzhodno

south-easter [sáuθí:stə] *n* močan jugovzhodni veter, jugovzhodnik

south-easterly [sáuθí:stəli] **1.** *a* jugovzhodni; **2.** *adv* od jugovzhoda, proti jugovzhodu

south-eastern [sáuθí:stən] **1.** *a* jugovzhodni; **2.** *n* jugovzhodnjak

south-easterward [sáuθí:stwəd] **1.** *a* (~ **ly** *adv*) usmerjen proti jugovzhodu, jugovzhoden; **2.** *adv* (tudi ~ s) proti jugovzhodu, jugovzhodno; **3.** *n* jugovzhod

souther [sáuðə] *n* južni veter

southerly [sáuðəli] **1.** *a* južni, ki prihaja z juga (o vetru); **2.** *adv* od juga, proti jugu

southern [sʌ́ðe:n] **1.** *a* južni, pripadajoč jugu neke dežele; južnoevropski; **2.** *n* južnjak; *A* prebivalec južnih držav

southerner [sʌ́ðə:nə] *n* južnjak; *A* prebivalec južnih držav

southernmost [sʌ́ðə:nmoust] *a* najjužnejši

southernwood [sʌ́ðə:nwud] *n bot* áborat

southing [sáuðiŋ] **1.** *n* južna smer; premikanje proti jugu; *naut* razlika v širini pri plovbi proti jugu; *astr* kulminacija (lune)

southpaw [sáuθpɔ:] **1.** *n sp A* levičar, levičnik; **2.** *a* levičen

southron [sʌ́ðrən] **1.** *a arch Sc* južni; **2.** *n arch Sc* južnjak, Anglež (navadno *derog*)

South Sea [sáuθsi:] *n* Južno morje; *obs* Pacifik, Tihi ocean

south-south-east [sáuθsauθí:st] **1.** *n* jugo-jugovzhod; **2.** *a* jugo-jugovzhoden; **3.** *adv* jugo-jugovzhodno

south-south-west [sáuθsauθwést] **1.** *n* jugo-jugozahod; **2.** *a* jugo-jugozahoden; **3.** *adv* jugo-jugozahodno

southward [sáuθwəd] **1.** *n* jug; **2.** *a* (~ **ly** *adv*) južni, usmerjen proti jugu; **3.** *adv* (tudi ~ s) proti jugu

south-west [sáuθwest] **1.** *n* jugozahod; **to the ~ of** jugozahodno od; **2.** *a* (~ **ly** *adv*) od jugozahoda, proti jugozahodu; **3.** *adv* jugozahodno, proti jugozahodu

southwester [sáuθwéstə] **1.** *n* jugozahodni veter; **2.** *n* glej **sou'wester**

south-westerly [sáuθwéstəli] *a* jugozahoden

south-western [sáuθwéstən] *a* jugozahoden

south-westward [sáuθwéstwəd] **1.** *n* jugozahod; **2.** *a* (~ **ly** *adv*) jugozahoden, proti jugozahodu; **3.** *adv* (tudi ~ s) jugozahodno, proti jugozahodu

souvenir [sú:vənir] *n* spominek

sou'west [sauwést] *n a adv* glej **south-west**

sou'wester [sauwéstə] *n* nepremočljivo mornarsko pokrivalo, ki pokriva tudi tilnik

sovereign [sóvrin] **1.** *n* (suveren) vladar, monarh; suveren; skupina vodilnih osebnosti; (suverena) država; *econ* angleški zlatnik (1 funt); **half-~** 10 šilingov; **2.** *a* suveren, najvišji, vrhovni, glavni, kraljevski; neomejen, popoln, neodvisen; dejaven, zelo dober (zlasti zdravilo); **the ~ good** najvišja dobrina; **~ power** neomejena oblast; **~ States** neodvisne države; **a ~ remedy** zanesljivo učinkujoče zdravilo

sovereignty [sóvrinti] *n* suverenost, najvišja oblast; nadoblast; neodvisna država; neodvisnost

soviet [sóuviət] **1.** *n* sovjet; ruska revolucionarna vlada; sovjetski komunist; **the S~** sovjetski sistem; **Supreme S~** Vrhovni sovjet; *pl* Sovjeti; vodilne osebnosti v Sovjetski zvezi; Rdeča armada; **2.** *a* sovjetski; **the Union of S~ Socialist Republics** Zveza Sovjetskih Socialističnih Republik; **the S~ Union** Sovjetska zveza

sovietic [souvjétik] *a* sovjetski

sovietism [sóuvjətizəm] *n* sovjetski sistem

sovietist [sóuvjətist] *n* privrženec Sovjetov; sovjetski komunist

sovietization [souvjətaizéišən] *n* sovjetizacija

sovietize [sóuvjətaiz] *vt* sovjetizirati

sow I [sáu] *n zool* svinja; *tech* kalup za ulivanje železa; *tech* kos litega železa; **as drunk as a ~** *sl* pijan ko mavra; **to get (to take) the wrong ~**

by the ear *fig* ne pogoditi pravo (pravega krivca), prevarati se, uašteti se, potegniti napačne sklepe; **you cannot make a silk purse out of a** ~'s **ear** *fig* iz slabega materiala ne moreš napraviti nič dobrega, *fig* ne moreš od koga zahtevati več od tistega, za kar je sposoben

sow* II [sóu] *vi & vt* sejati, opraviti setev; posejati (seme), zasejati; *fig* raztresti, razširiti; gosto (kaj) posuti (*with* z); **as you** ~ **so you shall reap** kakor si sejal, tako boš žel; **you must reap what you have sown** kot si si postlal, tako boš spal; kar si skuhal, moraš tudi pojesti; **to** ~ **the seeds of hatred (revolt)** *fig* (za)sejati seme sovraštva (upora); **to** ~ **one's wild oats** izdivjati se (v mladosti); **to** ~ **the wind and reap the whirlwind** sejati veter in žeti vihar

sowback [sáubæk] *n* peščen hribček (sleme, vzpetina, sipina)

sowbread [sáubred] *n bot* vrsta ciklame

sow-bug [sáubʌg] *n zool* kletna stonoga

sower [sóuə] *n* sejalec; sejalni stroj; *fig* pobudnik, iniciator, začetnik

sowing [sóuiŋ] *n* sejanje, setev

sowing-corn [sóuiŋkɔ:n] *n* žito za seme

sowing-machine [sóuiŋməʃí:n] *n* sejalni stroj

sown [sóun] **1.** *pp* od **to sow**; **2.** *a* posejan (*with* z)

sow-thistle [sáuθisl] *n bot* škrbinec

sox [sɔks] *pl econ* od **sock**

soy [sói] *n* sojino olje; omaka iz soje; *bot* soja

soya [sóiə] *n bot* soja

soya-bean [sóiəbi:n] *n* soja (plod)

sozzled [sɔzld] *a E sl* popolnoma pijan, pijan ko mavra

spa [spa:] *n* izvir slatine, vrelec mineralne vode; toplice, zdraviliški kraj, zdravilišče, kopališče; točilnica brezalkoholnih pijač

space I [spéis] **1.** *n* prostor; prostranost, širina; vsemirje, medplanetarni prostor, vesolje; omejena površina; medprostor, razmik; *print* razmik med črkami ali vrsticami; časovni razmik, razdobje, kratek čas, hip; trajanje, rok; prostor (v vagonu, letalu); *A sl* prostor za reklame (v časopisih); *obs* priložnost, šansa; **after a** ~ čez nekaj časa; **a** ~ **of three hours** čas (razdobje) treh ur; **in a** ~ **of 3 ft.** v razmiku treh čevljev; **for a** ~ (za) nekaj časa, za hip; **within the** ~ **of** ... v mejah...; **open** ~ prostranstvo; **to fill out blank** ~s izpolniti (v spisu) prazna mesta; **2.** *a* vesoljski, medplanetaren, vsemirski; ~ **craft** vesoljska ladja; ~ **fiction** fantastični romani o potovanju v vesolje; ~ **flight** polet v vesolje; ~ **man** član posadke vesoljske rakete ali ladje; ~ **race** tekma v raziskovanju vesolja; ~ **rocket** vsemirska raketa; ~ **ship** vesoljska ladja; ~ **port** pristajališče ali vzletišče za vesoljske ladje; ~ **station** vesoljska postaja; ~ **suit** vesoljska obleka; ~ **travel** potovanje v vsemirje

space II [spéis] *vt & vi* pustiti razmik (prazen prostor), razmaknjeno (časovno ali prostorsko) razporediti; *print* spacionirati, razpreti (tisk); **to** ~ **out** razmakniti, razmaknjeno razporediti; *print* razprto (na)tiskati

space-bar [spéisba:] *n* razmikalnica (pri pisalnem stroju)

space-key [spéiski:] *n* razmikalnica

spaceless [spéislis] *a* brezprostoren, brez razsežnosti; brez prostora, v katerem ni prostora

spaceman *pl* **-men** [spéismən] *n* astronavt

spacer [spéisə] *n tech* razmikalnica (pisalnega stroja)

spaceport [spéispɔ:t] *n* pristajališče ali vzletišče za vesoljske ladje

space-rule [spéisru:l] *n print* prečna, poševna črta

space-time [spéistaim] *n phil* časovno-prostorski pojem

space tipe [spéistaip] *n print* razprti tisk

space-writer [spéisraitə] *n* časnikar, ki je plačan od vrstic

spacial [spéišəl] *a* glej **spatial**

spacing [spéisiŋ] *n* razmik; interval; **single** ~ tipkanje (tiskanje) brez razmika; **double** ~ tipkanje (tiskanje) z razmikom

spacious [spéišəs] *a* (~ **ly** *adv*) prostoren; *fig* prostran, širok, obsežen

spaciousness [spéišəsnis] *n* prostornost; *fig* prostranost, širina, obsežnost, obseg

spade [spéid] **1.** *n* lopata (za prekopavanje), orodje takšne oblike; vbod (urez) z lopato; (karte) pik (karta); *pl* vse pikove karte (ene igre); *coll* črnec, nebelec; ~s **are trumps** pik je adut; **seven of** ~s pikova sedmica; **to call a** ~ **a** ~ *fig* reči bobu bob, imenovati s pravim imenom; jasno, nedvoumno, naravnost govoriti; **to dig the first** ~ zasaditi prvo lopato, napraviti prvi vbod (urez) z lopato; **2.** *vt & vi* prekopati z lopato, lopatiti; odstraniti slanino (mast) (s kita)

spade-blade [spéidbleid] *n anat* lopatica

spadeful [spéidful] *n* količina, ki gre na lopato; polna lopata

spade-work [spéidwə:k] *n* prekopavanje, lopatenje; *fig* preddelo, pripravljalno delo; pionirsko delo; naporno, vztrajno in vestno delo

spadger [spædžə] *n coll* vrabec

spado, *pl* **-dones** [spéidou, -dóuni:z] *n jur* evnuh, skopljenec

spae [spéi] *vt Sc* prerokovati

spaghetti [spəgéti] *n pl* špageti; *fig el* tanka izolirna gumasta cev

Spain [spéin] *n* Španija

spake [spéik] *arch pt* od **to speak**

spalder [spó:ldə] *n* drobilec kamenja ali rude

spall [spɔ:l] **1.** *n* drobec, odkršek kamna; **2.** *vt & vi* (raz)klati (se); *min* raztolči, (z)drobiti (rudo); razpasti

spalpeen [spælpí:n] *n* pridanič, postopač

span I [spæn] *n* ped, pedenj (mera, 9 col, 22,5 cm); razpon; razpetina (letala itd.); razmik med dvema stebroma ali opornikoma; lok mosta; časovni razmik, (kratka) doba (čas), trajanje; obseg; *naut* zvita vrv, katere konca sta spojena; *A* vprega (volov, konj itd.); **the** ~ **of a bridge** razpetina mosta; **the** ~ **of life** življenjska doba; **our life is but a** ~ naše življenje traja le kratek čas

span II [spæn] *vt* premostiti, spojiti z lokom, povezati oba brega (reke), obokati, zajeti, obseči; meriti na pedi; *naut* zategniti, stisniti (kaj) z vrvmi; prepreči; *vi* raztezati se, razpenjati se (prek reke itd.); **to** ~ **a river with a bridge** premostiti (zgraditi most čez) reko; **my memory** ~s only the last ten years moj spomin sega le 10 let nazaj

span III [spæn] *obs pt od* to spin

spancel [spǽnsl] 1. *n arch* spona za noge (za žival); 2. *vt* povezati z vrvjo

span-dogs [spǽndɔgz] *n pl tech* par železnih zob za spenjanje debel; penja, skoba

spandrel [spǽndrəl] *n archit* trioglat zid med loki; *tech* žlebič

spang [spæŋ] *adv A coll* naravnost; he ran ~ into me pridrvel je naravnost vame

spangle [spǽŋgl] 1. *n* bleščica, kovinski listič (kot okrasek; (= oak-~) *bot* šiška; 2. *vt* okrasiti, posuti z bleščicami; *fig* okrasiti, posuti (with z); the ~ d heavens zvezdnato nebo; star-~ d posejan z zvezdami; the star-~ d banner ameriška (ZDA) zastava; ameriška (ZDA) narodna himna

spangly [spǽŋgli] *a* bleščeč, iskreč se; okrašen

Spaniard [spǽnjəd] 1. *n* Španec, -nka; *naut* španska ladja

spaniel [spǽnjəl] *n* španjel, lovski pes prepeličar; *fig* klečeplazec, petolizec, lizun; King Charles's ~ prepeličar črne in kostanjeve barve

Spanish [spǽniš] 1. *a* španski; ~ America španska (latinska) Amerika; ~ Armada *hist* Velika Armada; ~ black špansko črnilo; ~ chalk krojaška kreda; ~ chestnut užitni kostanj; ~ fly *zool* španska muha; ~ fowl vrsta kokoši z bleščečim zelenkasto črnim perjem; ~ grass španska trava, esparto; ~ grippe, ~ influenza španska gripa, influenca; ~ Main *hist* severnovzhodna obala južne Amerike med Orinokom in Panamo; ~ onion *bot* por, luk; ~ paprika (rdeča) paprika; ~ spoon *tech* vrtalo za luknje za telegrafske drogove; ~ peppers *pl bot* feferoni; ~ worm *sl fig* v kosu lesa skrit žebelj; 2. *n* španščina, španski jezik; the ~ Španci

Spanish-American [spǽnišəmérikən] 1. *a* špansko (latinsko) ameriški; 2. *n* prebivalec španske (latinske) Amerike

spank [spæŋk] 1. *n* udarec z dlanjo (s copato ali kakim drugim ploščatim predmetom) po zadnjici; plosk; 2. *vt* udariti ali nabiti po zadnjici, našeškati; z udarci gnati (konja itd.) naprej; *vi* hitro iti, dirjati, drveti; (o konju) teči v koraku med dirom in galopom; *naut* udarjati ob valove (o ladji)

spanker [spǽŋkə] *n* hiter konj, dirkač; *sl* sijajen deček; nenavadna, izredna, sijajna stvar; *naut* zadnje jadro; he told us a ~ povedal nam je imenitno zgodbo (šalo)

spanking I [spǽŋkiŋ] *n* udarci, našeškanje, udarec s plosko roko

spanking II [spǽŋkiŋ] 1. *a* ki hitro hodi ali vozi, hiter; *sl* sijajen, izvrsten, izreden, imeniten, kolosalen; a ~ breeze močna, sveža sapica (vetrič); 2. *adv coll* zelo, nenavadno, izredno, presneto, kolosalno; a ~ fine woman krasna ženska

spanless [spǽnlis] *a poet* neizmeren, neizmerljiv

spanner [spǽnə] *n tech* ključ za vijake (matice), francoz; *tech* prečni tram; *zool* pedic; to throw a ~ in(to) the works *fig* metati polena pod noge, pokvariti načrte

span-new [spǽnnju:] *a* popolnoma (čisto) nov

span-roof [spǽnru:f] *n* dvostrana streha

span-worm [spǽnwə:m] *n zool* ličinka gosenice (pedica)

spar I [spa:] 1. *n* boksanje, boksarska tekma, gibi v napadu in obrambi (kot) pri boksanju; petelinji dvoboj (zlasti z ostrogami); *fig* prepir, pričkanje; 2. *vi* delati gibe obrambe ali napada s stisnjenimi pestmi (kot) pri boksanju (at s.o. proti komu); *fig* pričkati se, prepirati se; (o petelinih) dvobojevati se; ~ring partner *sp* nasprotnik pri treniranju (boksanja); *fig* nasprotnik v prijateljskem sporu

spar II [spa:] 1. *n naut* jadrnik, križ jambora; *aero* opornik za krila; 2. *vt* opremiti z jadrniki

spar III [spa:] *n min* kalavec; ~ calcareous fluorit, jedavec

sparable [spǽrəbl] *n* žebelj brez glave (za čevlje), cvek

spar-buoy [spá:bɔi] *n naut* boja, katere en konec je zasidran, a drugi stoji pokonci v vodi (rabi za privezovanje ladij, čolnov)

spar-deck [spá:dek] *n naut* zgornja paluba (od ladijskega kljuna do krme)

spare I [spéə] *vt* varčevati, varčno uporabljati; prihraniti, dati na stran, imeti v rezervi; odstopiti, lahkó pogrešati, biti brez (česa), imeti odveč; prizanesti (komu), oprostiti (kazen), prihraniti (komu ali sebi) (trud itd.); ne povzročiti (sramu, rdečice); *vi* varčevati, skopariti; opustiti (kaj); prizanesti, pustiti (komu) življenje; enough and to ~ na pretek, še preveč, več kot preveč, obilo; to ~ a defeated adversary prizanesti poraženemu nasprotniku; ~ my blushes! ne spravljajte me v sramoto, prihranite mi sramoto, ne blamirajte me!; I can ~ his advice lahko pogrešam njegove nasvete; I was ~ d attending the lectures bil sem oproščen obiskovanja predavanj; can you ~ the car today? lahko pogrešate svoj avto danes?; to ~ the captives prizanesti ujetnikom; can you ~ me a cigarette? imaš cigareto odveč zame?; ~ us these explanations! prizanesite nam s temi razlagami!; to ~ no expense ne varčevati s stroški; I can ~ no money for it za to nimam denarja; I can ~ a fiver lahko ti dam petak (5 funtov); ~ your money for another occasion prihrani si denar za kako drugo priložnost; ~ my feelings! imej obzir do mojih čustev!; I was ~ d the insult prizanesli so mi z žalitvijo; ~ me! prizanesite mi!, milost!; I can ill ~ any hands now zdaj ne morem pogrešati nobenega delavca; ~ me your objections! prizanesite mi s svojimi ugovori!; to ~ o.s. prihraniti si trud; not to ~ o.s. ne varčevati s svojimi močmi; to ~ the rod and spoil the child varčuj s šibo in pokvaril boš otroka, šiba novo mašo poje; I cannot ~ the time ne morem najti potrebnega časa; I have no time to ~ ne smem izgubljati časa, nimam dosti časa; to ~ no trouble ne varčevati s trudom

spare II [spéə] *n tech* (često *pl*) nadomestni, rezervni del (zlasti pnevmatika); *sp* rezerva; varčevanje; A zrušenje vseh kegljev z dvema metoma; to make ~ of *obs* varčevati z

spare III [spéə] *a* (~ly *adv*) varčen, skop, pičel; prost (čas); preostal, odvečen, neuporabljen, razpoložljiv; nadomesten, rezerven; mršav, suh; redek (lasje); ~ cash razpoložljiva gotovina; ~ meal pičel jedilni obrok; ~ money preostali,

odvečni denar; ~ **part (wheel)** nadomestni del (kolo); **a** ~ **room** soba za goste; ~ **time** prosti čas, brezdelica; ~ **tire (tyre)** rezervna pnevmatika (za kolo)
sparely [spéəli] *adv* komaj, pičlo
spareness [spéənis] *n* pičlost, revnost, pomanjkanje; mršavost
sparer [spéərə] *n* varčevalec; prizanašalec, prizanesljivec
spare rib [spéərib] *n* kos svinjskih reber, prašičje rebrce
spare room [spéərum] *n* soba za goste
sparge [spa:dž] **1.** *vt* poškropiti; ometati z ometom; **2.** *n* razpršen vodni curek
sparger [spá:džə] *n* škropilo, razpršilec (vode); naprava za škropljenje (pri vrenju piva)
spargosis [spa:góusis] *n med* nenormalna oteklina; elefantiaza
sparhawk [spá:hɔ:k] *n zool* skobec
sparing [spéəriŋ] *a* (~ **ly** *adv*) varčen, skop (*of* z); zmeren, skromen; komaj zadosten, pičel; obziren, prizanesljiv; **to be** ~ **of words** biti redkobeseden; **he is** ~ **of his advice** skop je s svojimi nasveti
sparingness [spéəriŋnis] *n* varčnost, skopost; skromnost, zmernost; pičlost
spark I [spa:k] **1.** *n* iskra; majhen bleščeč se predmet, zlasti diamant; *fig* mrvica, trohica, sled; *fig* duhovit domislek; *pl coll* radiotelegrafist (na ladji); **as the** ~**s fly upward** *fig* (to je) stoodstotno dognano; **fairy** ~ fosforescentna luč (gnijočega lesa itd.); **not a** ~ niti malo, niti trohice, prav nič; **he hasn't a** ~ **of reason in him** on nima niti trohice zdrave pameti; **to strike** ~**s out of a flint** kresati iskre iz kresilnega kamna; **to strike a** ~ **out of s.o.** spodbuditi koga k živahnemu pogovoru; **2.** *vi* iskriti se, metati iskre; *mot* vžgati; *vt* razvneti, podžgati, spodbuditi, navdušiti; **to** ~ **off** vžgati; sprožiti
spark II [spa:k] **1.** *n* lahkoživec, veseljak; dvorljivec, ženskar, babjak; gizdalin; ljubimec; čedna, duhovita mlada ženska; **2.** *vi* biti lahkoživec (gizdalin); *A* dvoriti, osvajati, ljubimkati, igrati ljubimca
spark coil [spá:kkɔil] *n el* indukcijski aparat
sparker [spá:kə] *n tech* svečka
sparking-plug [spá:kiŋplʌg] *n E mot* svečka; *A fig* iniciator, pobudnik (najbolj energična oseba) neke skupine
sparkish [spá:kiš] *a* živahen, vesel; galanten, udvorljiv; gizdalinski, elegantno oblečen
spark-killer [spá:kkilə] *n el* gasilnik isker
sparkle [spa:kl] **1.** *n* iskrenje, iskra; blišč, blesk, bleščanje, sijaj; živahnost; **2.** *vi* iskriti se, svetiti se, bleščati se, blesteti (tudi *fig*); peniti se (o pijači), musirati; **their conversation** ~**s with wit** njihov pogovor se iskri od duhovitosti; **his eyes** ~**d with anger** oči so se mu (za)iskrile od jeze; **the stars** ~ zvezde se bleščijo; **to** ~ **out** *sl* onesvestiti se
sparkler [spá:klə] *n* nekaj bleščečega; *coll* bleščeč se diamant; zelo duhovita oseba; peneče se vino; umetni ognej; *coll* iskreče se oko; iskreča se sveča
sparkless [spá:klis] *a* ki je brez isker, ki ne meče isker, se ne iskri

sparklet [spá:klit] *n* iskrica (tudi *fig*); bleščeč, iskreč se kamen
sparkling [spá:kliŋ] *a* (~ **ly** *adv*) iskriv, bleščeč (tudi *fig*); peneč se, ki musira (o vinu); *fig* iskreč se od duhovitosti; ~ **water** mineralna voda, voda iz vrelca; ~ **wines** peneča se vina; ~ **wit** duhovitost
spark-plug [spá:kplʌg] *n A tech* svečka; *A coll* gibalna sila, »motor« (oseba)
sparks [spa:ks] *n pl naut* radiotelegrafist; *med E sl* rentgenski oddelek
sparring [spá:riŋ] *n* urjenje (vaja) v boksanju; spopad; ~ **partner** partner pri urjenju (v boksanju)
sparrow [spǽrou] *n zool* vrabec
sparrow-bill [spǽroubil] *n* podpetnik, žebelj za čevlje, cvek
sparrowgrass [spǽrougra:s] *n coll bot* beluš
sparrow hawk [spǽrouhɔ:k] *n zool* skobec; vrsta rdečega sokola
sparrow-mouthed [spǽroumauðd] *a* klepetav, gobezdav
sparry [spá:ri] *a min* ki vsebuje kalavec; podoben kalavcu
sparse [spa:s] *a* (~ **ly** *adv*) redek; redko posejan, raztresen; ~ **hair** redki lasje; **a** ~ **population** redko prebivalstvo; ~**ly populated** redko naseljen
sparseness [spá:snis] *n* raztresenost, redkost, pičlost
sparsity [spá:siti] *n* glej **sparseness**
Spartan [spá:tən] **1.** *a hist*, *fig* špartanski, preprost (hrana itd.); ~ **endurance** špartanska strogost; utrjenost; trdota; **2.** *n* Špartanec; *fig* zmeren, utrjen človek; ~ **dog** krvosledni pes (tudi *fig*)
spasm [spǽzəm] *n med* krč, spazem; napad (kašlja itd.); razburjenje; **a** ~ **of coughing** napad kašlja; ~ **of fear** razburjenje od strahu
spasmodic [spæzmódik] *a* (~ **ally** *adv*) *med* krčevit (tudi *fig*), spazmodičen; sunkovit, trzav, neenakomeren, pretrgan, od časa do časa, nereden; razdražljiv, prenapet; ~ **efforts** krčeviti napori
spasmology [spæzmólədži] *n med* nauk o krčih
spasmophilia [spæzməfíliə] *n med* nagnjenje h krčem, spazmofilija
spastic [spǽstik] *a med* krčevit, spastičen, spazmičen
spat I [spæt] *n* (navadno *pl*) nizka (moška) gamaša
spat II [spæt] **1.** *n* ikra (zlasti lupinarjev, ostrig); mladi lupinarji, zlasti ostrige; **2.** *vi* drstiti se (zlasti o ostrigah); *vt* odložiti (ikre)
spat III [spæt] *coll* **1.** *n* pok, tlesk; prepir, pričkanje; **2.** *vi A* prepirati se; ploskati (z rokami)
spat IV [spæt] *pt & pp* od **to spit**
spatchcock [spǽčkɔk] **1.** *n* na hitro zaklana in spečena perutnina za nepričakovanega gosta; **2.** *vt coll* v naglici in v zadnji minuti (kaj) dodati; naknadno vstaviti (besede itd.) (*into* v)
spate [spéit] *n* naraščanje (reke), poplava, povodenj; *E* utrg(anje) oblakov; *fig* poplava (ploha) besed, povodenj, izliv; **the river is in** ~ reka je prestopila bregove
spathe [spéið] *n bot* cvetna nožnica
spathic [spǽθik] *a* podoben kalavcu
spatial [spéišl] *a* (~ **ly** *adv*) prostorski, prostoren
spatiality [speišiǽliti] *n* prostornost

spatter [spǽtə] **1.** *n* škropljenje, (po)škropitev, obrizganje, štrkotina (s tekočino, z blatom); rahlo udarjanje (dežja), škrapljanje; **2.** *vt & vi* (o)škropiti, (o)štrcati, (o)brizgati (*on s.o.* koga); *fig* (o)blatiti; padati v redkih kapljah
spatterdashes [spǽtədæšiz] *n pl* gamaše za jezdece
spatterdock [spǽtədɔk] *n bot* rumeni lokvanj
spattering [spǽtəriŋ] *n* škropljenje, brizganje, pljuskanje
spatterwork [spǽtəwə:k] *n* brizganje; slikanje z brizganjem
spattle [spǽtl] *n tech* lopatica
spatula [spǽtjulə] *n med* lopatica; *zool* žličarica (raca)
spatulate [spǽtjulit] *a* loputast, ki ima obliko ploščate lopatice
spavin [spǽvin] *n vet* bramor (bolezen na konjski nogi); (= ~ **bone**) vnetje kosti v skočnem sklepu zadnje konjske noge
spavined [spǽvind] *a vet* bolan za bramorjem; hrom, šepav (o konju)
spawn [spɔ:n] **1.** *n* ikre, drst; *fig derog* leglo, zalega, izrodek; *bot* končiči pri gobah; ~ **of the devil** vražje seme, lopov; **2.** *vt* odložiti (ikre), nositi (jajca); *fig* ustvarjati, proizvajati; *derog* izleči (kaj), skotiti; v množicah spraviti na svet (potomstvo); *vi* drstiti se, kotiti se; izhajati (*from* iz); množiti se kot zajci, v množicah se roditi (nastajati), množiti se
spawner [spɔ́:nə] *n zool* ikrnica
spawning [spɔ́:niŋ] **1.** *n* drstenje; **2.** *a* drsteče se, *fig* plodovit, hitro se množeč; ~ **place** drstišče; ~ **time** čas (doba) drstenja
spay I [spéi] *vt* skopiti, napraviti jalovo, ojaloviti (samico)
spay II [spéi] *n hunt obs* trileten jelen
speak* [spi:k] **1.** *vi* govoriti, besediti; imeti govor; pogovarjati se (*with, to* z; *about, of* o); izraziti se; *mus* (o glasbilih) dati glas od sebe, slišati se, zadoneti; dati se čutiti; (o portretu) biti kot živ; *naut* signalizirati, dati znak; *E* dati glas, oglasiti se (o psu); **2.** *vt* (iz)reči, izgovoriti, povedati, govoriti (kaj); izražati, izjaviti, najaviti; dokazovati, pričati, potrditi, pokazati; *naut* poklicati (ladjo); **generally (strictly)** ~**ing** splošno (točno, strogo) povedano (vzeto); **plainly** ~**ing** odkrito povedano; **roughly** ~**ing** v grobem (približno, grosso modo) povedano; **so to** ~ tako rekoč; **not to** ~ **of . . .** da (niti) ne govorimo o . . . ; **nothing to** ~ **of** nič važnega, ni vredno niti omembe; **to** ~ **back** (nazaj) odgovarjati (na očitke ipd.); **to** ~ **by the book** govoriti z rokopisa, čitati (govor), govoriti s točnim poznavanjem; **to** ~ **like a book** govoriti kot knjiga; **to** ~ **without book** navesti dejstva po spominu; **to** ~ **bluntly** naravnost, brez ovinkov govoriti; **to** ~ **by the card** z veliko natančnostjo govoriti, biti precizen; **to** ~ **in s.o.'s cast** prekiniti koga; **to** ~ **comfort to . . .** imeti tolažilne besede za . . . ; **his conduct** ~**s him generous** njegovo vedenje (ravnanje) priča o njegovi plemenitosti; **my dog** ~**s only when I order him** moj pes zalaja le, če mu ukažem; **to** ~ **in s.o.'s ear** komu (kaj) prišepniti na uho, skrivaj govoriti s kom; **fame** ~**s him honest** on je na dobrem glasu; **to** ~ **fair** dostojno govoriti; **to** ~ **for s.o.** govoriti komu

v korist, reči dobro besedo za koga; **that** ~**s for itself** to govori samo za sebe, tega ni treba (še) pojasnjevati (priporočati); **to** ~ **French** govoriti francoski; **I found nobody to** ~ to nikogar nisem našel, da bi z njim govoril; **to** ~ **by hearsay** govoriti, kar smo od drugih slišali; **this** ~**s a man of honour** to kaže (izdaja) človeka, ki ni brez časti; **this** ~**s a small mind** to izdaja (dokazuje) duševno majhnost; **to** ~ **one's mind** povedati svoje mnenje; **I will** ~ **to your objections in a minute** takoj bom odgovoril na vaše ugovore; **to** ~ **to oneself** sam s seboj (sebi) govoriti; **this portrait** ~**s** ta portret je kot živ; **to your praise be it spoken . . .** v vašo pohvalo bodi povedano . . . ; **to** ~ **plain and to the purpose** jasno govoriti; **to** ~ **sense** pametno govoriti; **you might as well** ~ **to a stone** *fig* prav tako bi lahko govoril steni; **to** ~ **to** govoriti komu, potrditi kaj; **these trumpets** ~ **his presence** trobente javljajo njegovo prisotnost; **things** ~ **for themselves** dejstva govore sama (po sebi); **that** ~**s of self-will** to govori (priča) o samovolji (trmi); **to** ~ **the truth** govoriti resnico; **I cannot** ~ **to the truth of that** ne morem z gotovostjo reči (jamčiti), da je to res; **to** ~ **volumes for** jasno (prepričljivo) govoriti za, pričati o, dokazovati (kaj); **this** ~**s volumes for his faith in you** to jasno govori za njegovo zaupanje v vas; **to** ~ **well for** govoriti (iti) (komu ali čemu) v korist; **to** ~ **well (badly) of** dobro (slabo) govoriti o; **that does not** ~ **well for his intelligence** to ne priča (govori) o njegovi inteligenci; **to** ~ **with tongues** (redko) biti nadarjen za jezike; **to** ~ **words of praise** izreči pohvalne besede; **who is speaking?** (pri telefonu) kdo je pri aparatu?, kdo govori (tam)?
speak out *vi* glasno in jasno govoriti; odkrito povedati, brez premišljevanja; pokazati se; *vt* izraziti, izjaviti, izpovedati
speak up *vi* glasno in jasno govoriti, povzdigniti glas; odkrito, brez oklevanja ali strahu govoriti (povedati); zavzeti se (*for* za); **speak up!** na dan z besedo!; **he spoke up for her** potegnil (zavzel) se je zanjo
speakable [spí:kəbl] *a* izgovorljiv
speak-easy, *pl* **-sies** [spí:ki:zi, -ziz] *n A sl* nedovoljena točilnica alkoholnih pijač
speaker [spí:kə] *n* govornik, govorec, besednik; spiker; *fig* govorilo; *el* zvočnik; **a first-rate** ~ prvovrsten govornik; **French** ~ kdor govori francoski; **the S~** (**of the House of Commons**) predsednik angleškega Spodnjega doma; **the S~ of the American House of Representatives** predsednik Spodnjega doma ameriškega Kongresa
speakership [spí:kəšip] *n parl* predsedništvo (služba predsednika) angleškega Spodnjega doma
speakies [spí:kiz] *n pl sl* gledališka igra, v kateri nastopajo živi igralci (v nasprotju s kinematografom)
speaking [spí:kiŋ] **1.** *n* govorjenje, govor, govorništvo; *pl* (redko) izreki (pomembnih osebnosti); **2.** *a* ki govori, govoreč; zgovoren, izrazit, osupljiv; ~ **!** (pri telefonu) pri aparatu!, govorim!; **a** ~ **acquaintance** bežno (negloboko) poznanstvo; **the English** ~ **countries** angleško govoreče dežele; **frankly** ~ odkrito povedano; **legally** ~

(gledano) s pravnega vidika; **a** ~ **voice** dober govorni glas; ~ **likeness** izredna (izrazita, osupljiva) podobnost, živ portret; **public** ~ govorniška umetnost; **I am not on** ~ **term with him** ne poznam ga toliko, da bi govoril z njim, *fig* z njim ne govorim, z njim sem skregan
speaking-trumpet [spí:kiŋtrʌmpit] *n* megafon, trobilo, govorilo
speaking-tube [spí:kiŋtju:b] *n* govorilna cev (iz sobe v sobo)
spean [spi:n] *vt Sc* odvaditi
spear I [spíə] **1.** *n* bilka, steblo (trave, žita); poganjek, mladika; **2.** *vi* pognati visoko pokončno steblo, zrasti v višino; vzkliti, pognati (često *out*)
spear II [spíə] **1.** *n* sulica, (metalno) kopje; konica sulice ali kopja; osti, harpuna, (ribiški) trizob, železne vile; *poet* suličar, kopjanik; **a relation of the** ~ **side** sorodnik po očetovi strani; **the** ~ **side of the family** moška veja družine; **2.** *vt* nabosti na sulico (na kopje), prebosti ali raniti s sulico (s kopjem); *vi* prodreti skozi (kot sulica)
spearfish [spíəfiš] **1.** *n zool* suličica (riba); **2.** *vi* loviti ribe s sulico, s podvodno puško
spear-fishing [spíəfišiŋ] *n* ribolov s harpuno; podvodni ribolov (s podvodno puško)
spear-grass [spíəgra:s] *n bot* vrsta trave s koničastimi listi
spearhead [spíəhed] **1.** *n* konica, železna ost pri sulici ali kopju; *fig* naprej pomaknjena napadalna linija ali četa; borec na čelu (napada ipd.); **2.** *vi* biti na čelu napada ali napadalne vrste (kolone)
spearman, *pl* **-men** [spíəmən] *n* suličar, kopjanik
spearmint [spíəmint] *n bot* zelena meta
spear-shaped [spíəšeipt] *a bot* suličast(e oblike)
spearwort [spíəwə:t] *n bot* vratič; *bot* lopatica; *bot* preobjeda
spec [spek] *n coll* (= **speculation**) špekulacija; ugibanje; računanje, račun; **to do s.th. on** ~ napraviti kaj na slepo srečo; **it turned out a good** ~ to se je izkazalo kot dobra špekulacija
special I [spéšəl] *a* (~**ly** *adv*) (prav) poseben, specialen; izreden, nenavaden, izjemen, nesplošen; izvrsten; specializiran; določen; **on** ~ **days** ob določenih dnevih; ~ **bargain** *com* posebna ponudba; ~ **branch** strokovno področje; **by** ~ **comand (of)** na izrecen ukaz; **a** ~ **case** poseben primer; ~ **constable** pomožen policist; ~ **correspondent** posebni dopisnik; ~ **delivery** *A* ekspresna dostava pisma; ~ **dividend** ekstra dividenda, bonus; ~ **edition** posebna izdaja; **my** ~ **friend** moj najljubši prijatelj; ~ **licence** posebno dovoljenje za poroko, s katerim se le-ta lahko opravi brez večjih formalnosti in v kratkem času; poročno dovoljenje brez oklicev v cerkvi; **on** ~ **occasions** ob posebnih prilikah; ~ **partner** *econ* komanditist; ~ **pleader** *jur* pravnik (odvetnik), ki se bavi z izrednimi primeri; ~ **power** izredno pooblastilo; ~ **steel** *tech* specialno, plemenito jeklo; ~ **subject** specialno področje zanimanja, preučevanja; ~ **train** poseben vlak; ~ **trouble** izredno prizadevanje; ~ **verdict** odločitev (sklep) porote, s katerim se dejstva sprejmejo kot resnična, toda se prepušča sodišču, da iz njih potegne zaključke;

his ~ **charm did not appeal to her** njegov osebni šarm ji ni ugajal; **he lacks** ~ **qualities** manjka mu izrednih lastnosti; **do you want any** ~ **kind?** želite kaj čisto določenega?
special II [spéšəl] *n* posebni vlak; posebna izdaja (časopisa); posebni poročevalec; pomožni policist
specialism [spéšəlizəm] *n* specialnost, specializacija; posebno znanje; specialno področje (stroka)
specialist [spéšəlist] *n* specialist, strokovnjak, veščak, izvedenec
specialistic [spešəlístik] *a* specialističen; strokoven
speciality [spešiǽliti] *n* specialnost; posebnost; specializiranost, posebna stroka; specialiteta; poseben proizvod; *com* novost; *pl* posameznosti, podrobnosti
specialization [spešəlaizéišən] *n* specializacija
specialize [spéšəlaiz] *vt* podrobneje označiti, ločiti, razlikovati (kaj) po posebnih znakih; specializirati; precizirati; individualizirati; *biol* razvijati (kaj) v neki določeni smeri; *vi* specializirati se, posebno se posvetiti (*for, in* čemu); **to** ~ **an accusation** precizirati obtožbo; **to** ~ **one's studies** svoje študije omejiti na določeno področje; **to** ~ **on** *A* specializirati se v, pripraviti se za
specially [spéšəli] *adv* posebno, posebej, zlasti, predvsem, nalašč, v poseben namen; izrecno; ~ **crossed** *econ* posebno prekrižan (ček); ~ **endorsed** *econ* posebno indosiran
specialty [spéšəlti] *n jur* posebna (zapečatena) listina; poseben pogoj; posebna točka; posameznost; specialiteta; specialnost; *econ* nov artikel, novost
specie I [spí:ši:] *n com* kovani denar; gotovina; **in** ~ v gotovini; ~ **payments** plačilo v gotovini; **bill of** ~ bančni račun za zlato, srebro, bankovce ali kupone inozemskih vrednosti; **to pay in** ~ plačati v gotovini
specie II [spi:ši:] (samó v) **in** ~ posebno, zlasti
species [spí:ši:z] *n zool bot* vrsta, zvrst, razred; sorta, vrsta; miselna slika, predstava; *rel* zunanja podoba (kruha in vina); **the** ~, **our** ~ človeški rod, človeštvo; **a** ~ **of** nekak
specifiable [spésifaiəbl] *a* ki se da posebno navesti; razločljiv
specific [spisífik] **1.** *a* (~**ally** *adv*) specifičen, določen; izrecen, poseben, precizen, svojstven, samobiten, lasten; bistven; ki označuje vrsto; ki posebno deluje (o zdravilu); ~ **duty** *com* posebna carina, ki se plačuje po merskih enotah, ki se uporabljajo v dotični deželi; ~ **gravity**, ~ **heat** *phys* specifična teža, toplota; **2.** *n* nekaj specifičnega; *med* specifično zdravilo (s posebnim učinkom)
specification [spesifikéišən] *n* specifikacija, podrobnejše označevanje, podroben opis; *jur* opis patenta; *tech* natančen (gradbeni) načrt (predlog)
specificity [spesifísiti] *n* specifičnost, poseben značaj; *med* posebna učinkovitost
specify [spésifai] *vt* podrobno označiti (imenovati, navesti, opisati); specificirati; specializirati; *vi* dati natančne podatke, razložiti vse podrobnosti
specimen [spésimin] *n* vzorec, primerek; *coll* (*derog*) tip; ~ **book** knjiga vzorcev; ~ **copy**

print poskusni primerek (na ogled); ~ **page** *print* poskusna stran (na ogled, da se vidi velikost, tisk itd.)
speciosity [spi:šiósiti] *n* bleščeč zunanji videz; varljiv, slepilen videz; *obs* lepota
specious [spí:šəs] *a* (~ **ly** *adv*) bleščeč, slepilen, varljivo sijajen, varljiv, navidezen, dozdeven, dozdevno dober ali resničen (le za oko); lažen, namišljen; *obs* prijeten, čeden za pogled
speciousness [spí:šəsnis] *n* bleščeča oblika, sijajen zunanji videz; varljiv videz
speck I [spek] **1.** *n* majhen madež, maroga, peg(ic)a; drobec, prašek, mrvica, delček; *fig* točka, pikica; gnilo mesto (na sadju); **a** ~ **of dust** malce prahu; **a** ~ **of light** svetlobna maroga (lisa); **2.** *vt* posuti, pisano pobarvati z majhnimi madeži ali pegicami; **a** ~ **ed apple** pegasto (lisasto, marogasto) jabolko
speck II [spek] *n A dial* mast, slanina, (mastna) svinjina; mast, salo (kita, nilskega povodnega konja)
speckle [spekl] **1.** *n* majhen madež, pegica, pikica; **2.** *vt* pisano pobarvati (kaj) s pegicami, s pikami
speckled [spékəld] *a* pikast, pegast, lisast
speckless [spéklis] *a* ki je brez madeža; *fig* čist, brezhiben, brez graje
specktioneer, -cksioneer [spekšəníə] *n* glavni metalec harpune
specky [spéki] *a* pegast, lisast, marogast
specs [speks] *n pl coll* očala
spectacle [spéktəkl] *n* gledališka igra, igrokaz; (nenavaden) prizor, pogled; *pl* očala (tudi *fig*); **a dreadful** ~ strašen, grozen prizor; **to look through rose-coloured** ~ s *fig* gledati z rožnatimi očali, videti vse v rožnatih barvah, v najlepši luči; **to make a** ~ **of o.s.** razkazovati se; nuditi smešen prizor
spectacle-case [spéktəklkéis] *n* etui za očala
spectacled [spéktəkəld] *a* ki nosi očala
spectacle-maker [spéktəklméikə] *n* očalar
spectacular [spektǽkjulə] **1.** *a* spektakularen, nenavaden, poseben, presenetljiv, pompozen, grandiozen, senzacionalen; **2.** *n* (redko) razkošna uprizorjena predstava; senzacija
spectator [spektéitə] *n* gledalec, opazovalec; **an unconcerned** ~ neudeležen gledalec
spectatress, -trix [spektéitris, -triks] *n* gledalka, opazovalka
spectral [spéktrəl] *a* (~ **ly** *adv*) pošasten, fantomski, nezemeljski; *phys* spektralen; ~ **analysis** spektralna analiza; ~ **colours** *phys* spektralne barve
spectra [spéktrə] *n pl* od **spectrum**
spectre, specter [spéktə] *n* prikazen, fantom, duh, strah, strašilo; *fig* izmišljotina, privid; ~ **bat** *zool* véliki vampir
spectrogram [spéktrougræm] *n* spektrogram
spectrograph [spéktrougrǽf] *n* spektrograf
spectrology [spektrólədži] *n* **1.** *phys* nauk u spektralni analizi, spektrologija; **2.** nauk o prikaznih, strahovih
spectrometer [spektrómitə] *n* spektrometer
spectroscope [spéktrouskoup] *n* spektroskop
spectroscopic [spektrouskópik] *a* (~ **ally** *adv*) spektroskopski; ki se nanaša na preučevanje spektra

spectroscopist [spektróskəpist] *n* preučevalec spektra
spectroscopy [spektróskəpi] *n* spektroskopija, preučevanje spektra
spectrum, *pl* **-s, -ctra** [spéktrəm, -ktrə] *n phys* spektrum, spekter; **visible** ~ vidni spekter
specular [spékjulə] *a* podoben zrcalu, zrcalen, odsevajoč, refleksijski; ki ima gladko in spolirano površino; spoliran, svetel; ~ **iron** *min* hematit; ~ **stone** *min* marijino steklo
speculate [spékjuleit] *vi* razmišljati, umovati, tuhtati, razglabljati (*on, upon, about, as to* o), teoretizirati (*on* o); *econ* špekulirati, računati na, delati nezanesljive posle; **to** ~ **for differences** špekulirati s tečajnimi razlikami; **to** ~ **for a rise (a fall)** špekulirati na dvig (padec) (na borzi); **to** ~ **in stocks** špekulirati na borzi
speculation [spekjuléišən] *n* razmišljanje, umovanje, razglabljanje; *phil* špekulacija, teorija, hipoteza, domneva; *econ* spekulacija, špekuliranje, nezanesljiv posel; **as a** ~, **on** ~ na slepo srečo, špekulacijsko; **to be given to** ~ nagibati k umovanju, rad razglabljati; **my statement was mere** ~ moja trditev je bila čista (samó) domneva; **unlucky** ~ nesrečna špekulacija
speculative [spékjuleitiv] *a* spekulativen, umovalen, premišljajoč; (abstraktno) teoretičen; razmišljevalen; *econ* špekulantski, nezanesljiv (posel); podjeten (poslovno)
speculativeness [spékjuleitivnis] *n* spekulativnost; *econ* špekulativnost, (poslovna) podjetnost
speculator [spékjuleitə] *n* mislec, teoretik, umovalec; *econ* špekulant; črnoborzijanec z vstopnicami (za gledališče, športne prireditve itd.)
speculatory [spékjulətəri] *a A* spekulativen; opazovalen
speculum, *pl* **-s, -la** [spékjuləm, -lə] *n med* zrcalo, spekulum; (kovinsko) zrcalo (teleskopa); pega ali lisa posebne barve na račji peruti; **ear** ~ *med* zrcalo za uho; ~ **metal** zrcalovina, zlitina bakra in cinka (za zrcala pri teleskopu)
sped [sped] *pt & pp* od **to speed**
speech [spi:č] *n* govor, nagovor; govorjenje; kar je rečeno; sposobnost govora, govorniška umetnost; pogovor, konverzacija; jezik, dialekt; *mus* zvok, ton (instrumenta); ~ **defect** govorna hiba (napaka); ~ **for the defence (defense)** obrambni govor; ~ **map** jezikovni zemljevid; ~ **from the throne** prestolni govor (ki ga čita vladar ob odprtju parlamenta); **after-dinner** ~ napitnica (zdravica) (pri banketu); **freedom of** ~ svoboda govora; **maiden** ~ prvi govor (kakega) poslanca v parlamentu; **he is slow of** ~ on počasi govori (se izraža); **to have a** ~ **of s.o.** pogovarjati se s kom; **to make (to deliver) a** ~ imeti govor
speech-day [spí:čdei] *n* zaključna slovesnost na koncu šolskega leta z govori, razdelitvijo spričeval in nagrad
speechification [spi:čifikéišən] *n derog* govoričenje, držanje govorov
speechifier [spí:čifaiə] *n* neutrudljiv govornik, govorec; besedičnež
speechify [spí:čifai] *vi fam* imeti prevzetne (prazne) govore; uporabljati mnogo odvečnih besed, govoričiti, besedičiti

speechless [spí:člis] *a* (~ ly *adv*) skop z besedami, redkobeseden; nem, onemel (*with* od); neizrekljiv, nem (o bolečini); ~ grief neizrekljiva žalost; ~ with horror onemel od groze
speechlessness [spí:člisnis] *n* nemost, onemelost; skopost z besedami
speech-maker [spí:čmeikə] *n hum* govornik
speech-reading [spí:čri:diŋ] *n* razumevanje govora gluhonemega sobesednika z opazovanjem premikanja njegovih ustnic
speech-sound [spí:čsaund] *n ling* artikuliran glas, fonem
speech-time [spí:čtaim] *n* čas napitnic (zdravic)
speed I [spi:d] *n* hitrost, brzina, naglica, hitrica; tek (motorja); *tech* prestava (prva, druga itd.); *obs* uspeh, (dobra) sreča; at full ~, with all ~ s polno brzino; good ~! veliko uspeha (sreče)!; ~ limit največja dovoljena hitrost; a three-~ bicycle bicikel s tremi prestavami; to make ~ hiteti; send me good ~! voščite mi dobro srečo!; more haste, less speed *fig* počasi se daleč pride; hiti počasi!
speed* II [spi:d] 1. *vt* drviti, goniti, pognati (konja); naganjati, priganjati (koga); hitro (kaj) opraviti, pohiteti (s čim), pospešiti, dati (čemu) večjo hitrost; *obs* sprožiti (strelico); odposlati, (hitro) odsloviti (posloviti se od); *arch* pomagati (komu), želeti srečo; 2. *vi* hiteti, drveti, hitro iti, leteti; *mot* voziti z veliko hitrostjo; *obs* uspevati, napredovati, biti uspešen ali srečen, imeti srečo; to ~ an arrow izstreliti (sprožiti) strelico; the devil ~ him! vrag ga vzemi!; God ~ you! bog z vami!; to ~ the parting guest zaželeti vse dobro odhajajočemu gostu; he sped well *arch* dobro jo je zvozil; to ~ away odbrzeti, odhiteti; he sped away like an arrow odbrzel je kot strelica; to ~ down zmanjšati hitrost (čemu), zavreti (kaj); to ~ up povečati hitrost (čemu); to be fined for ~ing biti kaznovan zaradi prevelike hitrosti, prehitre vožnje
speed-boat [spí:dbout] *n* hiter motoren čoln
speed cop [spí:dkɔp] *n coll* motoriziran prometni policist
speed counter [spí:dkauntə] *n tech* števec obratov (hitrosti)
speeder [spí:də] *n* naprava za kontroliranje hitrosti; prehiter vozač; (pred)delavec, ki določa delovni tempo
speed-gauge [spí:dgeidž] *n naut* brzinomer
speediness [spí:dinis] *n* hitrost, hitrica, naglica
speed lathe [spí:dleið] *n tech* hitra stružnica
speed-limit [spí:dlimit] *n* največja dovoljena hitrost
speedometer [spi:dómitə] *n* brzinomer, tahometer; števec kilometrov
speed recorder [spí:drikɔ́:də] *n* brzinomer, merilec hitrosti
speed-road [spí:droud] *n* dirkalna steza (avtomobilska itd.)
speedster [spí:dstə] *n* hiter vozač; hiter motorni čoln; *A* hiter (športni, dirkalni) avto (dvosedežen)
speed-track [spí:dtræk] *n sp* dirkalna steza
speed-up [spí:dʌp] *n* pohititev, pospešenje; povečanje proizvodnje

speedway [spí:dwei] *n A* dirkalna steza, dirkališče (za avtomobile itd.); *A* hitra cesta
speedwell [spí:dwel] *n bot* jetičnik
speedy [spí:di] *a* (speedily *adv*) hiter, brz, uren; prompten; skorajšen; ~ answer prompten, odrezav odgovor; ~ recovery skorajšnje ozdravljenje
speiss [spáis] *n chem* zmes nečistih kovinskih arzenidov, ki se uporabljajo pri taljenju nekaterih kovin
spelaean [spi:lí:ən] *a* jamski, trogloditski
speleologist [spi:liɔ́lədžist] *n* speleolog, jamar
speleology [spi:liɔ́lədži] *n* speleologija, jamoslovje
spell I [spel] 1. *n* čarovna beseda ali formula; urok, začaranost; *fig* čar, draž, mik, privlačnost, fasciniranje; to be under a ~ biti uročen; biti očaran; to break the ~ premagati začaranost ali urok; to cast a ~ upon s.o. uročiti, začarati koga; 2. *vt* očarati, fascinirati
spell II [spel] 1. *n* delovni čas, delo; kratek čas, kratka doba; čas, porabljen za neko delo; (delovna) izmena, posada, posad, ekipa; *Austral* pavza, počitek, prosti čas; *A coll* kratka razdalja; *A coll* napad (kašlja ipd.); by ~ s izmenoma, v izmenah; a ~ of coughing napad kašlja; long ~ of wet weather dolgotrajna deževna doba; to do a ~ of gardening nekaj uric vrtnariti; to give s.o. a ~ zamenjati koga pri delu; to have a ~ (at) poskusiti; to take ~ s at the wheel menjavati se za volanom; wait (for) a~! počakaj trenutek (hip)!; we had a ~ of fine weather imeli smo kratko dobo lepega vremena; 2. *vt A* zamenjati, izmenjati, nadomestiti koga pri delu; to ~ a horse dati počitka konju; *vi* menjati posado; *Austral* napraviti pavzo
spell* III [spel] *vt* črkovati, brati ali izgovarjati črko za črko; sestavljati besede; pravilno pisati; pomeniti; to ~ backward nazaj (narobe) črkovati, *fig* nobenih težav ne imeti s pravopisom; to live here ~ s death živeti tu pomeni smrt (je isto kot smrt); to ~ ruin pomeniti propad; you must learn how to ~ morate se naučiti pravopisa; to ~ out, to ~ over čitati kaj črkovaje, *fig* s težavo dešifrirati
spellbind* [spélbaind] *vt* uročiti, začarati; očarati, fascinirati
spellbinder [spélbaində] *n A coll* govornik, ki fascinira svoje poslušalce
spellbound [spélbaund] *a* (kot) uročen, začaran; *fig* očaran, fasciniran; okamenel od začudenja
speller [spélə] *n* kdor črkuje, piše, obvlada pravopis; knjiga za črkovanje, abecednik, začetnica
spelling [spéliŋ] *n* črkovanje; pravilno pisanje besed; pravopis; ~ -bee tekmovanje v pravilnem pisanju besed, v pravopisu (družabna igra)
spelling-book [spéliŋbuk] *n* abecednik, začetnica
spelt I [spelt] *pt & pp* od to spell
spelt II [spelt] *n bot* pira, pirjevica
spelter [spéltə] *n com* (surovi) cink
spelunk [spilʌ́nk, spe-] 1. *n* votlina, jama; 2. *vi* raziskovati jame
spelunker [spilʌ́ŋkə] *n* jamar (iz zasebnega interesa)
spence [spens] *n arch* jedilna shramba ali omara
spencer I [spénsə] *n naut* jadro v obliki trapeza
spencer II [spénsə] *n hist* kratka suknja

spend* [spend] **1.** *vt* potrošiti, izdati (denar) (*on* za), porabiti; koristno porabiti čas; tratiti, zapraviti (denar) (*in* za); prebiti, preživeti (čas); izčrpati, iztrošiti (moči); izmetavati (ikre); žrtvovati, dati; **to ~ o.s.** izčrpati se, iztrošiti se; **2.** *vi* biti zapravljiv, delati izdatke; (iz)trošiti se; poleči se, pojemati; (o ribah) drstiti se; **his anger spent itself soon** jeza se mu je kmalu polegla; **the ball was spent** krogla ni imela več (prebojne) moči; **to ~ blood and life** žrtvovati kri in življenje; **to ~ one's breath** tratiti svoje besede, govoriti v veter; **how did you ~ the evening?** kako ste preživeli večer?; **to ~ one's estate in gaming** zaigrati svoje premoženje; **to be spent with fatigue** biti izčrpan od utrujenosti; **to ~ freely** biti preradodaren; **the night is nearly spent** noč je skoraj minila; **to ~ a penny** *coll* iti na toaleto; **our stores are nearly spent** naše zaloge so skoraj izčrpane; **to ~ the winter abroad** preživeti zimo v inozemstvu; **the storm is spent** vihar se je izdivjal, se je polegel; **do not ~ words on him** ne trati(te) besed z njim!

spendable [spéndəbl] *a* ki se da potrošiti

spender [spéndə] *n* zapravljivec, razsipnik

spending money [spéndiŋ máni] *n* žepnina

spendthrift [spéndθrift] **1.** *n* zapravljivec, potratnež, razsipnik; **2.** *a* zapravljiv, potraten, razsipen

spense [spens] *n* glej **spence**

Spenserian [spensíəriən] *a* spenserijanski, ki se nanaša na angleškega pesnika Spenserja (umrl 1599); **~ stanza** kitica, ki jo je Spenser uporabljal v svojem delu **Faerie Queene** ter jo sestavlja 8 stihov po 5 jambskih stopic, deveti stih pa ima 6 stopic; rima stihov: ababbcbcc

spent [spent] **1.** *pt & pp* od **to spend**; **2.** *a* nemočen, brez moči, izčrpan, upehan; zgaran; **~ bullet** krogla brez prebojne moči; **~ herring** slanik po drstenju

sperm I [spə:m] *n* sperma, človeško (moško) ali živalsko seme; *fig* kal, klica, izvor

sperm II [spə:m] *n zool* glavač; mastna snov iz glave glavača

spermary [spó:məri] *n anat* moška semenska žleza; modo

spermatic [spə:mǽtik] *a anat* semenski, ki vsebuje seme; *fig* ploden

spermatism [spó:mətizəm] *n* izliv semena, ejakulacija

spermatozoon, *pl* **-zoa** [spə:mətəzóuən] *n biol* spermatozon

sperm-whale [spó:mweil] *n zool* kit glavač

spew [spju:] **1.** *vt & vi coll* (iz)bruhati, (iz)bljuvati, povračati (hrano), rigati (se), izpljuniti (često *out, up, forth*); *fig* izteči (iz), drseti, zdrsniti (o zemlji); (o topu) izvreči kroglo pred cev zaradi prehitrega streljanja; **2.** *n* izmeček, izbljuvek

spewer [spjúə] *n* pljuvalec, izbljuvalec

spewy [spjú:i] *a* moker, brozgast

sphacelate [sfǽsileit] *vt & vi* okužiti; prisaditi se

sphacelation [sfæsiléišən] *n med* tvorba (nastanek) gangrene (mrtvine)

sphagnum, *pl* **-gna** [sfǽgnəm, -nə] *n bot* šotni mah

sphenic [sfí:nik] *a* klinast(e oblike)

sphenoid [sfí:nɔid] *a* klinast; **~ bone** *anat* sfenoid, zagozdnica (kost v lobanji)

spheral [sfíərəl] *a* sferni, okrogel, obel; simetričen; popoln

sphere I [sfíə] *n math* krogla; obla; *astr* nebesni svod, nebesno telo; globus; *poet* nebo; *fig* torišče, področje, območje, sfera; (družbeno, življenjsko) okolje, družbeni položaj; *obs* pot (tir) planetov; **~ of activity** področje dejavnosti; **~ of influence (of interest)** vplivno (interesno) področje; **my peculiar ~** moje posebno področje; **doctrine of the ~** nauk o krogli, sferična trigonometrija; **music of the ~s** sferična muzika (petje); **to take s.o. out of his ~** vzeti koga iz njegovega običajnega okolja

sphere II [sfíə] *vt* obkrožiti, obkrožati, obdati; napraviti okroglo; *fig* izpopolniti; *fig poet* povzdigniti (koga) v nebo; spraviti (kaj) zunaj dosega; **~d out of reach** nedosegljiv

spheric [sférik] *a* (**~ally** *adv*) *poet* nebesen, vzvišen; *math* krogelne oblike, sferičen

spherical [sférikəl] *a* (**~ly** *adv*) okrogel, obel, oblast, kroglast; *math* sferičen; *astr* nebesen; **~ astronomy (geometry)** sferična astronomija (geometrija); **~ section (sector)** krogelni izsek; **~ trigonometry** sferična trigonometrija

spherics [sfériks] *n pl* **1.** sferika, nauk o krogli; **2.** vremensko opazovanje z elektronskimi aparati

spheroid [sfíərɔid] *n math* sferoid, paobla, krogla, ki nastane, če zavrtimo elipso okrog ene od njenih osi; **the earth is an oblate ~** Zemlja je na tečajih sploščen sferoid

spheroidal [sfiərɔ́idəl] *a* (**~ly** *adv*) sferoiden, paoblast

spherometer [sfiərɔ́mitə] *n* sferometer, priprava za merjenje krivine leč, ukrivljenih površin

spherule [sféru:l] *n* kroglica

sphery [sfíəri] *a* sferičen; zvezden; okrogel, okroglast

sphincter [sfíŋktə] *n anat* mišica zapiralka, sfinkter

sphinx, *pl* **-es, sphinges** [sfiŋks, -ndži:z] *n* sfinga; *fig* zagoneten človek, »sfinga«; **~ baboon** *zool* rdeči pavijan

sphygmic [sfígmik] *a med* pulzen, ki se nanaša na pulz

sphygmus [sfígməs] *n med* pulz

spica, *pl* **-cae** [spáikə, -si:] *n* klas; žitni klas

spicate [spáikeit] *a* ki nosi klase; klasast

spice [spáis] **1.** *n* dišava, začimba; vonj po začimbi; *fig* priokus; trohica, ščepec, nadih, majhna doza; **a dealer in ~** trgovec z začimbami, dišavami; **to have a ~ of** imeti okus po; **there is a ~ of malice in him** v njem je nekaj zlobnega; **2.** *vt* začiniti (z dišavami); *fig* zabeliti, začiniti z duhovitostjo itd.; **to ~ with wit** zabeliti (pogovor) z duhovitimi opazkami

spicebush [spáisbuš] *n bot* jagodnik

spiced [spáist] *a* začinjen; aromatičen, močnó dišeč; **~ food** začinjena hrana

spicery [spáisəri] *n* začimbe, dišave; špecerija

spicily [spáisili] *adv* začinjeno, zabeljeno; pikantno, ostro

spiceness [spáisinis] *n* (močna) začinjenost, pikantnost (tudi *fig*)

spick [spik] *a* brezhibno oblečen, eleganten

spick-and-span(-new) [spíkəndspæn (nju:)] *a* čisto nov, kot iz škatlice vzet; zelo eleganten

spicular [spíkjulə] *a* iglast; *bot* klasast

spiculate [spíkjulit] *a bot zool* zašiljen; resast
spicule [spáikju:l] *n* (ledena itd.) igla; *zool* bodica, iglica (zlasti morske gobe); *bot* majhen klas, klasek
spicy [spáisi] *a* (spicily *adv*) *a* začinjen z dišavami, dišaven, aromatičen; *fig* popran, pikanten, opolzek (zgodba); duhovit; *sl* eleganten; a ~ mixture dišavna mešanica
spider [spáidə] *n zool* pajek; *A* trinožec, trinogi roštilj; *A* ponev, kozica; *tech* vrtljiv križ, motoroga; (visok) dvokolesni voz; ~ and fly pajek in muha, *fig* krvnik in žrtev; ~ line črta za odčitanje (v optičnih napravah); ~'s web, ~ web pajčevina
spiderlike [spáidəlaik] *a* podoben pajku, pajkast
spiderling [spáidəliŋ] *n zool* mlad pajk, pajkec
spider-man, *pl* -men [spáidəmən] *n* delavec na (gradbenem) odru
spider phaeton [spáidəféitn] *n* lahek visok voz
spider-work [spáidəwə:k] *n* fine čipke
spidery [spáidəri] *a* pajčji; podoben pajku; poln pajkov; ~ legs pajčje (dolge in tanke) noge
spiel [spi:l] 1. *n A sl* igra; zgodba; govor, govorjenje; 2. *vi A* govoriti, imeti (dolge) govore; brbljati
spieler [spi:lə] *n A coll* rutiniran slepar, lopov; *A sl* sejemski izklicevalec (kričač)
spier [spáiə] *n* špijon, vohun
spiffing [spífiŋ] *a* (~ly *adv*) *coll* sijajen, čudovit; čeden, ličen (o obleki)
spif(f)licate [spíflikeit] *vt sl hum* prebunkati, pretepsti; *fig* pobiti, uničiti, likvidirati; zmešati, zbegati (koga)
spiffy [spífi] *a* glej spiffing
spigot [spígət] *n* čep, veha, pipa (pri sodu); kraj cevi, ki se prilega odprtini naslednje cevi; *A* vodovodna pipa; ~ and faucet način spajanja cevi; ~ joint obojčna spojka
spike I [spáik] *n* ost, konica, špica; žebelj, čavelj, cvek; železna konica ograje; *rly* klin za pričvrstitev tračnic; rogovi (jelenčeta); (žitni) klas; *zool* mlada skuša; *sl* zagrizen anglikanec; *A sl* bajonet; primes alkoholne pijače; *pl sp* sprinterice; to get the ~ *sl* ujeziti se
spike II [spáik] *vt* pribiti (pritrditi, pričvrstiti); nabosti, opremiti z (železnimi) konicami; *sp* poškodovati (raniti) s sprintericami; zagozditi (top); *fig* napraviti konec, spodnesti (načrt); *A* primešati alkohol (brezalkoholni pijači); ~ d shoes sprinterice; to ~ an enemy with a bayonet nabosti sovražnika na bajonet; to ~ s.o.'s guns *fig* prekrižati (spodnesti) komu načrte, pokvariti komu računce
spiked [spáikt] *a bot* ki nosi klase, klasast
spike-file [spáikfail] *n* ost (klin), na katero se natikajo (nabadajo) spisi (akti)
spikehorn [spáikhɔ:n] *n zool* jelenče
spikelet [spáiklit] *n bot* majhen klas
spike nail [spáikneil] *n* dolg žebelj
spikenard [spáikna:d] *n bot* narda, nardovo olje; sivkino olje
spiketail [spáikteil] *n* (večinoma *pl*) *A coll* frak
spike team [spáikti:m] *n A* trovprega (v kateri en konj vodi)
spiky [spáiki] *a* (spikily *adv*) koničast, špičast, oster, bodeč, bodičast; *fig* ujedljiv; *sl* brezkompromisen (privrženec anglikanske cerkve)

spile [spáil] 1. *n* čep, veha; lesen zamašek; kol; 2. *vt* napraviti luknjo v sodu za veho; podpreti s koli; *A* dati na čep, nastaviti (sod)
spilehole [spáilhoul] *n* luknja za veho (čep)
spiling [spáiliŋ] *n tech* kolje
spill I [spil] *n* trščica (lesa); čep, veha; prižgalica, zmotek papirja ali trščica za prižig (sveče itd.); cigaretni papir
spill II [spil] *n* prelivanje, razlivanje; deževni naliv; padec (s konja, z voza)
spill* III [spil] *vt & vi* preli(va)ti (se), razliti (se), izliti (se) (*out*); raztresti; *naut* odvzeti veter (jadru); *fam* vreči koga iz sedla ali vozila; *sl* izgubiti (denar na stavah); *A sl* izklepetati, izdati (tajnost); to ~ s.o.'s blood prelivati kri; to ~ money zapraviti, izgubiti denar (pri stavah); to ~ the beans *A sl* izdati tajnost, vse priznati; to ~ salt raztresti sol; the horse spilt him konj ga je vrgel iz sedla; it's no use crying over spilt milk *fig* po toči zvoniti je prepozno
spillage [spílidž] *n* razlitje; *min* razsipanje (materiala)
spiller [spílə] *n* (ribiška) mreža, v katero se jemljejo ribe iz druge večje mreže, ki je ne morejo potegniti na breg
spillikin [spílikin] *n* lesena ali koščena paličica, ki jo uporabljajo v nekaterih igrah; *fig* trščica, košček; *pl* (igra) mikado
spillway [spílwei] *n* izlivna odprtina v zatvornici za odvečno vodo; odtočni kanal
spilt [spilt] *pt & pp* od to spill
spilth [spilθ] *n arch* kar je razlito; razlitje, razsutje; odpadek
spin I [spin] *n* vrtenje (okoli osi), sukanje, obračanje; predenje; kratka in hitra vožnja; kratka ježa (jahanje); odvihranje; *aero* vrtenje (letala) okoli podolžne osi; popolna zmešnjava, zmeda; the ~ of a top vrtenje vrtavke; to go for (to take) a ~ iti na kratko vožnjo ali sprehod (s kolesom, avtom, čolnom itd.); to go into a ~ (o letalu) strmoglavo leteti obračajoč se okoli osi
spin* II [spin] *vt* presti, sukati (volno itd.); spremeniti (raztopino) v umetno svilo; obračati, vrteti (vrtavko); hitro obrniti okoli osi; stružiti; (na dolgo) pripovedovati; *fig* izmisliti si; loviti (ribe) z umetno vabo; *sl* vreči (kandidata) na izpitu; *aero* vrteti (letalo) okoli podolžne osi; *vi* presti; (hitro) se obračati, vrteti se; krožiti; *coll* hitro iti, brzeti, drveti; postati omotičen; brizgniti (kri); *aero* vrteti se okoli podolžne osi; ribariti z umetno vabo; spun gold zlate žice; ~ glass steklena nit; ~ yarn vrv iz predenih konopcev; to ~ (along) drveti, brzeti (po); to ~ a coin vreči novec v zrak (pri žrebanju, stavi itd.); my head ~s vse se mi vrti; to ~ plots izmisliti si načrte, spletke; to ~ a yarn (a story) pripovedovati dolgo (neverjetno) zgodbo; to send s.o. ~ning udariti koga, da se zavrti okrog svoje osi
spin out *vt* razvleči, zavlačevati; na dolgo in široko razpredati (zgodbo itd.); prebiti, preživeti (čas, življenje) (*in* v); zapravljati čas (*by* z); izčrpati; negotiations spun out pogajanja so se zavlekla
spin round *vt & vi* obračati (se), vrteti (se) v krogu; vrtinčiti (se)

spinaceous [spinéišəs] *a* podoben špinači, špinačast
spinach, *obs* spinage [spínidž, *A* tudi -ič] *n bot*
špinača
spinal [spáinəl] *a* hrbteničen; ~ column hrbtenica;
~ cord, ~ marrow hrbtenjača, hrbtni mozeg;
~ complaint bolezen hrbtnega mozga
spinate [spínit, -eit] *a* ki ima trne, bodice; trnov
spindle [spindl] 1. *n* vreteno; preslica; *tech* gred,
os, osni čep; mera za izpreden bombaž (15.120
jardov); *tech* hidrometer; mršav človek, suhec;
tanka visoka stvar; dead ~ nepremično vreteno;
live ~ vreteno, ki se vrti; 2. *vi bot* zrasti kvišku,
rasti v višino; podaljšati se, stanjšati se (kot
preslica); »potegniti se« (o osebi); *vt* napraviti
vretenasto
spindle-legged [spíndəllegd] *a* dolgokrak, dolgo-
nog, dolgih in tankih nog
spindlelegs [spíndəllegz] *n pl* dolge, tanke noge;
sg constr oseba tankih in dolgih nog
spindle-shanked [spíndəlšæŋkt] *a* dolgokrak, dolgo-
nog; dolg in tanek (o nogah)
spindle-shanks [spíndəlšæŋks] *n pl* dolge in tanke
noge; *sg constr* oseba z dolgimi in tankimi
nogami, dolgonožec
spindle-shaped [spíndəlšeipt] *a* vretenast; ki ima
obliko vretena
spindle shell [spíndəlšel] *n zool* vretenasta školjka
spindle side [spíndəlsaid] *n* materina veja v družini;
sorodstvo po preslici, z ženske strani
spindle-tree [spíndəltri:] *n bot* navadna trdoleska;
trdoleskovina
spindly [spíndli] *a* tanek kot vreteno (kot preslica)
spin-drier [spíndraiə] *n* centrifuga za perilo
spindrift [spíndrift] *n naut* vodni prah (pršec), ki
ga s površja morja piha veter; ~ cloud cirus,
lahek oblaček
spine [spáin] *n med zool* hrbtenica; gorski hrbet;
hrbet knjige; *zool bot* bodica, trn, drevesna
igla (smreke itd.); *fig* pogum, energija
spined [spáind] *a* bodičast; vretenčast
spineless [spáinlis] *a* ki je brez trnov, brez bodic,
brez hrbtenice (tudi *fig*), omahljiv, nesiguren,
brez volje, mlahav, medel
spinet [spinét] *n mus* spinét, starinski klavir
spiniferous [spainífərəs] *a* bodičast, ki nosi bodice
spinifex [spáinifeks] *n bot* vrsta avstralske trave
spinnaker [spínəkə] *n naut* skrajnik, dodatno tri-
kotno jadro (na jahtah); ~ boom jambor za to
jadro
spinner [spínə] *n* predec, predica; *tech* predilni
stroj; vrtavka; centrifuga za perilo; blestivka
(trnka); gladilnica; *poet dial* pajek; pripovedo-
valec zgodb
spinnery [spínəri] *n* predilnica
spinney [spíni] *n* goščava, hosta; grmovje
spinning [spíniŋ] 1. *n* predenje; preja; predivo;
vrtenje (letala) okoli osi; 2. *a* ki prede; ki rotira,
se vrti, kroži; ~ jenny *tech* stroj za fino pre-
denje; ~ frame *tech* predilna statva (stroj); ~
factory predilnica; ~ machine predilni stroj; ~
mill predilnica; ~ top vrtavka, volk; ~ wheel
hist kolovrat
spinning-house [spíniŋhaus] *n hist* zavod za prev-
zgojo propalih (izgubljenih) deklet; poboljše-
valnica za prostitutke
spinose [spáinous] *a* bodičast

spinosity [spainósiti] *n* trnatost, bodičavost; bo-
dičast predmet; *fig* zbadljiva opazka
spinous [spáinəs] *a bot zool* bodičast, trnast; ki
nosi trne; *fig* oster, zbadljiv, ujedljiv; ~ humour
zbadljiv humor
spinster [spínstə] *n* starejša ženska; stara devica;
E jur neporočena (samska) ženska
spinsterhood [spínstəhud] *n* samski stan (ženske)
spinstress [spínstris] *n* predica; stara devica
spinule [spáinju:l] *n* trnec, bodica
spiny [spáini] *a bot zool* bodičast, trnov, trnast;
fig trnov, težaven, kočljiv, zamotan, zapleten;
~ lobster *zool* langusta
spiracle [spáiərəkl] *n zool* dihalna odprtina (cev);
sapnik; štrcnica (pri kitu)
spiral [spáiərəl] 1. *n* spirala, viba, zavojica, polž-
nica; *econ* spirala; spiralna vzmet (v uri); *aero*
spirala; let, spuščanje letala v zavojih; 2. *a* (~ ly
adv) spiralen, spiralast, vibast, polžast(o zavit);
~ balance spiralna (vzmetna) tehtnica; ~ drill
spiralast sveder; ~ spring spiralna vzmet; ~
staircase polžasto stopnišče; 3. *vt* napraviti (kaj)
spiralno (polžasto zavito); *vi* premikati se v spi-
rali; *aero* leteti (spuščati se, dvigati se) v spirali,
v zavojih
spirality [spaiərǽliti] *n* spiralnost, zavitost, spiralna
oblika
spirant [spáiərənt] 1. *a phon* spirantičen, spirantski,
priporniški; 2. *n phon* spirant, pripornik (npr.
f, v, th)
spire I [spáiə] *n* spirala, viba, en zavoj spirale
spire II [spáiə] 1. *n* koničast vrh zvonika (stolpa,
strehe, drevesa); strm, koničast vrh; vsak pred-
met, ki se proti vrhu zoži v konico, v iglo;
poganjek; steblo; veja (rogovja); konica, jezik
(plamena itd.); 2. *vi* poganjati, dvigati se v vi-
šino; zožiti se v konico, šiliti se; *vt* opremiti
s konico, ošiliti, okoničiti
spired I [spáiəd] *a* spiralast
spired II [spáiəd] *a* koničast; s koničastim stolpom
(o cerkvi)
spirit I [spírit] 1. *n* duh; duša; prikazen, duh,
nadnaravno bitje, demon; genij, velik duh; smi-
sel, duh (zakona); *fig* polet, elan, pogum, mo-
rala, ognjevitost, energija; *fig* življenjska moč,
volja; *fig* gonilna moč, duša (podviga, podjetja);
pl razpoloženje; veter, sapica; in (the) ~ v duhu;
out of ~s potrt, deprimiran; absent in body,
but present in ~ telesno odsoten, duhovno pa
prisoten; animal ~ življenjska moč; astral ~s
duhovi, za katere verujejo, da žive med zvez-
dami; familiar ~s duhovi, ki spremljajo čarov-
nice ali jim služijo; great ~s véliki duhovi
(razumniki, velikani duha); high ~s dobro,
veselo razpoloženje, veselost; the Holy S~ *eccl*
sv. duh; low ~s potrtost, depriminranost; a
master-~ človek izredne pameti, ki drugim vsi-
ljuje svoje mnenje; a mischievous ~ hudoben
škrat; a man of a domineering ~ mož zapove-
dovalnega značaja; peace to his departed ~
mir njegovi duši; the poor in ~ ubogi na duhu,
ponižni; poor ~s pobitost, potrtost; public ~
smisel za javni blagor; unbending ~ neupogljiv
duh (značaj); the ~ of the law duh zakona;
to be in poor (low) ~s biti potrt (pobit, malo-
dušen, depriminran); he is the driving ~ of the

undertaking on je duša podjetja; **to call up a** ~ klicati duhá; **our** ~s **go up (rise)** naša morala se dviga; **he has the** ~ **of a lion** on ima levji pogum; **to keep up one's** ~s ne izgubiti poguma
spirit II [spírit] *vt* navdihniti, inspirirati; priganjati, siliti (*on* k); **to** ~ **away (off)** skrivaj in hitro odvesti, pustiti izginiti; **to** ~ **a child** odvesti, ugrabiti otroka; **to** ~ **a prisoner** pustiti, da ujetnik izgine
spirit III [spírit] *n chem* destilat; špirit; *A* alkohol, alkoholna pijača; *pl* alkoholne, opojne pijače, spirituoze; ~ **blue** anilinsko modrilo v alkoholu; ~ **of ether** *med* Hoffmannove kapljice; ~s **of turpentine** terpentinovo olje; ~(s) **of wine** vinski cvet, alkohol; **ardent** ~s močne, zelo opojne pijače; **a glass of** ~s **and water** kozarec alkoholne pijače, mešane z vodo; **methylated** ~ gorilni špirit; **rectified** ~ prečiščen alkohol; **I don't drink** ~s ne pijem alkohola
spirit-broken [spíritbroukən] *a* potrt, pobit, malodušen, deprimiran
spirit duck [spíritdʌk] *n* raca, ki se takoj potopi, če poči puška
spirited [spíritid] *a* (~ **ly** *adv*) duhovit; živahen, ognjevit, hiter, smel, drzen, srčen, pogumen, energičen; **a** ~ **horse** isker konj; **high-**~ ponosen; ognjevit, smel, drzen; **low-**~ potrt, malodušen, pobit, deprimiran; **poor-**~, **tame-**~ plašen, boječ
spiritedness [spíritidnis] *n* živost, živahnost; pogum, energija; **low-**~ pobitost, potrtost, deprimiranost, malodušnost; **narrow-**~ ozkosrčnost; **public-**~ duh (zavest) skupnosti
spirit-gum [spíritgʌm] *n theat* mastiks, lepilo za umetno brado itd.
spiriting [spíritiŋ] *n* strah, strašilo; čarovnija; spodbuda, ohrabritev, inspiracija
spiritism [spíritizəm] *n* spiritizem, občevanje z duhovi
spiritist [spíritist] *n* spiritist
spiritistic [spiritístik] *a* spiritističen
spirit lamp [spíritlæmp] *n* svetilka na špirit
spiritless [spíritlis] *a* (~ **ly** *adv*) brez duha; malodušen, brez poguma, neodločen; potrt, pobit, poparjen, klavrn, deprimiran, brez volje (moči, energije, živahnosti), medel, *fig* mrtev
spiritlessness [spíritlisnis] *n* brezdušnost; klavrnost, potrtost, pobitost
spirit level [spírit levl] *n tech* vodna tehtnica, libela
spiritous [spíritəs] *a obs* eteričen, čist; alkoholičen; živahen
spirit-rapper [spíritræpə] *n* spiritist, oseba, ki občuje z duhovi in razume trkanje duhov
spirit-rapping [spíritræpiŋ] *n* spiritiziranje, spiritizem, klicanje in občevanje z duhovi; javljanje duhov s trkanjem
spirit-room [spíritrum] *n naut* prostor uslužbenca (ki izplačuje mornarjem plačo), v katerem so nekoč hranili pijače
spiritstove [spíritstouv] *n* grelec na špirit
spiritual I [spíritjuəl] *a* (~ **ly** *adv*) dúhoven, duševen, spiritualen, netelesen; eteričen; intelektualen; duhovit; pobožen, božje navdihnjen; **our** ~ **faculties** naše duševne zmožnosti; **the** ~ **law** boži zakon; **the** ~ **man** človekova duševnost; ~ **songs** duhovne, pobožne pesmi; ~ **wife** *A*

mormonska žena; **Lords** ~ cerkveni dostojanstveniki, ki so člani Gornjega doma angleškega parlamenta
spiritual II [spíritjuəl] *n* (= **Negro-**~) črnska duhovna pesem, spiritual; *pl* cerkvene, verske zadeve; ~ **director** *eccl* duhovni vodja (svetovalec)
spiritualism [spíritjuəlizəm] *n phil* spiritualizem, metafizični idealizem; spiritizem; duševnost
spiritualist [spíritjuəlist] *n phil* spiritualist, privrženec spiritualizma; idealist; spiritist
spiritualistic [spiritjuəlístik] *a* (~ **ally** *adv*) spiritualističen; spiritističen
spirituality [spiritjuǽliti] *n* duhovnost, poduhovljenost, spiritualnost; *pl* dohodki, pravice duhovnika; **the** ~ **of benefices** dohodki župnije, cerkvene nadarbine (desetina itd.); **the spiritualities of his office** nagrada, ki je povezana z njegovim cerkvenim položajem
spiritualize [spíritjuəlaiz] *vt* poduhoviti, napraviti duhovno, spiritualizirati; *fig* dati duhovni značaj; (redko) oživiti
spiritual-minded [spíritjuəl máindid] *a* religiozen
spiritual-mindedness [spíritjuəl máindidnis] *n* religioznost
spirituel(le) [spiritjuél] *a* (zlasti o ženskah) ki je prefinjenega duha, duhovit; poduhovljen
spirituous [spíritjuəs] *a* alkoholen, opojen; vsebujoč alkohol; destiliran; ~ **liquors** alkoholne pijače; pivo
spiritus [spíritəs] *n chem med* alkohol, špirit; *gram* spiritus, pridih; ~ **frumenti** whisky
spirit writing [spírit ráitiŋ] *n* (avtomatično) pisanje (spiritističnega medija)
spirometer [spaiərómitə] *n* spirometer, priprava za merjenje zmogljivosti pljuč
spirt [spə:t] **1.** *n* curek, brizg (vode); *fig* izbruh (jeze itd.), eksplozija; **2.** *vi & vt* brizgniti, štrcniti; izbrizgati
spiry I [spáiəri] *a* spiralen, vibast, zavit
spiry II [spáiəri] *a* koničast, ki se končuje v konico; ki ima mnogo zvonikov, stolpov
spit I [spit] **1.** *n* raženj; *geogr* ozek rt, rtič; **2.** *vt* nabosti (meso) na raženj; *fig* prebosti, nabosti
spit II [spit] *n* pljuvanje; pljunek, slina; jezno pihanje (zlasti mačke); droben dež, dežek, rahlo sneženje; jajčeca nekaterih žuželk, zaplod, zapljunek, ličinka; *fig* kratka oddaljenost; *coll* natančna podoba; ~ **and polish** temeljito čiščenje in loščenje; **a** ~ **away** malo proč (stran); **he is the dead** ~ **of you** podoben ti je kot jajce jajcu; **he is the very** ~ **of his father** prav tak je kot njegov oče; izrezan oče je
spit* III [spit] **1.** *vi* pljuvati, pljuniti; *fig* grdo, prezirljivo ravnati (*at* s); pihati, puhati (kot jezna mačka); pršeti, rositi (dež); padati v posameznih kosmičih (sneg); metati iskre (o ognju); štrcati (črnilo) (o peresu); vrvrati, kipeti (vrela voda); *vt* pljuvati, izpljuniti (slino, kri, hrano) (često *out, forth*); bruhati (ogenj); izbruhniti (grožnjo, kletvico); prižgati; **to** ~ **coton (sixpence)** *sl* biti zelo žejen; **to** ~ **in s.o.'s face** pljuniti komu v obraz; **to** ~ **a fuse** prižgati vžigalnik (granate); **to** ~ **at (on, upon)** pljuniti na, razžaliti, prezirljivo ravnati s (kom); **to** ~ **out** izpljuniti, *sl* odkriti, odkrito govoriti; **spit it out!**

govori!, na dan z besedo!; **to spit out an oath** izbruhniti kletvico, zakleti

spit IV [spit] *n* globina, do katere seže lopata; **dig it three ~(s) deep** izkoplji (zemljo) tri lopate globoko

spitball [spítbɔ:l] *n A* (prežvečena) kroglica iz papirja

spitbox [spítbɔks] *n* pljuvalnik

spitchcock [spíčkək] **1.** *n* pečena morska jegulja; **2.** *vt* razparati in pripraviti (speči) (morsko jeguljo); *fig* trdo prijeti, raztrgati (na koščke)

spit curl [spítkə:l] *n* koder, ki pada na čelo

spitdevil [spítdevl] *n* majhen stožec vlažnega smodnika, ki bruha iskre, ko se vžge

spite I [spáit] *n* sovražnost, mržnja; jeza, gnev, nevolja; kljubovanje, kljubovalnost, trma; zlobnost, zlohotnost, hudobija; **in ~** navkljub, navzlic; **(in) ~ of** kljub, navzlic; **in ~ of the fact that ...** kljub dejstvu, da..., čeprav; **out of ~, from pure ~** iz zlobe, iz (same) kljubovalnosti; **he did it out of ~** iz zlobe je to naredil; **to have a ~ against s.o.** biti jezen na koga; **he has an old ~ against me** staro jezo kuha name

spite II [spáit] *vt* zlobno ravnati (s kom), zagosti jo (komu); (u)jeziti, (raz)žaliti; kljubovati (komu); **he did it to ~ me** naredil je to, da bi me spravil v jezo (meni navkljub); **to cut off one's nose to ~ one's face** zaradi malenkostne koristi utrpeti škodo, samemu sebi škoditi v nameri, da bi kljubovali komu drugemu, *fig* urezati se

spiteful [spáitful] *a* (**~ ly** *adv*) zloben, hudoben, potuhnjen, zahrbten, uporen

spitfire [spítfaiə] **1.** *n* zelo razdražljiv, togoten človek; vročekrvnež, vihravec, prepirljiva ženska (»zmaj«); bruhalec ognja; *aero* angleško lovsko letalo iz 2. svetovne vojne; majhen stožec vlažnega smodnika, ki meče iskre, ko se vžge; **2.** *a* ogenj bruhajoč; vročekrven, nagle jeze, togoten

spitter I [spítə] *n* pljuvalec, pljuvač; vrsta zažigalne vrvice

spitter II [spítə] *n* natikač mesa na raženj

spitter III [spítə] *n* vrsta lopate; kopač

spitting [spítiŋ] *n* pljuvanje; pljunek, slina; **~ image** velika podobnost; **he is the ~ image of his father** on je kot izrezan oče

spittle [spitl] *n* pljunek, slina; **~ insect** *zool* slinarica

spittoon [spitú:n] *n* pljuvalnik

spiv [spiv] *n E sl* človek sumljivega poklica, postopač; verižnik, črnoborzijanec

spitz (dog) [spic (dɔg)] *n* špic (pes)

splash [splæš] **1.** *n* brizg, brizganje, štrc, pljusk, obrizg; izbrizgnjena tekočina; brizglaj; madež od barve, blata itd.; *A tech* (vodni plaz za) plavljênje (debel); *coll* puder, šminka za obraz; *coll* pozornost, senzacija; **a ~ of soda** malo, nekoliko, brizgljaj sodavice; **to make a ~** *fig* zbuditi pozornost, povzročiti senzacijo; **2.** *vt* oškropiti, oštrcati, obrizgati (*with* z); *tech A* splavariti (debla) po vodi; *sl* potratno zapravljati; *vi* štrcati, pljuskati (na vse strani), brizgati, pljusniti (v vodo); bresti, gaziti, čofotati po vodi; **fields ~ ed with flowers** s cvetjem posejana polja; **3.** *adv* čofotaje, pljuskaje

splash-board [splǽšbɔ:d] *n* blatnik; valolom (pri čolnu); zapiralna deska (pri nasipu)

splasher [splǽšə] *n* škropilec; *mot* blatnik; zaslon pri umivalniku, ki ščiti zid pred obrizganjem

splashing [splǽšiŋ] *a* sijajen, krasen, čudovit

splashy [splǽši] *a* (**splashily** *adv*) pljuskajoč, štrcajoč; oškropljen, moker, blaten, umazan; lisast, marogast; *coll* pozornost zbujajoč, senzacionalen

splatter [splǽtə] **1.** *n* škropljenje, štrcanje, brizgljaj; *fig* zmešnjava; **2.** *vi & vt* pljuskati, štrcati (*on* na); poškropiti, umazati; klokotati; nerazumljivo govoriti

splatter-dash [splǽtədæš] *n* (večinoma *pl*) gamaše za jezdeca

splay [spléi] **1.** *n arch* poševna ploskev zidu (*of the window* okna) **2.** *a* širok in ploščat; poševen, ukrivljen, nagnjen, na ven obrnjen (o stopalu); neroden, okoren; **3.** *vt* poševno položiti, dati poševno obliko; *vet* izpahniti; *vi* imeti poševno odprtino; izpahniti se (zlasti konjska rama); **a ~ed window** okno, ki je na eni strani zidu širše kot na drugi

splayfoot, *pl* **-feet** [spléifut, -fi:t] **1.** *n med* ploska noga; **2.** *a* ploskonog

splayfooted [spléifutid] *a* ploskonog; *fig* neroden, štorast

splay-mouth [spléimauθ] *n* velika usta; v grimaso raztegnjena usta

spleen [spli:n] **1.** *n anat* vranica; *fig* slaba volja, slabo razpoloženje; *obs* otožnost, žalost, melanholija, deprimiranost; hipohondrija; *obs* napad besnosti; **a fit of ~** nenadna slaba volja (žalost, otožnost); **he vented his ~ on me** svojo slabo voljo je stresel name; **2.** *vt* odstraniti vranico (*a dog* psu)

spleenful [splí:nful] *a* (**~ ly** *adv*) slabe volje, muhast, čemern; melanholičen; hipohondričen

spleenic [splí:nik] *a* vraničen

spleenish [splí:niš] *a* slabe volje, melanholičen; hipohondričen

spleenwort [splí:nwə:t] *n bot* podborka; vršaj

spleeny [splí:ni] *a* melanholičen; hipohondričen

splenalgia [splinǽldžiə] *n med* bolečine v vranici

splendent [spléndənt] *a* blesteč, žareč; sijajen, briljanten, izvrsten, slaven, krasen

splendid [spléndid] *a* (**~ ly** *adv*) sijajen, krasen, veličasten; *coll* izreden (prilika itd.); slaven, čudovit; **a ~ idea** sijajna misel; **~ isolation** *pol hist* »vzvišena osamljenost«; **~ victory** slavna zmaga

splendidness [spléndidnis] *n* sijaj, krasota, blišč, čudovita lepota; čudovitost

splendiferous [splendífərəs] *a coll* krasen, zelo lep

splendour [spléndə] *n* sijaj, blišč, krasota, lepota, veličastnost; **sun in ~ her** sonce z žarki in človeškim obrazom

splendorous [spléndərəs] *a* bleščeč, žareč; sijajen

splenetic [splinétik] **1.** *a* (**~ ally** *adv*) vraničen; *med* bolan na vranici; *fig* slabe volje, čemern, muhast; *obs* otožen, žalosten, melanholičen; **2.** *n* bolnik na vranici; *fig* hipohonder

splenic [splí:nik] *a* vraničen; **~ fever** vranični prisad

splenitis [splináitis] *n med* vnetje vranice

splice I [spláis] *n naut* prepleteni konci dveh vrvi, splet; *tech* sklepni spoj, spajanje dveh kosov lesa; *sl* poroka; **to sit on the ~** (cricket) (preveč) previdno igrati

splice II [spláis] *vt naut* splesti, spojiti (konca dveh vrvi); *tech* povezati, zglobiti, spojiti (kose lesa); *fig* združiti, *coll* poročiti, povezati v zakon; to ~ the mainbrace *naut* servirati pijačo (rum) moštvu (ob posebni priliki); ~d ojačen (peta, prsti nogavice); nylon ~d ojačen z najlonom
splicer [spláisə] *n tech* lepilna stiskalnica (za lepljenje filmskih trakov)
spline [spláin] 1. *n* dolg in tanek kos lesa ali kovine; *tech* klin, zatič; utor, žlebič; 2. *vt* napraviti utor (na osi); zakliniti, zagozditi
splint [splint] 1. *n med* deščica za uravnavo zlomljenega uda; (pri konju) izrastek kosti na golenici; *tech* šiba, protje za pletenje (košar, stolov itd.); *dial* drobec, iver, trska; *min* (= ~ coal) plenast premog; ~ bone *med* golenica, piščal; 2. *vt* uravnati (zlomljen ud) z deščicami
splinter [splíntə] 1. *n* odkršek, drobec; iver, trska, tršċica, odlomljen košček; plena; *fig* drobec, odlomek; ~ of bone kostni drobec; bomb ~ drobec bombe; ~ party, ~ group *pol* frakcija; to fly (to go) (in)to ~s raztreščiti se, razbiti se na tisoč koščkov; 2. *vt & vi* cepiti (se), klati (se), odlomiti (se) v dolge, tanke kose; razbiti (se) na koščke; pleniti se
splinter-bar [splíntba:] *n* vaga pri vozu
splinterproof [splíntəpru:f] 1. *a mil* varen pred drobci bomb ali granat; 2. *n* varnost (zaklonišče) pred drobci bomb, granat itd.
splintery [splíntəri] *a* ki se lahko kolje (cepi), cepljiv; trskast; plenast
split I [split] *n* razcep, razcepitev; razpoklina; odkrušek, iver, odcepljeni kos; razcepljeno šibje (za pletenje košar); posamezni sloji razklane kože; *fig* delitev, ločitev, prelom, razkol, razcepitev (stranke), odcepljena skupina, frakcija (kake stranke); *pol* deljeno glasovanje; *sl* policijski ovaduh, denunciant; *sl* pol steklenice (mineralne vode), kozarček (alkoholne pijače); *coll* mešanica, mešana pijača; *pl coll* razkorak, razkrečenje nog, špaga (akrobacija); to do ~s razkoračiti noge, napraviti špago
split II [split] *a* razcepljen, razklan, razbit; razpokan; ~ infinitive nedoločnik, ki je s prislovom ločen od predloga to; ~ peas posušen in razklan grah; ~ pin klin, ki se odpre, ko se porine skozi luknjo; ~ ring preklan obroč, na katerega se nanizajo ključi; ~ second hipec, trenutek; ~ ticket *pol A* volilni listek s kandidati več strank; ~ cloth *med* povoj z več konci
split* III [split] 1. *vt* (raz)cepiti, razklati, odcepiti, razslojiti; razdeliti (*among* med, *with* s); *fig* razdvojiti, razcepiti; raztrgati (na kose), *fig* uničiti; *A coll* razcepiti (whisky itd.) z vodo; 2. *vi* (o ladji) raztreščiti se (ob skalah), *fig* doživeti brodolom, nasesti (*on* na); razklati se, razcepiti se, póčiti, razpočiti se; odcepiti se, odlomiti se; ločiti se, raziti se, ne se spraviti (pobotati) (*on* gledé, o), razdeliti se (*into* v, na); *coll* drveti; *pol coll* voliti različne kandidate; *sl* deliti si (*on* kaj); *sl* izdati, ovaditi, denuncirati (*upon, on* koga); hair- ~ting dlakocepstvo; the audience ~ their sides (with laughing) poslušalci so pokali od smeha; to ~ a bottle popiti skupaj steklenico; to ~ the difference sporazumeti se za kompromis, za sredino med zahtevano in

ponujeno ceno; vzeti sredino med dvema predlogoma, dvema količinama; to ~ hairs dlakocepiti; we ~ the money into equal shares denar smo si razdelili na enake deleže; to ~ open razklati, razparati; the party ~ on this point ta točka je bila vzrok razkola v stranki; to ~ the profits razdeliti si med seboj dobiček; the ship ~ on the rock ladja se je razbila ob skali; to ~ straws *fig* dlako cepiti, (preveč) pedantski biti; to ~ one's vote(s) (ticket) glasovati za kandidate različnih strank;
split off *vt & vi* odcepiti (se), oddvojiti (se);
split on *vi sl* izdati koga, izdati skrivnost kake osebe; his accomplice split on him sokrivec ga je izdal;
split up *vt* razdeliti (kaj) (*among* med); *vi* biti (s silo) razdeljen; to ~ the work razdeliti (si) delo; the police ~ the meeting policija je razgnala zborovanje
split IV [split] *pt & pp* od to split
split-level house [splítlevlháus] *n* hiša, ki je tako zgrajena, da en njen del leži med dvema nadstropjema
split-second watch [splítsekənd wɔč] *n sp* ura stoparica z dvema sekundnima kazalcema (za sekunde in za dele sekunde)
splitter [splítə] *n* cepilec, sekalec; *tech* dleto; *fig* dlakocepec; *fig* oseba, ki se udejstvuje v mnogih dejavnostih; *fig* natezalnik
splitting [splítiŋ] 1. *a* zelo močan, hud; bliskovit; a ~ farce burka, da bi človek počil od smeha; an ear ~ scream krik, ki gre skozi ušesa; a ~ headache hud, neznosen glavobol; 2. *n* (raz)cepitev (*of the atom* atoma)
splodge [splɔdž] *n* glej splotch
splosh [splɔš] 1. *n coll* prha, nenaden naliv, ploha; *E sl* cvenk, denar; 2. *interj* plosk! tlesk!
splotch [splɔč] 1. *n* (umazan) madež, packa; 2. *vt* zamazati, umazati, zapackati
splotchy [splɔ́či] *a* (splotchily *adv*) zamazan, umazan, zapackan, poln madežev
splurge [splə:dž] 1. *n A sl* vsiljivo in pretirano razkazovanje, postavljanje, bahanje; luksus, ekstravaganca; 2. *vi* delati se važnega, vsiljivo se razkazovati, »producirati se«, opozorljivo nastopati, povzročati pozornost, pasti v oči; živeti prek svojih razmer
splutter [splʌ́tə] 1. *n* zmedeno, brezvezno govorjenje; nesmisel; prepir(anje); prasket(anje) (masti na ognju, sveče ipd.); 2. *vi & vt* hitro, nerazumljivo, razburjeno govoriti; pljuskati, brizgati (o vodi); *mot aero* hreščati, »kašljati«; cvrčati, sikati, prasketati (mast, sveča)
splutterer [splʌ́tərə] *n* kdor hitro govori; momljač
spoffish [spófiš] *a* prizadeven, delaven; prevnet, pregoreč
spoil* I [spɔil] *vt* opleniti, oropati, izropati, odvzeti; pokvariti, napraviti neuporabno, uničiti; *sl* pohabiti, ubiti (koga); *fig* pokvariti (otroka, zabavo, šalo); *vi* (po)kvariti se (sadje, ribe), zgniti; a ~ed child razvajen otrok; the ~ed child of fortune miljenček Fortune; to ~ s.o.'s appetite pokvariti komu tek; to ~ the Egyptians *fig* sovražniku kaj odvzeti; to ~ one's eyes reading by candlelight pokvariti si oči s čitanjem pri svečavi (sveči); to ~ the fun pokvariti šalo;

to ~ s.o. of his goods oropati koga njegovega premoženja; to ~ for (to be ~ing for) zelo si želeti, koprneti po, komaj čakati, da...; spare the rod and ~ the child kdor ljubi, ta kaznuje
spoil II [spóil] n (navadno pl) plen, ropanje; ukradeno blago; fig dobiček, pridobitev, korist (of office od kake državne službe); neodločena igra; A pl odpadki, ostanki; ~s system A sistem, po katerem se ugodna službena mesta razdele privržencem stranke, ki je zmagala na volitvah; pomoč politični stranki zaradi osebnih koristi
spoilage [spóilidž] n poguba, uničenje; print omadeževan, pokvarjen odtis, makulatura; econ izguba; the ~ of fruit on the way to market pokvarjenje sadja na poti na trg
spoiler [spóilə] n plenilec, ropar; kvarilec
spoilsman, pl -men [spóilzmən] n A pol oseba, ki glasuje ali pomaga stranki ter po njeni zmagi dobi državno službo ali se drugače osebno okoristi
spoilsport [spóilspɔ:t] n kvarilec veselja (zabave, igre); sitnež
spoilt [spóilt] pt & pp od to spoil
spoke I [spóuk] 1. n špica, napera (pri kolesu, krmilu); prečka, klin (pri lestvi); cokla; zavora za kolo; he is always putting a ~ in my wheel fig vedno mi meče polena pod noge, mi prekriža (prepreči, ovira) načrte; 2. vt zavirati (kolo); dati (narediti) špice (kolesu)
spoke II [spóuk] pt od to speak
spoke-bone [spóukboun] n anat koželjnica (kost)
spoken [spóukən] 1. pp od to speak; 2. a govorjen, usten (nasprotno od pismen); ~ language govorjeni, pogovorni jezik; fair-~ lepobeseden; soft-~ sladkobeseden; well-~ ki dobro govori
spoke-shave [spóukšeiv] n strgalnik; mizarska strgulja
spokesman, pl -men [spóuksmən] n besednik, govornik (v imenu drugih), predstavnik, tolmač
spokeswoman, pl -men [spóukswumən, -wimin] n besednica, predstavnica (ki govori v imenu neke skupine)
spokewise [spóukwaiz] adv v obliki špice na kolesu
spoliate [spóulieit] vt & vi (o)pleniti, (o)ropati, izropati
spoliation [spouliéišən] n plenjenje, ropanje, oplenitev; fig izsiljevanje; jur neupravičena spremenitev (dokumenta); jur eccl odvzem dohodkov nadarbine
spoliative [spóuliətiv] a A zmanjševalen; med močno kri jemajoč
spoliator [spóulieitə] n plenitelj, ropar, uničevalec
spoliatory [spóuliətəri] a pleniteljski
spondaic [spɔndéiik] a (~ally adv) pros spondejski
spondee [spóndi:] n pros spondej
spondulic(k)s, -lix [spɔndjú:liks] n A sl denar, cvenk
spondyl(e) [spóndil] n anat (redko) vretence
spondylus [spóndiləs] n (hrbtno) vretence
sponge I [spʌndž] n zool (morska) goba; mil krpa za čiščenje cevi orožja; pranje, umitje, čiščenje z gobo; med gobica (iz gaze); naraslo testo; fig zastonjkar, prisklednik, parazit; vrsta pudinga; to have a ~ down umiti se z gobo; to pass the

~ over fig izbrisati iz spomina, pozabiti (kaj); to throw (to chuck, to toss) the ~ up fig opustiti boj (borbo) (pri boksanju); vreči puško v koruzo, priznati svoj poraz, opustiti (kaj)
sponge II [spʌndž] vt & vi umivati (se), prati (se), čistiti (se), drgniti (se), treti (se) z gobo; mil čistiti (cev strelnega orožja); napojiti se; nabirati (morske) gobe; fig biti zastonjkar (prisklednik, parazit), živeti na tuj račun, zastonj jesti ali piti, pustiti si plačati (večerjo itd.); iztisniti (kaj) (from iz); to ~ a dinner zastonj priti do večerje; to ~ on one's friends živeti na račun svojih prijateljev; they ~ on him mora jim plačevati (dajati) za pijačo;
sponge away (off) vt (p)obrisati;
sponge down vt oprati z gobo (od zgoraj navzdol);
sponge out vt zbrisati, obrisati, otreti z gobo; fig izbrisati iz spomina, pozabiti;
sponge up vt vpi(ja)ti (kaj), popiti (z gobo)
sponge bath [spʌndžba:θ] n otiranje (z gobo)
spongecake [spʌndžkeik] n (gobast) biskvit
sponge cloth [spʌndžklɔθ] n frotir
sponge-down [spʌndždaun] n izpiranje, pranje
sponge-finger [spʌndžfiŋgə] n vrsta piškota
spongeous [spʌndžəs] a podoben gobi, gobast
sponger [spʌndžə] n čistilec, pralec; tech dekatêr; stroj za dekatiranje; lovec potapljač (nabiralec) morskih gob; čoln potapljača, lovca (morskih gob); fig prisklednik, parazit
sponge rubber [spʌndžrʌbə] n penasta guma
sponge tent [spʌndžtent] n med (gobast) tampon
spongiform [spʌndžifɔ:m] a gobaste oblike
sponginess [spʌndžinis] n gobnatost, poroznost, luknjičavost
sponging [spʌndžiŋ] n umivanje (pranje, brisanje) z gobo
sponging-house [spʌndžiŋhaus] n jur hist začasni zapor za dolžnike
spongy [spʌndži] a (spongily adv) gobast, gobnat, porozen, luknjičav; rahel, elastičen, ki se da stisniti; vlažen, moker (tla, zemlja); deževen; fig zabuhel, mehak
sponsal [spónsəl] a poročni, ženitovanjski
sponsion [spónšən] n jamstvo, jamčenje, obveza; prevzem jamstva (obveze)
sponson [spónsən] n ščitniki za kolesa na ladji, ki se premika s pomočjo koles; izbočine na bokih bojnih ladij, ki omogočajo, da se top obrača naprej in nazaj
sponsor I [spónsə] n odgovorna oseba; porok; boter, botrica, kum, kumica; A fig pokrovitelj, zaščitnik; zakupnik radijskega programa v reklamne namene; organizator; to stand ~ biti porok, jamčiti; to stand ~ to biti za botra, botrovati
sponsor II [spónsə] vt jamčiti, biti porok (za); podpreti (predlog); A botrovati (čemu); prevzeti pokroviteljstvo (nad); pospeševati; vzeti v zakup (radijski program v reklamne namene)
sponsorial [spɔnsó:riəl] a (~ly adv) botrski, kumovski; pokroviteljski
sponsorship [spónsəšip] n jamstvo, poroštvo; odgovornost (za koga); pokroviteljstvo; botrstvo, kumstvo
spontaneity [spɔntəní:iti] n spontanost, samohotnost, neprisiljenost, nehotnost, spontano ravna-

nje; neprisiljenost, naravnost; **the** ~ **of his smile** njegov neprisiljeni nasmeh

spontaneous [spontéinjəs] **1.** *a* (~ **ly** *adv*) spontan, samohoten, nevsiljen, naraven; nepričakovan; sam od sebe, iz svojega nagiba ali svoje volje, brez tujega vpliva (delujoč); ki ni naprej pripravljen; *bot* samorasel, samonikel; **to make a** ~ **offer of one's services** spontano ponuditi svoje usluge; **2.** *adv* spontano

spoof [spu:f] **1.** *n sl* prevara, sleparija, humbug; **2.** *vt sl* prevarati, oslepariti; *vi* slepariti

spoofer [spú:fə] *n* slepar

spook [spu:k] **1.** *n hum* duh, prikazen, strah, strašilo, fantom; *sl mil* artilerijski opazovalec; **2.** *vi* strašiti (o duhovih), prikazovati se (duhovi, fantomi)

spookish [spú:kiš] *a* fantomski, pošasten; obiskovan od duhov (prikazni); kjer straši

spooky [spú:ki] *a* glej **spookish**

spool [spu:l] **1.** *n* tuljava, motek, vretence; **a** ~ **of thread** motek sukanca; **2.** *vt* naviti na tuljavo (motek, vretence)

spoon I [spu:n] *n* žlica; predmet žličaste oblike (npr. veslo); vrsta palice za golf; (= ~ **bait**) blestivka; *coll* bedak, tepec; *A sl* zaljubljenec; **dessert** ~ žlica srednje velikosti; **egg-and-~ race** tekma v teku, pri kateri udeleženci nosijo jajce v žlici; **table-**~ namizna žlica (normalne velikosti); **tea-**~ (čajna) žlička; **wooden** ~ *hist* lesena žlica, ki so jo (v Cambridgeu) dajali najslabšemu na izpitu iz matematike; **to be** ~ **s on s.o.** *A* biti zateleban v koga, noreti za kom; **to be born with a silver** ~ **in one's mouth** *fig* roditi se kot bogataš; **he must have a long** ~ **that sups with the devil** nevarno je z vragom buče saditi, z bikom se ni bosti

spoon II [spu:n] *vt* zaje(ma)ti z žlico (navadno *out*, *up*); žličasto izdolbsti; *vi* loviti ribe z blestivko; *sl* biti zateleban (zaljubljen)

spoon-beak [spú:nbi:k] *n zool* čaplja žličarka

spoonbill [spú:nbil] *n* glej **spoon-beak**

spoon bread [spú:nbred] *n A* narastek (iz koruzne ali riževe moke, mleka, jajc, masti, kvasa)

spoondrift [spú:ndrift] *n naut* pena

spoonerism [spú:nərizəm] *n* zamenjava začetnih glasov ene ali več besed (npr. **a blushing crow** namesto **a crushing blow)**

spoon-feed [spú:nfi:d] *vt* z žlico dajati jesti (pitati); *fig* razvajati, raznežiti; napraviti (koga) nesamostojnega

spoon-fed [spú:nfed] *a* (o otroku) ki se hrani z žličko; *fig* nesamostojen; umetno s subvencijami ali zaščitnimi carinami podpiran ali vzdrževan (npr. industrija itd.)

spoonful [spú:nful] *n* (polna) žlica; nekoliko, malo, malce; **a tea-**~ **of salt** čajna žlička soli

spooniness [spú:ninis] *n sl* zaljubljenost, zatelebanost; naivnost, neumnost

spoon meat [spú:nmi:t] *n* kašnata hrana za otroke ali bolnike

spoon-net [spú:nnet] *n* mreža za izvlečenje velike ribe, ulovljene na trnek

spoony [spú:ni] **1.** *a sl* (**spoonily** *adv*) bedast, neumen, prismojen; noro zaljubljen, zateleban (*on* v); **to be** ~ **on** biti zateleban v; **2.** *n* zaljubljenec, zatelebanec; bedak, tepec, naivnež

spoor [spúə] **1.** *n hunt* sled živali; **2.** *vt & vi* izslediti, slediti, iti po sledi, za sledjo

sporadic [spərædik] *a* (~ **ally** *adv*) sporadičen, raztresen, ki se najde tu pa tam; *med* posamezen, osamljen (primer bolezni)

spore [spɔ:] **1.** *n bot* tros, spora; klično zrno; klična celica; *zool* zarodek (tudi *fig*); **2.** *vi* tvoriti ali nositi trose

sporran [spɔ́rən] *n Sc* usnjena torbica, okrašena s krznom in srebrnimi nitmi, ki jo nosijo Škoti na sprednji strani kilta (plisiranega krila)

sport I [spɔ:t] *n* šport, razvedrilo, zabava; šala; igra, športna prireditev, tekmovanje; lovski šport, ribolov; kratkočasje; *fig* igrač(k)a, žrtev; *fig* predmet norčevanja, roganja; *coll* športnik, prijeten (dober, vesel, zabaven) človek, dobričina; *coll* uživač, lahkoživec, gizdalin; *obs* ljubimkanje; igračkanje; *biol* žival ali rastlina, ki se razvija na kak nenavaden način, igra prirode, spaček; **in** ~ v šali, za šalo; **an innocent** ~ nedolžna igra; **the** ~ **of waves (of Fortune)** igrač(k)a valov (usode); **athletic** ~ lahka atletika, lahkoatletsko tekmovanje; **field** ~ **s** šport na prostem (lov, ribolov, konjske dirke itd.); **what** ~ **!** kako zabavno! zelo zabavno!; **it is but a** ~ **for him** to je le igrača (lahka stvar) zanj; **to have good** ~ (zlasti) imeti dober ulov (rib), dober lov; prisostvovati lepim tekmovanjem, dirkam; **have good** ~ **!** dober lov! veliko sreče pri lovu!; **to make** ~ **of s.o.** rogati se, posmehovati se komu; zbijati šale s kom, (o)smešiti koga; **to make** ~ **for s.o.** zabavati, spravljati v smeh koga; **to say (to do) s.th. in** ~ reči (napraviti) kaj za šalo

sport II [spɔ:t] *vi* zabavati se, razvedriti se, igrati se; poditi se; gojiti šport; norčevati se (*at*, *over*, *upon* iz); *vt* nositi kaj na sebi tako, da se vidi (pade v oči), razkazovati, poudarjati kaj; **to** ~ **a silk hat** postavljati se s cilindrom; **to** ~ **one's oak** *univ sl* zapreti zunanja vrata (da koga ne motijo pri delu); **to** ~ **o.s.** zabavati se; **to** ~ **away** (redko) zapravljati

sporter [spɔ́:tə] *n* športnik; športno oblečena oseba; postavljač (s čim)

sportful [spɔ́:tful] *a* (~ **ly** *adv*) zabaven, šaljiv; vesel

sporting [spɔ́:rtiŋ] *a* (~ **ly** *adv*) športen, športski, vreden športnika; ki se zanima za šport (lov, ribolov itd.); časten, pošten; *coll* nedoločen; negotov; ~ **boat** športni čoln; **a** ~ **chance** zelo majhna verjetnost, minimalna možnost, z rizikom povezana verjetnost uspeha; ~ **editor** športni redaktor (časnikar); **a** ~ **offer** širokosrčna ponudba; ~ **house** *coll* igralnica; javna hiša, bordel; ~ **gun** lovska puška; ~ **conduct** športsko obnašanje

sportive [spɔ́:tiv] *a* (~ **ly** *adv*) vesel, šaljiv, zabaven, narejen v šali, razposajen; *obs* zaljubljen; *obs* pohoten

sportiveness [spɔ́:tivnis] *n* veselost, razposajenost

sportless [spɔ́:tlis] *a* žalosten

sports [spɔ:ts] *a* športen; ~ **car** športni avto; ~ **coat** športni sakó, suknjič; ~ **field** športno igrišče

sportsjacket [spɔ́:tsdžækit] *n* športni suknjič (ki se nosi pri raznih športnih igrah, npr. pri golfu itd.)

sportsman, *pl* **-men** [spó:tsmən] *n* športnik, ljubitelj športa; lovec, ribič; *fig* viteška oseba, ki hoče biti poštena tudi do svojega nasprotnika, fair oseba; ljubitelj konjskih dirk; dober (tvegav) igralec, igralska narava

sportsmanlike [spó:tsmənlaik] *a* športniški; časten, viteški, vreden športnika, fair

sportsmanship [spó:tsmənšip] *n* športništvo, viteško (fair) vedenje, poštenost

sportwear [spó:twɛə] *n* športna obleka, oprema; ~ **department** oddelek za športne artikle

sportswoman, *pl* **-women** [spó:tswumən, -wimin] *n* športnica, ljubiteljica športa

spot I [spɔt] **1.** *n* mesto, kraj; košček zemljišča; *med* pega, mozoljček; *fig* madež; *fig* sramotni madež; lisa (na tkanini), pika, pikica; *coll* majhna količina, trohica; kanček, malce, kaplj(ic)a; bela žoga s črno piko (točko) (biljard), črna točka na enem kraju mize, enako oddaljena od obeh strani mize; *pl com* blago, ki se prodaja za gotovino in dobi takoj pri prodaji; *sp sl* napoved, kateri konj bo zmagal (na dirkah), napovedan zmagovalni konj; **on the** ~ na mestu, brez odlašanja, takoj; *A sl* v (življenjski) nevarnosti, v stiski, v škripcih; **without** ~ brez napake, neoporečen; **the** ~ pravo mesto; **a** ~ **of whisky** požirek, kaplja whiskyja; ~ **check** (naključni) poskus; **beauty** ~ lepotno znamenje; **a delightful** ~ čudovit košček (konček, kotiček) zemlje; **sun-**~ sončna pega; **tender** ~ *fig* občutljivo mesto, Ahilova peta; tisto, za kar je nekdo občutljiv; **the people on the** ~ ljudje iz določenega kraja, prebivalci; **to arrive on the** ~ **of five** dospeti točno ob petih; **to be on the** ~ biti na mestu, biti dorasel položaju; *sp* biti v formi; **can the leopard change his** ~ ? ali volk lahko spremeni svojo naravo?; **he has come out without a** ~ **on his reputation** izvlekel se je iz zadeve brez madeža na svojem ugledu; **to put s.o. on the** ~ *A sl* spraviti koga v zadrego, ugnati ga v kozji rog, vzeti ga na piko; **2.** *a econ* takoj dobavljiv, dostavljiv; takoj plačljiv; gotovinski; krajevno omejen (**broadcasting** radijska reklama)

spot II [spɔt] *vt* napraviti pisano z lisami, s pikami; zamazati, *fig* omadeževati; očistiti (kaj) od madežev (često *out*); *coll* zapaziti, prepoznati, odkriti narodnost kake osebe; *coll* napovedati (zmagovalca konjske dirke); postaviti na določeno mesto, plasirati; zadeti (tarčo); *mil* točno lokalizirati; **to** ~ **a criminal** odkriti, izslediti hudodelca; **he** ~**ted him at once as an American** takoj ga je prepoznal kot Amerikanca; *vi* zamazati se, dobiti madeže; **that material will** ~ **in the rain** to blago bo dobilo madeže v dežju; **white linen** ~**s easily** belo platno se hitro zamaže

spot cash [spótkæš] *n econ* plačilo (v gotovini) pri izročitvi blaga, takojšnje plačilo

spot check [spótček] *n* naključni poskus

spot cotton [spótkɔtn] *n econ* na mestu kupljen ali prodan bombaž

spotless [spótlis] *a* (~ **ly** *adv*) čist, brez madeža, *fig* neomadeževan, neoporečen

spotlessness [spótlisnis] *n* brezmadežnost; *fig* neomadeževanost

spotlight [spótlait] **1.** *n theat* svetloba (luč) reflektorja, ki obseva igralca (plesalca) na odru; reflektor; *fig* središče zanimanja; *tech* iskalni žaromet; **2.** *vt* obsevati z reflektorsko lučjo

spot-parcels [spótpa:səlz] *n pl* (borza) loco papirji

spot prices [spótpraisiz] *n pl* cene pri takojšnjem plačilu v gotovini

spottable [spótəbl] *a* ki se hitro ali lahko zamaže

spotted [spótid] *a* umazan, omadeževan; pikčast, pegast, pisan, pegav; *fig* omadeževan; sumljiv; opažen; ~ **fever** *med* pegavec; cerebro-spinalni meningitis; ~ **dog** *fig* puding z grozdjem

spotter [spótə] *n A* (zasebni) detektiv, tajni policist; *aero* izvidniško letalo; civilist, ki ima nalogo, da opazuje eventualni prihod sovražnih letal; *mil* artilerijski opazovalec

spot-terms [spóttə:mz] *n pl econ* loco pogoji

spot test [spóttest] *n* naključni poskus

spottiness [spótinis] *n* zamazanost; pegavost; nečistoča

spotting [spótiŋ] *n* nastajanje madežev, peg; *mil* opazovanje (izstrelkov)

spotty [spóti] *a* (**spottily** *adv*) lisast, pegast, pikčast, pisan; popackan; neenoten, neenakomeren

spot welding [spótweldiŋ] *n* točkasto, pikčasto varjenje

spot zone [spótzoun] *n astr* cona sončnih peg

spousal [spáuzəl] **1.** *a* svatben, poročen; zakonski; **2.** *n* (navadno *pl*) poroka; *obs* zakon(ski stan)

spouse [spáuz] **1.** *n* mož, soprog; žena, soproga; *pl* zakonski par; **2.** *vt obs* poročiti

spouseless [spáuzlis] *a* neporočen

spout I [spáut] *n* dulec, kljun, ustnik, nos (lonca, vrča, posode itd.); (odtočna) cev; nosna odprtina kita; močan curek vode; izliv; (redko) pljusk, naliv dežja; majhen slap, kaskada; drča; *hist* poševna cev, po kateri se spuščajo predmeti na določeno mesto (zlasti v zastavljalnici), *fig* zastavljalnica; **up the** ~ izčrpan, v veliki stiski, v škripcih; zastavljen; **to go up the** ~ *coll* biti zastavljen v zastavljalnici

spout II [spáut] *vt* izmetavati, izbrizgati, izbljuvati (tekočino); opremiti z dulcem, z odvodno cevjo; *coll* deklamirati (*verses* stihe), pompozno govoriti, besedovati; *sl* dati v zastavljalnico; *vi* brizgati (*from* iz), štrcati (o kitu); *fig* deklamirati, imeti pompozen govor; **he is fond of** ~**ing** on rad pompozno govori; **the whales were** ~**ing** kiti so brizgali vodo v zrak

spouter [spáutə] *n* brizgalec; *naut* kitolovec (ladja); kit (ki brizga vodo); *fig* deklamator, kdor rad mnogo govori, brbljač, (političen) ljudski govornik; vrelec, brizg nafte

spouting-club [spáutiŋklʌb] *n* diletantski oder; klub za debate in deklamacije

spoutless [spáutlis] *a* ki nima dulca (nosu, kljuna, ustnika)

sprackle [sprǽkl] *vi* plezati

sprag [spræg] *n* lesen klin za zaviranje kolesa, cokla

sprain [spréin] **1.** *n* izpahnitev, izvin; **2.** *vt* izpahniti, izviniti; **to** ~ **one's ankle** izviniti si gleženj

sprang [spræŋ] *pt* od **to spring**

sprat [spræt] **1.** *n zool* sprat (vrsta slanika); *collect* sprati; *joc* droben otrok; *sl* kovanec za 6 penijev; **to throw a ~ to catch a herring (mackerel, whale)** *fig* vložiti malo, da bi dobili mnogo; ponuditi nekaj malega v upanju, da bomo za to dobili nekaj velikega; z majhnimi stroški mnogo dobiti; **2.** *vi* loviti sprate

sprat-day [sprǽtdei] *n* dan, ko se začne lov na sprate (9. november)

spratter [sprǽtə] ribič na sprate

spratting [sprǽtiŋ] *n* lov na sprate

sprawl I [spro:l] *n* raztezanje, raztegovanje, razkrečeno ležanje ali sedenje; raztresena čreda ali množica; gomazenje; **urban** ~ širjenje mestnega področja

sprawl II [spro:l] *vt* iztegniti, stegniti od sebe, (nerodno) razkrečiti, razširiti (ude) **(out)**; *vi* zavaliti se, leči, zlekniti se (v vsej svoji dolžini); gomazeti, plaziti se (po zemlji); bujno se razrasti, vejati se (o rastlinah); raztezati se (*across* čez); ~ **charge** *mil* napad v rojih; **a ~ing hand** neenakomerna pisava; **to send s.o. ~ing** zrušiti koga z udarcem na tla; **the blow sent him ~ing** udarec ga je položil na tla v vsej njegovi dolžini

spray I [spréi] *n* zelena veja, vejica (s cvetjem); mladika, poganjek; okrasek, nakit v obliki vejic; **a ~ of diamonds** *fig* vejica z diamanti

spray II [spréi] **1.** *n* morska pena v vetru, vodni pršec, vodni prah (slapa, morja v vetru); pršenje, tekočina za pršenje; *tech* razpršilec, škropilo, brizgalna; *fig* dež; **a ~ of bullets** dež, toča krogel; ~ **gun** brizgalka (za barvo, celulozo itd.); **2.** *vt* & *vi* škropiti, štrcati, (raz)pršiti; **to ~ the lawn** škropiti trato; **to ~ plants with an insecticide** (po)škropiti rastline z insekticidom

spray-board [spréibɔ:d] *n* ograja na ladji, ki ščiti pred škropljenjem morja

sprayed rubber [spréidrʌbə] *n* penasta guma

sprayer [spréiə] *n* razpršilec; škropilo

sprayey I [spréii] *a* poln vejic, razvejen

sprayey II [spréii] *a* peneč se, razpenjen

spray gun [spréigʌn] *n tech* brizgalna pištola (za barve, lak)

spray nozzle [spréinəzl] *n* škropilo, prha, pršna šoba

spread I [spred] **1.** *n* razsežnost, raztegnjenost, razširjenost, razprostrtost, razprostiranje; prostranost, obseg, razpetina, razpon; površina; širjenje, razširjanje; (vmesni) prostor, razmik, vrzel; *coll* pojedina, dobro obložena miza, obilen obrok; banket; *A* jed, ki se namaže na kruh (maslo, džem, pasteta); posteljna odeja, pregrinjalo; *aero* razpetina (kril); ploščat žlahten kamen; *com A* razlika med tovarniško in prodajno ceno, marža; (časnikarstvo) oglas(ni del); **the ~ of the plague** širjenje kuge; **this bird's wings have a ~ of three feet** razpetina kril te ptice meri tri čevlje; **to give a ~** prirediti pojedino, gostijo; **the wide ~ between theory and fact** velika vrzel med teorijo in resničnostjo; **2.** *a* razširjen, razprostrt; širok; razkoračen; pognjen (miza), namazan; posut; večstolpen (oglas v časopisu); **a slice of bread ~ with jam** z džemom namazan kos kruha; **meadows ~ with daisies** z marjeticami posuti travniki

spread* II [spred] **1.** *vt* širiti (*o.s.* se), raztezati, raztegovati, razgrinjati, razprostreti; pogrniti (mizo); prekriti, pregrniti, preobleči; razvaljati

(testo); (na)mazati (maslo) (*on* na); raznašati, širiti, raztresti (govorice, novice); razviti (zastavo); razliti; *vi* (raz)širiti se, razprostirati se, raztezati se, razgrinjati se, razliti se; dati se namazati (maslo, barva); **a ~ing chestnut-tree** košat kostanj; **to ~ o.s.** *sl* delati se važnega, razkazovati se (v gostoljubnosti); biti dolgovezen; biti zaposlen z več dejavnostmi; zelo se truditi, napenjati se; **to ~ the cloth, to ~ the table** pogrniti mizo; **the eagle ~ his wings** orel je razprostrl krila; **to ~ a flag, a sail** razviti zastavo, jadro; **the grass is ~ with fallen apples** trava je posuta z odpadlimi jabolki; **to ~ it thick (thin)** *sl* razkošno (siromašno, tanko) živeti; **to ~ manure** raztresti gnoj; **to ~ the map (out) on the floor** razgrniti zemljevid na tleh; **his name ~s fear** njegovo ime širi strah; **the news ~ with wonderful rapidity** novica se je čudovito hitro razširila; **the peacock ~s its tail** pav napravi kolo (z repom); **the rumour ~ from mouth to mouth** govorica se je širila od ust do ust; **this stain will ~** ta madež se bo razmazal; **the water ~ over the floor** voda se je razlila po tleh;

spread abroad *vt* razširiti, razglasiti (kaj);

spread out *vt* razprostreti, razgrniti (preprogo); raznašati, raznesti (novice, govorice); *vi* širiti se; raztezati se, razprostirati se

spread III [spred] *pt* & *pp* od **to spread**

spread eagle [sprédí:gl] *n her* orel z razpetimi krili; razrezan in hitro pečen piščanec (kokoš); (borza) *A* posel na rok; *A coll* hud patriot, šovinist; šovinizem; *hist naut* mornar, ki mu za kazen razširijo roke in noge in mu jih v tem položaju privežejo (za šibanje, batinanje)

spread-eagle [sprédí:gl] **1.** *a* podoben orlu z razpetimi krili; *A coll* bahaški, širokousten, bombastičen, ki vsiljivo razkazuje svoje rodoljubje; šovinističen; **2.** *vt hist naut* batinati (mornarja za kazen); *coll* pustiti (daleč) za seboj, prehiteti

spread-eagleism [sprédí:glɛizəm] *n A coll* razkazovanje svojega rodoljubja, bahanje; šovinizem

spreader [sprédə] *n tech* naprava za širjenje (npr. luči, svetlobe); razpršilec, brizgalna pištola; pršna šoba; stroj za raztrositev (gnoja)

spread-over [sprédouvə] *n* razdelitev določenega števila delovnih ur (npr. 8) na večji določeni razmik (npr. 12 ur)

spreckled [sprékəld] *a* pikast, pisan

spree [spri:] **1.** *n coll* vesel družabni večer, zabava, veselica; veseljačenje, popivanje, krok(anje); **for a ~** *sl* za šalo; **to be on a ~** veseljačiti, popivati; **to go on a ~** iti na veseljačenje (popivanje, krokanje); **2.** *vi* veseljačiti in popivati; opiti se

sprent [sprent] *a obs poet* poškropljen, pobrizgan; posut (*with* z)

sprig [sprig] **1.** *n* vejica, mladika, poganjek; nakit, okrasek v obliki vejic; cvek, žebelj, žebljiček, klinček (brez glavice); *fig* potomec; fant, mladenič; ~ **of laurel** lovorjeva vejica; **2.** *vt* okrasiti z okraski v obliki vejic; pritrditi kaj z žebljički; obrezati (rastline)

sprigged [sprigd] *a* vejnat, z vejicami (poslikan ali izvezen)

spriggy [sprígi] *a* ki nosi (na sebi) vejice (mladike, poganjke); okrašen z okraski v obliki vejic

sprightliness [spráitlinis] *n* živahnost, vedrost, veselost, razigranost, svežost

sprightly [spráitli] *a* živahen, živ, vesel, veder, razigran

spring I [spriŋ] **1.** *n* pomlad (tudi *fig*); **in early** ~ v zgodnji pomladi; **the** ~ **of life** mladost; **2.** *a* spomladanski

spring II [spriŋ] *n* skok, odskok; zalet; *tech* vzmet, pero; elastičnost, prožnost; *fig* duševna prožnost, energija; *fig* impulz, podnet, spodbuda, nagib, motiv, povod; vir, izvir, studenec; *pl* času plime; *fig* izvor, poreklo; začetek; razpoka, reža (v lesu); zvitost, zvijanje (deske, grede); *obs* jutranji svit, svitanje; **air** ~ pnevmatična vzmet (zavora, blažilnik tresenja ali udarcev); **cee** ~ vzmet v obliki črke C; **day-**~ *poet* svitanje, svit; **hair** ~ fina vzmet nemirke (v uri); **hot** ~ **s** topli izviri, toplice; **main** ~ glavna vzmet (v uri); **mineral** ~ **s** slatinski, mineralni izviri (vrelci); **motor-car** ~ **s** vzmeti pri avtomobilu; ~ **bed,** ~ **mattress** vzmetna postelja, vzmetna žimnica; **to go to the** ~ **for water** iti po vodo k studencu; **the** ~ **has gone out of his step** *fig* njegova hoja je izgubila svojo elastičnost; **to rise with a** ~ naglo vstati, skočiti; **to stand up with a** ~ planiti kvišku, skočiti na noge; **to take a** ~ vzeti zalet, skočiti; **2.** *a* elastičen, prožen; vzmetni; (od)skočen; zagonski

spring* III [spriŋ] **1.** *vi* skočiti, priskočiti; pognati se, planiti (kvišku); nepričakovano postati (*into* kaj), hitro priti v neko stanje ali položaj; izvirati, privreti na, izhajati, imeti svoj izvor (poreklo), nastati (*from* iz); nepričakovano se pojaviti (priti), pokukati; pognati, poganjati, priti na dan, zrasti, (vz)brsteti, vzkliti; *fig* priti do česa; izbočiti se, pokati, klati se, zviti se, skriviti se (o lesu); *mil* eksplodirati (o mini); *vet* biti brej, brejiti; *obs* daniti se, svitati se; **2.** *vt* sprožiti; *hunt* dvigniti, splašiti (ptice) z ležišča; pognati (konja) v dir; preskočiti (ograjo); skriviti, zlomiti (lesen predmet); *tech* opremiti z vzmetmi; *E coll* »olajšati« koga (*for a quid* za funt); *fig* nepričakovano (kaj) iznesti, načeti, sprožiti; postaviti (teorijo); **to be sprung** *sl* biti vinjen, pijan; **to** ~ **to attention** *mil* skočiti v pozor; **the blood sprang to his face** kri mu je planila v obraz; **to** ~ **to s.o.'s assistance** priskočiti komu na pomoč; **conviction has sprung upon him** prišel je do prepričanja; **to** ~ **a covey of partridges** dvigniti, preplašiti jato jerebic; **the dog sprang at me** pes je planil proti meni; **the door sprang open** vrata so se nenadoma odprla; **to** ~ **into existence** nenadoma nastati; **to** ~ **to one's feet** skočiti na noge; **to** ~ **to the eyes** *fig* v oči pasti; **he is sprang from** (ali **of**) **a famous family** on izhaja (je potomec) slovite družine; **to** ~ **a horse** pognati konja v dir; **to** ~ **a leak** dobiti razpoko; **the leaves are beginning to** ~ listje začne poganjati; **to** ~ **jokes** zbijati šale; **to** ~ **a mine upon s.o.** *fig* presenetiti koga; prilomastiti v njegovo hišo; **he sprang another three shillings, and I accepted** ponudil (primaknil) je še tri šilinge, in jaz sem sprejel; **to** ~ **a surprise on s.o.** presenetiti koga, pripraviti komu presenečenje; **the tears sprang to her eyes** solze so ji stopile v oči, so jo oblile; **to** ~ **a trap**

sprožiti past; **the trap sprang** past se je sprožila; **the water** ~ **s boiling hot from the earth** voda privre skoraj vrela iz zemlje; **where did you** ~ **from?** od kod si se pa (ti) vzel?;

spring back *vi* skočiti nazaj; vrniti se v normalen položaj iz nekega prisilnega položaja; odskočiti;

spring into *vi* skočiti noter, hitro stopiti v

spring to *vi* zapreti se z delovanjem vzmeti; **to** ~ **light** priti na svetlo, na dan

spring (it) on *vt sl* povedati nekaj presenetljivega;

spring up *vi* planiti kvišku; pognati (o rastlinah); dvigniti se, zapihati (o vetru); *fig* pojaviti se, pokazati se; izvirati, izhajati, potekati iz; **the storm sprang up** vihar se je dvignil; **I don't know when the rumour sprang up** ne vem, kdaj je nastala govorica

springal(d) [spríŋəl(d)] *n obs* mladenič, fant

spring balance [spriŋ bǽləns] *n* tehtnica na vzmet

spring-bed [spríŋbed] *n* vzmetna postelja

springboard [spríŋbɔ:d] *n sp* odskočna deska (tudi *fig*)

springbok [spríŋbɔk] *n zool* vrsta južnoafriške gazele; *pl joc* vzdevek za Južnoafrikance; nogometno moštvo Južne Afrike

spring-bolt [spríŋboult] *n tech* zapah na vzmet

spring-bows [spríŋbouz] *n pl* šestilo na vzmet

spring-box [spríŋbɔks] *n* škatlica, v kateri je vzmet (v uri itd.)

spring-carriage [spríŋkæridž] *n* kočija na vzmeti

spring-cleaning [spríŋkli:niŋ] *n* spomladansko čiščenje

spring-door [spríŋdɔ:] *n* vrata na vzmeti, ki se sama zapirajo

springe [sprindž] **1.** *n* zanka (za ptice in malo divjad); *fig* past; **2.** *vt* ujeti, uloviti v zanko, *fig* v past; *vi* nastaviti zanko (past)

springer [spríŋə] *n* skakač; vrsta (psa) prepeličarja; mlad spomladanski piščanec, piščanec za cvrtje; *archit* kamen nosač, ki nosi lok; začetni kamen oboka

spring fever [spríŋfi:və] *n* spomladanska utrujenost

spring-gun [spríŋgʌn] *n* samosprožilna puška (orožje)

spring-head [spríŋhed] *n* izvir; *fig* izvir, izvor

spring hook [spríŋhuk] *n tech* karabinar, vponka

springhouse [spríŋhaus] *n* hladnica nad izvirom

springiness [spríŋinis] *n* elastičnost, prožnost, odskočnost

spring-knife [spríŋnaif] *n* žepni nož na vzmet

springless [spríŋlis] *a* ki nima jeklenih vzmeti; neelastičen; *fig* brez energije; brez studencev; brez pomladi

springlet [spríŋlit] *n* izvirek, majhen vrelec

springlike [spríŋlaik] *a* podoben vzmeti; spomladanski, podoben spomladi

spring lock [spríŋlɔk] *n* zaskočna ključavnica

spring mattress [spríŋmætris] *n* žimnica na vzmeti

spring scale [spríŋskeil] *n* vzmetna tehtnica

spring steel [spríŋsti:l] *n* jeklo za vzmeti

spring switch [spríŋswič] *n rly* kretnica na vzmet

springtide [spríŋtaid] *n naut* plima po mlaju in ščipu; poplava

springtime [spríŋtaim] *n* spomladanski čas, spomlad (tudi *fig*)

spring water [spríŋwɔ:tə] *n* studenčnica

spring wheat [spríŋwi:t] *n* jara pšenica

springy [spríŋi] *a* (springily *adv*) prožen, elastičen; bogat s studenci, z vodo, vlažen; a ~ step prožen korak (hoja)

sprinkle [spriŋkl] 1. *n* škropljenje, brizganje, pršenje; pršec, dežek; *fig* majhna količina, ščepec, malce; a ~ of salt ščepec soli; 2. *vt & vi* (po)-škropiti (*with* z), posipati, posuti, *fig* posejati; padati v drobnih kapljicah, pršeti, rositi (o dežju); a slope ~d with trees z drevjem posejano pobočje

sprinkler [spríŋklə] *n* škropilec, -lka; kangla za zalivanje, škropilnica; škropilnik; škropilo; kropilnica

sprinkling [spríŋkliŋ] *n* škropljenje; kropljenje; pršenje, rosenje (dežja); *fig* kapljica, trohica, mrvica, majhna količina, malce; a ~ of knowledge malo površnega znanja; a ~ of people par (nekaj) ljudi; whites with a ~ of blacks belci in tu pa tam kak črnec

sprinkling-can [spríŋkliŋ kæn] *n A* škropilnica, kangla za zalivanje

spring-yard [spríŋja:d] *n* tehtnica na vzmet, tehtnica s kembljem

sprint [sprint] 1. *n* hiter tek; *sp* (= ~ race) tek na kratke proge, sprint; *fig* končni spurt; napenjanje vseh moči; 2. *vi* hitro teči na krajši razdalji; *sp* teči (veslati) na kratki progi, sprintati; pognati se v močnejši tek

sprinter [spríntə] *n sp* tekač na kratke proge, sprinter

sprit [sprit] *n naut* rogovila, razsoha (za jadro)

sprite [spráit] *n* škrat, vila; duh, prikazen

spritsail [sprítseil] *n naut* jadro na rogovili

sprocket [sprókit] *n* zobec kolesa, ki pristaja v člene verige; trikoten zob za spajanje dveh lesenih delov

sprocket-wheel [sprókitwi:l] *n* zobnik, zobato kolo (pri biciklu)

sprout [spráut] 1. *n bot* kal, klica; mladika, poganjek, popek; potaknjenec; *fig* potomec; Brussels ~s brstnati ohrovt; 2. *vi* kliti; poganjati mladike, popke; zrasti; *vt* pospešiti rast ali kalitev; pustiti rasti; he has ~ed a mustache pustil si je (z)rasti brke

spruce I [spru:s] *n bot* jelka; jelovina; Norway ~ bela jelka; (= ~ fir) smreka; smrekovina; ~ pine vrsta bora

spruce II [spru:s] 1. *a* čeden, zal; (skrbno) oblečen, urejen; čist; eleganten; gizdalinski, načičkan, afektiran; 2. *vt & vi* urediti (se), nagizditi (se), gizdavo (se) obleči: to ~ o.s. up načičkati se

spruceness [sprú:snis] *n* skrbno oblačenje, eleganca, brezhibna snažnost; afektiranost

sprue I [spru:] *n tech* odprtina, skozi katero se raztaljena kovina vliva v kalup; vlivalnik

sprue II [spru:] *n med* neka tropska bolezen (vnetje črevesja itd.)

sprung [sprʌŋ] 1. *pp* od to spring; 2. *a* zvit, skrivljen (les), zlomljen, razpokel; (redko) opremljen z vzmetmi; *A sl* malo vinjen, v »rožicah«; a ~ car avto z vzmetmi; to be ~ *fig* imeti ga malo pod kapo

spry [sprái] *a A* živahen, čil, hiter, uren, brz; *fig* pameten, bister, prebrisan, zvit, lokav

spryness [spráinis] *n A* urnost, živahnost; prebrisanost

spud [spʌd] 1. *n* kratka lopatica, rovnica (za puljenje plevela), kopuljica; nekaj kratkega in debelega; pritlikavec; *coll* krompir; *sl pl* denar; 2. *vt* kopati, okopavati, pleti (često *out, up*); *vi* vrtati; to ~ out okopa(va)ti, opleti; izkopati; to ~ in začeti vrtati

spuddy [spʌ́di] *a* majhen in čokat, tršat, debelušast

spue [spju:] *vt & vi* glej spew

spume [spju:m] 1. *n* pena; 2. *vi* peniti se; *vt* speniti, razpeniti

spumescence [spju:mésəns] *n* penjenje

spumescent [spju:mésənt] *a* peneč se, penast

spuminess [spjú:minis] *n* penasto stanje, razpenjenost

spumous [spjú:məs] *a* penast

spumy [spjú:mi] *a* (spumily *adv*) penast, penav, peneč se

spun [spʌn] 1. *pt & pp* od to spin; 2. *a* préden; *sl* zgaran, utrujen, izmučen; ~ glass prejasto steklo; ~ gold zlato v nitkah, zlate nitke; ~ goods pletenine; ~ silk svilena preja; ~ yarn *naut* spletena vrv

spunk [spʌŋk] 1. *n* vžigalna vrvica; kresilna goba; *coll* živahnost, pogum, energija, ognjevitost; jeza, srd; strastnost; a man of ~ nagel, togoten človek, togotnež, vročekrvnež; 2. *vi* vžgati se; to ~ up *A* razmahniti se; *Sc* razjeziti se

spunkiness [spʌ́ŋkinis] *n* živahnost; *A* strastnost

spunky [spʌ́ŋki] *a* hraber, srčen, pogumen; odločen; *A* strasten, ognjevit; razburjen

spun-out [spʌ́náut] *a* razvlečen

spun rayon [spʌ́n réiən] *n* vrsta umetne svile

spur I [spə:] *n* ostroga (jezdeca, petelina); *bot* bodica, trn; *fig* spodbuda; ladijski kljun; naprava za plezanje po (drevesnem) deblu; *archit* podpornik, opornik; zunanje mestne utrdbe; vrh, ki štrli iz gorske verige; gorski obronek; razrast, razvejenost; ~ line stranska proga; to act on the ~ of the moment ravnati brez premišljanja, impulzivno, spontano; he needs the ~ *fig* njega je treba spodbujati; to need the ~ potrebovati ostroge (spodbude); biti počasen, medel, neodločen; to put (to set) ~s to the horse spodbosti konja z ostrogo; *fig* spodbujati; to win one's ~s *hist* postati vitez, *fig* odlikovati se, postati slaven, pridobiti si čast in slavo

spur II [spə:] *vt* spodbosti (konja) z ostrogo; natakniti ostroge (na čevlje); *fig* priganjati, spodbujati (često on); pospešiti; *vi* spodbosti konja; hitro jezditi, hiteti, podvizati se; ~ red noseč ostroge; to ~ a willing horse *fig* pridnega priganjati k delu; to ~ on (forward) poganjati naprej (konja), dreviti (konja), jahati v največjem diru

spur-clad [spə́:klæd] *a* ki nosi (ima) ostroge

spurge [spə:dž] *n bot* mleček

spur-gear [spə́:giə] *n tech* čelno kolo

spurge laurel [spə́:džlə:rəl] *n bot* volčin

spurious [spjúəriəs] *a* (~ ly *adv*) nepravi, nepristen, lažen, ponarejen, podtaknjen; nezakonski; dozdeven, psevdo-; *biol* le po zunanjosti podoben

spuriousness [spjúərəsnis] *n* ponarejenost, nepristnost, lažnost; nezakonstvo spurless [spá:lis] *a* (ki je) brez ostrog

spurlike [spá:laik] *a* podoben ostrogi

spurn [spə:n] **1.** *n* odrivanje, porivanje z nogo; brca; prezirljivo ravnanje, prezir, zaničevanje; **2.** *vt* (po)teptati, odriniti ali suniti z nogo, brcniti; *fig* odbiti, odvrniti (koga) (*from* od); zavrniti, s prezirom odbiti; *vi* kazati zaničevanje (*at s.o.* do koga); **to ~ an offer** s prezirom odkloniti ponudbo

spurrier [spá:riə] *n* ostrogar

spurry [spá:ri] *a* podoben ostrogi, ostrogast

spurt I [spə:t] *n* glej **spirt** *n*

spurt II [spə:t] **1.** *n sp* spurt; skrajen (kratek) napor; **to put a ~ on** (po)hiteti; **2.** *vi* napraviti kratek in velik napor, napeti se, napenjati se, naprezati se, na vse kriplje se (po)truditi, napeti vse sile; *sp* spurtati, napeti vse moči proti koncu (pri teku)

spurt III [spə:t] *n econ* nagel porast cen, vrednosti itd.; navijanje cen itd.

spur track [spá:træk] *n rly* stranski tir

spur-wheel [spá:wi:l] *n tech* čelno kolo

sputnik [spútnik, spʌ́tnik] *n* sputnik (umetni zemeljski satelit)

sputter I [spʌ́tə] *n* brizganje, pršenje; slina, izmeček; hitro, jezno, nerazumljivo govorjenje, žlobudranje; prasketanje (sveče), cvrčanje (masti na ognju); *fig* hrušč, hrup, razgrajanje

sputter II [spʌ́tə] *vt* hitro, jezno izgovarjati (besede), da sline kar brizgajo iz ust; hitro ali brez zveze izgovarjati (besede, grožnje, kak jezik itd.); *vi* prasketati, cvrčati, sikati (sveča, mast na ognju); štrcati, brizgati (pero tinto); naglo (jezno, nerazumljivo) govoriti (*at s.o.* komu)

sputum, *pl* -ta [spjú:təm, -tə] *n med* izbljuvek, izmeček, pljunek, slina; sputum; **~ cup** posodica za izbljuvke

spy [spái] **1.** *n* oglednik, ogleduh; vohun(ka), špijon(ka); **to be (to play) a ~ on** s.o. špijonirati, vohuniti za kom; **2.** *vt* odkriti, izvohuniti, opaziti, zapaziti (kaj) s pazljivim opazovanjem; *vi* temeljito preiskati, raziskati (*into* kaj); skrivaj slediti (komu), vohuniti (*upon* za kom); špijonirati, vohljati; **to ~ into secret** z zvijačo skušati prodreti v (odkriti) tajnost; **to ~ out** skrivaj opazovati, zalezovati, preiskovati; s skrivnim iskanjem odkriti, izvohuniti, priti (čemu) na sled; z zvijačo odkriti

spy glass [spáigla:s] *n* daljnogled, majhen teleskop

spy-hole [spáihoul] *n* linica, kukalnik, okence v vratih

squab [skwɔb] **1.** *n* ptič brez perja, negoden ptiček, golec; mlad golob; zavaljen (čokat, tršat, debelušast, majhen) človek, debeluhar; *fig* neizkušeno dekle, neizkušena oseba; zelo napolnjena blazina za ležanje, sedenje; naslanjalo (sedeža v avtu); ležišče, otomana; **2.** *a* majhen in debel, zajeten, debelušen; neporasel s perjem, gol (ptič); *fig* mlad in neizkušen; **3.** *adv coll* neokretno, nerodno; **to fall ~** telebniti, z vso težo pasti (na tla)

squabble [skwɔbl] **1.** *n* pričkanje, glasen prepir (za kako malenkost); **2.** *vi* pričkati se, prepirati se (*with s.o. about s.th.* s kom glede česa); *vi print* premakniti, prestaviti (črke, stavek)

squabbler [skwɔ́blə] *n* prepirljivec, -vka

squabby [skwɔ́bi] *a* majhen in debel, čokat, zavaljen, debelušen, korpulenten

squab chick [skwɔ́bčik] *n* komaj godno pišče

squab-pie [skwɔ́bpai] *n* golobja pasteta; pasteta iz ovčjega mesa, čebule in jabolk

squad [skwɔd] **1.** *n mil* oddelek, vod; delovna skupina; *sp* moštvo; *fig* družbica, klika; **the awkward ~** *mil* vojaški novinci, rekruti; neizurjeno, neizvežbano moštvo; **column of ~s** *A* kolona po vodih; **football ~** nogometno moštvo; **rescue ~** reševalno moštvo (oddelek); **sanitary ~** sanitetna četa (oddelek); **2.** *vt mil* (po)razdeliti (vojake) na vode, na oddelke

squad car [skwɔ́dka:] *n* policijski kontrolni avto

squad drill [skwɔ́ddril] *n mil* vežbanje (urjenje, pouk) rekrutov

squadron [skwɔ́drən] **1.** *n mil* eskadron, oddelek konjenice (120—200 vojakov); *naut* eskadra (4 bojne ladje); skupina ladij s posebno nalogo; *aero* eskadrilja (10—18 letal); **~ leader** *aero mil* letalski major, vodja eskadrilje; **bombing ~** eskadrilja bombnikov; **pursuit ~** lovska eskadrilja; **2.** *vt mil* (po)razdeliti (vojake itd.) v eskadrone (eskadrilje)

squail [skwéil] *n* okrogla ploščica lesa; *pl* vrsta namizne igre

squailer [skwéilə] *n hunt E* kovinska palica s svinčeno glavico

squalid [skwɔ́lid] *a* (~ly *adv*) nesnažen, nečist, umazan; zanemarjen; beden; *fig* mizeren, zapuščen, ubog, nesrečen

squalidity, squalidness [skwəlíditi, skwɔ́lidnis] *n* umazanost, nečistoča, nesnaga; *fig* beda

squall I [skwɔ:l] **1.** *n* močan sunek, piš vetra; nevihta (z dežjem in snegom); *fig* hud prepir; **black ~** viharen veter s črnimi oblaki; **white ~** viharen veter brez oblakov; **to look out for ~s** oprezovati (na), paziti se pred nevarnostjo; **they were caught in a ~** presenetila (ujela) jih je nevihta; **2.** *vi* biti viharen; vihrati

squall II [skwɔ:l] *n* vrišč, predirljiv krik, kričanje vreščanje; **2.** *vt & vi* (za)vreščati, glasno zavpiti (često *up*)

squaller [skwɔ́:lə] *n* kričač, vreščalec

squally [skwɔ́:li] *a* nevihten, viharen, vetroven, buren; *A coll* razburljiv; preteč

squaloid [skwéiləid] *a* podoben morskemu psu

squalor [skwɔ́lə] *n* nesnaga, nečistoča, umazanija, umazanost (tudi *fig*); *fig* beda

squam [skwɔm] *m A* nepremočljiva mornarska ali ribiška kapa

squama, *pl* -mae [skwéimə, -mi:] *n bot zool med* luskina

squamate [skwéimit, -meit] *a* luskav, luskinast

squamation [skweiméišən] *n* tvorba luskin, luskavost

squamous [skwéiməs] *a* luskav, ki ima obliko lusk(in)e

squamousness [skéiməsnis] *n* luskavost

squamula, *pl* -lae [skwéimju:lə, -li:] *n bot zool* luskinica

squander [skwɔ́ndə] *vt & vi* zapravljati (denar, zdravje itd.), tratiti (čas), razsipavati, zafračkati, razmetavati (često **away**)

squanderer [skwɔ́ndərə] *n* zapravljivec, -vka; potratnež, -tnica; razsipnik, -ica

squandering [skwɔ́ndəriŋ] **1.** *a* (∼ **ly** *adv*) zapravljiv, razsipen, potraten; **2.** *n* manija zapravljanja (tratenja, razsipavanja)
squarable [sqwéərəbl] *a math* ki se da kvadrirati
square I [skwéə] **1.** *n math* kvadrat; četverokotnik; četverokoten trg z drevjem ali obkrožen s stanovanjskimi poslopji; *A* četverokoten blok hiš, obkrožen od štirih ulic; polje na šahovnici; kotnik, oglomer, naprava v obliki črke **L** ali **T** za dobivanje ali preverjanje pravih kotov; *math* kvadratno število; površinska mera (100 kvadratnih čevljev); *mil* četverokotna razporeditev vojakov, karé; črke, razporejene v četverokotniku tako, da navpično in vodoravno dajejo iste besede; *sl* malomeščan, buržuj, filister; **by the** ∼ točno, natančno; **on the** ∼ pravokotno; *fig* odkrito, pošteno, lojalno, fair; **out of** ∼ ne pod pravim kotom, *fig* ne takó kot običajno, ne v redu; **magic** ∼ magični kvadrat; **T-**∼, **L-**∼ ravnalo v obliki črke **T, L**; **two** ∼**s up** *A* dva bloka hiš naprej (dlje, dalje); **to act on the** ∼ *fig* pošteno (lojalno) ravnati; **to be on the** ∼ biti prostozidar; *mil* defilirati za pregled; **to raise to a** ∼ *math* kvadrirati; **2.** *a* (∼ **ly** *adv*) kvadraten, četverokoten, četveroogeln, štirioglat, ki je pod pravim kotom (*to* k, do), pravokoten; oglat; četveren; *math* kvadraten; *fig* odkrit, jasen, brez ovinkov ali namigovanj; reden, urejen, pošten, pravičen, vrl, iskren; popoln, temeljit, izdaten (obrok), obilen; močan, plečat, širok(ih pleč); pomemben; ki je plačal dolg, uredil račune, se je poravnal (*with* z), poravnan, bot, *sl* staromoden, filistrski; **all** ∼ neodločen rezultat (tekme); ∼ **all around** pravičen do vsakogar; ∼ **bracket** oglati oklepaj; ∼ **dance** kvadrilja, četvorka (ples); ∼ **corner** pravi kot (ogel); **a** ∼ **deal** pošten postopek; **a** ∼ **foot** kvadratni čevelj (površinska mera); ∼ **iron** četverokotno železo; **a man of** ∼ **frame** čokat možakar; **the** ∼ **man in the** ∼ **hole** *fig* pravi mož na pravem mestu; **a** ∼ **meal** izdaten, obilen jedilni obrok, obed; ∼ **measure** ploščinska, površinska mera; **a** ∼ **number** kvadratno število; **a** ∼ **peg in a round hole** oglat klin v okrogli luknji, *fig* oseba, ki po svoji sposobnosti ne ustreza svojemu (službenemu) položaju, svojemu poslu; ∼ **root** *math* kvadratni koren; **a** ∼ **refusal** jasna, gladka odklonitev; ∼ **timber** četverooglato otesan les; **to be** ∼ **with all the world** biti v složnosti z vsemi ljudmi; nikomur ne biti nič dolžan; **I expect a** ∼ **deal** pričakujem pošten, pravičen postopek; **to get** ∼ **with s.o.** poravnati račune s kom, poplačati koga, biti bot s kom; **to get things** ∼ urediti svoje stvari; **to make accounts** ∼ poravnati račune; **that makes us** ∼ s tem sva bot; **he met me with a** ∼ **refusal** gladko mi je odklonil; **I put everything** ∼ **before I left** preden sem odpotoval, sem vse spravil v red; **3.** *adv* pravokotno, pod pravim kotom; *fig* spodobno, odkrito, pošteno; *A* naravnost, direktno, gladko; **fair and** ∼ odkrito in pošteno; **he hit him** ∼ **on the nose** naravnost po nosu ga je udaril; **to play** ∼ pošteno igrati (ravnati)
square II [skwéə] **1.** *vt* dati (čemu) kvadratasto ali četverokotno (četverooglato) obliko, napraviti

(kaj), otesati četverooglato; dati (čemu) pravokotne robove; položiti (kaj) pravokotno; *math* kvadrirati (število); karirati (papir); urediti, razporediti (kaj) (*by* po, v skladu z); prilagoditi, prirediti (kaj) (*to* čemu); izravnati; uskladiti (*with* z); saldirati; izplačati, zadovoljiti (koga); *sp* končati (tekmo) neodločeno; *sl* utišati, podkupiti (koga), »mazati« (komu); *naut* namestiti križe jambora pravokotno na ladijski trup; **2.** *vi* napraviti, delati pravi kot; imeti četverooglato obliko; poševno sedeti (na sedlu); skladati se, ujemati se (o računu); biti v skladu (*with* z); spraviti se v sklad; urediti svoje zadeve; **5** ∼**ed** 5 na kvadrat (5²); **to** ∼ **(up) accounts with** s.o. poravnati račune s kom (tudi *fig*), obračunati s kom; **to** ∼ **the circle** kvadrirati krog, *fig* lotiti se nečesa nemogočega; **to** ∼ **one's conduct with one's principles** uskladiti svoje obnašanje s svojimi načeli; **to** ∼ **one's conscience** pomiriti si vest; **to** ∼ **one's elbows** razširiti komolce, s komolci si napraviti (dobiti) prostor; **to** ∼ **a number** kvadrirati število; **to** ∼ **o.s. with s.o.** pogoditi se s kom, (zopet) se zlagati s kom; **he tried to** ∼ **the police** *sl* skušal je podkupiti policijo; **to** ∼ **one's shoulders** *fig* ostati trdovraten, hoteti doseči svoje; **to** ∼ **a stone** oklesati kamen na 4 ogle; **to** ∼ **a theory to fit the facts** prilagoditi teorijo, da ustreza dejstvom (praksi); **the facts do not** ∼ **with the theory** dejstva se ne skladajo s teorijo; **to** ∼ **timber** oklesati hlod (deblo); **to** ∼ **one's way of living to** (ali **with**) **one's** ∼ **means** svoje življenje prilagoditi ali urediti ustrezno svojim dohodkom;
square away *vi* odpluti; *fig* iti, kreniti po drugi (novi) poti;
square out *vt* izenačiti;
square up *vi* postaviti se v boksarski položaj in se tako približ(ev)ati (**to** s.o. komu); zravnati se pred kom; izz(i)vati koga, pretiti komu s pestjo; **he** ∼**d up to me** postavil se je predme s stisnjenimi pestmi; **to** ∼ **to a problem** zavzeti stališče do (lotiti se) problema
square-built [skwéəbilt] *a* zgrajen v četverokotu; plečat, širokih pleč, čokat
squarecap [skwéəkæp] *n* četverokotna čepica (angleških študentov)
squared paper [skwéədpéipə] *n E* milimetrski papir
squareface [skwéəfeis] *n E sl* brinovec
squarehead [skwéəhed] *n A sl* priseljenec skandinavskega (nemškega, holandskega) porekla
squarejawed [skwéədʒɔ́:d] *a* ki ima široke čeljusti
squarely [skwéəli] *adv* četverokotno; navpično, pravokotno, pod pravim kotom; naravnost, pošteno, odkrito; jasno, preprosto, enostavno; **to look s.o.** ∼ **in the face** pogledati komu naravnost (brez strahu) v obraz
squareness [skwéənis] *n* kvadratna ali četverokotna oblika; *fig* poštenost
squarer [skwéərə] *n* oseba, ki kvadrira, ki naredi kaj četverokotno ali pravokotno; kdor poravnava, urejuje; ∼ **of the circle** oseba, ki išče kvadraturo kroga, *fig* se loti nečesa nemogočega
square sail [skwéəseil] *n naut* četverokotno jadro, križno jadro
square shooter [skwéə šu:tə] *n A coll* poštenjak

square shooting [skwéǝ šu:tiŋ] *n A coll* poštena igra (ravnanje, postopek)

square-shouldered [skwéǝšóuldǝd] *a* plečat

square-toed [skwéǝtoud] *a* (o čevlju) ki ima široko (štirioglato) kapico; *fig* pedanten, tog, staromoden, formalističen, puritanski

square-toes [skwéǝtouz] *n pl (sg constr) hum* staromodnež, pedant, drobnjakar, formalist

squaring [skwéǝriŋ] *n math* kvadriranje; ~ **(of) the circle** kvadratura kroga (tudi *fig*); *econ* poravnava, obračunanje; *obs* prepir(anje); prepirljivost

squarish [skwéǝriš] *a* kvadratast, skoraj kvadraten

squarson [skwá:sǝn] *n* posestnik in duhovnik v isti osebi

squash I [skwǝš] **1.** *n* zmečkanje, stisnjenje; nekaj zmečkanega, *fig* kaša; *coll* gneča, množica, kup (ljudi); sadni sok; zvok ali šum, ki ga pri padcu povzroči mehak predmet (mehka žoga iz gume ipd.); **lemon** ~ pijača iz limoninega soka in sode; **2.** *vt* zmečkati, zdrobiti v kašo; sploščiti, zgnesti; izžeti; *fig* utišati (koga) s spretnim odgovorom; (v kali) zadušiti; *vi* gaziti (z nogami), bresti; gnesti se, prerivati se, biti zmečkan, zmečkati se; **to** ~ **s.o.'s hopes** uničiti komu upanje; **that reply** ~**ed him** ta odgovor mu je končno zaprl usta

squash II [skwǝš] *n bot* buča

squasher [skwóšǝ] *n* mečkalec, tlačilec

squash-hat [skwóšhæt] *n* klobuk iz mehke klobučevine

squashy [skwóši] *a* kašast, mehak (sadje); razmočen, močviren (zemlja)

squat [skwǝt] **1.** *n* čepenje, počep; *min* plitev sklad rude; plitva luknja, jama (živali); **2.** *a* čepeč; debelušast, čokat; **3.** *vi & vt* čepeti, počepniti, sedeti s spodvitimi ali prekrižanimi nogami; *coll* sedeti; plaziti se tik ob zemlji; stisniti (*o.s.* se), spraviti (koga) v čepeč položaj; naseliti se, vseliti se brez dovoljenja, brez zakonite pravice; *Austral* naseliti se na nenaseljeni zemlji

squatter [skwótǝ] *n* čepeča oseba; *A* naseljenec na zemlji, za katero nima zakonite pravice; *pl* ljudje, ki so se leta 1946 v Londonu nasilno naselili v prazne hiše zaradi pomanjkanja stanovanj; *Austral* zakupnik pašnikov na veliko; živinorejec; **S~ State** (vzdevek za) Kansas

squattiness [skwótinis] *n* čokatost

squatty [skwóti] *a* debelušen, čokat

squaw [skwɔ:] *n* indijanska žena, Indijanka

squawk [skwɔ:k] **1.** *n* vpitje, vrisk, vreščanje; cviljenje, škripanje (vrat); *sl* zmerjanje, psovanje; **2.** *vi & vt* vreščati, kričati, vpiti; cviliti, škripati (o vratih); tarnati; *sl* zmerjati, psovati

squaw-man, *pl* **-men** [skwó:mǝn] *n* Neindijanec, ki se oženi z Indijanko; Indijanec, ki mora opravljati ženska dela

squeak [skwi:k] **1.** *n* cviljenje, cvilež, vpitje, vreščanje; škripanje; *coll* uitje, izognitev; **bubble--and-**~ meso z nasekljano zelenjavo; **to have a narrow (close, near)** ~ komaj uiti, se izogniti; **2.** *vi* škripati (o čevljih, vratih), cviliti (miš); *sl* izdati, zatožiti, priznati; *vt* (iz)reči, izraziti (kaj) z vreščečim, kričavim glasom

squeaker [skwí:kǝ] *n* kričač, vreščalec; cvilež, cvilja; stvar ali igrača, ki cvili; mlad ptič, ptiček, golobček; *sl* ovaduh, denunciant, izdajalec

squeaky [skwí:ki] *a* (**squeakily** *adv*) vreščeč, kričav; škripajoč; ~ **shoes** škripajoči čevlji

squeal [skwi:l] **1.** *n* cvilež, cviljenje, vreščanje, vrisk; oster, rezek krik; bevsk; *sl* tožarjenje, ovadba, izklepetanje, izdajstvo; **2.** *vi* cviliti, vreščati, bevskati; *fig* ugovarjati, pritoževati se; *sl* izdati, ovaditi, izklepetati; *sl* biti žrtev izsiljevanja; *vt* reči (kaj) z vreščečim (kričavim) glasom (često *out*); **to** ~ **on s.o.** *sl* zatožiti, ovaditi, izdati koga; **to make s.o.** ~ izsiliti (z grožnjami) priznanje od koga; izsiljevati koga

squealer [skwí:lǝ] *n* kričač; cmera, tarnač; mlad ptič, zlasti golob; *sl* ovaduh, denunciant, izdajalec

squeamish [skwí:miš] *a* (~ **ly** *adv*) gabljiv; ki se mu rado (za)gnusi, (za)gabi; občutljivega, slabega želodca; preobčutljiv (*about, at* za); izbirčen; preveč pedanten, prenatančen, preveč vesten

squeamishness [skwí:mišnis] *n* izbirčnost (v jedi); prevelika občutljivost; pedantnost, prevelika vestnost; slabost, gnus

squeegee [skwí:dži::; skwi:dží:] **1.** *n naut* strgalo iz gume (za čiščenje, sušenje poda, palube itd.); *phot* valj iz gume (za sušenje fotokopij); **2.** *vt* sušiti (mokro palubo, ulico itd.) z leseno napravo z robovi iz gume

squeezable [skwí:zǝbl] *a* stisljiv, stlačljiv; *fig* popustljiv

squeeze I [skwi:z] *n* stisk(anje), pritisk, tiščanje, tlačenje; mečkanje, izžemanje; stisk roke, objem(anje); stiska, gneča, naval; izžeti sok (oranže itd.); *coll* denarna stiska; *coll* pritisk, izsiljevanje; odtis kovanca (v vosku itd.); **credit** ~ kreditna omejitev; **to be in a tight** ~ biti v hudih škripcih; **it was an áwful** ~ bila je strašna gneča; **to give s.o. a** ~ **(of the hand)** stisniti komu roko; **to have a narrow (close, tight)** ~ za las uiti

squeeze II [skwi:z] *vt* stisniti, stiskati; *coll* stisniti k sebi; stlačiti, (z)mečkati, ožemati, ožeti, iztisniti (*out of, from* iz), izcediti (sok), izžeti; vtisniti, vriniti, natlačiti (*into* v), napolniti; izriniti (*out of* iz); napraviti odtis (kovanca itd.) (v vosek itd.); *fig* mučiti, tlačiti; izsiljevati (kaj od koga), iztisniti, izvleči (denar itd.) (*out of, from* iz); *vi* stiskati, mečkati, tlačiti (*into* v, *through* skozi); gnesti se, prerivati se, vriniti se, riniti se (*into* v); pustiti se izsiljevati; ~**ed lemon (orange)** izžeta limona (oranža), *fig* oseba, od katere ne moremo ničesar več pričakovati; **to** ~ **juice from an orange** iztisniti sok iz oranže; **to** ~ **the juice of s.o.** *fig* izkoriščati, opehariti koga; **to** ~ **s.o.'s hand** stisniti komu roko v znak naklonjenosti, sožalja itd.; **to** ~ **one's way** riniti se, prerivati se, gnesti se (*through* skozi); **we were terribly** ~**d in the bus** bili smo strašno natlačeni v avtobusu; **to** ~ **o.s. into the bus** zriniti, stlačiti se v avtobus; **to** ~ **a tear** *fig* iztisniti solzo, potočiti par krokodilovih solz

squeeze in *vt* s težavo, z muko vriniti

squeeze out *vt* iztisniti, izžeti, izsiliti iz

squeezer [skwí:zǝ] *n* stiskalec, izžemalec; stiskalnica, preša; *pl* igralne karte, katerih vrednost je ponovljena v zgornjem desnem kotu, tako da se lahko držé popolnoma stisnjeno; **lemon** ~ naprava za izžemanje limon

squelch [skwelč] **1.** *n* zmečkana masa, kaša, brozga; klokot, čofot(anje); (= **squelcher**) *coll* uničujoč udarec; porazen odgovor; **2.** *vt coll* zmečkati, zdrobiti, streti, zmastiti; dokončati (kaj); *fig* utišati, usta (komu) zamašiti, poraziti (koga) z odgovorom, zbegati; *vi* čofotati, klokotati; hoditi v čevljih, polnih vode, ali po razmočeni zemlji; ostati ves osupel, sesesti se

squelcher [skwélčə] *n coll* uničujoč udarec; porazen odgovor

squib [skwib] **1.** *n* petarda, žabica (ognjemet), vžigalna vrvica, vžigalo; posmehljiva, satirična pesem ali spis; *sl* političen dovtip; paskvil, duhovit napad v govoru; *obs* malopridnež, lopov; **2.** *vi* smešiti, zbadati, rogati se, posmehovati se, napadati s satirično pesmijo ali spisom; póčiti s petardo; *vi* póčiti kot petarda; pisati satire, satirične spise

squid [skwid] **1.** *n zool* ligenj, kalamar; vrsta sipe; umetna vaba (za ribe); *naut mil* večceven metalec vodnih bomb; **2.** *vi* loviti (ribe) z umetno vabo

squiffer [skwífə] *n E sl* ročna harmonika

squiffy [skwífi] *a sl* malo vinjen, okajen, nasekan, v rožicah

squiggle [skwigl] *n* zavita črta, zavojek (pri pisanju)

squilgee [skwíldži:] *n & vt* glej **squeegee**

squill [skwil] *n bot* morska čebula; *zool* (= **squilla**, ~ **-fish**) vrsta morskega raka, morska kobilica

squinch [skwinč] *n archit* oporni lok

squint [skwint] **1.** *n* škiljenje; mežikanje; pogled od strani; skriven (hiter, bežen) pogled; pogledovanje (*at* na); *fig* nagnjenje, tendenca (*to, towards* k); **to have a slight** ~ malo škiliti; **I'll have a** ~ **at the menu** bom hitro pogledal (na) jedilni list; **2.** *a* (redko) škilav, škilast; nezaupljiv, sovražen; poševen, kriv; **3.** *vi* škiliti; od strani gledati; metati skrivne, nezaupljive poglede; škiliti (*at za* čem), bežno pogledati; meriti (*at* na), mežikati, na pol zapreti (oči); *vt* zavijati, obračati (oči), bežno pogledati; **to** ~ **one's eyes** škiliti, *coll* mežikati

squinter [skwíntə] *n med* škilec

squint-eye [skwíntai] *n* škilec

squint-eyed [skwíntaid] *a* škilav, škilast; *fig* zloben, zlohoten, nezaupljiv

squire [skwáiə] **1.** *n* (podeželski) plemič, zemljiški gospod, veleposestnik; graščak; *A* mirovni sodnik; *hist* vitezov spremljevalec, oproda; kavalir, spremljevalec dame, *coll* ljubimec; ~ **of dames** salonski lev, ženski idol; **2.** *vt* spremljati (damo), biti kavalir (za kavalirja), biti na uslugo dami; *hist* služiti kot oproda

squirearch [skwáiəra:k] *n* podeželski plemič; (vele)posestnik

squirearchy [skwáiəa:ki] *n* vladanje (politični vpliv) (vele)posestnikov, plemičev; (vele)posestniki, plemiči

squireen [skwaiərí:n] *n* mali posestnik, podeželski plemič

squirehood [skwáiəhud] *n* položaj, čast plemiča (squire-a); plemstvo

squirelet, squireling [skwáiəlit, -liŋ] *n* kmečki plemič, plemičič

squirely [skwáiəli] *a* plemiški

squiress [skwáiəris] *n* žena podeželskega plemiča

squirm [skwə:m] **1.** *n* zvijanje (od bolečin); *fig* nemirno sedenje (stanje, ležanje), (rahlo) premikanje, mencanje; *naut* zapletenost, zamotanost (vrvi); **2.** *vi* zvijati se (kot črv); nemirno sedeti (ležati, stati); (rahlo) se premikati; *fig* biti v zadregi, ženirati se, ne vedeti, kam bi se skrili (od sramu, zadrege); **he** ~**ed out of it** izvlekel se je iz zadeve; **to** ~ **with shame** zelo se sramovati; **to** ~ **with embarrassment** iz zadrege ne vedeti, kaj bi napravili

squirmy [skwə́:mi] *a* zvijajoč se, zvit

squirrel [skwírəl] *n zool* veverica; veveričje krzno; ~ **mouse** polh

squirt [skwə:t] **1.** *n* brizg, štrcaj, curek (vode); štrcavka, brizglja; vodna pištola; *coll* domišljava oseba, domišljavec, važnež; *sl* reaktivno letalo; ~ **can** kangla za brizganje; **2.** *vt* izbrizgniti, izštrcati (tekočino, prašek); *vi* brizgati, štrcati

squish [skwiš] *n* marmelada, mezga; *fig* nesmisel, neumnost

squishy [skwíši] *a* mehak, popustljiv; lepek

stab I [stæb] *n* vbodljaj, vbod (z nožem, bodalom itd.); vbodna rana, zbodljaj; *fig* ostra bolečina, zadana rana; globoka rana; potuhnjen udarec; *fig* obrekovanje; ranitev čustev; *sl* poskus; ~ **in the back** *fig* zahrbten vbod z nožem, zahrbten napad; zahrbtno obrekovanje, klevetanje; **to have (to make) a** ~ **at** poskusiti (kaj); upati si

stab II [stæb] *vt* zabosti, prebosti, (smrtno) raniti, usmrtiti (z nožem, bodalom); poriniti, zariniti (nož, bodalo) (*into* v); *fig* poškodovati; raniti čustva kake osebe, prizadeti bol(ečino) (komu); obrekovati; utrditi z žico (knjigo); *vi* bosti, zabosti, raniti z nožem, bodalom (*at* koga), zamahniti z bodalom (*at* proti komu); *fig* škodovati ugledu, obrekovati (*at* koga); **to** ~ **s.o. in the back** *fig* zabosti komu nož v hrbet; **a** ~ **-bing pain** zbadajoča bolečina; **his conscience** ~ **bed him** *fig* vest ga je zapekla

stabber [stæbə] *n* zahrbten morilec (z nožem, bodalom); bodalo; *tech* šilo, prebijač, prebijalo

stabile [stéibil, stæbil] *a* stabilen, stalen

stabilitate [stəbíliteit] *vt* napraviti trdno (stabilno)

stability [stəbíliti] *n* stabilnost, stalnost, nespremenljivost; trdnost; *fig* stanovitnost; *aero* dinamično ravnotežje; *chem* rezistenca; *econ* plačilna zmožnost (sposobnost); *obs* trdno stanje; ~ **of prices** stalnost cen

stabilization [steibilaizéišən] *n* ustalitev, utrditev, stabilizacija (cen, tečajev itd.)

stabilizator [steibilaizéitə] *n* glej **stabilizer**

stabilize [stéibilaiz] *vt* ustaliti, stabilizirati, držati v ravnotežju; utrditi; **stabilizing device** stabilizator; **to** ~ **prices** ustaliti cene

stabilizer [stéibilaizə] *n aero* stabilizator

stable I [stéibl] *a* (**stably** *adv*) trden, stalen, stabilen, čvrst; nespremenljiv, težko premakljiv; *fig* neomajen, stanoviten; *com* trajen, trpežen, soliden; ~ **currency** stabilna valuta; ~ **convictions** trdno prepričanje; ~ **equilibrium** stalno ravnotežje; ~ **government** stabilna vlada; **to make** ~ stabilizirati

stable II [stéibl] **1.** *n* hlev (navadno za konje, krave); konjušnica; hlev za dirkalne konje; *pl* *mil* služba v konjušnici (hlevu); *coll* dijak kake šole, član kakega kluba; **the Augean ~** Avgijev hlev; **to lock the door when the horse is stolen (gone)** *fig* po toči zvoniti; **2.** *vt* pripeljati, dati v hlev, namestiti v hlevu; imeti (konja) v hlevu; *vi* biti, prebivati v hlevu; *fig* stanovati (kot) v hlevu; namestiti se, spraviti se ali biti pod streho; **this is where I ~** to je moje gnezdo, tu stanujem

stable-boy [stéiblbəi] *n* konjski hlapčič (v hlevu), konjar

stable-companion [stéibl kʌmpǽnjən] *n* hlevski tovariš; *coll* dijak iste šole, član istega kluba itd.

stable fly [stéiblflai] *n* hlevska muha

stablekeeper [stéiblki:pə] *n* lastnik hleva, lastnik konj

stableman, *pl* **-men** [stéiblmən] *n* konjar, konjski hlapec

stableness [stéiblnis] *n* glej **stability**

stabling [stéibliŋ] *n* vhlevljenje, nameščanje v hlev(e); *coll* hlevi, staje; **~ for 30 horses** hlevski prostor za 30 konj

stablish [stǽbliš] *vt arch* glej **establish**

staccato [stəká:tou] *adv mus* stakato, nevezano, ločeno, v presledkih med glasovi; *fig* pretrgano

stack I [stæk] *n* kopa, kopica (sena, žita), stog, kup, gomila; sklad, skladanica, pravilno zložena drva (les); *mil* piramida (pušk, orožja); dimnik (ladje ali lokomotive), vrsta dimnikov; kovaško ognjišče, vigenj; mera za les, drva (108 kubičnih čevljev, pribl. 3 m³); *sl* velika množina, množica, *fig* kup; stena, pečina, visoka (osamljena) vzpetina; skupina regalov, skladišče knjig; **a ~ of firewood** skladanica drv; **smoke ~** dimnik

stack II [stæk] *vt* zložiti v kopo, v kopice, na kup, v skladanico; nakopičiti; *aero* pustiti krožiti ali čakati (letalo) pred dovoljenjem za pristanek; **~ ed cubic meter** prostorninski meter; **to ~ arms** *mil* zložiti puške v piramido; **to ~ cards** *sl* nepošteno mešati karte; ogoljufati; *vi:* **to ~ up** *A sl* stati, kazati; **as things now ~ up** kot stvari sedaj stoje (kažejo)

stackencloud [stǽkənklaud] *n* kopast oblak

stack-funnel [stǽkfʌnl] *n* odprtina za zračenje v kopi

stack room [stǽkrum] *n* knjižna dvorana (v knjižnici)

stactometer [stæktómitə] *n med* kapalka, pipeta

staddle [stǽdl] **1.** *n* stojalo; **2.** *vt* podpreti s koli

stadium, *pl* **-dia** [stéidiəm, -diə] *n med* stadij bolezni, faza; *hist* dolžinska mera (okrog 192 m); športni stadion, dirkališče, prostor za tekme (*pl* večinoma **-ums**)

staff I *pl* **-s, staves** [sta:f; ~s, stéivz] *n* palica, krepelec; drog (za zastavo); kol, opornik; simbol oblasti, žezlo; *fig* opora; naprava za določanje položaja na morju; *mus* črtovje, notni sistem; naprava za merjenje oddaljenosti in višine; **at ~ 's end** *obs* v primerni, spodobni razdalji; **the ~ of life** kar je najpotrebnejše, najvažnejše v življenju (npr. kruh, hrana); **the ~ of his old age** opora v njegovi starosti; **Jacob's ~** lesena palica, na katero se nameščajo geodetske naprave; **pastoral ~** škofovska palica; **quarter-~** *hist* čvrsta palica, dolga 6 do 8 čevljev, ki so jo nekoč uporabljali kot orožje

staff II [sta:f] **1.** *n mil* štab; *com* uprava, nameščenci, osebje, personal; *univ* učno osebje, kolegij; osebje uredništva, uredništvo; **~ college** *mil* šola za generalštabne častnike, višja vojaška šola; **~ officer** štabni častnik; **~ sergeant** *mil A* narednik, *E* višji narednik; **~ surgeon** štabni zdravnik (v vojni mornarici); **editorial ~ of a newspaper** uredništvo časopisa; **medical ~**, **hospital ~** *med* zdravniško, bolnišnično osebje; **teaching ~** učno osebje; **2.** *vt* oskrbeti z osebjem; *mil* organizirati štab za; **well ~ed office** urad z zadostnim osebjem

staffer [stá:fə] *n* (*A*) član redakcije; sodelavec

staffman, *pl* **-men** [stá:fmən] *n* svilopredec

staff-wood [sta:fwud] *n* (les za) dóžice

stag [stæg] **1.** *n zool* jelen (zlasti petleten); samec raznih živali (merjasec, kozel itd.); skopljen vol, ki je dosegel polno rast; moški brez ženske (družbe); moška družba; *obs* šiling; *sl* (borza) špekulant z delnicami; *sl* (redko) izdajalec, denunciant, ovaduh; **a ~ party** zabava samo za moške; **to go ~** iti (kam) brez ženske družbe; **to turn ~** *sl* denuncirati, ovaditi; **2.** *a* moški, le za moške; **3.** *adv sl* brez ženske družbe, sam; **4.** *vi sl* iti (kam) brez ženskega spremstva; *sl* (borza) špekulirati z delnicami; *vt sl* vohuniti, špijonirati (za kom); **to ~ the market** (borza) vpisati delnice

stage I [stéidž] *n* gradbeni (stavbni) oder; tribuna, podij; *theat* oder, prizorišče, gledališče, *fig* dramska književnost (umetnost), igralski poklic; *fig* mesto dejavnosti (delovanja, bivanja, polje udejstvovanja, torišče; stadij, stopnja, faza, razdobje razvoja; stopnja (večstopne rakete); stojalo, mizica za mikroskop; *A* višina vodne gladine; *hist* (poštna) etapna postaja, odsek ali del poti med dvema postajama, etapa; **by easy ~s** v etapah, s pogostnimi presledki; **off ~** za gledališkim odrom ali zunaj njega; **~s of appeal** *jur* instančna pot; **the last ~ of consumption** zadnji stadij jetike; **~ manager** gledališki režiser; **~ whisper** igralčev šepet (na odru, da ga sliši občinstvo), *fig* šepet, ki se daleč sliši; **~ loader** *mech* platformni nakladalec; **critical ~** kritičen stadij; **hanging ~** viseč gradbeni oder (npr. za pleskanje); **matriarchal ~** matriarhat; **landing ~** pristajališče; **the English ~** angleško gledališče; **to be on the ~** biti gledališki igralec; **to change horses at every ~** *hist* menjavati konje na vsaki (poštni) etapni postaji; **to go on the ~** iti h gledališču, postati igralec; **to hold the ~** držati se na odru (o gledališki igri); **to learn in easy ~s** postopoma se učiti; **to put on the ~** postaviti na oder, uprizoriti; **to quit the ~** *fig* umakniti se s področja svoje dejavnosti; **things should never have reached this ~** stvari ne bi bile smele nikoli priti tako daleč; **to travel by easy ~s** potovati v kratkih etapah

stage II [stéidž] *vt* postaviti (dati) (igro) na gledališki oder, prirediti za oder; uprizoriti, insceniratí; *fig* pripraviti, prirediti za kaj; opremiti z odrom; *tech* obdati z odri; *vi* biti primeren za uprizoritev na gledališkem odru; **this drama ~s well** ta drama se dobro obnese (samo) na odru

stage-box [stéidžbəks] *n theat* loža pred odrom

stage-coach [stéidžkouč] *n hist* poštna kočija

stage-coachman, *pl* -men [stéidžkoučmən] *n hist* poštni kočijaž, postiljon

stage-craft [stéidžkra:ft] *n* spretnost in izkušnje v pisanju in uprizarjanju gledaliških iger

stage direction [stéidždirékšən] *n* odrska, režiserska navodila

stage director [stéidždiréktə] *n* (gledališki) režiser

stage door [stéidždɔ:] *n A coll* vhod na oder; **stage-door Johnny** *sl* moški, ki se druži, dvori gledališkim igralkam

stage-effect [stéidžifékt] *n* gledališki (odrski) učinek, *fig* teatralika

stage-fever [stéidžfi:və] *n* strastna želja po gledališkem (igralskem) poklicu

stage-fright [stéidžfrait] *n* trema, igralčev strah pri nastopanju na odru (zlasti prvikrat); govorniška trema

stagehand [stéidžhænd] *n* gledališki, odrski delavec

stagehouse [stéidžhaus] *n hist* poštna (etapna) postaja

stage-lighting [stéidžlaitiŋ] *n* odrska razsvetljava

stage-manage [stéidžmænidž] *vt fig* inscenirati, aranžirati

stage management [stéidž mænidžmənt] *n* gledališko vodstvo, režija

stage manager [stéidž mænidžə] *n* režiser; intendant

stage name [stéidžneim] *n* igralsko (umetniško) ime

stage painter [stéidžpeintə] *n* slikar kulis, gledališki dekorater

stage play [stéidžplei] *n* odrska, gledališka igra (za uprizoritev, ne za branje)

stage player [stéidžpleiə] *n theat* igralec, -lka

stage-properties [stéidžprópətiz] *n pl* gledališki (odrski) rekviziti

stager [stéidžə] *n* ; **old** ~ izkušen človek (delavec), star praktik; *obs* gledališki igralec, -lka; *obs* poštna kočija; **he is an old** ~ on je izkušen človek, on se na vse razume

stage-struck [stéidžstrʌk] *a* nor na gledališki (igralski) poklic, zaljubljen v gledališki oder

stage wait [stéidžweit] *n* dramatična pavza

stage-whisper [stéidžwispə] *n* igralčev glasen šepet (da ga slišijo gledalci); *fig* šepet, ki se daleč sliši

stageworthy [stéidžwə:ði] *a* primeren za odrsko uprizoritev

stagey [stéidži] *a* glej **stagy**

staggard, -gart [stægəd] *n hunt* jelen v 4. letu

stagger I [stægə] *n* opotekanje; *fig* oklevanje, omahovanje, kolebanje, obotavljanje; *pl* vrtoglavica, omotica; tiščavka (konjska bolezen); metljavost (pri ovcah)

stagger II [stægə] *vi* opotekati se; *fig* omahovati, oklevati, obotavljati se, kolebati, biti neodločen, dvomiti; ženirati se; umakniti se (o četah); *vt* vznemiriti, razburiti, zmesti, osupiti, zbegati, spraviti iz ravnotežja, omajati (vero itd.); razvrstiti (kaj) v cikcaku (da se izognemo sovpadanju); **to** ~ **under a burden** opotekati se pod bremenom; **to** ~ **to s.o.'s feet** s težavo se dvigniti (spraviti) na noge; **the news** ~ **ed him** novica ga je osupila; **to** ~ **with drunkenness** opotekati se od pijanosti; **to** ~ **office hours** razporediti delovne ure tako, da se izognemo navalu v konicah zvečer in zjutraj

staggerer [stægərə] *n* oseba, ki se opoteka; *fig* omahljivec, obotavljač; neodločnež; nekaj, kar povzroči osuplost, presenečenje; vprašanje (ugovor, argument), ki zbega; **that's a** ~ ! to je presenečenje!

staggering [stægəriŋ] *a* (~ly *adv*) opotekajoč se; omahljiv, oklevajoč; majav; nestalen, nestanoviten, nezanesljiv; (udarec itd.), ki povzroči opotekanje; *fig* pretresljiv, vznemirljiv; **a** ~ **blow** porazen udarec

staghound [stæghaund] *n* pes za lov na jelene

staghunt(ing) [stæghʌnt(iŋ)] *n* lov na jelene

staginess [stéidžinis] *n* teatralika, lov za efekti

staging [stéidžiŋ] *n theat* postavitev na oder, uprizoritev, inscenacija, mizanscena; gradbeni oder; *hist* vožnja (potovanje) s poštno kočijo; ~ **area** *mil* zemljišče (področje) za operacije s padalskimi enotami; ~ **post** *aero* vmesna pristajalna postaja (na letalski progi)

stagmometer [stægmómitə] *n* glej **stactometer**

stagnancy [stægnənsi] *n* mirovanje, nepremičnost, neodtekanje, zastajanje (vode brez odtoka), zastoj; *fig econ* mrtvilo; stagnacija; počasnost, lenobnost; nekaj, kar stagnira

stagnant [stægnənt] *a* (~ly *adv*) mirno stoječ, mirujoč, ki ne teče (voda brez odtoka); *fig* zastajajoč, mrtev, v mrtvilu, v zastoju; ~ **air** slab, pokvarjen, izrabljen zrak; **a** ~ **market** zastajajoče tržišče; **a** ~ **pond** mirujoč ribnik

stagnate [stægneit] *vi* zastajati, mirovati, ne se odtekati (o vodi); *fig* biti v zastoju, v mrtvilu; stagnirati

stagnation [stægnéišən] *n* glej **stagnancy**

stag party [stægpa:ti] *n* moška družba; zabava le za moške

stagy [stéidži] *a* (**stagily** *adv*) (ki je) kot na gledališkem odru; loveč se za efekti; teatraličen; obračajoč pozornost nase

staid [stéid] **1.** *a* (~ly *adv*) umirjen, miren; resen, resnoben, preudaren; (o barvi) neopozorljiv, nekričeč; (redko) stalen, trajen; **2.** *pt & pp* od **to stay**

staidness [stéidnis] *n* umirjenost, mirnost; resnost, resnobnost; (redko) trajnost, stalnost

stain I [stéin] *n* madež (tudi *fig*), pega; barva (za les, za steklo); *fig* sramotni madež; *med* (pigmentno) znamenje; **a tea** ~ madež od čaja; **without a** ~ **on his character** brez madeža v značaju

stain II [stéin] *vt* umazati, zamazati, omadeževati; pobarvati (kaj) (na zidu, na steklu, papirju); tiskati pisane vzorce (na blagu, tapetah); *fig* omadeževati; *vi* (za)mazati se, popackati se, delati ali dobiti madeže; *fig* omadeževati se; ~ **ed glass** barvno steklo; **his hands are** ~ **ed with blood** njegove roke so omadeževane s krvjo; ~ **ed with vice** poln pregreh, grešen, sprijen; **to** ~ **one's name** omadeževati svoje ime; **white cloth** ~**s easily** bel prt se hitro zamaže

stainable [stéinəbl] *a* ki se da ali se mora (po)barvati

stained [stéind] *a* poln madežev, umazan, zamazan; (po)barvan, pisan; *fig* omadeževan; **blood** ~ okrvavljen, krvav; **cigarette-**~ **fingers** od kajenja rumeni prsti; **ink-**~ poln tintnih madežev (pack); **sin-~** (ves) grešen; **~ glass** pobarvano (cerkveno) (okensko) steklo

stainer [stéinə] *n tech* barvar; lužilec; *tech* barvilo, lesna barva, lužilo

staining [stéiniŋ] *n* barvanje; umazanje; **~ of glass** barvanje stekla, slikanje na steklo; **contrast ~** kontrastno barvanje (mikroskopija)

stainless [stéinlis] *a* (**~ ly** *adv*) brez madeža; nerjavēč; *fig* neomadeževan, čist, brezgrajen; **~ steel** nerjaveče jeklo

stair [stéə] *n* stopnica; *pl* stopnišče; *fig* stopničasta lestev; *pl* pristajalna brv (mostič); **above- ~ s** zgoraj; **below- ~ s** spodaj, v podpritličju, v suterenu; pri služinčadi; **back ~** zadajšnje stopnišče; tajen, skriven dostop; **down ~ s** na spodnjem nadstropju; **up ~ s** na zgornjem nadstropju; **the top ~** najvišja stopnica; **the top (the down) ~ but one** predzadnja zgornja (spodnja) stopnica; **a flight of ~ s** stopnice med dvema presledkoma; **up one pair of ~ s** v prvem nadstropju

stair carpet [stéəka:pit] *n* stopniščna preproga

staircase [stéəkeis] *n* stopnišče; **corkscrew ~** zavito, vretenasto, polžasto stopnišče; **moving ~** tekoče stopnice

stairhead [stéəhed] *n* konec stopnic

stair rail [stéəreil] *n* stopniščna ograja

stair-rod [stéərəd] *n* kovinska palica za pritrditev stopniščne preproge

stairstep [stéəstep] *n* stopnica

stairway [stéəwei] *n* stopnišče; stopnice

stair well [stéəwel] *n* stopniščni jašek (za vgraditev stopnišča)

staith [stéið] *n* pristanišče; iztovarjališče (premoga)

stake I [stéik] *n* kol, drog; oporni kol; mučilni kol; mejni kol (steber); majhno nakovalo; *sp* drog kot zapreka (za preskakovanje pri konjskih dirkah); **the ~** *fig* grmada, smrt na grmadi; **to condemn to the ~** obsoditi na smrt na grmadi; **to die (to perish) at the ~** umreti na grmadi; **to pull up ~ s** *A sl* iti proč, odseliti se; **to be sent to the ~** biti obsojen ali sežgan na grmadi; **to suffer at the ~** biti sežgan na grmadi

stake II [stéik] *vt* opremiti, podpreti s koli; privezati (žival) na kol; predreti s kolom; nakoličiti (koga) (kazen); **to ~ in (out)** ograditi s koli; **to ~ off (out)** označiti s količki; **to ~ off a claim** s količki označiti zemljišče, ki ga nekdo vzame pri naselitvi; **to ~ up** ograditi s koli

stake III [stéik] *n* vložek (zastavek) (pri igri, pri stavi); *fig* interes, delež; *pl* vloženi denar v stave pri konjskih dirkah); nagrada, dobiček; konjske dirke; *fig* rizik, tveganje, nevarnost; **consolation ~ s** tolažilna dirka (ki se je lahko udeleže vsi konji); **maiden ~ s** dirka le s konji, ki še niso nikoli zmagali; **trial ~ s** poskusne dirke; **to be at ~** biti na kocki (v nevarnosti, v vprašanju); **what is at ~ ?** za kaj gre?; **to have a ~ in** biti materialno zainteresiran v; **to sweep the ~ s** dobiti vse stavne vložke (na dirki), pospraviti ves dobiček

stake IV [stéik] *vt* staviti (denar) (*on* na), *fig* staviti na kocko; nesigurno vložiti (denar); zastaviti dobro besedo (*on* za); *A sl* pomagati (komu) na noge, podpreti (koga); **to ~ one's**

fortune on the turn of a card staviti svoje premoženje na eno karto

stake-boat [stéikbout] *n sp* zasidran čoln, ki rabi za startno ali ciljno točko pri tekmi

stake-holder [stéikhouldə] *n* nepristranska oseba, ki hrani za stavo vloženi denar

stake-net [stéiknet] *n* s koli podprta mreža

stalactite [stǽləktait] *n* stalaktit, siga na stropu podzemeljske jame

stalactitic [stæləktítik] *a* stalaktiten

stalagmite [stǽləgmait] *n* stalagmit, siga na tleh jame

stalagmitic [stæləgmítik] *a* stalagmiten

stalagmometer [stæləgmómitə] *n med* merilec kapelj

stale I [stéil] **1.** *n* seč, urin (konja, goveda); **2.** *vi* (o živalih) mokriti, puščati vodo, urinirati

stale II [stéil] *n E obs* vabnik, vaba (v obliki ptiča); predmet posmehovanja; bedak

stale III [stéil] **1.** *a* (**~ ly** *adv*) star, nesvēž, suh (kruh), trd; postan (pivo itd.); plesniv; slab, zadušljiv (zrak); izrabljen, obrabljen, ponošen, izčrpan; *fig* obrabljen, star, premlačen, banalen (dovtip itd.); *com* mrtev; *jur* zastarel; *sp* preveč treniran, izčrpan; **~ affidavit** (zaradi poteka časa) neveljavna izjava pod prisego; **~ bread** nesvēž, star kruh; **a ~ debt** zastarel dolg; **a ~ joke** premlačena šala; **this athlete is ~** ta lahkoatlet je pretreniran; **this is ~ news** ta novica ni (ravno) nova; **2.** *vt* odvzeti (čému) svežost (čar novosti, interes); napraviti staro (brez vrednosti), obrabiti, porabiti, izčrpati; *vi* postati zastarel (postan, plehek); *fig* postati dolgočasen

stalemate [stéilmeit] *n* (šah) pat; *fig* zagata, zastoj, mrtva točka, mrtvilo; **2.** *vt* (šah) privesti, spraviti (koga) do pata, *fig* ugnati koga v kozji rog, pritisniti koga ob zid

staleness [stéilnis] *n* postanost (piva itd.), nesvežost (kruha itd.); *fig* obrabljenost, iztrošenost, izčrpanost, pretegnitev od dela

stalk I [stɔ:k] *n bot* steblo; kocen, pecelj, štor (pri zelju); *zool* peresni tul(ec); stojalo čaše; visok tovarniški dimnik; *arch* okrasek v obliki stebla; **off ~** (o rozinah itd.) ki nima peclja

stalk II [stɔ:k] **1.** *n hunt* zalezovanje (divjačine), zalaz; gizdava (košata, arogantna) hoja, šopirjenje, košatenje; **2.** *vi hunt* iti na zalaz, prikrasti se do divjačine; prevzetno, ošabno hoditi, šopiriti se; *fig* širiti se (bolezen, lakota); *vt hunt* zalezovati (divjad) prikrasti se do

stalked [stɔ:kt] *a bot* ki ima steblo ali pecelj; **long-~** dolgopecljat

stalker [stɔ:kə] *n hunt* zalezovalec (lovec)

stalking-horse [stɔ:kiŋhɔ:s] *n hunt hist* konj, za katerega je skril lovec; *fig* pretveza, izgovor, videz; *pol fig* marionetna figura; **to make s.o. a ~** izgovarjati se na koga

stalkless [stɔ:klis] *a* brez stebla ali peclja

stalky [stɔ:ki] *a* stebelnat, ki ima obliko stebla; visokorasel; *sl* zvit, prebrisan, pretkan, lokav

stall I [stɔ:l] **1.** *n* prostor, oddelek v hlevu za eno žival, boks; hlev (za konje, govedo); tržna stojnica, lesena lopa, šotor s prodajalno; *eccl* (ograjena) klop, sedēž v cerkvi; kanonikat; *theat* parket, sedēž v prvih vrstah parterja, *pl* osebe na teh sedēžih; prevleka, kapica, naprstnik **za** ranjen prst; *tech* zastoj (motorja); *aero* kolebanje (letala) zaradi zmanjšane brzine; *min* delovno mesto v rudniku; **book-~ at the station** stojnica, lopa za prodajo knjig na postaji; **butcher's** ~ stojnica mesnica; **dean's** ~ *eccl* dekanov sedež v cerkvi; ~ **money** stojnina; tržnina; **2.** *vt* držati (imeti) v hlevu, hraniti in pitati v hlevu; razdeliti (hlev) na oddelke (bokse); postaviti v boks; *tech* ustaviti, blokirati (motor); *A* zapeljati (avto) v blato ipd.; *obs* uvesti v (neko) službo, instalirati; *vi* zagaziti, zabresti, obtičati (o avtu); *tech* odpovedati (o motorju); *aero* kolebati, majati se zaradi zmanjšane hitrosti (o letalu); stati v hlevu (o živini); biti v pesjaku (o psu)

stall II [stɔ:l] **1.** *n A sl* pretveza, izgovor, zavlačevalni manever; *A sl* žeparjev pajdaš, ki odvrača pozornost žrtve med tatvino; **2.** *vi A sl* upirati se, izogibati se, izgovarjati se; *sp* namerno biti počasen; *vt* (često **off**) *A sl* zavlačevati, odrivati, ne pustiti k sebi

stallage [stɔ́:lidž] *n* prostor na trgu za stojnice; pristojbina za prostor za stojnico, stojnina; sejmarina

stall-board [stɔ́:lbɔ:d] *n tech* oder, postaja v jašku

stall-feed* [stɔ́:lfi:d] *vt* krmiti, pitati (živino) v hlevu

stall-feeding [stɔ́:lfi:diŋ] *n* krmljenje, pitanje (živine) v hlevu

stalling [stɔ́:liŋ] *n* hlev, staja; staje; *aero* izguba hitrosti; ~ **speed** kritična hitrost

stallion [stǽljən] *n* (plemenski) žrebec

stall-keeper [stɔ́:lki:pə] *n* trgovec, ki prodaja na tržni stojnici, v leseni lopi ipd.; stojničar

stallman, *pl* **-men** [stɔ́:lmən] *n* glej **stall-keeper**

stall-money [stɔ́:lmʌni] *n* pristojbina za postavitev tržne stojnice (barake, lope, šotora), za začasno prodajalno

stalwart [stɔ́:lwət] **1.** *a* strumen, močan, krepak; *fig* odločen, pogumen; *pol* neomajen, zanesljiv, zvest; ~ **supporters** zvesti privrženci; **2.** *n* strumen dečko, korenjak; odločen, zvest privrženec (zlasti *pol*); pogumna (zanesljiva, neomajna) oseba

stalwartness [stɔ́:lwətnis] *n* strumnost, krepkost; odločnost, pogum, neomajnost

stalworth [stɔ́:lwəθ] *obs* za **stalwart**

stamen, *pl* ~ **s**, **-mina** [stéimən, -minə] *n bot* prašnik

stamina [stǽminə] *n* življenjska moč, vitalnost; žilavost, odpornost, vzdržljivost, vztrajnost; *obs* mozeg

staminal [stǽminəl] *a med* konstitucionalen; življenjski; bistven; vitalen

staminate [stǽminit] *a bot* ki ima (le) prašnike

stammel [stǽməl] **1.** *a* kostanjeve barve; **2.** *n* debelo polvolneno blago kostanjeve barve

stammer [stǽmə] **1.** *n* jecljanje, pojecljavanje, zatikanje v govoru; **2.** *vi* jecljati, pojecljavati; zatikati se v govoru; *vt* (iz)jecljati (kaj); **to** ~ **out an excuse** izjecljati opravičilo

stammerer [stǽmərə] *n* jecljavec; zezljavec

stammering [stǽməriŋ] **1.** *a* (~**ly** *adv*) jecljav, jecljajoč, jeclavski, ki se zatika v govoru; **2.** *n* jecljanje; **urinary** ~ *med* kapljanje seča (urina)

stamp I [stæmp] *n* žig, pečat; vtisk, odtis(k), sled; poštna znamka; kolek; poštni žig; *mech* na-

prava za žigosanje; kovanje; *fig* kov, narava, značaj, baža, vrsta, *fig* ugled; bat; stopa; teptanje, topotanje, cepet(anje), udarjanje (udarec) z nogo ob tla; *pl obs A sl* (papirnati) denar; **affixed** ~ nalepljena znamka; **a man of his** ~ mož njegovega kova; **official** ~ uradni žig; **postage** ~ poštna znamka; **revenue** ~ kolek; **rubber-**~ štampiljka; **signature** ~ žig s podpisom, faksimile (žig) podpisa; **to affix a** ~ pritisniti žig; **avoid men of his** ~! izogibaj se ljudi njegove baže!; **to bear the** ~ **of** truth nositi pečat resnice; **to give a** ~ **to** s.th. dati pečat čemu; **to put on a** ~ nalepiti znamko

stamp II [stæmp] *vt* žigosati; označiti; kovati (denar); vtisniti (kak znak, lik itd.) (*upon* na); kolkovati, frankirati; vtisniti žig; (za)cepetati, udariti z nogo ob tla; streti, zdrobiti, stolči, zmrviti; *vi* teptati, cepetati, topotati, gaziti z nogami (*upon* po); plačati kolkovino; **to** ~ **with one's foot** udariti z nogo ob tla; **to** ~ **money** kovati denar; **to** ~ **with** označiti z; **to** ~ **to the ground** poteptati; **to** ~ **s.th. on s.o.'s mind** vtisniti komu kaj v spomin; **this action** ~**s him (as) a coward** to dejanje ga (o)žigosa (označuje) kot bojazljivca; **this fact** ~**s his story (as) a lie** to dejstvo dokazuje, da je njegova zgodba lažniva;

stamp down *vt* poteptati, pogaziti; **to** ~ **to flat** poteptati;

stamp out *vt* izrezati (kaj) z vtiskovanjem; pogasiti (ogenj) s teptanjem; *fig* zatreti, uničiti, iztrebiti, izkoreniniti, zadušiti (**a rebellion** upor, punt); *tech* streti, zdrobiti (rudo itd.)

stamp album [stǽmpælbəm] *n* album za znamke

stamp collector [stæmp kəléktə] *n* filatelist, zbiratelj znamk

stamp-duty [stǽmpdju:ti] *n econ* kolkovina; v kolkih plačana pristojbina; **exempt from** ~ kolkovine prost; **subject to** ~ podvržen kolkovini

stampede [stæmpí:d] **1.** *n* divji, brezglav beg, panika; *A pol* množično gibanje; *A sl* preobrat mnenja; *fig* zlata mrzlica; **2.** *vi & vt* v neredu, v paniki bežati, brezglavo se razbežati, povzročiti paniko ali naval, navaliti; gnati, goniti (koga), pognati v beg

stampeder [stæmpí:də] *n* iskalec zlata

stamper [stǽmpə] *n* tolkač, bat; stopa; oseba ali naprava, ki vtiskuje kak žig, znak ipd. na kaj

stamping [stǽmpiŋ] *n* kovanje; teptanje; tolčenje; drobljenje

stamping-ground [stǽmpiŋgraund] *n A* kraj (mesto, revir), kjer se živali najrajši zadržujejo

stamp machine [stǽmpməši:n] *n* izsekovalni stroj

stamp-mill [stǽmpmil] *n tech* stope; stope za drobljenje rude itd.

stamp-office [stǽmpɔ́fis] *n* kolkovni urad

stance [stæns] *n* (golf) drža, položaj (za udarec)

stanch [sta:nč, stæ:nč] **1.** *vt* ustaviti (kri); pogasiti (ogenj); prinesti olajšanje (komu); **2.** *vi* nehati krvaveti (teči)

stanch, staunch II [sta:nč, stɔ:nč] *a* zvest, zanesljiv, neomajen; trden; soliden; neprepusten za vodo, za zrak; primeren za plovbo po morju (o ladji)

stanchion [stǽnšən] **1.** *n* opornik, steber; drog; (železen) drog v oknu; podboj; ročica pri vozu;

2. *vt* podpreti z opornikom, ojačiti; privezati (žival) k drogu itd.

stand I [stænd] *n* stanje (na nogah), položaj, mesto; stališče; tribuna, oder; stojnica, začasna prodajalna na trgu; stojalo, mizica, regal, polica; *phot* stativ; postaja, postajališče, parkirni prostor za taksije; zastoj (tudi *fig*), ustavitev, odpor; *theat* gostovanje igralcev, trajanje gostovanja; *A* (še) nepožeto žito; (še) neposekan gozd; zajezena voda; *obs* garnitura; *obs dial* roj (čebel), *hist* krdelo (vojakov); *jur A* prostor za priče; **a ~ of arms** popolna oprema z orožjem za vojaka, puška s priborom; **~ of colours** polkovna zastava; **band-~** paviljon za godbo; **a bold ~** junaški odpor; **book-~** stojnica, kiosk za prodajo knjig; **cab-~** postajališče taksijev ali kočij; **cruet-~** steklenički za olje in kis; **flower-~** stojalo za cvetlice; **fruit-~** stojnica za prodajo sadja na trgu; **grand ~** uradna (glavna) tribuna (na tekmah, dirkah itd.); **hat-~** polica (obešalnik) za klobuk; **ink-~** tintnik; **news ~** *A* kiosk za prodajo časopisov; **one-night ~** *theat* enkratno (igralsko) gostovanje; **umbrella-~** stojalo za dežnike; **wash-~** umivalnik; **to be at a ~** *obs* odreveneti, obstrmeti (od začudenja), biti zbegan, zmeden; **there is a cab~ in this street** v tej ulici je parkirni prostor za taksije; **to be brought (to come) to a ~** ustaviti se, zastati, obstati; **we were brought to a ~ by a deep river** zaustavila nas je globoka reka; **to bring to a ~** (za)ustaviti, privesti do ustavitve, do zastoja; **to make a ~** upirati se, ustavljati se (čemu); **the enemy made a good ~ against our attack** sovražnik je nudil krepak odpor našemu napadu; **to take ~ in a debate** zavzeti stališče v debati; **he took his ~ near the door** zavzel je mesto (postavil se je) poleg vrat; **he took his ~ on the letter** *fig* skliceval se je na pismo; **to take the ~** *A jur* nastopiti kot priča, potrditi s prisego (*on s.th.* kaj)

stand* II [stænd] **1.** *vi* stati (na nogah itd.); dosegati stalno višino v stoječem položaju; postaviti se pokonci; biti nameščen, ležati, biti nahajati se; stati na mestu, nehati se premikati, (za)ustaviti se; ostati brez sprememb, veljati tudi vnaprej, ne izgubiti moči (veljave); zadržati, obdržati svoj dosedanji položaj; zavzemati se (*for* za); zagovarjati (*for* kaj); zavzemati stanoviten odnos do česa; nasprotovati (*against* čemu), upirati se; vztrajati, vzdržati, ostajati; oklevati, bati se (*at* česa), ustrašiti se; sestajati (*in* iz); skladati se, biti v skladu (*with* z); kandidirati, biti kandidat (*for* za); nabrati se, zbrati se; (za)pihati, pri(haja)ti (o vetru); *coll* stati, veljati; biti v prid (komu), koristiti; *naut* pluti, držati se določene smeri (*for, to* proti); stopiti (*back* nazaj); **~!** stoj!; **~ at ease!** *mil* voljno!; **~ fast!** *mil E* mirno!, *mil A* vod, stoj!; **to ~ aghast** zgroziti se, osupniti; **to ~ alone (on an opinion)** (o)stati sam (s svojim mnenjem); **to ~ against s.o.** postaviti se proti, uveljaviti se proti komu; **to ~ accused** biti obtožen; **to ~ at attention** *mil* stati v pozoru; **we ~ by each other** drživa skupaj; **to ~ by one's promise** držati svojo obljubo; **we will ~ by whatever he says** z vsem, kar bo rekel, bomo soglašali; **to ~**

corrected uvideti, priznati svojo krivdo; **to ~ firm as a rock** stati trdno kot skala; **he ~s six feet in his stockings** sezut meri v višino (je visok) šest čevljev; **to ~ for an office** potegovati se za (neko) službo; **to ~ for a constituency** kandidirati za poslanca nekega volilnega okrožja; **to ~ for birth control** zavzemati se za kontrolo rojstev (za načrtovanje družine); **I won't ~ for this** *A* tega ne bom trpel (prenašal); **to ~ for s.o. (with s.o.)** potegniti se za koga, potegniti s kom; **to ~ gaping** stati in zijati, zijala prodajati; **to ~ gasping** stati in sopsti; **to ~ good** ostati veljaven, obdržati svojo veljavo (vrednost); **my hair stood on end** lasje so se mi naježili; **to ~ in line** *A* stati in čakati v vrsti; **to ~ in need of help** potrebovati pomoč; **to ~ in terror of s.o.** bati se koga; **to ~ model** stati (biti) za modél; **it ~s me in 8 shillings a bottle** *coll* steklenica me stane 8 šilingov; **to ~ neutral** biti, ostati nevtralen; **the same objection still ~s** ta ugovor še vedno obstaja; **he will not ~ at murder** on se ne bo ustavil pred umorom; **to ~ on one's head** držati stojo na glavi; **to ~ on guard** paziti se; **don't ~ on ceremony** ne delaj ceremonij; **to ~ on ceremony** paziti (gledati) na etiketo, ceremonialno se obnašati; **to ~ on one's own feet** stati na lastnih nogah, *fig* opravljati svoje zadeve brez tuje pomoči; **to ~ on one's rights** mnogo dati na svoje pravice; **~ on me for that** *sl* zanesi se name glede tega!; **she ~s over the girl while she does her homework** ona pazi na (nadzira) deklico, ko dela domačo nalogo; **to ~ pat** *sl* ostati trden; **to ~ the racket** *sl* plačati ceno, globo; **to ~ security (surety, sponsor) for s.o.** biti porok, jamčiti za koga; **to ~ (as) sponsor (godfather)** biti za botra; **to ~ still** mirovati, ostati miren, ustaviti se; **the thermometer ~s at 30** barometer kaže 30 ; **to ~ to one's duty** (vestno) opravljati svojo dolžnost; **to ~ to one's guns (one's colours)** *fig* trdno vztrajati pri svojem (prepričanju, mnenju), *mil* držati postojanko; **to ~ to one's oars** pošteno, krepko zaveslati; **to ~ to reason** biti čisto razumljiv (logičen); **with this horse we certainly ~ to win (to lose)** s tem konjem moremo le zmagati (izgubiti); **to ~ to it that…** vztrajati na tem, da…; **to ~ upon one's trial** *jur* stati, biti pred sodiščem; **to ~ (a) watch** *naut*, **~ guard** *mil* biti na straži; **to ~ well with s.o.** dobro se razumeti (shajati) s kom; **the wind ~s in the east** veter piha z vzhoda; **if it ~s with honour** če se sklada s častjo; **2.** *vt* postaviti; ustaviti; zoperstaviti se, upirati se (čemu); prenašati, prenesti, trpeti (koga, kaj); podvreči se, prestati; *coll* dati (plačati) za; stati (biti) pred (čem); **to ~ an assault** vzdržati, upreti se napadu; **I shall ~ you in the corner** (za kazen) te bom postavil v kot; **I don't ~ pain** ne prenesem bolečine; **I can't ~ him** ne morem ga trpeti; **she cannot ~ the sun** ona ne prenese sonca; **to ~ a drink** *coll* dati za pijačo; **to ~ a chance** imeti možnost (priliko, priložnost, upanje, šanso); **to ~ one's chance** tvegati; **to ~ all hazards** vse tvegati; **to ~ the test** prestati preizkušnjo, izkazati se, obnesti se; **to ~ trial** biti obtožen; **to ~ one's trial** biti zaslišan pred sodiščem;

Zveze s prislovi:

stand aloof, stand apart *vi* stati zadaj, ob strani, stati zase, izključiti se, ne sodelovati; *fig* distancirati se (*from* od)

stand aside *vi* stati ob strani, narediti prostor (komu); *fig* odstopiti od, umakniti se, odreči se (komu v prid); **he might have married Mary, but he stood aside, because his brother loved her** lahko bi se bil poročil z Marijo, pa se ji je odrekel, ker jo je imel rad njegov brat

stand by *vi* stati (biti) ob (pri) in (morati) gledati; (mirno) gledati; *mil* biti v pripravljenosti; **I shall not ~ and see my brother mocked at** ne bom mirno gledal, kako se norčujejo iz mojega brata; **~!** *mil* mirno!

stand down *vi* odstopiti (od pričanja); umakniti se; *sp mil* odstopiti

stand in *vi* vskočiti kot nadomestilo

stand in with *vi coll* dobro stati, se razumeti s (kom); (skrivaj) držati s kom; biti v zvezi, v stikih s (kom)

stand off *vi coll* držati se proč, v neki razdalji (*from* od); **~!** proč od mene! stran! prostor!; *fig* odtegniti se čemu, zapreti se (*from* od, pred); *vt* začasno (koga) odpustiti; odkloniti, zavrniti, odpraviti (koga); zadržati (koga)

stand out *vi* izstopiti; stran štrleti (o ušesih); *fig* odlikovati se, biti posebno viden, pasti v oči; biti drugačen, razlikovati se (*against* od); ne sodelovati, ne biti zraven, ne se udeležiti; vzdržati, ne popustiti; trdovratno se braniti (*against* proti); upirati se; boriti se, potegniti se (*for* za); stopiti v stran; **~ of my sight!** izgini mi izpred oči!; **~ of my way!** pojdi mi s poti, daj mi prostor!; *vt* prenašati, prenesti, pretrpeti; vztrajati (*that* da)

stand over *vi* biti odgoden (odložen) (*to* na); odložiti se, preložiti se, odgoditi se; obležati, čakati; **these accounts can ~ till next month** ti računi lahko počakajo do drugega meseca

stand to *vi mil* zavzeti, iti na mesta (v strelskem jarku); *sp* biti pripravljen

stand up 1. *vi* vstati, dvigniti se; stati pokonci (lasje); pokonci se dvigniti (bodice itd.), dvigati se (dim); lotiti se, napasti (*against s.o.* koga); (javno) nastopiti, potegniti se (*for* za); **I'll ~ for him whatever happens** potegnil (zavzel) se bom zanj, naj se zgodi, kar hoče; (pogumno) nastopiti nasproti, upreti se (*to* čemu); *sp* postaviti se (o moštvu); *coll* postaviti se pred, stopiti pod (v dežju vedriti); *A* biti zraven; vzdržati (konj pri dirki itd.); plesati (*with* z); **to ~ in** *coll* nositi na sebi; **I've only the clothes I ~ in** imam le obleko, ki jo nosim (imam) na sebi; **2.** *vt* (le) zavlačevati; varati, slepiti; *A coll* pustiti na cedilu, pustiti zastonj čakati; *A sl* vzdrževati (koga), plačevati (za koga)

standard I [stǽndəd] **1.** *n* standard; norma, pravilo, merilo; enotna (uzakonjena, običajna) mera ali teža; vzorec, vzor, splošno veljaven tip; smernica; (minimalne) zahteve; denarna podlaga; veljava; nivó; (šolski) razred, stopnja; vrsta blaga določene, stalne kvalitete; **code of ~ s** smernice; **~ of knowledge (learning)** stopnja izobrazbe; **~ of prices** nivó cen; **~ of living**

življenjski standard; **gold ~** zlata valuta; **to be below ~** ne zadostiti zahtevam; **not to come up to the ~** ne ustrezati zahtevam; **to be of a high ~** biti na visokem nivoju; **to set a high ~** *fig* veliko zahtevati; **2.** *a* normalen, standarden; zgleden, klasičen; **~ gauge** normalna širina železniškega tira; **~ German** visoka nemščina; **~ model** standardni (serijski) model; **a ~ novel** klasičen roman; **~ sizes** normalne velikosti; **the ~ work** standardno delo (*on* o); **~ writer** klasik

standard II [stǽndəd] **1.** *n* standarta, prapor (zlasti konjenice); polkovna zastava; ozka, trikotna zastavica; žival v grbu; simbol; pokončen steber, podstavek, stojalo; jambor; drevešček, drevo; **~s of a lathe** noge stružnice; **the royal ~** kraljevska zastava (štirioglata z angleškim grbom); **to raise the ~ of liberty** *fig* dvigniti zastavo svobode; **2.** *a* stoječ, pokončen; ki ima pokončno steblo ali deblo, visokorasel; **~ lamp** svetilka na stojalu; **~ rose** (visok) rožni grm (vrtna roža, vrtnica)

standard-bearer [stǽndədbɛərə] *n mil* zastavonoša, praporščak; *fig* vodja (kakega gibanja)

standard dollar [stǽndəddɔ́lə] *n* (zlati) dolar

Standard English [stǽndədíŋgliš] *n* standardna (pravilna, korektna, zgledna) angleščina

standardization [stǽndədaizéišən] *n* standardizacija, normiranje, prilagajanje določenemu vzorcu; *chem* titracija; preskušanje mer, uteži

standardize [stǽndədaiz] *vt* standardizirati, normalizirati, normirati; prilagoditi določenemu vzorcu (standardu, normi, zahtevam); *chem* titrirati

standard-setting [stǽndədsétiŋ] *a* normativen

standard time [stǽndəd taim] *n* normalni (pravilni, zakoniti) čas; **Greenwich ~** čas po Greenwichu

stand-by [stǽndbai] **1.** *n* pomoč, pomagač; oseba, na katero se lahko zanesemo; *tech* pomožni aparat, rezervno orodje, nadomestek; *naut* nadomestna (rezervna) ladja; **2.** *a* pomožen, nadomesten, zasilen

stand camera [stǽndkæmərə] *n phot* kamera v ateljeju, na stativu

stand-easy [stǽndi:zi] *n* odmor

standee [stændí:] *n theat* gledalec na stojišču; avtobusni stoječi potnik

stander [stǽndə] *n* stoječa oseba

stander-by [stǽndəbai] *n* gledalec; navzoča oseba; priča

standfast [stǽndfa:st] **1.** *n* tečaj, stožer; mirno stanje, mirna lega; **2.** *a* stanoviten

stand-in [stǽndin] *n teat & film* namestnik, dvojnik filmskega zvezdnika; *sl* zveze; **to have a (good) ~ with s.o.** biti dobro zapisan pri kom

standing I [stǽndiŋ] **1.** *n* stanje (na nogah); položaj; ugled, sloves; poklic, profesija; trajanje; **person of high ~** zelo ugledna oseba; **of long ~** dolgoleten, star; **a friendship of long ~** staro, dolgoletno prijateljstvo; **an officer of 20 years' ~** častnik, ki ima 20 let službe v svojem poklicu; **a scientist of high ~** znanstvenik visokega slovesa; **a tradition of long ~** stara tradicija; **he has a good ~ in his profession** uživa lep ugled v svojem poklicu

standing II [stǽndiŋ] *a* stoječ, pokončen; nepokošen, nepodrt; miren, nepremičen, mirujoč,

stoječ (voda); trajen (barva); stalen, reden; ustaljen, običajen; *econ* tekoč; ~ **army** stalna, mirnodobska vojska; ~ **commission** stalna komisija; ~ **charge** *econ* tekoči stroški; ~ **corn** nepožeto žito; **a** ~ **custom** ustaljena navada (običaj); **a** ~ **joke** preizkušen, star (dober) dovtip; **a** ~ **jump** *sp* skok z mesta (brez zaleta); ~ **order** *econ* abonma (na časopise), trajno naročilo; ~ **orders** poslovnik (v parlamentu); ~ **nuisance** stalna jeza; ~ **part,** ~ **rigging** *naut* nepremična ladijska oprema; ~ **water** stoječa, mirujoča voda; **all** ~ *sl* ki si ne ve pomoči
standing-desk [stǽndiŋdesk] *n* miza, pri kateri stojimo (ne sedimo)
standing-room [stǽndiŋrum] *n* stojišče
standish [stǽndiš] *n arch* garnitura za pisalno mizo; pisalno orodje; pisalna mapa
stand-off [stǽndɔ:f] 1. *n* A stanje ob strani, distanciranje; izravnava; neodločenost (igre); ~ **bomb** raketa zemlja-zrak (za srednje razdalje); 2. *a* glej **standoffish**
standoffish [stǽndɔ́:fiš] *a* (~ **ly** *adv*) nedostopen, hladen, odljuden, rezerviran, neprijazen, zadržàn, rezerviran, vase zaprt, molčeč, ki drži distanco
standout [stǽndaut] *n* A nekaj izrednega; A porotnik, ki ima edini drugo mnenje; posebnež, samosvojec; *econ* stavka, odklanjanje dela
standpat [stǽndpæt] 1. *n pol* A *coll* konservativec; 2. *a* konservativen; ki je proti vsaki spremembi; trdovratno držeč se starega
standpatter [stǽndpætə] *n* A *coll* glej **standpat** *n*
standpipe [stǽndpaip] *n* vodni stolp, rezervoar
standpoint [stǽndpɔint] *n* stališče, gledišče; **from the historical** ~ z zgodovinskega stališča
St. Andrew's cross [səntǽndru:zkrɔs] *n* križ sv. Andreja; poševen križ; *bot* vrsta severnoameriškega grma
standstill [stǽndstil] 1. *n* zastoj, mrtva točka; prenehanje; mirovanje; **at a** ~ v zastoju, na mrtvi točki; **to come (to bring) to a** ~ ustaviti se, priti (privesti) na mrtvo točko, v zastoj; 2. *a* mirujoč, stacionaren
stand-up [stǽndʌp] *a* pokončen, stoječ; pravilen, po pravilih (o boksanju itd.); ~ **collar** trd ovratnik; ~ **fight** (boks) borba po pravilih; **a** ~ **meal** na hitro, stojé zaužita jed; ~ **supper** hladna večerja (bifé)
stanhope [stǽnəp; -houp] *n* lahek voz (samček) na 2 ali 4 kolesa
staniel [stǽnjəl] *n zool* navadna postovka
stanine [stéinain] *n aero mil* letalska sposobnost (ocenjena z 1—9 točkami)
stank I [stæŋk] *n Sc dial* ribnik; mlaka; vodni jarek; vodni rezervoar, cisterna; jez, zatvornica
stank II [stæŋk] *pt* od **to stink**
stannary [stǽnəri] *n* rudnik kositra; *pl* področje rudnikov kositra (v Cornwallu in Devonu)
stannic [stǽnik] *a chem* kositren; ~ **acid** kositrena kislina
stannous [stǽnəs] *a* ki vsebuje kositer, kositren
St. Anthony's fire [səntǽntənizfaiə] *n med* šen
stanza, *pl* ~ **s, -ze** [stǽnzə] *n* stanca; kitica, strofa
staple I [stéipl] 1. *n* skoba, penja; sponka; žica za spenjanje (vezanje) knjig; tečaj, stožer, šarnir; 2. *vt* pritrditi (kaj), pričvrstiti s skobo

staple II [stéipl] 1. *n econ* glavni predmet (artikel) trgovine; glavni proizvod; surovina; *tech* surova volna; kakovost vlakna volne, bombaža; *econ* središče, skladišče; *hist* tržišče s skladalno pravico; *fig* glavni predmet (stvar); **sport is the** ~ **of discussion** šport je glavni predmet razgovora; 2. *a* glavni, biten (proizvod, blago itd.); masoven, ki se dobro prodaja; ~ **fibre** lesno vlakno; **the** ~ **food of the country** glavna hrana prebivalstva; 3. *vt* sortirati, razvrstiti (bombaž, volno itd.) po kakovosti, dolžini vlaken
stapler I [stéiplə] *n tech* spenjalni stroj
stapler II [stéiplə] *n hist com* trgovec na veliko (z volno); kdor sortira bombaž, volno itd.
star I [sta:] 1. *n astr* zvezda, ozvezdje; *print* zvezdica; bela lisa na konjskem čelu ipd.; zvezda (odlikovanje); *fig* vidna osebnost; zvezdnik, -ica, slaven ali glaven filmski igralec (igralka); slovit pevec; ~ **turn** *fig* glavna točka, glavna atrakcija; **an all-**~ **cast** zasedba vseh vlog z zvezdniki; **day** ~ *poet*, **morning** ~ zvezda danica; **evening** ~ zvezda večernica; **fixed** ~ zvezda stalnica; **lode** ~ zvezda, po kateri se ravna smer (kurz), zlasti severnica; *fig* zvezda vodnica; **north** ~, **pole** ~ (zvezda) severnica; **the red** ~ mednarodno društvo za zaščito živali; **shooting** ~, **falling** ~ zvezdni utrinek; **S**~**s and Stripes, Star-Spangled Banner** zastava ZDA; **to be born under a lucky (an unlucky)** ~ biti rojen pod (ne)srečno zvezdo; **his** ~ **has set** njegova zvezda je zašla, njegova slava je minila; **the** ~ **s were against it** *fig* usoda ni tako hotela, usoda je bila proti; **to follow one's** ~ *fig* zaupati svoji zvezdi; **to see** ~**s** *fig* vse zvezde videti (od udarca itd.); **I may thank my** ~**s I was not there** lahko govorim o sreči, da nisem bil tam; 2. *a* zvezden; glaven; vodilen, odlikujoč se; ~ **chart (map)** karta zvezd; ~ **prosecution witness** *jur* glavna obremenilna priča
star II [sta:] *vt* okrasiti, posuti (kaj) z zvezdami; *print* staviti (označiti z) zvezdico; *theat* dati (komu) glavno vlogo; ~ **red with gold** okrašen z zlatimi zvezdami; *vi* blesteti, bleščati se; *theat* igrati glavno vlogo; ~ **red by X.Y.** v glavni vlogi (igra) X.Y.; **to** ~ **it** igrati glavno vlogo
starblind [stá:blaind] *a* na pol slep
starboard [stá:bɔ:d] 1. *n naut* desni bok ladje; 2. *a* (ki je) na desni strani ladje; 3. *adv* na desno, na desni (strani ladje); 4. *vt* obrniti (krmilo) na desno, držati (krmilo) na desni bok ladje; obrniti, zaviti na desno; ~ **the helm!** krmilo na desno (stran ladje)!
star bomb [stá:bəm] *n mil* svetilna bomba
starch [sta:č] 1. *n* škrob; apretura; *fig* togost, formalizem, službenost (v obnašanju); *pl* s škrobom bogata hrana, ogljikovi hidrati; ~ **gum** dekstrin; ~ **paste** tiskarsko lepilo; 2. *a* (~ **ly** *adv*) (redko) točen, *fig* tog, formalističen, služben (v obnašanju); 3. *vt* (na)škrobiti, apretirati (perilo); **to** ~ **up** *fig* napraviti bolj togo (formalno)
starched [sta:čt] *a* (~ **ly** [stá:čidli] *adv*) naškrobljen; *fig* tog, formalističen, služben (v obnašanju)
starchedness, starchiness [stá:čidnis, -činis] *n* naškrobljenost; *fig* togost, prisiljenost, službenost (v obnašanju)

starcher [stá:čə] *n* škrobilec; stroj za škrobljenje; naškrobljeni del perila

starchy [stá:či] *a* (starchily *adv*) škrobast, ki vsebuje škrob (o hrani); naškrobljen (o perilu); *fig* tog, služben (v obnašanju)

starcraft [stá:kra:ft] *n* astronomija; astrologija

star-crossed [stá:krɔst] *a poet* stoječ pod nesrečno zvezdo

stardom [stá:dəm] *n* zvezde, filmske itd. veličine; zvezdništvo

star dust [stá:dʌst] *n* kozmični prah, megla (od) zvezd

stare I [stéə] *n* buljenje, strmenje, bolščanje, srep (začuden, preplašen, občudujoč) pogled; a glassy ~ steklen pogled

stare II [stéə] *vi* buljiti, izbuljiti oči, strmeti, zijati, začudeno, debelo gledati (*at* na, v; *after* za), zijati; ježiti se (lasje); *vt* s pogledom prisiliti, nagnati (koga) k čemu; buljiti (v koga), zijati (koga); to ~ at s.o. in horror z grozo strmeti v koga; to ~ s.o. in the face *fig* pasti, skočiti v oči, biti očiten, neizbežen; death ~ed me in the face smrt mi je pogledala v oči, mi je pretila; he ~ed me out of countenance s svojim srepim pogledom me je zmedel; to ~ into silence, to ~ s.o. dumb utišati koga z ostrim pogledom; to make s.o. ~ spraviti koga v začudenje; it will make everybody ~ vsi se bodo temu čudili, vsi bodo zijali od začudenja; the truth of it ~s us in the face resnica o tem nam bije v obraz; to ~ down zmesti, zbegati (koga) s pogledom

stare-cat [stéəkæt] *n sl* preveč radoveden sosed

starer [stéərə] *n* kdor strmi (bulji, zija, bolšči); *pl coll* lornjeta

star-finch [stá:finč] *n zool* rdeča taščica

starfish [stá:fiš] *n zool* morska zvezda

stargaze [stá:geiz] *vi* gledati v zvezde; *fig* sanjariti

stargazer [stá:geizə] *n hum* astronom, zvezdoslovec; astrolog; *fig* sanjač

stargazing [stá:geiziŋ] *n* gledanje v zvezde; *fig* sanjarjenje, zasanjanost; raztresenost

staring [stéəriŋ] **1.** *a* (~ly *adv*) srepo gledajoč; strmeč; ki bulji (zija, bolšči); padajoč v oči, kričeč (o barvi); a dress of a ~ red obleka živo rdeče (kričeče) barve; a ~ tie živobarvna, kričeča kravata; **2.** *adv* popolnoma; stark-~ mad popolnoma nor

stark [sta:k] **1.** *a* tog, negiben, trd, okoren; *poet* krepak, močan; pust (o pokrajini); popolnoma gol; popoln, skrajen, absoluten; ~ and stiff čisto negiben (mrtev); ~ beauty of painting prekrasna slika; ~ folly (madness) popolna blaznost (norost); it is ~ nonsense to je popoln nesmisel; **2.** *adv* popolnoma, čisto; ~-blind čisto slep; ~-dead čisto mrtev; ~-mad čisto nor; ~-staring mad popolnoma nor; ~-naked čisto gol; ~-staring open na stežaj odprt

starkness [stá:knis] *n* togost, negibnost

starless [stá:lis] *a* (ki je) brez zvezd

starlet [stá:lit] *n* zvezdica, *fig* še nepoznana filmska mlada igralka, iz katere skušajo napraviti filmsko zvezdo

starlight [stá:lait] **1.** *n* zvezdna svetloba (luč); by ~ pri svetlobi zvezd; **2.** *a* z zvezdami obsijan; ~ed glej starlit

starlike [stá:laik] *a* podoben zvezdi, zvezdnat, kot zvezda

starling I [stá:liŋ] *n zool* škorec

starling II [stá:liŋ] *n* zaščitna ograda okrog mostnega stebra, ledolom

starlit [stá:lit] *a* jasen; sijoč kot zvezda, obsijan od zvezd; ~ map zvezdna karta

starred [sta:d] *a* zvezdnat (nebo); okrašen z zvezdami; odlikovan z zvezdo; *print* označen z zvezdico; ill-~ rojen pod nesrečno zvezdo, nesrečen

starry [stá:ri] *a* (starrily *adv*) zvezdnat (nebo); ki ima obliko zvezde; ki se nanaša na zvezde; bleščeč, blesteč; *fig* visoko leteč; ~ system zvezdni sistem; ~ night zvezdnata noč; ~ shell *mil* svetlobni izstrelek

starry-eyed [stá:ri áid] *a fig* nepraktičen, romantičen, zasanjan, idealističen

start I [sta:t] *n* start, odhod; *aero* vzlet; startna točka; možnost za start; znak za start; začetek; *sp* prednost; trzaj, zdrznjenje, planitev kvišku; izbruh; presenečenje; začasen napor; naključje, slučaj; at the ~ v začetku, skraja, sprva; by fits and ~s v presledkih; from the ~ od samega začetka; from ~ to finish od začetka do konca; ~ of fancy *fig* muha, domislek; false ~ *sp*, *fig* napačen start; flying ~ leteči start; a good ~ in life dober začetek v življenju; a rum ~ *coll* veliko presenečenje; to appear at the ~ *sp* pojaviti se na startu, iti na start; to awake with a ~ planiti iz spanja; to give the ~ dati znak za start; to give s.o. a ~ (in life) pomagati komu pri startu v življenje; to give s.o. a ~ prestrašiti koga; I can give him 10 yards ~ and beat him (in the race) lahko mu dam 10 jardov prednosti in ga premagam (v teku); I gave the wheel a ~ pognal sem kolo; to get the ~ of one's rivals prehiteti svoje tekmece; to make a ~ začeti; to make a new ~ in life začeti novo življenje; to work by fits and ~s delati s pogostnimi presledki (neredno, neenakomerno)

start II [sta:t] **1.** *vi* iti (kreniti) na pot, odpotovati (*for* v); oditi, odpeljati (vlak); *sp* startati; izhajati (*from* iz); trzniti, zdrzniti se, predramiti se, (po)skočiti, planiti; ostrmeti, osupniti (*at* ob); izbuljiti se (oči), izskočiti; zrahljati se, popustiti (žebelj); zviti se, skočiti iz svojega položaja (les); *A sl* iskati, začeti prepir; **2.** *vt* začeti (kaj), povzročiti, pognati ali spustiti v tek; osnovati; preplašiti (divjad); izpahniti; pretočiti (tekočino) iz soda, izprazniti; *sp* dati (tekaču) znak za start; *aero* dati (letalu) znak za vzlet; oživiti, poklicati (kaj) v življenje; zrahljati, omajati (žebelj); odpreti (trgovino); pomagati komu, da kaj začne, nagnati (koga) k čemu; *fig* širiti (novice), sprožiti (vprašanje); ~ing next week počenši s prihodnjim tednom; to ~ with za začetek, najprej, predvsem; to ~ agitation *A coll* povzročiti nemire; to ~ after s.o. oditi za kom, zasledovati koga; his absence ~ed everybody talking vsi so začeli govoričiti zaradi njegove odsotnosti; to ~ back umakniti se nazaj, ustrašiti se; to ~ on a book začeti (pisati) knjigo; to ~ in business začeti s trgovino; it was not your business, to ~ with predvsem se vas to ni tikalo; to ~ the collar-bone izpahniti si ključnico; this ~ed me coughing ob tem sem začel kašljati; **to** ~ **s.o. in business** uvesti koga v (neki) posel; **to** ~ **to one's feet** skočiti, planiti na noge; **to** ~ **an engine** pognati, spraviti v tek stroj; **his eyes seemed to** ~ **from their sockets** oči so mu skoraj izpadle iz jamic (od jeze); **to** ~ **on a journey** iti na potovanje; **to** ~ **a hare** prepoditi, preplašiti zajca; **to** ~ **with Latin** začeti z učenjem latinščine; **to** ~ **a paper** začeti izdajati časopis; **to** ~ **into rage** razjeziti se; **to** ~ **for school** odpraviti se, iti v šolo; **to** ~ **at the sound of a siren** zdrzniti se ob zvoku sirene; **to** ~ **a seam** odpreti šiv; **to** ~ **into song** začeti peti; **to** ~ **from one's seat** planiti s sedeža; **a screw has** ~ **ed** vijak se je odvil; **this speech will** ~ **him in politics** s tem govorom bo začel politično kariero; **the storm** ~ **ed half the ship's rivets** vihar je zrahljal ladji polovico zakovic; **to** ~ **on a thing** začeti neko stvar, lotiti se česa; **when do you** ~ **?** kdaj odrinete (odpotujete)?

start for *vi* začeti (kaj)

start in *vi* **A** začeti, debitirati (v), prvikrat nastopiti

start off *vi* odpotovati, kreniti; *vt* poslati (*on a voyage* na potovanje po morju)

start on (for) *vi* začeti (kaj)

start out *vi* kreniti na pot, oditi; pripraviti se (za); začeti, poskušati; **he** ~ **ed out to prove I was wrong** skušal je dokazati, da nimam prav; **his eyes were starting out** oči so mu izstopile iz jamic

start over *vi* **A** ponovno (kaj) začeti

start up *vi* & *vt* skočiti (na noge), planiti, naglo vstati; *fig* pojaviti se, nastopiti, nastati; sprožiti, pognati (motor), dati v obrat; **a difficulty** ~ **ed up** nastopila je težava; **a new idea** ~ **ed up in my mind** nova ideja se mi je porodila v glavi

start with *vi*; **to** ~ (pri naštevanju) v prvi vrsti, naprej, predvsem

starter [stá:tə] *n sp* starter, kdor da znak za start, za začetek; tekač na startu; konj na startu; *tech* starter, avtomobilski zaganjalnik

starting [stá:tiŋ] *n* odhod; začetek; trzaj; zagon; stavljenje v pogon, v obratovanje; ~ **line** *sp* startna črta; ~ **pistol** *sp* startna pištola; ~ **shot** *sp* startni strel

starting-crank [stá:tiŋkrænk] *n mot* ročica za pogon motorja

starting-gate [stá:tiŋgeit] *n* premična zapreka ali pregrada, ki se dvigne v trenutku začetka (konjske) tekme

startingly [stá:tiŋli] *adv* sunkovito, v sunkih

starting-point [stá:tiŋpəint] *n* začetna točka, izhodišče

starting-post [stá:tiŋpoust] steber, točka (znak), od katere se začne (konjska) dirka itd.; *fig* izhodišče

startish [stá:tiš] *a* plašljiv

startle [sta:tl] **1.** *vt* preplašiti, prestrašiti, alarmirati, vznemiriti; osupiti, sapo (komu) zapreti, (neprijetno) presenetiti; *fam* ganiti; podnetiti, nagovoriti (*into doing* k čemu); *vi* zdrzniti se; ~ **d** začuden; **to** ~ **at** zdrzniti se, zgroziti se ob; **to be** ~ **d** čuditi se; **2.** *n* strah, groza, prepadlost, osuplost

startling [stá:tliŋ] *a* (~ **ly** *adv*) plašeč, vznemirljiv; zbujajoč pozornost (neprijetno začudenje, osuplost, strah); ~ **news** vznemirljive vesti, novice

starvation [sta:véišən] **1.** *n* stradanje, gladovanje, smrt od lakote; ~ **-prices** *fig* zelo pretirane cene; ~ **-wages** mezde, ki ne zadostujejo za življenje; **to die of** ~ umreti od gladovanja, od lakote; **2.** *adv dial* zelo, »strašno«

starve [sta:v] **1.** *vi* stradati, gladovati, trpeti lakoto, zelo bedno živeti; *fam* biti lačen kot volk, umirati od gladu, od lakote; postiti se; zakrneti zaradi slabe prehrane (živali, rastline); *fig* zelo hrepeneti po, koprneti, mreti (*for* za čem); *dial* trpeti, umreti od mraza; *coll* biti brez, zelo pogrešati, biti lačen (česa), čutiti potrebo (*for* po); **2.** *vt* izstradati (koga), izgladovati, nezadostno hraniti, pustiti (koga) umreti od gladu (od mraza); prisiliti (koga) z gladom (*into* k); pregnati (bolezen) z gladovanjem (često *out*); **to** ~ **to death** umreti, poginiti od lakote, od gladu; **to** ~ **into submission** ali **surrender** z gladom prisiliti k pokorščini, k predaji; **he is starving for sympathy (knowledge)** koprni po sočutju (znanju); **I am simply starving** *fig* umiram od gladu, lačen sem kot volk; **he was** ~ **d to death** pustili so ga umreti od lakote; **to be** ~ **d to death** trpeti glad, morati stradati

starveling [stá:vliŋ] **1.** *n* gladovalec, stradalec, sestradana oseba; **2.** *a* lačen, gladen, gladujoč, sestradan; mršav, suh; *fig* beden, reven, nadložen

stash [stæš] **1.** *vt sl* skriti, ne dati v javnost; zapustiti; *vi* nehati, opustiti; ~ **it!** molči!, jezik za zobe!; **2.** *n* skrivališče

stasis, *pl* -**ses** [stéisis, -si:z] *n med* zastajanje, zastoj

statable [stéitəbl] *a* določljiv, ugotovljiv

statant [stéitənt] *a her* stoječ

state I [stéit] **1.** *n* stanje, položaj; razmere, okolnosti; slabo (strašno, neverjetno) stanje; status; *coll* razburjenje (*over* zaradi); sijaj, pomp, blišč, razkošje; svečanost, ceremonija; dostojanstvo; družbeni položaj, čast, stan; čin; *pl* državni stanovi; **in** ~ svečano, v svečani uniformi; .z velikim pompom; **in liquid** ~ v tekočem stanju; **in a style befitting one's** ~ svojemu stanu primerno; ~ **of decay** razpadanje; ~ **of emergency** *mil pol* izjemno stanje; ~ **of facts** *jur* dejansko stanje; ~ **of health** zdravstveno stanje; **one's** ~ **of life** družbeni položaj (nekoga); ~ **of the Union message** **A** (letno) obračunsko poročilo narodu; ~ **of war** vojno stanje; **maternity** ~ nosečnost; **married** ~ zakonski stan; **robes of** ~ svečano oblačilo; **single** ~ samski stan; **to be in quite a** ~ **over s.th.** biti zelo razburjen nad čem; **to lie in** ~ ležati na svečanem mrtvaškem odru (npr. umrli kralj); **to live in (great)** ~ živeti v (velikem) razkošju; **the S** ~ **s General** *hist* skupščina treh stanov (v Franciji)

state II [stéit] *n* (**State**, **state**) država, državna uprava; *pl* zakonodajno telo na Guernseyu in Jerseyu; **affair of State** državna zadeva; **chair of** ~ prestol; **the Balcan S** ~ **s** balkanske države; **Church and S** ~ Cerkev in država; **free** ~ (v ZDA) država, v kateri ni bilo suženjstva; **slave** ~ (v ZDA) država, v kateri je bilo suženjstvo; **the Secretary of S** ~ **A** sekretar (minister) za zunanje zadeve; **the S~s of Europe** evropske države; **the United States** Združene države (ameriške)

state III [stéit] *a* državen; svečan, gala, razkošen; paraden; ~ **capitalism** državni kapitalizem; ~ **criminal** politični prestopnik; ~ **occasion** posebna, slovesna prilika; ~ **prisoner** političen zapornik; oseba, ki je v zaporu zaradi težkega zločina; ~ **room** svečana dvorana; *naut* luksuzna kabina (na ladji); ~ **service** državna služba; ~ **socialism** državni socializem; ~ **call** *coll* vljudnostni, službeni obisk; ~ **trial** političen proces

state IV [stéit] *vt* določiti; potrditi; dognati, ugotoviti; trditi, navesti, izjaviti; pojasniti, jasno razložiti, specificirati; omeniti, pripomniti; *math* izraziti (problem) z matematičnimi simboli; **at the ~d time** ob določenem času; **to ~ an account** specificirati račun; **he did not ~ his opinion on the matter** ni dal svojega mnenja o tej stvari; **it was officially ~d that ...** uradno je bilo potrjeno, da...; **to ~ a rule** postaviti pravilo; **to ~ the reason why** navesti razlog, zakaj

state aid [stéiteid] *n A* državna pomoč (podpora)
state bank [stéitbæŋk] *n A* banka, koncesionirana od ene od zveznih držav
state-controlled [stéit kəntróuld] *a* (ki je) pod državnim nadzorstvom (kontrolo, upravo); podržavljen
statecraft [stéitkra:ft] *n* umetnost vodenja državnih poslov, državništvo, državniška modrost; spretnost v politiki, politika
stated [stéitid] *a* (~**ly** *adv*) določen, ugotovljen; naveden; pojasnjen; ki se vrši v določenem času, ustaljen; reden, pravilen; **at the ~ time** ob določenem času; ob terminu; **as ~ above** kot navedeno zgoraj; **at ~ intervals** v rednih presledkih
State Department [stéitdipá:tmənt] *n* ministrstvo zunanjih zadev v ZDA
statehood [stéithud] *n pol* suverenost (zlasti zveznih držav v ZDA)
State-house [stéithaus] *n A* poslopje parlamenta (Kapitol) (zvezne države)
stateless person [stéitlis pó:sən] *n* oseba brez državljanstva
stateliness [stéitlinis] *n* veličastnost, dostojanstvenost; sijaj
stately [stéitli] **1.** *a* veličasten; dostojanstven, vzvišen, svečan; sijajen, prekrasen, impozanten, imeniten; **2.** *adv* dostojanstveno
state medicine [stéit médisin] *n* državno (javno) zdravstvo
statement [stéitmənt] *n* izjava, navedba; poročilo; trditev, ugotovitev; **according to your ~** po vaši izjavi (trditvi); **as per ~** po izjavi; ~ **of account** *com* izpisek (izvleček) iz računa; ~ **of affairs** likvidacijska bilanca (pri konkurzu); ~ **analysis** *A* analiza bilance; **monthly ~** mesečno poročilo; ~ **of claim** obtožnica; **the ~ is unfounded** trditev je neosnovana; **to draw up a ~** napraviti poročilo; **to disprove a ~** dokazati netočnost trditve; **to make a ~** izjaviti, dati izjavo; obvestiti, informirati

state prison [stéit prizn] *n jur* državna ječa; *A* (S~) kaznilnica
state prisoner [stéit príznə] *n jur* političen zapornik; državni jetnik (hud hudodelec)
stateroom [stéitrum] *n* luksuzna kabina na ladji
state room [stéitrum] *n* svečana dvorana
State's attorney [stéits ətó:ni] *n jur A* državni pravdnik, državni tožilec
state's evidence [stéits évidəns] *n jur A* glavna (obremenilna) priča; dokazno (obremenilno) gradivo
stateside, Stateside [stéitsaid] *a* ki se nanaša na Ameriko, ameriški, amerikanski
statesman, *pl* **-men** [stéitsmən] *n* državnik; politik; *dial* mali posestnik
statesmanlike [stéitsmənlaik] *a* državniški
statesmanly [stéitsmənli] *a* glej **statesmanlike**
statesmanship [stéitsmənšip] *n* državništvo, državniška modrost ali spretnost; politika
state socialism [stéit sóuśəlizəm] *n* državni socializem
stateswoman, *pl* **-men** [stéitswumən, -wimin] *n* političarka
state-wide [stéitwaid] *a A* razširjen po vsej državi
static [stǽtik] **1.** *a* (~**ally** *adv*) *phys, econ* statičen; negiben, mirujoč (tudi *fig*); *el* elektrostatičen; *radio* atmosferičen (motnja); ~ **condition** (nespremenljivo) stanje; ravnotežje; ~ **AA** *mil* nepremičen protiletalski top; ~ **electricity** statična elektrika; **2.** *n* statična elektrika; *radio* atmosferične motnje
station I [stéišən] *n* postaja, (železniška, policijska, radijska) postaja; straža, stražna postaja; *A* postajališče; službeno mesto (uradnika); položaj; *mil, naut* baza; oporišče; *aero* letalska baza; *fig* (visok) družbeni položaj ali mesto; (redko) poklic; stališče; *eccl hist* post ob sredah in petkih; standardna mera (navadno 100 čevljev); mesto, ki rabi za izhodno točko pri geodetskem merjenju; *pl naut* bojni položaj, določen za vsakega člana posadke na ladji; *Austral* ovčarska ali živinska farma; *hist Ind* angleška kolonija, evropska četrt; *bot* odnos rastline ali živali do klime, do zemlje itd.; *pl eccl* postaje procesije pri križih itd. postaje križevega pota; **in a humble ~ of life** v skromnih razmerah; **filling ~** *A*, **petrol ~** *E* bencinska črpalka; **fire (brigade) ~** postaja požarne brambe, gasilska postaja; **first-aid ~, ambulance ~** postaja prve pomoči; **broadcasting ~** radijska oddajna postaja; **call ~** (telefonska) govorilnica; **goods ~** tovorna postaja; **jamming ~** motilna radijska postaja; **life-boat ~** obalna reševalna postaja; **man of ~** ugleden človek; **military (naval) ~** vojaška (pomorska) baza; **police ~** policijska postaja; **power-~** elektrarna; **Victoria S~** Viktorijin kolodvor (v Londonu); **weather ~** vremenska postaja; **to be on ~ in the Pacific** biti stacioniran na Tihem morju; **he is in a high ~** on je na visokem položaju; **to make (to go) one's ~s** *eccl* opraviti, moliti križev pot; **I'll see you to the ~** spremil vas bom na postajo; **to take up one's ~** zavzeti (postaviti se na) svoje mesto
station II [stéišən] *vt* postaviti, namestiti; stacionirati; odrediti mesto; **to ~ o.s., to be ~ed near**

the door postaviti se poleg vrat; **to be** ~ **ed** *mil* biti stacioniran (v garniziji), *naut* stacionirati; **to** ~ **a sentry** postaviti stražo
stational [stéišənəl] *a eccl* ki se nanaša na postaje procesije pri križih ali križevega pota
stationariness [stéišənərinis] *n* stalnost
stationary [stéišənəri] **1.** *a* (**stationarily** *adv*) nepremičen, mirujoč, nespremenljiv, stalen; ki ne napreduje, ne raste; stacionaren, ki stagnira; ki se javlja le tu pa tam (ponekod); ~ **AA** *mil* nepremičen letalski top; ~ **diseases** lokalne bolezni (ki so posledica atmosferskih razmer); ~ **run** *sp* tek na mestu; **to remain** ~ ostati (biti) nespremenjen; **2.** *n* oseba, ki ostane na nekem mestu; *fig* konservativec; *pl* stalna vojaška posadka, garnizija
station-bill [stéišənbil] *n naut* popis mest, dodeljenih članom posadke
station calendar [stéišən kæləndə] *n* tabla (plošča) na železniškem peronu, na kateri je označen čas odhoda vlaka, ki je na tem peronu
stationer [stéišnə] *n* trgovec s pisalnimi potrebščinami; papirničar; *obs* založnik; ~ **'s (shop)** papirnica, trgovina s pisalnimi potrebščinami
Stationer's Hall [stéišənəz hɔːl] *n A* knjižna borza in registratura za avtorsko pravo (v Londonu)
stationery [stéišənəri] *n* pisalne potrebščine; pisalni papir, pisemski papir; **Her Majesty's S**~ **Office** državni založniški zavod; **fancy-boxed** ~ kaseta (škatla) za pisemski papir; **office** ~ pisarniški material
station-house [stéišənhaus] *n A* policijska postaja
station-master [stéišənmaːstə] *n rly* načelnik postaje
station pole, ~ **rod** [stéišənpoul, -rəd] *n* količek, nivelirna palica (zemljemerstvo)
station wagon [stéišən wægən] *n tech* kombi
statism [stéitizəm] *n econ* načrtno vódeno (dirigirano) gospodarstvo; državno vódenje; *obs* politika, spretnost v politiki
statist [stéitist] *n* statistik
statistic [stətístik] **1.** *a* (~**ally** *adv*) statističen; ~ **linguistics** statistična lingvistika; **2.** *n* (redko) statistika
statistician [stətistíšən] *n* statistik
statistical [stətístikəl] *a* statističen; ~ **bureau** statistični urad
statistics [stətístiks] *n pl* (*sg constr*) statistika (kot veda); (*pl constr*), statistika (*about* o)
stator [stéitə] *n el* stator; ~ **casing** ohišje statorja; ~ **winding** statorski namot
statuary [stætjuəri] **1.** *n* kipar; kipi, kiparska umetnost, kiparstvo; plastika; kiparsko delo; kamnosek; **2.** *a* kiparski; ki rabi za kipe; likovni; ~ **art** kiparska umetnost; ~ **marble** (fin, bel) marmor za kipe
statue [stætju:] *n* kip; plastika; **equestrian** ~ kip konjenika (jezdeca)
statued [stætju:id] *a* okrašen s kipi; izklesan iz kamna
statuesque [stætjuésk] *a* (~ **ly** *adv*) podoben kipu; plastičen; *fig* dostojanstven, tog
statuette [stætju:ét] *n* kipec
stature [stæčə] *n* stas, rast, postava; velikost (zlasti človeškega telesa); velikost; *fig* veličina, format;

(najvišja) stopnja razvoja; **a man of mean** ~ mož srednje postave; **mental** ~ duhovna veličina
status [stéitəs] *n jur* status, (pravni) položaj; stanje; družbeni položaj, odnos do drugih; stalež; razmere, položaj; *mil* čin; *econ* premoženjsko stanje; ~ **quo** sedanje stanje; ~ **quo ante** prejšnje stanje; **civil (personal)** ~ osebni (družinski) podatki; **national** ~ državljanstvo; **equality of** ~ (politična) enakopravnost; **financial** ~ finančno stanje (položaj)
statuable [stætjuəbl] *a* (**statuably** *adv*) glej **statutory**
statute [stætju:t] *n jur* statut, pisani zakon, zakonska odredba; zakonske odredbe, predpisi; *eccl* božji zakon; ~ **s at large** popolna zbirka zakonov v svoji prvobitni obliki; ~ **law** od parlamenta izdan zakon; ~ **of limitations** zakon o zastaranju; ~ **of minorities** manjšinski statut; **penal** ~ kazenski zakon (določbe); **University** ~ univerzitetni statut (zakon); ~ **-barred**, ~ **-run** zastaran
statute-book [stætju:tbuk] *n* zbirka zakonov, zakonik
statute labour [stætju:tleibə] *n* tlaka
statute-mile [stætju:tmail] *n* (angleška in ameriška) (zakonita) milja (1609 m)
statute-roll [stætju:troul] *n* uradni list; zbirka zakonov
statutory [stætjutəri] *a* (**statutorily** *adv*) zakonit, ustaven, odrejen s statutom, ustrezen statutu, predpisan s statutom (zakonom), pravilen; **on a** ~ **basis (footing)** na zakoniti podlagi; ~ **agent** zakoniti zastopnik; ~ **heir** zakoniti dedič; ~ **meeting** *com* prva glavna skupščina po ustanovitvi kakega društva; ~ **limitations**, ~ **period** zastaranje; ~ **rape** *jur* posilstvo
staunch [stɔːnč] **1.** *a* (~ **ly** *adv*) ki ne prepušča vode ali zraka, ki je v dobrem stanju; čvrst, močan; lojalen, zvest, zanesljiv, trden, neomahljiv, neomajen; **2.** *vt* ustaviti (krvavenje); umiriti, ublažiti (bolečine)
staunchness [stɔ́ːnčnis] *n* neprepustnost za vodo ali zrak; čvrstost, trdnost; lojalnost, zvestoba, vdanost; vnema
stave I [stéiv] *n* doga (pri sodu); prečka (pri lestvi, stolu); *mus* črte, črtovje za note; *pros* kitica, strofa; palica, krepelec; ~ **rhyme** začetna rima, aliteracija; **to tip a** ~ peti (komu), *hum* (na kratko) pisati (komu)
stave II [stéiv] *vt* oskrbeti, opremiti (sod) z dogami, (lestev) s prečkami; razbiti, preluknjati (sod) (često *up*); zmečkati (škatlo, klobuk); **to** ~ **it out** vzdržati; *vi naut* razbiti se, dobiti luknjo; *Sc, A* (slepo) drveti, dirjati
stave in *vt* napraviti luknjo v, razbiti (čoln, sod)
stave off *vt* odbiti, odvrniti (nesrečo), oddaljiti; preprečiti (kaj), odbraniti pred, parirati; odgoditi; strditi (kovino) s stiskanjem
stave out *vt*; **to stave it out** vzdržati
staves [stéivz] *n pl* od **staff** in od **stave**
stay I [stéi] *n* (začasno) bivanje, trajanje bivanja; zadrževanje, brzdanje, zaviranje, preprečevanje; *jur* odgoditev, odložitev, ustavitev; *fig* vztrajnost, vzdržljivost; **to make a long** ~ zadržati se dalj časa, muditi se, bivati dalj časa; **I'll make a short** ~ **in London** za krajši čas se bom zadržal (ustavil) v Londonu; **his lack of education is a**

great ~ upon him njegova pomanjkljiva izobrazba je zanj velika ovira; **to order a ~ of execution** *jur* odrediti odgoditev prisilne izvršbe (rubežni); **to put a ~ on** zavirati, brzdati, zadrževati; **to stand at a ~** *obs* mirovati, zasta(ja)ti, zatikati se

stay II [stéi] **1.** *vt* (za)ustaviti, zadržati, preprečiti, ovirati (napredek, razvoj); *jur* ustaviti, odgoditi (postopek); poravnati (prepir); (trenutno) potešiti, ublažiti (glad, nestrpnost); zadovoljiti (željo); *coll* ostati (vse) do, ostati za; **2.** *vi* ostati; stati, mirovati; pričakovati, čakati (*for* koga, kaj, da); začasno se zadrževati, muditi se, prebivati (*at, in* v, *with* pri); obstati, ustaviti se, oklevati (v gibanju, v govoru itd.); biti na obisku (*with* pri); *sp* vzdržati do konca, vztrajati; (redko) počivati, nehati; (redko) trdno stati; **to ~ at a hotel** ložirati v hotelu; **to ~ at home** ostati doma; **he is ~ing in London** sedaj se mudi v Londonu; **to ~ the execution** odgoditi prisilno izvršbo (rubežen); **to come to ~ coll** priti z namenom za popolno nastanitev (naselitev); ustaliti se; **to ~ ajudg(e)ment** odložiti izvršitev sodbe; **the horse ~s 3 miles** konj vzdrži tri milje; **will you ~ dinner?** boste ostali pri večerji?; **he ~ed with me for a month** bil je moj gost mesec dni; **to ~ the night** ostati čez noč, prenočiti; **money won't ~ in his hand** denar nima obstanka v njegovih rokah, vedno je brez denarja; **to ~ put** *A* ostati na mestu, ostati nespremenjen; **to ~ the progress of an epidemic** ustaviti napredovanje epidemije; **this snow has come to ~** ta sneg se bo držal, bo dolgo ostal; **to ~ s.o.'s stomach** (začasno) potešiti komu glad, *fig* komu pokvariti tek (apetit); **to ~ with it** vzdržati to; **the word has come to ~** beseda je ostala, je prešla v vsakdanji jezik; **~! you forget one thing!** stoj! nekaj pozabljaš!

stay away *vi* ne priti, izostati, biti odsoten, biti proč od

stay behind *vi* zaostati, ostati zadaj; ostati doma

stay down *vi* zaostati v šoli

stay in *vi* ostati doma

stay on *vi* ostati ali zadrževati se še naprej, dalj časa

stay out *vt* preživeti; *vi* ostati zunaj (zunaj česa); manjkati v šoli (zaradi bolezni); izostati; ne se vrniti domov; ostati do konca, dljè kot

stay up *vi* ostati buden, bedeti, čuti, ne iti spat

stay III [stéi] **1.** *n* opora; *naut* jamborova vrv (žica), jamborski križ; *pl* obrat, obračanje; *pl* steznik; *fig* uteha, podpora; **he will be the ~ of my old age** on mi bo v oporo v starosti; **the ship is in ~s** ladja plove proti vetru; **to miss ~s** ne ujeti vetra pri obračanju ladje (pri jadranju proti vetru); **2.** *vt naut* pritrditi (jambor itd.) z vrvmi (žicami); obrniti (ladjo) s pomočjo vetra ali proti vetru; podpreti (često *up*), biti v oporo

stay-at-home [stéiəthoum] **1.** *a* ki ostaja doma ali v domovini; zapečkarski; **2.** *n* kdor je najrajši doma, ne hodi rad z doma; zapečkar

stay-bar [stéiba:] *n tech* opornik

stay-down strike [stéidaunstráik] *n E* stavka, pri kateri rudarji ostanejo v rudniku

stayer [stéiə] *n* kdor ostane; vzdrževalec; *sp* konj, ki vzdrži dirko do konca

staying [stéiiŋ] *a* vzdržljiv, vztrajen; **~ power** vztrajnost, vzdržljivost

stay-in strike [stéiin stráik] *n E* stavka, pri kateri delavci ostanejo v tovarni, a ne delajo

stay-lace [stéileis] *n* vrvica pri stezniku

stayless [stéilis] *a* ki nima steznika; (redko) ki je brez opore; nemiren, nestalen

stay-maker [stéimeikə] *n* steznikar, -ica, izdelovalec, -lka steznikov

stay-rod [stéirɔd] *n* opornik

stay-sail [stéiseil] *n* jadro na jamborski vrvi (žici)

stead [sted] **1.** *n* mesto; korist, prid; **in (the) ~ of** namesto; **in s.o.'s ~** namesto koga; **in good ~** koristen, od koristi; **in your ~** (da sem) na vašem mestu; **go in my ~** pojdi(te) namesto mene; **it will stand you in good ~** to vam bo zelo koristilo (prav prišlo, dobro služilo); **2.** *vt* dobro služiti, prav priti, pomagati, koristiti, prileči se

steadfast [stédfa:st] *a* (**~ ly** *adv*) trden, nepremičen; odločen, stanoviten, neomajen; zvest (oseba)

steadfastness [stédfa:stnis] *n* trdnost, nepremičnost; odločnost, stanovitnost, neomajnost; **~ of purpose** smotrnost

steadiness [stédinis] *n* čvrstost, trdnost, stalnost, vztrajnost, neomajnost, stabilnost; treznost, poštenost

steady I [stédi] *n* opora; *A* stalen kavalir, »fant«

steady II [stédi] **1.** *a* (**steadily** *adv*) čvrst, trden, stalen, nepremakljiv, neomajen; miren, siguren; odmerjen, pravilen, nespremenljiv, stalen; enakomeren, nepretrgan, enoličen; neplašljiv (konj); zanesljiv, trezen, resen; oprezen, preudaren; *com* stalen, stabilen, ustaljen; **~ prices** stalne cene; **~ habits** trezen način življenja; **~ nerves** močni živci; **a man ~ in his purpose** človek, ki ne odstopi od svojega cilja; **a ~ wind** enakomeren veter; **to be ~ on one's legs** trdno stati na nogah; **to keep a ship ~** držati ladjo v pravi smeri (kurzu); **to remain ~ com** ostati stalen (o cenah); **2.** *interj* **~!** (le) mirno (kri)!; previdno!, oprezno!, počasi!, polagoma!; **~ on!** stoj!; **3.** *vt* utrditi, pritrditi, pričvrstiti; podpreti; ustaliti; sigurno upravljati (s čolnom); brzdati (konja); zmanjšati (hitrost); *fig* privesti (koga) k pameti, spametovati, strezniti; *vi* ustaliti se, utrditi se; sigurno, enakomerno se gibati, premikati (o čolnu); umiriti se; priti k pameti, spametovati se, strezniti se, strezniti se; **to ~ one's nerves** pomiriti, umiriti si živce; **he has steadied down a lot** zelo se je spametoval

steady-going [stédigouiŋ] *a* zanesljiv, stanoviten; enakomeren; soliden, miren

steak [stéik] *n* odrezek mesa (ribe) za pečenje; **beef-~** pečen goveji zrezek, biftek; **fillet-~** obložen pečen goveji zrezek

steal* I [sti:l] **1.** *vt* krasti, ukrasti, dobiti s krajo; plagirati; skrivaj (na zvit način, neopazno) priti do česa; utihotapiti; skrivaj pogledati, vreči pogled (*at* na); prevzeti; *vi* krasti; prikrasti se, vtihotapiti se (*into* v); postopno se razvijati (o čustvih), obvladati (*over s.o.* koga); **to ~ a look at** kradoma (skrivaj) vreči pogled na; **to ~ a march (up) on s.o.** prehiteti koga; **to ~ the show** *fig* najbolje se odrezati; **a smile stole across her lips** smehljaj se ji je prikradel na ustnice;

to ~ s.o.'s **thunder** *fig* krasiti se s tujim perjem;
prehiteti koga v njegovih načrtih
steal away *vt & vi* prevzeti (srce); kradoma (skri-
vaj) se oddaljiti, odtihotapiti se
steal by *vi*; **the years** ~ leta beže
steal in *vi* skrivaj (kradoma) vstopiti
steal off *vi* odtihotapiti se, kradoma se oddaljiti
steal out *vi* iztihotapiti se
steal upon *vi* prikrasti se
steal II [sti:l] *n A coll* tatvina, kraja; kar se da
dobiti z malo denarja ali truda
stealer [stí:lə] *n* tat, tatica; kradljivec, -vka
stealing [stí:liŋ] 1. kraja, tatvina; (*pl*) ukradeno
blago (stvar); 2. *a* ki krade; prikrit, skriven,
neopazen
stealth [stelθ] *n* skrivno dejanje, skrivnost, prikri-
tost; *obs* tatvina; **by** ~ skrivaj, prikrito, kra-
doma
stealthiness [stélθinis] *n* skrivnostnost, tajnost, pri-
kritost, neopaznost
stealthy [stélθi] *a* (**stealthily** *adv*) skriven, prikrit,
neopažen
steam I [sti:m] *n* (vodna) para, hlap; sopara; iz-
parina; moč pare; *fig* moč, sila, energija; parnik,
vožnja s parnikom; **at full** ~ s polno paro;
~ **train** parni vlak; **to get one's** ~ **up** lotiti se
s polno paro; **to get up** ~ zakuriti, naložiti
(kotel), *fig* zbrati vse svoje moči (energijo); **to
keep up** ~ vzdrževati paro, biti pod paro; **to
let off** ~ izpustiti paro, odpreti ventile, *fig* dati
duška svojim čustvom, jezi itd.; **to put the** ~ **on**
fig potruditi se; **to travel by** ~ potovati s parni-
kom
steam II [sti:m] *vt* izpostaviti (kaj) delovanju pare,
pariti, kuhati v pari; premikati, voziti (kaj)
s pomočjo pare; oskrbeti s paro; *coll* razburiti
(koga), razjeziti; *vi* izpuščati paro, delati paro;
izparevati, pariti se, kaditi se; gibati se s po-
močjo pare; voziti se s parnikom; ~**ing hot**
vroč, da se kar kadi; **the horses were** ~**ing** od
konj se je kar kadilo
steam ahead, ~ **away** *vi coll* hitro napredovati;
marljivo delati
steam up *vt* delati, ustvarjati paro; *vi* dobiti nadih
(o steklu); *coll* razburiti se, razjeziti se; *sl* opi-
janiti se
steamboat [stí:mbout] 1. *n* parnik; parni čoln,
parna barkasa; 2. *vi* voziti se, potovati s parni-
kom
steam-boiler [stí:mbɔilə] *n* parni kotel
steam-engine [stí:mendžin] *n* parni stroj; lokomo-
tiva; *sl* krompirjeva pašteta
steamer [stí:mə] *n* parnik; parni stroj; gasilska
brizgalna na parni pogon; parni lonec (za ku-
hanje hrane); ~ **rug** groba volnena odeja; ~
trunk (ploščat) čezoceanski kovček
steam-gauge [stí:mgeidž] *n* manometer, naprava
za merjenje parnega pritiska
steam-hammer [stí:mhæmə] *n* parno kladivo, oven,
zabijač
steam-power [stí:mpauə] *n* parna sila (moč)
steam radio [stí:mreidiou] *n coll* dnevni radijski
program za gospodinje
steam-roller [stí:mroulə] 1. *n* parni valjar; *fig* moč,
ki vse stre pred seboj; 2. *vt fig* povoziti, prega-
ziti (kot parni valjar)

steamship [stí:mšip] *n* parnik; ~ **company** paro-
plovna družba
steam-tight [stí:mtait] *a* ki ne prepušča pare
steamy [stí:mi] *a* (**steamily** *adv*) poln pare, ki se
kadi, parni; *fig* meglen
stean [sti:n] *vt* obložiti s kamni (dozidati) (vodnjak)
stearic [stiǽrik] *a chem* stearinski
stearin [stíərin] *n chem* stearin
steatite [stíətait] *n min* steatit, salovec
steed [sti:d] *n poet* (jezdni) konj; *poet & obs* isker
konj, bojni konj; **iron** ~, **steel** ~ *fig* bicikel,
»konjiček«
steel I [sti:l] 1. *n* jeklo; predmet (orodje, orožje)
iz jekla; *poet* bodalo, meč; jeklena palica; *fig*
moč, vztrajnost; neusmiljenost; **cold** ~ hladno,
jekleno orožje; **high** ~, **hard** ~ trdo jeklo; **low**
~, **mild** ~ mehko jeklo; **an enemy worthy of
one's** ~ močan, dostojen, nevaren nasprotnik
ali sovražnik; **a foe worthy of my** ~ mene vreden
sovražnik; **a grip of** ~ železen prijem; **a heart
of** ~ trdo, neusmiljeno srce, srce iz kamna;
muscles of ~ jeklene mišice; **to temper** ~ kaliti
jeklo; 2. *a* jeklen, iz jekla; *fig* trd kot jeklo,
železen; ~ **pen** jekleno pero
steel II [sti:l] *vt* jekliti, pojekliti, prevleči z jeklom;
kaliti (kaj); otrditi; *fig* ojekleniti (koga), (o)hrab-
riti; **to** ~ **an ax(e)** pojekliti sekiro; **to** ~ **one's
heart against compassion** postati trdega srca;
to ~ **o.s.** (o)hrabriti se
steel-blue [stí:lblu:] *a* jekleno moder
steel-cap [stí:lkæp] *n mil* jeklen šlem, lahka čelada
steel-clad [stí:lklæd] *a* obdan (oklopljen) z jeklom
steel engraver [stí:liŋgréivə] *n* jeklorezec
steel engraving [stí:liŋgréiviŋ] *n* jekloreštvo; jeklo-
rez
steel-hearted [stí:lha:tid] *a* pogumen, hraber; trdo-
srčen, neusmiljen, kamnitega srca
steelification [sti:lifikéišən] *n tech* pretvarjanje že-
leza v jeklo
steelify [stí:lifai] *vt tech* pretvarjati (železo) v jeklo
steeliness [stí:linis] *n* trdota; jeklenost; trdost, ne-
upogljivost
steel-mill [stí:lmil] *n* jeklarna
steel-plated [stí:lpleitid] *a* opločen, oklopljen z jek-
lenimi ploščami, obdan z oklepom
steel-tape [stí:lteip] *n* kovinski merilni trak, ko-
vinski centimeter
steel-wire [stí:lwaiə] *n* jeklena žica (kabel)
steel wool [stí:lwul] *n* jeklena volna (za čiščenje,
poliranje)
steelwork [stí:lwə:k] *n* predmeti iz jekla; jekleni
deli (ladje itd.); jeklena konstrukcija; *pl* jeklarna
steely [stí:li] *a* trd kot jeklo, jeklen; *fig* neupogljiv,
hladen, strog, neusmiljen; ~ **composure** železna
mirnost, hladnokrvnost; **a** ~ **glance** hladen,
leden pogled
steelyard [stí:lja:d] *n* ročna tehtnica na vzvod,
rimska tehtnica
steenbok [stí:nbɔk] *n zool* južnoafriška antilopa
steep I [sti:p] 1. *a* (~**ly** *adv*) strm; *fig* hiter, brz,
nagel; *coll* pretirano visok (o cenah); neverjeten
(zgodba); čezmeren, pretiran, neupravičen, ne-
sramen; **a** ~ **slope** strmo pobočje, prepad; **a** ~
price pretirana cena; **a** ~ **task** težavna naloga;
your demand is rather ~ vaša zahteva je precej
pretirana (nesramna); **it is a bit** ~ **that he**

should get all the profit malo prehuda je, da bi on pospravil ves dobiček; **this sounds rather** ~ to zveni (se sliši) precéj neverjetno; **2.** *n* strmina, strmo pobočje

steep II [sti:p] **1.** *n* namakanje; potapljanje; tekočina za namakanje; močilo; močenje (konoplje, lanu); kar se namaka; posoda za namakanje; **in** ~ v namakanju, namočen; **2.** *vt* namakati, močiti, omehčati z namakanjem; prepojiti, prežeti (*in* z); potopiti, pogrezniti; ~ **ed in crime** ki je zabredel v zločin; ~ **ed with Latin** natrpan z latinščino; **to be** ~ **ed in** biti zatopljen v; globoko pasti v; **to** ~ **one's hands in blood** *fig* močiti si, omadeževati si roke s krvjo; **to** ~ **o.s.** *fig* zatopiti se (*in* v); **to** ~ **in sleep** pogrezniti se v spanje

steepen [stí:pən] *vi* & *vt* postati strm; napraviti (kaj) strmo, položiti strmo; *fig* pomnožiti

steeper [stí:pə] *n* posoda za namakanje

steepish [stí:piš] *a* nekoliko strm

steeple [stí:pl] *n* zvonik, cerkveni stolp; koničast stolp; konica zvonika; ~ **house** *sl* cerkev

steeplechase [stí:plčeis] **1.** *n* konjska dirka z zaprekami; tekmovanje v teku z zaprekami; **2.** *vi* sodelovati v dirki ali teku z zaprekami

steeplechaser [stí:plčeisə] *n* konj ali jezdec v dirki z zaprekami; tekač v teku z zaprekami

steeplechasing [stí:plčeisiŋ] *n sp* tek ali dirka z zaprekami

steeple-crowned [stí:plkraund] *a archit* kronan s stolpom; s koničasto štulo (o klobuku)

steepled [sti:pld] *a* (opremljen) s stolpom (zgradba); z mnogimi stolpi (o mestu)

steeplejack [stí:pldžæk] *n* popravljalec zvonikov, visokih dimnikov itd.

steepletop [stí:pltəp] *n* konica zvonika, stolpa

steeplewise [stí:plwaiz] *adv* kot stolp, stolpasto

steepness [stí:pnis] *n* strmost, strmina, strmo mesto

steep-to [stí:ptu] *a* strmo padajoč, prepaden

steepy [stí:pi] *a* strm, navpičen, prepaden

steer I [stíə] *n* vol, junec, ki je namenjen za pitanje in zakol

steer II [stíə] **1.** *vt* krmariti, držati krmilo; upravljati, voditi (ladjo, vozilo); šofirati; usmeriti (premikanje, gibanje) (v določeno smer); *fig* voditi, upravljati (kaj); peljati; **2.** *vi* (dati se) upravljati ali voditi; premikati se, gibati se v določeni smeri; voziti; pluti; *fig* izogniti se, čuvati se (česa); **to** ~ **an automobile** šofirati avto; **to** ~ **clear of** *coll* izogniti se, držati se proč od; **the boat** ~ **s easily** čoln se da z lahkoto krmariti (voditi); **I** ~ **ed him into the room** peljal sem ga v sobo; **to** ~ **a middle course** *fig* ne pretiravati; **to** ~ **a ship** krmariti ladjo; **to** ~ **one's way** iti svojo pot

steer off *vt* odvrniti (kaj)

steerable [stíərəbl] *a* ki se da upravljati (krmariti, voditi)

steerage [stíəridž] *n* krmarjenje, upravljanje, vodenje; *naut* delovanje krmila na smer premikanja ladje; *naut* podpalubje, prostor na ladji za potnike najnižjega razreda; ~ **passenger** potnik v medpalubju

steerage-way [stíəridžwei] *n naut* hitrost, ki je potrebna, da se ladja pokorava krmilu

steerer [stíərə] *n* krmar; ladja ali vozilo, ki se pokorava krmilu

steering [stíəriŋ] **1.** *n* krmarjenje, upravljanje, vódenje; cilj, smer; vodstvo; **2.** *a* krmilen, krmarski; ~ **-gear** krmilne naprave (ladje, avtomobila); ~ **-wheel** kolo krmila; volan (avtomobila)

steersman *pl* **-men** [stíəzmən] *n* krmar; šofer

steersmanship [stíəzmənšip] *n* veščina v krmarjenju ali šofiranju

steeve I [sti:v] *n naut* dolg drog, ki rabi pri nakladanju na ladjo

steeve II [sti:v] *vt naut* stisniti, pritrditi (tovor); poševno navzgor postaviti (držati); *vi* poševno navzgor stati, biti nagnjen

stein [stáin] *n* vrč za pivo; vrč (mera)

steinbock [stáinbɔk] *n zool* kozorog

stele I, *pl* ~ **s**, **-lae** [stí:li, -li:] *n* pokončen steber ali plošča z napisom, zlasti nagrobna plošča

stele II [sti:l] *n* držaj; kopjišče

stellar [stélə] *a astr* zvezden, zvezdnat; *fig* vodilen, glaven

St. Elmo's fire [sʌntélmouzfáiə] *n* ogenj sv. Elma, sij, ki se pojavlja na vrhu jamborov, križev itd.

stem I [stem] **1.** *n bot* steblo, deblo; pecelj, rebro; *zool* peresni tulec; trup (stebra); cev (termometra); cevka (pipe); držalo (čaše); kolesce na uri za navijanje in nameščanje kazalcev; *gram* osnova, deblo, koren; izvor, rod, pleme, pokolenje; ~ **of an apple** pecelj pri jabolku; **of noble** ~ plemiškega rodu; **2.** *vt* osvoboditi (od) peclja; *vi* izvirati, izhajati; imeti koren (*from* v)

stem II [stem] *n naut* ladijski kljun, sprednji del ladje; **from** ~ **to stern** od ladijskega kljuna do krme, *fig* od enega konca (kraja) do drugega

stem III [stem] **1.** *vt* ustaviti, zadržati, zajeziti (reko itd.) z nasipom; ustaviti (krvavenje); zamašiti (luknjo), zatesniti; *fig* preprečiti, ovirati, zadrževáti (kaj); *vi naut* pluti proti toku; nehati, ustaviti se (o krvavenju); brzdati se; upirati se (čemu); **double** ~ **ming** pluženje (pri smučanju); **to** ~ **the tide** boriti se proti toku, upirati se toku, *fig* zajeziti nadaljnje širjenje; **2.** *n* zaviranje (pri smučanju)

stemless [stémlis] *a* (ki je) brez peclja; nezajezljiv, nezadržljiv; **a** ~ **drinking cup** čaša brez držala

stemlet [stémlit] *n* peceljček

stemma, *pl* ~ **s**, **-mata** [stémə, -mətə] *n* rodovnik; *zool* enostavno oko, eno od mnogih očes, ki sestavljajo oko žuželke

stemmer [stémə] **1.** *n* oseba, ki odstranjuje rebrca (tulce) iz tobačnih listov; naprava za odstranjevanje peceljev itd.; orodje za zadelanje, za mašenje (izvrtin)

stemming [stémiŋ] *n tech* zadelanje, mašenje (izvrtin)

stemple [stempl] *n min* opornik za stene

stemturn [stémtə:n] *n* (smučanje) zaviralni zavoj, kristianija

stemwinder, stem watch [stémwaində, -wɔč] *n* (ura) remontoarka

stench [stenč] *n* smrad, neprijeten duh, zadah; ~ **-trap** sifon, odvodna cev z dvojnim kolenom

stencil [sténsəl] **1.** *n* šablona za slikanje (pleskanje), pisanje črk itd.; matrica (za razmnoževanje); (s šablono izdelan) vzorec; matričen odtis; **2.** *vt* delati s šablono, šablonirati

stencil(l)er [sténslə] *n* šabloner
stencil-plate [sténsəlpleit] *n* šablona
Sten gun [sténgʌn] *n mil* brzostrelka, lahka strojna puška
stenograph [sténəgra:f] 1. *n* stenografski znak (črka); stenografiran tekst; naprava za pisanje stenografije; 2. *vt* stenografirati
stenographer [stenógrəfə] *n* stenograf, -inja
stenographic [stenəgrǽfik] *a* (~ally *adv*) stenografski
stenographist [stenógrəfist] *n* stenograf, -inja
stenography [stenógrəfi] *n* stenografija
stenosis, *pl* -ses [stinóusis, -si:z] *n med* stenoza, zožitev
stenotype [sténətaip] *n* stenotip
stenotypist [sténətaipist] *n* stenotipist, -inja; oseba, ki obvlada stenografijo in strojepisje
stenotypy [sténətaipi] *n* stenotipija; stenografija in prepisovanje, pretipkavanje stenograma; stenografija in strojepisje
stentor [sténtə] *n fig* gromovit kričač; *zool* trobljica
stentorian, -torious [stentóriən, -tóriəs] *a* zelo glasen, gromovit, grmeč, bobneč; stentorski
stentorphone [sténtəfoun] *n* posebno močan zvočnik
step I [step] 1. *n* korak, dolžina koraka; način korakanja ali hoje; plesni korak; stopinja (noge); stopnica, prečka pri lestvi; *pl* lestev; *pl* koraki, tek, pot; *fig* korak, ukrep, mera; *naut* luknja, v katero se postavi jambor; *fig* stopnja; čin (zlasti vojaški), napredovanje, povišanje; *mus* interval; *mech* spodnje ležišče osi; ~ by ~ korak za korakom, postopoma; a false ~ napačen korak, spodrsljaj, *fig* napaka, napačna poteza; in ~ (with) v korak (z); in his ~s po njegovih stopinjah, *fig* po njegovem primeru (vzgledu, vzoru); a rash ~ prenagljen, nepremišljen korak (dejanje); door-~ prag; waltz ~ valčkov korak; to break ~ priti iz koraka; it is only a ~ to my house ni daleč do moje hiše; to be out of ~ ne držati koraka; to cut ~s in the ice sekati stopinje v ledu; they found his (foot) ~s in the sand našli (odkrili) so njegove stopinje v pesku; when did he get his ~? kdaj je napredoval (v službi)?; to keep ~, to be in ~ with držati korak s; mind the ~! pazi(te), stopnica!; mind (watch) your ~! *fig* pazi, kaj delaš!; he has been moved up a ~ napredoval je za eno stopnjo; to retrace one's ~s vrniti se po isti poti; to take (to make) ~s against storiti (potrebne) korake (ukrepe) proti; to turn one's ~s to ubrati, usmeriti korake proti, k; he walks (he follows) in my ~s on gre po mojih stopinjah
step II [step] *vi* stopati, stopiti, korakati, napraviti korak(e); iti; z nogo pritisniti (*on* na); *fig* brez truda priti (*into* do); *vt* napraviti (plesne) korake; meriti (razdaljo) s koraki; opremiti s stopnicami; *naut* postaviti jambor v njegovo luknjo na ladijskem krovu; to ~ across the road stopiti čez cesto; to ~ high visoko dvigati noge (zlasti o konju v diru); to ~ it stopiti; plesati; to ~ into fortune brez truda priti do premoženja (obogateti); to ~ lively, to ~ on it, to ~ on the gas *A sl* pohiteti, podvizati se, plin dati; I must be ~ping *coll* zdaj moram iti; to ~ short

delati kratke korake; ~ this way! stopite semkaj, za menoj!; to ~ through a dance narediti plesne korake kakega plesa;
step aside *vi* stopiti v stran, ogniti se; *fig* zaviti s prave poti
step down *vi* stopiti dol, sestopiti; *vt* zmanjšati, zadrževati, odlašati
step in *vi* stopiti v, vstopiti, *fig* vmešati se, vmes poseči, intervenirati
step off *vi* stopiti s tekočih stopnic
step out *vi* izstopiti, ven stopiti, sestopiti; hitreje iti, pospešiti korake, pošteno (hitro) stopiti ;*vt* s koraki izmeriti (oddaljenost)
step round *vi*; to ~ to s.o. skočiti h komu (na kratek obisk)
step up *vi* (pri)stopiti (h komu); *vt* pojačiti, povečati, povišati, pospešiti
stepaunt [stépa:nt] *n* očimova ali mačehina sestra
stepbrother [stépbrʌðə] *n* polbrat
stepchild, *pl* -children [stépčaild, -čildrən] *n* pastorček, -kinja
step-dance [stépda:ns] *n* step (vrsta plesa)
stepdaughter [stépdɔ:tə] *n* pastorka
stepfather [stépfa:ðə] *n* očim
stepladder [stéplǽdə] *n* lestev v obliki stopnic
stepmother [stépmʌðə] *n* mačeha
stepmotherly [stépmʌðəli] *a* mačehovski (*to* do)
stepney [stépni] *n mot* rezervno kolo
stepparent [stéppɛərənt] *n* očim; mačeha
steppe [step] *n* stepa, pusta, pušča
stepper [stépə] *n* stopajoča oseba; konj, ki dobro stopa, teče; *A coll* plesalka
steppingstone [stépiŋstoun] *n* kamen v plitvi vodi, v blatu za prehod; *fig* odskočna deska, sredstvo za dosego cilja
step rocket [stéprɔkit] *n* stopenjska raketa
stepsister [stépsistə] *n* polsestra
stereo [stériou] *n print* stereotip; lita plošča z zloženimi črkami; stereoskop
stereography [steriógrəfi] *n* stereografija, risanje (upodabljanje) geometričnih teles v ravnini
stereometry [steriómitri] *n math* stereometrija, nauk o telesih v prostoru; računanje prostornine teles
stereophonic [stiəriəfóunik] *a* stereofonski
stereoscope [stíriəskoup] *n* stereoskop, optična naprava za plastično, tridimenzionalno prikazovanje slik
stereoscopic [stiəriəskópik] *a* (~ally *adv*) stereoskopski
stereoscopy [stirióskəpi] *n* stereoskopija
stereotype [stíriətaip] 1. *n print* stereotip, odlitek tiskarskega stavka na kovinski plošči; stereotipska plošča, pripravljanje take plošče; 2. *vt* tiskati (kaj) s pomočjo stereotipskih plošč; *fig* stereotipizirati, utrditi (kaj) kot stalno obliko česa
stereotyper [stíriətaipə] *n print* livar stereotipskih plošč
stereotypy [stíriətaipi] *n* stereotipija, izdelovanje stereotipov; tiskanje s stereotipi
sterile [stérail, *A* -ril] *a* neploden, nerodoviten, jalov, sterilen; steriliziran, nekužen; *fig* pust, siromašen (*in, of* s čim); *fig* (duhovno) jalov, neustvarjalen; brezuspešen, brezploden (o debati), vsebinsko prazen; neproduktiven; *bot*

brezspolen; *fig* trezen, suhoparen (slog); ~ **bandage** *med* sterilizirana obveza; **a ~ cow** jalova krava; **a ~ discussion** brezplodno razpravljanje; **a ~ writer** neustvarjalen, neproduktiven pisatelj

sterility [steríliti] *n* neplodnost, nerodovitnost, jalovost, sterilnost

sterilization [sterilaizéišən] *n* sterilizacija, ojalovitev; sterilnost, jalovost

sterilize [stérilaiz] *vt* sterilizirati (mleko); kastrirati, ojaloviti; *fig* napraviti brezplodno, jalovo; izčrpati (zemljo); nedonosno naložiti (zlato, denar)

sterilizer [stérilaizə] *n* naprava za steriliziranje, sterilizator

sterlet [stɔ́:lit] *n* kečiga (riba)

sterling [stɔ́:liŋ] **1.** *a* pravi, neponarejen, pristen, brez primesi; ki je standardne vrednosti ali čistine (kovanec, kovina); *fig* ki ima pravo vrednost; polnovreden, brezhiben, soliden; **a ~ character** čist značaj; **a pound ~** funt šterling; **~ area** šterlinško področje; **2.** *n* šterling

stern I [stə:n] *a* (~ **ly** *adv*) strog, oster, tog; krut, nepopustljiv, neizprosen, strikten; trden; mrk, neprijazen (pogled); neprijeten, odbijajoč (kraj); **~ discipline** stroga disciplina; **~ necessity** neizprosna potreba (sila, stiska); **a ~ resolve** trden sklep; **a ~ penalty** stroga, ostra kazen; **~ times** trdi, hudi časi

stern II [stə:n] **1.** *n naut* krma, zadnji del ladje; zadnji del (živali), zadnjica, rep (lisice); **~ foremost** nazaj, ritensko; *fig* narobe, nespretno; **~ on** s krmo naprej; **by the ~** s krmo potopljeno globlje kot ostali del ladje; **from stem to ~** po vsej ladji; *fig* od enega konca (kraja) do drugega; **2.** *a naut* krmen, zadajšnji; **a ~ sea** morje, ki prihaja od zadaj

stern chase [stɔ́:nčeis] *n naut hist* preganjanje, zasledovanje, v katerem zasledovalna ladja plove neposredno za krmo zasledovane ladje

stern-chaser [stɔ́:nčeisə] *n naut hist* top na krmi

stern fast [stɔ́:nfa:st] *n naut* krmna vrv (s katero privezujejo krmo)

sternmost [stɔ́:nmoust] *a naut* ki je čisto zadaj na ladji; najbolj zadajšnji

sternness [stɔ́:nnis] *n* strogost, mrkost, neupogljivost, nepopustljivost

stern-port [stɔ́npɔ:t] *n naut* vrata, odprtina na krmi

sternpost [stɔ́npoust] *n naut* zadajšnji (krmni) podaljšek ladijskega gredlja

stern-sheets [stɔ́nši:ts] *n pl naut* mesto na krmi ladje ali čolna, kjer so navadno sedeži za potnike

sternum, *pl* **-rna** [stɔ́:nəm, -nə] *n anat* kost prsnica, grodnica

sternutation [stə:njutéišən] *n* kihanje

sternutative, -tatory [stə:njú:tətiv, -təri] **1.** *a* ki izzove, povzroči kihanje; kihalen; **2.** *n* kihalo

sternward [stɔ́:nwəd] *a naut* ki leži, gre proti krmi

sternwards [stɔ́:nwədz] *adv naut* proti krmi

sternway [stɔ́:nwei] *n naut* plovba nazaj, s krmo naprej; **to have ~** nazaj, ritensko pluti

stern-wheel [stɔ́:nwi:l] *n* krmilno kolo (za premikanje ladje)

stern-wheeler [stɔ́:nwi:lə] *n* ladja, ki se giblje s pomočjo krmilnega kolesa, z lopatami na krmi

stertor [stɔ́:tə:] *n med* hropenje, smrčanje (zlasti pri nezavesti)

stertorous [stɔ́:tərəs] *a* (~ **ly** *adv*) podoben smrčanju, hropenju; hropeč

stertorousness [stɔ́:tərəsnis] *n* smrčanje, hropenje

stethometer [steθɔ́mitə] *n med* stetometer

stethoscope [stéθəskoup] **1.** *n med* stetoskop, slušalka za osluškovanje; **2.** *vt* osluškovati (zlasti bitje srca) s stetoskopom

stethoscopic [steθəskɔ́pik] *a* (~ **ally** *adv*) stetoskopski

stethoscopist [steθɔ́skəpist] *n med* osluškovalec

stethoscopy [steθɔ́skəpi] *n med* osluškovanje s stetoskopom

stetson [stétsən] *n* klobuk s širokimi krajevci, kavbojski klobuk

stevedore [stí:vidɔ:] **1.** *n naut* pristaniški delavec (nakladalec, iztovarjalec), nakladalec blaga na ladjo; **2.** *vi* nakladati; *vt* natovoriti, raztovoriti (kaj)

stew I [stju:] *n* dušeno, počasi kuhano meso ali jed; ragu, razkosano meso v omaki; enolončnica; *fig sl* veliko razburjenje, zadrega, zmešnjava; neprijeten, zaskrbljujoč položaj; osuplost, jeza; **Irish ~** dušeno koštrunovo meso s krompirjem, fižolom in čebulo; **to be in a ~** *fig* biti zaskrbljen, zbegan, v stiski, v (velikih) težavah

stew II [stju:] *vt & vi* dušiti (se) v pari (o mesu itd.), počasi (se) kuhati, pariti se, cvreti se od vročine; *sl* zelo se učiti, »guliti se«; **~ ed apples** jabolčna marmelada; **~ ed pears** hruškov kompot; **the tea is ~ ed** čaj je pretemen in grenak; **let us go, we are ~ ing here** pojdimo, tu se dušimo (od vročine); **to ~ in one's own juice (grease)** cvreti se v lastni masti, *fig* biti prepuščen svoji usodi; **let them ~ in their own juice** naj sami pojedo kašo, ki so si jo skuhali

stew III [stju:] *n* ribnik; posoda za ribe; umetno gojišče ostrig

stew IV [stju:] *n* (večinoma *pl*) javna hiša, bordel

steward [stjúəd] **1.** *n* strežaj (na letalu, ladji); upravitelj (posestva); oskrbnik, gospodar, nadzornik; ekonom (kolidža, bólnice itd.), dobavitelj živeža; reditelj (na dirkah, prireditvah, svečanostih); *hist* majordom, upravitelj (hiše); **Lord High S~ of England** uslužbenec, ki vodi kronanje ali predseduje pri sojenju visokim plemičem; **2.** *vt* upravljati; *vi* servirati, streči; opravljati oskrbniške dolžnosti

stewardess [stjúədis] *n* stevardesa, strežajka (na letalu, ladji); upravnica, gospodarica

stewardship [stjúədšip] *n* služba upravnika (oskrbnika, nadzornika); upraviteljstvo, nadzorstvo

stew-can [stjú:kæn] *n naut sl* rušilec

stewed [stju:d] *a* dušèn; *sl* vinjen, pijan

stew-pan [stjú:pæn] *n* plitva pokrita posoda (ponev) za dušenje

stew-pot [stjú:pɔt] *n* plitva lončena posoda za dušenje

St. George's cross [səndžɔ́:džizkrɔs] *n* rdeč križ na belem polju; križ z enakimi kraki

sthenic [sθénik] *a med* steničen, močan, krepak

stibium [stíbjəm] *n chem* antimon

stich [stik] *n pros* stih, vrstica, verz

stichic [stíkik] *a* sestavljen iz stihov, verzov

stick I [stik] **1.** *n* palica, gorjača, sprehajalna palica; prot, šiba; bat, kij; držalo, držaj, toporišče, nasadilo; steblo, kocen; *mus* dirigentska paličica, taktirka; tablica (čokolade); *naut joc* jambor; *print* vrstičnik; *sl* revolver; *pl* protje, šibje, polena (kot kurivo); *fig coll* dolgočasnež, sitnež; *E sl* lomilno orodje, lomilka; **in a cleft ~** v precepu, v škripcih; **a few ~s of furniture** nekaj kosov pohištva; **any ~ to beat a dog** *fig* pretveza se hitro najde, sovraštvo ne izbira sredstev; **the big ~** *A sl* politika grožnje z vojno drugi državi; **as cross as two ~s** *fig* pasje slabe volje; **drum ~** paličica za bobnanje; **broom ~** držaj metle; **fiddle ~** lok; **gold ~** zlata palica (ali njen nosilec), ki jo nosi polkovnik garde ob svečanih prilikah; **riding on a ~ broom** jahanje (čarovnic) na metli; **single ~** lesena palica s ščitkom za roko (pri mečevanju); **sword ~** votla palica, v kateri je bodalo; **walking ~** sprehajalna palica; **the wrong end of the ~** *fig* neugoden položaj; popačeno poročilo; **to be beaten with one's own ~** biti tepen z lastno palico, sam sebi jamo izkopati; **to be in a cleft ~** biti v precepu, v škripcih, v brezizhodnem položaju; **it is easy to find a ~ to beat a dog** *fig* lahko je najti pretvezo; **to cut one's ~** *sl* popihati jo, oditi; **to get hold of the wrong end of the ~** *fig* napačno (kaj) razumeti; **to give a boy a ~** šibati dečka; **to pick up ~s** pobirati vejevje (za kurjavo); **he wants the ~** *fig* on potrebuje palico (batine); **2.** *vt* podpreti (rastlino) s palico; *print* (po)staviti črke

stick II [stik] **1.** *n* zabod, vbod, sunek; mirovanje, obtičanje; vzrok zaviranja, odlašanja; adhezija; lepljiva snov

stick* III [stik] **1.** *vt* prebosti, zabosti, zabadati; zaklati; nabosti, nasaditi, zadreti; zatakniti; iztegniti, pomoliti (*out of* iz); natakniti (čepico) (*on, to* na); naježiti; nalepiti, prilepiti (*on, to* na); zamazati, pomazati; podpreti (rastlino) s kolcem; *coll* vreči pri izpitu; *fig* spraviti (koga) v zadrego; zmesti; zaustaviti; podtakniti (*s.th. on s.o.* kaj komu); *sl* prevarati, oslepariti; *sl* prenesti, vzdržati; **2.** *vi* tičati; biti poln (česa); sršati, štrleti, moleti (*out of* iz); (pri)lepiti se (*on, to* na, za); zalepiti se, oprijeti se, prijemati se (*to* česa); obtičati, ne se premikati, zatakniti se (tudi *fig*); zagaziti; čvrsto sedeti (na konju); *coll* osta(ja)ti, vztrajati (*at, to* pri), držati se (*to* česa), ostati zvest (*by* komu, čemu); ne se pustiti odvrniti; biti zmeden, oklevati, ustrašiti se (*at* ob, pred); **stuck to** *A sl* zaljubljen, zateleban v; **stuck up** *sl* zmeden, zbegan; **to ~ at** ustaviti se ob, oklevati, ustrašiti se ob; **he ~s at nothing** on se ničesar ne ustraši, njega nobena stvar ne zadrži; **to ~ bills** lepiti lepake, plakate, plakatirati; **~ no bills!** plakatiranje prepovedano!; **the boat stuck on a shoal** čoln je nasedel na plitvino; **she ~s to me like a bur** ona se me drži (prime) kot klòp; **to ~ butterflies** nabadati (nabosti) metulje; **the door has stuck** vrata so se zaskočila; **to ~ a flower in one's buttonhole** zatakniti si cvetlico v gumbnico; **to ~ to a friend** ostati zvest prijatelju; **to ~ to**

one's guns *fig* ostati zvest čemu, ne prelomiti besede; **to ~ one's head out of the window** pomoliti glavo iz okna; **they stuck to his heels** prilepili (obesili) so se mu na pete; **to ~ one's hands in one's pockets** vtakniti roke v žep; **he ~s indoors** on vedno tiči doma; **to ~ it** *sl* vzdržati, vztrajati; **to ~ to it** oprijeti se, ne popustiti; **to ~ a knife into s.o.'s back** zasaditi komu nož v hrbet; **a man who will ~ at nothing** *fig* človek brez pomislekov, ki se pred ničemer ne ustavi; **some money stuck to his fingers** *fig* poneveril je nekaj denarja; **to ~ in the mud** obtičati v blatu; **~ my name down on the list** zapišite moje ime v seznam!; **the nickname stuck to him** vzdevek se ga je prijel; **he is always ~ing his nose into my business** vedno vtika svoj nos v moje posle (zadeve); **to ~ a pig** zaklati prašiča; **to ~ to the point** ostati pri stvari, ne se oddaljiti od predmeta; **he stuck me with a puzzle** spravil me je v zadrego z (neko) uganko; **I stuck him with that question** s tem vprašanjem sem ga vrgel na izpitu; **to ~ to one's promise** držati svojo obljubo; **to ~ a stamp on a letter** nalepiti znamko na pismo; **it ~s in my throat** obtičalo mi je v grlu, ne morem pogoltniti; *fig* ne morem zaupati; **if you throw mud enough, some of it will ~** če zelo obrekuješ koga, bodo ljudje nekaterim teh klevet verjeli; tudi nedolžnost ni varna pred obrekovanjem; **to ~ to his word** držati (svojo) besedo;

stick around *vi* ostati na mestu, biti razpoložljiv; pohajkovati okoli

stick in *vt* nalepiti v album (**photographs** fotografije); *vi* ostati doma; **don't stick your oar in!** *fig* ne vmešavaj se v to! nihče te ni vprašal za tvoje mnenje!

stick on *vt* prilepiti; **~ your cap!** pokrij se!; **they always stick the prices on for foreigners** oni vedno navijejo cene za tujce; *vi*; **to ~ to** prilepiti se na

stick out *vt* pokazati, pomoliti ven, poriniti naprej (prsi); *vi* štrleti, moleti ven (*from* iz); *A sl* izkazati se, odlikovati se; *coll* vzdržati, vztrajati, ne popustiti, ne odnehati; zahtevati (*for* kaj); **to ~ one's chest** izprsiti se; **to ~ one's tongue** pokazati jezik; **to ~ for higher pay** vztrajati za višje plačilo; **to stick one's neck out** *sl* riskirati, tvegati; **don't stick your neck out too far** ne tvegaj preveč!; **I couldn't stick it out any longer** tega nisem mogel več prenašati

stick together *vt* zlepiti, sestaviti (dele); *vi* držati skupaj; **friends should ~** prijatelji morajo držati skupaj

stick up *vt* nalepiti (plakat); namestiti, postaviti; dvigniti (glavo); *sl* napasti in izropati; *A sl* izprositi denar (od koga); spraviti (koga) v težave, v nepriliko; *vi* sršati, nasršiti se, naježiti se; izkazati se, odlikovati se; *coll* zavzeti se (*for s.o.* za koga); **stick them ('em) up!** *sl* roke kvišku!; **to ~ a bank** napasti in izropati banko; **that will stick him up** to ga bo osupilo, mu zaprlo sapo; **to ~ to upreti se, ne se ukloniti** (komu, čemu); **to ~ for s.o.** braniti koga (zlasti odsotnega), podpreti koga; zavzeti se za koga; **to be stuck up** biti zbegan, zmeden

stick-at-nothing [stíkətnʌθiŋ] *a coll* brezobziren, brez pomislekov, ki se ničesar ne ustraši; odločen

sticker [stíkə] *n* lepilec (plakatov); klavec (prašičev); *A* nalepka; vztrajen človek; *coll* obiskovalec, ki se dolgo zadrži na obisku; *A coll* repinec, trn; **bill** ~ plakatêr; **pig-**~ dolg in koničast nož

stickhandle [stíkhændl] *vi* (hokej) driblati puck s palico

stickiness [stíkinis] *n* lepljivost; soparica; težava; nepopustljivost

sticking [stíkiŋ] *n* lepljenje; zbadanje; (ob)tičanje; ~ **place** *fig* najvišja (dosegljiva) točka

sticking plaster [stíkiŋplá:stə] *n* (angleški) obliž;

sticking-point [stíkiŋpɔint] *n* položaj, v katerem se vijak ne more več obračati; *fig* najvišja (dosegljiva) točka, skrajna meja, preobrat, prelomnica

stick-in-the mud [stíkinðəmʌd] **1.** *a* počasen; *fig* nenapreden, konservativen; **2.** *n* počasnè, lenuh; nenaprednež, zakrknjen konservativec; **Mrs. S**~ *coll* gospa Ta-in-ta

stickjaw [stíkdʒɔ:] *n coll* sladka, gosta jed; bonbon, ki se prime zob

stickle [stikl] *vi* trmasto se prepirati, pričkati (zlasti za malenkosti), ugovarjati, imeti pomisleke, (po)dvomiti

stickleback [stíklbæk] *n* zet (riba)

stickler [stíklə] *n* oseba, ki vztraja (zahteva, veliko da) na čem; malenkostnež, nergač, pedant; težaven problem; **a great** ~ **for etiquette** oseba, ki ji je mnogo do etikete; ~ **over trifles** dlakocepec; pedant; **that officer is a** ~ **for obedience** ta častnik zahteva brezpogojno pokorščino

stickpin [stíkpin] *n E* igla za kravato

stickum [stíkəm] *n A coll* lep(ilo)

stick-up [stíkʌp] *a* pokončen; ~ **collar** pokončen, trd ovratnik; ~ **man** *sl* bandit

sticky [stíki] *a* (**stickily** *adv*) (pri)lepljiv, lepek; vlažen, soparen; lesen, tog (tudi *fig*); *coll* kritičen; nepopustljiv, oklevajoč; *sl* težaven, neprijeten, zoprn, odbijajoč; **a** ~ **day** soparen dan; **he was very** ~ **about giving me leave** le zelo nerad mi je dal dopust; **he came to a** ~ **end** slabo je končal

stiff I [stif] *a* (~**ly** *adv*) tog, neupogljiv, negibek, trd, okorel; žilav; gost; nepopustljiv, strog, trmast, odločen, zakrknjen; nadut, ohol, formalen; prisiljen; zadržan, odljuden; močan (pijača, veter); težaven, naporen; ki se s težavo giblje ali premika, se zatika, nenamazan, nenaoljen; *econ* stalen, stabilen, visok, pretiran (cena); **a** ~ **ascent** naporen vzpon; **a** ~ **collar** trd ovratnik; **a** ~ **dose** močna doza; **a** ~ **examination** težaven izpit; **a** ~ **glass of grog** kozarec močnega groga; ~ **market** trg s stalnimi cenami; ~ **muscles** pretegnjene mišice; ~ **neck** trd vrat (od prepiha itd.); **a** ~ **price** visoka cena; **a** ~ **reception** tog, prisiljen sprejem; **a** ~ **sentence** stroga sodba; ~ **ship** ladja, ki se ne nagne v stran pod pritiskom vetra v jadrih; **a** ~ **un** zagamana športnik, *sl* mrlič; **a** ~ **subject** težavna stvar (predmet); **to bore** ~ strašno dolgočasiti; **bored** ~ na smrt zdolgočasen; **to have a** ~ **leg** imeti trdo nogo (v ko-

lenu); **to keep a** ~ **face (lip)** ne se dati omehčati; **to keep a** ~ **upper-lip** *fig* ne popustiti, zobe stisniti, pokazati trdnost značaja; **to keep a** ~ **rein** držati napete (nategnjene) vajeti; **to scare** ~ na smrt prestrašiti

stiff II [stif] *n sl* mrlič, truplo; toga oseba; papirnati denar, menica; *A* človek, ki se ne more ničesar naučiti; konj, ki zanesljivo ne bo zmagal na dirki; **big** ~ tepec, bedak

stiff-backed [stífbækt] *a* ki ima trd hrbet; *fig* trdovraten, odločen

stiffen [stifn] *vt* otrditi; naškrobiti; zgostiti (tekočino); napraviti togo, uporno, zakrknjeno; *sl* ubiti, umoriti; *vi* postati tog, formalen, nepopustljiv; strditi se, zgostiti se; odreveneti; učvrstiti se; postati tog, otrpel, umreti; **to** ~ **cloth with starch** naškrobiti blago

stiffener [stífnə] *n* trd hrbtni vložek (pri knjigi); *coll* (alkoholna) krepilna pijača

stiffening [stífniŋ] *n* (sredstvo za) škrobljenje

stiffish [stífiʃ] *a* precéj tog; **a** ~ **examination** precéj težaven izpit

stiff-necked [stífnekt] *a* ki ima trd vrat; *fig* trdovraten, trmast

stiffness [stífnis] *a* togost; trdota; okornost; prisiljenost; trmoglavost, odločnost

stifle I [stáifl] *vt* (za)dušiti, potlačiti; ugasiti (ogenj); *fig* zadušiti, uničiti (upanje); *vi* zadušiti se; ugasniti se; ugasniti; **to** ~ **one's grief** potlačiti svojo žalost; **to** ~ **a revolt** zadušiti upor; **to be** ~**d with the smoke** (za)dušiti se od dima; **to** ~ **a yawn** zadušiti zehanje

stifle II [stáifl] *n zool* kolenski sklep (pregib); ~ **bone** konjska pogačica

stifler [stáiflə] *n* dušilec, tlačitelj

stifling [stáifliŋ] *a* (~**ly** *adv*) zadušljiv, dušeč, zadušen; ~ **air** zadušljiv zrak; ~ **atmosphere** tlačeča atmosfera; ~ **hot** dušljivo vroč

stigma, *pl* ~ **s, -mata** [stígmə, -mətə] *n* (sramotni) madež, sramota; vžgano znamenje, žig (nekoč na sužnjih, hudodelcih); *med* bolno mesto na koži, ki krvavi od časa do časa; *med* znak, simptom; *eccl pl* stigme, znamenja (Kristusovih) ran na telesu verskih gorečnikov ali histerikov; *zool* dihalna odprtina traheje pri žuželkah; *bot* del cveta, ki sprejema pelod, brazda na cvetnem pestiču; **the stigmata of syphilis** simptomi sifilisa

stigmatic [stigmǽtik] **1.** *a* (o)žigosan; stigmatičen, stigmatiziran; *opt* (ana)stigmatičen; *bot* brazdast, brazgotinast; **2.** *n eccl* stigmatiziranec

stigmatist [stígmətist] *n eccl* stigmatiziranec

stigmatization [stigmətaizéiʃən] *n* (o)žigosanje; stigmatizacija

stigmatize [stígmətaiz] *vt* (zlasti *fig*) (o)žigosati, vžgati znamenje, za vedno zaznamovati; *med, eccl* stigmatizirati; **he must be** ~**d as ignorant** njega je treba ožigosati za praznoglavca

stile I [stáil] *n* stopnica, prehod čez ogrado, čez plot; **to help a lame dog over a** ~ *fig* pomagati prijatelju v stiski, revežu preko težav

stile II [stáil] *n* vodoraven trak iz lesa (na vratih, lesenih zidnih opažih)

stiletto, *pl* ~ **s, -es** [stilétou] **1.** *n* bodalce, stilet; šilo; **2.** *vt* zabosti z bodalom; ~ **heel** visoka in ozka peta (pri ženskih čevljih)

still I [stil] 1. *a* miren, nepremičen, negiben; tih, nem, molčeč; nemoten; nepeneč se (pijača); ~ **champagne** naravni (nešampanizirani) šampanjec; ~ **as the grave** molčeč kot grob; **a ~ lake** mirno jezero; ~ **life** tihožitje; **the ~ small voice** *fig* glas vesti; ~ **water** mirujoča voda; **be ~**! molči!; **keep ~**! bodi miren; **to keep ~ about s.th.** molčati o čem; **to lie (to sit) ~** nepremično ležati (sedeti); **to stand ~** mirno, nepremično stati, ustaviti se, ne se več premakniti; ~ **waters run deep** tiha voda bregove podira; 2. *n poet* mir, tišina, molk; *phot* posamična fotografija, kamera za posamične posnetke; *film* fotografija, reklamna fotografija (nepremična) za film; *coll* tihožitje; *A* tih alarm ob požaru; **in the ~ of night** v nočni tišini, sredi noči; 3. *vt & vi* umiriti, pripraviti k molku, utišati; utihniti, umiriti se; **to ~ one's fears** pomiriti svoj strah; **when the storm ~s** ko se bo vihar polegel

still II [stil] 1. *adv* še vedno, še (pred primernikom), doslej; 2. *conj* vendar, vendarle, kljub temu; ~ **dearer (higher)** še dražji (višji); **points ~ unsettled** doslej (še vedno) neurejena vprašanja; **we are ~ here** še (vedno) smo tu; **it is mild today, ~ I should take my coat if I were you** ni hladno danes, vendar bi jaz na vašem mestu vzel površnik

still III [stil] 1. *n chem* retorta, aparat za destiliranje; kotel za kuhanje žganja; destilarna; žganjarna; 2. *vt & vi obs* destilirati, prekapati; napraviti pijačo z destilacijo

stillage [stílidž] *n* podnožje soda

stillbirth [stílbə:θ] *n* mrtvorojenost; mrtvorojenec; *fig* izjalovitev, neuspelo podjetje

still-born [stílbə:n] *a* mrtvorojen; *fig* brez moči, prazen, brez učinka

stiller [stílə] *n* pomirjevalec, -lka

still-fish [stílfiš] *vi A* loviti ribe iz zasidranega čolna

still hock [stílhɔk] *n* nepeneče se belo rensko vino

stillhouse [stílhaus] *n* žganjarna

still hunt [stílhʌnt] *n A hunt* zalaz, lov z zalezovanjem, pritihotapljanjem; *coll* previdno in prikrito zasledovanje (cilja)

still-hunt [stílhʌnt] *vi A* zalezovati (na lovu)

still hunter [stílhʌntə] *n* lovec zalezovalec

stilliform [stílifə:m] *a* kapljičast

still life [stíllaif] *n* (slikarstvo) tihožitje

stillness [stílnis] *n* mir, globoka tišina, molk; molčečnost

still-room [stílrum] *n hist* prostor za destilacijo; žganjarna; shramba živil v večjih gospodinjstvih

stillstand [stílstænd] 1. *n* zastoj, mirovanje, prenehanje, ustavitev; 2. *vi geol* ne se spremeniti

stilly [stíli] 1. *a poet* miren, tih; 2. *adv* mirno, tiho

stilt [stilt] 1. *n* hodulja; (= ~**bird**) priba, vivek (ptič); *arch* kol, steber; **on ~s** na hoduljah; *fig* pompozen, bombastičen, napihnjen, hvaličav; **to walk on ~s** hoditi s hoduljami; 2. *vt* postaviti na hodulje; *fig* dvigniti, povišati, poveličati koga; *vi* hoditi na hoduljah

stilted [stíltid] *a* (~**ly** *adv*) ki ima hodulje; *fig* pompozen, bombastičen (način pisanja), napihnjen, hvaličav; *arch* povišan (lok, obok)

stimulant [stímjulənt] 1. *n med* dražilo (npr. kofein); dražilno sredstvo; poživilo; *fig* spodbu-

dilo, bodrilo, stimulans (npr. za večjo storilnost); **he never takes ~s** on nikoli ne pije alkohola; 2. *a* dražeč, poživljajoč; *fig* spodbuden, bodrilen, podžigajoč

stimulate [stímjuleit] 1. *vt med* poživiti, dražiti; *fig* spodbuditi (to k), spodbosti, bodriti, podžgati, stimulirati; animirati (z uživanjem alkohola); 2. *vi coll* spodbujati se, bodriti se, opogumiti se s pomočjo alkohola; **to ~ production** spodbujati proizvodnjo

stimulation [stimjuléišən] *n med* draženje, dražljaj; stimulacija; spodbuda, spodbujanje

stimulative [stímjuleitiv] 1. *a* spodbuden, spodbujajoč, stimulativen; *med* dražeč, poživljajoč; **to be ~ of (to)** spodbujati; 2. *n* (redko) dražilo, stimulans

stimulator [stímjuleitə] *n* spodbudnik, spodbujevalec; sredstvo za poživitev; stimulator

stimulatress [stímjulətris] *n* spodbudnica

stimulus, *pl* -muli [stímjuləs, -mjulai] *n med* sredstvo za poživitev, poživilo; *fig* spodbuda; stimulus; **under the ~ of hunger** gnan od (pod pritiskom) gladu

stimy [stáimi] 1. *n golf* položaj, v katerem se med igralčevo žogo in jamico postavijo žoge drugih igralcev

sting I [stiŋ] *n zool & bot* želo, bodica; pik, ubod, zbod(ljaj), ugriz; huda, pekoča bolečina; *fig* grizenje, neprijeten občutek; *fig* spodbuda, pobuda; poanta, ostrina (epigrama); zamah; *bot* koprivni laski; *zool* bodica; zob strupnik; **the ~ of hunger** glodajoč glad; **a jest with a ~ in it** šala (dovtip) s poanto; ~ **of conscience** grizenje vesti; **driven by the ~ of jealousy** spodboden od ljubosumnosti; **to have a ~ in the tail** *fig* slabo se končati

sting* II [stiŋ] 1. *vt* zbosti, pičiti, ugrizniti; (za)-peči, (za)boleti; zadeti v živo, (globoko) raniti, užaliti, mučiti; gristi (vest); spodbosti; *sl* preveč zahtevati, ogoljufati, oslepariti, oškodovati; 2. *vi* imeti želo; pičiti; boleti, peči, žgati; **my hand ~s** roka me peče, boli; **the insult stung him** žalitev ga je globoko ranila; **the blow stung me** udarec me je zabolel; **pepper ~s one's tongue** poper žge na jeziku; **he was stung for a fiver** *sl* oslepari so ga za pet funtov; **he is stung with remorse** vest (kesanje) ga peče; **it stung me to the heart** do srca me je zabolelo; **to ~ to the quick** zadeti v živo; **to ~ into rage** do besnosti razdražiti; **a wasp stung him** oša ga je pičila

stinger [stíŋə] *n* insekt, ki piči; rastlina, ki zbode, zapeče; *coll* boleč udarec; *fig* zbadljiva opazka; *E sl* whisky s sodo; *A* koktajl iz žganja in likerja; **hornets are severe ~s** sršeni hudó pičijo

stinginess [stíndžinis] *n* skopost, skopuštvo; stiskaštvo

stinging [stíŋiŋ] *a* (~**ly** *adv*) bodeč, bodikav, ki ima bodico ali zob strupnik; *fig* oster, boleč, jedek, pekoč; ~ **cold** strupen mraz; **a ~ rebuke** ostra graja

stinging nettle [stíŋiŋnetl] *n bot* pekoča kopriva

stingless [stíŋlis] *a* (ki je) brez bodic, brez žela, brez zoba strupnika

stingo [stíŋgou] *n obs* močna pijača (zlasti pivo); *sl* energija, vnema, zamah, zagon

stingy I [stíŋi] *a* bodeč, bodikav

stingy II [stíndži] *a* (**stingily** *adv*) skop, skopuški, stiskaški; pičel, boren; **to be** ~ **of s.th.** skopariti s čim

stink I [stiŋk] *n* smrad, neprijeten duh, zaudarjanje; *pl E sl* kemija, prirodoslovne vede

stink* II [stiŋk] **1.** *vi* smrdeti, neprijetno dišati, zaudarjati (*of* po); *fig* biti na slabem glasu, biti razvpit, zoprn; **2.** *vt* (često *up*) zasmraditi, okužiti; *sl* nadišaviti (koga); *sl* (za)duhati; **to** ~ **of money** *sl* biti zelo bogat; valjati se v denarju; **he** ~ **s whisky** smrdi (diši) po whiskyju; **the fumes stunk up the room** hlapi so zasmradili sobo; **to** ~ **in one's nostrils** biti zoprn komu; **he can** ~ **it a mile off** on to lahko zaduha na miljo daleč

stink out *vt* pregnati (koga) s smradom (dimom)

stinkard [stíŋkəd] *n zool* smrdljivec, smrduh; *sl* zoprn človek

stink-ball [stíŋkbɔ:l] *n hist* smrdljiva krogla (bomba)

stink bomb [stíŋkbəm] *n* smrdljiva bomba

stinker [stíŋkə] *n sl* smrdljivec, smrdljiva stvar; smrdljiva bomba; zoprn človek; *sl* nekaj žaljivega; **I wrote him a** ~ pisal sem mu grobo pismo

stinking [stíŋkiŋ] *a* (~ **ly** *adv*) smrdljiv; *vulg* zoprn, nespodoben, umazan, prostaški

stinkpot [stíŋkpət] *n hist* posoda, lonec s smrdljivimi snovmi; smrdljiva bomba; *fig* smrdljiv, zoprn, odvraten človek

stink-trap [stíŋktræp] *n* čistilno koleno odvodne cevi pod izlivkom, sifon

stint I [stint] *n* meja, omejitev; določen, dodeljen del dela (posla); predpisana mera; delež, določena vsota; **without** ~ , **with no** ~ brez omejevanja, brez varčevanja truda ali denarja; **to do one's daily** ~ opraviti svoj dnevni obrok dela; **to exceed one's** ~ prekoračiti svoj delež; **he laboured without** ~ nobenega truda se ni bal pri delu

stint II [stint] *vt* omejiti, stisniti, zategniti, varčevati (*in* z); skopo dajati, skopariti; od ust komu pritrgovati, ne privoščiti (hrane); dodeliti določeno nalogo; zaskočiti, obrejiti (kobilo); *obs* nehati (kaj) delati, prekiniti; *vi* omejevati se, biti varčen; **he** ~ **s his children of milk** skopari pri mleku za otroke; **to** ~ **food (money)** skopariti s hrano (z denarjem); **to** ~ **o.s.** omejevati se, ne si privoščiti potrebnega, skrajno skopariti; ~ **ed** omejen, pičel

stinter [stíntə] *n* omejevalec

stintless [stíntlis] *a* neomejen, ki ni omejen v ličini, obilen

stipe [stáip] *n bot* bet (gobe), steblo (praproti)

stipend [stáipənd] *n* plača (zlasti učiteljev in duhovnikov), stalni dohodek; pokojnina, penzija

stipendiary [staipéndjəri] **1.** *a* ki dobiva plačo, pokojnino; plačan, honoriran; ki plačuje davke; **2.** *n* prejemnik plače, pokojnine

stipple [stipl] **1.** *n* slikanje (risanje, rezbarjenje) s pikami (ne s črtami), poantilizem; **2.** *vt & vi* slikati (risati, rezbariti) s pikami

stippler [stíplə] *n* poantilist, kdor slika (riše, rezbari) s pikami

stippling [stípliŋ] *n* slikanje (risanje, rezbarjenje) s pikami

stipulate [stipjuleit] *vt & vi* pogoditi se, dogovoriti se (s pogodbo); s pogodbo določiti; skleniti pogodbo; postaviti kot pogoj (*for* za); stipulirati (se); obljubiti, jamčiti; **as** ~ **d** kot dogovorjeno, po pogodbi; **in spite of the** ~ **d guarantee** kljub garanciji, določeni s pogodbo; **to** ~ **a time** postaviti, določiti čas (termin)

stipulation [stipjuléišən] *n* pogodba, dogovor; določba v pogodbi, klavzula; (dogovorjen) pogoj; stipulacija; *econ jur* obljuba; **under the** ~ **that** s pogojem da

stipulator [stípjuleitə] *n* pogodbenik, kontrahent

stipulatory [stípjulətəri] *a* pogodben, kontrakten

stipule [stípju:l] *n bot* prilist, zalistnik

stir I [stə:] *n* mešanje, premešanje, premikanje; (živahno) gibanje, vrvež, živahnost, gneča, naval, hrup; nemir; razburjenje, vznemirjenje; stresanje, podrezanje, sunek, spodbuda; **full of** ~ **and movement** razgiban, zelo živahen, poln življenja; **to cause a** ~ povzročiti razburjenje; **to give the fire a** ~ podrezati ogenj; **he made a great** ~ napravil je mnogo hrupa (razburjenja), dvignil je precej prahu

stir II [stə:] **1.** *vt* (pre)mešati (tekočino); (po)drezati; (pre)tresti, premakniti, razgibati; spodbuditi, izzvati (*to, into* k), razvneti, razburiti, razburkati; **2.** *vi* (dati) se mešati; premakniti se, premikati se, gibati se, razgibati se; zbuditi se, vstati; razburiti se; reagirati (*to* na); krožiti (novica), prenašati se; zgoditi se, dogajati se; **anything** ~ **ring?** se kaj dogaja? kaj novega?; **not a breath (of wind) is** ~ **ring** najmanjše sapice ni; **to** ~ **s.o.'s blood** razburkati, razvneti, navdušiti koga; **to** ~ **one's coffee** premešati si kavo; **don't** ~ ! ne premikajte se!; **not to** ~ **an eyelid** niti z očesom ne treniti; **not to** ~ **a finger (to help)** s prstom (niti z mezincem) ne migniti (v pomoč); **to** ~ **the fire** podrezati ogenj; **he never** ~ **s out of house** on se nikoli ne premakne iz hiše, vedno čepi doma; **nobody is** ~ **ring yet** nihče še ni vstal (iz postelje); **to** ~ **heaven and earth** *fig* napeti vse sile; **to** ~ **the heart** ganiti srce; **there is no news** ~ **ring** nobena novica ne kroži; **to** ~ **one's stumps** *coll* hitreje stopiti, pohiteti, podvizati se; **to** ~ **s.o.'s wrath** razjariti, razbesniti koga, spraviti koga v besnost

stir abroad *vi* iti iz hiše

stir up *vt* (dobro) premešati; pretresti; zbuditi, izzvati; **to** ~ **curiosity** zbuditi pozornost; **to** ~ **a liquid** premešati, pretresti tekočino; **to stir s.o. up** ostrašiti koga; **to** ~ **a revolt** izzvati, podnetiti upor; **to** ~ **s.o.** zbuditi koga iz mrtvila; razburiti, razjeziti koga; **to** ~ **strife** podnetiti, razvneti prepir

stir II [stə:] *n sl* zapor, ječa, »luknja«

stir-about [stɔ́:rəbaut] **1.** *a* delaven, zaposlen, prizadeven; razburjen; **2.** *n* prizadevnost, marljivost

stirabout [stɔ́:rəbaut] *n E* ovsena kaša

stirk [stə:k] *n* mlado (enoletno) govedo; *fig* bedak, tepec, »govedo«

stirless [stɔ́:lis] *a* negiben, nepremičen, miren

stirlessness [stɔ́:lisnis] *n* negibnost, nepremičnost, mirnost

stirps, *pl* **stirpes** [stə:ps, -pi:z] *n* družina, veja družine; *jur* začetnik veje družine

stirrer [stɔ́:rə] *n* pobudnik, spodbujevalec; podpihovalec, hujskač; mešalec, kuhalnica; prizadeven, okreten človek; **an early ~** zgodnji vstajalec; **a ~-up of revolt** podpihovalec upora
stirring [stɔ́:riŋ] **1.** *a* (**~ ly** *adv*) vznemirljiv, razburljiv, buren, nemiren; razgiban; delaven, prizadeven; **2.** *n* gibanje, premikanje; razburjenost; delavnost; podpihovanje, ščuvanje; **a ~ speech** govor, ki razvname, navduši; **~ times (events)** burni, razburljivi časi (dogodki)
stirrup [stírəp] *n* streme; *tech* skoba v obliki črke U; *pl naut* vrv z zankami na krajih; **~ oil** *coll hum* udarci, batine; **~ pump** ročna sesalka; **to hold the ~ of s.o.** držati komu streme; **~ cup (glass)** poslovilna čaša vina (pred odhodom) (v sedlu)
stirrup-bar [stírəpba:] *n* skoba v obliki črke U, na kateri je pritrjena stremenica
stirrup-iron [stírəpaiən] *n* streme (brez jermena)
stirrup-leather [stírəpleðə] *n* usnjeni jermen pri stremenu, stremenica
stitch I [stič] *n* vbod (s šivanko); šiv; petlja (pri pletenju); vrsta šivov, vezenja; pletenje, vezenje; *coll* nit, nitka; zbodljaj, bodeča bolečina; spenjanje (knjige); *agr* brazda; **with no ~ on, without a ~ of clothing** popolnoma gol, nag; **a ~ in time saves nine** bolje preprečiti kot pa lečiti; **to drop (to let down) a ~** izpustiti petljo (pri pletenju); **he had not a dry ~ on** ni imel suhe nitke na sebi, do kože je bil premočen, moker kot miš; **I have a ~ in the side** zbada me v boku; **to put a ~ (~es) in** zašiti (rano); **to take up a ~** pobrati pentljo (pri pletenju)
stitch II [stič] *vt* šivati, preši(va)ti, sešiti; vesti (vezem); broširati (knjigo); *vi* šivati, vesti (vezem); **wire-~ ed book** z žico broširana knjiga; **to ~ up** zašiti, zakrpati; skrpati; **to ~ up an artery** zašiti arterijo
stitch III [stič] *n* kos (zemlje, polja), parcela
stitch-book [stíčbuk] *n* brošura, broširan zvezek, nevezana knjiga
stitcher [stíčə] *n* šivalec; šivilja; prešivalni stroj; (knjigoveštvo) spenjalec, spenjalni stroj
stitching [stíčiŋ] *n* šivanje, prešivanje; vezenje; spenjanje; **~ machine** prešivalni stroj; spenjalni stroj; **~ needle** velika igla za prešivanje (odej, vreč itd.); **~ silk** šivalna svila, svila za vezenje; **~ work** šivanje, vezenje, vezenina
stithy [stíði] *n* kovačnica; nakovalo
stiver [stáivə] **1.** *n* droben holandski kovanec; *fig* (počen) groš, para; malenkost; **not a ~** niti groša (pare), nič; **he has not a ~** nima prebite pare; **I don't care a ~** mi je popolnoma vseeno, se požvižgam
St. Luke's summer [sənlú:kssʌmə] *n* čas lepega vremena, ki se pričakuje okrog 18. oktobra; babje poletje, lepi in topli jesenski dnevi
St. Martin's summer [sənmá:tinzsʌmə] *n* toplo vreme okoli Martinovega, Martinovo poletje
stoa, *pl* **~ s, -ae** [stóuə, -i:] *n hist* kolonada, stebrišče; *fig* stoična filozofija, stoicizem
stoat I [stóut] *n zool* hermelin; podlasica
stoat II [stóut] *vt* sešiti (kaj) z nevidnimi šivi
stock I [stɔk] *n com* zaloga (blaga), blago; skladišče; inventar; *econ* glavnica, kapital delniške družbe; osnovni, obratni kapital; fond; pre-

mož</br>enje, imetje, gotovina; *pl* delnice, državne obveznice, državni vrednostni papirji; (kartanje) talon; *agr* inventar, živina; *theat* repertoar, repertoarno gledališče; steber, hlod, klada, opornik, podlaga; gradbeni, stavbni oder; *hist pl* klade (kazen); sramotilni steber; *pl naut* ladjedelnica, gradbišče za ladje, za jadrnice, *obs* štor, panj, hlod, deblo, steblo, cepljeno drevo; *biol* rasa, pleme, rod, poreklo, izvor, družina; jezikovna skupina; orodje; oprema; ročaj, držaj, držalo, ročica, puškino kopito; leseni del orodja, ogrodje pluga; napera, špica na kolesu; *bot* levkoja; surovina; kostna juha; *obs* nogavica; tog, trd ovratnik, pokončen (ženski) ovratnik; cilj, tarča; *fig* bedak, neumnež; **in ~** na zalogi, v skladišču; **on the ~s** v gradnji, v pripravi, v ustvarjanju; **out of ~** ne na zalogi, razprodan; **of noble ~** plemiškega rodu; **~ of anchor** prečka pri sidru; **~ of anvil** klada nakovala; **~ of bit** držaj svedra; **~ on hand** zaloga blaga; **~ s and stones** mrtvi, neživi predmeti; letargične osebe; **bank ~** osnovni kapital banke; **dead ~** orodje, mrtvi inventar; **fat ~** klavna živina; **Government ~ s** državni vrednostni papirji; **joint ~** kapital delniške družbe; **joint-~ company** delniška družba; **laughing ~** predmet posmehovanja; **live ~** (domača) živina, živi inventar (farme); **lock, ~ and barrel** *fig* vse, popolnoma; **paper ~** odpadki, cunje, iz katerih se dela papir; **preference ~** kapital, katerega delnice imajo prednost pri izplačilu dividend; **rolling ~** *rly* vozni park, vagoni; **sale of ~** *com* razprodaja zaloge; **soup ~** osnova juhe (kosti, meso), kostna juha; **to be out of ~** biti na koncu z, zelo malo imeti, biti brez; **to be the laughing ~** biti v posmeh; **to buy ~** kupovati državne vrednostne papirje; **to come of a good ~** izhajati iz dobre družine; **to have in ~** imeti v zalogi, v skladišču; **he has a great ~ of information** on je dobro informiran; **to keep in ~** imeti v zalogi, držati v rezervi; **to lay in (to take in) a ~ of** napraviti si zalogo (česa); **to renew one's ~** obnoviti svojo zalogo; **to take ~** napraviti inventuro, inventirati, popisati blago in zaloge; **to take ~ of** pazljivo motriti, opazovati, oceniti; **to take ~ in** *fig* zanimati se za, ukvarjati se z, pripisovati važnost (čemu); **to water ~** povečati nominalni kapital z izdajanjem delnic brez pokritja
stock II [stɔk] *a com* ki je stalno na zalogi, v skladišču; pripravljen, gotov; *theat* ki je na repertoaru, ki se često uprizarja, predvaja; *fig* ki se vedno ponavlja (uporablja) (izraz); v rabi; stalen, običajen, banalen; stereotipen; *agr* živinorejski, plemenski; **~ aeroplane** serijsko letalo; **~ argument** predmet, o katerem se često govori; **~ clerk** upravnik skladišča; **a ~ farm** živinorejska farma; **a ~ mare** plemenska kobila; **~ phrase** stalna fraza; **~ play** stalno igrana, repertoarna (gledališka) igra; **a ~ size** standardna, normalna velikost; **2.** *adv* kot klada; **he stood ~-still** ni se ganil, stal je kot lipov bog
stock III [stɔk] *vt* založiti, oskrbeti, opremiti (*with* z); imeti (blago) v zalogi, imeti za rezervo, v skladišču; uskladiščiti; vreči (sidro); opremiti (puško) s kopitom, orodje z ročajem (držajem); *hist* vreči (koga) v klade (kazen); posejati, po-

saditi (polje, njivo); ne pomolsti (krave pred prodajo); *vi* (često **up**) založiti se, oskrbeti se (*with* z); *bot* poganjati poganjke, mladike, brsteti; **a well-~ed library** dobro založena knjižnica; **we don't ~ that article** tega artikla ne prodajamo (držimo); **to ~ a lake with trout** nasaditi postrvi v jezeru; **to ~ with inhabitants** obljuditi

stockade [stəkéid] **1.** *n* ograda iz kolov ali lat, palisada; utrdba iz kolov; **2.** *vt* ograditi s koljem, s koli, s palisado; obkoličiti

stock-adventure [stókədvénčə] *n* (borza) špekulacija z delnicami

stock-blind [stókblaind] *a* popolnoma slep

stock-book [stókbuk] *n* skladiščna knjiga, popis izdanega blaga ter blaga v skladišču

stock-breeder [stókbri:də] *n* živinorejec

stockbroker [stókbroukə] *n* borzni mešetar

stockcar [stókka:] *n* živinski vagon

stock-certificate [stóksətífikeit] *n A* delnica

stock-company [stókkʌmpəni] *n A econ* delniška družba; *theat* stalna igralska družina

stockdealer [stókdi:lə] *n* trgovec z živino

stockdove [stókdʌv] *n zool* golob duplar

stocked anchor [stóktæŋkə] *n naut* admiralitetno sidro

stocker [stókə] *n A* pitovna žival (zlasti vol)

stock-exchange [stókiksčeindž] *n* borza vrednostnih papirjev, efektov

stock-fair [stókfɛə] *n* živinski sejem

stock-farm [stókfa:m] *n* živinorejska farma, kmetija

stock-farmer [stókfa:mə] *n* živinorejec, lastnik živinorejske farme

stock-farming [stókfa:miŋ] *n* živinoreja

stock feeder [stókfi:də] *n* pitalec živine; krmilni avtomat (za živino)

stockfish [stókfiš] *n* posušena polenovka

stock-gang [stókgæŋ] *n* žaga jermenica

stock-goods [stókgudz] *n pl com* uskladiščeno blago

stock-holder [stókhóuldə] *n A* delničar; lastnik vrednostnih papirjev; *Austral* lastnik živine

stockinet [stəkinét] *n* elastična tkanina za nogavice, za telesno perilo

stocking [stókiŋ] **1.** *n* dolga nogavica; *fig* prihranki; **a blue ~** *fig* učena ženska z literarnimi ambicijami; **elastic ~s** *med* nogavice za krčne žile; **in one's ~ feet** v nogavicah, sezut; **he stands six feet in his ~s** sezut meri šest čevljev; **2.** *vt* obleči (komu) nogavice; **~ed** (le) v nogavicah, sezut

stocking-frame [stókiŋfreim] *n* pletilni stroj za nogavice

stocking-loom [stókiŋlu:m] *n* glej **stocking-frame**

stockintrade [stókintréid] *n econ* obratna sredstva, obratni kapital; orodje, delovni material

stockish [stókiš] *a* lesen; *fig* butast, zabit, bedast

stock-jobber [stókdžəbə] *n E* mešetar z vrednostnimi papirji; *A* borzni mešetar na veliko; špekulant na borzi

stockjobbery [stókdžəbəri] *n* borzno špekuliranje

stockless [stóklis] *a* brez držaja, toporišča; (puška) brez kopita; *naut* (sidro) brez prečke

stocklist [stóklist] *n com* borzno poročilo

stock-lock [stóklək] *n* zapah, ključavnica z zapahom

stockman, *pl* **-men** [stókmən] *A, Austral* čuvaj živine; živinorejec; *econ A* upravnik skladišča, skladiščnik

stock-market [stókma:kit] *n* borza, tržišče borznih papirjev; borzne špekulacije; borzni tečaji

stock-order [stókə:də] *n com* skladiščni nalog, naročilo

stock-owl [stókaul] *n zool* vrsta sove

stockpile [stókpail] **1.** *n* zaloga, rezerva; **2.** *vt* delati (pripravljati, kopičiti) zaloge (rezerve)

stock-post [stókpoust] *n* plošča, na kateri so zabeleženi borzni tečaji

stock-pot [stókpət] *n* lonec za kuhanje juhe

stock purse [stókpə:s] *n* skupna blagajna

stock-raiser [stókreizə] *n* živinorejec

stock raising [stókreiziŋ] *n* živinoreja

stock-rider [stókraidə] *Austral* pastir, čuvaj čred na konju

stock room [stókrum] *n* skladiščni prostor, skladišče

stock saddle [stóksædl] *n* kavbojsko sedlo

stock-still [stókstil] *a* popolnoma miren, kot ukopan; nepremičen kot kip

stock-taking [stókteikiŋ] *n com* inventura; popis zalog

stock ticker [stóktikə] *n econ* borzni telegraf

stock whip [stókwip] *n Austral* dolg bič s kratkim bičevnikom (za živino)

stockwork [stókwə:k] *n* (rudarstvo) nadstropje

stocky [stóki] *a* (**stockily** *adv*) čokat, tršat; *bot* (ki ima) močno deblo

stock-yard [stókja:d] *n* ograda (obor), kjer biva živina začasno

stodge [stədž] **1.** *n* težka jed, obilen obrok, gostija; *sl* požrtija; požeruh; **2.** *vt & vi sl* nabasati (želodec), pošteno se najesti, napokati se, prenajesti se; **to ~ one's stomach** nabasati si želodec

stodginess [stódžinis] *n* dolgočasnost; prenatrpanost, preobloženost

stodgy [stódži] *a* (**stodgily** *adv*) (hrana) težak, nasitljiv, neprebavljiv; tršat, žilav, debel; nezanimiv, dolgočasen, banalen, pust, plehek

stoop [stu:p] *n* (Južna Afrika) veranda

stogie, stogy [stóugi] **1.** *n A* štorkljast (težak) čevelj; tanka dolga cenena cigara; **2.** *a coll* težak, okoren

stoic [stóuik] **1.** *n* ravnodušen (neomajen, hladnokrven) človek, stoik; **S~** *phil* stoik; **2.** *a* ravnodušen, stoičen; **S~** *phil* stoičen

stoical [stóuikəl] *a* (**~ly** *adv*) ravnodušen, miren, stoičen; **S~** *phil* stoičen; **a ~ sufferer** stoičen trpin (bolnik)

Stoicism [stóuisizəm] *n phil* stoicizem; **s~** ravnodušnost, stoičnost

stoke [stóuk] **1.** *vt* bezati, drezati, vzdrževati (ogenj) (često **up**), nalágati (na ogenj), kuriti (peč); *fig* netiti (sovraštvo); natrpati, nabasati (koga) (s hrano); **2.** *vi* kuriti, biti kurjač; *coll* basati se s hrano, hitro jesti, goltati; **to ~ o.s.** dobro se najesti, nabasati se; **he makes a living by stoking** služi si kruh kot kurjač; **to ~ up** *sl* z apetitom jesti

stokehold [stóukhould] *n* kurilnica (na ladji)

stoke-hole [stóukhoul] *n* glej **stokehold**; luknja pri peči

stoker [stóukə] *n* kurjač; **automatic ~, mechanical ~** *tech* naprave za avtomatsko kurjenje

stole I [stóul] *n eccl* štola; ženski krznen ovratnik, štola

stole II [stóul] *pt* od **to steal**

stoled [stóuld] *a* ki nosi štolo

stolen [stóulən] *pp* od **to steal**

stolid [stólid] *a* (~**ly** *adv*) bedast, neumen; top, brezbrižen, ravnodušen, flegmatičen, neobčutljiv, pasiven, trmast

stolidity [stəlíditi] *n* topost, neobčutljivost, ravnodušnost, flegma, pasivnost

stolidness [stólidnis] *n* glej **stolidity**

stomach I [stʌmək] *n* želodec; trebuh; *fig* apetit, tek, poželenje po jedi; *fig* želja, nagnjenje (*for* k, za); razpoloženje; *obs* hrabrost, pogum, srčnost; **on an empty ~** na tešče; **high ~, proud ~** *fig* ošabnost, nadutost, domišljavost; **my ~ rises** slabo mi postaja, vzdiguje se mi; **to give a ~** dati ali napraviti tek (apetit); **that goes against my ~** to se mi upira (studi, gabi); **to have no ~ for** ne imeti poguma (želje, teka); **I had no ~ for my dinner** večerja mi ni dišala; **it lies heavy on my ~** težko mi leži na želodcu; **to stay one's ~** (začasno) si utešiti lakoto; **to stick in one's ~** *fig coll* čutiti odpor (stud, gnus) (do); **to turn s.o.'s ~** želodec komu obračati, povzročiti komu stud (gnus)

stomach II [stʌmək] *vt* (po)jesti (s tekom), pogoltniti, prebaviti; *fig* prenašati, (pre)trpeti (žalitev); sprijazniti se z; *obs* biti užaljen, jezen; **I can't ~ criticism** ne prenesem kritike; **to ~ an insult (an affront)** *fig* požreti žalitev

stomach-ache [stʌməkeik] *n* bolečine, zvijanje v želodcu (trebuhu), kolika

stomachal [stʌməkəl] *a* želodčen

stomacher [stʌməkə] *n hist* steznik; oprsnik, naprsna ruta; (boksanje) udarec v želodec

stomachful [stʌməkful] *n* poln želodec; zadostna količina; *fig* kolikor si kdo poželi

stomachic [stəmækik] **1.** *a* (~**ally** *adv*) želodčen; pospešujoč, zbujajoč tek; **2.** *n* lek za želodec

stomachless [stʌməklis] *a* brez želodca; (redko) brez apetita (teka)

stomach-worm [stʌməkwə:m] *n zool* navadna glista; **the ~ gnaws** želodec mi kruli

stomachy [stʌməki] *a E dial* debelušen; *fig* ošaben, ohol; občutljiv, razdražljiv; trmast

stomatology [stəmətólədži] *n* stomatologija, nauk o boleznih v ustni votlini

stone I [stóun] **1.** *n* kamen; drag kamen; koščica (sadja), peška; zrno toče; *med* (ledvični, žolčni, v mehurju) kamen; utežna mera (14 funtov, 6,35 kg); (spominski, mejni, nagrobni) kamen; brus, osla; mlinski kamen; *pl vulg* modo; **a ~ of cheese** 7,26 kg sira; **a ~ of meat (fish)** 3,63 kg mesa (rib); **~'s throw (cast)** daljava, do katere se lahko vrže kamen; lučaj, domet kamna; majhna oddaljenost; **artificial ~** cement; **Cornish ~** kaolin; **gall ~** *med* žolčni kamen; **grave ~** nagrobni kamen; **grind ~** mlinski kamen; **hearth ~** kamnito podnožje ognjišča; **holy ~** mehak peščenec za čiščenje palube; **meteoric ~** meteorit; **mile ~** miljnik; mejnik; **paving ~** tlakovalna kocka; **philosophers' ~** kamen modrih; **precious ~** dragulj; majav kamen; **rocking ~** valeč se kamen, *fig* nestanoviten človek; **the Stone Age** kamena doba; **shower of**

~s ploha, dež kamenja; **stocks and ~s** nežive stvari; **to break ~s** tolči, drobiti, razbijati kamenje; **to cast (to throw) ~s at s.o.** obmetavati koga s kamenjem, *fig* zmerjati, sramotiti, grajati, obrekovati koga; **~s will cry out** *fig* krivica, ki vpije v nebo; **to be cut for the ~** biti operiran zaradi (žolčnega, ledvičnega itd.) kamna; **some of the ~s were the size of a pigeon's egg** nekaj zrn toče je bilo velikosti golobjega jajca; **to give a ~ and a beating** *sp coll* z lahkoto premagati; **a rolling ~ gathers no moss** *fig* goste službe, redke suknje; **to give a ~ for bread** *fig* posmehovati se, namesto da bi pomagali; nuditi nesprejemljivo pomoč; **to harden into ~** okamneti (tudi *fig*); **to kill two birds with one ~** ubiti dve muhi z enim udarcem; **not to leave a ~ standing** ne pustiti kamna na kamnu; **to leave no ~ unturned** *fig* vse poskušati, vse možno napraviti; **those who live in glass-houses should not throw ~s** naj ne grajajo tisti, ki sami niso brez graje; kdor druge kritizira, se sam izpostavlja kritiziranju; **to mark with a white ~** z belo kredo (v dimniku) zapisati, obeležiti (dan) kot važen (slavnosten, prazničen); **2.** *a* kamnit; lončen; **~ mug** lončen vrček

stone II [stóun] *vt* kamnati, obmetavati s kamenjem; odstraniti koščico (pri sadju); ograditi, obložiti s kamnom; tlakovati, zgraditi iz kamenja; (na)brusiti, polirati, (z)gladiti; *obs* spremeniti (se) v kamen; **to ~ to death** do smrti kamnati

Stone Age [stóuneidž] *n* kamena doba

stone ax(e) [stóunæks] *n* kladivo za kamen; kamnita sekira

stone-bed [stóunbed] *n* kamnita podlaga

stone-blind [stóunblaind] *a* popolnoma slep

stone-boat [stóunbout] *n A* smuke, vlačuge za prevoz kamenja

stone bramble [stóunbræmbl] *bot* skalna robida

stone-breaker [stóunbreikə] *n* (delavec) drobilec kamenja; *tech* stroj za lomljenje, drobljenje kamenja

stone brick [stóunbrik] *n* šamotna opeka

stone-broke [stóunbrouk] *a sl* brez prebite pare, »suh kot poper«

stone-buck [stóunbʌk] *n zool* južnoafriška antilopa

stonecast [stóunka:st] *n* daljava, do katere se lahko vrže kamen; lučaj, domet kamna; majhna oddaljenost

stonechat [stóunčæt] *n* črnoglavi prosnik (ptič)

stone-coal [stóunkoul] *n* antracit

stone-cold [stóunkould] *a* mrzel ko kamen, leden, čisto mrzel

stonecrop [stóunkrəp] *n bot* grobeljnik; bradavičnik; homulica

stone crusher [stóunkrʌšə] *n tech* drobilec kamenja

stonecutter [stóunkʌtə] *n* kamnosek, klesar; rezalni stroj za kamen

stonecutting [stóunkʌtiŋ] *n* kamnoseštvo

stone-dead [stóunded] *a* popolnoma mrtev

stone-deaf [stóundef] *a* popolnoma gluh, gluh kot kamen

stone-dresser [stóundresə] *n* klesar

stone-fence [stóunfens] *n* kamnita ograja; *A sl* mešana alkoholna pijača (zlasti whisky z jabolčnikom); *sl* pivo

stone-flagged [stóunflægd] *a* tlakovan (s kamni)
stone fox [stóunfɔks] *n zool* polarna, bela lisica
stone-fruit [stóunfru:t] *n* koščičasto sadje, sadje s koščico (peško)
stonegall [stóungɔ:l] *n geol* kepa (gruda) ilovice v peščeniku; *zool* postovka
stonehearted [stóunha:tid] *a* trdosrčen
stone-horse [stóunhɔ:s] *n arch* žrebec
stone jug [stóundžʌg] *n* lončen vrč; *sl* zapor, ječa, »luknja«
stoneless [stóunlis] *a* ki je brez koščic (sadje); ki je brez kamenja
stoneman, *pl* **-men** [stóunmən] *n* izdelovalec brusov; (glej **cairn**) zloženo kamenje kot znak za mejo ali za grob
stone marter [stóunma:tə] *n zool* kuna belica
stone mason [stóunmeisn] *n* klesar; zidar (s kamenjem)
stone mill [stóunmil] *n tech* drobilec (kamenja)
stonen [stóunən] *a obs* kamnit
stone oak [stóunouk] *n bot* beli hrast
stone oil [stóunɔil] *n* kameno olje, petrolej
stone pit [stóunpit] *n* kamnolom
stoner [stóunə] *n* zidar; kamenalec; pobiralec koščic iz sadja
stone-quarry [stóunkwɔri] *n* kamnolom
stone saw [stóunsɔ:] *n tech* kamnoseška žaga
stone-shot [stóunšɔt] *n* lučaj kamna (s pračo); kamnita krogla
stone's throw [stóunzθrou] *n* lučaj kamna; *fig* kratka oddaljenost
stone-still [stóunstil] *a* čisto tih, molčeč kot kamen; negiben, popolnoma miren
stone wall [stóunwɔ:l] *n* zid iz kamna
stone-wall [stóunwɔ:l] *vi* (cricket) igrati le v obrambi; *Austral pol sl* obstruirati; *vt Austral pol sl* zrušiti z obstrukcijo (*a motion* predlog)
stone-waller [stóunwɔ:lə] *n* (cricket) igralec v obrambi; *Austral pol sl* obstrukcionist
stone-ware [stóunwɛə] *n* lončenina, beloprstena posoda (iz kremenaste gline)
stone-work [stóunwɔ:k] *n* kamnoseštvo; keramična tovarna
stoniness [stóuninis] *n* kamnitost; *fig* trdota, brezčutnost, brezsrčnost
stoning [stóuniŋ] *n* kamnanje
stonk [stɔŋk] *n mil sl* težko bombardiranje
stonker [stóŋkə] *vt mil sl* razrušiti; premagati; pobiti
stony [stóuni] **1.** *a* (**stonily** *adv*) kamnit, okamenel, iz kamna, poln kamenja; poln koščic (o sadju); *fig* trd, negiben, trdosrčen, krut; **a ~ heart** srce iz kamna; **a ~ stare** mrzel pogled; **2.** *adv*; **~ broke** glej **stone-broke**
stony-hearted [stóunihá:tid] *a* trdosrčen, brezčuten, okruten
stood [stud] *pt & pp* od to **stand**
stooge [stu:dž] **1.** *n* predmet posmehovanja; lutka, marioneta, orodje v tujih rokah; trpin za tuje grehe; pomočnik, pomagač; **2.** *vi* biti pomočnik ali učenec; *aero* patruljirati vedno nad istim področjem
stook [stuk] *n* sklad ali kopica snopov; kopica snopov na polju
stool [stu:l] *n* stol brez naslonila, stolček; pručica, trinožniček, klečalnik; *med* stolica; stranišče;

panj (štor) s poganjki; kos lesa, na katerega se pritrdi vaba v obliki ptice; *archit* prag pri oknu; **camp ~** prenosen, zložljiv stol; **folding ~** zložljiv stol; **music ~** stolček pri klavirju; **night ~** *med* sobno stranišče; **office ~** visok pisarniški stol; **to fall between two ~s** usesti se, priti med dva stola, *fig* ne uspeti, spodleteti; **to go to ~** *med* iti na stolico (na stran); **2.** *vi bot* poganjati mladike; *obs* iti na stolico; *A* pustiti se privabiti (o ptičih)
stool-pidgeon [stú:lpidžən] *n* ptič, ki rabi za vabo; *fig* vaba; *sl* vohljač, vohavt, denunciant; *A sl* komar (pri kartanju)
stoop I [stu:p] **1.** *n* sključena drža ali hoja; pripognjenost, sključenost gornjega dela telesa; bliskovit napad (z višine) (ptiča) (*on, at* na); **2.** *vi* skloniti se, pripogniti se, sključiti se, zgrbiti se, imeti upognjeno držo, sključeno hoditi; *obs & poet* bliskovito planiti na, napasti (*at, on* na) (o pticah); *fig* vreči se, planiti (*on* na); *fig* podvreči se, popustiti, biti ponižen, ponižati se, blagovoliti; *vt* skloniti (glavo); nagniti (sod); (redko) ponižati, potlačiti; **to ~ from age** biti sključen od starosti; **to ~ to conquer** ponižati se, da bi zmagali; doseči cilj ali premoč s ponižnostjo
stoop II [stu:p] *n A* odprta veranda; nepokrit, raven prostor pred hišo; hodnik pred vežnimi vrati, preddurje, pridvor
stoop III [stu:p] *n* glej **stoup** čaša, kupa, vrč; kropilnica
stooper [stú:pə] *n* grbavec; sključen hodec
stooping [stú:piŋ] *a* (**~ ly** *adv*) sklonjen, pripognjen, sključen
stop I [stɔp] **1.** *n* ustavitev, prekinitev, prestanek, pavza, zastoj, konec; ustavljanje, mirovanje, bivanje, pomuda, čas bivanja; postaja, postajališče; gostišče; zapora, blokiranje, ovira; aretacija; naprave za zapiranje; *phot* zaslonka; *mus* sprememba višine tona, ki nastane s pritiskom na struno ali žico; (orgelski) register, *fig* register; luknja, poklopec (pri pihalih); *gram* ločilo, interpunkcija; *phon* zapornik (soglasnik); *fig* način govora; **without a ~** brez ustavljanja; **full ~** pika; **to be at a ~** biti ustavljen, stati, ne moči naprej (dalje); **to bring to a ~** ustaviti; **to come to a full (dead) ~** popolnoma se ustaviti (prenehati, ponehati); **to get out at the next ~** izstopiti na prihodnjem postajališču; **to make a ~** ustaviti se; **to leave out a ~** izpustiti ločilo; **to pull out all the ~s to save s.o.** z vsemi sredstvi poskušati koga rešiti; **to put a ~ to s.th.** ustaviti kaj, napraviti konec čemu; **to put a ~ on s.th.** zadržati, ustaviti kaj, zapleniti kaj; **he put on the pathetic ~** udaril je na patetično struno, prešel je v patetičen ton
stop II [stɔp] **1.** *vt* ustaviti, zaustaviti; prekiniti, ovirati, zadrževati; prenehati s čim; zamašiti (z zamaškom), začepiti (često *up*), zatesniti; plombirati (zob); zapolniti, zapreti, ustaviti (krvavenje itd.); zastavljati, zadrževati (promet); prestreči, odbiti, parirati (udarec); odtrgati, zadržati, prikrajšati (plačo, podporo itd.); zapreti (plin, paro, vodo); odvrniti (*from* od); *naut* privezati (ladjo); *gram* označiti z ločili, staviti interpunkcijo, ločila; *mus* pritisniti na (žico, struno), spremeniti višino tona s pritiskom na

struno; udušiti (glas); **2.** *vi* ustaviti se, obstati; *coll* ostati (v postelji, pri kom itd.), biti na obisku; nastaniti se (*with s.o.* pri kom); (pre)-nehati, prekiniti se, napraviti prekinitev (od-mor, pavzo), pavzirati; zamašiti se (cev); **a badly spelt and badly ~ped letter** pismo, polno pravo-pisnih in interpunkcijskih napak; **~ thief!** pri-mite tatu!; **to ~ in bed** ostati v postelji; **to ~ a blow** odbiti, parirati udarec; **to ~ a blow with one's head** *joc* dobiti udarec po glavi; **to ~ s.o.'s breath** sapo komu zapreti; zadušiti koga; **to ~ a bullet** *sl* biti zadet od krogle, biti ustre-ljen; **to ~ a car** ustaviti, stopati avto; **to ~ a cheque** prepovedati izplačilo čeka; **to ~ dead (short)** nenadoma se ustaviti, obstati kot uko-pan; **to ~ doing s.th.** prenehati s čim; **shall you ~ for dinner?** boste ostali na večerji?; **to ~ one's ears** (za)mašiti si ušesa, *fig* ne hoteti sli-šati; **to ~ a gap** zamašiti vrzel (luknjo), nado-mestovati v potrebi; **I am going to ~ a few days** zaustavil se bom nekaj dni; **to ~ s.o.'s mouth** zamašiti komu usta; **do ~ that noise!** nehajte vendar s tem hrupom (ropotom)!; **~ your nonsense!** dovolj je vaših neumnosti!; **he'll ~ at nothing** on se ničesar ne ustraši; **to ~ payment** ustaviti plačilo; **to ~ running** nehati teči; **he ~ped me from speaking** preprečil mi je, da bi povedal svoje mnenje; **he never ~s to think** nikoli si ne vzame časa, da bi premislil (za premislek); **to ~ a tooth** plombirati zob; **my watch has ~ped** ura se mi je ustavila; **to ~ the way** zastaviti, zapreti pot, ovirati napredovanje; **to ~ work** ustaviti delo; **to ~ a wound** ustaviti krvavitev rane
stop away *vi* ne priti, ne se pridružiti drugim, izostati
stop behind *vi* zaostati; ne oditi z drugimi
stop down *vt phot* zmanjšati zaslonko
stop in *vi* ostati doma
stop off *vi* A prekiniti potovanje (za krajši čas); zaustaviti se (za kratek čas); *vt* napolniti s pes-kom (del kalupa, ki se ne bo uporabil)
stop on *vi* (dalj) ostati
stop out *vi* izostati, izostajati; prenočiti zunaj doma; *vt print* prevleči z zaščitno prevleko dele, ki jih ne sme nagristi kislina
stop over *vi* A prekiniti potovanje, zaustaviti se
stop up *vt* začepiti, zabasati, (za)ustaviti, zadržati; *vi* ostati buden (pokonci, na nogah); zamašiti se (cev)
stop-cock [stópkɔk] *n* pipa (za zapiranje vode itd.)
stop drill [stópdril] *n tech* vrsta svedra
stope [stóup] *n* stopnica v rovu
stop-gag [stópgæg] **1.** *n* začasno nadomestilo ali zamenjava, pomoč v sili, mašilo (v sili); **2.** *a* zasilen, pomožen
stop-go sign [stópgousain] *n* prometna luč
stopless [stóplis] *a* neustavljiv, nezadržljiv
stop-light [stóplait] *n* rdeča prometna (signalna) luč; *mot* zadajšnja luč, ki se prižge, ko pritis-nemo na zavoro
stop-off [stópɔf] *n* fakultativen postanek med po-tovanjem
stop-order [stópɔ:də] *n com* nalog za ustavitev iz-plačila (čeka itd.); nalog za prepoved (za vložno knjižico)

stop-over [stópouvə] *n* A prekinitev potovanja; vmesni pristanek
stoppage [stópidž] *n* ustavitev; zamašitev; zadrže-vanje, bivanje; zapreka, ovira, (prometni) za-stoj; blokiranje; prekinitev, ustavljanje, miro-vanje; odbitek (od plače), odtegljaj; *jur* areta-cija (potnika); ustavitev plačil; *med* zaprtje, za-mašitev (organa)
stopper [stópə] **1.** *n* mašilec; zamašek, čep; ovira; *naut* zapirač (na vrvi); **to put a ~ on s.th.** (za)ustaviti kaj; **2.** *vt* začepiti, zamašiti (z za-maškom)
stopping [stópiŋ] **1.** *n* ustavitev, prekinitev; zama-šitev; *med* material za plombo, plomba, plom-biranje; *gram* stavljanje ločil; **2.** *a;* **~ place** postaja(lišče); **~ train** osebni vlak
stopple [stɔpl] **1.** *n* čep, (lesen) zamašek, veha; **2.** *vt* začepiti, zamašiti (z zamaškom)
stop-press [stóppres] *n* stolpec v časopisu (za zad-nje, najnovejše vesti)
stop-watch [stópwɔč] *n* (ura) stoparica
storable [stó:rəbl] *a* uskladiščljiv; ki se da shraniti za rezervo; **~ fruits** sadje v skladišču
storage [stóridž] *n* uskladiščenje, hranitev; shram-ba, depó; skladiščnina; **cold ~** hranitev v pro-storih z umetnim hlajenjem; **to keep in cold ~** hraniti na hladnem, v hladilniku
storage-battery [stóridžbætəri] *n el* akumulator; sekundarna baterija
store I [stɔ:] *n* skladišče; zaloga; shramba, kašča; *pl* trgovina, v kateri lahko kupujejo le njeni člani (npr. **Army & Navy ~**); vojno, pomorsko itd. skladišče, vojne zaloge, proviant; veleblag-govnica, ki prodaja raznovrstno blago; mno-žina, količina, obilje; *fig* zakladnica; A proda-jalna, trgovina; živina za rejo; **in ~** v zalogi, v skladišču, v rezervi; pripravljen; **a ~ of know-ledge** veliko znanje; **book ~** knjigarna; **co--operative ~s** zadruga; **military ~s** vojni material; **a sweet ~** slaščičarna; **to have in ~ for** imeti pripravljeno za; **what does the future hold in ~ for us?** kaj nam bo prinesla bodoč-nost?; **a surprise is in ~ for you** čaka vas pre-senečenje; **my ~s are getting low** moje zaloge gredo h kraju, usihajo; **to keep in ~** držati v rezervi; **to set great (little) ~ by** zelo (malo) ceniti, pripisovati veliko (majhno) vrednost (čemu)
store II [stɔ:] *vt* hraniti v skladišču, uskladiščiti; nakopičiti, shraniti za rezervo, pripraviti zalogo, oskrbeti s potrebščinami (živili); opremiti, oskr-beti (*with* z); pospraviti (letino); moči sprejeti ali vsebovati (za uskladiščenje); **to ~ the crop** uskladiščiti letino; **the harvest has been ~d** žetev je bila pospravljena; **I shall ~ my furniture** dal bom svoje pohištvo v skladišče; **he has a well-stored memory** ima zelo obsežen spomin (znanje); **to ~ up** nakopičiti, dati nastran (v re-zervo); **to ~ up money** hraniti denar
store-clothes [stó:klouðz] *n pl* A konfekcijska ob-lačila
store-house [stó:haus] *n* skladišče; kašča; *fig* za-kladnica; **he is a ~ of information** on je zaklad-nica znanja, on je živ leksikon
store-keeper [stó:ki:pə] *n* skladiščnik; A lastnik trgovine ali prodajalne

store-owner [stɔ́:rounə] *n* prodajalnar, trgovec

storer [stɔ́:rə] *n* skladiščnik

store-room [stɔ́:rum] *n* shramba

store-ship [stɔ́:šip] *n* oskrbovalna ladja

storey, *A* **story** [stɔ́:ri] *n* nadstropje; **the upper** ~ *sl fig* glava, možgani; **he is wrong in the upper** ~ *sl* v njegovi glavi ni vse v redu

-storeyd, -storied [stɔ́:rid] *a* -nadstropen; **a five-**~ **house** petnadstropna hiša

storey post [stɔ́:ripoust] *n archit* opornik

storiated [stɔ́:rieitid] *a* (umetniško) okrašen

storiation [stɔ:riéišən] *n* umetniški okras, okrasitev

storied [stɔ́:rid] *a* zgodovinsko znamenit, zgodovinski, slaven; okrašen s slikami iz zgodovine

storiette [stɔ:riét] *n* zgodbica, povestica

storiology [stɔ:riɔ́lədži] *n* veda o pravljicah, pripovedkah

stork [stɔ:k] *n* štorklja, štrk; ~**'s bill** *bot* pelargonija; čapljevec

storm I [stɔ:m] *n* nevihta (tudi *fig*), vihar, neurje, huda ura, močan veter; naliv, toča, snežni vihar; *fig* burja; hrup, hrušč, direndaj, vpitje, razburjenje; *mil* napad (na utrdbo), juriš; ~ **and stress** *lit* Sturm und Drang, čas vrenja idej in nemirov; **a** ~ **of abuse** ploha psovk, žalitev; **a** ~ **of applause** vihar odobravanja; **a** ~ **of bullets** toča krogel; **a** ~ **in a teacup** vihar v kozarcu vode, *fig* mnogo vika, veliko razburjenje zaradi malenkosti, za nič; **a time of** ~ **and stress** razburkana doba; **to stir up a** ~ dvigniti vihar; **to take by** ~ zavzeti z jurišem (tudi *fig*); **after** ~ **comes a calm** za dežjem pride sonce

storm II [stɔ:m] *vi* besneti, divjati (veter), razsajati; besneti (*at s.o.* na koga); močno deževati (snežiti); planiti; *mil* napasti (z artilerijo); *vt* zavzeti z jurišem, jurišati na (tudi *fig*); jezno zavpiti (besedo itd.); **it** ~**ed all day** ves dan je divjal (razsajal) vihar; **he** ~**ed out of the room** oddivljal (planil) je iz sobe

storm-beaten [stɔ́:mbi:tn] *a* šiban (pobit, potolčen) od viharja

storm-belt [stɔ́:mbelt] *n* področje s pogostimi viharji

storm-bound [stɔ́:mbaund] *a* ki zaradi viharja ne more izpluti iz pristanišča ali nadaljevati potovanje (ladja, potniki)

storm cellar [stɔ́:mcelə] *n A* podzemeljsko zaklonišče proti (vrtinčastim) viharjem, tornadom

storm-centre [stɔ́:msentə] *n* središče, center nevihte, viharja; *fig* središče nereda, nemirov, upora itd.

storm-cloud [stɔ́:mklaud] *n* nevihten oblak (tudi *fig*)

storm door [stɔ́:mdɔ:] *n* dvojna vrata (proti neurju)

stormer [stɔ́:mə] *n mil* naskakovalec; jurišnik

stormful [stɔ́:mful] *a* viharen; buren

stormfulness [stɔ́:mfulnis] *n* viharnost; burnost; silovitost

storming [stɔ́:miŋ] *n* naskok, juriš, zavzetje v jurišu; besnenje, razsajanje, divjanje; ~ **party** *mil* jurišni oddelek

stormless [stɔ́:mlis] *a* ki je brez neviht, viharjev; **a** ~ **summer** poletje brez neviht

stormproof [stɔ́:mpru:f] *a* varen, zaščiten pred viharjem

storm-tossed [stɔ́:mtɔst] *a* premetavan od viharja

storm window [stɔ́:mwindou] *n* dvojno (zimsko) okno; stoječe strešno okno

stormy [stɔ́:mi] *a* (**stormily** *adv*) nevihten, viharen, ki napoveduje nevihto (vihar); razburkan, buren; besen, divji; *fig* silovit, nagle jeze, togoten; **a** ~ **sea** razburkano morje; **a** ~ **debate** burna debata

story I [stɔ́:ri] **1.** *n* zgodba, pripoved, povest; zabavna zgodba, anekdota; pripovedka, bajka; *obs* zgodovina, historiat; legenda; verzija; fabula, dejanje (romana), zaplet (drame); *coll* laž, izmišljotina; lažnivec; *lit* junaška pesem, saga; **according to your** ~ po tem, kar vi pripovedujete, po vaši verziji; **always the old** ~ *fig* vedno ista zgodba (pesem); **the Caruso** ~ zgodba o Carusu; **cock-and-bull** ~ otročja izmišljotina; **the** ~ **of my life** moji doživljaji, moje življenje; **a funny** ~ zabavna, smešna zgodba; **oh you** ~! o ti lažnivec!; **nursery** ~ otroška bajka, pravljica; **short** ~ novela; **but that is another** ~ toda to je (že) druga zgodba; **it is quite another** ~ **now** *fig* to je zdaj nekaj čisto drugega; **the** ~ **goes that . . .** govori se, pravijo, da . . .; **to make (to cut) a long** ~ **short** na kratko povedano, da na kratko povem; **don't tell stories!** ne izmišljaj si stvari!, ne govori laži!; **you have been telling me a** ~ eno si mi natvezel; **2.** *vt* okrasiti z zgodovinskimi ali legendarnimi scenami; *vi* pripovedovati

story II [stɔ́:ri] *n* glej **storey** nadstropje

story-book [stɔ́:ribuk] *n* knjiga pripovedk, pravljic

story-teller [stɔ́:ritelə] *n* pripovednik; pripovedovalec zgodb, anekdot; *fig* lažnivec

story-telling [stɔ́:riteliŋ] *n* pripovedovanje (zgodb); umetnost pripovedovanja

stosh [stɔš] *n* ribji odpadki

stound [stáund] **1.** *n* ostra, huda bolečina, zbodljaj; *obs* trenutek, kratek čas; **2.** *vi* občutiti hudo bolečino; (za)boleti

stoup [stu:p] *n obs* čaša, kupa, vrč; *Sc* vedro; *eccl* kropilnica

stour [stúə] *n obs* boj; prepir, razburjenje, hrušč, vihar

stout I [stáut] *n* močno temno pivo; korpulentna oseba; (često *pl*) obleka za korpulentne osebe

stout II [stáut] *a* (~**ly** *adv*) debel, močan, rejen, krepak, korpulenten; pogumen, srčen, neustrašen; vztrajen, stanoviten, odločen; vzdržljiv (konj); trajen (o stvareh); **a** ~ **heart** junaško srce; srčnost, hrabrost; ~ **paper** debel (močan) papir; ~ **resistance** močan odpor; **he is getting** ~ postaja debel, redi se

stouten [stáutn] **1.** *vt* napraviti debelo (močno); **2.** *vi* odebeliti se, zrediti se; postati močan, okrepiti se

stout-hearted [stáutha:tid] *a* (~**ly** *adv*) pogumen, neustrašen, srčen, junaški, odločen

stoutish [stáutiš] *a* precéj debel, debelušen, korpulenten

stoutness [stáutnis] *n* debelost, rejenost, korpulentnost; hrabrost, srčnost, možatost; vztrajnost, trajnost; zakrknjenost; moč, krepkost, čvrstost, jakost; *obs* ošabnost, trma, kljubovalnost

stove I [stóuv] **1.** *n* peč; štedilnik; grelna naprava, toplovod; kurjen (zimski) rastlinjak, topla greda; **gas-**~ (**oil-**~) plinski (petrolejski) štedilnik (peč)

stove II [stóuv] *pt & pp* od **to stave**

stove grate [stóuvgreit] *n* mreža (rešetka) pri kaminu
stovemaker [stóuvmeikə] *n* pečar; tovarnar peči
stove-pipe [stóuvpaip] *n* pečna cev; ~ **hat** *A* cilinder (pokrivalo)
stover [stóuvə] *n agr* (koruzna itd.) slama (za krmo živini)
stow [stóu] *vt & vi* naložiti, natovoriti; natrpati (*with* z); zlágati, skladati (blago); *sl* prenehati (s čim); skriti; **to ~ a wag(g)on** naložiti vagon; ~ **that nonsense!** nehaj s to neumnostjo!; ~ **that!**, ~ **it!** nehaj s tem!; **to ~ away** *vt* pospraviti, dati (na) stran; *vi* potovati kot slepi potnik
stowage [stóuidž] *n* nakladanje, tovarjanje, zlaganje tovora; *naut* prostor za tovor; pristojbina za nakladanje, nakladarina
stowaway [stóuəwei] *n naut* slepi potnik; shramba, (s)hranjeno blago
strabismal, -mic(al) [strəbízməl, -mik(l)] *a* škilav, škilast
strabismus [strəbízməs] *n* škilavost, škiljenje; **cross-eyed (wall-eyed)** ~ škilavost, pri kateri zenice gledajo navznoter (navzven)
Strad [stræd] *n coll* za **Stradivarius**
straddle [strǽdl] **1.** *n* razkoračena drža (hoja, sedenje); jahanje z razkrečenimi nogami, kobaljenje; *fig* izogibanje, neodločeno zadržanje; *econ* arbitraža; **2.** *vi* razkrečiti se, razkoračiti se; hoditi (jahati, sedeti) z razkoračenimi nogami; stegovati se; *fig* biti neodločen, držati z obema strankama; *econ* opravljati arbitražo; *vt* razkrečiti (noge); zajahati, okobaliti; (karte) podvojiti (vložek); *naut mil* streljati z granatami pred in izza cilja; **to ~ a horse** zajahati konja; **to ~ an issue** *fig* izogibati se problemu
Stradivarius [strædivériəs] *n* Stradivarij; *fig* Stradivarijeva violina
strafe [stra:f] **1.** *n* napad; topovski ogenj; *sl* kazen; **2.** *vt* napasti (iz zraka), bombardirati; uporabiti ostrostrelce (proti komu); *sl* kaznovati
strafer [strá:fə] *n sl* napadalec (iz zraka)
straggle [strǽgl] *vi* pohajkovati brez cilja, kolovratiti, postopati; oddaljiti se, zaiti, zabloditi; razkropiti se; raztreseno ležati; *bot* bohotno (bujno, divje, nepravilno) rasti, divje se razrasti; pojavljati se mestoma; *fig* zaviti s prave poti; oddaljiti se od glavne teme
straggler [strǽglə] *n* potepuh; zaostajalec; *bot* divji poganjek; *naut* v konvoju zaostajajoča ladja
straggling [strǽgliŋ] *a* (~ *ly adv*) blodeč, potikajoč se; zaostajajoč; raztresen(o ležeč); razvlečen; ~ **houses** raztresene hiše; ~ **money** *naut mil* globa za odsotnost brez odobrenega dopusta; nagrada za ujetje dezerterjev
straggly [strǽgli] *a* glej **straggling**
straight I [stréit] *a* raven, prem, premočrten; gladek (lasje); resen (obraz); pokončen; urejen, v redu, reden, na pravem mestu, v pravi višini; simetričen; direkten, neposreden; *fig* odkrit, pošten, iskren, preprost, nekompliciran; *coll* zanesljiv, resničen (poročilo); dosleden; *A sl* brezkompromisen; pravi, neponarejen, nepopačen, neizkrivljen, dobljen iz prvega vira; popoln; nerazredčen, čist brez vode (whisky itd.); **as ~ as an arrow** raven kot sveča; **in a ~ line** v premi, ravni črti; ~ **angle** iztegnjeni kot (180°); ~

arch lok v obliki obrnjene črke V; **a ~ back** raven, neukrivljen (negrbast) hrbet; ~ **eye** (dobra) mera na oko; ~ **face** negiben, resen obraz; **a ~ fight** poštena (nedogovorjena) borba; ~ **hair** gladki lasje; **a ~ hit** direkten zadetek; **a ~ knee** ravno, neupognjeno koleno; ~ **legs** ravne noge; **a ~ novel** navaden (nekriminalen) roman; ~ **line** *math* premica; ~ **speaking** odkrito govorjenje; **a ~ tip** *sl* zanesljiv namig (nasvet), informacija iz prvega (zanesljivega) vira; **a ~ path** ravna, prema steza; **a ~ race** dirka, v kateri se udeleženci na vse pretege trudijo za zmago; **a ~ Republican** *A sl* brezkompromisen republikanec, republikanec skoz in skoz; **the ~ ticket** *A* pravi, uradni program stranke; **accounts are ~** računi so v redu; **is everything ~?** je vse v redu?; **to keep a ~ face** resno se držati, zadržati smeh; **to keep s.o. ~** držati koga na uzdi; **to put things ~** spraviti stvari v red; **to set one's papers ~** spraviti v red svoje papirje; **to set a room ~** urediti, pospraviti sobo; **to vote a ~ ticket** *A* glasovati za nespremenjeno kandidatno listo
straight II [stréit] *adv* premo, ravno, naravnost, v pravi smeri; točno, pravilno; neposredno, direktno; *fig* odkrito, iskreno, jasno, pošteno; *obs* takoj, precej, na mestu, nemudoma; brez ovinkov, brez ovinkarjenja; ~ **away** takoj, na mestu, precej; ~ **off** takoj, prècej, brez pomišljanja; ~ **on** naravnost (naprej); ~ **through** naravnost skozi; ~ **from the horse's mouth** *sl* iz prvega vira; **to come ~ to the point** jasno in brez oklevanja, naravnost pojasniti; **to go ~ on** iti naravnost naprej; **to hit ~ from the shoulder** naravnost (brez strahu) povedati svoje mnenje; **to keep ~** iti kar (naravnost) naprej; **to live ~** pošteno živeti; **to ride ~ on** jahati naravnost naprej, čez vse ovire; **to run ~** moralno, pošteno živeti; **to sit up ~** pokoncu sedeti; **to speak ~ out** odkrito, brez ovinkov govoriti; **to think ~** logično misliti; **I told him ~ out** povedal sem mu naravnost v obraz; **I cannot tell you ~ off** ne morem vam povedati kar takoj (pri priči, prècej)
straight III [stréit] **1.** *n* premost; premica, ravnina; zadnji (ravni) del dirkališča za konjske dirke; *A sl* resnica, prava ugotovitev; *sp* po vrsti dosežni uspehi; (karte, poker) sekvenca petih kart; **out of the** ~ neraven; poševen, nagnjen; grbav; *fig* nepošten; **2.** *interj* zares!, resnično!, v resnici!
straightaway [stréitəwei] **1.** *a* raven; **2.** *adv* takoj, na mestu, na mah; **3.** *n* ravna proga; raven kurz
straight-cut [stréitkʌt] **1.** *a* narezan v dolge tanke niti; **2.** *n* tako narezan tobak
straightedge [stréitedž] *n tech* ravnilo
straight-eight [stréiteit] *n* osemcilindrski avto
straighten [stréitn] **1.** *vt* izravnati, napraviti ravno; rasplesti, izgladiti; urediti; pojasniti; v red spraviti, urediti; **2.** *vi* postati raven, izravnati se; **to ~ one's affairs** urediti svoje zadeve; **to ~ one's face** narediti resen obraz; **to ~ out** urediti; pojasniti; **to ~ up** *vi A* zravnati se, postati zopet spodoben, začeti spodobno življenje
straight-faced [stréitfeist] *a* resnega obraza

straight fight [stréitfait] *n pol* direkten boj med dvema kandidatoma

straightforward [stréitfó:wəd] **1.** *a* naravnost usmerjen; *fig* odkrit, srčen, iskren, pošten; enostaven, nekompliciran; **2.** *adv* naravnost naprej; odkrito, pošteno

straight jet [stréitdžet] *n* raketno letalo

straightness [stréitnis] *n* premost; *fig* odkritost, odkritosrčnost, poštenost

straight-out [stréitaut] *a A coll* brezkompromisen; odkrit

straight play [stréitplei] *n* gledališka igra, drama (brez glasbe in petja)

straightway [stréitwei] *adv* takoj, na mestu, prècej

strain I [stréin] *n* pritisk, vlek, poteg, natezanje, napetost, moč; obremenjenost; (pre)napenjanje, prizadevanje, trud, teženje; obremenitev, breme, napor; izpah, izvin; *tech* deformacija, poklina, razpoka, lom; izbruh, ploha (besedi), tirada, ton, stil, način izražanja; (često *pl*) zvoki, melodije; stih, verz, odstavek; razpoloženje; (redko) višek, stopnja; **on the** ~ v napetosti; **under a** ~ zdelan, živčno uničen, pri kraju z živci; **without** ~ brez truda; **the** ~ **of modern life** napeto sodobno življenje; **a humorous** ~ šaljiv ton; **martial** ~ s bojevite melodije, vojaška muzika; ~ s **of obscenity** ploha (izbruh) nespodobnih besed; **the** ~ **on the rope** napetost, nategnjenost vrvi; **the** ~ **of my responsibility** breme moje odgovornosti; **to the** ~ s **of the national anthem** ob zvokih narodne himne; **to be in a philosophizing** ~ biti v razpoloženju za filozofiranje; **it is a** ~ *coll* to človeka zdela; **she is a great** ~ **on my resources** ona je veliko breme za moje finance; **all his senses were on the** ~ vsi čuti so mu bili skrajno napeti; **he has a** ~ **in his leg** nogo ima izpahnjeno; **she spoke of him in lofty** ~ s govorila je o njem v samih superlativih; **to impose a** ~ **on a machine** preobremeniti stroj, preveč zahtevati od stroja; **he is suffering from** ~ bolan je od pretiranega dela

strain II [stréin] **1.** *vt* nategniti, napeti; (pre)napenjati, pretegniti, (i)zviniti, izpahniti; **to** ~ **a rope** nategniti vrv; **to** ~ **every nerve** napeti vse živce, vse od sebe dati; **to** ~ **one's eyes** prenapenjati si oči; **to** ~ **a muscle** nategniti si mišico; **to** ~ **one's wrist** izviniti si zapestje; *tech* upogniti, zverižiti, (preveč) raztegniti, deformirati, preoblikovati; forsirati, silo delati; prekoračiti, preveč zahtevati, precenjevati, previsoko oceniti; **to** ~ **the law** silo delati zakonu (pravici); **to** ~ **the meaning of a word** forsirati, silo delati pomenu besede; **to** ~ **a point** predaleč iti; **to** ~ **the truth** po svoje resnico prikrojiti; **to** ~ **one's credit (one's powers, one's rights)** prekoračiti svoj kredit (svoja pooblastila, svoje pravice); **to** ~ **one's strength** precenjevati svojo moč; precediti, filtrirati, pasirati (tudi *out*); **to** ~ **out coffee grounds** (pre)filtrirati kavino goščo; (močno) stisniti (*to* k), objeti; *obs* (pri)siliti, primorati, priganjati; **2.** *vi* vleči, trgati; (do skrajnosti) se napenjati, si prizadevati, se truditi (*for, after* za), stremeti (*for, after* po); upogniti se, (s)kriviti se, zviti se; teči, curljati skozi, pronicati (o tekočini); ustrašiti se (*at* pred), osup-

niti, ostrmeti, ustaviti se (*at* ob), imeti preveč pomislekov; **the dog** ~ s **at the leash** pes vleče (za) vrv; **he** ~ s **too much after effect** on preveč stremi, se lovi za efekti; **the ship** ~ **ed in the heavy sea** ladja se je krivila v razburkanem morju; **to** ~ **at a gnat** pri malenkostih se obotavljati (se obirati); **he is** ~ **ing under the load** šibi se pod bremenom

strain III [stréin] *n* rod, družina, linija; *biol* rasa, čista linija; (rasni) znak, poteza, primes; poreklo, izvor; (dedno) nagnjenje, dispozicija, poteza (v značaju); soj, vrsta, sorta; *obs* oploditev; **a** ~ **of Greek blood** (značilna) lastnost (poteza, kanec) grške krvi; **a** ~ **of insanity** dedna nagnjenost k blaznosti; **a** ~ **of fanaticism** sled (nadih, poteza) fanatičnosti

strained [stréind] *a* napet; prisiljen, nenaraven; ~ **laugh** prisiljen smeh; ~ **relations** napeti odnosi

strainable [stréinəbl] *a* raztezen, izftegljiv

strainer [stréinə] *n* platno za precejanje; cedilo

strainless [stréinlis] *a* ki je brez napora, brez truda; nenaporen

strait [stréit] **1.** *a* (~ **ly** *adv*) ozek, utesnjen, tesen, zaprt; *fig* strog, strikten, trd, točen; težaven, mučen; omejen, pičel; **2.** *n* (večinoma *pl*) ožina; *pl* stiska, škripci, težave; (*redko*) zemeljska ožina; *obs* ozek prehod, ozko mesto; **the Straits E** (prej) Gibraltarska ožina, (sedaj) Malajska ožina

straiten [stréitən] *vt* zožiti, tesniti, stisniti, zategniti; omejiti; spraviti v škripce, v težave; pritisniti na (koga), prizadeti (koga) (nesreča, nadloga); ~ **ed for money** v stiski za denar, v denarnih težavah; **to live in** ~ **ed circumstances** živeti v pomanjkanju

strait-jacket [stréitdžækit] *n* prisilni jopič

strait-laced [stréitleist] *a* zategnjen, stisnjen (s steznikom); *fig* strog, ozkosrčen, puritanski, pretirano kreposten (moralen)

straitness [stréitnis] *n* ozkost, tesnost; omejenost; *fig* škripci, težave, zadrega, stiska, pomanjkanje; strogost, trdota

strait-waistcoat [stréitweistkout] *n* prisilni jopič

strake [stréik] *n* vzdolžna deska v čolnu; železni obod pri kolesu

stramash [strəmǽš] *n* zmešnjava, hrušč, spektakel

stramineous [strəmínjəs] *a* slamnat; slamnate barve, bledo rumen; *fig* brez vrednosti

strand I [strænd] **1.** *n poet* obala, obrežje; plaža, peščina ob vodi, ob morju; **2.** *vt* vreči na obalo, zapeljati (ladjo) na sipino; *fig* vreči; *vi* nasesti, obtičati na sipini (ladja); *fig* obtičati, spodleteti; *fig* ostati bres sredstev; **to get** ~ **ed** nasesti; **to be** ~ **ed** biti v stiski, v škripcih

strand II [strænd] **1.** *n* vrv, konopec; štrena (las); sukljaj (vrvi); niz (biserov); **2.** *vt* pretrgati (vrv); sukati (vrv) iz pramenov

stranded [strǽndid] *a* nasedel (ladja), ki je obtičal; *fig* ki je v stiski, v škripcih, brez sredstev, zapuščen, brez pomoči, propadel; ~ **goods** naplavljene stvari (ki jih morje vrže na obalo); ~ **sailor** brezposeln mornar

stranding [strǽndiŋ] *n* brodolom; nasedenje (ladje)

strange [stréindž] **1.** *a* (~ **ly** *adv*) čuden, nenavaden, redek, presenetljiv, nepričakovan; tuj, nepoznan, neznan, nov (*to s.o.* komu); neseznanjen (*to s.th.* s čim), nevešč, nevajen (*to s.th.* česa); rezerviran, hladen, zadržan, boječ; *obs* inozemski; **a ~ face** tuj, neznan obraz; **a ~ remark** čudna, nenavadna opazka; **~ to say** presenetljivo, čudno, za čuda; **I am ~ here** ne poznam tega kraja; **to be ~ to s.th.** ne poznati česa, ne biti vajen česa; **he is a ~ fellow** on je čuden (čuden patron); **he is ~ to this kind of work** ni vajen tega dela; **to feel ~ in a place** ne se počutiti doma(čega) v kakem kraju; **to feel ~** čudno, slabo se počutiti (zlasti imeti vrtoglavico, omotico ipd.); **~ that you should not have heard it** čudno, da tega niste slišali; **I don't like driving a ~ car** ne šofiram (vozim) rad tujega avtomobila; **truth is often stranger than fiction** resnica je često bolj presenetljiva kot fikcija; **this writing is ~ to me** ta pisava mi je nepoznana; **2.** *adv* čudno, nenavadno, svojevrstno

strangeness [stréindžnis] *n* nenavadnosti, čudnost; posebnost; hladnost, rezerviranost; tujost, tujstvo

stranger [stréindžə] *n* tujec, -jka; neznanec, -nka; gost, obiskovalec; neizkušen (nepoučen) človek, novinec (*to* v); *jur* neudeleženec (*to* v); *obs* inozemec, -mka; *A* (zvalnik) Vi (tam!); **the little ~** novorojenček; **he is a ~ to fear** on ne pozna strahu; **he is a ~ to learning** on ni izobražen; **I am no ~ to politics** nisem novinec v politiki; **he is no ~ to me** poznam ga, ni mi neznan; **you are quite a ~!** zelo redko te je videti!; **to make a ~ of s.o.** ravnati s kom kot s tujcem; **I spy (I see) ~s** opažam (vidim) tujce (angleška parlamentarna formula, da se doseže izpraznitev galerije od gledalcev), *fig* predlagam izključitev občinstva

strangle [strǽŋgl] *vt* (za)daviti, (za)dušiti; *fig* potlačiti, zadušiti (polet, upor itd.); zadrgniti (ovratnik); *vi* (za)dušiti se

strangle-hold [strǽŋglhould] *n* kravata (prijem okoli vratu pri rokoborbi); trd (smrten) prijem, oklenitev

strangler [strǽŋglə] *n* davilec, dušilec; tlačitelj

strangulate [strǽŋgjuleit] *vt* (redko) zadaviti; *med* stisniti, izpodvezati (žilo)

strangulation [strǽŋgjuléišən] *n* (za)davljenje, (za)dušitev; *med* izpodvezanje (žile), zadrgnjenje (črevesa)

strangury [strǽŋgjuəri] *n med* pritisk v mehurju, zapiranje vode

strap I [strǽp] *n* (usnjen) jermen, pas, pašček; jermen za brušenje britve; usnjen ročaj ali zanka za držanje (v avtobusu itd.); naramnica (pri obleki); *tech* prenosnik; trakasto (ploščato) železo; *naut* vrv (veriga) za zavarovanje; *bot* jeziček (pri listu); **the ~, ~ oil** tepež, pretepanje z jermenom (kazen), »leskovo olje«; **boot ~** stremen pri škornju

strap II [strǽp] *vt* pritrditi z jermenom (*to* na); brusiti (britev) na jermenu; tepsti z jermenom; *med* zavezati (rano) z lepljivo obvezo, z zalepkom; *naut* privezati z vrvjo (verigo); **~ped trousers** hlače na pas (jermen)

strap-hang [strǽphæŋ] *vi* držati se za usnjen ročaj ali zanko (v avtobusu itd.)

strap-hanger [strǽphæŋə] *n* potnik, ki stoji (v avtobusu itd.) ter se drži za usnjen ročaj ali zanko

strap hinge [strǽphindž] *n* tečaj, stožer (vrat)

strap-iron [strǽpaiən] *n A* trakasto železo

strapless [strǽplis] *a* brez naramnic (obleka), z golimi rameni

strapper [strǽpə] *fant* (dekle) od fare, postaven fant, brhko dekle; konjski hlapec, konjar

strapping I [strǽpiŋ] *a* čvrst, krepak, stasit, postaven; izredno velik, kolosalen, monstrozen; **a ~ fellow** stasit mladenič, fant od fare; **a ~ girl** brhko dekle

strapping II [strǽpiŋ] *n* jermenje; *med* zalepek, lepljiva obveza

strass [strǽs] *n* imitacija dragulja

strata [stréitə] *n pl* od **stratum**

stratagem [strǽtədžəm] *n* vojna zvijača, stratagem, prevara; *fig* zvit načrt (naklep, poteza prijem), zvijača; **by ~** z zvijačo, zvijačno

stratagemical [strǽtədžémikl] *a* zvijačen, poln zvijač

strategic [strətí:džik] *a* (**~ally** *adv*) strateški, strategičen; pomemben v vojaškem pogledu, ugoden za napad na sovražnika ali za obrambo pred sovražnikom; **~ bomber force** strateško letalstvo za bombardiranje; **~ bombing** strateško bombardiranje; **~ point** strateško važna točka

strategical [strətí:džikl] *a* (redko za) **strategic**

strategics [strətí:džiks] *n* strategija (tudi *fig*); spretnost vodenja (ali nauk o vodenju) oboroženih sil države v vojni

strategist [strǽtədžist] *n* strateg, izkušen vojskovodja; poznavalec strategije

strategy [strǽtədži] *n* strategija, spretnost v vojskovanju; taktika, preračunljivost; zvijača, intriga, spletka

strath [strǽθ] *n Sc* široka (rečna) dolina

strathspey [strǽθspéi] *n* živahen škotski ples

stratification [strǽtifikéišən] *n* nastajanje (oblikovanje) plasti, plastenje; slojevitost (tudi *fig*); *geol* sloji, skladovitost kamnin; stratifikacija

stratified [strǽtifaid] *a* ležeč v slojih, v plasteh, slojevit, stratificiran

stratify [strǽtifai] *vt* zlágati v plasti, v sloje, straticirati; *vi* ležati v slojih, tvoriti sloje

stratigrapher [strətígrəfə] *n geol* stratigraf

stratigraphy [strətígrəfi] *n* stratigrafija

stratocracy [strətókrəsi] *n* vojaška vlada, vlada vojaške klike, stratokracija

stratocruiser [strǽtokru:zə] *n* stratosfersko letalo (za polete v veliki višini)

stratography [strətógrəfi] *n* vojna znanost

stratoliner [strǽtolainə] *n* glej **stratocruiser**

stratosphere [stréitəsfiə, strǽ-] *n* stratosfera

stratovision [strǽtovižən] *n tech* stratovizija

stratum, *pl* **~s**, **strata** [stréitəm, -tə] *n geol* sklad, plast, formacija; sloj (tudi *fig*); **the lowest ~ of society** najnižji družbeni sloj

stratus [stréitəs] *n* nizek, megli podoben oblak; plastast oblak, plastnik, stratus

straw I [stro:] **1.** *n* slamnata bilka, slama, pletena slama; slamica (za pitje); *fig* bilka, malenkost, mrvica; slamnik; **in the ~** *obs* v porodni postelji; **a ~ in the wind** slamica v vetru, *fig* majhna stvar, ki je znak prihodnjih velikih dogodkov; **the last ~** *fig* tisto, kar preseže mero; **the last ~ that breaks the camel's back** majhen dodatek bremenu, ki zlomi kameli hrbet, *fig* tisto, kar sodu izbije dno; **a man of ~** slamnati mož, lutka, slabič; ptičje strašilo; **to be (to lie) in the ~** *obs* biti otročnica; **I don't care a ~** še malo mi ni mar, požvižgam se; **to catch at (to cling to) a ~** oprije(ma)ti se bilke (da bi se rešili); **to draw ~s** vleči (žrebati) slamice; **my eyes draw ~s** oči se mi zapirajo (od zaspanosti); **a ~ shows which way the wind blows** tudi majhna stvar pokaže (da slutiti) važne stvari (dogodke); **it is not worth a ~** ni vredno prebite pare, počenega groša; **to be quite out of one's ~** *fig* biti ves zmešan, zmeden; **I have a ~ to break with you** s teboj imam majhen obračun; **to split ~s** cepiti slamice, *fig* ukvarjati se z nekoristnimi stvarmi, prepirati se zaradi malenkosti; **to throw ~s against the wind** *fig* zaman se truditi; **2.** *a* slamnat; **~ cutter** slamoreznica; **~ mattress** slamnjača; **~ worker** slamopletec

straw II [strɔ:] *vt obs* napolniti ali nastlati s slamo

strawberry [strɔ́:beri] *n bot* rdeča jagoda; jagodnik; **crushed ~** rdeča jagodna barva; **wood ~** gozdna rdeča jagoda; **2.** jagoden; **~ jam** jagodni džem; **~ leaf** jagodni list; *pl* vojskovodska krona (čast); **~ mark** *med* rdeče materino znamenje

straw-bid [strɔ́:bid] *n econ A coll* dozdevna, navidezna ponudba

straw-bidder [strɔ́:bidə] *n econ A coll* navidezni ponudnik

straw-board [strɔ́:bɔ:d] *n* iz slame narejena lepenka

straw boss [strɔ́:bɔs] *n A coll* podrejen predstojnik; prvi delavec

straw hat [strɔ́:hæt] *n* slamnik; *A sl* gledališče na prostem

straw-hat circuit [strɔ́:hætsə́:kit] *n A sl* poletna gledališka turneja po letoviščih

straw mat [strɔ́:mæt] *n* predpražnik iz slame, rogoznica

straw poll [strɔ́:poul] *n* glej **straw vote**

straw-thatched [strɔ́:θæčt] *a* s slamo krit

straw vote [strɔ́:vout] *n pol* neuradno, poskusno glasovanje

strawy [strɔ́:i] *a* slamnat, podoben slami; pokrit ali posut (postlan) s slamo; vsebujoč slamo

stray I [stréi] **1.** *n* (domača) žival, ki je zašla, zablodila, se izgubila; brezdomec, klatež; *pl* radio atmosferske motnje; *jur* premoženje umrlega, ki pride v last države, ker ni dediča; blago brez lastnika; **waifs and ~s** otroci brez doma, ptički brez gnezda; **2.** *a* zablodel, ki je zašel, se izgubil, brezdomen; osamljen, posamezen, poedin, tu pa tam kateri; raztresen, razmetan, razkropljen, ki se najde tu pa tam, ki se javlja od časa do časa; slučajen; **a ~ dog** zatečen pes; **a ~ remark** slučajna opazka; **one or two ~ customers** eden ali dva slučajna (osamljena) odjemalca

stray II [stréi] *vi* (za)bloditi, zaiti, klatiti se; oddaljiti se (*from* od); *fig* zaiti na kriva pota; **~ing sheep** zgubljena ovca (tudi *fig*); **to ~ away, to ~ off** stran, proč steči; **to ~ to** (s)teči k, proti

strayer [stréiə] *n* človek, ki blodi, je zašel; blodnež; izgubljenec

strayaway [stréiəwei] **1.** *n* potepuh, klatež; ubežnik; **2.** *a* potepuški, ubežen

strayling [stréiliŋ] *n* (redko) blodnež; kdor je zablodil, zašel, se klati

streak I [stri:k] **1.** *n* proga, črta; (svetlobna) črta ali proga; žila (v lesu); nit (druge barve); *chem* gostina (v steklu); *fig* nadih, mrvica, malce; **black with yellow ~s** črn z rumenimi progami; **~ of lightning** blisk; **like a ~ of lightning** kot blisk, bliskovito; **the silver ~** *fig* Rokavski preliv

streak II [stri:k] *vt* obeležiti s progami, narediti proge ali črte; *vi* dobiti črte (proge); *fig* hiteti, drveti kot blisk, šiniti, švigniti

streaky [strí:ki] *a* (**streakily** *adv*) progast; žilnat (les); različen, spremenljiv; (o slanini) prerasel z mesom

stream I [stri:m] *n* vodni tok, vodotok; tok, struja; reka (tudi *fig*), potok; *fig* smer, usmeritev; dolg niz (česa), obilica, velika množina; **against the ~** proti toku; **down the ~** po toku navzdol; **up the ~** po toku navzgor; **with the ~** s tokom (tudi *fig*); **Gulf ~** Zalivski tok; **three-~ school** *E* šola s tremi različnimi usmeritvami; **~ of tears (of blood)** potok solza (krvi); **to go with the ~** *fig* slediti toku, delati (misliti) isto kot večina

stream II [stri:m] *vi* teči, strujati, izlivati se; curljati, cediti se, biti moker; (kri) močnó teči; (zastava) plapolati, viti se, vihrati; (meteor) švigniti; *vt* pustiti teči (izteči, strujati); preplaviti; pustiti vihrati (zastavo); *E* (učence) razdeliti v različne usmeritve

stream cable [strí:mkeibl] *n naut* vrv za malo (pomožno) sidro

streamer [strí:mə] *n* (ozka) zastavica; praporček v vetru; žarek, trak (svetlobe); papirnata kača; nadpis čez celo stran (v časopisu); *pl* polarna zarja

streaming [strí:miŋ] **1.** *a* tekoč, curljajoč, ki struja; valujoč (množica); (oči) solzen, jokajoč; **~ cold** hlad, ki povzroči nahod; **2.** *n* strujanje, tok; curljanje; *naut* plačilo za vleko ladje od pomola v tok

streamless [strí:mlis] *a* ki je brez strujanja, stoječ; ki je brez vode

streamlet [strí:mlit] *n* potoček, rečica

streamline [strí:mlain] **1.** *n* naravni tok vode ali strujanje zračnega toka, aerodinamična oblika (avtomobila, letala itd.)

streamliner [strí:mlainə] *n* vlak (avtobus) aerodinamične oblike

streamy [strí:mi] *a* ki teče, struja; tekoč, curljajoč; valujoč; bogat z vodotoki

street [stri:t] **1.** *n* ulica, cesta; *obs* deželna cesta; vozišče, cestišče; ljudje na cesti ali prebivalci določene ulice; **across the ~** čez cesto (ulico); **in (A on) the ~** na ulici (cesti); **the ~** glavna (poslovna) ulica; **~s ahead, ~s better** *fig coll* daleč boljši (močnejši); **not in the same ~ with** *fig coll* neprimerno slabši, ki se ne da primerjati z; (borza) zaključen po zaprtju borze; **man in the ~** človek z ulice, poprečen, navaden človek; **side ~** stranska ulica; **woman of the**

~s pocestnica, prostitutka; **this is not up my** ~ *coll* to se me ne tiče; to ni zame, to mi ne leži; **to go on the** ~s *fig* iti na cesto, postati prostitutka; **to have the key of the** ~ biti na cesti, biti brezdomec; **to live in the** ~ biti stalno na poti, nikoli ne biti doma; **the window looks on the** ~ okno gleda (je obrnjeno) na ulico; **to walk the** ~s *fig* biti pocestnica, prostitutka; **don't walk in the** ~! ne hodi po vozišču (cestišču)!; **to turn s.o. out into the** ~ postaviti koga na cesto, vreči koga iz stanovanja; **2.** *a* uličen, cesten; ~ **lighting** cestna razsvetljava; ~ **porter** postrešček; ~ **sale** prodaja na cesti (ulici); (borza) kratkoročen, v prostem prometu, poborzni
street Arab [stríːtærəb] *n* brezdomen, pouličen otrok; postopač, pouličnik
street-boy [stríːtbɔi] *n* pocesten deček, fantalin, pobalin
streetcar [stríːtkaː] *n A* tramvaj(ski voz)
street cleaner [stríːtkliːnə] *n* cestni pometač; cestni pometalni stroj
streeted [stríːtid] *a* ki ima mnogo ulic
streetorderly [stríːtɔːdəli] *n E* cestni pometač
street organ [stríːtɔːgən] *n mus* lajna
street-prices [stríːtpraisiz] *n pl borza* zunaj borze dogovorjene cene
street railroad [stríːtreilroud] *n A* cestna železnica
street railway [stríːtreilwei] *n* tramvajska ali avtobusna linija
street refuge [stríːtrefjuːdž] *n* cestni (prometni) otok
street roller [stríːtroulə] *n* cestni valjar
street sprinkler [stríːtspriŋklə] *n A* škropilni voz
street-sweeper [stríːtswiːpə] *n* cestni pometač, smetar; stroj za pometanje ulic
street traffic [stríːttræfik] *n* ulični promet
streetwalker [stríːtwɔːkə] *n* pocestnica, prostitutka
streetwalking [stríːtwɔːkiŋ] **1.** *n* javna prostitucija, vlačugarstvo; **2.** *a* prostitucijski
streetward [stríːtwəd] **1.** *a* ki gre, vodi proti ulici; **2.** *adv* na ulico, proti ulici
strength [strenθ] *n* moč, jakost, sila; čvrstost, odpornost; krepkost, žilavost; intenzivnost; *mil* številčno stanje, dejansko stanje armade; jakost (utrdbe); (tekočine) vsebina; **at full** ~ polnoštevilno, vsi; **below** ~, **under** ~ *mil* pod običajnim številčnim stanjem; **in great** ~ v velikem številu; **on the** ~ *mil* na seznamu; **(up)on the** ~ **of** na temelju, na osnovi česa; ~ **of body** telesna moč; **the** ~ **of a horse** *fig* konjska (silna) moč; ~ **of purpose** moč volje, odločnost, vztrajnost; **feat of** ~ dejanje, ki ga more napraviti le velika moč; **it is beyond my** ~ to gre preko mojih moči; **to measure one's** ~ **with** meriti svojo moč z; **his relatives were there in full** ~ njegovi sorodniki so bili tam v polnem številu (vsi)
strengthen [strénθən] *vt & vi* ojačiti (se), pojačiti (se), okrepiti (se); dati novih moči; konsolidirati (se); **to** ~ **s.o.'s hands** *fig* spodbujati, (o)hrabriti koga
strengthener [strénθənə] *n* krepilec; krepčilo; *med* roborans
strengthless [strénθlis] *a* (ki je) brez moči, nemočen, slaboten, mlahav

strenuous [strénjuəs] *a* delaven, marljiv, neutruden; vnet, goreč, prizadeven, skrben, vztrajen, nepopustljiv; močan, energičen; naporen, utrudljiv; ~ **opposition** močna opozicija
strenuousness [strénjuəsnis] *n* delavnost, marljivost; vnetost, prizadevnost, vztrajnost; napornost, utrudljivost
strepitous [strépitəs] *a* hrupen; glasen
streptomycin [streptoumáisin] *n* streptomicin
stress I [stres] *n* napor, prizadevanje; pritisk, priganjanje; (vreme) neurje, ujma, huda ura; *phys* pritisk, tlak, sila, teža; obtežitev, breme; napetost; *fig* važnost, poudarek, pomen; *pros & gram* naglas, poudarek, poudarjen zlog; **from** ~ **of work** zaradi (od) napornega dela; **under the** ~ **of circumstances** pod silo okoliščin; **in times of** ~ v težkih časih; **compressive** ~ napetost tlaka; **main** ~ glavni poudarek; **tensile** ~ napetost raztezanja; **the** ~ **is on the first syllable** naglas je na prvem zlogu; **to lay great** ~ **(up)on** močno poudariti, dati velik poudarek
stress II [stres] *vt fig* naglašati, poudariti; *pros* naglaševati; *tech* pritiskati, izpostaviti pritisku, tlačiti; *fig* preobremeniti, prenapenjati
stress disease [strésdiziːz] *n* managerska (od preutrujenosti povzročena živčna) bolezen
stressful [strésful] *a* naporen
stress-group [strésgrup] *n phon* skupina nenaglašenih glasov med dvema naglasoma
stressless [stréslis] *a* nenaglašen, nepoudarjen
stretch I [streč] **1.** *n* raztezanje, raztegovanje, stegnjenje, natezanje; (pre)napenjanje, napetost, napor; prekoračenje; razpetina, razpon; neprekinjen odsek poti, daljava; ploskev, prostrana ravnina, ravni del dirkališča; neprekinjeno časovno razdobje (doba), nepretrgan čas; *sl* kazen, bivanje v kaznilnici, čas kazni v kaznilnici, v zaporu; *naut* daljava, prejadrana pri enem potegu (kretnji) (pri jadranju proti vetru); sprehod; **at a** ~, **at one** ~ brez prekinitve, naenkrat; **on the** ~ napenjajoč vse sile; v veliki naglici, *fig* v veliki napetosti; **a** ~ **of 5 years** razdobje petih let; **a** ~ **of the imagination** prenapeta, prebujna domišljija; **the** ~ **of a bird's wings** razpetina ptičjih kril; **a fine** ~ **of country** lep košček zemlje, lepe pokrajine; **to be on the** ~ biti napet, v napetosti; **it is a good** ~ **from the village to the town** je lep, precejšen kos poti od vasi do mesta; **to do a** ~ *E* odslužiti, izdržati kazen (enega leta); **to give a** ~ natezati se, pretegniti se; **he gave a** ~ **and got up** pretegnil se je in vstal; **to keep one's attention on the** ~ biti v napeti pozornosti; **it takes a** ~ **of imagination to believe that** treba je precéj napeti svojo domišljijo, da to verjameš; **to work 8 hours at (on) a** ~ delati nepretrgano 8 ur; **2.** *a* raztegljiv; ~ **hosiery** raztegljive nogavice
stretch II [streč] **1.** *vt* raztegniti, raztezati, razvleči, (raz)širiti; iztegniti (roko itd.) (često out); pretegniti (noge itd., *o.s.* se); nategniti (vrv itd.), peti, razpeti (platno itd.); z natezanjem izgladiti; *fig* nategovati, silo delati, iti predaleč (v čem), prenapenjati, pretiravati, po svoje krojiti (pravico, zakon); *com* prekoračiti (kredit); *sl* obesiti, usmrtiti; **2.** *vi* raztezati se, (raz)širiti se, segati; nategniti se; raztegniti se (rokavice),

dati se raztegniti; potovati (*to* do); *fig* pretiravati, lagati; *coll* viseti, biti obešen; ~ed iztegnjen, po dolgem; ~ed spring napeta vzmet; to ~ one's arms iztegniti, pretegniti si roke; to ~ the credit prekoračiti kredit; to ~ s.o. on the ground z udarcem zrušiti koga na tla; to ~ one's legs stegniti noge; to ~ for miles milje daleč se raztezati (segati); to ~ a pair of trousers dati hlače na natezalnik; to ~ a point *fig* iti predaleč, pretiravati (v čem); I will ~ a point in your favour potrudil se bom, da vam bom šel na roko; to ~ one's principles delati silo svojim načelom; to ~ s.o. on the rack *hist* razpeti koga za mučenje (na natezalnici); to ~ a rope nategniti vrv; the rope has ~ed vrv se je nategnila; to ~ the truth pretiravati, lagati; to ~ the wings razpeti krila; to ~ away out of sight razprostirati se, kakor daleč sega oko

stretchable [stréčəbl] *a* raztegljiv, prožen

stretcher [stréčə] *n med* nosilnica; *tech* raztezalnik (za rokavice, čevlje itd.); paličica, rebro (dežnika), kopito (za obutev); opora za noge v čolnu; *archit* po dolžini vgrajen kamen; (ribištvo) metalna vrvica, muha na koncu le-té; *A sl* pretiravanje, pretirana zgodba, laž; ~ case *fig* nepokreten ranjenec

stretcher-bearer [stréčəbɛərə] *n med mil* nosilničar

stretchiness [stréčinis] *n* razteznost

stretchman, *pl* -men [stréčmən] *n* glej stretcher--bearer

stretchy [stréči] *a fig* elastičen, gibek, prožen; to get ~ raztegniti se

strew* [stru:] *vt* posuti, posipati, potresti, posejati (*with* z); nastlati, prekriti; the garden was ~n with waste paper vrt je bil nastlan z odpadki (papirja)

strewing [strú:iŋ] *n* nastiljanje; stelja

strewn [stru:n] *pp* od to strew

stria, *pl* striae [stráiə, -áii:] *n* raza, brazda; proga; žlebič

striate [stráiət] *vt* brazditi, ráziti, oprasniti; žlebiti

striate, striated [stráiət, stráieitid] *a* brazdast, razast; progast

striation [straiéišən] *n* tvorba raz (prask, brazd, žlebičev), brazdanje, žlebljenje

stricken [stríkən] 1. *pp* od to strike; 2. *a* udarjen, zadet; prizadet; ranjen (zlasti žival); *fig* potrt, žalosten; utrujen; zvrhan, zvrhano poln; a ~ field *fig* bojišče; a ~ heart ranjeno srce; ~ with fever vročičen; a ~ measure of corn zvrhana mera žita; poverty ~ osiromašel, osiromašen; terror-~ prestrašen; town ~ with pestilence mesto, v katerem razsaja kuga; well ~ in years sključen od starosti

strickle [strikl] 1. *n* brusni kamen za kose, osla; razalo; deščica za izravnavanje površine žita v posodi za merjenje; 2. *vt* razati

strict [strikt] *a* (~ly *adv*) strog, natančen, točen, strikten, precizen, eksakten, strogo določen, izrecen (ukaz); rigorozen (pravilo), oster; popoln, absoluten; *bot* tog, ozek, pokončen; in ~ confidence strogo zaupno; ~ discipline stroga disciplina; ~ rules rigorozna pravila; ~ morals stroga morala; ~ observance strogo izpolnjevanje (pravil itd.); ~ly speaking strogo vzeto, točno povedano, pravzaprav; in the ~ sense

of the word v strogem pomenu (smislu) besede; a ~ statement of the facts točna ugotovitev dejstev; to keep a ~ watch over s.o. strogo koga stražiti

striction [stríkšən] *n* zožitev, skrčenje

strictly [stríktli] *adv* nedvomno, absolutno; *sl* zelo dobro, izvrstno

strictness [stríktnis] *n* točnost, natančnost, striktnost, strogost, rigoroznost; *obs* ozkost

stricture [stríkčə] *n med* zožitev, striktura; (večinoma *pl*) ostra kritika (*on* s.*th*. o čem), kritične pripombe, graja, očitek; to lay ~ on ostro kritizirati

strid [strid] *obs pt* & *pp* od to stride

stridden [strídən] *pp* od to stride

stride I [stráid] *n* dolg korak, korak(anje), hoja; korak kot dolžinska mera; *sp* raznožka; *fig* zamah, polet, napredek; with giant's (ali rapid) ~s z velikanskimi koraki; to make great ~s *fig* hitro napredovati; to take an obstacle in one's ~ z lahkoto (mimogrede) iti preko zapreke; to get into one's ~ dobiti zamah; to take long ~s delati dolge korake; to take in one's ~ brez truda premagati težavo, (o konju) z lahkoto preskočiti zapreko

stride* II [stráid] *vt* delati dolge korake, narediti dolg korak, korakati z velikimi koraki, stopiti, prekoračiti (*across*, *over* kaj); *obs* zajahati, kobaliti (*across* s.*th*. kaj); *vt* prestopiti, prekoračiti z dolgim korakom; zajahati (konja); okobaliti (kaj); to ~ a ditch prestopiti (stopiti čez) jarek; to stride out napraviti dolg korak; to stride over stopiti čez, prekoračiti

stridence, -cy [stráidəns, -si] *n* vreščavost; škrtanje, škripanje

strident [stráidənt] *a* (~ly *adv*) vreščeč, vreščav, cvileč, škripajoč, škrtajoč

stridor [stráidə] *n* škrtanje, cvilenje; škripanje, sikanje, vršenje; *med* stridor

stridulate [strídjuleit] *vt* cvrkutati, cviliti, cvrčati; škripati

stridulation [stridjuléišən] *n* cvrčanje, cviljenje, cvrkutanje, škripanje

stridulous [strídjuləs] *a* vreščeč, predirljiv, oster; *med* hropeč

strife [stráif] *n* prepir, spor, zdražba, zdraha, razprtija, razdor; boj, konflikt; (redko) tekma, tekmovanje; *obs* trud, prizadevanje; at ~ nesložen; to be at ~ with biti v sporu (konfliktu) z

strig [strig] *n* držaj, ročaj (orodja); pecelj (lista)

strigil [strídžil] *n hist* strgalo za kožo po kopanju; frotirna ščetka

strigine [stráidžain, -džin] *a* podoben sovi

strike I [stráik] *n* udarec (*at* proti), zamah, zadetek; udarec, bitje (ure, zvona); *econ* stavka, štrajk; *sp* prazen udarec; srečno naključje, sreča (v špekulaciji); *mil* (zračni) napad; *A* najdba (rud, nafte); ugriz (ribe); *geol* smer (plasti, slojev), vodoraven sloj; *A* prevara, bluf; kvaliteta; ale of the first ~ prvovrstno pivo; on ~ stavkajoč; a lucky ~ srečen zadetek (najdba); ~ notice napoved stavke; general ~ splošna stavka; sit-down ~ stavka, v kateri delavci nočejo zapustiti prostore, kjer delajo; sympathetic ~ solidarnostna stavka; to be on

~ stavkati; **to go on** ~ stopiti v stavko; **to come out on** ~ začeti stavkati; **to call off a** ~ preklicati (odložiti) stavko; **to make a** ~ imeti (zlasti finančno) srečo

strike* II [stráik] **1.** *vt* udariti, dati udarec (komu), zadeti; prizadeti, napasti (o bolezni); bíti (uro); odbiti z udarcem, udarjati (na boben); kovati (denar, medalje); igrati (harfo itd.); začeti (pesem, muziko); prekiniti (delo); *naut* spustiti (jadro, zastavo); podreti (tabor, šotor); potegniti (črto), prečrtati; izravnati, razati; izgladiti; izkresati (ogenj), prižgati (vžigalico, luč); napolniti; zapičiti zob strupnik v (o kači), zabosti (nož itd.), harpunirati (kita); oddajati (toploto); naleteti na, zadeti ob; udariti v (o streli); napraviti vtis, pretresti, prizadeti (koga), pasti (komu) v oči, spraviti v začudenje, osupiti; pasti (komu) na pamet, (za)zdeti se (komu); menjati, odnesti (kulise); *econ* zaključiti (račun); nenadoma ali dramatično (kaj) izzvati; *A* doseči, najti, odkriti; *sl* prositi (*for* za); *obs* božati, (po)gladiti z roko; **2.** *vi* udariti (*against* ob, *on* na, po), udarjati, tolči, nameriti udarec (*at* proti), razbijati; stavkati; biti se, boriti se (*for* za); bíti, tolči (srce), udariti (strela); *naut mil* spustiti belo zastavo, *fig* predati se; kreniti, iti, oditi (*to* proti); nenadoma začeti prodirati, prebijati se (*through* skozi) (svetloba, toplota); padati (*on* na); širiti roke, plavati; vžgati se (vžigalica); držati se za podlago (školjka); pihati (veter); nasesti (ladja); *med* izbruhniti (epidemija); ugrizniti, prijeti (o ribi); *fig* pasti v oči, biti opozorljiv (nenavaden, čuden); *A mil* biti častniški sluga; **struck by a stone** zadet od kamna; **to** ~ **across the fields** udariti jo čez polja; **to** ~ **an average** izračunati povprečje; **to** ~ **all of a heap** *fig* zbegati, presenetiti, osupiti; **to** ~ **a balance** napraviti bilanco; **to** ~ **a ball out of court** *sp* suniti žogo v out; **to** ~ **a bargain** skleniti kupčijo; doseči sporazum; **to** ~ **s.o. blind (deaf, dumb)** z udarcem koga oslepiti (oglušiti, onemiti); **to** ~ **a blow** zadati udarec; **the blow struck me silly** udarec me je omamil; **without striking a blow** brez boja; **the cold struck into my marrow** mraz mi je prodrl v mozeg; **to** ~ **s.o. dead** *fig* pošteno osupiti koga; **to** ~ **s.o.'s eye** pasti komu v oči; **to** ~ **s.o. in the face** udariti koga po obrazu; **to** ~ **into fame** postati slaven; **to** ~ **s.o.'s fancy** biti všeč komu; **to** ~ **fire out of a flint** izkresati ogenj iz kresilnega kamna; **to** ~ **fish** s potegom zatakniti trnek v ribji gobec; **he struck his fist on the table** udaril je s pestjo po mizi; **to** ~ **for freedom** boriti se za svobodo; **to** ~ **one's flag** spustiti zastavo, *fig* predati se; **to** ~ **(into) a gallop** spustiti se v dir; **to be struck in a girl** *sl* biti zatreskan v (neko) dekle; **to** ~ **ground (bottom)** zadeti ob dno; **to** ~ **one's hand on the table** udariti z roko po mizi; **to** ~ **hands** *obs* udariti v roko (v znak sporazuma); **the hour has struck** ura je odbila; **his hour has struck** njegov čas je prišel; **to** ~ **for home** udariti jo proti domu; **it has just struck five** pravkar je ura bíla pet; **how does it** ~ **you?** kako se vam zdi?; **an idea struck him** prišel je na (neko) misel; **to** ~ **upon a good idea** priti

na dobro idejo; **to** ~ **a light (a match)** prižgati luč (vžigalico); **lightning struck the tree** strela je udarila v drevo; **to** ~ **s.o.'s name in the newspaper** naleteti na ime neke osebe v časopisu; **to** ~ **oil** naleteti na nafto, *fig* imeti srečo, uspeti; obogateti; **they were struck with panic** polastila se jih je panika; **it struck me as ridiculous** zdelo se mi je smešno; **to** ~ **a plan** skovati načrt; **to** ~ **to the right** kreniti (po poti) na desno; **to** ~ **the right note** zadeti pravilen ton; **to** ~ **root** pognati korenino; **to** ~ **into a run** spustiti se v tek; **to** ~ **the sands** nasesti, obtičati na sipini; **to** ~ **sail** spustiti, zviti jadro; priznati poraz; **the ship struck to the pirates** ladja se je predala gusarjem; **to** ~ **a snag** *sl* naleteti na nepričakovano težavo; **to** ~ **tents** podreti šotore, tabor; **to** ~ **terror into s.o.** navdati koga z grozo (s strahom); **to** ~ **the track** iti po sledi; **to** ~ **a track** nenadoma naleteti na stezo; **to** ~ **with terror** napolniti z grozo; **town** ~**s** mesto se preda; **to** ~ **a vein** naleteti, odkriti žilo (rude); **what struck me was...** kar me je osupilo, je bilo...; **to** ~ **at the root** posekati korenino, *fig* udariti na najbolj občutljivo mesto; **to** ~ **work** ustaviti delo, stavkati; **the wind** ~**s cold** veter ostro brije; ~ **while the iron is hot** kuj železo, dokler je vroče

strike aside *vt* odbiti (udarec)

strike back *vi* udariti nazaj, vrniti udarec, braniti se (*against* proti)

strike down *vt* podreti, zrušiti koga (z udarcem); *vi* (o soncu) žgati, pripekati

strike home *vi* (o udarcu itd.) pogoditi, zadeti cilj; *fig* imeti učinek, učinkovati, delovati, napraviti vtis (*upon* na)

strike in *vi* (bolezen) napasti notranjost telesa; začeti; vpasti, prekiniti pogovor, seči v besedo; **to** ~ **with a suggestion** vmešati se s predlogom; **to** ~ **with** biti zraven pri, udeležiti se, prilagoditi se, ravnati se po

strike inwards *vi* (bolezen) delovati proti notranjosti telesa; seči, udariti v notranjost telesa

strike off *vt* odsekati (glavo); odtegniti, odbiti, odvzeti; črtati, izbrisati (dolg); hitro napraviti (sliko); *print* natisniti; *vi* hitro oditi, oddrveti, oddirjati; **to** ~ **1000 copies** odtisniti, natisniti 1000 izvodov; **to strike an item off** izbrisati postavko (odstavek)

strike out *vt* prečrtati; izzvati; izmisliti (delati, kovati) načrte; *fig* kreniti (po poti); *vi* udrihati okoli sebe, delati močne zamahe; plavati (*for* proti); skočiti se; udariti (*at* on, na); **to** ~ **a new fashion** vpeljati novo modo; **to** ~ **a line of action** postaviti smernice za delo; **to** ~ **a line for oneself** iti svojo pot, biti originalen; **to** ~ **a plan** snovati načrt; **to** ~ **an untrodden path** *fig* iti po novih (neshojenih) poteh; **to** ~ **into a new course of life** dati novo smer svojemu življenju

strike through *vt* prečrtati; *vi* prodirati, prodreti; **to strike a word through** prečrtati besedo

strike up *vi* & *vt* skleniti (prijateljstvo, zvezo); *mus* zapeti, zaigrati; **to be struck up with** *A* biti očaran (fasciniran, prevzet, zanesen) od;

to be struck up on biti zaljubljen, zatreskan v; **to** ~ **a march** zaigrati marš
strike aircraft [stráikéəkra:ft] *n aero mil* bojno letalo
strike-a-light [stráikəlait] *n* kresilo; vžigalnik
strikebound [stráikbaund] *a* paraliziran zaradi stavke
strikebreaker [stráikbreikə] *n* stavkokaz
strikebreaking [stráikbreikiŋ] *n* stavkokaštvo, prisilni ukrepi za končanje stavke
strike-measure [stráikmežə] *n* (= **struck-measure**) ravna (razana) mera (žita itd.)
strike-pay [stráikpei] *n* pomoč, ki jo sindikat daje stavkajočim
striker [stráikə] *n* stavkar; udarjač, kladivo; kovaški pomočnik; harpunist, harpuna; teniški igralec; *A mil coll* častniški sluga
striking I [stráikiŋ] *a* ki bíje; očit, zbujajoč pozornost, opozorljiv; presenetljiv, osupljiv, frapanten, izrazit; stavkajoč; ~ **clock** ura, ki bije ure; ~ **distance** daljina, do katere seže udarec; ~ **force** *mil* udarna sila (četa); ~ **power** udarna moč; ~ **resemblance** frapantna podobnost; ~ **work** mehanizem, ki bije (v uri); **the** ~ **workmen** stavkajoči delavci
striking II [stráikiŋ] *n* udarjanje, zadetje, bítje; stavka(nje); *mus* način reagiranja glasbil na pritisk prstov na tipke; ~ **(of) a balance** saldiranje
string I [striŋ] **1.** *n* vrvica, vezalka, trak, nit, žica; *mus* struna, žica; tetiva (pri loku); *bot* vlakno, nit (stroka); niz (biserov itd.) (tudi *fig*); garnitura; serija; dolga vrsta; truma (živali); (večinoma *pl*) *A coll* pogoj, težava, tajna klavzula; *A sl* bahanje, (pretirana) lažna zgodba; **in a long** ~ v dolgi vrsti; **with a** ~ **tied to it** s pogojem; **no** ~ **s attached** brez klavzul ali pogojev; **the** ~ **s** *pl mus* godala; **a** ~ **of beads (pearls)** niz biserov; **a** ~ **of lies** vrsta, niz laži; **a** ~ **of onions** venec čebule; **a** ~ **of carriages** povorka kočij; **heart-** ~s *pl fig* najgloblja, najnežnejša čustva, srcé; **third-**~ tretjevrsten; **to be a second** ~ spadati k drugi garnituri, biti drugovrsten, *fig* igrati drugo violino; **to harp on one (on the same)** ~ *fig* neprestano govoriti o isti stvari, vedno isto gósti; **to have s.o. on a** ~ imeti koga na vrvici; **he has all the world in a** ~ *fig* vse mu gre po želji; **to have s.o. on the** ~ *fig* pustiti koga v negotovosti; **to have (to lead) s. th. in (by) a** ~ brzdati, obvladati, biti gospodar (česa); **to have two** ~s **to one's bow** imeti dvoje železij v ognju; **to keep s.o. on a** ~ *fig* držati koga dolgo časa v negotovosti; **to hold all the** ~s držati vse niti v rokah, upravljati, voditi (kaj); **to have a** ~ **(attached) to it** biti oviran, ne iti gladko; **to pull (the)** ~s premikati lutke (v lutkovnem gledališču), *fig* biti neviden, a glavni vodja; **to touch a** ~ udariti na struno, *fig* zadeti v živec, na občutljivo mesto (čustva itd.); **to touch the** ~s gosti (na godalo); **2.** *a* godalen; ~ **playing** igranje na godalu; ~ **wire** žična struna
string* II [striŋ] **1.** *vt* opremiti s strunami (violino itd.) ali z žicami; opremiti (lok) s tetivo; nategniti, napeti (vrvico, tetivo itd.); zadrgniti, zavezati; privezati z vrvico; odstraniti nitke (pri fižolu); *poet* uglasiti (violino itd.); razširiti,

nategniti, *fig* napeti (živce, moči itd.); (na)nizati (bisere), obesiti (*across* prek); *fig* povezati; *A sl* za nos koga voditi, norčevati se iz; **2.** *vi* postati vlaknat; razvleči se (lepilo itd.); tvoriti vrsto ali verigo; ~ **ed instruments** *mus* godala, godalni instrumenti; **to** ~ **a room with festoons** obesiti girlande na sobne stene; **to** ~ **one's shoes** zavezati si čevlje; **strung up** napet, živčen, razburjen, razburljiv; **to** ~ **along with** *A coll* pridružiti se (komu), iti s kom, plesati, kot (nekdo) žvižga; **to** ~ **out** napeti, nategniti; **to** ~ **up** napeti (živce itd.); pripravljati (koga) na kaj, spodbujati; *coll* obesiti; **to string o.s. up for a deed** opogumiti se za neko dejanje; **to be strung up** biti v stiski, v zagati, v težavah
string alphabet [stríŋælfəbit] *n* abeceda, pisalni sistem za slepce
string bag [striŋbæg] *n* nakupovalna mreža
string band [stríŋbænd] *n* godalni (zlasti vojaški) orkester
string bass [stríŋbeis] *n mus* kontrabas
string-beans [stríŋbi:nz] *n pl A* stročji fižol
stringboard [stríŋbɔ:d] *n archit* stopniški obzidek
stringcourse [stríŋkɔ:s] *n archit* venec (okoli poslopja)
stringency [stríndžənsi] *n* ostrost (zakona, pravila itd.); prepričevalnost; obveznost; *econ* pomanjkanje (denarja), slaba prodaja, medlost (tržišča); **the** ~ **of an argument** prepričevalnost argumenta
stringent [stríndžənt] *a* (~ **ly** *adv*) strog (zakon); oster (okus); utrjen, trden, brezpogojen (pravilo); obvezen, ki ga ne moremo prezreti ali obiti; prepričljiv; *econ* pičel (denar), slab, medel (tržišče); ~ **necessity** nujna potreba; ~ **arguments** prepričljivi argumenti
stringer [stríŋə] *n* stavljalec, nameščevalec strun na violino, tetive na lok itd.; nizalec; oporna gred ali bruno (tram); *rly* dolg prag; **pearl** ~ nizalec biserov
stringiness [stríŋinis] *n* vlaknatost; žilavost
stringless [stríŋlis] *a* (ki je) brez strun; brez vlaken; brez niti
stringlike [stríŋlaik] *a* podoben struni (vrvici, žici)
string orchestra [stríŋɔ:kistrə] *n* godalni orkester
string organ [stríŋə:gən] *n* orgelski klavir
string quartet(te) [stríŋkuə:tét] *n* godalni kvartet
string tie [stríŋtai] *n A* ozka kravata
stringy [stríŋi] *a* strunast; vlaknat; žilav, kitast; lepljiv, viskozen; dolg in tanek; **a** ~ **fence** dolg plot; **a** ~ **sentence** zelo dolg stavek
strip I [strip] *n* dolg in ozek trak ali kos (zemljišča itd.); *aero* pista, pomožno vzletišče; *fig* pista, risana zgodba z besedilom; (filatelija) vrsta (treh ali več) znamk; *tech* valjano tračno jeklo; *A* plenjenje, ropanje; *A* opustošenje, porušenje; **air** ~, **landing** ~ letalska (pomožna) pista; **comic** ~ komičen strip; **flight** ~ pista za zasilni pristanek; ~ **mining** *A min* dnevni kop
strip II [strip] *vt* slačiti, sleči, ogoliti; (o)luščiti, (o)lupiti; odvzeti (*of* kaj), izropati; izprazniti (hišo); demontirati, razstaviti; razpremiti (ladjo); odkriti (ležišče premoga), *fig* razgaliti; do konca pomolsti (kravo); *vi* sleči se; olupiti se, oluščiti se, ogoliti se; zrahljati se (vijak); ~ **ped** gol,

nag, razgaljen (tudi *fig*); ~ **ped to waist** do pasu slečen (gol); **to** ~ **a bed** pobrati rjuhe s postelje; **to** ~ **a cow** do zadnje kaplje pomolsti kravo; **to** ~ **a fruit of its rind** olupiti sadež; **the house was** ~ **ped** v hiši ni bilo nobenega pohištva; **to** ~ **a liar** razgaliti lažnivca; **to** ~ **a machine- -gun** razstaviti mitraljez; **to** ~ **s.o. of his office** odstraniti koga iz službe; **he was** ~ **ped of his possessions** odvzeli so mu vse premoženje; **to** ~ **s.o. naked, to** ~ **s.o. to the skin** do golega koga sleči; **to** ~ **a screw** opiliti vijaku navoje; **to** ~ **tobacco** odstraniti rebra iz tobačnih listov; **to** ~ **of wood** posekati, izkrčiti gozd

strip off *vt* odstraniti; sleči (obleko); **to** ~ **one's clothes** sleči obleko, sleči se ; **to** ~ **the wall- -paper** odstraniti (sneti) stenske tapete

strip cartoon [strípka:tú:n] *n* komičen strip

stripe [stráip] **1.** *n* (barvasta) proga, trak; plast; *mil* barvni obšivek, trak na kapi, na uniformi; *A fig* vrsta, sorta; *obs* udarec z bičem, *pl* bičanje, šibanje; *pl E coll* tiger; **a man of quite a different** ~ človek čisto različnega kova; **Stars and S** ~ **s** zastava ZDA; ameriška narodna himna; **zebra's** ~ **s** zebrine proge; **to get (to lose) one's** ~ **s** dobiti (izgubiti) čin, napredovati, biti povišan (degradiran); **2.** *vt* okrasiti s progami, progasto pobarvati; razdeliti na dolge ozke kose; (redko) tepsti, bičati, šibati

striped [stráipt] *a* progast, zebrasto progast, pro-gasto pobarvan

striper [stráipə] *n A sl* mornariški častnik; **one-** ~ praporščak; **four-** ~ kapitan

strip light(ing) [stríplait(iŋ)] *n* neonska razsvetljava

stripling [strípliŋ] **1.** *n* mlad(en)ič, mlečnozobec, zelenec; **2.** *a* mlad, mlečnozoben

stripped [stript] *a* slečen, gol, nag; ~ **atom** visoko ioniziran atom

stripper [strípə] *n* lupilec; stroj za lupljenje skorje z debla; *coll* striptizeta; *coll* skoraj izčrpan naftni vrelec

streaptease [strípti:z] *n* striptiz, točka slačenja plesalke v sporedu v nočnih lokalih

stripteaser [strípti:zə] *n* striptizeta, izvajalka strip-tiza

stripy [stráipi] *a* progast, progasto pobarvan

strive* [stráiv] *vi* prizadevati si, truditi se, težiti (*after* k); tekmovati (*with* z); boriti se (*for* za); ogorčeno se bíti, upirati (*against* čemu); pre-pirati se, pričkati se; **to** ~ **against fate** boriti se proti usodi; **to** ~ **against the stream** plavati proti toku (tudi *fig*); **to** ~ **for success** truditi se za uspeh; **he strove to get there first** trudil se je, da bi prvi prispel tja

striven [strivn] *pp* od **to strive**

striver [stráivə] *n* stremuh; prepirljivec

strode [stróud] *pt* od **to stride**

stroil [stróil] *n bot* (= **couch grass**) pirnica

stroke I [stróuk] *n* udarec (s šibo, z bičem), sunek; močan zamah (pri plavanju, z veslom, s krilom); bítje (ure); utrip (žile); poteza (s peresom, čo-pičem itd.), *fig* poteza; *med* napad, šok, kap, poškodba; veslač, ki daje takt za veslanje; takt; *math* vektor; *el* razelektritev; stil, manira; (red-ko) značilna poteza, znak; božanje, ljubkovanje, glajenje (z roko); **at a** ~, **at one** ~ z enim

udarcem, zamahom; **on the** ~ točno; **a** ~ **of business** dobra kupčija, dober posel; **a** ~ **of apoplexy (paralysis)** *med* kap; ~ **of fate** udarec usode; **a** ~ **of genius** genialna poteza, izvirna ideja; ~ **of lightning** tresk; **a** ~ **of luck** srečen slučaj, (nepričakovana) sreča; **a** ~ **of piston** *mech* pot bata od začetnega položaja do konca valja in spet nazaj; ~ **of state** (redko) državni prevrat; **a** ~ **of wings** zamah s krili; ~ **of wit** duhovita opazka, duhovitost; **the breast** ~ prsno plavanje; **a clever** ~ spretna, vešča poteza; **crawl** ~ stil kravl (plavanja); **down-** ~ poteza (s peresom) navzdol; **a few** ~ **s of brush** nekaj (par) potez s čopičem; **finishing** ~ milostni, smrtonosni udarec; **finishing** ~ s zadnje poteze, dovrševanje; **a four-** ~ **motor** štiritakten motor; **hair-** ~ tanka črtica navzgor (pri pisanju); **a** ~ **of lightning** udar strele, strela; **a master-** ~ **of diplomacy** mojstrska diplomatska poteza; **mas-terly** ~ mojstrska poteza; **sun-** ~ *med* sonča-rica; **up-** ~ poteza (s peresom) navzgor; **it is on the** ~ **of ten** vsak čas bo ura bíla deset; **she came on the** ~ prišla je (kot ura) točno; **he never does a** ~ **of work** on se nikoli ne dotakne dela; **to have a** ~ *med* biti zadet od kapi; **to keep** ~ držati takt (pri veslanju); **to pull a strong (a quick)** ~ hitro plavati; **to put (to add) the finishing** ~ **(s) to s.th.** dokončati kaj; **to row** ~ z veslanjem dajati takt ostalim veslačem; **to row a long** ~ veslati z dolgimi vesljaji; **to set the** ~ dajati takt pri veslanju

stroke II [stróuk] *vt sp* dajati takt (pri veslanju); označiti s črto, prečrtati; bíti (o uri); (po)-molsti (kravo); (po)gladiti (z roko), (po)božati (lase, žival, gube); ljubkovati; *vi* veslati, dajati tempo veslačem; **to** ~ **a boat (a race, a crew)** veslati in dajati takt veslanja v čolnu (pri tekmovanju, moštvu); **the crew was stroking at 32** moštvo je veslalo z 32 udarci (vesljaji) na minuto; **to** ~ **a cat's back** pogladiti mačko po hrbtu; **he** ~ **d his hair** pogladil se je po laseh; **to** ~ **s.o. (s.o.'s hair) the wrong way** (raz)dražiti, (raz)jeziti koga; **to** ~ **s.o. down** po-miriti koga, omehčati, pridobiti koga z laska-njem

stroke II [stróuk] *obs pt & pp* od **to strike**

stroke oar [stróukə:] *n* veslo (veslač), ki daje takt ostalim veslom

strokesman, pl -men [stróuksmən] *n* vodilni veslač, ki s svojim veslanjem daje takt ostalim vesla-čem

stroll [stróul] **1.** *n* (kratek) sprehod brez cilja, pohajkovanje, postopanje; **to go for a** ~, **to take a** ~ iti na kratek sprehod (brez cilja); **2.** *vi* sprehajati se brez cilja, pohajkovati, po-stopati, potepati se; *vt* pohajkovati po; s po-tepanjem prepotovati; **to** ~ **the streets** pohajko-vati po ulicah; **to** ~ **up and down** postopati sem in tja; ~ **ing gypsies** klateški cigani; ~ **ing player,** ~ **ing actor** potujoči igralec; vaški ko-medijant

stroller [stróulə] *n* sprehajalec, postopač, pohajko-valec; potepuh; klatež; krošnjar; (redko) po-tujoči igralec, vaški komedijant

strolling company [stróuliŋ kámpəni] *n* potujoča gledališka družina

strong [strɔŋ] **1.** *a* močan, krepak, čvrst, zdrav; žilav, odporen; energičen, odločen, neomajen; živ, živahen, prizadeven, vnet, podjeten; bister, pameten, prenikav, nadarjen (za); izrazit; prepričljiv, tehten; vpliven; alkoholen, močan (pijača); ki ima šanse za uspeh (kandidat); hud (veter), smrdljiv, žaltav; *gram* krepak (glagol); *com* trajen, soliden, trpežen, stalen; *mil* številen, močan po številu; *agr* rodoviten; *obs* sramoten, škandalozen; ogorčen (boj); **the ~** mogočne, vplivne osebe, na katerih strani je moč (oblast); **~ argument** tehten, prepričljiv argument; **~ as a horse** močan kot konj; **by the ~ arm (hand)** s silo; **~ breath** neprijeten duh iz ust; **~ butter** žarko, žaltavo maslo; **~ cheese** oster, močno dišeč sir; **~ face** energičen obraz; **~ flavour** oster, neprijeten okus; **~ language** robato govorjenje, psovke, kletvice; **a ~ market** *com* ustaljen trg (tržišče); **~ meat** težka hrana; *fig* tisto, kar morejo razumeti le zelo pametni ljudje; **~ memory** dober spomin; **~ measures** ostre, drastične mere (ukrepi); **~ mind** pametna glava, bister um; **a ~ nose** markanten, izrazit nos; **the ~ er sex** močnejši (moški) spol; **a ~ proof** prepričljiv dokaz; **to be ~ on** imeti (kaj) za važno, živahno sodelovati pri (čem); **he is as ~ as a horse** močan je kot konj (bik); **to be ~ in the purse** imeti mnogo denarja; **he is ~ in mathematics** on je dober matematik; **to have a ~ hold upon (over)** imeti veliko moč (oblast, vpliv) na; **how ~ were they?** koliko jih je bilo (po številu)?; **to take ~ measures** privzeti energične ukrepe; **that is too ~!** ta je pa prehuda!; **to use ~ language** robato, grobo se izražati, preklinjati, psovati; **2.** *adv* močno, zelo energično; izrecno, silno; **I am ~ against further concessions** sem odločno proti nadaljnjim koncesijam; **to come (to go) it rather ~** *sl* iti v skrajnost, pretiravati; **to be going ~** *sl* dobro uspevati (iti), biti v dobri formi; **to come out ~** *fig* pošteno se lotiti (česa); **he feels ~ about it** to mu je pri srcu; vznemirja se zaradi tega

strong-arm [strɔ́ŋa:m] **1.** *a A coll* nasilen; **~ methods** nasilne metode; **2.** *vt* [strɔ́ŋá:m] uporabiti silo proti, silo storiti, napasti, oropati

strong-armed [strɔ́ŋa:md] *a* krepkih rok, močan

strong-bodied [strɔ́ŋbɔdid] *a* močan, krepak; močan (vino)

strong-box [strɔ́ŋbɔks] *n* železna blagajna, sef

strong-fisted [strɔ́ŋfistid] *a* krepkih pesti

stronghand [strɔ́ŋhænd] *n* močna roka; sila, uporaba sile

strong-handed [strɔ́ŋhændid] *a* krepkih rok, močan; ki ima številno moštvo

strong-headed [strɔ́ŋhedid] *a* trmast, svojeglav; *E* zelo pameten, inteligenten

stronghold [strɔ́ŋhould] *n mil* utrdba, trdnjava, oporišče (tudi *fig*); *fig* branik

strongish [strɔ́ŋiš] *a* precéj močan

strongly [strɔ́ŋli] *adv* močno, zelo, čvrsto, krepko, energično; nasilno; izrecno; **to be ~ of the opinion** odločno biti mnenja; **to feel ~ about s.th.** mnogo dati na kaj, zelo ceniti

strong man, *pl* **-men** [strɔ́ŋmən] *n* močan mož, *fig* močni mož; **he is the ~ in our organization** on je močni mož v naši organizaciji

strong-minded [strɔ́ŋmáindid] *a* močnega duha (razuma, volje), energičen; moškega duha, neženski

strong-nerved [strɔ́ŋnə:vd] *a* (ki je) močnih živcev

strong point [strɔ́ŋpɔint] *n* važna ali odločilna točka; *mil* oporišče, odporno gnezdo; **his ~** njegova močna stran

strong-room [strɔ́ŋrum] *n* trezor, jeklena celica (v banki)

strong-set [strɔ́ŋset] *a* čokat, tršat, krepko raščen

strong-willed [strɔ́ŋwild] *a* ki je močne volje, odločen, energičen; trdovraten

strontium [strɔ́nšiəm] *n chem* stroncij

strop [strɔp] **1.** *n* jermen (naprava) za brušenje britve ali britvic; *naut* vrv, na kateri visi škripec itd.; **2.** *vt* brusiti britev (na jermenu)

strophe [stróufi] *n pros* kitica, strofa

strophic(al) [stróufik(l)] *a* ki se tiče kitice (strof)

strove [stróuv] *pt &* (redko) *pp* od **to strive**

strow [stróu] *vt arch* glej **to strew**

strown [stróun] glej **strewn**

struck [strʌk] **1.** *pt & pp* od **to strike**; **2.** *a econ* zaprt zaradi stavke (o tovarni); **~ in years** zelo star; **~ with** prizadet od; **~ jury** *jur* porotniki, izbrani, potem ko sta obe stranki izločili neželene osebe; **to be ~ on** zelo rad imeti

structural [strʌ́kčərəl] *a* (**~ly** *adv*) sestaven, konstrukcijski; gradben; strukturalen; *geol* tektonski; **~ engineering** gradbena tehnika; **~ error** konstrukcijska napaka; **~ linguistics** strukturalna lingvistika; **~ steel (timber)** gradbeno jeklo (les); **~ weight** teža konstrukcije

structure [strʌ́kčə] *n* sestav, ustroj, zgradba, struktura; graditev, gradnja, zgradba, konstrukcija; *biol* organizem; **economic ~** ekonomska struktura

structured [strʌ́kčəd] *a* (redko) (organično) strukturiran

strudel [stru:dl] *n cul* zavitek (jabolčni itd.)

struggle I [strʌgl] *n* boj, borba (*for* za, *with* z, *against* proti); rvanje; trganje (za kaj); stremljenje, prizadevanje; napor; **the ~ for life (for existence)** borba za obstanek

struggle II [strʌgl] *vi* boriti se (*with* z, *for* za, *against* proti); truditi se, napenjati se, mučiti se (*with s.th.* s čim), trgati se (za kaj); upirati se (*against* čemu), braniti se (česa), otepati se; s težavo si utirati pot, se prebijati; (redko) prepirati se; *vt* izbojevati, priboriti si; **a struggling artist** umetnik, ki se še ni uveljavil in se s težavo prebija (skozi življenje); **to ~ along** prebi(ja)ti se; **to ~ for breath** s težavo loviti sapo; **I ~d in my coat** z muko sem oblekel plašč; **to ~ up a cliff** s težavo se vzpenjati po pečini; **to ~ with death** boriti se s smrtjo; **~ to one's feet** z muko se dvigniti, vstati na noge; **he ~d to save his life** boril se je za svoje življenje; **to ~ against overwhelming forces** boriti se proti veliki premoči; **he has to ~ to earn his living** z velikim trudom si služi svoj kruh; **to ~ for power** boriti se za oblast; **to ~ through the crowd** s težavo si utirati pot skozi množico

struggler [strʌ́glə] *n* borec; oseba, ki se muči, se s težavo prebija

struggling [strʌ́gliŋ] *a* (~ **ly** *adv*) ki se s težavo prebija, se trudi na vso moč

struldbrug [strʌ́ldbrʌg] *n* prejemnik miloščine; onemogel starec

strum [strʌm] **1.** *n* brenkanje, slabo igranje na klavir ali kak drug instrument; ~ **of a guitare** brenkanje na kitaro; **2.** *vi & vt* slabo, nevešče igrati na klavir itd., brenkati; **to** ~ **a piano** brenkati po klavirju

struma, *pl* **-mae** [strú:mə, -mi:] *n med* skrofuloza, škrofeljni; golša, struma

strumous [strú:məs] *a med* skrofulozen; golšav

strumousness [strú:məsnis] *n med* golšavost

strumpet [strʌ́mpit] **1.** *n* pocestnica, vlačuga, prostitutka; **2.** *vt obs* ožigosati kot pocestnico

strung [strʌŋ] *pt & pp* od **to string**; **finely** ~ občutljiv; **highly** ~ zelo napet (živčen, nervozen, razburjen)

strut I [strʌt] **1.** *n* šopirjenje, košatenje, ošabna hoja; *fig* bahanje, afektiranost; **2.** *vi* ošabno hoditi, košatiti se, šopiriti se, prevzetovati

strut II [strʌt] **1.** *n archit* opornik, oporna vez; prečnik; **2.** *vt* podpreti z opornikom, s prečnikom

struthious [strú:θjəs] *a* nojev, nojevski

strutter [strʌ́t] *n* ošabnež, šopirnež, bahač

strychnine [stríkni:n] *n chem* strihnin

stub [stʌb] **1.** *n* štor, panj, klada; okrnek, (zobna) škrbina; čik, ogorek (cigarete), ostanek, konček (svinčnika itd.); pila s topim koncem; star klin, žebelj iz konjske podkve; *A* kupon, talon (čekovne knjižice), kontrolni odrezek; *A coll* čokata oseba, neotesanec, »štor«; *A* kratka stranska železniška pıoga; **2.** *vt* krčiti ali trebiti štore (večinoma *up*), izkopati korenine; ugasiti cigareto; (z nogo) udariti ali zadeti (*against* ob); razbiti, zmečkati; **to** ~ **stones** razbijati, tolči kamne v gramoz; **to** ~ **one's toe** udariti, zadeti z nožnim prstom ob, *fig* opeči si prste, biti zavrnjen
  stub out *vt* zmečkati in ugasiti (cigareto)

stub off *vt* skrhati, otopiti; **3.** *a* čokat, zavaljen, neroden, štorast

stubbiness [stʌ́binis] *n* čokatost, tršatost

stubble [stʌbl] **1.** *n collect & pl* strn, strnišče; ostra, kratka (neobrita) brada (dlaka, lasje)

stubbly [stʌ́bli] *a* bodičast, oster, koničast; ~ **hair** lasje kot strnišče

stubborn [stʌ́bən] *a* (~ **ly** *adv*) trdovraten, trmast, svojeglav, uporen, kljubovalen; stanoviten, vztrajen, odločen; zakrknjen; neprilagodljiv, trd, nepopustljiv, neizprosen; **a** ~ **child** trmast otrok; ~ **ore** *tech* težko topljiva ruda; **facts are** ~ **things** dejstev se ne da spremeniti

stubbornness [stʌ́bə:nnis] *n* trma, svojeglavost, trdovratnost, kljubovalnost, nepopustljivost; neupogljivost, upornost; odločnost, vztrajnost; težavna topljivost

stubby [stʌ́bi] *a* čokat, tršat; (ki je) poln štorov; ščetinast, bodikav

stub nail [stʌ́bneil] *n* odlomljen (kratek, debel) žebelj

stucco, *pl* ~ **s**, **-es** [stʌ́kou] **1.** *n* štuk, štukatura, omet ali okras iz mavca na zidu; **2.** *vt* prevleči, obložiti, okrasiti s štukom, z mavcem

stuccoer [stʌ́kouə] *n* štukatêr

stuccoworker [stʌ́kouwə:kə] *n* štukatêr

stuck [stʌk] *pt & pp* od **to stick**; **to get** ~ obtičati, ne moči (iti) naprej; **to get** ~ **for a word** ne se moči spomniti (neke) besede

stuck-up [stʌ́kʌp] *a coll* domišljav, nadut, ohol, aroganten, napihnjen, oblasten

stud I [stʌd] **1.** *n archit* steber; *collect* deske in grede gradbenega odra; žebelj s široko ploščato glavico (tudi kot okras); gumb ovratnika ali mašete; **collar-**~ neprišit gumb ovratnika; **2.** *vt* podpreti (opremiti) s podporniki; okrasiti (obiti) z žeblji s široko ploščato glavico; *fig* posuti (*with* z); biti raztresen po

stud II [stʌd] *n* žrebčarna, kobilarna; *coll* konji v kobilarni ali v staji; *A* žrebec

stud-bolt [stʌ́dboult] *n tech* zatični vijak

stud-book [stʌ́dbuk] *n* rodoslovje konja

stud-chain [stʌ́dčein] *n tech* ojačena veriga

studding-sail [stʌ́diŋseil] *n* stransko bočno jadro

student [stjú:dənt] *n* študent(ka), dijak(inja); raziskovalec, proučevalec, učenjak; izobraženec; oseba, ki se znanstveno ukvarja s čim; marljiv bralec (časopisov); *E* štipendist(ka); **a close (hard)** ~ marljiv študent; **law** ~ študent prava; **medical** ~ študent medicine, medicinec; **a** ~ **of nature** naravoslovec; **to be a** ~ **of law** študirati pravo; **2.** *a* študentovski; ~ **life** študentovsko življenje

studenthood [stjú:dənthud] *n* študentovstvo, študentovska doba; študentje

studentship [stjú:dəntšip] *n* študentovstvo, študentovsko življenje; *E* štipendija na univerzi

stud-farm [stʌ́dfa:m] *n* konjarna, žrebčarna, kobilarna

stud-horse [stʌ́dhə:s] *n* plemenski žrebec

studied [stʌ́did] *a* (~ **ly** *adv*) študiran, izučen, učen, načitan, podkovan (*in* v); naštudiran, premišljen, nameren, hotèn, nalašč narejen; izumetničen, nenaraven, prisiljen; **a** ~ **insult** namerna žalitev; ~ **politeness** prisiljena vljudnost

studiedness [stʌ́didnis] *n* kar je iskano, prisiljeno, izumetničeno; namernost, premišljenost

studio [stjú:diou] **1.** *n* (umetniški, filmski, fotografski) studio; slikarska, kiparska delavnica, atelié; radijski (televizijski) studio; **2.** *a* ateljejski; ~ **couch** (dvojni) kavč-postelja

studious [stjú:diəs] *a* (~ **ly** *adv*) študijski, učenjaški, nagnjen k študiju, k študiranju; marljiv, skrben, pazljiv, prizadeven; *obs* nameren, premišljen, kontemplativen; **with** ~ **care** z veliko skrbnostjo; **to be** ~ **of** paziti na, biti zaskrbljen za; **to be** ~ **to** prizadevati si za; **to be** ~ **to please** rad drugim ugajati; **he has a** ~ **turn** rad ima učenje (študij, knjige); **to live (to lead) a** ~ **life** posvečati se študiju, pridno študirati

studiousness [stjú:diəsnis] *n* vnetost za študij; marljivost, prizadevnost, pazljivost, skrbnost, vestnost

stud link [stʌ́dliŋk] *n naut* člen verige

study I [stʌ́di] *n* (često *pl*) študij, študiranje, učenje; skrbno proučevanje; marljivost, vnema, trud, mar; *theat* učenje vloge; kar je vredno proučevanja, predmet proučevanja; znanstveno proučevanje ali raziskovanje (*in*, *of* česa); veja znanosti, polje znanstvenega proučevanje; (umetnost) studija, skica, model; *mus* etuda; študijska ali delovna soba; *theat sl* kdor se uči vlogo; ~ **of languages** študij (učenje) jezikov; **to be a good (a slow)** ~ *theat sl* igralec, ki se z lahkoto (s težavo) nauči svojo vlogo; **to be in a brown** ~ *fig* biti globoko zatopljen (izgubljen) v svoje misli; **his** ~ **is to do right** on si prizadeva napraviti, kar je prav; **to make a** ~ **of s.th.** skrbno kaj študirati ali opazovati; **I made it my** ~ **to satisfy him** prizadeval sem si, da bi mu ugodil (ustregel njegovim željam)

study II [stʌdi] *vt* učiti se (česa), študirati; skrbno, natančno preučevati; brati; poskušati se naučiti na pamet (vlogo); pripravljati se za izpit (iz česa); pazljivo ogledovati, opazovati; posvetiti pozornost (čemu), paziti (na kaj); prizadevati si, skušati ugoditi (komu); *vi* študirati, baviti se s proučevanjem; učiti se; *obs* razmišljati, premišljati, iskati; prizadevati si, truditi se, vzeti si za cilj; **to** ~ **for the bar** študirati pravo; **to** ~ **the ground** preučevati teren; **to** ~ **a part** študirati, učiti se na pamet vlogo; **to** ~ **s.o.** uganiti želje kake osebe; **he studied for an excuse** iskal je izgovor

study out *vt* raziskati, skušati rešiti (vprašanje, problem), odkriti (sredstvo)

study up *vi* pripravljati se za izpit; študirati, ponoviti (za izpit)

stuff I [stʌf] *n* snov; material, masa; surovina; predmet, stvar; gradivo, snov; hrana, pijača; (volneno) blago, sukno, tkanina; roba; *fam* lek, zdravilo, zdravila; nič vredna stvar, izmeček; stavbni les; nadev (za pečenko); (časnikarstvo) rokopis, (časopisni) članek; *fig* sposobnost, zmožnost, (dobra) lastnost; *fig* nesmisel, neumnost, bedastoča; **the** ~ *coll* gotovina; tisto, kar je pravo; ~ **and nonsense!** kakšen nesmisel!; **doctor's** ~ zdravilo; **food** ~ živila, proviant; **garden** ~, **green** ~ zelenjava, povrtnina; **household** ~ *obs* hišna posoda, pohištvo; **inch** ~ eno colo debele deske; **thick** ~ nad štiri cole debele deske; **hot** ~ *sl* duhovit (energičen, spreten, pripraven) človek; opolzka knjiga ali gledališka igra; **none of your** ~! nehaj že s svojimi neumnostmi!; **silk** ~ svilena tkanina; **this book is sorry** ~ ta knjiga ni počenega groša vredna (je za v koš); **don't talk such a** ~! ne govori takih bedastoč!; **to know one's** ~ *coll* spoznati se (na svoje stvari); **do your** ~! pokaži, kaj znaš!; **he has written some first-rate** ~ napisal je nekaj prvovrstnih stvari; **that is the** ~ **to give him** *fig* tako je treba z njim govoriti (ravnati)

stuff II [stʌf] *vt* nabasati, natrpati, natlačiti (*into* v), napolniti, napolniti (perutnino) z nadevom, nadevati; pitati (žival), pitati (koga) z lažmi itd.; tapecirati (pohištvo), nagačiti (žival); *A sl* napolniti volilno žaro s ponarejenimi glasovnicami; *vi* (na)basati se (z jedjo), preveč jesti; natlačiti se, nabasati se (*into* v); ~ **ed owl** nagačena sova; ~ **ed shirt** *A sl* naduta, domišljava, napihnjena oseba; **to** ~ **o.s.** prenajesti se; **to** ~ **a car with people** prenatlačiti ljudi v avto; **to** ~ **geese** pitati goske; **to** ~ **s.o.** *coll* natvesti komu (kaj), zlagati se komu; **he was trying to** ~ **you** skušal vam je eno natvesti; **he was only** ~ **ing** samo širokoustil se je (lagal je); **to be** ~ **ed**

imeti (od nahoda) zamašen nos; **to** ~ **a pupil with dates** basati datume v učenca

stuff up *vt* natlačiti, nabasati, napolniti; zamašiti; **my pipe is** ~ **ed up** moja pipa je zamašena

stuffer [stʌfə] *n* polnilec, basač, nadevač; nagačevalec (živali); stroj za polnjenje, naprava za nadevanje; *econ A* reklamna priloga

stuff gown [stʌfgaun] *n* (volneni) talar mladih pravnikov; mlad pravnik

stuffiness [stʌfinis] *n* natlačenost, nabitost, nabasanost, napolnjenost; zadušljivost, zatohlost, pomanjkanje zraka; soparica; *coll* omejenost, pedantnost, priderija; *A coll* čemernost, nataknjenost, trdovratnost

stuffing [stʌfiŋ] *n* polnjenje; polnilo, material za tapeciranje; nadev; **to knock the** ~ **out of s.o.** premikastiti koga, *fig* napraviti koga neškodljivega, privesti koga k pameti

stuffy [stʌfi] *a* **(stuffily** *adv*) zadušljiv, zatohel, nezračen; soparen; medel, mlačen (čustvo); siten, nadležen, pust, dolgočasen (oseba, knjiga); *coll* omejen, pedanten, staromoden, konservativen; *A* jezen, hud, nejevoljen

stuggy [stʌgi] *a* čokat, zavaljen

stulm [stʌlm] *n* rov (v rudniku)

stultification [stʌltifikéišən] *n* poneumnjevanje; blamaža; *jur* dokaz neprištevnosti (nerazsodnosti)

stultifier [stʌltifaiə] *n* oseba, ki ima koga za norca, ga smeši

stultify [stʌltifai] *vt* znoriti; osmešiti, blamirati, izpostaviti posmehu ali norčevanju; napraviti absurdno (neumno, smešno); dati smešen videz; napraviti kaj brezkoristno ali brez vrednosti; nasprotovati (*o.s.* si), pobijati, demantirati, postaviti na laž, ovreči; *jur* proglasiti za neprištevnega (nerazsodnega); **to** ~ **o.s.** (o)smešiti se, blamirati se; **he stultifies his own arguments** on pobija svoje lastne argumente

stum [stʌm] **1.** *n* sladek (grozdni) mošt; **2.** *vt* pustiti zopet vreti (vino); *E* preprečiti vrenje (sadnega mošta)

stumble [stʌmbl] **1.** *n* spotikljaj, spodrsljaj, spodrkljaj, padec; *fig* pogreška, pomota; **2.** *vi* spotakniti se, spodrsniti (*against* ob, *over* čez); pojecljavati; pomišljati se, oklevati; pohujšati se; pogrešiti; (nepričakovano) pasti (*into* v); nameriti se, slučajno (po naključju) naleteti (*across, upon* na); *vt* zbegati, zmesti; iznenaditi, presenetiti; (zlasti *fig*) spotakniti; **to** ~ **at a straw, and leap over a block** *fig* biti natančen v malenkostih in površen v važnih stvareh; **to** ~ **over one's words** zatikati se v besedah; **he** ~ **d through an apology** izjecljal je neko opravičilo

stumbler [stʌmblə] oseba, ki spodrsne, se spotakne

stumbling [stʌmbliŋ] **1.** *a* (~ **ly** *adv*) spotikajoč se; jecljajoč; begajoč; *fig* ki dela pogreške, napake; **2.** *n* spotikanje; pomota, pogreška

stumbling-block [stʌmbliŋblɔk] *n* kamen spotike; zapreka, ovira, cokla (*to* za)

stumbly [stʌmbli] *a* nagnjen k spotikanju

stumer, -mor, -mour [stjúːmə] *n* prevara; goljuf, slepar; *E sl* ponarejen kovanec (bankovec, ček); pretvara, finta

stump I [stʌmp] *n* štor, štrcelj, okrnek; (zobna) škrbina; konček, ostanek (cigarete, svinčnika itd.); čik; lesena noga; *pl sl* noge; brisalo (risarsko); majhna močna žival; težka hoja, topotanje; *A coll* izziv(anje); (cricket) ena od treh palic, ki tvorijo vrata; štor (panj) kot govorniški oder, *fig* javen govor, volilna propaganda; **up a** ~ *A sl* v stiski, v škripcih; ~ **orator** *coll* bučen volilen govornik; **the** ~ **of a broom** že obrabljena metla; **to be on the** ~ *coll* biti na turneji predvolilnih (političnih) govorov; **to draw the** ~ **s** prekiniti igro; **to stir one's** ~ **s** *coll* pobegniti, popihati jo, odkuriti jo; **stir your** ~ **s!** *sl* stegni malo svoje noge!, pohiti!; **to take (to go on) the** ~ *A* iti na predvolilno propagandno potovanje (turnejo)

stump II [stʌmp] *vi* hoditi s težkimi koraki, hrupno hoditi, težko stopati, topotati; *coll* biti pretežaven (o vprašanju); *A coll* imeti predvolilne govore, agitirati; *vt* oklestiti (drevo) vse do štora; skrčiti, iztrebiti (štore); *fig* (zlasti pasivno) zbegati, spraviti v zadrego; (cricket) premagati nasprotnika; *A coll* prepotovati (kraje) kot predvolilni govornik; ublažiti (črte) z brisalom, senčiti z brisalom

stumped [stʌmpt] *a*; **to be** ~ **for an answer** biti v zadregi za odgovor

stumper [stʌmpə] *n* težavno vprašanje, *fig* trd oreh; (cricket) vratar

stump-foot [stʌmpfut] *n* v stopalu pokvarjena noga

stumpy [stʌmpi] **1.** *a* (**stumpily** *adv*) čokat, zavaljen, majhen in debel; poln štorov; **2.** *n E sl* denar, gotovina

stun [stʌn] **1.** *n* omotičen udarec; omamljenost; osuplost; **2.** *vt* s hrupom začasno oglušiti; (udarec) omamiti koga; *fig* osupiti koga, zapreti (komu) sapo; *fig* premagati; *fig* ohromiti, omrtviti; **he stood** ~ **ned by the sight** stal je kot ohromel ob tem pogledu

stung [stʌn] *pt & pp* od **to sting; to be** ~ *A sl* biti osleparjen; ~ **to the quick** zadet v živo

stunk [stʌnk] *pt & pp* od **to stink**

stunner [stʌnə] *n* močan udarec, ki omami, *sl* nekaj čudovitega, famozna stvar, *sl* krasotec, fant od fare

stunning [stʌnin] *a* (~ **ly** *adv*) omamen, omotičen, ki omami (zruši, podre); *sl* izreden, sijajen, fantastičen, fenomenalen

stunsail [stʌnseil] *n naut* glej **studding-sail**

stunt I [stʌnt] **1.** *n* umetnija, mojstrstvo, trik; *aero* akrobatsko letenje, akrobacija, ekshibicija; nekaj senzacionalnega, osupljivega, pozornost vzbujajočega (v reklamne, propagandne namene); reklamni, časnikarski trik; senzacija; lopovščina, sleparija; **it is not my** ~ to se me ne tiče; **2.** *vi & vt aero* delati akrobacije; **to** ~ **an airplane** izvajati akrobacije z letalom

stunt II [stʌnt] **1.** *vt* okrniti; pohabiti, pokvečiti; ovirati v rasti, v razvoju; **to** ~ **the growth of a nation's power** ovirati rast moči kakega naroda; **2.** *n* oviranje rasti ali razvoja; okrnjenje; slaba rast; zaostala rastlina

stunted [stʌntid] *a* zakrnel; ohromel

stunter I [stʌntə] *n coll* izvajalec akrobacij, akrobat; *aero* letalski akrobat

stunter II [stʌntə] *n* ovira; vzrok zakrnelosti, ohromelosti

stunt film [stʌntfilm] *n* risani film

stunt flying [stʌntflaiiŋ] *n aero* akrobatsko letenje

stunt man [stʌntmən] *n* dvojnik filmskega igralca za nevarne vloge

stupe I [stju:p] **1.** *n* topel obkladek; **2.** *vt* delati, dajati tople obkladke

stupe II [stju:p] *n sl* bedak, butec

stupefacient [stju:piféišənt] **1.** *a* omamen, omamljiv; **2.** *n* mamilo, narkotik

stupefaction [stju:pifǽkšən] *n* omamljenost, omama, otopelost (čutov), neobčutljivost, odrevenelost; *fig* osuplost, začudenje

stupefactive [stju:pifǽktiv] *a* ki omami, omamljiv; ki otopi, povzroči omedlevico; osupljiv

stupefied [stjú:pifaid] *a* omamljen, nezavesten; obnorel; neobčutljiv; osupel

stupefy [stjú:pifai] *vt* omamiti, otopiti (čute); uspavati; osupiti, začuditi; spraviti ob pamet, znoriti, poneumiti, poživiniti; *vi* postati omamljen (nezavesten, neobčutljiv); obnoreti

stupendous [stju:péndəs] *a* (~ **ly** *adv*) čudovit, izreden, presenetljiv; ogromen, silen, velikanski, kolosalen

stupendousness [stju:péndəsnis] *n* čudovitost; ogromnost, kolosalnost

stupid [stjú:pid] **1.** *a* (~ **ly** *adv*) neumen, bedast, topoglav, otopel; dolgočasen, nezanimiv; *obs* omamljen, zmeden (**with** od), brezčuten; **as** ~ **as an owl** *fig* neumen (bedast) kot vol; **2.** *n* bedak, tepec, neumnež

stupidity [stju:píditi] *n* neumnost, omejenost, topoglavost, otopelost; neumna ideja (dejanje); norost; bedarija

stupor [stjú:pə] *n* omama, omamljenost, neobčutljivost, otopelost; otrplost, mrtvilo, letargija; *med* stupor

stuporous [stjú:pərəs] *a med* otopel, otrpel, neobčutljiv

stuprum [stjú:prəm] *n jur* posilstvo, onečaščenje; nečistost

sturdied [stɔ́:did] *a vet* metljav (ovca itd.)

sturdiness [stɔ́:dinis] *n* krepkost, moč; odločnost, nepopustljivost, trmoglavost

sturdy I [stɔ́:di] *a* (**sturdily** *adv*) močan, čvrst, jeder, krepak; masiven; *fig* vztrajen, nepopustljiv, neupogljiv, odločen; trmast, uporen

sturdy II [stɔ́:di] *n vet* metljavost (ovčja bolezen)

sturgeon [stɔ́:džən] *n zool* jeseter

stutter [stʌtə] **1.** *n* jecljanje, pojecljavanje; **to have a** ~ jecljati, pojecljavati; **2.** *vi* zapletati se z jezikom, pojecljavati, jecljati; *vt* izjecljati (kaj) (često *out*)

stutterer [stʌtərə] *n* jecljavec

stuttering [stʌtəriŋ] *a* (~ **ly** *adv*) jecljav, jecljajoč

St. Valentine's day [sənvǽləntainzdéi] *n* dan 14. februarja, ko se parijo ptice

sty I [stái] **1.** *n* svinjak (tudi *fig*); brlog, »luknja«; **pig** ~ svinjak; **2.** *vt & vi* namestiti v svinjak; biti, živeti v svinjaku (tudi *fig*)

sty II, stye [stái] *n med* ječmen na očesu

sty III [stái] *n E dial* lestev, stopnice

style I [stáil] *n* slog, stil, način (govora, pisanja, življenja itd.); dober, pravilen način; *archit* slog; moda, model, kroj; *sp* stil, tehnika; uglajeno vedenje, fin način, okus, eleganca, imenitnost; (službeni) naslov, naziv, ogovarjanje, titula; *econ jur* tvrdka, ime tvrdke; vrsta, kategorija; štetje časa (koledar); *hist* pisalo, *poet* pero ali svinčnik; igla (bakrorezna, gramofonska itd.); *med* sonda; kazalec sončne ure; *print* stil pisanja in pravopis; **in** ~ na lep način; **in good (bad)** ~ (ne)okusno; **the latest** ~ najnovejša moda; **under the** ~ of pod naslovom (imenom, firmo); **a gentleman of the old** ~ gentleman stare šole; **a squire of the old** ~ staromoden podeželski plemič; **lofty** ~ vzvišen slog; **New S**~ gregorijanski koledar; **Old S**~ julijanski koledar; **he has no right to the** ~ **of earl** nima nobene pravice do grofovskega naslova; **she has not much** ~ **about her** ona nima mnogo elegance (okusa); **that is good (bad)** ~ to je dobrega (slabega) okusa; **that's the** ~! *coll* tako je (prav)!; **the matter is worth more than the** ~ *fig* vsebina je več vredna kot oblika; **my** ~ **is plain John Smith** moje ime je preprosto J. S.; **to put on** ~ **A** *coll* delati se finega; **they live in fine (great)** ~ oni živijo razkošno

style II [stáil] *vt* nazivati, ogovarjati, da(ja)ti naslov, titulirati, naslavljati, imenovati, označiti; narediti (zasnovati, ukrojiti) po najnovejši modi; *econ A sl* delati reklamo za; **the King's eldest son is** ~ **d the Prince of Wales** najstarejši kraljev sin ima naslov P. of. W. (knez Valizije, valizijski princ); **he is** ~ **d Sir** naslavljajo ga s Sir; **to** ~ **a new type of shoe** uvesti, spraviti v modo nov tip čevlja

stylebook [stáilbuk] *n* knjiga s pravopisnimi in tipografskimi pravili; priročnik stilistike, stilistika

styleme [stáili:m] *n ling* stilem

styler [stáilə] *n (A)* modni(a), risar(ka), ustvarjalec, -lka

stylet [stáilit] *n* bodalce, stilet; pisalo, svinčnik; *med* sonda

styling [stáiliŋ] *n* stilistična predelava, stiliziranje; *econ A* hvaljenje (blaga), reklama (za blago); *tech* izdelava karoserije

stylish [stáiliš] *a* (~ ly *adv*) ki ustreza kakemu stilu; móden, po modi, eleganten, čeden, okusen, imeniten, sijajen

stylishness [stáilišnis] *n* eleganca; modnost, imenitnost; skladnost s kakim stilom

stylist [stáilist] *n lit* stilist, mojster stila; pisec, ki se trudi za stil

stylistic [stailístik] **1.** *a* (~ ally *adv*) stilističen, ki se tiče načina pisanja; **2.** *n* (često *pl*, večinoma *sg constr*) stilistika

stylistical [stailístikl] *a* glej **stylistic**

stylite [stáilait] *n* srednjeveški asket, ki je živel na vrhu stebra

stylization [stailizéišən] *n* stilizacija

stylize [stáilaiz] *vt* stilizirati, prilagoditi kakemu stilu

stylo [stáilou] *n coll* nalivno pero, nalivnik

stylograph [stáiləgra:f] *n* stiligraf, nalivnik, nalivno pero

stylographic(al) [stailəgráfik(l)] *a* stilografski; ~ **pen** nalivno pero

stylography [stailógrəfi] *n* stilografija

stymie, stimy [stáimi] **1.** *n golf* položaj, ko se nasprotnikova žoga nahaja med igralčevo žogo in luknjo; **2.** *vt fig* postaviti v neugoden položaj, onemogočiti (koga), ugnati v kozji rog

stypsis [stípsis] *n med* ustavitev krvavenja

styptic [stíptik] **1.** *a* ki krči tkivo ali žile, ustavlja krvavenje; **2.** *n* snov, ki krči tkivo ali žile, stiptik

styrax [stáiəræks] *n bot* vrsta kavčukovca

Styria [stíriə] *n* Štajerska

Styrian [stíriən] **1.** *a* štajerski; **2.** *n* Štajerec, -rka

suability [sjuəbíliti] *n A* možnost tožbe, tožljivost; primernost za toženje (sodišču)

suable [sjúəbl] *a A* tožljiv; ki se lahko toži sodišču

suasion [swéižən] *n* prepričevanje, pregovarjanje, nagovarjanje; poskus pregovarjanja

suasive, suasory [swéisiv, -səri] *a* (~ ly *adv*) prepričevalen; ki prigovarja (*to* k, za), prepričuje (*of* o)

suave [swéiv] *a* (~ ly *adv*) mil, blag (o zdravilu); piten (vino); ljubezniv, prijazen, vljuden; prijeten; sladek (besede)

suaveness [swéivnis] *s* glej **suavity**

suavify [swéivifai] *vt* pomiriti, ublažiti, omiliti

suavity [swæviti] *n* milina, blagost; ljubeznivost, prijaznost; dostojnost

sub I [sʌb] *prep* pod, izpod; ~ **judice** (*Lat*) neodločen, ki še teče (pravni primer); ~ **silentio** (*Lat*) tajno, zaupno; ~ **voce** (*Lat*) glej pod (geslom) (v slovarjih itd.)

sub II [sʌb] **1.** *n coll*, skrajšano za **subaltern, subscription, substitute, subway** *etc* nižji uradnik (častnik), subskripcija, namestnik, podzemeljska železnica (podhod) itd.; **2.** *a* pomožen, zasilen, začasen; **3.** *vt* zastopati, nadomeščati, vskočiti (*for* za)

sub- [sʌb] *pref* pod-, nižji; stranski; nepopoln, približen; mejni, bližnji; *chem* bazičen

subacid [sʌbæsid] **1.** *a* kiselkast, kiselnat; *fig* nekoliko oster, ujedljiv; **a** ~ **smile** kiselkast nasmešek; **2.** *n* kiselkasta snov

subacidity [sʌbəsíditi] *n* kiselkastost

subaerial [sʌbéəriəl] *a*; ~ **agents** atmosferilije

subagency [sʌbéidžənsi] *n* podzastopstvo, podagentura, podružnica, filiala

subagent [sʌbéidžənt] *n* podzastopnik; *jur* podpooblaščenec

subalpine [sʌbælpain] **1.** *a* subalpski, ki raste, živi na podnožju Alp; **2.** *n* subalpska žival (rastlina)

subaltern [sʌbəltən] **1.** *a* podrejen, nižji; nesamostojen, subaltern; **2.** *n* nižji uradnik; *E mil* nižji častnik (izpod stotnika)

subalternate [sʌbóltə:nit] *a* podrejen; zapovrsten, zaporeden

subalternation [sʌbəltənéišən] *n* (logika) subalternacija; podrejenost, zaporednost

subaquatic [sʌbəkwætik] *a* podvoden

subaqueous [sʌbéikwiəs] *a* ki je pod vodo, podvoden; ~ **helmet** podvodna čelada

subassociation [sʌbəsoušiéišən] *n econ* podzveza

subaudible [sʌbó:dibl] *a* komaj slišen

subaudition [sʌbə:díšən] *n* tisto, kar se razume, ne da bi bilo povedano; dopolnilo (tistemu, kar je rečeno); stranski pomen

subbing [sʌbiŋ] *n* podplast

sub-breed [sʌbbri:d] *n bool* podvrsta

subchaser [sʌbčeisə] *n A naut mil* lovec podmornic

subclass [sʌbkla:s] **1.** *n biol* podrazred; **2.** *vt* uvrstiti v podrazred

subclassification [sʌbklæsifikéišən] *n* delitev v podrazrede, v pododdelke subclassify [sʌbklǽsifai] vt (raz)deliti na podrazrede, na pododdelke

subcommission [sʌbkəmíšən] n podkomisija

subcommissioner [sʌbkəmíšənə] n podkomisar

subcommittee [sʌbkəmíti] n pododbor

subconscious [sʌbkónšəs] 1. a podzavesten; polzavesten; 2. n podzavest

subconsciousness [sʌbkónšəsnis] n podzavest

subcontract [sʌbkóntrækt] 1. n stranski dogovor, stranska pogodba; 2. [sʌbkəntrǽkt] vt urediti s stransko pogodbo; vi skleniti stransko pogodbo

subcontractor [sʌbkəntrǽktə] n econ podkontrahent; podliferant

subcostal [sʌbkóstəl] a anat ki leži pod rebri ali med rebri

subcutaneous [sʌbkjutéiniəs] a (∼ ly adv) anat podkožen; ∼ injection podkožna injekcija

subdean [sʌbdi:n] n eccl poddekan

subdecuple [sʌbdékjupl] a math (ki je) v razmerju 1 : 10

subdivide [sʌbdiváid] vt & vi podrazdeliti (se), naprej (se) razdeliti (na manjše dele)

subdivision [sʌbdivížən] n podrazdelitev; pubdoddelek

subdominant [sʌbdóminənt] n mus subdominanta (4. stopnja)

subdouble [sʌbdʌbl] a math (ki je) v razmerju 1 : 2

subdual [sʌbdjúəl] n podrejanje, pokoravanje; ukrotitev, uklonitev

subduce, subduct [sʌbdjú:s, -dʌkt] vt odvzeti (from od), odtegniti, odstraniti; odšteti

subduction [sʌbdʌkšən] n odvzem; odstranitev; odštevanje

subdue [sʌbdjú:] vt podvreči, podjarmiti; obvladati; fig obrzdati, ukrotiti, premagati; zadušiti (glas); obdelati, kultivirati (zemljo); pomiriti, ublažiti (bolečine, barve, svetlobo itd.); to ∼ the enemy premagati sovražnika; to ∼ one's passions obvladati svoje strasti

subduer [sʌbdjúə] n tlačitelj; zmagovalec; krotilec

sub-edit [sʌbédit] vt izda(ja)ti (časopis) kot drugi urednik

sub-editor [sʌbéditə] n (drugi) urednik, pomočnik glavnega urednika časopisa; soizdajatelj (kakega dela itd.)

subequal [sʌbí:kwəl] a skoraj enak

suber [sjú:bə] n pluta, plutovina

subereous [sjubíriəs] a plutast, plutovinast

sub-family [sʌbfǽmili] n bot & zool poddružina

subfebrile [sʌbfí:brail] a med subfebrilen

subfusc [sʌbfʌsk] a temne barve

subgenus [sʌbdží:nəs] n bot & zool podvrsta

subgroup [sʌbgru:p] n 1. n podskupina; 2. vt razdeliti v podskupine

subhead [sʌbhed] n print podnaslov; namestnik vodje ali ravnatelja (šole)

subheading [sʌbhédiŋ] n print podnaslov; vmesni naslov

subhuman [sʌbhjú:mən] a podčloveški, človeka nevreden; skoraj človeški

subirrigation [sʌbirigéišən] n namakanje pod zemeljsko površino

subjacent [sʌbdžéisənt] a nižje ležeč, ležeč pod čem, ∼ fire podtalni ogenj

subject I [sʌ́bdžikt] 1. n podložnik, podanik, državljan; predmet (stvar) pogovora, téma; učni predmet; mus téma; razlog, povod, vzrok, motiv (for za); človek, oseba; gram osebek, subjekt; phil ego; poskusni predmet (oseba, žival); mrlič (za seciranje); med oseba, pacient; on the ∼ of gledé, kar se tiče, kar zadeva; a ∼ for complaint razlog za pritožbo; the ∼ of ridicule predmet posmehovanja; compulsory (optional, additional) ∼ obvezen (izbiren, dodaten) učni predmet; a hysterical ∼ histerična oseba (pacient); a nervous ∼ živčna oseba, živčnež; the liberty of the ∼ državljanska svoboda; a ticklish ∼ kočljiv, delikaten predmet; he is a French ∼ on je francoski državljan; there is no ∼ for joking ni nobenega razloga za zbijanje šal; to change the ∼ menjati témo (razgovora); to drop a ∼ opustiti razgovor o nekem predmetu; to wander from the ∼ oddaljiti se od predmeta; 2. a podvržen, podložen, podrejen (to komu, čemu), odvisen (to od); nesamostojen (država itd.); občutljiv (to za), nagnjen (to k), izpostavljen (to čemu); ∼ to pogojèn z, s pogojem; odvisen od (česa), s pridržkom; ∼ to his consent če on privoli; ∼ to your approval s pogojem (pridržkom), da vi odobrite; ∼ to duty podvržen carini; ∼ to ridicule izpostavljen posmehu; I am ∼ to indigestion podvržen sem prebavnim motnjam; the treaty is ∼ to ratification pogodba mora biti ratificirana, da postane veljavna; she is ∼ to headaches ona je nagnjena h glavobolom; to hold ∼ imeti v podložnosti, v odvisnosti; to be held ∼ biti odvisen

subject II [səbdžékt] vt podvreči, podrediti; podjarmiti; napraviti odvisno (to od); izpostaviti (to čemu); obrzdati; napraviti dovzetnega za; to ∼ a country to one's way podjarmiti si deželo; you must ∼ it to analysis to morate analizirati; to ∼ o.s. to ridicule izpostavljati se posmehu; I don't want to ∼ myself to his criticism ne maram se izpostavljati njegovi kritiki; he had been ∼ed to a lot of suffering mnogo je pretrpel; to ∼ s.o. to a test preskusiti koga

subjected [səbdžéktid] a podložen, podvržen; fig vdan

subject index [sʌ́bdžik índeks] n stvarni register

subjection [səbdžékšən] n podjarmljenje, jarem, podvrženost, podložnost, pokornost, odvisnost (to od); izpostavljenost; služnost (to komu); with due ∼ to you brez žaljenja vaše osebe; to be in ∼ to s.o. biti podrejen komu, odvisen od koga; to bring under ∼ podvreči, podjarmiti; to hold in ∼ držati v jarmu (odvisnosti, podložnosti)

subjective [səbdžéktiv] 1. a (∼ ly adv) subjektiven, oseben, individualen; gram ki se nanaša na osebek, osebkov; the ∼ case gram imenovalnik, nominativ; 2. n gram imenovalnik, nominativ

subjectiveness [səbdžéktivnis] n subjektivnost

subjectivism [səbdžéktivizəm] n subjektivizem

subjectivity [sʌbdžektíviti] n subjektivnost

subject-matter [sʌ́bdžiktmætə] n vsebina (predmet) knjige (nasproti obliki, stilu)

subjoin [səbdžɔ́in] *vt* dodati, pridati; priložiti; ~ **ed** priložen, v prilogi

subjoinder [səbdžɔ́ində] *n* priloga; dodatek

subjugate [sʌ́bdžugeit] *vt* podjarmiti, podvreči; *fig* obvladati, premagati, ukrotiti

subjugation [sʌbdžugéišən] *n* podjarmljenje, podreditev

subjugator [sʌ́bdžugeitə] *n* podjarmljevalec, zmagovalec, osvojitelj

subjunction [səbdžʌ́ŋkšən] *n* priložitev; priloga

subjunctive [səbdžʌ́ŋktiv] **1.** *a* (~ **ly** *adv*) *gram* konjunktiven; **2.** *n gram* vezni naklon, konjunktiv (= ~ **mood**)

sublate [sʌbléit] *vt phil* zanikati, preklicati

sublease [sʌ́bli:s] **1.** *n* podnajem, podzakup; **2.** [sʌbli:s] *vt* dati ali vzeti v podnajem, v podzakup

sublessee [sʌblesí:] *n* podnajemnik, podzakupnik

sublessor [sʌblésə:, -lesɔ́:] *n* oseba, ki da v podnajem, v podzakup

sublet* [sʌblét] *vt* dati (naprej) v podnajem, v podzakup

sublethal [sʌblí:θəl] *a* skoraj smrten

sublibrarian [sʌblaibréəriən] *n* podknjižničar(ka)

sublieutenant [sʌblefténənt] *n E* mornariški nadporočnik; **acting** ~ mornariški poročnik

sublimate I [sʌ́blimit] **1.** *n chem* sublimat; **2.** *a chem* sublimiran; *fig* prečiščen, rafiniran, idealiziran

sublimate II [sʌ́blimeit] *vt chem* sublimirati; *fig* prečistiti, rafinirati, poduhoviti, oplemenititi, idealizirati, dati vzvišen videz; (z oplemenitenjem) spremeniti (*into* v); *vi* sublimirati se

sublimation [sʌbliméišən] *n* sublimacija; prehlapitev

sublime I [səbláim] **1.** *a* (~ **ly** *adv*) vzvišen, dostojanstven, ki vzbuja spoštovanje s strahom; plemenit; veličasten, čudovit, grandiozen, majestetičen; nenavaden, najvišji, skrajen (drznost, neznanje); silovit; (često ironično) popoln, kompleten; **with** ~ **contempt** z vzvišenim prezirom; **a** ~ **idiot** popoln (kompleten) idiot; ~ **indifference** popolna, skrajna brezbrižnost; ~ **thought** vzvišena misel; ~ **scenery** čudovita pokrajina; ~ **tempest** silovit vihar; **2.** *n*; **the** ~ kar je vzvišeno, vzvišenost; (redko) višek, vrhunec; **the** ~ **of folly** višek norosti

sublime II [səbláim] **1.** *vt & vi chem* sublimirati (se); *fig* idealizirati, oplemenititi (se); z oplemenitenjem spremeniti (*into* v); biti očiščen, rafiniran, idealiziran

sublimer [səbláimə] *n* sublimator; kdor (kar) prečiščuje, oplemeniti, povzdiguje

sublimity [səblímiti] *n* vzvišenost, plemenitost, dostojanstvenost, imenitnost; višina, najvišja stopnja, izvrstnost; (redko) višek, vrhunec

sublineation [sʌblineéišən] *n* podčrtovanje

sublittoral [sʌblítərəl] *a* ki leži v bližini obale, obalen; (ki je) nižji od obale

sublunary [sʌ́blunəri] *a* sublunaren; *fig* zemeljski, (po)sveten

subman, *pl* **-men** [sʌ́bmən] *n* podčlovek, človek manjše vrednosti

submarginal [sʌbmá:džinəl] *a* (ležeč) pod robom, pod mejo; *econ* ne več donosen (zemlja itd.), nerentabilen

submarine [sʌ́bməri:n] **1.** *a* podmorski; *naut mil* podmorniški; ~ **cable** podmorski kabel; ~ **volcano** podmorski vulkan; ~ **chaser** lovec na podmornice; ~ **warfare** podmorniško vojskovanje; **2.** *n* podmornica; podmorska mina; podmorska rastlina, morska žival; **3.** *vt* napasti ali potopiti s podmornico

submariner [sʌ́bməri:nə] *n* član posadke na podmornici

submarining [sʌ́bməri:niŋ] *n* vojna s podmornicami

submaster [sʌ́bma:stə] *n* namestnik vodje (šole)

submerge [səbmə́:dž] **1.** *vt & vi* potopiti (se), pogrezniti (se); preplaviti; pogoltniti (ladjo); *fig* potlačiti

submerged [səbmə́:džd] *a* potopljen; preplavljen; *fig* obubožan; **the** ~ **tenth** *fig* najrevnejši sloj (prebivalstva)

submergence [səbmə́:džəns] *n* potopitev, pogrezanje; preplavljenje, povodenj; *fig* zatopljenost v misli

submerse [səbmə́:s] **1.** *a bot* ki je pod vodo; potopljen; **2.** *vt* (o rastlinah) potopiti (del pod vodo); ~ **d** *bot* potopljen

submersibility [səbmə:sibíliti] *n* potopljivost; preplavljenost; *naut* sposobnost potapljanja

submersible [səbmə́:sibl] **1.** *a* potopljiv, poplavljiv; (podmornica itd.) ki se lahko potaplja

submersion [səbmə́:šən] *n* potopitev, potapljanje; poplava, preplavljenje

submission [səbmíšən] *n* uklonitev, podreditev; *fig* poslušnost, pokornost; podložnost, ponižnost; *jur* predložitev; *jur* pledoajé, obrambni zagovor; kompromis; **with all due** ~ z vsem dolžnim spoštovanjem; ~ **of a question to arbitration** predložitev nekega vprašanja (problema) razsodišču; **my** ~ **is that...** trdim, da...

submissive [səbmísiv] *a* (~ **ly** *adv*) pokoren, podložen, ubogljiv, ustrežljiv, vdan

submissiveness [səbmísivnis] *n* podložnost, pokornost, ubogljivost, ustrežljivost, vdanost

submit [səbmít] **1.** *vt* podvreči, ukloniti, pokoriti; predložiti (v odobritev, v presojo); **2.** *vi* ukloniti se, podvreči se, popustiti, pokoriti se; pomiriti se (*with* z), vdati se v, sprijazniti se z; previdno pripomniti, trditi; **to** ~ **to a decision** sprijazniti se z odločitvijo; **to** ~ **o.s.** vdati se, podvreči se; **he** ~ **ted himself to the law** uklonil se je zakonu; **to** ~ **to God's will** vdati se v božjo voljo, v usodo; **I have no choice but to** ~ nimam druge izbire, kot da se uklonim; **to** ~ **a question to the court** predložiti vprašanje sodišču; **to** ~ **s.th. for s.o.'s approval** predložiti komu kaj v odobritev

submittal [səbmitl] *n* uklonitev, podreditev, vdaja

submitter [səbmítə] *n* oseba, ki se ukloni (podvrže, popusti); *jur* predlagatelj

submultiple [səbmʌ́ltipl] *n math* število, ki je nekajkrat brez ostanka vsebovano v nekem večjem številu

subnormal [səbnɔ́:məl] **1.** *a* (~ **ly** *adv*) podnormalen, duševno manjvreden; ki je pod tistim, kar je normalno; **2.** *n med* (duševno) manjvredna oseba, slaboumnež

subnormality [səbnɔ:mǽliti] *n* manjvrednost; subnormalnost

subofficer [sʌbófisə] *n* poduradnik
suborder [sʌbó:də] *n biol* podrejenost
subordinate I [səbó:dnit] 1. *a* (~ **ly** *adv*) podrejen, odvisen; nevažen, postranski, drugovrsten; ~ **clause** *gram* podredni stavek; **to be** ~ **to s.th.** zaostajati za čem v pomembnosti (važnosti); 2. *n* podrejenec; podrejena (postranska) stvar
subordinate II [səbó:dineit] *vt* podrediti; zapostavljati, smatrati za manj važno
subordination [səbə:dinéišən] *n* podložnost, podreditev, podrejanje; podrejenost (*to* čemu), odvisnost (*to* od); (službena) poslušnost; *mil* trda disciplina; *obs* podrejen položaj
subordinative [səbó:dinətiv] *a* podrejen
suborn [sʌbó:n] *vt* pregovoriti (koga) (s podkupnino) (h kaznivemu dejanju), podkupiti, napeljati (k zlemu dejanju); napraviti (koga) za odpadnika; **to** ~ **s.o. to commit perjury** pregovoriti koga h krivi prisegi
subornation [sʌbo:néišən] *n* podkupovanje, zapeljevanje, prigovarjanje (*of perjury* h krivi prisegi)
suborner [sʌbó:nə] *n* podkupovalec, kdor nagovarja (*of perjury* h krivi prisegi)
suboval [sʌbóuvəl] *a* jajčast; elipsast
subpoena [sə(b)pí:nə] 1. *n jur* sodni poziv (s pretnjo kazni); 2. *vt* pozvati na sodišče (s pretnjo kazni)
subprefect [sʌbprí:fekt] *n* podprefekt
subprincipal [sʌbprínsipl] *n* namestnik vodje (šole)
subrent [sʌbrent] *vt* dati ali vzeti v podnajem
subreption [səbrépšən] *n jur* prilastitev s prevaro, z utajo; napačno prikazovanje, izkrivljenje (dejanskega stanja)
subrogate [sʌbrəgeit] *vt* postaviti na mesto; (redko) podtakniti, nadomestiti; **to** ~ **s.o. for s.o.** postaviti koga na mesto kake osebe
subrogation [sʌbrəgéišən] *n jur* nadomestitev z drugo osebo, zamena, zamenjava, subrogacija; ~ **of a creditor** nadomestitev upnika
subscribe [səbskráib] *vt* podpisati (kaj, svoje ime); priznati s svojim podpisom, soglašati z, pristati na, odobravati; zbrati (potreben denar) s prispevki; vpisati (denar kot prispevek) (*for, to* za); prispevati; *vi* podpisati se; dati (svoj) prispevek; s podpisom se obvezati za dajanje prispevkov; naročiti se, abonirati se (*to* na); vnaprej naročiti (*for* kaj) (npr. knjigo pred natisom), subskribirati se (*for* za); **he** ~ **d for the book** subskribiral se je za knjigo; **how much did you** ~ **to our fund?** koliko ste prispevali za naš sklad?; **he** ~ **d his name to the contract** podpisal se je v pogodbi
subscriber [səbskráibə] *n* podpisnik; naročnik, subskribent, abonent (na časopis itd.); vpisovalec; pospeševalec, priporočitelj; darovalec
subscript [sʌbskript] 1. *a* ki je napisan pod čem; 2. *n* kar je spodaj napisano
subscription [səbskrípšən] *n* podpisovanje, podpis; soglasnost, odobritev, pristanek (*to* na); obveza s podpisom za dajanje prispevkov; naročnina, abonma, subskripcija (*to* na); subskripcijski prispevek, znesek; vpisovanje (*of a loan* posojila); **a** ~ **concert** abonmajski koncert
subscriptive [səbskríptiv] *a* subskripcijski; abonmajski; podpisen, prispeven
subsection [sʌbsékšən] *n* podsekcija, pododsek

subsensible [sʌbsénsibl] *a* ki se ne more dojemati (začutiti) s čutili
subsequence, -cy [sʌbsikwens(i)] *n* posledica; kar sledi, pride pozneje; sledeči dogodek
subsequent [sʌbsikwent] *a* (~ **ly** *adv*) poznejši, kasnejši, naknaden, naslednji, sledeč; ~ **to** (pozneje) po, za; ~ **upon** zaradi; ~ **charges** naknadni stroški; ~ **events** poznejši dogodki; ~ **payment** naknadno plačilo, doplačilo; **on the day** ~ **to the event** na dan po dogodku
subserve [sʌbsó:v] *vt* služiti, pomagati, koristiti (čemu); iti na roke, biti naklonjen, podpirati, pospeševati
subservience [səbsó:viəns] *n* služnost, korist(nost), uspešnost; čezmerna uslužnost, servilnost; podložnost (*to* komu); podpiranje; **in** ~ **to** z obzirom do (na)
subservient [səbsó:viənt] *a* (~ **ly** *adv*) koristen, uspešen, ki služi ali pomaga (*for* komu, čemu); preuslužen, servilen, ponižen, hlapčevski (*to* do koga)
subside [səbsáid] *vi* upadati, upasti (voda, poplava) splahneti, umakniti se; *chem* usedati (usesti) se; pogrezniti se, potopiti se (ladja); spustiti se (*into* v); popustiti, poleči se, ponehati, zmanjšati se, umiriti se, unesti se; **he** ~ **d into an armchair** pogreznil se je v naslanjač; **his anger will soon** ~ jeza se mu bo kmalu polegla (ohladila)
subsidence [sʌbsidəns, səbsáidəns] *n* usedanje, usad, pogrezanje, upadanje; *fig* popuščanje, ponehavanje, umirjenje
subsidiary [səbsídjəri] 1. *a* (**subsidiarily** *adv*) pomožen; podporen; dopolnilen, stranski; podrejen (*to* čemu); ~ **company** *com* podružnica; ~ **stream** pritok; ~ **subject** stranski predmet; ~ **troops** pomožne čete; 2. *n* (često *pl*) pomoč, podpora; *com* podružnica
subsidization [sʌbsidizéišən] *n* subvencioniranje
subsidize [sʌbsidaiz] *vt* podpirati (z javnimi sredstvi), subvencionirati; vzdrževati; podkupiti; **he** ~ **d an army of 5000 men** vzdrževal je vojsko 5000 mož
subsidy [sʌbsidi] *n* (često *pl*) denarna pomoč; podpora (iz javnih sredstev), subvencija
subsist [səbsíst] 1. *vi* obstajati, biti, živeti; vzdrževati se (*by* z, *on, upon* od); preživljati se; **in what does the difference** ~ **?** v čem je razlika?; **to** ~ **on the produce of one's garden** preživljati se, živeti od pridelkov s svojega vrta; 2. *vt* vzdrževati, hraniti, preživljati; **to** ~ **an army** oskrbovati vojsko z živežem
subsistence [səbsístəns] *n* obstoj, bivanje, obstanek, eksistenca; dohodek, sredstva za življenje, hrana; *obs* trajnost; ~ **money** predujem; dodatek k vzdrževalnini; **minimum of** ~ eksistenčni minimum, najpotrebnejše za življenje
subsistent [səbsístənt] *a* obstoječ; pričujoč; *obs* trajen
subsoil [sʌbsoil] 1. *n* sloj zemlje neposredno pod površjem; 2. *vt* rigolati
subsoiler [sʌbsoilə] *n agr mech* razrivač, buldozer (plug)
subsolar [sʌbsóulə] *a* (ki je) pod soncem, podsončen; zemeljski; *geogr* tropski

subsonic [sʌbsónik] *a phys* podzvočen; ~ **speed** podzvočna hitrost

subspecies [sʌbspíːšiːz] *n zool* podvrsta, podzvrst

substance [sʌ́bstəns] *n* snov, materija, substanca, masa, *phil* bit; stvarnost, realnost, resničnost; vsebina, téma, predmet (knjige itd.); jedro, bistvo, prava vrednost; odločilnost, merodajnost; premoženje, imetje; **in** ~ v bistvu; **the** ~ **of the essay** predmet eseja; **arguments of little** ~ malo odločilni argumenti; **a man of** ~ premožen, bogat človek; **to take the shadow for the** ~ vzeti senco za realnost; **to waste one's** ~ zapravljati svoje premoženje, biti razsipen

substantial [səbstǽnšl] **1.** *a* (~ **ly** *adv*) snoven, materialen, stvaren, telesen; trden, čvrst, močan, trpežen, trajen; bistven; znaten, precejšen, tehten, važen; redilen, izdaten (hrana); premožen; zanesljiv, odločilen; *phil* snoven, realen, bistven; **a** ~ **argument** tehten argument; **a** ~ **farmer** premožen kmetovalec; **a** ~ **meal** obilen jedilni obrok; ~ **profits** veliki, mastni dobički; **a** ~ **victory** odločilna zmaga; **a man of** ~ **built** mož krepke postave; **to make** ~ **progress** znatno napredovati; **2.** *n* nekaj materialnega, resničnega, stvarnega, trdnega, bistvenega, pomembnega; **the** ~ **s of meal** glavna jed (del) obeda

substantiality [səbstænšiǽliti] *n* bitnost; stvarnost, snovnost, tvarnost, telesnost; čvrstost, moč; veljavnost, tehtnost, odločilnost, pomembnost; redilnost, izdatnost; ~ **of a wall** trdnost zidu; **the** ~ **of his words** tehtnost njegovih besed

substantialize [səbstǽnšəlaiz] *vt* utelesiti, uresničiti, realizirati; *vi* postati stvaren, uresničiti se

substantiate [səbstǽnšieit] *vt* podkrepiti, utemeljiti, dokazati (trditev, opravičilo); **to** ~ **a charge** utemeljiti obtožbo

substantiation [səbstænšiéišən] *n* uresničenje; potrditev, podkrepitev, utemeljitev, dokaz; **in** ~ **of** v dokaz (potrditev) za

substantival [sʌbstəntáivl] *a gram* samostalniški

substantive [sʌ́bstəntiv] **1.** *n gram* samostalnik, substantiv; *phil* stvar, bitje; **2.** *a* samostojen, neodvisen; biten, bistven; znaten; stvaren, dejanski, resničen; trajen; *gram* ki izraža obstajanje

substation [sʌ́bsteišən] *n* pomožna postaja; **post-office** ~ poštna podružnica

substitute I [sʌ́bstitjuːt] *n* namestnik, zastopnik, substitut; nadomestek, surogat (*for* za); *ling* nadomestna beseda; **to act as a** ~ **for s.o.** zastopati (nadomestovati) koga

substitute II [sʌ́bstitjuːt] *vt* nadomestiti, najti namestnika ali nadomestek za, substituirati; zamenjati, stopiti na mesto kake osebe; *vi* rabiti kot nadomestek; fungirati kot zastopnik (namestnik), zastopati, nadomestovati

substitution [sʌbstitjúːšən] *n* nadomestitev; zamenjava; podtaknitev; substitucija; *jur* postavitev, imenovanje (*of an heir* nadomestnega dediča); ~ **of a child** podtaknitev otroka

substitutional [sʌbstitjúːšənəl] *a* (~ **ly** *adv*) na(do)-mesten, zastopniški, zamenjalen

substitutive [sʌ́bstitjuːtiv] *a* primeren za nadomestitev, na(do)mesten

substratum, *pl* **-strata** [sʌbstréitəm, -tréitə] *n* substrat, podlaga; *min* nižji, globlji sloj; *biol chem* medij; *ling* substrat

substruction [sʌbstrʌ́kšən] *n archit* podzidje; *fig* temelj

substructure [sʌbstrʌ́kčə] *n archit* podzidje, temelj, substruktura; *fig* osnova, temelj

subsume [səbsjúːm] *vt* skupaj obseči ali zajeti; vključiti (*in* v); vsebovati, vključevati v sebi; podrediti; subsumirati

subsumption [səbsʌ́mpšən] *n* zajetje, vključevanje, vsebovanje, povzemanje; razvrstitev, ureditev (*in* v)

subsumptive [səbsʌ́mptiv] *a* vključevalen, urejevalen, uvrščevalen

subsurface [sʌbsóːfis] *n* **1.** *n agr* podpovršinski sloj; **2.** *a* podpovršinski; podvoden; ~ **torpedo** podvoden torpedo

subtangent [sʌbtǽndžənt] *n geom* subtangenta

subtemperate [sʌbtémpərit] *a geogr* hladnejši kot zmeren

subtenancy [sʌbténənsi] *n* podzakup, podnajem

subtenant [sʌbténənt] *n* podzakupnik, podnajemnik

subtend [səbténd] *vt geom* ležati nasproti (kotu) (o tetivi, stranici); segati, raztezati se pod

subtense [səbténs] **1.** *n geom* (redko) tetiva, hipotenuza, trikotniška stranica; **2.** *a* merilen; ~ **bar** merilni drog (palica)

subterfuge [sʌ́btəːfjuːdž] *n* izgovor, pretveza; pribežališče, skrivališče

subterminal [sʌbtóːminəl] *a* (ki je) skoraj na koncu, skoraj končen

subterrane [sʌ́btərein] *n* votlina, podzemeljski prostor

subterranean [sʌbtəréiniən] **1.** *a* podzemeljski; *fig* podtalen, tajen, skriven; ~ **river** ponikalnica; **2.** *n* stanovalec v votlini, jamski človek

subterraneous [sʌbtəréiniəs] *a* (~ **ly** *adv*) glej **subterranean**

subtile [sʌtl, sʌ́btil] *a* glej **subtle**

subtileness [sʌ́btilnis] *n* glej **subtleness**

subtility [sʌbtíliti] *n* glej **subtlety**

subtilization [sʌtilaizéišn] *n* umovanje, modrovanje; pikolovstvo, dlakocepstvo; prefinjenost, oplemenitenje, požlahtnjenje; *chem* izhlapitev

subtilize [sʌ́tilaiz] **1.** *vt* stanjšati; izboljšati, oplemeniti, požlahtniti; razredčiti; *chem* izhlapiti; *fig* izostriti (um, čute); **2.** *vi* modrovati, dlakocepiti (*on, about* o)

subtilizer [sʌ́tilaizə] *n* dlakocepec

subtilty [sʌ́tlti] *n* glej **subtlety**

subtitle [sʌ́btaitl] **1.** *n* podnaslov (knjige); *film* podnaslov pod sliko, ki pojasnjuje dejanje; **2.** *vt* opremiti s podnaslovi

subtle [sʌtl] *a* (**subtly** *adv*) tanek, fin subtilen, nežen; hlapljiv; komaj opazen; spreten, okreten, vešč, pripraven, iznajdljiv, domiseln, bistroumen, bister, prenikav, oster, rafiniran; tajen, skrivnosten; potuhnjen, zahrbten; prebrisan, premeten, prekanjen; težaven, kočljiv; *obs* redek, razredčen; **a** ~ **foe** premeten sovražnik; ~ **irony** fina ironija; ~ **sight** oster vid; **a** ~ **distinction** komaj opazna, zaznavna razlika; **a** ~ **workman** spreten delavec

subtlety, subtleness [sʌ́tlti, sʌ́tlnis] *n* finost, subtilnost, bistroumnost, premetenost, pretkanost;

domiselnost, iznajdljivost; zvijačnost, zahrbtnost; potuhnjenost; spretnost; modrovanje, umovanje, dlakocepstvo

subtorrid [sʌbtóˑrid] *a geogr* subtropski

subtract [səbtrǽkt] *vt* odtegniti, odvzeti (*from* od); *math* odšte(va)ti; **we must not ~ from his greatness** ne smemo manjšati njegove veličine

subtraction [səbtrǽkšən] *n* odbitje, odbitek, odvzetje; *math* odštevanje

subtractive [səbtrǽktiv] *a* odvzemajoč; odštevalen, subtraktiven

subtrahend [sʌ́btrəhend] *n math* odštevanec, subtrahend

subtransparent [sʌbtrænspéərənt] *a* ne popolnoma (skoraj) prozoren

subtropical [sʌbtrópikl] *a* subtropski, skoraj tropski

subtropics [sʌbtrópiks] *n pl* subtropski pas

subulate [sjúːbjulit] *a* šilast, klinast

suburb [sʌ́bəːb] *n* predmestje; *pl* bližnja mestna okolica, obmestje, periferija; **to live in the ~ s** stanovati, živeti v mestni okolici

suburban [sʌbə́ːbən] **1.** *a* predmesten; *fig* malomeščanski, provincialen; **2.** *n* prebivalec v predmestju

suburbanite [sʌbə́ːbənit] *n* prebivalec v predmestju

suburbanity [sʌbəːbǽniti] *n* predmestni značaj; *fig* malomeščanstvo

suburbanize [sʌbə́ːbənaiz] *vt* napraviti (kraj) za predmestje; sprejeti (kraj) v občino

suburbia [sʌbə́ːbiə] *n* predmestje velemesta; prebivalci predmestja

subvariety [sʌbvəráiəti] *n* podvrsta, podzvrst

subvene [səbvíːn] *vi* priti na pomoč

subvention [səbvénšən] *n* (državna) subvencija; denarna podpora (pomoč)

subventioned [səbvénšənd] *a* subvencioniran

subversion [səbvə́ːšən] *n* prevrat; rušenje, razdiranje, uničenje; **~ of a government** zrušenje vlade

subversive [səbvə́ːsiv] **1.** *a* prevraten, prekucuški; rušilen, razdiralen, uničevalen; subverziven; **2.** *n* prevratnež, prekucuh, revolucionar

subvert [səbvə́ːt] *vt* spodkopavati, vreči, zrušiti, razdejati, uničiti; omajati; **to ~ a government** zrušiti, vreči vlado; **to ~ s.o.'s faith** omajati komu vero

subverter [səbvə́ːtə] *n* prevratnež; rušilec, uničevalec

subway [sʌ́bwei] *n* podhod; podzemeljski prehod; *A, Sc* podzemeljska železnica; **~ circuit** *A coll fig* njujorška predmestna gledališča

subworker [sʌ́bwəːkə] *n* pomagač, pomožni delavec

saccades [səkéidz] *n pl* v sirupu vloženo sadje, kompot; kandirano sadje; slaščice

succedaneous [sʌksidéiniəs] *a* nadomesten

succedaneum [sʌksidéiniəm] *n* nadomestek

succeed [səksíːd] **1.** *vt* slediti (komu, čemu), priti za (kom, čem); biti naslednik, naslediti; podedovati; **2.** *vi* slediti, priti (*to* za kom, čem); uspeti, posrečiti se, imeti uspeh, doseči svoj cilj (*in* pri čem, *with* pri); **~ing ages** bodoči časi (pokolenja); **autumn ~s summer** za poletjem pride jesen; **a calm ~ed (to) the tempest** po nevihti je sledila (nastopila) tišina; **he ~ed as a doctor** kot zdravnik je imel uspeh; **he ~ed in doing s.th.** posrečilo se mu je, nekaj napra-

viti; **Edward VII ~ed Victoria** Edvard VII je sledil Viktoriji; **they ~ed with him** dosegli so svoj cilj pri njem; **he ~ed to his father's estate** podedoval je očetovo posestvo; **he ~ed his uncle as heir** podedoval je po stricu; **the plan did not ~** načrt se ni posrečil; **we did not ~ in seeing him** ni se nam posrečilo, da bi ga videli; **we ~ed (very badly)** imeli smo (zelo slab) uspeh; **to ~ to the throne** slediti na prestolu; **to ~ to a title (a fortune)** podedovati pravni naslov (premoženje); **nothing ~s like success** za enim uspehom pride drugi, uspeh rodi uspeh

succentor [səkséntə] *n eccl* subkantor, pevčev pomočnik; glavni basist v zboru

success [səksés] *n* uspeh (*in* v), (dober, srečen) izid, rezultat; sreča; uspešen človek; stvar, ki uspeva, uspešna stvar; (redko) posledica; **with ~** z uspehom, uspešno; **without ~** brez uspeha, brezuspešno; **to achieve ~** doseči uspeh, biti uspešen; **to be a ~** uspeti, imeti uspeh, obnesti se; **he was not a ~ as doctor** kot zdravnik se ni obnesel; **to make a ~ of, to make s.th. a ~** imeti uspeh pri čem, biti uspešen, uspeti v čem; **nothing succeeds like ~** en uspeh prinese drugega, uspeh rodi uspeh

successful [səksésful] *a* (**~ ly** *adv*) uspešen, kronan z uspehom; srečen; **a ~ experiment** uspešen eksperiment; **to be ~ in doing s.th.** uspešno kaj napraviti, imeti uspeh pri čem

successfulness [səksésfulnis] *n* uspešnost, uspeh; sreča

succession [səkséšən] *n* sleditev, zaporednost; niz, (nepretrgana) vrsta, veriga; nasledstvo, dedovanje (*to s.th.* česa); pravica nasledstva; vrsta naslednikov, nasledniki, dediči, nasledstvo; prevzem (službe itd.); **in ~** zaporedoma, eno za drugim; **in due ~** v lepem zaporedju, (pravilno) po vrsti; **in ~ to George II** kot naslednik Jurija II; **~ duties** davek na dediščino; **a ~ of profitable bargains** vrsta ugodnih kupčij; **~ to the throne** nasledstvo na prestolu; **law of ~** zakon o nasledstvu; **the Stuart ~** nasledniki Stuartovci; **weeks in ~** cele (zaporedne) tedne; **to be next in ~ to s.o.** kot prvi slediti komu

successional [səkséšənəl] *a* (**~ ly** *adv*) zaporeden, sledeč, ki je v vrsti (v nizu); neprekinjen; ki se nasleduje, nasledstven; dediščinski

successive [səksésiv] *a* zaporeden, zapovrsten, eden za drugim, neprekinjen, sukcesiven, postopen; *obs* podedovan, deden; **the second ~ day** naslednji drugi dan; **three ~ times** trikrat zaporedoma

successively [səksésivli] *adv* zaporedoma, po vrsti

successiveness [səksésivnis] *n* zaporednost; vrsta, niz

successless [səkséslis] *a* brezuspešen; nesrečen

successor [səksésə] *n* naslednik; dedič (*to s.o., of s.o.* koga); **~ to the throne** naslednik na prestolu

successorship [səksésəšip] *n* pravno nasledstvo

succint [səksínt] *a* (**~ ly** *adv*) jedrnat, zgoščen, kratek; pregnanten; lakoničen; osoren, rezek; *obs* prepasan, spodrecan, tesno se prilegajoč (obleka); **a ~ writer** pisec s pregnantnim slogom

succintness [səksíntnis] *n* jedrnatost, zgoščenost, pregnanca; osornost, rezkost succory [sʌ́kəri] *n bot* cikorija, potrošnik

succose [sʌ́kous] *a* poln soka, sočen

succotash [sʌ́kətæš] *n A* jed iz graha in mlade koruze s slano svinjino (ali brez nje)

succour [sʌ́kə] **1.** *n* pomoč (v sili); *pl mil* okrepitev, vojska, ki pride na pomoč (oblegani trdnjavi ipd.); **2.** *vt* priti na pomoč, pomagati komu

succourer [sʌ́kərə] *n* pomočnik

succuba, *pl* -bae [sʌ́kjubə, -bi:] *n* glej **succubus**

succubus, *pl* -bi [sʌ́kjubəs, -bai] *n* ženski demon, ki spolno občuje s spečimi osebami; demon, zli duh; vlačuga, deklina

succulence, -cy [sʌ́kjuləns(i)] *n* sočnost, obilje soka; *bot* mesnatost; *agr* zelena krma

succulent [sʌ́kjulənt] *a* (~ly *adv*) sočen, poln soka; *bot* mesnat; redilen; *fig* obilen, bogat, bujen; živahen, svež, krepak

succumb [səkʌ́m] *vi* podleči, kloniti (*to* pred); ukloniti se, popustiti, odnehati; umreti (*to* od); **to ~ to one's adversary (disease, temptation)** podleči nasprotniku (bolezni, skušnjavi); **he ~ed to his injuries** umrl je od ran, podlegel je ranam

succursal [səkə́:səl] **1.** *n* podružnica, cerkev (ali podobno, ki spada pod kako drugo cerkev); **2.** *a* podružničen, pomožen; veja, panoga (česa); **~ church** podružnična cerkev

succus [sʌ́kəs], *pl* succi [sʌ́ksai] *n med* sok

succuss [səkʌ́s] *vt* močno stresti, pretresti

succussion [səkʌ́šən] *n* pretres, stresanje

such [sʌč] *a* takšen, tak; (pred pridevnikom) takó; podoben; (za samostalnikom v množini) kot (*as* na primer); tako velik, zelo velik, izreden; *jur* zgoraj navedeni, omenjeni; ~a takšen; ~ **as** takšen kot, tak kot; ~ **a(n) one** *obs* tak in tak, nekdo, neki; **Mr.** ~ **and** ~ **g.** Ta in Ta; ~ **being the case** ker je stvar tako, ker je takó; ~ **a day!** kakšen dan!; ~ **another disaster** še ena takšna nesreča; **in** ~ **or** ~ **a place** na tem ali onem mestu; **no** ~ **thing** nič takega, ni govora o tem; ~ **was not my idea** tega nisem mislil; **there are** ~ **things** take stvari se dogajajo; **they gave us** ~ **a fright** tako so nas prestrašili; **we had** ~ **sport** imenitno smo se zabavali; **he said he had lost his way, or some** ~ thing rekel je, da je bil zašel, ali nekaj takega; **no** ~ **thing as a room was to be had in the whole town** v celem mestu ni bilo mogoče najti eno samo sobo; **du you think she will believe you? no** ~ **thing!** mislite, da vam bo verjela? Kje pa! (Kaj še! Ni govora o tem!); ~ **master,** ~ **servant** kakršen gospodar, takšen sluga; **2.** *adv* takó; **a nice day** tako lep dan; **3.** *pron* takšen, neki takšen; *coll* isti; *com & vulg* zgoraj omenjeni; *arch & poet* ~ **as** tisti, ki; kdor; vsi; **as** ~ kot tak(šen); **all** ~ vsi takšni; **and** ~ **(like)** in takšni, podobni; ~ **or** ~ **of** ta ali oni od; ~ **as believe that are mistaken** tisti, ki to verjamejo, se varajo (motijo); **he is a fool, but I am not** ~ on je bedak, jaz pa nisem; **I have a car I can lend you,** ~ **as it is** imam avto, ki vam ga lahko posodim, kaj prida pa ni

such-and-such [sʌ́čənsʌ́č] *a* tak in tak, neki

suchlike [sʌ́člaik] *a* takšen, te vrste, podoben; *coll* podobne stvari; **he cares for nothing but cards,**

billiards and ~ mar so mu le karte, biljard in podobne stvari

suchwise [sʌ́čwaiz] *adv* tako, na ta način

suck I [sʌk] *n* sesanje; vsesavanje; šum sesanja; cuzanje; vpijanje, vsrkavanje; sesajoča mlada žival; vrtinec; materino mleko; *coll* srkljaj, požirek; *sl* bonbon, sladkorček; *sl* sleparija, bluf (tudi ~-in); neuspeh; **what a** ~! kakšna smola! res nisi imel sreče!; **just a** ~ **of brandy won't harm you** požirek žganja vam ne bo škodil; **to give** ~ **to** dojiti (otroka); **to take a** ~ **at a bottle** srkniti ga iz steklenice; **to take a** ~ **at it** *coll* dobro ga srkniti, napraviti dober požirek

suck II [sʌk] *vt* sesati; cuzati; izmozgati, izčrpati, iztisniti; *fig* izvleči (*from* iz), izmolsti, dobiti; vsesa(va)ti; dati sesati, dojiti; *vi* sesati (*at* kaj), sesati pri prsih; **to** ~ **s.o.'s brain(s)** izvleči iz koga ideje (zamisli) za lastno uporabo, okoristiti se z idejami koga drugega; **to** ~ **s.o.'s lifeblood** *fig* piti kri komu, do zadnjega ga izkoristiti; **to** ~ **the breast** sesati pri prsih; **to** ~ **dry** izsesati; **to** ~ **an orange** izsesati, iztisniti oranžo; ~ **ed orange** »izžeta limona«; **to** ~ **the monkey** *E sl* piti iz steklenice, piti s slamico; **to** ~ **s.o. to the very marrow** koga do kraja izmozgati ali izžeti; **to** ~ **one's thumb** sesati palec; **the pump does not** ~ **well** črpalka ne vsesava dobro

suck down *vt* (po)srkati; pojesti ali popiti, vase spraviti

suck in *vt* vsesati, vpi(ja)ti; pridobiti (znanje itd.); (o vrtincu) pogoltniti (koga); *coll* prevarati, ogoljufati, »potegniti« koga;

suck out *vt* izsesati; *fig* dobiti, izvleči iz;

suck up *vt* vsesati, vpi(ja)ti; *vi E school sl* prilizovati se, biti pasje ponižen, peté lizati

suck-egg [sʌ́keg] *n* tat, ropar jajc (podlasica, kukavica); *fig* izsiljevalec, krvoses, pijavka, parazit

sucker [sʌ́kə] **1.** *n* dojenček; odojek; *A sl fig* oseba, ki se da izkoriščati, naivnež, bedak, neizkušen mlad novinec, zelenec, mlečnozobec; *bot* mladika, poganjek, stranski poganjek iz korenine; *zool* prisesek, sesalka; *tech* vakuum ploščica; sesalna cev; *obs* izsiljevalec, parazit; **to play** s.o. **for a** ~ opehariti, prevarati koga; **2.** *vt* odstraniti poganjke, mladike (z rastline); *vi* pognati mladike, poganjke

sucking [sʌ́kiŋ] **1.** *n* sesanje; **2.** *a* sesajoč, ki sesa; *fig* mlad, neizkušen, začetniški, mlečnozoben; ~ **bottle** steklenica za dojenčke; ~ **infant** dojenček; **a** ~ **barrister** odvetnik začetnik; ~ **pig** odojek; ~ **pump** sesalna črpalka

suckle [sʌkl] *vt* dojiti; *fig* hraniti, negovati; vzgajati; **to** ~ **down** (zaradi dojenja) shujšati ali propadati (hirati)

suckler [sʌ́klə] *n* sesalec (žival)

suckling [sʌ́kliŋ] *n* dojenček; *fig* začetnik; **babes and** ~s tisti, ki so brez vsake življenjske izkušnje, zelenci

sucky [sʌ́ki] *a sl* pijan, nadelan

suction [sʌ́kšən] *n* sesanje, vsesa(va)nje, vpijanje, črpanje; sposobnost absorpcije; *phys tech* podtlak, podpritisk; srk, ses; ~ **pipe** *tech* sesalka; ~ **plate** *n* (zobarstvo) vakuum ploščica, ki drži protezo na nebu (v ustih); ~ **pump** črpalka za vodo; ~ **sweeper** sesalnik za prah

sud [sʌd] *n* raztopina mila; *gl.* **suds**

Sudanese [su:dəní:z] **1.** *a* sudanski; **2.** *n* Sudanec, -nka

sudarium [sju:dériəm] *n* žepni robec, rutica; *relig* rutica, prt (sv. Veronike)

sudation [sju:déišən] *n* znojenje, potenje, znoj, pot

sudatory [sjú:dətəri] **1.** *a* potilen, znojilen, ki povzroči znojenje; **2.** *n* sredstvo za znojenje; potilna kopel

sudd [sʌd] *n* plavajoče rastline, drevje itd. v Belem Nilu

sudden [sʌdn] **1.** *a* (~ly *adv*) nenaden, nepričakovan, nepredviden; nagel, hiter, prenagljen, nepremišljen; *obs* hitro učinkujoč; **a ~ death** nenadna smrt; **~ poison** hitro učinkujoč strup; **a ~ turn** nenaden (pre)obrat; **he was very ~ in his decision** bil je nagel v svoji odločitvi; **2.** *adv poet* nenadoma; **3.** *n* nenaden dogodek, nenadnost; **(all) of a ~** (čisto) nepričakovano, nenadoma, naenkrat, kot z jasnega (neba); **on a ~** nenadoma

suddennes [sʌdənnis] *n* nenadnost, nepričakovanost, nepredvidenost, naglost, hitrost; naglica, nepremišljenost

sudorific [sju:dərífík] **1.** *a* ki povzroči znojenje, znojilen; **2.** sredstvo za znojenje

suds [sʌdz] *n pl* (= **soap-~**) milnica; **in the ~** v perilu (pranju), *fig* v stiski, v škripcih; **to leave s.o. in the ~** *fig* pustiti koga na cedilu

sue [sju:] **1.** *vt* (ob)tožiti (*for* zaradi), sodno preganjati; (redko) zasnubiti; prositi, nadlegovati s prošnjami; **2.** *vi* tožiti, pravdati se (*for* zaradi); prositi (**to s.o.** koga); **to ~ s.o. for damages (for breach of promise, for a divorce)** tožiti koga za odškodnino (zaradi prelomljene obljube zakona, za razvezo); **to ~ at law** (sodno) tožiti; **to ~ for peace (for mercy)** prositi za mir (za milost); **to ~ out** izprositi pri sodišču

suède [swéid] *n* jelenovina (koža); velurno (mehko) usnje, semiš, irhovina

suer [sjú:ə] *n* prosilec; snubec; stranka, tožnik (pred sodiščem)

suet [sjú:it] *n* loj (ovčji, volovski); **~ pudding** puding iz moke, loja, kruhovih drobtin itd.; sadni puding

suety [sjúiti] *a* lojen, lojnat

Suez [sú:iz] *n* Suez

suffer [sʌfə] **1.** *vt* (pre)trpeti, prenašati; dopuščati, dovoliti; *obs* pustiti, dati (*o.s.* se); **the criminal ~ed death** hudodelec je bil usmrčen; **how can you ~ him?** kako ga morete prenašati?; **to ~ a default** *jur* izgubiti pravdo zaradi neprihoda na sodišče; **he ~ed them to come** dovolil jim je, da so prišli; **I cannot ~ such impudence** ne morem trpeti take nesramnosti; **to ~ heavy losses** imeti težke izgube; **to ~ fools gladly** biti potrpežljiv z norci (bedaki); **to ~ great pain** trpeti, prenašati velike bolečine; **to ~ thirst** trpeti žejo; **to ~ himself to be cheated** pustil se je oslepariti; **2.** *vi* trpeti (*from* od, zaradi); imeti škodo (*in* v); trpeti, biti kaznovan, morati plačati (*for* za kaj); izgubiti (*in* v, pri, na; *from* od, zaradi); biti usmrčen, pretrpeti (mučeniško) smrt, najti smrt; *obs* vzdržati, prenašati, trpeti; **to ~ acutely** hudó trpeti; **he is ~ing from a bad headache** trpi za hudimi glavoboli; **you will**

~ for it! *coll* to mi boš plačal! še žal ti bo za to!; **the engine ~ed severely** motor je močno trpel; **no one ~ed in the accident** nihče ni bil poškodovan v nesreči; **to ~ on scaffold** umreti na morišču; **to ~ from stage-fright** imeti tremo (pred nastopom na odru); **trade ~s from (under) war** trgovina trpi zaradi vojne

sufferable [sʌfərəbl] *a* (**sufferably** *adv*) znosen, ki se da prenašati; dopusten

sufferableness [sʌfərəblnis] *n* znosnost

sufferance [sʌfərəns] *n* tiha, molčeča privolitev; (redko) trpljenje, bolečina; *obs* prenašanje, potrpljenje, strpnost, popustljivost, obzirnost; *econ* carinska olajšava; **on ~** s tiho privolitvijo, iz obzirnosti; **he is here on ~** tu ga (pač) tolerirajo (trpe); **it is beyond ~** to presega človeško potrpljenje; **to remain in ~** *econ* ostati neplačan (o menici); **~ ware-house** zasebno tranzitno skladišče

sufferer [sʌfərə] *n* trpin (*from* od, zaradi); mučenik; bolnik; oškodovanec; **fellow ~** sotrpin; **to be a ~ from** trpeti od (zaradi)

suffering [sʌfəriŋ] **1.** *n* trpljenje, bolečina, muka; prenašanje; **to die without much ~** umreti brez večjega trpljenja; **2.** *a* trpeč; bolan

suffice [səfáis] **1.** *vi* zadostovati, zadovoljevati potrebe; **my word will ~** moja beseda bo zadostovala; **what I have will ~ for me** kar imam, bo zame zadostovalo; **~ it to say ...** dovolj bodi, če povem (naj samo povem), da...; **2.** *vt* zadovoljiti, zadostovati (komu); **the reason did not ~ him** razlog mu ni zadostoval, ga ni zadovoljil; **one dollar ~d him** en dolar mu je zadostoval

sufficiency [səfíšənsi] *n* zadostnost, zadostna količina (množina), dovoljnost, zadostna sredstva (za življenje); sposobnost (*for* za); *obs* domišljavost, samovšečnost; **a ~ of money** dovolj denarja, zadostna denarna sredstva; **to eat a ~** zadosti, dovolj jesti; **to have a ~ of** imeti zadosti, dovolj (česa); **to make a ~ of** priti na kraj z

sufficient [səfíšənt] **1.** *a* (~ly *adv*) zadosten, dovoljšen; močan; *obs* primeren, ustrezen, sposoben (*for* za); **a ~ blow** močan udarec; **beyond what is ~** več kot dovolj; **to be ~** zadostovati; **2.** *n coll* zadostna količina, dovolj; **have you had ~?** imaš dovolj?

suffix I [sʌfiks] *n gram* pripona, sufiks; dodatek

suffix II [səfíks, sʌfiks] *vt* dodati, pridati (*to* čemu); *gram* dodati kot pripono; *vi* privzeti pripono

suffixion [sʌfíkšən] *n* pristavek, dodatek

sufflate [səfléit] *vt obs* napihniti; *fig* navdušiti, inspirirati

suffocate [sʌfəkeit] **1.** *vt* (za)dušiti, ne dati dihati; (za)daviti; *fig* potlačiti, zadušiti, uničiti; **we were ~d** dušili smo se; **2.** *vi* (za)dušiti se; težko dihati, loviti sapo (zrak); *fig* umreti (*with* od)

suffocating [sʌfəkeitiŋ] *a* zadušljiv (*air* zrak)

suffocation [sʌfəkéišən] *n* zadušitev; dušenje; *fig* tesnoba; *med* težka sapa, astma

suffocative [sʌfəkətiv] *a* zadušljiv

suffragan [sʌfrəgən] **1.** *n* (= ~ **bishop**) *eccl* sufragan, pomožni škof, škof enega dela nadškofije; **2.** *a eccl* pomožen, sufraganski

suffrage [sʌfridž] *n* volilna pravica; volilni glas; privolitev, odobritev, pristanek; *eccl* splošna molitev, prošnja, priprošnja; **adult** ~ volilna pravica za odrasle; **female** ~, **woman** ~ ženska volilna pravica; **limited** ~ omejena volilna pravica; **manhood** ~ splošna moška volilna pravica; **universal** ~ splošna volilna pravica; **a winter at Opatija has my** ~ za prezimovanje bi se odločil za Opatijo, dajem prednost zimi v Opatiji; **to give one's** ~ **for** glasovati za

suffragette [sʌfridžét] *n* sufražetka, bojevnica za žensko volilno pravico

suffragist [sʌfridžist] *n* bojevnik (tudi) za žensko volilno pravico ·

suffuse [səfjúːz] *vt* (o tekočinah) obliti, zaliti; (o barvi) prekriti; (o svetlobi) preplaviti; razpršiti; ~**d with blushes** rdeč, zardel od sramu (sramežljivosti); **a blush** ~**d her cheeks** rdečica ji je oblila obraz; **sunlight** ~**d the room** sončna svetloba je oblila sobo; **tears** ~**d her eyes** solze so ji zalile oči

suffusion [səfjúːžən] *n* oblitje, politje, prelitje; *fig* zardelost, rdečica; *med* podplutba, hematom

sugar I [šúːgə] *n* sladkor; saharoza; *pl* vrste sladkorja; *fig* sladkost, ljubkost; *fig* dobrikave, nežne, prilizovalne besede, dobrikanje, laskanje, prilizovanje; osladitev; *sl* denar; sneg; ljubček; **beet** ~ sladkor iz sladkorne pese; **brown** ~ samo enkrat rafiniran *sl*; **castor** ~, **powdered** ~ sladkor v prahu; **cane** ~ sl. iz sladkornega trsta; **crystal** ~ kristalni sl.; **cube** ~, **lump** ~ sl. v kockah; **fruit** ~ sadni sl., fruktoza; **granulated** ~ sladkorna sipa; **grape** grozdni sl., dekstroza, glukoza; **heavy** ~ *A sl* mnogo, kup denarja; **loaf** ~ sladkor v stožčih; **icing** ~, **confectioner's** ~ sladkor v prahu; **raw** ~ nerafiniran sl.; **refined** ~ rafiniran sl.; **white** ~ prečiščen sl., rafinada; **to be** ~ **on s.o.** *fig* biti do ušes zaljubljen v koga

sugar II [šúːgə] *vt* osladiti, sladkati; prevleči ali posuti s sladkorjem; *fig* osladiti; laskati, dobrikati se (komu); ublažiti, prekriti (kaj) s sladkimi besedami, prigovarjati (komu) s sladkimi besedami; *A sl* podkupiti; **to** ~ **the pill** osladiti pilulo, *fig* neprijetno stvar napraviti privlačno; *vi* sladiti, kristalizirati; *sl* nemarno, leno brez volje delati, zabušavati; **3.** *interj A coll* (*zaničljivo*) pah!, (*nestrpno*) ah kaj!

sugar baker [šúgəbeikə] *n* cukrar

sugar-basin [šúgəbeisn] *n* sladkornica

sugar-bean [šúgəbiːn] *n bot* indijski beluševa fižol

sugar-beet [šúgəbiːt] *n bot* sladkorna pesa

sugar bowl [šúgəboul] *n* sladkornica; **the S~ B~ (of the World)** *fig* Kuba

sugar candy [šúgəkændi] *n* kandis (sladkor); *fig* sladka stvar(ca)

sugar-cane [šúgəkein] *n bot* sladkorni trst

sugar-coat [šúgəkout] *vt* prevleči s sladkorjem; ~**ed pill** *med* draže; *fig* osladiti, olepšati

sugar-daddy [šúgədædi] *n A sl* starejši moški, ki si skuša z darovi (denarjem) pridobiti naklonjenost mladih žensk (ki ga izkoriščajo); starejši moški, ki vzdržuje mlado ljubico

sugarer [šúgərə] *n sl* zmuznè, »zabušant« (zlasti pri veslanju)

sugar-house [šúgəhaus] *n* cukrarna

sugar-icing [šúgəraisiŋ] *n* sladkorni preliv

sugariness [šúgərinis] *n* sladkost; osladnost; sladkobnost

sugarless [šúgəlis] *a* nesladkan

sugar loaf [šúgəlouf] *n* stožec sladkorja

sugar maple [šúgəmeipl] *n bot* sladkorni javor

sugar mill [šúgəmil] *n* tvornica sladkorja; mlin za mletje sladkornega trsta

sugar nippers [šúgənipəz] *n pl* kleščice za drobljenje sladkorja

sugar plum [šúgəplʌm] *n* sladkorček, bonbon, zlasti kroglica iz kuhanega sladkorja

sugar-refiner [šúgərifainə] *n* proizvajalec rafiniranega sladkorja

sugar-refinery [šúgərifainəri] *n* rafinerija sladkorja

sugar-tongs [šúgətʌnz] *n pl* kleščice za sladkor

sugarworks [šúgəwəːks] *n pl* tovarna sladkorja

sugary [šúgəri] **1.** *a* sladkoren, sladek; *fig* osladen, laskav, laskajoč; **2.** *n A* tovarna sladkorja

suggest [sədžést] *vt* predlagati, sugerirati; omeniti, predočiti, spodbuditi, napeljati na, navdahniti (misel); domnevati; (o ideji, zamisli) vsiljevati (*itself* se); dati slutiti, spomniti na; namigniti, kazati na, napoved(ov)ati; I ~ dovoljujem si izraziti mnenje, po mojem mnenju, predlagam; **I** ~ **that we should accept his offer** predlagam, da sprejmemo njegovo ponudbo; **I** ~ **that you were aware of the facts** domnevam (suponiram), da ste poznali dejstva; **he** ~**ed that**... dal je razumeti, da...; **his words** ~**ed great understanding** njegove besede so dale sklepati (slutiti) veliko razumevanje; **the idea** ~**ed itself to me** vsilila (porodila) se mi je misel

suggester [sədžéstər] *n* pobudnik, predlagatelj

suggestibility [sədžestibíliti] *n* sugestibilnost; stanje osebe, na katero lahko vplivamo, jo spodbudimo

suggestible [sədžéstibl] *a* ki se mu da sugerirati, na katerega se da vplivati; ki se more sugerirati, predlagati, pregovoriti, spodbuditi; sugestibilen; podvržen sugestiji

suggestion [sədžéščən] *n* predlog, sugestija; domneva, hipoteza; pobuda, nagovarjanje; namig, nasvet; domislek; spominjanje na, predstava, slutnja (*of* česa); nadih, sled; **full of** ~ **s** zelo sugestiven, spodbuden; **at the** ~ **of** na predlog; **a mere** ~ gola hipoteza; **not even a** ~ **of fatigue** niti sledu kake utrujenosti; ~ **box** pisemski nabiralnik (za pritožbe, predloge v podjetih itd.)

suggestionist [sədžéščənist] *n med* kdor zdravi s pomočjo sugestije

suggestionize [sədžéščənaiz] *vt* vplivati na koga s kakim namignjenim predlogom; sugerirati

suggestive [sədžéstiv] *a* (~**ly** *adv*) sugestiven; ki namiguje na, da misliti (*of* na), prikrito ukazuje, daje slutiti, spominja na, napeljuje (*of* na); *fig* spodbuden, pomemben; **a sky** ~ **of spring** nebo, ki spominja na pomlad

suicidal [sjuisáidl] *a* (~**ly** *adv*) samomorilski, samomorilen; *fig* poguben (*to* za), uničujoč

suicide [sjúisaid] **1.** *n* samomor; samomorilec, -lka; *fig* uničenje; ~ **club** klub samomorilcev (letalci na bombnikih); **race** ~ upadanje števila rojstev, narodni samomor, »bela kuga«; **to commit** ~ napraviti samomor; **to commit political** ~ uničiti si kariero kot politik; **2.** *vt* odstraniti, spraviti s poti, pobiti, usmrtiti; *vi coll* napraviti samomor

suint [swint, sjú:int] *n* masten znoj (ovac)

suit I [sju:t] *n* garnitura, serija, stvari, ki spadajo skupaj; *jur* tožba, obtožnica, sodni proces, pravda; prošnja; snubljenje, dvorjenje; (moška) obleka (zlasti vsa iz istega blaga), ženski kostim; (karte) barva, serija kart iste barve; **in** ~ **with** sporazumno z; **out of** ~ ne v sporazumu z; **at his** ~ na njegovo prošnjo; ~ **of armour** celoten oklep; **a** ~ **(of clothes)** obleka; ~ **at law, law-**~ sodni proces, pravda; ~ **of spades** serija pikovih kart; **dress** ~ večerna obleka; **civil** ~ civilna pravda; **morning** ~ žaket; **a two-piece** ~ dvodelni ženski kostim; **to bring a** ~ vložiti tožbo; **to cut one's** ~ **according to one's cloth** *fig* stegniti se toliko, kolikor dopušča odeja, živeti svojim dohodkom primerno; **to follow** ~ (karte) odgovoriti na barvo; **to make** ~ **to the king** napraviti prošnjo na kralja; **to press (to push) one's** ~ nujno prositi

suit II [sju:t] *vt* obleči, oblačiti, krasiti, opremiti; prilagoditi (*to* čemu); pristajati, prilegati se, ustrezati, biti v skladu z, biti primeren; prijati, goditi, biti po volji; zadovoljiti; **to** ~ **o.s.** napraviti po svoje; *vi* pristajati, podati se, ustrezati (*with* čemu); zadovoljiti, prijati; **I am** ~**ed** našel sem, kar mi je po volji; ~ **yourself** napravi, kar hočeš; **this book is not** ~**ed to** (ali **for**) **children** ta knjiga ni primerna za otroke; **to** ~ **one's action to one's words** uskladiti svoje početje s svojimi besedami, takoj izvršiti grožnjo itd.; **that** ~**s my book** *fig* to mi ustreza, mi je prav; **it** ~**s my book that ...** prav mi pride, da...; **does it** ~ **you to come tomorrow?** vam je prav, če pridete jutri?; **this dress** ~**s you well** ta obleka se ti lepo poda; **he is hard to** ~ njemu je težko ustreči; **the frame does not** ~ **with the picture** okvir se ne sklada s sliko; **he is not** ~**ed for** (ali **to be**) **a teacher** on ni primeren za učiteljski poklic; **this will** ~ **my requirements** to bo ustrezalo mojim zahtevam, to bo (kot nalašč) zame; **to** ~ **one's style of living to one's means** prilagoditi svoj način življenja svojim sredstvom; **wine does not** ~ **me** vino mi ne prija, vina ne prenesem

suitability [sju:təbíliti] *n* primernost, ustreznost, prikladnost; skladnost, soglasje

suitable [sjú:təbl] *a* (**suitably** *adv*) primeren, prikladen, ustrezen; **to be** ~ biti primeren (ustrezen); spodobiti se

suitableness [sjú:təblnis] *n* = **suitability**

suitcase [sjú:tkeis] *n* ročni kovček

suite [swi:t] *n* spremstvo, svita (kake odlične osebe), štab (diplomata); vrsta, niz, serija, garnitura; oprava; stanovanje, apartma; *mus* svita; **a** ~ **of furniture** garnitura pohištva; ~ **of rooms** vrsta sob; **bedroom** ~ oprava za spalnico

suited [sjú:tid] *a* primeren, prikladen, zadovoljiv; zadovoljen; (v sestavljenkah) oblečen; **I am** ~ zadovoljen sem; imam, kar sem želel; **green-**~ zeleno oblečen; **sober-**~ preprosto oblečen

suiting [sjú:tiŋ] *n* pristajanje (*to* čemu); blago za (moško) obleko

suitor [sjú:tə] *n* prosilec; snubec; *jur* tožnik, stranka (v pravdi); **suitoress** prosilka, *jur*.tožnica

sulcate [sálkeit] *a* brazdast, izbrazdan, žlebast, izžlebljen

sulfate [sálfeit] *n* = **sulphate**

sulfamide [sálfæmid, -maid; sál-] *n chem* sulfamid

sulfide [sálfaid, -fid] *n* = **sulphide**

sulfur [sálfə] *n* = **sulphur**

sulk [sʌlk] **1.** *n* (večinoma *pl*) slaba volja, nejevolja, čemernost; kujanje; kujavec, -vka, sitnež, puščoba; **to be in the** ~**s** biti slabe volje (nejevoljen), kujati se, jeziti se (*with* na); **2.** *vi* biti slabe volje (nejevoljen), jeziti se (*with* na); leno teči (reka); nepremično stati ali ležati (gozd, morje)

sulkiness [sálkinis] *n* slaba volja, čemernost, nejevolja, kujavost, mrkost

sulky [sálki] **1.** *a* (**sulkily** *adv*) slabe volje, nejevoljen, čemern, kujav, mrk; (vreme) mračen; *A* namenjen za eno osebo; *A agr tech* z vozniškim sedežem; **a** ~ **set of China** porcelanski servis za eno osebo; **a** ~ **(plow)** plug s sedežem za voznika; **2.** *n* lahek enovprežen voz na dveh kolesih, gig

sullage [sálidž] *n* odplačna voda, odplaka, pomije, gnojnica; nesnaga, blato, govno, drek; *tech* žlindra, plena

sullen [sálən] **1.** *a* (~**ly** *adv*) mrk, mračen, temen; slabe volje, čemern, nejevoljen; neprijazen, neprijeten, molčeč, malo družaben, odljuden; kljubovalen, trmast; hud, jezen, uporen; počasen, len (korak, reka); *obs* sovražen, nesrečen (o zvezdi); **2.** *n* (navadno *pl*) slaba volja, čemernost, nejevolja

sullenness [sálənnis] *n* mračnost, temnost; mrkost; odljudnost, slaba volja, čemernost, molčečnost, neprijaznost; trma, kljubovalnost, upornost, kujanje, jeza

sully [sáli] *vt* umazati, zamazati, oblatiti, omadeževati, onesnažiti; *fig* zmanjšati slavo, pomračiti, zatemniti (zlasti *fig*); *vi* potemniti se, postati moten

sulphate [sálfeit] *n chem* sulfat, sol žveplene kisline; ~ **of lead** svinčev sulfat; ~ **of sodium** (ali **soda**) natrijev sulfat, Glauberjeva sol; ~ **of potash** kalijev sulfat; ~ **pulp** sulfatna celuloza

sulphide [sálfaid, -fid] *n chem* sulfid; **hydrogen** ~ žveplov vodik

sulphite [sálfait] *n chem* sulfit, sol žveplaste kisline

sulphur [sálfə] **1.** *n* žveplo; **flowers of** ~ žvepleni cvet; **milk of** ~ žvepleno mleko; **roll** ~, **stick** ~ žveplo v palicah; **2.** *a* žveplen; **3.** *vt* žveplati, (pre)kaditi z žveplom

sulphurate [sálfəreit] *vt* = **sulphurize**

sulphuration [sʌlfəréišən] *n* žveplanje, dodajanje žvepla, izpostavljanje delovanju žvepla, (pre)kaditev z žveplom

sulphureous [sʌlfjúəriəs] *a* žveplen, žveplenast, žveplast, podoben žveplu; žveplene barve

sulphuretted [sálfjuretid] *a* vezan z žveplom, ki mu dodamo žveplo; ~ **hydrogen** žveplov vodik

sulphuric [sʌlfjúərik] *a* žveplen; ~ **acid** žveplena kislina

sulphurization [sʌlfjəraizéišən] *n* žveplanje; vulkanizacija

sulphurize [sΛlfjəraiz] *vt* žveplati, dodati žveplo, izpostaviti delovanju žvepla; vulkanizirati

sulphur mine [sΛlfəmain] *n* rudnik žvepla

sulphurous [sΛlfərəs] *a chem* žveplen, žveplast; ~ acid žveplasta kislina

sulphur spring [sΛlfəspriŋ] *n* izvir, vrelec žvepla

sulphury [sΛlfəri] *a* žveplen, vsebujoč žveplo; žveplene barve

sultan [sΛltən] **1.** *n* sultan; the S~ *hist* turški sultan; *fig* tiran, trinog, nasilnik, samodržec, despot; sweet ~ *bot* navadna tavžentroža; **2.** *vi* kot sultan, despotsko vladati

sultana [sΛltá:nə] *n* sultanka; sultanova žena (mati, hči); metresa (kakega kralja, kneza); *bot* svetlo rumena rozina brez pečk

sultanate [sΛltəneit, -nit] *n* sultanat, sultanovo carstvo

sultaness [sΛltənis] *n* sultanka

sultanic [sΛltǽnik] *a* sultanski

sultan-red [sΛltənred] *a* temno rdeč

sultanship [sΛltənšip] *n* sultanstvo, sultanska čast

sultriness [sΛltrinis] *n* soparnost, soparica, dušeča vročina

sultry [sΛltri] *a* (sultrily *adv*) soparen, vroč (sonce); (za)dušljiv (zrak); *fig* vroč, hud, močan; erotičen

sum I [sΛm] *n* vsota, suma; znesek; seštevek; rezultat; zgoščenost, skupnost; kratkost; kratek pregled najvažnejših delov česa, resumé, povzetek; *fig* bitnost, bistvo, jedro; *fig obs* vrhunec, višek, najvišja točka (stopnja); in ~ skupno; (na) kratko, skratka; ~ and substance bit; lump ~ okrogla vsota (za več raznovrstnih dolgovanj); vsota, ki se takoj plača; a round ~ okrogla (lepa, precéjšnja) vsota; ~ total skupna vsota, globalni znesek; to do ~s računati; he is good at ~s on zna dobro računati

sum II [sΛm] *vt* sešte(va)ti; *fig* na kratko razložiti, povzeti, rezimirati; *vi* računati; znesti

sum up *vt* seštevati; *fig* rezimirati, rekapitulirati; preceniti, oceniti; zbrati; he summed me up from head to foot premeril me je od glave do nog; he summed up all his strength zbral je vse svoje moči

sumac(h) [sú:mæk] **1.** *n bot* ruj; rujevo strojilo; **2.** *vt* strojiti z rujevim strojilom

sumless [sΛmlis] *a poet* neštevilen, brezštevilen; neizmeren; neprecenljiv; *fig* neskončen

summand [sΛmænd, sΛmǽnd] *n math* sumand

summariness [sΛmərinis] *n* kratkost, povzetek, sumaričnost

summarist [sΛmərist] *n* pisec povzetkov, kompendijev

summerize [sΛməraiz] *vt* na kratko povedati, rezimirati, povzeti, napraviti povzetek

summerizer [sΛməraizə] *n* pisec povzetka (-tkov)

summary [sΛməri] **1.** *n* glavna vsebina, (kratek) pregled, povzetek, rezimé; kompendij; **2.** *a* (summarily *adv*) (na) kratko izražen, zgoščen, jedrnat, kratek, sumaričen; *jur* skrajšan, ekspeditiven, hiter, nagel; ~ account sumarično poročilo; ~ jurisdiction hitra sodnost; ~ justice nagla sodba; ~ offence prestopek; ~ procedure *jur* hiter postopek

summation [sΛméišən] *n* seštevanje, seštevek, sumiranje; (skupna) vsota, končni rezultat; *jur* rezimé

summer I [sΛmə] **1.** *n* poletje, poletno vreme; *fig* cvet, vrhunec; *pl* življenjska leta; in ~ poleti; ~'s day poletni dan; zelo dolg dan; dan lepega vremena; prost dan; ~ and winter vse leto; a girl of 10 ~s desetletna deklica; Indian ~ babje poletje, lepo vreme v pozni jeseni; St. Luke's ~ čas lepega vremena, ki navadno nastopi okoli 18. oktobra; St. Marti'ns ~ Martinovo poletje; čas lepega vremena, ki navadno nastopi okoli 18. oktobra; St. Martin's ~ Martisončen; ~ clothing poletna oblačila; ~ holidays poletne počitnice; ~ resort letovišče; letoviški kraj; ~ lightning bliskavica; ~ corn (wheat) jaro žito (pšenica); **3.** *vi* letovati, preživeti poletje (in Italy v Italiji); (živina) poleti biti na planinski paši; *vt* odgnati (živino) na poletno planinsko pašo; to ~ and winter preživeti vse leto (in, at v)

summer II [sΛmə] *n archit* tram, bruno, nosilec; konzola

summerhouse [sΛməhaus] *n* vrtna hišica, paviljon, zelena uta, senčnica; (redko) letoviška hiša, hiša na deželi

summerland [sΛmələnd] *n* dežela večnega poletja

summerlike [sΛməlaik] (kot) poleten; topel in sončen

summer rash [sΛməræš] *n med* vročinski izpuščaji

summersault [sΛməsə:lt] *n* (= somersault) prekuc, kozolec, salto; to turn ~s prevračati kozolce

summer school [sΛməsku:l] *n* poletni (počitniški) tečaj (zlasti na kolidžih in univerzah)

summer term [sΛmətə:m] *n* poletni semester

summertide, summertime [sΛmətaid, -taim] *n* poletje, poletni čas (doba)

summer time [sΛmətaim] *n* poletni čas (za eno uro naprej pomaknjene ure); double ~ dvojni poletni čas

summer-weight [sΛməweit] *a* poleten (obleka, obutev)

summery [sΛməri] *a* poleten

summing up [sΛmiŋΛp] *n* povzetek, rezimé, kratka predstavitev, poročilo najvažnejšega; *jur* pledoajé; rezimé (predsednika)

summist [sΛmist] *n* pisec kompendija

summit [sΛmit] *n* vrh, vrhunec; višek; greben (vala); *archit* sleme; *fig* najvišji cilj; ~ conference (meeting) *pol* konferenca (sestanek) na vrhu; at the ~ of power na vrhuncu moči

summon [sΛmən] *vt* pozvati; pozvati (mesto) k predaji; poslati po (koga), poklicati k sebi, citirati (koga); sklicevati (konferenco); *jur* pozvati pred sodišče; *fig* zbrati (moči); to ~ Parliament sklicati parlament; he ~ed all his strength zbral je vse svoje moči; in the midst of his work he was ~ed *fig* sredi svojega dela je umrl; this sight ~ed the blood to my face ta pogled mi je pognal kri v obraz

summon away *vt* odpoklicati

summon up *vt* zbrati (pogum itd.♪ (*to* za)

summoner [sΛmənə] *n* pozivalec; sel; *hist* sodni sel (kurir)

summons [sΛmənz] **1.** *n* (*pl* ~es) poziv; ukaz; sklic; *jur* poziv pred sodišče; pozivnica; *mil* poziv za predajo; to issue (to grant) a ~ izdati pozivnico (pred sodišče); to serve a ~ (up)on s.o., to serve s.o. with a ~ dostaviti komu pozivnico; **2.** *vt* dostaviti, izročiti pozivnico (komu)

sump [sʌmp] **1.** *n* greznica, straniščna jama; odtočni kanal; zbiralnik; *min* (= ~**pit**) jama za zbiranje vode na koncu rova; *mot* posoda za zbiranje odvečnega olja; karter; ~ **fuse** *tech* podvodni vžigalnik; **2.** *vt* opremiti z odtočnim kanalom

sumph [sʌmf] *n* težak padec, štrbunk

sumpter [sʌmptə] *n* tovorno živinče; ~ **horse (saddle)** tovorni konj (sedlo)

sumption [sʌmpšən] *n* log premisa, predpostavka

sumptuary [sʌmptjuəri] *a* razkošen, ki se nanaša na razkošje; ~ **laws** *hist* zakoni proti razkošju, za omejitev razkošja

sumptuosity [sʌmptjuósiti] *n* razkošje, razkošnost, sijaj

sumptuous [sʌmptjuəs] *a* drag, potraten; razkošen, krasen, sijajen; dragocen

sumptuousness [sʌmptjuəsnis] *n* razkošnost, sijaj, krasota; luksus; potratnost, dragost

sum-total [sʌmtoutl] *n* skupna vsota, skupen znesek

sun I [sʌn] *n* (često moškega spola) sonce, sončna svetloba (sij, toplota); *poet* dan, leto; *poet* sončni vzhod ali zahod; *astr* zvezda s sateliti; *fig* sijaj, sreča, blagostanje; *eccl* sončna monštranca; (= ~ **burner**) močan svečnik; *coll* (~ **stroke**) sončarica; **against the** ~ v smeri, ki je nasprotna premikanju kazalcev na uri; **from** ~ **to** ~ od sončnega vzhoda do sončnega zahoda, ves dan; **in the** ~ na soncu; **under the** ~ pod soncem, na zemlji; **with the** ~ s soncem, ob svitanju; sledeč poti sonca; v smeri premikanja kazalcev na uri; **the midnight** ~ polnočno sonce polarnih krajev; **mock** ~ pasonce, jasna svetloba, ki se včasih vidi ob soncu; **nothing new under the** ~ nič novega pod soncem; **a place in the** ~ prostor (mesto) na soncu, *fig* ugoden položaj, ugodne razmere; **the** ~ **rises (sets, goes down)** sonce vzhaja (zahaja); **his** ~ **is set** *fig* njegova zvezda je zašla, minili so časi njegove slave; **to hail (to adore) the rising** ~ častiti vzhajajoče sonce, *fig* klanjati se novemu oblastniku; **to have the** ~ **in one's eyes, to have been in the** ~ *sl* biti v rožicah, pijan; **to hold a candle to the** ~ držati svečo soncu, *fig* odveč nekaj delati, opravljati nepotrebno in brezuspešno delo, nositi vodo v Savo; **let not the** ~ **go down upon your wrath** tvoja jeza naj traja le en dan; **make hay while the** ~ **rises** kuj železo, dokler je vroče; **to rise with the** ~ zgodaj, s soncem vstati; **to see the** ~ biti živ, živeti; **to sit in the** ~ sedeti na soncu; **to take the** ~ sončiti se, greti se na soncu, sprehajati se po soncu; **to take (to shoot) the** ~ *naut* meriti višino sonca nad obzorjem

sun II [sʌn] *vt & vi* sončiti (se), postaviti (se) na sonce, izpostaviti (se) soncu, sončnim žarkom; sušiti (se) na soncu, greti (se) na soncu; **to** ~ **o.s.** sončiti se, greti se na soncu; **to be** ~**ned** biti obsijan od sonca

sun-baked [sʌnbeikt] *a* izsušen od sonca

sun-bath [sʌnbɑ:θ] *n* sončenje, sončna kopel

sun-bathe [sʌnbeið] *vi* sončiti se, jemati sončne kopeli

sun-bather [sʌnbeiðə] *n* oseba, ki se sonči, jemlje sončne kopeli

sunbeam [sʌnbi:m] *n* sončni žarek

sunbeamy [sʌnbi:mi] *a* kot sončni žarek, sijoč, *fig* vesel, veder

sun blind [sʌnblaind] *n* zastor (zaslon, streha) proti soncu

sun-blind [sʌnblaind] *a* zaslepljen od sonca

sun-blinkers [sʌnblinkəz] *n pl* temna sončna očala

sun-bonnet [sʌnbɔnit] *n* ženski klobuk, slamnik s širokimi krajci (proti soncu)

sun-bow [sʌnbou] *n* mavričen svetlobni učinek (v pari itd.)

sun-bright [sʌnbrait] *a* svetel, jasen kot sonce

sunburn [sʌnbə:n] **1.** *n* zagorelost, opeklina od sonca; **2.** *vt* izpostaviti kaj soncu, da porjavi; sušiti (opeko) na soncu; *vi* zagoreti, opeči se od sonca

sunburned, -burnt [sʌnbə:nd, -nt] *a* ogorel, ožgan od sonca; posušen na soncu (opeka)

sun burner [sʌnbə:nə] *n tech* velik gorilnik z več plameni

sun burst [sʌnbə:st] *n* nenaden prodor sonca; nakit iz žlahtnih kamnov; (japonska) zastava s soncem

sundae [sʌndei, -di] *n A* sladoled s sadjem (sirupom, tolčeno smetano)

sun cult [sʌnkʌlt] *n* kult sonca

sun cure [sʌnkjuə] *n med* sončna kura

sun-cured [sʌnkjuəd] *a* posušen na soncu (meso itd.)

Sunday [sʌndi] **1.** *n* nedelja; **on** ~ v nedeljo; **on** ~ **s** ob nedeljah; **Hospital** ~ nedelja, v kateri se zbirajo prispevki za mestno bolnico; **Low** ~ prva nedelja po veliki noči; **Palm** ~ cvetna nedelja; **Rogation** ~ *eccl* nedelja pred vnebohodom; **a month of** ~**s** *fig* zelo dolgo časa, cela večnost; **show** ~ *Oxford univ* nedelja pred spominskim slavjem (komemoracijo) za ustanovitelje univerze; **to look two ways to find** ~ *sl* biti škilav, škiliti; **2.** *vt & vi* nedeljsko (se) obleči; preživeti nedeljo

Sunday best, Sunday black [sʌndibest, -blæk] *n coll* nedeljska (praznična, pražnja) obleka; **to be in one's** ~ biti praznično oblečen

Sundayfied [sʌndifaid] *a* nedeljski, nedeljsko oblečen

Sunday saint [sʌndiseint] *n sl* nedeljski kristijan; licemerec

Sunday school [sʌndisku:l] *n* nedeljska šola za učenje verouka

sundeck [sʌndek] *n* paluba na soncu; sončna terasa

sunder [sʌndə] **1.** *vt poet* ločiti (*from* od), odtrgati, raztrgati, razdvojiti, prelomiti, oddeliti; *vi* ločiti se, raztrgati se, iti na dvoje prelomiti se; **2.** *n* ločitev, razdvojitev; **in** ~ na dvoje, narazen

sundew [sʌndju:] *n bot* rosika (mesojedna rastlina)

sundial [sʌndaiəl] *n* sončna ura

sun-dog [sʌndɔg] *n astr* pasonce, jasna svetloba, ki se včasih vidi ob soncu; nepopolna mavrica; kitajski (sobni) psiček

sundown [sʌndaun] **1.** *n A* sončni zahod; *A* ženski klobuk s širokimi krajci; **2.** *a* večerni, nočni; ~ **student** *A* študent (učenec) večerne šole

sundowner [sʌndaunə] *n Austral coll* klatež ali berač, ki pred nočjo zaprosi za prenočišče; *naut* strog kapitan; *sl* pijača zvečer (za spanje); *A* kdor začne delati zvečer; *sl* študent večerne šole

sundress [sʌ́ndres] n obleka za na plažo (z golimi rameni)

sun-dried [sʌ́ndraid] a (p)osušen na soncu

sundries [sʌ́ndriz] n pl razne stvari; razno, drobno blago; **cargo of** ~ kosovni ladijski tovor; **dealer in** ~ trgovec z drobnim blagom, kramar

sundry [sʌ́ndri] a različni, razni, raznovrstni, nekateri, več, nekaj; **all and** ~ vsi skupaj, vsi in vsak; ~ **-coloured** večbarven, v raznih barvah

sundryman, pl -men [sʌ́ndrimən] n trgovec z raznimi artikli, kramar

sunfall [sʌ́nfɔ:l] n sončni zahod

sunfast [sʌ́nfa:st] a neobledljiv

sun fever [sʌ́nfi:və] n med vročica od sončarice

sun-fish [sʌ́nfiš] n (riba) morski mesec; orjaški morski pes (volk)

sun flag [sʌ́nflæg] n (japonska) sončna zastava

sung [sʌŋ] pp od to sing

sun gem [súndžem] n zool vrsta kolibrijev

sun-glass [sʌ́ngla:s] n zbiralna leča; pl sončna očala

sun-glow [sʌ́nglou] n sončna korona, obstret; jutranja ali večerna zarja; sončna toplota

sun-god [sʌ́ngɔd] n relig sončni bog

sun-hat [sʌ́nhæt] n klobuk, slamnik s širokimi krajci

sun helmet [sʌ́nhelmit] n tropska čelada (šlem)

sunk [sʌŋk] 1. pt & pp od to sink; 2. a poglobljen; **now we are** ~ coll sedaj smo propadli

sunken [sʌ́ŋkən] 1. obs pp od to sink; 2. a potopljen; upadel, udrt; a ~ **battery** mil vkopana baterija; ~ **cheeks** udrta lica; ~ **eyes** udrte oči; a ~ **face** upadel, udrt obraz; ~ **in oblivion** pozabljen; ~ **in reflections** globoko zamišljen; ~ **rock** podvodna skala (greben, čer); a ~ **ship** potopljena ladja

sun-lamp [sʌ́nlæmp] n med umetno višinsko sonce

sunless [sʌ́nlis] a brez sonca, brez svetlobe; senčnat, osojen; mračen; a ~ **morning** mračno, oblačno jutro

sunlight [sʌ́nlait] n sončna luč (svetloba)

sunlike [sʌ́nlaik] a podoben soncu, bleščeč, svetel

sunlit [sʌ́nlit] a obsijan, obsevan od sonca

sunniness [sʌ́ninis] n sončnost, jasnina, svetlost, vedrost; vedrina, veselost, prijaznost

sunny [sʌ́ni] a (sunnily adv) sončen; jasen kot sonce, svetel, sijoč, fig zlat; fig veder, vesel, srečen; ~ **exposure** sončna lega; a ~ **disposition** vedra narava (značaj); ~ **locks** zlati kodri; a ~ **room** sončna soba; a ~ **smile** veder, vesel nasmeh; **the** ~ **side (of life)** sončna, lepa stran (življenja); **to be on the** ~ **side of 50** ne še biti 50 let star; **to look on the** ~ **side of things** videti (le) lepo stran življenja, vedro gledati na življenje

sun parlor [sʌ́npa:lə] n A steklena veranda; zelo sončna soba

sun porch [sʌ́npɔ:č] n A sončna steklena veranda

sun power [sʌ́npauə] n sončna energija

sunproof [sʌ́npru:f] a neprepusten za sončne žarke; odporen proti sončni svetlobi

sun ray [sʌ́nrei] n sončni žarek; pl med ultravioletni žarki, višinsko sonce

sunrise [sʌ́nraiz] n sončni vzhod; poet Vzhod, Jutrovo; **at** ~ zgodaj zjutraj

sunscald [sʌ́nskɔ:ld] n pripekajoča, žgoča vročina (od sonca)

sunset [sʌ́nset] n sončni zahod; večer (tudi fig); fig zaton; poet Zahod; **at** ~ zvečer; ~ **of life** večer življenja

sunshade [sʌ́nšeid] n sončnik; platnena streha nad izložbo prodajalne; phot protisvetlobna zaslonka

sunshine [sʌ́nšain] 1. n sončni sij, sončna svetloba, sončno vreme; fig veselje, vedrost, radost, dobra volja; ~ **roof** premična streha (pri avtu); **in the** ~ sl v »rožicah«, pijan; 2. a sončen; fig veder, vesel, srečen; premožen

sunshiner [sʌ́nšainə] n sl oseba, ki je živela v tropskih krajih

sunshiny [sʌ́nšaini] a sončen; fig sijoč, veder, vesel, radosten, srečen

sun shower [sʌ́nšauə] n coll plohica v sončnem vremenu

sun spectacles [sʌ́nspektəkəlz] n pl sončna očala

sunspot [sʌ́nspɔt] n astr sončna pega; pega, pegica (zlasti na nosu)

sunspotty [sʌ́nspɔti] a pegast

sun-star [sʌ́nsta:] n zool vrsta morske zvezde

sunstone [sʌ́nstoun] n min vrsta živca

sun-stricken [sʌ́nstrikən] a bolan od sončarice

sunstroke [sʌ́nstrouk] n med sončarica

sun-struck [sʌ́nstrʌk] a med bolan od sončarice

sunsuit [sʌ́nsju:t] n otroške igralne hlačke

sun tan [sʌ́ntæn] n ogorelost, rjava barva kože od sonca

sun umbrella [sʌ́nʌmbrelə] n vrtni sončnik

sunup [sʌ́nʌp] n A sončni vzhod

sunward [sʌ́nwəd] 1. a usmerjen ali obrnjen proti soncu; 2. adv proti soncu

sunwards [sʌ́nwədz] adv proti soncu

sunwise [sʌ́nwaiz] a & adv ki sledi smeri sonca; v smeri sonca, v smeri premikanja kazalcev na uri

sun worship [sʌ́nwə:šip] n češčenje sonca

sun worshipper [sʌ́nwə:šipə] n častilec sonca

sup I [sʌp] vi & vt večerjati; pogostiti (koga) z večerjo, dati (komu) večerjo; **to** ~ **with Pluto** fig umreti; **to** ~ **cold meat** imeti hladno meso za večerjo

sup off vt (po)večerjati

sup up vt nakrmiti zvečer (konje itd.)

sup II 1. n zalogaj, polna usta; požirek, srkljaj; a ~ **at the bottle** požirek iz steklenice; **a bite and a** ~ nekaj za jesti in za piti; **neither bite ali bit) nor** ~ ne jedače ne pijače; 2. vt & vi (tudi ~ **off,** ~ **out**) zaužiti nekaj hrane in pijače; pogoltniti, požirati, srebati, srkati; prigrizniti; fig (temeljito) okusiti, doživeti; **to** ~ **sorrow** imeti skrbi, obžalovati, kesati se; **he must have a long spoon that** ~s **with the devil** nevarno je z vragom buče saditi

super [sjú:pə] 1. n sl skrajšano npr. za **supernumerary** nadštevilen, odvečen, nepotreben, nevažen; **super-film** velefilm; **superfine cloth** prvovrstno, kakovostno blago, itd.; 2. a sl skrajšano npr. za **superficial** površinski; **superfine** prvorazreden, prvovrsten; a ~ **American** stoodstoten Amerikanec; 3. n statist(inja)

super- [sjú:pə] pref nad-, čez-, prek-, pre-

superable [sjú:pərəbl] a (superably adv) premagljiv; premostljiv superabound [sju:pərəbáund] *vi* obilovati, biti v preobilju, imeti v obilju, imeti na pretek (*in*, *with* česa)

superabundance [sju:pərəbándəns] *n* preobilje, preobilica, pretek; presežek (*of* česa), prebitek

superabundant [sju:pərəbándənt] *a* preobilen, čezmeren, na pretek; pretiran

superadd [sju:pəræd] *vt* še dodati (*to* čemu); **to be ~ ed to** priti še zraven k

superaddition [sju:pərədíšən] *n* dodatek, nadaljnje dodajanje; **in ~ to** še dodatno k

superannuate [sjupərǽnjueit] 1. *vt* upokojiti zaradi starosti; odbiti, odkloniti zaradi starosti; dati iz rabe; *vi* iti v pokoj, biti upokojen, doseči starost za upokojitev; *jur* zastarati; 2. *n* upokojenec, -nka

superannuated [sjupərǽnjueitid] *a* zastarel, nemoderen; ponošen, odslužen; upokojen; zastaran; prestar; **~ spinster** stara devica

superannuation [sjupərænjuéišən] *n* upokojitev; nezmožnost opravljanja službe; osvoboditev od dolžnosti zaradi starosti; pokoj; pokojnina; *jur* zastarelost; **~ found** pokojninski fond

superaqueous [sju:pəréikwiəs] *a* nadvoden

superatomic bomb [sju:pərətómik bɔm] *n mil* vodikova bomba

superb [sju:pə́:b] *a* (**~ ly** *adv*) krasen, prelep, sijajen, veličasten, izreden; **~ courage** izreden pogum; **~ impudence** nezaslišana nesramnost; **~ jewels** prekrasni dragulji; **~ view** krasen razgled

superbness [sju:pə́:bnis] *n* krasota, sijaj, veličastnost

superbus [sjú:pəbʌs] *n* zelo velik avtobus

supercargo [sjú:pəka:gou] *n naut* nadziratelj nakladanja, vkrcavanja

supercelestial [sju:pəsiléstiəl] *a* ki je iznad nebesnega svoda, nadnebesen

supercharge [sju:pəčá:dž] *vt* preobložiti, dodatno obložiti (natovoriti)

supercharger [sjú:pəča:džə] *n mot* sesalka, ki poganja v cilinder dodatno količino eksplozivne zmesi

superciliary [sju:pəsíliəri] *a* obrvni

supercilious [sju:pəsíliəs] *a* nadut, domišljav, ohol; prezirljiv, zaničljiv, omalovažujoč

superciliousness [sju:pəsíliəsnis] *n* nadutost, domišljavost, oholost; prezirljivost, omalovaževanje

supercivilized [sju:pəsívilaizd] *a* preciviliziran

supercool [sju:pəkú:l] *vt* ohladiti pod ledišče, podhladiti; *vi* ohladiti se do ledišča

supercrescence [sju:pəkrésəns] *n* izrastek

superdominant [sju:pədóminənt] *n mus* superdominanta

superdreadnought [sju:pədrédnɔ:t] *n naut* velika, težka bojna ladja

superduck [sjú:pədʌk] *n mil* neko amfibijsko vozilo

super-duper [sjú:pədjú:pə] *a sl* izvrsten, »prima«, prvovrsten

supereminence [sju:pəréminəns] *n* visok položaj, veliko dostojanstvo, odličnost; izredna pomembnost

supereminent [sju:pəréminənt] *a* (**~ ly** *adv*) znamenit, odličen, izvrsten

supererogate [sju:pérərəgeit] *vi* napraviti več kot svojo dolžnost; *relig* opravljati dobra dela

supererogation [sju:pərerogéišən] *n* preko dolžnosti ali obljube opravljeno delo; preseganje, prekoračenje zahtev dolžnosti; **~ of malice** čezmerna zloba; **work of ~** delo preko obveznosti ali dolžnosti; *eccl* dobra dela

supererogatery [sju:pərirógətəri] *a* storjen preko dolžnosti; dodaten, čezmeren; odvečen, nepomemben

superette [sju:pərét] *n A* manjši supermarket

superficial [sju:pəfíšl] *a* (**~ ly** *adv*) površinski kvadraten; *fig* površen, nenatančen; *fig* plitev; **50 ~ feet** 50 kvadratnih čevljev; **~ measurement** površinska mera; **a ~ novel** plitev roman; **~ observer** površen opazovalec; **~ strata** površinske plasti; **~ wound** površinska rana (na koži)

superficialist [sju:pəfíšəlist] *n* površnež

superficiality [sju:pəfišiǽliti] *n* površinska plast, površje; *fig* površnost, plitvost

superficies [sju:pəfíšii:z] *n math* površina; zunanjost, videz; *jur* posest hiše na tujih tleh; **the ~ of a lake** površina jezera

super-film [sjú:pəfilm] *n* velefilm, monumentalen film

superfine [sjú:pəfain] 1. *a* izredno (zelo) fin; izvrsten, odličen; prefinjen; **~ taste** prefinjen okus; *com* posebno dobre kakovosti; 2. *n pl* blago odlične kakovosti

superfluent [sjupə́:fluənt] *a* odvečen, presežen, nepotreben

superfluity [sjupəflú:iti] *n* odvečnost, prebitek, pretek (*of* česa), presežek; nepotrebnost; *pl* nepotrebne stvari

superfluous [sjupə́:fluəs] *a* (**~ ly** *adv*) (pre)obilen, na pretek; odvečen, nadštevilen, nepotreben

superfortress [sjú:pəfɔ:tris] *n aero mil* velika leteča trdnjava (štirimotoren ameriški bombnik)

superheat [sju:pəhí:t] 1. *vt* preveč segreti; 2. [sjú:pəhi:t] *n* pregretje, prevelika vročina

superhighway [sjú:pəháiwei] *n A* avtocesta z najmanj 4 stezami, z nadvozi itd.

superhuman [sju:pəhjú:mən] *a* (**~ ly** *adv*) nadčloveški; **~ efforts** nadčloveški napori

superimpose [sju:pərimpóuz] *vt* položiti (*on* na, nad, vrh česa), staviti vrh česa; naložiti, natovoriti (*on* na); dodati (*on* čemu); **to ~ on each other** položiti eno na drugo

superincumbent [sju:pəriŋkʌ́mbənt] *a* ležeč nad; tlačeč, težeč

superinduce [sju:pərindjú:s] *vt* še dodati; dodatno uvesti, vpeljati; *fig* odmašiti

superintend [sju:pərinténd] *vt* nadzorovati, voditi, upravljati; *vi* imeti vrhovno nadzorstvo (*over* nad)

superintendence [sju:pərinténdəns] *n* nadziranje, nadzor (*over* nad) upravljanje, vódenje (*of s.th.* česa)

superintendent [sju:pərinténdənt] 1. *n* nadzornik; upravnik, upravitelj, predstojnik; *E* višji policijski inšpektor, šef; 2. *a* nadzorni, kontrolni

superior I [sjupíəriə] *a* (**~ ly** *adv*) (o prostoru) gornji; (o položaju) višji; (o kakovosti) boljši; (o številu) večji; močnejši (*in* v), prekašajoč; ki je nad čem, superioren, vzvišen, izreden; *com* izvrsten, odličen; (o vinu) žlahten; (često *derog*) imeniten, izobražen; ohol, domišljav, nadut, aroganten; **with a** ~ **air** domišljavo, naduto, zviška; ~ **to bribery** vzvišen nad, nedovzeten za podkupovanje; ~ **court** *A* najvišje sodišče v državi (v ZDA); ~ **forces** *mil* premoč: ~ **knowledge** izredno, zelo visoko znanje; ~ **letter** črka, ki stoji nad vrstico; ~ **limit** zgornja meja, skrajni rok, najvišja vsota; ~ **person** od drugih bolj izobražena oseba; domišljava oseba, nadutež; (ironično) fina oseba; ~ **wisdom** višja modrost; **to be** ~ **to** biti boljši od; **they are** ~ **to flattery** niso dovzetni za laskanje; **he should be** ~ **to revenge** ne bi se smel udajati želji po maščevanju; **to rise** ~ **to s.th.** pokazati se vzvišenega nad čem, ne si pustiti vplivati od česa; **they were** ~ **to us in number** bilo jih je več kot nas; **he thinks himself** ~ on se ima za nekaj boljšega

superior II [sjupíəriə] *n* predstojnik, starešina, šef; kdor je boljši (*in v*); *hist* fevdni gospod; **my** ~ **in rank** moj službeni predstojnik; **Mother S**~, **Lady S**~ *eccl* prednica samostana; **I am his** ~ **in courage** prekašam ga v pogumu; **he has no** ~ **in speed** v hitrosti prekaša vse

superiority [sjupiərióriti] *n* večja moč, premoč, superiornost (*in* v čem, *to, over* nad čem); prvenstvo, nadoblast, nadvlada; posebna pravica, prednost; oblast; ~ **complex** večvrednostni kompleks; ~ **in men and material** premoč v moštvu in materialu

superjacent [sju:pədžéisənt] **1.** *a* (~ **ly** *adv*) ležeč nad (na) čem

superlative [sju:pɔ́:lətiv] **1.** *a* zelo velik, izreden, najvišji, nenadkriljiv; pretiran; *gram* presežniški, superlativen; ~ **praise** pretirana hvala; ~ **wisdom** izredna modrost; **2.** *n gram* presežnik, superlativ; besede v superlativu; najvišja stopnja, vrhunec, višek; pretiravanje; **to talk in** ~ **s** govoriti v superlativih; **he is the** ~ **of hypocrisy** ni takega hinavca kot je on

superman, *pl* -**men** [sjú:pəmən] *n* nadčlovek, človek in pol

supermanhood [sjú:pəmænhud] *n* nadčlovečnost; kar se nanaša na nadljudi

supermarine [sjú:pəmɔri:n] *n aero mil* vodno letalo

supermarket [sjú:pəmɔ:kit] *n* samopostrežna veleblagovnica, supermarket

supernaculum [sjupənǽkjuləm] **1.** *n* izbrano vino, izvrstna pijača; *fig* slastna stvar; **2.** *adv* popolnoma; **to drink** ~ *obs* izpiti (čašo) do dna, do zadnje kaplje

supernal [sjupɔ́:nəl] *a poet* nebeški, božanski, vzvišen, nadzemeljski; visok; ~ **beauty** božanska lepota; ~ **summits** visoki vrhovi

supernatant [sju:pənéitənt] *a* plavajoč na površju

supernational [sju:pənǽšnəl] *a* nadnacionalen

supernatural [sju:pənǽčrəl] *a* nadnaraven, nenaraven, izreden, nadnaravno velik

supernormal [sju:pənɔ́:məl] *a* nadnormalen, ki presega povprečje, nenavaden, nevsakdanji

supernumerary [sju:pənjú:mərəri] **1.** *a* nadštevilen, odvečen; **2.** *n* pomožen, nadštevilen nameščenec, pomožen delavec; *theat* statist

supernutrition [sju:pənju:tríšən] *n med* preobilna prehrana (hranjenje)

superoctave [sjú:pərɔktiv] *n mus* piščal pri orglah, ki daje za dve oktavi višji zvok kot osnovna oktava

superordinary [sju:pərɔ́:dinəri] *a* izreden, izvrsten

superoxyde [sju:pərɔ́ksaid] *n chem* superoksid

superphosphate [sju:pəfɔ́sfeit] *n chem* superfosfat

superpose [sju:pəpóuz] *vt* postaviti (*on* na kaj, nad kaj); postaviti vrh (česa drugega)

superposition [sju:pəpəzíšən] *n* postavitev, ležanje eno vrh drugega

superpower [sju:pəpáuə] *n* premoč

superroyal [sju:pərɔ́iəl] *n E* format pisalnega papirja 19×27 palcev, A 20×28 palcev; format $20\frac{1}{2} \times 27\frac{1}{2}$ palcev papirja za tiskanje

supersaturate [sju:pəsǽčəreit] *vt chem* prezasititi

superscribe [sju:pəskráib] *vt* napisati (ime itd.) na vrhu kakega spisa; napisati ime na; nadpisati; *obs* nasloviti (pismo itd.)

superscript [sjú:pəskript] **1.** *a* napisan na(d); **2.** *n* nadpis

superscription [sju:pəskrípšən] *n* nadpis; *obs* naslov, adresa

supersede [sju:pəsí:d] *vt* izpodriniti; odpustiti, odstaviti, odstraniti; ukiniti; nadomestiti, zamenjati, stopiti na mesto (kake osebe), naslediti; **new methods** ~ **old ones** nove metode izpodrivajo stare, stopajo na mesto starih; **to be** ~ **d by** biti zamenjan z

superseder [sju:pəsí:də] *n* naslednik, namestnik; nadomestilo

supersensible [sju:pəsénsibl] *a* nadčuten, nadčutilen, ki presega človeške čute

superserviceable [sju:pəsɔ́:visəbl] *a* zelo uslužen; pregoreč, prevnet, vsiljiv

supersession [sju:pəséšən] *n* izpodrinjenje (koga); odpustitev (iz službe), odstranitev; ukinitev, ustavitev; nadomestitev

supersonic [sju:pəsɔ́nik] **1.** *a phys* nadzvočen, hitrejši kot zvok; visoko frekvenčen; *sl* fantastičen, »prima«; ~ **aircraft** nadzvočno letalo; ~ **boom**, ~ **bang** pok pri prebitju nadzvočnega zidu; ~ **wave** ultrazvočni val; **2.** *n* ultrazvočni val

supersound [sjú:pəsaund] *n phys* ultra zvok

superstition [sjupəstíšən] *n* praznoverje, babjeverstvo, vraža; *obs* malikovanje

superstitionist [sjupəstíšənist] *n* praznoverec

superstitious [sjupəstíšəs] *a* (~ **ly** *adv*) praznoveren, babjeveren, vražast; ~ **fear** praznoveren strah

superstructure [sjú:pəstrʌkčə] *n* vrhnja gradnja (tudi *fig*), zgornji ustroj, superstruktura

super-submarine [sjú:pəsʌbmɔri:n] *n* velika podmornica

supersubtle [sju:pəsʌtl] *a* prefin; preveč prebrisan (zvit, pretkan)

supersubtlety [sju:pəsʌ́tlti] *n* prevelika prebrisanost, pretkanost

supertax [sjú:pətæks] *n* davek na dohodek nad 5000 funtov, ki se plača vrh navadnega davka na dohodek; dodaten davek

supertemporal [sju:pətémpərəl] *a* **1.** ki presega časovne meje, večen; **2.** *med* ki se nahaja nad sencàmi

superterrestrial [sju:pətiréstriəl] *a* nadzemeljski, ki je nad zemljo

supertonic [sjú:pətɔ́nik] *n mus* supertonika

supervene [sjupəví:n] *vi* nenadoma nastopiti, se pojaviti; vmes priti; še priti (*on, upon* k); neposredno slediti, se pokazati

supervention [sju:pəvénšən] *n* nenaden nastop, nenadno pojavljenje; pridružitev
supervise [sjú:pəvaiz] *vt* nadzorovati, nadzirati, imeti nadzorstvo nad
supervision [sju:pəvížən] *n* nadzor, nadzorovanje (*of* nad), (šolska) inšpekcija; kontrola; (redko) revizija; pregled (teksta); **under the ~ of (police)** pod (policijskim) nadzorstvom
superviser [sjú:pəvaizə] *n* nadzornik, inšpektor, kontrolor; *A* (vodilni) uradnik mestne uprave
supervisory [sju:pəvízəri] *a* nadzoren, nadzorovalen, kontrolen
supinate [sjú:pineit] *vt* položiti na hrbet
supination [sju:pinéišən] *n* lega na hrbtu (vznak)
supine I [sju:páin] *a* ležeč na hrbtu (vznak); *fig* nedelaven, nemaren, len, počasen, brezbrižen, indolenten, apatičen; zaničevanja vreden
supine II [sjú:pain] *n gram* supin, namenilnik
supineness [sju:páinnis] *n* ležanje na hrbtu (vznak); *fig* brezbrižnost, nedelavnost, indolenca, nemarnost, lenost
supper [sʌ́pə] **1.** *n* večerja; **the Last S~** *relig* zadnja večerja; **the Lord's S~** *relig* obhajilo; **to have (to take) ~** večerjati; **2.** *vt* pogostiti (koga) z večerjo; nakrmiti (konje itd.) zvečer; *vi* večerjati
supperless [sʌ́pəlis] *a* ki je brez večerje, ki ni večerjal
suppertime [sʌ́pətaim] *n* čas večerje
supperward(s) [sʌ́pəwəd(z)] *adv* proti domu
supplant [səplá:nt] *vt* izpodriniti, izriniti (z mesta, s položaja) (tekmeca), zlasti na nepošten način; pregnati (s posestva); nadomestiti (*by* z); iztrebiti; **buses are ~ing trams** avtobusi spodrivajo tramvaje
supplantation [sʌpla:ntéišən] *n* izpodrinjenje; protipravna prilastitev posesti itd.; nadomestitev, zamenjava
supplanter [səplá:ntə] *n* spodrivač, kdor je koga izpodrinil (z mesta, s položaja), zlasti na nepošten način
supple [sʌpl] **1.** *a* (**supply** *adv*) prožen, elastičen, gibek, upogljiv; uren; poslušen, ubogljiv, pokoren, popustljiv, voljan, prilagodljiv; klečeplazen, hlapčevski; **2.** *vt* napraviti (kaj) gibko (prožno, upogljivo, pokorno, poslušno); naučiti (konja), da postane občutljiv za vajeti; pomiriti, omiliti; *vi obs* postati prožen (gibek, upogljiv, pokoren); popustiti, ugoditi, ustreči
supplement [sʌ́plimənt] **1.** *n* dopolnilo, dodatek; priloga (časopisa itd.) (*to* k); zvezek kot dodatek kaki knjigi; *math* suplementarni kot; **commercial ~** trgovska priloga (v časopisu); **litterary ~** literarna priloga; **2.** [sʌpliment] *vt* dopolniti, izpolniti, dodati, dati dodatek (čemu)
supplemental [sʌpliméntəl] **1.** *a* dopolnilen, dodaten; naknaden; pomožen, nadomesten; *math* suplementaren
supplementary [sʌpliméntəri] *a* dopolnilen, dodaten, naknaden, pomožen; *math* suplementaren (*angle* kot); **~ cost** podražitev; **~ engine** pomožen motor; **~ fee** dodatna taksa, pristojbina; **~ income** stranski (dodaten) dohodek; **~ order** *com* dodatno (naknadno) naročilo; **2.** *n* dopolnilo, dopolnitev, dodatek
supplementation [sʌplimentéišən] *n* dopolnilo, dopolnitev, dodatek, dodajanje

suppleness [sʌ́plnis] *n* gibkost, prožnost, elastičnost, upogljivost (tudi *fig*); voljnost, popustljivost, poslušnost, prilagodljivost; klečeplaznost. hlapčevstvo
suppletory [sʌ́plitəri] *a* dopolnilen
suppliant [sʌ́pliənt] **1.** *a* (~ ly *adv*) ponižno (milo) proseč, moledujoč, roteč; **2.** *n* (ponižen) prosilec, -lka, prošnjik, moledovalec
supplicant [sʌ́plikənt] *a* = **suppliant**
supplicat [sʌ́plikæt] *n* prošnja
supplicate [sʌ́plikeit] *vt* ponižno (milo) prositi, moledovati, rotiti; izprositi, prositi za (kaj); boga prositi, moliti (*for* za); *vi* ponižno (milo) prositi (*for* za)
supplicating [sʌ́plikeitiŋ] *a* (~ ly *adv*) ponižno (milo) proseč, moledujoč, roteč
supplication [sʌplikéišən] *n* prošnja; ponižna (pohlevna) prošnja (*for* za); molitev (*for* za)
supplicatory [sʌ́plikətəri] *a* ponižno (milo) proseč, moledujoč, roteč; **~ letter** pismena prošnja
supplier [səpláiə] *n* dobavitelj, nabavitelj, liferant; oskrbovalec
supply I [səplái] **1.** *n* dobava, nabava, oskrba, oskrbovanje; dovod, dovoz; dopolnitev; nadomeščanje, supliranje; zastopanje, zastopnik, namestnik; skladišče; zaloga; *econ* ponudba; *mil pl* vojne potrebščine (proviant itd.); *parl pl* od parlamenta odobren budžet (krediti, sredstva); **~ and demand** ponudba in povpraševanje; **power ~** oskrba z elektriko, z energijo; **water ~** oskrba z vodo, vodovod; **these goods are in short (limited) ~** tega blaga je malo; **to take (to lay) in a ~ of s.th.** nabaviti si zalogo česa, oskrbeti se s čim; **the teacher is on ~** učitelj suplira (nadomešča drugega učitelja); **2.** *a* skladiščen; dobaven; pomožen; **~ price** *econ* skrajna, najnižja, dobavna cena; **~ teacher** pomožni učitelj; suplent
supply II [səplái] *vt* dobaviti, dobavljati, preskrbeti, oskrbovati, dovažati; nadomestiti, dopolnjevati; odpomoči, odpraviti (nedostatek); zadovoljiti (povpraševanje); *econ* doplačati; zastopati, nadomestovati, suplirati (koga); *vi* vskočiti kot namestnik ali zastopnik, suplirati; **to ~ an army** oskrbovati vojsko; **to ~ a deficiency** priskrbeti, kar manjka; kriti primanjkljaj; **to ~ electricity to town** oskrbovati mesto z elektriko; **to ~ a long-felt need** zadovoljiti dolgo časa občuteno potrebo; **to ~ a loss** nadomestiti izgubo; **to ~ missing words** dopolniti manjkajoče besede; **the cow supplies us with milk** krava nas oskrbuje z mlekom; **to ~ the place of** zamenjati (koga) na njegovem položaju; **to ~ a want** zadovoljiti potrebo, odpraviti pomanjkljivost
supply III [sʌ́pli] *adv* k **supple**
supply-house [səpláihaus] *n* dobavna tvrdka, dobavitelj
supply-order [səpláio:də] *n com* naročilo
supply system [səpláisistəm] *n el* mreža, omrežje
support I [səpó:t] *n* podpora, podpiranje, pomoč; zaščita, obramba; vzdrževanje, sredstva za življenje; *pl mil* ojačenje, rezerva; opora; *phot* stojalo; ležaj; potrdilo, dokaz; **in ~** *mil* v rezervi; **in ~ of** v podkrepitev (prid, korist) česa; **with the ~ of** s pomočjo; **he is the only**

~ **of his family** on je edina opora v družini; **to give** ~ **to s.o.** podpreti, podpirati koga; **to speak in** ~ **of** govoriti v prid (korist) (koga ali česa)

support II [səṕɔ:t] *vt* podpirati, podpreti; prenašati, trpeti (kaj); dajati (komu) moč, bodriti, pomagati (komu); braniti, zagovarjati, pospeševati, zavzeti se za, potegniti se za; vzdrževati, hraniti (koga); plačati, financirati; *archit* nositi, podpirati, držati (kaj); *theat* igrati (vlogo), nastopiti kot soigralec; **to** ~ **o.s.** vzdrževati se; **to** ~ **the conversation** vzdrževati pogovor; **to** ~ **the courage of the troops** vzdrževati pogum (moralo) čet; '~ **ing troops** rezervne čete; **to** ~ **fatigue** prenašati utrujenost; **to** ~ **one's family** vzdrževati svojo družino; **hope** ~ **ed me** upanje me držalo pokonci; **I could not** ~ **his impudence** nisem mogel prenašati njegove nesramnosti; **to** ~ **a motion** podpreti predlog; **a project** ~ **ed by taxes** z davki financiran projekt; **to** ~ **a theory** trditi neko teorijo; **to** ~ **a trial** prenašati, prestajati preskušnjo

supportability [səpɔ:təbíliti] *n* = **supportableness**

supportable [səpɔ́:təbl] *a* (**supportably** *adv*) znosen, vzdržljiv; ki se da podpirati (braniti, nositi); **this assault is not** ~ tega napada ni mogoče vzdržati

supportableness [səpɔ́:təblnis] *n* znosnost, vzdržljivost

supporter [səpɔ́:tə] *n* podpiratelj, vzdrževalec, pomagač, branitelj; privrženec, *sp* navijač; *tech* opornik; *archit* nosilec; *med* nosilna preveza

supporting [səpɔ́:tiŋ] *a* podporen; oporen; potrdilen; ~ **actor** *theat* soigralec; ~ **film,** ~ **picture** dodaten film

supportless [səpɔ́:tlis] *a* ki je brez podpore, brez pomoči

supposable [səpóuzəbl] *a* (**supposably** *adv*) ki se more domnevati, domneven, verjeten; razumljiv, ki se da misliti

supposal [səpóuzl] *n* domneva, hipoteza

suppose [səpóuz] *vt* domnevati; dopustiti, sprejeti kot možno; smatrati, predpostavljati; imeti kot predpogoj (kaj); *vi* misliti, domnevati; **always supposing** s pogojem, da...; **I** ~ **so** verjetno, menda, tako mislim; **Is he at home?** — **I** ~ **so. Je on doma?** — Mislim, da je. Verjetno. Menda.; **I** ~ **you've heard it** menda (verjetno) ste to slišali; **it is not to be** ~ **d that** ... ni misliti, da...; **I don't** ~ **he will come** mislim, da ne bo prišel; **you will come, I** ~ **?** mislim (upam), da boste prišli?; ~ **it rains** vzemimo (recimo), da dežuje (bi deževalo); ~ **we went for a walk?** kaj ko bi šli na sprehod?; ~ **you meet me at 5 o'clock** predlagam, da se dobiva ob petih; **he is** ~ **ed to be able to do it** od njega se pričakuje, da bo mogel to napraviti; **he was** ~ **d to be dead** mislili so (zanj), da je mrtev; **you are not** ~ **d to know everything** ni ti treba vsega vedeti; **why, that was to be** ~ **d** no, to se je moglo pričakovati; **I** ~ **him to be an artist** domnevam, da je umetnik; imam ga za umetnika; **let us** ~ **that to be true** domnevajmo (vzemimo, recimo), da je to res; **his style of living** ~ **s a big fortune** njegov način življenja predpostavlja (da misliti na) veliko premoženje

supposed [səpóuzd] *a* domneven, verjeten; dozdeven; neavtentičen

supposedly [səpóuzidli] *adv* domnevno, kot se misli, verjetno, menda, baje

supposing that [səpóuziŋðæt] *conj* vzemimo, da; predpostavljajmo, da; ~ **it were true** vzemimo (recimo), da bi to bilo res

supposition [sʌpəzíšən] *n* domneva, predpostavljanje, podmena, hipoteza; **on the** ~ **that** ... z domnevo (predpostavljajoč), da...; **to be given to** ~ **(s)** predajati se domnevam

suppositional [sʌpəzíšənəl] *a* domneven, hipotetičen, predpostavljen, osnovan na podmeni, predpostavki

suppositionary [sʌpəzíšənəri] *a* = **suppositional**

suppositious [sʌpəzíšəs] *a* = **suppositional**

supposititious [sʌpəzitíšəs] *a* (~ **ly** *adv*) nepravi, nepristen, lažen, ponarejen; podtaknjen; osnovan le na domnevi, hipotetičen; **a** ~ **child** podtaknjen otrok

supposititiousness [sʌpəzitíšəsnis] *n* nepristnost, ponarejenost, lažnost

suppositive [səpózitiv] **1.** *a* domneven, dozdeven, osnovan na domnevi, hipotetičen; nepravi, ponarejen; *gram* pogojni, pogojniški; **2.** *n gram* pogojniški veznik

suppository [səpózitəri] *n med* svečka, čepek, supozitorij

suppress [səprés] *vt* zatreti, potlačiti, zadušiti, obvladati (upor, čustva itd.); preprečiti, prepovedati (izdajanje česa), ustaviti, ukiniti, napraviti konec (čemu); tajiti, držati v tajnosti, skrivati, ne odkriti, zamolčati, zatušati; *med* ustaviti (krvavitev, drisko); **to** ~ **a yawn** zadržati, zadušiti zehanje; **give a full account but** ~ **the names** podajte podrobno poročilo, toda ne navajajte imen

suppressed [səprést] *a* zadušen, zatrt (vstaja, upor itd.); zadržan, prikrit; odpravljen, ukinjen; ~ **laughter** zadržan smeh; zamolčan; izpuščen, črtan; *med* ustavljen (krvavitev)

suppresser [səprésə] *n* glej **suppressor**

suppressible [səprésibl] *a* ki se more zadušiti (zatreti, potlačiti, zamolčati, preprečiti, ukiniti, odpraviti)

suppression [səpréšən] *n* zadušitev (vstaje, čustev itd.), zatrtje, potlačitev; ukinitev, odprava, prepoved, ustavitev; utaja, zamolčanje (resnice), prikrivanje; supresija; duševna zavrtost; *med* ustavitev, zamašitev; ~ **of urine** zapiranje vode (urina)

suppressive [səprésiv] *a* ki duši, tlači; zatiralen; supresiven

suppressor [səprésə] *n* tlačitelj, zatiralec; prikrivalec, utajivec

suppurate [sʌ́pjuəreit] *vi med* gnojiti se

suppuration [sʌpjuəréišən] *n med* gnojenje, supuracija

suppurative [sʌ́pjuərətiv] **1.** *a med* ki povzroča gnojenje, gnojen; **2.** *n* sredstvo, ki povzroči gnojenje

supra- [sjú:prə] *pref* nad-; iznad, zgoraj, na hrbtni strani; prejšnji, predidoči

supranational [sjú:prənǽšnəl] *a* nadnacionalen

supraocular [sjú:prəɔ́kjulə] *a med zool* nadočesen

supremacy [sju:prémǝsi] *n* nadvlada, premoč; vrhovna oblast, suverenost; prvenstvo; supremacija; **the naval ~ of England** premoč Anglije na morju

supreme [sju:prí:m] **1.** *a* (~ **ly** *adv*) najvišji, vrhovni, glavni, največji; zadnji, poslednji, smrtni; neomejen, skrajen; (o kakovosti) prvovrsten, odličen, dovršen, izvrsten; (čas) odločilen, kritičen; **~ authority** najvišja oblast; **~ baseness** skrajna nizkotnost, podlost; **~ courage** največji pogum; **S~** *Being relig* Bog; **S~ Court** Vrhovno zvezno sodišče (v ZDA); **S~ Court of Judicature** Vrhovno sodišče za Anglijo in Valizijo; **the ~ command** *mil* vrhovno poveljstvo; **~ end** najvišje dobro; **~ hour** poslednja (smrtna) ura; **~ master of painting** dovršen slikar; **the S~ Pontiff** papež; **~ sacrifice** najvišja žrtev, žrtvovanje življenja; **S~ Soviet** Vrhovni sovjet; **to reign ~** neomejeno vladati; **2.** *n* kdor je najvišji; *fig* vrhunec, višek; **the ~ of folly** višek norosti

sur- [sǝ:] *pref* nad-, pre-

surah [sjúǝrǝ] *n* vrsta svile

surcease [sǝ:sí:s] **1.** *n obs* prenehanje, konec, kraj; odlog; prestanek, prekinitev; **2.** *vi* prenehati, napraviti odmor; odnehati, končati se; *vt* prenehati (z), prekiniti, končati

surcharge I [sǝ́:ča:dž] *n* preobremenitev, preobtežitev, dodatna obremenitev; dodaten davek, globa (za utajo davkov); porto znamka, dodatna (kazenska) poštnina, pretisk (na znamkah); neodobrena vsota v računu, preveliko zaračunanje, previsoka cena; prenapolnitev, prenasičenost; *tech* pregretje, prenapetost (pare)

surcharge II [sǝ:čá:dž] *vt* preobremeniti (tudi *fig*), preobložiti, preobtežiti, prenapolniti, prezasititi; dodatno obremeniti (konto); preveč zaračunati (kaj), preveč zahtevati (za kaj); zahtevati doplačilo za nezadostno poštnino, oglobiti zaradi utaje davkov, določiti (neko vsoto) kot globo; pretisniti novo večjo vrednost (na znamki)

surcingle [sǝ́:siŋgl] **1.** *n* (pre)pas za sedlo, za tovor na konju; konjski podprog; (redko) pas za sutano, za talar; **2.** *vt* pritrditi (konju) s pasom (odejo, sedlo)

surcoat [sǝ́:kout] *n hist* širok plašč, ki so ga nosili preko oklepa; *hist* ženski plašč; (moška, otroška) vetrovka

surd [sǝ:d] **1.** *a phon* nezveneč; *math* iracionalen; nespameten, nesmiseln; **2.** *n phon* nezveneč glas (soglasnik); *math* iracionalno število ali količina

sure I [šúǝ] *a* gotov, zanesljiv, siguren; varen, nenevaren; nedvomen, nezmoten, nezmotljiv, nesporen; stalen; prepričan (*of* o, *that* da); **for ~** gotovo, sigurno, nedvomno, vsekakor; **a ~ draw** skrivališče, v katerem je zanesljivo lisica; **a ~ shot** zanesljiv strelec; **a ~ proof** nesporen, zanesljiv dokaz; **a ~ faith** trdna vera; **~ thing** *A sl* gotova, zanesljiva stvar; **~ (thing)!** *A sl* gotovo! sigurno! vsekakor! zanesljivo!; **slow and ~** počasen, ali siguren; **I am ~** gotovo, zares; **I am ~ of his honesty** prepričan sem o njegovem poštenju; **I am ~ I don't know** zares ne vem; **I'm ~ I didn't mean to hurt you** zares (prav gotovo) vas nisem hotel

žaliti; **well, I'm ~!** (vzklik presenečenja); **well, to be ~!** no, kakšno presenečenje!; **are you ~? ali res?; be ~!** ne pozabi!; **be ~ to** (ali **and**) **shut the window** ne pozabi zapreti okno!; **to be ~** *coll* gotovo, brez dvoma, seveda; **he is ~ to come** gotovo (zanesljivo) bo prišel; **it is ~ to turn out well** gotovo se bo dobro končalo; **I feel ~ of success** gotov, prepričan sem o uspehu; **to make ~ of** prepričati se (*of* o), biti prepričan (*that* da); zagotoviti si (of s.th. kaj)

sure II [šúǝ] *adv* (prav) gotovo, seveda; zares; **it ~ was hot** *A coll* zares je bilo vroče; **as ~ as (I live)** tako gotovo kot (živim); **as ~ as a gun** *coll* popolnoma zanesljivo; **Will you come? — Sure!** Boš prišel? — Seveda! Pa ja!; **~ enough** čisto gotovo (zanesljivo); zares, v resnici, dejansko, nedvomno; **I said it would happen, and ~ enough it did** rekel sem, da se bo to zgodilo, in zares (dejansko) se je

sure-fire [šúǝfaiǝ] *a A coll* ki zanesljivo deluje, zanesljiv

sure-footed [šúǝfutid] *a* (ki je) sigurnih nog (npr. mula); *fig* zanesljiv

surely [šúǝli] *adv* gotovo, zanesljivo, sigurno, zares, nedvomno; vsekakor, seveda; **slowly but ~** počasi, a sigurno; **it ~ cannot be your brother** to gotovo ne more biti vaš brat

sureness [šúǝnis] *n* gotovost, sigurnost, zanesljivost; nezmotljivost; trdno prepričanje

surety [šúǝti] *n* gotovost, sigurnost; *jur* jamstvo, poroštvo, varščina, jamščina, kavcija; porok, garant; garancija; *obs* zanesljivost; **of a ~** *obs* gotovo, sigurno, zares; **to find ~** najti poroka; **to be (to stand) ~ for** biti porok za, jamčiti za

surety-bond [šúǝtibɔnd] *n econ* obveznica

surety-company [šúǝti kámpǝni] *n econ* zavarovalna družba, ki zavaruje proti poneverbi

suretyship [šúǝtišip] *n jur* jamstvo, jamčenje, poroštvo

surf [sǝ:f] **1.** *n* butanje, udarjanje, kipenje morja ob obalo ali ob kleči; pena, ki pri tem nastane; **2.** *vi* kopati se v kipečem morju; *sp* jezditi na valovih (stati na deski, ki jo nosijo valovi ali jo vleče motorni čoln)

surface [sǝ́:fis] **1.** *n* površje, površina; *min* površje zemlje; zunanja stran, zunanjost (tudi *fig*), videz, navideznost; *geom* ploskev; **on the ~** na površju (površini), na zunanji strani, *fig* le na prvi pogled; *min* na dnevnem kopu; **~ car** *A* ulični tramvaj; **~ mail** *E* navadna (neletalska) pošta; **2.** *a* površinski; *fig* površen; **~ impressions** površni vtisi; **3.** *vt* izravnati, izgladiti, izoblati; *vi* priti na površje (o podmornici); delati na dnevnem kopu

surface-man, *pl* **-men** [sǝ́:fismǝn] *n* progovni delavec; *min* delavec na dnevnem kopu

surf-bathing [sǝ́:fbeiðiŋ] *n* kopanje v valovih, ki se razbijajo ob obali, v kipečem morju

surface-to-surface missile [sǝ́:fistǝsǝ́:fis mísail, -sil] *n* raketa zemlja—zemlja

surf-boat [sǝ́:fbout] *n* čoln, ki je tako zgrajen, da se lahko uporablja tudi tam, kjer se valovi lomijo ob obali

surfeit [sǝ́:fit] **1.** *n* prenasičenost (*of* s čim), preobilica; preobjedenost, presitost; uživanje, požrešnost; naveličanost, stud, priskutnost; **to**

(a) ~ do naveličanosti, do priskutnosti; 2. *vt* prenasititi; *fig* prenatrpati (*with* z); preveč (do priskutnosti) se najesti (napiti); uživati (v jedi in pijači)

surfeiter [sə́fitə] *n* nasladnež, uživač

surf-riding [sə́:fraidiŋ] *n sp* jezdenje na valovih (stojé na deski, ki jo ženejo valovi ali vleče motorni čoln)

surfy [sə́:fi] *a* (o valovih) ki se lomi ob obali, ki se peni, kipi (morje)

surge [sə:dž] 1. *n* visok val, valovje, valovanje; zibanje ladje na razburkanem morju; *poet* morje; *el* nenavaden vzpon (napetosti); the~ of the angry crowd valovanje jezne množice; 2. *vi* valovati (često *up*); burkati se, buriti se (čustva), vzburiti se; *naut* zdrkniti, izmuzniti se (vrv); vrteti se na mestu (kolo na ledu itd.); *vt* pustiti valovati

surgeless [sə́:džlis] *a* (ki je) brez valovanja, miren

surgeon [sə́:džən] *n med* kirurg; *mil naut* vojaški, ladijski zdravnik; *hist* splošni zdravnik (nespecialist); ~ **dentist, dental** ~ zobozdravnik; house-~ bolnišniški kirurg; **veterinary-**~ veterinar; S~ **General** *mil* zdravnik generalmajor v armadi ZDA; najvišji zdravnik uradnik v zdravstveni službi v ZDA; ~ **major** *mil* višji štabni zdravnik, polkovni zdravnik

surgeoncy [sə́:džənsi] *n* položaj vojaškega zdravnika

surgery [sə́:džəri] *n* kirurgija; kirurški poseg (tudi *fig*); operacijska dvorana (soba); *E* ordinacija splošnega zdravnika, dispanzer; **clinical (plastic)** ~ klinična (plastična) kirurgija

surgical [sə́:džikəl] *a* (~ly *adv*) kirurški; operacijski; ~ **boot (shoe)** ortopedski čevelj; ~ **fever** septična mrzlica; ~ **kidney** ognojena ledvica (ki zahteva kirurški poseg)

surgy [sə́:dži] *a* poln visokih valov, valujoč, kipeč

surliness [sə́:linis] *n* osornost, grobost; čemernost, sitnost, slaba volja

surloin [sə́:loin] *n obs* glej **sirloin**

surly [sə́:li] *a* (**surlily** *adv*) osoren, grob; čemern, slabe volje, siten; (vreme) neprijazen, mračen; (žival) zloben, uporen; *obs* oblasten, gospodovalen, ošaben

surmisable [sə:máizəbl] *a* ki se more slutiti (domnevati)

surmise [sə:máiz, sə́:maiz] 1. *n* domneva; ugibanje; slutnja, sum; domišljija 2. [sə:máiz] *vt & vi* ugibati, domnevati; slutiti; sumiti; domišljati si

surmount [sə:máunt] *vt* dvigati se nad, nadvladovati; obvladati, prebroditi (težave itd.), preplezati; povzpeti se na (goro); pokrivati, venčati; *obs* prekositi, prekašati; **peaks** ~ **ed with snow** s snegom pokriti (ovenčani) vrhovi; to ~ **a difficulty (an obstacle)** premagati težavo (zapreko); **a spire** ~ **ed the building** koničast stolp se je dvigal nad zgradbo

surmountable [sə:máuntəbl] *a* na katerega se da povzpeti, splezati; *fig* premagljiv, prebrodljiv (težava)

surname [sə́:neim] *n* 1. *n* priimek, družinsko ime; *obs* vzdevek; 2. *vt* dati komu ime (priimek, vzdevek), imenovati s priimkom; **to be** ~ **ed** imeti priimek (vzdevek); **Attila** ~ **d the Scourge of God** Atila z vzdevkom božji bič (šiba božja);

he was ~ **d Brown like you** pisal se je Brown kot vi

surpass [sə:pá:s] *vt* prekašati, prekositi, nadkriliti, presegati, biti nad (kom, čem); he ~ **es everybody in skill** on prekaša vse v spretnosti (pripravnosti); **misery that** ~ **es description** beda, ki se ne da popisati; **this task** ~ **ed his power** ta naloga je presegala njegove moči

surpassing [sə:pá:siŋ] *a* (~ly *adv*) prekašajoč; nenadkriljiv, neprekosljiv, izreden, nedosegljiv, odličen; **of** ~ **beauty** dovršene lepote; ~ly **beautiful** izredno lep

surplice [sə́:plis] *n eccl* mašna srajca; koretelj; ~ **choir** *eccl* pevski zbor, ki nosi koretlje; ~ **fee** pristojbina duhovniku za krst, poroko itd.

surplus [sə́:pləs] 1. *n econ* presežek, prebitek; preostanek; 2. *a* presežen; ~ **fund** rezervni (presežni) fond; ~ **population** prevelika obljudenost; ~ **value** presežna vrednost; ~ **weight** presežna teža; ~ **wheat** presežek pšenice

surplusage [sə́:pləsidž] *n* presežek, preobilica, obilje; nekaj odvečnega, nebistvenega; *jur* nebistvena okoliščina

surprint [sə́:print] 1. *n* pretisk; 2. *vt* pretiskati

surprisal [sə:práizl] *n obs* presenečenje

surprise I [səpráiz] 1. *n* presenečenje; začudenje, osuplost (*at* ob, nad), ogorčenje; *mil* nepričakovan napad; **by** ~ nepričakovano, nenadoma; **full of** ~ (zelo) presenečen; **to my** ~ **na moje** začudenje; **taken by** ~ osupel, presenečen; **what a** ~ **!** kakšno presenečenje!; **to cause great** ~ povzročiti veliko presenečenje; **to give a child a** ~ napraviti otroku presenečenje; **to stare in** ~ strmeti, debelo gledati od začudenja; **to take s.o. by** ~ presenetiti koga; **to take a town by** ~ *mil* zavzeti mesto z nepričakovanim napadom; 2. *a* presenetljiv, nepričakovan; **a** ~ **visit** nepričakovan (nenajavljen) obisk; ~ **packet** nepričakovan paket

surprise II [səpráiz] *vt* presenetiti, osupiti, začuditi; ogorčiti; *mil* napraviti nepričakovan napad na; zalotiti, zasačiti; neopazno napeljati, speljati, zapeljati (*into* na kaj); **I am** ~ **d at your behaviour** ogorčen sem nad vašim vedenjem; **to** ~ **a burglar in the act** zalotiti vlomilca pri samem dejanju

surprised [səpráizd] *a* presenečen, začuden, osupel (*at* ob, nad); ogorčen; **more** ~ **than frightened** bolj začuden (presenečen) kot prestrašen; **I am** ~ **at you** tega nisem pričakoval od tebe; **I was** ~ **at his not knowing me** bil sem presenečen (začuden), da me ne pozna

surprisedly [səpráizidli] *adv* presenečeno, v presenečenju; presenetljivo

surprising [səpráiziŋ] *a* (~ly *adv*) presenetljiv, osupljiv, nepričakovan

surrealism [səríəlizəm] *n* surrealizem

surrealist [səríəlist] *n* surrealist

surrealistic [səriəlístik] *a* (~ally *adv*) surrealističen

surrebut [sʌribʌ́t] *vi jur* (o obtožencu) petič odgovoriti tožitelju z odbijanjem obtožbe ali dokazov

surrebutter [sʌribʌ́tə] *n jur* peti odgovor obtoženca, s katerim se odbija obtožba ali dokazno gradivo

surrejoin [sʌridžóin] *vi jur* (o obtožencu) tretjič odgovoriti tožitelju z odbijanjem obtožbe ali dokaznega gradiva

surrejoinder [sʌridžóində] *n jur* tretji (pismeni) odgovor obtoženca tožitelju, s katerim se odbija obtožba ali dokazno gradivo

surrender I [sərénda] *n mil* vdaja, predaja, kapitulacija, padec (trdnjave); izročitev, odstop, prepustitev, odpoved; sadovi, ki se izroče po planskem prisilnem odkupu; ~ of a privilege odpoved privilegiju; ~ value (zavarovalna polica) povratna kupna vrednost

surrender II [sərénda] *vt* predati, izročiti; odstopiti, prepustiti; odreči se, odpovedati se (čemu); oddati (žito, mleko itd.) po planskem odkupu; *jur* odstopiti (kaj); (zavarovalni polici) se odreči, a za to dobiti del premije; *obs* odgovoriti, vrniti; *vi* predati se, kapitulirati, položiti orožje; prepustiti se; to ~ o.s. vdati se, predati se, kapitulirati; to ~ at discretion (ali unconditionally) kapitulirati brezpogojno; to ~ upon term kapitulirati pogojno, z določenimi pogoji; to ~ one's bail prostovoljno se zopet javiti sodišču po izpustitvi proti kavciji; to ~ the fortress to the enemy predati trdnjavo sovražniku; to ~ freedom (hope) odreči se svobodi (upanju); to ~ o.s. to one's grief prepustiti se svoji bolečini; to ~ an insurance policy zopet odstopiti zavarovalno polico; he had to ~ his office moral je podati ostavko, se odpovedati službi; to ~ a privilege odpovedati se privilegiju

surrenderee [sərendərí:] *n jur* prevzemnik; *mil* kdor sprejme predajo (kapitulacijo)

surrenderor [sərendəró:] *n jur* odstopnik

surreptitious [sʌrəptíšəs] *a* (~ly *adv*) skriven, tajen, nedovoljen; lažen, ponarejen; izmaličen, interpoliran; *jur* prisleparjen, izvabljen a ~ glance skriven pogled; ~ edition nedovoljena izdaja (ponatis)

surreptitiousness [sʌrəptíšəsnis] *n* skrívnost; nedovoljenost; ponarejenost

surrey [sʌ́ri] *n A* lahka (izletniška) kočija na štiri kolesa in dvema vrstama sedežev

surrogate [sʌ́rəgit] 1. *n* nadomestek, surogat; zastopnik, namestnik (zlasti škofa); *A jur* sodnik v zapuščinskih razpravah; 2. *vt* določiti zastopnika, naslednika; uporabiti kot nadomestek

surrogation [sʌrəgéišən] *n* zastopanje, nadomeščanje, subrogacija

surround [səráund] 1. *vt* obkrožati, obdajati; obkoliti; zajeti, zaviti; ~ed by (with) obdan od; the crowd ~ed the speaker množica je obkrožila govornika; fog ~ed the ship megla je zajela ladjo; 2. *n* (varovalna) obloga pôda med preprogo in steno; *A hunt* pogon

surrounding [səráundiŋ] 1. *n* obkrožujoč; okoliški; the ~ country okolica; 2. *n* obkrožnje, zajetje; *pl* okolica, okoliš; okolje, miljé; zunanje okoliščine, sporedni pojavi

surroyal [sə:róiəl] *n hunt* krona (na rogovju)

surtax [sʌ́:tæks] 1. *n* dodaten davek; 2. *vt* obdavčiti, odmeriti dodaten davek

surtout [sʌ́:tu:, sə:tú] *n* (redko) vrsta (enovrstnega) plašča

surveillance [sə:véiləns] *n* (stalno) nadzorstvo (nadzor); police ~ policijsko nadzorstvo

surveillant [sə:véilənt] *a* nadzorujoč, čuječ, pazljiv

survey I [sʌ́:vei] *n* pregled, ogled, inšpekcija; pregledovanje (računov ipd.), razgledovanje, razmotrivanje; obsežen prikaz; poročilo, ocena, ekspertiza, oris, anketa; načrt, plan; zemljemerstvo, geodezija, zemljemerska karta; geodetski urad (osebje); cadastral ~ zemljiška knjiga, kataster; ordnance ~ uradno kartografiranje zemljišča

survey II [sə:véi] *vt* pregledati, premeriti, oceniti z očesom, razgledati, ogledati, nadzirati, inšpicirati; napraviti katastrsko merjenje; to ~ the situation in Italy dati pregled položaja v Italiji

surveyable [sə:véiəbl] *a* pregleden

surveying [sə:véiiŋ] *n* pregledovanje, pregled, inšpekcija; merjenje zemljišča, zemljemerstvo, geodezija

surveyor [sə:véiə] *n* nadzornik, inšpektor, prepreglednik; merilec (zemljišča), geodet, geometer; strokovnjak zavarovalne družbe za ocenjevanje škode; gradbeni mojster, arhitekt; ~ of customs *A* carinski nadzornik; ~ general *A* nadzornik državnih zemljišč; ~ of highways cestni nadzornik; ~ of taxes davkar, davčni nadzornik

survival [sə:váivəl] *n* preživetje; preživetek, ostanek (iz preteklosti); nadaljnje življenje; in case of ~ *jur* v primeru preživetja; a ~ of the old customs preživetek, ostanek starih običajev; ~ rate presežek rojstev

survivance [sə:váivəns] *n* glej survival

survive [sə:váiv] 1. *vt* preživeti (koga ali kaj); živeti dljè kot; *vi* ostati pri življenju; obdržati se (npr. običaj); to ~ one's children preživeti svoje otroke; if he ~s me če me bo on preživel; he did not ~ his injuries podlegel je poškodbam; to ~ a disaster preživeti katastrofo

surviving [sə:váiviŋ] *a* preživel; preostal; ~ debts preostali dolgovi; the ~ wife preživela žena

survivor, -ver [sə:váivə] *n* preživela oseba, preživelec; rešena oseba; kdor se je rešil, obdržal; *jur* oseba, ki ji po smrti solastnikov pripade lastninska pravica; the sole ~ of the shipwreck edina preživela oseba iz brodoloma

survivorship [sə:váivəšip] *n* preživetje, preživelost

susceptibility [səseptəbíliti] *n* občutljivost; sprejemljivost (*to* za), dovzetnost; *pl* občutljiva mesta, točke (v značaju); a ~ to cold občutljivost za prehlad(e); to wound national susceptibilities žaliti nacionalna čustva

susceptible [səséptibl] *a* (susceptibly *adv*) občutljiv, hitro užaljen, dovzeten, sprejemljiv, nagnjen (*to, of* k), podvržen; (predikativno) dovoljujoč, ki dovoljuje; ~ to flatteries dovzeten za laskanje; ~ to infections občutljiv, nagnjen k infekcijam; ~ of improvements ki se da izboljšati; to be ~ of (to) dopuščati; this is not ~ of proof to se ne da dokazati; this sentence is ~ of another interpretation ta stavek dopušča tudi drugačno razlago

susceptive [səséptiv] *a* dovzeten (*of* za), sprejemljiv, receptiven

susceptivity [səseptíviti] *n* dovzetnost, sprejemljivost, receptivnost

suscitate [sʌ́siteit] *vt* (raz)dražiti; spodbuditi; zdramiti, zbuditi

susi [sú:si] *n* bombažna tkanina s svilenimi progami

suspect I [səspékt] *vt & vi* (o)sumiti, sumničiti, imeti na sumu (*of* zaradi česa); imeti (kaj) za verjetno ali možno; slutiti; misliti, domnevati (*that* da); dvomiti (o čem), ne zaupati, biti nezaupljiv; **to** ~ **an ambush (a danger)** slutiti zasedo (nevarnost); **I** ~ **him to be a liar, I** ~ **him of lying** mislim (zdi se mi, sumim), da on laže; **I** ~ **you once thought otherwise** mislim (zdi se mi), da ste nekoč drugače mislili; **I half** ~ **you don't care for him** vse se mi zdi, da vam ni zanj; **to** ~ **s.o.'s honesty** dvomiti o poštenju neke osebe; **to** ~ **s.o. of theft (of murder)** osumiti koga tatvine (umora); **to** ~ **a plot** sumiti zaroto, bati se zarote; **to** ~ **the truth of the evidence** dvomiti o resnici dokaznega gradiva

suspect II [sáspekt] **1.** *n* sumljiva oseba, osumljenec, verjetni storilec; **cholera** ~ kolere sumljiva oseba; **political** ~ politično sumljiva oseba; **2.** *a* sumljiv, dvomljiv, vprašljiv; **to hold s.o.** ~ sumiti koga

suspectable [səspéktəbl] *a* sumljiv

suspected [səspéktid] *a* (~ **ly** *adv*) osumljen, osumničen (*of* česa); sumljiv; **he is a** ~ **spy** o njem sumijo, da je špijon

suspectedness [səspéktidnis] *n* sumljivost

suspecter, -tor [səspéktə] *n* sumljivec

suspend [səspénd] *vt* obesiti (*from* na); začasno odgoditi, odložiti, ustaviti; začasno razveljaviti; začasno ustaviti (plačevanje); začasno odstaviti s službenega mesta, suspendirati; izključiti iz članstva itd.; zadrževati; *vi* (začasno) opustiti, ustaviti svojo dejavnost; **to** ~ **one's decision** odložiti svojo odločitev; **to** ~ **hostilities** *mil* ustaviti sovražnosti; **to** ~ **a lamp from the ceiling** obesiti svetilko na strop; **to** ~ **a member of a club** izključiti člana iz kluba; **to** ~ **payments** ustaviti plačila; **to** ~ **an official** suspendirati uradnika; **to** ~ **one's indignation** zadrževati (skrivati) svojo nevoljo; **to** ~ **a sentence** *jur* odložiti sodbo; **to** ~ **a regulation** začasno razveljaviti odredbo; **the traffic was** ~ **ed** promet je bil začasno ustavljen (prekinjen); **to stand** ~ **ed** biti neodločen

suspended [səspéndid] *a* obešen, viseč (v zraku); odložen, začasno ustavljen, prekinjen; razveljavljen; neodločen, (dih) zadržan; suspendiran; ~ **animation** *med* navidezna smrt; ~ **idler belt conveyer** *tech A* transporter z obešenimi podpornimi valji; ~ **sentence** *jur* pogojna obsodba; **to be** ~ **ed** viseti; biti neodločen

suspender [səspéndə] *n E* podveza za nogavico; obešalec, obešalo; oseba, ki kaj odgodi (odloži, prekine, razveljavi); *pl A* naramnice

suspense [səspéns] *n* odgoditev, odložitev, odlog; *jur* začasna ustavitev pravic itd.; suspenzija; dvom, negotovost, neodločenost, zaskrbljenost, boječe pričakovanje; **in** ~ v negotovosti, v napetem pričakovanju; ~ **entry** *econ* provizorično knjiženje; ~ **account** *econ* sospeso račun; ~ **item** *econ* odprta postavka; **matters hung in** ~ stvari še niso odločene

suspensibility [səspensibíliti] *n chem phys* sposobnost visenja (v tekočinah); odložljivost, preložljivost

suspensible [səspénsibl] *a* odložljiv, odgodljiv; ki se da začasno ustaviti, suspendirati

suspension [səspénšən] *n* visenje, obešanje; začasna ustavitev, ukinitev, odgoditev; (o službi) razrešitev, odstavitev, suspendiranje; izključitev; *chem* suspenzija; *mus* ton, ki je zaostal iz prejšnjega akorda; (retorika) napetost, napeto pričakovanje; ~ **of arms, of hostilities** ustavitev sovražnosti, premirje; ~ **bridge** viseč most; ~ **of payments** *com* (začasna) ustavitev plačil; bankrot; ~ **railway** žična železnica; ~ **scales** *pl* rimska tehtnica; **front wheel** ~ *mot* vzmeti sprednjih koles; **silt is carried by** ~ **by rivers** reke nosijo s seboj mulj

suspensive [səspénsiv] *a* (~ **ly** *adv*) začasno odlagajoč, odložilen; suspenziven; neodločen; držeč v napetosti; ~ **veto** *pol* suspenziven veto

suspensor [səspénsə] *n med* kilni pas

suspensorium [səspənsó:riəm] *n med* suspenzorij, opornjak, zaščitni pas

suspensory [səspénsəri] **1.** *a* viseč, lebdeč; odložilen, suspenziven; ki ustavlja, ovira; ~ **bandage** *med* suspenzorij, obveza okoli vratu, v kateri se nosi ranjena ali zlomljena roka; **2.** *n med* kilni pas; suspenzorij

suspicion [səspíšən] **1.** *n* sum, sumnja, sumničenje; sumljiva okoliščina; nezaupanje, slutnja; majhna količina, malce, malenkost sled; **above** ~ ki ga ni moči sumiti; **a** ~ **of s.o.** sum proti komu; **on** ~ **of murder** zaradi suma umora; **to cast (to draw)** ~ **on s.o.** vreči (obrniti) sum na koga, prikazati koga kot sumljivega; **2.** *vt A coll* (za)sumiti (*that* da)

suspicional [səspíšənəl] *a* (bolestno) sumničav, nezaupljiv

suspicionless [səspíšənlis] *a* brez suma; nič sluteč; **to be** ~ **of s.th.** ne slutiti česa

suspicious [səspíšəs] *a* (~ **ly** *adv*) sumljiv, sum zbujajoč; sumničav; nezaupljiv, sluteč (*of s.th.* kaj); **a** ~ **person** sumljiva oseba; **a** ~ **look** nezaupljiv pogled; **to be** ~ **of s.o.** biti nezaupljiv do koga; **that looks** ~ to je videti sumljivo; **under** ~ **circumstances** v sumljivih okoliščinah

suspiciousness [səspíšəsnis] *n* sumničavost, nezaupljivost; sumljivost

suspiration [səspiréišən] *n* globok vzdih, vzdihovanje, ječanje; globoko dihanje

suspire [səspáiə] *vi* hrepeneti, koprneti (*for, after* po); vzdihovati, ječati; globoko dihati; *vt* izstokati (kaj)

sustain [səstéin] *vt* vzdrževati, oskrbovati, hraniti, preživljati; podpirati; podkrepiti; braniti; prenašati, nositi, prenesti, vzdržati, vztrajati, ne popuščati, ne prenehati; (pre)trpeti, utrpeti, prenesti (izgubo); *mus* obdržati (noto); *jur* odločiti v korist; **to** ~ **an army** oskrbovati vojsko; **to** ~ **an attack** vzdržati napad; **to** ~ **conversation** vzdrževati pogovor; **to** ~ **comparison with** dati se primerjati z; ~ **ed efforts** vztrajni napori; **to** ~ **a family** vzdrževati družino; **sustaining food** močna hrana; **to** ~ **heavy losses** imeti težke izgube; **to** ~ **an injury** biti ranjen; **to** ~ **a theory** podkrepiti, podpirati neko teorijo

sustainable [səstéinəbl] *a* ki se more prenesti, prenašati (podpreti, dokazati); branljiv (argument); vzdržljiv; *obs* znosen

sustained [səstéind] *a* nepretrgan, vztrajen, nepopustljiv; trajen; *jur pol* sprejet (predlog); ~ **fire** *mil* nepretrgan ogenj; ~ **interest** vztrajen interes

sustainer [səstéinə] *n* nosilec; podpornik; hranitelj, vzdrževalec; branilec (argumenta); podpora (tudi *fig*); ~ **s of an idea** nosilci neke ideje

sustaining [səstéiniŋ] *a* podporen; *fig* redilen, krepilen; ~ **program** (radio) *A* (oddajni) program brez vmesne reklame

sustainment [səstéinmənt] *n* vzdrževanje, preživljanje; podpiranje, podpora; hrana, živež

sustenance [sástinəns] *n* vzdrževanje, preživljanje, oskrbovanje; sredstva za življenje, hrana; hranilna vrednost, hranilnost; *fig* podpora, opora, zaslomba, pomoč; ~ **for body (mind)** telesna (dušna) hrana; **to be in want even of** ~ (celó) še jesti dovolj ne imeti; **there is more** ~ **in peas than in potatoes** grah je bolj hranilen kot krompir; **to live a week without** ~ živeti teden dni brez hrane

sustentation [səstəntéišən] *n* vzdrževanje, oskrba, hranjenje, ohranitev, hrana; podpora, pomoč; opora; ~ **of a college** vzdrževanje kolidža; ~ **fund** *eccl* sklad za pomoč siromašnim duhovnikom; **the** ~ **of peace** ohranitev miru

sustention [səsténšən] *n* vzdrževanje, prenašanje

susurrant [sjusárənt] *a* šumljajoč; šelesteč, šušteč; šepetajoč

susurrate [sjusáreit] *vi obs* šumljati, šelesteti, šušteti; šepetati

susurration [sjusəréišən] *n* šumljanje, rahlo šumenje, šelestenje, šuštenje; šepet

sutler [sátlə] *n* marketendar, -ica, vojaški branjevec in krčmar, kantiner

suttee [sáti:] *n Ind* vdova, ki se da sežgati skupaj s truplom svojega moža; takšen obred

suttle [satl] *a econ* lahek; ~ **weight** *obs* čista teža

sutural [sjú:čərəl] *a* (~ **ly** *adv*) šiven

suturation [sju:čəréišən] *n med* šivanje

suture [sjú:čə] **1.** *n anat* spoj kosti (zlasti glave) v obliki šiva; *med* šiv, šivanje, material za šivanje; *bot* spoj dveh zraščenih delov; *tech* lotani spoj; **2.** *vt med* zašiti (rano), zašiti, sešiti

suzerain [sú:zərein] *n hist* fevdalni gospod(ar); vrhovni vladar ali gospodar, glavar polodvisne ali popolnoma odvisne države

suzerainty [sú:zəreinti] *n* vrhovno gospostvo

svelte [svelt] *a* vitek; ljubek

swab [swɔb] **1.** *n* krpa (na palici) za brisanje poda po pranju z vodo; *med* krpica, blazinica za vpijanje vlage; *naut sl* častniške epolete, častnik; *sl* neroden, štorast človek, teslo; **2.** *vt* prati z vodo in brisati s krpo, čistiti; *naut* ribati; počistiti; *med* obrisati (kri z rane itd.)
swab down *vt* prati, ribati
swab up *vt* posušiti vlago s krpo (na palici)

swabber [swɔ́bə] *n* brisalec; *naut* pralec palube, ladijski snažilec

swad [swɔd] *n A sl* kepa; kup; množica

swaddle [swɔdl] **1.** *vt* poviti (dete) v plenice; (često **up**) zaviti, zamotati; *fig* ravnati s kom

kot z dojenčkom; **to** ~ **with a bandage** bandažirati, obvezati; **2.** *n* plenica, povoj

swaddling clothes, -clouts [swɔ́dliŋklouðz, -klauts] *n pl* povoji, plenice; *fig* začetki; **to be still in one's** ~ biti še v povojih

swaddy [swɔ́di] *n E sl* vojak

swag [swæg] *n* omahovanje, majanje, opotekanje; girlanda (iz lesa ali kovine na pohištvu); *sl* (tatinski, lopovski) plen, ukradeno blago; (nepošteno pridobljen) dobiček; *Austral* cula, potovalna torba; **2.** *vi* opotekati se; viseti, povesiti se

swage [swéidž] **1.** *n tech* kalup; kovalo; **2.** *vt tech* oblikovati kovino s pomočjo kalupa, liti kovino

swagger I [swǽgə] **1.** *n* bahanje, širokoustenje, šopirjenje, košatenje; *mil* (= ~ -**cane**) paličica angleških častnikov, ki jo nosijo na sprehodu; **2.** *a coll* lep, zal; eleganten (obleka); imeniten; ~ **cane,** ~ **stick** *mil A* sprehodna paličica angleških častnikov; **3.** *vi* bahati se (*about* z), širokoustiti se, šopiriti se, košatiti se; *vt* z bahanjem (koga) zvabiti (*into* v kaj); **to** ~ **s.o. out of his money** z bahanjem, širokoustenjem izvabiti denar iz koga

swagger II [swǽgə] *n* glej **swagman**

swaggerer [swǽgərə] *n* bahač, širokoustnež

swaggering [swǽgəriŋ] **1.** *n* bahanje, širokoustenje; **2.** *a* bahaški, bahav, širokousten

swagman, *pl* **-men** [swǽgmən] *n sl* prikrivalec ukradenega blaga, trgovec z ukradenim blagom; *Austral* potujoči rokodelec; tramp, klatež

swagsman [swǽgzmən] *n E* = **swagman**

swain [swéin] *n poet* vaški fant; pastir; *poet hum* ljubček, zaljubljenec, oboževalec

swainish [swéiniš] *a* kmečki, podeželski; pastirski

swale [swéil] *n dial* senca, hlad, senčnato mesto; (vlažna, močvirna, zaraščena) kotlina, kotanja, nižina

swallet [swɔ́lit] *n* podzemeljski vodotok, ponikalnica; ponikva, požiralnik

swallow I [swɔ́lou] *n zool* lastovka; **one** ~ **does not make a summer** ena lastovka še ne naredi pomladi

swallow II [swɔ́lou] **1.** *n* žrelo, grlo; požiranje, požirek; *geol* (kraški) požiralnik; *fig* apetit, požrešnost, pohlep, poželenje; **a** ~ **of water** požirek vode; **to drink s.th. at one** ~ izpiti kaj na dušek; **2.** *vt & vi* požirati, požreti, goltati, pogoltniti (tudi *fig*); zadušiti, potlačiti (jezo); preklicati; verjeti (kaj), biti lahkoveren; pohlepno čitati; mirno trpeti, prenesti (žalitev); priključiti si (tuje ozemlje); **to** ~ **the anchor** *naut sl* obesiti mornarski poklic na klin; **to** ~ **the bait** pogoltniti vabo (trnek), *fig* vgrizniti v vabo, dati se speljati, iti na limanice; **to** ~ **a camel** *fig* verjeti nekaj neverjetnega; mirno trpeti, prenesti (kaj); **to** ~ **an insult** pogoltniti žalitev; **to** ~ **a story** verjeti neresnično zgodbo; **to** ~ **a tavern token** *fig* opi(ja)niti se; **to** ~ **one's words** *fig* preklicati, nazaj vzeti svoje besede; **he** ~**ed the wrong way** zaletelo se mu je

swallow down *vt* pogoltniti; zadušiti, potlačiti (jezo itd.)

swallow up *vt* pogoltniti, požreti; **this** ~**s up more than his earnings** to požre več kot njegove zaslužke

swallowable [swólouəbl] *a* ki se more pogoltniti; *coll* sprejemljiv, verjeten
swallow-all [swólouó:l] *n* velik potovalni kovček
swallow dive [swóloudaiv] *n* *sp* lastovica (vrsta skoka v vodo)
swallower [swólouə] *n* požiralec; požeruh
swallow hole [swólouhoul] *n* *geol* požiralnik, ponikva
swallowlike [swóloulaik] *a* podoben lastovki
swallowtail [swólouteil] *n* lastovičji rep, viličast rep; *zool* lastovičar (metulj); *sg* ali *pl* *coll* frak
swallow-tailed [swólouteild] *a*; ~ coat frak
swam [swæm] *pt* od to swim
swamp I [swɔmp] 1. *n* močvirje, močvirnat svet, barje; 2. *a* močviren; ~ fever malarija
swamp II [swɔmp] *vt* poplaviti, preplaviti, potopiti (kaj); premočiti, namočiti; *fig* (večinoma pasivno) zasuti, obsuti (s prošnjami, s pismi); (o morju) pogoltniti; preobremeniti (z delom), zadušiti, premagati (čustva); *pol* preprečiti (zakon); *A* utreti (pot) skozi gozd; *vi* (ladja) potapljati se, toniti; biti preplavljen, utoniti; *fig* zabresti v težave, propasti; I am ~ed with work čez glavo imam dela; to be ~ed with debts do vratu tičati v dolgovih; they had been ~ed about two miles from the town okrog dve milji od mesta so obtičali v močvirju; a pipe burst and ~ed the bathroom pipa je počila in voda je preplavila kopalnico
swamper [swómpə] *n* *A* prebivalec močvirja, barjan
swampish [swómpiš] *a* močvirnat
swampland [swómplænd] *n* barje, močvirje
swampy [swómpi] a močviren, močvirnat
swan I [swɔn] 1. *n* *zool* labod; *fig* pesnik, pevec; the ~ of Avon Shakespeare; a black ~ črn labod; *fig* bela vrana, nekaj redkega; all his geese are ~s *fig* on vidi vse večje, kot je v resnici; on vse precenjuje, pretirano povečuje; 2. *vi* (večinoma ~ around) brez cilja letati, se potikati okoli
swan II [swɔn] *vi* *A* *sl* priseči; I ~! (to lahko) prisežem!
swan dive [swóndaiv] *n* *sp* lastovica (vrsta skoka v vodo)
swanflower [swónflauə] *n* *bot* vrsta orhideje
swang [swæŋ] *obs dial pt* od to swing
swank I [swæŋk] 1. *n* bahanje, šopirjenje, košatenje, blufiranje, bluf; pozornost zbujajoča eleganca; 2. *a* *sl* eleganten, fin; bahaški, snobski; 3. *vi* *sl* bahati se, šopiriti se, napihovati se, širokoustiti se, blufirati, delati se važnega
swank II [swæŋk] *vi* *E* guliti (učiti) se, biti stremuški
swanker [swæŋkə] *n* bahač, širokoustnež
swankiness [swæŋkinis] *n* pozornost zbujajoča eleganca; bahaštvo
swanlike [swónlaik] *a* podoben labodu, labodji
swanneck [swónnek] *n* labodji vrat (tudi *fig*); *tech* zvita cev
swannecked [swónnekt] *a* ki ima labodji vrat
swannery [swónəri] *n* gojišče labodov, ribnik (jezerce) z labodi
swan's-down [swónzdaun] *n* labodje perje ali puh
swansdown [swónzdaun] *n* mehko, debelo volneno blago; bombažna flanela

swan shot [swónšɔt] *n* *hunt* debela šibra
swanskin [swónskin] *n* mehka flanela
swang song [swónsɔŋ] *n* labodji spev; *fig* poslednje delo pred smrtjo
swan-upping [swónápiŋ] *n* zaznamovanje mladih labodov na Temzi
swap [swɔp] 1. *n* *coll* menjalna trgovina, menja(va)nje, menjava; *sl* odpustitev (iz službe); to get (to have) the ~ biti odpuščen iz službe; 2. *vt* & *vi* zamenja(va)ti, menjati (*with* s kom, *for* za) *coll* zamenjati (stvari, mesto, prostor); *sl* odpustiti (uslužbenca); to be ~ped *sl* biti odpuščen iz službe; to ~ anecdotes, stories pripovedovati si anekdote, zgodbe; to ~ horses menjati konje; to ~ horses while crossing a stream *fig* med krizo menjati vlado; to ~ places zamenjati sedeže
swapper [swópə] *n* *coll* (za)menjalec; *sl* debela laž
sward [swɔ:d] 1. *n* trata, tratica, ruša; 2. *vt* pokriti z rušami; *vi* prekriti se z rušami
sware [swéə] *obs pt* od to swear
swarm I [swɔ:m] 1. *n* roj (čebel), jata (ptic); mrgolenje; velika množina, kup, veliko število; a ~ of bills kup računov; 2. *vi* rojiti; *fig* mrgoleti, gnesti se, prerivati se; biti zelo številen, obilovati; *vt* ujeti roj čebel; obsuti; he was ~ed by a ~ of porters obsul ga je roj nosačev; the boys ~ed round him dečki so ga v roju obkrožili; the region is ~ed with game pokrajina ima divjačine v izobilju; the town is ~ing with spies v mestu mrgoli špijonov
swarm II [swɔ:m] *vi* plezati (z rokami in nogami); *vt* (često *up*) (s)plezati na (kaj); to ~ (up) a pole splezati na drog
swarming [swó:miŋ] 1. *n* rojenje (čebel itd.); 2. *a* gosto naseljen, prenapolnjen; ~ tenements prenapolnjene stanovanjske kasarne
swart [swɔ:t] *a* *obs* & *poet* glej swarthy
swarthiness [swó:ðinis] *n* temno rjava barva (obraza)
swarthy [swó:ði] *a* (swarthily *adv*) črnopolt, temno rjav
swash [swɔš] 1. *n* pljuskanje (valov), pljusk; čofotanje; oplakovanje, klokotanje, plosk po vodi; *fig* bahanje, širokoustenje, rožljanje (z nožem); 2. *vt* & *vi* pljuskati ob; brizgati, čofotati (po), škropiti; premočiti; *fig* bahati se, širokoustiti se, rožljati (z orožjem); to ~ water in a pail zliti vodo v vedro
swashbuckle [swóšbákl] *vi* bahati se; rožljati
swashbuckler [swóšbáklə] *n* bahač; širokoustnež
swashbuckling [swóšbákliŋ] *a* bahaški, bahav
swashing [swóšiŋ] *a* silovit, močan, hud; a ~ blow silovit udarec
swashy [swóši] *a* vodén, nagnit
swastika, -ica [swæstikə] *n* kljukasti križ, svastika
swat [swɔt] 1. *vt* *A* zmečkati, lopniti, udariti (muho itd.); 2. *n* močan udarec
Swatchel [swóčəl] *n* *sl* Pavliha, burkež
swath [swɔ:θ] *n* red pokošene trave ali žita; pokošen prostor; to cut a (wide) ~ *A* *fig* predstavljati nekaj, igrati vlogo; delati se važnega
swathe [swéið] 1. *n* povoj, ovoj; *med* obveza, obkladek; *fig* vez; 2. *vt* oviti, omotati (*with* z); (tesno) zaviti, poviti (*in* v); žeti, požeti (žito) in pustiti ležati v redeh (vrstah)

swather [swéiðə] *n* povijalec, zavijalec
swathing band [swéiðiŋ bænd] *n* povoj
swatter [swɔ́:tə] *n* muhalnik
sway I [swéi] *vt* zibati, gugati, majati; vihteti; zvijati, pripogibati; *naut* dvigati; *fig* vplivati, delovati na; rokovati; upravljati, voditi, vladati (komu, čemu); odvrniti (od naklepa); *vi* gugati se, zibati se, nihati, majati se, zvijati se, nagibati se, pripogibati se (*towards* k, proti); kreniti, zaviti; opotekati se, omahovati; vladati; **to ~ home** kreniti, zaviti proti domu; **man is often ~ ed by his passions** človeka često vladajo njegove strati; **opinion ~ s to his side** javno mnenje se nagiblje njemu v prid; **he ~ ed his sword** vihtel je svoj meč; **to ~ the sceptre** držati žezlo, vladati; **to ~ the world** vladati svetu; **to be ~ ed by a dream** dati si vplivati od sanj; **the trees ~ in the wind** drevesa se pozibavajo v vetru; **the wind ~ s the trees** veter pozibava drevesa; **the wall ~ s to the right** zid (stena) se nagiblje na desno
sway II [swéi] *n* zibanje, pozibavanje, nihanje; mahanje, vihtenje, zamah; zvijanje; vpliv, moč, oblast, vlada(nje); **the ~ of a tree** zibanje drevesa; **the ~ of a bridge** majanje mostu; **to fall under s.o.'s ~** priti pod vpliv kake osebe; **to hold ~ over** vladati nad; **the whole world was under the ~ of Rome** ves svet je bil pod rimsko oblastjo
sway-backed [swéibækt] *a vet* ki ima udrt hrbet, hrom v hrbtu; **~ horse** konj s sedlastim hrbtom
swayed [swéid] *a* glej **sway-backed**
swear I [swéə] *n* kletev, kletvica, preklinjanje
swear* II [swéə] *vt* prisegati (kaj), s prisego potrditi, priseči (na kaj); položiti prisego; zapriseči (koga); *vi* priseči, izjaviti pod prisego; zatrjevati; zakleti se; preklinjati, zmerjati (*at* koga); **sworn enemies** zakleti sovražniki; **sworn friends** prijatelji na življenje in smrt, pobratimi; **to ~ a charge against s.o.** s prisego koga obtožiti; **to ~ a crime against s.o.** s prisego koga zločina obtožiti; **to ~ s.o. to (secrecy)** s prisego koga obvezati k (tajnosti); **I can ~ to the man** lahko prisežem, da je to on; **to ~ falsely, to ~ a false oath** po krivem priseči; **to ~ friendship** priseči prijateljstvo; **I ~ to God that ...** prisegam pri bogu, da...; **to ~ it** s prisego to potrditi; **to ~ an oath** priseči; **to ~ a solemn oath** slovesno priseči, obljubiti; **he swore at me for getting in his way** ozmerjal me je, češ da sem mu napoti; **to ~ obedience (revenge)** priseči pokorščino (maščevanje); **he swears by the quality of his goods** prisega, da je njegovo blago dobro; **to ~ like a lord (like a trooper)** preklinjati ko Turek; **have you sworn the witness?** ste zaprisegli pričo?
swear at *vt* preklinjati, *coll* ne se ujemati; **the colours ~ each other** barve se ne ujemajo, se tepejo
swear away *vt* pogubiti s prisego; **false witnesses were ready to ~ his life** krive priče so bile pripravljene s prisego povzročiti njegovo smrtno obsodbo
swear by *vt* prisegati pri čem, zaklinjati se; prisegati na kaj; imeti veliko zaupanje v; **to ~ one's doctor** imeti veliko zaupanje v svojega

zdravnika; **to ~ all that's holy (sacred)** prisegati, zaklinjati se pri vsem, kar je svetega; **not enough to ~** *fig* zelo majhna količina, zelo malo
swear for *vt* jamčiti za
swear in *vt* zapriseči; **to ~ an officer** zapriseči uradnika
swear off *vt* s prisego se odreči (*drinking* pijači); **I've sworn off tobacco** zaklel sem se, da ne bom več kadil; **he swore off bad habits** zaklel se je, da bo opustil (svoje) slabe navade (razvade)
swear out *vt jur* s prisego pri naznanitvi (prijavi) kaznivega dejanja doseči (zaporno povelje)
swearer [swéərə] *n* prisežnik; kdor se zaklinja; preklinjevalec
swearing [swéəriŋ] *n* priseganje; *jur* prisega; preklinjanje; **~ -in** zaprisega; **false ~** kriva prisega
swearword [swéəwɔ:d] *n coll* kletvica
sweat I [swet] *n* znoj, pot, znojenje, potenje; vlaga; *fig coll* muka, napor, težko, naporno delo, garanje; *coll* strah; *med* znojilna kura; sredstvo za potenje; *sl* vojak; **in (by) the ~ of one's brow** (ali **face**) v potu svojega obraza; **in a cold ~, all of a ~** oblit s hladnim znojem, prestrašen; **bloody ~** krvavi pot; **the ~ of hay in stacks** vlaga sena v kopicah; **to be in a ~** znojiti se, potiti se; **to be all of a ~, to be in a ~** biti moker od znoja, od strahu; **he broke out in a cold ~** od strahu ga je oblil mrzel pot; **to get into a ~** oznojiti se, zaznojiti se; **to live on the ~ of the people** živeti od znoja (žuljev) ljudstva; **it was an awful ~** *coll* pošteno smo se oznojili; **to put into a ~** oznojiti, spotiti
sweat II [swet] *vi* znojiti se, potiti se (*with* od); *fig coll* mučiti se, garati, delati za bedno plačo; *fig* biti v strahu; *coll* pokoriti se, trpeti kazen; *coll* peniti se (od jeze); *vt* izznojiti, izločiti kapljice znoja (krvi, smole itd.); oznojiti, (koga); prepotiti (obleko), prisiliti k znojenju; prisiliti (koga), da dela za bedno plačo, izkoriščati koga; obrisati znoj (s konja itd.); *fig* kesati se (*for* za); podvreči vrenju (kože, tobak itd.); obrusiti (zlatnike) s tresenjem v vreči (da dobimo zlat prah); lotati, spajkati, stapljati (kovine) (*in, on* z): **~ed goods (clothes)** blago, izdelki (obleka), ki jih izdelajo bedno plačani delavci; **~ed labour** bedno plačana delovna sila; **he must ~ for it** za to se mora pokoriti; **he shall ~ for it** obžaloval bo to; **to ~ blood** krvavi pot potiti, mučiti se, garati; **to ~ the probationers in a hospital** izkoriščati stažiste v bolnici; **the walls ~** zidovi se poté
sweat down *vt A fig* (drastično) zmanjšati
sweat out *vt* izznojiti, pregnati z znojenjem; **to sweat one's guts out** *sl* garati kot konj; **to ~ a cold** z znojenjem pregnati (ozdraviti) prehlad (nahod)

sweatband [swétbænd] *n* usnjen trak v klobuku
sweatbox [swétbɔks] *n tech* potilna skrinja (za kože, suho sadje); *coll* majhna soba, izba; jetniška celica
sweat cloth [swétklɔθ] *n* tanka odeja pod konjskim sedlom
sweated [swétid] *a econ* izkoriščan, podplačan; **~ worker** bedno plačan delavec; **~ money** bedna, mizerna plača (s katero se komaj živi)

sweater [svétə] *n* debela volnena jopica, sviter, pulover; oseba, ki se poti; izkoriščevalec delavcev, krvoses, pijavka; *med* potilno sredstvo; ~ . blouse pletena bluza; ~ girl razvito dekle

sweatful [svétful] *a* pokrit z znojem, pošteno oznojen; ki povzroča znojenje; *fig* poln truda

sweat gland [svétglænd] *n* žleza znojnica

sweatiness [svétinis] *n* oznojenost

sweating [svétiŋ] 1. *n* znojenje; *fig* izkoriščanje, slabo plačilo; 2. *a* znoječ se; znojilen; ~ bath *med* potilna kopel; ~ system izkoriščevalski sistem

sweatless [svétlis] *a* brez znojenja; *fig* brez truda

sweat pants [svétpænts] *n pl* hlače za treniranje

sweat shirt [svétšə:t] *n* bluza (pulover) za treniranje

sweatshop [svétšɔp] *n* podjetje (delavnica), v katerem delajo bedno plačani delavci

sweat suit [svétsju:t] *n sp* trenirke

sweaty [svéti] *a* (sweatily *adv*) znojen, oznojen, poten: znojilen; vroč; *fig* naporen, poln truda, težaven

Swede [swi:d] *n* Šved, -inja; (večinoma s~) *bot* švedska repa

Sweden [swí:dən] *n* Švedska, Švedsko

Swedish [swí:diš] 1. *a* švedski; 2. *n* švedski jezik, švedščina; the ~ Švedi; ~ drill, ~ gymnastics, ~ movements švedska gimnastika

sweep I [swi:p] *n* pometanje, čiščenje, zamah z metlo; (krožna) kretnja, zamah; zavoj (reke, ceste), vijuga, krivina; razprostiranje, proženje, *fig* razsežnost; vplivno področje; obseg; doseg, domet; vršenje (vetra), šuštenje (obleke); *pl* smeti; dolgo veslo (za veslanje stoje); ročica sesalke; (kartanje) dobitje vseh vzetkov, vseh nagrad; *E* pometač, dimnikar; *coll* (= sweepstake(s)) stava, nagrada iz stav pri dirkah in igrah; *fig* umazanec; *sl* čemernež, nejevoljnež; at one ~ z enim zamahom, udarcem; naenkrat; with a ~ of one's hand z močnim zamahom (svoje) roke; the ~ of Napoleon's genius širina Napoleonovega genija; beyond the ~ of the eye dljè kot seže oko; a wide ~ of plain razsežna ravnina; chimney ~ dimnikar; to give a ~ to the room pomesti sobo; to make a clean ~ of one's old furniture znebiti se starega pohištva; to make a clean ~ of the clerks odpustiti vse nameščence; to make a clean ~ of the table *fig* pomesti s čim, odpraviti kaj

sweep* II [swi:p] *vt & vi* pomesti, pometati, omesti, ometati, (po)čistiti; oplaziti, rahlo se dotakniti; (o vetru) mêsti, briti; odstraniti, s poti spraviti (zapreke itd.); z očmi, s pogledom preleteti; opazovati; (topništvo) gosto obsipavati z granatami; (o valu) preplaviti (čoln); iti (z roko) (*on* prek); križariti (po morju); vleči se (po tleh) (o obleki); z mrežo iti (po rečnem dnu); stoje poganjati (čoln) z veslom; dobiti večino (skoraj vse glasove) (pri glasovanju); at a ~ing reduction *com* po zelo znižani ceni; ~ before your own door pometaj(te) pred lastnim pragom; to ~ all before one *fig* doseči popoln uspeh; to ~ a constituency z veliko večino dobiti poslansko mesto na volitvah; to ~ the board dobiti vse vložke pri kaki igri, *fig* pobrati vse nagrade; to ~ all obstacles from

one's path odstraniti vse ovire na svoji poti; to ~ everything into one's net *fig* vse (zase) pobrati; to ~ the seas prepluti morja v vseh smereh, križariti po morjih; to ~ the strings iti, preleteti z roko po strunah glasbila, brenkati po strunah; the boat was swept out of sight čoln je odneslo iz vida; a new broom ~s clean nova metla dobro pometa; the coast ~s to the east obala zavije proti vzhodu; he swept his hand across his forehead z roko si je šel preko čela; his glance swept the room s pogledom je preletel sobo; the river ~s over its bed reka se zliva čez bregove; the procession swept up the nave of the church procesija se je veličastno pomikala po cerkvi proti oltarju; they swept the river to find his body preiskali so rečno strugo, da bi našli njegovo truplo; to ~ the sea of enemy ships očistiti morje od sovražnih ladij; she swept from her room odšumela je (z dolgo obleko) iz sobe; the wind ~s over the plain veter brije čez planjavo

sweep along *vt* povleči, potegniti (koga) za seboj; he swept his audience along with him pritegnil, navdušil je svoje poslušalce

sweep away *vt* odnesti, odplaviti; izbrisati, odpraviti, uničiti; pomesti, počistiti; *vi* razprostirati se; the river swept away the bridge reka je odnesla most; to ~ slavery odpraviti suženjstvo; revolution has swept away all the old traditions revolucija je pomedla z vsemi starimi tradicijami;

sweep down *vt* odnesti (kaj); *vi* vreči se (*on* na), napasti; the enemy swept down on the town sovražnik je navalil na (napadel) mesto; the mountains sweep gently down to the sea gorovje blago pada proti morju;

sweep off *vt fig* pomesti (z); odnesti, odvleči, potegniti s seboj; the epidemic swept off half of the inhabitants epidemija je pobrala polovico prebivalcev; to sweep s.o. off his feet *fig* premagati koga;

sweep past *vi* steči, švigniti mimo; a car swept past avto je švignil mimo;

sweep up *vi* pomesti (počistiti, zbrati) na kup

sweepage [swí:pidž] *n agr* donos, pridelek (sena, žetve)

sweepback [swí:pbæk] 1. *n aero* puščičasta oblika; 2. *a* puščičaste oblike, puščičast (*wing* krilo)

sweeper [swí:pə] *n* pometač; naprava, stroj za pometanje (čiščenje); metla, metlica; dimnikar; street ~ cestni pometač

sweeping [swí:piŋ] 1. *a* (~ly *adv*) ki se tiče pometanja; *fig* poln poleta, zanosen; obsežen, prostran; daljnosežen; splošen, absoluten; radikalen, temeljit; velik (uspeh); silovit (veter); a ~ measure radikalen ukrep; to speak too ~ly govoriti presplošno, preveč generalizirati; 2. *n* pometanje; *pl* smeti; (zaničljivo) izvržek, sodrga; the ~ (of the gutter) *fig* izmečki (gošča) družbe

sweep-net [swí:pnet] *n* velika vlečna ribiška mreža; mreža za metulje, metuljnica

sweepstake(s) [swí:psteik(s)] *n* stava pri konjskih dirkah; konjska dirka, pri kateri dobitnik dobi vse vložke; sweepstakes iz vseh vložkov zbrana nagrada sweepy [swí:pi] *a* bežen, vršeč, viharen; vijugast; ki se vleče (po tleh) (*garment* obleka)

sweet I [swi:t] 1. *a* (~ ly *adv*) sladek; (mleko, maslo) svež, nepokvarjen; (vonj) prijeten, blag, dišeč; (zvok) melodiozen, skladen, miloglasen, prijeten; (spanje itd.) sladek, osvežilen, krepilen; prijazen, ljubezniv (*to* do); *coll* mil, dražesten, ljubek, sladek; *coll* gladek, miren, brez truda; **at one's own ~ will** po svoji mili volji, po svoji glavi; **a ~ one** *sl* krepak udarec; **~ breath** svež, prijeten duh (iz ust); **a ~ tooth** *fig* sladkosnednost; **a ~ going** gladka vožnja (na dobri cesti); **~ and twenty** »očarljiva dvajsetletnica«; **my ~ one!** moj ljubi!; **to be ~ on** s.o. *coll* biti zaljubljen v koga, nor za kom; **to be ~ with** dišati po; **this fish is not quite ~** ta riba ni čisto sveža; **to have a ~ taste** imeti sladek okus; **to have a ~ tooth** *fig* biti sladkosneden; **to keep** s.o. **~** dobro se razumeti (shajati) s kom; 2. *adv* **to smell ~** blago dišati; **to taste ~** imeti sladek okus

sweet II [swi:t] *n* kar je sladko; sladek okus, sladkost; slaščica, bonbon; sladek poobedek, sladke jedi; sladkano vino; *fig* sladkosti; prijeten vonj, parfum, dišava; prijetnost, slast; ljubi, ljubček, ljubica, dragica; **no ~ without sweat** ni jela brez dela; **the ~s·of power** slast oblasti; **the ~s and bitters of life** sladkosti in bridkosti življenja; **the flowers diffuse their balmy ~s** cvetlice širijo svoj balzamov vonj; **to taste the ~s of success** okusiti slast uspeha

sweet basil [swí:tbæzl] *n bot* bražiljka, bosiljka

sweet bay [swí:tbei] *n bot* lovor; ameriška magnolija

sweetbread [swí:tbred] *n* (telečji) priželjc; **stomach ~, belly ~** trebušna slinavka (živali)

sweet brier [swí:tbraiə] *n Sc bot* vinski šipek

sweet cider [swí:tsaidə] *n* sladki mošt

sweeten [swí:tən] 1. *vt* (o)sladkati (tudi *fig*); *fig* omiliti, ublažiti; odišaviti, parfumirati; pregnati slab vonj (duh), dezinficirati; *sl* pomiriti (z denarjem); 2. *vi* postati sladek, *fig* omiliti se, ublažiti se; **I ~ed the old man with a ten shilling note** pomiril sem starca z bankovcem za 10 šilingov; **to ~ toil** omiliti, ublažiti garanje (težko delo)

sweetener [swí:tənə] *n* sladkalec; sladilo; omiljenje, ublažitev; podkupnina

sweet flag [swí:tflæg] *bot* pravi kolmež

sweet gale [swí:tgeil] *n bot* neko grmičje, ki raste na močvirnati zemlji

sweetheart [swí:tha:t] 1. *n* ljubček, ljubica; 2. *vi* ljubimkati; *vt* dvoriti, snubiti; **he is out ~ing** šel je ven s svojim dekletom

sweet herbs [swí:thə:bz] *n pl* dišavna zelišča

sweetie [swí:ti] *n coll* ljubica, ljubček; *pl E* slaščice, sladkarije

sweeting [swí:tiŋ] *n bot* vrsta sladkega jabolka; *obs* ljubček, ljubica

sweetish [swí:tiš] *a* sladkoben, osladen, malce sladek

sweetishness [swí:tišnis] *n* sladkobnost, osladnost

sweetmeat [swí:tmi:t] *n* slaščica, sladica, bonbon; kandirano sadje; *tech* firnež (za usnje)

sweet-natured [swí:tneičəd] *a* blag, mil, ljubezniv, prijazen

sweetness [swí:tnis] *n* sladkost; milina, dražest, ljubkost; ljubeznivost; prijeten vonj, svežina, svežost

sweet oil [swí:təil] *n* olivno (jedilno) olje

sweet pea [swí:tpi:] *n bot* (vrtna) grašica

sweet potato [swí:tpətéitou] *n bot* indijski krompir; *coll mus* okarina

sweetroot [swí:tru:t] *n bot* sladič, sladki koren

sweets [swí:ts] *n pl E* slaščice, poobedek, desert; bonboni; vonjave, dišave

sweet-scented [swí:tsentid] *a* blago dišeč

sweetshop [swí:tšɔp] *n* trgovina s sladkarijami

sweet singer [swí:tsiŋə] *n* pesnik; pevec; **the S~ S~ of Israel** psalmist, kralj David

sweet-spoken [swí:tspoukən] *a* sladkobeseden, laskav, laskajoč

sweet stuff [swí:tstʌf] *n coll* sladkarije

sweet-tempered [swí:ttémpəd] *a* blag, krotek, dobrodušen

sweet-toned [swí:ttound] *a* melodiozen, blagoglasen, ubran

sweet-tongued [swí:ttʌŋd] *a* laskav, prilizovalen; ljubezniv

sweet tooth [swí:ttu:θ] *n coll* sladkosnednost; sladkosnednež

sweet-toothed [swí:ttu:ðd] *a coll* sladkosneden

sweet-voiced [swí:tvɔist] *a* blagoglasen

sweety [swí:ti] *n* sladkarija

swell I [swel] 1. *n* oteklina, oteklost, nabreklost, otòk; otekanje; *naut* valovanje po viharju; *archit* izboklina, izbočina, izbok; rahla strmina, vzpetina (zemljišča); *fig* porast, naraščanje; *mus* crescendo, za katerim pride diminuendo; (o orglah) naprava za jačanje in slabljenje zvoka; *coll* imetnik, odličnik, mojster, fin gospod, fina dama; *sl* gizdalin, elegan, gizdalinka, modna dama; poznavalec; **a ~ in the population** porast prebivalstva; **a ~ at** s.th. poznavalec, mojster česa, zelo dober igralec (*at tennis* tenisa); **a ~ in politics** *fig* visoka živina v politiki; **a big ~** *fig* visoka, vplivna oseba; **a Latin ~** poznavalec latinščine; **a sudden ~ of the river** nenadno naraščanje reke; **what a ~ you are!** kako si eleganten!; **there was a heavy ~ on** valovi so bili zelo veliki; 2. *a sl* tiptop, šik, zelo eleganten, moden; imeniten, odličen, sijajen; **a ~ billiard-player** izvrsten igralec (mojster) biljarda; **~ clothes** elegantna obleka; **a ~ hotel** razkošen hotel; **a ~ person** imenitna oseba, odličnik; **~ society** elegantna, fina družba; **~ mob** *coll* hohštaplerji, kriminalci, lepo oblečeni lopovi

swell* II [swel] 1. *vi* (tudi **~ up, ~ out**) oteči, otekati, nabrekniti; napihniti se, napeti se, nabuhniti, napenjati se; (voda) narasti; (jadro) napeti se, napihniti se; rasti, prerasti (*into* v), narasti, povečati se; izbruhniti (izvirek, solze); *archit* izbočiti se; *fig* kipeti (čustva); (srce) napenjati se, (hoteti) počiti (*with* od); biti poln (*with* česa), *fig* napihovati se, hvalisati se, bahati se; 2. *vt* (tudi **~ up, ~ out**) napihniti, napeti; razširiti, povečati (*into* do), zvišati, pomnožiti; **~ed head** *sl* nadutost, domišljavost; **swollen legs** otekle noge; **~ed with success** domišljav na svoj uspeh; **to be ~ed with pride** napihovati se od ošabnosti; **my cheek is ~ing** lice mi oteka; **to ~ out one's chest** (iz)prsiti se; **the cost of war**

has **swollen** our **debt** stroški za vojno so povečali naš dolg; **my heart is** ~**ing with happiness** srce mi je prepolno sreče; **to** ~ **like a turkey cock** šopiriti se kot pav; **to** ~ **note** *mus* peti (igrati) noto izmenoma crescendo in diminuendo; **rains have swollen the river** zaradi deževja je reka narasla; **the rivers are** ~**ing** reke naraščajo; **the sails** ~**ed in the wind** jadra so se napela v vetru; **to suffer from** ~**ed head** *fig* biti nadut, domišljav
swell-blind [swélblaind] *n* žaluzija na orglah
swell-box [swélbɔks] *n* ohišje, ki vsebuje cevi orgel
swelldom [swéldəm] *n hum* gizdalinstvo; gizdalini; lahkoživi svet
swelled [swéld] *a med* otekel, otečèn; ~ **head** *fig* nadutost, domišljavost
swelled-headed [swéldhedid] *a* nadut, domišljav, napihnjen
swelled-headedness [swéldhedidnis] *n* nadutost, domišljavost
swelling [swélíŋ] **1.** *n* oteklina, nabreklost, bunka; napihovanje, nadutost; vzpetina, vzpon, grič; **2.** *a* naraščajoč, stopnjujoč se; (jadro) ki se napihuje, napenja; (*slog*) bombastičen
swellish [swéliš] *a coll* zelo eleganten, gizdalinski
swell mob [swélmɔb] *n coll* hohštaplerji, lepo oblečeni lopovi, sleparji, kriminalci
swell-mobsman, *pl* **-men** [swélmɔbzmən] *n* eleganten slepar, hohštapler
swelp [swelp] *interj sl*; ~ **me!** tako mi bog pomagaj!
swelter [swéltə] **1.** *n* soparno ozračje, soparica, dušeča vročina; spotenje; **2.** *vi* kopati se v znoju, močno se potiti; dušiti se, umirati, giniti od vročine, biti vroč in dušeč; *vt* izsušiti, posušiti, požgati; spotiti
sweltering, sweltry [swéltəriŋ, svéltri] *a* soparen, žgoč, pripekajoč; poteč se, znojen; medleč od vročine
swept [swept] *pt & pp* od **to sweep**
swerve [swə:v] **1.** *n* nenadno zavijanje (skok) v stran, odklon; **2.** *vi* nenadoma kreniti ali zaviti v stran; odstopati; zaviti s prave poti; *fig* oddaljiti se; *vt* usmeriti v stran, odvrniti, odvračati; **to** ~ **from one's duty** kršiti, zanemariti svojo dolžnost; **to** ~ **down** *mot* v zavojih voziti navzdol
swift I [swift] **1.** *a* (~ **ly** *adv*) hiter, brz, nagel (*to* za kaj); uren, okreten, živahen; deroč; kratkotrajen, bežen (čas); nenaden, nepričakovan; *coll* lahek (o dekletu); ~ **to anger** togoten, nagle jeze; ~ **of foot** brzonog; **his** ~ **death** njegova nenadna smrt; **a** ~ **worker** uren delavec; **he is** ~ **to mischief** hitro je pripravljen za hudobijo; **he is** ~ **to hear and slow to speak** on hitro sliši in počasi govori; **2.** *adv* hitro, naglo; **to answer** ~ hitro odgovoriti
swift II [swift] *n zool* hudournik; vrsta kuščarja; *tech* vitel, vreteno
swift-footed [swíftfutid] *a* brzonog, uren
swift-handed [swífthændid] *a* ki hitro dela; uren, hiter
swiftlet [swíftlit] *n zool* vrsta hudournikov
swiftness [swíftnis] *n* hitrost, naglost, urnost, okretnost; naglica; hitra pripravljenost

swift-winged [swíftwiŋd] *a poet* urnih kril, brzokril, hiter, brz
swig [swig] **1.** *n coll* (krepak) požirek; **to take a** ~ **at** napraviti krepak požirek (česa), dobro (kaj) srkniti; **2.** *vt* (naglo) piti, popiti, požirati; *vi* napraviti krepak požirek, dobro srkniti, piti v dolgih požirkih
swigger [swígə] *n coll* pijanec
swile [swáil] *n sl zool* tjulenj
swill [swil] **1.** *n* pomije, odplaka, kuhinjski odpadki; slaba pijača; (redko) popivanje; **2.** *vt & vi* (tudi ~ **out**) izpirati, izprati, splakniti; izliti vodo čez, na; pohlepno piti, lokati, žlampati; **to** ~ **o.s. drunk** opiti se, opijaniti se
swiller [swílə] *n* pijanec
swim I [swim] *n* plavanje; *fig* rahlo drsenje; rib polno mesto, globina v reki; (redko) plavalni mehur; *fig* tok dogodkov, tekoči posli, posel; *fig* vrtoglavica, omotica; **the cross-channel** ~ plavanje čez Rokavski preliv; **to be in (out of) the** ~ *coll* (ne) poznati tekoče posle ali razmere, (ne) biti na tekočem; **to be in the** ~ **with** spoznati se v; **to go for a** ~ iti na plavanje (kopanje); **to have (to take) a** ~ kópati se, plavati
swim* II [swim] **1.** *vi* plavati, priplavati, plavati na vodi, pluti; (prah ipd.) plavati, viseti v zraku; *fig* kópati se; *fig* čutiti vrtoglavico, biti vrtoglav, vrteti se (komu); plavati (*in* v), biti preplavljen, kópati se (*in* v); **2.** *vt* preplavati, plavati (neko razdaljo); prisiliti, nagnati (koga), da plava; plavati na tekomovanju, prepeljati s plavanjem (*across* čez); **to** ~ **s.o.** tekmovati s kom v plavanju (100 *yards* 100 jardov); **to** ~ **against the stream** plavati proti toku (tudi *fig*); **to** ~ **to the bottom** potoniti, potopiti se; **to** ~ **beyond one's depth** predaleč (ven) plavati; **to** ~ **the horse across the river** s konjem preplavati reko; **to** ~ **the lake** preplavati jezero; **to** ~ **a mile** plavati eno miljo; **to** ~ **like a fish (a stone)** plavati kot riba (kamen); **to** ~ **like a tailor's goose** *fig* plavati kot kamen, potopiti se; **to** ~ **a race** udeležiti se plavalnih tekem; **to** ~ **on one's side (on one's back)** bočno (hrbtno) plavati; **to** ~ **with the tide (the stream)** plavati s tokom (tudi *fig*); *fig* pridružiti se večini; **to** ~ **the river, the Channel** preplavati reko, Rokavski preliv; **the cellar was** ~**ming in wine** klet je plavala v vinu, je bila preplavljena z vinom; **cork** ~**s in water** plutovina plava v vodi; **oil** ~**s on water** olje plava na vodi; **the meat** ~**s in gravy** meso plava v (mesnem) soku; **her eyes were** ~**ming with tears** oči so se ji topile v solzah; **my head** ~**s** vrti se mi v glavi, imam vrtoglavico; **the room swam before my eyes** zdelo se mi je, da se soba vrti okoli mene; **she swam up to him** *fig* zdrsnila je k njemu, kot da bi plavala
swim bladder [swímblædə] *n zool* plavalni mehur (rib)
swimmer [swímə] *n* plavalec, -lka; *zool* ptica plavalka; *tech* plavač
swimmeret [swíməret] *n zool* plavalna noga (rakov)
swimming [swímíŋ] **1.** *n* plavanje; *fig* občutek omotice; ~ **of the head** vrtoglavica; **to have a** ~ **in one's head** imeti vrtoglavico; **2.** *a* plavalen, plavajoč; preplavljen; ves moker; *fig*

vrtoglav; *fig* lahek, gladek, uspešen; solzen; ~ **eyes** zasolzene, solzne oči; ~ **instructor** plavalni učitelj; ~ **belt** plavalni pas (za učenje plavanja); ~ **bladder** = **swim bladder**; ~ **hole** globoko mesto za plavanje (v potoku); ~ **suit** plavalna, kopalna obleka; ~ **pool** plavalni bazen, kopališče

swimming-bath [swímiŋba:θ] *n* kopališče, v katerem se more plavati

swimmingly [swímiŋli] *adv fig* z lahkoto, brez težav, gladko, uspešno, kot po maslu; **things are going on** ~ stvari potekajo (gredo) kot po maslu, (vse) gre kot namazano

swimsuit [swímsju:t] *n* kopalna obleka

swindle [swindl] **1.** *n* prevara, sleparija, goljufija; **2.** *vt* prevarati, oslepariti, ogoljufati; s prevaro (goljufijo) dobiti (kaj) (*out of s.o.* od koga); *vi* varati, slepariti, goljufati (pri igri); **he** ~ **d me out of 50 pounds, he** ~ **d 50 pounds out of me** osleparil me je za 50 funtov

swindler [swindlə] *n* goljuf, -inja, slepar, -rka; hohštapler

swindling [swindliŋ] (~ **ly** *adv*) goljufiv, sleparski

swine, *pl* ~ [swáin] *n* svinja; prašič (tudi *fig*); lopov; **he eats like a** ~ jé kot prašič, pravi požeruh je

swinebread [swáinbred] *n bot* gomoljika, gomolj

swine-fever [swáinfi:və] *n vet* svinjska rdečica

swineherd [swáinhə:d] *n poet* svinjski pastir, svinjar

swine plague [swáinpleig] *n vet* svinjska kuga

swinery [swáinəri] *n* svinjak; (kolektivno) svinje; *fig* svinjarija

swinish [swáiniš] *a* svinjski, ogaben

swing I [swiŋ] *n* zamah, mahanje, vihtenje; nihaj, nihanje sem in tja; zibanje, guganje; tok; elastična, ritmična hoja; svoboda gibanja; gugalnica, guncnica; *mus* swing (hitri stil jazza, kompozicija v tem smislu): *econ A* doba konjunkture, procvit, višek; *pol* krožno volilno potovanje (kandidata); *coll* posad, (delovna) izmena; **in full** ~ v polnem razmahu; **off one's** ~ *fig* ne na višini, ne pri moči; **free** ~ svoboda gibanja, torišče; **the** ~ **of the pendulum** nihanje nihala, *fig* spremenljivost (zlasti prihod na oblast zdaj ene zdaj druge politične stranke); **to be on the** ~ nihati sem in tja; **to get into the** ~ **of s.th.** uvesti se v kaj, priučiti se čemu; **to give full** ~ **to s.th.** dati čemu popoln razmah, popolno svobodo potekanja; **to go with a** ~ gladko iti ali potekati; **to have one's** ~ *fig* iti svojo pot; **to let s.th. have its** ~ pustiti kaj potekati po normalni poti (normalno); **let him have his full** ~ pustite ga, naj dela, kar hoče; **let me have a** ~ daj, da se malo poguncam na gugalnici; **to live in the full** ~ **of prosperity** živeti v največjem blagostanju; **to walk with a** ~ hoditi z dolgimi, ritmičnimi koraki, z elanom; **2.** *a* vrtljiv; nihalen; gugalen

swing* II [swiŋ] **1.** *vi* nihati, zibati se, gugati se, guncati se, pozibavati se; *fig* biti odvisen (*from* od); viseti, bingljati; biti obešen na vislice; obračati se, vrteti se; *naut* obračati se okoli sidra ali boje; gibati se v krivulji, zavijati; hoditi hitro, z dolgimi koraki in z elanom; **2.** *vt* zamahniti, mahati z, vihteti; zibati, gugati, pustiti nihati; obesiti; obračati na vse strani; meriti

(*čas*) z nihaji; bingljati z; z zamahom dvigniti kvišku (*on, to* na); *A* vplivati na; *A* uspešno izvesti; *pol* pridobiti si (volilce); ~ **it!** *sl* prekleto!; **to** ~ **a bat (a sword, a lasso)** vihteti gorjačo (meč, laso); **to** ~ **one's arms** mahati, otepati z rokami; **to** ~ **a child** guncati otroka; **the door** ~ **s on its hinges** vrata se vrte na svojih tečajih; **to** ~ **a hammock** obesiti visečo mrežo; **to** ~ **one's legs** bingljati z nogami; **to** ~ **into line** *mil* formirati eno vrsto; **to** ~ **the lead** *naut sl* ogibati se dela, zabušavati, delati se bolnega; **to** ~ **into motion** priti v tek, v zamah; **to** ~ **round the circle** *A* večkrat spremeniti svoje mnenje; *pol A* obiskati volilna okrožja; **he shall** ~ **for it** za to bo visel, bo obešen; **the shutter swung to and fro in the wind** veter je oknico obračal sem in tja; **he swung when I shouted** obrnil se je, ko sem zavpil; **he swung out of the room** z dolgimi, brzimi, prožnimi koraki je odšel iz sobe; **the trees were** ~ **ing in the wind** drevesa so se pozibavala v vetru; **there is not room enough to** ~ **a cat** *fig* niti toliko ni prostora, da bi se človek obrnil

swing along *vi* hitro in z elanom korakati

swing out *vi* v loku izleteti

swing to *vi* zapreti se; **the door swung to** vrata so se zaprla

swing up *vt* obesiti; **he was swung up to the nearest tree** obesili so ga na najbližje drevo

swing-away [swíŋəwei] *n* obračanje, zavijanje, odklon (*from* od)

swing back [swíŋbæk] *n phot* naprava za uravnavanje ostrine na motnem steklu; *pol A* preobrat, reakcija

swing bar [swíŋba:] *n tech* prečnik, vaga pri vozu

swing boat [swíŋbout] *n* gugalnica v obliki čolna

swing bridge [swíŋbridž] *n* premičen, vrtljiv most

swing chair [swínčeə] *n* vrtljiv stol

swing door [swíŋdo:] *n* vrtljiva vrata

swinge [swindž] *vt* (redko) bičati, biti, tepsti, močno udariti, premlatiti, kaznovati

swingeing [swíndžiŋ] *a coll* strahovit, silovit, močan; ogromen, velikanski, kolosalen; sijajen; **a** ~ **blow** strahovit udarec; **a** ~ **lie** zelo debela laž; **a** ~ **majority** ogromna večina; **a** ~ **victory** sijajna zmaga

swinging [swíŋiŋ] *a* nihajoč, zibajoč se; viseč; ~ **rings** telovadni krogi; ~ **temperature** *med* nihajoča temperatura

swing gate [swíŋgeit] *n tech* vrtljiva vrata (z vrtiščem v sredini)

swing lamp [swíŋlæmp] *n* viseča svetilka

swingle [swiŋgl] **1.** *n tech* terilnica, trlica za lan, konopljo; tolkač pri cepcu; **2.** *vt* treti (lan, konopljo)

swingle-tree [swíŋgltri:] *n* prečnik, vaga pri vozu

swing-over [swíŋouvə] *n* prehod na drugo stran, prestop k drugi strani

swing plough [swíŋplau] *n* plug brez koles

swing shift [swíŋšift] *n* druga delovna izmena (od 16. do 24. ure)

swing wheel [swíŋwi:l] *n tech* zamašnjak, vztrajnik; nemirka (v uri)

swinish [swáiniš] *a* (~ **ly** *adv*) svinjski

swinishness [swáinišnis] *n* svinjskost, svinjarija, umazanost

swink I [swiŋk] *n obs* težko, naporno delo, garanje, muka, mučenje, rabota, tlaka

swink* II [swiŋk] *obs vi* garati, mučiti se, rabotati; *vt* s trudom pridobivati

swipe [swáip] **1.** *n* močan udarec po žogi; krepak požirek (pri pitju); **2.** *vi* piti, lokati; neusmiljeno udarjati (*at* po čem); *vt* močno udariti žogo; *sl* ukrasti, zmakniti, »suniti«

swiper [swáipə] *n* (cricket) igralec, ki močno, divje udarja (tolče) žogo; *sl* pijanec; *A sl* tat, zmikavt

swipes [swáips] *n pl E sl* slabo pivo

swi(p)ple [swipl] *n agr* tolkač pri cepcu

swirl [swə:l] **1.** *n* vrtinec, vrtinčenje; lasni vrtinec; burkanje vode, ki ga povzročajo ribe; grča (v lesu); **2.** *vi* (o vodi) delati vrtince, vrtinčiti se; biti omotičen (o glavi); *vt* (o vrtincu) vrteti, vrtinčiti v krogu (kak predmet)

swirly [swə́:li] *a* vrtinčast

swish [swiš] **1.** *n* žvižg, sik (palice po zraku, kose, biča itd.); udarec s šibo, z bičem; švrk; šiba; šuštenje (svile); poteza (s čopičem ali svinčnikom); **2.** *a E sl* eleganten, šik; **3.** *adv* hitro, vihraje; **4.** *vt* žvižgati (s čim) po zraku; *coll* šibati (koga); ošvrkniti, oplaziti; *vi* (krogla, bič, šiba) žvižgati (v zraku); pljuskati (ob breg); (obleka) (za)šušteti, (svila) (za)šumeti;

swish off *vt* odrezati (kaj) ob žvižgajočem zvoku (kot ga naredi kosa), odškrkniti

swish-swash [swíššwoš] *n* slaba pijača, čobodra

Swiss [swis] **1.** *a* švicarski; ~ **cheese** švicarski sir; ~ **franc** *econ* švicarski frank; ~ **guards** *pl* švicarska garda; ~ **roll** biskvitna rulada; **2.** *n* (*pl* ~) Švicar, -rka; švicarsko narečje

switch [swič] **1.** *n* šiba, udarec s šibo; *bot* mladika; *rly* kretnica; *el* stikalo, prekinjevalec; ponarejena kita (las); *tech* pipa; (bridge) prehod k drugi barvi; ~ **bargain** ovinkarska kupčija; **2.** *vt* udariti, bičati s šibo (z repom); šibati z, hitro mahati z; naglo pograbiti; *rly* ranžirati, zapeljati (usmeriti) (vlak) na drug tir; *el* vključiti, vklopiti; spremeniti (pogovor), obrniti drugam (tok misli); *vi rly* (vlak) zapeljati na drug tir; spremeniti (smer); **to** ~ **back to** *fig* (v mislih) vrniti se na

switch off *vt & vi* ugasiti (luč, radio); prekiniti telefonsko zvezo; obrniti (pipo); *fig* zavrniti, odvrniti (koga); preiti (*on, to* na kaj); prekiniti tok, nehati telefonski pogovor, odložiti slušalko; **they** ~ **ed me off** prekinili so me (ko sem telefoniral)

switch on *vt & vi* prižgati (luč); obrniti, zavrteti (pipo); vzpostaviti (telefonsko zvezo); **to** ~ **the radio** vključiti radio; **to** ~ **to an aerial** priključiti (radio) na anteno

switch out *vt* hitro iztrgati

switch over *vt* preklopiti; prenesti (zanimanje) (**from . . . to** z ene stvari na drugo); **to be** ~ **ed over** preseliti se; **to** ~ **the offensive** preiti v ofenzivo

switchback [swíčbæk] *n* cikcakasta cesta ali železnica; tobogan (v zabaviščnem parku)

switchbar [swíčba:] *n* stikalni, pretični drog

switchboard [swíčbɔ:d] *n el* stikalna plošča; ~ **operator** telefonist, -tka

switchel [swíčəl] *n A* pijača iz sirupa (kisa) z vodo in ingverjem, včasih ruma

switcher [swíčə] *n* (= **switching engine**) ranžirna lokomotiva; kretničar

switcheroo [swičərú:] *n A sl* nenaden preobrat

switching [swíčiŋ] *n el tech* preklopitev; *rly* ranžiranje; ~ **-off** izklopitev; ~ **-on** priklopitev

switchman, *pl* **-men** [swíčmən] *n rly* kretničar

switchyard [swíčja:d] *n rly* ranžirna postaja

swivel [swivl] **1.** *n tech* stožer, tečaj z obročkom, ki se vrti okoli njega; **2.** *vt & vi* opremiti s tečajem z obročkom; vrteti se okoli tečaja, stožerja (o obročku); **3.** *a* vrtljiv; ~ **bridge** vrtljiv, premičen most; ~ **chair** vrtljiv stol; ~ **seat** vrtljiv sedež

swivel eye [swívəlai] *n sl* škilavo oko

swivel-eyed [swívəlaid] *a sl* škilav, škilast

swiz(z) [swíz] *n E coll* sleparija, prevara, goljufija

swizzle [swizl] *n sl* koktajl iz ledu, sladkorja, ruma in pelinkovca

Switzerland [swícələnd] *n* Švica

swob [swob] *n* = **swab**

swollen [swóulən] **1.** *pp* od **to swell**; **2.** *a med* otekel; *fig* bombastičen, pompozen

swoon [swu:n] **1.** *n* omedlevica, nezavest; **she went off in a** ~ padla je v nezavest; **2.** *vi* (često ~ **away**) onesvestiti se, omedleti (*for, with* od, zaradi); *poet* (tudi ~ **down**) počasi se izgubljati, izginjati, slabeti, ponehavati; spuščati se (*to, into* do, v)

swooning [swú:niŋ] *a* (~ **ly** *adv*) nezavesten, (ki je) v omedlevici, v nezavesti; **2.** *n* onesveščenje, nezavest

swoony [swú:ni] *a sl* »prima«, šik

swoop [swu:p] **1.** *m* nenaden napad iz višine (ptice roparice); *fig* nepričakovan napad; racija; policijski pogon; **at one** ~ na mah, naenkrat, kot bi trenil; **2.** *vt* (večinoma ~ **up**) zgrabiti, pograbiti; nenadoma napasti in odnesti; *vi* (tudi ~ **down**) zviška planiti (orel itd.), navaliti (*on, upon* na); *fig* izvesti racijo

swop [swop] = **swap**

sword [sɔ:d] **1.** *n* meč; sablja; *sl* bajonet; orožje; *fig* (vojaška) oblast, moč; uničenje z mečem; vojna, smrt; **at the point of the** ~ na konici meča, *fig* z grožnjo vojne (smrti); **by fire and** ~ z ognjem in mečem; **with drawn** ~ z golim mečem; ~ **and cloak** (novel) viteški (roman); **the** ~ vojaška oblast, vojna, klanje; **the** ~ **of justice** sodna oblast; **the** ~ **of the spirit** *relig* božja beseda; **broad** ~ meč s široko ostrino za sekanje; **cavalry** ~ sablja; **double-edged** ~ dvorezen meč; **court** ~ meč, ki se nosi z dvorjansko obleko; **to appeal to the** ~ zateči se k orožju; **to cross** ~ **s**, **to measure** ~ **s** prekrižati meče, spopasti se z meči, pomeriti se z meči; **to draw the** ~ potegniti (izvleči) meč, začeti vojno; **to be at** ~ **'s points** biti si sovražen; **to put to the** ~ obglaviti (z mečem, s sabljo); **to sheathe the** ~ vtakniti meč v nožnico, nehati se vojskovati, nehati (končati) vojno; **to throw one's** ~ **into the scale** *fig* podpreti svoje zahteve z mečem (orožjem), s silo; **2.** *vt* (redko) posabljati, pobiti

sword-arm [sɔ́:da:m] *n* desna roka, *fig* moč, oblast

sword-bearer [sɔ́:dbɛərə] *n* nosilec meča

sword belt [sɔ́:dbelt] *n* jermen, pasek za meč (sabljo)

swordcraft [só:dkra:ft] *n* umetnost mečevanja
sword cut [só:dkʌt] *n* udarec z mečem, rana od meča
sword cutler [só:dkʌtlə] *n* mečar, sabljar
sword dance [só:dda:ns] *n* ples z meči
sword dancer [só:dda:nsə] *n* plesalec z mečem
swordfish [só:dfiš] *n* (riba) mečarica, sabljarka
sword hand [só:dhænd] *n* desna roka
sword hilt [só:dhilt] *n* držaj meča (sablje)
sword-in-hand [só:dinhænd] *a* z izvlečenim (potegnjenim) mečem, pripravljen za boj, bojevit
sword knot [só:dnɔt] *n* čopek pri sablji
sword law [só:dlɔ:] *n* vojno pravo; oblast sabelj
swordlike [só:dlaik] *a* mečast, podoben meču
sword lily [só:dlili] *n bot* meček, gladiola
swordplay [só:dplei] *n* mečevanje; *fig* duhovito besedno prerekanje; odrezavost
swordsman, *pl* -men [só:dzmən] *n* mečevalec; *poet* vojščak, borec, bojevnik
swordsmanship [só:dzmənšip] *n* umetnost mečevanja
swore [swɔ:] *pt* od to swear
sworn [swɔ:n] **1.** *pp* od to swear; **2.** *a jur* (sodno) zaprisežen; ~ **declaration** pod prisego dana izjava; ~ **enemies** zakleti, smrtni sovražniki; ~ **friends** prijatelji na življenje in smrt, pobratimi; **I'll be ~ , I dare be ~** prisežem (da. . .)
swot [swɔt] **1.** *n sl* guljenje (učenje), naporno delo; gulež, pilež, stremuh; **2.** *vi & vt sl* guliti se, piliti se, veliko se učiti, biti stremuški (stremuh)
swotter [swótə] *n sl* gulež, pilež, stremuh
swounds! [swáundz] *interj obs* vzklik začudenja, jeze itd.
swum [swʌm] *pp* od to swim
swung [swʌŋ] *pt & pp* od to swing
sybarite [síbərait] **1.** *n* sibarit, pomehkužnež, uživač; **2.** *a* pomehkužen
sybaritic [sibərítik] *a* pomehkužen, uživaški
sybaritism [síbəritizəm] *n* uživaštvo, pomehkuženost
sycamine [síkəmin, -main] *n bot* (črna) murva
sycamore [síkəmɔ:] *n bot A* platana; (= **Egyptian** ~) egiptovska smokev
syce [sáis] *n Ind* konjski hlapec, konjar
sycee (silver) [saisí:] *n econ* srebro (v palicah)
sycophancy [síkəfənsi] *n* klečeplastvo, petolizništvo, prilizovanje, lizunstvo, sikofantstvo
sycophant [síkəfənt] *n* petoliznik, lizun, prilizovalec, sikofant
sycophantic [sikəfǽntik] *a* (ally *adv*) petolizniški, lizunski, prilizovalen, sikofantski
syenite [sáiənait] *n min* sienit
syllabary [síləbəri] *n* silabarij, seznam znakov, ki predstavljajo zloge in rabijo kot abeceda; abeceda (npr. v japonščini); **cuneiform** ~ klinopisna abeceda
syllabic [siləbik] *a* (~ **ally** *adv*) zlogoven, zlogotvoren, silabičen; **two-~** dvozložen; **2.** *n ling* sonant, zlogotvoren glas
syllabicate [siláebikeit] *vt* (raz)deliti na zloge, zlogovati
syllabi(fi)cation [siləbi(fi)kéišən] *n* delitev na zloge, tvorba zlogov
syllabify [siláebifai] *vt* = **syllabicate**

syllable [síləbl] **1.** *n* zlog; *fig* glas, besedica; **not a** ~ ! niti besede! ne govori! molči!; **not to breathe (to tell) a** ~ besede ne reči (črhniti); **2.** *vi & vt* jasno izgovarjati (besedo) zlog za zlogom; *poet* jecljati; **three-** ~ **d** trizložen
syllabus, *pl* ~ **es, -bi** [síləbəs, -bai] *n* kratek pregled, oris, izvleček; učni načrt, program; seznam; kompendij; *relig* seznam (od katoliške cerkve) prepovedanih krivoverskih naukov
syllogism [sílədžizəm] *n phil* silogizem, logičen sklep (zaključek); **false** ~ napačen sklep
syllogistic [silədžístik] *a* (~ **ally** *adv*) silogističen
syllogize [sílədžaiz] **1.** *vi* uporabljati silogizme, logično sklepati; **2.** *vt* dati (argumentom itd.) silogistično obliko
sylph [silf] *n myth* duh elementa zraka; silfa, silfida (vila); *fig* vitko dekle
sylphlike [sílflaik] *a* vitek in ljubek
sylvan [sílvən] **1.** *a poet* gozdni, gozdnat; *fig* divji; ~ **deities** gozdni bogovi; ~ **landscape** gozdna pokrajina; **2.** *n* gozdni duh; gozdni prebivalec
sylvestral [silvéstrəl] *a* gozden; divji
sylviculture [sílvikʌlčə] *n* gozdarstvo
symbiosis [simbaióusis, -bi-] *n biol* simbioza; sožitje, skupno življenje
symbiotic [simbiótik] *a* (~ **ally** *adv*) simbiotski, ki živi v simbiozi
symbol [símbəl] **1.** *n* simbol (*of* za); (grafični) znak, znamenje; **the** ~ **of courage** simbol za pogum; **2.** *vt* biti simbol za, simbolizirati, predstaviti s pomočjo simbolov
symbolic [simbólik] **1.** *a* (~ **ally** *adv*) simboličen; **to be** ~ **of** biti simboličen za, simbolizirati; **2.** *n* simbol; kar je simbolično
symbolics [simbóliks] *n pl* (večinoma *sg constr*) študij starih simbolov; simbolika
symbolise [símbəlaiz] *vt* = **symbolize**
symbolism [símbəlizəm] *n* simbolizem; simbolika; raba simbolov
symbolist [símbəlist] *n* privrženec francoskega simbolizma; simbolist
symbolization [simbəlaizéišən] *n* simboliziranje, simbolizacija, predstavljanje s pomočjo simbolov; simboličen pomen
symbolize [símbəlaiz] *vt* simbolizirati, simbolično prikazati, predstaviti s pomočjo simbolov; *vi* uporabljati simbole, misliti in govoriti v simbolih
symbology [simbólədži] *n* simbologija, simbolika
symmetric(al) [simétrik(l)] *a* (~ **ally** *adv*) simetričen, sorazmeren
symmetrize [símitraiz] *vt* napraviti simetrično, sorazmerno
symmetry [símitri] *n* simetrija, sorazmerje
sympathetic [sinpəθétik] **1.** *a* (~ **ally** *adv*) simpatičen, ki vzbuja simpatijo, privlačen (*to* za); izražajoč simpatijo, sočuten, usmiljen, dobrohoten; solidaren, enakega mišljenja; *anat* simpatičen; simpatetičen, skrivnostno učinkujoč; *coll* prijeten, zanimiv; ~ **clock** sinkrona ura; ~ **cure** zdravljenje z zagovarjanjem; ~ **ink** simpatično, nevidno črnilo; ~ **nerve** simpatični živec, simpatikus; ~ **pain** bolečina, ki jo čutimo zaradi krivice, prizadete drugim; bolečina v enem delu telesa kot odraz bolečine v nekem

drugem delu telesa; ~ **sound** zvok, ki nastane kot odmev nekega drugega zvoka; ~ **strike** solidarnostna stavka; ~ **words** sočutne besede; **his poetry is not very** ~ **to me** njegova poezija mi ničesar ne pove; **2.** *n anat* simpatikus; simpatični živčni sistem; za hipnozo občutljiva oseba

sympathize [símpəθaiz] *vi* biti sorodne narave (temperamenta) (*with* z); sočustvovati, izraziti svoje sočutje ali solidarnost, simpatizirati, solidarizirati se; ujemati se, strinjati se v mišljenju (*with* z); **to** ~ **with s.o.** izraziti komu svoje sožalje; **I** ~ **with you in your grief** sočustvujem z vami v vaši žalosti; **to** ~ **with s.o.'s aims** soglašati z nameni (s cilji) kake osebe; **I** ~ **with your joy** pridružujem se vašemu veselju; **a good eye often** ~ **s with a diseased eye** zdravo oko je često prizadeto od bolnega očesa

sympathizer [símpəθaizə] *n* simpatizer, privrženec (*with s.o.* koga); sočustvovalec

sympathy [símpəθi] *n* simpatija, simpatiziranje, naklonjenost (*for* do, za) sočustvovanje, solidarnost, razumevanje, ujemanje, soglasje; sočutje (*for*, *with* za, z); delovanje ali učinkovanje enih organov na druge; **in** ~ **with** iz naklonjenosti (simpatije) do; **out of** ~ iz simpatije; ~ **strike** solidarnostna stavka; **I have no** ~ **with (for) beggars** nimam nobenega sočutja z berači; **there is a perfect** ~ **between them** med njimi je popolna solidarnost; **to offer one's sympathies to s.o.** izraziti komu svoje sožalje, kondolirati

symphonic [simfónik] *a* (~ **ally** *adv*) *mus* simfoničen

symphonious [simfóuniəs] *a* harmoničen

symphonist [símfənist] *n mus* simfonik, član simfoničnega orkestra; skladatelj simfonij

symphonize [símfənaiz] *vt* (harmonično) uglasiti; *vi* harmonično zveneti

symphony [símfəni] *n mus* simfonija; *fig* harmonija; skladnost (barv, čustev itd.); **a** ~ **orchestra** simfoničen orkester; **domestic** ~ domača, družinska harmonija

symposium, *pl* ~**s**, **-sia** [simpóuziəm, -ziə] *n* simpozij, znanstveno razpravljanje ali posvetovanje; *hist* gostija, veseljačenje pri starih Grkih

symptom [símptəm] *n med* simptom; (pred)znak, zunanji znak (česa)

symptomatic(al) [simptəmǽtik(l)] *a* (~ **ally** *adv*) simptomatičen; karakterističen, značilen (*of* za); ~ **treatment** simptomatično zdravljenje

synaeresis [siníərisis] *n gram* sinereza, spojitev dveh samoglasnikov ali zlogov v enega

synaesthesia = **synesthesia**

synagogue [sínəgɔg] *n* sinagoga, židovska molilnica; židovska vera, verniki

synchronal [síŋkrənəl] *a* sočasen, hkraten, sinkron; **2.** *n* istočasen dogodek; *el* sinkrona ura

synchronic(al) [siŋkrónik(l)] *a* sočasen, istočasen, hkraten, sinkron

synchronism [síŋkrənizəm] *n* sočasnost, hkratnost; časovna usklajenost, sinkronizacija, sinkronost; sinkronična (zgodovinska) tabela

synchronistic [siŋkrənístik(l)] (~ **ally** *adv*) sočasen, hkraten, sinkron

synchronization [siŋkrənaizéišən] *n* časovna usklajenost, sinkronizacija; istočasnost, hkratnost

synchronize [síŋkrənaiz] **1.** *vi* biti sočasen, hkraten (*with* z); (o uri) ujemati se v času (*with* z); *vt* časovno uskladiti; napraviti, da se kaj časovno ujema; sinkronizirati (ure, stroje itd.)

synchronous [síŋkrənəs] *a* (~ **ly** *adv*) sočasen, hkraten, sinkron; **to be** ~ **with** časovno sovpasti z

synchrony [síŋkrəni] *n* sočasnost, hkratnost, časovna usklajenost, sinkronija; sinkronična tabela (pregled sočasnih zgodovinskih dogodkov)

syncline [síŋklain] *n geol* kadunja, usad kake plasti; sinklinala

syncopal [síŋkəpəl] *a* sinkopičen; *med* omedlevičen; ~ **attack** omedlevičen napad

syncopate [síŋkəpeit] *vt gram* skrajšati (besedo) z izpustitvijo glasu ali zloga; kontrahirati besedo; *mus* sinkopirati (noto, takt itd.)

syncopation [siŋkəpéišən] *n gram* izpuščanje glasu ali zloga (v besedi); *mus* sinkopiranje, sinkopirana glasba

syncope [síŋkəpi] *n gram* izpuščanje glasu ali zloga (v besedi), sinkopa, sinkopirana beseda; *mus* sinkopa; *med* omedlevica, nezavest, kolaps

syndet [síndet] *n* pralno sredstvo

syndetic(al) [sindétik(l)] *a gram* vezalen, sindetičen

syndic [síndik] *n jur* pravni svetovalec; sindik; pooblaščenec, (pooblaščeni) predstavnik; upravnik konkurzne mase; *Cambridge univ* član senata

syndical [síndikəl] *a* = **syndicalistic**

sindicalism [síndikəlizəm] *n* sindikalno gibanje, sindikalizem

syndicalist [síndikəlist] **1.** *n* član sindikalnega gibanja, sindikalist; **2.** *a* = **syndicalistic**

syndicalistic [sindikəlístik] *a* sindikalen; sindikaten

syndicate I [síndikeit] *vt* pridružiti sindikatu; (časnikarstvo) objaviti (članek, vest itd.) istočasno v več časopisih; združiti (časopise) v tiskovno centralo; *vi* tvoriti sindikat ali konzorcij

syndicate II [síndikit] **1.** *n* econ jur združenje ali sindikát, konzorcij; časopisna centrala (ki prodaja članke, fotografije, stripe itd. večjemu številu časopisov); časopisni trust; *Cambridge univ* senat; *A* organizacija zločincev, hudodelcev **2.** *a econ jur* konzorcijski

syndication [sindikéišən] *n econ jur* ustvarjanje sindikatov, udruženje v sindikat

syndicator [síndikeitə] *n* član (ali vodja) sindikata

syne [sáin] *adv Sc* = **since**; **auld lang** ~ davno, v starih časih; stari časi

synecdoche [sinékdəki] *n* sinekdoha

syneresis [siníərəsis] *n* = **sinaeresis**

synesthesia [sinisθíziə] *n* soobčutje, sekundarno občutje

syngraph [síŋgra:f] *n jur* od vseh udeležencev podpisan akt (pogodba, zadolžnica itd.)

synod [sínəd] *n eccl* sinoda, cerkveni zbor; koncil; **Holy S** ~ *eccl* sinod ruske (pravoslavne) cerkve

synodal [sínədl] **1.** *a eccl* sinodalen, sinodski; **2.** *n* sinodski sklep

synodic [sinódik] *a* (~ **ally** *adv*) sinodalen, sinodski

synonym(e) [sínənim] *n ling* sinonim, soznačnica

synonymic [sinənímik] *a* sinonimen, soznačen

synonymity [sinənímiti] *n* sinonimnost, pomenska sorodnost

synonymize [sinónimaiz] *vt* navesti sinonime k (kaki besedi); opremiti (slovar) s sinonimi; uporabljati sinonime

synonymous [sinóniməs] *a* (~ ly *adv*) sinonimen, soznačen, pomensko soroden; istega pomena (*with* z, kot)

synonymy [sinónimi] *n* sinonimija, soznačnost, pomenska sorodnost; kopičenje sinonimov

synopsis, *pl* **-pses** [sinópsis, -psi:z] *n* strnjen pregled, povzetek, oris, sinopsis; molitvenik (v pravoslavni cerkvi)

synoptic(al) [sinóptik(l)] **1.** *a* (~ ally *adv*) pregleden, sinoptičen; obsegajoč; ~ **(weather) chart** sinoptična (vremenska) karta; **the** ~ **gospels** *eccl* evangeliji sv. Mateja, Marka in Luke; **2.** *n bibl* pisec sinoptičnega sv. pisma

synovia [sinóuviə] *n biol med* sklepna maz

synovitis [sinəváitis] *n med* vnetje sklepov

syntactic(al) [sintæktik(l)] *a* (~ ally *adv*) *gram* sintaktičen

syntactician [sintæktíšən], *n* sintaktik

syntactics [sintæktiks] *n pl* (*sg constr*) *math* kombinatorika

syntax [síntæks] *n gram* nauk o stavku, skladnja, sintaksa; *math phil* dokazna teorija

syntectic [sintéktik] *a* topljiv, taljiv

synthermal [sinθə:məl] *a* enako topel, ki je iste temperature

synthesis, *pl* **-ses** [sínθisis, -si:z] *n* sinteza; spajanje, spojitev; sestavljanje, strnitev; *chem* umetno ustvarjanje spojin; *gram* ustvarjanje izpeljanih ali zloženih besed; dajanje prednosti obrazilom pred kombinacijami s predlogi; spajanje razdvojenih delov

synthesist [sínθisist] *n* sintetik

synthesize [sínθisaiz] *vt* sintetizirati; narediti (kaj) s sestavljanjem, s spajanjem; napraviti sintetično ali umetno; sintetično obravnavati

synthetic [sinθétik] **1.** *a* (~ ally *adv*) sintetičen; umeten; ~ **rubber** sintetičen kavčuk; **2.** *n chem* umetna snov

synthetize [sínθitaiz] *vt* = **synthesize**

syntonize [síntənaiz] *vt* uglasiti, uravnati (radio) (*to* na)

syphilis [sífilis] *n med* sifilis

syphilitic [sifilítik] **1.** *a* (~ ally *adv*) *med* sifilitičen; **2.** *n* sifilitik, sifilitičen bolnik

syphilization [sifilizéišən] *n* okužba s sifilisom; cepljenje s spirohetami sifilisa

syphilize [sífilaiz] *vt* okužiti s sifilisom

syphon [sáifən] *n & v* = **siphon**

syren [sáiərin] *n* = **siren**

Syria [síriə] *n* Sirija

Syriac [síriæk] **1.** *a* starosirski; **2.** *n* starosirski jezik

Syrian [síriən] **1.** *a* sirski; **2.** *n* Sirec, Sirka

syringa [siríŋgə] *n bot* španski bezeg, lipovka, siringa

syringe [sírindž] **1.** *n med* brizgalka, štrcalka (za injekcije); *fig* injekcija; **2.** *vt* vbrizgati (tekočino) s štrcalko; poštrcati, poškropiti, pobrizgati (rastlino); izbrizgati (uho); *vi* vbrizga(va)ti, delati vbrizge

syrinx, *pl* ~ **es**, **syringes** [síriŋks, -índži:z] *n anat* Evstahijeva cev; *myth* pastirska piščalka; *archeol* v steno vklesana galerija (v egipčanskih grobovih); (pri pticah) organ za petje; *anat* fistula

syrtis, *pl* **-tes** [sə́:tis, -ti:z] *n* živi pesek, sipina

syrup [sírəp] **1.** *n* sirup; raztopina sladkorja; sladkorni sirup; **2.** *vt* delati sirup iz, predelati v sirup, osladiti s sirupom

syrupy [sírəpi] *a* sirupen, sirupast; gosto tekoč, lepek

system [sístim, -təm] *n* sistem, sestav; ustroj; omrežje (prekopov, telegrafsko itd.); metoda, metodična klasifikacija; organizacija; **on** ~ sistematično; **the** ~, **this** ~ *fig* vesoljstvo, kozmos; **the** ~ *med* organizem, telo; **a** ~ **of pipes** sistem cevi ali napeljav; ~ **of roads** cestno omrežje; **digestive** ~ prebavila; **mountain** ~ gorski sistem; **railway** ~, **railroad** ~ železniško omrežje; **social** ~ družbeni sistem; **nervous** ~ živčni sestav, živčevje; **solar** ~ sončni sistem; **there is no** ~ **in this way of doing** nobene metode ni v takšnem počenjanju; **to lack** ~ nobenega sistema (metode) ne imeti; **the poison went into his** ~ strup je prodrl v njegov organizem

systematic [sistimǽtik] *a* (~ ally *adv*) sistematičen; metodičen; načrten; premišljen; smotrn; ~ **work** sistematično delo; **a** ~ **liar** sistematičen lažnivec

systematics [sistimǽtiks] *n pl* (*sg constr*) sistematika; sistematična predstavitev

systematism [sístimətizəm] *n* sistematizem, sistematiziranje

systematist [sístimətist] *n* sistematik

systematization [sistimətaizéišən] *n* sistematizacija, uvrstitev v neki sistem (sestav); sistematično urejevanje (ureditev) (česa)

systematize [sístimətaiz] *vt* sistemizirati, uvrstiti v sistem

systematizer [sístimətaizə] *n* sistematik

systematy [sístiməti] *n* sistematična ureditev, klasifikacija

systemic [sistémik] *a* (~ ally *adv*) sistemski; *med* telesni, organski; ki se nanaša na telesni sestav; ~ **circulation** veliki krvni obtok

systemization [sistimaizéišən] *n* = **systematization**

systemize [sístimaiz] *vt* = **systematize**

systemizer [sístimaizə] *n* = **systematizer**

systemless [sístimlis] *a* ki je brez sistema, nesistematičen

systole [sístəli] *n med* sistola, krčenje srca

systyle [sístail] *a archit* (o stebrih) stoječ gosto eden poleg drugega

T

T, t, pl **Ts, ts ,T's, t's** [ti:, ti:z] *n* črka T, t; predmet
v obliki črke T; **capital (large) T** veliki T;
little (small) t mali t; **to a T** natančno, na las
točno; **to cross the T's** stavljati črtico na t, *fig*
biti pedantno natančen, »jahati« na (čem); **to
suit s.o. to a T** na las natančno komu pristojati,
biti ravno pravo za koga; **to be marked with
a T** *hist* biti ožigosan kot tat; **2.** *a* ki ima obliko
črke T; **T-square** priložno ravnilo (v obliki
črke T); **T-shaped** ki ima obliko črke T
't [t] skrajšano za **it;** **'twas** bilo je; **'tis** je
t' [t] skrajšano za **to**
ta [ta:] *n E* hvala (v otroškem govoru); **you must
say ~** moraš reči hvala
tab [tæb] *n* zanka, jezik (pri čevlju); okovica na
vezalkah za čevlje; vložek, kos blaga (pri srajci,
obleki); naušnik (pri kapi); tablica, etiketa; *mil*
znak na ovratniku štabnega častnika; *sl* štabni
častnik; *A coll* račun, konto, kontrola; **to keep
(a) ~ on s.th.** voditi računa o čem, ne izgubiti
iz vida česa, kontrolirati kaj; **to pick up the ~**
plačati račun
tabanid [tæbənid] *n zool* brencelj, obad
tabard [tæbəd] *n hist* kratek, brezrokavni plašč
iz grobega blaga; kratek plašč, ki ga je nosil
vitez prek svojega oklepa; *hist* obleka glasnika
(klicarja)
tabaret [tæbərit] *n* progast svilen damast (za
pohištvo)
tabby [tæbi] **1.** *n* moaré, spreminjasta tkanina;
(= **~ cat)** tigrasta, pisana mačka; mačka (sa-
mica); *coll* stara devica, klepetava ženska, kle-
petulja; vrsta apnene malte; **2.** *a* progast, pisan;
spreminjast, ki se preliva, lesketa, moariran;
3. *vt* moarirati, dati tkanini spreminjast lesk
tabby moth [tæbiməθ] *n zool* vrsta vešče
tabefaction [tæbifækšən] *n med* hujšanje, hiranje;
sušica, jetika
tabella, *pl* **~s, -lae** [təbélə, -li:] *n med* tableta,
pastila
tabellary [tæbələri] *a* tabelaričen, v obliki tabel
tabellion [təbéljən] *n E* uradni pisar, notar
taberdar [tæbəda:] *n* naziv za štipendista na
Queen's Collegeu v Oxfordu
tabernacle [tæbənækl] **1.** *n* zavetje, zatočišče, šotor,
kočica, dom, bivališče; tempelj; *bibl* tabernakelj
(skrinja zaveze); *fig* (človeško) telo; *eccl* taber-
nakelj, ciborij; kapela, cerkev; *A* cerkev s šte-
vilnimi sedeži za vernike; *archit* niša z nad-
streškom (za kipe); *mar* del jambora (ki se
spušča, ko gre jadrnica (čoln) itd. pod mostom);

Feast of T~s (židovski) praznik šotorov; **2.**
vt fig začasno vzeti pod streho, dati prenočišče
(zavetje); zapreti v tabernakelj; *vi fig* začasno
bivati, stanovati
tabernacle work [tæbənækl wə:k] *n archit* gotski
stavbni okras
tabernacular [tæbənækjulə] *a archit* opremljen z
nišami z nadstreški (za kipe); (*zaničljivo*) nefin,
prostaški, vulgaren
tabes [téibi:z] *n med* tabes, sušica (hrbtnega
mozga)
tabescence [təbésəns] *n med* hiranje, sušica, jetika
tabescent [təbésənt] *a med* hirajoč, sušičen, sušičav,
jetičen; *bot* uvel
tabetic [təbétik] **1.** *a med* tabičen; **2.** *n* tabetik,
jetičnik
tabid [tæbid] *n med* tabetik, jetičnik; **2.** *a* jetičen
tabinet [tæbinit] *n* vrsta poplina (za pohištvo)
tablature [tæbləčə] *n hist mus* tablatura, star način
pisanja not; slika; slika na lesu; *obs* tablica (plo-
šča) za pisanje
table I [téibl] *n* miza; *fig* pogrnjena miza, jed na
mizi, obed, hrana; omizje; gostje; plošča (lesena
itd.) z napisom; igralna miza (za biljard) itd.;
tabela, tablica, popis, register; *geogr* plató,
ravno zemljišče; *tech* deska; *archit* plošča za
oblogo; **at ~** pri mizi, pri obedu; **billiard-~**
miza za biljard; **folding ~** zložljiva miza;
kitchen-~ kuhinjska miza; **round ~** okrogla
miza; **multiplication ~** poštevanka; **~ of
contents** tabela, kazalo vsebine; **~ of exchanges**
econ tabela (za preračunavanje) tečajev; **sliding
~ raztezna** miza; **tea-~** čajna miza; **toilet-~**
toaletna miz(ic)a; **writing ~** pisalna miza;
the pleasures of the ~ užitki pri mizi (jedeh);
synoptic ~ sinoptična tabela; **time-~** vozni
red; **the twelve ~s** *hist jur* zakoni 12 plošč;
the two ~s of the law *rel* plošči 10 božjih zapo-
vedi; **to be at ~** biti pri mizi, pri obedu; **to
clear the ~** pospraviti mizo; **he keeps a good ~**
pri njem se dobro jé; **he kept the ~ amused**
zabaval je vse omizje; **to lay on the ~** *parl*
odgoditi, odložiti (na kasneje); **these matters
are on the ~** *fig* o teh zadevah (stvareh) se
prav zdaj razpravlja; **to learn one's ~s** učiti
se poštevanke, računanja; **to lie on the ~** ležati
na mizi, *fig* biti odložen (na kasneje); **to set
(to lay, to spread) the ~** pogrniti mizo; **to set
the whole ~ laughing, in a roar** spraviti vse
omizje v smeh, v krohot; **to take the head of
the ~** sesti na čelo mize; **to turn the ~s** *fig*

table II 1081 tack I

spremeniti (čemu) smer, spremeniti situacijo, obrniti vloge, obrniti srečo; **the ~s are turned** sreča se je obrnila (drugemu v prid), vloge so obrnjene; **to turn the ~ on the opponent** pobijati nasprotnika z njegovim lastnim orožjem; **I turned the ~s on him** spravil sem ga v stisko, v težave, v katere me je on hotel spraviti; **to wait at ~** streči pri mizi

table II [téibl] *vt* položiti na mizo; vnesti v tabelo, v tabelarni pregled, v popis; načrtati, grafično prikazati, napisati, formulirati; sestaviti, izdelati rešitev; *tech* vključiti, vklopiti, včepiti; *A pol* odgoditi; *mar* podložiti ali ojačiti jadro; (redko) pogostiti; *vi obs* biti na hrani, obedovati (**with** pri); **to ~ a motion, a bill** *parl* predložiti predlog, zakonski osnutek (za razpravo); **to ~ a motion of confidence** staviti predlog zaupnice

tableau, *pl* **-eaux** [tǽblou, -ouz] *n* slika; *fig* slikovit opis ali prikaz; skupinska slika; *fig* slikovit prizor; uradni seznam, popis, register; *E* dramatična situacija; **~!** kakšna slika!; **~ vivant** živa slika

table beer [téiblbiə] *n* namizno, lahko pivo

table board [téiblbɔ:d] *n A* oskrba, hrana (brez stanovanja)

table-book [téiblbuk] *n* okrašena, običajno ilustrirana knjiga, ki jo imamo na mizi; album; *tech math* knjiga tabel, s tabelami

tablecloth [téiblklɔθ] *n* namizni prt (pri obedih)

table-cover [téiblkʌvə] *n* namizni prt (običajno pisan, ki se ne rabi pri obedih)

table d'hôte [tá:bldóut] *n* skupen obed (pri katerem se v Angliji in Ameriki jedi lahko izbirajo); **~ meal** obed po stalni ceni, menu

table-flap [téiblflæp] *n* priklop pri mizi

tableful [téiblful] *n* polna miza (jedi ipd.)

table-hop [téiblhɔp] *vi* hoditi od ene mize do druge mize (v restavraciji)

table-knife [téiblnaif] *n* namizni (jedilni) nož

table-lamp [téibllæmp] *n* namizna svetilka

tableland [téibllænd] *n geogr* visoka planota

table-leaf [téiblli:f] *n* podaljšek mize

table-lifting [téibllifting] *n* (spiritizem) dviganje mize po duhovih

table linen [téibllinin] *n* namizni prt s prtički, namizno perilo

table-money [téiblmʌni] *n mil* službeni dodatek častnikom za reprezentanco

table mountain [téiblmauntin] *n* mizasta gora

table-moving [téiblmu:ving] *n* (spiritizem) premikanje mize (po duhovih)

table plate [téiblpleit] *n* srebrna namizna posoda

table radio [téiblreidiou] *n* radio v kovčku

table-rapping [téiblræping] *n* (spiritizem) udarjanje mize

tablespoon [téiblspu:n] *n* namizna žlica (za juho)

tablespoonful [téiblspu:nful] *n* količina, ki gre v žlico za juho, polna žlica za juho

tablet [tǽblit] *n* plošč(ic)a (za napis); pisalna deščica; tablica (čokolade); *med* tableta, pastila; *math* tabela; **a ~ of soap** kos mila; **a votive ~** votivna ploščica

table talk [téibltɔ:k] *n* pogovor pri mizi (pri obedu)

table tennis [téibltenis] *n sp* namizni tenis

tablette [tǽblet] *n* glej **tablet**

table turning [téibltə:ning] (spiritizem) premikanje mize (po duhovih)

table-ware [téiblwɛə] *n* namizni pribor

tablier [tǽblie] *n* predpasnik; predpasnik okoli ledij (pri primitivnih ljudstvih)

tabling [téibling] *n* namizno perilo; vrsta (skupina) miz; *mar* širok rob pri jadru; tabelariziranje

tabloid [tǽblɔid] **1.** *n med* tableta, pastila; koncentrirana doza; kolutast kolač; *A* ilustriran časopis s skopim besedilom; bulvarski časopis, revolverski list; **2.** *a* zgoščen, koncentriran; **in ~ form** v koncentrirani obliki

taboo [təbú:] **1.** *n* tabu; posvečena, sveta, prepovedana stvar ali oseba; prepoved; nedotakljivost; prekletstvo (v Polineziji); **to put s.th. under ~** proglasiti kaj za tabu; **2.** *a* svet, posvečen; nedotakljiv, prepovedan, tabu; zloglasen; izključen, izobčen; **3.** *vt* proglasiti za tabu, prepovedati; prekleti; izobčiti, izključiti; **such talk is tabooed in good society** takšno govorjenje ni dopuščeno v dobri družbi

tabor I [téibə] **1.** *n mus* bobenček, tamburin; **2.** *vt* udarjati po tamburinu

tabor II [téibə] *n mil hist* (utrjen) tabor

tabo(u)ret [tǽbərit] *n* stolček brez naslonila; bobnič za vezenje

tabu [təbú:] glej **taboo**

tabula, *pl* **-lae** [tǽbjulə, -li:] *n anat* ploščata, trda površina kosti; *hist* tablica za pisanje; **~ rasa** [réizə] nepopisana tablica (list), *fig* popolno neznanje, prazna glava, praznina; **to make a ~ rasa** razčistiti (neki) problem ali situacijo

tabular [tǽbjulə] *a* (**~ly** *adv*) ploščat; tabličast; tanek; tabelaričen, tabelaren, tabelast; *fig* pregleden; **~ summary** *econ* pregledna tabela; **~ bookkeeping** *A econ* amerikansko knjigovodstvo

tabulate [tǽbjulit] **1.** *a* ploščat; ki ima tanke plošče; tabularen, tabelarno razporejen; **2.** [tǽbjuleit] *vt* zložiti, razporediti v tablice; tabelarno urediti; kategorizirati; izravnati, ploščato (o)brusiti

tabulation [tǽbjuléišən] *n* tabelaričen prikaz; tabela

tabulator [tǽbjuleitə] *n* oseba, ki sestavlja tabele; *tech* tabulator (pri pisalnem stroju)

tabut [ta:bú:t] *n* mrtvaški oder; nagrobnik (pri mohamedancih)

tach [tæč] *n* vez, spona; *obs* zaponka

tachograph [tǽkəgra:f] *n* tahograf

tachometer [tækómitə] *n* tahometer

tachygrapher [tækígrəfə] *n hist* hitropisec, tahigraf, stenograf; *hist* notar

tachygraphy [tækígrəfi] *n hist* tahigrafija, hitropisje, stenografija

tacit [tǽsit] *a* (**~ly** *adv*) tih, miren; molčeč, nem; *jur* molče priznan, odobren; **a ~ agreement** tih sporazum; **a ~ spectator** nem gledalec ali opazovalec; **~ consent** tiha privolitev

taciturn [tǽsitə:n] *a* (**~ly** *adv*) molčeč, redkobeseden

taciturnity [tæsitə́:niti] *n* molčečnost, redkobesednost

tack I [tæk] *n* žebljiček s ploščato glavico, risalni žebljiček; klinček, kvačica; dolg (začasen) šiv; *mar* vrv za zvitje jadra; spodnji kraj jadra; vsaka spremenjena smer v cikcakasti vožnji jadrnice, laviranje, *fig* kurz; postopek, smer, pot (politike, akcije), taktika; lepljivost, viskoznost (barve, laka); *parl E* dodatna klavzula, dodatek predlogu; **a new** ~ *fig* nov kurz; **thumb-**~ *A* risalni žebljiček; **the boat is on the starboard (port)** ~ čoln (jadro, ladja) dobiva veter z desne (leve) strani; **to be on the right (wrong)** ~ biti na pravi (napačni) poti; **to change one's** ~s iti v drugo smer, ubrati drug kurz, privzeti druge mere; **to come down to the brass** ~s *fig* razpravljati o bistvu zadeve; **to get a new** ~ najti novo sredstvo; **to try another** ~ poskusiti novo pot (smer, taktiko)

tack II [tæk] *vt* pritrditi, pričvrstiti, pribiti (z žebljički); začasno zašiti z dolgimi šivi; dodati, priključiti, prilepiti, privezati (**on, to** na, k); *tech* začasno zalotati; *vi* v cikcaku jadrati proti vetru; nenadoma spremeniti smer vožnje, (nenadoma) spremeniti svoj kurz, lavirati, iti po drugi poti, spremeniti taktiko; **to** ~ **a rug** pritrditi predposteljnik

tack III [tæk] *n* (*zaničevalno*) jedača; hrana; **soft** ~ mehek, bel kruh; dobra hrana

tacker [tækə] *n* kladivo, pribijač

tacket [tækit] *n* cvek, čevljarski žebelj

tack-hammer [tækhæmə] *n* kladivo za zabijanje čevljarskih žebljev, cvekov

tacking-end [tækiŋend] *n* dreta

tackle I [tækl] *n* orodje, pribor; konopec; škripec; (ladijski) vitelj; *pl* ladijska oprema; škripčevje; konjska oprava; *sp* oprema, pribor, rekviziti; *sp* igralec, napadalec (rugby); *sp* napad; prijem, prijetje nasprotnika; *sl* hrana, jedača; **fishing** ~ ribiški pribor; **writing** ~ pisalno orodje, pribor

tackle II [tækl] *vt* prijeti, zgrabiti, pograbiti; *fig* lotiti se, rešiti (nalogo, problem); nadlegovati, pestiti (z vprašanji ipd.); *sp* napasti, podreti nasprotnika na tla (rugby), uloviti žogo, priti do žoge; vreči konjsko opravo (na konja), zapreči; *vi* lotiti se; *sp* napasti; **he** ~**d the boss for a raise** nadlegoval je (prosil) šefa za povišanje plače; **to** ~ **a bottle of whisky** lotiti se, »uničiti« steklenico whiskyja; **to** ~ **a difficult task** lotiti se težavne naloge **the policeman** ~**d the thief** miličnik je zgrabil tatu; **he** ~**d the meat** lotil se je mesa, planil je po mesu; **to** ~ **up** zapreči

tackler [tæklə] *n sp* napadalec

tackle-stair [tæklstɛə] *n* lestev iz vrvi

tackling [tækliŋ] *n mar* ladijska oprema, vrvje; **to look well to one's** ~ dobro skrbeti za svoje stvari

tack rivet [tækrivit] *n tech* (začasna) zakovica

tacky I [tæki] *a* lepljiv (barva, lepilo)

tacky II [tæki] **1.** *a sl* neurejen, zanemarjen, razcapan; ponošen, oguljen **2.** *n A sl* zanemarjen človek; kljuse, mrha

tact [tækt] *n* obzirnost, tankočutnost, takt; *mus* takt, mera; kadenca

tactful [tæktful] *a* (~**ly** *adv*) obziren, tankočuten, takten, fin

tactfulness [tæktfulnis] *n* obzirnost, taktnost, tankočutnost

tactical [tæktikl] *a* (~**ly** *adv*) *mil* taktičen; *fig* pameten, poln načrtov, taktičen

tactician [tæktíšən] *n mil* taktik (tudi *fig*)

tactics [tæktiks] *n pl mil* taktika; *fig* ravnanje po načrtu, taktika; **surprise** ~ taktika presenečenja; **a clever stroke of** ~ pametna taktika

tactile [tæktail, -til] *a* otipljiv, ki se more občutiti z dotikom; tipen; ~ **sense** tip

tactility [tæktíliti] *n* otipljivost

taction [tækšən] *n* (redko) tipanje; kontakt

tactless [tæktlis] *a* (~**ly** *adv*) netakten, brez takta, indiskreten; brezobziren

tactlessness [tæktlisnis] *n* netaktnost, indiskretnost, brezobzirnost

tactor [tæktə] *n biol* tipalo, tipalnica

tactual [tækčuəl] *a* tipen, otipljiv

tad [tæd] *n A coll* otroče, pobič, fanté

tadpole [tædpoul] *n zool* žabji paglavec; kapelj

tael [téil] *n* tel (kitajski denar)

ta'en [téin] skrajšano za **taken**

taenia [tí:niə] *n med* tenija; *zool* trakulja

taeniafuge [tí:niəfju:dž] *n* sredstvo proti trakuljam

taffy [tæfi] *n* smetanov bonbon; *A coll* laskanje, dobrikanje

Taffy [tæfi] *n* (vzdevek) Valižan; Valižani

tafia [tæfiə] *n* slabša vrsta ruma

taft [ta:ft, tæft] *n tech* s flanšo opremljena svinčena cev

tag I [tæg] *n* konček, privesek, trakec; uho ali zanka pri škornju za obuvanje; okovica na koncu trakov za čevlje; (razmršen) koder las; ploščica ali etiketa z imenom na kovčku, vojaku okrog vratu itd.; okrasni dodatek kakemu predmetu; epilog, sklepna beseda; refren (pesmi), (obrabljen) citat, aforizem, krilatica; poanta, morala; *theat* igralčeve besede gledalcem ob koncu igre; konec, rep, dostavek; ~ **and rag** sodrga; **old** ~ star rek; **he replied with a** ~ **from Horace** odgovoril je z (obrabljenim) citatom iz Horaca

tag II [tæg] *vt vi* opremiti z etiketo, etiketirati; obrobiti, obšiti; dodati sklepno besedo (književnemu delu); povezati, spraviti v zvezo (**to, with** z), (**together** skupaj); kovati, delati verze; slediti (komu) kot senca; iti, biti (komu) za petami; **to** ~ **after s.o.** letati za kom

tag III [tæg] **1.** *n* lovljenje, mance (otroška igra); **2.** *vt* uloviti (pri mancah)

tag-day [tægdei] *n A* nabiralen dan (za Rdeči križ)

tag-end [tægend] *n* zadnji ostanek, konec

tagetes [tədží:ti:z] *n bot* indijski nagelj

tagged [tægd] *a* etiketiran

tagger [tægə] *n* pripenjalec, našivalec; *pl* tanka pločevina; ~ **of verses** rimač; ~ **after women** ženskar

tagrag [tægræg] **1.** *n* cunja, capa; **2.** *a* raztrgan, razcapan

tail I [téil] **1.** *n* rep; trtica; spodnji del; konec (sprevoda itd.); zadnji del pluga; stran kovanca z napisom; spremstvo; najslabši igralci kakega moštva, odpadki; stranka, privrženci; čašek, frak, škric, vlečka (obleke); *pl coll* družabna obleka; ~ **of a letter** konec pisma; ~ **of the trenches** *mil* najbolj sprednji jarki; ~ **of gale** konec nevihte; ~ **of a stream** tih, miren tok reke; ~ **margin** spodnji beli rob strani (knjige); ~**s up** *fig* dobre volje, vesel; ~ **of a musical note** del note pod črto; **close on s.o. 's** ~ komu tik za petami; **cow's** ~ *fig* razcefran konec vrvi; **the dirty end of the cow's** ~ *fig* spolzko govorjenje (pogovor); **heads or** ~ **?** glava ali napis? (vprašamo, če mečemo kovanec v zrak za odločitev v kaki stvari); **with his** ~ **between his legs** *fig* ves preplašen, kot polit cucek; **to be unable to make head or** ~ **of s.th.** ne se spoznati, ne se moči znajti v čem; **to drop a pinch of salt on the** ~ **of a bird (a hare)**; *hum* natresti ptiču (zajcu) soli na rep (da bi ga ujeli); **to go into** ~ **s** *fig* hitro rasti; **my son has gone into** ~ **s** moj sin je oblekel svoj prvi žaket; **to follow the** ~ **of a plough** držati plug za ročaj, biti kmetovalec; **he had the enemy on his** ~ sovražnik mu je bil tik za petami; **she looked at me out of the** ~ **of her eye** skrivaj, s koncem očesa me je pogledala; **to put one's** ~ **between one's legs** stisniti rep med noge, zbežati; **to turn** ~ obrniti hrbet, planiti v beg, pete pokazati, popihati jo; **to twist s.o.'s** ~ *fig* nadlegovati ali dolgočasiti koga; **to twist the lion's** ~ mučiti, izzivati leva (aluzija na tuje časnikarje ali govornike, ki izzivalno žalijo Anglijo); **to walk at the** ~ **of a cart** hoditi za vozom; **the** ~ **wags the dog** rep miga s psom, *fig* najneumnejši (najmanj pomembni) komandira, vlada; 2. *a* najbolj zadajšnji, zadnji, končni, repni

tail II [téil] *vt* dodati (čemu) rep; tvoriti konec (sprevoda, pogreba itd.); skrivaj slediti (komu); prirezati rep, prijeti ali vleči za rep; odtrgati pecelj (sadežu); čuvati (koga); privezati (z enim koncem) **(to** na); *vi* tvoriti rep; biti z enim koncem pritrjen v zid (npr. greda); *sp* pustiti se vleči (po strmini navzgor); **to** ~ **to the tide, to** ~ **up and down the stream** dvigati in spuščati se na plimi (o zasidrani ladji);

tail away *vi* izgubiti se, raziti se, izginiti; raztrgati se (o koloni), zaostati; zmanjšati se, odpasti, osuti se; izpasti (iz igre); *sl* popihati jo, pobrisati jo

tail in *vt* vzidati; *vi* biti vzidan (z enim koncem)

tail off *vi* glej **tail away**

tail on *vt* dodati, nanizati, pripojiti, priključiti (zadaj), privezati; **the boy** ~ **ed his sister's doll's pram on to his scooter** deček je privezal sestrin voziček s punčko (lutko) na svoj skiro

tail out glej **tail away**

tail III [téil] *n jur* omejitev dedne pravice, omejena lastninska pravica; premoženje, ki more pripasti samo otrokom lastnika; **estate in** ~ **male** imetje, ki lahko preide samo na moške dediče; **a tenant in** ~ uživalec premoženja, ki mora pripasti njegovim naravnim dedičem

tail chute [téilšu:t] *n aero* zaviralno padalo

tail coat [téilkout] *n* frak; **dressed in a** ~ oblečen v frak

tailed [téild] *a* repat, ki ima rep; **long-**~ dolgorep; **a short-**~ **cat** mačka s kratkim repom; ~ **rhyme** rima v 1. in 2. stihu, v 3. in 4. stihu (zlasti v narodni pesmi)

tail end [téilend] *n* zadnji del, konec, kraj, rep (sprevoda itd.); **to come in at the** ~ kot zadnji priti skozi cilj (zlasti na konjskih dirkah)

tailender [téilendə] *n A coll* kdor je zadnji (na tekmi)

tail fly [téilflai] *n A* (ribištvo) muha

tail hook [téilhuk] *n* kavelj (cepin) (drvarjev ali splavarjev)

tailing [téiliŋ] *n* vzidan konec (kamna, opeke); *pl* odpadki; otrobi, mekine; *min* jalovina; madež, napaka (v tiskani tkanini)

tail lamp [téillæmp] *n* zadajšnja luč (pri vozu)

tailless [téillis] *a* nerepat, brez repa

tail light [téillait] *n* zadnja luč (pri avtu)

tailor [téilə] 1. *n* krojač; **lady's** ~ damski krojač; ~**'s bird** *joc* likalnik (krojaški); ~**'s cramp,** ~**'s spasm** krč v prstih; ~**'s twist** vrsta dolge svilene niti; **the** ~ **makes the man** obleka dela človeka; **to ride like a** ~ *fig* biti slab jezdec; slabo, nespretno jahati; 2. *vt* krojiti, delati ali narediti obleko **(for** za); oblačiti (koga); **well** ~ **ed** dobro oblečen, (o obleki) dobro narejen, krojen; **who** ~**s you?** kdo vam dela obleke?; **a play** ~**ed to the audience** za publiko prirejena igra; *vi* biti krojač, opravljati krojaški poklic

tailor bird [téiləbə:d] *n zool* vrsta penice

tailored [téilə:d] *a* narejen po meri, dobro pristajajoč (o obleki); eleganten; ~**suit** po meri narejena obleka

tailoress [téiləris] *n* krojačica

tailoring [téiləriŋ] *a* krojaštvo, krojaška obrt; krojaško delo, krojenje

tailor-made [téiləmeid] 1. *a* izdelan po krojaču, narejen po meri, nekonfekcijski; 2. *n* krojaški kostim

tailory [téiləri] *n* krojaštvo, krojačnica; krojaško blago

tail-piece [téilpi:s] *n* privesek, dodatek; košček lesa na glasbilu, na katerega se pritrdijo strune; konec kake kompozicije; *print* okrasek na koncu strani, vinjeta ipd.

tail-pipe [téilpaip] *n* sesalna cev (pri sesalki); izpušna cev (pri avtu)

tailpipe [téilpipe] *vt* navezati (psu) konservno škatlo na rep; *fig* jeziti, mučiti

takable [téikəbl] *a* prijemljiv; ulovljiv

take* I [téik] A. *vt* 1. vzeti, jemati; prijeti, zgrabiti; polastiti se, zavzeti; ujeti, zalotiti, zasačiti, *mil* ujeti; vzeti mero, izmeriti; peljati se (z); (po)jesti, (po)piti; **to** ~ **advice** vprašati (prositi) za (na)svet, posvetovati se; **he does not** ~ **alcohol** on ne pije (alkohola); **to** ~ **one's bearings** *mar* izmeriti (določiti) svoj položaj, *fig* ugotoviti, pri čem smo; **take her through this book** predelaj z njo to knjigo; **to** ~ **the bull by the horns** zgrabiti bika za rogove, *fig* spoprijeti se s kom (čim); **to** ~ **breakfast** zajtrkovati; **the car cannot** ~ **more than five** v avto ne more več kot pet oseb; **to** ~ **a cup of tea** popiti skodelico čaja; **shall we** ~ **our coffee in the garden?** bi pili kavo na vrtu?; **to** ~ **the chair** *fig* prevzeti predsedstvo, voditi (sejo ipd.); **to** ~ **s.o.'s eye** pritegniti pozornost kake osebe; **to** ~ **a flat** vzeti (v najem) stanovanje; **to** ~ **in one's hands** vzeti v roke; **to be taken ill** zboleti; **to** ~ **the lead** prevzeti vodstvo, iti (kot prvi) naprej; **I took her in a lie** ujel sem jo na laži; **to** ~ **s.o.'s measurements** vzeti komu mere (o krojaču); **I** ~ **the opportunity to tell you..** izkoriščam priliko, da vam povem..; **to** ~ **(holy) orders** *eccl* biti posvečen, ordiniran; **to** ~ **a part** prevzeti, igrati vlogo; **to** ~ **in bad part** zameriti, za zlo vzeti; **to ~ poison** vzeti strup, zastrupiti se; **to ~ precedence over** imeti prednost pred; **to ~ s.o. prisoner** (ali **captive**) *mil* ujeti koga; **to ~ 3000 prisoners** *mil* ujeti 3000 sovražnikov; **to ~ a seat** sesti (na stol); **to ~ s.o. for s.th.** *A sl* izvabiti, izmamiti, izlisičiti kaj iz koga; **to ~ s.o. stealing** zasačiti koga pri tatvini; **I ~ his statement with a grain of salt** njegove izjave ne jemljem dobesedno (»z zrnom soli«, razsodno, s pametnim premislekom); **to ~ by storm** (*ali* **assault**) zavzeti, osvojiti z jurišem; **to ~ a bit between teeth** *fig* odpovedati poslušnost; **to ~ s.o.'s temperature** (iz)meriti komu temperaturo; **to ~ by the throat** zgrabiti za vrat; **to ~ a ticket** vzeti, kupiti vozovnico; **to ~ the train (a taxi, a tram)** peljati se z vlakom (taksijem, tramvajem); **to ~ a thief in the act** zasačiti tatu pri dejanju; **to be taken in a trap** ujeti se v past; **the town was taken after a short siege** mesto je bilo zavzeto po kratkem oblegnju; **to ~ s.o. unawares** presenetiti koga; **to ~ the waters** piti zdravilno vodo (v zdravilišču); **to ~ the trouble of doing s.th.** vzeti si trud in napraviti kaj; **to ~ the veil** *rel* iti v samostan, postati nuna; **to ~ a wife** oženiti se; **to ~ the right way with s.o.** lotiti se koga s prave strani, na pravi način; **we must have taken the wrong way** morali smo se zmotiti v poti; **to ~ a poor view** (ali **a dim view**) **of** ne odobravati (česa), imeti slabo mnenje o; **2.** odvzeti, odšteti; odnesti, s seboj vzeti, (od)peljati, odvesti; iztrgati; **children were taken from their mothers** materam so odvzeli otroke; **~ three from ten** odštej tri od deset; **he tried to ~ her handbag from her** skušal ji je iztrgati torbico; **~ this letter to the post-office** odnesi to pismo na pošto; **~ your umbrella** vzemi dežnik s seboj; **the bus will ~ you there** avtobus vas bo peljal tja; **to ~ s.o. home** odvesti koga domov; **where will this road ~ us?** kam nas pelje ta pot?; **he was taken in the prime of life** umrl je v najboljših letih; **he was taken hence** umrl je; **3.** dobiti; izkoristiti; prejemati, biti naročen na; nakopati si, stakniti; **to ~ cold** dobiti (stakniti, nakopati si) nahod, prehlad; **to ~ a cold** prehladiti se; **to ~ a fever** dobiti mrzlico; **to ~ an infection** okužiti se, inficirati se; **to ~ a game** dobiti igro; **to ~ s.th. as a reward** dobiti kaj kot nagrado; **to ~ the first prize in** dobiti prvo nagrado v (pri); **to ~ a degree at the university** diplomirati na univerzi; **to ~ a newspaper** biti naročen na časopis; **to ~ a (mean) advantage of s.th.** (grdo) izkoristiti kaj; **to ~ s.th. under a will** dobiti (podedovati) kaj po testamentu; **4.** vzeti, zahtevati, potrebovati, biti potreben; **it ~s a good actor to play this role** le dober igralec more igrati to vlogo; **it ~s time and courage** za to je potreben čas in pogum; **it took me** (ali **I took**) **5 minutes to reach the station** potreboval sem 5 minut, da sem prišel do postaje; **it did not ~ more than 3 minutes** to ni trajalo več kot 3 minute; **it would ~ a strong man to move it** potreben bi bil močan možakar, da bi to premaknil; **which size in hats do you ~?** katero

številko (velikost) klobuka potrebujete (nosite, imate)?; **it ~s two to make a quarrel** za prepir sta potrebna dva; **5.** občutiti, imeti; nositi, pretrpeti, prenašati, prestati, doživeti; napraviti; **to ~ the consequences** nositi, prevzeti posledice; **to ~ an examination** napraviti izpit; **to ~ a fall** *A sl* nositi posledice; **to ~ a loss** (pre)trpeti, imeti izgubo; **to ~ offense** biti užaljen, zameriti; **to ~ pains** (po)truditi se; **to ~ pity on s.o.** občutiti (imeti) usmiljenje za koga; **to ~ umbrage** sumničiti, posumiti; **to ~ great pleasure in s.th.** imeti veliko veselje za kaj, uživati v čem; **are we going to ~ it lying down?** bomo to prenesli, ne da bi reagirali?; **these troops had taken the brunt of the attack** te čete so doživele glavni sunek napada; **6.** očarati, prevzeti, privlačiti; **to be ~n with (by)** biti očaran od; **he ~s readers with him** on očara (potegne za seboj) svoje bralce; **to ~ s.o.'s fancy** ugajati, prikupiti se komu; **his play did not ~** njegova drama ni imela uspeha; **they soon took to each other** kmalu sta se vzljubila; **what took him most was the sweetness of her voice** kar ga je najbolj prevzelo, je bila milina njenega glasu; **7.** razumeti, razlagati (si), tolmačiti (si), sklepati; smatrati (za), imeti za, vzeti za, verjeti; **I ~ it that..** to razumem tako, da..; **shall I ~ it that..** naj to razumem (naj si to razlagam), da..?; **then, I ~ it, you object to his coming** torej, če prav razumem, vi nasprotujete temu, da bi on prišel; **as I ~ it** kot jaz to razumem, po mojem mnenju (mišljenju); **do not ~ it ill if I do not go** ne zamerite mi, če ne grem; **to ~ a hint** (ali **cue**) razumeti namig; **to ~ a joke well (ill)** (ne) razumeti šalo; **to ~ seriously** resno vzeti; **you may ~ it from me** lahko mi to verjamete; **whom do you ~ me for?** za koga me (pa) imate?; **to ~ s.o. for a fool** imeti koga za norca; **to ~ s.th. for granted** vzeti (smatrati) kaj za dejstvo, za samoumevno; **I ~ this to be fun** to smatram za šalo; **I ~ him to be** (ali **for**) **an honest man** imam ga za poštenjaka; **to ~ as read** *pol jur* smatrati za prebrano (zapisnik itd.); **may I ~ the minutes as read?** smem smatrati, da je zapisnik odobren?; **8.** zateči se (k, v); iti (k, v); vreči se v, pognati se v; preskočiti; **to ~ earth** *hunt* zbežati v luknjo (o lisici), *fig* umakniti se, skriti se; **to ~ a header** skočiti (na glavo) v vodo; **to ~ (to) the water** iti v vodo; **he took the bush** zatekel se je (pobegnil je, šel je) v hosto; **they took to the woods** zbežali so (zatekli so se) v gozdove; **to ~ refuge** (ali **shelter**) zateči se (*with* k); **~ to the stage** iti h gledališču; **take the corner slowly** počasi zavijte okoli vogala; **the horse took the hedge with the greatest ease** konj je preskočil živo mejo z največjo lahkoto; **9.** fotografirati; skrbeti (za); **he took me while I was not looking** fotografiral me je, ko sem gledal(a) drugam; **he insisted on being ~n with his hat on** na vsak način je hotel biti fotografiran s klobukom na glavi; **to ~ views** delati (fotografske) posnetke, fotografirati; **to have one's photograph ~n** dati se fotografirati; **to ~ a photo** fotografirati; **she took her mother in her old age** skrbela je za mater v njeni starosti **B.** *vi*

uspeti, imeti uspeh, naleteti na odziv; *bot* prijeti se, uspevati, ukoreniniti se; *tech* prijeti; prijeti se (o barvi); *med* učinkovati, delovati (zdravilo, cepivo ipd.); (o ribi) prijeti, ugrizniti; *phot* fotografirati se, biti fotografiran; (redko) vneti se, vžgati se; *coll* biti prizadet; **the book did not ~** knjiga ni imela uspeha; **the dye ~s well on this cloth** barva se dobro prime (drži) na tem blagu; **some people ~ better than others** nekateri ljudje so videti boljši na fotografiji kot drugi; **he did not ~ well this time** to pot on ni dober (ni dobro uspel) na fotografiji; **to ~ well** biti fotogeničen; **he ~s well (badly)** on je (ni) dober na fotografiji; **to take sick** zboleti; **to ~ as heir** prevzeti dediščino, nastopiti kot dedič; **Posebne zveze:**
to ~ into account (ali **consideration**), **to ~ account for** vzeti v poštev (v račun), upoštevati, računati z, ozirati se na, vračunati; **to ~ aim at** *mil* meriti, ciljati na; **to ~ the air** iti na zrak (na prosto, ven); (o pticah) zleteti v zrak; *aero* dvigniti se; **to ~ alarm** vznemiriti se; **to ~ breath** zajeti sapo, oddahniti si; **to ~ the bun** (ali **cake**, ali **biscuit**) *sl fig* vse prekositi; **this ~s the cake!** *sl* to je pa že višek!; **to ~ care** biti oprezen, paziti; **to ~ charge of** prevzeti vodstvo (upravljanje, odgovornost) za; vzeti v svoje varstvo; **to ~ one's chance** tvegati, upati se; **to ~ s.o. into one's confidence** zaupati se komu, zaupno povedati komu kaj; **to ~ under consideration** vzeti v pretres, v presojo; **to ~ comfort** potolažiti se; **to ~ a dare** pustiti (dati) se izzvati ali razdražiti; **deuce ~ it!** vrag vzemi to! k vragu s tem!; **to ~ effect** učinkovati, imeti učinek, uspeh; *jur* stopiti v veljavo; **to ~ exception to** (ali **at, against**) grajati, oporekati, biti užaljen, zameriti, delati očitke; **to ~ evasive action** *sl* izmuzniti se (pred nevarnostjo, dolžnostjo, plačanjem); **to ~ one's ease** udobno se namestiti; **to ~ s.o.'s evidence** *jur* zaslišati koga; **to ~ one's farewell** vzeti slovo, posloviti se; **to ~ to heart** vzeti si k srcu, biti prizadet, užaloščiti se; **to ~ holiday** vzeti si dopust; **to ~ hold of** prijeti, zgrabiti; **to ~ it into one's head** vbiti si (to) v glavo; **to ~ an interest in** zanimati se za; **to ~ issue with** ugovarjati, nasprotovati, biti proti; **to ~ it (on the chin)** *sl* požreti (žalitev), mirno sprejeti (kazen); **~ it or leave it!** vzemi ali pa pusti! reci da ali pa ne! napravi, kar hočeš!; **to ~ a journey** potovati, iti na potovanje; **to ~ kindly to s.o.** čutiti nagnjenje do koga, marati koga; **to ~ a leap** poskočiti; **to ~ leave of** vzeti slovo od, posloviti se od; **to ~ liberties** preveč si dovoliti, biti predrzen; **to ~ lessons** jemati učne ure (lekcije); **to ~ one's life in one's hand** tvegati (svoje) življenje, staviti svoje življenje na kocko; **to ~ the measure of s.o.'s foot** vzeti mero za obutev, *fig* premeriti sposobnosti, moči kake osebe; **to ~ the minutes** pisati, voditi zapisnik (seje itd.); **to ~ no dobiti** odklonitev; **to ~ possession of** vzeti v posest; **to ~ notice** *coll* opaziti; **to ~ notice of** vzeti na znanje, upoštevati; **to ~ no notice of** ne upoštevati, ne se meniti za, ignorirati; **to ~ in** (ali **to**) **pieces** narazen (se) dati, razstaviti (se); **to ~ part in** udeležiti se, sodelovati v; **to ~ a**

ride pojezditi; peljati se (z vozilom); **to ~ a river** iti čez reko; **to ~ rise** izvirati, nasta(ja)ti; **to ~ root** ukoreniniti se; **to ~ shape** dobiti obliko, (iz)oblikovati se; **to ~ the rough with the smooth** *fig* vzeti življenje takšno, kakršno je; **the son took after his father** sin se je vrgel po očetu; **to ~ by surprise** presenetiti; **to ~ short** presenetiti, zalotiti; **to ~ to singing a tune** začeti peti melodijo; **to ~ to bad habits** vdati se slabim navadam; **to ~ to s.th. like ducks to water** takoj se vneti (ogreti) za kaj; **to ~ to task** poklicati na odgovornost, grajati, ošteti; **to ~ the time from s.o.** *fig* točno se ravnati po kom; **to ~ one's turn** priti na vrsto; **to ~ turns** menjavati se (za); **to ~ a turn for the worse** obrniti se na slabše; **to ~ things easy** lagodno delati; **~ it easy!** ne razburjaj se!; **I am not taking any** *coll* hvala, tega ne bom (vzel), tega ne maram; **to ~ the water** *mar* izpluti; **to ~ the wind out of s.o.'s sails** *fig* preprečiti komu kaj, prekrižati komu načrte; **to ~ wine with s.o.** nazdraviti komu; **to ~ upon o.s. an office** prevzeti (neko) službo (dolžnost, opravilo); **that walk did ~ it out of us!** ta sprehod nas je zares zdelal; **to ~ one's time** vzeti si čas; **to ~ s.o. at his word** koga za besedo prijeti

take aback *vt* nazaj zagnati, vreči; ovirati, ustavljati; presenetiti, iznenaditi, osupiti

take about *vt* voditi (koga) okoli

take along *vt* vzeti s seboj, odnesti; **I'll take that book along with me** vzel bom to knjigo s seboj;

take amiss *vt* zameriti, zlo vzeti

take apart *vt* narazen vzeti

take aside *vt* v stran (koga) potegniti (vzeti)

take away *vt* & *vi* odvzeti (**from** od), odvesti, odstraniti; pospraviti (mizo po obedu); **to take o.s. away** odpotovati

take back *vt* vzeti nazaj, dobiti nazaj; *coll* preklicati, nazaj vzeti (dano besedo)

take down *vt* sneti; *tech* demontirati, razstaviti; podreti (drevo); zabeležiti, zapisati; vzeti v zapisnik; *coll* ponižati; (s težavo) pogoltniti (zdravilo); peljati (damo) k mizi; **to ~ the lecture in shorthand** stenografirati predavanje; **I'll take you down a notch** (ali **peg**) **or two** bom že izbil iz tebe tvoj ponos!

take forward *vt* naprej peljati; povišati

take in *vt* sprejeti, vzeti (najemnike, goste itd.); popeljati (k mizi); delati (kaj) za koga; vključiti; zmanjšati, zožiti (obleko); zviti (jadro); *fig* motriti, opaziti, spoznati; *coll* prevarati, oslepariti, ogoljufati; biti naročen, aboniran (na časopis itd.); zavze(ma)ti, okupirati; *mot* vzeti (bencin); *com* kupovati (blago); izkupiti, prejeti (denar); (vse) verjeti, za resnico vzeti; **she takes in washing** ona pere za druge; **to ~ gas** (E **petrol**) vzeti bencin (na črpalki); **to ~ a lady in to dinner** peljati damo v jedilnico k večerji

take off *vt* sneti, odložiti, sleči, sezuti; odvzeti, odstraniti, odpeljati proč, odvesti; odvrniti (pozornost); *econ* zmanjšati, znižati (cene); *econ* odtegniti, odvzeti; pogoltniti, popiti; *coll* posnemati, kopirati, oponašati, karikirati, zasmehovati; *phot* narediti (kopije); *vi* popustiti, poleči se (vihar); odstraniti se; *sp* (od)-skočiti; *aero* vzleteti, startati; **to take o.s. off** odpeljati se, oditi; **to ~ one's hat to s.o.** odkriti se komu; **to ~ s.o.'s attention** odvrniti pozornost kake osebe; **to take s.o. off to the station** odpeljati koga na postajo; **take yourself off!** poberi se!

take on *vt* vzeti (nase), prevzeti; vzeti (v službo, na ladjo itd.); najeti; peljati, odvesti dalje, naprej; nadeti si, privzeti; *sp* vzeti za soigralca; sprejeti (stavo, delo, službo); *vi* stopiti v službo; *coll* razburjati se, gristi se (*at* zaradi), besneti, postavljati se, prevzetovati, delati se važnega, vihati nos; **to ~ flesh** (z)rediti se; **to ~ a character of dignity** nadeti si dostojanstven videz; **to ~ s.o. at golf** igrati golf s kom; **I cannot ~ this job again** ne morem zopet (pre)vzeti to delo (posel)

take out *vt* izvleči, potegniti iz, vzeti iz; izruvati (zob); izbrisati, odstraniti (madež); odvesti, odpeljati, peljati ven; dobiti kot odškodnino; skleniti (zavarovanje); dati si izstaviti, izposlovati si (patent); **to take it out** odškodovati se, maščevati se; **as he could not get paid, he took it out in groceries** ker ni mogel dobiti denarja, si je dal plačati v špecerijskem blagu; **to take it out on s.o.** stresti svojo jezo nad kom; **to take s.o. out to dinner** peljati koga na večerjo; **to take the children out for a walk** peljati otroke na sprehod; **to ~ a patent** dobiti patent; **to ~ an insurance policy** skleniti zavarovanje; **to ~ one's first papers** formalno izjaviti, da želi (kdo) postati državljan ZDA

take over *vt* prevzeti (namesto koga, po kom) (službo, dolžnost, odgovornost); prepeljati; (telefon) zvezati (*to* z); *vi pol* prevzeti vladanje, vlado; vzeti stvar (položaj) v roke, prevzeti iniciativo; **the ferry will take you over** brod vas bo prepeljal; **we take you over to Zagreb** vežemo vas z Zagrebom

take together *vt* skupaj vzeti, *fig* skupaj ogledovati, medsebojno primerjati

take up *vt* dvigniti, pobrati; gor odnesti, vzeti s seboj gor; vpi(ja)ti, absorbirati (tekočino, vlago); zavzemati, jemati (čas, prostor); vzeti (na ladjo, na vlak itd.) (potnike); ujeti, prijeti, aretirati; prekinitit, pasti v besedo, ugovarjati, motiti, popraviti (govornika); vzeti (koga) za varovanca; začeti (študij, branje itd.), lotiti se (posla, poklica, dela), vzeti v roke; baviti se (s čim); nadaljevati (govor, preiskavo, izpraševanje, zasliševanje itd.); *med* podvezati (žilo); povzeti (refren); pobrati (zanko); prevzeti (delnice); zategniti (jermen); pokupiti (knjige); sprejeti (službo); stanovati v; *tech* zatesniti; grajati; *vi* zadovoljiti se, strinjati se (*with* z), vdati se v; *tech* zapreti se sam od sebe (spah, stik, vrzel); *coll* začeti ljubezensko razmerje; *A* začeti se (šola); **to ~ the cudgels for** *fig* krepko, goreče braniti, se zavzemati za; **to ~ current opinions** privzeti trenutna naziranja (mnenja); **to ~ the gauntlet** (ali **glove**) pobrati rokavico, *fig* sprejeti izzivanje; **to ~ a thief** prijeti, ujeti tatu; **to ~ time** vzeti, jemati čas; **to ~ under rebate** *econ*

diskontirati (menico); **to ~ with plain food** zadovoljiti se s preprosto hrano; **to be taken up with** biti zaposlen z, biti poglobljen v; **sponges ~ water** gobe vpijajo vodo; **the train stopped to ~ passengers** vlak se je ustavil, da bi vzel (nove) potnike; **he takes up with a bad lot** druži se s tolpo malopridneževǀ

take II [téik] *n* vzetje, odvzem; ulov (rib); *hunt* plen, uplenitev; prejemek, iztržek, izkupiček, inkaso (v gledališču, na koncertu itd.); film, televizija, posnetek scene, scena; *E* zakup, zemlja v zakupu; *šah* odvzem (figure); **a great ~ of fish** velik ulov rib; **he is very proud of his ~** zelo je ponosen na svoj plen, na to, kar je ujel (ulovil)

takeable [téikəbl] *a* = takable

takedown [téikdaun] **1.** *a* razstavljiv; **2.** *n* razstavitev; *coll* ponižanje

take-home (pay) [téikhoum (péi)] *n* čista plača (po odbitku za socialno zavarovanje, za sindikat itd.)

take-in [téikín] *n coll* prevara, potegavščina, varanje, sleparija; slepar(ka), goljuf(inja)

taken [téikən] *pp* od **to take**

take-off [téikó:f] *n* odvzem; *aero* vzlet letala, start; mesto ali trenutek vzleta; *sp* (od)skok, odskočno mesto; *fig* odskočna deska, izhodišče, start; *coll* posnemanje, kopija, karikatura; **~ board** odskočna deska

take-over [téikóuvə] *n econ* prevzem

taker [téikə] *n* jemalec; človek, ki rad jemlje, vzame; *econ* odjemalec, kupec; zmagovalec, osvajalec; oseba, ki sprejema ali sklepa stave; *obs* tat; **ticket ~** železniški kontrolor (vozovnic)

taker-in, *pl* **-ers-in** [téikərín] *n* delavec, ki dela doma; *econ* faktor (v tovarni); slepar, goljuf

taker-off, *pl* **-kers-off** [téikəróf] *n* odjemnik, odjemalec

take-up [téikʌp] *n* napenjanje, natezanje; *tech* valj za natezanje (vrvice, tkanine); naprava za zvijanje v zvitek, v balo; naprava za navijanje (niti, sukanca itd.); navijanje, namotavanje

takin [tá:kin] *n zool* vrsta azijske divje koze

taking [téikiŋ] **1.** *n* jemanje, odvzem; prevzem (v posest); ulov, plen; *mil* osvojitev, zavzetje; aretacija, ujetje (zločinca); *phot* snemanje, posnetek; *obs* razburjenje, razburjenost, nemir; **in a great (ali fair) ~** zelo razburjen, čisto iz sebe; **~ to pieces** razstavitev; **2.** *a* (**~ ly** *adv*) prikupen, privlačen, simpatičen, osvajajoč; ki (človeka) prevzame, očarljiv, dražesten; *coll* nalezljiv; **that's ~** to je nalezljivo

taking away [téikiŋəwéi] *n* odvzem, odvzetje

taking back [téikiŋbæk] *n* vzetje nazaj; *econ* preklic

taking in [téikiŋín] *n econ* prejemek, dohodek; *coll* prevara, sleparija

takingness [téikiŋnis] *n* čar, mikavnost

taking off [téikiŋóf] *n* odvzem; odhod; smrt

taking over [téikiŋouvə] *n* prevzem

taking up [téikiŋʌp] *n tech* navitje, namotanje; *econ* najetje (posojila)

taky [téiki] *a* očarljiv; kričeč (barva)

talaria [təléəriə] (*Lat*) *n pl myth* talárije (krilate sandale Hermesa ali Merkurja) talc [tælk] **1.** *n min* lojevec, smukec, talk(um); **2.** *vt* posuti s talkom

talcky [tǽlki] *a* lojevcu podoben, vsebujoč lojevec

talcum [tǽlkəm] *n* glej **talc**

tale [téil] *n* zgodba, povest, pripoved, pripovedka; bajka, pravljica; poročilo, vest, novica; izmislek, izmišljotina, lažna zgodba, laž; *obs* pogovor, pogovarjanje; opravljanje, obiranje; *obs* naštevanje; obračun; (skupno) število; **out of** ~ neštevilen; **fairy** ~ pravljica; **legendary** ~ legenda; **old wives'** ~ s babje čenče; **his** ~ **is out** *fig* z njim je konec; **if all** ~ **s be true** če je vse res, kar se pripoveduje; **to sell by** ~ prodajati po kosih; **that tells its own** ~ **to** že samo vse pove, stvar je jasna, vsak komentar k temu je odveč; **I want to tell my own** ~ jaz hočem zgodbo sam povedati; **to tell (to carry, to bear, to bring)** ~ s brbljati, klepetati, čenčati; opravljati, obrekovati, ovajati; **to tell** ~ s **out of school** *fig* pripovedovati zaupane skrivnosti, izklepetati; tožariti, ovajati

talebearer [téilbéərə] *n* opravljivec, obrekovalec; brbljavec; ovaduh; *coll* tožljivec

talebearing [téilbéəriŋ] **1.** *n* opravljanje, obrekovanje, ovajanje; tožarjenje; klepetanje, blebetanje; **2.** *a* klepetav, opravljiv

talemonger [téilmʌŋgə] *n* glej **talebearer**

talent [tǽlənt] *n* nadarjenost, dar, talent; sposobnost; nadarjena oseba, talentiran človek, talent; (kolektivno) talenti, inteligenca; *hist* utež (26,2 kg) in denar pri starih Grkih itd.; **of great** ~ zelo talentiran; ~ **for acting** igralski talent; **all the** ~ vsa, celotna inteligenca; **the** ~ (dirkalni šport) publika, ki stavi, sklepa stave; **to have a** ~ **for (drawing)** imeti talent za (risanje); **to hide one's** ~ s **in a napkin** *fig* ne izkoriščati svojih prirojenih sposobnosti

talented [tǽləntid] *a* nadarjen, talentiran, sposoben

talentless [tǽləntlis] *a* nenadarjen, netalentiran, brez nadarjenosti, nesposoben

tales [téili:z] *n pl* nadomestniki, nadomestni porotniki; (*sg constr*) seznam nadomestnih porotnikov; *jur* poziv nadomestnim porotnikom; **to pray a** ~ v sodni dvorani slučajno navzoče prositi, da izpopolnijo klop porotnikov

talesman, *pl* -men [téilzmən] *n* nadomestni, pomožni porotnik

taleteller [téiltelə] *s* pripovedovalec zgodb, pravljic; bahač; *coll* glej **talebearer**

talion [tǽljən] *n* talion, povračilo, enako vračilo za kaj; kazen, ki je enaka hudodelstvu

taliped [tǽliped] **1.** *a med* deformirana (noga); ki ima kepasto nogo; **2.** *n* oseba s kepasto nogo

talipes [tǽlipi:z] *n* deformirana, kepasta noga

talisman [tǽlizmən] *n* talisman; čarovno sredstvo; predmet, ki naj imetniku prinaša srečo ali ga varuje zla

talk I [tɔ:k] *n* pogovor, razgovor, govorjenje, govor, govoričenje, govorica, (prazno) besedičenje, čenče; predmet pogovora; (radio) predavanje, kramljanje; način govorjenja, izražanje, jezik; **the** ~ **of the town** *fig* stvar, o kateri vsi govore; **full of** ~ brbljav, žlabudrav; **idle** ~ prazno besedičenje, govoričenje; **he is all** ~ on samo govori (ne naredi pa nič); **she is the** ~ **of the town** vse mesto govori o njej; **there is much**

~ **and no work** veliko je govorjenja, storjenega pa nič; **those people are nothing but** ~ teh ljudi so samo besede, ti ljudje samo frazarijo; **it will all end in** ~ iz tega ne bo nič, ostalo bo le pri besedah; **to make** ~ govoriti zaradi govorjenja; **there is** ~ **of his being bankrupt** govori se, da je (on) v bankrotu; **I want to have a** ~ **with him** rad bi govoril (se pogovoril) z njim

talk II [tɔ:k] *vi* pogovarjati se, govoriti, kramljati; govoričiti, klepetati, čenčati: izgovarjati glasove; razpravljati; povedati svojo sodbo, svoje stališče, pojasniti; sporazumeti se; *sl* pametno govoriti; **for the sake of** ~ ing le zaradi pogovora, samo da govorimo; **to** ~ **big (ali tall)** bahavo govoriti, bahati se; **to** ~ **by signals** govoriti, sporazumevati se z znaki; **to** ~ **ill of s.o.** slabo govoriti o kom; **to** ~ **in one's sleep** govoriti v spanju; **to** ~ **nineteen to the dozen** *fig* klepetati, brbljati kot raglja; **to** ~ **to the point** govoriti konkretno, ne se oddaljiti od predmeta; **he is always** ~ ing on neprestano govori; **now you are** ~ ing *fig* to je pametno govorjenje; tako je prav; sedaj se bomo mogli sporazumeti; **do what you will, people will** ~ napravite, kar hočete (karkoli napravite), ljudje bodo vedno imeli svoje pripombe; *vt* govoriti kaj, o čem; reči; izraziti, izpovedati; **to** ~ **a donkey's hind leg off** *fig* preveč, neprestano govoriti; **to** ~ **nonsense** govoriti nesmisle; **to** ~ **turkey** odkrito, naravnost govoriti; **to** ~ **politics** govoriti o politiki; **to** ~ **rubbish** govoriti neumnosti, čvekati; **to** ~ **sense (ali wise)** razumno, pametno govoriti; **to** ~ **shop** *fig* govoriti (le) o strokovnih, poslovnih zadevah; govoriti stvarno; **to** ~ **to o.s.** sam s seboj govoriti, imeti samogovore; **to** ~ **to s.o.** resno govoriti s kom, ošteti koga; **to** ~ **o.s. hoarse** do hripavosti govoriti; **you are** ~ ing my **head off** *fig* govoriš toliko, da me glava boli, da mi bo glava odpadla; **you are** ~ ing me silly govoriš toliko, da me boš norega naredil; **he can** ~ **five languages** on zna (govoriti) pet jezikov; **to** ~ **through one's hat** *fig* pretiravati, blufirati, širokoustiti se; govoriti nesmisle, neumnosti; **to get o.s.** ~ ed **about** dati govoriti o sebi; **he tried to** ~ **me into buying the horse** skušal me je pregovoriti, da bi kupil konja; **to** ~ **s.o. out of s.th.** (skušati) odvrniti koga od česa; **to** ~ **s.o. into believing s.th.** prepričati koga o čem; **to** ~ **s.o. into his grave** *fig* spraviti koga v grob s svojim govorjenjem

talk away *vt* kar naprej, neprestano govoriti; prekramljati; eno in isto ponavljati; **we** ~ ed **the afternoon away** prekramljali smo vse popoldne; **he will** ~ **for hours together** ure in ure bo govoril (govori) brez prestanka

talk back *vt* nevljudno, kljubovalno nazaj odgovarjati, jezikati, imeti dolg jezik; **children should not** ~ otroci ne bi smeli odgovarjati (jezikati)

talk down *vt* z govorjenjem (koga) utišati, pripraviti k molku; **he brought forward an objection but was talked down** imel je ugovor, a so ga utišali; *vi* preprosto govoriti; prilagoditi se (nižjemu) nivoju (poslušalcev); pokroviteljsko, zviška govoriti; **he always talks me down** vedno govori zviška z menoj

talk out *vt* utruditi z neprestanim govorjenjem; *parl E* preprečiti sprejem (zakonskega predloga (itd.) s podaljševanjem debate v nedogled; zavlačevati razpravljanje; **to talk o.s. out** nagovoriti se do mile volje, napripovedovati se; **to ~ s.o. out of a purpose** pregovoriti koga, da opusti svoj načrt; **to talk it out** *fig* odkriti svoje srce

talk over *vt* pretresati, prediskutirati (**a plan** načrt); pregovoriti, pridobiti (koga) z nagovarjanjem; **to ~ an opponent** pregovoriti nasprotnika; **~ it over with your parents** pogovorite se o tem s starši; **he wanted to leave the party, but they talked him out** hotel je zapustiti stranko, pa so ga pregovorili

talk round *vt* na dolgo pretresati; spremeniti prepričanje ali mišljenje (kake osebe); pregovoriti (koga)

talk up *vt coll* odkrito povedati; hvaliti, delati reklamo za; **he is always talking up that watering place** on ne neha delati reklame za ono (slatinsko) zdravilišče

talkathon [tó:kəθɔn] *n A sl* maratonska seja

talkative [tó:kətiv] *a* (~ **ly** *adv*) zgovoren, klepetav, brbljav, jezikav

talkativeness [tó:kətivnis] *n* zgovornost, klepetavost, jezikavost, brbljavost

talkee-talkee [tó:kitó:ki] *n coll* nenehno brbljanje, klepetanje; nerazumljiv govor ali jezik, žargon, latovščina

talker [tó:kə] *n* govorec, oseba, ki govori, govornik; kramljavec, brbljavec; **a good ~** zabaven človek

talk film [tó:kfilm] *n* zvočni film

talkie [tó:ki] *n A coll* zvočni film; *pl* industrija zvočnih filmov; kino z zvočnimi filmi

talking [tó:kiŋ] **1.** *a* govoreči; ki zna govoriti; izraziti; **a ~ parrot** papiga, ki govori; **~ eyes** izrazite oči; **~ (motion) film** zvočni film; **~ machine** fonograf; **2.** *n* govorjenje; klepetanje, brbljanje; zabava; **he did all the ~, all the ~ was on his side** on je imel glavno besedo

talking point [tó:kiŋpɔint] *n* predmet (téma) razgovora

talking-to *pl* **-tos** [tó:kiŋtu:] *n coll* ukor, graja, opomin, posvaritev, lekcija

talky [tó:ki] *a* zgovoren, čenčav; plitev, površen; **~ -talk** *coll* prazno govoričenje, brbljanje

tall [tɔ:l] **1.** *a* visok, visoke postave; dolg in tanek; vitek; velik; *coll* bahav, bahaški, širokousten; pretiran, neverjeten; fantastičen, kolosalen, nenavaden; *obs* lep, krasen, drzen; spreten; **~ hat** cilinder (pokrivalo); **a ~ story** neverjetna ali komaj verjetna zgodba; **he is six feet ~** on je šest čevljev visok; **a ~ talk** bahavo govorjenje, bahanje; **I am tired of his ~ talk** naveličan (sit) sem njegovega širokoustenja; **that is a ~ order** to je pretirana zahteva, preveč zahtevano; **2.** *adv* bahavo, ošabno, prevzetno, domišljavo, naduto; **to talk ~** širokoustiti se, bahati se, postavljati se

tallage [tǽlidž] *n E hist* (občinski) davek

tallboy [tó:lbɔi] *n* komoda, predalnik (na visokih nogah); *aer mil sl* težka bomba

tallier [tǽliə] *n* oseba, ki računa na rovaš; nadzornik skladišča; blaga; bankir (pri kartanju)

tallish [tó:liš] *a* precej velik

tallness [tó:lnis] *n* visoka postava, višina, velikost

tallow [tǽlou] **1.** *n* loj; *tech* mast, mazivo; **vegetable ~** rastlinska mast; **2.** *a* lojev; **~ candle** lojena sveča, lojenka; **3.** *vt* (na)lojiti; namazati; spitati, zrediti (živali); *vi* dajati loj

tallow chandler [tǽloučǽndlə] *n* svečar, izdelovalec sveč

tallow-drop [tǽloudrɔp] *n* kupolasti rez (draguljev)

tallower [tǽlouə] *n* izdelovalec ali prodajalec lojenih sveč; žival, ki daje loj

tallow-face [tǽloufeis] *n* (*zaničljivo*) bledoličnik, bled človek

tallow-faced [tǽloufeist] *a* bledoličen, blede polti

tallowish [tǽlouiš] *a* lojnat, podoben loju

tallow tree [tǽloutri:] *n bot* drevo, ki izloča stearinu podobno snov ali daje plodove, iz katerih se pridobiva stearin

tallowy [tǽloui] *a* lojnat, lojen; masten

tally I [tǽli] *n hist* rovaš; zareza; račun, obračun; polovica, ki ustreza drugi polovici; eden od dveh predmetov, ki tvorita celoto; duplikat (*of* česa); etiketa, nalepka (na zabojih itd.), listek; pločevinasta znamka za shranjeno robo v garderobi; kupon; število, kup, množina česa vzeto kot enota (npr. ducat, stotica itd.); popis; **~ sheet** *econ* (ob)računska pola, popis; **~ shop** trgovina, kjer se kupuje na obroke; **~ system** sistem prodajanja (blaga) na odplačila; **~ trade** *E* trgovina s plačevanjem na obroke; **to buy goods by the ~** kupovati blago v skupinah (na ducate ipd.);

tally II [tǽli] *vt* preštevati (blago) po kosih; knjižiti, registrirati, pregledati, kontrolirati, označiti, zaznamovati, markirati (blago); oblepiti z etiketami; sortirati; *vi* ustrezati, zlágati se, skladati se (**with** z, s); imeti banko (pri igri); **I can't get our accounts to ~** ne morem spraviti v sklad naše računе; **the goods don't ~ with the invoice** roba se ne ujema s fakturo; **his story tallied with mine** njegova zgodba se je ujemala z mojo

tallyho [tǽlihóu] **1.** *interj hunt* ho! telihou!; **2.** *n hunt* klic lovcev, gonjačev, ko zagledajo lisico; vrsta štirivprežne kočije; **3.** *vt & vi* zaklicati »tallyho« lovskim psom, da začno zasledovati lisico

tallyman, *pl* **-men** [tǽlimən] *n econ* trgovec, ki prodaja na odplačila; oseba, ki računa po rovašu; trgovski potnik z vzorci

talma [tǽlmə] *n hist* dolgo ogrinjalo brez rokavov, talma

talon [tǽlən] *n* krempelj; dolg noht; *econ* talon, obnovitveni list na kuponski poli; (kartanje) karte, ki ostanejo po razdelitvi; (mečevanje) sunek

talus I, *pl* **-li** [téiləs, -lai] *n anat* talus, skočnica (kost); *med* vrsta kepaste noge

talus II [téiləs] *n* pobočje, reber, strmina, breg; *geol* peščeni plaz, griža (ob vznožju gore)

tamability [teiməbíliti] *n* ukrotljivost, udomačljivost

tamable [téiməbl] *a* ukrotljiv, udomačljiv

tamableness [téiməblnis] *n* glej **tamability**

tamanoir [tæmənwá:] *n zool* mravljinčar

tamarind [tǽmərind] *n bot* tamarinda

tamarisk [tǽmərisk] *n bot* tamariska

tambour [tǽmbuə] **1.** *n mus* bobnica, pavka, veliki boben; okvir za vezenje, vezenje; *archit* valjast kamen v trupu stebra; valjast temelj (pod zemljo); *mil* obrambna ograda (pri utrdbi); *techn* boben; ~ **lace** iz tila vezene čipke; **2.** *vt* vesti (vezem) na okviru za vezenje; tamburirati

tambourine [tæmbəri:n] **1.** *n mus* ročni bobenček (s kraguljčki), tamburin; **2.** *vt* udarjati na tamburin

tame I [téim] *a* (~ **ly** *adv*) krotek, ukročen, udomačen; miren, ponižen. pohleven; ubogljiv, pokoren, poslušen; *coll* (o rastlini ali zemlji) gojen, kultiviran, obdelan, žlahten, oplemeniten; potrt, neodločen, malosrčen, medel, slab; plašljiv, bojazljiv; neduhovit, dolgočasen (zgodba); nedolžen (dovtip); ~ **cat** *coll fig* dobrodušnež (ki se da izkoriščati)

tame II [téim] *vt* ukrotiti, udomačiti; *fig* obvladati, podvreči si, pokoriti, obrzdati, ukloniti; *vi* postati krotek

tameless [téimlis] *a* (~ **ly** *adv*) neukrotljiv, neukročen, divji

tamelessness [téimlisnis] *n* neukrotljivost

tameness [téimnis] *n* krotkost; ubogljivost, pohlevnost, poslušnost; dolgočasnost

tamer [téimə] *n* krotilec, -lka

tamis [tǽmis] *n* glej **tammy I**

tammy I [tǽmi] *n* etamin; sito iz blaga

tammy II [tǽmi] n glej **tam-o'-shanter**

tam-o'-shanter [tæməšǽntə] *n Sc* okrogla volnena čepica (vrsta baretke)

tamp [tæmp] **1.** *vt tech min* zamašiti, začepiti, natlačiti, napolniti (izvrtine z glino itd, da bi bil učinek eksplozije jačji;) čvrsto stlačiti, steptati, zbiti (zemljo); vložiti (v zemljo, v mah itd.); **2.** *n tech* tolkač, bat, phaj

tamper [tǽmpə] *vi* vtikati se, vmešavati se, mešati se, vmešati se, zaplesti se (**with** v); biti vpleten (**with** v); tajno se dogovarjati, konspirirati, spletkariti, intrigirati; napraviti brez dovoljenja nepooblaščene spremembe (v oporoki itd.), ponarediti; pokvariti, skaziti, (za)šušmariti; podkupiti, skušati vplivati (**with** na); **don't** ~ **with these things** ne vmešavaj se v te stvari! prste proč od teh stvari!; **the burglars** ~ **ed with the safe** vlomilci so skušali odpreti safe (sef); **to** ~ **with a disease** nestrokovno obravnavati bolezen, šušmariti z boleznijo; **to** ~ **with a document** nedovoljeno spreminjati (ponarediti) dokument; **to** ~ **with a witness** podkupiti pričo; vplivati na pričo, da ne izpove resnice

tamperer [tǽmpərə] *n* oseba, ki se vmešava, zaplete v nekaj nedovoljenega; spletkar, intrigant; šušmar, mazač

tampion [tǽmpiən] *n mil* lesen čep za topovsko cev; *obs tech* čep, veha, zamašek; *mus* pokrov (pri orgelskih piščalih); *obs* moznik, klin

tampon [tǽmpən, -pən] **1.** *n med* tampon (šop vate ali gaze); čep, zamašek; *print* tampon; **2.** *vt* zamašiti, začepiti s tamponom, tamponirati; *print* tamponirati

tamponade [tæmpənéid] *n med* tamponada, ustavljanje krvi s tamponi; vstavljanje tamponov, zamašitev (ran itd.) s tamponi

tamponage [tǽmpənidž] *n med* tamponaža glej **tamponade**

tamponment [tǽmpənmənt] *n med* glej **tamponade**

tam-tam [tʌ́mtʌm] glej **tom-tom**

tan [tæn] **1.** *n chem* čreslo(vina), strojilo; barva čreslovine; rumeno rjava barva; obleka, čevlji, škornji takšne barve; zagorelost (kože) od sonca; **the** ~ *sl* cirkuška arena; cirkus; **to lose one's** ~ izgubiti svojo zagorelo barvo; **2.** *a* strojarski; ogorel od sonca; (ki je) barve čreslovine; ~ **house,** ~ **yard** strojarna; **3.** *vt* strojiti; čresliti (kože); porjaviti (kožo) od sonca; *sl* strojiti (koga) s palico, natepsti; *vi* porjaveti, ogoreti (koža) od sonca; dati se strojiti (usnje)

tanbark [tǽnba:k] *n tech* čreslovina; rumenkasto rjava barva; **spent** ~ izlužena čreslovina

tandem [tǽndəm] **1.** *n* tandem; dvosedežen bicikel; voz, v katerega so konji vpreženi eden za drugim, vprega konj v nizu; vrsta dveh ali več predmetov; **2.** tandemski, (razporejen) eden za drugim; **3.** *adv* tandemsko, eno za drugim; **to drive** ~ voziti se s konji, ki so vpreženi eden za drugim

tang I [tæŋ] **1.** *n tech* državni konec (kraj, prijem, (noža itd.); oster, neprijeten okus, *fig* priokus stranski, lahen, neznaten okus, sled (**of** česa); oster vonj; **it has a** ~ **of cynism** *fig* to ima priokus cinizma; **2.** *vt* opremiti s prijemom (orodje, jedilni pribor itd.); dati (čemu) kak priokus

tang II [tæŋ] **1.** *n* vreščeč, predirljiv zvok ali ton; napačen ton; **2.** *vt* napraviti, da nekaj (glasno) zveni; **to** ~ **bees** s hrupom ustaviti čebelji roj; *vi* (glasno in ostro) zveneti; premikati se glasno, hrupno

tang III [tæŋ] *n bot* (rjava) morska alga

tangency, -ce [tǽndžənsi, -ns] *n math* dotik; **point of** ~ dotikališče

tangent [tǽndžənt] **1.** *n math* tangenta, dotikalnica; *fig* nenaden odmik, odklon; *A coll* ravnočrtna železniška proga; **at (in, upon) a** ~ z nenadoma spremenjenim kurzom; **to fly (to go) off at a** ~ nenadoma kreniti v stran, oddaljiti se od téme (razgovora), nenadoma preiti z ene stvari na drugo; **2.** *a* dotikajoč se (**to** česa); ~ **balance** tehtnica naklonica; **to be** ~ **to** dotikati se

tangential [tændžénšəl] *a* (~ **ly** *adv*) dotikalen, tangencionalen; *fig* odmikajoč se, bežen; brez cilja; nereden; ~ **force** tangencialna sila; ~ **plane** dotikalna ravnina; **to be** ~ **to** dotikati se

tangerine [tændžəri:n] **1.** *n* mandarina (sadež); **T** ~ prebivalec Tangerja; **2.** *a* tangerski

tangibility [tændžibíliti] *n* dotikljivost; otipljivost, čutljivost

tangible [tǽndžibl] *a* (**tangibly** *adv*) dotakljiv; otipljiv; določen, jasen, očiten; *econ* stvaren, materialen, realen; *fig* čuteč; **a** ~ **result** otipljiv rezultat; ~ **property** osebne premičnine

tangibleness [tǽndžiblnis] *n* glej **tangibility**

tangle [tæŋgl] **1.** *n* zamotanost; zavozlanje, zaplet, zapletenost; zmešnjava, zmeda; ~ **of hair** zamršeni lasje; **his business is in a** ~ njegovo poslovanje je v največjem neredu; **2.** *vt* zaplesti, zamešati, zmešati, zavozlati, zamršiti, zamotati; komplicirati; preplesti (**with** z); **a** ~ **d business** zamotana, komplicirana zadeva; *vi* (tudi ~ **up)** zamotati se, zaplesti se, z(a)mešati se, zavozlati se; komplicirati se; spustiti se (**v** boj); **only a few planes dared to** ~ **with the allied fleets** le malo letal se je upalo zaplesti (spustiti se) v boj z zavezniškimi zračnimi flotiljami tanglesome [tǽŋglsəm] *a* zapleten, zamotan, zmešan, zmeden; težaven

tanglefish [tǽŋglfiš] *n zool* morska igla

tanglefoot, *pl* -feet [tǽŋglfut, -fi:t] *n A sl* žganje, zlasti whisky

tanglewood [tǽŋglwud] *n A* gost gozd

tangly [tǽŋgli] *a* zapleten, zmešan; zraščen; pokrit z morskimi algami

tango [tǽŋgou] *n* 1. *n* tango (ples); 2. *vi* plesati go

tangy [tǽŋi] *a* ki ima močan (pri)okus, začinjen, pikanten

tank [tæŋk] 1. *n* tank za tekočine; bencinski tank; cisterna; rezervoar za vodo, bazen; *mil* oklepni bojni voz, tank, oklopnjak; *rly* shramba za vodo v tenderju; *phot* kopel, banja, doza; *sl* želodec; *sl* pivec, pijanec; *A* ribnik; *coll* vrečka za kruh, krušnjak; ~ car vagon cisterna; ~ lorry avto cisterna; 2. *vt* napolniti tank z vodo itd.; tankati; shraniti v tanku (za tekočine); *vi* tankati; oskrbeti se s pijačo, opijati se

tankage [tǽŋkidž] *n* hranjenje, shranitev tekočine v tankih, cisternah; v cisterni shranjena tekočina; pristojbina za hranjenje v cisterni; prostornina, volumen cisterne; *agr* krma ali gnojilo iz posušenih živalskih ostankov

tankard [tǽŋkəd] *n* ročka, kangla, vrč s pokrovom, maseljc (npr. za pivo); ~ bearer *hist* nosač vode (v Londonu)

tank buster [tǽŋkbʌstə] *n mil sl* razbijač, uničevalec tankov (npr. lovski bombnik)

tank drama [tǽŋkdrá:mə] *n theat* (senzacijska) igra, pri kateri se uporabi velika cisterna z vodo, npr. za predstavitev reševanja utapljajočih se

tank engine [tǽŋkendžin] *n* lokomotiva s tenderjem

tanker [tǽŋkə] *n mar* tanker; ladja ali vagon cisterna za prevoz nafte; *aero* letalo tanker; *mil* tankist

tank farm [tǽŋkfa:m] *n mil tech* park za tanke

tank trap [tǽŋktræp] *n mil* past za tanke

tankodrome [tǽŋkədroum] *n mil* mesto za parkiranje tankov, park za tanke

tannable [tǽnəbl] *a* ki se da strojiti

tannage [tǽnidž] *n* strojenje (kož); strojilo, čreslovina

tanned [tænd] *a* s čreslom strojen (koža); ogorel od sonca

tanner [tǽnə] *n* strojar, kožar; *E sl* kovanec za pol šilinga

tannery [tǽnəri] *n* strojarna

tannic [tǽnik] *a* taninski; strojarski; ~ acid čreslova kislina, tanin

tanning [tǽniŋ] *n* strojenje (kož); *sl* udarci, batine

tan ride [tǽnraid] *n* s čreslovino posuta jahalna steza

tansy [tǽnzi] *n bot* vratič; *bot* gosja trava

tantalite [tǽntəlait] *n min* tantalit

tantalization [tæntəlaizéišən] *n* mučenje, trpinčenje; muka, Tantalove muke

tantalize [tǽntəlaiz] *vt* mučiti, trpinčiti, dati ali napeti na natezalnico; šikanirati; dražiti (z varljivimi upi); *fig* prisiliti v neko umetno obliko; *vi* trpeti, neutešno si želeti (česa), umirati za

tantalizer [tǽntəlaizə] *n* mučitelj

tantalizing [tǽntəlaiziŋ] *a* (~ ly *adv*) mučilen, ki muči (trpinči, šikanira)

tantalum [tǽntələm] *n chem* tantal

tantalus [tǽntələs] *n* zabojček (kovček, stojalo) za steklenice, ki se da zapreti (zakleniti); *zool* vrsta pelikana

tantamount [tǽntəmaunt] *a* enakovreden, ekvivalenten, enako pomemben; to be ~ to biti enak čemu, biti isto kot

tan-tan [tǽntæn] *n* tamtam (monoton, ponavljajoč se ton)

tantara [tæntá:rə, tǽntərə] *n* fanfara; trobljenje trobent

tantivy [tæntívi] 1. *a* hiter, dirjajoč; 2. *adv* hitro, v diru; to ride ~ jahati v diru; 3. *n* dir, hiter galop; hitenje; 4. *vi obs* oddirjati, oddrveti, hitro jo pobrati; 5. *interj* trara! (zvok roga); trabtrab (ropot galopa)

tantrum [tǽntrəm] *n coll* nevolja, slaba volja; izbruh jeze, jeza, bes, togota; to be in one's ~ biti slabe volje; to fly into a ~ dobiti napad besnosti, togotnosti; raztogotiti se

tap I [tæp] 1. *n* (vodovodna, plinska itd.) pipa; čep, veha (pri sodu itd.); nastavljen sod; *coll* pijača, vrsta pijače; *coll* tip, vrsta, *med* cevka, cevčica; *tech* sveder za vrtanje; navoj vijaka; *coll* krčma, pivnica, točilnica; *tech* odcep(ek); *el* odjemalec toka; telefonska naprava za prisluškovanje telefonskih pogovorov; on ~ nastavljen (o sodu); *fig* na voljo, v poljubni količini; cask is on ~ sod je nastavljen, načet; beer is on ~ pivo se toči (iz soda); hot-(water) ~ pipa za toplo vodo; to turn the ~ on (off) odpreti (zapreti) pipo

tap II [tæp] *vt* nastaviti pipo (pri sodu); načeti, odpreti, začeti točiti; *med* punktirati; napraviti odcep (ceste, cevovoda, telefonske napeljave); (za)rezati drevo in izvleči sok; vključiti v svoje področje, v svojo interesno sfero; izprositi (*for* kaj); izkoriščati; *el* sprejeti; *tech* izvrtati notranje navoje pri vijaku; *vi* delati kot natakar v točilnici; prisluškovati telefonskim pogovorom; to ~ the admiral *naut sl* krasti (pijačo) iz soda; to ~ a cask nastaviti sod; to ~ capital načeti kapital; to ~ a new market odpreti novo tržišče; to ~ s.o. for money, for information (skušati) izvrtati, izvleči iz koga denar, informacije; to ~ a telephone wire, to ~ the telephone skrivaj prisluškovati telefonskemu razgovoru (z žicé) s posebno napravo; to ~ a subject začeti pogovor o kakem predmetu

tap III [tæp] *n* (lahen) udarec, potrepljanje; lahno trkanje (*at* na); zaplata (na podplatu čevlja); *mil A* znak (s trobento ipd.) za nočni počitek; ~ dance step (ples); ~ dancer plesalec stepa; to give s.o. a ~ on the shoulder potrepljati koga po rami

tap IV [tæp] *vt & vi* rahlo udariti, dotakniti se, dregniti, krcniti, potrepljati, (po)trkati (*at* na); pretrkati; *A* zakrpati (čevlje), popraviti z zaplato; to ~ at the door potrkati na vrata; to ~ s.o.'s fingers krcniti koga po prstih; to ~ one's foot udariti z nogo (ob tla); to ~ s.o. upon (ali on) the shoulder potrepljati koga po rami

tape I [téip] **1.** *n* ozek trak (iz tkanine, kovine, papirja); trak brzojavnega aparata; magnetofonski trak; trak na cilju (teka ali dirke); *sl* žganje; krajšava za ~ **measure**, ~ **worm**, **red** ~; **insulating** ~ izolirni trak; **red** ~ rdeča vrvica za povezovanje službenih spisov, *fig* birokracija; **to breast the** ~ (kot prvi) priteči na cilj; **2.** *vt* opremiti s trakom, zvezati s trakom; oviti (knjigo) s trakom; meriti z merilnim trakom; snemati, posneti, govoriti na magnetofonski trak; *mil sl* utišati (top); ~ **d music** na zvočni trak posneta glasba; **to have s.th.** ~ **d** *A sl* spoznati se na kaj

tape II [téip] *n E dial* krt

tape-line [téiplain] *n* merilni trak

tape-machine [téipməši:n] *n* avtomatski telegrafski aparat; magnetofon

tape-measure [téipmežə] *n* merilni trak

taper [téipə] **1.** *n* (tanka) voščena sveča; voščenica; *poet* luč, bakla; stožčast predmet; stanjšanje, oženje; *fig* počasno popuščanje, upadanje; **2.** *a* zašiljen, priostren; koničast; *coll* popuščajoč. pojemajoč; **3.** *vt & vi* biti priostren; tanjšati (se), šiliti (se), konča(va)ti (se) v konico; *fig* popuščati, pojemati; **to** ~ **off** *coll* (počasi) ponehavati, polagoma se izgubljati

tape-record [téiprikó:d] *vt* snemati, posneti na magnetofonski trak

tape recorder [téiprikó:də] *n el* magnetofon

tape-recording [téiprikó:diŋ] *n* snemanje na magnetofonski trak

tapered [téipəd] *a* šilast; koničast; razsvetljen s (tankimi) voščenimi svečami

taper file [téipəfail] *n tech* šilasta pila

tapering [téipəriŋ] *a* (~ **ly** *adv*) priostren, zašiljen, koničast, klinast

taperness [téipənis] *n* koničasta oblika

taperwise [téipəwaiz] *adv* šiljasto, zašiljeno

tapestried [tǽpistrid] *a* obložen, dekoriran s stenskimi preprogami

tapestry [tǽpistri] **1.** *n* stenska preproga, tapiserija; dekoracijsko blago; **2.** *vt* pokriti, okrasiti steno s stenskimi preprogami; vesti (vezem) vzorec itd.) v stensko preprogo

tapeworm [téipwə:m] *n zool* trakulja

taphouse [tǽphaus] *n* gostilna, krčma, pivnica, točilnica

tapioca [tæpióukə] *n bot* tapioka; moka iz tapioke

tapir [téipə] *n zool* tapir

tapis [tǽpi:, tǽpis] *n* (namizna) preproga; tapet; **to be, to come on the** ~ biti na tapetu, priti na tapet; biti predmet razgovora

tapist [téipist] *n fig* birokrat

tapnet [tǽpnet] *n* košar(ic)a iz bičja (za prevoz smokev)

tapper I [tǽpə] *n* tolkač; *dial zool* žolna; *el* telegrafska tipka

tapper II [tǽpə] *n* točaj, točilec; krčmar; molzni stroj

tappet [tǽpit] *n tech* ročica, vzvod; motoroga

tapping [tǽpiŋ] *n* izrezovanje navojev; *med* punktiranje, pretrkavanje, perkusija; *pl* odvzeta količina (pri točenju); *fig* izkoriščanje

tap-room [tǽprum] *n* točilnica (v gostilni)

tap-root [tǽpru:t] *n bot* glavna korenina

tapster [tǽpstə] *n* kletar, točaj, natakar

tapstress [tǽpstris] *n* točajka, natakatica

tar [ta:] **1.** *n* katran, smola; *fig* mornar; **a jolly (jack)** ~ mornar; **an old weather-beaten** ~ star morski volk (mornar); **2.** *vt* premazati, namazati s katranom; **they are** ~ **red with the same brush** *fig* imata (imajo) iste napake, našla sta se dva enaka; **to** ~ **and feather** namazati (koga) s katranom in posuti (ga) s perjem (kot kazen); *vi* postati katran; dajati katran; **3.** *a* katranski

taradiddle [tǽrədidl] **1.** *n coll* laž, izmišljotina; bahanje, širokoustenje, čenčanje; bahač; čenča; **2.** *vi* bahati se, širokoustiti se; *vt* nalagáti (koga), natvesti (komu kaj)

tarantella [tærəntélə] *n* južnoitalijanski ples

tarantula [tərǽntjulə] *n zool* tarantola, tarentul

taratantara [tærətǽntərə] *n* odmevanje trobent; fanfara; trara-trara

taraxacum [tərǽksəkəm] *n bot* (navadni) regrat; *med* zdravilo iz korena tega regrata

tar-brush [tá:brʌš] *n* ščet za mazanje s katranom; **he has a touch** (ali **lick**) **of the** ~ ima nekaj črnske ali indijanske krvi v žilah

tardiness [tá:dinis] *n* počasnost, kasnost; lenost; zamuda; oklevanje

tardigrade [tá:digreid] **1.** *n zool* tardigarda (vodna žuželka); *obs zool* lenivec; **2.** *a* počasen, pozen, kasen, netočen; len; **to be** ~ prepozno priti

tare I [téə] *n bot* navadna grašica; *fig* zmajevo seme, seme razprtij; *bibl* plevel (v žitu)

tare II [téə] **1.** *n econ* tara, teža embalaže; **actual** ~ čista tara; ~ **and tret** predpisi za odbitek tare; **2.** *vt econ* odbiti taro od celotne teže blaga, tarirati, določiti čisto težo blaga

targe [ta:dž] *n hist* majhen okrogel ščit

targeman, *pl* **-men** [tá:džmən] *n hist* ščitonosec

target [tá:git] *n* tarča; cilj; *fig* tarča (predmet) posmehovanja; *her* okrogel ščit; *rly* kretnični signal; ~ **practice** streljanje v tarčo; *mil* strelske vaje; ~ **shooting** *sp* streljanje v tarčo; ~ **date** določen čas, termin (za neko stvar); **the** ~ **for the invasion was set** določen je bil čas invazije; **to hit the** ~ zadeti tarčo, cilj

targeteer [ta:gitíə] *n hist* pešak s ščitom

tariff [tǽrif] **1.** *n* tarifa; (carinska, železniška itd.) pristojbina; carina, carinska tarifa; *E* cenik (v hotelu, restavraciji); **railway** ~ železniška tarifa; **2.** *vt* vpeljati, uvesti, določiti tarifo (pristojbino, carino, voznino ipd.); tarifirati; ocariniti (blago); ~ **protection** carinska zaščita; ~ **rate** tarifna, carinska stopnja; ~ **reform** *E* politika zaščitnih carin; *A* politika svobodne trgovine; ~ **wall** carinska pregraja (kake države)

tarlatan [tá:lətən] *n* tarlatan (bombažna tkanina)

tarmac [tá:mæk] *n tech E* = **tar macadam road**

tar macadam [tá:məkǽdəm] *n tech* makadamiziranje (cest); ~ **road** makadamizirana cesta; *aero* makadamizirana vzletna steza

tarn [ta:n] *n* gorsko jezerce

tarnish [tá:niš] **1.** *n* izgubljanje barve (sijaja); potemnelost, motnost (kovin); *fig* madež; **2.** *vt* odvzeti barvo (sijaj, lesk); napraviti motno; potemniti; *tech* matirati; *fig* umazati, omadeževati; **to** ~ **a reputation** omadeževati ugled; *vi* postati moten (brez sijaja, leska), potemneti; *fig* oslabeti; **it** ~ **es in the air** potemni na zraku

taroc: tarot [tǽrək; tǽrou] *n* (kartanje) tarok; karte za tarok

tarp [ta:p] *n* krajšava za **tarpaulin**

tarpaulin [ta:pó:lin] *n* nepremočljiva tkanina; katranizirana jadrovina; (katranizirana) ponjava, plahta; pooljena (nepremočljiva) mornarska obleka (zlasti hlače); *fig* mornar

tarpon [tá:pɔn: *n* tarpon (morska riba)

tar putty [tá:pʌti] *n* mešanica katrana in saj

tarradiddle [tǽrədidl] *n* = **taradiddle**

tarragon [tǽrəgən] *n bot* pehtran

tarred [ta:d] *a* katraniziran; zamazan s katranom; **to be ~ with the same brush** *fig* imeti iste napake

tarrier [tǽriə] *n* obotavljalec; zavlačevalec

tarrock [tǽrək] *n zool* troprsti galeb

tarry I [tá:ri] *a* katraniziran, namazan s katranom; katranast; *fig* umazan, nesnažen

tarry II [tá:ri] **1.** *n* bivanje, zadrževanje, mudenje; **2.** *vi* zadrževati se, muditi se, ostati (*at, in* pri, z); oklevati, obotavljati se; *vt* čakati, pričakovati (često *for*) (koga, kaj)

tarsus [tá:zəs] *n anat* gleženj

tart I [ta:t] *n* sadni kolač, sadna pita; *sl fig* deklina, pocestnica; **apple ~** jabolčni kolač, jabolčna pita

tart II [ta:t] *a* (**~ly** *adv*) kisel; oster, jedek; *fig* oster, ujedljiv, osoren, sarkastičen; slabe volje; hud, oster (bolečina); **a ~ answer** oster odgovor

tartan I [tá:tən] **1.** *n* tartan (škotsko karirasto volneno blago); ogrinjalo iz tega blaga (z vzorcem za oznako plemena); škotski gorjanec, hribovec; *pl* škotske čete; **2.** *a* narejen iz tartana; podoben tartanu

tartan II [tá:tən] *n mar* tartana (pokrita ribiška enojadrnica)

tartar [tá:tə] *n chem* vinski kamen, sodovec, tartar; *med* zobni kamen

Tartar (Tatar) [tá:tə] **1.** *n* Tatar; *fig* (tudi **t~**) divjak, vročekrvnež, srboritež, prepirljivec; kdor je močnejši; **to catch a ~** *fig* naleteti na močnejšega, na nepravega, najti svojega mojstra; slabo naleteti, skupiti jo, stakniti jo; **2.** *a* tatarski

Tartarean, -rian [ta:téəriən] *a* tártarski, podzemeljski; peklenski

Tartarian [ta:téəriən] = **Tatarian** tatarski

Tartaric [ta:tǽrik] = **Tatarian**

tartaric [ta:tǽrik] *a*; **~ acid** vinska kislina

tartarization [ta:təraizéišən] *n chem* nasičenost z vinsko kislino

tartarize [tá:təraiz] *vt chem* nasititi z vinsko kislino

tartish [tá:tiš] *a* kiselkast

tartlet [tá:tlit] *n* kolaček, tortica

tartness [tá:tnis] *n* kislost; ostrost; osornost, ujedljivost

task I [ta:sk] *n* naloga, naloženo delo; posel; šolska naloga; dolžnost; težavna naloga, težak problem; **by ~, to ~** po kosih, kos za kosom (o delu); **~ force** *A mil* skupina vojakov, odrejena za izvršitev posebne naloge; **to set s.o. a ~** dati komu nalogo; **to take s.o. to ~** zahtevati od koga račun (o čem), poklicati koga na odgovornost, grajati, izreči ukor komu,

kritizirati koga; **to take up a ~** lotiti se (neke) naloge

task II [ta:sk] *vt* dati nalogo (*s.o.* komu), naložiti težko delo (komu); biti zahteven za; obremeniti, zaposliti; napeti (um, moči); preskusiti, dati na preskušnjo; **to ~ one's memory** napenjati svoj spomin; **mathematics ~s this boy's brain** matematika je težko breme (je zahtevna) za možgane tega dečka

taskmaster [tá:skma:stə] *n* oseba, ki rada nalaga težka dela; nadzornik dela, preddelavec

taskmistress [tá:skmistris] *n* nadzornica dela

task wage [tá:skweidž] *n econ* akordna mezda

taskwork [ta:skwə:k] *n* naloženo, dodeljeno delo; delo po kosu, akordno delo

taskworker [tá:skwə:kə] *n* akordni delavec

tassel [tæsl] **1.** *n* čop(ek), resa (okras pri blagu); svilena vrvica kot bralni znak (v knjigi); *A bot* brada pri koruzi; **2.** *vt* okrasiti s čopki, z resami; *A* odstraniti brado pri koruzi

tasteable [téistəbl] *a* ki se lahko pokusi; *obs* okusen, slasten

taste I [téist] *n* okus (čut, lastnost); pokušanje (jedi); pokušnja; košček (*of* česa), zalogaj; požirek, kapljica; priokus; umetniški okus; takt; smer okusa, moda; nagnjenje, posebna ljubezen (*for* za); *obs* užitek; **a ~** malce, nekoliko; **out of ~, in bad ~** neokusen; **not to my ~** ne po mojem okusu; **bad ~** netaktnost; **a remark in bad ~** netaktna opazka; **a ~ of garlic** okus po česnu; **a man of ~** človek dobrega okusa; **~s differ** okusi so različni; **it is the ~ now** to je zdaj moda; **there is no accounting for ~s** vsakdo ima svoj okus; **it is a matter of ~** (to) je stvar okusa; **there was a ~ of sadness in his remark** v njegovi opazki je bil priokus (sled) žalosti; **to leave a bad ~ in the mouth** (zlasti *fig*) pustiti slab okus; **to take a ~ of s.th.** poskusiti grižljaj česa

taste II [téist] *vt* (p)okusiti, (p)okušati (jedi); preskusiti, preiskati; jesti majhne zalogaje; jesti, piti; (ob)čutiti, izkusiti, doživeti; poskušati; uživati; *obs* (p)otipati; *fig* poskusiti; *vi* imeti okus (*of* po); *fig* dišati (*of* po); po(s)kusiti, doživeti (*of* kaj); **to ~ blood** *fig* priti na okus; **to ~ of salt** imeti okus po soli, po slanem; **the milk ~s sour** mleko ima kisel okus

tasted [téistid] *a* okusen, slasten

tasteful [téistful] *a* (**~ly** *adv*) okusen (tudi *fig*); estetičen

tastefulness [téistfulnis] *n* okusnost; dober okus (česa); takt

tasteless [téistlis] *a* (**~ly** *adv*) neokusen, netečen, neslan, plehek; netakten; dolgočasen

tastelessness [téistlisnis] *n* neokusnost; netaktnost

taster [téistə] *n* pokuševalec, degustator; *tech* čaša za pokušanje (vina); paličica za ugotavljanje kakovosti masla, sira ipd.; pipeta

tastiness [téistinis] *n* okusnost (jedi itd.); *fig* okus

tasty [téisti] *a* (**tastily** *adv*) okusen; tečen; slasten; *fig* z mnogo okusa, v lepem slogu

tat I [tæt] *vt & vi* izdelovati ročna dela, čipke s pomočjo čolnička šivalnega stroja

tat II [tæt] **1.** *n E sl* cunja; **2.** *vi* zbirati cunje

tata [tætá:] **1.** *interj* (v otroškem jeziku) papá! na svidenje!; **2.** *n* sprehod (v otroškem jeziku); *sl mil* strojnica

Tatar [tá:tə] **1.** *n* Tatar; **2.** *a* tatarski (= **Tatarian**)

tatter I [tǽtə] **1.** *n* cunja, capa, krpa; *E sl* cunjar; **in** ~s razcapan, raztrgan, v capah; **rags and** ~s cunje, cape; **to tear to** ~s raztrgati; **2.** *vt* raztrgati (v cunje); *vi* biti raztrgan, cunjast

tatter II [tǽtə] *n* izdelovalec, -lka ročnih del, šipk

tatterdemalion [tætədiméiliən] **1.** *n* raztrganec, razcapanec, capin; **2.** *a* raztrgan, razcapan

tattered [tǽtəd] *a* raztrgan, razcapan; razpadel; lomljiv, krhek

tattle [tætl] **1.** *n* klepet(anje), čenčanje, brbljanje, žlabudranje, opravljanje; **2.** *vt & vi* klepetati, brbljati, čenčati, žlabudrati, opravljati; izbrbljati, izklepetati

tat(t)ler [tǽtlə] *n* brbljač, zgovoren človek, klepetulja; *sl* budilka (ura)

tattletale [tǽtlteil] *n coll* brbljač, klepetulja

tattling [tǽtliŋ] *a* (~ly *adv*) brbljav, žlabudrav, zgovoren, opravljiv

tattoo I [tətú:] **1.** *n mil* bobnanje ali trobentanje v vojašnici za (nočni) počitek; (večerna) parada (z godbo); bobnanje; trkanje; **to beat the devil's** ~ od nestrpnosti bobnati s prsti ipd.; **2.** *vi mil* trobiti za nočni počitek; nestrpno bobnati s prsti

tattoo II [tætú:] **1.** *n* tetoviranje; tetovirana risba; **2.** *vt* tetovirati;

tattoo III [tǽtu] *n E Ind zool* poni

tattouage [tætú:idž] *n* tetoviranje

tatty I [tǽti] *n Ind* preproga iz trave *cuscus* (obeša se na vrata, okna, da se shladi zrak v sobi)

tatty II [tǽti] *a* cenen, manjvreden

tau cross [tɔ:, tau krɔs] *n her* križ v obliki črke T

taught [tɔ:t] *pt & pp* od **to teach**

taunt I [tɔ:nt] *naut* zelo visok (jambor)

taunt II [tɔ:nt] **1.** *n* roganje, zasmehovanje, sramotenje, zbadanje; grajanje, ukor, opomin; **2.** *vt & vi* zbadati, zasmehovati, rogati se (komu); grajati, karati, oštéti; **to** ~ **s.o. with s.th.** očitati komu kaj

taunter [tɔ́:ntə] *n* zasmehovalec, porogljivec

taunting [tɔ́:ntiŋ] *a* (~ly *adv*) porogljiv, posmehljiv; grajalen, očitajoč

taurine [tɔ́:rain, -rin] *n zool* bik; govedo

tauromachian [tɔ:roméikiən] *n* bikoborec

tauromachy [tɔ:rɔ́məki] *n* bikoborba

taut [tɔ:t] *a* (~ly *adv*) napet, nategnjen; v dobrem stanju, v redu; čeden, ličen; strog (oseba)

tauten [tɔ:tn] *vt & vi* napeti (se), nategniti (se); iztegniti (ud)

tautologic [tɔ:tələ́džik] *a* (~ally *adv*) istorečen, ki pomeni isto, tavtologičen, tavtološki

tautologism [tɔ:tɔ́lədžizəm] *n* tavtologija

tautologize [tɔ:tɔ́lədžaiz] *vi* govoriti isto z drugimi besedami, po nepotrebnem ponoviti isto

tautologous [tɔ:tɔ́lǝgəs] *a* = **tautologic**

tautology [tɔ:tɔ́lǝdži] *n* = **tautologism**

tavern [tǽvən] *n* gostilnica, krčma, pivnica; *A* gostilna

taverner [tǽ:vǝnǝ] *n obs* krčmar

taw I [tɔ:] *n* nika, frnikola; igra z nikami; izhodna črta (v igri z nikami)

taw II [tɔ:] *vt* strojiti surovo kožo na irh; *obs* pretepsti

tawdriness [tɔ́:drinis] *n* ničvreden, neokusen nakit ali lišp; ničvrednost, cenenost

tawdry [tɔ́:dri] **1.** *n* nakit brez vrednosti; droben, cenen nakit; ogrlica, ovratna verižica; **2.** *a* (**tawdrily** *adv*) bleščav, bleščeč, pisan, neokusno nališpan; *fig* (ki je) brez vrednosti, cenen

tawer [tɔ́:ə] *n* irhar; oseba, ki stroji bele kože

tawery [tɔ́:əri] *n* strojenje belih kož, irharstvo

tawny [tɔ́:ni] *a* rjavkasto rumen, čreslovinaste barve

tawpie, tawpy [tɔ́:pi] *n* preprosto, naivno dekle; zanikrno, zanemarjeno dekle

taws(e) [tɔ:z] *Sc* **1.** *n* bič; **to get the** ~ biti tepen, dobiti batine; **2.** *vt* bičati

tax I [tæks] *n* (državni) davek; carina; dajatev, davščina; obdavčenje (*on s.o.* koga); pristojbina, taksa; *fig* breme, huda obremenitev, obremenjenost, napenjanje, velik napor, zahteva; *obs* očitek, graja; **the** ~**es** *E coll* davkarija; ~ **avoidance,** ~ **evasion** *jur* davčna prevara, utaja; ~ **abatement** znižanje davka; ~ **on land** zemljiški davek; ~ **rate** davčna stopnja; ~ **return** davčna prijava; **direct, indirect** ~ neposreden, posreden davek; **estate** ~ davek na dediščino; **income** ~ davek na dohodek, dohodnina; ~ **on turn-over** prometni davek; **stamp** ~ taksa v kolkih, kolkovina; **to cut a** ~ znižati davek; **to exact** ~**es** pobirati davke

tax II [tæks] *vt* oceniti, preceniti, obdavčiti, odmeriti (naložiti) davek; *A* zahtevati ceno; taksirati; *jur* določiti stroške; obremeniti, naprtiti; napeti, napenjati; očitati, grajati, obdolžiti, obtožiti; **to** ~ **s.o. with a crime** obtožiti koga zločina; **I cannot** ~ **my memory** *fig* nikakor se ne morem spomniti; **I will not** ~ **your patience** nočem zlorabljati vaše potrpežljivosti, nočem vam sitnariti; **what will you** ~ **me?** *A coll* koliko mi boste zaračunali?

taxability [tæksǝbíliti] *n* obdavčljivost, podvrženost obdavčenju (pristojbini, taksi)

taxable [tǽksǝbl] *a* (**taxably** *adv*) obdavčljiv, podvržen davku; ki je obvezen plačati davek; *jur* ki je obvezen plačati pristojbino (takso, stroške itd.); davčen; ~ **capacity** davčna moč; ~ **income** obdavčljiv dohodek

taxableness [tǽksǝblnis] *n* = **taxability**

taxation [tækséišən] *n jur* (o)cenitev, določitev stroškov; taksiranje, obdavčenje; *pl* davki; *obs* očitek, graja

tax collector [tǽkskǝléktǝ] *n* davkar, pobiratelj davkov

tax dodger [tǽksdɔdžǝ] *n* oseba, ki se skuša izogniti plačanja davka, ki utaji davek

taxeater [tǽksí:tǝ] *n econ* uživalec, prejemnik podpore

taxer [tǽksǝ] *n* cenilec, taksator

tax-exempt [tǽksigzem(p)t] *a econ* davka (takse) oproščen

tax-free [tǽksfri:] *a* oproščen, prost davka

tax gatherer [tǽksgæðǝrǝ] *n* pobiratelj davkov, davkar

taxi [tǽksi] **1.** n (avto)taksi; taksameter; ~ **dancer** *A* plesalka, ki za plačilo pleše z gosti v plesnem lokalu; ~ **driver** šofer taksija; **2.** *vi* voziti se, peljati se s taksijem; *aero* drseti po zemlji pred vzletom ali po pristanku; *vt* prevoziti, prepeljati s taksijem

taxicab [tǽksikæb] *n* taksi, avtotaksi

taxidermal [tæksidǿ:məl] *a* ki se tiče prepariranja in nagačenja živali

taxidermic [tæksidǿ:mik] *a* glej **taxidermal**

taxidermist [tǽksidə:mist] *n* nagačevalec (živali)

taxidermy [tǽksidə:mi] *n* veščina prepariranja in nagačenja (živali)

taximan, *pl* **-men** [tǽksimən] *n* šofer taksija

taximeter [tǽksimi:tə] *n* avtomatski števec prevožene poti (na vozilih), taksameter; pokazatelj cene (v taksiju)

taxin(e) [tǽksin] *n chem* taksin, smolasta snov, dobljena iz tise

taxiplane [tǽksiplein] *n* letalo taksi

taxis [tǽksis] *n med* ponovna namestitev zglobov, gležnja, sklepov itd. s pritiskom roke; *zool* klasifikacija; *gram* razpored, ureditev; *hist* oddelek vojske v stari Grčiji

taxless [tǽkslis] *a* prost, oproščen davka

taxonomy [tæksǿnəmi] *n bot zool* sistematika, nauk o klasifikaciji (rastlin ali živali), taksonomija

taxpayer [tǽkspeiə] *n* davkoplačevalec, davčni obveznik

taxridden [tǽksridn] *a* preobremenjen z davki

taxus I [tǽksəs] *n bot* tisa

taxus II [tǽksəs] *n obs zool* jazbec

tchick [čik] **1.** *n* tlesk z jezikom; tlesk; **2.** *vi* tleskniti z jezikom, tleskniti

tchu [ču:] *interj* fej!

tea [ti:] **1.** *n* čaj; *bot* čajevec, (kitajski) čajev grm; **afternoon** ~, **five-o'clock** ~ malica s čajem ob petih popoldne; ~ **biscuit** čajno pecivo; ~ **board** servirni pladenj za čaj; ~ **bread**, ~ **cake** čajni kolač, sladko pecivo; ~ **caddy** škatlica za čaj; ~ **cosy**, ~ **cozy** grelec čajnika; ~ **chest** zaboj za čaj (za transport); **beef**~ močna goveja juha, bujon; **black** ~ fermentiran čaj; **camomile** ~ kamilični čaj; **green** ~ samo na soncu posušen čaj; **high** ~, **meat** ~ lahka večerja s čajem okoli šestih; obilen obrok s čajem namesto večerje; **to take** ~ **with** piti čaj z; **2.** *vt* pogostiti s čajem, z malico; *vi* piti čaj; malicati; **we** ~ **at 5 o'clock** popoldne ob petih imamo čaj

teach* [ti:č] *vt* učiti, poučevati; naučiti, priučiti; (u)vežbati, navajati; dresirati, trenirati; *vi* poučevati, biti učitelj, učiteljevati; *A* učiti na; **to** ~ **s.o. manners** (na)učiti koga manir; **to** ~ **s.o. better** *fig* dopovedati komu; **to** ~ **s.o. to whistle** naučiti koga žvižgati; **I will** ~ **him a lesson** *fig* naučil ga bom, mu bom že pokazal; **I will** ~ **you to steal!** *coll* te bom že naučil krasti!; **my brother** ~ **es school** moj brat uči na šoli; **you can't** ~ **an old dog new tricks** *fig* kar smo v mladosti zamudili, ne moremo v starosti nadoknaditi

teachability [ti:čəbíliti] *n* glej **teachableness**

teachable [tí:čəbl] *a* ki se da (more) (na)učiti; učljiv, dobre glave

teachableness [tí:čəblnis] *n* učljivost; dobra glava za učenje

teacher [tí:čə] *n* (šolski) učitelj, -ica; srednješolski profesor, -ica; (visokošolski) učitelj, docent;

(splošno) vzgojitelj; ~ **college** *A* učiteljišče; ~ **training college** *E* učiteljišče

teachership [tí:čəšip] *n* profesura

teaching [tí:čiŋ] **1.** *n* učiteljevanje, učiteljski poklic; poučevanje, pouk; (često *pl*) nauk, doktrina; **2.** *a* učiteljski; poučevalen; ~ **staff** učiteljski zbor

tea-cloth [tí:kləθ] *n* namizni prtiček

teacup [tí:kʌp] *n* skodelica za čaj; **a storm in a** ~ vihar v kozarcu vode

teacupful [tí:kʌpful] *n* polna skodelica čaja

tea dance [tí:da:ns, *A* -dæns: (zlasti *A coll*) čajanka (s plesom)

tea-fight [tí:fait] *n sl* družba, ki je povabljena na čaj(anko)

tea garden [tí:ga:dən] *n* restavracijski vrt, kjer se servira zlasti čaj; čajna plantaža

teagle [ti:gl] *n dial* dvigalo

tea gown [tí:gaun] *n* popoldanska ženska obleka

teahouse [tí:haus] *n* čajnica (v Vzhodni Aziji)

teak [ti:k] *n bot* tik; tikovina (les)

teakettle [tí:ketl] *n* čajnik, samovar

teal [ti:l] *n zool* (= ~ **duck**) vrsta divje sladkovodne race

tea leaf [tí:li:f] *n* čajni list; *pl* čajna usedlina, gošča; *fig* izvržek, izloček, škart

team [ti:m] **1.** *n sp* moštvo, ekipa, team, klub, igralci; skupina; posad(a), partija delavcev na istem delu; vprega (konj), jarem (volov); *obs* potomstvo, rasa; jata (ptic); *A coll* fant od fare; **2.** *vt* zapreči, v jarem dati; prevoziti kaj z vprego; oddati delo (zgradbo hiše, ceste itd.) podjetniku, skupini delavcev itd.; **to** ~ **up with** delati skupaj (v ekipi) z; združiti se v jato (o pticah); **2.** *a* ekipni, skupinski, teamski ~ **captain** *sp* kapetan moštva; ~ **spirit** duh tovariške solidarnosti (v delovnem teamu), solidarnost

team boat [tí:mbout] *n* čoln, ki ga vlečejo konji

tea merchant [tí:mə:čənt] *n* trgovec s čajem

teaming [tí:miŋ] *n coll* sistem kolektivne zaposlitve delavcev; delitev dela v teamu (pri gradbenih podjetnikih)

teammate [tí:mmeit] *n* tovariš v moštvu; delovni tovariš

teamster [tí:mstə] *n* voznik (tovornega voza)

teamwise [tí:mwaiz] *adv* skupno, teamsko, ekipno; v vpregi

team-work [tí:mwə:k] *n* skupinsko (teamsko, ekipno, kolektivno) delo; *agr* delo z vprežno živino

tea party [tí:pa:ti] *n* družba, ki je povabljena na čaj(anko)

teapot [tí:pət] *n* čajnik; **a storm in a** ~ *fig* vihar v čaši vode

teapoy [tí:pɔi] *n Ind* (trinožna ali štirinožna) mizica za čaj

tear I [tie] *n* solza; (solzi podobna) kaplja; *pl* skrb, žalost, bolest; (redko) tožba, tarnanje; **in** ~ **s** (ves) v solzah, ihteč, jokajoč; ~ **of resin** kaplja smole; ~ **s of strong wine** kaplje, ki se naredijo v čaši vina, ki ni čisto polna; **crocodile** ~ **s** krokodilove solze; ~ **s gushed into her eyes** solze so ji stopile (privrele) v oči; **until the** ~ **s run** do solz; **to burst into** ~ **s** planiti v jok; **to draw** ~ **s from s.o., to reduce s.o. to** ~ **s** spraviti koga v jok; **to laugh to** ~ **s** do solz se (na)smejati; **to shed bitter** ~ **s** grenke solze točiti

tear II [téə] 1. *n* raztrg, razporek, raztrgano mesto; razcep; drvenje, hitra, divja naglica, hitenje; razburjenje, pobesnelost; *A sl* popivanje, veseljačenje; at full ~ z vso brzino, v polnem zamahu (zagonu); to go on a ~ iti na pohajkovanje

tear* III [téə] *vt* (raz)trgati; razkosati; pretrgati, prekiniti; iztrgati, izpuliti; vleči, natezati; odtrgati (from od); to ~ one's finger raniti si prst; to ~ one's dress on a nail strgati si obleko na žeblju; to ~ in two raztrgati na dvoje; to ~ a page out of the book iztrgati list iz knjige; to ~ open odpreti z raztrganjem, raztrgati; to ~ s.th. from s.o. iztrgati komu kaj; to ~ one's hair (iz)puliti si lase; to ~ to pieces raztrgati na kose, razkosati; to ~ one's shirt raztrgati si srajco; to be torn between hope and despair biti razdvojen (kolebati) med upanjem in obupom; *vi* (po)vleči (at za), močno potegniti (at za); (raz)trgati se; pretrgati se; prekiniti se, pokati; *coll* drveti, dirjati, divje hiteti, leteti (through skozi); *coll* divjati, besneti; this thread will not ~ ta nit se ne bo strgala; the children were ~ing about the road otroci so se podili sem in tja po cesti; he tore down the hill zdrvel je po hribu navzdol;

tear across *vi* raztrgati se po dolgem in počez; preteči; zbežati, pobegniti, oddrveti od (česa);

tear along *vt & vi* vleči, odvleči; potegniti; pohiteti;

tear away *vt* odtrgati, s silo ločiti (from od); zdrveti proč; he could not tear himself away from the book *fig* ni se mogel odtrgati od knjige;

tear down *vt* sneti, (dol) strgati; raztrgati; razrušiti, porušiti, zdrušiti, izravnati z zemljo, razdejati, podreti; to ~ a notice strgati (dol) objavo (z deske ipd.);

tear off *vt* odtrgati; to ~ a leaf odtrgati list; *vi* planiti (proč); oddrveti;

tear out *vt* iztrgati; izpuliti; izruvati;

tear up *vt* raztrgati, pretrgati; izpuliti, izruvati; *fig* spodkopati; to ~ a tree izruvati drevo; to ~ a letter raztrgati pismo; to ~ the foundations of the State spodkopati temelje države

tearaway [téərəwei] *a* silovit, silen; besen, divji; nagel, vzkipljiv; neobrzdan

tear bomb [tíəbɔm] *n* bomba z solzivim plinom

teardrop [tíədrɔp] *n* solza

tearer [téərə] *n* oseba, ki (kaj) (raz)trga; *A sl* sijajna stvar, »bomba«

tearful [tíəful] *a* (~ly *adv*) solzen, jokajoč, ihteč, ves v solzah; žalosten, bolesten; to be ~ ihteti, jokati; a ~ event žalosten dogodek

tear gas [tíəgæs] *n chem* solzivec, solzivi plin

tear gland [tíəglænd] *n med* žleza solznica

tear grenade [tíəgrəneid] *n* granata s solzivcem

tearing [téərin] 1. *a* trgajoč; ki se hitro (lahko) strga (blago); divji, besen, podivjan, silovit; drveč, nagel; *coll* sijajen, krasen, prvovrsten, »prima«; a ~ rage divja besnost (jeza); 2. *adv* divje, besno; ~ strength trgalna trdnost

tearless [tíəlis] *a* brez solz, nesolznih oči; *fig* brezčuten

tear-off [téərɔf] *n* odtržek (kupon) (vstopnice itd.); ~ calendar listni koledar

tea-room [tí:rum] *n* soba, prostor za serviranje čaja; čajarna

tea-rose [tí:rouz] *n bot* čajna roža; barva čajne rože

tear shell [tíəšel] *n mil* granata s solzivim plinom

tear-stained [tíəsteind] *a* objokan (oči); solzan; umazan od solz

teary [tíəri] *a* solzen, podoben solzi; poln solz, moker od solz

tease I [ti:z] *n* draženje, nagajanje, zbadanje, norčevanje, sitnarjenje; nadlegovanje; nadležna stvar, nadloga; nagajivec, sitnež, zbadljivec, nadležnež; *tech* česanje (volne), mikanje (lanu);

tease II [ti:z] *vt* nagajati, dražiti, zbadati, zafrkavati, rogati se, zasmehovati; nadlegovati; *tech* grebeniti, mikati, gradašati (lan, konopljo); česati (volno); *tech* podpihovati (ogenj); *vi* sitnariti (za kaj); biti nadležen; she ~d her mother some toys sitnarila je materi za nekaj igrač

teasel, teazel, teazle [tizl] 1. *n bot* (gozdna) ščetica, gladež, gladišnik; *tech* gradaše, mikalnik (za česanje volne); 2. *vt* česati (volno); kodrati, valjati (sukno)

teaseler [tízlə] *n* oseba, ki češe (volno), valja (sukno)

teaser [tí:zə] *n* nagajivec, zafrkljivec, zbadljivec; sitnež; *coll* trd oreh, težavna naloga, težak problem; *tech* stroj za grebenanje (volne itd.); *coll* nekaj vabljivega, mikavnega; *tech* kurjač; *zool* roparski galeb

tea-service, tea-set [tí:sə:vis, -set] *n* čajni servis

tea shop [tí:šɔp] *n* čajarna; *E* čajni bifé, brezalkoholni bifé

teasingly [tí:ziŋli] *adv* nagajivo, zbadljivo, zafrkljivo; posmehljivo; nadležno

teaspoon [tí:spu:n] *n* čajna žlička

teaspoonful [tí:spu:nful] *n* polna čajna žlička, količina polne čajne žličke

teastrainer [tí:streinə] *n* cedilo za čaj

teat [ti:t] *n med* (ženski) sesek, sesec; sesek; *tech* bradavična izboklina, bradavica

tea table [tí:teibl] *n* (nizka) čajna miza

tea-table [tí:teibl] *a*; ~ conversation neprisiljen pogovor, kramljanje (pri čaju)

tea things [tí:θiŋz] *n pl* čajni pribor

tea-time [tí:taim] *n* čas za čaj, za malico

teatlike [tí:tlaik] *a* podoben sesku

tea towel [tí:tauəl] *a* kuhinjska krpa

tea tray [tí:trei] *n* čajni pladenj

tea trolley [tí:trɔli] *n E* čajni voziček

tea urn [tí:ən] *n* posoda z vročo vodo za čaj; samovar; električni čajnik

tea wag(g)on [tí:wægən] *n* čajni voziček

tec [tek] *n sl* detektiv

technic [téknik] 1. *a* glej technical; 2. *n* tehnika, veščina, znanje, umetnost; *pl* tehnični izrazi; metodičnost, metode; podrobnosti; tehnika, tehnično ravnanje, manipuliranje

technical [téknikl] *a* tehničen; obrten, industrijski; strokoven; *jur* pravilen, pravi; *econ* nestabilen, negotov; ~ bureau konstrukcijski biro; ~ college tehnična visoka šola; ~ details tehnične podrobnosti; ~ difficulties tehnične težave; ~ director tehnični vodja, direktor; a ~ man strokovnjak; ~ market *econ* nestabilno tržišče; ~ly minded ki ima smisel za tehnične stvari;

~ **school** tehnična šola; ~ **skill** tehnična spretnost; veščina; ~ **term** tehničen, strokoven terminus, izraz

technicality [teknikǽliti] *n* tehnika, tehnično stanje, tehnična posebnost; uporabljanje tehničnih metod ali izrazov; strokovni izraz; *pl* tehnične posameznosti; strokovni izrazi, termini

technically [téknikəli] *adv* tehnično; natančno vzeto; pravzaprav

technician [tekníšən] *n* tehnik; tehnični strokovnjak, veščak

technicist [téknisist] *n* glej **technician**

technicolor [téknikʌlə] *n tech* tehnikolor; barvni film

technics [tékniks] *n pl* (večinoma *sg constr*) tehnika; inženirska znanost; tehnični izrazi; tehnične posame*n*nosti

techniphone [téknifoun] *n mus* nemi klavir (za vadenje)

technique [tekní:k] *n* tehnika; metoda, postopek, način izvajanja (izvedbe) kake veščine ali umetnosti; tehnična spretnost; ~ **of skiing** tehnika smučanja

technocracy [teknókrəsi] *n* tehnokracija

technocrat [téknikræt] *n* tehnokrat

technocratic [teknokrǽtik] *a* tehnokratski

technologic(al) [teknəlódžik(l)] *a* tehnološki; ~ **dictionary** tehnični strokovni slovar; ~ **school** tehnikum

technologist [teknólədžist] *n* tehnolog

technology [teknólədži] *n* tehnologija; tehnična strokovna terminologija (nomenklatura)

techy [téči] *a* občutljiv, lahkó razdražljiv; nevoljen; čemern, nataknjen, siten, nadležen

tectonics [tektóniks] *n pl* (večinoma *sg constr*) tektonika

ted [ted] *vt* raztrositi (seno, da se posuši)

tedder [tédə] *n agr* obračalnik (sena)

teddy bear [tédibéə] *n* medvedek (otroška igrača)

teddy boy [tédibɔi] *n* nediscipliniran, divjaški, surov nedoletnik, huligan

Te Deum [ti:dí:əm] *n eccl* tedeum, zahvalna pesem; *fig* zahvala

tedious [tí:djəs] *a* (~ **ly** *adv*) dolgotrajen, utrudljiv; dolgočasen, nezanimiv, zoprn; razvlečen, dolgovezen, obširen

tediousness [tí:djəsnis] *n* dolgotrajnost, utrudljivost; dolgočasnost; obširnost, razvlečenost, dolgoveznost

tedium [tí:diəm] *n* glej **tediousness**

tee I [ti:] **1.** *n* (črka) T; predmet v obliki črke T; **2.** *vt el* odcepiti

tee II [ti:] **1.** *n sp* cilj; tarča (pri nekaterih igrah, pri kegljanju itd.); (golf) kupček zemlje za žogico; **to a** ~ *fig* do pičice natančno; **2.** *vt* (golf) namestiti žogico na kupček zemlje; *vi* (golf) začeti igro s kupčka zemlje; **to** ~ **off** (golf) začeti igro z udarcem žoge s kupčka zemlje; *fig* začeti

tee III [ti:] *n* dekorativno nadzidje v obliki dežnika (pri pagodah)

teem I [ti:m] **1.** *vi* mrgoleti, biti prepoln (česa), obilovati; biti preobilen; *obs* skotiti (o živali); nositi sadeže; zanositi, biti breja; **to** ~ **with** mrgoleti od, biti poln, bogat s; **fish** ~ **in this lake** rib mrgoli v tem jezeru; **this lake is teem-**ing **with fish** v tem jezeru je polno rib; **this page** ~ **s with mistakes** na tej strani mrgoli napak; **the roads are** ~ **ing with people** na cestah se tare ljudi; **2.** *vt* poleči, skotiti, storiti, povreči (o živini)

teem II [ti:m] *vt* (često ~ **out**) iztresti, izli(va)ti, izprazniti (tekočino itd); *vi* líti; ~ **ing rain** dež, ki lije

teemer I [tí:mə] *n* izpraznjevalec; izlivalec

teemer II [tí:mə] *n obs* nosečnica; breja žival

teeming [tí:miŋ] *a* mrgoleč (**with** od); (do kraja) poln (česa), natlačen; silno ploden

teen I [ti:n] *n* žalost, bolečina, bol; skrb, briga; jeza

teen II [ti:n] *a* (star) med 13. in 19. letom, mladoleten

teen age [tí:neidž] *n* mladostna doba med 13. in 19. letom starosti

teen-ager [tí:neidžə] *n* fant ali dekle v starosti od 13 do 19 let

teener [tí:nə] *n* glej **teen-ager**

teens [ti:nz] *n pl* mlada leta (od 13. do 19. leta starosti); **to be in one's** ~ biti v starosti pod 20 let (od 13. do 19. leta starosti); **she is out of her** ~ starejša je kot 19 let

teeny [tí:ni] *a coll* majcen, majčken, drobčkan; slaboten, nebogljen

teeter [tí:tə] **1.** *n* zibanje, guganje; gugalnica; **2.** *vt & vi* zibati (se), gugati (se); majati (se)

teeth [ti:θ] *n pl* od **tooth**

teethe [ti:ð] *vi med* zobiti se, dobivati zobe

teething [tí:ðiŋ] *n* dobivanje zob; ~ **troubles** motnje ob dobivanju zob (pri otroku); *fig* otroške bolezni; *fig* začetne težave

teethridge [tí:θridž] *n* dlesne; *phon* alveolne dlesne, alveole

teetotal [ti:tóutl] *a* (~ **ly** *adv*) abstinentski; **he has gone** ~ on pije samo še vodo; protialkoholen, treznosten; ~ **society** treznostno društvo; *E dial, A coll* popoln, totalen

teetotalism [ti:tóutəlizəm] *n* zdržnost od alkohola, abstinenca

teetotal(l)er [ti:tóutələ] *n* abstinent, oseba, ki ne uživa alkohola

teetotalist [ti:tóutəlist] *n* glej **teetotal(l)er**

teetotum [tí:toutʌm, ti:tóutəm] *n* vrtavka (igrača); **like a** ~ (vrteč se) kot vrtavka

teg [teg] *n zool* ovca v 2. letu

tegular [tégjulə] *a* (~ **ly** *adv*) v obliki (strešne) opeke, kot opeka

tegument [tégjumənt] *n med zool* ovoj, odeja, odevalo (zlasti koža, skorja, povrhnjica); integument

tegumental [tegjuméntl] *a* pokrivalen, ovojen; kožen

tegumentary [tegjuméntəri] *a anat zool* glej **tegumental**

tehee [ti:hí:] **1.** *n* hihitanje, pridušen smeh; **2.** *vi* hihitati se, pridušeno se smejati; **3.** *interj* hihi!

teil [ti:l] **1.** *n bot* (= ~ **tree**) vrsta lipe

teind [ti:nd] *n Sc* desetina (dajatev)

tela, *pl* **-lae** [tí:lə, -li:] (*Lat*) *n med* tkivo; fina, tanka koža

telamon, *pl* **-nes** [téləmən] *n archit* telamon, atlant, nosilni steber v moški podobi (kot podpornik za balkon ipd.)

telautogram [teló:təgræm] *n el tech* tel(e)avtogram
telautograph [teló:təgra:f] *n el tech* tel(a)avtograf
telecamera [telikǽmərə] *n* televizijska kamera, telekamera
telecast [télika:st] **1.** *n* televizijska oddaja (prenos, program); **2.** *vt* oddajati po televiziji; *vi* dati televizijski prenos
telecaster [télika:stə] *n* spiker (komentator, igralec) na televiziji
teleceiver [télisi:və] *n* televizijski sprejemnik
telecine [télisini] *n* televizijski film; po televiziji prenesen film
telecommunication [telikəmjunikéišən] *n* telekomunikacija
telecourse [télikə:s] *n* po televiziji prenašan učni tečaj
telefilm [télifilm] *n* televizijski film
telegenic [telidžénik] *a* zelo primeren za televizijo, telegeničen
telegony [tilégəni] *n biol* telegonija, (namišljen) vpliv prvega spolnega partnerja na poznejša rojstva
telegram [téligræm] *n* telegram, brzojavka; **by** ~ brzojavno; **to hand in a** ~ predati brzojavko
telegraph [téligra:f] **1.** *n* brzojav, telegraf; *sp* plošča za objavljanje rezultatov; signalizacijski aparat, semafor; telegram; **2.** *vt* brzojaviti, telegrafirati, poslati brzojavko, brzojavno obvestiti; signalizirati; *sp* objaviti rezultate; *vi* brzojaviti, signalizirati; dajati znake, signale
telegraph board [téligra:f bɔ:d] *n sp* plošča za objavljanje rezultatov
telegrapher [tilégrəfə] *n* telegrafist(ka)
telegraphese [teligræfí:z] *n* telegramski stil
telegraph form [téligra:f fɔ:m] *n* telegrafski formular
telegraphic(al) [teligrǽfik(l)] *a* (~ **ally** *adv*) brzojavni, telegrafski; ~ **address (answer)** telegrafski naslov (odgovor); ~ **code** telegrafski kod (code), ključ za razvozljanje šifrirane pisave; ~ **transfer** telegrafski transfêr (prenos denarja)
telegraphist [tilégrəfist] *n* telegrafist(ka)
telegraph key [téligra:f ki:] *n* telegrafski, Morzejev ključ
telegraph line [téligra:f láin] *n* telegrafska linija
telegraph pole [téligra:f póul] *n* brzojavni drog
telegraph post [téligra:f póust] *n E* brzojavni drog
telegraph wire [téligra:fwaiə] *n* telegrafska žica
telegraphy [tilégrəfi] *n* telegrafija, brzojav; **wireless** ~ brezžični brzojav, radio
telemark [télima:k] *sp* **1.** *n* (često **T**~) telemark; **2.** *vi* izvesti telemark
telemeter [tilémitə] *n* telemeter, daljinomer
telemetry [tilémetri] *n* telemetrija
teleologic(al) [teliəlódžik(l)] *a* teleološki, teleologičen, sloneč na smotrnosti, smotrn
teleology [teliólədži] *n* teleologija, nauk o smotrnosti vsega na svetu
telepathic [telipǽθik] *a* (~ **ally** *adv*) telepatski
telepathist [tilépəθist] *n* telepat
telepathize [tilépəθaiz] *vt* vplivati, delovati (na koga) s telepatijo; *vi* ukvarjati se s telepatijo
telepathy [tilépəθi] *n* telepatija
telephone I [télifoun] *n* telefon; **at the** ~ pri telefonu, pri aparatu; **by** ~ po telefonu, telefonično; **over the** ~ preko telefona; **a conversation on**

the ~ telefonski pogovor; **a talk over the long-distance** ~ telefonski pogovor na veliko oddaljenost; **to be on the** ~ biti pri telefonu; imeti telefonski aparat, biti telefonski naročnik; **to ring s.o. up on the** ~ telefonično koga poklicati, telefonirati komu
telephone II [télifoun] *vt* telefonirati (kaj), javiti telefonično, poklicati koga po telefonu; govoriti po telefonu, telefonirati
telephone booth (box) [télifoun bu:ð, bɔks] *n* telefonska kabina
telephone call [télifounkɔ:l] *n* telefonski poziv; klic, poziv po telefonu; telefonada
telephone connection [télifoun kənékšən] *n* telefonska zveza
telephone directory [diréktəri] *n* telefonski imenik
telephonee [telifouní:] *n* oseba, ki jo kličejo po telefonu
telephone exchange [télifoun ikscéindž] *n* telefonska centrala
telephone girl [télifoun gə:l] *n* telefonistka
telephone number [télifoun nímbə] *n* telefonska številka
telephone operator [télifoun ópəreitə] *n* telefonist(ka)
telephoner [télifounə] *n* oseba, ki telefonira
telephone receiver [télifoun risí:və] *n* telefonska slušalka
telephone subscriber [télifoun səbskráibə] *n* telefonski naročnik
telephonic [telifónik] *a* (~ **ally** *adv*) telefonski; ~ **communication** telefonska zveza
telephonist [tiléfənist, télifounist] *n* telefonist(ka); oseba, ki telefonira
telephony [tiléfəni] *n* telefonija
telephote [télifout] *n* telefot, fotoelektrična kamera na daljavo
telephoto [télifóutou] **1.** *n* telefoto(grafski posnetek); telegrafsko prenesena slika; **2.** *a* telefotografski
telephotograph [télifóutəgra:f] *n* glej **telephoto**
telephotography [télifətógræfi] *n* telefotografija, daljinski prenos fotografij in slik; fotografiranje oddaljenih predmetov s teleobjektivi; telefotografski posnetek
teleprinter [téliprintə] *n* teleprinter, daljnopisnik
telescope [téliskoup] **1.** *n* teleskop; **2.** *vt* vriniti, zariniti eno v drugo (kot daljnogled); *fig* skrajšati; **his train was** ~ **d by an express** v njegov vlak se je zarinil ekspresni vlak; **he** ~ **d all his arguments into one sentence** vse svoje argumente je skrajšal (resumiral) v en stavek; *vi* zariniti se eden v drugega
telescope bag [téliskoupbæg] *n* izteglljiva potovalna torba
telescope table [téliskoup téibl] *n* izteglljiva miza
telescope word [téliskoup wə:d] *n* iz dveh besed zložena beseda (npr. motel = **motorist's** + **hotel**)
telescopic [teliskópik] *a* (~ **ally** *adv*) teleskopski; ki se more videti le s teleskopom; daljnoviden; ki se lahko vrine (eden v drugega); ki se lahko izvlači; *coll* zgoščen, resumiran; ~ **brolly** izteglljiv (zložljiv, žepni) dežnik; **a** ~ **view of the situation** zgoščen pregled položaja

telescopist [teliskópist] *n* teleskopist, kdor zna ravnati s teleskopom

telescopy [tiléskəpi] *n* teleskopija

telescreen [téliskri:n] *n* televizijski ekran

telescriptor [téliskriptə] *n* teleskripter, telegrafski pisalni stroj

teleseme [télisi:m] *n el tech* signalni aparat s signalno tablo

telestation [télisteišən] *n* televizijska postaja (oddajnik)

teletype [télitaip] *n* glej teletypewriter

teletypesetter [télitaipséta] *n* telegrafski aparat, ki neposredno tipka črke

teletypewriter [télitaip ráitə] 1. *n* teleskriptor; 2. *vt & vi* uporabljati teleskriptor; poslati po teleskriptorju

teleview [télivju:] *vt& vi* gledati televizijski program, videti na televiziji

televiewer [télivjuə] *n* (redni) gledalec, (-lka) televizijskega programa

televise [télivaiz] *vt* prenašati, oddajati po televiziji; videti na televiziji

television [télivižən] *n* televizija; on ~ na televiziji; ~ announcer televizijski napovedovalec, -lka; ~ broadcast televizijska oddaja; ~ receiver televizijski sprejemnik; ~ set televizijski aparat, televizor; ~ transmitter televizijski oddajnik; live ~ direkten televizijski prenos

televisional [telivížənəl] *a* televizijski

televisor [télivaizə] *n* televizor, televizijski aparat

televisual [telivížuəl] *a* televizijski; pripraven za televizijske oddaje

telex [téleks] *n el* daljnopisna mreža

telic [télik] *a* nameren; ~ clause *ling* namerni odvisnik

tell** [tel] 1. *vt* povedati, pripovedovati, reči; izreči, izraziti, izpovedati; izdati; (po)kazati (o uri); obvestiti, sporočiti, navesti, (ob)javiti, označiti; prikazati, razlagati, razjasniti, prepričevati, trditi; zapovedati, ukazati, naročiti; izmisliti; poznati, prepoznati, razlikovati, (raz)ločiti; *parl* šteti (glasove); all told (vzeto) v celem, v celoti, vse skupaj; ~ me another! *sl* tega mi ne boš natvezel!; I was told (so) rekli so mi (tako); I'll ~ you what nekaj ti bom povedal (izdal); I'll ~ you the world *A* o tem sem prepričan; I can ~ you zagotavljam vam; I cannot ~ him from his brother ne razlikujem ga od njegovega brata; to ~ s.th. abroad pripovedovati kaj okoli, raznašati kaj; to ~ fortunes from cards vedeževati iz kart; to ~ one's money *A* šteti svoj denar; to ~ one's beads *rel* moliti rožni venec; to ~ one's name povedati svoje ime; to ~ the news naznaniti, povedati, objaviti novico; to ~ a lie (ali lies) lagati; to ~ the reason navesti razlog; to ~ the tale *coll* pripovedovati (povedati) žalostno zgodbo (ne da bi zbudili usmiljenje); to ~ tales izbrbljati, izklepetati; opravljati, obirati; spletkariti; to ~ the truth povedati resnico; to ~ the votes *pol* šteti glasove; he told him to go rekel (ukazal) mu je, naj gre; he can be told by his hat lahko ga prepoznate po njegovem klobuku; never ~ me! ne čvekaj mi! ne kvasi mi jih!; the clock ~s the time ura kaže čas; this ~s its own tale to se razume samo po sebi, to je jasno; we were told to get up rekli so nam,

naj vstanemo; you're telling me! *sl* tega mi ni treba praviti!; komu pripovedujete to?; kot, da jaz tega ne vem! 2. *vi* pripovedovati, govoriti, praviti; obvestiti, informirati (about o); spoznati, vedeti (by po); imeti posledice, postati očiten, očitno se pokazati; *coll* izdati, ovaditi, zatožiti; for all we can ~ kolikor mi vemo; who can ~ kdo ve; how can you ~ ? kako morete to vedeti?; you never can ~ človek nikoli ne ve; every shot tells vsak strel pogodi; her tears ~ of her grief njene solze izdajajo njeno bolečino; to ~ on (ali of) s.o. izdati, zatožiti koga; don't ~ on me ne izdaj(te) me!; the hard work began to ~ on her težko delo je začelo puščati sledove na njej; that ~s against you to govori proti teu.;

tell apart *vt* razlikovati;

tell off *vt* prešteti; izločiti, izbrati; *mil* ozmerjati, oštevati, grajati;

tell over *vt* prešteti, sešteti, izračunati; znova pripovedovati, obnavljati

tellable [téləbl] *a* ki se da povedati (reči); sporočljiv; vreden, da se pove

teller [télə] *n* pripovedovalec, sporočitelj; števec; *parl* števec (glasov); *econ* blagajnik (v banki); *sl* nekaj učinkovitega, močan udarec, dobra opazka; ~'s department glavna blagajna

tellership [téləšip] *n* služba blagajniškega uradnika; *pol* služba števca (glasov)

telling [télin] 1. *n* pripovedovanje; štetje; 2. *a* ki šteje; učinkovit, uspešen; a ~ blow učinkovit, močan udarec

telltale [téltéil] 1. *n* klepetulja; donašalec; ovaduh; prišepetalec; izdajalsko znamenje (znak); *tech* avtomatska registrska naprava, zlasti kontrolna ura; *naut* viseč kompas (v kapitanovi kabini); 2. *a* klepetav; razkrivajoč skrivnost, izdajalski; *tech* svarilen; a ~ sigh vzdih, ki veliko pove

tellural [teljúərəl] *a* zemeljski

tellurate [téljureit] *n chem* sol telurske kisline, telurat

tellurian I [teljúəriən] *n* glej tellurion

tellurian II [teljúəriən] 1. *a* zemeljski; ki se nanaša na Zemljo; 2. *n* prebivalec Zemlje, Zemljan

tellurion [teljúəriən] *n astr* telurij, naprava, ki ponazarja gibanje Lune okrog Zemlje in Zemlje okrog njene osi in okrog Sonca

tellurium [teljúəriəm] *n chem* telur; native ~ čist telur

telly [téli] *n coll* televizija, televizor

telotype [télotaip] *n* električen pisalni in tiskalni telegraf; avtomatsko tiskan telegram

telpher [télfə] 1. *a* žičen, žičniški; ~ line vzpenjača, žičnica (za tovore); 2. *n* vagonček vzpenjače (žičnice); 3. *vt* prevažati z žičnico

telpherage [télfəridž] *n* prevoz tovorov z žičnico

telpherway [télfəwei] *n* vzpenjača, žičnica

telstar [télsta:] *n* telstar, telekomunikacijski satelit

temblor [temblór] *n A* potres

temerarious [temərέəriəs] *a* (~ ly *adv*) blazno (noro) drzen, (pre)drzen; nespametno pogumen, nepremišljen

temerity [timériti] *n* nora (blazna) smelost, (pre)drznost; nespametna neustrašenost, nepremišljenost

temiak [temjǽk] *n* jopa (jopič) Eskimov

temper I [témpə] *n* temperament, narava, čud; značaj, karakter; razpoloženje, nastrojenje; *fig* razburjenost, razdraženost, jeza, bes(nost); *fig* obvladanost, umirjenost, mirnost; *tech* mešanica; primes; kakovost; trdnost, čvrstost (ilovice, gline); *tech* trdota (jekla itd.); *obs* (telesna) konstitucija; *obs* kompromis; **in a bad ~** slabe volje, jezen (**with** na); **out of ~** slabe volje, jezen; **even ~** ravnodušnost; **a fit of ~** napad jeze (togote); **to be in a ~** biti jezen (besen, razkačen); **to be in a good (bad) ~** biti dobro (slabo) razpoložen; **to have an evil ~** biti nagle jeze, biti togoten; **he has a quick ~** on hitro vzkipi; **to have a sweet ~** biti blagega značaja; **to get (to fly) into a ~** razjeziti se, pobesneti; **to get out of ~** znevoljiti se, razjeziti se; **to keep (to control) one's ~** obvladati se, brzdati se, ostati miren; **to lose one's ~** razjeziti se, izgubiti potrpljenje; **to put s.o. out of ~** spraviti koga v slabo voljo, razjeziti koga; **to recover one's ~** umiriti se (zopet); **to show ~** kazati razdraženost

temper II [témpə] *vt* ublažiti, olajšati, pomiriti, brzdati, oslabiti, popraviti; *mus* umeriti, znižati, temperirati (ton); mešati, umesiti (ilovico); razredčiti (pijače); temperirati; kaliti (zlasti jeklo); ojekleniti; pripraviti, zmešati (barve); **to ~ mortar** mešati malto; **to ~ the passions** brzdati strasti; *vi* omehčati se, postati popustljiv; *tech* imeti pravo trdoto, postati gibek, prožen

tempera [témpərə] *n* tempera (slikanje)

temperable [témpərəbl] *a tech* ki se da kaliti; ki se da mešati; *obs* mil, blag, umerjen

temperament [témpərəmənt] *n* temperament, čud, narava; prenapet značaj; *med* konstitucija, stanje; *mus* temperatura; *obs* klima, temperatura; **choleric ~** koleričen temperament; **he has a nervous ~** on je po naravi živčen, je živčne narave

temperamental [tempərəméntl] *a* (**~ly** *adv*) temperamenten; razdražljiv, kapricast, muhast, občutljiv

temperance [témpərəns] *n* umerjenost, zmernost, vzdržnost, treznost; *obs* samoobvladanje, hladnokrvnost; **~ drink** brezalkoholna pijača; **~ hotel** hotel, gostišče, kjer se točijo brezalkoholne pijače; **~ movement (society)** treznostno gibanje (društvo)

temperate [témpərit] *a* (**~ly** *adv*) umerjen, zmeren, vzdržen, trezen, abstinenčen; nepretiran; miren, blag, hladnokrven; **a ~ climate** zmerna klima; **T ~ Zone** *geog* zmerni pas

temperature [témpričə] *n* temperatura, toplina; *med* telesna temperatura, zvišana temperatura, vročina; *obs* blagost (klime itd); *obs* zmernost; *obs* temperament; **~ curve** krivulja temperature; **to have (to run) a ~** imeti (zvišano) temperaturo, imeti vročino; **to take s.o.'s ~** meriti komu temperaturo

tempered [témpəd] *a* (**~ly** *adv*) razpoložen; *tech* kaljen; umerjen, zmeren; umirjen; **cross-~** zlovoljen, slabe volje, čemeren; **even-~** ravnodušen, miren; **good-~** dobrodušen, dobrega značaja, dobre volje, dobro razpoložen; **hot-~** ognjevit, nagel; **quick-~** vzkipljiv, razburljiv, togoten

temperer [témpərə] *n* mirilec, blažitelj, mešalec (oseba, naprava); *tech* strojni mešalec malte; strojni mesilnik gline

tempering furnace [témpəriŋ fɔ́:nis] *n tech* kalilnica

tempering oven [témpəriŋ ʌvn] *n* hladilna peč (za steklo)

tempest [témpist] **1.** *n* divji vihar (tudi *fig*), orkan; zburkanost, nemir; *dial* nevihta; **a ~ of applause** vihar aplavzov, odobravanja; **a ~ in a teapot** *fig* mnogo hrupa za (prazen) nič, vihar v čaši vode; **~-beaten** razburkan; **2.** *vt* razburkati, razburiti, vznemiriti; stresti (jezo); *vi* besneti, divjati, razsajati

tempestuous [tempéstjuəs] *a* (**~ly** *adv*) viharen; buren, besen, divji, silovit, silen; nagel; **a ~ debate** viharna, burna debata

tempestuosness [tempéstjuəsnis] *n* viharnost; burnost, razburkanost, silovitost

Templar [témplə] *n hist* templjar; član nekega prostozidarskega reda v ZDA

template [témplit] *n* šablona

temple I [templ] *n* tempelj, svetišče; (velika) cerkev; **The T~** londonska odvetniška zbornica; **Inner T~, Middle T~** odvetniški zbornici v Londonu; stavbe, v katerih se nahajajo

temple II [templ] *n anat* sence; *hist* senčen nakit

temple III [templ] *n tech* naprava za napenjanje tkanine na statvah

templet [témplit] *n* kalup, šablona; vzorec; mera, naprava za določanje velikosti in oblike kakega predmeta; *mar* klin, zagozda kot nosilec pod gredo ladijskega dna

tempo, *pl* **~s, tempi** [témpou, tempi] *n* tempo, hitrost; *mus* tempo; **the ~ of modern life** tempo modernega življenja

temporal I [témpərəl] **1.** *a* (**~ly** *adv*) časoven, časen, začasen; zemeljski, (po)sveten; *eccl* laičen, necerkven, sekularen; *gram* časoven, temporalen; **~ affairs** posvetne, laične zadeve; **~ peers** začasni pêri kraljevine; **~ power** *hist* posvetna oblast; **~ clause** *gram* časovni odvisnik; **2.** *n* kar je (po)svetno

temporal II [témpərəl] **1.** *a anat* senčen; **2.** *n* (= **~ bone**) senčna kost, senčnica

temporality [tempəræliti] *n* časnost, začasnost; začasno stanje; *obs* laištvo; *pl eccl* posvetne stvari; *jur* temporalije, na cerkvene funkcije vezane posesti, dohodki in pravice

temporariness [témpərərinis] *n* začasnost, provizornost; minljivost

temporalty [témpərəlti] *n obs* posvetna posest; laištvo

temporary [témpərəri] *a* (**temporarily** *adv*) začasen; provizoren; zasilen; *obs* časen, (po)sveten; **~ bridge** zasilen most; **temporarily suspended** začasno neveljaven

temporization [tempəraizéišən] *n* zavlačevanje, oklevanje, čakanje na ugodnejši čas, prilagoditev prilikam; oportunizem; kompromis

temporize [témpəraiz] *vi* zavlačevati, oklevati, čakati (ugoden čas); ravnati se po (trenutnih) prilikah, prilagoditi se, obračati plašč po vetru; pogajati se (da bi pridobili na času); skleniti kompromis; lavirati

temporizer [témpəraizə] *n* kdor skuša pridobiti na času, zavlačevalec; omahljivec, dvoličnež, koristolovec, oportunist; človek, ki obrača plašč po vetru

temporizing [témpəraiziŋ] a (~ly adv) zavlačujoč, čakajoč ugodnejši čas, oklevajoč, neodločen, oportunistčen, obračajoč plašč po vetru, prilagodljiv trenutnim okolnostim

tempt [tempt] vt skušati, zavesti (privesti) v skušnjavo, mikati, izzivati, mamiti, zapeljevati, zbujati poželenje; pregovoriti; staviti na preskušnjo; a ~ing offer vabljiva, zapeljiva ponudba; to ~ Providence skušati, izzivati usodo; to ~ one's fate izzivati svojo usodo; I am ~ed to... mika me, hoče se mi, sem v skušnjavi, da...; I was strongly ~ed to resist zelo me je mikalo, da bi se uprl; nothing would ~ me to do it nič me ne bi zavedlo, da bi to storil; his proposal does not ~ me njegov predlog me nič ne mika

temptable [témptəbl] a ki se da (ali more) zavesti, zapeljati

temptation [temptéišən] n skušnjava, zapeljevanje; vaba; nekaj zapeljivega; obs preskušnja; to lead into ~ voditi, zavesti v skušnjavo; to resist (to yield to) ~ upreti se (podleči) skušnjavi

tempter [témptə] n skušnjavec, zapeljevalec, zvodnik; the T~ skušnjavec (vrag)

tempting [témptiŋ] a (~ly adv) vabljiv, zapeljiv, mičen, zbujajoč poželenje

temptress [témptris] n skušnjavka, zapeljivka

ten [ten] 1. a deset; ~ times bigger desetkrat veěji; ~ times as easy desetkrat laže; it is ~ to one that... deset proti ena (po vsej priliki, zelo verjetno) je, da...; he will be ~ next month deset let bo star prihodnji mesec; 2. n desetica; desetka; desetorica; desetina, desetero; desetak; deseta ura; by ~s, in ~s (v skupinah) po deset, vsakih deset, na desetine; the ~ of spades pikova desetka; the upper ~ (thousand) gornjih deset tisoč, aristokracija; it's a quarter past ~ ura je četrt na enajst

tenability [tenəbíliti] n (o)branljivost (teorije ipd), obdržljivost

tenable [ténəbl] a mil (u)branljiv; obdržljiv; podeljen; a scholarship ~ for 2 years za dve leti podeljena štipendija

tenace [téneis, -nis] n (karte) kombinacija najboljše karte in tretje najboljše karte iste barve; major ~ as in dama; minor ~ kralj in fant; double ~ as, dama in desetka

tenacious [tinéišəs] a (~ly adv) žilav, odporen; trdovraten, vztrajen; nepopustljiv; lepljiv, smolast; a ~ memory zanesljiv, dober spomin; to be ~ of s.th. trdovratno se česa držati; he is ~ of his opinion on trdovratno vztraja pri svojem mnenju

tenacity [tinæsiti] n žilavost, odpornost; trdovratnost, vztrajnost; zanesljivost (spomina); lepljivost, oprijemljivost

tenail(le) [tenéil] n mil kleščasta, škarjasta utrdba

tenancy [ténənsi] n jur zakup, najem; (začasna) posest; zakupna posest; trajanje zakupa ali najema; zakupna (najemna) doba; ~ at will (vedno lahko) odpovedljiv zakup (najem); ~ for life dosmrten zakup

tenant [ténənt] 1. n zakupnik; najemnik; hist fevdnik; jur imetnik; stanovalec; ~ at will zakupnik, ki se mu lahko vsak trenutek odpove zakup; ~ farmer kmet zakupnik; the ~s of the trees fig ptice; to let out to ~s dati v zakup; 2. vt imeti v zakupu ali najemu; jur imeti, biti imetnik; prebivati, stanovati v; imeti pod streho; this house ~s three families v tej hiši stanujejo tri družine; vi bivati, stanovati (kot zakupnik ali najemnik)

tenantable [ténəntəbl] a ki se more vzeti ali dati v zakup (najem), najemljiv; primeren za bivanje, za stanovanje; vseljiv

tenanted [ténəntid] a najet, dan v zakup ali najem; nastanjen

tenantless [ténəntlis] a ki ni dan v zakup (najem); nenastanjen, prazen (stanovanje)

tenantry [ténəntri] n (večinoma pl constr) zakupniki; zakupništvo

tench [tenč] n linj, ruska (riba)

tend I [tend] vi nagibati se (to k); meriti na, imeti za cilj; biti usmerjen, usmeriti se, biti naravnan, stremeti, težiti (to, towards k); služiti (to čemu); biti nagnjen, pripravljen (to do napraviti); all our efforts ~ to the same object vsi naši napori streme k istemu cilju; vt paziti in ravnati z; to ~ a vessel paziti, da ladja ne zaplete verige sidra

tend II [tend] vt negovati, skrbeti za, brigati se za; paziti, čuvati, varovati; ⋅streči (stroju); obrniti okrog sidra (ladjo); obs spremljati kot služabnik; to ~ a patient negovati bolnika; to ~ a flock čuvati čredo; vi streči (on, upon koga); služiti; skrbeti (to za); obs paziti (to na) obs čakati, biti v pripravljenosti

tendance [téndəns] n nega, negovanje (bolnikov), skrb (za), briga (za), čuvanje; obs spremstvo, spremljevalci

tendencious = tendentious

tendency [téndənsi] n nagnjenje, težnja, stremljenje (to, towards k); potek (dogodkov itd.); smer, struja; tendenca (to k), namera, namen; posebna ljubezen (to do, za); the ~ of events tok, potek dogodkov

tendentious [tendénšəs] a tendenciozen; pristranski

tendentiousness [tendénšəsnis] n tendencioznost

tender I [téndə] 1. a (~ly adv) nežen; mehak (meso itd.); krhek, drobljiv; dobro kuhan (pečen); topljiv, topen; občutljiv, hitro užaljen; delikaten, subtilen; kočljiv; blag, mil, dobrega srca, ljubezniv, prisrčen; skrben (of za), obziren, pozoren (do), zaskrbljen (of, over za); of ~ age v nežni starosti, mlad; ~ passion ljubezen; ~ porcelain stekleni porcelan; a ~ spot občutljivo mesto; a ~ red nežna rdeča barva; a ~ subject kočljiv predmet (razgovora); ~ annual bot poletna rastlina; he is ~ of his reputation občutljiv je za svoj ugled (sloves); to have a ~ conscience biti tankovesten; to be ~ of s.th. ozirati se na, skrbeti za kaj; to be ~ of irritating s.o. paziti, da koga ne razjezimo (razdražimo); 2. vt napraviti mehko, občutljivo; vi postati mehak

tender II [téndə] 1. n ponudba, oferta (npr. za izvedbo kakega dela); ponujena vsota; econ plačilno sredstvo; econ predračun; dokaz; by ~ econ po razpisu, z razpisom; good ~ temeljita ponudba; legal ~ zakonito plačilno sredstvo;

plea of ~ dokaz obtoženca, da je bil pravočasno in je še pripravljen plačati tožniku toženo vsoto denarja; **we are open to receive** ~ **s** sprejemamo ponudbe; **to invite** ~ **s** razpisati ponudbeno licitacijo; **to make a** ~ **of one's services** ponuditi svoje usluge; **2.** *vt* ponuditi, nuditi, staviti ponudbo; staviti na razpolago; predložiti, predati; *jur* dati dokaz; izraziti; plačati (dolg); **to** ~ **an oath to s.o.** zapriseči koga; **to** ~ **one's resignation** podati ostavko; **to** ~ **one's services** ponuditi svoje usluge; **to** ~ **one's thanks** izraziti, izreči svojo zahvalo; *vi* (po)nuditi se (*for* za); sodelovati pri ponudbeni licitaciji (razpisu), predložiti oferto (*for the dredging of a harbour* za očiščenje luke)

tender III [téndə] *n* strežnik, -ica, negovalec, -lka; natakar; *tech* strežnik (stroja); *rly* tender; *naut* tender, ladjica za dovoz živeža in zalog večji ladji; ladjica, ki opravlja promet med obalo in večjo ladjo; ladja spremljevalka; čoln na ladji; ladja za razkladanje (nakladanje) na večjo ladjo; *tech* priklopnik, prikolica; **bar** ~ točaj, natakar v baru

tenderee [tendərí:] *n econ A* oseba, ki se ji predloži (da) ponudba

tenderer [téndərə] *n econ* ponudnik, submitent

tender-eyed [téndəráid] *a* milih oči; slaboviden

tenderfoot, *pl* ~ **s**, **-feet** [téndəfut, -fi:t] *n A coll* nov prišlec; novinec, neizkušen človek, mlečnozobec, zelenec; *coll* začetnik; na novo sprejet skavt

tenderhearted [téndəhá:tid] *a* (~ **ly** *adv*) (ki je) mehkega srca, blag, usmiljen, sočuten

tenderheartedness [téndəhá:tidnis] *n* blagost, usmiljenost, sočutnost

tenderize [téndəraiz] *vt* zmehčati (meso)

tenderling [téndəliŋ] *n* miljenček, mehkužnik; *obs* prvo rogovje (jelena, srnjaka)

tenderloin [téndəloin] *n A* najboljši del ledvične pečenke; **T**~ *fig* mestna četrt z nočnimi zabavišči itd., zlasti v New Yorku

tender-minded [téndəmáindid] *a* mil, mehkega srca, usmiljen

tenderness [téndənis] *n* nežnost; občutljivost; blagost, prijaznost; bolehnost, mehkužnost

tender period [téndə píəriəd] *n econ* rok za predložitev (vložitev) ponudb (ofert)

tendinitis [tendináitis] *n med* vnetje kit

tendinous [téndinəs] *a* kitast; žilav

tendon [téndən] *n anat* kita; **Achilles'**~, ~ **of Achilles** Ahilova peta

tendril [téndril] *n bot* vitica, poganjek vinske trte

tenebrific [tenibrífik] *a* temen, temačen

tenebrosity [tenəbrósiti] *n* tema, temačnost, mrak

tenebrous [ténibrəs] *a* temen, mračen, temačen

tenebrousness [ténibrəsnis] *n* = **tenebrosity**

ten-eighty [tenéiti] *n chem* vrsta strupa za podgane

tenement [ténimənt] *n* stanovanjska hiša; najeta hiša (soba, prostor); najemninsko stanovanje; *jur* zakup(na posest); ~ **house** stanovanjska hiša, stanovanjska kasarna

tenemental [teniméntl] *a* zakupen; najemninski; najet

tenet [tí:net, ténit] *n* načelo, pravilo, dogma, doktrina; menje, naziranje

tenfold [ténfould] **1.** *a* desetkraten; **2.** *adv* desetkratno

ten-gallon hat [téngælən hæt] *n A dial* kavbojski klobuk s širokimi krajevci

tenner [ténə] *n E coll* bankovec za 10 funtov, *A sl* bankovec za 10 dolarjev; *sl* deset let zapora (ječe)

tennis [ténis] *n* tenis; **lawn** ~ tenis na travi, na trati; ~ **ball** žoga za tenis; *obs* perjanka; ~ **court** tenisišče, igrišče za tenis; ~ **crack** izvrsten igralec tenisa; ~ **shoes** čevlji za tenis

tenon [ténən] **1.** *n* zatič, klin (tesarski); **2.** *vt* spojiti s klinom, *fig* trdno povezati

tenor [ténə] **1.** *n* vsebina, smisel, pomen, ténor (listine, uredbe); smer, tok, tek; *jur* resnična, prava namera; *mus* vodilna melodija večglasne skladbe; *fig* vodilni ton ali misel; *econ* trajanje menice; *mus* (= ~ **voice**) tenór, tenorist; viola, brač; ~ **bell** največji in (po tonu) najnižji zvon (pri angleškem pritrkavanju); ~ **octave** *mus* mala oktava; **2.** peti tenor

tenorist [ténərist] *n mus* tenorist; bračist

tenpence [ténpəns] *n* (vsota ali vrednost) 10 penijev; **it costs** ~ stane 10 penijev

tenpin [ténpin] *n* kegelj; *pl* (*sg constr*) *A* igra s keglji, kegljanje; ~ **alley** kegljišče

tenpenny [ténpeni] **1.** *a* ki stane 10 penijev; a ~ **cake** kolač za 10 penijev; **2.** *n hist* kovanec za 10 penijev

tense I [tens] *n gram* slovniški (glagolski) čas; *obs* čas; **sequence of** ~ **s** sosledica časov

tense II [tens] *a* (~ **ly** *adv*) napet (tudi *fig*) nategnjen, zategnjen; tog, trd; **a** ~ **moment** napet trenutek; *ling* zaprt (glas); **2.** *vt & vi* napeti (se), nategniti (se)

tenseness [ténsnis] *n* napetost (tudi *fig*); nategnjenost

tensibility [tensibíliti] *n* raztegljivost; razteznost

tensible [ténsibl] *a* raztegljiv; raztezen

tensibleness [ténsiblnis] *n* = **tensibility**

tensile [ténsail, *A* -sil] *a* raztegljiv, raztezen; ~ **strength**, ~ **force** natezna trdnost, odpornost proti tegu

tensility [tensíliti] *n* raztegljivost; razteznost

tensimeter [tensímitə] *n tech* plinomer, paromer

tension [ténšən] **1.** *n* napetost; nategnjenost; *fig* napeto stanje; nestrpnost; tenzija; *el* napetost, napon, razteznost, pritisk (plina, pare); prožnost (vrvi itd.); **arterial** ~ arterialni pritisk; **high** ~ visoka napetost; **political** ~ politična napetost; **vapour** ~ parni pritisk; **2.** *vt* napeti (vzmet), nategniti (vrv); napenjati (živce itd.)

tensional [ténšənəl] *a* napetosten

tensity [ténsiti] *n* = **tenseness**

tensive [ténsiv] *a* ki napenja, povzroča napetost

tensor [ténsə:] *n anat* ténzor, (mišica) natezmica

ten-spot [ténspət] *n A sl* (karte) desetka; 10 dolarski bankovec

ten-strike [ténstraik] *n A* met, ki podre vseh 10 kegljev; mojstrska poteza

tent I [tent] **1.** *n* šotor; *fig* bivališče, stanovališče, stanovanje; ~ **fly** krilce na šotoru za zračenje; ~ **peg**, ~ **pin** šotorski kolíček; ~ **pole** šotorski drog; **bell** ~ okrogel, zvončast šotor; **dark** ~ *phot* premična kamera za uporabo na terenu; **to pitch** (**to strike**) **a** ~ postaviti (podreti)

šotor; **to pitch one's** ~ postaviti si šotor, *fig* udobno se namestiti; **2.** *vi* bivati pod šotorom, taboriti; bivati, stanovati; *vt* namestiti v šotore; pokriti s šotorom
tent II [tent] **1.** *n med* tampon; **2.** *vt* (s tamponom) držati rano odprto
tent III [tent] *n* tinto, temno rdeče sladko špansko vino
tentacle [téntəkl] *n zool bot* tipalnica, tipalka
tentacled [téntəkld] *a* ki ima tipalke, tipalnice
tentacular [tentǽkjulə] *a* tipalki podoben, ki pripada tipalki
tentage [téntidž] *n* šotori, šotorišče; šotorska oprema
tentation [tentéišən] *n tech* preizkus
tentative [téntətiv] **1.** *n* poskus, eksperiment; preizkus; **2.** *a* poskušen; preizkusen; *fig* oklevajoč, neodločen
tent-bed [téntbed] *n* postelja z baldahinom; zložljiva postelja
tented [téntid] *a* oskrbljen s šotori; ki ima obliko šotora
tenter [téntə] **1.** *n tech* okvir za sušenje pobarvanega blaga; **2.** *vt* napeti na ta okvir
tenter-hook [téntəhuk] *n tech* kavelj za razpenjanje; **to be on** ~ **s** *fig* biti v veliki napetosti, biti kot na žerjavici; **to keep s.o. on** ~ **s** *fig* držati, imeti koga na natezalnici, mučiti koga
tenth [tenθ] **1.** *a* deseti; **the** ~ **of March** 10. marec; **Charles X, Charles the** ~ Karel X; **2.** *n* desetina, deseti del; *hist* desetina; *mus* decima
tenthly [ténθli] *adv* desetič
tentmaker [téntmeikə] *n* izdelovalec šotorov
tent-pegging [téntpegiŋ] *n Ind* igra na konjih, v kateri jezdec v polnem diru s kopjem nabada v zemljo zabit količek
tenture [ténčə] *n* (redko) (stenske) prevleke, tapete
tenuis, *pl* **-nues** [ténjuis, -njui:z] *n phon* nezveneč soglasnik, tenuis
tenuity [tenjúiti] *n* tankost; razredčenost; vitkost, nežnost, finost; *fig* preprostost; pomanjkanje, ubožnost, siromašnost; slabotnost (luči, tona itd.)
tenuous [ténjuəs] *a* tanek, vitek, nežen, fin; redek, razredčen (tekočina itd.); nebistven, nepomemben, majhen; *fig* pičel, boren, ubožen, siromašen; ~ **claim** slabo podprta zahteva
tenuousness [ténjuəsnis] *n* = **tenuity**
tenure [ténjuə] *n jur* pravica do posesti; posest; opravljanje neke službe; čas trajanja, uživanja posesti ali položaja; ~ **at will** zakupna posest, ki se lahko po volji odpove; ~ **of office** čas (doba, trajanje) službovanja (npr. 4 leta za predsednika ZDA); **military** ~ posest, na katero je vezana obveznost služenja vojaščine
tepee [tí:pi:] *n* stožčast indijanski šotor, vigvam
tepefaction [tepifǽkšən] *n* zmerno segrevanje do mlačnosti
tepefy [tépifai] **1.** *vt* & *vi* segreti (se) do mlačnosti, zmerno (se) segreti
tephigram [tí:figræm] *n* vremenska karta (ki kaže vremensko stanje v različnih višinah)
tepid [tépid] *a* (~ **ly** *adv*) mlačen; *fig* malo navdušen, hladen, mlačen
tepidity [tepíditi] *n* mlačnost (tudi *fig*), zmerna toplota

tepidness [tépidnis] *n* = **tepidity**
teratism [térətizəm] *n med* spovitek, nakaza, spaček, nestvor
teratology [terətólədži] *n med* teratologija, nauk o prirojenih hibah organov, zlasti nakazah; pripovedovanje, pravljica o pošastih itd.
tercel, tercelet [tá:səl, tá:slit] *n zool* sokol (samec)
tercentenary [tə:səntí:nəri] **1.** *a* 300-leten; **2.** *n* 300-letnica; praznovanje 300-letnice
tercentennial [tə:senténjəl] = **tercentenary**
tercet [tá:sit] *n mus* triolet; trivrstična kitica, tercet
terebene [téribi:n] *n chem* tereben (dezinfekcijsko sredstvo)
terebinth [téribinθ] *n bot* terebinta
terebinthinate [teribínθineit] **1.** *vt* prepojiti, nasititi s terpentinom; **2.** *n med* terpentinski preparat
terebinthine [terəbínθin] *a* terpentinov, podoben terpentinu, kot terpentin
teredo, *pl* ~ **s, -dines** [tərí:dou, -dini:z] *n zool* ladijska svedrovka, živi sveder
tergiversate [tá:dživə:seit] *vi* izgovarjati se, izmotavati se, izmikati se, izvijati se; po okoliših govoriti; nasprotovati si; obračati plašč (po vetru), menjati načela ali stranke; odpasti, postati odpadnik;
tergiversation [tə:dživə:séišən] *n* izgovor, izgovarjanje, izmikanje, izmotavanje, okolišanje; zvijača; *fig* obračanje plašča po vetru; odpadništvo; omahljivost, nestanovitnost; (ponovno) menjavanje mnenja, nazorov
term I [tə:m] *n* termin, strokoven izraz; beseda, izraz; *pl* izrazi, način izražanja, govor(jenje); termín, rok, čas (doba) trajanja; *com* plačilni rok, čas dospelosti menice; *pl* določbe, pogoji (v pogodbi); cena; honorar; odnosi; *E* kvartal, plačilni dan, termin za plačanje; *jur* zasedanje, čas (sodnega) zasedanja; določeni čas posesti (zakupa, najema); *E univ* trimesečje, trimester; semester; *math* člen; *log* pojem; *med obs* menstruacija; *obs* mejnik, mejni kamen; *geom* skrajna, končna črta ali točka; **at** ~ ob določenem terminu; **for a** ~ **of three years** za dobo treh let; **in plain** ~ **s** odkrito, naravnost; **on strained** ~ **s** v napetih odnosih; **on easy** ~ **s** v prijateljskih odnosih; **on any** ~ **s** s katerimikoli pogoji; **not on any** ~ **s** pod nobenimi pogoji, za nobeno ceno; **in** ~ **s of praise** s pohvalnimi besedami; ~ **of office** čas službovanja; **contradiction in** ~ **s** protislovje; **inclusive** ~ **s** skupaj s postrežbo, z razsvetljavo; **reasonable** ~ **s** pametne, sprejemljive cene; ~ **s of delivery** *econ* dobavni pogoji; **short-** ~ **transaction** kratkoročna transakcija; **technical** ~ strokoven izraz; **to be on good (bad)** ~ **s with s.o.** biti s kom v dobrih (slabih) odnosih; **to be on (familiar)** ~ **s with s.o.** biti prijatelj s kom; **to be not on** ~ **s with** ne imeti odnosov z; **to be not on speaking** ~ **s with s.o.** ne govoriti s kom, biti sprt (skregan) s kom; **his** ~ **s are very high** njegove cene so zelo visoke; **what are your** ~ **s?** kakšne so vaše cene? kaj zahtevate?; **to bring s.o. to** ~ **s** naložiti komu svoje pogoje; **to come to** ~ **s** popustiti, odnehati; **to make** ~ **s, to come to** ~ **s with s.o.** pogoditi se, sporazumeti se s kom; **to set a** ~ **to s.o.** staviti komu termin;

to speak in flattering ~ s of laskavo se izražati o
term II [təːm] *vt* imenovati, označevati; **he ~ ed him a liar** imenoval ga je lažnivca
termagancy [tə́ːməgənsi] *n* prepirljivost, ujedljivost
termagant [tə́ːməgənt] **1.** *a* (~ **ly** *adv*) prepirljiv, ujedljiv, lajav; **2.** *n* prepirljiva ženska, ujedljivka, lajavka; *fig* zmaj, kača
term day [tə́ːmdei] *n* določeni dan, termín
termer [tə́ːmə] *n* oseba, ki je že določen čas odsedela svojo zaporno kazen
term fee [tə́ːmfiː] *n jur* vrsta pravdne pristojbine
terminability [təːminəbíliti] *n* omejitvenost, določljivost; (časovna) omejitev, določitev roka
terminable [tə́ːminəbl] *a* (**terminably** *adv*) ki se da časovno omejiti, določiti; časovno omejen, določen čas; ~ **contract** odpovedljiva pogodba
terminableness [tə́ːminəblnis] *n* = **terminability**
terminal I [tə́ːminəl] *a* mejen, ki tvori mejo; končen, poslednji, zaključni, skrajni; terminski; četrtleten, trimestralen, semestralen; *log* pojmoven; **by ~ payments** v četrtletnih plačilnih obrokih (plačilih); ~ **examination** zaključni izpit; ~ **station (stop)** zadnja, končna postaja (postajališče); ~ **velocity** končna hitrost
terminal II [tə́ːminəl] *n* meja, konec, kraj, vrh, zaključek; *ling* končni zlog (črka, beseda); *tech* vijak za stiskanje (zategovanje, zaviranje); pol (v bateriji); *A* končna železniška postaja; *univ* semestralni izpit
terminally [tə́ːminəli] *adv* na koncu, na kraju; v vsakem semestru, semestralno
terminate I [tə́ːmineit] *vt* končati, nehati, dokončati, privesti do konca, zaključiti; omejiti; (redko) izpopolniti; (redko) določiti, opisati; vi nehati (z); končavati se (*in* na); iti h koncu; **to ~ in a vowel** končavati se na samoglasnik
terminate II [tə́ːminit, -eit] *a* omejen; *math* končen
termination [təːminéišən] *n* prenehanje, konec, kraj, zaključek; iztek; izid, rezultat; *ling* končnica, obrazilo; meja, (skrajni) konec; **a satisfactory ~** zadovoljiv rezultat; **to bring (to put) a ~ to s.th.** napraviti konec čemu
terminational [təːminéišənəl] *a* končen, sklepen; *ling* tvorjen s fleksijo končnice; ~ **comparison** germansko stopnjevanje
terminative [tə́ːminətiv] *a* (~ **ly** *adv*) končen, sklepen; *ling* dovršen
terminator [tə́ːmineitə] *n astr* terminator
terminatory [tə́ːminətəri] *a* glej **terminal** *a*
terminer [tə́ːminə] *n jur* odlok, odločba, sklep; rešitev, odločitev
terminism [tə́ːminizəm] *n phil* terminizem
terminological [təːminəlódžikl] *a* (~ **ly** *adv*) terminološki; ~ **inexactitude** *joc* laž, goljufija, sleparija
terminology [təːminólədži] *n* terminologija, strokovni jezik (têrmini)
terminus; pl ~ es, -mini [tə́ːminəs; -siz, -minai] *n* konec, kraj, cilj; *rly* končna postaja; glavna, odhodna postaja; meja, mejnik kamen (steber), mejnik; ~ **ad quem**, ~ **a quo** končna, začetna točka (diskusije, razdobja itd.)
termitary [tə́ːmitəri] *n zool* termitnik, termitnjak
termite [tə́ːmait] *n zool* termit, bela mravlja; ~ **hill** termitsko mravljišče

termless [tə́ːmlis] *a* neomejen, brezmejen; brezpogojen
termly [tə́ːmly] **1.** *a* četrtleten, trimesečen; **2.** *adv* četrtletno, trimesečno
termor [tə́ːmə] *n jur* (dosmrtni) posestnik
termtime [tə́ːmtaim] *n* šolski čas, semestralni čas (v nasprotju s počitnicami)
tern I [təːn] *n* trojica; (loterija) terna, tri izžrebane številke; dobitek za terno
tern II [təːn] *n* čigra (ptič)
ternal [tə́ːnəl] **1.** *a* trojen; sestavljen iz treh (delov); *chem* sestavljen iz treh elementov (atomov); ~ **number** trištevilčno število; **2.** *n* trojka (številka); trojica
ternary [tə́ːnəri] glej **ternal**
ternate [tə́ːnit, -eit] *a* (~ **ly** *adv*) trojni, tridelen
terne [təːn] *n* (= **terneplate**) motna, zamolkla bela pločevina
terpsichorean [təːpsikoríːən] **1.** *a* plesni; **to exercise the ~ toe** plesati; **2.** *n* plesalec, -lka
terrace [térəs] **1.** *n archit* terasa; *geol* povišana površina zemlje, terasa; vrtna terasa; vrsta hiš na strmini, na pobočju; ime ulice na taki strmini; altana, pomol; ravna streha na hiši; *A* zelenica (sredi široke ceste); **2.** *vt* narediti kot teraso, dati obliko terase, razporediti v terasah; ~ **d roof** ravna streha; **3.** *a* terasast
terraced [térest] *a* terasast; raven (streha)
terra cotta [térəkótə] *n* žgana glina, terakota; figura iz terakote
terra-cotta [térəkótə] *a* terakoten; rjavkasto oranžen
terra ferma [térəfə́ːmə] *n* kopno; *obs* posestvo
terramycin [terəmáisin] *n med* teramicin
terrapin [térəpin] *n* sladkovodna želva
terranean [təréiniən] *a* pripadajoč zemlji, zemeljski
terraqueous [teréikwiəs] *a* sestavljen iz kopnega in vode (področje, površina)
terrene [teríːn] **1.** *a* zemeljski; (po)sveten; **2.** *n* zemlja, tla, zemeljska površina
terreplein [tə́ːplein] *n mil* okopni nasip
terrestrial [tiréstriəl] **1.** *a* (~ **ly** *adv*) zemeljski, kôpen, suhozemski, suhozemen; ki živi na kopnem; (po)sveten; **2.** *n* Zemljan; smrtnik; ~ **s** *pl* suhozemne, kopenske živali; ~ **globe** zemeljska obla
terret [térit] *n* obroček pri vajetih (pri konjski opravi)
terrible [térəbl] *a* (**terribly** *adv*) strašen; strašanski, grozen; **a ~ fool** strašanski bedak
terrier I [tériə] *n* terjer (pes); *coll* za **territorial** *n*
terrier II [tériə] *n* kataster
terrific [tərífik] *a* (~ **ally** *adv*) strašen, strahovit, grozen; *coll* silen, ogromen, kolosalen; **a ~ bang** silen pok
terrified [térifaid] *a* prestrašen, preplašen; **to be ~ bati se**
terrify [térifai] *vt* prestrašiti, strašiti, plašiti; **to ~ s.o. into s.th.** s strahovanjem pripraviti koga k čemu; *vi* prestrašiti se
terrine [teríːn] *n* (lončena) posoda
territorial [tritóːriəl] **1.** *a* zemljiški, zemeljski, kopen; teritorialen, področen, krajeven; *A* ki se nanaša na enega od teritorijev; **T~ Army, T~ Force** britanska teritorijalna vojska, vojska za obrambo zemlje, brambovska vojska; ~

waters teritorialne vode; **2.** *n* vojak teritorialne vojske, brambovec; ~ s *pl* teritorialne čete
territorialism [teritó:riəlizəm] *n jur hist* teritorialni sistem; **T**~ vrsta zionizma
territorialize [teritó:riəlaiz] *vt* napraviti teritorialno; napraviti za teritorij, za državno področje; povečati s pridobitvijo ozemlja
territory [téritəri] *n* ozemlje, področje, teritorij, zemljišče kake dežele z določenimi mejami; *fig* področje, območje; deželno področje; *econ* področje trgovskega potnika; *sp* polovica igrišča; **T**~ *A* pokrajina, ki še ni dobila ranga zvezne države
terror [térə] *n* strah (*of* pred), groza; oseba ali stvar, ki vliva strah, strahovalec, teror; strahovlada; nadležnež, sitnež, tečnež; muka, mora, nadlega; **in** ~ prestrašen, steroriziran, zgrozèn; **deadly** ~ smrtna groza (strah); **the king of** ~ *fig* smrt; **Reign of T**~ Strahovlada (v francoski revoluciji); **the** ~ **of all honest people** strah vseh poštenih ljudi; **to be** ~ **to** biti strah in trepet za; **to strike s.o. with** ~ pognati komu strah v kosti; **household work is a** ~ **to her** gospodinjsko delo je zanjo prava muka (mora, nadlega)
terrorism [térərizəm] *n* terorizem, teroriziranje, zastraševanje; strahovlada
terrorist [térərist] *n* terorist, strahovalec; privrženec terorja
terrorization [terəraizéišən] *n* zastraševanje, nasilje, teroriziranje, zatiranje
terrorize [térəraiz] *vt* strahovati, vladati s strahovanjem, z nasiljem; ostrašiti; terorizirati
terrorizer [térəraizə] *n* glej **terrorist**
terrorless [térə:lis] *a* brez strahu
terror-stricken, terror-struck [térə:strikən, -strʌk] *a* zastrašen, ostrašen, prestrašen
terry [téri] *n* žametu podobna tkanina, pliš; ~ **cloth** frotir; ~ **towel** frotirka (brisača); ~ **velvet** polžamet
terse [tə:s] *a* (~ ly *adv*) zgoščen, kratek in jedrnat, klen, precizen
terseness [tə́:snis] *n* zgoščenost, jedrnatost, preciznost
tertian [tə́:šən] **1.** *a med* nastopajoč vsak tretji dan; ~ **malaria** terciana, malarija tretjednevnica; **2.** *n med* terciana
tertiary [tə́:šəri] **1.** *a* terciaren; ki spada na tretje mesto; *med* terciaren, tretjega stadija (sifilis); *chem* terciaren; **T**~ *geol* terciaren; *eccl* ki pripada tretjemu redi, tretjereden; **2.** *n eccl* tretjerednik, -ica; **T**~ *geol* terciar, doba tvorbe rjavega premoga
tertio [tə́:šiou] (*Lat*) *adv* tretjič, na tretjem mestu
tervalent [tə:véilənt] *a chem* trivalenten
terylene [térili:n] *n* terilen (sintetična tkanina)
tessellar [tésələ] *a* kockast, mozaičen, teselaren
tessellate [tésileit] *vt* teselirati, obložiti z mozaičnimi kamenčki ali kockami; ~ **d pavement** teselaren tlak
tessellation [tesiléišən] *n* obložitev (tal) z mozaičnimi kamenčki ali kockami; mozaično delo, mozaik
tessera; pl ~ **rae** [tésərə; -ri:] *n* mozaičen kamenček (kockica); kvadratna ploščica; *hist* igralna kocka; spoznavna tablica ipd.

test I [test] *n* preskus, preizkušnja, poskus; izpraševanje, preiskava, presoja (sposobnosti, kakovosti): *psych* naloga, vprašanje pri presoji inteligence; test, manjši izpit; preizkusni kamen; kriterij; *chem* poskus, analiza, reagent; *med* proba, test; poskusni vzorec; poizkusno vrtanje (za nafto); *tech* lonec za taljenje ali čiščenje kovine; peč, talilnica za čiščenje kovin (zlata, srebra); *hist* prisega zvestobe; **a** ~ **of** (ali **for**) **iron** reagent za železo; **crucial** ~ najtežja preizkušnja; **qualitative** (**quantitative**) ~ *chem* kvalitativna (kvantitativna) analiza; **tuberculin** ~ *med* tuberkulinska proba; **Wasserman** ~ *med* Wassermannova reakcija; **to put to the** ~ preizkusiti; **to stand the** ~ prestati preizkušnjo; **to take the** ~ *hist* priseči zvestobo
test II [test] *vt* preizkusiti, podvreči preizkušnji (izpraševanju), testirati; metodično in strogo izpraševati; preskušati (trpežnost, vzdržljivost itd.); čistiti (kovino); *chem* analizirati; ~ **ing grounds** teren za preizkušanje avtomobilov ipd.; **to** ~ **s.o.'s powers of endurance** preizkušati potrpežljivost kake osebe; **to** ~ **out** *coll* preizkusiti; **3.** *a* preizkusen, tésten; ~ **flight** *aero* preizkusni polet; ~ **result** testni rezultat
test III [test] *n zool* lupina (mehkužcev itd.)
testable [téstəbl] *a* ki se da preizkusiti (izprašati, testirati); **2.** *jur* ki mu je možno kaj voliti v oporoki; izpričljiv; zmožen testiranja, zmožen pričanja
testacean [testéišən] *n zool* lupinar
testaceous [testéišəs] *a zool* pokrit s trdo lupino
testacy [téstəsi] *n jur* volitev (česa) v oporoki, testacija
testament [téstəmənt] *n* oporoka, poslednja volja, testament; zaveza, zakon; **last will and** ~ testament, oporoka; **the Old T**~, **the New T**~ *eccl* stari, novi testament (zaveza); **to contest** (**to dispute) a** ~ izpodbijati oporoko; **to leave s.th. to s.o. in one's** ~ zapustiti komu kaj v svoji oporoki; **to make one's** ~ napraviti (svojo) oporoko
testamental [testəméntl] *a* oporočen
testamentary [testəméntəri] *a* (**testamentarily** *adv*) oporočen, testamentaren; ~ **guardian** v oporoki postavljeni varuh
testamur [testéimə] *n univ* spričevalo o opravljenem izpitu
testate [tésteit] *n* (redko) oporočnik, testator
testator [testéitə] *n jur* oporočnik, testator, zapustnik
testatrix; pl ~ **es, -trices** [testéitriks; -iz, -trisi:z] *n jur* oporočnica
test case [téstkeis] *n* tipičen primer, šolski primer; *jur pol* precedenčni primer, precedens
tested [téstid] *a* preizkušen; testiran
testee [testí:] *n ped psych* testirana oseba; izpraševanec
tester I [téstə] *n* preizkuševalec; izpraševalec; naprava za testiranje
tester II [téstə] *n* baldahin (nad posteljo); nebo (nad prižnico)
tester III [téstə] *n coll* srebrn kovanec za pol šilinga; *hist* šiling iz dobe Henrika VIII
test-fly [téstflai] *vt aero* preizkusiti (letalo), preizkusno, prvič leteti

testicle [téstikl] *n anat* modo

testification [testifikéišən] *n* pričevanje; dokaz (*to, of* za, o)

testifier [téstifaiə] *n* priča

testify [téstifai] *vi jur* pričati (*against* proti); *vt* izpričati, izjaviti kot priča; dokazati (pod prisego); izraziti; **acts ~ intent** dejanja pričajo o namenu; **I can ~ to that** to lahko izpričam, dokažem; **to ~ one's regret** izraziti, izpričati svoje obžalovanje

testimonial [testimóunjəl] *n* (policijsko) nravstveno spričevalo (o vedenju itd.); presoja, mnenje; priporočilno pismo; *fig* znak ali dokaz priznavanja; javno priznavanje, časten dar (v denarju); **~ dinner** večerja v čast komu

testimonialize [testimóunjəlaiz] *vt* (redko) dati komu darilo v znak počastitve; izdati komu spričevalo, potrdilo (o vedenju itd.)

testimony [téstiməni] *n* spričevalo; dokaz (*to* o); *jur* izjava prič, pričevanje; testimonij; **in ~ whereof we sign** *jur* v dokaz tega podpisujemo; **the ~ rel** razodetje, sveto pismo, od boga dani zakon; **the tables of the ~ rel** deset božjih zapovedi; **to bear ~ against s.o.** pričati zoper koga; **to call s.o. in ~** *jur* pozvati za pričo, k pričevanju; **to have s.o.'s ~ for** imeti koga za pričo za; **to produce ~ to (of)** pričati za

testiness [téstinis] *n* razdraženost; čemernost, slaba volja, nejevolja

testing [téstiŋ] **1.** *n* preizkus, preskušnja; testiranje; **~ of vision** *med* preizkus vida; **2.** *a* preizkusen, tésten; **~ load** *tech* preskusna teža, obremenitev

test match [téstmæč] *n sp* tekmovalno srečanje v kriketu med Anglijo in deželami Commonwealtha

test paper [téstpeipə] *n ped* testni formular (list); *E* pismeni pripustni izpit; *chem* lakmusov, reagenčni papir

test pilot [téstpailət] *n* pilot za preizkusne polete

test tube [tésttju:b] *n chem* epruveta; retorta

testudinate [testjú:dinit, -eit] **1.** *a* podoben želvinemu oklepu, želvast; **2.** *n* želva

testudineous [testju:díniəs] *a* podoben želvi; počasen (kot želva)

testudo [testjú:dou] *pl* **~s, -dines** [-dini:z] *n zool* želva; *hist mil* zaščitna streha (iz ščitov pri napadu)

testy [tésti] *a* (**testily** *adv*) razdražen, razdražljiv; slabe volje, čemeren

tetanic [titǽnik] *a med* tetaničen; **~ spasm** tetaničen krč

tetanus [tétənəs] *n med* tetanus, mrtvični krč

tetchiness [téčinis] *n* občutljivost, razdražljivost; muhavost; čemernost, nataknjenost

tetchy [téči] *a* (**techily** *adv*) občutljiv, lahkó razdražljiv; muhast, čemeren, slabe volje, nejevoljen, godrnjav

tête-a-tête [téitatéit] **1.** *n* razgovor med štirimi očmi; majhna zofa za dve osebi; **2.** *a* zaupen, med šitirimi očmi; **3.** *adv* zaupno, med štirimi očmi

tether [téðə] **1.** *n* povodec, konopec, tudi veriga (za privezanje živali h kolu itd.); *fig* obseg, področje (znanja itd.), (duševno) obzorje; razum; pamet; **to be beyond one's ~** prekoračiti

svoje sile, svoje sposobnosti; **to be at the end of one's ~** *fig* biti pri kraju s svojo pametjo, ne vedeti naprej, ne vedeti, kaj bi napravili; **2.** *vt* privezati (žival na povodec); *fig* omejiti

tetrachord [tétrəkɔ:d] *n mus* tetrakord, akord iz 4 tonov; glasbilo (lira) na 4 strune

tetrad [tétræd] *n* število 4; komplet iz 4 delov; četvorica; *chem* element, ki veže 4 atome vodika

tetragon [tétrəgən] *n* četverokotnik; **regular ~** kvadrat

tetragram [tétrəgræm] *n* beseda iz 4 črk

tetrahedron [tetrəhí:drən] *n* tetraeder

tetralogy [tetrǽlədži] *n* tetralogija

tetrameter [tetrǽmitə] *n* četveromer, stih iz 4 stopic, ločen s cezuro

tetrapod [tétrəpəd] **1.** *a zool* štirinožen; **2.** *n* štirinožec

tetrarch [tí:tra:k] *n* tetrarh, član vladavine štirih; vladar tetrarhije; *mil hist* podpoveljnik grške falange

tetrarchy [tí:tra:ki] *n hist* tetrarhija, vladavina štirih (mož), štirivladje

tetrasyllabic [tetrəsilǽbik] *a* štirizložen

tetrasyllable [tetrəsíləbl] *n* štirizložna beseda

tetter [tétə] **1.** *n med* lišaj, izpuščaj; **2.** *vt* povzročiti lišaj; *vi* dobiti lišaj ali izpuščaj; **to be ~d** imeti lišaj ali izpuščaj

tetterous [tétərəs] *a med* lišajast

Teuton [tjú:tən] *n hist* Tevton, pripadnik germanskega plemena, German

Teutonic [tju:tónik] **1.** *a* tevtonski, germanski; ki se nanaša na nemški viteški red; **2.** *n* germanski jezik; **~ Order** *hist* nemški viteški red

Teutonicism [tju:tónisizəm] *n ling* germanizem; germanska ali nemška jezikovna posebnost

Teutonism [tjú:tənizəm] *n* germanstvo; tevtonizem, vera o premoči germanske rase

Teutonization [tju:tənaizéišən] *n* germaniziranje

Teutonize [tjú:tənaiz] *vt & vi* germanizirati (se)

tew [tju:] **1.** *vi dial* garati, težko delati; **2.** *n A* težko delo, garanje; skrb, žalost

tewel [tjú:il] *n tech* zračna šoba (pri plavžu)

text [tekst] *n* besedilo, tekst; izvirnik, izvirne besede (kakega pisca), dobeseden tekst; tekstno kritična izdaja (dela); mesto ali citat iz biblije; predmet (obravnavanja, pridige), téma; *print* stopnja tiskarskih črk; fraktura (gotica); **to stick to one's ~** *fig* ostati pri stvari

textbook [tékstbuk] *n* učbenik, šolska knjiga; *mus* libreto; **~ edition** šolska izdaja

texthand [téksthænd] *n* velika korentna (običajna, ročna) pisava

textile [tékstail, *A* -il] **1.** *n* tkanina, tekstil; *pl* tekstilije; **2.** *a* tkan; tekstilen; **~ art** tkalska obrt, tkalstvo; **~ goods** tekstilije; **~ industry** tekstilna industrija

textual [tékstjuəl] *a* (**~ly** *adv*) teksten, ki je v tekstu; ki je natančno po tekstu; dobeseden; tekstualen; skladen s tekstom, sloneč na tekstu; **~ criticism** tekstna kritika

textualism [tékstjuəlizəm] *n* tekstualizem, strogo spoštovanje teksta (zlasti biblije)

textualist [tékstjuəlist] *n* poznavalec biblijskega teksta; kdor se strogo drži teksta

textuary [tékstjuəri] *a* **1.** *a* teksten; **2.** *n* glej **textualist**

textural [téksčərəl] *a* tkivski; strukturalen

texture [téksčə] *n* tkanina; tkanje; *biol* tkivo, struktura tkiva, tekstura; sestav, zgrajenost, struktura, zgradba; žilnatost (lesa); **the ~ of a play** zgradba drame

textureless [téksčəlis] *a* brez strukture; amorfen

thaler [táːlə] *n hist* tolar

thalassian [θəlǽsiən] *n zool* (splošno) morska želva

thalassic [θəlǽsik] *a* morski

thallium [θǽliəm] *n chem* talij

Thames [temz] *n* (reka) Temza); **to throw water into the ~** *fig* nositi vodo v Savo, opravljati nesmiselno delo (brez uspeha); **he won't set the ~ on fire** *fig* on ni iznašel smodnika

than [ðæn, ðən] *conj* kot, kakor; **more ~ 300 people** več kot 300 ljudi; **rather ~** rajši kot; **none other ~ you** noben drug kot vi; **a man ~ whom no one was more beloved** ni ga bilo bolj priljubljenega človeka, kot je bil on; **it is easier said ~ done** to je lažje rečeno kot storjeno; **she did it better ~** he bolje to napravila kot on; **I would rather walk ~** drive jaz bi rajši šel peš, kot pa da bi se peljal

thanage [θéinidž] *n hist* thanstvo (vrsta plemstva)

thane [θéin] *n hist* than (vrsta plemiča); vazal; *Sc* plemič

thank I [θæŋk] *n* (samo *pl*) zahvala, hvala, zahvaljevanje; **~s!** hvala!; **many ~s, ~s very much!** hvala lepa!; **~s to (your intervention)** zahvaljujoč se (zaradi) vašemu posredovanju; **in ~s for** v zahvalo za; **cordial ~s** prisrčna zahvala; **letter of ~s** zahvalno pismo; **~s be to God** hvala (bodi) bogu; **no ~s to him** brez njegove pomoči; **to give ~s to** zahvaliti se; **to return ~s** zahvaliti se; **please accept my ~s** sprejmite, prosim, mojo zahvalo; **small ~s to you, I succeeded** brez tvoje pomoči mi je uspelo; **small ~s I got for it!** slabo zahvalo sem dobil za to!;

thank II [θæŋk] *vt* zahvaliti se; **to ~ s.o. for s.th.** zahvaliti se komu za kaj; **(I) ~ you!** hvala!; **no, ~ you!** ne, hvala!; **(yes), ~ you!** (da), prosim!; **~ you for nothing** (*ironično*) se najlepše zahvaljujem; hvala vam tudi za to, bom že brez vas!; **~ing you in anticipation** (ali **beforehand**, ali **in advance**) zahvaljujoč se vam vnaprej; **I'll ~ you for some bread** prosim (vas) malo kruha; **I will ~ you to leave that to me** bil bi vam hvaležen, če bi to prepustili meni; **he has only himself to ~ for it** samo sebi se mora zϵ to zahvaliti (si to pripisati); **your tea, sir, ~ you** vaš čaj, gospod, prosim!

thankee [θǽŋki] *sl* glej **thank you**

thanker [θǽŋkə] *n* oseba, ki se zahvali

thankful [θǽŋkful] *a* (**~ly** *adv*) hvaležen (**to s.o.** komu); *obs* ki zasluži zahvalo, zaslužen; prijeten, razveseljiv; **a ~ service** usluga iz hvaležnosti

thankfulness [θǽŋkfulnis] *n* hvaležnost

thankless [θǽŋklis] *a* nehvaležen; nedonosen, neploden, ki se ne splača; ki ne zasluži nobene zahvale; **a ~ task** nehvaležna naloga

thanklessness [θǽŋklisnis] *n* nehvaležnost

thank-offering [θǽŋkəfəriŋ] *n* zahvalna daritev, zahvalna žrtev (pri Židih)

thanksgiver [θǽŋksgivə] *n* oseba, ki se zahvali

thanksgiving [θǽŋksgíviŋ] *n* zahvaljevanje; zahvalnica (molitev); praznik hvaležnosti; **T~ (Day)** *A* žetveni praznik hvaležnosti (zadnji četrtek v novembru)

thankworthiness [θǽŋk:wə:ðinis] *n* vrednost (za)-hvale; zaslužnost

thankworthy [θǽnkwə:ði] *a* vreden (za)hvale; zaslužen, ki zasluži zahvalo

that I, *pl* **those** [ðæt, ðóuz] **1.** *pron* (kazalni) ta, to; oni, -a, -o; **and ~ in** to, in sicer; **at ~** vrh tega, poleg tega, *coll* pri tem; **and all ~** in vse to (táko); **for all ~** pri vsem tem, kljub vsemu temu; **like ~** takó; **this, ~, and the other** to in ono, vse vrste; **with ~** s tem; **~ which ...** to (ono), kar...; **~ house over there** ona hiša tam preko; **to ~ degree that** do tolikšne mere, da...; **~'s all** to je vse; **~'s it!** tako je prav! tako je treba! **~'s so** takó je; **~'s right!** takó je! točno! res je!; *vulg* da; **and ~'s ~!** *coll* in s tem je stvar opravljena! in stvar je končana! in zdaj dovolj tega!; **~ may be** to je možno; **~'s what it is** saj to je ravno; stvar je v tem; tako je to; za tem grmom tiči zajec; **(is) ~ so?** ali res? je (to) res tako?; **~'s the way!** tako je prav!; **~ is why** zato; **~ is because** to je zato, ker; **~ is (to say)** to se pravi; **those are they** to so oni; **those are his children** to (ono) so njegovi otroci; **~ was the children** to so bili (so naredili) otroci; **~'s a dear!** to je lepo od tebe!; **what of ~?** (pa) kaj za to?; **what's ~ noise?** kakšen hrup je to?; **~'s what he told me** tako mi je on povedal; **let it go at ~** *coll* pustimo to, kot je; **why do you run like ~?** zakaj tako tečeš?; **this cake is better than ~ (one)** ta kolač je boljši kot oni; **I went to this and ~ doctor** šel sem k več zdravnikom; **2.** *adv coll* takó (zelo); **~ much** toliko; **~ far** tako daleč; **~ angry (small, tired)** tako jezen (majhen, utrujen)

that II, *pl* **that** [ðæt, ðət] *pron rel* **1.** ki; kateri, -a, -o; ki ga, ki jo, ki jih; katere, katera; **2.** kar; **all ~, everything ~** vse, kar; **the best ~** najboljše, kar; **much ~** mnogo (tega), kar; **nothing ~** nič, kar; **no one ~** nihče, ki; **the book ~ I sent you** knjiga, ki sem ti jo poslal; ki; **the man ~ bought the house** (tisti) človek, ki je kupil hišo; **the lady ~ he is acquainted with** gospa, s katero je pozna; **it is the ideas ~ matter** ideje so važne; **the fool ~ he is!** takšen bedak!; **her husband ~ is to be** njen bodoči mož (soprog); **Mrs. Black, Miss Brown ~ was** *coll* gospa Black, rojena Brown; **Mrs. Jones ~ is** sedanja gospa Jones; **for the reason that** iz razloga, zaradi katerega; **the day (~) I met him** na dan, na katerega (ko) sem se seznanil z njim

that III [ðæt] *conj* da; da bi; (zato) ker; ko; **in order ~, to the end ~** da bi; so ~ tako, da; **now ~** sedaj, ko; **I am sorry ~ you can't come** žal mi je, da ne morete priti; **we eat ~ we may live** jémo, da bi mogli živeti; **he lives ~ he may eat** on živi, da bi mogel jesti; **I was so tired ~ I fell asleep** bil sem tako utrujen, da sem zaspal; **now ~ we know the reason** sedaj, ko vemo za razlog; **it is 3 years ~ she went away** tri leta je, da (odkar) je odšla; **at the time ~ I was born** v času, ko sem se rodil!; **it is rather ~** prej (je), ker; **not** ~ **it mightn't be better** ne, ker ne bi moglo biti bolje

thatch [θæč] **1.** *n* slama (za streho); škopa; trstika; slamnata streha; *coll* gosti lasje, »griva«; **2.** *vt* prekriti (streho) s slamo; ~ **ed cottage** slamnata koča; ~ **ed roof** slamnata streha

thatching [θǽčiŋ] *n* kritje streh s slamo; slama za kritje streh

thatchy [θǽči] *a* podoben škopi

thaumaturge [θɔ́:mətə:dž] *n* čudodelnik

thaumaturgic [θɔ:mətɔ́:džik] *a* (~ **ally** *adv*) čudodelen

thaumaturgist [θɔ́:mətə:džist] *n* čudodelnik

thaumaturgy [θɔ́:mətə:dži] *n* čudodelstvo

thaw [θɔ:] **1.** *n* odjuga, južno vreme; tajanje, kopnenje, topljenje; *fig* odtajanje (osebe); **silver** ~ poledica; **a** ~ **has set in** nastopila je odjuga, postalo je južno; **2.** *vi* topiti se, tajati se, kopneti, (od)južiti se; *fig* odtajati se, ogreti se, stopiti iz svoje rezerviranosti; **it is** ~ **ing** sneg kopni, odjuga je; **the ice** ~ **s** led se taja; *vt* (raz)topiti; *fig* (tudi ~ **out**) odtajati (koga)

thaw-drop [θɔ́:drɔp] *n* kaplja ledene vode

the I [ðə pred soglasnikom, ði pred samoglasnikom, ði: poudarjeno] določni člen (včasih preveden s ta, to); ~ **Browns** Brownovi, družina Brown; ~ **poor** reveži; ~ **Danube** Donava; ~ **Balkans** Balkan; ~ **French** Francozi; ~ **King** kralj (angleški idr.); ~ **saddle** *fig* jezdenje, jahanje; ~ **stage** gledališka (igralska) dejavnost; ~ **World** svet, Svet; ~ **United States of America** ZDA; ~ **Yugoslavia of to-day** današnja Jugoslavija; ~ **dog is a useful animal** pes (kot vrsta) je koristna žival; **he loves** ~ **girl** on ima rad to dekle; **two shillings** ~ **pound** dva šilinga (za) funt; **by** ~ **day** na dan; **by** ~ **dozen** po ducatu; **it is only a step from** ~ **sublime to** ~ **ridiculous** le en korak je od vzvišenega do smešnega

the II [ði:, ði, ðe] *adv* čim, tem; **the ... the** čim ... tem; ~ **sooner** ~ **better** čim prej tem bolje; **all** ~ **better** toliko bolje; **so much** ~ **better** toliko (tem) bolje; **so much** ~ **worse for him** toliko (tem) slabše zanj; **so much** ~ **more (less)** toliko (tem) več (manj); ~ **more you get** ~ **more you want** čim več dobiš, tem več hočeš; ~ **more so as...** toliko več (bolj), ker...; **not any** ~ **better** nič bolje

thearchy [θí:a:ki] *n* teokracija, bogovladje; (kolektivno) bogovi; **the Olympian** ~ bogovi z Olimpa

theatre, theater [θíətə] *n* gledališče; gledališki oder; gledališka umetnost; igralci; gledališka igra; gledališko občinstvo, publika, gledalci; dramska književnost; prizorišče; amfitrealna dvorana, predavalnica; **anatomical** ~ anatomska predavalnica; **the** ~ **of war** bojišče; **open-air** ~ gledališče na prostem; **operating** ~ operacijska dvorana; **repertory** ~ repertoarno gledališče; **to go to** ~ zahajati, hoditi v gledališče; **this play is good** ~ ta igra je uspešna na (gledališkem) odru

theatre-goer [θíətəgouə] *n* obiskovalec, -lka gledališča

theatric [θiǽtrik] *a* glej **theatrical**

theatrical [θiǽtrikl] *a* (~ **ly** *adv*) gledališki; *fig* teatralen, teatraličen, nenaraven, pompozen,

afektiran; ~ **performance** gledališka predstava ~ **gestures** teatralične kretnje

theatricality [θiətrikǽliti] *n* teatraličnost; prazen pomp

theatricals [θiǽtrikəlz] *n pl* gledališke predstave, prireditve (zlasti amaterskih igralcev)

theatrics [θiǽtriks] *n pl* (*sg constr*) gledališka (režijska) umetnost

thee [ði:] **1.** *pron obs poet bibl* (3. in 4. sklon od **thou**) tebi, tebe; ti, te; *dial* ti; **the Lord be with** ~ Gospod bodi s teboj; **2.** *vt* uporabljati **thee**; **to** ~ **and thou** reči (komu) ti, tikati (koga)

theft [θeft] *n* kraja, tatvina, rop; *obs* ukradeno blago

theic [θí:ik] *n* oseba, ki pije preveč čaja

theine [θí:in] *n chem* tein

their [ðéə, ðə:] *a* njihov; ~ **books** njihove knjige; **they may be seen in** ~ **thousands** na tisoče jih lahko vidiš

theirs [ðéəz] *pron* njihov; **this books is** ~ ta knjiga je njihova; **the fault was** ~ krivda je bila njihova, oni so bili krivi; **a friend of** ~ neki njihov prijatelj; **our school is older than** ~ naša šola je starejša kot njihova

theism I [θí:izəm] *n med* zastrupljenje s čajem

theism II [θí:izəm] *n* teizem

theist [θí:ist] **1.** *n* teist; **2.** *a* teistančen

theistic(al) [θi:ístik(l)] *a* (~ **ally** *adv*) teistančen

them [ðem, ðəm] *pron* jih, nje; jim, njim; sebi, si; sebe, se; *coll, dial* tisti; **all of** ~ oni vsi, one vse; **they looked about** ~ ozrli so se; ~ **fellows** (= **those fellows**) tisti tovariši (fantje); ~ **as** *coll* tisti, ki; ~ **are the ones I saw** to so tisti, ki sem jih videl

thema, pl -mata [θí:mə, -mətə] *n* téma (diskusije, disertacije); znanstvena razprava

thematic [θimǽtik] *a* (~ **ally** *adv*) tematski, tematčen; *mus* ki se nanaša na téme; *ling* tematski, korenski; ~ **vowel** tematski vokal

theme [θi:m] *n* téma, predmet, snov, gradivo; *A* šolska naloga, pismeni sestavek, esej; karakteristična rečenica (kake osebe); *mus* téma, motiv; *ling* osnova, deblo, koren (besede); *hist* provinca v bizantinskem cesarstvu; *radio* glasbeni znak postaje ali posamezne oddaje; ~ **song** karakteristična melodija, glavna melodija (operete itd.); glavna popevka (filma)

themselves [ðəmsélvz] *pron pl* oni, -e, -a sami, -e, -a; sebe, se; sebi, si; **they** ~ **said it** oni sami so to rekli; **they built the house** ~ sami so si zgradili hišo; **they built** ~ **a house** zgradili so si hišo; **they washed** ~ umili so se; **the ideas in** ~ ideje same na sebi; **things in** ~ **innocent** same po sebi nedolžne stvari; **they are all by** ~ oni so sami; **they did it by** ~ sami so to napravili

then [ðen] **1.** *adv* nato, potem; takrat; (na)dalje; razen tega; torej; **now and** ~ včasih, tu pa tam; **every now and** ~ vedno zopet, od časa do časa; ~ **and there** na mestu, takoj; **long before** ~ davno pred tem, davno prej; **all right** ~ torej prav, no pa dobro, v redu; **well** ~ no!; no dobro; **now** ~ toda prosim, pa dobro; **on** ~ ! kar (samo) naprej!; ~ **this,** ~ **that** včasih to, včasih ono; **if ...** ~ **če ...** tedaj; **but** ~ ampak seveda; **and** ~ **some** *A sl* in še mnogo več; **what** ~ **?** pa potem?; **there and** ~ nepo-

sredno nato, takoj nato, precej nato; ~ **is it so?**
torej je tako? torej vendar?; ~ **how are you?**
pa kako se počutite?; **I think,** ~ **I exist** mislim,
torej sem; **I was in Italy** ~ bil sem v Italiji
takrat; **is it raining?** ~ **we had better stay at
home** ali dežuje? potem je bolje, da ostanemo
doma; **2.** *a* takraten, tedanji; **the** ~ **president**
tedanji predsednik; **3.** *n* tisti (takratni, tedanji)
čas; **by** ~ do takrat, do tistega časa; **from** ~
od tistega časa, od takrat; **not till** ~ šele od
tistega časa, odtlej, šele nato; **till** ~ do tistega
časa, do takrat, dotlej
thenar [θí:na:] *n anat* dlan; peščaj; (redko) podplat
(noge)
thence [ðens] *adv* od ondod, od tod; od takrat;
iz tega (dejstva); torej; **a week** ~ teden pozneje,
teden nato; ~ **it follows** iz tega sledi
thenceforth [ðénsfó:θ] *adv* od tistega časa (dalje),
od takrat (dalje, naprej); (redko) od tod
thenceforward(s) [ðénsfó:wə:d(z)] *adv* glej **then-
ceforth**
theocracy [θiókrəsi] *n* teokracija, vlada duhovščine
ali kralja v imenu boga
theocrat [θí:əkræt] *n* teokrat, duhovnik vladar
(npr. papež v Vatikanu)
theocratic [θi:əkrǽtik] *a* (~**ally** *adv*) teokratski,
teokratičen, bogovladen
theodicy [θiódisi] *n* teodiceja
theodolite [θiódəlait] *n* teodolit
theologian [θiəlóudžiən] *n* teolog, bogoslovec
theologic(al) [θiəlódžik(l)] *a* (~**ally** *adv*) teološki,
bogosloven; ~ **seminary** semenišče; **the** ~
virtues krščanske (glavne) kreposti
theologize [θiólədžaiz] *vt* teološko obravnavati
(problem); *vi* govoriti, teoretizirati o teoloških
témah
theologue [θiɔlɔg] *n A coll* teolog, bogoslovec
theology [θiólədži] *n* teologija, bogoslovje
theomania [θiəméiniə] *n med* verska blaznost,
teomanija
theomaniac [θiəméiniæk] *n med* verski blaznež,
teoman
theophany [θiófəni] *n* vidna manifestacija boga
(božanstva) (zlasti v človeški podobi)
theorbo [θió:bou] *n mus hist* teorba, velika basov-
ska lutnja
theorem [θiərəm] *n math phil* teorem, teoretično
še nedokazano načelo, postavka ali trditev;
logična ali znanstvena predpostavka; ~ **of the
cosine** kosinusov stavek
theorematic(al) [θiərəmǽtik(l)] *a* teoremski
theoretic [θiərétik] *a* glej **theoretical**
theoretical [θiərétikəl] *a* (~**ally** *adv*) teoretičen,
teoretski; spekulativen
theoretician [θiərétíšən] *n* teoretik; *fig* nepraktičen
človek
theoretics [θiərétiks] *n pl* (večinoma *sg constr*)
spekulativni ali teoretičen del kake znanosti
theorist [θiərist] *n* teoretik
theorization [θiərizéišən] *n* teoretiziranje, postav-
ljanje teorij
theorize [θiəraiz] *vi* teoretizirati, postavljati teorije
theorizer [θiəraizə] *n* kdor teoretizira, teoretik
theory [θiəri] *n* teorija, čisto znanstveno spozna-
nje; teoretični del; (znanstveni) nauk; *pej* šolska
(knjižna, abstraktna) učenost ali modrost,

ločena od resničnosti; ideja, naziranje; **in** ~
but not in practice v teoriji, a ne v praksi;
~ **of combinations** *math* kombinatorika; ~ **of
evolution** evolucijska teorija; ~ **of relativity**
relativitetna teorija; **it is his pet** ~ to je njegova
najljubša ideja
theosoph, theosopher [θíəsɔf, θiósəfə] *n* glej **theo-
sophist**
theosophic(al) [θiəsófik(l)] *a* (~**ally** *adv*) teozofski
theosophism [θiósəfizəm] *n* verovanje v teozofijo
theosophist [θiósəfist] *m phil* teozof
theosophize [θiósəfaiz] *vi* teozofirati
theosophy [θiósəfi] *n phil* teozofija
theotechny [θiətekni] *n* nastop ali delovanje bogov
(v literaturi)
therapeutic [θerəpjú:tik] **1.** *a* (~**ally** *adv*) terapevt-
ski, terapevtičen, zdravilen, ki se tiče terapije;
2. *n* terapevtik, zdravilo
therapeutics [θerəpjú:tiks] *n pl* (večinoma *sg
constr*) terapevtika, nauk o zdravljenju bolezni
therapeutist [θerəpjú:tist] *n* terapevtik, zdravnik, ki
je izkušen v terapiji
therapist [θérəpist] *n* glej **therapeutist**
therapy [θérəpi] *n med* terapija, zdravljenje, zdra-
vilna moč
there [ðéə] **1.** *adv* tam, tamkaj; tu, t kaj; *fig* takoj,
prècej; tja; v tem (pogledu); ~ **and back** tja
in nazaj; ~ **and then** takoj, prècej, na mestu;
down ~ tam doli; **here and** ~ tu in tam;
here, ~ **and everywhere** vsepovsod; **in** ~ tam
notri; **neither here nor** ~ ne tu ne tam, *fig*
nepomemben; **out** ~ tam zunaj; **over** ~ tam
preko; **from** ~ od tam, od tod; **up** ~ tam gori;
~ **it is!** v tem je težava! to je tisto! tako je
s stvarjo!; ~ **is the rub** tu je (tiči) težava;
~ **you are!** (vidiš) kaj sem ti rekel! zdaj pa
imaš!; **I have been** ~ **before** *sl* to že vse vem;
to have been ~ *sl* dobro se spoznati; **all** ~
coll pameten, preudaren, priseben; **he is not
all** ~ on ni čisto pri pravi (pameti); ~ **I agree
with you** v tem (pogledu) se strinjam z vami;
we had him ~ v tem smo ga prelisičili; **to get** ~
sl doseči kaj, uspeti; **put it** ~**!** postavi (daj)
to tja!; *fig* udari(te) v roko! (v znak sporazuma);
2. (oslabljeno) tam, tu (se ne prevaja: pred
neprehodnimi glagoli često brezosebno); ~ **is**
je, se nahaja; ~ **are** so, se nahajajo; ~ **was
a king** bil je (nekoč) kralj; ~ **is no saying**
ne da se reči; ~ **arises the question**... nastaja
vprašanje...; ~ **comes a time when**... pride
čas, ko...; **will** ~ **be any lecture?** ali bo
(kako) predavanje?; **what is** ~ **to do?** kaj naj
storimo?; **never was** ~ **such a man** nikoli ni
bilo takega človeka; ~**'s a man at the door** nekdo
je pri vratih; ~ **were many cases of influenza**
bilo je mnogo primerov gripe; **3.** *interj* glej!
no! na!; pomiri se!; ~, ~**!** no, no, pomiri se!
bodi no dober (priden, spodoben)!; ~, ~,
don't cry! no, no, ne jokaj!; ~ **now!** glej ga no!;
so ~**!** zdaj pa imaš! zdaj pa je dovolj!; **well**
~**!** čuj!; ~, **didn't I tell you?** na, ali vam nisem
rekel?; ~, **it is done!** na, pa je narejeno!;
~**'s a good girl!** bodi dobra, pridna deklica
(in podaj mi knjigo)!; dobra deklica si, tako je
prav (ker si mi podala knjigo)!

thereabout(s) [ðérəbaut(s)] *adv* tu; v bližini; približno; **somewhere** ~ tu nekje; ~ s *fig* približno, okoli; **10 pounds or** ~ s nekako 10 funtov; **300 people or** ~ s približno 300 ljudi

thereafter [ðéráːftə] *adv* zatem, nato, potem, pozneje; od tedaj; (redko) potemtakem

thereagainst [ðéərəgéinst] *adv* nasprotno •

thereat [ðéəræt] *adv* nato; ob tej priliki; *obs* tam, tukaj

therebefore [ðéəbifɔ́ː] (po)prej, pred tem

thereby [ðéəbái] *adv* s tem, na ta način; pri tem; iz tega; zaradi tega; blizu; približno; v tej zvezi, o tem; ~ **hangs the story** o tem je zgodba . . .

therefor [ðéəfɔ́ː] *adv* zato, zaradi tega

therefore [ðéəfɔ́ː] *adv* zato, zaradi tega; torej; potemtakem

therefrom [ðéəfróm] *adv* od tod; iz tega; od tega

therein [ðɛərín] *adv* v tem, v tem pogledu (oziru); tu (tam) notri

thereinafter [ðéərináːftə] *adv jur* niže doli, spodaj (v dokumentih)

thereinbefore [ðéərinbifɔ́ː] *adv jur* zgoraj, prej (v dokumentih)

thereinto [ðéəríntu] *adv* v to (noter), tja

thereof [ðɛəróv] *adv obs* od tega, iz tega; od teh, iz teh

thereon [ðɛərón] *adv obs* nato, nakar

thereout [ðéəráut] *adv obs* iz tega

there's [ðéəz] = **there is**, (nepravilno tudi za) **there are**

thereto [ðɛətúː] *adv obs* k temu, na to, še (k temu), razen tega

theretofore [ðéətəfɔ́ː] *adv* prej, pred tem; doslej

thereunder [ðɛəríndə] *adv obs* pod tem, tu spodaj

thereunto [ðɛərəntúː] *adv obs* k temu, še (k temu), razen tega

thereupon [ðɛərəpón] *adv* nato, potem, nakar, za tem, tedaj, takrat; zaradi tega

therewith [ðɛəwíð] *adv* s tem; takoj za tem; istočasno, hkrati

therewithall [ðɛəwiðɔ́ːl] *adv obs* s tem; razen tega, vrh tega; istočasno

theriac [θíriæk] **1.** *n med hist* protistrup; sirup, melasa; **2.** *a* učinkujoč kot protistrup

therm [θəːm] *n phys* kalorija, enota za merjenje toplote

thermae [θɔ́ːmi] (*Lat*) *n pl* terme; *hist* javno kopališče; *med* toplice, topli vrelci

thermal [θɔ́ːməl] **1.** *a* (~ **ly** *adv*) *phys* termičen; topel, vroč; *med* termalen; ~ **cut-out** *el* taljiva varovalka; ~ **energy** toplotna energija; ~ **springs** topli izviri, toplice; ~ **unit** toplotna enota; **2.** *n pl aero phys* termika

thermic [θɔ́ːmik] *a* (~ **ally** *adv*) termičen, toploten; ki se tiče toplote; ~ **fever** *med* sončarica; ~ **rays** toplotni žarki

thermionic [θəːmiɔ́nik] *a* termionski; elektronski; ~ **valve (tube)** *radio* elektronska cev; katodna cev

thermit [θɔ́ːmit] *n chem tech* termit; ~ **welding** termitno varjenje

thermo-dynamics [θɔ́ːmoudainæmiks] *n pl* termodinamika

thermogenesis [θeːmədžénisis] *n med* termogeneza, nastajanje toplote (v telesu)

thermograph [θɔ́ːməgraːf] *n* toplomer, ki samodejno beleži toploto zraka

thermometer [θəːmɔ́mitə] *n* toplomer, termometer; **centigrade** ~, **Celsius** ~ Celzijev termometer; **clinical** ~ klinični termometer; **combination** ~ kombinirani termometer (z lestvicami Celzij, Réaumur in Fahrenheit)

thermometric [θəːmoumétrik] *a* (~ **ally** *adv*) termometričen

thermometry [θəːmɔ́mitri] *n* termometrija, merjenje toplote

thermonuclear [θəːmounjúːkliə] *a* termonuklearen

thermophore [θɔ́ːməfɔː] *n* termofor, grelec

thermopile [θɔ́ːmoupail] *n* termoelektrična baterija

thermoplastic [θəːmouplǽstik] **1.** *a chem* termoplastičen; **2.** *n* termoplast

thermos (bottle) [θɔ́ːməs (bɔtl)] *n* termovka, termos

thermostat [θɔ́ːməstæt] *n* termostat

theroid [θíərɔid] *a med* živalski, bestialen; nečloveški

thesaurus, *pl* -ri [θisɔ́ːrəs, -rai] (*Lat*) *n* besednjak, slovar, leksikon, enciklopedija; *obs* zakladnica

these [ðiːz] *pron pl* od **this**

thesis I, -ses [θíːsis, -siːz] *n* teza, postavka, trditev, ki jo je treba dokazati; tema; znanstveno delo, (doktorska) disertacija; ~ **novel (play)** tendenčen roman (igra)

thesis II [θésis] *n pros* teza; nenaglašen zlog

Thespian [θéspiən] **1.** *n* igralec; traged; **2.** *a* tespijski, igralski; **the** ~ **art** gledališka umetnost

theurgic [θiɔ́ːdžik] *a* čudodelen, magičen

theurgist [θiɔ́ːdžist] *n* čudodelnik, čarovnik, mag

theurgy [θíːəːdži] *n* čudodelstvo, čarovništvo

thewed [θjuːd] *a* mišičast; **well-** ~ krepkih mišic

thewless [θjúːlis] *a* slaboten, brez moči

thews [θjuːz] *n pl* mišice, telesna moč; moralna ali duševna moč, odločnost; ~ **and sinews** telesna moč

they [ðéi] *pron* (*pl* od **he, she, it**) oni, -e, -a; ~ **are away** oni so odsotni; ~ **say** govoré, govori se; ~ **who** oni, ki; ~ **laugh best who laugh last** oni, ki se zadnji smejejo, se najboljše smejejo

they'd [ðéid] *coll* za **they had, they would**

they'll [ðéil] *coll* za **they will**

they're [ðéiə] *coll* za **they are**

they've [ðéiv] *coll* za **they have**

thick I [θik] *a* debel; grob, neotesan, robat; *E sl* otekel; gost (gozd, lasje, tekočina); poln, bogat (*with* z); pogosten; blaten, umazan; na debelo pokrit (z); meglen, temačen, oblačen (vreme); hripav (glas); moten, kalen (tekočina); neumen, omejen; ~ **with dust** čez in čez pokrit s prahom; **the air is** ~ **with snow** zrak je poln snega; **a** ~ **ear** *E sl* klofuta; **a** ~ **head** debeloglavec, topoglavec; **a bit** ~ *sl* nekoliko pretiran; **as** ~ **as peas** kot peska ob morju (obilo); **they are as** ~ **as thieves** *fig* trdno držijo skupaj **2.** *n* najdebelejši, najgostejši del (česa); *fig* najbolj nevaren, najtežji del; najgostejše mesto, gneča, metež; *sl* tepec, bebec, bedak; **the** ~ **of the crowd** najhujša gneča (ljudi); **in the** ~ **of the crisis** v polni krizi, sredi krize; **in the** ~ **of the fight(ing)** sredi, v žarišču boja, sredi največjega bojnega vrveža; **in the** ~ **of the fray** tam, kjer je najbolj vroče (v pretepu); **to go through** ~ **and thin** *fig* preiti vse zapreke (vse nevarnosti), iti skozi dobro in slabo; **3.** *adv* debelo; gostó; često; hitro; nerodno; nejasno; **fast and** ~ pogosto, kot toča; **the blows came fast and** ~ udarci so padali kot toča; **that is a bit** ~ to je malo preveč; **he lays it on** ~ on pretirava (v laskanju, s komplimenti); **the snow fell** ~ močnó je snežilo; **to sow** ~ gosto sejati; **to speak** ~ nejasno, nerazločno govoriti; **the shots fell** ~ **around him** krogle so gosto (kot toča) padale okrog njega; **4.** *vt & vi* zgostiti (se) (o tekočini)

thick and thin [θíkəndθín] *n fig* prijetno in neprijetno

thick-and-thin [θíkəndθín] *a* zvest, vdan, zanesljiv; **a** ~ **friend** zvest prijatelj

thickbrained [θíkbreind] *a* neumen

thicken [θíkən] *vt* zgostiti; odebeliti; strniti, stisniti; vkuhati; *fig* okrepiti, pojačiti, pomnožiti; *vi* odebeliti se, zgostiti se; pooblačiti se (vreme); pomnožiti se, povečati se, okrepiti se; postati nejasen, nerazločen (glas); **the crowd is** ~ **ing** množica se veča; **the fight** ~ **s** boj postaja vse hujši; **the plot** ~ **s** prihaja do zapleta v dejanju

thickening [θíkniŋ] *n* debeljenje, zgoščevanje; *med* otekanje, zatrdina (*of tissue* tkiva); sredstvo za zgoščevanje, zgoščevalo

thicket [θíkit] *n* goščava

thickhead [θíkhed] *n* butec, bedak, tepec

thickheaded [θíkhedid] *a* debeloglav; neumen

thickheadedness [θíkhedidnis] *n* topoglavost

thickish [θíkiš] *a* debelkast, debelušast; precéj gost; ne preveč jasen (vreme)

thicklips [θíklips] *n* človek z debelimi ustnicami; črnec, -nka

thickness [θíknis] *n* debelina; gostota, gostost; trdnost; zgoščenost, stisnjenost; strnjenost; neprozornost, nejasnost; (naj)debelejši del (česa); sloj, plast, sklad; **to drive through the misty** ~ voziti skozi gosto meglo

thick-set [θíkset] **1.** *a* nagosto posajen; obilen; tršat, čokat, robusten; ~ **with jewels** bogato obložen z dragulji; **a** ~ **hedge** gosta živa meja, **2.** *n* gosta živa meja; goščava

thickskin [θíkskin] *n* debelokožec; neobčutljiv človek

thick-skinned [θíkskind] *a* debelokožen; neobčutljiv

thickskull [θíkskʌl] *n* bedak

thickskulled [θíkskʌld] *a* topoglav, neumen

thick-sown [θíksoun] *a* gosto posejan

thick'un [θíkʌn] *n arch* sovereign, angleški zlatnik za 1 funt šterling

thickwit [θíkwit] *n* bedak, omejen človek

thick-witted [θíkwitid] *a* topoglav, neumen, trd za učenje

thief, *pl* **thieves** [θíːf, θiːvz] *n* tat, -ica; kradljivec, lopov; *coll* razbojnik; utrinek (na sveči); *bot* divji poganjek; **stop** ~ **!** primite tatu!; **thieves' Latin** rokovnjaščina; **to set a** ~ **to catch a** ~ *fig* postaviti (narediti) kozla za vrtnarja; **opportunity makes the** ~ prilika naredi človeka za tata

thiefproof [θíːfpruːf] *a* varen pred tatovi

thieve [θiːv] *vi* krasti, biti tat; *vt* ukrasti (kaj)

thievery [θíːvəri] *n* kraja, tatvina; ukradeno blago

thievish [θíːviš] *a* (~ **ly** *adv*) kradljivski, tatinski; lopovski, sleparski; nepošten; *fig* skriven

thievishness [θíːvišnis] *n* tatinstvo, kradljivost; sleparstvo

thigh [θái] *n* stegno, bedro; **to smite hip and** ~ *fig* neusmiljeno tepsti (tolči, udarjati, bíti)

thighbone [θáiboun] *n anat* bedrna kost, bedrnica, stegnenica

thill [θil] *n* ojnice; dvojne oje

thiller [θílə] *n* konj enovprežnik

thill-horse [θílhóːs] *n* glej **thiller**

thimble [θimbl] *n* naprstnik; *bot* naprstec; *tech* kratka kovinska cev (prstan), okov, zakov

thimbleful [θímblful] *n* poln naprstnik (tekočine); požirček; *fig* malenkost

thimblerig [θímblrig] **1.** *n* vrsta hazardne igre (s 3 kupicami); **2.** *vi* igrati igro s 3 kupicami (ob stavah; treba je uganiti, pod katero kupico je skrita kroglica)

thimblerigger [θímblrigə] *n* igralec igre s 3 kupicami; slepar, lopov

thin I [θin] **1.** *a* (~ **ly** *adv*) tanek; vitek, mršav, suh; lahek (obleka); nežen, fin, prozoren (tkanina); droben; redek, pičel; slabo obiskan (gledališka predstava ipd.); slab, lahek (pijača), razredčen, precéj redek, vodén; *phot* nejasen, brez kontrastov; *agr* reven, nerodoviten (zemlja); ničen, prazen (izgovor); plitev, brez vsebine (knjiga); ~ **air** redek zrak; ~ **attendance** slab obisk (predstave itd.); **a** ~ **broth** redka juha; ~ **captain** *fig* E majhen ploščat prepečenec; **a** ~ **house** slabo zasedena, prazna gledališka hiša; **not worth a** ~ **dime** prebite pare ne vreden; **as a lath** suh kot trska; ~ **profits** pičel dobiček; **on** ~ **ice** *fig* na nevarnih tleh, v kočljivem položaju; **the** ~ **end of the wedge** *fig* prvi začetek, prvi korak; **through thick and** ~ skozi ogenj in vodo, čez vse zapreke (težave); **he had a** ~ **time** imel je težke čase; **that is too** ~ *sl* to je preveč prozorno; **2.** *adv* (le v sestavljenkah) tanko, slabo, redko, neznatno; ~ **-clad** lahko oblečen; ~ **-faced** ozkega, mršavega obraza; ~ **-peopled** redko obljuden; ~ **-spun** tanko preden

thin II [θin] *vt* (s)tanjšati; razredčiti (gozd); *fig* zmanjšati; *vi* (s)tanjšati se; razredčiti se, postati pičel (redek); zmanjšati se, oslabeti, upasti, shujšati; *fig* klinasto se stanjšati; **his hair is** ~ **ning** lasje se mu redčijo;

thin away *vi* shujšati

thin down *vi* stanjšati se, razredčiti se; zmanjšati se, upasti; shujšati

thin off *vi*; **the crowd** ~ **ned off** množica se je (počasi) razšla

thin out *vi* razredčiti se, postati redek

thine [ðáin] *pron obs* tvoj, -a, -e; **the fault is** ~ krivda je tvoja, ti si kriv

thing I [θiŋ] *n* stvar, reč, predmet, stvor; bitje, oseba; posel, delo; *coll* oné, onegá; *pl* stvari, predmeti, obleka, pribor, potrebščine, hrana, lastnina; *coll* pohištvo; orodje; posodje; književna dela; stanje stvari, dejstvo; okolnosti, razmere, odnosi; svojstva; ureditev; misli, izjave; **the** ~ bistveno, prava stvar; **above all** ~ **s** predvsem; **and the** ~ **s** *coll* in podobne stvari (podobno); **for one** ~ v prvi vrsti, prvo;

the one ~ or the other eno ali drugo; the first ~ after prva stvar nato, takoj nato; every living ~ vsako živo bitje; a dear old ~ dobra stara duša; the latest ~ (in hats) zadnja novost (v klobukih); oh, poor ~! o, revče'!; before all ~ predvsem; in all ~s v vsakem oziru (pogledu); out of ~s zunaj dogajanj ; a pretty ~ (ironično) lepa stvar; ~s person: l jur osebne, premične stvari; ~s real nepre· mičnine, realitete; ~s political stvari politike, politične zadeve; swimming ~s kopalne stvari, potrebščine; ~s are improving stvari (stanje) se boljšajo; ~s have changed stvari (razmere) so se spremenile; ~s begin to look brighter položaj se polagoma popravlja; the ~ was to get home najvažnejše je bilo priti domov; of all the ~s to do! in ravno to moraš napraviti; as ~s stand kot stvari stojé; to do the handsome ~ by vesti se spodobno do; to have a ~ about coll biti ves mrtev na (kaj); imeti strah pred; imeti (kaj) proti; I am not the ~ today ne počutim se dobro danes; I know a ~ or two about it nekoliko se spoznam (razumem) na to; it is not the ~ to do to se ne spodobi; it's one of those ~s tu se ne da nič napraviti; it comes to the same ~ to pride na isto; to make a (good) ~ of coll dobiti (izvleči) dobiček iz; to put ~s into s.o.'s head vznemiriti koga (s kako novico); to put one's ~s on obleči se; to take off one's ~s sleči se; to take the ~s off the table pospraviti mizo (stvari z mize); that's no small ~ to ni majhna stvar (malenkost); that's the ~ to je (tisto) pravo; this is not the ~ to ni (tisto) pravo (pravšno); there's no such ~ ni govora o tem; there was not a ~ left nič ni ostalo

thing II, Thing [θiŋ] n državni zbor ali ljudska skupščina (v Skandinaviji, Islandiji)

thingamy [θíŋəmi] n ta in ta, to in to; né, onegá

thingumabob [θíŋəmibəb] n glej thingamy

thingumajig [θíŋəmədžig] n glej thingamy

thingummy [θíŋəmi] n glej thingamy

thingy [θíŋi] a stvaren, snoven; resničen; praktičen, preudaren, trezen

think* [θiŋk] 1. vt misliti (kaj); premišljati; izmisliti; predstavljati si, zamisliti si (kaj); snovati, naklepati, nameravati, kaniti; pomisliti; smatrati, soditi, ceniti, pretehtati, verjeti; imeti za; imeti pred očmi; 2. vi misliti, umovati, razmišljati, premišljevati, mozgati; pomisliti, predstavljati si; verjeti, biti mišljenja, biti mnenja; priti do zaključkov, soditi; I ~ so mislim, da (odgovor na vprašanje); I ~ it best to go now smatram, da je najbolje, če (da) grem zdaj; I should ~ so mislim, da; rekel bi (da je) tako; vsekakor, (to je) jasno; I could not bear to ~ what might happen misel, kaj bi se moglo zgoditi, mi je bila neznosna; I ~ him (he is thought) to be a poet imam ga (imajo ga) za pesnika; he ~s the lecture interesting predavanje smatra za zanimivo; he talks and ~s airplanes samó letala mu gredo (rojé) po glavi; he will ~ himself silly od samega premišljevanja se mu bo zmešalo; only ~! samo pomisli! samo predstavljaj si!; you are a model of tact, I don't ~! sl (ironično) ti si pa res vzor obzirnosti!; to ~ aloud, to ~ out loud glasno misliti; to ~ to o.s.

misliti pri sebi; to ~ better of premisliti si; imeti ugodnejše mnenje o; to ~ o.s. clever imeti se za pametnega; to ~ fit (good) to smatrati za primerno (ustrezno), dobro za; to ~ little of ne mnogo ceniti, ne spoštovati; to ~ much of zelo ceniti, spoštovati; to ~ no harm nič hudega ne misliti, ne imeti slabih namenov; to ~ no small beer of zelo ceniti, imeti zelo visoko (ugodno) mnenje o; to ~ nothing of podcenjevati, prezirati; to ~ scorn of prezirati; to ~ twice dvakrat (dobro prej) premisliti; to ~ of his not guessing that! komaj bi človek verjel, da on tega ni slutil!;

think away vt odmisliti

think out vt izmisliti, domisliti se, dobro premisliti; rešiti (problem)

think over vt & vi premisliti; I'll think it over bom premislil

think through vt premisliti (kaj)

think up vt A zamisliti (kaj), fig izmisliti (a plan načrt)

thinkable [θínkəbl] a ki se more misliti; pojmljiv; možen

thinker [θínkə] n mislec, filozof; a deep ~ globok mislec

thinking [θínkiŋ] 1. n mišljenje, razmišljanje, premišljevanje, umovanje; misel, mnenje, pogled; in (to) my (way of) ~ po mojem mnenju; he is of my way of ~ on misli kot jaz, je mojega mišljenja (mnenja); 2. a misleč, ki misli ali razmišlja; umen, razumen, pameten; all ~ men vsi pametno misleči ljudje; ~ part theat nema vloga; ~ shop joc učilišče, šola; hard-~ trd, zabit; to put on one's ~ cap fig premišljati (kaj)

think-so [θínksou] n coll izmišljotina; (neutemeljena) domneva, domišljija

thinly [θínli] adv redko, pičlo, v majhnem številu, malo; nezadostno; ~ clad malo (tanko, borno) oblečen; ~ populated redko obljuden

thinner I [θínə] n razredčevalec

thinner II [θínə] (primernik od thin) tanjši

thinness [θínnis] n tankost; redkost; mršavost; suhost; nežnost; fig plitvost; ubožnost; slab obisk (zborovanja itd.), majhna udeležba; intellectual ~ umska revščina

thinning n (raz)redčenje; izsekovanje gozda; jasa

thinnish [θíniš] a precej tanek (redek); precej lahek (vino)

thin-skinned [θínskind] a tankokožen; fig tankočuten, občutljiv, vzdražljiv

third [θə:d] 1. a tretji; for the ~ time tretjič; ~ class tretji razred; the ~ estate hist tretji stan (francosko meščanstvo pred Revolucijo); tretji stan v kraljestvu; navadni meščani; ljudstvo; ~ house pol A klika, ki ima vpliv na zakonodajo; Henry the ~ Henrik III; ~ person jur tretja oseba; ~ party pol tretja stranka (v dvostranskem sistemu); ~ degree A zasliševanje z mučenjem; 2. n tretji; tretjina; mus terca; (avto) tretja prestava; pl jur tretjina soprogovega lastništva, ki pripada vdovi; pl econ tretjevrstno blago; the ~ of six is two tretjina od šest je dve

thirdly [θə́:dli] adv tretjič, na tretjem mestu

third-rate [θə́:dreit] a tretje vrste. tretjevrsten, tretjerazreden; a ~ player tretjerazreden (povprečen) igralec

thirdsman, *pl* **-men** [θə́:dzmən] *n* posrednik; razsodnik

thirst I [θə:st] *n* žeja; *fig* poželenje, pohlep (**for, of, after** po); ~ **for blood** krvoločnost; ~ **for glory** slavohlepnost; ~ **for knowledge** žeja po znanju; ~ **for money** pohlep po denarju; **to die of** ~ umreti od žeje; **to quench one's** ~ ugasiti si žejo, odžejati se; **to súffer from** ~ trpeti žejo; **to have a** ~ *coll* biti žejen, žejati

thirst II [θə:st] *vi* biti žejen; žejati; *fig* hlepeti (**after, for** po); zahtevati; **the** ~**ing flowers** žejne cvetke; ~**ing for blood** žejen krvi, krvoželjen; **to** ~ **for revenge** hlepeti po maščevanju; **to** ~ **for wine** biti žejen vina; **to** ~ **to do s.th.** goreče želeti, da bi kaj napravili

thirster [θə́:stə] *n* žejna oseba

thirstiness [θə́:stinis] *n* žeja, žejnost, žejavost

thirstless [θə́:stlis] *a* nežejen, brez žeje

thirsty [θə́:sti] *a* (**thirstily** *adv*) žejen; izsušen, suh; *coll* ki povzroča žejo, žejajoč; *fig* pohlepen, lakomen (**for, after** česa); **a** ~ **man** človek, ki rad pije; **a** ~ **work** delo, ki užeja; **to be (to feel)** ~ biti žejen; **to be** ~ **for s.th.** hlepeti po čem

thirteen [θə́:tí:n] **1.** *a* trinajst; **2.** trinajstica (13); **he will be** ~ **next week** prihodnji teden bo 13 let star; **the** ~ **superstition** s številko 13 povezano praznoverje

thirteenth [θə́:tí:nθ] **1.** *a* trinajsti; **2.** *n* trinajsti del, trinajstina

thirtieth [θə́:tiiθ] **1.** *a* trideseti; **2.** *n* trideseti del, tridesetina

thirty [θə́:ti] **1.** *a* trideset; **T** ~ **Years' War** 30-letna vojna; **2.** *n* tridesetica; *A sl* (časnikarstvo) konec, zaključek; **the thirties** trideseta leta; **in the early thirties** v prvih letih, ki so sledila letu 1930

thirtyfold [θə́:tifould] *n* 30-kraten

this, *pl* **these** [ðis, ði:z] **1.** *pron* ta, to; **all** ~ vse to; ~ **and that** to in ono, marsikaj; **after** ~ po tem; ~ **above all** predvsem to; **before** ~ pred tem; **by** ~ medtem, med tem časom; doslej; **ere** ~ nekoč; **for all** ~ zato, zaradi tega; kljub vsemu temu; **from** ~ od zdaj, odslej; **like** ~ tako(le); ~, **that and the other** vse mogoče stvari, razne reči; ~ **is my brother** to je moj brat; **these are my children** to so moji otroci; **it is like** ~ stvar je taka; ~ **is what happened** tole se je zgodilo; ~ **is the way to do it** tako(le) se to naredi; **he should have been here by** ~ zdajle bi že moral biti tu; **they were talking about** ~, **that and the other** govorili so o tem in onem, o vsem mogočem; **2.** *a* ta, to; današnji; **in** ~ **country** v tej (naši) deželi; ~ **day** danes; ~ **year** to leto; tekoče leto; letos; ~ **day week (fortnight)** danes teden (14 dni); **in these days** dandanes; **(for) these three weeks** zadnje tri tedne; **to** ~ **day** do danes, še danes; ~ **morning** to jutro, danes zjutraj, davi; ~ **afternoon** danes popoldne; ~ **evening** danes zvečer, drevi, nocoj; ~ **once** to pot edino, edinole tokrat; ~ **time** to pot; **business is bad these days** posli gredo slabo te dni (v teh časih); **take** ~ **book, not that one** vzemite to knjigo, ne one; **3.** *adv* tako; ~ **much** tako mnogo, toliko; ~ **far** tako daleč

thisness [ðísnis] *n phil* individualnost

thistle [θisl] *n bot* mošnják, navadni bodič; osat, bodljika; **to grasp the** ~ **firmly** krepko se spoprijeti z

thistledown [θísldaun] *n* puh od ploda mošnjaka, osatov puh; **as light as** ~ zelo lahek; nestabilen

thistle tube [θísltju:b] *n chem* kapalni lijak

thistly [θisli] *a* poln mošnjaka; bodičast, poln osata

thither [ðíðə] **1.** *adv* tja; **to go hither and** ~ hoditi sem in tja; **2.** *a* tamkajšnji; onstranski; **on the** ~ **side of** na oni strani (česa); **the** ~ **bank of a strεam** onstranski breg reke

thitherward(s) [ðíðəwəd(z)] *adv* tja, ondod

tho, tho' [ðóu] = **though**

thole I [θóul] *vt & vi* prenašati, trpeti; dopuščati

thole II [θóul] *n* (~ **pin**) vilice na čolnu

Thomas [tóməs] *n* Tomaž; **doubting** ~ neverni Tomaž

thong [θɔŋ] **1.** *n* (usnjen) jermen, ozek jermenček (biča itd.); bič; ~ **seal** *zool* bradati tjulenj; **2.** *vt* pritrditi z jermenom; oplaziti, ošvrkniti, tepsti z jermenom

thooid [θóuəid] **1.** *a* podoben volku, volčji; **2.** *n* volčjak (pes)

thoracic [θɔ:rǽsik] *a anat* prsen, torakalen

thorax, *pl* ~ **es, -races** [θɔ́:ræks, -rəsi:z] *n anat* prsni koš

thorn [θɔ:n] **1.** *n* trn, bodica (tudi *fig*); **white** ~ glog; **to be (to sit) on** ~**s** *fig* biti na trnih (na žerjavici); **it is a** ~ **in my flesh (foot, side)** to mi je trn v mesu (v peti); **no rose without a** ~ ni rože brez trna; **2.** *vt* zbosti s trnom; oviti, obdati s trni; *fig* jeziti, mučiti

thornback [θɔ́:nbæk] *n zool* morski pajek

thornbush [θɔ́:nbuš] *n bot* trnovec, trnov grm

thorned [θɔ:nd] *a* trnov, bodičav

thorniness [θɔ́:ninis] *n* bodljikavost; *fig* težava, nadloga; delikatnost, kočljivost

thornless [θɔ́:nlis] *a* brez trnov

thorny [θɔ́:ni] *a* (**thornily** *adv*) trnov, bodičast, poln trnja; *fig* težaven, mučen, boleč; kočljiv, delikaten, sporen; ~ **oyster** *zool* klapavica; **a** ~ **problem** delikaten (sporen, kočljiv) problem; **to tread a** ~ **path** stopati po trnovi poti

thoro' [θʌrə] *a* glej **thorough**

thorough [θʌrə] **1.** *a* temeljit; natančen; korenit; radikalen; skrben, pedanten; ves, popoln, perfekten; absoluten; **a** ~ **conservative** zakrknjen konservativec; ~ **knowledge** temeljito znanje; poznavanje; **a** ~ **reformation** radikalna reforma; **a** ~ **scoundrel** lopov skoz in skoz, pravi pravcati lopov; **you must take a** ~ **rest** morate si vzeti temeljiti počitek; **2.** *adv obs poet* popolnoma, temeljito, skoz in skoz, čisto; **2.** *n* **T** ~ *hist* Straffordova nasilna politika za časa Karla I.; nasilna politika, nasilen ukrep

thorough bass [θʌrəbeis] *n mus* generalbas

thoroughbred [θʌrəbred] **1.** *a* čistokrven (konj); polnokrven, čiste rase; prvovrsten, izvrsten, odličen; dobro vzgojen, izobražen; vrl; temeljit; popoln; **2.** *n* čistokrvnost; čistokrven konj; kultiviran človek; **T**~ angleški čistokrven konj

thoroughfare [θʌrəfεə] *n* prehodna cesta; glavna prometna cesta; prometna žila; vodna pot; prehod; **no** ~! prehod prepovedan!

thoroughgoing [θʌrəgóuiŋ] *a* temeljit, korenit, radikalen, skrben; odločen, energičen, brezkompromisen; ki gre do skrajnosti, ekstremen

thoroughgoingness [θʌrəgóuiŋnis] *n* temeljitost; brezkompromisnost; radikalnost

thoroughly [θʌrəli] *adv* temeljito, korenito, radikalno; popolnoma

thoroughness [θʌrənis] *n* temeljitost; popolnost; vestnost; pedantnost

thoroughpaced [θʌrəpeist] *a* popolnoma izvežban v (vsaki) hoji (o konju); *fig* popoln, izkušen; prebrisan, premeten; a ~ egoist popoln egoist, egoist skoz in skoz; a ~ politician izkušen politik; a ~ rascal lopov nad lopovi

thorp(e) [θɔ:p] *n arch hist* vas, vasica, zaselek (zlasti v krajevnih imenih)

those [ðóuz] *pron* (*pl* od that) oni, -e, -a

thou I [ðáu] *pron dial poet* ti; 2. *vt* tikati (koga), reči (komu) ti; to ~ and thee tikati (koga), biti familiaren ali intimen (s kom); *vi* uporabljati v nagovoru »thou«

thou II [θáu] *n sl* tisoč, zlasti 1000 dolarjev

though, tho' [ðóu] 1. *conj* čeprav, četudi, dasi; as ~ kakor (kot) če; even ~ tudi če, pa čeprav; what ~ nič za to če, kaj za to, če; (pa) četudi; what ~ the way is long? kaj za to, če je pot dolga?; he was running as ~ the devil was after him tekel je, kot da bi mu bil vrag za petami; I shall buy it, even ~ it should cost a hundred pounds kupil bom to, pa čeprav bi stalo 100 funtov; 2. *adv coll* (na koncu stavka) seveda, resda, zares; vendar(le), vsekakor; I wish he were here, ~ rad bi, da bi on bil tu, seveda; you knew it, ~ ? ti si to, seveda, vedel?

thought I [θɔ:t] *n* misel, ideja, mišljenje, umovanje, premišljanje; (skrbno) razmišljanje; premislek; pazljivost; namera, nakana, načrt; *pl* mnenje; umsko delo; svet misli, miselni svet; spominjanje; sposobnost predstavljanja; skrb, nemir, obzir; *fig* minimalna količina, nekoliko, malce, kanček; a beauty beyond ~ lepota, ki si je ni moč predstavljati; engaged in ~ zamišljen, zatopljen v misli; the leading ~ vodilna misel; a penny for your ~s! *fig* rad bi vedel, kaj (sedaj) mislite! kaj bi dal, da bi vedel za vaše misli!; na kaj mislite?; (up)on second ~(s) po (zrelem) premisleku; quick as ~ bliskovit; after further ~ I saw I was wrong ko sem znova premislil, sem uvidel, da nimam prav; you are often in my ~s često mislim na vas; I had (some) ~s of coming nekako sem nameraval priti; he had no ~ of paying his debt prav nobenega namena ni imel, da bi plačal svoj dolg; he did not give a ~ to his doings niti hip ni pomislil, kaj dela; he is a ~ smaller than you on je nekoliko manjši kot vi; his sole ~ is to make money njegova edina misel je, kako priti do denarja; it never entered my ~s nikoli mi ni (to) prišlo na misel; to read s.o.'s ~s brati misli kake osebe; a ~ struck me v glavo mi je šinila misel; second ~s are best *fig* ni se treba prenagliti; to speak one's ~s povedati svoje mnenje; she takes no ~ for her appearance ona ne pazi na svojo zunanjost; to take no ~ for the morrow ne misliti na jutrišnji dan; to take ~ zamisliti se, premisliti; he took ~ before replying premislil je, preden

je odgovoril; thank you for your kind ~ of me hvala vam za vašo ljubeznivo pažnjo do mene; the wish is father to the ~ (ta) misel izhaja iz želje (je težko uresničljiva)

thought II [θɔ:t] *pt* & *pp* od to think

thoughtful [θɔ́:tful] *a* (~ly *adv*) zamišljen, zatopljen v misli; premišljajoč; zaskrbljen, resen; skrben, pazljiv, pozoren, obziren; domiseln, premišljen

thoughtfulness [θɔ́:tfulnis] *n* zamišljenost; otožnost; zaskrbljenost; pozornost, obzornost, skrbnost

thoughtless [θɔ́:tlis] *a* (~ly *adv*) nepremišljen, lahkomiseln, brezbrižen, brezskrben, nemaren; nepozoren, brezobziren; nespameten

thoughtlessness [θɔ́:tlisnis] *n* nepremišljenost; brezbrižnost; nepozornost; nespametnost

thought reader [θɔ́:tri:də] *n* oseba, ki bere misli; telepat

thought transference [θɔ́:ttrænsfərəns] *n* prenos misli, telepatija

thought wave [θɔ́:tweiv] *n* miselni, telepatski val

thousand [θáuzənd] 1. *a* tisoč; one (ali a) ~ books tisoč knjig; ~ and one *fig* brezštevilen; The T~ and One Nights Tisoč in ena noč (pravljice); a ~ thanks tisočkrat hvala; a ~ times better tisočkrat bolje; 2. *n* tisoč(ica); by the ~ na tisoče; many ~s of times neštetokrat; one in a ~ eden od tisoč; edinstven; the upper ten ~ gornjih deset tisoč; I have known ~s of such cases videl sem na tisoče takih primerov; they came in their ~s (ali by the ~) na tisoče jih je prišlo; T~ Isles dressing majoneza z mnogimi začimbami

thousandfold [θáuzən(d)fould] 1. *a* tisočkraten; 2. *adv* (a) ~ tisočkrat; a ~ more effective tisočkrat bolj učinkovit

thousand-legs [θáuzəndlegz] *n zool* stonoga

thousandth [θáuzən(d)θ] 1. *a* tisoči, -a, -e; 2. *n* tisočina, tisoči del

thral(l)dom [θrɔ́:ldəm] *n hist* tlačanstvo, podložništvo; *fig* suženjstvo, hlapčevstvo; ujetništvo

thrall [θrɔ:l] 1. *n hist* tlačan; *fig* suženj, hlapec; in ~ v oblasti; he is in ~ to his passions on je suženj svojih strasti; 2. *vt* napraviti za tlačana (podložnika); *fig* zasužnjiti, podvreči; 3. *a* tlačanski; zasužnjen

thrash I [θræš] *vt* mlatiti (tudi *fig*); biti, tolči, tepsti, pretepati; *fig* potolči, poraziti, premagati; *vi* mlatiti; premetavati se sem in tja; udariti (at v, po); *naut* prebijati se (proti vetru, plimi itd.); to ~ straw *fig* mlatiti prazno slamo; to ~ s.o.'s jacket, to ~ the life out of s.o. *coll* premlatiti, namlatiti koga; to ~ in bed with a high fever premetavati se v postelji z visoko vročino; to ~ out izmlatiti; prerešetati, pretresti; razpravljati (o); razlagati, pojasniti; to ~ over old straw mlatiti prazno slamo

thrash II [θræš] *n* tepež, udarec, udarci; *sp* udarec z nogo (pri kravlu)

thrasher [θrǽšə] *n* oseba, ki tepe, pretepa; (redko) mlatič; mlatilnica; = ~ shark) vrsta morskega psa; *A* drozg (ptič)

thrashing [θrǽšiŋ] *n* mlatenje, mlatva, mlačva; udarci, batine; poraz; to give s.o. a ~ pretepsti, premlatiti koga; ~ floor gumno; ~ machine mlatilni stroj, mlatilnica thrasonical [θreisónikl] *a* (~ ly *adv*) bahav, bahaški, hvaličav, širokousten

thrave [θréiv] *n* povezek; otep; prgišče, polna pest; nedoločena množina, kup

thraw [θrɔ:] *n* huda bolečina; agonija

thread I [θred] *n* nit, nitka, sukanec, dreta, preja; vlakno; vlakno (v mesu, stročnicah); las, kocina) volna (ovce, koze, kamele); pajčevina; *bot* prašnik; *tech* navoj (vijaka); *min* tanka žila; *fig* nit (misli, govora), zveza, povezanost; življenjska nit; ~ **and thrum** dobro in slabo; ~ **lace** čipka iz platna, bombaža; **the** ~ **of life** nit življenja; **the** ~ **of a screw** navoj na vijaku; **Lisle** ~ sukanec iz mesta Lille; **my suit is worn to the last** ~ moja obleka je do kraja ponošena; **to cut one's mortal** ~ *fig* napraviti samomor, skrajšati si življenje; **to gather up the** ~ **s** *fig* sestaviti, povzeti; **he had not a dry** ~ **on him** ene (same) suhe nitke ni bilo na njem; **I haven't a** ~ **fit to wear** prav ničesar nimam, kar bi oblekel; **his life hung by a** ~ njegovo življenje je viselo na nitki; **to lose the** ~ **of** izgubiti nit (zvezo), zatakniti se, obtičati v [(po)govoru]; **to take things** ~ **and thrum** *fig* vzeti dobro s slabim; **to take up the** ~ **of a narrative** nadaljevati prekinjeno pripovedovanje

thread II [θred] *vt* vdeti (nit, sukanec v šivanko); *tech* izrezati navoje (v vijake); (na)nizati (bisere); posuti (**with** z); napolniti, vložiti (film) (v filmsko kamero); viti se skozi; **to** ~ **a crowd** zvijati se, (pre)riniti se skozi množico; *vi* preriniti se skozi; **he** ~ **ed (his way) through the undergrowth** zvijal se je, delal si je pot skozi podrast (hosto)

threadbare [θrédbɛə] *a* ponošen, oguljen, obrabrabljen, star; *fig* omlačen, obrabljen; **a** ~ **joke** star, omlačen dovtip

threadbareness [θrédbɛənis] *n* oguljenost (obleke), obrabljenost; *fig* omlačenost

threader [θrédə] *n* vdevalec; *tech* stroj, ki vdeva niti (sukanec); *tech* izrezovalec zavojev (v vijake)

threadlike [θrédlaik] *a* nitki podoben, nitkast, kot nit

thread mark [θrédma:k] *n* nitkast znak v bankovcu

thread-needle [θrédni:dl] *n* »zlati most«, otroška igra; plesna figura v ljudskem plesu (plesalka se v plesu skloni pod partnerjevimi rokami)

thread-paper [θrédpeipə] *n* papir, na katerem je namotan sukanec; *fig* mršav človek; »fižolovka«; **as thin as a** ~ tanek, suh kot trska

threadworm [θrédwɔ:m] *n* zool lasnica, živa nit, trihina

thready [θrédi] *a* nitkast, nitast, vlaknat, žilnat; *fig* šibek, slaboten (glas); ~ **pulse** *med* slaboten pulz

threat [θret] *n* grožnja, pretnja (**of** z); preteč znak, nevarnost; **a** ~ **to peace** grožnja miru; **idle** ~ **s** prazne grožnje; **there is a** ~ **of rain** dež preti

threaten [θretn] *vt* & *vi* pretiti, groziti (**with** z); ogrožati; *fig* groziti, grozeče se bližati (neurje, nesreča); grozeče napovedati; **the building** ~ **s to collapse** zgradbi preti zrušenje; **they** ~ **ed us with punishment** zagrozili so nam s kaznijo; **he** ~ **ed punishment to all of us** vsem nam je zagrozil s kaznijo; **to** ~ **peace** ogrožati mir;

the sky ~ **s a strom** nebo preteče napoveduje nevihto; **the weather** ~ **s** (slabo) vreme grozi

threatener [θrétnə] *n* grozivec

threatening [θrétniŋ] **1.** *a* (~ ly *adv*) preteč, grozeč; ~ **letter** grozilno pismo; **2.** *n* grožnja, pretnja

three [θri:] **1.** *a* tri, trije; ~ **times** trikrat; ~ **times** ~ **trije klici** (živel!), trikrat ponovljeni; *math* **the rule of** ~ sklepni račun; **the** ~ **R's (reading, writing, (a)rithmetic)** branje, pisanje, računanje; **a boy of** ~ **(years)** trileten deček; **the** ~ **F's** (*free sale, fixity of tenure, fair rent*) prosta prodaja, stalnost posesti, spodobna renta (zahteve Irske Zemeljske Lige) **2.** *n* trojica, trojka; (drsanje) trojka; *pl econ coll* triodstotni papirji; **T** ~ **in One** *rel* sv. trojica

three-bottle man, *pl* -men [θrí:bɔtlmən] *n* hud pivec; pijanec

three-colour [θrí:kʌlə] *a* tribarven

three-cornered [θrí:kə:nəd] *a* trioglat, trirog, trikoničen; **a** ~ **discussion** diskusija v treh

3-D [θrí:di:] *a* (film) 3 D, tridimenzionalen

three-decker [θrí:dékə] *n* ladja s tremi palubami; *hist* vojna ladja s tremi vrstami topov; trinadstropna stavba; *coll* roman v 3 zvezkih

threefold [θrí:fould] **1.** *a* trikraten, trojen; **2.** *adv* trojno

three-halfpence [θri:héipəns] *n* poldrugi peni (1 ½ d.)

three-legged [θrí:legd] *a* trinožen; ~ **stool** trinožniček

three-master [θrí:ma:stə] *n* ladja s tremi jambori

three-pence [θrépəns] *n* vsota 3 penijev; kovanec za 3 penije

threepenny [θrépəni] *a* vreden tri penije; *fig* malo vreden, cenén

threepenny bit (piece) [θrépənibit (pi:s)] *n* kovanec za 3 penije

three-phase [θrí:feiz] *a el* trifazen; ~ **current** trifazni tok

three-piece [θrí:pi:s] *a* tridelen (obleka)

three-ply [θrí:plai] *a* trojen (vrv itd.)

threepoint landing [θrí:pɔint lændiŋ] *n aero* pristajanje (istočasno) na tri točke

threepointer [θrí:pɔintə] *n* nekaj popolnoma točnega, pravilnega

three-quarter [θrí:kwɔ:tə] *a* tričetrtinski; ~ **face...** tričetrtinski profil

threescore [θrí:skó:] *n* šestdeset; ~ **and ten** sedemdeset

threesome [θrí:səm] **1.** *n* trojica, trojka, troje; **2.** *a* trojen, tri-

three-square [θrí:skwéə] *a tech* triroben; ~ **file** trirobna pila

threnetic [θri:nétik] *a* ki se tiče žalostinke; žalosten, otožen

threnode [θrí:noud] *n* glej threnody

threnodic [θri:nódik] *a* ki se tiče žalostinke

threnodist [θrí:nədist] *n* pesnik ali pevec žalostink

threnody [θrí:nədi] **1.** *n* žalostinka, nagrobna pesem; **2.** *vt* objokovati (v žalostinki)

thresh [θreš] *vt* & *vi* mlatiti; **to** ~ **over** stalno ponavljati (melodijo); **to** ~ **(over old) straw** *fig* mlatiti prazno slamo; **to** ~ **out the matter** temeljito pretresti zadevo

thresher [θréšə] *n* mlatič; mlatilnica; ~ **shark** *zool* vrsta morskega psa

threshing floor [θréšiŋflɔ:] *n* gumno

threshing machine [θréšiŋmaši:n] *n* mlatilnica

threshold [θréšould] *n* (hišni) prag, vhod; *fig* začetek; *med* meja; **on the** ∼ **of the manhood** na pragu moške dobe

threw [θru:] *pt* od **to throw**

thrice [(θráis] *adv* trikrat; *fig* zelo, čez vse; ∼ **-happy** nadvse srečen

thrift [θrift] *n* varčnost, varčevanje, gospodarnost, ekonomičnost; *bot* poljski nagelj; bujna rast; *obs* blagostanje

thriftbox [θríftbɔks] *n* hranilnik

thriftless [θríftlis] *a* (∼ **ly** *adv*) nevarčen, zapravljiv, razsipen, potraten; ki slabo gospodari

thriftlessness [θríftlisnis] *n* zapravljivost, potratnost; slabo gospodarjenje

thrifty [θrífti] *a* (**thriftily** *adv*) varčen, gospodaren, skrben; uspevajoč, uspešen, cvetoč, procvitajoč; bujno rastoč

thrill I [θril] *n* drget, trepet; vznemirjenje, razburjenje; pretres; drhtenje, srh, mravljinci; *sl* razburljivo, srhljivo, grozljivo književno delo; **a** ∼ **of joy** radostno vznemirjenje

thrill II [θril] *vt* peti s tresočim se glasom, tremolirati (melodijo); pretresti, prevzeti, popasti (groza, žalost, skrb), vznemiriti; navdušiti, razburiti; **an earthquake** ∼ **ed the land** potres je pretresel deželo; **her voice** ∼ **ed the listeners** njen glas je elektriziral poslušalce; **the sight** ∼ **ed him with horror** pogled ga je navdal z grozo; *vi* zgroziti se (*with* ob), vznemiriti se, razburiti se, (za)drhteti, tresti se, vibrirati; biti preplašen, prestrašen (*at*, *with* ob, zaradi); **he** ∼ **s with delight** drhti od veselja; **the earth** ∼ **s zemlja se trese**; **fear** ∼ **ed through my veins** strah me je spreletel

thriller [θrílə] *n coll* grozljiv, srhljiv roman, film; grozljivka; pesem, melodija, ki vzburja, šlager

thrilling [θríliŋ] *a* (∼ **ly** *adv*) ki povzroča grozo, strah, skrb; grozljiv, srhljiv, vzburljiv, pretresljiv, ganljiv; zbujajoč zanimanje; senzacionalen, navdušujoč, tresoč se, drhteč

thrive* [θráiv] *vi* rasti, poganjati, uspevati, bujno rasti, lepo se razvijati; *fig* cveteti, uspevati, imeti uspeh, obogateti; *fig* visoko se povzpeti

thriveless [θráivlis] *a* neuspevajoč; brezuspešen, brez uspeha

thriven [θrivn] *pp* od **to thrive**

thriving [θráiviŋ] *a* (∼ **ly** *adv*) uspevajoč, cvetoč; uspešen

thro', **thro** [θru:] krajšava za **through**

throat [θróut] **1.** *n* grlo, žrelo, požiralnik, goltanec, sapnik; vrat; *fig* zoženje, ozek prehod, zožena odprtina; *fig* glas; **a** ∼ **of brass** *fig* pogumen, močan glas; ∼ **of a vase** vrat vaze; **clergyman's (sore)** ∼ kroničen katar v žrelu; **to clear one's** ∼ odkašljati se, izkašljati se, odhrkati se; **to cut s.o.'s** ∼ komu vrat prerezati; **to cut one another's** ∼ **s** *fig* medsebojno se uničiti; **to cut one's own** ∼ *fig* sam se uničiti; **to give s.o. the lie in his** ∼ obtožiti koga velike laži; **I have a sore** ∼ grlo me boli, grlo mi je vneto; **to jump down one's** ∼ *fig* prekiniti koga z ugovarjanjem, protestiranjem ipd.; **to lie in one's** ∼ debelo, grobo lagati; **to pour down one's** ∼ izpiti, pognati po grlu; **he shouted at the top of his** ∼ na ves glas je zakričal; **to take s.o. by the** ∼ zgrabiti koga za vrat; **to thrust (to ram) s.th. down s.o.'s** ∼ vsiliti komu kaj; **the words stuck in my** ∼ besede so mi obtičale v grlu; **2.** *vt* izžlebiti, izdolbsti; *obs* momljati

throatband [θróutbænd] *n* ovratni jermen; ogrlica

throated [θróutid] *a* ki ima grlo (vrat); **full-**∼ **s** polnim glasom (o ptici); **white-**∼ z belim grlom, vratom

throaty [θróuti] *a* (**throatily** *adv*) grlen, guturalen; hripav (glas); debel, zavaljen, debelega vratu (govedo, pes); *fig* požrešen

throb [θrɔb] **1.** *n* bitje, udarjanje; utrip (srca, žile); *fig* nenadno razburjenje; drhtenje; ∼ **s of pleasure** drhtenje od veselja; **heart-**∼ **s** bitje srca; **2.** *vi* biti, udarjati, utripati (srce, žila); tresti se, drhteti

throbless [θróblis] *a* brez bitja, pulza (srce); nerazburljiv

throe [θróu] **1.** *n* (večinoma *pl*) huda (ostra) bolečina, muka; *pl* bolečine, porodni popadki; smrtni boj, agonija; duševna bolečina; *fig* hud boj, napor; **in the** ∼ **s of** v mukah, bolečinah zaradi; **2.** *vi* ležati v agoniji

thrombosis [θrɔmbóusis] *n med* tromboza

throne I [θróun] *n* prestol; stol (cerkvenega dostojanstvenika); kraljevska oblast, kralj; vladanje; ∼ **s** *pl eccl* tretji red angelov; **the speech from the** ∼ prestolni govor; **to come to the** ∼, **to mount the** ∼ priti na (zasesti) prestol; **to succeed to the** ∼ slediti na prestolu

throne II [θróun] *vt* posaditi, postaviti na prestol, ustoličiti; izkazovati komu čast in spoštovanje; *vi* sedeti na prestolu, prestolovati, vladati

throneless [θróunlis] *a* (ki je) brez prestola

throng [θrɔŋ] **1.** *n* gneča, stiska, prerivanje, naval; množica, gomila, truma; **2.** *vi* prerivati se, drenjati se, gnesti, gomiliti se; natrpati se; priteči v trumah, v množicah; **they** ∼ **ed to see him** v trumah so prišli, da bi ga videli; *vt* navaliti (na kaj), preplaviti, natrpati; **the market-place was** ∼ **ed** živilski trg je bil natrpan, preplavljen (z blagom); **people** ∼ **ed the streets** na ulicah se je trlo ljudi

thropple [θrɔpl] *n dial* grlo, žrelo (živali); sapnik, grlo (človeka)

throstle [θrɔsl] *n zool* (= **thrush**) drozg; *tech* (= ∼ **-frame**) stroj za predenje volne, bombaža

throttle I [θrɔtl] *n* (večinoma *dial*) grlo, golt, sapnik; *tech* (= ∼ **lever**) plinski pripirnik; **at full** ∼ z vso močjo, s polno brzino, z vsem plinom; **with a** ∼ **against the stop** s polno hitrostjo, z vsem plinom; **to open the** ∼ *mot* dati plin

throttle II [θrɔtl] *vt* (za)daviti, dušiti; *fig* potlačiti, zadušiti; *tech* oslabiti delo stroja, pridušiti, zmanjšati hitrost; *vi* zadušiti se; **to** ∼ **free speech** zadušiti svobodo govora; **to** ∼ **down** opočasniti; **I** ∼ **ed down the car to 30 miles an hour** zmanjšal sem hitrost avtomobila na 30 milj na uro

throttler [θrɔtlə] *n* davitelj

through [θru:] **1.** *prep* skozi, preko, čez; v teku, za časa, v času; s pomočjo, po, z (s); zaradi, od; **all** ∼ **his life** (skozi) vse svoje življenje; ∼ **the night** preko noči; **the bullet went** ∼ **my**

leg krogla je šla skozi mojo nogo; **I could never read** ~ **that book** nikoli nisem mogel prebrati te knjige do kraja; **I had to study the whole summer** ~ vse poletje sem moral študirati; **I saw** ~ **his hipocrisy** spregledal sem njegovo hinavščino; **it was** ~ **you that we missed the train** zaradi tebe smo zamudili vlak; **to get** ~ **one's work** opraviti, končati svoje delo; **to get** ~ **an examination** napraviti izpit; **to have been** ~ **s.th.** doživeti kaj; **to look** ~ **the window** gledati skozi okno; **they marched** ~ **the town** korakali so skozi mesto; **to roam (all)** ~ **the country** obresti vso deželo; **to run away** ~ **fear** od strahu zbežati; **to see** ~ **s.o.** spregledati koga, spoznati njegove namene; **to send a letter** ~ **the post** poslati pismo po pošti; **2.** *adv* skoz(i), do kraja, do konca; povsem, popolnoma; od začetka do konca; ~ **and** ~ skoz in skoz, popolnoma; **to be** ~ dokončati, biti gotov; *coll* imeti telefonično zvezo; **is he** ~ ? je on gotov z delom?; je naredil izpit?; **to be** ~ **with a job** imeti neko delo za seboj; **he is not yet** ~ on še ni gotov; **I am** ~ **with my work** gotov sem s svojim delom; **I am** ~ **with him** *fig* z njim sem opravil, z njim sem čisto prekinil; **to be wet** ~ biti skoz in skoz premočen; **this train goes** ~ **to Vienna** ta vlak vozi (skoz) do Dunaja; **to carry a matter** ~ izvesti neko stvar; **to fall** ~ , **to drop** ~ ne uspeti, propasti; **to run s.o.** ~ prebosti koga; **the bad weather lasted all** ~ ves čas je bilo slabo vreme; **to put s.o.** ~ koga telefonsko zvezati; **I read the book** ~ prebral sem knjigo do kraja; **3.** *a* prehoden, tranziten; direkten; ~ **carriage (coach)** direkten vagon; ~ **passage** prost prehod; ~ **ticket** vozovnica, ki velja za proge različnih železniških družb; ~ **traffic** prehoden, tranziten promet
through-car [θrú:ka:] *n rly* direkten voz (vagon)
throughly [θrú:li] *adv obs* glej **thoroughly**
throughout [θru:áut] **1.** *prep* skozi vse, preko vsega, po vsem, v vsem, vsepovsod; v teku, za časa, čez; skozi; ~ **the country** po vsej deželi; ~ **his stories** v vseh njegovih zgodbah; **he travelled** ~ **Yugoslavia** prepotoval je vso Jugoslavijo; ~ **the year** skozi vse leto; ~ **the Middle Ages** skozi ves srednji vek; **2.** *adv* skoz in skoz, vseskoz(i), popolnoma; povsod; ves čas; **a sound policy** ~ vseskozi pametna politika; **today has been fine** ~ danes je bilo ves dan lepo vreme
through-put [θrú:pút] *n* proizvodnja
through train [θrú:trein] *n* direkten vlak
through way [θrú:wei] *n* prehod
throve [θróuv] *pt* od **to thrive**
throw I [θróu] *n* metanje, met; lučaj; (pri rokoborbi) met, zrušenje; domet; *fig* poteza, riziko; lahek šal; boa; ženski šal; lahka odeja; *tech* (ročna) stružnica; lončarski kolovrat; **a stone's** ~ (za) lučaj kamna; **a record** ~ **with the discus** rekordni met diska; **the theatre is a stone's** ~ **from here** gledališče je tu blizu, ni niti 50 korakov od tu
throw* II [θróu] *vt & vi* vreči, metati, zagnati, zalučati; *rly* vreči s tračnic; podreti, zrušiti, premagati; zvreči (jezdeca); odvreči (kožo, o kači); izgubljati (perje, dlako); nasuti

(nasip); nametati; skotiti (mlade); izstreliti (naboj); izigrati (karto), odvreči; sukati, oblikovati, modelirati (v lončarstvu); hitro položiti, zgraditi (most); predati, izročiti (oblast); prestaviti (čete); izraziti, prevesti (*into* v); nagnati, napoditi, pognati; razpisati (natečaj); *A coll* z goljufivim, sleparskim namenom izgubiti (*the race* dirko); **to** ~ **a banquet (a dance)** dati, prirediti banket (ples); **to** ~ **the bull** *A sl* širokoustiti se, lagati (da se kar kadi); **to** ~ **a chest** *sl* prsiti se, postavljati se; **he was thrown with bad companions** zašel je v slabo družbo; **to** ~ **dust in s.o.'s eyes** *fig* metati komu pesek v oči; **he threw his eyes to the ground** *fig* povesil je oči; **to** ~ **a fit** *sl* razkačiti se; **to** ~ **a gun on s.o.** *A* nameriti revolver na koga; **to** ~ **one's heart (soul, life, spirit) into s.th.** popolnoma se predati neki stvari; **to** ~ **light on s.th.** osvetliti, pojasniti kaj; **to** ~ **the javelin** *sp* metati kopje; **to** ~ **good money after bad** *fig* zopet izgubiti denar, ko skušamo popraviti neko drugo izgubo; **to** ~ **open** naglo (na široko, na stežaj) odpreti; **to** ~ **overboard** *fig* rešiti se (česa), vreči s sebe; **to** ~ **o.s.** zaupati se, izročiti se (*upon s.o.* komu); **to be thrown upon o.s.** biti sam nase navezan; **to** ~ **a rope to s.o.** vreči komu vrv, *fig* pomagati komu; **to** ~ **a sop to s.o.** *fig* stisniti komu (napitnino, podkupnino), z drobtinico koga utišati; **to** ~ **a scare into s.o.** pognati komu strah v kosti; **to** ~ **stones at s.o.** vreči kamenje na koga, *fig* obdolžiti koga; **to** ~ **s.th. in s.o.'s teeth** vreči komu kaj v obraz, očitati komu kaj; **to** ~ **cold water on** z mrzlo vodo politi, *fig* odvzeti pogum; spodbijati vrednost, zasluge (kake osebe); **to** ~ **o.s. into work** vreči se na delo; **to** ~ **one's daughter at the head of a young man** vsiljevati svojo hčer mlademu moškemu
throw about *vt* metati okrog sebe (sem in tja); *fig* iskati izgovore; **to** ~ **money about** razmetavati denar
throw aside *vt* odvreči, stran zagnati, zametavati
throw away *vt* proč vreči, odvreči; tratiti, razsipati, zapravljati, pognati (denar); zamuditi; **this is throwing time and money away** to je zapravljanje časa in denarja; **to** ~ **a good opportunity** zamuditi priliko, ne izkoristiti prilike; **to** ~ **one's life** (nepremišljeno in brez potrebe) izpostavljati svoje življenje, igračkati se z življenjem; **good advice is thrown away on him** dajati mu dobre nasvete je izgubljen trud; **she has thrown herself away on that man** zavrgla se je zaradi tega človeka
throw back *vt* nazaj vreči; odbiti; *phys* odbijati, odsevati; zadrža(va)ti, zavirati (razvoj česa); *vi* iti nazaj, vrniti se; vreči se (*to s.o.* po kom); *biol* kazati znake prednikov; **he** ~**s back to the old Celtic type** stari keltski tip se kaže pri njem
throw by *vt* dati, vreči na stran
throw down *vt* dol vreči, na tla zagnati, podreti, zrušiti; uničiti; *A* odbiti, odkloniti; *chem* oboriti, sedimentirati; **to** ~ **throw o. s. down** vreči se na tla, leči; **to** ~ **one's arms** odvreči orožje, predati se; **to** ~ **one's brief** *jur* od-

stopiti od nadaljnjega vodenja pravde; **this house was thrown down by an earthquake** to hišo je porušil potres; **to ~ the gauntlet (glove)** vreči rokavico na tla, *fig* predati se, vdati se; **to ~ one's tools** *fig* stopiti v stavko, začeti stavkati

throw in *vt & vi* vreči v; vstaviti, vložiti; dodati, dostaviti, vriniti; *tech* vključiti; zastonj (povrhu) dati; **the baker threw in one roll more** pek je navrgel še eno žemljo; **to ~ one's hands** *fig* opustiti boj, prenehati z borbo; **to ~ the towel** (boks) vreči brisačo v ring, *fig* priznati poraz, opustiti borbo; **to ~ one's lot with s.o.** deliti s kom usodo, združiti se s kom, sporazumeti se s kom; **to ~ one's teeth** očitati, grajati, opominjati; oštevati

throw off *vt* odvreči (breme); odložiti, otresti se; opustiti; *hunt* spustiti (pse, sokole), začeti lov; ustvariti, iz rokava stresti (pesem ipd.); *print* napraviti odtis; *hunt* speljati s sledi; *tech* prevrniti, prekucniti; izklopiti, ustaviti; **to ~ an acquaintance** prekiniti poznanstvo; **to ~ a hundred copies** napraviti 100 primerkov (izvodov); **to be thrown off the line** biti vržen s tira, iztiriti se; **to ~ a yoke** otresti se jarma; **to ~ one's disguise** sneti masko, pokazati svoj pravi obraz; **to ~ all sense of shame** izgubiti vsak čut sramežljivosti; **to ~ a habit** opustiti navado; **to ~ an epigram** hitro in z lahkoto narediti (recitirati) epigram; **the news nearly threw me off my legs** ob (tej) novici sem se skoraj sesedel; **the snake throws off its skin** kača se levi

throw on *vt* nase vreči, hitro obleči; **he threw on his clothes** hitro se je oblekel

throw out *vt* ven vreči, izvreči, izključiti, izgnati, napoditi; *mil* odposlati (čete), postaviti (stražo); *jur* odbiti, odkloniti, zavrniti; omeniti, namigniti, dati razumeti; zmesti, zbegati vreči iz ravnotežja, spraviti iz tira; *sp* pustiti za seboj, prekositi; izžarevati, oddajati; *tech* izklopiti, izključiti; **he threw out the speaker** zmedel je govornika; **the lamp throws out light** luč oddaja svetlobo; **to ~ a wing to a house** zgraditi krilo pri hiši; **he threw out the suggestion** sprožil je predlog; **to be thrown out in one's calculations** zmotiti se v računu, uračunati se; **to be thrown out** *sp* zaostati; *hunt* izgubiti se (sled)

throw over *vt* zavreči, (o)pustiti, zapustiti; **to ~ a theory** zavreči teorijo; **to ~ a friend (a lover)** pustiti na cedilu, zapustiti prijatelja (ljubimca)

throw to *vt* zaloputniti (*the door* vrata)

throw up *vt* vreči, zagnati kvišku, v zrak; dvigniti; *mil* postaviti (barikade), zgraditi (barake); zapustiti, opustiti, odstopiti, na klin obesiti (službo, mesto itd.); izbljuvati, izbruhati (hrano itd.); *print* poudariti; očitati (komu kaj); *vi* bruhati, bljuvati; *hunt* dvigniti glavo (pes, ki je izgubil sled); **~ your hands!** roke kviška!; **to ~ the cards** (od)vreči karte (tudi *fig*); **to ~ one's eyes** pogledati kvišku; **to ~ one's hands** (od začudenja, ogorčenja itd.) skleniti (stegniti) roke nad glavo; **to ~ the sponge** *fig* podleči, opustiti borbo ali tekmovanje, priznati svoj poraz

throwaway [θróuəwei] *n* nekaj odvrženega (odklonjenega, zapravljenega); *econ* reklamni listek (letak); množično razpošiljanje tiskovin po pošti

throwback [θróubæk] *n biol* atavizem; povrnitev; atavistična oblika; **a ~ to ancestral ideas** vrnitev k idejam prednikov

throw-down [θróudaun] *n sl* odklonitev, odklanjanje; poraz

thrower [θróuə] *n* metalec; kalupar, oblikovalec, modelar (v lončarstvu)

throw-in [θróuín] *n* zadetek (nogomet itd.)

throw lathe [θróuleið] *n tech* majhna ročna stružnica

thrown [θróun] *pp* od **to throw**

throw-off [θróuóf] *n hunt* odhod na lov, spustitev lovskih psov, začetek lova; *bot* mladika

throw-out [θróuáut] *n tech* izklop(ljenje)

throw-over [θróuóuvə] *n* podiranje; odmetavanje, opustitev, prenehanje; ogrinjač (plašč), ki se vrže prek ramen

throwster [θróustə] *n* naprava za predenje, sukanje (svile)

thru [θru:] *A za* **through**

thrum I [θrʌm] **1.** *n* rob tkanine z nitmi, resa (kot okras); rob, kraj; *pl* odpadki preje; **thread and ~** celotno, v celoti, vse obenem, vse hkrati, i dobro i slabo; **2.** *vt* obrobiti, obšiti z resami (kot okras)

thrum II [θrʌm] **1.** *n* udarjanje, bobnanje s prsti; brenkanje; lajnanje; **2.** *vi & vt* udarjati, bobnati (s prsti); brenkati; slabo igrati na klavir; **to ~ on the table** bobnati (s prsti) po mizi

thrummer [θrʌmə] *n* brenkač

thrummy [θrʌmi] *a* (redko) raskav, kosmat, kocast

thrush I [θrʌš] *n zool* drozg

thrush II [θrʌš] *n med* ustni oprh, gobice (otroška bolezen); *vet* gnojno vnetje spodnje strani konjskega kopita

thrust I [θrʌst] **1.** *n* ubod, sunek, udarec (*with* z); potisk; napad; naval, pritisk (množice ljudi); **a shrewd ~** spreten udarec; **backward ~** *tech* odboj, vračanje; **home ~** udarec, ki je dobro zadel; **to parry a ~** parirati udarec

thrust* II [θrʌst] *vt* suniti, (po)riniti, porivati, potiskati; vtakniti (*in, through* v, skozi); (pre)bosti; vsiliti; priganjati, naganjati; *vi* prerivati se, gnesti se, riniti se, riniti (*through* skozi); navaliti (*on* na); naleteti (*at* na); udarjati (*at* ob, v); **to ~ a dagger into s.o.'s back** zasaditi komu nož v hrbet; **I ~ my fist into his face** s pestjo sem ga udaril po obrazu; **to ~ one's hand into one's pocket** vtakniti, zariti roko v žep; **to ~ one's nose into** vtikati svoj nos v, vmešavati se v; **to ~ o.s. into** vmešati se v, vriniti se v; **to ~ s.th. upon s.o.** vsiliti komu kaj; **to ~ s.o. through** prebosti koga; **to ~ one's way (through)** utreti, prebiti si pot; **he ~ himself upon us** vsilil nam je svojo družbo; **to ~ past** preriniti se mimo

thrust forth *vt* proč suniti; pregnati

thrust in *vt* vtakniti, vriniti v; **to thrust a word in now and then** tu pa tam vreči (reči, ziniti) kako besedo v pogovoru

thrust on *vt* naprej poriniti; priganjati

thrust out *vt* poriniti ven, iztisniti; ven vreči; iztegniti; **he was thrust out** ven so ga vrgli; **he thrust out his legs** iztegnil je noge
thrust through *vt* prebosti, predreti; *vi* preriniti se skozi
thruster [θrʌ́stə] *n hunt* hiter lovec, ki se pri lovu (na lisico) prehitro približa lisici; *sp* izkušen borilec
thrustor [θrʌ́stə] *n tech* servomotor
thud [θʌd] **1.** *n* zamolkel udarec ali padec; bobnenje; **2.** *vi & vt* bobneti, votlo doneti; težko udariti (*a drum* po bobnu)
thug [θʌg] *n* (*Ind*) zavraten morilec, razbojnik, ubijalec, bandit, ropar; *A* roparski morilec; brutalnež, surovež, surovina
thuggee, thuggery [θʌ́gi, θʌ́gəri] *n* banditstvo, roparstvo, razbojništvo
thumb I [θʌm] *n* palec (prst); palec rokavice; ~s **up!** *sl* izvrstno! odlično! sijajno!; **a** ~ ('**s breadth**) širina palca; **as easy as kiss my** ~ *sl fig* otročje lahek, otroška igra; **rule of** ~ merjenje na oko; **he is under my** ~ on je v moji oblasti, mora se mi pokoravati; **his fingers are all** ~s *fig* on je zelo nespreten; **to bite one's** ~s od jeze ali zadrege se ugrizniti v palec; **to have (to hold) under one's** ~s imeti v svoji oblasti, v svojih pesteh; **to travel on the** ~s potovati z avtostopom; **to turn the** ~s **down** *fig* obsoditi (koga); **to twirl one's** ~s palce vrteti (od dolgočasja), lenariti
thumb II [θʌm] *vt* potipati s palcem; pustiti palčne ali prstne odtise (na knjigi itd.); zamazati s palcem ali s prsti (knjigo itd.); prelistati (knjigo); brenkati (melodijo); nespretno začeti (delo); *A coll* dvigniti palec za avtostop; **to** ~ **one's nose at s.o.** osle komu pokazati; **to** ~ **a ride (a lift)** avtostopati; *vi mus* igrati s palcem; brenkati, nespretno igrati
thumb-blue [θʌ́mblu:] *n E* perilno modrilo
thum-fingered [θʌ́mfiŋgəd] *a* nespreten
thumbless [θʌ́mlis] *a* (ki je) brez palca; *fig* nespreten
thumbmark [θʌ́mma:k] *n* odtis palca (madež, zlasti na knjigi); ~ **ed** zamazan s palčnimi odtisi
thumb nut [θʌ́mnʌt] *n tech* krilata matica
thumb pot [θʌ́mpət] *n* majhen lonček (za sadiko ipd.)
thumbprint [θʌ́mprint] *n* palčni odtis (na legitimaciji itd.)
thumbscrew [θʌ́mskru:] *n hist* vijak za stiskanje palcev (mučilno orodje); *tech* krilat vijak
thumbstall [θʌ́mstə:l] *n* palčnik, usnjen naprstnik
thumbtack [θʌ́mtæk] *n* risalni žebljiček
thumby [θʌ́mi] *a* nespreten, neroden, neokreten
thump [θʌmp] **1.** *n* težak, zamolkel udarec; trkanje; **a** ~ **at the door** trkanje na vrata; **2.** *vt* (močno) udariti, udarjati, tolči (*at, on* po); butati; pretepsti; vbijati; *vi* tolči, bíti, udarjati (o srcu); treščiti, udariti; težko iti; štrbunkniti, telebniti; **to** ~ **the cushion** *eccl* udarjati po blazini prižnice; energično govoriti; **to** ~ **knowledge into s.o.** vbijati komu znanje v glavo
thumper [θʌ́mpə] *n* kdor tolče, udarja; *fam* nekaj močnega (silovitega, ogromnega); debela laž
thumping [θʌ́mpiŋ] **1.** *a coll* ogromen, močan, silovit; strašanski; **2.** *adv* strašansko

thunder I [θʌ́ndə] *n* grom, grmenje, tresk; *obs* neurje, blisk; *fig* grmenje, hrup; *pl* gromovit, ognjevit govor; ~s **of applause** gromovito odobravanje (ploskanje); **in** ~! *coll* gromska strela!; **Jove's** ~s strele; **blood and** ~ *coll* ki vzbuja živo zanimanje (interes), senzacionalen; **a clap of** ~ grom, tresk; ~ **and lightning** grmenje in bliskanje; **to steal s.o.'s** ~s *fig* izkoristiti orožje (ali prednosti) kake osebe, odvzeti komu adute iz rok, posnemati postopek ali način izdelave kake osebe
thunder II [θʌ́ndə] *vi & vt* grmeti (tudi *fig*), bučati, besneti; **it** ~s grmi; **to** ~ **applause** gromovito odobravati; **to** ~ **threats against** grmeti z grožnjami proti; **to** ~ **out an excommunication** *eccl* slovesno prekleti koga, izreči anatemo
thunder bearer [θʌ́ndəbɛərə] *n* gromovnik (Jupiter)
thunderblast [θʌ́ndəbla:st] *n* strela
thunderbolt [θʌ́ndəboult] *n* blisk z gromom, strela; *fig* huda grožnja; strela (z jasnega neba); **the** ~ **of tyranny** bič tiranije; **a** ~ **of war** drzen vojščak
thunderclap [θʌ́ndəklæp] *n* grom, tresk (groma); *fig* kot strela učinkujoča novica ali dogodek
thundercloud [θʌ́ndəklaud] *n* nevihten oblak
thunderer [θʌ́ndərə] *n* gromovnik; **the T**~ Jupiter; *hum* **Times** (časopis)
thunderhead [θʌ́ndəhed] *n* nevihten oblak (tudi *fig*)
thundering [θʌ́ndəriŋ] **1.** *a* (~ **ly** *adv*) grmeč, gromovit; *coll* strahovit, ogromen, velikanski, nenavaden; **2.** *adv* zelo, strašno, strašansko; **a** ~ **ass** popoln teleban; **a** ~ **big mistake** strašanska pomota; **a** ~ **lie** debela, velikanska laž; **I was** ~ **glad** bil sem strašansko vesel
thunderless [θʌ́ndəlis] *a* brez groma, brez grmenja
thunderous [θʌ́ndərəs] *a* (~ **ly** *adv*) grmeč, gromovit, treskav; *fig* hrupen, bučeč, bučen
thunderpeal [θʌ́ndəpi:l] *n* tresk
thunderstorm [θʌ́ndəstə:m] *n* nevihta, neurje
thunderstricken [θʌ́ndəstrikən] glej **thunderstruck**
thunderstroke [θʌ́ndəstrouk] *n* tresk
thunderstruck [θʌ́ndəstrʌk] *a* od strele zadet; zaprepaden
thundery [θʌ́ndəri] *a coll* grmeč, treskav; *fig* jezen, razkačen
thurible [θjúəribl] *n eccl* kadilnica (posoda)
thurifer [θjúərifə] *n* nosilec kadilnice
thurification [θjurifikéišən] *n* kadenje (s kadilom)
thurify [θjúərifai] *vt & vi* kaditi (s kadilnico)
Thursday [θə́:zdi] *n* četrtek; **on** ~ v četrtek; **on** ~s ob četrtkih; **Holy** ~, **Maundy** ~ *eccl* véliki četrtek
thus [ðʌs] *adv* tako; na ta način; v taki meri; potemtakem; kot sledi; ~ **far** dotlej, do tod; ~ **much** toliko; ~ **and** ~ na ta in ta način
thusly [ðʌ́sli] *adv coll* takó, na ta način
thusness [ðʌ́snis] *n hum*; **why this** ~? zakaj (čemu) ravno tako?
thwack [θwæk] **1.** *n* silovit udarec; **2.** *vt* močno udariti, pretepsti, premlatiti; vtepsti (*into s.o.'s head* komu v glavo)
thwacker [θwǽkə] *n* pretepavec
thwaite [θwéit] *n* krčevina, laz; obdelovalna zemlja; *dial* (v krajevnih imenih, npr. *Seathwaite*)

thwart [θwɔ:t] **1.** *n naut* veslaška klop, sedež v čolnu; *obs* zapreka; **2.** *a* prečen, počezen, poševen; nagnjen; *fig* neugoden, zoprn; uporen, trdoglav, trmast, kljubovalen; **3.** *adv obs* počez, poprek, poševno; po strani, navskriž; **4.** *prep obs* prek, čez; nasproti; **5.** *vt* preprečiti (onemogočiti, spodnesti, pokvariti, prekrižati, zmešati) (načrte, račune, naklepe itd.); delati proti komu, navskriž hoditi (komu); *obs* preleteti; **I was ~ed in my designs** načrti so mi bili prekrižani

thy [ðái] *a obs poet* tvoj, -a, -e; ~ **neighbour** tvoj bližnji

thyme [táim] *n bot* timijan, materina dušica

thymol [θáiməl] *n chem* timol (antiseptik)

thymy [táimi] *a bot* timijanu podoben; dišeč po timijanu; poln timijana, porasel s timijanom

thyroid [θáirɔid] *a med* ki se tiče žleze ščitnice; ~ **gland** žleza ščitnica; **2.** *n* žleza ščitnica; ščitasti hrustanec

thyrsus, *pl* **-si** [θɔ́:səs, -sai] *n* tris(os), Bakhova palica

thyself [ðaisélf] *pron obs poet* ti, ti sam; tebe (samega); tebi, ti

tiara [tiá:rə, *A* taiérə] *n* tiara, papeška krona; *fig* papeževo dostojanstvo, čast; (ženski) diadem

tib [tib] *E sl vi* »špricati« šolo; **to ~ out** izmuzniti se, skrivaj pobegniti

Tiber [táibə] *n* (reka) Tibera

tibia, *pl* ~**s, -biae** [tíbiə, -bii:] *n anat* tibija, golenica (kost)

tic [tik] *n med* (neboleč) trzaj ene ali več obraznih mišic; tik; ~ **douloureux** boleč drget obraznih mišic

tick I [tik] *n zool* klòp; ~ **fever** *med* klòpna mrzlica

tick II [tik] *n* prevleka (za blazino itd.); platno za prevleke

tick III [tik] **1.** *n coll* račun; kredit, up; *econ* debetna postavka; **on ~** *coll* na up, na kredit, na dolg; **to buy goods on ~** kupiti blago na kredit; **to go ~** delati dolgove; **2.** *vi* kreditirati, dati na up (na kredit), vzeti na kredit; kupiti ali prodati na dolg; delati dolgove

tick IV [tik] **1.** *n* tiktakanje, bítje (ure); *coll* trenutek; kljukica (zaznamovalni znak v seznamu); **to the ~, on the ~** na sekundo točno; točno (ob uri); **2.** *vt* (od)tiktakati (*the hours* ure; na brzojavnem aparatu ipd.); (= ~ **off**) označiti s kljukico (da je nekaj preverjeno, predelano, pregledano); markirati; *vi* tiktakati, delati tiktak; poteči, miniti, funkcionirati; eksistirati; **persons who are ~ing along on one kidney** osebe, ki žive le z eno ledvico; **what makes me ~** *fig* kar me drži pokonci

tick away *vt* odbiti, odtiktakati (*the hours* ure)

tick off *vt* označiti s kljukico (da je nekaj preverjeno itd.); *sl* obsojati, grajati, brati levite (komu); *A sl* zatožiti, ovaditi, izdati

tick over *vi tech* teči v praznem teku

tickbean [tíkbi:n] *n bot* bob

ticked [tikt] *a* pikast, drobno lisast

ticker [tíkə] *n* avtomatski telegrafski aparat (zlasti za sprejemanje borznih tečajev); *coll* budilka, (žepna, zapestna) ura; *sl* srcé; ~ **tape** papirnat trak za *ticker*; papirnate kače za

obmetavanje na zabavah ali ob slovesnih sprejemih (v ZDA)

ticket I [tíkit] *n* vstopnica; vozovnica; listek; etiketa, napis; izobesek; znak na blagu, listek z oznako cene; priznanica, potrdilo o prejemu; dostavnica (za izročeno blago); listek za oddano prtljago; srečka; kratka notica; vozniško, letalsko dovoljenje; *mil E sl* odpust (iz vojske); *A pol* program stranke, kandidatna lista; uradni kandidat; glasovnica; *coll* (»ta«) pravo, pravšno; **that's the ~!** to je (»ta«) pravo!; ~ **of leave** začasna odpustnica (zapornika, kaznjenca); **the proper ~** pravo blago, prava stvar; **not quite the ~** ne ravno tisto pravo; ne ravno tisto, kar iščemo; **mixed ~** *A pol* kompromisna volilna lista; **price ~** listek s ceno; **return ~** *rly* povratna vozovnica; **straight ~** volilna lista, na kateri so kandidati samo ene stranke; **to get one's ~** *sl* biti odpuščen iz vojske; **to take a ~** kupiti vozovnico; **to work one's ~** z delom odslužiti stroške za potovanje (prevoz)

ticket II [tíkit] *vt* etiketirati; dati listek (ceno, žig) na blago, označiti blago; *A* izročiti (komu) vozovnico, vpisati (koga) kot udeleženca vožnje (potovanja)

ticket agent [tíkit éidžənt] *n* potovalni biro, predprodajalnica vozovnic, biro za predprodajo gledaliških vstopnic

ticket collector [tíkit kəléktə] *n* kontrolor vozovnic; biljetêr

ticket day [tíkitdei] *n* dan pred dnevom obračunov (na borzi)

ticket inspector [tíkit inspéktə] *n* kontrolor vozovnic

ticket night [tíkitnait] *n* predstava v dobrodelne namene

ticket office [tíkit ófis] *n A* blagajna za prodajo vozovnic

ticket punch [tíkitpʌnč] *n* ščipalke (luknjač) za vozovnice

tickicide [tíkisaid] *n chem* sredstvo za uničevanje klòpov

ticking [tíkiŋ] *n* trinitnik, gradelj

tickle [tikl] **1.** *n* ščeget(anje), žgečkanje, draženje, draž; srbenje; (*cricket*) rahel dotik žoge s kijem; *E sl* tatinski plen; **2.** *a obs* negotov, nezanesljiv, majav, spremenljiv; **3.** *vt* ščegetati, žgečkati, dražiti; prijetno vzburiti; *fig* prijati, biti všeč, goditi, zabavati, razvedriti; laskati; loviti (postrvi) z rokami; *obs* jeziti, izzivati; *vi* ščegetati, srbeti, biti ščegetljiv; ~ **d pink** *sl* ves iz sebe od veselja; **my back (my nose) ~s** hrbet (nos) me srbi; **I was ~d at the proposal** bil sem polaskan ob predlogu; **it ~d my curiosity** to je dražilo, zbudilo mojo radovednost; **it ~d his vanity** to je godilo njegovi ničemrnosti; **that will ~ him** to mu bo všeč; **to ~ the palate** dražiti nebo v ustih, zbujati tek; **to be ~d** (nadvse) se zabavati; **to ~ s.o.'s palm, to ~ s.o. in the palm** *coll fig* podkupiti koga; dati komu napitnino; **to ~ the soles of s.o.'s feet** ščegetati koga po podplatih

tickler [tíklə] *n* ščegetalec, žgečkač; *coll* delikatno vprašanje, kočljiv, težaven problem; *A econ* skadenčna knjiga, knjiga terminov, rokov; *coll* steklenička, požirček; *mil sl* ročna granata

ticklish [tíkliš] *a* (~ ly *adv*) ščegetljiv, občutljiv za žgečkanje (ščegetanje); *fig* takoj užaljen, (pre)občutljiv; kočljiv, delikaten, težaven; tvegan, riskanten, ne varen, negotov, labilen, nestalen; **a ~ matter** kočljiva zadeva; **a ~ job** nevarna služba (delo)

ticklishness [tíklišnis] *n* ščegetljivost; kočljivost, delikatnost, težavnost; negotovost, nestalnost; prevelika občutljivost (oseb)

tickly [ríkli] *a* glej **ticklish**

tick-tack [tíktæk] *n* tiktak, tiktakanje (ure); bítje, utrip (srca); ura (v otroškem govoru); ropotulja (igrača); *sl* skrivno dajanje znakov (pri konjskih dirkah)

tick-tock [tíktók] **1.** *n* tiktakanje (ure); **2.** *vi* tiktakati

tidal [táidl] *a* ki se tiče plime in oseke, podoben plimi in oseki; odvisen od plime in oseke; ~ **river** reka, v katero pride plima in oseka, ~ **wave** velik val pri plimi; **a ~ wave of enthusiasm** val navdušenja

tidbit [tídbit] *n A za* **titbit**

tiddley [tídli] **1.** *n sl* slaba (zlasti alkoholna) pijača, čobodra; **on the** ~ pijan; **2.** *a* pijan, nadelan, okajen

tiddlywink [tídliwiŋk] *n E sl* nekoncesionirana točilnica; *pl* otroška igra »skakanje bolh«

tiddy [tídi] *a E* majčken; ljubek

tide I [táid] *n* plima in oseka, plimovanje; valovje; tok, struja; čas, doba; sprememba, preobrat; (redko) ugoden trenutek, priložnost; **ebb** ~ , **low** ~ oseka; **even** ~ večerni čas, večer; **flood** ~, **high** ~ plima; **at Christmastide** o božiču; **the** ~ **of battle** bojna sreča; **in the full** ~ **of battle** sredi bitke; **a** ~ **of blood** potok krvi; **winter** ~ zimski čas; **the turn of the** ~ sprememba sreče; preobrat; **the** ~ **is rising** voda narašča; **to go with the** ~ plavati s tokom, *fig* delati, kar drugi delajo; **the** ~ **turns** sreča se obrača, je opoteča; **to work double** ~ delati noč in dan; naporno delati; **time and** ~ **wait for no man** prilika zamujena ne vrne se nobena; **to swim against the** ~ plavati proti toku; **take the** ~ **at the flood** izkoristi priliko, kuj železo, dokler je vroče

tide II [táid] *vi* teči; plavati s tokom; imeti plimo in oseko; (časovno) segati; izpluti oziroma pripluti s plimo; *obs* zgoditi se; vt gnati s plimo, s tokom; *fig* pomagati (komu) (čez težave); **to** ~ **over s.th.** *fig* iti preko česa, prebroditi kaj, prestati kaj; **to** ~ **over one's difficulties** prebroditi svoje težave; **to** ~ **s.th. up the river** gnati kaj po reki navzgor (o plimi)

tide ga(u)ge [táidgeidž] *n naut tech* merilec plime, plimomer

tideland [táidlænd] *n* samo ob plimi pokrito dno

tideless [táidlis] *a* (ki je) brez plime in oseke

tidewaiter [táidweitə] *n hist* pristaniški carinski uslužbenec

tidewater [táidwɔ:tə] *n* plimi in oseki podvržena voda

tidiness [táidinis] *n* čistoča, snažnost; red; ličnost

tiding [táidiŋ] *n* (večinoma *pl*) sporočilo, vest, novica; **the ~ s come(s) too late** sporočilo pride prepozno; **evil ~ s fly apace** slabo novice hitro pridejo

tidy [táidi] **1.** *a* (**tidily** *adv*) čist, snažen, čeden; v redu, redoljuben, natančen; prijeten, lep; *coll* znaten, precejšen; **a ~ sum of money** čedna (lepa, precejšnja) vsota denarja; **he gave a ~ price for it** precejšno vsoto denarja je dal za to; **I have done a ~ day's work** lep kos dela sem danes opravil; **to make** ~ spraviti v red, urediti; počediti; **2.** *n* prevleka (za divan itd.); zaboj, koš (za odpadke); **street** ~ zaboj, koš(ek) (za odpadke) na ulici, v parkih; **3.** *vt* (često ~ up) počistiti, urediti; pospraviti; *vi* pospraviti (sobo itd.); **to** ~ **one's hair** urediti si lase; **to** ~ **o.s.** urediti se

tie I [tái] *n* pentlja, petlja, kravata; vezalka; vozel; ženski krzneni ovratnik; spona, spojka, skoba; *A* železniški prag; *A* čevelj na vezalke; *mus* ligatura; *fig* vez; obveznost, *coll* dolžnost, breme; *sp* neodločena igra ali tekma, izenačenje; *parl* izenačitev, enakost glasov; ~ **s of blood** krvne vezi; **the** ~ **of friendship** vez prijateljstva; **cup** ~ **s** *sp* izločilno tekmovanje za pokal; **neck-** ~ kravata; **to end in a** ~ končati se z enakim številom točk; **he finds the children a great** ~ **(on him)** on občuti otroke kot veliko breme; **to play (to shoot) off a** ~ (od)igrati (povratno) tekmo za prvenstvo

tie II [tái] *vt* zvezati, zavezati, povezati; zavozlati, narediti vozel; privezati (z vrvico), pričvrstiti (**to na**); spojiti, združiti; *archit* zvezati, spojiti (s skobo); *fig* vezati, omejiti, preprečiti, zadržati; obvezati (koga) za kaj; *mus* vezati, zlivati (note); *med* podvezati (žilo); *sl* prekositi (koga); *sp* doseči isto število točk kot nasprotnik, doseči neodločen rezultat (izid), biti enak z; ~ **d and bound** vezanih rok in nog; **I am** ~ **d for time** zelo se mi mudi; **to** ~ **a bundle** povezati culo; **to** ~ **s.o.'s hands** zvezati komu roke (tudi *fig*); **to** ~ **the knot** narediti vozel, *coll* poročiti se; **to** ~ **one's tie (shoes)** zavezati si kravato (čevlje); **to** ~ **s.o.'s tongue** komu jezik zavezati, utišati koga; **the two teams** ~ **d** moštvi sta igrali neodločeno; **to be** ~ **d to one's work** biti privezan na svoje delo

tie down *vt* zvezati; privezati (**to k, za**); vezati, primorati, prisiliti, podvreči; **we are tied down to certain conditions** vezani smo na določene pogoje

tie in *vi* vzpostaviti zvezo; uskladiti

tie up *vt* & *vi* privezati, zavezati; oviti, zaviti, zamotati; *econ* ustaviti (tovarno, proizvodnjo); *med* obvezati, povezati; *jur* omejiti koristenje (lastništva); *fig* ovirati; blokirati; *coll* poročiti; *vi* zavezati se, združiti se; **tied up in a handkerchief** zavit v robec; **to get o.s. tied up** zmešati se, zmesti se; **he is tied up with Italian** ukvarja se izključno le z italijanščino; **to tie s.o. up (in knots)** *fig* privesti koga v veliko nepriliko; **all my money is tied up** ves moj denar je blokiran

tie-breaking [táibreikiŋ] *a* težaven, trd, oster (borba, tekmovanje)

tied house [táidhaus] *n E* gostišče, v katerem se toči pivo samo ene pivovarne

tie-in [táiín] *n* tajna zveza; skupna, istočasna reklama (dveh tvrdk)

tiepin [táipin] *n* igla za kravato

tier I [táiə] *n* vezač: *sp* izenačenec; **they became ~ s** *sp* izenačili so se

tier II [tíə] **1.** *n* red, vrsta; *theat* vrsta sedežev; sloj, sklad; položaj, razred, stopnja; **2.** *vt* zložiti, uvrstiti; nalagati v slojih, skladati, kopičiti, postaviti eno na drugo

tierce [tíəs] *n* sod, ki drži 42 galon; (mečevanje) terca; *her* tri vodoravne proge na grbu; (kartanje) zaporednost treh kart iste barve; *obs* tretjina

tie-up [táiʌp] *n econ* prekinitev, ustavitev (proizvodnje, prometa) zaradi stavke; stavka železničarjev

tiff I [tif] **1.** *n* majhen nesporazum, pričkanje, nesoglasje, prepir(ček); kujanje, slaba volja; **in a ~** slabe volje, nevoljen; **2.** *vi* kujati se, pričkati se, zmrdovati se

tiff II [tif] **1.** *n sl* požirek; slaba pijača; **2.** *vt* srkati, srkniti, pomalem piti, srebati

tiff III [tif] *n E Ind* predjužinati

tiffany [tífəni] *n* svilena gaza; flor

tiffin [tífin] *n E Ind* predjužnik, dopoldanska malica

tiffish [tífiš] *a coll* kujav, zamerljiv, slabe volje

tig [tig] **1.** *n* dotik; mance (otroška igra); **2.** *vt* rahlo se dotakniti

tige [tiž] *n bot* steblo; *archit* trup stebra

tiger [táigə] *n zool* tiger; tigrasta roparska mačka; *fig* zver, divjak, okruten, krvoločen človek; *sl obs* služabnik v livreji; **American ~** jaguar; **red ~** kuguar; *A sl* **~!** odobravajoče tuljenje za tremi pozdravnimi vzkliki; **three cheers and a ~** trije pozdravni vzkliki (»živel! živel! in še enkrat živel!«) in tuljenje; **to work like a ~** delati kot konj (kot črna živina); zelo se truditi; **to rouse a ~ in s.o.** *fig* zbuditi zver v kom

tiger-cat [táigəkæt] *n zool* divja mačka

tigerish [táigəriš] *a* (**~ ly** *adv*) tigrski; tigrovski; podoben tigru; *fig* divji, krvoločen, okruten

tiger lily [táigəlili] *n bot* rumena lilija

tiger moth [táigəmɔθ] *n zool* kosmatinec (metulj)

tiger's-eye [táigəzái] *n* tigrovo oko, blesteč polžlahten kamen

tiger shark [táigəšá:k] *n zool* tigrski morski pes

tight [táit] **1.** *a* tesen; ozek, tesno se oprijemajoč (obleka); neprepusten (za vodo, zrak); močan; čvrsto nategnjen, napet (vrv); stisnjen, nabito poln; zgoščen, kompakten; *fig* nepremičen; (kolebar) zožen, utesnjen; komaj zadosten, pičel (o denarju); kočljiv; *coll* skop(uški), stiskaški; *sl* pijan, nadelan; **as ~ as an owl** *fig* pijan ko mavra; **~ shoes** tesni, ozki čevlji; **a ~ squeeze** gosta gneča; **a ~ lass** *obs* čedno, stasito dekle; **money is ~** za denar je trda; **to be in a ~ corner (place, spot)** biti v škripcih; **to get out of a ~ hole** izvleči se iz škripcev; **my bag is ~** moja torba je nabito polna; **to keep a ~ rein (hand) on s.o.** držati koga čvrsto na vajetih; **to keep a ~ hand on the reins** pritegniti vajeti; **he needs a ~ hand over him** zanj je potrebna trda roka; **to draw ~** nategniti, napeti, zategniti; **2.** *adv* tesnó, močnó, čvrsto; pičlo; **to sit ~** *fig* čvrsto, uporno vztrajati pri svojih pravicah (mišljenju, stališču), ne popuščati

tighten [táitən] *vt* nategniti, napeti, pritegniti; zožiti, utesniti, stisniti; zadrgniti, zatesniti; *vi*

nategniti se, napeti se, zožiti se, stisniti se; **to ~ one's belt (another hole)** zadrgniti si pas, *fig* omejiti se, gladovati; **to ~ a screw** pritegniti vijak; **to make s.o. ~ his belt** *fig* pustiti koga stradati, gladovati

tightener [táitnə] *n* natezač; nateznik

tight fisted [táitfístid] *a* stisnjenih pesti; *fig* skop(uški), stiskaški

tight fitting [táitfítiŋ] *a* tesno se prilegajoč (oprijemajoč)

tightish [táitiš] *a* nekoliko ozek; *fig* nekoliko napet (položaj)

tight-laced [táitleist] *a* tesno zadrgnjen

tight-lipped [táitlipt] *a* ozkih ustnic; *fig* zaprt, zadržan, redkobeseden; **a ~ smile** zadržan smehljaj

tight rope [táitroup] *n* nategnjena, napeta vrv; (žičnata) vrv (akrobatov); **~ acrobat** akrobat na vrvi; **~ dancer, ~ walker** vrvohodec; **to be on the ~** biti v težavnem, nevarnem položaju

tights [táits] *n pl* tesno se oprijemajoč (akrobatski, baletni) triko; **a pair of ~ s** triko

tightwad [táitwɔd] *n A sl* skopuh; stiskač

tigon [táigən] *n zool* križanec tigra in levinje

tigress [táigris] *n zool* tigrica; *fig* okrutna ženska, megêra

tigrine [táigrain, -grin] *a* tigru podoben; tigraste barve

tika [tí:ka:] *n* rdeči madež na čelu Indijk

tike, tyke [táik] *n* pes, ščene, kuža; *fig* teleban, zagovednež, neotesanec, prostak, bedak; **Yorkshire ~** Jorkširec

tilbury [tílbəri] *n* lahek dvokolesen voz

tilde [tíldə] *n ling* tilda, znak (~) nad črko n, da se označi izgovor nj; *print* znak za ponovitev

tile I [táil] *n* (strešna) opeka; pečnica, ploščica iz emajla, kahlica; plošča iz opeke (za oblaganje poda itd.); *coll* cilinder (pokrivalo); **Dutch ~ s** pobarvana opeka; **to be (out) (up)on the ~ s** *sl* zanikrno, razuzdano živeti; **he has a ~ loose** *sl,* on je malo trčen (prismojen), pri njem v glavi ni vse v redu

tile II [táil] *vt* pokriti, obložiti z opeko; čuvati in preprečiti vstop (v ložo, na sestanek prostozidarjev); *fig* obvezati za čuvanje tajnosti (lože); **to ~ in** obdati, obložiti s ploščicami

tile kiln [táilkiln] *n* opekarska peč

tilemaker [táilmeikə] *n* opekar

tiler [táilə] *n* opekar; krovec; opekarska peč; čuvar, ključar, vratar (framasonske lože)

tile red [táilred] *n* opekasto rdeča barva; **tile-red** opekasto rdeč

tilery [táiləri] *n* opekarna; (strešno) krovstvo

tilestone [táilstoun] *n geol* peščenjak, peščenec

tile-works [táilwə:ks] *n pl* opekarna

tiling [táiliŋ] *n* kritje strehe z opeko; polaganje ploščic

till I [til] **1.** *prep* do (časovno); **~ evening (next Sunday, death)** do večera (prihodnje nedelje, smrti); **~ now** doslej; **~ then** dotlej, do takrat; **not ~** šele; **he did not come ~ yesterday** šele včeraj je prišel; **~ due** *econ* do zapadlosti (dospelosti, plačljivosti); **2.** *conj* dokler se; toliko časa, da; **wait ~ I return** počakaj, dokler se ne vrnem; **wait ~ he has finished** počakajte, dokler ne (da) bo on končal; **~ it was too late** dokler ni bilo prepozno; **he did not come** ~ **he was called for** prišel je šele, ko so ga poklicali; **to be left** ~ **called for** poštno ležeče

till II [tilə] *n* mizni predal (za denar); (ročna) blagajna (v prodajalnah); ~ **money** *econ* stanje blagajne, ročna blagajna

till III [til] *n* zmes ilovice in peska; trda glinasta zemeljska zmes

till IV [til] *vt* & *vi* obdelovati zemljo, orati

tillable [tíləbl] *a* oren; ki se da orati (obdelovati); obdelovalen

tillage [tílidž] *n* oranje, obdelovanje zemlje; obdelana zemlja, posevki; **in** ~ obdelan

tiller I [tílə] *n* orač; poljedelec

tiller II [tílə] *n naut* drog za krmarjenje; krmilo; *tech* ročaj

tiller III [tílə] **1.** *n bot* poganjek iz korenine; mlado drevo; **2.** *vi* pognati mladike; zrasti v steblo

tilly-vally, tilly-fally [tílivæli, -fæli] *interj* larifari! besedičenje!

tilt I [tilt] **1.** *n* ponjava, plahta; platnena streha nad stojnico; *obs* šotorovina, šotor; **2.** *vt* pokriti, opremiti s ponjavo

tilt II [tilt] **1.** *n* prekucnjenje, nagnjenje, nagib; poševna lega; breg, pobočje; *sp* turnir; *hist* viteški turnir; besedni boj, prepir; sunek (s sulico); silovitost (napada); **at full** ~ z vso silo; **to come full** ~ **against** napasti, navaliti, naskočiti, planiti (na koga); **to give s.th. a** ~ prekucniti, prevrniti kaj; nagnati kaj; **to have a** ~ **with s.o.** prepirati se s kom; **to run full** ~ **against a wall** z vso silo se zaleteti v zid; **2.** *vi* nagniti se, prevrniti se, prekucniti se; navaliti (**against** na, proti); igrati, boriti se na turnirju; zlomiti kopje (v boju z); *fig* boriti se (**at** proti); *vt* nagniti, prevrniti, prekucniti; *tech* kovati s težkim kovaškim kladivom; *hist* napasti; **to** ~ **over** prevrniti se, prekucniti se

tilt boat [tíltbout] *n* čoln s platneno streho

tilt cart [tíltka:t] *n tech* prekucnik (voz)

tilter [tíltə] **1.** *n* gantar (pod sodom v kleti); *hist* borilec na turnirju; **2.** *vi A coll* gugati se

tilth [tilθ] *n* obdelana zemlja, njiva; obdelovanje zemlje, poljedelstvo

tilt hammer [tílthǽmə] *n* težko kovaško kladivo, bat, macelj

tilt mill [tíltmil] *n* fužinska kovačnica

tilt yard [tíltja:d] *n* bojišče za turnirje

timbal [tímbəl] *n mus hist* pavka, vrsta bobna

timbale [tímbəl] *n* (mesna, ribja) pašteta v testu, ki ima obliko bobna

timber [tímb] **1.** *n* stavbni les; hlod, bruno; *pl* debla, drevje, stebla; gozd; *A fig* les, snov, kaliber, kov; *hunt* ovira, ograda, ograja; *pl* mar ogrodje, rebra (ladje); **a man of his** ~ človek njegovega kova; **2.** *vt* tesati; graditi; *min* podpreti z lesom; opažiti, obiti z lesom; **3.** *a* lesen; ~ **forest** visok gozd; ~ **trade** lesna trgovina; ~ **work** tramovje, gredje

timbered [tímbəd] *a* tesàn, zgrajen iz lesa; gozdnat; **his grain is ill** ~ *fig* on ni čisto pri pravi (pameti)

timbering [tímbəriŋ] *n* tesarstvo, tesarski posel (delo); stavbni les

timber line [tímbəlain] *n* drevesna ločnica

timberman, pl -men [tímbəmən] *n* (rudarski) tesar

timber-toe [tímbətou] *n coll* lesena noga; *pl* oseba z lesenimi nogami

timber yard [tímbəja:d] *n* skladišče za les

timbrel [tímbrəl] *n* tamburin

time I [táim] **1.** *n* čas; delovni čas; ura, trenutek; *sp* najkrajši čas; *mus* akt, tempo; *mil* tempo, korak, hitrost marša; *pl* časovna tabela, vozni red; službena doba; doba, epoha, era, vek; časi; prilika, priložnost; krat (pri množenju); nosečnost, porod; določeno razdobje; prosti čas, brezdelje; *pl coll* v zaporu preživeta leta; računanje časa (po soncu, Greenwitchu itd.); plačilo po času (od ure, od dni itd.); **the Times** (*sg constr*) časopis Times; ~ **out of mind** davni čas(i); ~ **past, present and to come** preteklost, sedanjost in prihodnost; **civil** ~ navadni čas; **the correct (right)** ~ točen čas; **a work of** ~ zamudno delo!; ~ **!** *sp* zdaj!; ~, **gentlemen, please! time! closing** ~ **!** zapiramo! (opozorilo obiskovalcem v muzeju, knjižnici ipd.); **hard** ~ s težki časi; **the ravages of** ~ zob časa; **the good old** ~ dobri stari časi; **against** ~ proti uri, z največjo hitrostjo, zelo naglo; **ahead of (before) one's** ~ prezgodaj, preuranjeno, prerano; **all the** ~ ves čas, nepretrgano, neprekinjeno; **a long** ~ **since** zdavnaj; **at any** ~ ob vsakem (kateremkoli) času; **at** ~ naenkrat, skupaj, skupno, hkrati; **one at a** ~ po eden, posamično; **at all** ~ s vsak čas, vedno; **as** ~ s **go** v današnjih časih; **at** ~ s od časa do časa, občasno; **at no** ~ nikoli, nikdar; **at one** ~ nekoč, nekdaj; **at some** ~ kadarkoli, enkrat; **at some other** ~, **at other** ~ s (enkrat) drugič, drugikrat; **at the present** ~ sedaj, zdaj, táčas; **at the same** ~ istočasno, ob istem času; hkrati; vseeno, pri vsem tem, vendarle; **at this** ~ **of day** *fig* v tako kasnem času dneva, ob tako pozni uri; **at that** ~ tisti čas, tačás; **before one's** ~ prezgodaj, prerano; **behind** ~ prepozno; **to be behind** ~ imeti zamudo; **by that** ~ do takrat, dotlej; medtem; **close** ~ *hunt* lovopust; **each** ~ **that...** vsakikrat, ko; **every** ~ vsakikrat, vsaki pot; **for all** ~ za vse čase; **for the** ~ trenutno, ta trenutek; **for the** ~ **being** za sedaj, trenutno, v sedanjih okolnostih; **for the last** ~ zadnjikrat; **from** ~ **immemorial** (od)kar ljudje pomnijo; **from** ~ **to** ~ od časa do časa; **for a long** ~ **past** že dolgo; **in the course of** ~ v teku časa; **in day** ~ v dnevnem času, podnevi, pri dnevu; **in due (proper)** ~ o pravem času; **in good** ~ pravočasno; **all in good** ~ vse ob svojem času; **in no** ~ v hipu, kot bi trenil (hitro); **in the mean** ~ medtem, med (v) tem času; **in the length of** ~ trajno; **in the nick of** ~ v pravem času, v kritičnem času; **in** ~ pravočasno; v ritmu, po taktu; **in** ~ s **of old** v starih časih; **in one's own good** ~ kadar je človeku po volji; **in** ~ **to come** v bodoče, v prihodnje; **many a** ~ včasih; marsikateri krat; **many** ~ s mnogokrat, često; **mean** ~ srednji, standardni čas; **near one's** ~ (o ženskah) pred porodom; **not for a long** ~ še dolgo ne, še dolgo bo trajalo; **off** ~ iz (zunaj) takta, ritma; **on** ~ točno, o pravem času; **once upon a time (there was a king)** nekdaj, nekoč (je bil kralj...); **out of** ~ iz takta, ne po taktu, iz ritma; ob nepravem času, predčasno, prepozno; **some ~ longer** še nekaj časa; **some ~ about noon** nekako opoldne; **~ after ~** ponovno, češče; **~ and again** ponovno, češče, večkrat; **this long ~** zdavnaj; **this ~ a year (twelve months)** danes leto (dni), ob letu; **this ~ tomorrow** jutri ob tem času; **till next ~** do prihodnjič; **~s without (out of) number** neštetokrat; **to ~** pravočasno, točno; zelo hitro; *obs* za vedno; **up to ~** točno; **up to the present ~**, **up to this ~** dozdaj, doslej, do danes; **up to that ~** do takrat, dotlej; **what ~ ?** ob katerem času? kdaj?; **what ~** *poet* (v času) ko; **with ~** s časom, sčasoma; **~ is money** čas je zlato; **what is the ~ ? what ~ is it?** koliko je ura?; **it is high ~ to go** skrajni čas je, da gremo; **~ is up!** čas je potekel!; **there is ~ for everything** vse ob svojem času; **he is out of his ~** končal je učenje (vajenstvo); odslužil je svoj (vojaški) rok; **now is your ~** zdaj je prilika zate; **she is far on in her ~** ona je v visoki nosečnosti; **she was near her ~** bližal se je njen čas (poroda); **it was the first ~ that** bilo je prvikrat, da...; **to ask ~** *econ* prositi za podaljšanje roka; **to beat the ~** udarjati, dajati takt; **to bid (to give, to pass) s.o. the ~ of (the) day** želeti komu dober dan, pozdraviti koga; **to call ~** *sp* dati znak za začetek ali za konec; **to comply with the ~s** vdati se v čase; **my ~ has come** moj čas (smrti) je prišel; **my ~ is drawing near** bliža se mi konec; **to do ~** *sl* odsedeti svoj čas v zaporu; **to get better in ~** s časom si opomoči; **my watch gains (loses) ~** moja ura prehiteva (zaostaja); **he has ~ on his hands** ima mnogo (prostega) časa, ne ve kam s časom; **to have a ~ with** *coll* imeti težave z; **to have a ~ of it** izvrstno se zabavati; **to have a good (fine) ~** dobro se zabavati; **to have a hard ~** preživljati težke čase; **I have had my ~** najboljši del svojega življenja imam za seboj; **what a ~ he has been gone!** kako dolgo ga ni!; **to keep ~** držati takt (korak), plesati (hoditi, peti) po taktu; **to keep good ~** iti dobro, točno (o uri); **I know the ~ of day** *coll fig* vem, koliko je ura; **to kill ~** čas ubijati; **this will last our ~** to bo trajalo, dokler bomo živeli; **what ~ do you make?** koliko je na tvoji (vaši) uri?; **to lose ~** izgubljati čas; (ura) zaostajati; **to mark ~** na mestu stopati (korakati), ne se premikati se z mesta; **to move with the times, to be abreast of the ~s** iti, korakati s časom; **~ will show** čas bo pokazal; **I am pressed for ~** mudi se mi; **to serve one's ~** *mil* služiti svoj rok; **to speak against ~** zelo hitro govoriti; **to stand the test of ~** obnesti se; upirati se zobu časa; **to take one's ~** vzeti si čas, pustiti si čas; **take your ~!** ne hiti!; **to take ~ by the forelock** pograbiti priliko, izkoristiti (ugoden) trenutek; **take ~ while ~ serves** izkoristiti čas, dokler ga imaš; **tell me the ~** povej mi, koliko je ura; **~ and tide wait for no man** čas beži; ne zamudi prilike; izkoristi priložnost; **to watch the ~** pogledovati (često pogledati) na uro; **to watch one's ~** prežati na ugodno priložnost; **to waste ~** čas zapravljati; **to work against ~** delati z največjo hitrostjo (tempom); **2.** *a* časoven; *econ* z določenim plačilnim rokom; (ki je) na obroke

time II [táim] **1.** *vt* meriti čas (z uro); določati čas; izbrati (pravi) čas; urediti po času, uravnati po okoliščinah; napraviti kaj ob pravem času; gledati na čas, držati se časa; časovno ugotoviti; regulirati, naravnati (uro); *mus* udarjati, dajati takt (tempo); **to ~ one's arrival rightly** izbrati pravi čas za svoj prihod; **to ~ the speed** meriti hitrost; **to ~ one's steps to the music** plesati po taktu; **my train is ~d to leave at four** po voznem redu odhaja moj vlak ob štirih; *vi* ujemati se, biti soglasen (**with** z), sporazumeti se; držati takt, ritem (**to** z)
time-bargain [táimba:gin] *n econ* kupčija za ceno, plačljivo v določenem roku
time bill [táimbil] *n rly* stenski vozni red; *econ* časovna menica (z določenim rokom)
time bomb [táimbɔm] *n* tempirana bomba
timecard [táimka:d] *n* delovna kontrolna kartica
time clock [táimklɔk] *n* kontrolna ura (pri vhodu v tovarno)
timed [táimd] *a* časovno (točno) določen, reguliran; **well-~** pravočasen, priličen, o pravem času; **ill-~** o nepravem času, nepriličen, neprikladen
time deposit [táimdipɔzit] *n econ* terminski (dolgoročen) polog (depozit)
time detector [táimditéktə] *n* kontrolna ura
time discount [táimdiskaunt] *n econ* popust za plačanje pred rokom dospelosti; diskont
time-expired [táimikspáiəd] *a* ki se mu je iztekel čas; *E mil* odslužen
time-exposure [táimikspoužə] *n phot* daljše (več kot $^1/_{20}$ sekunde) eksponiranje
time freight [táimfreit] *n econ* brzovozno blago
time fuse [táimfju:z] *n* tempirano vžigalo
time-honoured [táimɔnəd] *a* častitljiv, časti vreden (zaradi svoje starosti), star
time immemorial [táim imimɔ́riəl] *n* davni čas; *jur E* čas pred 1189
timekeeper [táimki:pə] *n* kronometer; *mus* udarjalec takta, taktomer; metronom; kontrolor delovnega časa (v tovarni itd.); *sp* časomerilec
time lag [táimlæg] *n* zakasnitev, zamuda; časovno zaostajanje
timeless [táimlis] *a* (**~ly** *adv*) neskončen, večen; brezčasen; ki ni vezan na čas; **~ art** večna umetnost
time limit [táimlimit] *n* (časovno) mejni rok
timeliness [táimlinis] *n* pravočasnost; ugoden čas zgodnost
time loan [táimloun] *n econ* terminsko posojilo
time lock [táimlɔk] *n tech* kronometrska, časovna ključavnica
timely [táimli] **1.** *a* pravočasen; zgoden; (časovno) primeren, ustrezen, ugoden; **2.** *adv* pravočasno; zgodaj, kmalu
time (-)out, *pl* **-outs** [táimaut] *n A* prekinitev, pavza; *sp* odmor; *A coll* pavza pri delu
time payment [táimpeimənt] *n* plačevanje v obrokih
timepiece [táimpi:s] *n* kronometer, časomer, ura
timepleaser [táimpli:zə] *n* oportunist
timer [táimə] *n* časomerilec (aparat, oseba); *sp* kronometer, ura stoparica; kdor dela ali potrebuje določen čas
time-recorder [táimrikɔ́:d] *n* oseba ali naprava, ki zapisuje (beleži) čas

time-saving [táimseiviŋ] *a* ki varčuje (varčen) s časom

time-server [táimsə:vɛ] *p* oportunist

time-serving [táimsə:viŋ] *a* oportunističen; prilizovalski

time-sheet [táimši:t] *n* kontrolni list (za zapisovanje števila delovnih ur delavcev)

time shutter [táimšʌtə] *n phot* časovni zaklep

time signal [táimsignəl] *n radio* znak za čas (uro)

time-stained [táimsteind] *a* zarjavel; orumenel (od starosti)

time-stricken [táimstrikən] *a* upognjen od starosti, onemogel, ostarel

time-table [táimteibl] *n* urnik (v šoli, uradu), razpored ur; *rly aero* vozni red

timework [táimwə:k] *n* od časa (ur, dni) plačano delo

timeworker [táimwə:kə] *n econ* od časa plačani delavec

time-worn [táimwə:n] *a* izrabljen; zastarel; staromoden

timid [tímid] *a* (~ ly *adv*) plašen, boječ, plah, bojazljiv, strašljiv; as ~ as a hare plašen kot zajec

timidity, timidness [timíditi, tímidnis] *n* plahost, boječnost; bojazljivost

timing [táimiŋ] *n* časovno usklajevanje, koordiniranje; sinhroniziranje; tempiranje

timorous [tímərəs] *a* (~ ly *adv*) plašljiv, plašen, plah, boječ; malodušen; strahopeten

timorousness [tímərəsnis] *n* plašljivost, plašnost, boječnost; malodušnost; strahopetnost

timothy-grass [tíməθigra:s] *n bot* pasji rep (vrsta trave)

timpanist [tímpənist] *n mus* bobnar, pavkist

timpano, *pl* -ni [tímpənou, -ni:] *n* orkestrski boben, pavka

tin I [tin] 1. *n chem* kositer, cin; bela pločevina; pločevinka, konserva (škatla) iz pločevine; *sl* kovanci, cvenk; ~ and temper zlitina kositra in malo bakra; ~ box škatla iz pločevine; ~ can škatla, konserva; *naut sl* rušilec; ~ cry *tech* pokanje pločevine, kadar jo upogibamo; a ~ of pineapple pločevinka ananasa; ~ fish *mar sl* torpedo; ~ god lažno božanstvo; malik; nadutež; ~ hat *hum* jeklena čelada; ~ mine rudnik kositra; ~ moulder kositrar; ~ sheet plošča (bele) pločevine; ~ soldier vojak iz kositra, pločevine (igrača); ~ wedding desetletnica poroke; little ~ gods nizki, a naduti uradniki; petrol-~ ročka za bencin; sardine-~ konserva za sardine; that puts the ~ hat on it! to je višek! to je res preveč!; 2. *a* kositren; pločevinast; *E* konserven, konserviran; *fig* manjvreden, nepristen, ponarejen

tin II [tin] *vt* pociniti, (po)kositriti; stopíti; *E* konservirati v škatli (konservi); ~ ned meat (fruit) konservirano meso (sadje); ~ music glasba »v konservi« (gramofonske plošče ipd.); ~ iron plate bela pločevina

tinct [tiŋkt] 1. *n obs* barva, pobarvanje; tinktura; 2. *a poet* pobarvan

tinction [tíŋkšən] *n* barvanje, pleskanje; barvilo, barva

tinctorial [tiŋktó:riəl] *a* (~ ly *adv*) ki se tiče barve, barvni; ki rabi za barvanje

tincture [tíŋkčə] 1. *n poet* barva; barvilo; *chem med* tinktura, alkoholni izvleček; *fig* niansa, nadih, zunanja podoba; sled (of česa), poseben okus, priokus; primes; ~ of iodine jodova tinktura; he has a ~ of English manners ima le površne angleške manire; red ~ kamen modrih; 2. *vt* (rahlo) (po)barvati; *fig* dati videz; *fig* prepojiti, prežeti (with z); his manners are ~ d with pride njegove manire imajo nadih ošabnosti

tinder [tíndə] *n* kresalo, kresilna goba, vžigalo; *fig* hitro vzkipljiv človek, vročekrvnež; lahkó vnetljiva stvar, *fig* sod smodnika; German ~ kresilna goba; ~ box škatla za kresalo in kresilno gobo

tinderlike, tindery [tíndəlaik, tíndəri] *a* podoben kresilni gobi; lahkó vnetljiv

tine [táin] *n* zob (vil, grabelj itd.); parožek (pri jelenu); ost, konica; a stag of ten ~s jelen z 10 parožki

tined [táind] *a* zobat; a three-~ fork vile s 3 zobmi

tinfoil [tínfoil] 1. *n* staniol, kositrna folija, srebrn papir; 2. *vt* obložiti, pokriti s staniolom; zaviti v staniolni papir

ting [tiŋ] 1. *n* zven, zvenenje, cingljanje; 2. *vt & vi* (za)zveneti, (za)cingljati, cingljati (s čim)

tinge [tindž] 1. *n* barva; niansa; *fig* sled, nadih, priokus (of česa), primes; to have a ~ of red biti rdeče niansiran; 2. *vt & vi* (po)barvati, šatirati; osen(č)iti; *fig* dati (čemu) zunanjo podobo, poseben okus; prežeti (with z); pobarvati se, dobiti barvo; to be ~ d with s.th. imeti nadih (sled, priokus) česa

tingle [tiŋgl] 1. *n* zvenenje, šumenje (v ušesu); zbadanje; ščemenje; mravljinci (v životu); srbenje, pikanje; skelenje; drhtenje, tresenje; nervozno vznemirjenje; 2. *vi* zveneti (v ušesih), šumeti, ščemeti; bôsti, zbadati; srbeti, pikati; skeleti (with od); drhteti, tresti se, biti živčno vznemirjen; *fig* biti nabit (with z); povzročiti zvenenje, šumenje, srbenje; my ears are tingling v ušesih mi šumi; the story ~s with interest zgodba je napeto zanimiva

tingler [tíŋglə] *n coll* močan udarec; oster ukor

tinhorn [tínhə:n] *n* bahač, važnež; slepilec, hohštapler

tinker [tíŋkə] 1. *n* potujoč popravljač kotličkov, cinar; *fig* šušmar; šušmarstvo; *fig* gostilniški politik; not worth a ~'s damn prebite pare ne vreden; I don't care a ~'s curse (cuss, damn) mi ni prav nič mar, se požvižgam na to; 2. *vt* krpati, popravljati (kotle); pociniti, grobo popraviti, zmašiti; *vi* šušmariti, slabo opraviti delo; to ~ up zakrpati, skrpati, zmašiti

tinkerer [tíŋkərə] *n* popravljač kotlov; šušmar

tinkerly [tíŋkəli] *a* šušmarski; skrpan, zmašèn

tinkle [tíŋkl] 1. *n* zvonjenje, zvončkljanje, cingljanje, zvenenje; *fig* prazno govoričenje, klepetanje, čenčanje; to give s.o. a ~ *coll* pozvoniti pri kom; 2. *vi & vi* zvoniti, zvončkljati, cingljati; zveneti; *fig* klepetati, čenčati, z zvonjenjem oznaniti ali skupaj sklicati

tinkler [tíŋklə] *n coll* zvonček; oseba, ki zvoni, zvončklja

tinman, *pl* -men [tínmən] *n* cinar, kositrar; klepar; trgovec s pločevinastimi izdelki

tinned [tind] *a* pokositran, pocinjen; spravljen v pločevinki; ~ **fruit,** ~ **meat** sadje, meso v pločevinki (konservi); ~ **music** mehanična glasba (plošče itd.)

tinner [tínə] *n* kositrar, cinar; klepar; delavec v rudniku kositra; *E* delavec v tovarni konserv; tovarnar konserv

tinning [tíniŋ] *n* kositranje, cinanje, pocinjenje; kositrna prevleka; konserviranje (sadja, mesa itd.)

tinny [tíni] *a* kositren, ki vsebuje kositer; pločevinast; dišeč po pločevini; *fig* nesoliden; *fig* nališpan, načičkan, *E sl* zelo bogat, premožen

tin opener [tínoupnə] *n* odpirač za konserve

tin pan alley [tínpǽnæli] *n* središče komponistov šlagerjev (zlasti v New Yorku); *coll* komponisti šlagerjev

tinsel [tínsəl] **1.** *n* bleščica, zlata pena; lameta; *fig* lažen sijaj; brokat (tkanina); **2.** *a* bleščeč, sijajen; *fig* lažen, navidezen; neokusen, kičast, načičkan; **3.** *vt* okrasiti z bleščico, z zlato peno; *fig* kičasto okrasiti, okrasiti z lažnim bleskom

tinsman, *pl* **-men** [tínzmən] *n* glej **tinsmith**

tinsmith [tínsmiθ] *n* klepar; kositrar, cinar

tint [tint] **1.** *n* barva; lahno pobarvanje; ton barve, pobarvanost; odtenek, niansa; šatiranje, niansiranje, (o)senjenje; mešanje kake barve z belo barvo; **to have a bluish** ~ imeti moder nadih; **2.** *vt* (p)obarvati; šatirati; niansirati, osenčiti, dati barvni ton

tin tack [tíntæk] *n* tapecirni žebljiček; **to come down to** ~s *fig coll* priti k stvari

tinter [tíntə] *n* kdor barva, šatira; naprava za barvanje; enobarvno steklo za laterno magico

tinted [tíntid] *a* rahlo pobarvan; ~ **glass** dimasto steklo

tintinnabular(y) [tintinǽbjulər(i)] *a* zvoneč, zveneč, doneč, cingljajoč, žvenketajoč

tintinnabulation [tintinæbjuléišən] *n* zvonjenje, zvenenje, cingljanje, zvenkljanje, žveketanje

tintinnabulous [tintinǽbjuləs] *a* glej **tintinnabulary**

tintless [tíntlis] *a* brezbarven

tintometer [tintómitə] *n* kolorimeter

tinty [tínti] *a* neharmoničen; (o barvah) kričeč

tinware [tínwɛə] *n* predmeti iz (bele) pločevine

tin work [tínwə:k] *n* predmet iz kositra; *pl* (navadno *sg constr*) talilnica kositra

tiny [táini] **1.** *a* drobcen, drobčkan, majcen, neopazen; komaj slišen; **2.** *n* majhen otrok, malček; **the tinies** malčki

tip I [tip] **1.** *n* konica, konec, kraj; vrh; *tech* okov (palice); ustnik (cigarete); ~ **of ear** ušesna mečica; **from** ~ **to toe** od glave do pete; **on the** ~**s of one's toes** po prstih; **I have it at the** ~**s of my fingers** to imam v mezincu, to dobro znam; **I had it on the** ~ **of my tongue** imel sem to na jeziku; **2.** *vt* okovati, opremiti s konico; priostriti, zašiliti; okrasiti konico; podrezati, podstriči vrhove (vršičke); **a black tipped feather** pero s črno konico; **to** ~ **with steel** okovati (konico) z jeklom

tip II [tip] **1.** *n* napitnina, darilce v denarju; (koristen) namig, informacija, nasvet (npr. glede izida pri dirkah, na borzi ipd.); **the straight** ~ dober, pravi nasvet (namig); **to take the** ~ ubogati nasvet; **I missed my** ~ spodletelo mi je,

ni se mi posrečilo, izjalovilo se mi je; **2.** *vt & vi* dati napitnino; *coll* dati nasvet (namig, informacijo); *sl* dati; **to** ~ **the waiter (with) a shilling** dati natakarju šiling napitnine; ~ **ping prohibited** napitnina ni zaželena (je prepovedana); ~ **me a bob** *sl* daj mi šiling; **to** ~ **s.o. the wink** skrivaj komu namigniti; **to** ~ **s.o.'s mitt(s)** *A* izdati tajnost kake osebe, koga v sramoto spraviti, blamirati; **to** ~ **off** *coll* pravočasno posvariti, opozoriti

tip III [tip] **1.** *n* nagnjenje, nagnjen položaj, nagib; odlagališče; **to give a** ~ **to s.th.** postaviti kaj v poševen položaj, prekucniti, prevrniti kaj; **2.** *vt* prevrniti, prekucniti; nagniti; zvrniti; izprazniti z zvrnitvijo, z nagibanjem (npr. vagonček); *vi* nagniti se; (večinoma ~ **over**) prevrniti se, prekucniti se; **to** ~ **over a teapot** prevrniti čajnik; **to** ~ **s.o. into the water** suniti koga v vodo; **they** ~**ped the cart** prevrnili (izpraznili) so voz; ~ **the water into the sink!** izlij vodo v izlivek!; **to** ~ **the balance** prevagati

tip off *vt* zvrniti, iztresti, izprazniti (izpiti), izliti, izsuti; **he tipped off his glass** zvrnil (izpraznil) je kozarec

tip out *vt* ven zmetati, izvreči, izsuti, izsipati, izstresti; **they have tipped the coals out in front of my door** izsuli so premog pred moja vrata

tip over *vt & vi* prevrniti (se); **the car tipped over** avto se je prevrnil

tip up *vt* prekucniti, prevrniti, zvrniti; dvigniti na enem koncu; **he tipped up the bench and slid me off** dvignil je kraj klopi in zdrsnil sem na tla

tip IV [tip] **1.** *n* rahel udarec, dotik; *sp* slab udarec; **2.** *vt* rahlo udariti ali se dotakniti; dotakniti se (klobuka, v površen pozdrav); *vi* drobneti, capljati, delati majhne korake, stopicati

tip-and-run [típəndrʌn] *a*; ~ **raid** *mil* nenaden, bliskovit napad

tip car, tipcart [típka:, típka:t] *n* (voz) prekucnik

tipcat [típkæt] *n* na obeh koncih ošiljen kos lesa; otroška igra s takim lesom (biti klinec)

tip-off [típɔf] *n* pravočasen namig, opozorilo (*on* pred, na)

tipped [tipt] *a* (*cigareta*) z ustnikom

tipper I [típə] *n* oseba, ki da napitnino

tipper II [típə] *n tech* (voz) prekucnik; oseba, ki prevrača, prevrne (kaj)

tippet [típit] *n* šal; viseč (krznen) ovratnik; pelerina; svilena prepasica; vrvca iz čreva (na trnku)

tipple I [tipl] **1.** *n* močna (alkoholna) pijača; **2.** *vt & vi* piti v majhnih količinah, a pogosto; popivati, piti (iz navade)

tipple II [tipl] *n tech* naprave za prevračanje, prekucnjenje; odlagališče, razkladališče

tippler I [típlə] *n* pivec (iz navade)

tippler II [típlə] *n* delavec, ki streže (vozu) prekucniku

tippling [típliŋ] *n* popivanje; ~ **house** *hist* krčma

tippy [típi] *a coll* majav; *sl* fin, šik, tiptop

tipsify [típsifai] *vt* opiti, opijaniti (koga)

tipsiness [típsinis] *n* rahla pijanost, vinjenost

tipstaff [típsta:f] *n hist* okovana uradna palica; sodni, uradni sluga

tipster [típstə] *n coll* (poklicna) oseba, ki daje informacije, nasvete (na konjskih dirkah, na borzi)

tipsy [típsi] *a* (**tipsily** *adv*) opit, vinjen, rahlo pijan; opojen; *fig* majav, nesiguren, opotekajoč se

tipsy cake [típsi kéik] *n* z vinom ali rumom namočen kolač (biskvit), serviran z jajčno kremo

tiptilted [típtiltid] *a* zavihan; ~ **nose** zavihan nos

tiptoe [típtou] 1. *n* konica prsta na nogi; **on** ~, a-~ na (po) prstih; *fig* radovedno, napeto, previdno, skrivaj, tiho; **a-~ with expectation** ves nestrpen od napetega pričakovanja; **to be on** ~ **with curiosity** koprneti, goreti od radovednosti; **to stand** ~ stati na prstih; **to walk on** ~ po prstih hoditi; 2. *a* na prstih (stoječ); ~ **step** koraki po prstih; 3. *adv* napeto, previdno, skrivaj, tiho; 4. *vi* hoditi po prstih; **he** ~**d out of the room** po prstih je odšel iz sobe

tiptop [típtóp] 1. *n* najvišja točka, vrh, *fig* višek, vrhunec; največja stopnja; popolnost; kar je najboljše, najvišje, najbolj izvrstno; *pl obs* najvišji družbeni sloji, zgornjih deset tisoč; 2. *a* najvišji; *coll* izvrsten, odličen, prvorazreden, popoln, perfekten, tiptop; 3. *adv* perfektno, prvovrstno, popolno, »prima«

tiptopper [típtəpə] *n coll obs* fin gospod, fina dama

tip-up [típʌp] *a* sklopen; ~ **seat** sklopen sedež

tirade [tairéid, *A* táireid] *n* tirada, ploha besed, izliv besed; daljši govor; zmerjanje

tirailleur [tirajǽ:r] *n* (*Fr*) *mil* strelec; posamezen strelec; ostrostrelec

tire I [táiə] 1. *n obs* (lepa) obleka; nakit, okras (na glavi); 2. *vt* lepo obleči; okrasiti, nakititi

tire II [táiə] 1. *n dial* (pre)utrujenost; 2. *vt* utruditi, utrujati, oslabiti, izčrpati; *fig* dolgočasiti; **to** ~ **to death** do smrti utruditi; **to** ~ **out** popolnoma utruditi (izčrpati, zdelati); *vi* utruditi se, onemoči, omagati, opešati; *fig* zamrzeti, naveličati se (*of* česa); **you must never** ~ **of repeating it** nikoli se ne smete naveličati to ponavljati; **small print is tiring to the eyes** droben tisk utruja (je utrudljiv za) oči

tire III [táiə] 1. *n* obroč na kolesu; *coll* pnevmatika; (**pneumatic**) ~ pnevmatika; zračnica; 2. *vt* opremiti (kolo) z obročem, s pnevmatiko

tire IV [táiə] *vt & vi* planiti na, raztrgati; ukvarjati se z

tire chain [táiəčein] *n tech* snežna veriga

tired I [táiəd] *a* utrujen (*by, with* od), truden, opešan; izčrpan; doslužen, obrabljen, izrabljen; *fig* naveličan, sit (*of* česa); **to death** na smrt utrujen; ~ **of life** sit, naveličan življenja; **I am** ~ **of him** naveličan (sit) sem ga, preseda mi, na živce mi gre; **I am sick and** ~ **of** naveličan (sit) sem česa, dovolj mi je česa; **I am** ~ **of all that business** dovolj mi je te zadeve; **I am** ~ **out** ves sem izčrpan, ne morem več; **to make s.o.** ~ utruditi koga

tired II [táiəd] *a tech* opremljen s pnevmatiko, s kolesnimi obroči

tiredness [táiədnis] *n* utrujenost, opešanost, onemoglost, oslabelost; izčrpanost; *fig* dolgočasje, naveličanost

tire ga(u)ge [táiə géidž] *n tech* merilec pritiska v pnevmatiki

tireless I [táiəlis] *a* (~ **ly** *adv*) neutruden, neutrudljiv

tireless II [táiəlis] *a* (~ **ly** *adv*) ki je brez obroča (kolo), brez pnevmatike

tirelessness [táiəlisnis] *n* neutrudnost

tiresmith [táiəsmiθ] *n* kolar

tiresome [táiəsəm] *a* (~ **ly** *adv*) utrudljiv; mrzek, zoprn; neprijeten; dolgočasen

tire trouble [táiətrʌbl] *n tech* defekt na pnevmatiki

tirewoman, *pl* -**women** [táiəwumən, -wimin] *n obs* spletična, dvorjanka; *theat* garderoberka

tiring room [táiəriŋrum] *n obs* oblačilnica; *theat* garderoba

tiro, tyro [táiərou] *n* vajenec, začetnik, novinec

tirocinium [taiərousíniəm] *n* (*Lat*) začetni stadij; prvi začetki kake dejavnosti; šolanje, uk, učenje, učna doba, vajeništvo; tirocinij; *mil* prvi čas vojaške službe, rekrut(ov)sko izobraževanje

'tis [tiz] = **it is**

tisane [tizǽn] *n* (= **ptisan**) ječmenov obarek; sluzasto zdravilo

tissue [tísju:, tíšu(:)] 1. *n* tanka, fina tkanina, koprenasta tkanina, flor; zlata, srebrna tkanina; *anat* tkivo; *fig* splet, niz, vrsta, mreža (laži, zločinov itd.); *phot* ogleni papir; **a** ~ **of lies** kup, niz laži; **connective** ~ *med* vezno tkivo; ~ **paper** svilen papir: 2. *vt* (pre)tkati, preplesti; oviti s tankim blagom

tissued [tísju:d] *a* pretkan

tit I [tit] 1. *n zool* ptiček, ptičica; sinica; *obs* otrok, deklica; *sl* dekle, ženska, žensčè; (redko) kljuse; konjiček

tit II [tit] *n* protiudarec, povračilo; ~ **for tat** milo za drago, šilo za ognjilo; kakor ti meni, tako jaz tebi; **to give** ~ **for tat** vrniti milo za drago, vrniti enako

Titan [táitən] 1. *n myth* Titan; *poet* Sonce, Helios; **t**~ *fig* titan, gigant, velikan (uma itd.); *chem* titan; 2. *a* titanski, gigantski, velikanski; **titan crane** *tech* žerjav velikan

titanic [taitǽnik] *a* titanski, gigantski, velikanski; kolosalen, nadčloveški; *chem geol* ki vsebuje titan

Titanism [táitənizəm] *n* titanizem, revolucionaren duh; duh uporništva

titanium [taitéiniəm] *n chem* titan

titbit [títbit] *n* slasten zalogaj, poslastica (tudi *fig*)

titer, titre [táitə] *n chem* titer

titfer [títfə:] *n E sl* pokrovka, klobuk

tithable [táiðəbl] *a* podvržen desetini

tithe [táið] 1. *n* (cerkvena) desetina; (splošno) desetina; deseti del; ~ **commissioner (gatherer)** izterjevalec (pobiralec) desetine; ~ **pig** deseti prašič (kot cerkvena bera); **not a** ~ **of it** niti desetina tega, niti najmanj; **to levy** ~**s** pobirati desetino; ~-**free** oproščen desetine; 2. *vt* naložiti, določiti desetino (na kaj); podvreči desetini; plačati desetino

tither [táiðə] *n* kdor pobira ali plačuje desetino

tithing [táiðiŋ] *n* desetina, pobiranje desetine; *hist* skupnost desetih družin; *E* manjša krajevna uprava

titi [tití:] *n zool* vrsta opic

titillate [títileit] *vt* ščegetati; žgečkati; prijetno vnemirjati, (vz)dražiti

titillation [titiléišən] *n* ščeget(anje), žgečkanje; prijetno draženje

titivate [títiveit] vt & vi coll (na)kititi (se), urediti (se), nagizdati (se), nališpati (se), načičkati (se); **to** ~ **o.s.** pretirano se nališpati, načičkati se

titivation [titivéišən] n lišpanje, gizdanje, načičkanje

titlark [títla:k] n zool poljski škrjanec

title I [táitl] n naslov (knjige itd.); napis; naziv; ime (for za); častni naslov, titel, titula; jur pravni naslov, pravna osnova, pravna zahteva, dokaz za pravno zahtevo; priznana pravica (to do, na), upravičenost; listina (o lastništvu), dokument, pismeno dokazilo; film podnaslov; vsebina čistega zlata, srebra, sp prvenstvo, naslov prvaka; **the** ~ **of earl** grofovski naslov; **to bear a** ~ nositi (imeti) naslov; **to lose the** ~ sp izgubiti naslov prvaka; **to have a** ~ **to s.th.** imeti pravico (biti upravičen) do česa; **what is his** ~ **to your gratitude?** kakšno pravico ima do vaše hvaležnosti?

title II [táitl] vt dati naslov; nasloviti, titulirati; opremiti (knjigo) z naslovom; film opremiti s podnaslovi

titled [táitəld] a naslovljen; ki ima naslov, častni naziv, titel, titula; plemiški

title deed [táitldi:d] n dokazna listina o pravici lastništva

title expectant [táitl ikspéktənt] n sp kandidat za prvaka

titleholder [táitlhouldə] n imetnik naslova; sp prvak

title leaf [táitlli:f] n naslovni list

titleless [táitəllis] a brez naslova, brez naziva, brezimen

title page [táitəlpeidž] n naslovna stran

title part [táitəlpa:t] n theat naslovna vloga

title role [táitəlroul] n = **title part**

titling I [títliŋ] n zool poljski škrjanec

titling II [táitliŋ] n print vtisnenje naslova na hrbet knjige; vtisnjen naslov knjige; nazivanje, imenovanje, naslavljanje, naslovitev

titlist [táitlist] n = **titleholder**

titmouse, pl **-mice** [títmaus, -mais] n zool sinica

Titoism [títouizəm] n pol titoizem (od Moskve neodvisen komunizem)

Titoist [títouist] n Titov privrženec

titrate [táitreit, títreit] vt & vi chem med titrirati

titration [taitréišən] n chem titracija, titriranje

titter [títe] 1. n hihitanje; 2. vi hihitati se

tittle [titl] n pičica (na i), tilda; fig jota, malenkost; **every** ~ vsaka malenkost (mrvica); **not a** ~ **of it** niti mrvice ne; **to a** ~ na las točno (natančno), do pičice

tittle-tattle [títltætl] 1. n blebetanje, klepetanje, čenčanje; blebetač, -čka, klepetulja; 2. vi blebetati, klepetati, čenčati

tittle-tattler [títltætlə] n klepetulja, čenčač

tittup [títəp] 1. n skakanje, skakljanje, poskakovanje, poigravanje; tek; 2. vi skakati, skakljati, poskakovati; teči v lahnem teku

tittup(p)y [títəpi] a ki veselo (razposajeno) skače, poskakuje, se poigrava; zadovoljen; coll majav, nesiguren

titty [títi] n materine prsi (sesek); materino mleko

titubate [títjubeit] vi opotekati se, spotikati se, majati se (kot pijanec)

titubation [titjubéišən] n opotekanje, spotikanje, pozibavanje; med majava, negotova, nesigurna hoja

titular [títjulə] 1. a titularen, nominalen, samo po naslovu (ne v resnici), časten; ~ **king** titularen kralj; 2. n kdor ima naslov, je titularen (npr. škof); nosilec naslova

titularity [titjulǽriti] n samo naslov; nominalna čast

titulary [títjuləri] 1. a titularen; 2. n titular, nosilec naslova; nominalen nosilec naslova

tivy [tívi] adv hunt brž! hitro!

tizzy [tízi] n sl nervozen drget; nepotrebno razburjenje; E obs novec za 6 penijev

tmesis [tmí:sis] n ling tmeza

to I [tu:, tu, tə] prep (osnovni pomen k); 1. (krajevno) k, proti, do, v, na, poleg, ob: **to arms!** k orožju!; **to the right** na desno; **from Paris to London** od Pariza do Londona; **face to face** iz obraza v obraz; **to his eyes** pred njegovimi očmi; **next door to us** sosedna vrata, tik poleg naših vrat (poleg nas); **shoulder to shoulder** z ramo ob rami; **come here to me** pridi sem k meni; **I have never been to Paris** nikoli nisem bil v Parizu; **to go to the post-office** iti na pošto; **I bought it to Baker's** to sem kupil pri Bakerju; **he jumped to his feet** skočil je na noge; **I told him to his face** v obraz sem mu povedal; **to take one's hat off to s.o.** odkriti se komu; 2. (časovno) do; **five minutes to two** dve minuti do dveh; **to time** točno, pravočasno; **to this day** do danes; **to the minute** do minute (na minuto) točno; **to the last** do zadnjega; **to live to a great age** doživeti visoko starost; 3. (namera, cilj, posledica ipd.); **as to...** kar se tiče...; **to you** coll vam na uslugo; **a friend to the poor** prijatelj revežev; **to what purpose?** čemú?; **to my delight (disappointment)** na (veliko) moje veselje (razočaranje); **to this end** v ta namen; **to my grief** sorrow na mojo veliko žalost; **dead fallen to their hands** mrtvi, ki so padli od njihove roke; **to the rescue** na pomoč; **sentenced to death** obsojen na smrt; **that is nothing to me** to se me ne tiče; to ni nič zame; **what is that to you?** kaj te to briga?; **to come to hand** priti v roke, v posest; **here's to you!** na tvoje (vaše) zdravje!; **to drink to s.o.'s health** piti na zdravje kake osebe, nazdraviti komu; **to tear to pieces** raztrgati na kose; **would to God (Heaven)!** daj bog!; 4. (stopnja, mera, meja); **to the full** do sitega, do mile volje; **to a high degree** v veliki meri; **to a great extent** v veliki meri, zelo; **to the life** točno po življenju; **to a man** do poslednjega moža; **to perfection** dovršeno; **to a nicety** na las; **to a T** do zadnje pičice; **to drink to excess** čezmerno piti; **they were to the number of 400** bilo jih je 400; 5. (pripadnost, posest); **to my cost** na moje stroške; **to my credit** v mojo korist (moj plus); **to the point** k stvari (spadajoč); **heir to his father** očetov dedič; **preface to a book** predgovor h knjigi; **a victim to influenza** žrtev gripe; **designer to a firm** risar pri neki firmi; **he has a doctor to his son-in-law** ima zdravnika za zeta; **he took her to wife** vzel jo je za ženo; **that is all there is to it** to je vse in nič več; 6. (odnos, razmerje); **aversion to s.th.** odpor do česa; **in comparison to** v primeri z; **nothing to...** nič v primeri z...; **to all appearance** po vsem videzu, po vsej priliki; **to my feeling** po mojem občutku; **to my knowledge** kolikor jaz vem; **to my taste** po mojem okusu; **to my mind** po mojem mnenju; **to my (your etc) heart's desire** po moji (tvoji itd.) mili volji; **the score is 5 to 4** *sp* rezultat je 5 : 4; **5 is to 10 as 10 to 20** 5 proti 10 je kot 10 proti 20; **ten to one** deset proti ena; **three to dozen** tri na ducat; **7.** (rabi za tvorbo dajalnika); **he explained it to me** razložil mi je to; **it seems to me** zdi se mi; **she was a good mother to him** bila mu je dobra mati; **8.** (za oznako nedoločnika, pred nedoločnikom); **much work to do** mnogo dela (ki naj se opravi); **the time to learn** čas za učenje; **to be or not to be** biti ali ne biti; **I want to go** želim (hočem) iti; **she came to see me** obiskala me je; **there is no one to see us** nikogar ni, ki bi nas videl; **what am I to do?** kaj naj naredim?; **he was seen to fall** videli so ga, kako je padel; **we expect her to come** pričakujemo, da bo prišla; **to be honest, I should decline** če hočem biti pošten, moram odkloniti; **9.** (kot nadomestilo za predhodni nedoločnik); **I don't go because I don't want to** ne grem, ker nočem (iti); **I meant to ring you up but had no time to** nameraval sem vam telefonirati, pa nisem imel časa (telefonirati)

to II [tu:] *adv* v normalnem (zlasti zaprtem) stanju; v mirnem položaju; ~ **and fro**, ~ **and back** sem in tja; **to bring s.o. to** spraviti koga k zavesti; **that brought me to** to me je spravilo k sebi; **to come to** priti k sebi, zavedeti se, osvestiti se; **to fall to** planiti (na jed, jedačo); **the horses are to** konji so vpreženi; **close to** čisto pri roki; **shut the door to** (dobro) zaprite vrata; **to set to** lotiti se dela, pravilno začeti

toad [tóud] *n zool* krastača, krota; *fig* krota, zoprna, odvratna oseba; **horned** ~ léguan; **to eat s.o.'s** ~**s** klečeplaziti pred kom, prilizovati se servilno komu; **to swell like a** ~ *fig* napihovati se kot žaba; pókati od zavisti

toadeater [tóudi:tə] *n fig* petoliznik, priliznjenec, lizun

toadeating [tóudi:tin] **1.** *n* prilizovanje, petolizništvo; **2.** *a* klečeplazen, prilizovalen

toad-flax [tóudflæks] *n bot* divji lan, lanika

toad-in-the-hole [tóudinðəhóul] *n* mesna pasteta

toadish [tóudiš] *a* kroti podoben

toadstone [tóudstoun] *n* okamenina (dela) žabjega telesa, ki so jo nosili kot amulet

toadstool [tóudstu:l] *n bot* goba s klobukom; *coll* strupena goba, mušnica

toady [tóudi] **1.** *a* kroti podoben, krotast; *fig* grd, odvraten, ostuden; poln krastač

toadyish [tóudiiš] *a* klečeplazen, lizunski

toadyism [tóudiizəm] *n* prilizovanje, petolizništvo, lizunstvo

to-and-fro [tú:ənfróu] *a* hodeč sem in tja; **a** ~ **motion** gibanje sem in tja

toast I [tóust] **1.** *n* praženа, popečena rezina (belega) kruha, popečenec; toast; s tekočino (vinom, mlekom) polit toast; **a** ~ rezina popečenega kruha, namočena v vinu; **as warm as** ~ prijetno topel; ~ **and water** v vodi namočen popečenec; **to have s.o. on** ~ *E sl* imeti koga v svojih rokah (v pesteh, v oblasti); **2.** *vt & vi* popeči (se), pražiti (se) (o rezinah

kruha); *fig* ogreti (se), greti (noge itd.) pri ognju; **to** ~ **one's feet (one's toes)** temeljito si ogreti noge (prste na nogah)

toast II [tóust] **1.** *n* napitnica, zdravica; oseba ali stvar, ki ji velja napitnica; *obs* (slavljena) lepotica; **to give (to propose, to submit) the** ~ **of s.o.** napiti, nazdraviti komu; **she was a great** ~ **in her day** svoje dni so ji mnogo napijali in jo slavili; **2.** *vt & vi* piti na zdravje kake osebe, napiti, nazdraviti komu

toaster I [tóustə] *n* pražilec, -lka (kruha); pražilo (za kruh)

toaster II [tóustə] *n* oseba, ki napije, nazdravi

toastingfork, -iron [tóustiŋfɔ:k, -aiən] *n* vilice za praženje (kruha); *hum* meč

toast list [tóustlist] *n* seznam oseb, ki jim je treba nazdraviti; seznam oseb, ki bodo nazdravile in govorile

toast master [tóustma:stə] *n* oseba, ki nazdravlja ali napija; napovedovalec napitnic (npr. pri banketu)

toast rack [tóustræk] *n E* stojalce za toast

toast water [tóustwɔ:tə] *n* voda, v katero se pomoči popečen kruh

tobacco, *pl* ~**s, -coes** [təbǽkou] *n* tobak; tobačni izdelki; kajenje; **chewing** ~ žvečilni tobak; ~ **box** škatla, doza za tobak; ~ **cutter** stroj (ali nož) za rezanje tobaka; ~ **heart** *med* od tobaka obolelo, nikotinsko srcé; ~ **tax** davek na tobak; ~ **pipe** pipa (za kajenje), čedra; ~ **pouch** mehur (mošnja) za tobak; ~ **shop** *A* prodajalna tobaka, tobakarna

tobaccoism [təbǽkouizəm] *n med* zastrupljenje s tobakom

tobacconist [təbǽkənist] *n* prodajalec, -lka tobaka; trafikant, -inja; tovarnar tobaka; ~**'s shop** prodajalna tobaka

toboggan [təbɔ́gən] **1.** *n* tobogan (dolge, ozke indijanske sani brez sanišč); *sp* sani, sanke; **2.** *vi* voziti se na toboganu, na saneh, sankah; sankati se; *fig* nenadoma pasti (vrednostni papirji itd.)

tobogganer [təbɔ́gənə] *n* voznik tobogana; sankač

tobogganing [təbɔ́gəniŋ] *n* vožnja s toboganom; sankanje; ~ **slide** *sp* sankaška proga

tobogganist [təbɔ́gənist] *n* = **tobogganer**

toby [tóubi] *n* (tudi *T*~) (lončen) vrč ali bokal (za pivo) v obliki debelušastega starčka s trirogim klobukom; *A sl* tanka, manj vredna cigara; ~ **collar** *E* vratna nabornica

toco, toko [tóukou] *n E sl* udarci, batine, kazen; kaznovanje; **to catch** ~ biti tepen; **to give s.o.** ~ natepsti koga

tocology [toukɔ́lədži] *n med* nauk o porodništvu, tokologija

to-come [təkʌ́m] *a* bodoči, prihodnji

tocsin [tɔ́ksin] *n* znak z zvonom: plat zvona; alarmni, svarilni signal

tod I [tɔd] *n* grm, grmovje, goščava; *E hist* mera za težo (volne) (navadno 28 funtov)

tod II [tɔd] *n Sc dial* lisjak; *fig* pretkanec, lisjak; **take care of the old** ~ pazi se starega lisjaka!

to date [tədéit] *adv A* do danes, doslej

today, to-day [tədéi] **1.** *adv* danes; dandanes; zdaj; ~ **week** danes teden; ~ **a man, tomorrow a mouse** danes bogatin, jutri siromak; **2.** *n* današnji dan; **the youth of** ~ današnja, sodobna mladina; ~'s današnji; ~'s **paper**, ~'s **course** današnji časopis, tečaj (kurz); ~ **is ours, tomorrow is yours** danes meni, jutri tebi; **one** ~ **is worth two tomorrows** boljši je vrabec v roki kot golob na strehi; bolje drži ga kot lovi ga

toddle [tɔdl] **1.** *n* pozibavanje pri hoji, racanje; *coll* pohajkovanje, postopanje, klatenje; **2.** *vi & vt* racati (zlasti o majhnih otrokih), pozibavati se pri hoji; *coll* pohajkovati, postopati, klatiti se; *coll* pobrati se (oditi)

toddler [tódlə] *n* oseba, ki se pozibava pri hoji (racá, stopica), zlasti otrok, ki je komaj shodil

toddy [tódi] *n* palmov sok ali vino; oslajena pijača iz žganja ali ruma in vroče vode; ~ **palm** palma, ki daje palmovo vino

toddyman, *pl* **-men** [tódimən] *n* črpalec palmovega soka; proizvajalec palmovega vina

to-do, *pl* **-dos** [tədú,: -du:z] *n coll* hrup, hrušč, razgrajanje; *fig* veliko govorjenja (o), vik; **to make a** ~ delati hrup, razgrajati; **to make much** ~ **about s.th.** *fig* veliko govoriti, mnogo hrupa dvigniti o čem

toe I [tóu] *n* prst na nogi; konica, kapica (čevlja, nogavice); sprednji del podkve, kopita; *fig* konec, kraj (predmeta); ojačano podnožje stebra, oboka itd.; *pl coll* noge; **on one's** ~ **s** *coll* živ, živahen, uren, hiter; **from top to** ~ **s** od glave do pet; **big (great)** ~ palec na nogi; **little** ~ mezinec na nogi; **the light fantastic** ~ *hum* ples, plesanje; ~ **dance** ples po konicah prstov; ~ **dancer** plesalec, -lka ples po konicah prstov; baletnik, baletka; **pointed** ~ **s** koničaste kapice (čevlja); ~ **weight** v podkev privit ozobec; **to tread on s.o.'s** ~ **s** *coll* stopiti komu na prste (na kurje oko); (u)jeziti ali (u)žaliti koga; **to turn up one's** ~ **s** *sl fig* umreti

toe II [tóu] *vt & vi* opremiti (nogavico) z novo konico; dotakniti se (česa), zadeti (kaj) z nožnimi prsti; udariti, suniti z nožnimi prsti; *sl* brcniti (koga); suniti (žogo); *golf* udariti (žogo) z vrhom palice; poševno zabiti (žebelj); *vi* gibati, udarjati z nožnimi prsti; **to** ~ **and heel it** *coll* plesati; **to** ~ **the line** *sp* postaviti se na startno črto; *pol* podvreči se strankini liniji, ostati zvest »liniji«; izpolniti svoje obveznosti; **to** ~ **in (out)** stati ali hoditi z nožnimi prsti navznoter (navzven)

toecap [tóukæp] *n* kapica čevlja

toed [tóud] *a* opremljen s prsti, ki ima prste; **two-**~ dvoprsten; **square-**~ s topim koncem (o čevlju)

toe-drop [tóudrɔp] *n med* paraliza mišic nožnih prstov

toe hold [tóuhould] *n* opora za prste (pri plezanju); *fig* opora, stopnička (za napredovanje); *mil* mostišče, šibko oporišče

toeless [tóulis] *a* brez nožnih prstov

toenail [tóuneil] *n* noht na nožnem prstu

toeshoe [tóušu:] *n* baletni čevelj

toe spin [tóuspin] *n sp* pirueta na konicah drsalk

toe-to-toe [tóutətóu] *a* mož proti možu; bližinski

toff [tɔf] *n sl* gizdalin, gospošček, dandy

toffee, toffy [tófi] *n* smetanova karamela (bonbon); **he can't shoot for** ~ *sl* prav nič ne zna streljati

toft [tɔft] *n* griček, holm(ec); kmetija

tog [tɔg] **1.** *n sl* suknjič; plašč; *pl* obleka, dres; *pl Austral sl* kopalna obleka; *naut* **long** ~ **s** civilna obleka; **2.** *vt & vi* (često ~ **out**, ~ **up**) obleči (se)

toga, *pl* ~ **s**, **-gae** [tóugə; -dži:] *n hist* toga; uradna, poklicna obleka (kroj, noša), zlasti talar; **to don the** ~ **of a judge** obleči sodniški talar

togaed [tóugəd] *a* = **togated**

togated [tóugeitid] *a* oblečen v togo; miren; majestetičen (besede)

together [təgéðə] *adv* skupaj, skupno, drug za drugim, obenem; hkrati, v en mah, istočasno; zaporedoma; ~ **with** skupaj z; **for days** ~ dneve in dneve, več dni zaporedoma; **three days** ~ tri dni zaporedoma (skupaj); **to call the people** ~ sklicati ljudi skupaj; **to bring** ~ sestaviti, zbrati, združiti; **this one costs more than all the others** ~ tale stane več kot vsi ostali skupaj; **the foes rushed** ~ sovražniki so se spopadli; **to get** ~ zbrati; **to go** ~ iti skupaj, pristajati, ustrezati (o barvi itd.); **to live** ~ skupaj živeti; **to mix** ~ (pre)mešati (se) medsebojno; **to put** ~ sestaviti; **to undertake a task** ~ skupno se lotiti naloge; **he talked for hours** ~ ure in ure je govoril (brez prekinitve)

toggery [tógəri] *n coll* oblačilo, obleka, dres; konjska oprava

toggle [tɔgl] *n* zatik, klin; norec (pri verigi)

tohubohu, tohu-bohu [tóuhu:bóuhu:] *n* kaos, zmeda, zmešnjava

tohu-vabohu [tóuhu:vabóuhu:] *n* = **tohu-bohu**

toil I [tóil] **1.** *n* težko (naporno, mučno) delo, garanje, muka, napor, trud, trpljenje; *coll* tlaka; *obs* boj; **2.** *vt* z muko doseči, s težkim delom si priboriti; *vi* mučiti se, truditi se, garati, naporno delati, ubijati se;

toil along *vi* z muko se prebijati, napredovati

toil through *vi* z muko dokončavati, opravljati delo

toil up *vi* s težavo, z muko se vzpenjati (*the slope* po strmini)

toil II [tóil] *n* (večinoma *pl fig*) mreža; zanka; **in the** ~ **s of debt** zadolžen; **taken in the** ~ **s** ujet (zapleten) v mrežo, v zanko

toiler [tóilə] *n* delavec težak; garač

toilet [tóilit] *n* kopalnica, umivalnica; stranišče; pribor za osebno telesno nego, za lepšanje; toaletna mizica; toaleta, fina obleka; oblačenje, obleka, kostim; garderoba; **to make one's** ~ urediti se, olepšati se, opraviti toaleto; ~ **case** popotni nesesêr; ~ **glass** toaletno zrcalo; ~ **paper** toaletni papir; ~ **powder** toaletni puder (za obraz); ~ **service** toaletna garnitura; ~ **soap** toaletno milo; ~ **table** toaletna mizica; ~ **water** toaletna (kozmetična) voda

toilful [tóilful] *a* (~ **ly** *adv*) naporen, mučen, utrudljiv, trudapoln, težak (skrb itd.)

toilless [tóillis] *a* (~ **ly** *adv*) lahek, nenaporen, brez muke, brez truda

toilsome [tóilsəm] *a* = **toilful**

toilsomeness [tóilsəmnis] *n* težavnost, napornost

toilworn [tóilwɔ:n] *a* izmučen, izčrpan, preutrujen

Tokay [toukéi] *n* (vino) tokajec

token [tóukən] *n* znak (*of* česa); simbol; dokaz; darilo za spomin, spomin(ek); žeton; bon; **as**

a ~ **of my gratitude** kot znak (dokaz) moje hvaležnosti; **by** ~, **by the same** (ali **this**) ~ iz istega razloga; nadalje; vrhu tega, razen tega; **in** ~ **of** v znak, v dokaz česa; **more by** ~ toliko bolj (več) (*as, that* ko, ker); ~ **aid** (le) simbolična pomoč; ~ **coin** (kovinski) žeton (za vožnjo); ~ **import** uvoz manjše količine blaga kot obveza prihodnjih večjih naročil; ~ **money** zasilni denar; ~ **payment** delno plačilo kot priznanje dolga; ~ **strike** solidarnostna (svarilna, opozorilna) stavka; ~ **vote** *parl* odobritev denarnega zneska, čigar višina ni obvezna; **to give s.o. a ring as a** ~ **of love** dati komu prstan v dokaz (znak) ljubezni; **I'll keep it as a** ~ obdržal si bom to za spomin(ek); **to wear black as a** ~ **of mourning** nositi črno obleko v znak žalovanja

tokenless [tóukənlis] *a* brez znaka, brez spomin(k)a
tolbooth [tólbu:ð] *n* = **tollbooth**
toko [tóukou] *n* = **toco**
told [tóuld] *pt & pp* od **to tell;** ~ **out** izčrpan; brez sredstev
tole I [tóul] *vt hunt A* (pri)vabiti, (pri)mamiti
tole II, tôle [tóul] *n* pisano lakirana ali emajlirana kovinska plošča
tolerability [tɔlərəbíliti] *n* znosnost; primernost; povprečnost
tolerable [tólərəbl] *a* (~ **bly** *adv*) znosen; priličen; povprečen; **a** ~ **speech** še kar dober govor; **barely** ~ komaj znosen; **I am in** ~ **health** sem kar dobrega zdravja
tolerableness [tólərəblnis] *n* = **tolerability**
tolerance [tólərəns] *n* toleranca; strpnost, prenašanje, obzirnost (*of* do); *med* odpornost (proti strupu ipd.); (redko) prenašanje (vročine itd.); dopusten, zakonit odstop od predpisane teže, mere; **in** ~ **of** dopuščajoč, dovoljujoč; ~ **test** *med* tolerančni test; **to gain** ~ biti toleriran
tolerant [tólərənt] *a* (~ **ly** *adv*) strpen, strpljiv; obziren, toleranten; *med* odporen (*of* proti); **to be** ~ **of a drug** (moči) prenesti drogo
tolerate [tóləreit] *vt* prenašati, trpeti, dovoljevati, dopuščati, tolerirati; prenesti (hrano); navaditi se na; pomiriti se, sprijazniti se s čim; *med* prenesti (strup itd.); *obs* prenesti (bolečino)
toleration [tɔləréišən] *n* obzirnost, strpnost, potrpljenje; toleranca; **to show** ~ **for (to) s.t.h.** biti strpen (prizanesljiv, popustljiv, toleranten) do česa
tolerationist [tɔləréišənist] *n* privrženec tolerantnosti
tolerator [tóləreitə] *n* kdor ima potrpljenje (s kom), razumevanje (za koga)
toll I [tóul] **1.** *n* svečano zvonjenje (zlasti umrlemu); bítje zvona, ure; **2.** *vt & vi* počasi, enakomerno zvoniti; zvoniti mrliču; bíti (o uri, o zvonu) oznanjati (smrt), klicati, vabiti; ~ **the death of the king** z zvonenjem oznaniti kraljevo smrt; **the church clock** ~ **ed midnight** cerkvena ura je (od)bila polnoč
toll II [tóul] **1.** *n* mitnina, carina, pristojbina, taksa; cestnina, mostnina, sejmarina, mletvina; (pre)voznina; *hist* dajatev, davek; *fig* davek, dolg, žrtev; **the** ~ **of the road, the road** ~ *fig* cestni davek; žrtve, število mrtvih v prometnih nesrečah; **the disease took a heavy** ~ bolezen

pobrala mnogo ljudi; **the hurricane took** ~ **of 100 lives** orkan je uničil 100 življenj; **to pay one's** ~ **of** plačati svoj davek za; **to take** ~ pobirati mitnino (carino, pristojbino); **to take** ~ **of** pridržati, zadržati, odtegniti (kaj); **to take** ~ **of s.o.** *fig* zdelati, zmučiti koga; **thoughts pay no** ~ *fig* misli so oproščene carine; **2.** *vi* plačati ali pobirati javne dajatve (mitnino, carino, mostnino itd.)
tollable [tóuləbl] *a* (redko) ki plača carino, pristojbino; podvržen carini, pristojbini
tollage [tóulidž] *n* carina, mitnina; pobiranje carine, mitnine itd.
toll-bar [tóulba:] *n* (mostninska, mitninska, carinska) prečnica, zapornica
tollbooth [tóulbu:ð] *n obs* mitnica; *Sc* mestna ječa, zapor
toller I [tóulə] *n* mitničar, carinik
toller II [tóulə] *n* zvonar; zvon (za svečano zvonjenje)
toll bridge [tóulbridž] *n* most z mostnino
toll call [tóulkɔ:l] *n* medmestni telefonski poziv
tollfree [tóulfri:] *a* oproščen (prost) mitnine, carine itd.
tollgate [tóulgeit] *n* glej **toll-bar**
tollgatherer [tóulgæðərə] *n* pobiralec mitnine, carine, dajatev
toll house [tóulhaus] *n* mitnica, carinarnica
toll line [tóullain] *n A* medmestna telefonska linija
tolling bell [tóuliŋbel] *n* mrtvaški zvon
tollkeeper [tóulki:pə] *n* mitničar, carinik
tollman, *pl* **-men** [tóulmən] *n* mitničar, carinik
toll road [tóulroud] *n* cesta s cestnino
toll through [tóulθru:] *n* tranzitna pristojbina
tolu [təlú:] *n* tolu (južnoameriški balzam)
Tom, tom [tɔm] **1.** (skrajšano za **Thomas**) Tomaž; **T** ~, **Dick and Harry** katerekoli osebe, navadni ljudje; **T**~ **Thumb** kot palček velik fantek; **T**~ **and Jerry** *fig* (vroč, močan) jajčni grog; **2. t**~ samec (pri živalih); ~ **cat** maček; ~ **turkey** puran
tomahawk [tóməhɔ:k] **1.** *n* indijanska bojna sekira; tomahavk; **to bury the** ~ *fig* zakopati bojno sekiro, skleniti mir; **to dig up the** ~ izkopati bojno sekiro, začeti vojno; **2.** *vt* udariti (pobiti, ubiti) z bojno sekiro; *fig* ostro, brez prizanašanja kritizirati, *fig* raztrgati (koga)
tomato, *pl* **-toes** [təmá:tou] *n bot* paradižnik
tomb [tu:m] **1.** *n* grob, grobišče; grobnica, mavzolej; *fig* **the** ~ grob, smrt; **the T**~**s** *A* mestna ječa v New Yorku; ~ **house** mavzolej; **2.** *vt* pokopati; (kot) v grobnico dati
tombac(k), tombak [tómbæk] *n tech* tombak, rdeča méd, medenina
tombless [tú:mlis] *a* brez groba, brez grobnice; nepokopan
tomblike [tú:mlaik] *a* podoben grobu, kot grob
tombola [tómbələ] *n* tombola, vrsta (javne) loterije
tombolo [tómbəlou] *n geol* sipina, prodina, ozka zemeljska vez otoka s kopnim
tomboy [tómbɔi] *n* razposajenka, porednica, frklja
tomboyish [tómbɔiiš] *a* razposajen, divji
tomboyishness [tómbɔiišnis] *n* razposajenost, divjost
tombstone [tú:mstoun] *n* nagrobni kamen (spomenik, plošča); nagrobnik

tomcat [tómkæt] *n zool* maček

tomcod tómkəd] *n zool* vrsta vahnje (riba); bela polenovka

Tom Collins [təm kólinz] *n A* z ledom ohlajena oslajena pijača iz gina, citrone in sodavice

tome [tóum] *n* zvezek (knjige); knjiga; snopič; debela knjiga; *hist* papeževo pismo, bula

tomfool [tómfú:l] **1.** *n* bedak, norec; šaljivec, burkež; (ptič) deževnik; **2.** *a* bedast, nor, aboten; smešen; **3.** *vi* počenjati norčije, budalosti; *vt coll* za norca (koga) imeti; **Tom Fool** (redko) norec (poosebljena neumnost)

tomfoolery [təmfú:ləri] *n* norčija, neumnost; nesmisel, abotnost

tomfoolish [təmfú:liš] *a* norčav, burkast, neumen, bedast, aboten

tommy [tómi] **1.** *n sl* navaden britanski vojak, prostak; *tech* ključ za odvijanje vijakov, francoz; *coll* maček; *mil sl* hrana, hlebec, kruh; naturalije, živila (namesto plače v denarju); ~ **bag** krušnjak; **soft** ~ *naut* mehak, svež kruh; ~ **rot** *sl* nesmisel, neumnost, prazne marnje; ~ **gun** avtomatska pištola, brzostrelka; ~ **shop**, ~ **store** prodajalna, v kateri delavec dobiva blago namesto plače v denarju; kantina (za nakup živil); ~ **system** *hist* plačevanje v naturalijah

Tommy [tómi] *n* Tom, Tomo; *fig* (glej **tommy gun**) brzostrelka, avtomatska pištola; ~ **Atkins** *coll* vojak prostak britanske vojske, tomi

tomorrow, to-morrow [təmórou] **1.** *adv* jutri; ~ **morning** jutri zjutraj (dopoldne); ~ **night** jutri zvečer; ~ **week** jutri teden; **the day after** ~ pojutrišnjem; **2.** *n* jutrišnji dan; ~'**s paper** jutrišnji časopis; ~ **never comes** tega ne bomo nikoli doživeli; o svetem Nikóli

Tom Thumb [tómθʌm] *n* palček, škrat; pritlikavec

tomtit [tómtit] *n zool* sinica

tom-tom [tómtəm] **1.** *n mus* indijski boben; kitajski gong; tamtam; enoličen šum (ropot); **2.** *vt & vi* udarjati na boben, bobnati

tom-trot [tómtrət] *n E* karamela, bonbon

ton I [tʌn] *n naut* tona; tovorna prostornina ladje v tonah, nosilnost, tonaža; prostornina, ki jo izpodriva ladja; tona tovora (kot mera); tona, prostorninska mera za stvari raznih velikosti (npr. za les itd.); tona, mera za težo; *coll* velika teža; **long** ~ *E* 1016 kg; **short** ~ *A* 907 kg; **metric** ~ metrska tona (1000 kg); **register** ~ registrska tona (2,83 m³); **gross register** ~ bruto registrska tona; **freight (measurement)** ~ tovorna tona; **he has** ~ **s of money** on ima denarja kot smeti; **to ask s.o.** ~ **s of times** neštetokrat koga vprašati; **to weigh (half) a** ~ tehtati celo tono (pol tone), *fig* biti zelo težak

ton II [tó:ŋ] *n* (*Fr*) vladajoča moda; svet mode; eleganca; **in the** ~ po modi, v modi; eleganten; moderen

tonal [tóunəl] *a* (~ **ly** *adv*) *mus* tonalen, tonski; ki se tiče zvoka (glasu), glasoven, zvočen

tonality [tounǽliti] *n mus* razmerje med toni; tonalnost; zvočnost; narava in vrsta zvoka; tonaliteta; tonovska lestvica; sistem barvnih tonov, barvni ton, barva

tone I [tóun] *n* ton, zvok, glas; višina glasu; barva, niansa glasu; modulacija; *ling* naglas, intona-

cija; *med* tonus, normalna notranja napetost živega mišičnega tkiva ali organov (npr. želodca); razpoloženje, nagnjenje, značaj, karakter; elastičnost; kolorit; niansiranje, šatiranje; *phot* ton barve razvite fotografije; *lit* ton, stil; ~ **syllable** naglašen zlog; **in an angry** ~ z jeznim glasom; **in an imploring** ~ s prosečim glasom; **to set the** ~ **of** dajati ton za

tone II [tóun] *vt mus* dati ton; uglasiti (instrument); (redko) intonirati; (slika) dati prelive barv, niansirati, dati obarvanost; *phot* dati določen ton, nianso barve; *fig* preoblikovati, spremeniti; *vi* ublažiti se, modificirati se; harmonirati, ujemati se

tone down *vt & vi fig* popustiti, omehčati (se), oslabiti, oslabeti; ublažiti (se) (o tonu, barvi, zvoku); **to** ~ **s.o.'s anger** ohladiti komu jezo

tone in with *vi* zlivati se, stopiti se, skladati se, biti v skladu, biti usklajen (uravnan), harmonirati (z)

tone up *vt & vi* pojačiti (se) (o barvi, tonu); izboljšati (se) (zdravje itd.)

tone-deaf [tóundef] *a* brez muzikalnega posluha

toneless [tóunlis] *a* (~ **ly** *adv*) nezvočen, brez tonalnosti; nenaglašen; brezbarven

toner [tóunə] *n mus* uglaševalec klavirja, orgel

tong [tɔŋ] *vt* držati ali prijeti s kleščami; *vi* uporabiti klešče

tonga [tóŋgə] *n Ind* tonga, lahek voz na dve kolesi

tongs [tɔŋz] *n pl* klešče; prijemalka za žerjavico; **a pair of** ~ klešče; **hammer and** ~ z vso močjo, z vso silo, na vse pretege; **the** ~ **and the bones** (Shakespeare) mačja godba, neskladna glasba; **I would not touch it with a pair of** ~ ne bi se tega dotaknil z nobeno stvarjo, še s kleščami ne; **to go at it hammer and** ~ z vso močjo se lotiti česa

tongue [tʌŋ] **1.** *n* jezik; *fig* človeški govor, jezik, veščina govora; način, spretnost izražanja; *fig* (zemeljski) rt; jezik plamena; jeziček (pri tehtnici); jezik pri čevlju; kembelj (zvona); ustnik (pihala); *tech* tračnica, kretnica; **furred (coated)** ~ *med* obložen jezik; **a fluent** ~, **a sharp** ~ dobro namazan, odrezav jezik; **a long** ~, **a sharp** ~ dolg, oster jezik; ~ **in cheek** *fig* ironično; **much** ~ veliko govorjenja; **slanderous** ~ s zlobni jeziki, obrekovalci; **one's mother** ~ materinski jezik; **smoked** ~ prekajen jezik; **gift of** ~ s dar, talent za jezike; **on the tip of one's** ~ na konici jezika, na jeziku; **he is all** ~ on samo govoriči, njega je samo govorjenje, brbljanje; **his** ~ **is too long for his teeth** on je preveč jezikav, on preveč jezika; **she is on the** ~ **s of all men** vsi jo vlačijo po zobeh; **his** ~ **failed him** jezik mu je odpovedal; **to find one's** ~ spregovoriti; **he found his** ~ jezik se mu je (spet) odvezal; **to give** ~ glasno govoriti, vpiti; **to have a long** ~ imeti dolg jezik, biti čenčav; **to have a fluent (ready)** ~ biti zgovoren; **he has too much** ~ kar ima na srcu, ima na jeziku; **I have the word on the tip of my** ~ besedo imam na jeziku; **to hold one's** ~ molčati; **hold your** ~ ! drži jezik za zobmi! jezik za zobe!; **to give (to lay) one's** ~ **to** izraziti (izjaviti) se gledé; **to keep a civil** ~ **in one's head** ostati vljuden; **I made a slip of the** ~ zareklo se mi je; **to put out one's** ~

jezik pokazati; **to speak with one's ~ in one's check** govoriti ironično (posmehljivo, neiskreno, hinavsko); **to wag one's ~** neprestano brbljati, žlabudrati; **2.** *vt* dotakniti se, polizati z jezikom; *coll* ozmerjati, ošteti; *vi* klepetati, jezik vrteti

tongued [tʌŋd] *a* ki ima jezik; **long-~** klepetav, blebetav

tongue hero [tʌ́ŋhiərou] *n* bahač

tongue-lash [tʌ́ŋlæš] *vt coll* ozmerjati, ošteti

tongueless [tʌ́ŋlis] *a* brez jezika; *fig* nem, molčeč

tonguelet [tʌ́ŋlit] *n* jeziček

tonguester [tʌ́ŋstə] *n* blebetač, kvasač

tongue-tied [tʌ́ŋtaid] *a* jecljav, nem (od strahu itd.); *fig* molčeč

tongue twister [tʌ́ŋtwistə] *n* težko izgovorljiva beseda (stavek)

tonic [tónik] **1.** *a* (**~ally** *adv*) *med* krepilen; *mus* toničen; naglašen; **~ accent** muzikalni akcent (naglas); **2.** *n med* krepčilo, tonikum; *mus* osnovni ton tonovske lestvice, tonika; *ling* zveneč glas

tonight, to-night [tənáit] **1.** *adv* drevi, nocoj, danes zvečer; **2.** *n* ta (današnja) noč, današnji večer; **~'s** nocojšnji; drevišnji

tonnage [tʌ́nidž] *n naut* tonaža; nosilnost; tovor; celotna tonaža; *pl* trgovske ladje; *naut* brodnina, voznina, tonažna pristojbina; *E hist* uvozna in izvozna carina na sod vina in na funt blaga; **the bill (certificate) of ~** tonažni list (ladje); **~ offering** ponudba ladijskega prostora

tonsil [tɔnsl] *n anat* mandelj, tonzila

tonsillar [tónsilə] *a* tonzilaren, mandeljnov

tonsillitis [tɔnsiláitis] *n med* vnetje mandeljnov, tonzilitis; **diphtherial ~** davica, difteritis

tonsorial [tɔnsó:riəl] *a* (**~ly** *adv*) *hum* brivski, frizerski; **~ artist** *hum* brivec, frizer

tonsure [tónšə] **1.** *n* striženje las; tonzuriranje; *rel* tonzura; *fig* posvetitev za duhovnika; **2.** *vt rel* ostriči, tonzurirati, obriti tonzuro na glavi; **~d** tonzuriran; ostrižen; plešast; duhovniški

tontine [tɔntí:n] *n* tontina, vrsta samopomoči

tonus [tóunəs] *n* elasticiteta; *med* tonus, napetost tkiva; *med* mrtvični krč

tony [tóuni] *a coll* eleganten, móden, šik; *A sl* našemljen

too [tu:] *adv* preveč, odveč, pre-; *coll* zelo, skrajno; tudi, prav tako, poleg tega; **~ difficult** pretežaven; **~ hot** prevroč; **~ much** preveč; **he, too, is away** tudi on je odsoten; **quite ~** skrajno; **none ~ pleasant** še malo ne (nikakor ne) zabaven; **~ good to be true** prelepo, da bi bilo resnično; **~ much (of a good thing)** preveč (dobrega); **I am only ~ glad** meni je le zelo drágo; **it's not ~ easy** to ni tako lahkó; **this goes ~ far** to gre predalec; **I mean to do it, ~** to nameravam tudi napraviti

toodle-oo [tú:dlú:] *interj* na svidenje!

took [tuk] *pt* od **to take**

tool I [tu:l] *n* orodje, priprava; *tech* strojno orodje; *pl* rokodelsko orodje; *tech* stružnica, veliko dleto; čopič (za lakiranje); *pl mil* vojna oprema; *naut* jedilni pribor; *fig* sredstvo, orodje; **a poor ~** in nespreten, neuporaben pri; **burglar's ~s** vlomilsko orodje; **he is a mere ~ in their hands** on je le orodje (sredstvo, lutka) v njihovih rokah;

to make a ~ of s.o. poslužiti se koga (za dosego svojih ciljev)

tool II [tu:l] *vt* obdelovati (kaj) z orodjem; (ob)tesati, (o)klesati, rezati; vtisniti okrasek v usnjeno vezavo knjige; *E sl* voziti (koga) z vozom, s kočijo; poganjati, tirati (konje); *vi* delati z orodjem; *sl* voziti se, kočijažiti

toolbag [tú:lbæg] *n* torba za orodje

toolbox [tú:lbɔks] *n* zaboj, škatla za orodje

toolchest [tú:lčest] *n* zaboj, omara za orodje

tooler [tú:lə] *n* široko dleto

tooling [tú:liŋ] *n* obdelava, obdelovanje (raznih okraskov v kamnu itd.); vtisnjenje, vtisnjeni tisk (v knjižne platnice)

tool kit [tú:lkit] *n* torba za orodje; ročno orodje, pribor, oprema, potrebščine

toolmaker [tú:lmeikə] *n* orodjar

toolsmith [tú:lsmiθ] *n* = **toolmaker**

tool subject [tú:lsʌbdžikt] *n ped A* koristen ali potreben stranski predmet (stroka)

toot [tu:t] **1.** *n* trobljenje, hupanje; **2.** *vt & vi* trobiti (v rog); zatrobiti, zahupati, hupati; **to ~ one's own horn** *fig* sam sebe hvaliti, sam sebi hvalo peti

tooter [tú:tə] *n* rog; (avto) hupa, troblja; trobilec

tooth I, *pl* **teeth** [tu:θ, ti:θ] *n* zob; *tech* zob (žage, glavnika itd.); zob kolesa; konica; kavelj; parožek; *fig* nagnjenje, posebna ljubezen (do); **~ and nail** *fig* z vso močjo; neizprosno; **by the skin of one's teeth** *fig* za las, komaj še (uiti); **in the teeth of** kljub, navzlic; proti; **the ~ of time** zob časa; **armed to the teeth** oborožen do zob; **long in the ~** star; **a good set of teeth** dobro zobovje; **from the teeth outward** *fig* površno; **artificial ~, false ~** umeten zob; **corner (dog, eye, laniary) ~** podočnik; **decayed ~** gnil zob; **incisor (incision, cutting) ~** sekalec (zob); **loose ~** majav zob; **milk (shedding) ~** mlečnik; **molar (grinding) ~** kočnik; **to clean one's teeth** (o)čistiti si zobe; **to clench one's teeth** stisniti zobe; **to cast s.th. in s.o.'s teeth** komu kaj v zobe (v obraz) vreči; očitati; **to cut one's (first) teeth** dobi(va)ti (prve) zobe; **to cut one's eye-teeth** *fig* začeti spoznavati življenje; **to draw s.o.'s teeth** *fig* pristriči komu krila, napraviti koga neškodljivega; **to escape by the skin of one's teeth** za las uiti; **to fight (to struggle) ~ and nail** boriti se z vsemi močmi (zagrizeno, nepopustljivo); **to get one's teeth into s.th.** zagristi se v kaj; trmasto (nepopustljivo) se česa lotiti; **to grind one's teeth** škripati z zobmi; **to have a great ~ for fruit** zelo rad imeti sadje; **to have a sweet ~** biti sladkosneden, rad imeti sladkarije; **to lie in one's teeth** v obraz lagati; nesramno, predrzno lagati; **to sail in the teeth of the wind** pluti proti vetru; jadrati proti vetru; **to set one's teeth** stisniti zobe; **this set my teeth on edge** zaskominalo me je ob tem; to me je razburilo (ozlovoljilo); **to show one's teeth** pokazati zobe; **to take the bit between one's teeth** *fig* postati trmoglav; upreti se; osamosvojiti se

tooth II [tu:θ] *vt* nazobčati, ozobiti (*a saw* žago); opremiti z zobmi; gristi, žvečiti; **~ed wheel** zobato kolo; *vi tech* prije(ma)ti z zobci (o zobatih kolesih)

toothache [tú:θeik] *n* zobobol; **a bad** ~ hud zobobol

toothbrush [tú:θbrʌš] *n* zobna ščetka

toothcomb [tú:θkoum] **1.** *n* gost glavnik; **2.** *vt* česati z gostim glavnikom

tooth decay [tú:θdikei] *n med* zobna gniloba

toothdrawing [tú:θdrɔ:iŋ] *n med* izdrtje zoba

toothful [tú:θful] *n* grižljaj, košček; požirek, kozarček, šilce (močne pijače)

toothing [tú:θiŋ] *n* zobovje (kolesa), nazobčanost; zobčasti okraski

toothless [tú:θlis] *a* brez zob, brezzob

toothlet [tú:θlit] *n* zobček

tooth paste [tú:θpeist] *n* zobna pasta

toothpick [tú:θpik] **1.** *n* zobotrebec; *pl* drobci; **2.** *a A sl* šilast, oster kot zobotrebec

tooth socket [tú:θsɔkit] *n* zobna jamica, alveola

toothsome [tú:θsəm] *a* (~ **ly** *adv*) okusen, slasten

toothsomeness [tú:θsəmnis] *n* okusnost, slastnost

toothwheel [tú:θwi:l] *n tech* zobato kolo, zobnik

tootle [tu:tl] **1.** *n* piskanje na dude, dudlanje; trobljenje; *sl* čvek, čenčanje; **2.** *vi* piskati na dude, dudlati; trobiti; igrati na flavto; *sl* pisati nesmisle (čvek)

too-too [tú:tú:] *coll* **1.** *a* prenapet, pretiran; **a** ~ **radical** ekstremen radikal; **2.** *adv* skrajno; kar preveč; **you are** ~ **kind** kar preveč ste ljubeznivi

toots [tu:ts] *n sl* ljubček, ljubica

tootsy [tú:tsi] *n* (v otroškem govoru) nožica, noga

top I [tɔp] **1.** *n* vrh, vrhunec (gore); najvišja točka (česa); krona, vrh (drevesa); teme, glava; zgornji konec; začetek; pena (pri pivu); pokrov; *naut* krov, paluba; šop, pramen (las, volne); površje; izbor, izbira, *fig* smetana; najvišja stopnja, prvo mesto, najvišji rang; cilj; *fig* višek, vrhunec; višina (glasu); nebo (pri postelji); *pl sl* visoke osebnosti, visoke »živine«; **at the** ~ **na vrhu**; **from** ~ **to toe** od glave do pet; **on (the)** ~ nad, vrh, vrh tega; **the** ~ **of the school** najbolši učenec šole; **the** ~ **of all creation** krona ustvaritve; ~ **of the milk** *fig* najbolša točka programa; **at the** ~ **of one's voice** na ves glas; **at** ~ **of one's speed, on** ~ z največjo hitrostjo; **off one's** ~ *sl* prismojen; **to the** ~ **of one's bent** kolikor je le mogoče, do skrajnosti; v popolno zadovoljstvo; **from** ~ **to bottom** od zgoraj navzdol; **the** ~ **of the water** površje vode; **the** ~ **o' the morning to you!** (*irsko*) lepo jutro vam (želim)!; **to be (to become)** ~ biti (postati) prvak; biti na čelu; **to be on** ~ biti močnejši, biti na površju; **to be at the** ~ **of the tree** *fig* biti na najvišjem položaju, pri krmilu; **he is** ~**s of his class** on je prvi v razredu; **he is** ~**s** on je sijajen dečko; **to blow one's** ~ *sl* razjeziti se, razburiti se; **to come out on** ~ iziti kot zmagovalec ali kot najbolši (npr. pri izpitu itd.); **to come to the** ~ priti na površje (na čelo); uspeti, imeti uspeh; **to go over the** ~ *mil* jurišati iz rova; *fig sl* tvegati skok, poročiti se; **the car ran at the** ~ **of its speed** avto je drvel z največjo hitrostjo; **to shout at the** ~ **of one's voice** na ves glas (na vse grlo) zakričati, zavpiti; **to take the** ~ **of the table** zavzeti mesto na gornjem koncu mize; *fig* predsedovati; **to take the** ~ **off** odpiti peno (piva); **2.** *a* najvišji, zgornji; glavni, prvi;

coll prvorazreden, izvrsten; ~ **boy** najbolši učenec; ~ **dog** *fig* prvak, zmagovalec; ~ **line** naslovna vrsta; ~ **prices** najvišje cene; ~ **speed** največja hitrost; **to be in** ~ **form (shape)** biti v najbolši formi

top II [tɔp] **1.** *vt* opremiti s konico, z vrhom; pokriti, (o)kronati; *agr* odrezati vršičke; doseči vrh; zadeti, pogoditi, udariti (vrh, teme); biti višji, zavze(ma)ti prvo mesto, prekositi, nadkriliti; *com* preseči, priti čez (ceno); *sl* obglaviti, obesiti; **to** ~ **a hill** priti na vrh griča; **he** ~**s me by 3 inches** 3 cole je višji od mene; **to be** ~**ped** biti premagan; **that** ~**s all I ever saw** to prekaša vse, kar sem (le) kdaj videl; **he** ~**s 5 feet** nekaj čez 5 čevljev je visok; **the dog** ~ **ped the fence** pes je preskočil plot; **to** ~ **one's part** *theat* odlično igrati svojo vlogo; **to** ~ **the class** biti najbolši v razredu; **2.** *vi* dvigati se, vzpenjati se nad; izkazati se, odlikovati se; vladati nad, prevladovati

top off *vt coll* dovršiti, dokončati; zaključiti; **to** ~ **the dinner with coffee** zaključiti večerjo s kavo;

top up *vt* skladati (sadje itd.), zložiti (najbolše sadeže na vrhu); *tech* napolniti (baterijo, tank itd.)

top III [tɔp] *n* vrtavka, volk (igrača); **old** ~ *sl* stara bajta, starina; **to sleep like a** ~ spati kot ubit (kot polh)

topaz [tóupæz] *n min* topaz

topazine [tóupəzin, -zain] *a* topazne barve

top boot [tɔ́pbú:t] *n* visok podvihan škorenj

topcoat [tɔ́pkóut] *n* površnik

top dog [tɔ́pdɔ́g] *n coll* (socialno) močnejši, višji; zmagovalec

top drawer [tɔ́pdrɔ́:ə] *n* gornji predal; *fig* gornjih deset tisoč

top-drawer [tɔ́pdrɔ́:ə] *a coll* prvovrsten, odličen; iz najbolše družine

top-dress [tɔ́pdrés] *vt agr* površinsko (po)gnojiti; nasuti cesto

top-dressing [tɔ́pdrésiŋ] *n agr* površinsko gnojenje; nasutje ceste

tope I [tóup] *vt & vi* piti; popivati, pijančevati

tope II [tóup] *n zool* vrsta morskega psa

tope III [tóup] *n E Ind* gaj; nasad

topee [tóupi:, topí:] *n E* tropska čelada

topek [tóupek] *n* eskimski šotor

toper [tóupə] *n* pijanec

topflight [tɔ́pflait] *a* vrhunski; prvorazreden, »prima«

topgallant [tɔpgǽlənt] **1.** *n naut* podaljšek jambora; *fig* vrh, najvišja točka; **2.** *a* odličen; grandiozen

top hair [tɔ́phɛə] *n* dolga dlaka živalskega krzna

top hat [tɔ́phǽt] *n* cilinder (pokrivalo)

top-heavy [tɔ́phévi] *a* težji na vrhu (zgoraj) kot spodaj; nestabilen; (finančno) preobremenjen (ljudstvo)

top-hole [tɔ́phoul] *a E sl* prvorazreden, prvovrsten, tiptop, »prima«

topi [tóupi] *n* **1.** *E* tropska čelada; **2.** *zool* topi antilopa

topiary [tóupiəri] **1.** *a bot* obrezan ali okleščen v fantastičnih oblikah; **2.** *n* umetnost obrezovanja dreves; vrt umetniško obrezanih dreves topic [tópik] *n* téma, snov, predmet (diskusije), topika; *obs* maksima, pravilo

topical [tópikl] 1. *a* (~ly *adv*) aktualen, topičen; *med* lokalen; ~ talk razgovor aktualnega interesa; 2. *n* aktualen film

topicality [təpikǽliti] *n* aktualnost; aktualen, lokalen pomen

top kick [tópkik] *n mil A sl* glavni narednik

topknot [tópnət] *n* v vozel povezani lasje; vrh glave; pentlja za lase; *zool* čop

topless [tóplis] *a* brez vrha; brezglav; zelo visok; brez gornjega dela (kopalne obleke ipd.)

top-level [tóplevl] *a* vrhunski

top light [tóplait] *n naut* luč na jamboru

top liner [tóplainə] *n coll* prominenten zvezdnik

toploftiness [tópləftinis] *n* domišljavost, nadutost, ošabnost, arogantnost

toplofty [tópləfti] *a* domišljav, nadut, ošaben, aroganten

topman, *pl* -men [tópmən] *n* delavec na dnevnem kopu; *naut* mornar stražar na jamboru; *sp* prvak, mojstrski igralec

topmast [tópma:st, -mæst, -məst] *n naut* podaljšek jambora

topmost [tópmoust] *a* najvišji, najgornji; odličen

top notch [tópnəč] *n* najvišja dosegljiva točka, najvišji dosegljivi vrh

top-notch [tópnəč] *a coll* prvorazreden, neprekosljiv, »prima«

topographer [təpógrəfə] *n* topograf

topographic(al) [təpəgrǽfik(l)] *a* (~ally *adv*) topografski

topography [təpógrəfi] *n* topografija

topology [təpóládži] *n bot* topologija; *med* topografska anatomija

toponym [tópənim] *n* krajevno ime, toponim

toponymics [təpənímiks] *n pl* (*sg constr*) poznavanje krajevnih imen

toponymy [təpónimi] *n* toponimija

top output [tópautput] *n econ* največja, rekorana proizvodnja

topper [tópə] *n* obrezovalec, odrezovalec; *coll* izredna, kolosalna stvar; silen, močan človek; *sl* cilinder (pokrivalo); damski paletó

topping [tópiŋ] 1. *a* (~ly *adv*) kviško, v višino se dvigajoč; *coll* prvovrsten, kolosalen, silen; tiptop, eleganten, fin; *A* ošaben, aroganten; 2. *n* najvišji del, vrh, konica; čop (las), koder na čelu; *chem tech* lahka destilacija

topple [topl] *vt & vi* prevrniti (se), prekopicniti (se); vreči na tla; preteče viseti (*on, over* nad); *dial* prevračati kozolce; to ~ s.th. down prevrniti kaj, vreči kaj na tla

top price [tópprais] *n econ* najvišja cena (tečaj)

topsail [tópseil] *n naut* vrhnje jadro

topsawyer [tópsə:jə] *n tech* zgornji žagar; *fig* glavna oseba, oseba na visokem položaju, »visoka živina«

top-secret [tópsí:krit] *a mil* strogo tajen

topside [tópsaid] *adv coll* na palubi (krovu); *fig* na vodilnem mestu

topsoil [tópsəil] *n* vrhnja plast zemlje

topsyturvy [tópsitó:vi] 1. *a & adv* narobe, na glavo postavljen(o); ki je v skrajnem neredu; zmešan; to turn everything ~ postaviti vse na glavo; to fall ~ pasti na glavo; 2. *n* zmešnjava, popoln

nered, kaos; 3. *vt* postaviti na glavo, spraviti v nered

topsyturvydom [tópsitó:vidəm] *n hum* zmešnjava, popoln nered, narobe svet, kaos

top table [tópteibl] *n* častno mesto

top wool [tópwul] *n com* česana volna

toque [tóuk] *n* žensko pokrivalo (brez krajevcev); *hist* baret

tor [to:] *n* visok, skalnat hrib; strma pečina

torch I [to:č] *n* (smolnata) bakla, plamenica; *fig* luč, plamen, svetloba; *chem tech* gorilnik; ~ of Hymen ljubezenska strast; ~ lamp *tech* spajkalka, spajkalnik; ~ race tek (štafeta) z baklo v stari Grčiji; ~ singer *A* pevec, pevka sentimentalnih popevk; ~ song *A* sentimentalna ljubezenska pesem; ~ welding plinsko varjenje; electric ~ električna žepna svetilka; to hand on the ~ *fig* naprej, drugim poda(ja)ti znanje itd.

torch II [to:č] *vi* vzplamteti, plapolati, baklati; dimiti se, kaditi se (kot bakla); *vt* pri-, za-, v-žgati; *A* ribariti z baklami

torchbearer [tó:čbeərə] *n* baklonosec (tudi *fig*)

torchlight [tó:člait] *n* svetloba, luč od bakle; ~ procession baklada; by ~ pri luči bakle, ob bakli

torchon [tó:šən] *n* (*Fr*) (= ~ lace) klekljane čipke

torchwort [tó:čwə:t] *n bot* lučnik

tore [to:] *pt* od to tear

toreador [tóriədə:] *n* toreador, bikoborec (na konju)

torero [təréərou] *n* bikoborec (pešak)

toreutic [tərú:tik] 1. *a* tolkljan, izbočeno skovan; cizeliran; 2. ~s *n pl* (*sg constr*) cizeliranje; torevtika

torment I [tó:mənt] *n* muka, mučenje; (huda) bolečina, bol; trpljenje, stiska; nadloga; *hist* natezalnica, mučenje; to be in ~ prestajati muke; to suffer ~s trpeti, prenašati muke; this child is a positive ~ *coll* ta otrok je prava nadloga (pokora)

torment II [to:mént] *vt* mučiti; biti nadležen, nadlegovati (koga); vznemirjati; (redko) mučiti, maltretirati; he is ~ed with suspense muči ga negotovost

tormentor [to:méntə] *n* mučitelj; nadležnež; *agr* rahljalnik; *naut* dolge vilice za jemanje mesa iz juhe; *theat* sprednja kulisa; *film* stena, ki vpija zvok

tormentress [to:méntris] *n* mučiteljica; nadležnica

torn [to:n] 1. *pp* od to tear; 2. *a* raztrgan

tornadic [to:nǽdik] *a* tornadski, orkanski

tornado, *pl* -does [to:néidou] *n* tornado, silovit vrtinčast vihar, orkan, ciklon; *fig* izbruh (jeze), orkan (smeha, veselja)

torpedo, *pl* -does [to:pí:dou] 1. *n naut mil* torpedo; morska mina; *mil* razstrelilna mina; z netivom napolnjena kroglica iz papirja; *rly* alarmna patrona, žabica; *zool* električni skat; aerial ~ zračni torpedo; 2. *vt* torpedirati; minirati, zaminirati; *fig* uničiti; prekrižati, preprečiti (načrte, računa itd.), napraviti neškodljivo

torpedo boat [tə:pídou bóut] *n naut* torpedni čoln; ~ catcher lovec na torpedne čolne

torpedoplane [tə:pídouplein] *n aer mil* toŕpedno letalo

torpid [tɔ́:pid] **1.** *a* (~ **ly** *adv*) otrpel, otopel, odrevenel; brezčuten, apatičen; okoren, neumen hromeč; *zool* ki spi zimsko spanje; **2.** *n* **T~s** *pl* veslaške tekme (regate) med kolidži v Oxfordu; čoln ali veslač v tem tekmovanju

torpidity, torpidness [tə:píditi, tɔ́:pidnis] *n* otrplost, otopelost, odrevenelost; okornost; apatija

torpify [tɔ́:pifai] *vt* odreveniti, omamiti, ohromiti; napraviti brezčutnega, apatičnega

torpor [tɔ́:pə] *n med zool* odrevenelost, otrplost, topost, otopelost, letargija

torporific [tə:pərífik] *a* omamen; hromeč

torque [tə:k] *n hist* obroč (okoli vratu) iz brona, zlata ali železa; *phys tech* vrtilni moment; ~ **reaction** protivrtilni moment; ~ **rod** *tech* kardanska gred

torrefaction [tərifǽkšən] *n* praženje; sušenje

torrefy [tɔ́rifai] *vt* sušiti; pražiti

torrent [tɔ́rənt] *n* hudournik, gorski potok; deroč tok (vode, lave); *pl* močna ploha, naliv; *fig* tok, poplava; izliv (besed, vprašanj); izbruh (bolečine); **a** ~ **of abuses** ploha žalivk, psovk; **it rains in** ~**s** (dež) lije kot iz škafa (kot da bi se oblak utrgal)

torrential [tərénšəl] *a* (~ **ly** *adv*) hudourniški, deroč; podoben nalivu, utrganju oblakov; *fig* divji, nebrzdan; gostobeseden; silen; ~ **rain** utrganje oblaka, hud naliv

torrid [tɔ́rid] *a* osušen, suh, izpražen, požgan; pekoč, žgoč, vroč; tropski; *fig* goreč, strasten, ognjevit, vroč (čustvo, strast); **T~ Zone** vroči, tropski pas; ~ **heat** žgoča, tropska vročina

torridity, torridness [tərídity, tɔ́ridnis] *n* žgoča, tropska vročina, pripeka; suša

torse [tə:s] *n* torzo

torsel [tə:sl] *n archit* podloga, podložek (za stebre itd.); zavit ornament (polž itd.)

torsion [tɔ́:šən] *n* sukanje, zavijanje, vrtenje; vzvoj, torzija; *med* zasuk prerezane žile, da se ustavi krvavitev; ~ **balance** *phys* instrument (tehtnica) za merjenje najmanjših sil

torsional [tɔ́:šənəl] *a* (~ **ly** *adv*) ki se tiče zavijanja, sukanja; torzionalen

torso [tɔ́:sou] *n* torzo, trup brez udov; kip trupa brez udov; *fig* nedokončano delo, torzo

tort [tə:t] *n jur* krivica; nedovoljeno, kaznivo dejanje, delikt, pregrešek; škoda; ~ **-feasor** *jur* prestopnik, kršitelj

torticollis [tə:tikɔ́lis] *n med* trd vrat

tortile [tɔ́:til, -tail] *a* spiralasto zavit

tortilla [tə:tílja] *n* (*Sp*) tanek okrogel nekvašen koruzni kruh

tortious [tɔ́:šəs] *a* (~ **ly** *adv*) *jur* kazniv; ~ **act** kaznivo dejanje, delikt, prestopek

tortoise [tɔ́:təs] **1.** *n zool* želva; *fig* mečkač, obotavljavec; **alligator** ~ aligatorska želva; **as slow as a** ~ počasen kot želva (polž); **a case of hare and** ~ primer, v katerem je vztrajnost več vredna kot sposobnost (znanje); počasi, a zanesljivo; **2.** *a* želvast; ~ **shell** želvin oklep; želvovina; ~ **-shell** iz želvovine (narejen)

tortuosity [tə:tjuɔ́šiti] *n* krivost, zavitost, skrivljenost, vijugavost; *fig* nečednost, umazanost, nekorektnost

tortuous [tɔ́:tjuəs] *a* (~ **ly** *adv*) vijugast (reka), zavit, zakrivljen; *math* spiralen; *fig* nečeden, umazan, nepošten, neodkrit; ~ **policy** nepoštena, neiskrena, neodkrita politika (postopek, ravnanje)

torture [tɔ́:čə] **1.** *n* mučenje, muka, tortura; *fig* bol(ečina), trpljenje, bridkost; *fig* izkrivljenje, pačenje (besedila itd.); **instrument of** ~ mučilno orodje, mučilo; **to put to the** ~ mučiti, trpinčiti; *fig* skriviti, zmaličiti, (po)pačiti (besede itd.); (pri)siliti, primorati (*into* k)

torturer [tɔ́:čərə] *n* mučitelj; *obs* rabelj

torturing [tɔ́:čəriŋ] *a* (~ **ly** *adv*) mučilen, ki muči

Tory [tɔ́:ri] **1.** *n E* torijevec, konservativec; (često **t~**) strog konservativec; *hist* torijevec, privrženec Jakoba II v Angliji; *A* privrženec Angležev v ameriški vojni za neodvisnost; **2.** *a* torijevski, konservativen; **the** ~ **government** konservativna vlada

Toryism [tɔ́:riizəm] *n pol* torijevstvo, konservativnost; ultrakonservativnost

Torystic [tə:rístik] *a* torijevski; ultrakonservativen

tosh [tɔš] *n E sl* nesmisel, prazno žlabudranje, čvek(anje)

tosher [tɔ́šə] *n E sl* študent, ki ne pripada nobenemu kolidžu

toss I [tɔs] *n* metanje (v zrak); met, lučaj; premetavanje (sem in tja); stresanje; metanje žreba, žreb(anje); *obs* nemir, razburjenje; padec (zlasti s konja); **full** ~ *sp* točen met; **pitch and** ~ metanje novca v zrak (igra); **to be in a** ~ biti razburjen; **to take a** ~ biti vržen, pasti iz sedla, s konja; **to win the** ~ dobiti pri žrebanju, pri metanju novca v zrak

toss II [tɔs] *vt* premetavati (ladjo na morju itd.); metati sem in tja; vreči s sebe; vreči, metati, zagnati; visoko dvigniti, nazaj vreči (glavo); vreči (kaj) (*to* komu); prevračati, premetavati (seno); metati (kovanec) v zrak (za žrebanje); vznemiriti, razburiti; **to** ~ **a coin** zagnati, metati novec v zrak; **to** ~ **oars** dvigniti vesla v pozdrav; **to** ~ **the pancake** vreči palačinko v zrak pri pečenju; **I'll** ~ **you for it** vrgel bom novec (žrebal bom) (za to); *vi* metati se sem in tja, premetavati se; biti premetavan sem in tja; biti razburkan, vzburkati se, valiti se (o valovih); frfotati (lasje, zastava); **to** ~ **out of the room** planiti iz sobe;

toss away *vt* odvreči, proč vreči, proč zagnati;

toss off *vt* odvreči; hitro, v dušku izpiti; hitro opraviti posel, hitro napraviti, iz rokava stresti; **to** ~ **champagne** na dušek izpiti šampanjec;

toss up *vt* vreči, zagnati v zrak; *vi* metati, vreči novec v zrak, žrebati; hitro pripraviti, skupaj zmetati (kosilo itd.)

tosser [tɔ́sə] *n* metalec; lučalec

tosspot [tɔ́spɔt] *n* pijanec

tossy [tɔ́si] *a* ponosen, ošaben, prevzeten; prezirljiv

tost [tɔst] *obs, poet pt & pp* od **to toss**

toss-up [tɔ́sʌp] *n* metanje novca v zrak; *fig* negotova stvar, slučaju prepuščena stvar; **it was a** ~ bilo je odvisno od slučaja, ni bilo sigurno; **it is a** ~ **whether she comes or not** je še vprašanje, če bo prišla ali ne

tot I [tɔt] *n* majhen otrok, malček; *E coll* kozarček, požirček; majhna količina, malce; **tiny** ~ otrok, ki je komaj shodil

tot II [tɔt] *n coll* (skupna) vsota, seštevek; seštevanje; stolpec številk za seštevanje; **2.** *coll vt* (večinoma ~ **up**) sešteti, zbrati; *vi* **to** ~ **up** skupno znašati, znesti (**to 100 dinars** 100 dinarjev)

total [tóutl] **1.** *a* (~**ly** *adv*) cel, celoten, skupen, ves, popoln, totalen; absoluten; ~ **abstinence** popolna abstinenca; **the** ~ **amount** skupni znesek; ~ **eclipse** *astr* popoln mrk; ~ **failure** popoln neuspeh; **sum** ~ skupna vsota (znesek); ~ **sum** suma, seštevek; ~ **war** totalna vojna; **2.** *n* celota; skupna vsota, suma; **3.** *vt* sešteti, sumirati, najti skupno vsoto ali znesek; (skupaj) znesti; *vi* znašati, znesti, veljati, doseči; **total(l)ing 20 dollars** v skupnem znesku 20 dolarjev

totalitarian [toutælitéəriən] **1.** *a pol* totalitaren; ~ **state** totalitarna država; **2.** *n* privrženec totalitarnih načel in metod

totalitarianism [toutælitéəriənizəm] *n* totalitarizem

totality [toutǽliti] *n* celotnost, celota, celokupnost, popolnost, neokrnjenost; *astr* popoln mrk; *pol* totalnost

totalization [toutəlaizéišən] *n* seštevanje, sumiranje; povzetek, resumiranje

totalizator [tóutəlaizeitə] *n sp* totalizator (na konjskih dirkah)

totalize [tóutəlaiz] *vt* sešteti, sumirati; zaokrožiti na celoto; izpopolniti, dopolniti; *vi* uporabljati totalizator; staviti na totalizatorju

totalizer [tóutəlaizə] *n* totalizator; seštevalni stroj

tote I [tóut] *n E sl* glej **totalizator**

tote II [tóut] **1.** *n A coll* prenašanje, vlačenje, vleka, prevažanje; tovor; **2.** *vt A* nositi, vleči, vlačiti, voziti, prevažati; **to** ~ **a gun** nositi puško s seboj

tote bag [tóutbæg] *n* torba za nakupovanje

tote board [tóutbɔ:d] *n* glej **totalizator**

totem [tóutəm] *n* totem; indijanski plemenski grb; emblem rodu, plemena

totemic [toutémic] *a* (~**ally** *adv*) totemski, ki se tiče totema

totemism [tóutəmizəm] *n* totemizem, kult, češčenje totemov

totemist [tóutəmist] *n* član plemena ali rodu, ki ima (svoj) totem

tother (t'other) [tʌ́ðə] *pron dial* = **the other that other** drugi, -a, -o

toties quoties [tó:tii:zkwóutii:z] (*Lat*) *adv* vsakikrat, vsaki pot; **offer was refused** ~ ponudba je bila vsakikrat odbita

toto caelo [tóutousí:lou] (*Lat*) *adv* popolnoma, čisto, totalno; **to differ** ~ popolnoma se razlikovati; razhajati se

totter [tótə] **1.** *n* opotekanje, omahovanje; obotavljanje; **2.** *vi* omahovati, opotekati se, majati se; (o predmetih) nihati; pozibavati se; *fig* kolebati, omahovati, obotavljati se; **a** ~**ing government** majava vlada

totterer [tótərə] *n* kdor se opoteka (se maje); *fig* omahljivec, obotavljalec

tottering [tótəriŋ] *a* (~**ly** *adv*) opotekajoč se, majáv, razmajan; ~ **steps** opotekajoči se koraki; ~ **contact** *el* razmajan stik

tottery [tótəri] *a* glej **tottering**

toucan [tú:kæn] *n zool* kljunati tukan

touch I [tʌč] *n* dotik, dotikanje, stik, kontakt; zveza, spoj; otip, otipavanje; čutilo tipa, tip; občutnost, tankočutnost; lahen udarec; lahen napad (bolezni ipd.); *mus* udarec; (umetnost) poteza, črta; karakteristična, značilna poteza, izraz; *fig* roka, stil, izvedba, umetnost, spretnost; *fig* kakovost; pečat, kov, žig; primes, sled, nadih, malce; *sl* stroka, področje; *sl* izvabljenje (denarja), izprošen denar; prisleparjenje, kraja, »izžicanje«; **at a** ~ pri dotiku; **out of** ~ **with** brez stika z; **on the slightest** ~ pri najrahlejšem dotiku; **within** ~ **of** na dosegu; **the** ~ **of nature** prirodna črta, simpatičnost po prirodi; **a** ~ **of pepper** malce popra; **a** ~ **of romance** nadih romantike; **a** ~ **of the sun** sončarica; **finishing** ~ zadnja poteza; **a shilling** ~ *sl* cena enega šilinga, stane en šiling; **the Nelson** ~ *fig* spretnost (umetnost) izvleči se iz težavnega položaja; **soft to the** ~ mehak za otip; **that was a (near)** ~! za las je šlo!; **this isn't my** ~ to se me ne tiče; **he has a** ~ **of genius** nekaj genialnega je v njem; **he had a near** ~ za las (komaj) je ušel nevarnosti; **to get into** ~ **with** priti v stik z, vzpostaviti zvezo z; **to keep in** ~ **with s.o.** biti v stalnem stiku, imeti stalno zvezo s kom; **to lose** ~ **with s.th.** izgubiti stik s čim; **to put s.o. in** ~ **with** povezati, zvezati koga z (tudi telefonično); **to put s.th. to the** ~ postaviti kaj na preskušnjo

touch II [tʌč] *vt* dotakniti se, dotikati se; (o)tipati, potipati; spraviti v dotik (stik); udarjati, igrati (na klavir, na strune), ubirati (strune); lahno se dotakniti (kakega predmeta); ukvarjati se s čim, imeti opravka z; pokusiti; vzeti, dvigniti, prejeti (plačo); *sl* izvabiti (denar) od koga, prevarati, ukaniti, ogoljufati, oslepariti; priti v stik (s čim), mejiti, naslanjati se na, segati do, raztezati se do; ganiti, užalostiti, užaliti, vznemiriti, pretresti, razburiti; (pri)zadeti, pustiti sledove na; vplivati na; *coll* biti enak (komu), doseči (koga), meriti se (s kom); pogoditi, uganiti, skicirati, šatirati, modificirati, žigosati (žlahtno kovino); *vi* dotikati se, dotakniti se, priti v stik, mejiti; vplivati na, imeti posledice za; *naut* pristati za kratek čas; **the apples are** ~**ed with frost** jabolka so pozebla; **clouds are** ~**ed with red** oblaki so rdeče obarvani; **I was** ~**ed by his story** njegova zgodba me je ganila; **it** ~**es none but him** to zadeva (se tiče) le njega; **to** ~ **bottom** dotikati se dna; *fig* doseči najnižjo ceno; **his brain (ali he) is** ~**ed** v njegovi glavi ni vse v redu; **to** ~ **the bell** pozvoniti; **it** ~**ed me to the heart** to mi je šlo k srcu; **I was** ~**ed to tears** bil sem do solz ganjen; **I do not** ~ **cocktails** koktajlov se ne dotaknem; **no one can** ~ **her for (ali in) beauty** nihče se ne more meriti z njo po lepoti; **he** ~**es 5 feet** visok je 5 čevljev; **to** ~ **glasses** trčiti s čašami; **to** ~ **one's hat** dotakniti se klobuka (v pozdrav); **how does this** ~ **him?** kakšno zvezo ima to z njim? kaj se to njega tiče?; **to** ~ **lucky** imeti srečo; **nobody can** ~ **him** nihče mu ni enak, se ne more meriti z njim; **to** ~ **s.o. for two pounds** izvabiti iz (upiliti, navrtati) koga za 2 funta;

to ~ **to the quick** zadeti v živo, prizadeti (koga), užaliti; **to** ~ **on the raw** razžaliti, razjeziti, razkačiti; **the soap won't** ~ **these spots** milo ne doseže ničesar pri teh madežih; **to** ~ **the spot** pravo pogoditi; **to** ~ **wood** potrkati po lesu (da se ubranimo zlih sil usode); ~ **wood!** ne kličimo nesreče!; **this** ~ **es on treason** to meji na izdajo, to je že kot izdaja;

touch down *vi rugby* dotakniti se zemlje z žogo; *aero* pristati;

touch off *vt* skicirati, narisati z nekaj potezami; izstreliti (top ipd.); sprožiti, sprostiti; prekiniti telefonski pogovor;

touch up *vt* popraviti, retuširati (sliko, rokopis itd.); napraviti lepše; izpopolniti; osvežiti (spomin); spodbosti, pognati (z bičem);

touchable [tʌ́čəbl] *a* dotakljiv; otipljiv, otipen; občuten

touch and go [tʌ́čəngóu] *n* hipen dotik; površno, naglo dejanje; tvegana stvar; kočljiv položaj; **it is** ~ **now** to visi (je) na lasu sedaj

touch-and-go [tʌ́čəngóu] *a* površen, nagel, nemetodičen; tvegan, riskanten, kočljiv, nevaren, kritičen; **we were** ~ **all the time** ves čas smo bili v riskantnem (nevarnem, kočljivem) položaju

touched [tʌčt] *a* dotaknjen; otipan; *fig* ganjen, užaljen, prizadet (*by, with* od); nekoliko pokvarjen, imajoč duh (o mesu); *fig* malo prismojen; ~ **in the head** *fig* malo trčen, prismojen

toucher [tʌ́čə] *n* kdor se dotakne, dotika; zadetek (pri streljanju); **to a** ~ za las natančno, do pičice na i; **as near as a** ~ *sl* za las (npr. uiti nevarnosti)

touchhole [tʌ́čhoul] *n hist mil* ozka odprtina za prižiganje smodnika (pri topovih)

touchily [tʌ́čili] *adv* razdražljivo, zamerljivo, živčno

touchiness [tʌ́činis] *n* občutljivost; razdražljivost, živčnost; zamerljivost

touching [tʌ́čiŋ] **1.** *a* ganljiv; vznemirljiv, razburljiv; patetičen; **2.** *prep obs* kar se tiče, gledé, z ozirom na

touch-last [tʌ́člaːst] *n* otroška igra (vrsta manc)

touchless [tʌ́člis] *a* brez tipnega čutila

touchline [tʌ́člain] *n sp* stranska, mejna črta (igrišča)

touch-me-not [tʌ́čminət] *n bot* nedotika; *coll* prepovedano področje, kočljiva téma; tabú

touch needle [tʌ́čniːdl] *n* igla za preizkušanje žlahtnih kovin

touch paper [tʌ́čpeipə] *n* prižigalo (za pipo, ognjemet itd.)

touchstone [tʌ́čstoun] *n* preskusni kamen (za zlato); *fig* preskusni kamen, kriterij

touch system [tʌ́čsistim] *n* slepo tipkanje (z desetimi prsti)

touch-type [tʌ́čtaip] *vi* slepo tipkati

touch-typist [tʌ́čtaipist] *n* oseba, ki obvlada slepo tipkanje

touchwood [tʌ́čwud] *n* kresilna goba; netilo

touchy [tʌ́či] *a* občutljiv; razdražljiv, živčen; zamerljiv; hitro užaljen; kočljiv, tvegan, riskanten; **a** ~ **subject** kočljiva téma; *chem* visoko eksploziven, lahkó gorljiv

tough [tʌf] **1.** *a* (~ **ly** *adv*) žilav, trd, čvrst; močan, robusten, krepak; zdržljiv, vztrajen, nepopust-

ljiv, energičen; zakrknjen, trmast; lepljiv; neugoden, težak, težaven; razvpit; grób, osoren, zadirčen; **a** ~ **customer** človek, ki ga je težko ugnati; **a** ~ **job** trdo, težko delo; ~ **luck** *fig* smola; **a** ~ **neighbourhood** razvpita soseščina; ~ **meat** žilavo meso; **a** ~ **offender** zakrknjen prestopnik; ~ **steel** trdo jeklo; **a** ~ **will** žilava, železna volja; **he is in a** ~ **spot with his boss** slabó je zapisan pri svojem šefu; **it is not so** ~ ni tako slabo; **2.** *n* drznež, silak, robavs, neotesanec; hudoben (malopriden) človek; kriminalec, apaš; pridanič

toughen [tʌfn] *vt* napraviti žilavo, trdo; *vi* postati žilav, trd

toughish [tʌ́fiš] *a* precéj žilav; nekoliko trd, žilav

tough-minded [tʌ́fmaindid] *a* ki je brez iluzij, nesentimentalen, realističen

toughness [tʌ́fnis] *n* žilavost (tudi *fig*), trdnost, trdota, odpornost; trmoglavost, upornost, zakrknjenost, nepoboljšljivost; težavnost (dela); lepljivost; silovitost (viharja); *A* razvpitost; neotesanost

toupée [túːpei] *n* umeten čop ali kita las (za plešasta mesta lasišča); umeten koder

toupet [túːpei] *n* umetni lasje, kodri na čelu

tour [túə] **1.** *n* izlet; tura, (krožno) potovanje po deželi; vožnja, sprehod; obhod; runda, posada; turneja; *mil* čas službovanja; **motor** ~ tura z avtom, avtotura; **three** ~s **a day** tri posade dnevno; **to go on** ~ iti na turnejo; **2.** *vt* prepotovati, potovati po (kot turist); voditi na turnejo; **to** ~ **France** prepotovati Francijo; **to** ~ **a play** iti na turnejo z (gledališko) igro; *vi* potovati (kot turist); voziti se, delati turo; *theat* iti na gostovalno turnejo

tourbillon [tuəbíljən] *n* vrsta rakete (pri ognjemetu) v obliki spiralastega stebra; vrtinec

tour de force [túːdəfɔ́ːs] (*Fr*) *n* podvig moči ali spretnosti; izredno, spretno, sijajno dejanje

tourer [túərə] *n* = **touring car**

touring [túərin] *a* turni, potovalni; ~ **car** odprt avto s 5 ali 6 sedeži; potovalni avtobus; avto s streho

tourism [túərizəm] *n* turizem, tujski promet; turisti; potovalne družbe

tourist [túərist] **1.** *n* turist(ka); izletnik; potnik (za zabavo); **2.** *a* turističen; ~ **class** turistični razred, II. razred (na ladji, letalu); ~ **court** motel; ~ **ticket** turistična vozovnica (za krožno potovanje); ~ **trade** turizem

tourmaline [túəməlin] *b min* turmalin, skoril

tournament [túənəmənt] *n hist* (viteški) turnir, viteški boj na konjih; *sp* turnir, (prvenstveno) tekmovanje; **chess** ~, **tennis** ~ šahovski, teniški turnir

tournay [túənei] *n* vrsta pliša

tourney [túəni] **1.** *n* turnir; **2.** *vi* sodelovati v turnirju, udeležiti se turnirja

tourniquet [túənikei] *n med* čvrsto zategnjena obveza, podveza žile (proti krvavenju)

tournure [tuənjúə] *n* linija, obris (postave, figure)

tousle, touzle [táuzl] **1.** *n* nered; razmršen čop las; **2.** *vt* (raz)mršiti, skuštrati (lase); spraviti v nered; **to** ~ **about, to** ~ **up** grobo, surovo zgrabiti

tousy [táuzi] *a dial* skuštran, razmršen; v neredu

tout [táut] **1.** *n* (hotelski) nameščenec, ki lovi in vabi goste; nabiralec kupcev, odjemalcev; *sp* skrivni opazovalec pri konjskih treningih (ki potem daje informacije za dirke); špijoniranje; **2.** *vi coll* povabljati, nabirati (goste, kupce, glasove); skrivaj opazovati konjske treninge in potem dajati informacije (za dirke); *vt* vsiljivo nabirati hotelske goste, kupce, glasove; nadlegovati; špijonirati (za kom); čezmerno hvaliti, slaviti; **he was ~ed as a friend of the people** hvalili so ga na vso moč kot prijatelja ljudstva
touter [táutə] *n* = tout *n*
tow I [tóu] **1.** *n* vleka, vlečenje; vlečna ladja, šlep, tovorna ladja brez pogonskega stroja; **to have in** ~ vleči za seboj; *fig* imeti (koga) na vratu, na skrbi; **to take in(to)** ~ vleči, remorkirati; *fig* vzeti v zaščito, v svoje okrilje; **2.** *vt* vleči z vrvjo vzdolž obale (čoln, barko); *naut* vleči z vrvjo, remorkirati; vleči s seboj; *biol* vleči (vlečno mrežo) skozi vodo (da bi ujeli poskusne vzorce)
tow II [tóu] *n* hodnična preja; zadnje predivo, otre, tulje; zavojno platno
towage [tóuidž] *n* vlečenje, vleka z vlačilcem, remorkiranje; pristojbina za remorkiranje
toward I [tóuəd] *a* (~**ly** *adv*) ki je v teku, ki se mora zgoditi; *obs* prihajajoč, bližnji; *obs* pripravljen, voljan, poslušen; obetaven; **work is ~** delo je v teku
toward II [təwó:d, *A* tó:rd] *prep* (*krajevno*) k, proti, v smeri, v bližini; **with his back ~ me** s hrbtom proti meni; **he lives ~ London** stanuje v bližini Londona; (*časovno*) proti, okoli, približno okoli; ~ **noon** proti poldnevu; nasproti, proti, k; kar se tiče, gledé; **hostile ~ communism** sovražen do komunizma; **a tendency ~ co-operation** tendenca h kooperaciji; **to save money ~ buying a house** varčevati denar za nakup hiše; **he gave me 5 pounds ~ my expenses** dal mi je 5 funtov za kritje mojih izdatkov
towardliness [tóuədlinis] *n A* pripravljenost, voljnost; učljivost; ugodnost
towardly [tóuədli] *a obs* pripravljen, voljan, popustljiv; učljiv, poslušen; obetaven; ugoden, pravočasen, času primeren
towards [təwó:dz] *prep* = toward II
tow-barge [tóuba:dž] *n* tovorna ladja brez pogonskega stroja, šlep
towboat [tóubout] *n naut* vlačilec, remorker
tow-car [tóuka:] *n* vlečni kamion (z žerjavom)
towel [táuəl] **1.** *n* brisača; ~ **rack** stojalo, obešalnik za brisačo; **lead(en)** ~ *sl fig obs* krogla, izstrelek; **oaken** ~ gorjača, palica; **round** ~, **roller** ~ vrtljiva brisača; **to throw in the** ~ *fig* priznati se za premaganega, priznati poraz; **2.** *vt* (o)brisati, osušiti (z brisačo), otreti; *sl* (pre)tepsti, (pre)mlatiti; *vi* (o)brisati se, otreti se (z brisačo)
towelhorse [táuəlhɔ:s] *n* stojalo za brisačo
towel(l)ing [táuəliŋ] *n* blago za brisače; frotiranje, otiranje
tower I [táuə] *n* stolp; trdnjava, utrjeno mesto, utrdba, kastel; *hist* oblegovalni stolp; (*šah*) *obs* stolp, trdnjava; *fig* zaščita, obramba; ~ **clock** stolpna ura; **clock** ~ zvonik (z uro); **the ~ of strength** *fig* močna opora; trdnjava, utrjena ječa

tower II [táuə] *vi* dvigati se v višino, stolpičiti se, visoko se vzpenjati (*to, up* do); visoko, navpično leteti (ptica); dvigniti se; štrleti v višino; priti nad; **to ~ above** dvigati se nad, dominirati
towered [táuəd] *a* ki ima stolp(e)
towering [táuəriŋ] *a* ki se dviga (v višino); zelo visok, dominanten; ki visoko leti, plava v zraku; *fig* zelo velik, ogromen, silovit; ambiciozen, častihlepen; prevzeten, ošaben; ~ **passion** silna strast
towerless [táuəlis] *a* brez stolpa (stolpov)
towerlike [táuəlaik] *a* stolpu podoben, stolpast
towery [táuəri] *a* ki ima stolpe; (zelo) visok; vzvišen
tow-haired [tóuhɛəd] *a* plavolas, svetlolas
towhead [tóuhed] *n* kuštravec; *A* blondinec, -nka
tow-headed [tóuhedid] *a* svetlih las, slamnato blond
towing [tóuiŋ] *n naut* vleka, vlečna vožnja; pristojbina za vleko
towing line [tóuiŋlain] *n naut* vrv za vlečenje (ladje)
towing path [tóuiŋpa:θ] *n* pot ali steza za vlečenje (ladje, čolna) vzdolž obale
towing rope [tóuiŋroup] *n* vlečna vrv
towline [tóulain] *n* vlečna vrv
town [táun] **1.** *n* mesto; **the** ~ mesto, mestno življenje; mestna občina (uprava); mestno prebivalstvo; mestni volivci; **to** ~ v mesto, *E zlasti* v London; **out of** ~ zunaj mesta, ne v mestu, na deželi, na potovanju; ~ **and gown** prebivalci in študentje mest Oxforda in Cambridgea; ~ **clerk** mestni sekretar (najvišji mestni uradnik); ~ **council** mestni (občinski) svet; ~ **councillor** mestni (občinski) svétnik; ~ **crier** mestni izklicevalec, oklicevalec; ~ **hall** mestna posvetovalnica; ~ **house** hiša v mestu (v nasprotju s hišo na deželi); *E* rotovž; *A eu* mestna ubožnica; ~ **planning** mestno planiranje; ~ **rates** občinske (mestne) dajatve; ~ **major** *E mil* poveljnik mesta; **county** ~ glavno mesto grofije (pokrajine); **girl of** ~, **woman of** ~ prostitutka; **man about** ~ svetski človek, lahkoživec; eleganten brezdelnež; **he is the talk of the** ~ vse mesto govori o njem; **to go up to** ~ iti v mesto, (*E zlasti*) v London; **to go to** ~ *sl* imeti uspeh, uspešno (kaj) opraviti; **to paint the** ~ **red** vznemiriti mesto z velikim hrupom, z razgrajanjem; **to take to** ~ *sl* zmesti, zmešati, zbegati
town-bred [táunbred] *a* zrasel (odrasel) v mestu
townee [tauní:] *n univ sl* prebivalec univerzitetnega mesta, ki ni študent; meščan
townet [tóunet] *b naut* vlečna mreža
townfolk(s) [táunfolk(s)] *n* (*pl*) mestni prebivalci, meščani
townification [taunifikéišən] *n* urbanizacija; pomeščanjenje
townify [táunifai] *vt* pomeščaniti; urbanizirati
townlet [táunlit] *n* mestece
townsfolk [táunzfouk] *n* = townfolk(s)
townish [táuniš] *a* mestni; nekoliko mesten
township [táunšip] *n* mestna občina, mestno področje; *E hist* vaška občina, vas; *A & Can* okraj grofije; *Austral* mestno stavbišče
townsman, *pl* **-men** [táunzmən] *n* mestni prebivalec, meščan; someščan; *univ* malomeščan, filister

townspeople [táunzpi:pl] *n* meščani, mestni prebivalci

townward(s) [táunwə:d(z)] *adv* proti mestu, k mestu; proti Londonu

towny [táuni] *n coll* meščan; *E sl* tovariš iz domačega kraja (mesta)

towpath [tóupa:θ] *n* obrežna steza (pot) za vleko (čolna, barke)

tow-row [tóurou, táurau] **1.** *n coll* razgrajanje, kraval; **2.** *vi* razgrajati

toxemia [tɔksí:miə] *n med* zastrupitev krvi (s toksini)

toxic [tóksik] **1.** *a* (~**ally** *adv*) *med* strupen, toksičen, zastrupljen; **2.** *n* strup, strupena snov

toxicant [tóksikənt] *a* = **toxic**

toxication [tɔksikéišən] *n med* zastrupitev

toxicologist [tɔksikólədžist] *n* toksikolog

toxicology [tɔksikólədži] *n* nauk o strupih, toksikologija

toxin [tóksin] *n med* strup, toksin, strupena snov

toxophilite [tɔksófilait] *n* vnet strelec z lokom

toy [tói] **1.** *n* igrača, igračka (tudi *fig*); malo vredna stvar; *fig* igračkanje, »konjiček«, ljubiteljstvo; **he makes a ~ of gardening** vrtnarjenje je njegov konjiček; **2.** *a* za igranje, otroški, miniaturni; ~ **book** slikanica; ~ **dog** (luksusen) psiček; ~ **fish** okrasna ribica; ~ **soldier** vojak iz svinca ipd. (za igranje), *fig* vojak le za paradiranje; ~ **train** miniaturni vlak (igračka); **3.** *vi* igrati se, igračkati se, zabavati se

toyer [tóiə] *n* porednež, navihanec, razposajenec

toylike [tóilaik] *a* podoben igrači; majčken

toyman, *pl* **-men** [tóimən] *n* trgovec z igračami, izdelovalec igrač

toyshop [tóišɔp] *n* trgovina z igračami

trace I [tréis] **1.** *n* sled; stopinja; kolesnica, kolovoz, tirnica; *fig* sled, znak, (pre)ostanek; *A* steza markirana pot; osnovni načrt, skica, tloris; malenkost, majhna količina; **to be hot on the ~ of s.o.** biti komu za petami, preganjati koga; **he has no ~ of humour** niti malo humorja ni v njem; **his face bore ~s of his grief** njegov obraz je nosil (kazal) sledove žalosti

trace II [tréis] *vt* slediti, iti po sledi (osebe, živali), zaslediti; raziskovati, odkriti, najti, zaslediti, ugotoviti; zaznati, opaziti, najti sledove ali znake (česa); (za)beležiti; **to ~ the cause of a disease** ugotoviti vzrok bolezni; (tudi ~ **out**) narisati, skicirati; *tech* (tudi ~ **over**) prerisati (skozi papir), kopirati; **to ~ back** iti po sledovih nazaj (*to* do), zaslediovati nazaj; **to ~ out** poiskati, najti, odkriti; *vi* hoditi, iti, zaslediti se; **the earliest form cannot ~ back earlier than the sixth century** najzgodnejša oblika se da zaslediti šele v 6. stoletju

trace II [tréis] *n* zaprežna, vlečna vrv; **in the ~s** vprežen (tudi *fig*); **to kick over the ~s** iz ojnic skakati

traceability [treisəbíliti] *n* izsledljivost, možnost odkritja sledov; ugotovljivost, dokazljivost

traceable [tréisəbl] *a* (**traceably** *adv*) izsledljiv, ki se more izslediti; ki se more odkriti (najti, dokazati, ugotoviti)

trace horse [tréishɔ:s] *n* vprežni konj

traceless [tréislis] *a* brez sledu; ki ga ni moč odkriti

tracer [tréisə] *n* iskalec, oseba, ki išče in najde izgubljene stvari; iskalec sledi; *tech* prerisovalec, tehnični risar; *chem* indikator; *mil aer* izstrelek ali letalo, ki v poletu oddaja dimno ali svetlobno sled; ~**-bullet** svetlobna krogla

tracery [tréisəri] *n archit* gotski (stavbni) okras (zlasti na oknih); mrežje; **the ~ on a frosted window** ledene rože na oknu

trachea, *pl* **-cheae** [trəkíə, tréikiə; trəkí:i, tréiki:i] *n anat* dušnik, sapnik; traheja

tracheal [trəkíəl] *a* sapniški, ki se tiče sapnika

tracheitis [treikiáitis] *n med* vnetje sapnika

trachoma [trəkóumə] *n med* trahom

tracing [tréisiŋ] *n* iskanje, sledenje, odkrivanje; *tech* risanje, prerisavanje, kalkiranje; črtež, načrt; kopija; **to make a ~ of s.th.** prerisati kaj (skozi papir); ~ **paper** prozoren papir za prerisavanje, kalkiranje; ~ **compasses** *sl* šestilo za vlečenje črt

track I [træk] *n* sled (voza), kolotečina, kolesnica; *naut* vodni razor (za ladjo); *naut* običajna pot, ruta; steza, pot, utrta pot; *hunt* sled; *sp* steza, proga, tekališče, dirkališče; tek na dolge proge; *rly* tir, tračnice, proga; širina tira; *tech* gosenica (traktorja, tanka); sled noge, stopala (zlasti ptic); ~**-and-field sports** lahka atletika; **on ~** *econ* na poti; **on the ~ of** na sledu; **in one's ~s** v kolotečini, na mestu; **the beaten ~** utrta, shojena pot; *fig* običajni postopek, rutina; **cinder ~** atletska steza, tekališče, tekmovališče, dirkališče; **off the ~s** iztirjen, iz kolesnic, na krivi poti, na napačni sledi; **a single (a double) ~** enotirna (dvotirna) proga; **to be off the ~s** iztiriti se, iti s prave poti; izgubiti sled; oddaljiti se od predmeta; **to be on s.o.'s ~** biti komu na sledi; **(clear the) ~!** (napravite prosto) pot! prostor!; **to cover up one's ~s** zabrisati svojo sled; **to follow the beaten ~** iti po utrti, shojeni poti; **he follows my ~s** on gre po mojih stopinjah, se zgleduje po meni; **to keep ~ of new publications** tekoče zaslediovati nove publikacije; **to leave the beaten ~** kreniti po novi poti; **to lose ~ of** izgubiti sled, izgubiti iz vida; **to make ~s** *sl* pobrisati jo, popihati jo, zbežati; **to make ~s for s.o.** *sl* vneto koga zaslediovati; **to throw off the ~** iztiriti (kaj); zmešati sled

track II [træk] *vt* slediti (komu, čemu), iti po sledi za kom (čem); zaslediovati; označiti, zaznamovati (pot, stezo); preprečati, prepotovati; *vi* imeti širino tira (**of 36 inches** 36 col); ostati v kolesnicah (o kolesih); **to ~ a desert** preprečati puščavo; **to single-~ (to double-~)** zgraditi enotirno (dvotirno) progo; **to ~ down, to ~ out** izslediti; najti, odkriti

track III [træk] *a* tiren; **single-~** enotiren; **double-~** dvotiren

track IV [træk] *vt naut* vleči ladjo (z brega) proti vodi

trackage [trǽkidž] *n rly A* tir, tračnice; pravica uporabe proge; pristojbina za uporabo proge

track athletics [trǽkəθlétiks] *n A sp* lahka atletika

track-clearer [trǽkkliərə] *n tech rly* (snežni) plug, odmetalo

tracked [trækt] *a tech* opremljen z gosenicami; ~ **vehicle** vozilo na gosenicah

tracker [trǽkə] *n hunt* (= ~ **dog**) sledilni pes; zaslediovalec (zlasti zločincev)

trackhound [trǽkhaund] *n* sledilni pes
track-layer [trǽkleiə] *n* polagalec tira, tračnic
trackless [trǽklis] *a* (~ **ly** *adv*) brez stez, brez poti; neprehoden, neutrt; brez sledu; *rly* brez tračnic; ~ **trolley** trolejbus
trackman, *pl* **-men** [trǽkmən] *n A* progovni mojster
track meet [trǽkmi:t] *n A sp* lahkoatletsko tekmovanje
track-suit [trǽksjuit] *n sp* trenirke (za tekače)
track team [trǽkti:m] *n A* lahkoatletsko moštvo
trackwalker [trǽkwɔ:kə] *n rly A* progovni čuvaj
trackway [trǽkwei] *n* steza, pot; vozna pot; proga; (= **towpath**) obrežna vlačilna steza (pot)
tract I [trækt] *n* traktat, kratka razprava
tract II [trækt] *n* predel, področje, površina, prostor; kos zemlje (zemljišča); površina, prostranost (vode); (redko) časovno razdobje; *anat* trakt; *med* živčno povesmo; **digestive** ~ prebavni trakt; **a narrow** ~ **of land** ozek pas zemlje; **pathless** ~ zemljišče brez poti
tractability [træktəbíliti] *n* prilagodljivost; gibkost, prožnost, voljnost
tractable [trǽktəbl] *a* (**tractably** *adv*) prožen, gibek, prilagodljiv, voljan; poslušen, vodljiv; lahko obdelovalen (kovina); **a** ~ **child** ubogljiv otrok
tractate [trǽkteit] *n obs* traktat, razprava
tractile [trǽktail, *A* -til] *a* natezen, raztezen
tractility [træktíliti] *n* natezost, razteznost
traction [trǽkšən] *n* vlečenje, vleka; *tech* poteg; vlečna sila; trenje, sila trenja; privlačna sila, privlačnost (tudi *fig*); prevoz, transport; **electric** ~ električna vlečna sila, vleka; ~ **engine** traktor, vlečni stroj
tractional [trǽkšənəl] *a* vlečni, ki vleče
traction wheel [trǽkšənwi:l] *n tech* gonilno kolo
tractive [trǽktiv] *a* vlečen; ~ **force** vlečna, natezna sila
tractor [trǽktə] *n* vlačilec; *tech* traktor, stroj za vleko voza, pluga itd.; ~ **plough** (*A* **plow**) motorni plug; ~ **artillery** motorizirana artilerija; ~**-drawn** motoriziran
trade I [tréid] **1.** *n* trgovina, trgovski posli, kupčija, blagovna menjava (promet, posel); *econ naut* promet, vožnja; obrt, ceh, rokodelstvo, poklic; stroka, panoga, branša; *obs* pot; *obs* navada, ukvarjanje; *collect* trgovci; odjemalci, odjemalstvo; **T~ Board** združenje delodajalcev in delavcev za reguliranje vprašanja dnin in plač; **Board of T~** *E* ministrstvo za trgovino; **balance of** ~ trgovinska bilanca; **domestic** ~, **home** ~ notranja (domača) trgovina; ~ **arbitration** gospodarska arbitraža; **fair** ~ svobodna trgovina, temelječa na vzajemnosti; **free** ~ svobodna trgovina; **Jack of all** ~ oseba, ki se loti vsakega posla, je spretna v vsakem poslu; **autumn** ~ sezonski posel; **trick of the** ~ domislek, s katerim se dobijo odjemalci, se prekosi konkurenca; **the** ~**s** pasatni vetrovi; **the** ~ **is brisk (dull)** trgovina uspeva (zastaja); **to be a butcher by** ~ biti mesar po poklicu; **to be in** ~ biti trgovec, baviti se s trgovino; **to carry on the** ~ **of s.th.** trgovati s čim; **he does a good** ~ njegovi trgovski posli uspevajo; **he drove (carried on) a roaring** ~ posli so mu cveteli; **every man to his** ~ vsak naj se drži svojega poklica; **to spoil s.o.'s** ~ pokvariti komu (trgov-

ske) posle; **2.** *a* trgovski, trgovinski; posloven; ~ **arbitration** gospodarska arbitraža; ~ **school** trgovska šola; ~ **balance** trgovinska bilanca
trade II [tréid] *vt* menja(va)ti blago (*for* za); trgovati (z); proda(ja)ti, izmenjati; *vi* trgovati, kupčevati, tržiti; *obs* pogajati se za ceno, barantati; **to** ~ **seats with s.o.** zamenjati sedež s kom; **to** ~ **in pardons** trgovati, kupčevati z odpustki; **to** ~ **away** (pod ceno) (raz)prodati (blago); **to** ~ **off** razprodati; **to** ~ **on** špekulirati na (kaj), uporabiti (kaj) v svoj prid, izkoristiti (kaj); **to** ~ **on the credulity of a client** izkoristiti odjemalčevo lahkovernost; **to** ~ **in an old car for a new one** dati star avto v plačilo za novega
trade association [tréid əsousiéišən] *n* gospodarska zveza; zveza delodajalcev
trade fair [tréidfɛə] *n* (trgovski) sejem
trade hall [tréidhɔ:l] *n* obrtna zbornica
trade list [tréidlist] *n* cenik
trade-mark [tréidma:k] **1.** *n com* tovarniški zaščitni znak; **2.** *vt* dati zakonsko zaščititi (znak)
trade name [tréidneim] *n com* ime tvrdke; firma
trade price [tréidprais] *n* cena na debelo (ki jo trgovec plača tovarni ali trgovcu na debelo)
trader [tréidə] *n* trgovec; v trgovskih poslih izkušen človek; *naut* trgovska ladja (katere kapitan je trgoval s sužnji)
trade route [tréidru:t] *n* trgovska pot
tradesfolk [tréidzfouk] *n* trgovci
trade show [tréidšou] *n* (zaključeno) predvajanje filma iz bodočega programa (za kritike, nabavljalce filmov)
tradesman, *pl.* **-men** [tréidzmən] *n* trgovec; kramar; obrtnik; trgovec na drobno; *mil* specialist
tradespeople [tréidzpi:pl] *n pl* glej **tradesfolk**
trade-union [tréidju:njən] *n* delavski sindikat; strokovna zveza; rokodelsko ali delavsko društvo
trade(s)-unionist [tréid(z)ju:njənist] **1.** *n* član delavskega sindikata; **2.** *a* sindikalen
trade wind [tréidwind] *n* pasatni veter
trading [tréidiŋ] **1.** *a* trgovski; podkupljiv; **2.** *n* trgovanje, trgovina, obrt, promet; ~ **company** trgovska družba
tradition [trədíšən] *n* tradicija, (ustno) izročilo; običaj, ustaljena navada; *jur* izročitev (kriminalcev), predaja
traditional [trədíšənəl] *a* (~ **ly** *adv*) tradicionalen; običajen, po stari šegi
traditionalism [trədíšənəlizəm] *n* tradicionalizem, verovanje v tradicije, vztrajanje pri tradicijah
traditionalist [trədíšənəlist] *n* tradicionalist; oseba, ki se drži tradicij
traditionary [trədíšənəri] *a* glej **traditional**
traduce [trədjú:s] *vt* oklevetati, obrekovati, slabo govoriti o; razvpiti
traducement [trədjú:smənt] *n* obrekovanje, klevetanje
traducer [trədjú:sə] *n* obrekljivec, klevetnik
traffic [trǽfik] **1.** *n* (javni, cestni, železniški, ladijski) promet; trgovina, trgovanje; *der* mešetarjenje, črna borza; **goods** ~ blagovni promet; **heavy** ~ velik promet, naval; **passenger** ~ potniški promet; ~ **policeman** prometni miličnik; **2.** *vi* trgovati (*in, with* z), kupčevati; barantati (*for* za); *vt* razprodati; **to** ~ **away** (raz)prodati

trafficable [trǽfikəbl] *a* primeren za promet, prehoden; primeren za trgovanje, ki gre v prodajo; (dobro) prodajen

trafficator [trǽfikeitə] *n* smernik (pri avtomobilu)

traffic block [trǽfikblɔk] *n* zastanek, zastoj v prometu

traffic circle [trǽfiksə:kl] *n A* krožni promet

traffic jam [trǽfikdžæm] *n* = **traffic block**

trafficker [trǽfikə] *n* trgovec; intrigant, spletkar

trafficless [trǽfiklis] *a* brez trgovine (trgovanja); brez prometa

traffic light [trǽfiklait] *n* prometna (semaforna) luč

traffic manager [trǽfik mǽnidžə] *n econ* obratni direktor; vodja transportnega oddelka

traffic regulation [trǽfik regjuléišən] *n* (cestni) prometni predpisi

tragedian [trədží:diən] *n* traged, tragik; pesnik ali igralec tragedij

tragedienne [trədži:djén] *n* tragedinja

tragedy [trǽdžidi] *n theat* tragedija, žaloigra; *fig* pretresljiv dogodek, velika nesreča, tragedija

tragic [trǽdžik] *a* tragičen, pretresljiv, usoden; oznanjajoč nesrečo, nesrečen, žalosten; ~ **actor** traged; **a** ~ **event** tragičen dogodek; ~ **irony** tragična ironija; **don't be so** ~ **about it!** *coll* ne jemlji tega tako tragično!

tragical [trǽdžikl] *a* (~ **ly** *adv*) glej **tragic**

tragicalness [trǽdžikəlnis] *n* tragičnost, tragika, tragična narava (čud)

tragicomedy [trædžikómidi] *n* tragikomedija

tragicomic(al) [trædžikómik(l)] *a* (~ **ally** *adv*) tragikomičen, pol tragičen pol komičen

trail I [tréil] *n* utrta pot, steza; vlečka (obleka); rep; sled; proga (dima ipd.); *mil* rep lafete; sled; *bot* plazilka; **at the** ~ *mil* s puško vodoravno v roki (v pripravljenosti); **off the** ~ na napačni sledi; ~ **of blood** krvava sled; **to be on s.o.'s** ~ biti komu na sledi; **to get on the** ~ priti na sled; **to get off the** ~ izgubiti sled; **to keep a** ~ slediti sledi, iti za sledjo

trail II [tréil *vt* vleči, potegniti za seboj (koga, kaj); utreti, shoditi pot; zasledovati koga, iti po njegovi sledi, biti komu za petami; zavohati, goniti, preganjati (divjad); zavlačevati (pogovor); *fig* potegniti v blato; *vi* vleči se; počasi iti, plaziti se; *bot* plaziti se, rasti brez reda; iti za sledjo, zaslediti (divjad); ribariti; ~ **arms!** *mil* (puško) na desno rame!; **to** ~ **grass** poteptati, pogaziti travo; **to** ~ **for trout** loviti postrvi; **her skirt** ~ **s on the ground** krilo se ji vleče po tleh

trail blazer [tréilbleizə] *n* kdor naredi pot skozi neprehodno ozemlje; *fig* pionir, utiratelj novih poti

trailer [tréilə] *n mot* prikolica; stanovanjski voz; *bot* plazilka; *hunt* sledilni pes; predvajanje izvlečkov iz prihodnjega filmskega programa; ~ **camp** kamp za stanovanjske prikolice

trailerite [tréilərit] *n* stanovalec v stanovanjskem vozu (prikolici)

trailing [tréiliŋ] *a A bot* plazilen, plezalen; ~ **plant** plazilka, plezalka; ~ **wheel** nosilno, zadnje kolo (pri lokomotivi)

trail net [tréilnet] *n* ribiška vlečna mreža

trail rope [tréilroup] *n* vlečna vrv

train I [tréin] *n rly* vlak; vlečka (obleke); rep (repatice, kometa); spremstvo, suita; niz, vrsta, red, veriga; sprevod, procesija; posledica; *tech* kolesje (ure), vrsta koles, valjev; *mil* črta smodnika, ki vodi k mini; *mil* tren, komora, pratež; *fig* potek, tek; *A Can* tovorne sani; **by** ~ z vlakom; **in** ~ v teku, v pripravi, v zarodku; **a** ~ **of difficulties** niz težav; **drying** ~ sušilni aparat; **fast** ~ brzovlak; **funeral** ~ pogrebni sprevod; **camel** ~ sprevod kamel; **slow** ~ potniški vlak; **to go by** ~ iti, peljati se z vlakom; **to catch the** ~ ujeti vlak; **to change the** ~ menjati vlak, prestopiti (na drug vlak); **he came with a hundred men in his** ~ prišel je s spremstvom 100 ljudi; **war brings many evils in its** ~ vojna prinese s seboj mnogo zla; **things are following their usual** ~ stvari gredo svojo običajno pot; **to put in** ~ spraviti v gibanje, v tek; **to miss the** ~ zamuditi vlak; **to take a** ~ peljati se z vlakom

train II [tréin] 2. *vt* vzgajati, vzgojiti, izobraziti, izučiti, (iz)šolati; izvežbati, (iz)uriti, (z)dresirati; *mil* vežbati; nameriti (*upon* na); *sp* trenirati; *agr* gojiti; *obs* privlačiti, mamiti, zapeljati, ureči, začarati; *vi* vaditi se, vežbati se, (iz)uriti se, izučiti se; trenirati (se), pripravljati se (*for* za); *coll* (= ~ **it**) potovati z železnico; *A coll* biti razposajen, divji; **a trained nurse** izučena (diplomirana) medicinska sestra (bolničarka); **the** ~ **ed eye of the detective** izurjeno oko detektiva; **he is over-trained** on je pretreniran; **he was** ~ **ed for the ministry** bil je izšolan za duhovnika; **to** ~ **a dog to beg** (z)dresirati psa, da prosi; **to** ~ **from London to Brighton** *coll* peljati se z vlakom iz Londona v Brighton; **she has well-trained children** ona ima dobro vzgojene otroke; **to** ~ **a vine over a wall** namestiti trto, da pleza in raste po zidu; **I'll** ~ **it while you tramp it** *coll* jaz se bom peljal z vlakom, medtem ko boš ti pešačil

train down *vt* zmanjšati svojo telesno težo s treniranjem

train off *vi* priti iz vaje; pretegniti se (zaradi treniranja); umakniti se v počitek, v pokoj

train on *vi* (s treniranjem) postati boljši ali spretnejši

train up *vt* vzgojiti, izobraziti, naučiti, izučiti, izuriti

trainable [tréinəbl] *a* ki se da vzgajati (izuriti, izvežbati, strenirati)

trainband [tréinbænd] *n E hist* milica, meščanska garda (zaščita)

trainbearer [tréinbɛərə] *n hist* nosilec vlečke

train dispatcher [tréin dispǽčə] *n rly* odpravnik vlakov

trained [tréind] *a* treniran, izurjen, izvežban, izučèn, (iz)šolan; ~ **men** kvalificirani, strokovni delavci

trainee [treiní:] *n* kdor se uči, je v učni dobi; *A* rekrut

trainer [tréinə] *n* trener, športni učitelj; dresèr; učitelj jahanja; vzgojitelj; *E hist* vojak milice

train-ferry [tréinféri] *n* trajekt (za prevoz vlakov)

training [tréiniŋ] 1. *n* vzgajanje, šolanje, šola; izobraževanje; urjenje, vežbanje; *sp* treniranje, trening; **further** ~ nadaljnje izobraževanje;

~ **area** *mil'* vežbališče; ~ **college** učiteljišče; višja pedagoška šola; ~ **school** učiteljišče; ~ **ship** šolska ladja

traipse [tréips] *coll* **1.** *vi & vt* postopati, pohajkovati okoli; **2.** *n* pohajkovanje

trajectory [trædžékteri] *n math & phys* pot (izstrelka, poleta, meta)

tram I [træm] **1.** *n E* cestna železnica, tramvaj; tramvajski voz; *min* voziček v rudniku, hunt; tramvajska tračnica, tirnica; *tech* vzpenjača; tekalni žerjav; **to go by** ~ peljati se s tramvajem; **2.** *vt* prepeljati s huntom; *vi* (tudi ~ **it**) peljati se s tramvajem; dati v obrat ali vzdrževati tramvajsko progo

tram II [træm] *n* vtkana svila

tram III [træm] *n tech math* elipsno šestilo; *tech* uravnavanje

tramcar [trǽmka:] *n* tramvajski voz

tramline [trǽmlain] *n* tramvajska proga; tramvajska tirnica, tračnica

trammel [trǽml] **1.** *n* (= ~ **net**) vlečna mreža; spona, napenjalni jermen (pri konju); kavelj za kotel nad ognjiščem; *pl* okovi, spone, verige; zapreke, ovire; cokla; *tech* šestilo za načrtanje elipse; ~ **of etiquette** spone (okovi) etikete; **2.** *vt* ovirati, zavirati; preprečiti; dati spono (konju); zvezati, ujeti (tudi *fig*); ~(**l**)**ed by prejudices** ujet v predsodke

trammel(l)er [trǽmlə] *n* oviralec, zaviralec; cokla, vez, spona; *hunt* nastavljalec mrež

trammer [trǽmə] *n min* porivač hunta

tramontane [trǽmɔntein] **1.** *n* severni ali severozahodni veter (v Sredozemlju); *fig* tujec, barbar; **2.** *a* prekalpski; ultramontanski; (redko) tuj, barbarski; ~ **wind** tramontana, severni veter

tramp [træmp] **1.** *n* topot, štorkljanje, čvrsti koraki; težka, glasna hoja; potovanje peš; *naut* tramper, tovorna ladja (brez voznega reda); potepuh, klatež, tramp, vagabund; *coll* zanikrna, razuzdana ženska, cip(ic)a; **to be on the** ~ biti na potu in iskati delo; klatiti se, potepati se; **to go on a** ~ iti na potovanje; **2.** *vt* (po)teptati; prepešačiti, peš prehoditi, prepotovati; **to** ~ **it** prepešačiti, peš prehoditi; **he** ~ **ed the island** prepotoval je otok; **to** ~ **grapes** teptati, mastiti grozdje; *vi* štorkljati, imeti težko hojo; stopiti (*on, upon* na); vleči se; iti peš, potovati peš, pešačiti; potepati se, klatiti se, potikati se; **to** ~ **on s.o.'s toe** stopiti komu na prste ;**to** ~ **10 miles** pešačiti 10 milj; **I missed the train and had to** ~ **it** zamudil sem vlak in sem moral iti peš

tramper [trǽmpə] *n* popotnik; potepuh, vagabund

trample [træmpl] **1.** *vt* (po)teptati, (po)gaziti; pohoditi, hoditi po; *vi* gaziti, teptati; **to** ~ **underfoot** vreči pod noge in poteptati; **to** ~ **on the flowers** pohoditi cvetlice; **to** ~ **to death** do smrti poteptati, pogaziti; **he** ~ **ed (up) on my feelings** poteptal (užalil) je moja čustva; **I don't like to be** ~ **d on** ne maram, da mi kdo stopa po nogah, da prezirljivo ravna z menoj

trample down *vt* poteptati, pogaziti, pohoditi; *fig* zmrviti, (po)tlačiti, zlomiti, neusmiljeno ravnati s kom

trample out *vt* poteptati in pogasiti (*a fire* ogenj)

trampler [trǽmplə] *n* teptalec

trampoline [trǽmpəlin] *n* trampolin

tramp pick [trǽmppik] *n agr* koničasta lopata

tram rail [trǽmreil] *n* lahka tračnica; vrhnja tračnica (za tekalne žerjave itd.)

tramroad [trǽmroud] *n glej* **tramway**

tramway [trǽmwei] *n* cestna železnica, tramvaj; *A* železnica v rudniku

trance [tra:ns, *A* træns] **1.** *n* trans; ekstaza, zamaknjenost; hipnoza; omamljenost; *med* nezavest, togost mišic; **2.** *vt poet* navdušiti, prevzeti; spraviti (koga) v ekstazo, v trans

tranquil [trǽŋkwil] *a* (~ **ly** *adv*) tih, miren; neskaljen, spokojen

tranquil(l)ity [træŋkwíliti] *n* mirnost; hladnokrvnost, spokojnost

tranquillization [træŋkwilaizéišən] *n* pomiritev, pomirjenje; utešitev

tranquillize [trǽŋkwilaiz] *vt & vi* pomiriti (se), umiriti (se), utešiti (se)

tranquillizer [trǽŋkwilaizə] *n* pomirilo; sedativ

transact [trænzǽkt] *vt econ* izvršiti, opraviti, izvesti, zaključiti, skleniti; **to** ~ **a bargain** skleniti kupčijo; *vi* pogajati se (*with the enemy* s sovražnikom)

transaction [trænzǽkšən] *n* izvrševanje, izvršitev, opravljanje (posla); pogajanje, dogovarjanje; *com* kupčija, posel, večji trgovski podvig, transakcija; *jur* pogodba, poravnava; *pl* poročila, dela (znanstvenih ustanov); zapisniki (sej itd.); **cash** ~**s** gotovinski promet; **shady** ~**s** sumljivi posli

transactor [trænzǽktə] *n* izvajalec; pogajalec

Transalpine [trænzǽlpain] **1.** *a* prekalpski, transalp(in)ski; **2.** *n* Transalpinec

transatlantic [trænzətlǽntik] **1.** *a* transatlantski, čezmorski, prekoceanski; ~ **flight** polet čez Atlantik; ~ **liner** transatlantski parnik; **2.** *n* Amerikanec

transceiver [trænsí:və] *n el* oddajnik-sprejemnik, radiotelefon

transcend [trænsénd] *vt* prekoračiti, preiti; *fig* prekositi, nadkriliti; *phil* biti nadčuten do; *vi* izkazati se, odlikovati se; iti prek meja čutnega sveta; **he** ~ **ed his instructions** prekoračil je svoja navodila; **to** ~ **one's competitors** prekositi svoje konkurente

transcendence, -cy [trænséndəns, -si] *n* premoč, superiornost; izvrstnost; vzvišenost; *phil* transcendentnost, nadčutnost, nadsvetnost

transcendent [trænséndənt] *a* (~ **ly** *adv*) izvrsten, superioren, odličen; *phil* transcendenten, nadčuten, nadsveten, nadnaraven, onstranski; ~ **quality** izvrstna, odlična kakovost

transcendental [trænsendéntl] **1.** *a* (~ **ly** *adv*) *phil* transcendentalen, metafizičen, abstrakten, spekulativen; *coll* težko pojmljiv, nejasen, temen, obskuren; fantastičen, idealističen, nadčuten; ekstravaganten; izreden, nadnaraven, nadčloveški; izvrsten; **2.** *n* transcendentalnost

transcendentalism [trænsendéntəlizəm] *n* transcendentalna filozofija; (kar je) nadčutno, idealistično, vzvišeno

transcendentalist [trænsendéntəlist] *n* privrženec transcendentalne filozofije transcontinental [trænzkɔntinéntǝl] *a rly* čezcelinski, transkontinentalen

transcribe [trænskráib] *vt* prepisati, kopirati; transkribirati; *radio* posneti; to ~ a program-(me) posneti program (za poznejši prenos)

transcriber [trænskráibǝ] *n* prepisovalec, kopist

transcript [trǽnskript] *n* prepis, kopija; posnetek

transcription [trænskrípšǝn] *n* prepisovanje; prepis, kopija; transkripcija; *radio* tonski posnetek

transcriptive [trænskríptiv] *a* prepisen; v prepisu; posnemajoč

transducer [trænsdjú:sǝ] *n* spreminjevalec; *el* prestavljalec

transect [trænsékt] *vt* presekati, prerezati

transection [trænsékšǝn] *n* presekanje; (prečni) presek; prerez

transept [trǽnsept] *n archit eccl* prečna ladja

transfer I [trænsfǝ́:] *vt* prenesti (*from ... to* od, z ... na); premestiti; *jur* odstopiti, cedirati, predati, prenesti; nakazati (denar); *print* pre-, odtisniti; to ~ money to s.o. nakazati komu denar; he was ~ red to Glasgow bil je premeščen v Glasgow; *vi* prestopiti (*to* k); biti premeščen (*to* v, k); *rly* prestopiti (na drug vlak); he ~ red to the infantery bil je premeščen v pehoto

transfer II [trǽnsfǝ] *n* prenos (*to* na), transfer; *jur* odstop, cesija, odstopnica (listina); premestitev (uradnika itd.); nakazilo (denarja); *print* odtis; *A* prestopna vozovnica; brod; ~ of foreign exchange prenos deviz; ~ of shares prenos delnic; cable ~ brzojavno nakazilo

transferability [trænsfǝrǝbíliti] *n* prenosnost, prenosljivost

transferable [trǽnsfǝrǝbl] *a* prenosen, prenosljiv; odstopljiv; premestljiv

transfer book [trǽnsfǝbuk] *n econ* knjiga, v katero se vpisuje prenos vrednostnih papirjev (delnic itd.)

transfer days [trǽnsfǝdeiz] *n pl* dnevi prenosa (ko angleška narodna banka opravlja prenos vrednostnih papirjev, ki so vpisani v njenih knjigah)

transferee [trænsfǝrí:] *n jur* prevzemnik, cesionar; *econ* indosatár

transference [trænsfǝ́:rǝns] *n* prenos, transferacija; prepis; premestitev

transferor [trǽnsfǝrǝ] *n* prenosnik, cedent, odstopnik; *econ* indosant

transfer order [trǽnsfǝ ɔ́:dǝ] *n econ* nalog za prenos

transferrer [trænsfǝ́:rǝ] *n* prenosnik; *tech* prenosna naprava

transfer-paper [trǽnsfǝpeipǝ] *n* papir za prenašanje ali kopiranje; *pl* prodani vrednostni papirji, ki še niso vpisani v knjigo delnic ali obveznic

transfer-price [trǽnsfǝprais] *n* dnevni tečaj (na borzi)

transfer ticket [trǽnsfǝtikit] *n* prestopna vozovnica; *con* nakazilni ček ali formular

transfiguration [trænsfigjuǝréišǝn] *n* preobraženje, preobrazba; preoblikovanje; *rel* transfiguracija, poveličanje

transfigure [trænsfígǝ] *vt* preobraziti, preoblikovati, spremeniti; *rel* poveličati

transfigurement [trænsfígǝmǝnt] *n* = transfiguration

transfix [trænsfíks] *vt* prebosti (*with* z); *fig* zbadati (o bolečini); presuniti; *fig* ohromiti, paralizirati;

to be ~ ed with ves odreveneti (otrpniti, biti trd) od, zaradi (česa); I was ~ ed to the spot with surprise bil sem kot ukopan od začudenja

transfixion [trænsfíkšǝn] *n* prebod, prebadanje; *fig* otrplost, odrevenelost; presunjenost; *med* prebod, predrtje

transform [trænsfɔ́:m] *vt* preoblikovati, prenarediti, preobraziti, predrugačiti, predelati, transformirati; spremeniti (*into* v); *el* pretvoriti, transformirati; *fig* preusmeriti, obrniti; *rel* spreobrniti; 20 years of India ~ ed him 20 let Indije ga je spremenilo; *vi* spremeniti se, preobraziti se (*into* v)

transformable [trænsfɔ́:mǝbl] *a* preobrazljiv, spremenljiv

transformation [trænsfǝméišǝn] *n* spremenitev oblike, predrugačitev; *phys & el* transformacija; *zool* metamorfoza; *theat* menjava, sprememba scene; damska lasulja; *rel* spreobrnitev, poboljšanje

transformative [trænsfɔ́:mǝtiv] *a* ki spremeni, preobrazi, prenaredi

transformator [trænsfǝméitǝ] *n el* transformator

transformer [trænsfɔ́:mǝ] *n* preoblikovalec, preobraževalec; *el* transformator

transfuge [trænsfjú:dž] *n* prebežnik, uskok, odpadnik

transfuse [trænsfjú:z] *vt* preliti, pretočiti (tekočino); *med* prenesti kri, napraviti transfuzijo (krvi); vbrizgati (*into* v), injicirati; *fig* prežeti, prepojiti (*with* z), navdati (koga) s strahom ipd.

transfusion [trænsfjú:žǝn] *n* prelivanje, pretakanje, pretočitev; prenašanje; prepojitev (tudi *fig*); *med* transfuzija krvi; injekcija, vbrizg

transfusive [trænsfjú:ziv] *a* ki se preliva, prenaša; ki se vbrizgava

transgress [trænzgrés] *vt* prestopiti, prekršiti (zakon), zagrešiti; prekoračiti (rok, termin); *vi* narediti napako (pogreško), pregrešiti se

transgression [trænzgréšǝn] *n* prekoračitev; prestopek, prekršek (zakona), pregrešek; napaka; *geol* preseganje plasti, skladov

transgressive [trænzgrésiv] *a* (pre)grešen, kazniv; grešeč (*of* proti)

transgressor [trænzgésǝ] *n* kršitelj, prestopnik; hudodelec

tranship, transhipment glej transship, transshipment

transhumance [trænshjú:mǝns] *n* sezonsko potovanje čred (poleti na planine, pozimi v nižine)

transcience, -cy [trǽnziǝns, -si] *n* minljivost, bežnost

transient [trǽnziǝnt] 1. *a* začasen, prehoden; bežen, minljiv; a ~ glance bežen pogled; ~ hotel *A* hotel za prehodne goste; 2. *n A coll* (= ~ guest) prehoden, začasen gost

transientness [trǽnziǝntnis] *n* minljivost, bežnost

transilient [trænsíliǝnt] *a* (zlasti *geol*) ki hitro prehaja iz ene formacije v drugo

transilluminate [trænziljú:mineit] *vt med* presvetliti skozi in skozi

transillumination [trænzilju:minéišǝn] *n* presvetljevanje z rentgenskimi žarki

transilluminator [trænziljú:mineitǝ] *n* presvetljevalni aparat

transire [trænzáiǝri] *n econ* prepustnica; carinarniško spremno pismo, spremnica

transistor [trænzístə] *n* transistor
transistorize [trænzístəraiz] *vt* opremiti s transistorji
transit [trǽnsit, -zit] **1.** *n* prehod, prevoz, tranzit (*of goods* blaga); tranzitni promet; *astr* prehod nebesnega telesa skozi meridian; prometna cesta; *fig* prehod (*to* k, v); **in** ~ na prehodu, na poti; ~ **of persons** osebni promet; **the** ~ **of a lake** vožnja (prečkanje) čez jezero; **2.** *a* tranziten, prehoden; ~ **camp** *mil* tranzitno taborišče; ~ **circle** *astr* tranzitni, prehodni krog; ~ **duty** tranzitna carina; ~ **permit** tranzitno dovoljenje; ~ **trade** tranzitna trgovina; ~ **traffic** tranzitni promet; ~ **visa** tranzitni vizum; ~ **instrument** *astr* meridianski daljnogled
transition [trænzíšən] *n* prehod, prehajanje; prehodna doba; ~ **provisions** prehodna določila; ~ **stage (state)** prehodni stadij (stanje); **a sudden** ~ **from hot to cold** nenaden prehod iz vročine v mraz; **to undergo a** ~ prestati prehodno dobo
transitional [trænzíšənəl] *a* (~**ly** *adv*) prehoden; ~ **period** prehodno obdobje (doba)
transitionary [trænzíšənəri] *a* glej **transitional**
transitive [trǽnsitiv] **1.** *a* prehoden; **2.** *n* (= ~ **verb**) prehoden, tranzitiven glagol
transitiveness [trǽnsitivnis] *n* bežnost, minljivost; prehodnost, začasnost
transitoriness [trǽnzitərinis] *n* bežnost, minljivost, prehodnost, začasnost
transitory [trǽnzitəri] *a* (**transitorily** *adv*) prehoden; začasen; bežen, minljiv
translatable [trænsléitəbl] *a* prevedljiv, ki se lahko prevede
translate [trænsléit] *vt* prevesti, prevajati; prenesti; tolmačiti, interpretirati; *tech* predelati, spremeniti, pretvoriti; dešifrirati, naprej poslati (telegram); *eccl* premestiti; *obs* prevzeti, zamakniti; *sl* skrpati, zmašiti skupaj kaj iz starega materiala; **to** ~ **Cankar into English** prevesti Cankarja v angleščino; **to** ~ **from the French** prevesti iz francoščine; **to** ~ **from German into English** prevesti iz nemščine v angleščino; **to** ~ **from word to word** dobesedno prevesti; **to** ~ **ideas into actions** spremeniti ideje v dejanja; **kindly** ~ **!** prosim, razložite jasno, kar mislite!; **do not** ~ **my hesitation as ill-will** ne tolmačite si mojega oklevanja kot neprijaznost; **to** ~ **into film** adaptirati za film; *vi* biti primeren za prevajanje; **this books** ~**s well** ta knjiga se da lepo prevajati
translating machine [trænsléitiŋ məši:n] *n* prevajalni stroj
translation [trænsléišən] *n* prevod, prevajanje; interpretacija, tolmačenje; dešifriranje (brzojavk); pošiljanje naprej (brzojavk); *eccl* premestitev (duhovnika); *tech* prenos, prestavitev; **a close** ~, **a word for word** ~ dobeseden prevod
translational [trænsléišənəl] *a* prevoden; *phys* ki se more prenesti, relejen
translator [trænsléitə] *n* prevajalec; (telegrafski) prenašalec; obdelovalec (zlasti čevljar krpač)
translight [trǽnslait] *n* (svetlobni reklamni) transparent
transliterate [trænzlítəreit] *vt* prepisati (kaj) z drugimi črkami, prepisati v drugo abecedo; transkribirati; **to** ~ **Greek words with Roman letters**

prikazati, predstaviti grške besede z latinskimi črkami
transliteration [trænzlitəréišən] *n* prepis v drugo abecedo, transkripcija
transliterator [trænzlítəreitə] *n* prepisovalec v drugo abecedo, transkriptor
translocate [trænslóukeit] *vt* premestiti, prestaviti, preložiti; odmakniti; translocirati
translocation [trænsloukéišən] *n* translokacija, premestitev na drugo mesto
translucence, -cy [trænzlú:səns, -si] *n* prosojnost, (nepopolna) prozornost
translucent, translucid [trænzlú:sənt, -lú:sid] *a* prosojen, pol prozoren; ~ **glass** mlečno steklo
translunary [trænzlú:nəri] *a* ki je onstran lune; *fig* nadzemeljski; fantastičen
transmarine [trænzmərí:n] *a* čezmorski, prekmorski
transmigrant [trænzmáigrənt] **1.** *a* potujoč skozi; **2.** *n* prehodni potnik
transmigrate [trænzmáigreit] *vi* izseliti (preseliti, odseliti) se; (o dušah) preseliti se; *vt* prestaviti (v drugo stanje)
transmigration [trænzmaigréišən] *n* selitev, seljenje; ~ **of souls** preseljevanje duš
transmigrator [trænzmaigreitə] *n* izseljenec, preseljenec, selivec
transmigratory [trænzmáigrətəri] *a* selilen, ki se seli
transmissibility [trænzmisəbíliti] *n* prenosljivost, prenosnost; *phys* prepustnost
transmissible [trænzmísibl] *a* prenosen, prenosljiv; *biol med* deden; *med* nalezljiv
transmission [trænzmíšən] *n* prenašanje, prenos; prepustitev (*of rights* pravic); pošiljanje, odpravljanje; *tech* transmisija, prenos; *biol* podedovanje; *radio* oddaja, emisija, prenos; sporočilo, sporočitev; *phil* predaja, izročilo; *phys* prepustnost (svetlobe); ~ **belt** pogonski jermen, transmisija; ~ **gear** *tech* menjalnik (hitrosti); ~ **line** *el* daljnovod; ~ **of news** sporočilo, poročanje vesti; ~ **shaft** transmisijska gred
transmit [trænzmít] *vt* prenesti, prenašati; (od)poslati, odpremiti; predati, izročiti, dati; *jur* prepisati, zapustiti, voliti (kot dediščino, v oporoki); sporočiti (vtise, vesti itd.); *phys* prepuščati (svetlobo), prevajati (toploto, električno); *radio* prenašati, oddajati; *med* prenašati, prenesti (bolezni); *vi jur* (o premoženju) podedovati se, biti deden; **to** ~ **a parcel to s.o.** poslati komu paket
transmittal [trænzmítəl] *n* = **transmission**
transmittance [trænzmítəns] *n* = **transmission**
transmitter [trænzmítə] *n* (od)pošiljatelj; naprava za oddajanje, pošiljanje (brzojavk, signalov itd.); mikrofon; *radio* oddajnik, oddajna postaja; ~**-receiver** = **transceiver**
transmitting [trænzmítiŋ] *a* oddajen; ~ **aerial**, ~ **antenna** oddajna antena; ~ **set** (radijski) oddajnik; ~ **station** (radijska) oddajna postaja
transmogrification [trænzmɔgrifikéišən] *n hum* sprememba oblike, preobrazba
transmogrify [trænzmɔgrifai] *vt hum* preobraziti, popolnoma preoblikovati; spremeniti obliko
transmutability [trænzmju:təbíliti] *n* spremenljivost, preobrazljivost, pretvorljivost

transmutable [trænzmjú:təbl] *a* (**transmutably** *adv*) spremenljiv; ki se da spremeniti (preobraziti, pretvoriti, predrugačiti)

transmutation [trænzmju:téišən] *n* popolna sprememba, menjava, predrugačenje, pretvorba; *biol* transmutacija, ~ **of metals** (*alkimija*) pretvorba nežlahtnih kovin v žlahtne

transmutative [trænzmjú:tətiv] *a* spremenljiv, preobrazljiv, pretvorljiv

transmute [trænzmjú:t] *vt* spremeniti, preobraziti (*into* v), pretvoriti

transmuter [trænzmjú:tə] *n* spreminjevalec

transoceanic [trænzoušiǽnik] *a* čezoceanski, prekoceanski, prekmorski; ~ **flight** prekmorski polet (ptic)

transom [trǽnzəm] *n* prečno bruno (tram, greda), prečnik (nad oknom, vrati); (= ~ **window** s prečko razdeljeno okno; okno v vrhnji svetlini

transonic [trænsónik] *a phys* nadzvočen; ~ **speed** nadzvočna hitrost

transpacific [trænspəsífik] *a* prekpacifiški

transparence, -cy [trænspéərəns, -si] *n* prozornost; prosevnost; prozorna slika, napis itd.; transparent; *phot* diapozitiv

transparent [trænspéərənt] *a* (~ **ly** *adv*) prozoren, transparenten; prosojen, prepusten za svetlobo; *fig* očiten, očividen, jasen; poštèn, odkrit; **a** ~ **flattery** očitno laskanje; **a** ~ **style** jasen slog; **as** ~ **as glass** prozoren kot steklo

transparentness [trænspéərəntnis] *n* prozornost

transpicuous [trænspíkjuəs] *a* prozoren (tudi *fig*)

transpierce [trænspíəs] *vt* prebosti; predreti

transpirable [trænspáirəbl] *a* znoječ se, poteč se; izparevajoč

transpiration [trænspiréišən] *n* izparevanje, izpuhtevanje, izhlapevanje; *med* znojenje, potenje; transpiracija

transpiratory [trænspáirətəri] *a* (redko) = **transpirable**

transpire [trænspáiə] *vt* izpariti; izznojiti, potiti; *vi* izpariti se; potiti se, znojiti se; transpirirati; *fig* zvedeti se, priti na dan; *vulg* dogoditi se, zgoditi se; **the secret has** ~ **d** skrivnost je (počasi) prišla na dan

transplant [trænsplá:nt] **1.** *vt bot med* presaditi; premestiti, prenesti; transplantirati; preseliti (*to* v); *vi* dati se presaditi; **2.** [trǽnspla:nt] *n* presaditev; *med* presadek, transplantat

transplantable [trænsplá:ntəbl] *a* presadljiv; premestljiv, prenesljiv

transplantation [trænspla:ntéišən] *n* presaditev; prenos, premestitev; premeščanje; *fig* preseljevanje; *med* transplantacija (tkiva)

transplanter [trænsplá:ntə] *n* presajevalec; *mech* naprava za presajevanje, vrtna lopatica

transpolar [trænspóulə] *a* prekpolaren

transponibility [trænspounəbíliti] *n* premestljivost; prestavljivost

transponible [trænspóunibl] *a* premestljiv, prestavljiv

transpontine [trænspóntain] *a* ležeč na drugi strani mosta; (v Londonu) ležeč južno od Temze; *theat* melodramatičen, ginljiv; plažen, kičast

transport I [trǽnspɔ:t] *n* prevoz, prevažanje, transport; prenašanje; odpošiljatev, špedicija; pre-

vozno sredstvo, transportna ladja (za prevoz vojakov); *obs* deportiranec; *fig* močno razburjenje, izbruh veselja, očaranje, zamaknjenost, prevzetje, zanos; ~ **plane** transportno letalo; **in a** ~ **of rage** v navalu jeze, v besni jezi; **she was in** ~ **s** bila je vsa prevzeta; **to go into** ~ **s of joy** biti ves iz sebe, biti pijan od veselja

transport II [trænspɔ́:t] *vt* prevažati; prenesti, prenašati, transportirati, voziti, odposlati; odnesti; odvesti, deportirati; *fig* prevzeti, razburiti; *obs* spraviti na oni svet; **he was** ~ **ed by joy** bil je ves iz sebe od veselja; **they stood** ~ **ed with amazement** stali so čisto prevzeti od začudenja

transportability [trænspɔ:təbíliti] *n* prenosnost, prevoznost, zmožnost prevoza; *jur* sposobnost za deportiranje

transportable [trænspɔ́:təbl] *a* prenosen, prevozen; ki se da prenesti (prepeljati, transportirati, odposlati)

transportation [trænspɔ:téišən] *n* prenos, prenašanje, prevoz, prevažanje, transport(iranje); prevozni stroški; prevozno sredstvo; odpošiljatev; premestitev; deportacija, deportiranje (hudodelcev); transportni sistem (metoda); vozno dovoljenje (za javna prevozna sredstva)

transporter [trænspɔ́:tə] *n* prevoznik, prenašalec; (od)pošiljatelj; naprava za pretovarjanje (prekladanje, prekrcavanje)

transporting [trænspɔ́:tiŋ] *a fig* zbujajoč občudovanje, očarljiv

transposal [trænspóuzəl] *n* premeščanje, premestitev, predevanje, prestavljanje, prestavitev

transpose [trænspóuz] *vt* premestiti, prestaviti, menjati; spremeniti red, stavo (besed) v stavku; *mus* transportirati

transposition [trænspəzíšən] *n* premestitev, premeščanje, predevanje, prestavitev, prenos; *mus* transportiranje

transpositive [trænspózitiv] *a* premestljiv, prestavljiv

transprose [trænspróuz] *vt* (*hum*) prestaviti (verze) v prozo

transrhenane [trænsrí:nein] *a* ležeč, bivajoč onstran Rena; *E* nemški (v nasprotju s francoskim)

transship [trænsšíp] *vt naut* pretovoriti, prekrcati (blago); *vi naut* prestopiti (na drugo ladjo)

transshipment [trænsšípmənt] *n naut* pretovarjanje, prekladanje, prekrcavanje (blaga)

transsonic [trænssónik] *a* = **transonic**

transubstantiate [trænsəbstǽnšieit] *vt* snovno spremeniti (*into, to* v); *rel* spremeniti kruh in vino v Kristusovo telo in kri

transubstantiation [trænsəbstænšiéišən] *n* snovna spremenitev; *rel* spreminjanje kruha in vina v Kristusovo telo in kri; transsubstanciacija

transudate [trǽnsjudeit] *n med* transsudat

transudation [trænsju:déišən] *n* izločanje (tekočine); potenje, mezenje

transudatory [trænsjú:dətəri] *a* ki izloča, izpoteva; mezeč

transude [trænsjú:d] *vi* izločiti se, puščati, mezeti, izpotevati, kapljati, prodirati skozi, pronicati

transvaluation [trænsvæljuéišən] *n* prevrednotenje

transvalue [trænsvælju:] *vt* prevrednotiti

transvase [trænzvéis] *vt* preliti, pretočiti, pretakati (iz posode v posodo)

transvection [trænsvékšən] n prevažanje
transversal [trænzvɔ́:səl] 1. a (~ ly adv) prečen,
poprečen; presečen; transverzalen; diagonalen;
2. n math prečna črta, prečnica, presečnica,
transverzala
transverse I [trǽnzvə:s] 1. a prečen, presečen,
diagonalen, transverzalen; ~ section prečni
presek (prerez); 2. n math prečnica, transverzala;
anat prečna, transverzalna mišica; math velika
os pri elipsi
transverse II [trænsvɔ́:s] vt (redko) postaviti v
stihe
transversely [trænsvɔ́:sli] adv prečno, poprek,
diagonalno, transverzalno
transverter [trænzvɔ́:tə] n el premenik
transvestite [trænzvéstait] n psych tranzvestit(ka)
trant [trænt] vi dial krošnjariti
tranter [trǽntə] n dial krošnjar; kramar
trap I [træp] n zanka (za živali), past (za ptice,
miši, lisice); fig past; vrša, sak; tech zaklopec,
zaklopka, loputa; mus tolkalo; E lahek voz na
dve kolesi, odprt dvosedežen avto; fig sl zvijača,
prevara, zvijačnost; sl vohljač, detektiv, poli-
cijski agent; sl usta; mouse-~ mišelovka; rat ~
past za podgane; pl vrsta lestev, ki se lahko
sklopijo; to be up to ~, to understand ~ ne se dati
speljati, ne iti v past; to lay (to set) a ~ for s.o.
nastaviti komu past; to walk (to fall) into a ~
iti, pasti v past; shut your ~! sl drži jezik (za
zobmi)!
trap II [træp] vt loviti (uloviti, ujeti) v past, v
zanko; (z zvijačo) zasačiti, zalotiti; tech opre-
miti (pod) z loputami; prestreči (plin, vodo);
fig speljati, nabrisati (koga); vi biti lovec na
živali z dragocenim krznom; nastavljati zanke,
pasti (for za); ujeti se, biti zaustavljen, prestre-
žen (plin itd.)
trap II [træp] n geol min eruptivno kamenje
trap IV [træp] 1. n obs konjska, podsedelna odeja;
pl obleka, prtljaga; to pack up one's ~s fig
pobrati šila in kopita; 2. vt opremiti (konja) z
blestečo opremo; okomatati; zapreči
trapball [trǽpbɔ:l] n vrsta igre z žogo
trap cellar [trǽpselə] n prostor pod gledališkim
odrom
trap door [trǽpdɔ:] n teat zaklopna vrata v podu,
vrata v podu ali krovu (za izhod v sili); min
vrata za ventilacijo; krpa, pretrg v suknu v
obliki črke L
trapes [tréips] = traipse
trapeze [trəpí:z] n sp (telovadni, akrobatski) trapez;
math trapez, A trapezoid
trapezing [trəpí:ziŋ] n sp akrobatsko predvajanje
na trapezu
trapezist [trəpí:zist] n sp akrobat(inja) na trapezu
trapezium [trəpí:ziəm] n math trapez, A trapezoid;
anat večkotna zapestna kost
trapezoid [trǽpizɔid] n math trapezoid, A trapez
trapfall [trǽpfɔ:l] n samozaklopna vrata
trapper [trǽpə] n lovec z zanko ali pastjo na živali
z dragocenim krznom; min oseba, ki ravna z
vrati za ventilacijo; E coll kočijski konj
trappiness [trǽpinis] n zahrbtnost, izdajstvo
trapping [trǽpiŋ] n nastavljanje zank, pasti; sp
stopanje (žoge)

trappings [trǽpinz] n pl bogato okrašena konjska
oprava; fig okras, nakit; sijaj, blišč, pomp,
razkošje
Trappist [trǽpist] n eccl trapist; t~ trapistovski
Trapistine [trǽpistin] n eccl trapistinja (redovnica);
t~ trapistovski liker
trappy [trǽpi] a coll poln pasti; zapleten, zvit,
kočljiv, težaven
trapse tréips = traipse
trapshooting [trǽpšutiŋ] n sp streljanje na lon-
čene) golobe
trash I [træš] 1. n ničvredno blago, škart, izvržek,
izmeček, odpadki, smeti; oklešči, dračje; lit
slabo književno delo (brez vrednosti), plaža,
kič; prazne besede, čvekanje; bedarija, ne-
umnost, budalost, prazne marnje; sodrga,
svojat; podlež, ničvrednež; pridanič; ~ can
vedro za odpadke, smetnjak; ~ dump A odla-
gališče; ~ ice koščki ledu, pomešani z vodo;
white ~ A revni belci v južnih državah ZDA;
to talk ~ govoriti budalosti, nesmisel; he writes
~ kar on piše, nima nobene vrednosti; 2. vt
oklestiti (drevje), obstriči; odložiti, odvreči
(zlasti karte)
trash II [træš] dial vi s težavo, z mukami se vleči
naprej; vt mučiti, utrujati
trashery [trǽšəri] n odpadki, šara, navlaka, ropotija
trash-house [trǽšhaus] n A lopa za iztisnjeni slad-
korni trst
trashiness [trǽšinis] n manjvrednost, brezvrednost
trashy [trǽši] a (trashily adv) ki je brez vrednosti,
nekoristen; slabe kakovosti, slab, zanič; ~
novel šund roman (brez vrednosti)
trass [træs] n geol lehnjak, tuf
traulism [trɔ́:lizəm] n med jecljanje
trauma [trɔ́:mə, tráumə] n med travma, telesna
poškodba, rana; duševni pretres, šok
traumatic [trɔ:mǽtik] a (~ ally adv) travmatičen,
poškodben; povzročen, nastal po travmi; zdra-
vilen; ~ neurosis travmatična nevroza
traumatism [trɔ́:mətizəm] n travmatizem
traumatize [trɔ́:mətaiz] vt travmatizirati; poškodo-
vati
travail I [trǽveil] 1. n naporno, težko delo, trud,
muka, garanje; fig duševna muka; med porodne
bolečine, popadki; to be in ~ with fig biti težak
boj z; 2. vi težko delati, garati, mučiti se, opravl-
jati naporno delo; med biti v porodnih boleči-
nah
travail II [trəvéil] n A Can konjske sani
travel I [trævl] n potovanje (zlasti daljno ali v
zamejstvo); turistični promet; tech tek (stroja),
gibanje ali dviganje (bata); pl potovanja, opisi
potovanja; a book of ~ potopis; ~ allowance
potni stroški, dodatek za potovanje; ~ agency
turistična agencija
travel II [trævl] vt potovati (zlasti daleč, v tujino);
voziti se; potovati poslovno; econ potovati kot
trgovski potnik; fig klatiti se, iti sem in tja;
širiti se (o svetlobi); razprostirati se, raztezati
se; hitro se gibati, teči, premikati se, drveti; vt
prepotovati, prehoditi; econ prepotovati (pod-
ročje) kot trgovski potnik; to ~ by boat (air,
rail) potovati z ladjo (letalom, železnico); to
~ for one's health (pleasure) potovati zaradi
zdravja (za zabavo); to ~ light potovati brez

(ali z malo) prtljage; **he ~ s in silks** on je trgovski potnik za svilo; **the crane ~ s along the rails** *tech* žerjav se premika po tračnicah; **sound ~ s faster in water than in air** zvok se širi hitreje v vodi kot v zraku; **to ~ Europe from end to end** prepotovati Evropo od enega konca do drugega

travel(l)ed [trǽvəld] *a* ki je mnogo, daleč potoval; prevožen (cesta, železniška proga); *geol* eratičen; **he is a much ~ man** on je mnogo potoval

travel(l)er [trǽvlə] *n* potnik; trgovski potnik, stroj, ki se premika (npr. žerjav na tračnicah itd.); *A* knjižica nakupov (v raznih oddelkih veleblagovnice); **~'s cheque** *econ* potni ček; **~ -joy** *bot* srobot; **~ letter of credit** potno kreditno pismo; **~ -tale** izmišljena, lažniva, fantastična zgodba (zlasti iz daljnih dežel); **~ guide** vodnik (tujcev); **to tip s.o. the ~** *sl* pripovedovati komu laži ali neverjetne zgodbe

travel(l)ing [trǽvliŋ] 1. *n* potovanje; 2. *a* potujoč, potni, potovalen; *tech* premičen; **~ agent** potujoči zastopnik; **~ bag** potovalna torba, potovalka; **~ case** kovček za potovanje; **~ clock** budilka za potovanje; **~ crane** *tech* tekalni žerjav; **~ expenses (charges)** potni stroški; **~ library** potovalna knjižnica; **~ platform** tekoči pločnik; **~ salesman** trgovski potnik; **~ staircase, ~ stairs** tekoče stopnice

travelog(ue) [trǽvələg] *n* poročilo o potovanju (predavanje, z diapozitivi itd.)

traversable [trǽvəsəbl] *a* lahkó prehoden; prevozen

traversal [trǽvəsəl] *n* prečkanje

traverse I [trǽvəs] 1. *n* prečkanje, potovanje (vožnja) skozi; prečni tram, prečnica, traverza; *mil* traverza, prečna zaščita od bočnega ognja; prečni jez; prečni prehod; *naut* prečna, cikcak črta (ladje); *tech* premikanje, gibanje v stran (stroja), (redko) zapreka, ovira; *jur* zanikanje, ugovor; navedba o dejanskem stanju; **to make a ~** prečkati (polico v steni); 2. *a* prečen, poševen, transverzalen, navzkrižen, cikcakast; **~ sailing** jadranje v cikcaku; **two ~ lines** križajoči se črti

traverse II [trǽvəs, trəvɔ́:s] *vt* prečkati, prepotovati, prehoditi, iti skozi (čez); teči skozi; hoditi sem in tja (*the room* po sobi); prekrižati, položiti navzkriž; *fig* pretresti, premisliti, pregledati; biti razpet nad (o mostu); preprečiti (načrte); *jur* ugovarjati, zanikati, pobijati; *mil* obrniti, nameriti v stran proti tarči (top); *tech* počez strugati (skobljati, oblati); *vi* iti počez, iti čez, iti sem in tja (gor in dol); *tech* obračati se; (mečevanje) napraviti izpad v stran; **to ~ s.o.'s plan** prekrižati komu načrt; **a bridge ~ s the river** nad reko se vzpenja most; **the country is ~ d by canals** deželo preprezajo prekopi

traverser [trǽvəsə] *n* oseba, ki prečka; *jur* oseba, ki zanika (ugovarja, spodbija, nasprotuje); *rly* okretnica

travesty [trǽvisti] 1. *n* travestija; *fig* karikatura; **a ~ of justice** karikatura pravice; 2. *vt* travestirati, napraviti smešno; karikirati, prikazati v karikaturi; *fig* popačiti, izkriviti

travolator [trǽvouleitə] *n* premična kovinska preproga (namesto premičnih stopnic v podzemeljski železnici, v veleblagovnicah itd.)

trawl [trɔːl] 1. *n* vlečna ribiška mreža; 2. *vt* loviti (ribe) z vlečno mrežo; *vi* ribariti z vlečno mrežo

trawler [(trɔ́:lə] *n* ribič, ki lovi z vlečno mrežo; (= **trawlboat**)

trawlboat [trɔ́:lbout] *n* čoln (ladja), s katerega love ribe z vlečno mrežo

trawl line [trɔ́:llain] *n* na vrvico nabrani trnki (ribiška naprava za ribolov)

trawl net [trɔ́:lnet] *n* = **trawl** *n*

tray [tréi] *n* pladenj; servirni podstavek; vložek, vstavek (za kovček); (krošnjarjeva) krošnja; plitva skledica; predal omare; zaščitna, lovilna mreža (pri tramvaju); **ash-~** pepelnik; **tea-~** čajni pladenj

treacherous [trécərəs] (**~ ly** *adv*) izdajalski, verolomen, zahrbten, nezvest; varljiv, lažen, perfiden; potuhnjen; nezanesljiv, nesiguren; **~ ice** varljiv, nesiguren led; **a ~ memory** nezanesljiv, slab spomin

treacherousness [trécərəsnis] *n* izdajstvo, verolomnost, zahrbtnost, nezvestoba; perfidnost; potuhnjenost

treachery [trécəri] *n* izdaja, izdajstvo (*to* nad); nezvestoba, perfidnost; podlost. zahrbtnost, zvijača; verolomnost; **~ comes home to him that devised it** kdor drugim jamo koplje, sam vanjo pade

treacle [triːkl] *n* sirup, sladkorni sok; melasa; rastlinski sok, ki vsebuje sladkor; *fig* zoprno prilizovanje; **~ of birk** brezov sok

treacly [tríːkli] *a* podoben sirupu; zoprno sladek, osladen

tread I [tred] *n* korak, hoja, stopanje; stopnica (stopnišča, pri kočiji itd.); podnožnik; prečka (pri lestvi); širina tira; razmik med pedaloma pri biciklu; sled, odtis (kolesa itd.); **he has a heavy ~** on ima težko hojo

tread* II [tred] 1. *vi* stopati, korakati, iti, hoditi; neposredno slediti; 2. *vt* iti po, stopiti (na), gaziti, tlačiti; krčiti, utreti (pot); plesati (ples); pohoditi, pogaziti, zmečkati; naskočiti; **to ~ on s.th.** stopiti na, pohoditi kaj; **to ~ on s.o's corns (toes)** stopiti komu na kurje oko (na prste); **(to seem) to ~ on air** *fig* plavati na oblakih, biti ves iz sebe od veselja; **to ~ the stage (the boards)** iti med gledališke igralce, nastopiti na odru; **do not ~ on the grass!** ne hodite po travi!; **to ~ (as) on eggs** iti kot po jajcih, *fig* ravnati, postopati oprezno; **to ~ on s.o.'s heels** biti komu za petami; **to ~ a hen** naskočiti kokoš (o petelinu); **to ~ grapes** tlačiti grozdje; **he will ~ in his father's footsteps** šel bo po očetovih stopinjah; **to ~ lightly** nastopati oprezno; **to ~ on s.o.'s neck** *fig* imeti koga v popolni oblasti; **to ~ a measure** plesati; **to ~ a path** utreti si pot; **to ~ the room** stopati po sobi; **to ~ under foot** pogaziti; **to ~ warily** oprezno postopati; **to ~ water** držati se pokonci hodeč v vodi

tread down *vt* pohoditi, poteptati, pogaziti, zmečkati, potlačiti

tread in *vi & vt* vstopiti; vtisniti, vtepati stopalo (v zemljo itd.)

tread out *vt* pogasiti (ogenj) s teptanjem (nog); poteptati; iztisniti, zmečkati (grozdje); *fig* zatreti, zadušiti (upor itd.)

tread-board [trédbɔ:d] *n* stopnička (pri kočiji itd.)

treader [trédə] *n* gazilec, teptalec, tlačilec (grozdja)

treadle [tredl] **1.** *n* pedal, nogalnik, stopalnik; **2.** *vi* poganjati pedal; kolesariti

treadmill [trédmil] *n* samotežni mlin; *fig* enolično, rutinsko delo; **I am on the** ~ dan za dnem opravljam isto enolično (dolgočasno) delo

tread-wheel [trédwi:l] *n* samotežno kolo

treason [tri:zn] *n* izdaja, izdajstvo (*to* nad); nezvestoba, verolomnost; **high** ~ veleizdaja

treasonable [trí:znəbl] *a* (**treasonably** *adv*) izdajalski; kriv izdajstva

treason felony [trí:zn féləni] *n jur* veleizdaja

treasonous [trí:znəs] *a* = **treasonable**

treasure [tréžə] **1.** *n* zaklad; bogastvo; *fig* dragocenost, redkost; zakladnica; *coll* zlat človek, biser; *coll* ljubček, ljubica; **a buried** ~ zakopan zaklad; **art** ~ s zakladi umetnosti; vredna umetniška dela; **our new maid is a** ~ naša nova pomočnica je (pravi) biser; **to amass, to bury a** ~ nakopičiti, zakopati zaklad; **2.** *vt* (često ~ **up**) čuvati (kot zaklad); kopičiti, nabirati si (premoženje itd.); obdržati v spominu (besede itd.), ceniti; **to** ~ **advice** zapomniti si nasvete; **to** ~ **s.o.'s memory** obdržati koga v lepem spominu

treasure house [tréžəhaus] *n* zakladnica; *fig* zlata jama

treasurer [tréžərə] *n* zakladnik; *econ* blagajnik (društva itd.); finančni uradnik

treasurership [tréžərəšip] *n* blagajništvo; služba blagajnika, zakladnika

treasure ship [tréžəšip] *n* ladja z zakladom (ki je zlasti v 16. stoletju pripeljala zlato ipd. iz Novega sveta)

treasure-trove [tréžətrouv] *n* najdeni zaklad (dragulji, denar), ki je brez lastnika; *fig* zaklad, dragocena najdba

treasury [tréžri] *n* zakladnica; trezor; državna zakladnica, zaklad; državna blagajna, fisk(us); državne finance, finančno ministrstvo; *fig* knjiga, ki je prava zakladnica znanja, navodil itd.; antologija; **T**~ **Board** *E* ministrstvo za finance; **T**~ **Department** *A* ministrstvo za finance; **Secretary of the T**~ *A* sekretar (minister) za finance; ~ **bill** menica, nakaznica za državno blagajno; ~ **bench** *E parl* ministrska klop v Spodnjem domu; ~ **bond** državna dolgoročna obveznica; ~ **note** *E* bankovec (za 1 funt ali za 10 šilingov)

treat I [tri:t] *n* (po)gostitev, gostija, pojedina; slavje; *coll* (velik) užitek; **Dutch** ~ izlet, gostija itd., kjer vsakdo plača zase; **school** ~ piknik za šolske otroke; **it is my** ~ to gre na moj račun (pijača ipd.); **this** ~ **is mine** to rundo (pijače itd.) plačam jaz; **to stand a** ~ pogostiti, plačati za zapitek (za druge); **it was a** ~ **to hear him sing** poslušati njegovo petje je bil velik (pravi) užitek

treat II [tri:t] *vt* ravnati (s kom), postopati; obravnavati; tretirati (koga); vesti se, obnašati se (proti komu); zdraviti (bolnika, bolezen); *chem* delovati na; smatrati (*as* za, kot); (po)gostiti (*to* s čim), plač(ev)ati za koga; nuditi užitek (komu); *pol hist* skušati pridobiti si (volilce) s plačevanjem pijače, z »volilnim go-

lažem«; *vi* dogovarjati se (*about* o, *with* z), pogajati se; manipulirati, ravnati (*of* z); razpravljati, govoriti, pisati (*of* o); plačevati za zapitek, pijačo itd.; **to** ~ **s.o. brutally** brutalno ravnati s kom; **to** ~ **o.s. to** gostiti se z; **he** ~ **ed me to a good dinner** pogostil me je, plačal mi je za dobro večerjo; **to** ~ **s.o. for cancer** zdraviti koga zaradi raka; **to** ~ **s.o. like a lord** kraljevsko koga pogostiti; **to** ~ **o.s. to a bottle of champagne** privoščiti si buteljko šampanjca; **this book treats of an interesting topic** ta knjiga obravnava zanimivo témo; **he** ~ **ed my words as a joke** smatral je moje besede za šalo; **as we** ~ **others, we must expect to be** ~ **ed** kakor mi z drugimi, tako oni z nami; **it is my turn to** ~ jaz sem na vrsti, da plačam (za zapitek, za pijačo itd.); **he is being** ~ **ed for nervous depression** zdravijo ga zaradi živčne depresije

treatable [trí:təbl] *a* popustljiv, blag; priljubljen, prijeten, družaben; ki se da obdelati

treater [trí:tə] *n* obdelovalec (materiala); (po)gostitelj

treatise [trí:tiz] *n* razprava; monografija; *obs* poročilo; pripoved

treatment [trí:tmənt] *n* postopek, postopanje, ravnanje; zdravljenje; razpravljanje (o); *chem* delovanje na, obdelovanje

treaty [trí:ti] *n* (zlasti državna) pogodba; dogovor; (redko) pogajanje, dogovarjanje; razpravljanje; *econ* pogodba o pozavarovanju; **commercial** ~ trgovinska pogodba; ~ **powers** *pol* pogodbene sile; ~ **port** dogovorjeno pristanišče, kjer imajo pripadniki dogovorjenih držav svobodno trgovanje; **peace** ~ mirovna pogodba; ~ **of alliance** pogodba o zavezništvu; ~ **maker** pogodbenik; sestavljavec pogodbe; **to be in** ~ **with s.o. for s.th.** dogovarjati se s kom o čem; **to break a** ~ prekršiti dogovor, pogodbo; **to conclude a** ~ skleniti pogodbo; **to sell by private** ~ prodati pod roko

treble [trebl] **1.** *a* (**trebly** *adv*) trikraten, trojen; *mus* sopranski, diskantski; visok, predirljiv, vreščav (glas); ~ **figures** *math* trištevilčna števila; ~ **clef** *mus* violinski ključ; **2.** *n* trikratnost, trojnost; *mus* sopran, diskant; *fig* visok ton; **3.** *vt & vi* potrojiti (se); (redko) visoko, predirljivo peti; cviliti; **the value has** ~ **d** vrednost se je potrojila

tredecillion [tri:disíljən] *n* tredecilion (10^{78})

tree [tri:] **1.** *n* drevo; steblo, deblo; *obs* križ, vislice; *tech* gred, vreteno; ~ **of bearing age** rodovitno drevo; ~ **of knowledge of good and evil** *bibl* drevo spoznanja; ~ **calf** fino telečje usnje za vezavo knjig z liki, podobnimi steblom; **boot** ~ kopito za škornje; **cross** ~ s *naut* lesen križ na vrhu jambora; **family** ~, **genealogical** ~ rodovnik; **rose** ~ rožni grm; **at the top of the** ~ *fig* na največjem položaju v svojem poklicu; **to be up a** ~ *coll fig* biti v stiski, v škripcih, v brezizhodnem položaju; **he cannot see the wood for the** ~ s *fig* zaradi dreves (od samih dreves) ne more razpoznati gozda; **as the** ~ **is, so is the fruit** jabolko ne pade daleč od drevesa; **2.** *vt* pognati, spoditi (žival) na drevo; dati na kopito; *fig coll* spraviti v škripce, v stisko, v težave (koga); **the dog** ~ **d the squirrel** pes je prepodil veverico na drevo

tree belt [trí:belt] *n* zelenica (zlasti med voziščem in peš potjo)

tree-creeper [trí:kri:pə] *n zool* ptič plezalec

tree fern [trí:fə:n] *n bot* vrsta (kot drevo visoke) praproti

tree frog [trí:frɔg] *n coll* rega (žabica)

tree lawn [trí:lɔ:n] *n* = **tree belt**

treeless [trí:lis] *a* brez drevja, gol

tree-lined [trí:laind] *a* zasajen ali obrobljen z drevjem; ki ima drevored

tree milk [trí:milk] *n* vrsta soka (od grma), ki rabi za mleko

treenail [trí:neil] *n tech* klin(ec), moznik

tree nursery [trí:nə:səri] *n* drevesnica

treetop [trí:tɔp] *n* drevesna krona, krošnja

trefoil [tréfɔil] *n bot* detelja; list detelje; trilistna deteljica (okras)

treillage [tréilidž] *n* špalir, latnik, brajdnik

trek [trek] **1.** *n* potovanje, selitev z vozom z volovsko vprego (v južni Afriki); potovanje; **2.** *vi* vleči voz, vleči tovor (o volu, v južni Afriki); potovati z volovsko vprego, (iz)seliti se; počasi, s trudom se pomikati naprej; *sl* popihati jo, pobrisati jo

trekker [trékə] *n* kdor potuje, se seli z vozom (zlasti z volovsko vprego)

trellis [trélis] **1.** *n* rešetka, (železna, žična, lesena) mreža, (leseno) okrižje; (rešetkasta) senčnica, zelena uta; brajdnik, latnik; **2.** *vt* zamrežiti; preplesti; obesiti (trto) na latnik; ~ **ed window** zamreženo okno

trellis fence [trélisfens] *n* latovnik

trelliswork [tréliswɔ:k] *n* omrežje, mreža; rešetka

tremble I [trembl] *n* tresenje, trepet(anje), drhtenje; **to be all of a** ~ po vsem telesu drhteti (drgetati, se tresti)

tremble II [trembl] *vi* tresti se, drgetati, drhteti, trzati (*at, from, with* od); *fig* trepetati; prhutati, frfotati; *fig* plašiti se, biti (nekoliko) v skrbeh, v strahu, v negotovosti; vznemiriti se; **to** ~ **with anger** tresti se od jeze; **to** ~ **all over, to** ~ **in every limb** tresti se po vseh udih; **to** ~ **in the balance** *fig* kolebati, biti v negotovosti; **his life** ~**s in the balance** njegovo življenje visi na nitki, je v skrajni nevarnosti; **to** ~ **for s.o., for one's safety** trepetati za koga, za svojo varnost; **I** ~ **to think what might have happened** groza me je pomisliti, kaj bi se bilo lahko zgodilo; *vt* stres(a)ti

tremblement [trémblmənt] *n* (redko) *mus* gostolevek; *poet* tresenje, drhtenje

trembler [trémblə] *n* oseba, ki se trese, drhti; *el* avtomatski prekinjevalec; električni zvonec; *hist* (vzdevek za) kveker(ja); ~ **bell** električni zvonec (z avtomatskim prekinjevalcem)

trembling [trémbliŋ] **1.** *a* tresoč se, drhteč, drgetajoč; ~ **in the balance** v negotovosti; ~ **grass** migalica (trava); ~ **poplar**, ~ **tree** *bot* trepetlika; **2.** *n* tresenje, drhtenje; *tech* vibriranje; **in fear and** ~ v strahu in trepetu

trembly [trémbli] *a coll* drhteč, drhtav

tremendous [triméndəs] *a* (~ **ly** *adv*) strašen, grozen; strahovit; *coll* ogromen, velikanski, kolosalen, silen, izreden; **a** ~ **difference** ogromna razlika; **a** ~ **explosion** strahovita eksplozija

tremendousness [triméndəsnis] *n* strahota; groza

tremolant [trémələnt] **1.** *n* cev orgel, ki ji zvok vibrira, tremolira; **2.** *a* ki ima tremolirajoč ali vibrirajoč zvok

tremolo [trémələu] *n mus* trémolo; tremulant

tremor [trémə] *n med* tremor, drhtavica, trzanje, tresenje, trepetanje; drgetanje od razburjenja; vibrirajoč ton; **earth** ~ (zemeljski) potres

tremorless [tréməlis] *a* brez drhtenja ali tresenja; miren

tremulous [trémjuləs] *a* (~ **ly** *adv*) drhteč, trepetajoč, tresoč se; nervozen; boječ, plah, plašljiv; kolebajoč; **a** ~ **handwriting** tresoča se pisava

tremulousness [trémjuləsnis] *n* drhtenje, trepetanje

trench I [trenč] *n* zaseka, globok jarek (za namakanje); *mil* strelski jarek, rov, okop; **to mount the** ~**es** zasesti strelske jarke, poiskati zavetje v rovih; **to search the** ~**es** bombardirati strelske jarke (rove) s šrapneli

trench II [trenč] *vt* razrezati, rezati na kose; *agr* kopati, prekopati, globoko preorati, rigolati; (raz)brazdati z brazdami, z jarki; *mil* obdati ali utrditi s strelskimi jarki; *vi* (iz)kopati jarke; *mil* (iz)kopati rove, ukopati se; *fig* mejiti, približevati se; posegati v; **to** ~ **upon s.o.'s rights** posegati v pravice kake osebe; **that** ~**ed closely upon heresy** to je že zelo mejilo na krivoverstvo

trenchancy [trénčənsi] *n fig* ostrina, strogost, rezkost, pikrost

trenchant [trénčənt] *a* (~ **ly** *adv*) oster, piker, rezek; *fig* (stil, jezik, politika itd.) oster, energičen, učinkovit; natančen, precizen, jasen; odločen, prodoren, močan; *poet* oster (meč, rezilo)

trench coat [trénčkout] *n* trenčkot, (vojaški) gumiran plašč (proti dežju, neurju)

trencher I [trénčə] *n mil* kopač rovov, podkopnik, saper

trencher II [trénčə] *n* deska, pladenj za rezanje mesa, kruha; *hist* rezina kruha z mesom; *fig* miza, jed, hrana; *obs* nož; ~ **companions** tovariši pri mizi; priskledniki

trencher cap [trénčəkæp] *n E* (štirioglata) študentovska čepica

trencherman, *pl* -men [trénčəmən] *n* jedec; prisklednik; **a good (a poor)** ~ dober (slab) jedec

trench foot (feet) [trénčfut, -fi:t] *n med* bolezen stopala, dobljena v rovih

trench-jacket [trénčdžækit] *n* plašč, suknjič proti vetru

trenchmaster [trénčma:stə] *n mil* kratek top (možnar) (za streljanje iz rova); minomet

trench warfare [trénčwɔ:feə] *n mil* pozicijska vojna (vojskovanje)

trenchwork [trénčwɔ:k] *n mil* okop; kopanje okopov

trend [trend] **1.** *n* tok, (po)tek; *econ* razvoj, tendenca; trend; poševna smer; *fig* obče nagnjenje, težnja, smer, tendenca, orientacija, prizadevanje; **the** ~ **of events** tok dogodkov; **the** ~ **of public opinion** usmerjenost, orientacija, nagibanje javnega mnenja; **2.** *vi* imeti določeno smer; nagibati se k, težiti k; razprostirati se, raztezati se; iti v neko smer; *fig* imeti občo tendenco, biti usmerjen (*towards* k, proti); **to** ~ **away** začeti se odvračati (*from* od); **the coast** ~**s (towards the) north** obala se razteza proti severu

trental [tréntl] *n rel hist* 30 maš (za umrlega); *obs* tridesetorica

trepan [tripǽn] **1.** *n med* trepán, lobanjski sveder; *tech* vrtalni stroj; **2.** *vt med* navrtati, odpreti lobanjo, trepanirati; *tech* (na)vrtati, (iz)votliti

trepan II [tripǽn] **1.** *n obs* slepar, lopov; past, trik, zvijača; **2.** *vt* ujeti v zanko, v svoje mreže; zvabiti (*into* v, *from* od); zasačiti, zalotiti; prevarati, prelisičiti

trepanation [trepənéišən] *n med* navrtanje lobanje, trepanacija

trephine [trifí:n, -fain] **1.** *n med* majhen, ročni trepan (žagica); **2.** *vt* (na)vrtati s trepanom, trepanirati

trepidation [trepidéišən] *n* plahost, zaskrbljenost, vznemirjenje, malodušje; obupanost; *med* drget-(anje), drhtenje; tresenje udov, mišic; tremor; vibriranje, osciliranje

trespass [tréspəs] **1.** *n* prestopek, prekršek, pregrešek, delikt; nepooblaščeno, brezpravno stopanje v prostore ali hoja po zemljišču; *fig* žalitev; protizakonito prisvajanje tuje lastnine, jemanje; zloraba; ~ **board** prepovedna tabla (plošča); **2.** *vi* napraviti prestopek (prekršek), pregrešiti se (*against* proti); *jur* nezakonito si prisvojiti tujo lastnino; okrnjevati, motiti tujo posest; zlorabljati; **no** ~**ing!** prehod (vstop) prepovedan!; **to** ~ **on s.o.'s good nature** zlorabljati dobroto, potrpežljivost kake osebe; **to** ~ **on s.o.'s preserves** *fig* komu v zelnik hoditi, škodo delati; **to** ~ **on s.o.'s hospitality** zlorabljati gostoljubje kake osebe; **to** ~ **on s.o.'s time** jemati komu čas

trespasser [tréspəsə] *n* kršitelj, prestopnik; grešnik; kdor si nezakonito prisvoji tujo lastnino, stopa nepooblaščen na tuje zemljišče itd.; ~**s will be prosecuted** dostop pod kaznijo prepovedan!

tress [tres] **1.** *n* koder, kodrček, kita (las); *pl* kite las; gosti, kodrasti lasje; **2.** *vt* (s)plesti v kite (lase)

tressed [trest] *a* spleten; kodrast

tressure, tressour [tréšə] *n obs* trak (mreža, okras) za lase; *her* rob

tressy [trési] *a* kitast; kodrast

trestle [tresl] *n* štirinožno stojalo, koza; stojalo oder; ~ **bridge** most na kozah

trestlework [tréslwə:k] *n* oporni stebri (iz tramov) mostu ali viadukta; *A* viadukt za železnico

tret [tret] *n econ* popust pri teži, refakcija (za izgubljeno težo pri transportu)

trews [tru:z] *n pl Sc* ozke hlače iz kockaste tkanine

trewsman, *pl* -**men** [trú:zmən] *n* (škotski) gorjanec

trey [tréi] *n* trojka (v kartah, na domini)

triable [tráiəbl] *a jur* ki se lahko vzame v postopek; (o osebah) ki se more pozvati pred sodišče; ki se more tožiti, soditi

triad [tráiəd] *n* trojnost; trojica; *mus* trizvok; *chem* trivalenten element

trial [tráiəl] **1.** *n* poskus (*of* z); preskus, preizkušnja; skušnjava; nadloga, nesreča, udarec usode; *tech* poskus, eksperiment; *jur* sodna preiskava, sodni postopek, proces, glavna razprava; obtožba; *E* popravni izpit; ~ **by jury** razprava pred porotnim sodiščem; **by** ~ **and error** tipaje; **the** ~**s of life** preskušnje v življenju; **by way of** ~ za poskus, poskusno; ~ **trip** poskusna

vožnja; poskusno potovanje z ladjo; **a** ~ **run on a car** poskusna vožnja z avtom; **to be on** ~, **to stand on** ~ biti obtožen, biti pred sodiščem; **he is on his** ~ zaslišujejo ga; **to bring s.o. up for** (ali **to**) ~ postaviti koga pred sodišče; (ob)tožiti koga, začeti tožbo proti komu; **to be a great** ~ **to s.o.** *fig* hude skrbi, sive lase komu delati; **I will give it a** ~ to bom preskusil; **to make (a)** ~ **of s.th.** napraviti poskus s čim, preizkusiti kaj; **to make** ~ **of s.o.'s loyalty** postaviti koga na preskušnjo glede njegove zvestobe; **to put to** (ali **on**) ~ postaviti pred sodišče; **he is on his** ~ **for theft** obtožen je tatvine; **the radio upstairs is a** ~ **to us** radio nad nami nam gre na živce; **2.** *a* poskusen; *jur* preiskovalen, zasliševalen; ~ **balance** *econ* poskusna bilanca; ~ **balloon** poskusni balon; *mil* balon, ki kaže smer vetra; ~ **fire** *mil* poskusno streljanje; ~ **flight** *aer* poskusen polet ~ **match** *sp* izločilno tekmovanje (tekma); ~ **order** *econ* poskusno naročilo; ~ **run** poskusna vožnja

triangle [tráiæŋgl] *n* trikotnik; *mus* triangl; *hist* (trikoten) spinet; *mil hist* trinožnik, ki so nanj privezali vojake za bičanje; *fig* trikot(niško razmerje) (v ljubezni); **equilateral, isosceles, right-angled, scalene** ~ enakostraničen, enakokrak, pravokoten, raznostraničen trikotnik

triangular [traiǽŋgjulə] *a* (~ **ly** *adv*) trikoten, trastraničen, triroben; *fig* ki zajema tri osebe ali tri stranke

triangularity [traiæŋgjulǽriti] *n* trikotnost, trikotna oblika

triangulate [traiǽŋgjuleit] **1.** *vt* napraviti trikotno; razdeliti v trikotnike; *tech* triangulirati, trigonometrično meriti; **2.** *a* sestavljen iz trikotnikov

triangulation [traiæŋgjuléišən] *n* triangulacija

trias [tráiəs] *n geol* trias, triasna formacija; *mus* trizvok

triassic [traiǽsik] *a geol* triasen

tribadism [tríbədizəm] *n* tribadija, lezbična ljubezen

tribal [tráibl] *a* (~ **ly** *adv*) plemenski; rodovni

tribalism [tráibəlizəm] *n* plemenska, rodovna ureditev (organizacija, sistem, življenje)

tribe [tráib] **1.** *n* pleme; rod; *hum* družina, ceh, klika; **2.** *vt* (redko) razvrstiti v rodove, razrede

tribesman, *pl* -**men** [tráibzmən] *n* član plemena; rojak iz istega plemena

triblet [tríblit] *n tech* trirezni sveder

tribrach [tráibræk, trí-] *n pros* stopica iz treh kratkih zlogov

tribulation [tribjuléišən] *n* bridkost, žalost, trpljenje, stiska, nadloga, zoprnost

tribunal [traibjú:nəl] *n jur* sodišče, sodni dvor; sodni zbor; ~ **of commerce** *A* trgovsko sodišče

tribunary [tríbjunəri] *a* tribunski

tribunate [tríbjunit] *n hist* tribunstvo, tribunat (v Rimu)

tribune I [tríbju:n] *n* tribuna; galerija; govorniški oder; škofovski prestol

tribune II [tríbju:n] *n hist* tribun (v Rimu); *fig* ljudski govornik, javni zagovornik (branilec, zaščitnik, voditelj); ljudski junak

tribuneship [tríbju:nšip] *n* tribunstvo, tribunat

tribunicial [tribjuníšəl] *a* tribunski, ljudski, narodni; popul_aren

tribunician [tribjuníšən] *a* = tribunicial

tributariness [tríbjutərinis] *n* dolžnost plačevanja davkov, davčna zavezanost; *fig* podložnost

tributary [tríbjutəri] **1.** *a* (tributarily *adv*) tributaren, dajatven, podvržen davku, ki je obvezan (dolžan) plačevati davek; *fig* podložen, vazalen; pomožen, sodelujoč (*to* pri); (o reki) izlivajoč se, ki priteče v, pritočen; ~ **stream** pritok; **2.** *n* geogr pritok; tributarna država; davčni zavezanec

tribute [tríbju:t] *n* tribut, davek, dajatev; carina; *fig* tribut, dolg, davek; dolžno spoštovanje, poklon; *min* nagrada, izplačana rudarju z rudo ali z ustrezno vsoto denarja za njegovo delo; **to lay under** ~ *hist* podvreči plačevanju davka; **to pay** ~ **to s.o.** izkazati komu (dolžno) spoštovanje

tribute-work [tríbju:twə:k] *n min* delo, ki se nagrajuje z rudo ali v ustrezni vrednosti v denarju

tricar [tráika:] *n mot* motorni (dostavni, dobavni) tricikel

trice I [tráis] *n* hip, trenutek; **in a** ~ v hipu, kot bi trenil

trice II [tráis] *vt* (tudi ~ **up**) *naut* razviti

tricentenary [traisentínəri] *a* = tercentenary *a*

tricentennial [traisenténiəl] *n* = tercentenary *n*

triceps [tráiseps] *n med* triglava mišica

trichina [trikáinə, -ni:] *n med* trihina, lasnica, *pl* -nae

trichinosis [trikinóusis] *n med* trihinoza

trichology [trikólədži] *n med* nauk o laseh in lasnih boleznih, trihologija

trichord [tráiko:d] **1.** *n mus* trikord, glasbilo na 3 strune; **2.** *a* tristrunski

trichotomy [trikótəmi] *n* delitev na tri dele

trichromatic [traikroumǽtik] *a phot & print* tribarven

trick I [trik] *n* trik, ukana, (vojna) zvijača, lokavščina, izvijanje; spletka; šala, burka, norija; veščina, mojstrstvo; videz, slepilo, iluzija; razvada; posebnost, značilnost; vzetek (pri kartanju); *naut* služba pri krmilu (večinoma 2 uri); **full of** ~s poln spletk; **the** ~s **of the trade** (posebne) poslovne zvijače; **the whole bag of** ~s vreča (kup, koš) zvijač; **none of your** ~s **with me!** tvoji triki pri meni ne vžgejo!; **to be up to a** ~ **or two** znajti se, znati si (hitro) pomagati; **to be up to s.o.'s** ~s spregledati zvijače (trike) kake osebe, biti kos zvijačam kake osebe; **I was up to his** ~s nisem se mu dal oslepariti, nisem mu nasedel; **to do (to turn) the** ~ *sl* doseči cilj; izvesti ukano; **he has a** ~ **of frowning** ima to razvado, da mršči čelo; **he played me a dirty (nasty, mean)** ~ grdo (podlo) mi jo je zagodel; **I know a** ~ **worth two of that** poznam še nekaj boljšega kot to; **to take up the** ~ dobiti vzetek (pri kartanju)

trick II [trik] *vt* prevarati; prelisičiti, oslepariti, ogoljufati; zapeljati, zavesti (*into doing* (koga) da kaj naredi); pretentati; zvabiti v past; za norca imeti, za nos vleči, zagosti jo (komu); *vi* goljufati, slepariti, živeti od goljufije; **to** ~ **s.o. out of s.th.** opehariti, oslepariti koga za kaj; **to trick off (out, up)** okrasiti, nakititi; prirezati, pristriči

trick cyclist [tríksaiklist] *n E mil sl* psihiater

tricker [tríkə] *n* prebrisan slepar, goljuf, lopov

trickery [tríkəri] *n* sleparija, lokavščina, prevara, goljufija, zvijača, lopovščina, varanje

trick flying [tríkflaiiŋ] *n aer* akrobatsko letenje

trickiness [tríkinis] *n* zvijačnost, zvitost, lokavost; varljivost, slepilnost; nezanesljivost; kočljivost (položaja); kompliciranost, zapletenost

trickish [tríkiš] *a* (~ly *adv*) zvit; lokav, zvijačen, pretkan; slepilen, varljiv, lažen; potuhnjen; težaven, kočljiv, kompliciran

trickle [trikl] **1.** *n* kapljanje, curljanje; kaplja, solza; potoček; ~ **charge** *el* trajno polnjenje (akumulatorja); **2.** *vi* kapljati, curljati, teči (**down, along** po, **out** iz); mezeti, pronicati; *fig* prihajati v majhnem številu; *fig* kapljati; *vt* pustiti kapljati (curljati, pronicati); *golf* počasi kotaliti (žogo); **visitors are trickling in** obiskovalci prihajajo v majhnih skupinah; **the truth has** ~**d out** resnica je (počasi) prišla na dan

tricklet [tríklit] *n* curek; potoček

trick rider [tríkraidə] *n* akrobatski jezdec

tricksiness [tríksinis] *n* zvitost, prebrisanost; nezanesljivost; objestnost

trickster [tríkstə] *n* slepar, goljuf; lopov

tricksy [tríksi] *a* zvit, lokav, pretkan, prebrisan; potuhnjen; varljiv, nezanesljiv; navihan, razposajen, objesten, poreden; vesel, šaljiv; ličen, čeden

tricky [tríki] *a* (trickily *adv*) prebrisan, rafiniran, lokav, pretkan; spletkarski; nezanesljiv, sumljiv; (o stvareh) zapleten, težaven, zamotan; *coll* kočljiv, delikaten

tricolo(u)r [tráikʌlə] **1.** *n* tribarvnica (zastava), trikolora; **2.** *a* tribarven

tricolo(u)red [tráikʌləd] *a* tribarven

tricorn [tráiko:n] **1.** *a* trirogat; trioglat; **2.** *n* trirogelnik (klobuk)

tricot [tríkou] *n* trikó (material in tesno se prilegajoče oblačilo)

tricuspid [traikʌspid] **1.** *a* trizob; **2.** *n* kočnik (zob)

tricycle [tráisikl] **1.** *n* tricikel; **2.** *vt* voziti tricikel, prevažati s triciklom; *vi* voziti se, peljati s triciklom

tricyclist [tráisiklist] *n* voznik tricikla

trident [tráidənt] *n* trizob; trident; trizobo (ribiško) kopje, harpuna

tried [tráid] **1.** *pt & pp* od **to try; 2.** *a* preizkušen; zanesljiv, zvest; *obs* očiščen; **a** ~ **friend** zvest prijatelj; **old and** ~ zelo izkušen

triennial [traiéniəl] **1.** *a* (~ly *adv*) trileten, ki traja tri leta, ki se dogaja ali menjava na tri leta; **2.** *n* triletnica; *rel* maša, ki se bere za pokojnika vsak dan skozi tri leta; (redko) triletje, doba treh let

triennium [traiéniəm, -niə] *n* triletje, doba treh let, *pl* ~s, -nia

trier [tráiə] *n* poskušalec; preskuševalec; preiskovalec; *jur* sodnik; *fig* preskusni kamen; **he is a great** ~ on je vztrajen, on zlepa ne odneha

trierarchy [tráiəra:ki] *n hist* služba, dolžnost trierarha (poveljnika troveslače)

trifle [tráifl] **1.** *n* malenkost, bagatela, nepomembnost; *fig* majhna vsota; *fig* mrvica, košček; *cul* narastek, napihnjen kolač; *pl* posoda, pred-

meti iz kositra; **a** ~ **too long** za malenkost predolg; **that is a mere** ~ **to me** to je le malenkost zame; **to waste one's time on** ~ **s** zapravljati čas z malenkostmi; **2.** *vi & vt* igra(č)kati se; šaliti se, delati (počenjati) šale, norčije, burke (*with* z); zabavati se; flirtati; površno delati; čas tratiti; **he is not to be** ~**d with** z njim se ni šaliti, on ne pozna šale; **to** ~ **with one's food** obirati se pri jedi
trifle away *vt* razsipavati z, zaman tratiti, zapravljati; **to** ~ **one's time** čas zapravljati; **to** ~ **one's fortune on s.th.** tratiti svoje premoženje za kaj
trifle through *vi* zapravljati čas, prebiti čas v brezdelju
trifler [tráiflə] *n* plitev, frivolen človek; brezdelnež, delomrznež; igračkar
trifling [tráifliŋ] **1.** *a* (~**ly** *adv*) ki se igra, šali, zbija šale, zabava; nepomemben, neznaten, malenkosten, nevažen; *A* nič vreden, za nobeno rabo; **2.** *n* plitvo, površno govorjenje; flirtanje; roganje; zapravljanje časa
trifoliate [traifóuliit] *a bot* trilisten
trifolium [traifóuliəm] *n bot* detelja
triforium, *pl* **-ria** [traifó:riəm] *n eccl* galerija nad srednjo cerkveno ladjo
triform [tráifə:m] *a* tridelen; trikraten
trifurcate [traifə::keit] *vt & vi* deliti (se), cepiti (se) na troje, na tri dele
trifurcate [traifə:kit, -keit] *a* trojen, tridelen, razcepljen na troje
trifurcation [traifə:kéišən] *n* trifurkacija; cepljenje na tri veje
trig I [trig] **1.** *a* lep, čeden, zal, brhek; čist, urejen, negovan, eleganten; zdrav, čvrst, močan; tog, formalen; zanesljiv, siguren; **2.** *vt & vi dial* (večinoma ~ **up**, ~ **out**) očediti (se), očistiti (se)
trig II [trig] **1.** *n* zavora, zaviralka, cokla; **2.** *vt* zavirati (kolo) s coklo, z žaviralko; *vi* zavirati, kot cokla delovati
trig III [trig] *coll* skrajšano za **trigonometry**
trigamist [trígəmist] *n* kdor je trikrat oženjen; ženska, ki je trikrat omožena
trigamous [trígəməs] *a* živeč v trigamiji; trikrat oženjen ali omožena; *bot* trispolen
trigamy [trígəmi] *n* trigamija, trojni zakon
trigger [trígə] **1.** *n* petelin na puški, sprožilo; sprožilec (pri fotografskem aparatu); *dial* cokla; **to pull the** ~ sprožiti; **quick on the** ~ ki hitro reagira; odrezav, uren; **2.** *vt* sprožiti (tudi ~ **off**), dati povod za, biti posledica (česa)
trigger finger [trígəfíŋgə] *n* kazalec (prst)
trigger-happy [trígəhæpi] *a* hiter za streljanje; ki takoj prime za puško ali revolver; bojevit
triglyphe [tráiglif] *n archit hist* triglif, na tri polja razdeljena okrasna plošča (del dorskega friza)
trigo [trígo] *n A* pšenica; polje, njiva pšenice
trigon [tráigən] *n* trikotnik
trigonal [trígənəl] (~**ly** *adv*) trikoten; *astr* trigonalen
trigonometer [trigənómitə] *n* trigonometer; trigonometrik
trigonometric [trigənəmétrik] *a* (~**ally** *adv*) trigonometrijski
trigonometry [trigənómətri] *n* trigonometrija
trigonous [trígənəs] *a* = **trigonal**

trike [tráik] **1.** *n coll* tricikel; **2.** *vt* poganjati, voziti tricikel
trilateral [trailǽtərəl] **1.** *a* tristranski, tristran; trilateralen; **2.** *n* trilateralni lik, trikotnik
trilby [trílbi] *n* (= ~ **hat**) *E coll* klobuk iz mehke klobučevine; **trilbies** *pl sl* noge
trilingual [trailíngwəl] *a* trijezičen (knjiga itd.); ki obvlada tri jezike
trill [tril] **1.** *n mus* triler, tresenje (glasu); gostolevek; *phon* soglasnik, ki se izgovarja s trilerjem, zlasti **r**; **2.** *vi* trilirati, izvajati trilerje, gostoleti; tresti (z glasom, zvokom); *vt* peti (pesem) s triliranjem, tresenjem glasu; *phon* izgovarjati (npr. soglasnik **r**) s triliranjem; **to** ~ **to o.s.** trilirati si
trilling [trílin] *n* trojček, trojčica
trillion [tríljən] *n* trilijon; *A* bilijon, milijarda
trilogy [trílədži] *n* trilogija; trojnost
trim I [trim] *n* red, (pravilno) stanje; razpoloženje, (telesno, duševno) stanje; oprema, (gala, parada) obleka, okras; *naut* opremljenost, oborožitev, pripravljenost; pravilen položaj (jader, jamborov) proti vetru; uravnoteženost (tovora, bremena); **in fighting** ~ *mil* pripravljen za boj, za borbo (tudi *fig*); **in good** ~, **out of** ~ dobro, slabo opremljen; *fig* dobro, slabo razpoložen; **in travelling** ~ v potovalni opremi, obleki; ~ **of the hold** pravilna namestitev tovora v ladijskem skladišču; **to be in** ~ biti v dobrem stanju; **to be in sailing** ~ biti pripravljen za plovbo; **to put in** ~ spraviti v red, v dobro stanje
trim II [trim] **1.** *vt* urediti, v red spraviti, namestiti; pripraviti; opremiti; obleči, odeti (*with* z); okrasiti, okititi, dekorirati; obšiti, zarobiti, garnirati (obleko, klobuk itd.) (*with* z); počesati, ostriči, pristriči (lase, brado) (*off*, *away*); obrezati (nohte); oklestiti, pristriči (drevje, živo mejo); kopuniti (petelina); (pod)netiti, podkuriti (ogenj); prirezati, utrniti (stenj sveče); očistiti (svetilko); obtesati (les); *naut* dobro namestiti (tovor); natovoriti ladjo, kot treba; uravnotežiti ladjo; obrniti jadra proti vetru; *mil* nameriti top; *coll* ukoriti, grajati, ozmerjati; premlatiti, pretepsti; potolči, poraziti; *sl* prevarati, ogoljufati, oslepariti; **2.** *vi fig* iskati ravnotežje, kolebati, nihati; *pol* prilagoditi se, najti ali obdržati srednji kurz, lavirati; **to** ~ **a Christmas tree** okrasiti božično drevo; **to** ~ **s.o.'s jacket** izprašiti komu hlače, nabiti, našeškati, premlatiti koga; **to** ~ **one's sails to every wind** *fig* obračati plašč po vetru; **to** ~ **shore** *fig* plavati čisto ob obali (ribe); **to** ~ **with the times** *pol fig* voditi oportunistično politiko; **to trim away, to trim off** *vt* odstriči, odrezati; **trim up** *vt* čedno obleči; okrasiti, nališpati; **3.** *a* v dobrem stanju, v redu, urejen; čist, čeden, negovan, lep, lepo oblečen; eleganten, koketen; čedne postave; ugoden; spreten; **4.** *adv* urejeno, čedno, lepó
trimensuel [traiménsjuəl] *a* trimesečen, četrtleten
trimester [traiméstə] *n* trimester; trimesečje, četrtletje
trimestrial [traiméstriəl] *n* trimesečen, četrtleten
trimeter [trímitə] *n pros* stih iz šestih (zlasti jambskih) stopic; trimeter

trimly [trímli] *adv* v dobrem stanju, urejeno; čedno; **a ~-kept walk** lepo vzdrževano sprehajališče

trimmer [trímə] *n* urejevalec; snažilec; modistka; krasitelj, -ica; obrobljevalka; obrezovalec; *tech* naprava, orodje (za obrezovanje, čiščenje); *naut* nakladalec premoga, tovora na ladji, naprava, ki opravlja to delo; *pol fig* oportunist, nestanovitnež

trimming [trímiŋ] **1.** *n* urejevanje, čiščenje, klestenje, prirezovanje; okraševanje, lepšanje; obšiv, rob, našiv; oprema, okras(je) (na obleki), pozament(erija), pribor za obleko; *pol* oportunizem, nestanovitnost; *coll* udarci, batine; poraz; graja, ukor; *cul* priloga, prikuha (pri jedi); *naut* pravilna namestitev tovora v ladijsko skladišče; **~s for a hat** pozament za klobuk; **leg of mutton and ~s** garnirano koštrunovo stegno; **I gave him a sound ~** pošteno sem ga premlatil; **to take a ~** pretrpeti poraz; **2.** *a* prirezovalen; pozamentski; **~s manufacturer** pozamentêr

trimness [trímnis] *n* okrašenost; čistoča, urejenost, negovanost; čedna zunanjost, eleganca

trimonthly [traimʌ́nθli] *a* trimesečen, četrtleten

trinal [tráinəl] *a* trojen

trine [tráin] **1.** *a* trojen, trikraten, narejen iz treh delov; **2.** *n* trojica, trojka, trojstvo; *rel* sv. Trojica; *astr* trojni aspekt

tringle [triŋgl] *n* drog, palica za zastor, zaveso; *archit* venčna letva

triniscope [tríniskoup] *n el* katodna žarna cev za barvno televizijo

Trinitarian [trinitéəriən] **1.** *n rel* kdor veruje v sv. Trojico; *eccl* član reda sv. Trojice, trinitarec; **2.** *a* t~ trojen, tričlanski

trinity [tríniti] *n* trojica, trojstvo; T~ *rel* sv. Trojica; T~ **House** *E* ustanova, ki skrbi za pilotsko in svetilniško službo; T~ **sitting** zasedanje sodnih kolegijev v Londonu (od torka po binkoštih do 12. VIII.); T~ **Sunday** prva nedelja po binkoštih; T~ **term** poletni trimester (na univerzi)

trinket I [tríŋkit] *n* okras(ek), dragotina, nakit; okrasna drobnjarija; malovredna stvar, kič; *pl* cenen nakit; krama, šara, brkljarija, ropotija

trinket II [tríŋkit] *vi Sc* spletkariti, intrigirati

trinketry [tríŋkitri] *n* nakit

trinomial [trainóumjəl] **1.** *a* triimenski; tričlenski; trinomski; **2.** *n math* trinom, tročlenik

trio [tríou] *n mus* trio; *fig* trojka (oseb); tri karte iste vrste

triode [tráioud] *n el* trioda

triolet [trí:əlit] **1.** *n pros* triolet, pesmica z 8 stihi (rime abaaabab)

trip I [trip] **1.** *n* kratko potovanje, izlet; krajša vožnja po morju; hiter, okreten korak, drobnenje, skakljanje; ženski korak, stopicanje; podstavljanje noge; spodrsljaj (tudi *fig*), napačen korak; zmota, napaka, pomota, zabloda; (o ribah) ulov(ek), lovina (med vožnjo); *pl* redne vožnje (parnika itd.); **a cheap ~** izlet po znižani voznini, ceni; **maiden ~** prva vožnja (ladje); **a round ~** krožno potovanje, potovanje tja in nazaj; **2.** *a* izletniški; *tech* sprožilen

trip II [trip] *vi* (tudi ~ **it**) stopicati, drobneti, iti z z lahkimi koraki, skakljati; spotakniti se (*over* ob, nad); spodrsniti (tudi *fig*); pojecljavati, zapletati se z jezikom; *fig* (pre)varati se; pogrešiti, (z)motiti se, napraviti napako; (redko) iti na kratek izlet ali potovanje; *vt* plesati po; spotakniti, podreti (koga); *naut* dvigniti sidro; *biol* oprašiti, oploditi (rastlino); *tech* nenadoma spustiti (ročico itd.), sprožiti, zagnati (stroj); *fig* zasačiti, zalotiti (pri napaki); prekrižati, pokvariti (komu) načrte, namere; *fig* uničiti; **I ~ped with my tongue, my tongue ~ped** zareklo se mi je; **to ~ over a stone** spotakniti se ob kamen; **to catch s.o. ~ping** ujeti, zalotiti koga pri pregrešku; **I caught him ~ping** ujel sem ga, ko ni znal

trip up *vi* spotakniti se; *vt* spotakniti, podstaviti nogo, podreti; uničiti; zasačiti, ujeti koga pri napaki (v govoru ali delu); **he tried to trip me up** skušal me je spotakniti

triparted [traipá:tid] *a* tridelen; razdeljen na 3 dele

tripartite [traipá:tait] *a* (~ **ly** *adv*) tridelen, sestavljen iz treh delov, razdeljen na tri dele; tristranski; ~ **treaty** tristranska pogodba

tripartition [traipa:tíšən] *n* (raz)delitev na 3 dele

tripe [tráip] *n* vampi; *sl* ničvredna stvar, slaba roba, izmeček, škart, šund; *fig* zmeda, zmešnjava; *coll* neumnost, bedastoča; *sl* bednik; *pl vulg* čreva, drobovje, trebuh

tripedal [tráipidl] *a* trinožen

tripe house [tráiphaus] *n* klavnica

tripery [tráipəri] *n* trg za prodajo vampov

trip hammer [tríphæmə] *n tech* avtomatsko (kovaško) kladivo

triphase [tráifeiz] *a el* trifazen

triphibian [traifíbiən] **1.** *a* izkušen v vojskovanju na kopnem, na vodi in v zraku; **2.** *n* poveljnik, ki je izkušen v takem trojnem vojskovanju

triphibious [traifíbiəs] *a mil* izveden z uporabo kopnih, pomorskih in zračnih sil

triphthong [trífθəŋ, trípθəŋ] *n ling* triglasnik, triftong

triplane [tráiplein] *n aero* triplan, trikrovnik

triple [tripl] **1.** *a* (**triply** adv) trojen; trikraten; *mus* tridelen (takt); **the ~ crown** papeška tiara; T~ **Alliance** *pol hist* Trozveza; ~-**expansion engine** *tech* tricilindrski motor; ~ **salt** *chem* tribazična sol; ~-**headed** triglàv; **2.** *n* trikratnost; trojnost; trojica; triada; *sp E* trije največji uspehi v dirkalnem športu; **3.** *vt & vi* potrojiti (se)

triplet [tríplit] *n* trojček; tri stvari (osebe) iste vrste, trojica, trojka; trio; *mus* triola, trojnica; *coll* eden (ena) od trojice; *pros* triplet, trije stihi z isto rimo; *tech* iz treh delov sestavljen imitiran dragulj; *pl* trojčki; tri enakovrstne karte (npr. trije asi); **she has had ~s** dobila, rodila je trojčke

triplex [trípleks] **1.** *a* trojen; ~ **glass** trojno, triplastno (nezdrobljivo) steklo; **2.** *n* nekaj trojnega; *mus* trojni takt

triplicate [tríplikit, -keit] **1.** *a* trojen, narejen v 3 izvodih; ~ **copy** eden od treh enakih izvodov, trojnik, triplikat; **2.** *n* trojnik, triplikat, tretji izvod; **in ~** v treh izvodih, v triplikatu; ~ **of a bill of exchange** *econ* triplikat menice, tertia menica triplicate [tríplikeit] *vt* potrojiti; napraviti, izdelati, sestaviti v 3 izvodih

triplication [triplikéišən] *n* potrojitev; tripliranje

triplicity [triplísiti] *n* potrojitev, trojnost; tripliciteta

triply [trípli] *adv* trojno

tripod [tráipəd] *n* trinožnik; *phot* stativ

tripodal [trípədl] *a* trinožen

tripodic [traipódik] *a* trinožen

tripody [trípədi] *n pros* tripodija, tristopje; zveza (stih) 3 stopic

tripos [tráipɔs] *n* zadnji izpit (za B.A.) na univerzi v Cambridgeu

tripper [trípə] *n E coll* izletnik, -ica; turist(ka); plesalec, -lka; spotikalec; kdor se spotakne, spodrsne, pogreši, napravi spodrsljaj (napako)

tripping [trípiŋ] 1. *a* (~ ly *adv*) stopicajoč, poskakujoč, skakljajoč; spotikajoč se; hiter, živahen, brz, okreten, uren; *fig* lahek, lahkonog; ki (po)greši, zaide s prave poti; 2. *n* živahen, poskočen ples

triptych [tríptik] *n* triptih, trikrilna (oltarna) slika

tryptyque [triptík] *n* triptik (avtomobilski potni list)

tripudiate [traipjú:dieit] *vi* (redko) plesati; vriskati od veselja, veseliti se (*on, upon* česa)

trireme [tráiri:m] *n hist* troveslača, trirema (ladja)

trisect [traisékt] *vt* razdeliti na tri (enake) dele

trisection [traiséksən] *n* (raz)delitev na tri (enake) dele

triserial [traisí(ə)riəl] *a* trivrsten

tristful [trístful] *a* žalosten, otožen

tristich [trístik] *n pros* tristih, skupina treh stihov

trisyllabic [trisilǽbik] *a* (~ ally *adv*) trizložen

trisyllable [traisíləbl] *n* trizložna beseda, trizložnica

trite [tráit] *a* (~ ly *adv*) omlačen, obrabljen, oguljen; navaden, vsakdanji, vsakodneven, banalen (izraz, citat itd.)

triteness [tráitnis] *n* omlačenost, obrabljenost; navadnost, vsakdanjost, banalnost

Triton [tráitən] *n myth* Triton, bog morskih globin, *fig* povodni mož; a ~ among the minnows *fig* velikan med pritlikavci; t~ *zool* (veliki) pupek; troblja

triturate [trítjuəreit] 1. *vt* zdrobiti, streti (v prah), zmleti, zmrviti, stolči, zmeti; 2. *n* zdrobljena, zmleta, stolčena snov

trituration [tritjuəréišən] *n* zmetje, stretje, zmrvljenje, stolčenje, zmletje; zdrobljeno, stolčeno zdravilo

triumph [tráiəmf] 1. *n* triumf, zmaga; bleščeč, sijajen uspeh; zmagoslavje, veselje zaradi zmage, triumfiranje; zmagoslavni sprevod; in ~ v triumfu, triumfirajoč; 2. *vi* slaviti zmago (triumf), zmagati, triumfirati; imeti uspeh; nadvladati; vriskati od veselja (*on, over* ob, nad), veseliti se zmage; imeti triumf; uspevati, cveteti; *vt obs* premagati, triumfirati nad

triumphal [traiʌ́mfəl] *a* (~ ly *adv*) zmagovit, zmagoslaven, triumfalen; ~ arch slavolok zmage; ~ procession triumfalen sprevod

triumphant [traiʌ́mfənt] *a* (~ ly *adv*) zmagovit, zmagoslaven; vpijoč od veselja, radosten; uspešen; *obs* krasen, sijajen

triumpher [tráiəmfə] *n* zmagoslavec, triumfator; slavljenec

triumvir, *pl* ~ s, -ri [traiʌ́mvə, -vərai] *n hist* triumvir (tudi *fig*)

triumvirate [traiʌ́mvirit, -reit] *n hist* triumvirat, trivladje, vlada treh oblastnikov; trio, trojka, skupina treh

triune [tráiju:n] 1. *a* (zlasti *rel*) troedin; 2. *n* združenje treh; T~ *rel* sv. trojica

trivalence [traivéiləns] *a chem* trivalenca

trivalent [traivéilənt] *a chem* trivalenten

trivet [trívit] *n* trinožnik (za lonec, kotliček itd.); podstavek (za vroče krožnike); ~-table miza na treh nogah; right as a ~ *coll* v najboljšem, najlepšem redu

trivia [tríviə] *n pl* malenkosti, bagatele

trivial [tríviəl] *a* (~ ly *adv*) trivialen, banalen, navaden, vsakdanji, enoličen; obrabljen; neznaten, nepomemben; beden, ničeven, nič vreden; plehek, neduhovit, plitev, cenen; *bot & zool* (o imenih) ljudski; the ~ round vsakdanjost, vsakdanje življenje, rutina življenja; ~ loss nepomembna izguba

trivialism [tríviəlizəm] *n* vsakdanjost; trivialen rek

triviality [triviǽliti] *n* trivialnost, vsakdanjost, nepomembnost, plehkost, plitvost, neduhovitost; prostaštvo; ničevnost, postranska stvar

trivialize [tríviəlaiz] *vt* napraviti trivialno

trivium, *pl* -via [tríviəm, -viə] *n hist* trivium, (v srednjeveških šolah) prve tri svobodne umetnosti: slovnica, retorika in logika

tri-weekly [traiwí:kli] 1. *a* tritedenski; trikrat na teden izhajajoč (časopis) ali obratujoč (prometno sredstvo); 2. *adv* trikrat na teden

trizonal [traizóunəl] *a* triconski

troat [tróut] 1. *n* jelenje rukanje; 2. *vi* rukati (o jelenu)

trochaic [troukéiik] 1. *a* trohejski; 2. *n* trohejski stih

troche [tróuč, *A* -ki] *n* pastila, majhna okrogla tableta

trochee [tróuki:] *n pros* trohej

trochoid [tróukɔid] 1. *a* vrteč se okrog svoje osi; imajoč obliko kolesa

trod [trɔd] *pt & pp* od to tread

trodden [trɔdn] *pp* od to tread

troglodyte [tróglədait] *n* troglodit, jamski človek; *fig* puščavnik, samotar

troglodytic [trɔglədítik] *a* troglodíski

Trojan [tróudžən] 1. *a hist* trojanski; the ~ War trojanska vojna; ~ horse trojanski konj; *fig* špijonažna ali sabotažna skupina na tujem ozemlju; 2. *n hist* Trojanec, -nka; *fig* hraber (srčen, drzen, pogumen, odločen, žilav) človek; *sl* vinski bratec; to work like a ~ *fig* delati kot črna živina

troll I [tróul] 1. *n* nadnaravno bitje, (prijateljski ali zloben) pritlikavec, škrat(elj) (v skandinavski mitologiji)

troll II [tróul] 1. *n* petje; umetna vaba (za ribe); vlečni trnek; 2. *vt* peti (pesem); ribariti z vlečnim trnkom (*a lake* v jezeru); *fig* privabiti; *obs* valiti, kotaliti; pustiti krožiti, podajati (pri mizi); brundati (*popevko*); *vi* hitro govoriti; hitro se gibati, hiteti; kotaliti se; ribariti

trolley [tróli] *n* voziček prekucnik; ročen (nizek) voziček, ciza (branjevcev itd.); *min* vagonček, hunt; *rly* drezina; *tech* (tokovni) odjemnik (na tramvaju itd.); *A* cestna železnica; (= ~ -table) čajni, servirni voziček); ~ bus trolejbus; ~ car *A* tramvajski voz; ~ coach *A* vagon cestne železnice; ~ lace čipka, obrobljena z debelejšim sukancem, ~ pole kontaktni drog pri električni železnici ipd.; ~ track tramvajska proga

trolling-rod [tróuliŋrəd] *n* trnek s koleščkom za navijanje vrvice

trollop [trɔ́ləp] *n* neredna ženska; deklina, vlačuga; prostitutka

trollopish [trɔ́ləpiš] *a* nereden; vlačugarski

trollopy [trɔ́ləpi] *a* glej **trollopish**

tromba [trɔ́mbə] *n mus* trobenta

trombone [trɔ́mboun, trəmbóun] *n mus* trombon, pozavna; pozavnist

trombonist [trɔ́mbounist] *n* pozavnist

tromometer [troumómitə] *n* naprava za merjenje rahlih potresov

troop I [tru:p] *n* trop, krdelo, truma, kup, gomila; eskadron, konjeniški oddelek; topniška, oklopna enota; vod tabornikov (skavtov); (redko) igralska skupina; *pl* čete; *mil* znak z bobnom za odhod za marš; **in** ~ s v trumah; **a** ~ **of school children** truma šolskih otrok; **to get one's** ~ postati ritmojster; **to raise** ~ s nabirati vojake

troop II [tru:p] *vi* zb(i)rati se, zgrniti se; zbrati se v jato; iti skupaj (*with* z); iti v trumah; marširati, hiteti; **to** ~ **away, to** ~ **off (out)** *coll* hitro oditi, popihati jo, pobrati se proč; *vt mil* formirati; **to** ~ **the colours** opraviti slovesen pozdrav zastavi (pred četo)

troop carrier [trú:pkɛəriə] *n aero mil* letalo za prevoz čet

trooper [trú:pə] *n mil* konjenik, kavalerist; *mil* konjeniški konj; ladja, ki prevaža čete, vojaštvo; *A Austral* policist na konju; **to swear like a** ~ preklinjati kot Turek

troop-horse [trú:phɔ:s] *n mil* konjeniški konj

troop-plane [trú:pplein] *n* letalo za prevoz čet; transportno letalo

troopship [trú:pšip] *n* ladja za prevoz čet

tropaeolum [troupí:ələm] *n bot* velika kapucinka

trope [tróup] *n rhet* trop(us), izraz v prenesenem pomenu; *eccl* izraz ali stih, ki je kot okras uveden v mašo

trophic [trɔ́fik] *a biol* trofičen

trophied [tróufid] *a* okrašen s trofejami

trophy [tróufi] *n* trofeja; vojni plen, znak zmage; nagrada; *archit* trofeji podoben okras; plen; spominek; *hist* spomenik zmage; **the trophies of the chase** lovske trofeje; **tennis** ~ teniška trofeja (nagrada)

tropic [trɔ́pik] **1.** *n astr & geogr* povratnik; *pl* tropski predeli, tropi, vroči pas; ~ **of Cancer**, ~ **of Capricorn** rakov, kozorogov povratnik; **2.** *a* tropski; vroč

tropical I [trɔ́pikl] *a* (~ ly *adv*) tropski, vroč; *fig* strasten, ognjevit; ~ **fish** tropska ribica (v akvariju); ~ **diseases** tropske bolezni; ~ **heat** tropska vročina

tropical II [trɔ́pikl] *a* ([ly *adv*) *pros* ki se nanaša na trop(us), tropičen, figurativen, metaforičen

tropicalize [trɔ́pikəlaiz] *vt* napraviti odpornega za tropsko klimo; zaščititi pred vplivom tropske klime

tropologic(al) [trɔpəlódžikl] *a* (~ ly *adv*) prenesèn, figurativen, metaforičen

tropology [troupólədži] *n* figurativno izražanje

tropopause [trɔ́pəpə:z] *n* meja med troposfero in stratosfero

trot I [trɔt] *n* drnec, dir; hitro gibanje, premikanje; konjske dirke; *coll* otročiček; *A school sl* nedovoljeno pomagalo (prevod ipd.); **at** ~ v drncu; **he is on the** ~ **all day** on je ves dan na nogah; **to go for a** ~ napraviti kratek sprehod; **to keep s.o. on the** ~ *fig* ne dati miru komu, zaposlovati koga

trot II [trɔt] *vi* dirkati (o konju); (o osebah) jahati v diru, v drncu; dirkati, teči v diru; **to** ~ **in** prihiteti, prilomastiti noter; *vt* goniti v drncu; prejezditi v drncu, v diru; *fig* osmešiti; *A sl* uporabljati nedovoljena pomagala (v šoli); peljati na sprehod; **to** ~ **s.o. off his legs (to death)** goniti, poditi koga do onemoglosti (do smrti); **to** ~ **s.o. round a place** voditi koga po mestu okrog, po kraju

trot along *vi* hitro iti, oditi

trot out *vi* (po)peljati konja, pokazati konja v drncu, v diru; *fig sl* predstaviti (kaj), da se izzove čudenje, občudovanje, »producirati se«; iznesti (dokaze, argumente)

trot III [trɔt] *n* (ribištvo) dolga, napeta vrv(:ca) (z visečimi manjšimi vrvicami s trnki)

troth [tróuθ, *A* trɔθ] **1.** *n obs* (za)obljuba zvestobe, zvestoba, vdanost, privrženost; dana beseda ali (za)obljuba; zaroka; **by (in, upon) my** ~ ! pri moji veri!; **to pledge one's** ~ dati (svojo) besedo, priseči večno zvestobo; **to plight one's** ~ zaročiti se; **2.** *vt* zaročiti; zastaviti svojo besedo

trotline [trɔ́tlain] *n* glej **trot III**

trotter [trɔ́tə] *n* konj dirkač, dirkalni konj; *coll* noga (klavnih živali); *pl hum* noge; **pig's, sheep's** ~ s prašičje, koštrunove noge (parklji)

trottie [trɔ́ti] *n* otročiček, dete

trotting [trɔ́tiŋ] *n* jahanje v drncu

trottoir [trɔtwá:] *n* pločnik, trotoar

trotty [trɔ́ti] *a* nežen; mil in majhen

troubadour [trú:bəduə] *n hist* trubadur

trouble I [trʌbl] **1.** *n* težava, trud, napor, motnja, motenje, nadloga; nevšečnost, neprijetnost; skrb, žalost, trpljenje, bol, muka; breme (*to* komu), nesreča, zlo, stiska; tegoba; napaka, pogreška, pomanjkljivost, slaba stran; komplikacija, problem, sitnost(i); kočljiv položaj; *dial* porod; bolezen; *pol* nemir, konflikt; kraval, škandal, afera; *tech* okvara, motnja, defekt; **in** ~ v stiski (težavi, nepriliki); **digestive** ~ s prebavne motnje, težave; **heart** ~ srčna bolezen; **labour** ~ s delavski nemiri; ~ s **in the Near East** nemiri na Bližnjem Vzhodu; **to ask for** ~, **to look for** ~ sam si iskati (delati) težave, izzivati usodo; **the** ~ **is that . . .** težava je v tem, da . . .; **(it is) no** ~ ! (to ni) nobena težava!; že dobro!; prosim!; **(I am) sorry to give you such** ~ žal mi je, da vam delam take sitnosti; **she is a great** ~ **to her family** ona je (v) veliko breme svoji družini; **to be in** ~ **with the police** imeti težave (nevšečnosti) s policijo; **to be out**

of one's ~s osvoboditi se skrbi (težav), priti iz
neprilik; **I have been through much** ~ veliko
sem prestal (pretrpel); **to get into** ~ zaiti v teža-
ve; **to get a girl into** ~ zapeljati dekle; **to go
to much** ~ da(ja)ti si mnogo truda; **to give
s.o. the** ~, **to put s.o. to much** ~ povzročiti
komu težave (skrb), spraviti koga v hude
nevšečnosti; **to make** ~ delati težave; **we did it
to spare you** ~ naredili smo to, da bi vam pri-
hranili trud; **to stir up** ~ povzročati zmedo,
nemir; **I don't want to be a** ~ **to you** ne bi vas
hotel vznemirjati; **he won't even take the** ~ **to
answer** ne vzame si niti truda, da bi odgovoril;
to take great ~ (**to take no** ~ **at all**) veliko
(nobenega) truda si ne da(ja)ti; ~s **never come
singly** nesreča nikoli ne pride sama
trouble II [trʌbl] *vt* zbegati, vznemiriti, razburiti,
preplašiti; zaskrbeti, mučiti, (pri)zadeti; nad-
legovati, sitnariti (komu), motiti, privesti (koga)
v neprijeten položaj, v težave; prositi (koga)
(*for* za); (redko) (s)kaliti, zburkati (vodo); *vi*
vznemiriti se, razburiti se (*about* zaradi); mučiti
se, trpeti (*about* zaradi); (po)truditi se, da(ja)ti
si truda; ~d **waters** *fig* zapleten, težaven
položaj; **to be** ~d **about** delati si skrbi gledé;
to be ~d **in mind** biti zelo vznemirjen (zmeden,
prizadet); **to** ~ **s.o. at work** motiti koga pri
delu; **to** ~ **o.s.** brigati se za kaj, (po)truditi se
za kaj; **don't** ~ (**yourself**) ne trudite se; že
dobro; **to fish in** ~d **waters** v kalnem ribariti;
history does not ~ me **at all** zgodovina mi ne
povzroča nobenih težav; **may I** ~ **you for the
salt?** vas smem nadlegovati, prositi za sol?;
don't let it ~ **you** ne delajte si skrbi zaradi tega!;
to ~ **one's head about s.th.** beliti si glavo za-
radi česa; **to pour oil on** ~d **waters** *fig* pomiriti
razburjenje, narediti mir; **my teeth** ~ **me very
much** imam hud zobobol
troublemaker [trʌbəlmeikə] *n* pvzročevalec nereda,
izzivalec nemirov, nemirnež, rogovilež
trouble man [trʌbəlmən] *n A tech* strokovnjak za
odkrivanje iń odstranjevanje tehničnih motenj
(npr. pri radiu)
troubler [trʌblə] *n* nemirnež
troubleshoot* [trʌbəlšu:t] *vi A* iskati in odstraniti
(tehnične) motnje
troubleshooter [trʌbəlšu:tə] *n* = **trouble man;** *fig*
posredovalec v političnih pogajanjih
troublesome [trʌblsəm] *a* (~ly *adv*) vznemirjajoč,
nadležen, siten, tečen; mučen, tegoben, težaven
(delo); neprijeten (človek); nevšečen; utrudljiv;
bučen, buren, razburljiv, vznemirljiv
troublous [trʌbləs] *a poet* nemiren, buren; vzne-
mirljiv, razburljiv; **in** ~ **times** v razgibanih (ne-
mirnih, burnih) časih
trough [trɔf] *n* korito; nečke; majhna kad, banjica;
jarek, brazda; valovna dolina; **the** ~ **of the sea**
dolina (korito) morskega vala (med dvema
valovoma)
trough-line [trɔflain] *n* (*meteorologija*) črta v ci-
klonskem območju, v kateri barometrski pritisk
doseže najnižjo točko
trounce [trauns] *vt* pretepsti, pɔšteno premlatiti;
kaznovati (*for* za); *fig* grajati, ošteti; kritizirati,
očitati pomanjkljivosti

troupe [tru:p] **1.** *n theat* igralska družina; **2.** *vi*
potovati kot član igralske družine
trouser [tráuzə] *n* hlačnica; *vulg* hlače; ~ **pocket**
hlačni žep; ~ **press,** ~ **stretcher** nateznik za
hlače; ~ **strap** hlačni jermen
trousered [tráuzəd] *a* ki nosi (dolge) hlače (zlasti
o ženskah)
trousering [tráuzəriŋ] *n* hlačevina, blago za hlače
trousers [tráuzəz] *n pl* (dolge) hlače; **a pair of** ~
par hlač, hlače; **she wears the** ~ *fig* ona nosi
hlače (gospodari)
trousse [tru:s] *n* torba z instrumenti; *med* (ki-
rurški) pribor, torba
trousseau [tru:sóu] *n* nevestina bala (perilo,
obleke, nakit itd.); darovi za nevesto; *obs* cula,
svežFenj
trout [tráut] **1.** *n zool* postrv; **2.** *vt* loviti postrvi;
3. *a* postrven; ~ **fishing** ribolov na postrvi;
~ **fly** umetna muha (za postrvi)
troutlet, troutling [tráutlit, -liŋ] *n* postrvica
trouty [tráuti] **1.** *a* postrvi podoben; bogat s po-
strvmi (potok); **2.** postrvica
trove [tróuv] *n* najdba; **treasure** ~ najden zaklad
trover [tróuvə] *n jur* protipravna prilastitev (najde-
ne stvari)
trow [tróu, tráu] *E obs vt* verjeti, misliti, meniti;
what ails him, (I) ~! kaj mu je (kaj mu manjka),
bi rad vedel!
trowel [tráuəl] **1.** *n* zidarska lopatica, žlica, ometa-
ča; *agr* lopatica za puljenje rastlin; **to lay it on
with** ~ *fig* pretiravati; **2.** *vt tech* ometa(va)ti,
uravnavati, (z)gladiti z ometačo
troy [trói] *n econ* (= ~ **weight**) utežna mera za
žlahtne kovine, dragulje in zdravila (osnovna
enota: **a** ~ **pound = 12 ozs. or 5,760 grains** (=
= 373 g)
Troy [trói] Troja
truancy [trúənsi] *n* brezdelnost, brezdelje, držanje
rok križem; namerno izostajanje iz šole, »špri-
canje«; **this child is given to** ~ ta otrok rad
(namerno) izostaja iz šole, rad »šprica«
truant [trúənt] **1.** *n* lenuh, delomrznež, brezdelnež;
zmuznež; potepinski učenec, »špricar«; **to play**
~ namerno ne iti v šolo, »špricati« šolo; **2.** *a*
len, brezdelen, potepinski; zanemarjajoč svoje
dolžnosti, zabušantski; ki namerno ne gre v
šolo, »špricarski«; bloden (o mislih); ~ **officer**
uradnik šolske uprave, ki preiskuje primere
»špricanja« šole; ~ **school** *hist* vzgojni zavod;
3. *vi* pohajkovati, postopati, potepati se, lenariti,
živeti brez dela, v brezdelju; čas zapravljati;
namerno ne iti v šolo, »špricati«; zabušavati;
fig zanemarjati svoje delo, svoje dolžnosti
truantry [trúəntri] *n* glej **truancy**
trub [trʌb] *n bot* gomoljika
truce [tru:s] *n mil* premirje; odmor, počitek; **flag
of** ~ bela (parlamentarska) zastava; **the** ~ **of
God** *hist* božji mir; **a** ~ **to** (ali **with**) **talking**
naj se neha govorjenje! konec, dovolj je go-
vorjenja!; **a** ~ **to your compliments!** nehajte z
laskanjem!
truceless [trú:slis] *a* (ki je) brez premirja
trucial [trú:šəl] *a* vezan s premirjem; ki se tiče
premirja
truck I [trʌk] **1.** *n* (zlasti *A*) odprt tovorni vagon;
tovornjak, kamion; prtljažni voz; *min* voziček,

hunt; podstavek, šasija; ~ **trailer** prikolica
tovornjaka; **2.** *vt & vi* natovoriti; prevažati; od-
praviti, odposlati (blago) s kamionom, s tovor-
nim vagonom

truck II [trʌk] **1.** *n* (za)menjava (*with* z), izmenjava,
menjalna trgovina; trgovina, promet; *coll*
drobne, hišne potrebščine, brezpomembne
drobnjarije, malenkosti; *coll* odpadki, krama,
stara šara; *fig* neumnost, nesmisel; *A* zelenjava,
povrtnina (za trg); plačevanje delavcev z bla-
gom; ~ **shop** ekonomat (v tovarni); ~ **farm**
farma, kmetija za gojenje zelenjave; ~ **garden**
zelenjavni vrt; ~ **system** plačevanje delavcev v
naturalijah; **to have no** ~ **with** s.o. nobenega
posla ne imeti s kom; **I shall stand no** ~ tega
ne bom trpel; **2.** *vi & vt* trgovati z zamenjava-
njem; menjati, zamenjavati (*for* za); trgovati,
barantati, pogajati se za ceno; plačati (delavce)
z naturalijami; **to** ~ **a horse for a cow** zamenjati
konja za kravo; **to** ~ **with** s.o. **for** s.th. pogajati
se s kom, barantati s kom za kaj

truckage [trʌ́kidž] *n* prevoz, (od)pošiljanje blaga
s kamionom, tovornim vagonom; tovorna pre-
voznina

trucker I [trʌ́kə] *n* voznik kamiona; lastnik pre-
vozništva s kamioni; avtošpeditêr

trucker II [trʌ́kə] *n Sc* krošnjar, kramar; *A* povrtni-
nar, pridelovalec zelenjave za trg

trucking [trʌ́kiŋ] *n* prevoz, pošiljanje blaga s kami-
oni; prevozništvo, špedicija blaga s kamioni,
tovornimi vagoni; menjalna trgovina

trucking shot [trʌ́kiŋšot] *n film TV* scena, posneta
s kamero na vozilu v vožnji

truckle [trʌkl] **1.** *n* kolešček; majhen valj; ~ **bed**
nizka postelja na koleščkih; **2.** *vi* premikati se na
koleščkih, valjih, kotaliti se; *fig* poniževati se,
klečeplaziti pred (kom), ponižno se podvreči
(**to** s.o. komu); *vt* premikati na koleščkih
(valjih), kotaliti

truckler [trʌ́klə] *n* klečeplazec, prilizovalec, peto-
lizec, prisklednik

truck-load [trʌ́kloud] *n* poln kamion, vagon (kot
količina)

truckman, *pl* **-men** [trʌ́kmən] *A* glej **trucker I**

truculence, -cy [trʌ́kjuləns, -si] *n* surovost, divja-
štvo, brutalnost, okrutnost, grozovitost

truculent [trʌ́kjulənt] *a* (~ **ly** *adv*) divji, divjaški,
surov, brutalen, okruten; uničujoč, opustošujoč

truck-rent [trʌ́krent] *n* vagonska ležarina

trudge [trʌdž] **1.** *n* dolga (naporna, mučna) hoja
(pot, marš); oseba, ki se s težavo vleče naprej: **2.**
vi peš iti, pešačiti; s težavo hoditi, iti; vleči se,
korakati s težkavo muko; *vt* s težavo (muko) pre-
hoditi, prepešačiti, prehoditi peš, prepotovati

trudgen [trʌ́džən] (= ~ **stroke**) *sp* prosti (kravlu
podobni) stil v plavanju

true I [tru:] **1.** *a* resničen; pravi, pravičen; pristen;
veren (prepis itd.); zvest, lojalen, vdan, zanesljiv;
obs poštèn, iskren, resnicoljuben, stanoviten,
vesten, točen, predpisen (teža, čas itd.); pra-
vilen; *jur* zakonit; raven, gladek (zemljišče,
tla); *tech* točen, pravilen (položaj); uravno-
težen; *biol* čiste rase; ~ **to** v skladu z; **a** ~ **bill**
utemeljena in od porote potrjena obtožnica;
~ **copy** veren, točen prepis; ~ **friend** pravi,
zvest prijatelj; ~ **gold** čisto zlato; ~ **as gold**

(steel) zelo zvest; ~ **heir (owner)** zakoniti
dedič (lastnik); ~ **to oneself** zvest, dosleden
sam sebi; ~ **to life** veren, realno prikazan;
~ **to one's word (promise)** zvest svoji besedi
(obljubi); ~ **strength** resnična moč; ~ **to
type** tipičen; **is it** ~ **that...?** je res, da...?;
(it is) ~ res (je), resnično, zares, resda, seveda,
vsekakor; ~ **he is an artist** res (vsekakor,
resnično) on je umetnik; **the same is** ~ **of**
isto velja za; **to come** ~ uresničiti se, potrditi
se, izpolniti se (sanje, želja); **to prove (to be)** ~
izkazati se za resnično, za pravo; **2.** *adv* res-
nično; zares; **to speak** ~ govoriti resnico;
to shoot ~ točno streljati; zadeti; **3.** *n* **the** ~
(kar je) resnično (pravilno, točno); **in** ~ pra-
vilno, točno; **out of** ~ nepravilno, napačno,
netočno

true II [tru:] *vt tech* dobro (točno, pravilno)
izvesti, uravnati, naravnati; centrirati (kolo itd.);
to ~ **up a board** gladko (o)skobljati desko

true blue [trú:blu:] *n* prava modra barva; *fig* oseba
stanovitnih, stalnih načel; zanesljiv, zvest, vdan
človek; *fig* neomajna zvestoba (lojalnost)

true-blue [trú:blu:] **1.** *a* ki je prave modre barve;
ki ne izgubi barve, ne obledi; *fig* stanoviten,
zvest, zanesljiv, vdan; **2.** *n* zvest privrženec
(stranke, vere)

trueborn [trú:bɔːn] *a* pravi, pristen po rojstvu;
a ~ **American** (po rojstvu) pravi Amerikanec

truebred [trú:bred] *a* (žival) čiste pasme, dobre
rase, čistokrven; *fig* dobro vzgojen, izobražen,
kultiviran

true-false test [trú:fɔːls test] *n ped* »da ali ne« test,
(pismeni test, v katerem kandidat izbira med
že navedenimi pravilnimi in nepravilnimi od-
govori)

truehearted [trú:hɑːtid] *a* iskren, odkrit; pošten

truelove [trú:lʌv] *n* ljubček, ljubica; predragi,
predraga; ~ **knot** okrasni vozel kot simbol
zveste medsebojne ljubezni

trueness [trú:nis] *n* zvestoba, vdanost, iskrenost,
poštenost; *tech* točnost, pravilnost, eksaktnost;
natančna naravnanost

truepenny [trú:peni] *n obs* poštenjak, spodoben
človek

truffle [trʌfl] *n bot* gomoljika

truffled [trʌ́fəld] *a* napolnjen, nadevan z go-
moljikami

trug [trʌg] *n* korito; košara, jerbas za povrtnino

truism [trú:izəm] *n* splošno poznana, očitna, vsak-
danja resnica; običajen izraz; obrabljena fraza,
floskula

trull [trʌl] *n* vlačuga, prostitutka; pokvarjena
ženska; deklina

truly [trú:li] *adv* resnično, v resnici, zares; od-
krito (rečeno), iskreno, vdano, zvesto; naravno;
točno, pravilno; **I am** ~ **sorry** zares mi je žal;
yours ~ (na koncu pisma) vaš vdani, z odličnim
spoštovanjem; **yours** ~ *hum* moja malenkost;
as it has been ~ **stated** kot je bilo pravilno
ugotovljeno

trump I [trʌmp] **1.** *n* (kartanje) adut (tudi *fig*);
coll dober, plemenit, krasen človek; zvesta
(poštena) duša; **all his cards are** ~ **s, everything
turns up** ~ **s with him** njemu se vedno vse
posreči, on ima vedno srečo; **he holds all the**

~s on ima vse adute; **to lead off a** ~ izigrati adut; **to play** ~ *fig* izigrati (svoj) zadnji adut; **to put s.o. to his** ~s prisiliti koga, da izigra svoje zadnje adute; *fig* spraviti koga v stisko, prisiliti ga, da uporabi svoja zadnja sredstva; **to turn up** ~s obrniti karto, da se odloči, katera barva bo adut; *fig coll* izkazati se kot najboljše, imeti srečo; **2.** *vt* prevzeti z adutom; *fig* prelisičiti, posekati (koga); *vi* izigrati adut, prevzeti z adutom; **to** ~ **out** izigrati adut; **to** ~ **up** *obs* izmisliti si, iz trte izviti

trump II [trʌmp] **1.** *n poet* trobenta; glas, zvok trobente; **the last** ~, **the** ~ **of doom** trobente, pozavne sodnega dne; **2.** *vi* trobentati; *vt* oznaniti (s trobentami)

trump card [trʌmpkaːd] *n* adut (karta)

trumped-up [trʌmptʌp] *a* izmišljen, iz trte izvit, lažniv

trumpery [trʌmpəri] **1.** *n* stvar brez vrednosti, plaža, šund, kič; (cenen) okras; izvržek, ropotija, stara šara; *fig* mlatenje prazne slame, čvekanje, besedičenje, besedno lepotičje; **2.** *a* ki je brez vrednosti, reven, beden; brezpomemben; puhel, ničev, frazerski; ~ **arguments** ničevi argumenti; ~ **furniture** neokusno pohištvo

trumpet [trʌmpit] **1.** *n mus* trobenta; glas, zvok trobente (tudi *fig*); zvočnik (gramofona itd.); ~ **call** znak, signal s trobento; **ear** ~ slušalo (za naglušne); **flourish of** ~s trobentanje s trobentami, fanfare; **speaking-**~ govorilo, trobilo; megafon; **to blow one's own** ~ trobentati, peti (sam) svojo slavo, hvalo; sam sebe hvali(sa)ti; **to sound the** ~ (za)trobiti, (za)trobentati; **2.** *vt & vi* trobiti s trobento, trobentati (tudi o slonu); *fig* raztrobiti; razglasiti

trumpeter [trʌmpitə] *n mil* trobentač; *fig* razglaševalec, oznanjevalec; *fig* oseba, ki kaj raztrobenta (razbobna); **to be one's own** ~ trobentati, peti lastno slavo, hvalo

trumpet flower [trʌmpitflauə] *n bot* rastlina s trobentastimi cveti

trumpet major [trʌmpitmeidžə] *n mil* štabni trobentač

trumpet-shaped [trʌmpitšeipt] *a bot* ki ima obliko trobente, trobentast

truncal [trʌŋkəl] *a* ki pripada trupu, deblu

truncate [trʌŋkeit] **1.** *vt* odsekati konico, vrh (čemu); prisekati; skrajšati, okrniti; podrezati, prirezati; **2.** *a* [trʌŋkit, -keit] prisekan, s topim vrhom; okrnjen, skrajšan, podrezan

truncated [trʌŋkeitid] *a* prisekan, odsekan, skrajšan, okrnjen; s prisekanim repom; ~ **cone** prisekani stožec

truncation [trʌŋkéišən] *n* prisekanje, prisekanost, otopitev; okrnjenje, skrajšanje

truncheon [trʌnčən] **1.** *n E* pendrek; (kratka) gorjača, krepelec; poveljniška, maršalska palica; *obs* štor; **2.** *vt* pretepsti (s krepelcem)

trundle [trʌndl] **1.** *n* široko kolesce; obroč; valj(ec); kolesce z valjastimi zobmi; vozilo na majhnih kolesih; kotaljenje; ~**bed** (nizka) postelja na kolescih; **2.** *vt & vi* kotaliti (se), valiti (se), valjati (se); voziti (se) na kolesih; pobrati se proč; **to** ~ **a hoop** poganjati obroč; **to** ~ **s.o.** voziti koga (invalida ipd.)

trunk I [trʌŋk] *n* deblo, steblo, čok; trup; telo; glavni del; *rly* glavna proga; telefonski daljinski vod; medkrajevna linija; zaboj, skrinja, (potovalni) kovček; (slonov) trobec, rilec, *sl* »nos«; plovna struga (reke, kanala); *archit* podnožje, podstavek; *min* cev za ventilacijo, dušnik; *anat* glavni del arterije, živca itd.; *pl* (= ~ **hose**) *hist* široke hlače (do kolen); *A pl* kopalne hlačke, kopalke; ~s, **please!** telefonski urad, prosim!

trunk II [trʌŋk] *vt* ločiti, izpirati (rudo) (v koritu)

trunk-breeches [trʌŋkbriːčiž] *n pl* (hlače) pumparice

trunk-call [trʌŋkəːl] *n* telefonski pogovor

trunk connection [trʌŋkənékšən] *n* telefonska zveza

trunk drawers [trʌŋkdrɔːz] *n pl* kratke (spodnje) hlače (kopalcev, boksarjev, atletov itd.)

trunk exchange [trʌŋkiksčeindž] *n* telefonski urad (centrala)

trunkful [trʌŋkful] *n* poln kovček; kolikor gre v kovček

trunk hose [trʌŋkhouz] *n hist* kratke hlače (do kolen)

trunk line [trʌŋklain] *n rly* glavna proga; telefonski daljnovod, linija

trunk road [trʌŋkroud] *n* glavna cesta, avto cesta

trunk wire [trʌŋkwaiə] *n* glavna telegrafska linija

trunnion [trʌnjən] *n tech* čep, (lesen, železen) klin, osnik; stožer, tečaj

truss I [trʌs] *n* svežanj, omot, snop, šop; *bot* kobul, cvetna kita; mreža, rešetke pri mostu; *med* kilni pas; *archit* nosilni tram; ogredje; oder; **a** ~ **of hay** 60 angleških funtov sena; **a** ~ **of straw** 36 angleških funtov slame

truss II [trʌs] *vt* po-, pri-, z-, vezati; zaviti; zadrgniti (z vrvico); zavihati (obleko itd.); *cul* zvezati noge in krila (perutnini pri pečenju); zgrabiti in odnesti (o jastrebu); *archit* pojačiti, armirati, podpreti; **to** ~ **up** zadrgniti; spodrecati (krilo); *obs* obesiti (zločinca)

truss-bridge [trʌsbridž] *n* rešetkast most

trussmaker [trʌsmeikə] *n* bandažist, izdelovalec obvez

trust I [trʌst] *n* zaupanje (*in* v), trdno upanje; zaupna oseba; kredit; depó, depozit; varstvo, skrbništvo, kuratorstvo; odgovornost, dolžnost skrbnika, kuratorja; obveznost, dolžnost; varovanec; dobrodelna ustanova, fundacija; *econ* trust, kartel, koncern; **in** ~ v shrambi, deponiran; **on** ~ na kredit; na pošteno besedo; ~ **money** pupilarni denar; **breach of** ~ zloraba zaupanja, verolomstvo; **the steel** ~ jeklarski trust; **he is our sole** ~ on je naše edino upanje; **to be in a position of** ~ biti na zaupnem (odgovornem) položaju; **to commit to s.o.'s** ~ zaupati komu v varstvo; **to give** ~ odobriti kredit, dati na kredit; **to hold in** ~ **for** hraniti, upravljati za (koga); **to leave s.th. in** ~ **with s.o.** zaupati komu kaj, dati v varstvo; **to place (to put) one's** ~ **in** zaupati (komu), zanesti se na (koga); **there is no** ~ **to be placed in him** nanj se ni moč zanesti; **to put (to repose)** ~ **in** zaupati (se) komu; **to take on** ~ vzeti na kredit; **you must take what I say on** ~ morate mi to verjeti na besedo; **to watch over one's** ~ paziti na osebo ali stvar, ki nam je zaupana

trust II [trʌst] *vt & vi* verjeti (komu, čemu), zanesti se (*in* na); zaupati (komu), imeti zaupanje v; dati komu kredit; zaupati, poveriti (komu) (*with s.th.* kaj); trdno upati, pričakovati, verjeti (*that* da), biti prepričan; upati si, tvegati; **do not ~ him with your watch!** en zaupaj mu svoje ure!; **~ him to say that!** to je tipično zanj!; **~ to luck** zaupaj sreči!; **a man not to be ~ ed** človek, ki se nanj ne moreš zanesti; **I ~ he is not hurt** upam, da se ni poškodoval; **to ~ o.s. to s.o.** zaupati se komu, zaupno se obrniti na koga; **can his word be ~ ed?** ali lahko zaupamo njegovi besedi?; **I can ~ my children with her** lahko ji zaupam svoje otroke; **you cannot ~ a child in the streets after dark** ne morete brez skrbi pustiti otroka na ulici, ko se začne nočiti; **she was ~ ed with child** dali so ji otroka v skrbstvo (varstvo); **I cannot ~ you out of my sight** niti za hip vas ne morem izgubiti iz vida (iz bojazni, da ne napravite kake neumnosti); **you can ~ him for any amount** lahko mu kreditirate katerokoli vsoto; **to ~ to luck** zaupati v (zanašati se na) srečo

trust company [trʌ́stkʌmpəni] *n econ* fiduciarna družba

trust deed [trʌ́stdi:d] *n jur* ustanovna listina

trustee [trʌstí:] **1.** *n* pooblaščenec; zaupnik; skrbnik, upravitelj, kurator, tutor; zagovornik; izvršitelj oporoke; **~ in bankruptcy** upravitelj konkurzne mase; **~ process** *jur A* zasega, zaplemba; **~ stock, ~ securities** pupilarno varni vrednostni papirji; **the Public T~** javni izvršitelj oporok ipd.; **board of ~ s** kuratorij; **2.** *vt jur* zaupati, prepustiti (premoženje) skrbniku; *A* zaseči, zapleniti

trusteeship [trʌstí:šip] *n* služba (dolžnost) izvršitelja oporoke; skrbništvo (npr. Združenih narodov nad ozemljem), kuratorstvo, varuštvo

truster [trʌ́stə] *n* upnik

trustful [trʌ́stful] *a* (**~ ly** *adv*) zaupljiv, zaupen, poln zaupanja

trustfulness [trʌ́stfulnis] *n* zaupanje, zaupljivost

trust fund [trʌ́stfʌnd] *n econ* skrbniški fond, denar varovancev

trust-house [trʌ́sthaus] *n* gostišče, ki je last kakega trusta

trustification [trʌstifikéišən] *n econ* ustanavljanje trustov

trustify [trʌ́stifai] *vt* združevati v truste

trustiness [trʌ́stinis] *n* zvestoba; zanesljivost; poštenost

trusting [trʌ́stiŋ] *a* (**~ ly** *adv*) zaupen, poln zaupanja

trustless [trʌ́stlis] *a* nezanesljiv, nesiguren

trustlessness [trʌ́stlisnis] *n* nezanesljivost, nesigurnost

trust territory [trʌst térritəri] *n pol* področje pod skrbništvom (Združenih narodov)

trustworthiness [trʌ́stwə:ðinis] *n* zanesljivost, vrednost zaupanja

trustworthy [trʌ́stwə:ði] *a* zanesljiv, vreden zaupanja

trusty [trʌ́sti] **1.** *a* (**trustily** *adv*) zvest, lojalen; (redko) zanesljiv, siguren; poštèn; **~ servant** zvest služabnik; **2.** *n* zanesljiv človek; *A* kaznjenec z ugodnostmi (zaradi dobrega vedenja)

truth [tru:θ] *n* resnica, resničnost, realnost; iskrenost, poštenost; vdanost, zvestoba, zanesljivost; točnost, natančnost, pravilnost; veljavnost; *obs* stanovitnost, vztrajnost; **in ~, of ~** zares, v resnici, resnično; **out of ~** zaradi resnice, resnici na ljubo; **~ to nature** točnost prikazovanja, predstavljanja; **god's ~** sveta božja resnica; **gospel ~** resnica iz svetega pisma, sveta resnica; **there is no ~ in him** on laže, on sploh ne govori resnice; **to tell the ~, ~ to tell** da povem resnico, po resnici; **to be out of ~** *tech* ne se prilegati, ujemati; **I told him some home ~ s** povedal sem mu nekaj gorkih, zanj neugodnih resnic

truthful [trú:θful] *a* (**~ ly** *adv*) resničen; resnicoljuben; ki ustreza resnici, verodostojen, veren

truthfulness [trú:θfulnis] *n* resničnost; pravilnost, verodostojnost; resnicoljubnost

truthless [trú:θlis] *a* neresničen, netočen, lažen; potvorjen, sleparski; nelojalen, nezvest

truth-loving [trú:θlʌviŋ] *a* resnicoljuben

try I [trái] *n coll* poskus, eksperiment; poskušnja; preizkušnja; **a ~ -on** nepošten poskus (ki ni mogel uspeti); **to have a ~ at s.th.** poskusiti kaj, napraviti poskus s čim; **let me have a ~** naj poskusim; **to have another ~** še enkrat poskusiti; **he had a good ~** poskušal je, kolikor je mogel

try II [trái] *vt* poskusiti, lotiti se, začeti; preizkusiti, raziskati; pokusiti (jed); ugotoviti (kaj) s poskusom, eksperimentirati z; *jur* (sodno) preiskovati (primer), zasliševati, izpraševati pred sodiščem; soditi, voditi sodni postopek, postaviti pred sodišče (*for* zaradi); odločiti, rešiti (spor, vprašanje); (po)skušati (kaj izvesti, doseči); (večinoma **~ up**) (pre)čistiti, rafinirati (kovine, olje itd.), rektificirati (špirit), stopiti (mast, loj itd.); prenapenjati, utrujati (oči), mučiti, preveč zahtevati od, staviti na hudo preizkušnjo; (večinoma **~ up**) tesati, strugati, stružiti, rezljati; *vi* poskusiti, napraviti poskus; truditi se (*for* za), prizadevati si, mučiti se (*at* z); **a tried friend** zvest, zanesljiv prijatelj; **go and ~!** poskusi!; **~ again!** poskusi še enkrat!; **~ and repeat!** *coll* poskusi ponoviti!; **he is a tried hand at it** on je izkušen v tem; **I'll ~ my best** (ali **my hardest**) skušal bom napraviti vse, kar bo v moji moči; **to ~ one's hand at** preizkusiti svojo spretnost v, poskusiti se v; **to ~ a criminal for murder** soditi zločincu zaradi umora; **to be tried for one's life** biti sojen (biti pred sodiščem) zaradi zločina, ki se lahko kaznuje s smrtjo; **to ~ a new remedy** preizkusiti novo zdravilo; **to ~ it on s.o.** *sl* skušati koga prelisičiti; **to ~ it on the dog** *fig* koga uporabiti za poskusnega kunca; igrati gledališko igro za poskušnjo najprej na deželi; **to ~ the door** skušati odpreti vrata; **I was afraid he was going to ~ s.th. wild** bal sem se, da bo napravil kako neumnost; **you are trying my patience** na hudo preskušnjo stavljaš mojo potrpežljivost; **the poor light tries my eyes** slaba luč mi utruja oči; **to ~ one's luck with s.o.** poskusiti svojo srečo pri kom; **the widow was sorely tried** vdova je mnogo prestala; **he tried hard for a job** zelo si je prizadeval, da bi dobil (kako) delo (službo); **I tried for a scholarship**

potegoval sem se za štipendijo; ~ **the ice before you skate** *fig* premisli, preden kaj storiš!;

try back *vi hunt* (o psih) vrniti se na prejšnje mesto, če se je izgubila sled; *fig* vrniti se na predmet

try on *vt* poskusiti, pomeriti (*a new dress* novo obleko); **to try it on with s.o.** *sl* preskušati koga (da bi videli, kaj moremo doseči pri njem, zlasti pri ženski); **no use trying it on with me** pri meni je vse zaman (ne boš nič opravil, dosegel)

try out *vt* (temeljito) preskusiti; testirati; *A coll* konkurirati (za mesto, nagrado), tekmovati; pokusiti (jed); **to ~ a new car** preizkusiti nov avto

try over *vt* ogled(ov)ati, preizkušati (drugo za drugim); iti skozi

trying [tráiiŋ] *a* (~ **ly** *adv*) težaven, nevaren, neugoden, kritičen; neprijeten, naporen, mučen; ~ **circumstances** kritične okoliščine; **his situation is a very ~ one** njegov položaj je zelo neugoden (težaven, kritičen); **she is very ~** z njo je zelo težkó

trying-on [tráiiŋón] *n* poskušnja; pomerjenje (obleke itd.)

trying plane [tráiiŋplein] *n tech* ličnik (oblič)

try-on [tráión] *n coll* pomerjanje (obleke); poskus, da bi koga prevarali (prelisičili, zapeljali)

try-out [tráiáut] *n A coll* preizkušnja; *sp* izločilni boj (igra); *theat* poskusna predstava (da bi ugotovili njen uspeh)

trysail [tráiseil] *n naut* sošno jadro

try square [tráiskwɛə] *n tech* ogelnik (ravnilo)

tryst [tráist; trist] **1.** *n* dogovor, domenek; (dogovorjen) sestanek, rendez-vous; *jur* sodna razprava; *Sc* (živinski) sejem; **to keep (to break) the ~** priti (ne priti) na sestanek; držati (ne držati) dogovor; **2.** *vt* določiti sestanek; dogovoriti se (za kraj, čas)

try-your-strength machine *n* silomer (na sejmih)

tsar [tsa:] *n = czar*

tsetse (fly) [céce flái] *n zool* cece (muha)

T shirt [tí:šə:t] *n* športna moška srajca (s kratkimi rokavi); triko maja

T square [tí:skwɛə] *n tech* priložno ravnilo

tub I [tʌb] *n* kad, čeber, golida; sod, sodček; vedro; škaf; (= **bath** ~) kad za kopanje, banja; kopel v banji; *obs* potilna kopel; *naut* neokretna ladja, »škatla«; *sp* čoln za urjenje v veslanju; *min* koš za prenašanje rude, voziček, hunt; *sl* prižnica, leca; *fig* debelušna oseba, debelinko; **washing-~** pralni čeber; **to have a ~** (o)kopati se (v banji)

tub II [tʌb] *vt* dati v sod (kad, čeber); kopati, umivati (otroka) v kadi, v banji; posaditi (rastlino) v čebriček; *sp sl* poučevati koga v veslanju; *min* obložiti (jašek) z jekleno, za vodo nepropustno oblogo (obojem, opažem); *vi coll* kopati se (v banji); *sp sl* veslati v čolnu za urjenje

tuba [tjú:bə] *n mus* bastuba (pihalo)

tubal [tjú:bəl] **1.** *a med* jajcevoden; **2.** *n* jajcevod

tubar [tjú:bə] *a* cevast

tubber [tʌbə] *n* sodar

tubbing [tʌbiŋ] *n* izdelovanje kadi, sodov, čebrov; material za to izdelovanje; *sp sl* veslanje v

čolnu za urjenje; *coll* kopel v banji; uporaba kadi (za kopanje, pranje itd.); *min* za vodo neprepustna jeklena obloga (v jašku, rovu)

tubbish [tʌbiš] *a* sodu podoben, sodast

tubby [tʌbi] *a* (**tubbily** *adv*) podoben kadi, sodu; *coll* debelušen; *mus* zamolkel, votel, brez resonance; **a ~ person** debelušasta oseba

tube [tju:b] **1.** *n* cev, cevka; cevje, cevovod; gumasta cev; *anat zool bot* cev, kanal; *A* cev pri radiu; *mus* cev (pihala); tuba (za barve itd.); *coll* podzemeljska železnica; **a ~ of tooth paste** tuba zobne paste; **bronchial ~** sapnica, bronhij; **feeding-~** želodčna sonda (za umetno hranjenje); **test-~** epruveta; **~ railway** podzemeljska železnica; **the T~** londonska podzemeljska železnica; **to go by ~** iti, peljati se s podzemeljsko železnico; **2.** *vt* oskrbeti, opremiti s cevmi; pošiljati, prevažati po ceveh; spraviti, napolniti v tube

tube-flower [tjú:bflauə] *n bot* vrsta vzhodnoindijskega okrasnega grma

tub-eight [tʌbeit] *n sp* osmerec (čoln)

tubeless [tjú:blis] *a* brez gumaste cevi (zračnice); **~ tires** (*E* **tyres**) (avtomobilski itd.) plašči brez zračnice

tuber I [tjú:bə] *n bot* gomolj (krompir itd.); *med* grča, tubêrkel, bula; **under ~s** posajèn s krompirjem

tuber II [tjú:bə] *n* izdelovalec cevi

tubercle [tjú:bə:kl] *n anat* oteklina, nabreklina, grčica, bunčica; *med* tuberkel; *A bot* gomoljec

tubercular [tju:bó:kjulə] *a* grčav, bradavičast; *med* tuberkulozen

tuberculin(e) [tju:bó:kjulin] *n med* tuberkulin; **~ test** tuberkulinski test

tuberculization [tju:bə:kjulaizéišən] *n med* cepljenje s tuberkulnim preparatom

tuberculize [tju:bó:kjulaiz] *vt med* cepiti s tuberkulinskim preparatom

tuberculosis [tju:bə:kjulóusis] *n med* tuberkuloza, jetika, sušica; **pulmonary ~**, **~ of the lungs** pljučna tuberkuloza

tuberculous [tjubó:kjuləs] *a* tuberkulozen

tuberose [tjú:bərouz] *n bot* tuberoza

tuberosity [tju:bərósiti] *n anat & zool* grčasta izbočina na kosteh

tuberous [tjú:bərəs] *a* grčav, grčast; *anat* posut s tuberkli

tube-shell [tjú:bšel] *n zool* školjka z dvema poklopcema

tube-well [tjú:bwel] *n* (abesinski) cevni vodnjak

tubful [tʌbful] *n* polna kad, poln sod (čeber)

tubicorn [tjú:biko:n] **1.** *a zool* votlorog; **2.** *n* votloroga žival (prežvekovalci)

tubiform [tjú:bifɔ:m] *a* podoben cevi, cevast

tubing [tjú:biŋ] *n* instalacija cevi, uvajanje cevi; cevje, cevovod; cevni material; cevna naprava

tub-pair [tʌbpɛə] *n sp* čoln za urjenje v veslanju za dva veslača

tub-thump [tʌbθʌmp] *vi* teatralično govoriti ali pridigati

tub-thumper [tʌbθʌmpə] *n* teatraličen, nabuhel, bombastičen pridigar ali govornik

tub-thumping [tʌbθʌmpiŋ] *a* teatraličen, bombastičen

tubular [tjú:bjulə] *a* cevast; sestavljen iz cevi; ~ **boiler** kotel s cevmi; ~ **bridge** most iz (jeklenih) cevi; ~ **furniture** cevno pohištvo

tubulate [tjú:bjuleit] **1.** *vt* opremiti s cvemi; **2.** [tjú:bjulit, -leit] *a* cevast, cevi podoben; opremljen s cevjo (cevmi)

tubulation [tju:bjuléišən] *n* opremljanje s cevmi; ureditev cevi

tubule [tjú:bju:l] *n* cevka, cevčica; *med* kanalčič

tub-wheel [tʌ́bwi:l] *n* (hidravlična) turbina

tuck I [tʌk] **1.** *n obs* trobljenje trobent, fanfara; bobnanje; **2.** *vt Sc* trobiti; bobnati

tuck II [tʌk] *n* koničast meč, rapir

tuck III [tʌk] **1.** *n* guba; zagib, zavihek, prišiv, podšiv, rob; *A coll* energija, polet, življenje; *pl sl* poslastice, slaščice; ~-**in**, ~-**out** *sl* obilen jedilni obrok, gostija, »požrtija«; **we had a good** ~-**in** dobro smo se najedli vsega dobrega; **it took the** ~ **all out of me** to mi je vzelo vso energijo; **2.** *vt* nagubati, spodviti, zavihati, zviti, obrobiti, zarobiti; *coll* (s)tlačiti, zbasati, (po)riniti, vtakniti, zariti (*into* v); zviti, prekrižati (noge); *vi* gubati, nabrati se, skrčiti se, uskočiti se (tkanina); **to** ~ **a dress into a bag** stlačiti obleko v torbo; **to** ~ **one's tail (between one's legs)** stisniti rep med noge

tuck away *vt* dati ob stran, odstraniti, skriti, odriniti; **to lie tucked away** ležati skrit

tuck in *vt* všiti, zavihati; vase zbasati (hrano); *vi sl* pohlepno jesti, žreti, basati vase (hrano)

tuck off *vt* proč dati, odposlati; **to** ~ **to bed** vtakniti v posteljo

tuck up *vt* zamotati, zaviti; spodrecati, zavihati (rokave, obleko); skrčiti, skrajšati s pomočjo gub; *sl* obesiti; **to tuck s.o. up in bed** zamotati, zaviti koga v postelji

tucker I [tʌ́kə] **1.** *n hist* ovratna, naprsna ruta; *tech* stroj, ki dela gube, naborke; *Austral sl* prehrana, živež, oskrba; **my best bib and** ~ moja najboljša, najsvečanejša obleka

tucker II [tʌ́kə] *vt* (večinoma ~ **out**) utruditi do onemoglosti, popolnoma izčrpati

tucket [tʌ́kit] *n obs* zatrobljaj

tuck-in, tuck-out [tʌ́kin, -aut] *n sl* (gala) gostija; »požrtija«

tuckshop [tʌ́kšəp] *n school sl* majhna slaščičarna (v bližini šole)

Tuesday [tjú:zdi] *n* torek; **on** ~ v torek; **on** ~**s** ob torkih; **Shrove** ~ pustni torek

tufa [tjú:fə] *n min* apneni maček (kamen)

tuff [tʌf] *n geol* lehnjak

tuft [tʌft] **1.** *n* čop; šop; kosem; kita, resa (okras); kitica (cvetja); kopasta, francoska brada; gozdiček, gaj, grmičevje; *univ sl* plemiški študent; ~ **of feathers** čop peres, perjanica; ~ **of grass** šop trave; ~ **of hair** šop las; **2.** *vt* okrasiti s čopkom; vezati v snopce; garnirati, prešiti (blazino, žimnico); *vi* rasti v šopih

tufted [tʌ́ftid] *a* čopast; ~ **lark** čopasti škrjanec

tufter [tʌ́ftə] *n hunt* šarivec (lovski pes)

tufthunter [tʌ́fthʌntə] *n* laskač, priliznjenec, petolizec, prisklednik; stremuh, snob

tufthunting [tʌ́fthʌntiŋ] *n* laskanje, prilizovanje, petoližništvo; stremuštvo, snobovstvo

tufty [tʌ́fti] *a* (**tuftily** *adv*) rastoč v šopih, šopast

tug [tʌg] **1.** *n* poteg, povlek, trzaj, trzanje, vlečenje; napor, napenjanje, muka, velik trud; hud (duševni) boj, *fig* huda borba (*for* za); vrv, veriga za vlečenje: *naut* vlačilec (parnik); ~ **of war** *sp* vlečenje vrvi (tudi *fig*); **to give a** ~ **at** močno vleči, potegniti; **2.** *vt* močno vleči (kaj), potegniti, trzati; *naut* vleči (z vlačilcem); *vi* vleči, potegniti (*at* za); (redko) napenjati se, mučiti se, garati; boriti se (*for* za)

tugboat [tʌ́gbout] *n naut* vlačilec, remorker

tugger [tʌ́gə] *n* kdor vleče; vlačilec; garač, kdor težko dela, se trudi

tugging [tʌ́giŋ] *n* trzanje, cukanje; napenjanje, napor

tug-spring [tʌ́gspriŋ] *n tech* vzmet, ki blaži trzanje vlečnega jermena (pri vozu)

tuition [tjuíšən] *n* poučevanje, pouk; učne pristojbine; honorar za poučevanje; šolnina; nadzorstvo, skrbništvo, tutorstvo; *obs* zaščita; **postal** ~ dopisni pouk; **private** ~ privaten pouk, ure; **she is under my** ~ ona je moja učenka

tuitional [tjuíšənəl] *a* učni, študijski

tuitionary [tjuíšnəri] *a* glej **tuitional**

tuition fee [tjuíšənfi:] *n* šolnina

tulip [tjú:lip] *n bot* tulipan; čebulica tulipana

tulip-eared [tjú:lipíəd] *a* ki ima pokončna ušesa

tulipist [tjú:lipist] *n* gojitelj tulipanov

tulip tree [tjú:liptri:] *n bot* tulipovec

tulle [tju:l] *n* til (tkanina)

tumble I [tʌmbl] *n* padec, zrušenje; prevračanje, »kozolec«, salto; valovanje sem in tja; *fig* nered, zmeda, zmešnjava, direndaj; *A sl* znak zanimanja ali priznanja; **to get a** ~ pasti (padem); **to give s.o. a** ~ *sl* zanimati se za koga; **he wouldn't even give her a** ~ najmanjšega zanimanja ni pokazal zanjo, zanj je ni bilo; **he left all his things in a** ~ vse svoje stvari je pustil v neredu

tumble II [tʌmbl] *vi* pasti, telebniti, štrbunkniti, zrušiti se, prevrniti se, prekopicniti se, kozolce prevračati; poskakovati, skakati, delati salte (kot kak akrobat); valiti se sem in tja, prevračati se, premetavati se (v postelji); spotakniti se; slepo zdrveti, planiti; *sl* naglo padati (o cenah); pridrveti, privihrati, pridivjati kot vihar, prihiteti, prileteti; ~ **to** *sl* nenadoma razumeti, dojeti, doumeti; privoliti v, veseliti se, vzljubiti; *vt* podreti, zrušiti, prevrniti, prekucniti; prebrskati, spraviti v nered, premeta(va)ti; zagnati, zalučati; zmečkati; ustreliti; **to** ~ **into bed** pasti, zvaliti se v posteljo; **they** ~**d him into the river** vrgli so ga v reko; **your bed is all** ~**d** vaša postelja je vsa razmetana; **I did not** ~ **to the joke at first** sprva nisem razumel šale (dovtipa); **he** ~**d into an old friend** slučajno je naletel na starega prijatelja; **the waves** ~ **and toss** valovi se valijo sem in tja; **the wall finally** ~**d** končno se je stena (zid) zrušila; **to** ~ **a hare with a shot** z enim strelom podreti zajca

tumble home *vi* (o ladji) nagniti se

tumble in *vt* uravnati, vsaditi en kos lesene konstrukcije v drugega; *vi coll* zlesti v posteljo

tumble out *vi* zlesti iz postelje; **it is time to** ~ čas je, da se vstane

tumble up *vi coll* vstati, zlesti iz postelje; *naut* hitro priti na palubo

tumblebug [tΛmblbΛg] *n zool* skarabej

tumble-down [tΛmbldaun] *a* trhel (tudi *fig*), rušljiv; slab

tumbler [tΛmblə] *n* akrobat, žongler; čaša, kozarec za vodo; *zool* golob prevračalec; *obs hunt* lovski pes za kunce; *tech* pridržek (pri ključavnici); (redko) možicelj vstajač

tumblerful [tΛmbləful] *n* polna čaša (česa)

tumbler switch [tΛmbləswič] *n el* pregibno stikalo

tumbly [tΛmbli] *a* rušljiv; razmetan; ki razpada

tumbrel, -bril [tΛmbrəl, -bril] *n agr* voz za prevažanje gnoja; *mil* voz na dve kolesi za prevoz streliva; *hist* odprt voz za prevažanje žrtev do giljotine (v francoski revoluciji)

tumefacient [tju:miféišənt] *a med* ki povzroča oteklino

tumefaction [tju:mifǽkšən] *n med* oteklina

tumefy [tjú:mifai] *vt* napihniti, povzročiti oteklino; *vi med* oteči, nabrekniti

tumescence [tju:mésəns] *n* otekanje; oteklina

tumescent [tju:mésənt] *a* otekel; nabrekel

tumid [tjú:mid] *a med* otekel, nabrekel; izbočen; *fig* napihnjen, nadut, bombastičen

tumidity, tumidness [tju:míditi, tjú:midnis] *n med* oteklina, oteklost

tummy [tΛmi] *n coll* trebuh; želodec; trebušček

tumour [tjú:mə] *n med* tumor, tvor; (redko) oteklina, izraslina; **benign, malignant** ~ benigen, maligen tumor; ~ **of the brain** možganski tumor

tumorous [tjú:mərəs] *a* tumorozen

tump [tΛmp] *n E dial* griček, brdo; skupina dreves na višini; kup

tumpline [tΛmplain] *n A Can* nosilni jermen (ovit okrog čela ali prsi)

tumtum [tΛmtΛm] *n* **1.** tamtam; bučna reklama; hrup; **2.** *E Ind* (lahek) dvokolesen voz

tumular(y) [tjú:mjulə(ri)] *a* gričevnat; gomilast; neraven

tumulous [tjú:mjuləs] *a* gričevnat; hribovit, gorat

tumult [tjú:mΛlt] *n* hrup, hrušč; direndaj; razburkanost; *fig* notranji nemir, vznemirjenost, razburjenost

tumultuary [tjumΛltjuəri] *a* (**tumultuarily** *adv*) bučen, hrupen, buren; divji; puntarski, uporen; (vojska) nediscipliniran, nereden; razbrzdan; prenagljen

tumultuous [tjumΛltjuəs] *a* (~ **ly** *adv*) bučen, hrupen; divji; vzkipljiv; nagel; razburjen, besen

tumulus, *pl* ~ **es, -muli** [tjú:mjuləs, -siz, -lai] *n* túmulus, (predzgodovinska) grobna gomila; grob

tun [tΛn] **1.** *n* velik sod; pivarska kad; *E* tona (stara mera za tekočine = 252 galon = 1144,98 l); **2.** *vt* zli(va)ti, (na)točiti v sode

tuna I [tú:nə] *n bot* opuncija

tuna II [tú:nə] *n A zool* (= ~ **fish**) tun

tunable [tjú:nəbl] *a* (**tunably** *adv*) *mus* blagoglasen, blagozvočen, miloglasen, ubran, harmoničen, melodičen; prijeten; (redko) uglasbljiv

tunableness [tjú:nəblnis] *n* blagoglasnost, ubranost; harmonija

tundra [tΛndrə] *n geog* tundra

tune I [tju:n] *n* napev, melodija, arija; pesem; himna, koral, cerkvena pesem; (redko) ton;

fig harmonija, skladnost, sklad, soglasnost; *fig* razpoloženje (*for* za); *phon* intonacija; **in** ~ uglašeno; pravilno, kot treba; *aer* pripravljen za vzlet; **in** ~ **with** v skladnosti z; **not in** ~ nerazpoložen; **out of** ~ neuglašen; slabe volje; **to the** ~ **of** po melodiji (od); *coll* v znesku od; **folk** ~ narodna pesem; **to be in** ~ **with** harmonirati z; **to call the** ~ dajati ton; **to change one's** ~, **to sing another** ~ *coll fig* ubrati drug ton; **give us a** ~! zapojte nam kaj!; **I had to pay to the** ~ **of 20 £** moral sem plačati kar (nič manj kot) 20 funtov; **to play out of** ~ *mus* napačno igrati; **to put in** ~ uglasbiti

tune II [tju:n] *vt* uglasiti (*to* na); *radio* naravnati (*to* na); prilagoditi, uskladiti (*to* z); *poet* igrati (na); *vi* biti v skladnosti (*with* z), harmonirati; zveneti; doneti

tune in *vt radio* naravnati aparat na željeni val (*to London* na London)

tune out *vi* izključiti (radio)

tune up *vt mus* uravnati, uglasiti (instrumente); zapeti, intonirati; *fig* zvišati storitev (motorja); pripraviti (avto) za vožnjo; *aero* pripraviti (letalo) za vzlet; *vi coll* (o otroku) zajokati, spustiti se v jok; začeti peti

tuneful [tjú:nful] *a* (~ **ly** *adv*) blagoglasen, blagozvočen, ubran, melodičen; skladen, harmoničen

tunefulness [tjú:nfulnis] *n* blagoglasje, ubranost; melodičnost; skladnost, harmonija

tuneless [tjú:nlis] *a* neubran, neharmoničen, nemelodičen; nezvočen, nem

tuner [tjú:nə] *n* uglaševalec (klavirjev itd.); naprava za uglaševanje (orgel); *radio* gumb za uglaševanje zvoka

tungsten [tΛŋstən] *n chem* volfram

tunic [tjú:nik] *n hist* tunika; *E mil* vojaška bluza; (daljša) ženska jopa; (ženska) vrhnja obleka; *anat zool bot* opna, kožica

tunica, *pl* **-cae** [tjú:nikə, -si] *n med zool* kožica

tunicate [tjú:nikit, -keit] **1.** *a zool* kožnat; **2.** *n zool* plaščar

tunicle [tjú:nikl] *n eccl* mašna obleka

tuning [tjú:niŋ] **1.** *n mus* uglaševanje, usklajanje; *el* naravnanje; **2.** *a* uglaševalen; ~ **fork** glasbene vilice; ~ **eye** *el* magično oko; ~ **key**, ~ **hammer** ključ za uglaševanje (klavirja)

tuning-in [tjú:niŋin] *n radio* naravnanje aparata na val, na postajo

tunnel [tΛnəl] **1.** *n* tunel; podzemeljski hodnik; podvoz; *obs* dimnik; *min* podkop, rov; *dial* lijak; **2.** *vt & vi* napraviti (prebiti, prevrtati) tunel (*Mont Blanc* skozi Mont Blanc); zgraditi podzemeljski hodnik, prehod, podvoz

tunel(l)ing [tΛnliŋ] *n* gradnja tunela

tunny [tΛni] *n zool* tun

tuny [tjú:ni] *a coll* melodičen

tup [tΛp] **1.** *n zool* oven; kozel; *tech* glava kladiva; oven zabijač; **2.** *vt & vi* naskočiti (ovco) (o ovnu)

tuppence, tuppenny [tΛpəns, -p(ə)ni] *E coll* glej **twopence, twopenny**

turban [tə́:bən] *n* turban; (ženski) klobuk brez krajevcev; *zool* navoji polževe hišice

turbaned [tə́:bənd] *a* ki nosi turban

turbary [tə́:bəri] *n* šotišče; barje; *jur* pravica rezanja, kopanja šote (na tujem zemljišču)

turbid [tá:bid] *a* (~ **ly** *adv*) (o tekočinah) moten, kalen, blaten, glenast; gost, gosto tekoč; (lasje) zmršen, skuštran; *fig* zamotan, zapleten, zmeden, nejasen; nemiren (spanje)

turbidity [tə:bíditi] *n* motnost, kalnost, kaljenje; neprozornost, blatnost; *fig* nejasnost

turbinate [tá:binit] *a med zool* spiralast, školjkast, polžast; vrtavkast

turbination [tə:binéišən] *n* polžasta tvorba

turbine [tá:bin] *n tech* turbina; **gas (steam, water)** ~ plinska, parna, vodna turbina; ~ **aircraft (steamer)** turbinsko letalo (parnik); ~ **-powered** (ki je) na turbinski pogon

turbofan [tá:boufæn] *n aero* ventilator (za hlajenje)

turbo-jet-engine [tá:boudžeténdžin] *n* turboreakcijski motor

turbo-prop-engine [tá:bouprəpéndžin] *n* turbopropelerski motor

turbot [tá:bət] *n zool* (riba) robec, kambala

turbulence, -cy [tá:bjuləns(i)] *n* nemir, nemirno stanje; viharnost; tumult, razburkanost, burnost; *phys* vrtinčenje; turbulenca

turbulent [tá:bjulənt] *a* (~ **ly** *adv*) nemiren; buren; razburkan; vzkipljiv, neobrzdan; silovit, močan; vznemirljiv; *phys* vrtinčast; turbulenten; ~ **flow** turbulentno, vrtinčasto strujanje

turd [tə:d] *n vulg* govno; človeški iztrebek

turdine [tá:dain, -din] *a zool* spadajoč k drozgom

tureen [tju:rí:n] *n* globoka skleda (s pokrovom) za juho; jušnik

turf, *pl* ~ **s, turves** [tə:f] *n* ruša, trata; *Ir* šota; **the** ~ dirkališče za konjske dirke; *fig* konjski dirkalni šport; **gentlemen of the** ~ ljubitelji (prijatelji) konjskega športa; **to be on the** ~ imeti, vzdrževati konje za dirke; zanimati se za konjski dirkalni šport; obiskovati konjske dirke; staviti na konjskih dirkah; **2.** *vt* pokriti, obložiti s travnatimi rušami; **to** ~ **out** *sl* ven vreči (koga, kaj)

turf-cutter [tá:fkʌtə] *n Ir* šotar

turfen [tá:fən] *a* pokrit z rušo

turfite [tá:fait] *n* ljubitelj konjskih dirk

turfless [tá:flis] *a* ki je brez (travnatih) ruš

turfman, *pl* -men [tá:fmən] *n* obiskovalec, ljubitelj konjskih dirk

turfmoor [tá:fmu:] *n* barje, močvirje

turfy [tá:fi] *a* rušnat, pokrit ali porasel s travo; bogat s šoto; šotast; *fig* ki se tiče konjskega športa

turgent [tá:džənt] *a obs* za **turgid**

turgescence, -cy [tə:džésəns(i)] *n med* otekanje, oteklina, nabreklina; *fig* napihnjenost, nabuhlost, nadutost, bombastičnost, pompoznost

turgescent [tə:džésənt] *a med* otekel, nabrekel; *fig* napihnjen, nadut, bombastičen

turgid [tá:džid] *a* (~ **ly** *adv*) *med* otekel, nabrekel; *fig* nadut, napihnjen, bombastičen, pompozen

turgidity [tə:džíditi] *n med* oteklina, nabreklina, nabuhlost; *fig* nadutost, bombastičnost, pompoznost (stila, jezika itd.)

turgidness [tá:džidnis] *n* glej **turgidity**

turion [tjúəriən] *n bot* mladika, poganjek; popek, brst

Turk [tə:k] **1.** *n* Turek, Turkinja; mohamedanec; konj turške pasme; *fig* razposajenec (zlasti otrok); **young** ~s Mladoturki; **2.** *a* turški

Turkey [tá:ki] *n* Turčija; ~ **carpet** orientalska preproga; ~ **corn** koruza; ~ **day** *A coll* zahvalni dan za žetev; ~ **leather** turško usnje, safian; ~ **red** turško rdečilo (barva); ~ **stone** levantski brus; *obs* turkiz

turkey [tá:ki] *n zool* puran, purica; *A sl* polomija, neuspeh (filma, gledališke igre); *A coll* resnica, dejstva; ~ **cock** purman; ~ **hen** purica; ~ **poult** puranček; ~ **trot** vrsta plesa (v času 1. svetovne vojne); **red as a** ~ rdeč kot puran (kot rak) (od jeze); **to talk (cold)** ~ *A coll fig* naliti čistega vina, odkrito govoriti, brez ovinkov povedati; **talk** ~! na dan z besedo!

Turki [túəki, tá:ki] *n* (glej **Turkic**) Turktatar

Turkic [tá:kik] *n ling* turški jezik(i)

Turkish [tá:kiš] **1.** *a* turški; ~ **bath** turška (parna, potilna) kopel (z masažo); ~ **delight,** ~ **paste** vrsta slaščice; žele bonbon; ~ **music** janičarska godba; ~ **tobacco** turški, orientalski tobak; ~, t~ **towel** frotirka, brisača za frotiranje; **2.** *n* turški jezik

Turkoman, *pl* ~ s [tá:kəmən] *n* Turkmen, -ka

Turk's-head [tá:kshed] *n* turbanu podoben okrasni vozel; kroglasta metla (na dolgem držalu)

turmeric [tá:mərik] *n* kurkuma, ingverju podobna rastlina

turmoil [tá:məil] **1.** *n* nemir, hrup, vpitje, trušč; razburjenost; upor; (redko) naporno delo, garanje; **2.** *vt* motiti; vznemiriti, razburiti; *vi dial* garati, naporno delati

turn I [tə:n] *n* vrtljaj, vrtenje, obračanje, obrat; ovinek, zavoj, okljuk, vijuga, krivulja; *fig* izkrivljenje; (posebna) smer, spremenba smeri, obrnjena smer; preokret, preobrat; kriza; *econ* prodaja, promet; sprememba, menjava, redno menjavanje pri opravljanju (posla, službe), turnus, vrstni red; zamena, šiht, posada, delovna izmena; runda; (kratek) sprehod, pot, runda; zaposlenost (s čim), (prehoden) poklic; usluga; prilika, priložnost; točka v programu (varieteja); namen, namera, potreba; *fig* sposobnost, talent, dar (*for* za), nagnjenje; oblika, obris; način mišljenja, razpoloženje; postopek; izraz; *coll* živčni pretres, šok, omotica, strah, močno razburjenje; skisanje (mleka); *print* obrnjena črka, obrnjen tisk; *sp* trojka (pri drsanju); *pl med* menstruacija, mesečna čišča; ~ **(and** ~**)** **about** izmenoma, menjaje se; **at every** ~ pri vsakem koraku, ob vsaki priliki, neprestano, ob vsakem času; **before one's** ~ preden smo na vrsti; **by** ~s, **in** ~s izmenoma, zaporedoma; v turnusu, eno za drugim; **every one in his** ~! vsakdo (vsi) po vrsti!; **in** ~ po vrsti; **in the** ~ **of a hand** v hipu, kot bi trenil; **out of one's** ~ zunaj, mimo svoje vrste; ne na mestu; **to a** ~ izvrstno; **a** ~ **of anger** napad jeze; ~ **of the century** konec stoletja; **a** ~ **of fortune (of Fortune's wheel)** preobrat, preokret sreče, usode; **a** ~ **to the left** zavoj na levo; ~ **of life** *med* klimakterij; **the** ~ **of the tide** oseka, *fig* sprememba položaja, preobrat; **done to a** ~ (s)pečen kot treba; **hand's** ~ ročno delo; **to be of humorous** ~ imeti smisel za humor; **to be on the** ~ biti na preokretnici, prelomnici; **he is fond of old** ~s **of expression** on se rad starinsko izraža; **whose** ~ **is it?** kdo je na vrsti?; **now it**

is my ~ sedaj sem jaz na vrsti; **the milk is on the** ~ mleko se bo vsak hip skisalo; **the cake is done to a** ~ kolač je ravno prav pečen; **to do s.o. a good (bad)** ~ napraviti komu dobro (slabo) uslugo; **he did me an ill** ~ škodoval mi je, eno mi je zagodel; **one good** ~ **deserves another** roka roko umiva, usluga za uslugo; **to (a)wait one's** ~ čakati, da pridemo na vrsto; **to give s.o. a** ~ prestrašiti koga; **to have a** ~ **for languages** ima dar za jezike; **he has a curious** ~ **of mind** čudnega značaja je; **I heard short** ~**s in the music-hall** slišal sem kratke točke programa v varieteju; **left (right)** ~! *E mil* na levo (desno)!; **we read** ~ **and** ~ **about** menjavali smo se pri čitanju; **don't speak out of your** ~! ne govori, če nisi na vrsti!; **it serves my** ~ to mi prav pride, mi dobro služi (koristi); **to take a** ~ **at s.th.** kratek čas se s čim ukvarjati; **to take a** ~ **to the right** zaviti na desno; **to take** ~**s** medsebojno se menjavati (*at rowing* pri veslanju); **to take a** ~ **in the park** napraviti kratek sprehod (rundo) v parku; **to take the good (bad)** ~, **to take a** ~ **for the good (bad)** obrniti se na boljše (slabše); **disease took a favourable** ~ bolezen se je obrnila na bolje

turn II [təːn] **1.** *vt* (za)vrteti (v krogu); obrniti, obračati, narobe obrniti; preobrniti, prekopati; odbiti, odvrniti; spremeniti smer, dati drugo smer; odločiti; spremeniti (v), predrugačiti, pretvoriti; prevesti (tekst); skisati (mleko); prekoračiti, preiti; obiti, *mil* obkoliti; izogniti se; zaviti okoli, obrniti, nameriti (korak itd.); napotiti, nagnati, spoditi (*into* v); *sp* delati (prekuce, salte, kolo); otopiti, skrhati (nož); naščuvati, nahujskati (*against* proti); zmešati (glavo), zmesti, znoríti; *econ* v denar spraviti, unovčiti; stružiti, zaokrogliti, zaobliti, dati okroglo obliko; lepo oblikovati; *fig* lepo formulirati (stavek); *obs* speljati na kriva pota, zapeljati; spreobrniti; **2.** *vi* vrteti se, dati se vrteti; obračati se, obrniti se; prevračati se, prevrniti se; *fig* postaviti se na glavo; postati omotičen; zaviti, kreniti, napraviti zavoj; zateči se (*to* k), obrniti se, pogledati nazaj; oprijeti se, lotiti se, ukvarjati se; spremeniti se, spremeniti naravo; skisati se (mleko), postati (žaltav itd.), pokvariti se; stružiti se, postati top, skrhati se (nož); *obs* prebegniti, postati uskok (odpadnik, dezertêr); **to** ~ **an attack** *mil* odbiti napad; **to** ~ **the (ali one's) back (up)on** hrbet obrniti (pokazati); obrniti se proč od; **to** ~ **bankrupt** priti pod stečaj (v konkurz), bankrotirati, doživeti bankrot, priti na boben; **he** ~**ed many books in his life** *fig* mnogo je prebral v svojem življenju; **to** ~ **s.o.'s brain** znoriti koga; **his brain has** ~**ed with overwork** zmešalo se mu je zaradi čezmernega dela; **to** ~ **bridle** obrniti se, začeti se umikati; **to** ~ **bear (bull)** *econ* špekulirati na padec (dvig) cen in tečajev na borzi; **to** ~ **into cash** spraviti v denar (gotovino), unovčiti; **to** ~ **the cat in the pan** *fig* stvar (že nekako) urediti, v red spraviti; **to** ~ **Catholic** postati katoličan; **to** ~ **the cheek** *fig* obrniti (nastaviti) tudi drugo lice, požreti (kaj) zaradi (ljubega) miru; **to** ~ **one's coat** *fig* obrniti, obračati plašč (po vetru); **he** ~**ed his coat** izneveril se je

svoji stranki, postal je odpadnik; **to have an old overcoat** ~ **ed** dati si obrniti star površnik; ~ **ed commas** narekovaj; **to** ~ **colour** spremeniti barvo (postati bled ali rdeč); **to** ~ **a compliment** napraviti lep poklon (kompliment); **to** ~ **a street corner** zaviti okoli uličnega vogala; **to** ~ **the corner** *fig* srečno prebroditi krizo; **to** ~ **a difficulty** izogniti se težavi, obiti težavo; **to** ~ **a deaf ear** narediti se gluhega (*to* za), ne hoteti slišati; **to** ~ **to a dictionary** zateči se k slovarju; **to** ~ **to the doctor** obrniti se na (konsultirati) zdravnika; **to** ~ **the edge of a knife** skrhati nož; **to** ~ **the edge of a remark** napraviti opazko manj ostro, omiliti opazko; **to** ~ **English into Slovene** prevesti iz angleščine v slovenščino; **to** ~ **king's (A state's) evidence** *jur* postati glavna obremenilna priča; **he is just** ~**ing 50** pravkar je prekoračil 50. leto; **to** ~ **a film** snemati film; **to** ~ **one's face to the wall** obrniti obraz proti steni, *fig* biti pripravljen za smrt, (hoteti) umreti; **to** ~ **the enemy's flank** obiti sovražnikov bok; **to** ~ **s.o.'s flank** *fig* prelisičiti koga, premagati koga v debati; **to** ~ **one's flight northwards** usmeriti svoj polet proti severu; **to** ~ **ground** prekopati zemljo; **his hair has** ~**ed grey** osivel je; **to** ~ **one's hand to s.th.** lotiti se, oprijeti se česa; **she can** ~ **her hand to anything** ona je zelo spretna, praktična; **not to** ~ **a hand to help s.o.** s prstom ne migniti, da bi komu pomagali; **my head** ~**s** vse se mi vrti v glavi; **his head** ~**ed with the success** uspeh mu je stopil v glavo; **to** ~ **one's head** obrniti glavo, pogledati nazaj; **to** ~ **s.o.'s head** zmešati komu glavo; **to** ~ **headsprings** *sp* delati (vrteti) kolesa; **to** ~ **head over heels** prekucniti se, prekopicniti se; **to** ~ **s.o.'s heart** *fig* pregovoriti koga; **to** ~ **s.th. inside out** obrniti kaj (narobe), zvrniti kaj; **the joke was** ~ **ed against me** šala je letela name; **the key won't** ~ ključ se ne mara zavrteti; **the leaves are beginning to** ~ listje začenja spreminjati barve; **to** ~ **to the left** obrniti se, kreniti, zaviti na levo; **to** ~ **loose** odvezati, izpustiti koga (na prostost); popustiti; *A* streljati, ustreliti; **to** ~ **s.o. mad** napraviti koga blaznega; **you will** ~ **me mad** zblaznel, znorel bom zaradi vas; **the milk has** ~**ed (sour)** mleko se je skisalo; **the warm weather has** ~**ed the milk (sour)** toplo vreme je skisalo mleko; **to** ~ **s.th. in one's mind** premišljevati kaj; **to** ~ **pale** postati bled; **it** ~**ed her pale** prebledela je ob tem; **to** ~ **an honest penny** živeti od poštenega dela (zaslužka); **to** ~ **s.th. to one's profit** obrniti kaj v svojo korist, izkoristiti kaj; **to** ~ **rancid** postati žaltav; **to** ~ **s.o. to religion** spreobrniti koga (k veri); **to** ~ **and rend** napasti s sramotenjem; **to** ~ **the scale** nagniti tehtnico, *fig* odločiti (kaj); **to** ~ **s.o. sick** povzročiti komu slabost; **she** ~**ed sick** slabo ji je postalo, morala je bruhati; zbolela je; **to** ~ **a somersault** napraviti prekuc, salto; **to** ~ **one's steps home** kreniti domov; **my stomach** ~**s (at)** želodec se mi obrača (ob), vzdiguje se mi; **it** ~**s my stomach** ob tem se mi obrača želodec; **to** ~ **a table leg** stružiti nogo za mizo; **to** ~ **the tables (up)on s.o.** *fig* obrniti argumente proti komu, obrniti položaj; **to** ~ **tail** obrniti se, stisniti rep med

noge, zbežati; **the tide has** ~ **ed** nastopila je
oseka, *fig* sreča se je obrnila (se obrača); **to** ~
one's thumb down *fig* odkloniti, ne hoteti; **to**
~ **traitor** postati izdajalec; **to** ~ **turtle** *naut sl*
prevrniti se; **to** ~ **upon s.th.** biti odvisen od
česa; **to** ~ **everything upside down** postaviti vse
na glavo; **the boat** ~ **ed upside down** čoln se je
prevrnil; **my umbrella** ~ **ed inside out** dežnik se
mi je obrnil (sprevrgel); **to** ~ **a Latin verse**
skovati latinski stih; **to** ~ **water into wine**
spremeniti vodo v vino; **my coat won't** ~ **water**
moj plašč ni nepremočljiv; **I don't know which**
way to ~ ne vem, po kateri poti naj krenem,
fig ne vem ne kod ne kam; ne vem, kaj naj na-
redim; **to** ~ **a wheel** (za)vrteti kolo; **the wheel** ~ **s**
kolo se vrti; **the wind has** ~ **ed** zapihal je drug
veter (tudi *fig*); **the whole world has** ~ **ed**
topsy-turvy cel svet je postavljen na glavo; **this**
wood ~ **s well** ta les se dobro struži; **even a**
worm will ~ *fig* tudi najmirnejši človek se brani,
če je napaden
turn about *vt* vrteti, obračati; *agr* obračati (seno);
fig premisliti (kaj); *vi* obrniti se; *mil* napraviti
polobrat; **about** ~ **!** *mil* na levo krog!
turn again *vi* obrniti se nazaj; vrniti se
turn adrift *vt fig* prepustiti (koga) samemu sebi,
ne več (koga) podpirati; **he** ~ **ed his son adrift**
in the world spodil je sina (z doma) v svet
brez podpore
turn around *vi* obrniti se, obračati se
turn aside *vt* & *vi* odvrniti (se); zaviti; umakniti
se, izogniti se
turn away *vt* proč obrniti, odvrniti; odkloniti,
odbiti, odpraviti (prosilca); odpustiti (usluž-
benca); spoditi (koga); *vi* obrniti se proč od;
fig zapustiti (koga, kaj); odtujiti se; kreniti po
novi poti; **to** ~ **a beggar** odgnati berača;
we had to ~ **hundreds of people** na stotine ljudi
smo morali odkloniti (odpustiti); **I turned away**
in disgust z gnusom sem se obrnil proč
turn back *vt* obrniti, okreniti, prevrniti; zavrniti,
odbiti, odkloniti; *vi* vrniti se (po isti poti);
obrniti se
turn down *vt* preganiti, prepogniti, zviti (list v
knjigi); zavihati (ovratnik); priviti (plin, da
manj gori), oslabiti (luč), utišati nekoliko
(radio); pregrniti, postlati (posteljo); *A sl*
oškoduti, grajati; odbiti, odkloniti (kandidata,
ponudbo); dati (komu) košarico, zavrniti; *vi*
zavihati se navzdol, povesiti se; **to** ~ **the**
corner of a page zavihati kot lista v knjigi;
he asked her to marry him but she turned him
down zasnubil jo je, pa ga je zavrnila
turn in *vt* izročiti, predati; ovaditi; navznoter
obrniti; *vi* vstopiti, noter iti; *coll* leči v posteljo,
iti spat; biti navznoter obrnjen ali zvit; **to** ~
one's toes obrniti nožne prste navznoter; **his**
toes turn in nožni prsti so mu obrnjeni navzno-
ter
turn off *vt* izključiti, zapreti (plin, vodo itd.),
ugasniti (luč); odpustiti (koga iz službe); od-
poslati; odvrniti, oddaljiti, odstraniti; prekiniti
(delovanje stroja); *sl* obesiti (zločinca); poro-
čiti (zakonski par); dovršiti, završiti, zgotoviti;
obrniti (*to* na); obiti (vprašanje itd.), iti mimo,
izogniti se; *vi* zaviti stran, kreniti (s poti), spre-

meniti pot; oddaljiti se, obrniti se stran; od-
cepiti se, ločiti se (o cesti); pokvariti se; **to** ~
an epigram napraviti epigram; **to turn a matter**
off with a laugh s smehom iti preko kake stvari;
here we turn off (our road turns off) for Zagreb
tukaj zavijemo (se cesta odcepi) za Zagreb;
to ~ **the water (gas, electric light, radio)** za-
preti, izključiti vodo (plin, električno luč,
radio)
turn on *vt* odpreti; pustiti, da teče, gori (voda,
plin itd.); vključiti, prižgati (radio, luč); **turn**
on the light! prižgi luč!; **to** ~ **the waterworks**
coll odpreti vodovod, *fig* spustiti se v jok,
točiti solze
turn out *vt* izgnati, pregnati, spoditi, vreči skozi
vrata, vreči ven; (od)gnati (živino) na pašo;
odpustiti (iz službe); vreči (vlado); obrniti
navzven (žep); izprazniti (sobo), odnesti iz
sobe (pohištvo); zapreti (vodo, luč, radio);
proizvajati (blago), kopati (premog); oskrbeti,
opremiti, obleči; *vi* izstopati, iziti, izhajati; *mil*
odkorakati; oditi; obrniti se navzven; postati;
coll vstati (iz postelje); pokazati se, izkazati se;
mil nastopiti (stražo); dogoditi se, dovršiti
se, končati se; (nogomet) igrati; **the best**
turned-out man in London najbolje oblečeni
moški v Londonu; **she was beautifully turned**
out bila je elegantno oblečena; **the affair will**
turn out all right zadeva se bo v redu, dobro
končala; **this factory is turning out a large**
quality of goods ta tovarna proizvaja veliko
množino blaga; **the crops will turn out poorly**
this year letina bo letos slaba; **to turn out the**
guard nastopiti stražo; **to** ~ **the lights** ugasniti
luči; **to** ~ **for Leeds** igrati za Leeds; **to turn s.o.**
out of his job odpustiti koga iz službe; **to** ~
a tenant izgnati, deložirati najemnika; **this**
school has turned out some good scholars ta
šola je dala nekaj dobrih učenjakov; **to** ~ **well**
dobro se končati, uspeti; vreči (prinesti, dati)
lep dobiček; **it turned out to be true** izkazalo
se je, da je to res; **it turns out that . . .** zgodi se,
pripeti se, da...; **he** ~ **ed out (to be) a good**
swimmer pokazalo se je, da je on dober pla-
valec
turn over *vt* obrniti; prevrniti; odložiti, odgoditi;
obrniti stran, prelistavati (knjigo); izročiti,
predati, prenesti, prepustiti (komu kaj); pre-
misliti, pretehtati, razmisliti; *econ* doseči
(blagovni, denarni) promet, iztržiti; spraviti v
nered; *vi* prevrniti se; obrniti se (na stran);
obračati se, premetavati se (v postelji); *fig*
presedlati, preiti (k drugi stranki); **the car**
(was) turned over avto se je prevrnil; **he has**
~ **ed over the business to his partner** prepustil
je posle svojemu družabniku; **he turns over**
£ 1000 per annum (a week) on ima 1000 funtov
prometa na leto (na teden); **to** ~ **a new leaf** *fig*
poboljšati se, začeti novo življenje; **to turn a**
matter over and over in one's mind dobro pre-
mozgati zadevo; **I have turned the question**
over more than once pretehtal sem problem
več kot enkrat; **the thief was turned over to the**
police tata so izročili policiji
turn round *vt* obrniti, obračati; (za)vrteti (v kro-
gu); *vi* obrniti se (*to* k); napraviti polobrat;

fig spremeniti mišljenje, premisliti si, začeti novo politiko; *naut* pristati, izkrcati in vkrcati tovor ter izpluti

turn to *vt* zaposliti; *vi* lotiti se (dela), oprijeti se (česa), začeti delati, krepko delati; **all were turned to** vsi so bili (vneto) zaposleni; **you must ~ again!** znova se morate lotiti!; **it's time we turned to** čas je, da bi se lotili (dela)

turn under *vt* upogniti navzdol; *agr* podorati

turn up *vt* obrniti navzgor, dvigniti (kvišku); zavihati (navzgor); prekopati, izkopati, prinesti na dan; najti besedo v slovarju; odkriti (karte); močneje odviti (pipo, plin, radio); *sl* opustiti, zapustiti, na klin obesiti (posel, službo); *coll* izzvati gnus, stud, slabost; *naut* poklicati (moštvo) na krov; *vi* obrniti se, zavihati se navzgor; (nenadoma) priti, pojaviti se, priti na dan; dogoditi se, primeriti se, nastopiti, vmes priti; nastati, izkazati se za; **they turned up a buried treasure (a skeleton) in that field** na oni njivi so izkopali zakopan zaklad (okostnjak); **to ~ one's sleeves** zavihati si rokave; **to ~ one's nose at s.th.** *fig* (za)vihati nos nad čim, namrdniti se ob čem; **his nose turned up at my suggestion** nos se mu je zavihal ob mojem predlogu; **the sight of it turns me up** pogled na to mi zbudi gnus; **the smell nearly ~ed me up** zaradi smradu sem začel skoraj bruhati; **he always turns up when nobody expects it** vedno se pojavi, kadar tega nikdo ne pričakuje; **at what time did he ~?** oblej se je prikazal (pojavil, prišel)?; **to ~ like a bad penny** (o osebi) *fig* neprestano se pojavljati, prihajati na površje; **to ~ one's toes** *fig* umreti; **to wait for s.th. to ~** čakati (na to), da se nekaj zgodi

turnable [tɔ́:nəbl] *a* vrtljiv, obračljiv

turnabout [tɔ́:nəbaut] *n* obrat (za 180°); *fig* preobrat; *A* vrtiljak; plašč, ki se lahko nosi na obe strani; *obs* prevratnik, prekucuh

turnback [tɔ́:nbæk] *n* strahopetec, šleva, mevža

turn bench [tɔ́:nbenč] *n* majhna stružnica

turn bridge [tɔ́:nbridž] *n tech* vrtljiv most

turn-buckle [tɔ́:nbʌkl] *n tech* vrsta vijaka

turncap [tɔ́:nkæp] *n* premična kapa (dimnika)

turncoat [tɔ́:nkout] *n* nestanovitnež, odpadnik, renegat, uskok, prebežnik, oportunist; **to be a ~** *fig* obračati (svoj) plašč po vetru

turncock [tɔ́:nkɔk] *n tech* pipa; paznik vodnih cevi

turndown [tɔ́:ndaun] **1.** *n* zavihan ovratnik; zavrnitev, odklonitev; **2.** *a* zavihan; **~ boots** zavihani škornji

turned [tə:nd] *a* obrnjen; (o)stružen; oblikovan; upognjen

turned-up [tɔ́:ndʌp] *a* navzgor zavihan; **~ nose** zavihan nos

turner [tɔ́:nə] *n tech* obračalo; strugar; lončar; brusač; *zool* golob prevračevalec

turnery [tɔ́:nəri] *a tech* struženje; strugarstvo; strugarsko delo (izdelki); strugarska delavnica

turning [tɔ́:niŋ] *n* obračanje, obrat, vrtenje; struženje; zavoj, ovinek; preobrat, prelomnica; odklon, odstopanje; prečna ulica ali cesta; ulični vogal; **take the next ~ to the right** zavijte po prvi ulici na desno

turning door [tɔ́:niŋdɔ:] *n* vrtljiva vrata

turning point [tɔ́:niŋpɔint] *n fig* preokretnica, preokretna točka; kriza; odločitev; **the disease has reached a ~** bolezen je stopila v kritičen stadij

turning saw [tɔ́:niŋsɔ:] *n* izrezovalna žaga

turnip [tɔ́:nip] *n bot* (bela) repa; *sl* manjvredna (žepna) ura, »čebula«; *hum sl* bedak; **~ tops** *pl* repno listje

turnip cabbage [tɔ́:nipkǽbidž] *n bot* koleraba

turnipy [tɔ́:nipi] *a* ki ima okus po repi; *fig* majhen in debel, čokat, zavaljen

turnkey [tɔ́:nki:] *n* jetničar, jetniški čuvaj

turnout [tɔ́:naut] *n econ* celotna proizvodnja; *coll* stavka, ustavitev dela; *coll* zbor(ovanje), shod; gledalci, obiskovalci; vstajanje (iz postelje); *mil coll* odhod; ekipaža, kočija z zaprego; oprava, kostim(iranje); *rly* kretnica, izogibalni tir

turnover [tɔ́:nouvə] *n* **1.** *n* prevrat; preobrat (javnega mnenja itd.); *pol* (občuten) premik volilnih glasov (od ene stranke k drugi); *econ* promet, iztržek; sprememba; reorganizacija, pregrupiranje; prihod in odhod (pacientov v bolnicah); (časnikarski) članek, ki sega na drugo stran; vrsta tortice; kipnik, narastek; **~ tax** *E* prometni davek; **2.** *a* zavihan; **a ~ collar** zavihan ovratnik

turnpike [tɔ́:npaik] *n* (cestna) zapornica (pri carinarnici); carinski (cestni) prehod; *hist* španski jezdec; **~ road** avtocesta (z obveznim plačanjem pristojbine); **~ man** (cestni) carinik; **~ money** cestnina

turn-plate [tɔ́:npleit] *n rly* okretnica; obračalnica

turn-round [tɔ́:nraund] *n econ naut* pristajanje, izkrcavanje ter vkrcavanje tovora in izplutje

turnscrew [tɔ́:nskru:] *n tech* izvijač, odvijač

turnside [tɔ́:nsaid] *n* vrtoglavica, nezavest (pri psih)

turnsole [tɔ́:nsoul] *n bot* sončnica; *chem* lakmus

turnspit [tɔ́:nspit] *n* naprava za obračanje ražnja; majhen pes

turnstile [tɔ́:nstail] *n* vrtljiv križ (pri vhodu itd.)

turntable [tɔ́:nteibl] *n rly* vrtljiva plošča za obračanje lokomotiv

turn-up [tɔ́:nʌp] **1.** *n coll* hrup, vpitje, vrišč; metež, pretep, ravs, tepež; nepričakovan dogodek; krajevec (klobuka); zavihek na hlačah; **2.** *a* navzgor sklopljiv; **a ~ bed** stenska zložljiva postelja

terpentine [tɔ́:pəntain] **1.** *n chem* terpentin; *coll* terpentinovo olje; **2.** *vt* obdelati s terpentinom; *vi* pridobivati terpentin; **3.** *a* terpentinov

turpitude [tɔ́:pitju:d] *n* podlost, grdobija, zlobnost, malopridnost, sprijenost; zavrženost

turps [tə:ps] *n* krajšava za **terpentine** terpentinovo olje

turquoise [tɔ́:kwa:z, -kɔiz] *n min* turkiz

turret [tʌ́rit] *n* stolpič; *mil* oklopna topovska ali mitralješka kupola; **~ lathe** *tech* vrsta stružnice; **~ ship** *naut* oklopnica

turreted [tʌ́ritid] *a* opremljen s stolpičem; stolpu podoben

turtle I [tə:tl] *n zool* grlica

turtle II [tə:tl] **1.** *n zool* (morska) želva; **mock ~ soup** juha iz telečje glave; **to turn ~** *naut sl* prevrniti (se), prekucniti (se) (avto, letalo itd.); **2.** *vi* loviti želve, iti na lov na želve

turtledove [tэ́:tldʌv] n zool grlica
turtle neck [tэ́:tlnek] n želvin vrat; fig želvast vrat
turtle peg [tэ́:tlpeg] n harpuna za lov na želve
turtler [tэ́:tlə] n lovec na želve; trgovec z želvami
turtle shell [tэ́:tlšel] n želvovina
turtling [tэ́:tliŋ] n lov na želve
Tuscan [tʌ́skən] 1. a toskanski; 2. n Toskanec, -nka; toskansko narečje
tush I [tʌš] n (konjski) podočnik; dolg in koničast zob
tush II [tʌš] 1. interj fej!; pah!; 2. vi obs omalovaževalno, posmehljivo se izraziti
tushery [tʌ́šəri] n afektacija, prisiljeno izražanje z uporabo starinskih besed
tusk [tʌsk] 1. n okel, čekan (slona, mroža itd.); (zob) derač; tech zob; 2. vt prebosti, raniti, raztrgati (z oklom, čekanom, deračem)
tusked [tʌ́skid] a ki ima okle, derače
tusker [tʌ́skə] n slon ali merjasec z izraslimi okli, derači
tusky [tʌ́ski] a poet glej tusked
tussal [tʌ́səl] a med ki se tiče kašlja
tusser [tʌ́sə] n zool hrastova sviloprejka; svila
tussis [tʌ́sis] n med kašelj
tussive [tʌ́siv] a ki se tiče kašlja
tussle [tʌsl] 1. n boj, pretep, ravs, prepir, zdražba, razprtija; fig ogorčen spopad, trenje; 2. vi boriti se, tepsti se, spopasti se, prepirati se (with z, for za); fig boriti se, spoprijeti se; vt tepsti se, prepirati se (s kom)
tussock [tʌ́sək] n šop (trave); (redko) čop, pramen, koder (las itd.)
tussocky [tʌ́səki] a bogat s travo; travnat
tussore [tʌ́sə:] n = tusser
tut I [tʌt] 1. n E akord; upon ~, by the ~ na akord; ~ work akordno delo; 2. vi delati na akord (v rudnikih)
tut II [tʌt] 1. interj ah, kaj!; fej; ~! kaj še! nesmisel! neumnost! no, no!; 2. vi reči »fej«
tutelage [tjú:tilidž] n tutorstvo, skrbništvo; varuštvo, varstvo; vodstvo, vodenje; nedoletnost; poučevanje, pouk
tutelar [tjú:tilə] a skrbniški, skrbstven, tutorski; varstven, zaščitniški
tutelary [tjú:tiləri] a glej tutelar; ~ authority pooblastila varuha (skrbnika)
tutor [tjú:tə] 1. n E univ tutor, vodja študentov skozi študij; docent; privatni, hišni učitelj, vzgojitelj; inštruktor; jur skrbnik, varuh; travel(l)ing ~ spremljevalec na potovanju; 2. vt poučevati, inštruirati (in v); šolati, vzgajati; vplivati na (koga), biti (komu) varuh; vi biti učitelj (vzgojitelj); A coll inštruirati
tutorage [tjú:təridž] n poučevanje, nadzorstvo; služba tutorja, tutorstvo; pristojbina za privatne ure (inštrukcije); jur varuštvo, skrbništvo
tutoress [tjú:təris] n tutorica; privatna (hišna) učiteljica, vzgojiteljica
tutorial [tjutó:riəl] 1. a (~ ly adv) učiteljski, vzgojiteljski; E univ tutorski; 2. n Oxford univ sl tutorjevo predavanje (učna ura, praktična vaja)
tutorize [tjú:təraiz] vt (redko) biti privatni (hišni) učitelj pri
tutorship [tjú:təšip] n mesto (služba) tutorja; jur varstvo, skrbništvo, varuštvo
tutsan [tʌ́tsæn] n bot krvava krčnica

tu-whit [tuwít] 1. n skovikanje (sove); 2. vi skovikati
tu-whoo [tuwú:] = to-whit
tuxedo, Tuxedo [tʌksí:dou] n A smoking
TV [ti:ví:] coll 1. a televizijski; 2. n televizija; televizijski aparat
twaddle [twɔdl] 1. n blebetanje, kvasanje, čenče, traparija, neumnost; obs kvasač, blebetač; 2. vi blebetati, kvasati, čenčati
twaddler [twɔ́dlə] n blebetač, kvasač
twaddly [twɔ́dli] a blebetav, brbljav
twain [twéin] 1. a poet dva; in ~ na dvoje, na dva dela, v dveh delih; to cut in ~ prerezati na dvoje; 2. n par, dvojica
twang [twæŋ] 1. n brnenje, brenkanje, zvenenje; govorjenje skozi nos, nosljanje; 2. vi brneti, zveneti (o strunah); igrati (na violino); govoriti skozi nos, nosljati; vt brenkati (melodijo) (on na godalu); napravati, da (struna) zazveni, zabrni
twangle [twæŋgl] redko za twang
twangy [twæŋi] a brneč; nosljajoč
'twas [twɔz] = it was
twayblade [twéibleid] n bot vrsta orhideje; muhovnik
tweak [twi:k] 1. n poteg, uščip, cukanje, ščipanje; fig precep, škripci; zbeganost; sl prevara, izgovor, prebrisanost, premetenost; 2. vt uščipniti, (po)cukati; fig odščipniti; to ~ s.o.'s ear povleči koga za ušesa; to ~ s.th. from s.o. odščipniti, skrivaj odvzeti komu kaj
tweaker [twí:kə] n ščipalec; E sl (otroška) prača
tweaky [twí:ki] a ščipajoč; coll oster, zbadljiv, piker
tweed [twi:d] n ročno tkana angleška volnena tkanina, tvid; pl oblačila iz tvida
tweedle [twi:dl] 1. n piskanje na dude, dudlanje; 2. vi igrati na dude; slabo igrati, brenkati (na glasbilo); peti (o pticah)
tweedledum and tweedledee [twi:dldʌ́məntwi:dldí:] n fig malenkostna razlika (med dvema stvarema ali osebama)
tweedy [twí:di] a (narejen) iz tvida
'tween [twi:n] = between
tween-decks [twí:ndeks] adv mar v medpalubju
tweeny [twí:ni] n (= ~ maid) pomožna služkinja (ki pomaga kuharici in sobarici)
tweet [twi:t] 1. n ščebetanje (ptic); 2. vi ščebetati
tweeze, tweese [twi:z] n med obs zdravniško orodje
tweezer [twí:zə] vt odstraniti (dlako itd.) s pinceto
tweezers [twí:zəz] n sl med (= a pair of ~) pinceta
twelfth [twelfθ] 1. a dvanajsti; Louis the ~ Ludovik XII; 2. n dvanajstina
twelfth-cake [twélfθkeik] n kolač na dan sv. treh kraljev (6. jan.)
Twelfth-day [twélfθdei] n eccl praznik sv. treh kraljev (6. januarja)
twelfthly [twélfθli] adv dvanajstič
Twelfth-night [twélfθnait] n (pred)večer praznika sv. treh kraljev
twelve [twelv] 1. a dvanajst; the ~ tables zakoni 12 plošč (v starem Rimu); it is ~-twenty ura je 12 in 20 minut; to be christened by ~ godfathers fig biti obsojen od porote; 2. n dvanajsterica, ducat; dvanajstica; the T~ rel 12 apostolov
twelvefold [twélvfould] 1. a dvanajstkraten; 2. adv dvanajstkratno

twelvemo [twélvmou] *n print* (skrajšano: **12mo** ali **XIImo**) duodéc, dvanajsterka

twelvemonth [twélvmʌnθ] *n* leto; rok enega leta, dvanajstih mesecev; **a** ~ leto; **this day** ~ danes leto

twelver [twélvə] *n sl* šiling **(12 pence)**

twentieth [twéntiiθ] **1.** *a* dvajseti; **2.** *n* dvajsetina

twenty [twénti] **1.** *a* dvajset; ~ **times** dvajsetkrat; *fig* večkrat, často, neštetokrat; **I have told him** ~ **times** x-krat, neštetokrat sem mu rekel; **2.** *n* dvajsetorica; dvajsetica; **the twenties** *pl* dvajseta leta (starosti) (20—29); dvajseta leta kakega stoletja

twentyfold [twéntifould] **1.** *a* 20-kraten; **2.** *adv* 20-kratno

'twere [twəː] = **it were**

twerp [twəːp] *n sl* gnusoba (oseba); pridanič; bedak, vol (psovka)

twibil(l) [twáibil] *n hist* dvorezna bojna sekira, helebarda; *tech* dvorezna sekira; rovača, kopača

twice [twáis] *adv* dvakrat; ~ **as good** dvakrat boljši; ~ **as much** dvakrat toliko, dvojno, še enkrat toliko; ~ **the sum** dvakratna, dvojna vsota; ~ **three are six** 2 × 3 = 6; **he is** ~ **my age** on je dvakrat starejši od mene; **to think** ~ **about s.th.** *fig* dvakrat, dobro kaj premisliti; **not to think** ~ **about** ne misliti več (na kaj), pozabiti; takoj kaj napraviti (brez razmišljanja in oklevanja)

twicefold [twáisfould] *a* podvojen

twice-laid [twáisleid] *a naut sl* pripravljen iz ostankov (zlasti ribja jed); *fig* skrpan skupaj (iz vseh mogočih odpadkov)

twicer [twáisə] *n* oseba, ki kaj dvakrat naredi (zlasti hodi v nedeljo dvakrat v cerkev); *print* stavec-strojnik

twice-told [twáistould] *a* dvakrat, ponovno poveden (rečen); omlačen, obrabljen, star

twiddle [twidl] **1.** *n* vrtljaj, majhen obrat, zasuk; **2.** *vt* (za)vrteti, obračati sem in tja; *vi* igrati se (*with* s čim); vrteti se; **to** ~ **one's thumbs** (ali **fingers**) *fig* vrteti palce (od dolgočasja), čas presti, lenariti

twifallow [twáifælou] *vt agr obs* v drugo, drugič orati

twig [twig] **1.** *n* (tanka) veja, vejica; šiba, prot; rogovila pri vilah; bajalica; *anat* žilica; *el* majhen razdelilnik; **to hop the** ~ *sl* umreti; zbežati; **2.** *E sl vi & vt* opazovati, zagledati, spoznati; razumeti

twigged [twigd] *a* vejičast, vejnat

twiggery [twígəri] *n* vejevje, veje; protje, šibje

twiggy [twígi] *a* poln vej; *fig* tanek, fin, nežen

twigless [twíglis] *a* brez vejic; brez šib(ja), protja

twilight [twáilait] **1.** *n* somrak, poltema, slaba svetloba; (večerni, jutranji) mrak; *fig* prehodni čas; nejasnost, zabrisanost; ~ **of the gods** somrak bogov; **2.** *a* (so)mračen, temačen; ~ **sleep** *med* polzavestno spanje; **3.** *vt* slabotno, medlo osvetliti

twill [twil] **1.** *n* keper (tkanina) **2.** *vt* v križ tkati

'twill [twil] = **it will**

twilly [twíli] *n* (= ~ **devil**) z zobmi opremljen stroj za rahljanje in čiščenje volne

twin [twin] **1.** *n* dvojček, dvojčica; *pl* dvojčka, dvojčici; *bot* dva zrasla sadeža; *fig* nasprotek;

pendant; *min* zraslica (kristal); **identical** ~ **s** enojajčna dvojčka; **fraternal** ~ **s** dvojajčna dvojčka; **T**~ **Cities** mesti dvojčici; **the Siamese** ~ **s** siamska dvojčka (dvojčici); **T**~ **s**, (= ~ **-Brothers**, ~ **-Brethren)** *astr* Dvojčka (zvezdi, Kastor in Poluks); **2.** *a* dvojčen, podvojen; *bot* podvojen, paren; ~ **bed** podvojena postelja (iz dveh postelj); ~ **brother** brat dvojček; **3.** *vt* pariti, (z)družiti, spojiti; **they are** ~ **ned in action** delata skupaj; *vi* roditi dvojčke (dvojčici); *obs* roditi se kot dvojček; *fig* biti zelo podoben, biti par, spadati skupaj (*with* z)

twinborn [twínbɔːn] *a* rojen kot dvojček

twine [twáin] **1.** *n* močna vrvica; sukanec; navijanje, sukanje; sukan ali spleten del; navoj, preplet; klobčič; vozel; **2.** *vt* sukati (nit), plesti (venec itd.); prepletati, vplesti, vpletati; oviti, obseči, objeti (z rokami); oviti (**about, around** okoli; *vi* preplesti se; spojiti se; oviti se (**round** okoli); *bot* viti se (kvišku); **she** ~ **d her arms round his neck** ovila mu je roke okrog vratu

twin-engine(d) [twinéndžin(d)] *a* dvomotoren

twiner [twáinə] *n* izdelovalec sukanca; pletivec, -vka; *tech* stroj za sukanec; *bot* ovijalka, plezavka

twinge [twindž] **1.** *n* (nenadno) zbadanje, ščipanje, trganje; ostra bolečina; **a** ~ **of conscience** grizenje vesti; **a** ~ **of toothache** ostra zobna bolečina; **2.** *vt* zbadati, ščipati, (z)bosti, trgati, boleti; *vi* čutiti zbadanje, ostro bolečino; **my side** ~ **s** bode me v boku; **his conscience** ~ **d him** vest ga je grizla (pekla)

twin-jet plane [twíndžétplein] *n aero* dvomotorno raketno letalo

twinkle [twiŋkl] **1.** *n* svetlikanje, bleščanje, migljanje, migotanje, utripanje, mežikanje; iskrenje; trzaj, tren (očesa); kratek, hiter premik; *fig* hip, trenutek; **in a** ~, **in the** ~ **of an eye** v hipu, kot bi trenil (z očesom): **a humorous** ~ šegavo mežikanje; **2.** *vi* migljati, migotati, utripati, mežikati, žmeriti; treniti (z očesom); hitro se premikati sem in tja; iskriti se, svetlikati se, bleščati se, zasvetiti se; *vt* oddajati (svetlobo) s svetlikanjem (iskrenjem); mežikati (z očmi); **to** ~ **at a joke** pomežikniti ob dovtipu; **stars are twinkling in the sky** zvezde utripajo na nebu

twinkling [twíŋkliŋ] **1.** *n* svetlikanje, bleščanje, migljanje, migotanje; mežikanje; *phys* iskrenje, scintilacija; *fig* hip, trenutek; **in a** ~, **in the** ~ **of an eye, in the** ~ **of a bedpost** v hipu, kot bi (z očesom) trenil; **2.** *a* bleščeč, iskreč se; mežikajoč; migotajoč, utripajoč

twinning [twíniŋ] *n* rojstvo (porod) dvojčkov; združitev

twinling [twínliŋ] *n* jagenjček dvojček

twinned [twind] *a* kot dvojček rojen; združen; zrasel (kristal)

twin-screw [twínskruː] *a* ki ima dvojni vijak; ~ **steamer** parnik na dvojni vijak

twin-set [twínset] *n* ženski pulover in jopica iz istega materiala in v isti barvi

twin-track [twíntræk] *n* dvotirna železniška proga

twirl [twəːl] **1.** *n* hiter obrat; vrtljaj; vrtenje, rotacija; *fig* zavita črta (pri podpisu); **2.** *vt & vi* hitro (se) vrteti (obračati, sukati); viti se; žvrkljati;

to ~ one's thumbs palce vrteti, *fig* dolgočasiti se, lenariti; **he ~ed the ends on his moustache** vrtel (sukal, zvijal) je konce svojih brk

twirp [twə:p] = **twerp**

twist I [twist] *n* ukrivljenje, upogib, pregib; *fig* izkrivljenje, popačenje; torzija; izvin, deformacija; zavoj, vijuga, ovinek; *tech* spirala, spiralasto pletivo, tkanina; sukanec; klobčič; vozel; vrvica, vrv, konopec; zvitek, smotek tobaka (za žvečenje); obšiv, obšitek na kapi (uniformi, narodni noši); *E sl obs* mešana pijača; *sl* tek, glad; *sp* kretnja, gib v stran; nagnjenje, čudna ljubezen (*to* do); tvist (ples); *A sl* moralno propadla ženska; **in a ~ of the wrist** v hipu; **~ of the tongue** jecljanje, jecljavost; **there is a queer ~ in that branch** ona veja je čudno skrivenčena; **there are a lot of ~s in the road** cesta je polna ovinkov; **he has an awful ~ coll** on ima strašen apetit; **to give one's arm a ~** zviti si roko

twist II [twist] *vt* obračati, vrteti, sukati; plesti (vrv, konopec); sukati (sukanec), zapredati (svilo); (v)plesti, izplesti (v venec); povezati (*into* v); ožemati (perilo); *fig* zaplesti; ovi(ja)ti (*round* okoli); zviti (gleženj); skremžiti (obraz), spačiti, popačiti, izkriviti (tudi *fig*); *fig* mučiti, zbegati, zmesti; spremeniti; *vi* obračati se, vrteti se (žoga), sukati se; viti se, vijugati se (reka); skremžiti se, spačiti se (obraz); zaplesti se; zviti se; prebiti se, preriniti se (*through* skozi); *fig* izmotavati se, izmikati se, biti neiskren; **to ~ an account** izkriviti, popačiti poročilo; **he ~ed his face** nakremžil je obraz; **to ~ one's ankle** zviti si gleženj; **to ~ s.o. round one's (little) finger** *fig* oviti koga okoli mezinca, imeti koga na vrvici; **to ~ one's words** izkriviti, obračati besede; **don't ~ like that** ne izmikaj se tako; **to ~ one's way (to ~) through the crowd** zriniti se skozi množico; **to ~ o.s. into** priplaziti se v, prikrasti se v; **to ~ off** izviti; iztrgati; **to ~ up** (spiralasto) zvi(ja)ti, motati, sukati, plesti; zviti se (v spiralo)

twistable [twístəbl] *a* ki se da zviti (sukati)

twist drill [twístdril] *n tech* spiralni sveder

twister[twístə] *n* sukalec (sukanca); vrvar; kdor se suče, obrača; *coll* spletkar, intrigant; slepar, lažnivec, lopov, goljuf; *tech* stroj za sukanec; *sp* (tenis) rezana žoga; *A* tornado, vodna (peščena) tromba; zapleten, zamotan položaj; *theat* zaplet; **he can spin a ~** *fig* on laže, kot pes teče

twisty [twísti] *a* zvit, kriv, ukrivljen, naroben; popačen; *fig* nezanesljiv, nepošten; izogibajoč se, izmikajoč se; čemeren

twit [twit] **1.** *n* zbadanje, posmeh(ovanje), zasramovanje, roganje; **2.** *vt* zbadati (koga), posmehovati se (komu), zasmehovati; očitati; **to ~ s.o. with cowardice** očitati komu bojazljivost, zasmehovati koga zaradi bojazljivosti

twitch I [twič] *n* glej **quitch** pirnica (trava)

twitch II [twič] **1.** *n* poteg, potezanje; trzaj, trzanje; vlečenje, trganje; zbadanje; nenadna bolečina; *vet* preveza prek nosa za umirjenje konja pri operaciji; **convulsive ~es** krčevito trzanje; **2.** *vt* trzniti, trzati, cukniti, potegniti, povleči (*by* za); trgati, puliti; ščipati, uščipniti; krčevito natezati, krčiti, gibati (ude, mišice); *vi* trzniti

se, trzati se; krčevito se premikati, natezati; skrčiti se; **the horse ~ es his ears** konj striže z ušesi; **to ~ s.o. by the sleeve** pocukniti koga za rokav; **to ~ off** iztrgati, izpuliti

twitchety [twíčiti] *a coll* živčen, nervozen; cepetljiv, cepetav

twite (finch) [twáit finč] *n* konopljenka (ptica)

twitter I [twítə] **1.** *n* ščebet (ptic); *fig* hihitanje; *fig* klepet, kramljanje; *fig* rahlo razburjenje, nervoznost; **in a ~** razburjen; **2.** *vi & vt* ščebetati; *fig* hihitati se; cviliti; *fig* tresti se (od razburjenja), biti razburjen

twitter II [twítə] *vt* grajati; očitati (komu kaj); norčevati se (iz koga)

'twixt [twikst] *poet dial* krajšava za **betwixt**

two [tu:] **1.** *a* dva, dve; oba, obe; **one or ~ books** ena ali dve knjigi, nekaj knjig; **in a day or ~** v nekaj dneh; **he is not ~ yet** on še ni dve leti star; **2.** *n* dvojka (številka 2); dvojica, dvoje, par; **the ~** oba(dva); obe(dve); oboje; **the ~ of us** midva (oba); **by ~ s, in ~ s** (po) dva in dva, v parih; **~ and ~** po dva, v parih; **in ~ s and threes** po dva in tri; **in ~** na dvoje, na pol; **in ~ s** v zelo kratkem času, v hipu; **~ of a trade** dva konkurenta; **the ~ of spades** pikova dvojka; **to cut s.th. in ~** prerezati kaj na dvoje; **this cost me ~ and ~** to me je stalo dva šilinga in dva penija; **to go ~ and ~** iti po dva in dva, v parih; **to walk by ~ s and threes** hoditi v gručah po dva in tri; **to put ~ and ~ together** zbližati dejstva in potegniti zaključek, zaključiti; napraviti pravi, logični zaključek po presoji dejstev; **~ can play at that game** *fig* to znam tudi jaz ali kdo drug; bomo videli, kdo bo potegnil boljši konec (kraj); palica ima dva kraja

two-bedded [tú:bedid] *a* z dvema posteljama

two-bit [tú:bit] *a coll* podkupljiv, korumpiran; cenen, malo vreden, nepomemben; **a ~ cigar** cigara za 25 centov; **~ politician** podkupljiv politik

two-bits [tú:bits] *n pl A coll* četrt dolarja (25 centov)

two-by-four [tú:baifɔ́:] *a A coll* zelo majhen, omejen, ozek; nepomemben; **2.** *n tech A* 2×4 cole velik kos (lesa itd.)

two-cents' worth [tú:sents wəθ] *n A coll* zelo majhna količina, trohica; **I put in my ~** tudi jaz prispevam svoj skromni del (po svoji moči)

two-cycle [tú:saikl] **1.** *n tech* dvojni takt; **2.** *a* dvotakten

two-edged [tú:edžd] *a* dvorezen (tudi *fig*)

two-engined [tú:endžind] *a aero* dvomotoren

two-faced [tú:feist] *a* dvoobrazen; *fig* dvoličen, hinavski, lažen

two-fisted [tú:fistid] *a* uporabljajoč obe pesti; *coll* neroden, štorast; *A coll* možat, močan, krepak

two-fold [tú:fould] **1.** *a* dvojen, dvakraten; **2.** *adv* dvojno, dvakratno

two-handed [tú:hǽndid] *a* dvoročen, ki je za obe roki; ki je za dve osebi; dvojen; vešč dela z levico in desnico; **~ sword** dvoročnik (meč)

two-horse [tú:hɔ:s] *a* dvovprežen

two-legged [tú:legd] *a* dvonožen

two-line letter [tú:lain létə] *n print* velika začetna črka

two-master [tú:ma:stə] *n naut* dvojambornik

twoness [tú:nis] *n* dvojina; dvojnost

two-pence [tΛpens] *n* vrednost kovanca za dva penija (2 d.); *fig* bor, novčič; trohica, malenkost; **I don't care a** ~ **for** prav nič mi ni mar za; ~ **coloured** ceneno oblečen, našemljen

twopenny [tΛp(ə)ni] **1.** *a* vreden 2 penija; *coll* malo vreden, siroten, reven; ~ **tube** londonska podzemeljska železnica; ~ **hop** *sl* plesni lokal najnižje vrste; cenen ples; **a** ~ **article** malo vredna stvar; **not to care a** ~ **damn for** požvižgati se na; **2.** *n* vrsta slabega piva; *sl* glava, »buča«; **tuck in your** ~! skloni glavo (»bučo«)!

twopenny-halfpenny [tΛpnihéip(ə)ni] *a fig* malo vreden, nepomemben, siroten

two-phase [tú:feiz] *a el* & *phys* dvofazen

two-ply [tú:plai] *a* dvojno, dvakratno tkan (spleten); sestavljen iz dveh žic, iz dveh niti

two-seater [tú:sí:tə] *n mot aero* dvosedežen avto, avion

two-sided [tú:sáidid] *a* dvostranski; *fig* dvojen, dvoličen, neodkrit, hinavski; *jur pol* obojestranski, bilateralen

twosome [túsəm] **1.** *a* ki je za dve osebi; ki ga izvajata dve osebi; v dvoje; ~ **dance** ples v dvoje; ~ **game** igra z dvema igralcema; **2.** *n* ples ali igra za dve osebi; *Sc* dvojica, parček; *coll* vsega med štirimi očmi

two-speed [tú:spi:d] *a tech* ki je naperjen (zgrajen) za dve hitrosti (bicikel itd.)

two-spot [tú:spɔt] *n A coll* bankovec za 2 dolarja

two-step [tú:step] *n* tustep (ples)

two-thirds rule [tú:θə:dzrú:l] *n pol A* načelo dve-tretjinske večine

two-story [tú:stóri] *a* dvonadstropen

two-time [tú:taim] *vt (A) sl* varati (ženo in ljubico)

two-tongued [tú:tʌŋd] *a* dvojezičen; lažniv, varljiv, goljufiv, hinavski

'twould [twud] = **it would**

two-way [tú:wei] **1.** *n el* dvojni prekinjevalec (stikalo), ki spušča ali prekinja tok v obe smeri; pipa z dvema kanaloma; **2.** *a* dvojen; bilateralen; ~ **radio** oddajni in sprejemni (radio) aparat; ~ **traffic** dvosmeren promet

two-wheeled [tú:wi:ld] *a* dvokolesen

Tyburn tree [táibəntri:] *n* vislice

tycoon [taikú:n] *n A coll* velekapitalist

tyke [táik] *n* cucek, pes; *coll* razposajen otrok

tyler [táilə] *n* = **tiler**

tylosis [tailóusis] *n med* tvorba ožuljkov (zlasti na vekah)

tymbal [tímbəl] *n* = **timbal**

tympan [tímpən] *n* napeta membrana; *print* pokrov stiskalnice; *mus* (ročni) boben

tympanic [timpǽnik] *a anat* ki se tiče srednjega ušesa (bobniča)

tympanum, *pl* ~ **s, -na** [tímpənəm; -nə] *n anat* srednje uho, bobnič; opna, kožica; *mus* boben, koža na bobnu; *archit* zatrep; *tech* črpalno kolo; *el* membrana pri telefonu

tympany [tímpəni] *n* oteklina; *fig* napihnjenost

typal [táipl] *a* ki se tiče tipa, tipičen

type I [táip] *n n* tip, tipičen predstavnik; karakterističen razred (vrsta, skupina); simbol, emblem, znak, znamenje, obiležja; vzor(ec), model, primer(ek), eksemplar; sorta, vrsta, kov; žig; *obs* oznaka; *print* tiskana črka, črke, *coll* tisk; **in** ~ pripravljen, gotov za tisk; **blood** ~ krvna

skupina; **bold** ~, **heavy** ~ debelo tiskane črke; **a headline in large** ~ nadpis v velikih črkah; **to appear in** ~ biti natisnjen (objavljen); **he is not that** ~ **of man** on ni te vrste človek

type II [táip] *vi* pisati na pisalnem stroju, tipkati; (redko) tiskati; *vt* biti vzorec za; simbolizirati, biti simbol; *med* določiti krvno skupino; ~ **d** (na)tipkan; **typing error** tipkarska napaka

type bar [táipba:] *n tech* črkovni vzvod pri pisalnem stroju; *print* ulita vrsta črk

type cast [táipka:st] *vt* dati (igralcu) njegovemu tipu ustrezno vlogo

type cutter [táipkʌtə] *n* izdelovalec žigov

type founder [táipfaundə] *n print* črkolivec

type foundry [táipfaundri] *n* črkolivnica

type metal [táipmetl] *n print* kovina za ulivanje črk

typescript [táipskript] *n* na stroju napisan rokopis; tiposkript

type setter [táipsetə] *n print* črkostavec; črkostavni stroj

type wheel [táipwi:l] *n* kolo (valj) z izbočenimi črkami (na teleprinterju in na nekaterih pisalnih strojih)

typewrite* [táiprait] *vt & vi* pisati na pisalnem stroju, tipkati

typewriter [táipraitə] *n* tipkar, -ica; daktilograf, -inja; pisalni stroj; ~ **ribbon** trak za pisalni stroj

typewriting [táipraitiŋ] *n* tipkanje; tipkana pisava

typewritten [táipritn] *a* (na)tipkan; **a** ~ (ali **typewrited**) **letter** natipkano pismo

typhlitis [tifláitis] *n med* vnetje slepega črevesja

typhlon [tíflon] *n med* slepo črevo

typhlosis [tiflóusis] *n med* slepota

typhoid [táifɔid] **1.** *a med* tifozen, tifusu podoben; ~ **fever** (trebušni) tifus; **2.** *n* (trebušni) tifus

typhoidal [taifɔidl] *a* tifusen

typhonic [taifónik] *a* tajfunski

typhoon [taifú:n] *n* tajfun, vrtinčast vihar

typhous [táifəs] *a med* tifozen

typhus [táifəs] *n med* pegavi tifus, pegavica

typic [típik] *a* redko za **typical**

typical [típikl] *a* (~ **ly** *adv*) tipičen (*of* za); karakterističen, značilen; simboličen; zgleden, pravilen, pristen; *med* periodičen, občasen, reden (o bolezni); **to be** ~ **of** s.th. biti karakterističen za

typicalness [típiklnis] *n* tipičnost

typification [tipifikéišən] *n* tipizacija; ureditev, razvrstitev po tipih

typifier [típifaiə] *n* tipizêr; kdor razvršča po tipih, tipizira

typify [típifai] *vt* tipizirati, razvrstiti, urediti po tipih, po značilnostih; napraviti za primer (zgled); biti tipičen, rabiti za zgled, biti značilen; predstaviti (izraziti) simbolično

typist [táipist] *n* tipkar, -ica, strojepisec, -ska, daktilograf, -inja; stenotipist(ka)

typo [táipou] *n coll* tiskar, tipograf

typograph [táipəgræf] *n print* stavni stroj

typographer [taipógrəfə] *n* tiskar, tipograf, (črko)stavec

typographic(al) [taipəgrǽfik(l)] *a* (~ **ally** *adv*) tiskarski, tipografski; ~ **error** tiskovna napaka typography [taipógrəfi] *n* tipografija, tiskarstvo; tisk(anje)

typological [taipəlódžikl] *a* tipološki

typology [taipólədži] *n* tipologija, nauk o tipih

tyrannic(al) [tiránik(l)] *a* (~ ally *adv*) tiranski, trinoški, nasilniški, okruten

tyrannicalness [tirániklnis] *n* (redko) tiranstvo

tyrannicidal [tirænisáidl] *a* ki se tiče umora tirana

tyrannicide [tirænisaid] *n* morilec tirana; umor tirana

tyrannize [tírənaiz] *vi* tiransko (trinoško, nasilno, okrutno) vladati, biti tiran(ski) (**over s.o.** do koga); *vt* tiranizirati, mučiti (koga), nasilno (despotsko, tiransko, okrutno) ravnati (s kom)

tyrannizer [tírənaizə] *n* tiran

tyrannous [tírənəs] *a* glej **tyrannical**

tyranny [tírəni] *n* tiranija, nasilje, nasilstvo, trinoštvo, despotstvo, samovolja; diktatura

tyrant [táirənt] *n* tiran, trinog, samosilnik, despot; tlačitelj, nasilnež

tyre, tire [táiə] **1.** *n* (kovinski) obroč (na kolesu); **pneumatic** ~ pnevmatika (na kolesu); **2.** *vt* staviti (kovinski) obroč (pnevmatiko) (na kolo)

tyre-fabric [táiəfæbrik] *n* avtokord

tyro, *A* tiro [táiərou] *n* vajenec, začetnik, novinec

tyronism [táirənizəm] *n* vajeništvo; začetništvo

Tyrol [tírəl, -rəl] *n* Tirolsko

Tyrolese [tirəlí:z] **1.** *a* tirolski; **2.** *n* Tirolec, -lka

Tyrolienne [tirouhén] *n* tirolski (počasen) valček

tzar [tsa:] *n* car

tzarevich [tsá:revič] *n* carjevič

tzarevna [tsá:revnə] *n* carica

tzarina [tsa:rínə] *n* carica

tzigane, Tzigane [tsigá:n] **1.** *n* cigan, -nka (zlasti madžarski); **2.** *a* ciganski

tzigany [tsíga:ni] glej **tzigane**

U

U, u [ju:], *pl* **U's, u's, Us, us** [ju:z] **1.** *n* črka U, u; **capital** (ali *l*arge) **U** veliki U; **little** (ali **small**) **u** mali u; predmet, ki ima obliko velikega U; *A sl* (= **university**) univerza; **2.** *a* **U** enaindvajseti; **U, U-** ki ima obliko velikega U; **U** *E* značilen za višje sloje, fin, imeniten, »nobel«; **U usage in language** fino izražanje; **non-U** nefin, neimeniten; **U magnet** magnet v obliki podkve (črke U); **U turn** obrat za 180° ;**U turns not allowed** obrati za 180° prepovedani (prometno opozorilo v mestih)

uberous [jú:bərəs] *a* obilen, poln, plodovit; na voljo na pretek; (redko) ki daje mnogo mleka

uberty [jú:bəti] *n* plodovitost; preobilje; uberteta

ubiety [ju:báiiti] *n phil* bivanje (obstajanje, obstoj) na določenem mestu; ubikacija

ubiquitarian [jubikwitériən] **1.** *a rel* povsod navzoč (Kristusovo telo); **2.** *n rel* privrženec verovanja v povsodno navzočnost Kristusovega telesa

ubiquitary [jubíkwitəri] glej **ubiquitous**

ubiquitous [jubíkwitəs] *a* (~**ly** *adv*) (istočasno) povsod navzoč; ki se more povsod najti; povsoden, ubikvitaren

ubiquitousness [jubíkwitəsnis] *n* povsodnost

ubiquity [jubíkwiti] *n rel* povsodna navzočnost, povsodnost; **the ~ of the King** uradna navzočnost kralja na sodišču v osebi sodnika

U-boat [jú:bout] *n* (nemška) podmornica

udal [jú:dəl] *jur hist* **1.** *n* alod(ij), svobodno posestvo; **2.** *a* alodialen; **~ man** lastnik svobodnega posestva; **~ tenure** alodialno posestvo

udal(l)er [jú:dələ] *n* lastnik svobodnega posestva

udder [Ádə] *n* vime (kravje, kozje itd.); **~ed** *a* ki ima vime; **~less** *a* brez vimena, *poet* brez matere

udometer [judómi:tə] *n tech* dežemer, udometer

udometric [judəmétrik] *a* dežemerski

udometry [judómitri] *n* merjenje dežja

ugh [uh] *interj* uh!, hu!, uf!; fej!

ugli, *pl* **~ s, ~ lies** [Ágli; ~ liz] *n bot* križanje mandarine z grenivko

uglification [Áglifikéišən] *n* skazitev, spačenje

uglify [Áglifai] *vt* napraviti (kaj) grdo, skaziti, spačiti, pokvariti

ugliness [Áglinis] *n* grdost, grdoba; skaženost; odvratnost; ostudnost, ogabnost, gnusoba; nenevarnost, grozilnost

ugly I [Ágli] *a* grd, nelep; odvraten, ostuden, ogaben; gnusen; umazan; neprijeten; *A coll* prepirljiv, hudoben, zlohoten; nevaren, preteč (oblak); kritičen; **as ~ as sin** grd kot smrtni

greh; **an ~ customer** zoprn, neprijeten, nevaren človek; **an ~ crime** podel zločin; **an ~ face** grd obraz; **~ duckling** grda račka (ki se pozneje razvije v lepega laboda); **an ~ job** težavna, zoprna, neprijetna zadeva (delo); **an ~ wound** grda, nevarna rana; **~ symptoms** nevarni simptomi; **to look ~** biti grde, neprijetne zunanjosti (oseba); slabo, neugodno se obrniti (položaj); **to grow ~** postati grd; **things have an ~ look** stvari se grdo, neprijetno obračajo; **the sky looks ~** nebo obeta grdo vreme

ugly II [Ágli] *n* grda oseba; grda žival; *hist* senčnik, pajčolan na ženskih klobukih (v sredini 19. stoletja)

Ugrian [ú:griən] **1.** *a* ugrijski; **2.** *n* Ugrijec, Ugrijka

Ugric [ú:grik] *a* ugrijski

uhlan [ú:la:n] *n mil hist* ulanec

ukase [ju:kéiz] *n hist* (carjeva) odredba, ukaz; odredba

ukelele [ju:kəléili] *n mus* ukelele (vrsta kitare na Havajih)

Ukrainian [ju:kréiniən] **1.** *a* ukrajinski; **2.** *n* Ukrajinec, -nka; ukrajinski (maloruski) jezik

Ukraine [jú:krein, -krain] *n* Ukrajina

ulcer [Álsə] *n med* čir, tvor, ulje; razjeda (tudi *fig*); ulkus; *fig* sramotni madež; **duodenal ~** čir na dvanajstniku; **gastric ~** čir na želodcu

ulcerate [Álsəreit] *vi* gnojiti se; *vt* povzročiti (izzvati) gnojenje ali čir; *fig* zastrupiti; pokvariti; **~d leg** gnojna noga

ulceration [Álsəréišən] *n med* gnojenje; čir

ulcered [Álsəd] *a* čirav, razjeden

ulcerous [Álsərəs] *a* (~**ly** *adv*) *med* gnojen, zagnojen, ki ima čir(e); *fig* korupten

ule(tree) [jú:l(tri:)] *n bot* kavčukovec

uliginose, ~ nous [ju:lídžinous, ~ nəs] *a* močvirski, rastoč na močvirju: močviren

ullage [Álidž] *n econ* primanjkljaj pri teži ali tekočini (v sodu itd.); kalo, upadek, odpadek, razsip (pri vrečah); ostanek vina **v** čaši

ulna, *pl* **~ s, ~ nae** [Álnə, ~ ni] *n anat* podlahtnica (kost), ulna

ulnar [Álnə] *a anat* podlahtničen

ulster [Álstə] *n* dolg, ohlapen moški ali ženski plašč; ulster

ulterior [Altíəriə] *a* (~**ly** *adv*) onstranski; daljni; poznejši, kasnejši, naknaden, bodoč; oddaljen; prikrit, skrit; v ozadju; **~ motives** skriti motivi (misli)

ultima [Áltimə] (*Lat*) *a* zadn skrajni; ∼ **ratio** zadnji izhod (zlasti uporaba ile); **2.** *n ling* zadnji zlog (besede)

ultimate [Áltimit] **1.** *a* (∼ **ly** *adv*) skrajni, zadnji, končni, dokončen, odločilen; najbolj oddaljen; temeljni, osnovni, prvobiten; elementaren; **my** ∼ **goal** moj najvišji cilj; **the** ∼ **deterrent** ostrašilo (se rabi za vodikovo bombo); **the** ∼ **outcome of the enquiry** končni izid, rezultat preiskave; ∼ **result** končni rezultat; ∼ **strain** maksimalna obremenitev, pritisk; ∼ **truths** osnovne resnice; **2.** *n* kar je zadnje (skrajno, osnovno); končni rezultat

ultimately [Áltimitli] *adv* končno, konec koncev; **he** ∼ **accepted it** končno je (on) to sprejel

ultimateness [Áltimitnis] *n* dokončnost

ultima Thule [Áltimə θjú:li] *n* najvišja dosegljiva stopnja; zadnja možna meja, skrajna točka; skrajni sever

ultimo [Áltimou] (*Lat*) *adv econ* preteklega (zadnjega) meseca (kratica: *ult.*); **thank you for your letter of the 10**th **ult.** hvala vam za vaše pismo od 10. preteklega meseca

ultimogeniture [Áltimoudžéničə] *n jur* dedno nasledstvo najmlajšega sina

Ultonian [Altóuniən] **1.** *n* prebivalec, -lka Ulstra; **2.** *a* ulstrski

ultra [Áltrə] **1.** *a* ekstremen, skrajen, radikalen, fanatičen; prenapet, pretiran, zagrizen, ultra; **2.** *n* skrajnež, ekstremist, radikal

ultra- [Áltrə] (*predpona*) čezmerno, pretirano; prek-, čez-, ultra-; ∼ **critical** hiperkritičen; ∼ **modern** ultramoderen

ultraism [Áltrəizəm] *n* ekstremno stališče (naziranje), ekstremna smer; radikalnost; privrženost skrajnim nazorom ali ukrepom, ekstremizem; *fig* skrajnost ali pretiranost (v čem), ultraizem

ultraist [Áltrəist] *n* ekstremist, radikal

ultraistic [Altrəístik] *a* ekstremen, radikalen

ultramarine [Altrəmərí:n] **1.** *n chem* ultramarinsko modrilo, ultramarin; ∼ **blue** ultramarinska modrina (barva); **2.** (redko) *a* čezmorski, prekmorski

ultramontane [Altrəmóntein] **1.** *n* oseba, ki biva onstran (južno od) Alp; *pol rel* klerikalec, ultramontanec, papist, papeževec; *hist* prebivalec severno do Alp; **2.** *a* prekgorski, živeč južno od Alp, italijanski; *pol rel* slepo sledeč katoliški Cerkvi in njeni politiki; strogo papeški, klerikalen; ultramontan(ski); *hist* živeč, ležeč severno od Alp

ultramontanism [Altrəmóntinizəm] *n* ultramontanstvo, ultramontanizem, klerikalizem; dosledni, strogi katolicizem

ultramontanist [Altrəmóntinist] **1.** *n* ultramontanist; **2.** *a* ultramontanski

ultramundane [Altrəmóndein] *a* nadzemeljski, nadsveten, ultramundan

ultrarapid [Altrərǽpid] *a phot* časovno mikroskopski

ultrared [Altrəréd] *a* ultrardeč

ultra-short [Altrəšɔ́:t] *a* ultrakratek; ∼ **waves** *el* ultrakratki valovi

ultrasonic [Altrəsónik] *a* nadzvočen

ultrasound [Altrəsáund] *n phys* nadzvok; nadzvočni valovi

ultraviolet [Altrəváiəlit] *a* ultravioleten; ∼ **rays** ultravioletni žarki

ultravirus [Altrəváirəs] *n biol med* ultramikroskopski virus

ululant [jú:ljulənt] *a* tuleč, zavijajoč; tarnajoč

ululate [jú:ljuleit] *vi* tuliti, rjoveti, zavijati; tarnati

ululation [ju:ljuléišən] *n* tuljenje, zavijanje; tarnanje

umbel [Ámbəl] *n bot* kobul

umbellar [Ámbələ] *a bot* kobulast

umber I [Ámbə] **1.** *n* umbra, rjava, mangan vsebujoča zemeljska barva; **burnt** ∼ žgana umbra; **2.** *a* temnorjav; **3.** *vt* temnorjavo ali z umbro pobarvati

umber II [Ámbə] *n* (riba) lipan

umbilical [Ambílikl] *a anat* popkov; srednji, centralen; po materini strani; ∼ **chord** popkovina; ∼ **ancestor** prednik po materini strani

umbilicus, *pl* ∼ **ci** [Ambílikəs, ∼ sai] *n anat med* popek; *geom* točka na površini, skozi katero gredo vse krožne linije; glavica na vsakem koncu palice, okoli katere so se namotavali rokopisi (v starem Rimu)

umbo, *pl* ∼ **s,** ∼ **bones** [Ámbou; ∼ bóuni:z] *n* izboklina na ščitu, zlasti v sredini; *bot* izboklost, glavica, izrastek; *med* srednja vdolbina v bobniču

umbonal [Ámbounəl] *a* glavičast, izbokel, izbočen

umbra, *pl* ∼ **brae** [Ámbrə, ∼ bri:] *n* senca; *astr* zemeljska, mesečeva senca; temnejši del sončne pege; senca, duh, prikazen; nepovabljen gost, ki ga pripelje kak drug gost (v starem Rimu)

umbrage [Ámbridž] *n* spotika, zamera, jeza, nevšečnost; *poet obs* senca, mrak, tema; **to give** ∼ **to** zbuditi spotiko, pohujšanje; **to take** ∼ **at** spotikati se ob, pohujšati se ob

umbrageous [Ambréidžəs] *a* (∼ **ly** *adv*) senčen, senčnat; nezaupljiv, plašljiv, občutljiv; zamerljiv; nevoščljiv

umbrageousness [Ambréidžəsnis] *n* senčnatost

umbral [Ámbrəl] *a* ki se tiče sence, senčen

umbrella [Ambrélə] *n* dežnik; sončnik; *fig* kompromis ali formula, ki omogoči politikom nasprotnih mišljenj, da se zedinijo; ∼ **case,** ∼ **cover** ovoj za dežnik; ∼ **barrage** *mil* ognjeni zastor (zavesa); **aerial** ∼ *mil* formacija lovskih letal, ki ščiti operacije na zemlji, na morju ali v zraku; *pol* zaščita, okrilje; **beach** ∼ velik sončnik (na plaži); ∼ **stand** stojalo za dežnike

Umbrian [Ámbriən] **1.** *a* umbrijski; **2.** *n* Umbrijec; *ling* umbrijski jezik

umbriferous [Ambríførəs] *a* senčnat

umlaut [úmlaut] (*Ger*) *n ling* preglas; *vt* spremeniti s preglasom, izvesti preglas

umpirage [Ámpairidž] *n* razsodništvo; razsodba, arbitraža

umpire [Ámpaiə] **1.** *n jur* (arbitražni) izvoljeni sodnik; športni sodnik; **2.** *vi* biti razsodnik, izvoljeni (arbitražni) sodnik; izreči sodbo kot (arbitražni) sodnik; *vt* voditi (igro, tekmo) kot (športni) sodnik; **to** ∼ **in a game** biti sodnik v igri

umpireship [Ámpaiəšip] *n* razsodništvo, funkcija razsodnika umpteen [ʌmptí:n] *a sl* številni, mnogi, ne vem koliko; ~ th toliki in toliki

umptieth [ʌmptiiθ] *a sl* toliki in toliki

umpty [ʌmpti] *a sl* glej umpteen

un, 'un [ən, ʌn] *pron coll* (= one) neki, en; he's a good ~ (= a good fellow) on je dober dečko; that's a good ~ to je dober dovtip

un- [ʌn] nikalna predpona, ki pomeni ne- (od-, raz-) —

unabased [ʌnəbéist] *a* neponižan

unabashed [ʌnəbǽšt] *a* nesramen, predrzen; neustrašen

unabated [ʌnəbéitid] *a* nezmanjšan; with ~ interest z nezmanjšanim zanimanjem; ~ ly neprestano, neprenehoma

unabating [ʌnəbéitiŋ] *a* neprestan, nenehen; vztrajen

unabbreviated [ʌnəbrí:vieitid] *a* neskrajšan, neokrajšan, popoln

unabetted [ʌnəbétid] *a* brez pomoči, brez podpore

unabiding [ʌnəbáidiŋ] *a* netrajen, minljiv, kratko. trajen

unabidingness [ʌnəbáidiŋnis] *n* minljivost

unable [ʌnéibl] *a* nezmožen, nesposoben, ki ne more; nemočen, slaboten; to be ~ to work biti delanezmožen; he is ~ to move ne more se premakniti; to be ~ for s.th. biti neprimeren, nezmožen za kaj

unableness [ʌnéiblnis] *n* nesposobnost, nezmožnost

unabolishable [ʌnəbólišəbl] *a* neukinjljiv

unabridged [ʌnəbrídžd] *a* neskrajšan

unabrogated [ʌnǽbrogeitid] *a* nerazveljavljen, neukinjen, neodpravljen

unaccented [ʌnæksséntid] *a* nepoudarjen, nenaglašen

unacceptability [ʌnəkseptəbíliti] *n* nesprejemljivost

unacceptable [ʌnəkséptəbl] *a* (~ bly *adv*) nesprejemljiv; neželjen, neprijeten (*to* za); neugoden

unaccepted [ʌnəkséptid] *a* nesprejet

unacclimatized [ʌnəkláimətaizd] *a* neaklimatiziran, neprivajen

unaccommodated [ʌnəkómədeitid] *a* neprilagojen; neoskrbljen; neudoben, neprimeren

unaccommodating [ʌnəkómədeitiŋ] *a* neprijazen, neustrežljiv; neprijazen, odljuden, nedostopen, neznosen

unaccompanied [ʌnəkʌmpənid] *a* nespremljan, brez spremstva, sam; *mus* brez spremljave

unaccomplishable [ʌnəkómplišəbl] *a* neizvedljiv, nedosegljiv, neizpolnljiv

unaccomplished [ʌnəkómplišt] *a* nedovršen, nedokončan

unaccountability [ʌnəkauntəbíliti] *n* neodgovornost; nerazložljivost

unaccountable [ʌnəkáuntəbl] *a* (~ bly *adv*) nerazložljiv; čuden, nenavaden; neodgovoren

unaccounted-for [ʌnəkáuntidfɔ:] *a* (ki je ostal) nerazložen, neizkazan

unaccustomed [ʌnəkʌstəmd] *a* nevajen (*to s.th.* česa); nenavaden; to be ~ to hardships ne biti vajen pomanjkanja

unachievable [ʌnəčí:vəbl] *a* neizvedljiv, neizvršljiv, nedosegljiv

unachieved [ʌnəčí:vd] *a* nedosežen; nedokončan

unacknowledged [ʌnəknólidžd] *a* nepriznan; nepotrjen; ki je ostál brez odgovora (o pismu)

unacquaintance [ʌnəkwéintəns] *n* neznanje; neizkušenost

unacquainted [ʌnəkwéintid] *a* neizkušen (*with v*), nevešč, neizveden; to be ~ with s.th. ne poznati, ne biti vešč česa

unacquired [ʌnəkwáiəd] *a* nepridobljen; prirojen, naraven

unacquitted [ʌnəkwítid] *a econ* neporavnan, neplačan; *jur* neoproščen

unactable [ʌnǽktəbl] *a theat* neuprizorljiv, nepripraven (za oder)

unacted [ʌnǽktid] *a* neizveden; *theat* neuprizorjen

unadaptability [ʌnədæptəbíliti] *n* neprilagodljivost; neuporabnost; neprimernost

unadaptable [ʌnədǽptəbl] *a* neprilagodljiv; neuporaben; neprimeren (*for, to* za)

unadapted [ʌnədéptid] *a* neprimeren (*to* za); neprilagojen

unaddicted [ʌnədíktid] *a* nevdan (*to* čemu)

unaddressed [ʌnədrést] *a* nenaslovljen, brez naslova (pismo itd.)

unadjudged [ʌnədžʌ́džd] *a* nedosojen, neprisojen; neodločen, nerešen, viseč

unadjusted [ʌnədžʌ́stid] *a* neprilagojen; neurejen; nerešen

unadmitted [ʌnədmítid] *a* nedopusten, nedovoljen; nepriznan

unadoptable [ʌnədóptəbl] *a* nesprejemljiv

unadopted [ʌnədóptid] *a* nesprejet; nevzdržževan; neadoptiran; ~ children otroci brez staršev (ki še niso našli adoptivnih staršev); ~ resolution nesprejeta resolucija; ~ road (od občine) nevzdrževana cesta

unadorned - [ʌnədó:nd] *a* neokrašen; preprost, naraven; *fig* nenašminkan

unadulterated [ʌnədʌ́ltəreitid] *a* neponarejen, pravi, čisti, naraven; »nekrščen« (vino)

unadventurous [ʌnədvénčərəs] *a* nepustolovski; brez doživljajev, enoličen

unadvisable [ʌnədváizəbl] *a* nepriporočljiv; ki (kar) se ne da (ne more) svetovati; ki si ne da svetovati (se poučiti)

unadvised [ʌnədváizd] *a* nesmotern, nepremišljen, nagel, prenagljen; ki ni dobil nasvetov, neopozorjen

unaffected [ʌnəféktid] *a* neprizadet, nespremenjen (*by* od); ki ni pod vplivom, nedotaknjen; neizumetničen, naraven, preprost, nepotvorjen; pristen, neafektiran, iskren

unaffectedness [ʌnəféktidnis] *n* neafektiranost; naravnost

unaffiliated [ʌnəfíleitid] *a* nevčlanjen

unafflicted [ʌnəflíktid] *a* neprizadet; brezskrben; nežalosten

unafraid [ʌnəfréid] *a* nepreplašen; neustrašen; brez strahu (*of* pred)

unaggresive [ʌnəgrésiv] *a* nenapadalen, neagresiven; miroljuben

unagreeing [ʌnəgrí:iŋ] *a* nesoglasen; neprimeren

unaided [ʌnéidid] *a* brez pomoči (*by* od); with ~ eyes s prostim očesom

unaiming [ʌnéimiŋ] *a* brezciljen, brezsmotern

unaired [ʌnéəd] *a* neprezračen, zadušljiv; vlažen (perilo)

unalarmed [ʌnəlá:md] *a* nevznemirjen; neustrašen

unalienable [ʌnéiliənəbl] *a* ne naprodaj; neodtujljiv

unalleviated [ʌnəlíːvieitid] a neomiljen; brez olajšanja

unallied [ʌnəláid] a brez zaveznikov, sam; biol nesoroden

unalloted [ʌnəlótid] a nedodeljen; neoddan

unallowable [ʌnəláuəbl] a nedupusten; nedopustljiv; nedovoljen

unallowed [ʌnəláud] a nedovoljen, prepovedan

unalloyed [ʌnəlóid] a chem nepomešan, čist, brez primesi; nelegiran; neponarejen, čist, pristen; ~ happiness neskaljena sreča

unalluring [ʌnəljúəriŋ] a neprivlačen, nemikaven

unalterability [ʌnɔːltərəbíliti] n nespremenljivost

unalterable [ʌnɔ́ːltərəbl] a (~ bly adv) nespremenljiv

unaltered [ʌnɔ́ːltəd] a nespremenjen

unamazed [ʌnəméizd] a nezačuden; to be ~ at s.th. ne se čuditi čemu

unambiguous [ʌnæmbígjuəs] a (~ ly adv) nedvoumen, jasen

unambiguousness [ʌnæmbígjuəsnis] n nedvoumnost, jasnost

unambitious [ʌnæmbíšəs] a nečastihlepen, skromen, neambiciozen; preprost

unambitiousness [ʌnæmbíšəsnis] n skromnost, neambicioznost

unamenable [ʌnəmíːnəbl] a neodgovoren (to law zakonu); nedostopen (to reason za pametne razloge)

unamendable [ʌnəméndəbl] a nepopravljiv, nesposoben dopolnila, neizboljšljiv

unamended [ʌnəméndid] a nepopravljen, nespremenjen, nedopolnjen

un-American [ʌnəmérikən] a neamerikanski; pol protiamerikanski

unamiability [ʌneimiəbíliti] b neljubeznivost, neprijaznost

unamiable [ʌnéimiəbl] a (~ bly adv) neljubezniv, neprijazen, hladen

unamusing [ʌnəmjúːziŋ] a nezabaven, dolgočasen

unanalysable, ~ zable [ʌnænəlaizəbl] a ki se ne da analizirati (razkrojiti, razčleniti, definirati)

unanchor [ʌnǽŋkə] vt dvigniti (ladji) sidro; vi dvigniti sidro

unaneled [ʌnəníəld] a rel brez poslednjega olja

unanimated [ʌnǽnimeitid] a neživ, mrtev, brez življenja; pust, dolgočasen

unanimity [juːnənímiti] n enodušnost, soglasnost, enoglasnost, sloga; with ~ soglasno, enodušno

unanimous [juːnǽniməs] a (~ ly adv) enodušen, soglasen, složen; a ~ vote soglasen sklep

unannounced [ʌnənáunst] a nenajavljen; nenapovedan

unanswerability [ʌnaːnsərəbíliti] n neodgovornost; neodgovorljivost

unanswerable [ʌnáːnsərəbl] (~ bly adv) čemur se ne da odgovoriti; neodgovorljiv; neovrgljiv, nesporen, nepobiten; neodgovoren

unanticipated [ʌnæntísipeitid] a nepredviden; nepričakovan

unappalled [ʌnəpɔ́ːld] a neustrašen

unapparel(l)ed [ʌnəpǽrəld] a neoblečen; neokrašen, brez nakita

unapparent [ʌnəpǽrənt] a neviden, neočiten, nejasen

unappealable [ʌnəpíːləbl] a jur proti čemur ni priziva

unappeasable [ʌnəpíːzəbl] a nepomirljiv, nesprav ljiv; neutešljiv; nenasitljiv

unappeased [ʌnəpíːzd] a nepomirjen; neutešen

unappetizing [ʌnǽpitaizŋ] a netečen, ki ne vzbuja teka; neokusen, neslasten, nevreden poželenja

unapplied [ʌnəpláid] a neuporabljen, neapliciran; neizkoriščen, mrtev; ~ funds mrtev kapital

unappreciable [ʌnəpríːšəbl] a neopazen; brezpomemben; nedoločljiv

unappreciated [ʌnəpríːšieitid] a necenjen, nespoštovan; komur se ne daje zadostna pozornost

unappreciative [ʌnəpríːšiətiv] a ki ne izkazuje priznanja (spoštovanja); omalovažujoč; ki ne ceni, nima smisla za; neuviden (of za), nedovzeten

unapprehended [ʌnæprihéndid] a neujet, nearetiran; nepredviden; nerazumljiv

unapprehensive [ʌnæprihénsiv] a neustrašen, neplašen, ki ne pozna strahu; brezbrižen; neobčutljiv; ki ne razume; neuviden; ne vedoč za; I am not ~ that... dobro vem, da...

unapprehensiveness [ʌnæprihénsivnis] n neustrašenost; brezbrižnost; neuvidevnost

unapprised [ʌnəpráizd] a neobveščen; ne vedoč za

unapproachability [ʌnəprouːčəbíliti] n nedostopnost; nedosegljivost

unapproachable [ʌnəpróuːčəbl] a (~ bly adv) nedostopen, nedosegljiv; neprimerljiv

unapproached [ʌnəpróuːčt] a nedosežen

unappropriated [ʌnəpróuːprieitid] a ne vzet v posest, neprisvojen, neprilaščen; ki ne pripada nikomur; econ nedodeljen; ~ blessing hum stara devica; ~ funds mrtev kapital

unapproved [ʌnəprúːvd] a neodobren

unapproving [ʌnəprúːviŋ] a neodobravajoč

unapt [ʌnǽpt] a (~ ly adv) neprimeren; nesposoben; trde pameti, zaostal, nespreten; neumesten; nevoljen, nerad; ~ comparison neprimerna primerjava; ~ remark neumestna opazka

unaptness [ʌnǽptnis] n neprimernost; nesposobnost; neumestnost; nespretnost; nevolja

unargued [ʌnáːgjuːd] a nediskutiran; nesporen

unarm [ʌnáːm] vt razorožiti; vi položiti orožje; odložiti vojno opremo

unarmed [ʌnáːmd] a razorožen, brez orožja, golih rok; zool & bot nezaščiten (brez bodic itd.)

unarmoured [ʌnáːməd] a mil neoklopljen

unarranged [ʌnəréindžd] a neurejen; ki ni predviden (pripravljen, dogovorjen)

unarrayed [ʌnəréid] a neurejen; nenameščen; neoblečen; neokrašen

unartful [ʌnáːtful] a neumetniški; preprost, enostaven; nespreten, neroden

unartificial [ʌnaːtifíšl] a neizumetničen, naraven, preprost

unartistic(al) [ʌnaːtístik(l)] a neumetniški; brez okusa

unary [júːnəri] a chem phys enostaven, enosnoven

unascendable [ʌnəséndəbl] a nepristopen, silno strm

unascertainable [ʌnæsətéinəbl] a neugotovljiv

unascertained [ʌnæsətéind] a neugotovljen

unashamed [ʌnəšéimd] a (~ ly adv) brez sramu; nesramen

unasked [ʌnáːskt] a nevprašan; nenaprošen; nepoklican; nepovabljen

unaspirated [ʌnǽspəreitid] a phon neaspiriran

unaspiring -[ʌnəspáiəriŋ] *a* nečastihlepen, skromen, nezahteven

unassailable [ʌnəséiləbl] *a* ki ga ni moč napasti; *fig* neomajen, nespodbiten

unassayed [ʌnəséid] *a chem tech* nepreizkušen

unassessed [ʌnəsést] *a* neocenjen, netaksiran

unassignable [ʌnəsáinəbl] *a jur* neodstopljiv, neprenosen; neprepisljiv

unassimilable [ʌnəsímiləbl] *a* ki se ne da asimilirati, ni sposoben za asimilacijo

unassisted [ʌnəsístid] *a* brez pomoči (podpore); with ~ eyes s prostim očesom

unassuming [ʌnəsjú:miŋ] *a* skromen, nezahteven; neoblasten

unassured [ʌnəšúəd] *a* negotov, nesiguren; ki nima zaupanja; *econ* nezavarovan

unattached [ʌnətǽčt] *a* nepritrjen (*to* na), nep čvrščen; *mil* postavljen na razpoloženje, detaš..an; *univ* zunanji, ekstern, ki ne pripada nobenemu kolidžu; nevezan, neorganiziran, neodvisen; *jur* nezasežen, nezaplenjen; *obs* neprijet, nearetiran; to place on the ~ list dati na razpoloženje

unattainable [ʌnətéinəbl] *a* nedosegljiv

unattained [ʌnətéind] *a* nedosežen

unattainted [ʌnətéintid] *a* neomadeževan; neoporečen; nepristranski

unattempted [ʌnətémptid] *a* neposkušen

unattended [ʌnəténdid] *a* nespremljan, brez spremstva; nepreskrbljen, zanemarjen; he is ~ to on je (postaja) zanemarjen

unattested [ʌnətéstid] *a* nedokazan, neizpričan, nepotrjen

unattired [ʌnətáiəd] *a* neoblečen, neokrašen

unattractive [ʌnətrǽktiv] *a* (~ ly *adv*) neprivlačen, neprikupen, brez čara, nezanimiv

unauspicious [ʌnɔ:spíšəs] *a obs* neugoden, slabo obetajoč

unauthentic [ʌnɔ:θéntik] *a* neverodostojen, neavtentičen, nezanesljiv, nezajamčen; neizviren, ponarejen

unauthenticated [ʌnɔ:θéntikeitid] *a* nepreverjen, nepotrjen, nezajamčen, nedokazan

unauthorized [ʌnó:θəraizd] *a* nepooblaščen, neopolnomočen; nezakonit; samovoljen; nedopusten, nedovoljen; neosnovan; ~ reprint nezakonit ponatis; ~ use zloraba

unavailable [ʌnəvéiləbl] *a* ne na voljo, na razpolago; neuporaben, nekoristen; brezploden, brezuspešen; *pol A* brez upanja za uspeh (o kandidatu)

unavailing [ʌnəvéiliŋ] *a* (~ ly *adv*) nekoristen, neuspešen, neučinkovit, jalov, brezploden

unavenged [ʌnəvéndžd] *a* nemaščevan; nekaznovan

unavoidable [ʌnəvóidəbl] *a* (~ ly *adv*) neizogiben, neizbežen; neodklonljiv, neodvrnljiv; *jur* nepobiten, neovrgljiv, nerazveljavljiv

unavoidableness [ʌnəvóidəblnis] *n* neizogibnost

unavowed [ʌnəváud] *a* nepriznan

unawakened [ʌnəwéikənd] *a* nezbujen; *fig* nerazplamtel, speč (o čustvih)

unaware [ʌnəwéə] *a* ne vedoč (*of*, *that* za, da); nepoučen, nezaveden; nesluteč; I was ~ of his presence nisem vedel za njegovo prisotnost; you are not ~ that... dobro veste, da...

unawares [ʌnəwéəz] *adv* nenadoma, nepričakovano; neopazno; pomotoma, po pomoti, po ne-

pazljivosti; nevedé, nehoté, nenamerno; to come upon s.o. ~ nepričakovano naleteti na koga; at ~ iznenada, nepričakovano, presenetljivo; to be taken ~ biti iznenaden

unbacked [ʌnbǽkt] *a* brez pomoč (podpore); *econ* neindosiran (ček); (konjske dirke) neupoštevan pri stavah; neujahan (konj); an ~ horse konj, na katerega ni stav

unbag [ʌnbǽg] *vt* vzeti, stresti iz torbe

unbailable [ʌnbéiləbl] *a* ki ga ni možno izpustiti iz zapora proti jamstvu

unbaked [ʌnbéikt] *a* nepečen; nežgan (opeka); *fig* surov, nezrel

unbalance [ʌnbǽləns] 1. *vt* spraviti iz ravnotežja; *fig* spraviti v nered, (zmešati, zmesti); 2. *n* motnja v ravnotežju; *fig* nered, neizenačenost

unbalanced [ʌnbǽlənst] *a* spravljen iz ravnotežj neuravnotežen, nesiguren; duševno neuravn vešen; *fig* neizenačen, omahujoč, neodločen com neizravnan, nesaldiran; ~ budget neizenačen budžet; ~ of mind (duševno) omračen

unbale [ʌnbéil] *vt* izpakirati (blago) iz bal

unballast [ʌnbǽləst] *vt naut* odvreči balast z ladje, osvoboditi (ladjo) balasta

unballasted [ʌnbǽləstid] *a naut* brez balasta; *fig* neurejen, nestalen, nestabilen, nestanoviten, omahljiv

unbank [ʌnbǽŋk] *vt* odstraniti jez; pustiti teči; očistiti (ogenj) od pepela

unbaptized [ʌnbǽptáizd] *a* nekrščen, pogarski

unbar [ʌnbá:] *vt* odriniti zapah, odpahniti; odkleniti; *vi* odpreti se

unbarbed [ʌnbá:bd] *a* nebodeč, brez bodic

unbarbered [ʌnbá:bəd] *a* neobrit; neostrižen

unbarricade [ʌnbærikéid] *vt* odstraniti barikade

unbated [ʌnbéitid] *a* nezmanjšan, neoslabljen

unbathed [ʌnbéiθd] *a* neokopán; neovlažen

unbearable [ʌnbéərəbl] *a* (~ bly *adv*) neznosen

unbearableness [ʌnbéərəblnis] *n* neznosnost

unbearded [ʌnbíədid] *a* golobrad, brez brade; *bot* ki je brez resic

unbeaten [ʌnbí:tn] *a* nepotolčen, nepremagan; *fig* neprekosljiv; neshojen, neutrt (pot); neraziskan; ~ record nepotolčen, neprekosljiv rekord

unbecoming [ʌnbikʌ́miŋ] *a* (~ ly *adv*) ki se ne poda, nepristajajoč; neprimeren, nespodoben, ne na mestu; it is ~ in you ne pristoji ti, ne spodobi se ti; this hat is ~ to him ta klobuk mu ne pristoji

unbecomingness [ʌnbikʌ́miŋnis] *n* nespodobnosti neprimernost

unbefitting [ʌnbifítiŋ] *a* neprimeren, neumesten, nedostojen

unbed [ʌnbéd] *vt* pognati ali vzeti iz postelje; ~ ded nepostlan; *geol* ki ni v skladih

unbefriended [ʌnbifréndid] *a* brez prijateljev; brezmočen, brez pomoči; oškodovan

unbegotten [ʌnbigótn] *a* nespočet, nerojen; večen

unbeguile [ʌnbigáil] *vt* razočarati

unbegun [ʌnbigʌ́n] *a* brez začetka, večen; (še) nezačet

unbeknown [ʌnbinóun] *a* brez vednosti; he was there ~ to me bil je tam brez moje vednosti; ~st *coll adv* neznano, *a* neznan

unbelief [ʌnbilí:f] *n* nevera, nevernost; dvom, skepsa, skeptičnost

unbelievability [ʌnbilivəbíliti] n neverjetnost
unbelievable [ʌnbilí:vəbl] a neverjeten
unbeliever [ʌnbilí:və] n nevernež; skeptik; rel nevernik
unbelieving [ʌnbilí:viŋ] a neveren; skeptičen; nezaupljiv; rel brezveren
unbeloved [ʌnbilʌ́vd] a neljubljen
unbelt [ʌnbélt] vt odpasati, sneti pas; odpasati (meč)
unbend* [ʌnbénd] vt popustiti, zrahljati; naut odvezati vrv (s sidra, z boje), òdvezati jadra; fig odpočiti; vi popustiti (napetost), zrahljati se; postati ljubezniv(prijazen, zaupljiv, naraven, neprisiljen); his brow unbent obraz se mu je razjasnil; to ~ the mind from study odpočiti si od študija
unbending [ʌnbéndiŋ] a neupogljiv; fig nepopustljiv, trmast, tog, odločen
unbeneficed [ʌnbénifist] a eccl ki je brez prebende, brez dohodkov
unbenign [ʌnbináin] a nedobrohoten, hudoben
unbeseeming [ʌnbisí:miŋ] a (~ ly adv) nespodoben, neprimeren
unbesought [ʌnbisó:t] a nenaprošen; prostovoljen, po svoji volji
unbespeak* [ʌnbispí:k] vt preklicati naročilo; unbespoken nenaročen; nedogovorjen, nedomenjen
unbetrothed [ʌnbitróuðd] a nezaročen
unbewailed [ʌnbiwéild] a neobjokovan
unbewitch [ʌnbiwíč] vt odčarati
unbias [ʌnbáiəs] vt osvoboditi predsodkov; ~ (s)ed ki je brez predsodkov, nepristranski, stvaren
unbidden [ʌnbídn] a nepozvan, nenaprošen; nepovabljen; ~ guests nepovabljeni gostje
unbigoted [ʌnbígətid] a nebigoten, nepobožnjaški, nelicemerski
unbind* [ʌnbáind] vt razvezati, odvozlati; odpreti; poet osvoboditi; odvezati
unbitted [ʌnbítid] a neobuzdan; fig nebrzdan, nekontroliran
unblamable [ʌnbléiməbl] a neoporečen; nedolžen; brez krivde
unblamed [ʌnbléimd] a brezhiben, neoporečen
unbleached [ʌnblí:čt] a nebeljen
unblemished [ʌnblémišt] a brez madeža, neomadeževan; čist; his ~ reputation njegov neomadeževani sloves
unblended [ʌnbléndid] a nemešan, enovrsten; čist
unblessed, unblest [ʌnblést] a neblagoslovljen, neposvečen; preklet; nesrečen, beden
unblindfold [ʌnbláindfould] vt vzeti (komu)prevezo z oči
unblinking [ʌnblíŋkiŋ] a neustrašen
unblissful [ʌnblísful] a nesrečen; razočaran
unblooded [ʌnblʌ́did] a ki ni čiste pasme (konj); nečistokrven
unbloody [ʌnblʌ́di] a nekrvav, neokrvavljen; ki se je zgodil brez prelivanja krvi; fig nekrvoločen
unblotted [ʌnblótid] a neomadeževan, neumazan
unblown [ʌnblóun] a nenapihnjen; (še) nerazcvetel; nerazvit
unblushing [ʌnblʌ́šiŋ] a (~ ly adv) brez sramu; ki ne zardeva
unboastful [ʌnbóustful] a nebahaški, skromen

unbodied [ʌnbódid] a breztelesen, netelesen, osvobojen telesa; imaterialen
unboiled [ʌnbóild] a nekuhan; neprevret
unbolt [ʌnbóult] vt odpahniti (odpreti) zapah, odpreti; obs pojasniti; vi odpreti se
unbolted [ʌnbóultid] a 1. odpahnjen, odprt; 2. nepresejan (moka); debelozrnat
unboned [ʌnbóund] a (ki je) brez kosti; agr nepognojèn s kostno moko; ki nima odstranjenih kosti
unbonnet [ʌnbónit] vt sneti (komu) kapo (klobuk) z glave; dvigniti pokrov motorja (avtomobila); vi sneti klobuk z glave, odkriti se (to pred)
unbonneted [ʌnbónitid] a gologlav; nepokrit (o glavi)
unbookish [ʌnbúkiš] a ki ne mara za knjige, nenačitan, neizobražen; nepedanten, nepikolovski
unboot [ʌnbú:t] vt sezuti (komu) škornje, čevlje; vi sezuti si škornje, čevlje; unbooted sezut
unborn [ʌnbó:n] a (še) nerojen; bodoč; ages ~ prihodnji, bodoči, čas(i)
unborrowed [ʌnbóroud] a neizposojen
unbosom [ʌnbúzəm] vt razkriti, izpovedati, zaupati (misli, skrivnosti itd.); vi, ~ o. s. razkriti se, zaupati se (komu)
unbottomed [ʌnbótəmd] a (ki je) brez dna
unbought [ʌnbó:t] a nekupljen
unbound [ʌnbáund] a neprivezan; nezvezan; nevezan, broširan (knjiga); nevezan, prost (tudi fig)
unboundable [ʌnbáundəbl] a neomejljiv
unbounded [ʌnbáundid] a neomejen, brezmejen; neizmeren; nebrzdan, nekontroliran
unbowed [ʌnbáud] a neupognjen; fig neuklonjen, nezlomljen
unbowel [ʌnbáuəl] vt odstraniti drobovje
unbox [ʌnbóks] vt vzeti iz škatle; peljati (konja) iz boksa
unbrace [ʌnbréis] vt odvezati, spustiti; osvoboditi; odpeti, zrahljati; oslabiti; razodeti, odpreti; to ~ o.s. oddahniti se, sprostiti se
unbraid [ʌnbréid] vt razplesti, razmotati
unbranded [ʌnbrǽndid] a nežigosan
unbreakable [ʌnbréikəbl] a nezlomljiv, nezdrobljiv; ki se ne da zdrobiti
unbreathed [ʌnbrí:ðd] a nevdihnjen, neizdihnjen; neizražen, nerečèn
unbred [ʌnbréd] a nevzgojen; neizobražen, nešolan; neizkušen (to, in v)
unbreech [ʌnbrí:č] vt sleči (komu) hlače; ~ ed brez hlač, ki še ne nosi hlač (deček)
unbribable [ʌnbráibəbl] a nepodkupljiv
unbribed [ʌnbráibd] a nepodkupljen
unbridgeable [ʌnbrídžəbl] a nepremostljiv
unbridged [ʌnbrídžd] a ki nima mostu, brez mostu
unbridle [ʌnbráidl] vt sneti uzdo, razuzdati; fig sprostiti; osvoboditi; ~ d (ki je) brez uzde; fig razuzdan, nebrzdan; ~ d tongue »dolg« jezik
unbroached [ʌnbróučt] a fig nenačet, nedotaknjen (téma)
unbroke [ʌnbróuk] a dial glej unbroken
unbroken [ʌnbróukən] a nezlomljen (tudi fig), nerazbit, cel; fig nezmanjšan; neprelomljen (beseda, obljuba); neprekinjen; nedresiran, neujahan (konj); neoran, nedotaknjen (zemlja); (še) nepotolčen (rekord)

unbrotherly [ʌnbrʌ́ðəli] a nebrat(ov)ski
unbruised [ʌnbrú:zd] a neobtolčen, brez modric, nepoškodovan
unbuckle [ʌnbʌ́kl] vt odpeti, odpreti zaponko; odvezati
unbuild* [ʌnbíld] vt porušiti, podreti, demolirati
unbuilt [ʌnbílt] a (še) nezgrajen; nezazidan (zemljišče)
unburden [ʌnbə́:dən] vt razbremeniti; olajšati; fig zaupati; priznati, izpovedati; to ~ o.s. to s.o. zaupati se komu, razkriti se (svoje težave) komu; to ~ one's troubles to s.o. zaupati komu svoje skrbi; to ~ a secret povedati (odkrižati se) tajnost(i)
unburied [ʌnbérid] š nepokopan, nezakopan
unburned, unburnt [ʌnbə́:nd, ~t] nesežgan; tech nežgan (opeka itd.)
unbury [ʌnbéri] vt izkopati, odkopati; na dan prinesti, razodeti; to ~ the hatchet izkopati bojno sekiro, začeti vojno
unbusied [ʌnbízid] a brez posla, nezaposlen
unbusinesslike [ʌnbíznislaik] a neposloven, netrgovski; ki ne ustreza običajnemu načinu poslovanja
unbutton [ʌnbʌ́tn] vt odpeti gumb; ~ ed fig neprisiljen
uncage [ʌnkéidž] vt izpustiti iz kletke (tudi fig)
uncalculated [ʌnkǽlkjuleitid] a neizračunan; nevračunan
uncalled-for [ʌnkɔ́:ldfɔ:] a nepoklican, nepozvan; nepotreben; neželjen; neprimeren, neumesten; neopravičen; vsiljiv; the remark was ~ opazka ni bila umestna (na mestu)
uncancel(l)ed [ʌnkǽnsəld] a neizbrisan; nerazveljavljen; neodpovedan; nerazvrednoten (poštna znamka)
uncandid [ʌnkǽndid] a (~ly adv) neiskren, neodkrit, nepošten
uncanniness [ʌnkǽninis] n grozljivost
uncanny [ʌnkǽni] a (uncannily adv) grozljiv, skrivnosten, nenaraven; nevaren, nesiguren; neugoden, neprijeten; obs nepreviden
uncanonical [ʌnkənónikl] a (~ly adv) ki ni po pravilih (po kánonu), nekánonski
uncap [ʌnkǽp] vt sneti kapo; odmašiti (steklenico); vi odkriti se
uncared-for [ʌnkéədfɔ:] a; ~ children zapuščeni, samim sebi prepuščeni otroci
uncareful [ʌnkéəful] a brezbrižen; brezskrben; neoprezen; to be ~ of (for) ne se brigati za, biti brezbrižen do
uncarpeted [ʌnká:pitid] a (ki je) brez preprog(e)
uncart [ʌnká:t] vt raztovoriti z voza
uncase [ʌnkéis] vt vzeti iz etuija (skrinje, omota); razviti (zastavo); sleči; vi sleči se
uncatalogued [ʌnkǽtələgd] a nekatalogiziran
uncaught [ʌnkɔ́:t] a neujet
uncaused [ʌnkɔ́:zd] a nepovzročen, (ki se je zgodil) brez vzroka
unceasing [ʌnsí:siŋ] a (~ly adv) nenehen, neprestan, nepretrgan, stalen
uncensored [ʌnsénsɔ:d] a brez cenzorja, brez kritike
uncensurable [ʌnsénšurəbl] a brezhiben, brez graje
uncensured [ʌnsénšəd] a necenzuriran

unceremonious [ʌnserimóunjəs] a (~ly adv) neprisiljen, preprost, neizumetničen, necerimoniozen; nevljuden, nedostojen
uncertain [ʌnsə́:tn] a (~ly adv) negotov, dvomljiv, nezanesljiv, nesiguren, muhast, spremenljiv; an ~ friend nezanesljiv prijatelj; ~ weather spremenljivo vreme; to be ~ of s.th. ne biti gotov česa
uncertainty [ʌnsə́:tnti] n negotovost, dvomljivost, nedoločnost; spremenljivost, nezanesljivost; nepreračunljivost
uncertificated [ʌnsətífikeitid] a nepotrjen, (ki je) brez izpričevala (potrdila); neizprašan, nediplomiran
uncertified [ʌnsə́:tifaid] a nepotrjen, neoverjen; neprepričan (of o)
unchain [ʌnčéin] vt spustiti z verige; sneti okove, osvoboditi; fig sprostiti (svoja čustva itd.)
unchallenged [ʌnčǽlindžd] a neizzvan; fig nesporen, nespodbijan, nekritiziran
unchancy [ʌnčá:nsi] a nesrečen; nepriličen; nevaren
unchangeable [ʌnčéindžəbl] a (~bly adv) nespremenljiv, stalen
unchanged [ʌnčéindžd] a nespremenjen
unchanging [ʌnčéindžiŋ] a (~ly adv) nespremenljiv, stalen
uncharged [ʌnčá:dž] a ne naložen; jur neobtožen; nenabit (puška); nezaračunan; econ neobremenjen (konto); franko
uncharitable [ʌnčǽritəbl] a (~ly adv) neusmiljen, brezsrčen, brezozbiren
uncharitableness [ʌnčǽritəblnis] n neusmiljenost, brezsrčnost
uncharm [ʌnčá:m] vt rešiti (koga) čarovnije (uroka); odčarati
uncharted [ʌnčá:tid] a nezabeležen v zemljevidu
unchartered [ʌnčá:təd] a nenajet; neupravičen, neodobren; neprivilegiran; ki je brez zakonov, neurejen
unchary [ʌnčéəri] a nepreviden, nepremišljen; radodaren (of z), zapravljiv; ~ of praise ki ne skopari s pohvalo
unchaste [ʌnčéist] a (~ly adv) nečist; nenraven
unchastised [ʌnčæstáizd] a nekaznovan
unchastity [ʌnčǽstiti] n nečistost; nenravnost
uncheckable [ʌnčékəbl] a nenadzirljiv; neustavljiv
unchecked [ʌnčékt] a neoviran; nebrzdan, nekontroliran; nepreizkušen
uncheerful [ʌnčíəful] a žalosten, potrt; nevoljen, nerad
unchivalrous [ʌnšívəlrəs] a neviteški
unchosen [ʌnčóuzn] a neizbran
unchristened [ʌnkrísənd] a nekrščen; brez imena
unchristian [ʌnkrístjən] a nekrščanski, poganski; neciviliziran, barbarski; coll nesramen; an ~ price nesramna cena
unchurch [ʌnčə́:č] vt izobčiti iz cerkve; odvzeti (občini) cerkev
uncial [ʌ́nsiəl] 1. a uncialen; 2. n uncialna črka, pisava; rokopis v unciali
unciform [ʌ́nsifɔ:m] a kljukast
uncinate [ʌ́nsinit] a bot & zool kljukast, ki ima kljukaste bodice
uncircumcised [ʌnsə́:kəmsaizd] a rel neobrezan; nejudovski; poganski; fig neočiščen

uncircumcision [ʌnsə:kəmsížən] n neobrezanje; bibl pogani, neobrezanci

uncircumstantial [ʌnsə:kəmstǽnšl] a ki ne gre v podrobnosti

uncivil [ʌnsívl] a (~ ly adv) nevljuden; osoren, grob; neciviliziran, barbarski; nespodoben

uncivilized [ʌnsívilaizd] a neciviliziran, divji; barbarski

unclad [ʌnklǽd] a neoblečen

unclaimed [ʌnkléimd] a nezahtevan od lastnika, neterjan, nereklamiran; nedvignjen (blago, denar, pismo)

unclasp [ʌnklá:sp] vt odpeti; (s silo) odpreti; zrahljati; razkleniti (roke); vi zrahljati se, odpreti se; he ~ ed the dead man's hand odprl je mrtvečevo roko

unclassed [ʌnklá:st] a neuvrščen v (kak) razred

unclassical [ʌnklǽsikl] a neklasičen

unclassified [ʌnklǽsifaid] a neklasificiran; neuvrščen v razred; ne več skriven, tajen, prikrit

uncle [ʌ́ŋkl] 1. n stric; ujec; coll striček; sl posojevalec proti zastavi; U~ Sam tipičen Amerikanec; Amerikanci; ameriška vlada; maternal ~ ujec; my watch is at my ~ 's sl moja ura je v zastavljalnici; to speak (to talk) to s.o. like a Dutch ~ govoriti s kom pokroviteljsko (resno, a dobrohotno), z blago strogostjo; 2. vt imenovati (koga) stric (striček)

unclean [ʌnklí:n] a umazan, nečist; med obložen (jezik); fig moralno nečist, nečeden, umazan, obscen

uncleanly [ʌnklénli] a umazan, nečist

uncleanliness [ʌnklénlinis] n umazanost, nečistoča, nesnaga, nesnažnost

uncleanness [ʌnklí:nnis] n umazanost, nesnažnost

uncleansed [ʌnklénzd] a neočiščen; nekrčen (gozd)

unclear [ʌnklíə] a nejasen, moten, temen

uncleared [ʌnklíəd] a nepojasnjen; neurejen, nekrčen (gozd); neprost; econ neodplačan, neplačan; jur neoproščen

unclench [ʌnklénč] vt odpreti (pest); zrahljati, izpustiti (prijem); odpreti (vrata); vi zrahljati se, odpreti se

unclerical [ʌnklérikl] a neduhovniški, nevreden duhovnika

uncloak [ʌnklóuk] vt sleči (komu) plašč; fig razkrinkati; to ~ o.s. odložiti, sleči plašč; vi sleči plašč, jopič

unclog [ʌnklóg] vt osvoboditi (kaj) kladne zavore (zaprek, spon)

uncloister [ʌnklóistə] vt odpustiti iz samostana

unclose [ʌnklóuz] vt odpreti; fig odkriti; vi odpreti se, biti odprt; ~ d odprt; nedokončan; nezapečaten

unclothe [ʌnklóuð] vt sleči; razgaliti; fig razkriti, osvoboditi; ~ d neoblečen, razgaljen, gol

unclouded [ʌnkláudid] a brez oblakov, nepooblačèn, veder, jasen; fig neskaljen

uncloven [ʌnklóuvən] a nerazcepljen

unco [ʌ́ŋkou] 1. a Sc nenavaden; velik; grozljiv; neznan; 2. adv Sc zelo, izredno; 3. n pl sporočilo, novica; tujec; the ~ guid verski ali moralni gorečnik

uncock [ʌnkók] vt odpeti petelin (pri puški)

uncoerced [ʌnkouə́:st] a neprisiljen

uncognizable [ʌnkógnizəbl] a nepoznaten

uncoil [ʌnkóil] vt odviti, odmotati (vrv); vi odmotati se

uncoined [ʌnkóind] a nekovan

uncollected [ʌnkəléktid] a nezbran, nepobran, neizterjan (davek); fig neurejen, zmeden (misli), nekoncentriran

uncolonized [ʌnkólənaizd] a nenaseljen

uncoloured [ʌnkʌ́ləd] a brezbarven, nepobarvan; fig bled, fig nešminkan; nepretiran

uncombed [ʌnkóumd] a nepočesan

uncome-at-table [ʌnkʌmǽtəbl] a nedosegljiv, nedostopen, nepristopen

uncomeliness [ʌnkʌ́mlinis] n neprivlačnost, neljubkost; nedostojnost

uncomely [ʌnkʌ́mli] a grd, neprivlačen, nelep; neprimeren; (redko) ne spodoben, nedostojen

uncomfortable [ʌnkʌ́mfətəbl] a (~ bly adv) neudoben; neprijeten, mučen, neugoden; ženiran; zaskrbljen, nemiren; to be ~ ne se dobro počutiti

uncomfortableness [ʌnkʌ́mfətəblnis] n neudobnost; neugodje, ženiranost

uncommendable [ʌnkəméndəbl] a nepriporočljiv; ki se ne more priporočiti

uncommercial [ʌnkəmə́:šəl] a netrgovski, ki se ne bavi s trgovino

uncommissioned [ʌnkəmíšənd] a nepooblaščen; nenameščen

uncommitted [ʌnkəmítid] a nezagrešen (zločin); neangažiran, nevezan, neblokovski, nevtralen; neizročen; nezaupan; nerezerviran (za določen namen); the ~ countries nevtralne države

uncommon [ʌnkómən] 1. a (~ ly adv) nenavaden, izreden; redek, nepogosten; 2. adv coll zelo, izredno, nenavadno; an ~ handsome girl izredno lepo dekle

uncommonness [ʌnkómənnis] n nenavadnost, izrednost; redkost

uncommunicable [ʌnkəmjú:nikəbl] a ki se ne more sporočiti (naznaniti, javiti)

uncommunicative [ʌnkəmjú:nikətiv] a molčeč, nezgovoren, (vase) zaprt, nekomunikativen, nedružen, odljuden

uncompanible [ʌnkəmpǽnjəbl] a nedruž(ab)en

uncompassionate [ʌnkəmpǽšənit] a neusmiljen, brez sočutja

uncompelled [ʌnkəmpéld] a neprisiljen

uncompensated [ʌnkómpenseitid] a nenadoknaden, neodškodovan, nekompenziran

uncomplaining [ʌnkəmpléiniŋ] a (~ ly adv) ki se ne pritožuje, ne godrnja; potrpežljiv

uncomplainingness [ʌnkəmpléiniŋnis] n potrpežljivost, vdanost, tiho prenašanje (težav itd.)

uncomplaisant [ʌnkəmpléizənt] a neprijazen, neustrežljiv

uncomplete [ʌnkəmplí:t] a nepopoln

uncompleted [ʌnkəmplí:tid] a nedokončan, nedovršen

uncomplicated [ʌnkómplikeitid] a nezamotan, enostaven, nekompliciran

uncomplimentary [ʌnkəmpliméntəri] a nelaskav, malo laskav; nevljuden, grob

uncomplying [ʌnkəmpláiiŋ] a nepopustljiv; uporen

uncompounded [ʌnkəmpáundid] a nesestavljen, enostaven; ne(po)mešan

uncomprehended [ʌnkəmprihéndid] a nerazumljen

uncomprehending [ʌnkəmprihéndiŋ] *a* ki ne razume; neuvideven

uncomprehensive [ʌnkəmprihénsiv] *a* neobsežen

uncompromised [ʌnkómprəmaizd] *a* nerešen s kompromisom

uncompromising [ʌnkómprəmaiziŋ] *a* (~ ly *adv*) nepopustljiv, brezkompromisen, nepomirljiv; nedvoumen

uncomputed [ʌnkəmpjú:tid] *a* neizračunan

unconcealable [ʌnkənsí:ləbl] *a* ki se ne da (ne more) skriti (prikriti)

unconcealed [ʌnkənsí:ld] *a* neprikrit, neskrit, odkrit

unconceivable [ʌnkənsí:vəbl] *a* nepojmljiv

unconcern [ʌnkənsə́:n] *n* nebrižnost, brezbrižnost, ravnodušnost, indiferentnost (*with* do), neinteresiranost; neudeleženost

unconcerned [ʌnkənsə́:nd] *a* (~ ly *adv*] brezbrižen, nevznemirjen (*about* zaradi), ravnodušen, indiferenten (*with* do, za); neprizadet; nevpleten (*in* v), neudeležen; nezainteresiran (*with* za); nepristranski; **to be ~ about the future** ne si delati skrbi s prihodnostjo

unconcernement [ʌnkənsə́:nəmənt] *n* glej **unconcern**

unconcerted [ʌnkənsə́:tid] *a* neusklajen; nedogovorjen

unconciliated [ʌnkənsílieitid] *a* nepomirjen, nespravljen (s kom)

unconciliatory [ʌnkənsíliətəri] *a* nespravljiv, nepomirljiv

unconcocted [ʌnkənkóktid] *a* nesestavljen (pijača); *fig* neizmišljen

uncondemned [ʌnkəndémd] *a* neobsojen

uncondensed [ʌnkəndénst] *a* nezgoščen, nekondenziran; neskrajšan (knjiga)

unconditional [ʌnkəndíšənəl] *a* brezpogojen, absoluten, neomejen, brez pridržka; ~ **promise** obljuba brez pridržka; ~ **surrender** brezpogojna predaja, kapitulacija

unconditioned [ʌnkəndíšənd] *a* brezpogojen, absoluten; naraven, prirojen, nehôten; ~ **reflex** *psych* prirojen refleks

unconfessed [ʌnkənfést] *a* neizpovedan; nepriznan (zločin); **to die** ~ *rel* umreti neizpovedan

unconfined [ʌnkənfáind] *a* neomejen; nekonfiniran

unconfirmed [ʌnkənfə́:md] *a* nepotrjen, nepreverjen; neizpričan; neodobren; *eccl* nebirman; **an ~ rumour** nepotrjena govorica

unconformability [ʌnkənfə́:məbíliti] *n* nezdružljivost, nesoglasnost

unconformable [ʌnkənfə́:məbl] *a* nezdružljiv, neuskladljiv, nekonformen; nesoglasen; neprimeren; *geol* ki ne gre v isto smer (sklad, plast)

unconformity [ʌnkənfə́:miti] *n* nesoglasnost, nezdružljivost; nesorazmerje

unconfused [ʌnkənfjú:zd] *a* nezmeden

unconfutable [ʌnkənfjútəbl] *a* neovrgljiv

unconfuted [ʌnkənfjú:tid] *a* neovržen, nespodbit

uncongealable [ʌnkəndží:ləbl] *a* nezmrzljiv

uncongenial [ʌnkəndží:niəl] *a* duhovno neenakovreden, nesoroden po duhu ali nadarjenosti; neustrezen, neprikladen; neugoden; nekongenialen; nesimpatičen; **an ~ climate** neugodna klima; **this job is ~ to me** to delo mi ne prija

uncongeniality [ʌnkəndži:niǽliti] *n* nesorodnost po duhu ali nadarjenosti; neustreznost; nesimpatičnost

unconnected [ʌnkənéktid] *a* nespojen, brez zveze, nepovezan, brezzvezen; nedosleden; **an ~ report** brezzvezno, medlo poročilo

unconniving [ʌnkənáiviŋ] *a* neprizanesljiv; strog

unconquerable [ʌnkóŋkərəbl] *a* (~ bly *adv*) nepremagljiv; neosvojljiv; *fig* neukrotljiv

unconquered [ʌnkóŋkəd] *a* neosvojen; nepremagan

unconscientious [ʌnkənšiénšəs] *a* (~ ly *adv*) nevesten, brezvesten, brezobziren

unconscionable [ʌnkónšənəbl] *a* brezvesten; nespameten; neprimeren; **an ~ rascal** brezvesten lopov

unconscious [ʌnkónšəs] **1.** *a* nezaveden; *med* nezavesten; nenameren, nehoten; neprostovoljen; zamišljen; **an ~ humour** neprostovoljen humor; **an ~ mistake** nenamerna napaka; **to be ~ of s.th.** ne vedeti (opaziti) česa, ne se zavedati česa; **2.** *n*; **the ~** podzavest; nezavestnost

unconsciousness [ʌnkónšəsnis] *n med* nezavest; nevednost (*of* česa)

unconsecrated [ʌnkónsikreitid] *a* neposvečen

unconsenting [ʌnkənséntiŋ] *a* ki ne privoli; odklanjajoč

unconsidered [ʌnkənsídəd] *a* neopažen; neupoštevan; nepremišljen

unconstitutional [ʌnkənstitjú:šənəl] *a* (~ ly *adv*) *pol* protiustaven, neustaven

unconstitutionality [ʌnkənstitju:šənǽliti] *n pol* neustavnost, protiustavnost

unconstrained [ʌnkənstréind] *a* (~ ly *adv*) neprisiljen; prost; naraven, spontan

unconstraint [ʌnkənstréint] *n* neprisiljenost, spontanost

unconsumed [ʌnkənsjú:md] *a* nepotrošen, neporabljen

uncontaminate(d) [ʌnkəntǽmineit(id)] *a* neomadeževan; čist

uncontemplated [ʌnkóntempleitid] *a* nepremišljen; nepredviden; nenameravan

uncontested [ʌnkəntéstid] *a* nesporen, nespodbijan, neoporekan, nenasprotovan

uncontradicted [ʌnkəntrədíktid] *a* neoporekan, nespodbijan, nesporen, nenasprotovan

uncontrite [ʌnkóntrait] *a* neskrušen, nepotrt, neskesan, nemalodušen

uncontrollable [ʌnkəntróuləbl] *a* (~ bly *adv*) nenadzirljiv; nepreverljiv; neukrotljiv, nediscipliniran, neobvladan

uncontrolled [ʌnkəntróuld] *a* nenadziran, nekontroliran; neobvladan, neobrzdan

uncontroversial [ʌnkəntrəvə́:šl] *a* ki ne daje povoda za polemiko; nesporen

uncontroverted [ʌnkəntrəvə́:tid] *a* neovržen, nespodbijan

unconventional [ʌnkənvénšənəl] *a* nekonvencionalen; neprisiljen, naraven

unconventionality [ʌnkənvenšənǽliti] *n* nekonvencionalnost; neprisiljenost; samoniklost

unconversant [ʌnkónvə:sənt] *a* neseznanjen (*with* z); neuveden (v), nevešč

unconverted [ʌnkənvə́:tid] *a rel* nespreobrnjen, grešen, zakrknjen; nespremenjen

unconvertible [ʌnkənvə́:tibl] *a* nekonvertibilen; nezamenljiv; nespremenljiv

unconvicted [ʌnkənvíktid] *a* neobsojen

unconvinced [ʌnkənvínst] *a* neprepričan

unconvincing [ʌnkənvínsiŋ] a (~ ly adv) neprepričljiv

uncooked [ʌnkúkt] a nekuhan; nepečen, surov

uncoop [ʌnkú:p] vt izpustiti na prosto (zaprto živino)

uncord [ʌnkó:d] vt odvezati (vrv), sneti vrv (z)

uncordial [ʌnkó:djəl] a neprisrčen, neprijazen, hladen

uncork [ʌnkó:k] vt odčepiti, odmašiti (steklenico); odstraniti zamašek; izvleči (vtikač); coll dati prosto pot

uncorrected [ʌnkəréktid] a nepopravljen, nepoboljšan; neizboljšan

uncorroborated [ʌnkəróbəreitid] a nepodkrepljen; nepotrjen

uncorroded [ʌnkəróudid] a nerazjeden (od rje); nepropadel

uncorrupted [ʌnkəráptid] a nepokvarjen (tudi fig); nepodkupljen, nepodkupljiv

uncounselled [ʌnkáunsəld] a nesvetovan, brez (na)sveta; ki si ne zna pomoči

uncountable [ʌnkáuntəbl] a ki se ne da prešteti (oceniti); neštevilen

uncounted [ʌnkáutid] a neštet

uncountenanced [ʌnkáuntinənst] a nepodprt, brez moralne podpore

uncouple [ʌnkápl] vt razdvojiti; spustiti s povodca (pse); tech odklopiti, odvezati

uncourteous [ʌnkó:tjəs] a (~ ly adv) nevljuden, neustrežljiv

uncourteousness [ʌnkó:tjəsnis] n nevljudnost, neustrežljivost

uncourtliness [ʌnkó:tlinis] n nevljudnost, neotesanost, nevzgojenost

uncourtly [ʌnkó:tli] a nedvorski; nevljuden, neotesan, nefin

uncouth [ʌnkú:θ] a (~ ly adv) neotesan, grob, surov; neroden; divji, samoten, puščoben; skrivnosten; malo civiliziran; brez udobja (življenje); čuden, čudaški; obs neznan, tuj; odvraten, nemikaven, nerazveseljiv

uncouthness [ʌnkú:θnis] n neotesanost; divjost; nerodnost; čudnost, bizarnost, grotesknost

uncovenanted [ʌnkávinəntid] a nepogodben; pogodbeno nevezan

uncover [ʌnkávə] vt odkriti (tudi fig), razkriti; mil pustiti brez kritja, brez zaščite; odvzeti pokrov, poklopec (čemu); vi odkriti se, sneti si klobuk, pozdraviti

uncovered [ʌnkávəd] a odkrit, nepokrit; gologlav; neoblečen, gol; nezastrt; econ brez kritja; mil brez kritja, nekrit; ~ bill menica brez kritja

uncoveted [ʌnkávitid] a neželjen

uncreasable [ʌnkrí:səbl] a ki se ne mečka

uncreate [ʌnkriéit] vt odvzeti življenje, uničiti

uncreated [ʌnkriéitid] a (še) neustvarjen; večen

uncredited [ʌnkréditid] a econ (ki je) brez kredita; fig neugleden

uncrippled [ʌnkrípld] a nepohabljen

uncritical [ʌnkrítikl] a (~ ly adv) nekritičen; ki nasprotuje kritiki; an ~ reader nekritičen bralec

uncropped [ʌnkrópt] a nepožet

uncross [ʌnkrós] vt premakniti iz navskrižnega položaja (roke, noge); izravnati

uncrossable [ʌnkrósəbl] a neprehoden

uncrossed [ʌnkróst] a neprekrižan (noge); nebariran (ček); fig neoviran, neprekrižan

uncrowded [ʌnkráudid] a brez mnogo ljudi, nepopoln, nenabit

uncrown [ʌnkráun] vt odvzeti (komu) krono, vreči s prestola

unction [áŋkšən] n mazanje, drgnjenje, masiranje; med mazilo; rel maziljenje; extreme ~ relig sveto poslednje olje; fig pomirjenje, olajšanje, tolažba, balzam; pretirana čustvenost, nepristen patos, sentimentalnost; a story told with ~ s patosom, pretirano čustveno pripovedovana zgodba

unctuosity [áŋktjuósiti] n oljnatost, mastnost; fig maziljenost, hlinjena prisrčnost

unctuous [áŋktjuəs] a (~ ly adv) oljnat, masten; fig maziljen, hlinjeno prisrčen; ~ soil mastna zemlja

unctuousness [áŋktjuəsnis] n glej unctuosity

unculled [ʌnkáld] a neutrgan; neizbran

uncultivated [ʌnkáltiveitid] a neobdelan, neskrčen (gozd); fig nenegovan, zapuščen, zanemarjen, nekultiviran, divji, podivjan, surov

unculture [ʌnkálčə] n nekulturnost, nekultura

uncultured [ʌnkálčəd] a neobdelan; fig nekulturen, neizobražen, neolikan

uncumbered [ʌnkámbəd] a neobremenjen (by z), neobtežen

uncurb [ʌnkó:b] vt sneti (konju) uzdo

uncurbed [ʌnkó:bd] a neobrzdan (konj); fig neukročen, nebrzdan, razuzdan

uncured [ʌnkjúəd] a neozdravljen; cul nenasoljen; ki ni v slanici, v razsolu

uncurl [ʌnkó:l] vt odviti kodre, razkodrati; izgladiti lase; vi razkodrati se; postati gladek

uncurrent [ʌnkárənt] a ki ni v obtoku (denar); neveljaven

uncurtailed [ʌnkə:táild] a nepristrižen, neobrezan, neskrajšan, nezmanjšan, neprikrajšan

uncurtain [ʌnkó:tən] vt odgrniti zaveso; fig razkriti

uncustomable [ʌnkástəməbl] a prost carine

uncustomary [ʌnkástəməri] a nenavaden, ki ni v navadi

uncustomed [ʌnkástəmd] a neocarinjen; prost carine

uncut [ʌnkát] a nerazrezan, nerazsekan, neobrezan; neostrižen; agr nepožet; tech neobtesan; neobrušen; fig neskrajšan (besedilo itd.); an ~ diamond nebrušen diamant

undamaged [ʌndǽmidžd] a nepoškodovan, v dobrem stanju

undamped [ʌndǽmpt] a neparjen; neovlažen; fig nepoparjen; mus nepridušen

undashed [ʌndǽšt] a nepomešan; nevplivan (by od); neustrašen, neobupan; brez pomišljajev

undate(d) [ándeit(id)] a valovit

undated [ándéitid] a nedatiran, (ki je) brez datuma; ki mu ni določen rok; brez dogodkov

undaunted [ʌndó:ntid] a (~ ly adv) neustrašen, pogumen; he remained ~ by their threats ni se ustrašil njihovih groženj

undebated [ʌndibéitid] a nedebatiran; to accept a motion ~ sprejeti predlog brez debate

undecagon [ʌndékəgən] n enajsterokotnik

undecayed 1182 undercarriage

undecayed [ʌndikéid] *a* nerazpadel, nerazrušen; *fig* neoslabljen, močan

undecaying [ʌndikéiiŋ] *a* nestrohljiv; neminljiv

undeceive [ʌndisíːv] *vt* odpreti (komu) oči; dopovedati komu, da nima prav; uničiti (komu) iluzije

undecided [ʌndisáidid] *a* (~ ly *adv*) neodločen; nedoločen; dvomljiv; oklevajoč; to leave a question ~ pustiti problem odprt

undecillion [ʌndisíljən] *n math* undecilijon (1 s 66 ničlami); *A* sekstilijon (1·s 36 ničlami)

undeciphered [ʌndisáifəd] *a* nerazrešen, nerazvozlan, nedešifriran

undecisive [ʌndisáisiv] *a* neodločen; nedoločen; nestalen

undecked [ʌndékt] *a* (ki je) brez okrasa; *naut* brez krova

undeclared [ʌndikléəd] *a* neobjavljen, nenapovedan; *econ* nedeklariran; ~ war vojna brez vojne napovedi

undedicated [ʌndédikeitid] *a* ki nima posvetila; neposvečen (cerkev); nenamenjen; ki ni izročen javnemu prometu (zemlja itd.); an ~ book knjiga brez posvetila

undefaced [ʌndiféist] *a* neuničen (znamka, kolek)

undefended [ʌndiféndid] *a* nebranjen, nezaščiten; *jur* (ki je) brez obrambe, nebranjen; *mil* nezaščiten, odprt (mesto)

undefiled [ʌndifáild] *a* neomadeževan, brez madeža, čist, čeden; neoskrunjen

undefinable [ʌndifáinəbl] *a* nedoločljiv, neopredeljiv; ki se ne da definirati

undefined [ʌndifáind] *a* neomejen; nedoločen (rok); nejasen; nepojasnjen

undeify [ʌndíːifai] *vt* odvzeti božjo čast (dostojanstvo)

undelayed [ʌndiléid] *a* neodložén, neodgodén

undeliverable [ʌndilívərəbl] *a* nedostavljiv, neizročljiv

undelivered [ʌndilívəd] *a* nedostavljen (blago), neizročen (pismo); neodržan (govor); nerojen

undemanded [ʌndimáːndid] *a* neiskan, nezahtevan

undemocratic [ʌndemɔkrǽtik] *a* nedemokratičen

undemonstrative [ʌndimónstrətiv] *a* zadržan, rezerviran, hladen

undeniable [ʌndináiəbl] *a* ki se ne da zanikati, netajljiv; jasen, nesporen, nepobiten; (redko) brez napake, izvrsten

undenominational [ʌndinɔminéišənəl] *a* interkonfesionalen, brezkonfesionalen; ~ school šola za otroke vseh veroizpovedi

undependable [ʌndipéndəbl] *a* nezanesljiv

undeplored [ʌndiplóːd] *a* neobjokovan

undeposable [ʌndipóuzəbl] *a* neodstavljiv

undeposed [ʌndipóuzd] *a* neodstavljen

undepraved [ʌndipréivd] *a* nepokvarjen

undepreciated [ʌndiprí:šieitid] *a* nerazvrednoten; polnovreden

undepressed [ʌndiprést] *a* nedeprimiran, nepotrt

under [ʌndə] 1. *prep* pod; pod vodstvom, pod zaščito; pod vplivom (pritiskom); za časa, za vladanja, med; na osnovi, na temelju, v smislu, po; from ~ izpod; ~ age mladoleten; ~ arms pod orožjem; ~ one's belt *fig* v želodcu; no one ~ a bishop nobeden manj kot škof; ~ darkness v temi, v zaščiti teme; ~ construction v gradnji;

~ 20 years of age pod 20 leti starosti; the children ~ her charge otroci v njenem varstvu; ~ these circumstances v teh okoliščinah; a criminal ~ sentence of death na smrt obsojeni zločinec; ~ consideration v proučevanju, v pretresanju; ~ that edict na osnovi one odredbe; ~ favour če se sme reči; employee ~ notice nameščenec z odpovedjo; the matter ~ discussion zadeva, ki je v diskusiji; ~ my hand and seal z mojim podpisom in pečatom; ~ (ali by) one's own hand lastnoročno; ~ hatches v zaporu; propadel, mrtev; *naut* pod palubo; ~ the king John za časa vlade kralja Ivana; ~ the novelty pod vtisom te novosti; patient ~ misfortunes potrpežljiv v nesreči; ~ pretence that... pod pretvezo, da...; ~ pain of death pod smrtno kaznijo; ~ penalty of fine pod kaznijo globe; ship ~ the sea *naut* brez pomoči morju izpostavljena ladja; ~ the treaty po pogodbi; the ~ thirties osebe pod 30 leti; ~ the rose *fig* zaupno; the car is ~ repair avto je v popravilu; she is ~ treatment ona je na zdravljenju; I cannot do it ~ an hour potrebujem najmanj eno uro za to; to be ~ a cloud *fig* biti v nemilosti; biti v denarni stiski; the ship is ~ sail ladja pluje z razpetimi jadri; the ship is ~ way ladja je na poti; he spoke ~ his breath govoril je zelo tiho; to study ~ a professor študirati pod vodstvom profesorja; the total falls ~ what was expected celotna vsota je ostala pod pričakovanjem; 2. *adv* spodaj; niže; manj; as ~ kot (je) niže navedeno; boys of 15 and ~ 15 let in manj stari dečki; to go ~ *A* podleči, propasti; the firm is sure to go ~ tvrdka bo gotovo propadla; the sun is ~ sonce je zašlo; 3. *a* spodnji; nižji; podrejen; the ~ classes nižji razredi; the ~ dog *coll* pes (*fig* oseba), ki podleže v boju; the ~ jaw spodnja čeljust; the ~ side spodnja stran; an ~ dose premajhna doza

under- [ʌndə] (predpona) pod; (pred glagoli in pridevniki) nezadosten, premajhent ~ secretary podsekretár; ~ tenant podnajemnik; ~ fed nezadostno hranjen; to ~ rate podcenjevati

underact [ʌndərǽkt] *vt & vi theat* slabo predstaviti, slabo igrati (osebo, vlogo)

under-age, underage [ʌndəréidž] *a* mladoleten

underarm [ʌndərɑːm] *a* podlahten

underarmed [ʌndərɑ́ːmd] *a mil* slabo, nezadostno oborožen

underbelly [ʌndəbeli] *n* trebuh; spodnja stran; *fig* šibko ali ranljivo mesto

underbid* [ʌndəbíd] 1. *vt* dati, napraviti nižjo ponudbo; ponuditi nižjo ceno; ponuditi manj (kot); 2. *n* [ʌndəbid] nižja ponudba

underbidder [ʌndəbídə] *n* ponudnik z nižjo ceno

underbill [ʌndəbíl] *vt A* prenizko deklarirati ali računati (blago)

underbred [ʌndəbréd] *a* slabo vzgojen; nefin; navaden; ne čiste pasme

underbrush [ʌndəbrʌš] *n* podrast, grmovje, grmičevje, hosta

underbuy* [ʌndəbái] *vt* kupiti pod ceno (ceneje, ugodnejše)

undercarriage [ʌndəkæridž] *n aero* naprave za pristanek (letala); šasija; *mil* lafeta; sanišča; plavalci (hidroaviona) undercast [ʌ́ndəka:st] *n min* (pre)dušnik

undercharge I [ʌ́ndəčá:dž] *n* prenizko zaračunanje, prenizka cena, obremenitev

undercharge II [ʌndəčá:dž] *vt* premalo, prenizko (za)računati; prenizko obremeniti; nabiti (strelno orožje) z zmanjšanim polnjenjem

underclassman, *pl* ~ men [ʌndəklǽsmən] *n A* študent v 1. ali 2. letniku koledža

underclay [ʌ́ndəklei] *n min* plast glinastega skrilavca pod plastjo premoga

underclerk [ʌ́ndəkla:k] *n* poduradnik; pomožni pisar

underclothed [ʌndəklóuðd] *a* nezadostno oblečen

underclothes [ʌ́ndəklóuðz] *n pl* (telesno) perilo

underclothing [ʌ́ndəklóuðiŋ] *n* glej underclothes

undercoat [ʌ́ndəkout] *n* suknjič, telovnik (ki se nosi pod drugim oblačilom)

undercool [ʌndəkú:l] *vt* podhladiti

undercover [ʌ́ndəkʌ́və] *a* tajen, skriven; ~ man tajni agent

undercroft [ʌ́ndəkrɔ:ft] *n archit* kripta, grobnica

undercurrent [ʌ́ndəkʌ́rənt] *n* podpovršinski tok; podtalno, nevidno gibanje; political ~ politično podtalno gibanje

undercut* I [ʌndəkʌ́t] *vt* spodaj prirezati, podrezati; *econ* ceneje delati ali prodati kot (kdo drug); *vi* nuditi nižje cene

undercut II [ʌ́ndəkʌt] *n* spodkop; *cul* filé, ledvični kos

undercut III [ʌ́ndəkat] *a* spodaj odrezan, spodrezan

underdevelop [ʌndədivéləp] *vt phot* premalo razviti (film, ploščo); ~ ed nerazvit, zaostal; *phot* premalo razvit; ~ ed country *pol* dežela v razvoju

underdo* [ʌndədú:] *vi* ne dovolj ali pomanjkljivo napraviti; *cul* premalo (s)kuhati ali (s)peči; *vt* nepopolno, pomanjkljivo (kaj) napraviti

underdog [ʌ́ndədɔg] *n fig* premaganec, poniženec, oškodovanec, prikrajšanec; revež, žrtev socialne krivice; to feel for the ~ imeti sočutje za premaganega (za reveža)

underdone [ʌndədʌ́n] *a* ne temeljito narejen ali opravljen; *cul* ne dovolj pečen ali kuhan

underdose I [ʌ́ndədous] *n* premajhna količina ali doza

underdose II [ʌndədóus] *vt* dati premajhno dozo, premalo dozirati; *vi* da(ja)ti premajhno dozo

underdrain I [ʌ́ndədrein] *n* podzemeljski odvodni kanal

underdrain II [ʌndədréin] *vt* odvajati vodo s podzemeljskimi kanali, drenirati

underdrainage [ʌ́ndədreinidž] *n* (podzemeljska) drenaža, osuševanje

underdraw* [ʌndədró:] *vt* netočno, pomanjkljivo narisati ali prikazati; podčrtati

underdress I [ʌ́ndədres] *n* spodnja obleka, perilo

underdress II [ʌndədrés] *vt & vi* ne (se) dovolj obleči

underestimate I [ʌndəréstimit, ~ meit] *n* podcenjevanje

underestimate II [ʌndəréstimeit] *vt* podcenjevati, prenizko vrednotiti

underestimation [ʌndərestiméišən] *n* podcenjevanje

underexpose [ʌndərikspóuz] *vt phot* premalo eksponirati ali osvetliti (film, ploščo)

underexposure [ʌndərikspóužə] *n phot* prekratka osvetlitev ali eksponiranje (filma, plošče)

underfed [ʌndəféd] *a* premalo (preslabo, nezadostno) hranjen

underfeed* [ʌndəfí:d] *vt* nezadostno hraniti, krmiti; *tech* kuriti (peč) od spodaj; *vi* nezadostno se hraniti

underfeeding [ʌndəfí:diŋ] *n* nezadostna prehrana

underflow [ʌ́ndəflou] *n* podzemeljski tok (tudi *fig*)

underfoot [ʌndəfút] 1. *adv* pod nogami; z nogami na tleh; spodaj; *fig* v oblasti, pod kontrolo; *A coll* prav pred nogami, napoti; it is wet ~ mokro je pod nogami; to hold one's anger ~ potlačiti svojo jezo; 2. *a* [ʌ́ndəfut] (ki je) pod nogami; *fig* pohojen, zavržen, poteptan

underframe [ʌ́ndəfreim] *n tech* spodnji del (šasija) voza

undergarment [ʌ́ndəga:mənt] *n* spodnje oblačilo; telesno perilo

undergird [ʌndəgə́:d] *vt* podpreti

undergo* [ʌndəgóu] *vt* prestati, (pre)trpeti, izkusiti, doživeti, podvreči se (operaciji); biti izpostavljen (čemu); to ~ pain trpeti bolečino; I had to ~ an operation moral sem se dati operirati; he has undergone many trials mnogo je prestal; prestal je mnogo preizkušenj

undergraduate [ʌndəgrǽdjuit] 1. *n* študent, ki še ni diplomiral; 2. *a* (še) nediplomiran; študentovski

underground I [ʌ́ndəgraund] 1. *a* podzemeljski, podtalen, talen; *min* (ki je) v rovu; *fig* tajen, skriven, ilegalen; ~ fire gorenje plina pod zemljo; ~ railway (line, *A* railroad) podzemeljska železnica; the ~ movement ilegalno (odporniško) gibanje; ~ engineering (pod)zemeljska tehnična dela, talna gradnja; ~ water talna voda; 2. *n* podzemeljski prostor; podzemeljska železnica; the ~ tajno (ilegalno, revolucionarno, odporniško) gibanje

underground II [ʌndəgráund] *adv* pod zemljo; v podzemeljski železnici; *fig* tajno, skrivaj; *pol* ilegalno; to go ~ iti v ilegalo

undergrown [ʌndəgróun] *a* ki je premalo zrasel; ki je pod poprečno višino; preraščen

undergrowth [ʌ́ndəgróuθ] *n* podrast; grmičje

underhand [ʌ́ndəhænd] 1. *a fig* skriven, tajen, potuhnjen, zahrbten, neodkrit, zvijačen; 2. *adv fig* za hrbtom, potuhnjeno, nepošteno, zvijačno

underhanded [ʌ́ndəhǽndid] *a* (~ ly *adv*) pod roko narejen; tajen; *econ* ki nima dovolj delovne sile (delavcev)

underhandedness [ʌ́ndəhǽndidnis] *n* potuhnjenost, hinavstvo; *econ* pomanjkanje delovne sile

underhung [ʌndəhʌ́ŋ] *a* naprej štrleč (spodnja čeljust); ki ima naprej štrlečo spodnjo čeljust; *tech* drseč po tirnici (vrata na smuk)

underinsure [ʌndərinšúə] *vt econ* prenizko, pod vrednostjo zavarovati

underived [ʌndəráivd] *a* neizveden (beseda); prvoten, absoluten

underjaw, under-jaw [ʌ́ndədžɔ:] *n* spodnja čeljust

underkeeper [ʌ́ndəkí:pə] *n* podčuvaj, pomožni čuvaj

underlaid [ʌndəléid] *a* podložen; podprt (*with* z); ojačan

underlap [ʌndəlǽp] *vi* štrleti, moleti izpod (česa)

underlay I [ʌ́ndəlei] *n* (vododržna) podlaga, spodnja plast

underlay* II [ʌndəléi] *vt* & *vi* podložiti, podstaviti, podpreti; *min* nagniti se

underlease [ʌndəli:s] *n* podnajem, podzakup

underlessee [ʌndəlesí:] *n* podnajemnik, podzakupnik

underlessor [ʌndəlesɔ:] *n* podnajemodajalec, zakupodajalec

underlet* [ʌndəlét] *vt* dati prepoceni v najem (zakup); dati v podnajem (podzakup)

underletter [ʌndəlétə] *n* glej underlessor

underlie* [ʌndəlái] *vt* ležati (biti) pod; ležati pod površjem; *fig* biti osnova, tvoriti osnovo (vsebino, ozadje); *econ* biti podvržen (čemu), vezan (na kaj)

underline I [ʌndəláin] *vt* podčrtati; *fig* poudariti, naglasiti

underline II [ʌndəlain] *n* podčrtanje, črta pod (kako) besedo; prednaznanilo gledališke igre na spodnjem delu gledališkega sporeda (lista); legenda, tolmačenje (slike) z besedilom

underlinen [ʌndəlínən] *n* telesno perilo

underling [ʌndəliŋ] *n* podrejena oseba, podrejenec, človek nižje vrednosti; pomočnik; klečeplazec

underlip [ʌndəlip] *n* spodnja ustnica; spodnji labium (del orgelske piščali)

underlying [ʌndəláiiŋ] *a* spodaj ležeč; *fig* osnoven; *econ* prioriteten, prednosten

underman [ʌndəmǽn] *vt* oskrbeti (ladjo) z nezadostno posadko

undermasted [ʌndəmá:stid] *a* *naut* ki ima premalo jamborov

undermaster [ʌndəmá:stə] *n* podučitelj, pomožni učitelj

undermentioned [ʌndəménšənd] *a* spodaj, niže omenjen (naveden)

undermine [ʌndəmáin] *vt* (pod)minirati; spodkopati (voda), izdolbsti; *fig* spodkopati, oslabiti, uničiti; to ~ one's health spodkopati, uničiti si zdravje

underminer [ʌndəmáinə] *n* spodkopovalec; *fig* skriven sovražnik

undermost [ʌndəmoust] 1. *a* najnižji, na najnižjem mestu; zadnji; 2. *adv* najniže, najbolj spodaj

underneath [ʌndəní:θ] 1. *prep* pod, izpod; 2. *adv* na spodnji strani, spodaj; 3. *a* spodnji, nižji; 4. *n* spodnja stran, spodnji del

undernourished [ʌndənárišt] *a* nezadostno hranjen

undernourishment [ʌndənárišmənt] *n* nezadostna prehrana

undernutrition [ʌndənju:tríšən] *n* glej undernourishment

underofficer [ʌndərófisə] *vt* *mil* zasesti, oskrbeti s premajhnim številom častnikov

underogatory [ʌndərógətəri] *a* ne neugoden (*to* za)

underpants [ʌndəpænts] *npl* *coll* spodnje hlače

underpart [ʌndəpa:t] *n* spodnji del (stran, polovica); stranska, podrejena vloga

underpass [ʌndəpa:s] *n* podvoz

underpaid [ʌndəpéid] *a* slabo, premalo plačan

underpay* [ʌndəpéi] *vt* slabo (premalo, nezadostno) plač(ev)ati (delavca)

underpayment [ʌndəpéimənt] *n* slaba, nezadostna plača (mezda, plačilo); slab zaslužek

underpeopled [ʌndəpí:pld] *a* malo, nezadostno naseljen

underpin [ʌndəpín] *vt* *archit* podpreti zid, podzidati; *fig* podpreti, ojačiti

underpinning [ʌndəpíniŋ] *n* podprtje; podporni zid; *fig* opora; *coll* noge

underplay [ʌndəplei] 1. *n* slaba, zadržana igra; tajna igra, zvijača; 2. [ʌndəpléi] *vt* & *vi* (iz)igrati nižje karte namesto višje; *theat* slabo igrati (vlogo)

underplot [ʌndəplɔt] *n* sporeden, stranski zaplet; sporedno dejanje (v drami, romanu); komplot

underpopulated [ʌndəpópjuleitid] *a* premalo naseljen

underpower [ʌndəpáuə] *vt* poganjati s premajhno pogonsko silo (učinkom)

underprice [ʌndəprais] *n* (smešno) nizka, slepa cena

underprint [ʌndəprínt] *vt* tiskati po drugi strani; prešibko tiskati; *phot* preslabo kopirati

underprivileged [ʌndəprívilidžd] *a* A *econ* *pol* ki nima materialne možnosti za šolanje ali za dosego družbenega položaja; reven, siromašen; ~ areas of the city revne mestne četrti

underproduction [ʌndəprədákšən] *n* *econ* premajhna proizvodnja

underproof [ʌndəprú:f] *a* *econ* pod normalno močjo (*špirituoze*)

underprop [ʌndəpróp] *vt* podpreti (od spodaj), podpirati; ceniti; to ~ one's reputation skrbeti za, okrepiti svoj sloves

underquote [ʌndəkwóut] *vt* *com* zaračunati nižjo ceno, ponuditi nižjo ceno (kot kdo drug)

underrate [ʌndəréit] *vt* podcenjevati; prenizko (o)ceniti (vrednotiti)

underreckon [ʌndərékən] glej underrate

under-ripe [ʌndəraip] *a* še nezrel

underrun* [ʌndərán] *vt* & *vi* teči pod (čem)

underscore [ʌndəskó:] 1. *vt* podčrtati; *fig* poudariti, naglasiti; 2. [ʌndəskə:] *n* podčrtanje; kar je podčrtano

undersea [ʌndəsi:] *a* podmorski; podvodni

underseas [ʌndəsí:z] *adv* pod morjem; pod vodo

undersecretary [ʌndəsékrətəri] *n* državni podsekretar (pomočnik ministra); Parlamentary U~ stalni načelnik oddelka v ministrstvu

undersell* [ʌndəsél] *vt* proda(ja)ti ceneje kot (kdo drug); prodati za prenizko ceno

underseller [ʌndəsélə] *n* trgovec, ki prodaja za nižje cene (kot drugi)

undersense [ʌndəsens] *n* podzavest; nejasno čustvo

underset* [ʌndəset] 1. *n* podvodni tok; protitok; 2. [ʌndəsét] *vt* podpreti (zid); *fig* podpreti; ojačiti

undersheriff [ʌndəsérif] *n* šerifov namestnik (zastopnik)

undershirt [ʌndəšə:t] *n* podsrajca; maja

undershoot* [ʌndəšú:t] *vt* *aero* (pri pristajanju) se dvigniti (*the runway* na pisti)

undershot [ʌndəšət] *a* *tech* gnan od spodaj; *med* z naprej štrlečo spodnjo ustnico; ~ wheel vodno kolo s pogonom od spodaj

undershrub [ʌndəšrʌb] *n* grmičje, podrast

underside [ʌndəsaid] 1. *n* spodnja stran; 2. *a* (ki je) na spodnji strani ↑

undersign [ʌndəsáin] *vt* podpisati; ~d podpisan; the ~d podpisanec; (I), the ~d (jaz); the ~d (We), the ~d (mi) podpisani

undersized [ʌndəsaizd] *a* ki je pod normalno velikostjo, premajhen, zaostal v rasti, pritlikav

underskirt [ʌndəskə:t] *n* spodnje krilo

undersoil [ʌndəsɔil] *n* spodnja plast (pod obdelano zemljo)

undersong [ʌndəsɔŋ] *n* spremljava v petju; pripev, refren; *fig* spodnji ton

understaffed [ʌndəstá:ft] *a* ki ima nezadostno osebje; **the office is** ~ urad nima dovolj osebja

understairs [ʌndəstɛəz] *n* podpritličje

understand* [ʌndəstǽnd] **1.** *vt* razumeti, umeti, pojmiti; razumeti se, spoznati se **(how to inf** kako...); uvideti, spoznati, izkusiti; smatrati, misliti, predpostaviti, podrazumeti; **2.** *vi* razumeti, imeti razum; biti informiran; *obs* zvedeti, slišati; **to** ~ **about s.th.** biti informiran o čem; **to** ~ **one another** razumeti se med seboj **(each other** eden drugega), zlágati se, harmonirati; **to** ~ **business** razumeti se na posle; **he** ~ **s horses** razume se, spozna se na konje; **he can't** ~ **a joke** on ne razume šale; **I** ~ **from his manner** vidim po njegovem vedenju; **I** ~ **he died last week** zvedel sem (slišal sem, slišim), da je umrl pretekli teden; **I** ~ **that you spread these rumours** slišim (slišal sem, pravijo), da vi širite te govorice; **am I to** ~ **that this sum is meant to cover all expenses?** naj razumem (naj to pomeni), da naj ta vsota krije vse stroške?; **do I (ali am I to)** ~ **that you refuse?** hočete s tem reči, da odklanjate?; **it is an understood thing that...** samo po sebi se razume, da...; **that is understood** to se razume samo po sebi; **to give s.o. to** ~ dati komu razumeti; **to make s.o.** ~ dati komu razumeti; razložiti komu; **to make o.s. understood in French** sporazume-(va)ti se v francoščini, znati toliko francosko, da se sporazumemo (s kom); **it must be clearly understood that if you go, you go alone** moramo si biti čisto na jasnem, da, če greste, greste sami; **what did you** ~ **him to say?** kako ste razumeli njegove besede?

understandability [ʌndəstǽndəbíliti] *n* razumljivost

understandable [ʌndəstǽndəbl] *a* razumljiv, umljiv

understanding [ʌndəstǽndiŋ] **1.** *n* razumevanje, razum, inteligenca, intelekt, duh; sporazum, dogovor, pogodba; pogoj; zláganje, harmonija; *pl sl* obutev; noge; **on the** ~ **that...** s pogojem, da...; **a secret** ~ tajen dogovor (sporazum); **to come to an** ~ **with s.o.** sporazumeti se s kom; **he has an excellent** ~ on je zelo inteligenten; **it requires a man of no mean** ~ tu je potreben človek z več kot povprečno (navadno) inteligenco; **2.** *a* razumeven, uvideven, inteligenten, pameten

understate [ʌndəstéit] **1.** *vt* premalo navesti; (zavestno) zmerno prikazati, ublažiti; zmanjšati, oslabiti; **2.** *vi* zadržano ali zmerno se izraziti; premalo povedati

understatement [ʌndəstéitmənt] *n* nezadostna navedba, ki ne ustreza čisto dejstvom; (zavestno) zmerno prikazovanje (prikaz)

understeer [ʌndəstiə] *n tech* mrtev tek (upravljanja avtomobila)

understock [ʌndəstók] **1.** *vt* nezadostno oskrbovati (zalagati, dobavljati) (skladišče, trgovino) (*with* z); **2.** [ʌndəstók] *n* (vrtnarstvo) divjak (drevo), podlaga

understood [ʌndəstúd] **1.** *pt & pp* od **to understand**; **2.** *a* razumljen; dogovorjen

understrapper [ʌndəstræpə] *n* glej **underling**

understratum, *pl* ~ **s**, ~ **strata** [ʌndəstréitəm; ~ tə] *n* plast pod površjem, spodnja plast

understudy [ʌndəstʌdi] *n theat* namestnik igralca (ki vskoči po potrebi); **2.** [ʌndəstʌdi] *vt* naučiti se vloge kot namestnik igralca; uskočiti namesto kakega drugega igralca; nadomestiti, zamenjati igralca; **to** ~ **the lead** nadomestiti glavnega igralca

undersurface [ʌndəsə:fis] *n* spodnja stran

undertake* [ʌndətéik] **1.** *vt* lotiti se, poprijeti se, podvzeti, prevzeti; poskusiti (kaj); baviti se, ukvarjati se; upati se; obvezati se, jamčiti (*that* da); zavzeti se za (koga); oskrbovati (koga); **2.** *vi* obvezati se, prevzeti obvezo; *obs* jamčiti (*for* za); *coll* opravljati poklic pogrebnika; **nobody will** ~ **this job** nihče se ne bo lotil tega dela; **to** ~ **a journey** podati se na potovanje; **to** ~ **a heavy responsibility** prevzeti težko odgovornost; **to** ~ **a risk** tvegati, riskirati; **to** ~ **a task** prevzeti nalogo; **I** ~ **for his good behaviour** jamčim za njegovo dobro vedenje; **I** ~ **to restore the child to his mother** obvezujem se, da bom otroka vrnil materi; **I** ~ **that she was really there** jamčim, da je ona res bila tam

undertaker [ʌndəteikə] **1.** *n* lastnik pogrebnega zavoda; pogrebni zavod; **2.** [ʌndəteikə] *n* (redko) podjetnik; *hist* politik, ki je vplival na člane parlamenta v korist krone (v 17. stol.)

undertaking [ʌndəteikiŋ] **1.** *n* pogrebni zavod; **2.** [ʌndətéikiŋ] *n* prevzem; podjetje; podvig; obveza, garancija, jamstvo; **the** ~ **of a task** prevzem naloge; **industrial** ~ industrijsko podjetje

undertenancy [ʌndətenənsi] *n* podzakup, podnajem

undertenant [ʌndətenənt] *n* podzakupnik, podnajemnik

under-the-counter [ʌndəðəkáuntə] *a* ki se prodaja pod prodajno mizo; skrivaj

under-the-table [ʌndəðətéibl] *a* tajen, skriven, protizakonit, ilegalen

under-things [ʌndəθiŋz] *n pl* telesno perilo

undertimed [ʌndətáimd] *a phot* premalo eksponiran

undertint [ʌndətint] *n* omiljena barva

undertone [ʌndətoun] *n* pridušen ton, glas; mrtva, bleda barva

undertow [ʌndətou] *n naut* podvodni nasprotni tok; srk

undertrump [ʌndətrʌmp] *vt* (kartanje) vzeti karto (z nižjim adutom)

undervaluation [ʌndvæljuéišən] *n* podcenjevanje, omalovaževanje; prenizka ocenitev

undervalue [ʌndəvǽlju:] *vt* podcenjevati, omalovaževati; prenizko oceniti

undervoltage release [ʌndəvóltidž rilí:s] *n tech* podnapetostni sprožilec

underwaist [ʌndəweist] *n A* (spodnji) životec

underwater [ʌndəwə:tə] *a* podvoden; ~ **fishing** podvodni ribolov

underway [ʌndəwei] *adv* v premikanju; **an electric train gets** ~ **rapidly** električni vlak pride hitro v tek

underwear [ʌndəwɛə] *n* glej **underclothes**
underweight [ʌndəweit] **1.** *n* nezadostna teža; primanjkljaj v teži; **2.** *a* prelahek
underwent [ʌndəwént] *pt* od **to undergo**
underwood [ʌndəwud] *n* grmičje, podrast
underwool [ʌndəwul] *n* fina tanka dlaka krzna (ob koži)
underwork [ʌndəwəːk] **1.** *n* nezadostno, slabo ali podrejeno delo; *archit* podzidje; podtalna gradnja; **2.** [ʌndəwəːk] *vt* ne dovolj skrbno (iz)delati, skaziti; delati ceneje kot drugi; skrivaj spodriniti; *vi* premalo (slabo, ceneje) delati
underworld [ʌndəwəːld] *n* *myth* podzemlje, pekel; svet zločincev; najnižje plasti družbe; *poet* antipodi; (redko) zemlja, svet, ta svet
underwrite* [ʌndəráit] *vt* spodaj (kaj) podpisati; s podpisom potrditi; garantirati; jamčiti za; prevzeti jamstvo za; podpisati (zavarovalno polico); prevzeti zavarovanje blaga, zavarovati; obvezati se za nakup vseh delnic kake družbe, ki še niso bile kupljene od javnosti; *obs* podpisati (akt, spis); *vi* baviti se z zavarovalnimi posli; **the underwritten names** podpisana imena
underwriter [ʌndəraitə] *n* zavarovalec, zastopnik zavarovalnice
underwriting [ʌndəraitiŋ] *n* (pomorsko) zavarovanje; zavarovanje izdaje (menic itd.)
undescribable [ʌndiskráibəbl] *a* nepopisen, neopisljiv
undescribed [ʌndiskráibd] *a* neopisan
undescried [ʌndiskráid] *a* neugledan, neopažen
underserved [ʌndizɔ́ːvd] *a* (~ **ly** *adv*) nezaslužen; ~ **ly** nezasluženo
undeserving [ʌndizɔ́ːviŋ] *a* (~ **ly**) nevreden; brez krivde, nedolžen; ~ **of mercy** ki ne zasluži nobene milosti
undesignated [ʌndézigneitid] *a* neoznačen
undesigning [ʌndizáiniŋ] *a* odkrit, lojalen, poštén, nepotuhnjen, nezahrbten
undesirability [ʌndizaiərəbíliti] *n* nezaželjenost, neželjenost
undesirable [ʌndizáiərəbl] **1.** *a* (~ **bly** *adv*) neželjen; neprijeten, zoprn; **2.** *n* neželjena stvar
undesired [ʌndizáiəd] *a* nezaželen, nedobrodošel; nepovabljen
undesiring - [ʌndizáiəriŋ] *a* brez želje, ravnodušen
undesirous [ʌndizáiərəs] *a* neželjan; **to be ~ of** s.th. ne želeti česa, ne hrepeneti po čem
undestroyable [ʌndistrójəbl] *a* neuničljiv
undestroyed [ʌndistróid] *a* nerazrušen; neuničen
undetachable [ʌnditǽčəbl] *a* neoddvojljiv, neločljiv
undetached [ʌnditǽčt] *a* neoddvojen, neločen; neodtrgan; s skupnim zidom (steno) (o hiši)
undetected [ʌnditéktid] *a* neodkrit; neopažen
undeterminable [ʌnditɔ́ːminəbl] *a* nedoločljiv
undetermined [ʌnditɔ́ːmind] *a* nedoločen, nejasen; neodločen, omahljiv; **an ~ question** neodločeno, odprto vprašanje
undeterred [ʌnditɔ́ːd] *a* neostrašen
undeveloped [ʌndivélэpt] *a* nerazvit; neobdelan (zemlja); nepopolno izkoriščen
undeviating [ʌndíːvieitiŋ] *a* (~ **ly** *adv*) ki ne krene s preme smeri; vztrajen, stalen, stanoviten, konstanten, neomahljiv
undevoted [ʌndivóutid] *a* nepobožen

undevout [ʌndiváut] *a* nepobožen
undid [ʌndíd] *pt* od **to undo**
undies [ʌndiz] *n pl* *coll* (žensko) telesno perilo
undifferentiated [ʌndifərénšieitid] *a* nediferenciran
undiffused [ʌndifjúːzd] *a* nerazširjen; neraztresen; nerazlit
undigested [ʌndidžéstid] *a* neprebavljen (tudi *fig*); nerazumljen; nepredelan; *fig* neurejen, zmešan, kaotičen
undigestible [ʌndidžéstibl] *a* neprebavljiv
undignified [ʌndígnifaid] *a* nespoštovan, nečislan; nevreden, neplemenit, neslaven
undilated [ʌndiléitid] *a* neraztegnjen, nerazširjen
undiluted [ʌndiljúːtid] *a* nerazredčen, čist, nemešan
undiminishable [ʌndimínišəbl] *a* nezmanjšljiv
undiminished [ʌndimíništ] *a* nezmanjšan
undimmed [ʌndímd] *a* neskaljen, nezatemnjen; nezastrt (žaromet)
undine [ʌndiːn] *n* vodna vila, rusalka
undiplomatic [ʌndiplэmǽtik] *a* (~ **ally** *adv*) nediplomatski; *fig* nediplomatičen, nespameten
undirected [ʌndiréktid] *a* neusmerjen, névoden, brez vodstva; nenaslovljen; ~ **letters** pisma brez naslova
undisbanded [ʌndisbǽndid] *a* nerazpuščen (o vojski)
undiscernable [ʌndisɔ́ːnəbl] *a* (~ **ly** *adv*) nerazločljiv; neopazen, neviden
undiscerned [ʌndisɔ́ːnd] *a* nerazločen, nezapažen
undiscerning [ʌndisɔ́ːniŋ] *a* (~ **ly** *adv*) ki ne zna razlikovati; nekritičen, nerazsoden, neuvideven, bedast
undischarged [ʌndisčáːdžd] *a* *econ* nerazbremenjen; neizstreljen (strelno orožje); neopravljen, neizvršen (dolžnost); neplačan, neporavnan; neraztovorjen (ladja)
undisciplined [ʌndísiplind] *a* nediscipliniran; nebrzdan, razuzdan; nešolan, neizobražen; neizurjen
undisclosed [ʌndisklóuzd] *a* neodkrit; tajen; neimenovan; neobjavljen, nerazglašen
undiscomfited [ʌndiskómfitid] *a* nepremagan; ki ni izgubil poguma
undisconcerted [ʌndiskənsɔ́ːtid] *a* nezbegan, nezmeden; hladnokrven
undiscouraged [ʌndiskʌ́ridžd] *a* ki ni izgubil poguma; neostrašen
undiscoverable [ʌndiskʌ́vərəbl] *a* (~ **ly** *adv*) ki ga ni možno odkriti ali najti
undiscovered [ʌndiskʌ́vəd] *a* neodkrit, skrit, nenajden, neopažen, neviden
undiscriminating [ʌndiskrímineitiŋ] *a* (~ **ly** *adv*) ki ne dela nobene razlike; nekritičen; brez razlike
undisguised [ʌndisgáizd] *a* nepreoblečen, nemaskiran; *fig* nezakrit, nezastrt; odprt, jasen, očiten; ~ **reluctance** vidna nevolja
undisheartened [ʌndishaː́tənd] *a* neustrašen, pogumen, srčen
undishonoured [ʌndisɔ́nəd] *a* neosramočen
undisillusioned [ʌndisilúːžənd] *a* nerazočaran
undismantled [ʌndismǽntəld] *a* nedemontiran; nerazorožen (utrdba, trdnjava)
undismayed [ʌndisméid] *a* neprestrašen; neobupan, ki ne obupava
undismissed [ʌndismíst] *a* neodpuščen

undispatched [ʌndispǽčt] *a* neodposlan

undispelled [ʌndispéld] *a* neraztresen; nerazpršen

undispersed [ʌndispə́:st] *a* neraztresen; nerazgnan

undisposed [ʌndispóuzd] *a* nerazpoložen; nenaklonjen; nevoljan; neprodan; še razpoložljiv; ~ of nerazdeljen, neprodan

undisprooved [ʌndisprú:vd] *a* neovržen

undisputed [ʌndispjú:tid] *a* nesporen, nespodbijan, neovržen

undissected [ʌndiséktid] *a* nerazrezan; *med* neseciran

undissembled [ʌndisémbld] *a* nepopačen, pristen; odkrit

undissembling [ʌndisémbliŋ] *a* odkrit, iskren, nehlinjen, naraven

undissolvable [ʌndizólvəbl] *a* neraztopljiv; nerazkrojljiv; nerazrešljiv

undissolved [ʌndizólvd] *a* neraztopljen, nerazkrojen; nerazrešen

undistinctive [ʌndistíŋktiv] *a* ki ne dela nobene razlike

undistinguishable [ʌndistíŋgwišəbl] *a* (~ bly *adv*) nerazločljiv; nejasen; nespoznaten

undistinguished [ʌndistíŋgwišt] *a* nerazločen (*from*, *by* od); nespoznaten; neznan, neugleden, poprečen

undistinguishing [ʌndistíŋgwišiŋ] *a* ki ne dela razlike; brez razlike; brez izbire

undistracted [ʌndistrǽktid] *a* neraztresen; nemoten (*by* od); neodvrnjen (*from* od)

undistributed [ʌndistríbju:tid] *a* ne(po)razdeljen

undisturbed [ʌndistə́:bd] *a* (~ ly *adv*) nemoten; neskaljen; miren

undiversified [ʌndivə́:sifaid] *a* enoten; enoličen

undiverted [ʌndivə́:tid] *a* neodvrnjen (*by* od); nevesel (*with* zaradi)

undivided [ʌndiváidid] *a* (~ ly *adv*) nedeljen; neločen, nerazdeljen; nepretrgan; popoln; sam, edini

undivorced [ʌndivó:st] *a* nerazvezan, neločen

undivulged [ʌndiváldžd] *a* nerazglašen, neobjavljen; čuvan kot skrivnost, prikrivan

undo* [ʌndú:] *vt* odpeti, odpreti; odstraniti; razdreti, uničiti; razveljaviti; rešiti (uganko); to ~ a bargain razdreti kupčijo; to ~ s.o.'s hopes uničiti komu upe; what's done cannot be undone kar je narejeno, je narejeno (se ne da spremeniti, popraviti)

undock [ʌndók] *vt* izvleči (ladjo) iz doka

undoer [ʌndúə] *n* uničevalec, rušilec, kvarilec

undoing [ʌndú:iŋ] *n* odpenjanje, odpiranje; uničenje; poguba, nesreča; razveljavitev; wine has been his ~ vino je bila njegova poguba

undomesticate [ʌndəméstikeit] *vt* odtujiti domu ali družini; pustiti (domače živali) podivjati

undomesticated [ʌndəméstikeitid] *a* neudomačen, divji, neukročen; nedomač

undone [ʌndán] 1. *pp* od to undo; 2. *a* nenarejen, neopravljen, nedovršen; zanemarjen; izgubljen, uničen; he left his work ~ pustil je svoje delo nedokončano; to leave nothing ~ ničesar ne opustiti, vse (možno) napraviti; if he hears of it, I am ~ če on izve o tem, sem izgubljen

undose [ándous] *a* valovit

undouble [ʌndábl] *vt* razviti, razprostreti, razgrniti

undoubted [ʌndáutid] *a* (~ ly *adv*) nedvomen; nevprašljiv, nesporen; pravi

undrainable [ʌndréinəbl] *a* ki se ne da izsušiti; neizčrpljiv

undrained [ʌndréind] *a* nedreniran, brez odvodnih jarkov

undrape [ʌndréip] *vt* odstraniti draperijo; razkriti, razgaliti

undraw* [ʌndró:] *vt* & *vi* odmakniti (se), potegniti (se) nazaj

undreamed, ~ dreamt [ʌndrí:md, ~ dremt] *a* nesanjan; nesluten, nepričakovan; the attempt met with ~ success poskus je presegel vsa pričakovanja; ~ -of possibilities neslutene možnosti

undress [ándres] 1. *n* domača obleka, vsakdanja obleka; jutranja halja, negliže; *mil* navadna, nesvečana uniforma; 2. *a* vsakodneven (obleka); neformalen, preprost, neprisiljen; 3. [ándrés] *vt* sleči (komu) obleko; sneti obvezo (z rane); odvzeti; oropati nakit (komu); *vi* sleči se, odložiti obleko

undressed [ʌndrést] *a* neoblečen, slečen, gol; neurejeno oblečen; zanikrn, zanemarjen; *med* nepovit, neobvezan (rana); *cul* negarniran, nezačinjen (solata); *tech* neustrojen (usnje); neobdelan, neobtesan; ~ stones neoklesani kamni

undried [ʌndráid] *a* neposušen

undrinkable [ʌndríŋkəbl] *a* nepiten

undrooping [ʌndrú:piŋ] *a* pogumen, nepremagan

undue [ándjú:] *a* neprimeren, neprikladen; čezmeren; pretiran; *econ* nedospel, nezapadel (menica); nepotreben; nedovoljen; in an ~ hour ob neprimernem času; ~ haste nepotrebna naglica; ~ behaviour neprimerno vedenje; an ~ debt nezapadel dolg

undulant [ándjulənt] *a*; ~ fever *med* malteška mrzlica

undulate I [ándjuleit] *vi* valoviti, valovito se premikati; *vt* spraviti v valovito gibanje, v valovanje; vzvaloviti; napraviti valovito

undulate II [ándjulit] *a* ~ leit] *a* valovit

undulating [ándjuleitiŋ] *a* (~ ly *adv*) valovit, valujoč, valast

undulation [ʌndjuléišən] *n* valovanje; valovito gibanje; valovitost; valovita zunanjost (npr. tal); *mus* tremolo

undulative [ándjuleitiv] *a* valovit

undulatory [ándjulətəri] *a* (~ rily *adv*) valovit; valujoč

unduly [ʌndjú:li] *adv* neprimerno, nepravilno; neupravičeno, nezakonito; čezmerno, pretirano, preveč

undurability [ʌndjuərəbíliti] *n* kratkotrajnost, slaba trajnost

undurable [ʌndjúərəbl] *a* netrajen, kratkotrajen

undutiful [ʌndjú:tiful] *a* (~ ly *adv*) ki pozablja na dolžnost, neubogljiv; neposlušen, nespoštljiv

undyed [ʌndáid] *a* nepobarvan, nebarvan

undying [ʌndáiiŋ] *a* (~ ly *adv*) nesmrten, neumrljiv, neminljiv, večen

unearned [ʌnə́:nd] *a* nezaslužen; ~ income ne z delom zaslužen dohodek

unearth [ʌnə́:θ] *vt* izkopati (iz zemlje); odkriti; izgnati žival iz luknje; ekshumirati; *fig* prinesti na svetlo, na dan

unearthly [ʌnə́:θli] *a* nezemeljski, nadzemeljski, nadnaraven; strašen; pošasten; *coll* nemogoč (čas); **to get up at an** ~ **hour** vstati nenavadno zgodaj

uneasily [ʌníːzili] *adv* neudobno, nekomodno; težavno, s težavo; v zadregi, ženirano, z ženiranostjo; nemirno, z nemirom, z bojaznijo

uneasiness [ʌníːzinis] *n* neugodje, ženiranost; notranji nemir, bojazen, zaskrbljenost; sitnost, nevšečnost

uneasy [ʌníːzi] *a* neudoben, nekomoden; neprijeten; neugoden; nemiren (bolnik, noč); tog, prisiljen; zaskrbljen, vznemirjen; ženiran; **to feel** ~ **about s.th.** biti vznemirjen zaradi česa; **to pass an** ~ **night** prebiti nemirno noč

uneatable [ʌníːtəbl] *a* neužiten

uneaten [ʌníːtən] *a* nepoužit

uneconomic(al) [ʌniːkənɔ́mik(l)] *a* neekonomičen, negospodaren, nedonosen, nedobičkonosen, nerentabilen; razsipen, nevarčen, zapravljiv

unedge [ʌnédž] *vt* otopiti, napraviti (kaj) topo; skrhati

unedified [ʌnédifaid] *a* nezgrajen; nepoučen

unedifying [ʌnédifaiiŋ] *a* malo poučen, nepoúčen

unedited [ʌnéditid] *a* neizdan, neobjavljen

uneducated [ʌnédjukeitid] *a* nevzgojen, brez vzgoje, nešolan, neizobražen, nekultiviran

unelaborate [ʌnilǽbərit] *a* neizdelan, nedokončan

unembarrassed [ʌnimbǽrəst] *a* neženiran, ki ni v zadregi; nemoten; brez denarnih skrbi

unembodied [ʌnimbɔ́did] *a* neutelešen, breztelesen, netelesen

unemotional [ʌnimóušənəl] *a* (~ **ly** *adv*) neemocionalen, nevznemirljiv, nerazburljiv, nestrasten, ravnodušen, trezen, hladen

unemployable [ʌnimplɔ́iəbl] **1.** *a* neuporaben, neprimeren za delo, za uporabo; **2.** *n* delanezmožna oseba

unemployed [ʌnimplɔ́id] **1.** *a* nezaposlen, brezposeln, brez zaposlitve; neuporabljen, neizkoriščen, neproduktiven; ~ **capital** mrtev kapital; **2.** *n* **the** ~ brezposelni

unemployement [ʌnimplɔ́imənt] *n* nezaposlenost, brezposelnost; **to draw** ~ **benefit** (~ **compensation**) dobivati brezposelno podporo

unempowered [ʌnimpáuəd] *a* nepooblaščen, brez pooblastila

unemptied [ʌnémptid] *a* neizpraznjen

unenabled [ʌninéibld] *a* neosposobljen

unenclosed [ʌninklóuzd] *a* neograjen

unencumbered [ʌninkʌ́mbəd] *a* neoviran, prost; neženiran; neobremenjen, nezadolžen (posestvo itd.)

unendangered [ʌnindéindžəd] *a* neogrožen

unending [ʌnéndiŋ] *a* (~ **ly** *adv*) neskončen, brez konca in kraja; neprestan, stalen

unendowed [ʌnindáud] *a* nedotiran, brez dotacije; neopremljen, neoskrbljen (*with* z)

unendurable [ʌnindjúərəbl] *a* (~ **bly** *adv*) nevzdržen, neznosen

unenduring [ʌnindjúəriŋ] *a* kratkotrajen, prehoden, začasen

unenforced [ʌninfɔ́ːst] *a* nevsiljen

unenfranchised [ʌninfrǽnčaizd] *a* neosvobojen; brez volilne pravice

unengaged [ʌningéidžd] *a* nevezan; neangažiran; prost, nezaseden (sedež); nezaročen

unengaging [ʌningéidžiŋ] *a* neprikupen, neprivlačen, nesimpatičen, antipatičen

un-English [ʌníŋgliš] *a* neangleški, nasproten angleškemu duhu; ki ni značilen za Angleže; **this is** ~ **to** ni dobra angleščina

unenjoyed [ʌnindžɔ́id] *a* neuživan

unenlightened [ʌninláitənd] *a* neprosvetljen

unenslaved [ʌnisléivd] *a* nezasužnjen

unentangled [ʌnintǽŋgld] *a* nezapleten; razpleten, nezamotan; neoviran (*by* od)

unentered [ʌnéntəd] *a* nevnesen, nevpisan, nevknjižen; neprijavljen; necarinjen

unenterprising [ʌnéntəpraiziŋ] *a* nepodjeten

unentertaining [ʌnentətéiniŋ] *a* nezabaven, malo zabaven; dolgočasen

unenthralled [ʌninθrɔ́ːld] *a* nezasužnjen; nezačaran, neočaran

unenthusiastic [ʌninθjuːziǽstik] *a* nenavdušen; hladen

unentitled [ʌnintáitld] *a* ki nima pravice (do, za), neupravičen; nepooblaščen

unentombed [ʌnintúːmd] *a* nepokopan

unenviable [ʌnénviəbl] *a* nezavidljiv, nezavidan

unenvied [ʌnénvid] *a* nezavidan, malo zavidan

unenvious [ʌnénviəs] *a* nezaviden, nezavisten, nenevoščljiv

unequal [ʌníːkwəl] *a* (~ **ly** *adv*) neenak, neprimeren, nedorastel (*to s.th.* čemu); nezadosten; nesorazmeren; nepravičen, nefair, pristranski; lih (število); **an** ~ **fight** neenak boj; **he is** ~ **to the task** on ni kos nalogi

unequalled [ʌníːkwəld] *a* neizenačen; nedosežen, ki mu ni enakega, brez para; neprimerljiv; ~ **ignorance** nevednost brez primere

unequipped [ʌnikwípt] *a* neopremljen

unequitable [ʌnékwitəbl] *a* nepravičen; pristranski

unequivocal [ʌnikwívəkl] *a* (~ **ly** *adv*) nedvoumen, jasen, odkrit

uneradicable [ʌnirǽdikəbl] *a* ki se ne da izkoreniniti

unerased [ʌniréizd] *a* neizbrisen

unerring [ʌnɔ́ːriŋ] *a* (~ **ly** *adv*) nezmotljiv, zanesljiv, siguren

unespied [ʌnispáid] *a* nezapažen

unessential [ʌnisénšəl] **1.** *a* nebistven; nevažen, pogrešljiv; **2.** *n* nebistvenost, postranska stvar

unestablished [ʌnistǽblišt] *a* neosnovan, neutemeljen; ~ **church** nedržavna, nenacionalna vera

unestranged [ʌnistréindžd] *a* neodtujen

uneven [ʌníːvn] *a* (~ **ly** *adv*) neraven; negladek (tla); neparen, lih (število); neenak, neenoličen; spremenljiv, muhast, nestanoviten; poševen, nevzporeden; **he has an** ~ **temper** on je muhaste narave

unevenness [ʌníːvənnis] *n* neravnost; neenakost; spremenljivost, nestanovitnost, muhavost

uneventful [ʌnivéntful] *a* (~ **ly** *adv*) ki je brez (posebnih) dogodkov; miren

unexacting [ʌnigzǽktiŋ] *a* nezahteven; lahek, nenaporen

unexamined [ʌnigzǽmind] *a* nepregledan; neizprašan, nevprašan

unexampled [ʌnigzǽmpld] *a* brez primera, brezprimeren, neprimerljiv; nenavaden; **an** ~ **success** uspeh brez primere; **not** ~ ne brez primere

unexcelled [ʌnikséld] *a* nenadkriljiv

unexceptionable [ʌniksépšǝnǝbl] *a* (~ **bly** *adv*) brezhiben, izvrsten, odličen, neoporečen

unexceptional [ʌniksépšǝnǝl] *a* (~ **ly** *adv*) brezizjemen, ki ne dopušča izjem

unexchangeble [ʌniksčéindžǝbl] *a* nezamenljiv, neizmenljiv

unexcised [ʌniksáizd] *a* neobdavčen, neocarinjen

unexciting [ʌniksáitiŋ] *a* nerazburljiv, nenapet; miren; dolgočasen

unexcusable [ʌnikskjú:zǝbl] *a* neopravičljiv, neoprostljiv

unexcused [ʌnikskjú:zd] *a* neopravičen

unexecutable [ʌnéksikju:tǝbl] *a* neizvedljiv, neizvršljiv

unexecuted [ʌnéksikju:tid] *a* neizvršen; nedovršen, neizveden; neizpolnjen

unexempt [ʌnigzémpt] *a* neoproščen (plačanja, davkov); neizvzet

unexhausted [ʌnigzó:stid] *a* neizčrpan (tudi *fig*); neporabljen

unexpected [ʌnikspéktid] *a* (~ **ly** *adv*) nepričakovan, nepredviden, nenaden

unexpectedness [ʌnikspéktidnis] *n* nepričakovanost; presenečenje

unexpended [ʌnikspéndid] *a* nepotrošen, neizdan (denar)

unexpensive [ʌnikspénsiv] *a* nedrag, cenen

unexperienced [ʌnikspí:riǝnst] *a* neizkušen, nevešč; nepreskušen (naprave itd.)

unexpert [ʌnékspǝ:t] *a* nestrokoven, nestrokovnjaški, neizvedenski, nevešč, neizkušen

unexpired [ʌnikspáiǝd] *a* (še) nepotekel, nedospel (rok); še v veljavi

unexplainable [ʌnikspléinǝbl] *a* nerazložljiv

unexplained [ʌnikspléind] *a* nerazložen, nepojasnjen; neraztolmačen

unexplicit [ʌniksplísit] *a* neizrecen; nejasen; nekategoričen

unexploited [ʌnikspláitid] *a* neizkoriščen

unexplored [ʌniksplá:d] *a* neraziskan, neznan

unexposed [ʌnikspáuzd] *a* neizpostavljen; neosramočen; skriven, neodkrit

unexpounded [ʌnikspáundid] *a* nerazložen

unexpressed [ʌniksprést] *a* neizražen, neizrečèn

unexpressible [ʌniksprésibl] *a* neizrazljiv, neizrekljiv

unexpressive [ʌniksprésiv] *a* neizrazit; *obs* neizrekljiv

unexpurgated [ʌnékspǝ:geitid] *a* neočiščen (spotakljivih mest) (knjiga ipd.)

unextended [ʌniksténdid] *a* neraztegnjen; brez dimenzij

unextinguishable [ʌnikstíŋgwišǝbl] *a* nepogasljiv; neugasen

unfadable [ʌnféidjbl] *a* ki ne obledi, stalen (barva)

unfading [ʌnféidiŋ] *a* nevenljiv; trajen (barva); *fig* neminljiv (slava)

unfailing [ʌnféiliŋ] *a* (~ **ly** *adv*) nezmotljiv, siguren; nepopustljiv; zanesljiv, zvest; neusahljiv, neizčrpen; ~ **sources of supply** neizčrpne rezerve; **an** ~ **means** zanesljivo sredstvo

unfair [ʌnféǝ] *a* nelep; nešporten, neviteški; krivičen, pristranski; nedostojen; nepošten; ~ **advantage** neupravičeno pridobljena prednost; ~ **competition** nelojalna, umazana konkurenca; ~ **means** nepoštena sredstva

unfairly [ʌnféǝli] *adv* nelepo, nepošteno; krivično; preveč, čezmerno

unfairness [ʌnféǝnis] *n* krivičnost; nelojalnost; pristranost; nešportno vedenje ali ravnanje

unfaith [ʌnféiθ] *n* nevera

unfaithful [ʌnféiθful] *a* (~ **ly** *adv*) nezvest, nelojalen, izdajalski; netočen (npr. prevod); **an** ~ **copy** netočen prepis

unfaithfulness [ʌnféiθfulnis] *n* nezvestoba, verolomnost; neiskrenost

unfallen [ʌnfó:lǝn] *a* nezrušen, nepodrt; čvrst, stalen

unfaltering [ʌnfó:ltǝriŋ] *a* (~ **ly** *adv*) neomajen, neomahljiv, odločen, trden, čvrst (glas)

unfamiliar [ʌnfǝmíliǝ] *a* nefamiliaren, neznan, tuj, nepoznan, nenavaden; **the place is** ~ **to me** ne spoznam se v tem kraju

unfamiliarity [ʌnfǝmiliǽriti] *n* neseznanjenost; nepoznavanje; tujost

unfashionable [ʌnfǽšnǝbl] *a* nemoderen, ki ni v modi; staromoden; neeleganten

unfashioned [ʌnfǽšǝnd] *a* nefasoniran; neoblikovan, brez oblike

unfasten [ʌnfá:sn] *vt & vi* odvezati (se), razvezati (se), odpeti (se); odpreti (se)

unfathered [ʌnfá:ðǝd] *a* ki je brez očeta, sirota; nezakonski; neavtentičen, brez poznanega avtorja (knjiga, teorija itd.)

unfatherly [ʌnfá:ðǝli] *a* neočetovski, brez ljubezni, trd(osrčen)

unfathomable [ʌnfǽðǝmǝbl] *a* (~ **bly** *adv*) brez dna, neizmerljiv, brezdanji; *fig* neumljiv, nedoumljiv, nerazložljiv

unfathomed [ʌnfǽðǝmd] *a* brezdanji, brez dna, neizmerjen

unfatigued [ʌnfǝtí:gd] *a* neutrujen

unfavourable [ʌnféivǝrǝbl] *a* (~ **bly** *adv*) nenaklonjen; neugoden, nepriličen; grd; *econ* pasiven; ~ **balance of trade** pasivna trgovinska bilanca

unfavoured [ʌnféivǝd] *a* nefavoriziran, brez prednosti

unfeasable [ʌnfí:zǝbl] *a* neizvedljiv

unfeathered [ʌnféðǝd] *a* nepernat, brez perja

unfed [ʌnféd] *a* nenakrmljen; nehranjen; brez hrane

unfeeling [ʌnfí:liŋ] *a* (~ **ly** *adv*) brezčuten, nerahločuten, krut, neusmiljen, brezsrčen

unfeigned [ʌnféind] *a* (~ **ly** *adv*) nehlinjen, iskren, pošten; pravi

unfelt [ʌnfélt] *a* neobčuten; nečuten

unfeminine [ʌnféminin] *a* neženski, neprimeren za ženske

unfenced [ʌnfénst] *a* neograjen; brez obrambe, brez okopov, neutrjen

unfermented [ʌnfǝméntid] *a* neprevret

unfertile [ʌnfǝ:tail] *a* nerodoviten, neploden, jalov

unfertility [ʌnfǝ:tíliti] *n* nerodovitnost, neplodnost, jalovost

unfertilized [ʌnfǝ:tilaizd] *a* negnojèn; neoplojen

unfetter [ʌnfétǝ] *vt* sneti okove (verige); *fig* osvoboditi; ~ **ed** prost, svoboden; *fig* neoviran, neomejen, neprisiljen

unfigured [ʌnfígǝd] *a* neslikovit (slog); preprost; nevzorčast; neoštevilčen, brez številk; brez figur; ~ **vase** vaza brez dekora

unfilial [ʌnfíljəl] *a* nevreden sina ali hčere, nesinovski, nehčerski; brez dolžnega spoštovanja do staršev

unfilled [ʌnfíld] *a* nenapolnjen; prazen, neizpolnjen; nezaseden (mesto)

unfilmed [ʌnfílmd] *a* nefilman

unfiltered [ʌnfíltəd] *a* nefiltriran, neprecejèn, neprečiščen

unfinancial [ʌnfinǽnšəl] *a Austral sl* finančno slabo stoječ, v zaostanku (s prispevki itd.)

unfinished [ʌnfíništ] *a* nedokončan, nedovršen, neopravljen; fragmentaren; nepopoln; *fig* neizglajen, neizpiljen (slog)

unfired [ʌnfáiəd] *a* neizstreljen (orožje)

unfit [ʌnfít] **1.** *a* nesposoben; nekvalificiran (*for* za); neprimeren, neuporaben; *sp* ne v dobri formi; ~ for work nesposoben za delo; the flesh of this animal is ~ for food meso te živali ni užitno; she was ~ to play ni mogla, ni bila sposobna za igranje; **2.** *vt* onesposobiti (*for* za)

unfitness [ʌnfítnis] *n* nesposobnost; neprimernost; neuporabnost

unfitted [ʌnfítid] *a* neprimeren; nesposoben; ne dobro opremljen (*with* z)

unfitting [ʌnfítiŋ] *a* (~ ly *adv*) neprimeren, neustrezen; nespodoben

unfix [ʌnfíks] *vt* odvezati, sneti, odpeti; *fig* napraviti nesigurno, omajati

unfixed [ʌnfíkst] *a* nepritrjen, odpet; premičen; *fig* omahljiv

unflagging [ʌnflǽgiŋ] *a* neutrudljiv, vztrajen

unflattering [ʌnflǽtəriŋ] *a* nelaskav, malo laskav

unflavoured [ʌnfléivəd] *a* brez arome, brez vonja; nezačinjen

unfledged [ʌnflédžd] *a* brez perja, ki še nima perja; mlad, malo razvit, negoden; neizkušen, nezrel

unfleshed [ʌnfléšd] *a* nepokrit z mesom, brez mesa; neizkušen, nepreizkušen

unfleshly [ʌnfléšli] *a* nemesén, nečuten, nepolten; duhoven

unflinching [ʌnflínčiŋ] *a* nepopustljiv; ki se ne ustraši, ne umika; neomahljiv; with ~ courage z neomajnim pogumom

unflyable [ʌnfláiəbl] *a aero* neprimeren za letenje; ~ weather za letenje neprimerno vreme

unfold [ʌnfóuld] *vt* razgrniti, razviti, razprostreti, razširiti; odpreti; izpustiti iz ograde (ovce); *fig* razkriti, prinesti na dan; pojasniti; razviti; ~ your arms! razširi, razpri roke!; to ~ one's intentions razkriti, razložiti svoje namere; to ~ a sheet razgrniti rjuho; to ~ the principles of a science razviti načela kake znanosti

unfoldment [ʌnfóuldmənt] *n* razgrnitev; razvitje

unforbearing [ʌnfəbéəriŋ] *a* ki ne oprosti; brezobziren

unforbidden [ʌnfəbídən] *a* neprepovedan, dovoljen, dopusten

unforced [ʌnfɔ́:st] *a* neprisiljen, neizsiljen; *fig* spontan, naraven

unfordable [ʌnfɔ́:dəbl] *a* neprebrodljiv

unforseeing [ʌnfɔ:sí:iŋ] *a* nepreviden, neoprezen, nepremišljen

unforseen [ʌnfɔ:sí:n] *a* nepredviden; nepričakovan

unforgettable [ʌnfəgétəbl] *a* nepozaben

unforgivable [ʌnfəgívəbl] *a* neodpustljiv

unforgiven [ʌnfəgívən] *a* neodpuščen; nepozabljen

unforgiving [ʌnfəgíviŋ] *a* ki ne oprosti; neizprosen; zamerljiv; nespravljiv, nepomirljiv

unforgotten [ʌnfəgótən] *a* nepozabljen

unformed [ʌnfɔ́:md] *a* brezobličen, brez oblike, amorfen; neoblikovan; neizbrušen (v vedenju); nerazvit, nedovršen

unforksaken - [ʌnfəséikən] *a* nezapuščen

unfortified [ʌnfɔ́:tifaid] *a* neutrujen, odprt

unfortunate [ʌnfɔ́:čnit] **1.** *a* nesrečen, beden; usoden; pomilovanja (obžalovanja) vreden, usodepoln; an ~ day črn dan; **2.** *n* nesrečnik; *coll* prostitutka, razvratnica

unfortunately [ʌnfɔ́:čənitli] *adv* na nesrečo, žalibog

unfought [ʌnfɔ́:t] *a* ne(iz)bojevan; brez boja

unfounded [ʌnfáundid] *a* neutemeljen, brez temelja, neosnovan; brezpredmeten; ~ hopes neutemeljeni upi

unframe [ʌnfréim] *vt* sneti okvir; ~d neuokvirjen

unfranchised [ʌnfrǽnčaizd] *a* (ki je) brez volilne pravice

unfraught [ʌnfrɔ́:t] *a* neobložen, neobremenjen

unfree [ʌnfrí:] *a* nesvoboden, neprost

unfreeze* [ʌnfrí:z] *vt* odmrzniti, odtajati; *econ* sprostiti cene

unfrequent [ʌnfrí:kwənt] *a* (~ ly *adv*) nepogosten, redek

unfrequented [ʌnfrikwéntid] *a* neobiskovan, slabo obiskovan; samoten (predel), zapuščen

unfriended [ʌnfréndid] *a* brez prijateljev

unfriendliness [ʌnfréndlinis] *n* neprijaznost

unfriendly [ʌnfréndli] **1.** *a* neprijazen; neugoden; **2.** *adv* neprijazno; a weather ~ to health nezdravo vreme

unfrock [ʌnfrók] *vt* sleči (komu) obleko; odvzeti (komu) duhovniško službo

unfruitful [ʌnfrú:tful] *a* (~ ly *adv*) neploden, brezploden, ki je brez rezultata, jalov

unfruitfulness [ʌnfrú:tfulnis] *n* neplodnost, brezplodnost, jalovost

unfulfilled [ʌnfulfíld] *a* neizpolnjen (napoved, pogoj); neizvršen

unfunded [ʌnfʌ́ndid] *a* nefundiran; neurejen, viseč (dolg)

unfurl [ʌnfɔ́:l] *vt* razviti (*a flag* zastavo, *a sail* jadro); *vi* razviti se

unfurnished [ʌnfɔ́:ništ] *a* neopremljen (s pohištvom), nemebliran; prazen; an ~ room neopremljena, prazna soba

unfused [ʌnfjú:zd] *a* nestaljen, nestopljen; *mil* brez vžigalne kapice (granata)

ungainliness [ʌngéinlinis] *n* nespretnost, nerodnost, neotesanost; negracioznost

ungainly [ʌngéinli] **1.** *a* nespreten, neroden, štorast, negraciozen; **2.** *adv* brez graciioznosti

ungallant [ʌngǽlənt] *a* nehraber, strahopeten; nevljuden (*to* do); negalanten

ungarbled [ʌngá:bld] *a* neizbran; neprebran; neokrnjen; neizkrivljen, nepopačen (poročilo)

ungarnished [ʌngá:ništ] *a* neokrašen, nedekoriran; negarniran

ungear [ʌngíə] *vt tech* izklopiti; ustaviti, dati iz pogona, izključiti; izpreči (vprežno živino)

ungenerous [ʌndžénərəs] *a* nevelikodušen, malenkosten; neradodaren, nedarežljiv, stiskaški; neplemenit ungenial [ʌndží:niəl] a neugoden, neprijeten; neprimeren. neprikladen; neljubezniv, neprijazen, nesimpatičen

ungenteel [ʌndžentí:l] a nefin, nevljuden; neeleganten

ungentle [ʌndžéntl] a (~ tly adv) neljubezniv, neprijazen, nevljuden, grob, robat, osoren; neblag, nenežen; slabo vzgojen, nefin

ungentlemanlike [ʌndžéntlmənlaik] a nedžentlmenski, nevreden džentlmena; neizobražen; surov, grob

ungentlemanly [ʌndžéntlmənli] a glej ungentlemanlike

un-get-at-table [ʌngetǽtəbl] a nedostopen, težko dostopen, nedosegljiv

ungifted [ʌngíftid] a nenadarjen; neobdarjen

ungilded, ungilt [ʌngíldid, ʌngílt] a nepozlačen

ungirt [ʌngə́:t] a odpasan, brez pasu; rahlo opasan; ohlapen

unglazed [ʌngléizd] a nezasteklen, brez stekel; neglaziran, brez glazure

unglorious [ʌnglóriəs] a neslaven

unglove [ʌnglʌ́v] vt sleči rokavice; ~ d brez rokavic

unglue [ʌnglú:] vt & vi odlepiti (se)

ungodliness [ʌngódlinis] n brezbožnost

ungodly [ʌngódli] a brezbožen, nepobožen; grešen; nereligiozen; coll strašen; nemogoč; at such an ~ hour ob tako nemogoči uri

ungot(ten) [ʌngótn] a nedobljen; nepridobljen; obs nezaplojen

ungovernable [ʌngʌ́vənəbl] a nepokoren, divji, neukrotljiv; razbrzdan, razuzdan

ungoverned [ʌngʌ́vənd] a ki je brez vlade, anarhičen; nebrzdan, razbrzdan, divji, neobvladan

ungown [ʌngáun] vt glej unfrock

ungraceful [ʌngréisful] a (~ ly adv) neprikupen, nemikaven, nelep, nedražesten, negraciozen; neroden, neokreten, štorast

ungracious [ʌngréišəs] a nemilosten, neprijeten, neprijazen, neljubezniv; nedobrodošel; obs za ungraceful

ungraduated [ʌngrǽdjueitid] a (ki je) brez akademske stopnje; nediplomiran

ungrammatical [ʌngrəmǽtikl] a neslovničen, ne po slovnici; nepravilen, nekorekten

ungrateful [ʌngréitful] a (~ ly adv) nehvaležen; fig neprijeten (dolžnost), nehvaležen (delo, naloga); ki ne uspeva; neploden

ungratefulness [ʌngréitfulnis] a nehvaležnost

ungratified [ʌngrǽtifaid] a nezadovoljèn

ungrounded [ʌngráundid] a neosnovan, neutemeljen, brez povoda; brez trdnih temeljev (znanje); el neozemljen

ungrudged [ʌngrʌ́džd] a nezavidan

ungrudging [ʌngrʌ́džiŋ] a radodaren, nenevoščljiv; negodrnjav, voljan; prisrčen; to be ~ in praise biti radodaren, ne varčevati s pohvalami

ungrudgingly [ʌngrʌ́džiŋli] adv rad, z voljo; brez skoparjenja

ungual [ʌ́ŋgwəl] a zool med kopitast; ki ima nohte, kremplje

unguarded [ʌngá:did] a nečuvan, nezaščiten, nebranjen, nezavarovan; neoprezen, nepreviden, nepremišljen

unguardedness [ʌngá:didnis] n nečuvanost, nezaščitenost; neopreznost, neprevidnost, nepremišljenost

unguent [ʌ́ŋgwənt] n med mazilo, maža

unguiculate [ʌŋgwíkjulit, ~ leit] 1. a krempljast, krempljat; 2. n žival s kremplji

unguided [ʌngáidid] a brez vodstva, brez vodnika, nevóden

unguiform [ʌ́ŋgwifɔ:m] a ki ima obliko kopita ali nohta

unguilty [ʌngílti] a nekriv, nedolžen

unguis, pl ~ gues [ʌ́ŋgwis, ~ gwi:z] n zool kopito; krempelj; noht

ungula, pl ~ lae [ʌ́ŋgjulə, ~ li:] n zool kopito; krempelj; noht

ungulate [ʌ́ŋgjuleit] 1. a zool kopitarski; 2. n zool kopitar

unhackneyed [ʌnhǽkneid] a neomlačen; neobrabljen; nebanaliziran

unhair [ʌnhéə] vt odstraniti, odvzeti lase (dlako); očistiti od las, od dlake (kožo); vi izgubiti lase (dlako)

unhallow [ʌnhǽlou] vt oskruniti; profanirati; ~ ed neposvečen, nesvet; profan

unhampered [ʌnhǽmpəd] a nemoten, neoviran, prost

unhand [ʌnhǽnd] vt izpustiti iz rok; pustiti, dati roke proč od; ~ me! obs hum izpusti me!

unhandily [ʌnhǽndili] adv nerodno, nespretno, brez spretnosti

unhandiness [ʌnhǽndinis] n nespretnost, nerodnost; nepraktičnost

unhandy [ʌnhǽndi] a (~ dily adv) neroden, nespreten, nepraktičen; neudoben za ravnanje

unhang* [ʌnhǽŋ] vt sneti; sneti papirnate tapete; ~ ed neobešen; ki je ušel vislicam

unhappily [ʌnhǽpili] adv nesrečno; na nesrečo; žal

unhappiness [ʌnhǽpinis] n nesreča; beda, trpljenje; žalost

unhappy [ʌnhǽpi] a nesrečen, beden, ubog; ki prinaša nesrečo, usoden, nepriličen, neprimeren; an ~ remark nepriličnia, nerodna opazka

unhardy [ʌnhá:di] a neutrjen; mehkužen; bojazljiv, strahopeten

unharmed [ʌnhá:md] a nepoškodovan, cel, čil in zdrav, neranjen; neokrnjen, nedotaknjen

unharmful [ʌnhá:mful] a neškodljiv; nedolžen

unharness [ʌnhá:nis] vt razkomatati, izpreči

unhasp [ʌnhá:sp] vt odpahniti, odpreti (zaponko)

unhat [ʌnhǽt] vt & vi sneti klobuk; he ~ ted himself odkril se je

unhealthful [ʌnhélθful] a škodljiv, nezdrav; bolehen, ki ni zdrav

unhealthiness [ʌnhélθinis] n slabo zdravje, nezdravost, bolehnost, bolehanje

unhealthy [ʌnhélθi] a (~ thily avd) nezdrav, bolan, bolehen; škodljiv zdravju; mil coll nevaren, izpostavljen hudemu sovražnemu ognju

unheard [ʌnhá:d] a neslišen; nepoznan; jur nezaslišan (pred sodiščem); neupoštevan

unheard-of [ʌnhá:dɔv] a nezaslišan; še neviden, brez primera

unheated [ʌnhí:tid] a nekurjen

unheeded [ʌnhí:did] a neopažen; neupoštevan; to go by ~ biti neopažen, neupoštevan

unheedful [ʌnhí:dful] a raztresen, nepazljiv (of na); brezbrižen, nemaren

unheeding [ʌnhí:diŋ] a nepazljiv; brezbrižen, nebrižen, zanikrn, nemaren

unhelm [ʌnhélm] *vt* odvzeti ali sneti krmilo
unhelped [ʌnhélpt] *a* (ki je) brez kakršnekoli pomoči
unhelpful [ʌnhélpful] *a* ki ne daje pomoči; brezkoristen; neroden
unhemmed [ʌnhémd] *a* nezarobljen, neobšit
unheroic [ʌnhiróuik] *a* (~ally *adv*) nejunaški, neherojski
unhesitating [ʌnhéziteitiŋ] *a* neoklevajoč, odločen; nagel, uren, prompten; voljan; ~ly *adv* brez oklevanja, brez nadaljnjega; takoj, na mestu, précej
unhewn [ʌnhjú:n] *a* neotesan; *fig* neizpiljen (slog); neokreten, štorast
unhindered [ʌnhíndəd] *a* neoviran
unhinge [ʌnhíndž] *vt* sneti s tečajev (vrata); odstraniti tečaje (od); *fig* spraviti iz ravnotežja, zbegati, zmesti, zmešati; omajati (mnenje); razstrojiti (duševno); his mind is ~d um se mu je omračil
unhired [ʌnháiəd] *a* nenajet
unhistoric(al) [ʌnhistórik(l)] *a* (~ally *adv*) nezgodovinski; legendaren
unhitch [ʌnhíč] *vt* sneti, odpeti, odvezati; izpreči, razpreči (konja)
unholiness [ʌnhóulinis] *n* nesvetost, brezbožnost; profanost; malopridnost
unholy [ʌnhóuli] *a* nesvet, profan; neposvečen; brezbožen; malopriden; *coll* odvraten, zoprn; strašen; grd; škandalozen
unhonoured [ʌnónəd] *a* nespoštovan, necenjen; nehonoriran (menica)
unhood [ʌnhúd] *vt* sneti (komu) čepico
unhook [ʌnhúk] *vt* sneti s kavlja
unhoped [ʌnhóupt] *a* nenadejan, nesluten, nepričakovan; ~-for nenadejan, nepričakovan; an ~-for bit of luck nepričakovana sreča
unhopeful [ʌnhóupful] *a* brez upanja, brezupen, obupen, ki ne daje upanja
unhorned [ʌnhó:nd] *a* brez rogov, nerogat
unhorse [ʌnhó:s] *vt* vreči s konja, iz sedla; izpreči konje; *fig* zmesti, zbegati (koga z besedami)
unhostile [ʌnhóstail, A ~til] *a* nesovražen; prijateljski
unhouse [ʌnháuz] *vt* izgnati, spoditi iz hiše; deložirati; napraviti (koga) za brezdomca; ~d ki je brez domovine, izgnan; brez strehe, brezdomen
unhuman [ʌnhjú:mən] *a* nečloveški; brezsrčen; nadčloveški, nadzemeljski
unhung [ʌnhʌŋ] *a* (še) neobešen (tudi o osebah)
unhurried [ʌnhʌrid] *a* nenagel; komoden; zložen, lagoden
unhurt [ʌnhó:t] *a* nepoškodovan, neranjen, čil in zdrav, nedotaknjen
unhurtful [ʌnhó:tful] *a* neškodljiv
unhusk [ʌnhʌsk] *vt* izluščiti, oluščiti; ličkati (koruzo)
uni - [ju:ni] eno-
Uniat(e) [jú:nieit, ~niit] *n rel* uniat
uniaxial [ju:niǽksiəl] *a* ki ima samo eno os, enoosen
unicameral [ju:nikǽmərəl] *a pol* enodomen (parlament itd.)
unicellular [ju:nisélələ] *a biol* enoceličen
unicoloured [ju:nikʌləd] *a* enobarven
unicorn [jú:nikə:n] *n* (bajeslovni) konj z enim rogom, samorog, narval; *zool* vrsta hrošča (go-

senice); monodont (riba); (= ~ team) trovprega, trojka
unicycle [jú:nisaikl] *n* enokolo
unidea(e)d [ʌnaidíəd] *a* ki nima idej; brez idej, brez fantazije
unideal [ʌnaidíəl] *a* neidejen; ki nima, je brez idealov; prozaičen; materialističen
unidentified [ʌnaidéntifaid] *a* neidentificiran, neprepoznan; ~ flying object ufo, neznan leteči predmet
unidiomatic [ʌnidiəmǽtik] *a* neidiomatski; jezikovno nepravilen
unifiable [jú:nifaiəbl] *a* zedinljiv, ki se more zediniti (združiti)
unification [ju:nifikéišən] *n* zedinjenje, združitev
unifier [jú:nifaiə] *n* zedinitelj; vez, ki združuje
uniflorous [ju:niflórəs] *a bot* enocveten
uniform [jú:nifə:m] **1.** *a* (~ly *adv*) enoten, enoličen; nespremenljiv, konstanten; soglasen; ~ price enotna cena; ~ acceleration enakomerno pospešenje; ~ temperature konstantna temperatura; **2.** *n* uniforma; službena obleka; **3.** *vt* poenotiti, izenačiti; sousmeriti; uniformirati, obleči v uniformo; ~ed oblečen v uniformo
uniformity [ju:nifó:miti] *n* poenotenost, enoličnost, monotonost; soglasnost, enakost, enotnost
unify [jú:nifai] *vt* zediniti, združiti, spojiti, napraviti enotno, poenotiti
unilateral [ju:nilǽtərəl] *a* (~ly *adv*) enostranski; *med* unilateralen; ~ contract *jur* enostransko obvezna pogodba
unilingual [ju:nilíngwəl] *a* enojezičen (slovar itd.)
unilluminated [ʌniljú:mineitid] *a* nerazsvetljen
unimaginable [ʌnimǽdžinəbl] *a* (~bly *adv*) ki se ne more zamisliti; nepojmljiv
unimaginative [ʌnimǽdžinətiv] *a* (ki je) brez domišljije, brez fantazije
unimaginativeness [ʌnimǽdžinətivnis] *n* pomanjkanje fantazije (domišljije)
unimagined [ʌnimǽdžind] *a* nesluten
unimpaired [ʌnimpéəd] *a* nezmanjšan, neoslabljen; cel, nedotaknjen, neprikrajšan
unimpassioned [ʌnimpǽšənd] *a* nestrasten; hladen, miren
unimpeachable [ʌnimpí:čəbl] *a* (~bly *adv*) neobtožljiv, brezhiben, neoporečen; neovrgljiv, nesporen, ki mu ni kaj očitati
unimpeached [ʌnimpí:čt] *a* neobtožen, nenapaden; nespodbiten
unimpeded [ʌnimpí:did] *a* neoviran, nemoten
unimplicated [ʌnímplikeitid] *a* nevpleten; nevmešan
unimplied [ʌnimpláid] *a* neimpliciran, nevključen, nevštet
unimportance [ʌnimpó:təns] *n* nevažnost, nepomembnost; stranska stvar
unimportant [ʌnimpó:tənt] *a* nevažen, nepomemben; postranski
unimposing [ʌnimpóuziŋ] *a* ki ne napravi nobenega vtisa, ne imponira; neimponirajoč
unimpregnable [ʌnimprégnəbl] *a* neosvojljiv, nezavzemljiv
unimpregnated [ʌnimprégneitid] *a* neoplojen; neimpregniran; neprepojen
unimpressionable [ʌnimpréšənəbl] *a* nedovzeten (za vtise), neobčutljiv

unimpressed [ʌnimprést] a nevtisnjen; neimpresioniran; ne pod vtisom

unimpressing [ʌnimprésiŋ] a ki ne pusti vtisa, neimpresiven

unimpressive [ʌnimprésiv] a neimpresiven; ki ne napravi nobenega vtisa; brezizrazen; neznaten

unimprovable [ʌnimprú:vəbl] a nepopravljiv, neizboljšljiv; nadvse dober

unimproved [ʌnimprú:vd] a neizboljšan; nepopravljen, neizpopolnjen; agr neobdelan, nekultiviran; neizkoriščen; nespremenjen, neizboljšan (bolezen)

unimpugnable [ʌnimpjú:nəbl] a neovrgljiv, nespodbiten

unimpugned [ʌnimpjú:nd] a nenapaden, nespodbijan

uninclined [ʌninkláind] a nenaklonjen

unincreased [ʌninkrí:st] a nepovečan

unindebted [ʌnindétid] a nezadolžen, brez dolgov; fig neobvezan, nezavezan

unindemnified [ʌnindémnifaid] a neoškodovan

uninfected [ʌninféktid] a neokužen

uninflamed [ʌninfléimd] a nerazvnet, nerazburjen

uninflammable [ʌninflǽməbl] a nevnetljiv; negorljiv

uninflated [ʌninfléitid] a nenapihnjen; econ neinflacijski

uninflected [ʌninfléktid] a ling nespregan, nesklanjan, brez fleksije

uninflicted [ʌninflíktid] a nezadán (rana)

uninfluenced [ʌnínfluənst] a ki ni pod vplivom, ' nevplivan, nepristranski

uninfluential [ʌninfluénšəl] a nevpliven, ki je brez vpliva

uninformed [ʌninfɔ́:md] a neobveščen (on o), nepoučèn, neizobražen, brez izobrazbe; fig mehaničen, otopel

uningenious [ʌnindží:niəs] a nedomiseln, neduhovit

uninhabitable [ʌninhǽbitəbl] a neprimeren za bivanje

uninhabited [ʌninhǽbitid] a nenaseljen, neobljuden, prazen

uninhibited - [ʌninhíbitid] a neprepovedan; brez psihičnih motenj, naraven

uninitiated [ʌniníšieitid] a neuveden; neizkušen

uninjured [ʌníndžəd] a nepoškodovan, neranjen, neužaljen

uninjurious [ʌnindžúəriəs] a neškodljiv, nekvaren, neranljiv, nežaljiv, neobrekljiv

uninspired [ʌninspáiəd] a nenavdahnjen, neinspiriran, brez inspiracije

uninstructed [ʌninstrʌ́ktid] a nepoučèn, neveden, neuk, malo poučèn

uninstructive [ʌninstrʌ́ktiv] a nepoúčen, malo poúčen

uninsulated [ʌnínsjuleitid] a neizoliran (tudi el)

uninsurable [ʌninšúərəbl] a ki se ne da zavárovati

uninsured [ʌninšúəd] a nezavarovan

unintelligence [ʌnintélidžəns] n pomankljiva inteligenca

unintelligent [ʌnintélidžənt] a neinteligenten; omejen, bedast, brez pameti

unintellegibility [ʌnintelidžəbíliti] n nerazumljivost, nejasnost

unintelligible [ʌnintélidžəbl] a nerazumljiv

unintended [ʌninténdid] a nenameren, nenameravan, nehotèn

unintentional [ʌninténšnəl] a (~ ly adv) nenameren

uninterested [ʌníntristid] a brez interesa (zanimanja) za, nezainteresiran; nebrižen, ravnodušen, indiferenten

uninteresting [ʌníntristiŋ] a nezanimiv; dolgočasen

unintermitted [ʌnintəmítid] a neprestan, neprekinjen, nepretrgan

unintermitting [ʌnintəmítiŋ] a nenehen, neprestan, neprekinjen

uninterpolated [ʌnintɔ́:pəleitid] a nevrinjen, nevstavljen

uninterred [ʌnintɔ́:d] a nepokopan

uniterpretable [ʌnintɔ́:pritəbl] a ki se ne da raztolmačiti (obrazložiti, pojasniti)

uninterrupted [ʌnintərʌ́ptid] a neprekinjen, nepretrgan, nemoten (by od); neprestan, stalen

unintimidated [ʌnintímideitid] a nezastrašen

unintoxicated [ʌnintɔ́ksikeitid] a nevinjen, nepijan, neopit, trezen

unintroduced [ʌnintrədjú:st] a neuveden; nepredstavljen

uninvented [ʌninvéntid] a neizumljen

uninventive [ʌninvéntiv] a neiznajdljiv, nedomiseln, brez fantazije

uninvested [ʌninvéstid] a econ neinvestiran, nenaložen; mrtev (kapital)

uninvited [ʌninváitid] a nepovabljen

uninviting [ʌninváitiŋ] a nevabljiv, malo privlačen (zapeljiv), odbijajoč

uninvolved [ʌninvɔ́lvd] a nevpleten, nevključen

union [jú:njən] n zveza; združenje; unija; povezanost; pol priključitev, zedinjenje; zakonska zveza, zakon; delavsko združenje, društvo, sindikat; sloga, harmonija; com iz različnega materiala stkana tkanina; levi gornji del nacionalne zastave (ki predstavlja politično zvezo ozemelj); naprava za spajanje cevi, spoj dveh ali več predmetov (cevi, vrvi); plitva kad za čiščenje piva; (= ~ workhouse) hist ubožnica; ~ card sindikalna izkaznica; ~ catalogue A skupen katalog (več knjižnic); the U~ flag, the U~ Jack državna zastava Velike Britanije; the U~ Združene države Amerike; (tudi) Združena kraljevina (britanska); hist severne države (v secesijski vojni); Universal Postal ~ svetovna poštna unija; trade ~ strokovna zveza, delavska zveza, sindikat (v Angliji in v ZDA); to bring about a ~ izvesti, izvršiti unijo; their ~ is not a happy one njun zakon ni srečen; to live together in perfect ~ živeti skupaj v popolni harmoniji; to hoist (ali to fly) a ~ flag down dati znak za nevarnost (z narobe dvignjeno angleško mornariško zastavo)

unionism [jú:njənizm] n unionizem, težnja po zedinjenju ali tesnejši zvezi; privrženost uniji; sindikalni sistem, sindikalna načela

unionist [jú:njənist] n unionist, privrženec unionistične politike; sindikalist, član sindikata; A hist antisecionist v državljanski vojni; E privrženec konservativne stranke; nasprotnik nezavisne Irske

unionize [jú:njənaiz] vt združiti, zediniti; sindikalno (koga) organizirati; vi združiti se; vstopiti v sindikat

union-joint [jú:njəndžэint] *n tech* spojka za cevi

union-lining [jú:njənlainiŋ] *n* platno za podlago

union-suit [jú:njənsju:t] *n A* srajca in hlače v enem kosu, kombinezon (zimsko perilo)

unipara [ju:nípərə] *n med* mati le enega otroka

uniparous [ju:nípərəs] *a* uniparen, rodeč le enega mladiča

unipartite [ju:nipá:tait] *a* enodelen, ki je sestavljen iz enega dela

uniped [jú:niped] *a* enonog

unipersonal [ju:nipэ:snəl] *a ling* enooseben; *rel* v eni sami osebi

unipetalous [ju:nipétələs] *a* le z enim cvetnim listi- čem, unipetalen

unipolar [ju:nipóulə] *a phys* le z enim polom, eno- polen, unipolaren

unique [ju:ník] **1.** *a* edin, edinstven, sam; brez para, brezprimeren; nedosegljiv, nedosežen; *coll* izreden, pomemben; **2.** *n* edini primerek, (velika) redkost, unikum

uniquely [ju:níkli] *adv* edino, izključno; samó; edinstveno; posebno

uniqueness [ju:níknis] *n* edinstvenost; originalnost

uniserial [ju:nisíəriəl] *a* v eni sami vrsti ali seriji

unisexual [ju:niséksjuэl] *a bot* enospolen

unison [jú:nizэn] **1.** *n mus* enoglasje; interval ene oktave; skladnost; soglasnost (tudi *fig*), harmo- nija; **in ~ with** v soglasju z; **2.** *a mus* enoglasen

unisonous [ju:nísэnэs] *a mus* enoglasen; *fig* sogla- sen, skladen

unisonant [ju:nísэnэnt] *a* glej **unisonous**

unissued [ʌnísju:d] *a* neizdan, neobjavljen; **~ shares** še neizdane delnice

unit [jú:nit] *n* enota; *math* enica; *phys* osnovna eno- ta za merjenje; *mil* enota; baza, jedro; *med* doza, enota; *A* šolsko, učno leto; **bread ~** enota (znamka) za (racionirani) kruh; **~ pres- sure** enota pritiska; **~ price** enotna cena

unitable [junáitэbl] *a* združljiv

unitary [jú:nitэri] *a* stremeč k enotnosti, unitaren; centralističen; enoten

unitarian [ju:nitéэriэn] **1.** *a* unitaren; **2.** *n theol* unitarec

unitarianism [ju:nitéэriэnizэm] *n* načela in nauk unitarcev

unite [ju:náit] *vt* združiti, zediniti; spojiti (dele), združevati, vsebovati v sebi (lastnosti); *vi* zdru- žiti se, zediniti se; združiti se v zakonski zvezi, poročiti se; sodelovati (*in* v); priključiti se (*with* komu, čemu); **all ~d in signing the petition** enotno (združeno) so podpisali peticijo; **oil will not ~ with water** olje se ne spaja z vodo

united [ju:náitid] *a* (**~ ly** *adv*) združen, zedinjen; spojen; skupen; **the U~ Kingdom** Zedinjena kraljevina (Velika Britanija in severna Irska); **U~ Nations** Združeni narodi; **U~ Nations General Assembly** Generalna skupščina Zdru- ženih narodov; **U~ Nations Security Council** Varnostni svet ZN; **U~ Press** Združeni tisk (ameriška poročevalska agencija); **the ~ forces of the allies** združene zavezniške sile; **~ we stand, divided we fall** složni zmagujemo, nesložni propademo

United States [ju:náitid steits] **1.** *n pl* (večinoma *sg constr*) *pol* Združene države Amerike; *A coll* amerikanščina, ameriška angleščina; **to talk ~**

fig jasno govoriti, govoriti jasen jezik (s kom); **2.** *a* ameriški; **~ Army** *mil* (stalna) vojska ZDA; **~ Employment Service** posredovalna služba za delo v ZDA

unitive [jú:nitiv] *a* ki združuje, spaja, zedinja

unity [jú:niti] *n* enota; enotnost, edinstvo; sloga, složnost, solidarnost; soglasnost, harmonija; *math* enica; **at ~** složno, v slogi; *theat* **unities of place, time and action** enotnost kraja, časa in dejanja; **it destroys the ~** to ruši enotnost dela; **to live together in ~** živeti skupaj v lepi harmo- niji

univalence, ~cy [ju:nivéilэns, ~si] *n chem* enova- lentnost

univalent [ju:nivéilэnt] *a chem* enovalenten

universal [ju:nivэ:sэl] **1.** *a* splošen, občen, splošno razširjen (veljaven); univerzalen; svetoven; *obs* ves, cel, totalen; **~ opinion** splošno mnenje; **~ genius** univerzalen genij; **~ language** sve- tovni, univerzalni jezik; **~ legatee** glavni, uni- verzalni dedič; **~ suffrage** splošna volilna pra- vica; **to meet with ~ applause** naleteti na splo- šno odobravanje; **2.** *n* splošnost; *phil* splošen pojem; splošno načelo; *pl* splošni pojmi, univer- zalije

universalism [ju:nivэ:sэlizэm] *n eccl* univerzalizem, nauk, da je milost božja namenjena vsem, ne le izvoljenim; *phil* univerzalizem, nazor, da je svet urejena celota

universalist [ju:nivэ:sэlist] *n eccl* privrženec univer- zalizma, univerzalist

universality [ju:nivэ:sǽliti] *n* (vse)splošnost, ve- soljnost, neomejenost; vsestranost, univerzal- nost; *obs* masa (naroda, ljudstva)

universalize [ju:nivэ:sэlaiz] *vt* napraviti obče ve- ljavno, dati splošen značaj (čemu)

universe [jú:nivэ:s] *n* vsemirje, vesolje, vesoljstvo, (vesoljni) svet, univerzum, (makro)kozmos; **the whole ~ knows it** ves svet to ve

university [ju:nivэ:siti] **1.** *n* univerza, vseučilišče; člani univerze, univerzitetna oblast; športno moštvo univerze; **2.** *a* univerziteten, vseučiliški; **~ entrance examination** sprejemni izpit na uni- verzi; **U~ Extension** ljudski univerzitetni (ve- černi) tečaji, ljudska univerza; **~ student** študent univerze, visokošolec; **to go up to the ~** iti na študij na univerzo, študirati na univerzi; **to go down from the ~** zapustiti univerzo; iti na počitnice

univocal [ju:nivóukl] **1.** *a* enopomenski; nedvo- umen, jasen; **2.** *n* beseda, ki ima samo en pomen

unjaundiced [ʌndžэ:ndist] *a* nezavisten, nenevošč- ljiv; nepristranski

unjoin(t) [ʌndžэin(t)] *vt* ločiti, razdružiti, razstaviti, razklopiti

unjust [ʌndžʌst] *a* (**~ ly** *adv*) krivičen, nepravičen; (redko) nepošten, nezvest; **the just and the ~** pravičniki in nepravičniki (grešniki)

unjustifiable [ʌndžʌstifaiэbl] *a* (**~ bly** *adv*) neopra- vičljiv, neoprostljiv; neodgovoren

unjustified [ʌndžʌstifaid] *a* neopravičen; neupravi- čen

unjustness [ʌndžʌstnis] *n* krivičnost

unkempt [ʌnkémpt] *a* nepočesan, skuštran; *fig* neurejen, nenegovan, zanemarjen; *fig* neotesan, surov unkemptness [ʌnkémptnis] *n* nenegovanost, neurejenost; nepočesanost

unkenned [ʌnkénd] *a obs dial* nepoznan, tuj

unkennel [ʌnkénəl] *vt* pregnati iz brloga; *fig* prinesti na dan, odkriti

unkind [ʌnkáind] *a* neprijazen, neljubezniv, brezobziren; trd, krut, zloben

unkindliness [ʌnkáindlinis] *n* neprijaznost; zlobnost, krutost

unkindly [ʌnkáindli] 1. *a* neprijazen, neljubezniv; brezčuten; zloben; 2. *adv* neprijazno, neljubeznivo

unkindness [ʌnkáindnis] *n* neprijaznost, neljubeznivost; brezsrčnost, brezčutnost, zlobnost

unkingly [ʌnkíŋli] *a* nekraljevski; nevreden kralja

unknightness [ʌnnáitnis] *n* neviteštvo

unknightly [ʌnnáitli] *a* neviteški

unknit [ʌnnít] *vt* razplesti; razparati; *fig* razmotati, razrešiti; izgladiti (gube)

unknot [ʌnnót] *vt* razvozlati, razmotati; *fig* razrešiti

unknowable [ʌnnóuəbl] *a* ki se ne more spoznati, nespoznaten

unknowableness [ʌnnóuəblnis] *n* nespoznatnost

unknowing [ʌnnóuiŋ] *a* nevedoč; neinformiran; nesluteč; ~ ly (*adv*) nevede, nevedoma; brez slutnje

unknown [ʌnnóun] 1. *a* nepoznan, neznan, tuj; *obs* nedolžen, (spolno) nedotaknjen; U~ Warrior, Unknown Soldier Neznani junak; 2. *adv* brez vednosti, he went ~ to me šel je brez moje vednosti (ne da bi jaz vedel za to), 3. *n* neznano; *math* neznanka; an equation of 2 ~ s enačba z 2 neznankama

unlabel(l)ed [ʌnléibəld] *a* (ki je) brez etikete, neetiketiran, brez listka (npr. paket); neoznačen

unlaboured [ʌnléibəd] *a* narejen (opravljen, pridobljen) brez truda; *fig* lagoden; lahek; neprisiljen, naraven (slog); *agr* neobdelan

unlace [ʌnléis] *vt* razvezati (vezalke); odvzeti; odvzeti čipke; sleči (koga)

unlade [ʌnléid] *vt* iztovoriti, raztovoriti; izkrcati, razbremeniti (tudi *fig*); izprazniti; ~ n nenatovorjen; *fig* neobremenjen

unladylike [ʌnléidilaik] *a* dami neprimeren, nedamski, nefin, neženski; nespodoben (za žensko)

unlaid [ʌnléid] *a* nepoložen; nepogrnjen (miza); neizgnan (duhovi); *fig* nepotešen

unlamented [ʌnləméntid] *a* neobjokovan

unlash [ʌnlǽš] *vt* odvezati (ladjo itd.)

unlatch [ʌnlǽč] *vt* odpreti (s kljuko zaprta vrata); pritisniti na kljuko in odpreti; *vi* odpreti se (vrata itd.)

unlawful [ʌnló:ful] *a* (~ ly *adv*) nezakonit, protizakonit, ilegalen; nezakonski; ilegitimen; nedopusten, nedovoljen; an ~ assembly nedovoljeno zborovanje

unlawfulness [ʌnló:fulnis] *n* nezakonitost, protizakonitost

unlay* [ʌnléi] *vt* razmotati, razplesti, odsukati (vrv)

unlearn [ʌnló:n] *vt* pozabiti naučeno; pozabiti, odvaditi se, znebiti se (navade, vpliva); na novo naučiti (poučiti) (koga), odvaditi (koga česa)

unlearned [ʌnló:nd *a* neuk, nešolan, neizobražen; the ~ neizobraženci

unlearnt, unlearned [ʌnló:nt] *a* nenaučen, nenaštudiran

unleash [ʌnlí:š] *vt* spustiti, odvezati (psa) z vrvice; sprostiti strasti; pustiti, da se nekaj razbrzda

unleavened [ʌnlévənd] *a* (ki je) brez kvasa, brezkvasen (kruh)

unless [ʌnlés] 1. *conj* če ne, razen če, ako ne; I always walked ~ I had a bicycle vedno sem šel peš, razen če sem imel kolo; ~ :t is too late (razen) če ni (*ali* če le ni) prepozno; he always comes on Sundays ~ he is ill vedno prihaja ob nedeljah, razen če (razen kadar, če le) ni bolan; ~ and until vse dokler ne, šele ko; 2. *prep* razen; ~ on occasions razen ob nekaterih priložnostih

unlessened [ʌnlésənd] *a* nezmanjšan

unlet [ʌnlét] *a* neoddan v najem

unlettered [ʌnlétəd] *a* nepismen, neuk, neizobražen

unlevelled [ʌnlévəld] *a* neizravnan

unlevied [ʌnlévid] *a* nenaložen (davek); nepobran (denar); nezbran (vojska)

unlicensed [ʌnláisənst] *a* nedovoljen; brez licence, brez koncesije; brez dovoljenja, divji

unlicked [ʌnlíkt] *a* nepolizan, nezlizan; surov, neoglajen, neobrušen; nezrel, »zelen«

unlikable [ʌnláikəbl] *a* nesimpatičen, nedrag

unlike [ʌnláik] 1. *a* nepodoben, malo podoben; različen; neenak; the portrait is very ~ portret je zelo malo podoben; 2. *prep* v nasprotju z, različno od, za razliko od, drugače od; he behaved ~ a gentleman ni se obnašal kot džentlmen; ~ his brother, he works hard v nasprotju s svojim bratom on marljivo dela; that is very ~ him to mu ni prav nič podobno

unlikelihood [ʌnláiklihud] *n* neverjetnost

unlikeliness [ʌnlaiklinis] *n* neverjetnost

unlikely [ʌnláikli] 1. *a* neverjeten, malo verjeten; slabo obetajoč; an ~ tale neverjetna zgodba; he is ~ to come malo je verjetno, da bo prišel; 2. *adv* neverjetno, malo verjetno

unlikeness [ʌnláiknis] *n* nepodobnost; neenakost; različnost

unlimber [ʌnlímbə] *vt mil* odklopiti (top) od vlečne prikolice; namestiti, postaviti (top) na položaj; *fig* pripraviti

unlimited [ʌnlímitid] *a* (~ ly *adv*) neomejen, neizmeren; ~ company *econ* družba z neomejeno zavezo; ~ policy *econ* generalna polica (za vse vrste izgub)

unline [ʌnláin] *vt* vzeti podlogo (iz obleke); *fig* izprazniti; ~ d nepodložen, brez podloge

unlined [ʌnláind] *a* nečrtan, neliniran, neoznačen; brez gub (obraz)

unlink [ʌnlíŋk] *vt* odvezati, razvezati; odpeti; ločiti (člene verige), razstaviti (verigo)

unliquidated [ʌnlíkwideitid] *a* neplačan (dolg); nelikvidiran; nedoločen, neugotovljen

unliquefied [ʌnlíkwifaid] *a* neraztopljen, nestaljen

unlit [ʌnlít] *a* nerazsvetljen

unliveliness [ʌnláivlinis] *n* mrtvilo

unlively [ʌnláivli] *a* brez življenja, neživahen

unload [ʌnlóud] *vt* raztovoriti, iztovoriti; izprazniti (strelno orožje); *fig* razbremeniti, olajšati, osvoboditi; (borza) vreči na tržišče (delnice), razprodati (vrednostne papirje); to ~ o.s. olajšati se, osvoboditi se bremena; *vi* izkrcati, iztovoriti; biti iztovorjen, raztovorjen, izkrcan

unloading [ʌnlóudiŋ] *n* iztovarjanje, izkrcavanje; izpraznitev (strelnega orožja); *fig* razbremenitev, olajšanje; (borza) prodaja vrednostnih papirjev, metanje na tržišče

unlock [ʌnlók] *vt* odkleniti; odpreti (vrata); odpeti (puško); *fig* odkriti, razkriti; to ~ one's heart razkriti svoje srce; *vi* odpreti se; razkriti se; sprostiti se

unlooked-for [ʌnlúktfə:] *a* nepredviden, nepričakovan, nenaden, presenetljiv; an ~ guest nepričakovan gost

unloose, unloosen [ʌnlú:s(n)] *vt* odvezati, razvezati, zrahljati (prijem); odpreti; izpustiti; osvoboditi

unlovable [ʌnlʌ́vəbl] *a* nevreden ljubezni; malo privlačen, nesimpatičen, odbijajoč; neprijazen

unloved [ʌnlʌ́vd] *a* neljubljen

unloveliness [ʌnlʌ́vlinis] *n* neljubkost, neprivlačnost; neprijaznost

unlovely [ʌnlʌ́vli] *a* nelep, neprivlačen, grd; odbijajoč; neprijazen

unloverlike [ʌnlʌ́vəlaik] *a* nespodoben za ljubimca; ki nima čustev ljubimca

unloving [ʌnlʌ́viŋ] *a* (~ ly *adv*) (ki je) brez ljubezni, nečustven, hladen

unluckily [ʌnlʌ́kili] *adv* na nesrečo

unluckiness [ʌnlʌ́kinis] *n* zla sreča, pomanjkanje sreče, smola, zla usoda

unlucky [ʌnlʌ́ki] *a* ki nima sreče, nesrečen; neuspešen; ki prinaša nesrečo, zlosluten, ki sluti ali napoveduje nesrečo; slabo izbran; nepriličen, neugoden, neprijeten; ~ fellow nesrečnik; to be always ~ at cards imeti vedno smolo pri kartanju

unlustrous [ʌnlʌ́strəs] *a* móten, brez sijaja

unmade [ʌnméid] *a* nenarejen, nedovršen

unmaidenly [ʌnméidnli] *a* ne spodobi mladenkam, dekletom; nedekliški; nespodoben

unmailable [ʌnméiləbl] *a* A nedopusten za pošiljanje po pošti

unmaimed [ʌnméimd] *a* nepohabljen

unmaintainable [ʌnmentéinəbl] *a* nevzdržen

unmakable [ʌnméikəbl] *a* neizvedljiv, neizvršljiv; ki se ne da narediti

unmake* [ʌnméik] *vt* razveljaviti; odstaviti (kralja itd.); razdreti; razkosati, uničiti

unman [ʌnmǽn] *vt* odvzeti moškost, skopiti, kastrirati; pomehkužiti; napraviti surovega, grobega, divjega, nečloveškega; odvzeti (ladji) moštvo

unmanageable [ʌnmǽnidžəbl] *a* (~ bly *adv*) neupravljiv, nevodljiv; nenadzorljiv; neukrotljiv; s katerim je težko ravnati; nepripraven; an ~ child »težak« otrok

unmanaged [ʌnmǽnidžd] *a* neupravljan, nevóden

unmanlike [ʌnmǽnlaik] *a* nemoški, ženski, otročji

unmanly [ʌnmǽnli] *a* nemoški, moža nevreden, nemožat, babji; pomehkužen; strahopeten

unmanned [ʌnmǽnd] *a* (ladja) brez posadke; razljuden, prazen, pust; kastriran, steriliziran; *hunt* neukročen, nevajen ljudi (sokol)

unmannered [ʌnmǽnəd] *a* neolikan, neotesan, nevzgojen, brez manir

unmannerliness [ʌnmǽnəlinis] *n* neolikanost, nevzgojenost

unmannerly [ʌnmǽnəli] **1.** *a* neolikan, brez manir, nevzgojen, neotesan; **2.** *adv obs* neolikano

unmanufactured [ʌnmænjufǽkčəd] *a* neizdelan; surov

unmarked [ʌnmá:kt] *a* neopažen, nezapažen; neoznačen

unmarketable [ʌnmá:kitəbl] *a econ* ne primeren za tržišče, neprodajen, ki se slabo prodaja

unmarriageable [ʌnmǽridžəbl] *a* ki ni za ženitev ali možitev, ki se ne more oženiti ali omožiti; ne goden, nesposoben za zakon; nezdružljiv; two ~ facts dvoje nezdružljivih dejstev

unmarried [ʌnmǽrid] *a* neporočen, neoženjen, neomožena; samski, samska

unmartial [ʌnmá:šəl] *a* nebojevit; nenaklonjen vojni

unmask [ʌnmá:sk] *vt* sneti krinko, demaskirati, razkrinkati (tudi *fig*); *mil* z ognjem odkriti položaj topa; *vi* sneti krinko, demaskirati se, pokazati svoj pravi obraz (značaj)

unmasking [ʌnmá:skiŋ] *n* demaskiranje, razkrinkanje

unmast [ʌnmá:st] *vt* odvzeti (ladji) jambor(e)

unmastered [ʌnmá:stəd] *a* neobvladan

unmatchable [ʌnmǽčəbl] *a* neprimerljiv, brez primere, ki mu ni enakega

unmatched [ʌnmǽčt] *a* brez primere, ki nima para, edinstven, neprekosljiv, nedosegljiv

unmaterial [ʌnmətíəriəl] *a* nematerialen, duhoven

unmatured [ʌnmətjúəd] *a* ne (še) zrel

unmeaning [ʌnmí:niŋ] *a* nesmiseln, brez pomena, brez smisla; brezizrazen, prazen, neumen (obraz itd.)

unmeant [ʌnmént] *a* nenameren, nehoten

unmeasurable [ʌnméžərəbl] *a* neizmerljiv, ki se ne da izmeriti; neizmeren

unmeasured [ʌnméžəd] *a* neizmerjen; brezmejen, neomejen, neizmeren; širen; čezmeren; nezmeren, razuzdan

unmedicated [ʌnmédikeitid] *a* nezdravljen

unmeet [ʌnmí:t] *a* neprimeren, nepripraven (*for* za); nedostojen, nespodoben

unmellowed [ʌnméloud] *a* neomehčan, nedozorel

unmelodious [ʌnmilóudjəs] *a* (~ ly *adv*) nemelodiozen, nemuzikalen

unmendable [ʌnméndəbl] *a* nepopravljiv; ki se ne da zakrpati (popraviti, izboljšati)

unmended [ʌnméndid] *a* nepopravljen; nezakrpan

unmentionable [ʌnménšənəbl] *a* **1.** nevredne omembe; ki se ne sme omeniti; **2.** *n pl coll hum* hlače, spodnje perilo

unmentioned [ʌnménšənd] *a* neomenjen; nenaveden

unmercenary [ʌnmə́:sinəri] *a* nepodkupljiv; nekoristolovski

unmerchantable [ʌnmə́:čəntəbl] *a econ* neprodajen, ne na prodaj

unmerciful [ʌnmə́:siful] *a* (~ ly *adv*) neusmiljen, neizprosen; nečloveški; pretiran, nezmeren

unmeritable [ʌnméritəbl] *a* nezaslužen, ki nima pravice do priznanja

unmerited [ʌnméritid] *a* nezaslužen

unmesh [ʌnméš] *vt* osvoboditi iz zank ali iz mreže

unmetal(l)ed [ʌnmétəld] *a* nenasut z gramozom, neutrjen (cesta)

unmethodical [ʌnmiθódikl] *a* nemetodičen, nenačrten, zmeden unmetrical [ʌnmétrikl] a nemetričen; ki ni napisan v obliki stiha

unmew [ʌnmjú:] vt izpustiti (iz ječe, kletke itd.)

unmilitary [ʌnmílitəri] a nevojaški; civilen

unminded [ʌnmáindid] a nezapazen; pozabljen

unmindful [ʌnmáindful] a (~ly adv) ne ozirajoč se na, nepazljiv, pozabljiv; brezbrižen, nemaren; to be ~ of s.th. ne se ozirati na kaj, ne se pustiti ovirati od česa

unmingled [ʌnmíŋgld] a nemešan, nepomešan; neponarejen, čist

unminted [ʌnmíntid] a nekovan (denar)

unmirthful [ʌnmə́:θful] a nevesel, neveder, otožen, žalosten

unmisgiving [ʌnmisgíviŋ] a neomajen; neustrašen

unmistak(e)able [ʌnmistéikəbl] a (~bly adv) ki se ne more napačno razumeti; očividen, očiten, jasen

unmistaken [ʌnmistéikn] a ki se ne moti, nezmoten, nezmotljiv

unmitigable [ʌnmítigəbl] a neublažljiv

unmitigated [ʌnmítigeitid] a neomiljen, neublažen, neoslabljen; cel, popoln, čist; an ~ ass popoln bedak; a ~ lier lažnivec skoz in skoz

unmixed, unmixt [ʌnmíkst] a nemešan, nepomešan; čist, neskaljen

unmodified [ʌnmódifaid] a nespremenjen, nepredrugačen, nemodificiran

unmo(u)ld [ʌnmóuld] vt vzeti iz kalupa, iz modela; izsuti (puding); preoblikovati; deformirati; vi izgubiti obliko (formo), postati brezobličen

unmolested [ʌnməléstid] a nenadlegovan, nemoten: to live ~ živeti v miru

unmollified [ʌnmólifaid] a neomehčan

unmoor [ʌnmúə] vt & vi naut dvigniti (ladji) sidro

unmoral [ʌnmórəl] a nenraven, nemoralen

unmorality [ʌnmərǽliti] n nemoralnost, nemoralno ravnanje

unmortgaged [ʌnmó:gidžd] a neobremenjen s hipoteko; nezastavljen

unmotherly [ʌnmʌ́ðəli] a nematerinski; mačehovski

unmould [ʌnmóuld] vt vzeti iz kalupa, iz modela; izsuti (puding); odvzeti (čemu) formo, deformirati; vi izgubiti formo

unmounted [ʌnmáuntid] a ki ni na konju (vojaki); tech nemontiran

unmourned [ʌnmó:nd] a neobjokovan; za katerim nihče ne žaluje

unmovable [ʌnmú:vəbl] a nepremakljiv; nepremičen; ki se ne more premakniti

unmoved [ʌnmú:vd] a nepremaknjen; nepremičen; neomajen, trden; neganjen; miren, hladnokrven

unmoving [ʌnmú:viŋ] a nepremičen

unmown [ʌnmóun] a nepokošen, nepožet

unmuffle [ʌnmʌ́fl] vt & vi odkriti (se); razkriti (se); odmotati (se); odvzeti ovoj; odstraniti dušilo

unmurmuring [ʌnmə́:məriŋ] a negodrnjav, brez godrnjanja, brez tožbe

unmutilated [ʌnmjú:tileitid] a nepohabljen; nepoškodovan

unmuzzle [ʌnmʌ́zl] vt sneti (psu) nagobčnik; fig dopustiti svobodo izražanja (tisku itd.)

unnail [ʌnnéil] vt izvleči žeblje (a box iz zaboja)

unnam(e)able [ʌnnéiməbl] a ki se ne more imenovati (omeniti); neizrekljiv, neopisljiv

unnamed [ʌnnéimd] a neimenovan; brezimen; neomenjen

unnatural [ʌnnǽčrəl] a (~ly adv) nenaraven, protinaraven; nečloveški, abnormalen, odvraten; izumetničen, prisiljen, afektiran; nenavaden, izreden; ~ deeds pošastna dejanja; ~ gaiety prisiljena veselost; ~ friendship homoseksualno razmerje; ~ parents nečloveški starši; ~ son abnormalen sin

unnaturalize [ʌnnǽčrəlaiz] vt odvzeti (komu) državljanske pravice

unnavigable [ʌnnǽvigəbl] a neploven

unnecessarily [ʌnnésisərili] adv po nepotrebnem, brez potrebe; odveč; brez koristi

unnecessary [ʌnnésisəri] 1. a nepotreben, odvečen; brezkoristen; to take ~ care preveč skrbeti (se brigati); 2. n (navadno pl) nepotrebna stvar

unneeded [ʌnní:did] a nepotrebovan, nepotreben; brezkoristen

unneedful [ʌnní:dful] a ki ne primanjkuje, nepotreben

unneighbourliness [ʌnnéibəlinis] a neprijazno zadržanje do sosedov, nesosedstvenost

unneighbourly [ʌnnéibəli] a nesosedstven, značilen za slabega soseda; neprijazen

unnerve [ʌnné:v] vt (živčno) oslabiti, (z)nervirati; napraviti preobčutljivega; odvzeti moč; ~d znerviran; slab, brez moči, medel

unnoted [ʌnnóutid] a neopazen, nezapazen

unnoticeable [ʌnnóutisəbl] a neopazen

unnoticed [ʌnnóutist] a nezapažen, neopažen; na kogar se gleda, kot da ga ni

unnumbered [ʌnnʌ́mbəd] a neoštevilčen, nenumeriran; neštet, neštevilen

unobjectionable [ʌnəbdžékšənəbl] a (~bly adv) neoporečen; nespodbiten

unobliging [ʌnəbláidžiŋ] a neustrežljiv; nepripravljen pomagati

unobliterated [ʌnəblítəreitid] a neizbrisan

unobnoxious [ʌnəbnóksiəs] a nezoprn; neizpostavljen, nepodvržen (to čemu); sprejemljiv (kandidat itd.); ~ to any party za vse stranke sprejemljiv (znosen)

unobscured [ʌnəbskjúəd] a nezatemnjen; nezakrit; jasen

unobservance [ʌnəbzə́:vəns] n nepozornost; nespoštovanje

unobservant [ʌnəbzə́:vənt] a nepozoren, neposlušen; to be ~ of s.th. ne upoštevati česa, ne paziti na kaj

unobserved [ʌnəbzə́:vd] a neopazen, nezapazen; neopazovan

unobstructed [ʌnəbstrʌ́ktid] a nepreprečen, neoviran, neustavljen; brez trenja

unobtainable [ʌnəbtéinəbl] a nedobljiv; nedosegljiv

unobtrusive [ʌbəntrú:siv] a nevsiljiv, diskreten; zadržan, rezerviran; skromen, ki ne zbuja pozornosti

unobvious [ʌnóbviəs] a neočiten, nejasen

unoccupied [ʌnókjupaid] a nezaposlen, brez dela, prost; nezaseden, neokupiran

unoffending [ʌnəféndiŋ] a nežaljiv; nepohujšljiv, nespotakljiv, neškodljiv, nedolžen

unoffensive [ʌnəfénsiv] a nenapadalen

unofficial [ʌnəfíšəl] a (~ly adv) neuraden; uradno nepotrjen, poluraden (news novica, vest); med ki ne ustreza zakonskim predpisom (zdravila); ~ **broker** (borza) zakulisni posredovalec, borzni mešetar

unoil [ʌnóil] *vt* razoljiti; odvzeti, odstraniti olje

unopened [ʌnóupənd] *a* neodprt; zaprt (pismo); nenarezan (knjiga); *econ* neodprt (*market* tržišče)

unopposed [ʌnəpóuzd] *a* brez nasprotovanja, brez nasprotnika; neoviran; ~ **by** . . . brez odpora s strani . . .

unoppressed [ʌnəprést] *a* netlačen; nezatiran

unordained [ʌnɔ:déind] *a* neposvečen (za duhovnika)

unordered [ʌnó:dəd] *a* neurejen; nereden; neodrejen, neukazan

unorderly [ʌnó:dəli] *a* v neredu, neurejen

unorganized [ʌnó:gənaizd] *a* (sindikalno) neorganiziran; zmeden, neurejen; neorganski (*ferment* encim)

unoriginal [ʌnərídžənəl] *a* neizviren, neoriginalen; izposojen (npr. iz drugega jezika); iz druge roke

unornamental [ʌnɔ:nəméntəl] *a* neokrasen, preprost, nedekorativen

unorthodoxe [ʌnó:θədəks] *a* rel nepravoveren, neortodoksen; nestrog; nekonvencionalen

unostentatious [ʌnɔstentéišəs] *a* preprost, nebahav, nerazkazovalen, nezahteven, skromen; ki ne pade v oči; decenten; nebombastičen; nevsiljiv (barva)

unowned [ʌnóund] *a* (ki je) brez lastnika; nepriznan; **an** ~ **child** od očeta nepriznan otrok

unpacified [ʌnpǽsifaid] *a* nepomirjen

unpack [ʌnpǽk] *vt* odmotati, vzeti iz omota (paketa), izpakirati; izložiti, izprazniti (kovček)

unpacker [ʌnpǽkə] *n* izpakovalec

unpaged [ʌnpéidžd] *a* nepaginiran

unpaid [ʌnpéid] *a* neplačan; ki je brez plače, časten; nefrankiran (pismo); ~-**letter stamps** znamke za dodatno poštno pristojbino

unpainful [ʌnpéinful] *a* neboleč, brez bolečine

unpaired [ʌnpéəd] *a* brez para, ki ni uvrščen v pare

unpalatable [ʌnpǽlətəbl] *a* (~ **bly** *adv*) neprijeten za okus, neprijeten; *fig* neužiten; oduren, odvraten; **an** ~ **truth** neprijetna resnica

unparalleled [ʌnpǽrəleld] *a* nevzporedljiv; brezprimeren, brez primere, brez enakega, enkraten

unpardonable [ʌnpá:dnəbl] *a* neodpustljiv, neoprostljiv

unpardoning [ʌnpá:dniŋ] *a* ki ne oprosti (odpusti)

unpared [ʌnpéəd] *a* neodrezan ,nepristrižen (noht)

unparental [ʌnpəréntl] *a* nedostojen za starše, nestarševski

unparented [ʌnpǽrəntid] *a* ki je brez staršev, ki je sirota, osirotel

unparliamentary [ʌnpa:ləméntəri] *a* neparlamentaren; *fig* surov, robat; ~ **language** robato izražanje (govorjenje)

unparted [ʌnpá:tid] *a* neločen

unpasteurized [ʌnpǽstəraizd] *a* nepasteriziran

unpatched [ʌnpǽčt] *a* nezakrpan

unpatented [ʌnpéitentid] *a* nepatentiran

unpathed [ʌnpá:θd] *a fig* neraziskan

unpatriotic [ʌnpætriótik] *a* (~ **ally** *adv*) nepatriotičen, nerodoljuben, nedomoljuben, brez rodoljubja

unpaved [ʌnpéivd] *a* netlakovan (cesta)

unpawned [ʌnpó:nd] *a* nezastavljen

unpayable [ʌnpéiəbl] *a* neplačljiv, ki se ne more plačati; nerentabilen, ki se ne izplača

unpeaceful [ʌnpí:sful] *a* nemiren, buren

unpedigreed [ʌnpédigri:d] *a* brez rodovnika

unpeeled [ʌnpí:ld] *a* neolupljen

unpeg [ʌnpég] *vt* sneti, odvzeti (vrv) s klina; izvleči, odstraniti; *econ* ne imeti več tržišča v rokah

unpen [ʌnpén] *vt* izpustiti iz tamarja (ovce); pustiti odteči (vodo); ~ **t** nezaprt, nezagrajen

unpensioned [ʌnpénšənd] *a* neupokojen

unpeople [ʌnpí:pl] *vt* razljuditi, razseliti; zmanjšati število prebivalstva; ~ **d** razljuden, nenaseljen, prazen

unperceivable [ʌnpəsí:vəbl] *a* nezaznaven

unperceived [ʌnpəsí:vd] *a* nezapazen, neopazen

unperforated [ʌnpó:fəreitid] *a* nepreluknjan (znamka); nepredrt, neprebit, neprevrtan, neperforiran

unperformed [ʌnpəfó:md] *a* neizveden, nenarejen, neizvršen, neopravljen; neuprizorjen (gledališka igra)

unperjured [ʌnpó:džəd] *a* nekrivoprisežen

unperplexed [ʌnpəplékst] *a* nezmeden, nezbegan; neosupel, nepresenečen, neperpleksen

unpersuadable [ʌnpəswéidəbl] *a* ki se ne da pregovoriti ali prepričati; neizprosen

unpersuaded [ʌnpəswéidid] *a* neprepričan, nepregovorjen

unpersuasive [ʌnpəswéisiv] *a* neprepričljiv

unperturbed [ʌnpətó:bd] *a* nezmeden, miren, hladnokrven

unperused [ʌnpərú:zd] *a* neprečitan

unperverted [ʌnpəvó:tid] *a* nepokvarjen, neizprijen

unphilosophical [ʌnfiləsófikl] *a* nefilozofski; nesistematski

unpick [ʌnpík] *vt* razparati (šiv)

unpicked [ʌnpíkt] *a* neizbran, neprebran, neobran, nesortiran

unpicturesque [ʌnpikčərésk] *a* neslikovit

unpile [ʌnpáil] *vt & vi* podreti (se) (kup, skladanica)

unpiloted [ʌnpáilətid] *a* nepilotiran, ki je brez pilota; *fig* (ki je) brez vodstva

unpin [ʌnpín] *vt* izvleči bucike (iz obleke); razparati; odpeti, odviti, izvleči (žebljičke ipd.); odpahniti (vrata)

unpitied [ʌnpítid] *a* nepomilovan

unpitiful [ʌnpítiful] *a* neusmiljen

unpitying [ʌnpítiiŋ] *a* (~ **ly** *adv*) neusmiljen, brez usmiljenja

unplaced [ʌnpléist] *a sp* neplasiran, ki ni zasedel eno od prvih treh mest (konj); nenameščen; brez službe

unplait [ʌnplǽt] *vt* razplesti (kite las); izgladiti (gube)

unplaned [ʌnpléind] *a* neskobljan

unplanned [ʌnplǽnd] *a* neplaniran, nenačrtovan; nepredviden, nepričakovan

unplanted [ʌnplá:ntid] *a* neposajen, nenasajen, nekultiviran, divje rastoč (rastlina); nenaseljen, ne koloniziran

unplausible [ʌnpló:zibl] *a* neverjeten, neprepričljiv; nesprejemljiv; neplavzibel

unplayable [ʌnpléiəbl] *a* neprimeren ali nesposo-ben za igranje; slab, težak (žoga)

unpleasant [ʌnplézənt] *a* (~ ly *adv*) neprijeten, zoprn, »strupen«, odvraten; neugoden

unpleasantness [ʌnplézəntnis] *n* neprijetnost, ne-všečnost; nesporazum, nesoglasje, nesloga; pre-pir; the late ~ *A coll* secesijska vojna

unpleased [ʌnplí:zd] *a* nezadovoljen

unpleasing [ʌnplí:ziŋ] *a* nerazveseljiv; neprijeten; neugoden

unpledged [ʌnplédžd] *a* nevezan, neobvezan

unpliable [ʌnpláiəbl] **1.** *a* neupogljiv, neupogiben, nepregiben; slabo prožen; *fig* tog, neuklonljiv, trdovraten, nepopustljiv

unpliant [ʌnpláiənt] *a* glej **unpliable**

unploughed [ʌnpláud] *a* nezoran; neobdelan (zem-lja)

unplug [ʌnplʌg] *vt* izvleči čep; *el* izvleči vtikač, iz-klopiti

unplumbed [ʌnplʌmd] *a* ki ni bil sondiran, neson-diran (globočina); *fig* neizmerjen, brezdanji; *tech* ne(za)plombiran; brez instalacij

unplume [ʌnplú:m] *vt* oskubsti; oropati okrasa

unpoetical [ʌnpouétikl] *a* nepesniški; nepoetičen, prozaičen, brez poezije

unpointed [ʌnpóintid] *a* nepriostren, top; *fig* brez poante

unpolished [ʌnpólišt] *a* neizglajen, nepoliran; ne-uglajen, neotesan, surov, nefin; neizgrajen (slog); neizobražen; ~ **rice** neoluščen riž

unpolite [ʌnpəláit] *a* (~ ly *adv*) nevljuden; robat, neotesan, grob, surov

unpolitic [ʌnpólitik] *a* nepolitičen, nemoder

unpolitical [ʌnpólítikl] *a* nepolitičen; ki se ne za-nima za politiko

unpolluted [ʌnpəlú:tid] *a* neonesnažen, čist

unpolled [ʌnpóuld] *a pol* neizvoljen; nevpisan v volilni imenik; *obs* neostrižen; ~ **elector** ne-volivec; ~ **vote** neštet glas

unpopular [ʌnpópjulə] *a* nepriljubljen, nepopula-ren; neljudski

unpopularity [ʌnpópjulǽriti] *n* nepriljubljenost, nepopularnost; neljudskost

unpopularize [ʌnpópjuləraiz] *vt* napraviti nepopu-larno

unpopulated [ʌnpópjuleitid] *a* razljuden

unpossessed [ʌnpəzést] *a* ki nima lastnika, ki ni v posesti (koga, česa); to be ~ of s.th. ne imeti česa v posesti

unposted [ʌnpóustid] *a* neoddan po pošti (pismo); neobveščen, neinformiran

unpractical [ʌnprǽktikl] *a* (~ ly *adv*) nepraktičen; nespreten (oseba); slabo uporabljiv; nerealisti-čen

unpracticality [ʌnprǽktikǽliti] *n* neuporabnost, ne-praktičnost; nespretnost

unpractised, ~ **ticed** [ʌnprǽktist] *a* neizvežban, nevešč, neizkušen (*in* v); brez prakse; neupo-rabljen, neprakticiran; neobičajen

unpraised [ʌnpréizd] *a* nehvaljen

unprecedented [ʌnprésidəntid] *a* (ki je) brez prejš-njega primera (precedensa), neprecedenčen; ne-zaslišan, brez primere; this is ~ kaj takega še ni bilo

unpredictability [ʌnpridiktəbíliti] *n* nenapovedlji-vost

unpredictable [ʌnpridíktəbl] *a* nenapovedljiv

unprejudiced [ʌnprédžudist] *a* (ki je) brez pred-sodkov, nepristranski; neoškodovan

unpremeditated [ʌnpriméditeitid] *a* nepremišljen, nenačrtovan; nenameren; nepripravljen, (ki je) brez priprave

unpreparation [ʌnprepəréišən] *n* nepripravljenost

unprepared [ʌnpripéəd] *a* nepripravljen; improvi-ziran; everything was ~ nič ni bilo pripravljeno; an ~ **speech** improviziran govor; he was ~ to meet me ni bil pripravljen sprejeti me

unprepossessed [ʌnpripəzést] *a* nepristranski

unprepossessing [ʌnpri:pəzésiŋ] *a* neprivlačen, ne-prikupen, malo vabljiv; nesimpatičen

unpresentable [ʌnprizéntəbl] *a* ki se ne more pred-staviti, uvesti v družbo

unpressed [ʌnprést] *a* netiskan; nezlikan; nesiljen

unpresuming [ʌnprizjú:miŋ] *a* nezahteven, skro-men; nearoganten, nenadut, nedomišljav, pre-prost

unpresumptuous [ʌnprizʌm(p)tjuəs] *a* neošaben, neoblasten

unpretending [ʌnpriténdiŋ] *a* (~ ly *adv*) skromen, nezahteven; preprost

unpretentious [ʌnpriténšəs] *a* nezahteven, nepre-tenciozen, skromen, preprost

unpreventable [ʌnprivéntəbl] *a* nepreprečljiv, ne-izbežen, neizogiben

unpriced [ʌnpráist] *a* neoznačen s (stalno) ceno; (redko) neprecenljiv

unpriest [ʌnprí:st] *vt* odvzeti duhovniški poklic

unprincipled [ʌnprínsəpəld] *a* breznačelen, nezna-čajen, nemoralen, brezvesten; ~ **in** neseznanjen z načeli (kake stvari)

unprintable [ʌnpríntəbl] *a* ki se ne more tiskati; neprimeren za objavo

unprinted [ʌnpríntid] *a* netiskan

unpriviledged [ʌnprívilidžd] *a* neprivilegiran, brez privilegijev, brez posebnih pravic

unprizable [ʌnpráizəbl] *a* brez vrednosti; neprecen-ljiv

unprized [ʌnpráizd] *a* neocenjen

unprobed [ʌnpróubd] *a* nesondiran, nepreskušen, neraziskan

unproclaimed [ʌnprəkléimd] *a* neproklamiran, ne-razglašen (slovesno)

unprocurable [ʌnprəkjúərəbl] *a* nenabavljiv, ki se ne da priskrbeti (dobiti)

unproductive [ʌnprədʌktiv] *a* neproduktiven, ne-ploden, nedonosen; ~ **capital** neizkoriščen, mr-tev kapital

unproductiveness [ʌnprədʌktivnis] *n* neproduktiv-nost; nedonosnost

unprofessional [ʌnprəféšənəl] *a* nestrokoven; ne-poklicen; laičen; ki je brez poklica; ~ **man** laik; ~ **advertising** šušmarska reklama

unproficient [ʌnprəfíšənt] *a* nevešč, nestrokoven

unproficiency [ʌnprəfíšənsi] *n* nestrokovnost, ne-veščina

unprofitable [ʌnprófitəbl] *a* nedonosen, nerenta-bilen, nekoristen; odvečen

unprogressive [ʌnprəgrésiv] *a* nenapreden, konser-vativen, reakcionaren; ki je v zastoju ki ne na-preduje

unprogressiveness [ʌnprəgrésivnis] *n* nenaprednost, konservativnost, reakcionarnost unprohibited [ʌnprəhíbitid] *a* neprepovedan, dovoljen

unpromising [ʌnprómisiŋ] *a* neobetaven, ki ne obeta mnogo, brez (veliko) upanja, brezupen

unprompted [ʌnprómptid] *a* nevplivan, spontan, sam od sebe

unpronounceable [ʌnprənáunsəbl] *a* neizgovorljiv, ki se ne more ali se težko izgovarja

unpronounced [ʌnprənáunst] *a* neizgovorjen, neizrečen

unprop [ʌnpróp] *vt* odvzeti (čemu) podporo

unpropagated [ʌnprópəgeitid] *a* nepropagiran, nеširjen, nerazglašen

unprophetic [ʌnprəfétik] *a* nepreroški

unpropitiated [ʌnprəpíšieitid] *a* neomehčan, nepomirjen

unpropitious [ʌnprəpíšəs] *a* (~ ly *adv*) nenaklonjen, nemilosten; neugoden; nesrečen

unproportional [ʌnprəpó:šnəl] *a* nesorazmeren, neproporcionalen

unproportioned [ʌnprəpó:šənd] *a* nesorazmeren

unproposed [ʌnprəpóuzd] *a* nepredlagan, nesvetovan

unprosperous [ʌnpróspərəs] *a* neuspevajoč, neuspešen; nesrečen; nepremožen

unprotected [ʌnprətéktid] *a* (ki je) brez zaščite, nezaščiten; *mil* neoklopljen; nekrit

unprotested [ʌnprətéstid] *a* nenasprotovan, brez ugovora; *econ* neprotestiran (*bill* menica)

unprovable [ʌnprú:vəbl] *a* nedokazljiv

unproved [ʌnprú:vd] *a* nedokazan

unprovided [ʌnprəváidid] *a* nepreskrbljen, neoskrbljen; nepripravljen; *obs* nepredviden; ~ for nepreskrbljen; ~ with money brez denarja; to be left ~ for ostati brez sredstev, nepreskrbljen (otroci)

unprovoked [ʌnprəvóukt] *a* neizzvan; nepovzročen, brez povoda

unpublished [ʌnpʌ́blišt] *a* neobjavljen (rokopis), neizdan; ne splošno razširjen

unpunctual [ʌnpʌ́ŋkčuəl] *a* (~ ly *adv*) netočen

unpunctuality [ʌnpʌŋkčuǽliti] *n* netočnost

unpunctuated [ʌnpʌ́ŋktjueitid] *a* *ling* brez interpunkcije (ločil)

unpunishable [ʌnpʌ́nišəbl] *a* nekazniv

unpunished [ʌnpʌ́ništ] *a* nekaznovan; to go ~ uiti kazni

unpurchasable [ʌnpó:čəsəbl] *a* ki se ne more kupiti, nekupljiv, nenabavljiv

unpurposed [ʌnpó:pəst] *a* nenameravan, nenameren

unpuzzle [ʌnpʌ́zl] *vt* (raz)rešiti

unquailing [ʌnkwéiliŋ] *a* odločen, trden

unqualified [ʌnkwólifaid] *a* nekvalificiran, nekompetenten, nepooblaščen; ~ practitioner nekvalificiran, neaprobiran (splošni) zdravnik; neosposobljen; nesposoben, neprimeren; popoln, neomejen, absoluten; ~ praise absolutna hvala; he is ~ to serve *mil* on je nesposoben za vojaško službo

unquenchable [ʌnkwénčəbl] *a* nepogasljiv; neutešljiv (tudi *fig*)

unquenched [ʌnkwénčt] *a* nepogašen, nepotešen, neutešen

unquestionable [ʌnkwésčənəbl] *a* (~ bly *adv*) nevprašljiv, nesporen, nedvoumen, nepobiten

unquestioned [ʌnkwésčənd] *a* nesporen, nedvomen; nevprašan; neraziskan

unquestioning [ʌnkwésčəniŋ] *a* brezpogojen, *fig* slep; he exacted ~ obedience zahteval je brezpogojno, slepo pokorščino

unquiet [ʌnkwáiət] *a* nemiren, razburjen, vznemirjen, zaskrbljen; buren; ~ times burni časi

unquietness [ʌnkwáiətnis] *n* nemirnost, vznemirjenost

unquotable [ʌnkwóutəbl] *a* ki se ne da citirati

unquoted [ʌnkwóutid] *a* nenaveden, necitiran; *econ* nenotiran, brez notiranja (na borzi)

unransomed [ʌnrǽnsəmd] *a* neodkupljen; nerešen

unrated [ʌnréitid] *a* *econ* neocenjen

unratified [ʌnrǽtifaid] *a* nepotrjen, neratificiran (pogodba)

unrationed [ʌnrǽšənd] *a* neracioniran

unravel [ʌnrǽvl] *vt* izvleči vlakna; razparati; razmotati, razplesti; *fig* rešiti, pojasniti (problem); *vi* razplesti se, razmotati se; *fig* pojasniti se, razrešiti se

unravelment [ʌnrǽvəlmənt] *n* rešitev (uganke); razplet

unrazored [ʌnréizəd] *a* neobrit

unreachable [ʌnrí:čəbl] *a* nedosegljiv

unreached [ʌnrí:čt] *a* nedosežen

unread [ʌnréd] *a* nečitan, neprečitan; nenačitan, neizobražen

unreadable [ʌnrí:dəbl] *a* nečitljiv; nejasen (rokopis); ki se ne more čitati; nezanimiv (knjiga)

unreadiness [ʌnrédinis] *n* nepripravljenost

unready [ʌnrédi] *a* (unreadily *adv*) nepripravljen; oklevajoč, neodločen

unreal [ʌnríəl] *a* (unreally *adv*) neresničen, nerealen, namišljen, dozdeven; ki obstaja le v domišljiji; ki ne živi v stvarnosti, v realnosti; fantastičen

unreality [ʌnriǽliti] *n* nerealnost, nestvarnost, neresničnost

unrealizable [ʌnríəlaizəbl] *a* neuresničljiv, neizvedljiv; *econ* ki se ne more vnovčiti (prodati, realizirati)

unrealized [ʌnríəlaizd] *a* nerealiziran, neuresničen, neizveden, neizpolnjen; neznan, nesluten

unreason [ʌnrí:zən] *n* norost, nespamet

unreasonable [ʌnrí:zənəbl] *a* (~ nably *adv*) nespameten, brez pameti, neumen; pretiran, čezmeren, ekscesiven; nezmeren; ~ demands, prices pretirane (nesramne) zahteve, cene

unreasoned iʌnrí:zənd] *a* nepremišljen

unreasoning [ʌnrí:zəniŋ] (~ ly *adv*) ki ni vóden od razuma, nespameten; slep (npr. sovraštvo); ~ fear paničen strah

unrebuk(e)able [ʌnribjú:kəbl] *a* neoporečen, brezgrajen

unrecallable [ʌnrikó:ləbl] *a* nepreklicen

unreceipted [ʌnrisí:tid] *a* *econ* nepotrjen, nekvitiran (račun)

unreceived [ʌnrisí:vd] *a* neprejet, nesprejet

unreceptive [ʌnriséptiv] *a* nesprejemljiv, nedovzeten, nereceptiven

unreciprocated [ʌnrisíprəkeitid] *a* neobojestranski, nerecipročen; his love was ~ njegova ljubezen mu ni bila vrnjena (vračana)

unreckoned [ʌnrékənd] *a* neizračunan, nevračunan

unreclaimed [ʌnrikléimd] a nezahtevan nazaj, nereklamiran; neobdelan, nekultiviran (npr. zemlja); neizboljšan; neukročen (tudi *fig*)
unrecognizable [ʌnrékəgnaizəbl] a nespoznaten, ki se ne more spoznati (prepoznati)
unrecognized [ʌnrékəgnaizd] a neprepoznan, nespoznan; nepriznan
unrecommended [ʌnrekəméndid] a nepriporočen
unrecompensed [ʌnrékəmpənst] a nenagrajen; neodškodovan
unreconcilable [ʌnrékənsailəbl] a nespravljiv, nepomirljiv
unreconciled [ʌnrékənsaild] a nepomirjen, nespravljen (*to* z)
unrecorded [ʌnrikɔ́:did] a nezabeležen, neregistriran, nevnesen (v letopis); zgodovinsko neznan; neposnet (tonsko)
unrecovered [ʌnrikʌ́vəd] a ne zopet (nazaj) (pri)dobljen; *med* ki še ni okreval
unrectified [ʌnréktifaid] a nepopravljen; *chem* neočiščen, nedestiliran
unredeemable [ʌnridí:məbl] a *econ* neizbrisen, neizplačljiv; nepopravljiv; *relig* neodrešljiv
unredeemed [ʌnridí:md] a ne zopet (nazaj) dobljen; neplačan (dolg); neizpolnjen (obljuba); neodkupljen (zastavek); nekompenziran; *relig* neodrešen; *fig* neublažen; slab; ugliness ~ save by the beauty of the eyes grdost, ki jo kompenzirajo edinole lepe oči
unredressed [ʌnridrést] a neporavnan, nepopravljen
unreel [ʌnrí:l] *vt & vi* odmotati (se), odviti (se), odsukati (se); to ~ a long story pripovedovati dolgo zgodbo
unrefined [ʌnrifáind] a *tech* neprečiščen, nerafiniran, surov; nefin, neotesan, prostaški, neizobražen; ~ manners neotesane manire (vedenje); ~ sugar nerafiniran sladkor
unreflecting [ʌnrifléktiŋ] a (~ ly *adv*) ki ne premišlja, nepremišljen
unreflected [ʌnrifléktid] a nepremišljen
unreformable [ʌnrifɔ́:məbl] a nepopravljiv
unreformed [ʌnrifɔ́:md] a nepopravljen, neizboljšan; nereformiran
unrefreshed [ʌnrifréšt] a neosvežen; neokrepčan
unrefuted [ʌnrifjú:tid] a neovržen, nespodbit
unregarded [ʌnrigá:did] a neupoštevan; spregledan, vnemar puščan
unregardful [ʌnrigá:dful] a brezobziren, brez obzira (*of* do)
unregenerate [ʌnridžénərit] a neprerojen; *relig* grešen, nepoboljšan; pokvarjen
unregistered [ʌnrédžistəd] a neregistriran, nezapisan, nevnesen; nepriporočen (pismo)
unregretted [ʌnrigrétid] a neobžalovan
unregulated [ʌnrégjuleitid] a nereguliran (npr. ura); neurejen
unrehearsed [ʌnrihɔ́:st] a (ki je bil) brez skušnje (gledališka igra); nepredviden, presenetljiv; neimenovan, neizrečén
unrein [ʌnréin] *vt* popustiti uzde (vajeti); *fig* pustiti, naj gre, kakor hoče; ~ ed nebrzdan, razuzdan
unrelated [ʌnriléitid] a nesoroden, ki ni v sorodstvu; (ki je) brez zveze ; nepovezan; neporóčan, nepovedan

unrelaxed [ʌnriléckst] a nepomirjen, nespočit; nesproščen
unrelaxing [ʌnriléeksiŋ] a (~ ly *adv*) ki ne popušča, nepopustljiv, neutrudljiv
unrelenting [ʌnriléntiŋ] a (~ ly *adv*) nepopustljiv, neuklonljiv, neizprosen, rigorozen; trd, brezčuten; nezmanjšan (hitrost)
unreliability [ʌnrilaiəbíliti] n nezanesljivost
unreliable [ʌnriláiəbl] a nezanesljiv (oseba); negotov, dvomljiv (informacija itd.); *econ* nesoliden
unrelievable [ʌnrilí:vəbl] a komur (čemur) se ne da pomagati
unrelieved [ʌnrilí:vd] a neolajšan, neublažen; neprestan, neprekinjen, nezmanjšan; enoličen, monoton, brez kontrastov; *mil* nerešen (trdnjava); *mil* nezamenjan (na straži, na dolžnosti)
unreligious [ʌnrilídžəs] a nereligiozen; brez religije
unrelished [ʌnrélišt] a neuživan
unreluctant [ʌnrilʌ́ktənt] a ki se ne protivi (upira); voljan, pripravljen
unremedied [ʌnrémidid] a neozdravljen
unremembered [ʌnrimémbəd] a pozabljen
unremitting [ʌnrimítiŋ] a (~ ly *adv*) neprestan, stalen, neutrudljiv, vztrajen; ~ exertions neutrudni napori; ~ severity neusmiljena strogost
unremorseful [ʌnrimɔ́:sful] a ki se ne kesa, ki ga ne grize vest
unremovable [ʌnrimú:vəbl] a nepremakljiv, neodstranljiv, nepremičen, stalen
unremunerated [ʌnrimjú:nəreitid] a nenagrajen, neplačan, neremuneriran
unremunerative [ʌnrimjú:nərətiv] a nedonosen, nerentabilen, negospodaren; ki ne prinaša pravega plačila
unrenewed [ʌnrinjú:d] a neobnovljen
unrented [ʌnréntid] a nenajet, ne vzet v najem; ne dan v najem
unrepaid [ʌnripéid] a nepoplačan, nepovrnjen; nenadoknaden: nemaščevan
unrepair [ʌnripéə] n potreba popravila; poškodovanost, propadanje, razpadanje
unrepaired [ʌnripéəd] a nepopravljen
unrepealed [ʌnripí:ld] a nerazveljavljen, nepreklican, neukinjen
unrepeatable [ʌnripí:təbl] a neponovljiv
unrepentance [ʌnripéntəns] n nekesanje, neskesanost
unrepentant [ʌnripéntənt] a neskesan, ki se ne kesa, zakrknjen
unrepented [ʌnripéntid] a neobžalovan (*sin* greh)
unrepenting [ʌnripéntiŋ] a ki se ne kesa, ne kesajoč se
unrepining [ʌnripáiniŋ] a (~ ly *adv*) ki se ne pritožuje; tih, miren, negodrnjav, potrpežljiv, zadovoljen
unreplaceable [ʌnripléisibl] a nenadomestljiv, nezamenljiv
unreported [ʌnripɔ́:tid] a neporočan, nesporočen; neobveščen
unrepresentative [ʌnriprəzéntətiv] a nereprezentativen; netipičen (*of* za); *pol* ki ne zastopa (volje) volivcev
unrepresented [ʌnriprəzéntid] a nezastopan
unrepressed [ʌnriprést] a nepotlačen, nezadušen; neobvladan

unreprieved [ʌnripríːvd] *a* neodgoden
unreproved [ʌnriprúːvd] *a* negrajan, brez graje; ne neodobravan
unrequested [ʌnrikwéstid] *a* nezahtevan; nenaprošen, nepovabljen; malo potreben, nekoristen
unrequited [ʌnrikwáitid] *a* nevračan (*love* ljubezen); nenagrajen (usluge); nekaznovan (zločin)
unrescinded [ʌnrisíndid] *a jur* še veljaven, ne neveljaven
unresented [ʌnrizéntid] *a* ki ni vzet za zlo, nezamerjen
unresenting [ʌnrizéntiŋ] *a* (~ ly *adv*) nezamerljiv; ki ne zameri, ne jemlje za zlo
unreserve [ʌnrizɔ́ːv] *n* odkritost, iskrenost, odkritosrčnost; nezadržanost
unreserved [ʌnrizɔ́ːvd] *a* (~ ly *adv*) nerezerviran, nezadržan; odprt, iskren; ki ni naprej naročen (rezerviran); popoln, neomejen, brez omejitve; ~ ly brez omejitve; odkrito; ~ approval absolutna odobritev; an ~ nature odkritosrčna narava
unreservedness [ʌnrizɔ́ːvdnis] *n* nerezerviranost; iskrenost
unresisted [ʌnrizístid] *a* neoviran, brez nasprotovanja, brez odpora; I was ~ nisem naletel na nikak odpor
unresisting [ʌnrizístiŋ] *a* (~ ly *adv*) ki se ne upira, ki je brez odpora, popustljiv
unresolved [ʌnrizólvd] *a* nerešen (npr. uganka); neodločen; *chem* neraztopljen; ~ problem nerešen problem
unrespectable [ʌnrispéktəbl] *a* nevreden spoštovanja
unrespected [ʌnrispéktid] *a* nespoštovan
unrespectful [ʌnrispéktful] *a* nespoštljiv
unrespective [ʌnrispéktiv] *a* ki ne dela razlike, brez razlike; brez izbire
unrespited [ʌnréspitid] *a* neodgoden
unresponsive [ʌnrispónsiv] *a* (~ ly *adv*) ki ne vrača, ne reagira (takoj); ravnodušen, hladen, nedovzeten (*to* za)
unrest [ʌnrést] *n* nemir, vznemirjenje, razburjenost; neugodje
unrestful [ʌnréstful] *a* (~ ly *adv*) nemiren, vznemirjen
unresting [ʌnréstiŋ] *a* (~ ly *adv*) nemiren; neutruden; vztrajen, nenehen
unrestored [ʌnristóːd] *a* nevzpostavljen; nevrnjen; neobnovljen, nepopravljen; neozdravljen, ki ni okreval
unrestrained [ʌnristréind] *a* (~ ly *adv*) nebrzdan, neoviran, prost, neomejen, neprisiljen, razbrzdan
unrestreint [ʌnristréint] *n* neobrzdanost, neprisiljenost, prostost
unrestricted [ʌnristríktid] *a* neomejen, brez omejitve; absoluten, popoln
unretarded [ʌnritáːdid] *a* nezakasnjen, nezaostal
unretracted [ʌnritrǽktid] *a* nepreklican
unreturned [ʌnritɔ́ːnd] *a* nevrnjen; neodgovorjen; *pol* neizvoljen (v parlament); to be ~ ostati brez odgovora
unrevealed [ʌnrivíːld] *a* neodkrit, skriven
unrevenged [ʌnrivéndžd] *a* nemaščevan
unrevised [ʌnriváizd] *a* nepregledan, nerevidiran
unrevoked [ʌnrivóukt] *a* nepreklican

unrewarded [ʌnriwɔ́ːdid] *a* nenagrajen; nepoplačan
unrhetorical [ʌnritɔ́rikl] *a* neretoričen; nefrazerski, preprost
unrhymed [ʌnráimd] *a* ki je brez rim, neriman
unrhythmical [ʌnríðmikl]: *a* neritmičen, ki ni v taktu
unriddle [ʌnrídl] *vt* razrešiti (uganko), uganiti
unrifled [ʌnráifld] *a tech* gladek (o puškini cevi); neizropan, neoplenjen
unrig [ʌnríg] *vt naut* sneti ladijsko opremo; *coll* sleči
unrighteous [ʌnráičəs] *a* nepravičen, krivičen, nepošten; grešen, hudoben, zavržen; an ~ sentence krivična obsodba
unrightful [ʌnráitful] *a* (~ ly *adv*) nepravičen, krivičen; nezakonit, protizakonit
unrip [ʌnríp] *vt* (raz)parati, raztrgati
unripe [ʌnráip] *a* nezrel, (še) zelen; nerazvit; *fig* prezgodaj zrel (dozorel); *A sl* »zelen«, mlečnozob
unripened [ʌnráipənd] *a* nezrel, nedozorel (zlasti sir)
unripeness [ʌnráipnis] *n* nezrelost
unrisen [ʌnrízən] *a* ki še ni vzšel (luna itd.)
unrival(l)ed [ʌnráivəld] *a* brez tekmeca, brezprimeren, nedosegljiv; ki mu ni enakega; brezkonkurenčen
unrivet [ʌnrívit] *vt* odstraniti zakovice, razkovati, razstaviti; *fig* odvezati
unrobe [ʌnróub] *vt* odložiti ali sleči (komu) (svečano) obleko; sleči; *vi* odložiti ali sleči svojo (svečano) obleko; sleči se
unroll [ʌnróul] *vt* odmotati, razmotati, odviti, razviti; razgrniti, razprostreti; *fig* razviti (načrt) *vi* odviti se, razširiti se
unromantic [ʌnrəmǽntik] *a* (~ ally *adv*) neromantičen, prozaičen, vsakdanji; suhoparen
unroof [ʌnrúːf] *vt* odstraniti, sneti streho
unroost [ʌnrúːst] *vt* preplašiti (perutnino): *fig* plašiti, spoditi, prepoditi; *vi* odleteti s počivališča; *fig* vstati (iz postelje)
unroot [ʌnrúːt] *vt* izpuliti (s korenino vred); izkoreniniti, uničiti, odstraniti; *vi* (redko) izkoreniniti se
unrope [ʌnróup] *vt* odvezati (konja)
unround [ʌnráund] *vt phon* razokrožiti zaokrožen glas
unroyal [ʌnróiəl] *a* nekraljevski, kralja nevreden
unruffled [ʌnrʌ́fld] *a* gladek, nekodrast; *fig* miren, nepremičen, umirjen, neomajen; with ~ temper mirno, brez razburjanja
unruled [ʌnrúːld] *a* neukročen, neobvladan, neobrzdan; nečrtan, neliniran, brez črt (papir)
unruliness [ʌnrúːlinis] *n* upornost, nevodljivost, neposlušnost, divjost, razposajenost, trmoglavost samovoljnost, nebrzdanost
unruly [ʌnrúːli] *a* neposlušen, nepokoren, samovoljen, nebrzdan, neukrotljiv; trdoglav, trmast, kljubovalen, uporen
unrumple [ʌnrʌ́mpl] *vt* izgladiti (gube, lase)
unsaddle [ʌnsǽdl] *vt* sneti (konju) sedlo; vreči (koga) iz sedla; *vi* razsedlati konja
unsafe [ʌnséif] *a* (~ ly *adv*) ne varen, malo varen nesiguren, nevaren; nezanesljiv; odpet (puška)
unsaid [ʌnséd] *a* neizrečen, neomenjen
unsalability [ʌnseiləbíliti] *n* neprodajnost
unsalable [ʌnséiləbl] *a* ki se ne more prodati, neprodajen, nekuranten (blago)

unsalaried [ʌnsǽlərid] *a* ki nima plače, neplačan; ~ clerk volonter

unsalted [ʌnsɔ́:ltid] *a* nesoljen, neslan

unsanctified [ʌnsǽŋktifaid] *a* neposvečen, nesanktificiran, nesvet

unsanctioned [ʌnsǽŋkšənd] *a* nepotrjen, nesankcioniran; nedovoljen

unsanitary [ʌnsǽnitəri] *a* nezdrav, nehigieničen

unsated [ʌnséitid] *a* nenasičen; nezadovoljén

unsatisfactoriness [ʌnsætisfǽktərinis] *n* nezadostnost

unsatisfactory [ʌnsætisfǽktəri] *š* nezadovoljiv; nezadosten

unsatisfied [ʌnsǽtisfaid] *a* nezadovoljen; nezadovoljèn, neutešen; *econ* neplačan, neporavnan

unsatisfying [ʌnsǽtisfaiiŋ] *a* nezadovoljiv; nezadosten; ~ meal nezadosten obrok jedi

unsaved [ʌnséivd] *a* nerešen; *relig* neodrešen

unsaturated [ʌnsǽčərətid] *a chem* nenasičen

unsavouriness [ʌnséivərinis] *n* neokusnost, neslastnost; priskutnost, odvratnost, zoprnost

unsavoury [ʌnséivəri] *a* neokusen, neslasten, priskuten, zoprn; neprijeten za okus; odvraten, neprijeten; *fig* spotakljiv, nespodoben

unsay* [ʌnséi] *vt* preklicati; ovreči, spodbiti; vzeti nazaj besedo; to say and ~ reči enkrat da, enkrat ne

unsayable [ʌnséiəbl] *a* neizrekljiv

unscalable [ʌnskéiləbl] *a* nepristopen, nedostopen

unscale [ʌnskéil] *vt* odvzeti luske, oluskati (ribo); *fig* vzeti mreno z oči, odpreti (komu) oči

unscared [ʌnskéəd] *a* nepreplašen, neustrašen

unscarred [ʌnská:d] *a* (ki je) brez brazgotin, neranjen

unscathed [ʌnskéiθd] *a* nepoškodovan, brez praske, nedotaknjen

unscented [ʌnséntid] *a* nenadišavljen, neparfumiran

unscheduled [ʌnšédju:ld] *a* nevpisan; nepredviden po voznem redu, nereden; neplaniran, nepredviden

unscholarly [ʌnskɔ́ləli] *a* neučen; neznanstven

unschooled [ʌnskú:ld] *a* nešolan, neizobražen; nepriučen; neizumetničen; brez šole (kraj)

unscientific [ʌnsaiəntífik] *a* (~ ally *adv*) neznanstven

unscramble [ʌnskrǽmbl] *vt* razstaviti; dešifrirati

unscreened [ʌnskrí:nd] *a* nezakrit, nezaščiten; *tech* nepresejan (premog)

unscrew [ʌnskrú:] *vt* odvi(ja)ti (vijak); *vi* odviti se

unscriptural [ʌnskrípčərəl] *a relig* nebiblijski; ki nasprotuje bibliji

unscrupulous [ʌnskrú:pjuləs] *a* (~ ly *adv*) netankovesten, brezvesten, brezobziren, neskrupulozen

unseal [ʌnsí:l] *vt* odpečatiti, odstraniti pečat; *fig* odpreti (oči); odkriti, razkriti; to ~ s.o.'s eyes =*fig* odpreti komu oči; to ~ s.o.'s lips pripraviti koga do govorjenja

unseam [ʌnsí:m] *vt* odpreti šive, odparati

unsearchable [ʌnsá:čəbl] *a* (~ bly *adv*) ki se ne da raziskati, neraziskaven, nedoumljiv, skrivnosten

unseasonable [ʌnsí:zənəbl] *a* letnemu času neprimeren, nenavaden (vreme); izven sezone (sadje), neužiten (ribe, sadje); nepriličen, neprimeren

unseasoned [ʌnsí:zənd] *a cul* nezačinjen; neizsušen (les); neutrjen, neodporen, neaklimatiziran; *fig* neizkušen, »zelen«

unseat [ʌnsí:t] *vt* vreči iz sedla; vreči s sedeža, s položaja; odstaviti (ministra itd.); *parl* odvzeti komu sedež (mandat) v parlamentu (proglasiti izvolitev za neveljavno); ~ed nesedeč; vržen iz sedla (jezdec); to be ~ed ne sedeti; *pol* biti brez mandata, biti izključen iz parlamenta

unseaworthy [ʌnsí:wə:ði] *a* ki ne prenese morja; nesposoben za pomorsko službo (o ladji)

unseconded [ʌnsékəndid] *a* (ki je) brez pomoči, brez podpore, nepodprt; the motion was ~ predlog ni dobil podpore

unsectarian [ʌnsektéəriən] *a* nesektaški

unsecured [ʌnsikjúəd] *a* nezavarovan, neutrjen; *econ* nepokrit, nezavarovan

unseeing [ʌnsí:iŋ] *a* ki ne vidi, slep (tudi *fig*); with an ~ glance s praznim pogledom

unseemliness [ʌnsí:mlinis] *n* grdost; nespodobnost

unseemly [ʌnsí:mli] *a* 1. *a* nespodoben, nedostojen, neprimeren, nelep, grd; 2. *adv* nespodobno

unseen [ʌnsí:n] *a* neviden, neopažen; (v šoli) nepripravljen, brez priprave, z lista (prevod); ~ ground *mil* mrtvi kot; 2. *n* naloga, ki ni vnaprej pripravljena; klavzura; the ~ nevidni svet; svet duhov

unseizable [ʌnsí:zəbl] *a* neujemljiv, nedosegljiv; *econ* nezarubljiv

unseldom [ʌnséldəm] *adv* neredko, često

unselect [ʌnsilékt] *a* neizbran; mešan

unselfish [ʌnsélfiš] *a* (~ ly *adv*) nesebičen, altruistiČen

unselfishness [ʌnsélfišnis] *n* nesebičnost, altruizem

unsensational [ʌnsenséišənəl] *a* nevznemirljiv, nerazburljiv; nesenzacionalen

unsent [ʌnsént] *a* neodposlan; ~ -for nepoklican

unsentenced [ʌnséntənst] *a* neobsojen

unsentimental [ʌnsentiméntəl] *a* nesentimentalen

unsentimentality [ʌnsentimentǽliti] *n* nesentimentalnost

unseparated [ʌnsépəreitid] *a* neločen, neoddvojen

unserviceable [ʌnsá:visəbl] *a* (~ bly *adv*) neuporaben; nekoristen, nesmotrn (*to* za)

unset* [ʌnsét] 1. *vt* proč vzeti, odstraniti; vzeti (dragulj) iz okvira; 2. *a* nepoložen; neurejen, v neredu; neposajèn; *med* neuravnan (zlomljene kosti); nenastavljen (past); ki še ni zašel (zvezda)

unsettle [ʌnsétl] *vt* spraviti v nered; zmotiti, zmesti; omajati (vero); vznemiriti, razburiti; *fig* vreči iz tira (koga); *vi* priti v nered, (za)majati se

unsettled [ʌnsétld] *a* negotov, nesiguren, neodločen; neumirjen, nemiren, razburkan, razburjen; spremenljiv, nestanoviten (vreme); nestalen; nereden (življenje); duševno móten, iz ravnotežja; brez stalnega bivališča, nenastanjen, še nenastmostojen, nepreskrbljen; klateški; nenaseljen, neobljuden, nekoloniziran; neporavnan (*bill* račun), neurejen (zadeva); *tech* neprečiščen (tekočina); ~ estate še neurejena (neregulirana) dediščina; ~ young people še nesamostojni mladi ljudje

unsevered [ʌnsévəd] *a* neločen; neraztrgan

unsew* [ʌnsóu] *vt* razparati

unsewn [ʌnsóun] *a* nesešit; nezašit

unsex [ʌnséks] *vt* napraviti brezspolno; odvzeti (ženski) ženske lastnosti

unshackle [ʌnšǽkl] *vt* sneti (odvzeti) okove; razbiti okove ali spone, osvoboditi

unshaded [ʌnšéidid] *a* nezasenčen, nezatemnjen; ki je brez zaves; neosenčen

unshadowed [ʌnšǽdoud] *a* nezasenčen, brez sence, nezatemnjen; *fig* neskaljen; nezakrit

unshak(e)able [ʌnšéikəbl] *a* neomajen, *fig* neomahljiv, čvrst, trden

unshaken [ʌnšéikən] *a* neomajan; trden (sklep); neomajen; stanoviten (oseba)

unshaped [ʌnšéipt] *a* neizoblikovan, brezobličen, brez oblike, spačen, pokvečen, pohabljen

unshapely [ʌnšéipli] *a* brezobličen, nelepih oblik, skažen, spačen, grd

unshapen [ʌnšéipən] glej **unshaped**

unshared [ʌnšéəd] *a* nedeljen z drugim(i)

unshaven [ʌnšéivn] *a* neobrit, bradat, poraščen

unsheathe [ʌnší:ð] *vt* izvleči iz nožnice (*the sword* meč); iztegniti (kremplje); prinesti na dan

unshed [ʌnšéd] *a* neprelit (solze); neodvržen (list)

unshelled [ʌnšéld] *a* neoluščen, neizluščen; nebombardiran (s topovi)

unsheltered [ʌnšéltəd] *a* nezaščiten; brez zaklonišča; brez podpore

unship [ʌnšíp] *vt naut* izkrcati (potnike), iztovoriti (blago); sneti (krmilo, vijak, vesla)

unshocked [ʌnšókt] *a* nešokiran, neškandaliziran, nezaprepaden

unshod [ʌnšód] *a* neobut, bos; nepodkovan (konj)

unshorn [ʌnšó:n] *a* neostrižen; nepožet (njiva), nepokošen (travnik)

unshortened [ʌnšó:tənd] *a* neskrajšan, integralen

unshrinkable [ʌnšríŋkəbl] *a* ki se ne skrči, ne uskoči (tkanina); ki se ne zmanjša

unshrinking [ʌnšríŋkiŋ] *a* nepopustljiv, trden; neustrašen, odločen

unshroud [ʌnšráud] *vt* odkriti, razkriti

unshut I [ʌnšʌt] **1.** *a* odprt; nezaklenjen

unshut* II [ʌnšʌt] *vi* odpreti se; biti odprt

unshutter [ʌnšʌtə] *vt* odpreti naoknice

unsifted [ʌnsíftid] *a* nepresejan, neprebran; *fig* neprerešetan, nepreverjen, neizprašan

unsight [ʌnsáit] *a* neogledan; **to buy s.th. ~, unseen** *coll* kupiti kaj brez ogleda

unsighted [ʌnsáitid] *a* neviden, ki ni na vidiku; brez muhe (puška); **the ship was still ~** ladja še ni bila na vidiku; **an ~ shot** strel brez ciljanja (merjenja)

unsightliness [ʌnsáitlinis] *n* grdost

unsightly [ʌnsáitli] *a* grd, nevšečen, odbijajoč, oduren

unsigned [ʌnsáind] *a* nepodpisan, nesigniran; *math* brez predznaka

unsilenced [ʌnsáilənst] *a* neutišan

unsilt [ʌnsílt] *vt* očistiti od mulja (blata, peska)

unsinkable [ʌnsíŋkəbl] *a* nepotopljiv

unsisterly [ʌnsístəli] *a* nesestrski

unsized [ʌnsáizd] *a* **1.** brez trdno določene velikosti, nesortiran po velikosti; **2.** *tech* brez lepila (papir)

unskilful [ʌnskílful] *a* (~**ly** *adv*) nespreten, neroden, neokreten, nevešč, neizkušen

unskilfulness [ʌnskílfulnis] *n* nespretnost, neokretnost, nerodnost, neveščina, neizkušenost

unskilled [ʌnskíld] *a* nespreten, neroden; neizkušen, neizkušen, nevešč; nestrokoven, nekvalificiran; ki ne terja strokovne izobrazbe; ~ **wor-**

ker nekvalificiran delavec; **the ~, ~ labo(u)r** nekvalificirani delavci (delovna sila)

unskimmed [ʌnskímd] *a* z neposneto smetano; ~ **milk** neposneto, polnomastno mleko

unslackened [ʌnslǽkənd] *a* neoslabljen, nezmanjšan

unslaked [ʌnsléikt] *a* negašen; neutešen (žeja, glad), nezadovoljèn; ~ **lime** živo apno

unslave [ʌnsléiv] *vt* osvoboditi suženjstva

unsleeping [ʌnslí:piŋ] *a* brez spanja, prečut (noč); ki nikdar ne spi, neutruden

unsling* [ʌnslíŋ] *vt* odpeti; vzeti iz zanke, iz pentlje; odvzeti; *naut* razpremiti ladjo; sneti z rame; **to ~ a rifle** sneti, dati puško z rame

unslumbering [ʌnslámbəriŋ] *a* nedremajoč; buden

unsmeltable [ʌnsméltəbl] *a* netaljiv, netopljiv

unsmiling [ʌnsmáiliŋ] *a* resen

unsmoked [ʌnsmóukt] *a* nesušen v dimu, neprekajen (slanina); nepokajèn (cigareta)

unsober [ʌnsóubə] *a* netrezen, pijan

unsociability [ʌnsousəbíliti] *n* nedružabnost; zadržanost, rezerviranost, odljudnost

unsociable [ʌnsóusəbl] *a* (~**bly** *adv*) nedružaben; zadržan, rezerviran, hladen, odljuden; negostoljuben; nezdružljiv

unsocial [ʌnsóušəl] *a* nesocialen, asocialen; (ki je) brez čuta do soljudi in do skupnosti; ki ni povezan z ljudstvom

unsoiled [ʌnsóild] *a* neumazan, snažen, nezamazan, čist; *fig* neomadeževan, brez madeža

unsolaced [ʌnsóləst] *a* nepotolažen

unsold [ʌnsóuld] *a* neprodan

unsolder [ʌnsóldə] *vt* odlotati, odspajkati; *fig* ločiti

unsoldierlike [ʌnsóuldžəlaik] *a* nevojaški, nebojevniški

unsoldierly [ʌnsóuldžəli] *a* glej **unsoldierlike**

unsolicited [ʌnsəlísitid] *a* nezahtevan, neiskan, nezaprošen, nepoklican; spontan, prostovoljen

unsolicitous [ʌnsəlísitəs] *a* brezbrižen, neželjan

unsolid [ʌnsólid] *a* nesoliden; netrpežen, nečvrst; nemasiven; *fig* neosnovan, brez osnove, spodbiten

unsolidity [ʌnsəlíditi] *n* nesolidnost; netrpežnost

unsolvable [ʌnsólvəbl] *a* nerešljiv (npr. uganka)

unsolved [ʌnsólvd] *a* ne(raz)rešen

unsophisticated [ʌnsəfístikeitid] *a* (~**ly** *adv*) naraven, preprost, nepopačen, neizumetničen, nepokvarjen, neafektiran, neizkušen, naiven; čist, nemešan

unsophistication [ʌnsəfistikéišən] *n* preprostost, naravnost, nepopačenost, nepokvarjenost, neafektiranost, naivnost

unsorted [ʌnsó:tid] *a* nesortiran; neurejen

unsought [ʌnsó:t] *a* (= ~**-for**) neiskan, nezahtevan; nenaprošen; nerazishkan, nepreizkušen; **to come ~** nepričakovano se pojaviti

unsound [ʌnsáund] *a* (~**ly** *adv*) nezdrav, bolehen; slab, pomanjkljiv (blago); črviv, trhel, gnil (sadje, les); napokan; zmoten (argument), neosnovan, neverodostojen; nesiguren, nezanesljiv, nesoliden; ~ **of** (ali **in**) **mind** slaboumen, neprišteven, duševno bolan; ~ **sleep** nemirno spanje; ~ **ice** napokan led; ~ **doctrine** zmoten nauk; **to be ~ in faith** biti krive vere

unsounded [ʌnsáundid] *a* neizmerjen (globina), nesondiran; *fig* neraziskan, nerazjasnjen, nedognan

unsoundedness [ʌnsáundidnis] *n* bolehnost, nezdravo stanje; pokvarjenost; zmotnost, nezaneslijvost; *relig* kriva vera

unsoured [ʌnsáuəd] *a* nekisan; *fig* nezagrenjen

unsown [ʌnsóun] *a* nezasejan, neposejan (zemlja); divje rastoč; ~ flowers divje cvetlice

unsparing [ʌnspéəriŋ] *a* (~ ly *adv*) nevarčen, darežljiv (*in*, *of* z); zadosten; neomejen; neprizanesljiv, neizprosen, trd, strog, neusmiljen; to be ~ in one's efforts nobenega truda se ne bati

unsparingness [ʌnspéəriŋnis] *n* darežljivost; nevarčnost; neprizanesljivost

unspeakable [ʌnspí:kəbl] *a* (~ ly *adv*) neizrazljiv, neizrekljiv, neopisen; strašen, grozen; *A* onemel, brez besede

unspecialized [ʌnspéšəlaizd] *a* nespecializiran

unspecified [ʌnspésifaid] *a* nespecificiran; ki ni poedino (posamič) naveden

unspell* [ʌnspél] *vt* odčarati

unspent [ʌnspént] *a* nepotrošen, neporabljen, neizdan, neizčrpan; neoslabljen (moč)

unspirituel [ʌnspíritjuəl] *a* (~ ly *adv*) neduhoven, brez duha, mehaničen

unspoiled [ʌnspóild] *a* nepokvarjen, nepoškodovan, nedotaknjen; izviren, prvoten; nepomešan, nezmešan; nerazvajen (otrok)

unspoilt [ʌnspóilt] *a* glej unspoiled

unspoken [ʌnspóukən] *a* neizrečen (beseda); tih; ~-of neomenjen; ~-to nenagovorjen

unspontaneous [ʌnspontéiniəs] *a* (~ ly *adv*) neprostovoljen; nespontan, prisiljen

unsporting [ʌnspó:tiŋ] *a* nešporten, nefair; *hunt* nelovski

unsportsmanlike [ʌnspó:rtsmənlaik] *a* glej unsporting

unspotted [ʌnspótid] *a* (ki je) brez peg, brez madežev; *fig* brez madeža, neomadeževan, čist, neoporečen; neodkrit

unsprung [ʌnsprʌŋ] *a* (ki je) brez vzmeti (pohištvo, vozilo)

unstability [ʌnstəbíliti] *n* nestabilnost, nestalnost; spremenljivost, neodločnost

unstable [ʌnstéibl] *a* nestabilen, nesiguren; nestanoviten, spremenljiv; *fig* omahljiv, neodločen; *tech* labilen

unstableness [ʌnstéiblnis] *n* nestabilnost, labilnost; *fig* omahljivost, nestanovitnost

unstaid [ʌnstéid] *a* nestanoviten, neustaljen, omahljiv; neoviran, neustavljen

unstained [ʌnstéind] *a* nepobarvan; brez madežev; *fig* neomadeževan, čist

unstamped [ʌnstémpt] *a* nežigosan; nefrankiran, brez znamke (pismo)

unstarched [ʌnstá:čt] *a* ne(na)škrobljen (perilo), mehek; *fig* netog

unstarred [ʌnstá:d] *a* nezvezdnat, brez zvezd

unstartled [ʌnstá:təld] *a* nesplašen, neprep.ašen

unstated [ʌnstéitid] *a* neizjavljen

unstatesmanlike [ʌnstéitsmənlaik] *a* nedržavniški

unstatutable [ʌnstætjutəbl] *a jur* protiustaven, protizakonit

unsteadfast [ʌnstédfəst] *a* (~ ly *adv*) nestanoviten, nestalen; neodločen, omahljiv, vihrav

unsteadily [ʌnstédili] *adv* nestanovitno; neodločeno, omahovaje, nesigurno, netrdno, majavo, tresoč se; neredno

unsteadiness [ʌnstédinis] *n* nestanovitnost, spremenljivost; neodločnost; nesigurnost; nepravilnost

unsteady [ʌnstédi] *a* netrden; nesiguren; omahljiv, nestanoviten, spremenljiv; nereden (oseba, navada); nepravilen; tresoč se (roka); nestacionaren; he is ~ in his opinions ni stanoviten v svojih naziranjih; the ladder is ~ lestev ne stoji trdno

unsteel [ʌnstí:l] *vt tech* odvzeti jeklo; *poet* omehčati

unstemmed [ʌnstémd] *a* nezajezen, nebrzdan, neustavljen

unstick* [ʌnstík] *vi aero* vzleteti, odlepiti se od zemlje ali od vodne površine

unstimulated [ʌnstímjuleitid] *a* nestimuliran, nespodbujan

unstinted [ʌnstíntid] *a* neomejen, brez mej, brezmejen; ~ generosity brezmejna plemenitost

unstinting [ʌnstíntiŋ] *a* neskop, darežljiv

unstitch [ʌnstíč] *vt* razparati; to come ~ed odparati se (šiv)

unstock [ʌnstók] *vt* vzeti iz zaloge ali od kapitala; izprazniti zalogo

unstop [ʌnstóp] *vt* odmašiti; odvzeti zamašek, odčepiti; odpreti, sprostiti; ~ ped nezaprt, (delno) odprt; neustavljen, neoviran

unstopper [ʌnstópe] *vt* odmašiti; odvzeti zamašek, odčepiti (steklenico); odpreti, sprostiti, dati prosto pot

unstored [ʌnstó:d] *a* (ki ni) na zalogi; brez zaloge; nezaložen, neoskrbljen (*with* z)

unstrained [ʌnstréind] *a* nenapet, nenategnjen; nefiltriran, neprecejèn; *fig* neprisiljen, naraven; brez napora

unstraintened [ʌnstréintənd] *a* nezožen; *fig* neomejen

unstrap [ʌnstrǽp] *vt* odpeti jermen

unstressed [ʌnstrést] *a gram* nenaglašen, nepoudarjen (zlog); *tech* neobremenjen

unstressing [ʌnstrésiŋ] *n tech* popustitev napetosti; razbremenitev

unstring* [ʌnstríŋ] *vt* popustiti, zrahljati; odpeti, sneti (strune z glasbila); raznizati (bisere); odvezati vrvico (mošnjička); *fig* popustiti; razkrojiti, razrvati, oslabiti (živce); *fig* slabiti, prenapenjati (živce)

unstriped [ʌnstráipt] *a* neprogast, brez prog

unstrung [ʌnstrʌŋ] *a* brez strun (glasbilo); raznizan (biseri); razkrojen, razrvan (živci), nervozen; she was all ~ by the news novica je bila hud udarec zanjo

unstripped [ʌnstrípt] *a* neslečen

unstuck [ʌnstʌk] *pp* od to unstick*; to come ~ zaiti v neprilike (neprijetnosti, v zagato)

unstudied [ʌnstʌdid] *a* ne(na)študiran; ne pridobljen s študijem; neizumetničen, naraven, neprisiljen; neupoštevan, nevešč (*in* v); ~ politeness neprisiljena vljudnost

unstylish [ʌnstáiliš] *a* nemoderen; neeleganten

unsubduable [ʌnsəbdjúəbl] *a* nepremagljiv

unsubdued [ʌnsəbdjú:d] *a* nepremagan, nepokorjen, nepodjarmljen

unsubmissive [ʌnsəbmísiv] *a* (~ ly *adv*) nepokoren, nehlapčevski; uporen unsubscribed [ʌnsəbskráibd] *a* nepodpisan; neaboniran

unsubstantial [ʌnsəbstǽnšəl] *a* nesnoven, netelesen, nesubstancialen; neresničen, nestvaren, irealen; neosnovan; prazen, nepomemben, nebistven, nevažen; nesoliden; neizdaten (obrok, hrana); an ~ construction nesolidna zgradba; as ~ as a dream tako nestvaren (irealen) kot sanje

unsubstantiality [ʌnsəbstænšiǽliti] *n* netelesnost, nesubstancialnost; nestvarnost; nebistvenost; nepomembnost·

unsucceeded [ʌnsəksí:did] *a* (ki je) brez naslednika

unsuccess [ʌnsəksés] *n* neuspeh, spodlet

unsuccessful [ʌnsəksésful] *a* (~ly *adv*) neuspešen, brezuspešen; neuspel; odklonjen pri izpitu; ~ applicants, candidates odklonjeni prosilci, kandidati; ~ take-off *aero* neuspel start (vzlet); to be ~ ne uspeti

unsuccessive [ʌnsəksésiv] *a* nezaporeden

unsufferable [ʌnsʌ́fərəbl] *a* neznosen

unsuggestive [ʌnsədžéstiv] *a* nesugestiven

unsuitability [ʌnsju:təbíliti] *n* neustreznost, neprimernost, neprikladnost; nesposobnost

unsuitable [ʌnsjú:təbl] *a* (~bly *adv*) neustrezen, neprimeren (*to, for* za); neprikladen; nesposoben

unsuited [ʌnsjú:tid] *a* nepriklad en, nepripraven (*for* za); neprimeren (*to* za); slabo se ujemajoč

unsullied [ʌnsʌ́lid] *a* nezamazan; *fig* neomadeževan, čist, neoskrunjen

unsummed [ʌnsʌ́md] *a* nesešet

unsummoned [ʌnsʌ́mənd] *a jur* nepozvan, nepoklican

unsung [ʌnsʌ́ŋ] *a* nepet; *poet* neopevan

unsunk [ʌnsʌ́ŋk] *a* nepotopljen; nepoglobljen; ne(na)vrtan

unsunned [ʌnsʌ́nd] *a* neobsevan od sonca, ležeč v senci; *fig* neobjavljen

unsupplied [ʌnsəpláid] *a* nepreskrbljen, neoskrbljen

unsupportable [ʌnsəpó:təbl] *a* (~bly *adv*) neznosen, nevzdržen

unsupported [ʌnsəpó:tid] *a* (ki je) brez podpore, nepodprt, sam, brez opore (pomoči); nepotrjen (trditev)

unsuppressed [ʌnsəprést] *a* nepotlačen, nezatrt, nezadušèn

unsure [ʌnšúə] *a* negotov, nesiguren; nestalen, omahljiv, nezanesljiv, dvomljiv; nevaren

unsurmountable [ʌnsəmáuntəbl] *a* nepremagljiv, nepremostljiv, neprebrodljiv

unsurpassable [ʌnsəpá:səbl] *a* neprekosljiv, nenadkriljiv

unsurpassed [ʌnsəpá:st] *a* nedosežen, nenadkriljen

unsusceptibility [ʌnsəseptibíliti] *n* nedovzetnost, nedostopnost; neobčutljivost

unsusceptible [ʌnsəséptibl] *a* nedovzeten (*of* za), nedostopen; neobčutljiv

unsuspected [ʌnsəspéktid] *a* (~ly *adv*) nesumljiv, neosumljen; nesluten

unsuspecting [ʌnsəspéktiŋ] *a* ki ne sumniči, nesumničav; nič hudega sluteč; zaupljiv; ~ly *adv* nenadoma, nepričakovano, brez slutenj

unsuspicious [ʌnsəspíšəs] *a* nesumničav, nič hudega sluteč; nesumljiv

unsustainable [ʌnsəstéinəbl] *a* nevzdržen

unswaddle [ʌnswódl] *vt* vzeti iz plenic

unswathe [ʌnswéið] *vt* glej unswaddle

unswayed [ʌnswéid] *a* nevóden, nevplivan

unswear* [ʌnswéə] *vt* s prisego preklicati (tajiti, zanikati)

unsweetened [ʌnswí:tənd] *a* neoslajen, nesladkan

unswerwing [ʌnswó:wiŋ] *a* (~ly *adv*) neomahljiv, trden

unsworn [ʌnswó:n] *a* nezaprisežen (priča); s prisego preklican (zanikan)

unsymmetric(al) [ʌnsimétrik(l)] *a* nesorazmeren, nesimetričen

unsymmetry [ʌnsímitri] *n* nesomernost, nesimetrija

unsympathetic [ʌnsimpəθétik] *a* (~ally *adv*) nesočuten, neusmiljen, brezčuten; nesimpatičen

unsympathizing [ʌnsímpəθaiziŋ] *a* nesočuten

untack [ʌntǽk] *vt* odvezati, razvezati; razstaviti, narazen dati

untactful [ʌntǽktful] *a* netakten

untainted [ʌntéintid] *a* nepokvarjen, svež; *fig* neomadeževan, čist

untalented [ʌntǽləntid] *a* nenadarjen, netalentiran

untalked-of [ʌntó:ktəv] *a* o katerem se ne govori; neomenjen

untamable [ʌntéiməbl] *a* neukrotljiv; neudomačljiv

untamableness [ʌntéiməblnis] *n* neukrotljivost, neudomačljivost

untamed [ʌntéimd] *a* neukročen, neudomačen, divji; *fig* nebrzdan, razbrzdan

untangle [ʌntǽŋgl] *vt* razmotati; razplesti

untanned [ʌntǽnd] *a* nezagorel (obraz); nestrojen (usnje)

untapped [ʌntǽpt] *a* nenačet (sod); nedotaknjen (prirodna bogastva); ~ resources neizkoriščeni viri sredstev

untarnished [ʌntá:ništ] *a* nepotemnel, nemôten, bleščeč; neskaljen, neomadeževan, brez madeža; še ne bran (knjiga)

untasted [ʌntéistid] *a* nepokušen, nedotaknjen (jed); *fig* še nespoznan

untaught [ʌntó:t] *a* nepoučevan, nepoučen; nenaučen, neizvežban; neizobražen, neveden

untaxed [ʌntǽkst] *a* neobdavčen, oproščen davka

unteach* [ʌntí:č] *vt* napraviti, da kdo nekaj (naučenega) pozabi; odvaditi; učiti nekaj nasprotnega (od); prešolati

unteachable [ʌntí:čəbl] *a* ki se ne da poučiti (naučiti)

untearable [ʌntéərəbl] *a* neraztrgljiv

untechnical [ʌntéknikl] *a* netehničen; nestrokoven

untempered [ʌntémpəd] *a tech* nekaljen (železo); *fig* neumerjen, neublažen; ~ severity neizprosna strogost

untempted [ʌntémptid] *a* neskušan, ne v skušnjavi

untenability [ʌntenəbíliti] *n* nevzdržljivost

untenable [ʌnténəbl] *a* nevzdržljiv, nevzdržen

untenantable [ʌnténəntəbl] *a* neprimeren za bivanje, za najem

untenanted [ʌnténəntid] *a* neoddan v zakup (najem); (ki je) brez najemnika; nezaseden, prazen, nenastanjen

untended [ʌnténdid] *a* nečuvan, nevarovan; brez spremstva; nenegovan, zanemarjen

untender [ʌnténdə] *a* nenežen, grob, surov

untented I [ʌnténtid] *a* (ki je) brez šotorov

untented II [ʌnténtid] *a* neobvezan (rana)

unterrified [ʌntérifaid] *a* neprestrašen, neustrašen
untested [ʌntéstid] *a* nepreskušen; nepreiskan; neizprašan; netestiran
untether [ʌntéðə] *vt* odvezati; ~ed neprivezan
unthanked [ʌnθǽŋkt] *a* ki ni dobil zahvale; sprejet z nehvaležnostjo
unthankful [ʌnθǽŋkful] *a* (~ly *adv*) nehvaležen; ~task nehvaležna naloga
unthink* [ʌnθíŋk] *vt* izbiti (si) iz glave, ne več misliti na; drugače misliti; spremeniti svoje naziranje
unthinkable [ʌnθíŋkəbl] *a* ki se ne more zamisliti; *coll* malo verjeten, neverjeten
unthinking [ʌnθíŋkiŋ] *a* (~ly *adv*) nepremišljen, lahkomiseln; nesposoben mišljenja
unthought [ʌnθɔ́:t] *a* nemišljen; ~-of nepričakovan
unthoughtful [ʌnθɔ́:tful] *a* (~ly *adv*) nepremišljen; nepazljiv (*of* na)
unthoughtfulness [ʌnθɔ́:tfulnis] *n* nepremišljenost; nepazljivost
unthread [ʌnθréd] *vt* potegniti (izvleči) nit (iz šivanke); izvleči vlakna; *fig* razplesti, razrešiti; splaziti se, utreti si pot, najti pot (iz labirinta itd.)
unthreaded [ʌnθrédid] *a* brez niti, nevdet (šivanka)
unthreshed [ʌnθréšt] *a* neomlačen
unthrift [ʌnθríft] **1.** *n* razsipnost, potratnost, zapravljivost; **2.** *a* potraten, razsipen, zapravljiv
unthriftiness [ʌnθríftinis] *n* zapravljivost, negospodarnost, potratnost
unthrifty [ʌnθrífti] *a* (~ftily *adv*) razsipen, potraten, zapravljiv; negospodaren; slabo rastoč, ne uspevajoč; nekoristen, nedonosen
unthrone [ʌnθróun] *vt* vreči s prestola
untidiness [ʌntáidinis] *n* nesnažnost, zanemarjenost, neurejenost
untidy [ʌntáidi] *a* (untidily *adv*) nesnažen, v neredu, neurejen, zanemarjen
untie [ʌntái] *vt* odvezati, razvezati; *fig* razrešiti vozel; osvoboditi; ~d to nevezan na; *vi* odvezati (razvezati) se
until [ʌntíl] **1.** *prep* do, vse do; ~ then dotlej; ~ further notice do nadaljnjega (obvestila); wait ~ to-morrow počakaj(te) do jutri!; it won't be ready ~ to-morrow šele do jutri bo (to) pripravljeno (gotovo); **2.** *conj* dokler ne; not ~ ne prej kot, šele (ko); wait ~ I come back počakaj, da se vrnem (dokler se ne vrnem); we did not begin ~ he was back začeli smo šele, ko se je on vrnil; I did not go ~ he came nisem odšel, dokler se ni on vrnil
untile [ʌntáil] *vt* odkriti streho; ~d nepokrit z opeko; neobložen s ploščicami
untillable [ʌntíləbl] *a* neoren, ki se ne da obdelati (zemlja)
untilled [ʌntíld] *a* neobdelan (zemlja)
untimbered [ʌntímbəd] *a* nepogozden; neotesan
untimed [ʌntáimd] *a* ob nepravem času
untimeliness [ʌntáimlinis] *n* nepravi (nepriklanden, nepripraven, neugoden) čas; (pre)zgodnost
untimely [ʌntáimli] **1.** *a* ki se ne dogaja o pravem času; prezgoden, preran; nepriličen, neprimeren; **2.** *adv* ob nepravem času; prezgodaj, prerano; nepriličino, neprimerno
untin [ʌntín] *vt* odvzeti baker
untinctured [ʌntíŋkčəd] *a* glej untinged

untinged [ʌntíndžd] *a* nepobarvan
untired [ʌntáiəd] *a* neutrujen, svež
untiring [ʌntáiəriŋ] *a* (~ly *adv*) neutrudljiv; neutruden
untitled [ʌntáitld] *a* brez naslova; brez plemiškega naslova; brez pravne podlage, neupravičen
unto [ʌ́ntu] *prep obs poet bibl rhet* k, do; v; proti; pri; faithful ~ death zvest do smrti (groba)
untold [ʌntóuld] *a* nepovedan, nerečèn; nepreštet; neštet, neštevilen, brezštevilen; neizmeren; neizrekljiv, neizrečen; ~ wealth neizmerno bogastvo; to leave a story ~ ne povedati zgodbe; ;o leave nothing ~ vse povedati; you can trust him with ~ gold lahko mu zaupate zlato, ne da bi ga prešteli
untomb [ʌntúm] *vt* izkopati iz groba; ~ed nepokopan
untoothed [ʌntú:ðd] *a* brezzob
untorn [ʌntɔ́:n] *a* neraztrgan
untouchable [ʌntʌ́čəbl] **1.** *a* nedotakljiv; nedosegljiv; nedostopen; nedoumljiv; **2.** *n* Indijec najnižje kaste, parija
untouched [ʌntʌ́čt] *a* nedotaknjen; neretuširan; neponarejen; neizpiljen; nedosežen (popolnost); nespremenjen; nepredelan; neganjen; brezčuten, neobčutljiv; neprizadet, nevplivan; indiferenten; *med* nenapadalen; she left her dinner ~ ni se dotaknila svoje večerje; to remain ~ by a sight ostati brezčuten ob prizoru
untoward [ʌntóuəd] *a* (~ly *adv*) neubogljiv, uporen, trmast; sprijen; nespreten; neprijeten, zoprn; nespodoben; neugoden, nesrečen, slab (znamenje)
untowardness [ʌntóuədnis] *a* neprijetnost, zoprnost; neugodnost; upornost, trmoglavost
untraceable [ʌntréisəbl] *a* nenajdljiv, neizsledljiv; ki se mu ne more najti sled
untraced [ʌntréist] *a* neizsleden; nenajden
untractable [ʌntrǽktəbl] *a* neposlušen, nepokoren, trmoglav, uporen, trmast
untrained [ʌntréind] *a* netreniran, nedresiran, neizvežban; neizučèn, neizurjen
untrammelled [ʌntrǽməld] *a* neoviran, nevezan (tudi *fig*), prost
untransferable [ʌntrænsfɔ́:rəbl] *a* neprenosljiv, neprenosen, neodtujljiv
untransferred [ʌntrænsfɔ́:d] *a* neprenesèn
untranslatable [ʌntra:nsléitəbl] *a* neprevedljiv
untranslated [ʌntra:nsléitid] *a* nepreveden
untransportable [ʌnstrænspɔ́:təbl] *a* neprenosen
untravel(l)ed [ʌntrǽvəld] *a* ki ni mnogo potoval; skozi katerega se ne potuje; neprepotovan; neraziskan; *fig* (ki je) ozkega obzorja; neizkušen (*in* v); nevešč
untraversable [ʌntrǽvəsəbl] *a* neprehoden
untraversed [ʌntrǽvəst] *a* (še) neprepotovan, neprehojen
untried [ʌntráid] *a* nepreizkušen; neposkušan; *jur* nezaslišan; (še) nesojen; ~-on nepreizkušen
untrimmed [ʌntrímd] *a* nepristrižen, neobrezan; nenegovan (živa meja, brada ipd.); slabo vzrdževan, zanemarjen; neutrnjen (sveča); surov, neotesan (les ipd.); neokrašen, negarniran (obleka itd.); neurejen
untrodden [ʌntródən] *a* neshojen, neutrt

untroubled [ʌntrʌ́bld] *a* neskaljen, nemoten; miren, brezbrižen; nerazburkan (voda)

untrue [ʌntrú:] *a* neresničen; lažen, napačen; zmoten; nezvest, verolomen; nepošten; netočen, nepravilen, nepopoln; *tech* neenakomeren, neokrogel

untrueness [ʌntrú:nis] *n* neresnica; lažnost, napačnost

untruly [ʌntrú:li] *adv* krivo, napačno, zmotno; neresnično

untruss [ʌntrʌ́s] *vt* odvezati, odpeti; sleči (obleko, koga)

untrustworthiness [ʌntrʌ́stwə:ðinis] *n* nezanesljivost

untrustworthy [ʌntrʌ́stwə:ði] *a* nezanesljiv; nevreden zaupanja

untruth [ʌntrú:θ] *n* neresnica, laž; lažnivost; netočnost

untruthful [ʌntrú:θful] *a* (~ly *adv*) neresničen, lažen, lažniv, neiskren

untruthfulness [ʌntrú:θfulnis] *n* neresničnost; lažnost, lažnivost; neiskrenost

untuck [ʌntʌ́k] *vt* izgladiti gube (na obleki)

untunable [ʌntjú:nəbl] *a* nemelodičen; nemuzikaličen, neharmoničen; neubran

untune [ʌntjú:n] *vt* slabo uglasiti (npr. klavir); *fig* spraviti v slabo voljo; zbegati, zmešati; ~ d neuglašen, razglašen (glasbilo)

unturf [ʌntə́:f] *vt* odstraniti ruše

unturned [ʌntə́:nd] *a* neobrnjen; neostružen; to leave no stone ~ *fig* vse poskusiti (da...), vse sile napeti, uporabiti vsa sredstva, na vse načine si prizadevati

untutored [ʌntjú:təd] *a* (ki je) brez izobrazbe, nešolan, nevzgojen, neizobražen; preprost, naraven, naiven

untwine [ʌntwáin] *vt* odviti, razviti, odvezati, razrazplesti; *fig* ločiti; *vi* odviti se; odvezati se

untwist [ʌntwíst] *vt* glej untwine

unusable [ʌnjú:zəbl] *a* neuporaben

unused [ʌnjú:zd] *a* 1. neuporabljan, še neuporabljen, nov; ~ room neuporabljna soba; ~ capital *econ* mrtev kapital; 2. nenavajen, malo vajen (to na)

unusual [ʌnjú:žuəl] *a* (~ly *adv*) nenavaden, redek, izreden

unutilized [ʌnjú:tilaizd] *a* neuporabljan, (še) neuporabljen

unutterable [ʌnʌ́tərəbl] 1. *a* (~bly *adv*) neizrekljiv, neopisljiv, nepopisen; 2. *n pl* the ~ s *hum* hlače

unuttered [ʌnʌ́təd] *a* neizrečen, nerečen

unvaccinated [ʌnvǽksineitid] *a med* necepljen

unvalued [ʌnvǽlju:d] *a* neovrednoten, neocenjen; brez vrednosti; neupoštevan, necenjen, nečislan

unvanquishable [ʌnvǽŋkwišəbl] *a* nepremagljiv

unvanquished [ʌnvǽŋkwišt] *a* nepremagan

unvariable [ʌnvéəriəbl] *a* nespremeljiv, stalen

unvaried [ʌnvéərid] *a* nespremenjen, brez spremembe, enoličen, monoton

unvarnished [ʌnvá:ništ] *a* nelakiran; neprevlečen s firnežem; *fig* neolepšan; preprost; naraven; ~ truth neolepšana resnica; to tell the plain, ~ truth povedati čisto resnico

unvarying [ʌnvéəriiŋ] *a* nespremenljiv; nespremenjen; stalno isti

unveil [ʌnvéil] *vt* sneti (odstraniti) kopreno (pajčolan); odkriti (spomenik); razkriti, izdati; *vi* sneti kopreno; odkriti se; *fig* zaupati se (komu); pokazati se; ~ ed nezastrt, nezakrit

unventilated [ʌnvéntileitid] *a* neventiliran, neprevetren; *fig* neprinesen v pogovor, neobravnavan

unveracious [ʌnviréišəs] *a* neresničen; nečasten

unverified [ʌnvérifaid] *a* nepreverjen, nedokazan

unversed [ʌnvə́:st] *a* neverziran, slabo izurjen ali spreten (*in* v), neizkušen

unvictual(l)ed [ʌnvítld] *a* neoskrbljen z živežem; brez živeža

unvindicated [ʌnvíndikeitid] *a* nemaščevan

unviolated [ʌnváiəleitid] *a* neprekršen; nedotaknjen, neoskrunjen

unvisited [ʌnvízitid] *a* neobiskan; kogar ni prizadela (kaka nesreča)

unvitiated [ʌnvíšieitid] *a* nepokvarjen, čist (zrak)

unvocal ʌnvóukl *a* redkobeseden; brez glasu

unvoiced [ʌnvóist] *a* neizgovorjen; *phon* nezveneč

unvote [ʌnvóut] *vt* razveljaviti s kasnejšim glasovanjem

unvouched [ʌnváučt] *a* (= ~ -for) nezajamčen; nepotrjen; neizpričan

unvulcanized [ʌnvʌ́lkənaizd] *a* nevulkaniziran; ~ ~ rubber surov kavčuk

unvulnerable [ʌnvʌ́lnərəbl] *a* neranljiv

unwaked [ʌnwéikt] *a* nezbujen

unwakened [ʌnwéikənd] *a* nezbujen

unwalled [ʌnwó:ld] *a* neobzidan, neobdan z zidom, neutrjen

unwanted [ʌnwóntid] *a* ne(za)želen; nepotreben

unwarily [ʌnwéərili] *adv* lahkomiselno, neprevidno, neoprezno, nepremišljeno

unwariness [ʌnwéərinis] *a* nepazljivost, neprevidnost, neopreznost

unwarlike [ʌnwó:laik] *a* nebojevit, miroljuben

unwarmed [ʌnwó:md] *a* neogret; nekurjen (soba)

unwarned [ʌnwó:nd] *a* neposvarjen, neopozorjen

unwarped [ʌnwó:pt] *a* nezvit, neskrivljen, raven; nepristranski, netendenciozen

unwarrantable [ʌnwórəntəbl] *a* neopravičljiv, neoprostljiv; neodgovoren; nevzdržen, neznosen

unwarranted [ʌnwórəntid] *a* 1. nezajamčen, brez garancije; 2. neupravičen, nepooblaščen

unwary [ʌnwéəri] *a* neoprezen, nepremišljen, nepreviden, prenagljen

unwashed [ʌnwóšt] *a* neopran, neumit; nečist; neoblivan (od morja); the great ~ nižji sloji, sodrga

unwatched [ʌnwóčt] *a* nečuvan; neopazovan

unwatchful [ʌnwóčful] *a* nebuden, nepazljiv; brezskrben

unwatered [ʌnwó:təd] *a* nenamakan, nezalivan; neškropljen, nepobrizgan; brez vode, suh; nerazredčen z vodo, (vino) nekrščen

unwavering [ʌnwéivəriŋ] *a* (~ly *adv*) neomajen, neomahljiv, vztrajen, stanoviten; čvrst, trden, odločen; nepremičen

unwearable [ʌnwéərəbl] *a* neprimeren za nošenje (oblačenje) (o obleki)

unweariable [ʌnwíəriəbl] *a* ki ne utruja, ne utrujajoč, neutrudljiv

unwearied [ʌnwíərid] *a* (~ly *adv*) neutrujen, neutruden, svež; *fig* nenaveličan

unwearying [ʌnwíəriiŋ] *a* ki ne utruja; neutrudljiv; vztrajen, (vedno) enak

unweave* [ʌnwí:v] *vt* raztkati (tkanino); razparati, razplesti, izvleči niti; *fig* razjasniti (temo), razrešiti (uganko)

unwebbed [ʌnwébd] *a zool* brez plavalnih kožic

unwed(ded) [ʌnwéd(id)] *a* neporočen

unweeded [ʌnwí:did] *a* neoplet

unweighed [ʌnwéid] *a* netehtan; nepretehtan; nepremišljen

unweight [ʌnwéit] *vt & vi* razbremeniti (se)

unwelcome [ʌnwélkəm] *a* nedobrodošel, slabo sprejet; (stvari) neprijeten, neugoden

unwelded [ʌnwéldid] *a tech* nezvarjen

unwell [ʌnwél] *a* nezdrav, bolan, bolehav; ki se slabo počuti; ki ima menstruacijo; **I am ~** ni mi dobro

unwept [ʌnwépt] *a poet* neobjokovan; neizjokan (o solzah)

unwhetted [ʌnwétid] *a* nenabrušen, nenaostren

unwhipped [ʌnwípt] *a* nešiban; **an ~ cub** *fig* nediscipliniran otrok

unwholesome [ʌnhóulsəm] *a* (**~ ly** *adv*) škodljiv zdravju, nezdrav; *fig* nezdrav; nemoralen, pokvarjen; škodljiv, poguben

unwieldiness [ʌnwíldinis] *n* nerodnost, neokretnost

unwieldy [ʌnwíldi] *a* (**~ dily** *adv*) neroden, okoren, počasen (zaradi svoje teže, debelosti), zavaljen, težak; nepripraven, nepriročen (zaradi oblike, teže), prevelik

unwifely [ʌnwáifli] *a* neženski

unwill [ʌnwíl] *vt* hoteti nasprotno od; napraviti brez volje; **~ ed** nehoten

unwilling [ʌnwíliŋ] *a* nerad, nenaklonjen, malo voljan (željan), malo pripravljen (za), upirajoč se, uporen; nasprotujoč; **to be ~** ne hoteti; **willing or ~** hočeš nočeš, rad ali nerad; **I am ~ to admit it** nerad to priznam

unwillingly [ʌnwíliŋli] *adv* nerad, proti (svoji) volji, z nejevoljo, z odporom, z obžalovanjem

unwillingness [ʌnwíliŋnis] *n* nejevolja, nejevoljnost, odpor

unwincing [ʌnwínsiŋ] *a* ki se ne umakne nazaj, se ne ustraši

unwind* [ʌnwáind] *vt* odviti; odmotati; razviti; sneti ali odstraniti (ovoj, obvezo); *fig* razplesti, razrešiti; *vi* odviti se, odmotati se, razvezati se vozel); popustiti, zrahljati se (vijak)

unwinged [ʌnwíŋd] *a* nekrilat, brez kril

unwinking [ʌnwíŋkiŋ] *a* nepremičen, strmeč (pogled); *fig* buden, čuječ, pazljiv

unwisdom [ʌnwízdəm] *n* nespametnost, nerazumnost; norost

unwise [ʌnwáiz] *a* nespameten, nerazumen; nor

unwish [ʌnwíš] *vt* ne (več) želeti; stran (kaj, koga) želeti; **~ ed** (= **~ -for**) neželjen; **an ~ ed-for guest** nedobrodošel, neželjen gost

unwithdrawn [ʌnwiðdró:n] *a* neumaknjen

unwithered [ʌnwíðəd] *a* nevenel; *fig* svež, mlad

unwitnessed [ʌnwítnist] *a* (ki je) brez prič, brez očividcev, neizpričan; nepodpisan od prič (o dokumentu)

unwitting [ʌnwítiŋ] *a* nezavesten, ne vedoč za; nenameren; **~ ly** *adv* nevede; nezavestno; **I helped him ~ (ly)** pomagal sem mu, ne da bi vedel za to

unwitty [ʌnwíti] *a* neduhovit; naiven, preprost; neumen

unwomanly [ʌnwúmənli] **1.** *a* neženski, neprimeren za žensko, nevreden ženske; **2.** *adv* nežensko, ženski neprimerno

unwon [ʌnwʌn] *a* nedobljen; neizkoriščen (rudnik itd.)

unwonted [ʌnwóuntid] *a* nevajen (*to* česa), nenavajen; nenavaden, redek; **~ ly** nenavadno, neobičajno

unwontedness [ʌnwóuntidnis] *n* nevajenost; nenavadnost, redkost

unwooded [ʌnwúdid] *a* nepogozden

unworded [ʌnwó:did] *a* neizrečen, neizražen

unwork [ʌnwó:k] *vt* uničiti; odpeti, odvezati; razparati

unworkable [ʌnwó:kəbl] *a* nesposoben za pogon, za obrat(ovanje); neizvedljiv, neizvršljiv (načrt); s katerim se težko dela; ki ga ni moč nadzirati (kontrolirati); ki se ne da izkoriščati (rudnik ipd.)

unworked [ʌnwó:kt] *a* neobdelan (tudi *fig*); surov

unworkmanlike [ʌnwó:kmənlaik] *a* nestrokoven, netočno izdelan, šušmarski

unwordly [ʌnwó:dli] *a* nesveten, duhovno usmerjen, nematerialen; nesebičen; oddaljen od sveta, nezemeljski, nadzemeljski

unworn [ʌnwó:n] *a* nenošen, neponošen (obleka); *fig* neobrabljen

unworthily [ʌnwó:ðili] *adv* nevredno, nedostojno, prezira vredno; nezasluženo, neupravičeno

unworthiness [ʌnwó:ðinis] *n* nevrednost; nedostojnost; nezasluženost, neupravičenost

unworthy [ʌnwó:ði] *a* nevreden; neprimeren; nedostojen, prezira vreden; prostaški; nečasten (za); **~ of confidence** nevreden zaupanja; **he is ~ of it** ni tega vreden; **he is ~ of respect** ne zasluži spoštovanja

unwound [ʌnwáund] *a* odvit; odmotan; razvit; nenavit, ki se je iztekel (ura)

unwounded [ʌnwú:ndid] *a* neranjen

unwoven [ʌnwóuvn] *a* netkan, nestkan

unwrap [ʌnrǽp] *vt* odmotati, razmotati (ovoj, omot), izpakirati; *vi* odmotati se, odpeti se

unwreathe [ʌnri:ð] *vt* razplesti; odviti

unwrinkle [ʌnríŋkl] *vt* izgladiti gube

unwritten [ʌnrítn] *a* nepisan, nenapisan; usten; **~ agreements** ustni sporazumi; **the ~ law** nepisan zakon (zlasti pri častnih zadevah)

unwrought [ʌnró:t] *a* neobdelan, nepredelan, neizdelan; neskovan (železo), surov; **~ goods** surovine

unwrung [ʌnrʌŋ] *a* neožet (perilo); neizcejen; **our withers are ~** *fig* to se nas ne tiče, to nas pušča hladne; obdolžitve nam ne gredo do živega

unyielding [ʌnjí:ldiŋ] *a* (**~ ly** *adv*) nepopustljiv, neupogljiv, trd, trmast; **~ stiffness** trmoglavost

unyoke [ʌnjóuk] *vt* sneti jarem, izpreči (vole, konje); *vi* odvreči jarem (tudi *fig*), izpreči, nehati delati

unyouthful [ʌnjú:θful] *a* nemladeniški

unzealous [ʌnzéləs] *a* nevnet, negoreč

unzip [ʌnzíp] *vt* odpreti patentno zadrgo (*the pocket* žepa)

up I [ʌp] *n* vzpetost, strmina, višina; *econ* porast (tečajev, cen); *coll* srečen človek, srečko, povzpetnik; predstojnik; vlak (avtobus), ki vozi v mesto; ~ s and downs of a country valovitost tal; the ~ s and downs of life sreča in nesreča v življenju; my ~ s and downs imel sem dobre in slabe čase (srečo in nesrečo) v življenju; the ~ and ~ stalni napredek; on the ~ -and-~ *coll* vedno boljši; v redu, brezhiben

up II [ʌp] *a* ki gre (vozi) gor; ki vodi proti (glavnemu) mestu; višji; s tendenco navzgor; pokonci; vzšel (sonce); narasel (reka); živeč v notranjosti dežele); *coll* razburjen; končan; enak(ovreden); the ~ **coach** kočija, ki vozi navkreber; ~ **line** *rly* proga, ki vodi proti (glavnemu) mestu; ~ **platform** peron za vlake v mesto; ~ **stroke** tanka črta pri (pisanih) črkah; the ~ **train** vlak, ki vozi proti (glavnemu) mestu, v London; **1 d** ~ povišana (cena) za 1 peni; ~ **and doing before day** *coll* že pred dnevom na nogah; **already** ~ **and about** *coll* že (zopet) na nogah; **to be** ~ **late** dolgo čuti, bedeti; **to be high** ~ **in school** biti med najboljšimi v šoli; **he is** ~ **in this subject** v tem predmetu je on na višini, je dobro podkovan; **to be** ~ **with the lark** *fig* zelo zgodaj vsta(ja)ti; **to be** ~ **against a hard job** *coll* stati pred težko nalogo; **to be** ~ **against opposition** naleteti na odpor; **to be (had)** ~ **for** *coll* biti pozvan pred sodnika zaradi; **to be one** ~ *sp* biti za točko boljši; ~ **for** pripravljen za; **to be** ~ **for election** biti na volilni listi; **to be** ~ biti na čelu; **to be** ~ **in years** biti že v letih; **to be** ~ **for examination** opravljati (delati) izpit; **to be** ~ **for sale** biti naprodaj; **to be** ~ **for trial** biti (stati) pred sodiščem; obravnavati se; **the fire is** ~ ogenj plamti, plapola; **the game is 10 points** ~ igra se do 10 točk; **the game is** ~ igre je konec (tudi *fig*); **he is still** ~ **with his competitors** še vedno je dorasel svojim tekmecem; **how are you** ~ **for cash?** *coll* kako si (kaj) pri denarju?; **the hunt is** ~ lov je odprt; **it's all** ~ (ali *sl* U.P.) **with him** z njim je konec; **his temper is** ~ razburjen je; **the storm is** ~ *naut* vihar besni; **Parliament is** ~ parlament je končal zasedanje; **time is** ~ čas je potekel; **there's much money** ~ **on this game** pri tej igri gre za velike vsote; **what's** ~ ? *coll* kaj pa je?, kaj se je zgodilo?; **prices are** ~ cene se dvigajo; **school is** ~ pouk se je končal; **I was** ~ **at six** bil sem pokoncu ob šestih

up III [ʌp] *adv* **1.** gor, navzgor, kvišku, v zrak; proti toku (reki, vodi); nazaj; ~ **from the grounds** *fig* od temeljev; ~ **till now** doslej; **from my youth** ~ od moje mladosti naprej; ~ **with the Democrats!** živeli demokrati!; **hands** ~ ! roke kvišku!; **you can sail** ~ **as far as Sisak** lahko se peljete z ladjo do Siska po reki navzgor; **he looked for it** ~ **and down** po vseh kotih in oglih je iskal to; **this tradition can be traced** ~ **to the Reformation** ta tradicija sega nazaj (tja) do reformacije; **2.** bliže k, bliže proti (mestu, kjer se nahajamo); *fig* više, na višjo stopnjo; ~ **and** ~ više in više, vedno više; **come** ~ ! pridi bliže!; **speak** ~ ! govori(te) glasneje!; **he came** ~ **and asked me the way** približal se mi je in me vprašal; **to move** ~ **in the world** povzpeti se, napredovati v svetu (v družbi); **I think of running** ~ **North** mislim napraviti majhno turo

na sever; **3.** v razvoju, v gibanju, v razburjenju, v uporu itd.; **to grow** ~ (od)rasti; **hurry** ~ ! pohiti!, brž!; **the nation is** ~ **in arms** narod se je uprl z orožjem; **my blood was** ~ kri mi je zavrela; **the cider is** ~ **very much** jabolčnik se zelo peni; **shares (prices) are** ~ delnice (cene) se dvigajo; **4.** popolnoma, čisto, do kraja; skupaj; **to burn** ~ zgoreti; **to eat** ~ **all the cherries** pojesti vse češnje; **to drink** ~ izpiti, popiti; **to follow** ~ **a success** do kraja izkoristiti uspeh; **to bind** ~ skupaj povezati; **to lock** ~ **the house** zakleniti vsa hišna vrata; **to tear** ~ **a piece of paper** raztrgati kos papirja na koščke; **the street was** ~ ulica je bila popolnoma razkopana; **5.** zgoraj, visoko; pokoncu, na nogah; **high** ~ **in the air** visoko v zraku; **I live two storeys** ~ stanujem v 2. nadstropju; **to be early** ~ biti zgodaj na nogah, zgodaj vstajati; **the Prime Minister is** ~ ministrski predsednik govori, ima besedo; **to stand** ~ stati pokoncu; **to sit** ~ sedeti v postelji; **6.** v mestu, na univerzi, v šoli; ~ **in London** v Londonu; ~ **to town** v London; ~ **for a week** teden dni v mestu (v Londonu); **the undergraduates come** ~ **next week** študentje se vrnejo (na univerzo) prihodnji teden; **to stay** ~ **for the vacation** ostati v kraju študija (v kolidžu) za počitnice; **7. up to;** a) (vse) do; proti, prek; **up to now** doslej; **I had mud up to the knees** blato mi je segalo do kolen; **he was all right up to yesterday** bil je čisto zdrav do včeraj; **to be up to date** biti sodoben (moderen, v koraku s časom); **I'll give up to 1000 dinars for it** plačal bom do 1000 din za to; b) na ravni, na nivoju, ustrezno; **up to the door** (ali **knocker**) *sl* izvrstno, prima; **up to par** *fig* »na višini«; **not up to expectations** neustrezno pričakovanjem; **not yet up to the ropes** *fig* še neuveden, ki se še ne spozna; **up to sample** po (ustrezno) vzorcu; **his book is not up to much** njegova knjiga ni kaj prida vredna; **to live up to one's income** živeti ustrezno svojim dohodkom; **your work is not up to your usual standard** tvoje delo ni na nivoju tistega, kar ga navadno dosežeš; **to be up to s.th.** nameravati kaj, snovati kaj, biti dorasel čemu, ustrezati čemu, biti (komu) do česa; biti odvisen od česa; biti pripravljen na; spoznati se na kaj; **what are you up to?** kaj nameravaš?; **it is up to you (to decide)** vaša stvar je, da odločite; od vas je odvisna odločitev; **to be up to a thing or two** *fig* biti prebrisan; **to feel up to s.th.** čutiti se doraslega čemu; biti pripraven, razpoložen za. dobro znati kaj; **to get up to s.o.** držati korak s kom; **to be up to the mark** *fip* biti na višini; **to be up to snuff** *sl* biti zvit (premeten, izkušen); **I am up to your little game** dobro vem, kaj spletkariš; **what has he been up to?** kakšno neumnost je spet napravil?; **you have been up to some trick again!** si že spet naredil kakšno budalost!; **I am not up to travelling** nisem sposoben za potovanje; **it is up to you to prove it** *vi* morate to dokazati; **8.** pod vodstvom (pri študiju na univerzi); **I was up to A. A.** je vodil moje študije, je bil moj mentor (tutor); **9. up with, against** etc; **up with** na isti višini z, v isti oddaljenosti z; **to come up with s.o.** dohiteti koga; **to keep up with** držati korak s; **up with you!** vstani!, pridi gor!; **up against** proti; **up into** gori v, gor; **up on** više (od, kot); **up till** vse do;

up IV [ʌp] *prep* (gori) na; gor, navzgor, navkreber kvišku; proti, k, do, ob, vzdolž; proti notranjosti; **up the hill** navkreber, po hribu navzgor; **up hill and down dale** čez hribe in doline; **up the river** po reki navzgor; **up the street** po ulici (cesti) navzgor; **I saw a monkey up a tree** videl sem opico na drevesu; **up a tree** *fig* v stiski, v škripcih; **to climb ~ a precipice** plezati po prepadu navzgor; **he has gone up country** šel je na deželo (na kmete)

up V [ʌp] *vi* (nenadoma) vstati, se dvigniti; *coll* dvigniti (kvišku); *A* povzpeti se (*to* na); **to ~ and ask** nenadoma vprašati; **~ and at him!** nanj!, za njim!; **he ~ped with his head** iztegnil (pomolil) je glavo ven; *vt coll* dvigniti, pobrati; *A* povišati, povečati (cene, proizvodnjo itd.)

up VI [ʌp] *interj* ~! kvišku! pokonci!; ~ (**with you)!** vstani(te)!; vstati!

up- [ʌp] *pref* (s pomenom) navzgor, kvišku

up-and-coming [ʌpəndkʌ́miŋ] *a coll* podjeten, spreten, okreten, vedno pripravljen, zmožen, sposoben

up-and-doing [ʌpənddúiŋ] *a* aktiven, podjeten

up-and-down [ʌpənddáun] *a* (ki vozi, gre) gor in dol, sem in tja, tja in nazaj; neraven, nepravilen; pokončen, navpičen; *A coll* odprt, pošten; **~ the line** z železnico tja in nazaj

up-and-up [ʌpəndʌ́p] *n*; **to be on the ~** uspevati, napredovati, procvitati

upas [júːpəs] *n* (~ **tree**) *bot* drevo upas, čigar sok na Javi domačini uporabljajo za zastrupljanje svojih strelic; strup iz tega drevesa; *fig* strup, kvaren vpliv

upbear* [ʌpbéə] *vt* držati pokoncu, podpirati, nositi (tudi *fig*)

upbeat [ʌpbíːt] **1.** *n* predtakt; poudarjeni zlog; **2.** *a fig* optimističen, zabaven, s srečnim koncem (knjiga, film itd.)

upblaize [ʌpbléiz] *vi* razplamteti se, razgoreti se

upbore [ʌpbóː] *pt* od **to upbear**

upborne [ʌpbóːn] *a* pokoncu držan (nošen); podprt, dvignjen

upbraid [ʌpbréid] *vt & vi* karati, ošteti, grajati; očitati; **to ~ s.o. for** (ali **with**) **s.th.** očitati komu kaj

upbraiding [ʌpbréidiŋ] **1.** *n* očitek, očitanje, graja(nje), karanje; **2.** *a* (~ **ly** *adv*) grajalen, grajajoč, karajoč, očitajoč

upbringing [ʌpbríŋiŋ] *n* vzgajanje, vzgoja; **he had a good ~** bil je dobro vzgojen, imel je dobro vzgojo

upbuild* [ʌpbíld] *vt* zgraditi

upburst [ʌpbəːst] *n* izbruh

upcast I [ʌpkaːst] **1.** *n* metanje v zrak (kvišku); *min* (= ~ **shaft**) preduh; *geol* razpoka; **2.** *a* kvišku (v zrak) vržen; kvišku dvignjen (pogled), odprt (oči)

upcast* II [ʌpkáːst] *vt* vreči, metati kvišku (v zrak)

upchuck [ʌpčʌk] *vt & vi A coll* (iz)bruhati, (iz)bljuvati, (iz)kozlati

upcoming [ʌpkʌ́miŋ] *a* prihajajoč; naslednji; ~ **plays** prihodnje predstave

up-country [ʌpkʌ́ntri] **1.** *n* notranjost dežele; zaledje; **2.** *a* ki je v notranjosti dežele; **3.** *adv* proti, v notranjosti dežele

update [ʌpdéit] *vt* modernizirati, posodobiti, napraviti sodobno

updo [ʌpduː] *n coll* visoko počesana pričeska (frizura)

upend [ʌpénd] *vt coll* pokoncu postaviti (sod); preobrniti (posodo); *vi* pokoncu stati; **2.** *a* vzdigajoč se; **3.** *adv* navzgor, navkreber

upgrade I [ʌpgreid] **1.** *n* vzpon, strmina; *fig* izboljšanje; **on the ~** v vzponu, kvišku; **he is on the ~** gre mu na bolje; **2.** *a* vzpenjajoč se; **3.** *adv* navkreber, navzgor

upgrade II [ypgréid] *vt* dvigniti na višjo stopnjo; dati (komu) zahtevnejše delo; *econ* (manj vreden proizvod) nadomestiti z vrednejšim proizvodom

upgrowth [ʌpgrouθ] *n* (po)rast, razvoj; proizvod rasti; izrastek

upheap [ʌphíːp] *vt* nakopičiti, nagomiliti

upheaval [ʌphíːvəl] *n* dviganje; *geol* vulkanski dvig (zemeljske skorje); *fig* prelom, prevrat; **social ~ s** socialni prevrati

upheave* [ʌphíːv] *vt* dvigniti; vreči kvišku; *vi* dvigniti se, dvigati se, riniti kvišku

upheld [ʌphéld] *pt & pp* od **to uphold**

uphill [ʌphil] **1.** *a* ki je na hribu; strm; *fig* težaven, naporen, utrudljiv; **an ~ struggle** trd boj; **2.** *adv* navkreber, v hrib; kvišku; **3.** *n* (strm) vzpon; višina

uphold* [ʌphóuld] *vt* držati pokoncu (kvišku), dvigniti kvišku; vzdrževati (običaj); zadržati (vrednost); potrditi, odobriti (sklep, sodbo); podpirati; **~ a cause** podpirati, braniti (neko) stvar; **to ~ opposition** nadaljevati odpor; **the higher court upheld the verdict of the lower** višje sodišče je potrdilo sodbo nižjega sodišča

upholder [ʌphóuldə] *n* podpiratelj; opora; branitelj; **~ of public order** čuvar (varuh) javnega reda

upholster [ʌphóulstə] *vt* oblaziniti, tapecirati pohištvo; opremiti (sobo) s preprogami in zastori; dekorirati (sobo), urediti; **to be well ~ ed** *sl* biti lepo urejen

upholsterer [ʌphóulstərə] *n* tapetnik, (sobni) dekorater; oblazinjevalec

upholstery [ʌphóulstəri] *n* oblazinjenje; tapetništvo, dekoraterstvo; dekoracija (sobe); tapetniški predmeti; **in the ~ way** *fig* na zunaj, na videz; **~ tack** tapetniški žebelj

upkeep [ʌpkiːp] *n* vzdrževanje (v redu) (stvari, predmetov); stroški vzdrževanja; **his uncle pays for his ~** njegov stric ga vzdržuje

upland [ʌplænd] *n* (večinoma *pl*) višavje, gorati predeli, gorenjsko; gorski, visoko ležeči kraji, **2.** *a* višinski; gorski; **the U~s** višavje v južni Škotski

uplander [ʌpləndə] *n* gorjanec, gorjan

uplift [ʌplíft] **1.** *vt* dvigniti (kvišku); dvigniti (glas, nivo, razpoloženje); moralno dvigniti; **2.** [ʌplift] *n* dvig, izboljšanje, razmah; moralni dvig; *geol* dvig tal

uplifter [ʌplíftə] *n* izboljševalec; delavec za socialni dvig

up-line [ʌpláin] *n* železnica, ki z dežele vodi v (glavno) mesto

upmost [ʌ́pmoust] **1.** *a* najvišji, najgornji; **2.** *adv* najviše, čisto zgoraj

upon I [əpɔ́n] *prep* (= on) na; na osnovi, na temelju; za; pri; line ~ line vrsta za vrsto; loss ~ loss izguba za izgubo, stalne izgube; once ~ a time nekoč (začetek angleških pravljic); ~ this nato, nakar; ~ the wide sea na širnem morju; ~ the heavy middle of the night prav sredi noči; ~ inquiry na osnovi preiskave; ~ inspection na temelju inšpekcije, takoj po inšpekciji; he is not to be relied ~ nanj se ni moč zanesti; to draw one's sword ~ s.o. izvleči (potegniti) svoj meč proti komu; he has nothing to live ~ nima od česa živeti; to live ~ s.o. živeti na račun kake osebe; to be thrown ~ one's own resources biti sam nase navezan; ~ my word (of honour)! častna (moja) beseda!

upon II [əpɔ́n] *adv* nato

upper I [ʌ́pə] *a* gornji, višji; *fig* višji, vzvišenejši; ~ arm nadlaket; ~ brain veliki možgani; ~ circle *theat* drugi balkon, druga vrsta; ~ classes gornji sloji (družbe); ~ coat površnik; ~ crust skorja (kruha itd.), *A sl* premožni sloji družbe; the Upper House Gornji (lordski) dom; ~ leather gornje usnje (za čevlje); ~ dog *sl* zmagovalec; ~ hand premoč, nadvlada; ~ lip gornja ustnica; the ~ Rhine gornji Ren; ~ storey gornje nadstropje; *fig* glava, pamet, možgani; the ~ ten (thousand) plemstvo, aristokracija, bogataši in visoka družba; ~ works *naut* deli ladje nad vodno površino; to get the ~ hand dobiti premoč, zmagati, nadvladati; dobiti prvenstvo; he has something wrong in his ~ storey v njegovi glavi ni vse v redu

upper II [ʌ́pə] *n tech* gornje usnje (čevlja); *coll* zgornje ležišče (v spalnem vozu); *med* gornja čeljust, gornja proteza; *pl* gamaše iz blaga; to be (down) on one's ~s strgati čevlje, *fig* biti popolnoma brez sredstev

upper-bracket [ʌ́pəbrǽkit] *a* (ki je) v višji skupini (glede dohodka itd.)

upper-case [ʌ́pəkeis] **1.** *a* tiskan (pisan) z velikimi črkami; ~ letters verzalke; velike črke; **2.** *vt* tiskati (pisati) z velikimi črkami

upperclassman, *pl* ~men [ʌpəklá:smən] *n A* študent 3. ali 4. letnika

uppercut [ʌ́pəkʌt] **1.** *n* (boksanje) udarec od spodaj navzgor pod brado; **2.** *vt** (za)dati tak udarec

uppermost [ʌ́pəmoust] **1.** *a* najgornji, najvišji; gornji (tok reke); *fig* prevladujoč, glavni, najvažnejši; prvi; the Conservatives are now ~ konservativci so zdaj na vladi; to come ~ dobiti premoč, nadvladati; to be ~ imeti premoč, nadvlado; **2.** *adv* najviše, čisto zgoraj, na vrhu; najprej, na prvem mestu; I said whatever came ~ in my mind rekel sem, kar mi je najprej padlo v glavo; the care for her was ~ in my mind skrb zanjo je bila moja prva misel

upper part [ʌ́pəpa:t] *n* zgornji del, vršina

uppers [ʌ́pəz] *sg & pl* gornje usnje (čevlja); gamaše iz blaga; to be (down) on one's ~ strgati čevlje, *fig* biti popolnoma brez sredstev

upper world [ʌ́pəwə:ld] *n* zemlja, zemeljska površina (kot življenjski prostor)

uppish [ʌ́piš] *a coll* domišljav, nadut, ošaben, ohol; aroganten

uppishness [ʌ́pišnis] *n* domišljavost, nadutost, ošabnost, oholost; arogantnost

upraise [ʌpréiz] *vt* dvigniti (kvišku, v zrak); with hands ~d z dvignjenimi rokami

uprear [ʌpríə] *vt & vi* pokoncu (se) postaviti; dvigniti (se)

upright [ʌ́prait] **1.** *n* navpičen (pokončen) položaj; podboj, podpornik; *pl sp* vrata, gol; pianino; out of ~ nenavpičen; ~of a tent šotorska palica; **2.** *a* pokončen, navpičen, vertikalen; ki se drži pokoncu; *fig* pošten, iskren; ~ conduct korektno obnašanje; ~ piano pianino; to sit ~ pokoncu sedeti; **3.** *adv* pokoncu, pokončno, navpično, vertikalno; bolt ~ raven kot sveča

uprightness [ʌ́praitnis] *n* pokončna drža, pokončnost; *fig* poštenost, odkritost, iskrenost

uprise I [ʌ́praiz] *n* dviganje, postavljanje; vzpon, strmina; vzhod (sonca itd.); pojavljenje, nastanek

uprise* II [ʌpráiz] *vi* dvigniti se, vstati; vziti (sonce); pojaviti se, nastati; to ~ in arms upreti se z orožjem v roki, zgrabiti za orožje

uprising [ʌ́práiziŋ] *n* vstajanje; vzhod (sonca); vstaja, upor

upriver [ʌ́privə] **1.** *a* ki leži ob gornjem tok reke; protivodni; **2.** *adv* po reki navzgor, proti izviru reke, proti vodi, po vodi navzgor

uproar [ʌ́prɔ:] *n* hrup, hrušč, trušč, kraval, direndaj, razgrajanje; razburjenje; the whole town was in an ~ vse mesto je bilo v vrenju; to make an ~ povzročiti hrup (nemir)

uproarious [ʌprɔ́:riəs] *a* (~ly *adv*) bučen (smeh), hrupen, buren, viharen (pozdrav, aplavz); povzročajoč nemir; ~ merriment hrupno, prekipevajoče veselje; to laugh ~ly krohotati se, smejati se na ves glas

uproariousness [ʌprɔ́:riəsnis] *n* bučnost, hrupnost, razgrajanje

uproot [ʌprú:t] *vt* izruvati (izpuliti) s korenino vred; *fig* iztrgati (*from* iz), izkoreniniti, iztrebiti, uničiti

uprootal [ʌprú:təl] *n* izkoreninjenje, izpuljenje

uprouse [ʌpráuz] *vt* prebuditi, zbuditi, zdramiti

upset* I [ʌpsét] **1.** *vt* prevrniti, prekucniti (čoln), na glavo postaviti; vreči na tla (nasprotnika); *fig* zmesti, zbegati, vznemiriti, razburiti; prepričati (načrte); pokvariti (želodec; namen, veselje); krčiti (kovino s kovanjem); to ~ the Government vreči vlado; to ~ s.o.'s plans prekrižati, preprečiti komu načrte; the food has upset me jed mi ni dobro dela; I have eaten s.th. that ~ my stomach želodec sem si pokvaril s tem, kar sem jedel; that ~s me ves sem iz sebe zaradi tega; the news upset the whole family novica je razburila vso družino; *vi* prevrniti se, prekucniti se; **2.** *a* prevrnjen, prekucnjen; zmeden, zbegan, razburjen; pokvarjen (želodec)

upset II [ʌ́pset] *n* prevrnitev, prekuc; preprečenje (načrtov); nered, zmeda, vznemirjenje, razburjenje, jeza; prepir; *coll* poraz favorita; after the ~ of the car potem ko se je avto prevrnil; the carriage had an ~ voz se je prevrnil; it gave me quite an ~ to me je popolnoma zmedlo; stomach ~, gastric ~ želodčne motnje, pokvarjen želodec

upset III [ʌ́pset] *a* določen, ustaljen (cena); (redko) pokončen, vzravnan; ~ **price** najnižja, izklicna cena (pri dražbi)

upsetting [ʌpsétiŋ] *n tech* krčenje železa (s kovanjem)

upshot [ʌ́pšət] *n* izid, končni učinek, konec, zaključek; **in** (ali **on**) **the** ~ konec koncev; **to the** ~ do konca; **what will be the** ~ **of it (all)?** kako se bo (vse) to končalo?

upside [ʌ́psaid] *n* zgornja stran; *rly* železniška proga, ki vodi proti (glavnemu) mestu; peron za take vlake

upside down [ʌ́psaid dáun] *adv* narobe; na glavo postavljeno; *fig* v neredu; **to turn everything** ~ postaviti vse na glavo (tudi *fig*)

upside-down [ʌ́psaiddáun] *a* prekucnjen; na glavo postavljen (tudi *fig*), narobe, anormalen; ki je v neredu; ~ **position** lega na hrbtu; ~ **world** narobe svet; **he has an** ~ **way of putting things** ima čuden način razlaganja stvari

upsides [ʌ́psaidz] *adv coll* na isti višini; **to get** ~ **with s.o.** *fig* obračunati (biti kvit) s kom

upsilon [júːpsilən, ~sáilən] *n* ipsilon (grška črka)

upspring* [ʌ́psprɪ́ŋ] **1.** *vi* skočiti kvišku; *fig* planiti pokoncu; nastati; **2.** [ʌ́psprɪŋ] *n* nastanek, izvor

upstage [ʌ́pstéidž] **1.** *adv* v ozadju (v ozadje) gledališkega odra; **2.** *a* k ozadju gledališkega odra spadajoč; *fig* zaostal; plah, boječ, vase zaprt, zadržan; nadut, ki se dela važnega

upstairs [ʌ́pstɛəz] **1.** *a* ki je na zgornjem nadstropju; **2.** [ʌ́pstɛ́əz] *adv* po stopnicah navzgor; gori, zgoraj, v zgornjem nadstopju; **to go** ~ *aero sl* dvigati se (letalo); **he was kicked** ~ *fig coll* napredoval je (ker so se ga hoteli znebiti); **3.** [ʌ́pstɛəz] *n* gornje nadstropje; stanovalci v gornjem nadstropju

upstanding [ʌpstǽndiŋ] *a* ki se drži pokoncu, stoječ; (velik in) močan, visokorasel; odkrit(osrčen), odprt; (plača) stalen, fiksen

upstart [ʌ́psta:t] **1.** *n* oseba, ki se je hitro povzpela na visok položaj, povzpetnik, parveni; novinec; arogantna oseba; **2.** *a* ki se je povzpel na visok položaj; povzpetniški; **3.** [ʌpstá:t] *vi* skočiti (planiti) kvišku; (na)ježiti se (lasje); pojaviti se; *vt* preplašiti (divjad itd.)

upstate [ʌ́pstéit] *A* **1.** *a* iz podeželskega ali severnega dela (države); **2.** *n* zaledje (kake države); severni del države New York

upstater [ʌ́pstéitə] *n A* provincialec, podeželan

upstream [ʌ́pstrí:m] **1.** *a* ki gre proti vodnemu toku; ležeč (nastajajoč) na (ob) gornjem toku; **2.** *adv* proti (vodnemu) toku, po vodi navzgor

upstroke [ʌ́pstrouk] *n* črta navzgor, tanka črta (pri pisanih črkah); *tech* gibanje navzgor; ~ **of a piston** dvig bata

upsurge [ʌ́psə:dž] **1.** *n* vzvalovanje, kipenje; *fig* razburjenje, vznemirjanje; **2.** [ʌpsə́:dž] *vi* vzvalovati, vzkipeti

upswell* [ʌpswél] *vi* narasti

upswept [ʌ́pswept] *a* navzgor ukrivljen; visoko počesan (pričeska)

upswing [ʌ́pswiŋ] **1.** *n* zamah, zalet navzgor; dvig, vzlet, razmah; **2.** [ʌpswíŋ] *vi** zavihteti se kvišku; vzleteti; *fig* izboljšati se

uptake [ʌ́pteik] *n* dviganje; *fig* dojemanje, razumevanje, pojmovanje; **to be slow in the** ~ težko dojemati, biti trd (počasne pameti)

up the wind [ʌ́pðəwind] *adv aero* proti smeri vetra; **to land** ~ pristati proti vetru

upthrow [ʌ́pθrou] **1.** *n* met kvišku; prevrat, preobrat; **2.** [ʌpθróu] *vt**kvišku vreči

upthrust [ʌ́pθrʌst] *n* sunek (dvig) navzgor (zlasti *geol*)

up to date [ʌ́ptudéit] *adv* (vse) do danes, do najnovejšega časa

up-to-date [ʌ́ptudéit] *a* segajoč do danes, do sedanjosti; moderen, sodoben, najnovejši; ki se drži zadnje mode; ki je na tekočem, pozna najnovejši razvoj; aktualen

up-to-dateness [ʌ́ptudéitnis] *n* novodobnost, modernost; aktualnost

uptown [ʌ́ptáun] **1.** *a* ki stanuje, se nahaja v gornjem delu mesta; *A* stanujoč, ležeč v stanovanjskih četrtih; ~ **warehouse** *A* svobodno carinsko skladišče v notranjosti mesta; **2.** *adv* v gornjem delu mesta, proti gornjemu delu mesta, proti mestu; *A* v stanovanjskih četrtih (v nasprotju s poslovnimi)

uptrace [ʌptréis] *vt* poizvedovati

uptrain [ʌ́ptrein] *n* vlak proti Londonu, proti glavnemu mestu

uptrend [ʌ́ptrend] *n* rastoča tendenca navzgor

upturn [ʌptə́:n] **1.** *vt* obračati (zemljo); obrniti navzgor, usmeriti kvišku (pogled); *vi* obrniti se navzgor; **2.** [ʌ́ptə:n] *n* dvig (tečajev itd.); *fig* izboljšanje, razmah

upturned [ʌptə́:nd] *a* navzgor obrnjen; prevrnjen; ~ **nose** privihan nos

upward [ʌ́pwəd] **1.** *a* (~**ly** *adv*) usmerjen ali obrnjen navzgor, v višino; dvigajoč se (tendenca); proti vodi, po vodi navzgor; **an** ~ **glance** kvišku usmerjen pogled; **an** ~ **movement** gibanje navzgor, dvig(anje) (tečajev); **the market has an** ~ **tendency** tržišče ima tendenco k dvigu

upward(s) [ʌ́pwəd(z)] *adv* kvišku, gor, navzgor (tudi *fig*); dalje, naprej; proti vodnemu toku, ob vodi navzgor; proti notranjosti dežele; proti (glavnemu) mestu; ~ **of** več kot, nad (**10 years** 10 let); **16 years and** ~ 16 let in več; **from 10 dollars** ~ od 10 dolarjev naprej, dalje (više); **from the 16th century** ~ od 16. stoletja dalje; ~**s of ten thousand** več kot deset tisoč; **men of forty and** ~ možje, stari 40 let ali več; ~ **cercle** *sp* veletoč; **the boat turned bottom** ~**s** čoln se je prevrnil; **to look** ~ pogledati kvišku; **to follow a stream** ~ iti ob reki v smeri proti izviru; **the prices tend** ~ cene se dvigajo

upwhirl [ʌpwə́:l] *vt & vi* izvrtinčiti (se)

upwind [ʌ́pwind] *n* protiveter; navzgornjik (veter)

uraemia [juərí:miə] *n med* uremija

Ural [jú(ə)rəl] *n* (reka) Ural; ~ **Mountains** gorovje Ural

uranic I, uranous [juərǽnik, júərənəs] *a chem* uranov

uranic II [juərǽnik] *a* nebesen; astronomski

uranism [júərnizəm, júəréinizəm] *n* uranizem, homoseksualnost

uranist [júərənist] *n* uranist, homoseksualec

uranium [juəréiniəm] *n chem* uran; ~ **deposit** nahajališče urana; ~ **fission** cepitev urana

urban [ə́:bən] *a* mestni; ~ **municipality** mestna občina; **the** ~ **population** mestno prebivalstvo; ~ **transport** mestni promet; ~ **district** mestni okraj (okoliš)

urbane [ə:béin] *a* (~ **ly** *adv*) vljuden, olikan, uglajen, lepega vedenja, fin, ljubezniv

urbaneness [ə:béinnis] *n* glej **urbanity**

urbanity [ə:bǽniti] *n* vljudnost, ljubeznivost, olikanost, uglajenost, lepo vedenje; *E obs* duhovit humor

urbanization [ə:bənaizéišən] *n* olikanje (družabnih navad); urbanizacija

urbanize [ə́:bənaiz] *vt* urbanizirati, dati (kraju) mestni videz, napraviti mestno; olikati (družabne navade)

urbiculture [ə́:bikʌlčə] *n* načrtovanje (planiranje) mest

urchin [ə́:čin] *n* pobalin, fantalin, otročaj, paglavec; *obs* škrat; (= **sea** ~) *zool* morski ježek; ~ **fish** *zool* ježarica; **street** ~ cestni pobalin

Urdu [ə:dú:] *n* moderna oblika hindustanskega jezika

urea [júəriə] *n chem* sečnina

ureal [júəriəl] *a* ki se tiče sečnine; sečnini podoben

uremia [juərí:miə] *n med* uremija

ureter [juərí:tə] *n anat* sečevod, ureter

urethra, *pl* ~ **s**, ~ **thrae** [juərí:θrə, ~ ri:] *n anat* uretra, sečevod iz mehurja

urethritis [juəriθráitis] *n med* vnetje sečevoda

uretic [juərétik] *a med* ki žene na vodo (k uriniranju), diuretičen

urge I [ə:dž] *n* podnet, impulz, nagon, pobuda, spodbuda; delujoča sila, pritisk; vnetost, gorečnost (npr. verska); **the cosmic** ~ skupnost sil, ki vladajo svetu; **sexual** ~ spolni nagon; **creative** ~ ustvarjalni nagon

urge II [ə:dž] *vt* nagnati, naganjati, tirati; tiščati, pritiskati; siliti, nagovarjati, rotiti, urgirati; spodbosti; iznesti, predložiti (*against* proti) (npr. argumente), predočiti, navesti (kot vzrok); posebno naglasiti, poudariti; priporočiti, opomniti; pospešiti (tempo, delo); *vi* siliti, rotiti, trdovratno vztrajati (*on* pri); **to** ~ **a horse forward** priganjati konja; **to** ~ **the abolition of slavery** z vso silo se zavzemati za odpravo sužnosti; **to** ~ **necessity of immediate action** poudarjati potrebo takojšnje akcije; **to** ~ **one's way** utreti si pot; **I** ~ **d him** to accept the offer silil sem ga, naj sprejme ponudbo; **I** ~ **d him** not to undertake the business rotil sem ga, naj se ne loti tega posla; **he** ~ **d his inexperience** izgovarjal se je s svojo neizkušenostjo; **he** ~ **d his men on** priganjal je svoje može naprej; **his officers** ~ **d an immediate retreat** njegovi častniki so svetovali takojšen umik; **the officer** ~ **d the need for haste** častnik je izrecno (krepko) opominjal k naglici

urgency [ə́:džənsi] *n* sila, nuja, nujnost; nujna prošnja; *parl* nujnostni predlog; **of the utmost** ~ skrajno nujen (nujno); **I gave way to his** ~ ugodil sem njegovi (nujni) prošnji

urgent [ə́:džənt] *a* (~ **ly** *adv*) nujen, pritiskajoč, vztrajno zahtevajoč; vztrajen, vnet; zelo potreben; resen; **an** ~ **matter** nujna zadeva; **an** ~ **need of** hudo, težko pomanjkanje (česa), potreba (po čem); **time is** ~ čas pritiska; **he is an** ~ **advocate of reform** on je vztrajen (vnet,

goreč) zagovornik reforme; **to be in** ~ **need of money** nujno potrebovati denar; **to be** ~ **about** (ali **for**) **s.th.** siliti (pritiskati) za kaj; **to be** ~ **with s.o. to...** (ali **for**) pritiskati na koga, da... (za)

uric [júərik] *a* sečen; ~ **acid** sečna kislina

urinal [júərinəl] *n* (bolniška) posoda, steklenica za urin, »goska, račka«; stranišče za moške (za uriniranje), pissoir; epruveta za pregled (raziskavo)

urinary [júərinəri] **1.** *a* sečen; ~ **bladder** sečni mehur; ~ **calculus** kamen v sečnem mehurju; **2.** *n agr* jama za gnojnico; *obs mil* latrina, stranišče

urinate [júərineit] *vi med* urinirati, izpustiti vodo, scati

urination [juərinéišən] *n* uriniranje

urinative [júərineitiv] *a med* diuretičen

urine [júərin] *n med* urin, seč

urinous [júərinəs] *a* sečen, seču podoben, vsebujoč seč

urn [ə:n] **1.** *n* žara, urna; *fig* (redko) grob, grobnica; vrč, posoda za vodo (v obliki urne); (= **tea** ~) čajnik; vrsta samovarja; kavnik; **cinerary** ~ žara za pepel; **funeral** ~ nagrobna žara; **2.** *vt* shraniti v žaro (žare)

urnful [ə́:nful] *n* količina, ki gre v žaro; polna žara

urologist [juəró´lədžist] *n* urolog

urology [juəróládži] *n* urologija

Ursa [ə́:sə] *n astr* (Veliki ali Mali) Medved: ~ **Major (Minor)** Veliki (Mali) Medved

ursine [ə́:sain, ~ sin] *a* **1.** medvedji, podoben medvedu; spadajoč v družino medvedov; ~ **howler** rdeči vriskač (opica); **2.** *zool* pokrit z bodicami

Ursuline [ə́:sjulain, ~ lin] **1.** *n* uršulinka (nuna); **2.** *a* uršulinski

urtica [ə́:tikə, ə:táikə] *n bot* kopriva

urticaria [ə:tikéəriə] *n med* koprivnica

urticate [ə́:tikeit] *vt* speči s koprivami; *med* šibati s koprivami; tvoriti izpuščaje od kopriv na; *vi* peči kot koprive

urtication [ə:tikéišən] *n* opečenje s koprivami; *med* šibanje s koprivami

Uruguay [júrugwei *n* Urugvaj

Uruguayan [jurugwéiən] **1.** *a* urugvajski; **2.** *n* Urugvajec, -jka

urus [júərəs] *n zool* tur

us [ʌs; əs] *pron* nas; nam; *dial* mi; **all of** ~ mi (me) vsi (vse); **both of** ~ midva oba, midve obe; **let us see**, *coll* let's see poglejmo!; ~ **poor people** mi reveži; **give** ~ **a bite** *coll* daj mi grižljaj (kaj jesti)

usability [ju:zəbíliti] *n* uporabnost

usable [júzəbl] *a* (u)poraben, uporabljiv; pripraven

usableness [jú:zəblnis] *n* glej **usability**

usage [jú:zidž] *n* navada, običaj; uzus; praksa; raba, uporaba, uporabljanje; običajni postopek (ravnanje, postopanje); *jur* običajno pravo; govorna raba; *tech* obraba; **an old** ~ stara navada, star običaj; **ill** ~ slabo ravnanje; **common** ~ splošno privzet običaj; **to meet with harsh** ~ naleteti na grobo ravnanje

usance [jú:zəns] *n econ* trgovski običaj, uzanca; običajni rok za plačilo (menice), uzo; *econ* donos, dohodki (iz premoženja); *obs* raba, upo-

raba; *obs* oderuštvo; obresti; **according to** ~
econ po uzancah, ustrezno uzancam; **at** ~
econ po uzu; **bill at** ~ **s** uzo menica; **bill drawn
at double** ~ menica z dvojnim plačilnim rokom
use I [ju:s] *n* raba, uporaba; uporabnost, korist-
(nost), prid; (poseben) namen, smoter; priprav-
nost; moč ali sposobnost uporabljati (kaj);
navada, običaj, uzus; stalna ali ponovna upo-
raba; vaja; praksa; (pred)pravica uporabe (če-
sa); *jur* užitek; pravica, uživanje (posesti);
dobiček; *eccl* obredi kake Cerkve, liturgija; **be-
yond all** ~ čisto nenavaden; **in** ~ v rabi; **of** ~
uporaben, koristen; **of no** ~ neuporaben, brez-
koristen; **in common** ~ v splošni rabi; **out of** ~
ne v rabi, ne več uporaben; **fit for** ~ uporaben;
with ~ s trajno rabo; **the Anglican** ~ anglikan-
ski obred; **value in** ~ dejanska vrednost; ~
and wont šege in navade; **according to his** ~
and wont po njegovi (svoji) stari navadi; **di-
rections** (ali **instructions**) **for** ~ navodila za
uporabo; ~ **makes perfect** vaja naredi mojstra;
~ **is second nature** stara navada je železna
srajca; **once a** ~ **and ever a custum** česar se je
Janezek naučil, to Janez zna; **can I be of** ~ **?**
lahko (kaj) pomagam?; **is this of** ~ **to you?**
lahko to kaj porabite?; **crying is no** ~ nima
smisla jokati, zastonj je jokati; **it is (of) no** ~
(running) brez koristi, zaman je (teči); **what's
the** ~ **(of it)?** kakšen smisel naj (sploh) to ima?;
to be in daily ~ biti vsak dan v rabi; **to bring
into** ~ uporabiti; **to be out of** ~ ne biti v rabi
(v navadi); **to come into** ~ priti v splošno rabo;
to fall (ali **to pass**) **out of** ~ postati neuporaben,
zastareti; **you will find these shoes of** ~ **in the
mountains** videli boste, da so ti čevlji zelo ko-
ristni v gorah; **everything has its** ~ vsaka stvar
je za kaj uporabna; **I have no** ~ **for** it nimam
kaj početi s tem; **I have no** ~ **for such people**
nimam nobenega smisla za take ljudi, ne cenim
(ne potrebujem) takih ljudi; **have you lost the** ~
of your tongue? si izgubil dar govora?; **he lost
the** ~ **of his right eye** ne vidi več na desno oko;
to make ~ **of s.th.** uporabiti (izkoristiti) kaj,
posluževati se česa; **to make** ~ **of s.o.'s name**
sklicevati se na koga; **to put out of** ~ vzeti iz
obtoka (kovance itd.); **to put to (good)** ~ (dobro)
uporabiti
use II [ju:z] *vt* rabiti, uporabljati, porabiti, izko-
ristiti, posluževati se; zateči se k; ravnati z; po-
trošiti, izdati; gojiti (šport itd.); prebiti (čas);
obs navaditi (*to* na); **to use one's brains** (ali
wits) uporabiti pamet, napeti (svoje) možgane;
~ **your eyes!** odpri oči!; **to** ~ **care** skrbno
(pazljivo) postopati; **to** ~ **diligence** da(ja)ti si
truda; **to** ~ **one's best efforts** napraviti, kar se
le da (kar je le možno); **to** ~ **exercises** delati
vaje; **to** ~ **force** uporabiti silo; **this geyser** ~ **s
a lot of gas** ta plinska peč porabi mnogo plina;
how did they ~ **you?** kako so ravnali z vami?;
to ~ **s.o. ill** slabo ravnati s kom; **I cannot** ~ **my
left hand** ne se posluževati svoje leve roke; **to**
~ **one's legs** peš iti, pešačiti; **to** ~ **imprecations**
preklinjati; **to** ~ **a right** uživati (neko) pravico;
may I ~ **your name?** se lahko sklicujem na vas?;
to ~ **tobacco** kaditi; **I have** ~ **d all the paint**
porabil sem vso barvo; **how does the world** ~

you? *coll* kako je z vami?, kako vam gre?; *vi
obs* (razen v *pt*) biti vajen, imeti navado; (tudi
za izražanje trajnega stanja v preteklosti); **the
beggar** ~ **d to come every day** berač je imel na-
vado (je prihajal) vsak dan; **it** ~ **d to be said**
navadno se je reklo (bila je navada reči); **he
does not come as often as he** ~ **d (to)** ne prihaja
več tako pogosto kot prej; **they** ~ **d to live here**
prej so stanovali tu; ~ **d you to know him?** ste
ga vi poznali?; **there** ~ **d to be a tree there** tam
je nekoč bilo drevo;
use up *vt* popolnoma porabiti, do kraja izkori-
stiti; uporabiti to, kar je ostalo (ostanke);
izčrpati; ~ **d up** porabljen, izrabljen, (tudi
zrak), potrošen, izčrpan; **he was** ~ **d up by his
toil** od garanja je bil ves izčrpan
used [ju:st] *a* (zlasti ponovno ali navadno) rabljen;
(že) rabljen, nošen (obleka itd.); *obs A* navaden,
običajen; navajen (*to* na); **I am** ~ **to working
late** vajen sem delati dolgo (pozno v noč);
to get ~ **to** navaditi se na
useful [jú:sful] *a* (~ **ly** *adv*) koristen, uporaben;
ki rabi (za); uspešen, učinkovit, donosen, dober,
»prima«; ~ **information** koristne informacije;
he is a ~ **foot-baller** on je uspešen, spreten no-
gometaš; **he is pretty** ~ **with his fists** on se zna
uspešno (učinkovito) posluževati svojih pesti;
he made a ~ **attempt** napravil je uspešen poskus;
to make o.s. ~ narediti se koristnega
usefulness [jú:sfulnis] *n* korist(nost), uporabnost
useless [jú:slis] *a* nekoristen, brezkoristen, nepo-
raben, neuporabljiv; brezuspešen, brezploden,
zaman, brez cilja; *sl* bolehen, nerazpoložen, ne-
sposoben za karkoli; **it is** ~ **to (speak)** brez
koristi (odveč) je (govoriti); **talking is** ~, **act!**
govoriti ne koristi nič, naredite kaj!; **I'm feeling
jolly** ~ **to-day** danes nisem za nobeno rabo, sem
čisto zanič
uselessly [jú:slisli] *adv* brez koristi, brezuspešno,
zaman
uselessness [jú:slisnis] *n* nekoristnost, brezkorist-
nost; brezuspešnost; neuporabnost, neuporab-
ljivost
user [jú:zə] *n* uporabnik, koristnik, potrošnik,
konzument; užitkar, uživalec; *jur* užitek, uži-
vanje, pravica uporabe
U-shaped [jú:šeipt] *a* ki ima obliko črke U; ~
iron *tech* žlebno železo
usher [ʌšə] **1.** *n* vratar; uslužbenec, ki vodi obisko-
valce na njihova mesta, biljeter (v kinu, gleda-
lišču); sodni sluga; pomožni učitelj, inštruktor;
the Gentleman U~ kraljevski ceremoniar; **2.** *vt*
uvesti; peljati, voditi, najaviti (*in*, *into* v); *fig*
uvesti, začeti (dobo itd.); *fig* napovedati, nazna-
niti
usherette [ʌšərét] *n* biljeterka, uslužbenka, ki vodi
gledalce (v kinu, gledališču itd.) na njihova
mesta
ushership [ʌ́šəšip] *n* vratarska ali ceremoniarska
služba
usquebaugh [ʌ́skwibɔ:] *n* whisky (škotski, irski)
ustilago [ʌstiléigou] *n bot* (žitna) snet
ustulate [ʌ́stjulit, ~leit] *a* osmojen, opaljen
usual [jú:žuəl] **1.** *a* običajen, navaden; **as** ~, *hum*
as per ~ kot po navadi, kot običajno; **it has
become the** ~ **thing with us** to je postalo običajno

pri nas; **it is not ~ for him to come so early** ni (to) njegova navada, da bi prišel tako zgodaj; **it is ~ for shops to close at 7 o'clock** trgovine se navadno zapirajo ob sedmih; **the train is later than (is) ~** vlak je prišel kasneje kot navadno; **2.** *n* kar (kolikor) je običajno; običajna mera; **how is life these days? — The usual.** (*coll*) Kako je kaj? — Kot običajno.

usually [jú:žuəli] *adv* običajno, navadno, po navadi, večinoma, redno

usualness [jú:žuəlnis] *n* navada, pogostnost

usucaption, **~ pion** [ju:zjukǽpšən, ~ kéipiən] *n jur* priposestvovanje (pravice)

usufruct [ju:sjufrʌ́kt] **1.** *n jur* užitek, uživanje; **2.** *vt jur* imeti uživanje (užitek) (česa)

usufructuary [ju:sjufrʌ́kčəri] *jur* **1.** *a* užitkarski; **~ right** pravica uživanja; **2.** *n* užitkar, uživalec

usurer [jú:žərə] *n* oderuh; *fig* krvoses; *obs* posojevalec denarja

usurious [ju:žúəriəs] *a* (**~ ly** *adv*) oderuški; ki živi od oderuštva; **~ interest** oderuške obresti

usuriousness [ju:žúəriəsnis] *n* oderuštvo

usurp [ju:zɔ́:p] *vt* nasilno (protizakonito) se polastiti (si prisvojiti, si prilastiti); uzurpirati; *vi* (*upon*) posegati v tuje pravice

usurpation [ju:zə:péišən] *n* protizakonita, nasilna prilastitev (prisvajanje); poseganje (v tuje pravice); uzurpacija; **~ of the throne** nasilna prilastitev prestola; **title won by ~** protipravno pridobljen (vladarski) naslov

usurper [ju:zɔ́:pə] *n* nasilen (protizakonit) prisvojitelj; uzurpator (npr. prestola); *fig* vsiljivec (*on* v)

usurping [ju:zɔ́:piŋ] *a* (**~ ly** *adv*) ki si protizakonito (nasilno) lasti (prisvaja); uzurpatorski

usury [jú:žəri] *n* oderuštvo, odiranje, oderuške obresti; *fig* obresti; **to practice ~** odirati; **to return an insult with ~** z (obrestnimi) obrestmi vrniti žalitev

ut [ʌt; u:t] *n mus* nota *c*

utensil [juténsəl] *n* orodje; instrument; posoda; **farming ~ s** poljedelsko orodje; **kitchen ~ s** kuhinjska posoda, kuhinjske potrebščine

uterine [jú:tərain, ~ rin] *a med* materničen; izhajajoč od iste matere; **~ brother (sister)** polbrat (polsestra) (po materi)

uteritis [ju:təráitis] *n med* vnetje maternice

uterus, *pl* **uteri** [jú:tərəs, ~ rai] *n med* maternica

utile [jú:tail, A ~ til] *a obs* koristen, praktičen

utilitarian [ju:tilitéəriən] **1.** *n* utilitarist; koristolovec; oseba, ki misli le na svojo korist; privrženec utilitarizma; **2.** *a* ki gleda le na (svojo) korist, koristolovski; utilitarističen; *derog* nizkoten

utilitarianism [ju:tilitéəriənizəm] *n* utilitarizem, teorija o koristi kot glavnem načelu

utility [ju:tíliti] **1.** *n* korist, prid, koristnost, koristna stvar; *phil* korist, sreča, blagor; **of ~** koristen; **of no ~** nekoristen; **~ goods** blago široke potrošnje; **~ (man)** priložnostni delavec, faktotum, dekle za vsa dela, *theat* igralec za manjše vloge; **public ~** splošna korist; **(public) ~ company** *A* javno uslužnostno (servisno) podjetje (pošta, železnica ipd.); **~ car** manjši avto

utilizable [jú:tilaizəbl] *a* (u)poraben, uporabljiv, ki se da izkoristiti; koristen

utilization [ju:tilaizéišən] *n* uporaba, koristna raba, koriščenje, izkoriščanje

utilize [jú:tilaiz] *vt* koristno uporabiti, rabiti; izkoristiti, obrniti v prid; **to ~ an opportunity** izkoristiti priliko

utmost [ʌ́tmoust, ~ məst] **1.** *a* skrajni, zadnji, najbolj oddaljeni; *fig* največji, najvišji; **to the ~ boundaries** do skrajnih meja; **to accept with the ~ reluctance** sprejeti z največjim odporom; **2.** *n* skrajnost; maksimum; kar je le možno; **at the ~** kvečjemu; **to the ~** do skrajnih meja; **to the ~ of one's power** z vso svojo močjo; **I did my ~** napravil sem, kar sem le mogel (kar se je le dalo)

Utopia [ju:tóupiə] *n* Utopija (srečna zemlja, po knjigi T. Moora »The Island of ~«, 1516) *fig* (često) **u~** utopija; idealna država; izmišljen svet; gradovi v oblakih, sanje bodočnosti

Utopian [ju:tóupjən] **1.** *a* (ki je) iz Utopije; **u~** *fig* utopističen, vizionaren, sanjarski, fantastičen; **2.** *n* prebivalec Utopije; *fig* **u** ~ utopist, idealist, (politični) zanesenjak, izboljševalec sveta

utopianism [ju:tóupjənizəm] *n* utopizem, utopistični načrti

utopianist [ju:tóupjənist] *n* utopist; politični sanjač, zanesenjak

utricle [jú:trikl] *n bot* mešiček; *zool* stanica, mešiček ali votlinica v telesu; *med* utriculus (mešiček v ušesnem labirintu)

utter I [ʌ́tə] *a* skrajni, najvišji; popoln, dokončen, končno veljaven; *jur* zunanji; **an ~ rogue** popoln lopov, lopov in pol; **he is an ~ stranger to me** on mi je popolnoma tuj (neznan); **to meet with an ~ refusal** naleteti na kategorično odklonitev; **~ barrister** *jur* mlad odvetnik, ki sme na sodišču braniti samo zunaj ograje

utter II [ʌ́tə] *vt* izreči, izustiti, izgovoriti, izraziti, dati izraza, oglasiti se; objaviti, razglasiti, razširiti, odkriti; dati v obtok (bankovce itd.); **to ~ a cry** zavpiti, zakričati; **to ~ false coin** spraviti v promet (obtok) ponarejene kovance; **to ~ a word, a lie** izgovoriti besedo, izreči laž

utterable [ʌ́tərəbl] *a* izrekljiv, izrazljiv, izgovorljiv

utterance [ʌ́tərəns] *n* **1.** izrekanje, izražanje, izraz, način izražanja, izgovor; beseda, govor (često *pl*); **the ~ s of the speaker** govornikove besede; **to deprive s.o. of ~** odvzeti komu besedo; **to give ~ to one's rage** dati izraza svoji jezi; **2.** *poet* skrajnost, smrt; **to fight to the ~** boriti se na življenje in smrt, boriti se do konca

utterer [ʌ́tərə] *n* kdor izrazi, reče; širitelj ponarejenega denarja

utterly [ʌ́təli] *adv* skrajno, do skrajnosti; popolnoma, čisto, absolutno, zelo

uttermost [ʌ́təmoust] *a* skrajni; zadnji, najbolj oddaljeni; **the ~ parts of the earth** najbolj oddaljeni deli zemlje; **to pay to the ~ farthing** plačati do zadnje pare (do zadnjega novčiča)

utterness [ʌ́tənis] *n* popolnost; skrajna (najvišja) mera

uviol glass [jú:viəl gla:s] *n tech* uviol steklo (ki je posebno prepustno za ultravioletne žarke)

uvula, *pl* ~ s, ~ vae [jú:vjulə, ~ li:] *n anat* mehko-
nebni jeziček
uvular [jú:vjulə] **1.** *a anat* mehkoneben; **2.** *n ling*
uvularni glas, uvular
uxorial [ʌksó:riəl] *a* ki se tiče poročene ženske,
soproge; spodoben za soprogo

uxoricide [ʌksó:risaid] *n* umor žene (soproge);
morilec žene (soproge)
uxorious [ʌksó:riəs] *a* slepo vdan ženi (soprogi);
hum copatarski
uxoriousness [ʌksó:riəsnis] *n* slepa vdanost ženi
(soprogi); *hum* copatarstvo

V

V, v [vi:] **1.** *n*, *pl* **V's, v's; Vs, vs,** (črka) V, v; znak za rimsko številko 5; *A coll* petdolarski bankovec; predmet v obliki črke V; (= **the V sign**) znak zmage (dva prsta, dvignjena kvišku v obliki črke V); **capital** (ali **large**) V veliki V; **little** (ali **small**) v mali v; **2.** *a* ki ima obliko črke V; klinast; **V-belt** *tech* klinast jermen; **V-day** Dan zmage; **V-groove** klinast utor; **V-pulley** škripec za vrv; **V-shaped** ki ima obliko črke V; **V-sign** znak zmage

V-1 [vi: wʌn] *n mil* V 1 (letalo brez posadke v 2. svetovni vojni)

V-2 [vi: tu:] *n mil* V 2 (daljnostrelna raketa v 2. svetovni vojni, uporabljana zlasti za obstreljevanje Londona)

vac [væk] *n E coll* (= **vacation**) univerzitetne počitnice

vacancy [véikənsi] *n* praznina, praznota; prazen, nezaseden ali prost prostor; prazno, izpraznjeno, nezasedeno, vakantno službeno mesto; *fig* praznina, vakuum, vrzel, luknja; pustina, neobdelan svet; (redko) nezaposlenost, brezdelnost, brezdelica, prost čas; **a ~ in an office** prosto (delovno) mesto v pisarni (uradu); **to fill a ~** zapolniti, zamašiti vrzel; **to gaze, to look into ~** strmeti, gledati v prazno; **my work does not leave me a moment's ~** moje delo mi ne pušča niti trenutka prostega časa

vacant [véikənt] *a* (~**ly** *adv*) prazen, nezaseden, prost; izpraznjen, vakanten; nenaseljen, pust; brezdelen, brez dela, prost; duhovno odsoten (pogled), breizrazen, top, brez vsebine; *jur* brez gospodarja, neoddan v najem (hiša); neobdelan (zemlja); **in my ~ time** v mojem prostem času; **~ hours** ure brezdelja; **a ~ lot** *A* nezazidana parcela; **to apply for a ~ place** prositi za nezasedeno (prosto) službeno (delovno) mesto

vacate [vəkéit] *vt* izprazniti, pustiti prosto, nezasedeno (sedež, stanovanje); zapustiti (službeno mesto, službo); razveljaviti (pogodbo, zakon); *mil* umakniti (vojsko); ~ **the premises** oditi; *vi* odstopiti, odpovedati; *A* iti na počitnice; *sl* oditi, proč iti, odseliti se, odpotovati

vacation [vəkéišən] **1.** *n* izpraznitev, zapustitev; pavza, oddih, počitek; sodne, vseučiliške počitnice; *A* šolske počitnice; (zlasti *A*) dopust, počitnice; doba (čas) nezasedenosti kakega (službenega, delovnega) mesta, vakanca; **my ~ of the good position in the Post Office was unwise** moja opustitev dobre službe na pošti ni bila pametna; **long** (**summer**) **~** poletne počit-

nice; **to be on ~** biti na dopustu; **2.** *vi* vzeti si dopust; preživeti počitnice

vacationist [vəkéišənist] *n* dopustnik, počitniški gost, letoviščar

vacationer [vəkéišənə] *n A* glej **vacationist**

vaccinal [væksinəl] *a med* cepilen

vaccinate [væksineit] *vt & vi* cepiti, vakcinirati (**against smallpox** proti kozam); **to be ~d** biti cepljen, dati se cepiti

vaccination [væksinéišən] *n med* cepljenje, vakcinacija; ~ **scar** brazgotina od cepljenja

vaccinationist [væksinéišənist] *n* privrženec cepljenja

vaccinator [væksineitə] *n med* zdravnik cepilec, vakcinator; instrument za cepljenje (igla, nož itd.)

vaccine [væksi:n] **1.** *n med* cepivo, vakcina; **2.** *a* kravji; *med* cepilni, vakcinalen, cepilski; ~ **farm** zavod za cepljenje; ~ **point** cepilna igla

vaccinia [væksíniə] *n med* (= **cowpox**) osepnice

vaccinic [væksíník] *a med* cepilen

vaccinifer [væksínifə] *n med* dajalec mezge (limfe) (človek, žival)

vaccinist [væksinist] *n* zdravnik cepilec

vaccinization [væksinizéišən] *n med* imunizacija s ponovnim cepljenjem

vacillate [væsileit] *vi* majati se, gugati se, zibati se, nihati (sem in tja); opotekati se; kolebati, omahovati, oklevati, biti neodločen, cincati; lavirati; ~ **between hope and fear** nihati med upanjem in strahom; **he ~d on his feet** majal se je na nogah

vacillating [væsileitiŋ] *a* (~**ly** *adv*) nihajoč, kolebajoč; omahljiv, neodločen

vacillation [væsiléišən] *n* zibanje, guganje, nihanje; *fig* kolebanje, oklevanje, neodločnost, omahljivost

vacillatory [væsilitəri] *a* kolebajoč, majav, nihajoč; oklevajoč, neodločen

vacua [vækjuə] *pl* od **vacuum**

vacuity [vækjú:iti] *n* praznost, praznina, praznota; vrzel, pomanjkljivost; *fig* duševna praznota, breizraznost; (redko) prazen prostor, vakuum; *pl fig* praznost, brezpomembnost, puhlost, neumnost; **he filled up his speech with vacuities** v njegovem govoru je bilo polno brezpomembnosti (bedastoč)

vacuole [vækjuoul] *n biol* vakuola, votlinica v celični protoplazmi

vacuous [vækjuəs] *a* (~**ly** *adv*) prazen, nepopoln, nenapolnjen; *fig* breizrazen, top (pogled);

puhel, brez vsebine; bedast; brezdelen; **a** ~ **life** brezdelno, prazno življenje; **a** ~ **stare, remark** top pogled, bedasta (puhla) opazka

vacuousness [vǽkjuəsnis] *n fig* praznina, praznota, puhlost, brezizraznost

vacuum I [vǽkjuəm] *n, pl* ~ **s**, ~ **cua** [~ kjuə] *phys* praznina, brezzračen prostor, vakuum; prostor z zelo zmanjšanim pritiskom; *fig* praznina, luknja; (= ~ **cleaner**) sesalnik za prah; **a perfect** ~ popolna praznina; **nature abhors a** ~ narava mrzi praznino; **his death has left a** ~ **in her life** njegova smrt je pustila praznino v njenem življenju

vacuum II [vǽkjuəm] *a* vakuumski; **Torricellian** ~ Torricellijeva praznina; ~ **bottle,** ~ **flask** termovka, termos (steklenica); ~ **brake** *rly* zavora na stisnjen zrak; ~ **-clean** *vt* očistiti s sesalnikom; ~ **cleaner** sesalnik za prah; ~ **drier** vakuumska sušilna naprava; ~ **fan** ventilator; ~ **ga(u)ge** vakuummeter; ~ **pump** vakuumska črpalka; ~ **tube** vakuumska (radijska) cev; *phys* Geisslerjeve cevi; ~ **tube rectifier** cevni (elektronski) popravljavec

vacuum III [vǽkjuəm] *vt* očistiti, pobrati prah s sesalnikom; posušiti s fenom

vade mecum [vé di mí:kəm] *n* priročnik, vademekum; učbenik; vodnik

vae victis [vi: víktis] *interj* (*Lat*) gorje premaganim!

vagabond [vǽgəbənd] **1.** *n* potepuh, klatež, potepin; *coll* pridanič; **2.** *a* potepuški, klateški, vagabundski; potujoč; nomadski; ~ **habits** vagabundske navade; **to live a** ~ **life** živeti vagabundsko, nomadsko življenje; **3.** *vi* potepati se, klatiti se, potikati se, vagabundirati

vagabondage [vǽgəbəndidž] *n* klateštvo, vagabundstvo, potepuštvo; *coll* potepuhi, vagabundi

vagabondish [vǽgəbəndiš] *a* vagabundski, klateški, potepuški

vagabondism [vǽgəbəndizəm] *n* vagabundsko življenje, vagabundstvo —

vagabondize [vǽgəbəndaiz] *vi* vagabundirati, potepati se, klatiti se, biti vagabund

vagarious [vəgéəriəs] *a* muhast, muhav, nestanoviten, kapriciozen, kapricast, svojeglav; neprisoden, nepreračunljiv

vagarish [vəgéəriš] *a* glej **vagarious**

vagarity [vəgériti] *n* muhavost, kapricioznost, nepreračunljivost

vagary [vəgéəri] *n* kaprica, muha; (večinoma *pl*) ekstravagance, eskapade, prenapetosti; prismojenosti; *obs* tavanje (tudi *fig*), blodnje, sanjarstvo, zanesenjaštvo; **the vagaries of fashion** modne ekstravagance, muhavosti

vagina, *pl* ~ **s**, ~ **nae** [vədžáinə, ~ ni:] *n anat* vagina, (ženska) nožnica, žensko spolovilo; *bot* tulec, listna nožnica

vaginal [vədžáinəl] *a anat* nožničen, vaginalen; *bot* ki ima obliko listne nožnice

vaginismus [vədžinízməs] *n med* vaginizem, krč vaginalnih mišic

vaginitis [vədžináitis] *n med* vaginitis, vnetje vagine.

vagitus [vədžáitəs] *n med* kričanje novorojenčkov

vagrancy [véigrənsi] *n* potepuštvo, potepanje, potep, vagabundstvo; potepuhi; *fig* neurejenost (misli), nepovezanost, preskakovanje (misli); **V** ~ **Act** zakon proti potepuštvu

vagrant [véigrənt] **1.** *a* (~ **ly** *adv*) potepuški, vagabundski, ciganski, nomadski, klateški; potikajoč se, potepajoč se; *bot* bujno rastoč, bohoten; *fig* nestalen, neurejen, kapricast, muhast; ~ **imagination** blodna domišljija; **a** ~ **musician, minstrel** potujoči muzikant, pevec; **to lead a** ~ **life** živeti potepuško (vagabundsko) življenje; **2.** *n jur* potepuh, vagabund; berač; krošnjar; pocestnica, prostitutka

vagrantness [véigrəntnis] *n* glej **vagrancy**

vague [véig] *a* (~ **ly** *adv*) nerazločen, nedoločen (čustva); nejasen, neprecizen, meglen, moten, bled; neopredeljiv, brezizrazen; nezaveden; **a** ~ **answer** nejasen odgovor: ~ **ly familiar** nekako znan; ~ **unrest** nezaveden mir; **I haven't the** ~ **st idea** nimam najmanjšega pojma; **2.** *n* nejasnost, nedoločenost; **to be completely in the** ~ **about** tavati v popolni temi glede

vagueness [véignis] *n* nejasnost, nedoločenost, meglenost

vail I [véil] *obs, poet*; *vt* spustiti (zastavo), povesiti (oči), sneti (pokrivalo, *to s.o.* pred kom); *vi* spuščati se (zastava); odkriti se, sneti pokrivalo; pokloniti se, pripogniti glavo (*to* pred), pozdraviti (*to s.o.* koga)

vail II [véil] *obs, poet* **1.** *vt* pomagati, koristiti; **what** ~ **ed it him** kaj bi mu pomagalo, koristilo; **2.** *n* napitnina, denarni dar

vain [véin] *a* (~ **ly** *adv*) brezuspešen, jalov, brez koristi, zastonjski; nadut, domišljav, nečimrn, bahaški; prazen, plitev, puhel, ničev; nepomemben, nebistven (razlika); (redko) bedast, trivialen; **in** ~, *obs* **for** ~ zaman, zastonj; **a** ~ **attempt** jalov poskus; ~ **promises** prazne obljube; ~ **discussions** brezplodno razpravljanje; **he is as** ~ **as a peacock** domišljav (prevzeten) je kot pav; **she is** ~ **of her beauty** domišljava je na svojo lepoto; **it was** ~ **to protest** protesti so bili zaman, niso nič zalegli; **to take God's name** (ali **the name of the Lord**) **in** ~ *rel* po nemarnem izgovarjati božje ime (imenovati boga)

vainglorious [veinglɔ́:riəs] *a* (~ **ly** *adv*) nadut, prevzeten, domišljav, napihnjen, ošaben, ničemrn, bahaški, ohol, širokousten

vaingloriousness [veinglɔ́:riəsnis] *n* nadutost, oholost, domišljavost, nečimrnost, prevzetnost; prazna slava, napihnjenost

vainglory [veinglɔ́:ri] *n* pretirana nadutost, ošabnost, bahanje, prazna slava

vainly [véinli] *adv* zaman, brezuspešno; oholo, naduto, ničemrno

vainness [véinnis] *n* brezuspešnost, jalovost, brezplodnost, nekoristnost; praznota, plitvost, praznost, brezpomembnost, ničevost; ničemrnost, nadutost, domišljavost, oholost, bahavost

vair [véə] *n* krzno sibirske veverice

valance [vǽləns] *n* volan ali kratek obesek (pri postelji, baldahinu); zavesa (nad oknom); vrsta damasta za pohištvo

valanced [vǽlənst] *a* (opremljen) z volanom (obeskom)

vale I [véil] *n* (zlasti *poet*) dolina (zlasti v imenih); *fig* dolina; *tech* odvodni žleb, odvod; **this** ~ **of tears** ta solzna dolina (= svet, Zemlja) vale II [véili] (*Lat*) **1.** *interj* bodi zdrav!, zdravo!, pozdravljen!; **2.** *n* poslovilni pozdrav, poslovitev, slovo

valediction [vælidíkšən] *n* poslovitev, poslovilne besede, poslavljanje; *A* poslovilni govor (ob podelitvi akademske stopnje); valedikcija

valedictorian [vælidiktó:riən] *n* učenec ali študent, ki ima poslovilni govor (pri zaključni proslavi v šoli ali kolidžu)

valedictory [vælidíktəri] **1.** *a* poslovilen; poslavljajoč se; ~ **address** poslovilen nagovor; **2.** *n* (= ~ **speech**) poslovilen govor, poslovilne besede, valedikcija

valence, ~ **cy** [véiləns, ~si] *n chem math phys* valenca, valentnost

-valent [veilənt] (zlasti) *chem bot* -valenten

valentine [vǽləntain] *n* veselo ali ljubezensko pisemce ali slika, ki se pošlje (večinoma anonimno) osebi nasprotnega spola (izvoljencu ali —izvoljenki) na dan sv. Valentina (14. februarja); na dan sv. Valentina izbrani izvoljenec (-nka); izvoljenec, -nka; **wired** ~ telegramski pozdrav na dan sv. Valentina; **St V~'s Day** dan (praznik) sv. Valentina (14. februar)

valerate [vǽləreit] *n chem* valerianat

valerian [vəlíriən] *n bot* baldrijan, zdravilna špajka; valeriana; ~ **tincture** baldrijanova tinktura valerianska kislina

valeric [vəlírik] *a* valerianski, baldrijanov; ~ **acid** valerianska kislina

valet [vǽlit, vǽlei] **1.** *n* (komorni) služabnik, osebni sluga; (hotelski) sobar, strežnik, služabnik; **2.** *vt* streči (*s.o.* komu); *vi* biti komornik (sluga), služiti kot sobar

valet de chambre [valé də šambrə] *n* (Fr) komorni služabnik; **valet de place** [valé də plas] vodnik za tujce, vodnik tujcev

valetudinarian [vælitju:dinéəriən] **1.** *a* bolehen, bolehav; krhkega, rahlega zdravja, hirav; okrevajoč; ki išče zdravje; preveč zaskrbljen za svoje zdravje, hipohondrski; **2.** *n* kdor je vedno bolan, bolehavec, hiravec; rekonvalescent, prebolevnik; hipohonder, namišljen bolnik

valetudinarianism [vælitju:dinériənizəm] *n* bolehnost, bolehavost; hipohondrija, umišljanje bolezni

valetudinary [vælitjú:dinəri] *a* glej **valetudinarian**

valgus [vǽlgəs] **1.** *a med* abnormalno ukrivljen na ven ali na znotraj; **2.** *n* kepasta noga; (= **spurious** ~) ploska noga

valiancy [vǽljənsi] *n* hrabrost, smelost, drznost, junaštvo, herojstvo

valiant [vǽljənt] **1.** *a* (~ **ly** *adv*) hraber, pogumen, drzen, smel, junaški, herojski; *dial* močan, krepak, robusten; ~ **acts** junaška dejanja; **2.** *n* junak, -inja

valiantness [vǽljəntnis] *n* glej **valiancy**

valid [vǽlid] *a* (~ **ly** *adv*) veljaven; tehten, (dobro) utemeljen; *jur* pravnomočen, pravno veljaven; učinkovit; neovrgljiv (dokaz); *obs* zdrav, krepak, močan; **a** ~ **argument** tehten argument; **a** ~ **method** učinkovita metoda; ~ **marriage** veljaven zakon; ~ **for two months** veljaven dva meseca; **to raise** ~ **objections to** upravičeno ugovarjati (čemu)

validate [vǽlideit] *vt jur* proglasiti ali napraviti za pravnomočno, uzakoniti, legalizirati; potrditi; preiskati veljavnost (volilnih rezultatov itd.)

validation [vælidéišən] *n* proglasitev pravnomočnosti ali pravne veljavnosti; uzakonitev, legaliziranje; veljavnost

validity [vǽliditi] *n jur* pravna veljavnost, pravnomočnost; trajanje veljavnosti (vozovnice ipd.); *fig* nespornost, tehtnost, nepobitnost

valise [vəlí:z, ~ís] *n* ročni kovček; usnjena potovalka, torba; *mil* tornistra, telečnjak, torba (pri sedlu)

valkyrie [vælkíri] *n* valkira

vallate [vǽlit, ~leit] *a* obdan z okopom, nasipom

vallation [vəléišən] *n mil hist* okop, nasip

valley [vǽli] *n* dolina; valovna dolina; *archit* žleb v stičišču dveh poševnih streh; **down the** ~ po dolini navzdol; **the Thames** ~ dolina Temze

vallum, *pl* ~ **s**, **valla** [vǽləm, vǽlə] *n hist* okop; utrdba, šance

valorization [væləraizéišən] *n econ* valorizacija, dviganje ali utrjevanje vrednosti (blaga); valoriziranje; uravnavanje, urejevanje cen

valorize [vǽləraiz] *vt econ* valorizirati, dvigniti ali utrditi vrednost, ceno (*coffee* kavi)

valorous [vǽlərəs] *a* (~ **ly** *adv*) hraber, pogumen, drzen, smel, srčen, junaški, herojski; odločen

valour, *A* **valor** [vǽlə] *n poet & joc* srčnost, hrabrost, pogum, junaštvo, herojstvo, smelost; odločnost; **the better part of** ~ opreznost

valse [va:ls] *n mus* valček

valuable [vǽljuəbl] *a* vreden, dragocen, drag; precenljiv, plačljiv; koristen (*to, for* za); **a** ~ **discovery** zelo koristno, dragoceno odkritje; ~ **information** koristne, dragocene informacije; ~ **things** dragocenosti; **service not** ~ **in money** neprecenljiva usluga; **he gave me** ~ **assistance** dal (nudil) mi je dragoceno pomoč

valuables [vǽljuəblz] *n pl* dragocenosti, vrednosti, vrednostni predmeti (nakit, dragulji itd.)

valuableness [vǽljuəblnis] *n* vrednost, vrednota; koristnost

valuation [væljuéišən] *n* (o)cenitev, ocenjevanje; predračun, proračun, določevanje vrednosti; (ocenjena) vrednost, cena; monetarna valvacija; ~ **charge** *econ* voznina po vrednosti pošiljke; **I took him at his own** ~ presodil sem ga, kot se je sam presodil

valuator [vǽljueitə] *n econ* cenilec; ocenjevalec

value I [vǽlju:] *n* vrednost, korist; cena, vrednost; kupna moč; protivrednost; znesek; valuta; *fig* pomembnost, važnost, pomen, teža, vrednost; **at** ~ po dnevnem tečaju; ~ **in account** vrednost po računu; ~ **in cash** gotovina; **out of** ~ (slikarstvo) presvetel ali pretemen; **to the** ~ **of** v znesku, do zneska od; ~ **date** datum vknjižbe; **added** ~ dodana, novo ustvarjena vrednost; **caloric** ~ kalorična vrednost; **commercial** ~ komercialna vrednost; **exchange** ~, ~ **in exchange** zamenjalna vrednost, protivrednost; **face** ~ nominalna vrednost; **the precise** ~ **of a word** precizen pomen besede; **range of** ~ **s** območje vrednosti; **surplus** ~ višek (presežek) vrednosti; **surrender** ~ (zavarovalništvo) povratna kupna vrednost; **use** ~, ~ **in use** uporabna vrednost; **sample of no** ~ vzorec brez vrednosti; **for** ~ **received** (na potrdilu) »prejel znesek«; **to get full** ~ **out of** izvleči polno vrednost iz; **to get good** ~ **for one's money** dobro (ugodno) kupiti, napraviti dobro kupčijo; **to set a great** ~ **upon** zelo ceniti; **he sets no** ~ **upon my advice** on ne da nič na moj nasvet; **to set too much** ~ **upon** pripisovati preveliko vrednost (ceno) (čemu)

value II [vǽlju:] *vt* ceniti, oceniti, preceniti (tudi *fig*); določiti ceno ali vrednost; taksirati; *fig* visoko ceniti, spoštovati; **to** ~ **a diamond** oceniti diamant; **I** ~ **his friendship, his advice** cenim njegovo prijateljstvo, njegove nasvete; **to** ~ **o.s. on s.th.** hvaliti se s čim

value-bill [vǽlju:bil] *n econ* vrednostni papir; blagovna menica

valued [vǽlju:d] *a* cenjen, spoštovan; o-, precenjen; taksiran, preračunan

valueless [vǽlju:lis] *a* brez vrednosti; nekoristen

valuelessness [vǽljulisnis] *n* brezvrednost; nekoristnost

valuer [vǽljuə] *n* cenilec, ocenjevalec

valuta [vəlú:tə] *n econ* valuta

valvar [vǽlvə] *a* loputast

valve I [vælv] **1.** *n tech* ventil, zaklopka; pokrov; pipa; zapah; vrata zatvornice; (redko) krilo (vrat), vratnica; *zool* pokrov školjke; ~ **rectifier** cevni popravljavec; ~ **rod** *tech* vreteno regulatorja; *mus* ventil; *radio* cev; *fig* dušek; **cardiac** ~ srčna zaklopka; **the** ~ **of a bicycle tyre** ventil pri pnevmatiki bicikla; **safety** ~ varnostni ventil

valve II [vælv] *vt* opremiti z ventili; kontrolirati s pomočjo ventilov; ventilirati; *vi* regulirati; **four-**~ **d set** štiriceven sprejemnik

valveless [vǽlvlis] *a* (ki je) brez ventilov

valvelet [vǽlvlit] *n* ventilček; majhen zaklopec

valvular [vǽlvjulə] *a anat bot* ki ima zaklopke; ki je podoben zaklopki, se tiče zaklopke; ~ **disease of the heart** bolezen srčnih zaklopk

valvula [vǽlvjulə] *n glej* **valvelet**

valvulitis [vǽlvjuláitis] *n med* vnetjè srčnih zaklopk

vambrace [vǽmbreis] *n hist* oklep za podlaket

vamoose, vamose [væmú:s, ~ móus] *vi sl* pobrisati jo, odkuriti jo, popihati jo, pobegniti, izginiti; *vt* zapustiti v begu

vamp I [væmp] **1.** *n* gornje usnje pri čevlju, oglav, kos takega usnja; *fig* skrpucalo, krparija; *mus* (improvizirana) spremljava; **2.** *vi mus* improvizirati spremljavo (pesmi itd.); *vt* podšiti, zakrpati, čevelj oglaviti; obnoviti (pohištvo itd.); *fig* skrpati (članek itd.); **to** ~ **up some lectures out of old notes** skrpati nekaj predavanj iz starih zapiskov (beležk)

vamp II [væmp] **1.** *n coll* vamp, zapeljivka, pustolovka; brezvestna, demonska lepotica; **2.** *vt* zapeljevati, omrežiti (moške); *fig* izkoriščati, izsesavati; *vi* (v filmu) igrati vlogo (brezobzirne) zapeljivke

vamper [vǽmpə] *n* krpač, popravljalec čevljev

vampire [vǽmpaiə] **1.** *n* vampir, volkodlak; *fig* zapeljivka (ki uniči moškega); *fig* krvoses, izsiljevalec, oderuh; *zool* (= ~**-bat**) vrsta netopirja; *theat* pokrita odprtina v podu gledališkega odra; **2.** *a* vampirski, krvosesen

vampiric, ~ **rish** [væmpírik, ~ pairiš] *a* vampirski, volkodlakski; krvosesen

vampirism [vǽmpirizəm] *n* verovanje v volkodlake in vampirje; (vampirjevo) sesanje krvi; *fig* izkoriščanje (zlasti ljubimca)

van I [væn] **1.** *n* voz za prevoz pohištva; poltovorni (zaprt) dostavni voz (avtomobil); stanovanjski (ciganski, cirkuški) voz; *rly* pokrit tovorni vagon; **a furniture** ~ voz za prevoz pohištva; **guard's** ~ vagon za vlakovodjo; **luggage** ~ prtljažni vagon; **police loud-speaker** ~ policijski avto z zvočnikom; **2.** *vt* prevažati v tovornih vozovih itd.

van II [væn] **1.** *n* ventilator; *obs* velnica, vejalnica (za žito), plalne nečke; *poet* krilo; *min* izpiranje (rud); **2.** *vt min* izpirati (rude); plati (žito)

van III [væn] *n mil* predhodnica, predstraža, sprednja četa; sprednja črta, fronta; *naut* čelni oddelek brodovja; *fig* vodja (gibanja); avantgarda, vodstvo; **in the** ~ **of** na čelu (česa), v prvih vrstah, vodilen, na vodilnem mestu (**of scientific progress** znanstvenega napredka); **to lead the** ~ stopati na čelu, kot prvi iti, voditi; ~ **bird** ptica selivka na čelu poleta

vanadium [vənéidiəm] *n chem* vanadij

Vandal [vǽndəl] **1.** *n hist* Vandal; **v**~ *fig* divjak, vandal, barbar, rušitelj, uničevalec; **2.** *a hist* vandalski; **v**~ divjaški, vandalski, barbarski (vedenje)

Vandalic, vandalish [vændǽlik, ~ liš] *a hist* vandalski; *fig* divjaški, barbarski, vandalski

vandalism [vǽndəlizəm] *n* divjaštvo, vandalizem, barbarstvo, divjaško uničevanje, besnost rušenja

vane [véin] *n* vetrnica, vetrovnica; krilo mlina na veter; *tech* krilo (*of a propeller* propelerja, *of a fan blower* ventilatorja); nivelacijska naprava, diopter

vanfoss [vǽnfɔs] *n mil* trdnjavski jarek

vanguard [vǽnga:d] *n mil* predhodnica, prednja straža, predstraža; *fig* čelo, vodje (gibanja), avantgarda

vanilla [vənílə] *n bot* vanilja; vaniljina dišava

vanillic [vənílik] *a* vaniljiv, vaniljin; podoben vanilji

vanish [vǽniš] **1.** *n phon* drugi element padajočega dvoglasnika; **2.** *vi* (hitro, nenadoma) izginiti, izginjati; izgubiti se iz vida; postati neviden; nehati obstajati; *math* postati ničla; **to** ~ **from sight** izginiti iz vida

vanishing [vǽnišiŋ] *n* izginjanje, izginitev; ~ **cream** (kozmetika) dnevna krema

vanity [vǽniti] *n* ničnost, puhlost, praznota; nečimrnost, neizmerna domišljavost, arogantnost; samovšečnost, ničevost, gizdalinstvo; (= ~ **bag**) (ženska) torbica z ogledalom in s kozmetičnimi sredstvi; **the vanities of life** ničevost življenja; **injured** ~ užaljeno samoljubje; **to do s.th. out of** ~ napraviti kaj iz domišljavosti; **to tickle s.o.'s** ~ laskati, goditi samovšečnosti kake osebe

vanman, *pl* ~ **men** [vǽnmən] *n* voznik pohištvenega voza, dostavnega voza (avtomobila)

vanner [vǽnə] *n tech* izpiralec rude, zlata

vanquish [vǽŋkwiš] *vt* premagati, poraziti; nadvladati; podvreči, osvojiti, pognati v beg; *vi* zmagati, biti zmagovit; obdržati nadvlado

vanquishable [vǽŋkwišəbl] *a* premagljiv; osvojljiv

vanquisher [vǽŋkwišə] *n* zmagovalec, osvajalec

vantage [vá:ntidž] *n sp* prednost; (rędko) ugodnost; ~ **ground** ugodno (višje) mesto, ki daje prednost (nad nasprotnikom); ~ **point** ugodna izhodiščna točka

vanward [vǽnwəd] **1.** *a* sprednji; ki je (gre) na čelu; **2.** *adv* naprej, proti (čemu); na čelu (česa)

vapid [vǽpid] *a* (~ **ly** *adv*) priskuten, brezokusen, plehek, netečen, neslasten; *fig* plitev, prazen, brez vsebine, nezanimiv, dolgočasen, neduhovit, suhoparen; ~ **beer** postano pivo; **a** ~ **speech** dolgočasen, nezanimiv govor

vapidity [væpíditi] *n* priskutnost, brezokusnost, plehkost; *fig* plitvost, praznota, nezanimivost; neduhovitost

vapidness [vǽpidnis] *n* glej **vapidity**

vapor [véipə] *n A* glej **vapour**

vaporable [véipərəbl] *a* (iz)hlapljiv, izparljiv; ki se da spremeniti v paro

vaporescence [veipərésəns] *n* izhlapevanje

vaporiferous [veipərífərəs] *a* ki proizvaja ali prenaša paro

vaporific [veipərífik] *a* ki povzroči izparevanje

vaporimeter [veipərímitə] *n* vaporimeter

vaporization [veipəraizéišən] *n* izparevanje, izhlapevanje, spreminjanje v paro, hlapenje, vaporiziranje, vaporizacija

vaporize [véipəraiz] *vt* izpáriti, izhlapiti; spremeniti v paro; *vi* izpareti, izhlape(va)ti, izpuhteti

vaporizer [véipəraizə] *n tech* vaporizator; razprševalec (tekočin)

vaporisity [veipərósiti] *n* soparnost; *fig* domišljavost, bahavost

vaporous [véipərəs] *a* (~ **ly** *adv*) poln pare, parast, podoben pari; (tkanina) lahek, prosojen; *fig* zamegljen; fantastičen, zanesenjaški, nerealen; domišljav, bahav, bahaški

vaporousness [vóipərəsnis] *n* meglenost; soparnost; vlažnost; *fig* fantaziranje; domišljavost

vapour, *A* vapor [véipə] **1.** *n* para, hlap; izparina; meglica; dim; vlažnost zraka; *tech* plin; *fig* fantom, utvara; muhavost, kaprica; prazno hvalisanje, domišljavost, bahavost, širokoustenje; *pl* histerija, hipohondrija; melanholija; ~ **bath** parna kopel; ~ **density** gostota pare; ~ **engine** plinski motor; ~ **inhaler** *med* inhalacijski aparat; ~ **pressure,** ~ **tension** pritisk pare; **to disappear as** ~ izginiti kot kafra; **2.** *vi* izpare(va)ti, oddajati paro, pariti se, (iz)hlapeti; *fig* hvalisati se, bahati se, širokoustiti se

vapourer [véipərə] *n* bahač, širokoustnež

vapouring [véipəriŋ] **1.** *a* (~ **ly** *adv*) *fig* bahav, širokousten; **2.** *n* bahanje, širokoustenje

vapourish [véipəriš] *a* podoben pari, poln pare (hlapov); *fig* melanholičen; hipohondrski

vapourishness [véipərišnis] *n* soparnost; *fig* hipohondrija

vapourous [véipərəs] *a* pari podoben, parast; napolnjen s paro; *fig* nadut, domišljav; nerealen, umišljen

vapoury [véipəri] *a* poln pare, podoben pari; megličast; *fig* hipohondrski

vapulate [vǽpjuleit] *vt* tepsti, šibati; *vi* biti tepen

vapulatory [vǽpjulətəri] *a; A* ~ **methods** metode s tepežem, šibanjem

varec [vǽrek] *n bot* morska trava, haloga

varia [vériə, véiriə] *n* (*Lat*) razno

variability [vɛriəbíliti] *n* spremenljivost, variabilnost; *fig* omahljivost, nestalnost, nestanovitnost

variable [vériəbl] **1.** *a* (~ **bly** *adv*) spremenljiv, variabilen, ki variira; *fig* nestalen, nestanoviten (vreme); omahljiv (oseba); *tech* ki se da regulirati; ~ **speed** spremenljiva hitrost; ~ **temper** nestanoviten značaj; ~ **winds** spremenljivi vetrovi; **2.** *n math* spremenljivka, variabla; *naut* spremenljiv veter; *astr* zvezda spremenljive svetlobe

variableness [vériəblnis] *n* spremenljivost; nestalnost, nestanovitnost

variance [vériəns] *n* sprememba; različnost, neskladnost, razhajanje; nesloga, spor, prepir, prerekanje, pričkanje; *jur* protislovje, divergenca; **to be at** ~ **with** biti v protislovju z, razlikovati se od; ne se skladati (*on* glede); biti v sporu z; **they are at** ~ ne razumejo se med seboj; **that set them at** ~ to jih je razdvojilo (sprlo)

variant [vériənt] **1.** *n* varianta, različica, inačica; drugačna oblika ali način (*of* česa); **2.** *a* različen; ki se oddaljuje ali odstopa (*from* od); (redko) spremenljiv, nestalen

variate [vérieit] *n* varianta; variabla

variation [vɛriéišən] *n* sprememba; razlika, varacija, varianta, variiranje; odmik, odstopanje (*from* od), odklon; *ling* fleksija, deklinacija; *astr* deklinacija; *geogr* odklon, deklinacija (magnetne igle); *math & mus* variacija; ~ **chart** izogonska karta; ~ **compass** *naut* deklinacijski kompas; ~ **of temperature** sprememba temperature

variational [vɛriéišənəl] *a* variacijski

varication [værikéišən] *n med* razširjenje žil; tvorba krčnih žil

varicella [værisélə] *n med* norice

varices [vérisi:z] *pl* od **varix**

varicoloured [vérikʌləd] *a* raznobarven, pisan, pester, mnogobarven; *fig* raznolik, mnogovrsten

varicose [vǽrikous] *a med* ki ima krčne žile; nabrekel kot razširjena žila; varikozen, krotičen; ~ **vein** krčna žila; ~ **bandage** povoj za krčne žile

varicosis [værikóusis] *n med* tvorba krčnih žil; razširjenje žil

varicosity [værikósiti] *n med* razširjenje žil, varikoznost; krčne žile

varied [véərid] *a* (~ **ly** *adv*) pisan, mešan, raznoličen, različen, raznoter, raznovrsten; variiran, spremenjen, poln sprememb; **a** ~ **career** spremenjen, poln sprememb; ~ **opinions** različna mnenja

variedness [véəridnis] *n* pisanost; mnogovrstnost

variegate [véərigeit] *vt* (pisano) pobarvati, napraviti pisano (pestro, mnogobarvno); variirati, vnesti spremembo (v kaj); poživiti s spremembo, popestriti; ~ **d** pisan, pester

variegation [vɛərigéišən] *n* mnogobarvnost, raznobarvnost, pisanost, pisana pobarvanost, pestrost

variety [vəráiəti] *n* raznolikost, raznoterost, mnogostranost, pisanost; sprememba; variacija, varianta; posebna vrsta, podvrsta, sorta; izbor, sortiment, niz, množica; *theat* varieté, zabavišče z raznovrstnimi nastopi; **for a ~ of reasons** iz raznih razlogov; **~ in food** raznoterost v hrani; **a life full of ~** sprememb polno življenje; **~ shop** *A* trgovina z mešanim blagom; **a ~ of silks** sortiment svil; **~ of shapes** raznolične oblike; **the ~ of landscape** raznolikost pokrajine; **~ show** varietejska predstava; **there are a ~ of objections to that** je obilo ugovorov proti temu

variola [vəráiələ] *n med* koze, osepnice, variola

variolate [véəriəleit] *vt* cepiti proti kozam; **~d** cepljen proti kozam

variolation [veəriəléišən] *n* cepljenje proti kozam

variole [véərioul] *n zool & bot* majcena vdolbina; *geol* drobna kroglica

variolous [vəráiələs] *a med* kozáv, ki ima koze

variorum [veərió:rəm] *a*; (samo v) **~ edition** izdaja z opombami raznih komentatorjev

various [véəriəs] *a* (**~ ly** *adv*) različen, raznoličen, razen; mnogostranski; poln sprememb; pisan; številen, mnog, več; *coll (pron, n)* mnogi, razni (ljudje), več; **for ~ reasons** iz raznih razlogov; **at ~ times** večkrat; **~ people told me so** več ljudi mi je to reklo

variousness [véəriəsnis] *n* raznoličnost, mnogoternost, mnogovrstnost

varix, *pl* **varices** [véəriks, ~ risi:z] *n med* krčna žila, krotica, variks

varlet [vá:lit] *n hist* sluga, paž, oproda; *obs hum* lopov, falot, navihanec; (kartanje) fant

varletess [vá:litis] *n obs* služabnica; navihanka

varletry [vá:litri] *n* (kolektivno) paži, oprode, služabniki; sodrga, svojat

varmint [vá:mint] **1.** *n A* za **vermin** mrčes; *hum* nevzgojen otrok, (žival) mrha; *hunt sl* lisica; **2.** *a* prebrisan, zvit

varnish [vá:niš] **1.** *n* firnež, lak, posteklina, lošč, politura; glazura; prevleka; *fig* zunanji sijaj, blišč, lesk; **~-tree** japonsko drevo, ki daje (japonski) lak; **nail ~** lak za nohte; **2.** *vt & vi* (tudi **~ over**) (pre)lakirati, prevleči s firnežem, glazirati; (s)polirati (pohištvo); *fig* olepšati, okrasiti; prebeliti; **~ing day** dan pred odprtjem slikarske razstave

varnisher [vá:nišə] *n* loščilec, ličar

varsity [vá:siti] *n coll* univerza; *sp* univerzitetno moštvo

vary [véəri] *vt* spremeniti, prinesti spremembo v; variirati; razlikovati se *(from* od): menjavati (se); **mother varies our meals** mati nam variira (menjava) jedi(lne obroke); **opinions ~ on this point** mnenja se razlikujejo glede tega

varying [véəriiŋ] *a* menjavajoč se, variirajoč

vas, *pl* **vasa** [væs, véisə] *n (Lat) biol* žila

vascular [væskjulə] *a biol* vaskularen, žilen, ki se tiče žil

vaseline, Vaseline [væsilin] *n med* vazelin(a)

vassal [væsəl] **1.** *n* vazal; podložnik; (zlasti *poet*) hlapec, suženj; **2.** *a* vazalen; hlapčevski, suženjski; **~ state** vazalna, satelitska država; **3.** *vt* ravnati s kom kot z vazalom; podvreči

vasselage [væsəlidž] *n hist* vazalstvo; služnost

vassaldom [væsəldəm] *n* hlapčevstvo; odvisnost

vassalize [væsəlaiz] *vt* ravnati (s kom) kot z vazalom; podvreči

vassalry [væsəlri] *n* vazalska dolžnost, služnost, vazalstvo; (kolektivno) vazali

vast [va:st, *A* væ:st] **1.** *a* (**~ ly** *adv*) obsežen, prostran; velik, ogromen, neizmeren, brezkončen; *coll* kolosalen; silen, znaten, precejšen; **a ~ empire** širno cesarstvo; **a ~ mistake** huda pomota; **~ sums of money** znatne vsote denarja; **the news caused ~ surprise** novica je povzročila silno presenečenje; **you are ~ly mistaken** hudó (silno) se motite; **2.** *n poet* prostranost, ogromnost, neizmernost

vastness [vá:stnis] *n* prostranost, neizmernost, ogromnost, veličina

vasty [vá:sti] *a* ogromen, velikanski, neizmeren; **~ deep** morje, ocean

vat [væt] **1.** *n* kad, bedenj, velik sod; barvarska kad (kotel); **fermenting ~** kad za kvašenje, za vrenje; **2.** *vt* zliti, dati, spraviti v kad ali sod; podvreči postopku (obdelati) v kadi

vatful [vætful] *n* polna kad, poln sod

vatic(al) [vætik(l)] *a* vedeževalski, preroški; jasnoviden

Vatican City [vætikən siti] *n* Vatikansko mesto

vaticide [vætisaid] *n* morilec, -lka preroka; umor preroka

vaticinal [vætísinəl] *a* glej **vatic(al)**

vaticinate [vætísineit] *vt & vi* napovedovati; prerokovati

vaticination [vætisinéišən] *n* prerokovanje, preroštvo, prerokba; napoved(ovanje), vedeževanje

vaticinator [vætísineitə] *n obs* vedež, prerok

vaticinatress [vætísineitris] *n obs* prerokinja

vaudeville [vóudəvil] *n* veseloigra s petjem, s plesnimi vložki, vaudeville; varieté; *hist* francoska pivska pesem, poulični napev, šansona

vaudevillist [vóudəvilist] *n* avtor vaudevillea; varietejski umetnik, -ica

vault I [vo:lt] **1.** *n archith* obok, svod; klet; grobnica; obokana kamra; *anat* obokana votlina; *A* trezor, (jeklena) shramba za dragocenosti; **the ~ of heaven** nebeški svod, nebo; **family ~** družinska grobnica; **wine ~** vinska klet; **to keep one's jewels in the ~ at the bank** hraniti svoje dragulje v trezoru (safu) v banki; **2.** *vt* obokati, zgraditi obok (nad čem); *vi* bočiti se, vzpenjati se

vault II [vo:lt] *n* (zlasti **~ up**) skok, preskok (z oporo rok ali s palico, z drogom); *sp* **high ~** skok s palico; **~ over the horse** skok čez konja; *vi* skakati, skočiti, vreči se (prek česa) (zlasti opirajoč se z rokami ali s palico); **to ~ into the saddle** skočiti, zavihteti se v sedlo; **to ~ the fence** preskočiti plot

vaulter [vó:ltə] *n* skakalec, preskakovalec; voltižer, akrobat

vaulting I [vó:ltiŋ] **1.** *n* skakanje, preskakovanje (opirajoč se z rokami ali s palico); **2.** *a* skakajoč, skakalec; *fig* idoč prek vsega; **~ ambition** neustavljiva ambicija; **~ -horse** *sp* konj (orodje)

vaulting II [vó:ltiŋ] *n* gradnja obokov, obokanje; obokanost; obok

vaulty [vó:lti] *a* obokan; konkaven

vaunt [vo:nt] **1.** *n* bahanje, bahaštvo, širokoustenje, postavljanje; **2.** *vt* (po)hvaliti; slaviti, poveličevati, povzdigovati, bahati se z; *vi* hvalisati se, bahati se, širokoustiti se, postavljati se *(of* s), triumfirati (*over* nad); **to ~ of one's success** bahati se s svojim uspehom

vaunter [vó:ntə] *n* bahač, širokoustnež

vaunting [vó:ntiŋ] *a* (~ **ly** *adv*) bahav, bahaški, širokousten

vavasour [vǽvəsuə] *n jur hist* nižji vazal, podvazal

V-belt [ví:belt] *n tech* klinast jermen

V-Day [ví:dei] *n* Dan zmage (v 2. svetovni vojni, 8. maj 1945)

've (*v*) *coll* (krajšava za) **have**; **I've** = **I have**

veal [vi:l] *n* telečje meso, teletina; *obs dial* tele; ~ **cutlet** telečji kotlet; ~**-white** smrtno bled; **roast** ~ telečja pečenka, pečena teletina

vealer [ví:lə] *n* za zakol določeno tele

vealy [ví:li] *a* podoben teletini, kot teletina; *A coll* mlad, nezrel

vection [vékšən] *n med* prenašanje povzročiteljev bolezni

vector [véktə] *n math aero* vektor; *med vet biol* prenašalec bakterij

vectorial [vektó:riəl] *a math* vektorialen, vektorski

V-E-Day [ví:í:dei] *n* dan kapitulacije nacistične Nemčije (8. 5. 1945)

veep [vi:p] *n A coll* podpredsednik

veer I [víə] *vi* obrniti se v drugo smer, obračati se; spremeniti smer; spremeniti mišljenje (zadržanje) (v svojem ravnanju itd.); *vt* obračati (ladjo) po vetru; izpustiti (vrv) (*away, out*); *fig* kolebati, oklevati, biti neodločen; cincati, omahovati; ~ **and haul** (veter) spreminjati se izmenoma; **to ~ round** obrniti se; *fig* spremeniti mnenje, premisliti si, pridružiti se mnenju koga drugega

veer II [víə] *n* obrat, menjava smeri, nagla sprememba (*of the wind* vetra)

veerable [víərəbl] *a* spremenljiv, menjajoč se

vegan [ví:gən] *n* strog vegetarijanec

vegetable [védžitəbl] **1.** *n* zel, rastlina; (zlasti *pl*) rastlinje, (zelena) povrtnina, zelenjava, sočivje; rastlinska hrana, vegetabilije; **early ~s** zgodnja povrtnina; **2.** *a* rastlinski, vegetabilen; povrtni; rastlinskega izvora, sestavljen iz rastlin; *fig* enoličen; ~ **diet** vegetarijanska hrana; ~ **garden** zelenjavni vrt; ~**-man** branjevec, sadjar; ~ **marrow** *bot* buča; ~ **oil** rastlinsko olje; ~ **soup** zelenjavna juha: **she leads a ~ life** ona živi enolično življenje

vegetal [védžitəl] **1.** *n* zel, rastlina; **2.** *a* rastlinski (v splošnem pomenu), vegetalen; vegetativen; **the ~ functions** vegetativne funkcije

vegetarian [vedžitéəriən] **1.** *n* kdor uživa le rastlinsko hrano, vegetarijanec, privrženec vegetarijanstva; **2.** *a* vegetarijanski; rastlinski, zelenjavni; ~ **diet** vegetarijanska dieta (hrana)

vegetarianism [vedžitériənizəm] *n* vegetarijanstvo, nauk in gibanje, ki nasprotuje uživanju mesa; izključno rastlinska prehrana

vegetate [védžiteit] *vi* rasti kot rastlina; *fig* životariti, vegetirati; živeti nedelavno (enolično, dolgočasno) življenje; *med* (bujno) rasti; *agr* ležati (biti) neobdelan; *vt* obrasti (o rastlinah)

vegetation [vedžitéišən] *n* življenje in rast rastlin; rastlinstvo, rastlinje kakega področja; vegetacija; *med* (bolezenski) izrastek na telesu; *fig* životarjenje, vegetiranje; **the luxuriant ~ of the tropical forests** bujna vegetacija tropskih gozdov

vegetative [védžiteitiv] *a* (~ **ly** *adv*) rastlinski, ki se tiče rasti, ki služi rásti; vegatativen; nespolen; *fig* nedelaven, pasiven, nehoten; ki životari; ~ **mould** humus, zemlja črnica; ~ **reproduction** nespolna (raz)ploditev

vegetativeness [védžiteitivnis] *n* razvojna moč, plodnost

vehemence [ví:iməns] *n* sila, silovitost, vehemenca, viharnost, vehementnost; *fig* ognjevitost, ogenj, žar, strast

vehement [ví:imənt] *a* silovit, silen, besen, vihrav, vehementen; *fig* ognjevit, goreč, strasten, močno občuten, živ, živahen; **a ~ attack, wind** silovit napad, veter; ~ **character** vihrav, strasten značaj

vehicle [ví:ikl] **1.** *n* vozilo, voz, prevozno sredstvo; *fig* sredstvo (ki kaj prenaša), nosilec, prenosnik, prenašalec; posrednik, medij, izrazno sredstvo; *tech* razredčevalno sredstvo (za oljnate barve); **words are the ~ of thought** besede so nosilci misli; **2.** *vt* (redko) voziti, prevažati

vehicular [vihíkjulə] *a* vozen; **this road is closed to ~ traffic** ta cesta je zaprta za promet z vozili

veil I [véil] *n* koprena, tančica, (žalni) pajčolan; *fig* krinka, maska, pretveza, plašč, zaščita, koprena; *anat* mehkonebni jeziček; lahka hripavost; **beyond the ~** *fig* po smrti, v onstranskem življenju; **under the ~ of dark** pod okriljem (zaščito) teme; **under the ~ of friendship** pod krinko prijateljstva; **let us draw a ~ over what followed** potegnimo kopreno čez to, kar je sledilo; **to take the ~** iti v samostan, postati redovnica (nuna)

veil II [véil] *vt* zastreti, zakriti; *fig* prikriti, skri(va)ti svoje namene; **to ~ one's face** zakriti si obraz; **he ~ed his disappointment under a smile** prikril je svoje razočaranje z nasmeškom; *vi* postati nuna (redovnica)

veiling [véiliŋ] *n* zakritje, zastrtje; koprena, tančica; *com* pajčolanasta tkanina

veilless [véillis] *a* brez koprene ali pajčolana, nezastrt, nezakrit

veillike [véillaik] *a* tančici (kopreni) podoben

vein I [véin] *n anat* vena, žila; *geol* rudna žila; *bot* žilica, rebro; proga, maroga, žila (v marmorju, v lesu); reža, razpoka; *fig* nagnjenje, razpoloženje, volja, smisel, »žilica« (*for* za kaj); čud, temperament; stil, način, ton; **a ~ of gold** žila zlata; ~ **of humour** humoristična žilica; **in a merry ~** veselo razpoložen; ~**-mining** izkoriščanje rudnih žil; **I am not in the ~ for joking** nisem razpoložen za šale, ni mi do šal; **he said more in the same ~** dodal je še nekaj stvari, ki so bile iste note

vein II [véin] *vt* okrasiti, pokriti z žilami, ožiliti; marmorirati; **veined marble** žilnat marmor

veinage [véinidž] *n* razporeditev žil

veined [véind] *a* poln žil, žilast; vlaknat (les); pisan (marmor)

veinless [véinlis] *a* ki je brez žil, brezžilen, brezžilnat; *bot* brez žilic ali reber

veinlet [véinlit] *n* žilica

veinlike [véinlaik] *a* žilast, kot žila, podoben žili

veinous [véinəs] *a* žilnat, poln žil, ki ima debele žile (o roki)

veinstone [véinstoun] *n geol & min* rudna primes

veinule [véinju:l] *n* glej **veinlet**

veiny [véini] *a* glej **veined**

velar [ví:lə] **1.** *a phon* mehkoneben, velaren; **2.** *n*
phon mehkonebni glas, velar (k, g, h)

velation [vi:léišən] *n* zastrtje, zakritje; prikrivanje;
ling velarna artikulacija

veld(t) [velt; felt] *n* (*S Afr*) odprt pašnik, travnik,
stepa z redkim grmičevjem; ~ **schoen** [~sku:n]
lahek čevelj iz nestrojene kože

velleity [velí:iti] *n phil* najnižja stopnja želje; ne-
popolno, brezmočno hotenje; *fig* majhna, tiha
želja; bleda nada, šibko nagnjenje, muha(vost)

vellication [velikéišən] *n med* krčevit trzaj mišice;
obs ščipanje, ščegetanje

vellum I [véləm] *n* tanek, fin pergament; rokopis na
takem pergamentu; ~ **paper** pergamentni papir

vellum II [véləm] *a* pergamenten; (= ~-**bound**)
vezan v pergament; ~ **cloth** prerisovalno platno

veloce [velóče] *adv mus* hitro, naglo, veloce

velociman, *pl* ~ **men** [vilósimən] *n hist* z roko go-
njeno kolo

velocimeter [veləsímitə] *n tech* merilec hitrosti,
brzinomer

velocipede [vilósipi:d] *n hist* velociped, starinski
bicikel; drezina

velocipedian, velocipedist [viləsipídiən, vilósipidist]
n vozač na velocipedu

velocitized [vilósitaizd] *a* nesposoben oceniti lastno
hitrost (zaradi daljše, hitre vožnje na avtocesti)

velocity [vilósiti] *n* hitrost, brzina; **initial** ~ začetna
hitrost; **at the** ~ **of sound** s hitrostjo zvoka
muzzle ~ začetna hitrost (krogle)

velodrome [ví:lədroum] *n sp* dirkališče za kole-
sarje, velodrom

velour(s) [vəlúə] *n* velur (vrsta žameta)

veloutine [velutí:n] *n* velutin (fin polsvilen rips);
vrsta kozmetičnega pudra

velum, *pl* vela [ví:ləm, ~lə] *n anat* mehko nebo,
mehkonebni jeziček, *bot & zool* tanka opna,
membrana

velure [velúə] **1.** *n* velur, vrsta baržuna (žameta);
baržunasta blazinica za glajenje cilindrov (svi-
lenih klobukov); **2.** *vt* gladiti, likati z baržu-
nasto blazinico (*a hat* klobuk)

velveret [velvərét] *n* bombažni velur

velvet [vélvit] **1.** *n* baržun, žamet, žametu podobna
tkanina; *zoll* baržunast ovoj na novih rogovih
srnjakov; *fig* baržunasta površina (ki se vda
pod prstom); **black** ~ *sl* pijača sekta in močnega
piva; *sl* lahkó pridobljen dobiček; **coton** ~
bombažni žamet; **silk** ~ svileni žamet; **2.** *a*
baržunast, žametast; mehek; *fig* priliznjen, hi-
navski; v ugodnem finančnem položaju; **a** ~
tread *fig* tiha in mehka hoja; **with** ~ **tread** z
neslišnimi koraki; ~ **paws** *fig* žametaste tačke,
uglajeno vedenje (manire); **to handle s.o. with**
~ **gloves** ravnati s kom z žametastimi roka-
vicami; **an iron hand in a** ~ **glove** železna roka
v žametasti rokavici, *fig* krutost, skrita pod
lepimi besedami, milim vedenjem itd.

velvet-calf [vélvitka:f] *n com* imitacija antilope
(zlasti iz telečje kože oz. usnja)

velveted [vélvitid] *a* baržunast, kot baržun, po-
doben baržunu; prekrit ali prevlečen z baržu-
nom

veleveteen [velvití:n] *n* bombažna imitacija pra-
vega baržuna (žameta), baržunasta tkanina, ve-
lutin; *pl* hlače iz takega žameta

velveting [vélvitiŋ] *n* flor; kos žameta; žametni,
velurni blagovi

velvet-leather [vélvitleðə] *n com* imitacija antilope
(kože, usnja)

velvety [vélviti] *a* baržunast, žametast, kot baržun,
podoben baržunu; svilnat, svilast, žametno
mehak; (vino) piten, blag

venal [ví:nl] *a* kupljiv (služba, volilni glasovi);
podkupljiv, korupten, korumpiran; ~ **judges,
politicians** podkupljivi sodniki, politiki; **a** ~
period korumpiran čas (doba)

venality [vi:nǽliti] *n* (pod)kupljivost

venatic(al) [vinǽtik(l)] *a* lovski; ki ljubi lov

venation I [vinéišən] (redko) lov; lovstvo

venation II [vinéišən] *n bot* žilje, razporeditev
žilic in reber, nervatura; venacija

vend [vend] **1.** *vt* prodajati (blago); krošnjariti z;
fig izraziti, javno objaviti; **2.** *n* prodaja; celoten
promet (prodaja) premogovnika

vendace [véndeis; ~ dis] *n zool* (angleški) losos

vendee [vendí:] *n jur* kupec

vender [véndə] *n* glej **vendor**

vendetta [vendétə] *n* krvno maščevanje, vendeta
(zlasti na Korziki)

vendettist [vendétist] *n* krvni maščevalec

vendibility [vendibíliti] *n* prodajnost; (dobra) pro-
daja (kakega blaga)

vendible [véndibl] *a* prodajen, naprodaj; ki se
lahko proda

vendibleness [véndiblnis] *n* glej **vendibility**

vending machine [véndiŋ məší:n] *n* prodajni avto-
mat

vendition [vendíšən] *n* prodaja (blaga)

vendor [véndɔ:; ~ də] *n* prodajalec, ulični prodaja-
lec; oseba, ki ponuja naprodaj; *jur* prodajalec
(nepremičnin); *A* prodajni avtomat

vendue [vendjú:] *n econ* prodaja na dražbi; dražba

veneer [vəníə] **1.** *n* furnir, oplat, oplatnica; *fig*
lažen, nepristen sijaj (lesk); zunanja politura,
uglajenost, eleganca; ~ **log** furnirski hlod;
2. *vt* furnirati, oplatiti; okrasiti (*with* z); pre-
vleči (les, kamen) z tanko ploščo iz slonove
kosti, marmorja, biserovine itd.; *fig* prevleči,
prekriti, na videz (za pogled) olepšati; zakriti
(nelep značaj) z dobrimi maniri

veneerer [vəní:rə] *n kdor* furnira

veneering [vəní:riŋ] *n* furniranje; les ipd. za furni-
ranje; *fig* zunanji premaz, lakiranost, lažen sijaj

venenate [vénineit] **1.** *a obs* strupen; **2.** *vt* zastru-
piti

venenose [vénənəs] *a* strupen

venenation [venənéišən] *n* zastrupitev

venerability [venərəbíliti] *n* častitljivost, častitost,
častivrednost

venerable [venərəbl] *a* (~**bly** *adv*) velespoštovan,
častitljiv, častitvreden; star, vreden spoštovanja;
eccl častiti, prečastiti, velečastiti; venerábel; **a**
~ **old man** častitljiv starec

venerableness [vénərəblnis] *n* častitljivost

venerate [vénəreit] *vt* (globoko) spoštovati, častiti;
občudovati

veneration [venəréišən] *n* (globoko) spoštovanje;
češčenje; **to hold in** ~ (globoko) spoštovati

venerative [vénəreitə] *a* spoštljiv

venerator [vénəreitə] *n* spoštovalec, častilec; občudovalec, -lka

veneral [viníriəl] *a med* veneričen, spolen, spolno bolan; spolno dražljiv; ~ **desire** spolni nagon; ~ **disease** spolna bolezen; ~ **patient** bolnik s spolno boleznijo; ~ **remedy** zdravilo proti spolni bolezni

venereologist [viniəriólədžist] *n* zdravnik za spolne bolezni

venereology [viniəriólədži] *n* veda o spolnih boleznih

venerer [vénərə] *n obs* lovec

venery I [vénəri] *n* (redko) spolni užitek; spolno občevanje

venery II [vénəri] *n* (redko) lov, lovstvo

venesect [vénisekt] *vt & vi* puščati (komu) kri

venesection [venisékšən] *n* puščanje krvi

Venetian [viní:šən] **1.** *a* benečanski, beneški; **2.** *n* Benečan, -nka; (= ~ **blind,** ~ **window**) žaluzija (navojna oknica), benečansko okno; **venetians** *pl* vrvica za žaluzije; V~ **carpet** tekač (preproga) po stopnišču; V~ **glass** beneško steklo (kristal); V~ **lace** beneške čipke; V~ **ball** steklena krogla z barvnimi vložki; V~ **chalk** krojaška kreda; V~ **door** steklena vrata; V~ **mast** spiralno pobarvan jambor (za cestno dekoracijo); V~ **pearl** umeten biser (iz stekla); V~ **window** beneško okno (s tremi odprtinami)

vengeance [véndžəns] *n* maščevanje, povračilo; kazen; **with a** ~ z vso silo, besno; v polnem pomenu besede; in še kako; **he is a horseman with a** ~ jaha kot sam vrag; **this is ponctuality with a** ~ to je skrajna točnost; **to cry for** ~ vpiti po maščevanju; **to lay o.s. open to s.o.'s** ~ izpostaviti se maščevanju kake osebe; **to seek** ~ **upon s.o.** skušati si najti maščevanje (se maščevati) nad kom; **to take** ~ **on an enemy** maščevati se sovražniku

vengeful [véndžful] *a* (~ **ly** *adv*) maščevalen, maščevalski; **a** ~ **sort of person** maščevalna oseba

vengefulness [véndžfulnis] *n* maščevalnost

venger [véndžə] *n poet* maščevalec

venial [ví:niəl] *a* (~ **ly** *adv*) odpustljiv (napaka, greh); oprostljiv; ~ **sin** *relig* mali greh

veniality [vi:niǽliti] *n* odpustljivost (greha); oprostljivost (napake, zmote)

venialness [ví:niəlnis] *n* odpustljivost; oprostljivost

Venice [vénis] **1.** *n* Benetke; **2.** *a* beneški, benečanski; ~ **glass** beneško steklo (kristal); ~ **treacle** protistrup; ~ **turpentine** macesnovo smolno olje

venin [vénin, ví:nin] *n* strupena snov v kačjem strupu, venin

venison [vénizn, E tudi venzn] *n cul* divjačina; *obs* velika divjad

venom [vénəm] **1.** *n* živalski strup (kač, čebel itd.); *fig* strupenost, zlobnost, sovražnost, mržnja; (redko splošno) strup; ~ **-teeth** zob strupnik; **2.** *vt obs* zastrupiti; ~ **ed** zastrupljen; strupen; poln zlobe in sovraštva

venom-fanged [vénəmfæŋd] *a zool* ki ima zobe strupnike

venomous [vénəməs] *a* (~ **ly** *adv*) strupen; *fig* strupen; žolčen, jedek, zloben, hudoben, pogubonosen; ~ **snakes** strupene kače; ~ **criticism** zlobna, strupena kritika

venomousness [vénəməsnis] *n* strupenost; zloba, zlobnost, hudobnost

venose [ví:nous] *a* glej **venous**

venosity [vi:nósiti] *n med* venoznost, obilnost ven ali žil; preobilica ali primes venozne krvi

venous [ví:nəs] *a* (~ **ly** *adv*) anat venozen; *bot* (redko) poln žil(ic), žilnat; ~ **blood** venozna kri

venousness [vínəsnis] *n* žilnatost, obstajanje ven

vent I [vent] *n* odprtina, luknja, izpuh, oddušnik; odvod, izliv; luknja za čep (pri sodu); cev dimnika, dimnik; *zool* črevesna odprtina; *mus* ventil; *hist* strelna lina; razporek (v suknji ali obleki); vdihavanje zraka nad vodno površino (o vidri, bobru); *fig* izbruh, dušek, izliv, prosta pot; izražanje; **volcanic** ~ vulkanski kamin (dimnik, kanal); **to find a** ~ najti (si) duška; **his hate has found a** ~ njegovo sovraštvo si je našlo duška; **to give** ~ **to one's anger** dati duška svoji jezi, ohladiti si jezo

vent II [vent] *vt* ventilirati; odvajati, izpuščati (dim itd.) skozi odvodno odprtino; *fig* dati duška, dati zraka, dati prosto pot, sprostiti (razburjenje, čustva); **to** ~ **o.s.** dati si duška, olajšati se; *vi* priti na površino vode in vdihniti zrak (o vidri, bobru); **to** ~ **a tale** (raz)širiti govorico; **he** ~ **ed his anger on his brother** stresel je svojo jezo nad brata

vent III [vent] *n econ obs* prodaja; trg, tržišče

ventage [véntidž] *n* oddušnik, izbruh, majhna odprtina (za zrak); *mus* ventil

ventail [vénteil] *n hist* vizir

venter I [véntə] *n anat* trebušna votlina, trebuh; *jur* materino telo, mati; **he has a son by another** ~ ima enega sina od neke druge ženske

venter II [véntə] *n* razširjevalec, raznašalec (govoric, govorec, govornik

venthole [vénthoul] *n* odvod, odvodna cev, oddušnik, odprtina; zgornja odprtina (pri sodu)

ventiduct [véntidʌkt] *n tech* odprtina za zračenje

ventil [véntil] *n mus* ventil, zaklopec (pri trobilu)

ventilate [véntileit] *vt* (pre)zračiti; ventilirati, prevetriti; vejati (žito); dati duška; *med* dovajati, dodajati kisik (krvi); *chem* delovati s kisikom na; *fig* pretresati, obravnavati, diskutirati; **to** ~ **a question** ventilirati, načeti, sprožiti (neko) vprašanje; **to** ~ **a room** prezračiti sobo

ventilating [véntileitiŋ] *a* ventilacijski; ~ **fan** *tech* ventilator

ventilation [ventiléišən] *n* zračenje, prezračevanje, ventilacija, ventiliranje; ventilator; *fig* pretresanje, diskusija, izražanje

ventilative [véntileitiv] *a* ventilacijski, ki se tiče ventilacije ali zračenja, ki je namenjen zračenju

ventilator [véntileitə] *n el tech* ventilator, zračnik; *fig* oseba, ki stavi (problem itd.) v javno diskusijo; govornik, diskutant

ventose [véntous] *a med* ki napenja, vetroven; *fig* napihnjen

ventosity [ventósiti] *n med* napenjanje; veter; *fig* napihnjenost, nadutost, domišljavost

vent-peg [véntpeg] *n* čep pri sodu

ventral [véntrəl] **1.** *a* trebušen; ~ **gill, fin** trebušna škrga, plavut; **2.** *n* trebušna plavut

ventricle [véntrikl] *n anat* ventrikula, votlina, prekat: **the** ~ **s of the heart** srčni prekati

ventricose [véntrikous] *a biol* debelušen, debel; nabrekel

ventricosity [ventrikósiti] *n* debelost; nabreklost

ventricular [ventríkjulə] *a anat* ventrikularen, ki se tiče votline ali (srčnega) prekata; debelušen

ventriduct [véntridʌkt] *vt* premikati k trebuhu

ventriloquial [ventrilóukwiəl] *a* (∼ly *adv*) ki se tiče govorjenja iz trebuha, ventrilokvističen

ventriloquism [ventríləkwizəm] *n* domnevno trebušno govorjenje ali petje, ventrilokvenca

ventriloquist [ventríləkwist] *n* oseba, ki zna govoriti iz trebuha, trebuhljač, ventrilokvist

ventriloquize [ventríləkwiaz] *vi* govoriti iz trebuha

ventriloquy [ventríləkwi] *n* glej **ventriloquism**

ventripotent [ventrípətənt] *a* debelušen; požrešen

ventrosity [ventrósiti] *n* trebušatost, debelost

venture I [vénčə] *n* drzno, tvegano dejanje, drznost, riziko, tveganost; smel podvig, pustolovščina, avantura; stavljenje na kocko; komercialna špekulacija; *obs* srečen slučaj, sreča; **at a** ∼ na slepo (srečo); po grobi ocenitvi; **a lucky** ∼ srečna špekulacija; **he is not a man to undertake any** ∼ on ni človek, ki bi se spuščal v kakršnokoli tveganje; **he declined the** ∼ odklonil je riziko; **he has lost all his** ∼ s izgubil je vse, kar je angažiral (v posle)

venture II [vénčə] *vt* upati si, drzniti se; odločiti se (*on* za); drzniti se napraviti; izraziti, dovoliti si; tvegati, riskirati, staviti na kocko; (redko) zanesti se na, prepustiti slučaju; špekulirati; *vi* upati si, prevzeti riziko; **to** ∼ **one's life** tvegati (svoje) življenje; **to** ∼ **away** upati si oditi (se oddaljiti, se umakniti) (*from* od); **to** ∼ **on the travel** upati si na potovanje; **I** ∼ **to say that...** upam si reči, da...; **may I** ∼ **to ask you?** vas smem vprašati?; **to** ∼ **a fortune at the tables** tvegati (celo) imetje pri igranju; **nothing** ∼, **nothing have** kdor nič ne tvega, nič nima; **never** ∼ **to oppose him** nikoli si ne dovolite, da bi mu ugovarjali

venturer [vénčərə] *n* drznež, avanturist; *econ* špekulant

venturesome [vénčəsəm] *a* (∼ly *adv*) (pre)drzen, smel, pogumen, srčen, odločen; pustoloven, podjeten; tvegan, riskanten, nevaren

venturesomeness [vénčəsəmnis] *n* (pre)drznost, smelost; riskantnost, tveganost

venturous [vénčərəs] *a* (∼ly *adv*) A glej **venturesome**

venue [vénju:] *n jur* kraj zločina, kraj sodnega postopka, pristojni sodni kraj; *coll* kraj sestanka, shajališče, zbirališče; kraj zasedanja (zborovanja); **to change the** ∼ menjati kraj sodnega postopka

Venus [ví:nəs] *n* Venera (boginja); lepotica; umetniška predstavitev Venere; planet Venera; (alkimija) baker; *pl* tudi **veneres** [vénəri:z] *fig* ljubezen; zapeljiv čar

venust [vinʌst] *a poet* lep, ljubek

veracious [vəréišəs] *a* (∼ly *adv*) resnicoljuben, odkrit; verodostojen; vreden zaupanja; resničen, pravi; verjeten, ki se mu lahko verjame

veraciousness [vəréišəsnis] *n* glej **veracity**

veracity [vərǽsiti] *n* resnicoljubnost, odkritost; verodostojnost, verjetnost; nekaj resničnega, resnica; točnost

veranda(h) [vərǽndə] *n* veranda; ∼**ed** opremljen z verando

verandaless [vərǽndəlis] *a* (ki je) brez verande

verb [və:b] *n ling* glagol; *obs* beseda; **copulative**, **substantive** ∼ kopula, glagol biti

verbal [və́:bəl] *a* (∼ly *adv*) beseden, verbalen, izražen z besedami, usten; dobeseden; *ling* glagolski, verbalen; ∼ **communication** ustno sporočilo; ∼ **contract** usten dogovor; ∼ **criticism** tekstna kritika; ∼ **copy** dobeseden prepis; ∼ **inflections** glagolsko spreganje; ∼ **noun** glagolnik; ∼ **translation** dobeseden prevod; 2. *n* glagolnik

verbalism [və́:bəlizəm] *n* izraz, beseda; fraza, prazne besede; verbalizem, nagnjenje k ustvarjanju besed; dlakocepstvo

verbalist [və́:bəlist] *n* verbalist; poznavalec besed; kdor dobesedno doumeva ali tolmači; kdor daje preveliko važnost besedam

verbality [və́:bǽliti] *n* (redko) besedni pomen; dobesednost; pretirano razlikovanje besed, dlakocepstvo

verbalize [və́:bəlaiz] *vt* spremeniti v glagol; spretno izraziti z besedami; *vi* biti gostobeseden

verbalization [və́:bəlaizéišən] *n* formuliranje; *ling* spremenitev v glagol

verbatim [və:béitim] (*Lat.*) 1. *adv* dobesedno, z istimi besedami; od besede do besede; ∼ **et litteratim** do črke natančno, dobesedno; 2. *a* dobeseden, veren; 3. *n* dobesedno poročilo

verbena [və:bí:nə] *n bot* sporiš, železnjak, verbena

verberate [və́:bəreit] *vt* (redko) stresti, pretresti; udariti, tolči

verberation [və:bəréišən] *n* (redko) udarci; pretres

verbiage [və́:biidž] *n* poplava besed, zgovornost, besedičenje, (prazno) govoričenje, preobilica besed, prazna slama; dikcija, izbira besed

verbicide [və́:bisaid] *n hum* obračanje besed; obračalec, -lka besed

verbid [və́:bid] *n ling* (redko) nedoločnik; deležnik

verbify [və́:bifai] *vt* rabiti kot glagol, spremeniti v glagol

verbose [və:bóus] *a* (∼ly *adv*) preobširen (v govoru), preveč zgovoren, (pre)gostobeseden, dolgovezen, razvlečen, verbozen; **a** ∼ **speaker**, **speech** dolgovezen govornik, govor

verboseness, **verbosity** [və:bóusnis, ∼bósiti] *n* (pretirana) zgovornost, gostobesednost, preobširnost (v govoru); preobilica ali poplava besed, dolgoveznost

verdancy [və́:dənsi] *n* (sveže) zelenje; *fig* nezrelost, nedozorelost; neizkušenost, naivnost, nedolžnost

verdant [və́:dənt] *a* (∼ly *adv*) zeleneč, zelen, travnat; *fig* nedozorel, nezrel, zelen, neizkušen, naiven, nedolžen

verd-antique [və:dæntík] *n* (zelena) patina (na bakru); zelen, zeleno žilnat porfir

verderer, ∼**ror** [və́:dərə] *n hist* kraljev gozdar

verdict [və́:dikt] *n jur* (raz)sodba porotnikov; verdikt, sodba; odločba, sklep; mnenje, mišljenje; ∼ **of not guilty** oprostilna sodba porote; ∼ **for the plaintiff** sodba v korist tožnika; ∼ **of the public** javno mnenje; **open** ∼ ugotovitev (porote), da je storjen zločin, a je krivec neznan; **to deliver (to give) a** ∼ izreči sodbo; **to bring in a** ∼ **of guilty** proglasiti za krivega

verdigris [vó:digris] **1.** *n chem* zeleni volk; **2.** *vt & vi* prevleči (se) z zelenim volkom

verditer [vó:ditə] *n* (modri ali zeleni) pigment; *chem* bazičen bakrov karbonat; **blue** ~ sinj (bakrenec); **green** ~ bakrovo zelenilo; *obs* za **verdigris**

verdure [vó:džə] *n* sveže zeleno rastlinje, zelenje; vegetacija, bujna rast rastlin; *fig* uspevanje, zdrava rast; *obs* tapeta z rastlinskimi motivi

verdurous [vó:džərəs] *a* glej **verdant**

verecund [vérikʌnd] *a* (redko) skromen; plah, boječ

verge I [və:dž] *n* rob, kraj, meja (tudi *fig*); travnati obrobek ali pas (grede, lehe, ceste); palica, žezlo (kot znak časti); *tech* majhno vreteno; rob opeke, ki štrli iznad strešnega slemena; *hist* območje, pristojnost; **on the** ~ **of** čisto na robu, za prst od; **on the** ~ **of ruin, of a new war** na robu propada, nove vojne; **he is on the** ~ **of fifty** on je že blizu 50 let star; **he was on the** ~ **of betraying the secret** skoraj je izdal tajnost

verge II [və:dž] *vi* nagibati se, padati; sestopati (*on* proti), približevati se, prehajati (*in* v); segati, razprostirati se; *fig* mejiti; **verging on** na robu; **he was verging on 80** bil je že blizu 80 let star; **hills verging to the north** griči, ki se raztezajo proti severu; **the country is verging towards ruin** dežela gre v propast; **the sun is verging towards the horizon** sonce tone na obzorju

verger [vó:džə] *n* cerkovnik, cerkveni vratar, zakristán; nosač palice (pred dostojanstveniki); *univ* pedel, sluga

veridical [virídikl] *a* (~**ly** *adv*) resnicoljuben, odkrit; (često *ir*) pravi, verodostojen

veriest [vériist] *a* skrajni; pravi, pravcati; **the** ~ **nonsense** čisti nesmisel

verifiability [verifaiəbíliti] *n* preverljivost, dokazljivost

verifiable [vérifaiəbl] *a* preverljiv, dokazljiv

verification [verifikéišən] *n* preveritev, potrditev (pravilnosti), overitev, verifikacija, verificiranje, pregled, kontrola; preskušanje, ugotovitev, dokaz resnice; **in** ~ **of this** kot dokaz tega

verifier [vérifaiə] *n* preverjalec, verifikator

verify [vérifai] *vt* preveriti, dokazati (resničnost, pravilnost česa), potrditi (pravilnost); uresničiti, izpolniti (obljubo); *jur* overiti (listino), potrditi; potrditi (izjavo) z dokazom; pregledati, verificirati, kontrolirati; ~ **an account** preveriti, kontrolirati račun; **subsequent events verified our suspicions** poznejši dogodki so pokazali pravilnost naših sumov

verily [vérili] *adv* resnično; ~, ~ **I say unto you** *bibl* resnično, resnično vam povem

verisimilar [verisímilə] *a* verjeten

verisimilitude [verisimílitju:d] *n* verjetnost; nekaj verjetnega

verism [víərizəm] *n* (umetnost) verizem

verist [víərist] **1.** *a* veristčen; **2.** *n* verist

veritable [véritəbl] *a* (~**bly** *adv*) pravi, pravcat; resničen, stvaren; avtentičen; **a** ~ **godsend** pravi božji dar (blagoslov); ~ **triumph** pravo (pravcato) zmagoslavje

veritableness [véritəblnis] *n* pravost, pravcatost; resničnost, stvarnost; avtentičnost

verity [vériti] *n* resnica, resničnost, dejstvo; realnost; **of a** ~! zares! resnično!, v resnici!, de-, jansko!; **dreams are verities** sanje so resnica

verjuice [vó:džu:s] **1.** *n* sok (zlasti) iz nezrelega sadja; *fig* kisel izraz ali drža, čemernost; **2.** *a* sokoven; *fig* kisel, čemern

vermeil [vó:meil] **1.** *a* živo rdeč, škrlatno rdeč; **2.** *n* žarno rdeča barva, škrlat; škrlatno rdečilo; pozlačeno srebro ali bron; (kamen) granat; **3.** *vt* živo rdeče pobarvati

vermian [vó:miən] *a* črvu podoben, črvast

vermicelli [və:miséli] *n* drobni rezanci, špageti

vermicidal [və:misáidl] *a* ki uničuje gliste: vermiciden

vermicide [vó:misaid] *n med* pomoček za odpravljanje glist, vermicid

vermicular [və:míkjulə] *a* podoben črvu, črvast, kot črv; ki se giblje kot glista; kot izjeden od črvov, črviv; vijugast, valovit

vermiculate [və:míkjuleit] **1.** *a* črviv, razjeden (razgrizen) od črvov; *archit* okrašen z globoko vrezanimi zavoji; *fig* premeten, prebrisan; **2.** *vt* okrasiti z zavojčastimi okraski

vermiculation [və:mikjuléišən] *n* črvojedina; razgrizenost, razjedenost (od črvov), črvivost, piškavost; črvu podobno gibanje, zvijanje; *archit* okrasitev s črvom podobnimi črtami

vermicule [vó:mikju:l] *n* črviček

vermiculose [və:míkjulous] *a* poln črvov, črvu podoben

vermiform [vó:mifə:m] *a* črvu podoben, črvaste oblike, zgrajen kot črv

vermifugal [və:mífjugl] *a* glej **vermicidal**

vermifuge [vó:mifju:dž] *n* glej **vermicide**

vermilion [və:míljən] **1.** *n* cinober, svinčeni oksid, minij, živo (rumeno) rdeča barva; rdeče barvilo; **2.** *a* (ki je) živo rdeče barve (kot cinober), živo (rumeno) rdeč; škrlaten; **2.** *vt* s cinobrom pobarvati

vermin [vó:min] *n pl constr* škodljivci, mrčes, golazen; zajedavci, paraziti; *fig* sodrga, človeški izrodki; ~ **killer** prašek zoper mrčes

verminate [vó:mineit] *vi* ustvarjati, zaploditi mrčes; biti poln mrčesa; postati črviv

verminous [vó:minəs] *a* (~ **ly** *adv*) mrčesen, mrčesu podoben, okužen z mrčesom, poln mrčesa, ušiv; ki zaplodi mrčes; *fig* ogaben, ostuden, gnusen; parazitski; ~ **children** ušivi, mrčesa polni otroci; ~ **disease** glistavost

vermouth [vó:mu:θ] *n* vermut, pelinkovec

vernacular [vənǽkjulə] **1.** *a* ljudski, domačinski, domač; krajeven; narečen (jezik ali govor), ki je pisan ali piše v takem jeziku; *med* endemičen, krajeven, lokalen; **the** ~ **language, tongue** jezik domačinov; **the** ~ **name of a plant** ljudsko ime za rastlino; **2.** *n* domači, ljudski jezik (narečje, govor); jezik domačinov; ljudski, narečni izraz; poklicni, strokovni jezik; *hum* **to speak in the** ~ govoriti po naše, v razumljivem jeziku (»slovensko«); **the** ~ **s of the U.S.A.** narečja v ZDA

vernacularism, vernacularity [vənǽkjulərizəm, -lǽriti] *n* ljudsko izražanje, raba domače govorice; posebnost domačega jezika, vernakularizem

vernacularization [vənǽkjulərizéišən] udomačitev (besed) vernacularize [vənǽkjulǝraiz] *vt* prenesti v domači, ljudski jezik; udomačiti (besede); izraziti v domačem, ljudskem jeziku

vernacularly [vənǽkjulǝli] *adv* v domačem ali ljudskem jeziku; narečno

vernal [vɔ́:nǝl] *a* (~ ly *adv*) pomladni, spomladanski; *fig* mladosten, mlad, svež, nov; ~ fancies mladostne sanje; ~ fever malarija; ~ equinox spomladanski ekvinokcij

vernation [və:néišǝn] *n bot* vernacija; razvrstitev, lega listčev v brstečem popku

vernier [vɔ́:niǝ] *n* vernié, noniju sorodna merilna priprava

veronal [vérǝnǝl] *n* veronal; to take a ~ tablet vzeti tableto veronala

Veronese [verəní:z] **1.** *a* veronski, (ki je) iz mesta Verone; **2.** *n* prebivalec, -lka Verone, Veronec, -nka; the ~ Verončani

veronica [vɔrɔ́nikǝ] *n bot* veronika; *relig* Veronikin robec (za znoj) (s katerim si je Kristus obrisal znoj in je na njem odtis njegovega obraza); predstavitev (slika) tega robca

verruca, *pl* ~ cae [verú:kə, ~ si:] *n med, zool* bradavica, bradavičast izrastek

verrucose [vérukous] *a* bradavičast

versant I [vɔ́:sənt] *n* pobočje, reber, breg, nagnjenost (pokrajine)

versant II [vɔ́:sənt] *a* verziran, izveden, vešč

versatile [vɔ́:sǝtail] *a* (~ ly *adv*) okreten, spreten, prilagodljiv; delaven, prizadeven; verzatilen; mnogostranski (nadarjen ali izobražen), vsestranski; *bot* (prosto) dihajoč, gibajoč se; *fig* spremenljiv, nestalen, nestanoviten, omahljiv; muhav, kapriciozen; a ~ inventor, writer mnogostranski iznajditelj, pisatelj

versatility [və:sǝtíliti] *n* mnogostranost; okretnost, gibčnost; spremenljivost, nestalnost, nestalen značaj

verse I [və:s] *n* stih, verz; kitica, strofa; pesništvo, poezija; *ecl* vrstica (iz biblije); (*sg constr*) stihi; in ~ v stihih; blank ~ blankverz, neriman stih; ~ monger rimar, rimač, pesnikun; a poem of 5 verses pesem s petimi kiticami; to cap ~ s povezati stihe tako, da je zadnja črka predhodnega stiha tudi začetna črka naslednjega stiha; to give chapter and ~ for navesti točne podatke o delu, iz katerega je vzet citat (navedek); to quote a few ~ from Byron citirati nekaj verzov iz Byrona

verse II [və:s] *vt* spremeniti v stihe, verzificirati; opevati ali izraziti s stihi; *vi* kovati, pisati ali peti stihe; pesniti

verse III [və:s] *v*; to ~ o.s. in seznaniti se z; včitati se (*in the text* v tekst)

versed I [və:st] *a* spreten, okreten, izkušen, izurjen, vešč, vpeljan, napoten, dobro podkovan, verziran (*in* v); well ~ in mathematics dobro podkovan v matematiki; ~ in the reading of hieroglyphs verziran v branju hieroglifov

versed II [və:st] *a math* obrnjen, narobe, versus

verselet [vɔ́:slit] *n* majhen verz, stihek

verseman, *pl* ~ men [vɔ́:smɔn] *n* rimač, pesnikun

versemonger [vɔ́:smʌŋgǝ] *n glej* verseman

verser [vɔ́:sǝ] *n E* slepar, goljuf (pri kartanju)

verset [vɔ́:set] *n mus* verset (krajši preludij za orgle)

versicle [vɔ́:sikl] *n* odlomek liturgičnega teksta

versicolo(u)r(ed) [vɔ́:sikʌlǝ(d)] *a* mnogobarven, pisan; ki se preliva v barvi (blago)

versification [və:sifikéišǝn] *n* pesnikovanje, kovanje stihov, pesmarjenje, spreminjanje v stihe, stihotvorstvo, verzifikacija; *pros* metrum, metrični sestav, prozodija; verzifikacijska pravila

versificator [vé:sifikeitǝ] *n glej* versifier

versifier [vɔ́:sifaiǝ] *n* verzifikator, stihotvorec, pesnik

versify [vɔ́:sifai] *vt* prenesti (spremeniti) v verze (stihe), pesniti; dati obliko verza; opevati; prikazati v stihih; *vi* delati (kovati, pisati) stihe, pesniti

version [vɔ́:šǝn] *n* prevod (v drug jezik); vaja v prevajanju; verzija, različica, ena od več različnih pripovedi (razlag, pojmovanj); način prikazovanja, tak prikaz ali stališče; *med* verzija, obrnitev otroka v pravilen položaj v maternici pred rojstvom; model, oblika, izvedba; a new ~ of the Bible nov prevod biblije; Authorised V~ prevod biblije iz let 1604—1611; Revised V~ prevod biblije iz let 1870—1884; I have heard several ~ s of what happened slišal sem več verzij o tem, kar se je zgodilo

versionist [vɔ́:šǝnist] *n* prevajalec; zagovornik določenega prevoda (biblije)

vers libre [véǝlíbrǝ] *n* (*Fr*) prosti verz

vers librist, vers libriste [véǝlíbrist, ~ libríst] *n* pesnik, ki piše verze v prostem verzu

verso [vɔ́:sou] *n* katerakoli leva stran v knjigi; hrbtna (zadajšnja) stran (kovanca); zadnja knjižna platnica

verst [və:st] *n* versta (ruska dolžinska mera, 1067 m)

versus [vɔ́:sǝs] *prep* (krajšava: *v.*) (*Lat*) *sp* proti; *jur* versus, proti

versute [vǝsjú:t] *a* zvit, pretkan, prebrisan

vert I [və:t] *n* zelenje, grmičje, grmovje; goščava (kot zaščita divjadi); *jur* pravica sečnje vsega zelenega v gozdu; *her* zelena barva; over ~ visok gozd; nether ~ mlad gozd, hosta

vert II [və:t] **1.** *n coll* (= convert) spreobrnjenec (k katoliški veri); odpadnik (od katoliške vere); **2.** *vt & vi* spreobrniti (se); prestopiti v drugo vero

vertebra, *pl* ~ brae [vɔ́:tibrǝ, ~ bri:] *n zool anat* vretence; *pl* hrbtenica

vertebral [vɔ́:tibrǝl] *a* (~ ly *adv*) vertebralen, vretenčen, ki se tiče hrbtenčnih vretenc; sestavljen iz vretenc; ~ animal *zool* vretenčar; ~ column hrbtenica

vertebrate [vɔ́:tibrit] **1.** *a* vretenčen; ki ima hrbtenico, ki spada k vretenčarjem; *fig* čvrst; **2.** *n zool* vretenčar

vertebrated [vɔ́:tibreitid] *a glej* vertebrate 1.

vertebration [vɔ:tibréišǝn] *n* tvorba hrbtenice; razdelitev na vretenca; *fig* hrbtenica, čvrstost, trdnost

vertex, *pl* ~ es, vertices [vɔ́:teks, ~ teksi:z, ~ tisi:z] *n* najvišja točka, vrh; *anat* teme; *astr* zenit; *geom* vrh kota

vertical [vɔ́:tikǝl] **1.** *a* (~ ly *adv*) navpičen, vertikalen (*to* na); ki je v zenitu; perpendikularen, pravokoten na horizont; ~ plane vertikalna ravnina; a ~ take-off aircraft letalo, ki lahko navpično vzleti (brez startne steze); ~ envelopment *mil* obkolitev iz zraka (s padalskimi če-

tami); **2.** *n* navpična premica, navpičnica, verti-
kala; navpična lega
verticality [və:tikǽliti] *n* navpičnost, navpična lega
(položaj), vertikalnost; *astr* zenitski (najvišji)
položaj
verticil [vɔ́:tisil] *n bot* vretence
vertiginous [vɔ:tídžinəs] *a* (~ ly *adv*) vrtoglav,
omotičen, ki povzroča vrtoglavico; ki se vrti
(v krogu), vrtinčast; vertiginozen; *fig* nestano-
viten, vihrav, frfrast; ~ height omotična višina
vertiginousness [vɔ:tídžinəsnis] *n* vrtoglavost, omo-
tičnost
vertigo, *pl* ~ es, ~ tigines [vɔ́:tigou, ~ tídžini:z] *n*
med vrtoglavica, omotica, vertigo
vertu [vɔ:tú] *n* glej **virtu**
vervain [vɔ́:vein] *n bot* sporiš, verbena, železnjak
verve [vɔ:v] *n* pesniški (umetniški) polet, ustvar-
jalna moč; navdušenje, *fig* ogenj; (redko) na-
darjenost, talent; **her novel lacks** ~ njen roman
je brez ognja
vervel [vɔ́:vəl] *n hunt* obroček (za lovske sokole)
very I [véri] *a* (**verily** *adv*) pravi; **a very knave**
pravi lopov; **he is the veriest vagabund** on je
pravi pravcati vagabund; lasten, sam, celó;
my ~ **son** moj lastni sin, sam moj sin; **his**
~ **brother did not know him** njegov lastni
brat ga ni spoznal; (izza *the, this, that* ali
svojilnega zaimka) ta (oni itd.) isti, prav;
the ~ **day I arrived** prav na dan, ko sem prispel;
the ~ **thing** baš tisto pravo; **that** ~ **day** prav
(še) istega dne; **in this** ~ **room** prav v tej sobi;
at this ~ **place** prav na tem mestu; **at the** ~
end prav na koncu; **from** ~ **egoism** iz samega
(čistega) egoizma; **in the** ~ **heart of Europe**
prav v srcu Evrope; **this is the** ~ **thing I want**
prav to potrebujem; **it is the** ~ **last thing to do**
to je prav zadnja stvar, ki jo je treba narediti;
čisti, pravi, točen; **the** ~ **opposite** čisto (pravo)
nasprotje; **on the** ~ **same day** točno istega dne;
(redko) legitimen, zakonit
very II [véri] *adv* zelo; prav, zares; v polnem po-
menu; baš; ~ **good** prav, v redu, se strinjam;
~ **well** prav dobro, v redu; ~ **much** zelo, iz-
redno; **my** ~ **own** zares moj, osebno moj; **the**
~ **best quality** res najboljša kakovost; **at the**
~ **latest** res najkasneje; **it is the** ~ **last thing**
to do to je res (prav) zadnja stvar, ki jo je treba
narediti; **you may keep it for your** ~ **own** lahko
si to obdržiš kot svojo (pravo) last; **I'll do my**
~ **utmost** napravil bom prav vse, kar bo v moji
moči; **I bought it with my** ~ **own money** to sem
kupil z res svojim denarjem
Very light [vérilait] *n mil* svetlobni signal, signalna
luč, svetilna raketa
vesica, *pl.* ~ **cae** [vesáikə, vésikə; ~ si:] *n anat*
mehur, vesika; *bot* vrečica, mošnjiček
vesical [vésikl] *a anat* mehurni, mehurjev; mehur-
jast, ovalen
vesicant [vésikənt] **1.** *a* mehuren, priščen; **2.** *n*
mehurnik, vlečnik
vesicate [vésikeit] *vt* povzročiti mehurje (*the skin*
na koži); prekriti z mehurji; *vi* pokriti se z me-
hurji
vesication [vesikéišən] *n* mehurjenje, tvorba me-
hurjev; mehur
vesicatory [vésikətəri] *a* glej **vesicant**

vesicle [vésikl] *n* mehurček
vesicular [vesíkjulə] *a* mehurjast, mehurčkast; iz
mehurjev ali mehurčkov; podoben mehurju;
vesikularen
vesiculiform [vesíkjulifɔ:m] *a* ki ima obliko mehur-
ja, mehurjast
vesiculose, ~ **lous** [vesíkjulous, ~ ləs] *a* mehurjast
vesper [véspə] **1.** *n poet* večer; (često *pl*) *relig* večer-
nice; **V**~ *astr poet* (zvezda) Večernica; **2.** *a*
večeren; ~ **bell** večerni zvon (zvonjenje); **Sicilian**
V~ **s** *hist* sicilijanske večernice
vespertine [véspətain, ~ tin] *a* večeren; *bot* ki se
zvečer odpre; *zool* ki se pojavlja zvečer; *astr* ki
zahaja zvečer ali takoj po sončnem zahodu
vespiary [véspiəri] *n* osir, osje gnezdo, osišče
vespine [véspain, ~ pin] *a* ki se tiče os, osji, osén
vessel [vesl] *n* posoda, skleda; *fig* nosilec; *naut*
ladja, plovni objekt; *aero* zračna ladja; *med*
žila; *bot* cevčica; **blood** ~ krvna žila; **passenger**
~ potniška ladja; **war** ~ vojna ladja; **weaker** ~
bibl ženska; **he burst a** ~ žila mu je počila, kap
ga je zadela
vesselful [véslful] *n* polna posoda
vest [vest] **1.** *n* telovnik, vestija; ženski telovnik
(srajca), životec, majica; *poet* obleka; (redko)
talar; površnik; **a** ~**-pocket camera** zelo majhen
fotografski aparat; **2.** *vt poet* obleči (*with* v kaj);
okrasiti (oltar); podeliti (*with* kaj), zaupati;
prenesti (pravico itd.) (*in s.o.* na koga); poobla-
stiti; *jur* zaseči, zapleniti (premoženje); **the**
whole power is ~**ed in the people** vsa oblast je
v rokah ljudstva; *vi* obleči si (službeno) obleko,
obleči se; pripadati (*in* komu); preiti (*in* na);
the title ~ **s in the oldest son** naslov pripade naj-
starejšemu sinu; **the** ~**ed rights** pridobljene
(utrjene) pravice
vesta [véstə] *n* (= **vax** ~) voščena vžigalica; **V**~
Vesta (rimska boginja domačega ognjišča);
astr (planetoid) Vesta; **fusee** ~ velika vžigalica,
ki je veter ne upihne
vestal [vestl] **1.** *a myth* ki se tiče boginje Veste,
vestalski; *fig* deviški, nedolžen, čist; **2.** *n* (= ~
virgin) vestalka; *fig* devica; nuna, redovnica
vested [véstid] *a* pošteno pridobljen; *jur* (z zako-
nom) ustanovljen, dodeljen, podeljen; zaupan;
ugotovljen, dobljen
vestiary [véstiəri] **1.** *n hist* garderoba, oblačilnica
(v samostanih); **2.** *a* oblačilen
vestibular [vestíbjulə] *a* preddvorski; vežen
vestibule [véstibju:l] **1.** *n* veža, vestibul, preddvor;
med predkomora, vhod v votle organe; ~ **of**
the ear ušesni preddvor; *A rly* pokrit prehod
med dvema vagonoma; *A rly* ~ **train** (=
corridor train) vlak, sestavljen iz voz s hodni-
kom; ~ **school** uvodni tečaj (za nove delavce
v industrijskih obratih); **2.** *vt* opremiti z vesti-
bulom; povezati (železniške vagone) s prehodi
vestige [véstidž] *n* sled; odtis noge; (pre)ostanek;
znak; *fig* slaba sled; mrvica, trohica; *biol* ru-
diment, okrnek, okrnel ud ali organ; ~ **s of**
old customs sledovi, ostanki starih šeg; **not a** ~
of truth niti sledu resnice; **he hasn't a** ~ **of**
common sense niti trohice zdrave pameti nima;
a human being has the ~ **of a tail** človeško bitje
ima okrnek repa

vestigial [vestídžiəl] *a* ki obstaja samo kot sled ali
v sledovih; *biol* rudimentaren, zakrnel, okrnel
vestigiary [vestídžiəri] *a* glej vestigial
vestings [véstiŋz] *n pl* blago za telovnike
vestiture [véstičə] *n* obleka, telesno oblačilo;
(redko za) investiture
vestment [véstmənt] *n* službena ali svečana obleka;
eccl liturgična oblačila; *fig* obleka
vest-pocket [véstpɔkit] *n* žepek pri telovniku; *photo*
format filma 6 × 4,5 cm; 2. *a* majhen, miniatu-
ren; ~ edition of a book miniaturna izdaja
knjige
vestry [véstri] *n* zakristija, zagrad; kapelica; *eccl*
odbor cerkvene občine, župnijski odbor; skup-
ščina cerkvenih odbornikov; prostor, dvorana
za take· skupščine; ~-clerk računovodja cerk-
vene občine; ~-cess cerkven davek; ~-keeper
cerkovnik
vestrydom [véstridəm] *n eccl* uprava župnije; *fig*
omejena, malenkostna občinska politika
vestryman, *pl* ~ men [véstrimən] *n* cerkveni stare-
šina; član odbora cerkvene občine
vesture [vésčə] 1. *n obs poet* obleka, oblačilo; *fig*
plašč, ogrinjalo; odeja, preobleka; 2. *vt* obleči,
odeti, ogrniti
vesturer [vésčərə] *n eccl* cerkovnik
vesuvian [visú:viən] 1. *a* vezuvski; vulkanski; 2. *n*
obs starinska vrsta vžigalice z debelo glavico
vet I [vet] 1. *n coll* (okrajšano za veterinary) vete-
rinar; 2. *vi* biti veterinar; *vt* pregledati ali zdra-
viti (žival); *hum* preiskati srce in obisti
vet II [vet] *n* (skrajšano za veteran) veteran
vetch [več] *n bot* grašica; grahor
vetchling [véčliŋ] *n bot* grahor, čistnik
veteran [vétrən] 1. *n* veteran (star vojak ali urad-
nik); *mil A* bivši bojevnik; demobiliziran vojak;
2. *a* veteranski; osivel ali ostarel (v službi); *fig*
izkušen; dolgoleten; a~ alpinist izkušen alpinist;
a young ~ *A* mlad bivši bojevnik; ~ service
dolgoletno službovanje; ~ skill z dolgo prakso
pridobljena spretnost; ~ troops v boju preizku-
šene čete
veteranize [vétərənaiz] *vi A coll* postati veteran
veterinarian [vetərinéəriən] glej veterinary
veterinary [vétərinəri] 1. *n* živinozdravnik, vete-
rinar; 2. *a* veterinarski, živinozdravniški; ~
surgeon veterinar; ~ college veterinarska visoka
šola; ~ science, ~ medicine živinozdravništvo
veto, *pl* vetoes [ví:tou, ~touz] 1. *n* veto, pravica
(vložitve) veta; ~ power pravica veta; suspensory
~ suspenziven veto; to exercise the ~ uporab-
ljati veto; to put one's ~ on vložiti (dati) svoj
veto glede; to put a ~ on prepovedati, zabraniti;
to interpose one's ~ vložiti svoj veto; 2. *vt pol*
vložiti svoj veto (proti čemu); odkloniti (so-
glasje z); the bill was ~ed zakonski osnutek je
bil odklonjen
vetoer, vetoist [ví:touə, ~touist] *n* vlagatelj veta
vex [veks] *vt* (z malenkostimi) nadlegovati, šikani-
rati, jeziti, ozlovoljiti, zafrkavati, zbadati, raz-
burjati, iritirati, sitnariti (komu), dolgočasiti;
mučiti, stiskati, tlačiti; telesno mučiti; povzro-
čati muke ali žalost (komu); žalostiti, prizadeti
(komu bolečine; *obs* vzvaloviti, vzvrtinčiti, raz-
gibati, burkati; premetavati; vznemiriti; živo,
strastno diskutirati, razpravljati (o čem); ~ed

by storms razburkan od viharjev; how ~ing!
kakšna sitnost! ali se ne bi človek jezil!; a ~ed
question zelo diskutiran problem; to be ~ed
with jeziti se na; don't get ~ed about it! ne jezite
se zaradi tega!; want of money ~es many
pomanjkanje denarja stiska mnoge; this is
enough to ~ a saint to bi še angela spravilo v
obup
vexation [vekséišən] *n* nevšečnost, neprijetnost,
sitnost; nadlegovanje, nadloga; jeza, nevolja,
srd, muka; zbadanje, šikaniranje, draženje; skrb,
vznemirjenje; veksacija; he was subjected to
many ~s imel je mnogo sitnosti
vexatious [vekséišəs] *a* (~ ly *adv*) povzročajoč jezo,
vznemirjajoč, iritativen; neprijeten, nevšečen,
mučen, zoprn, tegoben, nadležen, siten, tečen
(otrok); a ~ neighbour nadležen, neprijeten
sosed
vexatiousness [vekséišəsnis] *n* nadležnost, šikani-
ranje
vexed [vekst] *a* (~ ly *adv*) vznemirjen, preplašen;
nevoljen, jezen; razburkan (valovi); sporen,
mnogo diskutiran, prerešetan (problem); to
become ~ ujeziti se
vexer [veksə] *n* nadležnež, sitnež; mučitelj
vexillary [véksiləri] 1. *n hist* praporščak (v rimski
vojski); 2. *a* veksilaren
vexillum, *pl* ~ lla [véksíləm, ~lə] *n hist* prapor
(v rimski vojski); *bot* veksilum; *eccl* bandero
(v procesiji)
vexing [véksiŋ] *a* (~ ly *adv*) ki jezi, iritira, vzne-
mirja, razburja, muči; neugoden
V-groove [ví:grú:v] *n tech* klinast utor (žleb)
via [váiə] 1. *prep* prek, čez, via; *A* s pomočjo;
from Paris to London via Dover iz Pariza v
London prek Dovra; to travel ~ Suez potovati
prek Sueza; ~ air mail po zračni pošti; 2. *n*
(*Lat*) pot; Via Lactea *astr* Rimska cesta; ~
media *fig* srednja, zmerna pot; zlata sredina
(položaj anglikanske Cerkve, ki je med dvema
ekstremoma, rimskokatoliško Cerkvijo in pro-
testantsko)
viability [vaiəbíliti] *n* sposobnost za življenje (za
razvoj)
viable [váiəbl] *a med* sposoben za življenje; *bot*
ki se more obdržati pri življenju (tudi *fig*), ki
more živeti; the newly-created State is not ~
na novo (nedavno) ustvarjena država ni spo-
sobna za življenje
viaduct [váiədʌkt] *n* viadukt, železniški ali cestni
most čez globel, dolino ipd. (ne čez vodo); cesta
ali proga, ki gre čez viadukt
vial [váiəl, váil] 1. *n* steklenička (za zdravila), fiola,
posodica, skledica; to pour out the ~s of
wrath upon izliti jezo na; ohladiti si jezo;
maščevati se nad ;2. *vt* natočiti v stekleničke,
shraniti v stekleničkah
viand [váiənd] *n* (večinoma *pl*) živež, proviant;
delikatesa
viatical [vaiǽtikl] *a* cesten; potovalen, potni
viaticum, *pl* ~ s, ~ tica [vaiǽtikəm, ~tikə] *n* po-
potnica, proviant, potnina; potni stroški; *relig*
zadnje obhajilo, sveta popotnica; prenosen ali
žepni oltar
viator [vaiéítɔ:] *n* (redko) (po)potnik
viatores [vaiətó:ri:z] *m pl* (po)potniki

viatorial [vaiətó:riəl] *a* spadajoč k potovanju; potovalen

vibrancy [váibrənsi] *n* tresljaj, nihaj; pretres; vibracija; rezonanca

vibrant [váibrənt] **1.** *a* tresoč se, drhteč, trepetajoč (*with* od); rezonančen, sonoren; *ling* zveneč; odmevajoč; nihajoč; *fig* vznemirjen, razburkan (čustva); utripajoč; močan; **a ~ personality** močna osebnost; **cities ~ with life** od življenja utripajoča mesta; **2.** *n ling* zveneč glas

vibraphone [váibrəfoun] *n mus* vibrafon

vibrate [vaibréit] *vi* vibrirati, tresti se, nihati; oscilirati; utripati; zveneti, doneti (zvok); tresti se (*with* od), (za)drhteti; *fig* kolebati, omahovati; **a cry ~d on my ear** krik mi je udaril na uho; **our house ~s whenever a heavy lorry passes** naša hiša se strese, kadarkoli pelje mimo težak tovornjak; *vt* zanihati (kaj), zatresti; napraviti, da nekaj trepeta (se trese, vibrira); meriti ali določiti s tresljaji; **a pendulum vibrating seconds** nihalo, ki meri (napoveduje) sekunde; **to ~ threats** bruhati grožnje iz sebe; **to ~ between two opinions** omahovati med dvema mnenjima

vibratile [váibrətail, ~til] *a* trepetav, tresoč se; nihajoč, ki vibrira

vibration [vaibréišən] *n* nihanje, nihaj; trepetanje, drhtenje, tresenje, tresljaj, vibracija; *phys* oscilacija, podrhtavanje (tudi *fig*); *fig* kolebanje, omahovanje (*between* med), spremenljivost; utripanje; **~-proof** ki ne vibrira; **10 ~s per second** 10 nihajev na sekundo

vibrational [vaibréišənəl] *a* trepetav, drhtav, tresoč se; vibracijski, oscilacijski, ki se tiče nihanja

vibrative [váibrətiv] *a* glej **vibratory**

vibrato [vibrá:tou] *n mus* vibrato

vibrator [vaibréitə] *n* vibrator, rezonator; oscilator; *med* (električni) vibracijski aparat za masažo; *print* vrsta valja s črnilom, ki se obrača in vibrira; **~ beam** vibracijski nabijač

vibratory [váibrətəri] *a* ki vibrira, vibracijski, tresoč se; utripajoč, nihajoč

vibrissa, *pl* **~sae** [vaibrísə, ~si:] *n* (večinoma *pl*) čutne dlačice; brki (pri živalih)

viburnum [vaibə́:nəm] *n bot* brogovita

vic [vik] *n aero E sl* formacija letal v poletu v obliki črke V

vicar [víkə] *n eccl* (anglikanska cerkev) vikar, upravitelj župnije; namestnik župnika; vaški župnik; (rimsko-katoliška cerkev) namestnik; **~ general** škofov namestnik (pomočnik); **the ~ of Christ** Kristusov namestnik, papež; **cardinal ~** papežev delegat; **~ apostolic** apostolski vikar; *hist* škofov namestnik; **~ of Bray** *fig* vetrnjak, oportunist

vicarage [víkəridž] *n* vikariat, področje vikarja ali vaškega župnika; župnišče; vikarjeva nadarbina; služba ali položaj vikarja

vicaress [víkəris] *n* žena anglikanskega vikarja; namestnica (opatinje itd.)

vicarial [vaikéəriəl] *a* namestniški, vikarski, vikarjev, ki se tiče vikarja; župnikovski

vicariate [vaikéəriit] *n* vikariat, vikarstvo, namestništvo, vikarjeva služba, trajanje te službe

vicarious [vaikéəriəs] *a* namestniški, zastopniški, delegatski; ki (koga) nadomešča ali zamenjuje; deljen s kom (*pleasure* veselje); **~ work, ~ pu-**nishment namesto koga drugega opravljeno delo, prestana kazen

vicarship [víkəšip] *n* vikariat, namestništvo

vice I [váis] *n* pregreha, pregrešnost, pokvarjenost, sprijenost, razvratnost, nemoralno življenje; napaka, grda navada, razvada, slabost; (telesna) hiba; izroditev, spačenost (stila); **my horse has one ~**, **he can't stand blinkers** moj konj ima eno hibo, ne more prenašati plašnic; **to inveigh against the ~s** bičati razvratnost, pregrehe

vice II [váis] **1.** *n tech* primež, primož; precep; **as firm as a ~** trden (čvrst) kot primež; **a ~-like grip** železen, močan prijem (stisk); **he has a grip like a ~** on ima železen prijem; **to grip like a ~** prijeti, zgrabiti kot primež; **2.** *vt* stisniti, ukleščiti (s primežem), priviti, utrditi, držati kot v primežu, stisniti v primež; **my foot was ~d between two rocks** noga se mi je zagozdila med dve skali

vice III [dáis] *n coll* predpredsednik; podravnatelj, pomočnik direktorja

vice IV [váisi] *prep* namesto (koga, česa); **he was appointed director ~ Mr. Smith, who resigned** bil je imenovan za direktorja namesto g. Smitha, ki je odšel v pokoj

vice- [váis] predpona s pomenom pod-; namestni, pomožni

vice-admiral [váisædmərəl] *n naut* viceadmiral

vice-admiralty [váisædmərəlti] *n* podadmiralstvo

vice-agent [váiséidžənt] *n* delegat, namestnik, substitut

vice-chair [váisčéə] *n* stol nasproti predsedniku (na spodnjem koncu mize)

vice-chairman, *pl* **~men** [váisčéəmən] *n* podpredsednik (odbora, zborovanja), namestnik predsednika

vice-chairmanship [váisčéəmənšip] *n* podpredsedstvo

vice-chancellor [váisčá:nsələ] *n pol* podkancler; *univ* prorektor (ki na angleških univerzah opravlja dolžnosti našega rektorja); *jur* sodnik visokega sodišča

vice-consul [váiskónsəl] *n* podkonzul

vice-consulate [váiskónsjulit] *n* podkonzulat

vice-dean [váisdí:n] *n* dekanov namestnik, prodekan

vice-gerency [váisdžérənsi] *n* namestništvo

vice-gerent [váisdžérənt] **1.** *n* namestnik; zastopnik; vršilec dolžnosti; delegat; pooblaščenec; *relig* **the Pope is God's ~** papež je božji namestnik; **2.** *a* namestniški; pooblaščen

vice-governor [váisgávənə] *n* podguverner

vice-king [váiskíŋ] *n* podkralj

viceless [váislis] *a* brez pregrehe; neoporečen, brezhiben

vicenary [vísənəri] *a* sestoječ iz dvajset

vicennial [vaiséniəl] *a* 20-leten; ki traja ali se ponavlja vsakih 20 let; **~ celebration** proslava 20-letnice (kakega spominskega dne)

vice-presidency [váisprézidənsi] *n* podpredsedstvo

vice-president [váisprézidənt] *n* podpredsednik

vice-principal [váisprínsipəl] *n* namestnik ali pomočnik predstojnika (šefa), vršilec dolžnosti šefa; podravnatelj

vice-queen [váiskwí:n] *n* podkraljica; podkraljeva žena

viceregal [váisrí:gəl] *a* podkraljev, podkraljevski
vice-regency [váisrí:džənsi] *n* podregentstvo
vice-regent [váisrí:džənt] *n* podregent
vicereine [váisrein] *n* podkraljeva žena
viceroy [váisrɔi] *n* podkralj; **V~ of India** *hist* podkralj Indije
viceroyal [vaisrɔ́iəl] *a* podkraljevski
viceroyalty [vaisrɔ́iəlti] *n* podkraljestvo, funkcija podkralja
viceroyship [váisrɔišip] *n* čast ali služba podkralja; področje podkralja
vice squad [váisskwɔd] *n* nravstvena policija
vice versa [váisi vɔ́:sə] (*Lat*) *adv* obratno, narobe, nasprotno, v nasprotnem vrstnem redu; **we gossip about them and ~** mi opravljamo nje in narobe (= oni pa nas opravljajo)
vicinage [vísinidž] *n* (redko) sosedstvo, soseščina, sosedi, bližina; *hist jur* skupne pravice sosednih zakupnikov
vicinal [vísinəl] *a* soseden, bližnji, blizek; krajeven, lokalen
vicinity [visíniti] *n* bližina (*to* čemu); sosedstvo, soseščina; (bližnja) okolica; **in the ~ (of)** v bližini; **in my ~** v moji bližini, blizu mene; **in close ~** v neposredni bližini; **the ~ of London** (bližnja) okolica Londona
vicious [víšəs] *a* (**~ ly** *adv*) pokvarjen, izprijen, pregrešen, nemoralen, hudoben, zloben, slab, zavržen, nespodoben; pogrešen, napačen; muhast, trmast; pomanjkljiv; škodljiv, nečist (zrak); prostaški, malopriden, ničvreden; **~ cercle** circulus vitiosus, začarani krog; *fig* položaj brez izhoda; **a ~ horse** uporen konj; **~ air** slab, pokvarjen zrak; **~ attack** zloben, strupen, zahrbten napad; **a ~ headache** hud, strašanski glavobol; **a ~ look** sovražen, preteč pogled; **a ~ man** izprijenec, pokvarjenec; **~ habit** razvada, grda navada; **~ life** nemoralno življenje; **~ manuscript (text)** pomanjkljiv rokopis (tekst); **~ mule** trmasta mula; **~ remark** nespodobna opazka; **~ style** slab slog; **~ spiral** nepretrgano dviganje (česa) (npr. cen), ki ga povzroča nepretrgano dviganje nečesa drugega (npr. plač); **a ~ temper** hudoben značaj; **~ union** *med* slaba zrast zlomljenih kosti
viciousness [víšəsnis] *n* sprijenost, pokvarjenost; zlobnost, zlohotnost; muhavost; pomanjkljivost
vicissitude [visísitju:d] *n* nestalnost, spremenljivost (*of fortune* sreče); sprememba, menjavanje (razmer, okoliščin), menjava; *obs poet* (redna) sprememba; **the ~ of night and day** redno (večno) menjavanje noči in dneva; **~s** *pl* sreča in nesreča, spremenljiva usoda
vicissitudinary [visisitjú:dinəri] *a* spremenljiv, nestalen
vicissitudinous [visisitjú:dinəs] *a* spremenljiv, nestalen, menjajoč se; težko preizkušen, podvržen spremenljivi usodi
victim [víktim] *n* žrtev; trpin; daritvena žival; **the ~s of an accident (of the earthquake, of the plague)** žrtve nesreče (potresa, kuge); **~ of one's ambition** žrtev svojega stremuštva; **war ~** vojna žrtev; **expiatory ~** spravna daritev; **to fall a ~ to** postati žrtev (česa)
victimization [viktimaizéišən] *n* žrtvovanje, šikaniranje; varanje, prevara

victimize [víktimaiz] *vt* žrtvovati, napraviti (vzeti) za (svojo) žrtev; mučiti, šikanirati; zaklati (daritveno žival); kaznovati (vodje stavke) (z odpustom ipd.); (pre)varati, oslepariti, speljati na led; **to be ~d** biti žrtev; **he was ~d by swindlers** bil je žrtev sleparjev
victimizer [víktimaizə] *n* slepar(ka), goljuf
victor [víktə] **1.** *b* zmagovalec, -lka; osvajalec, -lka; prvi pri tekmovanju; **2.** *a* zmagovit; **the ~ troops** zmagovite čete
victoria [viktɔ́:riə] *n* lahka dvosedežna kočija na 4 kolesa; avto s sklopno streho le nad zadnjimi sedeži; *bot* vrsta lokvanja; **~ lawn** vrsta batista; **V~** Viktorija (rimska boginja zmage); **V~ Cross** (kratica: V. C.) Viktorijin križ (angleško odlikovanje za hrabrost, ki ga je uvedla kraljica Viktorija l. 1856); **V~ Day** (= **Empire Day**) 24. maj, rojstni dan kraljice Viktorije
Victorian [viktɔ́:riən] **1.** *a* viktorijanski, ki se tiče dobe vladanja angleške kraljice Viktorije (1837—1901); *fig* pretirano, ozkosrčno moralen; malomeščanski, strogo konvencionalen; pretirano sramežljiv; **2.** *n* viktorijanec, sodobnik kraljice Viktorije, zlasti pesnik, pisatelj; stilno pohištvo iz dobe kraljice Viktorije; **~ Age, ~ Era, ~ Period** viktorijanska doba; **~ Order** red (odlikovanje) kraljice Viktorije (1896)
Victorianism [viktɔ́:riənizəm] *n* viktorijanski okus (stil, duh); nekaj viktorijanskega
victorine [víktəri:n] *n hist* krznen ovratnik, boa; *bot* vrsta breskve
victorious [viktɔ́:riəs] *a* (**~ ly** *adv*) zmagovit (*over* nad), zmagoslaven: **~ day** dan zmage; **to be ~** zmagati
victory [víktəri] *n* zmaga (*over* nad); triumf; uspeh; **moral ~** moralna zmaga; **V~** Zmaga, kip boginje zmage; **the V~** ime Nelsonove ladje pri Trafalgarju; **V~ Medal** *mil A* bronasta medalja za udeležence 1. svetovne vojne; **V~ ribbon** *mil A* trak pri odlikovanju *V~ Medal*; **V~ ship** serijsko izdelana ladja (naslednica ladje Liberty v 2. svetovni vojni); **V~ Day** ponekod običajna označba za **Armistice Day** (11. november 1918, **Veterans' Day** v ZDA); **to gain the ~ over one's rival** zmagati nad svojim tekmecem; **to win a decisive ~** doseči odločilno zmago; **to lead the troops to ~** voditi čete k zmagi
victress, victrix [víktris, ~ tiks] *n* zmagovalka
victrola [viktróulə] *n* gramofon
victual [vitl] **1.** *n* (navadno *pl*) hrana, živež, jestvine, proviant; **2.** *vt* oskrbovati z živežem (*a ship* ladjo), dobavljati hrano; *vi* oskrbeti se z živežem; (redko) jesti; **the ship ~ed at Suez** ladja se je oskrbela z živežem v Suezu
victual(l)er [vítlə] *n* dobavitelj hrane (provianta, živil); *hist* marketender; *naut* oskrbovalna ladja; **licensed ~** gostilničar, krčmar
victualless [vítllis] *a* (ki je) brez živeža
victual(l)ing [vítliŋ] *n* oskrbovanje s hrano, z živežem; nabava ali dobava hrane, živil; preskrba, prehrana, aprovizacija; trgovina z živili; **~ house** gostišče; **~ ship** oskrbovalna ladja (z živežem)
vicugna, vicuna [vik(j)ú:njə] *n* vigonjka (volna); *zool* južnoameriška lama

vidame [vidám] *n hist* vicedom

vide [váidi] (krajšava: **v.**) (*Lat*) (po)glej!; primerjaj!; ~ **infra, supra!** glej spodaj, zgoraj!

videlicet [vidí:liset] *adv* (krajšava: **viz.**, ki se često bere **namely**) namreč; to je, to se pravi; z drugimi besedami

video [vídiou] *n A* televizija; ~ **tape** trak za posnetje televizijskega programa

vidimus [váidiməs, víd~] *n jur* potrditev; overitev; overjen prepis (listine itd.); vidimacija; izvleček; osnutek

viduage [vídjuidž] *n* vdovstvo; (kolektivno) vdove

vidual [vídjuəl] *a* vdovski

viduous [vídjuəs] *a* ovdovel

viduity [vidjú:iti] *n* vdovstvo

vie [vái] *vi* tekmovati, kosati se (*with* z, *in* v); ~ **in civilities** tekmovati v vljudnosti; **the two girls vied with one another for the first place** dekleti sta med seboj tekmovali za prvo mesto

Vienna [viénə] *n* Dunaj; ~ **lake** *tech* dunajski lak, karminski lak

Viennese [viení:z] **1.** *a* dunajski; **2.** *n* Dunajčan, -nka; dunajščina

Viet-Namese, Vietnamese [vietnəmí:z, *A* vi:t~] **1.** *a* vietnamski; **2.** *n* Vietnamčan, -nka

view I [vju:] **1.** *n* videnje, gledanje; pogled, razgled, pregled; prizor; *jur* ogled; vidik, ozir, stališče, mnenje, mišljenje, naziranje, nazor, sodba (*on, of* o); namera, namen, nakana, smoter; načrt; upanje; *phot* posnetek, slika; **in** ~ **of** z ozirom na, gledé; *coll* z namenom; **in my** ~ po mojem mnenju; **on** ~ razstavljen (za ogled), **na ogled(u),na razstavi; on nearer** ~ pri (p)ogledu bolj od blizu; **with a** ~ **to** (ali **of**) z namenom (da), nameravajoč, računajoč na; imajoč pred očmi, v načrtu; **to the** ~ odprto, odkrito, javno; **in full** ~ **of** prav pred očmi (koga); ~ **of life** življenjski nazor; ~ **of the mountains** pogled· na planine; **aerial** ~ slika iz letala (iz zraka); **bird's-eye** ~ ptičja perspektiva; **front** ~ pogled spredaj; **my end in** ~ **(is. . .)** cilj, ki ga imam pred očmi, (je. . .); **no** ~ **of success** nobenega upanja za uspeh; **plain to the** ~ dobro, jasno viden; **point of** ~ vidik, stališče, gledišče; **private** ~ zaseben ogled slik pred otvoritvijo za javnost; **he did that with a** ~ **to promotion** to je naredil, da bi napredoval; **to fall in with (to meet)** s.o.'s ~s strinjati se z namerami (željami) kake osebe; **to form a** ~ **on** s.th. ustvariti si mnenje o čem; **to give a general** ~ **of** s.th. dati splošen pregled o čem; **I have other** ~s **for the winter** imam druge načrte za zimo; **to go out of** ~ izgubiti se iz vida; **I got a good** ~ **of the volcano** dobro sem videl vulkan; **to have in** ~ imeti pred očmi (v načrtu, v vidu); imeti na umu, nameravati; **I have it in** ~ **to** nameravam; **my window has a fine** ~ **of the street** z mojega okna je lep pogled na ulico; **to hold (to take, to keep) a** ~ **of** s.th. imeti (svoje) mnenje o čem; **to keep in** ~ ne odvrniti oči (od), ne izgubiti izpred oči; **to hold different** ~s imeti različne poglede (naziranja); **to lose** ~ **of** s.th. izgubiti kaj iz vida; **this will meet my** ~s to bo služilo mojemu namenu; **to sell** ~s **of Paris** prodajati razglednice, slike itd. Pariza; **to take short** ~s *fig* ne biti dalekoviden

view II [vju:] **1.** *vt* videti, zagledati; pogledati; pregledati; (raz)motriti, razgledati, ogled(ov)ati; razmotrivati; presoditi; ustvariti si (imeti) sodbo, presojati, razumevati; imeti v vidu; **an order to** ~ pismeno pooblastilo za ogled hiše ipd. (z namenom nakupa); **he doesn't** ~ **the question in the right light** on ne vidi (gleda) vprašanja (problema) v pravi luči; **2.** krajšava za **teleview** gledati televizijo

viewable [vjú:əbl] *a* viden; ki se lahko vidi; vreden ogleda; na nivoju

viewer [vjú:ə] *n* gledalec, opazovalec; *jur* pregledovalec; inšpektor; (= **television** ~) televizijski gledalec

view finder [vjú:faində] *n phot* iskalnik

view halloo [vjú:həlú:] *n hunt* klic halo (lovski klic, ko se pojavi lisica)

viewiness [vjú:inis] *n coll* sanjarstvo, zanesenjaštvo; *sl* bahanje

viewless [vjú:lis] *a poet* neviden; brez vida; ki nima svoje sodbe, ne zna presojati; nerazsoden

viewpoint [vjú:pɔint] *n* razgledna točka, razgledišče; *fig* gledišče, stališče, vidik; mnenje, naziranje

viewy [vjú:i] *a* (~ **wily** *adv*) *coll* poln nenavadnih ali fantastičnih idej (zamisli); zanesenjaški, prenapet; *sl* bahav, zbujajoč pozornost

vigil [vídžil] *n* (nočno) bedenje; nespečnost; nočna straža; *eccl* vigilija, nočne molitve za umrlim (bilje); (zlasti *pl*) bogoslužni obred na večer pred večjim praznikom; **on the** ~ **of** na predvečer (od); **sickroom** ~s bedenje pri bolniku; **to hold (ali to keep)** ~ bedeti (*over a sick child* pri bolnem otroku)

vigilance [vídžiləns] *n* budnost, oprez, opreznost, pazljivost; bedenje; straženje; *med* nespečnost; ~ **committee** *A* skupina oseb, ki skrbi za varnost državljanov (v razrvanih prilikah)

vigilant [vídžilənt] *a* (~ **ly** *adv*) buden, čuječ, pazljiv, oprezen

vigilante [vidžilǽnti] *n A* član prostovoljne organizacije za borbo proti zločinom; član odbora za varnost državljanov (*vigilance committee*); občan, ki je vzel zakon v svoje roke

vigilantness [vídžiləntnis] *n* čuječnost, budnost, pazljivost

vigintillion [vidžintíljən] *n* vigintilijon (*A* 10^{63}, *E* 10^{120})

vignette [vinjét] **1.** *n* vinjeta, okrasek okrog velike začetne črke, na robovih, naslovih itd.; okrasna sličica; *fig* skica, sličica; *phot* (doprsna) slika brez ostrih mejnih ali robnih črt; (slikarstvo, *lit*) kratka skica; *archit* okrasek, ornament v obliki trtnih listov; **2.** *vt* vinjetirati; slikati v obliki vinjete; okrasiti z vinjeto

vignetter [vinjétə] *n* risar vinjet; *phot* aparat za vinjetiranje

vignettist [vinjétist] *n* risar vinjet, vinjetist

vigorous [vígərəs] *a* (~ **ly** *adv*) krepak, močan, čil; živ, živahen, poln energije, aktiven; energičen, prodoren, učinkovit

vigorousness [vígərəsnis] *n* moč; živahnost; prodornost

vigour, *A* ~gor [vígə] *n* moč, krepkost, jakost, čilost, sila, vitalnost; telesna in duševna aktivnost; energija; živahnost; *bot* moč rasti, uspe-

vanje; prebojna moč, učinek, poudarek; *jur* veljavnost; **laws still in** ~ še veljavni zakoni
viking, Viking [váikiŋ] **1.** *n hist* viking (skandinavski gusar iz 8. do 10. stoletja); **2.** *a* vikinški
vikingism [váikiŋizəm] *n* vikingštvo, piratstvo, gusarstvo
vile [váil] *a* (~ **ly** *adv*) brez vrednosti, nič vreden; podel, nizkoten, hudoben, slab, pokvarjen; prostaški, vulgaren, odvraten, ogaben, oduren, grd; samoten, miren, strahopeten, vreden prezira; slab (hrana itd.); *coll* popolnoma malopriden, ničvreden; **a** ~ **dinner** zelo slaba večerja; **a** ~ **mind** izprijen duh; ~ **language** prostaško govorjenje; **a** ~ **temper** čemerno razpoloženje; ~ **weather** grdo vreme; **the vilest of traitors** najnizkotnejši izdajalec
vileness [váilnis] *n* nizkotnost, podlost, odurnost, odvratnost; *coll* slaba kakovost, manjvrednost
vilification [vilifikéišən] *n* sramotenje, sramotitev; zmerjanje, poniževanje, roganje; črnenje, kleveta(nje), obrekovanje, krivična obdolžitev
vilifier [vílifaiə] *n* klevetnik, obrekovalec, sramotilec
vilify [vílifai] *vt* (o)sramotiti, ogrditi, poniževati, obrekovati, (o)črniti
vilipend [vílipend] *vt* glej **vilify**
vill [vil] *n* zaselek, vasica; *hist* kraj, občina
villa [vílə] *n archit* vila, hiša na deželi, poletna letoviška hiša; enodružinska hiša; enojna ali dvojna hiša
villadom [vílədəm] *n* četrt (kolonija) vil; predmestno prebivalstvo
village [vílidž] **1.** *n* vas, majhen kraj; občina; **2.** *a* vaški, podeželski; **the** ~ **post-office** podeželski poštni urad; ~ **community** vaška skupnost
villager [vílidžə] *n* vaščan, -nka
villain [vílən] **1.** *n* lopov, podlež, malopridnež (zlasti v drami); *hum* navihanec; **the little** ~ falotek, navihanček; *obs* kmetavzar, teleban; *hist* tlačan, podložnik, (pozneje) najemniški zakup-, niški kmet; **2.** *a* lopovski, podel, zloben
villainage [vílinidž] *n* glej **villeinage**
villainess [váilnis] *n* ničvredna, podla ženska
villainous [vílənəs] *a* (~ **ly** *adv*) lopovski; odvraten, prostaški, podel, grd; sramoten; *coll* zelo slab, beden, mizeren, strašen; ~ **weather** grdo, pasje vreme
villainy [víləni] *n* podlost, lopovstvo, sramotno dejanje, lopovščina; pokvarjenost, grdobija, hudobija, odvratnost; *obs* revščina, siroščina; *obs* za **villeinage**
villalike [vílǝlaik] *a archit* podoben vili
villatic [vilǽtik] *a poet* podeželski; vaški
villegiatura [viledžiǝtúǝrǝ] *n* bivanje, letovanje na deželi (na kmetih); podeželska odmaknjenost, osamljenost
villein [vílin] *n hist* tlačan, (pozneje) najemniški, zakupniški kmet
villeinage [vílinidž] *n hist* tlačanstvo; najemninska, zakupniška kmetija
villose [vílous] *a* kosmat
villosity [vilósiti] *n med* kosmatost
villous [víləs] *a anat* dlakast, kosmat, obrasel, kocinast; *bot* gosto obrasel z dlačicami; kosmičast
villus, *pl* ~ **li** [víləs, ~ lai] *n med* (črevesni) kosmič

vim [vim] *n coll* moč, jakost, krepkost; polet, razmah; vitalnost; pogum; odločnost, podjetnost, energija, energičnost, življenjska sila; **I feel full of** ~ **today** *fig* »danes bi se šel z vragom metat«
vimen, *pl* ~ **mina** [váimən; víminə] *n bot* ozka, dolga vejica
viminal [víminəl] *a bot* ki poganja ozke, dolge vejice; podoben vejici
vinaceus [vainéišəs] *a* vinski, podoben vinu; grozdni; rdeč kot vino, rujen
vinaigrette [vinigrét] *n* steklenička, doza z vonjavami; (= ~ **sauce**) kisova omaka
vinaigrous [vinéigrəs] *a* (kot kis) kisel; *fig* čemern
vinasse [vinǽs] *n tech* usedlina pri destilaciji repne melase
vincibility [vinsibíliti] *n* premagljivost
vincible [vínsibl] *a* premagljiv
vinculum, *pl* ~ **s,** ~ **la** [víŋkjuləm; ~ lə] *n fig* vez, spona; *math* spojna, vezna črta
vindemial [vindí:miəl] *a* trgatven; viničarski
vindemiate [vindí:mieit] *vi* obirati, trgati grozdje; imeti trgatev
vindemiation [vindimiéišən] *n* trgatev
vindicability [vindikəbíliti] *n* upravičljivost; veljavnost
vindicable [víndikəbl] *a* upravičljiv, branljiv
vindicableness [víndikəblnis] *n* glej **vindicability**
vindicate [víndikeit] *vt* braniti, ščititi (*from* pred); zagovarjati; oprati (čast); *jur* zahtevati; dokazovati; upravičiti; potrditi; *obs* maščevati, kaznovati; **to** ~ **o.s.** opravičiti se; **to** ~ **one's veracity** dokazati svojo resnicoljubnost; **to** ~ **one's rights** zahtevati vzpostavitev svojih pravic
vindication [vindikéišən] *n* obramba, branitev, zagovarjanje, zaščita, ščitenje; upravičenost; trditev, zahteva; rešitev časti; dokazovanje; **to speak in** ~ **of one's conduct** govoriti v obrambo (zagovor, upravičenost) svojega vedenja
vindicative [víndikeitiv] *a* ki brani (ščiti, upravičuje, rešuje)
vindicator [víndikeitə] *n* branilec, zagovornik; kdor upravičuje ali ščiti; rešitelj časti
vindicatory [víndikeitəri] *a* ki brani (ščiti, upraviči); maščevalski, hlepeč po maščevanju; kazenski (ukrepi, zakoni)
vindicatress [víndikeitris] *n* branilka; upravičevalka; rešiteljica časti
vindictive [vindíktiv] *a* (~ **ly** *adv*) maščevalski, maščevalen; povračilen; ki se določi ali naloži kot kazen; ~ **damages** povračilo, globa
vindictiveness [vindíktivnis] *n* maščevalnost, zamerljivost
vine [váin] **1.** *n bot* vinska trta; (rastlina) plezavka, ovijavka; vitica; *bibl* vinska trta (Kristus); **hop** ~ hmeljeva trta; **under one's** ~ **and fig-tree** pod varstvom svoje strehe; **2.** *a* trtni, vinski; ~ **culture** vinogradništvo; ~ **leaf** list vinske trte; ~ **picker** viničar, -rka; vinogradnik; ~ **louse** ~ **fretter,** ~ **pest** *zool* trtna uš; filoksera; ~ **prop** količek za trto; ~ **mildew** trtna rja, snet; ~ **reaper** trgač, obirač, -lka grozdja; ~ **trellis** brajda, latnik (vinske trte)
vine-clad [váinklæd] *a poet* ovenčan s trtnim listjem
vinedresser [vʌindresə] *n* viničar, -rka

vinegar [vínigə] 1. *n* (vinski) kis, ocet, jesih; *fig* kisel obraz, kisle besede; **aromatic** ~ začimbeni kis; **wood** ~ lesni kis; **the** ~ **of his words** rezkost njegovih besed; ~ **maker** izdelovalec (tovarnar) kisa; ~ **factory** (ali **works**) tovarna kisa, kisarna; 2. *a* kisel; rezek, trpek; 3. *vt* (o)kisati, dodati (čemu) kis

vinegarish [vínigəriš] *a* kiselkast; kot kis; *fig* jedek, satiričen

vinegarlike [vínigəlaik] *a* podoben kisu

vinegary [vínigəril] *a* podoben kisu, kiselkast; *fig* kisel

vinegrower [váingrouə] *n* vinogradnik

vinegrowing [váingrouiŋ] *n* vinogradništvo

vineland [váinlənd] *n* vinorodna dežela (tla)

viner I [váinə] *n obs* viničar; vinski trgovec; vinograd

viner II [váinə] *n tech* stroj za obiranje, za luščenje graha

vinery [váinəri] *n* rastlinjak za gojenje vinske trte; (kolektivno) trte; gosta rast trt

vineyard [vínjəd] *n* vinograd (tudi *fig*); področje delovanja

vineyardist [vínjədist] *n* vinogradnik

vinic [váinik, vínik] *a* vinski; alkoholen

vinicultural [vinikálčərəl] *a* vinogradniški

viniculture [vinikálčə] *n* vinogradništvo, gojenje vinske trte

viniculturist [vinikálčərist] *n* vinogradnik; vinogradniški izvedenec

viniferous [vainífərəs] *a* vinoroden

vinification [vinifikéišən] *n* spreminjanje v vino z vrenjem

vinologist [vinólədžist] *n* poznavalec vina

vinology [vinólədži] *n* vinoznanstvo

vinometer [vinómitə] *n* vinomer, vinometer

vinosity [vainósiti] *n* podobnost vinu; nagnjenje k pitju vina, pijanstvo

vinous [váinəs] *a* vinski, ki ima okus po vinu, podoben vinu; rdeč kot vino; povzročen od vina; ki je pod delovanjem vina, *fig* ki se je napil vina, vinjen, pijan; ~ **eloquence** po vinu povzročena zgovornost; ~ **flavour** okus po vinu

vint [vint] *vt* tlačiti, stiskati (grozdje); delati vino (*from* iz)

vintage [víntidž] 1. *n* vinska trgatev; letni pridelek vina; *fig* letnik vina; *poet* dobra kapljica; *coll* produkcija, letnik; **a drama of prewar** ~ predvojna drama; **a hat of last year's** ~ lani izdelan klobuk; **a** ~ **year** leto s pridelkom dobrega vina; ~ **wines** žlahtna vina; ~ **champagne** pristni francoski sekt; 2. *a* izbran, izvrsten; star; ~ **motor-cars** avtomobili prvih tipov, »veterani«; **a** ~ **conversationalist** izvrsten sobesednik; 3. *vt* dobiti (kakovostno) vino iz; predelati v vino; trgati (grozdje)

vintager [víntidžə] *n* trgač, obirač (grozdja); viničar, -rka

vintner [víntnə] *n* trgovec z vinom, vinotržec; **the** **V~s** *pl* londonski vinarski ceh, trgovci z vinom

vinum, *pl* ~ **na** [váinəm, ~ nə] *n* (*Lat*) *med* krepilno vino

vintnery [víntnəri] *n* trgovina (trgovanje) z vinom

viny [váini] *a* ki se nanaša na trto, podoben vinski trti; vinski, vinoroden, bogat z vinom, porasel z vinsko trto

viol [váiəl] *n mus hist* viola (godalo, navadno na 6 strun); *obs* **bass** ~ viola da gamba, violončelo

viola I [vióulə] *n mus* viola; brač

viola II [váiələ, vaióulə] *n bot* vijolica

violability [vaiələbíliti] *n* prekršljivost

violable [váiələbl] *a* prekršljiv (pogodba, zakon)

violableness [váiələblnis] *n* glej **violability**

violaceous [vaiəléišəs] *a* vijoličast; spadajoč k vijolicam

violate [váiəleit] *vt* prekršiti (mejo, pogodbo), prelomiti (prisego, obljubo), poteptati; oskruniti, onečastiti, posiliti; izvršiti nasilje (nad kom); (s)kaliti (nočni mir, tišino); *obs* surovo (grdó, slabo) ravnati (s kom), ozmerjati, (o)psovati; **to** ~ **s.o.'s privacy** motiti koga (ki je rad sam)

violation [vaiəléišən] *n* (pre)kršitev, prelomitev, teptanje; oskrunjenje, oskrunitev, onečaščenje, posilstvo; motenje, vznemirjanje; prekršek, prestopek; *obs* nasilno dejanje, nasilje; ~ **s of the** **rights of the citizens** kršenje državljanskih pravic

violative [váiələtiv] *a A* kršiteljski

violator [váiəleitə] *n* kršitelj, prestopnik; skrunilec, -lka; nasilnež

violence [váiələns] *n* silovitost, violenca, sila; nasilje, nasilnost, divjost, neobrzdanost, strast(nost); krivica; posilstvo, oskrumba, oskrunitev, onečaščenje; ~ **of the wind** silovitost vetra; **robbery with** ~ rop, tatvina z nasiljem; **to do** ~ delati silo; skriviti, popačiti (tekst); posiliti; **to die by** ~ umreti nasilne smrti; **to practice** (ali **to use**) ~ uporabiti silo

violent [váiələnt] *a* (~ **ly** *adv*) silovit, violenten, silen, močan, hud; neobrzdan, nepotrpežljiv, surov, divji, besen, nasilen, uničevalen; ~ **death** nasilna, nenaravna smrt; ~ **measures** nasilne mere (ukrepi); ~ **blow** silovit udarec; ~ **pain** silovita, huda bolečina; **a** ~ **temper** razdražljiv, divji temperament; ~ **wind** silovit veter; **a** ~ **presumption** *jur* domneva, ki temelji na skoraj končnem, sklepnem dokazu; **to lay hands on** **s.o.** delati, storiti komu silo; **to lay hands on** **o.s.** poskusiti samomor

violentness [váiələntnis] *n* silovitost, sila; razbrzdanost; strastnost

violescent [vaiəlésənt] *a* vijoličaste barve; vijoličen

violet [váiəlit] 1. *n bot* vijolica; vijoličasta barva; *zool* vrsta metuljev vijoličaste barve; **dog** ~ divja vijolica; **sweet** ~ dišeča vijolica; ~ **-wood** avstralska akacija; 2. *a* vijoličast, violeten

violin [vaiəlín] *n mus* violina, gosli; *fig* violinist; **first** ~ prva violina (violinist); ~ **bow** lok za violino; ~ **clef** *mus* violinski ključ; ~ **case** etui za violino; ~ **maker** izdelovalec violin; ~ **string** violinska struna; ~ **piano** harmonikord; **to play the** ~ igrati (na) violino

violinist [vaiəlínist] *n mus* violinist, goslač

violist [váiəlist] *n mus* violist, bračist; *hist* violinist

violoncellist [vaiələnčélist] *n mus* violončelist

violoncello [vaiələnčélou] *n* violončelo

VIP [ví:ai:pí:] *n coll* (krajšava za: **very important** **person**) zelo ugledna in vplivna oseba, »visoka, velika živina«

vipe [váip] *vi A sl* kaditi marihuano

viper [váipə] *n zool* gad, strupena kača, strupenjača; *fig* kača, zlobna oseba; **common** ~ gad; **generation of** ~ **s** gadja zalega; **to cherish, to nourish**

a ~ in one's bosom nositi, rediti gada (kačo) na svojih prsih (v nedrih)

viperess [váipəris] *n* gadja samica; *fig* hudobna, strupena ženska

viperine [váipəri:n, ~ain] **1.** *a* gadji, kačji; *fig* strupen; **2.** *n* (= ~ **snake**) gad

viperish [váipəriš] *a fig* kačji; strupen, zloben; **a ~ tongue** strupen jezik

viperous [váipərəs] *a* glej **viperine**

viraginity [virədžíniti] *n* možačasta narava (ženske)

viraginious [virædžinəs] *a* možačast

virago, *pl* ~ **s**, ~ **es** [viréigou, *A* vai~] *n* možača; prepirljiva ali jezikava ženska, furija, *fig* zmaj

viral [vái(ə)rəl] *a* virusen

virescence [vairésəns] *n* zelenje; zelena barva

virescent [vairésənt] *a* (nežno) zelen, ozelenel, zeleneč

virga [vó:gə] *n bot* veja; (meteorologija) sneg ali dež, ki ne doseže zemlje

virgate I [vó:geit] *a* pokončen, visok, vitek; raven

virgate II [vó:geit] *n hist* stara ploščinska mera (12 ha)

virgin [vó:džin] **1.** *n* devica; **the (Blessed) V~** *relig* Devica Marija; kip Device Marije; **V~ Mary** *relig* Devica Marija (Mati božja); *astr* Devica; devičnik; *zool* neoplojena samica; **~ 's-bower** vrsta srebota; **2.** *a* deviški; nedolžen; čist, nedotaknjen; neoskrunjen, neomadeževan; še nerabljen, nov; neizkušen; ne(na)vajen; *zool* ki leže jajca brez parjenja; **~ comb** satje, ki se samo enkrat uporabi za med, a nikoli za zarod; **~ cruise** prva vožnja (ladje); **~ gold** čisto zlato; **~ forest** pragozd; **~ honey** trcani med; **V~ Mother** *relig* Mati božja; **~ oil** deviško olje (iz prvega stiskanja); **~ queen** neoplojena (čebelja) matica; **the V~ Queen** angleška kraljica Elizabeta I; **~ soil** neobdelana zemlja, ledina; *fig* nepokvarjena duša; **~ to sorrows** (še) brez skrbi; **~ wool** *tech* nova volna (še nepredelana); **~ snow** deviški sneg

virginal I [vó:džinəl] *a* (~ **ly** *adv*) deviški; nedolžen, čist; **~ membrane** *anat* deviška kožica, himen

virginal II [vó:džinəl] **1.** *hist n mus* virginal (angleški spinet); **2.** *vi* bobnati s prsti

verginhood [vó:džinhud] *n* deviškost, devištvo

Virginia [və:džíniə] *n* tobak iz Virginije (ZDA); **~ creeper** divja trta

Virginian [və:džíniən] **1.** *n* prebivalec države Virginije (ZDA), Virginijec; **2.** *a* virginijski

virginity [və:džíniti] *n* devištvo; samski stan; čistost, nedolžnost, nedotaknjenost (tudi *fig*)

Virgo [vó:gou] *n astr* Devica; v~ **intacta** *jur med* nedotaknjena devica

virgule [vó:gju:l] *n* vejica (ločilo); *print* poševna črtica (/)

virgultum [və:gáltəm] *n* vejica, šibica

virid [vírid] *a poet* zelen, zeleneč; *fig* (mladeniška) svežost

viridescence [viridésəns] *n* (sveže) zelenje, zelenilo

viridescent [viridésənt] *a* zelenkast, zelen

viridity [viríditi] *n* zelenilo, zelena barva; *fig* svežost, svežina; neizkušenost

virile [vírail, *A* ~ril] *a* moški, možat, virilen; *fig* močan, krepak, zrel; **~ member** moški spolni ud, penis; **~ power** (moška) spolna zmožnost; **~ voice** moški glas

viriliscence [virilésəns] *n anat zool* kazanje ali razvijanje moških lastnosti

virilescent [virilésənt] *a anat zool* ki kaže ali razvija moške lastnosti

virility [viríliti] *n* moškost, možatost; moška doba; moška zrelost; *fig* (moška) spolna moč; krepkost, zrelost; **to prove one's ~** dokazati svojo moškost

virole [viróul] *n* (zlasti *her*) obroček (okoli trobente ali lovskega roga)

virologist [vairólədžist] *n* virolog

virology [vairólədži] *n* nauk o virusih, virologija

virose [váirous] *a* (redko) strupen; smrdljiv

virosis, *pl* ~ **ses** [vairósis, ~ si:z] *n med* virusna bolezen

virtu [və:tú:] *n* umetniška vrednost; ljubezen do umetnin, do umetnosti; umetniški okus; poznavanje umetnosti ali vrednih starin; **article of ~** umetnina, umetniški predmet

virtual [vó:tjuəl] *a* (~ **ly** *adv*) pravi, resničen, dejanski, faktičen; stvaren, (redko) učinkovit; virtualen; **the ~ leader** pravi, dejanski vodja; **these are ~ lies** to se prave (čiste) laži; **~ velocity** dejanska hitrost; **~ image** *opt* virtualna slika; **~ resistance** *el* impedanca, navidezna upornost pri izmeničnem toku

virtuality [və:tjuǽliti] *n* virtualnost, zmožnost učinkovanja; bistvo, bistvenost

virtue [vó:tju, ~ ču:] *n* krepost, vrlina, čednost, odlika; *fig* čistost, nedolžnost, neoporečnost; dobra lastnost; sposobnost; vrlost; prednost, visoka vrednost; delovanje, učinkovitost, uspeh; *obs* pogum, duh (moža); **without ~** brezuspešno, brez učinka; **by ~ of** s pomočjo; na temelju (česa); **in ~ of** zaradi, na temelju; **in ~ whereof** na temelju česar; **a woman of ~** krepostna žena; **a lady of easy ~** lahkomiselna, nekrepostna žena; **patience is a ~** potrpežljivost je vrlina; **~ is its own reward** krepost je sama sebi nagrada; **to make ~ of necessity** iz sile (nuje) napraviti vrlino

virtueless [vó:tju:lis] *a* nekreposten; nemočen, brez moči; brez učinka, brez delovanja; brez vrednosti

virtuosic, ~ **tuose** [və:tjuóusik, ~ óus] *a* virtuozen

virtuosity [və:tjuósiti] *n* virtuoznost, mojstrstvo, popolnost (izvedbe); ljubezen ali smisel za umetnost, poznavanje umetnosti; (kolektivno) virtuozi

virtuoso, *pl* ~ **s**, ~ **si** [və:tjuóusou, ~ si] *n* virtuoz (zlasti *mus*); mojster, veliki umetnik; poznavalec ali ljubitelj umetnosti

virtuosoship [və:tjuóusoušip] *n* virtuoznost

virtuous [vó:tjuəs] *a* (~ **ly** *adv*) kreposten; čednosten, vrl, neoporečen; pošten, spodoben; (o stvareh) uspešen, dejaven, tvoren, delujoč, učinkujoč (zdravilo); *obs* pogumen

virtuousness [vó:tjuəsnis] *n* krepostnost, čednostnost

virucidal [virjusáidəl] *a med* ki uničuje viruse

virulence [vírjuləns] *n* kužnost, nalezljivost, strupenost, virulenca; *fig* zloba, hudobnost, jedkost, ostrina, ogorčenost, jeza

virulent [vírjulənt] *a* (~ **ly** *adv*) *med* virulenten, strupen, kužen, nalezljiv; smrten; *fig* strupen, zloben, porogljiv, jedek, oster, grenak, ogorčen, hudoben, sovražen; ~ **invectives** zlobne, strupene žaljivke

virus [váiərəs] *n* (kačji) strup; *med* virus; strupena klica; *fig* moralni strup, strupenost, zlobnost, hudobnost; kvaren, poguben vpliv; ~ **disease** virusna bolezen; **the** ~ **of rabies** virus stekline

vis, *pl* **vires** [vis; váiəri:z] *n* (*Lat*) *phys* moč, sila; ~ **inertiae** vztrajnostna moč; ~ **viva** kinetična energija

visa [ví:zə] **1.** *n* vizum (dovoljenje v potnem listu za potovanje v tujino ipd.); **entrance (exit)** ~ vstopni (izstopni) vizum; **visitor's** ~ turistični **2.** *vt* (*pt & pp* **visaed, visa'd**) dati vizo na, vidirati; **to get one's passport** ~ **ed** dati vidirati svoj potni list

visage [vízidž] *n poet* obraz, obličje; videz; pogled; **gloomy-visaged** mračnega obraza; jeznega obraza

vis-à-vis [ví:za:vi:] **1.** *adv & prep* na drugi strani, prek ceste (poti); nasproti (*to, with s.o.* komu); **2.** *a* nasproti ležeč; **3.** *n* nekaj (oseba, stvar), kar je komu nasproti (plesni partner itd.); srečanje; vrsta kočije ali divana za 2 osebi, obrnjeni ena proti drugi

viscera]vísərə] *n pl anat* notranji organi; drob; **abdominal, thoracic** ~ trebušni, prsni organi

visceral [vísərəl] *a* (~ **ly** *adv*) *anat* ki se tiče droba

viscerate [vísəreit] *vt* odstraniti drob (črevesje); iztrebiti (divjačino)

viscid [vísid] *a* lepljiv, lepek; gost; židek; viskozen

viscidity [visíditi] *n* lepljivost, gostost, židkost; viskoznost

viscometer, viscosimeter [viskómitə, viskosímitə] *n* viskozimeter

viscose [vískous] **1.** *n* viskoza (vrsta celuloze); **2.** *a* viskozen, gost, židek; ~ **silk** viskozna (umetna) svila

viscosity [viskósiti] *n* lepljivost, židkost, viskoziteta; konsistenca, stopnja židkosti

viscount [váikaunt] *n* vikont (angleška plemiška stopnja med grofom (*earl*) in baronom (*baron*); *E hist* grofov namestnik; šerif (kake grofije)

viscountcy [váikauntsi] *n* vikontstvo

viscountess [váikauntis] *n* vikontesa

viscountship [váikauntšip] *n* glej **viscountcy**

viscounty [váikaunti] *n* glej **viscountcy**

viscous [vískəs] *a* glej **viscid**

viscousness [vískəsnis] *n* glej **viscosity**

viscum [vískəm] *n bot* omela; ptičji lep

viscus [vískəs] *sg* od **viscera**

visé [ví:zei] **1.** *n* glej **visa** *n*; **2.** *vt* vidirati (potni list), vnesti vizum (v potni list)

vise [váis] **1.** *n tech A* glej **vice** *n* primež; klešče; **2.** *vt* dati v primež

visibility [vizibíliti] *n* vidljivost, vidnost; kar se vidi, pojav; **high (low)** ~ dobra (slaba) vidljivost; **the aircraft turned back because of poor** ~ letalo se je vrnilo zaradi slabe vidljivosti

visible [vízibl] *a* (~ **bly** *adv*) vidljiv, viden; očiten, očividen, jasen; grafično predstavljen; pripravljen ali zmožen sprejeti obisk; (ki je) doma; ~ **horizon** *naut* naravno obzorje; ~ **speech** *ling* fonetski znaki (izumitelj A. M. Bell) za vse mogoče govorne glasove; **he was visibly afraid** vidno je bil prestrašen; **my disappointment was** ~ moje razočaranje je bilo očitno; **is he** ~

today? bi lahko govoril z njim danes?, je (on) doma danes?

visibleness [víziblnis] *n* glej **visibility**

vision [vížən] **1.** *n* vid, gledanje, pogled, dalekovidnost (zlasti *pol*); vizija, (nadnaravno) duhovno videnje (npr. prihodnjih dogodkov), sposobnost predvidevanja; prikazen v hipnozi, verski ekstazi, halucinacije, slika fantazije; *fig* slepilo, privid, prikazen; sanjarija; **beyond our** ~ prek našega vida, neviden; **a** ~ **of the future** vizija prihodnosti; **the** ~ **of a poet** pesnikova vizija; **field of** ~ vidno polje; **it is not within our range of** ~ ni v našem dogledu; **haunted by** ~ **s** zasledovan od prikazni; **she was a** ~ **of delight** nudila je očarljiv pogled; **2.** *vt* vizionarno doživljati; videti v domišljiji

visional [vížənəl] *a* (~ **ly** *adv*) vizionaren, vizijski; sanjarski

visionariness [vížənərinis] *n* vizionarnost; sanjaštvo, sanjarstvo

visionary [vížənəri] *a* **1.** *a* vizionaren; jasnoviden; prividen, slepilen; neresničen, namišljen; sanjski; fantastičen, pretiran, zanesen; nepraktičen; **2.** *n* vizionar, kdor ima vizije, (duho)videc, jasnovidec; *fig* sanjač, zanesenjak, idealist, fantast

visionist [vížənist] *n* vizionar; sanjar, sanjač

visit I [vízit] *n* (kratek) obisk; vizita; krajše, začasno bivanje; ogled, ogledovanje; (zdravniški) pregled, preiskava, vizitacija; inšpekcija, preiskava, pregled; *A* pogovor, kramljanje; ~ **to the doctor** konsultacija pri zdravniku; **flying** ~ zelo kratek obisk; **domiciliary** ~ hišna preiskava; **a** ~ **on the telephone** *A* pogovor po telefonu; **the right of** ~ **and search** *naut* pravica preiskave na morju; **during my last** ~ **to London** med mojim zadnjim bivanjem v Londonu; **to pay** (ali **to make**) **a** ~ **to s.o.** obiskati koga, priti h komu na obisk; **to pay a** ~ *sl* malo se odstraniti, iti na toaleto (stranišče)

visit II [vízit] *vt* obisk(ov)ati, biti na obisku, biti gost; iti na obisk, napraviti obisk; ogledati si; pregledati (bolnika), preiskati, vizirati; inšpicirati (*the defences* obrambne naprave); zadeti, doleteti, zagrabiti (o bolezni ali nesreči); *bibl* kaznovati, maščevati; prinesti uteho, utešiti (*with* s čim), pomagati, priti na pomoč; **to** ~ **a friend, a town** obiskati prijatelja, ogledati si mesto; **the doctor** ~ **ed the patients** zdravnik je pregledal paciente; **the general** ~ **ed his troops** general je inšpiciral svoje čete; **misfortune has** ~ **ed him** doletela ga je nesreča; **the plague** ~ **ed the town** kuga je napadla mesto; **to** ~ **the sins of the fathers upon the children** kaznovati otroke za grehe očetov; *vi* iti na obiske, obiskovati, biti v gosteh; *A coll* kramljati

visitable [vízitəbl] *a* vreden (ali možen) ogleda, obiska; ki se lahko obišče; obvezen za pregled, za inšpekcijo

visitant [vízitənt] **1.** *n* obiskovalec, -lka; gost; klatež (ptica); salezijanka; **2.** *a poet* obiskujoč; ki je na obisku

visitation [vizitéišən] *n* obiskovanje (zlasti uradno); obhod (za inšpiciranje), vizitacija; *eccl* službeni obisk; **V**~ *relig* obisk Device Marije; preiskava, pregled (tuje ladje, ladijskih dokumentov); *coll* dolg nadležen obisk; masovna priselitev (ptic itd.); *relig* božja milost, blagoslov; kažen, šiba božja; ~ **of locusts** naval, vdor kobilic; **the famine was a** ~ **of God for their sins** *relig* lakota je bila božja kazen za njihove grehe; **right of** ~ *naut* pravica preiskave, inšpekcije

visitatorial [vizitǝtó:riǝl] *a* vizitacijski, nadzorstven, inšpekcijski; ~ **power** pooblastilo za inšpekcijo

visiting [vízitiŋ] **1.** *a* obiskovalen; gostujoč, gostovalen; preiskovalen; **2.** *n* obiskovanje, obiski; krajše bivanje (*in Paris, at a hotel* v Parizu, v hotelu); ~ **book** beležnica (reda) obiskov, seznam obiskov, ~ **card** vizitka, posetnica, ~ **day** dan obiskov; ~ **list** seznam oseb, ki jih je treba obiskati; ~ **nurse** socialna delavka (sestra); ~ **professor** gostujoči profesor; ~ **teacher** učitelj, ki poučuje bolne otroke doma; **to be on** ~ **terms with s.o.**, **to have a** ~ **acquaintance with s.o.** obiskovati se, biti v prijateljskem razmerju s kom

visitor [vízitǝ] *n* obiskovalec, -lka; gost; turist; nadzornik, vizitator, inšpektor; *pl* obiski; ~ **to Yugoslavia** obiskovalec, turist v Jugoslaviji; ~ **s' book** knjiga hotelskih gostov; ~ **'s visa** turistični vizum; **summer** ~ letoviščar; **to take in** ~ s jemati goste (abonente) v penzion

visive [váisiv] *a obs*; ~ **faculty** vid

vis major [vis méidžǝ] *n jur* višja sila

vison [váisǝn] *n* (= ~ **weasel**) *zool* vizon; ameriška kuna zlatica

visor, vizor [váizǝ] **1.** *n hist* vizir, naličnik (premični del šlema, ki se nadene na obraz); ščitnik, senčnik pri čepici; avtomobilski ščitnik proti soncu; (ženska) maska, krinka (tudi *fig*); **2.** *vt* maskirati, zakriti (z vizirjem)

vista [vístǝ] *n* razgled, pogled, dogled; *fig* perspektiva, možnost, upanje; *archit* dolg hodnik, koridor; vrsta (niz) (sob); vrsta, slika; spomin, pogled nazaj; aleja, drevored; **a** ~ **of years** vrsta let; ~ **dome** razgledna kupola (v ameriških železniških vozovih); **dim** ~ s **of his youth** nejasni (megleni) spomini na njegovo mladost; **this discovery will open new** ~ s **to** odkritje bo odprlo nove perspektive (možnosti)

vista(e)d [vístǝd] *a*; **a beautifully** ~ **street** ulica z lepim pregledom

visual [vízjuǝl] *a* (~ **ly** *adv*) viden, vizualen; optičen; očesen; vidljiv, nazoren; ~ **aids** film (slike, projekcije) kot pripomoček pri pouku; ~ **arts** upodabljajoče umetnosti; ~ **angle**, **field** vidni kot, vidno polje; ~ **nerve** vidni živec; ~ **instruction** nazorni pouk; ~ **acuity** *med phys* ostrina vida

visuality [vizjuǽliti] *n* vidnost; pogled; predstava; slika

visualization [vizjuǝlaizéišǝn] *n* predočenje; ponazoritev; vizualizacija; **faculty of** ~ sposobnost predstavljanja

visualize [vízjuǝlaiz] *vt* napraviti vidno; predočiti, predstavljati si, zamisliti si (v duhu), ustvariti si sliko (česa); *vi* postati viden; delati si predstave

visualizer [vízjuǝlaizǝ] *n psych* vizuelen tip; spominski tip

vita [váitǝ] *n* (*Lat*) življenje; življenjepis

Vitaglass, v~ [váitǝgla:s] *n tech* vitaglas, uviolno steklo, ki prepušča ultravioletne sončne žarke

vital [váitl] *a* (~ **ly** *adv*) življenjski, življenjsko važen, nujno potreben, vitalen; *poet* živ, ki živi; življenjsko nevaren, smrten, poguben, usodepoln; *fig* biten, bitno važen, bistven, glaven, osnoven; odločilen; živahen, vitalen, poln poleta (elana); ~ **force, necessity** življenjska moč, potreba (nuja); ~ **interests** življenjsko važni interesi; **your help is** ~ **to us** vaša pomoč nam je neobhodno potrebna; **of** ~ **importance** življenske važnosti; **a** ~ **mistake** usodepolna napaka; ~ **spirits** življenjska energija; ~ **statistics** *hum* obseg prsi, pasu in bokov pri ženski; **a** ~ **wound** smrtonosna rana; **2.** *n pl* vitalni organi (neobhodno potrebni za življenje); *fig* bistvo; važni sestavni deli

vitalism [váitǝlizǝm] *n biol phil* vitalizem

vitalist [váitǝlist] **1.** *n* vitalist, privrženec vitalizma; **2.** *a* vitalističen

vitalistic [vaitǝlístik] *a* (~ **ly** *adv*) vitalističen, ki se tiče vitalizma

vitality [vaitǽliti] *n* življenjska sila, sposobnost za življenje, vitalnost; krepkost; aktivnost; življenjsko načelo; kalivost

vitalization [vaitǝlaizéišǝn] *n* poživitev; aktiviranje

vitalize [váitǝlaiz] *vt* poživiti, oživljati (tudi *fig*), dati življenjsko silo, okrepiti; *fig* napraviti živo (portret, sceno itd.); vliti (čemu) življenje, živo predstaviti

vitamin [vítǝmin, vái~] **1.** *n* vitamin; **2.** *a* vitaminski; ~ **deficiency** pomanjkanje vitaminov; ~ **tablets** vitaminske tablete

vitaminic [vaitǝmínik] *a* vitaminski

vitaminize [váitǝminaiz] *vt* obogatiti z vitamini (jedi itd.)

vitellin [vitélin] **1.** *n* (jajčni) rumenjak; **2.** *a* rumenjakov, podoben rumenjaku

vitellus, *pl* ~ **lli** [vitélǝs, vai~; ~ lai] *n* (jajčni) rumenjak

vitiable [víšiǝbl] *a* pokvarjen, kvaren

vitiate [víšieit] *vt* (moralno) (po)kvariti, spriditi; spodkopati (zdravje); okužiti, onesnažiti, onečistiti (zrak); *jur* proglasiti za neveljavno, razveljaviti; ~ **ed air, blood** pokvarjen zrak, kri; **that film** ~ s **public taste** ta film kvari okus publike; **fraud** ~ s **a contract** sleparija razveljavi pogodbo

vitiation [višiéišǝn] *n* kvarjenje, pokvarjenost, spridenje; umazanje, umazanost; okuženje, okuženost; onesnaženje; popačenje; *jur* uničenje, razveljavljenje (pogodbe itd.)

vitiator [víšieitǝ] *n* kvarilec, kvaritelj; okuževalec; popačevalec

viticultural [vitikΛlčǝrǝl] *a* vinogradniški

viticulture [vítikΛlčǝ] *n* vinogradništvo

viticulturer, ~ **turist** [vitikΛlčǝrǝ, ~ čǝrist] *n* vinogradnik

vitiosity [višióśiti] *n* (moralna) pokvarjenost, malopridnost, podlost, zavrženost

vitreosity [vitrióśiti] *n chem* steklenost; lastnosti, kot jih ima steklo

vitreous [vítriǝs] *a* steklen, steklast, podoben steklu; ki se dobiva iz stekla; ~ **rocks** trde in krhke skale

vitreousness [vítriǝsnis] *n* steklenost

vitrescence [vitrésǝns] *n* nagnjenost k spreminjanju v steklo; osteklenitev vitrescent [vitrésənt] *a* nagnjen k spreminjanju v steklo, v osteklenitev

vitric [vítrik] **1.** *a* steklast; **2.** *n pl* steklenina, stekleni predmeti; steklarstvo

vitrifaction [vitrifǽkšən] *n* spreminjanje v steklo; posteklitev

vitrifacture [vitrifǽkčə] *n* proizvodnja stekla

vitrifiable [vítrifaiəbl] *a* ki se lahko spremeni v steklo, lahko postane steklast

vitrification [vitrifikéišən] *n* glej vitrifaction

vitriform [vítrifɔ:m] *a* ki je videti kot steklo

vitrify [vítrifai] *vt* spremeniti v steklo, ostekleniti, napraviti steklasto, postekliti; glazirati; *vi* spremeniti se v steklo, postati steklast, postekliti se, osteklaneti

vitrine [vítri:n] *n* vitrina, steklena izložbena omara

vitriol [vítriəl] *n chem* vitriol, žveplena kislina; *fig* jedkost, ujedljivost, strupenost; zlobnost, zlobna kritika; **blue** ~, **copper** ~ modra galica; **to throw** ~ **at s.o.** politi koga z vitriolom; ~ ~ **throwing** politje z vitriolom (za skazitev kake osebe); **oil of** ~ žveplena kislina

vitriolate [vítriəleit] *vt* spremeniti v sulfat, v vitriol

vitriolic [vitriɔ́lik] *a* (~ **ally** *adv*) vitriolski; ki se tiče žveplene kisline; *fig* ujedljiv, oster, jedek, zloben, sarkastičen (*remark* opazka); ~ **acid** kadeča se žveplena kislina; **a** ~ **attack on the President** jedek, zelo žaljiv napad na predsednika

vitriolization [vitriəlaizéišən] *n* vitriolizacija, spremenitev v vitriol

vitriolize [vítriəlaiz] *vt chem* spremeniti v žvepleno kislino, v vitriol; vitriolizirati; politi, poškodovati z vitriolom

vituperable [vitjú:pərəbl] *a* graje vreden

vituperate [vitjú:pəreit] *vt* karati, grajati, (o)zmerjati; ostro kritizirati; (o)psovati

vituperation [vitju:pəréišən] *n* ukor, karanje; graja(nje), zmerjanje; *pl* psovke

vituperative [vitjú:pəreitiv] *a* (~ **ly** *adv*) karajoč, grajalen; ki (rad) zmerja, psuje, napada; žaljiv, sramotilen

vituperator [vitjú:pəreitə] *n* grajalec, zmerjalec, psovalec, sramotilec

Vitus [váitəs] *n* Vid; St. ~'s **dance** vidov ples, vidovica, sv. Vida ples

viva I [ví:va] **1.** *interj* živel!, vivat!; **2.** *n* klic »živel«

viva II [váivə] *a coll* (glej viva voce) usten (izpit)

vivace [vivá:če, ~ či] *adv* (*It*) *mus* živahno, vivace

vivacious [vivéišəs, vaivéišəs] *a* (~ **ly** *adv*) živahen, živ; razigran; *bot* odporen, vzdržljiv, ki preživi zimo; *obs* žilav, dolgoživ, trajen; **a** ~ **girl** živahno dekle

vivaciousness [vi~, vaivéišəsnis] *n* živahnost, razigranost, živost; ognjevitost; *obs* dolgoživost, žilavost

vivacity [vivǽsiti] *n* živahnost, živost, razigranost; *fig* življenje, ogenj, moč, energija; duhovita opazka, domislek

vivarium, *pl* ~ **s**, ~ **ria** [vaivéəriəm, ~ riə] *n* vivarij; terarij; akvarij; ribnik; ograjen prostor za živali, živalski park; naravni park

vivat [váivæt] *interj* (*Lat*) živel!, naj živi!

viva voce [váivəvóusi] **1.** *adv* ustno; **to examine** ~ ustno izpraš(ev)ati; **2.** *a* usten; **a** ~ **examination**

usten izpit; **3.** *n* usten izpit; ustno poročilo (obvestilo); **4.** *vt* ustno izpraše(v)ati

viverine [vaivérin, ~ rain; vi~] *n zool* cibetovka

vivid [vívid] *a* (~ **ly** *adv*) živ, živahen; poln življenja; impulziven, intenziven (čustvo); energičen, odločen; dobro zadet (portret); jasen; pisan, živopisen; **a** ~ **description, imagination** živ opis, živa domišljija; **a** ~ **green hat** živo zelen klobuk; **to have a** ~ **recollection of** živo se spominjati (česa)

vividness [vívidnis] *n* živost, živahnost; jasnost; živopisnost; intenzivnost

vivification [vivifikéišən] *n* (zopetno) oživljenje, oživitev, oživljanje; *biol* spremenitev v živo tkivo; vivifikacija

vivifier [vívifaiə] *n* oživitelj; pobudnik (oseba ali stvar), animator

vivify [vívifai] *vt* dati (čemu) življenje, oživiti; navdihniti z (novim) življenjem (zlasti *fig*); animirati; intenzivirati; *biol* spremeniti v živo tkivo

vivipara [vaivípərə, vi~] *n pl zool* živali, ki skotijo žive mladiče

viviparity [vivipǽriti] *n* vivipariteta, živorodnost, porajanje živih mladičev

viviparous [vivípərəs] *a* (~ **ly** *adv*) ki rodi žive mladiče, živoroden, viviparen

vivisect [visisékt] *vt & vi med* vivisecirati, napraviti vivisekcijo, secirati živo (žival)

vivisection [vivisékšən] *n med* vivisekcija, seciranje živih organizmov

vivisectional [vivisékšənəl] *a* (~ **ly** *adv*) vivisekcijski

vivisectionist [vivisékšənist] *n* vivisekcionist; privrženec vivisekcije

vivisector [viviséktə] *n* vivisektor

vivisectorium [vivisektó:riəm] *n* prostor za vivisekcijo, vivisektorij

vixen [víksən] *n hunt zool* lisica (samica); *fig* prepirljivka; jezikava, hudobna ženska, furija, »zmaj«

vixenish, vixenly [víksəniš, víksənli] *a* lisičji, lisici podoben; prepirljiv, jezikav, zloben, razdražljiv

viz. [vidí:liset] *adv* (skrajšano za videlicet) (navadno se čita namely) namreč; to je

vizard [vízəd] *n* glej visor

vizi(e)r [vizíə] *n* vezir; **grand** ~ veliki vezir (do 1922 naslov turškega ministrskega predsednika)

vizi(e)rate [vizí(ə)reit] *n* vezirstvo

vizor [váizə] *n* glej visor

VJ-day [ví:džeidéi] *n* dan zmage zaveznikov nad Japonci v 2. svetovni vojni (2. IX. 1945)

vocable [vóukəbl] **1.** *n* beseda, izraz, vokabula (npr. v slovarju); **2.** *a* izgovorljiv

vocabulary [vəkǽbjuləri] **1.** *n* seznam besed; slovar, besednjak, leksikon; bogastvo besed, besedišče, besedni zaklad, vokabular; ~ **book** besednjak, slovarček (beležnica); **2.** *a* beseden; ~ **entry** vpis v slovar; geslo, uvodnica; **a writer with a large** ~ pisatelj z obsežnim besednim zakladom

vocabulist [vəkǽbjulist] *n* leksikograf

vocal [vóukl] *a* (~ **ly** *adv*) izražen z glasom, glasoven; usten, govoren, ki se tiče (človeškega) glasu; pevski, vokalen; zvočen, doneč, zveneč, odmevajoč; *phon* vokaličen; *poet* žuboreč; hrupen, glasen, slišen; ~ **cords** glasilke; ~

auscultation *med* osluškovanje govornih šumov; **a ~ communication** ustno sporočilo; **the ~ organs** govorni organi; **~ music** vokalna glasba; **to become ~** izraziti se z besedami; **2.** *n* (redko) *ling* samoglasnik, vokal

vocalic [voukǽlik] *a* vokaličen, samoglasniški, z lastnostmi samoglasnika; bogat s samoglasniki

vocalism [vóukəlizəm] *n ling* vokalizem, nauk o samoglasnikih; samoglasniški sestav (v kakem jeziku); lastnosti samoglasnikov, razmerja med njimi; vokalizacija, izgovor vokalov; petje, pevska umetnost, pevska tehnika

vocalist [vóukəlist] *n* pevec, pevka; pevski, -a umetnik, -ica

vocality [voukǽliti] *n ling* vokalični značaj, vokalnost, zvenečnost, sonornost; sposobnost izgovarjanja glasov

vocalization [voukəlaizéišən] *n* vokaliziranje, vokalizacija, izgovarjanje samoglasnikov; zveneč izgovor; vaja v petju po samoglasnikih, brez teksta; sprememba (prehod) soglasnika v samoglasnik; uporaba samoglasniških znakov v pisavi jezikov, kjer se samoglasniki navadno ne pišejo (npr. v arabščini, hebrejščini)

vocalize [vóukəlaiz] *vt phon* vokalično ali zveneče izgovoriti; spremeniti v samoglasnik; vriniti znake za samoglasnike (npr. v hebrejski pisavi); *vi hum* govoriti, peti; (tiho) si popevati, brundati

vocally [vóukəli] *adv* z glasom; ustno; s petjem; *ling* vokalično

vocalness [vóuklnis] *n* glej **vocality** *n*

vocation [voukéišən] *n* poklic, profesija; zaposlitev; namestitev; stroka; nagnjenje, dar, talent, sposobnost; klic, poziv (*for, to* za); notranji nagon; *relig* božji poziv; **mechanical ~s** rokodelski poklici; **to choose a ~** izbrati poklic; **she has some ~ to music** ima nekaj daru za glasbo; **he has little or no ~ for teaching** ima malo ali nobene sposobnosti (daru) za učitelja; **to mistake one's ~** zgrešiti svoj poklic

vocational [voukéišənəl] *a* (**~ly** *adv*) poklicen, profesionalen, strokoven; **~ adviser** poklicni svetovalec; **~ disease** poklicna bolezen; **~ education** poklicna vzgoja, izobrazba; **~ guidance** poklicno usmerjanje, poklicna orientacija, svetovanje glede izbire poklica; **~ school** strokovna šola; **~ training** poklicno izobraževanje

vocative [vókətiv] **1.** *n gram* zvalnik, vokativ (5. sklon); **2.** *a* govoreč, nagovoren; *gram* zvalniški, vokativen

vociferance [vousífərəns] *n* glej **vociferation**

vociferant [vousífərənt] **1.** *a* hrupen, zelo glasen, kričeč, razgrajajoč; **2.** *n* kričač, razgrajač

vociferate [vousífəreit] *vi & vt* glasno govoriti; vpiti, kričati, tuliti; zmerjati

vociferation [vousiferéišən] *n* vpitje, kričanje, tuljenje; hrup, zmerjanje, razgrajanje

vociferator [vousífəreitə] *n* kričač, razgrajač

vociferous [vousífərəs] *a* (**~ly** *adv*) kričeč, kričav, zelo glasen; hrupen, razgrajaški; **~ talk** vpitje; **a ~ crowd** hrupna, bučna množica; **to be ~** glasno vpiti ali peti, dreti se

vociferousness [vousífərəsnis] *n* vpitje, kričavost, hrupnost

vodka [vódkə] *n* vodka (rusko žganje)

vogue [vóug] **1.** *n* (priljubljena) moda; navada; priljubljenost, popularnost, ugajanje; uspeh; **in ~** v modi, moderen; zdaj priljubljen; **the ~** vladajoča moda; **all the ~** zadnja moda, zadnji krik mode; **it is all the ~** to je zdaj moda; **to be in full ~** biti velika moda; **to acquire ~** naleteti na odziv; **to bring into ~** prinesti v modo; **to come into ~** priti v modo; **to go out of ~** iti (priti) iz mode; **his poems had a great ~** njegove pesmi so se zelo brale; **his novels had a great ~ 20 years ago** njegovi romani so bili zelo priljubljeni pred 20 leti; **war novels had a short-lived ~** vojni romani so bili kratek čas v modi; **such shoes are the ~** takšni čevlji so zdaj v modi

voice I [vóis] **1.** *n* glas (*pol & fig*; tudi človeški); ton, zvok; izraz; *gram* način; sposobnost ali moč govora; mnenje, odločitev; *phon* zven; *mus* petje (kot stroka); *obs* govorica; sloves; **with one ~** enoglasno, enodušno, kot eden; **at the top of one's ~** na ves glas, na vse grlo; **in a loud (low) ~** glasno (tiho); **active, passive ~** *gram* tvorni, trpni način (glagola); **the still (ali small) ~** glas vesti; **the ~ of God** glas vesti, vest; **in a prophetic ~** s preroškim glasom; **~ system** (vesolje) naprava za ustno komuniciranje z astronavtom; **use of one's ~** uporaba pravice glasovanja; **he is not in good ~** on ne govori (poje) tako dobro kot običajno; **to give ~ to one's indignation** dati izraza svojemu ogorčenju; **to give one's ~ for** izjaviti se za, glasovati za; **to find (ali to recover) one's ~** priti spet do glasu; **to have a ~ in the matter** imeti besedo pri zadevi; **to lift up one's ~** povzdigniti svoj glas, spregovoriti, javiti se; **to lose one's ~** izgubiti glas (zaradi prehlada itd.); **to love the sound of one's ~** rad se poslušati; **to raise one's ~** povzdigniti svoj glas, govoriti glasneje; **to study ~** študirati petje

voice II [vóis] *vt* izgovoriti, izreči, izraziti z besedami, formulirati; *mus* uglasiti, regulirati (orgle); *ling* zveneče izgovarjati; **he ~d his gratitude** izrazil je svojo hvaležnost; **to ~ the general opinion** izraziti splošno mnenje

voiced [vóist] *a* zveneč; **low-~** s tihim glasom

voiceful [vóisful] *a poet* glasen, mnogoglasen; hrumeč; doneč, zvočen, zveneč; odmevajoč (*with* od)

voiceless [vóislis] *a* (**~ly** *adv*) brez glasu; neizgovorjen; nem, onemel, brez besede; molčeč, tih, neubran; *parl* ki nima pravice glasovanja; *phon* nezveneč; **the sound [t] is ~** glas [t] je nezveneč

voicelessness [vóislisnis] *n* nemost; *phon* nezvenečnost

voicer [vóisə] *n mus* uglaševalec

voice tube [vóistju:b] *n* govorilo, trobilo

void I [vóid] *a* (**~ly** *adv*) prazen, izpraznjen; nezaseden, vakanten, prost (mesto, služba); *poet* jalov, neuspešen, ničev, brezkoristen, neučinkovit; neveljaven; **a book ~ of interest** nezanimiva knjiga; **a ~ space** prazen prostor; **~ of** ki nima, (ki je) brez (česa); **she is ~ of affectation** ona ni afektirana; je naravna; **~ of common sense** brez zdrave pameti; **she was wholly ~ of fear** prav nič se ni bala; **null and ~** *jur* neveljaven, brez zakonske veljave; ničev; **to fall** ~ izprazniti se; **the office has been** ~ **for a year** službeno mesto je nezasedeno že eno leto

void II [vóid] *n* praznina, prazen prostor; vrzel; *fig* občutek praznine, zapuščenosti; **to fill a** ~ napolniti praznino; **his death has left a** ~ njegova smrt je zapustila veliko praznino; **the bird vanished into the** ~ ptič se je izgubil iz vida

void III [vóid] *vt* izprazniti, izvreči, izločiti (o prebavi); uničiti, ukiniti, razveljaviti, proglasiti za neveljavno; (redko) zapustiti, izprazniti

voidable [vóidəbl] *a jur* preklicen; izpodbiten; razveljavljiv; ki se da izprazniti

voidableness [vóidəblnis] *n* možnost izpraznjenja; razveljavljivost; spodbitnost

voidance [vóidəns] *n* izpraznitev, izpraznjenje; *fig* odstavitev, odstranitev, izločenje, izločanje; vakantnost (mesta, službe)

voided [vóidid] *a* izpraznjen; ki ima vrzel; *jur* razveljavljen, neveljaven

voidness [vóidnis] *n* praznina, praznota; brezpomembnost; *jur* neveljavnost, ničevost; nesmiselnost, brezkoristnost

voile [vóil] *n* kot tančica tanka tkanina

voivod(e) [vóivoud] *n* vojvoda (na Poljskem)

volant [vóulənt] *a zool* ki more leteti; *her* leteč, prikazan v (po)letu; *poet* okreten, hiter, brz, leteč, bežen; **a** ~ **touch** bežen dotik

Volapük [vóləpuk] *n* volapük (svetoven pomožen jezik)

volar I [vóulə] *a med* ki se tiče dlani ali podplata

volar II [vóulə] *a* ki se tiče (po)leta

volatile [vólətail, ~til] *a* hitro hlapljiv, izparljiv; ki se hitro razprši; eteričen; volatilen; bežen, minljiv, začasen; prazen, ničev; živahen, vesel, razposajen; nestanoviten, vihrav, spremenljiv, površen, lahkomiseln; (redko) leteč; ~ **oil** eterično olje; ~ **salt** dišeča alkoholna raztopina amonijevega karbonata; **a** ~ **temper** nestanoviten značaj

volatility [volətíliti] *n chem* hlapljivost, izparljivost, razpršljivost, eteričnost; začasnost, bežnost, minljivost; *fig* živahnost, veselost, nestalnost, nestanovitnost; spremenljivost, lahkomiselnost, vihravost

volatilizable [vólətilaizəbl] *a chem* lahko hlapljiv, izparljiv, razpršljiv

volatilization [volətilaizéišən] *n* izhlapevanje, izparevanje; izpuhtevanje

volatilize [vólətilaiz] *vt* napraviti hlapljivo ali izparljivo; hlapiti, izpariti; pretvoriti v paro, v hlape; razpršiti; *vi* (iz)hlape(va)ti, izpare(va)ti; izpuhteti; razpršiti se

volation [vəléišən] *n* zmožnost letenja (ptic); let, letenje

volcanic [volkénik] *a* vulkanski, ognjeniški; *fig* neobrzdan, ognjevit, vulkanski; ~ **glass** vulkanska steklena lava, obsidian; ~ **eruption** izbruh vulkana; ~ **mud** vulkansko blato

volcanism [vólkənizəm] *n* delovanje vulkana; prirodne sile, ki povzročajo delovanje vulkana

volcanist [vólkənist] *n* geolog, ki se bavi s proučevanjem vulkanov in vulkanskih pojavov

volcanization [volkənaizéišən] *n* vulkanizacija

volcanize [vólkənaiz] *vt tech* vulkanizirati

volcano, *pl* ~ **s**, ~ **oes** [volkéinou] *n geol* vulkan, ognjenik; *fig* sod smodnika; **active (dormant, extinct, submarine)** ~ delujoč (speč, ugasel, podmorski) vulkan; **to sit on the top of a** ~ *fig* sedeti na sodu smodnika

volcanologist [volkənólədžist] *n* vulkanolog

volcanology [volkənólədži] *n* nauk o vulkanih

vole [vóul] *n zool* voluhar, krtica; **field -** ~ poljski voluhar; **water-** ~ velika vodna podgana

volitant [vólitənt] *a zool* leteč, frfotajoč; zmožen letenja; stalno se premikajoč (gibajoč)

volitation [volitéišən] *n* letenje, let; zmožnost letenja

volition [volíšən] *n* hotenje, volja; moč volje; **to do s.th. of one's own** ~ narediti kaj iz lastne volje

volitional [volíšənəl] *a* (~ **ly** *adv*) voljan, močne volje; ki izvira iz hotenja

volitionary [volíšənəri] *a* glej **volitional**

volitive [vólitiv] *a* ki se tiče volje, ki izvira iz volje; hôten; ~ **faculty** moč volje

volley I [vóli] *n mil* salva; volej; *fig* toča, ploha, naliv (besed, kletvic); vihar (klicev odobravanja); *sp* odboj žoge, preden pade na tla; **a** ~ **of stones** toča kamenja; **a** ~ **of ten** salva iz 10 topov; **a** ~ **of oaths** toča kletvic; ~-**ball** *sp* vrnitev, odboj žoge, preden se dotakne tal; **half-**~ vrnitev, odboj žoge, kakor hitro se dotakne tal

volley II [vóli] *vt* izstreliti salvo (krogel); *sp* prestreči in odbiti (žogo) v zraku (preden se dotakne tal); *fig* iztresti, izliti (ploho besed itd.); *vi* biti izstreljen v salvi, leteti v salvi; *sp* odbijati žogo v zraku; istočasno ali enoglasno zagrmeti (o topovih); **the cannon** ~ **ed on all sides** z vseh strani so grmeli topovi; **stones** ~ **ed** kamenje je deževalo

volleyball [vólibɔ:l] *n sp* odbojka

volleyer [vóliə] *n sp* odbojkar

volleygun [vóligʌn] *n mil* mitraljez, strojnica

volplane [vólplein] *n aero* spuščanje z drsenjem (jadranjem) brez uporabe motorja; *vi aero* spuščati se z dolgim, strmim jadranjem brez motorja

volt I [vóult] **1.** *n* okret v stran, odskok, izogib (pri mečevanju); jahanje v krogu; **2.** *vi* izogniti se, odskočiti (pri mečevanju)

volt II [vóult] *n el* volt

voltage [vóultidž] *n el* voltaža, napetost električnega toka; ~ **break-down** izginitev napetosti; ~ **regulator** *el* regulator napetosti; ~ **transformer** *el* napetostni transformator

voltaic [voltéiik] *a* (~ **ally** *adv*) *el* voltski, galvanski; ~ **current** galvanski tok; ~ **electricity** galvanizem; ~ **battery**, ~ **pile** voltna baterija

voltameter [voltémitə] *n el* voltameter

volte [vóult] **1.** *n* (pri mečevanju) nagel skok ali korak (v stran); okret, obrat, volta; krog s premerom 6 do 9 korakov, ki ga opiše konj pri jahanju v jahalnici; **2.** *vi* napraviti nagel obrat (okret), odskočiti

volte-face, *pl* **voltes-face** [voltfá:s, vóltfá:s] *n* obrat (pri mečevanju); *fig* popoln obrat (za 180°); popolna sprememba v mišljenju (stališču); premena v nasprotno stališče

voltmeter [vóultmi:tə] *n el* voltmeter

volubile   1243   voracious

volubile [vóljubil] *a* vrtljiv (os); gibljiv
volubility [vɔljubíliti] *n* vrtljivost; kotaljivost; *fig*
spretnost v govorjenju, zgovornost, gosto-
besednost, jezičnost; lahkota v gibanju, giblji-
vost
voluble [vóljubl] *a* (~ bly *adv*) vrtljiv, gibljiv; zgo-
voren, gostobeseden, jezičen; tekoč (govor)
volubleness [vóljublnis] *n* glej volubility
volucrine [vóljukrain] *a* *zool* ptičji
volume [vóljum] *n* (posamezna) knjiga, zvezek
(knjige); *hist* zvitek (pergamenta); vsebina,
volumen, prostornina; obseg, volumen; (velika)
množina ali količina, masa, *fig* morje, veliko
število; *mus* obseg, polnost, volumen (glasu);
radio jakost zvoka; the ~ of a cask prostornina
soda; a work in four ~s delo v 4 zvezkih (delih,
knjigah); a voice of great ~ glas velikega ob-
sega (volumna); a three-~ novel roman v 3
zvezkih; an odd ~ knjiga (zvezek) brez para;
to speak ~s for zelo govoriti za (v korist),
jasno dokazovati; her donations to charity speak
~s for her generosity njeni darilni prispevki v
dobrodelne namene jasno govore o njeni ple-
menitosti
volumed [vóljumd] *a* obsežen; nakopičen (o megli);
a three-~ book knjiga v treh zvezkih
volumenometer [vɔljuminómitə] *n* *phys* stereometer
volumeter [vɔljú:mitə] *n* volumeter, merilec pre-
toka
volume-produce [vóljumprədjú:s] *vt* masovno pro-
izvajati
volumetric [vɔljumétrik] *a* volumetričen
voluminal [vɔljú:minəl] *a* ki se tiče vsebine (vo-
lumna, obsega)
voluminosity [vɔljuːminósiti] *n* obsežnost, volu-
minoznost, bogastvo (zlasti literarne produk-
cije)
voluminous [vɔljú:minəs] *a* (~ly *adv*) prostoren,
obsežen, obširen, zelo velik, ogromen; ki ima
veliko prostornino, voluminozen; napihnjen,
nabran (zavesa); obilen, plodovit, produktiven
(pisatelj); ki obsega mnogo zvezkov (literarno
delo); a ~ correspondence, a ~ .work obsežna
korespondenca, obsežno delo
voluntariness [vólantərinis] *n* prostovoljnost, spon-
tanost, svobodna volja
voluntarism [vólantərizəm] *n* *phil* voluntarizem
voluntarist [vólantərist] 1. *n* privrženec načela
prostovoljnosti; privrženec voluntarizma, vo-
luntarist; 2. *a* voluntarističen
voluntary I [vólantəri] *a* (~rily *adv*) prostovoljen,
spontan, hoten, nameren; osnovan ali vzdrže-
van s prostovoljnimi prispevki; svoboden, ne-
odvisen; ~ act namerno, premišljeno dejanje;
a ~ contribution prostovoljen prispevek; the ~
faculty svobodna volja; ~ manslaughter pre-
mišljen uboj; ~ school (od države) neodvisna
šola; a ~ statement, confession prostovoljna
izjava, prostovoljno priznanje; ~ workers
prostovoljni delavci
voluntary II [vólantəri] *n* prostovoljno delo; (pri
tekmovanju) vaja po svobodni izbiri tekmo-
valca; *mus* preludij ali fantazija na orglah
voluntaryism [vólantəriizəm] *n* načelo prostovolj-
nosti; odpoved (odreka) državni pomoči za
vzgojo; odpoved vojaški službi

voluntaryist [vólantəriist] *n* zastopnik ali privrže-
nec načela prostovoljnosti
volunteer [vɔlantíə] 1. *n* prostovoljec (tudi *mil*);
volonter; pripravnik; kdor brezplačno opravlja
kako službo; *bot* divje rastoče drevo; V~s of
America *pl* prostovoljna organizacija pomoči v
ZDA (podobna *Salvation Army* v Angliji);
2. *a* prostovoljski; *agr* divje rastoč; a ~ corps
mil prostovoljski korpus; V~ State (vzdevek
za državo) Tennessee (ZDA); 3. *vi* prostovoljno
se javiti (se ponuditi) (*for* za, kot; *to do* napraviti
kaj); *mil* javiti se ali služiti kot prostovoljec,
biti prostovoljec, prostovoljno služiti vojsko;
vt prostovoljno (sam od sebe) ponuditi, pre-
vzeti ali napraviti (uslugo itd.); nepoklican
reči, izjaviti (*an opinion* mnenje); she ~ ed a
song ponudila se je, da bo zapela pesem; he ~ ed
to show me the way ponudil se je, da mi bo po-
kazal pot; how many of them ~ ed? koliko od
njih se je javilo prostovoljno?
voluptuary [vəlʌptjuəri] 1. *n* pohotnež, hotnik,
polten, čuten, senzualen človek; sladostrastnik;
2. *a* glej voluptuous
voluptuous [vəlʌptjuəs] *a* (~ ly *adv*) pohoten, hot-
ljiv, polten, čuten, nasladen, senzualen; slado-
strasten; ~ mouth čutna usta; ~ pleasure čutni
užitek; to lead a ~ life živeti naslado življenje
voluptuousness [vəlʌptjuəsnis] *n* poltenost, pohot-
nost, nasladnost; bujnost
volute [vəljú:t] 1. *n* *archit* voluta; zavojnica, spirala;
polžast okrasek; *zool* vrsta tropskega polža s
krasno hišico; 2. *a bot* zavit, polžast, spiralast;
~ spring *tech* spiralasta vzmet
voluted [vəljú:tid] *a* okrašen z volutami, volutast;
a ~ sea-shell z volutami okrašena morska
školjka
volution [vəljú:šən] *n* valjanje, kotaljenje, vrtenje;
obrat; zavoj; ~s of the brain možganski zavoji
volvulus [vólvjuləs] *n med* črevesni preplet
vomer [vóumə] *n* lemežnica (kost v nosu)
vomit I [vómit] *n* izbljuvana hrana, izbljuvek (tudi
fig); bljuvanje, bruhanje; *med* pomoček za
bljuvanje, bljuvalo, vomitiv; black ~ črna snov,
ki jo (iz)bljuva bolnik z rumeno mrzlico
vomit II [vómit] *vi* bljuvati, bruhati; (o vulkanu)
bruhati lavo, ogenj; biti izbruhan; privreti iz;
vt (~ up) (iz)bljuvati (jed); (iz)bruhati, izme-
ta(va)ti; pripraviti k bruhanju (bljuvanju)
(koga); he is ~ing blood kri bljuva; he ~ed
everything he had eaten izbljuval je vse, kar je
(bil) pojedel; factory chimneys ~ smoke tovar-
niški dimniki bruhajo dim
vomitive [vómitiv] 1. *a* bljuvalen; ki (pri)sili k
bljuvanju, bruhanju; 2. *n* pomoček za bljuvanje,
bljuvalo, vomitiv
vomitory [vómitəri] 1. *a, n* glej vomitive; 2. *n hist*
vomitorij (vhod v rimski amfiteater); izhod,
odprtina (za izpraznjenje)
voodoo [vú:du:] 1. *n* vrsta črnske religije; čarov-
ništvo, verovanje v čarovnije (med ameriškimi
črnci in kreoli); črnski čarovnik; 2. *vt* začarati,
ureči (s črno magijo)
voodooism [vú:du:izəm] *n* vrsta črnske religije,
verovanje v čarovnije
voracious [vəréišəs] *a* (~ly *adv*) požrešen, nenasi-
ten; lačen kot volk; *fig* pohlepen, lakomen; ~

appetite nenavaden tek; volčja lakota; požrešnost; ~ **reader** knjižni molj (oseba); **to eat one's food** ~ **ly** požrešno jesti (svojo) hrano
voracity [vərǽsiti] *n* požrešnost; pohlepnost, pohlep, lakomnost (*of* na kaj); nenasitnost
vorago [vəréigou] *n* (redko) brezno, prepad
vortex, *pl* ~ **xes**, ~ **tices** [vɔ́:teks; ~ ksis, ~ tisi:z] *n* vrtinec (tudi *fig*); vihar, vihra, vetrna troba; ognjen vrtinec; ~ **ring** kolobarček (obroček) pri kajenju; ~ **wheel** turbina; ~ **of the season** *fig* vrtinec družabnih prireditev; **we were drawn into the** ~ **of war** vojni vrtinec nas je potegnil vase
vortical [vɔ́:tikəl] *a* (~ **ly** *adv*) vrtinčast, podoben vrtincu; hitro se vrteč; ki se vrti kot vrtavka; ~ **motion** vrtavkasto gibanje
vortiginous [vɔ:tídžinəs] glej **vortical**
votable [vóutəbl] *a* upravičen glasovati ali voliti; izvoljiv
votaress [vóutəris] *n* zaobljubnica, redovnica, Kristusova nevesta; častilka, ljubiteljica, navdušena (vneta) privrženka (bojevnica), entuziastka
votary [vóutəri] **1.** *n* zaobljubnik, kdor se je zaobljubil; redovnik, menih; *fig* spoštovatelj, častilec; vnet, navdušen privrženec, velik ljubitelj (prijatelj), zagovornik; entuziast; **a** ~ **of peace** vnet privrženec miru; **2.** *a* zaobljubljen; ~ **resolution** odločitev na podlagi zaobljube
vote I [vóut] *n* volilni, glasovalni glas; glasovanje; pravica glasovanja; (skupni) glasovi; volilec, -lka, glas; volilni, glasovalni izid; (z glasovanjem) donesen sklep ali odobritev; glasovnica, volilni listek; odobrena vsota, budžet; *obs* zaobljuba, vroča želja, molitev; **the** ~ volilna, glasovalna pravica; **Army** ~ izglasovani krediti za vojsko; ~ **(of credit)** v parlamentu izglasovani krediti; **the casting** ~ odločujoči glas; **floating** ~ (negotovi) glasovi nevtralnih poslancev; **the Socialist** ~ socialistični glasovi; **a** ~ **of confidence** glasovanje o zaupnici; **women have the** ~ ženske imajo volilno pravico; **women have been granted the** ~ ženskam so dali volilno pravico; **to cast** ~ glasovati, oddati glas; **to count the** ~ **s** prešteti (volilne) glasove; **to get out the** ~ pregovoriti volilce, da glasujejo; **to give one's** ~ **to** (ali **for**) oddati svoj glas, glasovati za; **the Labour** ~ **will increase at the next election** delavska stranka bo pomnožila svoje glasove na prihodnjih volitvah; **to have a** ~ imeti pravico do glasovanja; **to propose a** ~ **of thanks to the speaker** predlagati poslušalcem, da se s ploskanjem zahvalijo govorniku; **to put s.th. to the** ~ dati kaj na glasovanje; **the Government received a** ~ **of confidence** vlada je dobila zaupnico; **to split one's** ~ glasovati za dva ali več; **to take a** ~ **on a question** glasovati o nekem vprašanju
vote II [vóut] *vt* (z glasovanjem) izvoliti, izbrati (*into* za kaj); izglasovati; (z glasovanjem) odobriti; *fig* smatrati, proglasiti; **he was** ~ **d into the chair** bil je izvoljen za predsednika; **to** ~ **supplies** izglasovati kredite; **to** ~ **a sum of money for Education** izglasovati vsoto denarja za vzgojo (šolstvo); **the new teacher was** ~ **d a fine fellow** učenci so novega učitelja proglasili za sijajnega dečka; *vi* glasovati (*for* za, *against*

proti); izglasovati, odobriti, odločiti, predlagati (*that* da); **I** ~ **we go home** predlagam, da gremo domov; **they** ~ **d that the budget be accepted** predlagali so, da se budžet sprejme
vote away *vt parl* odstraniti na temelju glasovanja
vote down *vt* odbiti, zavrniti, odkloniti (*a proposal* predlog) z večino glasov; preglasovati, poraziti pri glasovanju
vote in *vt* izbrati, izvoliti z glasovanjem; **he was** ~ **d in by a big majority** bil je izvoljen z veliko večino
vote out *vt* potolči (poraziti) pri volitvah; preglasovati
vote through *vt* izglasovati; **to vote a Bill through** izglasovati, odobriti zakonski osnutek
voteless [vóutlis] *a* ki nima pravice glasovanja
voter [vóutə] *n* glasovalec; kdor ima pravico glasovanja
voting [vóutiŋ] *n* (iz)glasovanje, volitev; ~ **paper** glasovnica; ~ **machine** stroj za štetje glasov; ~ **by rising and sitting** glasovanje z vstajanjem in sedenjem
votive [vóutiv] *a* (~ **ly** *adv*) zaobljubljen, votiven; spominski; ~ **medal** spominska medalja; ~ **offering** votivni dar; ~ **tablet** votivna plošča
votress [vóutris] *n* glej **votaress**
vouch I [váuč] *vt* jamčiti (*for* za); potrditi; navesti za dokaz, za okrepitev; biti porok, garantirati; **I can't** ~ **for him** ne morem jamčiti zanj; **to** ~ **an authority** navesti (citirati) ugledno osebo, strokovnjaka; **to** ~ **for the truth of a statement** jamčiti za resničnost trditve
vouch II [váuč] *n* potrdilo; prevzem poroštva
voucher [váučə] *n* porok, garant; priča; spričevalo, listina, dokument; pričevanje; jamstvo; dokaz; pobotnica, potrdilo, dokazilo; bon; vstopnica; ~ **-copy** duplikat dokazila; **hotel** ~ bon za hotel, ki je bil kupljen npr. v potovalni agenciji in ki dokazuje vnaprejšnje plačilo; **luncheon** ~ bon (blok) za kosilo po znižani ceni; **to support by** ~ dokumentarno dokazati
vouchsafe [vaučséif] *vt* (milostno) odobriti, dopustiti, dovoliti; blagovoliti; podeliti; **to** ~ **a reply** blagovoliti odgovoriti; **he** ~ **d me no answer** ni mi blagovolil odgovoriti
vouchsafement [vaučséifmənt] *n* blagovolitev; ugoditev, uslišanje; dovoljenje; podelitev
voussoir [vú:swa:] **1.** *n* obočni kamen; **2.** *vt* graditi z obočnimi kamni
vow I [váu] *n* svečana obljuba, prisega; *relig* zaobljuba; ~ **of secrecy** obljuba tajnosti, molčečnosti; **lover's** ~ **s** obljuba zvestobe; **monastic** ~ **s** samostanska zaobljuba; **marriage** ~ **s** obljuba zakona; **to break a** ~ prelomiti obljubo; **to perform a** ~ izpolniti (držati) obljubo; **to take the** ~ **s** *relig* zaobljubiti se (za redovnika, -ico), iti v samostan; **I have taken a solemn** ~ **not to smoke any more** svečano sem obljubil, da ne bom več kadil
vow II [váu] *vt* zaobljubiti (se), slovesno (s prisego) obljubiti; priseči; obvezati se s slovesno obljubo; slovesno zatrjevati, zagotavljati, prepričevati (*that* da); *obs* prizna(va)ti; **to** ~ **and declare** slovesno izjaviti; **to** ~ **fidelity to the king** priseči zvestobo kralju; **to** ~ **obedience** svečano obljubiti

biti pokorščino; **he** ~ **ed to avenge the insult**
prisegel (si) je, da se bo maščeval za žalitev;
I ~, **you are vastly amusing** zares, vi ste nad
vse zabavni

vowel [váuəl] **1.** *n ling* samoglasnik, vokal; **2.** *a*
samoglasniški, vokaličen; ~ **gradation** *ling*
prevoj; ~ **mutation** *ling* preglas; **3.** *vt* glej
vowelize; *A hum* »plačati« z zadolžnico

vowelization [vauəlaizéišən] *n ling* punktacija,
opremljanje (npr. hebrejskega teksta) z vokalič-
nimi znaki

vowelize [váuəlaiz] *vt* vokalizirati (glas); opremiti
(npr. hebrejski tekst) z vokaličnimi znaki

vowelless [váuəllis] *a* (ki je) brez samoglasnikov

vowel-like [váuəllaik] *a* podoben samoglasniku,
kot samoglasnik; *phon* ki tvori zlog ali zloge

vox, *pl* **voces** [vɔks, vóusi:z] *n* (*Lat*) glas; ~ **populi**
[pópjulai] glas ljudstva; javno mnenje

voyage I [vóiidž] *n* (dolgo) potovanje (zlasti po
morju, reki); krožno potovanje (z ladjo); poto-
vanje po kopnem; potopis; **broken** ~ preki-
njeno potovanje ali vožnja; **homeward** ~ poto-
vanje domov; ~ **out (and home)** potovanje tja
(in nazaj); ~ **in (out)** potovanje z ladjo v domo-
vino (iz domovine); ~ **outward** odhodno poto-
vanje; **to go on a** ~, **to make a** ~ iti, narediti
potovanje; **to send s.o. on a** ~ poslati koga na
potovanje

voyage II [vóiidž] *vi* potovati (po morju); iti na
potovanje; *v vt poet* potovati po, prepotovati;
prepluti

voyageable [vóiidžəbl] *a* po katerem se da pluti
(voziti); ploven

voyage charter [vóiidž čá:tə] *n econ* dogovor, po-
godba o pomorskem prevozu tovora za eno ali
več potovanj

voyager [vóiidžə] *n* potnik (po morju)

V-sign [ví:sáin] *n* znak, narejen s kazalcem in sre-
dincem kot simbol zmage

Vulcan [vʌ́lkən] *n myth* Vulkan, starorimski bog
ognja in kovaštva

vulcanic [vʌlkǽnik] *a* glej **volcanic**

vulcanicity [vʌlkənísiti] *n* glej **volcanicity**

vulcanite [vʌ́lkənait] *n* trd kavčuk, ebonit, vulkanit

vulcanizable [vʌ́lkənaizəbl] *a* ki se da vulkanizirati

vulcanization [vʌlkənaizéišən] *n* vulkanizacija

vulcanize [vʌ́lkənaiz] *vt* & *vi* vulkanizirati (se); spre-
meniti (se) v gumo

vulcanizer [vʌ́lkənaizə] *n tech* vulkanizer (oseba);
peč, aparat za vulkaniziranje

vulgar [vʌ́lgə] **1.** *n*; **the** ~ (preprosto) ljudstvo;
2. *a* (~ **ly** *adv*) ljudski; splošen, običajen, pre-
prost; nedostojen, nespodoben, prostaški, vulga-
ren, trivialen, nevzgojen, neizobražen; *V*~ **Era**
krščanska era; **the** ~ **tongue** domači, ljudski
jezik; *hum* surove, grde besede; **a** ~ **fellow**
neotesanec, surovina; ~ **fraction** *math* navaden
(pravi) ulomek; **the** ~ **herd** (preprosto) ljud-
stvo; **a** ~ **joke** nespodobna šala; ~ **superstitions**
splošno praznoverje

vulgarian [vʌlgéəriən] *n* plebejec; povzpetnik,
parveni, bahač

vulgarism [vʌ́lgərizəm] *n* prostaštvo, surovost,
neotesanost, nevzgojenost; nespodobnost; pro-
staško obnašanje (govorjenje), prostaški izraz,
vulgarizem

vulgarity [vʌlgǽriti] *n* navadnost; prostaštvo, vul-
garnost, nevzgojenost, neuglajenost, neotesa-
nost, surovost

vulgarization [vʌlgəraizéišən] *n* širjenje med ljudi,
popularizacija; vulgariziranje, poplitvenje, pre-
tirano poenostavljanje; ponižanje

vulgarize [vʌ́lgəraiz] *vt* vulgarizirati; popularizirati;
(raz)širiti med ljudi; napraviti vulgarno, po-
plitviti, izmaličiti (s pretiranim poenostavlje-
njem); ponižati

Vulgate [vʌ́lgit, ~ geit] **1.** *n* vulgata, latinski prevod
biblije iz 4. stoletja; **2.** *a* v~ splošno priznan in
uporabljen (tekst)

vulgo [vʌ́lgou] *adv* (*Lat*) vulgo; navadno (rečeno);
po domače, v domači govorici

vulgus, *pl* ~ **es** [vʌ́lgəs, ~ si:z] *n* (*Lat*) (navadno)
ljudstvo; (v študentovskem jeziku) pismene
grške ali latinske vaje

vulnerability [vʌlnərəbíliti] *n* ranljivost (tudi *fig*)

vulnerable [vʌ́lnərəbl] *a* (~ **bly** *adv*) ranljiv; *fig*
spodbiten; nagnjen (*to* k), dostopen (za); *mil*
nezaščiten, odprt, občutljiv; ~ **spot** ranljivo
mesto, *A* Ahilova peta; **to find s.o.'s** ~ **spot**
najti (odkriti) slabo, ranljivo mesto (točko) pri
kom; **are you** ~ **to ridicule?** se hitro ujezite
zaradi posmehovanja?

vulnerary [vʌ́lnərəri] **1.** *a* ranarski, ranocelniški;
ki zdravi ali (za)celi rane, celilen; zdravilen;
2. *n* zdravilo (lek) za rane

vulnerose [vʌ́lnərous] *a* ranjen, poln ran

vulpicide [vʌ́lpisaid] *n* nelovsko pokončanje lisice;
ubijalec lisic(e)

vulpine [vʌ́lpain] *a* lisičji, lisici podoben, kot lisica;
fig zvit, pretkan, lokav, premeten, prebrisan

vulpinism [vʌ́lpinizəm] *n* pretkanost, zvitost, pre-
brisanost, premetenost, lokavost

vulsellum, *pl* ~ **la** [vʌlséləm, ~ lə] *n med* prijemalka,
pinceta

vulture [vʌ́lčə] *n zool* jastreb, mrhar; *fig* mrhovinar,
hijena, krvoses, oderuh, pohlepnež, ki se oko-
risti z nesrečo drugih

vulturelike [vʌ́lčəlaik] *a* podoben jastrebu, jastrebji

vulturine [vʌ́lčurain] *a* jastrebu, mrharju podoben,
kot jastreb; *fig* lakomen, grabežljiv, pohlepen

vulturish [vʌ́lčəriš] *a* glej **vulturous**

vulturism [vʌ́lčərizəm] *n* jastrebstvo; grabežljivost;
požrešnost

vulturous [vʌ́lčərəs] *a* jastrebji; *fig* pohlepen, la-
komen, požrešen, grabežljiv, roparski

vulva, *pl* ~ **vae** [vʌ́lvə, ~ vi:] *n med anat* vulva, vna-
nji del ženskih spolovil; *zool* ovalna odprtina
(špranja) (pri nekaterih školjkah)

vulvar [vʌ́lvə] *a med* ki se tiče vulve

vulviform [vʌ́lvifə:m] *a* podoben vulvi

vulvitis [vʌlváitis] *n med* vnetje vulve, vulvitis

vying [váiiŋ] **1.** *a* tekmujoč, tekmovalen, tekmo-
valski; **2.** *n* tekmovanje

vyingly [váiiŋli] *adv* tekmovaje; kot za stavo

W

W, w [dʌblju:], *pl* ~s; ~'s/ **1.** *n* (črka) W; w;
a **capital** (ali **large**) W veliki W; a **little** (ali
small) w mali w; W *n* predmet v obliki črke W;
2. *a* ki ima obliko črke W
wabble [wɔbl] *v & n* glej **wobble**
wabbly [wɔbli] *adv* omahovaje; majavo; opoteka-
joče
wack [wæk] *n A sl* čudak; trmoglavec
wackiness [wǽkinis] *n A sl* čudaštvo; prismojenost
wacky [wǽki] *a A sl* čudaški, prismojen, nor
wad [wɔd] **1.** *n* čep, zamašek (**of cotton, straw, wool**
iz bombaža, slame, volne); šop, svitek; kepica
papirja, zmečkan papir; čik (**of chewing gum**
žvečilnega gumija); *mil* mašilo (vata itd.) (**of**
cartridge naboja); *A sl* rola, zvitek (**of banknotes**
bankovcev); *A sl* kup denarja, bogastvo; (kro-
jaštvo) vatiranje; **2.** *vt* zviti v zvitek (rolo),
stisniti, zmečkati (v kepo); zamašiti, zadelati,
začepiti (**an aperture** odprtino); podložiti z vato,
vatirati (obleko); zaščititi (z bombažem, z vato,
npr. zidove; tudi *fig*); *fig* napolniti, napihniti
wadable [wéidəbl] *a* plitev, ki se da prebresti, pre-
brodljiv
wadding [wɔdiŋ] *n* mehek material za vatiranje
(obleke), za tapeciranje, za oblazinjenje (po-
hištva); vata; podloga iz vate, vatelin; ~ **linen**
platno za vatiranje, škrobljeno platno
waddle [wɔdl] **1.** *n* racanje, pozibavanje (majanje)
pri hoji; **2.** *vi* racati; zibati se (majati se) pri
hoji; **to** ~ **out of the alley** *econ sl* umakniti se
z borze, ustaviti plačila (zaradi finančnega po-
loma); **to** ~ **along** gugati se, pozibavati se
v bokih pri hoji
waddy [wɔdi] **1.** *n Austral* (lesena) bojna gorjača
(domačinov); **2.** *vt* napasti, udariti z gorjačo
wade [wéid] **1.** *n* bredênje, gaženje; čofotanje;
plitvo mesto, brod; **2.** *vt* prebresti; *vi* bresti;
gaziti; čofotati; *fig* s težavo (trudom) se pre-
bijati; *obs* iti, pomikati se naprej; **we** ~**d**
through the river prebredli smo reko; **to** ~
through a book z muko prebrati knjigo; **to** ~
through slaughter s prelivanjem krvi priti (*to* do);
to ~ **in, to** ~ **into** *coll* lotiti se; **I** ~**d into the**
problem lotil sem se problema
wadeable [wéidəbl] *a* glej **wadable**
wader [wéidə] *n* oseba, ki brede, gazi, čofota; *zool*
ptica močvirnica, *pl* visoki (ribiški,
lovski ipd.) škornji (za v vodo)
wadi, wady [wá:di] *n* suha dolina; strma skalnata
dolina; oaza (v Sahari)

wading bird [wéidiŋbə:d] *n zool* ptica močvirnica,
močvirnik
wae [wéi] *n Sc* glej **woe**
wafer [wéifə] **1.** *n* oblat, mlinec; vafelj, skladanec;
relig hostija; oblepek (za zalepljenje pisma);
kolut rdečega papirja, ki se daje na listine
namesto pečata; ~ **bread** *relig* hostija; **as thin**
as a ~ mršav, suh ko trska; **2.** *vt* zalepiti
(pismo) z zalepkom; zapreti; pripeti; pritrditi
wafery [wéifəri] *a* tanek kot oblat, podoben oblatu
waff [wa:f, wæf] **1.** *n* sunek vetra; prepih; lahek
napad (bolezni); bežen pogled; **2.** *vi* plapolati,
vihrati
waffle I [wɔfl] *n* vafelj, skladanec; ~ **iron** pekač
za peko skladanca
waffle II [wɔfl] *vi E sl* blebetati, čvekati, kvasati,
besedičiti (*about* o), blebetati neumnosti
waft [wa:ft, *A* wæft] **1.** *n* zamah, prhutanje s pe-
rutmi (**of a bird** ptice); dih (**of perfume** parfuma),
sapica, pihljaj, puh; *fig* val (veselja, zavisti);
naut v sredini zavozlana zastava kot znamenje
v sili; **2.** *vt* lahko in hitro prenašati, premikati
(v zraku, v vodi); obračati (**the eyes** oči); od-
nesti, odpihati (**smells, sounds** vonje ali duhove,
zvoke); veti (veter), nositi; poslati (**a kiss** po-
ljub); *vi* lebdeti, plavati, viti se, plapolati (**in**
the wind v vetru); pihati (*from* iz, od)
wafture [wá:fčə] *n* oblak, val; ~**s of incense** oblaki
kadila
wag [wæg] **1.** *n* majanje, kimanje, tresenje (**of the**
head z glavo); mahanje (**of a dog's tail** pasjega
repa); burkež, šaljivec; prebrisanec; učenec, ki
se potepa in ne pride v šolo, »špricar«, lenuh;
with a ~ **of one's head** s prikimavanjem (glave);
2. *vt* mahati (z repom); (s)tresti, (po)kimati
(z glavo); premikati, gibati; *vi* premikati se
(sem in tja), gibati se; racati; hitro oditi, po-
brisati jo; odvijati se, potekati; *sl* »špricati«
šolo; **to** ~ **one's finger at s.o.** (po)žugati komu
s prstom; **to** ~ **one's head** (od)kimati z glavo;
beards ~ govoriči se, govori se; **let the world**
~ **on** ljudje naj kar govoričijo; **how** ~**s the**
world? *fig* kako (kaj) gre?; **to set tongues** ~ **ing**
širiti novice, spraviti jezike v tek; **the tail** ~**s**
the dog *fig* najmanj pomemben člen (skupine
itd.) ima glavno besedo, je na krmilu
wage I [wéidž] *n* (večinoma *pl*) plača; dnina, dnevni
zaslužek; mezda; (tedenska) plača fizičnega
delavca, služinčadi; plačilo, nagrada; povračilo;
obs zalog, zastava, varščina; ~ **freeze** začasna
zamrznitev, prepoved povečanja mezd, plač;

to get good ~s dobivati dobro plačo; **living** ~s plača, ki je zadostna za življenje; **to earn the** ~s **of sin** *fig* biti obešen ali obsojen na smrt; **to lay one's life in** ~ zastaviti svoje življenje

wage II [wéidž] *vt* spustiti se v (voditi, podvzeti) (vojno) (*on* proti); *obs* zastaviti; tvegati; najeti, vzeti v službo, namestiti; *vi* boriti se, vojskovati se; **to** ~ **war against** vojskovati se proti; **to** ~ **peace** boriti se za mir, čuvati mir; **to** ~ **effective war on s.th.** *fig* resno se lotiti česa

wage earner [wéidžə:nə] *n* mezdni delavec, mezdnik; prejemnik plače; **weekly** ~ tedensko plačani delavec

wage fund [wéidžfʌnd] *n* fond za plače

wager [wéidžə] *n* stava, predmet stave; vložek; *obs* zalog, zastava, poroštvo; ~ **of battle** *hist* poziv k dvoboju s strani obtoženca, da bi dokazal svojo nedolžnost; ~ **of law** *jur hist* rešitev, zaključek pravde s pomočjo zapriseženih prič; **2.** *vt* staviti za, staviti na, staviti s kom (*that* da); *vi* skleniti stavo, staviti; *hist* ponuditi se za (dvo)boj

wagerer [wéidžərə] *n* kdor stavi, sklepa stave

wage rise [wéidžraiz] *n* povišanje plače

wage scale [wéidžskeil] *n* plačilna lestvica; tarifa

wage sheet [wéidžši:t] *n* plačilni spisek; pola plač in dnin

wage slave [wéidžsleiv] *n* delavec, ki dela za bedno plačo

wage working [wéidžwə:kiŋ] *a* ki prejema plačo, plačan

wage worker [wéidžwə:kə] *n A* glej **wage earner**

waggery [wǽgəri] *n* objestnost, prešernost, razposajenost; (slaba) šala, porednost

waggish [wǽgiš] *a* objesten, razposajen, poreden, navihan, hudomušen, komičen, šegav

waggishness [wǽgišnis] *n* porednost, razposajenost, hudomušnost, šegavost, komičnost, komika

waggle [wǽgl] **1.** *n* guganje, premikanje, kimanje, tresenje; majanje, opotekanje; **2.** *vt* mahati (z repom), stresati, premikati; kimati (z glavo); *vi* majati se, gugati se, pozibavati se, tresti se; opotekati se

waggly [wǽgli] *a* majav, gugav, tresoč se; opotekajoč se; neraven (pot)

waggon, A wagon [wǽgən] **1.** *n* (tovorni) vagon; tovorni voz; furgon, kamion; *A coll* otroški voziček; *A sl* vojna ladja; avto; **by** ~ *econ* na os; **to be on the (water)** ~ *sl* biti abstinent, odpovedati se alkoholu; **to hitch one's** ~ **to a star** vzeti si za svetel zgled, zastaviti si visok cilj; **2.** *vt* prevažati v vagonu; *vi* peljati se, potovati v vagonu

wag(g)onage [wǽgənidž] *n* prevoz, transport; tovarnina, vozarina; vozovje, vozni park

wag(g)oner [wǽgənə] *n* vozar, voznik tovornega voza, tovornik, prevoznik; *astr* Veliki medved

wag(g)onette [wǽgənét] *n* odprta kočija z vzdolžnimi klopmi

waggonload [wǽgənloud] *n* vagonski tovor, naklada; *fig* množica, obilica, kup; **by the** ~ na vagone, v vagonih

wag(g)on train [wǽgəntrein] *n mil* tren; *A* tovorni vlak

waggonwright [wǽgənrait] *n* kolar

wagsome [wǽgsəm] *a* (redko) glej **waggish**

wagtail [wǽgteil] *n zool* tresorepka, bela pastirica

waif [wéif] **1.** *n jur* odvrženo ukradeno blago; stvar brez lastnika, brez gospodarja; (od morja) naplavljen predmet; odvržen predmet; (domača) žival, ki se je izgubila, je zašla; zapuščena oseba, zlasti otrok; brezdomec, sirotek, najdenček; ~s **and strays** odpadki, ostanki; zapuščeni otroci, brezdomci, potepini, ptički brez gnezda; **2.** *a* klateški, potepuški, nenastanjen; navaden, v rabi

wail [wéil] **1.** *n* tarnanje, tožba, žalovanje; vekanje (**of a child** otroka); javkanje, stokanje; *fig* zavijanje ali tuljenje (**of the wind** vetra); **2.** *vt* objokovati, žalovati (**the dead** za umrlimi); *vi* tarnati, tožiti, pritoževati se, javkati, žalovati (*for* za); **he** ~**ed with pain** stokal je od bolečine; **to** ~ **over one's misfortune** tarnati nad svojo nesrečo

wailer [wéilə] *n* tarnavec, tarnač; žalovalec

wailful [wéilful] *a* tarnajoč, tožeč; otožen, žalosten

wailing [wéiliŋ] **1.** *n* tarnanje, javkanje; ~s *pl* **of despair** kriki obupa; W~ **Wall,** W~ **Place** zid žalovanja (Židov v Jeruzalemu); **2.** *a* (~ **ly** *adv*) tarnajoč; žalosten; nesrečen

wain [wéin] *n poet* voz; tovorni voz; **the** W~, **Charles's** W~, **Arthur's** W~ *astr* Veliki voz

wainscot [wéinskət] **1.** *n* stenski oboj, opaž; **a tile** ~ oboj iz pečnic; **2.** *vt* obložiti, obiti, opažiti (z lesom); **a room** ~**ed in oak** s hrastovim lesom opažena soba

waist [wéist] *n* stas, život, pas, opasje; najožji del kakega predmeta; življenec, steznik; jopica, majica (za otroke); *naut* srednji del ladje; **up to the** ~ do (višine) pasu; ~ **measurement** mera čez pas; **she has a small** ~ ozka je čez pas, vitka je v pasu; **to grip round the** ~ *sp* zgrabiti okoli pasu

waist anchor [wéistæŋkə] *n naut* zasilno sidro

waistband [wéistbænd] *n* obrobek na gornjem delu hlač, ženskega krila; (všit) pas

waist belt [wéistbelt] *n* pas; *aero* pas za privezanje

waistcloth [wéistklɔθ] *n* predpasnik okrog ledij

waistcoat [wéis(t)kout, wéskət] *n* (moški) telovnik; (ženska) jopica brez rokavov; *hist* kamižola, jopič; *obs* življenec, steznik; **sleeve(d)** ~ volnena jopa z rokavi; ~**ed** ki nosi telovnik

waistcoateer [weistkoutíə] *n hist* koketna ženska, koketa; vlačuga

waist-deep [wéistdí:p] **1.** *a* segajoč do pasu; **2.** *adv* do pasu globoko

waist-high [wéisthái] **1.** *a* segajoč do pasu; **2.** *adv* do pasu (visoko)

waistline [wéistlain] *n* pas, vitka linija; **to watch one's** ~ paziti na svojo vitko linijo

wait I [wéit] *n* čakanje, čas čakanja; zaylačevanje, odlašanje; postanek; *thèat* odmor, pavza; zaseda; *pl mus* pevci božičnih pesmi; božično petje; *obs* čuvaj, stražnik; **to lay** ~ **for** napraviti zasedo za; **to lie in** ~ **for** biti v zasedi, na preži za (kom)

wait II [wéit] **1.** *vi* čakati, pričakovati (*for s.o.* koga); počakati, potrpeti; *obs* prežati na (koga); ostati brez odgovora, obležati, (pismo) ostati nedvignjen; streči (pri mizi, kot natakar); ~ **till** (ali **until**) **I come** počakaj, da (dokler ne) pridem; ~ and see (le) počakaj; bomo že videli (kaj bo); ~-and-see policy politika čakanja; to keep s.o. ~ ing, to make s.o. ~ pustiti koga čakati; this matter can ~ ta zadeva lahko počaka; the room is still ~ ing to be done soba še ni pospravljena; to ~ at (ali on, upon the) table streči pri mizi; 2. vt čakati, pričakovati; coll odlašati, čakati z; obs spremljati; prisostvovati; obs slediti iz, izhajati; he must ~ my convenience on mora počakati, dokler je meni prav; do not ~ dinner for me ne čakajte name z večerjo; to ~ one's opportunity (ali hour, time, chance) čakati na ugodno priliko; to ~ table streči pri mizi

wait for vt čakati na, pričakovati; to ~ s.o. to come pričakovati, čakati na prihod kake osebe; to ~ the penny to drop fig težko dojemati, razumevati

wait on, ~ upon vi streči (zlasti pri mizi); negovati; brigati se, skrbeti za (koga); priti se poklonit (komu), napraviti vljudnostni obisk; slediti, biti za petami; spremljati, biti povezan (združen) z; dvoriti (komu); obs opazovati, paziti na

wait off vi (pri dirkah, tekmah itd.) (začasno) popustiti (da bi varčevali z močmi)

wait up vi biti pokonci, bedeti; I'll ~ for you until 11 o'clock bedel bom in te čakal do 11. ure

wait-a-bit [wéitəbit] n bot trnov grm; vrsta gloga, belega trna

waiter [wéitə] n natakar; strežnik; servirni krožnik, pladenj; čakalec, pričakovalec; head ~ glavni natakar, šef strežbe; hired ~ (posebej) najet natakar; ~, the bill (A check) please! natakar, plačati, prosim!; E vratar (na londonski borzi)

waiting [wéitiŋ] 1. n čakanje, pričakovanje; vljudnostni obisk; (po)strežba, služba; gentleman--in-~ komornik; lady-in-~ dvorna dama, služena spremljevalka (npr. kraljice); lord-in-~ kraljevi komornik; 2. a strežen; ~ girl, ~ maid spletična, hišna; ~ man komorni strežaj, lakaj

waiting room [wéitiŋrum] n rly čakalnica; čakalnica pri zdravniku itd.

waiting woman, pl -women [wéitiŋwumən, -wimin] n komornica; hišna, sobarica

waitress [wéitris] n natakarica

waive [wéiv] vt odreči se, odpovedati se (pravicam); opustiti; prepustiti, ne vztrajati pri; preložiti, odložiti, odgoditi; to ~ honours odreči se častem; let's ~ this question till later preložimo to vprašanje na kasneje

waiver [wéivə] n jur odpoved; odreka; prepustitev; opustitev

wake I [wéik] n straža; poet bedenje; (Irska) straža, bedenje pri mrliču; pogrebščina, sedmina; hist (pl) prošččenje; letni sejem; between sleep and ~ med spanjem in bedenjem

wake(*) II [wéik] 1. vi (tudi ~ up) prebuditi se, zbuditi se, postati buden; bedeti, biti buden, ostati buden, čuti; fig vstati, oživeti; predočiti si; zavesti se; premakniti se, zganiti se; obs (ponoči) praznovati, slaviti; I usually ~ early navadno se zbudim zgodaj; nature ~ s in spring narava se prebudi spomladi; in my waking hours kadar sem buden; all will ~ from death

(ali the dead) relig vsi bodo vstali od mrtvih; 2. vt (tudi ~ up) zbuditi, prebuditi; obuditi (od mrtvih); povzročiti; oživiti; spodbuditi (to, into k); bedeti pri (a corps mrliču); poet motiti, kaliti (mir itd.); waking dream sanjarjenje; to ~ ambition spodbosti častilakomnost; the noise woke me up hrup me je prebudil; she waked me up at 7 o'clock zbudila me je ob 7ʰ; to ~ the echoes dvigniti hrup, napraviti rabuko, hrumeti; the picture ~ d sad memories slika je obudila žalostne spomine; to ~ up with a start planiti iz spanja

wake III [wéik] n naut (vodna) brazda, vodni razor (izza ladje v vožnji); vzvalovana voda; vrtinec; aero zračni vrtinec; fig sled; in the ~ of s.o. po sledi, neposredno za kom; po zgledu koga; ~ of light svetlobni žarek; to follow in s.o.'s ~ iti po stopinjah kake osebe; such an event brings trouble in its ~ tak dogodek ima neprijetnosti za posledico

wakeful [wéikful] a (~ ly adv) bedeč; buden; nespečen; nemiren; a ~ night noč brez spanja, prečuta noč

wakefulness [wéikfulnis] n bedenje; fig budnost; noč brez spanja

wakeless [wéiklis] a (spanje) trden, globok, miren, nemoten

waken [wéikən] vi (tudi ~ up) prebuditi se, zbuditi se; oživeti; fig priti k zavesti, osvestiti se, zavedeti se (to s.th. česa); obs bedeti, čuti, ostati buden, stražiti; vt prebuditi, zbuditi; fig osvestiti; zbuditi čustva, spodbuditi

wakener [wéiknə] n budilec; povzročilec; dražilo

waker [wéikə] n budilec; povzročitelj; oseba, ki bedi (pri mrliču)

wake-robin [wéikrəbin] n bot kačnik

waking [wéikiŋ] 1. n bedenje (tudi pri mrliču); 2. a buden, čuječ; spodbuden

Waldorf salad [wɔ́:ldɔːfsǽləd] n A valdorfska salata (večinoma iz jabolčnih kock, orehov, zelene in majoneze)

wale [wéil] 1. n modrica, črnavka, podplutba; žulj, ožuljek; krajnik, rebro (tkanine); za gradnjo ladij primeren les; 2. vt napraviti ali povzročiti modrico, žulje; takó udariti, da se pokažejo črnavke; (tkalstvo) v križ tkati; mil (s)plesti (fašine, koše za okope itd.)

wale knot [wéilnɔt] n naut (= wall knot) vozel na koncu vrvi

Wales [wéilz] n Valizija, Wales

walk I [wɔːk] n hoja, hod, peš hoja, pešačenje, korakanje; način hoje, hoja v koraku; sprehod, tura, potovanje; redni, higienski sprehod; pot za sprehode, sprehajališče, promenada, aleja; pašnik (za ovce); tekališče (za kokoši); področje (dela), stroka, delavnost, aktivnost; poklic, socialen položaj, kariera; plantaža (v Zahodni Indiji); runda (policista); področje (krošnjarja); E (gozdni) revir; sp tekmovalna hoja; obs zakotje, skrivališče, zavetje, pribežališče; quite a ~ kar precéj hoje; ~ of life položaj v življenju, poklic, kariera; my favourite ~ moj najljubši sprehod; in my ~ s through the world na mojem potovanju po svetu; a 10 minutes' ~ to the station 10 minut hoje do postaje; the highest ~ s of society najvišji krogi družbe; to come at a ~

priti peš, prekorakati; **to go at a** ~ korakati, iti v koraku; **to go for a** ~, **to take a** ~ iti na sprehod; **to be on the** ~**s** *A* inkasirati, pobirati denar; **this is not within my** ~ to ni moja stroka, za to nisem kompetenten, to se me ne tiče; **to take s.o. for a** ~ vzeti, peljati koga na sprehod; **I know him by his** ~ poznam ga po hoji **walk II** [wɔ:k] **1.** *vi* hoditi, iti, korakati, peš iti, pešačiti, počasi hoditi, sprehajati se; (konj) iti v koraku; (duhovi) strašiti; *obs* majati se, premikati se (sem in tja); *fig obs* živeti (po nekih načelih); *obs* klatiti se okoli; **to** ~ **along** (ali **up**) **the street** iti po ulici; **to** ~ **home** vrniti se peš domov; **to** ~ **on air** *fig* biti v devetih nebesih; **to** ~ **in one's sleep** hoditi v spanju; **to** ~ **in peace** *fig* mirno živeti; **to** ~ **in procession** hoditi v procesiji; **he** ~**ed into the pie** *fig* planil je po pašteti; **to** ~ **in golden** (ali **silver**) **slippers** *fig* plavati v denarju, živeti v bogastvu; **to** ~ **over (the course)** z lahkoto dobiti dirko, *fig* z lahkoto zmagati; **to** ~ **round s.o.** *A coll* opehariti, oslepariti koga; **to** ~ **through one's part** *theat* brezizrazno (od)igrati (svojo) vlogo; **to** ~ **into s.o.** *coll* napasti koga; ozmerjati, pretepsti koga; **2.** *vt* prehoditi, prepotovati (peš); hoditi sem in tja po; pustiti (konja), da gre v koraku; voditi, peljati, spremljati na sprehod; odpeljati (kaj); (košarka) obdržati žogo več kot dva koraka (brez dribljanja); izučiti (mladega psa); tekmovati v hoji (*s.o.* s kom); **to** ~ **one's beat** *mil* biti na straži; **to** ~ **the boards** biti gledališki igralec; **to** ~ **the chalk** (ali **chalk mark, chalk line**) *fig* dokazati svojo treznost (npr. na policiji) z ravno hojo med črtami, narisanimi s kredo; **to** ~ **one's chalks** *sl* pobrati jo, po francosko se posloviti; **to** ~ **the floor** hoditi po sobi sem in tja; **to** ~ **a horse** voditi, prepeljavati konja; **to** ~ **the hospital** prakticirati na kliniki, hoditi po bolniških sobah (o študentu medicine); **to** ~ **a puppy** trenirati psička; **to** ~ **s.o. off his legs** utruditi koga s hojo, s pešačenjem; **I'll** ~ **you 5 miles** tekmoval bom s teboj v hoji na 5 milj; **to** ~ **the plank** kot gusarski ujetnik iti z zavezanimi očmi po deski z ladje v morje; **they** ~**ed me into the room** peljali so me v sobo; **to** ~ **the streets** hoditi po ulicah; *fig* baviti se s prostitucijo; **to** ~ **the tracks** iti po sledovih **walk about** *vt* voditi okoli; *vi* hoditi okoli, sprehajati se brez cilja, pohajkovati, postopati; ~! nadaljuj z delom! (klic častnika vojaku, da prepreči njegov pozdrav) **walk along** *vi* iti naprej **walk around** *vi* iti okoli; *A sl* plesati **walk away** *vi* iti proč, oditi; **to** ~ **from s.o.** *sp* z lahkoto premagati, pustiti za seboj koga; *vt* prebiti (**the afternoon** popoldan) na sprehodu **walk back** *vi* iti nazaj; *coll* opustiti zastopano stališče **walk down** *vt* shoditi (čevlje itd.); pustiti za seboj v hoji (koga); **walk in** *vt* iti noter, vstopiti; ~, **please!** vstopite, prosim! **walk off** *vt* oditi, odpraviti se; *vt* odpeljati, odvesti; pregnati, znebiti se s hojo; **to** ~ **a headache** znebiti se glavobola s sprehodom;

to ~ **one's legs** noge si obrusiti s hojo; **the thief was** ~**ed off** tatu so odpeljali; **to** ~ **with s.th.** pobegniti s čim; odnesti (nagrado itd.) **walk out** *vi* ven iti, narediti sprehod; *coll* stavkati; stopiti v stavko; demonstrativno iti ven; **to** ~ **on s.o.** *A coll* pustiti koga na cedilu; **to** ~ **with s.o.** »hoditi« s kom, imeti ljubezen s kom; *vt* iti ven s kom, spremiti ven (npr. nadležen obisk); peljati (psa) na sprehod **walk over** *vt* peljati čez (prek); *vi* iti (priti) prek; **he** ~**ed me over to our house** spremil me je čez k naši hiši (do naše hiše) **walk up** *vi* (od)iti gor, priti gor; ~! stopite bliže!; **he walked up to me** stopil je k meni; **to** ~ **the street** iti po ulici; *vt* splašiti, spoditi (divjad) **walkable** [wɔ́:kəbl] *a* prehodljiv; kamor se lahko gre; ki se lahko prehodi (razdalja), prehoden **walk-around** [wɔ́:kəraund] *n A* črnsko kolo (ples) **walkathon** [wɔ́:kəθɔn] *n sp* maratonska hoja; vztrajnostni (maratonski) ples **walkaway** [wɔ́:kəwei] *n sp* lahka zmaga, »sprehod« **walk-bill** [wɔ́:kbil] *n econ* menica, plačljiva v kraju, kjer je izpolnjena **walker** [wɔ́:kə] *n* hodec, pešec, sprehajalec; *sp* hodec; *hunt* gonjač; *E* (leteča) kontrola ali straža; **to be a good** ~ biti dober v hoji, v pešačenju **walker-on** [wɔ́:kərɔn] *n theat* statist(inja) **walkie-lookie** [wɔ́:kilúki] *n* prenosen televizijski aparat **walkie-talkie** [wɔ́:kitɔ́:ki] *n* prenosen radijski sprejemni in oddajni aparat (radiotelefon) **walking** [wɔ́:kiŋ] **1.** *a* hodeč, idoč, korakajoč, sprehajalen; ~ **beam** balansirka; ~ **boots** športni, štrapacni čevlji; ~ **crane** *tech* tekalni žerjav; ~ **delegate** sindikalni funkcionar; ~-**dress** ženska obleka za sprehode, za ulico; ~ **fan** velika pahljača (za zaščito proti soncu); ~ **gentleman**, ~ **lady** *theat* statist, statistinja; ~ **papers** *pl A coll* odpustnica; **to get one's** ~ **papers** biti odpuščen iz službe; ~ **part** *theat* vloga za statista; ~-**shoes** čevlji za sprehode; ~ **staff** popotna palica; ~ **stick** sprehajalna palica; ~ **ticket** *A coll* odpustnica; ~ **tour** *E* peš tura, peš potovanje; ~ **wheel** samotežno kolo; **2.** *n* pešačenje, sprehajanje; *sp* hoja; tura, potovanje; stanje poti, pot; **the** ~ **is bad there** pot je tam slaba **walkist** [wɔ́:kist] *n sp* hodec, atlet za hojo **walk-on** [wɔ́:kɔn] *n* vloga za statista **walk-out** [wɔ́:kaut] *n* odhod (ven), zapustitev; *coll* stavka **walkover** [wɔ́:kouvə] *n sp* lahka zmaga brez boja; *fig* lahkota, otročja igra **walk-up** [wɔ́:kʌp] *A coll* **1.** *n* (stanovanjska) hiša brez dvigala; **2.** *a* ki je brez dvigala **walkway** [wɔ́:kwei] *n A* pešpot; promenada **walky-talky** [wɔ́:kitɔ́:ki] *n glej* **walkie-talkie** **wall I** [wɔ:l] **1.** *n* stena, zid (tudi *fig*); (trdnjavsko) obzidje; *pl mil* utrdbe, nasip, okop; ločilna stena, pregraja, bariera; del pločnika ob zidu; **within the** ~**s** znotraj zidov, v notranjosti mesta, *fig* znotraj (nekega področja); **within four** ~**s** *fig* strogo zaupno; **with one's back to the** ~ *fig* v težavnem položaju, v škripcih; ~**s have ears** stene (zidovi) imajo ušesa; **to be**

up against a brick ~ *fig* ne moči (iti) naprej;
to give s.o. the ~ odstopiti komu prostor, da
lahko gre ob zidu (kot počastitev), *fig* pustiti
komu prednost; to go to the ~ *fig* biti pri-
tisnjen ob zid, biti premagan, podleči, propasti;
pasti pod stečaj; to meet a dead ~ *fig* ne na-
leteti na razumevanje; to paint the devil on the ~
fig slikati vraga na zid; to run one's head against
a ~ *fig* hoteti z glavo skoz zid, skušati napraviti
nekaj nemogočega; to see through brick ~ *fig*
biti zelo bister; to send s.o. to the ~ pritisniti
koga ob zid, pognati koga v škripce; to take
the ~ of s.o. ne odstopiti komu mesta ob
zidu; imeti prednost pred kom; 2. *a* stenski;
zidni; ~ clock stenska ura; ~ crane *tech*
konzolno dvigalo; ~ creeper skalni plezavček
(ptič); ~ fruit *agr* špalirsko sadje; ~ game *sp*
vrsta nogometa (v Etonu); ~ knot vozel na
koncu vrvi; ~ lizard *zool* sivi kuščar; ~ map
stenski zemljevid; ~ newspaper stenski časopis,
stenčas; ~ painting stensko slikarstvo, slika
na zidu, freska; W~ Street (W.S.) *A* finančna
četrt v New Yorku; *fig* moč ameriškega kapi-
tala (denarja, financ); ~ tower stolp v ob-
zidju; ~ tree *agr* špalirno drevo; ~ walk pokrit
hodnik na grajskem, mestnem zidu za obrambo
wall II [wɔ:l] *vt* obdati, utrditi z zidom (a town
mesto); *fig* obkrožiti, obkoliti, zapreti; to ~ off
ločiti z zidom (*from* od); to ~ in obzidati,
ograditi z zidom (a garden vrt); to ~ up za-
zidati (an aperture odprtino)
wallaby [wɔ́ləbi] *n zool* vrsta majhnega kenguruja;
on the ~ (track) *Austral coll* nezaposlen; ki
popotuje, išče delo; *pl Austral coll* Avstralci
Wal(l)ach [wɔ́lək] *n* Vlah, -inja; prebivalec južne
Romunije
Wal(l)achian [wəléikiən] *n* Vlah, -inja; vlaški jezik,
vlaščina
wallaroo [wɔlərú:] *n zool* klokan, kenguru
walled [wɔ:ld] *a* zidan; obdan z obzidjem ali
z okopi, utrjen (mesto itd.); ~-in vzidan; ~-up
zazidan
waller [wɔ́:lə] *n* zidar
wallet [wɔ́lit] *n* listnica, denarnica; usnjena torba
za orodje; *obs* popotna torba; tornistra, teleč-
njak; *E* torba z ribiškim priborom
walleye [wɔ́:lai] *n med* mrena na očesu, levkom;
vet konjska očesna bolezen
wallflower [wɔ́:lflauə] *n bot* rumeni negnoj; *coll fig*
dekle, ki je plesalci na plesni zabavi ne vabijo
na ples
wall-less [wɔ́:llis] *a* ki je brez zidu, nima zidu
wallop [wɔ́ləp] 1. *n coll* močan udarec; *E sl* pivo;
with a ~ z velikim hruščem; 2. *adv* s štrbun-
kom; 3. *vt* neusmiljeno pretepsti, prebunkati;
premagati (v igri); *vi coll* racati, opotekati se;
lomastiti
walloping [wɔ́ləpiŋ] 1. *n* obrok ali porcija udarcev;
udarci, batine; 2. *a* močan; *sl* velikanski, ogro-
men; silen, kolosalen; 3. *adv* silno
wallow [wɔ́lou] 1. *n* valjanje (v blatu); umazanija;
smetišče; 2. *vi* valjati se; s težavo priti naprej;
to ~ in money, in wealth valjati se v denarju,
v bogastvu; to ~ in vice razvratno živeti
wallpaper [wɔ́:lpeipə] 1. *n* tapeta; *A sl* ponarejen
bankovec; 2. *vt* tapecirati

wally [wéili] *Sc dial* 1. *a* izvrsten; 2. *adv* srečno;
~ fall! veliko sreče!; 3. *n* igrača; okrasje
walnut [wɔ́:lnʌt] 1. *n bot* laški oreh (sadež in drevo);
over the ~s and the wine pri poobedku; 2. *a* iz
orehovine; ~ oil orehovo olje; ~ shell orehova
lupina; *fig* lahek čoln, čolniček
Walpurgis Night [va:lpúəgis náit] *n* Valpurgina
noč (noč po 1. maju)
walrus [wɔ́:lrəs] *n zool* mrož, morski konj
walty [wɔ́:lti] *a* rahlo prevesen (ladja), nagnjen
waltz [wɔ:lts, wɔ:ls] 1. *n* valček (glasba in ples);
2. *vi & vi* plesati valček; poplesovati; ~ measure,
~ time valčkov takt
waltzer [wɔ́:lsə] *n* plesalec, -lka valčka
wambling [wɔ́mbliŋ] *a* kruleč (želodec); spotikajoč
se, opotekajoč se, omahujoč, trepetav
wampum [wɔ́mpəm] *n* nanizane preluknjane školjke
kot okrasek ali denar (pri severnoameriških
Indijancih); *A sl* denar; gala, paradna, večerna
obleka; (= ~ snake) *zool* modras
wampus [wɔ́mpəs] *n A sl* bedak, tepec; lenuh,
»nemogoč« človek
wamus [wɔ́məs] *n A* pleten volnen telovnik; jopa
wan [wɔn] 1. *a* (~ly *adv*) bled, brezkrven, brezbar-
ven; ki je videti izčrpan, slab, bolehen, izmučen;
obs temen; žalosten; a ~ smile medel nasmeh;
2. *vi* obledeti
wand [wɔnd] *n* šiba, prot, palica; *mus* taktirka;
čarobna palica; poveljniška palica; divining ~
čarodejna palica; Mercury's ~ Merkurjeva pa-
lica (simbol trgovine)
wander I [wɔ́ndə] *vi* bloditi, begati, tavati, potikati
se, potepati se, klatiti se; potovati, pešačiti;
zabloditi, zaiti (tudi *fig*); oddaljiti se (*from* od,
tudi *fig*); viti se (reka, cesta); govoriti brez zveze,
biti nepazljiv, blesti, fantazirati; biti duhovno
odsoten, raztresen; *vt* prepotovati, prehoditi;
coll zavesti v zmoto, voditi za nos, zmesti,
zbegati; to ~ out of one's way zaiti, zabloditi;
to ~ from the subject oddaljiti se od predmeta;
to ~ off oditi, oddaljiti se, izgubiti se (tudi *fig*)
wander II [wɔ́ndə] *n* popotovanje; pohajkovanje,
postopanje
wanderer [wɔ́ndərə] *n* popotnik (brez cilja); po-
hajkovalec; *fig* izgubljena ovca, izgubljenec
wandering [wɔ́ndəriŋ] 1. *n* (po)potovanje; tavanje,
blodnja; (navadno *pl*) duhovna odsotnost, raz-
tresenost; sanjarjenje, fantaziranje, bledenje,
blodnje; 2. *a* (~ly *adv*) potujoč; klateški, pote-
puški; nestalen, nemiren; nomadski (*tribe* ple-
me); raztresen, zmeden, zbegan, konfuzen, zme-
šan; brez načrta urejen (npr. vrt); brezzvezen
(*speech* govor); ~ly *adv* na slepo srečo; ~
bullet ubežna krogla; ~ star *astr* planet; W~
Jew večni Jud, Ahasver
wanderlust [wɔ́ndəlʌst] *n* veselje do potovanja
wane I [wéin] *n* upadanje, pojemanje, popuščanje,
slabitev, pešanje, zmanjševanje; propadanje, iz-
ginjanje; on the ~ v izumiranju; in the ~ of the
moon pri pojemajoči luni; to be on (ali at, in)
the ~ upadati, pojemati (luna); iti h koncu,
izginjati, izgubljati se, propadati; the year is
on the ~ leto gre h kraju (koncu)
wane II [wéin] *vi* pojemati (luna), upadati, pešati,
popuščati, manjšati se; bledeti (svetloba); bli-
žati se koncu, izginjati, izgubljati se, propadati;

zmanjkovati; **his popularity has ~ d rapidly** njegova priljubljenost je hitro upadla; **the summer is waning** poletje gre h kraju; **my strength is waning** moči mi pojemajo

wan-faced [wónfeist] *a* bledoličen

wangle [wǽŋgl] **1.** *vt coll* izpeljati, doseči (kaj) pod roko, z zvijačo; ponarediti, (goljufivo) »popraviti«; *vi* izvesti z zvijačo, goljufati, slepariti, znajti se, znati si pomagati; **to ~ accounts** goljufivo popraviti račune; **we shall ~ it somehow** bomo že kako to izpeljali; **we shall ~ through somehow** se bomo že kako izvili (izmazali) iz tega; **to ~ one's way through the crowd** preriniti se skozi množico; **to ~ s.o. into giving a party** pripraviti koga do tega, da priredi zabavo

wangler [wǽŋglə] *n coll* goljuf, slepar, lopov

wangling [wǽŋgliŋ] *n* sleparija, lopovščina

wanhope [wónhoup] *n A dial* brezupen položaj (primer); nepridiprav, malopridnež; otrok, ki dela velike skrbi, »pokora«; *obs* brezupnost, obup; bedasto upanje, zabloda

wanigan [wónigən] *n A* posoda (zaboj, shramba) za živež (drvarjev)

wanion [wónjən] *n obs* kuga, nadloga, prekletstvo; **with a ~ to him!** k vragu z njim!; vrag ga vzemi!

wanness [wónnis] *n* bledost, bledica

wannish [wóniš] *a* bledikast; mrk, žalosten; slab, medel

want I [wont] *n* pomanjkanje; stiska, revščina, siromaštvo; potreba, nujna potreba, nujno potrebna (željena) stvar; (navadno *pl*) želja, zahteva; *A coll* iskanje, ponudba službe; **for** (ali **from**) **~ of** zaradi pomanjkanja; **a longfelt ~** dolgo (časa) občutena potreba; **for ~ of s.th. better** ker ni boljšega; **~ of care** nebrižnost, nepazljivost; **~ of sense** nespametnost; **~ of thought** nepremišljenost; **to be in ~ of** (nujno) potrebovati; biti brez, ne imeti (česa); **I am in ~ of a dress** (nujno) potrebujem obleko; **he is a man of few ~s** on je človek, ki se zadovolji z malim; **to be in ~** živeti v pomanjkanju, v revščini; **to fall in ~** pasti v pomanjkanje, v revščino, obuboǆati

want II [wont] **1.** *vi* biti brez, ne imeti, trpeti pomanjkanje, revno živeti; *obs* manjkati; (le v sed. deležniku) pustiti na cedilu (*to s.o.* koga), ne ustrezati pričakovanju, ne upravičiti pričakovanj; **he does not ~ for talent** on ni brez daru; **he ~s for nothing** nič mu ne manjka; **he is never found ~ing** nanj se lahko vedno zaneseš; **he will never let me ~** nikoli ne bo dopustil, da bi jaz trpel pomanjkanje; **there never ~ discontented persons** nezadovoljneži se vedno najdejo; *vt* ne imeti, čutiti pomanjkanje (*for* česa); potrebovati, čutiti nujno potrebo; zahtevati, hoteti, želeti, hrepeneti po; **to ~ for** potrebovati, biti brez; *A coll* želeti, hoteti; **~ed a waitress** (v oglasih) išče se natakarica; **I have all I ~** imam vse, kar potrebujem; **I ~ it done** želim, da se to napravi; **he is ~ed by the police** za njim je izdana tiralica; **she ~s 2 years for her majority** manjkata ji 2 leti do polnoletnosti; **it ~s 5 minutes to nine** manjka 5 minut do devetih; **we ~ him to leave to-morrow** želimo, da (on) odpotuje jutri; **this clock ~s a repair**

(repairing, to be repaired) ta ura je potrebna popravila; **what else do you ~?** kaj še hočete?; **you are ~ed** iščejo vas, sprašujejo po vas, potrebujejo vas, želijo govoriti z vami; **you ~ to see a doctor** morate iti k zdravniku; **you don't ~ to be rude** ni vam treba biti grob; **you ~ to have your hair cut** moraš si dati ostriči lase

wantage [wóntidž] *n* pomanjkanje; *econ* deficit, primanjkljaj

wanter [wóntə] *n* revež; ženitve (možitve) željna oseba, zlasti samec

wanting [wóntiŋ] **1.** *prep* brez, v pomanjkanju (*in s.th.* česa); manj, razen; **a book ~ a cover** knjiga brez (ene) platnice; **~ one** razen enega, brez enega; **a month ~ three days** 3 dni manj kot en mesec; **2.** *a* manjkajoč; nemaren, zanikrn (*in v*); *dial* slaboumen; **the ~ pages of the book** manjkajoče strani knjige; **she is ~ in zeal** manjka ji prave vneme

wantless [wóntlis] *a* ki je brez želja, brez potreb; premožen, bogat

wanton [wóntən] **1.** *a* (**~ ly** *adv*) objesten, razposajen, navihan, poreden; zlohoten; muhast, neodgovoren, kapriciozen, trmast, brezobziren; neusmiljen; razuzdan, polten, nečist, razvraten; divji, bujen, razkošen (rastlinstvo); bogat, čezmeren, bujen; nesmotrn, slučajen, na slepo narejen, samovoljen, neupravičen; *poet* svoboden; **a ~ child** poreden, navihan otrok; **~ cruelty** nečloveška okrutnost; **~ looks** poželjivi pogledi; **~ hair** bujni lasje; **~ imagination** bujna domišljija; **~ praise** čezmerna hvala; **2.** *n* razvratnik, -ica, razuzdanec, -nka; hotnica; razposajenec (otrok), razvajenec; **to play the ~ with** šaliti se z; poigravati se z; **2.** *vi* biti razposajen, šale zbijati, noreti; besneti; razvratno, razuzdano živeti, ljubimkati; bujno rasti; pretiravati; *vt* zapravljati, zafrečkati (čas itd.)

wantonness [wóntənnis] *n* objestnost, navihanost, porednost, razposajenost, razigranost; muhavost, lahkomiselnost, kapricioznost; brezobzirnost; zbijanje šal, šaljivost; razuzdanost, razvratnost, poltenost; bujnost

wantwit [wóntwit] **1.** *n* norec; idiot, bedak; **2.** *a* nor; idiotski, neumen

wap [wop] *vi obs* lajati, bevskati

wapentake [wópənteik] *n* okrožje, okraj (v nekaterih grofijah severne Anglije)

wapiti [wópiti] *n zool* vapiti, kanadski jelen

wapperjawed [wópədžɔ:d] *a* ki ima naprej štrlečo brado, poševna usta

war I [wo:] *n* vojna; boj, borba; prepir, razprtija, mržnja, sovraštvo, sovražnost; vojna umetnost, vojništvo; *coll* orožje, vojna oprema, vojna moč, čete; **in the ~** v vojni, v vojnem času; **the W~** **1.** svetovna vojna; **W~ between the States** ameriška državljanska vojna; **~ of nerves** živčna vojna; **holy ~** sveta vojna; **a ~ of words** besedna vojna; **~ of the elements** naravne katastrofe, hude nevihte; **~ to the knife** boj na nož, vojna do iztrebljenja; **the ~ to end all ~s** zadnja vojna (nobene več!); **the dogs of ~** *poet fig* vojne strahote; **perfect (imperfect) ~** *jur mil* splošna (omejena) vojna; **man-of-~** vojna ladja; **trade of ~** vojaški poklic; **laws *pl* of ~**

vojno pravo; **rights** *pl* **of** ~ (nezakonito) vojno pravo; **untrained in** ~ neizurjen v orožju; ~ **baby** *coll* nezakonsko vojaško dete (rojeno v času vojne); *hum* mornariški kadet, ki je opravljal službo mornariškega častnika v 1. svetovni vojni; *A sl* vojni proizvod; delnica, katere vrednost se je dvignila v vojni; ~ **bond** vojna obveznica, zadolžnica; ~ **cloud** *coll* grožnja vojne, vojna nevarnost; ~ **craft** umetnost vojskovanja; ~ **correspondent** vojni dopisnik; ~ **crime**, ~ **criminal** vojni zločin, vojni zločinec; **to raise the** ~ **cry** zagnati bojni krik; ~ **dance** bojni ples; ~ **debt** vojni dolg; ~ **fever** vojna psihoza; ~ **god** bog vojne; ~ **hatchet** bojna sekira; ~ **footing** vojno stanje, vojna pripravljenost; ~ **grave** vojni, vojaški grob; ~ **guilt** vojna krivda; ~ **horse** bojni konj; *coll* star vojščak, veteran (tudi *fig*); ~ **of liberation** osvobodilna vojna; ~ **lord** najvišji poveljnik vojske, vojaški diktator, generalisim; **W~ Office** *E* vojno ministrstvo (do leta 1964); **W~ of the Nations** *hist* 1. svetovna vojna; ~ **orphan** vojna sirota; ~ **paint** barva, s katero si Indijanci prebarvajo obraz in telo pred bojem; *fig* svečana obleka; *A coll* našminkanost; ~ **path** bojni pohod Indijancev; *coll* **to be on the** ~ biti napadalen, biti pasje volje; ~ **plane** vojno letalo; ~**-ravaged** opustošen od vojne; ~ **widow** vojna vdova; ~ **song** bojevito petje; bojna pesem; ~ **zone** vojna cona; **all is fair in love and** ~ v ljubezni in v vojni je vse dovoljeno; **to be at** ~ **with** biti v vojni z; **he's been in the** ~**s** *fig* pošteno ga je zdelalo; **to carry the** ~ **into the enemy's country** prenesti vojno v sovražnikovo deželo, *fig* preiti v protinapad, tolči sovražnika z njegovim lastnim orožjem; **to declare** ~ **upon s.o.** napovedati vojno komu; **to drift into** ~ biti vpleten (potegnjen) v vojno, *fig* priti v spor z; **to go to** ~ spustiti se v vojno, začeti vojno; **to go to the** ~**s** iti v vojsko, v vojno; **to make** ~ biti v vojni, vojskovati se; **to wage** ~ voditi vojno, biti v vojni, vojskovati se

war II [wɔ:] *vi* vojskovati se (*against* proti), voditi vojno, boriti se (*with* z); biti v konfliktu; **to** ~ **with evil** boriti se z zlom; ~**ring principles** nasprotujoča si načela; *vt obs* vojskovati se (z); *fig* boriti se z, pobijati

warble I [wɔ:bl] **1.** *n* žvrgolenje, gostolenje; žvrgoleč glas; **2.** *vi* žvrgoleti, peti (kot ptica); tresti z glasom; glasno peti; peti v stihih; *A* jodlati, ukati; *vt:* **to** ~ **a song** žvrgoleti pesem

warble II [wɔ́:bl] *n vet* sedno (rana, vnetje od sedla na konjskem hrbtu); oteklina, izraslina (nastala od obadovih ličink pod kožo); *zool* ličinka zolja; ~ **fly** obad, brencelj

warbler [wɔ́:blə] *n zool* ptica pevka (zlasti penica, slavček, rdeča taščica itd.); *A* jodlar

warbling [wɔ́:bliŋ] *a* žvrgoleč; tresoč z glasom

ward I [wɔ:d] *n* straženje, čuvanje; odboj udarca, obramba; parada (pri mečevanju); nadzor; zapor, ječa, temnica, celica (v jetnišnici); oddelek (v bolnici, ubožnici, zaporu); okraj, okrožje; (mestna) četrt; revir; *jur* varovanec, -nka; skrbništvo, varuštvo; rejenec; *tech* brada (ključa); **to be under** ~ biti v zaporu, pod nadzorstvom;

to keep watch and ~ stražiti; **to put s.o. in** ~ zapreti, vtakniti koga v ječo, dati koga pod nadzorstvo

ward II [wɔ:d] *vt* čuvati, braniti, ščititi; vtakniti v zapor; sprejeti v bolnico, v ubožnico; **to** ~ **off a blow** odbiti, ubraniti, parirati udarec; **to** ~ **off a danger** odvrniti nevarnost; *vi* parirati, kriti se (pri mečevanju)

warden I [wɔ:dn] *n poet* čuvar; (lovski) čuvaj; čuvaj (*of a park* parka); nadzornik; *A* ječar; direktor (*of a prison* jetnišnice); predsednik; guverner (*of a town* mesta); rektor nekaterih kolidžev v Oxfordu; *A* vratar; *obs* kustos, cerkovnik; skrbnik, varuh; **air-raid** ~ nadzornik uličnega bloka (pri letalskih napadih)

warden II [wɔ:dn] *n bot* vrsta hrušk za kuhanje

wardenship [wɔ́:dənšip] *n* čuvarstvo, nadzorstvo, varuštvo; guvernersko upravljanje

warder [wɔ́:də] *n mil* straža(r); čuvaj (v muzeju); jetniški paznik, jetničar; *hist* poveljniška palica; utrdba

wardress [wɔ́:dris] *n* jetniška paznica, jetničarka

wardrobe [wɔ́:droub] *n* omara za obleko; zaloga oblek, garderoba (kake osebe); oblačilnica; *theat* prostor za rekvizite; garderoba; ~ **dealer** starinar za obleke; ~ **keeper** (gledališki) garderobêr

wardroom [wɔ́:drum] *n naut* častniška jedilnica; častniški štab

wardship [wɔ́:dšip] *n jur* skrbništvo; zaščita, nadzor(stvo); *jur* mladoletništvo, mladoletnost; *fig* varuštvo

wardsman, *pl* -men [wɔ́:dsmən] *n* čuvaj; strežnik

ware I [wέə] **1.** *a pred poet* zavesten, buden; **to be** ~ **of** zavedati se (česa), spoznati; **2.** *vt coll* paziti, čuvati se; ~ **!** pazi!, pozor!; *vi* paziti se; ~ **wire!** pozor, žica!

ware II [wέə] *n* blago, roba; lončarska, polporcelanska in porcelanska posoda, keramika, fajansa; *pl* blago, roba (na prodaj), artikli, proizvodi; *fig* produkt, *derog* mašilo; **China** ~ porcelan; **enamel(l)ed** ~ glazirana lončenina

warehouse [wέəhaus] **1.** *n* skladišče; shramba; razkladališče; trgovina na veliko, veletrgovina, trgovska hiša; **2.** *vt* dati v skladišče, vskladiščiti (zlasti pohištvo); ~ **receipt** potrdilo o sprejemu v skladišče, o uskladiščenju

warehouseman, *pl* -men [wέəhausmən] *n* upravitelj skladišča, skladiščnik, lastnik skladišča; veletrgovec (zlasti tekstila)

warehousing [wέəhausiŋ] *n* uskladiščenje

wareroom [wέərum] *n* prodajni prostor, prodajalna; skladišče

warfare [wɔ́:fɛə] *n* vojskovanje, vojna, vojno stanje; vojna služba; *fig* borba, boj, prepir, razprtija, zdraha, zdražba, konflikt; **global** ~ ves svet zajemajoča vojna; **static** ~ pozicijska vojna; **to be, to live at** ~ **with s.o.** biti, živeti v prepiru s kom

warfarer [wɔ́:fɛərə] *n* vojščak, vojak, borec, bojevnik

war(-)god [wɔ́:gɔd] *n* bog vojne (npr. Mars)

warhead [wɔ́:hed] *n mil* bojna glava (rakete, torpeda ipd.)

warily [wέərili] *adv* oprezno, previdno

wariness [wέərinis] *n* opreznost, previdnost

warlike [wɔ́:laik] *a* vojni; vojaški; bojevit (*temper* značaj, razpoloženje); sovražen

warlikeness [wɔ́:laiknis] *n* bojevitost; sovražnost

warlock [wɔ́:lɔk] *n Sc* čarovnik; vedeževalec; demon, vrag; velikan

warm I [wɔ:m] *a* (~ly *adv*) topel, ogret, vroč, razgret; strasten, goreč, zanesen, navdušen; živahen, prisrčen, prijazen, iskren; *fig* vroč, neprijeten, težaven, nevaren; nespodoben; (barva) topel, temen; *coll sl* bogat, premožen, imovit; *hunt* svež (*scent* sled), blizek (cilju pri lovu); ~ with wine razgret od vina; a ~ existence zagotovljena eksistenca; ~ friends intimni prijatelji; ~ thanks topla, prisrčna zahvala; a ~ welcome topel sprejem (dobrodošlica); ~ work težko delo; I am ~ toplo (vroče) mi je; to get, (to grow) ~ ogreti se; to make ~ ogreti, segreti; to make it ~ for s.o. napraviti komu tla vroča pod nogami; this place is too ~ for me *fig* tu mi gori pod nogami

warm II [wɔ:m] *n* gretje, ogrevanje; nekaj toplega; British ~ *mil* kratek (častniški) plašč uniforme; to have a ~ at the fire (p)ogreti se pri ognju; to give the milk another ~ še enkrat pogreti mleko

warm III [wɔ:m] *vt* ogreti, segreti; *fig* razvneti, požaviti; *coll* pretepsti, prebunkati, premlatiti; to ~ up a meal pogreti jed; *vi* ogreti se, segreti se, postati topel; *fig* razvneti se, zainteresirati se; postati strasten; to ~ o.s. ogreti se, segreti se; to ~ up to s.th. ogreti (vneti) se za kaj, dobiti simpatije do česa

war-maker [wɔ́:meikə] *n* vojni hujskač

warman, *pl* -men [wɔ́:mən] *n* (redko) vojščak, vojak

warmblooded [wɔ́:mblʌ́did] *a* toplokrven; *fig* strasten, ognjeniški, nagel, silovit, togoten, čuten

warmed-over [wɔ́:mdóuvə] *a A* pogret (jedi itd.); ~ cabbage *fig* pogreto zelje (stara zgodba)

warmer [wɔ́:mə] *n* grelec; kurjač; foot ~ grelec za noge

warmhearted [wɔ́:mha:tid] *a* (~lỳ *adv*) prisrčen, srčen, sočuten

warmhouse [wɔ́:mhaus] *n* rastlinjak

warming [wɔ́:miŋ] 1. *n* gretje, ogretje; *tech* kurjava; *sl* udarci, batine; to get (ali to take) a ~ malo se pogreti; to give s.o. a ~ *sl* prebunkati, pretepsti koga; 2. *a* grelen; ~ pad *el* grelna blazina; ~ pan grelna ponev, steklenica; *fig* grelec postelje (oseba)

warmish [wɔ́:miš] *a* mlačno topel

warmonger [wɔ́:mʌŋgə] *n* vojni hujskač

warmonging [wɔ́:mʌŋgiŋ] *n* ščuvanje, hujskanje k vojni

warmth [wɔ:mθ] *n* toplota; *fig* toplina, prisrčnost; ogenj, vnema, navdušenost; razburjenost, razdraženost, jeza

warmup [wɔ́:mʌp] *sp* ogrevanje; ogretje (motorja itd.)

warn [wɔ:n] *vt* (po)svariti (*of, against* pred); opozoriti (*against* na); opomniti; vnaprej obvestiti; nujno svetovati, na srce položiti; pozvati, ukazati; odpovedati; I ~ed her against him posvaril sem jo pred njim; he was ~ ed that he was in danger opozorili so ga, da je v nevarnosti; I was ~ed against smoking posvarili so me, naj ne kadim; he ~ed the tenant out of the

house odpovedal je zakupniku (hišo); to ~ s.o. of an intended visit vnaprej koga obvestiti o nameravanem obisku; to ~ s.o. to appear in court pozvati koga pred sodišče; they ~ed me to do that nujno so mi svetovali, naj to naredim; to ~ off odvrniti (*from* od); izgnati (*from* iz)

warner [wɔ́:nə] *n* svarilec, opominjevalec; *tech* svarilna (signalna) naprava

warning [wɔ́:niŋ] 1. *n* svarilo, posvaritev; svarilni signal; svarilen primer; poziv, opozorilo, namig, obvestilo; odpoved, odpust (iz službe); at a minute's ~ takoj, brez odlašanja, précej; without ~ nepričakovano; a month's ~ enomesečna odpoved; he ignored the ~ ni se zmenil za svarilo; the cook has given us ~ kuharica nam je odpovedala; to give an employee ~ odpovedati delojemalcu; to give one's employer ~ odpovedati službo delodajalcu; I would take ~ by his misfortune jaz bi si njegovo nesrečo vzel za svarilo; 2. *a* svarilen (~ly *adv*) svarilen, opozarjajoč, opominjajoč; signalen; ~ light signalna luč; ~ shot *naut* svarilen strel

War Office [wɔ́:ɔfis] *n E* vojno ministrstvo (do leta 1964)

warp I [wɔ:p] *n naut* vlačilna vrv; *geol* gost mulj (glen); zvijanje, ukrivljenje (lesa); izkrivljenje, popačenje; osnova (pri tkanju); ~ and woof osnova in votek (pri tkanju), *fig* prepletenost; ~ frame vrsta stroja za kleklanje čipk; ~ lace (bombažni) til; ~ land *agr* preplavljeno ali z blatom pognojeno zemljišče

warp II [wɔ:p] *vt* zviti, izkriviti (les itd.); namočiti z muljem, pognojiti (zemljo); spodrezati, pristriči nit, prejo (za tkanje), snovati, razporediti niti (preje) vzporedno; moralno pokvariti, popačiti, skaziti, imeti slab vpliv na, slabo delovati; odvrniti, zapeljati; sprevračati (dejstva), pačiti; *naut* vleči z vrvmi ladjo vzdolž obale ali menjati sidrišče s pomočjo sidra; enthusiasm ~ed his judg(e)ment navdušenje je izkrivilo njegovo razsodnost; the heat has ~ed the cover of the book vročina je skrivila platnico knjige; his misfortunes ~ed his mind nesreča ga je naredila čudaškega; 2. *vi* zviti se, skriviti se; viti se; majati se, omahovati; vzeti napačno smer, skreniti; *poet* oveneti; zgrbančiti se; the wood has ~ed in drying pri sušenju se je les zvil

warphan [wɔ́:fən] *n A* (krajšava za) war orphan vojna sirota

warrant I [wɔ́rənt] *n* poroštvo, jamstvo; porok; pooblastilo, polnomočje; pravica, upravičenost, utemeljitev, opravičilo, razlog; izvršilni nalog, mandat, naročilo; potrdilo, spričevalo, izkaz; nakazilo za izplačilo; skladiščni list; *mil naut* patent; ~ of apprehension tiralica; ~ of arrest zaporni nalog (povelje); ~ holder dvorni dobavitelj; ~ of attachment (ali distress) rubežni nalog; search ~ mandat, nalog za preiskavo; there is no ~ for such insolence nobenega opravičila ni za tako nesramnost; I shall be your ~ jaz bom tvoj porok; to take out a ~ against s.o. *jur* izdati zaporni ukaz za koga; a ~ is out against him tiralica je izdana za njim

warrant II [wɔ́rənt] *vt* pooblastiti; avtorizirati; jamčiti, garantirati; upravičiti, utemeljiti; (ob)-

varovati (*from, against* pred); potrditi, dokazati; **nothing can** ~ **his insolence** nič ne more upravičiti njegove nesramnosti; **they** ~ **us punctual delivery** jamčijo nam točno dobavo; **I** ~ **this report to be true** jamčim, da je to poročilo resnično; **I (will** *ali* **'ll)** ~ **(you)** *coll* lahko prisežem, zagotavljam vam

warrant III [wɔ́rənt] *n E* spodnja plast glinastega skrilavca (v premogovnikih)

warrantable [wɔ́rəntəbl] *a* (~ **ly** *adv*) upravičen; pooblaščen; ki se sme loviti (jelen)

warranted [wɔ́rəntid] *a econ* zajamčen, garantiran (*for 2 years*) za 2 leti; ~ **pure** garantirano pristen (čist)

warrantee [wɔrəntí:] *n* pooblaščenec; oseba, ki se ji (kaj) jamči, sprejemnik garancije

warranter *n* garant, porok

warrant-officer [wɔ́rəntɔ́fisə] *n mil* častniški aspirant (pripravnik); *naut* palubni častnik

warrantor [wɔ́rəntɔ:] *n jur* glej **warranter**

warranty [wɔ́rənti] *n* jamstvo, poroštvo, garancija; polnomočje, pooblastilo; upravičenost, utemeljitev (*for* za)

warree [wa:rí:] *n zool* belobradati pekari

warren [wɔ́rin] *n* lovišče kuncev; kuncev polno zemljišče; *fig* prenaseljen stanovanjski predel, velika stanovanjska hiša, »kasarna«; cestni vrvež

warrior [wɔ́riə] **1.** *n poet* vojščak, bojevnik, vojak; **the Unknown W**~ Neznani junak (simbol padlega vojaka v 1. svetovni vojni); **2.** *a* bojevit

Warsaw [wɔ́:rsɔ:] *n* Varšava

warship [wɔ́šip] *n* vojna ladja

wart [wɔ:t] *n med* bradavica; *bot* izrastek, bradavica; *vet* žuljna oteklina na konjski nogi; **to paint s.o. with his** ~ **s** slikati koga brez olepšavanja, *fig* predstaviti koga z vsemi njegovimi napakami

warthog [wɔ́:θɔg] *n zool* bradavičasta svinja

wartlike [wɔ́:tlaik] *a* podoben bradavici; bradavičast

wartime [wɔ́:taim] **1.** *n* vojni čas; **2.** *a* vojni; ~ **propaganda** vojna propaganda

wartwort [wɔ́:twɔ:t] *n bot* (cipresasti) mleček

warty [wɔ́:ti] *a* bradavičast; poln bradavic

warwolf [wɔ́:wulf] *n mil hist* metalni stroj; *obs* divji (domačinski) vojak; *obs* volkodlak

war-wearied [wɔ́:wiərid] *a* utrujen od vojne

war worker [wɔ́:wə:kə] *n* delavec v oboroževalni industriji

warworn [wɔ́:wɔ:n] *a* opustošen od vojne, utrujen od vojne

wary [wéəri] *a* (~ **rily** *adv*) oprezen, pazljiv, pozoren; **to be** ~ **of** čuvati se (česa), paziti (na)

was [wɔz, wəz] 1. in 3. os. sg. pret. od **to be**

wash I [wɔš] **1.** *n* pranje, umivanje; izpiranje; toaleta; pranje perila; kar je oprano, oprano perilo; omočenje, premočenje, ovlaženje, oškropitev, splaknitev; pomije, oplaknica (voda); *fig* razredčenost z vodo; *fig* prazno govoričenje; pralno sredstvo; (toaletna) voda, losion, voda za lase, za polepšanje; čobodra, redka juha; lahna plast barve, tuša; premaz; kovinska prevleka; zlati pesek; pljuskanje, udarjanje valov ob obalo; brazda izza ladje, vodni razor; plitvo vodovje, rečica, vodna kotanja; *aero* zračni vrti-

nec, srk; *geogr* barje, močvirje; *geol* izpiranje, (vodna) erozija, naplavina, prodovje; *fig* čvekanje, čenče; **in the** ~ v pranju (o perilu); **hair** ~ voda za lase; **to bring back the week's** ~ prinesti nazaj tedensko perilo; **to give s.th. a** ~ oprati kaj; **to hang out the** ~ obesiti perilo; **to have a** ~ umiti se; **to send s.th. to the** ~ poslati kaj v pranje, v pralnico; **2.** *a* pralen; ~ **glove** pralna rokavica; ~ **silk** pralna svila

wash II [wɔš] *vt* (o)prati, umi(va)ti; izp(i)rati; (o)čistiti; splakniti, namočiti, zmočiti, namakati, ovlažiti, navlažiti, premočiti; preplaviti, odplaviti, odnesti (s palube, o valu, toku); izvreči (na kopno); spodkopati, izdolbsti (voda); izpirati (rudo, pesek za zlato), izplakniti; prevleči z žlahtno kovino; lahno pobarvati z vodeno barvo; **to** ~ **o.s.** umiti se; **to** ~ **one's hands** *fig* umiti si roke, meti si roke (od zadrege); **to** ~ **one's hands of s.o.** *fig* ne hoteti več imeti opravka s kom; **I** ~ **my hands of this affair** pri tej zadevi si umijem roke (v nedolžnosti); **to** ~ **one's dirty linen** *fig* (javno) pripovedovati umazane tajnosti; **to** ~ **ashore** naplaviti na kopno; **to** ~ **(up) dishes** pomiti posodo; **to** ~ **overbord** *naut* odnesti s palube; *vi* biti pralen, dati se prati, ne izgubiti barve pri pranju; *fig coll* prestati preskušnjo; biti prepričljiv; teči, liti, pljuskati; biti naplavljen, izvržen na kopno; **to** ~ **for gold** izpirati zlato (iz zemlje); **she** ~ **es for other people** ona pere (hodi prat) perilo za druge; **this argument won't** ~ ta argument je nevzdržen

wash away *vt* izprati; spodkopati; odnesti, odnašati, odplaviti (o morju, vodnem toku); *vi* biti odplavljen

wash down *vt* poplakniti; **to** ~ **a meal with ale** poplakniti jed s pivom

wash off *vt* odplaviti, odnesti; *vi* biti odplavljen (odnesen); **the bridge washed off in the last rain** zadnje deževje je odneslo most

wash out *vt* izprati, spodkopati, izjedati, očistiti, *fig* izbrisati; *coll* izčrpati; *vi* dati se oprati (očistiti); biti spodkopan, iz(pod)jeden; **to** ~ **one's mouth** splakniti si usta; **to be washed out** biti izpran, izmit; izgubiti barvo; *fig* biti izčrpan, bled; **the rain has washed out the road** dež je spodkopal cesto; **this washes it out** *E coll* s tem pade stvar v vodo

wash up *vt* prati (posodo), pomiti (*the dishes* posodo); odnesti, odplaviti (o morju, vodnem toku); *vi A* umiti se; **to be** ~ **ed up** *A coll* biti izvržen med staro šaro; **the sea** ~ **ed him up** morje ga je izvrglo na obalo

washability [wɔšəbíliti] *n* pralnost

washable [wɔ́šəbl] *a* pralen, ki se da prati, ki ne izgubi barve pri pranju

washbasin [wɔ́šbeisn] *n* umivalnik, lavor

washboard [wɔ́šbɔ:d] *n* deska za pranje, perača, tolkač

wash boiler [wɔ́šbɔilə] *n* pralni kotel

wash bowl [wɔ́šboul] *n* umivalnik

washcloth [wɔ́šklɔθ] *n* krpa za pomivanje; *A* krpa za umivanje

washday [wɔ́šdei] *n* pralni dan

washed-out [wɔ́štaut] *a* izpran; *coll* izčrpan

washed-up [wóštʌp] *a A* izčrpan; *sl* popolnoma ruiniran; he is ∼ z njim je konec; on se je onemogočil

wash dirt [wóšdə:t] *n* zlati pesek, zemlja, ki vsebuje zlato

washer [wóšə] *n* pralec, perica; pralni stroj; *tech* tesnilo, okrogla ploščica; ∼-up pomivalec, -lka posode; dish ∼ pomivalni stroj

washerman, *pl* -men [wóšəmən] *n* pralec; strežnik pri pralnem stroju

washerwoman, *pl* -men [wóšəwumən, -wimin] *n* perica

washhand-basin [wóšhændbeisn] *n* umivalnik, lavor

washhouse [wóšhaus] *n* pralnica (podjetje); *tech* izpiralnica (rude)

washiness [wóšinis] *n* vodenost, zapranost, izpranost; *fig* plehkost, plitvost, omlednost

washing [wóšin] *n* pranje, umivanje, izpiranje; izplakovanje, čiščenje; perilo za pranje, oprano perilo; kroženje, udarjanje valov ob obalo; tanka prevleka barve; *geol* vodna erozija; *pl* pomije, oplaknica, odplake; voda od pranja; naplavina, naplavljen mulj, odplavljena gmota; odpadki; ∼ day pralni dan; ∼ machine pralni stroj; ∼ powder pralni prašek; ∼ soda soda (za namakanje perila); ∼ stand umivalnik; to take in one another's ∼ *coll* medsebojno si pomagati

wash leather [wóšleðə] *n* pralno usnje

washout [wóšaut] *n sl* popoln poraz, neuspeh, fiasko, propast; nesposobna oseba, nesposobnež; *geol* izpiranje; predor nasipa z vodnim tokom, z vodnimi masami

washpot [wóšpɔt] *n* lonec za pranje

washroom [wóšrum] *n A* umivalnica; stranišče, WC

wash sale [wóšseil] *n fig econ* navidezna prodaja

washtab [wóštæb] *n* čeber, kad, korito za pranje

wash-up [wóšʌp] *n* pomivanje, pomitje posode

washwoman, *pl* -women [wóšwumən, -wimin] *n A* perica

washy [wóši] *a* (∼shily *adv*) vodén(ast), redek; (barva) bled; zapran, izpran; *fig* brez moči, medel, mlahav; plitev, dolgočasen, plehek; vlažen, moker; ∼ coffee tanka, redka kava; ∼ colour izprana, bleda barva; a ∼ kind of man slabič

wasp [wɔsp] *n zool* osa; *fig* (hitro) razdražljiv človek; ∼'s nest osir, osišče, osje gnezdo; ∼ waist *fig* tanek, zelo vitek stas

waspish [wóspiš] *a* (∼ly *adv*) osi podoben, osast; tanek, vitek kot osa; *fig* razdražljiv, občutljiv, jedek, oster; *fig* strupen, napadalen; razdražen

waspishness [wóspišnis] *n fig* zlobnost, razdražljivost

wasplike [wóšplaik] *a* podoben osi; kot osa

wasp-waisted [wóspweistid] *a* (ki je zelo) tankega pasu (stasa)

waspy [wóspi] *a* glej waspish; poln os

wassail [wɔsl, wǽseil] 1. *n obs* popivanje, pitje; pijača za take prilike; napitnica; pivska pesem; (vesela) božična pesem; ∼ horn pivski rog; 2. *vi* popivati; *E* peti božične pesmi (od hiše do hiše) (= to go ∼ing); *vt* piti na zdravje kake osebe

wassailer [wóslə, wǽseilə] *n* pivec; *E* pevec božičnih pesmi

wast [wɔst, wəst] *obs* 2. os. sg. pret od to be bil(a) si

wastage [wéistidž] *n* tratenje, trošenje, razsipavanje, zapravljanje; izguba; obraba; odpad; *fig* prazen tek; ∼ of energy trošenje, potrata energije

waste I [wéist] 1. *n* razsipavanje, tratenje, trošenje, zapravljanje (denarja, časa, moči); izguba, odpad; zmanjšanje; propadanje, propast; *obs* opustošenje, razdejanje; *jur* škoda, zmanjšanje vrednosti (posesti, zemljišča) zaradi nemarnosti; odpadki (volne, svile ipd.); makulatura; odplake, pomije; pustinja, neobdelan svet, zapuščeno polje; *geol* mel, melišče; velika površina (*of waters* vodá); a ∼ of snow snežna pustinja; it's a sheer ∼ of time to je čista izguba časa; to go (ali to run) to ∼ tratiti se, razsipavati se; v prelogu ležati; podivjati; odtekati; wilful ∼ makes woeful want kdor lahkomiselno denar zapravlja, se od premoženja že poslavlja; 2. *a* pust, neobdelan, neploden; nenaseljen, opustošen, odvečen, brezkoristen, neuporaben, izgubljen, odtočen; ∼ drain odtočni kanal; ∼ energy neizrabljena energija; ∼ land pustina, pustota, neobdelana zemlja; ∼ materials odpadni material, odpad(ki); ∼ paper makulaturni papir, odpadki papirja; to lay ∼ opustošiti; to lie ∼ biti (ležati) neobdelan, neizkoriščen; to run ∼ prazen teči (stroj)

waste II [wéist] 1. *vt* razsipavati, zapravljati (denar, moč), tratiti (čas) zaman; trošiti, ne izkoristiti (prilike); slabiti, poslabšati; pustiti, da (kaj) propade; zapustiti (posestvo, zemljo itd.) zaradi nemarnosti; *A* zamuditi (*an opportunity* priliko); (o)pustošiti, razorati; to ∼ breath zaman govoriti; to ∼ one's property zafrčkati svoje premoženje; to ∼ one's time (svoj) čas zapravljati; ∼d with grief uničen od žalosti; a ∼d talent neizkoriščen talent; to be ∼d biti brezkoristen, neuporaben; ostati brez učinka (*on* na); this is ∼d on me iz tega si nič ne storim, tega mi ni mar; 2. *vi* slabeti, upadati, propadati, pojemati, izgubiti na teži (s treningom); trošiti se, razsipavati se, tratiti se, zapravljati se; biti zapravljiv, trošiti denar; izgubljati se, izginjati; giniti; *obs* minevati (čas); he ∼s in routine work on se troši v rutinskem delu; the candle is wasting sveča se manjša; the day ∼s *obs* dan se nagiblje h kraju; to ∼ away hirati; *fig* pojemati, upadati; his power is wasting njegova moč upada (pojema); ∼ not, want not varčuj, kadar imaš, da ne boš brez v potrebi

wastebasket [wéistba:skit] *n A* koš za odpadke (papirja)

waste book [wéistbuk] *n econ* poslovni dnevnik, beležnica

wasteful [wéistful] *a* (∼ly *adv*) zapravljiv, potraten, razsipen; drag, nerentabilen; ki pustoši, uničuje; *obs* pust, zapuščen; to be ∼ of biti potraten z, zapravljati (kaj)

wastefulness [wéistfulnis] *n* potratnost, zapravljivost, razsipnost

waste heap [wéisthi:p] *n* kup smeti

wastepaper-basket [wéistpeipəbá:skit] *n* koš za papir, za odpadke

waste pipe [wéistpaip] *n* odvodna cev (za uporabljeno ali odvečno vodo)

waste product [wéistprədəkt] *n econ tech* odpadni proizvod

waster [wéistə] *n* zapravljivec, razsipnik, potratnež; *coll* pridanič, fičfirič, ničvrednež, malopridnež; uničevalec, opustoševalec; tisto, kar povzroča izgubo; *econ* slab primerek, slabo blago (roba); izvržek; odpadek; slab, neuspel uliv; odrezek, odpadek pločevine

wastethrift [wéistθrift] *n* zapravljivec

waste valve [wéistvælv] *n tech* izpraznjevalni ventil

wasteway [wéistwei] *n tech* odtočni kanal

wasteword [wéistwə:d] *n* mašilna beseda

wasting [wéistiŋ] **1.** *a* opustoševalen, uničujoč; *med* hirajoč; *fig* glodajoč (*care* skrb); **2.** *n* trošenje, tratenje, zapravljanje; obraba

wastrel [wéistrəl] **1.** *n econ* slab vzorec (primerek); slabo, nič vredno blago (roba); odpad, izvržek; zapravljivec; pridanič, ničvrednež; postopač; zapuščen, izgubljen otrok, najdenček; cestni pobalin; neobdelana zemlja; občinska zemlja; **2.** *a* odpaden; izčrpan, shujšan, shiran, slaboten (žival)

wasty [wéisti] *a* bogat z odpadom; lahkó pokvarljiv; *obs* prazen, zapuščen

watch I [woč] **1.** *n* žepna, zapestna ura; budnost, opazovanje, oprez(ovanje), pazljivost; zalezovanje; straža, stražar; *naut* straža na ladji; *obs* bedenje; straža pri mrliču, nočna straža; *hist* eno od 3 ali 4 razdobij noči; **in the** ~ **es of the night** čas, preživet v bedenju; **in the silent** ~ **es of the night** v tihih nočnih urah; **on the** ~ **na** opazovanju, v pazljivem pričakovanju; ~ **and ward** (prvotno) stražarjenje podnevi in ponoči, (danes) naporno, napeto, ostro stražarjenje; **it is two o'clock by my** ~ ura je dve po moji uri; **first** ~ prva nočna straža na ladji (20,00—24,00 ure); **to be (up) on the** ~ biti buden; paziti se; **to have the** ~ stražiti; **to keep (a) close** ~ **over** (ali **on**) stražiti, bedeti, paziti na, pazljivo nadzirati, ostro opazovati; **to pass as a** ~ **in the night** *fig* biti hitro pozabljen; **to set a** ~ postaviti stražo; **to set a** ~ **(up) on** s.o. dati koga (skrivno, tajno) opazovati; **2.** *a* stražni; opazovalni; ~ **mastiff** pes čuvaj

watch II [woč] **1.** *vt* opazovati, gledati; čuvati (živino), paziti, stražiti; pazljivo ogledovati, motriti; prežati na; *fig* paziti na (koga); čakati na, pričakovati; ~ **it!** *A sl* pazi!; **to** ~ **one's time** čakati na ugodno priliko; ~ **ed pot never boils** *fig* v čakanju je čas dolg; **2.** *vi* bedeti, čuti, biti pazljiv; paziti, popaziti, prežati; biti na oprezu; vohuniti; *mil* stražariti, biti na straži; **to** ~ **over a child**, **a flock** čuvati otroka, čredo; **watch out** *vi* paziti; paziti se

watchband [wóčbænd] *n* zapestnica za uro

watch bell [wóčbel] *n naut* zvonec na ladji (zvoni vsake pol ure)

watchboat [wóčbout] *n naut* stražni čoln

watch box [wóčbɔks] *n* stražnica; čuvajnica

watch candle [wóčkændl] *n* ponočna luč; mrliška luč

watch cap [wóčkæp] *n naut* tesno se prilegajoča modra pletena čepica

watchcase [wóčkeis] *n* ohišje žepne ure; etui za uro

watch chain [wóččein] *n* verižica za žepno uro

watch clock [wóčklɔk] *n obs* ura budilka

watchdog [wóčdɔg] *n* pes čuvaj; ~ **committee** *A* mestna služba za vzdrževanje reda

watcher [wóčə] *n* opazovalec, -lka; čuvar, stražar; bolničar, bolniški strežnik; *obs* špijon

watch fire [wóčfaiə] *n mil* signalni ogenj

watchful [wóčful] *a* (~ **ly** *adv*) pazljiv, oprezen, buden; *obs* prečut (noč); **to keep a** ~ **eye (up)on** z budnim očesom paziti na

watchfulness [wóčfulnis] *n* pazljivost, opreznost, budnost

watch glass [wóčgla:s] *n* steklo žepne ure; *naut* stražna ura; peščena ura

watch guard [wóčga:d] *n* verižica za uro

watch hand [wóčhænd] *n* kazalec ure

watchhouse [wóčhaus] *n* stražarnica; vratarjeva hišica

watch keeper [wóčki:pə] *n naut* straža(r)

watch key [wóčki:] *n* ključ za navijanje ure

watchmaker [wóčmeikə] *n* urar

watchmaking [wóčmeikiŋ] *n* urarstvo

watchman, pl -men [wóčmən] *n* (nočni) čuvaj (hišni); *hist* mestni nočni čuvaj

watch meeting [wóčmi:tiŋ] *n relig* nočna služba božja

watch night [wóčnait] *n relig* novoletna noč

watch officer [wóčɔfisə] *n naut* oficir straže

watch pocket [wóčpɔkit] *n* žep za uro

watch rate [wóčreit] *n* (mestna) davščina za vzdrževanje reda in za razsvetljavo

watch spring [wóčspriŋ] *n* (spiralna) vzmet žepne ure

watch stand [wóčstænd] *n* stojalo za uro

watchtower [wóčtauə] *n* stražni stolp; *naut* svetilnik

watchword [wóčwə:d] *n* geslo, parola

water I [wó:tə] **1.** *n* voda, vodna površina; reka, morje; *pl* vodé, vodovje, voda, morje; slatina, mineralna voda; plima in oseka; *chem* vodna raztopina; *tech* vodni sijaj, blesk (na draguljih); spreminjanje barv (na tkanini); *med* seč, urin; solze; slina; znoj; **above** ~ nad vodo, plavajoč; *fig* finančno trden; **by** ~ po vodi, po vodni poti; **on the** ~ v čolnu, na ladji; na morju; **in Chinese** ~ **s** v kitajskih vodah; **as a fish out of** ~ *fig* kot riba na suhem; **in deep** ~ **(s)** v težavah, v neprilikah, v škripcih; **between wind and** ~ *fig* na ranljivem mestu, v ranljivo mesto; **in low** ~ *fig* (biti) v slabih razmerah, na suhem; **like** ~ *fig* izdatno, potratno; **of the first** ~ (dragulj) prvega sijaja, najboljše vrste; ~ **bewitched** *coll* zvodenela redka pijača (čaj, alkoholna pijača); ~ **on the brain** *fig* vodenoglavec; **blue** ~ morska gladina; **brandy and** ~ z vodo mešano žganje; **high** ~ plima; *fig* vrhunec, kulminacija; **lavender** ~ sivkina (toaletna) voda; **low** ~ oseka; *fig* najnižji nivó, najslabši rezultat; **mineral** ~ slatina, mineralna voda; **red** ~ krvav urin, seč; **strong** ~ **s** žganje; **table** ~ slatina (zlasti v steklenicah); **thermal** ~ termalna voda; **written in** ~ *fig* prehoden, kratkotrajen, na pesku zgrajen; ki se bo uresničil; **to be on the** ~ biti na ladji, na poti z ladjo; **to be in hot** ~ biti v nepriliki, v škripcih; **to be in low** ~ biti v stiski; **to be in smooth** ~ biti v ugodnih razmerah, uspevati; **it brings the** ~ **to my mouth** sline se mi pocede ob tem;

to cast one's bread upon the ~s izkazati dobroto, ne da bi pričakovali zahvalo; to cross the ~s iti čez morje; the boat draws 10 feet of ~ ladja ima 10 čevljev ugreza; to fish in troubled ~s *fig* v kalnem ribariti; to get into hot ~ for priti (zaiti) v neprilike (v stisko, v škripce); to hold one's ~ zadrževati vodo; to keep one's head above ~ obdržati se na površini; to make (ali to pass) ~ urinirati; to make (ali to take) ~ puščati vodo (o ladji); to make foul ~ *naut* jadrati v plitvi vodi; to pour oil on the ~s *fig* izgladiti, poravnati, odstraniti zapreke; umiriti; to spend money like ~ *fig* za prazen nič trošiti denar; to throw cold ~ on *fig* posmehovati se (čemu), ohladiti, politi z mrzlo vodo; zmanjšati veselje ali navdušenje za; spodnesti, preprečiti, onemogočiti; that threw cold ~ on my plans to je bilo kot hladna prha na moje načrte; to take the ~ (o ladji) biti splavljen, porinjen v vodo; to take (ali to drink) the ~s piti mineralno vodo, zdraviti se s slatino (at Radenci v Radencih); still ~s run deep tiha voda globoko dere (bregove podira); **2.** *a* vodni; ~ **balance** *tech* libela; ~ **buffalo** vodni bufalo; ~ **bus** vodni avtobus, hidrobus; ~ **heater** bojler; ~ **ski** vodna smučka; *vi* smučati se na vodi; ~ **skier** vodni(a) smučar(ka); ~ **skiing** smučanje na vodi; ~ **storage reservoir** akumulacijski bazen

water II [wɔ́:tə] *vt* (po)škropiti (**streets** ceste); zalivati (**plants** rastline); namočiti, namakati, ovlažiti, napeljati vodo na; razredčiti z vodo, zvodeniti (**milk, wine** mleko, vino); napojiti, napajati (**animals** živali); oskrbeti, oskrbovati z vodo (**an engine** stroj); *econ* povečati dolg ali kapital (podjetja) z izdajo novih delnic brez kritja; moarirati (tkanino); to ~ **down** zvodeniti, razredčiti; *fig* omiliti, ublažiti; to ~ **down one's claims** ublažiti, zmanjšati svoje zahteve; he ~**ed his lecture** zavlačeval (razvlekel) je svoje predavanje; *vi* puščati vodo; liti solze, solziti se (oči); izločati vodo, slino; zmočiti se, ovlažiti se; napajati se, piti, iti se napajat (živali); oskrbeti se z vodo; piti mineralno (delati kuro z) zdravilno vodo, zdraviti se s slatino; *hunt* iti v vodo (pes); it made my eyes ~ oči so se mi zasolzile ob tem; to make s.o.'s mouth ~ napraviti, da se komu pocedijo sline; my mouth ~**ed (for, after)** sline so se mi pocedile (po, za); to ~ the stock *econ* izda(ja)ti nove delnice (brez povečanja glavnice), zvodeniti (delniški kapital)

waterage [wɔ́:təridž] *n* prevoz po vodi; pristojbine ˙za prevoz po vodi

water bag [wɔ́:təbæg] *n* vedro za vodo (iz usnja); *zool* kapica (del želodca pri prežvekovalcih)

water bailiff [wɔ́:təbeilif] *n hist* rečni policist; luški carinski, ribarski nadzornik

Water Bearer [wɔ́:təbéərə] *n astr* Vodnar; **w~ -b~** nosač vode

water bed [wɔ́:təbed] *n med* z vodo napolnjena gumijasta vzmetnica, vodna postelja (za bolnika)

water-beetle [wɔ́:təbi:tl] *n zool* vrsta povodnega hrošča

water biscuit [wɔ́:təbiskit] *n* navaden keks

water blister [wɔ́:təblistə] *n* vodni mehurček (na koži)

water boat [wɔ́:təbout] *n* ladja cisterna, tanker

water-borne [wɔ́:təbɔ:n] *a* plavajoč na vodi; ki se prevaža po vodni poti, po vodi

water-bottle [wɔ́:təbɔtl] *n* karafa, steklenica za vodo; (ploščata) čutarica (iz kovine, usnja); hot ~ grelna steklenica (z vročo vodo), ogrevača, termofor

water brash [wɔ́:təbræš] *n med* zgaga

water-break [wɔ́:təbreik] *n* kodranje valov

water bus [wɔ́:təbʌs] *n* vodni avtobus

water-butt [wɔ́:təbʌt] *n* sod, čeber za vodo

water-carriage [wɔ́:təkæridž] *n* prevoz po vodni poti, po vodi

water-carrier [wɔ́:təkæriə] *n* nosač vode; tank (voz) za vodo; kanal; *astr* Vodnar

water cart [wɔ́:təka:t] *n* voz za vodo; voz za škropljenje cest, škropilni voz

water chute [wɔ́:təšu:t] *n* vodna drča (drsalnica)

water cistern [wɔ́:təsistən] *n* cisterna za vodo

water-clock [wɔ́:təklɔk] *n tech* vodna ura

water closet [wɔ́:təklɔzit] *n* angleško stranišče (kratica: **WC**)

water cock [wɔ́:təkɔk] *n tech* vodna pipa

water colour [wɔ́:təkʌlə] *n* vodena barva; akvarel; akvarelno slikarstvo; **w~ -c~** *a* akvarelen

water-colourist [wɔ́:təkʌlərist] *n* akvarelist

water compress [wɔ́:təkɔmpres] *n med* moker, vlažen obkladek

water-cool [wɔ́:təku:l] *vt tech* hladiti z vodo

watercourse [wɔ́:təkɔ:s] *n* vodni tok, reka, potok; rečna struga; (umeten) kanal

water-crane [wɔ́:təkrein] *n tech* hidravličen žerjav

water cress [wɔ́:təkres] *n bot* navadna vodna kreša

water cure [wɔ́:təkjuə] *n med* hidroterapija

water diviner [wɔ́:tədivainə] *n* iskalec studencev (z bajalico)

water-dog [wɔ́:tədɔg] *n* pes, ki ima rad vodo; *A coll* star morski volk (mornar); dober plavač

water dressing [wɔ́:tədresiŋ] *n med* zdravljenje rane z vodo; vlažen obkladek

water-drinker [wɔ́:tədriŋkə] *n* vodopivec; antialkoholik; abstinent

water-drinking [wɔ́:tədriŋkiŋ] **1.** *n* pitje vode; abstinenca; **2.** *a* abstinenčen

waterdrop [wɔ́:tədrɔp] *n* vodna kaplja; *poet* solza

water dust [wɔ́:tədʌst] *n* vodni prah

waterfall [wɔ́:təfɔ:l] *n* slap; kaskada; *obs* brzica

water-farming [wɔ́:təfa:miŋ] *n* gojenje vodnih rastlin; ribogojstvo

water festival [wɔ́:təfestivəl] *n* veselica na vodi

waterfinder [wɔ́:təfaində] *n* bajaničar, iskalec vode z bajalico

water-finding [wɔ́:təfaindiŋ] *n* iskanje vode z bajalico

waterflood [wɔ́:təflʌd] *n* poplava; vodni plaz

waterfowl [wɔ́:təfaul] *n* vodna ptica (zlasti kot divjačina)

water front [wɔ́:təfrʌnt] *n* obalno, obrežno področje

water funk [wɔ́:təfʌŋk] *n* strah pred vodo; oseba, ki se boji vode

water gang [wɔ́:təgæŋ] *n* vodni jarek, kanal

water gap [wɔ́:təgæp] n deber, soteska, skozi katero teče reka
water gas [wɔ́:təgæs] n vodni plin; vodna para
water gate [wɔ́:təgeit] n zatvornica, zapornica
water gauge [wɔ́:təgeidž] n vodokaz, vodomer; hidrometer
water-glass [wɔ́:təgla:s] n steklena čaša, posoda za vodo; chem vodno steklo
water guard [wɔ́:təga:d] n rečna, pristaniška policija; pristaniška carinska straža
water-hammer [wɔ́:təhæmə] n vodni sunek (udarec) (v ceveh)
water-haul [wɔ́:təhɔ:l] n A coll fiasko
water heater [wɔ́:təhi:tə] n bojler (za vodo)
water hen [wɔ́:təhen] n zool vodna kokoš
water hole [wɔ́:təhoul] n majhen ribnik, mlaka
water house [wɔ́:təhaus] n stolpni vodni rezervoar
water-ice [wɔ́:tərais] n (sadni) sladoled
wateriness [wɔ́:tərinis] n vodenost; vlaga; fig razvodenelost, plitvost
watering [wɔ́:təriŋ] 1. n škropljenje, polivanje, namakanje; napajanje; oskrbovanje z vodo; moariranje (tkanine); mešanje z vodo, razredčevanje; 2. a namakalen, škropilen; kopalen, kopališčen; ~ can škropilnica, kangla za zalivanje (vrta); ~ cart cestni škropilni voz; ~ place napajališče; kopališče; naut kraj, luka, kjer se ukrcava, natovarja voda; ~ pot kanglica za zalivanje (cvetlic); ~ trough napajalno korito
water-intake [wɔ́:tərinteik] n pipa za vodo; hidrant
water-jug [wɔ́:tədžʌg] n vrč za vodo
water-jump [wɔ́:tədžʌmp] n sp jarek za vodo (pri teku čez zapreke)
waterless [wɔ́:təlis] a (ki je) brez vode; suh
water level [wɔ́:təlevl] n stanje, nivó vode; vodna tehtnica, libela
water lily [wɔ́:təlili] n bot (beli) lokvanj
water-line [wɔ́:tələin] n naut (vodna) črta (na boku ladje, do katere se ladja ugreza)
waterlogged [wɔ́:tələgd] a napojen, napolnjen z vodo (les, ladja)
Waterloo [wɔ:təlú:, wɔ́~] n fig odločilen ali uničujoč poraz
water-main [wɔ́:təmein] n glavna vodna cev
waterman, pl -men [wɔ́:təmən] n brodnik; veslač; myth vodni duh
watermark [wɔ́:təma:k] n vodni žig (v papirju); črta, ki kaže višino vode
watermelon [wɔ́:təmelən] n bot lubenica
water meter [wɔ́:təmi:tə] n tech vodomer; vodni števec
water-mill [wɔ́:təmil] n vodni mlin
water monkey [wɔ́:təmʌŋki] n lončena karafa za vodo
water nymph [wɔ́:tənimf] n myth vodna vila, najada, nimfa, rusalka
water ordeal [wɔ́:tərɔ:di:l] n hist preizkušnja z vodo (vrsta božje sodbe)
water parting [wɔ́:təpa:tiŋ] n razvodje
water pillar [wɔ́:təpilə] n tech vodni napajalnik
water pipe [wɔ́:təpaip] n vodovodna cev; orientalska vodna pipa
water plane [wɔ́:təplein] n vodna gladina; aero hidroplan, vodno letalo
water plate [wɔ́:təpleit] n grelni, ogrevalni krožnik

water plug [wɔ́:təplʌg] n tech pipa za vodo; hidrant
water polo [wɔ́:təpoulou] n sp vaterpolo
water pot [wɔ́:təpət] n lonec za vodo; škropilnica
water power [wɔ́:təpauə] n vodna moč, fig beli premog; hidravlična energija
water pox [wɔ́:təpɔ́ks] n med norice
water press [wɔ́:təpres] n tech hidravlična stiskalnica
waterproof [wɔ́:təpru:f] 1. a nepremočljiv; impregniran; 2. n dežni plašč; impregniran plašč; 3. vt napraviti nepremočljivo, impregnirati (tkanino)
waterproofer [wɔ́:təpru:fə] n delavec, ki impregnira tkanine
waterproofing [wɔ́:təpru:fiŋ] n impregniranje; material za impregniranje
waterquake [wɔ́:təkweik] n morski potres
water rat [wɔ́:təræt] n zool vodna podgana; sl pristaniški, ladijski tat
water rate [wɔ́:təreit] n pristojbina za vodo
water route [wɔ́:təru:t] n vodna, plovna pot
waterscape [wɔ́:təskeip] n (slikarstvo) slika morja
watershed [wɔ́:təšed] n geogr razvodje; rečno področje
watershoot [wɔ́təšu:t] n strešni žleb; podkapnik; kap
water shortage [wɔ́:təšɔ́:tidž] n pomanjkanje vode
water-sick [wɔ́:təsik] a agr preveč namočen
waterside [wɔ́:təsaid] 1. n (morska, rečna itd.) obala, breg; 2. a obrežni, obalni
water ski [wɔ́:təski] n vodna smučka
water-ski [wɔ́:təski] vi smučati se na vodi
water-soak [wɔ́:təsouk] vt namočiti v vodi
waterspout [wɔ́:təspaut] n cev, iz katere brizga voda; strešni žleb; vodni tornado; prelom, utrg oblakov
water sprite [wɔ́:təsprait] n povodni mož; povodna deklica, rusalka
water supply [wɔ́:təsəplái] n oskrba z vodo; vodovod
water system [wɔ́:təsistəm] porečje; oskrba z vodo, vodovod
water tap [wɔ́:tətæp] n pipa za vodo
watertight [wɔ́:tətait] a nepremočljiv, neprepusten; fig zanesljiv, siguren, nesporen
watertightness [wɔ́:tətaitnis] n nepremočljivost, neprepustnost za vodo
water tower [wɔ́:tətauə] n vodni stolp, vodni rezervoar
water vapour [wɔ́:təveipə] n vodna para
water wag(g)on [wɔ́:təvægən] n voz za oskrbovanje z vodo; to be (ali to go) on the ~ biti abstinent
water wall [wɔ́:təwɔ:l] n (vodni) jez
water-wave [wɔ́:təweiv] vt vodno ondulirati (lase)
water-waving [wɔ́:təweiviŋ] n vodna ondulacija
waterway [wɔ́:təwei] n vodna pot; vodni tok, reka; plovni kanal; odtočni jarek; naut odlivnica (žleb vzdolž roba palube)
water wheel [wɔ́:təwi:l] n vodno kolo, turbina; kolo na lopate, črpalno kolo
water witch [wɔ́:təwič] n vodna vila; bajavec
waterworker [wɔ́:təwə:kə] n vodovodni delavec; kanalski delavec
waterworks [wɔ́:təwə:ks] n pl vodovod; vodomet; to turn on the ~ fig coll spustiti se v jok

water-worn [wɔ́:təwɔ:n] *a* izdolben, izglajen od vode

watery [wɔ́:təri] *a* (~ ly *adv*) voden, vlažen; moker; ki se solzi (oko); deževen; razredčen z vodo, brez okusa (jed); bled, izpran (barva); *fig* plitev, plehek, omleden, razvodenel; **a** ~ **grave** grob v morju; ~ **sky** deževno nebo

watt [wɔt] *n el* vat; ~-**hour** *el* vatna ura

wattle I [wɔtl] **1.** *n* veja, šiba, protje; lesa, plot; *bot* avstralska akacija; ~ **and daub** stena ali zid iz protja. pleten in ometan z blatom, ilovico, muljem; **2.** *vt* napraviti, splesti iz šibja; napraviti plot; preplesti, utrditi s šibjem

wattle II [wɔtl] *n* podbradek (pri petelinu, puranu itd.); brada (pri ribah)

wattless [wɔ́tlis] *a el* slep; ~ **current** jalov tok

wattmeter [wɔ́tmi:tə] *n el* vatmeter

waul [wɔ:l] *vi* mijavkati

wave I [wéiv] *n* val (tudi *fig*); valovito gibanje; vibriranje; valovita črta, valovit okrasek; valovita črta (v tkanini, v kovini); mahanje, pomahanje, znak; **the** ~ **(s)** *poet* morje; *A naut* ženska mornar; **in** ~ **s**, ~ **after** ~ val za valom, v zaporednih valovih; **a** ~ **of indignation** val ogorčenja; **a** ~ **of the hand** zamah z roko; **long, medium, short** ~ **s** *radio* dolgi, srednji, kratki valovi; **permanent** ~ trajna ondulacija; **heat** ~ vročinski val; **cold** ~ val mraza

wave II [wéiv] *vi* valovati, delati valove; biti valovit; gibati se v valovih; zibati se; plapolati; (po)mahati, zamahniti; **to** ~ **to s.o.** pomigniti komu; *vt* mahati (z), vrteti (kaj); vihteti **(a sword** meč); vzvalovati; ondulirati (lase); vtisniti valovite črte (v tkanino), moarirati; vtisniti črte (v kovino), giljoširati; okrasiti z valovitimi črtami; **to** ~ **one's hand** pomahati z roko; **to** ~ **welcome to s.o.** pomahati komu za dobrodošlico; **to have one's hair** ~ **ed** dati si ondulirati lase; **to** ~ **aside** poklicati na stran; odbiti (s kretnjo); **to** ~ **s.o. away** odbiti koga

wave band [wéivbænd] *n el* valovni pas

wave-hopping [wéivhɔpiŋ] *n aero* nizki let nad morjem

wavelength [wéivlenθ] *n phys & radio* valovna dolžina

waveless [wéivlis] *a* (ki je) brez valov, gladek, miren

wavelet [wéivlit] *n* majhen val, valček; gosta ondulacija (las)

wavelike [wéivlaik] *a* podoben valu; valovit

waver [wéivə] **1.** *n* omahovanje, obotavljanje, cincanje; tresenje; **2.** *vi* opotekati se (pri hoji); zibati se, pozibavati se; *fig* kolebati, cincati, biti neodločen, omahovati, biti nestanoviten; odstopati, zaviti (*from* od); postati nemiren (pogled); tresti se (roke, glas); trepetati, zvijati se, migljati (plamen, svetloba); **the** ~ **ing lines of the enemy** odstopajoče sovražnikove vrste

waverer [wéivərə] *n* oseba, ki se opoteka, se maje; *fig* omahljivec, neodločnež, cincar

wavering [wéivəriŋ] *a* (~ ly *adv*) opotekajoč se; trepetajoč; migljajoč; *fig* kolebajoč, neodločen, nestanoviten

waveson [wéivsən] *n jur naut* od morja naplavljeno blago; obalna naplavina

wavey [wéivi] *n* snežna gos

waviness [wéivinis] *n* valovitost, valovanje, valovito gibanje

wavy [wéivi] *a* (~ **vily** *adv*) valujoč, valovit; podoben valu; **W**~ **Navy** *E coll* seznam rezervnih mornariških častnikov, ki nosijo valovite našitke (trakove) na rokavih

wax I [wæks] **1.** *n* (čebelji) vosek; vosku podobna snov; predmet iz voska; *chem* vosek (parafin); *A* gost sirup; gramofonska plošča; *fig* »vosek«, oseba, ki si da hitro vplivati; **ear-**~ *med* ušesno maslo, cerumen; (= **cobbler's** ~) čevljarska smola, **sealing-**~ pečatni vosek; **2.** *a* voščen; **3.** *vt* namazati, prevleči z voskom; navoščiti, polirati; zatesniti z voskom; namazati, prevleči s smolo; posneti na gramofonsko ploščo; ~ **ed paper** voščeni papir; **he is** ~ **in her hands** on je »vosek« v njenih rokah; **to be as close** (ali **tight) as** ~ *fig* biti molčeč; **to stick like** ~ **to s.o.** držati se kot klòp (klošč) koga

wax II [wæks] *n sl* besna jeza, besnost, razjarjenost; **to be in a** ~ biti besen, razjarjen; **to get into a** ~ pobesneti, razjariti se

wax III [wæks] *vi obs* rasti, narasti; rasti (o mescu, luni); povečati se, napredovati, razvijati se, postati; ~ **and wane** rasti in pojemati; **to** ~ **old** postati star

wax IV [wæks] *vt A coll* dobiti premoč nad (kom), premagati

wax candle [wǽkskændl] *n* voščena sveča, voščenka

wax chandler [wǽkstʃændlə] *n* voskar, svečar

wax cloth [wǽksklɔθ] *n* povoščeno platno

wax doll [wǽksdɔl] *n* voščena lutka; *fig* obraz kot lutka

waxen [wǽksən] *a* voščen, iz voska; mehak kot vosek; gladek; voščene barve, bled; *fig* mehek, popustljiv

wax end [wǽksend] *n* (čevljarska) dreta

waxer [wǽksə] *n* povoščevalec; loščilec

waxing [wǽksiŋ] *n* povoščenje; loščenje; poliranje

waxwing [wǽkswiŋ] *n* pegam (ptič)

waxwork [wǽkswɔ:k] *n* delo, modeliranje v vosku; voščena figura; *pl* muzej voščenih figur

waxy I [wǽksi] *a* voščen, voskast, kot vosek; voščene barve, bled; *fig* mehek (kot vosek), popustljiv

waxy II [wǽksi] *a sl* besen, jezen, razjarjen, slabe volje

way I [wéi] *n* pot, cesta, steza; proga; prehod; stran, smer; *naut* kurz; ~ **in** vhod, ~ **out** izhod; prehojena pot; pot ali oddaljenost, ki jo je treba prehoditi; dalja, del poti ali potovanja; prosta pot, prostor; *fig* priložnost, prilika, možnost, izhod; napredovanje, napredek, razvoj; *coll* okolica, stran; *fig* pot, način, sredstvo, postopek, metoda; navada, lastnost, običaj; poklic, stroka, področje dejavnosti; (zdravstveno) stanje, položaj; ozir, pogled, zveza, razmerje, stopnja: *naut pl* grede za spuščanje ladje v vodo, sanke; **a long** (ali **a great)** ~ **off** (ali **from here)** daleč stran od tu; **any** ~ vsekakor, v vsakem primeru; **by** ~ **of** na poti čez; z namenom, da; zato, da; s pomočjo; zaradi; **by the** ~ mimogrede, spotoma, na poti; sicer; slučajno; **by** ~ **of compliment** kot kompliment; **in a** ~ nekako, na neki način, ne popolnoma; **in every** ~ v vsakem pogledu (oziru); **in many**

~s v mnogih ozirih (pogledih); **in more** ~s **than one** v več kot enem oziru (pogledu); **in a polite (friendly)** ~ vljudno (prijazno); **in a small** ~ skromno, brez pretenzij, ponižno; **not by a long** ~ še dolgo ne; **in some (ali several)** ~s v marsikakem pogledu (oziru); **one** ~ **or another** tako ali tako, kakorkoli, nekako; **over the** ~ na drugi strani (poti), čez cesto; **on one's** ~ **to** na poti k; **no** ~ nikakor ne; **some** ~ **or other** na ta ali na oni način; **the other** ~ **round** v obratni smeri, narobe, (ravno) obratno; **under** ~ *naut* na poti, na vožnji; **well on one's** ~ v polnem teku; ~s **and means** pot in način (zlasti kako priti do denarja); **W**~s **and Means** parlamentarna budžetna komisija; **the** ~ **of the world** tok, način življenja, ukoreninjen običaj; **the** ~ **of the cross** *relig* križev pot; **no** ~ **inferior** nikakor ne slabši, neznatnejši; **the good old** ~ s dobri, stari običaji; **high** ~ glavna cesta, državna cesta; *fig* običajni način delovanja; **Milky W**~ rimska cesta (na nebu); **lion in the** ~ zapreka, motnja (zlasti namišljena, fiktivna); **permanent** ~ *rly* tir, tračnice; **permanent-**~**man** *rly* progovni delavec; **nothing out of the** ~ nič posebnega (nenavadnega, izrednega); **somewhere London** ~ nekje v okolici Londona; **right of** ~ pravica prehoda (čez tuje zemljišče); **this** ~ **please!** semkaj, za menoj, prosim!; **this is not in my** ~ to ni moja stroka, s tem se ne bavim; **to ask the (ali one's)** ~ vprašati za pot; **to be in a bad** ~ biti v slabem položaju; **to be in the family** ~ biti noseča, pričakovati otroka; **to be by** ~ **of being angry** skoraj pobesneti; **to be in s.o.'s** ~ biti komu napoti, motiti koga; **to be under** ~ biti na poti; **the conference was already under** ~ konferenca je bila že v teku; **to be on the** ~ biti na poti, približevati se; **to be in a** ~ *coll* biti vznemirjen, razburjen; **it is not his** ~ to ni njegova navada; **the furthest** ~ **about is the nearest** ~ **home** najkrajša pot ni vedno najhitrejša; **to clear the** ~ umakniti se s poti, dati prost prehod; **to come by** ~ **of Paris** priti prek Pariza; **to come (ali to fall) in s.o.'s** ~ srečati koga, naleteti na koga; **to gather** ~ povečati hitrost; **to find one's** ~ znajti se; **to get in the** ~ biti napoti, zapreti pot, ovirati; **to get in the** ~ **of s.th.** razumeti koga; **to get out of the** ~ iti s poti, umakniti se (s poti); **to give** ~ umakniti se, odmakniti se, izogniti se; popuščati, popustiti; **to force one's** ~ izsiliti, utreti si pot; **to go a long** ~ iti daleč; **to go one's** ~ oditi, iti po svoji poti; **to go (ali to take) one's own** ~ iti svojo pot; ravnati, narediti neodvisno od nasvetov drugih; **to go the** ~ **of all the earth (of all flesh, of nature)** *fig* umreti; **to have it both** ~s po potrebi si izbrati; **you can't have it both** ~s ne moreš imeti obojega; *fig* ne more biti volk sit in koza cela; **to have one's own** ~ delati po svoji glavi; doseči to, kar želimo; **if I had my (own)** ~ če bi šlo po mojem; **to live in a great (small)** ~ razkošno (skromno) živeti; **to look the other** ~ stran gledati; **to look s.o.'s** ~ gledati proti komu; **to lose** ~ izgubiti, zmanjšati hitrost; **to lose one's** ~ zaiti, izgubiti se; **to make** ~ napredovati; *fig* prodreti, uspeti; **to**

make one's own ~ iti po svoji poti, oditi; **to make the best of one's** ~ iti čim hitreje, pohiteti; **to pave the** ~ **for** utreti pot za; **to put o.s. out of the** ~ truditi se, da(ja)ti si truda; **to put s.o. out of the** ~ spraviti koga s poti, tajno ubiti koga; **to see a** ~ **out** videti pot (izhod, neko možnost); **to stand in the** ~ **of s.o.** ovirati koga, zastaviti komu pot; **to twist one's** ~ **through** zvijati se (kot kača) skozi; **to work one's** ~ študirati, preživljati se z delom; **where there's a will there's a** ~ hoteti je moči

way II [wéi] *vt* izuriti (konja) za hojo ali ježo po cesti

way III [wéi] *adv coll* daleč; ~ **below** daleč doli; ~ **down south** daleč doli na jugu; ~ **off** daleč

waybill [wéibil] *n* popis potnikov (na ladji); tovorni list; potni list (za rokodelske ali trgovske pomočnike, ki potujejo po deželah)

wayfarer [wéifɛərə] *n* popotnik

wayfaring [wéifɛəriŋ] **1.** *n* pešačenje, potovanje; **2.** *a* potujoč; ki pešači; ~ **man** popotnik

waylay* [weiléi] *vt* postaviti zasedo, prežati; nagovoriti, ogovoriti; **to be waylaid** pasti v zasedo

waylayer [weiléiə] *n* cestni razbojnik; postavljač zased

wayleave [wéili:v] *n* dovoljenje za uporabo poti, prehoda

wayless [wéilis] *a* (ki je) brez poti; neprehoden

waymaker [wéimeikə] *n* utirač novih poti, pionir; predhodnik

waymark [wéima:k] *n* kažipot; miljnik

way(-)out [wéiaut] *n* izhod

waypost [wéipoust] *n* kažipot

way-shaft [wéiša:ft] *n tech* ročica, s katero se menja tek batnih parnih strojev

wayside [wéisaid] **1.** *n* rob (stran) ceste ali poti; **by the** ~ ob cesti, na robu ceste; **to fall by the** ~ *fig* zapasti preziru ali propadu; **2.** *a* obcesten; ~ **house** obcestna hiša

way station [wéisteišən] *n A* majhna železniška postaja; vmesna postaja

way traffic [wéitræfik] *n A* železniški bližnji promet

way train [wéitrein] *n A* vlak, ki se ustavlja na vseh postajah; lokalni vlak

way-up [wéiʌp] *a A coll* izvrsten, sijajen

wayward [wéiwəd] *a* (~ly *adv*) trmast, svojeglav, trdoglav; kljubovalen, muhast; omahljiv, nestalen; neprišteven; sprijen

waywarden [wéiwədən] *n E* cestni nadzornik

waywardness [wéiwədnis] *n* trma; muhavost

wayworn [wéiwɔ:n] *a* utrujen od hoje, od potovanja; opešan

we [wi:, wi] *pron pl* mi, me; *sl* nam, nas

weak [wi:k] *a* (~ly *adv*) slaboten, slab, šibek, neodporen; lomljiv, krhek; z lahkoto premagljiv; bolehen, nezdrav; neutrjen, neodločen, nestanoviten, nezanesljiv (značaj); neprepričljiv (dokaz, argument); brez moči, mlahav, medel; nemaren (stil); razredčen z vodo; nesposoben, nespreten; *econ* slab, medel (tržišče); *gram* šibek (glagol); **as** ~ **as water** čisto slab(oten); **a** ~ **crew** številčno šibka posadka; **a** ~ **eleven** slabo moštvo (npr. nogometno); ~ **hand** *fig* slabe karte; ~ **moment** trenutek slabosti; **the** ~**er sex** šibki spol (ženske); ~ **point** šibka točka, ranljivo mesto; ~ **resistance** šibak odpor; ~ **vessel** *fig* nezanesljiva oseba; **to grow** ~ oslabeti; **to have** ~ **knees** *fig* ne imeti hrbtenice, biti neodločen; ~ **est goes to the wall** *fig* najšibkejši izgubi pri tekmovanju, podleže

weaken [wi:kn] *vt* (o)slabiti, napraviti slabotnega; *fig* odvzeti moč; razredčiti (pijače); *vi* (o)slabeti, postati mlahav; popustiti; zmanjšati se; **my illness has** ~ **ed me** bolezen me je oslabila

weakening [wí:kniŋ] *n* (o)slabitev, oslabljenje; popuščanje, zmanjšanje

weak-eyed [wí:káid] *a* slaboviden

weakhanded [wí:khǽndid] *a* slabotnih rok; *fig* poparjen, potrt, brez moči

weak-headed [wí:khédid] *a* slaboumen; neumen; nagnjen k omoticam

weakish [wí:kiš] *a* precéj slab, slaboten

weak-kneed [wí:kní:d] *a* klecavih kolen, klecav; *fig* šibkega značaja, popustljiv

weakliness [wí:klinis] *n* slabotnost; bolehnost

weakling [wí:kliŋ] **1.** *n* slabič; **2.** *a* slaboten, bolehen

weakly [wí:kli] *a* slaboten; bolehav, bolehen

weak-minded [wí:kmáindid] *a* slaboumen; neumen; šibkega značaja

weak-mindednes [wí:kmáindidnis] *n* slaboumnost; šibak značaj, omahljivost

weakness [wí:knis] *n* slabost, slabotnost; bolehnost, bolehavost; slabost (šibkost) značaja; slaba stran, slaba točka; škoda, izguba, pomanjkljivost, slabost, nepopolnost; *coll* posebna ljubezen, naklonjenost, slabost (za); ~ **of constitution** *med* slaba konstitucija

weak-sighted [wí:ksáitid] *a med* slaboviden

weak-spirited [wí:kspíritid] *a* mehek, malodušen

weal I [wi:l] **1.** *n* žulj; črnavka, modrica, klobasa od udarca; **2.** *vt* pretepsti (koga) tako, da dobi črnavke

weal II [wi:l] *n* (redko) blaginja, blagostanje; **for** (ali **in**) ~ **and woe** v dobrem in slabem; **the public** (ali **common** ali **general**) ~ javni blagor, obča blaginja; *obs* bogastvo; skupnost; država

weald [wi:ld] *n poet* gričevnato področje v jugovzhodni Angliji; široka odprta pokrajina; ~ **en** *a* »wealdu« podoben

wealth [welθ] *n* bogastvo, premožnost, blagostanje; izobilje; denar; *fig* obilica, bogastvo, zakladi; *obs* sreča

wealthiness [wélθinis] *n* bogastvo, premoženje

wealthy [wélθi] *a* (~ **thily** *adv*) bogat, premožen, imovit; *fig* bogat (*in* z), dobro založen (z); ~ **parvenu** novopečen bogataš

wean I [wi:n] *vt* odstaviti (otroka) od prsi; *fig* odvaditi, odvrniti (*from* od)

wean II [wi:n] *n Sc dial* dete, otrok

weaner, weanling [wí:nə, wí:nliŋ] *n* šele pred kratkim od prsi odstavljen otrok (ali živalski mladiček)

weapon [wépən] *n* orožje; morilno orodje; obramba (tudi *fig*); *fig* bojno sredstvo, orožje; *biol* organ, ki rabi za orožje (pri živali, rastlini)

weaponeer [wepəníə] *n mil* konstruktor jedrskega orožja

weaponless [wépənlis] *a* neoborožen, brez orožja, brez obrambe, golorok

wear I [wéə] *n* nošenje, oblačenje, način oblačenja; noša, obleka; moda; obraba, trganje, guljenje

(obleke); trajnost, trpežnost; **foot-**~ obutev; **household** ~ domača obleka; **for autumn** ~ za nošenje v jeseni; **for hard** ~ (obleka) za delo, za štrapac; ~ **and tear** naravna obraba; *econ* odpis za zmanjšanje vrednosti; **in general** ~ v modi, modern; **evening** ~ večerna obleka; **the worse for** ~ obrabljen, ponošen, ki se ne da več obleči; *coll* vinjen, pijan; **of never-ending** ~ neobrabljiv, neuničljiv; **there is still a great deal of** ~ **in it** to se da še dobro nositi; **there's a lot of** ~ **left in my dress** moja obleka se bo lahko še dolgo nosila; **the coat I have in** ~ plašč, ki ga navadno nosim; **the rug shows** ~ preproga je obrabljena

wear* II [wéə] **1.** *vt* nositi (na sebi), imeti na sebi; *fig* nositi neko čast; ponositi, oguliti, izčrpati; *fig* glodati; **2.** *vi* nositi se, držati se, biti trajen (trpežen), vzdržati, obrabiti se, oguliti se, trošiti se; vleči se, počasi iti mimo, bližati se koncu, miniti; *fig* postati; **worn cloths** obrabljena, ponošena, oguljena obleka; **a worn joke** stara, obrabljena šala; **to** ~ **black** nositi črno obleko, biti črno oblečen; **to** ~ **the breeches (trousers, pants)** *coll* nositi hlače, biti gospodar (o ženi v zakonu); **her courage wore thin** pogum ji je polagoma upadel; **to** ~ **the crown** nositi krono, *fig* biti kralj; *relig* postati mučenik; **to** ~ **one's coat to rags** oguliti svoj suknjič; **their friendship has worn well** njihovo prijateljstvo se je dobro držalo; **to** ~ **the gown** *fig* biti pravnik; **to** ~ **one's hair curled** nositi (imeti) nakodrane lase; **to** ~ **one's heart on the sleeve** *fig* reči vse, kar nam je na srcu, biti preveč iskren; **to** ~ **s.o. in one's heart** biti komu vdan, nositi koga v svojem srcu; **to** ~ **horns** *fig* biti rogonosec (varan soprog); **to** ~ **a hole in** dobiti luknjo (v obleki) od obrabe; **to** ~ **a pair of shoes comfortable** iznositi, uhoditi (svoje) čevlje; **to** ~ **well** dobro se nositi; biti mladega videza; vzdržati, prenesti kritiko; **he** ~ **s well** ne bi mu prisodili njegove starosti, videti je mlajši; **she** ~ **s her years well** dobro nosi svoja leta, videti je mlajša (kot je v resnici); **to** ~ **the petticoat** *coll* biti copatar, biti pod copato; **to** ~ **thin** postati oguljen; *fig* postati slab (medel, mlahav); zbledeti, izgubiti se, izginiti; **to** ~ **white** oblačiti se v belo, biti belo oblečen; **he is worn by care** skrb ga gloda, grize; **the day** ~ **s to an end** dan se bliža kraju, polagoma mineva; **she** ~ **s on me** ona mi gre na živce

wear away *vt* ponositi; izdolbsti, izjedati, izglodati (**a shore** breg); izbrisati (**an inscription** napis); uničiti; prebiti (čas); *vi* miniti (čas); izginjati; izčrpavati se, ugonabljati se (oseba); obrabiti se, oguliti se; ublažiti se (**a pain** bolečina); izbrisati se (**an inscription** napis); **we were worn away with fatigue** bili smo čisto izčrpani od utrujenosti

wear down *vt* ponositi, obrabiti, oguliti, pošvedrati (pete); *fig* streti, zlomiti odpor; preteči, prehiteti; **to** ~ **the opposition** premagati odpor;

wear off *vt* ponositi, oguliti; izbrisati (**an inscription** napis); *vi* ponositi se, oguliti se; izgubiti se, izginiti

wear on *vi* napredovati, razvijati se, nadaljevati se (**a discussion** diskusija); miniti (čas); **as time**

wore on sčasoma; **the story wore on** zgodbe ni hotelo biti konca (se je vlekla brez konca in kraja)
wear out *vt* ponositi (**one's clothes** obleko); obrabiti; izrabiti; izčrpati (**s.o.'s patience** potrpežljivost kake osebe); utruditi, izmučiti; izbrisati, uničiti; **to** ~ **o.s. out** izčrpati se; izgarati se; *vi* izrabiti se, obrabiti se; izčrpati se, izmučiti se, utruditi se; vleči se (**time** čas); **worn-out clothes** ponošene obleke; **he wore out his welcome** predolgo je vlekel, zavlačeval svoj obisk
wear III [wéə] **1.** *n* obračanje proti vetru
wear IV [wéə] *vt* obračati proti vetru (ladjo); *vi* obračati se proti vetru
wear V [wíə] *n* glej **weir** jez; vrša (za ribolov)
wearable [wéərəbl] **1.** *a* ki se more nositi ali obleči; **2.** *n* (*pl*) hlače
wearer [wéərə] *n* nositelj; kdor kaj nosi, oblači (neko obleko)
wearied [wíərid] *a* utrujen
weariful [wíəriful] *a* utrudljiv, naporen; utrujen; dolgočasen
weariless [wíərilis] *a* neutrudljiv
weariness [wíərinis] *n* (pre)utrujenost; dolgčas, dolgočasje; topoglavost
wearing [wéəriŋ] *a* oblačilen; namenjen za nošenje; ~ **apparel** obleka, oblačila; utrudljiv, naporen; **a** ~ **journey** naporno potovanje
wearisome [wíərisəm] *a* (~ **ly** *adv*) utrudljiv, ki utruja; nadležen, nevšečen; **a** ~ **person** nadležnež, »môra«, tečnež
wear-out [wéəraut] *n econ tech* zmanjšanje vrednosti zaradi obrabe
weary [wíəri] **1.** *a* (~ **rily** *adv*) utrujen, izčrpan, izmučen; pobit, potrt; težaven, nadležen, dolgočasen, utrudljiv, moreč, neznosen; naveličan (*of* česa); **2.** *vt* utruditi, izmučiti; nadlegovati, dolgočasiti; **to** ~ **out** izčrpati; *vi* utruditi se; naveličati se; giniti, hrepeneti (*for* po)
weasand [wíːzənd] *n obs* dušnik, sapnik; grlo, golt, goltanec; **to cut** (ali **to slit**) **s.o.'s** ~ prerezati komu goltanec (grlo)
weasel [wiːzl] *n zool* podlasica; *fig* potuhnjenec, hinavec, prihuljenec; *mil tech* amfibijsko vozilo; **to catch a** ~ **asleep** *fig* presenetiti, ukaniti oprezno osebo; ~ **words** dvoumne besede (izražanje); ~ **-faced** podlasičjega obraza
weather I [wéðə] **1.** *n* vreme; vremenske, atmosferske razmere; *naut* vetrovna stran; stran ladje, ki je obrnjena proti vetru; (často *pl*) menjave (v življenju, sreči itd.); nevihta, grdo vreme, mraz, mokrota; **in fine** ~ ob lepem vremenu; **in the** ~ na prostem, izpostavljen vremenskim razmeram; **in such** ~ v takem (tem) vremenu; **April** ~ aprilsko vreme; **bad** ~ slabo vreme; **heavy** ~ *naut* vreme z razburkanim morjem; **queen's** ~ sončno, lepo vreme; **above the** ~ *fig* zelo visoko (o letalu); *coll* streznjen; ki se ne počuti več slabo; **under the** ~ *coll fig* slabo se počuteč, *A* brez denarja, »suh«; rahlo vinjen, v »rožicah«; **under stress of** ~ zaradi (slabega) vremena; **to keep one's** ~ **eye open** *fig* paziti se, oprezovati, imeti dobro odprte oči; **to make good (bad)** ~ naleteti na dobro (slabo) vreme; **to make heavy** ~ **of s.th.** *fig* najti (videti) težave

pri čem, preveč se truditi s čim; **2.** *a* vremenski; *naut* obrnjen proti vetru; ki je na vetrovni strani; ~ **prophet** vremenski prerok; ~ **ship** meteorološka ladja; ~ **station** vremenska postaja
weather II [wéðə] **1.** *vt* izpostaviti vremenu; (pre)vetriti, zračiti, izsušiti; *geol* drobiti, rušiti, uničevati (pod vplivom vremena); *naut* obiti, iti okrog vetrovne smeri; vzdržati, prestati nevihto; *fig* srečno prebroditi (**one's difficulties** svoje težave); **2.** *vi geol* razpasti; prepereti; razpadati, drobiti se (zaradi vremenskih razmer); obrabiti se; dobiti patino; **to** ~ **along** kljubovati vremenu; ~ **through** *coll* prebiti se, poceni jo odnesti; **to** ~ **(up)on s.o.** *fig* izkoriščati, izrabljati koga
weather-beaten [wéðəbiːtn] *a* poškodovan od vremena; preperel, prhel; utrjen (obraz);
weather-bitten [wéðəbitn] *a* preperel, prhel
weatherboard [wéðəbɔːd] **1.** *n archit* streha (strešica, krov) iz desk; *naut* stran ladje, ki je na vetrovni strani; zaščitna deska (pred vdiranjem vode); **2.** *vt* obiti, opažiti (steno)
weather-bound [wéðəbaund] *a* zadržan zaradi slabega vremena, ki zaradi slabega vremena ne more izpluti iz pristanišča (ladja), ne more iti iz hiše ipd.
weather box [wéðəbɔks] *n* vremenska hišica (vlagokaz, higroskop) (hišica z moško in žensko figuro, od katerih ena kaže deževno, druga pa suho vreme)
weather bureau [wéðəbjúərou] *n* meteorološka postaja
weather cast [wéðəkaːst] *n A* vremenska napoved
weather chart [wéðəčaːt] *n* vremenska karta
weather cloth [wéðəklɔθ] *n naut* nepremočljiva povoščena ponjava, cerada
weathercock [wéðəkɔk] **1.** *n* vetrnica (često v obliki petelina na strehi ali na zvoniku); *fig* nestanovitna oseba, vetrnjak; **2.** *vi fig* biti vetrnjaški, obračati plašč po vetru
weather desk [wéðədesk] *n naut* proti neurju nezaščiten krov
weather forecast [wéðəfɔːkaːst] *n* vremenska napoved (prognoza)
weatherglass [wéðəglaːs] *n* barometer
weathering [wéðəriŋ] *n geol* preperevanje
weatherly [wéðəli] *a naut* ki dobro lovi veter
weatherman, *pl* **-men** [wéðəmən] *n A coll* meteorolog; napovedovalec vremena
weathermost [wéðəmoust] *a naut* ki je najdalje na vetrovni strani, v vetru
weather map [wéðəmæp] *n* vremenska karta
weatherology [wéðərólədži] *n* meteorologija
weatherproof [wéðəpruːf] *a* odporen proti vremenu; ki varuje proti slabemu vremenu
weather service [wéðəsəːvis] *n* vremenska služba
weather station [wéðəsteišən] *n* vremenska, meteorološka postaja
weather strip [wéðəstrip] *n* zatesnilna letva
weather vane [wéðəvein] *n* glej **weathercock**
weatherwear [wéðəwɛə] *n* obleka, ki ščiti pred dežjem in vetrom
weatherwise [wéðəwaiz] *a* ki pozna vreme
weatherworn [wéðəwoːn] *a* poškodovan, prhel, preperel (od vremena)

weave I [wi:v] n tkanje, način tkanja

weave* II [wi:v] vt tkati; izdelati (a fabric tkanino); ročno izdelati na statvah; splesti (a basket koš, košaro); vplesti, vtkati, pretkati (with z); fig snovati, kovati; iznajti, izmisliti, izumiti; spraviti v zvezo, povezati (dogodke); vplesti, vnesti posameznosti; **to ~ facts into a story** vnesti dejstva v zgodbo; **to ~ a plot** kovati, snovati zaroto; **to ~ one's way through traffic** utreti si pot skozi promet; vi tkati; A coll hoditi v cikcaku, zvijati se skozi; zaplesti se;
  weave in vt vtkati; splesti, vplesti (tudi fig);
  weave out vi razplesti se, razpasti (o tkanini)

weaver [wí:və] n tkalec, tkalka; fig izmišljevalec, snovalec, snovač; **weaver's-shuttle** tkalski čolnič

weaving loom [wí:viŋlu:m] n tech statve

weaving mill [wí:wiŋmil] n tkalnica

weazeny [wí:zni] a nekoliko suh, uvel, naguban

web [web] 1. n tkanina, tkanje; splet, mreža, niz; med tkivo; plavalna kožica; pajčevina; puhasti del (ptičjega peresa); tech dolg zvitek papirja (zlasti za tiskanje); list, ostrina (velike žage); tanek, ploščat kovinski del, plošča (ki veže dele kovinske konstrukcije); naut prečni del rebra (ladje); **a ~ of railway lines** mreža železniških prog; **a ~ of lies** niz laži; 2. vt ujeti, zaplesti v mrežo; zool opremiti s plavalno kožico

webbed [webd] a zool ki ima plavalno kožico med kremplji; **~ foot** plavalna noga

webbing [wébiŋ] n tkanina; močan stkan material; oprtnica; plavalne kožice

webby [wébi] a tkivu podoben, kot tkivo; kot plavalna kožica

webeye [wébai] n med očesna kožica

web-eyed [wébaid] a ki ima kožico na očesu

web-fingered [wébfiŋgəd] a ki ima plavalno kožico med prsti

web fingers [wébfiŋgəz] n pl med skupaj zrasli prsti

webfoot, pl -feet [wébfut, -fi:t] n plavalna noga; žival s plavalnimi nogami

web-footed [wébfutid] a ki ima plavalne noge

webster [wébstə] n obs dial tkalec, -lka

web toes [wébtouz] n pl med skupaj zrasli nožni prsti

wed [wed] 1. vt poročiti, vzeti za moža ali za ženo; poročiti (to z); fig združiti (with, to z), spojiti; **to be ~ded to s.th.** fig biti čvrsto privezan ali priklenjen na kaj; 2. vi poročiti se (with z), fig s predanostjo se zavze(ma)ti za kaj

we'd [wi:d, wid] coll (skrčeno za) we had ali we should ali we would

wedded [wédid] a poročen; zakonski; fig združen; **~ life** zakonsko življenje; **the ~ pair** poročenca, zakonca

wedding [wédiŋ] 1. n poroka, ženitovanje, svatovanje, svatba; **golden (silver, diamond) ~** zlata (srebrna, diamantna) poroka; **penny ~** hist svatba, na kateri gostje dajo denarne prispevke; **~ breakfast** poročno kosilo, gostija; **~ ceremony** poročna ceremonija; **~ cake** poročni kolač; **~ card** pismena objava o poroki; **~ day** poročni dan; **~ dress** poročna obleka; **~ finger** prstanec; **~ party** svatovanje; na poroko povabljeni gostje; **~ present** poročno darilo; **~ ring** poročni prstan; **~ tour, ~ trip** poročno potovanje; **village ~** vaška svatba

wedge I [wedž] n klin, predmet v obliki klina; klinasta podloga, zagozda; mil klinasta formacija, klin; klinasta pismenka (klinopisa); **~ writing** klinopis; **~ character, inscription** klinopisni znak, napis; **the thin (ali small) end of the ~** fig slab začetek, prvi korak; **to drive a ~** zabiti klin; **to get in the thin end of the ~** fig začeti, napraviti prvi korak

wedge II [wedž] vt pritrditi, pričvrstiti s klinom, zagozditi; vriniti, s klinom razklati; **to ~ apart** s klinom razdvojiti, narazen dati; **to ~ open** (s klinom) razklati; **to ~ away, to ~ off** odcepiti; **to ~ o.s. in** vriniti se noter; vi vriniti se, zabiti se (in, into v)

wedged [wedžd] a klinast; tech čvrsto zaklinjen

wedgelike [wédžlaik] a podoben klinu, klinast

wedge-shaped [wédžšeipt] a klinast(e oblike)

wedgewise [wédžwaiz] adv klinasto, kot klin, v obliki klina

wedgy [wédži] a klinaste oblike

wedlock [wédlɔk] n jur ženitev, možitev, zakon; zakonsko življenje, zakonski stan; **born in (lawful) ~, out of ~** zakonski, nezakonski (child otrok)

wedlock-bound [wédlɔkbaund] a poročen

Wednesday [wénzdi] n sreda; **on ~** v sredo; **on ~s** ob sredah; **Ash ~** pepelnična sreda

wee [wi:] 1. a majhen, majcen, majčken; **a ~ bit** malce, čisto malo; 2. n košček (poti); hipec; **to wait a ~** počakati (za) kratek hip

weed [wi:d] 1. n plevel; slaba trava; poet zel, rastlina; coll cigara, cigareta; sl slaboten, mršav človek, mršav človek, suhec; mršava žival, kljuse; **the Indian (ali soothing) ~** tobak, »travica«; **red ~** mak; **ill ~s grow apace** kopriva ne pozebe; **~ grown** preraščen s plevelom; 2. vt (o)pleti (a garden vrt); **to ~ out** opleti; fig iztrebiti, iztrgati, odstraniti; vi opleti (plevel); fig izvršiti čistko

weeder [wí:də] n plevec, -vka, stroj za pletje; **~ clips** vrtne škarje

weedery [wí:dəri] n plevel(i); plevela polno mesto (kraj)

weedhook [wí:dhuk] n srpica

weedicide [wí:disaid] n sredstvo proti plevelu

weediness [wí:dinis] n poraslost s plevelom

weeding [wí:diŋ] n pletev; **~ hock** srpica

weedkiller [wí:dkilə] n glej weedicide

weedlike [wí:dlaik] a plevelast, podoben plevelu

weedy I [wí:di] a (~dily adv) poln plevela, plevelast, porasel s plevelom; coll zelo mršav, suh, slaboten

weedy II [wí:di] a (ki je) v žalni obleki, v žalovanju

week [wi:k] n teden, teden dni; 6 delovnih dni; **a ~, per ~** na teden, tedensko; **a ~ or two** nekaj tednov; **~ and ~ about, ~ by ~** teden za tednom; **in the ~** med tednom; **to-day ~, this day ~** danes teden; **yesterday ~** včeraj teden; **Monday ~** v ponedeljek teden; **~ in ~ out** teden za tednom; **~ of Sundays** sedem tednov; dolgo, celo večnost; **holy ~, passion ~** relig velikonočni, veliki teden; **feast of ~s** židovski praznik žetve

weekday [wí:kdei] n delovni dan, delavnik

weekend, week(-)end [wí:kend] **1.** n konec tedna, vikend; **2.** a vikendski; **3.** vi preživeti konec tedna (na izletu, počitku itd.)

weekender [wí:kendə] n oseba, ki preživi konec tedna na počitku, izletu ipd.

weekly [wí:kli] **1.** a tedenski; **2.** adv tedensko; vsak teden; na teden; **3.** n tedenski časopis (list), tednik

ween [wi:n vt obs poet misliti; predstavljati si; slutiti; nadejati se, upati, pričakovati

weep I [wi:p] n coll jok, jokanje

weep* II [wi:p] vi jokati, plakati, ihteti (at, over ob, nad); kapljati, cureti, biti vlažen; izparevati, potiti se; bot imeti viseče veje (willow vrba); vt točiti, pretakati, prelivati (solze); objokovati, žalovati (za kom); izparevati vlago; **to ~ for joy, with pain** jokati od veselja, od bolečine; **to ~ Irish** coll fig točiti krokodilove solze; **to ~ one's heart (ali eyes) out** izjokati si oči, ugonabljati se od žalosti; **to ~ tears of joy** jokati solze veselja; **to ~ o.s. out** izjokati se; **to ~ away the time** ves čas prejokati, kar naprej jokati

weeper [wí:pə] n jokavec, -vka; najeta ženska, ki joka, toži za umrlim (na pogrebu); bela žalna preveza (na rokavu); pl bele manšete, ki jih nosijo vdove; žalni trak (na klobuku); odtočna luknja (mósta)

weep hole [wí:phoul] n tech luknja za odtok vode

weepie [wí:pi] n sl ganljiv, sentimentalen fim (gledališka igra), ganljivka

weeping [wí:piŋ] **1.** a (~ly adv) jokajoč, tožeč, plakajoč, poln solz; kapljajoč, cureč, cedeč se; med ki izloča tekočino; **~ sky** deževno nebo; **~ spring** curljajoč izvir; **~ willow** vrba žalujka; **2.** n jok(anje); žalovanje, tarnanje

weet [wi:t] poet vt & vi vedeti

weever [wí:və] n zool morski pajek

weevil [wí:vil] n zool črni žužek, rilčkar

weevil(l)y [wí:vili] a poln žužkov

wee-wee [wí:wi] vulg coll **1.** n scalina, urin; **to do ~** lulati; **2.** vi lulati

weft I [weft] n votek; plast oblakov (dima, megle)

weft II [weft] n naut glej waft

weigh I [wéi] **1.** n tehtanje; **2.** vt tehtati (on a scale na tehtnici); pretehtati, odtehtati, potehtati (in one's hand v roki); odmerjati, odmeriti; (pre)ceniti, presoditi; razsoditi; upoštevati; dvigniti (sidro); pritisniti (to the ground k tlom); **to ~ one's words** (pre)tehtati svoje besede; vi tehtati; težiti, biti težak, imeti težo; fig biti tehten, važen, vreden; imeti velik vpliv, biti odločilne važnosti, biti odločilen; pritiskati, tiščati; naut dvigniti sidro, odpluti, odjadrati; sp tehtati se (boksar itd.); **to ~ heavy** težiti, težko bremeniti; **it ~s 2 pounds** to tehta 2 funta

weigh down vt pritiskati (navzdol), (po)tlačiti; fig tiščati, (po)tlačiti, potreti; prevesiti; nadtehtati; prevladati; **to be weighed down** biti potlačen, potrt

weigh in vt & vi odtehtati (prtljago); tehtati se po dirki (džokej), pred bojem (boksar); cul dodati; sl nastopiti; **to ~ with an argument** doprinesti močan argument v diskusiji

weigh out vt & vi po teži proda(ja)ti; sp tehtati (džokeja) pred dirko; sp tehtati se, biti stehtan pred dirko (džokej)

weigh II [wéi] n (= way); **under ~** na poti, na vožnji

weighable [wéiəbl] a ki se more tehtati

weighage [wéiidž] n jur pristojbina za tehtanje, tehtarina, tehtnina

weigh beam [wéibi:m] n gredeljnica (tehtnica)

weigh bridge [wéibridž] n tech mostna tehtnica

weighed [wéid] a (s)tehtan; fig pretehtan, preizkušen, izkušen

weigher [wéiə] n tehtalec

weighhouse [wéihaus] n mestna (javna) tehtnica

weighing [wéiiŋ] n tehtanje; fig pretehtanje, premislek; **~ machine** tehtnica (za težke predmete); **~-in** tehtanje (džokeja) po dirki; **~-out** tehtanje (džokeja) pred dirko

weight I [wéit] n teža; tehtanje, merjenje; odtehtana količina; telesna teža; mera za težo; utež; težina, breme, pritisk; fig breme, odgovornost; pomen, pomembnost, važnost, vrednost; vpliv, ugled; **by ~** po teži; **~s and measures** uteži in mere; **under ~** com pod težo, prelahek; **~ of metal** teža granat, ki jih ladijski topovi lahko izstrelijo naenkrat; **dead ~** lastna teža (nekega telesa); **gross, net ~** bruto, neto teža; **man of ~** vpliven, pomemben človek; **the ~ of evidence** teža dokaznega materiala; **live ~** živa teža; **putting the ~** sp met krogle; **sold by the ~** prodajan (na prodaj) po teži; **to carry ~ with** imeti velik vpliv na; **to give good (short) ~** dati dobro (preslabo) težo; **to have a ~ of 10 pounds** tehtati 10 funtov; **to lose ~** izgubiti na teži, shujšati; **to lose in ~** fig izgubiti na važnosti; **to make one's (ali the) ~** imeti pravilno težo (džokej); **what is your ~?** koliko tehtate?; **to pull one's ~** fig pošteno se lotiti; **to put the ~** sp metati kroglo, kladivo; **to put on (ali to gain) ~** pridobiti na (telesni) teži, zrediti se; **to try the ~ of s.th.** potežkati, v roki tehtati kaj

weight II [wéit] vt obtežiti (a net mrežo) (tudi fig); povečati težo s primesmi; zaliti s svincem (a stick palico); dati določeno težo (a horse konju); obremeniti, prenesti težo na (smučko); (pre)tehtati, oceniti; **to be ~ed with** biti obtežen z; **to ~ the scales in favour of s.o.** priskrbeti komu (nedovoljeno) prednost

weight carrier [wéit kæriə] n (konjske dirke) obtežen konj

weight density [wéit dénsiti] n phys specifična teža

weighted [wéitid] a obtežen, obremenjen

weightiness [wéitinis] n teža, težina; fig pomembnost, važnost, tehtnost

weightless [wéitlis] a (ki je) brez teže, lahek; fig nevažen, nepomemben, brezpomemben

weight lifting [wéitliftiŋ] n sp dviganje uteži

weighty [wéiti] a (~tily adv) težak; fig važen, pomemben, vpliven; tehten; resen (obraz); **a ~ reason** tehten razlog

weir [wiə] n jez; vrša (koš za ulov rib)

weird [wiəd] **1.** n obs usoda; vedeževanje, omen; vedeževalka; pl sojenice; začaranost, zakletje; **to dree one's ~s** prenašati svojo usodo; **2.** a usoden; nadnaraven, nadzemeljski; strašen, grozen; sl & coll nenavaden, komičen, čuden; neumljiv, fantastičen, pošasten; **the W~ (w~) Sisters (sisters)** sojenice; čarovnice; **a ~ look** grozljiv pogled

weirdie [wíədi] *n sl* oseba čudaškega ali ekstravagantnega videza

welcome I [wélkəm] **1.** *n* dobrodošlica; prisrčen sprejem, pozdrav za dobrodošlico; **to bid s.o.** ~ želeti komu dobrodošlico; **to find a ready** ~ biti prijazno sprejet; **to give s.o. warm** ~ želeti prisrčno dobrodošlico; **to wear out one's** ~ *coll* biti predolgo na obisku, utruditi svoje gostitelje; **2.** *a* dobrodošel; iskreno vabljen; ugoden, prijeten; pooblaščen (*to* za); **a** ~ **guest** dobrodošel gost; **to make s.o.** ~ lepo koga sprejeti; ~ **as snow in harvest** zelo nezaželen; **you are** ~ **to my car** moj avto vam je na voljo; **to be most** ~ priti kot nalašč, ravno prav; **you are** ~ **to do it** prosim (izvolite) napraviti to, samo izvolite!; **Thank you. — (You are)** ~ **!** Hvala. —, prosim!, ni razloga za zahvalo!, ni za kaj!; **and** ~ (ironično) če že hočete!, zaradi mene!; **May I take this book? — Take it and** ~ **!** Smem vzeti to knjigo? — Kar (Le) vzemite jo!; **3.** *interj* dobrodošel!; *coll* rad!, z veseljem!; ~ **home to London!** dobrodošel spet v Londonu!

welcome II [wélkəm] *vt* izreči (voščiti) dobrodošlico, pozdraviti z dobrodošlico; prisrčno pričakati, sprejeti; **to** ~ **an opportunity** razveseliti se priložnosti; **he** ~**d my proposal** z veseljem je sprejel moj predlog

welcomeness [wélkəmnis] *n* dobrodošlost

welcomer [wélkəmə] *n* oseba, ki želi dobrodošlico

weld I [weld] *n bot* rumeni katanec, reseda

weld II [weld] **1.** *n tech* zvarek, zvarjeno mesto; zvaritev, spajkanje (kovin); **2.** *a* varilen; varjen; ~ **steel** varjeno jeklo; **3.** *vt* zvariti, spajkati; *fig* spojiti, spajati, tesno povezati, združiti; *vi* dati se zvariti, zvariti se; spojiti se; ~ **ed pipes, tubing** šivane cevi; ~ **ing set** varilni agregat

weldability [weldəbíliti] *n tech* zvarljivost

weldable [wéldəbl] *a tech* ki se da zvariti (spajkati)

welder [wéldə] *n* varilec, spajkar

welding [wéldiŋ] *n tech* varjenje, spajkanje; ~ **furnace** varilnica; ~ **hot** belo razbeljen; ~ **rod** varilna elektroda

weldment [wéldmənt] *n tech* (z)varjeni kos (del)

welfare [wélfɛə] *n* blagor, blaginja; sreča; **public** ~ javni blagor; **child** ~ zaščita otroka; **infant** ~ **centre** posvetovalnica za dojenčke; **social** ~ socialno skrbstvo; ~ **worker** socialni delavec; ~ **work** socialno skrbstvo (*for the unemployed* za brezposelne)

welk [welk] *obs vt & vi* (u)veniti; oveneti

welkin [wélkin] *n poet* nebo, nebesni svod; **to make the** ~ **ring** pretresti nebesni svod

well I [wel] **1.** *n* izvir, vrelec, studenec; vodnjak; *fig* začetek, praizvor; vrtina; jašek (v rudniku); globoka jama; tunel v snegu; *archit* dušnik, prostor za dvigalo (lift), za stopnišče; ograjen prostor v sodni dvorani (za odvetnika); shramba za prtljago (v vozu, avtu); tintnik (v mizi); *rly* shramba za vodo; *naut* shramba za ribe (na ladji); jašek za zaščito črpalke; ~ **boring** vrtanje (studencev itd.); ~ **-digger** kopač studencev, vodnjakov; **to sink a** ~ (iz)vrtati vodnjak; **2.** *vi* izvirati, vreti na dan, iztekati, brizgniti; **to** ~ **out** (ali **forth**) privreti ven; **to** ~ **up** dvigniti se, privreti kvišku; **to** ~ **over** preliti se, razliti se; *vt* pustiti izvirati ali teči

well II [wel] **1.** *adv* dobro, ugodno, primerno, pravilno; v redu; popolnoma, čisto, temeljito; pozorno, skrbno; zadostno, prilično, dosti; iskreno, prijateljsko, prisrčno; pametno, s premislekom, utemeljeno, upravičeno; verjetno, lahko mogoče, morda; **as** ~ enako, prav tako; tudi; poleg tega, razen tega, kot tudi; ~ **and good** dobro; sem zadovoljen; ~ **away** daleč, na daleč, **as** ~ **as** prav tako kot, tako ... kot, ~ **into the evening** zelo pozno v noč; **not very** ~ pač komaj; **quite** ~ čisto dobro; ~ **done!** dobro storjeno!, odlično!, bravo!; ~ **met!** prihajaš kot naročen!; ~ **spoken** dobro rečeno; **to be** ~ **off** biti dobro situiran; **to be** ~ **on in years** biti že v letih; **to be** ~ **out of s.th.** imeti kaj srečno za seboj; **it is very** ~ **possible** je popolnoma mogoče; **to come off** ~ dobro se odrezati, imeti srečo; **to end** ~ dobro se končati; **to do** ~ uspevati, prosperirati; **to stand** ~ **with s.o.** biti v dobrih odnosih s kom; **2.** *a* dober, v dobrem stanju; ugoden; *med* zdrav, pri dobrem zdravju; **that's all very** ~ **but** ... vse to je prav in lepo, toda...; **things are** ~ **with you** dobro gre za vas, stvari vam uspevajo; **it will be as** ~ **for you to know it** nič vam ne bo škodilo, če boste to vedeli; **3.** *n* dobro, blagor, blaginja; **I wish him** ~ hočem mu (le) dobro; **let** ~ **alone!** *fig* ne vmešavaj se po nepotrebnem!; pusti pri miru! ne vrtaj naprej!; **4.** *interj* no!, torej!, prav dobro!, neverjetno!; res?; ~ **! I never!** no, kaj takega pa še ne!; ~ **! don't cry!** no, no, nikar ne jokaj!; ~ **then?** no, in kaj (potem)?

we'll [wi:l] = **we shall, we will**

welladay, wellaway [wélədéi, -wéi] **1.** *n* tarnanje, tožba; gorjé, beda; **2.** *interj* ah!, na žalost!, joj!

well-appointed [wéləpóintid] *a* dobro oskrbljen, opremljen

well-balanced [wélbǽlənst] *a* uravnovešen, uravnotežen; *fig* miren, umirjen

well-behaved [wélbihéivd] *a* dobro vzgojen, dobrega vedenja, lepih manir

well-being [wélbí:iŋ] *n* blagor, blaginja; blagostanje; ugodje

well-beloved [wélbilʌvd] *a* srčno ljubljen

wellborn [wélbó:n] *a* imenitnega rodu, iz dobre družine

well-bred [wélbréd] *a* dobro vzgojen, dostojen; čiste rase, čistokrven (konj)

well-built [wélbílt] *a* lepo raščen (oseba)

well-chosen [wélčóuzn] *a* dobro izbran, primeren

well-conditioned [wélkəndíšənd] *a* (ki je) v dobrem stanju

well-conducted [wélkəndʌktid] *a* dobro vóden; dostojen, vzornega vedenja; pravilen

well-connected [wélkənéktid] *a* ki je iz dobre družine; ki ima imenitne sorodnike, dobre zveze

well-cooked [wélkúkt] *a* dobro pripravljen (jed)

well-deserved [wéldizə́:vd] *a* zaslužen

well-directed [wéldiréktid] *a* dobro upravljan (usmerjen, vóden, uporabljen, merjen)

well-disposed [wéldispóuzd] *a* naklonjen, nagnjen (*towards* k); dobrohoten (do)

well-doer [wélduə] *n* kdor dela dobro; dobrotnik, -ica

well-doing [wéldúiŋ] *n* dobrodelnost; poštenost, pravičnost; blagor, sreča, uspeh

well-done [wéldʌn] a cul dobro pečen (npr. meso)
well drain [wéldréin] n (drenaža) odtočni jarek
well-drain [wéldréin] vt osuševati (zemljo) z odtočnimi jarki
welldrilling [wéldríliŋ] n globinsko vrtanje (vodnjakov itd.)
well-earned [wélɔ́:nd] a zaslužen
well-favoured [wélféivəd] a privlačen, čeden
well-fixed [wélfíkst] a A coll premožen
well-found [wélfaund] a dobro preskrbljen, opremljen
well-founded [wélfáundid] a dobro osnovan, utemeljen, upravičen (suspicion sum)
well-graced [wélgréist] a priljubljen
well-groomed [wélgrúmd] a negovan, čeden, lepo oblečen
well-grounded [wélgráundid] a utemeljen, osnovan, upravičen; z dobro osnovno izobrazbo (v kaki stroki)
well-head [wélhed] n izvir, vrelec; fig glavni vir (of a supply oskrbe)
well-heeled [wélhí:ld] a sl bogat, premožen
well-hung [wélhʌ́ŋ] a zgovoren, ki zna govoriti
well-informed [wélinfɔ́:md] a dobro informiran, poučen (on o); (mnogostransko) izobražen
Wellingtonia [weliŋtóunjə] n bot sekvoja
Wellington [wéliŋtən] n (= boot) zavihan škorenj
well-intentioned [wélinténšənd] a dobronameren, dobro mišljen; dobro misleč, dobrohoten
well-judged [wéldžʌ́džd] a primeren; takten
well-knit [wélnít] a čvrst, krepak, lepo in krepko raščen; dobro utemeljen (argument)
well-known [wélnóun] a dobro, splošno znan
well-liking [wélláikin] a E (redko) dobro hranjen; fat and ~ debel in okrogel
well-looking [wéllukiŋ] a čeden, lepe zunanjosti
well-made [wélméid] a dobro izdelan; čvrst, krepak, krepke rasti
well-mannered [wélmǽnəd] a lepih manir, dobro vzgojen
well-marked [wélmá:kt] a jasen; ki ga je lahko razpoznati
well-meaning [wélmí:niŋ] a dobronameren, naklonjen
well-meant [wélmént] a dobro mišljen, dobronameren
well-nigh [wélnái] adv skoraj, malodane; ~ impossible skoraj nemogoč
well-off [wélɔ́:f] a premožen, dobro situiran, v dobrih razmerah; ki ima ugoden položaj; dobro preskrbljen, založen (for z)
well-oiled [wélɔ́ild] a dobro naoljen; fig dobrikav, priliznjen; sl vinjen, pijan, nadélan
well-ordered [wélɔ́:dəd] a dobro urejen
well-paid [wélpéid] a dobro plačan
well-preserved [wélprizɔ́:vd] a dobro ohranjen
well-proportioned [wélprəpɔ́:šənd] a dobro ali pravilno raščen, dobrih razmerij, proporcionalen
well-read [wélréd] a (zelo) načitan; poučen, seznanjen, izveden (in v)
well-remembered [wélrimémbəd] a dobro (za)pomnjen; ki je ostal v dobrem spominu
well-room [wélrum] n dvorana za pitje slatine (v kopališkem kraju)

well-rounded [wélráundid] a debelušen, debelušast, korpulenten; zaokrožen; izdelan, eleganten, izbran (stil); mnogostranski (izobrazba)
well-seen [wélsí:n] a obs poučen; izkušen (in v)
well-set [wélsét] a stabilen, krepak
well sinker [wélsiŋkə] n vodnjakar, kopač vodnjakov
well-sinking [wélsiŋkiŋ] n kopanje, gradnja vodnjakov
well-sped [wélsped] a uspešen, srečen
well-spoken [wélspóukən] a ki ima dober izgovor, lepo govoreč; vljuden, dobro povedan
well-spring [wélspriŋ] n vir, izvir, vrelec
well-stricken [wélstríkən] a; in ~ age zelo star, visoke starosti
well-taken [wéltéikən] a A dobro izbran; pameten
well-tempered [wéltémpəd] a dobrodušen; pravilno mešan (malta); dobro kaljèn (jeklo); dobro temperiran
well-thought-of [wélθɔ́:təv] a ugleden, ki uživa dober sloves, ki je na dobrem glasu
well-thought-out [wélθɔ́:taut] a dobro pretehtan, temeljito premišljen
well-timed [wéltáimd] a pravočasen, v pravem trenutku; primeren; pravilno idoč (ura); ki ima v taktu (veslač)
well-to-do [wéltədú:] 1. a premožen, dobro situiran; 2. n the well to do bogatini, premožneži
well-trained [wéltréind] a dobro izvežban; dobro izobražen
well-tried [wéltráid] a preizkušen
well-trodden [wéltródən] a utrt; shojen
well-turned [wéltɔ́:nd] a fig lepo formuliran, dobro izražen, dobro oblikovan
well-up [wélʌ́p] a coll dobro podkovan (in v)
well-wisher [wélwíšə] n kdor dobro želi, misli; pokrovitelj, zaščitnik, prijatelj
well-worn [wélwɔ́:n] a ponošen, obnošen, obrabljen; fig premlačen; prenašan z dostojanstvom (žalovanje itd.)
Welsh [welš] 1. a valizijski; iz Walesa; 2. n valizijski jezik; Valižani; ~ fiddle sl srbenje, srab; ~ rabbit (ali rarebit) stopljen sir namazan na praženem kruhu; ~ corgi jazbečarju podoben pes
welsh [welš] vt oslepariti (dobitnika) (pri stavah); ogoljufati; vi uiti, pobegniti z denarjem od stav; sl odtegniti se svojim (plačilnim) obveznostim
welsher [wélšə] n (sleparski) posrednik za stave (ki odklanja izplačilo dobitkov pri stavah ali pobegne z dobitki)
welt [welt] 1. n maroga, modrica od udarca; coll udarec; usnjen kraj, rob; šivan rob čevlja; 2. vt coll pretepsti, premlatiti, povzročiti maroge (od udarca); obrobiti (obleko)
welter I [wéltə] 1. n valovanje, besnenje (valov itd.); fig hrušč, razburjenje, zmešnjava, kaos; 2. vi valjati se; toniti, ugrezati se; streči (kaki strasti); besneti, divjati; he ~ed in his blood valjal se je v (svoji) krvi
welter II [wéltə] 1. n sp (redko) težak jezdec; veltrska teža; boksar velter (polsrednje) kategorije; coll težak predmet, težka oseba; 2. a veltrski; (glej ~ weight); ~ race dirka z džokeji veltrske teže; ~ handicap izravnava teže (pri konjskih dirkah)

welterweight [wéltəweit] *n sp* veltrska teža (teža boksarja do 66,7 kg); težak jezdec; zelo težka obremenitev (pri dirkah)

wen I [wen] *n med* oteklina, bula zlasti na vratu ali na glavi; bradavica na nosu; golša; *fig* zelo veliko (preobljudeno) mesto; **the great** ~ London

wen II [wen] *n* ime runske črke, znaka (za w)

wench [wenč] 1. *n* (kmečko) deklè; služkinja; *obs* deklina, razvratnica, razuzdanka, prostitutka; **a buxom** ~ čvrsto dekle; 2. *vi* živeti v razvratu, nečistovati

wencher [wenčə] *n obs* razvratnik, nečistnik, razuzdanec

Wend [wend] *n* Vend, -kinja; Lužiški Srb; ~ **ic**, ~ **ish** *a* vendski, lužiškosrbski

wend [wend] *vt & vi* (redko) iti, potovati, kreniti proti; **to** ~ **one's way (home)** napotiti se, iti, kreniti proti (domu)

went [went] *pt* od **to go**

wept [wept] *pt & pp* od **to weep**

we're [wíə] *coll* = **we are**

were [wə] *pt* (2. *sg* in 1.—3. *pl*) od **to be**

weren't [wə:nt] *coll* = **were not**

wer(e)wolf [wə́:wulf] *n* volkodlak

wergild [wə́:gild] *n jur hist* krvna odkupnina

wert [wə:t] *obs* 2. *sg pt* od **to be**

west I [west] 1. *n* zahod, zapad; zahodni del (dežele, države, kontinenta); zahodne dežele, okcident; *poet* zahodni veter; **the West** Zapad, Zahodne dežele; *hist* zahodno rimsko cesarstvo; *poet* zahodni veter; *A* Zapad (področje zahodno od Mississipija); **the wind is in the** ~ veter piha od zahoda; **to tour in the** ~ **of France** potovati po zahodni Franciji; 2. *a* zahoden, zapaden **the** ~ **wind** zahodni veter; **West End** zahodni, aristokratski del Londona; *fig* w~ e~ imenitna mestna četrt; **West Indies** Antilji; 3. *adv* zahodno, zapadno; proti zahodu; ~ **of** zahodno od; ~ **by south (north,** jugozahodno (severozahodno); **due** ~ točno, ravno na zahod, z zahoda; **to go** ~ *sl* umreti

west II [west] *vi* iti proti zahodu; zaiti (sonce)

west-about [wéstəbaut] *adv* na zapadu, v zapadni smeri

westbound [wéstbaund] *a* ki potuje, se pelje proti zapadu

west country [wéstkʌntri] *n* zahodni del kake dežele; W~ C~ (jugo)zahodna Anglija

West End [wéstend] *n* W. E. (imeniten, gosposki mestni predel Londona); w~ e~ imenitna mestna četrt

wester [wéstə] *vi astr* iti proti zahodu; zahajati (ozvezdja)

westering [wéstəriŋ] *a* ki se nagiblje k zahodu; ki zahaja (zvezde)

westerly [wéstəli] 1. *a* ki prihaja, piha z zahoda (veter); zahoden, ki biva na zahodu, ki je obrnjen proti zapadu; 2. *adv* od zahoda, proti zahodu; 3. *n pl* zahodni vetrovi

western [wéstən] 1. *a* zapadni; ki prihaja z zapada (veter); W~ **Church** rimsko-katoliška cerkev; W~ **Empire** *hist* zahodnorimsko cesarstvo; **a** W~ **cowboy** kavboj z divjega zapada; **the** W~ **world** zapadne dežele; 2. *n* zapadnjak, prebivalec zapadnih dežel (tudi USA); kavbojski film, film z divjega zapada, vestern

westerner [wéstənə] *n* prebivalec zapadnih držav Severne Amerike; človek z zapada

westernize [wéstənaiz] *vt* dati (kaki deželi) zahoden značaj

westernmost [wéstənmoust] *a* najzahodnejši, ki je najdlje na zahodu

westing [wéstiŋ] *n naut* plovba, pot proti zahodu

west-north-west [wéstnɔ:θwést] 1. *n* zahodsevero-zahod; 2. *a* zahodnosevernozahodni; 3. *adv* zahodnosevernozahodno

west-south-west [wéstsauθwést] 1. *n* zahodjugo-zahod; 2. *a* zahodnojugozahodni; 3. *adv* za-hodnojugozahodno

westward [wéstwəd] 1. *n* zahodna stran (del); **in the** ~ **of** zahodno od; 2. *a* obrnjen proti zahodu; 3. *adv* zahodno; v zahodni smeri

westward(s) [wéstwəd(z)] *adv* proti zahodu

wet I [wet] 1. *n* mokrota, vlaga; voda, dež, deževno vreme; *sl* pijača; požirek; *A* nasprotnik prohibicije; 2. *a* moker, premočen, še ne suh, (na)vlažen, namočen; deževen; bogat s padavinami; konserviran (v steklenicah); *A* ki ni pod prohibicijo; ki glasuje, je proti prohibiciji; *sl* obrnjen, napačen; nor, prismojen; ~ **as a drowned rat** moker kot miš; ~ **behind the ears** *fig* moker za ušesi, neizkušen; ~ **blanket** *fig* hladna prha, kvarilec dobrega razpoloženja; ~ **bargain** kup-čija, potrjena s kozarcem vina; ~ **bob** študent iz Etona, ki se bavi z vodnim športom; **a** ~ **idea** nora ideja; ~ **paint!** sveže (pre)pleskano!; ~ **goods** *A com* blago (roba) v tekočem stanju, *coll* alkoholne pijače; ~ **through** do kosti premočen; **wringing** ~ za ožeti moker; **to be** ~ **to the skin** biti do kože moker (premočen); **you are all** ~ *sl* si popolnoma na krivi, napačni poti

wet II [wet] *vt* na-, pre-, z-močiti; navlažiti; *sl* proslaviti (dogodek) s pijačo, zaliti; *vi* zmočiti se, postati moker; **to** ~ **a bargain** zaliti (dobro) kupčijo; **to** ~ **one's whistle** (ali **clay**) *coll* popiti (ga) kozarček, zmočiti si grlo

wetback [wétbæk] *n A coll* ilegalen vseljenec iz Mehike

wet blanket [wétblæŋkit] 1. *n fig* mrzla prha (tuš), dušilo; kvarilec veselja, dobrega razpoloženja; **to be (like) a** ~ *fig* delovati kot mrzla prha, kot mrzel tuš; **to put (ali to throw) a** ~ **on s.th.** *fig* ohladiti kaj; 2. **to wet-blanket** *vt* strezniti

wet brain [wétbrein] *n med* možganski edem

wether [wéðə] *n zool* skopljen oven, koštrun

wetness [wétnis] *n* mokrota, vlažnost

wet nurse [wétnə:s] 1. *n* dojilja; 2. **to wet-nurse** *vt* dojiti; *fig* raznežiti

wet pack [wétpæk] *n med* moker, vlažen obkladek; prsni ovitek

wetting [wétiŋ] *n* močenje, vlaženje, namakanje, premočenje; *sl* pijača; **to get a** ~ premočiti se (od dežja)

wettish [wétiš] *a* prilično moker, vlažen, namočen

we've [wi:v] = **we have**

wey [wéi] *n econ* utežna enota (2—3 stote)

whack I [wæk] *n* udarec (zlasti s palico, z gorjačo); delež; *A* poskus; stanje, red; **to be out of** ~ ne biti v redu; **to be in a fine** ~ biti v lepem stanju; **I have had my** ~ **of pleasure** izvrstno sem se zabaval, **to take a** ~ **at s.th.** poskusiti, preskusiti kaj

whack II [wæk] *vt coll* pretepati, pretepsti; premagati (v igri); (raz)deliti; **they** ~ **ed spoils** razdelili so si plen

whacker [wǽkə] *n sl* kdor tepe, bíje, udarja; drznež, silak; silna stvar; debela laž, sleparija; *A coll* gonjač živine

whacking [wǽkiŋ] **1.** *n* pretepanje, udarci, batine; **2.** *a sl* silen, velikanski; **3.** *adv* silno, močnó

whale I [wéil] **1.** *n zool* kit; **bull** ~ **kit** samec; **cow** ~ **kit** samica; ~ **calf** kitič, mlad kit; ~ **line** vrv za harpuno; **right-**~ polarni kit; **a** ~ **of a lot** velikanska množina; **very like a** ~ *A coll* velikanski; sijajen; **a** ~ **of** *A* osupljiv primerek (česa), kolosalen; **to be a** ~ **at football** biti izvrsten nogometaš; **to be a** ~ **for** (ali **on**) živo kaj želeti, biti ves mrtev na, ne odnehati, ne odstopiti (od česa); **we had a** ~ **of time** kolosalno smo se zabavali; **2.** *vi* loviti kite, biti na lovu na kite

whale II [wéil] (*A coll*) *vt* tepsti, bíti, pretepati, bičati; krepko udariti po (na); **to** ~ **a ball for a home run** *sp* krepko odbiti žogo

whaleboat [wéilbout] *n* kitolovka (ladja)

whalebone [wéilboun] **1.** *n* kitova, ribja kost; predmet iz ribje kosti; (npr. paličica v stezniku); **2.** *a* narejen iz ribje kosti; *fig* tog, neupogljiv

whale fishery [wéilfíšəri] *n* kitolov

whaleman, *pl* -men [wéilmən] *n* kitolovec

whale oil [wéiloil] *n* ribje olje; kitova mast, kitovina

whaler I [wéilə] *n* kitolovec (ribič); kitolovka (ladja)

whaler II [wéilə] *n A sl* vražji človek, drzna, prebrisana oseba; »velika«, kolosalna stvar

whaling I [wéiliŋ] **1.** *n* lov na kite; **2.** *a* kitolovski; ~ **gun** puška (top) s harpuno; ~ **master** kapitan kitolovske ladje

whaling II [wéiliŋ] **1.** *n* udarci, batine; **2.** *a sl* ogromen, velikanski, silen, kolosalen; **a** ~ **big fellow** pravi velikan

whang [wæŋ] **1.** *n coll* bobnenje, grmenje; udarec; **2.** *vt dial* udariti, tepsti, lopniti; *vi* bobneti, grmeti

wharf, *pl* -s, -ves [wɔ:f, -vz] **1.** *n* zidana obala, kej; pristanišče; *pl naut* skladišče; *obs* obala, breg; **2.** *vt* privezati (ladjo) ob obalo; izkrca(va)ti (blago); zgraditi kej v pristanišču

wharfage [wɔ́:fidž] *n* mesto za ukrcavanje ali izkrcavanje; pristojbina za uporabo pristanišča, luška pristojbina

wharfinger [wɔ́:findžə] *n* lastnik (nadzornik, paznik) obale, keja

wharfman, *pl* -men [wɔ́:fmən] *n* pristaniški delavec

wharf master [wɔ́:fma:stə] *n* glej **wharfinger**

wharf rat [wɔ́:fræt] *n zool* pristaniška (siva) podgana; *A sl* pristaniški tat

what [wɔt] **1.** *pron* (vprašalni zaimek) kaj; koliko!; ~ **for?** čemu?, zakaj?; ~ **ever for?** toda zakaj?; ~ **next?** in (kaj) potem?, in kaj še?, kaj sedaj?, **and** ~ **all** *coll* in kaj še vse; ~ **not** kar si bodi, karkoli; **my hat, my gloves, and** ~ **not** moj klobuk, moje rokavice, in ne vem, kaj še vse; ~ **if** kaj če, (in) kaj se zgodi, če...; ~ **of that?** kaj za to?, nič za to; ~ **though (I am poor)** kaj zato, pa četudi (sem reven); ~ **about**, ~ **of** kaj gledé, kaj praviš (misliš) o; ~ **about a cup of tea?** ali bi skodelico čaja?; **what's it all about?** za kaj (pa) gre?; **so** ~ **?**, ~ **of it?** prava reč!;

nesmisel!; **but** ~ *coll* ki ne (bi); **not a day comes but** ~ **makes a change** ni ga dneva, ki ne bi prinesel kake spremembe (kaj novega); ~ **is the matter?** kaj (pa) je?; **what is he like?** kakšen je on?; ~ **he has suffered!** kaj (koliko) je pretrpel!; **well,** ~ **of it?** no, in kaj za to?; ~ **'s up?** kaj je?, kaj se dogaja?; **to know** ~ **'s** ~ vedeti za kaj gre, biti informiran, spoznati se; ~ **is the news?** kaj je novega?; **you want a** ~ **?** kaj (ponovi, kaj) hočeš?; **he claims to a** ~ **?** kaj hoče on biti?; ~ **is he the better for it?** kaj ima on od tega?; **I'll tell you** ~ nekaj ti povem; **Mr.** ~ **-do-you-call-him, Mr.** ~ **'s-his-name** gospod Oné (kako mu je ime?); **2.** *pron* (relativni zaimek) kar; **do** ~ **I may** naj storim, kar hočem (karkoli); **happen** ~ **may** naj se zgodi, kar hoče!; **we know** ~ **he is busy with** vemo, s čim se ukvarja; **this is** ~ **we hoped for** to je tisto, (prav to) smo upali; **and** ~ **have you** *A sl* in kar imate podobnega, takega; **but** ~ **razen** (tega, teh); **he never had any money but** ~ **he absolutely needed** imel je le najpotrebnejši denar; **there was no one but** ~ **was excited** nikogar ni bilo, ki ne bi bil razburjen; **3.** *a* kakšen, kateri, kolikšen; ~ **luck!** kakšna sreča?; ~ **a queer idea!** kakšna čudna ideja!; ~ **a fool I am!** kako sem neumen!; **he got** ~ **books he wanted** dobil je vse knjige, ki jih je želel; **take** ~ **books you need!** vzemi toliko knjig, kot jih potrebuješ; ~ **use is this dictionary to you?** čemu ti rabi ta slovar?; **4.** *adv* kako; ~ **happy boys they are** kako srečni dečki so (oni)!; deloma; ~ **with storms my return was delayed** deloma zaradi viharjev se je moja vrnitev zakasnila; **but** ~ (pri nikalnici) *coll* da ne; **not a day but** ~ **it rains** ni dneva, da ne bi deževalo; **never fear but** ~ **we shall go!** ne boj se, da ne bi šli (= že gremo)!; **5.** *interj* kaj!, kako!; *E* **kaj ne?**; ~, **do you really mean it?** kaj, ti to resno misliš?; **a good fellow,** ~ **?** dober dečko, kaj ne?; **6.** *conj coll* kolikor; **he helped us** ~ **he could** pomagal nam je, kolikor je mogel

what-abouts [wɔ́təbauts] *n A coll* zadeva, stvar

whate'er [wɔtéə] *poet* glej **whatever**

whatever [wɔtévə] **1.** *pron* karkoli; vse, kar; *coll* kaj vendar; sploh kaj; ~ **do you want?** kaj vendar hočeš?; **take** ~ **you like!** vzemite, karkoli hočete!; ~ **do you think?** *sl* kaj si vendar domišljaš?; **2.** *a* katerikoli; sploh kakšen; (nikalno) sploh noben; **for** ~ **reasons** iz katerihkoli razlogov; **no doubt** ~ sploh nobenega dvoma; **is there any hope** ~ **?** je sploh kakšno upanje (kaj upanja)?; **this will be no trouble** ~ **for me** to me ne bo prav nič motilo; **no one** ~ sploh nobeden

what-is-it [wɔ́tízit] *n A coll* oné, onegá

whatness [wɔ́tnis] *n* bistvo stvari, pravo bistvo

whatnot [wɔ́tnɔt] *n* etažera; stvar; ~ **s** *pl* vse mogoče (stvari); malenkost, stvarca; **a few** ~ **s** par malenkosti

whatsis [wɔ́tsiz] *n* glej **what-is-it**

whatsoever, *poet* -soe'er [wɔ́tsouévə, éə] = **whatever**

wheal [wi:l] **1.** *n med* gnojni mehurček, izpuščaj; **2.** *vi obs* gnojiti se wheat [wi:t] *n* pšenica; pšenično zrno; *pl* vrste pšenice; *A* žito; ~ **bread, flour** pšeničen kruh, pšenična moka; ~-**fed** s pšenico krmljen; ~ **crop,** ~ **harvest** žetev pšenice; ~-**coloured** pšenične barve

wheatear [wí:tiə] *n* (ptič) belorepec; *bot* žitni klas

wheaten [wí:tən] *a* pšeničen; žitni

wheedle [wi:dl] *vt* pregovoriti, pretentati (*into s.th.* k čemu); *vi* prilizovati se, dobrikati se; **to** ~ **a gift out of s.o.** izvabiti iz koga darilo; **to** ~ **s.o. into s.th.** pregovoriti koga za kaj

wheedler [wí:dlə] *n* laskalec, prilizovalec

wheedling [wí:dliŋ] **1.** *a* prilizljiv; **2.** *n* laskanje, prilizovanje

wheel I [wi:l] *n* kolo; krmarsko kolo (tudi *fig*); volan; kolo sreče; *A coll* bicikel; *hist* kolo za mučenje; kolovrat; *fig* gibalna, vodilna sila; obračanje, obrat, krog, vrtenje; *mil* obrat; *fig* preobrat; *pl* kolesje, gonilo, mehanizem (tudi *fig*), *mus* refren, pripev; *A sl* dolar; **on** ~s na kolesih, z vozilom, *fig* kot namazano, hitro, brez trenja; ~s **within** ~s zelo zapletena aparatura (mehanizem), *fig* komplikacija za komplikacijo, zapletena stvar, položaj; ~ **and axle** naprava za izkoriščanje sile vzvoda, na podlagi razlike v obsegu kolesa in njegove osi; **a big** ~ *A coll fig* visoka živina, vplivna oseba; **Fortune's** ~, **the** ~ **of Fortune** kolo sreče; usoda; **a fly on the** ~ *fig* oseba, ki precenjuje svoj vpliv; **a sudden turn of the** ~ nenaden obrat v sreči; **the man at the** ~ oseba pri krmilu; vozač, voznik, šofer; **to break a (butter)fly (up) on the** ~ *fig* po nepotrebnem poseči po ostrih ukrepih, s topovi streljati na vrabce; **to break s.o. on the** ~ *hist* mučiti koga na kolesu; **to go on** ~s *fig* iti kot po maslu (gladko, brez motenj); **he was killed at the** ~ izgubil je življenje za volanom; **to put** (ali **to set**) **one's shoulder to the** ~ truditi se, napenjati se; **to put a spoke in s.o.'s** ~ *fig* delati komu zapreke, metati komu polena pod noge; **to take the** ~ sesti za volan, voziti, šofirati; **to turn** ~s vrteti kolesa (pri parterni telovadbi)

wheel II [wi:l] *vt* obrniti, obračati okoli osi; vrteti v krogu; valiti, valjati; opremiti s kolesi; voziti (*a wheel chair* stol na kolesih); kotaliti, prevažati na kolesih; **to** ~ **in a barrow** voziti v samokolnici; **to** ~ **a victim** *hist* treti žrtev na kolesu; *vi* naglo se obrniti (*round* okoli); **to** ~ **on an axis** vrteti se okoli osi; **to** ~ **about in one's opinion** spremeniti svoje mnenje; **to** ~ **about to the other extreme** zapasti v drugo skrajnost

wheelage [wí:lidž] *n* cestnina, dajatev za uporabo poti itd.

wheelband [wí:lbænd] *n* kolesni obroč

wheelbarrow [wí:lbærou] **1.** *n* samokolnica; **2.** *vt* voziti s samokolnico

wheel chair [wí:lčeə] *n* stol na kolesih (za bolnika)

wheel drag [wí:ldræg] *n tech* cokla, zaviralka

wheeled [wí:ld] *a* ki ima kolesa, (ki je) na kolesih; ~ **bed** *med* postelja na koleščkih; **three-**~ trikolesen

wheeler [wí:lə] *n E* kolar; ojnični konj; vozar; *A coll* biciklist, kolesar(ka); **four-**~ *tech* dvoosni, štirikolesni voz

wheel horse [wí:lhə:s] *n* ojnični, ojesni konj; *fig* delovna žival, tovorno živinče; garač

wheelhouse [wí:lhaus] *n naut* hišica s krmilom

wheel jack [wí:ldžæk] *n tech* vozni vitel (dvigalo)

wheelless [wí:llis] *a* (ki je) brez koles

wheelman, *pl* -men [wí:lmən] *n coll* kolesar, biciklist; *A naut* krmar

wheel window [wí:lwindou] *n* okroglo okno s križnimi špicami

wheelwork [wí:lwə:k] *n tech* kolesje, gonilo

wheelwright [wí:lrait] *n* kolar; ~'s **work** kolarstvo

wheeze [wi:z] **1.** *n* sopenje, sopihanje, sopihajoče dihanje (pri astmi itd.); *theat sl* improvizirana šala, domislek; *coll* star dovtip; trik; **2.** *vi* sopsti, sopihati, težko dihati; *vt* (= ~ **out**) izgovoriti, izustiti s sopihajočim glasom

wheeziness [wí:zinis] *n* sopenje, sopihanje

wheezy [wí:zi] *a* (~**zily** *adv*) sopeč, ki težko diha, nadušljiv

whelk I [welk] *n* gnojna pika (mehurček), ogrc (na obrazu)

whelk II [welk] *n zool* vrsta morskega polža s spiralno hišico

whelked, whelky [welkt, wélki] *a* poln ogrcev, gnojnih pik (mehurčkov)

whelm [welm] *vt & vi poet fig* zasuti, obsuti (*in* z); *fig* pogoltniti; **the Ocean** ~ **them all!** ocean naj vse pogoltne!; **to** ~ **s.o. in sorrows** zasuti koga s skrbmi

whelp [welp] **1.** *n* kužek, cucek; mladič (leva, tigra, medveda itd.); *coll* nevzgojen otrok, potepušček, pobalinček; *tech* zob (kolesa za verigo; **2.** *vt* imeti mlade, skotiti, povreči; *fig* (za)snovati, skovati (načrt); *derog* roditi (otroke)

whelpless [wélplis] *a* (ki je) brez mladičev; oropan mladičev

when [wen] **1.** *conj* ko, kadar, v času ko, ravno ko; kdaj; potem ko; medtem ko, vedno kadar; ~ **a boy** kot (ko sem bil, je bil še) deček; ~ **asleep** v spanju; ~ **received** po prejemu; **he is playing** ~ **he might be studying** igra se, namesto da bi se učil; **2.** *adv* kdaj; ~ **did it happen?** kdaj se je to zgodilo?; **3.** *pron* kdaj, kateri čas; **since** ~ od kdaj, kako dolgo; odtlej, od tega časa; **till** ~ doklej; **till** ~ **shall I wait?** doklej bom čakal?; **4.** *n* čas, trenutek; datum (*of an event* nekega dogodka); **the** ~ **and the how** datum in način; **the** ~ **and where** čas in kraj (*of s.th.* česa); **else** ~ enkrat drugič, drugikrat

whenas [wenǽz] *conj* medtem ko; ker

whence [wens] **1.** *adv* odkod; kako; od koder; kraj, iz katerega; ~ **comes it that** ... kako, da...; **2.** *conj* odkod; *fig* zato; **3.** *n* izvor

whencever [wénsévə] *adv* od koderkoli

whene'er [wenéə] *adv poet* glej **whenever**

whenever [wenévə] *conj adv* kadarkoli; vedno, kadar; **come** ~ **you please!** pridite, kadarkoli vam prija!

whensoever [wensouévə] *adv poet* glej **whenever**

where [wéə] **1.** *adv conj pron* kje, kam, kod; na katerem kraju; v katerem pogledu; na kakšen način; (tam) kjer, (tam) kamor; ~ **from?** odkod?; ~ **to?** kam?; **from** ~ odkoder; **near** ~ blizu (kraja), kjer; ~ **did you get the information?** kje ste dobili te informacije?; ~ **do I come into it?** kako pridem jaz v to (stvar, zadevo)?;

go ~ you please! pojdi, kamor hočeš!; **that is ~ you are mistaken** tu se pa motite; **2.** *n* kraj, mesto, prizorišče (nekega dogajanja)

whereabout [wéərəbaut] glej **whereabouts**

whereabouts [wéərəbauts] *adv conj* kje (približno, nekako, vendar), kam, kod; **I do not know ~ to look** ne vem, kje naj iščem; **2.** *n pl* (pre)-bivališče

whereas [wɛəráez] **1.** *conj* medtem ko; *jur* ker; z ozirom na to, da; jemajoč v obzir, da; medtem ko vendar, medtem ko (nasprotno); **he is lazy ~ she works hard** on je len, medtem ko ona pridno dela; **2.** *n jur* odstavek v listini, ki se začne z **whereas**

whereat [wɛəráet] *adv conj* pri čemer; nakar

whereby [wɛəbái] *adv conj* s čimer, po čemer, in s tem

wher'e'er *poet* za **wherever**

wherefore [wéəfɔ:] **1.** *adv conj* zakaj; zato; zaradi česar, zaradi tega, in zato; **2.** *n* razlog, vzrok

wherefrom [wɛəfróm] *adv conj* odkoder, iz česar

wherein [wɛərín] *adv* v čemer

whereinto [wɛəríntu:] *adv* kamor, koder

whereof [wɛəróv] *adv* o čemer; o tem; od česar; česar

whereon [wɛərón] *adv* nakar, na čemer, na komur

whereout [wɛəráut] *adv* odkoder, iz česar

wheresoe'er [wɛəsouéə] *adv poet* glej **wherever**

wheresoever [wɛəsouévə] *adv* glej **wherever**

wherethrough [wɛəθrú:] *adv* s čimer, po čemer

whereto [wɛətú:] *adv* kamor; *obs* čemú, zakaj

whereunder [wɛərʌ́ndə] *adv* pod čemer

whereunto [wɛərʌntú:] *adv obs* za **whereto**

whereupon [wɛərəpón] *adv* nakar, po čemer

wherever [wɛərévə] *adv* kje (kam) vendar; kjerkoli, koderkoli, kamorkoli; **~ will you go?** kam vendar boš šel?; **~ you go** kamorkoli greš

wherewith [wɛəwíð] *adv* s čimer; nekaj, s čimer

wherewithall [wéəwiðə:l] **1.** *n* (potrebna) sredstva; to, kar je potrebno; potreben denar; **to have the ~ to pay** imeti s čim plačati; **2.** *adv prep* s čimer

wherry [wéri] **1.** *n* jadrnica za prevoz tovorov (čez reko); čolnič na vesla, ladjica; **2.** *vt & vi* prevažati (se) s čolnom (na vesla)

wherryman, *pl* **-men** [wérimən] *n* čolnar, brodnik

whet [wet] **1.** *n* brušenje, ostrenje; *fig* dražilo, sredstvo za draženje, spodbujanje (npr. apetita); požirek (žganja); *dial* poskus; prilika; **this ~** tokrat, to pot; **2.** *vt* brusiti, ostriti; dražiti, stimulirati (npr. apetit); vzpodbuditi; **to ~ on** spodbosti

whether [wéðə] **1.** *conj* ali, če; **~ (today) or (tomorrow)** bodisi (danes) ali (jutri); **~ or no(t)** tako ali tako, v enem in drugem primeru, na vsak način; **he asked ~ it was true** vprašal je, če (ali) je to res; **you must go there, ~ you want to go or not** moraš iti tja, če ti je všeč ali ne (če hočeš ali nočeš)

whetstone [wétstoun] *n* brus; okrogel brus na mehanični pogon; *fig* dražilo, spodbuda; akrobatika možganov

whetter [wétə] *n* brusilec, brusač, ostrilec; brus, drzalo

whew [hwu:] **1.** *interj* hu!, uh!, presneto!; **2.** *n* vzklik uh; žvižg(anje); **3.** *vi* vzklikniti uh; žvižgati

whey [wéi] *n* sirotka, sirnica, sirna voda

wheyey [wéii] *a* sirotkast, podoben sirotki, kot sirotka

wheyface [wéifeis] *n* kot sir bled obraz; bledoličnik, belokožec

which [wič] *a & pron* kateri, -a, -o; kar; **all ~** vse, kar; **he lied, ~ did not surprise me** zlagal se je, kar me ni presenetilo; **she stayed two months, during ~ time...** tu je ostala dva meseca in med tem časom...; **he thinks so, in ~ he is right** on tako misli, v čemer ima prav; **that ~** to, kar; **choose ~ you like!** izberi, kar hočeš!; **and ~ is still worse...** in kar je še slabše (hujše)...

whichever [wičévə] **1.** *a* katerikoli; **2.** *pron* katerikoli; karkoli; **~ party comes to power** katerakoli stranka pride na oblast

whichsoever [wičsouévə] *a & pron* glej **whichever**

whicker [wíkə] *dial* **1.** *n* rezget(anje); **2.** *vi* rezgetati

whiff I [wif] **1.** *n* pihljaj, pihanje, prepih; dih; sapica; (neprijeten) vonj, duh; *fig* malenkost; poteg dima (iz cigarete, pipe); izdihnjen dim (pri kajenju); cigareta, cigara; pisk; *naut* lahek čoln na vesla, skif; **a ~ of temper** rahel izbruh jeze (razdraženosti); **a ~ of grapeshot** *mil* kartečni izstrelek; **2.** *vi* pihati; dimiti, kaditi; *vt* izvreči dim, kaditi (pipo); vdihniti, vsrkati; **to ~ away** odpihniti

whiff II [wif] **1.** *n zool* vrsta morskega lista; **2.** *vi* loviti ribe z ročno vrvico

whiffet [wífit] *n A* psiček

whiffle [wifl] **1.** *n* dih, pihljaj (vetra); pihanje; **2.** *vi* sunkovito pihati (zdaj pa zdaj, z menjavanjem smeri) (o vetru); obračati se (**about**); plapolati (plamen), migljati; *fig* biti vihrav, frfrast; *vt* odpihati, razpršiti, razpihati; premetavati (ladjo)

whiffler [wíflə] *n* vetrnjak, vihrava oseba

whifflery [wífləri] *n* lahkomišljenost, vihravost, frfravost; abotnost

whiffy [wífi] *a sl* neprijetno dišeč, smrdljiv

Whig [wig] *n pol hist* **1.** *E* whig (privrženec parlamentarizma), whigovec, (angleški) liberalec; *A* nacionalni republikanec (privrženec ameriške revolucije); **2.** *a* pripadajoč stranki whigovcev

Whiggery [wígəri] *n ir* politična načela whigovcev

Whiggish [wígiš] *a* pripadajoč stranki whigovcev; liberalen

Whiggism [wígizəm] *n* politična načela whigovcev, liberalizem

Whiglet, Whigling [wíglit, wígliŋ] *n pol derog* whigovček, nepomemben whigovec

while I [wáil] *n* trenutek, hip, čas, kratka časovna doba; **after a ~** čez nekaj časa, čez trenutek; **at ~s** včasih, tu pa tam; **for a ~** za trenutek; **by ~s** včasih; **a long ~** dolgo časa; **a good ~** dolgo časa; **between ~s** v presledkih, tu pa tam; **all the ~** ves ta (oni) čas; **once in a ~** od časa do časa, včasih, prigodno; **the ~** ta čas, tačas, medtem; **I was reading a book the ~** jaz sem ta čas (medtem) bral neko knjigo; **that'll do for one ~** to zadostuje za sedaj (za nekaj časa); **it isn't worth (one's) ~** to se ne izplača, to ni vredno truda; **it is not worth your** ~ to ni vredno vašega truda (se vam ne izplača)

while II [wail] *conj* medtem ko, dokler, za časa; čeprav, dasi; **never,** ~ **I live** nikoli, dokler sem jaz živ; ~ **he is not poor** čeprav ni siromašen; ~ **our opponent, he is not our ennemy** čeprav je naš nasprotnik, ni naš sovražnik; ~ **on my way back** med (mojo) potjo nazaj (domov); ~ **there is life there is hope** človek upa, dokler živi; ~ **at school he never worked** ves čas, ko je bil v šoli, ni nič delal

while III [wáil] *vt* prebiti, preživeti; **to** ~ **away the time** (prijetno) prebiti, preživeti čas

whiles [wáilz] **1.** *conj obs* = while 2.; **2.** *adv dial* včasih

whilom [wáiləm] **1.** *adv obs* nekoč, nekdaj; **2.** *a* nekdanji, prejšnji; **his** ~ **friends** njegovi nekdanji prijatelji

whilst [wáilst] **1.** *conj* = while 2.; **2.** *n* čas, **the** ~ medtem; *obs* medtem, tačas

whim [wim] **1.** *n* muha(vost), čuden domislek; kaprica; *tech* motovilo, gepelj; **to be swayed by** ~ biti muhast, kapricast; **2.** *vi* biti muhast, imeti muhe; *vt* odvrniti (*from* od) iz, zaradi muhavosti

whimbrel [wímbrəl] *n* modronogi škurh (ptič)

whimmy [wími] *a* glej **whimsical**

whimper [wímpə] **1.** *n* cmerjenje, (tiho) jokanje, javkanje; cviljenje, tarnanje; **2.** *vi* cmeriti se, (tiho) jokati, tarnati, javkati; *vt* izgovoriti (izreči) z jokajočim glasom

whimperer [wímpərə] *n* cmeravec, jokavec

whimpering [wímpəriŋ] *a* (~ **ly** *adv*) cmerav, jokav

whimsical [wímsikl] *a* (~ **ly** *adv*) muhast, muhav, kapricast; čudaški; trmast

whimsicality [wimsikǽliti] *n* muhavost, kapricioznost, svojeglavost; čudaštvo

whimsy [wímsi] **1.** *n* muha, kaprica; muhavost; literarna malenkost, kramljalni esej; **2.** *a* muhast, kapricast, trmast

whimwham [wímwæm] *n* muha, kaprica, čudaštvo; besedičenje, igračkanje, brkljanje

whin [win] *n bot* bodeča košeničica

whinberry [wínberi] *n dial bot* borovnica

whinchat [wínčæt] *n zool* rjava taščica, velika pečnica

whine [wáin] **1.** *n* cviljenje; cmerjenje; jadikovanje, tarnanje; nerganje; **2.** *vi* cviliti; cmeriti se; jadikovati, tarnati; nergati; jokaje moledovati, prosjačiti; *vt* (često ~ **out**) izgovoriti, (iz)reči v joku

whiner [wáinə] *n* jokavec, cmeravec

whinger [wíŋə] *n hist* kratek meč, bodalo

whining [wáiniŋ] *a* (~ **ly** *adv*) jokav, cmerav

whinny I [wíni] **1.** *n* rahlo, veselo rezgetanje; **2.** *vi* (rahlo, veselo) rezgetati

whinny II [wíni] *a* poln bodičevja; bodičast

whinstone [wínstoun] *n geol* vrsta bazalta

whiny [wáini] *a* jokav, tožen

whinyard [wínjə:d] *n* glej **whinger**

whip I [wip] **1.** *n* bič, udarec z bičem; tlesk, tleskanje, pokanje; *fig* bič, nadloga, udarec, kazen; *fig* kočijaž; *fig parl* član stranke, ki skliče pripadnike stranke za glasovanje itd.; okrožnica, poziv (k volitvam, zborovanju itd.); (odvečna) veja; *naut* ladjica, veslača; tolčena krema (iz

tolčene smetane); *E* prispevek k skupno popitemu vinu; ~ **and spur** v diru, skokoma, hitro; **to ride** ~ **and spur** v diru jahati; **he is a good** ~ on je dober kočijaž, dobro vozi; **to send a** ~ **round** zbobnati skupaj člane stranke; **2.** *adv* v hipu, na mah

whip II [wip] **1.** *vt* ošvrkniti z bičem (**a horse** konja); bičati, šibati; biti, tepsti; goniti, gnati z bičem; segnati, zgnati; *coll* prekositi, potolči, premagati; oviti (z motvozom, s sukancem) (*about* okoli); dvigati (breme, premog itd.) (s škripcem); **to** ~ **a carpet** iztepavati preprogo; **to** ~ **the pavement** *fig* udarjati ob pločnik (o dežju); **to** ~ **creation** vse prekositi; **to** ~ **into line** poenotiti; *pol* spraviti k disciplini (člane stranke); **to** ~ **a top** poditi vrtavko; **to** ~ **s.th. into s.o.** vtepati komu kaj; **to** ~ **out** iztrgati; ~ **ed cream** tolčena smetana; **to** ~ **eggs** stepati beljak; **to** ~ **the cat** *fig* skopariti; ne delati (v ponedeljek; **to** ~ **a knife out of one's pocket** hitro potegniti nož iz žepa; **to** ~ **stream** ribe loviti z neprestanim metanjem trnka v vodo; **2.** *vi* drveti, divjati; hiteti; plapolati (v vetru); **to** ~ **down the stairs** zdrveti po stopnicah (navzdol)

whip away *vt* odgnati, pregnati; hitro odstraniti; pobrisati (*from the table* z mize)

whip back *vt* z bičem odvrniti udarce

whip behind *vt* udarjati z bičem za seboj

whip in *vt hunt* z bičem zgnati pse skupaj; *parl* zbrati člane stranke za glasovanje

whip off *vt & vi* odgnati; odvreči (oblačilo); *sl* zvrniti vase (pijačo)

whip on *vt* hitro odeti, ogrniti (oblačilo); goniti (konja) z bičem

whip out *vt* izgnati z bičem; naglo izvleči (**one's sword** meč); iztrgati

whip round *vi* naglo opraviti

whip together *vt* zgnati skupaj z bičem, držati (pse) skupaj; zbrati, zbobnati skupaj (člane stranke)

whip up *vt* gnati, goniti z bičem; hitro prijeti, potegniti k sebi; ostro odbiti žogo (pri tenisu); razburkati, razvneti (strast); *vi* skakati, skočiti, skakljati

whip and derry [wipəndéri] *n tech* škripčevje

whipcord [wípkɔ:d] *n* vrvica biča; katgut; vrsta rebrastega kamgarna; **my veins stood out like** ~ **s** žile so se mi debelo nabrekle

whipcordy [wípkɔ:di] *a* podoben vrvici biča; *fig* žilav, kitnat

whip hand [wíphænd] *n* jahačeva (kočijaževa) desna roka (ki drži bič); *fig* oblast; **to have the** ~ **of** imeti oblast nad

whipjack [wípdžæk] *n* berač, ki se izdaja za brodolomca; potepuh, vagabund

whipper [wípə] *n* bičar; *hist* flagelant

whipper-in, *pl* ~ **s-in** [wípərín] *n hunt* vodja psov pri pogonu; *parl* član parlamenta, ki skrbi za disciplino pripadnikov stranke, članov parlamenta; *sl* konj, ki gre kot zadnji skozi cilj na dirki

whippersnapper [wípəsnæpə] **1.** *n* pritlikavček, fantiček; važnež; nepomembna oseba; **2.** *a* nepomemben, majčken

whippet [wípit] *n zool* majhen dirkalen pes (križanec hrta in jazbečarja); *mil* (= ~ **tank**) lahek tank

whippiness [wípinis] *n* gibkost, prožnost

whipping [wípiŋ] **1.** *n* bičanje, šibanje; udarci, batine; šivanje na ometico; *sp* poraz; (okoli konca vrvi) ovit debel sukanec, motvoz; (knjigoveštvo) spenjanje; *pol* strankarska disciplina

whipping-boy [wípiŋbɔi] *n hist* deček, ki so ga kaznovali za kraljevičeve prestopke; kdor dobi udarce namesto koga drugega; *fig* grešni kozel, vsegakriv

whipping-in [wípiŋín] *n pol* zbiranje članov stranke (za glasovanje)

whipping post [wípiŋpoust] *n hist* sramotni steber (na katerem so bičali prestopnike); *fig* bičanje

whipping top [wípiŋtɔp] *n* volk, vrtavka (ki jo zavrtimo z bičem)

whipping-twine [wípiŋtwain] *n naut* debel sukanec za šivanje jader

whippoorwill [wíppuǝwil] *n* (ptič) kozodoj

whippost [wíppoust] *n hist* sramotni steber

whippy [wípi] *a* gibek; upogljiv

whip-round [wípraund] *n E* okrožnica s prošnjo za prispevke; **to have a ~ for** nabirati (prispevke) za kaj

whipsaw [wípsɔ:] **1.** *n* (eno)ročna žaga; **2.** *vt* (raz)žagati z enoročno žago; *A fig* imeti dvojno korist (prednost); *vi pol A* pustiti se podkupiti z dveh strani

whipster [wípstǝ] *n* = **whippersnapper**; *E* lopov; kdor zasluži udarce

whipstitch [wípstič] **1.** *n derog* krojač, -ica, šivankar, -ica; naglo izgotovljeno delo; *A coll* hip; **at every ~** stalno; **2.** *vt* šivati na ometico; (knjigoveštvo) speti, spenjati

whipstock [wípstɔk] *n* bičevnik, bičnik

whip-top [wíptɔp] *n* vrtavka (igrača)

whir [wǝ:] **1.** *n* brenčanje, brnenje, žvižganje, žvižg; plahutanje (**of wings** s krili); *fig* razburjenje; naglica; **2.** *vi* brneti (telefon), brenčati; žvižgati; plahutati (s krili); *vt* hitro premikati

whirl I [wǝ:l] *n* vrtinec; vrtenje, vrtinčenje; *fig* zmešnjava, zmeda; razburjenje; vrtoglavica; **a ~ of passion** vrtinec strasti; **to be in a ~** *fig* izgubiti glavo; **to give s.th. a ~** *A coll* preskusiti kaj; **her thoughts were in a whirl** v glavi so se ji vrtinčile misli ena za drugo

whirl II [wǝ:l] **1.** *vt* vrteti, obračati; vrteti v krogu; nositi, odnesti v vrtincu; *obs* zagnati; **to ~ up dust** dvigniti prah; **2.** *vi* vrteti se (v krogu), hitro se obračati; drveti, hiteti, hitro se premikati, divjati, vrteti se v plesu; imeti vrtoglavico; vrtinčiti se (misli); **my head ~s** vrti se mi v glavi; **to ~ away** odhiteti, odbrzeti

whirlblast [wǝ:lbla:st] *n* (vrtinčast) vihar

whirlbone [wǝ:lboun] *n med* pogačica

whirlicane [wǝ:likein] *n* vrtinčast vihar, orkan, hurikan

whirligig [wǝ:ligig] **1.** *n* vrtavka; vrtiljak; *fig* vrtinec; krožno gibanje; *zool* povodni (vrteči se) hrošč; **the ~ of events** vrtinec dogodkov; **2.** *a* vrtinčast

whirling [wǝ:liŋ] *a* vrtinčast

whirlpool [wǝ:pu:l] *n* vrtinec (**of water** vodni); *fig* vrtinec, metež

whirlwind [wǝ:lwind] *n* vihar, vihra, zračni vrtinec, vetrna troba; **to sow the wind and reap the ~** sejati veter in žeti vihar

whirlybird [wǝ:libǝ:d] *n A sl* helikopter

whirr [wǝ:] *vt & vi* glej **whir**

whirtle [wǝ:tl] *n tech* strgulja

whish [wiš] **1.** *n* brnenje, brenčanje; **2.** *vi* brneti, brenčati

whisk I [wisk] **1.** *n* hiter gib; hip, trenutek; brisalo, otiralo; pernato omelo, metlica; rahel udarec; sveženj, otep, šop (slame, trave, las itd.); *cul* tolkač (za tolčenje smetane, snega iz beljaka); **in a ~** v hipu

whisk II [wisk] *vt* pomesti, obrisati; mahati z, hitro premikati; *cul* stepati (jajce); hitro odnesti; *vi* naglo, hitro se premikati, gibati; drveti, leteti, smukniti, švigniti, šiniti

whisk away *vt* odgnati (**a fly** muho); obrisati; *vi* izginiti, smukniti, šiniti proč (kot strelica);

whisk off *vt* odtrgati, iztrgati; hitro odvesti, odpeljati

whiskered [wískǝd] *a* ki nosi zaliske

whiskers [wískǝz] *n pl* zaliski; brki, brada; dlake na gobčku živali

whiskey [wíski] *n* (zlasti v Ameriki in Irski narejen) viski (whisky)

whiskified [wískifaid] *a* pijan (od viskija)

whisky I [wíski] **1.** *n* viski (whisky), žganje; požirek ali čaša viskija; **~ sour** viski s citrono; **2.** *a* podoben viskiju, viskijev

whisky II [wíski] *n* lahka, odprta in visoka kočija

whisp [wisp] **1.** *n* rahlo šuštenje, šelest; **2.** *vi* rahlo šušteti, šelesteti

whisper I [wíspǝ] *n* šepet, šepetanje; šušljanje; prišepetavanje; šum, šuštenje; skrivna opazka, prišepetana beseda; *pl* šušljanje, govoričenje; **in a ~, in ~s** šepetaje

whisper II [wíspǝ] **1.** *vi* šepetati, šepniti, zašepetati, govoričiti, šušljati; *poet* šušteti, šelesteti (drevo, veter itd.); **2.** *vt* šepetati, šepetaje govoriti, skrivaj si povedati, prišepniti; širiti (**news** novice); **to ~ against** s.o. šušljati o kom; opravljati koga; **to ~ to** s.o. šepetati, šušljati s kom

whisperer [wíspǝrǝ] *n* šepetalec; šušljač; obrekovalec, opravljivec

whispering [wíspǝriŋ] **1.** *a* (**~ly** *adv*) šepetajoč; **2.** *n* šepetanje; šušljanje

whist I [wist] **1.** *n* whist (igra z 52 kartami za 4 igralce); **2.** *vi* igrati whist

whist II [wist] **1.** *a & adv* tih; tiho, molče; **2.** *interj* pst! tiho!; **3.** *vi* biti tih; **4.** *n Ir* molk, tišina; **hold your ~!** molči! tiho!

whistle I [wisl] *n* žvižg, pisk, žvižganje, signal z žvižgom; piščalka; *coll* grlo, goltanec; **~ stop** *A* majhna postaja; volilna turneja (za predsedništvo); **penny ~** otroška piščalka (iz pločevine); **to blow a ~** zapiskati, zažvižgati; **to pay (dear) for one's ~** *fig* drago plačati (svojo) šalo; **to wet one's ~** zmočiti si grlo, napiti se

whistle II [wisl] **1.** *vi* (za)žvižgati, požvižgavati; piskati na piščal(ko); dati znak z žvižgom; vršeti (veter), šumeti, žvižgati (krogla); **2.** *vt* žvižgati; *mus* igrati na flavto; poklicati z žvižgom; **to ~ for a wind** *naut* žvižgati za veter (pri brezvetrju); **you may ~ for it** *coll fig* na to lahko še dolgo čakaš; **to ~ s.o.** požvižgati

komu; **to ~ back, to ~ up** poklicati z žvižgom, požvižgati (komu); **to ~ off** *coll* popihati jo
whistler [wíslə] *n* žvižgač; piskač
whistle-stop [wíslstəp] **1.** *n rly* postajališče, majhna postaja; mestece; *pol* kratek osebni nastop (političnega kandidata); **2.** *a pol* volilen; **~ speech** volilni govor na manjši postaji; **~ tour** volilno potovanje (večinoma s posebnim vlakom od mesteca do mesteca)
whit I [wit] *n* mrvica, trohica, košček, malenkost; **no ~, not a ~, never a ~** niti mrvice (ne); niti malo ne; **we cared not a ~** še mar nam ni bilo za to, požvižgali smo se na to; **he is no ~ the better for it** zaradi tega mu ni prav nič bolje
whit II [wit] *interj* pip! (posnemanje ptičjega klica)
Whit [wit] *a* (v sestavljenkah) binkoštni
white I [wáit] *a* bel; belopolt; belokožen; bled; svetel; bel ali siv (lasje); *poet* blond, plav; brezbarven, prozoren; *fig* čist, nedolžen, neomadeževan, preprost; *pol* bel, rojalističen, reakcionaren; *tech* pocinan; srebrn, beložareč, razbeljen; *econ* dovoljen, dopuščen; (redko) srečen; *print* prazen, nepotiskan; *coll* poštèn; **as ~ as a sheet** bled kot zid (stena, smrt); **~ with fear** bled od strahu; **~ ant** bela mravlja, termit; **~ book** *pol* bela knjiga; **~ brass** *tech* bela med, novo srebro; **~ bear** beli, polarni medved; **~ coal** *tech* beli premog, vodna moč; **~ coffee** bela, mlečna kava; **~ damp** jamski plin; **~ father** *A* beli oče (indijanski vzdevek za predsednika ZDA); **~ feather** belo pero (znak strahopetnosti), *fig* strahopetec; **~ metal** bela kovina; **~ night** noč brez spanja; **~ sale** *econ* razprodaja platnenega blaga, beli teden; **~ paper** *pol* bela knjiga (poročilo angleške vlade); **~ supremacy** prevlada, nadvlada belcev; **to bleed ~** pustiti (tele) izkrvaveti; *fig* izsesati, kri puščati (komu)
white II [wáit] *n* belina, bela barva, belilo; bel predmet; belokožnost; belec, človek bele rase; beljak; belo vino; *obs* srebro, srebrnik; (šah) bela figura; beli krog pri tarči; *pol* beli, reakcionar, rojalist; *fig* čistost, nedolžnost; *print* vrzel, prazen prostor; **in the ~** *tech* surov, nepleskan (les, kovina itd.); **dressed in ~** belo oblečen
white III [wáit] *vt* (po)beliti, prebeliti; napraviti belo; *fig* površno napraviti lepo (dobro); **to ~ out** *print* pustiti bel (prazen) prostor
whiteback [wáitbæk] *n bot A* beli (srebrni) topol
whitebait [wáitbeit] *n zool* vrsta majhne bele ribe
whitebeard [wáitbiəd] *n* sivobradec; starec
whitebearded [wáitbiədid] *a* belobrad, z belo brado
whitecap [wáitkæp] **1.** *n zool* drevesni, poljski vrabec; oseba, ki nosi belo čepico; pena, vrh valov; **W~** *A* izvršilec linčanja; **2.** *vt A coll* linčati
white-collar(ed) [wáitkələ(d)] *a coll* pisarniški, kanclijski; **~ worker** (pisarniški) nameščenec; duševni delavec
white elephant [wáitélifənt] *n zool* bel slon; *fig coll* nadležna posest; dragocen predmet, ki ne prinaša nobene koristi; nekaj, kar povzroča več dela ali stroškov, kot je vredno
whiteface [wáitfeis] *n* bela lisa na konjskem čelu; konj s tako liso; **~d** bled, bledoličen

white flag [wáitflæg] *n* bela zastava (znak predaje); **to hoist (to show, to wave) the ~** kapitulirati, predati se
white frost [wáitfrɔst] *n* ivje; srež, sren
white gold [wáitgould] *n* belo zlato, platina
white-haired [wáithéəd] *a* belolas, plavolas; *fig* najljubši; **~ boy** ljubljenček, miljenček
whitehanded [wáithændid] *a* belorok; *fig* nedolžen, neomadeževan
white hands [wáithændz] *n pl fig* čiste, neomadeževane roke; nedolžnost
white-headed [wáithedid] *a* beloglav, sivolas; svetlolas, blond; **~ boy** *coll* ljubljenec, ljubljenček
white heat [wáithi:t] *n* (bela) razbeljenost; *fig* skrajna razburjenost, huda jeza, srd, besnost; mrzlična naglica ali delo; **to work at a ~** delati z mrzlično naglico
white hope [wáithoup] *n A sl* oseba, v katero stavimo veliko upanja
white horse [wáithɔ:s] *n* bel konj; *fig* val z belo peno
whitehot [wáithɔt] *a tech* (belo) razbeljen; *fig* besen; mrzličen (naglica)
White House [wáithaus] *n* Bela hiša (sedež predsednika ZDA v Washingtonu; *coll* predsedstvo ZDA; *coll* zvezna izvršna oblast ZDA
white iron [wáitaiən] *n tech* belo (surovo) železo; bela pločevina
white lead [wáitled] *n chem* svinčevo belilo
white leather [wáitleðə] *n* irhovina
white lie [wáitlai] *n* nedolžna laž, laž v sili
white light [wáitlait] *n phys* bela svetloba; dnevna svetloba; bela luč (signal); *fig* nepristranska sodba
white-livered [wáitlivəd] *a* bled(ičen), slaboten; *fig* strahopeten, plašljiv, strašljiv, boječ
whitely [wáitli] *adv* belo, belkasto
whiten [wáitn] *vt* beliti, pobeliti, obeliti; *vi* postati bel ali siv; osiveti; pobeliti se; pobledeti
whitener [wáitnə] *n* belilec; belilo
whiteness [wáitnis] *n* belina, belost; bledost; *fig* čistoča
whitening [wáitniŋ] *n* beljenje, čiščenje; *tech* pocinjenje; mezdrenje (kož); **~ stone** gladilni kamen
white plague [wáitpleig] *n med A* (pljučna) tuberkuloza
whites [wáits] *n pl med* beli tok, levkoreja; najboljša bela moka; bela oblačila
white scourge [wáitskɔ:dž] *n med* sušica, jetika
white sheet [wáitši:t] *n fig* spokorniška srajca (obleka)
white-skinned [wáitskind] *a* belokožen
white slave [wáitsleiv] *n* bela sužnja; žrtev trgovine z dekleti; **~-~ traffic** trgovina z dekleti
white slaver [wáitsleivə] *n* trgovec z dekleti
white slavery [wáitsleivəri] *n* trgovina z dekleti
whitesmith [wáitsmiθ] *n* klepar; obrtnik, ki izdeluje srebrne predmete
whitethorn [wáitθɔ:n] *n bot* beli glog
white trash [wáittræš] *n A coll* revno belo prebivalstvo; reven belec
white war [wáitwɔ:] *n econ* gospodarska vojna
white ware [wáitwɛə] *n* perilo; platneno blago
whitewash I [wáitwɔš] *n* belilo, apno za beljenje; *fig* reševanje časti, rehabilitacija; *econ* progla-

sitev ponovne solventnosti (po stečaju); *sp* popoln poraz; bela šminka; **to get a** ~ biti rehabilitiran; poravnati se s svojimi nasprotniki
whitewash II [wáitwɔš] *vt* beliti, pobeliti (z apnom); oprati; *fig* skušati rešiti dober glas kake osebe, rehabilitirati; *econ* začeti zopet poslovati po stečaju; *A coll sp* popolnoma poraziti, premagati (nasprotnika)
whitewasher [wáitwɔšə] *n* belilec; belilec z apnom; *fig* poravnatelj; oseba, ki rehabilitira; pomirjevalna sila; *sl* zaključna pijača, napitek po večerji (navadno sherry)
whitewing [wáitwiŋ] *n A* cestni pometač v beli uniformi
whither [wíðə] **1.** *adv poet* kod, kam; tja, kamor; **2.** *n* namembna postaja, cilj
whitherward(s) [wíðəwəd(z)] *adv obs* koder; tam, kjer
whiting I [wáitiŋ] *n* (riba) belica
whiting II [wáitiŋ] *n* belež, belilo; prašek za čiščenje, pralna kreda
whitish [wáitiš] *a* belkast; bled
whitishness [wáitišnis] *n* belost, belkasta barva; bledica
whitlow [wítlou] *n med* zanohtni prisad
Whitmonday [wítmʌndi] *n* binkoštni ponedeljek
Whitsun [wítsən] *a* binkoštni; ~ **eve** binkoštni predvečer; ~ **week** binkoštni ponedeljek
Whitsunday [wítsʌndi] *n* binkoštna nedelja
Whitsuntide [wítsəntaid] *n* binkoštni prazniki
whittle [witl] **1.** *n obs* (dolg, žepni) nož, mesarski nož; **2.** *vt & vi* rezati, rezljati; znižati (večinoma ~ **away**, ~ **down**) (npr. plačo itd.)
whittling [wítliŋ] *n* ostružek, oblanec
whity [wáiti] *a* belkast
whiz(z) [wiz] **1.** *n* žvižganje, sikanje; šumenje, brenčanje, brnenje; *A sl* bistra glava; sijajna, uspešna stvar; **2.** *vt & vi* žvižgati (krogla), sikati; šumeti, brneti; besneti; pustiti žvižgati; *tech* centrifugirati
whizzbang [wízbæŋ] *n mil sl* granata velike hitrosti; sikajoč izstrelek (umetnega ognja, ognjemeta)
whizzer [wízə] *n tech* centrifuga (sušilna naprava); ropotulja, raglja
who [hu:] *pron* kdo; *coll* koga; kateri, -a, -o; ki; tisti, -a, ki; kdor; I ~ ... jaz, ki ...; ~ **is so deaf as he who will not hear** ni večjega gluhca od tistega, ki noče slišati; **to know** ~ **'s** ~ vedeti, kdo je kdo; **Who is Who?** Kdo je kdo? (seznam vidnejših osebnosti); ~ **could I ask?** *coll* koga bi lahko vprašal?; **I forget** ~ **all was there** ne vem več, kdo vse je bil tam
whoa [wóu] *interj* (= ~ **back!**) brr! stoj!
whodun(n)it [hu:dʌ́nit] *n sl* kriminalna zgodba (roman, film)
whoe'er [huéə] *pron poet* glej **whoever**
whoever [huévə] *pron* kdorkoli; kdo vendar; vsakdo, ki; *coll* (glej **whomever**) kogarkoli; ~ **(who ever) is it?** *coll* kdo bi to mogel biti?; ~ **told you that?** kdo vendar vam je to rekel?; **to everybody** ~ **he may be** komurkoli; vsakomur brez izjeme
whole I [hóul] *a* cel, ves; popoln; nerazdeljen; nerazrezan, nerazlit; nezmanjšan; brez odbitka; pravi, čisti (sorodstvo); nepoškodovan, neranjen, (redko) zdrav; **with one's** ~ **heart** iz vsega

srca, iz globine duše; ~ **brother** pravi (rodni, telesni) brat; **a** ~ **10 days** celih 10 dni; ~ **milk** polnomastno mleko; ~ **note** *mus* cela nota; ~ **rest** *mus* cela pavza; **the** ~ **year** vse (celo) leto; **he is the** ~ **show** (ali **thing**) on je osebnost; **(made) out of** ~ **cloth** *fig A* popolnoma izmišljen; **to get off with a** ~ **skin** celo (zdravo) kožo odnesti; **to go the** ~ **hog** (ali **figure**) temeljito kaj izvršiti (opraviti)
whole II [hóul] *n* celota, vse; ves obseg; vsebina; *math* vsota; **as a** ~ kot celota, v celoti; **on the** ~ v celoti, v celem, vsi skupaj; **the** ~ **of Yugoslavia** vsa Jugoslavija
wholeblood [hóulblʌd] *n* čistokrven konj
whole-bound [hóulbaund] *a* v usnje vezan
whole-coloured [hóulkʌləd] *a* enobarven
whole gale [hóulgeil] *n* hud vihar
whole-hearted [hóulha:tid] *a* (~ **ly** *adv*) iskren, prisrčen; resen
whole hog [hóulhɔg] *n sl* celota; **to go (the)** ~ temeljito opraviti svoje delo; vse delo opraviti
whole-hogger [hóulhɔgə] *n sl* dosleden človek
whole-hoggism [hóulhɔgizəm] *n sl* doslednost
whole-hoofed [hóulhu:ft] *a zool* enokopiten
whole-length [hóulleŋθ] **1.** *a* (predstavljen, podán) v vsej (svoji) dolžini ali velikosti; **2.** *n* (= ~ **portrait**) portret v naravni velikosti
whole life insurance [hóullaif ínšuərəns] *n* zavarovanje za doživetje
whole meal [hóulmi:l] *n* nepresejana moka (z otrobi)
wholeness [hóulnis] *n* integralnost, popolnost, celotnost
wholesale [hóulseil] **1.** *n econ* prodaja na debelo, na veliko; splošna razprodaja; **by** ~ *econ* na debelo, na veliko, en gros; *fig* masovno, pavšalno, splošno, brez razlike; **2.** *a* veletrgovinski; pavšalen; masoven, splošen, obči, brez razlike; obilen, čezmeren; ~ **dealer,** ~ **merchant** trgovec na debelo, grosist; ~ **slaughter** masoven pokol; ~ **trade** trgovina en gros, na debelo; **3.** *adv econ* na debelo, na veliko, en gros; *fig* v velikem obsegu, masovno, pavšalno, splošno, brez razlike; *coll* serijsko; **4.** *vt* prodajati na debelo (na veliko, en gros)
wholesaler [hóulseilə] *n* veletrgovec, trgovec na debelo, grosist
whole-seas (over) [hóulsi:z(óuvə)] *a hum* pijan kot mavra
whole-skinned [hóulskind] *a* nepoškodovan, neranjen
wholesome [hóulsəm] *a* (~ **ly** *adv*) zdrav, zdravju koristen; koristen, ugoden; dober; normalen; smotrn; *sl* varen, nenevaren; ~ **advice** koristen nasvet; ~ **climate** zdravo podnebje; ~ **food** zdrava hrana
wholesomeness [hóulsəmnis] *n* zdravost (**of a climate** klime); zdravje; koristnost, smotrnost; normalnost
wholly [hóulli] *adv* popolnoma, v celoti; izključno
whom [hu:m] *pron* koga, komu; tistega (tisto), ki; tistemu (tisti), ki; ki ga (jo, jih); kogar(koli), komur(koli); **to** ~ **?** komu?; **from** ~ **?** od koga?; ~ **the gods love die young** kogar bogovi ljubijo, umre mlad

whomever [hu:mévə] *pron* kogarkoli, komurkoli; vsakogar, vsakomur

whomsoever [hu:msouévə] glej **whomever**

whoo [(wu:] *interj coll* uh! uf! (izraža zadovoljstvo, občudovanje)

whoof [wu:f] *n* zamolkel (votel), hripav krik

whoop [hu:p] **1.** *n* glasen krik, vpitje, krik in vik, kričanje; bojni krik, krik maščevanja; *coll* prebita para; **not worth a ~** počene pare ne vreden; **2.** *vi* vpiti, kričati; sopsti, sopihati; *vt* zavpiti (kaj), kričati na koga, nahruliti (koga); **to ~ it up** *A sl* razgrajati; **3.** *interj* hej! halo!; **~ for...!** naj živi...! živel...!

whoopee [wú:pi:] **1.** *interj* juhej!, hura!; **2.** *n* vzklikanje »juhej«; hrup; veselica; **to make ~** hrupno se veseliti, vriskati; **~ period** *A* doba (razdobje) blagostanja

whooper [hú:pə] *n zool* divji labod; severnoameriški žerjav; kričač

whooping cough [hú:piŋkɔf] *n med* oslovski kašelj

whooping crane [hú:piŋkrein] *n zool* severnoameriški žerjav

whooping swan [hú:piŋswən] *n zool* labod pevec; divji labod

whoops [wu:ps] *interj* hopla!

whop [wɔp] **1.** *vt coll* pretepsti, premlatiti, prebunkati; zalučati; *fig* premagati, potolči; *A* suniti, vreči, naglo odriniti, pahniti; *vi* nenadoma izginiti; *A* nenadoma pasti, telebniti; **2.** *n* močan udarec; (nenaden) padec

whopper [wɔ́pə] *n coll* nekaj velikega, osupljivega; groba, debela laž; sleparija

whopping [wɔ́piŋ] **1.** *n coll* udarci, batine; **2.** *a* velikanski, silen, kolosalen

whore [hɔ:] **1.** *n* vlačuga, prostitutka; **~'s bird** *vulg* bastard, pankrt; **2.** *vi* vlačugati se, prostituirati se; *bibl* klanjati se malikom, malikovati; *vt obs* napraviti za vlačugo, spriditi

who're [hú:ə] *coll* = who are

whoredom [hɔ́:dəm] *n* vlačugarstvo; *bibl* klanjanje malikom, malikovanje

whorehouse [hɔ́:haus] *n* javna hiša, bordel

whoremaster [hɔ́:ma:stə] *n* prešuštnik, razvratnik, vlačugar; **~ ly** zvodniški

whoremonger [hɔ́:mʌŋgə] *n* (redko) razvratnik, vlačugar, prešuštnik

whoreson [hɔ́:sʌn] **1.** *n obs* bastard, pankrt; *coll, hum* navihanec, falot, lopov; **2.** *a* bastarden; prostaški

whorish [hɔ́:riš] *a* prešušten, pohoten

whorishness [hɔ́:rišnis] *n* prešuštnost, pohotnost

whorl [wə:l] *n* zavojica spiralne skoljke; vzvoj spirale ipd.; *bot* vretence (na rastlini); *tech* vreteno (pri predenju), koščen ali rožen obroček, ki se zaradi obtežitve natakne na vreteno

whorled [wə:ld] *a* vretenčast; zavit

whortleberry [wə́:tlberi] *n bot* borovnica

who's [hu:z] *coll* = who is

whose [hu:z] *pron* (rodilnik od who) čigav, -a, -o; **~ is it?** čigavo je to?; kogar, čigar; katerega, katere, katerih; **the book ~ leaves are torn** knjiga, katere listi so strgani

whosever [hu:zévə] *pron* (rodilnik od **whoever**) kogarkoli

whoso [hú:sou] *obs za* **whoever**

whosoever [hu:souévə] *pron* glej **whoever**

whuff(le) [wʌf(l)] *vi* glasno puhati (konj)

why [wái] *adv* zakaj; čemú; zaradi česar; **~ not?** zakaj ne?; **not to know ~** ne vedeti zakaj; **this** (ali **that**) **is ~** zato; **2.** *n* razlog, vzrok; problem; **the ~ and the wherefore** motivi in razlogi; **the great ~ s of life** veliki življenjski problemi; **never mind the ~** ne brigaj se za vzrok; **3.** *interj* no; zares, seveda, vendar; **How much is 2 and 8? — Why, 10** Koliko je 2 in 8? — No, 10; 10 vendar (seveda)

wick I [wik] *n* stenj; *med* ozek tampon iz gaze; **to trim the ~** prirezati stenj

wick II [wik] *n* (*obs* razen v sestavljenkah) vas; pristava; mesto; okraj

wicked I [wíkid] **1.** *a* (**~ ly** *adv*) zloben, zèl, brezbožen, pregrešen, pokvarjen, nemoralen; vražji; *coll* hud (bolečina, rana); škodljiv, nevaren; *coll* slab, grd; *sl* nesramen, nespodoben; **the ~ one** *bibl* zlodej, satan; **W~ Bible** leta 1632 tiskana angleška biblija, v kateri manjka beseda »not« v 7. zapovedi; **~ smell** smrad; **~ climb** težak vzpon; **~ weeds** škodljiv plevel; **2.** *n* **the ~** *bibl* brezbožneži

wicked II [wikt] *a* ki ima en stenj; **two-~ lamp** svetilka z dvema stenjema

wickedness [wíkidnis] *n* brezbožnost, grešnost; zloba, zlobnost; podlost, objestnost

wicker [wíkə] **1.** *n* vrbovo protje, vrbova šiba (veja); spleteno vrbovo protje; pletér (iz vrbovega protja); koš(ara) (iz vrbovega protja); **2.** *a* narejen, (s)pleten) iz vrbovega protja; **~ basket** košara pletenica, pleterka; **~ bottle, ~ flask** pletenka (steklenica); **~ chair** pleten stol (naslanjač); **~ furniture** pleteno pohištvo; **~ cage** pletena ptičnica; **3.** *vt* pokriti, prekriti (prevleči) z vrbovim protjem, s pletivom

wickered [wíkəd] *a* opleten, spleten (iz vrbovega protja)

wickerwork [wíkəwə:k] *n* iz vrbovih šib spletena roba, pletarski izdelki

wickerworker [wíkəwə:kə] *n* pletar, košar

wicket [wíkit] *n* vratca; polvrata; vrtljiva vrata; vrata pri zatvornici; (zamreženo) poslovno okence (v banki, uradu); *sp* vratca (pri kriketu); **on a good ~** *sp* pri dobrem stanju igre; *fig* v ugodnem položaju; **to keep one's ~ up** (kriket) dobro braniti vratca

wicket gate [wíkitgéit] *n* vratca, vrata

wicketkeeper [wíkitki:pə] *n sp* vratar (pri kriketu)

wicking [wíkiŋ] *n* material za stenj

wickiup [wíkiʌp] *n A* indijanska koča

widdy [wídi] *n* vrv iz vrbovega protja; zanka (zlasti pri rabljevi vrvi)

wide I [wáid] *a* (**~ ly** *adv*) širok, prostran; obsežen; dalekosežen; velik, znaten, bogat (izkušnje, znanje itd.); liberalen, ki je brez predsodkov, širokogruden; splošen, obči; raztezajoč se v določenih mejah; široko odprt; ki presega meje; čezmeren; daleč oddaljen; *E sl* bister, prebrisan; **three feet ~** tri čevlje širok; **a ~ domain** obsežno, obširno področje; **a ~ margin** širok rob; **~ plain** prostrana ravnina; **~ prices** različne cene (ponudbe in povpraševanja); **~ reading** velika načitanost; **~ roads** široke ceste; **the ~ world** širni svet; **to give a ~ margin** dati široko polje, dati prost prostor; **to stare with ~ eyes**

strmeti s široko odprtimi; **to take ~ views** biti velikodušen, velikopotezen; **his answer was quite ~ of the mark** njegov odgovor ni prav nič spadal k stvari; **by the widest computation** kar najbolj široko računano
wide II [wáid] *adv* široko, širom, prostrano; oddaljeno, daleč od; v polni meri; **~ apart** daleč narazen; **~ open** na stežaj odprt; **far and ~** daleč naokoli; na dolgo in na široko; **the blow went ~** udarec je šel mimo; **to go ~** zgrešiti cilj; **the ball fell ~ of the target** žoga je padla daleč od cilja; **to open one's mouth ~** (na) široko odpreti usta (zazijati); **to have one's eyes ~ open** imeti široko odprte oči, biti buden (pazljiv, oprezen); **to open one's mouth too ~** *fig* biti preveč pohlepen (lakomen, častihlepen); **an answer ~ of the mark** zelo zmoten odgovor
wide III [wáid] *n poet* širina, prostranost; skrajnost; *sp* nedosegljiva žoga; **to the ~** do skrajnosti, popolnoma; **broke to the ~** *coll* čisto »suh« (brez denarja); **done to the ~** popolnoma izčrpan
wide-awake [wáidǝweik] **1.** *a* popolnoma buden; *fig* pazljiv (*to* na), buden, oprezen; *coll* razumen, bister, premeten, zvit; **2.** *n* (= **hat**) klobuk s širokimi mehkimi krajevci
wide-brimmed [wáidbrimd] *a* ki ima širok rob, široke krajevce
wide-eyed [wáidaid] *a* s široko odprtimi očmi; osupel, začuden; naiven
widely [wáidli] *adv* široko, daleč vsaksebi, prostrano; v širokih krogih, splošno, obče; v veliki meri, izredno, zelo; **it is ~ known** splošno je znano; **to differ ~** zelo se razlikovati, biti zelo različnih mnenj; **~ different** zelo različen
wide-minded [wáidmáindid] *a* širokogruden
wide-mouthed [wáidmáuðid] *a* ki ima velika usta (oseba), veliko odprtino (steklenica, vaza itd.); s široko odprtimi usti; *fig* gobezdav; požrešen
widen [wáidǝn] *vt* (raz)širiti, napraviti širše; povečati; poglobiti; *vi* razširiti se (tudi *fig*), poglobiti se; postati širok; povečati se; **to ~ a gap** razširiti vrzel; **to ~ a breach** *fig* poglobiti razdor
widener [wáidǝnǝ] *n* (raz)širitelj
wideness [wáidnis] *n* širina; obsežnost; prostranost, veličina
wide-open [wáidoupn] *a* široko odprt; *A* laksen, širokogruden (v ukrepih proti alkoholizmu)
widespread [wáidspred] *a* široko razširjen (*idea* ideja); splošen; razprostrt (*wings* krila, peruti); **a ~ phenomenon** zelo razširjen, splošen pojav
wide-spreading [wáidsprediŋ] *a* ki postaja vse pogostejši, ki se vse bolj širi
wide-stretched, **~ tching** [wáidstrečt, ~ čiŋ] *a* raztegnjen
widgeon [wídžǝn] *n zool* raca žvižgavka; *obs* bedak, tepec
widish [wáidiš] *a* precéj (kar) širok
widow [wídou] **1.** *n* vdova; **the ~** *coll* šampanjec; **~'s bounty**, **~'s pension** vdovina renta, pokojnina; **2.** *a* ovdovel; **~ lady**, **~ woman** vdova; **~ bewitched**, **grass ~** slamnata vdova; **~ cruse** *bibl* vdovin vrč za olje; *fig* neizčrpna zaloga, vir hrane; **~ mite** *bibl* vinar, novčič; *fig* majhno, a od srca dano darilo; **~ weeds** *pl* vdovina obleka (noša); **3.** *vt* napraviti za vdovca, za

vdovo; *fig poet* odvzeti, oropati (koga česa); **to be ~ ed** biti ovdovel(a), postati vdovec (vdova); *fig* biti osirotel, zapuščen; **the ~ ed mother** ovdovela mati; **to be ~ ed of a friend** izgubiti prijatelja
widow bird [wídoubǝ:d] *n zool* vrsta afriške ptice s črnim perjem
widowed [wídoud] *a* ovdovel(a); *fig* zapuščen(a)
widower [wídouǝ] *n* vdovec; **grass ~** slamnati vdovec
widowhood [wídouhud] *n* vdovstvo, vdovski stan
width [widθ] *n* širina (tudi *fig*); širina tkanine (blaga); *fig* širokogrudnost, liberalnost; **5 feet in ~** 5 čevljev širok; **~ of mind** duševno obzorje
wideways, **widewise** [wáidweiz, -waiz] *adv* po širini
wield [wi:ld] *vt* ravnati (*a tool* z orodjem); uporabljati, držati; izvajati, uveljavljati, imeti (*influence, control* vpliv, nadzor); *obs* vladati, voditi; **to ~ the pen** uporabljati pero, pisati; **to ~ power** imeti oblast v rokah, vladati; **to ~ a weapon** uporabljati, vihteti orožje
wieldable [wí:ldǝbl] *a* ročen, lahek za uporabljanje (rokovanje)
wielder [wí:ldǝ] *n*; **a ~ of autocratic power** avtokratski oblastnik
wiener [wí:nǝ] *n A* (skrajšano za) **~ wurst** dunajska klobasica
wife, *pl* **wives** [wáif, wáivz] *n* žena, soproga; ženska; stara (kmečka, klepetava) ženska; *zool* samica; **lawful ~** zakonita žena; **old wives' tale** babja čenča; **all the world and his ~** ves modni, elegantni svet; **to give (to take) to ~** dati (vzeti) za ženo; **to make a good ~** biti dobra žena (*to* komu)
wifehood [wáifhud] *n* stan (življenje) poročene ženske, dostojanstvo soproge; ženstvo
wifeless [wáiflis] *a* neporočen, brez žene
wifelessness [wáiflisnis] *n* samski stan
wifelike [wáiflaik] *a* ženski; primeren soprogi
wifely [wáifli] *a* primeren soprogi; ženski
wife-ridden [wáifridn] *a fig* copatarski, (ki je) pod žensko vlado
wifie [wáifi] *n coll, hum* ženka, ženkica
wig [wig] *n* lasulja; *hum* lasje; *sl* ukor, oštevanje, zmerjanje; **a big ~** *coll* veljak, »visoka živina«; **my ~!** križana gora!, pri moji veri! (vzklik začudenja); **~ maker** lasuljar; **~s on the green** *E coll* prepir, pretep; **2.** *vt* oskrbeti z lasuljo; *coll* ozmerjati, ošteti, ukoriti; **~ged** ki nosi lasuljo
wiggery [wígǝri] *n* lasulja; nošnja, moda lasulj; (redko) starokopitnost, birokratizem
wigging [wígiŋ] *n* oštevanje, graja
wiggle [wigl] **1.** *n* vijugasto gibanje (premikanje), vijuga; miganje z repom; jed iz rib in lupinarjev v smetanovi omaki; **to get a ~ on** *sl* (po)hiteti, podvizati se; **2.** *vi* viti se, vijugati se; majati se; z repom migati; **a child that ~ s** otrok z negotovo (majavo) hojo; *vt* migati z; vijugati; **to ~ one's finger** žugati s prstom; **the dog ~ s his tail** pes miga, maha z repom; **to ~ one's way** zvijati se (skozi)
wiggler [wíglǝ] *n* majavec; umetna vaba za ribe
wiggly [wígli] *a* zvijajoč se (kot kača), vijugast; **a ~ line** vijugasta črta

wight I [wáit] *n obs* človeško bitje, kreatura, stvor; **luckless** ~ ubožec, uboga para; **wretched** ~ bednež; revež
wight II [wáit] *a* močan, mogočen; viharen; uren, okreten; *obs* hraber, pogumen
wigwag [wígwæg] **1.** *n* mahanje; signaliziranje, signal z zastavicami; **2.** *vt naut mil* signalizirati z zastavicami, svetilkami itd; *coll* sem in tja premikati; **3.** *adv* sem in tja
wigwam [wígwæm] *n* indijanska koča ali šotor, vigvam; *hum* dom; *pol A sl* šotor, dvorana za zborovanje
wild I [wáild] **1.** *a* (~ **ly** *adv*) divji, neukročen, neudomačen; neciviliziran, barbarski, neizobražen; plašen, plah, plašljiv (divjačina); neobljuden, pust, neobdelan (zemlja); neurejen, zmršen, skuštran (lasje); neobrzdan, razuzdan; svojeglav; *fig* razburjen, besen; buren, silovit; brezumen, nor, strasten; slučajen, naključen, nesmotrn, nepremišljen; *coll* hlepeč po, divji (nor) na; **a** ~ **guess** čisto, golo ugibanje; ~ **honey** divji, gozdni med; **a** ~ **life** divje, razuzdano življenje; ~ **pain** divja, blazna bolečina; ~ **orgies** divje orgije; **a** ~ **shot** strel na slepo (tjavdan); **in** ~ **disorder** v divjem neredu; ~ **with fear** brezumen (nor) od strahu; **to drive s.o.** ~ spraviti koga v besnost, razbesniti koga; **the horses were** ~ **to start** konji so nestrpno čakali na start; **to settle down after a** ~ **youth** umiriti se po vihravi mladosti; **2.** *adv* divje; nepremišljeno, brez glave; nesmotrno, tjavdan; **to run** ~ divje rasti, *fig* rasti brez nadzora; **to shoot** ~ streljati na slepo, brez cilja; **to talk** ~ zmedeno govoriti
wild II [wáild] *n* divjina; (peščena) pustinja, puščava; neobdelana zemlja; **the call of the** ~ klic divjine
wild beast [wáildbi:st] *n* divja žival, zver
wild boar [wáildbɔ:] *n* divji prašič, merjasec
wildcat [wáildkæt] **1.** *n zool* divja mačka; *fig* divjak, vročekrvnež, srboritež, nepremišljenec; nesolidno, goljufivo podjetje; *A* ranžirna lokomotiva; **2.** *a econ* tvegan, špekulacijski, negotov; sleparski, goljufiv; nezakonit; ~ **finance** divja špekulacija; ~ **strike** divja, nezakonita stavka; **3.** *vi & vt* na lastno pest delati poskusno vrtanje (za nafto itd.) (*a territory* na nekem zemljišču)
wildcatter [wáildkætə] *n econ A coll* divji špekulant; kdor dela poskusno vrtanje (za nafto)
wildebeest [wí:ldibi:st] *n zool* gnu
wilder [wíldə] *obs poet vt* zapeljati, zavajati v zablodo; *vi* (za)bloditi; biti zmeden
wilderness [wíldənis] *n* divjina; pustinja, puščava; *fig* masa, množica; niz (npr. gozdov); divji, labirintski vrt; **a** ~ **of things** *fig* kup stvari; **voice in the** ~ *bibl* glas vpijočega v puščavi; **wandering in the** ~ *pol* izločitev kake stranke iz vlade: ~ **of sea** vodna (morska) pustinja
wildfire [wáildfaiə] *n* grški ogenj (za zažiganje ladij); uničujoč ogenj; bliskavica; fosforescentna svetloba; *fig* vihar; *obs med* šen; **a** ~ **of applause** vihar odobravanja; **to spread like** ~ (raz)širiti se kot blisk (novica, govorica itd.)
wild goose, *pl* -geese [wáildgu:s, gi:z] *n zool* divja gos

wild-goose chase [wáildgu:s čéis] *n* lov na divje gosi; *fig* jalovo početje, brezuspešen trud; **to run a** ~ loviti, poditi se, iskati izmišljotine
wild horse [wáildhɔ:s] *n* divji, neukročen, podivjan konj; **to be drawn by** ~s biti vlečen od divjih konj (kazen)
wilding [wáildiŋ] **1.** *n bot* divjak, necepljeno drevo; podivjana vrtna rastlina; divja žival; *fig* posebnež, samosvojec; **2.** *a* divje rastoč, divji
wildish [wáildiš] *a* precéj divji
wildling [wáildliŋ] *n bot* divjak; *zool* divja žival
wild man, *pl* ~ **men** [wáildmən] *n* divjak
wildness [wáildnis] *n* divjost, neugnanost, razposajenost; razbrzdanost, neobrzdanost, strastnost; *obs* divjina
wild oat [wáildout] *n* divji oves; *pl fig* mladostni grehi; **to sow one's wild oats** izdivjati se v mladosti; unesti se
Wild West [wáildwest] *n* divji zapad (v ZDA)
wildwind [wáildwind] *n* orkan, silovit vihar
wildwood [wáildwud] *n* pragozd
wile [wáil] **1.** *n* zvijača, zvijačnost; trik; **2.** *vt* zapeljati; **to** ~ **away** preganjati, tratiti (čas); **to** ~ **s.o. into** zapeljati, zavesti koga v; **to** ~ **out** izvabiti
wil(l)ful [wílful] *a* (~ **ly** *adv*) nameren, premišljen, hoten, zavesten; svojeglav, trmast, uporen; ~ **homicide,** ~ **murder** *jur* premišljen uboj, umor; ~ **deception** zavestno varanje
wil(l)fulness [wílfulnis] *n* namernost, premišljenost; svojeglavost, upornost
wilily [wáilili] *adv* zvijačno, premeteno
wiliness [wáilinis] *n* zvijačnost, prekanjenost, premetenost, prebrisanost, lokavost
will* I [wil, wəl] nedoločnik in velelnik manjkata; **1.** in 3. *os. sg* will, 2. *os. sg* **(you)** will, *obs* **(thou)** wilt, *pl* will; *pt* would [wud, wəd], 2. *os. pt obs* **(thou) wouldst,** *pp* wold [wóuld], would; **I.** *v aux* (s sledečim nedoločnikom brez to) **1.** (za tvorbo prihodnjega časa za 2. in 3. *os. sg* in *pl*, za izražanje obljube ali namena tudi za **1.** *os. sg* in *pl*): **he will see very soon** bo kmalu videl; **I will not come back** ne bo me (več) nazaj; **2.** hoteti, biti voljan ali pripravljen: **will (would) you pass me the bread, please** mi hočete (bi mi hoteli) podati kruh, prosim?; **the wound will not heal** rana se noče (ne mara) zaceliti; **boys will be boys** dečki hočejo (pač) biti dečki, mladost se mora iznoreti; **3.** (v pogojnih stavkih): **he would do it if he could** on bi to naredil, ko bi mogel; **4.** biti navajen, imeti navado: **he will sit here for hours** ima navado ure in ure tu presedeti; **she would take a short walk every day** imela je navado iti vsak dan na kratek sprehod; **it would appear** kazno je; **II.** *vi & vt* hoteti, želeti: **what will you?** kaj hočeš (želiš)?; **as you will** kakor hočeš; **I would it were otherwise!** hotel (želel) bi, da bi bilo drugače!; **(I) would I were a bird!** hotel bi biti ptica!; **I** ~ **to God!** bog daj!; **I could not do it even if I would** ne bi mogel storiti tega, tudi če bi hotel
will II [wil] *n* volja, hotenje, stremljenje; izraz volje, želja, ukaz; strast; *jur* oporoka, poslednja volja, testament (= **last** ~); **at** ~ po volji; **of one's own** ~ po lastni, svobodni volji, prostovoljno; **with a** ~ rad, vneto; **against one's**

own ~ proti lastni volji; **free** ~ svobodna volja; **an iron** ~ železna volja; **good** ~ dobra volja, naklonjenost, blagohotnost; ~ **to peace** stremljenje po miru; **tenant at** ~ zakupnik, ki mu lahko po svoji volji odpovemo; **ill** ~ mržnja, sovraštvo; **wicked** ~ zloba; **to bear s.o. ill** ~ imeti slabe namene s kom; **to have one's** ~, **to exercise one's** ~ izsiliti, uveljaviti svojo voljo; **to make one's** ~ napraviti (svojo) oporoko; **to work one's** ~ uveljaviti svojo voljo, doseči svoj cilj; **this is my last** ~ **and testament** to je moja poslednja volja (napis na oporoki); **where there's a** ~ **there's a way** hoteti je moči
will III [wil] **1.** vt **2.** os. sg **(you) will,** obs **(thou) willest, 3.** os. **wills,** obs **willeth** [wíliθ], pt in pp **willed** [wild]; hoteti, določiti, odločiti; nameravati, (redko) ukazati; **God wills (ali willeth)** it bog hoče to (tako); **he who wills success is half way to it** kdor trdno (zares) hoče uspeh, ga že na pol ima; **willing and wishing are not the same** hoteti in želeti je dvoje; jur v oporoki določiti, voliti, zapustiti; **she willed her money to a hospital** svoj denar je (v oporoki) zapustila neki bolnici; vplivati na (koga), prisiliti, primorati (koga) (s hipnozo itd.); **the mesmerist wills his patient** hipnotizêr vsili pacientu svojo voljo; **to** ~ **o.s. into** prisiliti se k; **2.** vi hoteti, zahtevati, želeti, koprneti po
willable [wíləbl] a ležeč v območju volje, podvržen volji
willed [wild] a voljan; z voljo; **self-**~ svojevoljen, svojeglav, samovoljen; **strong-**~ (ki je) močne volje
willer [wílə] n hoteča oseba; oseba močne volje
willet [wílit] n A zool vrsta sloke
willies [wíliz] n pl coll napad živčnosti; **to get the** ~ postati živčen
willing [wíliŋ] a voljan; prostovoljen, spontan; pripravljen (za); **are you** ~ **to come?** si pripravljen priti?; **to show** ~ sl dokazati, pokazati (svojo) dobro voljo; **a** ~ **gift (help)** rade volje dano darilo (pomoč); ~ **ly** adv rad, z veseljem, drage volje, spontano
willingness [wíliŋnis] n voljnost, dobra volja, pripravljenost, ustrežljivost
willwaw [wíliwɔ:] n vrsta vrtinčastega vetra
will-less [wíllis] a ki je brez volje, brezvoljen, neprostovoljen
will-o'-the-wisp [wíləðəwísp] **1.** n blodeča lučka nad močvirjem; **2.** a varljiv, slepilen
willow I [wílou] n bot vrba; vrbovina; predmet iz vrbovine; vrbova vejica (simbol nesrečne ljubezni); (kriket) bat, tolkač; **to wear the** ~ žalovati ob izgubi ljubljene ali odsotne osebe, nositi žalno obleko; ~ **ed** posajen z vrbami; **2.** a vrbov, narejen iz vrbovine, iz vrbovih vej(ic)
willow II [wílou] **1.** n mikalnik (volne), gradaša; **2.** vt mikati, gradašati, grebenati, česati, čistiti (volno, bombaž)
willow-pattern [wíloupætən] n porcelan z modrim kitajskim vzorcem pejsaža z vrbami
willowware [wílouwεə] n porcelan (s kitajskim vzorcem z vrbami)
willow-wren [wílouren] n (ptica) (čopasta) listnica
willowy [wíloui] a poln vrb; fig vitek, graciozen; gibek, prožen

will power [wílpauə] n moč volje
willy [wíli] n tech naprava za mikanje volne, mikalnik
willy-nilly [wíliníli] **1.** adv hočeš nočeš; prisiljeno; **2.** a prisiljen; obotavljajoč se
wilt I [wilt] **2.** os. sg sedanjika obs poet od **will** (v aux)
wilt II [wilt] **1.** n ovenitev; oslabelost; potrtost, depresija; **2.** vt oveniti, napraviti ovenelo, izsušiti; coll popariti, potreti; vi oveneti, posušiti se; coll izgubiti pogum
wily [wáili] a (~ **lily** adv) zvit, premeten, prebrisan, zvijačen
wimble [wimbl] **1.** n tech vrtalo, velik sveder; **2.** vt (na)vrtati, prevrtati; (vrvarstvo) zviti (skupaj)
wimple [wimpl] **1.** n naprsna ruta (pri ženskah, danes pri redovnicah); tančica; guba; zavoj, vijuga; **2.** vt oviti s tančico; (redko) (na)gubati; kodrati (vodno površino); **the wind** ~**s the lake** veter kodra jezero; vi gubati se, kodrati se (vodna gladina)
win I [win] n coll dobivanje; dobljena igra; dobiček; uspeh, zmaga
win* II [win] vt dobiti (from od), pridobiti, doseči; zaslužiti, dobiti pri kartanju, v igri; mil osvojiti, priti (do cilja); pregovoriti, premamiti; vi zmagati, biti zmagovalec, imeti uspeh, priti do cilja; **to** ~ **one's blue** dobiti pravico za nošenje modre oznake (Oxfordske ali Cambridgeske univerze) po nastopih na dirkah, tekmah; **to** ~ **s.o. to consent** pregovoriti koga k privolitvi; **to** ~ **one's bread** služiti si (svoj) kruh; **to** ~ **fame (fortune, a victory)** doseči slavo (bogastvo, zmago); **to** ~ **hands down** z lahkoto (igraje) zmagati; **to** ~ **home** priti, dospeti domov; **to** ~ **loose (ali free ali clear)** otresti se, osvoboditi se; **to** ~ **a livelihood** preživljati se; **to** ~ **£ 3 off s.o.** dobiti 3 funte od koga v igri; **to** ~ **gold from ore** pridobivati zlato iz rude; **to** ~ **a prize** dobiti nagrado; **to** ~ **to the shore** doseči obalo, priti do obale, brega; **to** ~ **one's spurs** fig postati vitez; **to** ~ **the toss** dobiti pri igri za denar, pri kartanju za denar; **to** ~ **one's way** priti do, doseči; napraviti svojo pot, prispeti; prodreti, uspeti; **to** ~ **a victory (glory)** zmagati (proslaviti se); **to** ~ **a wife** dobiti si, najti ženo (za zakon)
win back vt nazaj (si pri)dobiti; nadoknaditi izgubo, regresirati se
win out vi fig priti do cilja, končno prodreti, uspeti, zmagati; A coll uspeti
win through vi prodreti, prebiti se; dobiti, zmagati, doseči cilj; premagati vse težave
win III [win] Sc, dial vt sušiti (seno) na zraku; plati (žito)
wince I [wins] **1.** n trzaj; odskok (od strahu); vi trzniti, vztrepetati, treniti (od bolečine); prestrašiti (preplašiti) se; **without wincing** ne da bi trenil (z očesom)
wince II [wins] n vitel, vreteno
wincer [wínsə] n oseba, ki se trzne, se zdrzne
wincey [wínsi] n polvoljeno blago
winch [winč] **1.** n vitel, vreteno; motovilo; tech ročica; **2.** vt dvigniti z vitlom, z ročico
winch handle [wínčhændl] n tech ročica

wincing machine [wínsiŋ məší:n] *n tech* (avtomatski) vitel

wind I [wind] *n* veter; vihar, vihra; vetrna tromba; *aero* smer vetra; zrak; vonj, duh, voh; *med* vetrovi, napenjanje, plini; dih, dihanje; (trebušna) prepona; *pl* strani neba; (umetni) zračni tok; *mus sg constr* pihala, *fig* prazne besede, čenče; **between ~ and water** *fig* na občutljivem mestu; **from the four ~s** z vseh strani neba, od vsepovsod; **in(to) the ~'s eye, into the teeth of the ~** proti vetru; **by the ~** *naut* s spodnjim vetrom (veter z boka proti ladijskemu kljunu); **off the ~** s polovičnim vetrom (med bočnim in krmilnim); **to the four ~s** na vse (štiri) vetrove; **like the ~** kot veter, kot strelica, hitro; **capful of ~** vetrič, sapica od časa do časa; **a fair (contrary) ~** ugoden (neugoden) veter; **puffed up with ~** *fig* napihnjen, nadut, domišljav; **slant of ~** *naut* sunek ugodnega vetra; **sound in ~ and limb** v odlični telesni kondiciji; **to be in the ~** *fig* biti v zraku; **there is s.th. in the ~** *fig* nekaj je v zraku; **all his promises are but ~** vse njegove obljube so le prazne besede; **it is an ill ~ that blows nobody good** v vsaki nesreči je tudi kaj dobrega; **to break ~** *med* spuščati vetrove; **to catch ~ of s.th.** zavohati kaj; **to cast** (ali **to fling** ali **to throw**) **to the ~** na vse vetrove vreči, *fig* zapravljati, ne se zmeniti za; **to come from the four ~s** priti z vseh strani sveta; **to find out how the ~ blows** (ali **lies**) ugotoviti, kako veter piha (tudi *fig*); **to get (the) ~ of s.th.** zavohati, zasumiti, priti na sled, zvedeti, slišati kaj; **the affair got (ali took) ~** stvar se je razvedela; **to get the ~ up** prestrašiti se, imeti tremo; pobesneti; **to have lost one's ~** biti ob sapo; **to have one's ~ taken** biti paraliziran zaradi udarca v trebušno prepono (pri boksanju); **to hit in the ~** *fig* zadati udarec v želodec; **to put the ~ up s.o.** prestrašiti koga, pognati komu strah v kosti; **to raise the ~** *sl fig* dobiti potrebni denar; dvigniti prah; **the ~ rises** veter nastane, se dvigne; **to lose one's ~** priti ob sapo; **to recover one's ~** zopet k sapi priti; **to go to the ~s** *fig* propasti; **he preaches to the ~s** govori v veter (zaman, stenam); **to sail before the ~** pluti, jadrati z vetrom v hrbtu; **to sail close to the ~** *fig* delati nekaj, kar je komaj še pošteno; mejiti na nezakonitost; *fig* skrajno varčno gospodariti; **to pump ~ into the tire** napolniti pnevmatiko z zrakom; **to sail with every shift of ~** jadrati, kakor veter potegne, *fig* obračati svoj plašč po vetru; **to sow the ~ and reap the whirlwind** sejati veter in žeti vihar; **to speak to the ~s** govoriti v veter, zaman (stenam) govoriti; **to take the ~ out of s.o.'s sails** *fig* prehiteti koga s čim, kar je on hotel napraviti, ter ga s tem oškodovati; premagati koga z njegovim lastnim orožjem; **to be troubled with ~** *med* imeti vetrove; **to whistle down the ~** *fig* zaman kaj želeti

wind II [wind] *vt* izpostaviti vetru, (pre)zračiti; *hunt* z vohanjem odkriti sled, (za)vohati; zasopiti (konja); izčrpati, ob sapo spraviti; pustiti konju, da se oddahne; **they were ~ed by the run** tek jih je izčrpal; **they stopped to ~**

their horses ustavili so se, da bi konji prišli do sape; **he was fairly ~ed on reaching the top** bil je precéj zasopel, ko je prišel na vrh

wind III [wáind] *n* obrat, vrtljaj, obračanje; zavoj, vijuga, ovinek (ceste itd.); upognjenost (v lesu); navitje (ure); napetje (strune, vzmeti); *tech* vitel

wind* IV [wáind] **1.** *vi* viti se, (*a road* cesta) vijugati se; ovi(ja)ti se, omotavati se; obračati se, vrteti se; splaziti se (*into* v); zvi(ja)ti se, skriviti se (les); *vt* oviti, zaviti, omotati; sukati, naviti, namota(va)ti (*on a reel* na motek, na tuljavo); (za)vrteti (film) (po snemanju); dvigniti (z vitlom); **to ~ a blanket round o.s.** zaviti se v odejo; **to ~ s.o. in one's arms** objeti koga; **to ~ s.o. round one's little finger** *fig* oviti koga okoli (svojega) mezinca; **the serpent ~s itself round its victim** kača se ovije okoli svoje žrtve; **to ~ a peg top** oviti vrvco okrog vrtavke; **to ~ (up) a watch** naviti uro; **to ~ o.s.** (ali **one's way**) **into s.o.'s affection** pridobiti si naklonjenost kake osebe; **to ~ a ship out of the harbour** odvleči ladjo iz pristanišča

wind in *vt* poviti, zaviti (v, noter)

wind off *vt* odmotati, odviti; razmotati

wind up *vi* zaključiti, *coll* končati; **he wound up by saying** zaključil je (svoj govor) z besedami; **he'll ~ in prison** on bo končal v ječi; *econ* napraviti bankrot, bankrotirati, likvidirati se; **he wound up by shooting himself** nazadnje se je ustrelil; *vt* spraviti v tek, pognati; **to be wound up to fury** razjeziti se; končati, zaključiti (govor); *econ* opraviti (*affairs* posle, zadeve); likvidirati (*a company* družbo)

wind IV [wáind] *vt* (*pt & pp* **wound** ali **winded**) pihati (v rog, trobento), dajati znake, signale (z rogom, s trobento)

windable [wáindəbl] *a* ki se more ali mora naviti

windage [wíndidž] *n* prosti prostor krogle (svinčenke) v cevi, tj. razlika med premerom krogle in premerom cevi orožja; vpliv vetra (na odmik izstrelka od normalne poti zaradi vetra); pritisk zraka pri topovskem streljanju; *phys* zračni upor; *naut* vetru izpostavljena površina ladje

windbag [wíndbæg] *n sl* žlabudravec, brbljavec, frazêr; *mus* meh (*of a bagpipe* dud)

windbaggery [wíndbægəri] *n sl* prazno govoričenje, blebetanje

windband [wíndbænd] *n mus* orkester za pihala

windberry [wíndberi] *n bot* brusnica

wind-bound [wíndbaund] *a naut* zadržan, blokiran od neugodnega vremena

windbreak [wíndbreik] *n* zaščita pred vetrom, vetrobran; od vetra podrto drevo

windbreaker [wíndbreikə] *n* vetrovka

windbroach [wíndbrouč] *n mus* vrsta glasbila (brenkala)

wind-broken [wíndbroukn] *a* ki ima kratko dihanje (konj)

wind-cheater [wíndči:t] *n* ohlapna jopica, vetrovka, anorak

wind-chest [wíndčest] *n* vetrovod (pri orglah)

wind cone [wíndkoun] *n aero* vetrna vreča (ki kaže smer vetra na letališču)

winded [wíndid] *a* zadihan, zasopel; **a long-~ story** dolgovezna zgodba

wind egg [wíndeg] *n* mehko jajce (brez lupine)

winder I [wáində] n tech vitel; ročica; ključ (za navijanje ure)

winder II [wíndə] n nekaj, kar človeku vzame sapo, zlasti udarec v želodec

winder III [wáində] n mus piskač, pihač

windfall [wíndfɔ:l] n (od vetra) podrto drevo; polomki; odpadlo sadje; fig nepričakovan dobitek (zlasti dediščina); A nagel udarec vetra z višine; **to come into** ~ priti do nepričakovanega dobitka

windfallen [wíndfɔ:lən] a podrt od vetra

windfanner [wíndfænə] n (ptica) postovka

windflaw [wíndflɔ:] n močan sunek vetra

windflower [wíndflauə] n bot vetrnica, anemona

wind-gauge [wíndgeidž] n tech anemometer, vetromer

windgun [wíndgʌn] n obs zračna puška

windhouse [wíndhaus] n (deloma podzemeljska) hiša proti orkanom

windily [wíndili] adv vetrovno; fig prozorno

windiness [wíndinis] n vetrovnost; fig napihnjenost; med napenjanje, vetrovi

winding [wáindiŋ] 1. n navijanje, namotanje; ovoj, omot; zavoj, okljuk; el namot; **out of** ~ naravnost; ~ **of thread on a spool** navijanje niti (sukanca) na tuljavo; 2. a vijugast; ki se ovije, vijugav; ~ **staircase** polžaste stopnice

winding-sheet [wáindiŋši:t] n mrtvaški prt; stopljen vosek na sveči (znak smrti ali nesreče)

winding-up [wáindiŋʌp] n navitje (ure); odvitje, konec; econ likvidacija (trgovine); ~ **sale** (popolna) razprodaja

wind instrument [wind ínstrumənt] n mus pihalo

wind-jacket [wínddžækit] n vetrovka s kapuco

wind-jammer [wínddžæmə] n naut coll jadrnica; mornar na jadrnici; A sl blebetač, kvasač

windlass [wíndləs] 1. n montažni vitel, vreteno, škripec; naut vitel za sidro; dvigalo; 2. vt dvigniti z vitlom

windless [wíndlis] a brezvetrn; tih, miren; brez sape, zasopel

windmill [wíndmil] n mlin na veter; aeromotor; servopropeler; sl helikopter; ~ **sail** vetrnica; **to fight (to tilt at)** ~ s fig boriti se proti mlinom na veter; **to throw one's cap over the** ~ fig vso previdnost vnemar pustiti; ne se zmeniti za konvencionalnosti

window I [wíndou] n okno; okenska šipa; com izložba, izložbeno okno; okence pri blagajni; fig odprtina; French ~ steklena vrata; **bay** ~, **bow** ~ okno na zaprtem balkonu; **blank** (ali **blind** ali **false**) ~ slepo okno; **the** ~ s **of heaven** nebeške zapornice (zatvornice); **dormer** ~ strešno okno; **sash** ~ vzdižno okno; **in the** ~ v izložbenem oknu, v vitrini; **ticket** ~ okence za vozovnice; **to break a** ~ razbiti okno; **to dress the** ~ dekorirati izložbeno okno; **to have all one's goods in the** ~ fig biti površen; **you make a better door than a** ~ fig ir nisi prozoren, nisi iz stekla; **to put all one's knowledge in the** ~ fig bahati se s svojim znanjem; **to look out at the** ~ gledati skozi okno

window II [wíndou] vt vstaviti okno; (redko) postaviti v okno; (redko) preluknjati

window blind [wíndoublaind] n žaluzija, roleta

window box [wíndoubəks] n škatla ali zabojček za cvetlice na oknu

window curting [wíndoukə:tiŋ] n okenska zavora

window display [wíndou displéi] n okenska izložba (reklama)

window dresser [wíndoudrésə] n dekoratêr, aranžêr izložbenega okna

window dressing [wíndou drésiŋ] n aranžiranje (urejanje) izložbenega okna; fig varljiv videz

window frame [wíndoufreim] n okenski okvir

window glass [wíndougla:s] n steklo za šipe

windowman, pl -men [wíndoumən] n nameščenec pri okencu

windowpane [wíndoupein] n okenska šipa

window-shade [wíndoušeid] n A okenski zastor; žaluzija

window-shop [wíndoušəp] vi ogledovati izložbe

window-shopper [wíndoušəpə] n ogledovalec, -lka izložb

window shutter [wíndoušʌtə] n žaluzija

window sill [wíndousil] n okenska polica

window-wiper [wíndouwaipə] n brisalec stekla

windpipe [wíndpaip] n anat dušnik, sapnik

windproof [wíndpru:f] a neprepusten za veter

wind rose [wíndrouz] n vetrovnica (na kompasu)

windrow [wíndrou] n red sena ali žita; vrsta kosov šote, ki se suši; obmejek med njivami

wind sail [wíndseil] n naut vetrnik, ventilator za zračenje spodnjih ladijskih prostorov; tech krilo mlina na veter

wind scale [wíndskeil] n lestvica za merjenje moči vetra

wind-scope [wíndskoup] n naut vetrnik

windscreen [wíndskri:n] n aero mot vetrobran; ~ **wipers** pl brisalci vetrobrana (pri avtu)

windshield [wíndši:ld] n A sprednje steklo pri avtu, vetrobran; ~ **wiper** brisalec vetrobrana

wind sleeve, wind sock [wíndsli:v, -sɔk] n glej wind cone

wind spout [wíndspaut] n vrtinčast veter; vodéni stolp

wind-stick [wíndstik] n sl aero propeler

wind-swept [wíndswept] a izpostavljen vetru, vetroven (prostor, kraj); od vetra spihan

wind-swift [wíndswift] a hiter kot veter

wind tee [wíndti:] n aero vetrnica

windtight [wíndtait] a neprepusten za veter, za zrak

wind-up [wáindʌp] n konec (govora, pisma)

windward [wíndwəd] 1. a obrnjen (nastavljen, nameščen) proti vetru; 2. n vetrovna stran; **to get to the** ~ **of s.o.** fig dobiti prednost pred kom; **to get to the** ~ **of s.th.** ogniti se vonja po čem; **to go** (ali **to turn**) ~ naut obrniti ladjo proti vetru

windway [wíndwei] n naut smer vetra

windy [wíndi] a (~ **dily** adv) vetroven; nevihten; gnan od vetra, izpostavljen vetru, postavljen proti vetru; fig vetrnjaški, nezanesljiv; brbljav, glasen, gostobeseden; (govor) prazen; napihnjen; nadut, bahav; med ki povzroča napenjanje; sl živčen, vznemirjen, razburjen, preplašen; ~ **colic** med vetrovi, vetrovnost; **on the** ~ **side** fig varno, zunaj dosega

wine [wáin] 1. n vino; vinu podobna pijača (iz raznega sadja in alkohola); med raztopina kakega zdravila v vinu; vinsko rdeča barva; fig študentovski sestanek pri vinu po večerji; fig pijanost; **Adam's** ~ *hum* voda; **new** ~ **in old bottles** *fig* mlado vino rado prekipi; **spirit of** ~ špirit, alkohol; **tears of strong** ~ kapljice, ki se naredijo na notranji strani kozarca, napolnjenega do polovice s kakim težkim vinom (npr. porto ipd.); **sweet (dry)** ~ sladko (trpko) vino; **sparkling (ali gassy)** ~ peneče se vino; **current** ~ ribezljevo vino; **over the walnuts and the** ~ pri poobedku, po kosilu; **good** ~ **needs no bush** *fig* dobro blago se samo hvali, ne potrebuje reklame; **to be in** ~ biti vinjen, pijan; **2.** *vt* oskrbeti, pogostiti z vinom; *vi* piti vino

wine bag [wáinbæg] *n* vinski meh

wineberry [wáinberi] *n bot* borovnica

winebibber [wáinbibə] *n* pivec vina, vinski bratec, pijanec

winebottle [wáinbɔtl] *n* steklenica za vino

wine card [wáinka:d] *n* vinska karta

wine-cellar [wáinselə] *n* vinska klet

wineconner [wáinkɔnə] *n* preskuševalec vina

wine country [wáinkʌntri] *n* vinorodna dežela, pokrajina

wineglass [wáingla:s] *n* čaša za vino (zlasti za sherry); mera za jemanje zdravil (4 žlice)

wineglassful [wáingla:sful] *n* polna čaša za vino; mera za jemanje zdravil

winegrower [wáingrouə] *n* vinogradnik

winegrowing [wáingrouiŋ] **1.** *n* vinogradništvo; **2.** *a* vinogradniški

wine lees [wáinli:z] *n pl* vinske droži

wine merchant [wáinmə:čənt] *n* trgovec z vinom

wine press [wáinpres] *n* stiskalnica za vino

winery [wáinəri] *n* kletarstvo

wineskin [wáinskin] *n* meh za vino

wine stone [wáinstoun] *n chem* vinski kamen

winetaster [wáinteistə] *n* pokuševalec vina

wine vault [wáinvɔ:lt] *n* skladišče vina, vinska klet; krčma, pivnica

wine vinegar [wáinvinəgə] *n* vinski kis

wine waiter [wáinweitə] *n* kletar

wing I [wiŋ] *n* perut, krilo (tudi *fig*); okrilje; stran, krilo (vrat, zgradbe, vojske); *theat* odrska stran, stranska kulisa; *hum* laket (človeka); *sl* sprednja noga (štirinožca); *aero* krilo, nosilna površina; *coll* pilotski znak; *sp* krilo; *aero* skupina treh (*A* šestih) eskadrilj; (po)let, letenje; *pl theat* stranske kulise; **on the** ~ v (po)letu, leteč; *fig* na potovanju; **birds are on the** ~ ptice so v poletu, leté; **under s.o.'s** ~(s) pod okriljem koga; **to clip s.o.'s** ~s *fig* pristriči komu krila; **he is always on the** ~ on nikoli ne miruje; **to come on the** ~s **of the wind** privihrati kot veter, priti na krilih vetra; **the news spread on the** ~s **of the wind** vest se je bliskovito razširila; **to get the** ~s napredovati v položaj pilota; **to lend (ali to add) a** ~ **to s.th.** pospešiti kaj; **fear lent her** ~s strah ji je dal hitrost; **riches take** ~s bogastvo hitro skopni; **to take** ~s vzleteti, poleteti, odleteti; **to take under one's** ~s vzeti pod svoje okrilje

wing II [wiŋ] *vi* leteti; hiteti kot na krilih; *vt* opremiti, oskrbeti s krili, s perjem (npr. strelico); dati krila (čemu); pospešiti; nositi na krilih; preleteti, leteti skozi; izstreliti (odpeti) (strelico); odposlati (ekspresno pismo); zadeti ptico v krilo; *coll* raniti v ramo, v roko (zlasti v dvoboju);

sestreliti (letalo); *theat* popolnoma se zanesti na suflerja (pri vlogi); **to** ~ **an arrow** izstreliti puščico v zrak; **to** ~ **one's way** (od)leteti; **fear** ~ed **his steps** strah je dal krila njegovim korakom

wing area [wíŋɛəriə] *n aero* nosilna površina

wing commander [wíŋkəmá:ndə] *n mil* podpolkovnik kraljevskega britanskega letalstva

wing covert [wíŋkʌvət] *n* peresce, ki pokriva koren peresa na krilih in repu ptice

winged [wiŋd] *a* krilat; ki ima krila; *fig* hiter, brz; nenevarno ranjen; *fig* vzvišen, plemenit; ~ **sentiments** plemenita čustva; **W**~ **Horse** Pegaz

winger [wíŋə] *n naut* na ladijski bok pritrjen sod

wing game [wíŋgeim] *n* pernata divjačina

wingless [wíŋlis] *a* ki je brez kril (peruti)

winglet [wíŋlit] *n* majhna perut, perutnička

wing nut [wíŋnʌt] *n tech* matica z dvema krilcema

wing over [wíŋouvə] *n aero* polovični luping

wing-weary [wíŋwiəri] *a* utrujen od letenja (potovanja)

wingy [wíŋi] *a* krilat; *fig* hiter; *poet* visoko leteč

wink I [wiŋk] *n* mežikanje; *coll* mižanje; migljanje; trenutek, hip; **forty** ~s *coll* kratko spanje; **to have forty** ~s malo zadremati; **in a** ~ v hipu, kot bi trenil; **to give the** ~ **to s.o.** pomežikniti komu; **he was gone in a** ~ v hipu je izginil; **I did not sleep a** ~ **last night** nocoj nisem zatisnil očesa; **he could not get a** ~ **of sleep all night** niti za hip ni zatisnil očesa celo noč; **to tip s.o. a** ~ namigniti komu, dati komu (svarilen) znak

wink II [wiŋk] *vt* izraziti (privolitev) s pomežiknjem; hitro zapreti in odpreti (oči); zadrževati; *vi* treniti z očmi, (za)mežikati, zamižati, zatisniti oči, eno oko (*at* ob), ne hoteti videti, namenoma biti slep, ignorirati; migljati, migotati; **to** ~ **at s.o.** pomežikniti komu; **to** ~ **at an insult** ignorirati (preiti) žalitev; **to** ~ **away one's tears** zadrževati solze

winker [wíŋkə] *n* mežikalec, žmigovec (pri avtu); plašnica; *pl coll* oči, *A* očala

winking [wíŋkiŋ] **1.** *n* mežikanje, mižanje; migljanje; spanček, dremež; **as easy as** ~ *sl* otročje lahko; **like** ~ *sl* takoj, kot bi trenil, v hipu, bliskovito

winkle [wiŋkl] **1.** *n zool* morski užiten polž; **2.** *vt*: **to** ~ **out** izvleči

winnable [wínəbl] *a coll* dobljiv, dosegljiv

winner [wínə] *n* dobitnik; zmagovalec

winning [wíniŋ] **1.** *a* (~ly *adv*) **1.** *a* ki dobiva; zmagovit (*team* moštvo); *fig* prijeten, prikupen, privlačen; **2.** *n* (pri)dobivanje; zmaga; (rudarstvo) jama, jašek, kopanje (rude); *pl* korist, dobiček, dobitek; **the** ~ **of the war** zmagoviti izid vojne; **the** ~ **stroke** odločilni udarec

winning post [wíniŋpoust] *n sp* cilj

winnow [wínou] **1.** *n* rešeto za presejanje žita; presejanje, čiščenje (žita); **2.** *vt* (tudi ~ **away,** ~ **out**) vejati, presejati; prepihati; (pre)čistiti; *fig* ločiti (*from* od), odbirati, prebrati; izločiti, izvreči nevredno; *poet* razpihati; preleteti; *vi* kriliti, prhutati; **to** ~ **grain from chaff** ločiti pleve od zrnja; **to** ~ **truth from falsehood** ločiti resnico od laži

winnower [wínouə] *n* vejalec žita; (= winnowing machine) vejalnik, velnik za žito (stroj)
winnowing-fan [wínouiŋ fæn] *n* rešeto, vejalnica (za žito)
wino [wáinou] *n A sl* pijanec
winsome [wínsəm] *a* (~ ly *adv*) prikupen, prijeten, privlačen, ljubek, šarmanten; vesel, brezskrben
winsomeness [wínsəmnis] *n* očarljivost, šarm, zapeljivost, prikupnost, simpatičnost
winter I [wíntə] 1. *n* zima; *poet* leto; *fig* neplodno, neproduktivno razdobje (čas); a hard ~ ostra zima; a man of 60 ~ s mož 60 let; to stand on ~ 's verge *fig* biti na robu starosti; 2. *a* zimski; ~ apple zimsko jabolko; ~ quarters *mil* prezimovališče; ~ resort zimskošportni kraj (center); ~ sports zimski športi; ~ time, *poet* ~ tide zimski čas (doba), zima; ~ crop ozimina
winter II [wíntə] *vi* prezimiti, prespati zimo, preživeti zimo, prezimovati; *vt* prezimiti (koga), hraniti čez zimo (*in, at* v); rediti, pitati živino (čez zimo); to ~ one's stock on hay krmiti živino čez zimo s senom
winter-beaten [wíntəbi:tn] *a* od zime (mraza) poškodovan
winterbourne [wíntəbuən] *n* le pozimi tekoč studenec
winter-clad [wíntəklæd] *a* zimsko, toplo oblečen
wintered [wíntəd] *a* izpostavljen zimi
winterfeed I [wínt fi:d] *n* zimska krma
winterfeed* II [wíntəfi:d] *vt* krmiti čez zimo
wintergreen [wíntəgri:n] *n bot* zelenka
wintering [wíntəriŋ] *n* prezimovanje (tudi živine); zimsko krmljenje v hlevu
winterize [wíntəraiz] *vt A* pripraviti za uporabo pozimi
winterkill [wíntəkil] *vt* pustiti (sadeže) zmrzniti, pozebsti; *vi* zmrzniti, pozebsti
winterly [wíntəli] *a* zimski
winter-proud [wíntəpraud] *a agr* predčasno zelen
wintertime, *poet* wintertide [wíntətaim, -taid] *n* zimski čas, zima
wintery [wíntəri] *a* glej wintry
wintriness [wíntrinis] *n* mraz, mrzlost
wintry [wíntri] *a* (~ trily *adv*) zimski; mrzel, hladen; vetroven, viharen; *fig* neprijazen, mračen, turoben; postaran, sivolas, star; a ~ sun zimsko sonce; a ~ smile hladen nasmeh
winy [wáini] *a* podoben vinu, kot vino, rdeč kot vino; dobre volje, pijan; ~ taste okus po vinu
wipe [wáip] 1. *n* brisanje, sušenje; *fig* (nepričakovan) udarec s strani; *fig* porogljiva opazka; *sl* žepni robec; to give s.th. a ~ obrisati kaj; to give s.o. a ~ zagosti jo komu; 2. *vt* (o)brisati, otreti, (o)čistiti; *tech* mehko spajkati; *sl* udariti, pretepsti, namahati; to ~ s.o.'s eye *sl* zasenčiti, izpodriniti koga; to ~ the floor with s.o. *sl* brezobzirno ravnati, »pometati« s kom; to be ~ d (down) with an oaken towel *fig* hudo tepen biti
wipe away *vt* obrisati, otreti, zbrisati
wipe off *vt* obrisati, otreti; poravnati račun, plačati dolg; to ~ one's tears obrisati si solze; to ~ the slate *fig* pozabiti, zbrisati, »pokopati« kaj; to ~ scores poravnati stare račune, napraviti križ čez stare prepire
wipe out *vt* izbrisati, obrisati; izradirati; to ~ a whole army uničiti celo armado

wipe up *vt* pobrisati (*spilt milk* razlito mleko)
wiper [wáipə] *n* brisalec; brisalo (krpa)
wirble [wə:bl] *n* (plesni) vrtinec; *mus* gostolevek, triler
wire [wáiə] 1. *n* žica; brzojavna žica; *coll* brzojavka; žična mreža, predmet iz žice; kabel; brzojavno omrežje; *mus* struna, *poet* godalo; *pl* žice pri lutkovnem gledališču, *fig* skrivne niti (zveze, vpliv); *sl* žepar, dolgoprstnež; by ~ brzojavno, telegrafsko; barbed ~ bodeča žica; gold ~ zlata žica; live ~ z električnim tokom nabita žica, *fig* močan značaj (duh); to be a live ~ *fig* biti zelo dinamičen; to get (to send) a ~ dobiti (poslati) brzojavko; to pull the ~ s ravnati z lutkami na žici, *fig* imeti vse niti v svojih rokah, biti nevidni pobudnik; to pull (the) ~ s for office z zvezami si priskrbeti službo; 2. *a* žičen; narejen iz žice; ~ potentiometer *el* žični potenciometer; ~ fence žična ograja; ~ road žičnica
wire II [wáiə] *vt* opremiti (oskrbeti, zvezati, pričvrstiti, pritrditi) z žico; opremiti z instalacijami; nanizati (bisere) na žico; ograditi, omejiti, narediti mejo z žico; *mil* zaščititi z bodečo žico; *coll* brzojaviti, telegrafirati, brzojavno obvestiti; *hunt* uloviti, ujeti z zanko iz žice; *vi* brzojaviti, telegrafirati; to ~ a house for electricity instalirati električno napeljavo v hiši; to be ~ d for biti brzojavno poklican; to ~ away (ali in) *sl* z vnemo se lotiti dela
wire bridge [wáiəbridž] *n* žični most
wire brush [wáiəbrʌš] *n* žična ščetka
wire cutter [wáiəkʌtə] *n tech* škarje za žico; rezalec žice
wired [wáiəd] *a el* opremljen z žično napeljavo (hiša); obdan z žico, ojačen z žico
wiredancer [wáiədɑ:nsə] *n* plesalec, -lka na žici, vrvohodec
wiredancing [wáiədɑ:nsiŋ] *n* (akrobatska hoja po napeti žici (vrvi)
wiredraw* [wáiədrɔ:] *vt tech* (raz)vleči (kovino) v žico; *fig* raztegniti; *fig* zavlačevati; skriviti, spačiti; izmodrovati, dlakocepiti
wiredrawer [wáiədrɔ:ə] *n tech* žičar
wiredrawing [wáiədrɔ:iŋ] *n* izdelovanje žice
wire entanglement [wáiə intæŋglmənt] *n mil* žična ovira
wirehair [wáiəhɛə] *n zool* pes (terier) z dlako kot žica; ~ ed sršav, ki ima ostro dlako
wireless I [wáiəlis] 1. *a* brezžičen; ~ message radiotelegram; ~ operator *aero mil* radiotelegrafist; ~ receiver radijski sprejemni aparat; ~ set radijski aparat; ~ station radijska postaja; ~ transmitter radijski oddajnik; ~ -controlled radijsko vóden na daljavo; 2. *n* brezžična telegrafija, brezžični telegram; radiogram; radijski aparat; by ~ z brezžično telegrafijo, po radiotelegramu; po radiu, na radiu; to give a talk on the ~ govoriti po radiu
wireless II [wáiəlis] *vt* brezžično telegrafirati; *vi* sporočiti po radiu
wireman, *pl* -men [wáiəmən] *n tech* telegrafski, telefonski delavec
wire-mat [wáiəmæt] *n* žično strgalo (za očiščenje čevljev)
wire-netting [wáiənetiŋ] *n* žična mreža

wirephoto [wáiəfoutou] *n A* telegrafsko prenesena slika

wire-pull [wáiəpul] *vi coll fig* imeti vse niti v rokah; *vt* premikati (lutke) z vlečenjem žice

wire-puller [wáiəpulə] *n* kdor ravna z lutkami, marionetami na žici; *fig* kdor ima vse niti v rokah; zakulisni vodja; spletkarski politik, intrigant

wire-pulling [wáiəpuliŋ] *n* vlečenje žic (pri lutkah); *pol* mahinacije, intrige, spletke

wirer [wáiərə] *n* žičar; *hunt* nastavljalec (žičnih) zank

wire-rope [wáiəroup] *n* vrv iz žice, jeklena vrv

wire-ropeway [wáiəroupwei] *n tech* žičnica

wire-tap [wáiətæp] *vi* prisluškovati telefonskim sporočilom itd.

wire-tapper [wáiətæpə] *n* prisluškovalec telefonskih sporočil

wire-tapping [wáiətæpiŋ] *n* prisluškovanje telefonskim sporočilom

wire-walker [wáiəwɔ:kə] *n* akrobat(ka) na žici (vrvi)

wireway [wáiəwei] *n* glej **wire-ropeway**

wireworm [wáiəwə:m] *n zool* živa nit

wiriness [wáiərinis] *n* žičnatost; žilavost

wiring [wáiəriŋ] *n* žični vod, električna napeljava; pričvrstitev z žico; *coll* pošiljatev brzojavke; ~ **machine** stroj za žično spenjanje (v knjigoveštvu)

wiry [wáiəri] *a* (~**rily** *adv*) ki je iz žice, žičen; ščetinav; *fig* žilav, odporen; kovinski (zvok); tanek in dolg (kot žica)

wis [wis] *vt obs* vedeti; **I** ~ dobro vem

wisdom [wízdəm] *n* modrost, razum(nost), uvidevnost; *obs* učenost; izkušenost; moder izrek; **W**~ **of Solomon** *bibl* knjiga modrosti, Salomonovi izreki; ~ **tooth** modrostni zob; **to cut one's** ~ **teeth** dobiti modrostne zobe, *fig* postati zrelejši in izkušenejši

wise I [wáiz] *n* (redko) način; **in any** ~ kakorkoli, na kakršenkoli način; **in no** ~ na noben način, nikakor; **in solemn** ~ svečano, slovesno, na slovesen način; **on this** ~ na ta način, tako; **in some** ~ nekako

wise II [wáiz] *a* (~**ly** *adv*) pameten, moder, razumen, uvideven, izkušen; oprezen, preračunljiv, zvit; obveščen, seznanjen, poučen, vedoč; *obs* učen; *A sl* zavesten, vedoč, na tekočem; ~ **woman** vedeževalka, vražarica; ~ **saying** moder izrek; ~**r after the event** za eno izkušnjo bogatejši; **the** ~ **men of the East** modrijani z Jutrovega; **to be** ~ **after the event** biti naknadno (po dogodku) pameten; **to be** ~ **to** biti si na jasnem o; **a word to the** ~ **is enough** kdor ima kaj soli v glavi, že razume; **to be** (ali **to get**) ~ spametovati se, zavedati se; **to be none the** ~**r (for it)** ne biti nič pametnejši kot prej; **he came away from the lecture none the** ~**r** odšel je od predavanja prav nič pametnejši (ne da bi bil kaj razumel); **without anyone being the** ~**r for it** ne da bi kdo o tem kaj zvedel; **to put s.o.** ~ **to** seznaniti koga z, opozoriti koga na, uvesti koga v

wise III [wáiz] *vi & vt*: **to** ~ **up** *A sl* biti informiran, zavohati (nevarnost); **to keep s.o.** ~**d up** sproti poročati komu

wiseacre [wáizeikə] **1.** *n* namišljen modrijan, modriha; *ir* bedak, norec; *ir* učenjak; **2.** *vi* delati se važnega, postavljati se

wisecrack [wáizkræk] **1.** *n sl* duhovita opazka; pameten izrek; **2.** *vi coll* duhovičiti; napraviti duhovito opazko

wisecracker [wáizkrækə] *n sl* dovtipnež

wisehead [wáizhed] *n* »pametna glava«, pametnjakovič

wisewoman, *pl* **-men** [wáizwumən, -wimin] *n obs, dial* čarovnica; vedeževalka; pametna ženska; *med* babica

wish I [wiš] *n* želja; voščilo; volja, težnja, hrepenenje, koprnenje, sla (*for* po, za); predmet želja, želeni predmet; ~**es** *pl* (dobre) želje, pozdravi; **good, best** ~**es** dobre, najboljše želje (voščila); **according to my** ~**es** po mojih željah; **to have one's** ~ videti svojo željo uresničeno; **he has had his** ~ dobil je, kar je želel; **if** ~**es were horses beggars might ride** *fig* od dobrih želja še nihče ni bil sit; **the** ~ **is father to the thought** človek hitro verjame, kar želi; kar človek želi, to mu hitro na pamet pride

wish II [wiš] **1.** *vt* želeti (si), hoteti, zahtevati; srčno (goreče, vneto, iskreno) prositi, hrepeneti po, koprneti po; **I** ~ **I had ...** hotel bi imeti...; **I** ~ **I were a hundred miles away** hotel bi biti (škoda, da nisem) 100 milj proč; **I** ~ **(that) it would rain** želel bi (si), da bi deževalo; **I** ~ **you to go now** prosim te, da zdaj greš; **to** ~ **s.o. well** dobro želeti komu, dobro misliti s kom; **he** ~**ed them to the devil** poslal jih je k vragu; **he** ~**ed himself dead** želel si je, da bi bil mrtev; **it is to be** ~**ed that ...** želeti je, da...; **you have only to** ~ samo izrazite željo; **he is not the man to** ~ **ill to anybody** on ni človek, ki bi komurkoli želel kaj slabega; **I** ~ **you a merry Xmas** voščim vam vesele božične praznike; **he** ~**ed me success** želel mi je uspeha; **to** ~ **s.th. on s.o.** želeti komu kaj (slabega); **2.** *vi* želeti, izraziti željo; **to** ~ **for s.th.** imeti željo (poželenje) po, želeti kaj; **to** ~ **not for anything better** nič boljšega si ne želeti; **I have nothing left to** ~ **for** nimam nobenih želja več; **this leaves nothing to be** ~**ed for** to je brez pomanjkljivosti, je dovršeno, brez hibe

wishbone [wíšboun] *n* prsna kost pri perutnini

wisher [wišə] *n* kdor želi; voščilec, -lka

wishful [wíšful] *a* (~**ly** *adv*) željan, poln želja; poželjiv, hrepeneč, koprneč; ~ **thinking** *fig* zidanje gradov v oblake, varanje samega sebe; iluzije; **that's a piece of** ~ **thinking** to se pravi smatrati svoje želje za resničnost, to so pobožne želje

wishfulness [wíšfulnis] *n* hrepenenje, koprnenje, poželjivost

wishing bone [wíšiŋboun] *n* glej **wishbone**

wishing cap [wíšiŋkæp] *n* čarodejna kapa

wishing rod [wíšiŋrɔd] *n* čarodejna paličica

wish-wash [wíšwɔš] *n* z vodo razredčena pijača; plitvo brbljanje, žlabudranje, pisarjenje

wish-washy [wíšwɔši] *a* z vodo razredčen (pijača); voden; slaboten, šibak; *fig* plitev, plehek, puhel, prazen, omleden, neslan (slog, govorjenje)

wisket [wískit] *n* košara

wisp I [wisp] *n* svežanj, otep (*of straw* slame); šop, štrena, pramen (las), kosem, trak (*of smoke* dima); metlica, omelo; jata (ptic); ~ **of paper** prižigalica; **a** ~ **of a woman** šibka ženska; **little** (ali **mere**) ~ **of a man** človeček, možiček, zelo majhna oseba, pritlikavec

wisp II [wisp] *vt* ščetkati, otreti (konja); (o)brisati, (o)čistiti; povezati v svežanj ipd.; *vi* viseti, plavati v zraku (pramen dima)

wispy [wíspi] *a* svežnju, šopu podoben; štrenast

wist [wist] *pt & pp* od wit II; **he** ~ **not** *obs* ni vedel

wistaria [wistéəriə] *n bot* glicinija

wistful [wístful] *a* (~ly *adv*) željan, poželjiv, poln želja, hrepeneč, koprneč; resen, zamišljen; otožen, žalosten, melanholičen

wistfulness [wístfulnis] *n* hrepenenje; otožnost, melanholija; zamišljenost, resnost

wit I [wit] *n* pamet, razumnost, bistrost, inteligenca, razsodnost; duševna sposobnost; zdrav razum; duhovitost, domiselnost; duhovitež, duhovit, odrezav človek, inteligentna oseba, duhovna veličina; **flash of** ~ duhovit domislek; **the five** ~**s** *obs* petero čutov; **a conversation sparkling with** ~ od duhovitosti se iskreč razgovor; **to be at one's** ~'**s end** ne vedeti kako in kaj, ne se znajti; **I am at my** ~'**s end** sem pri kraju s svojo pametjo, ne znam si več pomagati; **to be out of one's** ~**s** izgubiti pamet (glavo), ne biti pameten; **he has his** ~**s about him** on si zna vedno pomagati, prisotnost duha ga nikoli ne zapusti, on je vedno buden (oprezen); **bought** ~ **is best** izguba izmodri človeka; **to have** ~ **to** imeti dovolj pameti za (da...); **he has not the** ~ **to see...** nima toliko pameti, da bi uvidel...; **it taught me** ~ to me je spametovalo; **he sets up for a** ~ dela se duhovitega; **to live by one's** ~**s** živeti od svoje prebrisanosti (prevar, goljufij), več ali manj pošteno se prebijati skozi življenje

wit II [wit] *obs vt & vi* (sed. čas I (**he**) **wot**, *pt* in *pp* **wist**, sed. deležnik **witting**) vedeti; **God wot** bogve; **I wot** dobro vem; **to** ~ to je, namreč; kot sledi; in to

witch [wič] **1.** *n* čarovnica; grda stara ženska, babura; *coll* privlačna, zapeljiva ženska; *obs* čarovnik; **2.** *vt* začarati, ureči, uročiti; **to** ~ **s.o. into love with** s čarovnijo razvneti v kom ljubezen do

witch [wič] *n bot* drevo z upogljivimi, prožnimi vejami; *bot* jerebika

witchcraft [wíčkra:ft] *n* čarovnija, čaranje, čarodejstvo; čarovn(išk)a moč; skrivnostna moč, ki se ji ni moč upirati

witch doctor [wíčdəktə] *n* vrač (pri primitivnih ljudstvih), čarodejen zdravnik

witchelm [wíčélm] *n bot* gorski brest

witchery [wíčəri] *n* čaranje, čarovnija, čarovna moč, čarodejstvo; uroki

witch-finder [wíčfaində] *n hist* vohalec (lovec) čarovnic; (= **medicine man**) vrač

witch hazel [wičhéizəl] *n bot* vrsta severnoameriške leske

witch hunt [wíčʌnt] *n pol* lov na čarovnice (preganjanje politično osumljenih oseb); **to witch-hunt** *vt* loviti (preganjati) politične nasprotnike; **witch--hunter** = **witchfinder** *pol fig* lovec na čarovnice

witching [wíčiŋ] **1.** *n* čarodejstvo, (za)čaranje; **2.** *a* čarajoč; očarljiv; fascinirajoč

wit-cracker [wítkrækə] *n* dovtipnež

wite [wáit] **1.** *n* očitek, obdolžitev, graja; *jur hist* (denarna) kazen; **2.** *vt* obdolžiti, grajati

witenagemot(e) [wítənəgəmout] *n hist* zakonodajni zbor v anglosaški državi

with [wið; wiθ] *prep* s, z; proti; od; v družbi, pri, poleg; s pomočjo; skupaj z, istočasno; zaradi, od; v zvezi z, z ozirom na, pri; kljub, navzlic; **I have no money** ~ **me** nimam denarja pri sebi; **away** ~ **you!** poberi se! izgubi se!; ~ **all my heart** od srca rad; **pale** ~ **fear** bled od strahu; **stiff** ~ **cold** otrpel, trd od mraza; ~ **all his money he is not happy** kljub vsemu svojemu denarju on ni srečen; **sick** ~ bolan od; **he is furious** ~ **me** on je besen name; ~ **God** *fig* mrtev, v nebesih; ~ **that** nato, tedaj; **she is** ~ **child** ona je noseča; ~ **young** breja; ~ **all his brains** pri (kljub) vsej njegovi pameti; **he is lying down** ~ **fever** leži bolan zaradi mrzlice; **to die** ~ **cancer** umreti za rakom; **to fight** ~ **courage** pogumno se boriti; **to tremble** ~ **fear** tresti se od strahu; **we parted** ~ **them** ločili smo se od njih; **to rise** ~ **sun** vstati (skupaj, istočasno) s soncem; **he lives with us** on stanuje pri nas; **she took her** ~ **her** vzela jo je s seboj; **leave it** ~ **me!** prepustite to meni!; **to be** ~ **s.o. on a point** strinjati se s kom o neki točki; **it is a habit** ~ **him** to je pri njem navada; **to be** ~ **it** *A coll* biti na tekočem (o čem); **vote** ~ **the Conservatives!** glasujte (volite) za konservativce!; **to walk** ~ **a stick** hoditi s palico; **what does he want** ~ **me?** kaj hoče od mene?; **it rests** ~ **you to decide** odločitev je pri vas; **it is not so** ~ **the drama** v drami to ni tako; **I can't leave** ~ **my mother so ill** ne morem odpotovati, če mi je mati tako bolna; **to weep** ~ **joy** jokati od veselja

withal [wiðó:l] **1.** *adv obs* tudi, poleg tega, razen tega, k temu, istočasno; **he is strong and brave** ~ on je močan in zraven tega še pogumen; **2.** *prep obs* s, z (stoji za samostalnikom ali na koncu stavka) **we have no friends to play** ~ nimamo prijateljev, da bi se igrali z njimi

withdraw* [wiðdró:] *vt* umakniti (one's **candidature** svojo kandidaturo), potegniti nazaj; odvleči; odstraniti, odvzeti, oddaljiti (*from* od); potegniti na stran (zaveso); dvigniti (denar itd.); preklicati (besedo, obljubo); vzeti, izpisati iz šole (učenca); umakniti (čete); **to** ~ **o.s.** umakniti se; **to** ~ **a deposit** dvigniti vlogo (v banki); **to** ~ **a charge** umakniti tožbo; **to** ~ **one's favour** odtegniti svojo naklonjenost; **to** ~ **money from circulation** vzeti denar iz prometa; **to** ~ **from a contract** odstopiti od pogodbe

withdrawal [wiðdró:əl] *n* umik; odstop; izstop; izpis(anje); preklic (**of a decree** odloka, **of orders** naročil, **of a statement** izjave); *econ* dvig (denarja iz banke itd.)

withdrawing room [wiðdró:iŋrum] *n* salon, sprejemnica

withdrawn [wiðdró:n] **1.** *pp* od **to withdraw**; **2.** *a psych, sociol* introvertiran, usmerjen v svojo notranjost; izoliran, odrezan, samoten

withdrew [wiðdrú:] *pt* od **to withdraw**

withe [wið, wiθ, wáið] *n* vrbova šiba (veja), vrbovo protje, vrbovica

wither [wíðə] *vt* izsušiti, oveniti, napraviti ovenelo; *fig* oslabiti, uničiti; **age cannot ~ her** starost ji ne more do živega; **to ~ with a look** *coll* uničiti s pogledom; *vi* (često ~ **up**) (o)veneti; osušiti se, osahniti; *fig* oslabeti, hirati, propasti; prenehati, miniti, izginiti; pasti, padati (cene); *fig* giniti; **(the) beauty ~s** lepota mine; **his influence ~s** njegov vpliv upada; **to ~ away** odmirati, oslabeti; **a ~ed hand** izsušena roka

withers [wíðəz] *n pl* viher (pri konju itd.); **my ~ are unwrung** *fig* obdolžitve mi ne gredo do živega

withheld [wiðheld] *pt & pp* od **to withhold**

withhold [wiðhóuld] *vt* zadržati; odbiti, odreči, prikriti, ne objaviti, ne hoteti dati **(a document, one's help** listino, svojo pomoč); *jur* pridržati; **to ~ one's consent** odreči svojo privolitev; **to ~ o.s. from s.th.** držati se proč od česa; **to ~ payment** odkloniti plačilo; **to ~ information from s.o.** komu ne dati informacij

within I [wiðín] *adv* znotraj, v hiši, doma, v notranjosti; *fig* v duši; **is he ~?** je on doma?; **~ the house** v hiši; **to go ~** iti v hišo, v sobo; **to make s.o. pure ~** *fig* očistiti komu dušo; **to stay ~** ostati v hiši, doma

within II [wiðín] *prep* (krajevno) v, znotraj; znotraj meje, v obsegu, ne nad; v dosegu, ne predaleč, ne dlje od; **~ the Church** v naročju Cerkve; **~ the house** v hiši, doma; **~ the law** ne nezakonito; **he is ~ the reach** on ni daleč, do njega je lahko priti; **he is ~ call** je v bližini (da ga lahko pokličemo); **~ sight** v vidu, viden; **it is not ~ my power** ni v moji moči; **~ my memory** kolikor pomnim; **~ a bit, ~ a little** skoraj; **~ an ace** skoraj, malodane; **to be ~ an ace of s.th.** za las čemu uiti; **~ the walls** med štirimi stenami; **~ doors** doma; **~ my activities** v okviru mojih dejavnosti; **~ the meaning of the Act** znotraj zakona, po zakonu, predvideno po zakonu; **to agree ~ 20 dinars** sporazumeti se z razliko (razen za) 20 dinarjev; **to live ~ one's income** živeti ustrezno svojim dohodkom, ne iznad svojih sredstev; **wheels ~ wheels** komplicirana mašinerija; **~ a stone's throw** za lučaj, nedaleč, blizu; **he was ~ a hair's breadth of losing his life** za las je manjkalo, da ni prišel ob življenje; (časovno) znotraj, v, v manj kot; **he is ~ a month as old as I** on ni več kot en mesec starejši ali mlajši kot jaz; **~ a week of his arrival** teden pred ali po njegovem prihodu; **you will have it ~ two months** v roku dveh mescev boste to imeli (dobili); **~ an hour** v manj kot eni uri

within III [wiðín] *n* notranja stran, notranjščina, notranjost; **from ~** od znotraj

withindoors [wiðíndɔːz] *adv* v hiši, notri

within-named [wiðínneimd] *a* zgoraj imenovani (omenjeni)

without I [wiðáut] *prep* brez; zunaj, izven, pred, z druge strani; **~ doors** zunaj hiše, pred vratmi; **~ doubt** brez dvoma, nedvomno; **~ change** *rly* brez prestopanja; **~ number** brezštevilen; **times ~ number** neštetokrat; **~ end** brez konca, brezkončen; **~ fail** zanesljivo, sigurno; **things**

~ us stvari zunaj nas; **he met me ~ the gate** dočakal me je pred glavnimi vrati; **to do (to be, to go) ~** shajati (biti) brez, lahko pogrešati; **~ his seeing me** ne da bi me on videl; **it goes ~ saying** to se samo po sebi razume, tega ni treba (niti) reči; **he passed me ~ taking off his hat** šel je mimo mene, ne da bi se odkril

without II [wiðáut] *adv obs* od zunaj, z zunanje strani; zunaj, zunaj hiše; brez; **we must take this or go ~** moramo vzeti to ali iti brez; **white within and ~** bel znotraj in zunaj

without III [wiðáut] *n* zunanja stran, zunanjost; **from ~** od zunaj

without IV [wiðáut] *conj* (~ **that** *obs*) če ne, razen če; **you cannot hear it ~ (that) you keep quiet** tega ne moreš slišati, če nisi pri miru (tih)

withstand* [wiðstænd] *vt* upreti (upirati) se, protiviti se, zoperstaviti se čemu, biti kos (čemu), nasprotovati (čemu); *vi* nuditi odpor; **to ~ a temptation** upreti se skušnjavi

withstood [wiðstúd] *pt & pp* od **to withstand**

withy [wíði; wíθi] **1.** *n* mlada vrba, vrbov prot, vrbova šibica; **2.** *a* podoben vrbi; prožen, elastičen; uren (oseba)

witless [wítlis] *a* (~ **ly** *adv*) neduhovit, nerazumen, brez pameti, neumen, bedast, neinteligenten

witlessness [wítlisnis] *n* neduhovitost; neumnost, nerazumnost

witling [wítliŋ] *n* neduhovit dovtipnež

witloof [wítlouf] *n bot* vitlof (vrsta endivije)

witmonger [wítmʌŋgə] *n derog* dovtipnež

witness I [wítnis] *n* priča; očividec, gledalec; pričevanje; dokaz, spričevalo, potrdilo; (knjigoveštvo) neobrezana stran; **in ~ of** v dokaz, kot potrdilo; **~ box, A ~ stand** klop, prostor za pričo (na sodišču); **eye~** očividec; **~ for the defence (A defense)** razbremenilna priča; **~ for the prosecution** obremenilna priča; **to call s.o. to ~** poklicati koga kot pričo; **to bear ~ to (ali of)** pričati o (čem), potrditi (kaj); **to subpoena a ~** poklicati, pozvati pred sodišče kot pričo; **~ my hand and seal** v dokaz moj podpis in pečat

witness II [wítnis] *vt* (iz)pričati, potrditi, dokazati; overiti (podpis ali s podpisom), podpisati (listino) kot priča; biti priča (očividec), prisostvovati (čemu); videti na lastne oči; *vi* pričati (**against, for** ali **to** proti, za); biti priča, biti za pričo; **to ~ heaven!** *obs* bog mi je priča!; **to ~ my poverty!** moja revščina naj mi je priča!; **to ~ to s.th.** *fig* izpričati, potrditi kaj; **I ~ed the accident** bil sem priča nezgode; **I have ~ed his will** kot priča sem podpisal njegovo oporoko

witted [wítid] *a* misleč; duhovit

witticism [wítisizəm] *n* duhovita opazka, dovtip, domislek, domislica

witticize [wítisaiz] *vi* delati duhovite opazke, duhovičiti

wittiness [wítinis] *n* duhovitost, domiselnost, odrezavost, dovtipnost

witting [wítiŋ] *a* zavesten, premišljen, hotèn, nameren; **~ly** *adv* namerno, nalašč, vedé, hoté

wittol [wítl] *n obs* varan zakonski mož, rogonosec

wit tooth [wíttuːθ] *n* glej **wisdom tooth**

witty [wíti] *a* (~ **tily** *adv*) duhovit, domiseln; zabaven, šaljiv wive [wáiv] *vt* vzeti za ženo, poročiti; oženiti (koga, moškega); *vi* oženiti se

wivern [wáivə:n] *n her* krilati zmaj

wives [wáivz] *pl* od wife

wiz [wiz] *n A sl* glej wizard

wizard [wízəd] 1. *n* čarodej, čarovnik, coprnik; *coll* človek, ki dela čudovite stvari; *obs* modrijan; W ~ of the North čarovnik s severa (= Sir Walter Scott); the Welsh W~ valizijski čarovnik (= Lloyd George); I am no ~ *coll* jaz nisem noben čarovnik, ne znam čarati; 2. *a* čarovniški; očarljiv; *sl* prvovrsten, izvrsten, »prima«

wizardry [wízədri] *n* čarovnija, čudodelstvo

wizen [wizn] 1. *a* osušen, izsušen, usahel, suh; naguban, zgrbančen; izčrpan; pergamenten (obraz); 2. *vt* izsušiti, posušiti

wizened [wízənd] *a* glej wizen *a*

wo (woa) [wóu] *interj Sc, dial* brr! hoj!; stoj! (navadno klic konju)

woad [wóud] 1. *n bot* silina, oblajst; modra barva (iz oblajsta); 2. *vt* modro pobarvati

wo-back [wóubæk] *interj* hej! stoj! (klic konju)

wobble [wɔbl] 1. *n* majanje, opotekanje, kolebanje, nihanje; omahovanje; drget(anje); ~ pump *aero* zasilna rezervna sesalka; 2. *vi* majati se, opotekati se, nesigurno se premikati; *fig* kolebati, oklevati, biti neodločen, omahovati, iskati izgovore; drgetati, drhteti

wobbler [wɔblə] *n* neodločen človek, omahljivec, obotavljalec, nestanovitnež

wobbly [wɔbli] *a* opotekajoč se, majav; negotov, omahljiv; podrhtevajoč (glas)

woe [wóu] 1. *n* bol, žalost, nadloga, stiska, beda; *obs* gorjé, skrbi; 2. *interj* joj! gorjé! ~ to you! bodi preklet! gorje ti!; ~ is me! joj meni!; gorje meni!; ~ worth the day preklet bodi dan; ~ betide you if... gorje ti, če...; in weal and ~ v sreči in nesreči; ~ to the vanquished! gorje premaganim!

woebegone [wóubigɔn] *a* žalosten, potrt, užaloščen, neutolažljiv; beden, zapuščen, zanemarjen, propadel, usmiljenja vreden, nesrečen

woeful [wóuful] *n* (~ly *adv*) žalosten, zaskrbljen, ubog, beden; pomilovanja vreden, nesrečen; a ~ ignorance *hum* strašna nevednost

woefulness [wóufulnis] *r.* žalost, beda, gorje

wog I [wɔg] *n sl derog* Arabec; Indijec

wog II [wɔg] *n coll* mikroorganizem; mrčes

woke [wóuk] *pt* od to wake

woken [wóukn] *pp* od to wake

wold [wóuld] *n* visoka planota, višavje; odprta, širna zemeljska površina; *obs* gozd

wolf I *pl* wolves [wulf, -vz] *n zool* volk; volčja koža (kožuh); *fig* roparski, krut, pohlepen človek; *mus* disonanca, neubranost; *A sl* ženskar, osvajač žensk, razuzdanec; ~ in sheep's clothing volk v ovčji koži; she-~ volkulja; ~'s cub volčič; to cry ~ povzročiti prazen preplah, za prazen nič alarmirati; to have a ~ in one's stomach biti lačen kot volk; to have (ali to hold) the ~ by the ears *fig* biti v škripcih, ne si znati pomagati; to keep the ~ from the door *fig* nekako, s težavo se prebijati (v življenju), komaj životariti

wolf II [wulf] *vt* (tudi ~ down) pohlepno požirati hrano, žreti; *vi* iti na lov na volkove, loviti volkove

wolf call [wúlfkɔ:l] *n A sl* žvižg občudovanja

wolf cub [wúlfkʌb] *n zool* volčič; E volčič (skavt v starosti 8 do 11 let)

wolf dog [wúlfdɔg] *n* (pes) volčjak

wolf fish [wúlffiš] *n* morski volk (riba)

wolfhound [wúlfhaund] *n* (irski pes) volčjak

wolfish [wúlfiš] *a* (~ly *adv*) volčji; *fig* divji, razbojniški, krut; požrešen, grabežljiv; A *coll* lačen kot volk

wolfishness [wúlfišnis] *n* divjost; grabežljivost

wolfkin [wúlfkin] *n zool* volčič

wolfling [wúlfliŋ] *n zool* volčič

wolf-man, *pl* -men [wúlfmən] *n* volkodlak

wolfram [wúlfrəm] *n chem* volfram

wolf's-claw(s) [wúlfsklɔ:(z)] *n* (*pl*) *bot* lisičjak

wolf's-head [wúlfshed] *n* volčja glava; *jur hist* E izobčenec

wolfskin [wúlfskin] *n* volčja koža, kožuh

wolf's-milk [wúlfsmilk] *n bot* mleček

wolver [wúlvə] *n* lovec na volkove

wolverine [wúlvəri:n] *n zool* ameriški rosomah

wolves [wulvz] *pl* od wolf

woman I, *pl* women [wúmən, wímin] 1. *n* ženska, žena; ženski spol (ženske); ljubica; metresa; soproga, žena; sobarica, postrežnica; ženska čud (narava), ženska čustva; moški z ženskimi lastnostmi, »baba«; the ~ *fig* ženska, tipično žensko; ~'s man ženskar; ~'s reason ženska logika; ~ of the world svetska, svetovnjaška ženska; izkušena ženska; ~ of all works ženska (deklè) za vsa dela; born of ~ od ženske rojen (umrljiv); ~'s wit ženska intuicija; the scarlet ~ *fig* poganski Rim, papeški Rim; posvetni duh; single ~ samostojna ženska; (stara) devica; an old ~ starka; it's the ~ in her to je žensko(st) v njej (kar je ženskega v njej); there's a ~ in it za tem tiči (kaka) ženska, tu ima ženska prste vmes; to make an honest ~ of vzeti (zapeljano dekle) za ženo; to play the ~ biti rahločuten ali plah (boječ), pokazati strah (bojazen), jokati, cmeriti se; there is too much of the ~ in him preveč je ženskega v njem; 2. *a* ženski; ~ artist umetnica; ~ friend prijateljica; ~ doctor zdravnica; ~ student študentka; ~ suffrage ženska volilna pravica; ~ hater sovražnik žensk; ~ servant služkinja

woman II [wúmən] *vt* postaviti ženske (v obrat itd.); *obs* oženiti (koga); pomehkužiti; *vi* igrati žensko vlogo, obnašati se kot ženska

womanfully [wúmənfuli] *adv* ženski primerno; žensko, kot ženska

womanhood [wúmənhud] *n* ženskost, ženska zrelost; ženstvo, ženski svet, ženski spol; položaj (odrasle) ženske; dostojanstvo žene; to reach ~ postati žena

womanish [wúməniš] *a* (~ly *adv*) ženskast, ženski; pomehkužen; slaboten

womanishness [wúmənišnis] *n* pomehkuženost

womanize [wúmənaiz] *vt* poženščiti, pomehkužiti (moškega), pobabiti; *vi* pomehkužiti se; družiti se s prostitutkami

womanizer [wúmənaizə] *n* pomehkuženec; ženskar

womankind [wúmənkaind] *n* ženski spol, ženske, ženski svet; ženski člani (družine, skupine); one's ~ ženske iz iste družine, sorodnice

womanlike [wúmənlaik] **1.** *a* ženski, podoben ženski, ženskast; kot ženska; **2.** *adv* ženski podobno, kot ženska, žensko

womanliness [wúmənlinis] *n* ženskost; ženske lastnosti; (moda) ženska linija

womanly [wúmənli] **1.** *a* ženski; ~ **modesty** ženska skromnost; **2.** *adv* glej **womanfully**

woman suffrage [wúmənsʌ́fridž] *n* ženska volilna pravica

woman-suffrage [wúmənsʌ́fridž] *a* sufražetski

woman-suffragist [wúmənsʌ́fridžist] *n* sufražetka

womb [wu:m] *n med* maternica; (materino) telo; *fig* materino krilo (naročje); *obs* trebuh; **in the** ~ **of the Earth** v notranjosti (drobovju) Zemlje; **from the** ~ **to the tomb** od zibelke do groba; **fruit of the** ~ otroci; **falling of the** ~ *med* povešenje maternice

wombat [wómbət] *n zool* vombat (vrečar iz Tazmanije)

wombstone [wúm:stoun] *n med* kamen v maternici

women [wímin] *pl* od **woman**

womenfolk [wíminfouk] *n coll* ženske, ženski svet, ženski spol; **my** ~ *coll* moje ženske; **his** ~ njegove dame

won I [wʌn] *pt & pp* od **to win**

won II [wʌn] *vi obs*, *dial* stanovati, prebivati

wonder I [wʌ́ndə] *n* čudo; nekaj čudovitega, osupljivega; čudežen dogodek, čudežno delo, čudež; (za)čudenje, začudenost; **in** ~ začuden; **for** a ~ čudežno; presenetljivo; čudno; **a nine-days'** ~ kratkotrajna senzacija; **(it is) no** ~ **that...** nič čudnega (ni), da...; **to be filled with** ~ biti ves začuden; **he is a** ~ **of skill** on je čudo spretnosti; **to work** (ali **to do**) ~s delati čuda (čudeže); **he kept his word, for a** ~ za čuda je držal svojo besedo; **to look all** ~ ves začuden (debelo) gledati; **he swore and no** ~ zaklel je, in nič čudnega (če je)

wonder II [wʌ́ndə] *vi* (za)čuditi se (*at, about s.th.* čemu); razmišljati (o čem), hoteti vedeti, biti radoveden, spraševati se; **I** ~ **ed about this** to mi je padlo v oči; **I** ~ **what time it is** koliko utegne biti ura? bogve koliko je ura?; **I don't** ~ **at it** to me ne preseneča; **that's not to be** ~ **ed at** ni se čemu čuditi; **I** ~ **why** rad bi vedel zakaj; **Oh! I just** ~ **ed!** O, nič! kar takó, samo vpraševal sem se; **I** ~ **who said it** rad bi vedel (sprašujem se, bogve), kdo je to rekel; **Is that true? — I** ~. Je to res? — Bogve.; **I** ~ **at you** čudim se ti (vam); **I** ~ **ed about his knowledge** čudil sem se njegovemu znanju; **well, I** ~ no, ne vem (prav); **I have often** ~ **ed what would happen if...** često sem se spraševal, kaj bi se zgodilo, če...

wonderer [wʌ́ndərə] *n* kdor se čudi

wonderful [wʌ́ndəful] *a* (~ly *adv*) čudovit; presenetljiv; krasen, sijajen; izvrsten, odličen; senzacionalen; **a** ~ **occurrence** nenavadno naključje

wonderfulness [wʌ́ndəfulnis] *n* čudovitost; osupljivost, presenetljivost

wondering [wʌ́ndəriŋ] **1.** *a* (~ly *adv*) začuden, čudeč se, presenečen; **2.** *n* čudenje, začudenost

wonderland [wʌ́ndəlænd] *n* pravljična (bajeslovna, čudežna, deveta) dežela, Indija Koromandija; **a** ~ **of snow** čarobna snežna poljana

wonderment [wʌ́ndəmənt] *n* (za)čudenje, začudenost; čudo, predmet začudenja; nekaj čudovitega

wonder-stricken, wonder-struck [wʌ́ndəstrikn, -strʌk] *a* (ves) začuden, strmeč, osupel

wonderwork [wʌ́ndəwə:k] *n* čudo

wonder-worker [wʌ́ndəwə:kə] *n* čudodelnik

wonder-working [wʌ́ndəwə:kiŋ] *a* čudodelen

wondrous [wʌ́ndrəs] *a* **1.** *a* (~ly *adv*) čudovit, osupljiv, presenetljiv, presegajoč vsako domišljijo, neverjeten, fantastičen; ~ **fair** čudovito lepa

wondrousness [wʌ́ndrəsnis] *n* glej **wonderfulness**

wonky [wóŋki] *a E sl* negotov, majav; šibak; nepristen; manjvreden

wont [wóunt, wʌnt] **1.** *a* vajen, navajen; **to be** ~ **to do s.th.** imeti navado, običajno kaj delati; **2.** *n* navada, običaj; **use and** ~ ustaljena navada; **according to one's** ~ po svoji navadi; **3.** *vt* (*pt & pp* **wont**, *pp* tudi **wonted**) navaditi (*to, with* na); *vi poet* biti navajen, imeti navado

won't [wóunt] *coll* za **will not**

wonted [wóuntid] *a* (na)vajen; običajen, navaden; *A* privajen, vživet (*to* v)

wontedness [wóuntidnis] *n obs* navajenost, navada

woo [wu:] *vt* (za)snubiti, prositi za roko, dvoriti (ženski); vabiti, mamiti (*to* k); skušati (pri)dobiti (**glory** slavo), potegovati se za, težiti za; *fig* želeti si, hrepeneti, koprneti po; *vi* dvoriti, snubiti; *poet* (milo) prositi

wood I [wud] **1.** *n* gozd, dobrava, log; les; stavbni les; lesen predmet; sod, čeber, brenta; *pl* vrste lesa; lesorez, kliše; **the** ~s *mus* lesena pihala; **white** ~ beli les; **fire** ~ drva; **seasoned** ~ suh les; **wine from the** ~ vino (naravnost) iz soda; **to be out of the** ~ biti iz gozda, *fig* biti iz težav, biti zunaj najhujšega; **don't halloo till you are out of the** ~ (*A* ~s) ne veseli se prezgodaj!; **he cannot see the** ~ **for the trees** od samih dreves ne vidi gozda, *fig* zaradi prevelikih podrobnosti izgublja iz vida celoto; **2.** *a* lesen; v gozdu rastoč ali živeč, gozden; **he is** ~ **from the neck up** *coll* neumen je kot noč

wood II [wúd] *vt* posaditi (z drevjem), pogozditi; oskrbeti z drvmi; *vi* oskrbeti se, založiti se z drvmi

woodbin [wúdbin] *n* zaboj (za drva)

woodbind, woodbine [wúdbaind, -bain] *n bot* kovačnik; *fig* cenena vrsta cigaret (znana iz 1. svetovne vojne)

wood block [wúdblək] *n* tlakovalna lesena kocka; kliše; lesorez

wood borer [wúdbɔ:rə] *n zool* ladijski živi sveder

woodbound [wúdbaund] *a* obdan od grmovja ali gozda

woodbox [wúdbɔks] *n* zaboj za drva

woodburytype [wúdbəritaip] *n* postopek tiskanja s kovinske plošče

wood carver [wúdka:və] *n* obdelovalec lesa, rezbar, lesorezec

wood carving [wúdka:viŋ] *n* lesorez; lesoreštvo, lesorezba; rezbarstvo

wood chopper [wúdčɔpə] *n* drvar

woodchuck [wúdčʌk] *n zool* severnoameriški gozdni svizec; ~ **day** svečnica (2. februar)

wood coal [wúdkoul] *n* rjavi premog, lignit

woodcock [wúdkək] *n zool* gozdna sloka, kljunač; *obs* bedak, prismoda

woodcraft [wúdkra:ft] *n hunt* lovstvo, lovska izvedenost; lesoreštvo, ksilografija

woodcraftsman, *pl* -men [wúdkra:ftsmən] *n* lovec; rezbar

woodcut [wúdkʌt] *n* lesorez; plošča za lesorez

woodcutter [wúdkʌtə] *n* lesorezec; drvar

woodcutting [wúdkʌtiŋ] *n* drvarjenje; lesoreštvo, ksilografija

wooded [wúdid] *a* gozdnat, pogozden

wooden [wudn] *a* (~ly *adv*) lesen, iz lesa narejen; *fig* lesen, tog, otrpel, okoren, neroden; *fig* brezizrazen, dolgočasen; bedast, neduhovit

wood engraver [wúdingréivə] *n* lesorezec, ksilograf

wood engraving [wúdingréiviŋ] *n* lesoreštvo, ksilografija

woodenhead [wúdnhed] *n coll* bedak, prismoda

woodenheaded [wúdnhédid] *a* bedast, neumen, topoglav

woodenheadedness [wúdnhédidnis] *n* topoglavost

wooden horse [wúdnhɔ:s] *n* lesen, telovadni konj

woodenness [wúdənnis] *n* lesenost, lesen sestav; lesenost, brezizraznost; togost, okornost, nedelavnost

wooden spoon [wúdnspu:n] *n sl* najslabši pri tekmovanju (izpitu); tolažilna nagrada za najslabšega

wooden walls [wúdnwɔ:lz] *n pl poet* vojne ladje

wooden ware [wúdnwɛə] *n* lesena, »suha« roba; sodarski izdelki

wooden wedding [wúdnwediŋ] *n A* petletnica poroke

wood hewer [wúdhjuə] *n* drvar

woodhorse [wúdhɔ:s] *n A* koza za žaganje; *zool* vrsta kobilice

woodhouse [wúdhaus] *n* drvarnica; lesena lopa

woodiness [wúdinis] *n* lesenost, lesen sestav; gozdno bogastvo, gozdnatost

woodland [wúdlænd] *n* gozdnata pokrajina, gozdovi, dobrava; **the** ~ **choir** ptice

woodlander [wúdlændə] *n* gozdni prebivalec

woodlark [wúdla:k] *n zool* gozdni škrjanček

woodless [wúdlis] *a* brez gozdov, gol

woodlily [wúdlili] *n bot* šmarnica

wood lot [wúdlət] *n A* gozdna parcela

woodlouse, *pl* -lice [wúdlaus, -lais] *n zool* lesna uš

woodman, *pl* -men [wúdmən] *n* drvar; *hist* gozdar, logar; *obs* gozdni prebivalec; *obs* lovec

woodnotes [wúdnouts] *n pl* neizumetničeno petje (ptic); *fig* naravno, spontano pesništvo

wood nymph [wúdnímf] *n* gozdna nimfa; *zool* vrsta kolibrija, mušice

wood offering [wúdófəriŋ] *n relig* žgalna žrtev

wood pavement [wúdpéivmənt] *n* lesen tlak

woodpecker [wúdpekə] *n zool* žolna, detel

wood pigeon [wúdpidžən] *n zool* gozdni golob

woodprint [wúdprint] glej **woodcut**

wood pulp [wúdpʌlp] *n* lesenina; (tehnična) celuloza

woodruff [wúdrʌf] *n bot* (dišeča) perla

wood shavings [wúdšeiviŋz] *n pl* skobljanci

wood-shed [wúdšed] *n* lesena lopa; drvarnica

wood-side [wúdsaid] *n* rob gozda

woodskin [wúdskin] *n* (indijanski) čoln iz lubja

woodsman, *pl* -men [wúdsmən] glej **woodman**

wood sorrel [wúdsɔrəl] *n bot* zajčja detelja

woodsy [wúdzi] *a A coll* gozden; v gozdu živeč

wood turner [wúdtə:nə] *n* strugar

wood turning [wúdtə:niŋ] *n* strugarstvo

wood-vice [wúdvais] *n* stiskalnica

woodwind [wúdwind] *n mus* leseno pihalo

wood-wool [wúdwul] *n* lesna volna

woodwork [wúdwə:k] *n* lesena konstrukcija; leseni deli zgradbe

woodworker [wúdwə:kə] *n* obdelovalec lesa (mizar, tesar); *tech* stroj za obdelovanje lesa

woodworm [wúdwə:m] *n* lesni črv, kukec

woody [wúdi] *a* (**woodily** *adv*) gozdnat, pogozden, gozden; lesen, lesnat; v gozdu živeč (**plant** rastlina); *fig* votel, zamolkel (**sound** zvok, glas); ~ **nymph** gozdna vila

woodyard [wúdja:d] *n* skladišče lesa

wooer [wú:ə] *n* snubec; častilec, dvorilec

woof I [wu:f] *n* votek (v tkanju); *fig* niti, tkivo, splet

woof II [wuf] **1.** *n* (rahlo) lajanje, lajež; **2.** *vi* lajati

wooing [wú:iŋ] **1.** *n* snubljenje, dvorjenje; **2.** *a* (~ly *adv*) ki snubi (dvori), mamljiv, vabljiv, zapeljiv

wool I [wul] **1.** *n* volna; volnena nit; volneno tkanje; volnena tkanina (halja, obleka); (surov) bombaž; rastlinska volna; kratko volneno blago ali dlaka; volnati, gosti, kodrasti lasje; volni podobna snov; **a ball of** ~ klobčič volne; **combing-**~ česana volna; **Berlin** ~ volna za pletenje; **natural** ~ surova volna; **dyed in the** ~ barvano pred prejo ali tkanjem; **much cry and little** ~ mnogo hrupa za nič; **to go for** ~ **and come home shorn** poditi zajca, a prepoditi lisico; **to keep one's** ~ ne se razburjati; **to lose one's** ~ razjeziti se; **to pull the** ~ **over s.o.'s eyes** prevarati, speljati na led, (o)goljufati koga; **2.** *a* volnen; volnat; ~ **ball** *vet* kepa volne (v ovčjem želodcu); ~ **clip** *econ* letni donos volne; ~ **comb** *tech* greben gradaše; ~ **combing** gradašanje, česanje volne; ~ **hall** *E* tržišče, borza za volno

wool II [wul] *vt* izpuliti (ovci) volno; *A sl* povleči (koga) za lase, (iz)puliti (komu) lase

wool-bearing [wúlbɛəriŋ] *a* volnat

wool carding [wúlka:diŋ] *n* grebenanje volne

wool draper [wúldreipə] *n* trgovec z volnenim blagom

wool drapery [wúldreipəri] *n* volneno blago; trgovina z volnenim blagom

woolfell [wúlfel] *n hist* runo

wool-flock [wúlflək] *n* kosem volne

woolgathering [wúlgæðəriŋ] **1.** *n* zbiranje volne; *fig* zasanjanost, raztresenost; **2.** *a* sanjav, z duhom odsoten, raztresen

woolgrower [wúlgrouə] *n* ovčerejec; proizvajalec volne

woolgrowing [wúlgrouiŋ] *n* ovčereja; proizvodnja volne

wool(l)ed [wuld] volnat, volnen

wool(l)en [wúlin] **1.** *a* volnen, iz volne; ~ **manufacture** industrija volne; **2.** *n* volnena tkanina; *pl* volneno blago, volnena obleka

wool(l)iness [wúlinis] *n* volnatost; *fig* nejasnost, nedoločnost, nepreciznost, nenatančnost (**of style, of thought** sloga, misli)

woolly [wúli] *a* volnast, ki je kot volna; volnen, ki nosi volno; mehak; *fig* nejasen, nedoločen; zamolkel (zvok); *A coll* razburljiv, napet, sapo jemajoč; kosmičast, puhast, pokrit s puhom; **2.** *n* volnena obleka; pulover; volneno perilo

woolly-haired [wúlihɛəd] *a* kodrast(ih las)

woolly-head [wúlihed] *n A sl* črnec; **~ed** ki ima kodrasto glavo

wool merchant [wúlmɔːčənt] *n* trgovec z volno

wool mill [wúlmil] *n* suknarna

woolpack [wúlpæk] *n* volnena vreča, ovoj za volno; zapakirana volna; bala volne (240 angleških funtov); *fig* kopast oblak

woolsack [wúlsæk] *n* vreča volne; *parl* sedež lorda kanclerja (v Gornjem domu) (zaradi z volno napolnjene blazine); *fig* funkcija lorda kanclerja; **to reach the ~, to be raised to the ~** postati lord kancler; **to take the seat on the ~** začeti sejo v Gornjem domu

woolsey [wúlzi] *n* polvolneno blago

woolwork [wúlwɔːk] *n* vezenje z volno (na platno)

woozy [wúːzi] *a sl* pijan, nadelan; komičen, prismojen; majav, trepetav

wop, Wop [wɔp] *n A sl* italijanski (ali južnoevropski) priseljenec v ZDA

word I [wɔːd] *n* beseda; kar je (iz)rečeno; govor; besedilo, tekst (pesmi itd.); častna beseda, obljuba; pritrditev, zagotovitev, zagotovilo; nalog, ukaz, navodilo; geslo, parola; sporočilo, obvestilo, odgovor; *relig* božja beseda, sveto pismo, biblija; *obs* pregovor, (iz)rek, moto; *pl* pričkanje, prerekanje; **the ~s** tekst, libreto; **at a ~** na besedo, takoj; **by ~ of mouth** ustno; **in so many ~s** dobesedno, (na) kratko; **~ for ~** od besede do besede, dobesedno; **beyond ~s** neizrazljiv; **on the ~, with the ~** na to besedo, po tej besedi, s to besedo; **in a ~** z eno besedo, skratka; **in other ~s** z drugimi besedami; **upon my ~ (of honour)!** pri moji časti! (častna beseda!); **saj (toda) to ni mogoče!; my ~ upon it!** pri moji časti! častna beseda!; **a ~ to the wise** pametnemu človeku zadostuje ena sama beseda; **a ~ and a blow** po besedah takoj pretep (ravs); **a ~ in (out of) season** (ne)primeren nasvet; **a ~ or two** beseda ali dve, nekaj besed; **big ~s** hvalisanje, širokoustenje; **~s and deeds** besede in dejanja; **burning ~s** ognjevite, plamtεče besede; **fair, good ~s** lepe, laskave besede; **high (hard, hot, sharp, warm) ~s** ostre, hude, trde, jezne besede; **wild and whirling ~s** divje, nepremišljene besede; **my ~!** prav zares! bogme!; **a play upon ~s** besedna igra; **too beautiful for ~s** neizrekljive lepote; **too silly for ~s** preneumno, nedopovedljivo neumno; **to be a man of few ~s** biti redkobeseden, varčevati z besedami; **to be as good as one's ~** biti popolnoma zanesljiv; **to be better than one's ~** napraviti več, kot smo obljubili; **to be worse than one's ~** ne biti mož beseda, snesti besedo; **to break one's ~** prelomiti svojo besedo, ne držati (svoje) besede; **hard ~s break no bones** oštevanje ne boli toliko kot palica; hude besede ne ubijajo; **fine ~s batter no parsnips** lepe

besede (še) niso dovolj; **~ came that...** zvedelo se je, da...; **to eat one's ~** snesti (svojo) besedo, preklicati svoje besede; **to give one's ~** dati (svojo) besedo, obljubiti; **to hang on s.o.'s ~s** viseti na besedah kake osebe, pazljivo koga poslušati; **to have a ~ with** imeti kratek razgovor z; **to have ~s with** pričkati se, skregati se z; spreti se z; **to have the last ~** imeti zadnjo besedo; **he has not a ~ to throw at a dog** *fig* on je prefin, da bi govoril z drugimi; **to have no ~s for** ne imeti besed za, ne moči izraziti; **to keep one's ~** držati (svojo) besedo, biti mož beseda; **to leave ~ that...** sporočiti, da...; **to make no ~ about** ne izgubljati besed o; **to proceed from ~s to blows** od besed priti do pretepa; **to put in (ali to say) a good ~ for** zastaviti (reči) dobro besedo za; **to suit the action to the ~** od besed takoj preiti na delo; **to take s.o. at his ~** prijeti koga za besedo; **I took his ~ for it** nisem dvomil o (verjel sem) njegovi besedi; **to retract one's ~** umakniti (nazaj vzeti, preklicati) svojo besedo; **send me ~!** javi mi, sporoči mi!; **to send ~ of one's arrival** obvestiti o svojem prihodu; **to waste ~s** tratiti besede, zaman govoriti

word II [wɔːd] *vt* izraziti (kaj) z besedami, formulirati, stilizirati, izreči (z besedami); *obs* laskati se, dobrikati se (komu); **to be ~ed** dobesedno se glasiti; **strongly ~ed resolution** ostro sestavljena (formulirana) resolucija; **well ~ed letter** lepo sestavljeno pismo; *vi obs, dial* govoriti, besedovati, uporabljati besede

word accent [wɔ́ːdæksənt] *n ling* besedni naglas

wordage [wɔ́ːdidž] *n* besede, besedni zaklad

wordbook [wɔ́ːdbuk] *n* slovar, besednjak

word-bound [wɔ́ːdbaund] *a* vezan s svojo besedo; molčeč

word-catcher [wɔ́ːdkæčə] *n* dlakocepec

word-catching [wɔ́ːdkæčiŋ] *n* dlakocepstvo

word formation [wɔ́ːdfɔːméišən] *n ling* tvorba besed

wordiness [wɔ́ːdinis] *n* bogastvo, obilica besed; zgovornost; dolgoveznost

wording [wɔ́ːdiŋ] *n* izraz; besedilo; formuliranje, stilizacija

wordless [wɔ́ːdlis] *a* ki je brez besede, onemel, nem; neizražen (misel)

word lore [wɔ́ːdlɔː] *n ling* besedoslovje

word order [wɔ́ːdɔːdə] *n ling* besedni red

word painting [wɔ́ːdpeintiŋ] *n* slikanje z besedami; slikovito, živahno prikazovanje, opisovanje

word-perfect [wɔ́ːdpɔ́ːfikt] *a* ki zna (tekst, vlogo) popolnoma na pamet (igralec itd.)

word picture [wɔ́ːdpikčə] *n* slikovita predstavitev, živ opis

wordplay [wɔ́ːdplei] *n* besedna igra

word power [wɔ́ːdpauə] *n* besedni zaklad

wordsman, *pl* -men [wɔ́ːdzmən] *n* kovalec besed; dlakocepec

word splitter [wɔ́ːdsplitə] *n* dlakocepec

word splitting [wɔ́ːdsplitiŋ] *n* dlakocepstvo

word square [wɔ́ːdskwɛə] *n* besedni kvadrat, magični kvadrat (uganka)

wordy [wɔ́ːdi] *a* (**~dily** *adv*) iz besed sestavljen; beseden; poln besed, zgovoren, dolgovezen; **~ warfare** besedna vojna

wore [wɔ:] *pt* od **to wear**

work I [wə:k] *n* (telesno ali duševno) delo; ukvarjanje, ustvarjanje, dejavnost; posel, zaposlitev; naloga; (žensko) ročno delo; delovni proces, rezultat dela, proizvod, izdelek; izdelava, obdelava, način izdelave; delovna sposobnost; težak posel, trud, muka; pogon (stroja); *pl* stavbna dela, stavbišče; javna dela; *mil* utrdbe, utrdbena dela; (*sg constr*) tovarna, fabrika, obrat, delavnica; talilnica, livarna; *tech* mehanizem, gonilo, kolesje, zobčasti prenos; *pl relig* dobra dela; **in** ~ zaposlen; (ki je) v pogonu (obratu); **out of** ~ brez dela, brezposeln, nezaposlen; **a** ~ **of art** umetniško delo, umetnina; **a** ~ **of genius** genialno delo; ~**s of a clock** mehanizem ure; **the** ~**s of Bach** Bachova dela; ~**s of mercy** dobrodelna dela; **earth** ~**s** *archit* zemeljska dela; **good** ~**s** dobra dela; **iron** ~**s** talilnica železa, železarna; **Minister of W**~**s** minister za javna dela; **glass** ~**s** steklarna; **gas** ~**s** plinarna; **Public W**~**s** javna dela; **out** ~**s** *archit* zunanja dela; **stone** ~**s** zidarska dela; **upper** ~**s** *naut* nadvodni del ladje; vrhnja gradba, deli ladje nad zgornjo palubo; **wood** ~**s** lesena konstrukcija, leseni deli hiše, leseni predmeti; **shock-**~ udarniško delo; **to be out of** ~ biti brez dela, biti brezposeln; **to be at** ~ delati, delovati, funkcionirati; **it's all in the day's** ~ to ni (prav) nič nenavadnega, to je normalno, to je del (vsako)-dnevnega dela; **to cease** (ali **to stop**) ~ nehati z delom; **I did a good day's** ~ veliko sem naredil danes; **to give s.o. the** ~**s** *A coll* ozmerjati, premlatiti koga; **to get** (ali **to set**) **to** ~ lotiti se dela, začeti delati; **to go** (ali **to set**) **about one's** ~ lotiti se svojega dela; **to have plenty of** ~ **to do** imeti mnogo dela; **I have my** ~ **cut out for me** imam polne roke dela; **to make sad** ~ **of it** *fig* vse uničiti; **to make short** (ali **quick**) ~ **of** hitro opraviti z, hitro obvladati; **that is your** ~ to je tvoja naloga; **to look for** ~ iskati delo

work(*) II [wə:k] **1.** *vt* delati (na čem), izdel(ov)ati, obdelati; narediti, proizvesti, proizvajati; *poet* umetniško izdelati; plesti, tkati, izdelati na statvah; šivati; vesti; oblikovati, (iz)kovati; tiskati; mesiti; kopati (rudo), obdelovati (zemljo); *com* poslovati, poslovno potovati (po nekem področju); *sl* prodati; plačati (potovanje) z delom; preiskati, raziskati; *math* izračunati, rešiti (nalogo); vplivati na (koga), nagovarjati (koga); *sl* prevarati, oslepariti; izvesti, uresničiti, izvršiti, povzročiti; streči (topu, stroju); uporabljati (žival) za delo, vpreči; izkoriščati (rudnik); pustiti koga, da težko dela; premikati, poganjati, gnati, goniti; **to** ~ **o.s. to death** ubi(ja)ti se z delom, garati; **to** ~ **o.s. into s.o.'s favour** pridobiti si naklonjenost kake osebe; **to** ~ **o.s. into a rage** pobesneti; **to** ~ **the bellows** goniti meh; **to** ~ **a farm** voditi farmo (kmetijo); **to** ~ **a change** izvršiti, povzročiti spremembo; **to** ~ **wonders** delati čuda (čudeže); **to** ~ **one's will** uresničiti svojo voljo; **can you** ~ **the screw loose?** lahko zrahljate vijak?; **to** ~ **(one's way) through college** sam se vzdrževati med študijem; **my partner** ~**s the Liverpool district** moj družabnik potuje (po-

slovno) na področju Liverpoola; **to** ~ **a slave to death** do smrti priganjati sužnja k delu, ubiti ga z delom; **servants are not** ~**ed now as they were formerly** od služinčadi se danes ne zahteva več toliko dela kot nekoč; **to** ~ **a crane** upravljati z žerjavom; **to** ~ **a coal seam** izkoriščati plast premoga; **to** ~ **a ship** upravljati ladjo; **to** ~ **one's way** pot si utreti (napraviti); **these machines are** ~**ed by steam** te stroje poganja para; **it is a good scheme, but can you** ~ **it?** to je dober načrt, toda, ali ga lahko izvedete?; **this belief has** ~**ed much evil** to verovanje je povzročilo mnogo zla; **the candidate** ~**s the district** kandidat opravlja volilno kampanjo v okrožju; **to** ~ **one's passage** *naut* zaslužiti svoj prevoz z delom; **to** ~ **one's horses** priganjati konje k delu; **to** ~ **one's social relations in business** izkoriščati svoje družabne zveze poslovno; **2.** *vi* delati, delovati, biti zaposlen (s čim): baviti se (s čim); truditi se; funkcionirati, posrečiti se, uspeti; razviti se, dozoreti; vreti; biti v pogonu, delati (stroj), prijemati eden v drugega (zobata kolesa); šivati, vesti (vezem); prebijati se (z delom); razvleči se; trzati (se) (obraz); mahati (s čim); težko, z muko se premikati, gibati; *naut* križariti; besneti, biti razburkan (morje); *fig* krčevito delati; **to** ~ **against time** delati v tekmi s časom; **to** ~ **like a dog** (ali **horse ali nigger**) delati kot črna živina; **my stove** ~**s well** moja peč dobro dela; **your method won't** ~ z vašo metodo ne boste uspeli; **I tried but it did not** ~ poskušal sem, a ni se mi posrečilo; **the poison began to** ~ strup je začel delovati; **to** ~ **into a crowd** vriniti se v množico; **to** ~ **loose** zrahljati se (vijak itd.); **waves** ~ **to and fro** valovi so razburkani; **to** ~ **double tides** delati podnevi in ponoči; **that won't** ~ **with me** to ne bo vplivalo name (vžgalo pri meni);

work away *vi* krepko se lotiti dela; nadaljevati z delom;

work in *vt* vložiti, vstaviti, narediti; *vi* (postopno) prodirati (*in* v), uvesti se (v delo), poučiti se (z delom o čem); uskladiti se, harmonirati; ujemati se, kombinirati se;

work off *vt* obdelati, izdelati; dovršiti; *print* odtisniti; odpeti se, odvezati se; rešiti se, znebiti se (česa); najti kupce; dati si duška; **to** ~ **one's bad temper** stresti svojo slabo voljo (na); **I** ~**ed off my feet with fatigue** noge so mi skoraj odpadle od utrujenosti; **to** ~ **the stiffness by exercise** razgibati svoje odrevenele ude;

work out *vt* rešiti (matematično nalogo), izračunati; napraviti, izvesti, izpeljati, uresničiti, doseči; obdelati, oblikovati, izdelati, razviti (idejo, načrt); izbrisati, zbrisati, prečrtati; izčrpati, izkoristiti, z delom plačati; **the sum will not** ~ vsota se ne da izračunati; **he** ~**ed out his sentence in jail** odslužil je svojo kazen v ječi; **this mine is** ~**ed out** ta rudnik je izčrpan;

work over *vt* revidirati, izboljšati; zdelati, zmučiti;

work round *vi* s težavo se prebiti naprej; srečno se prebiti; obrniti se (veter); zopet si opomoči (bolnik);

work up *vt* postaviti (z delom); *fig* vznemiriti, razburiti, naščuvati; **to ~ o.s. up** razburiti se; porabiti, potrošiti (material), predelati, preštudirati, razširiti; *cul* zmešati, premešati (jed); dvigniti (cene); *vi fig* počasi ali s težavo se podvizati (*to do*, k); **to ~ a rebellion** povzročiti (zanetiti) upor; **to ~ o.s. up to** z delom se povzpeti do; **the pupils ~ several subjects** učenci obdelujejo (se uče) več predmetov; **wrought-up nerves** razdraženi živci

workability [wə:kəbíliti] *n* (u)porabnost; izvedljivost

workable [wɔ́:kəbl] *a* izvedljiv (načrt), uporaben; primeren za obdelavo; ki se da izkoriščati (rudnik)

workaday [wɔ́:kədei] 1. *a* vsakdanji, običajen; ki je brez dogodkov, prozaičen; deloven (**clothes** obleka); ~ **life** vsakdanje življenje; 2. *n* delavnik, delovni dan; **this ~ world** ta prozaični svet

workbag [wɔ́:kbæg] *n* torb(ic)a za (ročno) delo

workbasket [wɔ́:kba:skit] *n* košarica za ročno delo

workbench [wɔ́:kbenč] *n* delovna miza

workbook [wɔ́:kbuk] *n* delovna knjiga, knjiga z navodili za delo; dnevnik načrtovanega ali opravljenega dela

workbox [wɔ́:kbɔks] *n* škatla za delovno orodje, za ročno delo

workday [wɔ́:kdei] *n* delovni dan, delavnik; delovni čas (enega dneva)

worked [wɔ́:kt] *a* obdelan; v obratu; gnan (**by electricity** od elektrike); ~ **up** *fig* razburjen, razkačen

worker [wɔ́:kə] *n* delavec, -vka; *pl* delavstvo; *zool* čebela (mravlja) delavka; **shock-~** udarnik

workfellow [wɔ́:kfelou] *n* delovni tovariš, kolega

workgirl [wɔ́:kgə:l] *n* tovarniška (mlada) delavka

workhouse [wɔ́:khaus] *n E* ubožnica; dom za brezdomce; *A* poboljševalnica; *obs* delavnica

working I [wɔ́:kiŋ] *n* delo, delovanje; obratovanje; poslovanje; funkcioniranje; ustvarjanje; *tech* pogon, tek (strojev itd.); obdelava, predelava; kopanje, eksploatacija (rudnika); težko delo; borba; vrenje, vretje, fermentiranje; **disused** ~ opuščeni rudniki

working II [wɔ́:kiŋ] *a* ki dela, deluje; deloven; ki je v pogonu (teku, obratovanju); ~ **capital** obratni kapital (sredstva); ~ **class** delavski razred; ~ **costs** splošni delovni stroški; ~ **expenses** obratovalni, režijski stroški; ~ **day** delovni dan, delavnik; ~ **drawing** *archit* gradbeni (stavbeni) načrt (plan); ~ **hour** delovna ura; ~ **life** vsakdanje življenje; ~ **papers** *pl* delovne osebne listine (zlasti mladoletnikov); ~ **partner** aktiven družabnik; ~ **power** *tech* zmogljivost; ~ **majority** za delo (diskusijo) zadostna večina

workingman, *pl* **-men** [wɔ́:kiŋmən] glej **workman**

working out [wɔ́:kiŋaut] *n* izdelava; izračunanje; razvoj (dejanja v drami); izvedba (**of a plan** načrta); *math* rešitev

working-woman, *pl* **-men** [wɔ́:kiŋwumən, -wimin] *n* ročna delavka

workless [wɔ́:klis] *a* brez dela, brezposeln, nezaposlen

workman, *pl* **-men** [wɔ́:kmən] *n* (ročni) delavec; rokodelec; **skilled** ~ kvalificiran delavec

workmanless [wɔ́:kmənlis] *a* (ki je) brez delavcev

workmanlike [wɔ́:kmənlaik] *a* spreten, vešč, strokoven, strokovnjaški, mojstrski

workmanly [wɔ́:kmənli] *a* glej **workmanlike**

workmanship [wɔ́:kmənšip] *n* strokovna spretnost, strokovnost, veščina; izdelava; način obdelave

workmaster [wɔ́:kma:stə] *n* delovodja; faktor

workout [wɔ́:kaut] *n sp* vaja, trening; preskus moči

workpeople [wɔ́:kpi:pl] *n* delavci, delovni ljudje, delovno ljudstvo; ~ **'s train** delavski vlak

workroom [wɔ́:krum] *n* delavnica, delovni prostor, delovna soba

works council [wɔ́:kskaunsl] *n econ* obratni svèt (delodajalcev in delojemalcev)

workshop [wɔ́:kšɔp] *n* delavnica; *fig* poletni (počitniški) delavski tečaj; delovni seminar

work-shy [wɔ́:kšai] *a* ki se boji dela, len

worktable [wɔ́:kteibl] *n* delovna miza; miza za šivanje

workwoman, *pl* **-men** [wɔ́:kwumən -wimin] *n* (ročna) delavka

world [wɔ́:ld] *n* svet, Zemlja; vsemirje, vesolje, univerzum; vse, kar je na Zemlji; življenje (na Zemlji), obstanek, eksistenca; ljudje, človeška družba; skupnost ljudi; javno življenje, javnost; miljé, okolje; posvetno življenje; velika množina, masa, množica, veliko število; prostranstvo; **all over the ~** po vsem svetu; **in the ~** na svetu; **for all the ~** za vse na svetu, v vsakem pogledu, popolnoma, natanko; **not for all the ~** za nobeno ceno; **for all the ~ like** natanko, kot; **not for ~s**, **not for anything in the ~** za nič na svetu ne; **out of the ~** odmaknjen od sveta; **out of this ~** *coll* fantastičen, osupljiv, izreden; **~s away from** zelo oddaljen od; **to the ~** *sl* popolnoma; **tired to the ~** *sl* na smrt utrujen; **on top of the ~** na vrhuncu sreče, v sedmih nebesih; **a ~ of** zelo mnogo, množica (**of difficulties** težav); **a ~ too big** mnogo prevelik; **the ~ of letters** učeni svet; **~ without end** od veka do veka; **to the ~'s end** do konca sveta; **the beginning of the ~** začetek sveta; **animal (vegetable) ~** živalski (rastlinski) svet; **citizen of the ~** svetovljanski človek, kozmopolit; **man of the ~** izkušen človek; **the lower ~** podzemlje; pekel; **the New W~** Novi svet, Amerika; **the wise old ~** dobri stari običaji, dobre stare izkušnje; **Prince of this ~** *fig* vrag; **all the ~ and his wife were there** vse, kar leze in gre, je bilo tam; **to begin the ~** (v)stopiti v (začeti) življenje, začeti kariero; od kraja začeti, biti (stati) na začetku; **she is all the ~ to me** ona mi je (pomeni) vse na svetu; **who in the ~ is that man?** kdo vendar je oni človek?; **to be brought into the ~** zagledati luč sveta; **to carry the ~ before one** imeti hiter in popoln uspeh; imeti srečo, uspeh v življenju; **to come into the ~** priti na svet, roditi se; **what in the ~ am I to do?** kaj na svetu (vendar, za vraga) naj naredim?; **it did me a ~ of good** zelo dobro mi je délo (storilo); **to be drunk to the ~** pošteno pijan (nadelan) biti; **I would not do it for all the ~** za vse na svetu ne bi tega naredil (hotel narediti); **to forsake the ~** odreči se svetu, opustiti posvetno rabo, posvetno življenje; **as the** ~ **goes** v našem, sedanjem času; **to go out of the** ~ umreti; **I would give the** ~ **to learn it** vse na svetu (ne vem kaj) bi dal, da bi to zvedel; **how goes the** ~ **with you?** kako je kaj z vami?; **to have the** ~ **before one** *fig* imeti življenje pred seboj; **to let the** ~ **slide** *fig* pustiti vse teči (potekati, iti), kot pride; **to live out of the** ~ živeti sam zase, odmaknjen od sveta, samotariti; **to make a noise in the** ~ *fig* postati slaven; **what will the** ~ **say?** kaj bodo rekli ljudje?

world-famous [wɔ́:ldfeiməs] *a* svetovno znan, slaven
world history [wɔ́:ldhístəri] *n* svetovna zgodovina
world language [wɔ́:ldlǽngwidž] *n* svetovni jezik
worldling [wɔ́:ldliŋ] *n* posvetnjak, svetovljanski človek, svetovljan
worldliness [wɔ́:ldlinis] *n* svetovljanstvo; posvetnost
worldly [wɔ́:ldli] *a* časen, zemeljski, sveten, posveten; materialen; ~ **goods** (po)svetne dobrine
worldly-minded [wɔ́:ldlimaindid] *a* ki živi (samo) za ta svet; posveten, materialističen
worldly-wise [wɔ́:ldliwaiz] *a* izkušen; ki pozna svet
world-old [wɔ́:ldóuld] *a* star kot zemlja, prastar, zelo star
world power [wɔ́:ldpauə] *n pol* svetovna sila
world-tried [wɔ́:ldtraid] *a* izkušen
world view [wɔ́:ldvju:] *n* svetovni nazor
World-War (I, II) [wɔ́:ldwɔ:] *n* (1., 2.) svetovna vojna
world-wearied [wɔ́:ldwíərid] *a* sit (naveličan) življenja (sveta)
world-weariness [wɔ́:ldwíərinis] *n* naveličanost življenja (sveta)
world-weary [wɔ́:ldwíəri] *a* sit (naveličan) življenja (sveta)
world-wide [wɔ́:ldwaid] *a* razširjen po vsem svetu, splošno znan, svetoven; ~ **reputation** svetoven sloves
world-wise [wɔ́:ldwaiz] *a* ki pozna svet, izkušen
world-without-end [wɔ́:ldwiðauténd] *a bibl* neprenehen, večen
worm I [wə:m] *n zool* črv, črv deževnik, glista, *tech* orodje spiralne oblike, vzvoj na vijaku, cevasta naprava za kondenziranje, za hlajenje, kita (vez) pod pasjim jezikom; *fig* podel, potuhnjen človek (kreatura); *fig* notranja muka, trpljenje, glodajoča žalost, skrb; *pl med* gliste, glistavost; ~ **of conscience** grizenje vesti; pekoča vest; **book-**~ knjižni molj (hrošček ali oseba); **earth** ~ deževnik; **glow** ~ kresnica; **silk** ~ sviloprejka; **tape**~ trakulja, **food for** ~ **s** hrana za črve, mrlič, mrtvec, **I am a** ~ **today** slabo se počutim danes; **a** ~ **will turn** *fig* še taka potrpežljivost ima svoje meje
worm II [wə:m] *vt* osvoboditi, očistiti črvov (žival, rastlino); *fig* premikati, obračati v vijugah; *naut* spiralno omotati vrv sidra; *fig* izvleči, izvabiti; prerezati kito (vez) pod pasjim jezikom; **to** ~ **o.s.** plaziti se kot črv; **to** ~ **a secret from** (ali **out of**) **s.o.** izvabiti tajnost iz koga; **to** ~ **one's way** (ali **o.s.**) **into s.o.'s confidence** vriniti se, vtihotapiti se v zaupanje kake osebe; **he** ~ **ed his way through the thicket** kradoma se je splazil skozi goščavo; *vi* iskati črve; vijugati se, viti se,

vijugasto se plaziti; zvleči se (v), skrivaj se premikati
worm-cast [wɔ́:mka:st] *n* kupček zemlje, ki jo črv izrije na površino
worm-eat* [wɔ́:mí:t] *vt* navrtati, prevrtati, oglodati, ogristi; ~ **ing** *zool* živeč od črvov, ki žre črve; ~ **en** razjeden od črvov, črvojeden, črviv; *fig* star, zastarel, izrabljen
wormed [wɔ́:md] *a* črviv, črvojeden
wormer [wɔ́:mə] *n* iskalec črvov; ribič, ki lovi s črvi; *mil* strgača
worm fence [wɔ́:mfens] *n* cikcakast plot
worm gear [wɔ́:mgiə] *n tech* polžni prenos; prenos z zobatim kolesom in brezkončnim vijakom
wormhole [[wɔ́:mhoul] *n* črvojedina
wormholed [wɔ́:mhould] *a* črviv, črvojeden
worminess [wɔ́:minis] *n* črvivost, črvojednost
worming [wɔ́:miŋ] *n fig* klečeplazenje; prihuljenost
wormlike [wɔ́:mlaik] *a* črvast, podoben črvu
wormling [wɔ́:mliŋ] *n* črviček
worm powder [wɔ́:mpaudəl] *n med* prašek proti glistam
wormseed [wɔ́:msi:d] *n bot* ingverjevo seme (proti glistam)
worm's-eye view [wɔ́:mzáivju:] *n hum* žabja perspektiva
worm tea [wɔ́:mti:] *n med* čaj proti glistam
wormwood [wɔ́:mwud] *n bot* pelin; *fig* grenkoba; **it is** ~ **to him** to ga grize (žre)
wormy [wɔ́:mi] *a* (~ **mily** *adv*) črviv, piškav, črvojeden; podoben črvu; *fig* klečeplazen, podel
worn [wɔ:n] **1.** *pp* **to wear; 2.** *a* nošen, ponošen, obrabljen, oguljen; *fig* izčrpan, oslabljen, shujšan, beden; *fig* omlačen, obrabljen (beseda); **a** ~ **joke** stara (pogreta) šala
worn out [wɔ́:náut] *a* izrabljen, ponošen, oguljen; popolnoma izčrpan, na smrt utrujen; uničen, spodkopan (zdravje)
worried [wʌ́rid] *a* mučen; zaskrbljen, plah, boječ
worrier [wʌ́riə] *n* mučitelj; nadlegovalec
worriless [wʌ́rilis] *a* brezskrben, brezbrižen
worriment [wʌ́rimənt] (zlasti *A*) muka, strah, skrb, nemir; nevšečnost, sitnost, neprilika, nadlega
worrisome [wʌ́risəm] *a* mučen, tegoben, težaven, tečen, nadležen, dolgočasen; motilen; nemiren
worrit [wʌ́rit] *coll* za **worry**
worry I [wʌ́ri] *n* vznemirjenje, jeza, skrb, srd, nejevolja, slaba volja, nadlega, zaskrbljenost, žalost; *hunt* davljenje, dušenje, grizenje (psa); **beside oneself with** ~ ves iz sebe od zaskrbljenosti, ves zbegan; **the least of my worries** moja najmanjša skrb
worry II [wʌ́ri] **1.** *vt* povzročiti (komu) skrbi, mučiti, ne pustiti pri miru, nadlegovati, motiti, vznemirjati, dražiti, jeziti, plašiti; dolgočasiti; (o živali) zgrabiti za vrat, daviti, gristi, (raz)trgati; **to** ~ **o.s.** (po nepotrebnem) se skrbeti, si delati skrbi; **to** ~ **s.o.'s life** (za)greniti komu življenje; **does my singing** ~ **you?** vas moje petje moti (je neprijetno)?; **to** ~ **s.o. out of s.th.** s težavo odvrniti koga od česa; **her health worries me** njeno zdravje mi dela skrbi; **to be worried** jeziti se, razburjati se, plašiti se; **to** ~ **the sword** *fig* (mečevanje) z majhnimi, hitrimi gibi zbegati nasprotnika; **2.** *vi* vznemirjati se, razburjati se; delati si skrbi, biti v skrbeh, biti

zaskrbljen, plašiti se; mučiti se, truditi se, s težavo se prebijati (*through* skozi); trgati, vleči (*at s.th.* kaj); *hunt* zgrabiti in raztrgati, prijeti z zobmi in stresti (divjačino) (o psu); **I should ~ !** *coll* kaj me to briga!, to mi je vseeno!; to mi ni nič mar!; **to ~ along** s težavo se preriniti skozi; **don't ~ !** ne delaj si skrbi!; **you ~ too much** preveč skrbi si delate!; **to ~ out (a problem)** ponovno se lotiti problema in ga rešiti

worryguts [wʌ́rigʌts] *n coll* kdor si vedno dela skrbi, črnogled, pesimist

worrying [wʌ́riiŋ] *a* vznemirljiv, mučen, poln muk

worrywart [wʌ́riwɔːt] *n* glej **worryguts**

worse I [wəːs] **1.** *a* slabši, hujši; bolj bolan, slabšega zdravja; *com* slabši, nižji; **~ and ~** vedno slabši (hujši); **the ~** tem slabši; **so much the ~** toliko slabši; **he went ~ every day** vsak dan je bilo slabše z njim; **that only made matters ~** to je stvari le poslabšalo; **(not) to be the ~ for** (ne) biti na slabšem (na škodi, trpeti) zaradi; **you would be none the ~ for a walk** sprehod ti ne bi škodil; **to be (none) the ~ for drink** (ne) biti pijan; **I like him none the ~ for his gruffness** zaradi njegove grobosti ga nimam nič manj rad; **the ~ for wear** obrabljen, ponošen; **2.** *adv* slabše, hujše; **he has lost his job and is ~ off than ever** izgubil je službo in je na slabšem kot kdajkoli prej; **they do it ~ than before** hujše (slabše) počenjajo kot prej; **none the ~** nič slabše (hujše), nič manj; **to grow ~ and ~** vse bolj se slabšati

worse II [wəːs] *n* slabše stanje, nekaj slabšega, nekaj hujšega; **I have been through ~** še hujše stvari sem doživel; **to change for the ~** spremeniti (obrniti) se na slabše; **there was ~ to come** hujše je še moralo priti; **I got (ali had) the ~** slabo sem se odrezal; **to put to ~** potolči, premagati; **~ followed** hujše je sledilo; **if ~ comes to ~** v najslabšem primeru; **he has taken a turn for the ~** stanje se mu je poslabšalo; **a change for the ~** sprememba na slabše; **from bad to ~** z dežja pod kap; **for better, for ~,** **for better or (for) ~** v škodo ali korist, dobro ali slabo; **kakor se (pač) vzame**

worsen [wʌ́sən] *vt* poslabšati, napraviti slabše, povečati (nesrečo), postaviti (koga) v slabši položaj; oškodovati; zmanjšati (vrednost); *vi* poslabšati se, postati slabši

worsening [wʌ́səniŋ] *n* poslabšanje

worship I [wʌ́šip] *n relig* čaščenje, oboževanje, bogočastje, kult; predmet oboževanja ali čaščenja; obred, ritus, molitev, služba božja; spoštovanje, priznanje, dober glas, čast; *obs* vrednost, zasluga; **hero ~** kult herojev; **public ~** cerkveni obredi; **house (ali place) of ~** cerkev, boži hram; **the ~ of wealth** oboževanje (malikovanje) bogastva; **men of ~** ugledni, spoštovani ljudje; **Your W~** Vaše blagorodje (naslov za nekatere sodnike, za župana itd.); **his W~ the Mayor of Leeds** njegovo blagorodje župan mesta Leeds; **to have (to win) ~** uživati (visoko) spoštovanje; **to offer (ali to render) ~ to s.o.** častiti, visoko spoštovati, oboževati koga

worship II [wʌ́šip] *vt* častiti, oboževati, gojiti kult do; spoštovati; **to ~ one's mother** oboževati svojo mater; **to ~ the golden calf** *fig* mali-

kovati zlato tele (denar, mamona); *vi* moliti; udeležiti se službe božje; čutiti spoštovanje

worship(p)er [wʌ́šipə] *n* častilec, -lka, oboževalec, -lka; molivec; **the ~s** verniki; **~ of idols** malikovalec, -lka

worshipful [wʌ́šipful] *a* časteč, obožujoč (pogled); *obs* ugleden, časten, vreden spoštovanja; (v nagovoru) spoštovani, velespoštovani); **the W~ the Mayor of (Leeds)** (pismeni nagovor za župana mesta (Leeds))

worship(p)ing [wʌ́šipiŋ] *n* čaščenje, visoko spoštovanje, oboževanje

worst I [wəːst] **1.** *a* najslabši, najhujši; **the two ~ pupils** oba najslabša učenca; **and, which is ~** in kar je najhujše; **the ~ way** *A coll* kar najhujše, kar najbolj, strašno; **I want it the ~ way** nujno to potrebujem; **2.** *adv* najslabše, najhujše; **the ~-paid** najslabše plačani, -na

worst II [wəːst] *n* najslabša, najhujša stvar; kar je najslabše ali najhujše; **at (ali the) ~** v najslabšem primeru; **at the (ali their) ~** v najslabšem stanju, v posebno neugodnih okoliščinah; **the illness is at its ~** bolezen je dosegla višek; **the ~ is soon over** najhujše, najhujši trenutek hitro mine; **to be prepared for the ~** biti pripravljen na najhujše; **if the ~ comes to the ~** ako se zgodi najhujše, v najhujšem primeru; **to do one's ~** napraviti kar najslabše možno; **do your ~!** kar napravi to (najslabše, kar moreš)!, napravi, kar hočeš!; **to get the ~ of it** najslabše se odrezati, biti poražen; **to see s.o. (s.th.) at his (its) ~** videti koga (kaj) z najslabše strani

worst III [wəːst] *vt* premagati, potolči, poraziti, nadvladati

worsted [wústid] **1.** *n* preja in tkanina iz česane volne, kamgarn; **2.** *a* spreden iz česane volne, volnen; **~ wool** česana, mikana volna; **~ stockings** volnene nogavice

wort I [wəːt] *n bot* rastlina, zel(išče)

wort II [wəːt] *n* (pivovarstvo) ječmenovka

worth I [wəːθ] *a* vreden; veljaven; **for all one is ~** *coll* kolikor kdo (z)more, po najboljših močeh; **~ doing** vreden, da se naredi; **not ~ reading** nevreden branja; **what is he ~?** kolikšno premoženje ima?; **he is ~ a million** on je milijonar; **he is ~ £ 1000 a year** on ima 1000 funtov dohodkov na leto; **~ the money (price)** vreden denarja (cene), ne predrag; **not ~ a curse (ali a damn ali a penny)** piškavega groša (prebite pare) ne vreden; **~ the trouble** vreden truda; **~ mentioning** omembe vreden; **to be ~ it** *coll*, **to be ~ while** biti vreden truda, izplačati se; **the game is not ~ the candle** ta stvar se ne izplača; **it is not ~ much to ni drago; to be not ~ one's salt** nič ne biti vreden, biti popolnoma brez vrednosti; **take it for what it is ~** vzemi to táko, kot je; **I tell you the news for what it is ~** povem vam novico brez vsakega jamstva (kot sem jo pač slišal); **he pulled for all he was ~** vlekel je, kar je le mogel (na vso moč); **we worked hard but it was ~ it** trdo smo delali, a se je izplačalo

worth II [wəːθ] *n* (denarna) vrednost, cena; pomembnost, važnost; notranja vrednost, dobrota, krepost, zaslužnost; ugled, čast, dostojanstvo; (redko) posest, bogastvo; **of great ~** drag, zelo dragocen; **of no** ~ brez vrednosti; **men of** ~ zaslužni ljudje; **penny** ~ vrednost enega penija; **in good** ~ *obs* zlepa, brez jeze; **three shillings'**~ **of stamps** znamke v vrednosti 3 šilingov, **to get the** ~ **of one's money** za svoj denar dobiti nekaj enakovrednega; **I did not get my money's** ~ preplačal sem; **to have one's money's** ~ ne preplačati

worth III [wə:θ] *vi obs, poet* postati, biti (samo še v); **woe** ~ gorje, preklet bodi!; **woe** ~ **the day** preklet bodi dan!

worthily [wə́:ðili] *adv* po zaslugi; častno, dostojno; s pravico, upravičeno

worthiness [wə́:ðinis] *n* vrednost; čast, vrlina; zasluga

worthless [wə́:θlis] *a* (~ **ly** *adv*) (ki je) brez vrednosti, nevreden, nepomemben; ničvreden, prezira vreden; **a** ~ **fellow** pridanič

worthlessness [wə́:θlisnis] *n* brezvrednost, malovrednost, nevrednost; ničvrednost

worth-while [wə́:θwail] *a* vreden truda; ki se izplača

worthy I [wə́:ði] *a* vreden; primeren, ustrezen; cenjen, časten, dostojen, ugleden, viden, vrl; ~ **adversary** dostojen, enakovreden nasprotnik; ~ **of credit** verodostojen, *econ* vreden, sposoben kredita; ~ **to live** vreden življenja; **blame** ~ vreden graje; **a** ~ **reward** ustrezna, primerna nagrada; **the worthiest of blood** *E jur* sinovi, moški dediči; **to be** ~ **of s.th.** biti vreden česa, zaslužiti kaj; **praise**-~ pohvale vreden

worthy II [wə́:ði] *n* ugledna, zaslužna oseba, velika osebnost, veličina, junak; *coll, hum* osebnost, korifeja, odličnik

wost [wɔst] *obs* 2. *os. sed. časa* od **to wit** vedeti

wot [wɔt] *obs* 1. in 3. *os. sed. časa* od **to wit**; **God** ~! bog ve!

would [wud] *pt* in *obs pp* od **will** (*v aux*)

would-be [wúdbi:] **1.** *a* tako imenovani, kot se trdi, dozdeven, namišljen, navidezen, psevdo-; hotèn; **a** ~ **poet (painter)** lažni pesnik, pesnikun (mazač, packač); **a** ~ **kindness** hotèna prijaznost; **2.** *n* domišljavec, *fig* (posmehljivo) (napihnjena) žaba

wouldn't [wudnt] *coll* za **would not**

wouldst [wudst] *obs* ali *poet* 2. *os. pt* od **will** (*v aux*)

wound I [wun:d] *n* rana; poškodba, usek, vrez, zareza; *fig* žalitev, ljubezenska muka; **festering** ~ rana, ki se gnoji; **lacerated** ~ raztrganina, raztrgana rana; **open** ~ odprta rana; **to bleed from the** ~ krvaveti iz rane; **to dress a** ~ obvezati rano; **to inflict** (ali **to make**) **a** ~ zadati, povzročiti rano; **to receive a** ~ biti ranjen; ~ **chevron** *A mil* znak ranjencev; **a knife** ~ rana z nožem

wound II [wu:nd] *vt* raniti; poškodovati; *fig* razžaliti, užaliti; *vi* raniti, prizadeti rane; ~**ed vanity** užaljena nečimrnost; ~**ed feelings** ranjena (prizadeta, užaljena) čustva; **willing to** ~ žaljiv; **to** ~ **to death** smrtno raniti; **to** ~ **to the quick** v živo raniti (zadeti)

wound III [wáund] *pt & pp* od **to wind**

woundable [wú:ndəbl] *a* ranljiv

wounded [wú:ndid] **1.** *a* ranjen (tudi *fig*); ~ **veteran** vojni ranjenec (invalid); **2.** *n* ranjenec, -nka

woundless [wú:ndlis] *a* neranjen; nepoškodovan; *poet* neranljiv

woundy [wú:ndi, wáundi] **1.** *a* ki rani, prizadene rane; **2.** *adv obs* zelo, izredno

wove [wóuv] *pt & (redko) pp* od **to weave**

wove paper [wóuvpeipə] *n tech* velen (papir)

wowser [wáuzə] *n A, Austral sl* pretirano moralizirajoča oseba, »puritanec«

woven [wóuvən] *pp* od **to weave**

wow [wau] **1.** *n A sl* sijajen uspeh (*of a show* predstave, prireditve); fant od fare, sijajen dečko; **2.** *interj A* ah!, oh! (presenečenje, veselje)

wrack [ræk] **1.** *n* (na obalo naplavljena) morska trava; *obs* propast, uničenje; ~ **and ruin** propast, poguba; **to go to** ~ propasti; **2.** *vt* razbiti, raztreščiti, uničiti, ruinirati; *vi* propasti, biti uničen

wrack grass [rǽkgra:s] *n bot* morska trava

wraith [réiθ] *n* duh (pokojnika); prikazen, strah

wrangle [rǽŋgl] **1.** *n* pričkanje, kreg, prepir; debata, diskusija; **2.** *vi* prepirati se (*over* glede), kregati se; debatirati, diskutirati; *vt* diskutirati o, pretresati, obravnavati

wrangler [rǽŋglə] *n* prepirljivec; diskutant, debatêr; (večinoma **senior** ~) študent univerze v Cambridgeu, ki je dobil 1. nagrado na izpitu iz matematike; *A* kravji pastir, kavboj, govedar; **he is a** ~ on zna diskutirati (debatirati)

wrap I [ræp] *n* ovratna ruta, šal; odeja; ogrinjalo, plašč; *pl* cenzura, prikrivanje; **evening** ~ večerni plašč (ogrinjalo); **quilted** ~ z vato podložen plašček (*of a child* otroški); **the plan was kept under** ~**s** načrt so držali v tajnosti

wrap II [ræp] *vt* (večinoma ~ **up**) zaviti, omotati, oviti; skriti (*in* v); ogrniti; *fig* zaplesti; *vi* zaviti se, ogrniti se, zamotati se, ovi(ja)ti se (*round* okrog); pasti, leči (*over* čez) (o obleki); **to** ~ **s.th. in paper** zaviti kaj v papir; **to** ~ **o.s. up** toplo se obleči; **the affair is** ~ **ped up in mystery** afera je skrivnostna, zagonetna; **to** ~ **s.th. round one's finger** oviti si kaj okoli prsta; **to be** ~**ped up in** biti zavzet (okupiran, zatopljen, odvisen) (od dolžnosti, dela itd.); **to** ~ **up** *sl* izpeljati do srečnega konca; **to be** ~**ped in an intrigue** biti zapleten v spletkarjenje

wraparound [rǽpəraund] *a* oklepajoč, obsegajoč, ovijajoč; ~ **windscreen** (ali **windshield**) panoramno steklo (šipa) (pri avtu)

wrappage [rǽpidž] *n* omot, ovoj; odeja; material za pakiranje (zavijanje), pakiranje

wrapper [rǽpə] *n* zavijalec, -lka; ovoj, odevalo, prevleka; knjižni ovitek; križni ovitek (na poštnih pošiljkah); šal, ruta; jutranja halja; delovna halja; ovojni list (cigare); **in a** ~ pod križnim ovitkom

wrapping [rǽpiŋ] *n* (večinoma *pl*) omot, ovoj, zavoj; zavijanje, pakiranje; ambalaža (papir); ~ **paper** ovojni papir

wrapt [ræpt] *pt & pp* od **to wrap**

wrasse [ræs] *n* vrsta ribe z mesnatimi ustnicami (Labridae)

wrath [rɔ:θ, *A* ræθ] *n* srd, jeza, besnost, gnev; kazen, maščevanje; **slow to** ~ ki se ne razjezi hitro

wrathful [rɔ́:θful, *A* rǽθful] *a* jezen, srdit, besen; **to be** ~ **against** (ali **with**) biti jezen na

wrathfulness [rɔ́:θfulnis] *n* jeza, srd

wrathy [rɔ́:θi] *a A coll* jezen, besen, razsrjen

wreak [ri:k] *vt* stresti (jezo, maščevanje itd.) (*on, upon* na, nad); (redko) zadostiti, potešiti (pohlep); *obs* maščevati (krivico, osebo) (*upon* nad); **to ~ vengeance upon** maščevati se nad; **to ~ one's rage upon s.o.** stresti svojo jezo nad kom
wreaker [ríːkə] *n obs* maščevalec
wreath, *pl* ~ s [ri:θ, ri:ðz] *n* venec (*for funeral* pogrebni), girlanda, cvetna kita; venčast krog ali kolobar (*of smoke, of vapour* dima, pare); zvijanje (kače, vrvi itd.); vrtenje; navitek, rola, svitek; *her* venec; *tech* gostina v steklu; ~ **of snow** *Sc* snežni zamet
wreathe [ri:ð] *vt* viti, oviti, vrteti (*round, about* okrog); splesti, povezati (v venec); plesti (vence); ovenčati, okrasiti; zviti, obračati, skriviti; kodrati, (na)gubati; **to ~ one's arms** prekrižati roke; **the snake ~ d itself round a branch** kača se je ovila okrog veje; ~ **ed column** zavit, polžast steber; *vi* obračati se, viti se; kodrati se, krožiti (v kolobarjih); zaplesti se; *Sc* vrtinčiti se (sneg, pesek), narediti zamete
wreathy [ríði] *a* ki se vijuga, kroži (v kolobarjih); ovenčan, okrašen z vencem, girlando; spleten (v venec ali girlando)
wreck I [rek] *n* na obalo vrženi predmeti, naplavine (z morja); razbitine ladje; zapuščena, razbita, nasedla ladja; brodolom; *fig* propadel človek, *fig* razvalina; *fig* propad, uničenje, razrušenje; *pl* bedni ostanki, razbitki, podrtine; **the ~ of the carriage** razbitine vagona; **he is (the) mere ~ of his former self** on je le še senca tega, kar je bil prej; **the ~ of my hopes** propad mojih upov; **to go to ~ (and ruin)** propasti; **to save one's fortune from ~** rešiti svoje premoženje pred propadom; **the beach was strewn with ~ s** obala je bila posuta z naplavljenimi razbitinami ladij; **he perished in the ~ of »Titanic«** izgubil je življenje v brodolomu Titanica
wreck II [rek] *vt naut* razbiti (ladjo); iztiriti (vlak); razbiti, razrušiti, demolirati (stavbe); *tech* razdreti ladjo; uničiti (npr. zdravje); *vi* razbiti se (o ladji), nasesti; doživeti brodolom; ~ **ed sailer** brodolomski mornar; ~ **ed train** iztirjen vlak; **to be ~ ed** doživeti brodolom
wreckage [rékidž] *n* razbitine (ostanki) ladje; brodolom (tudi *fig*); razvaline, ruševine; *fig* propad, uničenje; propadle eksistence, izvržek (družbe), sodrga
wrecker [rékə] *n* povzročitelj nezgode (zlasti brodoloma); obalni plenilec, tat, ki si prisvaja na obalo naplavljene stvari; (zlasti *A*) delavec, ki nabira in rešuje na obalo naplavljene stvari; ladja, ki rešuje brodolomce; *rly* pomožni vlak; odvlečni avto; uničevalec, razdiralec, rušitelj
wreckful [rékful] *a obs* poguben, rušilen, uničevalen
wrecking [rékin] **1.** *n* obalna kraja, tatvina naplavljenih stvari; *fig* uničenje; *A* reševanje, pospravljanje naplavljenih stvari; **2.** *a* reševalen; ~ **crew** reševalno moštvo (ekipa); ~ **train** pomožni vlak; ~ **truck** odvlečni avto
wren [ren] *n zool* palček, stržek
Wren, WREN [ren] *n mil E* pripadnica pomožne službe v kraljevski mornarici (**Women's Royal Naval Service**)
wrench I [renč] *n* hiter obrat, zasuk, okret, vrtljaj; izpahnitev, izvin, trzaj; izkrivljenje, (po)pačenje

(pomena itd.); *fig* bolestna ločitev; *tech* ključ za odvijanje (matice, cevi itd.), izvijač, francoz; **he gave a ~ to his foot** nogo si je zvil; **parting with her children was a great ~** ločitev od otrok jo je zelo prizadela; **it is a ~ to the truth** to je pačenje resnice
wrench II [renč] *vt* (iz)trgati, (iz)vleči; *med* izpahniti, izviniti; izkriviti (tudi *fig*); popačiti (besedilo, dejstvo); *vi* (nenadoma) se zasukati; **to ~ s.th. (away) from s.o.** iztrgati komu kaj; **to ~ s.th. out of** iztrgati iz; **to ~ open** s silo odpreti (*the lid* pokrov); **to ~ off** odtrgati; **to ~ one's ankle** gleženj si izviniti; **I ~ ed the knife from him** s silo sem mu iztrgal nož
wrest [rest] **1.** *n* povlek, poteg, sunek, hiter obrat; iztrganje, izvitje; *mus* kladivce za uglaševanje (harfe); *tech* razperilo, razvodka; **2.** *vt* (s silo) trgati, vleči, z naporom dobiti ali izsiliti; *fig* odvrniti, speljati v stran; skriviti, popačiti (besedilo itd.); **to ~ a living from barren land** iz neplodne zemlje z velikim trudom izsiliti svoj vsakdanji kruh (življenjski obstanek)
wrester [réstə] *n fig* kdor prevrača besede
wrestle [resl] **1.** *n* rokoborba, borba (tudi *fig*), težak boj; **2.** *vi & vt* pomeriti se v rokoborbi, boriti se, sproprijeti se (s kom) (tudi *fig*); mučiti se (*with* pri, z); pretolči se, prebiti se (*through* skozi); *A* z lasom vreči (žival) na tla, da bi jo žigosali; **to ~ in prayer** goreče moliti; **I'll ~ you for the prize** boril se bom s teboj za nagrado; **to ~ down** zrušiti, podreti
wrestler [réslə] *n* rokoborec
wrestling [réslin] **1.** *n* rokoborba, težka borba, boj (tudi *fig*); **all-in ~** prosta rokoborba; **2.** *a* rokoborski; ~ **match** tekma v rokoborbi
wretch [reč] *n* ubožec, revež, revček, nesrečnik, bednik; lopov, malopridnež; **poor ~** revček, ubožec; **poor little ~!** revica! (posmehljivo)
wretched [réčid] *a* reven, beden, nesrečen, ubog, pomilovanja vreden; slab, strašen, grozen; podel, prezira vreden; odvraten, ogaben, zoprn; **the ~** nesrečniki; ~ **horse** ubogo kljuse; ~ **health** slabo, razrvano zdravje; ~ **weather** strašno, grozno vreme; ~ **inn** odvratna krčma; ~ **food** slaba hrana; **I feel ~** zelo slabo se počutim
wretchedness [réčidnis] *n* bednost, beda, nesreča; revščina, ubožnost, siroščina; podlost, prostaštvo; zoprnost, gnus
wretchlessness [réčlisnis] *n obs* brezbrižnost (*of* za), lahkomiselnost (do, za)
wrick [rik] **1.** *n* izvin, izpah, pretegnitev (mišic); **2.** *vt* izpahniti, izviniti; **to ~ one's neck** vrat si pretegniti (zviti)
wriggle I [rigl] *n* zavoj, vijuga, ovinek; gibanje, premikanje v vijugah, zvijanje
wriggle II [rigl] **1.** *vi* vijugati se, viti se, zvijati se, prerivati se, riniti se; prilizovati se; po kačje se premikati naprej; *fig* plaziti se, po krivih potih iti; **2.** *vt* premikati, viti, zvijati; **to ~ into** vsiliti se v, z zvijačo si pridobiti (naklonjenost); **to ~ out of** spretno se umakniti iz, zmuzniti se od; **to ~ one's way into** zmuzniti se v; **to ~ through** prerniti se skozi, izmotati se
wright [ráit] *n* delavec, rokodelec, obrtnik; (v zloženkah) tvorec, ustvarjalec, graditelj, pisec; **play~** pisec dram, dramatik, dramatski pisa-

telj; **wheel** ~ kolar; **the wheel must go to the** ~ kolo mora iti h kolarju

wring I [riŋ] *n* ožemanje, ovijanje, stiskanje, izcejanje; krepak stisk (roke); *tech* stiskalnica (za vino); ožemalnik; **to give s.th. a** ~ ožeti kaj: he gave **my hand a** ~ stisnil mi je roko; **give the towel a** ~ ožmi brisačo!

wring* II [riŋ] **1.** *vt* iztisniti, izžeti (sadje itd.), stiskati, izžemati, ožeti; zviti, zaviti (vrat), oviti, lomiti, viti (roke); skriviti, skremžiti (obraz); izkriviti, popačiti (pomen); iztisniti, izsiliti (davek, denar); stisniti (komu roko); *fig* stiskati (srce), mučiti; **to** ~ **s.o.'s hand** stisniti komu roko; **to** ~ **the neck of an animal** zaviti vrat živali; **I'll** ~ **your neck** vrat ti bom zavil; **to** ~ **one's hands in pain** roke viti od bolečine; **to** ~ **a confession from s.o.** izsiliti priznanje iz koga; **to** ~ **money from** (ali **of**) **s.o.** izsiliti, izžeti denar iz koga; **my shoe** ~s **me** čevelj me tišči (žuli); **his face was wrung with pain** obraz mu je bil skremžen od bolečine; **it** ~s **my heart** zelo sem potrt zaradi tega; **he** ~s **my words from their true meaning** on pači pravi pomen mojih besed; **2.** *vi* zviti se, kriviti se; povzročati bolečino, mučiti

wring off *vt* iztrgati, odtrgati, odviti

wring out *vt* iztisniti, izže(ma)ti, izcediti; izsiliti, izviti (iz); **to** ~ **wet clothes** ožeti mokro obleko

wringer [ríŋə] *n* ožemalnik, ožemalo; centrifuga; izžemalec; izsiljevalec

wringing [ríŋiŋ] **1.** *n* (iz)stiskanje, izžemanje, ožemanje; **2.** *a* stiskajoč, izžemajoč; *fig* mučiteljski; tlačeč; ~-**wet** moker za ožemanje; ~ **machine** ožemalni stroj

wrinkle I [ríŋkl] **1.** *n* guba (v obrazu, v koži, v obleki, na vodi); *geol* zgubanje; vdolbina, neravnost; **2.** *vt* (na)gubati, nagrbančiti; *vi* delati gube, (na)gubati se (koža, voda), nagrbančiti se; zmečkati se (obleka); **to** ~ **one's brow** namrščiti obrvi; **his face** ~d **into a smile** obraz se mu je skremžil v nasmeh; **to** ~ **one's nose** vihati nos, namrdı .ti se; **to** ~ (**up**) **one's forehead** nagubati čelo

wrinkle II [ríŋkl] *n* dober (na)svet, pameten namig (sugestija, sporočilo); spreten prijem; trik; dobra ideja; *A coll* novost; **full of** ~s poln trikov; **that's a** ~ **worth knowing** to je dobro vedeti, to si velja zapomniti; **he put me up to** (ali **he gave me**) **a** ~ **or two** dal mi je nekaj koristnih nasvetov (informacij, sugestij)· **the latest** ~ *A coll* zadnji krik (mode)

wrinkled [ríŋkəld] *a* naguban, nagubančen nakodran, kodrast

wrinkly [ríŋkli] *a* naguban (obraz), poln gub, ki se hitro zmečka (obleka) kodrast, nakodran

wrist [rist] *n* zapestje; spretnost v zapestju; delo z zapestjem; zapestnik (na rokavu)

wristband [rístbænd] *n* zapestnik, manšeta (*of shirt* pri srajci)

wristlet [rístlit] *n* zapestnica; *sp* ščitnik za zapestje; naroki: elastična vrvica, ki drži rokavico okoli zapestja; *sl hum* lisice (okovi)

wristlock [rístlɔk] *n* zvitje zapestja pri rokoborbi

wrist watch [rístwɔč] *n* zapestna ura

writ I [rit] **1.** *n* odločba, odlok, sklep, naredba; kar je napisano, pisanje, spis; *jur hist* listina; (= ~ **of summons**) sodni poziv; obtožnica; *pol E* razpis parlamentarnih volitev; pismeno dokazilo; ~ **of assistance** *A hist* nalog za hišno preiskavo; ~ **of attachment** zaporno povelje (nalog); ~ **of ease** odlok o izpustitvi iz zapora; ~ **of execution** ukaz o izvršitvi (smrtne obsodbe); ~ **of subpoena** sodni poziv z grožnjo kazni; **Holy W**~, **Sacred W** ~ *relig* sveto pismo; **to draw up a** ~ napisati. sodni poziv

writ II [rit] *obs pt & pp* od **to write**

writable [ráitəbl] *a* primeren, da se napiše; ki se da napisati

write* [ráit] *vt* (na)pisati (**a letter** pismo); zapisati, opis(ov)ati, prikaz(ov)ati; naznaniti, sporočiti; sestaviti, skleniti (pogodbo); *vi* pisati, pismeno sporočiti; baviti se s pisanjem, s pisateljevanjem, pisateljevati; **to** ~ **o.s.** pisati se, imenovati se, označiti se (**a duke** za vojvodo); **I wrote a letter to him**, *coll* I **wrote him a letter** pisal sem mu pismo; **to** ~ **a letter in ink** (na)pisati pismo s črnilom; **to** ~ **a good hand** lepo pisati; **to** ~ **to ask** pismeno vprašati; **to** ~ **shorthand** stenografirati; **innocence is written in his face** nedolžnost se mu bere na obrazu; **to** ~ **insurance upon s.o.'s life** skleniti življenjsko zavarovanje za koga; **to** ~ **poetry** pisati pesmi, pesnikovati; **to** ~ **a check** (*E* **cheque**) napisati (izpolniti) ček; **to** ~ (**o.s.**) **a man** biti polnoleten; **to** ~ **for s.th.** pisati za kaj, pismeno naročiti; **written all over** popolnoma popisan (papir); **written in** (ali **on**) **water** *fig* nezapisan (kot važen), minljiv;

write back *vi* (od)pisati nazaj; (pismeno) odgovoriti;

write down *vt* zapisati, napisati; zabeležiti; pismeno (o)klevetati (opravljati, obrekovati, v nič devati); *econ* odpisati (od vrednosti), izknjižiti; ~ **me down an ass!** imenuj me osla!; **his novel is written down a failure** njegov roman označujejo za neuspeh;

write in *vt* vpisati, vknjižiti, vnesti;

write off *vt* hitro (na)pisati, sestaviti in odposlati (**a letter** pismo); odpisati (**a debt** dolg); **to write o.s. off** *sl aero* (smrtno) se zrušiti; **written off** *fig* mrtev (oseba), zrušen (letalo);

write out *vt* v celem izpisati, napisati v neskrajšani obliki; prepisati, kopirati; **to** ~ **fair** prepisati na čisto, napraviti čistopis; **to** ~ **over again** še enkrat prepisati; **to write o.s. out** izčrpati svojo pisateljsko žilo, izpisati se;

write up *vt* izčrpno, obširno prikazati (opisati, predstaviti); pismeno (po)hvaliti; vzklili, izpopolniti do sedanjosti (svoj dnevnik itd.); *econ* vnesti, vpisati, naknadno vpisati; **to write s.o. up** pohvalno koga omeniti

write-down [ráitdaun] *n econ* odpis

write-off [ráitɔf] *n econ* odpis; *aero sl* zrušeno letalo

writer [ráitə] *n* kdor piše, pisar; pisec; pisatelj, -ica, avtor, književnik, -ica; kanclist; tajnik, sekretar; ~'**s cramp** pisalni krč; ~ **for the press** časnikar, -ica, žurnalist(ka); ~ **hereof** pisec tega pisma; **to be a good** ~ dobro pisati; ~ **to the signet** *Sc* notar, odvetnik; **shorthand** ~ stenograf

writership [ráitəšip] *n* (redko) pisarsko mesto (služba)

write-up [ráitʌp] *n* časnikarsko poročilo; ocena, recenzija, kritika (knjige, gledališke igre itd.); pismena pohvala

writhe [ráið] 1. *n* zvijanje; trzanje; pačenje; 2. *vi* zvijati se; (krčevito) se kriviti; to ~ under an insult *fig* trpeti (gristi se) zaradi žalitve; to ~ with pain zvijati se od bolečin; to ~ through a thicket zvijati se skozi goščavo; *vt* zvijati (telo), ovijati, sukati, (na)kremžiti (obraz), izkriviti, popačiti (besede itd.)

writing I [ráitiŋ] 1. *n* pisanje, pisava, način pisanja; stil; pismo; rokopis; spis, pismeni sestavek; pisateljevanje; (*pl*) slovstvena dela; *mus* komponiranje; listina, dokument; kar je napisano; članek; in ~ pismeno; in one's own ~ lastnoročno; the ~ s of Dickens Dickensova dela; hand ~ pisava, rokopis; type ~ tipkanje; letter-~ pisanje pisem, dopisovanje; the ~ on the wall *fig* méne tékel, zloveščen omen, nesrečo znaneč dogodek, pretnja o skorajšnjem propadu

writing II [ráitiŋ] *a* pišoč; pisalen; ~ block dopisovalni blok; ~ book beležnica, notes; ~ case mapa za pisanje; neseser s pisalnimi potrebščinami; ~ desk pisalna miza (pult); ~ pad pisalna podloga, pisalni blok; ~ paper pisalni papir, pisemski papir; ~ man pisatelj, pisec; ~ master učitelj pisanja; ~ down zapis; ~ table pisalna miza; ~ tablet blok za beležke

written [ritn] 1. *pp* od to write; 2. *a* napisan, izpisan; pismen; ~ evidence pismen dokaz; ~ examination pismeni izpit; ~ language knjižni jezik; ~ law pisani zakon; a ~ promise pismena obljuba; ~ record zapis

wrong I [rɔŋ] *n* krivica; zmota, zabloda, napačnost, greh; (redko) škoda, žalitev; *jur* prestopek, prekršek, pregrešek, delikt, nedovoljeno dejanje; public ~ javen delikt, kaznivo dejanje; private ~ kršenje zasebnega prava; to commit a ~ zagrešiti (zakriviti, narediti) krivico; to be in the ~ biti v zmoti, ne imeti prav; to do ~ napak, ne prav delati, grešiti; to do s.o. ~, to do ~ to s.o. delati (narediti) komu krivico; to know the right from the ~ razlikovati pravico od krivice; to make ~ right popraviti krivico, spremeniti slabo v dobro; to put s.o. in the ~ dokazati komu, da nima prav; to right a ~ popraviti krivico; to suffer ~ trpeti krivico

wrong II [rɔŋ] 1. *a* zmoten, nepravi, pogrešen, napačen, naroben; ki ni v redu, ki je v neredu; neprimeren, nepripraven; nekoristen, neugoden; ~ act prekršek; a ~ answer napačen, nepravi odgovor; the ~ side narobna stran (of material blaga); ~ one, *sl* ~'un (kriket) žoga, ki leti čisto drugače, kot je igralec pričakoval; (the) ~ side out na ven (narobe) obrnjena notranja stran (oblačila); the ~ side of the blanket *fig* nezakonit; to be ~ ne imeti prav; the clock is ~ ura ne gre prav; you are ~ in believing that nimaš prav (motiš se), če to verjameš; not to be far ~ ne se zelo (z)motiti; I was not far ~ in guessing skoraj sem uganil; something is ~ with him nekaj je narobe z njim; what's ~ with you? kaj pa je (narobe) s teboj?; to be in the ~ box *fig* biti v škripcih (v nerodnem položaju, v zagati); ne biti na mestu, biti na zgubi; it is the ~ side out to je narobe, obrnjeno;

to be on the ~ side of 50 biti nad 50 let star; what's ~ with a cup of tea? *coll* kako bi bilo s skodelico čaja?; to do the ~ thing in the ~ place ravno narobe (napačno) kaj napraviti; what do you find ~ with it? kaj se ti zdi pri tem narobe (ti ni pri tem všeč)?; to get (to have) hold of the ~ end of the stick *fig* (popolnoma) napačno razumeti (imeti čisto napačno mnenje, vtis); to get out of the bed (on) the ~ side *fig* *coll* z levo nogo vstati; biti slabe volje; he will laugh on the ~ side of his mouth *fig* smeh ga bo že minil; to prove s.o. ~ dokazati komu, da nima prav; to go ~ zaiti; spodleteti, ne iti (biti) v redu; he holds the book the ~ way narobe drži knjigo; he found himself in the ~ shop *fig* *coll* ni na pravega naletel; it is very ~ of you to support him zelo napak je od vas, da ga podpirate; to take the ~ train peljati se z napačnim vlakom; to take the ~ turning (ali path) *fig* zaiti na kriva pota

wrong III [rɔŋ] *adv* neprav, nápak, narobe, pogrešno, lažno; to act ~ ne delati prav, napačno delati; to get it ~ (z)motiti se, napačno razumeti; to get in ~ with s.o. *A coll* lahkomiselno izgubiti (zaigrati) naklonjenost kake osebe; to go ~ iti s prave poti, zaiti na kriva pota (o ženski); pogrešiti, zmotiti se; *com* slabo iti; *tech* slabo funkcionirati, biti pokvarjen; to get s.o. in ~ with spraviti koga ob dobro ime pri, diskreditirati koga pri; our plans went ~ naši načrti so šli po vodi; your watch is ~ vaša ura ne gre prav (točno); to guess ~ napak uganiti, krivo zadeti

wrong IV [rɔŋ] *vt* biti krivičen (s.o. do koga), krivično ravnati (z), delati krivico (komu), škoditi, prizadeti škodo (komu), prevarati (s.o. of s.th. koga za kaj); zapeljati (žensko); *naut* odvzeti veter (ladji); I was deeply ~ed storjena (prizadejana) mi je bila velika krivica; he is ~ed dela se mu krivica

wrongdoer [rɔŋdúə] *n* kdor dela krivico; grešnik, hudodelec, *jur* delinkvent, prestopnik; žalivec

wrongdoing [rɔŋdú:iŋ] *n* krivično dejanje; hudodelstvo, *jur* kršitev, prestopek, greh

wronger [rɔŋə] *n* glej wrongdoer

wrong fo(u)nt [rɔŋfáunt, -fɔnt] *n print* napačna črka (opazka v korekturi)

wrongful [rɔŋful] *a* (~ly *adv*) nepravičen, krivičen, nefair; nepravilen, nezakonit, protizakonit; žaljiv

wrongfulness [rɔŋfulnis] *n* krivičnost; nezakonitost, nepravilnost

wronghead [rɔŋhed] 1. *n* trmoglavec, svojeglavec, debeloglavec, zabitež, zabita oseba; prismoda; 2. *a* glej wrongheaded

wrongheaded [wrɔŋhédid] *a* trmast, svojeglav, zabit, prismojen; napačen (ideja)

wrongheadedness [rɔŋhédidnis] *n* trmoglavost, svojeglavost; zabitost

wrongly [rɔŋli] *adv* krivično, po krivici, nepravično, neprav; napačno, narobe, netočno, po pomoti, pomotoma; rightly or ~ po pravici ali po krivici; ~ informed napačno informiran; ~ worded bill menica z napačnim besedilom

wrong-minded [rɔŋmaindid] *a* trmoglav; čudaški

wrongness [róŋnis] *n* krivičnost, nezakonitost; napačnost, pogrešnost; netočnost, pomota, zmota

wrongous [róŋəs] *a jur Sc* nezakonit

wrote [róut] *pt & obs pp* od **to write**

wroth [róuθ, rɔːθ] *a* jezen, besen, srdit, ogorčen

wrought [rɔːt] **1.** *pt & pp* od **to work; 2.** *a* izdelan, obdelan, predelan; kovan; okrašen; vézen; **hand-~** ročno izdelan; **~ iron** kov(a)no železo; **~ steel** varjeno jeklo; **~ into shape** (iz)oblikovan; **a beautifully ~ tray** krasno izdelan pladenj; **he ~ wonders** on je naredil čuda

wrought-up [rɔ́ːtʌp] *a* razburjen, razvnet, razjarjen, razkačen

wrung [rʌŋ] *pt & pp* od **to wring**

wry I [rái] *a* kriv, skrivljen; nakremžen; poševen, na stran nagnjen; *fig* čudaški; krivogled (pogled); **a ~ face** skremžen obraz; **to make** (ali **to draw, to pull**) **a ~ face** nakremžiti se, napraviti kisel obraz, grimaso; **to make ~ faces** spakovati se, pačiti se, delati grimase; **~ nose** kriv nos; **~-mouthed** krivoust; *fig* ironično laskav (priliznjen)

wry II [rái] *vi* obrniti, skriviti, spačiti; *vi obs* obrniti se, obračati se, vrteti se

wryneck [ráinek] *n zool* vijeglavka (ptica); *med* trd vrat; *coll* oseba s trdim vratom; **~ ed** ki ima trd (poševen) vrat

wryness [ráinis] *n* poševnost, krivost

wump [wʌmp] *n* hud udarec

wuther [wʌ́ðə] *vi* ropotati; tuliti

wych, witch [wič] *n bot* (= **~-elm**) gorski brest

Wyclif(f)ism [wíklifizəm] *n relig* Wiclifov nauk

wye [wái] *n* črka Y; predmet v obliki črke Y

Wykehamist [wíkəmist] *n* učenec šole v Winchestru

wyliecoat [wáilikout] *n* flanelasta (nočna) srajca (spodnja obleka)

wynd [wáind] *n Sc, dial* ozka cesta, ulica

wynn [win] *n tech* tovorni voz

wyvern [wáivəːn] *her* krilati zmaj; *her* kača

X

X, x [eks], *pl* X's,x's,Xs, xs [éksiz] **1.** *n* (črka) X, x; **a capital (large) X** veliki X; **a little (small) x** mali x; *math* (prva) neznanka, *fig* nedoločeno število, neznana veličina, neznan faktor; x-os, abscisa; X (rimska številka) 10; *eccl* krajšava za **Christ** Kristus; predmet v obliki črke X; *A coll* desetdolarski bankovec; **2.** *a* štiriindvajseti; x, x- iksaste oblike; ~ **hook** kavelj v obliki črke X; **double** ~ (XX), **triple** ~ (XXX) dvojne, trojne jakosti (**ale, stout** pivo)

xanthate [zǽnθeit] *n chem* ksantogenat, sol ksantogenske kisline

xanthic [zǽnθik] *a* (zlasti *bot*) rumenkast, rumen; *chem* ksantogenski; ~ **acid** ksantogenska kislina

xanthin [zǽnθin] *n bot* netopljivo rumeno barvilo v rumenih cvetlicah

Xant(h)ippe [zæntípi, -θípi] *n* Ksantipa (Sokratova žena); *fig* ksantipa, jezikava, hudobna ženska, hišni zmaj

xanthochroid [zænθókrɔid] **1.** *a* blond in svetle polti (rasa); **2.** *n* blondinec (plavolasec) svetle polti

xanthophyl(l) [zǽnθɔfil] *n bot* ksantofil, rumeno barvilo v rastlinskih listih

xanthopsin [zænθópsin] *n med* rumena barva mrežnice

xanthosis [zænθóusis] *n med* ksantoza, rumena barva (zlasti kože)

xanthous [zǽnθɔs] *a* rumen, rumenkast; (etnologija) rumen, mongolski (rasa)

X certificate [eks sɔtífikit] *n E* (film) certifikat, po katerem je neki film prepovedan za mladino pod 16 leti

xebec [zí:bek] *n* sredozemska majhna trijambornica

xenelasia. -sy [zeniléisiɔ, zenélɔsi] *n hist* (udaren) izgon tujcev (v Sparti)

xenial [zí:niɔl] *a* gostoljuben; prijateljski

xenium [zí:niɔm] *n hist* darilo gostu ali tujcu; **xenia** [zí:niɔ] *pl* ksenije, v srednjem veku (često prisilna) darila vladarjem in cerkvam

xenogamy [zinógɔmi] *n bot* oploditev s pelodom druge rastline, ksenogamija

xenomania [zenɔméiniɔ] *n* ksenomanija, norost na vse, kar je tuje

xenomaniac [zenɔméiniɔk] **1.** *a* nor na vse, kar je tuje; **2.** *n* ksenoman

xenon [zénɔn] *n chem* ksenon (neaktiven, žlahten plin)

xenophobe [zénɔfoub] *n* sovražnik tujcev

xenophobia [zenɔfóubiɔ] *n* sovraštvo do tujcev, ksenofobija

xeransis [zirǽnsis] *n med* osušitev

xeranthemum [zirǽnθimɔm] *n bot* slamnica, suhocvetnica

xeres [zéres, šéres] *n* (vino) šeri

xeric [zí(ɔ)rik] *a bot* suh, kseričen

xerography [zirógrɔfi] *n print* kserografija

xerophagy, xerophagia [zirófɔdži, zi(ɔ)rɔféidžiɔ] *n* kserofagija (uživanje posušenih sadežev in kruha v postnem času)

xerophilous [zirófilɔs] *a bot* kserofilen, ljubeč suha tla

xerophyte [zí(ɔ)rɔfait] *n bot* kserofit (rastlina, ki raste na suhih tleh)

xerophthalmia [zi(ɔ)rɔfθǽlmiɔ] *n med* kseroftalmija, suho očesno vnetje

xerosis [ziróusis] *n med* abnormalna suhota

xerotic [zirótik] *a med* suh, kserotičen

xi [ksái, zái, gzái] *n* (grška črka) xi

xiphioid [zífiɔid] *n zool* (riba) mečarica

xiphoid [zífɔid] *a anat* mečast

Xmas [krísmɔs] *n coll* (= **Christmas**) božič

X-ray I [eks réi] **1.** *n med phys* žarek X, rentgenski žarek; rentgenska slika; **2.** *a* rentgenski; ~ **apparatus** rentgenski aparat; ~ **cancer** *med* (zlasti kožni) rak, nastal zaradi čezmernega obsevanja z rentgenskimi žarki; ~ **department** rentgenski oddelek; ~ **examination** rentgenska preiskava, pregled; ~ **film** rentgenski film; ~ **(photograph)** rentgenska slika; ~ **therapy** zdravljenje z rentgenskimi žarki; ~ **tube** rentgenska cev; **to take an** ~ **(photograph)** napraviti rentgensko sliko

X-ray II [eks réi] *vt* rentgenizirati, obsevati, zdraviti z rentgenskimi žarki

xylanthrax [zailǽnθræks] *n min* lignit

xylocarp [záilɔka:p] *n bot* lesen, trd sadež

xylocarpous [zailɔká:pɔs] *a bot* ki ima lesene, trde sadeže

xyloglyphy [zailóglifi] *n* rezbarstvo, ksiloglifika

xylograph [záilɔgra:f] *n* lesorez

xylographer [zailógrɔfɔ] *n* lesorezec, ksilograf

xylographic(al) [zailɔgrǽfik(ɔl)] *a* lesorezen, ksilografski

xylography [zailógrɔfi] *n* lesoreštvo, ksilografija; dekorativno slikanje na les

xyloid [záilɔid] *a* podoben lesu, lesnat, lesast, ksiloiden

xylology [zailólɔdži] *n* znanost o raznih vrstah lesa, ksilologija

xylometre [zailómətə] *n* ksilometer, naprava za merjenje (določanje) specifične teže lesa

xylonite [záilənait] *n tech* vrsta celuloida

xylophagan, -phage [zailófəgən, záiləfeidž] *n zool* ksilofag, lesni črv, kukec

xylophagous [zailófəgəs] *a zool* ki žre les, se hrani z lesom

xylophone [záiləfoun] *n mus* ksilofon

xylophonist [zailófənist] *n mus* ksilofonist

xylopyrography [zailəpairógrəfi] *n* vžiganje slik, risb v les

xylotile [záilətail] *n min* vlaknast serpentin

xylose [záilous] *n chem* ksiloza, lesni sladkor

xylotomous [zailótəməs] *a zool* ki vrta, žre les

xyris [záiris] *n bot* vrsta perunike

xyster [zístə] *n med* kirurško strgalce

Y

Y, y [wái] *n, pl* **Y's, Ys, y's, ys** [wáiz] **1.** *n* (črka) Y, y; *math* druga neznanka; ordinata (v koordinatnem sistemu); predmet v obliki črke Y; viličast cevni priključek; **a capital (large) Y** veliki Y; **a little (small) y** mali y; **y-gun** vrsta topa za izstrelitev globinskih bomb proti podmornicam; (= **y-track**) viličast železniški tir; **2.** *a* petindvajseti; ki ima obliko črke Y, viličast

y- [i] *arch* predpona za tvorbo preteklega deležnika

yabber [jǽbǝ] *n Austral* blebetanje, brbljanje; spakedrana angleščina domačinov

yacca [jǽkǝ] *n bot* vrsta tise (v Zapadni Indiji)

yacht [jɔt] **1.** *n naut* jahta; (športna) jadrnica, jadralni, dirkalni čoln; ~ **club** jadralski klub; **2.** *vi* peljati se, pluti na jahti; jadrati; tekmovati v jadranju; **to spend two days yachting** jadrati dva dni po morju

yacht-built [jótbilt] *a naut* zgrajen kot jadrnica, kot jahta

yachter [jótǝ] *n* jadralec (po morju)

yachting [jótiŋ] **1.** *n naut* vožnja z jahto; jadranje; tekmovanje v jadranju; jadralni šport; **2.** *a* jahtni; jadralni

yachtsman, *pl* **-men** [jótsmǝn] *n naut* lastnik jahte; jadralec po morju

yachtsmanship [jótsmǝnšip] *n naut* jadranje; jadralstvo

yachtswoman, *pl* **-men** [jótswumǝn, -wimin] *n* lastnica jahte; jadralka po morju

yacker [jǽkǝ] *n* glej **yakka**

yaff [jæf, ja:f] **1.** *n dial* bevskanje, lajanje; **2.** *vi* bevskati, lajati; zmerjati, rentačiti

yaffle [jæfl] *n E dial* zelena žolna

yagi [jáːgi, jǽgi] *n el* vrsta antene (yagi) za kratke valove

yaguarundi [ja:gwerʎndi] *n zool* jagvarundi, ameriška dolgorepa divja mačka

yah [ja:] *interj* o! oho! fej! (vzklik studa, gnusa)

yahoo [ja:húː, jǝhúː] *n A sl* brutalen človek, surovež, huligan; zver v človeški podobi, človek zver; bedak, tepec, cepec

yak I [jæk] *n zool* jak; ~ **lace** čipke iz jakove dlake

yak II [jæk] **1.** *n* čvekanje, blebetanje, brbljanje; (neprestano) govorjenje; *A* smeh, smejanje; dovtip; **2.** *vi* neprestano govoriti, brbljati; **she yakked on endlessly about her operation** kar naprej, brez konca in kraja je govorila o svoji operaciji

yakka, yakker [jǽkǝ, jǽkǝ] *n Austral coll* garanje, težko delo

yale-lock [jéillɛk] *n* vrsta patentne ključavnice

Yalta Conference [jælte, jáːlta: kónfǝrǝns] *n pol* konferenca v Jalti (leta 1945)

yam [jæm] *n bot* krompirju podoben užiten tropski gomolj, jam; *A* batata, sladki krompir (= **sweet potato**); *Scot* krompir

yamammai [jǽmǝmai] *n zool* japonski svilopredec

yammer [jǽmǝ] *Sc, dial vi* tarnati, stokati, ječati; tuliti, vpiti; *vt* jokaje reči ali povedati; (po)želeti, hoteti

yammerer [jǽmǝrǝ] *n Sc, dial* tarnač, jokavec, cmera(vec)

yamp [jæmp] *n bot A* vrsta kumine

yank I [jæŋk] *n A coll* nagel, močan poteg, trzaj; *Sc* nenaden močan udarec ali sunek; *vt* hitro ali sunkovito potegniti, iztrgati; **the car will ~ you home in a jiffy** avto vas bo v hipu potegnil domov; **he yanked out his knife** naglo je izvlekel, potegnil svoj nož; **to ~ up** kvišku potegniti; *vi coll* urno se premikati, skakati sem in tja

Yank II [jæŋk] *n sl* glej **Yankee**

Yankee [jǽŋki] **1.** *n* Jenki (šaljivo posmehljiv vzdevek), severni Amerikanec; *hist* prebivalec Nove Anglije; vojak severnih držav (v ameriški državljanski vojni), severnjak; prebivalec ZDA; narečje Nove Anglije; **2.** *a* jenkijski; (zlasti *E*) amerikanski

Yankeedom [jǽŋkidǝm] *n* Jenkiji, severni Amerikanci; dežela Jenkijev, Združene države ameriške

Yankee-Doodle [jǽŋkidúːdl] *n* ameriška pesem in melodija, ki je postala zelo priljubljena med vojno za neodvisnost; neuradna himna ZDA; *A hum* Jenki, severni Amerikanec

Yankeefied [jǽŋkifaid] *a* amerikaniziran; ki je postal Jenki

Yankeeism [jǽŋkiizǝm] *n* posebnosti jenkijev ali severnih Amerikancev; amerikanizem; jezikovna posebnost ameriške angleščine

yaourt [jáːurt] *n* jogurt

yap [jæp] **1.** *n* bevsk, laježf; *dial* cucek, bevskač; *sl* brbljanje, klepet(anje); *A* lump, bedak, tepec; **2.** *vi* bevskati, lajati; *sl* lajati na koga, zmerjati, psovati; prepirati se

yapo(c)k [jǝpók] *n* = **water opossum** *zool* vodni oposum, podgana vrečarica

yapp [jæp] **1.** *n* knjižna vezava iz mehkega usnja; **2.** *a* (ki je) iz mehkega usnja

yapster [jǽpstǝ] *n* pes, cucek, bevskač

yard I [ja:d] *n* jard (dolžinska mera 0,914 m); jardna mera, palica; *naut* prečka pri jadru; *arch* penis; **100** ~**s** *sp* tek na 100 jardov; **cubic**, **square** ~ kubični, kvadratni jard; **Yard and Ell** *astr* Orion

yard II [ja:d] **1.** *n* dvorišče; ograda, zagrajen prostor; šolsko dvorišče; (zelenjavni) vrt; delavnica, delovišče; *A* zimski pašnik; **the Yard** (= **Scotland Yard**) sedež policije v Londonu; **brick-**~ opekarna; **church** ~ (cerkveno) pokopališče; **court** ~ dvorišče; **dock** ~, **ship** ~ ladjedelnica; **farm**~ kmečko dvorišče; **poultry** ~ dvorišče za kokoši, za perutnino; **(railway)** ~ železniška ranžirna postaja; **timber-**~ skladišče za les; **2.** *vt* spraviti (živino) v ograd; zapreti v dvorišče; namestiti (les) v skladišče; *vi A & Can* (= ~ **up**) umakniti se na zimske pašnike (o divjadi)

yardage [já:didž] *n* v jardih izraženo število ali dolžina (zlasti blaga); pravica ali pristojbina za uporabo ograde za živino itd.

yardarm [já:da:m] *n naut* krak (polovica) prečke pri jadru

yardbird [já:dbə:d] *n A mil sl* rekrut; navaden vojak (ki često opravlja nižja dela, dobi prepoved izhoda iz vojašnice itd.)

yard grass [já:dgra:s] *n bot* vrsta trave

yardland [já:dlænd] *n hist* četrtina kmetije

yardmann [já:dmən] *n* kmečki, konjski hlapec; železniški delavec (na ranžirni postaji); delavec v ladjedelnici

yardmaster [já:dma:stə] *n* vodja ranžirne postaje

yard-measure [já:dmežə] *n* merilna palica ali vrvica dolžine 1 jarda

yardstick [já:dstik] *n* 1 jard dolga palica (za merjenje)

yardwand [já:dwɔnd] *n* glej **yardstick**

yare [jéə] *a* pripravljen, skončan, gotov; uren, hiter, okreten, gibčen; lahko vodljiv

yarn I [ja:n] *n* preja; (spreden) sukanec; *naut* vrv; *coll fig* (neverjetna, izmišljena, razburljiva) zgodba; **horror** ~ grozljiva zgodba; **spun** ~ (iz dveh do štirih niti) spletena vrv; **to spin a** ~ pripovedovati razburljivo, grozljivo zgodbo; pretiravati v opisovanju kakega dogodka

yarn II [ja:n] *vi coll fig* pripovedovati dolgo zgodbo; pripovedovati, govoriti, kramljati; *vt* uporabiti prejo (npr. za tesnilo pri pipi)

yarn spinner [já:nspinə] *n* prejec; predilničar; *coll* pripovedovalec zgodb

yarnwindle [já:nwindl] *n tech* motovilo, snovalo

yarpha [já:fə] *n Sc* šotasta tla, barje

yarrow [jǽrou] *n bot* rman

yatag(h)an [jǽtəgæn] *n* jatagan (dolg, zakrivljen orientalski nož ali sablja)

yatata [já:təta:] *n A sl* blebetanje, čenče

yate [jéit] *n bot* (= ~ **tree**) vrsta evkaliptusa

yatter [jǽtə] **1.** *n Sc* vpitje, kričanje; blebetanje; **2.** *vi* blebetati, brbljati, klepetati; kričati, vpiti

yaud [jɔ:d, ja:d] *a dial* konj (za delo); kobila

yauld [jɔ:d, ja:d] *a dial* uren, živahen, okreten gibčen; energičen

yaup glej **yawp**

yaw [jɔ:] **1.** *naut* odklon od (ravne) smeri ali poti; *fig* kolebanje; **2.** *vi naut & aero* skreniti od ravne smeri, ne moči obdržati ravno smer, delati vijuge, vijugati se; *vt* odvrniti od ravne smeri, napačno krmariti

yawl I [jɔ:l] **1.** *n coll* vpitje, glasen jok, tuljenje; **2.** *vi* tuliti, glasno jokati, vpiti

yawl II [jɔ:l] *n naut* jola (jadrnica); vrsta ladijskega čolna (na 4 ali 6 vesel)

yawler [jɔ́:lə] *n* čolnar v joli

yawn [jɔ:n] **1.** *n* zehanje, zevanje; *fig* zevajoča odprtina, razpoka, brezno; *fig* dolgočasje, dolgočasnost; **2.** *vi* zehati, zevati, zehniti; na široko odpreti usta; zazevati; *poet* na široko in globoko se odpreti; *obs* poželeti, biti lakomen na; *vt* široko odpreti; reči z zehanjem; **he** ~**ed good night** z zehanjem je rekel lahko noč; **to make s.o.** ~ dolgočasiti, moriti koga

yawning [jɔ́:niŋ] *a* zevajoč; zehajoč; ~**ly** *adv* zehajoče

yawp, yaup [jɔ:p] **1.** *n coll, dial* krik, vpitje, tuljenje; glasno in bedasto govorjenje; hripav glas; **2.** *vi* vpiti, tuliti; glasno in bedasto, neumno govoriti; glasno zehati

yaws [jɔ:z] *n pl med* frambezija, malinovka (kožna bolezen črncev v tropih)

y-clad [iklǽd] *a obs* oblečen

y-clept [iklépt] *a obs & hum* imenovan, po imenu

ye I [ji:, ji] *prn obs, bibl & hum* vi, vam, vas; ti; **hush** ~! tiho, ti!; *coll* za **you**; **how d'ye do?** (glej **how do you do?**)

ye, ye, Ye, Ye [ji:, ði:] *arhaično pisanje za* **the**

yea [jéi] **1.** *adv* da; pač, res; celó, še več; **without reluctance, yea, with pleasure** brez upiranja, celó z veseljem; **he is a good, yea, a fine man** dober, celó sijajen človek je; **2** : s za, pozitivni glas (pri glasovanju); pritrdilen odgovor, pritrditev; **the** ~**s** tisti, ki glasujejo za, glasovi za; **the** ~**s have it** večina je glasovala za (z da); **the** ~**s and nays** glasovi za in proti

yeah [je, jæ] (zlasti) *A coll* za **yes** (da)

yealing [jí:liŋ] *n Sc* vrstnik, -ica

yean [ji:n] *obs & dial vt* povreči (o kozi, ovci); *vi* ojagnjiti se, okoziti se, povreči mladiča

yeanling [jí:nliŋ] **1.** *n* jagnje, kozliček; **2.** *a* novorojen, mlad

year [ji:, *E* tudi jɔ:] *n* leto, *pl* doba, starost; *astr* perioda, obhodni čas (planeta); ~ **by** ~, **from** ~ **to** ~ od leta do leta, iz leta v leto; ~ **in** ~ **out**, ~ **after** ~ od leta do leta, leto za letom, skozi vsa leta; ~**s before** pred (mnogimi) leti; *poet* **in** ~**s** v letih, star; **a man in** ~**s** starček; **every other** ~ vsako drugo leto; **fòr** ~**s to come** za prihodnja leta; **for** ~**s** leta in leta, mnogo let; **once a** ~ enkrat na leto; **from** ~**'s end to** ~**'s end** od začetka do konca leta; ~**-long** enoleten, leto dni trajajoč; **last** ~ lansko leto, lani; **next** ~ prihodnje leto; **civil (common, legal)** ~ navadno leto; **leap-**~, **bissextile** ~ prestopno leto; **church (Christian, ecclesiastical)** ~ cerkveno leto; **Great Y**~, **Perfect Y**~ veliko (platonsko) leto (26.000 let); **astronomical, solar** ~ sončno leto; **old** ~ staro leto; **New** ~ novo leto; **a happy New** ~ srečno novo leto; **New** ~**'s Day** novoletni dan, Novo leto (1. jan.); **New** ~**'s Eve** novoletni večer, silvestrovo; **in the** ~ **of our Lord, in the** ~ **of grace** v letu Gospodovem; **school** ~ šolsko leto; **this** ~**'s exhibition** letošnja razstava; **many** ~**s'** experience mnogoletno izkustvo; **she is clever for her** ~**s** bistra je za svoja leta; **he is well on in**

~s on je že v letih, je že star; **she died at eight**
~s old umrla je v starosti 8 let
yearbook [jí:buk] *n* letopis; letnik (knjige)
Year Books [jí:buks] *n pl jur* uradna zbirka pravnih
primerov, pravni primeri (od leta 1292 do leta
1534)
yearling [jí:liŋ] **1.** *a* leto dni star, enoleten; **2.** *a*
enoletna žival (rastlina, otrok); *A mil* gojenec
2. razreda kadetnice
yearlong [jí:lɔŋ] *a* leto dni trajajoč; dolgoleten;
ki traja leta
yearly [jí:li] **1.** *a* leten; ki se zgodi enkrat na leto
ali vsako leto; **2.** *adv* letno, enkrat na leto,
od leta do leta; ~ **income**, ~ **output** letni do-
hodek, letna proizvodnja
yearn [jə:n] *vi* hrepeneti, koprneti (*after, for* po),
težko čakati, želeti; imeti ali čutiti sočutje
(*to, towards* do, za, z); **he yearned for news of
his family** težko je čakal vesti od svoje družine;
vt obs **it yearns me** muči me, skrbi me
yearnful [jə:nful] *a* hrepeneč, poln hrepenenja,
koprneč
yearning [jə́:niŋ] **1.** *a* hrepeneč, koprneč; **2.** n
hrepenenje, koprnenje (*after, for* za)
yeast [ji:st] **1.** *n* kvas, kvasina, kvasilo; *fig* pena;
2. *vi* vreti; vzhajati (o kruhu); *vt* prekvasiti
yeast-bitten [jí:stbitn] *a* ki ima okus po kvasu
(o pivu)
yeast cake [jí:stkéik] *n* kvašeno testo
yeast plant [jí:stplá:nt] *n bot* kvasovka, kvasnica
yeast powder [jí:stpáudə] *n* pecilni prašek
yeasty [jí:sti] *a* kvasen, kvasast; *fig* penast; *fig* v
vrenju, kipeč; površen, lahkomiseln, frivolen,
šarlatanski; puhel, ničev
yegg(man) [jég(mən)] *n A sl* potepuh, klateški tat,
kriminalec; vlomilec (v banke, blagajne)
yeld [jeld] *a Sc, dial* neploden, jalov; ki ne daje
mleka (o kravi, kozi)
yelk [jelk] *n* glej **yolk**
yell I [jel] **1.** *n* krik, vrisk; bojni krik ali klic;
A sp vzklik bodrenja, navijanje (za); **2.** *vi & vt*
vpiti, kričati, vreščati, dreti se, tuliti; krohotati
se; **she yelled with fear** zavpila je od strahu; **to** ~
for *A Can sp* glasno navijati za; **to** ~ **out**
kriknjti, zavpiti; *vt* kriknjti, zavpiti; **to** ~ **out**
an order, an oath zavpiti ukaz, kriknjti kletvico;
to ~ **a team to victory** navijati za zmago kakega
moštva
yell II [jel] glej **yeld**
yellow I [jélou] *a* rumen, porumenel; rumene rase,
rumenopolt; *A sl* rumenkastosiv (kožna barva
mulatov); *fig* nevoščljiv, zaviden, ljubosumen;
sumničav; melanholičen; *coll* strahopeten, po-
del; nezaupljiv; *sl* nešporten; *coll* senzacijski,
šovinistčen, vojnohujskaški; ~ **jacket** kitajska
svečana obleka visokih dostojanstvenikov; ~
journal bulvarski, revolverski časopis; ~ **jour-
nalism** bulvarsko časnikarstvo; ~ **parchment**
porumenel pergament; ~ **press** senzacijski tisk;
light ~ svetlo rumen; **the sere and** ~ **leaf** *fig*
starost; **to become (to get, to turn)** ~ postati
rumen, porumeneti; **to have a** ~ **streak** *sl fig*
biti lenuh, zmuzne, zabušant; **to paint** ~ rumeno
pobarvati
yellow II [jélou] *n* rumena barva; rumenilo, ru-
meno barvilo; rumenjak; *pl obs fig* ljubosum-

nost, nevoščljivost; *coll* strahopetnost; *sl* sen-
zacijski list; **the** ~s *pl obs med* zlatenica;
(krajšava za) ~ **sponge** *bot* zlata goba
yellow III [jélou] *vt* rumeno pobarvati, (po)ru-
meniti; *vi* postati rumen (*with* od), porumeneti
yellowammer glej **yellowhammer**
yellowback [jéloubæk] *n* v rumen karton vezan in
cenen (senzacijski) roman, šund roman
yellow beak [jéloubi:k] *n* zelenokljunec, novinec;
yellowbelly [jéloubeli] *n fam* vrsta žabe; *naut s*
mešanec, mestic
yellow birch [jéloubə:č] *n bot* rumena breza
yellow book [jéloubuk] *n pol* rumena knjiga (zbirka
državnih listin ali poročil, zlasti v Franciji)
yellow boy [jéloubói] *n hist E sl* zlatnik
yellow brass [jéloubra:s] *n méd* (kovina)
yellow dog [jéloudɔg] *n A coll* manjvredna oseba
ali stvar; **yellow-dog contract** *A sl* pogodba med
delodajalcem in delojemalcem, v kateri se sled-
nji obveže, da ne bo pristopil k nobenemu
sindikatu
yellow earth [jéloué:θ] *n min* rumenica; okra
yellow fever [jéloufí:və] *n med* rumena mrzlica
yellowfin [jéloufin] *n zool* vrsta ameriškega ostriža
yellowfish [jéloufiš] *n zool* vrsta postrvi
yellow-green [jélougrí:n] **1.** *a* rumeno zelen; **2.** *n*
rumeno zelena barva
yellow gum [jélougʌm] *n med* zlatenica novo-
rojenčkov
yellow-haired [jélouhéəd] *a* plavolas, zlatolas
yellowhammer [jélouhæmə] *n zool* strnad
yellowish [jélouiš] **1.** *a* rumenkast; **2.** *n* rumenkasta
barva; ~-**green** rumenkasto zelen
yellowishness [jélouišnis] *n* rumenkastost
yellow jack [jéloudžæk] *n med* rumena mrzlica;
naut sl karantenska zastava; *zool* vrsta lokarde
(skuše)
yellow-jacket [jéloudžǽkit] *n zool A* vrsta ose
yellow man [jéloumən] *n* rumenokožec, pripadnik
rumene rase; **the** ~ *fig* rumena rasa
yellow metal [jéloumetl] *n tech* rumena kovina
(60% bakra, 40% cinka); zlato
yellowness [jélounis] *n* rumenost, rumena pobar-
vanost, rumen ton
yellow peril [jéloupéril] *n* rumena nevarnost (ogro-
žanje), ki naj bi grozila beli rasi od rumene
rase
yellow pine [jéloupáin] *n bot* rumeni bor; močvirni
bor
yellow poplar [jéloupɔplə] *n bot* tulipanovec
yellow press [jéloupres] *n* senzacijski, bulvarski
tisk, časopisje
yellow rattle [jélourætl] *n bot* škrobotec
yellow rocket [jélourəkit] *n bot* barbica
yellowroot [jélourut] *n bot* žoltnjak
yellowseed [jélousi:d] *n bot* poljska draguša
yellow soap [jélousoup] *n* mazno milo
yellow spot [jélouspɔt] *n zool, med* rumena pega
yellow streak [jéloustri:k] *n* poteza strahopetnosti,
obupanosti (v značaju)
yellow water lily [jélouwɔ:tə lili] *n bot* rumeni
lokvanj
yellowwort [jélouwɔ:t] *n bot* vrsta grenčice
yellowy [jéloui] *a* rumenkast; ~ **foam** rumenkasta
pena

yelp [jelp] **1.** *n* lajež, bevskanje, cviljenje; vpitje, kričanje, vreščanje, krik; **2.** *vi* lajati, bevskati; *vt* vpiti, vreščati

yelper [jélpə] *n* lajavec, bevskač (pes); *hunt A* piščal, ki posnema vreščanje divjega purana

yen I [jen] jen (japonska denarna enota)

yen II [jen] *n A sl* nujna potreba ali zahteva, želja, hrepenenje, nagon

yeoman, *pl* **-men** [jóumən] *n hist* svobodnik, mali posestnik; član prostovoljne konjenice; *naut A* intendantski podčastnik; ~ **of the Guard** vojak (kraljeve) telesne straže, gardist; ~('s) **service** (zvesta) pomoč v sili; dragocena usluga

yeomanly [jóumənli] **1.** *a hist* svobodniški; maloposestniški; *fig* zanesljiv, zvest; odločen; neplemiški, preprost; **2.** *adv* hrabro

yeomanry [jóumənry] *n hist* kmetje svobodniki; maloposestniki; konjenica (svobodniške, dobrovoljske) milice

yep [jep] *dial & A coll* = yes

yer [jə:] *dial & vulg* = you, your

yerba [jɔ́:ba:, -bə] *n* rastlina, zel(išče)

yerk [jə:k] *obs & dial* **1.** *n* sunek; udarec, brca; hiter gib, trzaj, poteg; **2.** *vt* bičati, tepsti; nenadoma potegniti, zagnati; *vi* sunkovito ali nazaj se pomikati; brcati, ritati (o konju); težko delati, garati; pokati (o biču); čvrsto zategniti šive (o čevljarju)

yes [jes] **1.** *adv* da; pač; ~, **indeed** da, resnično, v resnici; **oh,** ~ o, pač; (vprašalno) res?; **Can't you hear me?** — **Yes, I can.** Me ne morete slišati? — Pač, morem., **to say** ~ **to s.th.** potrditi kaj; **2.** *n* (*pl* **yeses**) (beseda) da; **Yes and No** vrsta uganke; **with a loud** ~ z glasnim da; **to confine oneself to** ~ **and no** omejiti se na da in ne; **to say** ~ privoliti, dati svoj da

yes man, *pl* **-men** [jésmən] *n coll* kdor k vsemu reče da, kimavec, oseba brez hrbtenice, brez iniciative, slabič

yester [jéstə] **1.** *a poet* včerajšnji; (v sestavljenkah) včerajšnji, pretekli, zadnji; ~ **night** sinoči; **2.** *adv* včeraj

yesterday [jéstədi] **1.** *adv* včeraj; **he arrived** ~ dospel je včeraj; **I was not born** ~ *fig* nisem včeraj prišel na svet; **2.** *a* včerajšnji, pretekli; ~ **morning** včeraj zjutraj; ~ **evening** sinoči; ~ **night** preteklo noč; ~ **week** včeraj teden; **3.** *n* včerajšnji dan; ~s *pl* pretekli dnevi, časi; ~'s **paper** včerajšnji časopis; **the day before** ~ predvčerajšnjim; **of** ~ od včeraj; **the whole of** ~ ves včerajšnji dan

yester-eve, yester-even [jéstəri:v, -ri:vn] **1.** *n* sinočnji večer, prejšnji večer; **2.** *adv poet* sinoči

yester-morn [jéstəmɔ:n] **1.** *adv poet* včeraj zjutraj (dopoldne); **2.** *n* včerajšnje, prejšnje jutro (dopoldan)

yester-night [jéstənait] **1.** *adv* zadnjo noč, prejšnjo noč, sinoči; **2.** *n* prejšnji večer, zadnja noč

yester-year [jéstəji:] **1.** *n poet* preteklo, lansko leto; preteklost, minuli časi; **the snow of** ~ lanski sneg; **2.** *adv* lani, lansko leto, prejšnje leto

yestreen [jestrí:n] **1.** *adv poet* sinoči; **2.** *n* sinočni, včerajšnji večer, včerajšnji dan

yet I [jet] *adv* še vedno, še; doslej, že (v vprašanjih); vendarle; ~ **again** spet in spet; ~ **a moment** (samo) še trenutek; ~ **once (more)** še enkrat; **as** ~ doslej; **but** ~ toda vendarle; **never** ~ še nikoli; **not** ~ še ne; **nothing** ~ še nič; (pri primerniku) ~ **better** še boljši (bolje); ~ **richer** še (celó) bogatejši; **there is** ~ **time** še je čas; **some are** ~ **to come** nekateri morajo še priti; **he may come** ~ on utegne še priti; **have you finished** ~? ste že končali?; **need you go** ~? morate že iti?; **I have not** ~ **finished** nisem še končal; **the largest** ~ **found specimen** doslej največji najdeni primerek; **he will win** ~ vendarle bo še zmagal; **he'll be hanged** ~ še obesili ga bodo, končal bo na vislicah; **while he was** ~ **alive** ko je še živel; **it is strange and** ~ **true** čudno (neverjetno) je, a vendarle resnično

yet II [jet] *conj* vendarle, kljub temu, navzlic temu; **you may doubt it,** ~ **it is true** lahko dvomite o tem, pa je resnično (vendar je to čista resnica; ~ **that** *arch* četudi, čeprav, dasi

yet III [jet] *n obs & dial* odprtina

yeti [jéti] *n* jeti, snežni mož (v Himalaji)

yew [ju:] *n bot* (= ~-**tree**) tisa; (= ~ **wood**) tisovina

Y gun, Y-gun [wáigʌn] *n naut mil* metalec vodnih bomb

Yid [jid] *n sl* Žid, Jud

Yiddish [jídiš] **1.** *n* jidiš, judovska nemščina; **2.** *a* jidiš, judovsko-nemški; *A sl* judovski, židovski

Yiddisher [jídišə] *n A sl* Jud, Žid

yield I [ji:ld] *n* donos, obrodek, pridelek; plod, proizvod; dohodek, dobiček, korist; popuščanje, umikanje; kovinska vsebina (rude); **a good** ~ **of fruit** dober obrodek sadja; ~ **of taxes** donos davkov; ~ **point stress (strength)** meja prožnosti, elastičnosti

yield II [ji:ld] *vt* donašati, prinašati, dajati; proizvajati; dopustiti, dovoliti; odstopiti (**s.th. to s.o.** komu kaj); (redko) uvideti, priznati; **to** ~ **10%** donašati 10%; **to** ~ **assistance** da(ja)ti, nuditi pomoč; **to** ~ **a city, a fortress** predati mesto, trdnjavo; **to** ~ **good crops** dajati dobre letine (žetve) (o zemlji); **to** ~ **consent** privoliti; **to** ~ **due honours** izkazati dolžne časti; **to** ~ **the point** priznati poraz (v debati); **to** ~ **a profit** *com* prinesti dobiček; **to** ~ **s.th. to be done** dopustiti, da se nekaj naredi (zgodi); **to** ~ **s.o. thanks** biti komu hvaležen; **to** ~ **precedence to s.o.** dati komu prednost; **to** ~ **submission** podvreči se; **to** ~ **the palm (to s.o.)** priznati poraženega (od koga); ~ **right of way!** dajte prednost (v cestnem prometu); **to** ~ **a place to s.o.** odstopiti, narediti prostor komu; **to** ~ **one's rights** odreči se svojim pravicam; **to** ~ **oneself prisoner** predati se v ujetništvo; **to** ~ **up the breath (ghost, life)** izdihniti (dušo), umreti; *vi* donašati, (ob)roditi, dajati; vdati se, popustiti; podleči, podvreči se; privoliti (**to** v); zaostajati (**to** za); **to** ~ **well, poorly** dobro, slabo obroditi; **this apple-tree** ~**s well** ta jablana dobro rodi; **to** ~ **to conditions** privoliti v pogoje; **to** ~ **to despair** vda(ja)ti se obupu; **the ground** ~**ed under him** tla so se mu vdala pod nogami; **to** ~ **to superior forces** vdati se, ukloniti se premoči; **to** ~ **to temptation** podleči skušnjavi; **to** ~ **under pressure** popustiti pod pritiskom; **to** ~ **to the times** prilagoditi se časom (času); **they ~ to our soldiers in courage** oni zaostajajo za našimi vojaki glede hrabrosti

yielder [jí:ldə] *n* pridelovalec, proizvajalec; popustljivec

yielding [jí:ldiŋ] *a* (~**ly** *adv*) popustljiv; voljan, gibek; ustrežljiv

yieldingness [jí:ldiŋnis] *n* plodnost, obilnost, izdatnost; *fig* popustljivost

yip [jip] *A coll* **1.** *n* krik; lajež, lajanje; **2.** *vt & vi* vreščati, kričati; tuliti, zavijati (o psu)

yipe [jáip] **1.** *n* krik; tuljenje; **2.** *vi* krikniti, zavpiti; (za)tuliti

ylem [áiləm] *n phil* prasnov

Y level, Y-level [wáilevl] *n tech* vodna tehtnica, libela

yodel [jóudl] **1.** *n* jodlanje; **2.** *vt & vi* jodlati

yodel(l)er, yodler [jóudlə] *n* jodlar

yoga [jóugə] *n* joga (indijski filozofski sistem, ki temelji na meditaciji in askezi)

yoghurt, yoghourt [jóuguət, -gə:t] *n* jogurt

yogi [jóugi:] *n* jogi, privrženec joge (indijski asket)

yo-heave-ho [jóuhí:vhóu] *interj naut* ho ruk!

yo-ho [jouhóu] **1.** *interj* hej!; ho ruk!; **2.** *vi* klicati »hej!«

yoick [jóik] *vt* vzpodbujati, goniti (pse) s klici »yoicks!«; *vi* vpiti, kričati »hura!«

yoicks [jóiks] **1.** *n hunt* klic psom, da lovijo lisico; **2.** *interj hunt* naprej! lovi! ujemi!

yoke I [jóuk] *n* jarem; volovska vprega; *arch* jutro (zemlje); *fig* hlapčevstvo, sužnost, podvrženost; obveznost; ~ **of oxen** jarem volov, par volov; **two ~ of oxen** dva para volov; ~ **of matrimony** zakonski jarem; **to bring under the ~, to submit to a ~** podjarmiti, zasužnjiti; **to come under the ~** priti pod jarem; **to endure the ~** prenašati, nositi jarem; **to pass under the ~** *hist* iti, skloniti se pod jarmom (o premagancu); **to send under the ~** podjarmiti; **to shake off the ~** otresti se jarma

yoke II [jóuk] *vt* vpreči (žival) v jarem, natakniti (živali) jarem; podjarmiti; *fig* spariti, povezati, združiti (*to, with* z, s); **yoked in marriage** poročèn; *vi* biti združen, sparjen; biti oženjen (*with* z); skupaj, skupno delati; **to ~ one's mind to s.th.** beliti si glavo s čim

yokefellow [jóukfelou] *n* tovariš, drug pri delu, sodrug, sodelavec, kolega; zakonski drug (soprog, soproga)

yokel [jóukl] *n* kmetavz, kmet, neotesanec, tepec

yokeless [jóuklis] *q* (ki je) brez jarma, nepodvržen kakemu jarmu

yokemate [jóukmeit] *n* glej **yokefellow**

yoke-toed [jóuktoud] *a zool* opremljen s plezalnimi prsti (o ptiču)

yoldring [jóldriŋ] *n dial zool* strnad

yolk [jóuk] *n* rumenjak (jajca); masten znoj ovac ali ovčje volne; *fig* bistvo, jedro, srcé

yolked [jóukt] *a zool* ki ima rumenjak

yolkless [jóuklis] *a* (ki je) brez rumenjaka

yolky [jóuki] *a* podoben rumenjaku; ki se tiče rumenjaka; masten (o volni)

yon [jɔn] **1.** *a obs & dial* oni (tam); **2.** *pron* oni, ono (tam); **3.** *adv* tam; tja; **as far as ~ hill** do onega griča; **hither and ~** sem in tja

yond [jɔnd] *arch & dial* **1.** *prp* mimo, vzdolž; čez; **2.** *adv* tamkaj

yonder [jɔndə] **1.** *adv* tam, tamkaj; **2.** *a* tamkajšnji; ~ **gate** ona vrata tam

yore [jɔ:] **1.** *adv obs* nekoč, prej, takrat; **2.** *n arch* davni čas(i), davnina; **of ~** davno, nekdaj, nekoč; **in days of ~** v starih, davnih časih

yoretime [jó:taim] *n* davni čas(i), davnina

york [jɔ:k] *vt cricket* vreči (žogo) z »yorkerjem«

yorker [jɔ́:kə] *n cricket* način metanja žoge tako, da pride tik pred igralca, ki (žogo) udari

Yorkshire [jó:kšiə] **1.** *n* ime severnoangleške grofije; **2.** *a* (ki je) iz grofije Yorkshire; *fig* prebrisan; robat, osoren (v občevanju); ~ **flannel** fina flanela iz nebarvane volne; ~ **grit** kamen za poliranje marmorja; ~ **pudding** pečeno jajčno testo, ki se jé z govejo pečenko

you [ju:, ju, jə] *pron* vi, vas, vam; ti, te(be), t(eb)i; ~ **blockhead!** ti (vi) tepec!; ~ **fool!** ti norec!; ~ **three** vi trije; **the rest of ~** ostali od vas; **you're another!** hvala, enako! (odgovor na psovko); ~ **bet (your life)** *sl* na to se lahko zaneseš, (glavo) stavim za to; **get ~ gone!** poberi(te) se!; ~ **don't say** česa ne poveste (poveš) (to me preseneča); ~ **never can tell** človek nikoli ne more vedeti; ~ **never know** človek nikoli ne ve; ~ **soon get used to it** človek se kmalu navadi na to; **come here all of ~!** pridite sem vsi!; **if I were ~** ko bi jaz bil na tvojem (vašem) mestu

you'd [ju:d, jud, jəd] *coll* za **you had** ali **you would**

you'll [ju:l, jul, jəl] *coll* za **you shall** ali **you will**

young I [jʌŋ] *a* mlad; mladeniški; svež; nov; nezrel, neizkušen, nevešč (*in* v); ~ **America** ameriška mladina; ~ **blood** *fig* mladi član družine; gizdalinček; **the ~ day** zgodnje, rano jutro; ~ **days** mladost; ~ **lady** gospodična; **a ~ man** mladenič; ~ **love** mlada, mladostna ljubezen; **her ~ man** njen izvoljenec; **her ~ ones** njeni otroci; **the ~ one of an animal** mladič živali; ~ **Mr. Smith** g. Smith junior; **a ~ person** mladenka; ~ **people** mladina; **the ~ Turks** mladoturki; **Black the ~er** Black mlajši; **the day is still ~** dan se šele začenja; **to grow ~ again** pomladiti se; **she looks ~ for her years** videti je mlada za svoja leta; **the ~ ones cackle as the old cock crows** (pregovor) jabolko ne pade daleč od drevesa

young II [jʌŋ] *n* mladiči (živali); **a bear with her ~** medvedka s svojimi mladiči; **with ~** breja; **the animal is with ~** žival bo dobila mlade; **the ~** mladi ljudje, mladina, *coll* novinci, začetniki; ~ **and old** staro in mlado, vsi

younger [jʌ́ŋgə] **1.** *a* mlajši; **2.** *n* mlajša oseba, mlajši; **his ~s** tisti, ki so mlajši od njega

young-eyed [jʌ́ŋaid] *a* (ki je) svetlih oči

youngish [jʌ́ŋiš] *a* kar mlad, precéj mlad; mladosten

youngling [jʌ́ŋliŋ] **1.** *n obs & poet* mladenič, fant; mlada žival; mlada rastlina; kar je mlado, nezrelo, neizkušeno; *obs* začetnik, novinec; **2.** *a* mlad, mladosten, mladeniški

youngness [jʌ́ŋnis] *n* mladost, mladostnost

youngster [jʌ́ŋstə] *n* mladenič, fant; *coll* mlada žival (zlasti žrebe); *naut* mlad mornariški častnik, *A* mornariški kadet young'un [jʌŋən] *n coll* mladenič, fant (zlasti v nagovoru)

younker [jʌŋkə] *n hist* junker, gospodič; *obs & coll* mladenič, fant, gospodič

your [jɔ:, júə, jə] *a* vaš; tvoj; ~ **father and mine,** ~ **and my father(s)** tvoj in moj oče; **Your Majesty** Vaše Veličanstvo; **it is** ~ **own fault** to je tvoja (lastna) krivda, ti sam si kriv; **open** ~ **mouth!** odpri(te) usta!; **is that** ~ **fox hunt?** je to tvoj (toliko slavljeni) lov na lisice?

you're [júə] *coll* = you are

yours [jɔ:z, júəz, jəz] *pron* **1.** vaš, Vaš; tvoj; **2.** tvoji, vaši, Vaši (ljudje, svojci); **2.** *com* Vaš (cenjeni) dopis; **this is** ~ to je tvoje (vaše, Vaše); **my brother and** ~ moj in vaš brat; **a friend of** ~ neki tvoj (vaš, Vaš) prijatelj; **that hat of** ~ tisti tvoj klobuk; **what is mine is** ~ kar je moje, je tvoje; **what's** ~ **?** *coll* kaj boš (boste) pil(i)?; **ever** ~ vedno tvoj(a), Vaš(a); ~ **respectfully,** ~ **faithfully,** ~ **sincerely,** ~ **truly** z odličnim spoštovanjem, Vaš vdani (konec pisma); **you and** ~ ti in tvoji; ~ **of the 10th inst.** Vaš dopis od 10. t. m.; ~ **of the 3rd is in hand** prejeli smo Vaš dopis (Vaše pismo) z dne 3. t. m.

yourself, *pl* **-selves** [jɔ:sélf, -sélvz] *pron* (v zvezi z **you** ali z velelnikom); **1.** (poudarjeno, emfatično) (ti) sam, (vi, Vi) sami; **you** ~ **told me, you told me** ~ vi sami ste mi povedali; **you must see for** ~ sam moraš videti, se prepričati; **you are not** ~ **today** danes te ni moč prepoznati, nisi pravi; **you are not quite** ~ **after this illness** nisi čisto pravi, nisi še dober po tej bolezni; **what will you do with** ~ **today?** kaj boš delal (počenjal) danes?; **by** ~ (ti) sam, brez (tuje) pomoči; **you'll be left by** ~ ostal boš (čisto) sam; **do you learn French by** ~ **?** ali se sami učite francosko?; **2.** *refl* se, sebe, si, sebi; **be** ~ **!** vzemi se skupaj!, pridi spet k sebi!; **help** ~ **!** postrezi(te) si, vzemi(te) si!; **you may congratulate** ~ lahko si čestitaš; **don't trouble** ~ **!** ne trudi(te) se!; **pull yourselves together!** vzemite se skupaj!; **shut the door behind** ~ **!** zapri(te) vrata za seboj!; **how's** ~ **?** *sl* kako pa kaj ti?, kako pa gre tebi?

yours truly [jɔ:z trúli] **1.** z odličnim spoštovanjem (konec pisma); **2.** *coll & hum* moja malenkost, jaz (za svojo osebo)

youth [ju:θ] **1.** *n* mladost; mladina, mladi svet; mladenič; **in my** ~ v moji mladosti, v mojih mladih letih; **the** ~ **of the world** mlada doba sveta, rani, zgodnji časi; **all the** ~ **of the village** vsa vaška mladina; **the dreams of** ~ mladostna sanje; **in the prime of** ~ v cvetu mladosti; e **promising** ~ obetaven mladenič; ~ **will have its fling** mladost se mora iznoreti; mladost norost; **2.** *a* mladinski; ~ **hostel** mladinski (počitniški) dom; ~ **movement** mladinsko gibanje; ~ **organizer** mladinski organizator, mladinski vodja

youthful [jú:θful] *a* (~ly *adv*) mladosten, mlad, mladeniški; (še) nezrel; ~ **blood** mlada kri; ~ **indiscretions** mladostne norosti, objestnosti

youthfulness [jú:θfulnis] *n* mladostnost, mladostna svežina; mladost

youthless [jú:θlis] *a* brez mladosti, nemlad, nemladosten

youthwort [jú:θwə:t] *n bot* rosika

you've [ju:v] = you have

yow [jáu] *interj* av!

yowl [jául] **1.** *n* tuljenje; tožeče zavijanje, stokanje; **2.** *vt & vi* tuliti, tožeče zavijati, stokati

yo-yo [jóujou] *n* (igrača) jojo

yperite [í:pərait] *n chem* iperit (strupen bojni plin)

yucca [jʌkə] *n bot* juka

yuft [juft] *n* juhtovina

Yugoslav; Yugoslavian [jú:gouslá:v, -slǽv; ju:gouslǽviən] **1.** *n* Jugoslovan, -nka; **2.** *a* jugoslovanski

Yugoslavia [jú:gəslá:viə] *n* Jugoslavija

Yugoslavic [jú:gəslǽvik] *a* jugoslovanski

yule [ju:l] *n* božični praznik, božič; **Yule Day** božič; ~ **block,** ~ **clog,** ~ **log** božični panjač

yuletide [jú:ltaid] *n* božični čas, božični praznik, božič

yum-yum [jʌmjʌm] *interj* mm!, dobro!, izvrstno!, prima!

yurt, yurta [júət, júətə] *n* jurta, šotor azijskih nomadov

Z

Z, z [*E* zed; *A* zi:] , *pl* **Z's, Zs, z's, zs** [*E* zedz; *A* zi:z] **1.** *n* (črka) Z, z; *math* neznanka z; predmet v obliki črke Z; **2.** *a* ki ima obliko črke Z; šestindvajseti; **a capital (large)** Z velika črka Z; **a little (small)** z mala črka z; **from A to Z** od A do Ž, od začetka do konca; **Z-shaped** v obliki črke Z
zaffer, zaffre [zǽfə] *n min tech* záfer (kobaltovo modro barvilo)
zacco [zǽkou] *n* podzidek, podstavek
zain [zéin] *n* temen konj brez svetlih lis
zambo [zǽmbou] *n* mestic, -inja
zaniness [zéininis] *n* norčavost
zany [zéini] **1.** *n hist* burkež, pavliha, klovn, klovnov pomočnik; budalo, tepec, bebec, bedak; **2.** *a* norčav, burkast, pavlihast
zanyish [zéiniiš] *a* burkast, norčav
zanyism [zéiniizəm] *n* norčavost, norčija; oponašanje
zare(e)ba [zərí:bə] *n* (v Sudanu) ograda za zaščito taborišča ali naselbine, zareba
zariba glej **zare(e)ba**
zeal [zi:l] *n* vnema, gorečnost, žar, navdušenje (*for, in* za); **full of** ~ ves vnet (za delo, službo ipd.); **to make a great show of** ~ (po)kazati pretirano vnemo, razkazovati izredno vnemo; **to show** ~ **for one's work** (po)kazati vnemo za svoje delo
zealot [zélət] *n* gorečnež (za delo ipd.); fanatik, navdušenec, entuziast, prenapetež, zagrizenec; *hist* zelot; **a** ~ **of the rod** navdušen ribič
zealotic [zilótik] *a* fanatičen, goreč, ves vnet (za), zelotičen, prenapet
zealotism [zélətizəm] *n* glej **zealotry**
zealotist [zélətist] *n* gorečnik, fanatik
zealotry [zélətri] *n* zelotizem, zelotstvo; pretirana gorečnost, fanatizem, prenapetost, zagrizenost; (verska) nestrpnost
zealous [zéləs] *a* (~**ly** *adv*) vnet, goreč (*for* za); fanatičen; navdušen; ~ **for liberty and freedom** svobodoljuben
zealousness [zéləsnis] *n* vnema, gorečnost, navdušenje
zebra [zíbrə, zébrə] **1.** *n zool* zebra; **2.** *a* zebrast (progast); ~ **crossing** zebrasti, progasti prehod čez ulico za pešce
zebrass [zí:bræs] *n zool* mešanec zebre in oslice
zebrine [zí:brain, -brin] *a* podoben zebri, zebrast; ki se tiče zebre, zebrin
zebrula [zí:brulə], **zebrule** [zí:bru:l] *n* mešanec zebre in kobile

zebu [zí:bu:] *n zool* zebu (indijsko grbavo govedo)
zecchino, *pl* **-ni** [zekí:nou, -ni] *n* cekin, beneški zlatnik
zechin [zékin] *n* cekin, beneški zlatnik
zed [zed] *n E* (črka) Z; *tech* železo v obliki črke Z; **a mere** ~ skrivljen kot (črka) Z
zedoary [zédoəri] *n bot med* indijski grenki koren
zee [zi:] *A* (črka) z (*E* zed)
zein [zí:in], **zeine** [-in; -i:n] *n biol chem* zeín (protein v koruznih ipd. zrnih)
zeitgeist [cáitgaist] *n German* duh časa
zel [zel] *n mus* orientalske cimbale
Zelanian [ziléiniən] *a* novozelandski
zenana [zená:nə] *n* (v Indiji, Perziji) zenana, prostor za ženske, harem; ~ **cloth** lahka tkanina (za ženske obleke)
zendik [zendík] *n* (v Orientu) nevernik, ateist; čarovnik
zenith [*E* zéniθ, *A* zí:-] *n astr* zenit, nadglavišče; *fig* vrh, vrhunec, najvišja točka, višek; **at the** ~ **of my career** na višku moje kariere; **to be at one's** ~ biti na višku; **to reach the** ~ doseči višek, vrhunec
zenithal [*E* zéniθəl, *A* zí:-] *a* zeniten, ki se tiče zenita; *fig* najvišji
zeolite [zí:əlait] *n min* zeolit, vrelovec
zeoscope [zí:əskoup] *n tech* ebulioskop, priprava za ugotavljanje množine alkohola v vinu
zephyr [zéfə] *n* topel, blag veter, vetrič; **Z**~ *myth* zefir, severozahodni veter; *com* zefir (cefir), lahka tkanina ali iz take tkanine narejena obleka; *sp E* tanka pletena maja (trikó) (boksarjev itd.); ~ **cloth** zefir (cefir) (tkanina); **the gentle** ~**s** blagi, mili vetrovi; ~ **worsted** zefirna volna; ~ **yarn** zefirni sukanec
Zeppelin, z~, *coll* **zepp** [zépəlin, zep] **1.** *n aero* cepelin, vodljiv zrakoplov
zero I, *pl* **-ro(e)s** [zí(ə)rou, -rouz] **1.** *n* ničla, nula; najnižja točka, izhodišče (lestvice, skale); ledišče; *fig* niče, ničla (oseba); **Z**~ lahko vojaško japonsko letalo v 2. svetovni vojni; *aero* višina pod 1000 čevljev; **at** ~ na ničli; *aero* **at** ~ **level** tik nad zemljo; **10 degrees below (above)** ~ 10°C pod (nad) ničlo; ~ **hour** *mil E* čas, določen za začetek vojaške operacije (napada itd.), *fig* odločilen, kritičen čas ali trenutek; **Z**~ **hour was 2 a.m.** čas začetka operacije je bil ob dveh ponoči; ~ **point** ničla; **to equate to** ~ *math* izenačiti z ničlo; **the thermometre fell to** ~ **last night** termometer je sinoči padel na ničlo; **to fly at** ~ leteti niže kot 1000 čevljev;

my patience had reached ~ moje potrpežljivosti je bilo konec; **he has started from** ~ začel je z nič (v življenju)

zero II [zí(ə)rou] *a* (meteorologija) manj kot 50 čevljev visok (plast oblakov); ki znaša manj kot 165 čevljev v vodoravni smeri (vidik); ~-~ **conditions** vertikalno in horizontalno omejena vidljivost

zero III [zí(ə)rou] *vt* (*pt & pp* **-roed**) *tech* nastaviti na ničlo; ~ **in** naravnati vizir (puške, topa)

zest I [zest] *n* začimba, začimben dodatek; dišava, pikantnost; prijeten okus, slast, užitek; *fig* draž, veselje, strast, vnema, interes; olupek, košček oranže ali citrone, sok iz teh koščkov; ~ **for gambling** igralska strast; ~ **for living** veselje do življenja; **to add (to give)** ~ **to** začiniti, napraviti mikavno ali interesantno; **danger adds** ~ **to the sport** nevarnost dodaja športu mikavnost (užitek); **to do s.th. with** ~ z užitkom nekaj napraviti

zest [zest] *vt* začiniti, izboljšati okus; *fig* dati draž, mikavnost; razrezati oranže, citronine olupke na koščke

zestful [zéstful, -fəl] *a* poln začimbe, dišaven; *fig* poln draži, poln užitka

zestfulness [zéstfulnis] *n* začinjenost; draž, užitek, čar, mikavnost

zestless [zéstlis] *a* brez začimbe, nezačinjen; *fig* brez draži, brez mikavnosti, nemikaven

zeta [zí:tə, zéitə] *n* (grška črka) zeta

zetetic [zitétik] **1.** *n* iskalec, preiskovalec, raziskovalec; **2.** *a* (redko) preiskovalen, raziskovalen, pozvedovalen, hevrističen; ~ **method** raziskovalna metoda

zeugma [zjú:gmə, zú:-] *n gram* zevgma, spajanje, vezava

zeugmatic [zju:gmǽtik] *a* zevgmatičen

zibel(l)ine [zíbəlain, -lin] **1.** *a zool* sobolji: **2.** *n* (redko) sobolji kožuh, soboljina; zibelin (volneno blago z dolgo dlako na pravi strani)

zibet(h) [zíbit] *n zool* azijska cibetovka (mačka)

zibetum [zíbitəm] *n* dišava iz žlez cibetovke

ziganka [zigá:ŋkə] *n mus* ciganka (ples in glasba)

zig(g)urat [zígura:t] *n hist* stopničast stolp (Babiloncev)

zigzag I [zígzæg] **1.** *n* cikcak; cikcakasta črta (bliska itd.), cikcakasto gibanje ali premikanje, cikcakast kurz (ladje itd.); *archit* cikcakast friz; vijugasta, serpentinasta, ovinkasta, cikcakasta pot (cesta); cikcakast utrdbeni jarek; **2.** *a* cikcakast, vijugást, ovinkast; *fig* nestalen, nestanoviten; *sl* pijan; ~ **line (course, path, road, flash of lightning)** cikcakasta črta (kurz, steza, cesta, blisk); **3.** *adv* v cikcaku, cikcakasto, cikcak

zigzag II [zígzæg] *vt & vi* prečkati v cikcaku; cikcakasto (iz)oblikovati; gibati se, premikati se v cikcaku; cikcakasto potekati, viti se; **the river** ~ **s through the meadows** reka se v cikcaku vije skozi travnike; **a drunken man zigzagged down the street** neki pijanec se je v cikcaku opotekal po ulici

zigzaggy [zígzægi] *a* cikcakast

zimb [zimb, zim] *n zool* nevarna, cece muhi podobna muha v Etiopiji

zimocca (sponge) [zimókə spʌndž] *n* groba goba za kopanje

zinc [ziŋk] **1.** *n chem* cink; ~ **ointment** *med* cinkovo mazilo; ~ **works** *pl* cinkarna; ~ **white** cinkovo belilo; ~ **yellow** cinkov kromat (rumenica); **2.** *vt* (po)cinkati, prevleči s plastjo cinka; galvanizirati (železo); **zinced, zincked** pocinkan, galvaniziran

zincic [zíŋkik] *a chem min* podoben cinku; vsebujoč cink

zinciferous [ziŋkífərəs, zinsí-] *a tech* vsebujoč cink, ki daje cink

zincification [ziŋkifikéišən] *n* pocinkanje

zincify [zíŋkifai] *vt* pocinkati; galvanizirati

zincky [zíŋki] *a tech* cinkast, podoben cinku; cinkov

zinco, *pl* **-cos** [zíŋkou, -z] *n & vt, vi* skrajšana oblika za **zincograph**

zincograph [zíŋkəgra:f] **1.** *n tech* cinkografski kliše, cinkografija; **2.** *vt & vi* cinkografirati, tiskati s cinkovih plošč

zincographer [ziŋkógrəfə] *n* cinkograf

zincographic(al) [ziŋkəgrǽfik(əl)] *a* cinkografski

zincography [ziŋkógrəfi] *n tech* cinkografija, tiskanje s cinkovih plošč

zincoid [zíŋkɔid] *a* cinkast; ~ **pole** cinkov pol, cinkova elektroda

zincotype [zíŋkətaip] *glej* **zincograph**; cinkotipija

zincous [zíŋkəs] *a* cinkov, cinkast

zincy *glej* **zincky**

zing [ziŋ] *sl.* **1.** *n* sikanje, vršenje, šumenje, cvrčanje, brnenje, brenčanje; **2.** *vi* sikati, sikniti, vršeti, šumeti, brneti, brenčati, cvrčati

zingara, *pl* **-re,** tudi **zingana,** *pl* **-ne** [cíŋgara, zíŋgərə] *n* ciganka

zingaro, *pl* **-ri,** tudi **zingano, -ni** [cíŋgaro, -ri] *n* cigan

zingiber [zíndžibə] *n bot* ingver

zinkification, zinkify *glej* **zincification, zincify**

zinky *glej* **zincky**

zinnia [zíniə] *n bot* cinija

Zion [záiən] *n bibl* Sion (svetišče na griču v Jeruzalemu); Jeruzalem; *fig* judovsko ljudstvo; judovska teokracija; nebesa

Zionism [záiənizəm] *n* sionizem, židovsko politično gibanje za samostojno judovsko državo v Palestini

zionist [záiənist] **1.** *n* sionist, privrženec sionizma; **2.** *a* sionističen; ~ **congress** sionističen kongres

zip I [zip] *n* sik, žvižg (krogle ipd.); šum pri trganju blaga itd.; *coll fig* energija, vitalnost, aktivnost, brio, polet; ~ **fastener** patentna zadrga

zip II [zip] *vi* sikniti, sikati, žvižgati; šiniti, švigniti, naglo steči; *coll* pokazati ali imeti polet, pogum; *A sl* ~ **across the horizon** *fig* naglo se proslaviti; *vt* dati polet (čemu); s poletom (kaj) storiti; odpreti ali zapreti s patentno zadrgo; **she zipped her bag open** odprla je torbo s patentno zadrgo; **to** ~ **up** *sl* oživiti, vnesti živost, živahnost; vnesti moči ali polet, ojačiti, okrepiti

zip-fastener [zípfásnə] *n* patentna zadrga

zipper [zípə] *n* patentna zadrga; škorenj ali čevelj na patentno zadrgo; *coll* energična, vitalna oseba; ~ **bag** torba na patentno zadrgo

zippy [zípi] *a coll* živahen, dinamičen, poln poleta ali vitalnosti

zircon [zə́:kən] *n min* cirkonijev silikat

zirconium [zə:kóniəm] *n chem* cirkonij

zither [zíθə] 1. *n mus* citre; 2. *vi* igrati na citre, citrati
zitherist [zíθərist] *n mus* citrar(ka)
zithern [zíθən] *mus* glej **zither**
zizania [zizéiniə] *n* indijski riž
zloty [zlóti] *n* zlot (poljska denarna enota)
Zoar [zóua:] *n bibl* zatočišče, pribežališče
zobo [zóubou] *n zool* mešanec zebuja in jaka
zocco [zókou], zoccolo [zókolou] *n* podstavek, podnožje
zodiac [zóudiæk] *n astr* zodiak, živalski krog; the signs of the ∼ znamenja iz živalskega kroga; (redko) krog, cona, pas; kroženje; časovni razpon (zlasti leto)
zodiacal [zoudáiəkəl] *a astr* zodiakalen; the ∼ signs znamenja iz živalskega kroga; ∼ light zodiakalna svetloba
zoiatria [zouaiətráiə] *n* živinozdravstvo
zoic [zóuik] *a* živalski; *geol* vsebujoč živalske ali rastlinske sledove
zoism [zóuizəm] *n biol* zoizem, nauk o življenjski moči; češčenje živali (pri primitivnih ljudstvih)
zombie [zómbi] *n A sl* bedak, bebec, butec, neumnež; močna pijača iz ruma, vinskega žganja in sadnih sokov
zombiism [zómbiizəm] *n* kult (čaščenje) kač
zona, *pl* -nae [zóunə, -ni:] *n* pas, cona, proga; *med* pasasti izpuščaj
zonal [zóunəl] *a* pasast; conski
zonation [zounéišən] *n* razdelitev v cone
zone I [zóun] *n* pas, proga, trak; *geog* cona, pas; predel; področje, del (mesta); *geol* plast, sklad; *poet* pas; **frigid, temperate, torrid** mrzli, zmerni, vroči pas; **maiden** ∼, **virgin** ∼ deviški pas (simbol devištva); ∼ **of chastity** deviški pas; **to loose the maiden** ∼ odvzeti devištvo; ∼ **time** lokalni čas
zone II [zóun] *vt* obdati s pasom; razdeliti v cone; *vi* biti razdeljen v cone, tvoriti cono; **the town-planners have zoned this district for industry** urbanisti so pridržali, rezervirali ta predel za industrijo
zoned [zóund] *a* razdeljen v cone; *poet* opásan; *fig* deviški, čist
zonular [zóunjulə] *a* conski; pasast, prstanast
zoo [zu:] *n coll* živalski vrt; **to take the children to the** ∼ peljati otroke v živalski vrt
zoogamy [zouógəmi] *n zool* parjenje (živali)
zoogeny [zouódžəni] *n zool* nastanek živalskih vrst
zoographer [zouógrəfə] *n zool* zoograf, opisni zoolog
zoography [zouógrəfi] *n zool* zoografija, opisna zoologija, opis živali
zoolatry [zouólətri] *n relig* oboževanje živali, čaščenje živali
zoolite [zóuəlait] *n geol* zoolit, okamnel ostanek živali
zoological, -gic [zouəlódžikəl] *a* zoološki; ∼ **garden** živalski vrt
zoologist [zouólədžist] *n* zoolog(inja)
zoology [zouólədži] *n* zoologija, nauk o živalih
zoom [zu:m] 1. *n* glasno brnenje; *aero* strm vzlet (dvig); 2. *vi* glasno brneti; *aero* naglo in strmo se dvigniti; *vt* pustiti glasno brneti; *aero* hitro in strmo dvigniti (letalo)

zoomancy [zóuəmænsi] *n* živalski orakelj, vedeževanje iz vedenja živali
zoomorphic [zouəmó:fik] *a* prikazan v živalski obliki
zoomorphism, zoomorphy [zouəmó:fizəm, zóuəmə:fi] *n* upodabljanje (predstavljanje) bogov v živalski podobi; uporabljanje živalskih oblik (npr. za okraske)
zoon, *pl* zoa [zóuən, zóuə] *n* žival, zlasti razviti osebek v živalski koloniji
zoonosis [zouónəsis] *n med* zoonoza, nalezljiva živalska bolezen, nevarna tudi človeku (npr. steklina)
zoopathology [zouəpəθólədži] *n* nauk o živalskih boleznih, zoopatologija
zoophagan [zouófəgən] *n zool* mesojedec
zoophagous [zouófəgəs] *a* mesojeden, ki žre živali
zoophilous [zouófiləs] *a* ki (bolestno) ljubi živali
zoophily [zouófili] *n* bolestna ljubezen do živali, zoofilija
zoophobia [zouəfóubiə] *n* zoofobija, pretiran, patološki strah pred živalmi
zoophyte [zóuəfait] *n zool* zoofit, živali podobna rastlina (npr. korala)
zooplasty [zóuəplæsti] *n med* zooplastika, presaditev živalskega tkiva na človeka
zootaxy [zóuətæksi] *n* sistematična zoologija, taksonomija
zootechny [zóuətekni] *n* zootehnika, nauk o reji in gospodarskem izkoriščanju domačih živali
zootherapy [zouəθérəpi] *n* zdravljenje živalskih bolezni in nauk o tem
zootomist [zouótəmist] *n* anatom živalskih organizmov
zootomy [zouótəmi] *n* zootomija, seciranje živali, primerjalna anatomija živalskih organizmov
zootrophy [zouótrəfi] *n* hranjenje, reja živali
zoot suit [zú:tsjú:t] *n A sl* ultramodna gizdalinska obleka z dolgim suknjičem in zelo ozkimi hlačami
zoot-suiter [zú:tsjú:tə] *n A sl* gizdalin; mlad, gizdalinski navdušenec za jazz
zoril, zorilla [zó:ril, zə:rílə] *n zool* zorila (progasti dihur)
Zoroastrian [zərouæstriən] 1. *a* zoroastrski, zaratustrski; 2. *n* privrženec Zaratustre
zoster [zóstə] *n hist* grški pas; *med* pasasti izpuščaj
zouave [zu:áv] *n mil* zuav (francoski pešak v orientalski, alžirski noši); (= ∼ **jacket**) kratek ženski jopič ali plašč
zounds [záundz] *interj obs* presneto!, prekleto!, vraga!
zucchetta, -tto [cukétə, -tou] *n eccl* duhovniška, prelatska čepica
zulu, *pl* zulu, zulus [zú:lu, -luz] 1. *n* Culukafer, Zulu; jezik Culukafrov; otroški slamnik; 2. *a* culukafrski
zwieback [zví:bak, cví:bak] *n* prepečenec
zygodactil(e) [zaigoudáktil, zig-] *n zool* ptič plezalec
zygoma, *pl* -mata [zaigóumə, -mətə] *n anat* lična kost, ličnica, lični mostiček, zigoma
zygosis [zaigóusis, zig-] *n biol* zlitje dveh podobnih ali enakih celic
zygote [záigout, zíg-] *n biol* zigota, celica, ki je nastala po združitvi dveh spolnih celic

zymase [záimeis] *n biol chem* cimaza (ferment vrenja)

zyme [záim] *n biol* ferment, encim, diastaza

zymosis [zaimóusis] *n chem* vrenje, kvašenje, fermentacija; *med* infekcijska, kužna, nalezljiva bolezen

zymotic [zaimótik] *a chem* ki se tiče vrenja (fermentacije); *med* kužen, nalezljiv, epidemičen; ~ **disease** kužna, nalezljiva bolezen

zymurgy [záimə:dži] *n chem* veda o pivovarstvu; kemija vrenja

PROPER NAMES — LASTNA IMENA

Kratice:
bibl. biblijski
druž. družinski
geogr. geografski
m. moški

orient. orientalski
stang. staroangleški
stgr. starogrški
ž. ženski

A

Aaron [έərən] bibl. oseba; *bot* ~'s **rod** papeževa sveča; ~'s **beard** šentjaneževka; kamenokreč
Abbas [æbəs] kraj. ime
Abbotsbury [æbətsbri] kraj. ime
Abel [éibəl] bibl. ime
Aberavon [æbərǽvn] kraj. ime
Abercrombie [æbəkrʌmbi] druž. ime
Aberdare [æbədéə] kraj. ime
Aberdeen [æbədí:n] kraj. ime
Aberdonian [æbədóunjən] aberdinski
Aberdour [æbədáuə] *n* kraj. ime
Abib [éibib] židovski mesec
Abingdon [æbiŋgdən] kraj. ime
Aboukir [əbukíə] kraj. bitke
Abraham [éibrəhəm] bibl. os.
Absalom [æbsələm] Absolon
Abyssinia [æbisínjə] Abesinija
Abyssinian [æbisínjən] abesinski; Abesinec
Acadia [əkéidiə] ime dežele
Accra [əkrá:] kraj. ime
Accrington [ǽkriŋtən] kraj. ime
Achaea [əkáiə] geogr. ime
Achates [əkéiti:z] ime Enejevega prijatelja; *fig* zvest prijatelj; ime reke
Acheson [ǽčisn] druž. ime
Achilles [əkíli:z] Ahil
Ackroyd [ǽkrɔid] druž. ime
Acland [ǽklənd] druž. ime
Aconcagua [ækɔŋká:gwə] kraj. ime; ime gore
Acropolis [əkrópəlis] Akropola
Acton [ǽktən] kraj. ime
Ada [éidə] ž. ime
Adair [ədéə] druž. in kraj ime
Adalbert [ǽdəlbə:t] Vojtjeh
Adam [ǽdəm] Adam; ~'s **ale** (ali **wine**) voda; **not to know from** ~ sploh ne poznati
Adamite [ǽdəmait] Adamov potomec, človek; adamit
Adams [ǽdəms] druž. ime
Adar [éida:] židovski mesec
Adderbury [ǽdəbri] kraj. ime
Addis Ababa [ædisǽbəbə] Adis Abeba

Addison [ǽdisn] druž. ime
Adelaide [ǽdəleid] kraj. ime
Aden [éidn] kraj. ime
Adirondack [ədiróndæk] ime am. gorovja
Adie [éidi] Dolfe
Adolphus [ədólfəs] Adolf
Adonis [ədóunis] Adonis, lepotec
Adria [éidriə] Jadran
Adriatic [eidriǽtik] jadranski; Jadransko morje
Aegean [idží:ən] egejski; Egejsko morje
Aeneas [iní:əs] Enej
Aeschylus [í:skiləs] Ajshil
Aesculapius [i:skjuléipjəs] Eskulap
Aesop [í:sɔp] Ezop
Aethiopia [i:θióupjə] Etiopija
Aetna [étnə] ime vulkana
Afghan [ǽfgæn] Afganec; afganski
Afghanistan [æfgǽnistən] Afganistan
Africa [ǽfrikə] Afrika
African [ǽfrikən] afriški; Afričan, -nka
Africander [æfrikǽndə] prebivalec Južne Afrike (evropskega izvora)
Afrikaans [æfriká:ns] južnoafriška angleščina
Agamemnon [ægəmémnən] ime stgr. junaka
Agatha [ǽgəθə] Agata
Agesilaus [ədžesiléiəs] ime spartskega kralja
Agincourt [ǽgžinkɔ:t] kraj. ime
Agnes [ǽgnis] Agneza
Agra [á:grə] kraj. ime (v Indiji)
Agricola [əgríkələ] ime rimskega vojskovodje
Ahasuerus [əhæzjuí:rəs] Ahasver
Ahmed [á:med] orient. ime
Aiken, Aikin [éikin] druž. ime
Aileen [éili:n] ž. ime
Ailesbury [éilzbəri] kraj. ime
Ainsley [éinzli] druž. ime
Ainworth [éinzwə:θ] druž. ime
Aintress [éintri:] kraj. ime
Ainu [áinu:] ime plemena
Aird [ɛəd] druž. ime
Aire [ɛə] ime reke
Airedale [έədeil] kraj. ime

Airey [έəri] druž. ime
Aitchison [éičisn] druž. ime
Ajaccio [əjǽčiou, ədžǽsiou] ime mesta
Ajax [éidžæks] Ajas
Akkra glej **Accra**
Akron [éikrən] am. mesto
Akroyd [ǽkrɔid] druž. ime
Alabama [æləbá:mə] ime države v ZDA
Aladdin [əlǽdin] orient. ime
Alamo [ǽləmou] kraj. ime
Alan [ǽlən] m. ime
Aland Islands [á:lənd ailəndz] ime otočja
Alaric [ǽlərik] Alarih
Alaska [əlǽskə] ime dežele
Alban [ɔ́:lbən] m. ime; kraj. ime
Albania [ælbéinjə] Albanija
Albanian [ælbéinjən] albanski; Albanec, -nka
Albany [ɔ́:lbəni] kraj. ime
Albemarle [ɔ́lbima:l] druž. ime
Albert [ǽlbət] m. ime; ~ **chain** urna verižica; ~ **Hall** koncertna dvorana v Londonu
Alberta [ælbɔ́:tə] ime kanadske province
Albin [ǽlbin] m. ime
Albion [ǽlbjən] Anglija
Albuquerque [ǽlbukɔ́:ki] mesto v ZDA
Albury [ɔ́:lbəri] druž. in kraj. ime
Alcester [ɔ́:lstə] kraj. ime
Alcibiades [ælsibáiədi:z] Alkibiad
Alcmene [ælkmí:ni] stgr. ž. ime
Alcock [ǽ:lkɔk, ɔ:l-] druž. ime
Alcoran [ælkɔrá:n] koran
Aldborough, Aldeburgh [ɔ́:lbrə] kraj. ime
Aldbury [ɔ́:lbri] kraj. ime
Aldegate [ɔ́:l(d)git] kraj. ime
Aldenham [ɔ́:ldnhəm] kraj. ime
Aldrich [ɔ́:ldrič] kraj. in druž. ime
Aldwinkle [ɔ́:ldwinkl] kraj. ime
Aldwych [ɔ́:ldwič] kraj. ime
Alec(k) [ǽlik] m. ime
Alemannic [ælimǽnik] alemanski
Aleppo [əlépou] ime mesta v Siriji
Aleutian Islands [əlú:šiən áiləndz] Aleuti
Alexander [æligzá:ndə] m. ime
Alexandra [æligzándrə] ž. ime
Alexandria [æligzá:ndriə] ime mesta
Alexis [əléksis] Aleksej
Alf [ælf] Alfred
Alfonso [ælfɔ́nzou] Alfons
Alford [ɔ́:lfəd] kraj. ime
Alfred [ǽlfrid] m. ime
Alfreton [ɔ́:lfritn] kraj. ime
Alfriston [ɔ:lfrístn] kraj. ime
Alger [ǽldžə] druž. ime
Algeria [ældžíəriə] Alžir
Algerian [ældžíəriən] Alžirec; alžirski
Algernon [ǽldžənən] m. ime
Algiers [ældžíəz] mesto Alžir
Alhambra [ælhǽmbrə] Alhambra
Alice [ǽlis] ž. ime
Alick glej **Aleck**
Alison [ǽlisn] ž. ime
Allah [ǽlə] Alah
Allan [ǽlən] m. ime
Alleghany [ǽligeini] ime am. pogorja
Allen [ǽlin] ime jezera; druž. ime
Allendale [ǽlindeil] kraj. ime

Allerton [ǽlətn] kraj. ime
Alleyn [əlí:n, ǽlin, ǽlein] druž. ime
All-Fools'-Day [ɔ́:lfú:lzdei] 1. april
All-Hallows [ɔ́:lhǽlouz] vsi sveti, 1. november
Allinghan [ǽliŋən] druž. ime
Allison glej **Alison**
Allman [ɔ́:lmən] druž. ime
Alloway [ǽləwei] kraj. ime
All-Saints'-Day [ɔ́:lséintsdei] vsi sveti
All-Souls-Day [ɔ́:lsóulzdei] verne duše
Allworthy [ɔ́:lwə:ði] druž. ime
Ally [ǽli] pomanjševalnica za **Alice, Allan**
Alma Mater [ǽlməméitə] univerza
Alma-Tadema [ǽlmətædimə] ime slikarja
Almesbury [á:mzbəri] kraj. ime
Almon [ǽlmən] druž. ime
Almondbury [á:mənbri, éimbri] kraj. ime
Alne [ə:n] kraj. ime
Alnemouth [ǽlnmauθ] kraj. ime
Alnewick [ǽnik] kraj. ime
Alpine [ǽlpain] alpski, planinski
Alps [ælps] Alpe
Alsace [ǽlsəs] Alzacija
Alsation [ælséišən] alzaški; Alzačan; volčjak (pes)
Alston [ɔ́:lstən] kraj. ime
Altai [æltéiai, æltái] ime pogorja
Althorp [ɔ́:lθə:p] kraj. ime
Alton [ɔ́:ltn] kraj. ime
Altona [ǽltouna v ZDA, áltonə v Nemčiji] kraj. ime
Altrincham [ɔ́:ltriŋəm] kraj. ime
Alva [ǽlvə] m. ime
Amanda [əmǽndə] ž. ime
Amazon [ǽməzən] Amazonka
Amazonian [æməzóuniən] amazonski
Ambrose [ǽmbrouz] Ambrož
Amelia [əmí:ljə] ž. ime
America [əmérikə] Amerika
American [əmérikən] ameriški; Amerikanec, -nka; ~ **Indian** Indijanec, -nka
Amerindian [æməríndiən] indijanski
Amersham [ǽməšəm] kraj. ime
Ames [éimz] kraj. ime
Amherst [ǽmhə:st, ǽməst] kraj. in druž. ime
Amiens [ǽmiæn] franc. mesto; [éimjənz] v Dublinu; [ǽmjənz] oseba iz Shakespeara
Amlwch [ǽmlu:k, -lu:h] kraj. ime
Amos [éjmos] m. ime
Amsterdam [ǽmstədæm] kraj. ime
Amur [əmúə] ime reke
Amy [éimi] m. ime
Anacreon [ənǽkriən] Anakreon
Anam [ǽnəm] ime dežele
Ananias [ænənáiəs] Ananija, velik lažnivec
Anatolia [ænətóuliə] ime dežele
Anaxagoras [ænæksǽgərǽs] Anaksagora
Anchises [æŋkáisi:z] Anhiz
Andalusia [ændəlú:ziə] ime dežele
Andaman Islands [ǽndəmænáiləndz] Andamani
Andersen [ǽndəsn] ime pisatelja
Andes [ǽndi:z] ime pogorja
Andorra [ændɔ́rə] ime državice
Andower [ǽndouvə] kraj. ime
Andow [ǽndau] druž. ime
Andreas [ǽndriæs] Andrej; kraj. ime
Andrew [ǽndru:] Andrej
Andromache [ændrómmaki] Andromaha

Andronicus [ændrənáikəs] strg. ime; [ændrónikəs] pri Shakespearu
Angela [ændžílə] ž. ime
Angelica [ændžélikə] ž. ime
Angelina [ændžəlí:nə] ž. ime
Angevin [ændžívin] Anžuvinec; anžuvinski
Angles [ænglz] ime plemena
Anglia [ængliə] srednja Anglija
Anglican [ænglikən] anglikanec, -nka; anglikanski
Anglo-Saxon [ænglousæksən] anglosaški; anglosaščina; Anglosaksonec, -nka
Angola [ængóulə] ime države
Angora [ængərə] Ankara, Angola
Angus [ængəs] ime grofije
Ankara [ænkərə] Ankara
Ann, Anna [æn, ænə] Ana
Annapolis [ənæpəlis] ime mesta v ZDA
Annesley [ænzli] druž. ime
Annie [æni] Anica
Anno Domini [ænou dóminai] v letu Gospodovem, po Kristu
Ansdell [ænzdel] kraj. in druž. ime
Ansley [ænzli] druž. ime
Anstruther [ænstrʌðə] kraj. in druž. ime
Antarctic [æntá:ktik] Antarktika
Anthony [æntəni] Anton
Antichrist [æntikraist] antikrist
Antigona [æntígəni] Antigona
Antigua [æntígə] zahodnoindijski otok
Antilles [æntíli:z] Antilje
Antonia [æntóunjə] Antonija
Antonio [æntóuniou] m. ime
Antonius [æntóunjəs] rimsko ime
Antrim [æntrim] ime grofije
Antwerp [æntwə:p] Antwerpen
Anwick [ænik] kraj. ime
Apache [əpǽči] Apaš
Apennines [æpinainz] Apenini
Aphrodite [æfrədáiti] Afrodita
Apis [éipis, á:pis] Apis
Apocalypse [əpókəlips] Apokalipsa
Apocalyptic [əpəkəlíptik] apokaliptičen
Apollo [əpólou] Apolon
Apollyon [əpóljən] Belzebub
Appalachian Mountains [æpəléišiən máuntinz] ime gorovja v ZDA
Apperley [æpəli] druž. ime
Appian Way [æpiən wei] Via Appia
Appleby [æplbi] kraj. ime
Appomatox [æpəmǽtəks] kraj. ime
Arab [ærəb] Arabec, -bka; arabski
Arabian [əréibiən] glej Arab; arabščina; ~ Nights Tisoč in ena noč
Arabella [ærəbélə] ž. ime
Aragon [ærəgən] Aragonija
Aran [ærən] irski otok
Ararat [ærəræt] ime gore
Arbuthnot [a:bʌ́θnət] kraj. in druž. ime
Arcadia [a:kéidiə] ime dežele
Archibald, Archie [á:čibəld, á:či] m. ime
Archimedian [a:kimí:diən] Arhimedov; arhimedski
Archimedes [a:kimí:diz] Arhimed
Archipelago [a:kipéləgou] Egejsko morje
Arden [á:den] druž. ime
Ardennes [á:denz] Ardeni

Areopagus [æriópəgəs] areopag, najvišje sodišče v Atenah
Ares [éəri:z] Ares, stgr. bog vojne
Argentina [a:džəntí:nə] ime dežele
Argolis [á:gəlis] strg. kraj. ime
Argive [á:gaiv] poet Grk
Argonaut [á:gənə:t] Argonavt
Argyle [á:gail] ime grofije
Arian [éəriən] arijski
Aries [éərii:z] astr Oven
Aristides [æristáidi:z] Aristid
Aristophanes [æristófəni:z] Aristofan
Aristotle [æristotl] Aristotel
Arizona [ærizóunə] ime države ZDA
Arkansas [á:kənsə:] ime države v ZDA, [a:kǽnzəs] ime mesta; joc ~ toothpick glej bowie knife
Arlington [á:liŋtən] kraj. in druž. ime
Armenia [a:mí:njə] ime dežele
Armenian [a:mínjən] armenski; Armenec, -nka; armenščina
Armstrong [á:mstrəŋ] druž. ime
Arnald [á:nld] druž. ime
Arne [a:n] m. ime
Arran [ærən] ime otoka
Arrowsmith [ærousmiθ] druž. ime
Artemis [á:timis] Artemida
Arthur [á:θə] Artur
Artie, Arty [á:ti] Artur (pomanjševalnica)
Arun [ærən] ime reke
Aryan [éəriən] Arijec; arijski; indogermanski
Ascot [æskət] kraj. ime
Asham [æšəm] kraj. ime
Ashanti [əšǽnti] Ašant; ašantska dežela
Ashbourne [æšbúərn, -bə:n] kraj. in druž. ime
Ashbury [æšbəri] kraj. in druž. ime
Ashfield [æšfi:ld] kraj. ime
Ashford [æšfəd] kraj. ime
Ashley [æšli] kraj. in m. ime
Ashurst [æšhə:st] kraj. ime
Asia [éišə] Azija; ~ Minor Mala Azija
Asiatic [eišiǽtik] azijski; Azijec
Askrigg [æskrig] kraj. ime
Asquith [æskwiθ] druž. ime
Assam [æsæm] ime dežele
Assouan [æsuǽn] kraj. ime
Assyria [əsíriə] Asirija
Assyrian [əsíriən] asirski; Asirec, -rka
Astbury [æstbəri] druž. ime
Astley [æstli] kraj. ime
Aston [æstn] kraj. in druž. ime
Astor [æstə, æstə:] druž. ime
Astoria [æstó:riə] kraj. ime
Atchinson [æčisn] éjčisn] druž. ime
Athabasca [æθəbæskə] kraj. ime; ime reke
Athena [əθí:nə] Atena
Athenian [əθínjən] atenski; Atenec, -nka
Athens [ǽθinz] Atene; the ~ of the North, Modern ~ Edinburgh
Athos [ǽθəs, éiθəs] grško gorovje
Atkins [ǽtkinz] druž. ime; Tommy ~ navadni angleški vojak
Atlanta [ətlǽntə] ime mesta
Atlantic [ətlǽntik] atlantski; Atlantski ocean
Atlantis [ətlǽntis] Atlantida
Atlas [ǽtləs] ime gorovja
Atreus [éitriu:s] Atrij, stgr. junak

Attica [ǽtikə] ime dežele
Attila [ǽtilə] Atila
Attleborough [ǽtlbrə] kraj. ime
Attlee [ǽtli] druž. ime
Auchinleck [ɔ:kinlék] druž. in kraj. ime
Auckland [ɔ́:klənd] kraj. ime
Audley, Audrey [ɔ́:dli, ɔ́:dri] druž. ime
Augean [ɔ:džíən] Avgijev; umazan
Augeas [ɔ:džíæs] Avgij
Augusta [ɔ:gʌ́stə] Avgusta; kraj. ime
Augustine [ɔ:gʌ́stin] Avguštin
Augustus [ɔ:gʌ́stəs] Avgust
Aulis [ɔ́:lis] Avlida
Aurelia [ɔ:ríljə] ž. ime, Avrelija
Aurelius [ɔ:ríljəs] Avrelij
Aurora [ɔ:rɔ́:rə] Avrora; Danica; ~ Borealis severni sij; ~ Australis južni sij
Aussie [ɔ́:si] coll Avstralec, -lka
Austen [ɔ́:stin] druž. ime
Austin [ɔ́:stin] druž. ime, znamka avtomobilov
Australasia [ɔ:strəléišə] Avstralazija

Australia [ɔ:stréiljə] Avstralija
Australian [ɔ:stréiljən] avstralski; Avstralec, -lka
Austria [ɔ́:striə] Avstrija
Austria-Hungary [ɔ́:striəhʌ́ŋgəri] Avstro-Ogrska
Austrian [ɔ́:striən] avstrijski; Avstrijec, -jka
Avalon [ǽvələn] kraj. ime
Avebury [éibri] kraj. ime
Ave Maria [á:viməríə] avemarija
Aviemore [ævimɔ́:] kraj. ime
Avon [éivn, ǽvən, a:n] ime reke
Axbridge [ǽksbridž] kraj. ime
Axholm(e) [ǽksoum] ime angl. pokrajine
Axminster [ǽksminstə] kraj. ime
Aylesbury [éilzbəry] kraj. ime
Ayrshire [éəšiə] ime grofije
Axholm(e) [ǽkshoum] kraj. ime
Azof, Azov [á:zof, -ov] Azov
Azores [əzɔ́:z] Azori
Azrael [ǽzriəl] angel smrti, Azrael
Aztec [ǽztek] azteški; Aztek

B

Baal [béiəl] ime boga
Baalbeck [bá:lbek] kraj. ime
Babbitt [bǽbit] druž. ime
Babel [béibəl] Babel; kolobocija
Babington [bǽbiŋtən] kraj. in druž. ime
Babylon [bǽbilən] Babilon
Babylonia [bæbilóuniə] ime dežele
Babylonian [bæbilóunjən] babilonski; Babilonec, -nka; astrolog
Bacchus [bǽkəs] ime stgr. boga
Bacon [béikən] druž. ime; angl. filozof
Baconian [beikóunjən] baconski; privrženec Bacona
Bacup [béikəp] kraj. ime
Baden-Powell [béidnpóuəl] ime osnovatelja skavtstva
Baedecker [béidikə] vodič (knjiga)
Bagdad [bǽgdæd] ime mesta
Bagehot [bǽdžət] druž. ime
Bagshaw [bǽgšɔ:] kraj. ime
Bagworthy [bǽdžəri] druž. ime
Bahamas [bəhá:məs] Bahamsko otočje
Baikal [baikɔ́:l] Bajkal
Bainbridge [béinbridž] kraj. ime
Bakerloo line [béikəlú: lain] proga med Baker Str. in Waterloo Station
Balbo [bǽlbou] A sl močna jata sovražnih letal
Balbriggan [bælbrígən] kraj. ime; vrsta tkanine
Balcombe [bɔ́:lkəm] kraj. ime
Baldock [bɔ́:ldək] kraj. ime
Baldwin [bɔ́ldwin] druž. ime
Balkan [bɔ́:lkən] Balkan
Ballantrae [bǽləntrei] kraj. ime
Balmoral [bælmɔ́rəl] kraj. ime
Balthazar [bælθǽzə] m. ime; [bælθəzá:] pri Shakespearu
Baltic [bɔ́:ltik] baltski; Baltsko morje
Baltimore [bɔ́:ltimə:] mesto v ZDA
Baluchistan [bəlú:čistæn] Beludžistan
Bamborough [bǽmbrə] kraj. ime
Bancroft [bǽnkrɔft] druž. ime

Banffshire [bǽmfšə] ime grofije
Bangkok [bæŋkók] kraj. ime
Bangor [bǽŋgə, A bǽŋgɔ:] kraj. ime
Banquo [bǽŋkwou] oseba iz Shakespeara
Banting [bǽntiŋ] druž. ime
Bantu [bǽntú:] ime plemena in jezika
Banwell [bǽnwəl] kraj. ime
Barbados [ba:béidouz] ime otoka
Barbara [bá:brə] ž. ime
Barbary [bá:bəri] ime dežele
Barcelona [ba:silóunə] ime mesta
Barclay [bá:kli] druž. ime
Barney [bá:ni] kraj. ime
Bardolph [bá:dəlf] oseba iz Shakespeara
Barford [bá:fəd] kraj. ime
Barfreston [bá:fristən] kraj. ime
Barham [bǽrəm] kraj. in druž. ime
Baring [bá:riŋ] druž. ime
Barle [ba:l] ime reke
Barlow(e) [bá:lou] druž. ime
Barmby [bá:mbi] kraj. ime
Barmouth [bá:məθ] kraj. ime
Barnabas [bá:nəbəs] Barnaba
Barnard [bá:nəd] druž. ime
Barnardo [bəná:dou] oseba iz Shakespeara
Barnby [bá:nbi] kraj. ime
Barnes [bá:nz] kraj. in druž. ime
Barnum [bá:nəm] druž. ime
Barnwell [bá:nwel] kraj. ime
Barrett [bǽrit] druž. ime
Barrie [bǽri] druž. ime
Barrington [bǽriŋtən] kraj. ime
Barrymore [bǽrimə:] druž. ime
Bartholomew [ba:θɔ́ləmju:] m. ime
Bartlett [bá:tlit] druž. ime
Bart's [ba:ts] bolnica pri sv. Bartolomeju
Barum [béərəm] kraj. ime
Barwick [bǽrik] kraj. ime
Basingstoke [béiziŋstouk] kraj. ime
Basker [bá:skə] druž. ime
Baskerville [bá:skəvil] kraj. ime

Basle [ba:l] Bazel
Basque [bæsk, ba:sk] Bask; baskovski; baskov-
ščina
Bassanio [bəsá:niou] oseba iz Shakespeara
Basutoland [bəsú:tolænd] ime dežele
Batavia [bətéivjə] ime mesta
Batey [béiti] druž. ime
Bathurst [bǽθə:st] kraj. ime
Batoum [ba:tú:m] ime mesta
Battenberg [bǽtnbə:g] druž. ime
Battersby [bǽtəzbi] kraj. ime
Battersea [bǽtəsi:] kraj. ime
Baucis [bó:sis] Bavcis
Bavaria [bəvéəriə] Bavarska
Bavarian [bəvéəriən] zavarski; Bavarec, -rka
Baxter [bǽkstə] druž. ime
Baynes [beinz] druž. ime
Bayswater [béiswɔtə] kraj. ime
Beachley [bí:čli] kraj. ime
Beaconsfield [bí:kənsfi:ld] druž. ime; [békənsfi:ld]
kraj. ime
Beadnall [bí:dnəl] druž. in kraj. ime
Beaminster [bíəminstə] kraj. ime
Beardsley [bíədzli] druž. ime
Beare [biə] druž. ime
Beatrice, -trix [bíətris, -triks] ž. ime
Beauchamp [bí:čəm] druž. ime
Beaverbrook [bí:vəbruk] druž. ime
Beccles [béklz] kraj. ime
Becket(t) [békit] druž. ime
Becky [béki] ž. ime
Bede [bi:d] druž. ime
Bedel [bí:dl, bidél] druž. ime
Bedfordshire [bédfədšə] ime grofije
Bedouin [béduin] Beduin, -ka; beduinski
Bedruthan [bidrʌ́θən] kraj. ime
Beds [bedz] glej Bedfordshire
Beecham [bí:čəm] kraj. ime
Beecher-Stowe [bí:čəstou] ime pisateljice
Beecroft [bí:krɔft] kraj. ime
Beelzebub [bi:élzibʌb] satan
Beethoven [béithouvn] ime skladatelja
Behn [bein] druž. ime
Behring [bériŋ] druž. ime
Beirut [béiru:t, beirú:t] ime mesta
Beit [bait] druž. ime
Belcher [bélčə] druž. ime
Belfast [bélfa:st] kraj. ime
Belgian [béldžən] belgijski; Belgijec, -jka
Belgium [béldžəm] Belgija
Belgrade [belgréid] Beograd
Belgravia [belgréivjə] ime londonske četrti
Belinda [bilíndə] ž. ime
Belisha [bilíšə] druž. ime
Bella [bélə] ž. ime
Bellamy [béləmi] druž. ime
Belle [bel] ž. ime
Bellevue [belvjú:] kraj. ime
Bellingham [bélindžəm] kraj. ime; [tudi: béliŋəm]
druž. ime
Bellwood [bélwud] kraj. in druž. ime
Belmont [bélmənt] kraj. in druž. ime
Belsham [bélšəm] kraj. ime
Bel(te)shazzar [bel(ti)šézə] Baltazar
Belton [béltn] kraj. ime
Beluchistan glej Baluchistan

Bembridge [bémbridž] kraj. ime
Ben [ben] moško ime
Benares [bená:ri:z] indijsko mesto
Benbow [bénbou] druž. ime
Benedick [bénidik] oseba iz Shakespeara; novo-
poročenec
Benedict [bénidikt] Benedikt
Benenden [bénindən] kraj. ime
Bengal [beŋgó:l] Bengalija; Bengalec, -lka; ben-
galščina
Benham [bénəm] kraj. ime
Benjamin [béndžəmin] Benjamin
Bennet [bénit] druž. ime
Ben Nevis [bennévis] ime gore
Bentham [bénθəm] kraj, in druž. ime
Bentinck [béntink] druž. ime
Benworth [bénwə:θ] kraj. ime
Beowulf [béiouwulf] ime stangl. junaka
Berber [bó:bə] Berberec, -rka; berberski; berber-
ščina
Bere [biə] kraj. ime
Berenice [berináisi]; v Händlovi operi [beriníči]
ž. ime
Berkeley [bá:kli, A bó:kli] kraj. in druž. ime
Berlin [bə:lín] kraj. ime
Bermudas [bəmjú:dəs] Bermudi]
Bern [bə:n] ime mesta
Bernard [bó:nəd] m. in druž. ime
Berridge [béridž] druž. ime
Bertha [bó:θə] Berta; big ~ debela Berta (top)
Bertie [bó:ti] m. ime
Bertram [bó:trəm] m. ime
Berwickshire [bérikšə] ime grofije
Bess [bes] Liza, lizika
Bessarabia [besəréibjə] ime dežele
Bessborough [bézbrə] kraj. ime
Bessemer [bésimə] druž. ime
Bessie [bési] glej Bess
Bethesda [beθézdə] kraj. ime
Bethlehem [béθlihem] kraj. ime
Bethnal [béθnəl] kraj. ime
Betsy, Betty [bétsi, béti] Beta, Betka
Betterton [bétətn] druž. ime
Bettws [bétəs] kraj. ime
Bevan, Beven [bévən] druž. ime
Beverley [bévəli] kraj. ime
Bevin [bévin] druž. ime
Bewdley [bjú:dli] kraj. ime
Beyrouth [beirú:t] kraj. ime
Bicester [bístə] kraj. ime
Bickford [bíkfəd] kraj. ime
Bicknacre [bíkneikə] kraj. ime
Bidborouh [bídbrə] kraj. ime
Biddle [bídl] druž. ime
Bideford [bídifəd] kraj. ime
Bidston [bídstn] kraj. ime
Bigbury [bígbəri] kraj. ime
Bikini [bikíni] ime otoka
Bilborough [bílbrə] kraj. ime
Bill, Billy [bil, bíli] Vili, m. ime
Bilston [bílstn] kraj. ime
Birkbeck [bó:bek, bó:kbek] druž. ime; [bó:kbek]
londonski college
Birkenhead [bó:kənhed] kraj. ime
Birmingham [bó:miŋəm] ime mesta
Birnam [bó:nəm] kraj. ime

Biron [báirən] druž. ime; [birú:n] oseba iz Shakespeara
Biscay [bískei] biskajski
Blackmoor [blǽkmuə] kraj. ime
Blackpool [blǽkpu:l] kraj. ime
Blake [bleik] druž. ime
Blakemore [bléikmə:] kraj. ime
Blarney [blá:ni] kraj. ime
Blazey [bléizi] Blaž
Blenheim [blénim] kraj. ime; vrsta letala
Bletchley [blééli] kraj. ime
Blomfield [blú:m-, blómfi:ld] druž. ime
Blondel [blóndl] druž. ime
Bloomsbery [blú:mzbəri] ime londonske četrti
Bloxham [blóksəm] kraj. ime
Blundell [blʌ́ndl] druž. ime
Blyth [blai, blaiθ] kraj. in druž. ime
Boadicea [bouədisía] ime stangl. kraljice
Bob [bɔb] pomanjševalnica za **Robert**
Boer [buə] bur
Boeing [bóuiŋ] vrsta letala
Bognor [bógnə] kraj. ime
Bohemia [bouhí:mjə] Češka
Bohemian [bohímjən] češki; Čeh(inja); bohem, -mka
Boleyn [búlin, bulí:n] druž. ime
Bolshevik [bólšəvik] boljševik
Bolton [bóultən] kraj. ime
Bombay [bəmbéi] ime mesta; ~ **duck** sušena riba
Bonar [bónə] kraj. ime
Bond Street [bóndstri:t] londonska ulica z dragimi trgovinami
Boniface [bónifeis] m. ime
Bononian [bənóunjən] bolonjski
Bookham [búkəm] kraj. ime
Boreas [bóriəs] severni veter
Borland [bó:lənd] druž. ime
Borneo [bó:niou] ime otoka
Bosinney [bəsíni] kraj. in druž. ime
Bosnia [bózniə] Bosna
Bosnian [bózniən] bosanski; Bosanec, -nka
Bosporus [bóspərəs] Bospor
Boston [bóstən] ime mesta
Boswell [bózwel] druž. ime
Bosworth [bózwə:θ] kraj. in druž. ime
Bothwell [bóθwel] kraj. in druž. ime
Boulogne [bulóun, -lóin] kraj. ime
Boulter [bóultə] druž. ime
Bourbon [búəbən] Burbonec; burbonski
Bourke [bə:k] druž. ime
Bowden [báudən, bóu-] druž. ime
Bowdon [bóudn] kraj. ime
Bowen [bouin] druž. ime
Bowie [báui] kraj. ime; ~ **State** Arkansas
Bowker [báukə] druž. ime
Bowland [bóulənd] kraj. ime
Bowles [bóulz] druž. ime
Bowyer [bóujə] druž. ime
Boyle [bɔil] druž. ime
Boz [bɔz, bouz] Dickensov psevdonim
Brabant [brəbǽnt] ime dežele
Bradbury [brǽdbəri] kraj. ime
Bradford [brǽdfəd] kraj. ime
Bradley [brǽdli] druž. ime
Bradshaw [brǽdšə:] druž. ime
Brahmaputra [bra:məpú:trə] ime reke

Brando [brǽndou] druž. ime
Bratislava [brætislá:və] ime mesta
Brazil [brəzíl] Brazilija; druž. ime
Brazilian [brəzíljən] Brazilec, -lka; brazilski
Brecknock [bréknɔk] kraj. ime
Breton [brétən] bretonski; Bretonec, -nka
Breughel [brɔ́igəl, brɔ́:gəl, brú:gəl] ime slikarja
Bridewell [bráidwəl] kraj. ime
Bridgenorth [brídžnə:θ] kraj. ime
Bridget [brídžit] Brigita
Brighton [bráitn] kraj. ime
Brinsley [brínsli] druž. ime
Brisbane [brízbən, -bein] ime mesta
Bristol [brístl] kraj. ime
Britain [brítn] Britanija
Britannic [britǽnik] britanski
Brittish [brítiš] britanski
Brittany [brítəni] Bretanja
Britten [brítn] druž. ime
Broadstairs [brɔ́:dstɛəz] kraj. ime
Broadway [brɔ́:dwei] kraj. ime
Brobdingnag [bróbdiŋnæg] ime dežele velikanov pri Swiftu
Bromfield [brómfi:ld] kraj. in druž. ime
Bromley [brómli] druž. ime
Brompton [bróm(p)tən] kraj. ime
Bromwich [brómidž] kraj. ime
Brontë [brónti] druž. ime
Bronx [brɔŋks] kraj. ime
Brooke [bruk] druž. ime
Brookland(s) [brúklənd(z)] kraj. ime
Brooklyn [brúklin] kraj. ime
Brougham [bru:m] druž. ime
Brown [braun] druž. ime
Browning [bráuniŋ] druž. ime
Bruce [bru:s] druž. ime
Bruin [brúin] medved v basnih
Brummagem [brʌ́mədžəm] Birmingham
Brunel [brunél] druž. ime
Brussels [brʌ́slz] Bruselj; ~ **sprouts** brstični ohrovt
Bruton [brú:tn] kraj. ime
Brutus [brú:təs] Brut
Bryan [bráiən] druž. ime
Brynmawr [brinmáuə], *A* **Bryn Mawr** [brinmó:] kraj. ime
Bucephalus [bjúsefələs] ime Aleksandrovega konja
Buchan [bʌ́kən] kraj. in druž. ime
Buchanan [bju:kǽnən] druž. ime
Bucharest [bjú:kərəst] Bukarešta
Buckhurst [bʌ́khə:st] druž. ime
Buckingham [bʌ́kiŋəm] kraj. ime
Buckland [bʌ́klənd] druž. ime
Bucknall, -nell, -nill [bʌ́knəl] kraj. in druž. ime
Budapest [bjú:dəpest] Budimpešta
Buddha [búdə] Buda
Bude [bjú:d] kraj. ime
Budleigh [bʌ́dli] kraj. ime
Buenos Aires [bwénesáiəriz] ime mesta
Buffalo [bʌ́fəlou] kraj. ime
Bug [bu:g, bʌg] ime reke
Buick [bjú:ik] druž. ime; znamka avtomobilov
Bukarest glej **Bucharest**
Bulgaria [bʌlgéəriə] Bolgarska
Bulgarian [bʌlgéəriən] bolgarski; Bolgar, -rka; bolgarščina
Bulwer [búlwə] druž. ime

Bungay [bʌ́ŋgi] kraj. ime
Bunsen [búnsn] druž. ime
Bunyan [bʌ́njən] angl. pisatelj
Burbage [bɔ́:bidž] druž. ime
Burbank [bɔ́:bæŋk] druž. ime
Burford [bɔ́:fəd] kraj. ime
Burlington [bɔ́:liŋtən] kraj. ime
Burma [bɔ́:mə] ime dežele
Burmese [bə:mí:z] burmanski; Burmanec, -nka
Burnet [bɔ́:nit] druž. ime
Burns [bɔ:nz] ime pesnika
Burntisland [bə:ntáilənd] kraj. ime
Burroughs [bʌ́rouz] druž. ime
Burslem [bɔ́:zləm] kraj. ime
Burton [bɔ́:tn] druž. ime

Bury [béri, bjúəri] druž. ime; [béri] kraj. ime
Bushman [búšmən] Grmičar
Bute [bju:t] kraj. ime
Butterfield [bʌ́təfi:ld] druž. ime
Buttermere [bʌ́təmiə] kraj. ime
Buxton [bʌ́kstn] kraj. ime
Byfield [báifi:ld] kraj. ime
Byrd [bə:d] druž. ime
Byrnes [bə:nz] druž. ime
Byron [báirən] ime pesnika
Bysshe [biš] druž. ime
Byzantian [bizǽntiən] bizantski
Byzantine [bizǽntain] bizantski; Bizantinec, -nka
Byzantium [bizǽntiəm] Bizanc

C

Cabot [kǽbət] druž. ime
Cadbury [kǽdbəri] druž. in kraj. ime
Cade [keid] kraj. ime
Cadgwith [kǽdžwiθ] kraj. ime
Cadillac [kǽdilæk] druž. ime; znamka avtomobilov
Cadogan [kədʌ́gən] druž. ime
Caedmon [kǽdmən] ime pesnika
Caesar [sí:zə] Cezar
Caiaphas [káiəfəs] Kajfa, Kajfež (bibl. oseba)
Cain [kéin] Kajn (bibl. oseba); to raise ~ pobesneti
Cairo [káiərou] Kairo
Caius Colledge [kí:z kólidž] visoka šola v Cambridgeu
Calabria [kəlǽbriə] Kalabrija
Calais [kǽlei, kǽli] kraj. ime
Calcot [kǽlkət] kraj. ime
Calcutta [kælkʌ́tə] ime mesta
Caldbeck [kó:ldbek] kraj. ime
Calderon [kæ:ldrón] ime pesnika; [kó:ldərən] druž. ime
Caldwell [kó:ldwel] druž. ime
Caledonia [kəlidóunjə] poet Škotska
Calhoun [kælhóun, kəlhú:n] druž. ime
Caliban [kǽlibən] ime pošasti
California [kælifó:njə] ime države v ZDA
Callander [kǽləndə] kraj. ime
Calliope [kəláiəpi] Kaliopa
Calpurnia [kælpɔ́:niə] ime stare Rimljanke
Calvary [kǽlvəri] Kalvarija
Calvin [kǽlvin] Kalvin, verski reformator
Calvinist [kǽlvinist] kalvinec, -nka; kalvinski
Calypso [kəlípsou] Kalipso
Cam [kæm] ime reke
Cambodia [kæmbóudjə] Kambodža
Cambridge [kéimbridž] kraj. ime; ~ blue svetlo moder
Cambyses [kæmbáizis] Kambiz
Cameroon [kǽməru:n] Kamerun
Camilla [kəmílə] ž. ime
Campbell [kǽmbl] druž. ime
Cana [kéinə] bibl. kraj
Canaan [kéinən] bibl. dežela
Canada [kǽnədə] ime dežele
Canadian [kənéidjən] kanadski; Kanadčan(ka)
Canarese [kænərí:z] kanarski; Kanarčan(ka)
Canaries [kənéəriz] Kanarski otoki

Canberra [kǽnbərə] kraj. ime
Candia [kǽndiə] Kreta
Candida [kǽndidə] Kandida, ž. ime
Cantab [kǽntæb] študent cambriške univerze
Cantabrian, -rigian [kæntéibriən, kæntəbrídžiən] cambriški
Canterbury [kǽntəbəri] kraj. ime
Canuck [kənʌ́k] coll kanadski Francoz
Canton [kæntón] na Kitajskem; [kǽntən] druž. ime
Canute [kənjú:t] Knut
Capetown [kéiptaun] Kapsko mesto
Capitol [kǽpitl] Kapitol; ameriški parlament
Capricorn [kǽprikɔ:n] astr Kozorog
Capuchin [kǽpjušin] kapucinec
Caracas [kərǽ:kəs, kǽrəkæs] ime mesta
Cardiff [ká:dif] kraj. ime
Cardigan [ká:digən] kraj. ime
Cardwell [ká:dwel] kraj. ime
Caribbean [kæribíən, kəríbjən] Karibsko morje
Carinthia [kərínθiə] Koroška
Carinthian [kərínθjən] koroški; Korošec, -šica
Carlisle [ká:lái, ka:láil] kraj. ime
Carlyle [ká:lái, ka:láil] druž. ime
Carmarthen [kəmá:ðən] ime grofije
Carmichael [ka:máikəl] druž. ime
Carniola [ka:njóulə] Kranjska
Carniolian [ka:njóuljən] kranjski; Kranjec, -jica
Carnegie [ka:négi] druž. ime
Carnwath [ká:rnwəθ] kraj. ime
Carolina [kərəláinə] ime države ZDA
Caroline [kǽrəlain] ž. ime, Karla, Dragica
Carolus [kǽrələs] Karl
Carpathians [ka:péiθjənz] Karpati
Cartesian [ka:tízjən] Descartov
Carthage [ká:θidž] Kartago
Carthusian [ka:θjú:zjən] kartuzijski
Cartwright [ká:trait] druž. ime
Casabianca [kǽsəbiǽŋkə] kraj. ime
Cashmere [kǽšmiə] Kašmir
Caspian Sea [kǽspiənsi:] Kaspijsko morje
Cassandra [kəsǽndrə] Kasandra
Cassiopeia [kæsiəpí:ə] Kasiopeja
Cassius [kǽsjəs] Kasij
Castile [kæstí:l] Kastilija
Catalan [kǽtələn] katalonski; Katalonec, -nka; katalonščina
Catalonia [kætəlóunjə] Katalonija

Catania [kətéinjə] Katanija
Caterham [kéitərəm] kraj. ime
Catesby [kéitsbi] kraj. in druž. ime
Catharine, Catherine [kǽθrin] Katarina
Catiline [kǽtilain] Katilina
Cato [kéitou] Kato
Cattegat [kǽtigǽt] Kategat
Catullus [kətʌ́ləs] Katul
Caucasian [kɔ:kéišən] kavkazijski; Kavkazijec, -jka
Caucasus [kɔ́:kəsəs] Kavkaz
Cavan [kǽvn] ime mesta in grofije
Cavell [kǽvl, kəvél] druž. ime
Cavendish [kǽvəndiš] druž. ime
Caversham [kǽvəšəm] kraj. ime
Cawdor [kɔ́:də] ime gradu
Caxton [kǽkstn] druž. ime
Cecil(e) [sésl, sísl, sésil] druž. ime; ž. ime
Cecilia, Cecily [sisíljə, sísili] Cecilija
Cedric [sédrik] m. ime
Celebes [selí:biz] ime otoka
Celestine [sélistain] ž. ime
Celia [sí:ljə] ž. ime
Celsius [sélsjəs] Celzij
Celt [kelt, selt] Kelt
Celtic [kéltik, séltik] keltski; keltščina
Cerberus [sɔ́:bərəs] Cerber; strog varuh; a sop to ~ podkupnina, iskanje naklonjenosti
Ceres [síəri:z] ime boginje
Cervantes [sə:vǽnti:z] ime pisatelja
Ceylon [silɔ́n] Cejlon, Sri Lanka
Chacewater [čéjswɔ:tə] kraj. ime
Chad [čǽd] jezero Čad; Mr. ~ nezadovoljnež
Chaffey [čéifi] druž. ime
Chamberlain [čéimbəlin] druž. ime
Chambers [čéimbəz] druž. ime
Channel [čǽnl] Kanal; the English ~ Rokavski preliv
Chantrey [čá:ntri] druž. ime
Chaplin [čǽplin] druž. ime
Charborough [čá:brə] kraj. ime
Chard [ča:d] kraj. ime
Charfield [čá:fi:ld] kraj. ime
Charing Cross [čǽriŋkrɔs] ime londonske postaje
Charles [ča:lz] Karl; astr ~'s wain Veliki voz
Charleston [čá:rlstən] kraj. ime
Charley [čá:li] Karlček
Charlotte [čá:lət] Karlina
Charon [kéərən] stgr. mitološka oseba
Charybdis [kəríbdis] Karibda
Chatburn [čǽtbə:n] kraj. ime
Chatham [čǽtəm] kraj. ime
Chatteris [čǽtəris] kraj. ime
Chaucer [čɔ́:sə] ime pesnika
Chauncey [čɔ́:nsi] druž. ime
Cheapside [čí:psaid] ime londonske ulice
Cheatham [čí:təm] kraj. in druž. ime
Cheddar [čédə] kraj. ime
Cheka [čéikə] čeka, nekdanja ruska policija
Chelsea [čélzi] ime londonske četrti
Cheltenham [čéltnəm] kraj. ime
Cherbourg [šéəbuəg] kraj. ime
Cherokee [čerəkí:] ime indijanskega plemena
Chersonese [kɔ́:səni:z] Hersonez
Chesapeake [čésəpi:k] kraj. ime
Cheshire [čéšə] ime grofije; to grin like a ~ cat režati se

Cheshunt [česnt] druž. ime
Chesterfield [čéstəfi:ld] kraj. ime; znamka cigaret
Chesterton [čéstətən] in druž. ime
Chetham [čétəm] kraj. ime
Chevrolet [šévrəlei] druž. ime, znamka avtomobilov
Cheyne [čéini, čein] druž. ime
Chicago [šiká:gou, čik-, šikɔ́:gou] ime mesta
Chichester [číčistə] kraj. ime
Chiddingly [čídiŋláj] kraj. ime
Chile [číli] Čile
Chilean [číliən] čilski; Čilenec, -nka
Chiltern Hundreds [číltən hʌ́ndrədz] angleški okraj; to accept the ~ odreči se poslanskega mandata
China [čáinə] Kitajska; ~ bark kinin; ~ clay kaolin; ~ orange mandarina
Chinaman [čáinəmən] Kitajec; joc trgovec s porcelanom
Chinee [čainí:] coll Kitajec
Chinese [čáiní:z] Kitajec, -jka; kitajščina; kitajski
Chinook [činú:k] ime indijanskega plemena; topel veter v Skalnih gorah
Chippendale [čípəndeil] druž. ime; pohištveni stil
Chippewa [čípiwa:] kraj. ime
Chisholm [čízəm] kraj. ime
Chiswick [čízik] kraj. ime
Cholmeley [čʌ́mli] druž. ime
Chomondeley [čʌ́mli] druž. ime
Chorley [čɔ́:li] kraj. ime
Chowles [čoulz] kraj. in druž. ime
Chris [kris] pomanjševalnica za Christian, Christine
Christ [kraist] Kristus
Christian [krístjən, kríščən] krščanski; krščan(ka); m. ime Kristijan
Christie, -tina [krísti, kristínə] ž. ime Kristina
Christmas [krísməs] božič
Christopher [krístəfə] Krištof
Chrysler [kráizlə] druž. ime, znamka avtomobilov
Churchill [čɔ́:čil] druž. in kraj. ime
Churton [čɔ́:tn] kraj. ime
Chuzzlewit [čʌ́zlwit] oseba iz Dickensa
Cicely [sísili] Cecilija
Cicero [síserou] Cicero
Cicinnati [sinsinǽti, -ná:ti] kraj. ime
Cinderella [sindərélə] Pepelka
Cingalese [siŋgəlí:z] cejlonski; cejlonščina; Cejlonec, -nka
Circassian [sə:kǽšən] čerkeški; Čerkez(inja)
Circe [sɔ́:si] Kirka
Cisalpine [sisǽlpain] predalpski
Cissie, Cissy [sísi] glej Cicely
Cistercian [sistɔ́:šən] cistercijanec; cistercijanski
Clapham [klǽpəm] kraj. ime
Clara [kléərə] Klara; kraj. ime
Clare [kléə] Klara
Clarence [klǽrəns] druž. ime
Clarendon [klǽrəndən] ime tiskarne
Claridge [klǽridge] druž. ime
Claudius [klɔ́:diəs] Klavdij
Clement [klémənt] m. ime
Clementine [kléməntain] Klementina
Cleopatra [kliəpá:trə] Kleopatra
Cleveland [klí:vlənd] druž. in kraj. ime
Clifford [klífəd] druž. ime
Clio [kláiou] ime muze
Clive [kláiv] kraj. in druž. ime

Cliveden [klívdən] kraj. ime
Clogher [kləghə:] druž. ime
Clowes [klu:z] kraj. ime; [klauz, klu:z] druž. ime
Clyde [klaid] ime reke
Clytemnestra [klaitimnéstrə] stgr. oseba
Cochin-China [kóčinčáinə] Kočinčina
Cochran(e) [kókrin] druž. ime
Cockermouth [kókəməθ] kraj. ime
Cockney [kókni] vzdevek neizobraženega London-
čana; londonsko narečje; *A* buržuj
Coggin [kógin] druž. ime
Cohen [kóuin] druž. ime
Colchester [kóulčistə] kraj. ime
Colclough [kóukli, kólklʌf] druž. ime
Coleridge [kóuləridž] druž. ime
Collins [kólinz] druž. ime
Cologne [kəlóun] Köln
Colorado [kələrá:dou] ime države v ZDA
Colquhoun [kəhú:n] druž. ime
Columbia [kəlʌmbiə] ime dežele; pesniško ime za
ZDA
Columbus [kəlʌmbəs] Kolumb
Comanche [kəmǽnči] indijansko pleme
Combe [ku:m] kraj. ime
Comenius [kəméinjəs] Komenský
Comintern [kómintə:n] kominterna
Compton [kóm(p)tən, kʌm(p)-] druž. ime
Conan [kónən] kraj. ime; [kóunən] druž. ime
Confucius [kənfjú:šəs] Konfucij
Congo [kóŋgou] Kongo
Congreve [kóŋgri:v] druž. ime
Coningham [kániŋəm] druž. ime
Connaught [kóno:t] kraj. ime
Connecticut [kəné(k)tikət] ime države v ZDA
Conrad [kónræd] m. ime; druž. ime
Constance [kónstəns] Konstanca
Constantine [kónstəntain] Konstantin
Constantinople [kənstæntinóupl] ime mesta
Copeland [kóuplənd] druž. ime
Copenhagen [koupnhéigən] Köbenhaven, Kopen-
hagen
Copernicus [kəpó:nikəs] Kopernik
Copperfield [kópəfi:ld] druž. ime
Copt [kəpt] Kopt
Cora [kó:rə] ž. ime
Coran [kərá:n] koran
Cordelia [kədí:ljə] oseba iz Shakespeara
Cordilleras [kə:diljéərəs] Kordiljere
Corea [kəriə] Koreja
Corfu [kó:fjú:] ime otoka
Corinth [kórinθ] Korint
Coriolanus [kəriəléinəs] Koriolan
Cornelia [kə:ní:ljə] Kornelija
Cornelius [kə:ní:ljəs] Kornelij

Cornish [kó:niš] cornwalski
Cornwall [kó:nwəl] angl. pokrajina
Corsika [kó:sikə] Korzika
Cossack [kósæk] kozak; kozaški
Coventry [kóvəntri] kraj. ime; to send to ~ bojko-
tirati
Coverdale [kávədeil] kraj. ime
Cowper [káupə, kú:pə] druž. ime
Crakow [krá:kou] Krakov
Craig [kreig] druž. ime
Crankshaw [krǽŋkšə:] druž. ime
Crawford [kró:fəd] druž. ime
Crawley [kró:li] druž. ime
Creighton [kráitn] kraj. ime
Cremona [krimóunə] kraj. ime
Creole [krí:oul] kreol(ka); kreolski
Cressida [krésidə] ž. ime
Cressy [krési] kraj. ime
Creswick [krézik] kraj. ime
Crete [kri:t] Kreta
Crewe [kru:] kraj. ime
Crieff [kri:f] kraj. ime
Crimea [krajmíə] Krim
Crispin [kríspin] m. ime
Croat [króuət] Hrvat(ica)
Croatia [krouéišjə] Hrvaška
Croatian [krouéišon] hrvaški; hrvaščina
Croesus [krí:zəs] Krez
Cromwell [krómwel] ime zgod. osebe
Crosby [krózbi] kraj. ime
Crosfield [krósfi:ld] kraj. ime
Croydon [króidn] kraj. ime
Crusoe [krú:sou] druž. ime
Cuba [kjú:bə] Kuba
Cuban [kjú:bən] Kubanec, -ka; kubanski
Cumberland [kámbələnd] ime grofije
Cumbrian [kámbriən] cumberlandski
Cummuskey [kámski] druž. ime
Cunard [kju:ná:d] druž. ime
Cunningham [kániŋəm] druž. ime
Cupid [kjú:pid] Kupido
Curzon [ká:zən] druž. ime
Cuthbert [káθbət] m. ime; zmuzne
Cyclades [síklədi:z] Kiklade
Cynewulf [kíniwulf] ime stangl. pesnika
Cynthia [sínθiə] ž. ime
Cyprus [sáiprəs] Ciper
Cyril [síril] Ciril
Cyrus [sáiərəs] Kir
Czech [ček] Čeh(inja); češčina; češki
Czechoslovak [čékoslóuvæk] češkoslovaški; Čeho-
slovak(inja)
Czechoslovakia [čékoslovǽkiə] Čehoslovaška
Czechoslovakian [čékoslovǽkiən] Čehoslovaški

D

Daedalus [dí:dələs] oseba iz grške mitologije
Dahomey [dəhóumi] ime dežele
Dail Eireann [dáiléərən] irski parlament
Daimler [déimlə] druž. ime, znamka avtomobilov
Daisy [déizi] ž. ime, Marjetica
Dakar [dǽkə] kraj. ime
Dakota [dəkóutə] ime države v ZDA
Dalai Lama [dǽlailá:mə] dalajlama

Dalila [dəláilə] bibl. oseba
Dallas [dǽləs] kraj. ime
Dalmatia [dælméišjə] Dalmacija
Dalmatian [dælméišən] dalmatinski; Dalmatinec,
-nka; pasma psa
Dalton [dó:ltən] kraj. in druž. ime
Damascus [dəmá:skəs] Damask
Damocles [dǽməkli:z] Damoklej

Dana [déinə] v ZDA; [dǽnə] v Kanadi, ž. ime
Dane [déin] Danec, -nka
Danelagh, -law [déinlə:] danski zakonik iz 10. stoletja
Daniel [dǽnjəl] m. ime
Danish [déiniš] danski; danščina
Dante [dǽnti] ime pesnika
Dantzic [dǽncik] Gdansk
Danube [dǽnju:b] Donava
Daphne [dǽfni] ime vile
Dardanelles [da:dənélz] Dardanele
Darius [dəráiəs] Darij
Darlington [dá:liŋtən] druž. ime
Darnley [dá:nli] druž. ime
Dart [da:t] ime reke
Dartmoor [dá:tmuə] kraj. ime
Dartmouth [dá:tməθ] kraj. ime
Darwin [dá:win] druž. ime
Davenport [dǽvənpɔ:t] kraj. ime
Daventry [dǽvəntri, déintri] kraj. ime
David [déivid] m. ime
Davidson [déivisn] druž. ime
Davy [déivi] druž. ime; **Old** ~ *coll* čast
Dawdon [dɔ́:dn] druž. ime
Dawlish [dɔ́:liš] kraj. ime
Dawson [dɔ́:sn] druž. ime
Dealtry [déltri] kraj. ime; [dɔ́:ltri, díəltri] druž. ime
Debenham [débnəm] kraj. ime
Deborah [débərə] ž. ime
De Burgh [debɔ́:g] druž. ime
Decameron [dikǽmərən] Dekameron
Decius [di:šəs] rimsko m. ime
Defoe [dəfóu] ime pisatelja
Delaware [déləwɛə] ime države v ZDA
De la Warr [déləwɛə] druž. ime
Delhi [déli] kraj. ime
Delilah [diláilə] Dalila
De l'Isle, Delisle [dəláil] druž. ime
Delmar [delmá:] druž. ime
Delos [díləs] ime otoka
Delphi [délfai, délfi] kraj. ime
Delphic [délfik] delfski
Demeter [dimí:tə] Demeter
Democritus [dimókrites] Demokrit
Demosthenes [dimósθəni:z] Demosten
Denbighshire [dénbišə] ime grofije
Denmark [dénma:k] Danska
Denver [dénvə] kraj. ime
Deptford [détfəd] kraj. ime
De Quincey [də kwínsi] druž. ime
Derby [dá:bi] kraj. ime
Derham [dérəm] kraj. ime
Derwent [dá:wənt, dɔ́:w-] ime reke
Desborough [dézbrə] druž. ime
Descartes [déika:t] ime filozofa
Desdemona [desdimóunə] oseba iz Shakespeara
Detroit [ditrɔ́it] ime mesta
De Valera [dəvəléərə] ime irskega premiera
Devonshire [dévnšə] ime grofije
Dewey [djú:i] druž. ime
Dewsbury [djú:zbəri] kraj. ime
Diana [daiǽnə] boginja lova, Diana
Dick [dik] pomanjševalnica za **Richard**
Dickens [díkinz] ime pisatelja
Dido [dáidou] ime ustanoviteljice Kartagine
Digby [dígbi] kraj. ime

Dighton [dáitn] kraj. ime
Dinah [dáinə] ž. ime
Diocletian [daiəklí:šən] Dioklecijan
Diogenes [daiódžini:z] Diogen
Dionysus [daiənáises] Dioniz
Disney [dízni] druž. ime
Disraeli [dizréili] ime angl. državnika
Dnieper [(d)ní:pə] ime reke
Dniester [(d)nístə] ime reke
Doherty [dóuəti, dóuhə:ti] druž. ime
Dombey [dómbi] druž. ime
Domingo [dəmíŋgou] ime mesta
Dominican [dəmínikən] dominikanski; dominikanec
Donalbain [dónlbein] oseba iz Shakespeara
Don Juan [dəndžúən] Don Juan
Donovan [dónəvən] m. ime
Don Quixote [dənkwíksout] Don Kihot
Doolittle [dú:litl] druž. ime
Dorchester [dóčistə] kraj. ime
Doric [dórik] dorski; dorščina; kmečko narečje
Dorothea, Dorothy [dorəθíə, dórəθi] ž. ime
Dorit [dórit] ž. ime
Dos Passos [dəspǽsəs] ime pisatelja
Dougherty [dóuəti] druž. ime
Douglas [dʌ́gləs] druž. in kraj. ime
Dover [dóuvə] kraj. ime
Dowden [dáudn] druž. ime
Downing [dáuniŋ] druž. in kraj. ime
Doyle [dɔil] druž. ime
Draconian [dréikounjən] drakonski, krut
Drake [dreik] druž. ime
Drapier [dréipjə] druž. ime
Dravidian [drəvídjən] dravidski
Drave [dreiv] Drava
Dreiser [dráisə] druž. ime
Dreyfus [dréifəs, drái-] druž. ime
Droitwich [dróitwič] kraj. ime
Dromio [dróumjou] oseba iz Shakespeara
Druce [dru:s] druž. ime
Druid [drú:id] keltski duhovnik
Drury [drú:ri] kraj. ime
Dryburgh [dráibrə] kraj. ime
Dryden [dráidn] druž. ime
Dublin [dʌ́blin] kraj. ime
Duchesne [djukéin, dju:šéin, djú:ksn] druž. ime
Dudley [dʌ́dli] druž. ime
Duff [dʌf] druž. ime
Duluth [djulú:θ] kraj. ime
Dulwich [dʌ́lič] kraj. ime
Du Maurier [djumó:riei] druž. ime
Duncan [dʌ́ŋkən] os. iz Shakespeara
Duncombe [dʌ́ŋkəm] kraj. ime
Dundee [dʌndí:] kraj. ime
Dunkirk [dʌnkɔ́:k] Dunkerque
Dunlop [dʌ́nləp] druž. ime
Dupont [djú:pɔnt] druž. ime
Duquesne [dju:kéin] druž. ime
Durand [djuərǽnd] druž. ime
Durant [djurǽnt] druž. ime
Durbin [dá:bin] druž. ime
Durham [dʌ́rəm] kraj. ime
Durward [dá:wəd] druž. ime
Dutch [dʌč] holandski; *hist* nemški; holandščina; *hist* nemščina; **the Dutch** Holandci, Nizozemci; ~ **bargain** ureditev ali kupčija le v enostransko

korist; **that beats the** ~! takega pa še ne!; neverjetno!; ~ **cheese** skuta; ~ **comfort** slaba tolažba; ~ **courage** pogum pijanca; **double** ~ »španska vas«; *coll* **my old** ~ moja stara; **to talk to s.o. like a** ~ **uncle** narediti komu pridigo; ~ **nightingales** žabe; ~ **treat** skupen obed, pri katerem plača vsak zase

Dutchman [dʌ́čmən] Holandec; **I am a** ~ **if...** naj me vrag vzame, če...; **Flying** ~ leteči Holandec; ekspresni vlak
Dutchwomen [dʌ́čwumən] Holandka
Dutton [dʌtn] druž. ime
Dwight [dwait] m. ime
Dyce [dais] kraj. ime
Dyche [daič] druž. ime

E

Eaglescliffe [í:glzklif] kraj. ime
Ealing [í:liŋ] kraj. ime
Eames [i:mz, eimz] druž. in kraj. ime
Easdale [í:zdeil] kraj. ime
Earlestown [ɔ́:lztaun] kraj. ime
Eastbourne [í:sbən] kraj. ime
East-End [í:sténd] ime londonske četrti
East-Indies [í:stíndiz] Vzhodna Indija
Eastman [í:stmən] druž. ime
Eastwood [í:stwud] druž. in kraj. ime
Eaton [í:tn] kraj. ime
Ebbw [ébu] kraj. ime
Ebro [í:brou] ime reke
Ecuador [ekwədɔ́:] ime dežele
Eddington [édiŋtn] druž. ime
Eddystone [édistn] druž. in kraj. ime
Ede [i:d] druž. ime
Eden [í:dn] druž. ime
Edgar [édgə] m. ime
Edgeworth [édžwə:θ] kraj. in druž. ime
Edinburgh [édinbərə] ime mesta
Edison [édisn] druž. ime
Edith [í:diθ] ž. ime
Edmond [édmənd] m. ime
Edmonton [édməntn] kraj. ime
Edmund [édmənd] moško ime
Edwalton [edwɔ́:ltn] kraj. ime
Edward [édwəd] m. ime
Edwards [édwədz] druž. ime
Edwin [édwin] m. ime
Egbert [égbə:t] m. ime
Egerton [édžətn] kraj. ime
Egeus [idžíəs] oseba iz Shakespeara; [í:džu:s] stgr. ime
Egypt [í:džipt] ime dežele
Egyptian [idžípšən] egiptski; Egipčan(ka)
Eileen [áili:n] ž. ime
Einstein [áinstain] druž. ime
Eire [éərə] irska država
Eirene [airí:ni] ž. ime
Eisenhower [áiznhauə] druž. ime
Elbe [elb] Laba
Eleanor [élinɔ:] ž. ime
Eleazar [eliéizə] m. ime
Eleusis [eljú:sis] kraj. ime
Elgar [élgə] m. ime
Elias [iláiəs] bibl. ime
Elinor glej **Eleanor**
Eliot(e) [éljət] druž. ime
Elis [élis] druž. ime
Elisha [iláiš(a)] ime preroka; [elí:šə] kraj. ime
Eliza [iláizə] ž. ime
Elizabeth [ilízəbəθ] Elizabeta
Elizabethan [ilizəbí:θjən] elizabetinski

Ella [élə] ž. ime
Ellen [élin] ž. ime
Elliot(e) [éljət] druž. ime
Ellis [élis] druž. ime
Elsie [élsi] ž. ime
Elsing [élziŋ] kraj. ime
Elsinore [elsinɔ́:] kraj. ime
Elswick [élzik, élzwik] kraj. ime
Elvira [elváiərə, -ví-] ž. ime
Elwick [élik, élwik] kraj. ime
Ely [í:li] kraj. ime
Elysium [ilí:ziəm] mitološki kraj
Emanuel [imǽnjuəl] m. ime
Embury [émbəri] kraj. ime
Emerson [éməsn] druž. ime
Emilia [imí:ljə] ž. ime
Emily [émili] ž. ime
Emma [émə] ž. ime
Empedocles [empédəkli:z] stgr. ime
Endymion [endímjən] Endimion
Eneas [iní:əs] Enej
Eneid [íniid] Eneida
England [íŋglænd] Anglija
English [íŋgliš] angleški; angleščina; **the** ~ Angleži
Englishman [íŋglišmən] Anglež
Englishwoman [íŋglišwumən] Angležinja
Ephesus [éfises] Efez
Ephraim [í:freiim] m. ime
Epicurus [epikjúərəs] ime filozofa
Epiphany [ipífəni] praznik sv. treh kraljev
Epirus [epáirəs] Epir
Epping [épiŋ] kraj. ime
Epsom [épsəm] kraj. ime; ~ **salt** grenka sol
Epstein [épstein] ime kiparja
Erasmus [irǽzməs] Erazem
Erebus [erí:bəs] dežela senc
Eresby [íəzbi] kraj. ime
Erewhon [érivən] Utopija (S. Butlerja)
Erie [íəri] ime jezera
Erin [íərin] Irska
Eritrea [eritríə] ime dežele
Ernest [ɔ́:nist] m. ime
Eros [érəs] ime stgr. boga
Errol [érəl] m. ime
Erse [ə:s] keltsko narečje
Erskine [ɔ́:skin] druž. in kraj. ime
Ervine [ɔ́:vin] druž. ime
Esau [ísɔ:] bibl. oseba
Escombe [éskəm] kraj. ime
Eskimo [éskimou] Eskim(ka); eskimski
Esmond(e) [ézmənd] m. in ž. ime
Esperanto [espərǽntou] esperanto
Esquimou glej **Eskimo**
Essex [ésiks] ime pokrajine

Esther [éstə] ž. ime
Esthonia [estóunjə] Estonska
Esthonian [estóunjen] estonski; Estonec, -nka
Ethel [éθəl] ž. ime
Ethelbert [éθəlbə:t] m. ime
Ethelred [éθəlred] m. ime
Ethiopia [i:θióupjə] Etiopija
Ethiopian [i:θióupjən] etiopski; Etiopijec, -jka
Etna [étnə] ime vulkana
Eton [í:tn] kraj. ime (znana šola)
Etonian [itóunjən] gojenec znane šole v Etonu
Etruria [itrúəriə] ime dežele
Etruscan [itráskən] etruški; Etruščan(ka)
Ettrick [étrik] ime reke
Euboea [ju:bíə] Evboja
Euclid [jú:klid] Evklid
Eugene [jú:dži:n] Evgen
Eugenia [ju:džínjə] Evgenija
Eulalia [ju:léiljə] Evlalija
Eunice [jú:nis, ju:náisi] ž. ime
Euphemia [ju:fí:mjə] ž. ime
Euphrates [ju:fréitis] reka Evfrat
Eurasia [juréišə] Evrazija
Euripides [juərípidi:z] Evripid
Europe [júərəp] Evropa

European [juərəpíən] evropski; Evropejec, -jka
Eurydice [juərídisi:] Evridika
Eustace [jú:stəs] Evstah
Euston [jú:stən] ime londonske četrti
Euterpe [ju:tó:pi] ime muze, Evterpa
Eva, Eve [í:və, i:v] Eva
Evangeline [ivǽndžili:n] ž. ime
Evans [évənz] druž. ime
Evelin [í:vlin] kraj. ime
Evelina [evilí:nə] ž. ime
Everest [évərist] ime gore
Eversley [évəzli] kraj. ime
Evesham [í:všəm, í:šəm] kraj. ime
Ewart [jú:ət] druž. ime
Ewing [jú:iŋ] druž. ime
Exeter [éksətə] kraj. ime
Exmoor [éksmuə] kraj. ime
Exmouth [éksmauθ, éksməθ] kraj. ime
Eyam [í:əm] kraj. ime
Eyck [aik] kraj. ime
Eyles [ails] kraj. in druž. ime
Eyre [ɛə] oseba iz romana Brontejeve
Eyton [áitn] kraj. in druž. ime
Ezra [ézrə] hebrejsko m. ime

F

Fabius [féibjəs] Fabij
Fabricius [fəbríšjəs] Fabricij
Faed [feid] druž. ime
Fagin [féigin] druž. ime
Fahrenheit [fǽrnhait, fá:-] Fahrenheitov toplomer
Fairbanks [féəbæŋks] druž. in kraj. ime
Fairfax [féəfæks] druž. ime
Fairview [féəvju:] druž. in kraj. ime
Fairyland [féərilænd] pravljična dežela, Indija Koromandija, Deveta dežela
Falconer [fó:knə] druž. ime
Falklands [fó:kləndz] ime otočja
Falkner [fó:knə] druž. ime
Falmouth [fǽlməθ] kraj. ime
Falstaff [fǽl:sta:f] oseba iz Shakespeara
Fannick [fǽnik] druž. ime
Fanny [fǽni] ž. ime, Francka
Fanshawe [fénšə:] druž. ime
Faraday [fǽrədi, -dei] druž. ime
Fareham [féərəm] kraj. ime
Farleigh [fá:li] kraj. ime
Farmington [fá:miŋtən] druž. ime
Farnborough [fá:nbərə] kraj. ime
Faulconbridge [fó:kənbridž] kraj. in druž. ime
Faulkland [fó:klənd] druž. ime
Faulkner [fó:knə] druž. ime
Fauntleroy [fó:ntlərɔi] druž. ime
Faustus [fó:stəs] Favst
Faversham [fǽvəšəm] kraj. ime
Fawkes [fó:ks] druž. ime
Fayette [feiét] druž. ime
Featherstonehaugh [féθəstounhɔ:, fenšɔ:] druž. ime
Feilden [fí:ldn] druž. ime
Feilding [fí:ldiŋ] druž. ime
Feiling [fáiliŋ] druž. ime
Felicia [filísiə] ž. ime
Felix [fí:liks] m. ime, Srečko

Fenian [fí:niən] član irske stranke
Fennimore [fénimə:] druž. ime
Fenwick [fénik, fénwik] kraj. ime
Feodor [fíədɔ:] m. ime
Fergusson [fó:gəsn] druž. ime
Fernando [fə:nǽndou] m. ime
Fernyhough [fó:nihaf, -hælš] kraj. ime
Feversham [févəšəm] kraj. ime
Feoulkes [fouks, foulks, fauks] druž. ime
Fielding [fí:ldiŋ] druž. ime
Fifeshire [fáifšiə] druž. ime
Fiji Islands [fídži áiləndz] otočje fidži
Filipino [filipínou] prebivalec, -lka Filipinov
Fingal [fíŋgəl] kraj. ime; [fiŋgó:l] druž. ime
Finland [fínlənd] Finska
Finn [fin] Finec, -nka
Finnish [fíniš] finski; finščina
Fiona [fióunə] ž. ime
Firbank [fó:bæŋk] druž. ime
Fitzgerald [ficdžérəld] druž. ime
Fitzroy [ficrói] druž. ime; [fícrɔi] kraj. ime
Flaherty [fléəti] druž. ime
Flanders [flá:ndəz] Flandri
Flavia [fléiviə] ž. ime
Fleming [flémiŋ] Flamec, -mka
Flemish [flémiš] flamski, flamščina
Fletcher [fléčə] druž. ime
Fleur [flə:] ž. ime
Florence [flórəns] ž. ime; Firence, Florenca
Florian [fló:riən] Florijan
Florida [flóridə] ime države v ZDA
Floyd [flɔid] druž. ime
Flushing [flʌ́šiŋ] kraj. ime, Flissingen
Flynn [flin] druž. ime
Foakes [fouks] druž. ime
Folkestone [fóukstn] kraj. ime
Forbes [fɔ:bs, Sc -bis] druž. ime

Ford(e) [fɔ:d] druž. ime
Fordcombe [fɔ́:dkəm] druž. ime
Fordwich [fɔ́d(w)ič] kraj. ime
Foedyce [fɔ́:dais] druž. in kraj. ime
Formosa [fɔ:móusə] ime otoka
Forsyte [fɔ́:sait] druž. ime
Forsyth [fɔ́:saiθ] druž. ime
Fortescue [fɔ́:tiskju:] druž. ime
Fortinbras [fɔ́:tinbræs] oseba iz Shakespeara
Fortunatus [fɔ:tjunéitəs] Fortunat
Foulkes [fouks, fauks] druž. ime
Fowey [fɔi, fóui] druž. ime
Fowler [fáulə] druž. ime
France [fra:ns, A fræns] Francija
Frances [frá:nsis] Frančiška
Francis [frá:ncis] Frančišek
Franciscan [frænsískən] frančiškanski; frančiškan
Frank [fræŋk] pomanjševalnica za Francis
Frankfort [frǽŋkfət] Frankfurt
Franklin [frǽŋklin] druž. ime
Frazer [fréizə] druž. ime
Frederic, Freddy [frédrik, frédi] m. ime

French [frenč] francoski; francoščina; the ~ Francozi; to take ~ leave izginiti brez slovesa
Frenchman [frénčmən] Francoz
Frenchwoman [frénčwumən] Francozinja
Friesic [frí:zik] frizijski
Frisian [frízjən] frizijski; Frizijec, -jka
Frithelstock [fríθlstək, frístək] kraj. ime
Fritz [fric] tipičen Nemec; nemška armada, nemška podmornica
Frobisher [fróubišə] druž. ime
Frocester [frɔ́stə] kraj. ime
Frome [fru:m] ime reke
Froswick [frɔ́sik] kraj. ime
Froud [fraud] druž. ime
Frowd(e) glej Froud
Fuegian [fju:džjən] prebivalec Ognjene zemlje
Fulham [fúləm] kraj ime
Fulton [fúltn] kraj. in druž. ime
Furness [fə́:nis] kraj. in druž. ime
Furneux [fə́:niks] kraj. ime
Fyfe, Fyffe [faif] druž. ime
Fylde [faild] kraj. ime
Fyson [fáisn] druž. ime

G

Gabriel [géibriəl] m. ime
Gaby [gá:bi] ž. ime
Gadsby [gǽdzbi] druž. ime
Gael [geil] Kelt(ka), Galec, -lka
Gaelic [géilik] keltski, galski; keltščina, galščina
Gainsborough [géizbərə] druž. ime
Gaius [gáiəs] m. ime
Galbraith [gǽlbreiθ] druž. ime
Galicia [gəlíšiə] ime dežele
Galilee [gǽlili:] Galileja
Galla(g)her [gǽləhə] druž. ime
Gallia [gǽliə] Galija
Gallic [gǽlik] galski, francoski
Gallipoli [gəlípəli] kraj. ime
Gallup [gǽləp] kraj. ime
Galsworthy [gɔ́:lzwə:ði] ime pisatelja
Galveston(e) [gǽlvistən] druž. ime
Gandhi [gǽndi] indijski voditelj
Ganges [gǽndži:z] ime reke
Ganymede [gǽnimi:d] Ganimed
Garfield [gá:fi:ld] druž. ime
Garibaldi [gæribɔ́:ldi] druž. ime
Garrick [gǽrik] druž. ime
Gascon [gǽskən] Gaskonjec
Gatenby [géitnbi] druž. ime
Gaul [gɔ:l] Galija; Galec, -lka
Gaulish [gɔ́:liš] galski; galščina
Gawain [gá:wein] ime zgod. osebe
Gene [dži:n] m. ime
Geneva [džiní:və] Ženeva
Genoa [džénouə] Genova
Gentile [džéntail] ki ni Žid; pogan; poganski; ki ni mohamedanec; A ki ni mormonec
Geoffrey [džéfri] Bogomir
George [džɔ:dž] Jurij; sl avtomatska pištola
Georgia [džɔ́:džiə] ime države v ZDA; Gruzija
Gerald [džérəld] m. ime

German [džə́:mən] nemški; nemščina; Nemec, -mka; ~ measles med rdečke; ~ sausage tlačenka
Germanic [džə:mǽnik] germanski
Germany [džə́:məni] Nemčija
Gertrude [gə́:trud] ž. ime
Gethsemane [geθséməni] bibl. kraj
Gettysburg [gétisbə:g] kraj. ime
Gibbs [gibz] druž. ime
Gibraltar [džibrɔ́:ltə] kraj. ime
Gibson [gíbsn] druž. ime
Gilbert [gílbət] m. in druž. ime
Gilchrist [gílkrist] druž. ime
Giles [džáils] Ilija, m. ime
Gilette [džilét] druž. ime
Gillies [gíli:z] druž. ime
Gladstone [glǽdstn] druž. ime
Gladys [glǽdis] ž. ime
Glamis [gla:mz] kraj. ime
Glamorganshire [gləmɔ́:gənšiə] ime grofije
Glasgow [glá:sgou, glǽs-] kraj. ime
Glaswegian [gla:swí:džən, glæs-] glasgowski; Glasgowčan(ka)
Glendale [gléndeil] kraj. ime
Glendower [glendáuə] zgod. oseba, druž. ime
Glangarry [glengǽri] kraj. ime
Gloria [glɔ́:riə] ž. ime
Gloucester [glɔ́stə] kraj. ime
Goddard [gɔ́dəd] druž. ime
Godfrey [gɔ́dfri] Bogomir
Godiva [gədáivə] ime zgod. osebe
Golgotha [gɔ́lgəθə] Golgota
Goliath [gəláiəθ] Goliat; velikan
Gollancz [gɔ́lænc] druž. ime
Gomorrah [gəmɔ́rə] Gomora
Goodrich [gúdrič] druž. ime
Goodyear [gúdjə] druž. ime

Gordian [gɔ́:djən] gordijski; **to cut the** ~ **knot** presekati gordijski vozel, odločno rešiti vprašanje
Gordon [gɔ́:dn] druž. ime
Gorgon [gɔ́:gən] Gorgona, Meduza
Gorizia [goríciə] Gorica
Goth [gɔθ] Got; *fig* vandal, barbar
Gotham [*A* gouθəm; *E* góutəm] mesto norcev; **wise man of** ~ norec
Gothic [gɔ́θik] gotski
Gough [gɔf] druž. ime
Gould [gu:ld] druž. ime
Gowan [gáuən] druž. ime
Grace [greis] ž. ime
Gracechurch [gréiščə:č] kraj. ime
Graham [gréəm] druž. ime
Grail [greil] Gral
Grampian Mountains [græmpiən máuntinz] ime pogorja
Granada [grəná:də] kraj. ime
Granger [gréindžə] druž. ime
Grant [gra:nt] druž. ime
Grantham [grǽnθəm] kraj. in druž. ime
Gratiano [gra:šiá:nou] oseba iz Shakespeara
Graves [gréivz] druž. ime; ~**'s disease** bazedovka
Gravesend [gréivzénd] kraj. ime
Gray [grei] druž. ime
Great Britain [gréitbrítən] Velika Britanija
Grecian [grí:šən] grški; absolvent šole Christ's Hospital v Londonu
Greaves [gri:vz, greivz] druž. ime
Greece [gri:s] Grčija

Greek [gri:k] grški; Grk(inja); »španska vas«; **on** ~ **calends** nikoli
Greenland [grí:nlənd] Grenlandija; druž. im
Greenwich [grínidž] kraj. ime
Gregory [grégəri] Gregor
Gresham [gréšəm] kraj. ime
Greta [grí:tə, grétə] ž. ime
Gretna Green [grétnəgri:n] kraj. ime
Griffith [grífiθ] druž. ime
Grimes [gráimz] druž. ime
Grimsby [grímzbi] kraj. ime
Gringo [gríŋgou] vzdevek Angleža ali Severoamerikanca v Južni Ameriki
Grosvenor [gróuvnə] druž. ime
Grundy [grʌ́ndi] druž. ime
Guadalcanal [gwədælkənæl] ime otoka
Guatemala [gwætimá:lə] Gvatemala
Guernsey [gɔ́:nsi] ime otoka
Guiana [gaiǽnə, gaiá:nə] Gvajana
Guildenstern [gíldənstə:n] oseba iz Shakespeara
Guilhall [gíldhɔ́:l] londonska mestna hiša
Guinea [gíni] Gvineja
Guinevere [gíniviə] ime kraljice
Guinnes [gínis, ginés] druž. ime
Guisborough [gízbrə] kraj. ime
Gulf-stream [gʌ́lfstri:m] Zalivski tok
Gulliver [gʌ́livə] ime Swiftovega junaka
Gus, Gussie [gʌs, gʌ́si] Gustav
Guy [gai] Vid
Gwendolen [gwéndolin] ž. ime
Gwyn(n) [gwin] druž. ime

H

Habakkuk [hǽbəkək, həbǽkək] bibl. ime
Hacket [hǽkit] druž. ime
Hackney [hǽkni] del Londona
Hades [héidi:z] Hades, grški bog podzemlja in podzemlje
Hadow [hǽdou] druž. ime
Hadji [hǽdži] Hadži, romar v sveto mesto
Hadrian [héidriən] Hadrijan
Hagar [héiga:] bibl. ime; [héigə] druž. ime
Haggard [hǽgəd] druž. ime
Hague, the [héig] Haag
Haigh [héig] druž. ime
Haiti [héiti] Haiti
Hakluyt [hǽklu:t] druž. ime
Hal [hæl] m. ime
Haldane [hɔ́:ldein] druž. ime
Halifax [hǽlifæks] druž. in kraj. ime; **go to** ~ **!** pojdi k vragu!
Hall [hɔ:l] druž. ime
Hallam [hǽləm] druž. ime
Halleck [hǽlək] druž. ime
Halley [hǽli] druž. ime
Halliday [hǽlidei] druž. ime
Halstead [hɔ́:lsted, hæl~, ~stid] ime angl. mesta
Haman [héimæn] bibl. ime
Hambo(u)rg [hǽmbə:g] ime mesta
Hamilton [hǽmiltən] druž. in kraj. ime
Hamite [hǽmait] hamit
Hamlet [hǽmlit] Hamlet
Hamlin [hǽmlin] druž. ime

Hammersmith [hǽməsmiθ] del Londona
Hammond [hǽmənd] druž. in kraj. ime
Hampshire [hǽmpšiə, ~šə] ime angl. grofije
Hampstead [hǽm(p)stid] ime londonske občine
Hampton [hǽm(p)tən] druž. in kraj. ime
Hancock [hǽnkək] druž. ime
Hank [hæŋk] m. ime
Hanley [hǽnli] druž. ime
Hannah [hǽnə] ž. ime
Hannibal [hǽnibəl] Hanibal
Hanoi [há:nói, hænói] ime mesta
Hanover [hǽnovə] ime mesta; angl. kraljevska dinastija
Hans [hænz] m. ime; vzdevek za Nemca ali Holandca
Hants [hænts] Hampshire
Harcourt [há:kət] druž. ime
Hardicanute [há:dikənju:t] ime angl. in danskega kralja
Harding [há:diŋ] druž. ime
Hardy [há:di] druž. ime
Hargreaves [há:gri:vz] druž. ime
Harington [hǽriŋtən] druž. ime
Harlem [há:ləm] Harlem, črnski predel New Yorka
Harley Street [há:li] londonska ulica modnih zdravnikov
Harlow [há:lou] druž. in kraj. ime
Harold [hǽrəld] m. ime
Harrap [hǽrəp] druž. ime
Harries [hǽris] druž. ime

Harriet [hǽriət] ž. ime
Harris [hǽris] druž. ime
Harrisburg [hǽrisbə:g] ime am. mesta
Harrison [hǽrisən] druž. ime
Harrogate [hǽrəgit] ime angl. mesta
Harrow [hǽrou] ime znane angl. šole
Harry [hǽri] m. ime; to play old ~ with zagosti jo komu
Hart [ha:t druž. ime
Harte [ha:t] druž. ime
Hartford [há:tfəd] ime am. mesta
Harvard [há:vəd, ~va:d] druž. ime
Harvey [há:vi] druž. ime
Harwell [há:wəl] kraj. ime
Harwich [hǽridž] ime angl. mesta
Haslemere [héizlmiə] ime angl. mesta
Hastings [héistiŋz] ime angl. mesta
Hathaway [hǽθəwei] druž. ime
Hattie [hǽti] ž. ime
Havelock [hǽvlək] druž. ime
Havana [həvǽnə] Havana
Hawaii [ha:wáii] Havaji
Haward [héiwəd, hə:d] druž. ime
Hawick [hɔ́:ik] ime škot. mesta
Hawkins [hɔ́:kinz] druž. ime
Hawthorne [hɔ́:θə:n] druž. ime
Hayes [héiz] druž. ime
Haymarket [héima:kit] ime londonske ulice
Hazel [héizəl] ž. ime
Hazlitt [hǽzlit] druž. ime
Healey [hí:li] druž. ime
Hearne [hə:n] druž. ime
Hearst [hə:st] druž. ime
Heath [hi:θ] druž. ime
Heathcote [héθkət, hí:θ~] druž. ime
Heaviside [hévisaid] druž. ime
Hebrides [hébridi:z] Hebridi
Hecate [hékəti] ime stgr. boginje
Hector [héktə] m. ime
Hedda [hédə] ž. ime
Hedwig [hédwig] ž. ime
Helen [hélin] ž. ime
Helena [hélinə] ime am. mesta
Helicon [hélikən] ime gr. gore
Heligoland [héligoulǽnd] kraj. ime
Helios [hí:liɔs] Helios, bog sonca
Hellas [hélæs] Helada, Grčija
Hellespont [hélispɔnt] Helespont
Helsinki [hélsiŋki] Helsinki
Helvellyn [helvélin] ime angl. gore
Helvetia [helví:šiə] Helvecija, Švica
Hemans [hémənz] druž. ime
Hemingway [hémiŋwei] druž. ime
Hempstead [hémstid] ime newyorškega predmestja
Hendon [héndən] ime londonskega predmestja
Henley [hénli] druž. ime
Henness(e)y [hénisi] druž. ime
Henrietta [henriétə] ž. ime
Henry [hénri] m. ime
Hensley [hénzli] druž. ime
Henslowe [hénzlou] druž. ime
Henty [hénti] druž. ime
Hepburn [hébə:n, hépbə:n] druž. ime
Hephaestus [hifí:stəs] Hefaist, grški bog ognja
Hepplewhite [hépl(h)wait] druž. ime

Heracles [hérəkli:z] Herakles
Heraclitus [herəkláitəs] Heraklit, grški filozof
Heraclius [herəkláiəs] ime bizantinskega cesarja
Herbert [hə́:bət] m. in druž. ime
Herculaneum [hə:kjuléiniəm] Herkulanum, strim. mesto
Hercules [hə́:kjuli:z] Herkul
Herefordshire [hérifədšiə] ime angl. grofije
Herman [hé:mən] m. ime
Hermes [hé:mi:z] Hermes
Hermione [hə:máiəni] ž. ime
Herne Bay [hə:n] ime angl. mesta
Herod [hérəd] Herod
Herodotus [heródətəs] Herodot, grški zgodovinar
Herrick [hérik] druž. ime
Herschel [hə́:šəl] druž. ime
Hertfordshire [há:fədšiə] ime angl. grofije
Herts [ha:ts] Hertfordshire
Hervey Bay [há:vi, hə:vi] ime avstral. zaliva
Herzegovina [hɛəcəgouví:nə] Hercegovina
Hesiod [hí:siəd] Hesiod, stgr. pesnik
Hesperides [hespéridi:z] hesperide
Hesse [hési] Hessen
Hester [héstə] ž. ime
Hetty [héti] ž. ime
Heward [hjú:əd] druž. ime
Hewlett [hjú:lit] druž. ime
Hexham [héksəm] ime angl. mesta
Heyward [héiwəd] druž. ime
Heywood [héiwud] druž. in kraj. ime
Hezekiah [hezikáiə] ime judejskega kralja
Hichens [híčinz] druž. ime
Hieronymus [haiəróniməs] Hieronim
Higginson [híginsən] druž. ime
Highgate [háigit] del Londona
Hilary [híləri] m. ime
Hilda [híldə] ž. ime
Hilton [híltən] druž. ime
Himalaya(s), the [himəléiə(z)] Himalaja
Hindustan [hindustǽn] Hindustan
Hippocrates [hipókrəti:z] Hipokrat, stgr. zdravnik
Hippocrene [hipokrí:ni] Hipokrena, studenec muz
Hippolyte [hipóliti] m. ime
Hiram [háiərəm] m. ime
Hitchcock [híčkɔk] druž. ime
Hoare [hɔ:] druž. ime
Hobart [hóubət] ime avstral. mesta
Hobbes [hɔbz] druž. ime
Hoboken [hóuboukən] ime am. mesta
Hodges [hódžiz] druž. ime
Hogarth [hóuga:θ] druž. ime
Hogben [hógben] druž. ime
Hogg [hɔg] druž. ime
Holborn [hólbə:n] del Londona
Holcroft [hóulkrɔft] druž. ime
Holdsworth [hóuldzwə:θ] druž. ime
Holinshed [hólinšed] druž. ime
Holland [hólənd] Holandska
Holloway [hóləwei] druž. ime
Hollywood [hóliwud] ime am. mesta
Holman [hóulmən] druž. ime
Holmes [hóumz] druž. ime
Holofernes [hóuləfə́:ni:z] Holofernes
Holyhead [hólihed] ime angl. otoka
Holyoake [hóuliouk] druž. ime
Home [hju:m, houm] druž. ime

Homer [hóumə] Homer
Honduras [hɔndjúərəs] Honduras
Hong Kong [hóŋkəŋ] ime mesta
Honolulu [hɔnəlú:lú:] ime mesta
Hood [hud] druž. ime
Hoover [hú:və] druž. ime
Hopkins [hópkinz] druž. ime
Horace [hórəs] Horac, rimski pesnik
Horatio [horéišiou] m. ime
Horsham [hó:šəm] ime angl. mesta
Hortensia [hɔ:ténsiə] ž. ime
Horwich [hóridž] ime angl. mesta
Hough [hʌf] druž. ime
Houghton [hó:tn, hóutn, háutn] druž. in kraj. ime
Hounslow [háunzlou] ime londonskega predmestja
Housman [háusmən] druž. ime
Houston [hjú:stən] druž. ime; ime am. mesta
Houyhnhnm [húi(h)nəm] ime konjskega plemena v Guliverjevih potovanjih
Hovey [hʌ́vi] druž. ime
How(e) [háu] druž. ime
Howard [háuəd] druž. ime
Howell(s) [háuəl(z)] druž. ime
Howorth [háuəθ] druž. ime
Hubbard [hʌ́bəd] druž. ime

Huckleberry [hʌ́klbəri] druž. ime
Hucknall [hʌ́knəl] ime angl. mesta
Huddersfield [hʌ́dəzfi:ld] ime angl. mesta
Hudibras [hjú:dibræs] ime angl. satirika
Hudson [hʌ́dsən] druž. ime; ime am. reke
Huggins [hʌ́ginz] druž. ime
Hugh [hju:] m. ime
Hughes [hju:z] druž. ime
Hugo [hjú:gou] francoski pisatelj
Hull [hʌl] ime angl. mesta
Hulme [hju:m, hu:m] druž. ime
Humber [hʌ́mbə] ime angl. reke
Hume [hju:m] druž. ime
Humphr(e)y [hʌ́mfri] m. in druž. ime
Hungary [hʌ́ŋgəri] Madžarska
Hunt [hʌnt] druž. ime
Huntingdon(shire) [hʌ́ntiŋdən(šiə)] ime angleške grofije
Hunts [hʌnts] Huntingdonshire
Huron [hjúərən] ime am. jezera
Hutton [hʌtn] ime londonskega predmestja
Huxley [hʌ́ksli] druž. ime
Hyacinth [háiəsinθ] ž. ime
Hyde [háid] druž. ime
Hythe [háið] ime angl. mesta

I

Iago [iá:gou] Jago, oseba iz Shakespeara
Ian [íən] m. ime
Iberia [aibíəriə] Iberija
Icaria [aikéəriə] Ikarija, ime otoka
Icarus [áikərəs, ík~] Ikar
Iceland [áislənd] Islandija
Ida [áidə] ž. ime
Idaho [áidəhou] ime države v ZDA
Idomeneus [aidóminju:s] Idomeneus, kretski kralj
Ignatius [ignéišəs] m. ime
Ilford [ílfəd] ime londonskega predmestja
Iliad [íliəd] Iliada
Illingworth [íliŋwəθ] druž. ime
Illinois [ilinói(z)] ime države v ZDA
Illyria [ilíriə] Ilirija
Immanuel [imǽnjuəl] m. ime
Imogen [ímoudžən] m. ime
Inca [íŋkə] Ink
India [índjə] Indija
Indiana [indiǽnə] ime države v ZDA
Indianapolis [indiənǽpəlis] ime am. mesta
Indies [índiz] (obe) Indiji
Indo-China [índoučáinə] Indokina
Indonesia [indouní:šə, ~žə] Indonezija
Indus [índəs] ime reke
Inge [iŋ, indž] druž. ime
Ingelow [índžilou] druž. ime
Inglis [íŋglz, íŋglis] druž. ime
Inman [ínmən] druž. ime
Invercargill [invəka:gíl] škot. mesto; [invəká:gil] novozelandsko mesto
Inverness(shire) [invənés(šiə)] ime škot. grofije
Iolanthe [aiəlǽnθi] ž. ime
Iona [aióunə] ime škot. otoka
Ionia [aióunjə] Jonija
Iowa [áiəwə, áiouə] ime države v ZDA

Iphigenia [ifidžináiə] Ifigenija
Ipswich [ípswič] ime angl. mesta
Ira [áirə] m. ime
Irak [irá:k] Irak
Iran [iərá:n] Iran, Perzija
Iraq [irá:k] Irak
Ireland [áiələnd] Irska
Irene [airí:ni] ž. ime
Ireton [áiətn] druž. ime
Iroquois [írəkwoi(z)] ime indijanskega plemena
Irving [ɔ́:viŋ] druž. ime
Irwin [ɔ́:win] druž. ime
Isaac [áizək] m. ime
Isabel [ízəbel] ž. ime
Isabella [izəbélə] ž. ime
Isaiah [aizáiə] Izaija, svetopisemski prerok
Iscariot [iskǽriət] Iškarijot
Isherwood [íšəwud] druž. ime
Isidore [ízidə:] m. ime
Isis [áisis] Izida, egiptovska boginja
Isla [áilə] ime škot. reke
Islay [áilə] ime škot. otoka
Isleworth [áilzwəθ] ime londonskega predmestja
Islington [ízliŋtən] ime londonske občine
Isocrates [aisókrəti:z] Isokrates, grš. učitelj retorike
Israel [ízriəl] Izrael
Istanbul [istænbú:l] Istanbul
Istria [ístriə] Istra
Italy [ítəli] Italija
Ithaca [íθəkə] Itaka
Ivan [áivən] m. ime
Ivanhoe [áivənhou] oseba iz Scotta
Ives [áivz] druž. ime
Ivor [í:və, ái~] m. ime
Ivy [áivi] ž. ime
Ixion [iksáiən] Iksion, kralj Lapitov

J

Jabez [džéibez] m. ime
Jack [džæk] m. ime
Jackson [džǽksn] druž. ime
Jacksonville [džǽksɔnvil] ime am. mesta
Jacob [džéikəb] m. ime
Jacobs [džéikəbz] druž. ime
Jacqueline [džǽkli:n] ž. ime
Jaffa [džǽfə] ime izraelskega mesta
Jago [džéigou] druž. ime
Jairus [džeiáiərəs] m. ime
Jamaica [džəméikə] Jamajka
James [džéimz] m. ime
Jameson [džéimsən] druž. ime
Jamie [džéimi] m. ime
Jane [džéin] ž. ime
Janet [džǽnit] ž. ime
Janice [džǽnis] ž. ime
Janus [džéinəs] ime rimskega božanstva
Japan [džəpǽn] Japonska
Japhet [džéifət] m. ime
Jaques [džéikwiz] oseba iz Shakespeara
Jarvis [džá:vis] m. ime
Jason [džéisn] Jazon
Jasper [džǽspə] m. ime
Java [džá:və] ime otoka
Jay [džéi] m. ime
Jean [dži:n] ž. ime
Jeans [dži:nz] druž. ime
Jefferson [džéfəsn] druž. ime
Jeffrey [džéfri] m. ime
Jehovah [džihóuvə] Jehova
Jekyll [džǐ:kil] oseba iz Stevensona
Jemima [džimáimə] ž. ime
Jena [jéinə] ime nem. mesta
Jenkins [džénkinz] druž. ime
Jenner [džénə] druž. ime
Jenny [džéni, džíni] ž. ime
Jeremiah [džerimáiə] m. ime
Jeremy [džérimi] m. ime
Jericho [džérikou] Jeriho
Jerome [džəróum] m. ime
Jerry [džéri] m. ime; vzdevek za Nemca
Jersey [džɔ́:zi] ime angl. otoka
Jerusalem [džərú:sələm] Jeruzalem
Jesse [džési] m. ime
Jessica [džésikə] ž. ime
Jessie [džési] ž. ime
Jesus [džǐ:zəs] Jezus
Jevons [džévənz] druž. ime
Jewett [džúit] druž. ime

Jezebel [džézəbl] ž. ime
Jill [džil] ž. ime
Jim [džim] m. ime
Jimmy [džími] m. ime
Jo [džóu] m. ime
Joab [džóuæb] m. ime
Joan [džóun] ž. ime
Job [džóub] m. ime
Jocelyn [džɔ́slin] ž. ime
Joe [džóu] m. ime
Joel [džóuel] m. ime
Joey [džóui] m. ime
Johannesburg [džouhǽnisbə:g] ime afr. mesta
John [džɔn] m. ime
Johnny [džɔ́ni] m. ime
Johnson [džɔ́nsn] druž. ime
Johnstone [džɔ́nstən] ime škot. mesta
Jonah [džóunə] Jona, prerok
Jonas [džóunəs] m. ime
Jonathan [džɔ́nəθən] m. ime
Jones [džóunz] druž. ime
Jonson [džɔ́nsn] druž. ime
Jordan [džɔ́:dn] ime reke; druž. ime
Joseph [džóuzəf] m. ime
Josephine [džóuzifi:n] ž. ime
Josephus [džousí:fəs] ime judovskega zgodovinarja
Josh [džɔš] m. ime
Joshua [džɔ́šwə] m. ime
Josiah [džousáiə] m. ime
Joule [džául, džu:l] druž. ime
Jove [džóuv] Jupiter;] by ~ ! hudika!
Joyce [džɔ́is] druž. ime
Jud(a)ea [džu:díə] Judeja
Judas [džú:dəs] Juda
Jude [džu:d] m. ime
Judith [džú:diθ] ž. ime
Judy [džú:di] ž. ime
Jugurtha [džugɔ́:θə] Jugurta, numidijski kralj
Julia [džú:ljə] ž. ime
Julian [džú:ljən] m. ime
Juliet [džú:ljət] ž. ime
Julius [džú:ljəs] m. ime
Juneau [džú:nou] ime mesta na Alaski
Juno [džú:nou] Junona, rim. boginja
Jupiter [džú:pitə] Jupiter
Jura, the [džúərə] ime pogorja
Justin [džʌ́stin] m. ime
Justinian [džʌstíniən] Justinijan
Jute [džu:t] Jut, pripadnik stgerm. plemena
Jutland [džʌ́tlənd] ime polotoka

K

Kabul [kəbú:l, kɔ́:bul, ká:bul] ime afgan. mesta
Kabyle [kǽbil, kæbáil] Kabil
Kaffir [kǽfə] Kafer
Kalmuck [kǽlmʌk] Kalmik
Kam(t)chatka [kæmčǽtkə] Kamčatka
Kamerun [kǽməru:n] Kamerun
Kane [kéin] druž. ime
Kansas [kǽnzəs] ime države v ZDA
Kant [kænt] Kant
Karachi [kərá:či] ime pakistan. mesta

Karakoram [kærəkɔ́:rəm] Karakorum
Karen [kərén] ž. ime
Kashmir [kǽšmiə] Kašmir
Katahdin, Mount [kətá:din] ime am. gore
Kate [kéit] ž. ime
Katharine [kǽθərin] ž. ime
Kathleen [kǽθli:n] ž. ime
Katie [kéiti] ž. ime
Katmandu [ka:tma:ndú:] ime nepalskega mesta
Katrine [kǽtrin] ž. ime

Kattegat [kætigǽ·j] Kategat
Katty [kǽti] ž. ime
Kaufman [kɔ́:fmən] druž. ime
Kaye [kéi] druž. ime
Keane [ki:n] druž. ime
Keating [kí:tiŋ] druž. ime
Keats [ki:ts] druž. ime
Keble [ki:bl] druž. ime
Keewatin [kiwá:tin] predel Kanade
Kefauver [kí:fɔ:və] druž. ime
Keighley [kí:θli] ime angl. mesta; [kí:li, káili] druž. ime
Keir [kiə] druž. ime
Keith [ki:θ] m. ime
Keller [kélɔ] druž. ime
Kellogg [kɛlɔg] druž. ime
Kelly [kéli] druž. ime
Kelt [kelt] Kelt
Kelvin [kélvin] m. in druž. ime
Kendall [kéndəl] druž. ime; ime angl. mesta
Kenilworth [kénilwə:θ] ime angl. mesta
Kennedy [kénidi] druž. ime
Kenneth [kéniθ] m. ime
Kensington [kénziŋtən] ime londonske občine
Kent [kent] ime angl. grofije
Kentucky [kentʌ́ki] ime države v ZDA
Kenya [kí:njə, ké~] ime afr. države
Kern [kə:n] druž. ime
Kerouac [kéruæk] druž. ime
Kerr [ka:, kə:] druž. ime
Kerry [kéri] ime ir. grofije
Kew [kju:] ime londonskega predmestja
Keyes [ki:z] druž. ime
Keynes [kéinz] druž. ime
Khartum [ka:tú:m] Hartum
Kieff [kiéf] Kijev
Kildare [kildéə] druž. in kraj. ime
Kilkenny [kilkéni] ime ir. grofije
Kilimanjaro, Mount [kílimən džaː rou] ime gore

Kilmɛr [kílmə] druž. ime
Killarney [kilá:ni] ime ir. mesta
Killiecrankie [kilikrǽnki] ime gorskega prelaza v Škotski
Kilmarnock [kilmá:nək] ime škot. mesta
Kim [kim] lastno ime
Kimberley [kímbəli] ime afr. mesta
Kincardine [kinká:din] ime škotske grofije
Kingsley [kíŋzli] druž. ime
Kingston [kíŋstən] ime mesta na Jamajki
Kinrosshire [kinróssiə] ime škotske grofije
Kintyre [kintáiə] ime škot. polotoka
Kiowa [káiəwə] ime indijanskega plemena
Kipling [kípliŋ] druž. ime
Kircaldy [kə:kɔ́:ldi] ime škot. mesta
Kircudbrightshire [kə:kú:brišiə] ime škot. grofije
Kirghiz [kɔ́:giz] Kirgiz
Kirk [kə:k] m. ime
Kirkness [kə:knés] druž. ime
Kit [kit] m. ime
Kitchener [kíčinə] druž. ime
Kitty [kíti] ž. ime
Klondike [klɔ́ndaik] ime kanadske pokrajine
Knightsbridge [náitsbridž] ime londonske ulice
Knowles [nóulz] druž. ime
Knox [nɔks] druž. ime
Knoxville [nɔ́ksvil] ime am. mesta
Knut [kənʌ́t] m. ime
Kodiak [kóudiæk] ime otoka ob Alaski
Koh-i-noor [kóuinuə] kohinur diamant
Kongo [kɔ́ŋgou] Kongo
Korea [koríə] Koreja
Kosciusko, Mount [kɔsiʌ́skou] ime avstral. gore
Kremlin [krémlin] Kremelj
Kruger [krú:gə] druž. ime
Kurd [kə:d] Kurd
Kurdistan [kə:distá:n] Kurdistan
Kuwait [kuwáit] Kuvajt
Kyd [kid] druž. ime
Kyne [káin] druž. ime

L

Laban [léibæn] m. ime
Labrador [lǽbrədə:] ime kanad. polotoka
Lacedaemon [læsidí:mən] Lakedaimon, stara Sparta
Lachesis [lǽkisis] mit. ime
Laconia [ləkóunjə] Lakonija, stgr. pokrajina
Ladislaus [lǽdislɔ:s] m. ime
Laertes [leió:ti:z] Laertes
Laetitia [litíšiə] ž. ime
Lagos [lá:gɔs, léigɔs] ime nigerij. mesta
La Guardia [ləgwá:diə] ime am. letališča
Lahore [ləhɔ́:] ime pakist. mesta
Laing [læŋ, léiŋ] druž. ime
Lakehurst [léikhə:st] ime am. mesta
Lamb [læm] druž. ime
Lambeth [lǽmbəθ] ime londonske občine
Lammermoor [lǽməmuə] ime škot. višavja
Lamplough [lǽmplu:, ~plʌf] druž. ime
Lanarkshire [lǽnəkšiə] ime škot. grofije
Lancashire [lǽŋkəšiə] ime angl. grofije
Lancaster [lǽŋkəstə] druž. in kraj. ime
Lancelot [lá:nslət] ime viteza okrogle mize

Lancs [læŋks] Lancashire
Landor [lǽndə:, -də:] druž. ime
Landseer [lǽnsiə] druž. ime
Langland [lǽŋlənd] druž. ime
Langley [lǽŋli] druž. ime
Langmuir [lǽŋmjuə] druž. ime
Langobard [lǽŋgəba:d] Langobard
Lanier [ləníə] druž. ime
Lansdown(e) [lǽnzdaun] druž. ime
Lansing [lǽnsiŋ] ime am. mesta
Laocoon [leiókouən] Laokoon
Laoighis [li:θ, léiiθ] ime irske grofije
Laos [lauz, léiɔs] Laos
La Paz [la:pá:s, ləpǽz] ime bolivij. mesta
Lapland [lǽplænd] Laponsko
Lapp [læp] Laponec, -nka
Laputa [ləpjú:tə] namišljen otok v Guliverjevih potovanjih
Lardner [lá:dnə] druž. ime
Larry [lǽri] m. ime
Lassen Peak [læsn] ime am. vulkana
Las Vegas [la:svéigəs] ime am. mesta

Lateran [lǽtərən] Lateran
Latham [léiθəm, -ðəm] druž. ime
Latimer [lǽtimə] ime angl. reformatorja
Latium [léišiəm] Lacij
Latvia [lǽtviə] Letonska
Laud [lɔ:d] druž. ime
Lauderdale [lɔ́:dədeil] ime škot. pokrajine
Laughton [lɔ:tn] druž. ime
Laura [lɔ́:rə] ž. ime
Laurence [lɔ́rəns] m. ime
Laury [lɔ́:ri] m. ime
Lavery [léivəri, lǽ~] druž. ime
Lawes [lə:z] druž. ime
Lawrence [lɔ́:rəns] druž. ime
Layamon [léiəmən] ime angl. pesnika
Lazarus [lǽzərəs] m. ime
Leacock [lí:kɔk] druž. ime
Leah [líə] ž. ime
Leamington [lémiŋtən] ime angl. mesta
Leander [liǽndə] Leander
Lear [líə] oseba iz Shakespeara
Lebanon [lébənən] Libanon
Lecky [léki] druž. ime
Leda [lí:də] Leda
Lee [li:] druž. ime
Leeds [li:dz] ime angl. mesta
Lefevre [ləfí:və] druž. ime
Legge [leg] druž. ime
Legh [li:] druž. ime
Leghorn [léghɔ:n] Livorno
Legree [ligrí:] ime trgovca s sužnji v Koči strica Toma
Leicester [léstə] ime angl. mesta
Leicestershire [léstəšiə] ime angl. grofije
Leigh [li:] druž. ime; [li:, lai] kraj. ime
Leighton [léitn] druž. ime
Leila [lí:lɔ] ž. ime
Leinster [lénstə] ime ir. pokrajine
Leith [li:θ] ime škot. mesta
Leitrim [lí:trim] ime ir. grofije
Leix [li:s] Laoighis
Leman, Lake [lí:mən, lémən] ženevsko jezero
Lena [lí:nə] ž. ime; [léinə] ime reke
Lennox [lénəks] ime škot. pokrajine
Lenore [lənɔ́:] ž. ime
Lenthall [léntɔ:l] druž. ime; [lénθɔ:l] ime mesta
Leo [líou] m. ime
Leon [líən] m. ime
Leonard [lénəd] m. ime
Leonidas [liónidæs] Leonidas
Leonora [liənɔ́:rə] ž. ime
Leopold [líəpould] m. ime
Leslie [lézli] m. in druž. ime
Lesotho [ləsóutou] ime kraljevine v Afriki
Lesser Antilles [lésə æntíli:z] Male Antilje
Lethe [lí:θi] Lete, mitološka reka v podzemlju
Letitia [litíšiə] ž. ime
Lett [let] Let, Letonec
Letty [léti] ž. ime
Levant [livǽnt] Levanta
Lever [lí:və] druž. ime
Levi [lí:vai] m. in druž. ime
Levy [lí:vi] druž. ime; [lí:vai] ime am. mesta
Lewes [l(j)ú:is] druž. ime
Lewis [lú:is] m. in druž. ime
Lewisham [lú:išəm] del Londona

Lexington [léksiŋtən] ime am. mesta
Ley [li:] druž. ime
Leyton [léitn] ime londonskega predmestja
Lhasa [lǽsə] glavno mesto Tibeta
Liberia [laibíəriə] Liberija
Libya [líbiə] Libija
Lilian [lílian] ž. ime
Lilliput [lílipʌt] Liliput
Lilly [líli] ž. ime
Limehouse [láimhaus] del Londona
Limerick [límərik] ime ir. grofije
Lincoln [líŋkən] m., druž. in kraj. ime
Lincolnshire [líŋkənšiə] ime angl. grofije
Lincs [liŋks] Lincolnshire
Lindisfarne [líndisfa:n] ime angl. otoka
Lindsay [lín(d)zi] druž. ime
Linklater [líŋkleitə] druž. ime
Lionel [láiənəl] m. ime
Lipscomb(e) [lípskəm] druž. ime
Lisa [láizə, lí:zə] ž. ime
Lisbon [lízbən] Lizbona
Lisle [láil, li:l] staro ime za Lille
Lithuania [liθjuéinjə] Litva
Little Rock [lítlrɔk] ime am. mesta
Liverpool [lívəpu:l] ime angl. mesta
Livesey [lívsi, lívzi] druž. ime
Livia [líviə] ž. ime
Livingstone [lívíŋstən] druž. ime
Livonia [livóunjə] ime baltiške pokrajine
Livy [lívi] Livij, rim. zgodovinar
Lizard, the [lízə:d] ime angl. polotoka
Lizzie [lízi] ž. ime
Llandudno [lændʌ́dnou] ime waleškega mesta
Llanelly [lænéli] ime waleškega mesta
Llewellyn [luélin] m. ime
Lloyd [lɔ́id] m. in druž. ime
Lochaber [lɔhǽbə] ime škotske pokrajine
Locke [lɔk] druž. ime
Lockhart [lɔ́kət, ~ha:t] druž. ime
Locris [lóukris] Lokrida, gr. pokrajina
Lodge [lɔdž] druž. ime
Lois [lóuis] ž. ime
Lombard [lɔ́mbəd] Lombard(ka)
Lombardy [lɔ́mbədi] Lombardija
Lomond, Loch [lóumənd] ime škot. jezera
London [lʌ́ndən] London
Londonderry [lʌndəndéri] ime ir. grofije
Longfellow [lɔ́ŋfelou] druž. ime
Longford [lɔ́ŋfəd] ime ir. grofije
Longinus [lɔndžáinəs] ime grškega filozofa
Lonsdale [lɔ́nzdeil] druž. ime
Looe Island [lu:] ime angl. otoka
Loraine [ləréin] Lotaringija
Lorna [lɔ́:nə] ž. ime
Lorne [lɔ:n] ime škot. pokrajine
Lorraine [loréin] ž. ime
Los Angeles [ləsǽndžili:z] ime am. mesta
Lothair [louθéə] m. ime
Lothians, the [lóuðiənz] ime treh škot. grofij
Lou [lu:] ž. in m. ime
Loughton [láutn] ime angl. mesta
Louis [lú:i(s)] m. ime
Louise [luí:z] ž. ime
Louisiana [lui:ziǽnə] ime države v ZDA
Louisville [lú:ivil] ime am. mesta
Louth [láuθ] ime angl. mesta

Lovelace [lávleis] druž. ime
Lover [lávə] druž. ime
Lowell [lóuəl] druž. ime
Lowes [lóuz] druž. ime
Lowestoft [lóustəft] ime angl. mesta
Lowlands [lóuləndz] škotsko višavje
Lowndes [láundz] druž. ime
Lowther Hills [láuðə] ime škot. gričevja
Luanda [lu:ǽndə] ime afr. mesta
Lubbock [lábək] druž. ime
Lucas [lú:kəs] m. ime
Lucia [lú:siə] ž. ime
Lucian [lú:siən] m. ime
Lucretia [lu:krí:šiə] ž. ime
Lucretius [lu:krí:šiəs] m. ime
Lucy [lú:si] ž. ime
Ludgate [ládgit] druž. ime
Luke [lu:k] m. ime

Lusatia [lu:séišiə] Lužice
Luther [lú:θə] Luter
Luton [lu:tn] ime angl. mesta
Luxemburg [láksəmbə:g] Luksemburg
Lyall [láiəl] druž. ime
Lycia [lísiə] Likija
Lycurgus [laikə́:gəs] Likurg
Lydia [lídiə] Lidija (ž. ime in pokrajina)
Lydgate [lídgeit, ~ git] druž. ime
Lyell [láiəl] druž. ime
Lymington [límiŋtən] ime angl. mesta
Lyly [líli] druž. ime
Lynam [láinəm] druž. ime
Lynch [linč] druž. ime
Lynn [lin] m. ime; ime am. mesta
Lyons [láiənz] ime frc. mesta
Lysander [laisǽndə] Lisander
Lytton [litn] druž. ime

M

Mabel [méibəl] ž. ime
Mac [mæk] sin (v imenih)
Macao [məkáu] ime polotoka
MacArthur [məká:θə] druž. ime
Macaulay [məkɔ́:li] druž. ime
Macbeth [mækbéθ] oseba iz Shakespeara
Maccabeus [mækəbí:əs] Makabejec
MacCallum [məkǽləm] druž. ime
MacCarthy [məká:θi] druž. ime
Macclesfield [mǽklzfi:ld] ime angl. mesta
MacCrae [məkréi] druž. ime
MacDonald [məkdónəld] druž. ime
MacDougal [məkdú:gəl] druž. ime
Macedonia [mæsidóunjə] Makedonija
Machen [mǽkin] druž. ime
Mackay [məkái, ~ kéi] ime avstral. mesta
Mackenzie [məkénzi] druž. ime; ime kanadske
   reke
Maclaren [məklǽrən] druž. ime
Macleish [məklí:š] druž. ime
Macleod [məkláud] druž, ime
Macmillan [məkmílən] druž. ime
MacMonnies [məkmániz] druž. ime
MacNab [məknǽb] druž. ime
Macnamara [mæknəmá:rə] druž. ime
MacNeice [məkní:s] druž. ime
Maconochie [məkónəki] druž. ime
Macpherson [məkfə́:sn] druž. ime
Macquarie [məkwóri] ime avstral. reke
Madagascar [mædəgǽskə] Madagaskar
Madeira [mədíərə] ime otoka
Madeleine [mǽdlin] ž. ime
Madge [mædž] ž. ime
Madison [mǽdisn] druž. in kraj. ime
Madras [mədrǽs] ime ind. mesta
Madrid [mədrid] Madrid
Madura [mǽdjurə] ime otoka
Mae [méi] ž. ime
Magdalen(e) [mǽgdəlin] ž. ime; [mó:dlin] ime ko-
   lidžev v Oxfordu in Cambridgeu
Magee [məgí:] druž. ime
Magellan [məgélən] ime pomorščaka; ime ožine
Maggie [mǽgi] ž. ime
Mahdi [má:di] Mahdi

Mahomet [məhómit] Mohamed
Mahon [ma:n, məhú:n, məhóun] druž. ime
Mahon(e)y [má:əni, má:ni] druž. ime
Maidenhead [méidnhed] ime angl. mesta
Maidstone [méidstən] ime angl. mesta
Mailer [méilə] druž. ime
Maine [méin] ime države v ZDA
Maisie [méizi] ž. ime
Maitland [méilənd] druž. ime
Majorca [mədžó:kə] ime otoka
Majuba Hill [mədžú:bə] ime afr. gore
Malacca [məlǽkə] ime polotoka
Malachi [mǽləkai] bibl. ime
Malaga [mǽləgə] Malaga
Malagasy [mæləgǽsi] ime države
Malaprop [mǽləprəp] ženska oseba iz Sheridana
Malawi [ma:lá:wi] ime afr. države
Malaya [məléiə] Malaja
Malaysia [məléižə, -šə] malajski arhipelag
Malcolm [mǽlkəm] m. ime
Malden [mó:ldən] ime londonskega predmestja
Maldive Islands [mó:ldiv, mǽldaiv] ime otočja
Maldon [mó:ldən] ime angl. mesta
Mali [má:li] ime afr. države
Mallet [mǽlit] druž. ime
Malone [məlóun] druž. ime
Malory [mǽləri] druž. ime
Malta [mó:ltə] ime otoka
Malthus [mǽlθəs] druž. ime
Malton [mó:ltən] ime angl. mesta
Mamie [méimi] ž. ime
Manchester [mǽnčistə] ime angl. mesta
Manchuria [mænčúəriə] Mandžurija
Mandalay [mændəléi] ime burmanskega mesta
Mandeville [mǽndəvil] druž. ime
Manhattan [mænhǽtən] del New Yorka
Manila [mənilə] ime mesta
Manitoba [mænitóubə] ime kanadske pokrajine
Manning [mǽniŋ] druž. ime
Mansfield [mǽnsfi:ld] druž. in kraj. ime
Manuel [mǽnjuəl] m. ime
Mao Tse-tung [máucetúŋ, máudzáduŋ] Mao-ce-
   tung
Marches [má:čiz, -čes] ime itál. pokrajine

Marcus [má:kəs] m. ime
Marcuse [ma:kú:z] druž. ime
Margaret [má:gərit] ž. ime
Margate [má:git, -geit] ime angl. mesta
Margot [má:gou] ž. ime
Maria [məráiə] ž. ime; black ~ marica (avto)
Marian [méəriən] ž. ime
Mariana [mεəriǽnə] ž. ime
Marion [méəriən] ž. ime
Marius [méəriəs] m. ime
Marjory [má:džəri] ž. ime
Mark [ma:k] m. ime
Markham [má:kəm] druž. ime
Marlborough [mó:lbərə, má:l-] druž. in kraj. ime
Marlowe [má:lou] druž. ime
Marner [má:nə] druž. ime
Marquand [ma:kwónd] druž. ime
Marryat [mǽriət] druž. ime
Marshall [má:šəl] druž. ime
Marston [má:stən] druž. ime
Martha [má:θə] ž. ime
Martin [má:tin] druž. in m. ime
Martineau [má:tinou] druž. ime
Martinique [ma:tiní:k] ime otoka
Marvell [má:vəl] druž. ime
Mary [méəri] ž. ime
Maryland [mérilənd] ime države v ZDA
Masefield [méisfi:ld] druž. ime
Masham [mǽsəm, -šəm] druž. in kraj. ime
Masie [méizi] ž. ime
Mason [méisn] druž. ime
Massachusetts [mǽsəčú:sets] ime države v ZDA
Massinger [mǽsindžə] druž. ime
Masters [má:stəz] druž. ime
Mathew [mǽθju:] m. ime
Mathias [məθáiəs] m. ime
Mat(h)ilda [mətíldə] ž. ime
Maud(e) [mɔ:d] ž. ime
Maudling [mó:dliŋ] druž. ime
Maugham [mɔ:m] druž. ime
Maughan [mɔ:n] druž. ime
Maui [máui] ime havajskega otoka
Maureen [mó:ri:n] ž. ime
Mauretania [mɔritéinjə] Mavretanija
Maurice [mó:ris] m. ime
Mauritania [mó:ritéinjə] ime afr. države
Mauritius [məríšiəs] m. ime; ime otoka
Max [mæks] m. ime
Maximilian [mæksimíljən] m. ime
Maxwell [mákswəl] druž. ime
May [méi] ž. ime
Mayfair [méifεə] del Londona
Maynard [méinəd] m. ime
Mayo [méiou] ime ir. grofije
McAlister [məkǽlistə] ime avstral. gore
McCarthy [məká:θi] druž. ime
McKinley [məkínli] druž. ime; ime gore na Alaski
Meagher [má:ə, mí:gə] druž. ime
Meath [mi:ð] ime ir. grofije
Mecca [mékə] Meka
Medea [midíə] Medeja
Mediterranean [meditəréinjən] Mediteran, Sredozemlje
Medusa [midjú:zə] Meduza
Meg [meg] ž. ime
Mekong [méikóŋ] ime reke

Melanesia [meləní:zjə, ~šə] Melanezija
Melbourne [mélbən] kraj. in druž. ime
Melchers [mélčəz] druž. ime
Melpomene [melpómini] ime muze
Melville [mélvil] druž. ime
Memphis [mémfis] ime mesta
Menai Strait(s) [ménai] ime morske ožine
Menander [minǽndə] ime stgr. pisca
Mencken [méŋkən] druž. ime
Mendocino, Cape [mendousí:nou] ime rta v Kaliforniji
Menelaus [meniléiəs] Menelaj
Mephistopheles [mefistófili:z] Mefistofel
Mercia [mó:šiə] anglosaška kraljevina
Meredith [mérədiθ] druž. ime
Merionethshire [merióniθšiə] ime waleške grofije
Mersey [mó:zi] ime angl. reke
Mesopotamia [mesəpətéimjə] Mezopotamija
Messiah [misáiə] Mesija
Methuen [méθjuin] druž. ime
Methuselah [miθjú:zələ] Metuzalem
Meuse [mə:z, mju:z] ime reke
Mexico [méksikou] Mehika
Meynell [menl] druž. ime
Meyrick [mérik, méi~] druž. ime
Miami [maiǽmi] ime am. mesta
Micah [máikə] m. ime
Micawber [mikó:bə] oseba iz Dickensa
Michael [máikl] m. ime
Michelangelo [maikəlǽndžilou] ime it. kiparja
Michigan [míšigən] ime države v ZDA
Micronesia [maikrouní:žə, ~šə] ime otočja
Midas [máidæs] ime frizijskega kralja
Middlesborough [mídlzbrə] ime angl. mesta
Middlesex [mídlseks] ime angl. grofije
Middleton [mídltən] druž. ime
Midlands, the [mídləndz] vzdevek za grofije v srednji Angliji
Midlothian [midlóuðiən] ime škot. grofije
Miers [máiəz] druž. ime
Mike [máik] m. ime; for the love of ~! za božjo voljo!
Milan [milǽn] ime it. mesta
Mildred [míldrid] ž. ime
Miletus [m(a)ilí:təs] ime stgr. mesta
Milford Haven [mílfəd] ime waleškega mesta
Millais [mílei] druž. ime
Millay [miléi] druž. ime
Miller [mílə] druž. ime
Millicent [mílisnt] ž. ime
Milne [mil(n)] druž. ime
Milnes [milz, milnz] druž. ime
Milton [míltən] m. in druž. ime
Milwaukee [milwó:ki] ime am. mesta
Mindanao [mindəná:ou, -náu] ime filipinskega otoka
Minerva [minó:və] ime rim. boginje
Minneapolis [miniǽpəlis] ime am. mesta
Minnesota [minisóutə] ime države v ZDA
Minnie [míni] ž. ime
Minos [máinəs] ime kretskega kralja
Minotaur [máinətɔ:] Minotauros
Miranda [mirǽndə] ž. ime
Miriam [míriəm] ž. ime
Mississippi [misisípi] ime države in reke v ZDA
Missouri [mizúəri] ime države in reke v ZDA

Mitcham [míčəm] ime londonskega predmestja
Mitchell [míčəl] druž. ime
Mitford [mítfəd] druž. ime
Mithridates [miθridéiti:z] ime pontskega kralja
Mnemosyne [ni:mózini:] mati muz
Moabites [móuəbaits] Moabiti
Mobile Bay [móubi:l, məbí:l] ime zaliva
Mohammed [mouhǽmed] Mohamed
Mohave (Mojave) Desert [mouhá:vi] ime puščave v Kaliforniji
Mohawk [móuhə:k] ime indijanskega plemena
Moldavia [məldéivjə] Moldavija
Moloch [móulək] ime moabitskega kralja
Molokai [mouloukái] ime havajskega otoka
Molony [məlóuni] druž. ime
Molyneux [mólinu:ks] druž. ime
Mona [móunə] ž. ime
Monaco [mónəkou] Monako
Monaghan [mónəgən, ~hən] ime ir. grofije
Mongolia [məŋgóuljə] Mongolija
Monica [mónikə] ž. ime
Monmouth [mónməθ] vodja angl. upornikov proti Jamesu II.
Monmouthshire [mónməθšiə] ime angl. grofije
Monroe [mənróu] druž. ime
Monson [mʌnsn] druž. ime
Montagu [móntəgju:] druž. ime
Montana [məntá:nə] ime države v ZDA
Montenegro [məntiní:grou] Črna gora
Monterey [məntəréi] ime am. mesta
Montevideo [məntividéiou] ime urugvajskega mesta
Montfort [móntfət] druž. ime
Montgomery [məntgámərí] druž. in kraj. ime
Montpelier [məntpí:ljə] ime am. mesta
Montreal [məntrió:l] ime kanadskega mesta
Montrose [məntróuz] ime škot. mesta
Moore [muə] druž. ime

Moorgate [múəgit] ime londonske ulice
Moravia [məréivjə] Moravska
Moray [mári] ime škot. grofije
More [mɔ:] druž. ime
Morgan [mó:gən] druž. ime
Morgenthau [mó:gənθə:] druž. ime
Morley [mó:li] druž. in kraj. ime
Mornington [mó:niŋtən] ime avstral. otoka in mesta
Morocco [mərókou] Maroko
Morpheus [mó:fju:s] Morfej
Morrell [mərél] druž. ime
Morris [móris] m. in druž. ime
Morse [mɔ:s] druž. ime
Mortimer [mó:timə] druž. ime
Moscow [móskou] Moskva
Moses [móuzis] Mojzes
Mowatt [máuət, móuət] druž. ime
Mowgli [máugli] oseba iz Kiplinga
Mowll [móul, mu:l] druž. ime
Muir [mjúə] druž. ime
Mulgrave [mʌlgreiv] ime kanadskega mesta
Mull [mʌl] ime škot. otoka
Mulock [mjú:lək] druž. ime
Munich [mjú:nik] München
Munro [mʌnróu] vzdevek angl. pisatelja
Munster [mʌnstə] ime irske pokrajine
Murchison [mó:čisən] ime avstral. reke
Murdoch [mó:dək] m. ime
Muriel [mjúəriəl] ž. ime
Murphy [mó:fi] druž. ime
Murray [mári] druž. ime; ime avstral. reke
Muscat (and Oman) [mʌskæt, oumá:n] ime arabskega sultanata
Mycenae [maisí:ni] Mikene
Myers [máiəz] druž. ime

N

Nairn(shire) [néən(šiə)] ime škot. grofije
Nancy [nænsi] ž. ime
Nanny [næni] ž. ime
Nantucket [næntákit] ime am. otoka
Naomi [néiomi] ž. ime
Napier [néipiə, nəpíə] druž. ime
Naples [néiplz] Neapelj
Napoleon [nəpóuliən] Napoleon
Narcissus [na:sisəs] m. ime
Narragansett Bay [nærəgǽnsit] ime am. zaliva
Nash [næš] druž. ime
Nashville [nǽšvil] ime am. mesta
Nassau [nǽsɔ:] ime bahamskega mesta
Natal [nətǽl] ime afr. province
Nathan [néiθən] m. ime
Nathaniel [nəθǽnjəl] m. ime
Nauru [na:ú:ru:] ime otoka
Nausicaa [nɔ:síkiə] hči fejaškega kralja
Navaho [nǽvəhou] ime indijanskega plemena
Nazarene [næzərí:n] Nazarenec
Nazareth [nǽzəriθ] Nazaret
Naze, the [néiz] ime angl. rta
Neal [ni:l] m. ime
Neanderthal [niǽndəta:l] kraj. ime
Nebraska [nibrǽskə] ime države v ZDA

Nebuchadnezzar [nebjukədnézə] Nebukadnezar
Ned [ned] m. ime
Nehemiah [ni:imáiə] Nejemija
Nellie [néli] ž. ime
Nelson [nelsn] druž. ime
Nemesis [némisis] ime boginje maščevanja
Nepal [nipó:l] Nepal
Nepos [ní:pəs] ime rim. pisatelja
Neptune [néptju:n] Neptun
Nereid [níəriid] nereida
Nero [níərou] Nero
Nestor [néstɔ:] Nestor
Netherlands [néðələndz] Nizozemska
Nettie [néti] ž. ime
Nevada [nevá:də] ime države v ZDA
Neville [névil] m. in druž. ime
Newark [njú:ək] ime am. mesta
New Bedford [nju:bédfəd] ime am. mesta
Newbolt [njú:boult] druž. ime
New Brunswick [nju:brʌnzwik] ime kanadske province
New Caledonia [nju:kælidóunjə] ime otoka
Newcastle [njú:ka:sl] ime angl. mesta; to bring coal to ~ vodo v Savo nositi, opravljati nekoristno delo

New England [nju:íŋglənd] severovzhodne države ZDA
Newfoundland [nju:fəndlǽnd, -fáundlənd] ime kanad. province
Newgate [njú:git] ime starega londonskega zapora
New Guinea [nju:gíni] Nova Gvineja, ime otoka
New Hampshire [nju:hǽmpšiə] ime države v ZDA
New Haven [nju:héivn] ime am. mesta
New Jersey [nju:džə́:zi] ime države v ZDA
Newman [njú:mən] druž. ime
Newmarket [njú:ma:kit] ime angl. mesta
New Mexico [nju:méksikou] ime države v ZDA
New Orleans [nju:ó:liənz] ime am. mesta
Newport [njú:pɔ:t] ime angl. mesta
Newton [njú:tn] druž. ime
New York [njú:jó:k] New York
New Zealand [nju:zí:lənd] Nova Zelandija
Niagara [naiǽgərə] Niagara
Nicaea [naisí:ə] Niceja, kraj v stari Bitiniji
Nicaragua [nikərá:gwə] Nikaragua
Nic(h)olas [níkələs] m. ime
Nicholson [níkəlsən] druž. ime
Nicodemus [nikədí:məs] m. ime
Nigel [náidžəl] m. ime
Niger [náidžə] ime afr. reke in države
Nigeria [naidžíəriə] Nigerija
Nightingale [náitiŋgeil] druž. ime
Nike [náiki:] ime grške boginje
Nile [náil] Nil
Nimrod [nímrəd] Nimrod, veliki lovec
Nina [ní:nə, nái~] ž. ime
Nineveh [nínivi] Ninive

Niobe [náiobi] Nioba
Nippon [nipón] Japonska
Nixon [niksn] druž. ime
Noah [nóuə] Noe
Noel [nóuəl] m. ime
Norah [nó:rə] ž. ime
Norfolk [nó:fək] ime angl. grofije
Normandy [nó:məndi] Normandija
Norris [nó:ris] druž. ime
Northampton [nə:θǽmptən] ime angl. mesta
Northamptonshire [nə:θǽmptənšiə] ime angl. grofije
Northants [nə:θǽnts] Northamptonshire
North Carolina [nó:θkærəláinə] ime države v ZDA
North Dakota [nó:θdəkóutə] ime države v ZDA
Northumberland [nə:θʌ́mbələnd] ime angl. grofije
Northumbria [nə:θʌ́mbriə] anglosaško kraljestvo
Norton [nɔ:tn] druž. ime
Norway [nó:wei] Norveška
Norwich [nóridž, nó:wič] ime angl. in am. mesta
Nottingham [nótiŋəm] ime angl. mesta
Nottinghamshire [nótiŋəmšiə] ime angl. grofije
Notts [nɔts] Nottinghamshire
Nova Scotia [nóuvəskóušə] ime kanadske pokrajine
Nowell [nóuəl] druž. ime
Noyes [nóiz] druž. ime
Nubia [njú:biə] Nubija
Numidia [njumídiə] Numidija
Nuneaton [nʌní:tn] ime angl. mesta
Nuremberg [njúərəmbə:g] Nürnberg
Nysa [nísa:] ime reke

O

Oakland [óuklənd] ime am. mesta
Oates [óuts] druž. ime
Obadiah [oubədáiə] bibl. ime
Oberon [óubərən] mit. ime
O'Brien [oubráiən] druž. ime
O'Byrne [oubə́:n] druž. ime
O'Callaghan [oukǽləhən] druž. ime
O'Casey [oukéisi] druž. ime
Occam [ókəm] druž. ime
Oceania [oušiéiniə] ime otočja, Oceanija
Oceanid [ousí:ənid] mit. ime, oceanida
Oceanus [ousíənəs] Okeanos
O'Connor [oukónə] druž. ime
Octavia [ɔktéivjə] ž. ime
Octavian [ɔktéivjən] m. ime
Odets [oudéts] druž. ime
Odin [óudin] ime nordijskega božanstva
O'Donnell [oudónl] druž. ime
O'Dowd [oudáud] druž. ime
Odysseus [ədísju:s] Odisej
Oedipus [í:dipəs] Oidip
Offaly [ófəli] ime ir. grofije
O'Flaherty [oufléəti] druž. ime
Ogilvie [óuglvi] druž. ime
O'Hagan [ouhéigən] druž. ime
O'Hara [ouhá:rə] druž. ime
Ohio [ouháiou] ime države v ZDA
O'Keeffe [oukí:f] druž. ime
O'Kelly [oukéli] druž. ime
Okinawa [oukiná:wə] ime otoka

Oklahoma [oukləhóumə] ime države v ZDA
Oldham [óuldəm] ime angl. mesta
O'Leary [oulíəri] druž. ime
Oliphant [ólifənt] druž. ime
Oliver [ólivə] m. ime; to give Roland for an ~ vrniti milo za drago
Olives, Mount of [ólivz] ime palestinske gore
Olivia [əlíviə] ž. ime
Olivier, Sir Laurence [əlíviei, ɔ~] ime angl. igralca
Ollivant [ólivənt] druž. ime
Olympia [əlímpiə] ime stgr. mesta; ime am. mesta
Olympus [əlímpəs] Olimp
Olynthus [əlínθəs] Olint, ime stgr. mesta
Omagh [óuma:] ime ir. mesta
Omaha [óuməha:] ime indijanskega plemena; ime am. mesta
Oman [oumá:n] ime sultanata
Oneida [ounáidə] ime indijanskega plemena
O'Neill [ouní:l] druž. ime
Onions [ʌ́njənz, ənáiənz] druž. ime
Onondaga [ɔnəndó:gə] ime indijanskega plemena
Ontario [ɔntéəriou] ime kanadske pokrajine in jezera
Ophelia [əfí:ljə] ž. ime
Oppenheim [ópənhaim] druž. ime
Oppenheimer [ópənhaimə] druž. ime
Orange [órindž] ime afr. reke
Orcus [ó:kəs] ime boga smrti
Oregon [órigən] ime države v ZDA
Orestes [ərésti:z] Orest

Orinoco [ɔrinóukou] ime reke
Orion [ɔráiən] Orion (lovec, ozvezdje)
Orkney [ɔ́:kni] ime škot. otokov
Orleans [ɔ́:liənz] ime am. mesta; [ɔ:líənz] ime frc. mesta
Orpen [ɔ́:pən] druž. ime
O'Rourke [ourɔ́:k] druž. ime
Orpheus [ɔ́:fju:s] Orfej
Orpington [ɔ́:piŋtən] ime londonskega predmestja
Orson [ɔ:sn] m. ime
Osage [óuseidž] ime am. reke
Osborn(e) [ɔ́zbən] druž. ime
O'Shaughnessy [oušɔ́:nisi] druž. ime
O'Shea [oušéi] druž. ime
Osiris [əsáiəris] Oziris
Osler [óuzlə] druž. ime
Oslo [ɔ́zlou] Oslo
Osmond [ɔ́zmənd] m. ime
Ossian [ɔ́siən] ime legendarnega galskega pesnika

Ostend [ɔsténd] ime belgijskega mesta
O'Sullivan [ousʌ́livən] druž. ime
Oswald [ɔ́zwɔld] m. ime
Oswego [ɔzwí:gou] ime am. mesta
Othello [ouθélou] oseba iz Shakespeara
Ottawa [ɔ́təwə] ime kanadskega mesta in reke
Otway [ɔ́twei] druž. ime
Ouachita [wʌ́šitə:] ime am. reke
Ougham [óukəm] druž. ime
Ouse [u:z] ime angl. reke
Outhwaite [ú:θweit] druž. ime
Overbury [óuvəbəri] druž. ime
Ovid [ɔ́vid] ime rim. pesnika
Owen [óuin] druž. ime
Owles [óulz] druž. ime
Oxford [ɔ́ksfəd] ime angl. mesta
Oxfordshire [ɔ́ksfədšiə] ime angl. grofije
Ozark [óuza:k] ime am. pogorja

P

Packard [pǽka:d] druž. ime
Paddington [pǽdiŋtən] ime londonske občine
Page [péidž] druž. ime
Paget [pǽdžit] druž. ime
Paine [péin] druž. ime
Paisley [péizli] ime škot. mesta
Pakistan [pækistǽn] Pakistan
Palamedes [pæləmí:di:z] ime gr. junaka
Palestine [pǽlistain] Palestina
Paley [péili] druž. ime
Palgrave [pǽlgreiv] druž. ime
Pali [pá:li] pali, sveti staroindijski jezik
Pallas [pǽlæs] Palada
Pall Mall [pélmél, pǽlmæl] ime londonske ulice
Palmer [pá:mə] druž. ime
Palmerston [pá:məstən] druž. ime
Pam [pæm] ž. ime
Pamela [pǽmilə] ž. ime
Pamirs [pəmíəz] ime azij. višavja
Pamphylia [pæmfíliə] ime antične pokrajine
Pan [pæn] Pan
Panama [pænəmá:] Panama
Pannonia [pənóuniə] Panonija
Papeete [pa:piéitei, pəpí:ti] ime mesta na Tahitiju
Paphlagonia [pæfləgóunjə] ime antične pokrajine
Paracelsus [pærəsélsəs] ime švicarskega zdravnika in alkemista
Paraguay [pǽrəgwai] Paragvaj
Paris [pǽris] Pariz; Paris, trojanski junak
Parker [pá:kə] druž. ime
Parmenides [pa:ménədi:z] ime grškega filozofa
Parnassus [pa:nǽsəs] Parnas
Parrish [pǽriš] druž. ime
Parry [pǽri] druž. ime
Parsons [pa:snz] druž. ime
Parthenon [pá:θinən] Partenon
Parthia [pá:θiə] ime antične pokrajine
Pasadena [pæsədí:nə] ime am. mesta
Passamaquoddy Bay [pæsəməkwódi] ime zaliva v ZDA in Kanadi
Pat [pæt] m. in ž. ime (Patrick, Patricia)
Pater [péitə] druž. ime
Paterson [pǽtəsən] druž. ime; ime am. mesta

Pathan [pətá:n] Afganec
Patricia [pətríšə] ž. ime
Patrick [pǽtrik] m. ime
Patroclus [pətrókləs] ime homerskega junaka
Paul [pɔ:l] m. ime
Pauline [pɔ:lí:n, pɔ́:li:n] ž. ime
Pawnee [pɔ:ní:] ime indijanskega plemena
Payne [péin] druž. ime
Peabody [pi:bədi] druž. ime
Peacock [pí:kɔk] druž. ime
Peale [pi:l] druž. ime
Pearce [piəs] m. ime
Pearl Harbor [pə:l] ime havajskega mesta
Pears [pɛəz] druž. ime
Pearsall [píəsɔ:l] druž. ime
Pearson [píəsn] druž. ime
Peart [píət] druž. ime
Peary [píəri] druž. ime
Peckham [pékəm] del Londona
Pecos [péikəs] ime am. reke
Peebles(shire) [pí:blz(šiə] ime škot. grofije
Peel(e) [pi:l] druž. ime
Peg(gy) [pég(i)] ž. ime
Pegasus [pégəsəs] Pegaz, krilati konj
Peking [pi:kíŋ] Peking
Peleus [pí:lju:s] ime Ahilovega očeta
Peleponnesus [peləpəní:səs] Peleponez
Pelops [pí:ləps] ime Tantalovega sina
Pembrokeshire [pémbrukšiə] ime waleške grofije
Pendragon [pendrǽgən] ime dveh staroangleških kraljev
Penelope [pinéləpi] ž. ime
Penn [pen] druž. ime
Pennine Chain [pénain] ime angl. pogorja
Pennsylvania [pensilvéinjə] ime države v ZDA
Penrith [pénriθ] ime angl. mesta
Penzance [penzǽns] ime angl. mesta
Peoria [pió:riə] ime am. mesta
Pepys [pi:ps] druž. ime
Perak [péərə, píərə] kraj. ime
Percy [pə́:si] druž. ime
Pericles [périkli:z] ime grškega državnika
Perkin [pə́:kin] druž. ime

Persephone [pə:séfəni] ime Zeusove hčere
Persepolis [pə:sépəlis] ime prestolnice stare Perzije
Perseus [pə́:sju:s] Perzej, Zeusov sin
Persia [pə́:šə, -žə] Perzija
Perth [pə:θ] ime avstral. mesta
Perthshire [pə́:θšiə] ime škot. grofije
Peru [pərú:] Peru
Pete [pi:t] m. ime
Peter [pí:tə] m. ime
Peterborough [pí:təbrə] ime angl. mesta
Petrie [pí:tri] druž. ime
Phaedra [fí:drə] Fedra, Faidra
Phaedrus [fí:drəs] ime rimskega basnopisca
Phaethon [féiəθən] ime Heliosovega sina
Pharos [féərəs] Faros
Pharsalus [fa:séiləs] Farsalos
Phebe [fí:bi] ž. ime
Phenicia [finíšiə] Fenicija
Phidias [fídiæs] ime grškega kiparja
Philadelphia [filədélfiə] ime am. mesta
Philemon [filí:mən] Filemon
Philip [fílip] m. ime
Philippa [filipə] ž. ime
Philippi [filípai] Filipi
Philippines [fílipi:nz] ime otočja v Tihem oceanu
Philips [fílips] druž. ime
Philomel [fíləmel] ž. ime
Phocion [fóusiən] ime grškega vojskovodje
Phocis [fóusis] ime grške pokrajine
Phoenix [fí:niks] ime am. mesta
Phrygia [frídžiə] ime antične pokrajine
Phyllis [fílis] ž. ime
Piccadilly [pikədíli] ime londonske ulice
Pickering [píkəriŋ] druž. ime
Piedmont [pí:dmənt] ime am. in ital. pokrajine
Pierce [piəs] m. in druž. ime
Pierre [piə] ime am. mesta
Pilate [páilət] Pilat
Piman [pí:mən] ime indijanskega plemena
Pimlico [pímlikou] del Londona
Pindar [píndə] ime grškega pesnika
Pinero [piniərou] druž. ime
Piraeus [pairí:əs] Pirej
Pisistratus [paisístrətəs] ime atenskega tirana
Pither [páiθə, paiθə] druž. ime
Pitman [pítmən] druž. ime
Pitt [pit] druž. ime
Pittsburgh [pítsbə:g] ime am. mesta
Pius [páiəs] Pij
Plaistow [plǽstou, plá:~] del Londona
Plantagenet [plæntǽdžinit] ime angl. vladarske di-
nastije
Plataea [plətí:ə] ime stgr. mesta
Plato [pléitou] Platon
Platte [plæt] ime am., reke
Plautus [pló:təs] ime rim. komediografa
Pleiades [pláiədi:z] Pleiade
Pliny [plíni] ime rim. pisatelja
Plutarch [plú:ta:k] ime grškega življenjepisca
Pluto [plú:tou] Pluton
Plymouth [plíməθ] ime angl. in am. mesta
Poe [póu] druž. ime
Poland [póulənd] Poljska
Polk [póuk] druž. ime
Pollock [pólək] druž. ime
Pollux [póləks] Poluks

Polly [póli] ž. ime
Polonius [pəlóunjəs] Polonij
Polybius [pəlíbiəs] ime grškega zgodovinarja
Polycarp [pólika:p] m. ime
Polycrates [pəlíkrəti:z] ime grškega tirana
Polygnotus [pəlignóutəs] ime grškega slikarja
Polynesia [pəliní:ziə] Polinezija
Polyphemus [pəlifí:məs] Polifem
Pomerania [pəməréiniə] Pomeranija
Pomona [pəmóunə] ime škot. otoka; ime rimske
boginje
Pompeii [pompí:ai, ~péii] Pompeji
Pompey [pómpi] ime rimskega državnika
Pontefract [póntifrækt] ime angl. mesta
Pontiac [póntiæk] ime am. mesta
Pontius [póntjəs] Poncij
Pontus [póntəs] Pont
Pontus Euxinus [póntəsjuksí:nəs] Črno morje
Pontypool [pontipú:l] ime angl. mesta
Pontypridd [pontiprí:ð] ime waleškega mesta
Poole [pu:l] ime angl. mesta
Pope [póup] druž. ime
Poplar [póplə] del. Londona
Portadown [po:tədáun] ime ir. mesta
Porter [pó:tə] druž. ime
Portia [pó:šiə] Porcija
Portland [pó:tlənd] ime am. mesta
Porto Rico [pə:tourí:kou] Portoriko
Portsmouth [pó:tsməθ] ime angl. mesta
Portugal [pó:tjugəl] Portugalska
Poseidon [pəsáidən] Pozejdon
Potomac [pətóumæk] ime am. reke
Pound [páund] druž. ime
Powell [póuel, páu-] druž. ime
Powlett [pó:lit] druž. ime
Powys [póuis] druž. ime
Poynter [póintə] druž. ime
Prague [pra:g] Praga
Praxiteles [præksítəli:z] ime grškega kiparja
Prescott [préskət] druž. ime
Preston [préstən] ime angl. mesta
Prestwich [préstwič] ime angl. mesta
Pretoria [pritó:riə] ime afr. mesta
Priam [práiəm] Priamos
Priapus [praiéipəs] ime varuha vrtov
Pribilof Islands [príbiləf] ime am. otočja
Priestley [prí:stli] druž. ime
Princeton [prínstən] ime am. mesta
Prior [práiə] druž. ime
Priscilla [prisílə] ž. ime
Pritchard [príčəd] druž. ime
Procrustes [proukrʌ́sti:z] Prokrust
Prometheus [prəmí:θju:s] Prometej
Propertius [prəpə́:šiəs] ime rimskega pesnika
Proserpine [prósəpain] Prozerpina, Persefona
Protagoras [proutǽgəræs] ime grškega filozofa
Proteus [próutju:s] Proteus
Providence [próvidəns] ime am. mesta
Prudence [prú:dəns] ž. ime
Prussia [prʌ́šə] Prusija
Psyche [sáiki] Psihe
Ptolemy [tóləmi] Ptolemej
Pudsey [pʌ́dzi] ime angl. mesta
Puerto Rico [pwə́:tourí:kou] ime otoka
Puget Sound [pjú:džit] ime am. zaliva
Pugh [pju:] druž. ime

Pulitzer [púlicə] druž. ime
Pullman [púlmən] druž. ime
Pupin [pju:pí:n] ime fizika
Purcell [pə:sl] druž. ime
Pushtu [pʌ́štu:] glavni afganistanski jezik
Pygmalion [pigméiliən] Pigmalion

Pyke [páik] druž. ime
Pym [pim] druž. ime
Pyrenees [pirəní:z] Pireneji
Pyrrhus [pírəs] ime grškega vojskovodje
Pythagoras [paiθǽgəræs] ime grškega filozofa
Pythias [píθiæs] Pitija

Q

Quantock [kwóntək] ime gore; [kwǽntək] ime ulice
Quarles [kwa:lz] druž. ime
Quarnero [kwa:nérə:] Kvarner
Quebec [kwibék] ime kanadske pokrajine in mesta
Queenie [kwí:ni] ž. ime
Queens [kwi:nz] del New Yorka
Queensland [kwí:nzlənd] ime avstralske pokrajine

Quentin [kwéntin] m. ime
Quiller-Couch [kwíləkú:č] druž. ime
Quincy [kwínsi] m. in druž. ime
Quintilian [kwintíljən] ime rimskega retorja
Quintin [kwíntin] m. ime
Quirinus [kwiráinəs] ime rimskega boga
Quixote [kwíksət] Kihot

R

Ra [rei] ime egipčanskega božanstva
Rabindranath Tagore [rəbíndrəna:t-təgó:] indijski pesnik in filozof
Rachel [réičl] ž. ime
Radcliffe [rǽdklif] druž. ime
Radnorshire [rǽdnəšiə] ime angl. grofije
Rae [rei] kraj. ime
Raeburn [réibə:n] ime škotskega portretista
Raglan [rǽglən] druž. ime
Rajput [rá:džput] član vladajoče indijske kaste
Raleigh [ró:li, rá:li, rǽli] ime angl. raziskovalca
Ralph [reif, ra:f, ra:lf] m. ime
Ralsten [ró:lstn] kraj. ime
Ramadan [rǽmədæn] mohamedanski post
Ramsay [rǽmzi] kraj. in druž. ime
Ramses [rǽmsi:z] Ramzes
Ramsgate [rǽmzgit] kraj. ime
Randal [rǽndl] druž. ime
Randolph [rǽndəlf] druž. ime
Rangoon [ræŋgú:n] kraj. ime
Rannoch [rǽnəh] kraj. ime
Raphael [rǽfeiəl] Rafael
Ratcliff(e) [rǽtklif] druž. ime
Ratisbon [rǽtizbən] Regensburg
Ravensbourne [réivnzbə:n] kraj. ime
Rawlings [ró:liŋz] druž. ime
Rayleigh [réili] kraj. in druž. ime
Raymond [réimənd] m. in druž. ime
Razzel [rəzél] druž. ime
Reade [ri:d] druž. ime
Reading [rédiŋ] kraj. ime
Réaumur [réiəmjuə]
Rebecca [ribékə] ž. ime
Rechabite [rí:kəbait] privrženec popolne abstinence
Redhill [rédhil] kraj. ime
Redruth [rédru:θ] kraj. ime
Reed [ri:d] druž. ime
Regan [rí:gən] druž. ime
Reggie [rédži] pomanjševalnica za Reginald
Regina [ridžáinə] ž. ime
Regis [rí:džis] kraj. ime
Reid [ri:d] druž. ime
Reigate [ráigit] kraj. ime
Reikjavik [réikjevi:k] ime mesta
Reilly [ráili] druž. ime

Reims [ri:mz] kraj. ime
Rembrant [rémbrænt] ime slikarja
Remington [rémiŋtn] kraj. in druž. ime
Remus [rí:məs] Rem
Renfrewshire [rénfru:šiə] ime grofije
Renshaw [rénšə:] druž. ime
Renwick [rénwik, rénik] kraj. ime
Reuben [rú:bin] bibl. ime
Reuter [róitə] ime časopisne agencije
Revillon [rəvíljən] druž. ime
Reykjavik [rékjəvi:k, réi-] kraj. ime
Reynaldo [reinǽldou] m. ime
Reynolds [rénəldz] druž. ime
Rhadamanthine [rædəmǽnθain] salomonski
Rhea [ríə] ž. ime
Rhenish [réniš, rí:niš] renski
Rhine [rain] Ren
Rhineland [ráinlænd] Porenje
Rhoda [róudə] ž. ime
Rhode Island [róud áilənd] ime države v ZDA
Rhodes [roudz] otok Rodos; druž. ime
Rhodesia [roudí:zjə] Rodezija
Rhondda [róndə] kraj. ime
Rhone [roun] Rodan, Rona
Rhuddlan [ríðlən] kraj. ime
Rhys [ris] m. ime
Rice [rais, ri:s] m. ime
Richard [ríčəd] Rihard
Richardson [ríčədsn] druž. ime
Richelieu [rišljú:] ime kardinala
Richey [ríči] m. ime
Richmond [ríčmənd] kraj. ime
Rickmansworth [ríkmənzwə:θ] kraj. ime
Ridley [rídli] kraj. ime
Riley [ráili] druž. ime
Rimmon [rímən] druž. ime; **to bow o.s. in the house of** ~ ukloniti se želji drugih, delati proti svojemu prepričanju
Rinaldo [rinǽldou] m. ime
Rind [rind] druž. ime
Ringshall [ríŋšəl] druž. ime
Rio de Janeiro [rí:oudədžəníərou] kraj. ime
Rio Grande [ríou grǽndi] ime am. reke
Ripley [rípli] druž. ime
Ripman [rípmən] druž. ime

Rip van Winkle [rípvænwíŋkl] zaostal človek
Risborough [rísbrə] kraj. ime
Rita [rí:tə] ž. ime
Ritchie [ríči] druž. ime
Ritson [rítsn] druž. ime
Rivington [ríviŋtn] kraj. in druž. ime
Rob [rəb] pomanjševalnica za **Robert**
Roberson [róubəsn] druž. ime
Robertson [róbətsn] druž. ime
Robert [róbət] m. ime
Roberta [roubé:tə] ž. ime
Robins [róubinz] druž. ime
Robinson [róbinsn] druž. ime; **before a man could say Jack** ~ ko bi mignil; ~ **Crusoe** junak Defoevega romana
Rob Roy [rɔ́b rɔ́i] junak Scottovega romana
Robsart [róbsa:t] druž. ime
Robson [róbsn] druž. ime
Rochdale [róčdeil] kraj. in druž. ime
Roche [rouč] druž. ime
Rochester [róčistə] kraj. in druž. ime
Rockefeller [rókifelə] druž. ime
Rock English [rók iŋgliš] gibraltarski dialekt
Rockies [rókiz] glej **Rocky Mountains**
Rockstro [rókstrou] kraj. ime
Rocky Mountains [róki máuntinz] Skalno gorovje
Roderic(k) [ródrik] m. ime
Rodney [ródni] druž. ime
Rodgers [ródžəz] druž. ime
Roehampton [rouhǽmptn] kraj. ime
Roger [ródžə] m. ime; [Sc tudi róudžə] druž. ime; Sir ~ **de coverley** star kmečki ples; **the jolly** ~ piratska zastava
Rokeby [róukbi, rúkbi] kraj. ime
Roland [róulənd] m. ime; **to give a** ~ **for an Oliver** vrniti milo za drago
Rolf [rɔlf, rouf] m. ime
Rollo [rólou] ime normanskega pustolovca
Rolls-Roice [róulzróis] znamka avtomobilov
Roman [róumən] rimski; Rimljan(ka); **when you are in Rome, do as** ~ **s do** kdor se z volkovi druži, mora z volkovi tuliti
Romance [roumǽns] romanski
Romanes [roumá:niz] druž. ime; [rómənes] romski, ciganski jezik
Romanic [roumǽnik] romanski; romanski jezik
Romany [rómǝni] cigan, Rom; ciganski; ciganščina
Rome [róum] Rima; ~ **wasnt built in a day** le z vztrajnostjo dosežemo uspeh
Romeo [róumjou] oseba iz Shakespeara
Romford [rómfəd] druž. ime
Romney [rómni, rʌm-] kraj. ime
Romulus [rómjuləs] Romul
Ronald [rónld] m. ime
Röntgen [róntjən, rʌnt-] Röntgen; ~ **rays** rentgenski žarki
Roosevelt [róuzəvelt, rú:svelt] druž. ime
Rootham [rú:təm] kraj. ime
Roper [róupə] druž. ime
Rosa [róuzə] ž. ime

Rosalind [rózəlind] ž. ime
Rosamond [rózəmənd] ž. ime
Roscommon [rəskómən] irsko mesto in grofija
Rosehaugh [róuzhə:] kraj. in druž. ime
Rosenkrantz [róuznkrænc] oseba iz Shakespeara
Rosinante [rəzinǽnti] Rosinant; kljusa
Ross [rɔs] druž. ime
Rossetti [rəséti] druž. ime
Rosyth [róusaiθ] druž. ime
Rotherham [róðərəm] druž. in kraj. ime
Rothermere [róðəmiə] druž. in kraj. ime
Rothes [róθis] kraj. in druž. ime
Rothschild [róθčaild] druž. ime
Rotterdam [rótədæm] kraj. ime
Roumania [ru:méinjə] Romunija
Roumanian [rouméinjən] romunski; Romun(ka); romunščina
Roundhead [ráundhed] privrženec parlamenta za drž. vojne 1642—1649
Rouse [ru:s, raus] druž. ime
Routledge [ráutlidž, rʌt-] druž. ime
Rowe [rou] druž. ime
Rowell [ráuəl, róuəl] druž. ime
Rowena [rouí:nə] ž. ime
Rowland [róulənd] druž. ime
Rowley [róuli] druž. ime
Rowney [róuni] druž. ime
Roxburgh [róksbrə] ime grofije
Royston [róistn] kraj. ime
Rubens [rú:binz] ime slikarja
Rubicon [rú:bikən] ime reke; **to cross the** ~ narediti odločilen korak
Ruby [rú:bi] ž. ime
Rudolf, -dolph [rú:dɔlf] m. ime
Rudyard [rʌ́djəd] m. ime
Rugby [rʌ́gbi] univ. mesto
Rugeley [rú:džli] druž. ime
Ruislip [ráislip] kraj. ime
Rumford [rʌ́mfəd] druž. ime
Runciman [rʌ́nsimən] druž. ime
Runnymede [rʌ́nimi:d] ravan blizu Windsorja, kjer je bila l. 1215 podpisana Magna charta
Runton [rʌ́ntn] kraj. in druž. ime
Rushforth [rʌ́šfə:θ] kraj. in druž. ime
Ruskin [rʌ́skin] druž. ime
Russell [rʌ́sl] ime angl. filozofa
Russia [rʌ́šə] Rusija
Russian [rʌ́šn] ruski; Rus(inja); ruščina
Ruswarp [rʌ́zəp] kraj. ime
Rutgers [rʌ́tgəz] druž. ime
Ruth [ru:θ] ž. ime
Ruthenian [ru:θínjən] rusinski; Rusinec, -nka; rusinščina
Rutherford [rʌ́ðəfəd] kraj. in druž. ime
Ruthrieston [rʌ́ðristn] kraj. ime
Ruthwell [rʌ́θwel, ríðəl] kraj. ime
Rutlandshire [rʌ́tləndšiə] ime grofije
Ruysdael [ráizda:l] druž. ime
Ryde [raid] kraj. ime
Ryswick [ráiz-, rízwik] kraj. ime

S

Saba [séibə] Saba, današnji Jemen
Sabbarton [sǽbətn] kraj. ime
Sabin [séibin, sǽbin] druž. ime
Sabine [sǽbain, sǽbin, séibin] druž. ime; [səbí:n] kraj. ime
Sacheverel [səšévərl] druž. ime
Sackville [sǽkvil] druž. ime
Sadberge [sǽdbə:dž] kraj. ime
Sahara [səhá:rə] Sahara
Saighton [séitn] kraj. ime
Sainsbury [séinzbri] druž. ime
Saint [seint] ime reke
Sakhalin [sækəlí:n] Sahalin
Salcombe [só:lkəm] kraj. ime
Salcott [só:lkət] druž. ime
Salehurst [séilhə:st] kraj. ime
Salem [séiləm] kraj. ime
Salesbury [séilzbri] druž. ime
Salford [só:fəd] kraj. ime
Saline [səlí:n] am. mesto
Salisbury [só:lzbri] kraj. ime
Salkeld [só:lkeld] kraj. ime
Salle [sɔ:l] kraj. ime
Sally [sǽli] Sara (pomanjševalnica)
Salmonby [sǽmənbi] kraj. ime
Salome [səlóumi] Saloma
Salonica, -ka [səlónikə] Solun
Salop [sǽləp] Shropshire
Saltash [só:ltæš] kraj. ime
Salcote [só:ltkət] druž. ime
Salterford [só:ltəfəd] kraj. ime
Saltfleetby [só:ltflítbi, sóləbi] kraj. ime
Salt Lake City [só:ltleiksiti] kraj. ime
Saltoun [só:ltn] kraj. ime
Saltram [só:ltrəm] kraj. ime
Salvador [sǽlvədó:] ime države
Sam [sæm] pomanjševalnica za Samuel; Uncle ~ tipičen Amerikanec; to stand ~ plačati za vse; (upon my) ~! pri moji veri!
Samlesbury [sæmz-, sá:mzbri] kraj. ime
Samoa [səmóuə] otočje Samoa
Sampsom [sæm(p)sn] druž. ime
Samson [sæmsn] bibl. ime; velikan
Samuel [sǽmjuəl] bibl. ime
Sancho Panza [sǽŋkou pǽnzə] don Kihotov spremljevalec
Sancroft [sǽŋkrəft] druž. ime
Sandbourne [sǽnbən] kraj. ime
Sandbrook [sǽndbruk] kraj. ime
Sandburg [sǽndbə:g] druž. ime
Sandhurst [sǽndhə:st] kraj. ime
Sandmere [sǽnmiə] kraj. ime
Sandown [sǽndaun] kraj. ime
Sandringham [sǽndriŋəm] ime gradu
Sandwick [sǽndwik, sánik] kraj. ime
Sandy [sǽndi] pomanjševalnica za Alexander
San Francisco [sǽnfrənsískou] kraj. ime
Sanger [sǽŋə] druž. ime
Santa Claus [sǽntəklə:z] sv. Miklavž
Santa Fe [sǽntəféi] kraj. ime
Saorstat Eireann [só:stəθ érən] Svobodna irska država (po irsko)
Sappho [sǽfou] Sapfo
Sarah [séərə] Sara

Saratoga [særətóugə] ime am. mesta
Sardinia [sa:dí:njə] Sardinija
Sarsfield [sá:sfi:ld] kraj. in druž. ime
Saskatchewan [səskǽčiwən] ime kanadske province in reke
Sassoun [səsú:n] druž. ime
Satan [séitən] satan
Saturn [sǽtən] Saturn
Saudi Arabia [só:di əréibjə] Saudska Arabija
Saughall [só:kl] kraj. ime
Saul [sɔ:l] Savel
Saunders [só:-, sá:ndəz] druž. ime
Saunton [só:ntn] kraj. ime
Savannah [səvǽnə] mesto v ZDA
Save [sa:v] Sava
Savernake [sǽvənæk] kraj. ime
Savil(l) [sǽvil] druž. ime
Savoy [səvói] Savoja
Sawbridgeworth [só:bridžwə:θ, sǽpwəθ] kraj. ime
Sawley [só:li] kraj. ime
Saxby [sǽksbi] kraj. ime
Saxon [sǽksən] saški; Saksonec, -nka
Saxony [sǽksəni] Saška
Sayers [séiəz] druž. ime
Scafell [skǽfél] kraj. ime
Scalby [skó:lbi] kraj. ime
Scalloway [skǽləwei] kraj. ime
Scandinavia [skændinéivjə] Skandinavija
Scandinavian [skændinéivjən] Skandinavec, -vka; skandinavski
Scapa Flow [skǽpəflóu] zaliv na Orknejskih otokih
Scarbro', Scarborough [ská:brə] kraj. in druž. ime
Scarisbrick [skǽrzbrik] kraj. ime
Scarle [ská:l] druž. ime
Sceats [ski:ts] druž. ime
Scheherezade [šihiərəzá:də] Šeherezada
Schenectady [skinéktədi] ime am. mesta
Scholes [skoulz] kraj. ime
Scilies, Scilly Islands [síli:z, síli áilənds] ime otočja
Scolt [skóult] kraj. ime
Scone [sku:n] kraj. ime
Scopwick [skópwik] kraj. ime
Scoresby [skó:zbi] kraj. ime
Scot [skət] poet, lit, joc Škot
Scotch [skəč] škotski; škotščina; the ~ Škoti
Scotchman [skóčmən] Škot
Scotchwomen [skóčwumən] Škotinja
Scothern [skóθə:n] kraj. ime
Scotia [skóušə] Lat škotska
Scotland [skótlənd] Škotska; ~ Yard središče londonske policije
Scots [skəts] škotski; škotščina
Scotsman [skótsmən] Škot
Scotswoman [skótswumən] Škotinja
Scott [skət] druž. ime
Screveton [skrévitn, skrí:tn] kraj. ime
Scribner [skríbnə] druž. ime
Scrooge [skru:dž] oseba iz Dickensa
Scrutton [skrʌtn] kraj. ime
Scunthorpe [skʌnθə:p] kraj. ime
Scutari [skú:təri] Skader
Scylla [sílə] Scila, mitološka oseba
Seacombe [sí:koum] kraj. ime
Seagrave [sí:greiv] druž. ime

Seaham [síəm] kraj. ime
Seattle [siǽtl] ime am. mesta
Seaview [sí:vju:] kraj. ime
Sedbergh [sédbə, -bərə] kraj. ime
Sedgewick [sédžwik] kraj. in druž. ime
Sedlescombe [sédlskəm] kraj. ime
Sefton [séftn] kraj. in druž. ime
Seighford [sáifəd] kraj. ime
Seine [sein] ime reke, Sena
Seisdon [sí:zdən] kraj. ime
Selhurst [sélhə:st] kraj. ime
Selkirk [sélkə:k] ime grofije; druž. ime
Selsey [sélsi] kraj. ime
Semite [sí:mait, sém-] Semit(ka)
Semitic [si:mítik] semitski
Semley [sémli] kraj. ime
Sempringham [sémpriŋəm] kraj. ime
Senegal [senigó:l] Senegal
Senegalese [sénigəlí:s] senegalski; Senegalec, -lka
Senegambia [senigǽmbiə] Senegambija
Seoul [sóul, seióul] ime mesta
Serb [sə:b] Srb; srbščina
Serbia [sə́:biə] Srbija
Serbian [sə́:rbiən] srbski; srbščina; Srb(kinja)
Serle [sə:l] druž. ime
Seton [sí:tən] druž. ime
Sevenoaks [sévnouks] kraj. ime
Severn [sévən] ime reke
Sevington [sévintn] kraj. ime
Seward [sí:wəd] m. ime
Seychelles [seišélz] ime otočja
Seymour [sí:mə, séimə] druž. ime
Shackleton [šǽkltn] ime angl. polarnega razisko-
valca
Shaftesbury [šá:ftsbri] kraj. in druž. ime
Shairp [šɛəp, ša:p] druž. ime
Shak(e)spear(e) [šéikspiə] ime angl. dramatika
Shalcombe [šǽlkəm] kraj. ime
Shandwick [šǽndik] kraj. ime
Shandy [šǽndi] druž. ime
Shanghai [šæŋái] Šanghaj
Shannon [šǽnən] ime reke
Shanter [šǽntə] kraj. ime
Shapinsay [šéjpinzi] kraj. ime
Sharpe [ša:p] druž. ime
Shaugh [šo:] kraj. ime
Shaughnessy [šónəsi] druž. ime
Shaw [šɔ:] ime angl. pisatelja irske narodnosti
Shawbury [šɔ́:bri] kraj. ime
Sheard [šə:d, ši:d, šɛəd] druž. ime
Sherman [šə́:mən] druž. ime
Sheffield [šéfi:ld] kraj. in druž. ime
Sheila [ší:lə] ž. ime
Sheldon [šéldn] druž. ime
Shelley [šéli] druž. ime, ime angl. pesnika
Shepard [šépəd] druž. ime
Sheraton [šérətn] druž. ime; stil pohištva
Sheridan [šéridn] druž. ime; angl. dramatik
Sheringham [šériŋəm] kraj. ime
Sherlock [šə́:lok] druž. ime
Sherman [šə́:mən] druž. ime; znamka am. tankov
Sherwood [šə́:wud] kraj. in druž. ime
Shetland Islands [šétlənd ailəndz] ime otočja
Shillingford [šíliŋfəd] kraj. ime
Shippea [šípi] kraj. ime
Shirehall [šáiəhɔ:l] kraj. ime

Shirland [šá:lənd] kraj. in druž. ime
Shirley [šá:li] ž. ime; kraj. ime
Shoeburyness [šú:brinés] kraj. ime
Shorncliffe [šɔ́:nklif] kraj. ime
Shrewsbury [šrú:zbri, šróuzbri] kraj. ime
Shropshire [šrópšiə] ime grofije
Shrovetide [šróuvtaid] post (doba)
Shrubland [šrʌ́blənd] druž. ime
Shuckburgh [šʌ́kbrə] kraj. ime
Shylock [šáilok] oseba iz Shakespeara
Siam [saiǽm] Siam
Siamese [saiəmí:z] siamski; Siamec, -mka; siamski
jezik, siamščina
Siberia [saibíəriə] Sibiria
Siberian [saibíəriən] sibirski; Sibirec, -rka
Sibyl [síbil] ž. ime, Sibila
Sicilian [sisíljən] sicilski
Sicily [sísili] Sicilija
Sidbury [sídbəri] kraj. ime
Sidgwick [sídžwik] druž. ime
Sidlaw [sídlɔ:] kraj. ime
Sidney [sídni] kraj. in druž. ime
Sidonia [sidóuniə] ž. ime, Zdenka
Sidworth [sídwə:θ] kraj. ime
Sigismond [sígismənd] m. ime
Silas [sáiləs] m. ime
Silchester [sílčistə] kraj. ime
Silcote [sílkət] kraj. ime
Silesia [sailí:zjə, sil-] Šlezija
Silvanus [silvéinəs] myth bog gozdov
Silverdale [sílvədeil] kraj. ime
Silverleigh [sílvəli] kraj. ime
Simeon [símjən] m. ime
Simon [sáimən] m. in druž. ime; the real ~ Pure
ta pravi
Simplon [sénploŋ] kraj. ime
Sim(p)son [símsn] druž. ime
Sinai [sáinai] gora Sinaj
Sinatra [siná:trə] druž. ime
Sinclair [síŋklɛə] druž. ime
Sindlesham [síndlšəm] kraj. ime
Singapore [singəpó:] kraj ime, Singapur
Singleton [síŋgltn] kraj. ime
Sinn Fein [šínféin, sín-] irsko republikansko gibanje
Sion [sáiən] kraj. ime
Sipson [sípsən] kraj. ime
Sioux [sg su:, pl su:z] ime indijanskega plemena
Siward [sjúəd] m. in druž. ime
Sizergh [sáizə] kraj. ime
Skager Ra(c)k [skágərǽk] ožina Skagerak
Skeat [ski:t] druž. ime
Skelton [skéltn] kraj. in druž. ime
Skye [skai] ime hebridskega otoka
Slateford [sléitfəd] kraj. ime
Slaugham [slá:fəm, slǽ-] kraj. ime
Slav [sla:v, slæv] slovanski; slovan
Slavic [slǽvik, slá:vik] slovanski; slovanski jezik
Slavonia [sləvóuniə] Slavonija
Slavonian [sləvóunjən] slovanski, slavonski
Slavonic [sləvónik] slovanski, slovanski; ~ studies
slavistika
Sleights [slaits] kraj. ime
Sloan(e) [sloun] druž. ime
Slovak [slóuvæk] slovaški; Slovak(inja)
Slovakia [slouvǽkjə] Slovaška

Slovakian [slouvǽkjən] slovaški; slovanščina; Slovak(inja)
Slovene [slo(u)víːn] slovenski; Slovenec, -nka; slovenščina
Slovenia [slo(u)víːnjə] Slovenija
Slovenian [slo(u)víːnjən] slovenski; Slovenec, -nka; slovenščina
Smallholm [sméilhoum] kraj. ime
Smalley [smóːli] kraj. ime
Smallmouth [smóːlməθ] kraj. ime
Smallwood [smóːlwud] kraj. ime
Smethwick [sméθik] kraj. ime
Smirke [sməːk] druž. ime
Smith [smiθ] druž. ime
Smollett [smólit] druž. ime
Smyrk [sməːk] druž. ime
Smyrna [smóːnə] Smirna
Smyth [smiθ, smaiθ] druž. ime
Smythe [smaið, smaiθ] druž. ime
Sneiton [snétn] kraj. ime
Snitterfield [snítəfiːld] kraj. ime
Snodgrass [snódgraːs] druž. ime
Snowden [snóudn] druž. ime
Snowdon [snóudn] ime gore
Soames [sóumz] m. ime
Soay [sóui] ime otoka
Socrates [sókrətiːz] Sokrat
Sodom [sódəm] Sodoma
Sofia [sóufiə, obs sofáiə] ime mesta, Sofija
Soho [səhóu] ime londonske četrti
Solomon [sóləmən] Salomon
Somaliland [səmáːlilænd] Somalija
Somerby [sóməbi] kraj. ime
Somers [sóməz] druž. ime
Somerset(shire) [sóməsit(šə)] ime grofije
Sophia [səfáiə] ž. ime
Sophy [sóufi] Zofka
Sotheby [sʌ́ðəbi] kraj. ime
Soudan [sudǽn] Sudan
Southampton [sauθǽm(p)tn] ime mesta
Southey [sáuði] druž. ime
Southwick [sʌ́θik, sáuθwik] kraj. ime
Spain [spein] Španija
Spaniard [spǽnjəd] Španec, -nka
Spanish [spǽniš] španski; španščina; the ~ Španci
Sparham [spǽrəm] kraj. ime
Sparricks [spǽriks] druž. ime
Spean [spiːn] kraj. ime
Spencer [spénsə] ime filozofa
Spilzby [spílzbi] kraj. ime
Spinoza [spinóuzə] ime filozofa
Spital [spítl] kraj. ime
Spitfire [spítfaiə] ime letala
Spondon [spóndn] kraj. ime
Sporades [spórədiːz] Sporadi
Spragge [spræg] druž. ime
Springfield [spríɲfiːld] kraj. in druž. ime
Sproughton [sprótn] kraj. ime
Spurstowe [spóːstou] kraj. ime
Stafford [stʌ́fəd] druž. in kraj. ime
Stagirite [stǽdžirait]; the ~ Aristotel
Staithes [steiðz] kraj. ime
St. Albans [səntóːlbəns] kraj. ime
Stalbridge [stóːlbridž] kraj. ime
Stamford [stǽmfəd] kraj. ime
Stanhope [stǽnəp] kraj. in druž. ime

Stanley [stǽnli] druž. in m. ime
Stanwick [stǽːnik] kraj. ime
Statham [stéiθəm] kraj. ime
Stauton [stóːtn] kraj. ime
Stearn(e) [stəːn] druž. ime
Steele [stiːl] druž. ime
Stein [stáin] druž. ime
Steinbeck [stáinbek] druž. ime
Steinway [stáinwei] znamka klavirjev
Stephen [stíːvn] Štefan
Stephens [stíːvnz] druž. ime
Stephenson [stíːvnsn] druž. ime
Stepney [stépni] druž. in kraj. ime
Sterne [stəːn] ime angl. pisatelja
Steve [stiːv] pomanjševalnica za Stephen
Stevenson [stíːvnsn] druž. ime
Steward [stjúət] druž. in m. ime
Steyne [stiːn] kraj. ime
Stiggins [stíginz] druž. ime
Stilton [stíltn] kraj. ime
Stirling [stóːliɲ] ime grofije
Stisted [stáistəd] kraj. ime
St. Louis [səntlúis] kraj. ime
St. Maur [sənmóː] sv. Mavricij
Stockbridge [stókbridž] kraj. ime
Stockholm [stókhoum] ime mesta
Stockton [stóktn] kraj. ime
Stoddard [stódəd] druž. ime
Stogumber [stougʌ́mbə] kraj. ime
Stoke [stóuk] kraj. ime
Stonebridge [stóunbridž] kraj. ime
Stonehenge [stóunhendž] ime arheološkega nahajališča
Stopford [stópfəd] kraj. in druž. ime
Stowe [stou] druž. in kraj. ime
St. Paul [snpóːl] sv. Pavel; kraj. ime; ~'s londonska katedrala
Strachey [stréiči] ime angl. pisatelja
Strafford [strǽfəd] druž. in kraj. ime
Stratfield [strǽtfiːld] kraj. ime
Stratford [strǽtfəd] kraj. ime
Straton [strǽtn] kraj. ime
Streatfield [strétfiːld] kraj. ime
Strickland [stríklənd] druž. ime
Struthers [strʌ́ðəz] druž. ime
Stuart [stjúət] druž. ime
Studebaker [stúːdəbeikə] znamka avtomobilov
Styria [stíriə] Štajerska
Styrian [stíriən] Štajerski; Štajerec, -rka
Stythwaite [stáiθweit] kraj. ime
Sudan [sudǽn, -daːn] ime dežele
Sue [suː] pomanjševalnica za Susan
Suez [sú(ː)iz] kraj. ime
Suffolk [sʌ́fək] ime grofije
Sugwas [sʌ́gəs] kraj. ime
Sulby [sʌ́lbi] ime reke
Su(l)livan [sʌ́livn] druž. ime
Sumatra [s(j)umáːtrə] ime otoka
Summerfield [sʌ́məfiːld] druž. ime
Summerville [sʌ́məvil] druž. ime
Sumner [sʌ́mnə] druž. ime
Sunbury [sʌ́nbəri] kraj. ime
Sunderland [sʌ́ndələnd] kraj. ime
Sunfields [sʌ́nfiːldz] kraj. ime
Sunleigh [sʌ́nli] kraj. ime
Surbiton [sóːbitn] kraj. ime

Surlingham [sə́:liŋəm] kraj. ime
Surrey [sʌ́ri] ime grofije
Susan [su:zn] Suzana
Sussex [sʌ́siks] ime grofije
Sutherland [sʌ́ðələnd] ime grofije
Sutton [sʌ́tn] kraj. ime
Swabia [swéibiə] Švabsko
Swaffham [swɔ́fəm] kraj. ime
Swanage [swɔ́nidž] kraj. ime
Swanscombe [swɔ́nzkəm] kraj. ime
Swansea [swɔ́nzi] kraj. ime
Swarthmoor [swɔ́:θmuə] kraj. ime
Swede [swi:d] Šved(inja)
Sweden [swí:dn] Švedska
Swedish [swí:diš] švedski; švedščina
Swete [swi:t] druž. ime

Swift [swift] druž. ime
Swinburne [swínbə:n] druž. ime
Swiss [swis] švicarski; Švicar(ka)
Swithin [swíθin] m. ime
Switzerland [swítsələnd] Švica
Sworder [sɔ́:də] druž. ime
Sydney [sídni] ime mesta
Sykes [saiks] druž. ime
Sylvester [silvéstə] m. ime
Sylvia [sílviə] ž. ime
Symington [sái-, símiŋtən] kraj. ime
Symonds [sáiməndz] druž. ime
Synge [siŋ] druž. ime
Syria [síriə] Sirija
Syrian [síriən] sirski; Sirijec, -jka
Syston [sáistn] kraj. ime

T

Tabitha [tǽbiθə] ž. ime
Tabley [tǽbli] kraj. ime
Tadworth [tǽdwə:θ] kraj. ime
Taf, Taff [tæf] imeni angl. rek
Taft [tæft] druž. ime
Tagore [təgɔ́:, thá:kur] ime indijskega pesnika
Tahiti [ta:hí:ti] ime otoka
Takeley [téikli] kraj. ime
Talbot [tɔ́:lbət] druž. ime; [tɔ́:lbət, tǽlbət] kraj. ime
Tammany [tǽməni] druž. ime
Tamworth [tǽmwə:θ] kraj. ime
Tanganyika [tæŋgənjí:kə] Tanganjika
Tangier [tændžíə] Tanger
Tanglewood [tǽglwud] kraj. ime
Tanqueray [tǽŋkəri] druž. ime
Tanswell [tǽnzwəl] kraj. ime
Tartar [tá:tə] Tatar; tatarski
Tasmania [tæzméiniə] Tasmanija
Tatar [tá:tə] Tatar
Tate [teit] druž. ime
Tatham [téitəm] kraj. ime
Tattersall [tǽtəsɔ:l] druž. ime
Taverham [téivərəm] kraj. ime
Tawe [tɔ:] ime reke
Tawton [tɔ́:tən] kraj. ime
Tay [tei] ime škotske reke
Taylor [téilə] druž. ime
Tchad [čæd] ime afriškega jezera
Teague [ti:g] cont Irec
Ted, Teddy [ted, tédi] pomanjševalnica za Edward
Teheran [tiərá:n] ime mesta
Telscombe [télskəm] kraj. ime
Temperley [témpəli] druž. ime
Tenbury [ténbri] kraj. ime
Tennessee [ténəsi:] ime države in reke v ZDA
Tennyson [ténisn] ime pesnika
Terling [tá:liŋ] kraj. ime
Terpsichore [tə:psíkəri] ime muze plesa
Terrington [tériŋtən] kraj. ime
Terry [téri] ž. in druž. ime
Tesla [téslə] ime fizika jugosl. rodu
Testerton [téstətən] kraj. in druž. ime
Teuton [tjú:tn] Tevton(ka), Nemec, -mka, German(ka)
Teutonic [tju:tónik] tevtonski, nemški, germanski
Texas [téksəs] ime države v ZDA

Thackeray [θǽkəri] druž. ime
Thaddeus [θædí:əs] Tadej
Thales [θéili:z] Tales
Thalia [θəláiə] Talija
Thames [temz] Temza; to set the ~ on fire narediti nekaj posebnega
Thaxted [θǽkstid] kraj. ime
Theban [θí:bən] tebski
Thebes [θí:bz] Tebe
Theobald [θíəbɔ:ld] m. ime
Theodore [θíədɔ:] Božidar
Theophilus [θiófiləs] Bogomil
Theresa [tirí:zə] Terezija
Thetford [θétfəd] kraj. ime
Thirlby [θə́:lbi] kraj. ime
Thiselton [θíslton] kraj. ime
Thomas [tóməs] Tomaž
Thom(p)son [tóm(p)sən] druž. ime
Thoreau [θɔ́:rou] ime am. pisatelja
Thoresby [θɔ́:zbi] kraj. ime
Thorneycroft [θɔ́:nikrɔft] druž. ime
Thrace [θréis] Trakija
Thrawe [θrɔ:] kraj. ime
Threadneedle [θrédní:dl] ime londonske ulice; the old lady of ~ Street Angleška narodna banka
Througham [θrʌ́fəm] kraj. ime
Thurso [θə́:sou] kraj. ime
Tiber [táibə] Tibera
Tibet [tibét] Tibet
Tidworth [tídwə:θ] kraj. ime
Tilley [tíli] kraj. in druž. ime
Timon [táimən] oseba iz Shakespeara
Timothy [tíməθi] m. ime
Tindal [tíndl] druž. ime
Tingwall [tíŋwə:l] kraj. ime
Tintangel [tintǽndžəl] kraj. ime
Tipperary [tipərǽri] irsko mesto in grofija; ime vojaške pesmi
Tisbury [tízbri] kraj. ime
Titan [táitn] velikan
Titanic [taitǽnik, ti-] ime ladje
Titian [tíšiən] Tizian
Titmarch [títma:š] Thackerayev psevdonim
Titus [táitəs] Tit, oseba iz Shakespeara
Tizard [tíza:d] druž. ime
Tobias [təbáiəs] Tobija

Togo [tógou] ime afriške dežele
Tokyo [tóukjou] Tokio
Tom [tɔm] Tomaž(ek); ~, Dick and Harry vsakdo;
~ Tilder's Ground deveta dežela
Tomlins [tómlinz] druž. ime
Tommy [tómi] Tomažek; ~ Atkins navadni bri-
tanski vojak
Tompkins [tóm(p)kinz] druž. ime
Tonbridge [tánbridž] kraj. ime
Tonsley [tánzli] kraj. ime
Tony [tóuni] Tonček; sl portugalski vojak
Tooley [tú:li] kraj. ime
Topham [tópəm] kraj. ime
Toplady [tópłeidi] druž. ime
Toronto [təróntou] kraj. ime
Torpenhow [trəpénə, tó:pənhau] kraj. ime
Torquay [tó:kí:] kraj. ime
Totteridge [tótəridž] druž. ime
Townsend [táunzend] druž. in kraj. ime
Tracy [tréisi] druž. ime
Trafalgar [trəfǽlgə] kraj bitke
Tranmere [trənmíə] kraj. ime
Transvaal [trǽnzva:l] ime dežele
Tranton [trǽntən] kraj. ime
Trent [trent] Trident; brit. kraj. ime; ime reke
Trevelyan [trəvéljən, tri-, trevíljən] druž. ime
Trevor [trévə] druž. ime
Trewsbury [trú:zbri] kraj. ime
Trieste [triést] Trst
Trimingham [trímiŋəm] kraj. ime
Trinidad [trínidæd] ime otoka
Tripoli [trípəli] Tripolis
Tristan, Tristram [trístən, trístrəm] Tristan
Tritton [trítn] kraj. ime
Troilus [tróuiləs] oseba iz Shakespeara
Trojan [tróudžən] Trojanski; Trojanec, -nka
Trollope [trólləp] druž. ime
Troughton [tráutn] kraj. in druž. ime
Troy [trɔi] Troja
Trudgen [trádžn] druž. ime
Truman [trú:mən] druž. ime
Trusham [trá-, trísəm] kraj. ime
Tubbs [tʌbz] druž. ime
Tucson [tu:són] kraj. ime
Tudor [tjú:də] Tudor(jevec); tudorski

Tufnell [tʌfnl] druž. ime
Tullibardine [tʌlibá:di:n] kraj. ime
Tunbridge Wells [tánbridž wélz] angl. zdravilišče
Tunis [tjú:nis] Tunis
Tunisia [tju:níziə] Tunizija
Tupman [tápmən] druž. ime
Turcoman [tó:kəmən] Turkmen
Turin [tjurín] Torino
Turk [tə:k] Turk(inja); a regular ~ porednež
Turkestan [tə:kistǽn] Turkestan
Turkey [tó:ki] Turčija
Turkish [tó:kiš] turški; ~ bath parna kopel; ~
delight turški med; ~ towel frotirka
Turnbull [tó:nbul] druž. ime
Turner [tó:nə] druž. ime
Turnham [tó:nəm] kraj. ime
Tuscan [táskən] toskanski; toskanec, -nka; tos-
kansko narečje
Tuscany [táskəni] Toskana
Tussaud's [tusóuz, tusó:dz]; Madame ~ muzej
voščenih figur v Londonu
Tutbury [tátbri] kraj. ime
Tuxedo [tʌksídou] ime parka v New Yorku
Tweed [twi:d] ime reke
Twickenham [twíknəm] kraj. ime
Twineham [twáinəm] kraj. ime
Twinhoe [twínou] kraj. ime
Twybridge [twáibridž] kraj. ime
Tyburn [tíbə:n] nekdanje morišče v Londonu; ~
tippet zanka; ~ tree vislice
Tyldesley [tíldzli] kraj. in druž. ime
Tyler [táilə] druž. ime
Tyndale, -dall [tíndl] druž. ime
Tyne [tain] ime reke
Tyneham [táinəm] kraj. ime
Tynemouth [táinmauθ, tínməθ] kraj. ime
Tynewald [táinwɔld] zakonodajna skupščina na
otoku Man
Tyrol [tiróul, tírəl] Tirolska
Tyrolese [tirəlí:z] tirolski; Tirolec, -lka
Tyrone [tiróun] ime irske grofije
Tyrwhitt [tírit] druž. ime
Tyseley [táizli] kraj. ime
Tzigany [cigá:ni] (madžarski) cigan; ciganski

U

Uckfield [ʌkfi:ld] kraj. in druž. ime
Udall [jú:dəl] druž. ime
Uddingston [ʌdiŋstən] kraj. ime
Uganda [jugǽndə] Uganda
Ughtred [ú:trid] druž. ime
Uitlander [éitlændə] Jugoafričan neholandskega
izvora
Ukraine [jukréin, jukráin] Ukrajina
Ukrainian [jukréinjən, jukráinjən] ukrajinski;
Ukrajinec; -nka; ukrajinščina
Ulceby [ʌlsbi, úlsbi] kraj. ime
Ulgham [ʌfəm] kraj. ime
Ulpha [ʌlfə] kraj. ime
Ulrica [ʌlrikə] ž. ime
Ulric, -ch [úlrik] m. ime
Ulster [ʌlstə] Ulster, Severna Irska

Ulysses [julísi:z] Odisej
Umberston [ʌmbəstən] kraj. ime
Umfreville [ʌmfrəvil] druž. ime
United States [junáitid stéits] Združene države
Upcott [ʌpkɔt] kraj. ime
Upham [ʌpəm] kraj. ime
Upjohn [ʌpdžɔn] druž. ime
Uppingham [ʌpiŋəm] kraj. ime
Upton [ʌptən] kraj. in druž. ime
Ural [júərəl, jó:rəl] Ural
Urania [juəréiniə] Uranija
Uranus [júərenəs] Uran
Urban [ó:bən] Urban
Urquart [ó:kət, -ka:t] druž. ime
Ursula [ó:sjulə] Uršula
Uruguay [(j)ú:rugwai] Urugvaj

Usk [ʌsk] ime reke
Utah [jú:ta:, jú:tɔ:] ime države v ZDA
Utica [jú:tikə] kraj. ime

Utopia [jutóupjə] utopija
Utrecht [jú:trekt] kraj. ime
Uxbridge [ʌ́ksbridž] kraj. ime

V

Valencia [vəlénšjə] kraj. ime
Valentine [vǽləntain] m. ime
Valera [vəléərə] ime državnika
Valhalla [vǽlhǽlə] Panteon
Valletta [vəlétə] kraj. ime
Vanbrugh [vǽnbrə] druž. ime
Vancouver [vænkú:və] kraj. ime
Vandal [vǽndl] Vandal(ka); vandalski
Vanderbilt [vǽndəbilt] druž. ime
Vandyke [vændáik] Vandyck
Vanessa [vənésə] ž. ime
Vansittart [vænsítət, -ta:t] druž. ime
Vatican [vǽtikən] Vatikan
Vaughan [vɔ:n] druž. ime
Vaux [vɔ:z, vɔks, vouks] druž. ime
Vauxhall [vɔ́kshɔ́:l] kraj. ime
Venetian [viní:šən] beneški; ~ blinds žaluzije
Venezuela [venezwéilə] ime dežele
Venice [vénis] Benetke
Ventnor [véntnə] kraj. ime
Venus [ví:nəs] Venera
Vermont [və:mónt] ime države v ZDA

Verney [və́:ni] kraj. ime
Vernon [və́:nən] m. ime
Veryan [vérjən] kraj. ime
Vesuvius [visú:vjəs] Vezuv
Vic [vik] Viktorija
Vickers [víkəz] druž. ime
Vicky [víki] Viktorija (pomanjševalnica)
Victor [víktə] Viktor
Victoria [viktó:riə] ž. ime, ime avstralske države
Vienna [viénə] Dunaj
Viennese [vdení:z] dunajski; Dunajčan(ka)
Viet-nam [vjétnæm] ime dežele
Vietnamese [vjétnəmí:z] Vjetnamec
Vincent [vínsnt] m. ime
Viola [váiələ, víələ] ž. ime
Violet [váiəlit] ž. ime
Virgil [və́:džil] Vergil
Virginia [və:dží:niə] ž. ime države v ZDA
Vistula [vístjulə] Visla
Vivian [vívjən] ž. ime
Volga [vɔ́lgə] Volga
Vosges [vouž] Vogezi

W

Wace [weis] ime normanskega pesnika
Waddon [wɔdn] kraj. ime
Wadham [wódəm] ime collegea v Oxfordu
Wainwright [wéinrait] druž. ime
Wakefield [wéikfi:ld] kraj. ime
Wakeham [wéikəm] kraj. ime
Wal [wɔ:l] Walter
Walcot(t)[wó:lkət] druž. in kraj. ime
Wales [wéilz] Wales, Valizija
Walham [wó:ləm] kraj. ime
Wallace [wó:lis] druž. ime
Waller [wólə] druž. ime
Walney [wólni] ime otoka
Walpole [wólpoul] kraj. in druž. ime
Walt [wɔ:lt] Walter
Walter [wó:ltə] m. ime
Walters [wó:ltəz] druž. ime
Walton [wó:ltn] drž. in kraj. ime
Walwick [wólik, wólwik] kraj. ime
Wandon [wóndən] kraj. ime
Wansdyke [wó:nzdaik] kraj. ime
Warburton [wó:bətn] druž. ime
Ward [wɔ:d] druž. ime
Wareham [wéərəm] kraj. ime
Waring [wéəriŋ] druž. ime
Warley [wó:li] kraj. ime
Warmington [wó:miŋtən] kraj. ime
Warner [wó:nə] druž. ime
Warnham [wó:nəm] kraj. ime
Warre [wó:] druž. ime
Warren [wórin] druž. ime
Warrington [wóriŋtən] kraj. ime

Warsaw [wó:sɔ:] Varšava
Warton [wó:tən] druž. ime
Warwickshire [wórikšə] ime grofije
Wash [wɔš] ime majhnega zaliva v vzh. Angliji
Washburn [wóšbən] druž. ime
Washington [wóšiŋtən] kraj. ime; druž. ime
Wasperton [wóspətən] kraj. ime
Watchet [wóčit] kraj. ime
Watcombe [wótkəm] kraj. ime
Waterden [wótədən] kraj. ime
Waterloo [wɔ:təlú:] kraj. ime; to meet one's ~
    doživeti neuspeh
Waterlow [wótəlou] kraj. ime
Watermouth [wótəmauθ] kraj. ime
Watford [wótfəd] kraj. ime
Watt [wɔt] druž. ime
Watteau [wótou, wətóu] druž. ime
Watton [wótn] kraj. ime
Wauchope [wó:kəp] druž. ime
Waugh [wɔ:] ime angl. pisatelja
Wavel [wéivl] druž. ime
Waverley [wéivəli] kraj. ime
Waxlow [wǽkslou] kraj. ime
Wayford [wéifəd] kraj. ime
Wear [wiə] ime reke
Waermouth [wíəməθ] kraj. ime
Wearne [wə́:n, wíən] kraj. ime
Webb(e) [web] druž. ime
Webber [wébə] druž. ime
Weber [ví:bə] druž. ime; [wéibə] ime nem. skladatelja
Webster [wébstə] druž. ime

Wedgwood [wédžwud] druž. ime
Wedmore [wédmɔ:] kraj. ime
Weekley [wí:kli] kraj. in druž. ime
Weighton [wéitn] kraj. ime
Weldon [wéldn] kraj. ime
Welland [wélənd] ime reke
Wellesley [wélzli] druž. ime
Wellington [wéliŋtən] druž. ime
Wellow [wélou] kraj. ime
Wells [wels] druž. ime
Welsh [welš] valizijski; the ~ Valizijci; ~ comb vseh pet prstov, pest; ~ rabbit opečen sir
Welshman [wélšmən] Valižan
Welshwoman [wélšwumən] Valižanka
Welwyn [wélin] kraj. ime
Wesham [wéšəm] kraj. ime
Wesley [wézli] ime osnovatelja metodizma
Wessex [wésiks] ime južnoangleške pokrajine
West End [wéstend] del Londona med Trafalgar squarom in Hyde Parkom
Westdale [wéstdeil] kraj. ime
West Indies Zahodna Indija (otočje)
Westminster [wéstminstə] londonska četrt
Westmor(e)land [wéstmələnd] ime grofije
Westphalia [westféiljə] Vestfalija
Westwick [wéstwik, wéstik] kraj. ime
Wetheral [wéðərɔ́:l] kraj. in druž. ime
Wey [wei] ime reke
Weymouth [wéiməθ] kraj. ime
Wharam [wéərəm] kraj. ime
Wharton [wɔ́:tn] druž. ime
Whateley [wéitli] kraj. in druž. ime
Whickham [wíkəm] kraj. in druž. ime
Whiligh [wáilaj] kraj. ime
Whipsnade [wípsneid] kraj. ime
Whiskin [wískin] druž. ime
Whistler [wíslə] druž. ime; am. slikar
Whitaker [wítikə] druž. ime; aṃ. fizik
Whitby [wítbi] kraj. ime
Whitechapel [wáitčæpl] kraj. ime
Whitehall [wáithɔ:l] ime londonske ulice
Whitman [wítmən] druž. ime
Whittingham [wítiŋdžəm] kraj. ime
Whittier [wítiə] druž. ime
Whitwell [wítwel] kraj. ime
Whorlton [wɔ́:ltən] druž. ime
Whyte [wáit] kraj. in druž. ime
Wickersley [wíkəzli] kraj. ime
Wickham [wíkəm] kraj. in druž. ime
Widdin [wídin] kraj. ime
Widley [wídli] kraj. ime
Wight [wait] ime otoka
Wilcox [wílkɔks] druž. ime
Wilde [waild] druž. ime
Wilder [wáildə] druž. ime
Wifred [wifrid, wúl-] m. ime
Wilkes [wilks] druž. ime
William [wíljəm] m. ime
Williams [wíljəmz] druž. ime
Willy [wíli] pomanjševalnica za William
Willoughby [wíləbi] kraj. in druž. ime
Wilson [wílsn] druž. ime
Wiltshire [wíltšə] ime grofije
Wimbledon [wímbldn] kraj. ime
Wimpole [wímpoul] kraj. in druž. ime

Winchester [wínčistɛ] kraj. ime
Wincott [wínkət] druž. ime
Windermere [wíndəmiə] druž. ime, ime jezera
Windham [wíndəm] druž. ime
Windrush [wíndrʌš] ime reke
Windsor [wíndzə] kraj. ime
Wingate [wíŋgit] kraj. ime
Winifred [wínifrid] ž. ime
Winkfield [wíŋkfi:ld] druž. ime
Winnipeg [wínipeg] kraj. ime
Winslow [wínslou] kraj. ime
Winston [wínstən] m. in kraj. ime
Winthrop [wínθrəp] druž. ime
Winwick [wínik] kraj. ime
Wisconsin [wiskónsin] ime države in reke v ZDA
Wishaw [wíšɔ:] kraj. ime
Witham [wíðəm] druž. ime in ime reke; [wítəm] kraj. ime
Wittenham [wítnəm] kraj. ime
Wiverton [wáivətn, wɔ́:tn] kraj. ime
Woburn [wú:bə:n] kraj. ime; [wóubə:n] ulica v Londonu
Wodehouse [wúdhaus] druž. ime
Wokingham [wóukiŋəm] kraj. ime
Wolfe, Wolff [wulf] druž ime
Wollaston [wúləstn] kraj. ime
Wolseley [wúlzli] druž. ime
Wolverhapton [wúlvəhæmptən] kraj. ime
Wolviston [wúlvistn] kraj. ime
Wombwell [wúmwel] kraj. ime
Woodchester [wúdčistə] kraj. ime
Woodcote [wúdkət] kraj. ime
Woodrow [wúdrou] druž. ime
Woolf [wulf] druž. ime
Woolhampton [wulhǽmptən] kraj. ime
Woolwich [wúlič] kraj. ime
Woolworth [wúlwə:θ] druž. ime
Woolsley [wúlzli] kraj. ime
Worcester [wústə] ime grofije
Wordsworth [wɔ́:dzwə:θ] druž. ime
Workington [wɔ́:kiŋtən] kraj. ime
Worksop [wɔ́:ksɔp] kraj. ime
Worlebury [wɔ́:lbri] kraj. ime
Wortley [wɔ́:tli] kraj. in druž. ime
Wotton [wɔ́tn, wútn] kraj. in druž. ime
Woughton [wúftn] kraj. ime
Wouldham [wúldəm] kraj. ime
Wrath [rɔ:θ, ra:θ] kraj. ime
Wreay [rei, ríə] kraj. ime
Wren [ren] druž. ime
Wrestham [réstəm] kraj. ime
Wright [rait] druž. ime
Wriothesley [ráiəθsli] druž. in kraj. ime
Wrotham [rú:təm] kraj. ime
Wrynose [ráinouz] kraj. ime
Wuthering Heights [wʌðəriŋháits] roman E. Brontëjeve
Wyat(t) [wáiət] druž. ime
Wycherley [wíčəli] druž. ime
Wycombe [wíkəm] kraj. ime
wye [wai] kraj. ime; ime reke
Wykeham [wíkəm] druž. ime
Wyld(e) [waild] druž. ime
Wyoming [waióumiŋ] ime države v ZDA
Wyrley [wɔ́:li] kraj. ime
Wyvil(le) [wáivil] kraj. in druž. ime

X

Xanthippe [zæntípi] Ksantipa
Xavier [zǽviə, zéivjə] Ksaver

Xenophon [zénəfən] Ksenofon
Xmas [krísməs] božič

Y

Yahveh [já:vei] Jehova
Yalding [jó:ldiŋ] kraj. ime; [jǽldiŋ] druž. ime
Yale [jejl] ime am. univerze
Yankee [jǽŋki] Amerikanec iz ZDA, zlasti angle-
škega izvora
Yar [ja:] ime reke
Yardley [já:dli] druž. ime
Yarm [já:m] kraj. ime
Yarmouth [já:məθ] kraj. ime
Yarmbury [já:mbri] kraj. ime
Yate [jejt] kraj. ime
Yates [jeits] druž. ime
Yaxley [jǽksli] kraj. ime
Yealand [jélənd] kraj. ime
Yealm [jelm] ime reke
Yearby [jó:bi] kraj. ime
Yeat(e)s [jejts] druž. ime
Yeavering [jévəriŋ] kraj. ime
Yelden [jíldən] kraj. ime
Yellowstone [jélousstoun, -stən] ime reke in narod-
nega parka v ZDA
Yemen [jéimən, jémən] Jemen

Yenisei [jeniséii] Jenisej
Yetholm [jétəm] kraj. ime
Yiddish [jí:diš] jidiš, judovska nemščina
Yokohama [joukəhá:mə] Jokohama
Yonge [jəŋ] druž. ime
Yoredale [jó:deil] kraj. ime
Yorick [jórik] osebe iz Shakespeara
York [jɔ:k] kraj. ime
Yorkshire [jó:kšə] ime grofije
Yosemite [jousémiti, jə-] ime narodnega parka
v ZDA
Yost [joust] druž. ime
Youghal [jóhəl, jókəl, jɔ:l] kraj. in druž. ime
Youmans [jú:mənz] druž. ime
Young [jʌŋ] druž. ime
Ythan [áiθən] ime reke
Yucatan [ju:kətá:n, -tǽn] Jukatan
Yugoslav [jú:gəslá:v] jugoslovanski; Jugoslovan-
(ka)
Yugoslavia [jú:gəslá:viə] Jugoslavija
Yukon [jú:kən] ime reke
Yule [ju:l] božič
Ywain(e) [iwéin] Arturjev vitez

Z

Zachariah [zækəráiə] m. ime
Zambezi [zæmbí:zi] reka Zambezi
Zarathustra [zærəθú:strə] Zaratustra
Zealand [zí:lənd] Zelandija
Zeeland [zéi-, zí:lənd] kraj. ime na Holandskem
Zelanian [ziléinjən] novozelandski
Zennor [zénə] kraj. ime

Zeus [zju:s] Zevs
Zion [záiən] Sion
Zoe [zóui] ž. ime
Zouch(e) [zu:š] kraj. ime
Zulu [zú:lu:] Zulu
Zurich [zjúərik] ime mesta

COMMON ENGLISH ABBREVIATIONS

A

a. acre(s)
A *chem* argon; absolute; Academy; America(n)
A. *mus* alto; *phys* ampere
A 1 first class
A.A. Automobile Association; Associate in Arts; Anti-Aircraft
A.A.A. Amateur Athletic Association; Agricultural Adjustment Administration
A.A.C. (Lat. *anno ante Christum*) in the year before Christ
A.A.U.A. Amateur Athletic Union (of U.S.A.)
A.B. able-bodied; (Lat. *Artium Baccalaureus*) Bachelor of Arts
abbr., abbrev. abbreviation; abbreviated
ABC the alphabet
A.B.C. American (Australian) Broadcasting Company
abd. abdicated
ab init. (Lat *ab initio*) from the beginning
ABM antiballistic missiles
abp. archbishop
abr. abridged
abs. absolute; abstract
absol. absolute(ly)
abt. about
Ac *chem* actinium
A.C. Appeal Court; Alpine Club; Aero Club; Athletic Club; alternating current
a/c account
acc. account; accusative; accepted; accompanied
acct. account; accountant
accus. accusative
A.D. (Lat. *Anno Domini*) in the year of our Lord
a.d. after date
ad. adapted; advertisement
A.D.C. aide-de-camp; Army Dental Corps
add. addenda; addition; address
adj. adjective
Adj., Adjt. Adjutant
Adm. Admiral; Admiralty; Administrator
adv. adverb; advocate
Adv. Advent; advocate
advt. advertisement
A.E.C. Army Education Corps; Atomic Energy Commission
A.E.D. American English Dictionary
A.E.F. American Expeditionary Force
aeron. aeronautics
A.F.L. American Federation of Labour

A.F.M. Air Force Medal
A.-Fr. Anglo-French
Afr. African
A.G. Adjutant-General; Attorney-General; Accountant-General; Agent-General
Ag *chem* silver
agr(ic). agriculture
A.I. American Institute
A.I.D. Army Intelligence Department; Agency for International Development
a.l. autograph letter
Al *chem* aluminium, *A* aluminum
Ala. Alabama
Alas. Alaska
Ald. alderman
Alex. Alexander
alg. algebra
alt. alternate; altitude
Am *chem* americium
A.M. (Lat. *Artium Magister*) Master of Arts; Albert Medal; Air Ministry
a.m. (Lat. *ante meridiem*) before noon, in the morning
Am. American, America
A.M.C. Army Medical Corps
Amer. American; America
ammo *coll* ammunition
amp. ampère
A.M.S. Army Medical Staff
amt. amount
anal. analogy; analogous; analysis
anat. anatomy; anatomical
anc(t). ancient
Angl. Anglican
angl. anglice
ann. annual
anon. anonymous
anr. another
ans. answer
antiq. antiquity
A.N.Z.A.C. glej **Anzac**
Anzac Australia and New Zealand Army Corps
A.O. Army Order
a/o to the account of
A.P. Associated Press
A.P.D. Army Pay Department
Apl. April
A.P.O. Army Post Office
Apoc. Apocalypse; Apocrypha

app. appendix; appointed; apprentice; apparently
appro. approbation; approval
approx. approximate(ly)
Apr. April
A.R. annual return; (*Lat. anno regni*) in the year of the reign
A.R.A. Associate of the Royal Academy
Arab. Arabic
A.R.C. American Red cross
arch. archaic; archipelago
archaeol. archaeology
archit. architecture
arith. arithmetic
Ariz. Arizona
Ark. Arkansas
arr. arrives; arrival; arranged
art. article; artificial; artilery
A.-S. Anglo-Saxon
As *chem* arsenic
asdic Anti-Submarine Detection Investigation Committee
Ass. Assistant
Assn. association

Assoc. associate; association
Asst. assistant
astrol. astrology
astron. astronomy
At *chem* astatine
A.T. anti-tank; air temperature
atm. atmospheres
A.T.T. American Telephone and Telegraph Company
att., atty. attorney
attrib. attributive(ly)
at. wt. atomic weight
Au *chem* gold
Aug. August
Aus. Austria; Austrian
Austral. Australia
A.V. Authorized Version
av. average
avdp. avoirdupois
Ave. avenue
AWAC advanced warning airborne command system
A.W.L. *A mil* absent without leave
A.W.V.S. American Women's Voluntary Service

B

B *chem* boron; Bay; black (on pencils); bishop (chess)
b. born
B.A. (*Lat. Baccalaureus Artium*) Bachelor of Arts; British Academy; British Association
Ba *chem* barium
bacter. bacteriology
bal. balance
B. & S. brandy and soda
Bart. Baronet
Bart's St. Bartholomew Hospital
batt. battery; battalion
BB Basic British; double black (on pencils); Blue Book
B.B.C. British Broadcasting Corporation
B.C. before Christ; British Columbia
B.Ch. (*Lat. Baccalaureus Chirurgiae*) Bachelor of Surgery
B.C.I. Bureau of Criminal Investigation
B.C.L. Bachelor of Civil Law
B.D. Bachelor of Divinity
Bde. Brigade
bdl. bundle
bds. boards
B.D.S. Bachelor of Dental Surgery
B.E. Bachelor of Engineering; British Empire; Board of Education
b.e. bill of exchange
Be *chem* beryllium
B.E.A. British East Africa; British European Airways
Beds. Bedfordshire
B.E.F. British Expeditionary Force
Belg. Belgium; Belgian
Benelux Belgium, Netherland and Luxemburg
Beng. Bengal
Berks. Berkshire
B.F., b.f. *vulg* bloody fool

B'ham Birmingham
B'head Birkenhead
B.I. British India
Bi *chem* bismuth
Bib. Biblical; Bible
bibliog. bibliography; bibliographical
biog. biography; bibliographical
biol. biology; biological
Bk *chem* berkelium
bk. book; bank
bkg. banking
bkrpt. bankrupt
B.L. Bachelor of Law; black letter
B/L bill of lading
bl. barrel; bale
bldg. building
B.Litt. Bachelor of Letters (Literature)
B.LL. Bachelor of Laws
B.M. Bachelor of Medicine; British Museum; Brigade Major; of blessed memory
B.M.A. British Medical Association
B.M.E. Bachelor of Mining Engineering
B.M.J. British Medical Journal
B.Mus. Bachelor of Music; British Museum
B.n. battalion
b.o. branch office; buyer's option; *coll* body odour
B.O.A.C. British Oversees Airway Corporation
B. of E. Bank of England; *obs* Board of Education
bor. borough
bos's boatswain
bot. botany; botanical
B.O.T. Board of Trade
b.p. bills payable; birthplace; boiling-point
B.P. *hum* British Public
bp. bishop
B.R. British Railways
Br. Brother; Brigade; Bombardier
Br *chem* bromine

b.r. bills receivable
B.R.C.S. British Red Cross Society
b.rec. bills receivable
Brecon. Brecknockshire
Bret. Breton
Brig. Brigade; Brigadier
Brit. Britain; British
Brit.Mus. British Museum
bro. brother
Bros. *com* Brothers
B.S. Bachelor of Surgery; *A* Bachelor of Science
b.s. balance sheet; bill of sale
B.S.A. British South Africa
B.Sc. Bachelor of Science

B.S.G. British Standard Gauge
bsh. bushel
Bt. Baronet
bt. bought
bt.fwd. brought forward
B.Th. Bachelor of Theology
Bty. Battery
bu. bushel
Bucks. Buckinghamshire
Bulg. Bulgaria; Bulgarian
B.U.P. British United Press
B.W.I. British West Indies
B.W.T.A. British Women's Temperance Association

C

C *chem* carbon
C. Cape; Catholic; Centigrade; Conservative
c. (Lat. *circa*) about; cent; chapter; child
C.A. Chartered Accountant; Commercial Agent; Court of Appeal; Central America; *A* Confedrate Army
Ca *chem* calcium
ca. cathode
Cal. California
C.Am. Central America(n)
Cambs. Cambridgeshire
Can. Canada; canon; canto
Cant. Canterbury
Cantab. of Cambridge University
cap. chapter; capital letter
capt. captain
Card. Cardinal
Cards. Cardiganshire
Carib. Caribbean
Cartmarth. Carthmarthenshire
carr.pd. carriage paid
cat. catalogue; catechism
Cath. Catholic; Cathedral
cath. cathode
cav. cavalry
Cb *chem* columbium
C.B. Companion of the Order of the Bath; *mil* confinement to barracks; Country Borough
C.B.C. Canadian Broadcasting Corporation
C.B.E. Commander of the British Empire
C.C. Caius College (*Cambridge*); Chamber of Commerce; Circuit Court; City of London; County Council(lor)
c.c. cubic centimetre
C.C.C. Corpus Christi College (*Oxford, Cambridge*); Central Criminal Court
Cd *chem* cadmium
cd. could
C.D. Civil Defence; Contagious Diseases
C.E. Civil Engineer; Church of England
Ce *chem* cerium
Cels. Celsius
Celt. Celtic
Cent. Centigrade
cent. central; century; hundred (Lat. *centum*)
Cent. Am. Central America(n)
cert(if). certificate; certified
Cf *chem* californium

cf. (Lat. *confer*) compare
C.F. Chaplain to the Forces
C.f. cost and freight
c.f.i. cost, freight and insurance
C.G. Captain of the Guard; Coast Guard; Commissary-General; Consul-General
cg. centigramme
C.G.H. Cape of Good Hope
C.G.S. Chief of the General Staff; centimetre--gramme-second
C.H. Custom House; Court House; Clearing House
ch. chapter; chief
Ch. Church; Chancery
chap. chapter
Chap. Chaplain
Ch.B. Bachelor of Surgery
Ch.Ch. Christ Church (*Oxford*)
Char. charter
Chas. Charles
chem. chemistry; chemical
Ches. Cheshire
Ch.M. Master of Surgery
Chmn. Chaiman
chq. cheque
chron. chronology; chronological
C.I. Channel Islands; certificate of insurance
C.I.A. Central Intelligence Agency
C.I.D. Criminal Investigation Department; Committee of Imperial Defence
c.i.f. cost, insurance, freight
C.-in-C. Commander in Chief
cit. citation; cited
civ. civil; civilian
C.J. Chief Justice
Cl *chem* chlorine
cl. centilitre; clause; class
class. classics; classical; classification
cld. cleared; coloured
Cm *chem* curium
C.M. Master of Surgery; Corresponding Member
cm. centimetre
c.m. (Lat. *causa mortis*) by reason of death
Cmdr. Commodore
C.O. Commanding Officer; Colonial Office; Criminal Office; conscientious objector
Co. Company; County
c/o care of

C.O.D. cash on delivery
C.of E. Church of England
C. of S. Chief of Staff
cogn. cognate
Col. Colonel
col. colony; colonial; colour(ed); college; column
Coll. College
coll. collective(ly)
collat. collateral
colloqu. colloquial
Colo. Colorado
Com. Commander; Commissioner; Committee; Commodore; Commonwealth; Communist
com. common; commune; commerce; communication; comedy; commentary; commission
Comdr. Commander
comm. commentary
commerc. commercial
comp. company; comparative(ly); compare; compound; compositor
compar. comparative
compl. complement
con. (Lat. *contra*) against
Con. Consul
conf. (Lat. *confer*) compare
Cong. Congress
conj. conjunction; conjunctive; conjugation
Conn. Connecticut
conn. connected
Cons. Consul; Conservative
cons. consonant; consolidated
Conserv. Conservative
Consols. Consolidated Stock
constr. construction
contr. contracted; contraction; contrary
Co-op. Co-operative
Corn. Corwall; Cornish

Corp. Corporal; Corporation
correl. correlative
corrupt. corruption
C.O.S. Charity Organization Society
cos cosine
cosec cosecant
cosmog. cosmogony; cosmography
cot cotangent
cox coxswain
Coy. Company
C.P. Carriage Paid; Clerk of the Peace
c.p. candle power
cp. compare
C.P. Communist Party
Cpl. *mil* Corporal
C.P.R. Candian Pacific Railway
C.P.R.E. Council for Preservation of Rural England
Cr *chem* chromium
cr. created; creditor; credit; crown
crim.con. criminal conversation
C.S. Civil Service; Christian Science
Cs *chem* caesium
Ct. Commercial Traveller; Certificated Teacher; Court; Count
Cu *chem* copper
C.U. Cambridge University
cub. cubic
cum. cumulative
Cumb. Cumberland
C.U.P. Cambridge University Press
cur. current; currency
c.w.o. cash with order
cwt. hundredweight
cyl. cylinder
Czech. Czechoslovakia

D

d. date; daughter; penny; pence; dollar; died; delete; departs
d- damn
D. Doctor; Duke; diameter
D/A deposit account
Dak. Dakota
Dan. Daniel; Danish
dat. dative
dau. daughter
d.b. day-book
dbk. drawback
D.C. District of Columbia; direct currant
D.C.L. Doctor of Civil Law
D.D. Doctor of Divinity
D.D.; d.d. days after date; (Lat. *dono dedit*) gave as gift
d---d damned
D.D.A. Dangerous Drugs Act
D.D.S. Doctor of Dental Surgery
D.D.T. dichlor-diphenyl-trichlorethane
D.E.A. Drug Enforcement Administration
deb. debenture
Dec. December
dec. deceased
decl. declension

def. definite; definition
deg. degree
Del. Delaware
del(e). delete
Dem. Democrat
demons. demonstrative
D.Eng. Doctor of Engineering
dent. dental; dentistry; dentist
dep. deputy; department; departs
dept. department
deriv. derivation
D.F. Dean of the Faculty; direction finding (radio)
dft. draft
dg. decigram(me)
dial. dialect
diam. diameter
dict. dictionary
diff. differ; difference; different
dimin. diminutive
Dioc. diocese
Dir. director
dis(c)., disc(t). discount
Dist. District
dist. distinguished

Div. Division
div. divide; divident; division
dl. decilitre
D.Lit. Doctor of Literature
D.L.O. Dead Letter Office
D.M. Doctor of Medicine
dm. decimetre
D.Mus. Doctor of Music
DNA deoxyribonucleic acid
do. ditto, the same
Doc. Doctor
dol. dollar(s)
dom. domestic
doz. dozen
D.P. displaced person

D.Ph(il). Doctor of Philosophy
dpt. department
Dr. doctor; debtor
dram.pers. (Lat. *dramatis personae*) characters of the play
D.Sc. Doctor of Science
D.S.O. Distinguished Service Order
D.T. delirium tremens
Du. Dutch
D.V.M. Doctor of Veterinary Medicine
d.v.p. (Lat. *decesit vita patris*) died during lifetime of father
dwt. pennyweight
Dy *chem* dysprosium
dyn. dynamics

E

E. earth; east; second-class ship at Lloyd's
ea. each
E.B. Encyclopaedia Britannica
E.C. East Central (London postal district)
E.C.A. Economic Cooperation Administration
eccl(es). ecclesiastical
econ. economics
ECOSOC Economic and Social Council
ed. edited; editor; edition
E.D.C. European Defence Community
Edin. Edinburgh
educ. education
Edw. Edward
E.E. errors excepted
e.g. (Lat. *exempli gratia*) for example
E.I. East India; East Indies; East Indian
E.I.C. East India Company
el. elected
eld. eldest
elec(tr) electricity; electric(al)
elev. elevator
Eliz. Elizabeth; Elizabethan
Emb. embargo
Emp. emperor; empress
EMT European Mean time
Ency. Encyclopedia
E.N.E. east-north-east
Eng. English; England
ent(om). entomological; entomology
Ep. Epistle
E.P.A. Environmental Protection Agency
E.P.D. excess profit duty
episc. episcopal

E.P.U. European Payment Union
eq. equal; equivalent
equiv. equivalent
Er *chem* erbium
E.R. King Edward; Queen Elizabeth
Es *chem* einsteinium
E.S.E. east-south-east
esp(ec). especially
Esq(re). Esquire
est(ab). established
et al. (Lat. *et alibi*; *et alii*) and elsewhere; and other people
etc. (Lat. *et cetera*) and (the) other things; and so on
eth. ethics; ethical
ethnol. ethnology; ethnological
et seq., et sqq. (Lat. *et sequens, et sequentia*) and the following
etymol. etymology; etymological
Eu *chem* europium
euphem. euphemism; euphemistically
ex. example; examined; except
exam. examination
Exc. Excellency
exc. except(ing)
exch. exchange; exchequer
ex. div. without dividend
ex. int. without interest
Exod. Exodus
exor. executor
exp. export(et)
ext. external

F

F *chem* fluorine
F. Fahrenheit; French; Fellow; focal length
f. farthing; fathom; foot; folio; franc; feminine
F.A. Football Association
F.A.A. Federal Aviation Administration
fac. facsimile
facet. facetious
fac(s) facsimile
Fahr. Fahrenheit
F.A.O. Food and Agriculture Organization

F.B. Fire Brigade; Free Baptist
F.B.A. Fellow of the British Academy
F.B.H. Fire Brigade Hydrant
F.B.I. Federal Bureau of Investigation; Federation of British Industries
F.C. Football Club; Free Church
fcap. foolscap
F.D.A. Food and Drug Administration
Fe *chem* iron
fed. federal

fem. feminine
feud. feudal; feudalism
ff. folios; following pages
F.H. fire hydrant
Fido fog investigation dispersal operation
fig. figure; figuratively
fin. financial; finished
Finn. Finnish
fl. florin; (Lat. *floruit*) he (she) lived, flourished
Fla. Florida
flor. flourished
fly. faithfully
F.M. Field Marshal
fm. fathom
F.M.D. foot-and-mouth disease
F.O. Foreign Office; Field Officer
fo. folio

f.o.b. free on board
fol. folio; following
f.o.r. free on rail
F.P. freezing point; fire point; *mil* field punishment; former pupil
F.P.S. Fellow of the Philosophical Society
Fr. France; French; Father; Friar
fr. franc; from
freq. frequentative; frequent(ly)
Fri. Friday
Frisco *coll* za San Francisco
F.R.S. Fellow of the Royal Society
ft. foot, feet
Ft. fort
fur. furlong
fut. future
fwd. forward

G

g. guinea; gram(me)
G.A. General Assembly; General Agent
Ga. Georgia
Ga *chem* gallium
Gael. Gaelic
gal. gallon
GATT General Agreement on Tariffs and Trade
G.B. Great Britain
G.B. & I Great Britain & Ireland
G.C. George Cross
G.B.S. George Bernard Shaw
G.C.M. greatest common measure
Gd *chem* gadolinium
Gdns. Gardens
Gds. Guards
Ge *chem* germanium
Gen. General; Genesis
gen. gender; genus; general(ly); generic
geneal. genealogy
genit. genitive
gent. *coll* gentleman
Geo. George
geod. geodesy
geog. geography
geol. geology
geom. geometry
ger. gerund
Ger(m). German; Germany
g.gr. great gross, 144 dozen
G.H.Q. General Head Quarters
G.I. government issue; *coll* American soldier

G.I.J. government issue Jane; American woman soldier
Gib. Gibraltar
Gk. Greek
Gl *chem* glucinum
Glam. Glamorganshire
Glos. Gloucestershire
gloss. glossary
gm. gram(me)
G.M.C. General Medical Council
G.M.T. Greenwich Mean Time
gns. guineas
G.O.P. Grand Old Party, Republican Party
Goth. Gothic
Gov. Governor
Gov.-Gen. Governor-General
Govt. Government
G.P. general practitioner
G.P.I. general paralysis of the insane
G.P.O. General Post Office
Gr. Greek; Greece
gr. gram(me); grain; gross
gram. grammar
G.R.T. gross registred tonnage
gr.wt. gross weight
G.S. General Staff; General Service; General Secretary; gold standard
gs. guineas
g.s. grandson
Gt.Br. Great Britain
gtd. guaranteed
guar. guarantee(d)
gym. gymnasium; gymnastics

H

H *chem* hydrogen; *phys* intensity of magnetic field
H. hydrant; harbour; hard (of pencil-lead); height; horizontal; hydraulics
h. hour(s); hundred; *el* henry; height; husband; *naut* hail
ha. hectare
h.a. (Lat. *hoc anno*) in this year

HA *A navy* hospital apprentice
H.A. heavy artillery; Horse Artillery
H.A., h.a. high-angle (gun)
H.A.A. *mil* heavy anti-aircraft
H.A.B. *mil* high-altitude bombing
hab. (Lat. *habitat*) he lives
Hab.Corp. Habeas Corpus
H.A.C. Honourable Artillery Company

Hal. *chem* halogen
Han. Hanover; Hanoverian
h. & c. hot and cold (water)
Hants. Hampshire
HB hard black (of pencil-lead)
H.B. heavy bomber
H.B.C. Hudson's Bay Company
H.B.M. His (Her) Britannic Majesty
H.C. House of Commons; Home Counties; High Commissioner; Heralds' College; Hockey Club; High Church; habitual criminal
hcap handicap
H.C.B. House of Commons Bill
H.C.F., h.c.f. *math* highest common factor
H.C.J. *E* High Court of Justice
h.c.l. *A coll* high cost of living
H.C.S. Home Civil Service
hd. hand; head; hogshead
H.D. Home Defence
hdbk. handbook
hdkf. handkerchief
hdqrs. headquarters
H.E. His Excellency; His Eminence; high explosive; hydraulics engineer
He *chem* helium
Heb. Hebrew(s)
hectog. hectogram(me)
hectol. hectolitre (-liter)
hectom. hectometre (-meter)
H.E.H. His (Her) Exalted Highness
her. heraldry; heraldic
Heref. Herefordshire (angleška grofija)
Herts. Hertfordshire (angleška grofija)
H.E.W. Health, Education and Welfare
Hf *chem* hafnium
HF hard firm (of pencil-lead)
H.F. Home Forces; Home Fleet
H.F., HF, h.f. *el* high frequency
hf. half
hf bd, hfbd half-bound
hf cf, hfcf half-calf
hf cl, hfcl half-cloth
H.F.R.A. Honorary Fellow of the Royal Academy
Hg (Lat. *chem hydrargyrum*) mercury
H.G. His (Her) Grace; High German; Horse Guards; Home Guards; Holy Ghost
h.g., hg. hectogram(me); heliogram
H.G.D.H. His (Her) Ducal Highness
H.H. His (Her) Highness; His Holiness
HH double hard (of pencil-lead)
hhd. hogshead
HHH treble hard (of pencil-lead)
H.I. Hawaiian Islands
HI-FI, HIFI high fidelity
H.I.H. His (Her) Imperial Highness
H.I.M. His (Her) Imperial Majesty
Hind. Hindustan; Hindustani; Hindi
hist. history; historical; historian; histology
H.J. (Lat. *hic jacet*) here lies
H.J.S. (Lat. *hic jacet sepultus*) here lies buried
H.K. House of Keys (Isle of Man)
H.L. House of Lords
hl., h.l. hectolitre (-liter)
HLBB *A* Home Loan Bank Board
H.L.I. Highland Light Infantry
H.M. His (Her) Majesty; Home Mission

HM *A navy* Hospital Corpsman
hm. hectometre (-meter)
H.M.A. His (Her) Majesty's Airship; Head Masters' Association
H.M.A.S. His (Her) Majesty's Australian Ship
H.M.C. His (Her) Majesty's Customs
H.M.C.S. His (Her) Majesty's Canadian Ship
H.M.F. His (Her) Majesty's Forces
H.M.I.S. His (Her) Majesty's Inspector of Schools
H.M.P. hand-made paper
H.M.S. His (Her) Majesty's Ship; His (Her) Majesty's Service
H.M.S.O. His (Her) Majesty's Stationery Office
H.M.T. His (Her) Majesty's Trawler
H.M.W.C. Health of Munition Workers Committee
HN *A navy* Hospitalman
Ho *chem* holmium
H.O. Home Office; Head Office; hostilities only
ho. house
H.O.L.C., HOLC *A* Home Owners' Loan Corporation
Holl. Holland
Hon. Honourable; Honorary
Hon.Sec. Honorary Secretary
Hor. Horace
hor. horizon; horizontal; horology
horol. horology
hort. horticulture; horticultural
hosp. hospital
h.p. half-pay; *el* high power; high pressure; hire purchase; horse-power
H.P. House Physician; Houses of Parliament; High Priest
H.Q., h.q., HQ, hq Headquarters
hr. hour
H.R. *A* House of Representatives; Home Rule; Highland Railway
H.R.C.A. Honorary Member of the Royal Cambrian Academy
H.R.E. Holy Roman Empire
H.R.H. His (Her) Royal Highness
H.R.H.A. Honorary Member of the Royal Hibernian Academy
H.R.I.P. (Lat. *hic requiescit in pace*) here rests in peace
hrs. hours
H.R.S.A. Honorary Member of the Royal Scottish Academy
H.S. House Surgeon; Home Secretary; Hospital Ship; *A* High School
h.s. (Lat. *hoc sensu*) in this sense
H.S.C. Higher School Certificate
H.S.E. (Lat. *hic sepultus est*) here is buried
H.S.H. His (Her) Serene Highness
H.S.M. His (Her) Serene Majesty
h.t. *el* high tension
H.T. Hawaiian Territory; *mil* horse transport
ht. height; heat
Ht. Harriet
Hts. Heights
ht wt hit wicket
H.U. Harvard University
Hung. Hungary; Hungarian
Hunts. Huntingdonshire (angleška grofija)

H.V., h.v. high velocity (guns)
H.W., h.w. High Water
h.w. hit wicket
H.W.M. high-water mark
Hy. Henry
hyd. hydrostatics; hydrostatic

hydr. hydraulics; hydraulic
Hyg. Hygiene
H.Y.M.A. Hebrew Young Men's Association
hyp. hypothesis; hypothetical; *math* hypotenuse
hypo *med coll* hypodermic injection (ali syringe); *chem*, *phot* hyposulphite of soda

I

I *chem* iodine
I. Idaho; Island(s); Isle(s); Ireland; Irish; Independent; Imperator; imperial
i. intransitive; indicated
Ia. Iowa
I.A. Indian Army; Imperial Airways; infected area; Incorporated Accountant
I.A.A.A. Irish Amateur Athletic Association
I.A.A.F., IAAF International Amateur Athletic Federation
I.A.A.M. Incorporated Association of Assistant Masters
I.A.C.S. International Annealed Copper Standard
I.A.F. Italian Air Force
I.A.L. Irish Academy of Letters
I.A.O.S. Irish Agricultural Organization Society
I.A.R.O. Indian Army Reserve of Officers
IAS *aero* indicated air speed
I.A.T.A., IATA International Air Transport Association
i.a.w. in accordance with
ib., ibid. (Lat. *ibidem*) in the same place
I.B. Branch Intelligence; *econ* Invoice Book
IBM International Business Machinery
IBRD International Bank for Reconstruction and Development
i/c in charge of
I.C. *psych* inferiority complex; Indo-China
ICAO, I.C.A.O. International Civil Aviation Organization
I.C.B.M. *mil* inter-continental ballistic missile
I.C.C., ICC International Chamber of Commerce; International Computation Centre; International Correspondence Colleges; *A* Interstate Commerce Commission
Ice., Icel. Iceland; Icelandic
ICFTU International Confederation of Free Trade Unions
I.C.I. Imperial Chemical Industries; *A* International Committee on Illumination
I.C.J. International Court of Justice (v Haagu)
ICPC International Criminal Police Commission
ICRC International Commitee of the Red Cross
I.C.S. Indian Civil Service
i.c.w. in connection with
id. (Lat. *idem*) the same
I.D. Intelligence Department; identification (npr. I.D. card)
I.D., ID, i.d. inside diameter
Ida. Idaho
I.D.B. illicit diamond buying
I.D.C. Imperial Defence College
i.e. (Lat. *id est*) that is
IE Indo-European; (Order of) Indian Empire; Initial Equipment
I.E.E. Institution of Electrical Engineers

IF, I.F., i.f. *el*, *phys* intermediate frequency
IFF (radar) identification, friend or foe
I.F.S. Irish Free State
IFT International Federation of Translators
I.F.T.U. International Federation of Trade Unions
I.G. Indo-Germanic; Inspector General; Irish Guards; Intendant General
ign. (Lat. *ignotus*) unknown; *tech* ignition
IGY International Geophysical Year
IHP, I.H.P., i.h.p. *tech* indicated horsepower
I.I.E.I.C. International Institute Examinations Inquiry Committee
Il *chem* illinium
ILA International Law Association
Ill. Illinois
ill., illust. illustration; illustrated
illit. illiterate
I.L.O., ILO International Labour Organization ali Office
i.l.o. in lieu of
I.L.P. Independent Labour Party
ILRM International League for Rights of Man
ILS *aero* instrument landing system
I.M. Isle of Man
IM *A navy* instrumentman
I.M.A. Indian Military Academy
IMC International Maritime Committee
I.M.D. Indian Medical Department
I.M.F., IMF International Monetary Fund
imit. imitation; imitative(ly)
I.M.N.S. Imperial Military Nursing Service
Imp. Imperial; Imperator
imp. *gram* imperative; impersonal; import; importer; imported; imparted; (Lat. *imprimatur*) let it be printed
imper. *gram* imperative
imperf. *gram* imperfect
impt. important
I.M.S. Indian Medical Service
In *chem* indium
in. inch(es)
I.N.A. Institution of Naval Architects
Inc. *econ* incorporated
inc., incl. inclosure; inclusive; including; included
incog. incognito, unknown
incor. incorporated
INCOTERMS, Incoterms International Commercial Terms
incr. increased, increasing
Ind. India(n); Indiana; Indies
ind. independent; index; *gram* indicative; indicated; indigo; indirect(ly); industrial
indecl. indeclinable
indef. indefinite
individ. individual
Ind.L. Independent Liberal

Ind. T. *A* Indian Territory
induc. *phys* induction
inf. information; (Lat. *infra*) below
Inf. infantry; infinitive
infin. infinitive
init. initial; (Lat. *initio*) beginning
in.-lb. *phys* inch pound
in loc. cit. (Lat. *in loco citato*) in the place quoted
inorg. inorganic
INP International News Photo
ins. inches; inscribed; insulated
Ins. inspector; insurance
I.N.S. International News Service
inst. instant (of the current month)
Inst. institute; institution
instr. instructor; *gram* instrumental
int. *econ* interest; interior; internal; international; intelligence; interval; interim
int.al. (Lat. *inter alia*) among other things
int.comb. internal combustion
Intercom(n) intercommunication
interj. *gram* interjection
internat. international
INTERPOL, Interpol International Criminal Police Organization
interrog. interrogation; interrogative
intr. *gram* intransitive; introduction
intrans. *gram* intransitive
in trans. (Lat. *in transitu*) in transit, on the way
intro(d). introduction; introductory; introduced; introducing
Inv. Inverness (škotska grofija)
inv. *econ* invoice; inventor; invented
invt. inventory
Io *chem* ionium
I.O. Intelligence Officer; India Office
I/O Inspecting Order
I.O.C. International Olympic Committee
I.O.F. Independent Order of Foresters
I. of M. Isle of Man
I.of W. Isle of Wight; Inspector of Works
I.O.G.T. Independent Order of Good Templars
I.O.M. Isle of Man; Indian Order of Merit
I.O.O. Inspecting Ordnance Officer
I.O.O.F., IOOF Independent Order of Odd Fellows (izobraževalna in dobrodelna organizacija)
I.O.P. Institute of Painters in Oil Colours
I.O.R. Independent Order of Rechabites
I.O.R.M. *A* Imprived Order of Red Men

IOU, I.O.U. I owe you
I.O.W. Isle of Wight
I.P.A., IPA International Phonetic Association; International Phonetic Alphabet
I.Q., IQ intelligence quotient
i.q. (Lat. *idem quod*) the same as
Ir *chem* iridium
Ir. Ireland; Irish
I.R. Inland Revenue; Internal Revenue; Immediate Reserve
I.R.A. Irish Republican Army
I.R.B. Irish Republican Brotherhood
IRBM *mil* intermediate range ballistic missile
I.R.C.(C.) International Red Cross (Committee)
I.R.O., IRO International Refugee Organization; Inland Revenue Office
iron. ironical(ly)
irreg. irregular(ly)
Is., is. island; isle
I.S.C. Indian Staff Corps; Imperial Service College
ISD International subscriber dial(l)ing
Isls., isls. island(s)
I.S.M. Imperial Service Medal; Incorporated Society of Musicians
I.S.O., ISO International Standards Organization; Imperial Service Order
Isth. isthmus
It. Italy; Italian
I.T. *A* Indian Territory
ITA, I.T.A. *E* Independent Television Authority
ital. *print* italic
itin. itinerary
ITO, I.T.O. International Trade Organization
ITU, I.T.U. International Telecommunication Union
ITV independent television
IU, I.U. *biol, med* international unit(s) (enota za količino in učinek vitaminov)
IUS, I.U.S. International Union of Students
IUSY, I.U.S.Y. International Union of Socialist Youth
IVS(P) International Voluntary Service (for Peace)
I.W. Isle of Wight; Inspector of Works
I.W.G.C. Imperial War Graves Commission
I.W.T.(D.) Inland Water Transport (Department)
I.W.W. *A* Industrial Workers of the World
I.Y. Imperial Yeomanry
IYHF International Youth Hostel Federation

J

J. judge; justice; journal; *el* joule; John; Jew
Ja. January
J.A. *mil* Judge Advocate
J/A, j/a *econ* joint account
J.A.G. *mil* Judge Advocate General
Jam. Jamaica
Jan. January
Jap. Japan; Japanese
Jas. James
JATO, jato *aero* jet-assisted take-off
Jav. Javanese
J.B. John Bull (tipičen Anglež)

J.C. Jesus Christ; Julius Caesar; jurisconsult; Justice Clerk
J.C.D. (Lat. *Juris Canonici Doctor*) Doctor of Canon Law; (Lat. *Juris Civilis Doctor*) Doctor of Civil Law
jct(n). junction
J.D. (Lat. *Juris Doctor*) Doctor of Law; Junior Dean; Junior Deacon
Je. June
Jer. Jeremiah
J.G.T.C. Junior Girls' Training Corps
JIB Joint Intelligence Bureau

J.I.C. Joint Industrial Council
jn., Jn. junction
JND just noticeable difference
Jno. John
Jo. Joel; Joseph
joc. jocose; jocular
Jon. Jonathan
Jos. Joseph
jour. journal
JP jet propulsion
J.P. Justice of the Peace
J.P.B. Joint Production Board
Jr. junior

jt. joint
J.T.C. Junior Training Corps
Jud. Judith
jud. judicial
J.U.D. (Lat. *Juris Utriusque Doctor*) Doctor of Civil and Canon Law
Jul. Julius; Julian; July; Jules
Jun., jun. June; junior
Junc., junc. junction
junr. junior
juv. juvenile
jwlr. jewel(l)er
Jy *A* July

K

K *chem* potassium
K. *phys* Kelvin; *A* kilogram; (šah) King; Knight
k kilo-
k. *el* capacity; *min* carat; kilogram(me); *naut* knot
ka. *phys* cathode
K.A. King-of-Arms
Kan(s). Kansas
K.A.R. King's African Rifles
K.B. *jur* King's Bench; Knight Bachelor; Knight of the Bath
K.B.E. Knight Commander (of the Order) of the British Empire
K.C. King's College; King's Counsel; Knight(s) of Columbus
kc. *el, phys* kilocycle(s)
kcal. kilocalorie
K.C.B. Knight Commander (of the Order) of the Bath
K.C.H. Knight Commander (of the Order) of Hanover
K.C.I.E. Knight Commander (of the Order) of the Indian Empire
K.C.M.G. Knight Commander (of the Order) of St. Michael and St. George
K.C.S.I. Knight Commander (of the Order) of the (Royal) Victorian Order
K.D. *A econ* knocked down
K.D.G. The King's Dragoon Guards
K.E. *phys* kinetic energy
Ken. Kentucky
Ker. Kerry (irska grofija)
K.G. Knight of the Garter
kg. kilogram(s); *econ* keg(s)
K.G.C. *A* Knight of the Golden Circle
K.G.F. Knight of the Golden Fleece
K.H. Knight of Hanover
K.H.C. Honorary Chaplain to the King
K.H.P. Honorary Physician to the King
K.H.S. Honorary Surgeon to the King
KIA *mil* killed in action

Kild. Kildare (irska grofija)
Kilk. kilkenny (irska grofija)
Kin. Kinross (škotska grofija)
Kinc. Kincardine (škotska grofija)
Kirk. Kirkcudbright (škotska grofija)
K.K.K., KKK Ku Klux Klan
kl. kilolitre (-liter)
K.L. King Lear
km. kilometre (-meter)
kn *naut* knot
Knt. Knight
K.O., k.o. knock-out
K. of C. Knight(s) of Columbus
K. of L. *A* Knights of Labor
K. of P. *A* Knights of Pythias
K.O.S.B. The King's Own Scottish Borderers
K.O.Y.L.I. The King's Own Yorkshire Light Infantry
K.P. Knight (of the Order) of St. Patrick; King's Parade
Kr *chem* krypton
kr krona (denar)
K.R. The King's Regulation; The King's Regiment
K.R.C. Knight of the Red Cross
K.R.R.C. The King's Royal Rifle Corps
K.S. King's Scholar
K.S.I. Knight (of the Order) of the Star of India
K.S.K. *chem* ethyl-iodo-acetate (plin)
K.S.L.I. The King's Shropshire Light Infantry
K.T. Knight (of the Order) of the Thistle; Knight Templar
Kt. Knight
kt. *min* karat; carat; *naut* knot; kiloton
kts. *naut* knots
kv. kilovolt
kv.-a., Kv.-a. *el* kilovolt ampere
kw. kilowatt
K.W.H., kw-h, kw-hr *el* kilowatt-hour
Ky. Kentucky

L

L Latin; pound; *el* coefficient of inductance; *chem* lithium; elevated railroad; *E* learner (v motornem vozilu); 50 (rimska številka)
L. Liberal; Lady; Lord
l. left; (Lat. *libra*) pound sterling; (Lat. *liber*) book;

line; lira; litre(s); lake; land; *geog* latitude; *phys* length; link (merska enota); law; league; legitimate
La *chem* lanthanum
La. Louisiana

L.A. Local Authority; *naut* Lieutenant-at-Arms; Legislative Assembly; Literate in Arts; Library Association; Law Agent
L.A.A. *mil* light anti-aircraft
Lab. Labrador; Labour; Labourite
L.A.C. London Athletic Club; Licentiate of the Apothecaries' Company; Leading Aircraftman
L.A.D. Light Aid Detachment
L.Adv. *jur* Lord Advocate
L.A.H. Licentiate of Apothecaries' Hall, Dublin
L.A.M. London Academy of Music
Lancs. Lancashire (angleška grofija)
lang. language
Lap. Lapland
L.A.S. Land Agents' Society; *jur* Lord Advocate of Scotland
Laser, laser *phys* light amplification by stimulated emission of radiation
LASH lighter aboard ship
Lat. Latin; *geog* latitude; Latvia
lat. *geog* latitude
L.A.U.K. Library Association of the United Kingdom
L.A.W. League of American Wheelmen
L.B. *A* Bachelor of Letters; Local Board; light bomber
lb. (Lat. *libra*) pound (weight)
l.b. leg-bye (cricket)
lbs. pounds (weight)
l.b.w. leg before wicket (cricket)
L.C. *A* Library of Congress; Lord Chancellor; Lower Canada; Lord Chamberlain; level crossing
l.c. (Lat. *loco citato*) in the place cited; *print* lower case; *econ* letter of credit; *theat* left centre (of stage)
L/C *econ* letter of credit
L.C.B. Liquor Control Board; Lord Chief Baron
L.C.C. London County Council(lor)
l.c.d. *math* lowest common denominator
L.C.J. Lord Chief Justice
L.C.M., l.c.m. *math* lowest ali least common multiple
L.C.P. Licentiate of the College of Preceptors
L.Cpl. Lance Corporal
L.C.T., LCT local civil time
L.D. *A* Literarum Doctor, Doctor of Letters ali Literature; Low Dutch; Lady Day
Ld. limited; Lord
Ldp. Lordship
L.D.S. Latter Day Saints; Licentiate in Dental Surgery
L.D.V. Local Defence Volunteers
L.E. *E* Labour Exchange
L.E.A. *E* Local Education Authority
lea. league; leather
L.E.C. Local Employment Committee
lect. lecture(r)
Leg. legation
leg. legal; legate; legislative; legislature
legis(l). legislation; legislatine; legislature
l.b. leg-bye (cricket)
Leics. Leicestershire (angleška grofija)
Leit. Leitrim (irska grofija)
lex. lexicon

lexicog. lexicography; lexicographical; lexicographer
L.F. *el, phys* low frequency; the Lancashire Fusiliers
L.F.A.S. Licentiate of the Faculty of Architects and Surveyors
L.F.B. London Fire Brigade
L.F.P.S. Licentiate of the Faculty of Physicians and Surgeons
L.G. Life Guards; Low German; The London Gazette; Lewis gun; *aero* landing ground
lg(e). large
L.G.B. Local Government Board
L.H. Legion of Honour; Light Horse; left hand
L.H.A. Lord High Admiral
L.H.C. Lord High Chancellor
L.H.T. Lord High Treasurer
li *A* link (merska enota)
Li *chem* lithium
L.I. Light Infantry; Long Island; Licentiate of Instruction
Lib. Liberal
lib. (Lat. *liber*) book; library; librarian
Lieut. *mil* Lieutenant
Lieut.-Col. *mil* Lieutenant-Colonel
Lieut.-Gen. *mil* Lieutenant-General
Lieut.-Gov. Lieutenant-Governor
L.I.F.O. *econ* last in first out
L.I.L.O. *econ* last in last out
Lim. County Limerick (irska grofija)
lin. lineal; linear
Lincs. Lincolnshire (angleška grofija)
ling. linguistics
liq. liquid; liquor
lit. literal(ly); literary; literature; litre (liter)
Lit.B. (Lat. *Literarum Baccalaureus*) Bachelor of Letters ali Literature
Lit.D. (Lat. *Literarum Doctor*) Doctor of Letters ali Literature
lith(o). lithography
Lith. Lithuania(n)
Litt.D. Doctor of Letters
liturg. liturgical
L.J. Lord Justice
L.JJ. Lords Justices
ll. lines; (Lat. *loco laudato*) in the place cited
l.l. *econ* limited; liability
L.L.A. Lady Literate in Arts
LL.B. (Lat. *Legum Baccalaureus*) Bachelor of Laws
LL.D. (Lat. *Legum Doctor*) Doctor of Laws
LL.M. (Lat. *Legum Magister*) Master of Laws
L.M. *A* Licentiate in Medicine; Licentiate in Midwifery; *mus* long metre; Lord Mayor
L.M.D. *mus* long metre double
L.M.G. *mil* light machine gun
L.M.S. London Missionary Society; London Midland and Scottish Railway
L.M.T. Local Mean Time; *phys* length, mass, time
L.Nat. *pol* Liberal Nationalist
L.N.E.R. London and North-Eastern Railway
Lnrk. Lanark (škotska grofija)
L.N.U. League of Nations Union
L.N.W.R. London and North-Western Railway
L.O. Liaison Officer

loc.cit. (Lat. *loco citato*) in the place cited
locn. location
L. of N. League of Nations
log. *math* logarithm; logic(al)
LOG *mil* logistics
Lond. London; Londonderry (severnoirska grofija)
long. *geog* longitude
loq. (Lat. *loquitur*) (he) speaks
L.P. Lord Provost; Labour Party
LP long-playing (record)
l.p. large paper (edition); *print* long primer; *phys, tech* low pressure
LPG *tech* liquefied petroleum gas
L.P.T.B. London Passenger Transport Board
LR long range
L.R.A.M. Licentiate of the Royal Academy of Music
L.R.B. London Rifle Brigade
L.R.C. London Rowing Club; Labour Representation Committee
L.R.C.P. Licentiate of the Royal College of Physicians
L.R.C.S. Licentiate of the Royal College of Surgeons
l.s. (Lat. *locus sigilli*) the place of the seal
L.S. landing ship; Leading Seaman; leading sea; Letter Service; Linnean Society; left side; London Scottish (regiment)
L.S.A. Licentiate of the Society of Apothecaries
L.S.A.C. London Small Arms Company
L.S.B. London School Board
L.S.B.A. Leading Sick-Bay Attendant
L.S.C. Lower School Certificate; London Salvage Corps; London Society of Compositors
L.S.D. pounds, shillings, pence; Lightermen, Stevedors & Dockers
L.s.d. pounds, shillings, pence
LSD lysergic acid diethylamide
L.S.E. London School of Economics
L.Stg. *mil* Lance-Sergeant

L.S.O. Labour Supply Organization; Limitation of Supplies Order; London Symphony Orchestra
L.S.S. Lifesaving Service
L.S.U. Labour Service Unit
L.S.W.R. London and South-Western Railway
LT local time; *el* low tension
L.T. lawn tennis; Turkish pounds; Line Telegraphy; Leading Telegraphist
l.t. *el* low tension; landed terms; local time; *econ* long ton
Lt. Lieutenant
lt. *adj* light
L.T.A. Lawn Tennis Association; London Teachers' Association
L.T.B. London Transport Board
L.T.C. Lawn Tennis Club
Lt.Col. Lieutenant-Colonel
Lt.Com. Lieutenant-Commander
Ltd. *econ* limited
Lt.Gen. Lieutenant-General
Lt-Gov. Lieutenant-Governor
L.Th. Licentiate of Theology
Lt Inf. Light Infantry
L.T.L., l.t.l. *A econ* less-than-truck-load
L.T.O. Leading Torpedo Man
Lu *chem* lutecium
Luth. Lutheran
Lux. Luxemburg
lv. *A* leave(s); *A* livre(s)
L.V. legal volt; licensed victuallers
Lw *chem* lawrencium
L.W. *el* long wave
L.W.L. load-water line
L.W.M. low-water mark
LWOP *mil* leave without pay
L.X.X. the Septuagint
L.Y.B. Labour Year Book
lyr. lyric(al)
LZ *mil* landing zone

M

M *phys* Mach (število); thousand; mobilization; *A* for mature young audiences
M. Monsieur; Majesty; Manual; Marquis; Monday; (Lat. *meridies*) noon; Magister; Master; *phys* mass; member; moment: *navy* Mate
m meter(s), metre(s); minim
m. male; mark (coin); married; *gram* masculine; metre(s), meter(s); mile(s): million(s); minute(s); medium; month; moon; morning; meridian; (Lat. *meridies*) noon; maiden (cricket); *econ* memorandum; *naut* mist
M.A. Master of Arts; Military Academy; *psych* mental age; Ministry of Agriculture; *A navy* Machine Accountant
Ma *chem* masurium
mA, ma *el* milliampere
M.A.A. Master of Arms (head of a ship's police)
M.A.B. Metropolitan Asylums Board; Munitions Assignment Board
M.A.C. Motor Ambulance Convoy
Maced. Macedonia(n)

mach. machine; machinery; machinist
Mad(m). Madam
mag. magazine; magnetism; magnetic; magnitude (of a star)
Magd. Magdalen College (Oxford, Cambridge)
magn. magnetism; magnetic
M.A.I. Member of the Anthropological Institute
maint. maintenance
Maj. *mil* Major
Maj.-Gen. *mil* Major-General
Mal. Malayan; Malachi
M.Am.Soc.C.E. Member of the Amalgamated Society of Civil Engineers
Man. Manitoba; Manila; Manchester
man. manual; manufactory; manufacture(d); manufacturer; manufacturing
Manch. Manchuria; Manchukuo; the Manchester Regiment
Mancun. (Bishop) of Manchester
M. & D. Medicine and duty; Medical Officer's Verdict

m. & v. meat and vegetable ration
Manit. Manitoba
M.A.N.S. *A* Member of the Academy of Natural Science
manuf. manufactured; manufacturer; manufacturing
M.A.P. Ministry of Aircraft Production; Medical Aid Post
Mar. March
mar. maritime; married
M.Ar. *A* Master of Architecture
March. Marchioness
marg. margin(al)
Marq. Marquis; Marquess
M.A.S. Master of Applied Science
masc. masculine
Maser, maser *phys* microwave amplification by stimulated emission of radiation
Mass. Massachusetts
mat. matins; matinée
math. mathematical; mathematician; mathematics
matric. matriculation
MATS *A* Military Air Transport Service
Matt. Matthew
Max. Maximilian
max. maximum
mb *meteor* millibar
M.B. (Lat. *Medicinae Baccalaureus*) Bachelor of Medicine; motor boat; Ministry of Blockade; Medical Board; medium bomber
M.B.A. Master in (of) Business Administration
M.B.E. Member (of the Order) of the British Empire
MBS *A* Mutual Broadcasting System
M.B.Sc. *A* Master of Business Science
M.B.T.A. Metropolitan Board Teachers Association
M.B.W. Metropolitan Board of Works
mc., mc *el* megacycle(s); *phys* millicuries
m.c., m[c motorcycle
M.C. Military Cross; *A* Member of Congress; Member of Council; Master of Ceremonies; Medical Corps; Master Commandant; Motor Contact; *mil* movement control
M.C.C. Marylebone Cricket Club; Middlesex County Council
M.C.D. *A* Doctor of Comparative Medicine
M.C.E. *A* Master of Civil Engineering
M.Ch. Master of Surgery
M.Ch.D. Master of Dental Surgery
M.Ch.Orth. Master of Orthopaedic Surgery
M.C.L. Master of Civil Law
M.C.M.E.S. *A* Member of Civil and Mechanical Engineers' Society
M.C.O. Motor Contact Officer; Movement Control Officer
M.Com. Master of Commerce
M.Comm. Master of Commerce and Administration
M.C.P. Member of the College of Preceptors
M.C.S. Malayan Civil Service; Madras Civil Service; Military College of Science
M.D. (Lat. *Medicinae Doctor*) Doctor of Medicine; Medical Department; mentally deficient; *aero* message-dropping; Mess Deck; Mine Depot

Md. Maryland
m.d. month's date
Md *chem* Mendelevium
Mddx. Middlesex (angleška grofija)
M.D.G. *navy* Medical Director-General
M.D.S. Master in (of) Dental Surgery; Main Dressing Station
mdse. merchandise
M.Du. Middle Dutch
M.D.W. Military Defence Works
Mdx. Middlesex (angleška grofija)
Me *chem* methyl
Me. Maine; Messerschmitt (plane)
M.E. Middle English; Mining Engineer; Mechanical Engineer; Marine Engineer; Methodist Episcopal; Middle East; Most Excellent
ME *A navy* Metalsmith
m.e. marbled edges
meas. measure; measurable
M.E.C. Member of the Executive Council
mech. mechanical; mechanics; mechanism; mechanized
Mech.Can. *navy* Mechanician Candidate
med. medical; medicine; medieval; medium
M.E.D. *A* Master of Elementary Didactics
M.Ed. Master of Education
Medit. Mediterranean (Sea)
Med.Jur. Medical Jurisprudence
Med.L. Medieval Latin
M.E.F. Mesopotamian Expeditionary Force
meg. *el* megacycle
Melan. Melanesia(n)
mem. (Lat. *memento*) remember; memoir; memorial; member
memo. (Lat. *memorandum*) to be remembered
M.Eng. Master of Engineering
Mensur. Mensuration
mer. meridian; meridional
Meri. Merionethshire (grofija v Walesu)
Messrs. messieurs, gentlemen
met. meteorological; meteorology; metaphor; metaphysics; metropolitan; metronome
metal. metallurgy; metallurgical
metaph. metaphor; metaphorical; metaphysics
metath. metathesis; metathetic
met.bor. metropolitan borough
meteor(ol). meteorology; meteorological
meth. *chem* methylated
Meth(od). Methodist
Met.O. Meteorological Office(r)
METO Middle East Treaty Organization
meton. metonomy
Met.R. Metropolitan Railway
m.e.v., Mev. *el* million electron volts
M.E.W. Ministry (Minister) of Economic Warfare
Mex. Mexico; Mexican
M.F. Ministry (Minister) of Food
mf. *el* microfarad; *el* millifarad; *mus* mezzo forte
mfd. manufactured; *el* microfarad
M.Fed. Miners' Federation
mfg. manufacturing
M.F.H. Master of Foxhounds
M.F.N. *econ* most favoured nation
M.F.O. Military Forwarding Officer
M. for M. *Shakespeare's* Measure for Measure
mfr. manufacture(r)

mfs. manufacturers
M.F.W. Military Foreman of Works
Mg *chem* magnesium
mg. milligram(s); morning
M.G., MG machine gun; Military Government; Major-General; Master-General
m.g. machine-gun; milligram(s)
M.G.B. Motor gunboat
M.G.Corps Machine Gun Corps
M.G.M. Metro-Goldwyn-Mayer (cinema company)
M.G.O. Master-General of Ordnance
M.Goth. Meso-Gothic
Mgr. Monsignor; Monseigneur; Manager
M.G.R.A. Major-General, Royal Artillery
M.H. Ministry of Health; *A* Master of Horticulture; *A* Medal of Honor
mh. *el, phys* millihenry
M.H.G., MHG Middle High German
M.H.K. Member of the House of Keys
M.Hon. *E* Most Honourable
M.H.R. *A* Member of the House of Representatives
M.H.S. Ministry (Minister) of Home Security
M.Hy. Master of Hygiene
mi. mile(s); mill(s)
M.I. Mounted Infantry; *E* Military Intelligence; Ministry of Information; Medical Inspection
MIA *mil* missing in action
M.I.A.E. Member of the Institute of Automobile Engineers
M.I.C.E., M.Inst.C.E. Member of the Institution of Civil Engineers
Mich. Michigan; Michael; Michaelmas
M.I.Chem.E. Member of the Institution of Chemical Engineers
micros. microscope; microscopical; microscopy; microscopist
mid. middle; midshipman
Mid. Midland
MIDAS, Midas *mil* Missile Defence Alarm System
Middlx. Middlesex (angleška grofija)
Mid.L. Midlothian (škotska grofija)
M.I.E.E. Member of the Institution of Electrical Engineers
M.I.G.E., M.Inst.Gas E. Member of the Institution of Gas Engineers
m.i.h. miles in the hour
M.I.J. Member of the Institute of Journalists
MIL. mil. military; militia
milit. military
Mil.Att. Military Attaché
mill. million
M.I.Loco.E. Member of the Institute of Locomotive Engineers
Milt. Milton; Miltonic
M.I.Mar.E. Member of the Institute of Marine Engineers
M.I.Mech.E., M.I.M.E. Member of the Institution of Mechanical Engineers
M.I.Min.E., M.I.M.E. Member of the Institution of Mining Engineers
Min. Minister; Ministry; Mineralogy
min. mineralogy; mineralogical; minimum; mining; minor; minute(s); minim

M.I.N.A. Member of the Institution of Naval Architecture
Minn. Minnesota
Min.Plen. Minister Plenipotentiary
Min.Res. Minister Residentiary
M.Inst.Met. Member of the Institute of Metals
M.Inst.M.M., M.I.M.M. Member of the Institute of Mining and Metallurgy
M.Instr. Musketry Instructor
M.Inst.T. Member of the Institute of Transport
M.I.O.B. Member of the Institute of Builders
misc. miscellaneous; miscellany
Miss. Mississippi (State); Mission; Missionary
M.I.T. Massachusetts Institute of Technology
M.I.W.T. Member of the Institute of Wireless Technology
mk(s). mark(s) (money)
MKS, mks, m.k.s. meter-kilogram-second (system)
mkt. market
ml. millilitre(s), milliliter(s); *A* mail
M.L. Ministry of Labour; motor launch; mine layer; Licentiate in Midwifery; Medieval Latin; muzzle-loading
M.L.A., MLA Modern Language Association; Member of the Legislative Assembly
M.L.C. Member of the Legislative Council
M.L.D., m.l.d. *med* minimum lethal dose
M.L.G., MLG Middle Low German
Mlle(s) Mademoiselle (*pl*)
M.L.N.S. Ministry of Labour and National Service
M.L.O. Military Landing Officer
M.L.R.G. muzzle-loading rifled gun
M.L.S.B. Member of the London School Board
M.L.S.C. Member of the London Society of Compositors
M.M. Military Medal; Minister of Munitions; Minister of Mines; Master Mason
MM. Messieurs; *A navy* Machinist's Mate; Their Majesties
mm. millimetre(s); (Lat. *millia*) thousands
M.M.E. *A* Master of Mechanical Engineering
Mme(s) Madame (Mesdames)
m.m.f. *phys* magnetomotive force
M.M.P. Military Mounted Police
M.Mus. *A* Master of Music
Mn *chem* manganese
M.N. Merchant Navy
MN *A navy* Mineman
M.N.A.S. *A* Member of the National Academy of Science
M.N.D. *Shakespeare's* Midsummer Night's Dream; Minister of National Defence (Canada)
M.N.I. Ministry of National Insurance
M.N.S. Ministry of National Service; *A* Member of the Numismatic Society
Mo *chem* molybdenum
Mo. Missouri; Monday
M.O. Medical Officer; *econ* money order; *econ* mail order; mass observation; *A* Master of Oratory
mo(s). month(s)
mod., Mod. moderate; modern
Mods. Moderations (Oxford University)
M.O.F.A.P. Ministry of Fuel and Power
M. of V. *Shakespeare's* the Merchant of Venice

M.O.H. Medical Officer of Health; Ministry of Health

Moh(am). Mohammedan; Mohammedanism

M.O.I. Ministry of Information; Military Operations and Intelligence

mol.wt. *phys* molecular weight

Mon. Monday; Monmouthshire (angleška grofija); Monaghan (severnoirska grofija); Monsignor; *navy* Monitor (gunboat)

mon. monetary; monastery

Mong(ol). Mongolian

Mons. Monsieur; Monmouthshire (angleška grofija)

Mont. Montana

Montgom. Montgomeryshire (grofija v Walesu)

M.O.O. Money Order Office

Mor. Morocco; Moroccan

morn. morning

morph(ol). morphology; morphological

M.O.S. Ministry of Supply

mos. months

mot. motor(ized)

MOUSE minimum orbital unmanned satellite of the earth

M.O.W.B. Ministry of Works and Buildings

mp. *mus* mezzo piano

M.P. Member of Parliament; Military Police (man); Metropolitan Police; *mil* meeting point

m.p. *phys* melting point

M.P.C. Member of Parliament, Canada

M.Pd. *A* Master of Pedagogy

M.P.E. *A* Master of Physical Education

M.Pen. Ministry of Pensions

m.p.g., mpg miles per gallon

m.p.h., mph miles per hour

M.Ph. *A* Master of Philosophy

M.P.I., m.p.i. *aero* mean point of impact

M.P.O. Metropolitan Police Office (Scotland Yard)

M.P.P. Member of Provincial Parliament

mp.rdg. map reading

M.P.S. Member of the Pharmaceutical Society; Member of the Physical Society; Member of the Philological Society; Ministry of Public Security

M.P.S.C. Military Provost Staff Corps

M.P.U. *aero* message picking-up

M.R. Master of the Rolls; Minister Residentiary; the Middlesex Regiment; Ministry of Reconstruction; municipal reform(er); map reference

MR *A navy* Machinery Repairman

Mr. Mister

M.R.A.C. Member of the Royal Agricultural College

M.R.Ae.S. Member of the Royal Aeronautical Society

M.R.A.F. Marshal of the Royal Airforce

M.R.A.S. Member of the Royal Academy of Science

M.R.C. Medical Research Council

MRC *A* Metals Reserve Company

M.R.C.C. Member of the Royal College of Chemistry

M.R.C.O. Member of the Royal College of Organists

M.R.C.V.S. Member of the Royal College of Veterinary Surgeons

M.R.G.S. Member of the Royal Geographical Society

M.R.H. Member of the Royal Household

M.R.I. Member of the Royal Institution

M.R.S. Medical Receiving Station

Mrs. Mistress

M.R.San.I. Member of the Royal Sanitary Institute

M.R.S.L. Member of the Royal Society of Literature

M.R.S.T. Member of the Royal Society of Teachers

M.R.U.S. Member of the Royal United Service Institution

MS., M.S., m.s., ms. manuscript

M/S, m.s. *econ* month after sight; motorship

M.S. Master of (in) Surgery; Ministry of Supply; mine sweeper; Military Secretary; Ministry of Shipping; manuscript

MSA *A* Mutual Security Agency

M.S.C. Medical Staff Corps

msc. miscellaneous; miscellany

M.Sc. Master of Science

M.S.D. *A* Master of Scientific Didactics

M.S.E. Member of the Society of Engineers

msec. millisecond

M.S.F.U. Merchant Service Fighter Unit

M.S.H. Master of Staghounds

M.S.I. Member of the Sanitary Institute

M.S.L., m.s.l. mean sea-level

M.S.M. Meritorious Service Medal

MSS., mss. manuscripts

M.S.T., MST mountain standard time

M.T. Ministry of Transport; mechanical (motor) transport; metric ton; empty (railway)

Mt. Mount

mt. megaton

m.t. *tech* metric ton; *A* mountain time

M.T. & S. Mechanized Transport and Supply

M.T.B. motor torpedo-boat

M.T.C. Mechanical Transport Corps

mtd. mounted

mtg. meeting

mtge mortgage

mth. month

M.T.O. Motor (Mechanical) Transport Officer

MTO *A* Mediterranean Theater of Operations

M.T.R.D. Mechanical Transport Reserve Depot

Mt.Rev. Most Reverend

Mts. mountains

M.U. Mobile Unit

MU *A navy* Musician

mun. municipal

mus. music; musical; museum

Mus.B. Bachelor of Music

Mus.D. Doctor of Music

Mus.M. Master of Music

mut. mutilated; mutual

M.V. motor vessel; (Lat. *Medicus Veterinarius*) Veterinary Surgeon

m.v., M.V., MV merchant vessel; muzzle velocity (of a gun)

MVA Missouri Valley Authority

M.V.O. Member of the (Royal) Victorian Order

M.W. Most Worshipful; Most Worthy
M.W.A. Munitions of War Act; Modern Wood-
men of America
M.W.B. Metropolitan Water Board; Ministry of
Works and Buildings
M.W.C. Ministry (Minister) of War Communica-
tions
M.W.G.M. Most Worthy Grand Master (Ma-
sonry)
M.W.I. *A* Ministry of War Information

M.W.T.C. Ministry of War Time Communica-
tions
M.W.W. *Shakespeare's* The Merry Wives of
Windsor
Mx. Middlesex (angleška grofija)
M.Y. Motor Yacht
My *A* May
M.Y.O.B. *coll* mind your own business
myst. mystery
myth. mythology; mythological

N

N *chem* nitrogen
N. north(ern); note; Navy; November; *pol*
Nationalist; Navigator; Norse; *gram* noun
n. *gram* neuter; *gram* nominative; noon; noun;
number; (Lat. *natus*) born; normal; note;
name(d)
Na *chem* (Lat. *natrium*) sodium
N.A. North America; Naval Attaché; National
Army; Nautical Almanac; Naval Accounts;
Naval Architect; Naval Auxiliary; National
Academy
n.a., n/a *econ* no account
N.A.A., NAA *A* National Automobile Associa-
tion; *A* National Aeronautic Association;
National Artillery Association
NAACP, N.A.A.C.P. *A* National Association for
the Advancement of Colored People
N.A.A.F.I., Naafi Navy, Army and Air Force
Institutes
NAB *A* National Association of Broadcasters
N.A.C. naval aircraftman
NACA *A* National Advisory Committee for
Aeronautics
N.A.D. *med* nothing abnormal discovered; 'Naval
Air Division; *A* National Academy of Dessign
N.A.L.G.O. National Association of Local
Government Offices
NALLA National Long Lines Agency
NAM *A* National Association of Manufacturers
Nap. Napoleon
N.A.S. Nursing Auxiliary Service; *A* National
Academy of Science
NASA, N.A.S.A. *A* National Aeronautics and
Space Administration
N.A.S.C. North American Supply Council
N.A.S.E. *A* National Academy of Stationary
Engineers
nat. national; native; natural(ist)
Nat.Absten. *pol* National Abstentionalist
Nath. Nathaniel
Nat.Hist., nat.hist. Natural History
natl. national
N.A.T.O., NATO North Atlantic Treaty Organiza-
tion
Nat.Ord. Natural Order
Nat.Phil. Natural Philosophy
NATS *A* Naval Air Transport Service
Nat.Sc.D. *A* Doctor of Natural Science
naut., Naut. nautical
nav. naval; navigation; navigating
Nav.Constr. Naval Constructor
Nb *chem* niobium

N.B. New Brunswick; North Britain; (Lat. *nota
bene*) note well
n.b. no ball (cricket)
N.B.A. North British Academy
NBA, N.B.A. *A* National Boxing Association
NBC, N.B.C. *A* National Broadcasting Company;
Non-Combatant Corps
N.B.G., n.b.g. *coll* no bloody good
NBS *A* National Bureau of Standards
N. by E., N. b E. North by East
N. by W., N. b W. North by West
NC *A* Nurse Corps
N.C. North Carolina; New Church; Northern
Command
n.c., N.C. nitro-cellulose
NCAA, N.C.A.A. *A* National Collegiate Athletic
Association
N.C.B. *E* National Coal Board
N.C.C.V.D. National Council for Combating
Venereal Diseases
N.C.L.C. National Council of Labour Colleges
N.C.O., NCO, n.c.o. *mil* non-commissioned officer
N.C.U. National Cyclists' Union
N.C.W. National Council of Women
Nd *chem* neodymium
n.d., N.D. no date; *econ* not dated
N.D.A. *A* National Diploma in Agriculture
N.Dak. North Dakota
N.D.C. National Defence Corps; National De-
fence Contribution
N.D.D. National Diploma in Dairying
N.D.M.B. *A* National Defence Mediation Board
Ne *chem* neon
NE northeast(ern)
N.E. New England; northeast(ern); new edition
N./E. *econ* no effects (on cheques)
NEA, N.E.A. *A* National Education Association;
A Newspaper Enterprise Association
Neb(r). Nebraska
N.E. by E., N.E. b E. Northeast by East
N.E. by N., N.E. b N. Northeast by North
n.e.c. not elsewhere classified
N.E.D. New English Dictionary; Naval Equip-
ment Department
neg. negative(ly); negation
N.E.I., NEI Netherlands East Indies
n.e.i. (Lat. *non est inventus*) it has not been found
(discovered); not elsewhere indicated
nem.con. (Lat. *nemine contradicente*) nobody
contradicting
nem.dis. (Lat. *nemine dissentiente*) nobody dis-
agreeing

N.Eng. New England
neol. neologism
N.E.P., NEP *A* New Economic Policy
N.E.R. Northeastern Railway
N.E.R.A. *A* National Emergency Relief Administration
n.e.s. not elsewhere specified
Neth. Netherlands
neut. *gram* neuter; neutral
Nev. Nevada
Newf. Newfoundland
New M. New Mexico
New Test. New Testament
N/F, n.f., n/f *econ* no funds
N.F. Newfoundland; Norman French; The Northumberland Fusiliers
Nfd(l). Newfoundland
N.F.P.W. National Federation of Professional Workers
N.F.S. National Fire Service
N.F.U. National Farmers' Union
N.G. *A* National Guard; New Guinea; no good
Ng. Norwegian
N.Gr., NGr. New Greek
N.H. New Hampshire
NHA National Housing Agency
N.Heb. New Hebrides; New Hebrew
NHG, N.H.G. New High German
N.H.I. National Health Insurance
n.h.p. *phys* nominal horse-power
N.H.R. National Hunt Rules
N.H.R.U. National Home Reading Union
N.H.S. National Health Service
Ni *chem* nickel
N.I. Northern Ireland; Naval Intelligence
NIA National Intelligence Authority
Nic(ar). Nicaragua
N.I.C.A. *A* National Industrial Conference Board
N.I.D. Naval Intelligence Division (Department)
Nig. Nigeria(n)
N.I.R.A. *A* National Industrial Recovery Act
N.J. New Jersey
N.J.A. National Jewellers' Association
N.L. New Latin; North latitude; National Liberal; Navy League
n.l. *print* new line; (Lat. *non licet*) it is not permitted; (Lat. *non liquet*) it is not evident (clear)
N.Lab. *E* National Labour (Party)
N.Lat. North latitude
N.L.B. *A* National Labor Board
N.L.C. National Liberal Club
N.L.F. National Liberal Federation
N.L.I. National Lifeboat Institution
NLRB, N.L.R.B. *A* National Labor Relations Board
N.M(ex). New Mexico
n.m. *naut* nautical mile(s)
N.M.B. National Marine Board
N.M.U. National Maritime Union
NNE, N.N.E. north-north-east
NNW, N.N.W. north-north-west
No *chem* nobelium
No. number; north
N.O. *bot* natural order; Naval Officer; Navigation Officer; New Orleans
n.o. not out (cricket)

N.O.D. Naval Ordnance Department
n.o.i.b.n. not otherwise indexed by name
nol.pros. (Lat. *jur nolle prosequi*)
nom. nominal; nominative
Non-Coll. Non-Collegiate
non-com. non-commissioned officer
Noncon. Nonconformist
non obst. (Lat. *non obstante*) notwithstanding
non pros. (Lat. *non prosequitur*) he does not prosecute
non seq. (Lat. *non sequitur*) it does not follow
n.o.p. not otherwise provided (for)
Nor. Norway; Norwegian; Norman; North
Norf. Norfolk (angleška grofija)
Norm. Norman
norm. normal(ize); normalizing
Northants. Northamptonshire (angleška grofija)
Northumb. Northumberland (angleška grofija)
Norvic. (Bishop) of Norwick
Norw. Norway; Norwegian
Nos., nos. numbers
n.o.s. not otherwise specified
Notts. Nottinghamshire (angleška grofija)
Nov. November
nov. novelist
Np *chem* neptunium
N.P. *jur* Notary Public; (Lat. *jur nisi prius*) unless before; *econ* no protest
n.p. *print* new paragraph; no paging; no place; net personalty
N.P.A. Newspaper Proprietors' Association
N.P.C. Naval Personnel Committee
N.P.D. North Polar Distance
NPN, N.P.N. nonprotein nitrogen
n.p. or d. no place or date
n.p.t. normal pressure and temperature
N.R. North Riding (of Yorkshire)
nr., Nr. near
N.R.A., NRA *A* National Recovery Administration
NRAB *A* National Railroad Adjustment Board
N.R.D. Naval Recruiting Department
N.R.F. *E* National Relief Fund
N.S. Nova Scotia; Numismatic Society; new style; National Society
N/S, n/s *econ* not sufficient
n.s. not specified; not sufficient
Ns. nimbo-stratus
N.S.A.F.C. National Service Armed Forces Act
NSC *A* National Security Council
N.S.C. National Savings Committee
N.S.E.C. National Service Entertainments Council
N.S.L. National Service League; National Sunday League
N.S.O. Naval Staff Officer
N.S.O.P.A. National Society of Operative Printers and Assistants
N.S.P.C.A. National Society for the Prevention of Cruelty to Animals
N.S.P.C.C. National Society for the Prevention of Cruelty to Children
n.s.p.f. not specifically provided for
NSRB *A* National Security Resources Board
N.S.S. New Shakespeare Society
N.Staffs. The North Staffordshire Regiment
N.S.W. New South Wales

Nt *chem* niton
N.T., NT New Testament; Northern Territory (Australia); *print* new translation
N.T.O. Naval Transport Officer
N.T.S. *A* Naval Transport Service
nt.wt. *econ* net weight
N.U. Northern Union (Rugby)
n.u. name unknown
N.U.I. National University of Ireland
N.U.M. National Union of Mineworkers
num. number; numeral(s)
numis(m). numismatic(s)
N.U.R. National Union of Railwaymen
N.U.S.E.C. National Union of Societies for Equal Citizenship
N.U.T. National Union of Teachers
N.U.W.S.S. National Union of Women's Suffrage Societies

N.U.W.T. National Union of Women Teachers
N.U.W.W. National Union of Women Workers
N.V. New Version
N.W. northwest(erly); northwest; North Wales
N.W. by N., N.W⊿b N. Northwest by North
N.W. by W., N.W. b W. Northwest by West
N.W.F.P. Northwest Frontier Province (India)
NWLB *A* National War Labor Board
N.W.M.P. Northwest Mounted Police (Canada)
N.W.P., N.W.Prov. Northwest Provinces (India)
N.W.S.A. National Women's Suffrage Association
N.W.T. Northwest Territories (Canada)
N.Y.(C.) New York (City)
n.y.d. not yet diagnosed
n.y.p. not yet published
N.Z. New Zealand

O

O *chem* oxygen
o *el* ohm
O. Ohio; observer; Ontario; Ocean; October; order; officer; *mil* operations; *naut* overcast
o. [*Lat.* (*Pharmazie*) *octarius*] pint; octavo; old; order
o/a, o.a. *econ* on account of
O.A. *navy* Ordnance Artificier
O.A.P. Old Age Pension(s)
O.A.S. on active service
OAS Organization of American States
O.B. *E* outside broadcast
ob. (Lat. *obiit*) (he, she) died
obdt. obedient
O.B.E. Officer of the (Order of the) British Empire
obj. object; objection; objective
obl. oblique; oblong
obs. obsolete; observation; observatory
ob.s.p., o.s.p. (Lat. *obiit sine prole*) died without issue
obstet. obstetrics; obstetrical; obstetrician
obv. observe
O.B.V. Ocean Boarding Vessel
Oc., oc. Ocean
O.C. Officer Commanding; Observer Corps; Old Catholic
o.c. (Lat. *opere citato*) in the work quoted; on centres
o/c *econ* overcharge
o'c o'clock
occ(as). occasional(ly)
occn. occasion
OCD *A* Office of Civilian Defence
OCIAA *A* Office of Co-ordinator of Inter-American Affairs
OCS *A* Office of Contract Settlement; Officer Candidate School
Oct. October
oct. octavo
O.C.T.U., Octu Officer Cadets Training Unit
O.D. *A* Officer of the Day; *navy* ordinary seaman; *navy* Operations Division; *mil* Ordnance Data

(Depot); Old Dutch; *A mil* olive drab; *econ* overdrawn; overdraft; outside diameter
O/D *econ* overdraft; *econ* on demand
Od. *Homer's* Odyssey
O.E. Old English; Old Etonian; omissions excepted
o.e. omissions excepted
O.E.C.D., OECD Organization for Economic Co-operation and Development
O.E.D. Oxford English Dictionary
O.E.E.C. Organization for European Economic Co-operation
OEM *A* Office for Emergency Management
O.E.R. Officers' Emergency Reserve
O.E.S. Order of the Eastern Star
O.F. Old French; odd fellow(s); *print* old-face
O.F.C. Overseas Food Corporation
off. offer(ed); office; official; officinal
offic. official
Offr. Officer
O.F.M. Order of Friars Minor
O.Fr. Old French
O.Fris. Old Frisian
O.F.S. Orange Free State
O.G. Olympian (Olympic) Games; Ogee; *A* Officer of the Guard
O.Gael. Old Gaelic
O.H. on hand
O.H.B.M.S. On His (Her) Britannic Majesty's Service
O.H.G., OHG Old High German
O.H.M.S. On His (Her) Majesty's Service
O.H.S. Oxford Historical Society
O.i/c. Officer in charge (of)
O.Ir. Old Irish
O.K. all correct
Okla. Oklahoma
Ol. Olympiad; oil
O.L. *navy* Ordnance Lieutenant; Old Latin
O.L.Cr *navy* Ordnance Lieutenant-Commander
O.L.G., OLG Old Low German
OM *A navy* Opticalman
O.M. Order of Merit
o.m. old measurement

O.M.E. Ordnance Mechanical Engineer
O.M.I. Oblate of Mary Immaculate
O.N., ON Old Norse
O.N.A., ONA *A* Overseas News Agency
O.N.F. Old Norman French
ONI *A* Office of Naval Intelligence
o.n.o. or near offer
onomat. onomatopoeia; onomatopoeic
O.N.R. Official Naval Reporter
O.N.S. *E* Overseas News Service
Ont. Ontario
O.O. Operation Order; Observation Officer
O.O., O.Offr., Ord.Offr. Orderly Officer
O.O.G. *navy* Officer of the Guard
O.O.Q. *navy* Officer of the Quarters
O.O.W. *navy* Officer of the Watch
O.P. *econ* open policy; observation post
op. opera; opus; operation; opposite
o.p. out of print; overproof (alcohol); opposite prompt (in a theatre)
OPA, O.P.A. *A* Office of Price Administration
op.cit. (Lat. *opere citato*) in the work cited
OPEC, O.P.E.C. Organization of Petroleum Exporting Countries
O.P.M. *A* Office of Production Menagement
opp. opposed; opposite
Ops., ops operations
opt. *gram* optative; optics; optical; optician
O.R. other ranks; Orderly Room; Official Receiver; Official Referee
OR official records
o.r. *econ* owner's risk
Or. Orient(al); Oregon
or. other
orat. oratory; oratorial
O.R.C. Order of the Red Cross; Officers' Reserve Corps; Orange River Colony
orch. orchestra(l)
Ord. Ordnance
ord. order; ordinal; ordinance; ordinary; ordained
Ore(g). Oregon
org(an). organ(ic); organism; organized; organization
orig. origin; original(ly)
Ork. Orkney Islands
ornith. ornithology; ornithological
O.R.R., o.r.r. *econ* owner's risk rates
O.R.S. Orderly Room Sergeant
ors. others
Orse., orse *jur* otherwise
Os *chem* osmium

O.S. ordinary seaman; Old Saxon; old style; Ordnance Survey; outsize (of clothes); Old School; Outside Sentinel; output secondary (radio)
o.s. only son
o/s *econ* out of stock; outstanding
O.S.A. Order of St. Augustine; Official Secrets Act
O.S.B. Order of St. Benedict
O.S.C. Overseas Settlement Committee
O.S.D. Order of St. Dominic; Ordnance Survey Department; Overseas Settlement Department
O.S.F. Order of St. Francis
O.Sl., O.Slav. Old Slavonic
O.S.N.C. Orient Steam Navigation Company
O.S.R.D. *A* Office of Research Development
OSS *A* Office of Strategic Services
OSSR *A* Office of Selective Service Records
o.s.t. ordinary spring tides
O.T., OT Old Testament; occupational therapy; overtime
ot ought
O.T.C. Officers' Training Corps (Camp)
O.T.D. Overseas Trade Department
Oth. *Shakespeare's* Othello
O.T.S. Officers' Training School
O.U. Oxford University
O.U.A. Order of United Americans
O.U.A.C. Oxford University Athletic Club
O.U.A.F.C. Oxford University Association Football Club
O.U.A.M. Order of United American Mechanics
O.U.B.C. Oxford University Boat Club
O.U.C.C. Oxford University Cricket Club
O.U.D.S. Oxford University Dramatic Society
O.U.G.C. Oxford University Golf Club
O.U.H.C. Oxford University Hockey Club
O.U.L.T.C. Oxford University Lawn Tennis Club
O.U.P. Oxford University Press
O.U.R.F.C. Oxford University Rugby Football Club
Ov. Ovid
O.W. Office of Works
OWI *A* Office of War Information
Oxf. Oxford
Oxon. (Bishop) of Oxford; of the University of Oxford; Oxfordshire (angleška grofija)
oz, oz. ounce(s)
oz.ap. ounce (apothecaries' weight)
oz.av. ounce (avoirdupois weight)
ozs. ounces

P

P *chem* phosphorus
P. (car)park; pawn (chess); pedestrian; *phys* pressure; prince; Presbyterian; Protestant; Proconsul; *theat* prompter
p. page; *gram* participle; particle; past; perch (measure); *mus* piano; print; pole (measure); *naut* passing showers; (Lat. *per*) by; penny; pint; peseta; peso
Pa *chem* protactinium
Pa. Pennsylvania

P.A. Press Association; press agent; *econ* private account; *jur* power of attorney; *A* purchasing agent
PA *A* public address (system)
p.a. (Lat. *per annum*) by the year; *gram* participial adjective; *A* press agent
PAA, P.A.A. Pan-American Airways
P.A.A.D.C. Principal Air Aide-de-Camp
PABA para-aminobenzoic acid
PAC *A* Political Action Committee

P.A.C. *E* Public Assistance Committee; Pan--American Congress
Pac(if). Pacific (Ocean)
P.A.D. Passive Air Defence
paint. painting
Pal. Palestine
pal. palaeographical; palaeography; palaeontological; palaeontology
palaeob. palaeobotany; palaeobotanical
palaeog. palaeography; palaeographical
palaeont. palaeontology; palaeontological
pam. pamphlet
Pan. Panama
P. and L. *A econ* profit and loss
P. & O. Peninsular and Oriental (Steamship) Line
PAPA *A* Philippine Alien Property Administration
par. paragraph; parallel; parenthesis; parish
PAR *aero* precision approach radar
Para. Paraguay(an)
para. paragraph
parens. parentheses
Parl., parl. Parliament(ary)
Parl.S. Parliamentary Secretary
pars. paragraphs
part. *gram* participle; participial; particular
P.A.S.I. Professional Associate of the Chartered Surveyors' Institution
Pass. *geog* passage
pass. *gram* passive; *A* passenger
pat. patent(ed); patrol boat
P.A.T.A. Proprietary Articles Trade Association
Pata. Patagonia(n)
path(ol). pathological; pathology
Pat.Off. Patent Office
PAU, P.A.U. Pan-American Union
P.A.Y.E. pay as you earn; pay as you enter
Paym.Gen., Paymr-Gen. Paymaster-General
payt., paym't payment
Pb *chem* (Lat. *plumbum*) lead
P.B. Prayer Book; British Pharmacopoeia; pocket book; picket boat; Plymouth Brethren
PBA *A* Public Buildings Administration
P.B.I. poor bloody infantry
P.B.M. Principal Beach Master
P.boat patrol boat
PBX, P.B.X. *A* private branch (telephone) exchange
PC Preparatory Commission (of the United Nations)
P.C. *E* police constable; postcard; *E* Privy Council(lor); *A* Post Commander; Principal Chaplain; Paymaster Captain; Parish Council
p.c. per cent; postcard
P/C, p/c, p.c. *econ* petty cash; price current
pc. *A* piece; *A* price(s)
PCA *A* Progressive Citizens of America
P.C.C. Prerogative Court of Canterbury
P.C.G.N. Permanent Committee of Geographical Names
pcl. parcel
P.Cr. Paymaster Commander
P.C.R.S. Poor Clergy Relief Society
P.C.S. Principal Clerk of Session
pcs. pieces
pct. percent
Pd *chem* palladium

pd. paid
P.D. *A* Police Department; *el* potential difference; *print* printer's devil; *naut* position doubtful; Postal District
p.d. (Lat. *per diem*) per day
P.D.A.D. Probate, Divorce and Admiralty Division
Pd.B. *A* Bachelor of Pedagogy
Pd.D. *A* Doctor of Pedagogy
P.Det. Port Detachment
P.D.G. Paymaster Director-General
Pd.M. *A* Master of Pedagogy
P.D.Q. *sl* pretty damn quick
P.E. Protestant Episcopal; Presiding Elder; probable error (statistics); Edinburgh Pharmacopoeia
p.e. *E jur* personal estate
PEC photoelectric cell
ped. *mus* pedal; pedestal; pedestrian
Peeb. Peeble(shire) (škotska grofija)
P.E.F. Palestine Exploration Fund
P.E.I. Prince Edward Island
Pemb. Pembrokeshire (grofija v Walesu)
pen(in). peninsula
P.E.N. (International Association of) Poets, Playwrights, Editors, Essayists & Novelists
Penn(a). Pennsylvania
Pent. Pentecost; Pentateuch
P.E.P. Political & Economic Planning
per. period; person
per. an. (Lat. *per annum*) by the year
perf. perfect; performance; perforated (stamps)
perh. perhaps
perm. permanent
Perm.S. Permanent Secretary
per pro(c). (Lat. *per procurationem*) by proxy
pers. person; personal(ly); persons
Pers. Persian; Persius
persp. perspective
pert. pertaining
Peruv. Peruvian
Pet. Peter; Peterhouse
Petriburg. (Bishop) of Peterborough
PF power factor
P.F. Procurator-Fiscal
pf. perfect; pfennig; preferred
Pfc., p.f.c. *A mil* Private first class
Pg. Portugal; Portuguese
P.G. paying guest; postgraduate; German Pharmacopoeia
pg. page
P.G.A. Professional Golfers' Association
P.G.D. Past Grand Deacon (Masonry)
P.G.M. Past Grand Master (Masonry)
Ph *chem* phenyl
PH. *A navy* Photographer's Mate
ph. phase
Ph. philosophy
P.H., PH Public Health; *A mil* Purple Heart
PHA *A* Public Housing Authority
phar(m)., Phar(m). pharmaceutical; pharmacist; pharmacy; Pharmacology; Pharmacopoeia
Ph.B. Bachelor of Philosophy
Ph.C. *A* Pharmaceutical Chemist
Ph.D. Doctor of Philosophy
Ph.G. *A* Graduate in Pharmacy

Phil. Philemon; Philip; Philippians; Philippine; philosophy; philology; Philharmonic
phil. philosophy; philosophical
Phila. Philadelphia
Phil.Is. Philippine Islands
philol. philology; philological
philos. philosopher; philosophy
Phil.Soc. Philological Society (London); *A* Philosophical Society
phon(et). phonetic(s)
phot. photograph(er); photographic; photography
photom. photometry
phr. phrase
phren(ol.) phrenology
PHS, P.H.S. Public Health Service
phys. physics; physical; physician; physiology; physiological
physiol. physiology; physiological
PI *A navy* Printer
P.I. Philippine Islands
PICAO *A* Provisional International Civil Aviation Organization
pinx. (Lat. *pinxit*) he (she) painted it
pizz. *mus* pizzicato
P.J. Presiding Judge; Probate Judge
P.J.'s *A sl* pajamas
Pk. Park
pk. pack; park; peak; peck (measure)
P.K. *psych* psycho-kinesis
pkg. package
pkt. packet
pl. place; plural; plate; platoon
P/L *econ* profit and loss; plain language
P.L. Position Line; Paymaster Lieutenant; *Milton's* Paradise Lost; London Pharmacopoeia; Poet Laureate; Primrose League
P.L.A. Port of London Authority
Plat. Platonic
plat. plateau; *mil* platoon
P.L.B. Poor Law Board
P.L.C. Poor Law Commission(er)
Plen. Plenipotentiary
plf(f) *jur* plaintiff
P.L.G. Poor Law Guardian
P.L.M. Paris-Lyons-Mediterranean Railway
pl.n. place name
plup. *gram* pluperfect
Pm *chem* promethium
P.M. Prime Minister; Provost Marshal; Police Magistrate; Paymaster; Postmaster; Pacific Mail; peculiar metre
p.m. (Lat. *post meridiem*) after noon; *Lat post mortem* after death (autopsy)
pm. *econ* premium
PMA *A* Production and Marketing Administration
P.M. & O.A. Prints' Managers and Overseers Association
P.M.C. President of the Mess Committee
P.M.G. Postmaster-General; Paymaster-General
p.m.h. *econ* production per man-hour
pmk postmark
P.M.O. Principal Medical Officer
Pmr. Paymaster

Pmr-in-C. Paymaster-in-Chief
PN *A navy* Personal Man
P/N, p.n. *econ* promissory note
P.N.E.U. Parents' National Education Union
pneu(m). pneumatic(s)
pnxt. (Lat. *pinxit*) he (she) painted it
Po *chem* polonium
P.O. Petty Officer; Pilot Officer; Post Office; postal order; Province of Ontario
p.o. postal order
P.O.B. Post Office Box
P.O.D. *econ* pay on delivery; Post Office Department; Pocket Oxford Dictionary
p.o.d. *econ* pay on delivery
Pod.D. *A* Doctor of Podiatry
POE *A* port of embarkation
poet. poetic(al); poetry
P. of H. *A* Patrons of Husbandry
Pol. Poland; Polish
pol(it). political; politics; politician
Pol.Econ. political economy
Poly. Polytechnic
P.O.M.E. Principal Ordnance Mechanical Engineer
P.O.O., p.o.o. post office order
P.O.P. *phot* printing-out paper
pop. popular; popularity; population
p.o.r. *econ* pay on return
Port. Portugal; Portuguese
pos. *gram* positive; position
P.O.S.B. Post Office Savings Bank
posit. *gram* positive; position
posn. position
poss. *gram* possessive; possession; possible; possibly
posthum. posthumous(ly)
pot. potential; *chem* potassium
P.O.Tel. *navy* Petty Officer Telegraphist
P.O.W., POW prisoner of war
pp. pages; privately printed; *mus* pianissimo
p.p. parcel post; postpaid; *gram* past participle; *gram* passive participle
P.P. Parish Priest; parcel post; petrol point; Past President
P.P.C., p.p.c. (Fr. *pour prendre congé*) to take leave
ppd. *A* prepaid; *A* postpaid
p.p.i. policy (as) proof of interest
p.p.m., ppm. part(s) per million
ppr. *gram* present participle
P.P.S. (Lat. *post postscriptum*) additional postscript; Parliamentary Private Secretary
P.P.U. Peace Pledge Union
P.Q. Province of Quebec; previous (preceding) question
p.q. previous question
Pr *chem* praseodymium
PR *A navy* Parachute Rigger
pr. pair; preference; preferred (stock); *gram* present; price; priest; printing; printed; printer; *gram* pronoun; pounder; paper; power
P.R. Puerto Rico; proportional representation; public relations; Pre-Raphaelite
PRA *A* Public Roads Administration

P.R.A. President of the Royal Academy; Paymaster Rear-Admiral; *A* President's Re-employment Agreement
P.R.B. Pre-Raphaelite Brotherhood
P.R.C.A. President of the Royal Cambrian Academy
Preb. Prebendary
prec. preceding; preceded; precentor
pred. *gram* predicate; *gram* predicative(ly)
pref. *econ* preferance (stock); *econ* preferred (stock); prefix; preface
prehist. prehistory; prehistorical
prelim. preliminary
prem. premium
prep. preparatory; preparation; *gram* preposition
Pres. President; Presidency
pres. present; presumptive
Presb. Presbyter(ian)
pres.part. *gram* present participle
pret. *gram* preterite
prev. previous(ly)
P.R.H. Petrol Railhead
P.R.I. President of the (a) Regimental Institute; President of the Royal Institute (of . . .)
prim. primitive; primary; primate
prin. principal(ly); principle
print. printing; printer
priv. *adj* private; *gram* privative
prm. premium
Pr.Min. Prime Minister
P.R.O., PRO Public Relations Officer; Public Records Office
Pro. Provost
pro. professional
prob. probable; probably; problem
Prob. *jur* Probate
Proc. Proctor
proc. proceedings; process
prod. produce(d); product
Prof., prof. professor
prohib. prohibit(ion)
Prol. Prologue
Prom., prom. *geog* promotory; promenade concert
pron. *gram* pronominal; *gram* pronoun; pronounced; pronunciation
prop. properly; property; proprietor; proposition
PROP, prop *aero* propeller
propr. proprietor; proprietary
props. *theat* properties
pros. prosody; prosodical
Prot. Protestant
pro tem. (Lat. *pro tempore*) for the time
Prov. Province; Provost; *bibl* Proverbs; Provencal
prov. proverb; proverbial(ly); province; provinçial
Prov.G.M. Provincial Grand Master (Masonry)
prox. (Lat. *proximo*) next month
prox.acc. (Lat. *proxime accessit*) a very close second (in exam)
P.R.P. Petrol Refilling Point
P.R.S. President of the Royal Society (London)
prs. pairs
P.R.S.A. President of the Royal Scottish Academy
P.R.S.E. President of the Royal Society of Edinburgh
Prus(s). Prussia(n)
P.S. public sale; Public School; Privy Seal

P.S., p.s. police sergeant; postscript; *theat* prompt side; passenger steamer; private secretary; permanent secretary; *mil* Passed School (of Instruction)
ps. pieces; pesetas
Ps(a). Psalms (O.T.)
P.S.A. pleasant Sunday afternoon(s)
P.S.A., p.s.a. passed the Royal Air Force Staff College Examination and Scrutiny
P.S.C., p.s.c. passed (the examination and scrutiny of) the Staff College
P.S.D. Pay Supply Depot
pseud(on). pseudonym; pseudonymous(ly)
p.s.f., psf *tech* pounds per square foot
p.s.i., psi *tech* pounds per square inch
P.S.L. Paymaster Sub-Lieutenant
P.S.N.C. Pacific Steam Navigation Company
P.SS., p.ss. postscripts
P.S.T., PST *A* Pacific Standard Time
P.S.T.O. Principal Sea Transport Officer
psych. psychic(al); psychological(ly)
psych(ol). psychology; psychological(ly)
Pt *chem* platinum
P.T. physical training; *A* Pacific Time
pt. part; pint(s); port; point; payment
p.t. pupil teacher; post town; physical training; *gram* past tense
P.T.A. *A* Parent-Teacher Association
pta. peseta
Pte *mil* Private (soldier)
ptg. painting
P.T.I. Physical Training Institute
P.T.O. Public Trustee Office
P.T.O., p.t.o. please turn over (the page)
pts. parts; payments; pints; points; ports
pty. Pty. party; *econ* proprietary
pty.ltd. *econ* proprietary limited
Pu *chem* plutonium
P.U. *aero* (message) picking-up
pub. public; publication; published; publisher; publishing; *coll* public-house
Pub.Doc. public documents
publ. published; publisher
P.U.C. pick-up car; papers under consideration
p.u.m.s. permanently unfit for military service
p.u.n.s. permanently unfit for naval service
pur. purchase
P.U.S. Parents' Union School; Parliamentary Under-Secretary; Pharmacopoeia of the United States
P.V. patrol vessel; Priest Vicar; *naut* paravane
P.V.O. Principal Veterinary Officer
Pvt. *A mil* Private
P.W., PW prisoner(s) of war
PWA, P.W.A. *A* Public Works Administration
P.W.D. Public Works Department
P.W.R. Police War Reserve
pwt. pennyweight
P.W.V. The Prince of Wales's Volunteers
P.X. please exchange
PX *A mil* Post Exchange
pxt (Lat. *pinxit*) he (she) painted

Q

Q. Queen; Quebec; *el* coulomb; quarto; quintus; query

q. query; quart; quarter(ly); quarts; question; quintal; quasi; quire(s)

Q.A.B. Queen Anne's Bounty

Q.A.I.M.N.S. Queen Alexandra's Imperial Military Nursing Service

Q.A.L.A.S. Qualified Associate of the Land Agents' Society

Q.B. *jur* Queen's Bench; Queen's Bays

QB queen's bishop (chess)

Q.B.D. Queen's Bench Division

Q.C. *jur* Queen's Counsel; Queen's College

Q.D., q.d. *naut* quarterdeck

q.d. (Lat. *quasi dicat*) as if one should say

q.e. (Lat. *quod est*) which is

Q.E.D., q.e.d. (Lat. *quod erat demonstrandum*) which was to be proved

Q.E.F., q.e.f. (Lat. *quod erat faciendum*) which was to be done

Q.E.I., q.e.i. (Lat. *quod erat inveniendum*) which was to be found

Q.F. quick-firing (gun)

Q.H.C. Queen's Honorary Chaplain

Q.H.P. Queen's Honorary Physician

Q.H.S. Queen's Honorary Surgeon

q.i.d. *med* (Lat. *quater in die*) four times a day

Qkt queen's knight (chess)

ql. quintal

q.l. (Lat. *quantum libet*) as much as is desired

Qld, Q'l'd Queensland

Q.M. Quartermaster

q.m. (Lat. *quomodo*) by what means

Q.M.A.A.C. Queen Mary's Army Auxiliary Corps

Q.M.C., QMC Quartermaster Corps

Q.Mess. Queen's Messenger

Q.M.G. Quartermaster-General

Qmr. Quartermaster

Q.M.S. Quartermaster-Sergeant

qn. question

Q.O. *navy* qualified in ordnance

Q.O., Q.M.O. Quartermaster Operations

Q.O.C.H. The Queen's Own Cameron Highlanders

q.p(l). *med* (Lat. *quantum placet*) as much as you please

Qq. quartos

QR queen's rook (chess)

Q.R. The Quarterly Review

qr. quarter; *print* quire; (Lat. *quadrans*) farthing

Q.S. Quarter Sessions

q.s. *med* (Lat. *quantum sufiicit*) as much as suffices

q.t. *sl* quiet; **on the strict** ~ privately, in secret

qt. quantity; quart(s)

qto. quarto

qts. quarts

qu. query; question; quart; quarter(ly); (Lat. *quasi*) as if it were

quad. quadrangle; quadrant; quadruple

quart. quarter(ly)

Q.U.B. Queen's University, Belfast

Que. Quebec

ques. question

quot. quotation; quoted

q.v. (Lat. *quantum vis*) as much as you wish; (Lat. *quod vide*) see

Q.V.R. Queen Victoria's Rifles

qy., qy, Qy. query

R

R. King (Lat. *rex*), Queen (Lat. *regina*); river; *phys* resistance; Railway; Réaumur; *pol* Radical; *pol* Republican: Roman; Robert; Right; *math* ratio; retard; *chess* rook or castle

r. radius; right; cricket runs; rupee(s); recipe; royal; rubber; *com* received; retired; ruble, roentgen; rood; rod

Ra *chem* radium

R.A., RA *A* Regular Army

R.A. Royal Academy; Royal Academician; Royal Artillery; Rear-Admiral; *astr* right ascension; Referees' Association; Road Association

R.A.A. Royal Academy of Arts; Rear-Admiral of Aircraft Carriers

RAAF, R.A.A.F. Royal Australian Air Force; Royal Auxiliary Air Force

Rabb. rabbinical

R.A.C. Royal Automobile Club; Royal Agricultural College; Royal Armoured Corps; *masonry* Royal Arch Chapter

R.A.Ch. D Royal Army Chaplains' Department

R.A.D. Rear-Admiral of Destroyers

Rad. *pol* Radical

rad. *math* radix; radical

R.A.D.A. Royal Academy of Dramatic Art

R.A.D.C. Royal Army Dental Corps

R.-Adm. Rear-Admiral

R.A.E. Royal Air Force Establishment

R.A.E.C. Royal Army Educational Corps

R.Ae.S. Royal Aeronautical Society

R.A.F. Royal Air Force; Royal Aircraft Factory

R.A.F.E.S. Royal Air Force Educational Service

R.A.F.O. Reserve of Air Force Officers

R.A.F.R. Royal Air Force Regiment

R.A.F.S.C. Royal Air Force Staff College

R.A.F.V.R. Royal Air Force Volunteer Reserve

R.A.M. Royal Academy of Music; Royal Arch Mason

R.A.M.C. Royal Army Medical Corps

R.A.N. Royal Australian Navy

R.A.O.B. Royal Antediluvian Order of Buffaloes

R.A.O.C. Royal Army Ordnance Corps

R.A.P. Regimental Aid Post

R.A.P.C. Royal Army Pay Corps

R.A.R. Royal Army Reserve

R.A.S. Royal Astronomical Society; Royal Asiatic Society

R.A.S.C. Royal Army Service Corps

R.A.V.C. Royal Army Veterinary Corps

Rb *chem* rubidium

R.B. Riffle Brigade

R.B.A. Royal Society of British Artists

R.B.S. Royal Society of British Sculptors

R.C. Red Cross; Roman Catholic; Reserve Corps; *theat* right centre; Regional Commissioner; Reconstruction Committee

r.c. *theat* right centre

R.C.A. Royal College of Art; Radio Corporation of America; Royal Canadian Academy; Railway Clerks' Association

R.C.A.F. Royal Canadian Air Force

R.C.B. Rubber Control Board

R.C.C(h). Roman Catholic Church

R.C.I. Royal Colonial Institute

R.C.M. Royal College of Music; Regimental Corporal-Major

R.C.M.P. Royal Canadian Mounted Police (formerly N.W.M.P.)

R.C.N. Royal Canadian Navy

R.C.O. Royal College of Organists

R.C.P. Royal College of Physicians

rept. receipt

R.C.S. Royal College of Surgeons; Royal Corps of Signals; Royal College of Science

Rct *A* army Recruit

R.D. Rural Dean; refer to drawer; Reserve Depot; Royal Dragoons; Research Department; *A* rural delivery; Royal (Naval Reserve) Decoration

Rd *chem* radium

RD *A navy* Radarman

rd. road; rod; round

R.D.C. Rural District Council; Royal Defence Corps

R.D.F. Royal Dublin Fusiliers

R.D.I. Designed for Industry of Royal Society of Arts

R.D.Q. regimental detention quarter

R.D.S. Royal Dublin Society; Royal Drawing Society

R.D.Y. Royal Dockyard

Re *chem* rhenium

Re. rupee

R.E. Royal Engineers; Royal Exchange; Right Excellent; Reformed Episcopal; Royal Society of Painter-Etchers and Engravers

react. reactance

Rear.-Adm. Rear-Admiral

R.E.C. Railway Executive Committee

rec. receipt; recipe; record; recorder; recorded

Recce. Reconnaissance (Corps)

recd. received

recit. *mus* recitative; recitation

Rec.Sec. Recording Secretary; Recovery Section

rect. rectangle; rectangular; receipt; rector; rectory

red. reduced; *photo* reducer

redupl. reduplicated

ref. reference; referred; referee; reform; reformed; reformer; refund

refash. refashioned

Ref.Ch. Reformed Church

refd. referred

Refico *A* Reconstruction Finance Corporation

refl(ex). *gram* reflexive

Ref. Sp. Reformed Spelling

Reg. queen (Lat. *regina*); regent; Reginald; Registrar; Register

reg. region; regional; regular; regulation; register; registered; regiment; regulator; regent

regd. registered

Reg.-Gen. Registrar General

Reg. Prof. Regius Professor

Regs. regulations

regt. regiment; regent

rel. religion; religious; related; relative

Reliq. remains (Lat. *reliquiae*)

rel. pron. relative pronoun

R.E.M.E. Royal Electrical and Mechanical Engineers

Ren. Renaissance

Rep. Republic; Republican

rep. report; reporter; representing; representative; republican

repr. represent; representing; represented; reprinted

Repub. Republic; Republican

R.E.S. Royal Empire Society

res. reserve; residence; residential; resident; resigned

resp. respective; respectively; respondent; respiration

restr. restaurant

Resurr. Resurrection

ret. retired

ret(d). returned; retained

R. (et) I. King and Emperor (Lat. *Rex (et) Imperator*); Queen and Empress (Lat. *Regina (et) Imperatrix*)

Rev. Revelation; Reverend; review; revolution; revised

rev. revenue; reverse; reversed; review; reviewed; revision; revised; revolving; revolution *mech*

Revd. Reverend

Rev. Stat. Revised Statutes

Rev. Ver. Revised Version

R.F. Royal Fusiliers; radio frequency; French Republic

R.F., r.f. radio frequency; rapid-fire; range-finder; representative fraction

R.F.A. Royal Field Artilery

RFC, R.F.C. Reconstruction Finance Corporation

R.F.C. Rugby Football Club; Royal Flying Corps (now **R.A.F.**)

R.G.S. Royal Geographical Society

R.F.D. *A* Rural Free Delivery (of mail)

Rfn. Rifleman

R.G.A. Royal Garrison Artilery

R.G.B. river gunboat

R.G.G. Royal Grenadier Guards

R.GPs. Reconnaissance Groups

R.G.S. Royal Geographical Society

Rgt. Regiment

Rh *chem* rhodium

RH, R.H., r.h. right hand (side)

R.H. Royal Highness; Royal Highlanders

r.h. relative humidity

R.H.A. Royal Horse Artilery; Royal Hibernian Academy

theo. rheostat

rhet. rhetorical

R. Hist. S. Royal Historical Society

R.H.G. Royal Horse Guards

R.H.M.S. Royal Hibernian Military School

R.H.Q. Regimental Hearquarters
R.H.S. Royal Humane Society; Royal Historical Society; Royal Horticular Society
R.I. Rhode Island; Royal Institution
R.I.A. Royal Irish Academy
R.I.A.M. Royal Irish Academy of Music
R.I.B.A. Royal Institute of British Architects
R.I.C. Royal Irish Constabulary
Rich. Richard
R.I.F. Royal Irish Fusiliers
R.I.I.A. Royal Institute of International Affairs
R.I.P. may he (she, they) rest in peace (Lat. *requiesca(n)t in pace*)
R.Ir.R. Royal Irish Rifles
rit. *mus* gradually slower, ritardando
Riv., riv. river
RJ *A* road junction
R.L. Rugby League
R/L, r/l radiolocation
R.L.F.C. Rugby League Football Club
R.L.O. Railway Liaison Officer; Returned Letter Office
R.L.S. Robert Louis Stevenson
rly railway
RM *A* navy Radioman
R.M. Royal Mail; Royal Marines; Resident Magistrate; Reichsmark
rm. ream
R.M.A. Royal Military Academy (Woolwich); Royal Marine Artillery; Royal Military Asylum
R.M.C. Royal Military College (Sandhurst)
R.Met.S. Royal Meteorological Society
R.M.F. Royal Munster Fusiliers
R.M.L.I. Royal Marine Light Infantry
R.M.O. Royal Marine Office
R.M.P. Royal Marine Police; Regimental Medical Post
R.M.S. Royal Mail Steamer (Service); Royal Microscopical Society; Royal Society of Miniature Painters
rms. rooms
rms., r.m.s. root mean square
R.M.S.P. Royal Mail Steam Packet Company
Rn *chem* radon
R.N. Royal Navy; Registered Nurse
R.N.A.F. *arch* Royal Naval Air Force
R.N.A.S. Royal Naval Air Service
R.N.A.V. Royal Naval Artillery Volunteers
R.N.C. Royal Naval College (Dortmouth)
R.N.D. Royal Naval Division
R.N.E.I. Royal Netherlands East Indies
R.N.L.I. Royal National Lifeboat Institution
R.N.R. Royal Naval Reserve
R.N.S.C. Royal Naval Staff College
R.N.V.R. Royal Navy Volunteer Reserve
R.N.V.S.R. Royal Naval Volunteer Supplementary Reserve
R.N.Z.A.F. Royal New Zealand Air Force
R.N.Z.N. Royal New Zealand Navy
R.O. Routine Order(s); Royal Observatory; Receiving Office; Returning Officer; Recruiting Officer; Relieving Officer
Ro., ro. road; recto; roan
Rob(t). Robert
R.O.C. Royal Observer Corps
Roffen [Bishop) of Rochester

R. of F. Reserve of Officers
R.O.I. Royal Institute of Oil Painters
Rom. Romance; Roman; Romania; Romanian
rom. *print* roman type
Rom. Cath. Roman Catholic
R.O.O. Railhead Ordnance Officer
R.O.P. record of production; run of paper
rot. rotation; rotating
ROTC, R.O.T.C. *A* Reserve Officers' Training Corps
Roum. Roumania; Roumanian
Roy. Royal
R.P. Reformed Presbyterian; Regius Professor; reply paid; refilling point; rules of procedure; Reserve Party; reprint
r.p. reply paid
R.P.D. Regius Professor of Divinity; Doctor of Political Science (Lat. *Rerum Politicarum Doctor*)
R.P.E. Reformed Protestant Episcopal
r.p.m., rpm revolutions per minute
R.P.O. Regulating Petty Officer; *A* Railway Post Office
R.P.S. Royal Photographic Society
r.p.s., rps revolutions per second
rpt. repeat; report
pptd. repeated; reported
R.Q. respiratory quotient
R.Q.M.C. Regimental Quartermaster-Corporal
R.Q.M.S. Regimental Quartermaster-Sergeant
R.R. Right Reverend; *A* railroad
RRB Railroad Retirement Board
R.R.C. (Lady of) Royal Red Cross
R.S. Royal Society; Royal Scots; Revised Statutes; Recording Secretary
Rs., rs. rupees
r.s. right side
R.S.A. Royal Scottish Academy; Royal Society of Antiquaries; Royal Society of Arts
R.S.A.A.F. Royal South African Air Force
R.S.A.F. Royal Small Arms Factories
R.S.A.I. Royal Society of Antiquaries of Ireland
R.S.C. Rules of the Supreme Court
R.Scots. The Royal Scots (regiment)
R.S.D. Rescue Service and Demolition
R.S.E. Royal Society of Edinburgh
R.S.F. Royal Scots Fusiliers
R.S.F.S.R. Russian Socialist Federated Soviet Republic
R.S.L. Royal Society, London; Royal Society of Literature
R.S.M. Regimental Sergeant-Major; Royal School of Mines; Royal Society of Medicine
R.S.M.S. *mar* rendering-safe-of-mines squad(s)
R.S.N.A. Royal Society of Nothern Antiquaries
R.S.O. railway sub-office; railway sorting office
R.S.P.C.A. Royal Society for the Prevention of Cruelty to Animals
R.S.S. Fellow of the Royal Society (Lat. *Regiae Societatis Sodalis*)
R.S.U. Recovery and Salvage Unit
R.S.V.D.C. *Austral* Returned Soldiers Volunteer Defence Corps
R.S.V.P., r.s.v.p. please reply (French répondez s'il vous plaît)

R.S.W. Royal Scottish Society of Painters in Water-colours
R.T., R/t radiotelegraphy; radiotelephony
rt. right
Rt. Hon. Right Honourable
R.T.O. Railway Transport Officer
R.T.R. Royal Tank Regiment
Rt. Rev. Right Reverend
R.T.S. Religious Tract Society; Royal Toxophilite Society
Rts. rights (Stock Exchange)
R.U. ready use; Rugby Union
R.U.E. *theat* right upper entrance
R.U.F.C. Rugby Union Football Club
R.U.I. Royal University of Ireland
Rum. Rumania; Rumanian
R.U.R., R.U.Rif. Royal Ulster Rifles
Rus(s). Russia; Russian
R.U.S.I. Royal United Service Institution
R.U.S.Mus. Royal United Service Museum
R.V. Revised Version (of the Bible)

R.V.C. Riffle Volunteer Corps; Royal Victorian Chain
R.V.C.I. Royal Veterinary College of Ireland
R.V.O. Royal Victorian Order
R.W., Rw. Railway
R.W.A. Royal West of England Academy
R.W.F. Royal Welsh Fusiliers
R.W.G.M. Right Worshipful Grand Master (Masonry)
R.W.G.T. Right Worthy Grand Templar
R.W.G.W. Right Worthy Grand Warden
R.W.K. Royal West Kents
R.W.S.G.W. Right Worshipful Senior Grand Warden
R.W.S. Royal Society of Painters in Watercolours; Royal West Surrey (Regiment)
Rx. tens of rupees
Ry., ry. railway
R.Y.S. Royal Yacht Squadron
Ry. Tel. Railway Telegraph

S

S *chem* sulphur
S. Saint; Signot; Socialist; Society; soprano; South(ern); Submarine(s)
s. second(s); shilling; singular; son; substantive; section; steamer; *jur* suit; *gram* substantive; succeeded
Sa *chem* samarium
Sa. Saturday
S.A. Salvation Army; South Africa; South America; South Australia; *sl* sex-appeal
SA *A* Seaman Apprentice
s.a. without date (Lat. *sine anno*)
S.A.A. small-arms ammunition
Sab. Sabbath
S.A.E. Society of Automobile Engineers
S.Afr. South Africa
Salop. Shropshire
SALT Strategic Arms Limitation Talks
Salv. Salvador; Salvator
S. Am(er). South America; South American
S.A.N.S. South African Naval Service
Sans(k). Sanskrit
S.A.R. Sons of the American Revolution; South African Republic
Sar. Sardinia; Sardinian
Sarum. of Salisbury (signature of the bishop)
Sask. Saskatchewan
Sat. Saturday; Saturn
S.A.T.B. soprano, alto, tenor, bass
S.Aus. South Australia
Sax. Saxon; Saxony
Sb *chem* antimony (*stibium*)
Sb. *gram* substantive, noun
S.B. Bachelor of Science; simultaneous broadcasting; Savings Bank; Signal Boatswain; Stretcher-bearer
SC Security Council
Sc. Science; Scotch; Scottish; Scotland
Sc *chem* scandium
S.C. South Carolina; Security Council; Supreme Court; *jur* same case

sc. scale; *theat* scene; scilicet (namely); scruple (weight)
s.c. small capitals
s.caps. small capitals
Scand. Scandinavia; Scandinavian
SCAP Supreme Comander of Allied Powers
SCAPA Society for Checking the Abuses of Public Advertising
Sc.B. Bachelor of Science
Sc.C. Scottish Command
Sc.D. Doctor of Science
sch. scholar; school; schooner
sched. schedule
sci. science; scientific
scil. namely (Lat. *scilicet*)
S.C.L. Student of Civil Law
S.C.M. Student Christian Movement; State Certified Midwife
Sc.M. Master of Science
S.Coln. Supply Column
Scot. Scottish; Scotch; Scotsman; Scotland
scr. scruple (weight)
Scrip. Scripture
Scrt. Sanscrit
SCS *A* Soil Conservation Service
Sculp. sculpture; sculptural; sculptor
sculp. sculptured (Lat. *sculpsit*)
s.d. indefinitely (Lat. *sine die*); standard displacement; standard deviation; *mil* service dress
S.D. Doctor of Science; Senior Dean; *A* State Department
S.Dak. South Dakota
S.D.F. Social Democratic Federation
S.D.P. Social Democratic Party
Se *chem* selenium
S.E. (SE) South-east; South-eastern; South-easterly
S.E. (S/E) Stock Exchange
S.E.A.C. (Seac) South-eastern Asia Command
SEATO South East Asian Treaty Organization
SEC *A* Securities Exchange Commission

S.E.C. South-eastern Command; Securities Exchange Commision; Supreme Economic Council

Sec. Secretary

sec. section; second(s); sector

sect. section

secy secretary

sel. selected; select; selection

Seln. Selwin College, Cambridge

Sem. Seminary; Semitic

sem. semicolon; seminary

Sen. Senate; Senator; Senior

sen., senr. senior

sent. *gram* sentence

S.E.P. The Saturday Evening Post

Sep. September

sep. separate; sepal

Sept. September; Septuagint

seq. the following (*sing*); **seqq.** the following (*pl*)

ser. series; sermon

Serg(t). *mil* Sergeant

Serjt. *jur* Serjeant

serv. servant; service

S.F.A. Scottish Football Association

S.G. Scots Guards; Solicitor-General; *A* State Guard

Sg. Surgeon

s.g. specific gravity

sgd. signed

Sgt. Sergeant

sh. shilling

SH *A* Ship's Serviceman

S.H. School House

SHAEF *A* Supreme Headquarters of Allied Expeditionary Forces (in Europe)

Shak(s). Shakespeare

SHAPE (S.H.A.P.E.) Supreme Headquarters of Allied Powers in Europe

Shef(f). Sheffield

Shet. Shetland Islands

shd. should

shpt. shipment

Shrops. Schropshire

Si *chem* silicon

S.I. (Order of the) Star of India; Sandwich Islands; Staten Island; Staff Inspector

S.I.C. Specific Inductive Capacity

Sic. Sicily; Sicilian

Sig. signal; Signalman

sig. signature

Signm. Signalman

Sigs. signals; signallers

sim. similar; simile; similarly

sin *math* sine

sing. *gram* singular

S.I.R. Scientific and Industrial Research

S.I.W. self-inflicted wound

S.J.C. *A* Supreme Judicial Court

S.J.D. *A* Doctor of Juridical Science

Skr., Skrt., Skt. Sanskrit

S.L. Solicitor-at-law; searchlight; South latitude

s.l.a.n. without place, year or name (Lat. *sine loco, anno vel nomine*)

S.lat. South latitude

Slav. Slavonia; Slavic; Slavonic

s.l.p. without lawful issue

Sm *chem* samarium

S.M. Master of Science; *mus* short meter; Staff Major; Surgeon-Major; State Militia; Soldier's Medal

S.M.M. Holy Mother Mary

S.M.D. short metre double

Smith. Inst. *A* Smithsonian Institution

S.M.O. Senior Medical Officer

s.m.p. without male issue (Lat. *sine mascula prole*)

Sn *chem* tin (Lat. *stanum*)

Sn. sanitary

SN *A* Seaman

S.N.L.R. services no longer required

S.N.O. Senior Naval Officer

S.O. Staff Officer; Scottish Office; standing order(s); Stationary Office; sub-office

So. South; Southern; *A* Sonarman

s.o. seller's option

S.O.A.D. Staff Officer of Air Defence

S.O.C. Standard Oil Company

Soc. Society; Socialist

sociol. sociology; sociological; sociologist

S.O.E.D. Shorter Oxford English Dictionary

S. of S. Secretary of State

S. of T. Sons of Temperance

sol. solicitor; soluble; solution

Sol.-Gen. Solicitor-General

Som. Somerset

Soms. Somersetshire

sop. soprano

soph. *A* sophomore

S.O.S., SOS distress signal, save our souls

sov(s). sovereign(s) (coin)

SP *A* shore patrol (police)

S.P. (s.p.) Service Police; starting price; stretcher party; *print* small pica

s.p. without issue (Lat. *sine prole*)

Sp. Spain; Spanish; Spaniard

sp. species; special; specific; specimen; spelling; spirit

SPARS *A* Women's Coast Guard Reserves (Lat. *Semper Paratus*)

S.P.C. Society for Prevention of Crime

S.P.C.A. Society for Prevention of Cruelty to Animals

S.P.C.C. Society for Prevention of Cruelty to Children

S.P.C.K. Society for Promoting Christian Knowledge

S.P.E. Society for Pure English

spec. special; specially; species; specimen; specification; spectrum

specif. specifically; specification

S.P.G. Society for the Propagation of the Gospel

sp.gr. specific gravity

sp.ht. specific heat

spp. *pl* species

S.P.Q.R. *coll* small profits and quick returns

S.P.R. Society for Psychical Research

s.p.s. without surving issue (Lat. *sine prole superstite*)

S.P.S.O. Senior Personal Staff Officer

spt., Spt. seaport

S.P.V.D. Society for the Prevention of Venereal Disease

sq. square

Sq.Ldr. Squadron Leader
sqn. squadron
Sr *chem* strontium
SR *A* Seaman Recruit
S.R. Southern Railway; Scottish Rifles; Southern Rhodesia
Sr. Senior; Señor; Sir
S.R.N. State Registered Nurse
S.R.O. Squadron Recreation Officer; Statutory Rules and Orders; *A* standing room only
S.R.P. Supply Refilling Point
S.R.R. Supplementary Reserve Regulations
S.R.S. Fellow of the Royal Society
SS Saints
S.S. Steamship; screw steamer; Secret Service; Secretary of State; Sunday School; Secretary of Scotland; Nazi Police (Schutz-Staffel)
S.S.B. *A* Social Security Board
S.S.C. Solicitor to the Supreme Court (in Scotland)
S.S.E., SSE South-south-east
S.Sgt. Staff Sergeant
S.S.M. Staff Sergeant-Major; Squadron Sergeant-Major; Society of the Sacred Mission
S.S.O. Senior Supply Officer; Special Service Officer
S.S.R. Socialist Soviet Republic
SSS, S.S.S. *A* Selective Service System
S.S.U. Sunday School Union
S.S.W. Secretary of State for War; South-south-west
SSW South-south-west
S.T. Summer Time; the Sunday Times
St. Saint; Street; Strait
st. stone (weight); stanza; stem; strophe; *cricket* stumped
Sta. Santa; Station
sta. stator; stationary
Staffs. Staffordshire
stat. statue; statute; statuary; statics; stationary
S.T.B. Bachelor of Sacred Theology
S.T.C. Samuel Taylor Coleridge; Senior Training Corps (at universities)
S.T.D. Doctor of Sacred Theology
Ste. Sainte; Stephen
ster., stg. sterling
stereo. stereotype
St. Ex. Stock Exchange
stge. storage
Stip. Stipendiary
stn. station
S.T.O. Sea Transport Officer
S'ton Southamptom

S.T.P. Professor of Sacred Theology
str. stroke (oar); steamer; seater; *mus* string(s)
Sts. Saints
stud. student
S.U. Soviet Union
sub. submarine; substitute; subaltern; suburb; suburban
sub-ed. sub-editor
subj. *gram* subjunctive; subject; subjective
Sub-Lt. Sub-Lieutenant
subst. substitute; *gram* substantive
suc(c). successor; succeeded
suf(f). suffix
Sun(d). Sunday
sup. *gram* superlative; supine; superior; supplement; supra (above)
Super. Superintendent
super. superfine; supernumerary, superior; superintendent
superl. *gram* superlative
Sup.O. Supply Officer
Sup.P. Supply Point
suppl. supplementary; supplement
supr. supreme
Supt. Superintendent
sur. surplus; surcharged
surg. surgeon; surgical; surgery
Surg.-Gen. Surgeon-General
Surv. surveyor; surveying; surviving
Surv.-Gen. Surveyor-General
Suss. Sussex
SV *A* navy Surveyor
S.V. Sons of Veterans
s.v. under the title (Lat. *sub voce*); surrender-value
Svy survey
SW, S.W. South-west; South-western; South-westerly; South Wales; *radio* short wave
Sw. Sweden; Swedish; Swiss
S.W.C. Supreme War Council
Swed. Sweden; Swedish
S.W.G. standard wire gauge
Swit., Switz., Swtz. Switzerland
Sx. Sussex
S. Y. Steam Yacht
Sy. Surrey; supply
syl(l). syllable
sym. symphony; symbol; symbolic
syn. synonymous; synonym
synop. synopsis
Syr. Syrian; Syria
syr. syrup
syst. system; systematic

T

T temperature on the absolute scale; (surface) tension
T. tenor; Turkish (pounds); Tuesday; Testament; tome
t. telephone; temperature; tense; time; tome; ton(s); town; township
Ta *chem* tantalum
T.A. Territorial Army; telegraphic address
T.A.A. Territorial Army Association

T.A.B. Total Abstinence Brotherhood
tan tangent
Tas(m). Tasmania; Tasmanian
taut. tautology; tautological
Tb *chem* terbium
T.B. torpedo boat; Training Battalion; tuberculosis; tubercle bacillus
Tb, t.b. tuberculosis
T.B.D. torpedo-boat destroyer

tbs(p). tablespoon
TC Trusteeship Council (of the United Nations)
T.C. Tank Corps; Town Council; Town Councillor; Touring Club; Trinity College; Training Centre; Technical College
T.C.D. Trinity College Dublin
Tce Terrace
T.C.P. traffic-control post
TCS *A* traffic control station
T.D. Telegraph (Telephone) Department
T.D. Tactical Division; Torpedo Depot; Telegraph (Telephone) Department; tractor-drawn
t.d.n. *A* total digestible nutrients
Te *chem* tellurium
T.E. Topographical Engineer
tech. technical; technics
techn. technical; technology
technol. technology; technological
tel. telephone; telegraph; telegraphist; telegraphic
teleg. telegram; telegraph; telegraphic; telegraphy
Tel.No. telephone number
temp. temperature; temporary; in the time of (Lat. *tempore*)
ten. tenor
Tenn. Tennessee
ter. terrace; territory
term. terminal; termination
terr(it). territory; territorial
Test. Testament
test. testator; testamentary
Teut. Teutonic; Teuton
Tex. Texas; Texan
T.F. Territorial Force
tfr. transfer
T.G. Training Group
T.G.W.U. Transport and General Workers' Union
Th *chem* thorium
Th. Thursday; Thomas; theology
T.H. Transport House; Territory of Hawa
Th.D. Doctor of Theology
theat. theatrical
Theo. Theodore; Theodosia
theol. theology; theological; theologian
theor. theorem
theoret. theoretical; theoretically
theos. theosophy
therap. therapeutics; therapeutical
therm. thermometer
Thess. Thessalonians
t.h.i. time handed in
tho, tho' though
thoro, thoro' thorough
Thu., Thur., Thurs. Thursday
T.H.W.M. Trinity High-Water Mark
T.L.W.M. Trinity Low-Water Mark
Ti *chem* titanium
T.I. Technical Institute
T.I.H. Their Imperial Highness
Tim. Timothy
tinct. tincture
tit. title; titular
Tl *chem* thallium
tlr. trailer

T.L.S. The Times Literary Supplement
Tm *chem* thulium
T.M.O. telegraph money order
Tn *chem* thoron
Tn. transportation
tn. ton; train; town
T.N.T. trinitrotoluene
T.O. Transport Officer; Trained Operator; Telegraph (Telephone) Office; turn over
t.o. turn over
togr. together
tonn. tonnage
t.o.o. time of origin
top(og). topography; topographical; topographer
t.o.r. time of reception
torp. torpedo
tot. total
tox., toxicol. toxicology; toxicological; toxicologist
t.p. title page
T.P. teleprinter; teaching practice
tp. troop; township
tps. troops
tpt. transport
Tr *chem* terbium
Tr. Treasurer; Trustee
tr. transaction; transport; treasurer; translation; translated; translator, transfer; transitive
trad. tradition; traditional
trag. tragedy; tragical; tragedian
trans. *gram* transitive; translated; transaction; transverse
transf. transference; transferred
transl. translation; translator; translated
transp. transportation; transporter; transport
trav. travels; traveller
T.R.C. Thames Rowing Club
Treas. treasurer; treasury
T.R.H. Their Royal Highnesses
trib. tributary
trig(on). trigonometry; trigonometric
Trin. Trinity College (Cambridge)
trop. tropical
Trs. Trustees
tsp. teaspoon
T.S.R. Trans-Siberian Railway
T.T. teetotaller; Taganyika Territory; torpedo tube(s)
T.T.C. Technical Training Command
T.T.L., t.t.l. to take leave
Tu(es) Tuesday
T.U. Trades Union
T.U.C. Trade Union Congress; Trade Union Council
Turk. Turkey; Turkish
Turkn. Turkistan
T.V., TV television
T.W.A. Trans World Airlines
T.W.U. Transport Workers' Union
ty truly
Ty. Territory
T.Y.C. Thames Yacht Club; Two Year Course (Horse-racing)
typ(og). typography; typographical

U

U *chem* uranium
U. Unionist; universal (for everyone, referring to cinema pictures)
u. upper; uncle; *mar* ugly (weather)
U.A.B. Unemployment Assistance Board
U.A.P. United Australia Party
UAW (U.A.W.) *A* United Auto, Aircraft and Agricultural Implements Workers
U.B. United Board
U boat German submarine
U.C. Upper Canada; University College, London
u.c. upper case
U.C.C.D. United Christian Council for Democracy
U.C.H. University College Hospital
U.C.L. University College London
U.C.P. United Country Party
U.C.S. University College School
U.C.V. United Confederate Veterans
U.D. Upper Deck; The United Dairies
U.D.C. Urban District Council; Union of Democratic Control
U.E.O. Unit Education Officer
U.F.C. United Free Church
U.H.F., UHF, u.h.f. ultra-high-frequency
U.K. United Kingdom (of Great Britain and Northern Ireland)
Ukr. Ukraine; Ukrainian
ult. ultimate; ultimately; ultimo (in the last preceding month)
UMW, U.M.W. United Mine Workers
U.N. United Nations
UNCIO United Nations Conference on International Organization
UNCTAD United Nations Conference on Trade and Development
UNESCO, U.N.E.S.C.O. United Nations Educational, Scientific and Cultural Organization
unexpl. unexplained
UNICEF United Nations International Children's Emergency Fund
Unit. Unitarian; Unitarianism
Univ. University; Universalist
univ. universal; universally; universe
unm. unmarried
U.N.O. United Nations Organization
UNRRA, U.N.R.R.A., Unrra United Nations Relief and Rehabilitation Administration
U. of S. Afr. Union of South Africa
U.N.S.C. United Nations Security Council

U.P., UP United Press; United Presbyterian (Church); United Provinces (now Uttar Pradesh)
up. upper
u.p. under proof
U.P.C. United Presbyterian Church
u.p.t. urgent postal telegram
Uru. Uruguay; Uruguayan
U.S. United States; Under-Secretary; United Services
u.s. as above (Lat. *ut supra*)
U.S.A. United States of America; United States Army; Union of South Africa
USAC, U.S.A.C. United States Air Corps
USAF, U.S.A.F. United States Air Force
U.S.C. United States of Colombia
USCC, U.S.C.C. United States Commercial Company
USCG, U.S.C.G. United States Coast Guard
USDA, U.S.D.A. United States Department of Agriculture
USES, U.S.E.S. United States Employment Service
U.S.M. United States Mail; United States Marine
USMA, U.S.M.A. United States Military Academy
USMC, U.S.M.C. United States Marine Corps
USN, U.S.N. United States Navy
USNA, U.S.N.A. United States Naval Academy; United States National Army
USNG, U.S.N.G. United States National Guard
USNR, U.S.N.R. United States Naval Reserve
USO, U.S.O. *A* United Service Organizations
U.S. of S. Under-Secretary of State
USS, U.S.S. United States Senate; United States Ship (Steamer)
U.S.S.C. United States Supreme Court
USSR, U.S.S.R. Union of Soviet Socialist Republics
usu. usual(ly)
U.S.V. United States Volunteers
U.T. United Territory; unemployed time (for officers)
Ut. Utah
ut dict. as directed; as stated (Lat. *ut dictum*)
ut inf. as below (Lat. *ut inferior*)
ut sup. as above (Lat. *ut supra*)
U.W., u.w., U/W underwriter
ux. wife (*Lat* uxor)

V

V *chem* vanadium; *math* vector; victory
V, v volt; volume
V. Venerable; Viscount
v. verse; *gram* verb; *el* volt; valve; volume; velocity; *math* vector; *med* ventral; voice; voltage; versus; see (*Lat* vide)
V 1 flying bomb
V 2 long-range rocket projectile
Va Virginia
VA Veterans' Administration

V.A. Vice-Admiral; (Order of) Victoria and Albert; Volunteer Artillery
v.a. *gram* active verb
V.A.D. Voluntary Aid Detachment
V. & A. Victoria and Albert Museum
val. value
var. various; variation; variant; variety
Vat. Vatican
v.aux. auxiliary verb
V.B. Volunteer Battalion

vb. verb
V.C. Victoria Cross; Vice-Chancellor; Vice-
-Consul; Vice-Chairman; *A* Veterinary Corps
vd *chem* vanadium
V.D. *med* venereal disease; Volunteer (Officers')
Decoration
v.d. various dates
v.dep. *gram* deponent verb
V.D.H. *med* valvular disease of the heart
VE victory in Europe (8. 5. 1941)
Ven. Venerable; Venice; Venetian
Venez. Venezuela; Venezuelan
ver. verse(s)
vet, Vet. veteran; veterinarian; veterinary
veter. veterinary
Vet.Surg. Veterinary Surgeon
v.f. very fair
V.G. Vicar-General
v.g. very good
V.H.F., VHF, v.h.f. very high frequency, UKV
Vi *chem* virginium
v.i. *gram* verb intransitive; see below (Lat. *vide
infra*); vertical interval
Vic(t). Victoria (queen)
vid. see (Lat. *vide*)
v.imp. *gram* impersonal verb
V.I.P., VIP very important person
vil. village
v.ir. irregular verb
Vis., Visc(t). Viscount; Viscountess
viz. namely (Lat. *videlicet*)
VJ Victory in Japan (VJ day 15. 8. 1945, v ZDA
2. 9. 1945)
v/m volts per metre
V.M.D. Doctor of Veterinary Medicine

v.n. *gram* neuter verb
V.O. Victorian Order; Veterinary Officer
voc. *gram* vocative (case)
vocab. vocabulary
Vol. volunteer
vol. volume; volunteer
vols. volumes
V.O.A. Voice of America (radio)
V.P. Vice-President
v.p. various places; vulnerable point
v.r. reflexive verb
V.R. Victoria Regina; Volunteer Reserve
V.R.C. Volunteer Rifle Corps
v.refl. *gram* reflexive verb
V.R. & I Victoria Queen and Empress (Lat.
Victoria Regina et Imperatrix)
V.Rev. Very Reverend
V.S. Veterinary Surgeon; visual signalling
vs. against (*Lat* versus)
V.S.C. Volunteer Staff Corps
VSS versions
V.T. the Old Testament (Lat. *Vetus Testamentum*)
Vt. Vermont
v.t. *gram* transitive verb; visual telegraphy
V.T.C. Volunteer Training Corps
v.t.m. vehicles to the mile
Vul(g). Vulgate
vulg. vulgar; vulgarly
vv verses; violins
v.v. vice versa
v.W. Very Worshipful
v.y. various years
V.Y. Victualling Yard
vy. very

W

W *chem* tungsten, wolfram
W, Wales; Welsh; West; Wednesday; Washing-
ton; William; Wesleyan
w. watt; wicket (cricket); wide (cricket); wife;
with; week; wanting; water; *mar* wet dew
W.A. West Africa; Western Australia; Western
Approaches
WAA, W.A.A. *A* War-Assets Administration
W.A.A.C., WAAC, Waac Women's Army Auxili-
ary Corps
W.A.A.E. World Association for Adult Education
W.A.A.F. Women's Auxiliary Army Service
WAC *A* Women's Army Corps
WAF *A* Women in the Air Force
w.a.f. with all faults
W.Afr. West Africa; West African
W.A.F.S. Women's Auxiliary Fire Service
W. & S., w. & s. whisky and soda
W.A.P.C. Women's Auxiliary Police Corps
Warw. Warwickshire
Wash. Washington (State)
WASP *A* Women's Air Service Pilots
W.Aus. Western Australia
WAVES *A navy* Women Accepted for Volunteer
Emergency Services
W.A.V.E.S. Women Appointed for Volunteer
Emergency Services

W.B. Water Board
W.B., W.b., W/b waybill
w.b. water ballast; warehouse book; westbound
W.C. West Central; war communications;
Western Command; War Cabinet; War Council
w.c. water closet; without charge; with costs
W.C.A. Women's Christian Association; Women
Citizen's Association
W.C.T.U. Women's Christian Temperance Union
wd. would
W.D. War Department; Works Department
W.D.A. War Damage Act
W.D.C. War Damage Commission; War Damage
Contribution
W.E. War Establishment
We(d). Wednesday
w.e.f. with effect from
Westm. Westminster
w.f. wrong fount
w.f.e. with food element
W.F.L. Women's Freedom League
WFTU, W.F.T.U. World Federation of Trade
Unions
W.G. West German(ic); Welch Guards; The
Westminster Gazette
w.g. wire gauge
W.Ger. West Germanic

wh. watt-hour; which
W'hampton Wolverhampton
whf. wharf
W.H.M.A. Women's Home Mission Association
whr. whether; watt-hour
WHO World Health Organization
W.I. West Indies; West India; Women's Institute
w.i. when issued
Wigorn. (Bishop) of Worcester
Wilts. Wiltshire
Wind.I. Windward Islands
Winton. (Bishop) of Winchester
Wis(c). Wisconsin
wk. week; work; weak
W.L., WL, W/L, w.l., w/l radio wave length
W.L.A. Women's Land Army
WLB *A* War Labour Board
W.L.F. Women's Liberal Federation
W.lon(g). West longitude
Wm. William
wmk. watermark
W.N.V. War Munition Volunteers
W.N.L.F. Women's National Liberal Federation
WNW, W.N.W. West-north-west
WO, W.O. War Office; Warrant Officer; wait order; wireless operator
W.O.L. War-Office Letter

Wor. Worshipful
Worcs. Worcestershire
WOWS *A* Women's Ordnance Workers
W.P. weather permitting; Worthy Patriarch
W.P.B., w.p.b. waste-paper basket
W.P.C. War Pension(s) Committee
W.R. West Riding; Ward Room; War Reserve
W.R.A.C. Women's Royal Army Corps
W.R.A.F. Women's Royal Air Force
WRENS, W.R.N.S. Women's Royal Naval Service
W.R.I. War Risks Insurance; Women's Rural Institute
W.S.P.U. Women's Social and Political Union
WSW, W.S.W. West-south-west
W.T., WT, W/T Wireless telephony, telegraphy
w.t., W.T. *mar* watertight
wt. weight; without
W.T.D. War Trade Department
Wtr. writer
W.T.S. Women's Transport Service
W.Va. West Virginia
WVS, W.V.S. Women's Voluntary Services
W.W. Warant Writer
W.W.A.C. Women's War Agricultural Committee
Wy(o). Wyoming
W.Y.R. The West Yorkshire Regiment

X

X *chem* xenon; Christ; Christian; cross
x.cp., x-cp., X.C. ex coupon, without coupon
X.D., xd, x-d., x-div ex dividend, without dividend
Xe *chem* xenon
x-i., x.i., x-int. ex interest, without interest
Xmas, Xm Christmas
Xn. Christian

x-n. ex new shares, without new shares
Xnty, Xty Christianity
X roads cross roads
X-rts ex rights, without rights
Xt Christ
Xtian Christian
xtry extraordinary

Y

Y *chem* yttrium
Y. Yeomanry; Young men's Christian Association
y. you; yard(s); year(s)
Y.B. Year Book
Yb *chem* ytterbium
Y.C.L. Young Communist League
yd. yard
yds. yards
y'day yesterday
Yeo(m). Yeomanry
yesty yesterday
Y.H.A. Youth Hostels Association
Yks. Yorkshire
Y.M.C.A. Young Men's Christian Association
Y.M.C.U. Young Men's Christian Union

YMHA, Y.M.H.A. Young Men's Hebrew Association
YN *A* (navy) Yeoman
Yorks. Yorkshire
yr. year; your; younger
Y.R.A. Yacht Racing Association
yrs. years; yours
Y.S. young soldier(s)
Yt *chem* yttrium
Yuc. Yucatan
Y.W.C.A., YWCA Young Women's Christian Association
YWHA, Y.W.H.A. Young Women's Hebrew Association

Z

Z *chem* atomic number; *astr* zenith distance; zero
Z., z. zone
z an unknown quantity
Zech. Zechariah
Z.G. Zoological Gardens
Zn *chem* zinc

zoochem. zoochemistry
zoogeogr. zoogeography
zool. zoology; zoological
Zr. *chem* zirconium
Z.S. Zoological Society